Der Waldt Sebaldi, wie solcher in seine Sechs Hüten eingetailt ist, sampt den Vorsthuben, Zeidelgüter unnd den umbligenden Stetten, Märcken unnd Dörffer welche sich des Waldts Rechten gebrauchen mügen
Bedeut die Vorsthuben.
Bedeut die Zeidelgüetter.
Bedeuten die Stätt, Märckt, unnd Dörffer, so Waldtrecht haben.
Breffenberg
Weysenoe Closter
S. Martin Capl.
Zellhofen
Kirch Rötenbach
Herpersdorf
Eckenhaidt
Bülach
Neuhof
Simeshof
Denelberg
Im Ochsen kopff
Küehof
Nüschelberg
Bünders bül
Rudolzhof
Kohenhof
Strenngenberg
Rückers dorf
Diepelstorf
Simelstorf
Osternoh
Rottberg
Schnadtach
Kolhof
Kirspach
Neunkirch
Speickern
Heüchling
Lauff
Reichenschwang
Auffgar
Beringstorffer Hüt
Bündersbül und geschaidter Hüt

W0403614

Das Kosmos Wald- und Forstlexikon

Für
Herrn Heinz Kuchenberg
mit den besten Wünschen

München, im Dezember 1998

Ilse Haseder
Gerhard K. F. Stinglwagner
Reinhold Erlbeck

REINHOLD ERLBECK
ILSE E. HASEDER
GERHARD K. F. STINGLWAGNER

Das Kosmos Wald- und Forstlexikon

KOSMOS

Hinweis zur abgebildeten Karte auf dem Vor- und Nachsatz:

Ausschnitt des Sebalder Reichswaldes (neben dem Lorenzer Reichswald Teil des Nürnberger Reichswaldes) um 1590. Originalgetreue Nachbildung der historischen Karte aus dem Pfinzingatlas (Paulus Pfinzing 1554 – 1599).
Die kleinen Rechtecke auf der Karte bedeuten Vogelherde, die sechs Forsthuben (Försterbezirke) sind durch Farbe und Eintrag dargestellt.
Sitze der Förster waren zu dieser Zeit:
Tennenloher Hut (Tennenlohe und Buckenhof),
Kalchreuth-Käswasser Hut (Kalchreuth und Käswasser),
Lenthut (Neunhof und Kraftshof),
Bündersbühler und Beschaidter Hut (Bündersbühl und Kleingeschaidt),
Erlensteger Hut (Erlenstegen),
Beringersdorfer Hut (Rückersdorf)

Die Deutsche Bibliothek – CIP Einheitsaufnahme

Das Kosmos Wald- und Forstlexikon :
Erlbeck; Haseder; Stinglwagner. –
Stuttgart: Kosmos, 1998
ISBN 3–440–07511–7

© 1998, Franckh-Kosmos Verlags-GmbH & Co.,
Stuttgart
Alle Rechte vorbehalten
ISBN 3–440–07511–7
Umschlaggestaltung von Atelier
Jürgen Reichert, Stuttgart,
unter Verwendung zweier Fotos von
Bildagentur Mauritius und Bildagentur ZEFA (Rückseite)
Redaktion und Koordination: Dr. Reitter & Partner
Verlag GmbH, Vaterstetten
Layout und Gestaltung: Bernd Walser Buchproduktion, München
Satz: Dr. Reitter & Partner Verlag GmbH, Vaterstetten
Druck: Artegrafica, Verona
Printed in Italy

Geleitwort

Seit ihrer Gründung im Jahre 1947 widmet sich die Schutzgemeinschaft Deutscher Wald (SDW) – wie ja der Name unseres Verbandes schon klar aussagt – dem Schutz des Waldes. Dieses Ziel ist aus unserer Entstehungsgeschichte zu verstehen. Damals wollte die SDW dem Raubbau am deutschen Wald durch die Alliierten entgegenwirken. Heute sind unsere Aufgaben umfassender und komplexer.

Doch ist nach wie vor der Schutz der Lebensgrundlage Wald zentrales Anliegen der SDW. Durch die Veränderungen der Rahmenbedingungen in unserer Gesellschaft sind heute andere Bedrohungen unseres Waldes entstanden und haben seine Funktionen einen veränderten Stellenwert erhalten. Inanspruchnahmen von Wald für Infrastruktureinrichtungen, neuartige Waldschäden, die Erholungsfunktion, der Schutz von Klima und Wasser, Waldpädagogik, die Nachhaltigkeit aller Funktionen des Waldes sind nur einige der aktuellen Herausforderungen für die SDW, denen sie sich mit über 24 000 Mitgliedern im Bundesverband, in den Landesverbänden und den Kreis- und Ortsverbänden stellt.

Eben diese Stichworte finden sich unter vielen anderen auch in diesem Waldlexikon, das drei langjährige Mitglieder der SDW in vielen Jahren akribisch erarbeitet haben. Durch diese kompakte Zusammenstellung der Bedeutungen des Waldes in unserer Zeit, die biologischen, wirtschaftlichen, ökologischen, historischen Grundlagen und Vernetzungen haben sie eine wertvolle Grundlage auch für die Verwirklichung der Ziele der SDW geleistet. Der Schutz des Waldes in der und für die Öffentlichkeit ist nur mit Unterstützung unserer Mitbürger möglich. Diese gewinnen wir durch Verstehen der Bedeutung des Waldes in unserer Landschaft und für unsere Gesellschaft. Damit haben die Autoren auch einen wertvollen Beitrag für den Schutz des Waldes und die Öffentlichkeitsarbeit für den Wald geleistet. Schon aus diesem Grund wünsche ich dem „Kosmos Wald- und Forstlexikon“ eine weite Verbreitung.

Eine umfassende und vielgestaltige Öffentlichkeitsarbeit für den Schutz von Wald und Landschaft sind erklärtes Ziel und Auftrag unseres Verbandes. Mit der Monatszeitschrift „Unser Wald“, durch unseren Pressedienst, zahlreiche Ausstellungen, Arbeitstagungen, Schulungen, die Gestaltung des „Tag des Baumes“, die Mitwirkung an der Auswahl des „Baum des Jahres“, durch die Trägerschaft von Waldjugendheimen, die Pflege von Schulwaldungen, die Vertretung der Waldbelange in vielen Gremien und in Raumordnungs- und Planfeststellungsverfahren, durch die Mitwirkung an der Gestaltung der Naturschutz- und Forstpolitik unseres Landes und vielerlei anderer Aktivitäten ist die SDW hier umfassend tätig.

Dr. Wolfgang von Geldern

STAATSSEKRETÄR A. D.
PRÄSIDENT DER SCHUTZGEMEINSCHAFT DEUTSCHER WALD E. V.

Glaube mir, denn ich habe es erfahren,
du wirst mehr in den Wäldern finden als in den Büchern;
Bäume und Steine werden dich lehren,
was du von keinem Lehrmeister hörst.

BERNHARD VON CLAIRVAUX († 1153)

Holz ist ein einsilbiges Wort, aber dahinter verbirgt sich
eine Welt der Märchen und Wunder.

THEODOR HEUSS (1884–1963)

Zu fällen einen schönen Baum
braucht's eine halbe Stunde kaum.
Zu wachsen, bis man ihn bewundert,
braucht er, bedenk es, ein Jahrhundert.

EUGEN ROTH (1895–1976)

Benutzerhinweise

Die Stichwörter sind in alphabetischer Folge halbfett gesetzt und im fortlaufendem Text jeweils mit ihrem Anfangsbuchstaben abgekürzt. Die alphabetische Anordnung berücksichtigt das gesamte Stichwort in der Reihenfolge der Buchstaben. Beispiel:
Wald – Waldbau – Wald in der Dichtung.

Kursiv-Schrift findet Anwendung zur Bezeichnung der lateinischen Nomenklatur.

Stichworte mit mehreren Bedeutungen (z. B. Baumgruppe, Faden, Forst) sind im Text mit **1)**, **2)**… untergegliedert.

Die Umlaute ä (ae), ö (oe) und ü (ue) werden bei der alphabetischen Einordnung gemäß DIN 5007 wie die Vokale a, o, u behandelt.

Was unter C vermißt wird, siehe unter K und Z bzw. umgekehrt; z. B. „Cellulose" findet man unter „Zellulose".

Bei Stichwörtern, die im Plural stehen, wurde auf die Angabe des Artikels verzichtet.

Steht nach einem Stichwort ein ganzer Satz, beginnt das erste Wort mit einem Großbuchstaben; handelt es sich um einen unvollständigen Satz, wird der erste Buchstabe dagegen grundsätzlich klein geschrieben.

Adelsprädikate, akademische Grade sowie Namensbestandteile sind dem Stichwort (Namen) nachgestellt und haben daher keinen Einfluß auf die alphabetische Einordnung.

Sind einem Stichwort in Klammern gesetzte Wörter oder Buchstaben hinzugefügt, so handelt es sich um eine inhaltliche Begriffsgleichheit; dies können veraltete Ausdrücke sowie frühere Schreibweisen sein.

Der Pfeil (→) vor einem oder mehreren Wörtern weist auf ein Stichwort hin, unter dem notwendige oder empfehlenswerte weitere Informationen zu finden sind. Wird von einem Stichwort ohne weitere Erläuterung auf ein anderes verwiesen (z. B. „Baumhöhen → Wuchsleistungen"), findet man die Definition des erstgenannten Stichwortes dort.
Pfeile vor Begriffen am Ende eines Artikels weisen auf weiterführende Informationen, auf Vergleichendes oder Gegensätzliches hin.

Neben enzyklopädischen Darstellungen wie z. B. „Forstliches Schrifttum", „Wald in der Dichtung" etc. werden die wichtigsten forstwirtschaftlich genutzten Baumgattungen und -arten auf Sonderseiten dargestellt. Bei der für die Forstwirtschaft weniger bedeutenden, jedoch sehr artenreichen Gattung der Weiden ist der einführende Teil auf einer Sonderseite hervorgehoben. Die Artbeschreibungen jedoch befinden sich im lexikalischen Teil.

Im Anhang des Buches sind praktische Übersichten und Tabellen untergebracht, die dem Benutzer einen raschen Überblick vermitteln.
Im einzelnen sind das:

Auf der Seite 880 befinden sich das Literaturverzeichnis sowie der Bildnachweis

Abkürzungen der Baumarten:

Ah	Ahorn
As	Aspe (Zitterpappel)
BAh	Bergahorn
Bi	Birke
BKie	Bergkiefer
Bu	Buche (Rotbuche)
BUl	Bergulme
Dgl	Douglasie
Ei	Eiche
Eib	Eibe
ELä	Europäische Lärche
Elsb	Elsbeere
Er	Erle
Es	Esche
FAh	Feldahorn
Fi	Fichte
FlUl	Flatterulme
FUl	Feldulme
GEr	Grünerle
GPa	Graupappel
Ha	Hasel
HBi	Hängebirke (Sandbirke)
Hbu	Hainbuche
JLä	Japanische Lärche
Kast	Kastanie (Edel-, Eßkastanie)
Kie	Kiefer
Kir	Vogel-, Wildkirsche
Lä	Lärche
Lat	Latsche
Lbh	Laubholz (-hölzer)
Li	Linde
MBi	Moorbirke
Mebe	Mehlbeere
Ndh	Nadelholz (-hölzer)
Nuss	Nussbaum
Pa	Pappel
Pla	Platane
REi	Roteiche
REr	Roterle
Rka	Roßkastanie
Rob	Robinie
SAh	Spitzahorn
SchPa	Schwarzpappel
SeFi	Serbische Fichte
SEr	Schwarzerle
SFi	Sitkafichte
SKie	Schwarzkiefer
SLi	Sommerlinde
SPa	Silberpappel
Sp	Speierling
Spir	Spirke
StEi	Stieleiche
Stro	Strobe (Weymouthkiefer)
SWei	Silberweide
Ta	Tanne
TrEi	Traubeneiche
TrKi	Traubenkirsche
Ul	Ulme
Vobe	Vogelbeere (Eberesche)
Wei	Weide
WEr	Weißerle (Grauerle)
WiLi	Winterlinde
Wob	Wildobst
Zir	Zirbe

Sonstige Abkürzungen:

Abk.	Abkürzung
allg.	allgemein
bayer.	bayerisch(e/r/s)
Bez.	Bezeichnung(en)
BR	Bundesrepublik
bzw.	beziehungsweise
ca.	circa
DDR	Deutsche Demokratische Republik
Dtschl.	Deutschland
d. h.	das heißt
Fam.	Familie(n)
fm	Festmeter
Gatt.	Gattung(en)
ggf.	gegebenenfalls
Ggs.	Gegensatz
i. a.	im allgemeinen
i. d. R.	in der Regel
i. e. S.	im eigentlichen (engeren) Sinne
i. w. S.	im weiteren Sinne
Jh.	Jahrhundert(e/s)
mind.	mindestens
Mio.	Millionen
Mrd.	Milliarden
n. Chr.	nach Christus
nieders.	niedersächsisch(e/r/s)
nordd.	norddeutsch(e/r/s)
Ordn.	Ordnung(en)
österr.	österreichisch(e/r/s)
rm	Raummeter
sog.	sogenannt
sp.	Species
ssp.	Subspecies
südd.	süddeutsch(e/r/s)
svw.	soviel wie
syn.	synonym
u. a.	unter anderem
u. ä.	und ähnlichem
u. a. m.	und anderes mehr
v. a.	vor allem
var.	Variation
v. Chr.	vor Christus
z. B.	zum Beispiel
z. T.	zum Teil

BArtSchG	Bundesartenschutzgesetz
BArtSchV	Bundesartenschutzverordnung
BGB	Bürgerliches Gesetzbuch
BGBl	Bundesgesetzblatt
BJagdG	Bundesjagdgesetz
BNatSchG	Bundesnaturschutzgesetz
BWaldG	Bundeswaldgesetz

Vorwort

Das Bild unserer Heimat wird ganz entscheidend vom Wald geprägt. Zwischen ihm, den Siedlungen und der Flur bestehen vielfältige wirtschaftliche, ökologische, klimatische, historische und soziale Beziehungen. Herausragend sind die unverzichtbaren wirtschaftlichen und landeskulturellen Leistungen des Waldes. Ihre Bedeutung hat sich im Laufe der Zeit stets verändert. Abwechslungsreich ist auch die Geschichte des Waldes selbst. In ihr formte der Mensch den Wald, aber auch der Wald den Menschen. Das Antlitz der Wälder wurde durch Ackerbau und Viehzucht, Rodung, Brand und forstliche Nutzung gestaltet. Die heute bestehenden Wälder sind das Ergebnis eines seit rund 200 Jahren praktizierten, zielgerichteten forstwirtschaftlichen Handelns.

Besonderes Merkmal und bestimmend ist, daß Wälder von Bäumen gebildet werden, die dort ein Leben lang konkurrieren, deshalb Stämme bilden und letztlich dadurch dem Menschen in vielfältiger Weise nützen.

Kein Wald gleicht jedoch dem anderen. Eine solch vielschichtig aufgebaute Lebensgemeinschaft beruht auf ungezählten Wechselbeziehungen und Abhängigkeiten. Sie ist sehr kompliziert und verflochten, nur ein geringer Teil aller Zusammenhänge und Bindungen ist für uns Menschen erkenn- und erklärbar.

Diese Tatsachen müssen sich aber in einem Buch – erst recht in einem Lexikon über den Wald – widerspiegeln: Die Einbettung in Landschaften, die Abhängigkeit vom Standort, die jahrhundertelange Geschichte, die Wechselwirkungen in Waldgesellschaften, das vielgestaltige Vorherrschen der Bäume, die besondere Bedeutung des Waldes und die mannigfachen Grundlagen von Forstwissenschaft und -wirtschaft bestimmten dessen Umfang und Aufbau.

Im Bestreben, möglichst vielen Interessierten Wald- und Forstwirtschaft nahe zu bringen und sie vielleicht sogar dafür zu begeistern, haben wir in jahrelanger Arbeit zahlreiche Veröffentlichungen ausgewertet und versuchten, nicht nur ein alphabetisches Glossarium über den Wald zu schaffen, sondern eben Zusammenhänge und Wechselwirkungen im Wirkungsgefüge Landschaft – Wald – Forstwirtschaft deutlich und verständlich zu machen. Großen Wert legten wir auch auf die Möglichkeit, geschichtliche Quellen durch die Hereinnahme alter und veralteter Begriffe und Maße zugänglich zu machen. Für ihre Unterstützung danken wir allen Fachleuten und Kollegen, die mit Rat und Auskunft geduldig zum Gelingen des Buches beitrugen. Das Konzept und der beschränkte Raum ließen es jedoch nicht zu, komplexe fachwissenschaftliche Abhandlungen oder Darstellungen aller in der Lebensgemeinschaft Wald vorkommenden Tiere und Pflanzen zu vermitteln. Das Buch will und kann vom vorgegebenen Umfang her auch kein Feldführer sein. Hierfür empfehlen wir die einschlägigen Bestimmungsbücher aus dem KOSMOS-Verlag. Das vorliegende Lexikon orientiert sich vor allem am Gebrauchswert für das große Heer der am Wald interessierten, forstfachlich aber nicht ausgebildeten Leser. Ein Buch für diesen Personenkreis zu schaffen, war Impuls und Motivation für unsere langjährige Arbeit. Darüber hinaus würden wir uns freuen, wenn es uns damit auch gelungen wäre, für Forstleute eine kompakte Orientierungshilfe bereitzustellen.

Dem KOSMOS-Verlag und dem Produzenten, dem Team von Herrn Dr. Reitter, danken wir für das Entgegenkommen und viele Ratschläge. Dem Verlag oblag vertragsgemäß die gesamte Bildauswahl. Die richtige Zuordnung zu den jeweiligen einschlägigen Stichworten und Themen wie auch die Beachtung der Ausgewogenheit war sicherlich eine schwierige und nicht alltägliche Aufgabe.

Unser Dank gilt aber auch der Firma Grube K. G. in Hützel, Herrn Professor Dr. Dr. habil. Wegener und dem Sägewerk Dettendorfer in Nußdorf/Inn für die freundliche Bereitstellung von Bildern.

Wir hoffen, daß wir mit unserem Buch den Wald möglichst vielen nahebringen, ihm neue Freunde gewinnen, Verständnis für Wald und Forstwirtschaft wecken können und viele Fragen über den Wald beantwortet haben. Wir sind für jede Anregung, die den Gebrauchswert des Werkes verbessert, dankbar.

Die Autoren

A

A: in der → Waldmeßlehre Abk. für → Alter eines Baumes.

Aadipon, das: bei Kulturvorbereitungen eingesetztes Herbizid (→ Pestizide) mit dem Natriumsalz der 2,2-Dichlorpropionsäure.

Aalbeere, die: → Stachelbeere 3.

Aapamoor, das: → Moor.

Aaskäfer (*Silphidae*): Käfer-Fam. (*Polyphaga*) mit weltweit 2000 Arten, davon 140 in Mitteleuropa. Sie leben vorzugsweise von Aas, aber auch von verwesenden, vereinzelt auch von grünen Pflanzen und Pilzen; → Phoresie. Einige Arten stellen als Räuber lebenden Kerfen und Schnecken (auch unbehaarten Raupen) nach und sind daher Nützlinge. A. sind mittelgroße, meist bräunlich oder schwärzlich, vereinzelt gelb- und rotfgefärbte Käfer. Sie haben kurze, am Ende keulenförmig verdickte, elfgliedrige Fühler, die Flügeldecken bedekken bei den meisten Arten den ganzen Hinterleib. Die Eiablage erfolgt an Tierleichen und verwesenden Pflanzenstoffen. Die Larven sind engerling- oder asselförmig. Die wichtigsten Arten sind:

1. Totengräber, die (*Necrophorus*): Die Fam. kommt bei uns mit acht, etwa 1 bis 2 cm großen, Arten vor. Die beiden häufigsten sind die sehr ähnlichen *N. vespilloides* und *N. vespillo*. Bei *N. vespillo* ist der Vorderrand des Halsschildes goldgelb behaart, bei *N. vespilloides* ist der Halsschild glatt und ohne Behaarung. Die schwarzen, vorwiegend nachtaktiven Käfer, die in Mischwäldern, Parkanlagen und Gärten leben, sind flugfähig und haben ein feines Witterungsvermögen. Sie leben an Kadavern kleiner Wirbeltiere bis etwa Maulwurfsgröße, die sie in vorbereitete Erdgruben ziehen und ganz oder teilweise zu Kugeln formen, an die sie ihre Eier ablegen. Die Larven sind engerlingförmig. Die T. sind im Walde eine Art → Gesundheitspolizei.

Im Unterschied zum Aaskäfer *Necrophorus vespilloides* ist der Halsschild des abgebildeten *N. vespillo* nicht glatt, sondern goldgelb behaart.

2. Schneckenaaskäfer, der (*Phosphuga atrata*): Der in Wald, Gärten und Parkanlagen lebende, 1 bis 1,5 cm lange tiefschwarze S. lebt von Schnecken, die er mit seinem ausgezeichneten Geruchssinn aufspürt. Sein schnauzenförmiger Kopf erleichtert ihm das Eindringen in Schneckengehäuse.

3. Schildaaskäfer, der (*Thanatophilus rugosus*): auch Totenfreund. Der etwa 1 cm große Käfer tritt überall auf, wo Kadaver und Aas liegen. Er ist an seinem gehämmert aussehenden Halsschild erkennbar.

4. Rothalsige Silphe, die (*Oeceoptoma thoracicum*): Der etwa 1,5 cm große Käfer mit auffallend rotem Halsschild, der an den Seiten stark verbreitert ist, kommt vorwiegend in Laubwäldern, Gärten und Parkanlagen vor. Die Individuen dieser A. streiten sich um Beute. Er ernährt sich auch räuberisch von Insekten, frißt auch gerne an → Stinkmorcheln.

Aaskrähe, die: → Rabenvögel 5.

Aasrabe, der: → Rabenvögel 4.

Abart, die (Varietät, Spielart): Die A. ist eine unter der → Unterart stehende, erbbedingte systematische Kategorie. Sie faßt alle diejenigen Individuen zusammen, welche sich aus verschiedenen Gründen (z. B. Klima, Bodenbeschaffenheit, räumliche Trennung) deutlich von den anderen Individuen derselben Unterart unterscheiden (geographische Rassen); → Art, Wuchsform.

abästen (abasten): svw. → entasten.

Abästung, die: auch Stämmeln. grobes Aufästen (→ Aufästung) der Bäume, um → Fällungsschäden möglichst zu vermeiden.

Abbaubetrieb, der: Forstbetrieb, in dem eine Senkung des → Holzvorrates stattfindet.

Abbau des Holzes durch Pilze → Holzpilze.

Abbeilen des Baumfußes → Beibeilen.

Abbiß, der: **1**) (*Succisa*): Gatt. der Fam. der → Kardengewächse mit zwei Arten in Europa und einer in Kamerun. Es sind dies bis 100 cm hohe Stauden mit einem kurzen Wurzelstock, der wie abgebissen aussieht (Name!), länglichen Blättern und kleinen, meist blauen Blüten, die in kugeligen bis eiförmig-länglichen Blütenköpfen (→ Blütenstand) stehen.

Die bekannteste Art ist:

Teufelsabbiß, der (*Succisa pratensis* Moench): auch Gemeiner oder Gewöhnlicher T. Der T. ist fast über ganz Europa verbreitet. Er ist relativ häufig und wächst auf Flachmooren, Moor und Naßwiesen, Magerrasen, Heiden, auch in Eichen-Birkenwäldern, von der Ebene bis in Höhen von 1400 m im Gebirge; Magerkeits- und Wechselfeuchtezeiger (→ Bodenanzeiger).

Die mehrjährige, 15 bis 80 cm (100 cm) hohe Pflanze hat einen anliegend behaarten Stengel (→ Sproßachse), der verzweigt und mit wenigen, entfernt stehenden, ganzrandigen Blattpaaren besetzt ist. BZ: Juni bis September.

Die zahlreichen blauvioletten, selten weißen Einzelblüten stehen in langgestielten, etwa 1,5 bis 2,5 cm breiten Blütenköpfchen, die zahlreiche, sternförmig ausgebreitete und breit-lanzettliche Hüllblätter (→ Hochblätter) besitzen.

In der Naturheilkunde werden der getrocknete Wurzelstock, die Blütenköpfe, die Blätter und der frische Saft der → Heilpflanze, die Alkaloide, Gerbstoffe, Glykoside (Scabiosin, Dipsacan), Polyphenole und Saponin enthalten, verwendet. Man wendet sie innerlich und äußerlich an, und zwar u. a. bei Bronchitis, Mundschleimhautentzündung, Juckreiz und Hautflechte.

2) die Stelle und der Rest des vom → Schalenwild abgeästen Pflanzenteiles.
3) → Abbisse.

Abbisse: Das Eichhörnchen beißt die äußersten Triebe von Fi, Ta und Kie ab, um an männliche Blütenknospen zu gelangen. Diese in den Beständen häufig in großen Mengen umherliegenden A. werden fälschlicherweise auch → Absprünge genannt, obwohl sie sich von diesen wesentlich (A.-Stellen sind i. a. glatt) unterscheiden; → Abbruch, Verbiß.

abborken → entrinden.

Abbott-Formel, die: von Abbott 1925 zur Erfolgskontrolle von Bekämpfungsmaßnahmen gegen → Forstschädlinge vorgeschlagene Formel zur Berechnung des Wirkungsprozentsatzes von Insektiziden:
$w = 100 \frac{u-b}{u}$, wobei u den Prozentsatz lebender Tiere auf der unbehandelten und b den Prozentsatz lebender Tiere auf behandelter Fläche bedeuten.

Abbrechen der Trift → Trift.

◄◄◄ Typische, in Beständen anzutreffende Abbisse

abbrennen → flämmen.

Abbruch, der (Abfall): Bez. für die ausgehöhlten Triebe der Kie, Lä und Fi, die v. a. durch den → Ernährungsfraß des Großen Waldgärtners (→ Borkenkäfer 7.) entstehen. Solche Triebe brechen häufig bei Herbst- und Winterstürmen an der Einbohrstelle fransig ab und fallen zu Boden; → Abbisse, Absprünge.

A-B-C-Profil, das: Bez. für die Horizont-Gliederung eines vollentwickelten Bodens; → Bodenhorizont.

Abdeckung, die: **1)** → Räumung über einer fertigen → Verjüngung; **2)** Abdecken des Bodens um Jungpflanzen herum zum Mulchen (→ Mulchung) bzw. zur Unkrauteindämmung.

Abdomen, das: Hinterleib der Gliederfüßer, insbesondere der → Insekten und Spinnen (→ Webspinnen). Im A. liegen Verdauungs-, Geschlechts-, Kreislauf- und Atmungsorgane.

Abdrohmen, das: Alter forsttechnischer Ausdruck aus dem 17. Jh. für das Abhauen der Baumgipfel und Zweige.

Abelbaum, der: → Pappeln 4.

Abele, die: → Pappeln 4.

Abendfalke, der: → Falken 6.

Abendpfauenauge, das: → Schwärmer 3.

Abendsegler, der: → Fledermäuse 13. u. 14.

Abetz, Karl (29.3.1896 Bauschlott bei Pforzheim bis 28.1.1964 Freiburg): A. studierte an der TH Karlsruhe und in Freiburg Forstwissenschaft. 1934 übernahm er als Landesforstmeister die Leitung der braunschweigischen Landesforstverwaltung. 1935 bis 1940 wirkte A. als Professor an der Universität Freiburg. Von 1942 bis Kriegsende war A. Generalreferent im → Reichsforstamt. 1947 kehrte er an seinen Lehrstuhl (Forsteinrichtung) in Freiburg zurück. A. hat als Praktiker, Hochschullehrer und Forscher zwischen 1922 und 1964 wesentlich die Entwicklung der Forsteinrichtung in Deutschland beeinflußt. Er gab von 1934 bis 1955 die „Bibliographia universalis silviculturae" heraus und schrieb u. a.: „Bäuerliche Waldwirtschaft. Dargestellt an den Verhältnissen in Baden" (1955). Seit 1972 werden jährlich der Karl-Abetz-Preis für besondere Leistungen für die Wirtschaftlichkeit von Forstwirtschaft und Forstbetrieben, seit 1990 zusätzlich ein Förderpreis, verliehen. Damit sollen jedes Jahr zwei bis drei Autoren ausgezeichnet werden, die ein betriebswirtschaftlich-technisches Problem bearbeitet haben und nach dem Urteil des Karl-Abetz-Kuratoriums neue Wege und Lösungen eröffnen. Die Preise stiftet die Waldburg-Wolfeggsche Forstverwaltung (Max Willibald Fürst von Waldburg zu Wolfegg und Waldsee).

Abfall, der: **1)** → Abbruch. **2)** Das Kreislaufwirtschafts- und → Abfallgesetz wird auf Stoffe angewendet, die Abfälle sind, waren oder werden können. Bei subjektiven Abfällen liegt ein Entledigungswille des Erzeugers oder Besitzers vor, bei objektiven eine Gefahr für die Allgemeinheit, die durch eine ordnungsgemäße Entsorgung beseitigt werden muß. Jede Person, die Wirtschaftsgüter herstellt, benutzt oder verbraucht, ist in erster Linie verpflichtet, die Entstehung von Abfällen zu vermeiden (Produktverantwortung des Herstellers). Er kann verpflichtet werden, bestimmte Erzeugnisse wiederverwertbar zu machen, bestimmte verwendete Materialien zu kennzeichnen oder recyclingfähig herzustellen. Abfälle, die nach den vorgenannten Kriterien nicht vermieden werden müssen, sind vom Hersteller oder Besitzer zu verwerten. Bei Hausmüll (und Sondermüll) gibt es ein Entsorgungsmonopol der entsorgungspflichtigen Landkreise und kreisfreien Städte. Für alle anderen Abfälle gilt der Grundsatz der Eigenentsorgung. Die Beseitigung der Abfälle darf grundsätzlich nur in Anlagen erfolgen, die in einem eigenen Verfahren öffentlich-rechtlich genehmigt sind. Die Verwertung kann stofflich oder thermisch erfolgen. Im Einzelfall ist die Verwertung zu wählen, die die Umwelt am wenigsten belastet. Die thermische Verwertung hat dann Vorrang, wenn der Brennwert des Mülls über 11 000 kJ/kg A. hat. Die stoffliche Verwertung kann vielfältig, muß jedoch im Einklang mit den Vorschriften des Abfallgesetzes erfolgen. → Restholz ist thermisch oder als sekundärer Rohstoff verwertbar.
Das Gesetz räumt der Bundesregierung die Möglichkeit ein, auf der Grundlage von Ökobilanzierungen durch Rechtsverordnung vorzu-

Karl Abetz, eine hervorragende Persönlichkeit der deutschen Forstwirtschaft und -wissenschaft

schreiben, ob für bestimmte A.-Arten der stofflichen oder energetischen Verwertung ein Vorrang einzuräumen ist.

Abfallbeseitigung im Wald → Müllkippe.

Abfallbörse, die (Recyclingbörse): Einrichtung der deutschen Industrie- und Handelskammern, an der Gewerbe- und Industrieabfälle sowie Reststoffe, die weiter verwendbar sind (z. B. Altpapier, -holz), gehandelt werden.

abfallend → abholzig.

Abfallgesetz: Das Gesetz zur Förderung der Kreislaufwirtschaft und Sicherung der umweltverträglichen Beseitigung von Abfällen (KrW-/AbfG) vom 27.9.1994 (in Kraft seit 7.10.94) nennt als Rahmengesetz in § 1 als Ziel, die Menge des → Abfalls so gering wie möglich zu halten und unvermeidbare Abfälle soweit wie möglich zu verwerten. Das Nähere regeln die Länder.

Abfallholz, das (Bruchknüppelholz, Brockenholz): **1)** abgeschnittene oder abgebrochene Holzstücke (Brennderbholz) unter 1 m Länge und über 7 cm Stärke. Das in der BR Dtschl. anfallende A. wird von der Holzindustrie (→ Zellstoff, → Papier, Platten) aufgenommen. **2)** auch allg. Bez. für alles (teilweise nicht verwertbare) Holz, das beim Fällen und Ausformen der Bäume (Stämme) anfällt, jedoch ohne → Reisholz; → Restholz.

Abfallreisig, das: → Schlagreisig.

abfällig → abholzig.

Abfaltern, das: Zerquetschen der Nonnen (→ Trägspinner 1.) bei der Forstschädlingsbekämpfung am Baumstamm mittels lappenumwickelter Stangen.

Abfliegen, das: auch Wegfliegen. veraltete Bez. für das Dürrwerden des Holzes (Äste etc.).

Abfluß, der: Von den Niederschlägen, die auf und in den Wald fallen, wird ein Teil von den Pflanzen selbst verbraucht, ein Teil verdunstet von den Pflanzenoberflächen und vom Boden aus. Der Rest fließt in verschiedenen Formen ab. Der Gesamt-A. setzt sich aus Oberflächen-A., vertikalem Sickerwasser-A., Hangwasser-A., Grundwasser-A., Infiltration, A. in Fließgewässern zusammen; → Wasserhaushalt.

abformig → abholzig.

Abformigkeit, die: Abholzigkeit; → abholzig.

Abforstung, die: → Kahlschlag.

Abfuhrentgelt, das (Abfuhrtaxe): festgelegtes oder vereinbartes Entgelt für die Abfuhr des Holzes.
Abfuhrerlaubnis, die: → Abfuhrschein.
Abfuhrplatz, der: → Ganterplatz.
Abfuhrschein, der: auch Abfuhrerlaubnis, Holzabgabeschein, Holzzettel. Mit Aushändigung des (z. B. forstamtlichen) A. geht das Eigentum am gekauften Holz auf den Käufer über. Der A. wird nach Bezahlung oder Sicherstellung des Kaufpreises ausgehändigt. Er ist das Dokument für die Übereignung des Holzes und berechtigt zugleich zu dessen Abfuhr. Der A. enthält u. a. die genaue Bez. des gekauften Holzes (Nummern), den Lagerort (Waldort), den Kaufpreis und die festgesetzte → Abfuhrzeit.
Abfuhrtaxe, die: → Abfuhrentgelt.

Zu den abiotischen Forstschäden gehören u. a. Windbruch, Schneebruch, Frosttrocknis, Dürreschäden und Waldbrände.

Abfuhrzeit, die (Abfuhrtermin): auf dem sog. → Abfuhrschein festgelegte Zeit bis zu welcher die Holzabfuhr erfolgen muß.
abgängig (absterbend): vom Baum: svw. langsam sterben; → Vitalität.
abgängiges Holz → Dürrständer, Abständer, Totholz, Vitalität.
Abgase: A. fallen bei Verbrennungs- und Produktionsanlagen aller Art an (Haushalt, Industrie, Luft- und Straßenverkehr). Natürliche A. entstehen bei Waldbränden und Vulkanausbrüchen. Die A. enthalten → Stickstoffoxide, Wasserdampf, Wasserstoff, → Sauerstoff, → Kohlen- und → Schwefeldioxid, → Blei, → Kohlenoxid sowie andere Beimengungen. A. können für Menschen, Tiere und Pflanzen schädlich sein und sogar Bauwerke aus Stein und Stahl zerstören. Grenzwerte für die Konzentration zahlreicher → Schadstoffe im A. werden in der → TA-Luft festgelegt; → Luftverunreinigung.
Abgasentschwefelung, die (Rauchgasentschwefelung): technisches Verfahren zur Abscheidung von → Schwefeldioxid (SO_2) aus Ab- und Rauchgasen von Verbrennungsanlagen. SO_2, das bei Verbrennungsprozessen durch Oxidation des im Brennstoff (hauptsächlich Kohle und Öl) enthaltenen → Schwefels entsteht, ist maßgeblich für die → Luftverunreinigung und das → Waldsterben mitverantwortlich. Seit 1.7.1988 dürfen in der BR Dtschl. Rauchgase von Kraftwerken ab 300 MW Leistung höchstens 400 mg/m^3 SO_2 enthalten oder müssen innerhalb einer Übergangszeit stillgelegt werden (nach Großfeuerungsanlagenverordnung). Das damalige Ziel der BR Dtschl., Abgase aus Verbrennungsanlagen bis 1993 um 75 % zu entschwefeln (Vergleichsjahr: 1982), wurde bereits 1989 durch eine A. von rd. 85 % übertroffen. Von 1982 bis 1989 wurden die SO_2-Emissionen von 1,55 Mio. t auf 220 000 t gesenkt. Bei der A. werden i. a. drei Verfahren angewandt: Das Naß-, das Sprühabsorptions- und das Trockenverfahren.
Heutige Anlagen erreichen einen SO_2-Abscheidungsgrad von über 95 %. Daneben werden in den Anlagen auch in hohem Maße → Chlor und Fluorverbindungen (→ Fluor) abgeschieden. Neben der A. besteht die Möglichkeit der Entschwefelung des Brennstoffes auch im Feuerungsraum. Diese A.-Maßnahmen können einzeln oder miteinander kombiniert angewandt werden.
Abgasreinigung, die: technisches Verfahren zur Verringerung des Schadstoffgehalts im → Abgas. Die Vielfalt der heute angebotenen A.-Einrichtungen ermöglicht Problemlösungen, die jedem Spezialfall angepaßt sind. Stäube lassen sich z. B. durch Gewebe- und Elektrofilter, Naßabscheider oder Zyklone abscheiden; gasförmige Verunreinigungen werden im Abgasstrom verbrannt (thermische A.), durch Flüssigkeiten ausgewaschen (Absorptionsanlagen, Naßwäscher) oder durch Adsorption (beispielsweise an Aktivkohle) oder durch Kondensation zurückgewonnen; → Abgasentschwefelung, → Absorption, → Katalysator, → Schadstoffe, → Luftverunreinigung.
Abgebot, das: beim (staatlichen) → Holzverkauf früher gelegentlich angewendetes Mittel gegen eine Ringbildung der Holzkäufer. Das zu verkaufende Holz (Los) wurde dabei zu einem Preis ausgeboten, den (unterstellt) kein Käufer zu zahlen bereit war. Der ausgebotene Preis wurde dann vom Verkäufer solange vermindert, bis ein Kaufinteressent „angenommen" rief oder der Verkäufer selbst das Los zurücknahm.
abgelagert: Als a. wird → Schnittholz bezeichnet, das auf Grund längerer Lagerung keine wesentliche Änderung der Holzeigenschaften mehr erwarten läßt.
abgestorbene Bäume → Dürrständer, abständig, Totholz, Vitalität.
Abgestutzte Keule, die: → Keulenpilze 5.
Abhieb, der: **1**) die Stelle, an der der Baumschaft vom → Stock getrennt wird; **2**) früher auch Bez. für die bei der Fällung anfallenden Holzspäne.
Abhiebsfläche, die: → Kahlschlagfläche.
Abholz, das: veraltete Bez. für das bei der Fällung anfallende → Astholz.
abholzen → entwalden.
abholzig: **1**) auch abformig, abfällig, abfallend, abschäftig; veraltet: abschüssig. Ein Baum ist a., wenn er zur Krone hin überdurchschnittlich stark kegelförmig zuläuft, d. h. sich verjüngt. A. sind meist freistehende Bäume (→ Freistand), die ohne Konkurrenz und ohne Stütze anderer Bestockungsglieder aufgewachsen sind und durch ihre Form Stürmen besser standhalten können. Differenzen von < 1 cm/m gelten als → vollholzig, 1 bis 2 cm/m als a. und > 2 cm/m als stark a. Die durchschnittliche Durchmesserabnahme wird durch Ermittlung der Durchmesser am Beginn und am Ende der Meßstrecke (Bezugmaß üblicherweise 1 m) gemessen; → H/D-Wert.
2) veraltete Bez. für einen Baum, der zu schwach ist, um als → Bauholz verwendet zu werden.
Abholzigkeit, die (Abformigkeit, österr.: Konizität): → abholzig, H/D-Wert.
Abholzung, die: svw. → Kahlschlag.
Abholzungsfläche, die: → Kahlschlagfläche.
Abies → Tannen.
Abietinella abietina → Tannenmoos.
Abietinsäure, die (Silvinsäure): eine hydroaromatische Harzsäure (C_{19}-H_{29}-COOH), die gemeinsam mit der isomeren Lävopinarsäure im → Harz der → Koniferen vorkommt. Die A. ist Hauptbestandteil des → Kolophoniums und aus diesem destilliert. Es dient für Seifen, als Zusatz bei der Milchsäuregärung und als Weichmacher für Lacke.
Abietoideae: Unter-Fam. der → Kieferngewächse (*Pinaceae*) mit den sechs Gatt. Douglasie (*Pseudotsuga*), Fichte (*Picea*), Tanne (*Abies*), Hemlock (*Tsuga*), *Keteleeria* und *Cathaya*. Mit Ausnahme der in China beheimateten Gatt. *Cathaya* sind nur Langtriebe vorhanden, an denen mehrjährige nadelförmige Blätter stehen.
abiotische Faktoren → ökologische Faktoren.
abiotische Forstschäden: Bez. für → Waldschäden aus der unbelebten Natur (→ ökologische Faktoren), die durch Temperatur, Wasser, Licht, chemische und mechanische Faktoren entstehen. Zu den a. F. gehören u. a.: → Windbruch, → Windwurf (Sturmwurf), → Schneebruch und -druck, → Hagelschäden, → Frosttrocknis, → Dürreschäden sowie → Waldbrände; → biotische Forstschäden, → Waldkrankheiten.
Abkanten, das: → Spranzen.
Abkappen, das: **1**) das rechtwinklige Abschneiden der Stammenden (→ Waldbart) von → Rundholz vor dem Einschnitt; **2**) das Kappen von Schnittware (→ Schnittholz) auf handelsübliche oder bestimmte Längen.
Abkoppen, das: → Spranzen.
Abkürzsäge, die: → Schrotsäge.
Ablängen, das: Das Abschneiden oder Abmessen der Bäume nach dem → Hieb dient der Sortimentbildung. Je länger ein Stamm ausgehalten wird, um so geringer wird i. a. der → Zopfdurchmesser. Stammholz (Stämme und Stammteile) wird meist auf ganze Meter abgelängt. Nach der Art der Ablängung teilt man das → Stammholz in → Langholz und in → Abschnitte ein. A. ist auch die Tätigkeit des Zerlegens, d. h. Zerschneiden des Baumes; → Ausformung.
Ablängmeßstab, der: → Reißmeter.
Ablängsäge, die: → Schrotsäge.
Ablaschen, das: alte Bez. für das Markieren von Wegen durch Laschen (Anschälen) von Bäumen; → Anschalmen.

Ablaß, der: alte und weniger gebräuchliche Bez. für den → Zopfdurchmesser.

Ablation, die (Wegnahme): **1**) svw. Abtragung des Bodens; → Bodenerosion; **2**) die oberflächliche Abschmelzung von Schnee und Eis (Gletscher, Inlandeis) durch Sonnenstrahlung, Luftwärme und Regen.

Ableger, der: → Absenker.

Ablösung von Forstrechten → Forstrechte.

Abmarkung, die: Errichtung bzw. Wiederherstellung fester → Grenzzeichen (Steine), die bislang gefehlt, nicht richtig gestanden haben oder unkenntlich geworden bzw. verrückt worden sind. Das Abmarkungsverfahren, zu dem jeder Grundstückseigentümer die Mitwirkung seines Nachbarn verlangen kann (§ 919 BGB), dient der Sicherung der Grenzen (Grenzschutz). Das Forstpersonal begeht in regelmäßigen Abständen die Grenzen, überzeugt sich vom Zustand der Grenzsteine und hält alle Mängel fest (Grenzkontrolle).

ABN: Abk. für „Arbeitsgemeinschaft deutscher Beauftragter für Naturschutz und Landschaftspflege"; → Naturschutzverbände.

Abnutzungsfläche, die: Fläche, die im schlagweisen Hochwald (→ Altersklassenwald) innerhalb des nächsten zehnjährigen Planungsabschnittes verjüngt werden soll. Sie bestimmt den Umfang der → Endnutzung (→ Hiebssatz). Ist die Flächenausstattung der → Altersklassen ausgeglichen, errechnet sich die normale A. aus dem Quotienten Fläche : → Umtriebszeit. Beispiel: bei 130 ha und 80 Jahren Umtriebszeit sind das 1,625 ha. Bei ungleicher Ausstattung der Altersklassen ist diese normale A. nur ein Anhaltswert. Unter Würdigung der tatsächlichen Altersklassenverteilung wird hier ein → Ausgleichszeitraum festgesetzt, innerhalb dessen wieder ein normales → Altersklassenverhältnis anzustreben ist. Die A. wird entsprechend modifiziert; → Schlag.

Abnutzungssatz, der: → Hiebsatz.

Abplaggen, das: das Abschälen des Bodenüberzuges samt den Wurzeln in größeren Stücken mit den sog. Plaggenhacken oder mit dem Pflug. Das A. beeinträchtigt die → Nachhaltigkeit und ist nach den Landeswaldgesetzen (Forstgesetzen) verboten; → Plagge.

Abpostung, die: alte Bez. für die Nachprüfung der → Holzaufnahme durch den Vorstand eines Forstamtes.

Abpostungsbuch, das: → Nummernbuch.

abprügeln: veraltete Bez. für → abholzen.

Abrasch, die: → Ebereschen 1.

Abraum, der: **1**) Schlagabraum; die bei der Holzfällung anfallenden Abfälle wie Späne, Äste (Reisig) und Rinde. Der A. wurde früher verbrannt (Dünger) oder als Brennmaterial abgegeben. Im Hochgebirge wurde er häufig zu Wällen zusammengetragen, um den → Jungwuchs vor → Wildschäden und vor dem Weidevieh (→ Waldweide) zu schützen. **2**) alte Bez. für → Rodung.

Abräumungshieb, der: → Räumungshieb.

Abräumungsschlag, der: → Räumungshieb.

Abreschenbaum, der: → Ebereschen 1.

Abrißling, der: → Absenker.

Abrollpolter, das: → Holzlagerplatz.

Abrückscheide, die: → Transportgrenze beim → Rücken.

Absatzfonds, der: Aufgabe des A. ist es, Absatz und Verwertung von Erzeugnissen der deutschen Land-, Forst- und Ernährungswirtschaft durch Erschließung und Pflege von Märkten im In- und Ausland mit modernen Mitteln und Methoden zentral zu fördern. Die Beiträge werden von den holzwirtschaftlichen Betrieben abgeführt – soweit die Forstverwaltungen der Länder diese nicht direkt zahlen – unter freiwilligem Rückersatz durch die Forstwirtschaft. Die „Zentrale Markt- und Preisberichtstelle für Erzeugnisse der Land-, Forst- und Ernährungswirtschaft GmbH (ZMP) – Holzmarktberichterstattung" in Bonn arbeitet im Rahmen der CMA (→ „Centrale Marketinggesellschaft der deutschen Agrarwirtschaft mbH"), die einen Produktausschuß „Forsterzeugnisse" hat; → Forstabsatzfonds.

Absäumen, das: auch Absäumung, Saumrandstellung. Kombination der → Schlagform → Saum mit dem Saumhieb (→ Hiebsart); → Verjüngungsverfahren.

Absäumung, die: → Absäumen.

abschäftig → abholzig.

abschälen: **1**) svw.→ abschmatzen; **2**) svw. → entrinden.

Abschbaum, der: → Ebereschen 1.

Abscheuerung des Holzes, die: → Zersetzungsformen des Holzes.

abschlagen: **1**) bei der → Köhlerei Bez. für „die Rasendecke auf den → Meiler schlagen". **2**) Früher wurden → Bucheckern, → Eicheln und Nüsse, die im Herbst nicht von selbst auf den Boden fielen, mit Stöcken oder Stangen abgeschlagen.

Abschlußgewebe, das (Hautgewebe; Periderm): A. sind alle pflanzlichen Gewebearten – i. a. der landbewohnenden → Pflanzen –, die die Pflanze vor mechanischen Verletzungen, vor Befall durch → Bakterien und → Insekten, schädlichen Wasserverlusten und zu hoher Erwärmung schützen sollen. Im einfachsten Fall besteht es aus einer Zellschicht (Oberhaut; → Epidermis). Diese Zellschicht überzieht die gesamte Pflanze und wird beim → Dickenwachstum erst durch → Kork und dann durch → Borke ersetzt.

◄◄ Bei der Holzernte entstehen Späne, Äste und Rinde als Abfälle, sog. → Abraum.

abschmatzen (abschälen): frühere Bez. für das Verfahren zur Brennholzgewinnung, Teile des ungerodeten Wurzelstockes vom äußeren Rand in Richtung → Kern, Stück um Stück wegzuspalten.

Abschnitte: **1**) Blöcher, Block- oder Blochholz, Stammabschnitt; in Österreich Trumm, in der Schweiz Trämel: im Ggs. zum → Langholz 3 bis 6 m lange, abgesägte (abgelängte) Teile eines Stammes zur Herstellung von → Brettern; → Ablängen; **2**) in der Botanik Bez. für die Teile eines → Blattes (auch Segmente), die durch Einschnitte bis fast zur Hauptrippe vom übrigen Blatt getrennt sind.

Abschroten, das (Abhauen): → Umschroten, → Abtrummen.

Abschuß, der: → Kronenabschuß.

abschüssig → abholzig.

Abschwendung, die: alte Bez. für jede Handlung, die das Fortbestehen des Waldes oder Teilen davon gefährdet. A. oder Schwenden nannte man auch die → Brandrodung, die durchgeführt wurde, um Weide- und Ackerland zu gewinnen, aber auch allg. Rodungsarbeiten wurden mit A. bezeichnet.

Abscisine, die: → Abszisine.

Absenker, der (Ableger): Unter natürlichen Bedingungen können sich Zweige und Äste, die den Boden berühren, bewurzeln. Diese Fähigkeit nutzt man zur ungeschlechtlichen (→ vegetativen) Vermehrung von Pflanzen (meist → Holzgewächsen; z. B. Fi, Ha, Wei, Beerenstrauch, Reben) aus; → Absenkerverfahren.

Absenkerverfahren, das: vegetative Vermehrung, bei der die Zweige oder Triebe (→ Absenker) in einem Bogen von ihrer Basis in die Erde gesenkt, dort befestigt und mit dem Zweigende senkrecht aufgerichtet werden. Aus den Seitenknospen der Rute entwickeln sich Triebe, welche an der Basis angehäufelt werden, wenn sie eine Länge von ca. 20 cm erreicht haben. Die sich entwickelnden Aufwüchse werden später (nach ca. einem Jahr) abgestochen.

absolute Abundanz, die: → Abundanz.

Absonderungsgewebe, das: → Ausscheidungsgewebe.

Absorption, die: Aufnahme von Gasen, Dämpfen oder Feststoffen in Flüssigkeiten; → Schadstoffe, Abgas, Abgasentschwefelung, Adsorption.

Absorptionshaare → Haare.

Absperren, das: beiderseitiges Beleimen einer Mittellage quer zur → Holzfaser mit einem dickeren → Furnier (→ Absperrfurnier). Mit dieser Technik sollen die Holzflächen vor Verziehen, → Quellen, Schwinden und → Reißen des Holzes bewahrt werden.

Absperrfurnier, das: ein → Furnier von 1,5 bis 3 mm Dicke, welches das → Blindholz (Mittellage) einschließt. A. wird hauptsächlich aus Er, Bi, Li, Bu, Pa und Wei oder aus ausländischen Holzarten wie Abachi, Gabun, Limba und Whitewood usw. hergestellt.

Abspranzen, das: → Spranzen.
Absprünge: Zweige, die z. B. bei Ei und Pa oder Triebspitzen bei Kie (im Herbst mit glatter Trennfläche) abgeworfen werden; → Abbisse, Abwurf.
Abstämmen, das: früher übliches – heute wegen der Unfallgefahr verbotenes – meterweises Kürzen von Bäumen, die beim Fällen (→ Fällung) mit der Krone an einem Nachbarbaum hängengeblieben sind. Heute werden solche Stämme mit Wendehaken, Seilwinde oder Greifzug zu Fall gebracht; → Fällungswerkzeuge.
Abständer, der: alte Bez. für dürr gewordene, abgestorbene Bäume oder Bestände ohne Rücksicht auf die Schadensursache; → Dürrständer.
Abstandsdurchforstung, die: → Standraumregulierung.
absterbender Baum → Kümmerer, abgängig, Vitalität.
Abstreifen, das: → Berappen.
Absturz, der: → Borkenkäfer (Mulde am Hinterende der Flügeldecken).
Abszisine (Abscisine): Pflanzenhormone, die i. d. R. hemmend auf Stoffwechsel und Entwicklungsvorgänge wirken. Die A.-Säure bewirkt auch das Abwerfen von Pflanzenteilen, z. B. der Herbstblätter und der Früchte; → Abwurf, Blattfall, Blattfarbstoffe.
Abt, Franz → Wald in der Musik.

Die Grenze einer Abteilung im Wald kann künstlich (z. B. drei Ringe am Stamm) oder natürlich sein.

Abteilung, die: **1)** → Waldeinteilung. **2)** höhere taxonomische Kategorie in der biologischen → Systematik. Sie gliedert sich in Unter-A. bzw. Stämme. Mehrere A. bilden zusammen ein Unterreich bzw. ein Reich.
Abteilungsgrenze, die: auch Abteilungslinie, -schneise, Jagengrenze. Grenze einer Abteilung (→ Waldeinteilung). Sie kann künstlich (→ Schneise) oder natürlich (z. B. Wasserlauf, Kammlinie) sein. Sie wird gekennzeichnet durch einen Abteilungsstein (Grenzstein), ein → Grenzzeichen bzw. einer → Abteilungsnummer.
Abteilungsnummer, die: Bez. der Abteilung, in arabischer Ziffer angegeben; → Waldeinteilung.
abtragen: alte Bez. für Bäume, die sich im Fruchttragen erschöpfen, d. h. durch Tragen abnutzen.
abtreiben: das Holz einschlagen, meist kahlschlagen; → Abtrieb.
Abtrennen der Wurzelanläufe → Beibeilen des Baumfußes.
Abtrieb, der (in Österr. die Schlägerung): Alle Bäume auf einer Bestandsfläche werden in einem Hiebsvorgang (→ Hieb) abgeholzt (abgetrieben, geschlagen). Das Belassen einzelner → Überhälter ändert den Charakter des A. (→ Kahlschlags) nicht; → Verjüngungsverfahren.
Abtriebsalter, das (Hiebsalter): Alter, das ein Bestand bei seinem → Abtrieb erreicht hat und das nicht mit dem Umtriebsalter (→ Umtrieb) zusammenfallen muß. Maßgeblich für die Bestimmung des A. eines Bestandes ist u. a. dessen Sortenertrag, der Gesundheitszustand. Im → Plenterwald ist der Begriff A. (im Ggs. zum → Altersklassenwald) nicht anwendbar, weil hier nur einzelne Stämme mit entsprechender Zielstärke (→ Hiebsreife) entnommen werden.
Abtriebsbestand, der: Holzmasse und Stammzahl, die zur Zeit der normalen → Hiebsreife auf einem Hektar vorhanden sind.
Abtriebsfläche, die: → Schlag.
Abtriebsmasse, die: → Holzeinschlag.
Abtriebsschlag, der: → Räumungshieb.
Abtrommen, das: → Abtrummen.
Abtrummen, das (Abhauen, Abschroten, Abtrommen, Zerschroten): alte Bez. für das Zerlegen eines Stammabschnittes in einzelne Stücke (→ Rundlinge, → Trumme) mit der Axt. Das A. war eine zeitaufwendige und auch verschwenderische Methode der Aufarbeitung. Bereits in der Braunschweigisch-Lüneburgischen → Forstordnung von 1547 war das Holztrummen verboten.
Abundanz, die (lat.: *abundantia* = Überfluß): in der → Ökologie die auf eine Flächen- oder Raumeinheit (z. B. Biotop) bezogene Häufigkeit bzw. Individuenzahl einer → Art (Individuen- oder Bevölkerungsdichte = absolute Individuen-A.) oder die Artdichte einer Pflanzen- und Tiergesellschaft (absolute Arten-A.) bzw. deren Dominanz (relative Arten-A.).
Abverdienen, das: In verschiedenen deutschen Staaten bestand früher die gesetzliche Möglichkeit, daß Forstfrevler (→ Forstfrevel), welche die ausgesprochene Geldstrafe nicht bezahlen konnten, diese durch Waldarbeit a. konnten. Andernfals wäre diese Geldstrafe in Haft umzuwandeln gewesen. Das Verfahren hatte sich jedoch wenig bewährt und wurde im ersten Jahrzehnt dieses Jh. wieder eingestellt.
Abwehrhölzer: auch Sattel- oder Wehrbäume. A. verhinderten bei dem früher üblichen → Holztransport das Ausspringen der auf einem Rieswege (→ Riesen) selbsttätig abgleitenden Stämme. A. waren überall da nötig, wo dem Ausgleiten der Rieshölzer aus der Bahn nicht schon durch vorhandene natürliche Wandungen vorgebeugt war, besonders in Kurvenstrecken. Um dort das Ausspringen zu verhüten, mußten oft mehrere A. aufeinander befestigt und wegen der Aufprallwucht auch entsprechend gesichert werden.
Abwehrpflanzen: auch als Forstschutzmaßnahme gelegentlich zur Abwehr von Forstschädlingen eingesetzte Pflanzen, z. B. Wolfsmilch gegen Wühlmäuse.
Abweiser → Piloten.
Abweiskreuze → Piloten.
Abwelken mit belaubter Krone → Aufreißen der Stämme, Einschlagszeiten.
abwipfeln: das Kappen des Baumes, d. h. den Wipfel (Gipfel) abschneiden, auch abzopfen.
Abwurf, der: Sammelbez. für alle abgeworfenen (abgestoßenen) Pflanzenteile wie Blätter, Zweige und Früchte; → Abszisine, Absprünge.
Abzopfen des Stammholzes: das → Ablängen eines mehr oder weniger langen Gipfelstückes (→ Zopfstück).
Accipiter gentilis → Habicht.
Accipiter nisus → Sperber.
Accipitres → Greifvögel.
Accipitridae → Adler.
Acer → Ahorne.
Aceras → Fratzenorchis.
Aceri-Fagenion → Bergahorn-Buchenwälder.
Aceri-Fagetum → Bergahorn-Buchenwald.
Aceri-Fagus-Gesellschaft → Bergahorn-Buchenwald.
Aceri monspessulani-Quercetum petraeae → Maßholder-Eichenwald.
Aceri-Tilietum platyphylli myrtilletosum → Spitzahorn-Sommerlinden-(Steinschutt-)Wald.
Achäne, die (Achaene): einsamige, trockene → Schließfrucht der meisten → Korbblütler. Die Fruchtwand ist hierbei mit der Samenschale verwachsen.
Achse, die: der meist senkrechte Teil der Pflanze, der die Verzweigungen trägt (Ähren-A., Stengel-A., Wurzel-A.).
Achsel, die: → Blattachsel.
Achselbärtchen → Domatien.
Achselhöhlen → Hohlkehlen.
Achselknospen: in den → Blattachseln angelegte Seitenknospen (→ Knospe). Bei den → Samenpflanzen sind alle Seitenknospen A.
Achselsproß, der: ein Seitensproß (→ Sproß), der aus einer → Achselknospe hervorgegangen ist.
Achterstevenknie, das: → figurierte Hölzer.
Achtwort, das (Echwort): im 12. bis 14. Jh., hauptsächlich in Westfalen und Sachsen übliche Bez. für Berechtigungen, meist Holzberechtigungen, die vielfach in den Urkunden erwähnt werden. Dieses A. war eine durch Vertrag oder das Gesetz bestimmte Waldnutzung, die vom Eigentümer einem Zweiten erteilt worden war. Bei einem Verkauf wurde gelegentlich das auf einem Wald haftende A. ausgenommen und dem Verkäufer reserviert. Für viele Waldeigentümer waren die A. lästig, und sie versuchten diese Rechte durch Kauf, Tausch oder freiwilligen Verzicht der Berechtigten zurückzuerhalten. Konnten die A. nicht rechtskräftig nachgewiesen werden, schüttelte man sie ohne weiteres ab. So sagt eine

Urkunde des Herzogs von Braunschweig aus dem Jahre 1302: „Wir bekennen, daß wir alle Rechte, welche wir im Walde Astbruch besitzen, dem Kloster Marienthal verkauft haben, mit Eigentum und Nutznießung, daß es → roden könne, Neuland machen und so fort unbeschadet der A., welche die Templer und andere Leute zu besitzen vorgeben, aber ihnen nur aus unserer Vorfahren Huld überlassen waren"; → Forstrechte.

Acidität, die: der Säuregehalt einer Flüssigkeit, Lösung oder auch des → Bodens. Sie wird als → pH-Wert gemessen.

Acker, das: früher gebräuchliches Flächenmaß (Feldmaß) von regional unterschiedlicher Größe; z. B. Sachsen: 1 A. = 2 Scheffel = 55,34 Ar; Sachsen-Weimar: 1 A. = 25,05 Ar; Sachsen-Altenburg: 1 A. = 64,43 Ar; Sachsen-Gotha: 1 A. = 160 Quadratruten = 22,7 Ar Feld oder 33,88 Ar Wald.

Ackerbeere, die: → Rubus 3.

Acker-Brombeere, die: → Rubus 3.

Ackerdistel, die: → Kratzdistel 1.

Ackerehrenpreis, der: → Ehrenpreis 7.

Ackereule, die: alte Bez. für die Kiefernsaateule und die Wintersaateule; → Eulen B 2. und 3.

Acker-Glockenblume, die: → Glockenblume 8.

Ackerholunder, der: → Holunder 3.

Ackerholz, das: Laubholz, das ackerweise (→ Acker) verkauft wurde.

Ackerkrähe, die: → Rabenvögel 7.

Acker-Kratzdistel, die: → Kratzdistel 1.

Ackermennig, der: → Odermennig 1.

Ackerrose, die: → Rosen 1.

Ackersatz, der: → Dechelgeld.

Acker-Schachtelhalm, der: → Schachtelhalm 6.

Ackerschnecke, Einfarbige, die: → Egelschnecken 4.

Ackersterbe, die (Ackertannenkrankheit): auf früher als Acker oder auch Wiese genutztem Boden auftretende Erscheinung, daß bei Erstaufforstung nur mit Kie, diese oft im Alter von 30 bis 40 Jahren teilweise absterben. Als Ursache wurde der → Wurzelschwamm *Heterobasisium annosum* einwandfrei identifiziert. Der Wurzelschwamm befällt auch Fi und Dgl auf basischen und auch auf sehr sauren, armen Sandstandorten. Abhilfe kann die Beimischung von Laubbäumen insbesondere mit Ei, Bi, WEr, Rob, As und Lä oder ein → Vorwald bringen.

Ackertannen: nordd. mundartliche Bez. für aus Acker- oder Ödlandaufforstungen entstandene Kie-Bestände; → Ackersterbe.

Ackertannenkrankheit, die: → Ackersterbe.

Ackerthymian, der: → Thymian.

Ackerwinde, die: → Winde.

Acker-Witwenblume, die: → Knautie 2.

Ackerzahl, die: → Bodenschätzung.

Aconitum → Eisenhut.

Acridiidae → Feldheuschrecken.

Acridine: als Verbißschutzmittel eingesetzte Gruppe von chemischen Verbindungen, die eine Reizwirkung auf die Haut haben.

Acrotonie, die: → Akrotonie.

Actaea → Christophskraut.

Actinomycetales → Actinomyceten.

Actinomyceten (*Actinomycetales*): hauptsächlich im Boden lebende Strahlenpilze, neigen zur Bildung von faden- oder mycelartigen Gebilden, bzw. Kolonien. Die Zellen haben keinen durch eine Membran abgegrenzten Zellkern und ähneln denen der → Bakterien. Viele A. leben saprophytisch, einige parasitisch in Tieren und Pflanzen. Sie stellen einen Großteil der Mikroflora des Bodens, besonders auf humusreichen, alkalischen Böden. In sauren Böden finden sich nur wenige Arten. Der typische Erdgeruch stammt von A. Sie sind an der Zersetzung organischer Verbindungen im Boden, so z. B. → Lignin, → Zellulose, Chitin usw. maßgeblich beteiligt. Forstlich von Bedeutung ist auch die Eigenschaft einiger Arten, als Symbionten in höheren Pflanzen → Stickstoff aus der Luft aufnehmen zu können. Bekannt ist die → Symbiose von *Actinomyces alni* mit Erlen.
Die Stickstoffaufnahme beträgt nach amerikanischen Quellen 12 bis 300 kg je Jahr und Hektar. Einige Arten sind in der Lage gegenüber Mikroben hochgiftige Antibiotika zu produzieren, andere können Krankheiten (z. B. Aktimomycose) erregen.

Adach, der: → Holunder 3.

Adam-Riese-Medaille, die: → Wald in Not.

Adaptation, die: → Anpassung.

Adaption, die: → Anpassung.

adaptiver Waldbau, der: Der a. W. erfolgt aufgrund eines Lernprozesses, der die Erfahrungen des Bewirtschafters im Umgang mit dem → Ökosystem → Wald gezielt nutzt, um die Steuerung in seinem Sinne effektiv zu gestalten.

adaptiver Waldumbau, der: von Prof. Dr. Karl Stoszek geprägter Begriff, der die Anpassung des Waldes an Änderungen von Umwelt, Wirtschaft und Fortschritte der Wissenschaft umschreibt (lat.: ad- = zu, an; aptus = passend).

Adebar, der: → Störche 1.

Adelgidae → Blattläuse.

Adelsbeerbaum, der: → Ebereschen 4.

Adel(s)esche, die: → Eberesche 4.

Adenostyles → Alpendost.

Adenostyles alpina-Picea abies → Alpendost-Fichtenwald.

Adenostylo glabrae-Piceetum → Alpendost-Fichtenwald.

Ader, die: in der Botanik Bez. für die Blattnerven oder -rippen; → Blatt.

Aderholz, das: im Ggs. zum → Hirnholz geschnittenes → Holz, dessen Schnittfläche parallel zu den → Holzfasern läuft.

Adhäsionswasser, das: → Bodenwasser.

Adler: Fam. der Greife (*Accipitridae*) aus der Ordn. der Greifvögel (*Falconiformes*). Die in Europa heimischen A. sind drei verschiedenen Unter-Fam. zugeordnet. Schell-, Schrei-, See- und Steinadler gehören zur Unter-Fam. der Bussardartigen (*Buteoninae*), der Schlangenadler zur Unter-Fam. Schlangenadler (*Circaetinae*) und der Fischadler zur Unter-Fam. der Fischadler (*Pandioninae*). Die A. zählen zu den Taggreifvögeln und sind in Dtschl. seit 1934 unter totalen Schutz gestellt.
A. werden erst mit einigen Jahren geschlechtsreif und die Gelege der meisten A.-Arten bestehen aus zwei Eiern, wovon häufig nur ein Junges groß wird. Es sind deshalb umfangreiche Schutzmaßnahmen nötig, um die A. zu erhalten. A. beanspruchen ein großes Revier und dulden dort keine weiteren Artgenossen. A.-Paare bleiben zeit ihres Lebens zusammen. Das Weibchen ist stets größer als das Männchen.
Mythologie: Die den A. auszeichnenden Eigenschaften wie Kraft, Mut und sein majestätisches Wesen ließen ihn zum Wappentier vieler Herrscherfamilien werden. Als Sinnbild war der A. bei Babyloniern, Indern und Persern Zeichen der höchsten Gottheit. Bei den Griechen war er Symbol des Zeus; in Rom als Zeichen des Jupiters Sinnbild der kaiserlichen Macht; durch den römischen Feldherrn Marius (156 – 86 v. Chr.) wurde er zum Feldzeichen der Legionen u. a. erhoben. Im Christentum ist er

Der Steinadler, in vielen Gegenden bereits ausgerottet, nimmt in seinem Bestand wieder zu.

das Kennzeichen des Evangelisten Johannes. Der A. wurde als kaiserliches Wahrzeichen von Karl dem Großen übernommen und im 12. Jh. zum deutschen Reichswappen erhoben. 1919 bis 1935 war das Wappen der Hohenstaufenkaiser in seiner romanisch-gotischen Form Reichswappen, seit 1950 ist es Bundeswappen. Als Staatssymbol dient der A. auch den USA, Ägypten, Bolivien, Mexiko, Liechtenstein, Österreich und Polen.

1. Steinadler, der (*Aquila chrysaetos* L.): auch brauner A., Ringelschwanz-A., Gold-, Hasen-, Königs-, Stockadler. Länge 77 bis 95 cm, Gewicht: Männchen um 3500 g, Weibchen um 4500 g, Flügelspannweite: 200 bis 230 cm.
Der S. ist in verschiedenen Rassen über weiter Teile Eurasiens und Nordamerikas verbreitet, in vielen Gegenden jedoch bereits ausgerottet. Sein Lebensraum sind die höheren Gebirge mit steilen Felswänden und offenem Gelände. Er ist heute nur noch in wenigen Exemplaren Brutvogel in den Alpen und seit 1987 (nach 170 Jahren) wieder im südlichen Schwarzwald, ferner auf der Iberischen Halbinsel, in Finnland, Nordschweden, Norwegen, Schottland, in den Karpaten, im französischen Zentralmassiv, in Nordosteuropa, in großen Teilen Asiens und auf den größten Mittel-

meerinseln. Bei uns ist er deutlich überwiegend, Stand-, gelegentlich Strichvogel.
S., die 50 Jahre und älter werden können, sind erst mit fünf bis sechs Jahren geschlechtsreif. Sie horsten in steilen Felswänden mit Nischen und Vorsprüngen, die niedriger als das Jagdgebiet liegen. Der S.-Horst wird sehr groß angelegt (bis Durchmesser von 2 m und einer Höhe von 1 m). Das Gelege besteht meist aus zwei – seltener einem oder drei – trübweißen Eiern, die mit braunen oder grauen Flecken versehen sind. Die Eier werden überwiegend vom Weibchen 42 bis 44 Tage bebrütet. Nestlingszeit: 75 bis 80 Tage. Die Aufzucht der Jungen erledigen die Eltern gemeinsam. Die Zerkleinerung der Beutetiere und das Füttern der Jungvögel übernimmt jedoch ausschließlich das Weibchen. Eine Jahresbrut (Ende März bis Mitte April).
Nahrung: Der S. schlägt seine Beute nur am Boden. Sie besteht vorwiegend aus Murmeltieren, daneben auch aus Alpenschneehasen, Gams- und Rehkitzen, Auer- und Birkwild, Rotfüchsen, Eichhörnchen, kleinen Säugern und Vögeln sowie jungen Schafen. In Notzeiten (Winter) nimmt er auch Aas. Er kann bis zu 7 kg

Der Fischadler gehört zu den gefährdeten Arten.

tragen und bis zu 14 Tagen ohne Nahrung auskommen.
2. Fischadler, der (*Pandion haliaetus* L.): auch Fischaar, Fußadler, Karpfenschläger, Weißbauch, weißköpfiger Blaufuß. Länge: 60 bis 65 cm, Gewicht: 1500 bis 2100 g, Flügelspannweite: 150 bis 170 cm.
Der F. bewohnt mit Ausnahme Südamerikas alle Erdteile, ist aber in Europa nur noch in Nord- und Osteuropa und in Südspanien Brutvogel. In Belgien, Dänemark, Frankreich, Holland, Italien, Österreich, Schweiz, Ungarn und Balkanländern fehlt er. In Dtschl. kommt er nur noch im Gebiet des Müritzer Sees (Mecklenburg) und vereinzelt in Schleswig-Holstein und aufgrund langjähriger Schutzmaßnahmen in den Kreisen Neustrelitz, Röbel, Templin und Waren noch häufiger vor. Der Lebensraum des F. sind fischreiche Binnengewässer aller Art in bewaldeter Umgebung oder im offenen Gelände mit → Baumgruppen.
Der F. ist erst mit zwei bis drei Jahren geschlechtsreif. Der Horst wird überwiegend in Wassernähe auf starken hohen Bäumen im Wipfelbereich errichtet, seltener auf Fels oder in Ruinen. Das Gelege besteht i. d. R. aus drei (zwei bis vier) kalkweißen, rotbraun und aschgrau bis dunkelbraun gefleckten Eiern. Sie werden 37 bis 38 Tage abwechselnd von beiden Elternteilen bebrütet. Nach etwa 60 bis 70 Tagen verlassen die Jungadler den Horst. Eine Jahresbrut (Ende April bis Anfang Mai).
Nahrung: Fast ausschließlich Fische, die er rüttelnd und stoßtauchend mit vorgestreckten Fängen erbeutet. Nach Berechnungen von K. H. Moll braucht eine F.-Fam. (zwei Altvögel und drei Jungvögel) von der Ankunft im März bis zum Abflug im September (Zugvogel) etwa 150 kg Fische.

Adlerfarn, der (*Pteridium*): eine fast weltweit verbreitete Gatt. der Fam. der → Tüpfelfarngewächse (*Polypodiaceae*) aus der Klasse der → Farne. Sie ist bei uns nur mit der Art *Pteridium aquilinum* (L.) Kuhn vertreten.
Der A., der größte einheimische → Farn, gehört zu den verbreitetsten Farnen der Welt. Er ist relativ häufig, besonders im atlantischen Bereich Europas, und bestandsbildend in artenarmen Laubmischwäldern, Kiefern-, Laub- und Nadelwäldern sowie an Waldrändern, auf Schlägen und ungepflegten Weiden (giftiges Weideunkraut). Der A. wächst meist auf sauer humosen, kalk- und nährstoffarmen, wechselfeuchten Sand- und Lehmböden mit Grundwasser in mind. 2 m Tiefe.
Diese mächtige und mehrjährige Farnpflanze schiebt aus ihrem starken, weit kriechenden → Wurzelstock jedes Jahr ein nicht überwinterndes Blatt, das oft bis 2 m (auch bis 3 m) hoch wird. Ein Querschnitt durch den unteren Blattstiel läßt die dunklen → Leitbündel in Form eines Doppeladlers erscheinen (Name!). Der lange Blattstiel ist gelblich und bis 1 cm dick. Die → sommergrünen, bogenförmig zurückgeneigten Blätter (Farnwedel) sind hellgrün, derb, im Umriß dreieckig und meist sehr groß. Sie sind 2- bis 4fach gefiedert. Die einzelnen Fiederblättchen sind linealisch-lanzettlich und ganzrandig. An sporentragenden Farnwedeln befinden sich die → Sporen auf der Unterseite am Rande der Blättchen, bedeckt vom umgerollten, weißhäutigen Blattrand. Sporenreife: Juli bis August (Oktober).
Der A. lockert den → Waldboden, reichert ihn mit → Humus an und schützt junge → Kulturen vor Frost und Austrocknung durch Sonne und Wind. Schädlich für die jungen Waldbäume ist er wegen seiner allelopathischen Wirkung (→ Allelopathie) und Beschattung wenn er sich flächenmäßig stark ausbreitet. Wegen der langsam verrottenden Streu begünstigt er Bodenfeuer. Die stärkehaltigen Wurzelstöcke werden von Wildschweinen gern genommen und könnten notfalls auch dem Menschen als Nahrung dienen. Die Farnwedel finden als Streu Verwendung.

Adlerhorst, der: → Storchennest.

Admiral, der: → Edelfalter 7.

Adonis → Adonisröschen.

Adonisröschen, das (*Adonis*): auch Teufelsauge. Die Pflanze ist nach Adonis benannt, aus dessen Blut sie, dem Mythos nach, entstanden sein soll. A. bildet eine Gatt. der → Hahnenfußgewächse mit 20 Arten in Europa und den gemäßigten Zonen Asiens. A. sind → Stauden oder → Kräuter mit wechselständigen Blättern (→ Blattstellung) und großen, einzeln stehenden, meist gelben oder roten → Blüten. In Mitteleuropa kommen vier Arten vor, darunter auch die in Wäldern anzutreffende, größte mitteleuropäische Art:
Frühlings-Adonisröschen, das (*Adonis vernalis* Linné): auch Frühlings-Teufelsauge. Das über Mittel-, Ost- und Südeuropa verbreitete F. wächst, selten geworden und vielerorts bereits ausgerottet, auf warmen Sandböden, bevorzugt auf Kalk, gelegentlich in lichten Kiefernwäldern insbesondere im Südosten, in boreal-subkontinentalen Kiefern-Steppenwäldern, auf Heiden (→ Steppenheide), Steppen- und Trockenrasen und sonnigen Hügeln. Die ausdauernde, giftige, bis 30 cm (50 cm) hohe Pflanze hat einen einblütigen, unten mit bräunlichen Schuppen bedeckten Stengel, der bis obenhin beblättert ist. Die gedrängt stehenden Blätter sind zwei- bis vierfach gefiedert, zerteilt in feine linealische Zipfel. BZ: April bis Mai. Die einzelne, endständige Blüte ist 4 bis 8 cm breit und hat hell- bis goldgelbe → Kronblätter, zahlreiche gelbe → Staubblätter. Die Früchte sind bis 5 mm lange, netznervige, behaarte Nüßchen (→ Schließfrucht) mit hakenförmigem Schnabel. Da das Kraut neben Adonit und Flavonen auch verschiedene Herzglycoside enthält, wird es in Medizin und Kosmetik angewandt.

Adoxa → Moschuskraut.

Adsorption, die: Anbindung von Gasen, Dämpfen oder gelösten Stoffen an feste Körper. Durch A. lassen sich Schadstoffe aus Gasen oder Flüssigkeiten entfernen. Aktivkohleadsorber werden heute in vielen Anwendungsbereichen eingesetzt. Die abgeschiedenen → Luftverunreinigungen lassen sich im Ggs. zu anderen Luftverunreinigungen wieder zurückgewinnen, z. B. → Schwefeldioxid und Lösemittel. An der Oberfläche von Blättern und Nadeln können sich Schwefeldioxid und andere Schadstoffe anbinden und schwere Ätzschäden verursachen; → Absorption.

Adsorptionswasser, das: → Bodenwasser, Pflanzenverfügbare Wasserkapazität.

Adstringenzien: Bez. für zusammenziehende blutstillende Mittel, die in der Medizin verwendet werden. Sie wirken durch das Gerinnenlassen von Eiweißen im Gewebe, werden aber auch zur Behandlung von Schleimhautkatarrh eingesetzt. A. sind u. a. Tannine und Tannalbin sowie Juglone (Inhaltsstoff der Walnußblätter und der grünen Hüllen unreifer Nüsse).

Advektivfrost, der: Landfrost, der durch Einbruch polarer Luftkörper entsteht. A. führt zur Bildung von Duftanhang (→ Rauhreif). Ggs. → Strahlungsfrost (Lokalfrost); → Frostschäden.

Adventivknospen: botanische Bez. für → Knospen, die nicht aus Bildungsgewebe des → Vegetationspunktes entstehen, sondern an den verschiedensten Teilen einer Pflanze (Wurzeln, Stamm, Blatt) aus wieder teilungsfähig gewordenem → Dauergewebe entstanden sind. Die Bildung von A. wird häufig durch

◀◀◀ Der Adlerfarn kann Wedel über 3 m Länge hervorbringen.

Verletzungen hervorgerufen, v. a. entstehen sie aus den Überwallungswülsten (→ Überwallungen) nach Verletzungen, zum Beispiel bei → Stockausschlägen und Kopfholz (→ Kopfholzbetrieb).

Adventivpflanzen: Pflanzen, die in ein bestimmtes Gebiet erst durch Einwirkung des Menschen als Kulturpflanzen (z. B. als Zier- und Nutzpflanzen) gelangten oder unabsichtlich eingeschleppt wurden (Ansiedler, Ankömmlinge, Kolonisten, → Neophyten). Dies geschah sehr früh, z. T. in vorgeschichtlicher Zeit (Altpflanzen, Altbürger; z. B. Weizen, Roggen, Gerste, Ackerkornblume) oder später; in Europa etwa ab der Völkerwanderungszeit bzw. nach der Entdeckung Amerikas (sog. Neubürger, z. B. Kartoffel, Wasserpest, → Roßkastanie, Frühlingskreuzkraut, → Springkraut, → Goldrute).

Adventivsprosse: aus → Adventivknospen hervorgegangene Sprosse, z. B. Wurzelsprosse.

Adventivwurzeln: A. sind neu angelegte → Wurzeln (Hilfs- bzw. Ersatzwurzeln), die sich an abgeschnittenen oder verletzten Sproßteilen, z. B. an → Stecklingen oder Steckhölzern, bilden, wenn sie in Erde oder Wasser gestellt werden. Diese Eigenschaft wird zur ungeschlechtlichen Vermehrung eingesetzt. A. bilden u. a. Er, Pa und Wei.

Advent(s)kranz, der: Kranz aus Tannengrün mit vier Kerzen, die nacheinander an den vier Adventsonntagen angezündet werden. Schon in heidnischer Zeit wurde dem Kranz als Sinnbild des Sonnenrades, das mit dem jeweiligen Abklingen des Monats seinen ewig währenden Lauf wieder aufnimmt, eine besondere Bedeutung beigemessen. Die Griechen und Römer verliehen den Kranz (von corona = Krone) dem Sieger als höchste Ehrenauszeichnung. Die geschlossene Form des Kreises repräsentiert das Vollkommene, Undurchdringbare, den Schutz vor bösen Geistern und Unheil. Kränze aus grünen Zweigen, so sagt der Volksmund, bringen Segen, wehren Unheil ab und fördern auch die Fruchtbarkeit. Die „Zauberkränze" wurden mit roten und goldenen Bändern umwickelt – als Farben des Lichts und des Lebens. Aus dem heidnischen Symbol machte der Hamburger Heinrich Wichern, Begründer der Inneren Mission, 1838 den A. Zunächst war das ein gewaltiger, zwei Meter großer Holzreif mit einer Kerze für jeden Tag. Von 1860 bis etwa 1900 wurde daraus der bekannte Kranz aus Tannengrün mit vier Kerzen, der von Norddtschl. aus schnell Verbreitung über ganz Dtschl. und Österreich fand. Heute muß der Kranz nicht mehr nur aus Fichten-, Tannen- oder Eibenzweigen sein, es gibt ihn auch aus Stroh, Weidenruten und sogar aus Styropor, Ton und Salzteig, verziert mit Trockenblumen, Früchten, Ruskus, Kiefernzapfen udgl.

Aegeriidae → Glasflügler.

Aegithalida → Schwanzmeise.

Aegopodium → Geißfuß.

Aegypiinae → Geier.

Aehrle, die: → Ahorne 1.

Aerobiologie, die: Wissenschaft, die sich mit der Untersuchung von Luftbelastungen durch Stoffe biologischen Ursprungs befaßt. Im Mittelpunkt steht dabei die Belastung der Luft mit → Pollen und → Sporen, die bei empfindlichen Menschen allergische Reaktionen hervorrufen können (→ Pollenallergie); → Pollenflugzeiten.

Aerophyten → Epiphyten.

Aerosol, das: Gas, in dem feste (Rauch) oder flüssige (Nebel) Stoffe in Form von Partikelchen, die nebelartig verteilt sind, schweben. Die einzelnen Partikel sind so leicht und klein, daß sie zehn bis zwanzig Tage in der Luft verweilen können. Meist wird unter A. Schwebstaub oder Feinstaub verstanden. A. können wegen ihrer geringen Größe in die Lunge gelangen und gesundheitsgefährdend sein. Bäume bzw. Wälder tragen durch Ausfilterung von A. zur Luftreinigung bei. Schadstoffhaltige A. können durch Ablagerung auf Blättern und Nadeln → Waldschäden verursachen. In der Land- und Forstwirtschaft werden Pflanzenbehandlungsmittel vorrangig als A. ausgebracht.

Aescin, das: aus dem Samen der Rka gewonnener Extrakt, der als Arzneimittel bei Venenerkrankungen verwendet wird; → Äskuletin.

Aesculus → Roßkastanie.

Affinerieholz, das: Buchenlangnutzholz, das bei der Verhüttung des Kupfers in das flüssige Kupfer hineingeschoben wird. A. dient dabei der Ausscheidung (Affinierung) des letzten Sauerstoffs. Es muß mind. 8 m lang sein und einen Mindestdurchmesser von 18 cm und 10 cm Mindestzopf (→ Zopf) haben. Es darf stark ästig, stark gekrümmt und zu 50 % von Brennholzqualität sein. Daneben muß es transport- und Lkw-verladefähig sein.

Afterblattläuse → Blattläuse 9. bis 12.

Aftergrenzzeichen: alte Bez. für → Grenzzeichen, die nicht die Grenze bilden, sondern nur Meßpunkte zum Auffinden der Grenze sind. Sie wurden aufgestellt, wenn sich auf den tatsächlichen Grenzverlauf die Grenzsteine nicht setzen ließen, z. B. kurviger Verlauf eines Baches; → Abmarkung.

Afterholz, das: alte Bez. für schlechtes Holz.

Afterraupe, die: → Larve der → Blattwespe. Sie besitzt vom zweiten Hinterleibssegment an sechs bis acht Fußpaare. Bei den echten → Raupen der → Schmetterlinge treten die Afterfüße erst vom dritten Hinterleibssegment auf.

Afterschlag, der (Wipfelschlag): veraltete Bez. für die dünnen Aste und Wipfel der gefallten Bäume, die beim Aufarbeiten des Holzes liegenbleiben. Der A. war im Mittelalter, als man für → Nutzholz und auch für → Brennholz nur die besseren Teile des Stammes verwendete, sehr bedeutend und umfaßte namentlich das gesamte → Astholz. Er gehörte entweder den Forstbediensteten oder den Hintersassen (Kleinbauern, die zu ihren Grundherrn in einem Abhängigkeitsverhältnis standen) oder minderberechtigten Dorfgenossen; → Abraum.

Afterspinnen → Weberknechte.

Afterwolle, die: Dichte, oft knopfförmige, gelb- oder goldbraune Behaarung des Hinterleibsendes verschiedener Spinnerweibchen (Schwammspinner, Goldafter), die zum Zudecken der Eier benutzt wird; → Trägspinner.

AFZ/Der Wald: Abk. für → Allgemeine Forstzeitschrift.

Agariaceae → Blätterpilze.

Agaricus → Champignon.

AGDW: Abk. für → Arbeitsgemeinschaft Deutscher Waldbesitzerverbände e. V.

Agenda 21 (von lat. *agere* = etwas in Bewegung setzen): Im Rahmen der UN-Konferenz für Umwelt und Entwicklung 1992 wurde in Rio de Janeiro ein globales Umweltaktionsprogramm für das 21. Jh. mit dem Leitgedanken nachhaltiger und umweltverträglicher Entwicklung verabschiedet, der in allen Bereichen des Wirtschaftens und der Politik Eingang finden muß. Die A. 21 richtet sich als Aktionsprogramm des ausgehenden 20. und v. a. des 21. Jh. an Industrie- und Entwicklungsländer gleichermaßen. Damit sollen die weltweit drängendsten Probleme des nächsten Jh. einer Lösung zugeführt werden. Die A. 21 befaßt sich im wesentlichen mit Umweltfragen und enthält auch Aussagen zur Bevölkerungspolitik, zur Armutsbekämpfung und zu Fragen des weltweiten Handels. Ökologie, Ökonomie und soziale Ziele sollen so in Einklang gebracht werden, daß die Bedürfnisse der heutigen Generation befriedigt werden, ohne den folgenden Generationen die Chancen für ihre Lebensgestaltung zu nehmen. Die A. 21, 1992 in Rio von 179 Staaten unterzeichnet, ist kein völkerrechtlich verbindliches Dokument; → Sustainable development.

Die duftenden Blüten des Frühlings-Adonisröschens bilden nur Pollen.

Agent Orange, das: Deckname für ein von den USA im Vietnamkrieg eingesetztes Entlaubungsmittel. A. O. ist eine Mischung der Herbizide 2,4 (→ Pestizide), Dichlorphenoxiessigsäurebutylester (2,4-D) und 2,4,5 Trichlorphenoxiessigsäurebutylester (2,4,5-T). Das in geringen Mengen im 2,4,5-T vorkommende → Dioxln ist vermutlich für an Menschen beobachtete Schäden verantwortlich; → Pflanzenschutzmittel.

Aggregationspheromone: Sammel-Bez. für tiereigene → Pheromone (Soziallockstoffe), die als synthetische Forstschutzmittel zur Borkenkäferüberwachung bzw. -bekämpfung hergestellt werden. Im Ggs. zu den Sexuallockstoffen wirken sie nicht nur auf ein Geschlecht.

AG Holz: Abk. für → Arbeitsgemeinschaft Holz e. V.

Agraralkohol, der: → Äthanol.

Agrarbiologie, die (Agrobiologie): Teilgebiet der Biologie, welches sich mit land- und forstwirtschaftlichen Gesetzmäßigkeiten befaßt.

Agrarchemie, die (Agrochemie, Agrikulturchemie): Teilgebiet der Chemie, welches sich v. a. mit der Düngung und dem Einsatz von → Pflanzenschutzmitteln in der Land-, Forstwirtschaft und im Gartenbau befaßt.

Agrikulturchemie, die: → Agrarchemie.

Agrimonia → Odermennig.

Agriolimacidae → Egelschnecken 4.

Agrobiologie, die: → Agrarbiologie.

Die Schwarzviolette Akelei ist ziemlich formenreich.

Agrochemie, die: → Agrarchemie.

Agroforstwirtschaft, die: → Waldfeldbau.

Agromyzidae → Minierfliegen.

Agropyron → Quecke.

Agrostis → Straußgras.

Agspalter, die: auch Agspelter; → Aspolter.

AH: Kurzzeichen für Bergahorn nach DIN 4076.

Ahlbaum, der: → Geißblatt 4.

Ahle, die: → Prunus 5.

Ahlbeere, die: → Stachelbeere 3.

Ahlers, Georg (12.5.1811 Braunschweig bis 31.12.1891 Helmstedt): A., ab 1857 Forstmeister in Helmstedt, konstruierte die Flügelsäge für die Aufästung (→ Wertästung) der Waldbäume. Er schrieb u. a.: „Über das Aufästen der Nadelhölzer durch Anwendung der neu erfundenen Höhen- und Flügelsäge" (1868).

Ahlkirsche, die: → Prunus 5.

A-Horizont, der: → Bodenhorizont.

Ahornblättrige Platane, die: → Platanen.

Ahornblattroller, der: → Blattroller 6.

Ahornbock, der: → Bockkäfer 24.

Ahornboden, der: Gebiet im Karwendel (Großer und Kleiner Ahornboden) zwischen Isar und Achensee mit uralten Ahornbeständen beiderseits der tirol.-bayer. Grenze.

Ahorne, die: siehe Seite 20 ff.

Ahorneule, die: → Eulen B 7.

Ahorn-Linden-(Misch-)Wälder → Linden-Ahorn-Wälder.

Ahornminiermotte, die: → Motten 5.

Ahornrunzelschorf, der (*Rhytisma acerinum*): auch Teerfleckenkrankheit. hervorgerufen durch einen → Schlauchpilz, der erst im Spätsommer auftritt und die → Ahorne befällt. Auf den Blättern treten erst gelbe, dann auffällige, pfenniggroße und teerschwarze Flecken auf, in denen sich eine Mikrokonidienform entwickelt (Nebenfruchtform = *Melasmia acerina*). Die Assimilationsleistung wird vermindert, vorzeitiger → Blattfall kann eintreten. An abgefallenen, trockenen Blättern reifen im folgenden Frühjahr viele Fruchtkörper (→ Apothecium) mit den Asci, das Stroma bricht mit Längsrissen auf und verleiht den Blättern ein runzeliges Aussehen. Eine Bekämpfung mit Kupferpräparaten ist möglich.

Ahornsirup, der: vom nordamerikanischen Zuckerahorn (*Acer saccharum*) gewonnener Sirup, der als Süßmittel Verwendung findet. Die → Leitbündel werden im Spätwinter durch Schnitte angezapft und der Ahornsaft in Gefäßen aufgefangen. Ein Baum liefert jährlich 50 bis etwa 140 l Saft, der 1,5 bis 3 % Zucker enthält. Dieser wird zu A. oder Zucker verarbeitet; → Bluten der Bäume.

Ahornsplintkäfer, der (*Scolytus aceris*): zur Fam. der → Splintkäfer gehörendes Insekt, das am Stamm der Ahorne zwischen Holz und Rinde frißt, ohne jedoch wirtschaftlichen Schaden anzurichten.

Ährchen: kleine Einzelblütenstände, die zu komplexeren ähren- oder rispenartigen → Blütenständen vereinigt sind; z. B. bei → Gräsern.

Ähre, die: → Blütenstand.

Aichen Gerten: alte lokale Bez. (Sechsämterland) für eichene Stangen zum Umzäunen von Gärten und Peunten (umhegtes, besonderem Anbau vorbehaltenes Stück Land).

Aichen Kessten: alte lokale Bez. (Sechsämterland) für Eichenquesten (Eichenwedel) zum Peitschen der Haut in der Badstube.

Ährige(r/s) ...: siehe unter dem jeweiligen Hauptnamen.

AID: Abk. für → Auswertungs- und Informationsdienst für Ernährung, Landwirtschaft und Forsten e. V.

Aigelbeere, die: → Heidelbeere 1.

Ailanthus → Götterbaum.

Ajuga → Günsel.

Akademie für Naturschutz und Landschaftspflege (ANL): 1976 in Bayern eingerichtete staatliche Lehr- und Kommunikationsstätte für → Naturschutz. Ein besonderer Schwerpunkt liegt auf der Fortbildung von Entscheidungsträgern aus Politik, Verwaltung und Verbänden.

Akanthusblättrige Eberwurz, die: → Eberwurz 3.

Akarizide → Pestizide.

Akazie, die (*Acacia*): Gatt. der Mimosengewächse mit 700 bis 800 Arten besonders in Australien, den Tropen und Subtropen Afrikas. A. ist auch die landläufige, aber botanisch unrichtige Bez. für die → Robinie (*Robinia pseudoacacia*).

Akazie, Falsche, die: → Robinien.

Akazien-Schildlaus, die: → Schildläuse 5.

Akelei, die (*Aquilegia*): Gatt. der Fam. der → Hahnenfußgewächse (*Ranunculaceae*) mit ca. 70 Arten in den gemäßigten Zonen der nördlichen Halbkugel. Heimische und streng geschützte Arten sind:

1. Gemeine Akelei, die (*Aquilegia vulgaris*): auch Gewöhnliche A. Die G. A. ist fast über ganz Mitteleuropa und große Teile Südeuropas verbreitet. In Skandinavien und Großbritannien wurde sie eingebürgert. Sie wächst an Waldrändern, in lichten Eichen- und Buchenmischwäldern, in Buchen- und Flaumeichenwald-Gesellschaften, in Hecken, Gebüschen und auf Trocken- und Gebirgswiesen; schwache Eichen-Buchenwald-Klassen → Charakterart.

Die 30 bis 80 cm, gelegentlich auch höhere Staude hat gegenständige, oben sitzende, zum Boden hin langgestielte, doppelt dreiteilige Blätter mit rundlichen Abschnitten. BZ: Ende Mai bis Juli. Ihre Blüten sind 3 bis 5 cm lang, blau bis blauviolett, selten rosa oder weiß. Die fünf farbigen → Kelchblätter, die wie die → Kronblätter gefärbt sind, laufen nach rückwärts in lange Sporne mit füllhornartig einwärtsgebogenen Enden aus. Die → Staubblätter mit gelben → Staubbeuteln ragen geringfügig aus der Blüte hervor. Hummelblume, die auch als Zierpflanze kultiviert wird.

2. Schwarzviolette Akelei, die (*Aquilegia atrata* Koch): auch Dunkle A. Die seltene S. A. ist über die Alpen, das Alpenvorland, Süddtschl. und im Apennin verbreitet. Sie wächst in lichten Kiefern- und Fichtenmischwälder, Schneeheide-Kiefernwäldern und Alpenrosen-Latschengebüschen, an Waldrändern und auf Moorwiesen.

Die S. A. ist eine etwa 30 bis 70 cm hohe Pflanze und der Gemeinen A. sehr ähnlich. Ihre Blüten sind jedoch kleiner, braunviolett, und die Staubblätter ragen meist weit aus den Kronblättern hervor.

3. Kleinblütige Akelei, die (*Aquilegia einseleana*): auch Einseles A. Die K. A. wächst in den südlichen und nördlichen Kalkalpen. In Dtschl. ist sie in den Berchtesgadener Alpen und im Mangfallgebirge anzutreffen. Sie wächst gesellig in Höhenlagen von 1000 bis 1800 m, gelegentlich sogar noch höher, in Bergföhrenwäldern, lichten Gebüschen, Felsspalten und auf Geröllhalden.

Die ausdauernde, kalkgebundene und 15 bis 40 cm hohe Staude, gleicht der Gemeinen A. Ihre Blüten sind jedoch nur etwa 1,5 bis 3 cm groß.

4. Alpenakelei, die (*Aquilegia alpina*): Die A. ist in der Schweiz, in Österreich (v. a. in Tirol und Vorarlberg) und im Apennin anzutreffen. Sie wächst in den Hochalpen in Höhenlagen von 1600 bis 2600 m.

Diese sehr seltene, bis 80 cm hohe Pflanze ist ebenfalls der Gemeinen A. sehr ähnlich, hat jedoch sehr große, 7 bis 9 cm breite, leuchtend blaue Blüten.

Akeleiblättrige Wiesenraute, die: → Wiesenraute 1.

AKFB: Abk. für „Arbeitskreis Forstliches Berufsbild e. V." mit Sitz in Freiburg. Der AKFB betreibt seit 1984 Studienberatung, Hilfe zur Stellensuche, Fortbildung und Öffentlichkeitsarbeit für das forstliche Berufsfeld.

Akklimatisation, die: → Anpassung von Organismen an veränderte klimatische Lebensbedingungen. Sie erfolgt in einem Zeitraum von mehreren Tagen bis zu einigen Monaten.

Akkordlohn, der: → Lohnformen.

◂◂◂ Die Gemeine Akelei hat blau bis blauviolette, selten rosa oder weiße Blüten.

Akkumulation, die: Ansammlung (Anreicherung) von → Schadstoffen in → Ökosystemen, z. B. in Pflanzen, Tieren oder im Boden; → Waldschäden. Durch Jahrringanalysen kann eine A. der → Schwermetalle nachgewiesen werden. Besonders hoch ist die A.-Rate beim → Kupfer. Untersuchungen im → Solling haben ergeben, daß davon in Holz und Rinde etwa 240 g/ha jährlich abgelagert werden.

Akram, die: → Buchen.

Akrotonie, die (Acrotonie): starke Förderung des Knospenwachstums und dadurch verstärktes Längenwachstum der Seitentriebe an der Spitze von Jahrestrieben bei Bäumen. Seitenknospen, die tiefer liegen, bzw. solche nahe der Jahrestriebbasis, bleiben in der Größe zurück, bzw. treiben meist nicht mehr aus (schlafende Augen). Die A. führt in den äußeren Kronenbereichen zu einer verstärkten und gehäuften Trieb- und Blattbildung. Im lichtschwächeren Innenbereich der Kronen nimmt die Verzweigungsintensität ab. A. ist typisch für den stockwerksartigen Aufbau der meisten Nadelbäume, aber auch bei Ah und Es; → Basitonie.

aktinomorph: Auch strahlenförmig, radiär- oder polysymmetrisch nennt man eine → Blüte mit mehr als zwei Symmetrieebenen, wie z. B. beim → Hahnenfuß.

Akustische Holzeigenschaften: In Holz ist die Schallgeschwindigkeit von der Baumart, der Rohdichte (→ Dichte des Holzes), der → Holzfeuchtigkeit (und Temperatur) und von der Faserrichtung abhängig. Für Holz ist die Schallgeschwindigkeit relativ hoch (längs zur Faser 3400 bis 5200 m/s, quer zur Faser 1000 bis 1500 m/s, und zwar jeweils bei Feuchtegehalten um 5 %). Die Schallgeschwindigkeiten sind bei Ndh höher als bei Lbh, beispielsweise Fi 4900 m/s, Kie 4800 m/s, Bu 4600 m/s, Ei 4300 m/s, Rob 3000 m/s. Zum Vergleich: Luft 331,6 m/s, Wasser 1407 m/s, Eisen 5100 m/s. Wegen seiner akustischen Eigenschaften und seinem besonderen Verhalten gegenüber Schallwellen ist Holz ein für den Musikinstrumentenbau und die Schallisolierung gleichermaßen geeigneter Werkstoff. Die für → Resonanzholz (Klangholz) Fi geforderten Parameter (gleichmäßiger, enger Jahrringaufbau von 1 bis 2 mm Jahrringbreite; Spätholzanteil unter 20 %; niedrige Rohdichte) werden nur erfüllt, wenn die Bäume in größeren Höhenlagen der Gebirge wachsen, wo infolge kurzer Vegetationszeiten die Spätholzanteile auch bei engen Jahrringen niedrig sind. Schalldämmung und -leitung des Holzes sind auch im Bauwesen von Bedeutung. Man spricht von Schallschluckung oder Schallisolation. Beim Verhalten des Holzes gegenüber Schallwellen ist zwischen Luft- und Körperschalldämmung zu unterscheiden. Gute schalldämmende Eigenschaften besitzt Holz gegenüber Luftschall. Körperschall wird innerhalb einzelner Bauelemente durch Holz als Schallleiter gut übertragen. Wird Holz als Bodenbelag und für Decken verwendet, sind daher besondere Maßnahmen zur Dämpfung des Körperschalls notwendig (z. B. Dämmplatten); → Elektrische Holzeigenschaften, → Thermische Holzeigenschaften.

akzessorische Bestandteile → Begleitstoffe.

Akzidenzien: Bezüge an Geld oder Naturalien, die Forstbeamte in früherer Zeit als Teil ihrer Besoldung unmittelbar von der Bevölkerung empfingen. Die A. wurden in älterer Zeit von allen Bewohnern einer Gegend geliefert, die ihre Bedürfnisse an Holz und Weide (→ Waldweide) in dem betreffenden Wald befriedigten. In der Schweiz hatte der Förster bei jedem Todesfall Anspruch auf Kleidungsstücke des Verstorbenen. Noch verbreiteter waren A. als Entschädigung für Leistungen, z. B. Anweisgebühren, Stammgelder, Stockpfennige für Holzanweisungen und Pfandgebühren sowie Strafanteile für erfolgreiche Ausübung des → Forstschutzes oder durch Verkauf geringwertiger Holzanfälle (→ Afterschlag). In dieser Form haben sich die A. sehr lange, teilweise bis weit in das 19. Jh. hinein erhalten. Gegendweise waren sie noch anfangs dieses Jh. üblich. Wegen der damit verbundenen Mißstände wurde die Abschaffung der A. schon im 15. Jh. angestrebt; → Emolument.

AL oder **al**: im früheren Preußen übliche Abk. für „Anderes Laubholz" (weiches → Laubholz einschließlich Bi) im Ggs. zu Ei, Bu und anderem harten Holz (→ Hartholz).

Alant, der (*Inula*): Gatt. der Fam. der → Korbblütler mit etwa 120 Arten in Eurasien und Afrika. In Mitteleuropa sind auch in Wäldern anzutreffen:

1. Gewöhnlicher Alant, der (*Inula conyza* De Candolle): auch Dürrwurz, Dürrwurz-A., Helenenkraut. Der G. A. ist über Mittel- und Südeuropa verbreitet. In Dtschl. ist er zerstreut bis selten, hauptsächlich in Süddtschl. anzutreffen. In Nordwestdtschl. fehlt er. Er wächst in lichten Wäldern, besonders Schneeheide-Kiefernwald- und Flaumeichenwald-Gesellschaften, in Trockengebüschen, auf Trockenrasen, Kahlschlägen, an sonnigen Waldrändern, an trockenen, buschigen und steinigen Hängen, bevorzugt auf Kalkboden, von der Ebene (seltener) bis in Höhen von 1000 m in gebirgigen Gegenden (zerstreut).

Die zwei- oder mehrjährige, unangenehm riechende Pflanze, die 40 bis 80 cm hoch wird, hat einen aufrechten, im oberen Teil verästelten, rotbraunen, kurzhaarig-filzigen Stengel mit ei-lanzettlichen bis elliptischen (ähneln denen des Fingerhutes) und unterseits netzaderig und dünnfilzigen Blättern. BZ: Juli bis September. Die zahlreichen, kleinen, etwa 1 cm breiten Blütenköpfchen stehen in einer Doldentraube (→ Blütenstand).

2. Rauher Alant, der (*Inula hirta* L.): auch Behaarter A. Der R. A. ist hauptsächlich über Mittel- und Osteuropa verbreitet. In Teilen Mittel- und Süddtschl. ist er zerstreut bis selten anzutreffen; er gilt in Dtschl. als gefährdet. Er wächst in lichten Wäldern, besonders Eichen- und Kiefern-Wäldern, Flaumeichen-Waldgesellschaften, auf Trockenrasen, buschigen Hügeln und an sonnigen Hecken, bevorzugt an warmen Orten und auf trockenen, kalkhaltigen Böden.

Die mehrjährige, 15 bis 40 cm hohe Pflanze hat einen abstehend behaarten Stengel, der meist nur einen Blütenkopf trägt. Die mit abgerundetem Grund sitzenden Blätter sind eiförmig bis lanzettlich, meist ganzrandig, gelegentlich auch entfernt gezähnelt und beiderseits meist rauhhaarig, mit deutlich hervortretendem Adernetz. BZ: Juni bis Juli. Die endständigen, 2 bis 5 cm breiten, goldgelben Blütenköpfe, die einzeln, seltener zu zweit oder zu dritt stehen, bestehen aus zahlreichen röhrigen Scheibenblüten und 15 bis 20 mm langen, zungenförmigen Randblüten. Die etwa 2 mm langen Früchtchen sind von einfachen Haaren gekrönt.

Der Gewöhnliche Alant diente früher häufig als Heilpflanze.

3. Weiden-Alant, der (*Inula salicina* L.): auch Weidenblättriger A. Der über Großbritannien (Ausnahme: Irland), West-, Mittel- und Osteuropa, im Süden bis Norditalien verbreitete W. kommt in Dtschl. zerstreut bis selten vor. Er wächst auf Triften, Moorwiesen, Halbtrockenrasen, an Ufern, buschigen Abhängen, Flaumeichenwald-Gesellschaften, Waldrändern und auf Holzschlägen.

Der 25 bis 80 cm hohe, aus kriechendem, ästigen Wurzelstock entspringende Stengel ist steif, kahl oder unten schwach behaart. Die derben, länglich-lanzettlichen Blätter sind glänzend dunkelgrün, kahl und am Rand gewimpert. BZ: Juni bis Oktober. Die 2,5 bis 4,0 cm breiten goldgelben Blütenköpfchen bestehen aus schmal-linealen, etwa 1 mm breiten zungenförmigen Randblüten und inneren röhrenförmigen Blüten und stehen in lockerer, wenig blütiger Doldentraube, selten einzeln. Die kahlen Früchtchen tragen einen rauhhaarigen → Pappus.

4. Schweizer Alant, der (*Inula helvetica*): Der S. A. ist über Südwestdtschl. (Kaiserstuhlgebiet), das Schweizer Mittelland und über Südwesteuropa verbreitet. Er ist relativ selten, wärmeliebend und wächst im Saum von Auwäldern, in Weiden- und Ufergebüschen.

Er ist dem Rauhen Alant sehr ähnlich. Der Stengel ist angedrückt graufilzig. Die ei-lan-

Ahorne

Gattung

Die Gattung der Ahorne (*Acer*) aus der Familie der Ahorngewachse (*Aceraceae*) ist mit 152 Arten auf der Nordhalbkugel der Erde beheimatet. Es sind sommergrüne → Holzgewächse mit kreuzgegenständigen, meist gelappten Blättern und kleinen, sehr variablen Blüten in Trauben oder Doldentrauben (→ Blütenstand). Die paarigen Früchte setzen sich aus zwei einseitig geflügelten Teilfrüchten zusammen. Die Gattung ist seit der Oberen Kreide (→ Erdzeitalter) bekannt. Das im Althochdeutschen, Mittelhochdeutschen, Mittelniederdeutschen und Altsächsischen gebräuchliche Wort „Ahorn" leitet sich vom germanischen „ahurna" ab. Der aus dem Lateinischen kommende Gattungsname „Acer" bezeichnet einen Baum mit spitz gelappten Blättern; ethymologisch geht er auf das keltische Wort „ac" = Spitze zurück. In Mitteleuropa sind Berg-, Burgen-, Feld- und Spitzahorn sowie Schneeballblättriger Ahorn heimisch.

Standort

Von der kollinen Stufe bis zur subalpinen Zone (→ Vegetationsstufen) auf etwa 1700 m Höhe gedeiht der Bergahorn, in der Ebene ist er seltener. Er ist als Begleitbaum besonders in Linden-Ahorn-Mischwäldern, Schlucht- und Auwäldern (forstlich eingebracht), Buchen-Mischwäldern des Gebirges, auch an Gebirgsbächen, in feuchten Gebirgstälern sowie in Bergmischwäldern anzutreffen, wo er zusammen mit der Eberesche häufig die Laubwaldgrenze bildet.
Der Bergahorn liebt kühle, feuchte Luft, sickerfrischen bis feuchten, sehr mineralhaltigen, nährstoff- und basenreichen, mild- bis mäßig sauren, humosen, lockeren, mittel- bis tiefgründigen Lehmboden und gedeiht auch auf gut durchfeuchteten Geröllböden; stehende Nässe meidet er und ist sehr empfindlich gegenüber Spätfrösten und Dürre. Der Bergahorn ist verbiß- und schälgefährdet. Er wird heute forstlich weit verbreitet.

Der stattliche Bergahorn kann über 30 m hoch und bis zu 600 Jahre alt werden.

Mythologie und Brauchtum

In deutschen Sagen wird der Ahorn nur am Rande erwähnt. Meist ist es der Feldahorn (Maßholder), der auch in verschiedenen Volksliedern auftaucht.

1. Bergahorn

Die Art *Acer pseudoplatanus* Linné wird auch Gemeiner Ahorn, Aehre, Arle, Amhorn, Engelsköpfchenbaum, Ehre, Gänsebaum, Ohre, Öhre, Urle, Urte, Waldesche, Wald- und Weißahorn, Wrieblatt, Wrieblättriger Ahorn und Wrielaub (Fehlname: Falsche Platane) genannt. Der lateinische Name *pseudoplatanus* nimmt auf die Ähnlichkeit der Blätter mit der → Platane Bezug.

Verbreitung

Der Bergahorn ist eine europäisch-westasiatische Edellaubbaumart und kommt überall in Europa relativ häufig vor. Auf den Britischen Inseln und in Südschweden wurde er eingebürgert, weiter nördlich sowie in Südspanien, Südgriechenland und im nordwestdeutschen Tiefland fehlt er. Der Bergahorn wird auch in Gärten, Parks und als Alleebaum gepflanzt. Häufig kultivierte Formen und Varietäten, auch Kultivare genannt, die gelegentlich auch verwildert im Wald auftreten, haben z. B. purpurne Blattunterseiten und purpurne oder goldgelbe Blätter.

Merkmale

Der schöne, sommergrüne, mittelgroße bis große, stattliche Laubbaum wächst in der Jugend langsam und beendet im Alter von 70 bis 100 Jahren mit einer Höhe von 25 bis 30 m (40 m) sein Höhenwachstum, kann jedoch bis über 2 m(in Ausnahmefällen über 3 m) stark werden und ein Alter von 400 bis 600 Jahren erreichen. Als schattenertragende Art setzt er sich gegenüber lichtbedürftigen Laubbäumen durch.

■ Der meist gerade kräftige Stamm trägt eine hochgewölbte, regelmäßige, jedoch meist nicht sehr ausladende Krone. Die kräftigen, unregelmäßig verzweigten Äste sind sehr dichtstehend und schräg aufwärtsstrebend. Die jungen Zweige, die anfangs olivgrün, gelbbraun bis grau und kahl sind, wachsen → monopodial. Die zahlreichen → Lentizellen sind hell und länglich. Die glatte Rinde wird später dunkel- bis rotbraun, graubraun, und dann zu einer sich – ähnlich der Platane – abschuppenden Borke, die am Stamm rötliche Flecken hinterläßt. Im Gebirge siedeln auf der Wetterseite dieser Borke häufig epiphytische → Moose und → Flechten. Die Bewurzelung ist stark und ziemlich tiefgehend, → Stockausschlag kommt nur in der Jugend vor.

■ Die 8 bis 10 mm langen spitz-eiförmigen, kreuzgegenständig angeordneten Seitenknospen stehen vom Zweig ab; die von Seitenknospen flankierte Endknospe ist größer (etwa 10 bis 12 mm); die Knospen sind mehrschuppig. Die gelbgrünen bis grünen Knospenschuppen mit ihren braunen bis schwarzen, manchmal etwas gekielten und zugespitzten Rändern besitzen einen feinen Wimpernsaum. Die unter den Knospen liegenden → Blattnarben sind dreispurig.

■ Die großen, gegenständigen, langgestielten Laubblätter sind derb, am Grunde herzförmig, fünfnervig und fünflappig, wobei die vorderen drei Lappen etwa gleich groß, die beiden hinteren wesentlich kleiner sind. Die einzelnen Lappen sind zugespitzt und gekerbt gesägt, die Blätter oberseits matt dunkelgrün und kahl, unterseits hell-graugrün bis

▶▶ Bergahorn-Blätter mit männlichen, weiblichen und zwittrigen Blüten in traubenartiger Rispe.

leicht purpurn und in den Aderachseln sowie auf den größeren Blattnerven fein bräunlich behaart. Der 5 bis 25 cm lange, rinnige Blattstiel weist lichtseits eine rötliche Färbung und am Grund eine starke Verdickung auf. Die unterschiedlich großen, etwa bis zur Spreitenmitte eingeschnittenen Blätter sind ca. 20 cm lang und ebenso breit; die an den jüngeren Bäumen sind meist größer als die an den älteren. Im Herbst verfärben sich die Laubblätter goldgelb.

■ Der einhäusige Bergahorn wird im → Freistand etwa nach 15 bis 30 Jahren, im Bestandsschluß (→ Schluß) nach 25 bis 40 Jahren mannbar. Er blüht im April/Mai (meist im Mai) oder kurz nach der Laubentfaltung. Die → Blüten sind → eingeschlechtig, zum Teil → zwittrig. Er fruchtet in der Ebene fast alljährlich, im Gebirge im Abstand von zwei bis drei oder mehreren Jahren. Die männlichen, weiblichen und zwittrigen gestielten Blüten (in einem Blütenstand) bilden 8 bis 15 cm lange, traubenartige, dichtblütige, gelbgrüne, hängende Rispen, die sich am Ende beblätterter → Kurztriebe befinden. Die Blüten haben fünf gelbgrüne, 2 bis 5 mm lange, innen spärlich behaarte → Kelchblätter und fünf schmale gelbgrüne, innen spärlich behaarte, 4 bis 5 mm lange → Kronblätter, ferner acht behaarte → Staubblätter, die in den männlichen Blüten zwei- bis dreimal so lang sind wie die Kronblätter (bei den weiblichen nur als Rudiment). Der aus zwei → Fruchtblättern gebildete → Fruchtknoten ist oberständig, weißzottig behaart und mit einem langen → Griffel und einer → Narbe mit zwei langen Ästen versehen. Die Blüten werden durch Bienen und Fliegen bestäubt, die den offen dargebotenen Nektar aufnehmen. Durch Blattlausbefall kommt es zur Bildung von → Honigtau, weshalb die Bienen den Bergahorn auch im Sommer besuchen.

■ Die Früchte, kugelige Nüßchen (→ Schließfrucht), reifen im September/Oktober, sind kahl und zur Spitze hin breit geflügelt, wobei der äußere Rand eines Flügelfruchtpaares ungefähr einen spitzen bis rechten Winkel bildet. Eine Teilfrucht davon ist jeweils 3,5 bis 6 cm lang und 1,0 bis 1,5 cm breit. Die reifen, grünlich-bräunlichen Früchte bleiben bis November/Dezember am Baum hängen und fallen dann ab (→ Samenverbreitung durch den Wind). Sie sind etwa zu 60 Prozent keimfähig und bleiben es ca. sechs Monate. Bei Frühjahrsaussaat keimen sie nach etwa sechs Wochen. Die → Keimblätter sind glatt, zungenförmig nach oben verschmälert und haben drei parallellaufende Nerven (Unterschied zur Esche). Die gestielten Erstlingsblätter sind länglich-herzförmig, gesägt und zugespitzt, jedoch nicht gelappt.

■ Der Bergahorn bildet eine üppige → Naturverjüngung. Im → Waldbau werden zwei- bis dreijährige Pflanzen oder → Heister gesetzt. Die Bergahorn-Blätter werden im Spätsommer oder Frühherbst oft von einem Pilz (*Rhytisma acerinum*) befallen (→ Ahornrunzelschorf); → Ahornbock.

Holz

Das ziemlich biegsame und gut spaltbare Holz ist kernlos, mit schönem natürlichen Glanz, oft mit unregelmäßigem Faserverlauf, weiß, hart und dicht. Das wertvolle Holz wird für Haushaltsgegenstände, Drechselarbeiten, Schnitzarbeiten, Flugzeugpropeller, Billardstöcke, Möbel, → Furniere, Intarsien (→ Intarsia), als → Stammwerkholz und zur Parkettherstellung verwendet. Sein → Maserholz ist als sogenanntes „Vogelaugenahorn" sehr beliebt.

2. Burgenahorn

Die Art *Acer monspessulanum* Linné wird auch Französischer Ahorn, Französischer Maßholder, Dreilappiger Ahorn, Efeuahorn und Felsenahorn genannt.

Verbreitung

Der Burgenahorn ist über das Mittelmeergebiet bis nach Kleinasien und im westlichen und südlichen Mitteleuropa verbreitet. In Deutschland kommt er nur im Weinbauklima von Main, Mosel und Nahe vor. Diese isolierten mitteleuropäischen Vorkommen sind räumlich weit entfernt vom Hauptareal im Süden und Südosten. Das Vorhandensein in Mitteleuropa wird als wichtiger Nachweis für die nacheiszeitliche Vegetationsentwicklung betrachtet.

Standort

Der Burgenahorn als licht- und wärmebedürftige Licht- und Halbschattenpflanze (→ Lichtbaumarten, → Halbschattenbaumarten) wächst auf sonnigen, sommerwarmen, sommertrockenen, mageren Hängen, besonders Eichenbusch-Hängen, in heißen Lagen, trockenen warmen Wäldern und Flaumeichenwäldern. Er ist die → Charakterart des Ahorn-Eichenwaldes und die Ordnungs-Charakterart der Xerothermen submediterranen Flaumeichenwälder. Der Burgenahorn wächst auf nährstoff- und basenreichen, flach- bis mittelgründigen, lockeren, meist kalkreichen und steinigen Böden, häufig vergesellschaftet mit Mehl- und Elsbeere, Zwergmispel, Hasel, Felsenbirne, Bibernellrose und Wolligem Schneeball.

Die milchsaftführenden Blätter des Feldahorn dienten auch als Viehfutter (→ Schneideln).

Merkmale

■ Der sommergrüne, trägwüchsige, kleine Baum (gelegentlich auch Großstrauch) mit oft krummschäftigem (→ Krummschäftigkeit) Stamm und gewölbter, breiter, dichtbelaubter Krone, erreicht eine Höhe von 5 bis 10 m. Die Rinde ist anfangs glatt und rötlichbraun und wird bald zu einer feldrig zerrissenen, dunklen, graubraunen Borke.

■ Die jungen dunkeloliven bis braunen, kahlen und nur um die Knospen anfangs leicht behaarten Zweige wachsen monopodial und sind mit zahlreichen eiförmigen, hellbraunen Korkwarzen besetzt. Die spitz-eiförmigen Seitenknospen liegen zwar am Zweig an, stehen jedoch an den Kurztrieben ab. Die Endknospen sind etwas größer. Die Knospenschuppen sind dunkelbraun mit schwarzen Flecken, oben abgerundet oder zugespitzt die unteren Schuppen anfangs behaart. Später verkahlen sie.

■ Die kreuzgegenständig angeordneten Laubblätter (→ Blattstellung) sind derb, ledrig, etwa 3 bis 8 cm lang und breit, dreinervig und in drei ganzrandige Lappen gegliedert. Sie sind oberseits glänzend dunkelgrün, kahl, unterseits graugrün, anfangs weich behaart, später bis auf die Blattnervenachseln und die Nerven verkahlend. Der rötliche Blattstiel ist 3 bis 6 cm lang, die Herbstfärbung des Laubes gelb (→ Blattfall, Blattfarbstoffe).

■ Der einhäusige Burgenahorn blüht im April/Mai; die Blüten (eingeschlechtig, die weiblichen scheinzwittrig) erscheinen mit dem Laubausbruch. Die langgestielten Blüten haben 4 bis 6 mm lange, gelbgrüne, verkehrt-eiförmige Kronblätter und ähnliche Kelchblätter. Die acht Staubblätter sind in den männlichen Blüten länger als die Kronblätter, in den weiblichen (scheinzwittrigen) Blüten sehr kurz. Der aus zwei Fruchtblättern gebildete, oberständige und zerstreut behaarte Fruchtknoten weist einen tief gespaltenen Griffel sowie zwei schraubenförmige Narbenäste (in den männlichen Blüten nur als Rudiment vorhanden) auf. Die männlichen und weiblichen Blüten erscheinen zu langgestielten, wenigblütigen, meist nur nickenden Doldentrauben am Ende beblätterter Kurztriebe angeordnet. Sie sondern reichlich Nektar ab und werden von Insekten, vor allem Bienen, aufgesucht. Die Früchte, ovale bis kugelige, dunkelbraune Nüßchen, reifen im August/September. Diese zweiteiligen grünlich-karminroten Flügelnüsse, deren Flügel parallel stehen, aber auch oft übereinander greifen, sind etwa 25 mm lang und 5 bis 8 mm breit, zerfallen bei der Reife in zwei Teilfrüchte, werden vom Wind verbreitet und keimen im zeitigen Frühjahr.

■ Der Burgenahorn ist gegenüber Krankheiten und Schädlingen relativ unempfindlich, auch → Gallen findet man an ihm vergleichsweise selten. Nur die Larven der → Gallwespe *Pediaspis aceris* machen ihre Entwicklung in kugeligen, bis 8 mm großen einkammrigen Gallen durch, die sich an der Blattunterseite befinden.

3. Feldahorn

Die Art *Acer campestre* Linné wird auch Kleiner Ahorn, Bienen-, Kreuz-, Maserbaum, Egelteren, Maßeller, Strauch-Ahorn, Werle, Peitschenholz, Rappelten, Rappelthou, Milchbaum, Maßholder (althochdeutsch auch Mazzaltra, Mazzoltra, mittelhochdeutsch Mazzalter, Mazzolter) genannt. Der lateinische Artname *campestre* ist abgeleitet von *campus* = Feld.

Verbreitung

Der in Europa weit verbreitete und ziemlich häufige Feldahorn kommt bis Nordspanien und Nordafrika, im Osten bis zur Weichsel, zum Don und Kaukasus vor. In Schottland, Irland, Skandinavien und in den Zentralalpen fehlt er.

Standort

Er ist in krautreichen Eichen-Hainbuchen-Wäldern, Laub-, Au- und strauchreichen Buchenwäldern, an Wald- und Feldrändern, in Feldgehölzen sowie in Hecken anzutreffen und wächst auf nährstoff- und basenreichen, häufig auf kalkhaltigen, feuchten bis wechseltrockenen, steinigen, sandigen bis lehmigen Böden. In Mitteleuropa findet man ihn in der Ebene, im Hügelland und im Gebirge bis in Höhen von 900 m. Der für Waldmäntel gut geeignete Baum meidet sehr nasse Standorte und ist deshalb im norddeutschen Tiefland weniger verbreitet. Er ist standortstoleranter, genügsamer, widerstandsfähiger und schattenerträglicher als Bergahorn und Spitzahorn, jedoch wärmebedürftiger und weniger verbißgefährdet als diese. Als Strauch findet der Feldahorn zur Begrünung von Dämmen und Böschungen Verwendung. Der Feldahorn wird auch als Ziergehölz, als Park- oder Heckenbaum, der sich ebenso gut schneiden läßt wie die Hainbuche, gepflanzt. In Parks und Gärten gibt es häufig auch kultivierte Formen und Varietäten, auch Kultivare genannt, die gelegentlich auch verwildert im Wald auftreten.

Merkmale

- Der kleine bis mittelgroße, sommergrüne Laubbaum hat einen kurzen, oft gekrümmten Stamm und eine rundliche, unregelmäßige, dicht belaubte Krone. Auf ungünstigen Standorten wächst der Feldahorn häufig als mehrstämmiger Strauch. Der Feldahorn (trägwüchsigste Ahornart) wird in der Regel etwa 10 m hoch, unter günstigen Bedingungen innerhalb von 50 bis 60 Jahren bis 14 m und in Ausnahemfällen über 20 m. Er kann 60 bis 70 cm stark und über 100 Jahre alt werden. Die → Herzwurzeln sind sehr verästelt und tiefgehend. → Wurzelbrut und Stockausschlag sind reichlich, er war deshalb ein wichtiger Bestandteil der → Niederwälder.

Der Feldahorn wird im Wald kaum höher als 10 m.

- Die schräg aufsteigenden Äste sind kurz, unregelmäßig gegabelt, nur wenig überhängend und zu den Spitzen hin wieder aufgebogen. Die Rinde ist lebhaft braun und glatt, reißt dann später netzartig auf und wird zu einer grau- bis schwarzbraunen, durch Längs- und Querrisse fast rechteckig gefelderten, schwach abschuppenden Borke mit orangebraunen Furchen. Die Zweige sind rissig und oft (besonders nach Rückschnitt zur Hecke oder bei jungen Pflanzen) mit unregelmäßigen flügelartigen Korkleisten versehen. Die jung braunen, feinen und kurz behaarten, mit zahlreichen rundlichen Lentizellen versehenen Zweige wachsen monopodial und werden später deutlich längsrissig und kahl; die Gefäße führen Milchsaft.
- Die etwa 4 mm langen, kreuzgegenständig angeordneten, eiförmigen, vorne meist abgerundeten oder leicht zugespitzten Seitenknospen liegen an (an Langtrieben auch abstehend). Die außer an den fruchtenden Kurztrieben stets vorhandenen Endknospen sind mit einer Länge von 5 bis 6 mm etwas größer. Die jeweils vier Knospenschuppen sind dunkel- bis rotbraun, mit einem dunklen Streif quer durch die Schuppenmitte, weißflaumig bewimpert und an der Spitze behaart.
- Die gegenständigen, relativ kleinen Laubblätter, die zur Zeit des Austriebs rötlich und an den zuletzt gebildeten → Trieben rot sind, messen in Länge und Breite etwa 5 bis 10 cm. Sie sind etwas ledrig, am herzförmigen Grund fünfnervig und bis zu einem Drittel oder bis zur Hälfte buchtig eingeschnitten, dadurch drei- bis fünflappig. Sie sind jung weichhaarig, oberseits dunkelgrün und verkahlend, unterseits graugrün, fein behaart mit deutlichen Achselbärtchen. Von den einzelnen keilförmig-länglichen Lappen sind die drei mittleren in der unteren Hälfte ganzrandig, in der oberen meist mit drei stumpfen oder spitzen, wellig gerandeten bis grob gezähnten Zipfeln. Die seitlichen Lappen sind oft ungeteilt, die Blattform variabel. Der 5 cm lange, schlanke Blattstiel und die Rippen enthalten einen Milchsaft, an dem man die Art leicht erkennen kann. → Johannistriebe sind oft vorhanden. Im Herbst färbt sich das Laub intensiv gelb bis goldgelb.
- Der in der Regel einhäusige Feldahorn blüht im April/Mai. Die Blüten erscheinen mit (selten nach) den Laubblättern. In einem Blütenstand (kurze 5- bis 20blütige, oft flaumig behaarte, aufrechte oder abstehende Doldentrauben) befinden sich sowohl zwittrige als auch eingeschlechtige männliche und weibliche Blüten. Die 10 bis 15 mm lang gestielten Blüten haben je fünf gelbgrüne, behaarte Kelchblätter und längliche, zugespitzte oder stumpfe, schwach behaarte, gelbgrüne Kronblätter; letztere sind ca. 3 bis 4 mm lang und etwas länger als die Kelchblätter. Die acht kleinen Staubblätter sind rund angeordnet. Der oberständige Fruchtknoten besteht aus zwei Fruchtblättern, mit langem Griffel; die Narbe hat zwei lange Äste. Die Früchte, kleine, meist graufilzige Nüßchen (Schließfrucht) mit kahlen, waagerecht abstehenden, etwa 30 bis 50 mm langen und 7 bis 10 mm breiten Flügeln, reifen Ende August bis Anfang Oktober; die Samenverbreitung erfolgt durch den Wind. Die Keimblätter der jungen Pflänzchen sind zungenförmig, mehrfach fein quergeknittert und kleiner als die des Spitz- und Bergahorns. Die gestielten Erstlingsblätter sind rundlich-herzförmig und ganzrandig; die Nerven an der Unterseite, der → Blattrand und der Stiel sind behaart.
- Von Krankheiten wird der Feldahorn kaum befallen. Lediglich rote, hörnchenartige Gallen, die von einer Gallmücke hervorgerufen werden, findet man häufig auf der Blattoberseite.

Holz

Das rötlichweiße bis fast weiße, kernlose und zumeist schön gemaserte Holz erweist sich als sehr hart, elastisch, fest und mittelschwer. Es schwindet nur mäßig, hat nach dem Hobeln einen natürlichen seidigen Glanz und ist als Drechsel-, Schnitz- und Tischlerholz sehr geschätzt. Auch Parkettböden, Möbel und (früher) Schuhsohlennägel stellt man daraus her. Schön gemaserte Stämme werden zu Furnieren verarbeitet. Feldahornholz hat einen guten Brennwert, die daraus gewonnene → Holzkohle hat gute Qualität.

4. Spitzahorn

Die Art *Acer platanoides* Linné wird auch Anerle, Lahne, Lehne, Leinbaum, Lenne, Linn-A., Linne, Löhne, Stein-Ahorn, Waldesche, falsche Platane und im Volksmund Gäns(e)fußbaum genannt. Die lateinische Artbezeichnung *platanoides* nimmt auf die platanenähnlichen Blätter Bezug.

Verbreitung

Das Areal dieser Edellaubbaumart reicht von Nordschweden bis zum Kaukasus, von den Pyrenäen, dem Apennin bis Kleinasien; auf den Britischen Inseln und den großen Mittelmeerinseln fehlt er. Ursprünglich war er wesentlich seltener, durch Anpflanzung und Selbstverbreitung wurde er jedoch in vielen Teilen Europas heimisch. In Parkanlagen und an Straßen werden er und seine Formen häufig angepflanzt.

◂◂ Der Spitzahorn kann bis 30 m hoch und etwa 150 Jahre alt werden.

Standort

Diese Licht- und Halbschattenbaumart wächst in Schlucht-, Au- und krautreichen Laubmischwäldern (Linden-Ahorn-Wäldern, Eichen-Ulmen-Auwäldern) und als Begleitbaum in Eichen-Hainbuchen-Wäldern, auf frischen bis mäßig feuchten, oft sickerfeuchten, tiefgründigen, humosen, nährstoff- und basenreichen, bis mäßig sauren lockeren Steinschutt- und Lehmböden. Der Spitzahorn verträgt mehr Nässe als der Bergahorn und wächst auf trockenen Kalkböden und nassen Standorten; er ist spätfrosthart, jedoch gegenüber → Stickoxiden empfindlich. In Mitteleuropa ist er vom Tiefland bis in Höhen von etwa 1000 m im Gebirge anzutreffen, in den Mittelgebirgen jedoch in geringerer Höhe als der Bergahorn. In Gärten und Parks findet man viele kultivierte Formen und Varietäten, so unter anderem schlitzblättrige, gescheckte, kugelkronige und rotlaubige Formen, die gelegentlich auch verwildert im Wald auftreten.

Merkmale

■ Der stattliche, mittelgroße bis große, sommergrüne Laubbaum hat einen geraden und schlanken, relativ kurzen Stamm mit kräftigen, steil oder schräg aufgerichteten, wenig verzweigten Ästen und eine meist regelmäßige, gewölbte, dicht belaubte Krone. Er wächst in der Jugend rascher als der Bergahorn, bleibt dann aber im Höhen- und Stärkenwachstum hinter ihm zurück. Er erreicht eine Höhe von 20 bis 30 m, eine Stärke von etwa 60 bis 100 cm und wird nur selten über 150 Jahre alt.

■ Seine Rinde bildet frühzeitig eine fein längsrissige, dunkelbraune bis schwärzliche, nicht abschuppende Borke. Die jungen kahlen, lichtseits rötlichbraunen, schattenseits oliv-graubraunen, mit zahlreichen, rundlichen Lentizellen versehenen Zweige wachsen monopodial. Der Spitzahorn bildet Johannistriebe von meist rötlicher Tönung.

■ Die Seitenknospen sind schmal-eiförmig, oben zugespitzt, am Zweig anliegend und kreuzgegenständig angeordnet. Die breit-eiförmigen und oben zugepitzten Endknospen überragen das Seitenknospenpaar. Die jeweils sechs weinroten, schattenseits auch grünlichen, kahlen und zugespitzten Knospenschuppen tragen einen hellen Wimpernsaum.

■ Die gegenständig angeordneten Laubblätter sind etwa 10 bis 15 cm lang und ebenso breit, oberseits matt, frischgrün oder dunkelgrün, unterseits etwas heller, gelegentlich auch bräunlich grün, entlang der Mittelrippe und der Adern leicht behaart, die Nervenwinkel gebärtet. Die am Grunde keil- oder herzförmig eingebuchteten Blätter weisen fünf bis sieben spitz gezähnte Lappen auf. Die obersten drei Lappen sind groß, die beiden unteren kleiner. Der 5 bis 20 cm lange, zumeist rote und am Grunde stark verdickte Blattstiel enthält ebenso wie die Rippen Milchsaft. Im Herbst färbt sich das Laub gelb bis tiefrot.

■ Im Freistand wird der Spitzahorn mit 20 bis 30 Jahren, im Bestandsschluß mit 30 bis 40 Jahren mannbar und fruchtet dann alle zwei Jahre. Er blüht im April/Mai vor dem Laubausbruch. Die etwa 8 mm breiten Blüten haben fünf gelbgrüne bis hellgelbe, 4 bis 6 mm lange, 1 bis 2 mm breite, freie, kahle, verkehrt-eiförmige Kronblätter und ebenfalls fünf etwas kürzere Kelchblätter, acht Staubblätter (in den weiblichen Blüten steril und halb so lang wie die Kronblätter, in den männlichen so lang wie diese) und einen oberständigen Fruchtknoten, der aus zwei Fruchtblättern – mit einer zweigabeligen Narbe – besteht. Der Fruchtknoten ist bei den männlichen Blüten verkümmert. Die 1 bis 2 cm lang gestielten Blüten stehen in meist aufrechten, reichblütigen, 5 bis 8 cm langen Rispen am Ende von Kurztrieben. Im gleichen Blütenstand befinden sich zwittrige und eingeschlechtige (männliche und weibliche) Blüten. Der Spitzahorn ist → insektenblütig. Die Blüten, die auf einer großen Nektarscheibe reichlich Zuckersaft darbieten, werden hauptsächlich von Bienen besucht. Diese finden sich auch den ganzen Sommer über ein, da durch starken Blattlausbefall reichlich Honigtau entsteht, der von ihnen gesammelt wird.

Spitzahorn-Blätter färben sich im Herbst gelb bis tiefrot.

■ Die einsamigen Teilfrüchte, kleine plattgedrückte Nüßchen, reifen im September und Oktober, tragen propellerartige, etwa 4 bis 5 cm lange und 1,5 cm breite Flügel, wobei die Flügelrückenlinie der beiden Fruchthälften einen sehr stumpfen Winkel bildet. Sie fallen später, manchmal auch erst im Spätwinter, gelöst vom Wind, ab und werden durch diesen verbreitet. Die zungenförmigen Keimblätter sind vorne verbreitert und etwas zerknittert. Die gestielten, herz-eiförmigen, schwach-lappigen, etwas buchtigen Erstlingsblätter haben einen wenig oder gar nicht gezähnten Blattrand.

■ Am Spitzahorn findet man häufig verschiedene Gallen, die durch tierische und pflanzliche Erreger hervorgerufen werden. So werden z. B. die 3 bis 4 cm langen Gallen von der Milbe *Eriophyes* durch ihre Eiablage in Blatteinstichen verursacht. Er ist verbiß- und schälgefährdet und wird auch vom Ahornrunzelschorf befallen.

Holz

Das Holz ist etwas weniger wertvoll und nicht so hart wie das des Bergahorn. → Splint- und → Kernholz unterscheiden sich nur sehr geringfügig. Der Splint ist etwas gelblicher, das Kernholz etwas

Ahorne

rötlicher. Es ist mäßig hart, sehr fest, zäh, schwer, elastisch, schwindet nur mäßig und findet zur Herstellung von Furnieren, Tischplatten, Küchengeräten, Drechselarbeiten, Musikinstrumenten (Stammwerkholz) usw. Verwendung. Es läßt sich bei der Verarbeitung gut polieren.

5. Schneeballblättriger Ahorn

Die Art *Acer opalus Mill.* = *A. opulifolium* Chaix = *A. italum* Lauth ist auch unter den Namen Italienischer Ahorn, Stumpfblättriger Ahorn, Schneeball-Ahorn und Frühlingsahorn bekannt.

Verbreitung

Der Schneeballblättrige Ahorn, eine mediterrane Pflanze, ist über die Gebirge Südeuropas bis nach Kleinasien verbreitet. Er wächst in den Süd- und Westalpen, dem Schweizer Jura, in Deutschland nur im Südwesten.

Standort

Die Halbschattenbaumart wächst in der kollinen und (seltener) montanen Stufe, in warmen Lagen auf mäßig frischen, basen- und kalkreichen, mittel- bis flachgründigen und steinigen Lehmböden, in Buchen- und Eichenwäldern, Seggen-Buchenwäldern, Eichen- und Buchen-Hangwäldern, Laubwäldern mit Buchsbaum, in Flaumeichen-, Linden-Ahorn- sowie Hainbuchen-Wäldern.

Merkmale

Der Schneeballblättrige Ahorn ist entweder ein sommergrüner Strauch oder ein bis zu 15 m hoher Baum mit breiter kuppelförmiger Krone. Die anfangs olivbraune Rinde wird früh längsrissig, später dann rötlich bis orangegrau mit dicken quadratischen Schuppen, deren Ränder sich später aufwölben. Die jungen Zweige sind kahl, olivbraun, längsrissig, mit zahlreichen länglich-eiförmigen, hellbräunlichen Lentizellen.

■ Die bis 8 mm langen, schmalen und spitz-eiförmigen Seitenknospen stehen etwas vom Zweig ab und sind kreuzgegenständig angeordnet. Die etwas größere (bis 12 mm) Endknopse ist ebenfalls spitz-eiförmig. Die hellbraunen, vorne zugespitzten Knospenschuppen weisen eine grauweißliche Behaarung sowie einen dunkelbraunen, weißlich bewimperten Rand auf. Die Blattnarbe hat drei Blattspuren.

■ Die gegenständig angeordneten, etwa 4 bis 10 cm langen Laubblätter sind meist etwas breiter als lang, im Umriß rundlich, mit herzförmiger oder gestutzter Spreitenbasis, zumeist fünflappig (die unteren beiden oft nur angedeutet), wobei der mittlere Lappen meist abgestumpft ist. Der Blattrand ist unregelmäßig gekerbt oder gezähnt. Die Blätter sind oberseits dunkelgrün und kahl, unterseits blaugrün mit gelblichen Adern, anfangs behaart, früh verkahlend. Der 3 bis 8 cm lange, oberseits dunkelrote Blattstiel führt keinen Milchsaft.

■ Der Baum blüht im April. Die hellgelben Blüten sind an 3 bis 4 cm langen Stielen zu nickenden bis hängenden, vielblütigen, großen, auffallenden Blütenständen angeordnet. Zwittrige und eingeschlechtige Blüten treten nebeneinander auf und werden von Insekten bestäubt. Die bereits im Sommer reifenden, leicht behaarten Spaltfrüchte haben rechtwinkelig abstehende, bis zu 4 cm lange Fruchtflügel und enthalten kugelige Nüßchen. Die Samenverbreitung erfolgt durch den Wind.

Holz

Das Holz ist dem des Bergahorns sehr ähnlich und wird vor allem zu verschiedenen Kleingeräten verarbeitet. Der Schneeballblättrige Ahorn ist forstlich ohne Bedeutung.

zettlichen, in einen kurzen Stiel verschmälerten Blätter sind unterseits kurz und dicht behaart und ohne Netznervatur. Die 2,5 bis 3 cm breiten Blütenköpfe stehen zu mehreren in einer Doldenrispe.

Alarmstoffe: chemische Forstschutzmittel (→ Pheromone), die v. a. Insekten in Kampflust versetzen oder zur Flucht treiben.

Alaudidae → Lerchen.

Albar(a), die: → Alber.

Albe, die: → Alber, Pappeln 4.

Albeere, die: → Holunder 2.

Alber, die: österr. und schweizerische Bez. für die Schwarzpappel (→ Pappeln 2.), gelegentlich für die Silberpappel (→ Pappeln 4.). In der Schweiz sind auch die Bez. Albe, Albar und Albara üblich.

Albe(r)nbaum, der: → Pappeln 4.

Albinismus, der: im forstlichen Sinne Bez. für das krankhafte Verblassen von Pflanzen infolge von Blattgrünminderung; eine → Chlorose, die v. a. bei Buchensämlingen auftritt.

Alcedoatthis → Eisvogel.

Alchemilla → Frauenmantel.

Alectoria jubata → Mähnenflechte.

Alemann, Friedrich Adolph von (16.5.1797 Gut Bennekenbeck bei Magdeburg bis 27.3.1884 Genthin, Sachsen-Anhalt): A. studierte von 1817 bis 1819 Forstwissenschaft in Berlin und in Neustadt-Eberswalde, u. a. bei G. L. → Hartig. Ab 1829 betreute er 43 Jahre lang die Oberförsterei Altenplathow (Regierungsbezirk Magdeburg). A. schrieb: „Über Forst-Culturwesen. Aus den Erfahrungen mitgetheilt" (1851). Auf A. geht die bewährte sog. → Alemannsche Hütte zurück.

Alemannsche Hütte, die: Verfahren zur Lagerung von Forstsaatgut (nach → Alemann), bei welchem die Früchte (Eicheln und Bucheckern) mit einem Lattengiebel sowie mit Schilf und Stroh bedeckt und damit gegen Frost und Feuchtigkeit geschützt werden. Die Konstruktion ermöglicht dabei eine gute Durchlüftung.

Algen (*Phycophyta*): eine der sieben Abteilungen des → Pflanzenreichs und mit rd. 26 000 freischwimmenden oder festgewachsenen Arten weltweit verbreitet. A. sind ein- oder mehrzellige niedere, autotrophe Pflanzen, die immer → Chlorophyll enthalten, das aber bei den nicht grüngefärbten A. durch rote, braune und blaue Farbstoffe überdeckt sein kann. Das Vorkommen ist auf Wasser (Süß- und Salzwasser) oder feuchte Orte (z. B. Erdboden, Baumstümpfe, Wände) begrenzt. A. können nur Bruchteile von Millimeter, aber auch mehrere Meter groß sein (Groß-A., sog. Tange). Die größten Formen bilden sich bei den Braun-A. Zusammen mit den → Pilzen bilden A. eine Lebensgemeinschaft (→ Flechten). A. werden unterteilt in Grün-A. (*Chlorophyceae*), Armleuchter-A. (*Charophyceae*), Kiesel-A. (*Diatomea*), Braun-A. (*Phaeophyceae*) und Rot-A. (*Rhodophyceae*). Sie werden in verschiedenen Ländern als Dünge- und Futtermittel genutzt und spielen in der Ernährung der Menschen zunehmend eine Rolle. Bei einer → Eutrophierung der Gewässer kann ein ungehemmtes A.-Wachstum auftreten, durch die dadurch bedingte Sauerstoffarmut kann es zum Absterben von Lebewesen kommen.

Algenpilze (Niedere Pilze, *Phycomycetes*): Klasse der → Pilze; algenähnlich, meistens einzellig und i. a. aus querwandlosen Zellfäden bestehend. Zu den A. gehören u. a. die Ordn. Wasserschimmelpilze und Falsche Mehltaupilze. Viele Arten sind Schädlinge an Kulturpflanzen, z. B. Krautfäule der Kartoffel (*Phytophthora infestans*) und Falscher Mehltau des Weinstocks (*Plasmopara viticola*).

Algizide → Pestizide.

Alhorn, der: → Holunder 2.

Alkalinität, die: Die A. beschreibt den Base/Säurezustand mit der Formel:

$A = OH^- + HCO_3^- - H^+ -$ Kationensäuren ($\mu mol_C/L$).

Wird der Ausdruck negativ, überwiegen in der Bodenlösung die Säuren. Im schwach bis mäßig sauer bezeichneten Bereich zwischen den → pH-Werten 7 und 5 weist die Bodenlösung A. auf. Mit abnehmender A. nimmt die Fähigkeit des → Bodens, Konzentrationsabnahmen durch Nährstoffaufnahme auszugleichen und Säurebelastungen abzupuffern (→ Pufferung) ab. Das Risiko, daß z. B. im engsten Wurzelbereich ein unzureichendes Nährstoffangebot besteht oder daß es zu vorübergehenden Säurebelastungen kommt, nimmt zu.

alkalisch: Bez. für eine Lösung mit einem → pH-Wert der über 7 liegt. A. Lösungen enthalten Hydroxid-Ionen im Überfluß und färben rotes Lackpapier blau. Das Gegenteil von a. ist sauer; → Acidität.

alkalischer Boden, der: → Boden mit einer Bodenreaktion von über → pH-Wert 7. Praktisch bedeutet das eine reichliche Versorgung mit → Kalzium (→ Kalk) und meist auch mit → Magnesium. In sehr jungem und rohem Marschboden z. B. kann auch → Natrium die hohe pH-Zahl mitbewirken; → Bodenanzeiger.

Alkalischer Rötling, der: → Rötlinge 3.

Alkaloide: organische Pflanzenstoffe, die bereits in kleinsten Mengen starke, meistens giftige und im menschlichen Organismus auch intensive physiologische Wirkungen haben. Sie enthalten i. d. R. → Stickstoff und reagieren überwiegend → alkalisch. Da A. Stoffwechselendprodukte sind, können sie als A.-Gemische in allen Pflanzenteilen vorkommen. Der A.-Anteil ist in Blättern, Rinde und Früchten meist besonders groß. Man kennt bis jetzt etwa 2 000 verschiedene A. aus 100 Pflanzen-Fam. (z. B. den → Nachtschattengewächsen). Schon im Altertum wurden A. als Genuß-, Rausch- und Heilmittel verwendet (Kokain, Chinin, Morphin und Nikotin etc.). Heute werden sie z. T. auch synthetisch hergestellt. Wichtige A. sind: Atropin (→ Tollkirsche), Akonitin (Echter → Eisenhut), Nikotin (Tabak), Morphin und Kodein (Schlafmohn), Chinin (Chinarinde), Strychnin (Brechnuß), Koniin (Schierling), Digitoxin (→ Fingerhut), Koffein (Kaffee), Kolchizin (Herbstzeitlose; → Zeitlose); → Giftpflanzen.

Allee, die (franz. aller = gehen, promenieren; griech. alleon = gegenüberstehen): eine von Baumreihen (ein- oder mehrreihig; dabei parallel oder versetzt gepflanzt) begleitete Straße, aber auch als Begrenzung bedeutender Straßenzüge. Häufige A.-Bäume sind: Ul, Ah, Li, Rka, Pla, Vobe, Bi und Pa.

Alleenstraße, Deutsche, die: im Endausbau von der Insel Rügen bis an den Bodensee führende Straße; sie ist bereits auf längeren Streckenabschnitten verwirklicht.

Allel, das: **1)** Zustandsform eines Gens (→ Gene); **2)** Paar von Genen (eines diploiden Chromosomensatzes), das zusammen ein bestimmtes Merkmal steuert.

allelochemische Antibiosis, die: → Allelopathie.

Allelopathie, die: Wirkung von Pflanzen, die auf der Ausscheidung von Stoffen beruht, die das Wachstum anderer Pflanzen ver- oder behindern. Das Phänomen wird auch als allelochemische Antibiosis bezeichnet. Wenngleich die A. im → Ökosystem Wald noch ungenügend erforscht ist, sind einige Beispiele bekannt: Am bekanntesten sind das → Heidekraut (→ Heidekrankheit), der → Adlerfarn, unser einheimischer Birnbaum, der Walnußbaum (→ Walnuß), der Schwarznußbaum, verschiedene Kiefernarten, die über ihre abgefallenen Blätter und Nadeln wuchshemmende Stoffe produzieren, die das Aufkommen anderer Pflanzen verhindern.

Innerhalb des Bodenlebens sind allelopathe Wirkungen sehr häufig. Viele Mykorrhizapilze (→ Mykorrhiza) können so pathogene Organismen von den Baumwurzeln abwehren. Die Abwehrmaßnahmen von Pflanzen und Pilzen gegen Fraß durch giftige oder abstoßende Chemikalien sind bekannter. Beispiele sind Giftpilze, Eibe und Tollkirsche. Die wirkenden Chemikalien sind u. a. phenolische Säuren, Kumarin, Quinone, Terpene, Glykoside, Alkaloide und organische Säuren.

Aller, die: → Erlen 3.

Allergie, die: Überempfindlichkeitsreaktion des Körpers gegen gewisse Allergene (Reizstoffe). Als Allergene wirken einige meist eiweißartige Stoffe des Pflanzen- und Tierreiches, z. B. Gräser, Haare und Federn oder Staub (→ Holzstaub), durch Berühren oder Einatmen. Auch verschiedene Nahrungsmittel und Medikamente können eine A. hervorrufen. Die meist staubkorngroßen → Pollen können bei vielen Menschen allergische Reaktionen auslösen. Die A. äußert sich sehr unterschiedlich als Hautausschlag, Heuschnupfen, Asthmaanfall, Störung des Blutkreislaufes etc. Meistens liegt der A. eine besondere Art immunologischer Reaktionen zugrunde.

Allermanns-Harnisch, der: → Lauch 2.

Allesfresser (Omnivoren oder Pantophagen): Bez. für alle Lebewesen, die sich von pflanzlicher und tierischer Kost ernähren und dadurch im → Ökosystem zur Vernetzung von Nahrungsketten beitragen. Von unseren heimischen Waldtieren zählen u. a. Bär, Dachs, Rotfuchs und Schwarzwild dazu; → Konsumenten, Pflanzenfresser, Carnivora.

Allgemeine Forstzeitschrift (AFZ): 14-Tages-Zeitschrift für Waldwirtschaft, Forsttechnik, Landschaftspflege und Umweltvorsorge. Die AFZ wird von der BLV-Verlagsgesellschaft mbH in München herausgegeben. Die Redaktion ist in Stuttgart. Sie erschien nach dem Zweiten Weltkrieg 1946 als erste forstliche Fachzeitschrift. Mit der Ausgabe Nr. 21/1995 wurde die bisher im Deutschen Landwirtschaftsverlag Berlin erschienene Zeitschrift „Der Wald" mit der AFZ vereinigt. Die beiden Zeitschriften erscheinen nunmehr mit dem Titel „AFZ/Der Wald, Allgemeine Forstzeitschrift für Waldwirtschaft und Umweltvorsorge". Die „AFZ/Der Wald" ist für den deutschsprachigen Raum die aktuellste Informationsquelle über die Forstwirtschaft in der BR Dtschl.

Allgemeines Bestockungsziel, das: → Bestockungsziel.

Allianz, die: lockerste Art der → Symbiose. So befreien z. B. Vögel Großsäugetiere von Parasiten und gewinnen dadurch selbst Nahrung und Schutz.

Alliaria → Knoblauchsrauke.

Allium → Lauch.

Viele Alleen (im Bild eine alte Eichenallee) sind Natur- und Kulturdenkmäler.

Allmende, die: in gemeinschaftlichem Grundbesitz von Dorfbewohnern (→ Markgenossenschaft) befindliches Weideland, v. a. Heiden, lichte Kiefernwälder und Magerrasen, die früher extensiv genutzt wurden. A. sind heute meist aufgeforstet oder melioriert, landwirtschaftlich intensiver genutzt oder auch brachgefallen und der Verbuschung ausgesetzt.

Allochorie, die: Fremdverbreitung von → Samen, Früchten oder → Sporen (→ Samenverbreitung) durch von außen kommende Kräfte; Ggs.: → Autochorie.

allochthon: für Gesteine und Lebewesen; am Fundort nicht beheimatet; biozönologisch: von außen in die → Biozönose eingetragen, d. h. biotopfremd, z. B. zugeführtes Laub in Gewässern. Ggs.: → autochthon.

allochthoner Boden: Boden, der an anderer Stelle entstanden ist, daher oft für aus anderorts verwittertem Bodenmaterial und umgelagertem Material entstandene Aueböden (Alluvialböden) verwendeter Begriff.

Alluvialer Pfeifengras-Kiefernwald, der (*Molinia arundinacea-Pinus sylvestris*): → Assoziation des Verbandes Alpische Kalk-Kiefernwälder (*Erico-Pinion*) in der Ordn. → Schneeheide-Kiefernwälder und Alpenrosen-Latschengebüsche (*Erico-Pinetalia*) und der Klasse → Alpische Kalk-Kiefernwälder (*Erico-*

Pinetea), kommt entlang der größeren Flüsse des Alpenvorlandes auf deren alluvialen Terrassen auf Paternien, Brauner Kalkvega und Borowina vor. Die Baumschicht besteht aus bis zu 25 m hohen, nur selten geschlossenen Kie. Die Bodenvegetation besteht aus hohen Gräsern, so z. B. Rohr-Pfeifengras, Bunt-Reitgras, Steinzwencke, und auch anspruchsvolleren Arten wie Seidelbast, Waldveilchen, Engelwurz, Einbeere. Die → Charakterarten des Verbandes und der Klasse Alpischer Kalk-Kiefernwälder treten allenfalls an den Stammscheiben auf. Diese → Waldgesellschaft wurde durch den Menschen in seiner Verbreitung gefördert.

Der Graue Alpendost gehört zu den alpinen Arten.

Alm, die (Alpe): Bergweide (Hochweide) in Hoch- und Mittelgebirgen, die der sommerlichen Weidenutzung dient; → Schachten. Vielfach wurden die Almflächen durch Rodung dem Wald abgerungen. Dadurch wurde die → Waldgrenze gesenkt.

Almbalsam, der: → Alpenrose 1.

Almenrausch, der: → Seidelbast 2. und → Alpenrose 1.

Almrausch, der: → Alpenrose 1.

Almrose, die: → Alpenrose 1.

Alnenion glutinoso-incanae → Erlen-Eschen-Auenwald.

Alnetalia glutinosae → Bruchwälder und Bruchweidengebüsche.

Alnetea glutinosae → Schwarzerlen-Bruchwälder.

Alnetum incanae → Grauerlen-Galeriewald.

Alnion glutinosae → Schwarzerlen-Bruchwald.

Alno-Fraxinetum → Traubenkirschen-Eschen-Auenwald.

Alno Padion → Hartholz-Auenwälder.

Alno Ulmion → Hartholz-Auenwälder.

Alnus → Erlen.

Aloëblättriges Filzhaubenmoos, das: → Filzhaubenmoos.

Alpe, die: vermeintlich schriftdeutsche Bez. für → Alm.

Alpenakelei, die: → Akelei 4.

Alpen-Arve, die: Unterart der Zir; → Kiefern 5.

Alpenazalee, die: → Alpenheide.

Alpenbalsam, der: → Terpentin.

Alpen-Bärentraube, die: → Bärentraube 2.

Alpenbärlapp, der: → Bärlapp 5.

Alpen-Beruf(s)kraut, das: → Beruf(s)kraut 1.

Alpenbirke, die: → Birken 4.

Alpenbock, der: → Bockkäfer 20.

Alpen-Bohnenbaum, der: → Goldregen 1.

Alpen-Brandlattich, der: → Alpenlattich.

Alpen-Distel, die: → Distel 1.

Alpen-Doppelbeere, die: → Geißblatt 1.

Alpendost, der (*Adenostyles*): Gatt. der Fam. der → Korbblütler mit vier Arten in den Gebirgen Europas und Kleinasiens. Sie haben langgestielte, oft nierenförmige, große Blätter und weiße, rote oder violette Röhrenblüten in köpfchenförmigen → Blütenständen und lieben nährstoffreiche, humose und sickerfeuchte Böden (forstliche Weiserpflanze). Die bekanntesten sind:

1. **Gemeiner Alpendost**, der (*Adenostyles alpina* = *A. glabra* (Mill.) DC.): auch Kahler A., Alpen-Pestwurz, -Drüsengriffel. Der G. A. ist über die Gebirge Mittel- und Südeuropas verbreitet. Er wächst in lichten, steinigen Bergwäldern, Steinschuttfluren auf Geröll, Schutt und Fels; in den Alpen zwischen 1000 und bis zu 2500 m Höhe.
Die 30 bis 90 cm hohe Pflanze hat sehr große, derbe, rundlich nierenförmige Blätter, die unterseits graugrün mit dichtem Adernetz und nur auf den Nerven flaumig behaart oder ganz kahl sind. BZ: Juni bis August. Die Blüten sind blaßrosa oder rotviolett und stehen in Doldenrispen (→ Blütenstand).

2. **Grauer Alpendost**, der (*Adenostyles alliariae* (Gouan) Kerner): Der G. A. ist über die Gebirge Mittel- und Südeuropas verbreitet und wächst in Bergmischwäldern, Schluchten, Knieholzbeständen, Hochstaudenfluren und Gebüschen höherer Gebirge, an quelligen und steinigen Standorten, auf feuchten, nährstoffreichen, oft kalkarmen Böden bis über 2000 m Höhe. Er ist eine → Differentialart im Bergahorn-Buchenwald, Ulmen-Ahornwald oder staudenreichem Fichtenwald.
Die ausdauernde, 60 bis 200 cm hohe Pflanze hat einen kräftigen, gefurchten, meist flockig behaarten Stengel und weiche, herz- bis nierenförmige, unterseits filzig behaarte Blätter. Die grundständigen Blätter sind bis zu 50 cm breit, die oberen sind sitzend, stengelumfassend oder gestielt mit geöhrtem Blattstiel. BZ: Juni bis September. Die röhrchenförmigen, meist vierzipfeligen Blüten sind blaßrot bis fleischrot, selten weiß. Die drei- bis sechsblütigen Blütenköpfe stehen in dichten Doldentrauben. Die 3 mm langen, zehnrippigen, kahlen Früchtchen haben eine mehrreihige, kreisförmige Haarkrone.

3. **Filziger Alpendost**, der (*Adenostyles leucophylla* (Willd.) Rchb. = *A. tomentosa* Vill. Schinz et Thell.): auch Weißfilziger A. Der F. A. ist über die Seealpen bis zu den Rätischen Alpen und in den Westalpen verbreitet. In Dtschl. fehlt er. Er ist selten und wächst auf steinigen, kalkarmen bis schwach sauren Böden und kalkarmen Schuttfluren in Höhen von 1900 bis 3100 m.
Die ausdauernde, 10 bis 40 cm hohe Pflanze hat einen rundlichen, filzig behaarten Stengel und herz- bis nierenförmige, oberseits kahle oder locker behaarte, unterseits dicht filzig behaarte, gestielte Blätter. BZ: Juli bis August. Die intensiv roten Blüten stehen in 12- bis 24blütigen Doldentrauben.

Alpendost-Fichtenwald, der (*Adenostyles alpina-Picea abies* = *Adenostylo glabrae-Piceetum*): pflanzensoziologische → Waldgesellschaft der → Assoziation → Alpenlattich-Fichtenwald (*Homogyno-Piceetum*) des Unterverbandes natürliche → Fichtenwälder (*Vaccinio Piceenion*) des Verbandes der → Fichtenwälder und Fichten-Tannenwälder (*Piceion abietis* = *Vaccinio-Piceion*), der Klasse Boreale und Subalpine → Nadelwälder (*Vaccinio-Piceetea*). Der namensgebende Gemeine → Alpendost (→ Charakterart), eine Art der Kalk-Steinschuttböden, wurzelt tief und durchstößt daher die saure Rohhumusauflage in dieser → Waldgesellschaft. Deshalb kommen in dieser in der subalpinen Stufe der nördlichen Kalkalpen verbreiteten Assoziation in der Rohhumusschicht wurzelnde Säurezeiger und dieser Kalkzeiger (→ Bodenanzeiger) nebeneinander vor. Neben der vorherrschenden Fi kommen allenfalls noch die Vobe und Charakterarten der Fichtenwälder vor. Die pflanzensoziologische Stellung dieser Gesellschaft ist noch weitgehend ungeklärt.

Alpenerle, die: → Erlen 2.

Alpen-Flachbärlapp, der: → Bärlapp 5.

Alpenfledermaus, die: → Fledermäuse 21.

Alpenflieder, der: → Seidelbast 2.

Alpen-Frauenfarn, der: → Frauenfarn 2.

Alpen-Geißblatt, das: → Geißblatt 1.

Alpenglöckchen, Echtes, das: → Troddelblume.

Alpenglöckchen, Gemeines, das: → Troddelblume.

Alpen-Goldregen, der: → Goldregen 1.

Alpengoldrute, die: → Goldrute 2.

Alpengrauweide, die: → Weiden 29.

Alpen-Greiskraut, das: → Greiskraut 9.

Alpen-Habichtskraut, das: → Habichtskraut.

Alpen-Heckenkirsche, die: → Geißblatt 1.

Alpenheckenkirschen-Buchenmischwald, der: → Hainlattich-Buchenmischwald.

Alpenheckenkirschen-Tannen-Buchenwälder (*Lonicero alpigenae-Fagenion*): auch Alpigene Buchen- und Tannen-Buchenwälder. Dieser pflanzensoziologische Unterverband des Verbandes der → Buchenwälder (*Fagion sylvaticae*) ist in der montanen → Vegetationsstufe am besten ausgebildet. A. stocken auf nährstoff- und basenreichen, mehr oder weniger frischen Standorten und bilden Wälder in denen die Rbu vorherrscht, mit BAh, Ta und Fi (→ Metabiose). In diesen Hallenbeständen fehlt meist die Strauchschicht, eine Krautschicht ist vorhanden, die Moosschicht ohne Bedeutung. → Assoziationen dieses Unterverbandes sind der → Hainlattich-Buchenmischwald (*Lonicero alpigenae-Fagetum*), der → Fiederzahnwurz-Buchenwald (*Dentario heptaphylli-Fagetum*) und der → Ostalpische Christrosen-Buchenwald (*Cardamino trifoliae-Fagetum*).

Alpenheckenrose, die: → Rosen 2.

Alpenheide, die (*Loiseleuria*): auch Felsenröschen, Zwergporst. Gatt. der → Heidekrautgewächse mit nur einer einzigen Art:

Gemsheide, die (*Loiseleuria procumbens*): auch Alpenheide, -azalee, Niederliegende Azalee, Zwergporst, Felsenröschen.
Der dichtbelaubte, immergrüne Zwergstrauch mit bis zu 50 cm langen, niederliegenden Stämmchen bildet meist ausgedehnte Matten. Die kleinen, derben Blätter sind meist gegenständig und am Rande deutlich eingerollt. Die kleinen rosa Blüten stehen in endständigen Dolden (→ Blütenstand) zu zwei bis fünf an der Spitze der Zweige. Die G. ist eine kalkfliehende, alpine Pflanze, die in den Alpen von etwa 1500 bis 3000 m Höhe häufig auf felsigen Böden oder Torfmooren (→ Moor) vorkommt. BZ: Juni/Juli.

Alpen-Heiderich, der: → Erika 1.

Alpen-Hexenkraut, das: → Hexenkraut 2.
Alpen-Johannisbeere, die: → Stachelbeere 1.
Alpenkiefer, die: → Kiefern 3.
Alpenkreuzdorn, der: → Kreuzdorn 1.
Alpen-Kreuzkraut, das: → Greiskraut 9.
Alpenlattich, der (*Homogyne*): Gatt. der Fam. der → Korbblütler mit drei Arten in den Gebirgen Europas. Bei uns ist heimisch:
Gemeiner Alpenlattich, der (*Homogyne alpina* (L.) Cass.): auch Alpen-Brandlattich, Grüner A. Der G. A. ist über die Gebirge und deren Vorberge Süd- und Mitteleuropas verbreitet. Er wächst zerstreut auf frischen bis feuchten, sauren, moosigen, humosen Böden in feuchtschattigen Wäldern, Fichten-Tannen- und subalpinen Fichtenwäldern (Verbands- → Charakterart), Zwergstrauchheiden, Gebüschen, Mooren, Silikatmagerrasen und sumpfigen, quelligen Orten, von 500 bis 3000 m NN.
Die ausdauernde, 10 bis 35 cm hohe, behaarte Staude hat einen aufrechten, einköpfigen, häufig rotbraunen Stengel mit meist zwei kleinen Schuppenblättern und treibt unverzweigte → Ausläufer.
Die lang-gestielten, z. T. wintergrünen Grundblätter sind ledrig-derb, herznierenförmig, dunkelgrün, glänzend, unterseits heller, oft rötlich, kahl, nur auf den Nerven behaart. Blütezeit: Mai bis August. Die hellvioletten bis purpurroten, etwa 15 mm langen Blütenköpfchen bestehen aus Einzelblüten. Die 4 bis 5 mm großen Früchtchen tragen eine 6 bis 8 mm lange Haarkrone.
Alpenlattich-Fichtenwald, der (*Homogyno-Piceetum*): Diese pflanzensoziologische → Assoziation des Unterverbandes natürliche → Fichtenwälder (*Vaccinion Piceenion*) des Verbandes der → Fichtenwälder und Fichten-Tannenwälder (*Piceion abietis* = *Vaccinio-Piceion*) ist in der montanen/subalpinen → Vegetationsstufe der silikatischen Zentralalpen und in den nördlichen Randalpen auf sauer verwitternden Gesteinen anzutreffen. Neben der vorherrschenden Fi kommt noch die Vobe vor. In der armen Bodenvegetation treten Säurezeiger (→ Bodenanzeiger) und die → Charakterarten der Fichtenwälder, so z. B. der namensgebende Alpenlattich, das Dreilappige Peitschenmoos usw., auf.
Alpen-Maßlieb(chen), das: → Aster 2.
Alpen-Milchlattich, der: → Milchlattich 2.
Alpenmispel, die: → Felsenbirne.
Alpenmolch, der: → Schwanzlurche 4.
Alpen-Oxel, die: → Ebereschen 6.
Alpen-Pestwurz, die: → Alpendost 1. und → Pestwurz 3.
Alpenrebe, die: → Waldrebe 1.
Alpenrose, die (*Rhododendron*): Gatt. der → Heidekrautgewächse mit etwa 1300 Arten, v. a. in den Gebirgen Zentral- und Ost-Asiens und im gemäßigten Nordamerika, aber auch in der Arktis, in Europa und Australien. Sie ist fossil seit dem Tertiär (→ Erdzeitalter). Es handelt sich um laubwerfende oder immergrüne Sträucher oder Bäume mit wechselständigen, ganzrandigen, oft ledrigen Blättern und meist violetten, roten, gelben oder weißen Blüten, die häufig in Doldentrauben (→ Blütenstand) stehen. In Europa kommen sechs Arten vor, die bekanntesten sind:
1. Behaarte Alpenrose, die (*Rhododendron hirsutum*): auch Almrausch, Alm-, Stein-, Nebel- und Bergrose, Almbalsam, Donner-, Wald und Schneerösl, Pechkraut, Schinderlatschn. Die B. A. ist in der BR Dtschl. geschützt. Sie ist ein immergrüner, bis 1 m hoher und sehr ästiger, buschiger Strauch mit grauberindeten Zweigen. Die wechselständig angeordneten, kurzstieligen Blätter sind lorbeerartig, oberseits hellgrün glänzend, unterseits gelbbraun punktiert. Die Blüten sind leuchtend rosa und stehen zu drei bis zehn in kurzen, endständigen Doldentrauben. Die B. A. wächst in lichten Kiefernwäldern, Legföhrenbeständen und ist die → Charakterart der Schneeheide-Alpenrosengebüsch-Assoziation. Sie ist eine kalkliebende Felsenpflanze, die fast in der ganzen Alpenkette bis 2500 m Höhe, meist oberhalb der → Baumgrenze vorkommt und häufig gürtelförmig angeordnet wächst. BZ: Mai bis Juli, auch noch im September und später. Der Aufguß der Blätter gilt als kräftiges schweiß- und wassertreibendes Mittel und wird bei Rheuma und Gicht angewendet.
2. Rostblättrige Alpenrose, die (*Rhododendron ferrugineum*): auch Echte A. Der immergrüne Strauch ähnelt der Behaarten Alpenrose, wird jedoch etwas höher (über 1 m) und hat rostrote drüsige Zweige. Auch unterscheidet sie sich durch die unbehaarten, umgerollten, auf der Unterseite rostbraunen Blätter. Ebenso ist die Blüte dunkler rosa. Die Verbreitung ist dieselbe wie bei der Behaarten Alpenrose. Sie liebt aber mehr feuchten und kalkarmen Boden und kommt noch in 2800 m Höhe vor. Die R. A. wächst in Kiefernmooren, in Legföhrenbeständen und unter Zirbe, ist die Charakterart der Rostblattalpenrosen-Gebüsch-Assoziation bzw. der Lärchen-Zirbenwald-Assoziation. Im Alpenvorland wächst sie auch in Fichten-Tannen- und Fichtenwäldern (Verbands-Charakterart). BZ: Je nach Höhenlage Mai bis Juli; → Rosen 2.
Alpenrosen-Gesellschaften → Subalpine-alpine Zwergstrauch-Gesellschaften.
Alpenrosen-Latschengebüsche → Schneeheide-Kiefernwälder.
Alpensalamander, der: → Schwanzlurche 2.
Alpenschneehuhn, das: → Rauhfußhühner 5.
Alpenspitzmaus, die: → Spitzmäuse 2.
Alpenveilchen, das (*Cyclamen*): Gatt. der → Primelgewächse mit etwa 20 Arten v. a. in den Alpen und im Mittelmeerraum. Die einzige in Dtschl. vorkommende Art ist:
Europäisches Alpenveilchen, das (*Cyclamen purpurascens* Miller = *C. europaeum* auct.): Das E. A. ist über die Gebirge Mittel- und Südeuropa verbreitet. Es kommt selten in Misch-, Laub-, Laubmisch-, Buchen-Tannen-Berg-, Alpenheckenkirschen-Buchen-, Seggen-Buchen-, Schneeheide-Kiefernwäldern und Alpenrosen-Latschengebüschen, auf steinigen, humusreichen, kalkhaltigen Böden in schattigen Lagen, von den Tallagen bis in Höhen von etwa 2000 m vor. In der → Roten Liste für Dtschl. ist es als „potentiell gefährdet" eingestuft.
Die ausdauernde, immergrüne, 5 bis 20 cm hohe Pflanze enthält im dicken, knolligen, → Wurzelstock, das giftige Saponin (*Cyclamin*). Die grundständigen, etwas fleischigen Blätter sind breit nierenförmig bis herzförmig, stumpf, kahl, oberseits dunkelgrün mit hellen, silbrigen Flecken, unterseits purpurn. BZ: Juni bis September/Oktober. Die einzeln stehenden, nickenden Blüten haben eine duftende, rosenrote bis rotviolette Krone mit 4 bis 8 mm langer Röhre, dunklen Schlundfleck und fünf 15 bis 25 mm langen, zurückgeschlagenen Kronlappen. Die kugelige, etwa 10 mm breite, fünfklappig aufspringende Fruchtkapsel wird durch den sich in der Fruchtzeit von der Spitze her einrollenden Blütenstiel zu Boden gezogen; → Ameisenpflanzen.

Die Behaarte Alpenrose liebt sonnendurchglühte warme Felsen.

Alpen-Vergißmeinnicht, das: → Vergißmeinnicht 3.
Alpenwaldrebe, die: → Waldrebe 1.
Alpen-Wegschnecke, die: → Wegschnecken 5.
Alpenweide, die: → Weiden 26.
Alpen-Wimpernfarn, der: → Wimpernfarn 2.
Alpen-Ziest, der: → Ziest 4.
alpigene Buchenwälder → Buchenwälder.
alpigene Buchen- und Tannen-Buchenwälder → Alpenheckenkirschen-Tannen-Buchenwälder.
alpine Baumgrenze, die: → Baumgrenze.
alpine Stufe, die: → Vegetationsstufen.
alpine Vegetation, die: in der Botanik Bez. für die in der alpinen Stufe (→ Vegetationsstufen) vorkommende Pflanzendecke. Umgangssprachlich wird unter a. V. auch die gesamte Vegetation der Alpen verstanden. Charakteristische Anpassungsmerkmale für Pflanzen der a. V. sind stark entwickelte → Wurzeln, gedrungener Wuchs, derbes → Abschlußgewebe, häufig Behaarung der Pflanzenteile und auffällig gefärbte Blüten durch verstärkte ultraviolette Strahlung, die auch den gedrungenen Wuchs bewirkt. Die Pflanzen der a. V. sind extremen Wuchsbedingungen durch große Temperaturschwankungen, lange Frostperioden, starken Wind, hohe Schneelagen, Lawinen und Schuttüberrieselung ausgesetzt.

Die Rostblättrige Alpenrose bevorzugt schattige Nordlagen.

Alpische Kalk-Kiefernwälder (*Erico-Pinetea*): auch Schneeheide-Kiefernwälder und Alpenrosen-Latschengebüsche. Die Gesellschaften dieser Klasse kommen auf flachgründigen, trockenen und warmen Kalkstand

Die alpine Vegetation ist den extremen Bedingungen angepaßt.

orten mit geringer Nährstoffversorgung mit Schwerpunkt in den Alpen und noch in einigen Kalk-Mittelgebirgen vor, wo die Bu die konkurrenzschwache Kie nicht verdrängen kann. Sie sind sich so ähnlich, daß sie in der einzigen Ordn. → Schneeheide-Kiefernwälder und Alpenrosen-Latschengebüsche (*Erico-Pinetalia*) zusammengefaßt sind und deshalb Klasse und Verband (*Erico-Pinion*) dieselben → Charakterarten haben. Diese sind Schneeheide, Buchsbaumblättrige Kreuzblume, Scheiden-Kronwicke, Heideröschen, Wohlriechende Händelwurz, rotbraune Stendelwurz, Grauer Löwenzahn, also durchwegs Licht- und i. d. R. auch Kalkzeiger. Begleiter sind u. a. Wacholder, Ästige Graslilie und Berberitze; → Waldgesellschaften.

Alpranke, die: → Geißblatt 3.

Alsbeerbaum, der: → Ebereschen 2.

Altbestand, der: → Bestand, Altholz.

Altdorfer, Albrecht → Wald in der Malerei.

Altdurchforstung, die: → Durchforstung.

Alter, das: Das Alter eines → Baumes wird vom Jahr der Keimung, bei → Stockausschlägen vom Entstehungsjahr an gerechnet. Bei Beständen (→ Bestand) wird das → Flächendurchschnittsalter und die Altersspanne angegeben. Weicht in Beständen oder Bestandsteilen die Entwicklung aus nicht standortsbedingten Gründen von der normalen stark ab, kann auch ein fiktives → wirtschaftliches Alter eingesetzt werden, das jenem entspricht, in dem der Bestand den jetzigen Zustand erreicht hätte; → Altersbestimmung bei Bäumen, Baumalter.

Alter Hieb, der: auch alter Schlag. frühere Bez. für eine Schlagfläche (→ Schlag), die vergrast ist und keinen Baumwuchs aufweist.

Alternativenergien: Die bisherige Energieerzeugung aus Kohle, Erdöl, Erdgas oder Kernkraft (Uran) verbraucht nur begrenzt vorkommende Rohstoffe. Es werden deshalb Energieträger gesucht, die die Primärenergieträger ersetzen, zur Entlastung der → Umwelt beitragen und sich immer wieder erneuern (A., richtiger: regenerative Energien). Hierzu gehören: Sonnen- und Windenergie, Energie der Meeresgezeiten (Ebbe und Flut), Erdwärme, Nutzung der Umgebungswärme durch Wärmepumpen; ferner Energien aus rasch wachsenden Pflanzen (Biomasse), z. B. Holz, Zuckerrohr mit dem hieraus gewonnenen Alkohol (Bioalkohol) als Energieträger und organische Abfälle (z. B. Biogas = Faulgas aus Stallmist).

alternativer Landbau, der („Ökologischer oder Öko-Landbau"): Hierunter sind im Ggs. zur herkömmlichen Form der → Landwirtschaft Landbaumethoden zu verstehen, die

a) ganz oder überwiegend auf mineralische Düngemittel und chemische → Pflanzenschutzmittel verzichten,

b) eine besonders pflegliche Bodenbearbeitung und eine starke Humuswirtschaft betonen und

c) den biologischen Zusammenhängen im Betrieb große Aufmerksamkeit schenken. Ende der 70er Jahre erhielt der a. L. großen Auftrieb durch die Alternativbewegung und die Diskussion um den Einsatz von Chemie in der Landwirtschaft. Bereits damals wurde ein möglichst geschlossener Stoff- und Energiekreislauf im Einzelbetrieb angestrebt.

Im wesentlichen handelt es sich dabei um zwei Richtungen:

1. den organisch-biologischen Landbau nach den Schweizern Dr. Hans Müller und Hans-Peter Rusch,

2. den biologisch-dynamischen Landbau auf der anthroposophischen Grundlage von Dr. Rudolf Steiner (1861 – 1925).

Die Idee des a. L. strahlt auf die Waldwirtschaft aus; → naturnahe Waldwirtschaft, ökologischer Waldbau.

Altersbestimmung bei Bäumen: Bei gefällten Bäumen wird das Alter durch Zählen der → Jahresringe, am besten am Stock, ermittelt. Für die Zeit bis zur Erreichung der Stockhöhe ist auf die ermittelte Ringzahl noch ein Zuschlag von zwei bis vier Jahren zu machen (je nach Baumart und Stockhöhe). An stehenden Bäumen wird zur A. der → Zuwachsbohrer verwendet. Bei alten oder abgestorbenen Bäumen kann man aber selten das genaue Alter feststellen, weil sie oft hohl sind und ein Zählen aller Jahrringe daher nicht mehr möglich ist. Bei → Baumarten, die regelmäßig → Astquirle ansetzen (z. B. Pappeln und Nadelbäume) kann das ungefähre Alter (zumindest bis ins 6. Jahrzehnt) auch durch Zählen der Quirle ermittelt werden. Ist deren Abzählen im Kronenbereich nicht möglich, wird am Stamm von unten her bis zu einem der unteren noch voll lebendigen Äste gezählt und von hier ab am Ast weiter. Solange der Ast wächst, hat er nämlich die gleiche Quirlbildung. In der Forstwirtschaft geben über das Alter eines → Bestandes die entsprechenden Kartenwerke und Aufzeichnungen (z. B. Kulturnachweisung, Bestandsbeschreibung) Auskunft.

Alterskern, der: → Fehlverkernung.

Altersklasse, die: Alle Bestände (→ Bestand) einer Betriebsklasse werden nach (10) 20 Jahre umfassenden Altersgruppen in A. zusammengefaßt. Die Bez. erfolgt mit römischen Ziffern, z. B.: I = 1 bis 20 Jahre, II = 21 bis 40 Jahre, III = 41 bis 60 Jahre usw. Bei normalem Altersaufbau eines Betriebes sind die Flächenausstattungen der einzelnen A. etwa gleich groß. Im Hinblick auf das Prinzip der → Nachhaltigkeit sollten in einem Waldbesitz alle A. in einem ausgewogenen Verhältnis vorkommen. Überwiegen die A. I – III, spricht man von einem aufbauendem Betrieb (→ Aufbaubetrieb), überwiegen die A. IV – VI und höher, von einem abbauenden Betrieb (→ Abbaubetrieb). Ist eine gleichmäßige nachhaltige Nutzung wegen des gestörten → Altersklassenverhältnisses nicht möglich, spricht man von einem aussetzenden Betrieb. Die natürlichen A. werden nach dem Entwicklungsstand der → Hauptbaumarten des → Bestandes → Jungwuchs, → Dickung, → Stangen-, → Baum- und → Altholz bezeichnet; → Altersphasen des Waldbestandes.

Altersklassenentwicklung, die: die → Fortschreibung des gegenwärtigen → Altersklassenverhältnisses.

Altersklassenübersicht, die: Nachweis der auf die verschiedenen → Altersklassen entfallenden Flächen, durchschnittlichen → Ertragsklassen, → Bestockungsgrade, Vorräte, → Zuwachs und anderer Statistiken (Werterzeugung, Schäden).

Altersklassenverhältnis, das: tatsächliche Verteilung der Flächen auf die verschiedenen

▸▸▸ Altbestand mit hiebsreifen Bäumen

→ Altersklassen, wird für die Prüfung der → Nachhaltigkeit dem idealen A. (→ Ideal-, Normalwald) gegenübergestellt; → Nachhaltsweiser.

Altersklassenwald, der (schlagweiser Hochwald): Wald mit räumlich voneinander getrennten → Altersklassen und bestandesweiser Nutzung und → Verjüngung. Der A. ist die am weitesten verbreitete Form des → Hochwaldes und umfaßt mehr als 95 Prozent der gesamten deutschen → Waldfläche; → Plenterwald, Dauerwald.
In einem A. finden Pflanzen und Tiere wegen der unterschiedlichen Biotopqualität der einzelnen Altersklassen (→ Licht und Wärme, Bodenpflanzen) nur in der ihnen zusagenden → Altersphase günstige Lebensbedingungen. Wegen der Gleichaltrigkeit innerhalb der Altersklassen können Schädlinge im A. optimale Lebensbedingungen finden. Der A. ist anfälliger gegen abiotische Schädigungen. Im A. wird je nach → Standort, Ausgangsbestand und Verjüngungsziel mit unterschiedlichen → Hiebsarten, bzw. → Verjüngungsverfahren verjüngt.

Altersphase, die: → Terminalphase.

Altersphasen des Waldbestandes: auch natürliche Altersstufen. die aufeinanderfolgenden Lebensphasen (altersbedingte Entwicklungsstufen) der Waldbestände (→ Bestand) und Waldbäume. Sie heißen in der Forstsprache → Kultur, → Jungwuchs, → Dickung, → Stangen-, → Baum- und → Altholz, wobei die Bezeichnungen in den Bundesländer z. T. unterschiedlich sind.

Altersstufen, natürliche → Altersphasen des Waldbestandes.

Alter, wirtschaftliches → wirtschaftliches Alter.

althiebig: veraltete Bez. für über 20 Jahre alte Laubbäume.

alte Weiber, die: → Schaumkraut 1.

Altholter, der: → Holunder 2.

Altholz, das: **1)** Bez. für einen → Bestand (Altbestand), dessen Bäume die Zielstärke (→ Hiebsreife) bzw. → Umtriebszeit erreicht haben und genutzt (abgetrieben, abgeholzt) werden können. Die genutzten A.-Flächen stehen dann wieder für eine → Verjüngung zur Verfügung. Der vorhergehende Entwicklungsabschnitt wird → Baumholz genannt. Pflegemaßnahmen im A.→ Durchforstung; → Überalthölzer. **2)** Bez. für bereits verwendetes be- und verarbeitetes → Holz, das nicht mehr benötigt (ausgesondert) wird, z. B. Abbruchholz aus Altbausanierung, Scheunen, Möbel, Verpackungshölzer etc. Bei diesen Hölzern ist eine Behandlung mit Lacken, Holzschutzmitteln und Beschichtungen nicht auszuschließen; → Industrierestholz.

Altholzinseln: Waldteile, in denen der Wald sich selbst überlassen bleibt und kein → Holzeinschlag stattfindet. Es entsteht daher ein großer Anteil von → Totholz. Ein A.-Programm in Hessen sichert mit 800 Objekten auf rd. 1700 ha Reste von Hessens alten Buchenbeständen. In A. wird der Fortbestand bedrohter Arten gesichert, der Totholzanteil bietet v. a. höhlenbewohnenden Tieren Unterschlupf und Brutstätten (z. B. verschiedenen Fledermausarten, Schwarzspecht, Hohltaube, Wald-, Rauhfußkauz und verschiedenen Meisenarten). A. beherbergen auch artenreiche Lebensgemeinschaften aus → Flechten, → Pilzen und → Moosen; → Naturwaldreservate.

Altholzschnitzel: aus Altholz (→ Altholz 2) hergestellte → Hackschnitzel.

altomontane Stufe, die: → Vegetationsstufen.

Altrinde, die: → Lohrinde.

Altum, Johann Bernard Theodor, Dr., Geheimer Regierungsrat (31.12.1824 Münster bis 1.2.1900 Eberswalde): A. war von 1859 bis 1869 Privatdozent der Zoologie in Münster und ab 1869 als Nachfolger → Ratzeburgs Professor der Naturwissenschaften in → Eberswalde. Neben zahlreichen Abhandlungen in Zeitschriften schrieb er: „Forstzoologie" (1872 – 1875, 3 Bde.), „Unsere Spechte und ihre forstliche Bedeutung" (1878), „Unsere Mäuse in ihrer forstlichen Bedeutung etc." (1880), „Waldbeschädigungen durch Thiere und Gegenmittel" (1889).

Aluminium, das: chemisches Zeichen Al, silberweißes, dreiwertiges Metall, spezifisches Gewicht 2,7, Schmelzpunkt 659 °C, Atomgewicht 26,9815, Ordnungszahl 13. A. kommt mit etwa 7,6 % in der Erdrinde vor und ist damit das dritthäufigste Element der Erdrinde. A. findet sich in einer Reihe von Mineralien, z. B. Feldspat, Glimmer, Tonmineralien und Gesteinen, z. B. Basalt, Gneis und Granit. Hauptausgangsprodukt für die Herstellung des A. ist Bauxit, aus dem es technisch unter sehr hohem Energieaufwand gewonnen wird. Bewegliche A.-Ionen haben schon in geringer Konzentration eine giftige Wirkung auf die Feinwurzeln der Pflanzen, streuzersetzende → Mikroorganismen, Fische und Fischlaich. Auch auf Pflanzen kann eine hohe A.-Konzentration, die mit zunehmender → Bodenversauerung unterhalb pH 5 (→ pH-Wert) stark ansteigt, schädlich wirken. Bu, Fi und Kie gelten als relativ aluminiumtolerante Arten.

Amanita → Wulstlinge.

Amanitin, das: Giftstoff des Grünen Knollenblätterpilzes und wahrscheinlich auch des Weißen oder Kegelhütigen Knollenblätterpilzes (→ Wulstlinge 6. und 7.), der die Leberfunktion zerstört und dadurch tödlich wirkt. Der hochtoxische Stoff ist hitzebeständig (thermostabil) und wird durch Trocknen, Kochen, Braten oder Backen des Pilzes nicht zerstört.

Amann, Gottfried, Dr. (25.4.1901 München bis 21.12.1988 München): A., zuletzt Ministerialrat und Leiter des forstl. Personal- und Ausbildungsreferats im Bayer. Staatsministerium für Ernährung, Landwirtschaft und Forsten, schrieb: „Die Kerfe des Waldes" (1941), „Bäume und Sträucher des Waldes" (1954), „Pilze des Waldes" (1963), „Bodenpflanzen des Waldes" (1970), „Vögel des Waldes" (1976), „Säugetiere und Kaltblüter des Waldes" (1987) und als Dissertationsarbeit „Die forstliche Maschinenfrage" (1927).

Amaryllidaceae → Amaryllisgewächse.

Amaryllisgewächse (*Amaryllidaceae*): Fam. → einkeimblättriger Zwiebelpflanzen mit etwa 860 Arten, v. a. in den Tropen und Subtropen. Bekannte Gatt. sind u. a. → Schneeglöckchen und → Knotenblume.

Amaurobius ferox → Kellerspinne.

Amboßholz, das (Amboßklotz): Holz vom → Stock (ohne Wurzeln) und unteren Stammende. Geeignet als A. ist das Holz von Ah, Ei, Kie u. a. Der Durchmesser und die Länge sollen 0,5 bis 1,0 m betragen. Das Holz muß völlig gesund und beide Enden müssen rechtwinklig glatt geschnitten sein.

Ambrosia, die: von einigen holzbewohnenden Insekten (Termiten, → Ameisen und verschiedenen → Borkenkäfern, z. B. vom Ungleichen Holzbohrer) gezüchtete und als Nahrung dienende Pilzkulturen. Die → Konidien dieser Pilze erlangen ihre Keimfähigkeit erst durch den Aufenthalt im Darm des pilzzüchtenden Insekts und werden durch Ausspeiung übertragen. Abgestorbene A.-Zellen färben z. B. die Muttergänge der holzbrütenden Borkenkäfer schwarz; → Insektenbläue.

Ambrosiakäfer: Bez. für verschiedene → Borkenkäfer (Holzbrüter), die sich von Ambrosia-Pilzen (→ Ambrosia) ernähren.

Weiße flockige Nagespäne der Riesenameise

Ameisen (*Formicoidae*): seit der Kreidezeit (→ Erdzeitalter) bekannte, kleine (1 mm bis 4 cm) staatenbildende → Hautflügler. Weltweit sind etwa 6000 Arten bekannt, davon kommen in Dtschl. ca. 80 Arten vor. A. sind i. d. R. schwarz oder rotbraun gefärbt. Sie haben gekniete, oft keulig verdickte Fühler, in denen die Sinnesorgane (Chemorezeptoren) liegen. Der Hinterleib ist durch ein Stielchen mit der Brust verbunden. Am Hinterleibsende befindet sich – mit Ausnahme der Männchen – ein Giftapparat, mit dem ätzende A.-Säure verspritzt werden kann und der oft mit einem Wehrstachel verbunden ist. Ein ausgeprägter Orientierungssinn ermöglicht ihnen das Auffinden der Nahrung und das Zurückfinden zum Nest. Dazu dienen die in den Fühlern gelegenen Sinnesorgane, die die Duftkonzentration der Duftspur registrieren. Auch mit dem Tastsinn ist eine Orientierung möglich. A. folgen einer Führerin z. B. mittels Fühlerkontakte. Der Gesichtssinn orientiert sich am Tage nach der

Sonne. Zur Orientierung im Gelände ist auch ein ausgeprägtes Ortsgedächtnis vorhanden. Die besonders häufig an Waldrändern und auf Lichtungen vorkommenden A. leben gesellig (Sozialstaat) in Erd-, Holz- oder Kartonnestern (Bauten aus verklebten Pflanzenteilen), aber auch in Haufen in oder über der Erde. Sehr häufig sind diese Nester durch offene oder versteckte Straßen mit einer Zweigniederlassung in der Nachbarschaft und mit Nahrungsquellen verbunden. Ein Volk kann aus bis zu einer Mio. Arbeiterinnen bestehen. Den Winter verbringen sie in einer Art Schlafzustand. Bei den A. unterscheidet man drei verschiedene Individuengruppen:

Rote Waldameisen „melken" Pflanzenläuse.

Die nur kurze Zeit lebenden Männchen mit schlankem, gestrecktem Körperbau und die geschlechtlich aktiven Jungweibchen, die wie die Männchen zunächst geflügelt sind. Die Jungweibchen fliegen im Frühjahr aus, wobei ihnen die Männchen folgen, um sie in der Luft zu begatten. Danach werfen beide die Flügel ab, die Männchen sterben nach der Befruchtung. Das nunmehr flügellose Weibchen ist meist an der Größe, an den Flügelresten und der stark entwickelten Brust zu erkennen (bei den Roten Wald-A. ist das Weibchen etwa zwei- bis dreimal so groß wie die Arbeiterin). Es sucht sich eine geeignete Stelle, um einen neuen Staat zu gründen und wird ab diesem Zeitpunkt als „Königin" bezeichnet. Ihre einzige Aufgabe ist es, Eier zu legen. Den bei der Paarung erhaltenen Samen behält die Königin ihr ganzes Leben. Sie kann 25 Jahre alt werden. Der Samen wird in einer Samentasche im Hinterleib aufbewahrt. Die Königin befruchtet die Eier oder legt sie unbefruchtet, wobei aus letzteren die Arbeiterinnen oder die Männchen schlüpfen. Die dritte Individuengruppe sind die Arbeiterinnen, die die Hauptmasse eines A.-Staates ausmachen und bis zu sechs Jahre alt werden können. Sie sind flügellose, geschlechtlich unterentwickelte Weibchen, die Nahrung einholen, Brut und Königin pflegen, den Nestbau besorgen und den Staat verteidigen, wobei Arbeitsteilung besteht (zum Beispiel Jägerinnen, Rindenlausbesucherinnen (→ Symphilie), Nestbauerinnen, Brutpflegerinnen). Bei manchen Arten haben die Arbeiterinnen einen besonders großen Kopf (sog. Soldaten). Die Eier der A., im Volksmund A.-Salz genannt, sind winzig klein, länglich, gelblichweiß und liegen meist in kleinen Häufchen beisammen. Nach einer ca. 14tägigen Entwicklungsphase schlüpfen aus den Eiern die Larven. Sie sind madenförmig, weißlich, gedrungen, etwas gekrümmt, leicht behaart und beinlos.

Die Larven häuten sich dreimal und verpuppen sich nach weiteren 14 Tagen. Die weichen, weißen Puppen im Volksmund als „A.-Eier" bezeichnet, ruhen 14 Tage in ihrem meist seidenartigem, tonnenförmigen, bräunlichweißem Kokon. Aus diesem schlüpfen dann die fertigen A.

Die Nahrung der A. besteht hauptsächlich aus → Honigtau, Nektar, Zucker aus Früchten sowie aus Insekten, deren Larven und sonstigen Kleintieren. Ein A.-Volk kann jährlich zwischen 250 und 500 kg Honigtau in das Nest eintragen, die über sog. A.-Straßen, die i. d. R. 40 bis 50 m, manchmal auch bis 100 m lang sein können, transportiert werden. Infolge der starken Vermehrung der → Pflanzenläuse unter dem Schutz der Wald.-A. produzieren z. B. die → Bienen bis zu 50 % mehr Waldhonig. A. tragen auch zur Verbreitung von meist krautigen, im Wald und an Waldrändern lebenden Pflanzen (→ Ameisenpflanzen) bei (Myrmekochorie; → Samenverbreitung).

Die A. betätigen sich auch als → „Waldpolizei". Als Vertilger von → Forstschädlingen gelten sie als Nützlinge und werden zur → biologischen Schädlingsbekämpfung eingesetzt. Bis zu 80 000 Raupen, 35 000 Falter, Fliegen und Motten und bis zu 20 000 Puppen kann ein einziges A.-Volk in einem Jahr eintragen. Als natürliche Feinde stehen den A. Schwarzspecht (→ Spechte 3.), Rotfuchs und Dachs, leider auch der Mensch durch Nestbeschädigungen gegenüber; → Ameisenschutz. A. sind ein wichtiger Bestandteil der Lebensgemeinschaft des Waldes. In ihrem Nestbereich durchmischen sie den Boden und reichern ihn mit organischer Substanz an. Letztlich sind sie auch selbst Nahrung für einige Vogelarten und Auerwild. Einige A.-Arten, z. B. die Riesen-A., können jedoch durch Ausfressen von Stämmen, Benagen von Pflanzen usw. schädlich werden.

Seit der Antike lieferten die A. Heilmittel. Die ganzen Tiere, ihre Puppen, ihr Giftdrüseninhalt oder der aus ihnen hergestellte A.-Spiritus wurden gegen Hautausschläge, Fieber, Gicht, Rheumatismus und Epilepsie angewandt.

Die wichtigsten **A.-Arten** sind:

1. Formenkreis der **Roten Wald-A.** (*Formica rufa*): Hierzu gehören u. a. folgende hügelbauenden Wald-A., die durch die Bundesartenschutzverordnung (→ Artenschutzabkommen) und durch die Naturschutzgesetze (→ Naturschutz) der einzelnen Bundesländer besonders geschützt sind:

Die **Große Rote Wald-A.** (*Formica rufa* L.): Kopf rot-schwarz, ohne Borsten am Kopfhinterrand, Rücken hingegen beborstet. Vorkommen: Flach- und Hügelland.

Die **Kleine Wald-A.** (*Formica polyctena* Foerst): auch Kahlköpfige Wald-A. Kopf rotschwarz, ohne Borsten am Kopfhinterrand, Rücken kahl. Vorkommen: Flach- und Hügelland.

Die **Strunk-A.** (*Formica truncorum* Fabr.): Kopf rot, oft mit einigen dunklen Flecken. Kopfhinterrand und Rücken stark und goldgelb beborstet. Vorkommen: Gebirge bis Flachland.

Die **Starkbeborstete Gebirgswald-A.** (*Formica lugubris* Zett.): Kopf rot-schwarz, Stirn grob punktiert, Kopfhinterrand und Rücken stark beborstet. Vorkommen: Mittel- und Hochgebirge, Alpen und Bayer. Wald. Nur in den Alpen kommt auch die **Schwachbeborstete Gebirgswald-A.** (*Formica aquilonia* Yarr.) vor.

2. Zu den Wald-A., jedoch nicht zum Formenkreis der Roten Wald-A. gehören:

Die **Blutrote Raub-A.** (*Formica sanguinea* Latr.): Kopf rot, häufig mit einigen dunkleren Flecken, Rücken schwach beborstet, am Schildunterrand eine kleine Kerbe. Vorkommen: Flachland bis Hochgebirge.

Die **Kerb-A.** (*Coptoformica exsecta spec.*): Kopf gelbschwarz, Kopfhinterrand auffallend eingekerbt. Vorkommen: Hochgebirge bis Flachland.

Wald-A. sind sehr schwer zu unterscheiden und etwa 0,5 bis 1 cm groß. Die A.-Bestände befinden sich im Rückgang. Gründe hierfür sind waldbauliche Maßnahmen und wahrscheinlich auch durch Immissionen bewirkte Änderungen, wodurch z. B. auch verschiedene Pilze verschwinden, mit denen die A. in → Symbiose leben. Völker der Roten Wald-A. z. B. können in allen Höhenlagen bis zur Baumgrenze vorkommen. Alte Mischbestände, die gegenüber Reinbeständen ein vielseitigeres Nahrungsangebot aufweisen, bieten ihnen günstigere Lebensbedingungen. In feuchten und kalten Buchenbeständen finden sie sich kaum. A.-Haufen werden stets dort errichtet, wo die Licht- und Sonneneinstrahlung bis zum Boden dringt. Ideal sind Halbschattenlagen. Die Wald-A. (einschließlich ihrer Königinnen) kommen nach Beendigung der Winterruhe an schönen Tagen (im Januar/Februar) aus ihren tiefgelegenen Erdkammern an die Oberfläche und bilden auf der Nestkuppel sog. Sonnungstrauben. So aktivieren sie ihre Stoffwechseltätigkeit. Nach dieser 8- bis 14tägigen Sonnungsphase, kehren die Königinnen in die Erdkammern zurück und beginnen mit der Eiablage, die bis zum Herbst dauert. Nur aus den ersten Eiern im Frühjahr entwickeln sich geflügelte Geschlechtstiere, aus allen anderen schlüpfen Arbeiterinnen. Die Brut braucht für ihre Entwicklung unterschiedliche Temperaturen; Eier feucht und kühl, Larven mäßig warm und feucht, Puppen trocken-warm. Die Arbeiterinnen sorgen dafür, daß sich die verschiedenen Brutstadien jeweils an der für sie günstigen Stelle im A.-Haufen befinden; zuerst im Boden und im → Wurzelstock, in und auf dem das Nest errichtet ist, dann im Humusbereich unter der Kuppel und zuletzt in der Kuppel, die eine Innentemperatur von ca. 27°C aufweist. Bei der Roten Wald-A. werden polygyne Völker (mit vielen Königinnen) und monogyne Völker (mit nur einer Königin) unterschieden. Zu den stets polygynen Völkern zählen die Kleine Wald-A. und die beiden Gebirgs-A. Alle anderen Arten können sowohl polygyn als auch monogyn sein. Ein Volk der Kleinen Wald-A. besitzt z. B. zwischen 500 und 1000 Königinnen, alle anderen polygynen Völker nur zwischen 250 und 500. Polygyne Völker vermehren sich durch Nestteilung, d. h., ein Teil des Volkes wandert während des Sommers unter Mitnahme eines Teils der Königinnen und der Brut aus und bildet ein oder mehrere Tochternester, woraus später eigene selb-

◂◂◂ Nest der Glänzendschwarzen Holzameise

ständige Völker entstehen. Bei monogynen Völkern sucht sich die Königin ein Hilfsameisenvolk (Sklaven-A., die mit den Roten Wald-A. verwandt sind). Sie dringt in das Nest des Hilfsameisenvolks ein, tötet deren Königin und wird selbst Königin dieses Volkes. Die Brut der Waldameisenkönigin wird dann von den Arbeiterinnen der Hilfs-A. aufgezogen; letztlich entsteht so ein Volk der Roten Wald-A. Bei künstlicher Vermehrung, die nur durch Fachleute vorgenommen werden darf, erfolgt in Frühjahr während der Sonnungsphase eine Nestteilung polygyner Völker. Für einen Ableger werden etwa 200 Liter A.-Material entnommen, das die erforderliche Zahl von rd. 200 Königinnen pro Ableger enthalten dürfte.
Weitere A.-Arten:
3. Schwarze Weg-A. *(Lasius niger)*: Die 0,5 bis 1 cm große, schwarzbraun oder schwarz gefärbte A. kommt in Mitteleuropa am häufigsten vor. Sie lebt im Wald, in Gärten, Feldern und auf Wiesen und legt die Nester unter Steine (in Gärten und Städten gerne zwischen die Pflastersteine), alte Baumstümpfe und unter gefällte Bäume. Oft wird das Nest von einem locker aufgetürmten, bis zu 50 cm hohen Erdhaufen bedeckt.
4. Riesen-A. oder **Roß-A.**: (*Camponotus ligniperda (herculeanus)*): Die größte einheimische A. (1,5 bis 1,8 cm) kommt in zwei Formen vor. Die Form *herculeanus ligniperdus* nistet in der Ebene, hauptsächlich unter Steinen, in der Erde und in morschem Holz, die Form *Herculeanus herculeanus* kommt im Hügelland und im Gebirge vor. Letztere befällt vorwiegend stehendes Fichten-, Tannen- oder Kiefernholz und dringt in dieses durch Beschädigungen am Stammfuß ein. Dort nagt sie im Kern bis auf 10 m von unten her das weiche Frühjahrsholz der → Jahrringe aus, wobei die harten Herbstholzmäntel und die eingewachsenen Äste stehenbleiben. Das Holz wird dadurch technisch wertlos. Am Stammfuß entstehen durch die herausgeschafften weißen flockigen Nagespäne kleine Spänehaufen. Auch tiefgehende Schwarzspechteinhiebe verraten die Anwesenheit der Riesen-A. Ihre Nahrung besteht hauptsächlich aus Honigtau.
5. Glänzendschwarze Holz-A. (*Lasius fuliginosus*): Das Nest dieser A. wird hauptsächlich an schattigen Stellen in alten Baumstümpfen oder am Grund hohler Bäume (meist Laubbäume) errichtet. Das oft große, sog. Kartonnest besteht aus zerkauten Holzteilen, ist schwarzbraun, gekammert, brüchig und reicht bis in die Erde hinein. Sie raubt die Larven und Puppen anderer A.-Arten (Sklavenhaltung) und ernährt sich hauptsächlich von → Blatt- und → Schildläusen.

Ameisenbuntkäfer, der: → Buntkäfer.

Ameiseneier: im Volksmund Bez. für die verpuppten Larven der → Ameisen; → Ameisensalz.

Ameisenjungfern (*Myrmeleonidae*): Fam. libellenähnlicher Insekten der Ordn. → Netzflügler mit etwa 1200 Arten, davon in Mitteleuropa fünf. Sie tragen neben nach unten gerichteten Mundwerkzeugen zwei Paar gleichartige, glashelle, netzartige Flügel, die in Ruhe dachartig zusammengelegt werden und stets länger als der schwarz-braune, 2 bis 3 cm lange Körper sind (Flügelspanne bis 7,5 cm). Sie fliegen nur abends und nachts, ihr Flug ist schwerfällig und taumelnd. Die Larven sind räuberische Landbewohner, die durch selbst gegrabene Trichterfallen in trockenen Sandböden Jagd auf andere Insekten, besonders → Ameisen machen (Ameisenlöwe). Diese bräunlichen bis grau-schwarzen, gedrungenen, stark behaarten Räuber tragen am Kopf gewaltige Saugzangen und lauern, bis auf die Zangen eingegraben, am Grund des Trichters auf ihre Beute. Zur Verbreitung der Larven streut das Weibchen die Eier über den Sand des Geländes aus.

Ameisenlöwe, der: → Ameisenjungfern.

Ameisenpflanzen (*Myrmekophyten*): Pflanzen, die mit den → Ameisen in → Symbiose (Symphylie) leben und von ihnen verbreitet werden (Myrmekochorie; → Samenverbreitung). Die meisten ameisenverbreiteten Arten entstammen der Krautschicht. Dort herrscht i. d. R. Luftruhe; der Wind scheidet als Transportmittel aus. Der Schwerpunkt der ameisenverbreiteten Arten liegt in Eichenmisch- und in Buchenwäldern. Die Ameisen vertragen Samen und Früchte bis zu 100 m. Die ameisenverbreiteten Arten bilden an ihren Samen und Früchten charakteristische, hellgefärbte, weiche Gewebeanhängsel (Ölkörper, Elaiosomen), die zucker-, fett-, eiweiß- und vitaminreich sind und spezifische Lockstoffe enthalten. Diese Anhängsel werden von den Ameisen verzehrt. Es sind dies ca. 150 einheimische Pflanzenarten, hauptsächlich Arten der Fam. der Binsen-, Boretsch-, Braunwurz-, Buchsbaum-, Erdrauch-, Glockenblumen-, Hahnenfuß-, Kreuzblumen-, Lilien-, Narzissen-, Nelken-, Osterluzei-, Primel-, Rosen-, Veilchen-, Wolfsmilchgewächse, der Korb-, Lippen- und Schmetterlingsblütler, Ried- oder Sauergräser und Süßgräser.

Ameisensalz, das: volkstümliche Bez. für die Eier der → Ameisen; → Ameiseneier.

Ameisensäurealdehyd → Formaldehyd.

Ameisenschutz, der: Die Roten Waldameisen gehören zur Lebensgemeinschaft des Waldes und zum biologischen Gleichgewicht in dieser Lebensgemeinschaft. Zu ihrer Ernährung benötigen die Ameisen Kohlenhydrate und Eiweiß. Neben den Ausscheidungen der Rindenläuse ernähren sie sich deshalb auch von Insekten, darunter auch pflanzenfressenden Insekten, die als Waldschädlinge gelten. Die → Ameisen selbst dienen verschiedenen Vogelarten (z. B. den Spechten) als Nahrung. In Mitteleuropa sind ca. 70 Käferarten (z. B. Rosenkäfer, Vierpunktkäfer) als sog. „Einmieter" auf Ameisen angewiesen. Von rund 150 Pflanzenarten (→ Ameisenpflanzen) wird der Samen von Ameisen verschleppt und verbreitet. Da die Waldameisenbestände seit Jahrzehnten kontinuierlich abnehmen, sind neben dem gesetzlichen Schutz (→ Artenschutzabkommen, Naturschutzgesetze) noch weitere Schutzmaßnahmen nötig. Hierzu zählen insbesondere: → naturnaher Waldbau; Erhaltung eines → Beschirmungsgrades zwischen 0,4 bis 0,7 im weiteren Nestbereich (bis 45 m im Radius); keine Pflanzungen von Bu, Dgl oder Stro wegen des sehr geringen Rindenlausbesatzes; in besonderen Fällen Ameisendrahtschutzhauben (problematisch, Überwachung

Ameisen (hier mit Drahtschutzhaube) dienen dem Forstschutz.

und Pflege notwendig); kein Einsatz von Pflanzenschutzmitteln im engeren Nestbereich und von staubförmigen Düngemitteln (letztere nur außerhalb der Vegetationszeit; in der Vegetationszeit nur grobkörniges Düngegranulat); entsprechende Anweisung der Waldarbeiter (z. B. bei anstehenden Durchforstungs- oder Fällungsarbeiten) sowie der Maschinenführer beim Einsatz von Maschinen.

Ameisenwanze, die: → Wanzen 9.

Amelanchier → Felsenbirne.

Amensalismus, der: Beziehung, die schädlich ist für einen Partner, für den anderen nicht. Bakterien und Pilze, die selbst vom Penicillin-Pilz beeinträchtigt werden, beeinflussen z.B. diesen nicht.

Amentiferae → Kätzchenblüher.

Amerikanischer Nutzholzborkenkäfer, der: → Borkenkäfer 34.

Amerikanische Roteiche, die: → Eichen 5.

Amerikanische Spitzeiche, die: → Eichen 5.

Amethystblauer Lacktrichterling, der: → Lacktrichterlinge 1.

Amethystpfifferling, der: → Leistlinge 1.
Amethyst-Schwingel, der: → Schwingel.
Amhorn, der: → Ahorne 1.
Ammenpflanzen: A. schützen empfindliche Kraut- und Gehölzpflanzen. Um diese Funktion erfüllen zu können, müssen z. B. Gehölz-A. sich einige Jahre entwickelt haben. Sie sollen z. B. vor zu starker Sonneneinstrahlung, vor → Spätfrost schützen oder den Boden vorbereiten. Hat sich die Endkultur soweit entwickelt, daß sie ohne A. auskommen, werden die A. entfernt; → Pionierbaumarten, → Vorwald.
Ammern (*Emberizidae*): mit Ausnahme von Australien und Ozeanien weltweit verbreitete Fam. (Sperlingsvögel) aus der Ordn. der → Singvögel (*Oscines*) mit 197 Arten. Sie bauen schlichte Nester am Boden oder dicht darüber im Gebüsch, haben einen kurzen, kräftigen Schnabel und einen ziemlich langen Schwanz. Das Gelege besteht meist aus drei bis sechs Eiern. In Mitteleuropa sind sechs Arten Brutvögel: **Grauammer** (*Emberiza calandra*), **Zaunammer** (*Emberiza cirlus*), **Zippammer** (*Emberiza cia*), **Ortolan** (*Emberiza hortulana*), **Rohrammer** (*Emberiza schoeniclus*) und die u. a. auch im → Wald lebende und brütende **Goldammer**, die (*Emberiza citrinella* L.): Länge: 16,5 cm, Gewicht: um 30 g.
Mit Ausnahme des äußersten Nordens und des Südens ist die G. in ganz Europa beheimatet. Sie bewohnt offenes Gelände mit Baumgruppen, Feld- und Wiesengelände, buschreiche Waldränder und sonnige Fichtenjungwüchse sowie Kahlschläge, ist aber auch in Weinbergen und Obstplantagen mit Hecken zu finden. Stand- und Strichvogel, der im Herbst und Winter in großen Scharen umherstreicht, oft auch in Gesellschaft von Feldsperlingen (→ Webervögel), Grünlingen und Buchfinken (→ Finkenvögel 2. und 11.). Hierzu gesellen sich die nördlich beheimateten G.

Der Hain-Ampfer liebt schattige Stellen.

Das dickwandige Nest befindet sich meist auf dem Boden, versteckt in einer Bodenvertiefung, oder niedrig über dem Boden in Hecken und Gebüsch. Das Gelege enthält drei bis sechs weißliche Eier (Maße: 23,8 x 17,7 mm, ca. 3,7 g), die mit braunen oder dunkelrotbraunen Punkten, Kritzeln und Haarlinien unregelmäßig bedeckt sind. Beide Elternteile brüten; dabei wechseln sie sich ab. Brutdauer und Nestlingszeit: jeweils 12 bis 13 Tage. Zwei (manchmal auch drei) Jahresbruten (Ende April bis Juni).
Nahrung: Sämereien aller Art, Insekten, v. a. Kleinschmetterlinge und Heuschrecken, kleine Nacktschnecken und Getreidekörner, besonders Hafer.
Ammoniak, das: stechend riechendes, farbloses, wasserlösliches Gas mit dem Litergewicht 0,77 g, der Dichterelation 60 % zu Luft und dem Molekulargewicht 17,03. Der Schmelzpunkt liegt bei – 78 °C, der Siedepunkt bei – 33 °C. A. in der Luft reagiert mit sauren → Luftverunreinigungen unter Bildung von feinstrukturierten Ammoniumsalzen, die auch in Nebeltröpfchen gelöst sein können. A. entsteht bei Zersetzungs- und Fäulnisvorgängen, auch bei der Land- und Forstwirtschaft, v. a. bei der Rinderzucht. An den weltweiten → Immissionen ist A. anthropogen bedingt nur zu 0,6 % beteiligt, also vorwiegend natürlichen Ursprungs. A. zählt zu den Reizgasen, es erreicht selten die für den Menschen schädlichen Konzentrationen. Die maximale Immissionskonzentration der VDI-Kommission Reinhaltung der Luft zum Schutz des Menschen vor toxischen Einwirkungen liegt bei einem Mittelwert von 2 mg/m^3 für eine halbe Std., 1 mg für 1 Std. und 0,5 mg/m^3 für ein Jahr. Auf die Vegetation wirkt es schädigend, solche Schäden treten insbesondere in der Umgebung von Massentierhaltungen auf.
Ampfer, der (*Rumex*): Sauerampfer. Gatt. der → Knöterichgewächse mit etwa 200 Arten, v. a. in gemäßigten Gebieten. Es handelt sich meist um → Kräuter mit großen, pfeilförmigen Blättern und kleinen, unscheinbaren, rötlichen oder grünen Blüten. In Mitteleuropa sind etwa 20 Arten heimisch, nachstehende Arten auch im Wald:
1. Kleiner Sauerampfer, der (*Rumex acetosella* Linné): auch Kleiner A. Der fast über ganz Europa verbreitete K. S. kommt in Dtschl. überall häufig vor. Er wächst auf nährstoffarmen Äckern, Brachfeldern, Magerrasen, Heiden, Triften, Waldschlägen, an Wegrändern, auf kalkfreien, v. a. auf sandigen Böden, aber auch auf Moorböden; Versauerungs- und Magerkeitszeiger (→ Bodenanzeiger).
Die mehrjährige, 10 bis 40 cm hohe Pflanze hat aufrechte Stengel. Die grünen, oft rot überlaufenen, säuerlich schmeckenden Blätter sind lanzettlich bis linealisch, am Grunde pfeilförmig mit zwei spitzen Zipfeln. BZ: Mai bis August. Die → eingeschlechtigen Blüten stehen in lockeren Rispen (→ Blütenstand).
2. Hain-Ampfer, der (*Rumex sanguineus* L. = *R. nemorosus* Schrad.): Der über Mittel-, Nord- und Westeuropa verbreitete H. ist eine Halbschattenpflanze und wächst an Waldquellen, in feuchten Waldgesellschaften wie feuchten Buchenwäldern, Auwäldern, Hainen und Gebüschen, an Waldwegen und -gräben, ist → Charakterart der Winkelseggen-Erlen-Eschenwälder und ein Vernässungs- und Bodenverdichtungszeiger.
Die 30 bis 60 cm hohe Staude hat steif abstehende Äste und langgestielte, herzförmig- oder eiförmig-längliche und am Grunde abgerundete, an den Rändern wellige Blätter (die oberen schmäler). Stengel und Blattadern sind mitunter rötlich. BZ: Juli/August. Die Blüten stehen in Quirlen ohne Tragblätter oder lediglich die untersten mit Tragblättern.
3. Berg-Sauerampfer, der (*Rumex alpestris*): Dieser auf humus- und nährstoffreichen Böden in den Alpen und in den Mittelgebirgen schwerpunktmäßig in 1000 bis 2000 m Höhe vorkommende B. ist relativ selten. Er wächst in subalpinen Mischwäldern, in Hochstauden-Buchenwäldern und orealen Bergahorn-Buchenwäldern.
Der B. wird trotz des unterschiedlichen Standorts oft mit dem Wiesen-Sauerampfer verwechselt. Die Pflanze ist zweihäusig, die Blütenblätter sind nur am Rande blaßrot, sonst grün. Die untersten und die grundständigen Stengelblätter haben eine fast dreieckige Form.
Amphibia → Lurche.
Amphibien → Lurche.
Amsel, die: → Drosseln 10.
Amselbeere, die: → Kreuzdorn 2.
Amtsholz, das: frühere, regionale Bez. für → Deputatholz.
Anacamptis → Hundswurz.
anaerobe Atmung, die: Atmung vieler Bakteriengruppen ohne die Anwesenheit von molekularem → Sauerstoff.
Analyse des Betriebsablaufs, die: → Betriebsanalyse.
Anamirl, das: → Lungenkraut 1.
Ananasgallen → Blattläuse 8.
Anaptychia ciliaris → Wimpernflechte.
Anatinae → Enten.
Anbau, der: künstliche Bestandsbegründung (→ Aufforstung) auf Freiflächen. Anbau unter Schirm (Unterschirmpflanzung und Unterpflanzung) ist künstliche → Verjüngung des Hauptbestandes unter dem → Schirm des Altbestandes.
anbohren: einen Baum anbohren **1)** zur Feststellung des Alters; → Zuwachsbohrer; **2)** zur Saftgewinnung (z. B. Birkensaft); **3)** früher von Holzkäufern gelegentlich angewandte Methode, um auf Grund des gewonnenen Bohrmehls feststellen zu können, ob der Baum krank (faul) ist.
Anbruch, der: auch Anbruchholz. bis 1969 offizielle Bez. für angefaultes (pilzbefallenes) und nicht mehr keilhaltiges (→ beilfestes) Holz (= anbrüchiges Holz), wobei hier Rundstücke, auch Scheite, von über 7 cm am schwächeren Ende zu verstehen sind (wandelbares Brennholz).
André, Emil (1.3.1790 Schnepfenthal, Thüringen bis 26.2.1869 Kisber, Ungarn): A. war Forstbeamter bei verschiedenen österr. und ungarischen Großgrundbesitzern und hatte neben den Wäldern auch die landwirtschaftlichen Güter zu verwalten. Schriften u. a.: „Versuch einer zeitgemäßen Forstorganisation“ (1823), „Die vorzüglichsten Mittel, den Wäldern einen höheren Ertrag abzugewinnen“ (1826). Von 1832 bis 1846 gab er die für

Haus-, Land- und Forstwirtschaft bestimmte Zeitschrift „Ökologische Neuigkeiten und Verhandlungen" heraus.

Andromeda → Rosmarinheide.

Andrözeum, das (*Androeceum*): botanische Bez. für die Gesamtheit der → Staubblätter einer → Blüte.

Aneignungsrecht, das: Recht zum Erwerb des Eigentums an herrenlosen Sachen durch Begründung von Eigenbesitz. Eigentum wird jedoch nicht erworben, wenn die Aneignung gesetzlich verboten ist oder durch die Besitzergreifung das A. eines anderen verletzt wird. Nach dem BJagdG z. B. umfaßt das Recht zur Aneignung von Wild (das dem Jagdausübungsberechtigten zusteht) auch die ausschließliche Befugnis, sich krankes oder verendetes Wild, Fallwild und Abwurfstangen sowie – von einigen Bundesländern eingeschränkt – die Eier von Federwild anzueignen. Wer dieses A. vorsätzlich verletzt, begeht Wilderei; → Forstdiebstahl.

Anemochorie, die: → Samenverbreitung.

Anemogamie, die: svw. Windblütigkeit; → windblütig.

◄◄◄ Waldwindröschen sind Frühlingskünder.

Anemone, die (griech.): auch Windröschen. mit etwa 120 Arten weltweit, v. a. in der nördlichen, gemäßigten Zone verbreitete Gatt. der Fam. der → Hahnenfußgewächse (*Ranunculaceae*). In Dtschl. sind sechs Arten heimisch. Die wichtigsten wildwachsenden heimischen Arten sind:

1. **Buschwindröschen**, das (*Anemone nemorosa* Linné): Das B. ist über weite Gebiete Europas verbreitet. Es wächst an manchen Stellen massenweise, in krautreichen Misch-, Laubwäldern (besonders Hainbuchen- und Buchenwäldern) und Auwäldern, unter Hekken, feuchten Gebüschen, auf schattigen Wiesen, Bergwiesen sowie auf kalkhaltigen, feuchten Böden. Das B. ist Klassen- → Charakterart der Buchen- und sommergrünen Eichenwälder Europas.

Die ausdauernde, bis 30 cm hohe Pflanze hat ein waagrecht kriechendes Rhizom (→ Wurzelstock). Im oberen Drittel des kraus behaarten Stengels befinden sich drei grüne, gestielte, fast quirlständige, bis zum Grunde dreiteilige, grob gezähnte Blätter. BZ: März/April. Die endständige, bis 3 cm große Blüte (eine pro Stengel) hat weiße, außen rosa überlaufene oder auch rosafarbene Blütenhüllblätter (Perigonblätter) und zahlreiche Staubblätter mit gelben → Staubbeuteln. Die Blüten sind nachts und bei Regenwetter geschlossen und nickend. Die kleinen, fast kugeligen Früchtchen sind dicht kurz behaart; → Ameisenpflanzen. Das giftige B. findet auch in der Homöopathie Verwendung.

2. **Waldwindröschen**, das (*Anemone sylvestris* Linné): auch Großes Windröschen. Das W. ist in Mitteleuropa, im Norden bis Südschweden und Nordrußland, im Osten bis Sibirien verbreitet. In Dtschl. ist es im Süden zerstreut (außer Alpenvorland und Alpen), im Norden nur selten anzutreffen. Auf den Britischen Inseln und im Mittelmeerraum fehlt es. Es wächst zerstreut auf lockeren und nährstoffreichen, kalkhaltigen Böden in lichten Busch- und auch Kiefernwäldern, besonders Schneeheide-Kiefernwäldern und Kiefern-Steppenwäldern, in Hohlwegen, an Böschungen, Waldrändern, auf Trockenrasen und in Heiden. Im Hügelland ist es bis 1200 m Höhe anzutreffen.

Die giftige, mehrjährige Pflanze ähnelt dem Buschwindröschen, wird jedoch bis zu 40 cm hoch. BZ: April bis Juni. Die Blüten haben 4 bis 7 cm Durchmesser und bestehen aus fünf breit-eiförmigen, weißen, rötlich überlaufenen, seidig behaarten Blütenhüllblättern und zahlreichen, kurzen, gelben → Staubblättern. Die 3 mm langen Früchtchen sind kurz geschnäbelt und dicht weißwollig-filzig.

3. **Gelbes Windröschen**, das (*Anemone ranunculoides* Linné): Das G. W. ist über Mitteleuropa, im Norden bis Südskandinavien, im Süden bis Nordspanien und Mittelitalien, im Osten bis zum Ural verbreitet. Die in Dtschl. seltene Pflanze wächst gesellig auf frischen, nährstoffreichen, vorzugsweise kalkhaltigen Böden, hauptsächlich in unteren Gebirgslagen, in Auwäldern, feuchten Laubmischwäldern, Hainbuchen- oder Buchenwaldgesellschaften, in Linden-Ahorn-Wäldern, Hecken und Gebüschen. Sie ist Ordnungs-Charakterart der mesophytischen buchenwaldartigen Laubwälder Europas.

Das giftige, ausdauernde G. W. hat einen waagerecht kriechenden Wurzelstock und wird etwa 10 bis 20 cm (bis 30 cm) hoch. Im oberen Viertel des zerstreut behaarten Stengels befinden sich i. d. R. drei quirlständige, bis zum Grunde fingerförmig dreigeteilte, kurzgestielte oder fast sitzende 4 bis 8 cm lange Blätter. Die Grundblätter sind zur Blütezeit noch nicht ausgebildet, fehlen manchmal sogar ganz. BZ: März/April bis Mai. Die langgestielten Blüten, meist zwei je Pflänzchen, sind 2 bis 3 cm breit und besitzen je fünf (bis sechs) gelbe, außen schwach behaarte Blütenhüllblätter und zahlreiche kurze, gelbe Staubblätter. Die 4 bis 5 mm langen Früchtchen haben einen kurzen, gebogenen Schnabel und sind dicht mit geraden, kurzen, borstigen Haaren besetzt (Ameisenpflanze).

Anemophilie, die: svw. Windblütigkeit; → windblütig.

Anerbe, die: → Ahorne 3.

Anerkennungseinheit, die: Bez. für forstwirtschaftlich anerkannte Bestände (→ Bestand) oder → Baumgruppen oder Zusammenfassungen von mehreren anerkannten Beständen oder Baumgruppen gleicher Herkunft (→ Herkunftsgebiet) und gleicher Anerkennungsklasse innerhalb desselben Vegetationsgebietes; → Gesetz über forstliches Saat- und Pflanzgut.

Anerle, die: → Ahorne 4.

Anerkennung von forstlichem Saat- und Pflanzgut → Gesetz über forstliches Saat- und Pflanzgut.

Bis zu 10 000 Bäumchen können auf einem Hektar Anflug stehen.

Anflug, der: eine auf natürlichem Wege aus leichtem, flugfähigem → Samen (z. B. von Fi, Kie, Ta, Ah, Bi, Es, Ul, Wei, Pa) entstandene → Naturverjüngung im Unterschied zum → Aufschlag; → Sukzession.

angegangenes Holz: svw. anbrüchiges Holz; → Anbruch.

angehender Baum, der: frühere Bez. für einen Laubbaum, der beim Abholzen eines → Mittelwaldes schon dreimal verschont blieb und damit ein Alter von 35 bis 45 Jahren erreicht hatte.

angehendes Altholz, das: frühere Bez. für das Wirtschaftsalter eines Fi- oder Ta-Bestandes. Das a. A. lag zwischen dem → Mittelholz und dem → Altholz und sein Alter betrug 61 bis 80 Jahre.

Angelica → Engelwurz.

Angelika, Edle, Zahme, die: → Engelwurz 1.

Angepaßtheit, die: zeigt, inwieweit eine → Population unter den momentanen Umweltbedingungen bestehen und sich vermehren kann; → Anpassung.

Angiospermae → Bedecktsamer.

Angiospermen → Bedecktsamer.

Angriff, der: Bez. für die Einleitung der → Nutzung (Ernte) eines → Bestandes.

Angriffshieb, der: → Anhieb.

Angsttrieb, der (Proventivtrieb): Symptom im Zusammenhang mit dem Fichtensterben (auch anderer Ndh), bei dem an den Astoberseiten A. (Ersatz-, Streß- oder Nottriebe) in großer Zahl gebildet werden. A. sind zusätzliche → Triebe, die besonders an den Jahrestriebgrenzen gehäuft auftreten und aus → schlafenden Augen entstehen. Die A. können sich auch aus dem Stamm (z. B. Ei) entwickeln, wenn die Krone stark eingeengt ist. A. werden auch durch Insektenfraß und Verbißschäden ausgelöst; → Waldsterben, Waldschäden, saurer Regen.

Anguis fragilis → Blindschleiche.
Anhang, der → Rauhreif.
Anhau, der: **1**) → Fallkerb. **2**) alte Bez. für → Anhieb.
Anhieb, der: **1**) der erste, flächenmäßige Verjüngungshieb (→ Verjüngungsverfahren), wenn ein → Bestand in mehrmaligem → Hieb genutzt wird. Zur Vermeidung von Sturmschäden soll der A. möglichst gegen die Hauptwindrichtung erfolgen, bei uns meist von Osten nach Westen bzw. von Nordosten nach Südwesten, am Berghang von der Höhe dem Tal zu; → Freihieb, Loshieb. **2**) svw. → Fallkerb.
Anionenaustauschkapazität (AAK), die: → Austauschkapazität.
Anischampignon, Dünnfleischiger, der: → Champignon 8.
Anisholz, das: → Spindelstrauch 2.
Anisochrysa prasina → Florfliegen.
Anisopodidae → Pfriemenmücken.
Anistrichterling, der: → Trichterlinge 2.
Ankerstöcke: früher verwendete, 6 bis 8 → Fuß lange Stecken oder → Stangen, mit denen die Ankerwalzen auf größeren Schiffen gedreht wurden, um den Anker wieder auf das Schiff zu bringen. Auf der Weser, waren die A. ein Artikel des → Holzhandels.
Ankohlen des Holzes, das: seit alters her bekannte Methode, Pfähle u. ä. gegen Fäulnis zu schützen. Diese heute noch z. T. in Land- und Gartenwirtschaft angewandte Methode ist jedoch nicht besonders wirksam. Während des Ankohlens bildet das Holz meist Risse (v. a. wenn es nicht absolut trocken ist), die den Pilzen Zutritt zum Holzinnern gewähren.
Anlachen, das: → Lachen.
Anlände, die: der Landeplatz (Sammelplatz) des auf dem Wasserwege bei der → Trift oder → Flößerei beförderten Holzes. Die A. befand sich meist am Ende einer Triftstraße.
Anlaschen, das: → Anschalmen.
Anlage, die: frühere Bez. für einen Ort (Treffpunkt), an dem die Holzfäller zur Arbeit angewiesen (eingeteilt) wurden; die Holzfäller wurden zur Arbeit angelegt.
Anmalzen, das: warm-nasse → Saatgutvorbehandlung, führt zur Verkürzung des Zeitraumes zwischen Aussaat und Auflaufen; → Keimhemmung.
Anmoorgley, der: Steht das Grundwasser nahe an der Oberfläche und enthält der mineralische A-Horizont 15 bis 30 % organische Substanz, spricht man von einem A. Der Niedermoor-Gley hat eine bis zu 30 cm mächtige Niedermoortorfdecke, der Anteil der organischen Substanz liegt über 30 %. → Moore mit einer Torfdecke von weniger als 30 cm werden als Übergangsböden bei den entsprechenden Botentypen geführt. A. tragen unter natürlichen Bedingungen Bruchwald mit SEr und Es; → Naßgley.
Annuelle (einjährige Pflanzen): Pflanzen, die sich nur über eine Vegetationsperiode hinweg entwickeln und blühen. Winter-A. keimen im Herbst und fruchten im Sommer des darauffolgenden Jahres (z. B. Wintergetreide). Sommer-A. keimen im Frühjahr und fruchten im Sommer desselben Jahres (z. B. Sommergetreide); Ggs.: → ausdauernde Pflanzen.
Anobiidae → Klopfkäfer.
Anpassung, die (Adaptation, Adaption): auf die jeweiligen Umweltbedingungen abgestimmte Zweckmäßigkeit in der Organisation der Lebewesen als Ergebnis einer ständigen Wechselwirkung zwischen Umwelt (Umweltveränderungen) und Organismus. Eine an das Standortsklima gut angepaßte → Baumart, → Rasse oder → Herkunft ist in der Lage, die Vegetationsperiode in voller Länge zum Wachstum auszunutzten ohne Schäden durch ungünstige Umweltbedingungen (Kälte, Rauhreif, hohe Schneefälle, Trockenheit etc.) zu erleiden.
Die individuelle A. ist die Fähigkeit (Anpassungsfähigkeit) der einzelnen Lebewesen, sich veränderten Umweltbedingungen durch Änderung in Verhaltens- und Lebensweise und z. T. auch in Körperbau und -funktionen einzufügen; z. B. Öffnen und Schließen einer Blüte je nach Lichtintensität.
Die phyletische A. ist in den Erbanlagen verankert und durch Auslese entstanden. Ein bekanntes Beispiel ist z. B. die als → Mimese bekannte Schutzanpassung vieler Insekten.
Anpassungsfähigkeit, die: → Anpassung.
Anpflanzung, die: Pflanzung von → Alleen, → Hecken, im Ggs. zur → Aufforstung von → Wald.

▸▸ Das Anplätten dient der Kennzeichnung der zu fällenden Bäume.

Anplätten, das (Anplatten): Kennzeichnen der zu fällenden Bäume durch eine mit Axt, Heppe oder Waldhammer gehauene Platte (Schalme). Die zur Fällung bestimmten Bäume eines Bestandes wurden früher üblicherweise an drei Seiten des Stammes angehauen und die Wurzeln zum Anschlagen des Waldhammers angeplattet. Heute geschieht dies weitgehend durch Farbtupfer mittels Spraydosen; → Anreißen, Anschalmen, Auszeichnen.
Anplätzen, das: → Anschalmen.
Anreicherung, die: Einbringen weiterer Baumarten in einen Bestand durch → Pflanzung oder → Saat; → Bioakkumulation.
Anreicherungshieb, der: Durchforstungsart, bei der der Anteil möglichst gleichalter und gleichhoher Bäume im Bestand erhöht werden soll, d. h., höhere (ältere) Bäume werden herausgenommen; → Durchforstung.
Anreißen, das: **1**) Kennzeichnen der zu fällenden Bäume mit dem Rindenreißer (→ Baumreißer); **2**) Ritzen der Bäume bei der Harzgewinnung; → Anschalmen, Auszeichnen.
Anreißer, der: → Baumreißer.
Anroden, das: Entfernen bzw. Abtrennen der Seitenwurzeln bei der Rodearbeit (→ Rodung).
Anröten, das: → Röten.
Anrücken, das: Herausschaffen der Stämme aus dem → Bestand entweder an den → Holzlagerplatz oder an eine Lkw-fahrbare Straße; → Rücken.
Anrücklinie, die: → Rückegasse.
Ansalben, das: → Floren(ver)fälschung.
Ansamung, die (Naturbesamung): Bez. für auf einer bestimmten Fläche durch abfallende (→ Aufschlag) oder anfliegende (→ Anflug) Samen auf natürliche Weise entstandene → Keimlinge und → Sämlinge; → Jungwuchs, Naturverjüngung.
Anschalmen, das: auch Anplätzen, Plätzen, Anlaschen, Ausschalmen, Flecken oder Reppeln. **1**) Bez. für das flecken- oder streifenweise Entfernen der Rinde bei gefällten Laubbäumen; **2**) → Anplätten, Auszeichnen.
Anschlagen, das: **1**) Kennzeichnen eines Stammes oder Holzstoßes mit dem → Waldhammer; → Kennzeichnung des Holzes; **2**) früher Bez. für „Holz nach dem Augenschein abschätzen". Die Überlassung im Anschlag (Anschlagsüberlassung) heißt, das Holz aus freier Hand verkaufen.
Anschlaghammer, der: → Waldhammer.
Anschlagüberlassung, die: → Anschlagen 2).
Anschlämmen, das (Anschlemmen): Das lockere Erdreich um frisch gesetzte Pflanzen (Setzloch) wird so lange mit Wasser begossen, bis sich der dadurch gebildete Schlamm um und zwischen den Wurzeln eingezogen und verdichtet hat.
Anschonen, das: alte Bez. für „in Schonung legen" (→ Schonung), aber auch für → Aufforstung.
Anschreiben, das: → Kennzeichnung des Holzes.
Anstaltswaldungen: Bez. für Wälder, die sich im Eigentum von Krankenhäusern, Klöstern, Pfarreien, Stiftungen und Schulen befinden.
Antagonisten: Pilz- oder Bakterienarten, die in → Konkurrenz zueinander stehen oder sich über Stoffwechselprodukte gegenseitig in ihrer Entwicklung hemmen. Der Pilz *Peniophora gigantea* (Braunfäuleerreger) hat z. B. als A. von *Heterobasidion annosum* (Wurzelschwamm) für dessen biologische Bekämpfung an Kie-Arten praktische Bedeutung.
Anteilfläche, die: eine ideelle Teilfläche, i. d. R. rechnerisch ermittelte Baumartenanteile in einem Mischbestand (→ Mischwald).
Antennaria → Katzenpfötchen.
Anthericum → Graslilie.
Anthocyane (Anthozyane): im Zellsaft gelöster blauer, violetter oder roter, wasserlöslicher → Pflanzenfarbstoff. A. gehören zu den aromatischen Glykosiden, deren Farbe durch den → pH-Wert der Pflanze beeinflußbar ist. Ganzjährig mit roten Blättern ausgestattete Bäume verdanken z. B. diese Färbung ihrer Laubblätter (→ Blatt) dem Zusammenwirken

◀◀◀ Anthocyane sind mitverantwortlich für die rote Färbung der Laubblätter.

von rotem A. in der → Epidermis und den grünen Chlorophyllkörnern in den darunterliegenden Zellen; → Blattfarbstoffe, Chlorosen, Herbstfärbung.

Anthophyten → Samenpflanzen.

Anthoxanthum → Ruchgras.

Anthraknose, die: eine → Brennfleckenkrankheit und andere pflanzliche Pilzkrankheiten. Kennzeichen einer A. sind schwärzliche und scharf abgegrenzte Verfärbungen und nekrotische Flecken auf Blättern und Früchten; → Blattbräune.

Anthropochorie, die: → Samenverbreitung.

anthropogen (anthropo = Mensch): von Menschen beeinflußt bzw. verursacht; → Natürlichkeitsgrad.

Anthurus archeri → Tintenfischpilz.

Antibiose, die: Beziehung, bei der einer der Partner geschwächt ist, entweder indirekt durch → Konkurrenz oder → Interferenz oder direkt durch Parasiten (→ Parasitismus), Pathogene oder → Prädatoren.

Antibiosis, allelochemische, die: → Allelopathie.

Antonien-Kraut, das: → Weidenröschen 1.

Antreiber, die: früher im Oberharz übliche Bez. für das stärkste Sortiment beim → Treibholz.

Anura → Froschlurche.

ANW: Abk. für → Arbeitsgemeinschaft Naturgemäße Waldwirtschaft.

Anwachs, der: → Anwuchs.

Anwärter, der: gut veranlagtes Bestand(e)smitglied im Baum- oder Stangenholzalter, das durch → Waldpflege gefördert werden soll.

Anweisegeld, das: frühere Zahlung der Holzempfänger an den Forstbeamten für das → Anweisen des Holzes. A. war im Mittelalter allg. üblich, aber seit dem 16. Jh. wegen häufiger Mißstände abgeschafft. Im Privatwald, wo es lange Zeit die Haupteinnahme der Beamten bildete, war es noch weit über den Ersten Weltkrieg hinaus üblich; → Akzidenzien.

Anweis(e)hammer, der: → Waldhammer.

Anweisen, das: örtliches Vorzeigen und Übergabe des gekauften Holzes oder anderer Forstprodukte (Walderzeugnisse) an den Käufer oder Empfangsberechtigten. Beanstandungen wegen Menge und Beschaffenheit müssen beim A. geltend gemacht werden.

Anwuchs, der: veraltet Anwachs. Bez. für einen → Bestand von Beginn der Begründung (→ Verjüngung) bis zum Ende der Nachbesserungen oder für eine Gruppe von → Höcklingen. Der A. ist noch großen äußeren Gefahren ausgesetzt (→ Advektivfrost, → Verbiß, → Unkrautbekämpfung); → Anflug, Kultur.

Anzapfen der Bäume, das: heute kaum mehr übliches Anbohren der Bäume zur Saftgewinnung, so z. B. bei Bi oder Ah. Man bohrte hierzu im Frühjahr (April) während des stärksten Saftdruckes (→ Turgor) die Stämme auf der Südseite 2 bis 5 cm tief an, steckte ein Röhrchen hinein und fing den Saft auf, der Zucker, Weingeist u. a. enthält. Bei tropischen Bäumen findet das A. auch statt, um Kautschuk, → Harz usw. zu gewinnen, nur daß hier einfach Einschnitte in Rinde und Holz gemacht werden; → Ahornsirup, → Bluten der Bäume.

anzeichnen → Auszeichnen.

Anzeigegebühr, die: Gebühr, die Forstbeamte früher für die Anzeige von Forstdiebstählen erhielten und Teil ihres Einkommens war. Die Höhe richtete sich nach dem Wert des entwendeten Gegenstandes. Dadurch sollte die Wachsamkeit der Forstbeamten im Walde angeregt werden. Wegen ihrer Unwürdigkeit für den Forstbeamten (Denunziantenanteil) und wegen sonstiger sich aus ihr ergebender Mißstände ist die A. bereits seit Anfang dieses Jh. verschwunden. Forstbeamte, die seinerzeit die A. erhielten, mußten z. B. auch auf verschiedene Beamtenrechte verzichten. Nach dem preußischen Gesetz vom 31.3.1837 erhielten auch nur diejenigen Forst- und Jagdbeamten das Recht zum Waffengebrauch, die mit ihrem Einkommen nicht auf Pfandgelder, Denunziantenanteile oder Strafgelder angewiesen waren; → Anweisegeld, Akzidenzien, Nachrecht.

Anziehen, das: **1)** → Anzucht; **2)** das Auffrischen der Wunden an Bäumen bei der → Harzgewinnung; → Lachen.

Anzucht, die: das Aufziehen (Anziehen) von jungen Bäumen. Die A. von Bäumen, d. h. die Aussaat, Pflege und die Verschulung wird hauptsächlich von → Baumschulen betrieben.

Anzuchtbeet, das: → Saatbeet.

Ä p f e l, **die: siehe Seite 36**

Apfelbaum, Wilder, der: → Äpfel.

Apfelfrucht, die: → Scheinfrucht, deren Fruchtfleisch aus vergrößertem Achsengewebe besteht, das innen mehrere → Balgfrüchte einschließt, so z. B. Äpfel, Birne, Mehlbeere und Weißdorn.

Apfelgewächse (*Pomoideae, Maloideae*): Unter-Fam. aus der Fam. der → Rosengewächse (*Rosaceae*).

Apfelrose, die: → Rosen 3.

Apfeltäubling, der: → Täublinge 14.

Aphididae → Blattläuse.

Apiaceae → Doldengewächse.

Apikaldominanz, die: Die A. ist als Unterdrückung der Seitenknospen einer → Sproßachse durch den Spitzenvegetationspunkt definiert (typisches Beispiel: Fi).

Apis mellifica → Honigbiene.

Apoidea → Bienen.

Aposidero-Fagetum → Ostalpischer Christrosen-Buchenwald.

Appel, Otto (1867 – 1952): A. gilt als Begründer des Pflanzenschutzwesens. Er war Direktor der Biologisch Reichsanstalt für Land- und Forstwirtschaft in Berlin-Dahlem. Sein Arbeitsgebiet war die Phytopathologie.

Apollo, Schwarzer, der: → Ritterfalter 3.

Aposerido-Fagetum → Hainlattich-Buchenmischwald.

Aposeris foetida → Hainsalat.

Apothecium, das (Mz.: Apothecien): Bez. für die becher- bis schüsselförmigen → Fruchtkörper der → Flechten und → Schlauchpilze.

Apothekerrose, die: → Rosen 5.

Aprileule, die: → Eulen B 11.

Aquilegia → Akelei.

ARA: Abk. für → Arbeitsgemeinschaft Regenwald und Artenschutz.

Arabis → Gänsekresse.

Araceae → Aronstabgewächse.

Arachnida → Spinnentiere.

Aradidae → Rindenwanzen.

Araneae → Webspinnen.

Araneidae → Radnetzspinnen.

a.r.B.: Abk. für „außer regelmäßigem Betrieb"; → Wirtschaftswald.

Arbe, die: alte und lokale Bez. für Zir; → Kiefern 5.

Arbeiten des Holzes, das: durch Feuchtigkeitsschwankungen bedingte Veränderung von Abmessungen und Form des Holzes; → Quellen und Schwinden des Holzes, → Werfen des Holzes.

Arbeiterhütten → Forsthütten.

(Arbeiter-)Schutzwagen, der: → Personalwagen.

Arbeitsbienen → Honigbiene.

Arbeitsgemeinschaft Alpenländer (ARGE ALP): 1972 in Mösern (Tirol) gegründete Arbeitsgemeinschaft zur Lösung gemeinsamer Probleme. Mitglieder sind Länder, Kantone, Regionen und Provinzen von Italien, Österreich, Dtschl. und der Schweiz. Die ARGE ALP verfolgt das Ziel durch grenzüberschreitende Zusammenarbeit – mit einem Minimum an Institutionalisierung – alpenspezifische Anliegen der Mitgliedsländer („Gemeinsames Leitbild für die Entwicklung und Sicherung des Alpengebietes", 1981) zu behandeln und das Bewußtsein der gemeinsamen Verantwortung für die Alpen zu vertiefen, die Kontakte zwischen den Völkern und Bürgern zu fördern und einen Beitrag zur Zusammenarbeit in Europa zu leisten. Dazu zählen die nachhaltige Sicherung der → Waldfunktionen (Schutz-, Wohl-

Äpfel

Die zur Familie der → Rosengewächse (*Rosaceae*) gehörende Gattung der Äpfel (*Malus*) ist mit etwa 25 echten Arten und zahlreichen → Bastarden und → Kultivaren in der nördlichen, gemäßigten Zone der Erde beheimatet. Die Bäume und Sträucher haben ungeteilte oder scharf gesägte bis teilweise gelappte Blätter. Die zwittrigen, fünfteiligen Blüten sind weiß oder rosa. Apfelbäume sind sehr widerstandsfähig und wachsen auf fast jedem Boden. Die bekannteste Art ist der Holzapfel.

Holzapfel

Die Holzapfelart *Malus sylvestris* (Linné) Miller = *Pirus malus* Linné wird auch Wilder Apfelbaum, Johannis-, Wildapfel und Holzapfelbaum genannt.

Verbreitung

▸▸ Die Früchte des Holzapfelbaumes sind Nahrung für viele Wildtiere.

Die eurasische bis submediterrane Art ist fast über ganz Europa und Südwestasien verbreitet, kommt jedoch nirgends sehr häufig vor. Der Holzapfel ist eine Stammart der Kulturäpfel. Apfelbäume wurden in vielen Gebieten schon von alters her kultiviert. Durch jahrtausendelange Kreuzungen und Auslese sind bis heute über 1000 verschiedene Sorten entstanden, von denen viele jedoch wieder in Vergessenheit gerieten und auch vom Aussterben bedroht sind. Verwilderte Apfelsorten nehmen schon bald wieder die Merkmale der Stammpflanzen an, so daß sie dann kaum mehr vom bodenständigen Holzapfel zu unterscheiden sind.

Standort

Den Holzapfel findet man zerstreut in lichten Wäldern, Auwäldern, besonders Hartholz-Auenwäldern, Eichen-Ulmen-Auwäldern, in Eichen-Hainbuchenwäldern, Flaumeichenwäldern, Hecken, Feldgehölzen, Gebüschen und auf Steinriegeln vor, bevorzugt auf meist tiefgründigen, frischen, basen- und nährstoffreichen, kalkreichen Lehm- und Steinböden in sonnigen Lagen, von der Ebene bis ins Gebirge, in den Alpen bis in Höhen von 1050 m.

Merkmale

Der Holzapfel ist eine → Licht- und → Halbschatt(en)baumart. Der flach wurzelnde, trägwüchsige, kleine Baum (selten Strauch) mit niedrigem, meist spannrückigem (→ Spannrückigkeit), häufig gekrümmtem und gewundenem Stamm trägt eine breite, stark beastete, verzweigte, dicht belaubte Krone und wird 2 bis 4, höchstens 8 m hoch. Die jungen, kahlen oder am oberen Teil filzigen Zweige haben eine rotbraune Rinde; später wird die braune oder graubraune Borke (häufig auch schon an jüngeren Bäumen) stärker rissig und blättert in dünnen Tafeln ab.

■ Die Kurztriebe sind mehr oder weniger verdornt (bei der Holzbirne sind die Zweige dicht mit verdornten Kurztrieben besetzt). Die spiralig angeordneten Knospen erscheinen eiförmig-rundlich und stumpf; die seitlichen angedrückt. Die Knospenschuppen sind rotbraun und kahl oder filzig.

■ Die wechselständig (→ Blattstellung) angeordneten Laubblätter sind breit-elliptisch bis eiförmig, etwa 4 bis 10 cm lang, 2 bis 5 cm breit, am Grunde keilförmig oder breit abgerundet, vorne zugespitzt, mit vier Paaren bogig verlaufenden, unterseits hervortretenden Seitenrippen. Die Blattoberseite stellt sich als kahl, matt dunkelgrün, etwas runzelig, die Unterseite als hellgrün, kahl oder nur sehr leicht behaart (im Gegensatz zu den verschiedenen Kultursorten) dar. Der Blattstiel ist etwa 2 bis 3 cm lang, der → Blattrand fein gezähnt oder gekerbt.

Der wilde Apfelbaum trägt im April/Mai weiße, zart gerötete Blüten.

■ Der Holzapfel blüht im April/Mai. Die kurzgestielten und angenehm duftenden, 2 bis 3 cm großen Blüten besitzen fünf Kronblätter die innen weiß und besonders an der Außenseite zart gerötet sind, gelbe → Staubbeutel und fünf am Grunde miteinander verwachsene → Fruchtknoten. Die kurzgestielten, abgeplattet kugeligen Früchte (Äpfel) mit Vertiefung am Scheitel und am Grund werden im September reif. Sie sind dann grün bis gelb, oft rotwangig, von holziger Beschaffenheit und haben einen Durchmesser von 2 bis 4 cm. Sie sind von herbem, säuerlichem Geschmack und enthalten hellbraune Kerne.

■ Die Vermehrung erfolgt durch Samen (Apfelkerne). Auch eine → vegetative Vermehrung durch → Stecklinge, Ableger (→ Absenker) und Wurzelschnittlinge ist möglich. Die fast sitzenden → Keimblätter sind eiförmig und dick, sie haben einen Mittelnerv und relativ derbe Seitennerven. Die Erstlingsblätter sind zugespitzt, ihr Blattrand doppelt gesägt; der Sproß ist behaart.

Holz und Früchte

Das Holz hat einen hellrötlichen → Splint und einen rotbraunen → Kern, der schwer und hart ist. Die Früchte sind unter anderem Wildfutter; man kann sie auch zu Gelee verarbeiten.

Bedeutung als Heilpflanze

In der Naturheilkunde finden nur die Früchte Verwendung. Der Apfel, auch der der Kulturformen, enthält etwa 85 Prozent Wasser, 12 Prozent Zucker, Gerbstoff, Pektin, organische Säuren (Apfel- und Zitronensäure), Vitamin A, B_1, B_2, C, E, PP sowie → Enzyme. In seiner Schale befinden sich Öldrüsen, die dem Apfel seinen typischen Duft verleihen. Äpfel (→ Apfelfrucht) sind antidiarrhöisch, antiseptisch, appetitanregend, erfrischend, blutstillend, fiebersenkend, harntreibend, abführend und tonisch.

fahrts-, Erholungs- und Naturschutzfunktion) im ökologisch besonders sensiblen Alpenbereich, standortgerechte → Schutzwaldsanierung, Hochlagenaufforstung, Waldbewirtschaftung und Jagd, die sich an den besonderen Anforderungen des Ökosystems Wald orientiert, sowie geeignete Maßnahmen zur Verminderung immissionsbedingter Waldschäden.

Arbeitsgemeinschaft der Länderinstitutionen für Forstpflanzenzüchtung: Die A. mit Sitz in Teisendorf (Oberbayern) beschäftigt sich mit Herkunftsforschung, Nachkommenschaftsprüfung, Selektionszüchtung und Identifizierung ökologischer Anpassungsmuster. Mitglieder sind die Versuchs- und Forschungsanstalten bzw. die forstspezifischen Landesanstalten der Bundesländer.

Arbeitsgemeinschaft deutscher Beauftragter für Naturschutz und Landschaftspflege e. V. (ABN) → Naturschutzverbände.

Arbeitsgemeinschaft Deutscher Waldbesitzerverbände e. V. (AGDW): 1947 gegründeter, in Landesverbände gegliederter Berufsverband, mit Sitz in Bonn. Aufgabe der A. ist die Förderung der Leistungsfähigkeit der Forstwirtschaft des → Nichtstaatswaldes; → Waldbesitzerverbände.

Arbeitsgemeinschaft Ernährung aus dem Wald: 1938 in München gegründeter, eingetragener Verein. Zweck war es, aus den Erfahrungen des Ersten Weltkrieges den Wald und die darin wachsenden Früchte und Kräuter der Ernährung der Bevölkerung nutzbar zu machen. Initiatoren waren der Arzt für Naturheilverfahren, Dr. Bernhard Hörmann, und dessen Bruder, Dipl.-Kaufmann und Drogist Philipp Hörmann. Dr. Hörmann propagierte im Ggs. zum chemisch hergestellten Vitamin C die natürlichen Vitamin-C-Pflanzen.

Erster Vorsitzender der A. war der Forstmann Geheimrat Lorenz → Wappes, stellvertretender Vorsitzender und Geschäftsführer Dr. Bernhard Hörmann. Die A. ließ von kundigen Sammlern wildwachsende Pflanzen sammeln, die sie in einem Labor (Apotheker Löhner) untersuchen ließ. In einer Versuchsküche wurden auch Rezepte erarbeitet.

Zur Aufklärung der Bevölkerung wurden z. B. hunderttausende farbige Taschenkalender, in denen Wildgemüse und -salate, Wildfrüchte, Hausteepflanzen, Gewürzpflanzen sowie Speise- und Giftpilze in Bild und Schrift dargestellt waren, gedruckt. Das besondere Interesse der A. galt dem → Sanddorn und der Edeleberesche (→ Ebereschen 1.) wegen deren hohen Gehalts an den Vitaminen C und A.

Nach Ausbruch des zweiten Weltkrieges 1939 ergab sich zwangsläufig die praktische Anwendung. Der Staat unterstützte jetzt die Arbeitsgemeinschaft. In jedem Gau wurde ein Beauftragter ernannt, der das Sammeln von Wildfrüchten und Kräutern zu organisieren hatte. Sammler waren i. d. R. Rentner und Schulklassen, die nach Gewicht und Art des Sammelgutes bezahlt wurden. Geerntete Sanddornfrüchte wurden z. B. beschlagnahmt. Aus ihnen wurden Präparate für U-Bootfahrer, Langstreckenflieger und Verwundete hergestellt. Während des Krieges bezog man auch Reiser einer eßbaren Vogelbeere aus der Ukraine (*Sorbus aucuparia var. rossica*). Nach dem Kriege wurde mit Unterstützung der US-Besatzungsmacht die Arbeit fortgesetzt. Präsident der A. war nach wie vor Geheimrat Wappes, sein Stellvertreter der naturheilkundlichen Arzt Johannes Ludwig Schmidt, sowie Albert Paginski, der auch Geschäftsführer der Heilpraktikerschaft war. Geschäftsführer der A. war Dr. Erich Hornsmann, der spätere Geschäftsführer des Landesverbandes Bayern der → Schutzgemeinschaft Deutscher Wald. Die Tätigkeit war auf die amerikanische Besatzungszone beschränkt, die A. hatte etwa 500 Mitglieder. Eine Genossenschaft versorgte das Sammelgut, insbesondere Sanddorn, Eberesche und Pilze. Die A. stellte wiederholt Reiser von Edelebereschen bereit, um diesen Wildobstbaum zu vermehren. Die Mutterbäume standen in Kirchseeon (Oberbayern). Nach der Währungsreform erlosch das Interesse an der Arbeitsgemeinschaft, weil wieder Südfrüchte auf dem Markt waren. Genossenschaft und eingetragener Verein stellten ihre Tätigkeit ein. 1982 wurde der e. V. aus dem Vereinsregister gelöscht.

Arbeitsgemeinschaft Forsteinrichtung: Die A. F. mit Sitz in Wiesbaden dient der Weiterentwicklung und der Koordinierung der → Forsteinrichtung in den Ländern der BR Dtschl. Sie entwickelte sich aus der im Jahre 1952 durchgeführten Fachtagung in Freiburg, bei der die mit Fragen der Forsteinrichtung befaßten Sachverständigen der Landesforstverwaltungen, der Landwirtschaftskammern und der Wissenschaft zusammentrafen. Aus dieser Zusammenkunft entwickelte sich die A. F., die sich in der Folge jährlich einmal zu einer Arbeitstagung trifft und zur Intensivierung der Arbeit Arbeitskreise gründete. Durch Beschluß der Agrarministerkonferenz im Jahre 1976 wurde die A. F. als überregionales Gremium der Länder bestätigt, das unter Hinzuziehung des Bundes der Koordinierung zwischen dem Bund und den Ländern sowie den Ländern untereinander dienen soll.

Die A. F. hat derzeit folgende Arbeitskreise (AK) und Projektgruppen (PG): AK „Zustandserfassung und Planung" mit den PG „Forsteinrichtungsverfahren in der BRD" und „Betriebsinventur auf Stichprobenbasis", AK „Forstliche Standortskartierung" mit der PG „Naturwaldreservate", AK „Forstliche Landespflege", AK „Forstliches Luftbild- und Kartenwesen" mit der PG „Forstliche Luftbildinterpretation". Die Arbeitskreis-Mitglieder werden von den Ländern benannt und sind damit weisungsgebunden. In den Arbeitskreisen wurden in der Vergangenheit grundlegende und für die Weiterentwicklung der Forstwirtschaft wichtige Publikationen, meist in Form von Leitfäden, erarbeitet.

Arbeitsgemeinschaft Forstliche Standorts- und Vegetationskunde (AFSV): Die beim niedersachsischem Forstplanungsamt in Wolfenbüttel angesiedelte AFSV wurde 1928 gegründet. Eine Neugründung erfolgte 1954. Sie widmet sich der Förderung der Forstwirtschaft durch standörtlich-vegetaionskundliche Grundlagenforschung und durch Anwendung dieser Erkenntnisse in der Praxis.

Arbeitsgemeinschaft für Forstgenetik und Forstpflanzenzüchtung: Die AG mit Sitz in Großhansdorf (Plz. 22927) beschäftigt sich mit dem Erfahrungsaustausch und der Koordinierung der Forschung auf dem Gebiet der Forstgenetik und Forstpflanzenzüchtung. Sie ist Mitglied in der Bund-Länder-Arbeitsgruppe „Erhaltung forstlicher Genressourcen".

Arbeitsgemeinschaft Holz e. V.: Die AG Holz mit Sitz in Düsseldorf ist seit 1953 eine Institution der deutschen → Forst- und → Holzwirtschaft mit dem Ziel, den Absatz von Holz zu fördern. Sie hat es sich v. a. zur Aufgabe gemacht, Baufachleute und Bauinteressenten über die Anwendungsmöglichkeiten des → Holzes im Bereich Bauen und Wohnen zu informieren.

Neben Werbung und Öffentlichkeitsarbeit ist die technische Beratung auf dem Gebiete der Holzverwendung im Bauwesen ein Schwerpunkt. Bauinteressenten und Baufachleute, insbesondere Architekten und Bauingenieure werden bei Planung und Verwendung von Holz in Neu- und Ausbau kostenlos beraten. Dafür stehen Fachleute in der Düsseldorfer Geschäftsstelle zur Beratung sowie regional eingesetzte Architekten bzw. Ingenieure als freie Mitarbeiter zur Verfügung, die ggf. auch an Ort und Stelle beraten. Als Anregung und Information für interessierte Laien und als Arbeitshilfe für Architekten und Bauingenieure werden in der Reihe „Informationsdienst Holz" Schriften herausgegeben, in denen bestimmte Bereiche der Holzverwendung, spezielle Themen der Architektur, der Konstruktion und Statik, der Bauphysik und der Bauvorschriften behandelt werden. Die Vermittlung neuer Erkenntnisse im Ingenieurholzbau und im Ausbau mit Holz erfolgt auch durch Fachtagungen, die meist in Zusammenarbeit mit Universitäten und Fachhochschulen durchgeführt werden, und im Rahmen der großen Messen und Ausstellungen. Im Auftrage der Forst- und Holzwirtschaft arbeitet die AG Holz auch bei der Normung auf den Gebieten der Baukonstruktionen, des Schall- und Wärmeschutzes, des → Holzschutzes und des Brandschutzes mit.

Arbeitsgemeinschaft Naturgemäße Waldwirtschaft (ANW): Die seit 1950 vorwiegend aus Einzelmitgliedern bestehende ANW hat 1989 in Rentweinsdorf einen Verein auf Bundesebene geschaffen und sich eine Satzung gegeben. Aufgaben und Ziele des Vereins sind gemäß Satzung:

Förderung der Forstwirtschaft und Forstwissenschaft;

Pflege und Weiterentwicklung einer Grundauffassung von Wald und Waldbehandlung, die im Ggs. zum Modell des Altersklassenwaldes an Strukturen und Lebensabläufen natürlicher Wälder orientiert ist und hohe Wirtschaftlichkeit der Forstbetriebe anstrebt. Aufbauend auf diesem Waldverständnis werden wesentliche Forderungen des Biotop- und Artenschutzes verwirklicht;

die forstliche Fortbildung und die Pflege persönlicher Gedanken und des Erfahrungsaustausches;
die Erhaltung und Einrichtung von Beispielrevieren → naturgemäßer Waldwirtschaft. Die dort gewonnenen Erkenntnisse sind der Allgemeinheit zugänglich zu machen.
Mitglieder im Bundesverband der ANW sind die Landesverbände, vertreten durch ihre Delegierten; → PRO SILVA.

Arbeitsgemeinschaft Regenwald und Artenschutz (ARA): Verein mit Sitz in Bielefeld, der in den Bereichen Informations- und Öffentlichkeitsarbeit, Politikbeobachtung und -beeinflussung tätig ist. Er unterstützt Projekte in den Tropen, in erster Linie Wald- und Artenschutzinitiativen in der Heimat indianischer Völker.

Arbeitsgemeinschaft zur forstlichen Saatgutanerkennung: 1924 aus der 1911 gegründeten „Kontrollvereinigung deutscher Besitzer von Samenklenganstalten und Forstbaumschulen" hervorgegangene Arbeitsgemeinschaft, die sich mit forstlichem Saat- und Pflanzugut befaßt; → Gesetz über forstliches Saat- und Pflanzgut.

Arbeitskolonne, die: → Rotte 1).

Arbeitslehre, Forstliche, die → Forstliche Arbeitswissenschaften.

Arbeitsschutz, der: → Unfallverhütungsvorschriften.

Arbeitssicherheit, die: → Unfallverhütungsvorschriften.

Arbeitswissenschaften, Forstliche, die: → Forstliche Arbeitswissenschaften.

Arbor-day (Baumtag, Baumpflanztag): Schulfesttag (Volksfeiertag) in den USA seit 10.4.1872, an dem Schulkinder Bäume pflanzen. Die Idee geht auf Julius Sterling Morton zurück. Der A. wird von anderen Ländern nachgeahmt. Er entspricht in der BR Dtschl. dem → Tag des Baumes.

Arboreal, das (lat. *arbor* = Baum): der Lebensraum Wald.

▸▸▸ Arnika oder Berg-Wohlverleih ist eine vielseitig anwendbare Arzneipflanze.

Das Arboretum ist eine zu Forschungs- und Studienzwecken angelegte Pflanzung.

Arboretum, das (lat. *arbor* = Baum; MZ: Arboreten): die Anpflanzung von verschiedenen → Holzgewächsen zu wissenschaftlichen Zwecken. Werden nur Sträucher gepflanzt, so nennt man diese Anlage „Fruticetum", nur Eichen, „Quercetum", nur Weiden, „Salicetum"; nur Nadelbäume, „Pinetum" usw. A. befinden sich z. B. in Tharant und Grafrath.

arborikol (vom lat. arbor = Baum und lat. colere = bewohnen): auf einem Baum lebend, bzw. baumbewohnend; z. B. in Verbindung mit → Epiphyten verwendet.

Arborizide: zur Verhinderung von Gehölzwuchs eingesetzte Herbizide; → Pestizide.

Arch, der: → Holunder.

Archegoniaten: Sammel-Bez. für alle → Moose und → Farnpflanzen; → Farne.

Arctietum nemorosi → Weidenröschen-Schlaggesellschaften 6.

Arctiidae → Bärenspinner.

Arctostaphylos → Bärentraube.

Ardeidae → Reiher.

Areal, das (lat.: *area* = Fläche, Gebiet): Verbreitungsgebiet, das von einer → Art oder auch einer Gatt., Fam. der Pflanzen oder Tiere eingenommen wird. Sind die Fundorte so verteilt, daß sie von einer Linie umgrenzt werden können, spricht man von einem geschlossenen oder kontinuierlichen A. Ergibt die Umgrenzung mehrere Teilgebiete, so handelt es sich um ein geteiltes oder disjunktes A.

Arealkunde, die (Chorologie): Wissenschaft von der räumlichen Verbreitung der Pflanzen- und Tiersippen auf der Erde; → Areal.

Aressel, der: → Ebereschen 2.

ARGE ALP → Arbeitsgemeinschaft Alpenländer.

Argyroneta → Trichterspinnen.

Arillus, der: → Samenmantel.

Arion-Bläuling, der: → Bläulinge 9.

Arionidae → Wegschnecken.

Arke, die (Zain): alte Bez. für eine Holzstoßreihe, die aus einzelnen aneinandergereihten Holzstößen (→ Stoß) besteht. Das Einlegen des Holzes (Schichtholzes) zu einem Stoß wurde arken, aufarken, zainen oder aufzainen genannt; → Holz setzen.

Arktisch-alpine Zwergstrauch-Gesellschaften (*Loiseleurio-Vaccinietalia*): Ordn. der Klasse Boreal-alpiner → Nadelwälder und Zwergstrauch-Gesellschaften (*Vaccinio-Piceetea*) mit zwei pflanzensoziologischen Verbänden, wovon der Verband der Subarktisch-alpinen Zwergstrauch-Gesellschaft (*Loiseleurio-Vaccinion*) auch in Dtschl. vorkommt. Das Hauptverbreitungsgebiet dieser pflanzensoziologischen Ordn. ist auf kristallinem Grundgestein der Zentralalpen und der skandinavischen Gebirge. In Dtschl. kommen Gesellschaften des Verbandes nur im Allgäu auf Flyschgestein in entsprechenden Hochlagen, in den Berchtesgadener Alpen und in den Hochlagen des → Schwarzwaldes (Belchen, Feldberg) als eiszeitliches Relikt vor. In den bayer. Alpen sind sie im Wechsel mit Alpenrosen-(Latschen-)Gebüschen oder noch über dem Alpenrosengürtel kleinflächig und selten anzutreffen. → Charakterarten dieser Ordn. sind Gemsheide, Alpen-Bärentraube, Krähen-, Blau-, Preisel-, Rauschbeere und der Gemeine Alpenlattich. Ein Großteil der Fläche wird von Moosen und Flechten bedeckt.

Arle, die: **1**) Unterart der BKie; → Kiefern 1; **2**) → Ahorne 1.

Arl(s)baum, der: → Ebereschen 2.

Arlsbeere, die: → Ebereschen 2.

Armblütige Alpen- oder **Berg-Distel**, die: → Distel 1.

Arme Lauge, die: bei der früheren Gewinnung von → Pottasche Bez. für eine Lauge, die wenig Pottasche enthielt; → Aschenbrenner.

Armillariella mellea: neben dem → Wurzelschwamm der wichtigste forstliche Schadpilz (→ Hallimasch), der sowohl saprophytisch als auch parasitisch leben kann.

Armleuchterfichte, die: → Wetterbäume.

Arndt, Ernst Moritz → Wald in der Dichtung.

Arnica → Arnika.

Arnika, die (*Arnica*): auch Wohlverleih, mit 32 Arten in den nördlichen gemäßigten Breiten vorkommende Gatt. der Fam. der → Korbblütler. A. sind ausdauernde → Kräuter mit rosettig angeordneten Grundblättern und großen gelben Blütenköpfen. Bei uns heimisch ist:

Berg-Wohlverleih, der (*Arnica montana*): auch Bergarnika, Kraft-, Baumkraft-, Mutterwurz, Kathreinwurzel, Blutblume, Engeltrank, Wund-, Stich-, Fallkraut, Kraftrose, Ochsenblu-

me. Die giftige Pflanze hat einen 30 bis 60 cm hohen Stengel, der einer auf dem Boden aufliegenden Blattrosette entspringt. Weiter oben stehen nur zwei bis drei Paare gegenständiger Blätter. Die Blüten sind gelborange (Juni bis August) in einem großen, einzelnen, manchmal auch in drei bis vier Körbchen an den Spitzen der gegenständigen Stengeläste. Die Pflanze riecht angenehm aromatisch, ist ein Magerkeitszeiger (→ Bodenanzeiger) und wächst bevorzugt auf ungedüngten (mageren) Wiesen, Silikatmagerrasen und auf Weiden, in lichten Wäldern, besonders trockenen Pfeifengras-Kiefernwäldern, in Gebirgen bis 2000 m Höhe. Die seltene Pflanze steht in Dtschl., Österreich und der Schweiz unter Sammelverbot. In Dtschl. ist sie geschützt und wird nach der → Roten Liste als „gefährdet" geführt. Sie ist ein vielseitig anwendbares Arzneimittel, enthält ein → ätherisches Öl, Arnicin (hautreizend), Inulin, Arnikaflavon (= Arnicerin), Tannin und andere Pflanzensäuren und wird für diesen Zweck gärtnerisch angebaut. Ein Aufguß der Blüten oder Absud der Wurzeln fördert die

Schweiß- und Harnabsonderung. Die Blüten oder Wurzeln, in verdünntem Weingeist angesetzt, liefern die bekannte Arnikatinktur. Sie ist ein entzündungshemmendes und heilendes Wundmittel. In der Volkskunde spielt der B. wegen seiner Blütezeit („Johanniskraut") und wegen der sonnenähnlichen Gestalt seiner Blüte eine Rolle im Zauber zur Zeit der Sommersonnenwende.

Arnim, Achim von → Wald in der Dichtung.

Arnsperger, Carl Philipp Friedrich (17.2.1791 Heidelberg bis 1.10.1853 Heidelberg): A. war von 1812 bis 1827 Waldmeister der → Murgschifferschaft in Forbach und trat 1827 als Revierförster in den badischen Staatsdienst ein. Im Jahre 1834 wurde er Mitglied der Direktionsbehörde in Karlsruhe, kehrte aber 1848 wieder in den forstlichen Außendienst zurück. Er war zuerst Oberforstmeister in Bruchsal und wurde 1849 zum Forstinspektor des Bezirks Heidelberg ernannt und 1851 in den Ruhestand versetzt. Neben verschiedenen Werken über das badische Forsteinrichtungswesen redigierte er zusammen mit → Gebhard 1838 bis 1843 die „Forstliche Zeitschrift für das Großherzogtum Baden" (2 Bde.).

◂◂◂ C. P. F. Arnsperger beeinflußte das badische Forstwesen im 19. Jahrhundert entscheidend.

Arolsbeere, die: → Ebereschen 3.

Aronstab, der (*Arum*): Gatt. der → Aronstabgewächse (*Araceae*) mit 12 Arten in Europa und im Mittelmeergebiet. Es handelt sich um Pflanzen mit pfeil- bis spießförmigen Blättern und knolligem → Wurzelstock. Die Blüten, die blumenblattlos sind, stehen in einem Kolben (→ Blütenstand), umgeben von einem → Hochblatt. Die einzige, in Dtschl. vorkommende Art ist:

Gefleckter Aronstab, der (*Arum maculatum* Linné): auch Eselsohr. Der G. A., der über Mittel- und Südeuropa verbreitet ist, wächst in schattigen, krautreichen Laub- und Laubmischwäldern, Auwäldern, feuchten Buchen- und Hainbuchenwald-Gesellschaften sowie unter Hecken, gern auf Kalk. Er ist die Ordnungs → Charakterart der mesophytischen buchenwaldartigen Laubwälder Europas.

Der giftige, 15 bis 30 cm hohe und unter Naturschutz stehende G. A. hat auffallende, pfeilförmige, dunkelgrüne und 10 bis 20 cm lange Blätter, die manchmal schwärzlich oder rötlich gefleckt sind und sich schon im März entwickeln. BZ: April/Mai. Ein etwa 25 cm langes, blaßgrünes und tütenförmiges Hochblatt (auch Blütenscheide oder Spatha genannt), das unten ausgebuchtet ist, umhüllt die untere Hälfte des Blütenkolbens. Dieser ist fleischig, oben keulenförmig verdickt, das obere Ende meist violettbraun und strömt einen übelriechenden Aasgeruch aus, der Käfer, Fliegen und besonders Schmetterlingsmücken anlockt. Die Insekten rutschen an der nackten und öligen Fläche der Hochblattscheide aus und fallen in den Kessel (Gleitfallenblume). Insekten, die bereits aus älteren Blüten Blütenstaub mitgebracht haben, streifen diesen bei ihren Fluchtversuchen an den → Narben ab, die nach dem Ausstäuben des → Pollens rasch abwelken und damit den Eingang wieder freigeben. Am nicht sichtbaren Teil des Kolbens sitzen die weiblichen Blüten unten, die männlichen – davon durch eine Zone steriler Blüten getrennt – darüber. Auch die Blütenscheide welkt bald nach der Befruchtung der weiblichen Blüten und fällt schließlich ganz ab. Der Kolben stirbt bis zu den → Fruchtknoten ab, die im August oder September zu korallenroten, ziemlich großen kugel-kantigen Beeren heranreifen. In vielen Gegenden Dtschl. wurde früher aus der Entwicklung der verschieden gestalteten männlichen, weiblichen und geschlechtslosen Blüten am Kolben auf den Ernteertrag bestimmter Feldfrüchte geschlossen. Dabei brachte man einzelnen Blüten mit Weizen, Roggen, Wein, Obst usw. in Beziehung. In manchen Gegenden wurde das „giftige" Kraut den Kindern ins Bett gelegt, um sie vor Alp, Drud und Hexen zu beschützen. Die Pflanze enthält das chemisch instabile, auf das Zentralnervensystem einwirkende Gift Aroin.

Aronstabgewächse (*Araceae*): Fam. → einkeimblättriger Pflanzen mit rd. 1800 Arten in über 100 Gatt., v. a. in den tropischen und subtropischen Wäldern. Es handelt sich meist um Lianen mit Luftwurzeln oder um großblättrige Pflanzen mit Erdsprossen oder Knollen und unscheinbaren Blüten, die in von einem → Hochblatt umgebenen Kolben oder Ähren stehen. Die Früchte sind Beeren. Bekannte Arten sind → Aronstab und → Drachenwurz.

Arrhenatherum → Glatthafer.

Art, die (*species*, abgekürzt: sp.): Zu einer A. sind alle Individuen einer natürlichen → Population zusammengefaßt, die in ihren morphologischen und auch Verhaltens-Merkmalen untereinander und mit ihren Nachkommen übereinstimmen und/oder bei der generativen Fortpflanzung kreuzbar sind und dabei fruchtbare Nachkommen erzeugen. Gegenüber ungleichartigen Populationen ist die A. hinsichtlich der Fortpflanzung isoliert. Mitglieder einer A. sind somit Angehörige einer Fortpflanzungsgemeinschaft, in der ein Genaustausch stattfindet und in der auch die Evolution abläuft. Wegen der gemeinsamen Selektion und Nischenbildung ist die A. auch eine ökologische Einheit. Unterhalb der A. wird dann eine → Unterart, bzw. Subspezies oder Rasse ausgeschieden, wenn sich die Individuen so unterscheiden, daß eine Unterartbildung gerechtfertigt ist. Unterarten einer A. können miteinander fruchtbare Nachkommen zeugen. Die erbliche Abänderung einer A. kann eine Varietät sein, die Sorte (bei Pflanzen) ein züchterisches Ergebnis. Die A. werden wissenschaftlich benannt und in einem Ordnungssystem zusammengefaßt (→ Nomenklatur); → Baumart, Holzart, Waldbaumart.

Artbastarde: Sie sind das Ergebnis einer Kreuzung zwischen verschiedenen → Arten. A. sind bei Tieren oft nicht fortpflanzungsfähig (Rackelwild, Maultier, Muli). Bei Pflanzen sind A. durch Kreuzung von Arten der gleichen Gatt. entstanden. Bei ihnen kann eine Fremdbestäubung zu lebensfähigen und darüber hinaus zu voll fortpflanzungsfähigen A. (Hybriden) führen; → Bastard.

Artendiversität, die: → Diversität.

artenreicher Silikat-Tannenwald, der: → Labkraut-Tannen-(Misch-)Wald.

artenreiche Tannen-(Misch-)Wälder → Labkraut-Tannenwälder.

Artenschutz, der: A. ist ein Teilgebiet des → Natur- und → Umweltschutzes und umfaßt auf nationaler und internationaler Ebene alle Maßnahmen, die zur Erhaltung und Pflege von Tier- und Pflanzenarten beitragen, die vom → Aussterben bedroht sind. Seit Beginn unseres Jh. wurden verschiedene Gesetze zur Erhaltung seltener oder bedrohter Tier- und Pflanzenarten erlassen. Dieser indirekte A. mußte aber erfolglos bleiben, solange die Lebensräume der bedrohten Lebewesen ohne Schutz bleiben. Es wurden zwar bestimmte Standorte seltener Pflanzen zu Reservaten erklärt, doch waren sie meist zu kleinräumig. Nachhaltiger und wirkungsvoller geschieht dies heute durch den Schutz gesamter → Biozönosen und ihrer → Biotope, also gesamter → Ökosysteme, in denen natürliche Kreisläufe funktionieren und die durch die Fähigkeit zur Selbstregulierung ihr → biologisches Gleichgewicht aufrecht erhalten können. Dieser Schutz wird noch verstärkt durch Überwachung. Zum A. gehört aber auch die teilweise umstrittene → Wiedereinbürgerung einer → Art an Orten, wo sie bereits ausgestorben oder dem Aussterben nahe ist. Bereits 30 bis 50 % der Pflanzen- und Tierwelt in der BR Dtschl. sind in ihrer Existenz bedroht bzw. schon ausgestorben. Für den A. spielen auch zunehmend internationale Vereinbarungen eine wichtige Rolle, z. B. → Ramsar-Konvention von 1971 über → Feuchtgebiete, Washingtoner Artenschutzübereinkommen von

Den Aronstab findet man oft in Gesellschaft mit Bärlauch.

1973 (→ Artenschutzabkommen), Helsinki-Konvention von 1974 zum Schutz der Meeresumwelt des Ostseegebietes, Bonner Übereinkommen vom 23.6.1979 über die Erhaltung der wandernden wildlebenden Tierarten, Berner Übereinkommen vom 19.9. 1979 zum Schutz wildlebender Tiere und Pflanzen und ihrer natürlichen Lebensräume, Alpenkonvention von 1991. Auf der Konferenz der UNO zum Thema „Umwelt und Entwicklung" (3. bis 14.6.1992 in Rio de Janeiro) wurden in einer Konvention über „biologische Vielfalt" (biodiversity; → Biodiversitätsabkommen) verschiedene Maßnahmen zum Schutz der gefährdeten Arten und Biotope vorgesehen; → Rote Listen.

Die Äskulapnatter bevorzugt lichte durchsonnte Laubwälder.

Artenschutzabkommen, das: 1973 wurde in Washington das weltweite Artenschutzabkommen (WA), auch CITES-Abkommen genannt, von 60 Staaten unterzeichnet. Inzwischen gehören ihm („Übereinkommen über den internationalen Handel mit gefährdeten Arten freilebender Tiere und Pflanzen") insgesamt 153 Staaten (Stand 1992) an. Das A. verbietet den Handel mit etwa 600 Arten (lebende oder tote Tiere und Pflanzen sowie Produkte aus ihnen) vollständig, bzw. macht ihn für mehrere Hundert Arten von Ausfuhrgenehmigungen abhängig. Das Washingtoner Abkommen hat die erfaßten Tiere und Pflanzen nach ihrer Schutzbedürftigkeit aufgelistet:
Vom Aussterben bedrohte Arten, deren Handel verboten ist (Anhang I),
Gefährdete Arten, deren kontrollierter Handel mit Ausfuhrdokumenten erlaubt ist (Anhang II),
Arten, die von einem Staat in seinem Hoheitsgebiet einem besonderen A. unterworfen sind und deshalb nur mit Dokumenten gehandelt werden dürfen.
Das Washingtoner A. ist in der BR Dtschl. durch Bundesgesetz vom 22.5.1975 in nationales Recht umgesetzt worden.
Derzeit gilt die Bundesartenschutzverordnung (BArtSchV), Verordnung zum Schutz wildlebender Tiere und Pflanzen, vom 18.9.1989 (BGBl. I S. 1525, 1572, 1593), Inkraftgetreten am 1.8.1989, zuletzt geändert am 9.7.1994.

Artenschutzübereinkommen, das: → Artenschutzabkommen.
Artenschutzverordnung, die: → Artenschutzabkommen.
Artenvielfalt, die: → Diversität.
Artgesetz, Forstliches → Forstliches Artgesetz.
Artgrenze, die: Verbindungslinie der äußersten Vorkommen einer → Art, bei → Baumarten schon häufig nicht mehr als → Baum, sondern nur mehr strauchartig oder als → Krummholz wachsend.
Artmächtigkeit, die: in der → Pflanzensoziologie Bez. für eine Größe, die Häufigkeit (→ Abundanz) und → Deckungsgrad (Dominanz) einer Pflanzenart auf einer bestimmten Fläche (Probefläche) angibt. Es bedeuten: r = wenige Individuen, geringer Deckungsgrad; + = spärlich, geringer Deckungsgrad; 2 = sehr zahlreich, mind. 1/20 bis 1/4 deckend; 3 = Individuenzahl beliebig, 1/20 bis 1/4 deckend; 4 = 1/4 bis 1/2 deckend; 5 = > 3/4 deckend.
Arum → Aronstab.
Aruncus → Geißbart.
Arve, die: → Kiefern 5.
Arve, Sibirische, die: Unterart der Zir; → Kiefern 5.
Arvicolidae → Wühlmäuse.
Arzneibaldrian, der: → Baldrian 1., 5. und 6.
Arznei-Beinwell, der: → Beinwell 1.
Arznei-Engelwurz, die: → Engelwurz 1.
Arzneipflanzen → Heilpflanzen.
Arznei-Schlüsselblume, die: → Primel 2.
AS: Kurzzeichen für Aspe (→ Pappeln 5.) nach DIN 4076.
Asarum → Haselwurz.
Aschbaum, der: auch die Asche, Äsche. → Esche.
Aschenbestandteile des Holzes: → Mineralstoffe, die in allen Pflanzenteilen vorhanden sind und die der Baum zu Lebzeiten aus dem Boden aufgenommen hat. Der Anteil an Asche ist von der Pflanzenart, dem Standort und vom einzelnen Baumteil abhängig. Junges Holz, z. B. → Reisig, enthält wesentlich mehr Asche als altes, der Aschengehalt im → Splintholz ist höher als jener des → Kernholzes. Auch die lebende Rinde enthält mehr Asche als die tote Borke. Bei unseren einheimischen Hölzern schwankt der Aschengehalt – je nach Art und Holzteil – zwischen 0,15 bis 0,45 % der Trockensubstanz; → Brennstoffzusammensetzung des Holzes, Holzasche.
Aschenbrenner (Pottaschensieder): Seit Ende des Mittelalters nahmen in Dtschl. Glashütten – wegen des hohen Gewinns von vielen Landesherren gefördert – zu. Für die Glasherstellung benötigte man in großer Menge Kali (→ Mineralstoffe), das die A. aus → Holzasche (→ Pottasche) gewannen. Etwa 1 m^3 Holz wurden benötigt, um einen Zentner Pottasche zu gewinnen. Durch die ungeheuren Mengen von Holz, die hierzu benötigt wurden, trugen die A. neben den Köhlern (→ Köhlerei), → Salinen, Berg- und Hüttenwerken und Eisenhämmern etc. zu Waldverwüstungen und zu einem Baumartenwandel bei. Da sie nicht ortsgebunden waren und Asche leicht transportiert werden konnte, zogen sie bei Holzmangel in Gebiete weiter, in denen noch genügend Holz vorhanden war. Die A. wurden angewiesen, nur Abfallholz (angefaultes Holz, Dürrholz, alte Harzbäume und Windfälle etc.) zu verwenden. Aufgrund der großen Kalimengen, die die Glashütten benötigten, wurde aber überwiegend gesundes Holz verbrannt. Im 18. Jh. wurden daher den A., aber auch den Köhlern und den Harzern, angesichts der Holzknappheit die Waldungen nur noch gegen Zins verpachtet. Erst die im 19. Jh. bergmännisch geförderten Kalisalze ersetzten die Pottasche weitgehend. An die früheren Glashütten- und A.-Stellen erinnern mancherorts noch die → Forstortsnamen, an den Beruf der Familienname A.; → Forstort.
Aschenkummer, der: alte nordd. Bez. für → Holzasche, die früher ein begehrtes Düngemittel in der Landwirtschaft war.
Äsche(rn), die: → Esche.
Aschgraue Weide, die: → Weiden 1.
Aschitz → Frauenmantel.
Aschitzenbaum, der: → Sorbus 4.
Aschweide, die: → Weiden 1.
Ascomycetes → Schlauchpilze.
Ascus, der: auch Askus (Mz.: Asci). ein von den *Ascomycetes* oder → Schlauchpilzen gebildetes, schlauchförmiges → Sporangium (Sporenbehälter), in dem die → Sporen entwickelt werden. Der A. enthält meist acht Ascosporen.
Asenholz, das: → Stechpalmen.
Asilidae → Raubfliegen.
Äskulapnatter, die (*Elaphe longissima*); auch Schlangenbader Natter, Gelbliche Natter. Fam. Echte → Nattern (*Colubridae*): Sie ist von Nordostspanien bis zum Balkan, Nordteil Kleinasiens, Kaukasus, Nordpersien verbreitet. In Mitteleuropa findet sie sich stellenweise in Frankreich, Dtschl. (Schlangenbad im Taunus, südlicher → Odenwald bei Lörrach, Umgebung von Badenweiler im → Schwarzwald, Umgebung von Passau, am unteren Inn und an der unteren Salzach), Schweiz, Norditalien, Österreich, Polen, Tschechien, Slowakei und in Ungarn.
Die geschützte Ä. bevorzugt gut durchsonnte, somit lichte Laubwälder, lichte Haine und steinige, bewachsene Hänge. Sie hält sich auch gerne an lockergefügtem oder verwittertem Mauerwerk auf, z. B. auf Legesteinmauern zwischen landwirtschaftlichen Nutzflächen.
Die Ä. ist eine sehr schlanke Schlange, die bei uns zwischen 140 und 160 cm lang wird (in südlichen Gegenden etwa 200 cm); längste einheimische Schlange. Die Ä. ist am Boden nicht sehr gewandt, klettert aber geschickt in Baum- und Strauchwipfeln umher. Winterruhe: Ende September/Anfang Oktober bis Mitte April/Anfang Mai. Hierzu verkriecht sich die Ä. in frostgeschützte Felsspalten, unter Baumstümpfe, in unterirdische Tierbaue und sonstige Erdhöhlen. Die Paarungszeit beginnt Ende Mai oder Anfang Juni. Etwa Ende Juni werden fünf bis acht, gelegentlich auch zehn oder mehr Eier unter hohlliegende Steine, in Kleinsäugerhöhlen oder in den Mulm von Baumstümpfen abgelegt. Bei günstigen Witte-

rungsverhältnissen (die Eier brauchen Wärme und Feuchtigkeit) schlüpfen nach sechs bis acht Wochen die ca. 20 bis 25 cm langen Jungschlangen. Junge Ä. ernähren sich fast ausschließlich von halbwüchsigen → Eidechsen, die alten von Kleinsäugern, Vögeln (Bodenbrüter und deren Eier) sowie von Eidechsen. Die tag- und dämmerungsaktive Schlange beschleicht ihre Beute langsam und fast lautlos. Die Beute wird mit einigen Windungen des Vorderkörpers umschlungen und erstickt. Die Ä. stellt auch die sich um den Stab des griechisch-römischen Gottes der Heilkunst (Äskulap, Asklepios) windende Schlange dar. Dieser Stab ist das Berufssymbol der Ärzte.

Äskuletin, das: aus der Roßkastanienrinde gewonnener Extrakt in Form weißer Kristallnadeln. Es ist in Wasser und Alkohol leicht löslich, wobei die wäßrige Lösung ultraviolette Strahlen absorbiert. Ä. wird deshalb auch in Sonnenschutzmitteln verarbeitet; → Aescin.

Askus, der: → Ascus.

Aspe, die: → Pappeln 5.

Aspenblattkäfer, der: → Blattkäfer 4.

Aspenbock, Kleiner, der: → Bockkäfer 15.

Aspenfalter, der: → Edelfalter 3.

Aspen-Feuerschwann, der: → Feuerschwämme 1.

Asperulo-Fagetum → Waldmeister-Buchenwald.

Aspidium → Schildfarn.

Asplenio-Piceetum → Kalkblock-Fichtenwald.

Asplenium → Streifenfarn.

Aspolter, die: auch Agspalter, Agspelter. In Österr. umgangssprachliche Bez. für Aspe; → Pappeln 5.

Assimilate: Produkte, die durch Umwandlung körperfremder in körpereigene Stoffe entstehen; z. B. Traubenzucker und Stärke bei Pflanzen, Glykogen bei Tieren; → Assimilation, Photosynthese.

Assimilation, die (lat. *assimilare* = „angleichen", „ähnlich machen"): Unter dem Begriff A. wird in der → Biologie der Aufbau körpereigener Stoffe (→ Assimilate) aus durch Lebewesen aufgenommene anorganische Stoffe (körperfremde Nährstoffe) unter Verbrauch von Energie verstanden. Nur die grünen Pflanzen können mit Hilfe des → Chlorophylls und des Sonnenlichts aus → Kohlendioxid und Wasser, Zucker und → Stärke aufbauen (→ Photosynthese), die dann zu → Zellulose, Fetten und anderen körpereigenen Stoffen umgewandelt werden. Unterschieden wird:

1. A. des Kohlenstoffs: Sie läuft entweder als Photosynthese oder → Chemosynthese ab.

2. A. des → Stickstoffs: Neben einigen → Pilzen und → Bakterien (die auch den Luftstickstoff aufnehmen) sind die höheren Pflanzen (→ Sproßpflanzen) in der Lage, ihren Stickstoffbedarf zum Aufbau der Aminosäuren aus Nitraten und Ammoniumverbindungen über ihre Wurzeln aus dem Boden aufzunehmen.

3. A. des Schwefels und des Phosphors: Beide Elemente werden von den Pflanzen als Sulfate bzw. Phosphate (gelöste Salze in oxydierter Form) über die Wurzeln aus dem Boden aufgenommen. Sie werden u. a. zum Aufbau der Aminosäuren benötigt.

Assimilationsgewebe, das: → Parenchym.

Aßmann, Ernst (16.9.1903 Hirschberg/Westfalen bis 21.8.1979 Miesbach): A. studierte von 1922 bis 1924 Bergbau an der Akademie in Clausthal, wechselte aber zur Forstlichen Hochschule Hann.-Münden über und erhielt 1925 die Zulassung zum preußischen Staatsforstdienst. Ab 1931 war A. Assistent an der Mündener Hochschule und erhielt später Lehraufträge für Holzkunde und Forstvermessung. 1951 erhielt A. den Ruf auf den Lehrstuhl von → Vanselow in München. Der weit über Bayern hinaus bekannte Ertragskundler A. schrieb das stark beachtete Werk „Waldertragskunde. Organische Produktion, Struktur, Zuwachs und Ertrag von Waldbeständen" (1961).

Assoziation, die: allg. Bez. für eine → Pflanzengesellschaft, die für einen bestimmten Standort charakteristisch ist. Sie setzt sich i. d. R. aus verschiedenen → Arten zusammen, wird aber nach der vorherrschenden Pflanzenart benannt. Nach Braun-Blanquet ist die A. die grundlegende floristische, ökologisch, dynamisch-genetisch und geographisch individualisierbare Vegetationseinheit, die durch → Charakter- und Differentialarten gekennzeichnet ist. A. können in Sub-A. untergliedert werden. Mehrere A. können aufgrund gemeinsamer Charakterarten zu einem Verband, mehrere Verbände zu einer Ordn. und mehrere Ordn. zu einer Klasse (höchste übliche Einheit) zusammengefaßt werden (→ Waldgesellschaften).

Ast, der: stärkere Seitenachse (Seitentrieb) eines Gehölzes, die unmittelbar aus dem → Stamm oder der → Wurzel hervorgeht. Jährlich austreibende Endknospen bewirken dabei eine Verlängerung des A. Die Holzschichten eines A. setzen sich, solange der A. lebt, direkt in den Holzschichten des Stammes fort. Bei den Nadelbäumen ist der Holzzuwachs (→ Zuwachs) auf der unteren Seite des A. größer als auf dessen Oberseite, bei den Laubbäumen ist es meist umgekehrt; → Reaktionsholz. Abgestorbene Ä. werden von den Holzschichten des Stammes umwachsen, sie wachsen ein. Da sie nicht in organischem Zusammenhang mit den umgebenden Holzschichten stehen, fallen sie beim Schwinden des verarbeiteten Holzes heraus. Speziell die regelmäßig einwachsenden → Hornäste der Ta und Fi, die aus sehr festem Holz bestehen, fallen immer aus, wodurch A.-Löcher entstehen. Bei Laubbäumen wächst die lebende Basis des abgestorbenen A. noch einige Zeit mit, das äußere Stück bricht schließlich ab. Die entstehende Wunde wird, wie jede andere Baumwunde, durch → Überwallung geschlossen. Während Ä. (eingewachsene und verwachsene) i. a. den Holzwert mindern, verleihen sie beim Zirben- und auch beim Strobenholz dem Brett einen besonderen Zierwert; → Eschenrosen, Ochsenaugen, Katzenpfötchen, Fauläste, Hornäste, Trockenäste, Wasserreiser.

Astach, das: → Brennreisig.

Astbart, der: → Astnarbe.

Astbeule, die: die über einem eingewachsenen → Aststummel entstandene Wölbung am Baumstamm.

Ast-Derbholz, das: → Derbholz.

Ast-Derbholzvolumen, das: → Holzvolumen.

Ästen, das (Asten): → Aufästung.

Aster, die (*Aster*, griech.: Stern): weltweit verbreitete, etwa 500 Arten umfassende G. der → Korbblütler. Es sind überwiegend ausdauernde → Halbsträucher, seltener ein- oder mehrjährige → Kräuter. In Dtschl. kommen fünf Arten vor, davon sind im Wald anzutreffen:

1. Bergaster, die (*Aster amellus* Linné): auch Kalk-A., Virgilis A., Berg-Sternblume, Herbst-A. Die B. ist über Mittel- und Südeuropa sowie Kleinasien verbreitet. In Süddtschl. kommt sie verbreitet vor. Sie wächst zerstreut in lichten trockenen Wäldern, Kiefernwäldern, besonders Schneeheide-Kiefernwälder, in Gebüschen, auf Heidewiesen, Trockenrasen, an sonnigen Hängen, bevorzugt auch an warmen Standorten auf kalkhaltigen Böden.

Die mehrjährige, 15 bis 50 cm hohe Pflanze hat einen aufrechten, oben verzweigten Stengel. Die gestielten Grundblätter sind elliptisch bis breit lanzettlich und gezähnt, die Stengelblätter länglich-lanzettlich, sitzend und i. d. R. ganzrandig. BZ: Juli/August bis Oktober. Die schwach nach Vanille duftenden, endständigen, 3 bis 5 cm breiten Blütenkörbchen befinden sich zu mehreren an einem Stiel und bilden einen lockeren, traubigen Blütenstand. Sie bestehen aus röhrigen, gelben Scheibenblüten und einer Reihe blauvioletter, selten weißer oder rötlicher, zungenförmiger Randblüten. Die 2 bis 3 mm langen, behaarten Früchtchen tragen einen rötlichen → Pappus.

2. Alpen-Maßlieb(chen), das (*Aster bellidiastrum* Scopoli): Das A. ist über die Gebirge des östlichen Mittel- und Südeuropa, die Alpen bis zum Balkan und dem Jura verbreitet. Es wächst auf feuchten, meist kalkhaltigen Standorten, in lichten Wäldern, im Krummholz, auf steinigem Ödland, Rasen und grasigen Abhängen. Das A. kommt in der Ebene seltener vor und ist zerstreut bis in Höhen von 2800 m im Hochgebirge anzutreffen.

Die ausdauernde, 5 bis 30 cm hohe Pflanze, deren Aussehen an das Gänseblümchen erinnert, hat einen blattlosen, runden, vollen (nicht hohlen), fein flaumig behaarten Stengel, der nur einen Blütenkopf trägt. Die in grundständiger Rosette stehenden behaarten Blätter sind oval bis spatelig. BZ: je nach Höhenlage, April/Mai bis August/September. Die etwa 3 bis 4 cm breiten Blütenköpfchen bestehen aus zahlreichen (über 100) gelben, zwittrigen Röhrenblüten und doppelt so langen weiblichen, zungenförmigen, weißen oder – besonders in Höhenlagen – außen rötlichen Randblüten. Die zusammengedrückten Früchtchen tragen einen rauhen Pappus.

Die Bergaster besitzt strahlig angeordnete Zungenblüten.

3. Gold(haar)-Aster, die (*Aster linosyris* (L.) Bernh.): Die über Großbritannien, Nord-, Süd-, West- und Mitteleuropa verbreitete G. stammt aus den südosteuropäisch-südrussischen Steppen und kommt in Dtschl. relativ selten vor. Sie wächst auf kalkhaltigen Böden, Felsen und an Wegrändern, in lichten Trocken- und Halbtrockenrasen, in Gebüschen, Waldrändern, Kiefern-Steppenwäldern und Schneeheide-Kiefernwäldern.
Die 15 bis 45 cm hohe, behaarte Pflanze hat einen im unteren Teil unverzweigten Stengel. Die einnervigen linealischen Blätter sind etwa 1 bis 2 mm breit. BZ: Juli/August bis Oktober. Die gelben Röhrenblüten (Zungenblüten fehlen) bilden 8 bis 10 mm breite Blütenköpfchen, die in dichten doldenartigen Trauben stehen. Die kleinen Früchtchen sind etwa 3 mm lang.

Zum Abtransport aufgeschichtetes Astholz

Asteraceae → Korbblütler.
Astfäule, die (Wundfäule): entsteht an abgebrochenen oder abgestorbenen stärkeren Ästen und bildet meist den Ausgangspunkt für die Stammfäule (→ Holzfäule) und den Falschkern (→ Fehlverkernung) der Bu. Dicht und glatt am Stamm abgetrennte schwächere Äste überwallen i. d. R. ohne Fäulnis.
Astflechte, die (*Ramalina pollinaria* Acharius): Die zur Fam. der Bartflechten (*Usneaceae*) aus der Abteilung → Flechten zählende A. ist von der Ebene bis ins Gebirge verbreitet. Sie wächst an Laub- und Nadelbäumen, altem Holz, Steinen und auf Felsen.
Die F. bildet niedrige, dichte, strauchige Lager (→ Thallus) mit bandförmigen, 1 bis 5 cm langen Ästen, die an dem verbreiterten Enden zerrissen und zerschlitzt sind. Die → Soralen sind flächen- und endständig. Die fast endständigen → Apothecien sind weißlichgelbe Scheiben. Die A. kann leicht mit der ähnlichen Art *Ramalina farinacea* (L.) Acharius verwechselt werden. Diese hat jedoch schmale, dünn auslaufende Thallusäste, besetzt mit randständigen Soralen.

astfrei → astrein.
Astholz, das: **1)** → Brennreisig; **2)** Bez. für alle Äste, unabhängig von ihrer Stärke bzw. ihrer Zugehörigkeit zum → Derbholz oder → Nichtderbholz. Somit ist A. nicht allein das → Reisig. A. ist schwerer als Stammholz, Wurzelholz leichter. Fichten-A. kann die 2fachen Dichtewerte (→ Dichte des Holzes) astfreien Holzes erreichen (≈ 900 kg/m³).
Astholzmasse, die: Begriff der forstlichen Zuwachs- und Ertragslehre. Die gesamte oberirdische Holzmasse (Baumholzmasse) besteht aus Schaftholzmasse (→ Schaftholz) und A. In geschlossenen älteren Beständen (→ Bestand) beträgt unter normalen Voraussetzungen die A. je nach Holzart und Ausformung der Baumkronen etwa 7 bis 20 % der Baumholzmasse, wobei bei Laubbäumen der Anteil i. a. doppelt so hoch ist als bei Nadelbäumen.
ästig (auch astig, astreich): Bäume, die mit vielen Ästen und Zweigen, auch mit vielen eingewachsenen → Aststummeln versehen sind (starkastig); → Astigkeit.
Ästige(r/s) ...: siehe unter dem jeweiligen Hauptnamen.
Astigkeit, die: Summe aller äußerlich am Stammantel sichtbaren Äste und Astnarben einschließlich der Astbeulen sowie der im Stamminneren vorhandenen eingewachsenen Astreste. Auch → Wasserreiser und Klebäste zählen zur A. Die A. ist baumartenbedingt. Grobastige Baumarten bilden v. a. im → Freistand häufig grobe Äste aus, neigen zur Bildung von → Protzen (Bu, BAh, Ei, Kir, Li, Ul, Dgl, Kie). Feinastige Baumarten bilden auch im Freistand keine übermäßig groben Äste und auch kaum Protzen aus (Fi, Lä, Er, Es). Die A. beeinflußt die Qualität des Holzes wesentlich und gilt als → Holzfehler; → Ast, Astreinigung.
Astknaupen: lokale Bez. für starke Überwallungswülste (→ Überwallungen), die sich über die Mantelfläche eines Stammes, besonders bei der Bu, erheben. Sie entstehen nach künstlicher Entfernung der Äste und dürften infolge Saftstauung (Bildung von Kallusringen) entstehen.
Astknorren → Astknorz.
Astknorz, der: auch Astknorren. Bez. für den Rest eines Astes im Holz(brett); → Brett.
Astknüppel: ungespaltene stärkere Äste mit über 7 bis 14 cm Durchmesser mit Rinde jeweils am schwächeren Ende.
Astkranz, der: → Astquirle.
Astkrebs, der: knollige Verdickungen an den Ästen der Laub- und Nadelbäume, die i. d. R. durch → Bakterien oder → Pilze verursacht werden. Bei den Laubbäumen sind es v. a. → Schlauchpilze (*Nectria*-Arten), bei den Tannen der sog. Tannenkrebspilz; → Astwurzelkrebs, Baumkrebs, Tannenkrebs.
Astlose Graslilie, die: → Graslilie 1.
Astmoos, das (*Ctenidium*): Gatt. der Fam. A. oder Schlafmoose (*Hypnaceae*) aus der Klasse → Laubmoose. Eine verbreitete Art ist:
Wolliges Astmoos, das (*Ctenidium molluscum* (Hedw.) Mitten): auch Kamm-Moos. Das vom Flachland bis über die → Waldgrenze verbreitete, v. a. über Kalkgestein in lichten Wäldern und auf Wiesen wachsende W. A. bildet leicht abhebbare, flache, dichte, wollige, gelbgrüne bis goldbräunliche, glänzende Rasen oder Polster. Die bis 10 cm langen, meist niederliegenden Stengel sind ziemlich regelmäßig und dicht kammartig beastet. Die auffallend einseitswendig-sichelförmigen Blätter gehen aus breit-eiförmigem Grund in eine lange, sichelförmige Spitze über. Sie sind 2 bis 2,5 mm lang, unregelmäßig wellig, mit kurzer, doppelter Blattrippe und scharf gezähntem Blattrand. Die → Sporen reifen – wenn auch selten – vom Frühjahr bis zum Herbst. Die 1 bis 2 cm lang gestielte, seitenständige Sporenkapsel steht geneigt bis waagerecht, ist etwa 2 mm lang, länglich-eiförmig, hochrückig, mit scharf gespitztem Deckel.
Astnarbe, die: auch Astbart, Astsiegel. der veränderte Teil der Rinde, der durch → Überwallung, verursacht durch einen → Aststummel, entsteht; → Chinesenbärte.
Astquirle (Astkränze, Wirtel): Äste, die am Stamm etwa in gleicher Höhe um die Sproßachse gebildet werden und die im Querschnitt fast sternförmig erscheinen. A. entstehen nur bei Nadelbäumen und hier besonders bei Fi und Ta. Früher wurden daraus die in der Küche benutzten Quirle hergestellt. Die A. dienen auch der → Altersbestimmung bei Bäumen.
Astragalus → Tragant.
Astrantia → Sterndolde.
astreich → ästig.
astrein (astfrei): Astreinheit ist eine wesentliche, wertbestimmende Nutzholzeigenschaft (Gütemerkmal von Holz); → Ast, Astreinigung.
Astreinigung, die: Reinigung eines Baumstammes von Ästen. Die A. erfolgt entweder auf natürliche Weise durch Absterben und Abfallen der Äste eines Baumes (→ Schaftreinigung), bei Lichtmangel (z. B. nach Kronenschluß) oder durch künstliches Entfernen toter oder lebender Äste im Rahmen der → Bestand(e)spflege; → Wertästung. Laubbäume reinigen sich i. a. besser (→ Totastverlierer) als Nadelbäume (→ Totasterhalter); → Ast.
Astrenze, die: → Sterndolde 1.
Astsäge, die: → Aufastungssäge.
Astschwindling, der: → Schwindlinge.
Astsiegel, das: → Astnarbe.
Aststreu, die: auch Hack-, Schneidel-, Schneitel- oder Taxstreu. früher ein Teil der → Waldstreunutzung. Die grünen jungen Zweigspitzen der Nadelbäume (meist Ta und Fi) waren ein sehr beliebtes Streumaterial für die Viehställe. Man gewann sie durch Ausästen (Reisstreuhauen) von stehenden, meist aber von gefällten Bäumen.
Die schädlichste Art der A.-Gewinnung stellte das „Streureißen" dar, das hauptsächlich in den Schweizer und Tiroler Alpen üblich war und als „Schnatten" oder „Schneizen" (Schneitel- oder Schneidelstreu) bezeichnet wurde. Hierzu bediente man sich langer Stangen mit einem scharfen Haken und riß die erreichbaren Zweige vom stehenden Baum. In anderen Gegenden wurden die Bäume mit Steigeisen bestiegen und die Äste vom Schaft abgeschlagen. Häufig wurden die Bäume

dabei bis auf den Wipfel entastet; → Bodenstreu, Brennreisig, Futterlaub.
Im Stammesgebiet der Baiern, nicht aber z. B. der Alemannen, war die Gewinnung grüner Fi- oder Ta-Äste, von liegenden, meist aber stehenden Bäumen üblich. Diese Äste wurden kleingehackt und in die Ställe als Streu eingebracht. Diese Hackstreu wurde nicht laufend ausgemistet sondern, immer wieder mit neuen Lagen überdeckt, weil sie – mit den Exkrementen vermischt – zum „Abfaulen" im Stall blieb. Später wurde sie als Dünger auf die Felder gebracht; → Waldstreu, Forstgeschichte.

Aststummel: die oft noch lange am → Schaft verbleibenden Astreste nach dem Abfallen bzw. Abbrechen der abgestorbenen Äste. Die zurückbleibenden toten A. (besonders bei Fi) wachsen allmählich in den Holzkörper des Baumes ein, sie werden zuletzt als sog. Schwarzäste (→ Trockenäste) oder → Hornäste völlig überwallt.

Astung, die: → Ästung.

Ästung, die (Astung): Abhieb der Äste am liegenden Baum nach der Fällung (aber: → Astreinigung, → Aufästung, → Wertästung).

Ästungshaken, der: → Ästungsheppe.

Ästungsheppe, die (Ästungshaken, -hippe): hakenförmiges Gerät zur → Aufästung; → Heppe.

Ästungshippe, die: → Ästungsheppe.

Ästungsplan, der (Astungsplan): Einzelplan über → Ästungen im Forsteinrichtungszeitraum.

Ästungssäge, die (Astungssäge): → Aufastungssäge.

Ästungszeit, die: Die günstigste Ä. ist zwischen Herbst und Frühjahr, insbesondere im Spätwinter und Vorfrühling. → Wasserreiser (Klebäste) an Pa werden am besten im Juli/August entfernt.

Astwerk, das (Beastung): die Gesamtheit aller Äste und Zweige eines Baumes; → Ast.

Astwurzelkrebs, der (Zwieselbrand): offene Krebswunden an Laubbäumen, v. a. bei Ei und Es, die unterhalb der Verzwieselung (Gabel) auftreten. Als Ursache wird Frosteinwirkung angenommen, wobei sekundär auch Pilze (*Nectria*-Arten) hinzukommen; → Astkrebs, Baumkrebs.

Äsung, die: in der Jägersprache Bez. für die natürlich gewachsene pflanzliche Nahrung des Wildes mit Ausnahme des → Schwarzwildes (Fraß).

Äsungsflächen → Wildäsungsflächen.

Äsungsgehölze → Verbißgehölze.

Äsungspflanzen → Wildäsungspflanzen.

Äsungsverbesserung, die: alle Maßnahmen zur Verbesserung des Äsungsangebotes für unsere freilebenden Wildtiere, z. B. → Wildäsungspflanzen auf → Wildäsungsflächen, die Anlage von → Verbißgärten, die gezielte Düngung von Böschungen, Schneisen, Anbau von → Mastbäumen. Unsere Wildarten haben unterschiedliche Äsungsansprüche, deshalb müssen Ä. entsprechend den in einem Revier oder in einer Hegegemeinschaft vorkommenden Wildarten gestaltet werden. Ziel der Ä. ist es, das Wild durch das Angebot an attraktiven Äsungspflanzen von den Kulturpflanzen, insbesondere den Forstpflanzen, abzulenken und wirtschaftliche und landeskulturelle Schäden zu vermeiden.

Äthanol, das: auch Ethanol, Ethylalkohol. Ä. ist eine organische, farblose, sauerstoffhaltige Verbindung die sowohl synthetisch als auch durch Vergärung von Zucker (Agraralkohol) aus nachwachsenden Rohstoffen gewonnen wird (Formel: $C_2 H_5 OH$). Je ha Anbaufläche könnten erzeugt werden: Getreide (50 dt/ha) rd. 1,6 t Ä., Kartoffeln (400 dt/ha) rd. 3,8 t Ä., Zuckerrüben (500 dt/ha) rd. 4,0 t Ä. Sein hohes Oktanzahlniveau ermöglicht – in Grenzen – den Ersatz anderer Kraftstoffkomponenten bzw. die Beimischung von Erdöldestillaten niedriger Oktanzahl.

ätherische Öle: wichtige Bestandteile und Wirkstoffe der → Heilpflanzen. Ä. Ö. sind pflanzliche Öle mit intensivem, charakteristischem und oft angenehmen Geruch (duftende Naturstoffe; dienen u. a. der Anlockung von Insekten). Sie verflüchtigen sich bei Zimmertemperatur und hinterlassen auf Papier keine fetten Flecke. Es sind komplizierte Gemische von Aldehyden, Alkoholen, Estern, Ketonen, Lactonen, Terpenen und anderen Verbindungen. In kaltem Wasser nahezu unlöslich, werden sie im heißen Wasser teilweise, jedoch niemals vollständig, gelöst und deshalb meist durch Destillation (Wasserdampfdestillation) oder durch Auspressen der betreffenden Pflanzenteile gewonnen. Als pflanzliche Wirkstoffe sind sie in vielen Gewächsen angereichert. Von den rd. 3000 bekannten ä. Ö. haben nur 150 praktische Bedeutung als Riech- und Geschmacksstoff. Von den Nadelbäumen weisen Kie, Fi und Wacholder einen hohen Gehalt an ä. Ö. auf, bei den Laubbäumen sind es Zitrusgewächse, Eukalyptus, Lorbeer und Nelkenbaum. Als Kräuter und Sträucher verdienen in diesem Zusammenhang besonders Kamille, Pfefferminze, Thymian, Rosmarin, Anis, Fenchel, Engelwurz, Petersilie, Kümmel und Schafgarbe Erwähnung. Ä. Ö. werden u. a. für die Parfüm-, Spirituosen- und Arzneimittelherstellung verwendet. Sie gelangen auf verschiedenen Wegen in die Blutbahn und werden über Haut, Lunge und Nieren wieder ausgeschieden. Sie werden von den Schleimhäuten des Mund-, Nasen- und Rachenraumes und über den Dünndarm aufgenommen oder – bei äußerlicher Anwendung – über die Haut den Blutgefäßen zugeführt. Einige ä. Ö. haben anregende Eigenschaften für Herz und Kreislauf, andere entzündungshemmende Eigenschaften. Bei infektiösen Erkrankungen der Atemwege fördert die Reizwirkung ä. Ö. ein besseres Durchatmen, besonders bei starker Verschleimung.

Athyrium → Frauenfarn.

Atlas(beer)baum, der: → Ebereschen 3. und 4.

Atlasholz, das: → Satinholz.

Atmung der Pflanzen, die: → Dissimilation.

Atmungsgewebe, das: → Parenchym.

Atrichopogon oedemerarum → Bastmücken.

Atrichum → Katharinenmoos.

atro: Abk. für absolut trocken. Bei der Mengenberechnung kann das Gewicht von → Rohholz entweder a. oder → lutro (= lufttrocken) ermittelt werden, wobei die Art der Trockenheit anzugeben ist. 1 Tonne a. mit Rinde (→ Nadelholz) = 2,5 Festmeter ohne Rinde; 1 Tonne a. (Abk.: tTS) mit Rinde (→ Laubholz) = 1,7 Festmeter ohne Rinde; → Holztrocknung.

Atropa → Tollkirsche.

Atropetum belladonnae → Weidenröschen-Schlaggesellschaften 6.

Atropin, das: das wichtigste (giftige) → Alkaloid der → Tollkirsche und anderer → Nachtschattengewächse.

Attelabidae → Blattroller.

Attich, der: → Holunder 3.

Ätzschäden: Schäden, die durch Schadstoffe (trockene Ablagerung von Schwefelverbindungen), die sich im Wasserfilm, der den Blättern, Nadeln und der Rinde, besonders bei Tau und Nebel aufliegt, lösen. Die hierbei entstehende Säure schädigt die Blattorgane; → Adsorption.

◄◄◄ Astkrebse findet man häufig an Waldbäumen.

Äsungsflächen verbessern die Nahrungsgrundlagen des Wildes und halten es von den wertvollen Forstpflanzen fern.

Au, die: → Niedermoor.
Audit, das, der: → Ökoaudit.
Audorn, der: → Sandddorn.
Auen: **1**) altbayerischer Begriff für Niedermoore; → Moor; **2**) → Auwälder, Hartholz-Auenwälder.
Auenböden: In Fluß- und Stromtälern entwickeln sich infolge Überflutungen und Ablagerung und Überdeckungen mit unverwittertem Material sowie Erosionen und unter dem Einfluß des stark schwankenden sauerstoffreichen → Grundwassers besondere Bodentypen, die unter dem Sammelbegriff A. zusammengefaßt werden. In ungestörten Fluß- oder Stromsystemen würde sich durch das Wechselspiel aus Ablagerung, Erosion und Überschwemmung ein Mosaik der dem jeweiligen Ausgangsgestein entsprechenden A. bilden. Im einzelnen sind dies: Auensilicatrohboden (→ Rambla), der aus jüngsten, i. d. R. grobkörnigen Flußsedimenten entsteht, die nur wenig oder gar kein Carbonat enthalten, Auencarbonatrohboden (Kalkrambla), der auch aus jüngsten, aber carbonathaltigen Flußsedimenten entsteht, Auenranker (Paternia, Auenregosol, Grauer Auenboden) aus carbonatfreien jungen Sedimenten mit einem schon entwickelteren und humusreicheren A_h-Horizont als der Auensilicatrohboden, Auenrendzina (Kalkpaternia, Auenpararendzina, Grauer Kalkauenboden), aus carbonathaltigen jungen Flußsedimenten mit einem entwickelteren A-Horizont (→ Bodenhorizont) als der Auencarbonatrohboden, Borowina, aus carbonathaltigen ebenfalls jungen Flußsidimenten mit einem Humusgehalt von 5 bis 20 % im A-Horizont, der ursprünglich semiterrestrisch entstanden ist, Auenschwarzerde (Smonitza) mit einem über 40 cm mächtigen A-Horizont und die an Ort und Stelle über Vorstufen entstandene bereits verbraunte Auenbraunerde (Autochtone Vega) mit einem B-Horizont, Auenparabraunerde, Auenpseudogley und Auenpelosol, letztere jeweils mit ausgeprägten Merkmalen von → Parabraunerde, → Pseudogley und → Pelosol. Auf den A. sind nur noch wenige Waldflächen erhalten, da insbesondere die gut nährstoffversorgten reiferen Böden heute weitgehend landwirtschaftlich genutzt werden und Neubildungen wegen der Flußregulierungen, Eindeichungen und dadurch fehlenden Überschwemmungen kaum mehr vorkommen. Die natürlichen Waldbestände sind in ihrer Artenzusammensetzung vom Reifegrad, der Mächtigkeit der Lehmdecke, der Nährstoffversorgung und der Höhe des Grundwasserstandes und seiner Qualität abhängig. Auf Rohböden siedeln sich Wei und Pa oder Kiefern-Zwergstrauchgesellschaften an. Auf flußferneren, älteren und reiferen Stufen können sich Bestände mit Edellaubbäumen entwickeln.
Auf kalkreichen A. ist die Fi durch Rotfäule (→ Wurzelschwamm) gefährdet und kann auch → Mangelsymptome zeigen; → Auwälder.

Aufästung dient auch dem besseren Lichtzutritt.

Auenmittelwald, der: in Flußauen vorkommender → Mittelwald aus StEi, Es, FUl, FlUl, Li, Ah, Hbu, Bi und Pa; → Bergmittelwald.
Au(en)wälder → Auwälder, Hartholz-Auenwälder, Weichholzaue.
Auergeflügel, das: → Rauhfußhühner 1.
Auerwild, das: → Rauhfußhühner 1.
Aueschen → Wassereschen.
Auf, der: → Eulen A 1.
Aufarbeitung des Holzes: Teilvorgang der → Holzernte, umfaßt das Entrinden, Vermessen und Einschneiden des Holzes; → Ausformung, Prozessoren.
Aufarbeitungsgeräte: Für die der → Fällung folgende → Aufarbeitung (→ Ausformung) des Holzes benötigt der Waldarbeiter bei Handentrindung das Schäleisen. Zum Vermessen (Längenmessung) des am Boden liegenden entasteten und ggf. handentrindeten Stammes dient der → Reißmeter oder das automatisch aufrollbare Bandmaß, zur Messung des → Zopfdurchmessers und Mittendurchmessers die → Kluppe (Zopfkluppe). Alle Meßgeräte, mit denen die Verkaufsunterlagen ermittelt werden, müssen amtlich geeicht sein. Sie werden alle zwei Jahre nachgeeicht. Zum Drehen oder Anheben des Stammes wird ein Haken mit Ring, der sog. → Wendehaken verwendet. Ein zusätzliches A. – v. a. im Hochgebirge – ist der → Sappie (Sapine); → Fällungswerkzeuge.
Aufarbeitungsmaschinen → Prozessoren.
aufarken → Arke.
Aufästung, die (Aufastung): grobes Entfernen von Ästen, z. B. für besseren Lichtzutritt; → Wertästung.
Aufästungssäge, die: auch Ästungs-, Astungs-, Ast-, Ästungssteifsäge. Eine Baumsäge (Handbügelsäge) oder schmale Bügelsäge zur → Aufästung. Bügelsäge und Blattsäge können an eine Stange angeschraubt werden; → Klettersäge.
Aufbaubetrieb, der: Forstbetrieb, in dem eine Anhebung des → Holzvorrates erfolgt.
Aufbau des Holzes → Holz.
Aufbereitung des Holzes → Ausformung.
Aufbruchholz, das (Schachtholz): frühere, im Bergbau übliche Bez. für Grubenschichtholz (Kantholz), das zum Ausbau von Blindschächten sowie zu Einbauten in Tagesschächte etc. benötigt wurde; → Grubenholz.
Auf den Rainen setzen: alte Bez. für die → Hackwaldwirtschaft.
Auf den Stock setzen: Abschneiden (Fällen) noch verhältnismäßig junger Bäume mit → Ausschlagvermögen. Das A. d. St. s. ist üblich im Nieder- und Mittelwaldbetrieb (→ Niederwald, → Mittelwald), bei der Bewirtschaftung der → Knicks und der → Verjüngung von → Hecken.
Auf die Wurzel setzen: alte Bez. für die Umwandlung eines → Hochwaldes in einen → Niederwald.
Auffichtung, die: → Aufforstung ausschließlich mit Fi (→ Monokultur).
Aufforstung, die: → Pflanzung von jungen Bäumen auf freien Flächen zur Walderhaltung bzw. Waldvermehrung. Erfolgt die A. auf vorher waldfreien Flächen (z. B. Ödland, Abbaugelände, Deponien, v. a. landwirtschaftlich genutzte Flächen), wird sie als → „Erst- oder Neu-A." bezeichnet, auch wenn die Flächen früher durch → Rodung dem Wald abgerungen worden sind.
Eine „Wieder-A." findet auf einer kahlgeschlagenen Waldfläche (nach → Holzernte durch → Abtrieb) statt. Wegen des Freiflächenklimas eignen sich für beide Fälle nur robuste Baumarten, wie Fi und Kie, zu denen sich häufig → Pionierbaumarten von selbst hinzugesellen. Andere Baumarten, v. a. frostempfindliche wie Ei, Bu und Ta werden oft unter dem Schutz eines Teils des Vorbestandes oder eines → Vorwaldes gepflanzt.
Aufforstungsgewann, das (auch Gewann): ein konkret umrissener Teil einer Flur, der in Plänen z. B. nach § 58 des Flurbereinigungsgesetzes, in Landschaftsrahmenplänen, in Landschaftsplänen oder Grünordnungsplänen für die → Aufforstung freigegeben ist und für den deshalb eine Einzelerlaubnis für eine Aufforstung nicht mehr erforderlich ist.
Aufforstungsgrenze, die: obere Grenze der → Aufforstung (→ Baum- und → Waldgrenze).
Auffrieren des Bodens, das: → Barfrost.
Aufgantern, das (Aufpollern, Aufpoltern, in Österreich Aufmagulieren): Bez. für das Aufstapeln des → Rundholzes auf den Holzlagerplätzen (→ Ganterplätzen).
Aufgebot, das (Aufstrich): aufsteigender Verstrich. beim Verkauf von → Rundholz ein übliches Versteigerungsverfahren im Gegensatz zum → Abgebot.
aufgedecktes Holz: früher Bez. für Holz, welches scharfkantig beschlagen oder mit der Säge zerlegt wurde, um → Holzfehler zu entdecken. Dies war v. a. bei Eichenholz für Schiffsplanken üblich.
aufhacken (aufhauen, durchhacken): den Boden mit einer Hacke auflockern; → Bodenbearbeitung.
Aufhauen, das: **1**) alte Bez. für das Aufarbeiten des bei einem → Windbruch angefallenen Holzes. **2**) → aufhacken.
Aufheberle, das (Aufhebsel): früher verwendete Bez. für das bei der → Harzgewin-

nung auf den Boden getropfte → Harz, welches „aufgehoben“ und zu Ruß verbrannt wurde.
Aufhieb, der: das Durchschlagen (Holzfreimachen) einer langen, schmalen Linie, z. B. → Schneisen, → Rückegassen, Wegelinien.
Aufhütten, das: alte Bez. für das früher übliche, dachförmige Anlehnen der abgeschälten Rollen der Fichtengerbrinde an eine auf zwei Pflöcken ruhende, waagrechte Stange zu sog. „Dachklaftern“, in denen sie trocknen konnten und verkauft wurden; → Rinde, Lohrinde.
Aufklaftern, das: alte Bez. für „Holz (→ Schichtholz) in → Klafter setzen“; → Holzsetzen.
Auflanger: alte Bez. für S-Hölzer, welche beim Schiffsbau (→ Schiffsbauholz) verwendet wurden; → Krummholz 2).
Auflaufen, das: das Erscheinen der ersten Blätter von Jungpflanzen aus der Erde, z. B. im Pflanzgarten oder von Naturverjüngung oder von Bodenpflanzen etc. nach einer → Durchforstung bzw. auf einer Schlagfläche (→ Schlag).

Auflegen, das: veraltete Bez. für **1**) starken Astaustrieb eines Baumes: „Der Baum hat viel Holz aufgelegt“; **2**) das Ansetzen (Bilden) der Jahrringe („Der Baum hat stark aufgelegt“).
Auflichtung, die: Verringerung des → Bestockungsgrades durch Entnahme von Bäumen.
Aufmagulieren, das: → Aufgantern.
Aufmaltern, das: → Holzsetzen.
Aufmaß, das: **1**) svw. → Schwindmaß 1), Draufholz; → Holzsortierung; **2**) Bez. für Länge und Durchmesser eines → Langholzes.
Aufpollern, das (Aufpoltern): → Aufgantern.
aufrecht: durch Geotropismus ziemlich senkrecht nach oben wachsend, z. B. → Stengel oder → Blütenstand. Gegenteil: kriechend, niederliegend, → aufsteigend.
aufrechte(r/s) ...: siehe unter dem jeweiligen Hauptnamen.
aufrechte Jahre: Bez. für senkrechten Verlauf der → Jahrringe am Brettquerschnitt, bei dem der geringste Schwund auftritt (z. B. Kernbohle, -brett).
Aufreißen der Stämme: Das A. des gefällten Stammes an der Hirnfläche führt zur beträchtlichen Wertminderung des → Holzes. Lbh neigen mehr zum A. als Ndh; v. a. Bu ist sehr empfindlich. Während der Waldlagerung von Stammholz kommt es im Verlauf der ersten Austrocknung zu → Rissen; z. B. Mantelrisse bei entrindetem Ndh, die mitunter tief in den → Kern eingreifen. Bei unmittelbarer Sonnenbestrahlung trocknet die Oberfläche schnell und intensiv aus, die Wasserverdunstung in den inneren Stammteilen kann dabei nicht Schritt halten. Die Folge sind unterschiedliche Spannungen und Risse. Vorbeugende Maßnahmen sind z. B. beim Ndh die Winterfällung und eine schattige Lagerung nach der Entrindung. Bei Buchenzwiesel ist zur Vermeidung von Rissen der Schnitt nicht unterhalb des → Zwiesels zu führen, sondern in den Zwiesel zu legen. Daneben hat sich das Einschlagen von S-Haken oder Einschlagringen in die gefährdeten Hirnflächen und Schutzanstrich mit chemischen Präparaten bewährt. Letztere sind zugleich ein Verstockungsschutz für das lagernde Holz.
Bei der Bu sollte auch unnötiges Zerschneiden das Stammholzes unterbleiben, denn jeder Trennschnitt erhöht die Gefahr des A. Bei sommergefälltem Lbh wird auch die Transpirationsmethode angewandt. Hierbei bleiben die Stämme zunächst unentastet und werden auch nicht in → Abschnitte zerlegt. Sie bleiben so etwa vier Wochen liegen. Durch die fortschreitende Kronenverdunstung und den nunmehr unterbrochenen Wassernachschub aus den Wurzeln wird dem Stamm rasch und gleichmäßig viel Feuchtigkeit entzogen. Dies ermöglicht eine spannungsfreie Austrocknung des Stammes.
Aufrichter: in Norddtschl. übliche Bez. für kantige Gerüststangen, deren Querschnitt etwa 10 x 10 cm beträgt.
Aufschiefern, das: das → Aufreißen der Stämme (des Holzes) gegen die Faserrichtung.
Aufschlag, der: im Ggs. zum → Anflug aus schwerem (nicht flugfähigen) Samen entstandene Naturverjüngung (→ Verjüngung), z. B. → Bucheckern, → Eicheln, → Roßkastanien, die vom Baum fallen (aufschlagen); → Anwuchs.
Aufschroten, das: alte lokale Bez. (Sechsämterland), svw. aus Holz erbauen; → Umschroten.
Aufschwemme, die: frühere Bez. für die Stelle, an der das Floßholz (→ Flößerei) an Land gezogen wurde; → Floßlände.
Aufsetzen des Holzes → Holzsetzen.
Aufspalten, das: Zerlegen des Holzes mit keilartigen, spaltend wirkenden Werkzeugen; → Spaltbarkeit des Holzes.
aufsteigend: vom → Stengel: sich aus niederliegender Basis zu fast senkrechter Stellung aufrichtend; → aufrecht.
Auftausalze → Streusalz.
Aufwalden, das: lokale Bez. (z. B. Schwarzwald) für das Wiederaufrichten (und mit einem Pfahl sichern) von durch Schneelast umgedrückten jungen Bäumchen im Frühjahr.
Aufwand, der: Der in Marktpreisen ausgedrückte Verzehr von Werten im Rahmen des Forstbetriebes wird als A. bezeichnet. Er ist mit Ausgaben oder Einnahmeminderungen verbunden, d. h. er umfaßt den Verbrauch an Gütern sowie Wertverluste. Als Zweck-A. oder → Betriebs-A. wird der A. bezeichnet, der unmittelbar mit den Zielen des Forstbetriebes zusammenhängt. Der A. für die Hoheitsaufgaben und die Beratung und Förderung des Privat- und Körperschaftswaldes wird als betriebsfremder A. bezeichnet; → Ertrag.
Aufwuchs, der: ein → Bestand vom Zeitpunkt des Aufhörens der Nachbesserungsarbeiten (→ Nachbesserung) bis zum Beginn des Bestandsschlusses (→ Schluß) oder eine Gruppe von → Recklingen.

◄◄◄ Aufforstung dient der Walderhaltung und -mehrung.

Aufwurfpreis, der: bei Holzversteigerungen der Preis, zu welchem das Holz vom Verkäufer ausgeboten wird.
Aufzainen, das: → Arke, Holzsetzen.
Auge, das: → Knospe.
Augenfalter (*Satyridae*): mit etwa 3000 Arten (100 in Europa) weltweit verbreitete Fam. mittelgroßer, z. T. auch kleiner → Tagfalter. Sie haben schwarze oder bunte Augenflecke (Ozellen) auf den meist braunen Flügeln. Häufig sind die Augenflecke in einer Reihe an den Flügelrändern angeordnet, z. T. können sie zu einer hellen Binde zusammenfließen. Die Raupen sind bei vielen Arten fein behaart und haben eine Schwanzgabel. Viele Arten der A. stehen bereits auf der → Roten Liste.
1. Schachbrett, das (*Melanargia galathea*): Länge der Vorderflügel 2,4 bis 2,8 cm. Der häufig vorkommende Falter ist oberseits schwarz mit großen weißen Flecken (schachbrettartig gemustert; Name!). Das Weibchen („Damenbrett“) hat eine hellere, gelblich überhauchte Unterseite. Vom S. gibt es eine Reihe farblicher Abweichungen und geographischer → Rassen. Der langsam fliegende Falter hält sich vorwiegend an Waldrändern, auf blumenreichen Wiesen, Waldwiesen, buschbestandenen Hängen und Bahndämmen auf und geht in den Alpen bis fast 2 000 m Höhe. Er fliegt im Juli/August, hauptsächlich in der Mittagszeit und legt seine Eier an verschiedenen Gräsern (Futterpflanzen) ab. Die nachtaktive, kurz und dicht behaarte Raupe ist grün oder braun mit einigen hellen Längsstreifen. Der Kopf und die kurze Schwanzgabel sind rötlich. Sie überwintert und verpuppt sich im Mai/Juni.
2. Großer Waldportier, der (*Hipparchia fagi*): auch Waldpförtner. Länge der Vorderflügel um 4 cm. Der auffallend große und seltene Schmetterling hat braunschwarze samtartige Flügel mit breiter, heller (milchweißer) Binde

entlang des Saumes. In der Spitze der Vorderflügel befinden sich innerhalb der Binde ein oder zwei dunkle Augenflecken. Die Unterseite ist braun mit weißlichen Flecken vor der Binde. Er fliegt an Waldrändern, auf Lichtungen trockener Laubwälder und kommt bis 1 000 m Höhe vor. Flugzeit: Juli und August. Der Falter sitzt häufig mit zusammengeklappten Flügeln an Baumstämmen und ist dort dank seiner Färbung kaum zu entdecken. Die Eier werden an verschiedenen Gräsern (Futterpflanzen) abgelegt. Die braunen Raupen mit dunkelbraunen und gelben Streifen sind nachtaktiv und leben tagsüber versteckt. Sie überwintern im Laub, die dunkelbraune Puppe liegt frei auf der Erde.

3. Kleiner Waldportier, der (*Hipparchia alcyone*): Länge der Vorderflügel ca. 3,5 cm. Etwas kleiner als der Große Waldportier, von dem er kaum unterschieden werden kann und dem er auch hinsichtlich der Lebensweise und Biotopansprüche gleicht. Seine Raupe hingegen ist deutlich bunter gezeichnet.

Das Schachbrett, ein häufiger Falter in Waldnähe

4. Blauäugiger Waldportier, der (*Minois dryas*): Länge der Vorderflügel ca. 3 cm. Das Männchen ist oberseits dunkel gefärbt, das Weibchen ist wesentlich heller. Auf den Vorderflügeln befinden sich je zwei große blaugekernte Augenflecke. Der Falter bevorzugt sumpfige Waldwiesen, feuchte Moore und Wiesen, kommt aber über 1000 m Höhe nicht mehr vor. Flugzeit: Juli bis August. Er fliegt in einer Generation, sein Flug ist langsam, hüpfend und geht immer dicht über den Boden. Die gelblichgraue Raupe mit dunklen, grauen und braunen Streifen lebt hauptsächlich am → Pfeifengras und überwintert. Wegen seines nur inselartigen Vorkommens ist der Falter sehr selten.

5. Waldbrettspiel, das (*Pararge aegeria*): Länge der Vorderflügel 2,0 bis 2,4 cm. Der dunkelbraune Falter mit Flecken auf der Oberseite der Flügel hat in der Flügelspitze einen und auf den Hinterflügeln drei typische Augenflecke. Typischer Waldbewohner, der vorwiegend an Waldrändern und -wegen anzutreffen ist. Flugzeit: April bis Anfang Oktober in zwei Generationen. Die grüne Raupe mit dunkler Rückenlinie und zwei hellgelben Seitenlinien lebt im Juni und September an verschiedenen Gräsern, besonders an Quecke. Sie überwintert meist unter Steinen.

6. Brauner Waldvogel, der (*Aphantopus hyperantus*): auch Schornsteinfeger. Länge der Vorderflügel 2,5 cm. Der mittel- bis dunkelbraun gefärbte Falter hat oberseits dunkel gekernte, hell umrandete kleine Augen auf den Flügeln, unterseits sind die Augen deutlicher ausgebildet. In den Augen der Unterseite findet sich im dunklen Kern ein weißer Punkt. Die Zahl der Augen auf den Flügeln ist unterschiedlich. Das Weibchen ist allg. dunkler getönt. Der fast überall häufig vorkommende Falter fliegt in einer Generation von Juni bis Juli und bevorzugt lichte Wälder, Waldränder und Wiesen. Die überwinternde Raupe ist gelbbraun bis graubraun gefärbt mit dunklerer Mittellinie und lebt nachtaktiv an verschiedenen Grasarten. Die Puppe ist gelblich und rötlichbraun.

7. Ochsenauge, das (*Maniola jurtina*): Länge der Vorderflügel 2,3 bis 2,6 cm. Bei dem oberseits dunkelbraunen Falter trägt das Männchen vor der Vorderflügelspitze einen kleinen Augenfleck, der beim etwas größeren Weibchen in einer rotbraunen Binde steht. Die Unterseite der Vorderflügel ist ockergelb, die der Hinterflügel gelbgrau. Der fast überall in Europa verbreitete und häufig vorkommende Falter fliegt wahrscheinlich in nur einer Generation von Juni bis August. Die halb erwachsen überwinternde Raupe ist grün mit schwarzen Punkten und weißen sowie dunkelgrünen Streifen. Sie lebt an verschiedenen Gräsern, hauptsächlich auf Wiesenrispengras. Die Puppe (Stürzpuppe) ist gelblichgrün mit dunklen Bändern. Puppenruhe etwa zwei Wochen.

8. Kleines Ochsenauge, das (*Hyponephele lycaon*): Länge der Vorderflügel 1,7 bis 1,9 cm. Der Falter ähnelt sehr dem Ochsenauge, hat aber auf den Vorderflügeln zwei Augenflecke. Er fliegt von Juni bis August in einer Generation, vorwiegend auf Waldlichtungen, aber auch auf sandigem und trockenem Gelände. Die überwinternde Raupe lebt an Gräsern, ist grün mit weißen, gelben und dunkelgrünen Streifen.

9. Braungerändertes Ochsenauge, das (*Pyronia tithonus*): auch Rostbraunes O. Länge der Vorderflügel 1,6 bis 2,0 cm. Typisch für den überwiegend rotbraun gefärbten Falter ist der doppelt weiß gekernte Augenfleck auf den Vorderflügeln und der dunkle Saum. Das Weibchen ist etwas größer und heller. Der weit verbreitete Falter fliegt von Juli bis August in einer Generation und ist häufig in Laubwäldern und auf Wiesen, jedoch nicht über 1000 m Höhe, anzutreffen. Die überwinternde Raupe ist grün oder braun mit dunklen und weißen Streifen. Sie lebt an verschiedenen Gräsern.

10. Gelbringfalter, der (*Lopinga achine*): auch Bachantin. Länge der Vorderflügel 2,4 bis 2,8 cm. Der dunkelbraune Falter hat auf den Flügeln große gelbumrandete Augenflecke, die dunkel gefüllt sind und eng beieinander liegen, unterseits entlang des Saumes der Flügelspitzen gelbe Linien. Der Falter bevorzugt lichte Laub- und Mischwälder des Tief- und Hügellandes. Er geht selten über 1000 m Höhe. Fliegt in einer Generation von Juli bis August. Die überwinternde Raupe ist grün mit dunkleren grünen und weißen Linien und lebt an verschiedenen Waldgräsern und Seggen. Die Puppe ist grün und hat weiße Linien und Punkte.

11. Braunauge, das (*Lasiommata maera*): Länge der Vorderflügel 2,2 bis 2,7 cm. Der in Europa weitverbreitete Falter ist braun gefärbt mit aufgehellten Flügelspitzen. Auf den Vorderflügeln befindet sich ein großer schwarzer, weißgekernter Augenfleck, daneben ein winzig kleiner, auf den Hinterflügeln auf orangefarbenem Grund stehen ebenfalls zwei mittelgroße Augenflecke, daneben ein kleinerer. Der Falter fliegt von Juni bis Juli in einer Generation und kommt hauptsächlich in lichten Wäldern oder an Waldrändern vor. Er geht im Gebirge bis etwa 2000 m Höhe. Die überwinternde grüne Raupe hat weiße und dunkelgrüne Längsstreifen und lebt an verschiedenen Wildgräsern. Die schwarze oder grüne Puppe ist gelb gepunktet.

12. Mauerfuchs, der (*Lasiommata megera*): Länge der Vorderflügel 2,0 bis 2,6 cm. Der orangebraune Falter hat dunkelbraune bis schwarze, gezackte Querlinien auf den Flügeln, auf der Oberseite der Vorderflügel ein mittelgroßes, schwarzes und weißgekerntes Auge, auf den Hinterflügeln drei bis vier kleinere Augen. Der in Europa weit verbreitete Falter fliegt mindestens in zwei Generationen (Mai bis Juni und Juli bis Oktober) und liebt warme, trockene Stellen, auch in lichten Wäldern. Er sitzt zum Sonnen gerne an Mauern (Name!), auf Steinen oder am Boden. Die Raupe der zweiten Generation (Herbstgeneration) überwintert. Sie ist bläulich-grün und hat weiße und dunkelgrüne Längsstreifen. Sie lebt an verschiedenen Wildgräsern, besonders am Wiesen-Knäuelgras. Die Puppe ist meist grün mit weißen Punkten.

13. Rundaugen-Mohrenfalter, der (*Erebia medusa*): auch Kuhauge. Länge der Vorderflügel 1,0 bis 2,2 cm. Der oberseits dunkelbraune Falter hat vor dem Saum eine Reihe gelber, engstehender Flecken, in denen schwarze, meist weiß gekernte Augen stehen. Die beiden an der Vorderflügelspitze stehenden Augen sind größer als die übrigen. Der häufige Falter fliegt von Mitte Mai bis Juni auf feuchten Niederungen, auf Waldwiesen, Lichtungen und Kahlschlägen und ist besonders im Gebirge anzutreffen. In Norddtschl. fehlt er. Die überwinternde Raupe ist hellgrün, mit einer dunklen, weiß eingefaßten Rückenlinie. Sie lebt versteckt an zahlreichen Grasarten. Sie verpuppt sich am Boden; die Puppe ist hellgrau.

14. Rostbinde, die (*Hipparchia semele*): auch Semele. Länge der Vorderflügel 2,4 bis 2,8 cm. Der nicht mehr sehr häufige Falter ist oberseits dunkel- bis graubraun und hat eine

◄◄◄ Wie die anderen Arten der Gattung sind auch Gemeiner (links) und Steifer (rechts) Augentrost ein Wurzelschmarotzer.

oft unterbrochene, gelbe bis dunkel überstäubte Fleckenbinde, in der auf den Vorderflügeln zwei, auf den Hinterflügeln je ein Augenfleck stehen. Der Flügelrand ist weißgescheckt. Der Falter fliegt von Juli bis September in einer Generation und bevorzugt warme, sandige Flächen, Heidewiesen und trockene Waldlichtungen. Im Gebirge geht er bis fast 2000 m Höhe. Er sitzt häufig bei Sonnenschein mit geschlossenen Flügeln an der Rinde der Bäume oder auf der Erde und ist dann kaum zu entdecken. Die überwinternde Raupe ist gelblich mit dunklen Längsstreifen und lebt an trockenen Gräsern. Die plumpe, gelbbraune Puppe liegt in einem lockeren Gespinst am Boden.

Augenmarienkäfer, der: → Marienkäfer 5.

Augenspinner → Nachtpfauenauge.

Augentrost, der (*Euphrasia*): Gatt. der Fam. der → Rachenblütler mit etwa 200 Arten, v. a. auf der Nord-Halbkugel. Es sind meist kleine Halbschmarotzerpflanzen (→ Halbschmarotzer), die an den Wurzeln von Gräsern schmarotzen und ihren Wasser- und Nährsalzbedarf nur mit Hilfe dieser Wirtspflanzen decken können. Die wichtigsten in Mitteleuropa in Wäldern oder an Waldrändern anzutreffenden Arten sind:

1. Gemeiner Augentrost, der (*Euphrasia rostkoviana* Hayne): auch Wiesen-A. Der G. A. ist mit Ausnahme des Nordens und Südens fast über ganz Europa verbreitet. Er wächst auf Triften, Heiden, Wiesen, Weiden, in Sümpfen und lichten Wäldern, bevorzugt auf kalkfreien, mineralkräftigen Böden, von der Ebene bis in Höhen von etwa 3000 m in den Hochalpen.

Die einjährige, bis 30 cm hohe, formenreiche Pflanze hat einen aufrechten oder aufsteigenden, meist im mittleren Teil verzweigten Stengel. Die gegenständig (→ Blattstellung) sitzenden Blätter sind bis zu 1 cm lang, eiförmig, oval bis eiländlich, gezähnt und unterseits behaart. BZ: April bis Oktober. Die weißen Rachenblüten stehen in den Achseln der Tragblätter (→ Hochblätter). Die Blütenkrone ist weiß und besteht aus meist violetter Oberlippe sowie violett geaderter, dreilappiger Unterlippe mit gelbem Schlundfleck. Die Frucht ist eine 4 bis 6 mm lange, behaarte, längliche Kapsel.

Die ganze, schwach giftige Pflanze, geerntet von Juli bis Oktober und rasch getrocknet, findet in der Naturheilkunde innerliche und äußerlich Anwendung (→ Heilpflanzen). Sie enthält → ätherisches Öl, Glykosid (Aucubin), Gerbstoff und → Harz, wirkt adstringierend, schmerzlindernd, entzündungshemmend und wird bei Augenentzündungen, Augenlidentzündungen, Augenbindehautentzündung, Katarrh und Rachenentzündung angewandt.

2. Steifer Augentrost, der (*Euphrasia stricta*): auch Aufrechter A. Der S. A. ist mit Ausnahme der Britischen Inseln fast über ganz Europa verbreitet. Er wächst in lichten Wäldern, Gebüschen, auf Wiesen, an Wald- und Wegrändern sowie an trockenen Hängen bis in Höhen von etwa 2600 m im Gebirge.

Die einjährige, schwach giftige, 10 bis 30 cm hohe Pflanze hat einen meist verzweigten Stengel mit bogig aufsteigenden Seitentrieben. Die gegenständigen Blätter sind meist eiförmig. BZ: Mai bis September. Die 6 bis 10 mm lange Blütenkrone ist weiß oder weißviolett, mit gelbem Fleck auf der Unterlippe.

3. Hain-Augentrost, der (*Euphrasia nemorosa*): Der H. ist in Mitteleuropa weit verbreitet und wächst vorwiegend auf kalkarmem Untergrund auf mageren Weiden, Heiden, Dünen, in lichten Wäldern und an Waldrändern.

Die kräftige, bis 35 cm hohe Pflanze hat von der Basis an verzweigte, oft rötlich überlaufene Stengel mit dunkelgrünen, matten Blättern. BZ: Juli bis Oktober. Die Blütenkrone ist weiß mit violetten Adern und einem gelben Fleck auf der Unterlippe. Der schmal-eiförmige Samen ist längsgerippt.

Als A. wird auch der Gamander-Ehrenpreis bezeichnet; → Ehrenpreis 2.

Augenwurzel, die: → Baldrian 1.

Augusteiche, die: → Eichen 1.

Augustlinde, die: → Linden 2.

Augusttrieb, der: → Johannistrieb.

Auktion, die: → Versteigerung.

Aulacomnium palustre → Sumpf-Streifenmoos.

Aurorafalter, der: → Weißlinge 4.

ausästen (ausasten): svw. → entasten.

Ausästung, die: → Ästung (auch am liegenden Stamm); → Wertästung.

Ausbengeln, das: alte Bez. für → Prügelholz (→ Bengelholz) aus dem → Reisholz hauen.

Ausbränden, das: → Waldausbränden.

Ausbreitungsfähigkeit, die: in der → Ökologie die Möglichkeit einer Art, ihr → Areal zu vergrößern. Je leichter die Samen wandern und je zahlreicher sie sind, desto größer ist die Wahrscheinlichkeit, daß einige einen geeigneten Wuchsort finden. Faktoren, die zur Arealvergrößerung führen können, sind Verschleppung von Pflanzen und Pflanzenteilen durch den Menschen, durch Tiere, Wasser oder Wind; bevorzugt sind hier die Windwanderer, z. B. Löwenzahn. Bei Tieren ist die A. i. d. R. durch aktive Fortbewegung gegeben; → Pionierbaumarten, r-Strategen.

Ausbrennen des Holzes: das Erhitzen von Harzansammlungen, häufig noch mit offener Flamme, um bei → Harzgallen das → Harz zum Ausfließen zu bringen.

ausdauernde Pflanzen (mehrjährige oder perennierende Pflanzen): Man nennt Pflanzen (Bäume, Sträucher und Stauden) a. P., weil sie einige oder viele Jahre hindurch auf Grund ihrer Winterknospen und Reservestoffspeicherung blühen und fruchten können. Ggs.: einjährige Pflanzen; → Annuelle.

Ausdauernde(r/s) ...: siehe unter dem jeweiligen Hauptnamen.

Aus der Pfanne hauen → Auskesseln.

Ausfallstelle, die: → Fehlstelle.

Ausformung, die (Aushaltung, Aufarbeitung, Holzausformung, Holzaufbereitung): Bez. für die Aufbereitung (Zerlegung) der gefällten Bäume in einzelne, dem Verwendungszweck entsprechende Teile. Das → Rohholz wird dazu nach seinen Eigenschaften und Merkmalen ausgeformt und in gleichartige Holzsorten und Holzsortimente zusammengefaßt. Die A. ist auch von der Nachfrage abhängig.

Ausformungsplatz, der: speziell für die → Ausformung des Rohholzes hergerichteter und entsprechend ausgerüsteter Platz.

Ausfrieren der Pflanzen → Barfrost.

Ausgaben: A. eines Forstbetriebes entstehen durch den Ausgang von Zahlungsmitteln. Erfolgswirksame A. hängen unmittelbar, erfolgsunwirksame A. nicht mit dem Forstbetrieb zusammen. Zur Überwachung der Einnahmen und A. werden an den Forstämtern Haushaltsüberwachungslisten geführt; → Einnahmen.

Ausgebreiteter Becherling, der: → Becherlinge 6.

ausgeglichener Hieb(s)satz, der: svw. bilanzierter → Hieb(s)satz.

ausgelaugt: Als a. werden Böden bezeichnet, wenn aus ihnen Salze und → Nährstoffe vom durchsickernden Wasser ausgewaschen wurden; → Aushagerung.

ausgewähltes Vermehrungsgut, das: → Vermehrungsgut.

Ausgleichszeitraum, der: in der → Forsteinrichtung **1)** der Zeitraum, in dem Mehr- oder Mindernutzungen (rechnerisch) ausgeglichen werden können; **2)** ein Zeitansatz (Rechengröße) beim → Formelhiebssatz.

Aushagerung, die (auch Verhagerung): Verarmung des Bodens, wenn fehlende → Nährstoffe nicht mehr ersetzt werden, was schließlich zu einer Zerstörung der Humusschicht führt. A. entsteht v. a. durch Verwehen von Streu und Feinerde als Folge einer Austrocknung und → Bodenerosion. Sie ist eine Erscheinung des Ackerlandes und auch auf → Kahlschlägen oder in untersonnten Waldrändern verbreitet; → ausgelaugt.

Aushaltung, die: → Ausformung.

Aushauen, das: alte Bez. für → Durchforstung.

Ausheben, das: **1)** Ausheben von Pflanzen aus → Naturverjüngungen oder Saat- und Verschulbeet im Pfanzgarten (→ Kamp) mit

▸▸ Auslesebäume – Elite eines Bestandes

Grabegabel oder Spaten; 2) Ausheben eines Erdpfropfens, z. B. bei der Pfropflochpflanzung (→ Pflanzverfahren).

Aushieb, der: 1) auch Auszugshieb; Bez. für den → Einschlag von kranken und dürren Waldbäumen aus einem → Bestand im Ggs. zur → Durchforstung; 2) auch Sortimentshieb; die Herausnahme bestimmter Stämme (z. B. besten Schäfte) aus einem Bestand.

Auskesseln, das: 1) auch Austöpfen, Austopfen oder „aus der Pfanne hauen". Wenn es sich um die → Fällung starker, wertvoller Nutzholzstämme (v. a. Ei) handelt, schlägt man sie gelegentlich, um nur wenig vom wertvollen Holz zu verlieren, derart mit der Axt aus dem Boden heraus, daß noch ein möglichst großer Teil des Wurzelhalses am Stamm verbleibt. Man greift dann mit den Kerben so tief wie möglich, gräbt dazu oft auch ringsum die Erde auf und nennt diese Fällungsart das A. Dabei zeigt das untere Ende des gefällten Stammes im Längsschnitt Paraboloidform und wird nachträglich abgesägt; die sog. Bischofsmütze der Spessarter Eichen. Auch Nußbäume (→ Walnüsse) werden nicht selten ausgekesselt, um den untersten, meist gemaserten Stammteil (→ Maserholz) mit Wurzelhals (Nußbaumköpfe) zu erhalten.
2) Methode der → Unkrautbekämpfung in Forstkulturen mit dem → Freischneidegerät. Dabei wird nur das Unkraut in der unmittelbaren Umgebung der → Forstpflanze abgeschnitten, auf der übrigen Fläche bleibt es, da die → Kultur nicht störend, stehen.

Ausklaftern, das: alte Bez. für das Bestimmen des Klaftermaßes für einen Baum; → Klafter.

Ausklengen, das: Entkörnen der Nadelholzzapfen zur Samengewinnung. Das A. erfolgt durch Wärme (→ Klenge), wobei die → Zapfen mit einem klengenden Ton (Name!) aufspringen; → Saatgut-Erntetechniken.

Auskohlung, die: Beendigung des Verkohlungsprozesses bei einem → Meiler.

ausländische Baumarten (auch fremdländische B.): Etwa ab Mitte des 18. Jh. wurde verstärkt versucht, die durch die Eiszeit (→ Waldgeschichte) bedingte Baumartenarmut in den mitteleuropäischen Wäldern durch die Einführung a. B. auszugleichen. Sie sollten zugleich zur Steigerung der Holzerzeugung beitragen. Die Lärche wird schon seit 1585 (mit Saatgut aus Tirol) in Baden angebaut. Bereits Anfang des 17. Jh. war die → Robinie (falsche Akazie) aus dem östlichen Nordamerika durch den französischen Hofgärtner Jean Robin nach Paris gebracht worden. 1763 ließ der Kurfürst von der Pfalz in Dtschl. einige hundert Robinien anpflanzen. Auch die Weymouthkiefer (→ Kiefern 4.), die bereits in der Mitte des 16. Jh. nach Europa gebracht und von Lord Weymouth in England großflächig angebaut wurde, war in Mitteleuropa bald ein weitverbreitetes Forstgehölz. In Dtschl. hat sich v. a. Friedrich Adam Julius von → Wangenheim um die Einführung nordamerikanischer Baumarten verdient gemacht, sowie der spätere Direktor der Forstakademie in Berlin, Friedrich August Ludwig von → Burgsdorf. Der schottische Botaniker und Forschungsreisende D.

Douglas führte 1827 in England die Douglasie ein, die schon drei Jahre später auch auf dem Kontinent angepflanzt wurde. Auch die nach der Stadt Sitka in Alaska benannt Sitkafichte (→ Fichten 2.) wurde im Jahr 1792 ebenfalls von D. Douglas eingeführt. Um 1861 gelangte die Japanische Lärche (→ Lärchen 2.) durch J. G. Veitch, einem englischen Gärtner nach Europa. V. a. vom westlichen Teil Nordamerikas wurden zu Beginn und im Laufe des 19. Jh. viele interessante und wirtschaftlich wertvolle Gehölze nach Europa eingeführt. Ab 1880 (Dtschl.) und 1886 (Österreich) begann man dann gezielt mit den Anbauversuchen mit a. B. Man wollte den Wald durch Einführung solcher Baumarten bereichern, die entweder besonders wertvolles Holz erzeugen, durch Schnellwüchsigkeit und dadurch bedingte Massenproduktion, durch Genügsamkeit, Widerstandsfähigkeit gegen Frost und Wildverbiß (→ Verbiß) unsere einheimischen Baumarten übertreffen. Diese Versuche waren in erster Linie das Verdienst von John Booth, früher Besitzer großer Pflanzgärten in Klein-Flottbek bei Hamburg. Daneben beteiligte sich der Verein Deutscher forstlicher Versuchsanstalten und mit ihnen ab 1895 die Deutsche Dendrologische Gesellschaft an den Anbauversuchen, ebenso hervorragende Forstmänner wie R. → Hartig, Heinrich Mayr, → Schwappach und Harrer. Während anfangs Hunderte von „Ausländern" zum Anbau empfohlen und angebaut wurden, waren es in der Folge nur noch wenige, die sich wirklich eigneten (z. B. Stro, Dgl, JLä, REi, Küstentanne und SFi). Schwappach nennt z. B. 1911 von 45 versuchten Arten nur noch acht als in größerem Maße anbauwürdig. Viele Baumarten eigneten sich dabei nur als Parkbäume bzw. für die Waldverschönerung. Für die damaligen Mißerfolge waren z. T. aber auch die falsche Auswahl der Baumarten, der Herkünfte, der Standorte, Unkenntnis der biologischen Eigenschaften, mangelnder Schutz gegen die Konkurrenz der einheimischen Baumarten, gegen Tiere (neue Schädlinge) und Menschen die Hauptfehler; → Exoten, Neophyten.

Ausläufer, der (Stolon): bei Pflanzen meist unter-, aber auch oberirdisch wachsende Seitensprosse, die nach der Ausbildung von Wurzeln und Trieben neue Pflanzen darstellen, unterirdisch z.B. bei As, Sanddorn, Schlehe, oberirdisch bei Feldrose und Erdbeere (ungeschlechtliche, → vegetative Vermehrung).

Auslaugen, das: früher angewandte Methode, um die → Dauerhaftigkeit des Holzes, insbesondere des → Bauholzes zu verbessern und vor schädlichen Insekten zu schützen. Das Holz wurde zum A. in das Wasser gelegt, damit seine zähen, harzigen (nur im Nadelholz) Säfte aufgelöst und aus dem Holz entfernt wurden; → Naßholzkonservierung.

ausläutern → auslichten.

Ausleichten des Holzes: frühere Bez. für Trocknen des Holzes; → Holztrocknung.

Auslese, die (Selektion): in der Biologie Bez. für das Ausmerzen schwächerer Individuen, die sich weniger gut an ihre Umwelt angepaßt haben und das Überleben der am besten angepaßten Individuen, die sich gegenüber Feinden, Klima, Nahrungs- und Fortpflanzungskonkurrenz behaupten können. Die A. bevorzugt diese besser an ihre Umwelt angepaßten → Phänotypen; sie haben größere Fortpflanzungs- und Überlebenschancen als Individuen mit weniger günstigen Eigenschaften (natürliche A.). Bei der Pflanzenzüchtung werden die Pflanzen ausgemerzt, die weniger vorteilhafte oder nicht gewünschte Eigenschaften aufweisen (künstliche A.). Überläßt man im Walde der Natur die „natürliche A." (z. B. Kampf um das Licht, der bereits in der Dickungsphase beginnt), werden die stärkeren Stämme gefördert und alle schwächeren unterdrückt bzw. ausgeschaltet. Es ist aber oft dem Zufall überlassen, welcher Stamm sich im dauernden A.-Prozeß durchsetzt und letztlich die anderen überwächst. Das natürliche Bestreben der Natur ist i. a. nur auf die Erhaltung der Art gerichtet, nicht auf die Qualität. Erbanlage, unterschiedliche Wuchspotenz, Standort und nicht zuletzt das Schicksal bestimmen im Zusammenwirken die natürliche A. Der Sieger im Daseinskampf kann daher auch ein unerwünschter, krummer, nutzholzuntauglicher Baum sein. Insoweit ist eine rechtzeitige → Bestandspflege (Auslesedurchforstung; → Durchforstung), bei der gezielt auf die wertvollsten und kräftigsten Bäume geachtet wird, unverzichtbar. Die A. wurde 1859 von Charles Darwin als wichtiger Faktor für die Entstehung der Arten (→ Evolution) erkannt.

Auslesebaum, der: auch Elite-, Zucht-, Z-, Zukunfts-, Plusbaum; Auslese-, Zukunftsstamm. ein besonders ausgesuchter und gut gewachsener Baum, der hinsichtlich Wachstum, Erscheinungsform, Gesundheitszustand, gute Massen- und Wertleistung verspricht, d. h. den Zielvorstellungen des → Waldbaues weitgehend entspricht. Ein A. wird bei der → Bestandspflege durch Wegnahme von Konkurrenzbäumen, die sein Wachstum einengen, gefördert. Oft wird zu seiner Wertsteigerung zusätzlich eine → Wertästung durchgeführt; → Durchforstung. Der Erbwert wird durch eine → Nachkommenschaftsprüfung festgestellt.

Auslesedurchforstung, die: → Durchforstung.

Ausleseplantagen → Samenplantagen.

Auslesestamm, der: → Auslesebaum.

ausleuchten → auslichten.

auslichten: auch ausläutern, ausleuchten. einen dichten Bestand durchforsten, d. h. ausdünnen; → Läuterung.

Ausmärker, der: → Märker 1).

Ausmusterung, die: negative → Auslese bei der → Waldpflege.

Ausräumen, das: auch Räumen. das Beseitigen der Bäume nach einem → Kahlschlag.

ausreuten → ausstocken, Rodung.

ausroden → ausstocken, Rodung.

Ausrücken, das: Transport einzelner gefällter Bäume an die Waldwege mit Hilfe von Pferden oder Schleppern. Beim A. muß darauf geachtet werden, daß die stehengebliebenen alten Bäume und die nachwachsenden jungen Bäume möglichst wenig beschädigt werden (→ Piloten); → Rücken.

Aussaat, die: Ausbringen von Forstsamen mit Hand oder maschinell in Pflanzgarten (→ Kamp), fliegendem Saatbeet oder zur Kunstverjüngung (→ Verjüngung). Seit dem 14. Jh. wurden Nadelholzbestände durch Freisaat (Kunstverjüngung) begründet. Heute ist sie noch bei Eichenkulturen verbreitet; → Stromer, Tannensäer.

Ausschalmen, das: → Anschalmen.

Ausscheidungsgewebe, das (Absonderungsgewebe): pflanzliche Gewebe, Zellgruppen oder Zellen, die Stoffwechselprodukte entweder an ihre Umgebung abgeben oder im Zellinnern speichern. Beim „Exkretionsgewebe“ verbleiben die Ausscheidungsprodukte der Protoplasten (z. B. Gerbstoffe, → Harze, Gummi, Schleime, → ätherische Öle) innerhalb der Zellen und sammeln sich in sich vergrößernden Vakuolen an. Beim „Drüsengewebe“ werden die Ausscheidungsstoffe (z. B. Verdauungssäfte, Schleime, Nektar, ätherische Öle) durch die gelegentlich mit → Poren versehene Zellwand aktiv nach außen abgegeben.

Ausschlag, der: → Stockausschlag, Wurzelbrut, Ausschlagvermögen.

Ausschlagen, das: → Beschlagen.

Ausschlag(s)betrieb, der: svw. → Hackwaldwirtschaft, → Kopfholzbetrieb, → Mittelwald, → Niederwald.

Ausschlagvermögen, das: Lbh besitzen teilweise die Fähigkeit, nach Abhieb des Stammes teils vom Stock (→ Stockausschlag), teils von den Wurzeln (→ Wurzelbrut, Wurzel-

◂◂ Nieder- und Mittelwald beruhen auf dem → Ausschlagvermögen der Laubbäume.

ausschlag) aus neue Triebe zu entwickeln. Von den einheimischen Nadelbäumen vermag dies nur die Eibe. Die Ausschläge erscheinen entweder an oder meist unmittelbar unter der Abhiebsfläche und zwar am Stock (Stockausschlag, Stockloden) oder, wie beim → Kopfholzbetrieb, einige Meter darüber (Stammausschläge) oder aus abgehauenen, bloßgelegten Wurzeln (Wurzelloden) und letztlich aus unterirdisch flach streichenden, oft weit vom Mutterstamm entfernten Wurzeln (Wurzelbrut). Reichliche Wurzelbrut bilden z. B. Rob, Pa, As, auch Ul und WEr. Stock- und Stammausschlag bilden Er, Ei, Ul, Wei, Li, FAh, Es, Bu, Kast, Pa, Bi und Hbu. Auf dem A. beruhen Nieder- und Mittelwaldbetrieb (→ Niederwald, → Mittelwald); → Absenker.

Ausschlagswald, der: → Niederwald, Mittelwald, Kopfholzbetrieb.

Ausschleien, das: → Fimmeln.

Ausschlußfläche, die: → Ausschlußwald, Forstbetriebsfläche.

Ausschlußwald, der (auch Ausschlußfläche, Nichtwirtschaftswald): eine Fläche im Wald, die wegen ihres geringen Holzzuwachses oder infolge ihrer reliefbedingten Unzulänglichkeit oder ihrer Schutzfunktion von einer normalen forstlichen Bewirtschaftung ausgenommen ist (a. r. B.; → Forstbetriebsfläche); → Wirtschaftswald.

Aussee → Mährisch-Aussee.

Außenbereich, der: alle Flächen, die außerhalb der Ortslagen, d. h. in der freien Landschaft, liegen. I. a. ist Bauen im A. verboten. Ausnahmen werden jedoch bei land- und auch forstwirtschaftlichen Betriebsgebäuden (Zweckgebäuden) gemacht.

Außenparasit, der: → Ektoparasit.

Außenrinde, die: → Borke.

Außensaum, der: → Saum.

Außeralpischer Kalk-Kieferntrockenwald, der (*Sesleria albicans-Pinus sylvestris*): Diese → Assoziation der Ordn. → Schneeheide-Kiefernwälder und Alpenrosen-Latschengebüsche (*Erico-Pinetalia*) aus der Klasse → Alpische Kalk-Kiefernwälder oder Schneeheide-Kiefernwälder und Alpenrosen-Latschengebüsche (*Erico-Pinetea*) kommt nur im Jura vor und ist ein Relikt aus dem Spät- bzw. beginnenden Postglazial. Durch den Menschen wurde diese → Waldgesellschaft in ihrer Verbreitung gefördert. Sie beschränkt sich auf Kleinstandorte zwischen dem vegetationsfreien Kalkfels und den → Buchenwäldern. Neben den schwachwüchsigen Kie kommen in der Bodenvegetation Trocken- und Halbtrockenrasenarten, so z. B. Erdsegge, Berg-Gamander, Sonnenröschen und wärmeliebende Hochstauden des Saums wie Kalkaster, Berg-Leinblatt oder Blutroter Storchschnabel vor.

außerordentliche Nutzung, die: → Nutzung infolge höherer Gewalt; → Scheidholz.

außerordentlicher Holzeinschlag, der: → Holzeinschlag.

außerplanmäßige Nutzung, die: auch außerordentliche Nutzung. Österreich: nicht im → Forsteinrichtungswerk vorgesehene, aber nicht zufällige Nutzung. Sie kann → End- oder → Vornutzung sein; → Holzeinschlag.

außer regelmäßigem Betrieb (a. r. B.) → Wirtschaftswald, Forstbetriebsfläche.

Außerregelmäßiger Betrieb, der: → Wirtschaftswald, → Forstbetriebsfläche.

Ausscheidender Bestand, der: bei einer → Durchforstung entnommene oder natürlich abgehende Bäume; → Verbleibender Bestand.

Aussetzen, das: Freilassen von Tieren und auch Pflanzen. Das A. von Tieren und Pflanzen, die in einem Gebiet nicht standortgemäß (autochthon) sind, ist nach den in der BR Dtschl. gültigen Gesetzen verboten. Das A. fremder Tierarten ist nur mit behördlicher Genehmigung zulässig. Auch kann das A. zwar standortgemäßer, doch unerwünschter bzw. schadensverursachender Tiere verboten sein, z. B. das A. von Schwarzwild und Wildkaninchen nach dem Jagdrecht (BJagdG). Möglich ist dagegen die → Wiedereinbürgerung bestimmter Tierarten; → Faunen(ver)fälschung, Floren(ver)fälschung.

aussetzender (Forst-)Betrieb, der: ein kleiner Waldbesitz, in dem nur eine oder wenige → Altersklassen vertreten sind und der somit keine jährlich regelmäßigen Erträge abwirft. Im a. B. kann es vorkommen, daß nach einem Nutzungseingriff (Ernte des Altbestandes) Jahrzehnte bis zur nächsten Holzernte vergehen; → Nachhaltigkeit.

Aussprung, der: eine meist an Ecken angelegte Erhöhung innerhalb von Großzäunen (→ Gatter) im Wald, von der das Wild den Zaun nach außen überspringen kann.

Ausstattung, die: Verhältnis der Endnutzungsflächen des Forstbetriebes, die durch einzelbestandsweise waldbauliche Planung zur → Endnutzung vorgesehen sind, zur durch die Ermittlung des → Hiebssatzes festgelegten Endnutzungsfläche.

Aussterben, das: Erlöschen einer ganzen Tier- oder Pflanzenart bzw. einzelner → Populationen in bestimmten Gebieten. Das A. ist meist auf anhaltende Veränderungen der Umweltverhältnisse (mangelnde Anpassungsfähigkeit; → Anpassung) sowie auf → Konkurrenz anderer, neu entstandener oder eingebürgerter Arten zurückzuführen. Heute ist

Bei einer Durchforstung werden die zu fällenden Bäume besonders gekennzeichnet.

die Ausrottung (Vernichtung) durch direkte oder indirekte Einwirkungen des Menschen die hauptsächliche Ursache. In Dtschl. sind in den alten Bundesländern 75 % der Reptilien, 70 % der Süßwasserfische, 58 % der Amphibien, 39 % der Säugetiere und 10 % der heimischen Vogelarten vom A. bedroht. Durch besondere → (Biotop-)Pflege und durch → Wiedereinbürgerung werden jetzt verschiedene Arten vor dem A. bewahrt; → Artenschutz, Rote Listen.

ausstocken (roden; veraltet auch ausreuten): das Entfernen des → Stockholzes und Wurzelholzes nach einem → Abtrieb (Stockrodung; → Rodung). A. ist immer dann erforderlich, wenn die Fläche einer anderen, z. B. landwirtschaftlichen Nutzung zugeführt wird. Auch schlechte Mittel- und Niederwaldbestände (→ Mittelwald, → Niederwald) wurden früher „ausgestockt", um bei der i. d. R. folgenden Nadelholzkultur den oft langen und kostspieligen Kampf mit lästigen → Stockausschlägen (As, Salweiden u. a.) zu vermeiden.

Ausstumpeln, das: auch Schlichten. die frühere Tätigkeit bei der Herrichtung eines → Meilers, bei welcher die Lücken zwischen den großen und kleinen Holzscheiten ausgefüllt wurden, bevor die Decke auf den Meiler kam.

Austauschkapazität, die: Die Gesamtsumme aller in einem → Boden austauschbaren Kat- und Anionen wird als A. bezeichnet. Der Anteil aller Kationen wird Kationen- (KAK), jener der Anionen, Anionenaustauschkapazität (AAK) genannt.

Die wichtigsten im Boden austauschbaren (positiv geladenen) Kationen sind die auch als Basen bezeichneten Calcium^{2+}-, Kalium^{+}-, Natrium^{+}-, Magnesium^{2+}-Ionen. Ihr Anteil an der gesamten A. wird als → Basensättigung bezeichnet. Die Höhe sowohl der Kationen-A. (Adsorptionsfähigkeit) als auch der Basensättigung wird vom Gehalt an mineralischen und organischen Austauschern im Boden und damit vom → Bodentyp bestimmt und ist mit für die Bodenfruchtbarkeit verantwortlich. Sie ist umso höher, je ton- und humusreicher der Boden ist. Sandböden haben z. B. eine Kationensorptionskapazität von 1 bis 2 mval/100g Boden, Tonböden eine solche von 20 bis 40. Sind die Austauscher gesättigt, erscheinen die überschüssigen Basen, in erster Linie → Kalzium, als Karbonate, in der Bodenlösung. Bei einer → Bodenversauerung werden die Kationen durch Wasserstoff^{+}- oder Aluminium^{3+}-Ionen ersetzt. Die Kationenaustauschkapazität der Tonmineralien und der organischen Substanz variiert in weiten Bereichen. Gemessen wird sie in Milliäquivalenten je 100 g absolut trockenen Materials (mval/100 g). Folgende Werte sind bestimmt worden: Kaolin hat 3 bis 15, Illit 10 bis 70, Vermikulit 100 bis 150, Montmorillonit 50 bis 150, Huminsäuren 100 bis 500, eine organische Substanz 50 bis 300 mval/100 g. Damit ist die A. von Böden sehr stark vom Ausgangsgestein, vom Verwitterungsgrad und vom Humusgehalt abhängig. Humusarmer Sand hat z. B. eine Sorptionskapazität von bis zu 5, Ton von bis zu 80 und Rohhumus von bis zu 150 mval/100 g. Die für die → Pflanzen wichtigsten (negativ geladenen) Anionen sind: Phosphationen (PO_4^{3-}, HPO_4^-, $H_2PO_4^-$), Sulfationen (SO_4^{2-}), Nitrationen (NO_3^-) und Chlorionen (Cl^-); → Base, Basensättigungsverhältnis.

Austeiche, die: → Eichen 1.

Austernseitling, der: → Seitlinge.

Austragen, das: alte südd./österr. Bez. für das früher übliche Tragen des Holzes durch Holzknechte und Holzhauer. Das A. fand jedoch nur dann statt, wenn das Holz vom Einschlagsort (Lagerort) zum nächsten Abfuhrweg bergauf geschafft werden mußte und andere Transportmittel nicht zur Verfügung standen. Diese Art der Holzbringung wurde zu Beginn des 19. Jh. zwar als die verträglichste im Hinblick auf Schäden im Jungwuchs, jedoch kostspieligste Bringungsart bezeichnet.

Austöpfen, das: → Auskesseln.

Auswaschen, das: frühere Bez. für die Herausnahme des Floßholzes aus dem Wasser. Die hierfür eingesetzten Arbeitskräfte wurden Auswäscher genannt; → Aufschwemme.

Auswüchse: alte Bez. für → Überwallungen.

Auswertungs- und Informationsdienst für Ernährung, Landwirtschaft und Forsten e. V. (AID): 1950 gegründet, hat seinen Sitz in Bonn. Ziele des gemeinnützigen Vereins sind die Sammlung und Auswertung land-, forst- und ernährungswirtschaftlicher Forschungsergebnisse und deren Weitergabe an die Praxis durch Beratung, Informationsschriften u. ä. sowie Veranstaltung von Informationstagungen. Eine erweiterte Zielsetzung ergab sich im Jahre 1977 durch die Zusammenlegung mit zwei anderen vom Bund finanzierten Informationseinrichtungen mit neuer Satzung. Hiernach sind im Rahmen der Bundeszuständigkeiten auf den Gebieten Ernährung, Landwirtschaft und Forsten u. a. auch die land- und forstwirtschaftliche Erzeugung zu fördern, die Kenntnisse der Verbraucher als Marktpartner zu verbessern und das Wissen über Naturschutz, Landschaftspflege, Küstenschutz und Tierschutz zu vertiefen. Der AID fertigt Publikationen (Broschüren, Poster, Diaserien, CPT-Computer-Lernprogramme, Filme und Foliensätze). Viele davon betreffen forstliche Themen.

Auswintern, das → Barfrost.

Auszehrungsbetrieb, der: Betrieb, bei dem ein erkennbarer Abbau der Vorräte stattfindet; → Abbaubetrieb, Nachhaltigkeit.

Auszeichnen, das: auch Hiebsauszeichnung, Anzeichnen. Tätigkeit des Forstpersonals, bei der bei einer → Durchforstung die zu fällenden Bäume ausgesucht und gekennzeichnet werden. Das A. erfolgt mit Farbspray, Rindenreißer, Axt und Signierkreide. Das A. erfolgt auch bei → Auslesebäumen, die mit Markierungsbändern oder Farben zum Erhalt und zur Förderung gekennzeichnet werden. Früher wurden Bäume, die gefällt werden sollten, mit dem → Waldhammer gekennzeichnet, Bäume, die stehenbleiben sollten, wurden durch einen Riß kenntlich gemacht; → Anschalmen.

Auszimmern, das: frühere Bez. für die Tätigkeit, bei der die gefällten Stämme noch im Wald mit Axt oder Säge so bearbeitet wurden, daß sie sofort zum Bauen verwendet werden konnten; → Balkenhauer.

Auszugshieb, der: i. a. gleichbedeutend mit → Aushieb, gewöhnlich aber auf den → Einschlag von → Überhältern in jüngeren Beständen angewandt.

Autochorie, die: generative Selbstverbreitung von → Samen oder Früchten durch Krümmungsbewegungen des Fruchtstiels oder Schleuder- und Spritzbewegungen aufplatzender Samenbehälter, die durch innere Spannungen oder Austrocknungsvorgänge entstehen. Bekanntestes Beispiel ist das → Springkraut; Ggs. → Allochorie.

autochthon: A. ist eine Art, die entwicklungsgeschichtlich am Standort entstanden ist; → einheimisch, heimisch, Endemit.
Autogamie, die: → Bestäubung.
Autökologie, die: → Ökologie.
autotroph (griech. *autos* = selbst, *trophein* = ernähren): Organismen ernähren sich a., d. h., selbständig, wenn sie in der Lage sind, sich ohne Zufuhr organischer Substanzen zu entwickeln. Alle grünen Pflanzen ernähren sich a. durch → Photosynthese. Sie decken dabei ihren Energiebedarf aus den Sonnenstrahlen. Ggs.: → heterotroph.
autovegetative Vermehrung, die: eine Vermehrung über → Stecklinge.
Auwälder: auch Auenwälder. Der A. ist ein natürlicher, bach- und flußbegleitender Laubwald und zugleich eine der produktivsten und artenreichsten → Waldgesellschaften. In BR Dtschl. gibt es A. nur noch kleinflächig, weswegen die Reste unter Schutz gestellt sind. Allen A. gemeinsam ist die Art ihrer Entstehung und die Abhängigkeit vom Hochwasser. In den flußnäheren Bereichen, die periodischen oder episodischen Überschwemmungen unterliegen, wachsen zahlreiche Weidenarten wie Silber-, Bruch-, Sal- und Purpurweide (→ Weiden) sowie Grauerlen und Schwarzpappeln, die zusammen die pflanzensoziologische Ordn. der → Weichholzaue bilden. In den flußferneren, etwas höher gelegenen Gebieten, die seltener überschwemmt werden, stockt die „Hartholzaue" mit Es, Ul, Hbu, StEi und TrEi. Daneben ist der A. durch starken Strauch- und hohen Krautwuchs gekennzeichnet. Durch die ständige Überflutung erfolgt eine Ablagerung von Schlamm, Schlick, Sand, Kies und organischem Material, was je nach Einzugsgebiet des Fließgewässers mehr oder weniger düngend wirkt, aber auch die Bodenreifung verzögert. Die → Auenböden sind sehr oft wertvolle Weideböden und besonders für Weizen- und Zuckerrübenanbau geeignet (mineralische Naßböden). Der A. hält auch Hochwasser zurück und dämpft die Hochwasserspitzen. Beim Durchströmen reichert er das Wasser mit Sauerstoff an und erhöht so die Selbstreinigungskraft des Gewässers. Je nach Meereshöhe, geologischem Untergrund des Fluß- oder Bacheinzugsgebietes, der Überflutungshäufigkeit und des -termins, des Bodenwasserhaushalts, der Grundwassertiefe und der Bewirtschaftung sind eine Vielzahl von unterschiedlichen Auwaldgesellschaften ausgebildet.
Der A. gehört zu den wenigen noch naturnahen, vom Menschen kaum veränderten Landschaftsteilen und kommt nur noch in Relikten vor. Er ist für viele selten gewordene Pflanzen und Tiere letzte Zufluchtsstätte, so z. B. Blaustern, Märzenbecher (Knotenblume), Schneeglöckchen, Trauermantel, Großer → Eisvogel, Kleiner Schillerfalter, Gelbbauchunke, Springfrosch und → Europäischer Laubfrosch, → Ringelnatter, → Fledermäuse, → Spechte, → Pirol, → Beutelmeise und Bartmeise, → Biber, → Reiher und Fischadler. Mit 35 000 ha ist der oberrheinische A. einer unserer größten erhalten gebliebenen A. A.-Komplexe kommen auch noch in den Flußtälern von Donau, Lech, Inn, Isar und Elbe vor. Stark gefährdet sind die A. durch Begradigung und Eindeichung der Flüsse und durch → Rodung zugunsten anderer Nutzungen; → Hartholz-Auenwälder, Bruchwälder.
Auxine: A. sind organische Verbindungen (Wuchsstoffe), die das Pflanzenwachstum und speziell das Streckenwachstum fördern. Sie werden in einem Teil der Pflanze erzeugt und wirken auf einen anderen ein.
Avifauna, die: die Vogelwelt eines bestimmten Gebietes; → Fauna.
Avignonkörner: die unreifen Beeren des Felsen-Kreuzdorns (→ Kreuzdorn 4.), aus denen ein als Textilfarbe verwendbares zitronengelbes Pulver (Rhamnetin) gewonnen wird; → Pflanzenfarbstoffe.
axiale Dominanz, die: Fähigkeit einer Pflanze zur Ausbildung einer durchgehenden, ungeteilten Schaftachse (z. B. bei Fi, Ta, Kie, Dgl); → polykormischer Wuchs.
Axt, die: auch Hacke. Werkzeug mit langem Stiel und keilförmiger Stahlschneide zum Baumfällen, Entasten, Holzspalten und -behauen. Der Unterschied zwischen A. und Beil besteht darin, daß erstere zum Bearbeiten des Holzes im Rohen dient und immer mit zwei Händen geführt wird, während das Beil mit einer oder zwei Händen geführt werden kann. Die A. besteht aus zwei Teilen, aus der eigentlichen A. und dem eingesteckten Stiel (Hölb, Helm, Holz), der hauptsächlich aus Eschen-, Hainbuchen- und Buchenholz, und zwar aus recht zähen Spaltstücken, oft auch aus Akazien-, Hickory- oder Mehlbeerholz gefertigt wird. Das Loch, in dem der Stiel steckt, heißt Öhr oder Ring und erweitert sich nach oben, damit man den Stiel hier durch Keile fest einklemmen kann. Der ganze hintere Teil der A., der das Öhr umschließt, heißt das Haus oder die Haube; sie ist am hinteren Ende entweder abgewölbt oder abgeplattet. Im letzteren Fall ist dieses oft gestählt und wird dann Platte oder Nacken genannt. Der Vorderteil der A. wird durch die beiden Blätter oder Wangen gebildet, die sich vorn zur Schneide vereinigen. Je nach Konstruktion und Verwendungszweck werden Fälläxte (Deutsche und Kanadische Iltisaxt, Harzer Axt) und Spaltäxte unterschieden; → Fällungswerkzeuge.

Auwälder sind natürliche, bach- oder flußbegleitende Laubwälder, die regelmäßig überflutet werden.

Azalee, Niederliegende, die: → Alpenheide.
Azel, der (Azzel): → Rabenvögel 1.
Azidität, die: → Acidität.
azidophil: svw. säureliebend.
azonal: Bez. für eine Vegetation, die weniger vom Klima als von Boden und Wasserversorgung geprägt ist und daher v. a. innerhalb großflächiger → Waldgesellschaften, z. B. auf Sonderstandorten, a. wächst (z. B. Auen- und Schluchtwälder). Entsprechende Pflanzengemeinschaften können daher in mehreren Klimazonen in ungefähr gleicher Form auftreten.
azonale Waldgesellschaften → Waldgesellschaften.
Azotobacter, das: Die A. treten einzeln, zu mehreren oder in Klumpen im → Boden und Wasser auf. Die ovalen oder stäbchenförmigen Zellen können wie das verwandte spirillenförmige Azospirillium → Stickstoff fixieren und finden sich auch im → Waldboden und in landwirtschaftlichen Kulturpflanzen.
AZT: in den Holzkaufverträgen übliche Abk. für „Allgemeiner Zahlungstag".

B

Baamhaag'l, der: mundartlicher Ausdruck für Frostbeule.

Bachantin, die: → Augenfalter 10.

Bachbunge, der: → Ehrenpreis 6.

Bach(bungen)-Ehrenpreis, der: → Ehrenpreis 6.

Bacherle, die: im Holzhandel Bez. für im → Freistand erwachsene Er mit deswegen → abholzigen und grobästigen Stämmen; → Walderle.

Bachesche, die: → Hainbuche.

Bach-Eschen-Erlen-Auenwald, Submontaner, der: → Hainmieren-Schwarzerlenwald.

Bach-Eschenwald, der *(Carici (remotae)-Fraxinetum)*: auch Winkelseggen-Eschenwald.

Pflanzensoziologische → Assoziation des Unterverbandes → Erlen-Eschen-Auenwald (*Alnenion glutinoso-incanae*) des Verbandes → Hartholz-Auenwälder der Ordn. → Mesophytische Buchen- und Laubmischwälder oder Rotbuchenwälder. Entlang der kleinen Bäche der planaren bis hochmontanen → Vegetationsstufe zieht sich oft ein bachbegleitender Laubwaldstreifen auf feuchtnassen, gut sickerwasser- und sauerstoffversorgtem Gleyboden (→ Gley). Diese Standorte sagen der Es zu. Hinzu kommen noch Er und BAh. In der Krautschicht finden sich als → Charakterarten Sickerwasserzeiger wie Winkelsegge, Mittleres Hexenkraut und Feuchte- und Nässezeiger, wie Hängesegge, Berg-Ehrenpreis, Waldziest und Springkraut nebeneinander, denen sich noch Fi, Rasenschmiele, Waldzwenke und Riesensegge hinzugesellen. In der Assoziation Riesenschachtelhalm-Eschenwald (*Equiseto telmatejae-Fraxinetum*) kommt noch der Riesen-Schachtelhalm hinzu; → Auwald, Waldgesellschaften.

Bach-Greiskraut, das: → Greiskraut 14.

Bachholter, der: → Holunder 2.

Bachmücken → Schnaken.

Bach-Nelkenwurz, die: → Nelkenwurz 2.

Bachwasserläufer, der: → Schnepfenvögel 1.

Bachweide, die: **1**) allg. Bez. für eine am Wasser stehende → Weide. **2**) → Weiden 20.

Bäckerbock, der: → Bockkäfer 27.

Badischer Femelschlag, der: → Verjüngungsverfahren.

Baeomyces roseus → Köpfchenflechte.

Bähen, das: Durchdämpfen des Holzes mit Wasserdampf zur Erhöhung seiner Zähigkeit. Die früher hergestellten → Wieden, insbesondere die → Floßwieden wurden hierzu naß gemacht, im → Bähofen erhitzt und anschließend am → Wiedstock mit der Wiedstange gedreht; → Biegsamkeit des Holzes.

Bahnholz, das: alte Bez. für Baumstämme, die für eine Verwendung als → Balken zu kurz oder zu krumm waren.

Bähofen, der: auch Wied(en)ofen, Wiedenhäuschen. Ein Ofen, der v. a. zu Zeiten der → Flößerei zum Erhitzen (→ Bähen) der → Wieden (Holzstricke), insbesondere der → Floßwieden diente. Der B. hatte das Aussehen eines Backhäuschens, war aber i. d. R. etwas länger und niedriger und wurde gelegentlich auch zum Backen verwendet. Die B. waren ca. 3 m lang, 1,5 m breit und hatten gewöhnlich eine Gewölbehöhe von ca. 60 cm.

Baindtwälder: alte Bez. für die Hauswäldchen größerer Bauernhöfe.

Bajonettbildung, die: Die B. wird hauptsächlich bei Fi, Ta und Zir sowie an weiteren Bäumen angetroffen, die in der Jugend Gipfelverlust (z. B. durch Schnee, Insekten oder Wildverbiß) erlitten haben. Meist richtet sich unmittelbar unter der Bruchfläche ein Zweig (Seitentrieb) bajonettähnlich empor und wächst als Gipfel weiter; → Posthornwuchs, Gipfelbruch.

Bakterien (griech.: „Stäbchen", Einzahl: Bakterium): einzellige Kleinstlebewesen (→ Mikroorganismen), die zusammen mit den Blaualgen den Pflanzen und Tieren als selbständige systematische Einheit gegenübergestellt werden und die seit mindestens 3 Mrd. Jahren auf der Erde existieren. Sie sind winzige, kugelige (Kokken), stäbchenförmige (Stäbchen-B.), schraubige (Spirillen) oder kommaförmige (Vibrionen) Lebewesen (Spaltpilze z. B. in der Größe um 1/1000 mm), die keinen geformten Zellkern besitzen. Die Vermehrung der B. erfolgt immer ungeschlechtlich durch Querteilung auf qualitativ verschiedenen Nährböden oder im → Wirtstier. Zwischen zwei Teilungen liegen meist nur 15 bis 40 Minuten. Die B. bevölkern in unermeßlich großer Zahl den → Boden, die Gewässer und den Luftraum. In 1 g Komposterde leben z. B. zwischen 0,1 bis 5 Mrd. B. Von den rd. 1600 bekannten Arten sind die meisten → heterotroph, nur wenige sind → autotroph. Häufig sind sie lebensnotwendige Symbionten (→ Symbiose) bei Tier und Pflanze (z. B. die Verdauung fördernde Darmbakterien beim Menschen und bei Wiederkäuern), einige lösen auch Krankheiten aus, z. B. Typhus, Tuberkulose. Im Naturhaushalt, z. B. im → Waldboden bauen sie zusammen mit → Algen und → Pilzen das abgestorbene pflanzliche und tierische Material ab. Einige werden bei Nahrungsherstellung wirtschaftlich genutzt (z. B. Sauerkraut, Joghurt, Käse) und als Antibiotika. Bestimmte pflanzenpathogene B. sind auch Ursachen für Baumerkrankungen, wie z. B. → Wurzelkropf, → Baumkrebs, Welken der Zweige, Rindennekrose, → Blattnekrose.

a) **Wurzelkropf**: Verursacher ist das Bakterium *Agrobacterium tumefaciens* (Sm. et Towns).

b) **Krebs**: Die Symptome aller Krebsarten sind ähnlich: Nach dem Absterben des → Kambiums durch Pilz- oder Bakterieninfektion versucht der Baum in der Vegetationszeit die tote Stelle zu überwuchern. Der Pilz oder die B. zerstören den Überwallungswulst immer wieder. Die Folge von Absterben und Überwallungsversuch kann sich oft jahrelang wiederholen. Auf diese Weise entstehen Überwallungswülste mit konzentrischen Ringen. Die bekanntesten durch B. verursachte Krebse sind: Krebs der Pa, an Pa-Stämmen, verursacht durch *Aplanobacter populi* Ridé, der von Schleimfluß begleitet wird, nicht zu verwechseln mit dem Pilzkrebs der Pa, der ohne Schleimfluß auftritt, Urheber *Nectria coccinea* (Pers.) Fr. *var. sanguinelle* (Fr.) Wr. *und Nectria galligena* Bres. *var. major*, der ohne Schleimfluß auftritt; → Pappelkrebs.

c) **Welken der Zweige**: An Wei wurde in England und in den Niederlanden ein Welken der Zweige infolge Befalls durch *Pseudomonas saliciperda* Lind.-B. beobachtet. An den befallenen älteren Zweigen zeigen sich zuerst hell-, später dunkelgefärbte Stellen (auch Wasserzeichenkrankheit genannt).

d) **Rindennekrose**: An Stamm und Ästen der Fi treten nach Befall durch *Erwinia cancerogena Uros* zunächst Flecken auf, die von Harzfluß begleitet sein können. Im fortgeschrittenen Stadium können die Flecken ringförmig zusammenfließen, der darüberliegende Ast- oder Stammteil stirbt dann ab.

e) **Blattnekrose**: Bei Ul und Er können die Blätter durch das Absterben von Zellen nach Befall durch *Pseudomonas spec.*-B. braune Flecken bekommen.

f) **Bakteriosen**: Zahlreiche insektenpathogene B. verursachen Bakteriosen und tragen zu Beendigungen von Massenvermehrungen schädlicher Insekten bei, so z. B. *Pseudomonas fluorescens, Cloaca cloacae, Bacillus fribourgensis, Bacillus thuringensis.* Sie werden deshalb zur → biologischen Schädlingsbekämpfung verwendet und gezüchtet.

Bakterienbrand, der: durch → Bakterien verursachter → Rindenbrand.

Bakterienkrebs der Pappel → Bakterien.

Bakteriologie, die: die Wissenschaft, die die → Bakterien erforscht und ein Teilgebiet der Mikrobiologie ist. Sie beschäftigt sich mit der systematischen Einteilung und den Lebensbedingungen von Bakterien sowie der Bedeutung für den Menschen (z. B. als Krankheitserreger oder als Lieferanten von Antibiotika). Nützliche Bakterien müssen gezüchtet werden, weil mit ihnen z. B. verschiedene organische Stoffe überhaupt erst oder sehr billig hergestellt werden können oder weil man sie in der Abwasserreinigung einsetzen kann. Die B. entwickelte sich gegen Ende des 19. Jh. v. a. durch das Wirken von L. Pasteur und R. Koch.

Bakteriophagen → Pflanzenfresser.

Bakteriosen → Bakterien.

Bakterizide → Pestizide.

Baldachinspinnen (*Linyphiidae*): rund 5000 Arten in 380 Gatt. umfassende weltweit verbreitete Fam. der → Webspinnen, davon ca. 400 Arten in Europa. Es sind dies höchstens 10 mm (in Mitteleuropa höchstens 8 mm) große Spinnen. Früher als zwei Fam. (*Linyphiidae* und *Micryphantidae*) betrachtet, werden sie heute, da keine klare Fam.-Trennung möglich ist, zu einer Fam. mit den Unter-Fam. B. (*Linyphiinae*) und → Zwergspinnen (*Erigoninae, Micryphantinae*) zusammengefaßt. Die Vertreter der Unter-Fam. B. sind überwiegend langbeinige Spinnen und hängen unter ihren charakteristischen, mehr oder weniger kuppelförmigen Netzen, die sie in kleinste Raumstrukturen, z. B. Bodenstreu, Wiesen, Waldränder, Gebüsche, Erdhöhlen, Zweigen und Baumstämmen, einpassen.

Baldrian, der (*Valeriana*): Gatt. der Baldriangewächse (*Valerianaceae*) mit über 200 Arten auf der Nordhalbkugel und in Südamerika. Sie bildet krautige Pflanzen oder Halbsträucher mit gipfelständigen, trugdoldigen → Blütenständen mit weißen oder rosa Blüten. Die wichtigsten einheimischen Arten sind:

1. **Gemeiner Baldrian**, der (*Valeriana officinalis*): auch Arznei-B., Echter B., Augen-, Marienwurzel, Katzenkraut, -wurzel, Großer B., Gebräuchlicher B. Die mehrjährige, 50 bis 160 cm hohe Pflanze mit gefurchtem, hohlem Stengel und gefiederten Blättern wächst auf Waldverlichtungen an feuchten Standorten in Laub-, Misch- und Nadelwäldern sowie an Flußufern, Gräben und auf Moorwiesen. Sie kommt bis 2000 m Höhe vor.
Die saftig-grünen Blätter werden durch neun bis 21 unpaarige Fiedern gebildet. Die kleinen Blüten sind weißlich bis rosa. BZ: Mai bis August. Die Wurzel riecht (besonders getrocknet) nach Katzenurin und übt eine starke Anziehungskraft auf Katzen aus. Sie ist seit undenklichen Zeiten eines der bekanntesten Heilmittel (→ Heilpflanzen) und wird heute hauptsächlich als Beruhigungsmittel bei nervösen Störungen, z. B. Schlaflosigkeit, Herzbeschwerden, Schwächezustände etc. angewandt.

2. **Kleiner Baldrian**, der (*Valeriana dioica*): auch Sumpf-B. Die mehrjährige, zierliche Pflanze wird 10 bis 30 cm hoch und wächst auf Naß- und Moorwiesen, in Flach- und Quellmooren, an Wassergräben sowie in nassen Wäldern, besonders Erlenbruchwäldern, bis 1800 m Höhe.
Der kriechende Wurzelstock treibt beblätterte → Ausläufer. Die untersten Blätter sind ungeteilt und langstielig, die Stengelblätter fiedrig gelappt. Die Blüten sind meist → zweihäusig. Die weiblichen Blüten sind klein und weiß, die männlichen etwas größer und rosa bis fleischrot. BZ: Mai/Juni.

3. **Bergbaldrian**, der (*Valeriana montana*): Die ausdauernde Pflanze wird 15 bis 40 cm hoch und besiedelt hauptsächlich mäßig feuchte, kalkreiche Standorte (Schutthalden, Felsspalten), findet sich aber auch in Grünerlengebüschen und Legföhrengestrüpp bis 2800 m Höhe.
Der verzweigte, holzige Wurzelstock treibt mehrere blühende und nicht blühende → Sprosse. An den Stengeln sitzen drei bis acht Blattpaare, die Blätter sind ungeteilt, eiförmig, glänzend und ganzrandig. Die Blüten sind rosarot oder weißlich. BZ: Mai bis Juli.

4. **Steinbaldrian**, der (*Valeriana tripteris* L.): auch Dreiblättriger B., Dreischnittiger B. Der 10 bis 60 cm hohe, stark duftende, dem Bergbaldrian sehr ähnliche S. ist über die Gebirge Mittel- und Südeuropas verbreitet und von den Tälern bis in Höhen von 2500 m anzutreffen. Er wächst zerstreut auf steinigen, silikat- oder kalkhaltigen Böden in lockeren, felsigen Bergwäldern, auf Schutthalden und in Felsspalten.
Der S. hat einen schiefen, walzenförmigen Wurzelstock und einen markigen, aufrechten Stengel mit zwei bis drei Blattpaaren. Die aufrecht rosettig stehenden Blätter der Laubsprosse sind herz-eiförmig. Die untersten Stengelblätter sind eiförmig, die übrigen dreiteilig mit gezähnten Fiedern. Die Blüten sind weiß bis hellrosa, die Früchtchen bis 4 mm lang. BZ: April bis August.

5. **Schmalblättriger Arzneibaldrian**, der (*Valeriana wallrothii*): Die S. A. wächst im Saum sonniger Gebüsche und in lichten Eichen- und Kiefernwäldern, auf mäßig nährstoffreichen Böden.
Die wärmeliebende, frühblühende Pflanze wird 0,4 bis 1 m hoch, hat behaarte Stengel und treibt Ausläufer.

6. **Wiesen-Arzneibaldrian**, der (*Valeriana pratensis*): Der W. wächst auf Moorwiesen, auf Verlichtungen in Auwäldern, besonders in Hartholzauenwälder-Gesellschaften, auch auf feuchten oder wechselfeuchten Lehm- und Tonböden.

Der Steinbaldrian hat zahlreiche, ziemlich dicht stehende Blüten.

Die stark riechenden Blüten des Gemeinen Baldrians sind ziemich klein.

Die frühblühende Pflanze hat einen unten kahlen Stengel und wird 0,5 bis 1 m hoch.

Balgfrucht, die: Frucht, die aus einem einzigen → Fruchtblatt besteht. Sie öffnet sich nur an der Verwachsungsnaht (Bauchnaht) des Fruchtblattes, z. B. bei Rittersporn, Sumpfdotterblume, Nieswurz und Spiersträuchern; → Kapselfrucht.

Balken: **1**) Bez. für Kanthölzer (Tramen), deren kleinste Seite mindestens 100 mm, die größte mindestens 200 mm mißt. **2**) alter Fachausdruck aus der gewerbsmäßigen → Harzgewinnung. Als B. wurden die schmalen Rindenstreifen bezeichnet, die zwischen den → Lachen stehenbleiben.

Balkenbock, der: → Bockkäfer 6.

Balkenhauer: auch Balkenschläger. frühere Bez. für Arbeiter, die am Fällungsort das Holz, z. B. als → Schiffsbauholz (→ Bemastungsholz, → Konstruktionsholz) herrichteten.

Balkenholz, das: auch Tramholz, Zimmerholz. Bez. für → Bauholz, das zu → Balken verarbeitet wird. Zum B. gehören alle Zimmerstücke des Vollholzes, die beim Hochbau, Brückenbau und Schiffbau zur Verwendung kommen. Da im Bauwesen oft jedes Stück seine besonderen Abmessungen haben muß, wird Bauholz nach Listen, d. h. nur auf besondere Bestellung geschnitten, in gängigen Maßen wird es auf Vorrat gehalten. Man unterscheidet gezimmertes oder gebeiltes B., wenn die vier Ausformungsflächen durch Beschlag mit dem Breitbeil hergestellt wurden, besäumtes oder besägtes B., wenn sie durch die Säge entstanden sind. Bei den sog. Plancons (Eichen) des früheren Ostseehandels (quadratisch 12 x 12 → Zoll und mindestens 10 → Fuß lang) waren zwei Seiten scharf beschlagen, die dazwischen liegenden blieben berindet.

▸▸ Als Bannwald bezeichnet man besonders geschützte Waldflächen.

Balkenklafter, das: altes Maß von 6 → Fuß Länge und 1 Quadratfuß Stärke; → Klafter.

Balkenknie, das: → figurierte Hölzer.

Balkenschläger, der: → Balkenhauer.

Balkenschleten: auch Balkenschlieren, Balkenschloten, Giebel oder Spitzen. **1**) alte, regionale Bez. für die Spitzen (Wipfel) der Nadelbäume die als → Bauholz verwendet wurden. **2**) auch runde oder gespaltene, einige → Zoll starke Hölzer (Stangen), die anstelle eines Fußbodens für Streu- und Strohböden verwendet wurden.

Balkenschlieren → Balkenschleten.

Balkenschloten → Balkenschleten.

Balkenschröter, der: → Blatthornkäfer 2.

Balkenschwamm, der: → Lenzites-Pilze.

balkig: alte Bez. für einen Baum, der so stark ist, daß aus ihm → Balken gewonnen werden können.

Balkuners: beim früheren Weser-Holzhandel Bez. für klein geschnittene Holzstücke von 14 → Fuß Länge und 4 bis 5 → Zoll im Durchmesser; sog. doppelte B. Die nur 9 bis 13 Fuß langen Holzstücke wurden einfache B. genannt.

Ballenanzuchtverfahren, das: → Ballenpflanzen.

Ballenbohrer, der: → Hohlbohrer.

Ballenpflanzen: Pflanzen, denen beim Ausheben die Erde, die die → Wurzeln umgibt, in Form eines unterschiedlich geformten Ballens belassen wurde. Ggs: wurzelnackte Pflanzen; → Containerpflanzen, Pflanzverfahren.

Balsabaum, der: schnellwachsendes Woll baumgewächs mit nur wenigen → Arten (z. B. *Ochroma lagopus* und *Ochroma pyramidale*) im tropischen Süd- und Mittelamerika. Der Baum liefert Balsaholz (auch Korkholz genannt), das leichter als → Kork ist. Es wiegt im trockenen Zustand 120 kg/m^3 und ist nicht nagel- bzw. schraubfest. Das Holz wird zu Schwimmgürteln, Rettungsringen, im Modellbau und zur Schalldämpfung verwendet. Thor Heyerdahl verwendete für sein Floß Kon-Tiki Balsaholz.

Balsam, der: Mischung pflanzlicher Sekrete, besonders von Bäumen. B. besteht aus viskosen Auflösungen von Harzalkoholen, Harzestern, Harzsäuren und hochmolekularen Kohlenwasserstoffen in → ätherischen Ölen, die, soweit sie nicht selbst ausfließen, durch Einschnitte (Lebendharzung), durch Aus-kochen, Extraktion oder Auspressen bestimmter Pflanzenteile gewonnen werden. Falls B. durch Lufteinwirkung und Verdunstung der enthaltenen ätherischen Öle erhärtet, ergeben sich Hartharze. Der besonders in einigen Kiefernarten enthaltene Harz-B. besteht aus 75 % → Kolophonium und 25 % → Terpentinöl, die in

Destillationsanlagen getrennt werden. B. verschiedener Art werden als Heilstoffe, Riechstoffe und als technische Rohstoffe, z. B. für die Firnis- und Lackbereitung verwendet. Die wichtigsten B. sind: Elemiharz, Kanada-B., Kopaiva-B., Mekka-B., Myrrhe, Peru-B., Styrax, Tolu-B. und Weihrauch.

Balsamine, die: → Springkraut.

Baltische Kiefer, die: → feinringige und damit hochwertige Kie aus dem Ostseeraum (Herkunfts-Bez.).

Bamberger Kiefer, die: → feinringige und hochwertige Kie aus dem Hauptsmoorwald (Stadtwald) bei Bamberg. Der → Splint der B. K. ist teilweise sehr schmal und häufig nur wenige Zentimeter stark. Der Begriff B. K., eine Herkunfts-Bez., wurde inzwischen auch auf Kie erweitert, die ähnliche Gütemerkmale aufweisen und in anderen Waldgebieten um Bamberg, besonders im → Steigerwald, wachsen.

Bandholz, das: gespaltene Birken-, Hasel- und Weidenruten zum Binden von Fässern; → Bandstöcke.

Bandsaat, die: → Saatformen.

Bandstöcke: auch Reifstöcke, Reifstäbe. Bez. für schwache Stangen, junge Gerten und → Stockausschläge von Ei, Kast, Bi, Ha und Wei, die zum Binden der Fässer (Faßreifen, Holzreifen) verwendet werden; → Bandholz.

Bandweide, die: die Korbweide; → Weiden 7; aber auch Bez. für alle anderen Weidenarten, die zähe und biegsame Ruten haben und sich zur Herstellung von Bändern und Reifen eignen.

Banhans, Anton, Frhr. von, Dr. (1825 Michelob bei Saaz bis 1902 Wien): B. war ab 1870 Ackerbauminister, später Handelsminister und nachfolgend Zentralgüterdirektor des Grafen Waldstein-Wartenberg. Er erwarb sich große Verdienste um die Entwicklung der Forstschule → Weißwasser und die Ausgestaltung des forstlichen Domänenwesens. Im Jahre 1879 übernahm B. das Präsidium des Österreichischen Reichsforstvereins und trat nachdrücklich für die Geltung der Forstwirtschaft in der Volkswirtschaft ein.

Bankladen, der: → Dickbretter.

Bannforst, der: → Bannwald.

Bannraidel: auch Bannreidel, Bannstangen, Bannreiser, Bannreitel, Hegereitel. Eine ältere, v. a. in Norddtschl. übliche Bez. der im → Nieder- und → Mittelwald übergehaltenen, einen → Umtrieb alte Stangen (→ Laßreiser), die stehen bleiben; → angehender Baum.

Bannreidel → Bannraidel.

Bannreis, das: **1**) svw. → Bannraidel. **2**) alte Bez. für junge Stämmchen von etwa 6 → Zoll Dicke.

Bannreiser → Bannraidel.

Bannreitel → Bannraidel.

Bannstangen → Bannraidel.

Bannwald, der (Bannforst): **1**) geschichtlich: (Bannholz, Bannwald, Silva defensata s. inforestata, Silva regis, Forestum dominicum s. bannavium): im Mittelalter ein Waldgebiet, in dem die Ausübung der Jagd dem Eigentümer durch königliches Gebot unter Androhung des Königsbannes vorbehalten war. In diesen Waldgebieten waren verschiedene Nutzungen, z. B. → Schweinemast und Rodungen, die die Jagdausübung beeinträchtigten, ohne Genehmigung des Inhabers des B. verboten. Ursprünglich waren es nur königliche Waldungen, die einen solchen Schutz genossen, da nur die Könige das Recht hatten, Handlungen bei Strafe des Bannes zu verbieten. Hierdurch erhielt seit dem Ende des 8. Jh. das aus dem althochdeutchen Wort „Forst" gebildete mittelalterlich-lateinische Wort „foresta", das bis dahin ausschließlich königlichen Wald als Eigentumsform bezeichnet hatte, die Bedeutung eines rechtlich besonders geschützten „Bannforstes". Allmählich wußten aber die Könige das → Jagdrecht auch auf solche Gebiete auszudehnen, deren Grundeigentum ihnen nicht zustand. Gleichzeitig erstrebten auch weltlich-geistliche Große den Schutz ihres Jagdrechts durch Androhung des Königsbanns. Seit der Mitte des 9. Jh. nahm die Zahl der B. immer mehr zu, bis bei der Entwicklung der Landeshoheit ab dem 13. Jh. die Landesherren das Jagdrecht als ein Regal für sich in Anspruch nahmen und eine besondere Verleihung des Königsbannes zum Schutz ihrer Jagd nicht mehr für notwendig erachteten. Seitdem der Schutz des Jagdrechts durch Königsbann anderen Personen verliehen wurde, löste sich der Begriff „forestis" los von der Beziehung zu einem bestimmten Grundstück und bezeichnete nun sowohl ein unter Bann gestelltes Gebiet, den B., als auch im abstrakten Sinn das bevorzugte Jagdrecht einschließlich Zubehör, den → Wildbann (→ Forstgeschichte, Forst).

2) allgemein: In ihrer Ausdehnung zur Aufrechterhaltung allg. Schutzfunktionen geschützte Waldfläche mit unterschiedlichen Nutzungsbeschränkungen bis zum Rodungs- oder Nutzungsverbot.

3) ein → Lawinenschutzwald in den Alpen.

4) in Bayern ein Wald, der aufgrund seiner Lage und seiner flächenmäßigen Ausdehnung v. a. in Verdichtungsräumen und waldarmen Bereichen unersetzlich ist und deshalb in seiner Flächensubstanz erhalten werden muß und welchem eine außergewöhnliche Bedeutung für das Klima, den Wasserhaushalt oder für die Luftreinigung zukommt. Die Erklärung zum B. erfolgt durch Rechtsverordnung. Zu B. kann auch Wald erklärt werden, der in besonderem Maße dem Schutz vor → Immissionen dient. Er ist gesetzlich vor → Rodung geschützt. Eine Rodungserlaubnis kann erteilt werden, wenn sichergestellt ist, daß angrenzend an den vorhandenen B. ein neuer Wald begründet wird, der gleichwertig ist oder gleichwertig werden kann.

5) In Baden-Württemberg werden → Naturwaldreservate als B. bezeichnet.

6) In Österreich sind B. Wälder, die der Abwehr bestimmter Gefahren von Menschen, menschlichen Siedlungen und Anlagen oder kultiviertem Boden dienen, sowie Wälder mit vorrangiger Wohlfahrtswirkung, für welche bestimmte Maßnahmen oder Unterlassungen behördlich vorgeschrieben sind (Bannlegung). Im Forstgesetz von 1975 definiert als Wald, der dem Schutz vor Lawinen, Felssturz, Steinschlag, Erdrutsch, Hochwasser, Wind, Emissionen und Lärm dient.

Banse, die: aufgeschichtetes Holz; → Beige.

Bärenfelser Waldwirtschaft, die: → Krutzsch.

Bärenklau, der *(Heracleum)*: auch Herkuleskraut. Gatt. der → Doldengewächse mit etwa 60 Arten in Eurasien und Nordamerika. Im Wald anzutreffen:

1. Wiesenbärenklau, der *(Heracleum sphondylium* Linné): Der W. ist mit Ausnahme des Hohen Nordens und weiten Teilen des Mittelmeerraumes über Europa und Vorderasien verbreitet. Er kommt in vier Unterarten vor und wächst verbreitet auf Wiesen, Fettwiesen, in Auwäldern und an Waldsäumen, in lichten Wäldern, an Ufern und Gräben. Die Subspezies *alpinum* wächst in Bergwäldern, Hochstauden-Buchenwäldern und orealen Bergahorn- und Buchenwäldern; dort und in Weidengebüschen wächst auch die Subspezies *elegans*. Die Subspezies *spondylium* wächst besonders in Auwäldern. Der W. wächst auf nährstoffreichen, etwas feuchten Böden (zeigt Überdüngung an) bis in Höhen von etwa 2500 m. Die zwei- oder mehrjährige, leicht giftige, 60 bis 150 cm hohe Pflanze hat einen unangenehmen Geruch. Der aufrechte, röhrige, etwa 5 bis 20 mm dicke Stengel ist kantig gefurcht, rauhhaarig, mit gelblich milchender Grundachse. Die rauhhaarigen Blätter sind im Umriß rundlich oder eiförmig, 20 bis 60 cm lang, fiederteilig oder gefiedert, mit drei bis fünf großen, tief gelappten oder handförmig geteilten, gekerbten oder gesägten Abschnitten. Die oberen Blätter sitzen auf aufgeblasenen Blattscheiden. BZ: Juni bis September. Die weißen oder grüngelben Blüten stehen in großen, 15- bis 30strahligen Dolden (→ Blütenstand). Die Früchtchen sind oval, linsenförmig abgeflacht, 6 bis 11 mm lang, am Rande geflügelt. Der W. ist ein gutes Hühner-, Bienen- und Schweinefutter.

Die Wurzeln, Blätter und Früchte, getrocknet in der Sonne, finden in der Naturheilkunde (→ Heilpflanzen) Verwendung. Sie enthalten → ätherisches Öl, Furocumarine und wirken blutdrucksenkend, verdauungsfördernd, anregend, aphrodisiakisch, regulieren die Menstruation und finden auch Anwendung als Aufguß bei arteriellem Bluthochdruck, als Absud bei Verdauungsstörungen und als W.-Wein bei Impotenz.

2. Riesenbärenklau, der *(Heracleum mantegazzianum)*: Der R. wurde im 19. Jh. aus dem Kaukasus und von der Krim als → Zierpflanze eingeschleppt und teilweise gezielt verbreitet („Tromsö-Palme" als Hilfspflanze zum Verdämmen des Unkrauts und als Frostschutz in Forstkulturen, Bienennahrung). Die bis zu 5 m hohe Pflanze hat Dolden mit einem Durchmesser bis zu einem halben Meter und bis zu 10 cm starke hohle Hauptstengel. Der → Neophyt R. hat eine lästige Ausbreitungstendenz (eine Pflanze produziert bis zu 6000 Samen), verbunden mit einer großen Konkurrenzkraft und verursacht phototoxische Wirkung (Blasen auf der Haut) bei Menschen. Sie stellt keine Bereicherung der Nahrungsbasis einheimischer Insekten dar, da sie gleichzeitig mit anderen Umbelliferen blüht. Die Pflanze ist zwei- bis dreijährig. Wird die Pflanze vor der Blüte gemäht, also am Fruchten gehindert, treibt sie immer wieder nach. Die Samen können mehrere Jahre überliegen. Die wirksamste Bekämpfung ist die über mehrere Jahre wiederholte Entfernung der Samendolden.

Bärenlauch, der: → Lauch 1.

Bärenschote, die: → Tragant 1.

Bärenspinner *(Arctiidae)*: weltweit verbreitete artenreiche Fam. meist bunt gefärbter kleiner bis mittelgroßer → Schmetterlinge. In Europa ca. 50 Arten, z. B. **Brauner Bär** *(Arctia caja)*. Im Wald kommen vor:

1. Flechtenspinner, der *(Lithosia (Oeonistis) quadra)*: auch Stahl-, Würfelflechtenspinner, Würfel- oder Vierpunktmotte, Vierpunkt-Flechtenbär. Die Vorderflügel des Männchens sind gelblichgrau mit orangegelber Wurzel und stahlblauem Rand davor, die des Weibchens ockergelb mit jeweils einem stahlblauen Fleck an der Mitte des Flügelvorder- und über der Mitte des -hinterrandes. Hinterflügel strohgelb. Die Spannweite beträgt 50 mm. Schwärmt im Juli/August bei Nacht. Die schwärzliche Raupe mit hellroten Warzen überwintert in der Bodenstreu und frißt bis Juni an den Baumflechten von Ei, Bu, Fi und Kie, aber auch an den Blättern und Nadeln der besetzten Bäume.

2. Weißer Bärenspinner, der *(Hyphantria cunea)*: aus Amerika nach Europa eingeschleppter Falter, der im Vordringen begriffen ist. Falter weitgehend mit weißen Vorderflügeln mit schwarzen Flecken, Hinterflügel und Körper ebenfalls weiß. Flügelspannweite bis 30 mm. Raupen mit fünf bis sechs Häutungen, leben auf verschiedenen Ackerpflanzen sowie in Laubholzbeständen, befressen aber auch Zierpflanzen und Obstbaumblätter. Zur Eiablage bevorzugt der Falter den Holunder.

Bärentatze, die: → Keulenpilze 8.

Bärenthoren: Privatwaldbesitz der Fam. → Kalitsch; 1945 enteignet. 200 ha des ehemaligen Besitzes wurden von der damaligen DDR als Waldkulturdenkmal ausgewiesen; → Krutzsch.

Bärentraube, die *(Arctostaphylos)*: Gatt. der → Heidekrautgewächse mit etwa 40 Arten auf der Nord-Hemisphäre, v. a. in Nord- und Mittelamerika. Es handelt sich um Sträucher oder kleine Bäume mit eiförmigen, meist ledrigen Blättern, krug- oder glockenförmigen Blüten und beerenartigen Steinfrüchten

Die immergrüne Bärentraube ist bei uns selten geworden.

(→ Schließfrucht). Bei uns kommen zwei Arten vor:

1. Immergrüne Bärentraube, die *(Arctostaphylos uva-ursi)*: auch Echte B., Wolfs-, Steinbeere, Spanische Heidelbeere, Rauschgranaten. Der in fast ganz Europa, dem borealen Amerika, Himalaya, Kaukasus und Nordsibirien verbreitete Strauch wächst gerne in Begleitung der Kie und kommt in Dtschl. nur noch auf wenigen Standorten (Heiden, trockene, lichte Kiefernwälder, besonders Schneeheide-Kiefernwälder) vor und benötigt kalkarmen und humushaltigen Boden. Im Gebirge kommt er in geschützten Felsspalten bis 2500 m vor.

Der immergrüne Zwergstrauch wird etwa 20 bis 60 cm hoch und hat weitkriechende runde, braune Äste. Die dichtbeblätterten aufwärts gebogenen Zweige werden bis 1,5 m lang, wurzeln aber selten. Die wechselständigen (→ Blattstellung) Blätter sind dick, ledrig, verkehrt-eiförmig und haben einen sehr hohen Gerbstoffgehalt, weshalb sie in Nord- und Osteuropa auch zum Gerben von Leder verwendet werden. BZ: März bis Juli. Die fünfzähligen Blüten sind klein, weiß oder hellrosa, stehen in endständigen, überhängenden, etwa zehnblütigen Trauben (→ Blütenstand) und haben einen rötlichen, gezähnten Saum. Aus ihnen entstehen die 5 bis 8 mm großen, leuchtend roten und mehligen Beeren, die der Preiselbeere ähnlich sehen und fünf einsamige Steinkerne enthalten. Die Blätter enthalten Glykoside, Gerbstoffe und Flavonoide und werden arzneilich (→ Heilpflanzen) bei Blasen- und Nierenleiden verwendet.

Alpen-Bärentraube

2. Alpen-Bärentraube, die *(Arctostaphylos alpina* (L.) Sprengel): Ihr Verbreitungsgebiet reicht vom borealen Nordamerika über Nordrußland, Skandinavien, Schottland, Mittel- und Südeuropa bis Nordalbanien, dem Apennin und den Pyrenäen. Sie wächst in der subalpinen bis alpinen Vegetationsstufe, häufig in alpinen Zwergstrauchgesellschaften und Bergföhren-Wäldern. Sie bevorzugt schattige Lagen, frische bis feuchte, steinige bis humose, kalkhaltige bis schwach saure Böden.

Der mattenbildende, sommergrüne, kriechende Zwergstrauch hat niederliegende, bis 60 cm lange Zweige mit kurzen, aufsteigenden Endtrieben und wechselständigen, kurzgestielten, verkehrt eiförmigen Blättern die bis 5 cm lang und 1 cm breit werden. Im Herbst färben sie sich leuchtend rot und bleiben bis zum Frühjahr stehen. Die glockigen Blüten, die kurz vor oder mit den Laubblätter erscheinen, sind grünlichweiß, selten leicht rötlich, 4 bis 7 mm lang, nach vorne verschmälert, mit fünf nach außen gebogenen Zipfeln und oberständigen Fruchtknoten. Sie stehen zu zweit bis zu fünft in endständigen, aufrechten oder nickenden kleinen Trauben. Die Frucht ist eine kugelige, erst rote, dann glänzend schwarze, saftige Beere.

Barfrost, der: Auswirkung des Winterfrostes, wenn eine mit Feuchtigkeit gesättigte, lockere Bodendecke gefriert. Es bilden sich kleine Eissäulchen im Boden, die diesen hochheben. Dabei werden auch kleinere und nur flach wurzelnde Pflänzchen nach oben gehoben. Bei Tauwetter senkt sich der Boden wieder, die Pflanzen bleiben aber häufig mit mehr oder weniger entblößten Wurzeln oben und gehen meist ein. Diese Erscheinung wird auch als „Auffrieren des Bodens" und als „Ausfrieren der Pflanzen" (auch Auswintern) bezeichnet.

Bariumchlorid, das: wegen seiner insektiziden Wirkung als Holzschutzmittel verwendet.

Barke, die: → Birken 1.

Bärlapp, der *(Lycopodium)*: engere Gatt. der → Bärlappgewächse, die mit rd. 60 Arten über die ganze Erde verbreitet ist. Acht Arten kommen in Europa, darunter sechs in Dtschl. vor. Es handelt sich um krautige, immergrüne, meist kriechende Sporenpflanzen (→ Kryptogamen) ohne sekundäres → Dickenwachstum, deren → Sprosse viele kleine nadel- oder schuppenartige Blätter besitzen. Alle Arten stehen unter Naturschutz, da die Entwicklung von der → Spore bis zur sporentragenden Pflanze Jahrzehnte dauert. Die bekanntesten einheimischen Arten sind:

1. Keulenbärlapp, der *(Lycopodium clavatum* Linné): auch Kolbenbärlapp, Wolfsklaue, Strangmoos, Wolfsranke, Druden-, Hexenkraut. Der selten und zerstreut vorkommende, lokal manchmal häufige K. wächst in Nadelwäldern, Heiden, Zwergstrauchheiden und an Waldrändern.

Die mehrjährige Pflanze hat 5 bis 30 cm lange Kriechsprosse, deren Gabeläste ungleich lang sind. Die spiralig angeordneten, kleinen, pfriemähnlichen Blättchen haben einen gezähnten bis gefransten Rand und laufen in einer langen, hellen Haarspitze aus. Die → Sporangien stehen in endständigen, langgestielten, locker beblätterten, aufgerichteten Ähren (→ Blütenstand), die meist zu zweit oder zu dritt stehen und an Keulen erinnern (Name!). Aus den Sporen, die von Juli bis August reifen, entsteht zunächst ein winziger Vorkeim (Prothallium), der sich erst nach dem Eindringen von Mykorrhizapilzen (→ Mykorrhiza) weiter zu entwickeln vermag. Die Lebensdauer der Vorkeime beträgt bis zu 20 Jahren. Die B.-Pflanze bildet sich erst nach der → Befruchtung.

Der Keulen-B. war bei den Germanen, wie die Eichen, dem Donar geweiht. Wahrscheinlich war ihnen bekannt, daß die gelben Sporen, die auch pharmazeutisch verwendet werden, mit greller, leuchtender Flamme wie ein Blitz verbrennen. Die Sporen sind deshalb im Volksmund auch als „Blitzpulver", „Hexenmehl", „Pflanzenschwefel" etc. bekannt und werden u. a. für Theaterblitze verwendet. Auch in Märchen und Sagen spielt die harmlose Pflanze, die mit viel Zauberkraft ausgestattet wurde, eine bedeutende Rolle. Man nagelte den K. an die Stalltüren, um Hexen zu bannen, hängte ihn, zum Kranz gewunden, in Schlafkammern auf und trug ihn als „Johannisgürtel" als Abwehrmittel gegen Ermüdung um den Leib.

Die Pflanze – mit Ausnahme der Sporen – enthält die drei giftigen → Alkaloide Clavatin, Clavotoxin und Lycopodin. Die Sporen sind wasserabstoßend und enthalten Zucker, Sporonin und 50 % fettes Öl. Sie werden pharmazeutisch als Puder zum Trocknen von nässenden Wunden benutzt. In der Homöopathie verwendet man eine aus den Sporen zubereitete Tinktur zur Behandlung chronischer Erkrankungen von Lunge, Leber, Magen, Nieren und Blase.

2. Sprossender Bärlapp, der *(Lycopodium annotinum* Linné): auch Schlangenmoos. Der v. a. über Berg- und Nadelwälder der Gebirge verbreitete S. B. ist schatten- und feuchtigkeitsliebend und wächst auf sauren, nicht zu trockenen Böden, gern auf moorigen Felsen in Fichtenwäldern, Kiefern- und Birkenmooren. Er ist die → Charakterart der boreal-alpinen Nadelwälder und subalpin-alpinen Zwergstrauch-Gesellschaften.

Der S. B. ist dem Keulenbärlapp sehr ähnlich, hat jedoch bis über 1 m lange, kriechende Stengel mit etwa 10 bis 30 cm hohen, mehrfach gegabelten, aufrechten Ästen. Die meist in fünf Reihen angeordneten Blätter haben kleine Glashaare. Die bis 4 cm langen, endständigen und einzeln stehenden Sporangienähren sind ungestielt. Die Sporen reifen von August bis September.

3. Tannenbärlapp, der (*Huperzia selago* (L.) Bernh. ex Schr. et Mart.): auch Tannen-Teufelsklaue. Der v. a. in den Gebirgen vorkommende, seltene, kalkmeidende T. wächst bevorzugt auf sauren Böden in feuchten, schattigen und steinigen Bergwäldern.

Die 5 bis 20 cm hohen, aufsteigenden Stengel des mehrjährigen T. sind gabelig verzweigt, stehen nahe beieinander, und ihre fast gleichhohen Äste bilden oft dichte Büschel. Die lineal-lanzettlichen, dunkel- bis gelbgrünen Blätter stehen in acht Reihen spiralig um den Stengel angeordnet, regelmäßig abwechselnd in zwei Ebenen (über Kreuz) gegabelt und überdecken sich dachziegelartig. Die Sporen reifen von Juli bis Oktober. Jedes Jahr entwickeln sich in der Mitte der Jahrestriebe in den Blattachseln gelbe Sporangien.

▸▸▸ Der Sprossende Bärlapp wächst gesellig in Berg- und Nadelwäldern.

4. Flacher Bärlapp, der (*Lycopodium complanatum* Linné = *Diphasium complanatum* (L.) Rothm.): Der nur zerstreut vorkommende F. B. wächst hauptsächlich in bodensauren Nadelwäldern, besonders in moorigen Kiefern- und Fichtenwäldern, auf Heiden und in boreal-alpinen Nadelwald-Gesellschaften.
Der anspruchslose F. B. hat unterirdisch kriechende, spärlich bewurzelte, bis 1 m lange Stengel mit zahlreichen oberirdischen, aufstrebenden, bläulich-grünen, büschelig verzweigten, 5 bis 15 cm hohen Ästen mit abgeflachten Nebenästen, deren Blätter spitz, schuppenförmig und angedrückt sind. Die Sporenreife ist von August bis September. Die Sporenähren stehen (jeweils zwei bis sechs) endständig auf bis zu 12 cm langen, wenig beblätterten Stielen im Mitteltrieb. Die sporentragenden Blätter sind breit-eiförmig, kurz zugespitzt, gelblichgrün, zuletzt bräunlich. Der F. B. ist auch ein beliebter Friedhofsschmuck.
5. Alpenbärlapp, der (*Diphasium alpinum* (L.) Rothm.): auch Alpen-Flachbärlapp. Der A. ist ein Eiszeitrelikt und wächst auf Magerrasen und in Zwergstrauchheiden der Hochgebirge und einiger Mittelgebirge, außerhalb von Kalkgebieten. Er ist verbreitet, aber nur lokal häufig.
Die mehrjährige, 10 bis 30 cm lange Pflanze hat kriechende, nur am Ende aufsteigende, abgeflachte, gabelig verzweigte Sprosse, die in längere und kürzere Zweige gegliedert sind. Die blaugrünen, gegenständigen Blättchen sind in vier Reihen angeordnet, an der Sproßunterseite gekniet. Die Sporen reifen von August bis September. Die Sporangien stehen in ungestielten, hellen, unauffälligen, ährenähnlichen Ständen, die den dichtbeblätterten Sprossen direkt aufsitzen.
Bärlappartige → Bärlappflanzen.
Bärlappe (*Lycopsida*): Klasse der → Farnpflanzen mit den drei rezenten Ordn. → Bärlappflanzen, Brachsenkräuter, → Moosfarne und den ausschließlich fossilen Urbärlappen sowie den ausgestorbenen → Schuppenbäumen. Es sind immergrüne, krautige Pflanzen mit gabelig verzweigten Sprossen und nadelförmigen Blättern. Die fossilen Arten der B. waren z. T. baumförmig, wie z. B. der → Siegel- und Schuppenbaum. Sie bildeten im Karbon (→ Erdzeitalter) Wälder, aus denen sich durch Inkohlung zum großen Teil die heutigen Steinkohlevorkommen bildeten (→ Steinkohlenwälder).
Bärlappgewächse (*Lycopodiaceae*): einzige Fam. der → Bärlappflanzen mit weltweit vier (*Huperzia, Lycopodium, Lycopodiella, Phylloglossum*), bei uns zwei Gatt.; → Bärlapp und Zungenblatt.
Bärlappflanzen (*Lycopodiales*): auch Bärlappartige. Ordn. der Klasse → Bärlappe mit der Fam. → Bärlappgewächse.
Bär-Lauch, der: → Lauch 1.
Bärndatschn, die: → Kälberkropf.
Bart, der: → Waldbart.
Barte, die: → Heppe.
Bartflechte, die (*Usnea*): Gatt. der Fam. Bartflechten (*Usneaceae*) der Abteilung → Flechten, die mit ca. 450 Arten besonders in luftfeuchten Gebieten, z. B. in den Nebellagen der Gebirge verbreitet ist und bis in die Arktis und Antarktis vordringt. Viele Arten der Gatt. B. sind nur schwer voneinander zu unterscheiden und empfindlich gegenüber → Luftverunreinigungen. Sie hängen bartartig von den Ästen herab. Zwei bekannte Arten sind:
1. Gewöhnliche Bartflechte, die (*Usnea florida* (L.) Weber): Die vom Hügelland bis ins Hochgebirge vorkommende G. B. ist weit verbreitet, stellenweise häufig und wächst besonders in feuchteren Berglagen, an Laubbäumen und Nadelbäumen sowie auch an altem Holz. Die gelblichgraue oder grünliche Strauchflechte, die selten über 1 m lang wird, hat sehr büschelig verzweigte Lager (→ Thallus) und Hauptäste sowie mit ungleich langen, abstehenden Fiederästchen besetzte Äste. Die Lageräste sind an der Basis schwärzlich, ziemlich dick, derb, steif und dornig warzig. Die bis 1 cm breiten, scheibenförmigen Apothecien (→ Fruchtkörper) sind hellgelb mit bewimpertem Rand. Sie befinden sich meist endständig an den Seitenästen.
2. Lange Bartflechte, die (*Usnea longissima* Acharius): Die seltene und schöne L. B. wächst an Nadelbäumen in alten Nadelwäldern, besonders in nebelreichen, sonst aber niederschlagsärmeren Bergwäldern. Sie hat geschmeidige, fast unverzweigte, bis zu 10 m lange (längste Flechte), hellgraugrüne bis gelblichgrüne Fäden und Girlanden, die mit rechtwinkelig abstehenden Faserästchen besetzt sind.
Bartfledermaus, die: → Fledermäuse 3.
Bartgeier, der: → Geier 2.
Barthel, Max → Wald in der Dichtung.
Bärtige Glockenblume, die: → Glockenblume 7.
Bärtiger Ritterling, der: → Ritterlinge 5.
Bärtiger Schwarzkäfer, der: → Düsterkäfer.
Bartmücken (*Ceratopogonidae*; früher: *Heleidae*): auch Gnitzen, umgangssprachlich „Gewitterfliegen“ genannt. B. sind eine weltweit mit ca. 500 Arten vertretene Fam. flohgroßer, 0,3 bis 3 mm langer meist dunkel gefärbter → Mücken. B. haben meist 14gliedrige Fühler, bei den Männchen oft mit langer, büschelförmiger Behaarung, und einen nach unten gerichteten Stechrüssel. Die Weibchen sind lästige Blutsauger an Insekten und Wirbeltieren, die Männchen ernähren sich ausschließlich durch Saugen von Pflanzensäften. In Waldgegenden im Frühjahr anzutreffen ist v. a. die ca. 2 mm große B. *Culicoides pulicaris* mit schwarzbrauner Brust und behaarten weißen Flügeln mit graubraunen Punkten. Sie sticht auch Menschen, meist am Rande der Kleidung, besonders abends und nachts und verursacht Juckreiz. In den Monaten Juli/September tritt die Art *Atrichopogon oedemerarum* auf, deren Larvenentwicklung sich in humifiziertem Holz oder auch in feuchten Laublagen kleinerer Gräben vollzieht.
Bartschen: Bez. für oben spitz, unten breit zugehauene schwache Stämme, die früher bei der → Flößerei als Ruder verwendet wurden.
basal: unterste Vegetationsschicht (an der Basis liegend) in der vertikalen Schichtfolge beim Waldaufbau (→ Vegetationsschichten des Waldes).
Basalfläche, die: → Grundfläche.
Base, die: alkalisch reagierende Verbindung eines Metalloxides mit Wasser, z. B. NaOH als Verbindung von Natriumoxid und Wasser, wird B. genannt. B. können → Säuren neutralisieren und bilden dabei Salze.
Basen(an)zeiger → Bodenanzeiger.
Basenaustausch, der: Mikroorganismen und Pflanzenwurzeln sondern → Säuren ab. Deren H-Ionen verdrängen aus den verwitternden Silikaten basisch wirksame Kationen in die Bodenlösung, dadurch sinkt die → Basensättigung. Gelangen andererseits durch die Verwitterung basisch wirksame Kationen in die Bodenlösung, können sich diese wieder an den Ionenaustauschern anlagern und somit das → Basensättigungsverhältnis wieder erhöhen. Sobald der Basengehalt des → Bodens die volle Sättigung, d. h. die maximale Aufnahmefähigkeit der Kolloidoberflächen, überschreitet, erscheinen die überschüssigen Basen als Carbonate in der Bodenlösung. Durch die Anlagerungen werden die Ionen zumindest zeitweise vor Auswaschung geschützt. Die verschiedenen Austauscher im Boden verhalten sich hinsichtlich ihrer Eintauschstärke sehr unterschiedlich. Huminsäure hat ein selektives Sorptionsvermögen für H+ und Ca_2+, Glimmer für H+ und K+, sowie NH_4+, Montmorillonit und Kaolinit für Ca_2+ und Mg_2+. Die bei → Bodenversauerung auftretenden H-Ionen werden also besonders von den Huminsäuren und den glimmerartigen Tonmineralien adsorbiert. Glimmer kann weiter die Nährstoffe → Kalium und → Stickstoff über die bevorzugte Bindung der entsprechenden Ionen fixieren.
Basensättigung, die (BS): Anteil der basisch wirksamen Kationen Ca^{2+}, Mg^{2+}, K^+, Na^+ an der gesamten Kationensättigung wird B. genannt. Sie ist die Fähigkeit des → Bodens, → Basen zu binden und ist umso höher, je weniger sauer wirkende Wasserstoff- und

Bartflechten sind besonders empfindlich gegen Luftverunreinigungen.

Aluminiumionen an die Tonmineralien, Humusstoffe und Kolloide gebunden sind.
Basenstättigungsverhältnis, das: prozentueller Anteil der basisch wirksamen Kationen an der gesamten Kationen- → Austauschkapazität wird als B. oder V-Wert bezeichnet. Ein geringes B. haben beispielsweise Mineralböden mit < 10 %.
Basenverarmung, die: In humiden Klimabereichen übersteigen die Niederschläge die Jahresverdunstung. Deshalb kommt es dort zu einem Sickerwasserstrom mit dem basisch wirksame Kationen, die durch den → Basenaustausch in das → Bodenwasser gelangen, verlorengehen. Dieser Vorgang kann zu einem Basenverlust und zu einer Verringerung der → Basensättigung führen, wenn sie nicht durch die weitere Verwitterung von Tonmineralien (nachschaffende Bodenkraft) bzw. Düngegaben ausgeglichen werden. Ein abnehmender Basengehalt bewirkt über die Verluste der metallischen Kationen einen Verlust an Nährstoffen und Ionenantagonismen, vermindert die Fähigkeit des → Bodens, Konzentrationsabnahmen durch Nährstoffaufnahme auszugleichen und Säurebelastungen abzupuffern (→ Pufferung), verringert die Tätigkeit der bodenwühlenden Tiere aus der Bodenfauna und der Bodenbakterien. Dadurch verlangsamt sich die Streuzersetzung und die Nährstoffversorgung der Bäume. Die B. durch Auswaschung ist unter landwirtschaftlichen Flächen größer als unter Wald und insgesamt von der Dauer der Bodenbedeckung durch Pflanzen während des Jahres abhängig.
Basenweiser → Bodenanzeiger.
Basenzeiger → Bodenanzeiger.
Basidienpilze: Gruppe von → Pilzen, die zur Klasse (→ Systematik) der → Ständerpilze gehören (Basidie; griechisch = Ständer). B. besitzen sporenbildende Fortpflanzungsorgane. Zu den B. gehören auch alle typischen → Holzpilze; → Basidiosporen.
Basidiokarp, der: Fruchtkörper der → Ständerpilze.
Basidiomycetes → Ständerpilze.
Basidiosporen: Die charakteristischen → Sporen der Basidiomyceten oder → Ständerpilze. B. sind durch Sprossung abgegliederte, an kleinen Stielchen, den Sterigmen, sitzende Sporen; → Basidienpilze.
basisch → pH-Wert.
Basitonie, die: Im Ggs. zur → Akrotonie, bei der die obersten Knospen eines Jahrestriebes gefördert werden, werden bei der B., insbesondere bei den Sträuchern und den ausdauernden Kräutern, die unteren Knospen im Wachstum bevorzugt.
Bast, der: **1**) Der B., auch innere oder sekundäre → Rinde (auch Bast- oder Siebteil, Phloëm), ist ein vom Kambiumring (→ Kambium) nach außen abgegebenes, lebensfähiges Gewebe bei Landpflanzen mit sekundärem → Dickenwachstum. B. ist die Versorgungsleitung eines Baumes. Durch ihn wird die Nahrung (die → Assimilate) in die übrigen Baumteile transportiert und auch vorübergehend gespeichert. Daneben dient der B. auch der Festigung des Stammes. Er besteht aus längs verlaufenden Strängen von → Siebröhren, aus längs und in den → Markstrahlen radial verlaufenden Strängen (Parenchymstreifen) mit Interzellularen, das sog. B.-Parenchym und aus längs verlaufenden, meist toten Sklerenchymfasern (Bastfasern; → Festigungsgewebe). Er lebt nur relativ kurze Zeit, stirbt danach ab, verwandelt sich in → Kork und wird schließlich Teil der schützenden, äußeren Rinde. B. wurde früher hauptsächlich von 40- bis 60jährigen Li durch Ablösen der Rinde in langen Streifen vom Stamm während der Saftzeit gewonnen. Die gebündelten Rindenstreifen wurden etwa sechs bis acht Wochen in warmem Wasser gelagert. Dadurch erfolgte durch Gärung und Auslaugung ein Abbau der äußeren Rindenschichten. Aus 1 m^3 Lindenholz mit Rinde konnten etwa 30 bis 35 kg tockene Bastfasern gewonnen werden. Der B. wurde wegen seiner hohen Elastizität und Fastigkeit als Bindematerial und zu Flechtwerk aller Art verwendet; → Bastgewinnung, Borke. **2**) Die mit Blutgefäßen und Nerven durchsetzte samtartige Haut um das Geweih und Gehörn von Reh-, Sika-, Dam- und Rotwild während deren Wachstum.
Bastard, der (*Hybride*): ein durch Kreuzung von rasse-, unterart- oder artverschiedenen Eltern entstandenes Individuum (z. B. Sommerlinde X Winterlinde = Holländische → Linde oder Amerikanische → Platane X Morgenländische Platane = Ahornblättrige Platane). B., deren Eltern verschiedenen Gatt. angehören, sind sehr selten. Der B. wird im wissenschaftlichen Namen mit einem „X" vor dem Artzusatz gekennzeichnet (z. B. *Tilia* X *vulgaris* oder *Platanus* X *hybrida*).
Bastardlinde, die: → Linden 3.
Bastardnachtigall, die: → Grasmücken 7.
Bastardplatane, die: → Platanen.
Bastard-Schwarzpappel, die: → Pappeln 2.
Bastfasern → Festigungsgewebe.
Bastgewinnung und -**verwertung**, die: Der heute verwendete Binde- (Gärtner-)Bast (→ Bast) stammt fast ausschließlich aus Madagaskar und Westafrika und wird aus Blattfiedern der Palmgattung *Raphia* (*R. vinifera*) gewonnen. Von unseren Bäumen eignen sich für eine B. nur → Korbweiden und Li zur Herstellung von Bindebast und Matten etc. Die Gewinnung und Verwertung ist bei uns jedoch wirtschaftlich ohne Bedeutung.
Bastholzlinde, die: → Linden 2.
Bastkäfer: Unter-Fam. der rindenbrütenden → Borkenkäfer. Zu ihr gehören gefährliche Waldschädlinge (→ Forstschädlinge), z. B. die Waldgärtner, der Schwarze Kiefern-B. und der Schwarze Fichten-B. Die Fraßgänge ihrer Larven verlaufen in der Bastschicht des lebenden oder gefällten, aber noch saftfrischen Baumes. Der → Splint wird dabei nur ganz oberflächlich gefurcht.
Bastrüster, die: → Ulmen 3.
Bastteil, der: → Siebteil.
Baubiologie, die: Lehre von den ganzheitlichen Beziehungen zwischen Lebewesen und ihrer gebauten Umwelt. Die B. sieht ihre Aufgabe darin, bei Neubauten oder der Sanierung alter Gebäude Krankheitsursachen zu vermeiden. Dem Holz kommt in der B. als natürlicher Baustoff mit zahlreichen Vorzügen eine bedeutende Rolle zu.
Bauchpilze (*Gastromycetidae*): vielgestaltige Unterklasse der → Ständerpilze mit zahlreichen Arten. Einige B. haben knollenförmige → Fruchtkörper (z. B. die Boviste), andere solche mit sternförmig aufreißender Hülle (z. B. Gewimperter Erdstern). Viele von ihnen sind intensiv gefärbt. Im Reifezustand zerfällt bei den B. die innere Hüllschicht des Fruchtkörpers zu einer staubigen bzw. pulverigen Masse. Zu den B. gehören auch die → Hundsrute, die → Stinkmorchel und der → Tintenfischpilz. Die meisten B. sind ungenießbar, bei einigen wenigen ist das junge Fruchtfleisch eßbar. Die wichtigsten Arten sind:
1. Birnenstäubling, der (*Lycoperdon pyriforme*): Der häufige und in sehr dichten Büscheln wachsende, birnenförmige Pilz (Name!) wird bis 7 cm hoch und erreicht einen Kopfumfang von 3 bis 5 cm. Er wächst vom Sommer bis in den Herbst hinein in Laub- und Nadelwäldern an vermodernden, stark zersetzten Stümpfen und Stämmen, im Laubwald besonders an Buchenstümpfen. Der Fruchtkörper ist eine zähe, doppelhäutige Hülle, häufig mit feinkörnigem Überzug, die anfangs gelblichweiß und im reifen Zustand bräunlich ist. Sie hat eine kleine rundliche Öffnung am Scheitel, aus der die bräunlichen → Sporen austreten. Junge Pilze haben eine weiße Fruchtmasse, bei älteren wird sie gelbgrün bis olivbraun breiig. Das Fleisch des ungenießbaren Pilzes riecht unangenehm nach Leuchtgas.
Dem B. in der Form ähnlich ist der selten vorkommende **Brustwarzenstäubling** (*Lycoperdon mammaeforme* = *L. velatum*). Er wächst im Sommer bis Anfang Herbst bei Laubbäumen und wird ebenfalls bis 7 cm hoch und ist von einem dicken Velum bedeckt, das beim reifen Pilz in körnige Fetzen zerreißt, auf der cremefarbenen bis bräunlichen Oberfläche haftet und am Stiel einen Ring bildet. Die Fruchtschicht ist weiß, später braun, wie die Sporen. Der Pilz ist eßbar, solange die Fruchtschicht weiß ist.

▸▸▸ Dickschaliger Kartoffelbovist (*Scleroderma citrinum*)

2. Flaschenstäubling, der *(Lycoperdon perlatum)*: Der weit verbreitete, truppweise wachsende Pilz erscheint von Juli bis Oktober (November) in Laub- und Nadelwäldern. Gelegentlich ist er zu Hunderten auf wenigen Quadratmetern zu finden. Der bis 8 cm hohe und 2 bis 4 cm dicke Pilz erinnert an eine dickbauchige Flasche (Name!). Sein oberer Teil ist kugelig, der untere walzlich. Die doppelhäutige, anfangs weißliche, später bräunliche Hülle ist von kleinen kegeligen Stacheln besetzt, die im Alter weitgehend abfallen. Die Hülle des reifen Pilzes wird fast papierdünn. Die olivbraunen Sporen treten am Ende des Reifeprozesses als staubendes Pulver durch die rundliche Öffnung am Scheitel aus. Das Fruchtfleisch ist jung weiß und eßbar und riecht rettichartig. Später wird es gelbschwärzlich und ungenießbar.

3. Igelstäubling, der *(Lycoperdon echinatum)*: Der weit verbreitete bräunliche Pilz wächst von Juli bis Oktober, hauptsächlich in Laubwäldern, besonders Buchenwäldern und benötigt Kalk- oder Lößböden. Er erreicht einen Kopfdurchmesser von 4 bis 5 cm und eine Höhe von 4 bis 6 cm. Die Außenhaut wird von pyramydenförmigen, bis 6 mm langen Stacheln bedeckt. Sie sind ziemlich dauerhaft und fallen erst im Reifezustand des Pilzes nach und nach ab und hinterlassen eine netzartige Zeichnung. Das Fleisch des jungen Pilzes ist weißlich und eßbar, im Alter wird es zunehmend bräunlichpurpur. Der Sporenstaub ist dunkelbraun.

4. Dickschaliger Kartoffelbovist, der *(Scleroderma citrinum)*: Der 5 bis 10 cm breite und 4 bis 6 cm hohe, kugelige Pilz wächst von Juli bis Oktober/November in Laub- und Nadelwäldern, besonders auf Sandböden. Die gelbliche bis ockerfarbene Oberfläche der ledrigen, zähen und 2 bis 3 mm dicken Hülle ist mit zahlreichen Wärzchen und feldrig-rissigen dunklen Schuppen bedeckt. Der Pilz ähnelt dadurch sehr einer sich schuppenden Kartoffel. Er ist mit einem wurzelähnlichen Myzelstrang im Boden befestigt. Junge Pilze haben festes, weißes Fleisch, das bald blauschwarz wird und von weißlichen Adern durchzogen ist. Bei reifen Pilzen entweicht der schwarzbraune Sporenstaub durch eine rundliche Öffnung in der Kugelmitte. Das unangenehm riechende Fleisch ist leicht giftig.

5. Gewimperter Erdstern, der (*Geastrum sessile*): Der schöne, ungenießbare Pilz wächst von August bis November gesellig in Laub- und Nadelwäldern, kommt jedoch nur zerstreut vor. Der Fruchtkörper bildet sich erst als hellbräunlich-rötliche Kugel im Boden. Die Außenhülle spaltet sich später über der Erde in fünf bis acht spitze und marzipanfarbene Lappen auf, die eine sternartige Rosette bilden. Die fleischigen Lappen sind nach unten eingerollt. Im Kranz befindet sich der kugelige, blaßbraune Innenkörper (Sporensack), der reif eine zugespitzte, gewimperte Mündung am Scheitel hat, aus der der lehmgelbe Sporenstaub entweicht. Der Pilz ist geschlossen 2 bis 3 cm, als Stern 4 bis 8 cm breit.

6. Gestreifter Teuerling, der *(Cyathus striatus)*: Der gesellig wachsende, ungenießbare Pilz erscheint von Juni bis November in humusreichen Wäldern und ist hauptsächlich zwischen moderndem Laub, auf faulenden Ästen und auf sich zersetzenden Laubholzstümpfen zu finden. Der kleine Pilz wird 1 bis 1,5 cm breit und 1 bis 1,5 cm hoch. Der junge, noch geschlossene Fruchtkörper ist ei-, birnen- oder kreiselförmig, die Außenhaut mit rotbraunen Borsten bedeckt. An der Oberseite bildet sich nach und nach eine Öffnung, der Borstenmantel reißt dadurch auf und die darunterliegende dünne und weiß gefärbte Haut, das Epiphragma, wird sichtbar. Diese weiße Membrane reißt bald auf und man erkennt am Grunde des inneren gerippten Bechers mehrere in Gallerte eingebettete, weiße, linsenförmige Gebilde von etwa 3 mm Durchmesser. In diesen Teilfruchtkörpern (Peridiolen), die mit kurzen Stielen an der Becherwand festgewachsen sind, reifen die weißen Sporen heran. Die Peridiolen werden durch Regentropfen, die in den Becher fallen, in die Luft geschleudert. Ein feiner Faden, der an der Peridiole hängt, entrollt sich und kann sich um einen in der Nähe stehenden Grashalm schlingen. Die Peridiole zerfällt dann, und die Sporen werden frei. Früher glaubte man, daß der Pilz eine Teuerung (Name!) anzeige.

Bauchwehkoralle, die: → Keulenpilze 7.

Bauchwehwurzel, die: → Fingerkraut 1.

Baudisch, Friedrich (1846 Hermannseifen bis 1911 Znaim): B., Absolvent der Forstlehranstalt → Mariabrunn, gehörte zu den hervorragendsten und markantesten Forstleuten Österreichs. Zur Neuordnung der Forste des Olmützer Domkapitels berufen, überführte er dort umfangreiche Niederwälder in Hochwald. Er erwarb sich auch große Verdienste um die Forstlehranstalt Mährisch-Weißkirchen und engagierte sich besonders im Mährisch-Schlesischen Forstverein.

bauen: alte Umschreibung für „eine Höhe erreichen" (z. B.: der Baum baut 20 m, d. h. er ist 20 m hoch).

Bauer(n)friede, der: auch Landwehr, Heimschar(t). Im früheren → Märkerwald der einer Dorfgemeinde eigens zugewiesene Waldbezirk.

Bauernkraut, das: → Porst.

Bauernwald, der: B. hat es möglicherweise in geringem Umfang schon ab dem Jahr 600 in Südbayern, im Odenwald und in einigen Teilen von Nordwestdtschl. gegeben. Überwiegend ist er aber erst in der Zeit zwischen 1800 bis 1848 entstanden. Im Laufe der Bauernbefreiung erhielten die bis dahin meist waldlosen Bauern auch Wald zugeteilt. Dieser stammte aus der Aufteilung ehemaliger Gemeinschaftswälder, sodann mit Nutzungsrechten belasteter königlicher, staatlicher Forste und Gutsforste und schließlich aus den 1806 säkularisierten Klosterwaldungen. Auch die Ablösung der → Forstrechte (Purifikationswaldungen) schuf neuen B. Durch Erbteilung, Vergantung (Zwangsversteigerung), Forstrechtsablösung, Realteilung und Hofzertrümmerung hat sich häufig die ungünstige Parzellierung weiter verschlechtert. Dieser sog. Klein- und Kleinstprivatwald ist überwiegend in den Händen von Bauern und als B. heute die verbreitetste Eigentumsart (→ Betriebsgrößen). Er dient der Deckung des Eigenbedarfs an → Nutz- und → Brennholz und ist zugleich Sparkasse und Reservefonds für den Bauern. Eine Strukturverbesserung im B. wird heute durch → forstwirtschaftliche Zusammenschlüsse, freiwillige Zusammenlegung und → Waldflurbereini-gung erreicht; → Privatwald.

Bauflöße → Bauholzflöße.

Der Flaschenstäubling (*Lycoperdon perlatum*) ist ein ungenießbarer Pilz.

Bauholz, das: **1**) alles Holz, das beim Hoch-, Erd- und Wasserbau, d. h. im Bauwesen, verwendet wird. Als B. eignet sich besonders Ndh, vom Lbh hauptsächlich die Ei.
2) Handelsform des → Schnittholzes, das → Balken, Pfosten (→ Brett), → Sparren und Schwellen etc. umfaßt, im Ggs. zum → Werkholz; → Balkenholz.

Bau(holz)flöße: Bez. für aus → Bauholz gefertigte Flöße, aber auch für Flöße, die mit Bauholz beladen wurden; → Harzfloß.

Bauholzrechte: alte → Holzrechte (→ Forstrechte), die i. d. R. auf den Bezug von Holz für Neubauten allein, zum Unterhalt oder zu Neubau einschließlich Reparaturen („zur Hausnotdurft") lauten. Sie sind mannigfacher Art und umfassen Lang- und Blochholz (→ Abschnitte), Stangen usw. Sie sind i. d. R. auch heute noch Bedarfsrechte und nur zu einem kleineren Teil festgemessen oder fixiert; → Nutzholzrechte, Brennholzrechte, Leseholzrechte.

Bauholzwieden → Floßwieden.

Bauleitplanung, die: nach dem Bundesbaugesetz Vorbereitung und Leitung der baulichen und sonstigen Nutzung der Grundstücke, um die städtebauliche Entwicklung einer Gemeinde zu ordnen. Sie erfolgt durch Bauleitpläne, d. s. die → Flächennutzungspläne und die Bebauungspläne. Die Pläne sind den Zielen der → Raumordnung und → Landesplanung anzupassen. Agrarleit- und → Waldfunktionspläne sind als übergeordnete Pläne bei der B. im Rahmen der Abwägung zu beachten, d. h. öffentliche und private Belange sind gegen- und untereinander abzuwägen. Die Aufstellung von Bauleitplänen wird durch Beschluß des Gemeinderats eingeleitet, dabei ist das Planungsgebiet genau abzugrenzen. Mit der Erstellung eines B. werden i. d. R. erfahrene freiberufliche Planer oder Fachstellen mit der Ausarbeitung des Planentwurfs beauftragt, dabei ist der Bürger zu beteiligen. Die Pläne bedürfen der Genehmigung durch die obere Verwaltungsbehörde.

B a u m, der: siehe Seite 61

Baumalter, das: Während krautige Pflanzen vielfach schon nach ein bis zwei Jahren mit der Samenreife ein natürliches Ende erreichen, ist der → Baum nie ganz ausgewachsen, weil bestimmte Teile in den → Sprossen und Wurzelspitzen, sowie Rinde und Holz stets weiterwachsen. Selten stirbt ein Baum an Altersschwäche, meist sind Krankheiten, Umwelteinflüsse und Beschädigungen der Grund dafür. Das → Alter der Bäume wird festgestellt mit Hilfe der → Jahrringe, die durch den jährlichen → Zuwachs des Holzes sichtbar werden (→ Altersbestimmung bei Bäumen). In unserer Heimat werden von allen Baumarten Ei (StEi und TrEi), Eib und SLi am ältesten (ca. 1000 Jahre), dagegen überschreiten unsere kurzlebigen Baumarten, z. B. Er, Bi, Wei und As selten mehr als 150 Jahre. Von vielen in Europa seit dem 17. Jh. eingeführten Arten kennt man zwar deren durchschnittliche Lebensdauer in ihrer Heimat, weiß aber nicht, ob sie bei uns ebenso alt werden. Als ältester Baum der Erde gilt die Grannenkiefer (*Pinus aristata*) in der Sierra Nevada (Kalifornien), die derzeit ca. 4700 Jahre alt ist. Daneben stehen in Kalifornien auch Riesenlebensbäume, die mit den Grannenkiefern die heute ältesten Lebewesen auf der Erde darstellen. Aus Ostasien wird von über 6000 Jahre alten Scheinzypressen (*Chamaecyparis obtusa*) berichtet. Messungen einer Königsstechpalme im Schutzgebiet der World Heritage Area auf der australischen Insel Tasmanien sollen ein Alter von 43 000 Jahren ergeben haben. Diese Stechpalme wäre damit der älteste lebende Organismus der Erde.

Baumchirurgie

In Griechenland sollen 2000 Jahre alte Olivenbäume stehen. Im Garten von Gethsemane im Westen des Ölberges (bei Jerusalem) stehen Ölbäume von 20 m Höhe und 5 m Umfang. In dem bulgarischen Dorf Granit in der Nähe der Stadt Stara Zagora steht eine 1640 Jahre alte Eiche. Sie ist über 23 m hoch und hat einen Umfang von 7,50 m.

Sie wird als der älteste Baum Europas bezeichnet, obwohl Dtschl. ältester Baum, eine → Eibe, auf der Wilhelminen-Alpe im Allgäu, angeblich auch mehr als 2000 Jahre alt sein soll; → Wuchsleistung.

Baumanalyse, die: → Stammanalyse.

Baumart, die: Baumspezies im Sinne der botanischen → Systematik. Auf der Erde gibt es etwa 25 000 bis 30 000 B., wobei nur ca. 1500 Arten weitgehend wirtschaftlich genutzt werden. Im internationalen Holzhandel spielen hiervon derzeit nur etwa 750 Arten eine wesentliche Rolle. B. in den einzelnen Gatt. (→ Nomenklatur) siehe unter der jeweiligen Gatt.; → Waldbaumarten, Holzart.

Baumartencharakter, der: wesentliche Eigenschaften eines → Baumes.

Baumartengruppe, die: auch Holzartengruppe. In den Ländern unterschiedlich gehandhabte Zusammenfassung gleichartiger → Baumarten für Zwecke der → Forsteinrichtung oder Holzstatistik.

Baumartenverteilung, die: der Anteil der einzelnen → Baumarten (bei uns ca. 30 Laubbaum-, 12 Nadelbaumarten) an der gesamten → Waldfläche (Hochwaldfläche) eines Landes. Nach der → Bundeswaldinventur für die Länder der BR Dtschl. besteht der → Wirtschaftswald zu 37 % aus Laubbäumen und zu 63 % aus Nadelbäumen. Die wichtigsten Baumarten (Nutzhölzer) der BR Dtschl. verteilen sich flächenmäßig wie folgt: Fi und anderes Ndh ca. 35 %, Kie und Lä ca. 31 %, Bu und anderes Lbh ca. 25 %, Ei ca. 9 %.

Österreich: Fi 61,8 %, Ta 2,7 %, Lä 5,0 %, Kie 7,7 %, sonstige Nadelbäume 0,1 %, Bu 9,8 %, Ei 2,2 %, sonstiges Hartlaubholz (Hbu, Es, Ah, Ul, Kast, Rob u. a.) 6,4 %, Weichlaubholz (Bi, SEr, WEr, Li, As, Pa, Wei) 4,2 %. Der Wald besteht zu 22,7 % aus Laubbäumen und zu 77,3 % aus Nadelbäumen (Quelle: Bundesministerium für Land- und Forstwirtschaft: Forstinventur 1986/90); → Waldeigentum, Betriebsgrößen.

Baumartenwahl, die: Im Rahmen des → Wirtschafts- und → (Forst-)Betriebsziels sind vor der → Verjüngung oder → Erstaufforstung eines → Bestandes das → Bestockungs- und das → Verjüngungsziel für den künftigen Bestand festzulegen. Diese Entscheidung erfolgt auf waldbaulich-ökologischer, wirtschaftlicher und waldbautechnischer Grundlage. Es werden die waldbauliche Ausgangslage, die Standortsgegebenheiten, die Standortsansprüche der Baumarten, ihr waldbauliches Verhalten und ihre Gefährdungen und Risiken ebenso in die Überlegungen einbezogen wie die Entwicklung des → Holzmarktes und die Schutz- und Erholungsfunktionen (→ Waldfunktionen).

Baumartenwechsel, der: **1**) natürlicher Wechsel der Baumarten auf einem Standort (→ Sukzession). **2**) Umwandlung einer vorhandenen Bestockung.

Baumbart, der: → Bartflechten.

Baumbestand, der: Die Zahl der Waldbäume in Dtschl. beträgt etwa 20 Mrd. Bäume.

Baumbrüter: Bez. für Vögel, die im Ggs. zu den → Bodenbrütern ihre Nester auf Bäumen bauen oder Baumhöhlen als Nester (→ Höhlenbrüter) benützen; → Baumvögel.

Bäumchenmoos, das (*Climacium dendroides* (Hedw.) Weber et Mohr): Das zur Fam. Leitermoose (*Climaciaceae*) aus der Klasse → Laubmoose zählende B. ist vom Flachland bis in Höhen von etwa 2000 m verbreitet und wächst auf feuchten Waldstandorten, nassen bis sumpfigen Wiesen sowie auf Felsblöcken. Das Moos wächst bäumchenartig und bildet lockere, gelb- bis bräunlichgrüne Rasen. Die unterirdisch kriechenden Hauptstengel treiben 4 bis 12 cm lange, aufrechte Sekundärstämmchen, die im unteren Teil schuppig beblättert und im oberen durch allseits abstehende Äste bäumchenartig verzweigt sind. Stämmchen und Äste sind rotbraun, die spiralig gestellten, aufrecht abstehenden oder dachziegeligen Blätter sind schwach glänzend, grün oder bräunlichgrün. Sie sind länglich-eiförmig, etwa 2 bis 5 mm lang, deutlich längsfaltig, mit einem Blattnerv, der nicht ganz bis zur stumpfen, gezähnten Spitze reicht. Die → Sporen reifen vom Herbst bis zum Winter. Die 2 bis 5 cm lang gestielte, aufrecht stehende Sporenkapsel ist braun, fast zylindrisch, mit kegeligem, geschnäbeltem Deckel.

Bäumchenweide, die: → Weiden 28. und 32.

Baumchirurgie, die: fachmännische Behandlung beschädigter oder von → Holzfäule bedrohter Bäume. Schadstellen werden ausgekratzt, desinfiziert, isoliert, nässende Fäulnis trockengelegt. Ausladende Äste oder Kronen werden verstrebt und verankert. Gesäuberte Baumwunden werden mit einer dicken Schicht Baumfarbe, einer teerartigen Substanz, der ein Fungizid (→ Pestizide) beigegeben ist, verschlossen. Mit Baumfarbe sollten bereits alle Schnittflächen von mehr als 3 cm Durchmesser geschützt werden; → Baumkitt, Baumwachs, Holzbeton.

Baum-Derbholz, das: → Derbholz.

Baum-Derbholzvolumen, das: → Holzvolumen.

Baum der Erkenntnis, der: → Baumkult.

Baum des Jahres: seit 1989, inzwischen (1998) von einem Kuratorium aus 22 Institutionen, ausgewählter Baum, der in der Öffentlichkeitsarbeit des jeweiligen Jahres besonders herausgestellt wird. Bisherige B. d. J.: 1989 Eiche; 1990 Buche; 1991 Linde; 1992

Baum

Definition

Ein Baum ist ein langlebiges, selbsttragendes → Holzgewächs mit mehr oder weniger hohem, kennzeichnendem → Stamm (Schaft) und einer → Krone aus beblätterten → Zweigen (Wipfelbaum) oder aus großen Blättern, sog. Wedeln (Schopfbaum, z. B. Baum-Farne, Palmen, Grasbäume) sowie mit → Wurzeln, welches nach Eintritt der Reife (Maturität) eine Höhe von mindestens 5 m (unter ungünstigen Bedingungen 3 m) erreicht. Der Baum ist die konkurrenzstärkste, allen anderen Pflanzen überlegene Lebensform und bildet daher in vielen Gebieten (Ausnahme: Wüsten, Steppen, Polargebiete etc.) die beherrschende Vegetationsform. Die Botaniker rechnen die Bäume zu den Blütenpflanzen (→ Samenpflanzen). In der forstlichen Zuwachs- und Ertragslehre versteht man unter Baum die gesamte oberirdische → Holzmasse eines Stammes einschließlich des → Astholzes und ausschließlich des → Stockes. Nach dem Bürgerlichen Gesetzbuch (BGB § 93, 94) ist ein Baum wesentlicher Bestandteil eines Grundstückes.

Formen des Baumbildes

Wipfelbäume (Kronenbäume), zu denen die meisten → Laubbäume, aber auch einige Nadelbäume gehören, haben ein lebenslanges, sekundäres → Dickenwachstum. Die jährlich aus zahlreichen → Knospen erzeugten neuen Seitentriebe bilden eine verzweigte Krone. Schopfbäume (Rosettenbäume) z. B. sind ohne sekundäres Dickenwachstum. Bei diesen wächst der Stamm, der in verhältnismäßig kurzer Zeit seine endgültige Dicke erreicht, nur durch die Gipfelknospe weiter und bleibt daher unverzweigt. Die unterschiedliche Form des Baumbildes wird teils durch die Verzweigungsart seiner → Triebe sowie ungleiche Ausbildung, Länge, Richtung und Aufeinanderfolge der Stengelglieder, teils durch das Absterben und Abwerfen älterer abgestorbener Triebe und Zweige bedingt. Auch in blattlosem Zustand besitzt jede → Baumart ein charakteristisches Gesamtgerüst, das überwiegend von Stamm und Krone geprägt wird. Ein bis zur Spitze durchgehender Stamm ist für Fichten, Tannen, Lärchen, teilweise Kiefern und auch einige Laubbäume (z. B. Sommerlinden), eine in mehrere fast gleichstarke Äste aufgelöste Krone für Eichen, Kiefern, Apfelbaum u. a., ein aus unterschiedlich starken Trieben gebildetes Baumgerüst für Linden, Buchen, Hainbuchen und viele andere, nur mit Seitenknospen versehene Baumarten charakteristisch. Viele Bäume wiederum wie z. B. Esche, Buche, Weide etc. können neben der typischen Form auch Varietäten mit abwärts wachsenden, nach unten hängenden Zweigen bilden, sogenannte Trauerbäume.
Nach der Lebensdauer der Blätter unterscheidet man laub(ab)werfende (laubwechselnde) Bäume (Arten, die sämtl. Blätter bzw. Nadeln jährlich neu bilden und sie am Ende der Vegetationsperiode abwerfen) und → immergrüne Bäume (Arten, deren jährlich neu gebildete Blätter bzw. Nadeln mehrere Vegetationsperioden überdauern, so daß der Baum niemals kahl ist).

◂◂ Die unterschiedliche Form des Baumbildes wird u. a. durch die Verzweigungsart bedingt.

Geschichte

In der Erdgeschichte erscheinen Bäume erstmals im Karbon (vor ca. 350 Mio. Jahren; → Erdzeitalter), als → Bärlappgewächse und → Schachtelhalme (→ Vegetationsgeschichte, Waldgeschichte). Sie unterscheiden sich von allen anderen Pflanzen hauptsächlich durch ihre ausdauernde Lebensfähigkeit (→ Baumalter) und durch ihre Wachstumshöhe (→ Wuchsleistungen).

Wipfel- (Kronen-) bäume haben ein lebenslanges sekundäres Dickenwachstum.

Ulme; 1993 Speierling; 1994 Eibe; 1995 Spitzahorn; 1996 Hainbuche; 1997 Vogelbeere (Eberesche); 1998 Wildbirne.

Baumephen, der: → Efeu.

Baumfalke, der: → Falken 2.

Baumfeldbetrieb, der: → Baumfeldwirtschaft.

Baumfeldringbetrieb, der: früher vereinzelt durchgeführte Verbindung von Holzzucht und Ackerbau, indem Grundstücke mit einem Gürtel von Bäumen umgeben wurden.

Baumfeldwirtschaft, die (Baumfeldbetrieb): eine heute nur mehr wenig verbreitete Verbindung von Hochwaldbetrieb (→ Hochwald) mit Feldbau, bei welcher der Boden mit wenig beschattenden Bäumen weitläufig in Reihenabständen bebaut wird. Eine besondere Art der B. empfahl im Jahre 1819 H. → Cotta: „Anbau von Laub- und Nadelhölzern mit allmählicher Verminderung und zuletzt kahlem → Abtrieb der in Reihen mit weitem Abstand gesetzten Bäume"; → Waldfeldbau.

Baumflechte, Graue, die: → Graue Baumflechte.

Baumform, die: auch Baumhabitus, -gestalt, Wuchsform. Das äußere Erscheinungsbild eines Baumes; → Freistand, HD-Wert, Verzweigungstyp.

Baumfrevel, der: strafbare Beschädigung von Bäumen (Sachbeschädigung; § 303 StGB) wie Abreißen von Ästen, Absägen etc. B. wird entweder als Sachbeschädigung oder als Feld- oder Forstpolizei-Übertretung (nach jeweiligem Landesrecht) bestraft.

Baumgarten, der: svw. → Arboretum.

Baumgestalt, die: → Freistand, Baumform.

Baumgrenze, die: Die B. bezeichnet die Linie bis zu der → Baumarten noch in ihrer arteigenen Baumform, gemäß Übereinkunft mit mindestens 2 m Höhe, vorkommen. Sie liegt in mehr oder minder großer Entfernung vor der → Waldgrenze. Waldgrenze und B. trennen die alpine von der hochmontanen Stufe (→ Vegetationsstufen). Die Übergangszone zwischen Wald- und Baumgrenze stellt ein → Baumgrenzökoton dar. Daran schließt sich die → Krummholzzone an, in der die Baumarten noch in Krüppel- und Kriechform vorkommen. Die B. wird von einem Ursachenkomplex, wie Sommertemperatur, Trockenheit, besondere Schneelage, Orographie (z. B. steile Felswände), aber auch Wasserüberschuß (Moore) oder zu kurzer Vegetationsdauer bestimmt. Einfluß haben auch Windeinwirkung, Exposition, Relief und Niederschlagshöhe. In hochgelegenen Tälern liegt die B. z. B. höher als auf den Gipfeln. Alpine und polare B. haben ihre Ursache in der unzureichenden Stoffproduktion in der zu kurzen → Vegetationszeit. Dann reifen die Nadeln nicht mehr aus und trocknen – soweit sie außerhalb der schützenden Wirkung des Schnees sind – bei Frost im Boden und einsetzender Transpiration (→ Verdunstung, → Frosttrocknis) aus. Auch seltene oder ausfallende Samenjahre können für das Fehlen einer Baumart verantwortlich sein. Ursprünglich fiel die alpine B. mit der Waldgrenze zusammen. Durch Eingriff des Menschen wurde sie zurückgedrängt (Almen). Außerhalb der Gebirge fällt die B. etwa mit der 10-°C-Juli-Isotherme zusammen. Als grobe

In Teilen der Alpen bildet die Zirbe die Baumgrenze.

Grenze gilt auch die Linie mit mindestens 60 Tagen Vegetationszeit. Im hohen Norden liegt sie auf Meeresniveau, in Äquatornähe höher im Gebirge. Je nach Klimacharakter bilden verschiedene Baumarten die B.: in Skandinavien die Bi, in Nordeuropa, den Mittelgebirgen und den Randalpen die Fi, in Sibirien und in den Zentralalpen die Lä, in den Alpen mit der Zir, in den östlichen Waldkarpaten die Bu, in den Pyrenäen die BKie. Die Verjüngung der Bäume im Bereich der Waldgrenze erfolgte teilweise nicht durch → Samen, sondern durch → Ausläufer bzw. wurzelnde Äste (→ Absenker); → Artgrenze, Kampfzone des Waldes, Wetterbäume, Frostschäden, Hitzeschäden.

Baumgrenzökoton, der: Übergangszone zwischen → Waldgrenze und → Krummholz, in der die Bäume noch in ihrer artspezifischen Form als → Baum vorkommen; → Ökoton.

Baumgröße, die: → Baumhöhe, Wuchsleistungen.

Baumgruppe, die: **1**) kleinere, mit Bäumen bewachsene Fläche, die sich vom → Feldgehölz durch die geringe Zahl der Einzelglieder und durch die gänzlich fehlenden Strauchzonen unterscheidet; → Wald, → Gebüsch, → Hecke, → Knicks. **2**) eine Anerkennungseinheit in der Forstwirtschaft, die aus mind. 20 Bäumen besteht. Bei ausländischen und Sonderbeständen einheimischer Baumarten sowie seltenen Baumarten oder Herkünften können mehrere, getrennt gelegene kleinere B. von mind. je drei Bäumen zu einer Anerkennungseinheit zusammengefaßt werden. Bedingung ist jedoch, daß vor Verkauf oder Verwendung das Saatgut von mindestens 20 Bäumen zu mischen und als Mischsaatgut zu kennzeichnen ist. **3**) biologisch orientierte Flächengröße im Waldbau mit 1/2 bis 1 Altbaumlänge Durchmesser (15 bis 35 m) 700 bis 3800 m^2.

Baumgut, das: → Lohrinde.

Baumhabitus, der: → Baumform.

Baumharz, das: → Flußharz, Bernstein.

Baumhöhe, die: Die absolute Höhe eines Baumes wird von der → Baumart, der Standortsqualität, seinem → Alter, der Behandlung des Bestandes und der sozialen Stellung des Einzelbaumes innerhalb des Bestandes bestimmt.

Mißt man die B. von Bäumen mit dem gleichen Durchmesser, wird man feststellen, daß sie nicht alle die gleiche Höhe haben. Die Verteilung der Stammzahlen über dem Durchmesser weist – im Ggs. zur Durchmesserverteilung – eine positive Asymmetrie auf. Der Grund liegt darin, daß alle Bäume, auch die schwächsten, nach der obersten Schicht streben; → Wuchsleistung.

Baumhöhenklassifizierung, die: Nach der auf zusagenden Standorten im erwachsenen Zustand erreichten → Baumhöhe werden unterschieden:

a) Bäume 1. Ordnung (Höhe > 25 m; Hauptbaumarten der Wirtschaftswälder),

b) Bäume 2. Ordnung (Höhe 10 – 25 m; Hbu, FAh, Baumweiden),

c) Bäume 3. Ordnung (Höhe 5 – 10 m; Eib, Wacholder, Wildobstarten),

d) Zwergbäume (Höhe 3 – 5 m).

Baumhöhenmessung, die: → Höhenmessung der Bäume.

Baumholder, der → Holunder 2.

Baumholz, das: **1**) ein → Bestand, dessen Bäume einen → Brusthöhendurchmesser von über 14 cm haben. B. wird eingeteilt in geringes B. (über 14 bis 35 cm), mittleres B. (über 36 bis 50 cm) und in starkes B. (über 50 cm). Der vorhergehende Entwicklungsabschnitt wird → Stangenholz, der nachfolgende → Altholz genannt. Pflegemaßnahme im B. ist die → Durchforstung.

In Österreich Bez. für einen Bestand in Stammstärken in Brusthöhe von 20 bis 35 cm. **2**) auch Bez. für die gesamte oberirdische Holzmasse des Baumes (einschließlich Ästen). **3**) alte Bez. für → Balkenholz.

Baum-Holzvolumen, das: → Holzvolumen.

Baumkante, die (Fehl-, Rind-, Schal-, Wald-, Wahnkante): Bez. für die Seite bei → Schnittholz, an der noch die ursprüngliche Rundung und Oberfläche (→ Rinde) des Baumstammes erkennbar ist. Eine B. ensteht, wenn das Schnittholz nicht genau → scharfkantig geschnitten wird; → vollkantig, sägegestreift fehlkantig.

Baumkatze, die: → Wildkatze.

Baumkitt, der (Baummörtel): Mittel um das Eindringen von Feuchtigkeit in Baumwunden zu verhüten. Es wird aus einer Mischung aus Ton, → Holzasche und gelöschtem Kalk hergestellt. Früher wurde diesem Brei auch reiner Rindermist beigemengt; → Baumwachs, Baumchirurgie.

Baumklassen: auch Höhenklassen. Einteilung aller Bäume eines → Bestandes nach bestimmten Merkmalen, z. B. nach G. Kraft (1876), der die von C. v. Seebach (1844) festgelegte Klassifizierung verfeinerte:

Klasse 1: vorherrschende Stämme mit kräftig entwickelten Kronen.

Klasse 2: herrschende Stämme, die den Hauptbestand bilden.

Klasse 3: geringe, mitherrschende Stämme.

Klasse 4: beherrschte Stämme; 4 a mit zwischenständigen, schirmfreien Kronen; 4 b mit teilweise unterständigen, überschirmten Kronen.

Klasse 5: ganz unterständige Kronen; 5 a mit lebensfähigen Kronen; 5 b mit absterbenden oder abgestorbenen Kronen.

Der → Internationale Verband forstlicher Forschungsanstalten (IUFRO) trifft eine Klassifizierung mittels eines zweiteiligen Zahlencodes:

A: gesellschaftliche Stellung mit a) Höhenklassen: 100 = Oberschicht, 200 = Mittelschicht, 300 = Unterschicht; b) Vitalitätsklassen: 10 = üppig, 20 = normal, 30 = kümmerlich entwickelt; c) soziologische Dynamik: 1 = vorwachsend (aufsteigend), 2 = mitwachsend (gleichbleibend), 3 = zurückbleibend (absinkend).

B: waldbauliche B. mit a) Wertungsklassen: 400 = Auslesebaum, 500 = nützlicher Nebenbaum, 600 = schädlicher Nebenbaum; b) Schaftgüteklasse (geschätzt): 40 = Wertholz, 50 = Normalholz, 60 = Fehlerholz; c) Kronenklasse: 4 = langkronig (über 1/2 Baumlänge), 5 = mittelkronig (1/4 bis 1/2 Baumlänge), 6 = kurzkronig (unter 1/4 Baumlänge).

Z. B. 122/445: (A) ein Baum in der Oberschicht, normal entwickelt und mitwachsend, der (B) ein Auslesebaum mit Wertholz und mittelkronig ist; → (Baum-)Schichten.

Baumklassifikation der IUFRO → Baumklassen.

Baumklette, die: → Kleiber.

Baumkraftwurz, die: → Arnika.

Baumkrankheiten: veraltet auch Holzkrankheiten. Im Unterschied zu den → Holzschäden alle Krankheiten des lebenden Baumes oder des noch frischfeuchten Holzes, deren Ursachen auf → Bakterien, → Pilze und Tiere (z. B. → Schalenwild und Schad-insekten), auf mechanische Verletzungen (z. B. → Rückeschäden, → Hagelschäden, Schäden durch

→ Windbruch, Blitzschlag (→ Blitzrinne) u. a. oder auf Einflüsse der leblosen Umwelt (z. B. → Rauchschäden, → Trocknis, Nässe u. a.) zurückgehen; → Holzpathologie.

Baumkrebs, der: Verursacher von Krebserkrankungen von Bäumen können → Bakterien oder → Pilze sein. Die Symptome sind ähnlich: Nach dem Absterben des Kambiums infolge Pilz- oder Bakterieninfektion versucht der Baum in der Vegetationszeit die tote Stelle

zu überwuchern. Der Pilz oder die Bakterien zerstören den Überwallungswulst immer wieder. Die Folge von Absterben und Überwallungsversuch kann sich oft jahrelang wiederholen, wodurch Überwallungswülste mit konzentrischen Ringen entstehen.

Die bekanntesten B. sind:

a) **Bakterienkrebs** der Pa, an Pa-Stämmen; → Bakterien, Pappelkrebs.

b) **Pilzkrebs** der Pa, Urheber *Nectria coccinea* (Pers.) Fr. *var. sanguinelle* (Fr.) Wr. *und Nectria galligena* Bres. *var. major*, der ohne Schleimfluß auftritt.

c) **Der Tannenkrebspilz** auf Weißtanne, verursacht durch den Pilz *Melampsorella caryophyllacearum* (Lk.) Schröt., der im Wirtswechsel auf Nelkenarten lebt und über die Maitriebe in den Sproß wandert und zu Triebverdickungen, bei Vorhandensein von Knospen zu → Hexenbesen führt. Stirbt der Hexenbesen ab, entstehen – wenn das → Myzel in den Stamm gelangt – Krebsbeulen. Reicht der Krebs um den ganzen Stamm, entstehen sog. → Rädertannen. Krebserkrankungen durch den Runzeligen Schichtpilz (*Stereum rugosum* (Pers.) Fr.) an Ei, REi, Bu und auch an anderen Laubbäumen.

d) **Der Lärchenkrebs** an Ästen und Stämmen der ELä, verursacht durch den Pilz *Lachnellula willkommii* (Hart.) Den. = *Dasyscypha w., Trichoscyphella w.* Die Infektion erfolgt über Kurztriebe, das Wirtsgewebe wird frostempfindlich, und die weitere Entwicklung hängt von Frosttemperaturen ab, die das Gewebe absterben lassen und für den Pilz angreifbar machen. Die befallene Stelle ist etwas eingesunken, Harz fließt aus. Bei guten Wuchsbedingungen kann der Krebs überwallt werden; → offene Krebse, Astkrebs, Astwurzelkrebs.

Baumkreuz, das: in der Malerei Bez. für das Kreuz Christi in Gestalt eines Baumes als Sinnbild des Lebensbaumes. Der Baum wird manchmal auch mit Früchten dargestellt. In Handschriften des 12. Jh. finden sich die frühesten Darstellungen des B.

Baumkrone, die: → Krone.

Baumkrümmer: Als B. und halbe B. wurden früher die für den Schiffsbau benötigten Krummhölzer (→ Krummholz 2)) von unterschiedlicher Länge und Stärke bezeichnet; → Schiffsbauholz.

Baumkuchen, der: ein turmförmiger und hohler Kuchen, so genannt, weil er auf einem Baum – starke Walze aus festem Buchenholz – gebacken wird. Der B. wird an einem drehbaren Spieß am offenen Feuer schichtweise gebacken, so daß der Querschnitt eine jahrringähnliche Struktur aufweist.

Baumkult, der: die Verehrung göttlicher Mächte, Wesen in Gestalt von Einzelbäumen, Baumgruppen oder Wäldern, die in den religiösen Vorstellungen fast aller Völker vorkommt. Im Grunde beruht diese Verehrung wohl auf der Vorstellung, daß der hochstrebende und langlebige Baum vor anderen Gewächsen als ein beseeltes Wesen, als ein Hort des in Dryadengestalt (→ Dryaden) verkörperten Lebens der Natur und damit als ein Symbol der Unsterblichkeit aufzufassen sei. Dem „Baum des Lebens" begegnen wir bereits auf den ältesten assyrischen, persischen und ägyptischen Bildwerken, und ihm stellen sich ähnliche Ideenverkörperungen in der Weltesche Yggdrasil (→ Esche), in dem indischen Baum Kummerlos (Asoka), in dem persisch-jüdischen „Baum der Erkenntnis" an die Seite. Der letztere, auch „Baum des Lebens" genannt, nach 1. Moses 2,9 (Altes Testament) ist ein Baum in Garten Eden, von dem Adam und Eva nach Gottes Befehl nicht essen durften. Als anbetungswürdige Verkörperungen der schaffenden Naturkraft erschienen den Indern die beiden heiligen Feigenbäume, die eine bedeutsame Rolle in der Kulturgeschichte Asiens gespielt haben und von denen der Brahmaismus den Ficus indica mit seinem aus Luftwurzeln gebildeten Säulenwald, der Buddhismus den Ficus religiosa mit einfachem Stamm, bevorzugt haben, so daß man an der Baumumgebung einer indischen Pagode oder eines Klosters das Bekenntnis erkennen kann. Mit diesen Ideen in Verbindung standen die im alten Persien, Rom, Griechenland und Germanien, aber auch überseeischen Ländern heimischen Mythen von der Entstehung des ersten Menschenpaares aus Bäumen (Ask und Embla); der Araber nennt die Dattelpalme den mit ihm zugleich erschaffenen „Bruder des Menschen". Darauf bezieht sich ferner die Sitte der Griechen und Römer, dem Schutzgeist oder Genius des Neugeborenen einen Baum (meist eine Platane) zu pflanzen, ihm einen Altar und persönlichen Kult zu widmen, ihn mit Wein zu begießen und mit Binden zu umkränzen. Unzählige morgen- und abendländische Sagen oder Märchen berichten in demselben Sinn von einer Verwandlung der Menschen in Bäume und dem Fortleben insbesondere gewaltsam umgekommener Personen in diesen, andere wiederum von Baumgeburten. So ist die schöne Fijntandje des indonesischen Märchens das Kind einer Rotangpalme, und der japanische Held der Geschichte von den drei geraubten Prinzessinnen wird aus einem Pfirsich geboren. Osiris lebt im Erikabaum, der seinen Sarg umschloß, Haoma in der heiligen Haomapflanze, Daphne im Lorbeer, Cypressus in der Zypresse, die Schwestern des Phaethon in den weinenden Bernsteinbäumen etc. Nach den Sagen der Inder, Eskimos und Indianer kann ein Mann eine Baumfrau heiraten oder eine Frau einen Baum, der sich nur nachts in einen Mann verwandelt. Frauen können der Sage nach auch einen Baum gebären, der schließlich zur schönen Jungfrau wird. Besonders nutzbare Bäume wurden auch als persönliche Gaben und Geschenke bestimmter Gottheiten betrachtet und verehrt, wie der Ölbaum der Minerva, die Strandkiefer des Poseidon, der Weinstock des Bacchus, die Eiche des Donar (→ Donareiche), Perkunas und Zeus usw. In der Auswahl war offenbar eine irgendwie begründete Symbolik maßgebend gewesen; so wurde die Fichte dem Poseidon heilig, weil sie Schiffsholz und Masten liefert, der Feigenbaum dem Pan und Priap, weil er so üppig wächst und reich an Milchsaft ist, der Hartriegel dem Ares (Kriegsgott), weil man von ihm Speerholz gewann, die Eiche dem Donnergott, weil der Blitz (→ Blitzrinne) die Eiche angeblich häufiger trifft als andere Baumarten, der Lorbeer dem Apollon, weil sein Laub zum Kranz des Ruhmes diente. Infolgedessen wurden die Tempel der betreffenden Gottheiten mit den jeweils zugeordneten Baumarten umpflanzt und diesen heiligen Hainen ein besonderer Kult gewidmet. Fichte und Zypresse wurden in den Mittelmeerländern als Symbole der Todesgottheiten vor die Trauerhäuser gepflanzt, weil sie, einmal gestutzt, nie wieder ausschlagen. Die Kelten verehrten die Steineiche (Traubeneiche), und die römischen Schriftsteller berichten von den heiligen Hainen und Bäumen der germanischen Stämme, die später von den Aposteln (z. B. Bonifatius bei Geismar) gefällt und häufig durch geweihte Heiligenbilder ersetzt wurden. Auch hier waren den einzelnen Gottheiten besondere Baumarten heilig; z. B. die Eichen und Ebereschen Thor, der Apfelbaum der Iduna. Auch die Linde, die man überall in die Mitte der Ortschaften pflanzte, scheint den germanischen wie den slawischen Stämmen heilig gewesen zu sein. Einzelne verehrte Bäume erreichten Weltruf, so der

◄◄◄ Baumkrebse können an verschiedenen Baumarten auftreten.

Ölbaum auf der Akropolis, die heilige Palme auf der Insel Delos, der Feigenbaum, unter dem Romulus und Remus gesäugt worden waren, die Platane der Europa bei Gortyna (Kreta) und die des Cäsar in Tartessus etc. Eine besondere Form des B. waren die Jahreszeitenfeste, hauptsächlich die im alten Germanien, die Kämpfe zwischen Frühjahr und Winter (→ Maifest), das Julfest mit Tannen und Mistelschmuck (→ Mistel) der Wohnungen, Kultformen, die in Pfingst- und Weihnachtsgebräuchen fortdauern. Auch in den Sagen von den bei Verletzungen blutenden und unverletzlichen Bäumen lebt ein Teil dieser Vorstellungen fort. Ebenso haben sich Reste einer kultischen Verehrung bis heute in unserem Brauchtum erhalten, so z. B. im → Maibaum, der Fruchtbarkeit und Segen verbürgen soll oder als Zeichen der Liebe gilt. In verschiedenen Gegenden ist es heute noch Brauch, in der Andreasnacht als Liebesorakel Äpfel-, Birn- und Zwetschgenbäume zu schütteln. Aus der Richtung, aus der dann ein Hund bellt, soll der Freier kommen. Einer eigentümlichen Art von B. gehören auch die mit bunten Bändern und Fetzen geschmückten → Lappenbäume an; → Volksglauben und Einzelbeschreibungen der verschieden Baumarten.

Baumkunde, die: → Dendrologie.

Baumläufer (*Certhiidae*): Fam. der Singvögel mit zwei einheimischen Arten. Beide Geschlechter sind gleichgefärbt. Sie haben zwei Jahresbruten (April bis Juli).

1. Waldbaumläufer, der (*Certhia familiaris* L.): auch Baumläufer, -steiger, Krüper. Länge: 13 cm, Gewicht: um 9 g.

Der lebhafte Vogel ist in Mitteleuropa weit verbreitet und bewohnt v. a. die Wälder der Mittel- und Hochgebirge bis zur Baumgrenze, kommt örtlich auch in Parkanlagen vor. Auf der Suche nach Nahrung klettert er an den Bäumen empor, meist ruckweise und in Spiralen und untersucht dabei jede Spalte und jede Ritze der Rinde. Standvogel, der im Winter in tiefere Lagen ausweicht und dann gerne mit → Meisen und Goldhähnchen (→ Grasmücken 1.) umherstreift.

Das Nest wird hinter abstehender Rinde alter Bäume, in Baumhöhlen, Holzstößen, Ritzen an Waldhütten und zwischen den Brettern und Stangen der Hochsitze, aber auch in künstlichen Nistkästen gebaut. Das Gelege besteht aus fünf bis sechs, seltener aus sieben Eiern (15,9 x 12,2 mm, ca. 1,1 g), die auf weißlichem Grund rötlich gepunktet sind, am stumpfen Pol auch kranzartig gehäuft. Brutdauer und Nestlingszeit: jeweils 13 bis 15 Tage.

Nahrung: Insekten in allen Entwicklungsstadien und Spinnen, im Winter auch Koniferensamen.

2. Gartenbaumläufer, der (*Certhia brachydactyla*): Länge: etwa 12 cm.

Der mit Ausnahme der Wintermonate recht reviertreue Vogel lebt in Laub- und Mischwäldern, besonders in den Randgebieten lichter Waldbestände, in Parkanlagen und in Gärten mit alten Bäumen. Im Winter schließen sich die G. gemischten Meisentrupps an und ziehen durch die Wald.

Das Nest wird meist in einer Höhe von 2 bis 4 m in den Ritzen der Kopfweiden, in Spalten und hinter abgesprungener Rinde von alten Bäumen, in künstlichen Nisthöhlen für Baumläufer und auch in Holzstößen errichtet. Das Gelege besteht aus fünf bis sieben (gelegentlich mehr) weißlichen Eiern (16,1 x 12,1 mm, 1,1 g) mit rotbraunen Flecken, die sich oft kranzartig am stumpfen Pol häufen. Brutdauer: 13 bis 15 Tage, Nestlingszeit: 15 bis 16 Tage. Bei einer Störung, z.B. Nestkontrolle, wird das Gelege leicht verlassen. Es brütet nur das Weibchen, das auch alleine das Nest baut.

Nahrung: Insekten und Spinnen, die aus den Rindenritzen geholt werden. Der G. klettert dabei in Spiralen stammaufwärts.

Baumläuse (*Lachnidae*): umfangreiche Fam. kleiner Insekten aus der Unter-Ordn. der → Blattläuse.

Baumlerche, die: → Lerchen.

Baummarder, der: → Marder 1.

Baummast, die: → Mast.

Baummesser, der: → Dendrometer.

Baummeßkette, die: auch Spannmaß. Ein früheres, v. a. in Preußen verwendetes Maß zum Bestimmen des Umfangs liegender Stämme. Die B. war aus Messing oder Stahl und meist einzöllig gegliedert. Die B. wurde von der → Kluppe abgelöst; → Spanne 2).

Baummörtel, der: → Baumkitt.

Baumnägel: herbizidhaltige Nägel aus zersetzbarem Kunststoff zur chemischen → Läuterung, mit deren Implantation die behandelten Bäume (Laubbäume) zum Absterben gebracht werden. Das Wirkungsprinzip beruht dabei auf der systemischen Verteilung (→ systemische Mittel) der implantierten Stoffe (Wirkstoff Glyphosat) mit dem Saftstrom der Bäume in den Kronen- und Wurzelraum. Die B. werden in Brusthöhe in schräg nach unten angebrachte Bohrlöcher eingeführt.

Baumnymphen → Dryaden.

Baumpieper, der (*Anthus trivialis* L.): auch Holz-, Busch-, Weiden- oder Waldpieper. Gatt.: Pieper (*Antus*), Fam.: Stelzen (*Motacillidae*). Länge: 15 cm, Gewicht: um 22 g. Der B. gehört zur Fam. der Pieper und Stelzen (*Motacillidae*). Er bewohnt fast ganz Europa (Ausnahmen: Island, Irland, Spanien) und weite Teile Asiens. Der B., unsere häufigste Pieperart, ist ein Sommervogel (April bis August/September) und überwintert v. a. im tropischen Afrika. Er liebt lichte Waldungen mit sonnigen Blößen, Kiefernheiden, Waldrandgebiete, Baumschulen und Pflanzgärten sowie Feldgehölze. Im Gebirge kommt er gelegentlich noch oberhalb der → Baumgrenze vor. Er sitzt gern frei auf einem hervorragenden Zweig oder auf einer Baumspitze, erhebt sich plötzlich einige Meter steil in die Luft und schwebt, noch ehe sein Gesang zu Ende gekommen ist, im Gleitflug (Singflug) sanft wieder auf dieselbe Stelle oder auf den nächsten Baumwipfel nieder.

Das Nest wird an einer geschützten Stelle auf dem Boden zwischen Heidekraut-, Heidelbeerbüschen, Farnen, Ginstersträuchern oder hohem Gras gut getarnt gebaut. Das Gelege besteht meist aus vier bis fünf, seltener aus sechs sehr variabel gefärbten Eiern (ca. 20,7 x 15,5 mm, ca. 2,3 g). Sie haben meist eine grauweißliche, rötlichgraue oder blaßgrünliche Grundfarbe mit vielen dunkelbraunen Punkten. Sie werden vom Weibchen 12 bis 14 Tage bebrütet. Die Jungen werden von beiden Elternteilen gefüttert und verlassen nach etwa 12 Tagen das Nest. Eine Jahresbrut (Mai bis Juli).

Nahrung: kleine Insekten und deren Larven, Webspinnen, Würmer, kleine Käfer und gelegentlich Sämereien.

Baumreihen: ein- oder mehrzeilige, linear oder geschwungen angeordnete Baumanpflanzungen; → Alleen.

Baumreißer, der: auch Anreißer, Reißer, Risser, Reißhaken, -eisen, Holz-, Spanreißer. Ein messerförmiger Haken, der zum → Auszeichnen verwendet wird. Mit Hilfe der gekrümmten, rinnenförmigen Schneide kann man in die Rinde der zu entnehmenden Stämme tiefe, mit keinem anderen Instrument nachahmbare Risse (Furchen) reißen. Besonders gut ist der B. für glattrindige Holzarten geeignet. Alternativ hierzu werden die Stämme heute durch Farbtupfer gekennzeichnet.

Baumrinde, die: Die → Rinde verschiedener → Baumarten wurde früher zu den unterschiedlichsten Zwecken verwendet: 1. zum Gerben (→ Lohrinde); 2. als Brennmaterial (z. B. die Kiefernborke für Bügeleisen) sowie die B. von Ta und Fi zum Verheizen; 3. Zur Farbgewinnung (die Rinde mehrerer Weidenarten); 4. zu Wand- und Dachbeklei-

Waldbaumläufer (*Certhia familiaris*)

▸▸ Baumpieper (*Anthus trivialis*)

dung (Rinde von Ei, Fi und Bi); 5. zu sonstigen kleineren Arbeiten (Schnupftabakdosen aus Birkenrinde). Dicke Borkenstücke der SWei und SchPa dienten als Ersatz für Kork bei der Herstellung von Schwimmern an Fischnetzen, und Nadelholzrinde wurde im Wald zum Fang von → Rüsselkäfern (→ Fangrinde) verwendet.

Baumringchronologie, die (Dendrochronologie): → Jahrringchronologie.

Baumringkalender, der: → Jahrringchronologie.

Baumrodung, die: eine Fällmethode (→ Fällung), bei der der Wurzelstock von der umgebenden Erde freigelegt (angerodet) und der noch stehende Baum mit einer Seilwinde umgezogen wird. Dabei wird der ganze Wurzelstock aus dem Boden gehoben.

Baumroller, der: → Spechte 3.

Baumrotschwanz, der: → Drosseln 1.

Baumsärge (Totenbäume): In der vorchristlichen Zeit (Bronzezeit) angewandte Bestattungsart. Hierzu wurde ein Baumstamm in der Länge aufgeschnitten, die eine Hälfte wie ein Einbaum ausgehöhlt und die andere Hälfte als Deckel benutzt.

Baumsatzung, die: → Baumschutzverordnung.

Baumsavanne, die: → Trockensavanne.

Baumschaft, der: → Schaft 1).

Baumscharre, die: Handwerkszeug zum Abkratzen abgestorbener Rindenschichten.

Baumschätzung, die: → Waldmeßlehre.

Baumscheck, der: Der mit einer Spende erwerbbare B. beinhaltet i. d. R. den Auftrag, für diesen Betrag einen oder mehrere Bäume zu pflanzen. Diese meist privaten Aktionen werden i. d. R. bei öffentlichen Veranstaltungen durchgeführt, die Pflanzungen selbst u. U. von Forst- und Gartenbauämtern übernommen.

Baumscheibe, die: **1**) eine dünne Scheibe, die der Baumaltersbestimmung (→ Jahrringchronologie) oder Zuwachsbestimmung (→ Zuwachs) mittels der → Jahrringe dient. **2**) Bez. für eine meist besonders behandelte Fläche um einen Baum, bzw. Stammfuß, z. B. in Obstplantagen, bei Alleebäumen.

(Baum-)Schichten: Bilden → Licht- und → Schatt(en)baumarten zusammen Bestände (→ Bestand), können sich die beteiligten Bäume (zumindest zeitweise) in Schichten anordnen. Die Schatt(en)baumarten übernehmen dabei dienende Funktion. Die Zuordnung orientiert sich an der Oberhöhe der 100 stärksten Bäume pro ha (h100). Man unterscheidet die Oberschicht (herrschenden Bestand) von 66 bis 100 %, die Zwischenschicht (mitherrschender Bestand) von 33 bis 66 % und die Unterschicht (beherrschter Bestand) bis zu 33 % jeweils der Bestandesoberhöhe. Durch Pflegeeingriffe, die Lichtzufuhr durch Entnahmen in der Oberschicht bringen, können die Zwischenschicht mit bereits zurückgebliebenen oder sich emporschiebenden Bäumen und die Unterschicht mit im Konkurrenzkampf bereits abgesunkenen oder später verjüngten (→ Verjüngung) Bäumen am Leben erhalten werden, z. B. in langfristig verjüngten Femelschlagwäldern (→ Femelwald) oder im → Plenterwald. Die Vorteile der Unter- und Zwischenschicht sind Verhinderung von Vergrasung und → Verhagerung, Erschließung der Bodenschichten (verschiedene Baumarten mit verschiedenen Wurzelhorizonten), Wertholzproduktion, Betriebssicherheit und Flexibilität; → Baumklassen, Vegetationsschichten des Waldes, Struktur.

Baumschläfer, der: → Bilche 1.

Baumschlag, der: **1**) in der Kunst die Darstellung der Zweige und Blätter von Bäumen. **2**) Rindenverletzungen stehender Bäume, die durch fallende Bäume (beim → Holzeinschlag oder durch → Windwurf etc.) entstanden sind (Fällungsschaden).

Baumschnecke, die: → Schnirkelschnecken 2.

Baumschnegel, der: → Egelschnecken 3.

Baumschnitzereien: weit verbreitete Unsitte, in die → Rinde der Bäume Herzchen, Initialen, Parolen oder Namen etc. einzuritzen. B. stellen immer eine Verletzung der Bäume dar, die je nach Größe und Tiefe der Schnitzereien die Lebensfunktion empfindlich stören kann. Durch die Schnitte werden die Leitungsbahnen der Innenrinde verletzt und der Wassertransport zu den Blättern sowie der Transport der Nährstoffe von den Blättern zu den Wurzeln unterbrochen. V. a. entstehen Infektionspforten. Eine weitere Folge sind Störung des → Dickenwachstums durch Verletzung des → Kambiums. B. finden sich hauptsächlich an Parkbäumen sowie in der Nähe von Sehenswürdigkeiten, die von Touristen besucht werden.

Baumschröter, der: → Blatthornkäfer 1.

Baumschule, die: Grundstück, auf dem → Holzgewächse aus → Samen, Ablegern (→ Absenkern) oder → Stecklingen unter mehrmaligem Umpflanzen (→ Verschulpflanze) gezogen werden.
Die Fläche der B. betrug 1986 in den alten Bundesländern 19 427 Hektar, die Zahl der B.-Betriebe 4129. Auf Forstpflanzen entfielen dabei 2706 Hektar. Die durchschnittliche Betriebsgröße betrug 4,71 Hektar; → Kamp, Forstbaumschule.

Baumschutzverordnung, die (Baumsatzung): Nach den Naturschutzgesetzen der einzelnen Länder können Gemeinden in eigener Zuständigkeit zur Erhaltung und zur Pflege des Baumbestandes an Straßen sowie auf öffentlichen und privaten Grundstücken B. erlassen. Bäume liegen im Interesse der Bürger und sichern durch ihre belebende Wirkung für das Landschafts- oder Stadtbild auch ein Stück Lebensqualität. Von der Möglichkeit, B. zu erlassen, die auch zur Erhaltung sehr alter Einzelbäume notwendig sind (→ Naturdenkmal), machen Gemeinden zunehmend Gebrauch. Bei Verstößen gegen B. kann i. d. R. ein Bußgeld verhängt oder Ersatzpflanzung verlangt werden.

Baumschwamm, der: Bez. für verschiedene holzzerstörende → Pilze mit konsolartigen → Fruchtkörpern. Der B. kann z. B. bei lebenden Kiefern (→ Kiefernbaumschwamm) die → Ringschäle bewirken; → Lärchenschwamm.

Baumschnitzereien findet man hauptsächlich an Parkbäumen und in stadtnahen Erholungswäldern.

Baum(stärken)messer, der: → Dendrometer.

Baumsteigegeräte: Kletterausrüstungen (Leitern und Steigegeräte) für die Samengewinnung (→ Saatgut-Erntetechniken), → Baumchirurgie und → Wertästung etc. Als Leitern dienen meist leichte, mehrteilige Aluminiumleitern (Anlegeleitern, Einholmleitern, letztere werden auch (Tiroler) Steigtannen genannt). Die Ausrüstung für → Zapfenpflücker besteht aus Auffanggurten, Sicherungsseilen mit Seilbremsen und Steigeisen. Zur Schonung der Rinde werden sogen. Baumvelos verwendet, bei denen stahl- oder kunststoffbeschichtete Lederbänder um den Stamm gelegt und so an den Füßen befestigt werden, daß ein gefahrloses Klettern möglich ist.

Baumsteiger, der: → Baumläufer 1.

Baumsterben, das: → Waldschäden, Waldsterben, saurer Regen.

Baumstubbe, die: → Stockholz.

Baumstumpf, der: → Stockholz.

Baumstützen: etwa 2 m lange Pfähle aus Nadel- oder Hartlaubhölzern (→ Hartholz) mit einem → Astquirl am dünnen Ende. Sie dienen zum Stützen von Obstbäumen.

Baumtorte, die: → Baumkuchen.

Baumtöter, der: → Geißblatt 6.

Baumtrocknis, die (fliegender Wurm, schwarzer Tod, Wälderpest): alte Bez. für die Waldvernichtung durch schädliche Käfer und Raupen, hauptsächlich durch den → Borkenkäfer.

Baumvögel: Vögel, die ihre Nahrung hauptsächlich auf Bäumen suchen und sich nie oder nur selten auf dem Boden aufhalten; → Bodenvögel.

Baumwachs, das: streichfähige Mischung aus Wachs, → Harzen und Terpentin, mit der Baumwunden wasserdicht verschlossen werden. B. wird hauptsächlich nach dem Schneiden und Veredeln verwendet, um Fäulniserreger abzuhalten; → Baumkitt, Baumchirurgie.

Baumwald, der: → Hochwald.

Baumwalze, die: österr. Bez. für → Baumkante.
Baumwanzen (*Pentatomidae*): Fam. der Landwanzen, die auf Bäumen verbreitet ist. Sie umfaßt alle großen, auffälligen Blattwanzen, die meist sehr gut ausgebildete Stinkdrüsen besitzen; → Wanzen.
Baumwanze, Rotbeinige, die: → Wanzen 3.
Baumweide, die: **1)** → Weiden 22. **2)** umgangssprachliche Bez. für die wenigen Weidenarten, die unter besten Standortbedingungen zu Bäumen heranwachsen können. Hierzu zählen neben der Silberweide mit ihren Abarten, die Dotter-, Bruch-, Lavendel-, Lorbeer-, Mandel-, Purpur-, Schwarz-, Reif-, Sal-, Asch-, Korbweide und die Großblättrige Weide.
Baumweißling, der: → Weißlinge 1.
Baumwieden → Floßwieden.
Baumwinde, die: → Efeu.
Baumwunden → Baumchirurgie.
Baumwürger, der: → Geißblatt 6.
Baumwürgergewächse: → Spindelbaumgewächse.

Blick auf den Arber im Bayerischen Wald

Baumzahldichte, die: → Bestand(e)sdichte.
Baumzahlleitkurve, die: Das von → Abetz entwickelte Modell für die → Durchforstung von → Reinbeständen beruht auf der Überlegung, daß zur Erreichung eines bestimmten → Produktionsziels eine bestimmte, dem → Standort angepaßte Baumzahl im Endbestand erforderlich ist. Diese wird auf labilen Standorten mit frühen und stärkeren Durchforstungseingriffen und einer kürzeren → Umtriebszeit schneller angestrebt als bei stabilen Verhältnissen.
Baumzahlverteilung, die: Verteilung der Bäume in einem Bestand nach Stärkeklassen, dargestellt in Zahlen oder Graphiken.
Baur, Franz Adolf Gregor, Dr. von (10.3.1830 Lindenfels bis 2.1.1897 München): Er studierte am Polytechnikum in Darmstadt und an der Universität Gießen. 1855 übernahm er die Professur für die forstmathematischen Fächer an der Forstlehranstalt in → Weißwasser und trat 1860 in den hessischen Staatsdienst ein. 1864 folgte er einem Ruf an die Land- und Forstwissenschaftliche Akadmie Hohenheim und 1878 an die Universität München. In Hohenheim war er von 1872 bis 1878 Vorstand der württembergischen forstlichen Versuchsanstalt, bei der bayerischen Versuchsanstalt war er Mitglied. Von seinen zahlreichen Werken sind hervorzuheben: „Lehrbuch der Holzmeßkunde" (1860), „Handbuch der Waldwertrechnung" (1866), „Die Fichte in bezug auf Ertrag, Zuwachs und Form" (1876), „Die Rotbuche in bezug auf Ertrag, Zuwachs und Form" (1881). Von 1866 an führte er die Redaktion der „Monatsschrift für Forst- und Jagdwesen", die später den Titel „Forstwissenschaftliches Centralblatt" erhielt.
Bauschnittholz, das: Bez. für → Balken, → Kantholz, → Bretter und → Bohlen sowie für Latten und Leisten.
Bausch und Bogen, in: Dieser, der neueren Kaufmannssprache entstammende Begriff meint ursprünglich wohl die Abmessung von Grundstücken ohne Rücksicht auf auswärts (Bausch) oder einwärts (Bogen) laufende Grenzstücke. In der Forstwirtschaft früher gebräuchliche Bez. für den bis zum Jahre 1936 erlaubten Verkauf stehenden Holzes.
Baustamm, der: alte Bez. für einen Baumstamm der als → Balkenholz geeignet war (→ Bauholz).
Bauwaldungen: Die drohende Holznot im 15. und 16. Jh. führte in vielen Gegenden Dtschl. dazu, in den → Markgenossenschaften die unbeschränkte Holzentnahme, hauptsächlich von → Bauholz, zu untersagen. Eine Bauholzanweisung erfolgte nur nach vorherigem Nachweis des Bedürfnisses. Zu diesem Zweck wurden Waldungen in B., in denen kein → Brennholz geschlagen werden durfte, und in „Laubwaldungen" oder „hauende Waldungen", in denen ausschließlich Brennholz gefällt und gelesen werden durfte, eingeteilt. Die Ausfuhr von Bau- und Brennholz aus der Mark war zudem verboten. Eine solche Regelung enthielt z. B. die Miltenberger → Waldordnung vom Jahre 1587. B. waren hauptsächlich Eichenwälder, die im Femelbetrieb (→ Femelwald) genutzt wurden. Solche B. blieben bis in den Anfang des 19. Jh. erhalten. Unter dem Einfluß der Schirmschlagidee (→ Schirmschlag) wurden sie in gleichalterigen → Hochwald überführt.
Bayerischer Femelschlag, der: → Verjüngungsverfahren.
Bayerischer Hochgebirgstarif, der: → Mittelstammtarif.
Bayerischer Wald, der: Mittelgebirge an der Ostgrenze Bayerns. Im frühen Mittelalter wurde das gesamte Waldgebiet nordöstlich der Donau, das ist der heutige B. W., der → Böhmerwald und Teils das Bergland im Mühlviertel als Nordwald bezeichnet. Im 13. Jh. trat dann über sechs Jh. für dieses Gebiet die Bez. „Böhmerwald" auf. Die Differenzierung B. W. und Böhmerwald entstand erst im 19. Jh. Mit 1456, bzw. 1452 m sind Arber und Rachel die höchsten Berge dieses kristallinen Mittelgebirges. Neben dem variskischen Granit kommen Gneise, Metabasite und Anatexite vor. Der Pfahl, eine quarzgefüllte Scherzone, trennt den Inneren und Hinteren B. W., vom Vorderen B. W. Die natürlichen → Waldgesellschaften sind von der Höhenzonierung bestimmt. Bergfichtenwälder, Bergmischwälder und Aufichtenwälder bestimmen das Landschaftsbild. In tieferen Lagen kommen Eichen, entlang der Bäche Eschen- und Schwarzerlenbestände vor. Großer, Kleiner Arbersee und Rachelsee sind Karseen der Eiszeit. Eingesprengt in die Fichtenwälder kommen Hochmoore, Filze genannt, vor. Durch die Zusammenfassung mehrerer Naturparke wurde 1986 der 206 800 ha große Naturpark B. W. geschaffen, 1970 schon wurde der 13 000 ha große → Nationalpark B. W. gegründet, 1997 wurde er um rd. 10 000 ha erweitert.
Bayerischer Waldbesitzerverband: Nachfolgeorganisation des 1918 gegründeten Landesverbandes für den Bayerischen Nichtstaatswald. Er vertritt (1998) in der Arbeitsgemeinschaft Deutscher → Waldbesitzerverbände ca. 50 % der Waldfläche Bayerns.
Bayerisches Leinblatt, das: → Leinblatt.
Bayerische Sterndolde, die: → Sterndolde 2.
Bayerische Waldbodeninventur (WBI): → Bundesweite Bodenzustandserhebung im Wald (BZE).
Bayerisch kombiniertes Verfahren → Verjüngungsverfahren.
Bazzania → Peitschenmoos.
Bazziano-Piceetum → Peitschenmoos-Fichtenwald.
BB: Kurzzeichen für Birnbaum nach DIN 4076.
BBA: Abk. für → Biologische Bundesanstalt für Land- und Forstwirtschaft.
BBodSchG: Abk. für → Bundes-Bodenschutzgesetz.
BBU: Abk. für → Bundesverband Bürgerinitiativen Umweltschutz e. V.
BDF: Abk. für → Bund Deutscher Forstleute.
Beastung, die: → Astwerk.
Beauvais, V. von (Vincentius, Bellovacensis) → forstliches Schrifttum.
Bebäckeln, das: → Berappen.
Bebeilen, das: → Beschlagen.
Beberesche, die: → Pappeln 5.
Bebuschung, die: forstliche Maßnahme zur Vorbereitung einer Bestand(e)sbegründung auf Standorten, die zunächst baumfeindlich sind. Gleiche Funktion hat die sog. Berasung (→ Benarbung).
Becherflechte, die (*Cladonia*): fast über die ganze Erde verbreitete Gatt. der Abteilung → Flechten mit etwa 300 Arten. Es handelt sich um Flechten mit krustigem bis laubartigem → Thallus, aus dem hohle, häufig becherförmige Fruchtstiele wachsen, auf denen die Fruchtkörper (→ Apothecium) sitzen. Die bekanntesten Arten sind:
1. Rentierflechte, die (*Cladonia rangiferina* Weber): auch Hungermoos. Die in ganz Europa auf Wald- und Heideböden verbreitete R. ist im arktischen und subarktischen Bereich Nordeuropas eine der häufigsten Flechtenarten, wird von den Rentieren abgeweidet (Name!) und schmeckt bitter.

Die graue, schlanke, 3 bis 12 cm lange Strauchflechte von aufstrebendem Wuchs ist strauchartig verzweigt und bildet dichte, reingraue bis grünlichgraue Lager. Die unfruchtbaren Enden sind einseitswendig gekrümmt mit gebräunten Spitzen. Die fruchtbaren Enden sind aufstrebend und strahlig verzweigt und tragen an den Enden kleine, gewölbte, braune Fruchtkörper. Die R. ist bei feuchtem Wetter weich und schwammig, bei Trockenperioden jedoch fest und unter den Füßen splitternd. Sie wird häufig zu Dekorationszwecken verwendet.

2. Wald-Strauchflechte, die (*Cladonia arbuscula* (Wallr.) Rabenhorst): Die in ganz Europa verbreitete W. wächst in dichten Polstern am Boden. Sie ist der Rentierflechte sehr ähnlich und kommt oft gemeinsam mit ihr vor. Die W. hat jedoch dürrere Lagerstiele, ist gelblich gefärbt, die Zweigenden sind allseits übergebogen und die Spitzen nur schwach oder gar nicht gebräunt. Zudem schmeckt sie nur schwach bitter.

3. Kleine Becherflechte, die (*Cladonia pyxidata* (L.) Fries): Die vom Tiefland bis ins Hochgebirge verbreitete und ziemlich häufige Flechtenart wächst an Felsen, Böschungen, auf Mauerwerk, auf trockenen Waldböden und häufig unter Heidelbeerkraut.
Die Lager haben am Grunde kleine, braungraue bis graue, laubartige, eingeschnittengelappte, unterseits weißliche Schuppen. Die graugrünen, 2 bis 4 cm langen Lagerstiele haben meist eine rauhe Rinde und erweitern sich nach oben allmählich zu einem bis zu 2 cm hohen, dickwandigen Becher, der innen und außen körnig-warzig beschuppt ist. Die Apothecien sind knopfförmig, braun bis rot und befinden sich an den Becherrändern.

4. Korallen-Becherflechte, die (*Cladonia coccifera* (L.) Willdenow): auch Rotfrüchtige Becherflechte. Die vom Tiefland bis ins Hochgebirge vorkommende, v. a. im Bergland und höheren Lagen verbreitete K. wächst meist in Silikatgebieten, in Heiden und Wäldern, Felsfugen, auf Mauerkronen, humosem Sandboden und morschem Holz.
Am Grunde der Strauchflechte befinden sich kleine graugrüne, unterseits gelblich-weiße Schuppen, die an der Basis ockergelb gefärbt sind. Die Lagerstiele werden 1 bis 5 cm lang und 1 bis 4 mm dick, hohl, glatt oder warzig, mit zahlreichen → Soredien. Der grau- bis gelbgrünliche Thallus endet in einem Becher, dessen Rand scharlachrote Apothecien trägt. Diese befinden sich mitunter auf eigenen, sehr kurzen Stielchen oder fließen zusammen.

5. Stockwerk-Becherflechte, die (*Cladonia verticillata* Hoffmann): Die vom Tiefland bis ins Hochgebirge auf sandigen Böden weit verbreitete S. kommt hauptsächlich in trockenen Heiden und Kiefernwäldern vor. Die Flechte besteht aus aufrechten, meist zwei bis fünf jeweils aus der Mitte sprossenden Bechern, die so zu einem stockwerkartig übereinander aufgebautem Gebilde werden. Die Becherränder können mit jungen Apothecien und → Pycnidien besetzt sein. Die Fruchtkörper sind erst flach, dann gewölbt und braun. Die 3 bis 5 cm hohen Lagerstiele sind olivgrün oder braun und glatt, mit relativ großen Lagerschuppen am Grund.

Becherlinge (*Pezizaceae*): auch Becherpilze. Fam. der → Schlauchpilze aus der Ordn. der Becherpilzartigen (*Pezizales*). Die eigentlichen, z. T. handtellergroßen B. zeichnen sich durch einen konzentrischen, schüssel-, scheiben- oder krugbecherförmigen Bau ihres → Fruchtkörpers aus. Viele Arten sind schwer zu unterscheiden und können nur mit dem Mikroskop bestimmt werden. Nur wenige von ihnen sind eßbar. Die bekanntesten sind:

1. Eselsohr, das (*Otidea onotica*): Der eßbare und wohlschmeckende, aber nicht häufige Pilz wächst von August bis September in kleinen Büscheln, hauptsächlich in Buchen- und Eichenwäldern, auch in anderen Laubwäldern, jedoch seltener in Nadelwäldern. Das dottergelb gefärbte E. hat einen bis zu 10 cm hohen und 6 cm breiten Fruchtkörper. Dieser ist meist einseitig ausgezogen und auf der Gegenseite bis zum Grunde gespalten. Die Ränder sind mehr oder weniger eingerollt. Die Innenseite zeigt eine leicht rosarötliche Färbung. Die Außenhaut ist wellig-uneben und glatt. Der Stiel ist kurz und weißfilzig. Das dünne und brüchige Fleisch ist weißlich, hat einen angenehmen Geruch und schmeckt etwas süßlich mandelartig.

2. Hasenohr, das (*Otidea leporina*): Das H. ist nur halb so groß wie das Eselsohr und wächst von Juli bis November überwiegend in bergigen Nadelwäldern zwischen der Nadelstreu auf sauren Böden. Es kann einen Fruchtkörper von 5 cm Höhe und eine Breite von 3 cm erreichen. Die Form des Pilzes erinnert etwas an ein Hasenohr (Name!). Sein Fruchtkörper ist nicht einseitig verlängert, sondern vielmehr an einer Stelle des Umfangs tief eingeschnitten. Die Innenseite der Fruchtschicht ist rostgelb bis rotbraun. Das Fleisch des eßbaren Pilzes ist rostgelb bis zimtbraun, wachsartig, zerbrechlich und ohne besonderen Geruch und Geschmack.

◂◂ Zinnoberroter Kelchbecherling (*Sarcoscypha coccinea*)

3. Orangebecherling, der (*Aleuria aurantia*): auch Gemeiner O. Der kleine, ungiftige Pilz wächst von Juli (Mai) bis Ende Oktober/Anfang November häufig sehr gesellig entlang von Waldstraßen und Gräben, auf Holzlagerplätzen und nicht selten im Laub der Buchenwälder. Bevorzugt werden feuchte Stellen. Einige ähnliche, schwer zu unterscheidende Arten wachsen auch auf altem Holz. Der innen orangerot leuchtende Fruchtkörper ist jung kugelig geschlossen, erhält dann eine unregelmäßige Becherform und wird schließlich eine flache, am Rande wellig verbogene Schale, die meist stiellos auf dem Erdboden aufliegt. Die Außenhaut ist etwa blasser orangerot und weißmehlig bereift. Das dünne, brüchige Fleisch ist wachsartig sowie geruch- und geschmacklos.

4. Kronenbecherling, der (*Sarcosphaera eximia*): Der Pilz wächst von Mai bis Juli oft nestartig unter der Nadelstreu in Kiefern- und Fichtenwäldern. Er erscheint anfangs als fleischige Hohlkugel knapp über der Nadeldecke und reißt dann von der Mitte aus radial auf und die dreieckigen Lappen biegen sich nach außen. Die Innenseite des 9 bis 15 cm breiten, dickwandigen Pilzes ist erst weißlich und wird dann violett. Das Fleisch ist wachsartig brüchig und ist roh giftig, das erste Kochwasser muß unbedingt weggegossen werden.

5. Schmutzbecherling, der (*Bulgaria inquinans*): Der ungenießbare Pilz wächst von Juli bis Oktober, bei günstiger, feuchter Witterung auch von November bis März, meist in Gruppen, in Laubwäldern und besonders auf am Boden liegenden Laubholzstämmen und -ästen, besonders von Ei, Kast und Hbu. Der anfangs kegelige, mit dunkelbrauner, kleiigflockiger Außenhaut versehene Fruchtkörper wächst auf der Rinde. Er bricht später an der Spitze auf, wobei die schwarze, feucht glänzende Fruchtschicht sichtbar wird. Der bis zu 3 cm hohe und ebenso breite Fruchtkörper ist dann tellerförmig mit leicht konkaver, zuletzt flacher Scheibe. Das Fleisch ist bräunlich bis schwärzlich, zäh und gallertartig, im eingetrockneten Zustand hart, lederartig und biegsam. Es hat keinen besonderen Geruch und Geschmack.

6. Ausgebreiteter Becherling, der (*Peziza repanda*): Der kleine unscheinbare, eßbare Pilz wächst von April bis Juni in kleinen Trupps im Laubmischwald auf lehmigen Boden. Der Fruchtkörper ist zerbrechlich und wachsartig, das Becherinnere, die Scheibe, haselnuß- bis milchkaffeebraun. Der Rand des Pilzes ist gezähnt bis gekerbt, die Unterseite wirkt durch kleiige Körnchen weißlich. Der Becher sitzt ungestielt oder nur mit kurzem Stiel auf dem Boden. Die Fruchtschicht der Becherlinge befindet sich auf der Innenseite der Fruchtkörper. Legt man sie an die Sonne, wird durch den Wärmereiz eine als Staubwolke sichtbare Sporenexplosion ausgelöst.

7. Gelbmilchender Becherling, der (*Peziza succosa*): Der verbreitete Pilz wächst meist in kleinen Trupps in Laub- und Nadelwäldern. Der Fruchtkörper des ungenießbaren Pilzes ist rundlich bis oval, schüssel- oder becherförmig mit meist unregelmäßig verlaufendem Rand. Er ist ungestielt, 6, selten bis 10 cm breit, innen haselnußbraun, außen fein kleiig und etwas heller. Das ziemlich feste Fleisch scheidet bei Verletzung einen sofort gelb anlaufenden Saft aus. Es gibt zahlreiche Becherlingsarten mit ähnlicher Färbung, für deren Unterscheidung jedoch ein Mikroskop nötig ist.

8. Kastanienbrauner Becherling, der (*Peziza badia*): Der im Sommer an sandigen, tonigen

Plätzen wachsende K. B. ist als Speisepilz wertlos. Der kaum gestielte, 3 bis 5 cm große schüsselförmige Fruchtkörper hat eine schöne rotbraune bis dunkelbraune Färbung, ist wachsartig, brüchig und wässrig. Der Rand ist gewellt, die Außenseite rostbraun und kleiig. Die winzigen ellipsoiden Sporen haben eine netzartige granulierte Oberfläche.

9. Zinnoberroter Kelchbecherling, der (*Sarcoscypha coccinea*): auch Zinnoberroter Prachtbecherling. Der eßbare, aber schutzbedürftige Pilz wächst von März bis Mai, häufig während der Schneeschmelze, einzeln oder in kleinen Gruppen an feuchten Stellen, auf abgestorbenen, oft mit Moos überzogenen Laubholzästen. Der Fruchtkörper mit einem Durchmesser zwischen 1 und 7 cm ist jung pokalförmig mit kurzem Stiel, später breit schüsselförmig mit lang eingerolltem, manchmal schwach gekerbten Rand. Die Fruchtschicht ist leuchtend zinnober-orangerot, die Außenseite hell ockerlich oder rosa und weißflockig. Das Fleisch, ohne besonderen Geruch und Geschmack, ist wachsartig.

10. Schnecken-Öhrling, der (*Otidea cochleata*): Der büschelig und in größeren Gruppen in sonnigen Laubwäldern wachsende S. ist als Speisepilz wertlos. Die etwa 3 bis 6 cm großen, fleischigen, sehr verschiedenförmigen Fruchtkörper sind eingerollt, auf einer Seite bis zum Grunde geschlitzte Lappen. Die Innenseite ist karamellfarben bis braun, teilweise mit zusammenlaufenden Rippen, die Außenseite heller braun und glatt.

11. Umbrabrauner Öhrling, der (*Otidea umbrina* (Pers.) Bresadola = *O. cochleata* Cooke): Der häufig zur vorgenannten Art gerechnete U. Ö. wächst in Laub- und Nadelwäldern. Der ohrförmig gewundene, bis zu 7 cm hohe Fruchtkörper ist dunkelbraun, innen glatt, außen matt-samtig; alt etwas heller und kleiig. Er ist auf einer Seite bis zum Grunde geschlitzt und hat einen kurzen Stielansatz. Das wässrigbrüchige Fleisch hat einen milden Geschmack.

Becherpilze → Becherlinge.

Johann Matthäus Bechstein

Bechstein, Johann Matthäus, Dr. (11.7.1757 Waltershausen bis 23.2.1822 Dreißigacker): Ornithologe und Forstmann, studierte in Jena von 1778 bis 1780 Theologie, Naturwissenschaften, → Forst- und Kameralwissenschaft (→ Kameralisten). Er wurde 1785 Lehrer der Naturgeschichte und Mathematik an der Erziehungsanstalt zu Schnepfenthal und unterhielt von 1795 bis 1799 ein Privatforstinstitut (Öffentliche Lehranstalt für Forst- und Jagdkunde) in Kemnote bei Waltershausen. Ende 1795 gründete er dort die „Societät für Forst- und Jagdkunde", eine erste Gesellschaft für Forstpraktiker und Gelehrte, die bald zahlreiche Mitglieder im In- und Ausland hatte und deren Abhandlungen in der Gesellschaftsschrift „Diana" (ab 1797) veröffentlicht wurden. 1800 wurde er als Direktor der 1801 eröffneten Lehranstalt für Forst- und Jagdkunde (ab 1803 Forstakademie) nach Dreißigacker bei Meiningen berufen. Er schrieb u. a. Teile der Enzyklopädie „Die Forst- und Jagdwissenschaft nach allen ihren Theilen für angehende und ausübende Forstmänner und Jäger" (1810 – 1830), später fortgesetzt von → Laurop.

Bechstein, Ludwig → Waldmärchen.

Bechsteinfledermaus, die: → Fledermäuse 5.

Bechtel, Karl (1800 Hanau/Hessen bis 1868 Wien): B., Oberförster und Forstinspektor, war Absolvent der hessischen Forstlehranstalt Fulda. Nach Kauf der Herrschaft Bizenz in Mähren durch Kurfürst Wilhelm II. von Hessen-Kassel war B. in Bizenz tätig und forstete dort ca. 2000 ha Flugsandböden nach eigenem Verfahren auf. Er war Initiator der Errichtung der mährischen Forstlehranstalt in Aussee (→ Mährisch-Aussee) und engagierte sich im Mährisch-Schlesischen Forstverein.

Beck, Johann Otto Ferdinand (20.1.1818 Schwedt a. O. bis 17.9.1875 Trier): B. war Kgl. Preußischer Regierungsrat, ab 1840 Kgl. Preußischer Kammergerichts-Auscultator am Gericht in Schwedt, ab 1848 Direktor der Eichsfeldschen Tilgungskasse und Spezialkommissar bei der Stendaler Generalkommission, ab 1859 Regierungs- und Departementsrat für Angelegenheiten der Landeskultur bei der Kgl. Regierung in Aachen und ab 1861 in gleicher Eigenschaft bei der Kgl. Regierung in Trier. Er schrieb u. a. „Die Waldschutzfrage in Preußen mit besonderer Berücksichtigung der Rheinprovinz" (1870).

Beckenmoos, das *(Pellia)*: Gatt. der Fam. Beckenmoose (Pelliaceae), der Klasse → Lebermoose mit nachfolgender Art:

Beckenmoos, das *(Pellia epiphylla* (L.) Lindberg): auch Salatmoos. Das kalkfliehende B. wächst auf sauren Böden an schattigen, feuchten Hängen vom Flachland bis in Höhen von etwa 800 Metern im Bergland, an Bachufern, im Morast und in Quellfluren.

Das → einhäusige, thallöse B. bildet flache, weit verzweigte, am Rand gewellte, dichte Lager mit feinen Rhizoiden auf der Unterseite. Die flachen, band- bis blattförmigen Lappen sind dunkelgrün, oft rotviolett überlaufen, etwa 3 cm lang, um 1 cm breit, unregelmäßig gegabelt, ganzrandig und leicht gewellt. Die Antheridienstände sind in die Oberfläche eingesenkt und bilden durch Vorwölbung des Lagers rote Buckel, die Archegonien sind langgestielt. Die → Sporen reifen im Frühjahr. Die kugelige, bis zu 10 cm lang gestielte Sporenkapsel ist erst glänzend schwarzgrau, dann olivfarben. Reif öffnet sie sich mit vier Klappen.

Beckmann: **1)** Johann Gottlieb (etwa um 1700 bis um 1777): B. war zu seiner Zeit einer der bedeutendsten → holzgerechten Jäger und stand in verschiedenen Diensten. Zuletzt war er Gräfl. Einsiedelscher Forstinspektor in Wolkenburg. Er schrieb u. a. „Gegründete Versuche und Erfahrungen von der zu unsern Zeiten höchst nöthigen Holzsaat, zum allgemeinen Besten herausgegeben" (1756). B. gab auch den ersten Forstkalender heraus (1764). **2)** Johann: → forstliches Schrifttum.

Becquerel, das: Bez. der Maßeinheit für die Aktivität eines radioaktiven Stoffes. Eine Stoffmenge, in der in einer Sekunde der Zerfall eines Atomkerns stattfindet, durch den Strahlung entsteht, hat die Aktivität von einem B.; → Halbzeitswert, rem.

Bedecktsamer (Decksamer, Angiospermen, bedecktsamige Pflanzen, *Angiospermae, Magnoliophytina*): Sie bilden eine Unterabteilung der → Samenpflanzen mit weltweit etwa 250 000 bis 300 000 Arten. Bei B. werden die Samenanlagen immer in ein von den → Fruchtblättern gebildetes Gehäuse, den → Fruchtknoten, eingeschlossen. Die Pollenkörner (→ Pollen) bilden die männlichen Geschlechtszellen aus und werden durch Insekten u. a. Tiere oder den Wind auf die → Narbe übertragen (Selbst- oder Fremdbestäubung; → Bestäubung). Der Fruchtknoten wandelt sich bei Samenreife zur Frucht um. Die B. werden in → einkeimblättrige und → zweikeimblättrige Pflanzen eingeteilt; → Nacktsamer.

Bedränger: Bäume, die in einem Bestand sozial höherstehende Bäume in ihrem Wuchs beeinträchtigen oder sie gar verletzten (→ Peitscher). B. werden bei der → Läuterung bzw. bei der → Durchforstung entnommen; → Baumklassen.

Beere, die: Fruchtform der bedecktsamigen Pflanzen (→ Bedecktsamer). Die B. ist mehrsamig und hat eine saftige, fleischige Fruchtwand, d. h. eine häutige Außenwand umschließt eine saftige Innen- und Mittelschicht; z. B. Johannisbeere (→ Stachelbeere) und → Heidelbeere.

Beerennelke, die: → Taubenkropf.

Beerensträucher: alle Sträucher in Wald, Flur und Garten, die echte → Beeren, Scheinbeeren oder beerenähnliche Früchte tragen. Diese Früchte dienen entweder der menschlichen oder der tierischen Nahrung. B. die Dornen tragen, werden auch als Dornsträucher bezeichnet. Oft werden unter B. auch → Beerkräuter verstanden. Zu den wichtigsten B. gehören: Brombeere, Himbeere, Steinbeere (→ Rubus), → Heidel- und Preiselbeere, Wilde Johannis- und → Stachelbeere, Berberitze (→ Sauerdorn), → Weißdorn und Schlehe (→ Prunus), → Sanddorn, Heckenkirsche (→ Geißblatt) und Hunds- und Apfelrose (→ Rosen 3. und 10.), → Liguster, Faulbaum (→ Kreuzdorn 3.), → Hartriegel, Schneebeere und → Wacholder.

Beeren-Taubenkropf, der: → Taubenkropf.

Beerenwanze, die: → Wanzen 5.

Beerenzapfen, der: Bei einigen Ndh (→ Nadelbäume), wie z. B. beim Wacholder, verholzen die Zapfenschuppen nicht, sondern verwachsen, wie die Fruchtwand einer → Beere, zu einer fleischigen Samenhülle; sie sehen dadurch aus wie Beeren, sind aber, morphologisch gesehen (beerenartige) Zapfen.
Beerkräuter: die volkstümliche Bez. für Blau-, Preisel-, Moos- und Rauschbeere; → Heidelbeere 1. mit 4.
beforsten: svw. forstmäßig bewirtschaften.
Beförsterung, die: Verwaltung eines Privat- und Kommunalwaldes durch Beamte der staatlichen Forstverwaltungen; → Forstorganisation.
Befruchtung, die: Verschmelzung zweier verschiedengeschlechtiger Geschlechtszellen (Gametogamie) oder Zellkerne (Karyogamie). Das Produkt dieser Verschmelzung ist eine diploide Zelle (Zygote). Die B. bei bedecktsamigen Blütenpflanzen (→ Samenpflanzen, Bedecktsamer) läuft wie folgt ab: Die Mikrospore (männlicher → Pollen) gelangt auf die weibliche → Narbe. Das keimende Pollenkorn schickt einen Pollenschlauch durch das lockere Gewebe des → Griffels und durch die Mikropyle in den Embryosack (Makrospore). Der Pollenschlauch besteht aus drei Zellkernen, aus einem vegetativen Wachstumskern an der Spitze und zwei dahinterliegenden generativen Geschlechtskernen. Der Wachstumskern bewirkt das Wachstum des Pollenschlauches, darüber hinaus hat er für den Transport der generativen Kerne bis zur Mikropyle zu sorgen. Damit sind seine Aufgaben erfüllt. Der Pollenschlauch stößt nunmehr auf eine der Synergiden und wird durch ihre Ausscheidungen geöffnet, so daß sich sein Inhalt neben die Eizelle ergießt. Die eigentliche B. stellt somit das Eindringen eines generativen Kerns in die Eizelle dar, aus deren Produkt, der Zygote, sich der Embryo oder Keimling nachfolgend entwickelt. Der andere haploide generative Kern (Gamet) des Pollenschlauches wandert weiter und vereinigt sich mit dem diploiden Embryosackkern. Aus dieser Verbindung entsteht der triploide Endospermkern, aus dem sich das Endosperm, das Nährgewebe, für den Keimling entwickelt. Die Hüllen der → Samenanlage werden zur Samenschale, die Fruchtknotenwand zur Fruchtschale.
Begang, der: **1**) frühere Bez. für eine Abteilung eines Forst- oder Jagdreviers, die einem Forst- oder Jagdbediensteten zur Aufsicht zugewiesen wurde; → Belauf. **2**) Substantiv von → begehen.
begehen: Ein Forst- oder Jagdrevier b. heißt, das Revier im Rahmen des Forst- und Jagdschutzes durchstreifen, auch zum Zwecke der Jagdausübung.
Begleitarten → Begleitpflanzen.
Begleiter → Begleitpflanzen.
Begleitflora, die: → Konkurrenzvegetation.
Begleitpflanzen, **Begleittiere** (Begleiter, Begleitarten): allg. Bez. für Pflanzen oder Tiere, die nicht zu den charakteristischen Arten einer → Pflanzengesellschaft oder Lebensgemeinschaft gehören.
Begleittiere → Begleitpflanzen.
Begleitgesellschaft, die: bei einer → Waldgesellschaft, die von einer → Leitgesellschaft charakterisiert ist, in Gemeinschaft auftretende → Begleitpflanzen und -tiere; → Kontaktgesellschaft.
Begleitstoffe: Neben den Zellwandbestandteilen (Hauptbaustoffen des → Holzes) → Zellulose, → Holzpolyosen und → Lignin enthält Holz Stoffe, die entweder für die Entwicklung der Zellen von Bedeutung sind, eine Schutzfunktion ausüben oder Nebenprodukte der Biosynthese sind. Sie werden als B. oder akzessorische Bestandteile bezeichnet. Hierzu zählen z. B. → ätherische Öle und → Harze als Schutzstoffe, → Stärke und Fette als Reservestoffe, Phenole mit Schutzwirkung, Tropolone mit Schutzwirkung und Mineralstoffe für das Wachstum. Ihr Anteil beträgt 5 bis 10 %.
Begleitwuchs, der: → Konkurrenzvegetation.
Begünstigung, die: Möglichkeit des Ablaufs des Artenwechsels in einer → Sukzession. Eine → Art bereitet einer anderen derart den Weg, daß diese ohne die erste nie vordringen könnte.
Behaarte(r/s) ...: siehe unter dem jeweiligen Hauptnamen.
Behaarung, die: → Haare.
Behangener Faserling, der: → Faserlinge 1.
Behauen, das: → Bebeilen.
Behauholz, das: → Waldstangen.
beherrscht → Baumschichten.
beherrschte Bäume: Bez. für alle Bäume, die an der Bildung des oberen Kronendaches eines → Bestandes nicht teilnehmen. Hierzu gehören z. B. alle zurückbleibenden, aber noch schirmfreien Bäume, die unterdrückten, aber noch lebensfähigen Bäume sowie alle absterbenden und abgestorbenen Bäume; → herrschende Holzart.
Behlen, Stephan Christophorus (5.8.1784 Fritzlar bis 7.2.1847 Aschaffenburg): B. widmete sich von 1800 bis 1802 juristischer und kameralistischer Studien (→ Kameralisten). 1803 wurde er Landeskommissar bei der Landesverbesserungs-Deputation, 1804 kurfürstlicher Forstkontrolleur über die Staatswaldungen des Spessarts, 1808 Forstmeister für die gemeinheitlichen Stiftungs- und Privatwaldungen im Amte Lohr. 1819 wurde ihm das Forstamt Kothen mit Wohnsitz in Hammelburg übertragen. Von 1821 bis 1832 war er Professor der Naturgeschichte an der neu organisierten Forstschule zu Aschaffenburg. B. schrieb 22 größere, selbständige Werke, u. a. „Lehrbuch der gesamten Forst- und Jagdthiergeschichte“ (1826), „Jagdkatechismus, zum Gebrauche bei dem öffentlichen Unterrichte und der Selbstbelehrung“ (2 Teile, 1828/29), „Lehrbuch der deutschen Forst- und Jagdgeschichte“ (1831), „Lehrbuch der Jagdwissenschaft in ihrem ganzen Umfange. Zum Gebrauche bei öffentlichen Vorlesungen und beim Selbststudium“ (1835), „Real- und Verbal-Lexicon der Forst- und Jagdkunde mit ihren Hülfswissenschaften“ (7 Bde., 1840 – 1846). Von 1823 bis 1846 redigierte er die „Neue Zeitschrift für das Forst- und Jagdwesen mit besonderer Rücksicht für Bayern“, 1825 bis 1846 die von ihm gegründete „Allgemeine Forst- und Jagdzeitung“.
beholzen: veraltete Bez. für: eine Naturverjüngung ergänzen; → Ergänzung.
Beholzung, die: auch Beholzungsrecht. Alte Bez. für das Recht, aus einem fremden Wald eine bestimmte Menge Holz holen zu dürfen; → Forstrechte.
Beholzungsrecht, das: → Beholzung.
Beibeilen des Baumfußes, das: auch Abbeilen, Abtrennen, Beischneiden. Beim Einsatz der Einmannmotorsäge werden Stämme mit starken Wurzelanläufen beim Fällungsbetrieb so beigeschnitten, daß sich der Stamm bis fast zum Boden fortsetzt. Der abgebeilte Baumfuß erleichtert u. a. einen tief angesetzten → Fallkerb und Sägeschnitt. Das B. wurde ursprünglich mit der Axt vorgenommen.
Beige, die: mundartliche, hauptsächlich in Württemberg gebrauchte Bez. für einen aufgeschichteten Holzhaufen (Schichtholzhaufen), veraltet auch Beuge oder Beug(e)holz; → Arke, Banse, Holzsetzen, Schichtholz, Schragen, Stoß, Rauhbeige.
Beiholzart, die: → Nebenbaumart.
Beiknospe, die: in der Botanik Bez. für eine → Blattknospe, die „serial“ aufsteigend oder absteigend und „kolloteral“ rechts und links zusätzlich auftritt. B. entwickeln z. B. Es, Nuss und Geißblatt; → Knospe.
Beil, das: im Ggs. zur → Axt ein kurzstieliges, einhändig zu führendes Werkzeug mit meist einem flachen oder keilförmigen Blatt. Es dient vorwiegend zum Spalten von Brennholz.
beilfest: Pilzbefallenes Holz ist b., wenn durch Beilhiebe noch kompakte Späne entstehen.
Beimle, das: → Drosseln 9.
Beinholz, das: → Geißblatt 4., Hartriegel 2., Liguster.
Beinweide, die: → Hartriegel 2., Geißblatt 4. und Liguster.

Gemeiner Beinwell (*Symphytum officinale*)

Beinwell, der (*Symphytum*): Gatt. der Fam. der → Rauhblattgewächse mit etwa 20 Arten in Europa, Sibirien und West-Asien. Die → Samenverbreitung erfolgt durch → Ameisen (→ Ameisenpflanzen). In Mitteleuropa im Wald anzutreffen sind:
1. Gemeiner Beinwell, der (*Symphytum officinale* Linné): auch Arznei-Beinwell, Große oder Gemeine Wall-, Bein-, Schwarzwurz. Der G. B.

ist – mit Ausnahme des Mittelmeerraumes – fast über ganz Europa verbreitet. Er wächst in Hartholz-Auenwäldern, Bruchwäldern, auf nassen Wiesen und Moorwiesen, an Waldrändern, Gräben und Bachufern sowie in Sümpfen und Flachmooren, von der Ebene bis in Höhen von etwa 1500 m; Nährstoffzeiger (→ Bodenanzeiger).

Die mehrjährige, 30 bis 100 cm (150 cm) hohe, dicht behaarte Pflanze hat eine bis 30 cm tief reichende, spindelige, außen schwarze, innen weiße Pfahlwurzel und einen aufrechten, kantig geflügelten, bis 1 cm dicken, hohlen, fleischigen, beblätterten, im oberen Teil ästigen Stengel. Die Blätter sind schmal-lanzettlich, 10 bis 20 cm lang, 2 bis 6 cm breit, runzelig, oberseits zerstreut behaart, unterseits rauh behaart, vorne zugespitzt. BZ: Mai bis Juli. Die nickenden glockenförmigen Blüten sind meist purpurn oder rotviolett, aber häufig auch gelblich-weiß bis weißlich und stehen in einseitswendigen, anfangs spiralig eingerollten, dichtblütigen

Knoten-Beinwell (*Symphytum tuberosum*)

Doppelwickeln (→ Blütenstand), die in den Achseln der oberen Laubblätter stehen. Die Früchte sind kleine, bis 5 mm lange, glatte, glänzende, schief-eiförmige Nüßchen.

Der G. B. ist eine alte Arzneipflanze (→ Heilpflanzen). Verwendung findet der Wurzelstock, der im Frühling oder Herbst ausgegraben, dann gewaschen, saubergekratzt, rasch an der Sonne getrocknet und gut verschlossen aufbewahrt oder auch frisch verwendet wird. Er enthält → ätherisches Öl, → Alkaloide, Allantoin, Gerbstoffe, Schleimstoffe und Kohlenhydrate, wirkt adstringierend, erweichend, entzündungshemmend und narbenbildend. Auch die Blätter können getrocknet oder frisch verwendet werden. Breiumschläge aus frischen oder gebrühten Blättern helfen bei Gicht, rheumatischen Leiden, Durchblutungsstörungen, Bandscheibenschäden, Knochenschmerzen etc. Die B.-Tinktur bringt Linderung bei Rheumatismus, Gelenkschwellungen, Quetschungen, Verstauchungen, Blutergüssen sowie auch Knochenbrüchen, bei Wunden, Hautgeschwüren und Hautkrankheiten. Der B.-Tee hilft bei Magengeschwüren, Magenblutungen, Rippenfellentzündung, Bronchialkatarrh und Beschwerden des Verdauungsapparates.

2. Knoten-Beinwell, der (*Symphytum tuberosum* L.): Der K. ist über Süddtschl. (besonders im Donaugebiet östlich des Lech), das südliche Elbe- und Odergebiet, das Alpenvorland, die Alpen und Südeuropa verbreitet. Er wächst zerstreut bis selten in krautreichen Laubwäldern, besonders Buchenmischwäldern (Ordnungs- → Charakterart), Auwäldern, Gebüschen und Hochstaudenfluren, auf frischen bis feuchten Böden.

Die 25 bis 50 cm hohe Pflanze hat einen unregelmäßig knollig verdickten, hellbraunen, fleischigen Wurzelstock und ist weich behaart. Der einfache Stengel ist nur im oberen Teil ästig. Die eilänglichen Blätter sind 3 bis 12 cm lang, allmählich in den Stiel verschmälert mit kaum am Stiel herablaufenden flügelartigen Rändern, im Ggs. zum Gemeinen Beinwell. BZ: April bis Mai. Die blaßgelben Blüten sind ca. 15 bis 20 mm lang, die Schlundschuppen überragen die Kronzipfel nicht. Die Früchte sind kleine, dunkelbraune Nüßchen mit netzartig-runzeliger und feinen Warzen bedeckter Oberfläche.

3. Knollen-Beinwell, der (*Symphytum bulbosum*): Der K. wächst an Waldsäumen, in Parkanlagen und in Weinbergen. Er ist dem Knoten-Beinwell sehr ähnlich, hat jedoch Blätter, die plötzlich in den Stiel verschmälert sind; die Schlundschuppen überragen die Kronzipfel. Der K. hat ein dünnes Rhizom mit kugeligen Knollen und treibt Ausläufer.

Beinwurz, die: → Beinwell 1.

Beirichten, das: → Trift.

Beischlag, der: früher das Recht, während der Mastungszeit (→ Schweinemast) einer berechtigten Herde eines Forstreviers noch weitere Schweine hinzufügen zu dürfen (Recht des B., Zuschlags, Einschlagsrecht).

Beispielswirtschaft, die: → Weiserbestand.

Beizen des Holzes, das: Veränderung der natürlichen → Holzfarbe durch geeignete Substanzen wie Wasser-, Spiritus- und Räucherbeizen. Die fest im Holz verankerte Beize wirkt dabei wie eine Lasur. Beim B. bleiben Holzstruktur und → Textur erkennbar.

Beizen von Saatgut, das: Zur Abk. der → Samenruhe d. h. Herabsetzung der → Keimhemmung wurden früher → Samen auch in Kalkwasser eingelegt. Folgende Rezepte wurden z. B. angegeben: Douglasien-Samen 2%iges Kalkwasser 3 Tage, Vogelbeere-Samen 3%iges Kalkwasser 1 Tag, Ginster-Samen 5%iges Kalkwasser $^{1}/_{2}$ Tag (1 % = 10 g Ätzkalk auf 1 Liter Wasser). Schäumte das Kalkwasser auf, dann wurde das Saatgut aus der Beize genommen und ausgesät.

Beizfalke, der: → Falken 1.

Bekassine, die: → Schnepfenvögel 2.

Bekleidung, die: frühere Bez. für die nach Abschälen der Rinde (→ Lohrinde) am stehenden Stamm aus den verbliebenen Resten des → Kambiums vor sich gehende Gewebeproduktion; sie ist nur bei genügend feuchter Umgebung möglich.

bekohlen: eine Stelle im Wald b. Alte Bez. für Kohlen auf dieser Stelle brennen; → Köhlerei.

Bekronungsgrad, der (Kronenprozent): Der B. ist ein Maß für den Pflegezustand von Nadelholzbeständen und definiert des Längenverhältnis von Krone zum Baum. Er ist ein wichtiger Wert bei der Forsteinrichtung und gibt ähnlich dem → H/D-Wert Weiser für die Stabilität eines Bestandes.

belachen: auch belochen. alte Bez. für das Anbohren der Bäume zur → Harzgewinnung.

Belastbarkeit des Waldes: Bez. für die Fähigkeit des Waldes, bestimmte Belastungen bis zu einem bestimmten Wert ohne Schaden aufnehmen zu können (Tragfähigkeit). Die verschiedenen Grenzen der B. d. W. sind derzeit nicht bekannt und werden durch zahlreiche Forschungsarbeiten untersucht; → Luftverunreinigungen, Rauchschäden, Waldsterben, Waldschäden, Waldfunktionen, Saurer Regen, Gefährdungen des Waldes.

Belastungsgebiete: Gebiete, in denen → Luftverunreinigungen auftreten oder zu erwarten sind, die aufgrund von Häufigkeit und Dauer, Konzentration oder der Gefahr von Kombinationswirkungen in besonderem Maße schädliche Umwelteinwirkungen hervorrufen können. Das gilt ganz besonders, wenn die geltenden Immissionswerte der → TA Luft überschritten werden. B. werden aufgrund des → Bundesimmissionsschutzgesetzes durch Rechtsverordnung der zuständigen Landesregierung ausgewiesen, die in diesen Gebieten eine besonders intensive Überwachung der Luftverunreinigungen durchzuführen hat. In B. müssen Art und Umfang bestimmter Luftverunreinigungen gemessen sowie → Emissionskataster erstellt werden. Ergibt deren Auswertung, daß schädliche Umwelteinwirkungen tatsächlich auftreten oder zu erwarten sind, sind → Luftreinhaltepläne aufzustellen.

Belauf, der: alte Bez. für den Bezirk (Revier) eines Forstbeamten bzw. Berufsjägers „zu Fuß"; → Begang.

Belche, das: → Rallen 1.

Beleuchtung, die: → Licht.

Belladonna, die: → Tollkirsche.

Bellweide, die: → Pappeln 4.

belochen → belachen.

Belowescher Heide, die: → Bialowieza-Urwald.

Bemastungsholz, das: alte Bez. für alles Holz, das beim Schiffsbau für Mastbäume, Rahen, Segelstangen etc. benötigt wurde. Das übrige → Schiffsbauholz nannte man → Konstruktionsholz. Verwendet wurden nur starke, vollholzige (→ Vollholzigkeit) Nadelholzstämme. Das Mastbaumholz mußte splintfrei (→ Splint), mind. 19 bis 26 m lang sein und einen → Zopfdurchmesser von 40 bis 50 cm haben. Begehrt war kernreiches (→ Kern) und engrindiges Kiefernholz, besonders das der Rigakiefer, daneben Lärchenholz; Fi und Ta dagegen eigneten sich eher für Schiffe der Binnengewässer. Die Masten der Großschiffe mit Längen von 40 bis 50 m und Durchmessern im unteren Teil bis zu 1 m wurden früher aus mehreren Stämmen zusammengesetzt; → Balkenhauer.

Bemmanüßl, das: → Pimpernuß.

Benarbung, die (Berasung): **1)** Besiedelung des Waldbodens mit Pflanzen. Die bei dichterem Bestandsschluß (→ Schluß) aus Laub,

Nadeln und Moos bestehende Bodendecke wird bei ausreichender Licht- und Wärmeeinwirkung von höheren Pflanzen abgelöst. In Verjüngungshieben zeigt eine leichte B. gute Bodentätigkeit und → Bodengare an, während eine als „Verrasung" bezeichnete allzu starke B. oft ein Hindernis für die Naturverjüngung bildet. **2)** wiederbeginnende Vegetation auf Rohböden, z. B. Böschungen, Anschwemmungen, Kies- und Sandgruben, Steinbrüchen, Halden, die als Vorläuferin höherer Pflanzen Zeigerpflanzen (→ Bodenanzeiger) für eine Bepflanzung sein können; → Bebuschung.

Benden: im früheren Fernhandel Bez. für → Balken mit einer Länge von 3,80 m bis 5,40 m; → Berliner Balken.

Benediktenkraut, das: → Nelkenwurz 1.

Benediktenwurzel, die: → Nelkenwurz 1.

Bengel, der: svw. Prügel oder → Knüppel.

Bengelholz, das: svw. → Prügelholz.

Benthalm, der: → Pfeifengras.

Berappen, das: **1)** auch Beplätzen, Plätzen, Abstreifen, Hoadlen, Plätten. alte Bez. für das fleck- oder streifenweise Entfernen der Rinde gefällter Bäume im Herbst und Winter. Man verwendete dieses Verfahren, um ein langsames Austrocknen des Holzes zu erreichen und um ein → Reißen des Holzes zu vermeiden. Das B. war hauptsächlich bei Bu und Er erforderlich; → Rappen, Schößen. **2)** → Bewaldrechten.

berast → verangert.

Berasung, die: → Benarbung, Bebuschung.

Beratung, die: Eine B. des Privat- und Körperschaftswaldes findet in fast allen Ländern durch verschiedene Organe statt. Bei der B. werden dem Klienten Hilfen zur Meinungsbildung und Entscheidungsfindung für ganz konkrete Problemfälle gegeben, und er wird bei der Umsetzung der Lösung, für die er sich entschieden hat, unterstützt. Der Klient entscheidet frei, ob er die angebotene Hilfe annehmen will und welche Lösung er verwirklichen will. Der Beratene und gleichzeitig Entscheidende trägt die Verantwortung für die Entscheidung und die Folgen eigenverantwortlich. Ziel staatlicher Beratung ist es, Hilfe zur Selbsthilfe zu geben.

Berberidion → Hecken und Gebüsche.

Berberis → Sauerdorn.

Berberitze, die: → Sauerdorn.

Berberitzen-Gebüsche → Hecken und Gebüsche.

Beregnung, die: → Naßholzkonservierung.

Bereifte Brombeere, die: → Rubus 3.

Berg, Karl Heinrich Edmund, Freiherr von, Dr. (30.11.1800 Göttingen bis 20.6.1874 Schandau): Forstmann, studierte ab 1815 in Dreißigacker und Göttingen, trat 1820 bei den oberharzischen Berg- und Forstämtern zu Clausthal in hannoversche Staatsdienste, wurde 1821 an der Forstschule Clausthal Hilfslehrer, 1824 Forstschreiber und 1830 Oberförster und Referent im Berg- und Forstamt. 1833 als Chef der Forstinspektion nach Lauterberg versetzt, führte er das Privatforstinstitut von Uslar zur Ausbildung praktischer Forstleute fort. 1845 ging er als Oberforstrat und Direktor der Akademie für Forst- und Landwirte nach → Tharandt, wurde 1849 Mitglied des Landeskulturrates, 1866 pensioniert. B., ein berühmter Jäger und fleißiger Forstreisender, wurde vielfach auch zu großen Kommissionen herangezogen, wie z. B. von der russischen Regierung in Finnland (1858) und Polen (1865). Er schrieb u. a. „Anleitung zum Verkohlen des Holzes" (1830), „Das Verdrängen der Laubwälder im nördlichen Deutschlande durch die Fichte und die Kiefer etc." (1844), „Die Staatsforstwirthschaftslehre" (1850), „Pürschgang im Dickicht der Jagd- und Forstgeschichte. Ein Handbuch für Staats- und Forstwirthe" (1869), „Geschichte der deutschen Wälder bis zum Schlusse des Mittelalters" (1871). Von 1846 bis 1864 war er Herausgeber des „Tharanter forstlichen Jahrbuchs".

Bergahorn, der: → Ahorne 1.

Bergahorn-Buchenwald, der (*Aceri-Fagetum* oder *Acer-Fagus*-Gesellschaft): auch Hochstauden-Buchenwald. In dieser pflanzensoziologischen → Assoziation, besser Gesellschaft, des Unterverbandes → Bergahorn-Buchenwälder (*Aceri-Fagenion*) werden Waldbestände der hochmontanen, schneereichen, aber wintermilden Lagen der mitteleuropäischen Mittelgebirge (Vogesen, Schwarzwald, Schwäbische Alb, Bayerischer Wald) und des Alpenvorlandes mit Bu, BAh zusammengefaßt. Sie stocken auf unterschiedlichen Böden, z. B. auf feinerdigen Schutthalden, auf Kalk und basenreichem Flysch. Die hangfrischen bis -feuchten, nährstoffreichen Kalksteinbraunlehme bis Mull-Braunerden dieser Standorte zeichnen sich durch ihren Reichtum an Hochstauden, wie z. B. Grauer Alpendost, Alpen-Milchlattich aus. Weitere Begleitpflanzen sind u. a. Eichenfarn, Buchenfarn, Schwarze und Alpen-Heckenkirsche, Goldnessel und Wurmfarn.

Bergahorn-Buchenwälder (*Aceri-Fagenion*): auch bergahornreiche Hochlagen-Buchenwälder. Ein pflanzensoziologischer Unterverband des Verbandes → Buchenwälder (*Fagion sylvaticae*). Die B. stocken auf frischen Böden in der hochmontanen bis subalpinen Höhenstufe bis zur → Waldgrenze der Gebirge des südwestlichen Mitteleuropa unter wintermildem, niederschlagsreichem (schneereichem), ozeanisch getöntem Klima (bei kontinentalem Klima setzt sich Fi und Ta durch). Die hohe Luftfeuchtigkeit, die häufigen Nebel sowie das langsame Abschmelzen der Schneedecke und damit Feuchtigkeit bis weit ins Frühjahr gewähren diesem Laubmischwald-Typ gute Entwicklungsmöglichkeiten. Die nicht sehr hoch wachsenden B. weisen großblättrige, hygromorphe Hochstauden im Unterwuchs, eine reiche Krautschicht und viele epiphytische Flechten auf. Infolge Schneedruck ist relativ häufig talwärts gerichteter → Säbelwuchs der Stämme anzutreffen. Eine → Assoziation dieses Verbandes ist der → Bergahorn-Buchenwald.

◂◂ Karl Heinrich Edmund Freiherr von Berg

Bergahorn-Mischwälder → Linden-Ahorn-Wälder.

bergahornreiche Hochlagen-Buchenwälder → Bergahorn-Buchenwälder.

Berg-Alpenglöckchen, das: → Troddelblume.

Bergarnika, das: → Arnika.

Bergaster, die: → Aster 1.

Bergbaldrian, der: → Baldrian 3.

Bergbauholz, das: → Grubenholz.

Berg-Blasenfarn, der: → Blasenfarn 3.

Berg-Distel, die: → Distel 1.

Berg-Ehrenpreis, der: → Ehrenpreis 5.

Bergeiche, die: → Eichen 2.

Bergeidechse, die: → Eidechsen 1.

Bergerle, die: → Erlen 2.

Bergfarn, der: → Lappenfarn 1.

Bergfenchel, der (*Seseli*): auch Sesel. Gatt. der → Doldengewächse mit etwa 80 Arten in Eurasien und Westafrika. Es sind Pflanzen mit grundständiger Blattrosette aus graugrünen Blättern und in zusammengesetzten Dolden stehenden Blüten. In Mitteleuropa in Wäldern anzutreffen:

Heilwurz (*Seseli libanotis*)

1. Steppenfenchel, der (*Seseli annuum* L.): auch Steppen-Bergfenchel. Der über West- und Mitteleuropa verbreitete, in Dtschl. seltene S. wächst auf mageren Standorten, Bergwiesen und im Saum lichter Gebüsche, in sonnigen Kalk-Magerrasen auf mäßig trockenen, kalkreichen, meist tiefgründigen humusreichen Löß-und Lehmböden. Er verträgt Stickstoffdüngung nicht und geht zugrunde. → Charakterart des pflanzensoziologischen Verbandes Kratzdistel-Zwenkenrasen (*Cirsio-Brachypodion*).
Die 15 bis 60 cm hohe Staude hat dreifach gefiederte, im Umriß eiförmige Blätter mit linealischen Fiederblättchen. Die weißen oder rötlichen Blüten stehen in zusammengesetzter Dolde mit 20 bis 30 kantigen, fast gleichlangen, an der Innenseite weichhaarigen Doldenstrahlen.

2. Heilwurz, die (*Seseli libanotis*): Die H. kommt in den montanen bis subalpinen → Vegetationsstufen Europas vor. Sie wächst im Saum sonniger Gebüsche, in lichten Eichen- und Kiefern-Trockenwäldern sowie Schneeheide-Kiefernwäldern, an Waldrändern, auf sommerwarmen, basenreichen, oft kalkreichen Magerstandorten.

Die Pflanze ist mehrjährig (bis acht Jahre) und stirbt nach der ersten Blüte ab.
3. Bergsesel, der (*Seseli montanum*): Der über West- und Mitteleuropa verbreitete, in Dtschl. seltene B. wächst in sonnigen Gebüschen und in Kalkmagerrasen.
Die 20 bis 60 cm hohe, kahle Staude hat in Dolden (fünf bis 12 Doldenstrahlen) stehende Blüten.
Bergfichtenwald, der: → Fichtenwald.
Bergfink, der: → Finkenvögel 12.
Bergflockenblume, die: → Flockenblume 1.
Bergföhre, die: → Kiefern 1.
Bergföhre, Aufrechte, die: Unterart der BKie; → Kiefern 1.
Berg-Greiskraut, das: → Greiskraut 10.
Berg-Haarstrang, der: → Haarstrang 4.
Berg-Heilkraut, das: → Sandglöckchen 1.
Bergholler, **-holunder**, der: → Holunder 1.
Bergholz, das: → Grubenholz.
Bergjäck, der: → Rabenvögel 3.
Berg-Jasione, die: → Sandglöckchen 1.
Berg-Johannisbeere, die: → Stachelbeere 1.
Berg-Johanniskraut, das: → Johanniskraut 5.
Berg-Kälberkropf, der: → Kälberkropf 2.

Auch der Bergmischwald ist stark vom Menschen beeinflußt.

Bergkiefer, die: → Kiefern 1.
Bergklee, der: → Klee 1.
Berg-Kronwicke, die: → Kronwicke 3.
Berg-Kuckucksblume, die: → Waldhyazinthe 2.
Berg-Lappenfarn, der: → Lappenfarn 1.
Berg-Laserkraut, das: → Laserkraut 2.
Berglaubsänger, der: → Grasmücken 5.
Berg-Leinblatt, das: → Leinblatt.
Berglinde, die: → Linden 2.
Berg-Lungenkraut, das: → Lungenkraut 2.
Bergmehlbeere, die: → Ebereschen 1., 5. und 6.
Bergmischwald, der: Wälder in der submontanen und montanen → Vegetationsstufe, in den Mittelgebirgen und an der Nordseite der Alpen. Dort sind am Aufbau der Baumschicht (→ Vegetationsschichten des Waldes) neben Bu mit zunehmender Meereshöhe auch Ta und dann Fi beteiligt (→ Metabiose). Manche Autoren bezeichen diese Wälder deshalb auch als Tannen-Buchenwälder (→ Buchenwälder). Die B.-Lagen sind durch hohe Sommerniederschläge (Stauwirkung der Gebirge) gekennzeichnet. In der Bodenvegetation finden sich Arten mit morphologischer Anpassung an diese reichliche Wasserversorgung durch relativ große Blätter mit hoher Transpirationsleistung und geringem Verdunstungsschutz. Große Teile des B. gehören zu den → Assoziationen → Hainlattich-Buchenmischwald, → Ostalpischer Christrosen-Buchenwald, → Fiederzahn-Buchenwald, → Bergahorn-Buchenwald. Kennzeichnende Arten des Unterverbandes alpigene Buchen- und Tannen-Buchenwälder oder → Alpen-Heckenkirschen-Tannen-Buchenwälder (*Lonicero alpigenae-Fagenion*), in dem die vorgenannten Assoziationen zusammengefaßt werden, sind Brennesselblättriger Ehrenpreis, Alpen-Heckenkirsche, Klebriger Salbei, Berg-Witwenblume, Gebirgs-Goldnessel, Kahler Alpendost.
Der B. beherrscht die ihm zusagenden Standorte seit dem Abschluß der Einwanderung der an seinem Aufbau beteiligten Baumarten im Subboreal (vor etwa 4500 bis 2800 Jahren). Der B., besonders in den Alpen, wurde im Laufe der Geschichte vom Menschen stark verändert: Begünstigung und Förderung der leichter triftbaren (→ Trift, → Flößerei) Fi durch die Salinenwirtschaft (→ Salinen) mit Kahlschlägen und Zurückdrängung der schwerer triftbaren und zudem spätfrostempfindlichen Bu und Ta. → Rodungen seit dem Jahr 1000 n. Chr. (→ Waldgeschichte) für Almen, → Waldweide (früher noch stärker mit Schafen und Ziegen), überhöhte und ganzjährig im B. stehende Schalenwildbestände führten örtlich zu starken Verlichtungen. Die beiden letzten Einflüsse führ(t)en zusätzlich zur Entmischung, da Laubbäume und Ta bevorzugt verbissen, bzw. geäst werden. Vom Ende des 18. Jh. an wurden die B. künstlich verjüngt. Dabei wurde die Fi bevorzugt. Seit 1840 stieg der Anteil der Fi von ca. 40 auf 70 %, korrespondierend sank der Anteil der Bu von damals 30 auf 15 % und der der Ta von 30 auf 6 %. Heute ist der B. besonders stark durch die neuartigen → Waldschäden betroffen. Der gesamte B. ist stark direkt und indirekt vom Menschen beeinflußt (Massentourismus, hoher Flächenverbrauch für Siedlungen, Infrastruktur- und Erholungseinrichtungen). Dennoch sind diese naturnahen Wälder z. B. noch Refugium von Auer- und Haselwild, Weißrücken- und Dreizehenspecht und Sperlingskauz, Türkenbund-Lilie, Frauenschuh und v. a. m. Teile des B. sind als → Schutzwald für den Schutz von Siedlungen, Straßen und Eisenbahnen in den Alpenländern von zentraler Bedeutung und wegen der starken Schädigung sanierungsbedürftig (→ Schutzwaldsanierung).
Bergmispel, die: → Steinmispeln 1.
Bergmittelwald, der: früher vom Hügelland bis in mittlere Berglagen weit verbreiteter → Mittelwald aus TrEi, Bu, Li, Hbu, Ah, BUl, Kir und eingesprengten Nadelbäumen; → Auenmittelwald.
Bergmolch, der: → Schwanzlurche 4.
Bergnägeli, das: → Seidelbast 2.
Berg-Platterbse, die: → Platterbse 2.
Bergreitgras, das: → Reitgras 5.
Bergrose, die: → Alpenrose 1.
Bergrüster, die: → Ulmen 1.
Berg-Sandglöckchen, das: → Sandglöckchen 1.
Berg-Sauerampfer, der: → Ampfer 3.
Bergschneeball, der: → Schneeball 2.
Berg-Segge, die: → Seggen 8.
Bergsellerie, der: → Haarstrang 4.
Bergsesel, der: → Bergfenchel 3.
Bergspieke, die: → Seidelbast 2.
Bergspirke, die: Unterart der BKie; → Kiefern 1.
Berg-Sternblume, die: → Aster 1.
Bergstufe, die: → Vegetationsstufen.
Berg-Troddelblume, die: → Troddelblume.
Bergulme, die: → Ulmen 1.
Bergunke, die: → Unken.
Bergveilchen, Gelbes, das: → Veilchen 8.
Bergwacholder, der: Unterart des Gemeinen → Wacholders 1.
Bergwald, der: B. ist die natürliche Vegetation in Berggebieten bis hin zur → Baumgrenze; → Bergmischwald.
Berg-Waldhyazinthe, die: → Waldhyazinthe 2.
Bergwaldprojekt, das: im Jahre 1987 von → Greenpeace ins Leben gerufene Organisation (seit 1990 Stiftung) mit Sitz in der Schweiz. 1988 schloß sich der World Wide Fund For Nature (WWF) an. In der BR Dtschl. wurde der Verein B. e. V. mit Sitz in Hildesheim gegründet. Das B. organisiert und vermittelt Arbeitseinsätze für alle, die unter der Anleitung von Förstern einen tätigen Beitrag zur Erhaltung des Bergwaldes leisten wollen.
Bergwaldstufe, die: → Vegetationsstufen.
Berg-Weidenröschen, das: → Weidenröschen 2.
Bergwurzel, die: → Tüpfelfarn.
Bergzikade, die: → Zikaden 5.
Berg-Zweiblatt, das: → Zweiblatt 2.
Berieselung, die: → Naßholzkonservierung.
Beringter Flämmling, der: → Flämmlinge 2.
Beringter Schleimrübling, der: → Schleimrüblinge.
Berlepsch, F. von → forstliches Schrifttum.
Berliner Balken: früher im Binnenverkehr übliche Bez. für geschnittene → Kanthölzer, meist 5 bis 7 m lang und 8 x 8 bis 21 x 26 cm im Querschnitt; → Balken 2), → englische Balken.
Berliner Forsten: Die Berliner Waldfläche, die überwiegend unter Landschaftsschutz steht, beträgt ca. 28 000 ha, davon befinden sich ca. 17 000 ha (Holzbodenfläche ca. 15 000 ha) innerhalb der Stadtgrenzen (= 18 % der

Gesamtfläche Berlins). 35,6 % sind Lbh (Ei 13,5 %, Bi 5,4 %, Pa 4,0 %, Bu 2,1 %, REi 1,9 %, sonstige 4,1 %), 65,4 % Ndh (Kie 61,8 %, Lä 2,3 %, sonstige 1,3 %). Für die B. F. gilt, soweit sie innerhalb der Stadtgrenzen liegen, das Berliner Landeswaldgesetz (LWaldG), für die übrigen Waldflächen das Waldgesetz für das Land Brandenburg. Oberste Forstbehörde sind die B. F. bzw. das Ministerium für Ernährung, Landwirtschaft und Forsten des Landes Brandenburg. Die Bewirtschaftung der Waldflächen obliegt fünf Forstämtern. Als Waldpflegekonzeption wurden Waldbaurichtlinien für die B. F. „Ein neuer Umgang mit dem Wald" erlassen.

Bernhardt, August Peter (28.9.1831 Sobernheim bis 14.6.1879 Münden): Nach Beendigung seiner rechts-, kameral- (→ Kameralisten) und forstwissenschaftlichen Studien, dreijähriger praktischer Ausbildung und einem einjährigen Aufenthalt in London als Feldjäger wurde B. 1864 zum Oberförster in Hilchenbach (Rothaargebirge) ernannt. Von 1870 bis 1871 war B. Forstinspektionsbeamter in Metz und übernahm anschließend an der Forstakademie in → Eberswalde die Dirigentenstelle der forstl. Abteilung des Versuchswesens und einen Lehrauftrag für Forstgeschichte und Forststatistik. Ab 1873 war er Mitglied des preußischen Abgeordnetenhauses. 1878 erfolgte seine Ernennung zum Direktor der Akademie in Hannoversch-Münden und zum Oberforstmeister.
Seine wichtigsten Schriften: „Die Hauberg-wirthschaft im Kreise Siegen" (1867), „Die Waldwirthschaft und der Waldschutz etc." (1869), „Die forstlichen Verhältnisse von Deutsch-Lothringen etc." (1871), „Forststatistik Deutschlands etc." (1872), „Geschichte des Waldeigentums, der Waldwirthschaft und Forstwissenschaft in Deutschland" (3 Bde. 1872 – 1875), Herausgeber der „Chronik des deutschen Forstwesens" (Berichtszeitraum 1876 – 1888), „Eichen-Schälwald-Katechismus" (1877). B. gründete auch die „Forstliche Zeitschrift". Bis zu seinem Tode wurden sechs Hefte herausgegeben.

Bernstein, der: auch Brennstein, gelbe Ambra, Amber, Ag- oder Agtstein; Griechisch Elektron; vom niederdeutschen „börnen" = „brennen". B. ist fossiles (versteinertes) Harz von Nadelbäumen des Tertiärs (→ Erdzeitalter). Häufig bildet B. getropfte oder rundlich geflossene Formen von meist durchsichtiger, honiggelber, aber auch brauner oder trüber und gelblich-weißer, selten blauer Farbe. B. schmilzt erst zwischen 350 und 420 °C. Im weichen und halbfesten Zustand wurden einst oft vielerlei Insekten, Samen und Pflanzenteile eingeschlossen. Durch diese Einschlüsse wissen wir heute, daß damals auch Öl-, Kampfer-, Zimt- und Lorbeerbäume sowie Palmen und Magnolien bei uns wuchsen. B. wird als Schmuck und technisch verwendet. Angehäufter B. findet sich an der Samlandküste (B.-Küste, blaue Erde), auch sonst an der Ostseeküste, aber auch auf Malta.

Bernsteinbrauner Rötling, der: → Rötlinge 5.

◂◂ Scharfes Beruf(s)kraut (*Erigeron àcer*)

Einjähriges Beruf(s)kraut (*Erigeron annuus*)

Bernsteinschnecken (*Succineidae*): Fam. mittelgroßer Schnecken mit dünnem, eiförmigem Gehäuse mit drei bis vier schnell zunehmenden Umgängen. Bei der Gatt. B. ist der letzte Umgang breit bauchig, die Mündung eiförmig und oben zugespitzt. Die einzige bemerkenswerte Art ist die

Bernsteinschnecke, die (*Succinea putris*): Die häufige Schnecke ist in Europa sowie in West- und Nordasien beheimatet und fehlt im Gebirge. Sie ist feuchtigkeitsbedürftig und lebt v. a. in Auwäldern, im Schilf und auf Wasserpflanzen. Die B. ist Zwischenwirt eines Saugwurms, der Vögel befällt. Das bernsteinfarbene Gehäuse ist ca. 2,2 cm hoch und 1,1 cm breit. Das Haus besteht aus drei bis vier Windungen. Die B. ist ein Zwitter. Ihr Laich ist mit Gallerte umhüllt und wird an Pflanzen angeheftet. Die Nahrung besteht aus Pflanzen und Algen; → Weg-, Egel-, Schließmund-, Busch-, Schnirkelschnecken.

beronnen: alte Bez. für eingeschlagenes Holz, das lange auf feuchten oder sumpfigen Boden gelagert und „stockig" wurde und dadurch an Güte verlor.

Berufkraut, das: → Beruf(s)kraut.

Beruf(s)kraut, das (*Erigeron*): auch Beschreikraut, Feinstrahl(aster). Weltweit verbreitete Gatt. der Fam. der → Korbblütler mit über 200 Arten, hauptsächlich in den gemäßigten und gebirgigen Gegenden. Der Pflanzenname B. ist abgeleitet von „Berufen", da es früher als Zauberkraut gegen „Berufen" (Beschreien, Behexen, böse Geister) sowie gegen Krankheiten gebraucht und auch kleinen Kindern in die Wiege gelegt wurde. In Dtschl. kommen sieben Arten vor, davon im Wald:

1. **Alpen-Beruf(s)kraut**, das (*Erigeron alpinus*): Das A. ist über die Gebirge Mittel- und Südeuropas verbreitet. Es wächst in lichten Wäldern, an Felsen und auf Matten, auf steinigen, kalkarmen Böden in Höhen von 1500 bis 2600 m. Die ausdauernde, 5 bis 25 cm hohe Pflanze hat einen knotigen → Wurzelstock und einen aufrechten oder bogig aufsteigenden, abstehend behaarten, meist grünen, einköpfigen, gelegentlich bis fünf-, selten bis zehnköpfigen Stengel. Die lanzettlichen, stumpfen Blätter sind angedrückt behaart. BZ: Juli bis September. Die 1,5 bis 3 cm breiten Blütenköpfe (→ Blütenstand) bestehen aus → zwittrigen, gelben Röhrenblüten, deren Spitze oft purpurrot ist, und aus mehreren Reihen weiblicher, rosafarbener bis purpurvioletter Zungenblüten. Die kleinen Früchtchen tragen einen → Pappus.

2. **Kanadisches Beruf(s)kraut**, das (*Erigeron canadensis* Linné = *Conyza canadensis* (L.) Cvonq.): auch Kanadischer Katzenschweif. Das K. B. wurde zu Beginn des 18. Jh. aus Nordamerika nach Europa eingeschleppt und ist nunmehr fast über ganz Europa verbreitet. Das häufig lästige, ein- bis zweijährige Unkraut wächst verbreitet in lichten trockenen Wäldern, auf Holzschlägen, Äckern, in Weinbergen, an Wegrändern, Bahndämmen, Ufern und anderen kiesig-sandigen Orten, von der Ebene bis in mittlere Gebirgslagen.
Die ein- bis zweijährige, 20 bis 100 cm hoch werdende Pflanze hat einen aufrechten, reich beblätterten, rauhhaarigen Stengel, der im oberen Teil traubig-ästig ist. Die lineal-lanzettlichen Blätter sind 2 bis 5 cm lang, kurz behaart, borstig bewimpert, ganzrandig oder fein gezähnt. BZ: Juli bis September. Die zahlreichen, sehr kleinen, 3 bis 5 mm breiten und 2 bis 5 mm langen, schmutzigweißen Blütenköpfchen stehen in einer reichästigen, langen Rispe. Die Blütenköpfchen bestehen aus gelblichweißen, röhrigen, zwittrigen Scheibenblüten und weiblichen, weißlichen oder rötlichen Randblüten. Die etwa 1 mm langen Früchtchen tragen einen 2 bis 3 mm langen, trübweißen bis gelblichen Pappus.

Kanadisches Beruf(s)kraut (*Erigeron canadensis*)

3. **Scharfes Beruf(s)kraut**, das (*Erigeron àcer* Linné = *Erigeron acris* L.): auch Echtes oder Rauhes Beruf(s)kraut. Das S. B. ist fast über ganz Europa verbreitet. Es wächst als Pionierpflanze zerstreut in Waldschlägen, an buschigen Abhängen, Dämmen, in Kiesgruben, an Wegrändern, auf Sand- und Schotterfluren, Kalkmagerrasen und anderen sandigen,

Zu den Blütenbestäubern zählen auch Insekten wie Schmetterlinge, Käfer, Haut- und Zweiflügler.

Bei der Selbstbestäubung (Autogamie) werden → Pollen der gleichen Blüte übertragen. Bei der Fremdbestäubung (Allogamie) werden Pollen aus einer Blüte auf die Narbe einer anderen Blüte der selben → Art (oder auch Gatt.) übertragen. Bei zweigeschlechtigen (→ zwittrig) Blüten wird die Selbstbestäubung z. B. meist durch den Bau der Blüte und anderem verhindert (z. B. Weiderich). Ferner wird nach der Art der Pollenübertragung unterschieden zwischen → windblütigen und → insektenblütigen Pflanzen; → einhäusig, zweihäusig.

Besteckhölzer: Hölzer, die zu Griffen von Eßbestecken Verwendung finden, meist farbige und harte Überseehölzer, für einfache Bestecke auch einheimische Hölzer, wie Elsb, Bu, Hbu, Birn- und Apfelbaum sowie Zwetschge.

bestockt → Bestockung. Ursprünglich diente die Bez. b. nur für das im → Niederwald stehende Laub-Buschholz.

bestockte Waldfläche, die: in der Schweiz gesamte, der Forstgesetzgebung unterstellte Fläche ohne die „anderweitig benutzte Fläche" und ohne die „unproduktive Fläche".

Bestockung, die (Waldbestockung): alle Bäume einer Waldfläche (Bestand, Baumbestand, -bewuchs). Bestocken = neu aufforsten, wiederbestocken = aufforsten, ausstocken = roden. Das Wort „stocken" wird auch im Sinne von „stehen", i. w. S. von „wachsen" verwendet; z. B.: „die Fi stocken auf standortgerechten Flächen" oder „die Fläche ist mit Bu und Ei bestockt". Früher bedeutete das Wort „stocken" auch „in Holzstöße aufrichten"; → Bestockungsgrad.

Bestockungsaufbau, der: Aus der Mischungsart eines → Bestandes resultieren horizontale Mischung (→ Struktur) und vertikaler Aufbau (→ Stufigkeit).

Bestockungsdichte, die: → Bestand(e)sdichte.

Bestockungsgrad, der: das Verhältnis, in welchem die tatsächliche Masse eines → Bestandes (→ Grundfläche) zur normalen Masse eines geschlossenen Bestandes steht, wie sie die → Ertragstafel angibt, Bestockung z. B. 0,9, aber auch 1,1.

Bestockungsziel (BZ), das: Mit dem B. wird der erwartete Aufbau eines Bestandes in der Altbestandsphase (nach Abschluß der Auslesedurchforstung, d. h. im Verjüngungs-bzw. Erntealter) nach Mischung (Baumartenanteile) und → Struktur (Baumarten in Haupt- und Nebenbestand, Mischungsform) festgelegt. Das **allgemeine B.** bezieht sich auf einen Forstbetrieb oder eine → Betriebsklasse und errechnet sich aus der Summe der mit der Fläche gewichteten bestandsweisen B. aller Flächen. Das B. kann in Worten oder abgekürzt mit einer Formel beschrieben werden. Beispiel: 70 % StEi und 30 % Bu in der Oberschicht mit Bu, Hbu, WiLi in der Zwischen-, bzw. Unterschicht (→ Baumschichten) oder als Kurzformel: Ei 70, Bu 30. Bu, Hbu, WiLi; → Verjüngungsziel, Betriebszieltyp, Produktionsziel.

Betäubender Kälberkropf, der: → Kälberkropf 3.

Betonica → Ziest.

Betonie, die: → Ziest.

Betreten des Waldes, das: Zum Zwecke der Erholung ist das B. d. W. nach § 14 BWaldG jedermann gestattet. In Bayern sind der Genuß der Naturschönheiten und die Erholung in der freien Natur, insbesondere das B. d. W. und der Bergweide usw. in der Verfassung (BV, Art. 141, Abs. 3) festgelegt. Das Radfahren (→ Radfahren in freier Natur), das Fahren mit Krankenfahrstühlen und das → Reiten im Walde ist nur auf Straßen und Wegen gestattet. Die Benutzung erfolgt auf eigene Gefahr. Die Länder regeln die Einzelheiten. Sie können das B. d. W. aus wichtigen Gründen, insbesondere des → Forstschutzes, der Wald- und Wildbewirtschaftung, zum Schutze der Waldbesucher, zur Vermeidung erheblicher Schäden oder zur Wahrung anderer schutzwürdiger Interessen des Waldbesitzers einschränken und andere Benutzungsarten ganz oder teilweise dem Betreten gleichstellen. Solche einschränkenden Maßnahmen sind überwiegend in den Forstgesetzen und Naturschutzgesetzen der Länder geregelt. Einschränkende Bestimmungen enthalten aber auch das Wasser-, Straßen- und Straßenverkehrsrecht, das Bundesleistungsgesetz und die Kampfmittelverordnungen. Zum B. d. W. gehört auch das Schifahren (→ Schipisten), Schlittenfahren, das Ballspielen und ähnliche sportliche Betätigungen (Reiten, Joggen, Barebow-Schießen, Paragliding, Mountainbike-Fahren etc.) in der → freien Natur. Die unteren Naturschutzbehörden können durch Rechtsverordnung oder Einzelanordnung das Betreten von Teilen der freien Natur im erforderlichen Umfang untersagen oder beschränken, soweit das Betretungsrecht ausgeschlossen oder beschränkt werden kann. Wird das Betretungsrecht ausgeschlossen oder eingeschränkt, müssen deutlich sichtbare Sperren, insbesondere Einfriedungen (z. B. Kulturzäune) und Schranken sowie eine ausreichende Zahl von Beschilderungen angebracht werden. Beschilderungen müssen auf einen gesetzlichen Grund hinweisen, der eine Beschränkung des Betretungsrechts rechtfertigt. Kurzfristige Sperren können auch aus Gründen der Sicherheit angebracht werden (z. B. Holzfällung und → Holztransport, Durchführung einer Jagd, Sprengarbeiten). Das kurzzeitige Sperren von Wald und Flur ist der zuständigen Behörde anzuzeigen. Das gesperrte Gebiet ist durch Schranken, Schilder etc. so zu kennzeichnen, daß die Sperre auch von Dritten deutlich erkannt wird.

Betreuung, die: Bei der B. wird etwas in Obhut genommen, gepflegt oder es wird für jemanden gesorgt. Eine B. des Privat- oder Körperschaftswaldes in diesem Sinne findet nur in einigen Ländern statt.

Betrieb, aussetzender → aussetzender (Forst-)Betrieb.

Betriebsanalyse, die: betriebswirtschaftliche Analyse des Forstbetriebes. In der → Forsteinrichtung untersucht die Analyse des Betriebsablaufs, auch Erfolgsgutachten, für den rückliegenden → Forsteinrichtungszeitraum Planung, Vollzug, Betriebsablauf und dessen Beeinflussung. Sie prüft auch die Entwicklungen in einzelnen Betriebsbereichen und führt eine Erfolgsprüfung durch. Insbesondere wird überprüft, ob die bei der letzten Forsteinrichtung aufgestellten Ziele erreicht wurden und warum nicht. Ggf. werden daraus Konsequenzen für die neue Planung gezogen.

Betriebsarten: die unterschiedlichen Arten der technischen Waldbewirtschaftung, die sich v. a. in der Art der Verjüngung und der

Holznutzung unterscheiden. Die B. haben sich in den letzten tausend Jahren herausgebildet und gliedern sich in → Niederwald (Niederwaldbetrieb), → Mittelwald (Mittelwaldbetrieb) und in → Hochwald (Hochwaldbetrieb), dieser wird noch nach schlagweisem Hochwald (→ Altersklassenwald) und → Plenterwald unterschieden. Die beiden erstgenannten B. haben nur noch historische Bedeutung.

Betriebsaufwand, der: Kosten für die rein erwerbswirtschaftlichen Aufgaben des → Forstbetriebes, die sich aus folgenden Komponenten zusammensetzen (in Klammern Anteil 1996 der Bayerischen Staatsforstverwaltung an insgesamt 638 DM B/ha Holzbodenfläche): biologische Produktion (18 %), → Holzernte (36 %), Verwaltung (38 %), sonstige Kostenstellen (8 %). Für die Bestandsbegründung (→ Verjüngung) wurden 6 %, für → Bestandspflege 3 %, für Waldschutz (→ Forstschutz) 4 %, für Bau und Unterhalt von Wegen und Brücken 7 %, für Jagd und Fischerei 1 %, sonstige Kosten 2 %, für das Holzrücken 12 %, für den → Holzeinschlag 24 %, für Verwaltung 38 % dieser Kosten aufgewendet.

Betriebsausführung, die: Tätigkeit des → Revierleiters.

Betriebsbuch, das: → Bestand(e)slagerbuch.

Betriebschronik, die: auch Revierchronik, Hauptmerkbuch. In der B. werden alle betriebsrelevanten Ereignisse vorgetragen, wie z. B. die Eigentums- und Organisationsentwicklung, die Hieb(s)satzentwicklung usw.

Betriebseinheit, die: Flächeneinheit der → Waldeinteilung, der Betriebsplanung, -buchhaltung, des Betriebsvollzuges einschließlich der Kontrolle.

Betriebsertrag, der: → Ertrag aus den rein erwerbswirtschaftlichen Aufgaben des → Forstbetriebs. Er umfaßt die Erträge aus Holznutzung, → Forstnebennutzungen, Jagd, Fischerei, aus Nutzungsentgelten für Erholungseinrichtungen und sonstigen Erträgen aus Betriebsvermögen (z. B. Mieten, Pachten, Zinsen). Die Bayerische Staatsforstverwaltung hatte z. B. 1996 folgenden B.: 619 DM/ha Holzbodenfläche (→ Forstbetriebsfläche). Dieser B. ergab sich zu 90 % aus dem → Holzverkauf, zu 4 % aus Nebennutzungen, zu 3 % aus der Jagd und Fischerei und zu 3 % aus sonstigen Einnahmen.

Betriebsfläche, die: → Forstbetriebsfläche.

Betriebsformen des Hochwaldes: Zu unterscheiden sind im → Hochwald, → Schirmschlagbetrieb und Plenter- oder Femelbetrieb (→ Plenterwald, → Femelwald).

Betriebsgrößen: Während beim → Staatswald Großbetriebe vorherrschen, liegt das Schwergewicht bei den → Körperschaftswaldungen im Bereich mittlerer B., beim → Privatwald herrschen die Klein- und Kleinstbetriebe (etwa bis zu 10 ha) vor, die zum größten Teil dem bäuerlichen Waldbesitz (→ Bauernwald) zuzurechnen sind.

Der weit überwiegende Teil aller Betriebe mit Wald (etwa 97 %) befand sich in Privatbesitz. Diese Betriebe bewirtschafteten mit 3,4 Mio. ha. rd. 36 % der Waldfläche aller erfaßten Betriebe. Die Betriebe des Körperschaftswaldes bewirtschafteten 2,1 Mio. ha (= 22 %), die Betriebe des Staatswaldes rd. 4,0 Mio. ha (= 42 %). In den neuen Ländern dauert die Neuordnung der Eigentums- und Besitzverhältnisse an. Rund 700 000 ha Wald, die im wesentlichen aus Enteignungen zwischen 1945 und 1949 stammen, sind nach dem Treuhandgesetz zu privatisieren. Nach dem Abschluß der Privatisierung wird der Anteil des Privatwaldes an den Waldflächen in den neuen Ländern rd. 50 % betragen (Vorkriegsstand); → Volkswald.

Betriebsgutachten, das: → Forsteinrichtung.

Betriebskameralistik, die: Diese erfaßt neben den finanzwirtschaftlichen Vorgängen auch → Aufwand und → Ertrag. Die erweiterte B. läßt auch eine Ermittung der → Kosten und → Leistungen zu; → Verwaltungskameralistik.

Betriebsklasse, die (Betriebsverband): Zusammenfassung von Beständen zu einer Einheit, für die eine eigene nachhaltige (→ Nachhaltigkeit) Bewirtschaftung angestrebt wird. Für die B. wird auch ein gesonderter → Hiebssatz festgesetzt. Hauptgründe für die Ausscheidung von B. sind u. a.:

a) Unterschiede der → Betriebsart;
b) Unterschiede im Bestand(e)saufbau (z. B. → Plenterwald, gleichaltriger → Hochwald);
c) erhebliche Wuchs- und Qualitätsunterschiede, aber z. B. auch Belastungen durch → Forstrechte.

Betriebsleitung, die: Tätigkeit des Forstamtsleiters.

Betriebsnachweisung, die → (Jahres-)Betriebsnachweisung, Jahresbetriebsplan.

Betriebsplan, der: → (Jahres-)Betriebsplan, Forstwirtschaftsplan.

Betriebsplanung, die: lang- und mittelfristige Planung von Produktion und → Nutzung nach Ort, Menge und Zeit.

Betriebsregelung, forstliche, die: → Forsteinrichtung.

Betriebsregelungszeitraum, der: → Forsteinrichtung.

Betriebsregulierung, forstliche, die: → Forsteinrichtung.

Betriebstypen → (Forst-)Betriebsziel.

Betriebsverband, der: → Betriebsklasse.

Betriebswerk, das: → Forsteinrichtungswerk.

Betriebsziel, das; → (Forst-)Betriebsziel.

Betriebszieltyp, der: auch Zielbestockungsgruppe. waldbaulich-technische Zielvorstellung auf betriebswirtschaftlicher, standörtlicher und unter Umständen auch forstpolitischer Grundlage für den Einzelbestand hinsichtlich Mischung, → Struktur, → Umtriebszeit, → Produktionsziel. In diesem Sinne wird jeder Bestand einem B. zugeordnet; → (Forst-)Betriebsziel.

In Niedersachsen wurden 1996 die B. durch Waldentwicklungstypen (WET) ersetzt. Dabei beschreibt ein Leitbild die nach Baumartencharakter und Mischung mögliche und anzustrebende Waldaufbauform des jeweiligen WET.

Bettungsknie, das: → figurierte Hölzer.

Betula → Birken.

Betulaceae → Birkengewächse.

Betulamie, die: um die Wende vom 18. zum 19. Jh. umgangssprachliche Bez. für den damals bevorzugten Anbau der Bi (*Betula*), z. B. als Schutzsaat für Fi und Ei.

Beuge, die: → Stoß, Beige.

Beug(e)holz, das: alte und lokale Bez. für einen Holzstoß; → Beige.

Beulen: wulstartige Überwachsungen an der Stammoberfläche die nach → Überwallungen von Ästen entstanden sind. Bei der Aufarbeitung des Holzes müssen B. stets aufgehauen werden, da sich darunter häufig → Fauläste befinden.

Beunruhigung von Wild, die: unbeabsichtigte und beabsichtigte Störungen wildlebender Tiere aller Art. Hierzu gehören insbesondere: sportliche Betätigungen in der freien Natur (Wandern, Bergsteigen, Skifahren, Ballspielen, Joggen, Radfahren, Reiten, Pilzesammeln), Abwurfstangensuchen u. ä. (→ Betreten des Waldes), i. w. S. auch land- und forstwirtschaftliche Aktivitäten sowie intensive Jagdausübung (Jagddruck). Nach § 19 BJagdG ist es verboten, Wild, insbesondere soweit es in seinem Bestand gefährdet oder bedroht ist,

Struktur der Betriebe mit Wald in Deutschland (Stand 1996)

Gliederung	Betriebe	Waldfläche der Betriebe		
	Zahl	1000 ha	bewirtschaftete WF in %	ha je Betrieb
Landwirtschaftliche Betriebe	292 072	1 501,2	15,8	5,0
Forstbetriebe	156 725	7 979,2	84,2	51,0
Zusammen	**448 797**	**9 480,4**	**100**	**21,0**
darunter:				
Staatswald	1 153	4 021,8	42,4	3488,0
Körperschaftswald	11 887	2 084,9	22,0	175,0
Privatwald	435 757	3 373,6	35,6	8,0

unbefugt an seinen Zuflucht-, Nist-, Brut- oder Wohnstätten durch Aufsuchen, Fotografieren, Filmen oder ähnliche Handlungen zu stören. Die Länder können für bestimmtes Wild Ausnahmen zulassen. Ähnliche Vorschriften enthält auch das BNatSchG (Rahmengesetz), wobei sich der Schutz nicht auf die Handlungen bezieht, die im Rahmen einer ordnungsgemäßen land-, forst- oder fischereiwirtschaftlichen Bodennutzung notwendig sind. Erlaubt hingegen ist das sanfte B. im Rahmen einer ordnungsgemäß durchgeführten Jagdausübung. B. führt zu erhöhtem Energieverbrauch des Wildes und stört den Ernährungsrhythmus. Die Folgen sind i. d. R. ansteigender Verbiß-, Fege- und Schäldruck; das Wild wird zum Nachtwild oder weicht aus – wie beim Gamswild – und besiedelt verstärkt Waldgebiete.

Beutegreifer → Raubwild, Prädatoren.

Beutelmeise am Nest

Beutelmeisen (*Remizidae*): Fam. 8 bis 11 cm großer Singvögel mit etwa 10 Arten in großen Teilen Eurasiens und Afrikas sowie im südlichen Nordamerika. B. haben kurze Flügel und einen kurzen Schwanz. Sie bauen hängende Beutelnester; ihre Nester und Eier unterscheiden sich wesentlich von denen der → Meisen. Nur nachstehende Art ist in Mitteleuropa Brutvogel und kommt auch vereinzelt in Dtschl. vor.

Beutelmeise, die (*Remiz pendulinus*): Länge ca. 11 cm; Gewicht ca. 10 g.

Die B. ist ein geschickter Kletterer und bewohnt sumpfige Fluß- und Seeufer mit Weidendickichten, Auwälder und Sumpflandschaften mit Gebüsch. Ihre Bewegungen sind meisenartig, ihr Flug hurtig, gewandt und zuckend. Die nördlichen B. sind Zugvögel, die südlichen Standvögel.

Das Männchen beginnt im April oder Mai zunächst allein mit dem Nestbau und singt dabei eifrig. Gefällt der Standort dem Weibchen nicht, beginnt es an anderer Stelle neu, und gemeinsam wird dann das Nest zu Ende gebaut. Das Nest wird in einer Höhe von meist 3 bis 8 m an der äußersten Zweigspitze eines über dem Wasser geneigten Astes von Ul, Pa oder Wei errichtet. Es ist etwa 15 cm hoch und hat einen Durchmesser von etwa 9 cm. Zum Einflug wird eine kurze, röhrenartige Öffnung freigelassen. Das Gelege besteht aus fünf bis acht, gelegentlich auch aus mehr reinweißen Eiern (16,3 x 10,8 mm, ca. 0,9 bis 1,0 g). Brutdauer: 12 bis 14 Tage, Nestlingszeit: 15 bis 16 Tage. Zwei Jahresbruten (Ende April, Mai bis Juni). Während der Brutzeit verpaart sich das Männchen mit einem zweiten, manchmal auch mit einem dritten Weibchen.

Nahrung: Insekten, Webspinnen und Sämereien. Letztere als Beikost und v. a. im Winter.

Beuten: Bez. für größere Höhlen, die in einer Höhe von 4 bis 6 m über dem Boden in stärkere Bäume, hauptsächlich Kiefern (sog. B.-Baum) eingestemmt wurden. B. dienten der wilden Bienenzucht. Diese Form der Bienenzucht war im Mittelalter überall in Dtschl. verbreitet, v. a. in Westpreußen (Tucheler Heide) war sie noch bis in die erste Hälfte des 19. Jh. üblich. Im Jahre 1772 schätzte man die Zahl der B.-Bäume auf etwa 20 000. An Stelle stehender Bäume wurden auch Stammstücke von Weichholzarten zu einem Bienenstock ausgehauen und in geeignetem Gelände aufgestellt; → Zeidelweide.

Beutenbaum, der: → Beuten.

Beut(e)ner, der: alte Bez. für → Zeidler, auch im Familiennamen fortlebend.

Beutnerei, die: → Zeidlerei.

bewalden: mit Wald bedecken; bewaldet = mit Wald bedeckt.

Bewaldrappen, das: → Bewaldrechten.

Bewaldrechten, das: auch Bewaldrappen. Frühere Methode, bei der das → Rundholz im Walde mit der Axt so beschlagen wurde, daß der Querschnitt des Stammes auf etwa zwei Drittel der Länge, vom Stockende gerechnet, die Form eines Quadrates erhielt. Zweck des B. war es, wegen der hohen Transportkosten eine bessere Ausnutzung des Laderaumes zu erzielen; → Berappen.

Bewaldung, die: svw. Waldbestand.

Bewaldungsprozent, das: Anteil des Waldes an der Fläche eines Gebietes; → Waldfläche.

Bewässerung, die: Bei standortgerechter Waldwirtschaft werden die Bestände an den → Standort angepaßt. B. finden in diesem Rahmen nicht statt. In Trockengebieten kann eine Verlangsamung des Wasserabflusses durch Anstauen in Gräben an möglichst vielen Stellen Vorteile bringen.

Bewirtschaftungsziel, das: → (Forst-) Betriebsziel.

Beziehungsgefüge Wald, das: → Netzwerk Wald.

Bezirksinspektion, die: österr. Forstbehörde der Unterstufe (Forstamt); → Forstorganisation.

BFA: Abk. für → Bundesforschungsanstalt für Forst- und Holzwirtschaft.

BFI: Abk. für → Blattflächenindex.

BfN: Abk. für → Bundesamt für Naturschutz.

BH: in der Forstwirtschaft Abk. für Brennschichtholz; → Schichtholz.

BHD: Abk. für → Brusthöhendurchmesser.

B-Horizont, der: → Bodenhorizont.

BHT. Abk. für Bayerischer Hochgebirgstarif; → Mittelstammtarif.

BI: Kurzzeichen für die Gemeine Birke nach DIN 4076.

Bialowieza-Urwald, der: auch Belowescher Heide. Rd. 125 000 ha umfassendes geschlossenes Waldgebiet an der polnisch-weißrussischen Grenze. Ein Teil davon (5069 ha) ist seit 1932 → Nationalpark. Der B. besteht annähernd zur Hälfte aus Eichen-Linden-Hainbuchenwäldern, ferner aus Kiefern-Fichten-Wäldern und Eschen-Erlen-Auen- und Bruchwäldern. Die Wisente im B. waren 1921 ausgerottet worden, wurden danach aus wenigen Gattertieren wieder gezüchtet und ausgewildert. Heute leben dort wieder ca. 200 Exemplare in freier Wildbahn. Es brüten dort auch ca. 150 Vogelarten (z. B. Schlangenadler, Schrei- und Zwergadler, Schwarzstorch, Auerwild, Haselwild, Wachtelkönig); → Urwald.

Biber, der (*Castor fiber* L.): Er zählt zur Fam. der B. (*Castor*) aus der Ordn. der Nagetiere (*Rodentia*). In der Fabel wird er Meister Bockert genannt.

Aussehen: Der B. ist das größte europäische Nagetier und auch einer der größten Nager unserer Erde. Die Kopf-Rumpf-Länge beträgt bei ausgewachsenen Männchen 80 bis 95 cm. Die Kelle (Schwanz) ist etwa 30 cm lang, ca. 15 cm breit, waagerecht abgeplattet und mit Schuppen besetzt. Sie dient dem B. als Stütze und Ruder. Ein erwachsener B. erreicht ein Gewicht zwischen 20 und 30 kg. Der wertvolle Balg ist braun mit leichtem grauen Anflug. Er besteht aus dichten, flockigen, seidenartigen Wollhaaren und langen, dichten und steifen Grannen, die z. T. über 5 cm lang sind. Seine großen, starken und an der Seite meißelartigen Nagezähne ragen weit aus dem Kiefer; insgesamt hat er 20 Zähne.

Vorkommen: Durch die Zerstörung seines Lebensraumes ging der Bestand der B. im Laufe der letzten Jahrzehnte sehr stark zurück; die Population zeigt aber wieder steigende Tendenz. Heute kommt er noch in Südfrankreich (an der Rhône), in Norwegen, Finnland, Schweden, Ostpolen, im Gebiet der ehemaligen Sowjetunion, an der Elbe, in der Schorfheide und am Werbellinsee vor. In Niedersachsen und in Bayern (im Naturschutzgebiet Unterer Inn, an Isar und Donau) wurde er wieder eingebürgert.

Lebensraum und Lebensweise: Der B. lebt an stehenden oder langsam fließenden Gewässern, in Flußauen oder Sümpfen (v. a. lichtem Auwald mit Unterholz). Einzelne B. graben gern ihre Baue in steile Uferböschungen und polstern die Kessel mit Spänen und Pflanzenteilen aus. Fam. hingegen errichten sog. B.-Burgen und -Dämme in flachem Wasser oder auf sumpfigem Gelände. Die Burgen werden aus Reisig und Zweigen (sog. B.-Stöcken) gebaut und mit Schilf, anderen Pflanzenteilen und Schlamm abgedichtet. Eine B.-Burg kann, je

◄◄ Als Pflanzenfresser ernährt sich der Biber auch von Weichhölzern.

nach Wasserstand, einige Meter hoch sein und mehrere Meter Durchmesser haben. Die Eingänge liegen stets unter Wasser, der ausgepolsterte Wohnkessel hingegen über Wasser. Durch den Dammbau an fließenden Gewässern stauen die B. das Wasser an. Bei Niedrigwasser wird der aus Morast, Schlick, Schilf und Ästen errichtete Damm abgedichtet, bei Hochwasser wird für Überläufe gesorgt. Der meist sehr scheue Biber ist überwiegend dämmerungs- und nachtaktiv. Demenstprechend fein sind auch seine Sinne ausgebildet. Bei Hochwasser ist er aber auch am Tage zu beobachten. Er lebt in Fam.-Verbänden, ist an Land unbeholfen, im Wasser sehr wendig und ein ausgezeichneter Schwimmer und Taucher, der bis 15 Minuten unter Wasser bleiben kann.

Fortpflanzung: Paarungszeit ist im Februar und März. Das Weibchen bringt nach einer Tragzeit von 10 bis 14 Wochen einmal im Jahr zwei bis drei, seltener vier, dichtbehaarte, bereits sehende Junge. Die jungen B., die leicht mit Bisamratten (→ Wühlmäuse 1.) zu verwechseln sind, bleiben ca. vier Wochen im Bau (Burg). Sie werden acht Wochen gesäugt und sind dann selbständig, bleiben jedoch noch bis zu einem Alter von drei Jahren bei den Eltern. B. können 15 bis 20 Jahre alt werden.

Nahrung: Als Pflanzenfresser ernährt sich der B. von krautigen Pflanzen, Schilfstengeln, Wasserpflanzen, Rinde und Zweigen von → Weichhölzern (Bi, Er, Pa, Wei). Er nagt Sträucher und Bäume (jedoch kaum Nadelbäume) von beträchtlicher Stärke ab, indem er sie rundherum benagt und sie so zu Fall bringt, um gut an die Zweige zu kommen. Rinde und dünne Zweige von Weichhölzern werden im Bau oder in der Burg als Wintervorrat unter Wasser eingelagert. Stärkere Zweige benutzt er als Bauholz, mit dem er, speziell im Herbst, die Burgen ausbessert. Der B. verzehrt seine Nahrung vorwiegend am Uferrand, dem sog. Bibersitz.

Biberente, die: → Säger.

Bibergasperlweißspitz: Merkwort zum Einprägen der wichtigsten Splintholzbäume (→ Splintholzarten). In ihm sind die Anfangsbuchstaben folgender Bäume enthalten: Birke, Bergahorn, Aspe (Zitterpappel), Erle, Weißbuche (Hainbuche), Spitzahorn; → Fitabufelibirn.

Biberhödln, die: → Hahnenfuß 5.

Biberkraut, das: → Tausendgüldenkraut.

Bibernelle, die (*Pimpinella*): auch Pimpernell. Gatt. der → Doldengewächse mit etwa 150 Arten in Eurasien, Afrika und Südamerika. Es handelt sich um meist mehrjährige Kräuter oder Stauden mit i. d. R. einfach gefiederten Blättern und → zwittrigen Blüten, die in Dolden (→ Blütenstand) stehen. In Mitteleuropa sind nur zwei ausdauernde Arten heimisch:

1. Große Bibernelle, die (*Pimpinella major* (L.) Huds.): auch Pfefferwurzel, Bockspetersilie, Deutscher Theriak, Steinbibernell. Die G. B. ist über weite Teile Europas verbreitet, im Norden bis Südskandinavien, im Süden bis Nordspanien und Kalabrien; in Südosteuropa fehlt sie. Sie ist in Dtschl. überall zu finden und wächst in lichten Wäldern, in Gebüschen, Staudenfluren, an Waldrändern, felsigen Hängen und auf Wiesen, bis in Höhen von etwa 2300 m; Nährstoffzeiger (→ Boden(an)zeiger).

Die mehrjährige, kahle, 40 bis 100 cm hohe Pflanze hat einen hohlen, tief scharfkantig gefurchten und bis oben hin beblätterten Stengel. Die spindelförmige Wurzel riecht unangenehm bockartig und läuft an der Luft bläulich an. Die grundständigen Blätter und die Stengelblätter sind einfach gefiedert. BZ: Juni bis September. Die kleinen weißen oder rosafarbenen Blüten stehen in einer 10- bis 15strahligen, 3 bis 6 cm breiten Doppeldolde. Die → Kronblätter sind 1 bis 1,5 mm lang, der → Griffel ist 1,5 bis 2 mm lang, zur Blütezeit länger als der → Fruchtknoten (wichtiges Unterscheidungsmerkmal zur Kleinen Bibernelle) und nach dem Verblühen länger als die junge Frucht. Die reifen Früchtchen sind oval und glatt.

Die G. B. und die Kleine Bibernelle haben dieselben medizinischen Eigenschaften, und die frische oder getrocknete Wurzel beider Arten findet in der Naturheilkunde innerliche und äußerliche Verwendung (→ Heilpflanzen). Sie enthält → ätherisches Öl, Bitterstoff, Cumarin, Gerbstoffe, Harze, Saponine und wirkt appetitanregend, sedativ, schweißtreibend, auswurffördernd, entzündungshemmend, wundheilend, reguliert die Menstruation und wirkt gegen Heiserkeit, Husten, Angina und Durchfall.

2. Kleine Bibernelle, die (*Pimpinella saxifraga* (L.) Sch. et Thell.): Die K. B. ist außer im äußersten Norden und Süden fast über ganz Europa verbreitet. Sie wächst in lichten Wäldern, besonders Kiefern-Trockenwäldern, in lichten Gebüschen, Heiden, Triften, auf Trocken- und Magerrasen, trockenen Wiesen und Hügeln, gern auf kalkreichen, lockeren, steinigen Böden, von der Ebene bis in mittlere Gebirgslagen; Magerkeitszeiger.

Die mehrjährige, 15 bis 50 cm hohe Pflanze ist eine sehr formenreiche Art und der Großen Bibernelle sehr ähnlich. Sie hat jedoch einen vollen, stielrunden, zart gerillten, nach oben zu fast blattlosen Stengel, der kahl oder kurz behaart ist. Die Blätter sind meist einfach gefiedert. Die Fiedern der grundständigen Blätter und der Stengelblätter sind ganz verschieden. BZ: Juli bis September. Die kleinen weißen oder gelblichen, selten rötlichen Blüten stehen in kleinen, sechs- bis 15strahligen Dolden. Die breit-eiförmigen, fast kugeligen Früchte sind kahl und glänzend. Die Wurzel der K. B. findet wie jene der Großen Bibernelle in der Naturheilkunde Verwendung.

Bibernellrose, die: → Rosen 4.

Bibionidae: → Haarmücken.

Bick(el)beere, die: → Heidelbeere 1.

Biegsamkeit des Holzes, die: Eigenschaft des Holzes, eine durch eine Kraft veranlaßte Formveränderung zu gestatten, ohne zu brechen. Nimmt das Holz nach Aussetzen der Kraft die ursprüngliche Form wieder ein, wird es als „elastisch" bezeichnet. Sehr elastische Hölzer sind: Eib (früher Ambrustbögen), Lä, Fi, Ta, Rob, Ei, Es und Ah. Läßt sich Holz über die Elastizitätsgrenze hinaus biegen ohne zu brechen, so heißt es „zäh". I. a. ist Wurzelholz (→ Stockholz) und → Splintholz zäher als → Schaft- und → Kernholz; am zähesten jedoch sind die jungen Stockloden (→ Loden) besonders von Wei, Hbu, Ei, Bi, Ha usw. Die

Der Biber ist das größte europäische Nagetier.

Bienenweide: die wichtigsten insektenblütigen Pflanzen

Art/Gatt.	Blütezeit (Monat)	Nektar	Pollen	Honigtau	Pollenhöschenfarbe
1. Laubgehölze (Bäume):					
Bergahorn	(IV)V	X	X	X	blaßgelb
Eberesche	V-VI(VII)	X	X		gelblich
Eibe	III-IV		X		weißgelb
Elsbeere	V-VI	X	X		gelblich
Esche	IV-V		X		
Faulbaum	(V)VI-VII(VIII)	X	X		weißgelb
Feldahorn	IV/V	X	X	X	blaßgelb
Felsenbirne	IV-V(VI)	X	X		gelblich
Grauerle	III-IV		X	X	bräunlichgelb
Hängebirke (Weißbirke)	III-V		X	X	bräunlichgelb
Kastanie (Eßkastanie)	V-VII	X	X	X	schwefelgelb
Korbweide	III-IV	X	X	X	gelb
Kornelkirsche	III/IV	X	X		graugelb
Pappeln	III-IV		X	X	weißgrau
Robinie	V-VI	X	X		gelb
Reifweide	III-IV	X	X	X	gelb
Roßkastanie	V-VI	X	X	X	ziegelrot
Rotbuche (Buche)	IV-V		X	X	schwefelgelb
Roteiche	V-VI		X	X	grüngelb
Salweide	III-IV	X	X	X	zitronengelb
Schwarzerle	III-IV		X	X	bräunlichgelb
Silberlinde	VII	X	X	X	hellgelb
Silberweide	IV-V	X	X	X	gelb
Sommerlinde	VI	X	X	X	weißgelb
Spitzahorn	IV-V	X	X	X	gelbgrün
Stieleiche	V		X	X	grüngelb
Traubeneiche	V		X	X	grüngelb
Traubenkirsche	V-VI	X	X		gelblich
Ulmen	II-IV		X	X	hellgrau
Vogelkirsche	IV-V	X	X	X	braungelb
Winterlinde	VI-VII	X	X	X	hellgelb
2. Nadelgehölze (Bäume):					
Fichte	V	keine guten		X	
Kiefer	V	Nektar- und		X	
Lärche	III-IV	Pollenliefe-		X	
Tanne	V	ranten		X	

Art/Gatt.	Blütezeit (Monat)	Nektar	Pollen	Honigtau	Pollenhöschenfarbe
3. Sträucher und Stauden:					
Alpenrose	IV-VII	X	X		gelblich
Berberitze	IV-V	X	X		gelblich
Besenginster	V-VI	X	X		
Efeu	VIII-IX	X	X		schwefelgelb
Essigbaum	VII-IX	X	X		
Faulbaum	VI-VII	X	X		weißgelb
Felsenbirne	IV-V	X	X		gelblich
Geißblatt (Heckenkirsche)	V-VI	X	X		graugelb
Hartriegel	V-VI	X	X		graugelb
Hasel (Baumhasel)	III-IV		X	X	schwefelgelb
Haselnuß	III-IV		X	X	schwefelgelb
Heidekraut (Frühjahrsheide)	I-IV	X	X		gelbbraun
Heidelbeere	V-VI	X	X		rotgelb
Kugeldistel	VII-VIII	X			
Rosen (Wildform)	VI-IX(X)	X	X		gelblich
Sanddorn	V-VI	X	X		
Schneebeeren	IV-IX	X			
Schwarzdorn	IV	X	X	X	grau
Seidelbast	III-IV	X	X		weißgelb
Sonnenbraut	VIII-IV	X			
Waldrebe	V-IX	X	X		weißgelb
Weißdorn	V-VI	X	X	X	braungelb
Wilder Wein	VIII-IX	X			
Zwergmispel	V-VII	X	X		rotgelb
4. Sonstige Pflanzen:					
Akelei	VI-VII	X	X		wachsgelb
Baldrian	VI-VIII	X	X		gelblich
Brombeeren	VI-VIII	X	X		rußgrau
Fingerhut	VI-VIII	X	X		gelblich
Gem.Glockenheide	VII-IX	X	X		gelblich
Habichtskraut	V-IX	X	X		gelblich
Himbeere	V-VIII	X	X		weißgrau
Hundszunge	V-VI	X	X		gelblich
Johannisbeere	IV-V	X			blaßgelb
Kerbel	IV-VIII	X	X		gelblichweiß
Kratzdistel	VI-VIII	X	X		gelblich
Lauch	VI-VIII	X	X		gelblich
Lungenkraut	IV	X	X		hellgelb
Sauerkirsche	IV-V	X	X	X	dunkelgelb
Springkraut	VII-VIII	X	X		blaßgelb
Storchschnabel	VI-VII	X	X		tiefgelb
Süßkirsche	IV-V	X	X	X	dunkelgelb
Wildapfel	V	X	X		hellgelb
Wildbirne	IV-V	X	X		rötlichgelb
Windröschen	III-V		X		gelblichweiß
Ziest	VII-IX	X	X		gelblich

Hölzer eignen sich deshalb besonders für Flechtarbeiten, Faßreifen, Scheffelränder usw.

Bienen (*Apoidea*): eine rund 20 000 Arten in sechs Fam. umfassende, weltweit verbreitete Überfam. der → Hautflügler, bei der die Weibchen eine Brut mit Honig und → Pollen versorgen, die mit besonderen Sammelapparaten eingetragen werden. Zu den B. gehören u. a. Sand-B., Mauer-B., → Hummeln, → Honig-B., → Holz-B., Pelz-B. Die meisten B.-Arten sind einzellebend (Einsiedler-B., oder solitäre B.). Sie treiben keine Brutpflege, und jedes Nest ist das Werk eines einzigen Weibchens. Die höchstentwickelten und staatenbildenden (sozialen) B. mit intensiver Brutpflege sind die Hummeln und die Honig-B.

Bienenbaum, der: → Ahorne 3.

Bienenbeuten → Beuten.

Bienennutzung, die: → Zeidelweide.

Bienen-Ragwurz, die: → Ragwurz 1.

Bienenrosigkeit, die: auch Bien(en)rösigkeit. Eine durch den Gestielten Filzporling (*Onnia tomentosa* = *Polyporus circinatus*) verursachte → Weißlochfäule bei Kie. Der → Pilz dringt dabei über die Wurzeln in das → Kernholz ein. Bei anderen Ndh verursacht der Pilz die Ringfäule (Ringschäle); → Holzpilze.

Bien(en)saug, der, das: **1)** → Immenblatt. **2)** allg. Bez. für von → Bienen bevorzugte Pflanzen.

Bienenschwärmer, der: → Glasflügler 1.

Bienenstrauch, der: → Hasel.

Bienenweide, die: Bez. für die Ernährungsgrundlage der → Bienen (→ Honigbienen). Die B. umfaßt alle → insektenblütigen Pflanzen, die den Bienen als Nektar-, Pollen- und Honigtaulieferanten dienen. Aus dem in den Nektardrüsen oder Nektarien (→ Honigdrüsen) erzeugten Blütennektar und aus dem durch Pflanzensauger abgesonderten → Honigtau bereiten die Bienen durch Eindicken und Versetzen mit körpereigenen Stoffen den Bienenhonig, der als Kohlenhydratnahrung dient. Die eingetragenen → Pollen (Pollenhöschen) hingegen bilden die Eiweißnahrung. Der Besuch der Bienen bei den insektenblütigen Pflanzen führt zur Blütenbestäubung (→ Bestäubung). Der Imker bezeichnet das nutzbare Massenangebot an B. als Tracht. Zur B. gehören u. a. folgende Pflanzen: (Siehe Tabelle).

Biener, der: alte Bez. für Imker; → Zeidler.

Bienrösigkeit, die: → Bienenrosigkeit.

Biensaug, der: → Bienensaug.

Bienwald, der: westlich Karlsruhe zwischen → Pfälzer Wald und dem Oberrhein gelegenes Waldgebiet.

Biennen → Zweijahrsblumen.

bierbrauende Bäume: im Volksmund Bez. für Bäume, deren Säfte durch Hefepilze leicht in Gärung übergehen, z. B. bei Ei, Bi, Pa und Li. Die Säfte b. B., besonders die der Ei, dienen auch als Nahrung für verschiedene → Blatthornkäfer, insbesondere dem Hirschkäfer.

Bierzusätze: Bei der Bierbrauerei bediente man sich früher noch einiger pflanzlicher Zusätze, deren Gewinnung zu den → Forstnebennutzungen zählte. Zu den B. gehörten Ahorn- und Birkensaft, Fichten- und Tannentriebe, die mit Malz abgekocht wurden, Wacholderbeeren und die Spitzen des Heidekrauts, die mit Malz und Hopfen abgekocht wurden, und die Früchte des Weißdorns. Als ein Surrogat des Hopfens dienten Ginster und das Heidekraut, die Blätter (Wedel) von Tüpfelfarnen, die Tamarisken und die Schafgarbe sowie die Lungenflechte. Auch die gesundheitsschädlichen Gagel und Sumpfporst wurden verwendet.

Bifang(-Pflug), der: kräftiger, doppelschariger Pflug mit hohen Streichblechen, greift 35 bis 40 cm tief ein und pflügt je zwei abgelöste Bodenstreifen zu einem erhöhten Beet (= Bifang) zusammen. In diesen humusreichen Boden wird gepflanzt.

bilanzierter Hiebssatz, der: → Hiebssatz.

Bilche (*Gliridae*): auch Schläfer oder Schlafmäuse. Die Fam. der B. mit ca. 30 Arten in Eurasien und Afrika gehört zu den Nagetieren. Im Ggs. zu den übrigen Nagetieren der gemäßigten Zonen hamstern sie kein Futter für den Winter, sondern halten einen Winterschlaf (Überwinterung) in meist gut ausgepolsterten Verstecken. Während des Winterschlafes sinkt ihre Körpertemperatur bis auf 4 °C ab. B. leben überwiegend in Laub- und Mischwäldern, Himbeer- und Brombeerschlägen (Haselmaus) und in Obstgärten. Sie sind dämmerungs- und nachtaktiv, mit großen Augen. Ihre natürlichen Feinde sind Eulen, Marder, Wiesel, Iltisse und Wildkatzen. Die B. sind nach dem Naturschutzgesetz geschützt. Nach der → Roten Liste zählen Gartenschläfer, Haselmaus und Siebenschläfer zu den gefährdeten Tierarten. Der Baumschläfer ist vom → Aussterben bedroht.

◂◂ Der im Übermaß produzierte Blütenstaub wird von den Bienen eingesammelt und bildet an den Hinterbeinen die „Höschen".

1. Siebenschläfer, der (*Glis glis* L.): auch Eichelmaus. Der S. ist die größte Art aus der Fam. der B. Er ist oberseits einheitlich grau oder braungrau gefärbt, an der Unterseite licht aufgehellt mit weißlichem Anflug; Backenstreif und Kehle sind weiß. Um die Augen trägt er einen dunklen Ring, die Schnurrhaare sind dunkelbraun bis schwarz. Seine Gesamtlänge beträgt 33 bis 39 cm; der zweizeilige und buschig behaarte Schwanz ist 11 bis 15 cm lang.

Der Siebenschläfer erinnert im Aussehen an ein Eichhörnchen.

Er kommt in Mittel- und Südeuropa vor und lebt gesellig in kleinen Familientrupps, springt und klettert ausgezeichnet. Er verschläft den Tag in Schlupfwinkeln und Verstecken, wie z. B. Nistkästen. Auch im Freien legt er an geeigneten Plätzen Schlafnester an. Sein Lebensraum sind Laubwälder, bevorzugt Buchen- und Eichenbestände, aber auch Parkanlagen und Obstgärten. In Waldgebieten ist er auch in Gebäuden anzutreffen. Er kommt im Gebirge (Fichtengürtel) bis zu einer Höhe von 1500 m vor.

Der S. polstert sein Schlafnest aus oder richtet sich in einem Nistkasten, in einer Baum- oder Erdhöhle ein Nest ein, in dem er seine Jungen, pro Jahr ein Wurf im Juni oder Juli, bringt. Es sind i. d. R. drei bis sechs Junge, die nackt und blind geboren werden und nach drei Wochen die Augen öffnen. Sie sind nach zwei Monaten selbständig. Im alten Rom galten gemästete S. als Leckerbissen. Auch in den Alpenländern, besonders in der Steiermark wurde dem S. früher nachgestellt.

Nahrung: Im Frühjahr Knospen, junges Laub und zarte Rinde, v. a. von Lä, Bu und Fi, später Nüsse, Eicheln, Kastanien, Bucheckern, Obst sowie Beeren und Insekten in großen Mengen. Er vergreift sich auch häufig an Eiern und Jungvögeln.

2. Gartenschläfer, der (*Eliomys quercinus* L.): Körperlänge: 11 bis 15 cm, Schwanzlänge: 9 bis 11 cm (wesentlich kleiner als der Siebenschläfer). Er hat einen kurz behaarten Schwanz mit weißer Endquaste; die Füße sind sehr hell und weiß. Oberseits ist er rötlich grau oder braungrau mit hellerem Schimmer an den Haarspitzen, unterseits reinweiß, scharf abgegrenzt. Die großen schwarzbraunen Augen lie-

▸▸▸ Das giftige Waldbingelkraut wächst in Laub- und Mischwäldern.

gen in einem schwarzen Augenfeld, das sich unter dem Ohr nach hinten fortsetzt.
Der G. ist ein → Kulturfolger und kommt in bewaldeten Landschaften, besonders in Mischwäldern oder gehölzreichen Landschaften der Ebene, aber auch in Obst- und Weingärten vor. In den Alpen ist er noch bis zu einer Höhe von 2000 m anzutreffen. Er lebt auf Bäumen und am Boden und ist wenig gesellig. Sein Schlafplatz befindet sich in Vogelnestern, Baumhöhlen, Felsspalten, Nistkästen, selbstgebauten Kobeln und in Alm- und Jagdhütten.
Ende April/Anfang Mai tragen die G. heftige Paarungskämpfe aus. In einem Schlafnest bringt das Weibchen zwei bis acht nackte und blinde Junge, die nach etwa fünf Wochen bereits selbständig sind.
Nahrung: Kleinvögel, Kleinsäuger, Kerbtiere, Würmer, Eier, Obst, Beeren, Knospen, Rinde (wie Siebenschläfer), Grasspitzen und Sämereien. Bekannt ist seine Vorliebe für Fett und Speck.
3. Baumschläfer, der (*Dryomys nitedula* Pall.): Der B. hat eine Körperlänge von ca. 10 cm. Der etwa 8 cm lange, buschig zweizeilig behaarte Schwanz ist oben und unten deutlich verschieden gefärbt. Der B. ist oberseits überwiegend grau bis schwarzgrau gefärbt, unterseits rein weiß. Der schwarze Zügelstrich am Kopf endet an den Ohren.
Er kommt in den Alpen, besonders den Ostalpen, und im Balkangebiet vor. In Südostbayern und Österreich bewohnt er Laubwälder, unterholzreiche Mischwälder, Fichtenwälder und auch Obstgärten. Im Gebirge ist er noch in einer Höhe von 1000 m anzutreffen. Auch der B. führt ein sehr verstecktes Leben.
Über die Fortpflanzung des B. ist nichts genaueres bekannt. Die Jungen (etwa vier) werden im Juni geboren.
Nahrung: hauptsächlich Knospen, Beeren, Obst und Sämereien.
4. Haselmaus, die (*Muscardinus avellanarius* L.): Als der kleinste Vertreter der Bilche erreicht die H. nur die Größe einer Maus (7 bis 8 cm, 30 bis 40 g). Das weiche, dichte Fell ist oberseits einfarbig gelbbraun bis gelblichrot gefärbt. Kehle und Brust sind weiß. Der zweizeilige, etwa 7 cm lange Schwanz ist gleichmäßig und anliegend behaart.

Die Haselmaus ist unser kleinster Bilch.

Die H. kommt fast überall in Europa und in Kleinasien und Rußland vor. Sie bewohnt buschiges Gelände, Jungholz und Wälder mit Unterholz. Orte mit Haselnußsträuchern und Weiden werden bevorzugt. Sie klettert in Zweigen und Buschwerk sehr gewandt und ist dabei so schnell, daß sie mit den Augen kaum zu verfolgen ist. Auf dem Boden bewegt sie sich weniger geschickt. Das Sommernest wird im Gezweig oder auf dem Boden errichtet. In den Winterschlafnestern, die in Erdlöchern oder Gebäuden errichtet werden, halten oft mehrere H. gemeinsam den Winterschlaf.
In der Zeit von Mai bis August bringt die H. einbis zweimal drei bis sieben Junge in einem Kugelnest zur Welt. Genaueres über die Fortpflanzung ist nicht bekannt.
Nahrung: hauptsächlich Nüsse, Eicheln, Sämereien, Beeren, Obst und Insekten.
Bildungseinrichtungen → Forstakademien, Forstliche Ausbildungsstätten, Forstliche Akademische Ausbildungsstätten, Forstfachschulen, Forstschulen, Meisterschulen, Waldarbeitsschulen, Waldpädagogik.
Bimsbuchen: eine im → Westerwald übliche Bez. für Bu, die auf Bimsgestein wachsen. Diese zeichnen sich u. a. durch Langschäftigkeit und Astreinheit aus.
BImSchG: Abk. für → Bundes-Immissionsschutzgesetz.
Binbaum, der: → Ahorne 3.
Bindaxt, die: alte Bez. für eine Axt, mit der die Bäume → beschlagen wurden.
Bindebaum, der: auch Wiesbaum. Bez. für eine Holzstange, die bei Fuhrwerken mit Heu-, Stroh- oder Getreide zum Festhalten der Ladung der Länge nach auf die Ladung gelegt und festgebunden wurde.
Binderholz, das: → Böttcherholz.
Bindeweide, die: → Korbweide.
Bingelkraut, das (*Mercurialis*): Gatt. der → Wolfsmilchgewächse mit acht Arten in Eurasien und im Mittelmeerraum, davon drei in Mitteleuropa. Es handelt sich um Stauden oder Kräuter, die keinen Milchsaft führen, mit gegenständigen (→ Blattstellung) Blättern und eingeschlechtigen Blüten. Im Wald anzutreffen sind:
1. Wald-Bingelkraut, das (*Mercurialis perennis* Linné): auch Ausdauerndes B. Das über Südskandinavien, Mittel- und Südeuropa sowie Südwestasien verbreitete W. wächst verbreitet bis häufig in krautreichen, schattigen Nadel- und Laubwäldern, v. a. in Buchenwaldgesellschaften (Buchenwald-Ordnungs → Charakterart), in Mischwäldern und Gebüschen, auch in Eichen- und Eschenauen, Hartholz-Auenwäldern, feuchten Hainbuchen-Waldgesellschaften, auf frischen bis feuchten, nährstoffreichen, meist kalkhaltigen Böden; Basen- und Sickerwasserzeiger (→ Bodenanzeiger).
Die mehrjährige, 15 bis 40 cm hohe, zarte, grüne, unangenehm riechende, giftige Pflanze hat einen dünnen, unterirdisch kriechenden Wurzelstock, vermehrt sich vegetativ und tritt daher meist in dichten Beständen auf. Der ein-

fache, im oberen Teil beblätterte Stengel ist stielrund. BZ: April bis Mai. Die Pflanzen sind → zweihäusig, die kleinen, grünen, unscheinbaren Blüten → eingeschlechtig. Die kleinen grünen (ohne Krone), männlichen Blüten stehen in achselständigen, reichblütigen, unterbrochenen Scheinähren (→ Blütenstand). Die weiblichen Blüten stehen einzeln oder zu zweit in blattachselständigen Blütenknäueln und haben einen zweiteiligen, behaarten → Fruchtknoten und eine grüne, dreiteilige Blütenhülle. Die 4 bis 5 mm lange, rauhhaarige Fruchtkapsel hat zwei einsamige Fächer. Die fast kugeligen Samen sind etwa 3 mm lang, weißgrau und runzelig (→ Ameisenpflanzen). Obwohl die Pflanze giftig ist, wird sie als → Heilpflanze verwendet. Sie enthält → ätherisches Öl, Bitterstoffe, Saponine sowie die Amine Methylamin und Trimethylamin. Sie wirkt abführend und harntreibend. Die W.-Tinktur wird bei Rheumatismus und Magenerkrankungen empfohlen.
2. Eiblättriges Bingelkraut, das (*Mercurialis ovata*): Das E. B. ist über Südeuropa, die Südalpen und über das Donaugebiet verbreitet. Es ist relativ selten und wächst in sonnigen Gebüschen, wärmeliebenden Wäldern, besonders sonnigen, staudenreichen Eichen- und Eichen-Kiefernwäldern, v. a. Eichen-Trockenwäldern (Flaumeichenwälder-Ordnungs-Charakterart), in lichten Buchenwäldern, speziell Seggen- oder Orchideen-Buchenwäldern.
Die mehrjährige, 15 bis 30 cm hohe Pflanze ist dem Wald-Bingelkraut sehr ähnlich, hat jedoch sitzende oder höchstens bis zu 2 mm lang gestielte breit-eiförmige Blätter. Der Stengel weist im unteren Teil kleine Laubblätter auf.
Binsen (*Juncus*): Gatt. der → Binsengewächse mit mehr als 300 bekannten Arten, besonders in gemäßigten und kalten Breiten sowie in tropischen Gebirgen. B. sind i.d.R. an einen feuchten Standort gebunden. Einige Arten wachsen auch auf grasbestandenen Plätzen, in schattigen Wäldern und an Wegrainen. Die Blätter sind grasartig oder röhrig, die grünlichen bzw. grünlichweißen Blüten stehen in köpfchenförmigen Blütenständen. Von den 30

in Mitteleuropa vorkommenden Arten sind nur nachstehende Arten von Interesse:

1. Krötenbinse, die (*Juncus bufonius*): Die K.-Gruppe wächst verbreitet auf feuchten Sandböden, Waldwegen, Waldschlägen, Äckern, Naßwiesen, Quellmooren, in Gräben und an sonstigen feuchten Orten und auf Ödland; Stör- und Nässezeiger (→ Bodenanzeiger).

Die einjährige, bis 50 cm hohe Binse von büscheligem Wuchs hat sehr schmale Blattspreiten. Sie ist → zwittrig und hat sechs Blütenhüllblätter, die lanzettlich und spitz sind, sowie drei bis sechs → Staubblätter. Die Blüten stehen meist zusammen in aufrechten Spirren. BZ: Juni bis September.

2. Flatterbinse, die (*Juncus effusus*): Die F. wächst ziemlich häufig auf Naßwiesen und -weiden, auf Moorwiesen, Waldschlägen, auf nassen Wegen und an sumpfigen Waldorten sowie in Gräben. Sie ergibt sehr schlechtes Heu und ist → Pionierpflanze für die Ansiedlung von Waldbäumen.

Die bis 80 cm hohe, ausdauernde und rasenbildende F. hat einen glatten und stielrunden Stengel. Die Grundblätter sind glatt, glänzend, am Grunde hellgelb, die runden Binsenblätter sind ohne Knoten. Die Binsenblüte hat bräunliche Blütenhüllblätter, die in lockerer Spirre (flattrig) stehen. BZ: Juni bis August.

Auf Flachmooren (→ Moor) und nassen Wiesen sind zahlreiche weitere *Juncus*-Arten zu finden; wie z. B.: **Baltische B.** (*J. balticus*), **Knoten-B.** oder **Stumpfblütige B.** (*J. sub-nodulosus*), **Gebirgs-B.** oder **Alpen-B.** (*J. alpino-ariculatus*), **Glanzfrüchtige B.** oder **Glanz-B.** (*J. articulatus*), **Spitzblütige B.** oder **Wald-B.** (*J. acutiflorus* = *J. sylvaticus*), **Schwarze B.** (*J. atratus*), **Zwiebel-B.** oder **Rasen-B.** (*J. bulbosus*) und **Moor-B.** (*J. stygius*).

Binsengewächse (*Juncaceae*): eine Fam. der → einkeimblättrigen → Bedecktsamer mit neun Gatt. und etwa 400 Arten, v. a. in gemäßigten und kalten Gebieten. Einheimische Gatt. sind → Binsen und → Hainsimse.

Bioakkumulation, die: Anreicherung von organischen und anorganischen (Schad-)Substanzen in Pflanzen und Tieren; → Nahrungskette.

Biochore, die: Bez. für einen Teil einer bestimmten Lebensgemeinschaft (→ Biozönose) mit bestimmten abiotischen Eigenschaften, z. B. Klima.

Biochorion, das: ein kurzlebiges, biozönotisches Teilsystem (Kleinlebensraum) mit einem charakteristischen Artenbestand (z. B. Aas, Baumstumpf, Exkremente, Grashorst mit den darin lebenden Arten, Tierbehausung). Das B. liegt inselartig in einem größeren Trägersystem und ist in seiner Besiedlung von diesem abhängig; → Bionzönose.

Biocide → Pestizide.

Biodiversität, die: → Diversität.

Biodiversitätsabkommen, das: auch Biodiversitätskonvention. Am 22. Mai 1992 in Nairobi verabschiedetes Übereinkommen über die biologische Vielfalt (CBS). Ende 1996 war das B. von 165 Staaten ratifiziert. Die B. gesteht den Nationen das Recht auf Nutzung der eigenen biologischen → Ressourcen zu und verpflichtet sie gleichzeitig, dafür zu sorgen, die Umwelt anderer Staaten nicht zu schädigen. Ziele des Übereinkommens sind: die Erhaltung der biologischen Vielfalt, die nachhaltige Nutzung ihrer Bestandteile, die ausgewogene und gerechte Aufteilung der sich aus der Nutzung der biologischen Ressourcen ergebenden Vorteile, insbesondere durch angemessenen Zugang zu genetischen Ressourcen und angemessene Weitergabe der einschlägigen Technologien unter Berücksichtigung aller Rechte an diesen Ressourcen und Technologien. Die Unterzeichnerstaaten verpflichten sich u. a. zur Zusammenarbeit bei der Verwirklichung der Ziele des B. außerhalb nationaler Hoheitsgrenzen, der Entwicklung nationaler Strategien zur Erhaltung und nachhaltigen Nutzung der biologischen Vielfalt, Maßnahmen zur *In-situ-* (z. B. in Schutzgebieten) und *Ex-situ*-Erhaltung (z. B. in Genbanken, botanischen Gärten), Schaffung von Anreizen für die Erhaltung und nachhaltige Nutzung der biologischen Vielfalt, Durchführung von → Umweltverträglichkeitsprüfungen, Forschung und Ausbildung, Aufklärung und Bewußtseinbildung in der Öffentlichkeit. Die B. enthält u. a. Regelungen im zwischenstaatlichen Bereich über den Zugang zu genetischen Ressourcen, Informationsaustausch, Kooperation, Umgang mit → Biotechnologie. Das B. ist sehr eng mit dem Intergovernmental Panel on Forests (IPF) verbunden, da ein besonders dringendes Anliegen des B. die Waldverhandlungen sind. Der Beitrag der Wälder zur terrestrischen Biodiversität ist überproportional; sie sind deshalb für die Umsetzung der Konventionsziele von zentraler Bedeutung.

Bioelemente: Elemente, die am Aufbau der Lebewesen beteiligt sind: → Kohlenstoff, → Sauerstoff, Wasserstoff, → Stickstoff, → Schwefel, → Phosphor, → Chlor, → Natrium, → Kalium, → Kalzium, → Magnesium, → Eisen sowie die oft katalytisch wirksamen Spurenelemente Fluor, Jod, → Kupfer, → Mangan, → Zink und Kobalt.

Bioenergetik, die: Teilgebiet der → Biologie, das sich mit Energieverbrauch und -gewinn bei stofflichen Umsetzungen befaßt, z. B. bei Stoffsynthesen, Bewegungen, Wärme- und Lichtproduktion.

Bioenergie, die: Energie, die aus → Biomasse gewonnen werden kann: z. B. aus Stroh, Holzresten (Heizmaterial), Gas aus Stallmist. Durch B. könnte v. a. in Entwicklungsländern (Dritte Welt) ein Teil unseres Energiebedarfs gedeckt werden; → Biogas, nachwachsende Rohstoffe.

Biogas, das (Klär-, Sumpf-, Faulgas): Gemisch (Energieträger) aus 55 bis 70 % Methan, 30 bis 45 % → Kohlendioxid und aus Restgasen wie → Stickstoff, Wasserstoff und Schwefelwasserstoff, sehr gut als Heizgas geeignet. B. entsteht durch den bakteriellen Abbau organischer Substanzen (Pflanzenreste, Tierabfälle und Exkremente) unter Luftabschluß. In Landwirtschaftsbetrieben (1992 in der BR Dtschl. in 130 Anlagen) und Kläranlagen werden z. Zt. verschiedene Methoden der Gewinnung erprobt. Aus der Gülle einer einzigen Kuh können innerhalb von 40 Tagen 2,4 m^3 B. gewonnen werden. B. gehört zur → Bioenergie und damit zu den erneuerbaren Energien.

biogen: svw. durch Tätigkeit von Lebewesen entstanden.

Biogenese, die (Biogenie): die Entstehung des Lebens, auch ein Bildungsgeschehen in lebenden Körpern, z. B. → Biosynthese.

biogenetische Grundregel, die: Entwicklung bestimmter Organe aus einem ursprünglichen Organ, z. B. → Staubblätter aus Laubblättern (biogenetisches Grundgesetz).

biogenetisches Reservat, das: als Ergänzung zur Europäischen Naturschutzkonvention vom Europarat seit 1973 koordiniertes Netz von → Naturschutzgebieten, in denen besonders in Europa repräsentative Tier- und Pflanzenarten und deren Zönosen erhalten werden, die typisch, einzigartig, selten oder gefährdet sind. Die BR Dtschl. hat bisher noch keine b. R. ausgewiesen; → Artenschutz.

Biogenie, die: → Biogenese.

Biogeographie, die: Teilgebiet der allg. → Biologie und zusammenfassende Bez. für entsprechende Zweige der Geographie. Sie untersucht die Beziehungen der Tier- und Pflanzenwelt zum geographischen Raum: physische Antropogeographie, Vegetations- (Pflanzen-) und Zoogeographie. Die Lehre von der Verbreitung der Pflanzen auf der Erde (Vegetationsgeographie) ist 1807 von Alexander von Humboldt begründet worden.

Biogeozönose, die: von der Umgebung abgrenzbares und homogenes → Ökosystem.

Bioindikatoren: Organismen (→ Bakterien, → Pflanzen, Tiere), deren sichtbare Reaktionen (Sensibilität) auf bestimmte Schadstoffe und Belastungen bekannt sind und die sich daher zum Nachweis von Schadstoffen und Umweltschäden, deren Wirkungen und zur Feststellung und Kennzeichnung von Belastungsprozessen eignen. Fast alle Flechtenarten (→ Flechten) benötigen zum Leben saubere Luft, deshalb werden sie neben den → Moosen als Indikatorpflanzen für die Beurteilung der Luftqualität in Ballungsräumen benutzt. Einige Pappelklone dienen als Anzeiger für Ozonbelastungen. Das Verschwinden von Flußperlmuscheln und Flußkrebsen zeigt schlechte Wasserqualitäten an. In Habichtsmauserfedern läßt sich z. B. der Schwermetallgehalt nachweisen, und Birkwildvorkommen zeigen an, daß noch eine intakte Umwelt vorhanden ist. Der Einsatz von Goldorfen (Fischart) als B. ist bei der Abwasserbeurteilung gesetzlich vorgeschrieben; → Bodenanzeiger.

Biokatalysatoren, die: → Enzyme.

Bioklima, das: Gesamtheit aller auf lebende Organismen wirkende Faktoren des Klimas.

Biokonversion, die (Biomasse-Konversion): In Entwicklung begriffenes Verfahren, mit dessen Hilfe → Biomasse durch mikrobielle Einwirkung in andere Produkte, vorrangig aber in Energieträger, umgewandelt werden soll.

Biologie, die: die Wissenschaft vom Leben, seinem Ursprung, Entwicklung, Wesen, seinen Gesetzmäßigkeiten, Erscheinungsformen und

Die leuchtendgrüne Flatterbinse wächst in sehr dichtem Rasen.

seiner Ausbreitung. Im einzelnen unterscheidet man v. a. folgende biologischen Disziplinen, die alle mit der Forstwirtschaft enge Berührung haben:
1. Die allgemeine B.; wichtige Teilgebiete sind: Taxonomie (→ Systematik; das Einordnen der Organismen nach ihrer Verwandtschaft), Morphologie (Formenlehre), Anatomie (Aufbau der Organsysteme), Histologie (Gewebelehre), Zytologie (Zellenlehre), Physiologie (Stoff- und Energiehaushaltslehre, d. h. die funktionellen Abläufe in den Organismen), → Genetik (Vererbungslehre; erforscht die Vorgänge der Vererbung), die Abstammungslehre (beantwortet die Fragen der Entstehung des Lebens und der Entwicklung der Organismen), → Ökologie (Lehre von den Umweltbedingungen der Organismen), → Biogeographie (Verbreitung der Lebewesen auf der Erde).
2. Die spezielle B.; wichtige Teilgebiete sind: → Botanik (Pflanzenkunde), → Zoologie (Tierkunde), Anthropologie (biologische Grundlagen der menschlichen Existenz).
3. Zur angewandten B. gehören Human- und Tiermedizin (Veterinärmedizin), Pflanzenzüchtung und Tierzucht, Gartenbau, Land- und → Forstwirtschaft, → Schädlingsbekämpfung u. a.
Besondere Wissenschaften innerhalb der B. sind → Biochemie, → Biophysik, → Bionik, Biokybernetik.

biologisch-dynamischer Landbau, der: → alternativer → Landbau.

Biologische Automation, die: Unter wirtschaftlichen Zielsetzungen sollen bei der B. A. im Wald durch natürliche Wachstumsabläufe und Selbstregulierungskräfte forstliche Maßnahmen eingespart, in ihrer Wirkung optimal gestaltet oder gezielt eingesetzt und gesteuert werden. B. A. ist damit eingriffsextensiv. Voraussetzung sind die Kenntnisse des → Standorts und der auf ihm zu erwartenden → Sukzession; → Waldbau.

Biologische Bundesanstalt für Land- und Forstwirtschaft (BBA): 1905 als Biologische Zentralanstalt aus der Biologischen Abteilung am Kaiserlichen Gesundheitsamt hervorgegangen, seit 1950 BBA. Die Aufgaben der BBA sind: Erforschung von Schädlingen und ihren Bekämpfungsmöglichkeiten, daneben beratende Funktion, Prüfung von Schädlingsbekämpfungsmitteln und -geräten, Warndienst vor Großschädlingen usw. Die BBA ist eine Dienststelle des Bundesministeriums für Ernährung, Land- und Forstwirtschaft (Zentrale in Berlin-Dahlem und in Braunschweig-Gliesmarode) mit vielen Instituten in ganz Dtschl. Die Abteilung für → Pflanzenschutzmittel und -geräte (Fachgruppe Forstschutz) hat ihren Sitz in Braunschweig.

biologische Halbwertszeit, die → Halbwertszeit.

biologische Reinigung, die: Gewässer besitzen die Fähigkeit zur biologischen Selbstreinigung. In Flußläufen geschieht sie automatisch, wenn nicht zuviel oder zu konzentriertes Abwasser zugeleitet wird. Bei Zufuhr organischer Schmutzstoffe durch Abwasser vermehren sich die → Destruenten im Wasser (→ Bakterien, Urtierchen, Insektenlarven und Würmer), damit diese Stoffe rasch abgebaut werden. Dabei wird von den Destruenten selbst aber viel Sauerstoff verbraucht. Bei stark belasteten Gewässern reicht die Selbstreinigungskraft (z.B. bei Kläranlagen) nicht mehr aus. Es werden deshalb Tropfkörper verwendet oder das Belebtschlammverfahren angewandt und damit der natürliche Reinigungsvorgang nachvollzogen.

biologischer Landbau, der → alternativer Landbau.

biologischer Pflanzenschutz, der → Pflanzenschutz.

biologische Schädlingsbekämpfung, die: alle Bekämpfungs- und Vorbeugemaßnahmen gegen schädliche Tiere und Pflanzen mit biologischen Methoden, z. B. mit Hilfe ihrer natürlichen Feinde oder durch besondere Kulturmaßnahmen: Züchtung resistenter Kulturpflanzen, standortgerechter Anbau, richtige Bodenbearbeitung, Anbau von Fangpflanzen, krankheitserregende Mikroorganismen (z. B. → Viren, → Bakterien). Solche Präparate aus Bakterien werden industriell gezüchtet. Ferner: → Parasiten (z. B. → Schlupfwespen, deren Larven sich von den Schädlingen ernähren), Vertilger (z. B. → Ameisen, → Vögel, → Pflanzenfresser), Sterilisierung tierischer Schädlinge mit Chemosterilantien oder radioaktiver Strahlung, Benutzung von Lockstoffen (z. B. → Pheromone). Die Methoden der b. S. ersetzen z. T. und ergänzen chemische Schädlingsbekämpfungsmittel. Bei Waldkrankheiten ist sie wegen der geringen Verfügbarkeit von → Antagonisten noch nicht besonders wirkungsvoll; → Pflanzenschutz.

biologisches Gleichgewicht, das (biozönotisches G.): ein dynamischer Zustand innerhalb einer Lebensgemeinschaft (→ Biozönose), der ausgewogen ist, wenn sich durch Selbstregulierung aller Lebensvorgänge eine gewisse Stabilität der Artenzusammensetzung eingestellt hat. Die wechselseitige Abhängigkeit der Arten voneinander führt daher zu einem b. G. Der Ausfall einer Art wirkt sich bei Artenvielfalt kaum aus. I. a. bleibt das b. G. so lange bestehen, bis sich die Umweltverhältnisse fundamental ändern, z. B. durch Einwanderung oder Einschleppung neuer Tier- und Pflanzenarten, Klimaänderung, Verschwinden einer Nahrungspflanze, chemische Schädlingsbekämpfung etc.

biologische Stationen, die: Bez. für Forschungsstätten, die der Erforschung der natürlichen Umgebung von Lebewesen dienen.

biologische Stickstoffixierung, die → Stickstoffixierung.

biologische Uhr, die (innere Uhr, physiologische Uhr, Biorhythmus): unerforschter Mechanismus, mit dem Tiere und Pflanzen – meist im 24-Stunden-Rhythmus – die Zeit messen können. Werden Lebewesen künstlich für einige Zeit bei gleichbleibenden Außenbedingungen gehalten, verlieren sie allmählich ihren Tag-Nacht-Rhythmus. Es wird deshalb vermutet, daß allg. verbreitete Stoffwechselvorgänge als „Rhythmusgeber" (Taktgeber) dienen. Der Ablauf des Lebens, z. B. Jahresrhythmus (z. B. Winterschlaf des Murmeltieres) wird von klimatischen Faktoren bestimmt.

Biom, das: regionaler Ausschnitt der → Biosphäre, der durch eine charakteristische Pflanzenformation und den darin enthaltenen Tieren (Organismengemeinschaft) gekennzeichnet ist. Das B. wird nach der vorherrschenden Vegetation benannt (z. B. Nadelwaldstufe, Regenwald-B.). Der pflanzliche Bestand wird Phytom, der tierische Zoom genannt. B. stellen die ökologischen Makrostrukturen der Bio-sphäre dar.

Biomasse: gesamte, durch tierische und pflanzliche Lebewesen anfallende organische Substanz in einer Raumeinheit bzw. auf einer Flächeneinheit zu einem bestimmten Zeitpunkt. Die B. wird als Lebend- oder Trockenmasse in Kilogramm gemessen. Neue B. wird nur durch → Produzenten gebildet (Primärproduktion). Bruttoprimärproduktion ist die Stoffproduktion durch → Photosynthese. Von den Pflanzen wird ein Teil der pflanzlichen Produktion selbst veratmet; sie benötigen die dabei freiwerdende Energie selbst für ihre Lebensvorgänge. Der verbleibende Teil dient dem Zuwachs der Pflanze oder der Speicherung (Nettoprimärproduktion). Verteilung der B. (Waldgewicht) in einem westeuropäischen Laubwald (Trockenmasse): vorhandene Pflanzliche B. 275 t/ha; jährliche Erzeugung neuer organischer Substanz: Bruttoproduktivität 24 t/ha 12 t/ha Nettoproduktivität. Von dieser Nettoproduktivität entfallen 4 t/ha auf Laub, 5 t/ha auf Holz, 2 t/ha auf Wurzeln und 1 t/ha auf Kräuter, Gräser und Moose. Von dieser Nettoproduktivität ernähren sich die → Konsumenten und → Destruenten. In einem Fichtenwald kann die B. an Regenwürmern bis zu 1 t/ha betragen. In tropischen Wäldern ist eine B. bis zu 1000 t/ha möglich. Die Jahresproduktion auf dem gesamten Festland wird auf 200 Mrd. t geschätzt, davon sind über 99 % pflanzlicher Herkunft. Von der jährlich neugebildeten B. dienen etwa 2 % als Nahrungs- und Futtermittel, etwa 1 % wird zu Papier- und Faserstoffen verarbeitet. Die Masse des abgestorbenen Materials wird als Nekromasse bezeichnet. Kohle, Erdöl und Erdgas sind aus fossiler B. hervorgegangene Brennstoffe.

Biomasseabbau, der: Durch den Abbau der organischen Substanz auf den verschiedenen, nachstehend beschriebenen Wegen werden dem → Boden Humusstoffe zugeführt. Dieser Abbau läuft bei Luftzutritt als Verwesung ab. Dabei entstehen nicht mehr weiter oxidierbare Produkte, wie z. B. → Kohlendioxid, Wasser, Nitrat. Fehlt Sauerstoff, erfolgt ein langsamerer anaerober Abbau, und die organischen Substanzen gehen in Fäulnis über. Es entstehen Stoffe, die noch weiter oxidierbar wären, wie z. B. → Kohlenmonoxid, Schwefelwasserstoff, → Ammoniak und CH_2. Aus dem Lignin- und Zelluloseabbau entsteht unter Mitwirkung von → Bakterien und → Pilzen → Humus. Die oberirdische → Biomasse sammelt sich zunächst abgestorben an der Bodenoberfläche. Sie wird von zahlreichen Tieren gefressen und verdaut, dabei teilweise schon mit Erde vermischt. Kotfresser schließen dieses Substrat nochmals auf. Danach erfolgt eine mikrobielle Zersetzung. Dabei werden leichtlösliche Abbauprodukte abgegeben und über das Bodenwasser sofort pflanzenverfügbar. Schwer zersetzbare organische Masse bleibt im Boden zurück, und zwar als Mull, Moder oder Rohhumus. Die Geschwindigkeit des B. hängt von vielen Faktoren ab. Sie wird vom → C/N-Verhältnis, dem Basengehalt, z. B. der → Waldstreu, dem → pH-Wert (günstige Bedingungen im neutralen Bereich) und der Wärme-, Wasser- und Luftversorgung bestimmt.

Biomasse-Konversion, die: → Biokonversion.

Biomechanik, die: in der → Biologie Bez. für die Betrachtung des Baues von Organismen oder Organen unter technischen Gesichtspunkten. Typische Beispiele sind der Flugmechanismus der Vögel und Insekten, der Bau der Pflanzen. B. wird z. T. auch als → Bionik und → Biotechnik bzw. als Ingenierbiologie und technische Biologie bezeichnet.

Bionik, die: Kurzwort aus → Biologie und Technik. Von der → Biokybernetik abgeleitete biologische Wissenschaft, die Organismen erforscht mit dem Ziel, dabei gewonnene Erkenntnisse bei der Lösung technischer Aufgaben anzuwenden. Die Sinnesleistungen der Tiere sind z. B. von besonderem Interesse. Eines der Ziele ist u. a. das „künstliche Blatt", die technologische Nachahmung der → Photosynthese; → Biotechnik, Biotechnologie.

Bionomie, die: Lehre von den Gesetzen des Lebens und der biologischen Entwicklung.

Bionomieformel, die: von Schwerdtfeger in Anlehnung an einen Vorschlag Rhumblers aufgestellte Formel zur Kurzkennzeichnung der Lebensweise von Insekten (Forstinsekten). Sie gibt die Monate, in denen die Entwicklungsstadien des betreffenden Insekts auftreten durch Zahlen an.

Als erstes wird die Erscheinungszeit des Eies genannt, dann die Larvenzeit, durch einen Minusstrich (Symbol für Larve) von ihr getrennt; nach einem Schrägstrich folgt die Puppenzeit, sofern ein holometaboles Insekt vorliegt, und schließlich, nach einem Pluszeichen (Symbol für ein geflügeltes Insekt), die Imaginalzeit. Eine Überwinterung ist durch ein Komma gekennzeichnet.

Die B. der Forleule lautet z. B.: 5-67/8,3+35 oder übersetzt: Eier im Mai, Raupen im Juni/Juli, Puppen ab August, überwintern bis März, Falter von März bis Mai. Dauert die Entwicklung eines Stadiums länger als ein Jahr oder mehrere Jahre, so werden entsprechend viele A (annus) eingeschoben. Beispiel: Cossus cossus: 67-8,A,4/5+67.

Bioökologie, die: Teilbereich der → Ökologie, der sich mit Tieren und Pflanzen befaßt.

Biophylaxe, die: Erhaltung und Schutz der natürlichen Lebensbedingungen für Tiere, Pflanzen und den Menschen.

Biophysik, die: Selbständige wissenschaftliche (biologische) Disziplin, die als Grenzgebiet z. T. aus der Biologie, z. T. aus der Physik hervorgegangen ist. Sie untersucht mit physikalischen Methoden biologische Erscheinungen bei Lebewesen, die nur physikalisch erklärbar sind; z. B. Luftströmungen am Vogelflügel, die Statik von Pflanzen; → Biomechanik.

(Bio-)Prospektierung, die: gezielte Erforschung genetischer Ressourcen; → forstliche Genressourcen.

Bioregionen: ökologische Raumeinheiten der Erde, die nach großklimatischen Merkmalen unterschieden werden und dadurch in sich einheitliche Vegetationsgebiete darstellen, z. B. Laubwaldgürtel, Tundra; → Vegetationszonen.

BIOSA-Flächen: Unter der Bez. **Bios**phäre Austria haben sich 1995 in Österreich auf freiwilliger Basis private Eigentümer zusammengeschlossen und bereit erklärt, ausgewählte Flächen ihres Besitzes der Kulturlandschaftsforschung, wissenschaftlichen Projekten oder der Entwicklung eines neuen Naturschutzgedankens zur Verfügung zu stellen. Damit soll der → Vertragsnaturschutz als Alternative propagiert werden. Als B. kommen u. a. in Frage: Hecken, Waldränder, Block- und Bruchwälder, Waldbiotope und Moore.

Biorhythmus, der (biologischer Rhythmus): → biologische Uhr.

Biosphäre, die: der vom Leben erfüllte Raum der Erde (Lebensraum aller Organismen). Die B. wird gebildet von der Gesamtheit aller → Ökosysteme der Erde.

Biosphärenreservate: B. werden von der UNESCO im Rahmen des 1970 verabschiedeten Programmes „Der Mensch und die Biosphäre (MAB)" anerkannt. Für die Planung und Konzipierung des MAB-Programmes ist auf internationaler Ebene ein Koordinierungsrat (ICC) zuständig. Dessen Mitglieder werden von der UNESCO-Generalkonferenz gewählt. Auf nationaler Ebene besteht in Dtschl. seit 1972 das MAB-Nationalkomitee, dem Vertreter des Bundes, der Länder und der Wissenschaft angehören. B. sind – gemäß einer von der „Länderarbeitsgemeinschaft für Naturschutz, Landschaftspflege und Erholung (LANA)" 1994 zustimmend zur Kenntnis genommenen Definition von der „Ständigen Arbeitsgruppe der Biosphärenreservate in Deutschland (AGBR)" – großflächige, repräsentative Ausschnitte von → Natur- und → Kulturlandschaften. Sie gliedern sich abgestuft nach dem Einfluß menschlicher Tätigkeit in eine Kernzone, eine Pflegezone und eine Entwicklungszone, die ggf. eine Regenerationszone enthalten kann. Der überwiegende Teil des B. soll rechtlich geschützt sein. Jedes B. hat eine **Kernzone**. Diese muß als → Nationalpark oder → Naturschutzgebiet rechtlich geschützt sein. In dieser kann sich die Natur vom Menschen möglichst unbeeinflußt entwickeln. Es ist das Ziel, die menschliche Nutzung aus der Kernzone auszuschließen. Sie soll groß genug sein, um die Dynamik ökosystemarer Prozesse zu ermöglichen. Sie kann

Vier deutsche Nationalparke (im Bild Berchtesgaden) sind auch Biosphärenreservate.

▸▸ Die Schutzzonen der Biotope sind durch Hinweisschilder markiert.

aus mehreren Teilflächen bestehen. Der Schutz natürlicher bzw. naturnaher → Ökosysteme genießt höchste Priorität. Forschungsaktivitäten und Erhebungen zur ökologischen Umweltbeobachtung müssen Störungen der Ökosysteme vermeiden. Die **Pflegezone** dient der Erhaltung und Pflege von Ökosystemen, die durch menschliche Nutzung entstanden oder beeinflußt sind. Sie soll als Nationalpark oder Naturschutzgebiet geschützt sein. Ist das noch nicht der Fall, ist eine entsprechende Unterschutzstellung anzustreben. Schon ausgewiesene → Schutzgebiete dürfen in ihrem Schutzstatus nicht verschlechtert werden. Die Pflegezone soll die Kernzone vor Beeinträchtigungen abschirmen. Ziel ist v. a., Kulturlandschaften zu erhalten, die ein breites Spektrum verschiedener Lebensräume für eine Vielzahl naturraumtypischer – auch bedrohter – Tier- und Pflanzenarten umfassen. Dies soll v. a. durch → Landschaftspflege erreicht werden. Erholung und Maßnahmen zur Umweltbildung sind am Schutzzweck auszurichten. In der Pflegezone werden Struktur und Funktion von Ökosystemen und des Naturschutzes untersucht sowie ökologische Umweltbeobachtung durchgeführt. Die **Entwicklungszone** ist Lebens-, Wirtschafts- und Erholungsraum der Bevölkerung. Ziel ist die Entwicklung einer Wirtschaftsweise, die den Ansprüchen von Mensch und Natur gleichermaßen gerecht wird. Eine sozialverträgliche Erzeugung und die Vermarktung umweltfreundlicher Produkte tragen zu einer nachhaltigen Entwicklung bei. In der Entwicklungszone prägen insbesondere nachhaltige Nutzungen das naturraumtypische → Landschaftsbild. Hier liegen die Möglichkeiten für die Entwicklung eines umwelt- und sozialverträglichen → Tourismus. In der Entwicklungszone werden vorrangig Mensch-Umwelt-Beziehungen erforscht. Zugleich werden Struktur und Funktion von Ökosystemen und des Naturhaushaltes untersucht sowie ökologische Umweltbeobachtung und Maßnahmen zur Umweltbildung durchgeführt. Schwerwiegend beeinträchtigte Gebiete können innerhalb der Entwicklungszone als **Regenerationszone** aufgenommen werden. In diesen Bereichen liegt der Schwerpunkt der Maßnahmen auf der Behebung von Landschaftsschäden. Schutzwürdige Bereiche in der Entwicklungszone sind durch Schutzgebietsausweisungen und ergänzend durch die Instrumente der → Bauleit- und → Landschaftsplanung rechtlich zu sichern. In B. werden – gemeinsam mit den hier lebenden und wirtschaftenden Menschen – beispielhafte Konzepte zu Schutz, Pflege und Entwicklung im Sinne einer nachhaltigen, resourcenschonenden, tragfähigen Entwicklung erarbeitet. In den B. sollen folgende Themenschwerpunkte umgesetzt werden: Schutz der Biodiversität (→ Diversität) und ökologischer Prozesse, Erarbeitung von Strategien einer nachhaltigen Nutzung, Förderung der Informationsvermittlung und Umweltbildung, Etablierung einer Ausbildungsstruktur und Beitrag zu Errichtung und Betrieb eines globalen Umweltbeobachtungssystems. In Dtschl. gab es 1998 folgende 12 B.: Südost-Rügen, Schorfheide-Chorin, Mittlere Elbe, Spreewald, Rhön, Vessertal, Bayerischer Wald, Berchtesgaden, Schleswig-Holsteinisches Wattenmeer, Hamburgisches Wattenmeer, Niedersächsisches Wattenmeer und Pfälzerwald. Seit der Errichtung der ersten B. im Jahre 1976 sind bis heute (Januar 95) von der UNESCO weltweit 324 B. in 82 Staaten anerkannt worden.

Biosynthese, die: Aufbau biochemischer Substanzen in Organismen. Sie unterscheidet sich insoweit von den Methoden der präparativen Chemie. Die B. läuft unter Mitwirkung von → Enzymen in wässriger, stark verdünnter Lösung bei meist neutraler Reaktion und häufig mit Hilfe von energiereichen Verbindungen ab.

Biotechnik, die: Wissenschaftsgebiet im Grenzbereich zwischen → Biologie und technischer Physik. Sie versucht, biologische Objekte mit technischen Methoden zu erforschen und mit technisch-physikalischem Vokabular zu beschreiben. Wichtige Teilgebiete sind Schwimmen und Fliegen der Tiere, statischer Aufbau von Stützskeletten u. a.; → Biomechanik, Biophysik.

Biotechnische Waldschutzmaßnahmen: technische, insbesondere physikalische Verfahren (Populationsverminderung), welche ohne Verwendung toxischer Verfahren die Verhaltensweisen und Eigenschaften von Tieren und Pflanzen ausnutzen, z. B. Einsatz von Borkenkäferfallen (Pheromonfallen) mit den artspezifischen Lockstoffen (Aggregationspheromone; → Pheromone), Verwendung von Lichtfallen, die mit UV-Licht bestimmter Wellenlänge nachtaktive Flugfalter wie Wickler und Eulenfalter anlocken oder Entfernung des Brutmaterials (Schlagreisig etc.). Auch die Resistenzzüchtung von Kulturpflanzen ist eine vorbeugende b. W.; → Forstschutz, biologische Schädlingsbekämpfung.

Biotechnologie, die: anwendungsorientierte Wissenschaft, die sich mit der technischen Durchführung biologischer Prozesse befaßt. Aufgabe der B. ist die Gewinnung von → Biomasse aus Mikroorganismen und Zellen.

biotische Forstschäden: → Waldschäden, die durch Lebewesen entstehen: Säugetiere (z. B. Wild, Mäuse), Insekten, Pilze, stark bedrängende (verdämmende) Wildkräuter und Gräser und auch durch einige verdämmende oder peitschende Baumarten; → abiotische Forstschäden, → Waldkrankheiten.

biotischer Faktor, der (Umweltfaktor): → ökologische Faktoren.

Biotop, der, das (griech.: Lebensstätte): Grundbestandteil eines jeden → Ökosystems und der natürliche Lebensraum (abiotische Umwelt) oder Standort der Tier- und Pflanzengesellschaft, der als Lebensgemeinschaft (→ Biozönose) relativ gleiche Lebensbedingungen aufweist. Zum B. gehört der Raum des Ökosystems mit Licht-, Wärme- und Wasserverhältnissen sowie der Gehalt an Mineralstoffen, Sauerstoff und Kohlendioxid. Er bildet ein nahezu einheitliches Gebiet und läßt sich gegen die Umgebung abgrenzen (z. B. Wald, Tümpel, Moor, Streuwiese, Alm); der Teich einschließlich seiner Uferzone ist z. B. der B. der Wasserfrösche. In der Botanik wird B. häufig als Standort bezeichnet; → Umwelt.

Biotopgestaltung, die: → Biotoppflege, Biotopschutz.

Biotopholz, das: → Totholz.

Biotopkartierung, die: kartenmäßige Erfassung schutzwürdiger → Biotope. Die Erhaltungsmaßnahmen werden aus einer umfangreichen Bestandsaufnahme mit Analyse und Bewertung abgeleitet. Diese regionalen Erhebungen wurden in einigen Ländern der BR Dtschl. amtlich durchgeführt. Sie ermöglichen abgesicherte Entscheidungen hinsichtlich der Erhaltungspriorität von Biotopen. Allein in Bayern wurden z. B. auf diese Weise rd. 14 000 Biotope festgestellt; → Waldbiotopkartierung.

Biotoppflege, die: Hierunter fallen alle Maßnahmen, die notwendig sind, → Biotope zu erhalten, zu verbessern oder auszubauen. I. w. S. zählt hierzu auch die Neuschaffung von Biotopen, die zur Verbesserung des Naturhaushaltes beitragen sollen.

Biotopschutz, der: In enger Beziehung zur → Biotoppflege stehend, umfaßt der B. das Erhalten, Sanieren und Neugestalten von → Biotopen. Der B. muß als Grundlage des → Artenschutzes angesehen werden. Es bieten sich folgende Maßnahmen an: Verbesserung der Artenzusammensetzung von Vegetationsbeständen; → Verjüngung von Gehölzen; ergänzende Pflanz- und Saatmaßnahmen; Baumpflege; Baumsanierung; Beseitigung von unerwünschtem Gehölzaufwuchs; Regelung von Erholungsnutzung; Änderung der forstlichen Bewirtschaftung; Änderung oder Regelung der landwirtschaftlichen Bewirtschaftung; Renaturierung von Fließgewässern und Stillgewässern, Regelung des Wasserhaushaltes. Die Neuschaffung oder Neuanlage von Biotopen steigert die Leistungsfähigkeit des Naturhaushaltes sowie die Vielfalt und Eigenart von Natur und Landschaft und geschieht auf der Grundlage des umfassenden landschaftsplanerischen Konzeptes. Hierfür geeignete Maßnahmen sind: Anlage von → Feldgehölzen, → Hecken, Gehölz- und → Baumgruppen und Begleitpflanzungen an Wegen und Gewässern; Lebendverpflanzung von Feldrainen und Hecken; Anlage von Einzelbäumen, Baumalleen und -reihen; Anlage von Obstbeständen, Sukzessionsflächen, Gewässern wie z. B. Tümpeln, Schilf-Übergangszonen, Amphibienteichen; Anlage neuer geomorphologischer Strukturen; Lebendverbaumaßnahmen. Wichtigste Aufgabe im Artenschutz ist der Schutz der Lebensräume, der B. Der Schutz seltener oder bedrohter Arten stellt nur einen Teilaspekt des Artenschutzkonzeptes dar.

Biotoptypen → Waldbiotopkartierung.

Biotopverbund, der: auch Biotopvernetzung. Räumliche Verbindung von → Biotopen, die den auf diese Lebensräume angewiesenen Lebensgemeinschaften (→ Biozönose) Ausbreitung bzw. Austausch ermöglicht. Sie ist unmittelbar, wenn eine gemeinsame Grenze bzw. Übergangszone vorhanden ist oder mittelbar, wenn nur funktionelle Beziehungen bestehen.

Biotopvernetzung, die: → Biotopverbund.

Biotopwechsel, der: Überwechseln von Arten in einen → Biotop mit den für sie erforderlichen Umweltbedingungen. B. wird hervorgerufen durch Änderung der Umweltfaktoren. Die Fi kommt z. B. in niederen Lagen in kühlen, feuchten Schluchten, in höheren Lagen auf Nordhängen und gegen die → Baumgrenze hin auf den wärmsten Südhängen vor.

Biotyp(us), der: genetisch sich gleichende Organismusgruppe, die durch Selbstbefruchtung oder → Parthenogenese entstanden ist.

Biozide → Pestizide.

Biozönose, die (Lebensgemeinschaft): Die Gesamtheit der artverschiedenen Individuen, die in einem geographisch abgrenzbaren Raum (→ Biotop) leben, wird Lebensgemeinschaft oder B. genannt. Diese B. hat sich bestimmten Umweltbedingungen angepaßt und befindet sich in einem beweglichen (dynamischen) Gleichgewicht (→ biologisches Gleichgewicht), z. B. Auwald-B., Salzwiesen-B. Die in B. lebenden Organismen beeinflussen sich wechselseitig und sind in ihrem Wachstum und ihrer Ernährung voneinander abhängig. Tritt an einer Stelle dieses Lebensraumes eine Veränderung ein, führt diese sofort zu Konsequenzen an einer anderen Stelle. Die Ausrottung einer einzigen Pflanzenart kann z. B. zum Verschwinden von mehr als 30 Tierarten führen. Die B. gliedert sich in → Produzenten (Erzeuger), → Konsumenten (Verbraucher) und in → Destruenten (Zersetzer oder Reduzenten).

Biozönotik, die: die Lehre von den Gesetzmäßigkeiten der → Biozönose.

biozönotisches Gleichgewicht, das: → biologisches Gleichgewicht.

Birkbusch, der: → Birkenbusch.

B i r k e n, die: siehe Seite 88 ff.

Birkenberge: Bez. für eine frühere über Jh. hinweg übliche → Betriebsart in den Privatwaldungen des Bayerischen Waldes, die dem → Röderbetrieb bzw. der → Hackwaldwirtschaft sehr ähnelte. Die fast rein mit Bi bestockten Waldflächen der B. wurden nach einer durchschnittlichen → Umtriebszeit von 30 Jahren abgetrieben, die Stöcke gerodet, der Bodenüberzug abgebrannt und die Asche untergehackt. Die Flächen wurden zwei bis drei Jahre mit Korn und Hafer bebaut und dann wieder für die Holzzucht verwendet. Die Bestandsbegründung erfolgte wieder durch Samenanflug (→ Anflug) benachbarter Birkenbestände. Im Stangenholzalter wurde die → Waldweide ausgeübt und später Streu gerecht; → Hauberge, Rüteholzwirtschaft.

Birkenblattroller, der: → Blattroller 2.

Birk(en)busch, der: frühere Bez. für einen jungen Birkenwald, der als → Niederwald bewirtschaftet wurde.

Birkenchampagner, der: ein früher aus Birkensaft (→ Birken 1.) und Zucker hergestelltes Getränk. Zur Herstellung des B. gab man auf 5 Liter (damals 20 Quart) Birkensaft 4 kg Zucker und ließ beide zusammen in einem verzinnten Kessel auf ein Viertel einkochen, schäumte ab, filtrierte durch ein feines Leinentuch und füllte die Flüssigkeit in ein Fäßchen. Nach Abkühlung gab man drei volle Eßlöffel frische warme Hefe hinzu. Wurde die Gärung lebhaft, setzte man 1 Liter alten Franzwein und vier in dünne Scheiben geschnittene Zitronen hinzu. Nach vollständiger Abgärung verspundete man das Faß und ließ es etwa vier Wochen im Keller liegen. Anschließend wurde das Getränk in Flaschen – bis etwa zwei Finger dick unter dem Kork – umgefüllt. Sowohl das Moussieren als auch der Geschmack sollten verbessert werden, indem man einige Wochen vor dem Verbrauch des Getränks jeder Flasche einige Teelöffel voll in Zucker eingekochten Johannisbeersaft zugab, den Saft durch Schütteln mit dem B. gehörig mengte. Die Flasche wurde darauf wieder fest verkorkt; → Birkenwein.

Birken-Eichenwälder → Eichen-Birkenwälder.

Birkenerle, die: → Erlen 2.

Birkengewächse (*Betulaceae*): hauptsächlich in der nördlichen, gemäßigten Zone wachsende (nur wenige Arten in den Anden Südamerikas) Fam. der → zweikeimblättrigen Pflanzen (→ Laubhölzer) mit sechs Gatt. und ca. 170 Arten. B. sind ausschließlich Bäume oder Sträucher mit i. d. R. ungeteilten Blättern und → eingeschlechtigen, → einhäusigen, → windblütigen Blüten, die zu kätzchen-, knospen- oder köpfchenförmigen → Blütenständen angeordnet sind. Die B. stellen an den Boden keine besonderen Ansprüche, sind i. d. R. jedoch sehr lichtbedürftig. Zur Fam. der B. zählen u. a. die Gatt. → Birken, → Erlen, je nach Betrachtungsweise auch → Hasel, → Hain- und → Hopfenbuchen.

Birkenglasflügler, der: → Glasflügler.

Birkenmaser, die: aus den Maserknollen der Bi gewonnene → Furniere.

Birkennestspinner, der: → Glucken 1.

Birkennestwickler, der: → Wickler 15.

Birkenpilz, der: → Röhrlinge 10.

Birkenporling, der: → Porlinge 6.

Birkenreifschläge: früher angelegte, reine Birkenwälder mit sieben- bis zehnjähriger → Umtriebszeit, deren Stämmchen zur Herstellung von Reifen diente. Mit der Verwendung von eisernen Reifen verschwanden die B.

Birkenreizker, der: → Milchlinge 6.

Birkenrinde, die: Sie wurde früher zum Decken der Dächer und im gepreßten Zustand zum Überziehen von Holzschachteln verwendet. Durch Destillation (→ Holzdestillation) wird aus der B. Birkenteer (→ Holzteer) zum Einreiben des Juchtenleders gewonnen; → Birken 1.

Birkenröhrling, der: → Röhrlinge 10.

Birkensaft, der: → Birken 1., Birkenchampagner, Birkenwein.

Birkensaftporling, der: → Porlinge 6.

Birkensamen-Gallmücke, die: → Gallmücken 12.

Birkenschwamm, der: → Porlinge 6.

Birkensichler, der: → Sichelflügler.

Birkenspanner, der: → Spanner 5.

Birkenspinner, der: → Glucken 1.

Birkensplintkäfer, Großer, der: → Borkenkäfer 3.

Birken-Steinpilz, der: → Steinpilz.

Birkenteer, der: → Holzteer.

Birkenteeröl, das: → Holzteer.

Birkenwanze, die: → Wanzen 2.

Birkenwein, der: genießbarer, vergorener Saft der Bi, der mit großem Zuckergehalt bei Laubausbruch aus Wunden ausfließt und gewonnen werden kann; → Birkenchampagner.

Birkenzeisig, der: → Finkenvögel 4.

Birkenzipfelfalter, der: → Bläulinge 3.

Birkenzungenporling, der: → Porlinge 6.

Birkhuhn, das: → Rauhfußhühner 2.

Birkwurz, die: → Fingerkraut 1.

Birnbaum, Wilder, der: → Birnen.

B i r n e n, die: siehe Seite 92

Birnenblutlaus, die: → Blattläuse 4.

Birnenmilchling, der: → Milchlinge.

Birnenstäubling, der: → Bauchpilze 1.

Birnenwurzellaus, die: → Blattläuse 4.

Birnmoos, Nickendes, das: → Nickendes Birnmoos.

Gattung
Die zur Familie der → Birkengewächse (*Betulaceae*) zählende Gattung der Birken (*Betula*), die seit dem Eozän (→ Erdzeitalter) bekannt ist, umfaßt ca. 40 über die Nordhalbkugel der Erde verteilte Arten. In Island, Grönland und Alaska reicht sie noch über den Polarkreis hinaus. Ihr Verbreitungsschwerpunkt ist Ostasien. Die Gattung umfaßt strauch- bis baumförmige Holzgewächse mit sommergrünen Blättern. Die Vermehrung erfolgt durch sehr kleine Samen (winzige, geflügelte Nüsse; → Schließfrucht). Etwa 3 Millionen Samen wiegen nur 1 kg.

Bei älteren Hängebirken hängen die Zweige schleierartig herab.

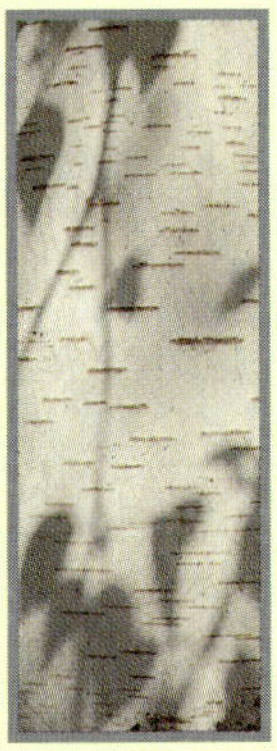

Die weiße Birkenrinde ist nicht nur auffällig, sie wird auch vielseitig verwendet.

Der Name Birke ist mittelhochdeutsch; oberdeutsch heißt sie „birche" oder „Bir(i)hha", althochdeutsch „birka", altsächsisch „birka" oder „berka", altnordisch „biork" oder „birki", norwegisch „bjerk", serbokroatisch „breza", alttschechisch „brieza" und russisch „bereza". Diese Bezeichnungen sind in vielen früheren Ortsnamen, besonders im Osten, z. B. „Britz", „Treuenbrietzen", „Betschke", sowie im russischen Flußnamen „Beresina" enthalten. Die nordischen Namen „birk", „birch", „björk" bedeuten weißschimmernd, was auf die Rinde hinweist. Mit dem heutigen Gattungsnamen *Betula* bezeichneten ursprünglich die Römer die Birke. Sie ist auch ein uralter Kultbaum der germanischen, indogermanischen und slawischen Völker. Frisch belaubte Hänge- und Moorbirken werden heute noch bei kirchlichen Festen als Schmuck aufgestellt.

Holz
Einige Birkenarten liefern zähes, realtiv hartes Holz von weißlicher bis bräunlicher Färbung. Es wird heute hauptsächlich als → Sperrholz, → Furnier für Möbel, für Schnitz- und Drechselarbeiten sowie als Kaminholz (es brennt ruhig und fast ohne Rauch) verwendet. Birkenrinde wurde seit Jahrhunderten von Indianern zur Herstellung von Kanus, in Norwegen und Lappland zum Eindecken von Dächern, für Schuhe, zum Gerben (Juchtenleder/Russisch Leder), als Schreibpapier und zur Herstellung von Körben verwendet.

1. Hängebirke

Betula pendula Roth = *B. verrucosa* Ehrhart wird auch Gemeine Birke, Barke, Sand-, Weiß-, Harz-, Stein-, Rauh-, Warzen-, Maser-, Rot-, Winter-, Lange-, Frauen-, Glas-, Spitz-, Wasserbirke, Maie, Pfingst-, Steinmaie genannt. Die Hängebirke wird als dekoratives Ziergehölz häufig in Gärten und Parkanlagen gepflanzt. Auch zahlreiche Gartenformen kommen vor, die vor allem vegetativ vermehrt werden, so z. B. die **Trauerbirke** mit extremem Hängewuchs, die **Blutbirke** mit durch → Anthocyan bedingtem, rotem Laub und die **Schwedische Birke** (*Betula pendula Dalecarlica*), eine 1767 in Dalekarlien (Schweden) gefundene Form mit glattem, weißem Stamm und tief eingeschnittenen, schnell verrottenden Blättern.

Verbreitung
Die Hängebirke, eine eurosibirische Pflanze, kommt überall in Europa häufig vor; lediglich in Nordskandinavien, im Süden der Iberischen Halbinsel, Italiens und Griechenlands fehlt sie; auf dem Apennin und in den Gebirgen Siziliens ist sie wiederum anzutreffen. Im Osten reicht ihr Verbreitungsgebiet bis nach Sibirien, zum Altaigebirge und Nordiran. Sie ist die häufigste Birkenart in Europa.

Standort
Die Hängebirke ist kollin, montan und subalpin (→ Vegetationsstufen). Der lichtbedürftige (erträgt keine Überschattung) Baum wächst auf Brach- und Brandflächen, in Sandfluren und Kiesgruben, ferner auf Heiden, Mooren, Magerweiden, an Waldrändern, in Feldgehölzen, Nadel-, Laub- und Mischwäldern, in Vorwaldgesellschaften der West- und mitteleuropäischen Eichen-Birkenwälder, der Hainsimsen-Buchenwälder und Borstengras-Heidekrautgesellschaften. In Südeuropa trifft man sie in höheren Gebirgslagen und in den Alpen bis in Höhen von 1900 m an.
Sie gedeiht auf feuchten bis trockenen, mäßig nährstoffreichen, eher sauren Böden, auf lockeren, trockenen und armen Böden sowie Rohböden, auf Sand-, Stein- und sandigen Lehmböden, meidet jedoch reine Kalk- und Moorböden. Sie ist eine wertvolle Schutzbaumart auf frostgefährdeten Standorten sowie ein Piniergehölz (→ Pionierbaumarten) und Waldbodenbereiter auf ärmsten Böden und Rohböden.

Merkmale
Der mittelgroße bis große, sommergrüne Laubbaum hat einen geraden oder gekrümmten Stamm und eine anfangs schmale, spitz kegelförmige, später breite und gewölbte Krone. Die Äste sind verhältnismäßig kurz, die Zweige schlank und sehr lang, an älteren Bäumen schleierartig herabhängend. Das → Höhenwachstum ist bis zum fünften und sechsten Jahr gering, dann sehr rasch und mit 50 bis 60 Jahren bei 24 bis 28 m beendet. Die Hängebirke kann 40 bis 60 cm stark und etwa 100 Jahre, höchstens 120 Jahre alt werden.
■ Der frostharte und sehr lichtbedürftige Baum besitzt zunächst eine Pfahlwurzel, später einen knolligen Wurzelstock mit Seitenwurzeln. Die Rinde ist silbrig-weiß, glatt, mit einzelnen weißgrauen Querbinden, langen Korkwarzenbändern (→ Lentizellen) und in Querbändern ablösend; später wird sie, vor allem an der Stammbasis, zu einer groben, tiefrissigen, längsgefurchten Borke. Die Rinde jüngerer Äste ist weiß-rosa, die an den Zweigen glänzt braunrot bis braun. In der Rinde befindet sich ein Triterpenderivat, das Betulin, welches sie undurchlässig macht, gegen Tierfraß schützt und die Weißfärbung bewirkt.
■ Die jungen Zweige wachsen → sympodial und sind dicht mit Korkwarzen besetzt, über denen Drüsenhaare sitzen, die von weißlichem Sekret bedeckt sind. Diese Harzdrüsen enthalten den sogenannten Birkenkampfer. Die etwa 6 bis 8 mm langen Knospen glänzen wegen des ausgeschiedenen Sekrets häufig an der Spitze. Die End- und Seitenknospen sind schmal-eiförmig, vorne zugespitzt, die Seitenknospen abstehend. Die zunächst grünen Knospenschuppen werden nach einiger Zeit rotbraun bis braun, klebrig und vorne abgerundet.

■ Die wechselständig angeordneten (→ Blattstellung) Laubblätter, die sich – je nach Klima –-zwischen Ende März und Anfang Mai entfalten, haben entweder eine dreieckige oder rundlich-ovale, zuweilen auch rautenförmige Form. Sie sind lang zugespitzt, kahl, dünn, 2 bis 6 cm lang und haben eine anfangs frischgrüne, später dunkelgrüne Farbe. Der → Blattrand ist regelmäßig doppelt gesägt; zum Grunde hin sind die Blätter ganzrandig. Ein Sekret, das zahlreiche über das Blatt verteilte Harzdrüsen aussondern, macht die jungen Blätter klebrig und läßt sie nach Balsam duften. Später vertrocknet es zu dünnen, weißlichen Schüppchen. Der kahle Blattstiel mißt 2 bis 3 cm. Die an den Stockloden (→ Loden) deutlich größeren Blätter sind herzförmig und behaart. Das Laub verfärbt sich im Herbst gelb bis rötlich-gelb. (→ Blattfall, → Blattfarbstoffe).

■ Die Hängebirke wird im → Freistand mit etwa 10 bis 15 Jahren mannbar (→ Mannbarkeit), im Bestandsschluß mit etwa 20 bis 25 Jahren, und sie hat dann alle zwei bis drei Jahre reichliche → Samenjahre. Sie ist → einhäusig, → windblütig und blüht je nach Klima von März bis Mai, zur Zeit des Laubaustriebs. Ihre Blüten sind → eingeschlechtig. Die unscheinbaren männlichen Blüten, angeordnet zu sitzenden Kätzchen, erscheinen bereits im Herbst des Vorjahres, überwintern und öffnen sich dann zur Blütezeit. Sie befinden sich, zuerst aufrecht oder abstehend, später hängend, einzeln, zu zweit oder dritt an den Spitzen der → Langtriebe, sind etwa 3 cm, zur Blütezeit bis 10 cm lang, walzenförmig und haben hell- bis dunkelbraune Trag- (→ Hochblätter) sowie zwei → Staubblätter. Die gestielten, schlanken, dichtblütigen, weiblichen Kätzchen sind 2 bis 4 cm lang und zylindrisch. Zuerst sind sie gelbgrün, später hellbraun. Sie befinden sich aufrecht oder abstehend, bei der Reife hängend, am Ende diesjähriger beblätterter → Kurztriebe. Die kleinen Mittellappen der Fruchtschuppen (→ Samenschuppe) haben eine kurz-dreieckige Form. Sie sind kürzer als die breiten Seitenlappen, die stets zurückgebogen sind.

■ Die Früchte, dickwalzige, hellbraune bis braun gefärbte Zäpfchen, reifen von Juli bis September. Nach der Reife, vom Herbst bis in den Winter hinein, lösen sich die einsamigen, 3 mm langen, beidseits dünnhäutig geflügelten, flugfähigen Samennüßchen (Flügel zwei- bis dreimal so breit wie das Nüßchen) von der zurückbleibenden Spindel. Sie werden vom Wind davongetragen. Von den Samen, die Singvögeln als Nahrung dienen, sind nur 15 bis 20 Prozent keimfähig, und auch diese bleiben es lediglich bis zum darauffolgenden Frühjahr. Sie keimen 2 bis 3 Wochen, nachdem sie abgefallen sind bzw. 4 bis 5 Wochen nach der Aussaat im Frühjahr. Die kleinen, zarten Keimpflänzchen haben gestielte, kahle und eiförmige → Keimblätter. Die Erstlingsblätter sind drei- bis fünflappig und ebenso wie der → Sproß stark behaart.

Waldbau

Die Hängebirke hat als Schutzbaum für empfindlichere, anspruchsvollere Baumarten auf frostgefährdeten Standorten sowie als Pionierbaumart und Waldbodenbereiter auf armen bis ärmsten Böden und Rohböden Bedeutung. In Einzelmischung zu Fichten „peitscht" sie durch Windbewegung, d. h. sie ist für Nadelverluste an den Fichtenzweigen ursächlich.

Holz

Das weiße bis blaß-rötliche oder blaßgelbe Holz besitzt feine → Markstrahlen. Splint und Kern sind kaum voneinander zu unterscheiden (Splintholzbaum). Es ist relativ schwer, zäh, elastisch, schwer spaltbar und stark schwindend. Durch Hobeln erhält es einen natürlichen Glanz, ist jedoch im Freien unbeständig. Es wird in der Drechslerei, Modelltischlerei und zu Wagnerarbeiten verwendet sowie zu Sperr-, Spanholz und Furnieren (besonders das → Maserholz) verarbeitet. Als Kaminholz ist es sehr gefragt.

Bedeutung als Heilpflanze

In der Naturheilkunde werden die jungen Blätter, die Knospen, die Rinde und der Saft innerlich und äußerlich verwendet (→ Heilpflanzen). Die Blätter enthalten → ätherische Öle, Saponine, harntreibende Flavonderivate, Sesquiterpene und Gerbstoff. Sie werden als Aufguß bei zu hohem Cholesterinspiegel, bei Fettleibigkeit, Frühjahrskuren, zur Blutreinigung und bei Gicht (zerdrückt als Umschlag) angewandt. Die Knospen enthalten flüchtiges Öl, das galletreibend wirkt. In der Rinde hat man das Glykosid Betulosid sowie Betulin nachgewiesen. Der Blutungssaft, gewonnen durch 2 bis 4 cm tiefes Anbohren der Bäume im März (5 bis 8 Liter je Baum und Tag), wird unter anderem zur Behandlung verschiedener Hautkrankheiten, von Rheumatismus und Nierensteinen verwendet. Hängebirkenprodukte wirken tonisch, antiseptisch, blutreinigend, harn-, galle- und schweißtreibend sowie narbenbildend. Im Bereich der Kosmetik dient der Birkensaft zur Herstellung von Haarwasser und Salben; → Birkenwein.

Frisch belaubter Moorbirkenzweig mit männlichen und weiblichen Blütenständen

2. Moorbirke

Betula pubescens Ehrhart wird auch Haar-, Besen-, Ruch-, Bruch-, Schwarz-, Pflaumenbirke, Wohlriechende und Weichhaarige Birke genannt. Das lateinische Epitheton *pubescens*, was „fein behaart" bedeutet, bezieht sich auf die Triebe und Blattstiele.

Verbreitung

Die Moorbirke ist eine eurosibirische Pflanze, die über West-, Nord- und Mitteleuropa, im Osten über Nordrußland bis Sibirien und vom östlichen Schwarzmeergebiet bis zum Kaukasus verbreitet ist.

Standort

◄ Moorbirkengruppe vor dem Laubaustrieb

Sie wächst vor allem in Moorwäldern, Birkenwäldern, Birken- und Erlenbrüchern, Birkenmooren, auf Zwischen- und Hochmooren, bevorzugt auf feuchten, sauren, moorigen, mäßig nährstoffreichen Böden, aber auch auf staunassen Lehm- oder humosen Sandböden, vergesellschaftet mit Ohrweide, Zitterpappel, Waldkiefer, Faulbaum, Grau- und Schwarzerle. Als frostharte Pionierbaumart kommt sie vom Flachland bis ins Gebirge bis in Höhen von 1800 m vor. Nach der Eiszeit stellte sie in Mittel- und Nordeuropa eines der wichtigsten Pioniergehölze (→ Waldgeschichte) dar.

Merkmale

■ Der mittelgroße, sommergrüne Baum hat eine sperrige, unregelmäßige, oft mehrteilige Krone, aufsteigende bis waagerecht stehende Äste und besenartige Zweige.

■ Die Moorbirke ist sehr vielgestaltig und erreicht im Flachland eine beachtliche Größe, während sie in den hohen Lagen der Gebirge nur noch strauchartig wächst. Sie ist gegen rauhes Klima sehr widerstandsfähig, sehr lichtbedürftig und nicht so schlankwüchsig wie die Hängebirke, sonst jedoch dieser sehr ähnlich. Die Moorbirke wird etwa 25 m hoch und hat meist eine nicht tiefgehende, oft weit ausstreichende Bewurzelung. Die Rinde ist schmutzig weiß (nicht so deutlich weiß wie die der Hängebirke) bis hellbräunlich mit langen, waagerechten Korkbändern, die sich aus stark gedehnten Korkwarzen bilden. Erst spät wird sie am Stammgrund zu einer rissigen, schwärzlichen Borke.

■ Die jungen braunen Zweige weisen an der Spitze eine dichte flaumige Behaarung auf, sie sind mit wenigen feinen Harzdrüsen besetzt und wachsen → sympodial. Die älteren Zweige verkahlen und sind rot- bis graubraun. Die etwa 8 mm langen Seitenknospen sind spitz-eiförmig, vorne abgerundet oder zugespitzt, meist gebogen (die Endknospen sind geringfügig größer). Die Knospenschuppen sind graubraun bis grünbraun, klebrig, vorne meist abgerundet und an den Rändern weiß bewimpert.

■ Die wechselständig angeordneten Laubblätter sind anfangs frischgrün, später dunkelgrün, etwa 3 bis 5 cm lang und 2 bis 3,5 cm breit, rhombenförmig, am Ende kurz zugespitzt, etwas derber als die der Hängebirke, in der Jugend behaart und duften aromatisch. In den Achseln der Blattnerven bleiben sie flaumig behaart. Der Blattrand ist ungleich einfach gesägt, am Grunde ganzrandig, der Blattstiel etwa 2 cm lang und behaart.

■ Die zumeist einhäusige Moorbirke blüht im April/Mai, die Blüten sind eingeschlechtig. Die hängenden, männlichen Kätzchen sind länglich walzenförmig, bis 8 cm lang, ihre Tragblätter grünlich-braun, an der Spitze braun. Die weiblichen, dichtblütigen, zuerst aufrechten, später hängenden Kätzchen sind zylindrisch, 2 bis 4 cm lang, grünlich bis hellbraun, später werden sie hellbräunlich. Die deutlich vorgezogenen Mittellappen der Fruchtschuppen überragen die meist sichtbar aufwärts gebogenen Seitenlappen.

■ Die Früchte, geflügelte Nüßchen (Samenflügel bis etwa eineinhalbmal so breit wie das Nüßchen), die im August/September reifen, fallen danach ab und werden vom Wind fortgetragen. Im übrigen gleicht die Moorbirke sehr der Hängebirke, mit der sie oft Bastarde bildet. Sehr häufig findet man an der Moorbirke die sogenannten → Hexenbesen.

Eine nur strauchartig wachsende Unterart ist die **Karpatenbirke** (*Betula pubescens ssp. carpatica*), die einen knorrigen Stamm, eine gelblich-weiße bis rötlich-braune Rinde und einfach gesägte Blätter hat. Sie wird nur ein bis drei Meter hoch und kommt in den deutschen Mittelgebirgen hauptsächlich in Mooren vor.

Die Karpatenbirke besiedelt hauptsächlich Moore.

▸▸ Die Zwergbirke ist ein Eiszeitrelikt, das gelegentlich auf Mooren anzutreffen ist.

Die Strauchbirke ist eine eurosibirische Pflanze.

3. Strauchbirke

Die Art *Betula humilis* Schrank = *B. fruticosa* Pall. wird auch Nordische oder Niedrige Birke genannt.

Verbreitung

Die Strauchbirke, eine eurosibirische Pflanze, ist über Mitteleuropa, vor allem am Nordrand der Alpen, in Norddeutschland und Polen, verbreitet.

Standort

Die Strauchbirke, eine Licht-Halbschatt(en)pflanze, wächst in der montanen Stufe auf Torfmooren, versauerten Flachmooren, Hochmooren, sumpfigen Wiesen, in Erlenbrüchern, lichten Weiden- und Birkengehölzen, auf staunassen, nährstoffarmen und mäßig sauren bis sauren Torfböden; sie ist → Charakterart der Birken-Kriechweiden-Gestrüppe.

Merkmale

Der 50 bis 100 cm, gelegentlich bis 300 cm hohe, aufrechte und sommergrüne Strauch hat rutenförmige, graubraun berindete Äste und wird kaum über 20 Jahre alt. Die wechselständigen, rundlich-eiförmigen, häufig asymmetrischen Laubblätter sind etwa 1 bis 3,5 cm lang und 0,5 bis 2,5 cm breit, stumpf bis leicht zugespitzt, grob einfach oder doppelt gesägt. Die einhäusige Pflanze blüht im April/Mai. Die Früchte, kurzgestielte, aufrechte Zäpfchen, enthalten flache, breit-eiförmige, einsamige Nüßchen, die sehr schmal geflügelt sind.

4. Zwergbirke

Der Name *Betula nana* Linné der Zwergbirke, auch als Alpenbirke bekannt, ist abgeleitet von *nanus* = Zwerg und bezieht sich auf ihre Größe.

Verbreitung

Die Zwergbirke, eine eurosibirisch-nordamerikanische Pflanze, ist vor allem in Nordeuropa, in den arktischen Gebieten, auf Schottland, Island und Grönland sowie bis nach Sibirien verbreitet. In Mitteleuropa kommt sie nur vereinzelt im norddeutschen Tiefland, im ehemaligen Westpreußen, im Alpenvorland, in den Hochmooren des Erzgebirges, Böhmerwaldes, Harzes, Isergebirges und Schweizer Juras vor. Sie ist ein Relikt der Eiszeit (→ Waldgeschichte).

Standort

Die Zwergbirke wächst auf Torfmooren, offenen Hoch- und Kiefernmooren, Moorwiesen, Torfbrüchern und sonstigen moorigen Standorten sowie in Zwergstrauchgesellschaften auf nassen, sauren, nährstoffarmen Torfböden. Häufig ist sie in Begleitung von Moos- und Rauschbeere anzutreffen.

Merkmale

■ Der kleine, niederliegende oder auch etwas aufsteigende, reich verzweigte, sommergrüne Zwergstrauch wird etwa 1 m hoch und hat knorrige Äste mit dunkelbrauner oder schwarzgrauer, glatter, kaum abblätternder Rinde.

■ Die sehr langsamwüchsige Pflanze erreicht ein Alter von 90 und mehr Jahren, dabei aber nur eine Stärke von 4 bis 6 cm. Die wechselständigen, sehr kurz gestielten Laubblätter sind rundlich, etwa 5 bis 12 mm lang, 6 bis 15 mm breit (etwas breiter als lang) und an der Spitze abgerundet oder gestutzt. Sie haben einen tief gekerbten Blattand. Die einhäusige Zwergbirke blüht im April/Mai (Juni) mit dem Laubausbruch. Die im September/Oktober reifenden Früchte, kurzgestielte, hellbraune, aufrecht stehende Zäpfchen, enthalten sehr schmal geflügelte Nüßchen, wobei die Fruchtflügel viel schmäler sind als die Frucht.

5. Maximowicz-Birke

Die Art *Betula maximowicziana* wird auch Lindenblättrige Birke genannt. Die aus Japan stammende Maximowicz-Birke wird bei uns gelegentlich forstlich angepflanzt.

Der bis zu 30 m hoch werdende, schnell wüchsige, winterharte Baum hat eine in der frühen Jugend orange- bis dunkelbraune, später grauweißliche Rinde mit rosa oder orangefarbenem Schimmer, die sich dünn abziehen läßt. Die Rinde der Zweige ist dunkel-rotbraun. Die herzförmigen Blätter der Maximowicz-Birke sind lindenblattähnlich und mit 8 bis 14 cm Länge die größten der Birken. Sie haben 10 bis 12 Blattaderpaare, die mit ihren Spitzen den Blattrand überragen. Die jungen Blätter an jungen Bäumchen sind anfangs mit weichen, rotbraunen Haaren besetzt. Im Herbst verfärben sich die Blätter goldgelb, manchmal mit rötlichen Adern. Das Laub wird schnell zersetzt; günstiges → C/N-Verhältnis. Durch die großen Blätter wird der Stamm stark beschattet und reinigt sich deshalb rasch (→ Astreinigung). Das Holz ist wie das der einheimischen Birken.

Bisam, der: → Wühlmäuse 1.
Bisambock, der: → Bockkäfer 3.
Bisamkraut, das: → Moschuskraut.
Bisamratte, die: → Wühlmäuse 1.
Bischofskappl, das: volkstümliche Bez. für das Pfaffenhütchen; → Spindelstrauch 2.
Bischofsmütze, die: **1)** → Lorchel 3.
2) → Auskesseln.
Bitteres Schaumkraut, das: → Schaumkraut 3.
Bitterklee, der: → Fieberklee.
Bitterkresse, die: → Schaumkraut 3.
Bitterlich'scher Visiermeßwinkel, der: auch Tarifmeßwinkel. zur Messung stehender Bäume verwendetes Gerät in der → Forsteinrichtung. Mit dem B. V. kann der Durchmesser ermittelt und zugleich auch der Festgehalt des Einzelstammes abgelesen werden.
Bitterlichstab, der: ein in der → Forsteinrichtung neben dem → Spiegelrelaskop gelegentlich noch verwendetes Hilfsmittel bei der → Winkelzählprobe. Der B. besteht aus Holz oder Leichtmetall und ist i. d. R. 100 cm lang. An einer der Stirnseiten befindet sich ein dünnes Metallplättchen mit einem Ausschnitt von 2 cm lichter Weite. Bei 50 cm langen Stäben beträgt der Ausschnitt 1 cm. Das Verhältnis von Stablänge zu Visierbreite beträgt immer 50 : 1. Von einem festen Standpunkt aus werden alle im Umkreis liegenden Stämme in 1,3 m Höhe anvisiert. Stämme, deren Durchmesser größer als die Visierbreite erscheinen, werden gezählt. Die festgestellte Summe entspricht der Größe der Grundfläche des Bestandes in m^2 je ha. Jeder gezählte Stamm repräsentiert somit 1 m^2 Grundfläche.
Bittersüß, das: → Nachtschatten.
Bittersüßer Nachtschatten, der: → Nachtschatten.
bitz(e)ln: auch bützeln. altbayer. Bez. für schnitzen; → Holzbitzler.
Bitzler, der: → Holzbitzler.
Bitzwurz, die: → Kuhschelle 2.
BK: Abk. für rotkerniges Buchenholz; → Fehlverkernung.
Blacktaube, die: → Wildtauben 2.
Blackwood, das: das dunkelbraune, wertvolle Nutzholz (Möbelholz) der australischen Akazienart *Acacia melanoxylon*, das für feine Tischler- und Drechslerarbeiten verwendet wird.
Blamiser, das: → Böttcherholz.
Blank, das: auch die Blanke. alte Bez. für eine Waldblöße; → Blöße.
blanke Ware: Bez. für Brettware, die weder rot- oder blaustreifig noch durch unfachgemäße Behandlung farbig geworden ist.
Blankschälen, das: → Weißschälen.
Blankseite, die: bei zugerichteten Holzstämmen die abgebeilte (behauene) Seite.
Blase, die: der innere Raum eines Teerofens (Kienrußbrennerei), in dem das → Kienholz zum Schwelen eingelegt wurde.
Blasenfarn, der (*Cystopteris*): Gatt. der Fam. der → Tüpfelfarngewächse (*Polypodiaceae*) aus der Klasse der → Farne. Die Gatt. ist fast weltweit verbreitet und umfaßt fünf z. T. seltene Arten. B. haben zwei- bis dreifach gefiederte Blätter und – was kennzeichnend ist – einen an der Seite des Sorus angewachsenen Schleier (Häutchen), der ihn anfangs blasenförmig bedeckt und später abfällt oder zurückgeschlagen wird. Drei sich sehr gleichende Arten dieser Gatt. sind:
1. Zerbrechlicher Blasenfarn, der (*Cystopteris fragilis* (L.) Bernhardi): Der Z. B. ist in ganz Europa verbreitet und besonders im Gebirge häufig anzutreffen. Er wächst auf beschatteten, sickerfeuchten Standorten, in basenreichen Mauer- und Felsspalten (*Cystopteris fragilis ssp. alpina*), auf Fels, besonders auf feuchtem Kalkstein sowie in Hangwäldern, Steinschuttwäldern, besonders Linden-Ahorn-Wäldern, Schluchten und auf Blockhalden.

◂◂ Zerbrechlicher Blasenfarn (*Cystopteris fragilis*)

Die zierliche, mittelgroße, mehrjährige Farnpflanze hat ein kurzes, kriechendes Rhizom und dicht, doch nicht rosettig, stehende, etwa 10 bis 40 (50) cm hohe Blätter (Farnwedel). Der gelbgrüne, am Grunde rotbraune Blattstiel ist zerbrechlich (Name!) und weist oberseits eine tiefe Rinne auf. Die Blätter haben einen schmal-lanzettlichen Umriß, verschmälern sich nach unten und sind meist doppelt gefiedert. Die Fiedern sind deutlich gestielt und gleichhälftig. Die zierlichen Fiederchen sind kurz gestielt bis sitzend, die obersten kerbig gesägt, die unteren tief fiederteilig. Die → Sporen reifen von Juli bis September. Der Z. B. wurde früher dem Bettstroh (Strohsäcke) als Mittel gegen Wanzen beigemischt.
2. Kleiner Blasenfarn, der (*Cystopteris fragilis ssp. dickieana*): Der K. B., der als Unterart des Zerbrechlichen B. gilt, wächst zerstreut in schattigen Laubwäldern an feuchten Kalkfelsen.
Der mehrjährige Farn hat 10 bis 20 cm hohe Farnwedel. Diese haben einen schmal-lanzettlichen Umriß und sind zum Grund hin nur geringfügig verschmälert. Die nahe stehenden, sich oft überlappenden Fiedern sind kurz gestielt. Die Sporen reifen von Juli bis August.
3. Berg-Blasenfarn, der (*Cystopteris montana* (Lamk.) Bernh.): Der B. wächst ziemlich zerstreut und ist relativ selten in alpinen Kalkfelsspalten und feuchten schattigen Kalk-Steinschutt-Gesellschaften, in Bergwäldern (Block-Fichtenwald) in der montanen und alpinen Vegetationsstufe anzutreffen.
Die mehrjährige Farnpflanze hat 15 bis 45 cm hohe Blätter mit dreieckigem Umriß, die immer einzeln stehen (nie in Büscheln). Der Blattstiel ist – im Ggs. zu dem des Zerbrechlichen B. – nicht zerbrechlich. Die Seitenäste der Blattspindel sind deutlich sichelförmig zur Spitze hin gebogen und die unteren Fiedern deutlich ungleichhälftig. Die Sporen reifen von Juli bis August.
4. Sudeten-Blasenfarn, der (*Cystopteris sudetica* A. Br. & Milde): Der über die Ostalpen verbreitete, in Dtschl. nur um Berchtesgaden vorkommende S. wächst an leicht beschatteten, feuchten, moosig-humosen Stellen auf Kalk-Steinschutt oder holzbestandenen Blockhalden, aber auch auf kalkärmerem Gestein.
Der ausdauernde S. ist dem Berg-Blasenfarn sehr ähnlich, jedoch etwas robuster. Er hat etwa 15 bis 40 cm hohe, im Umriß etwa gleichseitig-dreieckige Blätter. Die untersten Fiedern sind länglich bis länglich-oval. Die letzten Abschnitte der Fiederchen sind gezähnt oder fiederspaltig. Die Sporen reifen im Juli/August.
Blasenkäfer → Ölkäfer.
Blasenkirsche, die (*Physalis*): auch Judenkirsche. Gatt. der Fam. der → Nachtschattengewächse mit der nachstehenden, in unseren Wäldern vorkommenden Art:
Wilde Blasenkirsche, die (*Physalis alkekengi* L.): auch Judenkirsche – in der Schweiz „Schlutte" – genannt. Die W. B. ist über Mitteleuropa und das östliche Südeuropa verbreitet. Sie wächst zerstreut in Auwäldern, besonders in lichten Eichen-Auenwäldern und v. a. in etwas gestörten Eichen-Ulmen-Auenwald-Gesellschaften, in Gebüschen und Weinbergen, besonders auf kalkreichen Böden, bis in Höhen von etwa 1500 m. In Gärten wird sie als Zierpflanze gehalten und kommt in deren Umgebung häufig auch verwildert vor.
Die 30 bis 60 cm hohe Pflanze hat einen kurz behaarten, einfach verzweigten Stengel. Die langgestielten Blätter sind dreieckig-eiförmig, spitz, kahl oder schwach behaart, am Rand oft buchtig geschweift und stehen meist zu zweien zusammen. BZ: Mai/Juni bis August. Die

Wilde Blasenkirsche (*Physalis alkekengi*)

Birnen

Gattung
Die zur Familie der → Rosengewächse (*Rosaceae*) zählende Gattung der Birnen (*Pyrus*) ist mit etwa 20 bis 30 Arten in Eurasien und Nordafrika beheimatet. Die meist sommergrünen Bäume haben wechselständige (→ Blattstellung), gesägte oder ganzrandige Blätter und eine hell- bis schwarzgraue Borke, die in würfelförmige Stücke reißt. Die weißen Blüten sitzen zu mehreren an → Kurztrieben. Sie erscheinen vor oder gleichzeitig mit den Blättern. In Mitteleuropa gibt es neben dem als Obstbaum in vielen Sorten kultivierten Birnbaum (*Pyrus communis* = *P. domestica*) drei Wildarten, darunter als bekannteste die Holzbirne.

Holzbirne
Diese Art (*Pyrus pyraster* (Burgsd.) Borkh. = *Pyrus achras* Gaertn.) wird auch Wildbirne, Wilder Birnbaum, Knötelbaum genannt.

Verbreitung
Die Holzbirne kommt zerstreut bis selten vor allem im südlichen, mittleren und östlichen Deutschland, in Südeuropa, Kaukasien und Kleinasien vor. Die ältesten fossilen Funde stammen aus Schweizer Pfahlbauten der Jungsteinzeit (Neolithikum).

Standort, Vergesellschaftung
Die Holzbirne ist eine Stammart der in unseren Gärten gepflanzten Kultursorten, von denen heute über 1000 verschiedene existieren. Nur wenige davon sind auf dem Markt. Verwilderte Birnensorten nehmen schon bald wieder die Merkmale der Stammpflanzen an, so daß sie dann kaum mehr von der bodenständigen Art zu unterscheiden sind.Die Holzbirne ist wärmeliebend und wächst vereinzelt in warmen, lichten Laubwäldern, (Fels-)Gebüschen, Hecken, in Eichen- und Ulmen-Auenwäldern und Eichentrockenwäldern, an Waldrändern und bevorzugt auf sickerfrischen bis mäßig trockenen, nährstoffreichen, tiefgründigen, kalkhaltigen Böden. Stellenweise wird sie als Wildfutterpflanze angepflanzt. Als tiefwurzelnde → Licht- bis Halbschatt(en)-baumart ist sie hauptsächlich in Eichenmischwäldern, Ulmen-Eichen-, Eschen-Ulmen-Auwäldern, Eichen-Hainbuchenwäldern und in Trockengebüschen anzutreffen.

Das herb schmeckende Fruchtfleisch der Holzbirne ist reich an Steinnestern.

Merkmale
■ Die Holzbirne ist ein sperrig verzweigter, vielgestaltiger Strauch, meistens jedoch ein kleiner bis mittelgroßer, sehr langsamwüchsiger Baum. Er kann eine Wuchshöhe von 5 bis 15, gelegentlich sogar bis 20 m und eine Stärke von etwa 50 cm (seltener bis 70 cm) und ein Alter von bis zu 150 Jahren erreichen. Der Stamm kann bis zu 6 m astfrei sein. Der schlanke, häufig etwas gekrümmte oder gelehnte Stamm trägt eine mäßig ausgebreitete, kegelförmige, vorwiegend von aufgerichteten Ästen gebildete, seltener rundlich gewölbte und weit ausladende Krone. Seine schwarzgraue Borke ist durch die scharfen Längs- und Querrisse nahezu würfelförmig gegliedert und geschuppt.

■ Die in der Regel steil aufstrebenden (seltener weit abstehenden) und relativ kurzen Äste sind reich verzweigt. An älteren Zweigen findet man häufig in dichter Reihenfolge verdornte Kurztriebe. Die bräunlichen, anfangs etwas behaarten, später völlig kahlen → Triebe enden in einer Knospe oder in einem scharfen Dorn. Die hell- und dunkelbraun gescheckten, spiralig angeordneten, seitlich abstehenden Knospen sind eikegelförmig und länglich, die Knospenschuppen nackt oder nur sehr fein bewimpert oder behaart. Die Holzbirne besitzt eine in die Tiefe gehende Herzwurzel.

■ Die an den Kurztrieben wechselständig angeordneten, ziemlich dünnen, aber derben Blätter sind spitz-eiförmig, an der Basis abgerundet oder leicht herzförmig. Sie sind vorne kurz zugespitzt, kahl, oberseits frisch- bis dunkelgrün glänzend, unterseits heller und weisen etwa acht Paare wenig gebogener, unterseits kaum hervortretender Nerven auf. Die etwa 3 bis 7 cm langen und 2 bis 6 cm breiten Blätter sitzen auf einem 3 bis 5 cm langen Stiel. Der → Blattrand ist fein gesägt oder gezähnt, im unteren Drittel der Blattspreite fast ganzrandig.

■ Die Holzbirne blüht im April/Mai. Die Blüten, die mit dem Laubaustrieb aufbrechen, stehen in vielblütigen Trugdolden (→ Blütenstand) am Ende belaubter Kurztriebe, seltener an → Langtrieben. Der Durchmesser der Blüte, die → zwittrig und auf Fremdbestäubung (→ Bestäubung) angewiesen ist, kann bis 4 cm betragen. Die fünf eiförmigen → Kronblätter sind reinweiß, die etwa 30 → Staubbeutel purpurrot und die beidseitig behaarten → Kelchblätter bleichgrün. Die Holzbirne blüht erstmalig im Alter von 6 bis 8 Jahren, häufig aber erst nach einem Jahrzehnt. Die → Fruchtknoten sind am Grunde nicht miteinander verwachsen.

■ Die langgestielten, rundlichen, etwa 1,5 bis 3,5 cm langen und ebenso dicken Früchte (Birnen), die von August bis Oktober reifen, sind grünlich- bis bräunlich-gelb, oft rötlich überlaufen, durch → Lentizellen warzig, am Stielansatz nicht vertieft und reich an Steinnestern. Ihr Fruchtfleisch ist sehr fest, fast holzig und schmeckt herb. Die Früchte haben flache, dunkelbraune Kerne, die organische Blausäureverbindungen enthalten. Erst spät im Herbst, nach den ersten Frösten, werden sie mürbe. Sie dienen dann den Weichfressern unter den Vögeln als Nahrung. Die dicken, verkehrt-eiförmigen → Keimblätter sind am Grunde stielartig verschmälert, vorne abgerundet und haben einen starken Mittelnerv. Die Erstlingsblätter haben eine lang ausgezogene Spitze, sind fein gesägt und fiedernervig.

Holz
Das Holz des Birnbaums, der zu den Reifholzbäumen (→ Reifholz) gehört, ist zerstreutporig (→ Poren), schwer, hart, von hervorragender Qualität, kernlos, mäßig schwindend, von gleichmäßig hellbräunlich-roter Färbung und gleichmäßigem Faserverlauf, oft – vor allem bei älteren Bäumen – mit dunklem Mittelpunkt, sogenanntem „falschem Kern“ (→ Fehlverkernung). Im Spätholz sind die Jahrringgrenzen infolge höherer Faserdichte deutlich sichtbar. Das Holz hat eine mittlere Biegefestigkeit, eine geringe Elastizität und ist im Trockenen sehr dauerhaft. Es läßt sich leicht bearbeiten, gut polieren, beizen und wird oft als Ebenholzimitation verwendet. Als Holzfehler können → Drehwuchs und Rindeneinwuchs auftreten. Die Verwendung des Holzes im Möbelbau unterliegt der Mode. Heute dient es im Möbelbau (Stilmöbelbau) mehr als Nußbaumersatz, wird aber auch als Messerfurnier bei Innenausstattungen (Vertäfelungen) gesucht. Besondere Verwendung findet es bei der Herstellung von Musikinstrumenten (→ Stammwerkholz), hauptsächlich bei Blockflöten. Daneben liefert es ein ausgezeichnetes Klangholz (→ Resonanzholz) und wird auch für Schnitzereien, Zeichengeräte, Drechselarbeiten, Intarsien (→ Intarsia), Kunstgewerbeartikel, Modellbau, Küchengeräte (Teig- und Backformen) sowie für Druckformen, Werkzeuge und Werkzeuggriffe verwendet.

Bedeutung als Heilpflanze
Birnen enthalten viel Fruchtzucker, Mineralsalze, Pektin, organische Säuren sowie Gerbstoff. Aufgrund des Gerbstoffgehaltes wirken sie adstringierend. Die Rinde und die jungen Blätter enthalten das Glykosid Arbutosid, das die Harnwege zu desinfizieren vermag. Birnen wirken antiseptisch, harntreibend, wundheilend und als Antidiarrhoicum. Sie werden gegen Angina, Durchfall, Steinerkrankungen, Blasenentzündung, Gicht und Rheumatismus angewandt.

unscheinbaren, einzeln stehenden, nickenden Blüten haben eine schmutzig-weiße bis grünlich-weiße, 15 bis 25 mm breite Blütenkrone und einen grünlichen, behaarten Blütenkelch. Dieser bläht sich bis zur Fruchtzeit zu einer etwa 4 cm langen, lampionähnlichen, orangeroten Hülle auf, die an die Kopfbedeckung jüdischer Frauen im Mittelalter erinnert (Name!). Diese umhüllt locker eine scharlachrote kirschgroße Beere. Die säuerlich-bitter schmeckenden Beeren können in geringen Mengen gegessen werden.
In der Naturheilkunde finden die im September/Oktober geernteten Beeren (ohne den Fruchtkelch), die Stengel und die Blätter, innerliche und äußerliche Anwendung. Sie enthalten Apfelsäure, Karotinoide, Zitronensäure, Vitamin C, Kohlenhydrate, wirken harntreibend, blutreinigend, entzündungshemmend, fiebersenkend, erfrischend, beruhigend und schmerzlindernd und werden u. a. bei Ödemen, Steinerkrankungen, Gicht und Gelbsucht verwendet.
Blasenläuse → Blattläuse.
Blasenrost, der: → Kiefernblasenrost.
Blasenschote, die: → Blasenstrauch.
Blasensegge, die: → Seggen 18.
Blasenstrauch, der (*Colutea*): Gatt. der → Schmetterlingsblütengewächse mit etwa 20 sommergrünen Straucharten, verbreitet über Nordafrika, von Südeuropa über Vorderasien bis zum Himalaja und wild bis ins südliche Oberrheingebiet. Bei uns kommt vor:
Gemeiner Blasenstrauch, der (*Colutea arborescens* L.): auch Blasenschote, Schaflinse. Der G. B. ist über das Mittelmeergebiet verbreitet, im Osten bis Westasien, im Norden bis ins Rheintal (Kaiserstuhl-Gebiet). Da er häufig als Zierstrauch angepflanzt wird, kommt er mancherorts aus Gärten verwildert vor. Er wächst von der Hügel- bis in die Bergregion (bis ca. 1600 m) auf trockenen Felshängen, in Eichen-Trockenwäldern, Flaumeichen-Wäldern (Ordnungs → Charakterart und Charakterart des mitteleuropäischen Flaumeichen-Mischwaldes), in Gebüschen, besonders Eichen- und Berberitzen-Gebüschen, an Waldrändern, in sonnigen Lagen auf kalkhaltigen Löß- und Lehmböden.
Merkmale: Der bis 4 m hoch werdende Strauch hat aufrecht wachsende, reich verzweigte, anfangs anliegend behaarte, später verkahlende Äste mit graubrauner zerfasernder Rinde. Die wechselständig angeordneten, gestielten, unpaarig gefiederten Blätter sind 5 bis 16 cm lang, mit drei bis sechs Fiederblattpaaren. Das einzelne kurz gestielte Fiederblättchen ist breit elliptisch, gelegentlich eiförmig oder verkehrt-eiförmig, vorne ausgerandet, mit einer kurzen Stachelspitze, 1 bis 3,5 cm lang und 0,5 bis 2 cm breit. Sie sind oberseits glanzlos, gelbgrün, kahl, unterseits weißfilzig behaart, später verkahlend. BZ: Mai bis August. Die 5 bis 15 mm lang gestielten Blüten stehen zu zwei bis acht in aufrechten, achselständigen 5 bis 10 cm langen, lockerblütigen Trauben (→ Blütenstand). Sie haben 15 bis 20 mm im Durchmesser und sind goldgelb mit rotbraun gestreifter Fahne. Der weite, glockenförmige, gelbgrüne Kelch hat fünf ungleiche Kelchzähne und ist weißlich behaart. Die fast runde Fahne ist aufgerichtet und etwa ebenso lang wie das aufwärts gekrümmte Schiffchen. Die Hülse ist gelblich grün, teilweise rot überlaufen, reif bauchig aufgeblasen, pergamentartig durchscheinend, etwa 5 bis 8 cm lang und 2 bis 3 cm im Durchmesser. Sie enthält 3 bis 4 mm lange, glänzende, nierenförmige Samen.
Das Holz des G. B. ist für Drechslerarbeiten verwendbar. Blätter und Früchte sind giftig, riechen und schmecken widerlich, finden jedoch in der Naturheilkunde Verwendung. Sie enthalten Coluteasäure, Gerbstoff, → ätherisches Öl, Vitamin C und Mineralsalze und wirken schwach abführend.
Blasse, die: → Rallen 1.
Blasse Koralle, die: → Keulenpilze 7.
Blasser Schüppling, der: → Schüpplinge 4.
Blasses Knabenkraut, das: → Knabenkraut 1.
Blaßgelber Fingerhut, der: → Fingerhut 1.
Blaßgelber Klee, der: → Klee 8.
Bläßhuhn, das: → Rallen 1.
Bläßhuhn, Rotes, das: → Rallen 2.
Bläßralle, die: → Rallen 1.
Blatt, das: meist flächiges, grünes Organ der → Samenpflanzen und → Farne. Ein B. besteht i. a. aus der B.-Spreite, in der bei fast allen Pflanzen die Prozesse der → Photosynthese ablaufen, dem B.-Stiel und dem B.-Grund. Die B.-Spreite (*Lamina*) wird von den meist heller gefärbten B.-Nerven (-Rippen, -Adern) durchzogen, die das B. stützen (Versteifung des B.) und dem Wasser- und Nährstofftransport dienen. → Zweikeimblättrige Pflanzen sind meist netznervig, → einkeimblättrige parallelnervig geadert. Die Gesamtheit der B.-Nerven ist die sog. B.-Nervatur. Der B.-Stiel führt der B.-Spreite Wasser und Mineralsalze zu und transportiert die Assimilationsprodukte ab. Seiner inneren Struktur nach ist er die Fortsetzung des Stengel (→ Sproßachse). Durch Wachstumsbewegungen bringt er die B.-Fläche in die absolut günstigste Lage zum Lichteinfall (→ Blattstellung). Bei vielen Einkeimblättrigen Pflanzen fehlt der B.-Stiel, bei einigen Arten übernimmt der verbreitete B.-Stiel die Aufgaben der fehlenden B.-Spreite. Bei ungestielten oder sitzenden B. sind die B.-Spreiten meist mit einem breiten B.-Grund (B.-Basis) am Stengel angewachsen. Mäßig verdickt gegenüber dem Stiel ist hingegen der B.-Grund der Zweikeimblättrigen, trägt aber oft ein Paar → Nebenblätter. Bei einigen von ihnen und auch bei einigen einkeimblättrigen Pflanzen hat er sich zu einer B.-Scheide ausgebildet, die den Stengel umschließt. Die → Gräser stabilisieren so den verhältnismäßig schwach entwickelten Stengel. An der Übergangsstelle zwischen B.-Grund und B.-Spreite haben sie ein kleines helles B.-Häutchen (*Ligula*). B.-Spreite und -Stiel werden auch als Oberschicht, der B.-Grund als Unterschicht bezeichnet. Man unterscheidet folgende B.-Arten: → Keim-, → Nieder-, → Neben-, → Laub-, → Hoch-, → Blüten-, → Mantel-, → Kannen-, → Kron- und → Kelchblätter; → Blattaufbau, -form, -entwicklung, -stellung.
Blattachsel, die: Stelle, an der das Blatt bzw. der Blattstiel in den Stengel (→ Sproßachse) der Pflanze übergeht. Die → Seitenknospen sitzen in der B.
Blattadern → Blatt.
Blattanalyse, die: als Ergänzung zur Bodenanalyse (→ Bodenuntersuchung) angewandte Methode zur Ermittlung des Mineralstoffspiegels und -bedarfs von Kulturpflanzen, bei Obstgehölzen und Forstpflanzen.
Blattaria (*Blattariae*) → Schaben.
Blattarten → Blatt.
Blattaufbau, der (Blattquerschnitt): Die Blattspreite (→ Blatt) wird von der meistens chlorophyllfreien oberen bzw. unteren, überwiegend einschichtigen → Epidermis überzogen. Die i. d. R. nach außen verstärkten Zellwände der Epidermis schützen das Blatt vor mechanischen Einwirkungen und stärkerer Transpiration (→ Verdunstung), wobei letztere durch die der Epidermis aufgelagerte → Kutikula und oft zusätzlich durch Wachsschichten oder → Haare weiter verringert wird. Die Epidermiszellen enthalten wenig oder keine → Chloroplasten. Unter der oberen Epidermis erstrecken sich ein- oder mehrreihig senkrecht zur Blattoberfläche die langgestreckten Zellen des Palisadengewebes (Palisadenparenchym), die den größten Teil aller Chloroplasten des Laubblattes enthalten und daher das Assimilationsgewebe (→ Parenchym) darstellen. Zwischen dem Palisadengewebe und der unteren Epidermis befindet sich das Schwammgewebe (Schwammparenchym), das aus unregelmäßig geformten, wenige Chloroplasten enthaltenden Zellen besteht. Große Interzellularen durchziehen das Schwammgewebe und teilweise auch die Palisadenschicht. Die Interzellularräume dienen der Wasserdampfabgabe und der Durchlüftung. Die Spaltöffnungen, durch die → Sauerstoff und → Kohlendioxid mit der Luft ausgetauscht werden, sind deshalb häufig nur in der unteren Epidermis zu finden. Palisaden- und Schwammgewebe zusammen werden als Mesophyll bezeichnet. Diese innere Schichtung bewirkt auch, daß die Blattoberseite dunkelgrün, die Blattunterseite aber heller gefärbt ist. Solche Blätter werden „bifacial" genannt. Vom Stengel her münden → Leitbündel in das Blatt und verteilen sich in ein reich verzweigtes Netzwerk von Blattnerven.
Blattbräune, die: ein meist durch → Pilze (z. B. bei Buchen durch *Apiognomonia errabunda*) verursachtes, vorzeitiges Abwerfen der Blätter, bei starkem Befall auch ein Absterben von jungen Trieben. B.-Erreger mit ähnlichen Symptomen treten auch an Pla (*A. veneta*), Ei (*A. quercina*), Li (*A. tiliae*), Ah (*Kabatiella apocrypta*) und Rka (*Guignardia aesculi*) auf. B. kann wegen des ähnlichen Schadensbildes (braune Nekrosen!) auch mit akuten Immissionsschäden durch SO_2 (→ Schwefeldioxid) verwechselt werden. Außer bei Pla ist die wirtschaftliche Bedeutung gering; → Brennfleckenkrankheit.

Blattdornen: B. sind starre, pfriemförmige Gebilde der Pflanzen und entstehen durch ein- oder mehrspitzige Umwandlung von Blättern oder Blatteilen (↗ B. Berberitze) oder durch Umwandlung von → Sproßachsen (Sproßdornen, z. B. Schlehen) und selten auch der Wurzel (Wurzeldornen bei einigen Palmen). B. schützen die Pflanze gegen Tierfraß und finden sich v. a. bei Pflanzen, die an trockenen Standorten wachsen sowie an vielen Kletterpflanzen.

Die Blätter des Feldahorns zeigen vor dem → Blattfall die typische Herbstfärbung.

Blattdüngung, die: zur Behebung akuter Nährstoffmängel angewandte Düngung oberirdischer Pflanzenteile, die rascher wirkt als Wurzeldüngung. Bei der B. werden Blätter mit Nähstofflösungen, die durch die Hautgewebe aufgenommen und in der Pflanze verteilt werden, besprüht; → Walddüngung.

Blattdürre, die: vorzeitiges Verdorren der Blätter oder Blattränder durch verschiedene Einflüsse, z. B. Schädlinge, Immissionen, Nährstoffmangel und Witterung etc.; → Blattverluste.

Blattentwicklung, die: Das → Blatt entsteht als seitlicher Höcker neben dem Sproßvegetationspunkt (→ Sproß). Schon bald zeigt der Höcker eine Einschnürung, die das Oberblatt (später Spreite und Stiel) vom Unterblatt (Blattgrund mit Nebenblättern) trennt. Aus dem Unterblatt, das sich meist schneller entwickelt als das Oberblatt, entwickelt sich der Blattgrund, mit dem das Blatt am Sproß angeheftet ist. Vom Blattgrund werden häufig Nebenblätter ausgegliedert. Schließlich entwickelt sich zwischen Blattgrund und Blattspreite, als eine Bildung des Oberblattes, der Blattstiel. Das Breitenwachstum beginnt mit Zellen am Blattrand und wird später durch Spreitenteile zwischen den Hauptnerven unterstützt. Das teilungsbereite Zellgewebe an der Basis von Blattgrund, Stiel und Spreite bewirkt das Längenwachstum.

Vor dem Blattfall zurücktransportierte Elemente in Prozent

	N	P	K	Ca
Buchenblätter	10	2	3,5	17,1
Eichenblätter	10	2,1	2,3	21,2
Fichtennadeln	2	2	1,5	16
Grobe Tannennadeln	8	1	1,3	4,6

Blätterpilze (Lamellenpilze; *Agariaceae, Tricholomaceae*): artenreichste Gruppe kurzlebiger Ständerpilze mit ca. 2500 Arten in Europa. Zu ihnen gehören die meisten, im Volksmund allg. als „Schwämme" bezeichneten Wald-, Wiesen- und Feldpilze, darunter u. a. die bekanntesten Speise- und Giftpilze wie Reizker (→ Milchlinge), Pfifferlinge (→ Leistlinge), → Champignons, Fliegen- und Knollenblätterpilze (→ Wulstlinge). Sie gliedern sich meist in zentralen Stiel und hutförmigen Fruchtkörper. Allen gemeinsam sind die an der Unterseite des Hutes radial verlaufenden → Lamellen.

Blattfall, der (Laubfall, Herbstfärbung der Bäume): Abfallen der Blätter und Nadeln am Ende der Vegetationsperiode der sommergrünen Holzgewächse der kalten und gemäßigten Zonen. Am Auslösen des B. sind verschiedene Pflanzenhormone (→ Abszisine) beteiligt. Vor dem B. transportieren die Bäume noch verwertbare Stoffe (Nährstoffe) aus den Blättern in die Rinde und lagern sie hier als Reservestoffe ein (siehe Tabelle).
Die organischen Verbindungen werden durch → Enzyme in eine lösliche Form gebracht, damit sie in die Knospen, in die Triebe, in den Stamm, die Wurzeln und Speicherorgane abwandern können. Die Chromoplasten (Farbstoffträger) und v. a. das → Chlorophyll (Blattgrün) werden zerlegt und wandern ab. Im Blatt bleiben die Carotinoide und die Xanthophylle zurück. Carotin färbt die Blätter rötlich bis orange, Xantophylle gelblich bis braun. Zu ihrer Gruppe gehört das Lutein, das die gelbliche Herbstfärbung der Laubblätter bewirkt (→ Blattfarbstoffe). Auch der → Standort hat Einfluß auf die Herbstfärbung. So färben sich die Blätter der Vobe nur auf trockenen Standort kräftig rot, ansonsten gelb. Das Laub aller Ahornarten, die z. B. in Norwegen und Kanada auf sauren Silikatböden wachsen, färbt sich intensiv rot. Die Blätter fallen an vorgebildeten Trennstellen an der Basis des Blattstiels unter Hinterlassung einer → Blattnarbe ab. Die Blattnarbe gibt somit die Stelle an, an der früher das Blatt saß. Das Ablösen eines Blattes ist ein komplizierter aktiver Vorgang. Zunächst wird am Blattstiel eine spezielle Zellschicht ausgebildet, die weniger fest ist als das übrige Gewebe. Die Zellen dieser Trennschicht werden dann mit Hilfe von zwei Enzymen aufgelöst. Nach dem Fallen des Blattes wandeln sich die äußersten Zellen in ein dickes verholztes Gewebe um; darunter wird meistens eine Korkschicht ausgebildet. Beim B. wirken in der Pflanze eine Reihe Substanzen, genetische Faktoren und äußere Einflüsse zusammen. Lange Zeit nahm man das Pflanzenhormon Abscisinsäure als Auslöser an. Nach neueren Forschungen scheint jedoch das Gas Äthylen, ebenfalls als Pflanzenhormon wirksam, den B. auszulösen. An äußeren Faktoren ist v. a. die Tageslänge wichtig. Sie wirkt jedoch nicht allein (Bäume in der Nähe von Straßenlaternen werfen ihr Laub nur mit geringer Verzögerung ab), Feuchtigkeit und Kälte spielen hier weitere bedeutsame Rollen als Auslöser. Starke Trockenheit kann den Fall der Blätter um mehrere Wochen vorverlegen. Durch den Laubfall trifft die Pflanze (der Baum) in mehrfacher Hinsicht Vorsorge für den Winter:

1. Sie entledigt sich ihrer im Blatt gespeicherten Ballaststoffe und führt dem Boden wieder wertvolle Mineralien zu.
2. Zu hohe Wasserverluste in trockenen Zeiten werden vermieden. Die winterliche Kälteperiode wirkt physiologisch wegen geringer Luftfeuchte und Frost wie Trockenheit.
3. Die Pflanze befreit sich von alten, verletzten und infizierten Blättern.
4. Sie schützt sich durch den B. auch vor → Schneedruck.
5. Sie schafft ihren Knospen in der dunklen Jahreszeit und v. a. im Frühling Licht.

Immergrüne Pflanzen werfen ihre Blätter oder Nadeln in einzelnen, wenig auffälligen Schüben ab. Sie behalten sie mehrere Vegetationsperioden (z. B. die Fi bis zu 7 Jahren, die Kie 4 Jahre und die Ta bis zu 12 Jahren); → Blattverluste.

Blattfallkrankheiten: verschiedene Pflanzenkrankheiten, die vorzeitigen → Blattfall zur Folge haben, wie z. B. → Blattbräune und Schütte der Nadelhölzer (→ Kiefern-, → Lärchen- und → Douglasienschütte). B. werden auch durch Immissionen und durch Nährstoffmangel ausgelöst; → Blattverluste.

Blattfarbstoffe (Laubfärbung): die Blattpigmente höherer Pflanzen, z. B. die grünen → Chlorophylle, die rötlichen bis orangefarbenen Carotinoide und die damit verwandten Xanthophylle (Lutein), die im Herbst nach Abbau des Chlorophylls die gelbliche Färbung der Blätter bewirken, sowie die roten und blauen → Anthocyane (Anthozyane). Das Anthocyan ist ein im Zellsaft gelöster Pflanzenfarbstoff, der in alkalischer Lösung blau, in saurer rot und in neutraler violett erscheint. Die herbstliche Rotfärbung der Blätter beruht auf einer Rotfärbung des Zellsaftes durch Anthocyan, das in den Zellen bleibt. Blutbuche, Bluthasel und Blutpflaume verdanken z. B. die ganzjährige rotbraune Färbung ihrer Laubblätter ebenfalls dem Zusammenwirken von rotem Anthocyan in der → Epidermis und den grünen Chlorophyllkörnern in den darunterliegenden Zellen. Die Braunfärbung der abgestorbenen Blätter ist eine Erscheinung nach dem Tode, bei der charakteristische Farbstoffe entstehen. In ihre Zellen dringt Luftsauerstoff ein und oxidiert die in den Blättern enthaltenen Gerbstoffe zu braunen Phlobaphenen. Bei der Holzbirne werden im Herbst die Blätter zunächst gelb und nach dem Abfallen schwarz. Verantwortlich dafür ist das kupferhaltige → Enzym Thyrosinase, das bewirkt, daß die Thyrosinanteile der Eiweißverbindungen in den Blättern zum schwarzen Melanin oxidieren. Verfärbungen der Blätter werden aber auch von außen verursacht. Die Art der Verfärbung kann bei Ernährungsstörungen schon Hinweise geben, welcher Nährstoff im Mangel ist (→ Mangelkrankheiten). Auch → Pilze, Schädlinge, → Frosttrocknis und andere Ursachen können an Blättern und Nadeln Verfärbungen hervorrufen. Neben Schüttepilzen (Douglasien-, Kiefern- und → Lärchenschütte) und → Hallimasch sind auch Buchdrucker und Kupferstecher (→ Borkenkäfer 13. u. 14.) z. B. für rotbraune Verfärbungen verantwortlich.

Blattflächenindex (BFI), der (engl.: Leaf-area-Index): Maßeinheit für die assimilierende Blattfläche (→ Assimilation) der → Pflanzen, bezogen auf die Bodenfläche, auf der die Pflanzen wachsen. Die Angabe erfolgt immer in m^2 Blattflächen/m^2 Bodenfläche, z. B.: sommergrüner Wald 3 – 12; regengrüner Wald 6 – 10; tropischer Regenwald 6 – 16,6; Mischwald 5 – 14; Kulturland 4 – 12; Steppe 3; Tundra 0,5 – 1,3; Wüste < 0,5.
Der B. nimmt mit dem Alter ab. Nach oben begrenzen Licht- und Wassermangel den Wert.

Blattflechten → Flechten.

Blattfleckenkrankheit, die: Verfärbungen der Laubblätter führen zum Absterben der Zellen. B. haben verschiedene Ursachen; z. B. Pilzbefall, Hagelschlag, Hitzeeinwirkung etc.

Blattflöhe: auch Springläuse. Unter-Ordn. der → Gleichflügler mit der einzigen, jedoch sehr artenreichen und weit verbreiteten Fam. *Psyllina*. B. sind nur wenige mm lange Insekten, deren adulte, zikadenähnliche Tiere lange Fühler haben und mittels des letzten Beinpaares springen. Sie sind meist von unscheinbarer, bräunlicher oder grünlicher Färbung. Die Larven sind plattgedrückt, die Flügelstummel anliegend, sie haben dadurch wanzenartigen Habitus. Viele Arten sind an Kulturpflanzen schädlich. Von forstlichem Interesse sind:

1. Erlenblattfloh, der (*Psylla alni*): Die Larven finden sich an den Blattachseln der Triebspitzen von Er und scheiden Wachs aus. Die Vollkerfen erzeugen an der Unterseite der Erlenblätter gerstenkorngroße → Gallen (Blattgrübchen), in deren Vertiefungen die Insekten sitzen.

2. Eschenblattfloh, der (*Psyllopsis fraxini*): Die Insekten erzeugen an den Blättern blasige lockere Randrollungen nach unten, wobei sich die Adernetze der Blätter rot und violett färben. Die Larven scheiden reichlich Wachssekrete aus.

Blattfolge, die: in der Botanik die Aufeinanderfolge unterschiedlich gestalteter Blätter, die an einer Pflanze im Laufe des Wachstums (Entwicklung) nacheinander ausgebildet werden; → Keim-, → Niederblätter, Primär-, Folgeblätter (→ Laubblätter), → Hochblätter. Diesen schließen sich an: → Kelch-, → Staub-, → Kron- und → Fruchtblätter der → Blüte.

Blattform, die: Die Blattspreite ist im Umriß von sehr unterschiedlicher Gestalt. Besitzen Blätter eine einheitliche (ungeteilte) Fläche, so werden sie **einfache** Blätter (z. B. Fi, Bu) genannt. Je nach Form werden sie als **kreisrund**, **elliptisch**, **keilförmig** usw. bezeichnet. Haben die Blätter Ausbuchtungen, spricht man je nach Form und Tiefe dieser Ausbuchtungen von **dreilappigen**, **fiederteiligen**, **handförmig geteilten** Blättern und dergleichen Besteht die Blattspreite aus mehreren einzelnen Teilen, den Blättchen, wird das Blatt **zusammengesetzt** genannt. Diese sind entweder **dreizählig** oder **gedreit**, **vierzählig**, wenn drei bzw. vier Blättchen einem Punkt entspringen oder gefiedert. Man spricht von **paarig gefiedert**, wenn das Endblättchen fehlt oder **unpaarig gefiedert**, wenn je zwei Fiederblättchen (Fiedern) einander gegenüberstehen und ein einziges an der Spitze (z. B. Eberesche und Esche). Die Blätter können auch **unterbrochen gefiedert** und **doppelt** oder **dreifach gefiedert** (z. B. viele Farne), **fingerförmig gefiedert** oder **gefingert** sein, wenn mehr als drei Blätter an einem Punkt entspringen (z. B. bei der Roßkastanie); → Blattränder.

Die wichtigsten Blattformen

Blattgrün, das: → Chlorophyll.

Blattgrünkörner → Chloroplasten.

Blattgrund, der: → Blatt.

Blatthornkäfer (*Lamellicornia*): Gattungs- und artenreiche Fam.-Gruppe der Käfer mit etwa 22 000 Arten, davon 150 in Dtschl.. Bei den zwischen 0,1 bis 15 cm großen B. sind die Fühler abgewinkelt (gekniet); an der Spitze befinden sich fast stets nach einer Seite gerichtete, blattartige (Name!), lamellenförmige Anhänge, sog. Blätterkeulen, die mit Geruchsnerven besetzt sind. Die einzelnen Glieder der Keule können entweder fächerartig auseinander- und zusammengeklappt werden, wie z. B. beim Maikäfer oder sind kammartig gestellt und unbeweglich, z. B. beim Hirschkäfer. Die Beine, besonders die Vorderbeine, sind bei den meisten Arten Grabbeine. Die Larven (Engerlinge) sind weiß und weich, bauchwärts gekrümmt und hinten sackartig aufgetrieben. Sie haben einen bräunlichen, stark chitinisierten, fühlertragenden, aber augenlosen Kopf und sechs gut entwickelte Beine. Die Larven leben versteckt in der Erde, in Mulm, anbrüchigem Holz oder in Dung (Mist). Bei einigen Arten dauert die Entwicklung zur Puppe mehrere Jahre. Die meisten Puppen tragen am Hinterende zwei hornige Spitzen. Die wichtigsten Arten sind:

1. Hirschkäfer, der (*Lucanus cervus*): auch Blitz-, Donner-, Feuerkäfer, Baum-, Feuer-, Hornschröter. Einige dieser alten Volksnamen deuten darauf hin, daß der dämmerungsaktive Käfer bei aufziehendem Gewitter besonders eifrig umherfliegt. Der heute sehr seltene Käfer steht bereits seit 1935 unter Naturschutz und ist inzwischen auch in die → Rote Liste der gefährdeten Tierarten aufgenommen wor-

Der seltene und geschützte Hirschkäfer ist die größte heimische Käferart.

den. Er kam ursprünglich in allen Teilen Süd-, Mittel- und Westeuropas vor. Heute ist der Käfer bereits eine große Rarität. Schon in den Jahren 1939 bis 1941 ließ die Reichsstelle für Naturschutz die Verbreitung des H. im damaligen „Großdeutschen Reich" mit Hilfe der Naturschutzbeauftragten feststellen. Gründe für seinen starken Rückgang lagen in der übertriebenen Waldhygiene, bei der alles morsche Holz einschließlich der alten Eichenstubben beseitigt wurde sowie in den Schädlingsbekämpfungen mit Berührungsgiften. Der größte mitteleuropäische Käfer ist matt schwarzbraun gefärbt. Das Männchen hat einen großen, sehr breiten Kopf mit riesenhaft entwickeltem kastanienbraunen Geweih, das vom Oberkiefer gebildet wird. Die Körperlänge (mit Geweih) beträgt durchschnittlich 6 cm, in seltenen Fällen 7,5 bis 8 cm. Das geweihlose Weibchen ist mit einer Größe um 5 cm deutlich kleiner. Die Geweihe der Männchen dienen nur zum Kampf, entweder um ein Weibchen oder einen günstigen Platz am Saftmahl. Die erbitterten Kämpfe enden nicht selten mit dem Tod des Schwächeren. Der an das Vorhandensein alter Eichenwälder gebunden Käfer lebt von Mai bis Juli und ernährt sich leckend von den Säften blutender Eichenbäume, aber auch von Bi, Li und Pa. Die Säfte werden mit den rotbraunen Unterlippen aufgenommen. Das Weibchen ist dabei imstande, mit dem besonders kräftigen, aber kurzen Oberkiefer die Rinde aufzubeißen (daher der Name „Schröter" für die Weibchen). Einige Tage nach der Paarung verläßt das Weibchen den Saftbaum und sucht sich einen modernden, aber noch festen Stubben von Ei oder auch von Bu, Wei, SchPa, Nuss, Es, Rka und Kie und gräbt mit Hilfe der kräftigen Vorderbeine entlang der Außenrinde einen Gang zu den Wurzeln, um die großen, bis zu 2,5 mm langen, rahmgelben, ovalen Eier einzeln abzulegen. Die 10 bis 11 cm langen, dorsalwärts gekrümmten Larven brauchen bis zur Verpuppung i. d. R. fünf Jahre, im sechsten Sommer erscheinen dann die Käfer. Die an Maikäfer-Engerlinge erinnernde Larve ernährt sich vom morschen Holz des Baumstumpfes und verschlingt davon im fünften Jahr monatlich ca. 250 cm^3. Kurz vor der Verpuppung baut sie eine feste Puppenwiege – männliche Puppenwiegen, die das schon beim Schlüpfen ausgestreckte Geweih berücksichtigen, können faustgroß sein – die sich stets in einiger Entfernung vom Baumstumpf befindet. Der Käfer schlüpft im Herbst, überwintert in seiner Wiege und erscheint erst im Mai/Juni.

2. Balkenschröter, der (*Dorcus parallelopipedus*): auch Zwerghirschkäfer. Der plumpe, gleichbreite und mittelgroße Käfer ist etwa 2 bis 3,2 cm groß. Der Körper ist flach gewölbt und mattschwarz, beim Weibchen nicht ganz so matt. Beide Geschlechter sind geweihlos, beim Männchen ist der Oberkiefer etwas verlängert. Der B. ist häufiger als der Hirschkäfer anzutreffen, sein Vorkommen erstreckt sich über Europa und Kleinasien. Er lebt in Laubmischwäldern, besonders in Eichen- und Buchenwäldern. Tagsüber ist er sehr träge und ruht in den Zweigen oder auch unter der Rinde. Am Abend ist er aktiver und fliegt im Mai/Juni. Er ernährt sich vom Saft verschiedener Bäume. Die Eier werden in den Boden abgelegt, und seine Larve entwickelt sich in vermoderndem Holz verschiedener Laubbäume.

3. Kopfhornschröter, der (*Sinodendron cylindricum*): auch Baumschröter. Der etwa 1,5 cm große, glänzend schwarze Käfer ist dicht narbig punktiert und hat einen zylindrischen Körper. Das Männchen trägt auf dem kleinen Kopf ein nach hinten gebogenes Horn, das Weibchen nur ein kleines, knopfartiges Horn. Der Käfer bewohnt die Laubmischwälder der Gebirge und Vorgebirge und lebt im Juni/Juli. Die Eier werden im Boden in der Nähe von Wurzelwerk, hauptsächlich der Bu, abgelegt. Die Larve lebt hier mind. drei Jahre, ehe sie sich verpuppt.

4. Rehschröter, der (*Systenocerus caraboides*): Der 1 bis 1,4 cm große Käfer mit flach gewölbtem Körper ist metallglänzend grün, blaugrün, blauviolett bis blauschwarz. Die Farbe variiert stark. Er bewohnt Laubmischwälder, besonders Eichen- und Buchenwälder und kann häufig auftreten. In Nord- und Südeuropa fehlt er, sonst ist er überall in Europa, wenn auch manchmal nur inselartig, anzutreffen. Der Käfer fliegt im Mai/Juni, die Larve entwickelt sich in morschem Laubholz, besonders an Bu. Der Käfer frißt Knospen der Ei, Bu und As, besonders im Kronenbereich.

5. Dungkäfer, der (*Aphodius fimetarius*): Der nur 0,5 bis 0,8 cm große Käfer ist schwarz und hat einen walzenförmigen Körper. Die Flügeldecken sind meist rot oder gelb. Von dem häufigen Käfer gibt es noch eine Reihe sehr ähnlicher Arten, die vom Laien kaum unterschieden werden können. Der sehr flinke D. fliegt bei Sonnenschein und legt vom zeitigen Frühjahr an seine etwa 30 Eier in halb ausgetrockneten Pferde- und Rinderkot, der D. *Aphodius cervinus* an Hirsch- und Rehkot. Die ausschlüpfenden Larven fressen kleine Höhlungen aus und bohren sich nach wenigen Wochen zur Verpuppung in den Boden ein. Der Käfer ist in ganz Europa, im nördlichen Asien, in Nordafrika und Nordamerika verbreitet.

6. Waldmistkäfer, der (*Geotrupes silvaticus*): Der etwa 1,8 cm große, blauschwarz oder grünlich schimmernde, häufig auch glänzend schwarze Käfer hat eine blaue oder grüne Unterseite. Er findet sich im Wald unter Dung, Pilzen, vermodernden Pflanzen, am Saft gefällter Bäume sowie unter Aas. An windstillen Abenden fliegt er mit schwerem, niedrigem und summendem Flug; tagsüber lebt der schwerfällige Käfer verborgen. Unter dem Dung gräbt er einen 0,5 m langen Hauptgang, von dem mehrere Seitengänge ausgehen. In die mit Dung angefüllten Seitengänge wird je ein Ei abgelegt. Die schieferfarbige Larve verzehrt allmählich den als Vorrat eingebrachten Dung. Der Käfer ist wegen seiner Zersetzungstätigkeit nützlich.

7. Nashornkäfer, der (*Oryctes nasicornis*): Der seltene und auch stark gefährdete Käfer wird 2 bis 4 cm groß und lebt in Eichenwäldern in vermodernden Stubben. Typisch für das Männchen ist ein nach hinten gebogenes Horn auf dem Kopf. Auf dem Halsschild befinden sich tiefe Auskerbungen und Erhöhungen. Das Weibchen hat anstelle des Horns nur ein kleines Hornschild. Der glatte Schild und das Horn sind fast schwarz, die Flügeldecken braun. Die ab Mai fliegenden Käfer leben von ausfließenden Pflanzensäften, die bis zu 12 cm langen Engerlinge von vermoderndem Holz. Letztere haben rotumrandete Atemöffnungen und können dadurch von den Maikäfer-Engerlingen mit gelbumrandeten Atemöffnungen gut unterschieden werden.

8. Waldmaikäfer, der (*Melolontha hippocastani*): auch Roßkastanienmaikäfer. Der Käfer ist etwa 2,5 cm lang und etwas kleiner als der ähnliche Feldmaikäfer. Er hat eine bräunliche, leicht behaarte Brust. Die Spitze des Hinterleibfortsatzes (Aftergriffel) ist knotenartig verdickt. Die Flügeldecken sind braun, wirken aber etwa heller als beim Feldmaikäfer. Der Halsschild ist meist schwarz oder rot, der Hinterleib hat scharf begrenzte, weiße, dreieckige Flecken. Der Käfer kommt hauptsächlich in lichten Wäldern vor und meidet i. d. R. geschlossene Bestände. Er frißt – meist nachts – die Blätter von Lbh, aber auch die Nadeln der Lä. Am Morgen läßt er sich leicht von den Bäumen schütteln. Der plumpe Käfer erscheint hauptsächlich im Mai und schwärmt, oft massenweise, an warmen, windstillen Abenden. Wegen des großen Gewichts fliegt er in einer typischen Schräglage und auch mit einem lauten Brummton. Vor dem Auffliegen pumpt er Luft in den Körper, dabei bewegen sich Leib und Fühler im Takt auf und nieder; der Käfer „zählt" oder „pumpt". Das durchschnittlich 0,667 g schwere Insekt bewegt sich allerdings mit 46 Flügelschlägen je Sekunde durch die Lüfte, mit einer Höchstgeschwindigkeit von 11 km/h; viel rascher als z. B. Stechmücke (mit Tempo 1,4 km/h) oder Stubenfliege (mit höchstens 8,2 km/h). Die 20 bis 40 weißlichen, hanfkorngroßen Eier werden nach einer zweiwöchigen Fraßzeit 10 bis 40 cm tief im Boden abgelegt. Nach der Eiablage kehren die Weibchen zur Fraßstelle zurück. Nach wiederholter Eiablage mit abnehmender Eizahl sterben die Käfer nach einer drei- bis fünfwöchigen Lebensdauer. Die Engerlinge schlüpfen nach etwa vier bis sechs Wochen im Juni und August. Als reine Wurzelfresser fressen sie Faserwurzeln der Pflanzen meist vollständig, stärkere Wurzeln werden entrindet. Der Engerling häutet sich zweimal und verpuppt sich nach der dritten Häutung. Die Entwicklung dauert je nach Klimagebiet drei bis fünf Jahre. Der im Spätsommer schlüpfende Käfer überwintert im Boden und verläßt diesen im Frühjahr durch ein kreisrundes Loch. Käfer wie Engerlinge zählen zu den Forstschädlingen, v. a. wenn sie in Massen auftreten (Maikäferjahre). Durch intensive Bekämpfung sind sie allerdings heute schon fast überall selten geworden.

9. Feldmaikäfer, der (*Melolontha melolontha*): auch Gemeiner Maikäfer. Der etwa 2,5 bis 3 cm lange Käfer ähnelt dem Waldmaikäfer und schwärmt abends in der zweiten Aprilhälfte und im Mai, meist am Rande der Laubwälder. Im Ggs. zum kleineren Waldmaikäfer hat er eine schmale, nach unten gebogene und nagelartige Verlängerung der Hinterleibsspitze (Griffel). Seine Flügeldecken – ohne schwarzen Saum – wirken auch dunkler und haben einen lackartigen Glanz. Der Fächerfühler beim Männchen ist siebenblätterig, beim Weibchen sechsblätterig und auch kleiner. Lebensweise und Fortpflanzung gleichen dem Waldmaikäfer. Durch intensive Bekämpfung ist auch er bei uns sehr selten geworden, und Jahre mit größerem Maikäfervorkommen, in denen Laubwälder kahlgefressen wurden, werden nicht mehr verzeichnet. In großen Mengen eingesammelte Käfer wurden mit kochendem Wasser abgebrüht und an Hühner, Schweine und Fische verfüttert und auch als Düngemittel (schichtweise mit Kalk auf Komposthaufen) verwertet.

10. Walker, der (*Polyphylla fullo*): auch Gerber, Müller-, Wein- und Dünenkäfer. Der W. ist mit einer Länge von 2,5 bis 3,6 cm etwas größer als der Feldmaikäfer und in den Abendstunden aktiv. Charakteristisch sind die braunen Flügeldecken, die wie der Halsschild eine auffallende, weißlich Marmorierung haben. Die Unterseite ist filzig behaart. Das Männchen hat fünf kurze, das Weibchen sieben lange Fühlerblätter. Er kann laut zirpen, indem er mit der scharfen Kante des vorletzten Hinterleibsgliedes gegen eine Reibleiste der Flügel streicht. Der Käfer ist in Europa inselartig verbreitet und lebt in sandigen Gegenden, besonders in Dünen. Das Weibchen legt die Eipakete in den Sand, bzw. in lockeren Boden. Die Engerlinge befressen die Wurzeln der Dünengräser, die zur Befestigung des Flugsandes angepflanzt wurden, aber auch die der Jungpflanzen in Aufforstungen, besonders die der Kie, Rob und Bi. Der Käfer ernährt sich im Juni/Juli vorwiegend von den Nadeln der Kie.

11. Junikäfer, der (*Amphimallon solstitiale*): auch Johannis-, Sonnwend- und Brachkäfer. Der braungelbe, maikäferähnliche, dicht behaarte, aber nur 1,4 bis 1,8 cm große Käfer fliegt abends und nachts und ist im Juni oft an Feld- und Wegrainen, in Wiesen und Gärten sowie in Alleen in größeren Schwärmen anzutreffen. Der in Europa und Asien fast überall anzutreffende Käfer erscheint um die Sommersonnenwende und liebt sandige, mit nur wenigen Bäumen bestandene Flächen. Er frißt Laubblätter, aber auch die Nadeln junger Kie. Die im Boden lebenden Engerlinge werden durch Wurzelfraß an Gräsern und in Aufforstungen schädlich. Die Gesamtentwicklung dauert zwei bis drei Jahre.

12. Julikäfer, der (*Anomala dubia*): Der 1,2 bis 1,5 cm große, metallisch gefärbte Käfer ähnelt dem Gartenlaubkäfer und ist hauptsächlich im Juli/August an wärmeren Tagen an Standorten mit Sand- oder Lehmsanduntergrund (z. B. Heidegebiete) anzutreffen. Der tagaktive Käfer hat meist grünlichgelbe, manchmal grüne oder dunkelblaue Flügeldecken, die Unterseite ist blaugrün. Der Käfer befrißt die Blätter von verschiedenen Bäumen und Sträuchern, die Larve hauptsächlich die Wurzeln von Gräsern und Sträuchern. Die Gesamtentwicklung dauert zwei Jahre.

13. Gartenlaubkäfer, der (*Phyllopertha horticola*): auch Gartenkäfer, Kleiner Rosenkäfer. Der in ganz Europa anzutreffende 0,8 bis 1 cm große Käfer hat braune Flügeldecken; der Halsschild und Kopf sind schillernd grün oder grünlichblau. Der gesamte Körper ist dicht behaart. Er tritt im Juni/Juli, häufig massenhaft, in Gärten, Parkanlagen, auf Wiesen, an Feldrainen und Waldrändern auf. Der Käfer fliegt an erblühte Rosen und an andere Blütensträucher und befrißt die Blätter. Er frißt auch an den Wurzeln von Gräsern, Klee und Getreide. Nennenswerter Schaden entsteht jedoch nur bei massenhaftem Auftreten.

14. Gemeiner Goldkäfer, der (*Cetonia aurata*): auch Rosenkäfer. Der 1,5 bis 2 cm lange, goldgrün schillernde Käfer hat auf den Flügeldecken, v. a. auf der hinteren Hälfte, einige weißliche Querstriche. Er fliegt an heißen Sommertagen mit geschlossenen Flügeldecken und mit lautem Summton und ist auf verschiedenen blühenden Sträuchern und Stauden, im Garten, im Wald und auf Wiesen anzutreffen. Er ernährt sich von Pollen und Nektar, seine Larve von Mulm. Faßt man den Käfer an, so entleert er einen stinkenden, schmutzigweißen, schmierigen Saft. Die Larve lebt in vermodernden Baumstuppen, gelegentlich auch in Ameisenhaufen.

15. Großer Goldkäfer, der (*Cetonia speciosissima*): Der rein goldfarben glänzende Käfer ist äußerst selten und fast doppelt so groß wie der Gemeine Goldkäfer. Er lebt fast ausschließlich in alten Eichenbeständen.

16. Pinselkäfer, der (*Trichius rosaceus*): Der 1 bis 1,2 cm große Käfer ist auf dem Halsschild und auf dem Kopf gelblich und auf der Unterseite stark weißlich behaart. Die Flügeldecken sind auffallend schwarz-gelb gezeichnet (zwei gelbe Binden, die an der Naht der Flügeldecken zusammenfließen, sowie drei schwarze Binden). Der Käfer kommt in vielen Teilen Europas in lichten Wäldern und Parklandschaften vor. Sein Hauptverbreitungsgebiet sind die Mittel- und Hochgebirge sowie die Alpenvorberge. Er fliegt von Juni bis August und ernährt sich hauptsächlich von verschiedenen Blütenteilen (z. B. blühenden Brombeeren und Disteln). Die Larven leben in modernden Lbh und ernähren sich vom Mulm. Die Entwicklung dauert mind. zwei Jahre.

Blattkäfer: (*Chrysomelidae*): weltweit verbreitete Fam. kleiner bis mittelgroßer Käfer mit über 34 000 Arten, davon etwa 1300 in Europa und ca. 480 einheimisch. Nach den → Rüsselkäfern die artenreichste Fam. im Tierreich. B. sind überwiegend rundlich bis eiförmig, buntfarbig schillernd und verursachen Löcher- und oft sogar Kahlfraß. Die bunten oder schwarzen Larven leben frei auf den Blättern, fressen gesellig und skelettieren die Blätter bis auf die Blattrippen. Die Puppen hängen frei an der Blattunterseite, bei einigen Arten befinden sie sich im Boden. Die Generation ist einfach, zweifach oder mehrfach. Die Überwinterung – meist als Käfer – findet im Boden oder unter Laubstreu statt.

1. Blauer Erlenblattkäfer, der (*Agelastica alni*): Der 0,6 bis 0,7 cm lange, dunkel- bis stahlblau schillernde Käfer lebt hauptsächlich auf den Er, ist aber auch gelegentlich auf Pa, Wei und Bi anzutreffen. Er fliegt im Mai/Juni, neigt zur Massenvermehrung und befrißt das Laub meist jüngerer Er. Das Weibchen legt die dottergelben Eier in Eipaketen auf den Blattunterseiten ab. Die behaarten, glänzend schwarzen und sechsbeinigen Larven skelettieren die Blätter bis auf die Rippen, können aber auch an der Rinde nagen. Bei massenhaftem Auftreten kann an jungen Pflanzen, v. a. in Pflanzgärten, großer Schaden entstehen; die Bäumchen sterben aber nicht ab. Die Verpuppung erfolgt im Juli/August im Boden. Der Käfer erscheint bereits im Herbst und überwintert unter Laubstreu und Moos. Einjährige Generation.

2. Erzfarbiger Erlenblattkäfer, der (*Melasoma aenea*): Der 0,6 bis 0,8 cm lange Käfer ist sehr farbvariabel, meist ist er jedoch metallisch grün, blau oder kupferrötlich. Ähnlich wie beim Blauen Erlenblattkäfer leben Käfer und Larven auf Erlenblättern, auch auf Birkenblättern und skelettieren die Blätter.

3. Pappelblattkäfer, der (*Melasoma populi*). Der etwa 1 bis 1,2 cm lange Käfer hat einen gleichmäßig gewölbten Körper, einen schwarzen Kopf und ein schwarzes Halsschild sowie ziegelrote Flügeldecken mit kleinen schwarzen Ecken an den Enden. Der Käfer erscheint bereits an den ersten warmen Tagen im April und bewohnt Laubmischwälder, wo er v.a. junge Pa, aber auch Wei befällt. Sein Fraß ist an den unregelmäßigen Löchern in den Blättern erkennbar. Das Weibchen legt seine Eier in mehreren Eipaketen zu 20 bis 30 Stück an der Blattunterseite ab. Die weißliche Larve mit schwarzen Punktwarzen schlüpft nach einigen Tagen und frißt die Blätter der Pa bis auf die Rippen ab. Bei Massenvermehrung kann der Fraß zur totalen Entlaubung führen. Nach einer Fraßzeit von drei Wochen erfolgt die Verpuppung. Die Puppen hängen gestürzt (Stürzpuppen) an der Rinde bzw. an den Blättern; nach knapp einer Woche schlüpfen die Käfer. Auf Grund der kurzen Entwicklungszeit kann es in warmen trockenen Jahren zu mehreren Generationen und damit zur Massenvermehrung, v. a. in Pappel-Reinbeständen kommen. Der Käfer überwintert im Boden.

4. Aspenblattkäfer, der (*Melasoma tremulae*): Der Käfer ist etwas kleiner als der Pappelblattkäfer, sieht ihm aber sehr ähnlich. Ihm fehlt jedoch die schwarze Spitze an den Flügeldecken, auch sind diese über dem Hinterleib am stärksten gewölbt. In der Lebensweise gleichen sich jedoch beide Arten. Der A. kann besonders in Weidenhegern schädlich werden.

5. Korbweidenblattkäfer, der (*Phyllodecta vulgatissima*): Der 0,5 cm großte Käfer ist farbvariabel, meist metallisch grün oder blau, auch violett oder fast schwarz. Er verläßt bereits im April sein Winterquartier (unter der Laubdecke, unter Baumrinden, in größeren Borkenkäfergängen) und frißt in die noch jungen Blätter der Wei, aber auch in die der Pa Löcher. Die gelblichweißen Eier werden vom Weibchen portionsweise in Doppelreihen an der Unterseite der Blätter abgelegt. Die anfangs hellen, später schwärzlichen Larven mit olivgrüner Mittellinie skelettieren dicht gedrängt die Blätter von der Unterseite her. Etwa im Juli erfolgt die Verpuppung im Boden. Nach etwa 19 Tagen erscheinen die Jungkäfer, die einige Zeit im Laub fressen, ehe sie sich zur Winterruhe verstecken. Bei Massenvermehrung kann bei mehrjährigen Kulturen ein Zuwachsverlust eintreten, einjährige hingegen können absterben. Schäden treten in Korbweidenkulturen auf. I. a. überdauern diese schnellwüchsigen Baumarten Kahlfraß, wobei Massenentwicklungen der Käfer nie anhalten.

6. Kleiner Weidenblattkäfer, der (*Phyllodecta vitellinae*): Der durchschnittlich nur 0,4 cm lange Käfer ist meist bronzegrün oder blau (farbvariabel) und stimmt in der Lebensweise mit dem Korbweidenblattkäfer überein.

7. Gelbbrauner Salweidenblattkäfer, der (*Galeruca capreae*): Der kleine, 0,4 bis 0,6 cm lange Käfer ist oberseits meist bräunlichgelb und kommt auf jungen Wei und Bi vor. Er neigt ebenfalls zur Massenvermehrung und frißt anfangs an den Triebspitzen und später an den Blättern. Lebensweise ähnlich wie der Korbweidenblattkäfer.

8. Gelber Weidenblattkäfer, der (*Galeruca lineola*): Der 0,5 bis 0,6 cm lange Käfer ist etwas größer als der Gelbbraune Salweidenblattkäfer und gleichfalls farbvariabel. Die Oberseite ist gelbbraun, die Unterseite schwarz. Wie bei allen Weidenblattkäfern skelettiert die Larve die Blätter und verpuppt sich im Boden. Die Generation ist mehrfach. Der im Boden überwinternde Käfer ähnelt in der Lebensweise sehr dem Gelbbraunen Salweidenblattkäfer.

9. Eichenerdfloh, der (*Haltica erucae* = *H. quercetorum*): Der 0,5 cm große Käfer ist länglich-eiförmig und oberseits glänzend dunkelbraun; er kann springen (Sprungbeine mit verdickten Hinterschenkeln). Er fliegt im Frühjahr und frißt an den Blättern von Laubhölzern, hauptsächlich der Ei. Die grünschwarzen Larven mit mehreren Querreihen von Punkten auf den Hinterleibsringen skelettieren die Blätter bis auf die Rippen. Die Jungkäfer fressen bis Herbst und überwintern unter Laubstreu oder in Baumritzen. Der durch Käfer und Larven entstehende Schaden fällt nur in Pflanzgärten an jungen Ei ins Gewicht, kann aber gelegentlich erheblich sein. Die Generation ist einfach.

10. Kartoffelkäfer, der (*Leptinotarsa decemlineata*): auch Coloradokäfer. Der etwa 1 cm lange Käfer wurde aus Nordamerika (Colorado) 1877 über Frankreich in Mitteleuropa eingeschleppt. Heute ist er fast weltweit verbreitet. Der breitelliptische Käfer ist gelb und hat zehn schwarze Längsstreifen auf den Flügeldecken und schwarze Punkte auf dem ebenfalls gelben Halsschild. Sein Lebensraum sind Kartoffelfelder, aber auch Gärten und Laubmischwälder. Der Käfer erscheint im Frühsommer (Mai) aus seinem Winterquartier im Boden. Das Weibchen, das zwei Jahre alt werden kann, legt die orangegelben Eier in kleinen Eiplatten zu etwa 20 Stück an der Blattunterseite von Kartoffeln, aber auch anderen → Nachtschattengewächse wie z. B. Tollkirsche, Stechapfel, Tabak ab.

Blattkissen, das: → Blattpolster.

Blattknospe, die (Laub- oder Holzknospe): Bez. für eine → Knospe in länglicher Form, die keine Blüten hervorbringt.

Blattknoten, der: → Knoten.

Blattlack, der: → Schellack.

Blattläuse (*Aphidina*): weltweit verbreitete Unter-Ordn. der Pflanzenläuse (Pflanzensauger). Von den rd. 2500 bekannten Arten kommen ca. 850 in Mitteleuropa vor. Sie umfassen u. a. die Fam. der Röhrenläuse (*Aphididae*), Fichtengallenläuse (*Adelgidae*) und Blasenläuse (*Pemphigidae*) mit in Europa 20 Arten. B. sind kleine, bis 3 mm lange, grün, gelb oder schwarz gezeichnete Schnabelkerfe mit Schreitbeinen, jedoch ohne Sprungvermögen. Durch das Saugen an Pflanzen (Rinde, Blatt, Wurzeln) können sie z. T. sehr schädlich werden. Sie haben vier große, weichhäutige und durchsichtige Flügel, die sie in Ruhestellung dachartig zusammenlegen; Weibchen sind vielfach ungeflügelt. Am Hinterleib besitzen sie meistens besondere wachsabscheidende Sekretröhrchen, die der Abwehr von Feinden dienen. Der von ihnen überschüssig aufgenommene Zuckersaft wird als zuckerhaltiger Kot (→ Honigtau) auf den Blättern der Wirtspflanzen abgeschieden und von Ameisen und anderen Insekten als Nahrung sehr geschätzt. Die Fortpflanzung ist kompliziert. I. a. findet Generationswechsel zwischen mehreren Generationen von Sommerweibchen, die sich durch Jungfernzeugung vermehren, und Geschlechtstieren im Herbst, die den Winter überdauernde Eier ablegen, statt, aus denen die ungeflügelten Stammütter (*Fundatrices*) hervorgehen. Mit dem Generationswechsel ist häufig ein Wirtswechsel verbunden. B. saugen meist in Kolonien an Pflanzen (Saftschmarotzer) und sind auch Überträger von pflanzlichen Viruskrankheiten. Sie verursachen Blattverfärbung, Rollung, Kräuselung oder Gallenbildung (→ Gallen). Da Pflanzen hauptsächlich aus Kohlenhydraten und unverdaulichen Zellstoffen (Zellulose) bestehen, verlangt die Umwandlung in die für die B. (und für alle Tiere) lebenswichtigen Proteine spezielle Einrichtungen. Die B. verfügen über Organe, sog. Myzetome, in denen Mikroorganismen wie → Pilze und → Bakterien wohnen, die den für die Eiweißproduktion notwendigen Stickstoff aus der Luft anreichern. Diese in einer Art Zweckgemeinschaft (→ Symbiose) mit den Pflanzensaugern lebenden, nützlichen Hausgenossen werden vom Muttertier an die Nachkommen weitergegeben. Die natürlichen Feinde der B. sind Marienkäfer und ihre Larven sowie die Larven von Schweb-, Blattlaus- und → Florfliegen. Viele Arten können bei Massenauftreten in der Forstwirtschaft Schäden anrichten. Die wichtigsten, an Waldbäumen vorkommenden Arten sind:

1. Wollige Buchenblattbaumlaus, die (*Phyllaphis fagi*): auch Buchenzierlaus. Die sehr kleine Laus saugt im Mai/Juni, oft in Massen, an der Unterseite der Blätter und Triebe. Larven und Altläuse sind in bläulich-weiße Wachswolle gehüllt, so daß bei starkem Befall die Blätter wie mit weißen Wollflecken übersät sind. Die B. scheidet viel Honigtau aus und wird hauptsächlich jungen Buchenpflanzen und Keimlingen schädlich, deren Blätter sich einrollen, vertrocknen und absterben. Die an den Knospenschuppen abgelegten Eier überwintern.

2. Buchenkrebsbaumlaus, die (*Lachnus exsiccator* = *Schizodryobius pallipes*): Die etwa 5 mm lange Laus mit fein behaarten, schwarzen Fühlern findet sich kolonieweise an meist 20- bis 40jährigen, hauptsächlich freistehenden Bu, seltener an Ei und Lä. Die saugende Laus verursacht eine krebsartige Wucherung des Bastes, so daß die Rinde der Länge nach aufreißt (die Läuse sitzen meist in Längsreihe). Die glänzend rotbraunen, kaum sichtbaren Eier werden unter aufgesprungener Rinde abgelegt. Einen Befall der B. verraten häufig die in Massen auftretenden → Ameisen (→ Symphilie).

3. **Weißtannenstammlaus**, die (*Mindarus abietinus*): auch Harmlose Tannenlaus, Weißtannentrieblaus. Die geflügelt grüne, ungeflügelt graue bis gelbgrüne Laus sitzt an den Nadeln und der Rinde junger Tannentriebe. Die Nadeln verkümmern und krümmen sich nach oben. Die befallenen Zweige erhalten ein graues Aussehen, weil sich die weiß gestreiften Nadelunterseiten nach außen kehren. Die Eier überwintern.

4. **Ulmenbeutelgallenlaus**, die (*Schizoneura lanuginosa*): auch Ulmenhaargallenblattlaus, Birnenblutlaus, Birnenwurzellaus. Sie erzeugt an freistehenden, strauchartigen Feldulmen, große, stark behaarte, beutelförmige Gallen an den Spitzen der Seitentriebe. Die walnuß- bis kartoffelgroßen Gallen (blasige Auftreibungen) sind anfangs grün und später schwarz; sie fallen besonders in den Wintermonaten auf. Die Jungläuse entwickeln sich in den Gallen. Sie benötigen den Birnbaum als Zwischenwirt und pflanzen sich auf diesem fort.

5. **Ulmenblattrollenlaus**, die (*Schizoneura ulmi*): Die ungeflügelt glänzend dunkelgrüne, geflügelt braun bis schwarze Laus kommt gelegentlich in Massen auf der Unterseite der Ulmenblätter vor. Die befallenen Blätter rollen sich einseitig nach unten ein. Der Blattrand des eingerollten Teils vergilbt und färbt sich später schwärzlich. Als Zwischenwirt dienen die Wurzeln von Stachel- und Johannisbeersträuchern.

6. **Ulmenblattgallenlaus**, die (*Tetraneura ulmi*): Die Laus saugt an Blattunterseite von BUl und FUl. Auf der Blattoberseite entstehen dabei gestielte, erbsen- bis bohnengroße gelbe Gallen. Etwa Ende Juni entsteht an den Gallen ein seitlicher Riß, aus dem die geflügelten Jungläuse entweichen. Diese wechseln auf verschiedene Gräser über (Zwischenwirt) und pflanzen sich als Wurzelläuse fort. Die Gallen dieser Laus können die Blätter oft massenhaft bedecken und junge Pflanzen ernstlich schädigen.

7. **Eschenblattnestlaus, Tannenwurzellaus**, die (*Prociphilus fraxini* und *Pemphigus poschingeri*): Die aus den Wintereiern geschlüpften ungeflügelten Eschenläuse saugen an der Blattunterseite der Eschenblätter. Sie verursachen dabei ein nestartiges Zusammenkrümmen der Blätter. Diese sind durch den vielen Honigtau naß und klebrig. Die nachkommenden geflügelten Eschenläuse wechseln dann auf junge Ta über. Sie gebären dort die sehr beweglichen Larven der Tannenwurzellaus, die unter der Erde an den Wurzeln saugen. Durch die Wurzelschäden kränkeln die jungen Ta, bilden verkürzte Triebe aus oder sterben bei starkem Befall ab. V. a. in Pflanzgärten können dabei empfindliche Ausfälle eintreten. Die etwa im Oktober entstehenden geflügelten Tannenwurzelläuse fliegen wieder auf Es zurück.

8. **Eschenzweiglaus** (*Prociphilus bumelia*): Sie lebt anfangs in Kronennähe, später an den Trieben der Es. Verursacht bogenförmige Krümmungen der jungen Zweige und an den Blattfiedern nestartige Bildungen. Nebenwirt ist die Ta.

9. **Grüne Fichtengallenlaus**, die (*Sacchiphantes viridis;* früher*: Chermes viridis*): Die überwinternden, eierlegenden Altläuse scheiden Wachswolle ab. Sie saugen an den jungen austreibenden Maitrieben der Fi und verursachen dabei die großen, dunkelgrünen bis rotbraunen, großschuppigen und ananasähnlichen Fi-Gallen (Ananasgallen), an deren Spitze der Trieb normal weiterwächst. Eine Galle kann dabei bis zu 150 Jungläuse (Sommerläuse) enthalten. Im Juli/August öffnen sich die Gallen, vertrocknen und werden braun. Die aus der Kammer schlüpfenden, hellgrünen bis gelben Jungläuse wechseln sofort auf die Lä (Zwischenwirt) über. Die Nachkommen saugen an den Nadeln und überwintern auf der Rinde. Im Frühjahr verursachen sie an den Lä-Nadeln Knickungen. Im Mai fliegen sie wieder auf die Fi zurück. Ähnlich ist die **Gelbe Fichtengallenlaus** (*Sacchiphantes abietis*), bei der die Fi Hauptwirtspflanze bleibt.

10. **Kleine Fichtengallenlaus**, die (*Adelges laricis = Cnaphalodes strobilobius*): auch Rote Fichtengallenlaus. Die sehr kleine, bis 2 mm große dunkelkirschrote und geflügelte Laus befällt hauptsächlich unterdrückte oder sonst kümmernde Fi. Sie erzeugt Gallen von der Größe einer Erbse bis zu der einer Haselnuß; die Form erinnert an eine Erdbeere (Erdbeer-Gallen). Die Gallen sind hellgrün bis gelblich-weiß; ihre Oberflächen sind dicht mit Läusen besetzt. Im Innern der Gallen wachsen die Jungläuse heran, die ebenfalls die Lä als Zwischenwirt haben und auf ihrer Rinde überwintern. Sie bevölkern oft in Massen als kleine Wachswollflöckchen die jungen Lä-Nadeln.

11. **Tannentrieblaus**, die (*Dreyfusia nordmannianae*): auch Bösartige (Gefährliche) Tannenlaus (Tannentrieblaus), Weißtannenlaus, Einbürtige T., Nüsslinsche Tannenjungholzlaus. Die ursprünglich aus dem Schwarzmeergebiet stammende, sehr kleine, rot bis dunkelbraun gefärbte und ungeflügelte wie geflügelte Laus kommt in ganz Mitteleuropa vor. Sie befällt Orientfichte und Nordmannstanne, in Mitteleuropa ganz besonders aber die Ta in jeder Altersphase. Während die Altläuse hauptsächlich den Stamm und die Äste befallen, wobei es zu geschwollenen Triebansätzen kommt, befallen die Jungläuse (Sommerjungläuse) die Unterseite der Maitriebnadeln. Im Unterschied zum Schadensbild der Weißtannentrieblaus krümmen sich die befallenen Nadeln nach unten, vertrocknen, und die Triebe sterben ab. Ähnlich ist die seit 1957 bekannte **Zweibrütige Tannentrieblaus** (*Dreyfusia merkeri*) und die **Weißtannenstammlaus** (*Dreyfusia picea*).

12. **Strobenwollaus**, die (*Pineus strobi*): Die kleine, von weißer Wachswolle bedeckte Laus überzieht massenhaft Stämme und Zweige der Stro. Befallen werden Bäume in allen Altersklassen, die dann mit weißen Wachswollflocken übersät erscheinen. Die Bäume kränkeln bei starkem Befall und sind empfänglich für den → Strobenblasenrost.

13. **Douglasienwollaus**, die (*Gilletteella cooleyi*): auch Wollaus. Die 1925 aus Nordamerika eingeschleppte, etwa 1 mm große Laus befällt die Nadelunterseiten der Dgl und scheidet weiße Wachswolle aus. Die besaugten Maitriebnadeln sind erkennbar an gelblicher Verfärbung und Runzelung. Junge Dgl werden durch Nadelfall und Zuwachsverlust geschädigt.

14. **Spiralgallenlaus** (*Pemphigus protospirae* und *P. spirothecae*): auch Pappelblattlaus. Verursacht bei SchPa am Blattstiel spiralig gedrehte Gallen (→ Blattstielgalle).

15. **Sitkalaus** (*Liosomaphis abietina*): auch Fichtenröhrenlaus. Eine grüne, geflügelte und ungeflügelte Blattlaus mit roten Augen, die besonders die SFi, aber auch die SeFi und auch alle anderen Arten der Gatt. *Picea* befällt. Sie kann bei Massenbefall bereits im Frühjahr innerhalb kurzer Zeit eine gelbliche Nadelfleckung hervorrufen und kurz darauf Nadelfall verursachen. Befallen werden meist die alten Nadeln, die sich vor dem Abfallen braunrot oder violett verfärben.

Blattlauslöwen → Florfliegen.

Blättlinge: Bez. für Pilze der Gatt. → Lenzites-Pilze.

Blattnarbe, die: Bez. für die Stelle an den Zweigen der → Holzgewächse, an der ein abgefallenes Blatt (→ Blattfall) gesessen hat. Die B. enthält je nach der Anzahl der im Blattstiel verlaufenden Gefäßbündel (→ Leitbündel) Strangspuren in verschiedener Anzahl; z. B. bei den Ul drei, bei der Ha fünf. Die B. können sein: schmal; schmal und stengelumfassend; schmal und knospenumfassend; dreieckig; oval; wappenförmig. In der → Dendrologie gelten die B. als wichtige Erkennungs- und Bestimmungsmerkmale für → Laubgehölze im winterlichen Zustand.

Blattnekrose, die: das Absterben von Blättern. Am Rand: sog. Blattrandnekrose (z. B. bei Streusalzschäden). In den Feldern zwischen den Blattadern: Interkostalnekrose (lat.: inter = zwischen, costa = Rippe). Daneben können auch punktförmige B. auftreten. Im Wald werden B. als Folge von Luftschadstoffen (→ Luftverunreinigungen) beobachtet; → Bakterien, Mangelsymptome an Bäumen.

Blattnerven → Blatt.

Blattodea → Schaben.

Blattoidea → Schabenartige.

Blattpilze: → Ahornrunzelschorf und → Eichenmehltau.

Blattpolster, das (Blattkissen): die wie ein Gelenk wirkenden Verdickungen (Anschwellungen) des Blattgrundes, die die → Sproßachse völlig bedecken können, z. B. Nadelkissen der → Koniferen. Die B. verleihen dem → Blatt eine große Beweglichkeit.

Blattquerschnitt, der: → Blattaufbau.

Blattränder: Die verschiedenen Formen (→ Blattform) der einfachen Laubblätter (→ Blatt) werden je nach Beschaffenheit des Randes bezeichnet als: **ganzrandig**, wenn der Rand völlig glatt ist, d. h. keine Einschnitte hat; **gezähnt**, wenn die Vorsprünge spitz und die Einschnitte abgerundet sind; **gekerbt**, wenn die abgerundeten Vorsprünge im spitzen Win-

Blattränder

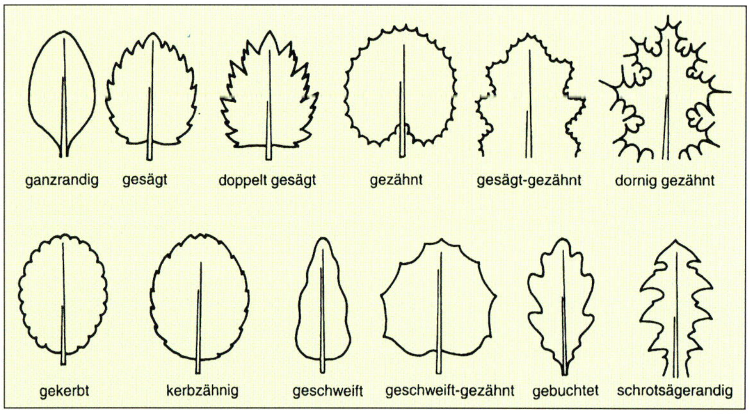

kel zusammenstoßen; **gesägt**, wenn die Einschnitte und die Vorsprünge spitz sind; **doppelt gesägt**, wenn die Einschnitte nochmals gesägt sind; **gebuchtet**, wenn die Vorsprünge und Einschnitte abgerundet sind; **gelappt**, wenn die Einschnitte nicht die Mitte der Blatthälfte erreichen; **fiederspaltig**, wenn die Einschnitte bis zur Mitte einer Blatthälfte reichen; **fiederteilig**, wenn die Einschnitte über die Mitte der Blatthälfte, bis zur Mittelrippe oder bis zum Blattgrund gehen.

Blattrandnekrose, die: → Blattnekrose.

Blattrippen (Blattadern, -nerven): → Blatt.

Blattroller (*Attelabidae*): auch Roller, Blattwickler. Rüsseltragende Käfer-Fam., die aus Blättern bestimmter Pflanzenarten (→ Laubholz) zigarren-, tüten- oder kurze tönnchenförmige Trichter wickelt, in denen sie ihre Eier ablegt. Da jede Art ein eigenes, kompliziertes Verfahren entwickelt hat, ist der Fertiger der Rollen leicht zu bestimmen. Die → Käfer sind meist rot oder metallisch grün oder blau gefärbt, die weißlichen, augen- und beinlosen Larven mit hornigem Kopf ähneln den Larven der → Rüsselkäfer. Die Verpuppung erfolgt meist im Boden; die Überwinterung erfolgt als Käfer.

1. Pappelblattroller, der (*Byctiscus populi*): Der etwa 0,4 bis 0,6 cm lange Käfer ist metallisch grün mit Kupfer- und Goldglanz, auch blau oder schwarz und nur schwer bestimmbar. Das Männchen unterscheidet sich vom Weibchen durch zwei spitze Dornfortsätze auf dem Halsschild. Der Käfer ist auf Pa und Wei, seltener auf anderen Lbh anzutreffen und ein typischer Bewohner des → Auwaldes. Das Weibchen rollt (näht) die Blätter zu einer Röhre zusammen, in der sich die Larve entwickelt. In eine meist nur 3 mm dicke Rolle wird nur ein Ei gelegt. Das Blatt (die Rolle) wird bald welk und fällt zu Boden. Zur Verpuppung gräbt sich die Larve in den Boden ein. Der nach ein oder zwei Jahren schlüpfende Käfer frißt streifenartig auf den Blättern.

2. Birkenblattroller, der (*Deporaus betulae*): Der 0,3 bis 0,5 cm lange, metallisch schwarz glänzende, manchmal pechbraune Käfer ist auf den Flügeldecken fein punktiert-gestreift. Die Männchen unterscheiden sich durch ihre kräftigen Schenkel von den Weibchen. Der Lebensraum sind lichte Wälder, Gärten, Parkanlagen, Straßenalleen und Moore. Er ist an Bi gebunden. Die Weibchen fertigen mit dem Rüssel auf der Blattunterseite vom Blattgrund her einen Behälter (Trichter), in den sie zwei bis vier Eier ablegen. Die ausschlüpfenden Larven ernähren sich davon zwei bis drei Monate und verpuppen sich im Boden. Im darauffolgenden Frühjahr schlüpfen die Jungkäfer. Die Generation ist einjährig. Die Gatt. *Deporaus* hat die deutsche Bez. „Trichterwickler", weil die Blattrollen ein trichterförmiges Aussehen haben.

3. Haselblattroller, der (*Apoderus coryli*): Der 0,6 bis 0,8 cm lange Käfer ähnelt im Aussehen dem Eichenblattroller. Die Oberseite ist rot, der Kopf und die Unterseite schwarz. Die Flügeldecken sind grob mit Punktstreifen. Der häufige Käfer bewohnt Laubwälder, Gärten und Parkanlagen und findet sich auf Haselsträuchern, aber auch auf anderen Lbh von Mai bis August. Die Weibchen wickeln die Blätter in typischer Blattrollerart. Die Blätter welken jedoch nicht und verbleiben am Strauch. Die aus den ein bis vier bernsteingelben Eiern schlüpfenden Larven entwickeln sich im Blatt. Bereits im Herbst schlüpfen die Jungkäfer, die sich bald zur Überwinterung in den Boden eingraben. Die Generation ist meist einfach, bei günstigen Verhältnissen zweifach. In diesem Fall überwintern die Larven in der Blattrolle am Boden; die Verpuppung findet dann im Frühjahr statt.

4. Eichenblattroller, der (*Attelabus nitens*): auch Roter Eichenkugelrüßler. Der etwa 0,5 cm große, rote Käfer mit stark gewölbtem Körper hat schwarze Oberschenkel, der sonst ähnliche Haselblattroller hingegen rote; auch ist der Halsschild des letzteren viel schmäler. Der häufige Käfer befällt im Mai/Juni junge Ei, gelegentlich auch andere Lbh. Das Weibchen fertigt kurze Tönnchen – diese Art wird deshalb auch Tönnchenwickler genannt – aus den Blättern und belegt jedes mit einem Ei. Der Stiel des jungen Eichenblattes wird durchgebissen, damit das Blatt mit dem Ei zu Boden fällt. Hierin frißt und überwintert die Larve. Zur Verpuppung gräbt sie sich in den Boden ein, wo bald darauf der Käfer schlüpft. Generation einfach.

5. Rebenstecher, der (*Byctiscus betulae*): Der 0,5 bis 0,7 cm lange, metallisch grün oder blau glänzende Käfer hat auf den Flügeldecken punktierte Längsreihen. Er erscheint im Frühjahr hauptsächlich auf dem Weinstock, aber auch auf Bi, Bu, Pa, Wei u. a. Lbh. Die Weibchen wickeln ein Blatt zu einem sog. „Zigarrenwickel" und legen ein Ei ab. Das Blatt welkt ab, fällt zu Boden und dient der ausschlüpfenden Larve als Nahrung. Die Verpuppung erfolgt im Boden; im Herbst erscheinen die Jungkäfer.

6. Ahornblattroller, der (*Deporaus tritis*): ähnlich den anderen Roller-Arten. Der A. kommt am BAh vor. Die Blätter werden so gewickelt, daß die Mittelrippe stets unverletzt bleibt.

Blattscheide, die: in der Botanik Bez. für einen verbreiterten und abgeplatteten Blattgrund. Die B. umhüllt schützend den Stiel und die zugehörige Achselknospe, die interkalare Wachstumszone des nächts höheren Stengelabschnitts.

Blattschirm, der: selten verwendete Bez. für die → Kronenschirmfläche eines Baumes.

Blattschorf, der: Bez. für verschiedene, durch Pilzbefall verursachte Pflanzenkrankheiten, z. B. → Kiefernschütte, Douglasienschütte, Lärchenschütte.

Blattspiegelwert, der: die Konzentration der Nährelemente in den Blättern (→ Blatt) oder Nadeln, bezogen auf die Trockensubstanz; der B. wird bei der → Blattanalyse bestimmt. Der Stickstoffgehalt liegt z. B. bei Bi zwischen 2 – 3,5 %, bei Ta zwischen 1,1 – 1,6 %, der Calciumgehalt bei denselben Baumarten zwischen 0,1 – 0,8 %, bzw. 0,6 – 1,2 %.

Blattspitze, die: Die Spitze eines → Blattes kann sein: spitz, zugespitzt, stachelspitzig, stumpf, abgestumpft, abgerundet, ausgerandet, eingeschnitten und herzförmig.

Blattspreite, die: → Blatt.

Blattspur, die: Bez. für alle → Leitbündel, die aus einer → Sproßachse in ein Blatt eintreten; einzelne Bündel werden B.-Stränge genannt.

Blattstellung, die (*Phyllotaxis*): Da die Blätter (→ Laubblätter) für die → Photosynthese Sonnenlicht benötigen, sind diejenigen Blätter, die an einem Stengel übereinander stehen, so angeordnet, daß die obereren den unteren nicht das Licht wegnehmen. Um die gesetzmäßige Anordnung der Blätter an einer Pflanze zu beschreiben, bedient man sich eines Diagramms, bei dem die Blätter auf Kreisen liegen, deren Mittelpunkte den Stengel bilden.

Nach der B. werden unterschieden:

a) **wechselständige Blätter** (schraubige, zerstreute oder spiralige Blätter), wenn an jedem Knoten nur ein Blatt ausgebildet ist (z. B. Ei), d. h. die Blätter stehen in Schraubenlinie einzeln an den Knoten. Oft sind sie zweizeilig gestellt, d. h. sie liegen in einer Ebene (z. B. Ul).

b) **gegenständige Blätter**, wenn zwei Blätter sich an einem Knoten gegenüberstehen (z. B. Ah).

c) **kreuz(gegen)ständige Blätter**, wenn gegenständige Blätter sich kreuzweise gegenüberstehen (kreuzweise gegenständig, wie z. B. Wald-Ehrenpreis).

d) **quirlständige Blätter** (wirtelige Blätter), wenn beliebig viele Blätter (mind. aber drei) an

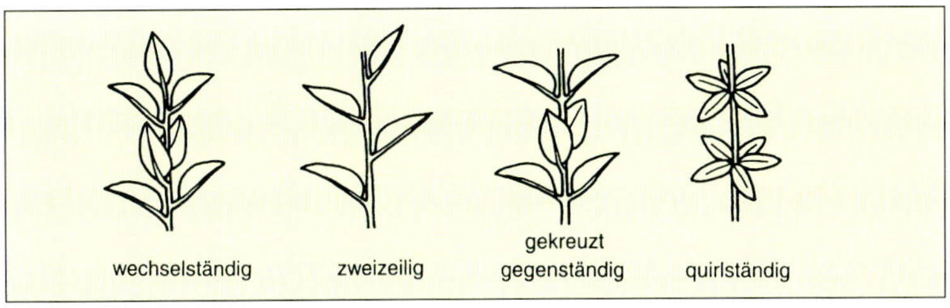

◂◂ Blattstellungen

einem Knoten sitzen, z.B. beim Waldmeister und beim Wacholder.

e) **grundständige Blätter**, wenn alle Blätter an der Basis des Sprosses angeordnet sind (stengellose Pflanzen, z. B. Primel). Sind mehrere Blätter ausgebildet, stehen sie immer auf Lücke.

Blattstiel, der: → Blatt.

Blattstielgalle, die: durch die Spiralgallenlaus (*Pemphigus spirothecae*) an den Blattstielen der SchPa hervorgerufene → Galle; → Blattläuse 14. Der Blattstiel verdickt sich und ist auch spiralig gedreht. Die Gallen öffnen sich dann im September und entlassen eine große Menge an blaugrauen Läusen.

Blattumriß, der: Dem B. nach sind Blätter rund, elliptisch, eiförmig, herzförmig, nierenförmig, lanzettlich, nadelförmig etc.; → Blatt, Blattform.

Blattverfärbung, die: → Blattfarbstoffe.

Blattverluste (Nadelverluste): Verlust von Blättern durch Wildverbiß (→ Verbiß), Hagel, Raupenfraß, Baumkrankheiten, Herbizideinsatz u. a. Auch durch → Luftverunreinigung werden bei den Bäumen die lebensnotwendigen Funktionen der Blätter und Nadeln gestört. Es kommt zu vorzeitigem Blatt- und Nadelabfall (→ Blattfall) bzw. die Blatt- und Nadelmasse nimmt ab. Die Luftschadstoffe wirken mittelbar auf die Blätter und Nadeln ein oder unmittelbar durch Störung der Wurzelsysteme. Verschiedene Laubbäume reagieren auch mit wesentlich kleineren Blättern im Kronenbereich und mit einer geringeren Blattzahl an den Trieben (schwacher Blattaustrieb; z. B. bei Bu). Die betroffenen Bäume haben eine aufgelichtete oder aufgelöste Krone, man spricht von Kronenverlichtung. Ähnlich verhält es sich bei Nadelbäumen. Gesunde Nadelbäume, die, mit Ausnahme der Lä, ihre Nadeln mehrere Jahre behalten, z. B. Kie drei bis vier Jahre, Fi sechs bis sieben Jahre, im Hochgebirge sogar doppelt so lange, Ta zehn bis zwölf Jahre, erleiden ebenfalls vorzeitigen Nadelabfall im oberen Kronenbereich und zeigen verkürzte Nadeln. Eine stark geschädigte Fichte verliert z. B. von ihren sechs bis sieben Nadeljahrgängen drei Nadeljahrgänge vorzeitig. Es sind dies immer die älteren Nadeljahrgänge, die vorzeitig abfallen. Die Nadeln verfärben sich erst fahlgrün, werden gelbgrün, später braun und dann rot. B. können auch aus folgenden Gründen eintreten: 1. durch Hemmung der Wasseraufnahme, also Vertrocknen, oder durch stagnierende, d.i. beständige Bodennässe (Wurzeln faulen); 2. durch Lichtmangel oder Lichtüberschuß (Absterben des → Chlorophylls); 3. durch plötzliche Hemmung oder Steigerung der Transpiration (→ Verdunstung), weil die → Spaltöffnungen ihre Gestalt nicht entsprechend schnell verändern können; 4. durch Frost oder Hitze (Erfrieren oder Verbrennen); 5. durch tierische oder pilzliche Schädlinge; 6. durch Verletzungen bei Hagelschlag oder Unwetter; → Kronenzustandserhebung, Schadstufen, Waldschäden.

Blattwespen: (*Pamphiliidae, Tenthredinidae, Siricidae*): eine fast weltweit verbreitete Fam.-Gruppe der Pflanzen- oder Sägewespen in großer, oft auffallend bunter Artenzahl. Rund 4000 Arten sind derzeit weltweit bekannt, davon leben ca. 850 Arten in Europa. Die Larven (→ Afterraupen) leben teils frei, teil in → Gallen oder Gespinsten auf ihren Nährpflanzen. Die erwachsenen B. sind überwiegend Pflanzen- und Blütensaftfresser, einige Arten auch Räuber. Die Larven ernähren sich hauptsächlich von Nadeln und Blättern. B. haben keine typische Wespentaille, bei ihnen schließt vielmehr der Hinterleib breit an die Brust an. Sie wirken dadurch dick und plump. Die Weibchen legen ihre Eier mit einer kurzen, sägeartigen Legescheide (Legebohrer) in aufgeschlitzte Nadeln. Die nackten Raupen sind meist 22-, bei einigen Arten auch 8-, 18- oder 20beinig. Bei Beunruhigung nehmen sie häufig eine S-förmige Haltung ein und führen schlagende Bewegungen aus. Die Verpuppung erfolgt im Herbst teils frei in einer Erdhöhle, hauptsächlich aber in einem festen Kokon, in dem sie im Boden oder oberirdisch an Pflanzen zusammengezogen bis zum Frühling ruhen, dann Puppe werden und gegen Ende des Frühlings als Wespen erscheinen. Beim Schlüpfen wird der Kokon kreisförmig durchnagt und wie ein Deckel abgehoben. Einige Arten können durch Massenvermehrung an Kie und Fi schädlich werden. Eine Bekämpfung ist wegen des dichten Gespinstes schwierig und nur durch das kostenintensive Anbringen von → Giftringen oder → Fangplatten möglich, mit denen die zur Eiablage hochkriechenden Weibchen abgefangen werden können. Die forstlich bemerkenswertesten Arten sind:

1. Große Kiefern(bestands)gespinstblattwespe, die (*Acantholyda nemoralis = Lyda stellata*): Die im Mai/Juni schwärmende Wespe ist etwa 1,2 bis 1,4 cm groß. Kopf und Brust sind tiefbraun bis schwarz mit gelben Zeichnungen. Der Hinterleib ist platt, braunschwarz und mit gelbroten Seitenrändern versehen. Die Beine sind rostrot. Sie bevorzugt ältere Kiefernbestände und klebt ihre Eier stets einzeln an ältere Nadeln. Die etwa zwei bis vier Wochen nach Eiablage schlüpfenden olivgrünen, mit braunen seitlichen Streifen versehenen Larven leben meist einzeln in einem fast kotfreien, durch hineingezogene Nadeln rötlich schimmernden Gespinst. Sie ernähren sich von Kiefernnadeln. Bei Massenvermehrung kann Kahlfraß entstehen, wobei Kie flächenweise absterben können.

2. Stahlblaue Kiefern(schonungs)gespinstblattwespe, die (*Acantholyda erythrocephala*): Die regelmäßig, aber nicht zu häufig vorkommende, etwa 1 bis 1,2 cm große Wespe ist stahlblau. Der Kopf des Weibchens ist rot; das Männchen hat eine gelbe Stirn. Die länglichen Eier werden paarweise an der Nadeloberseite von 10- bis 15jährigen Kie (auch Bergkiefer, Stro, Zir) abgelegt. Die grüngelbe, etwa 2,2 cm große Larve mit braunem Streifen auf dem Rücken baut nach dem Schlüpfen eine Gespinströhre und lebt zuerst von den Maitrieben, später von den vorjährigen Nadeln. Im Juni seilt sie sich zum Boden ab, begibt sich in die Bodenstreu und überwintert. Die Verpuppung erfolgt im Frühjahr; im April schlüpft die Wespe.

3. Fichten(nadel)gespinstblattwespe, die (*Cephaleia abietis = Lyda hypotrophica*): auch Fichtenkotsackwespe. Der Vollkerf mit schwarzem Kopf und Thorax und gelben Flecken ist 1,1 bis 1,4 cm groß. Die männliche Wespe schwärmt Mitte Mai bis Mitte Juni hauptsächlich um die Mittagszeit, das schwerfällige Weibchen hält sich indessen mehr am Boden auf. Sie befällt überwiegend die 60- bis 120jährigen Fichtenbestände im Mittelgebirge und bevorzugt hierbei sonnige Lagen. Die anfangs meist grasgrün und dunkelköpfig aussehenden und etwa 2 cm großen Raupen (später heller mit einer x-förmigen, fast schwarzen Kopfzeichnung) leben in großen, dicht mit Kot gefüllten Gespinsten, meist an vorjährigen Trieben, deren Nadeln gänzlich gefressen werden. Im August lassen sie sich fallen und leben im Boden in einer Tiefe um 30 cm. Dort verbleiben sie bis zum folgenden zweiten und dritten Frühling, verpuppen sich im April/Mai, und zwei bis drei Wochen später schlüpfen die an Kopf und Brust glänzend schwarzen mit hellgelben Zeichnungen versehenen Wespen. Der Hinterleib ist vorne ebenfalls schwarz, der übrige Teil rötlichgelb.

4. Kleine Fichtenblattwespe, die (*Pristiphora abietina = Lygaeonematus abietina*): Die kleine, mit borstenförmigen Fühlern versehene Wespe (0,5 bis 0,6 cm) befällt ältere, lichtstehende Fi, hauptsächlich aber 20- bis 60jährige Bestände. Die Eier werden einzeln (je Nadel ein Ei) an die Nadeln im Kronenbereich abgelegt. Die hellgrünen Raupen schlüpfen bereits einige Tage später und leben getrennt. Sie fressen die jungen Maitriebe und lassen sich bereits nach einigen Wochen zu Boden fallen und überwintern unverpuppt in einem Kokon eingesponnen. Anfang Mai schlüpfen dann die Wespen. Durch den Fraß der Nadeln können Wipfeldürre und -mißbildungen sowie Zuwachsverlust eintreten.

5. Gemeine Kiefernbuschhornblattwespe, die (*Diprion (Lophyrus) pini*): Bei der verhältnismäßig kleinen, gedrungenen Wespe ist das

Männchen (0,7 bis 0,8 cm) schwarz mit rötlicher Hinterleibspitze und doppelgekämmten, buschigen Fühlern (Name!). Das Weibchen (bis 1 cm) ist überwiegend blaßgelb, Kopf und Mitte des Hinterleibes sind schwarz, die Fühler borstenförmig und sägezähnig. Die Wespe kommt hauptsächlich an Kie vor und zwar bevorzugt in → Stangenhölzern. Zur Schwärmzeit (April/Mai und Juli/August, in rauheren Zonen im Juni/Juli) fliegen nur die Männchen; die Weibchen kriechen träge in den Zweigen. Letztere schneiden mit den sägeartigen Legeröhren die Nadeln von unten nach oben bis auf die Mittelrippe auf und legen in die Rinne eine Reihe von Eiern ab. Die Rinne verschließen sie mit einem schaumartigen sich bald erhärtenden Sekret. Die schlüpfenden Larven fressen die vorjährigen Nadeln (Sommerfraß) und im Herbst auch die diesjährigen Nadeln (Herbstfraß). Die im Frühjahr fressenden Raupen verpuppen sich im Juli an Nadeln und Rinde im Kokon. Nach zwei bis drei Wochen schlüpfen dann die Wespen. Die im Herbst fressenden Raupen verspinnen sich hauptsächlich in der Bodenstreu und überwintern unverpuppt. Bei Massenvermehrung kann Kahlfraß auftreten.

6. **Birkenknopfhornblattwespe**, die (*Cimbex femorata*): auch Große Birkenblattwespe. Die etwa 2,5 cm große, träge Wespe erkennt man an den geknöpften Fühlerspitzen (keulenartige Verdickungen). Ihre Zeichnung ist unterschiedlich gelb-schwarz. Sie kommt häufig vor und ist streng an Bi gebunden. Die Schwärmzeit ist Mai/Juni. Die Eier werden einzeln an der Unterseite von Birkenblättern abgelegt. Die etwa 3,4 cm großen, lebhaft grünen 22beinigen Raupen haben einen gelben Kopf und einen schwarzen Rückenstreifen. Sie fressen sich in der Dämmerung und nachts, auf der Blattseite sitzend, bis zur Rippe des Blattes durch. Tagsüber ruhen sie zusammengerollt auf der Blattunterseite. Der Vollkerf ringelt dünne Birkenzweige, wird aber nicht schädlich.

7. **Lärchengespinstblattwespe**, die (*Cephalcia (Cephaleia) alpina* = *Lyda lariciphila*): Die etwa 0,9 bis 1,1 cm große Wespe von schwarzer Grundfarbe legt die Eier bevorzugt an den höheren Kronenteilen und Außenzweigen der Lä ab. Die etwa 1,5 cm großen Larven sind überwiegend dunkelgrau mit einem breiten dunkelvioletten bis dunkelbraunen Rücken. Die Puppen sind gelb mit schwarzen Augen. Fraßpflanzen sind ELä und JLä bis zu einem Alter von etwa 20 Jahren.

Neben diesen forstlich wichtigen Arten findet sich im Wald noch die **Kiefernkotsackblattwespe** (*Acantholyda hieroglyphica* = *Lyda campestris*, auch Kiefernkulturgespinstblattwespe. Die schwarze 1,2 bis 1,7 cm große Wespe mit gelben Zeichnungen auf Kopf und Brust legt ihre Eier vorwiegend an die Nadeln junger Kie. Die Gespinströhren der Raupen sind stark von tiefbraunen Kotkrümelchen verklebt (Name!). Daneben kommen noch vor: Die **Rotgelbe Kiefernbuschhornblattwespe** (*Diprion sertifer* = *Lophyrus rufus*), an Jungpflanzen der Kie, BKie, SKie, Stro und Zir; die **Hellfüßige Kiefernbuschhornblattwespe** (*Diprion pallipes*) an Jungkiefern. Sie schwärmt zweimal im Jahr; die **Große Lärchenblattwespe** (*Nematus (Pristiphora) erichsonii*) an Lä aller Alterklassen; die **Kleine Lärchenblattwespe** (*Lygdeonematus laricis*) an Lä; die **Braungelbe Weidenblattwespe** (*Pteronidea salicis*) an Wei und Pa; die **Blauschwarze Birkenblattwespe** (*Arge pullata*) und die **Große Birkenblattwespe** (*Cimbex femorata*) an Bi; die **Kleine Lindenblattwespe** (*Caliroa annulipes*) an Li, Wei, Bi und Ei; die **Weidenknopfhornblattwespe** (*Pseudoclavellaria amerinae*) an Wei und Pa; die **Gelbe Pappelblattwespe** (*Trichiocampus viminalis*) an verschiedenen Pappelarten und an Salweide; die **Rotfleckige Erlenblattwespe** (*Eriocampa ovata*) an Er, sowie die **Große Pelzblattwespe** (*Trichiosoma lucorum*) an Bi und Ohrweide (Larve blau- oder gelbgrün bis 4,5 cm groß); → Gallwespen, Gespinstblattwespen, Holzwespen.

Blattwickler → Blattroller.

Blauäugiger Waldportier, der: → Augenfalter 4.

Blaubeere, die: → Heidelbeere 1.

Bläue, die: → Blaufäule.

Blaue Blume, die: Symbol für die Dichtung der Romantik, aber auch Synonym für romantische Sehnsucht. Die B. B. ist zentrales Thema in dem Roman „Heinrich von Ofterdingen" von Novalis (1772 – 1801): „Es blüht im Walde tief drinnen, die B. B. mein".

Bläuepilze: Zu den B. gehören mehr als 100 Arten in unterschiedlicher systemischer Stellung, v. a. *Ophiostoma*-Arten und andere Ascomyceten. B. leben vom Plasma der Markstrahlparenchymzellen und haben tiefblaue Hyphen. Sie sind an bestimmte Wassergehalte des Holzes gebunden, die nach Arten verschieden hoch sein kann (i. d. R. 30 bis 40 % → Holzfeuchtigkeit). Die Infektionen erfolgen über Fraßgänge stammbewohnender Insekten, über Wunden am Stamm oder über die Schnittflächen. Sie bewirken z. T. eine deutliche Blaufärbung des eingeschlagenen (waldfrischen) oder des lagernden (eingeschlagenen), teils des verarbeiteten (gestrichenen) Holzes (Splint des Nadelholzes). Je nach Intensität und Lage des Befalls wird die Bläue als → Holzfehler eingestuft; → Blaufäule.

Blaue(r/s) ... siehe unter dem jeweiligen Hauptnamen.

Blaufalke, der: → Falken 1. und 3.

Blaufäule, die (Bläue): eine bläuliche bis blaugraue Holzverfärbung an → Nadelholz, v. a. an Kie einschließlich Stro, seltener an → Laubholz (z.B. Ah, Li). Die durch → Bläuepilze (→ Holzpilze) verursachte Verfärbung erstreckt sich nur auf den → Splint, vermindert den Wert des Holzes (Schönheitsfehler) und schränkt die Verwendung des Holzes für bestimmte Zwecke ein. Unterschieden werden drei Formen:

1. Stammholzbläue des liegenden Holzes (seltener des stehenden, fast toten Holzes),
2. Schnittholzbläue (bei zu feuchter oder unsachgemäßer Lagerung des Schnittholzes),
3. Anstrichbläue oder „tertiäre Bläue" bei gestrichenem oder lackiertem Holz.

Die B. wird durch Pilze, v.a. durch die *Ceratocystis*-Arten (Stammholzfäule) hervorgerufen. Eine Holzzersetzung findet nicht statt, die Festigkeit des Holzes bleibt deshalb erhalten. Zur Verhütung der B. wird das Holz trocken gelagert, rasch getrocknet (Schnittholz) oder auch ganz im Wasser gelagert (Rundholz); → Naßholzkonservierung, Winterfällung.

Blaufichte, die: → Fichten 4.

Blauflügelige Ödlandschrecke, die: → Feldheuschrecken 1.

Blaufrüchtige Brombeere, die: → Rubus 3.

Blaugras, das (*Sesleria*): auch Kopfgras. Gatt. der Fam. → Süßgräser mit rd. 30 Arten in Europa und Vorderasien. Die bekannteste Art ist:

Kalk-Blaugras, das (*Sesleria álbicans* Kit. ex Schult. = *S. caerúlea ssp. Varia* (Jacq.) Hayk): Das fast über ganz Europa verbreitete, im Norden jedoch seltene Licht- und Halbschattengras kommt im Süden verbreitet bis häufig vor. Im Alpenvorland ist es häufiger anzutreffen und in den Kalkalpen ist es dann bis in Höhen von über 2500 m beherrschendes Element einer Gesellschaft der Steinrasen und Schutthänge, die auch Blaugrashalde genannt wird. Es ist dort ein wertvoller Rohbodenbesiedler und Schuttstauer. Das K. wächst in lichten Wäldern, besonders Kiefern- und Buchenwäldern (Assoziations→ Charakterart des Blaugras-Buchenwaldes), in Trocken- und Halbtrockenrasen, Kalktrockenrasen sowie auf trockenen Wiesen, vorzugsweise auf trockenen, kalkreichen, flach- bis mittelgründigen, gut durchlüfteten steinigen Lehmböden oder feinerdearmen Steinblöcken.

Das mehrjährige, horstbildende, kalkliebende Ährenrispengras hat einen Wurzelstock ohne → Ausläufer, aus dem es bald nach der Schneeschmelze, je nach Höhenlage von März bis Mai treibt und häufig dichte Rasen bildet. Die etwa 10 bis 50 cm hohen Halme stehen aufrecht und sind meist nur am Grund beblättert. Die Blätter sind blaß- bis blaugrün, lineal, mit stumpfer Spitze und kurzer rauher Stachelspitze, etwa 2 bis 5 mm breit, flach, rinnig, mit stark hervortretendem Mittelnerv und am Rande rauh. BZ: je nach Höhenlage März/April, in Hochlagen bis August. Die eiländliche bis zylindrische, etwas einseitswendige Ährenrispe ist blau überlaufen, pergamentartig schimmernd und hat am Grunde schuppenförmige, häutige Tragblätter (→ Hochblätter). Die etwa 4 bis 5 mm langen → Ährchen sind meist zweiblütig, gelegentlich auch dreiblütig. Die bläulichen Deckspelzen haben drei bis fünf Zähnchen.

Blaugras-Buchenwald, der (*Seslerio-Fagetum, Seslerio variae-Fagetum, Sesleria-Fagus*-Gesellschaft): auch Fels- und Mergelhang-Buchenwald, Steilhang-Buchenwald. Diese seltene Assoziation des Unterverbandes → Orchideen-Buchenwälder oder Seggen-Buchenwälder (*Cephalanthero-Fagenion*) des Verbandes der → Buchenwälder (*Fagion sylvaticae*) ist auf trockenen Hängen von festem Kalk- oder Dolomitgestein mit flachgründigen Böden anzutreffen. Sie kann aufgrund verschiedener Ursachen entstehen.

Entscheidend ist aber in jedem Fall ein höherer Lichtgenuß, der eine üppige Bodenvegetation bedingt. Der B. entsteht durch Auflichtung der Baumschicht (→ Vegetationsschichten des Waldes) in natürlich lückigen Beständen in steilem Gelände, aber auch durch Beweidung. In der schwachwüchsigen Baumschicht treten Mebe, Kie, Fi und Ta beigemischt auf. In dieser Gesellschaft treten die Arten des mesophytischen Laubwaldes stark zurück und lassen Arten des Kiefernwaldes Raum. Dabei ist zwischen den Ausbildungen an Nordhängen mit Moosen und den trockeneren Südhängen zu unterscheiden. An Nordhängen sind z. B. Heidelbeere, Nickendes Wintergrün, Waldschwingel und Hainsimse zu finden, an Südhängen Blaugras (→ Charakterart), Ästige Graslilie, Gewöhnliche Felsenbirne, Schwalbenwurz, Berg-Kronwicke. Da am Alpenrand keine ausgesprochene Sommertrockenheit auftritt, treten die Charakterarten des → Seggen-Buchenwaldes nur spärlich auf.

Blaugrüne Mosaikjungfer, die: → Libellen 4.

Blaugrüne Segge, die: → Seggen 15.

Blaugrüne Weide, die: → Weiden 2.

Blauholz, das: → Färberhölzer.

Blaukehlchen, das: → Drosseln 3.

Blaukopf, der: → Eulen B 10.

Bläuliches Habichtskraut, das: → Habichtskraut.

Bläulinge (*Lycaenidae*): weltweit verbreitete, artenreiche Fam. kleiner bis mittelgroßer → Tagfalter mit über 4000 Arten v.a. in den Tropen der Alten und Neuen Welt. Etwas weniger als 100 Arten sind davon in Europa heimisch. Die Flügeloberseiten sind meist lebhaft blau, grün, braun, orange oder rot, oft mit Metallglanz. Die Flügelunterseiten sind hingegen fast immer ganz anders gefärbt und gezeichnet, meist mit dunklen, hell gerandeten Punkten oder kleinen Augenflecken, oft auch mit bunter Randzeichnung. Die Weibchen unterscheiden sich in der Färbung häufig erheblich von den Männchen. Die Raupen ähneln in ihrer Gestalt einer Kellerassel; viele Arten scheiden aus einem Organ auf dem Rücken ein zuckerhaltiges Sekret aus, das von → Ameisen aufgenommen wird. Einige Arten überwintern in Ameisennestern und ernähren sich vermutlich von den Larven der Ameisen. Die Puppe ist kurz und rundlich. Sie hängt entweder kopfabwärts (Stürzpuppe) an ihrem Hinterende angesponnen oder liegt auf der Erde unter Laub etc. Folgende Arten kommen u.a. auch im Wald oder am Waldrand vor:

1. **Blauer Eichenzipfelfalter**, der (*Thecla quercus*): auch Eichenschillerchen, Viereichenfalterchen. Länge der Vorderflügel: 1,5 cm. Der Falter ist oberseits schwarzbraun, beim Männchen mit dunkel-violettblauem Schimmer. Auf der hellgrauen Unterseite der Flügel verläuft eine weiße, mäßig gezackte Linie. Die Vorderflügel des Weibchens haben im unteren Teil von der Wurzel weg drei violettblaue, unterschiedlich lange Streifen. Der Falter fliegt in einer langdauernden Generation von Juni bis August in Eichenwäldern, hauptsächlich im Kronenbereich. Die braune Raupe mit dunklen Rücken- und Seitenstreifen überwintert in der Eihülle und schlüpft im Frühjahr. Sie lebt anfangs in den Triebknospen, später an jungen Blättern von Ei.

2. **Eichenzipfelfalter** (Brauner), der (*Nordmannia ilicis*): Länge der Vorderflügel ca. 1,8 cm. Das Männchen ist oberseits unscheinbar braun gefärbt; das Weibchen hat auf den Vorderflügeln einen großen roten Fleck. Auf der Unterseite der Hinterflügel befinden sich bei beiden rote, schwarz eingefaßte Randflecke. Der seltene Falter steht auf der → Roten Liste. Er fliegt von Ende Juni bis Juli in einer Generation an trockenen Plätzen mit Eichengebüsch. Die in einer Eihülle überwinternde Raupe ist grün mit dunkleren grünen und gelben Linien. Sie lebt von Eichenblättern.

3. **Birkenzipfelfalter**, der (*Thecla betulae*): auch Nierenfleck. Länge der Vorderflügel ca. 2 cm. Das Weibchen ist oberseits dunkelbraun mit nierenförmigem, orangefarbenem Fleck auf den Vorderflügeln und rotem Fleck in den Spitzen des geschwänzten Hinterflügels. Beim Männchen ist der nierenförmige Fleck nur angedeutet, bei einigen fehlt er ganz. Die Vorderseite ist bei beiden Geschlechtern heller mit je zwei schwarz und weiß angelegten Linien. Der sehr seltene Falter (Rote Liste) fliegt von Mitte Juli bis September in einer langdauernden Generation. Sein Fluggebiet sind Waldränder, Parklandschaften sowie Geländeteile mit Schlehen und Haselsträuchern; im Gebirge geht er bis 1000 m Höhe. Aus dem überwinternden, weißen Ei schlüpft im Mai die grüne Raupe mit gelben Streifen. Sie lebt v. a. an Schlehe, Pflaume, aber auch an Bi. Nach einer Fraßzeit von ca. vier Wochen verpuppt sie sich. Die hellbraune Puppe befindet sich am Boden unter Laub.

4. **Brombeerzipfelfalter**, der (*Callophrys rubi*): Länge der Vorderflügel ca. 1,7 bis 1,8 cm. Der oberseits braune Falter ist unterseits grün und kann daher kaum mit einem anderen Falter verwechselt werden. Er fliegt in einer Generation von April bis Juli an Waldrändern, Hecken und in sonnigen Kiefernwäldern vom Tiefland bis ca. 2000 m Höhe. Der Falter ist weit verbreitet und auch noch häufig anzutreffen. Die grüne Raupe mit gelben Linien lebt an den Knospen und Trieben von Ginster, Stechginster, Geißklee, Goldregen, Brombeere und Heidelbeere, aber auch an anderen Pflanzen. Die braune und schwarze Raupe überwintert am Boden.

5. **Ulmenzipfelfalter**, der (*Strymonidia w-album*): Länge der Vorderflügel 1,3 bis 1,6 cm. Der oberseits braune Falter hat unterseits eine deutliche, weiße, w-förmige Linie. Auf der Unterseite der Hinterflügel befindet sich eine Reihe bogenförmiger, miteinander verbundener, orangefarbener Flecken, die schwarz umrandet sind. Der seltene U. fliegt in einer Generation von Juni bis August und kommt lokal in Au- und Laubwäldern vor. Dort hält er sich mit Vorliebe in den Kronen der Ul und Li auf. Aus dem überwinternden Ei schlüpft im Frühjahr die gelblich-grüne Raupe. Sie lebt von Knospen, Blüten und Blättern der Ul und Li. Die Puppe ist braun.

Zu den Bläulingen gehören u. a. der Eichenzipfelfalter (Bild links) und der Birkenzipfelfalter, der größte Zipfelfalter Mitteleuropas (Bild rechts).

6. **Pflaumenzipfelfalter**, der (*Strymonidia pruni*): Länge der Vorderflügel: 1,5 bis 1,7 cm. Der oberseits braune Falter ähnelt dem Ulmenzipfelfalter. Im Unterschied zu diesem fehlt ihm die weiße Zeichnung auf der Unterseite der Hinterflügel; er hat aber dafür auf der Oberseite der Hinterflügel eine Reihe orangefarbener Randflecke. Der seltene und nur lokal anzutreffende P. fliegt in einer Generation von Mai bis Juli meist am Rande von Eichenwäldern und im Gelände mit Schlehengebüsch. Aus dem überwinternden Ei schlüpft im Frühjahr die anfangs gelbe und braune, später grün werdende Raupe. Sie lebt an den Blättern der Schlehe. Die Puppe ist braun und weiß.

7. **Dukatenfalter**, der (*Heodes virgaureae*): auch Goldrutenfalter, Feuervogel. Länge der Vorderflügel 1,7 bis 1,9 cm. Der Falter ist wegen einer Vielzahl ähnlicher Arten und wegen der häufig variierenden Färbung schwer bestimmbar. Das Männchen ist i. a. oberseits leuchtend orange mit schwarzem Saum; die Hinterflügel haben schwarze Saumflecken. Das weniger kräftig orange gefärbte Weibchen hat oberseits schwarzbraune

Fleckenreihen. Beide Geschlechter sind unterseits ockergelb und haben schwarze Punkte in den Vorderflügeln und eine Reihe weißer Flecken in den Hinterflügeln. Der D. fliegt im Juli/August in einer Generation in lichten Wäldern und auf blumenreichen, feuchten Wiesen bis gegen 2000 m Höhe. Aus dem überwinternden Ei schlüpft etwa im April die dunkelgrüne Raupe mit gelben Streifen und schwarzem Kopf. Sie frißt an Goldrute und Ampferarten, besonders am Sauerampfer. Die Puppe ist braun mit dunkelbrauner Zeichnung.

8. **Faulbaumbläuling**, der (*Celastrina argiolus*): Länge der Vorderflügel 1,3 bis 1,6 cm. Das einfarbig blaue Männchen ist kleiner als das Weibchen, das am Saum einen braunen Rand hat. Der weit verbreitete F. fliegt in zwei Generationen (April/Juni und Juli/ August) in Auen und Gärten, an Waldrändern und auf buschbestandenem Gelände. Die grüne Raupe mit gelblich-weißer Zeichnung lebt auf Faulbaum, Pfaffenhütchen, Ginster, Hartriegel und an anderen Sträuchern. Die Puppe ist ockergelb mit braunen Flecken, die zweite Generation überwintert.

Der Zweiblättrige Blaustern hat zwei grundständige grüne Blätter.

9. **Schwarzgefleckter Bläuling**, der (*Maculinea arion*): auch Quendel-Ameisenbläuling, Arion-Bläuling. Länge der Vorderflügel 1,6 bis 1,9 cm. Der oberseits leuchtend blaue Falter hat einen braunen Rand und längliche schwarze Punkte. Die Unterseite hat eine blaugrüne Basalbestäubung, tiefschwarze, weiß gerandete Flecken und eine Doppelreihe solcher Flecken vor dem Saum. Die Flecken des Weibchens sind meist größer. Der Falter fliegt in einer Generation von Juni bis Juli auf Waldwiesen und trockenen, grasigen Plätzen. Die schmutzig blaßrote Raupe frißt an Thymian und überwintert und verpuppt sich in Ameisennestern. Die Puppe ist bräunlich-weiß.

Blauöl, das: → Harzöl.

Blauracke, die (*Coracias garrulus* L.): auch Mandelkrähe. Länge: ca. 30 cm, Gewicht: um 140 g. Fam. Racken (*Coraciidae*). Sie steht unter Naturschutz.

Die hauptsächlich in Süd- und Osteuropa vorkommende B. ist in Dtschl. als Brutvogel nur noch selten anzutreffen. Sie bewohnt Althölzer mit Lichtungen und Schneisen, offenes Gelände mit einzelnen Bäumen und Baumgruppen, auch Sandgruben im offenen Gelände mit entsprechenden Höhlungen und Nischen in den Wänden. Die B. tippelt auf dem Boden und bewegt sich im Gezweig flatternd. Der Flug ist gaukelnd; zur Balzzeit überschlägt sich das Männchen mehrfach und ruft dabei laut. Sie sitzt gerne auf Telefondrähten, Baumspitzen, Pfählen oder auf Getreidegarben, den sog. Mandeln, weshalb sie auch „Mandelkrähe" genannt wird. Zugvogel, der im August/September in die afrikanischen Winterquartiere zieht und erst im April/Mai wiederkehrt.

Die in Südeuropa häufig kolonieweise brütende B. baut in Mitteleuropa das Nest einzeln. Als Nistplatz werden natürliche Höhlen in Bäumen, Sand- und Lehmwänden, Nistkästen oder alte Spechthöhlen gewählt. Die Eier liegen häufig ohne jede Unterlage auf dem Mulm der Höhle. Die vier bis fünf Eier (35,4 x 28,4 mm, ca. 14 g) sind glänzend weiß. Es brüten abwechselnd beide Elternteile. Brutdauer: 18 Tage, Nestlingszeit: 28 Tage. Eine Jahresbrut (Mai/Juni).

Nahrung. Hauptsächlich Insekten aller Art, wie Käfer, Heuschrecken, Grillen, Libellen, die im Fluge gefangen oder vom Boden aufgelesen werden. Außerdem Eidechsen, Mäuse und kleine Frösche.

Blauroter Steinsame, der: → Steinsame 2.

Blauschwarze Birkenblattwespe, die: → Blattwespen.

Blauschwarzer Eisvogel, der: → Edelfalter 4.

Blau-Segge, die: → Seggen 15.

Blausieb, der: → Holzbohrer 2.

Blauspecht, der: → Kleiber.

Blaustern, der (*Scilla*): auch Szilla. Gatt. der → Liliengewächse mit rd. 100 Arten in Europa, den gemäßigten Gebieten Asiens und in den tropischen Gebirgen Asiens und Afrikas. Es handelt sich um bis zu 30 cm hohe Stauden mit linealischen bis länglich-eiförmigen, grundständigen Blättern und blauen, rosaroten oder purpurfarbenen, stern- oder glockenförmigen Blüten, die in Trauben (→ Blütenstand) stehen. Eine bekannte, auch in unseren Wäldern wachsende Art ist:

Zweiblättriger Blaustern, der (*Scilla bifolia* Linné): auch Sternhyazinthe, Zweiblättrige Meerzwiebel. Der über Mitteleuropa, im Norden bis Holland, über Süd- und Südosteuropa verbreitete, gebietsweise aber fehlende Z. B. ist selten und wächst in lichten Laubwäldern, feuchten Hainbuchen- und Buchenwäldern, bodenfrischen Flaumeichenwäldern, krautreichen Eichen- und Buchenwäldern (Klassen → Charakterart der Buchen- und sommergrünen Eichenwälder Europas), in Auwäldern, Hartholz-Auenwäldern, Gebüschen, Hecken und auf feuchten Wiesen; Frischezeiger (→ Bodenanzeiger).

Die ausdauernde, 10 bis 20 (30) cm hohe, kahle Pflanze hat eine kugelig-eiförmige Zwiebel und meist zwei, selten drei bis fünf lebhaft grüne, bis 10 cm lange und 1,3 cm breite, breit-linealische Blätter, die einen runden, zarten Stengel unterhalb der Mitte umfassen. Der Stengel des von März bis April blühenden Z. B. trägt eine endständige, zwei bis achtblütige, lockere Blütentraube. Die sechs freien, hellblauen, seltener weißlichen oder rosafarbenen Blütenblätter stehen sternförmig ab. Die Frucht ist eine 7 bis 10 mm lange Kapsel, die Samen mit kleinem Anhängsel enthält (→ Ameisenpflanzen).

Der ähnliche, wärmeliebende **Herbst-Blaustern** (*Scilla autumnalis*) ist relativ selten und wächst auf Trockenrasen im Elsaß und anthropogen im Kaiserstuhlgebiet. Die drei bis sechs Blätter erscheinen im Frühjahr und welken im Herbst nach der Blütezeit (August bis Oktober). Die blauvioletten Blüten stehen in 10- bis 20blütigen Trauben.

Blaustiel-Schleimfuß, der: → Schleierlinge 4.

Blautaube, die: → Wildtauben 1. und 2.

Blauweide, die: → Weiden 2.

Blauwerden, das: die Blaufärbung des Holzes, z. B. der → Splint von Kie, Fi usw. durch Pilze; → Blaufäule.

Blauziemer, der: → Drosseln 5.

Blechen, K. → Wald in der Malerei.

Blechnum → Rippenfarn.

Blei, das: bläulichweißes, weiches und für Mensch, Tier und Pflanze giftiges → Schwermetall, Zeichen „Pb" (für Plumbum), Atomgewicht 207,19, Spez. Gewicht 11,34, Schmelzpunkt 327 °C. Es wird zur Herstellung von Autobatterien, für die Hülle von Kabeln und als Zusatz im Benzin gebraucht. Der Gesamtverbrauch in Dtschl. liegt bei etwa 330 000 t pro Jahr. Die Bleiemissionen stammen hauptsächlich aus dem Kfz-Verkehr, aus bleiverarbeitenden Betrieben und Metallhütten. B. ist im Boden sehr immobil und wird deshalb dort stark angereichert. Bei → pH-Werten unter 4 nimmt seine Löslichkeit stark zu. Für die Bleigehalte in Pflanzen ist v. a. der Staubniederschlag entscheidend, über die Wurzeln erfolgt nur geringe Aufnahme. Hohe Bleigehalte in der Pflanze beeinträchtigen den Stoffwechsel und können zu Schäden an Wurzeln und oberirdischen Pflanzenteilen führen. B. reichert sich über die → Nahrungskette in Pflanzen und Tieren, aber auch im menschlichen Körper an. Relativ hohe Konzentrationen werden u. a. in Innereien und Gemüsen mit großer Blattoberfläche nachgewiesen. Bei chronischer Aufnahme von B. kann es zur Beeinträchtigung der Blutbildung und des Nervensystems führen; → bleifreies Benzin.

Bleibelastung, die: Belastung der Umwelt durch das Schwermetall → Blei. Durch das Gesetz zur Verminderung von → Luftverunreinigungen durch Bleiverbindungen in Ottokraftstoffen für Kraftfahrzeugmotore (→ Benzinbleigesetz) konnte in den Verkehrsschwerpunkten ein Rückgang der B. um ca. 60 % erreicht werden. Dennoch stellt der Kraftfahrzeugverkehr die Hauptquelle für die B. unserer Umwelt dar (jährlich ca. 3500 t).

Bleichen des Holzes, das: das Aufhellen des Holzes durch geeignete Bleichmittel, z. B. Wasserstoffsuperoxid.

Bleicherde, die: → Podsol.

Bleiche(r/s) ... siehe unter dem jeweiligen Hauptnamen.

bleifreies Benzin: Die Reinigung der → Autoabgase erfolgt mittels Abgaskatalysator. Damit könnten über 90 % der → Stickoxide, Kohlenwasserstoffe und des → Kohlenmonoxids herausgefiltert werden. Voraussetzung hierfür ist die Verwendung von b. B., da der Bleizusatz eine wirkungsvolle Abgasreinigung verhindert. → Blei wird jedoch derzeit dem Kraftstoff für Otto-Motoren zur Erhöhung der Oktanzahl als Antiklopfmittel zugesetzt. Ein mit Normalbenzin betriebenes Auto gibt z. B. auf 100 km Fahrt ca. 1 g Blei in die Atmosphäre ab; → Immissionen.

Bleistifte: Der Name B. stammt aus einer Zeit, als man noch mit → Blei schrieb. Im Jahre 1795 wurde die Graphitmine aus einem feingemahlenem Gemisch aus Graphit und Ton entwickelt und seither verwendet. Die auf ca. 1000 °C erhitzten (gebrannten) Minen werden zwischen Brettchen aus gut schneidbarem Holz geklebt. Die Brettchen werden dann zerschnitten und mit Fräsen getrennt. Für hochqualitative B. wird Zedernholz und Virginischer Wacholder verwendet, doch eignen sich hierzu auch Ah-, Li-, Fi-, Zir- und Pa-Holz. Im Jahre 1683 wurde der erste B. mit Holz hergestellt.

Bleistiftschnitt, der: ein → Schälschnitt von der Form eines Spanes, wie er beim Bleistiftspitzer entsteht. Der B. ergibt runde Schälfurniere (→ Furniere) mit schöner, radial aufgeteilter Zeichnung.

Blenderhieb, der: Auflichtung eines → Bestandes zur → Naturverjüngung.

blendern → plentern, femeln.

Blendersaumschlag, der: Schirmschlagverjüngung; → Verjüngungsverfahren.

Blenderwald, der: → Plenterwald.

Blendling, der: frühere Bez. für → Bastard und Hybrid.

Bleßhuhn, das: → Rallen 1.

Bleßralle, die: → Rallen 1.

Blindholz, das: bei Möbelherstellung und Innenausbau verwendetes → Holz i. d. R. minderer Qualität, das durch Aufleimen von → Furnieren (→ Absperrfurnieren) verschönert wird. B. ist somit der nicht sichtbare Holzteil. Als B. eignen sich Er, Fi und Kie, besonders aber Stro und Pa.

Blindschleiche, die (*Anguis fragilis*): auch Haselwurm, Hartwurm. Die B., eine Schleichenart, gehört zur weltweit verbreiteten Fam. der Echsen. Sie ist fast in ganz Europa anzutreffen und kommt in Dtschl. überall, teilweise auch häufig vor. Ihr Lebensraum sind mäßig feuchte, besonnte Laubwaldgebiete, Schneisen und Schonungen, feuchte Wiesen, Moore sowie Park- und Gartenanlagen. In den Alpen ist sie noch in Höhen von etwas über 2000 m anzutreffen. Sie lebt tagsüber meist verborgen unter Steinen (nicht selten zu mehreren), Stämmen, Fallaub oder in Erdlöchern und in Wurzelverstecken.

Die 40 bis 45, seltener bis 50 cm lange B. hat einen schlangenförmigen, gestreckten Körper und einen stumpfschnäuzigen, eidechsenartigen Kopf. Die einzelnen Körperabschnitte (Kopf, Hals, Rumpf und Schwanz) gehen fast unmerklich ineinander über. Der Schwanz von etwa doppelter Körperlänge endet stumpf. Er kann bei leichter Berührung bereits abgestoßen werden und regeneriert danach als kurzer, kegelförmiger Stumpf. Die kleinen Augen sind verschließbar, besitzen eine rötlichgelbe Iris und dunkle Pupillen.

Auf der Oberseite ist die B., die in der Färbung sehr variiert, gelbbraun oder rotbraun, zuweilen auch bleigrau gefärbt. Viele B. zeigen auf dem Rücken auch einen tiefbraunen oder schwarzen Mittelstreifen. Dieser kann aus einzelnen Stücken und Flecken bestehen oder auch eine durchgehende Linie bilden. Die Bauchseite ist beim Männchen gelblich, oft blaugrau gemustert oder schiefergrau mit gelben Abzeichen. Beim Weibchen ist die Bauchseite einfarbig schiefer- bis schwärzlichgrau oder bläulichschwarz. Junge B. sind oberseits silbergrau oder goldfarben mit dunk-lem Mittelstreifen. Die Bauchseite ist dunkelbraun oder stahlgrau, auch schwarz. Die Winterruhe beginnt in der zweiten Oktoberhälfte und dauert bis Ende März/Anfang April. Die B. (meist zu mehreren) zieht sich zur Winterruhe in verlassene Nagerbauten, selbstgegrabene Löcher oder in andere natürliche Schlupfwinkel, i. d. R. 0,5 bis 1 m unter der Erdoberfläche, zurück.

Die Paarung erfolgt im April/Mai, und ca. 11 bis 13 Wochen später werden zwischen Juni und August acht bis zehn, in Ausnahemfällen bis zu 25 Jungtiere einzeln in dünnhäutigen, unmittelbar nach der Geburt aufreißenden Blasen zur Welt gebracht und sind dabei 7 bis 9 mm lang. In Gefangenschaft können sie ein Alter von 30 Jahren erreichen.

Die Nahrung der B. besteht hauptsächlich aus Regenwürmern und Nacktschnecken, daneben aus Asseln, Spinnen, langsamen Insektenarten und deren Larven. Sie wird hauptsächlich in den frühen Morgenstunden, in der Dämmerung und nachts gesucht. Natürliche Feinde der B. sind v.a. Rotfüchse, Wildschweine, Marder, Igel, Störche, Reiher, Raben- und Greifvögel.

Blitzkäfer, der: → Blatthornkäfer 1.

Blitzlöcher: Wird bei Ndh ein Baum vom Blitz getroffen, sterben wegen des Wurzelverbundes meist auch die Nachbarbäume ab; es entstehen sog. B. Die Bäume, v. a. Fi, sind vorgeschädigt und werden leicht vom → Borkenkäfer befallen; → Blitzrinne.

Blitzpulver, das: → Bärlapp 1.

Blitzrinne, die: durch einen Blitz verursachter Schaden, der häufig im Wipfelbereich beginnt und am Stammfuß endet. Bei starken Blitzeinschlägen werden auf der gesamten Schaftlänge Rillen herausgerissen, wobei die Splitter in einem größeren Umkreis verstreut liegen. Bei leichteren Einschlägen platzt meist nur die Rinde. Blitzgefährdet sind v.a. → Überhälter, hochgelegene Bestände auf feuchtem Untergrund, Tiefwurzler und Bäume, die über unterirdischen Wasseradern stehen. Laubbäume schließen die B. durch → Überwallung. Die einzelnen Baumarten sind verschieden stark von erkennbaren Blitzschäden betroffen, ungeachtet der Blitztreffer. Von Blitzschäden

Blitze können Bäume auch sprengen.

betroffen sind: alle Nadelbäume, Ei, Ul, Pa, Wei, Es, Rob. Auf diese Tatsache gründet sich die volkstümliche (jedoch nicht richtige) Regel für das Verhalten bei Gewittern: „Von den Eichen mußt du weichen und die Weiden mußt du meiden, vor den Fichten sollst du flüchten, doch die Buchen kannst du suchen.". Blitzschäden sind besonders häufig bei der Ei, deren dicke, oft mit Moos bewachsene Borke das Wasser wie ein Schwamm aufsaugt und damit den auftreffenden Blitz im Rindenkörper ableitet. An der glatten Rinde der Bu läuft das Regenwasser fast ungehindert nach unten, und der Blitz wird daher meist ohne sichtbaren Schaden außen am Stamm in den Boden geleitet. Daher: Bei Gewitter weg von allen hohen Bäumen;→ Blitzlöcher.

◄◄◄ Die Blindschleiche ist eine beinlose Echse.

Blitzrisse → Risse 1).

Blitzschäden → Blitzlöcher, Blitzrinne.

▸▸▸ Moschusbock (*Aromia moschata*)

1. Großer Eichenbock, der (*Cerambyx cerdo*): auch Eichenheld-, Held-, Holz-, Riesen- oder Spießbock, Flicker. Der stattliche, 2,4 bis 5,3 cm lange, glänzend schwarze Käfer gehört mit zu den schönsten und größten Käfern Europas. Die braunschwarzen Flügeldecken verjüngen sich nach der Spitze hin und gehen in eine rotbraune Färbung über. Die Fühler sind sehr lang; bei Männchen überragen sie den Körper beträchtlich. Die Männchen sind kleiner als die Weibchen. Der bei uns bereits selten gewordene Käfer schlüpft zwar im Herbst, fliegt aber erst im Juni und Juli des folgenden Jahres, meist in der Abenddämmerung und nachts. Sein Lebensraum sind größere Eichenwälder; er findet sich aber gelegentlich auch in Parkanlagen mit alten Ei. Die Eiablage erfolgt hauptsächlich an frisch gefällten oder alten, kranken Bäumen hinter Rindenrissen. Die schlüpfenden Larven fressen anfangs unter der Rinde, später im → Bast (erkennbar an ausfließenden Baumsäften) und letztlich im → Kernholz, wobei fingerdicke Gänge mit

Großer Eichenbock (*Cerambyx cerdo*)

ovalem Querschnitt entstehen. Die Verpuppung der bis zu 9 cm großen, fetten und gelblichweißen Larve erfolgt nach drei bis vier Jahren in einer geräumigen, glattgenagten Puppenwiege. Das Puppenstadium dauert etwa fünf bis sechs Wochen. Der Käfer überwintert in der Puppenwiege. Durch den Larvenfraß stirbt zwar der Baum nicht ab, es tritt aber eine Wertminderung des Holzes ein. Die in das Kernholz genagten Gänge färben sich durch Pilzeinfall schwärzlich; der Holzhandel spricht daher vom „Großen schwarzen Wurm".

2. Kleiner Eichenbock, der (*Cerambyx scopolii*): auch Buchen(spieß)bock, Handwerker, Runzelbock. Mit einer Länge von 1,7 bis 3 cm ähnelt dieser ganz schwarze kleinere Käfer in Aussehen und Lebensweise dem Großen Eichenbock. Die Flügeldecken verjüngen sich bei ihm jedoch nicht. Da er nicht nur an Ei gebunden ist, sondern auch v. a. an Bu, gelegentlich an Ul, Kast, Pa, Wei, Nuss und alten Obstbäumen anzutreffen ist, wird er auch als „Buchenbock" bezeichnet. Der durch ihn verursachte Schaden ist durch die schmäleren, jedoch längeren (bis 12 cm) Gänge, die die Larve bohrt, auch geringer. Die Gesamtentwicklung dauert nur zwei Jahre. Der Käfer leckt den Saft von Laubbäumen.

3. Moschusbock, der (*Aromia moschata*): auch Bisambock. Der leuchtend metallisch blau oder blaugrün gefärbte Käfer ist 2,3 bis 4,3 cm lang und hat auf den Flügeldecken je zwei schwache Langsrippen. Am Halsschild befindet sich beiderseits je ein Dorn. Der wegen seines starken Moschusgeruches so bezeichnete M. findet sich regelmäßig, manchmal häufig in Auwäldern und lebt hauptsächlich an den Wei, in denen er an Zweigen und Stämmen umherklettert und ausfließenden Baumsaft saugt. Die Larven fressen in dünnen und dicken Ästen der SWei oder in den knorrigen Wurzelstöcken der Korbweiden und können, manchmal in Gemeinschaft mit anderen Schädlingen, Schaden verursachen. Stark befallene Bäume können nach einigen Jahren eingehen.

4. Eichenwidderbock, der (*Plagionotus arcuatus*): auch Eichenzier-, Wespenbock, Parkettkäfer, Rinden-Widderbock. Bei dem 1,5 bis 2 cm langen Käfer erinnert die Färbung an eine Wespe, wobei die gelben Flecken und Streifen auf den schwarzen Flügeldecken in der Form sehr variieren. Der Halsschild hat einen gelben Vorderrand und zwei gelbe schräge Flecken. Der flinke Käfer fliegt im Mai/Juni an sonnigen Tagen und befällt kränkelnde, stehende Bäume, aber auch unentrindetes lagerndes Holz. Bevorzugt werden Ei; er ist aber gelegentlich auch an Bu und anderen Lbh anzutreffen. Das Weibchen legt die etwa 30 Eier mit Hilfe der Legröhre in die Rindenspalten. Die jungen Larven dringen in den Bast ein und nagen breite, bis zu 2 m lange, zickzackförmige Gänge, die mit Nagespänen ausgefüllt sind. Gegen Ende des Sommers bohren sich die bis zu 4 cm lang werdenden Larven in das Holz ein. Die etwa 10 bis 15 cm langen Gänge schließen mit einer hakenförmig gekrümmten Höhlung, der Puppenwiege, ab. Der Jungkäfer verläßt die Wiege durch ein genagtes, querovales Loch. Der Käfer zählt zu den technischen → Holzschädlingen, weil durch die tief eindringenden Larvengänge das Holz entwertet wird.

5. Blauer Scheibenbock, der (*Callidium violaceum*): Der 0,8 bis 1,6 cm lange Käfer hat meist blaue Flügeldecken, die manchmal auch grün oder rotviolett schimmern können. Sie sind dicht runzelig punktiert. Der Käfer fliegt von Mai bis August und lebt in Nadelwäldern. Die Larve frißt zwischen Rinde und Holz und hinterläßt geschlängelte Gänge, die mit Nagespänen gefüllt sind. Zur Verpuppung dringt sie nur ein kurzes Stück in das Holz ein.

6. Hausbock, der (*Hylotrupes bajulus*): auch Balkenbock. Der schmale Käfer, dessen Länge auffallend schwankt (0,7 bis 2,1 cm), ist abgeflacht, pechschwarz oder braun gefärbt. Der breite, scheibenartige Halsschild ist am Rande grauweiß behaart. Auf dem Schild befinden sich zwei glänzende dunkle Höckerchen. Das Weibchen legt die Eier in die Ritzen von (verbautem) Ndh und zwar häufig an Pfosten, Zaunpfählen, Fensterrahmen, aber auch an Balken der Dachböden und an Möbel. Die fußlose, weißgelbe Larve frißt zwischen drei und zehn Jahren im Holz und kann dabei in Häusern großen Schaden anrichten. Das Holz wird dabei zu staubartigem Bohrmehl zernagt. Da die Oberfläche des Holzes geschont wird, tritt nur ab und zu das Bohrmehl aus, das die Anwesenheit der Larve verrät. Das ovale Ausflugloch hat einen Längendurchmesser von 0,5 bis 1 cm.

7. Mulmbock, der (*Ergates faber*): Der bis zu 6 cm lange Käfer gehört zu den größten B. Er ist pechbraun oder mehr rötlich gefärbt und hat schlanke Fühler. Der Halsschild ist etwa doppelt so breit wie lang. Der M. lebt vorwiegend in großen Nadelwäldern mit morschen Holzstämmen und -stöcken und fliegt von Juli bis September in der Dämmerung. Die bis zu 8 cm langen Larven brauchen zur Entwicklung vier Jahre und leben in mulmigen Holzstöcken, gelegentlich auch in Lichtmasten etc., in die sie große unregelmäßige Gänge bohren.

8. Sägebock, der (*Prionus coriarius*): auch Gerber, Forstbock. Der etwa 1,8 bis 4,5 cm lange, schwarzbraune und gedrungene Käfer hat starke, sägezähnige Fühler, die beim Männchen 12gliedrig sind. Der breite, gewölbte Halsschild ist deutlich gesägt, die Flügeldecken sind lederartig gerunzelt. Er lebt hauptsächlich in Laubmischwäldern, ist dämmerungsaktiv und schwärmt ziemlich schwerfällig im Juli/August. Durch Reiben der Flügeldecken an einer Leiste auf den Hinterbeinen ist auch ein lauter Zirpton zu hören. Die Eier werden in mulmigem Holz (Baumstümpfen) abgelegt. Die Larve kann bis zu 5 cm lang werden; die Gesamtentwicklung dauert drei bis vier Jahre.

9. Zimmerbock, der (*Acanthocinus aedilis*): auch Schreiner. Der etwa 1,2 bis 2 cm lange Käfer hat einen walzenförmigen Körper und ist dicht grau behaart. Die Fühler sind sehr lang; beim Männchen können sie das Fünffache der Körperlänge (beim Weibchen das Eineinhalbfache) betragen. Der Halsschild hat vier kleine, gelbe Höckerfleckchen, die in einer Querreihe stehen; seitlich befindet sich je ein Dorn. Die Flügeldecken zeigen angedeutete, dunkel punktierte Längsrippen und zwei braune, ebenfalls mehr oder weniger deutliche Querbinden. Der Käfer erscheint schon im März/April und ist hauptsächlich auf Kiefernstämmen oder -stöcken zu finden. Das Weibchen legt dort die etwa 40 Eier in Rindenritzen.

10. Waldbock, der (*Spondylis buprestoides*): auch Rollenschröter. Der 1,2 bis 2,2 cm lange, schwarze Käfer mit walzenförmigem Körper hat für einen Bockkäfer ungewöhnlich kurze Fühler. Oberseits ist er dicht punktiert; die Flügeldecken zeigen je zwei Längsrippen. Er findet sich häufig in Nadelwäldern, vorwiegend auf frisch geschlagenem Holz, z. B. auf Holzlagerplätzen und in der Umgebung von Sägewerken. Der W. ist dämmerungsaktiv, schwärmt eifrig von Juni bis September in langsamem, niedrigem Flug. Die Eier werden an Kiefernstämmen (v. a. aber in Stöcken), seltener an Fichtenstämmen abgelegt, in die die Larven Gänge bohren. Er ist ein → Sekundärschädling, der nur gefällte oder abgestorbene Bäume befällt.

11. Rothalsbock, der (*Leptura rubra*): auch Roter Schmalbock. Bei dem 1,2 bis 1,9 cm langen, schwarzen Käfer verschmälern sich die Flügeldecken nach hinten. Diese sind bei dem stets größeren Weibchen einschließlich des Halsschildes rot, beim Männchen gelbbraun; beim letzteren ist der Halsschild schwarz. Die Fühler erreichen bei beiden Geschlechtern fast Körperlänge. Der v. a. im Gebirge und seinen Vorbergen häufig anzutreffende Käfer ist tagaktiv und fliegt von Juni bis Anfang September an Waldrändern sowie auf Waldblößen und -wiesen. Häufig sitzt er auf Doldenblüten. Die Eier werden überwiegend an Fichten-, aber auch an Tannen- und Kiefernstämmen abgelegt, wo sich die Larven entwickeln und nach etwa zwei Jahren verpuppen. Die Larven hinterlassen im Holz (Splint) gewundene Gänge. Die Ausschlupflöcher sind rund.

12. Zangenbock, der (*Rhagium inquisitor*): auch Kleiner Z., Spürender Z., Schrotbock. Der 1 bis 1,9 cm lange Käfer ist an Kopf und Halsschild mit grauen Härchen bedeckt. Die unregelmäßig gelbbraun gefärbten Flügeldecken haben zwei dunkle Querbinden und je drei deutliche Längsrippen. Am Halsschild befindet sich beiderseits ein Dorn. Der ab April erscheinende Käfer fliegt im Sonnenschein gerne die Blüten verschiedener Pflanzen in Nadelwäldern und Parkanlagen an und sitzt häufig auf frisch geschlagenem Holz. Die Eier werden unter die Rinde der Nadelholzstöcke abgelegt, unter der auch dann die dickköpfigen Larven leben. Die 1 bis 2 cm breiten und geschlängelten Bohrgänge sind mit braunem Holzmehl aufgefüllt. Die Verpuppung erfolgt in einer Puppenwiege aus groben Spänen und Holzmehl. Die Gesamtentwicklung beträgt zwei Jahre. Ihm ähnlich in Aussehen und Lebensweise ist der etwas größere **Zweibindige Zangenbock** (*Rhagium bifasciatum*).

13. Schusterbock, der (*Monochamus sutor*): auch Langhornbock. Der mittelgroße, etwa 2,6 bis 3,2 cm lange, einfarbig schwarz gekörnte Käfer trägt manchmal auf den Flügeldecken gelbliche Flecken, die in Querstreifen angeordnet sind. Die auffallend langen Fühler können den Körper des Männchens bis um das Doppelte überragen. Der S. findet sich in Nadelwäldern der höheren Lagen und befällt hauptsächlich alte Fi, seltener Ta oder Kie. Das Weibchen nagt einen Eitrichter bis zum Bast, in den jeweils nur ein Ei gelegt wird. Die Larve frißt anfangs breite, platzförmige Gänge (Platzfraß) unter die Rinde, bohrt sich später in den Splint ein und überwintert. Im darauffolgenden Frühjahr bildet sie weitere Holzgänge, die nahe der Stammoberfläche liegen und baut sich eine Puppenwiege. Der Jungkäfer beißt sich ein großes kreisrundes Ausflugloch ins Freie. Die breiten, unregelmäßigen Gänge im Splint entwerten das Holz; der Platzfraß unter der Rinde schwächt den Baum. In Aussehen und Lebensweise ähnlich ist der 1,9 bis 3,5 cm große schwarze und bronzeglänzende **Schneiderbock** (*Monochamus sartor*).

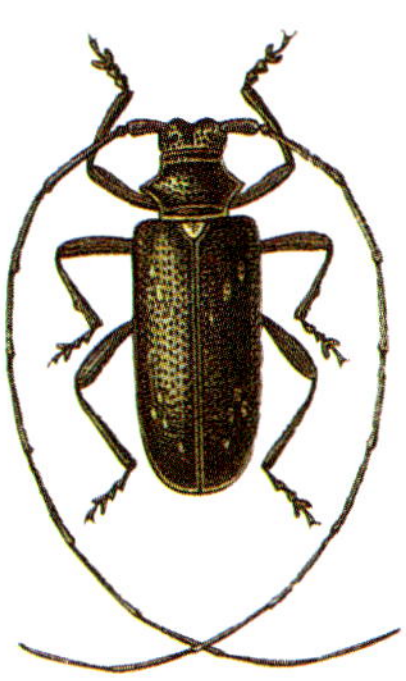

14. Großer Pappelbock, der (*Saperda carcharias*): auch Walzenbock. Der kräftige, 2 bis 3 cm lange Käfer ist dunkel gekörnt und gelbbraun- oder grau-filzig behaart. Die Flügeldecken verschmälern sich zur Spitze hin. Der Käfer fliegt träge im Juni/Juli und ist an verschiedenen Pappel- und Weidenarten anzutreffen, wo er große unregelmäßige Löcher in die Blätter frißt. Das Weibchen legt die Eier tief in Rindenrisse, meist unten am Stammfuß. Die im Frühjahr schlüpfenden gelblichweißen Larven fressen erst unter der Rinde, dringen dann in das Holz ein und nagen lange, unregelmäßige Gänge. Die braungelben Nagespäne werden durch ein Bohrloch ausgestoßen. Durch kleinere Holzwucherungen am unteren Teil der Stämmchen kann man von außen den Verlauf der Gänge erkennen. Nach zwei oder drei Jahren verpuppt sich die Larve in einer Puppenwiege. Ältere Stämmen werden durch den Larvenfraß technisch entwertet, jüngere Stämmchen sterben meist ab.

15. Kleiner Pappelbock, der (*Saperda populnea*): auch Kleiner Aspenbock. Der nur 1 bis 1,5 cm lange, lebhafte Käfer ist merklich kleiner als der Große Pappelbock. Er ist grünlichgrau bis dunkelbraun und etwas filzig behaart. Auf dem Halsschild hat er drei gelbe Längsstreifen und auf jeder Flügeldecke eine Längsreihe gelber, unregelmäßiger Flecken, die ihm ein fleckiges Aussehen geben. Der tagaktive Käfer fliegt im Mai/Juni im Sonnenschein, hauptsächlich in den Auwäldern und befällt die As, aber auch andere Pappelarten sowie Wei. Das Weibchen nagt an dünnen Ästen (etwa 1 bis 2 cm stark) oder an jungen Stämmchen eine hufeisenförmige Vertiefung, beißt in deren Mitte ein Loch unter die Rinde und legt darin ein Ei ab. Das Loch wird mit einer Gallerte verschlossen, die das pflanzliche Gewebe zu einer Kallusbildung anregt, wobei das Kallus der ausschlüpfenden Larve anfangs als Nahrung dient. Sie dringt später in das Holz ein und frißt in der Markröhre der Zweige oder der Stämmchen einen aufsteigenden Gang. Bei As bilden sich an der Befallsstelle knotige Anschwellungen mit einem schwarzen Flugloch. Aus letzterem flog der Käfer aus; innerhalb des Knotens hat die erwachsene Larve gefressen bzw. ruhte die Puppe. Die Entwicklungszeit beträgt zwei Jahre. Befallene dünne Stämmchen und Äste brechen ab oder gehen ein.

16. Haselbock, der (*Oberea linearis*): Der etwa 1,3 cm lange, schwarzbraune und gestreckte H. mit gelben Beinen hat auf den Flügeldecken grobe, in Längsreihen stehende Punkte. Er lebt im Mai/Juni an jungen Ha und umschwärmt diese lebhaft bei Sonnenschein. Das Weibchen klebt die Eier einzeln an vorjährige Zweige nahe dem Grund. Die ausschlüpfende wachsgelbe Larve bohrt sich sofort unter die Rinde ein und ernährt sich dann, stets abwärts fressend, vom Mark. Die Entwicklung dauert zwei Jahre.

17. Kurzdeckenbock, der (*Molorchus minor*): auch Kleiner Wespenbock. Der nur 0,6 bis 1,6 cm lange, schwarze Käfer hat verkürzte, nach hinten klaffende Flügeldecken, die nur einen Teil des Hinterleibes bedecken. Die langen Beine mit stark verdickten Schenkeln sind rotbraun. Der von Mai bis Juli in Laubmischwäldern vorkommende K. erinnert im Aussehen an Schlupfwespen und sitzt häufig auf an Waldrändern blühenden Pflanzen (meist → Doldengewächse). Die Larve lebt in schwächeren, abgestorbenen Stämmen und Ästen von Fi und Kie (Brennholz!) und nagt gewundene Gänge unter die Rinde, die tief in den Splint hineinreichen. Zur Verpuppung bohrt sie einen Hakengang in den Splint, an dessen Ende sich die Puppenwiege befindet, in der der geschlüpfte Käfer überwintert.

18. Fichtenbock, der (*Tetropium castaneum*): auch Fichtensplintbock. Der 0,9 bis 1,8 cm lange, rötliche oder braune bis schwarze F. mit hellen Beinen ist in der Färbung sehr veränderlich. Er ist sehr beweglich, tagaktiv und fliegt von Mai bis Juli in den Fichtenwäldern. Mit Vorliebe befällt er ältere, starkrindige Fi, aber auch Kie und Lä. Bevorzugt werden kränkelnde, v. a. durch Windbruch beschädigte Bäume. Die 80 bis 120 Eier werden vom Weibchen unter die lockere Fichtenrinde gelegt. Die nach ein bis zwei Wochen schlüpfende braune Larve frißt zunächst zwischen Rinde und Holz und bohrt sich später in den Splint ein. Die Gänge sind mit Bohrmehl angefüllt. Die ausgewachsene Larve nagt sich im Herbst in eine Tiefe von 2 bis 4 cm einen abwärts gerichteten Hakengang und verpuppt sich darin (einjährige Generation). In manchen Jahren kann es zur Massenvermehrung des Käfers kommen. Durch die angelegten Hakengänge wird der Wert des Holzes gemindert. Kranke Bäume können bei starkem Befall innerhalb weniger Jahre absterben. Ihm ähnlich in der Lebensweise ist der etwas größere (1 bis 2,4 cm lange) **„braune" Fichtenbock** (*Tetropium fuscum*) mit gelbbraunen Flügeldecken.

19. Rothaarbock, der (*Pyrrhidium sanguineum*): Der 0,8 bis 1,5 cm lange Käfer mit leuchtend gelbroten Flügeldecken und Halsschild fliegt von April bis Juni und kommt in den Laubmischwäldern vor, wo er sich besonders

◂◂◂ Schusterbock (*Monochamus sutor*)

an Ei, aber auch an Es, Hbu und Bu aufhält. Das Weibchen legt die Eier in Eichenstubben, häufig auch in sonnenbeschienenes lagerndes Holz. Die Larve legt kurze Gänge an, die sich rasch verbreitern. Die Verpuppung findet tief im Holz statt.

20. Alpenbock, der (*Rosalia alpina*): in Thüringen früher „Himmelsziege" genannt. Der schlanke, 1,5 bis 3,8 cm lange Käfer kommt heute nur noch in einigen Gegenden Oberbayerns sowie in Österreich und der Schweiz vor. Er ist hellblau behaart und hat auf den Flügeldecken je drei schwarze, weißlich eingefaßte Samtflecken, wobei die in der Mitte eine Querbinde bilden. Die Zeichnung ist jedoch stark veränderlich. Die Fühler des Männchens sind wesentlich länger als der Körper, die des Weibchens etwa körperlang. Der tagaktive A. lebt in alten Laubmischwäldern der Gebirge und hält sich an sonnigen Tagen überwiegend an Bu auf; er fliegt von Juni bis September. Das Weibchen legt die Eier unter die lockere Rinde alter, anbrüchiger Bu ab, in denen sich die Larven entwickeln. Der seltene Käfer steht bei uns unter Naturschutz.

21. Kiefernzweigbock, der (*Pogonochaerus fasciculatus*): auch Wimperbock, Wipfelbock. Der nur 0,5 bis 0,6 cm lange, braune Käfer mit weißlicher Querbinde auf den Flügeldecken und zwei Höckerchen auf dem Halsschild schwärmt im Frühjahr in Kiefernwäldern. Die Eiablage erfolgt an schwachen Kiefernästen. Die Larven dringen tief in den Splint ein. Die Verpuppung erfolgt am Ende eines in das Holz führenden Hakenganges. Bei Befall durch den K. sterben die Zweige ab.

22. Weidenböckchen, das (*Gracilia minuta*): auch Zwergböckchen, einer der kleinsten Bockkäfer. Er ist nur 4 bis 6 mm lang, hat eine schmale Körperform und lange Fühler. Die Färbung ist variabel heller oder dunkler braun; im übrigen glanzlos und fein grau behaart. Der Halsschild doppelt so lang wie breit. Die 6 bis 7 mm lange Larve ist schlank und weiß. Sie frißt unter tickendem Geräusch in trockenen, ungeschälten Zweigen (Ruten, Stangen) hauptsächlich in Wei, Bi, Kast und anderen Lbh. Der Jungkäfer nagt sich durch ein ovales Flugloch nach außen. Das W. gilt als technischer Holzschädling. Die befallenen Hölzer werden unter Schonung der Rinde (zeigt nur Fluglöcher) völlig zerstört. Schäden entstehen in aus Weidenruten hergestellten Körben sowie in Faßreifen aus Kast. Die Generation ist ein- bis zweijährig. Die Verpuppung erfolgt in der → Markröhre der Ruten und Stangen.

23. Rothalsiger Weidenbock, der (*Oberea oculata*): auch Linienbock. Der 16 bis 20 mm lange Käfer ist walzenrund. Der Halsschild ist rötlich-gelb mit zwei schwarzen Punkten. Die Flügeldecken sind schwarz mit grauem Schimmer und grob punktiert. Die Fühler sind ebenfalls schwarz, Hinterleib, Brust und Beine rötlich. Der im Juni bis Juli fliegende Käfer befällt junge, gesunde Triebe der Weiden. Die Eier werden einzeln in ausgenagte Rindengruben gelegt. Die Larve frißt zunächst in der Rinde, dringt aber schon bald bis ins Mark ein. Der etwa 3 mm breite und runde Fraßgang folgt – meist aufsteigend – bis zu 30 cm der Markröhre. Die Verpuppung erfolgt im erweiterten Gangende. Der Jungkäfer schlüpft im nächsten Sommer durch ein kreisrundes Flugloch ins Freie. Die Generation ist einjährig.

24. Ahornbock, der (Rhopalopus insubricus): an BAh auftretender Schädling von 22 bis 36 mm Größe. Der A. hat erzfarbig grüne Flügeldecken und kräftige Fühler, deren drittes bis zehntes Glied nach innen und außen in je einen Dorn ausgezogen ist. Der Halsschild ist an den Seiten erweitert, die Schenkel sind keulenförmig. Die Larven fressen zuerst zwischen Rinde und Splint und dringen erst zur Verpuppung mit großem Hakengang bis zu 4 cm tief ins Holz ein.

25. Grüner Ulmenbock, der (*Saperda punctata*): Der 11 bis 18 mm große und grüne Käfer mit schwarzen Punkten lebt in kranken oder frischabgestorbenen Ul. Die Puppenwiege ist hakenförmig und dringt bis 3 cm tief in das Holz ein. Bei Befall finden sich auf der Stammrinde zahlreiche runde Ausflugslöcher.

26. Leiterbock, der (*Saperda scalaris*): Der 12 bis 18 mm große schwarze Käfer mit fünf leiterartigen Querbinden lebt in den verschiedensten Lbh.

27. Bäckerbock, der (*Monochamus galloprovincialis*): ähnlich dem Schusterbock, lebt aber überwiegend an Kiefer. Nach Art der → Rüsselkäfer fressen sie an Nadeln und Rinde in den oberen Kronenteilen und benagen junge Zweige, die meist abfallen. Die Larve frißt anfangs breite Gänge unter die Rinde, später im Holz und wirft große Mengen von Fraßmehl aus.

28. Grubenhalsbock (*Criocephalus rusticus*): auch Halsgrubenbock, Feldbock. Der 0,8 bis 2,5 cm lange und bräunliche Käfer ähnelt dem Hausbock und fliegt im Juli/August. Die Eiablage erfolgt an Kiefernstöcken oder frischgefällten Kiefernstämmen. Die Larve frißt anfangs in der Bastschicht, später im Holz. Die Bohrgänge sind mit Bohrmehl verstopft.

Böckler, G. A. (Boecler) → forstliches Schrifttum.

Böcklin, A. → Wald in der Malerei.

Bockorchis, die: → Riemenzunge.

Bockspetersilie, die: → Bibernelle 1.

Bocks-Riemenzunge, die: → Riemenzunge.

Boden, der: **1)** Als B. oder Erde i. e. S. bezeichnet man den belebten, obersten und unverdichteten mineralischen oder organischen Teil der Erdkruste, der in der Lage ist, Pflanzenwachstum zu tragen. Vereinfacht ausgedrückt: das Material, das zwischen Luft und Untergrundgestein liegt. Seine Eigenschaften sind von entstehungs- und umweltbedingten Faktoren, wie z. B. vom Ausgangsgestein, vom Klima (einschließlich Feuchtigkeit und Wärmeeinwirkung), Makro- und Mikroorganismen (→ Bodenorganismen) und der Topographie abhängig. Durch das andauernde Zusammenwirken dieser Faktoren ist das Produkt B. entstanden. Dieser unterscheidet sich durch viele physikalische, chemische, biologische und morphologische Eigenschaften und Charakteristiken vom Gestein, aus dem er entstanden ist. Der B. ist Lebensgrundlage und Lebensraum für Menschen, Tiere und Pflanzen, Teil der → Ökosysteme mit ihren Stoffkreisläufen, besonders im Hinblick auf Wasser- und Nährstoffhaushalt. Dem Menschen dient er als Anbaufläche für die Erzeugung von Nahrungsmitteln, Futtermitteln und pflanzlichen Rohstoffen wie z. B. Holz. B. entsteht aus Gesteinen, die durch physikalische und chemische Einflüsse verwittern. Durch die unterschiedlichen Gesteinsarten (z. B. Granite, Gneise, Buntsandsteine, Kalkgesteine) entstehen bei der Verwitterung nicht nur unterschiedliche Körnungen, sondern auch B. mit unterschiedlichen chemischen (Sorptionsvermögen) und physikalischen Eigenschaften (Wasserdurchlässigkeit, Durchlüftbarkeit, Wärme) und unterschiedlichen mineralischen Zusammensetzungen. Die → Bodenart, die entsteht, hängt von der Entstehungsgeschichte des Ausgangsmaterials, seiner topographischen Lage in der Landschaft, dem Klima, der Flora und Fauna und der Dauer der B.-Entwicklung, also vom Faktor Zeit, ab.

B. i. w. S. dient auch als Fläche für Siedlung, Produktion, Verkehr und Kommunikation, als Lagerstätte für Abfälle und Filter für immittierte Stoffe, als Grundwasserspeicher, als Lagerstätte für Bodenschätze und Energiequellen, als Erholungsraum und als Archiv der Natur- und Kulturgeschichte. **2)** Im Sinne des → Bundes-Bodenschutzgesetzes ist B. die obere Schicht der Erdkruste, soweit sie Träger der im Gesetz näher genannten (Absatz 2) Bodenfunktionen ist, einschließlich der flüssigen Bestandteile (Bodenlösung) und der gasförmigen Bestandteile (Bodenluft), ohne Grundwasser und Gewässerbetten. **3)** auch Jelle, Gelle. Alte Bez. für ein → Floß, das aus mehreren an den Enden verbundenen Baumstämmen bestand.

Bodenabtrag, der: → Bodenerosion.

Bodenanalyse, die: → Bodenuntersuchung.

Boden(an)zeiger: Das Vorkommen und Gedeihen vieler Pflanzen (Wildpflanzen) hängt von → Bodenart, Bodenklima, vorhandenen Nährsalzen, Feuchtigkeitsgrad, Humusgehalt und nicht zuletzt von Kalk- und Säuregehalt des → Bodens ab. Diese Pflanzen (Wildpflanzen) werden als B. (Indikator-, Leit-, Weiser-, Zeigerpflanzen) bezeichnet. Treten mehrere Arten der gleichen Bodenanzeigergruppe häufig auf, können Schlüsse auf die betreffende Bodeneigenschaft gezogen werden. B. werden allg. in folgende Gruppen mit ihren typischen Vertretern eingeteilt:

1. Hoher Wassergehalt (Staunässe): Wei, Er, Riesen-, Sumpf- und Waldschachtelhalm (→ Schachtelhalm), → Schilfrohr, → Seggen und → Binsen. Wiesenschaumkraut (→ Schaumkraut 1.), Großer Sauerampfer, Sumpfdotterblume (→ Dotterblume), Großer → Baldrian.

2. Humoser Waldboden: → Einbeere, Echtes → Springkraut, Frühlingsknotenblume (→ Knotenblume), → Maiglöckchen, → Sauerklee, Waldmeister (→ Labkraut 1.).

3. Kalkfliehende Pflanzen (Kalkarmut): Berg-Sandglöckchen (→ Sandglöckchen 1.), Binsen, → Arnika, Feldstiefmütterchen, → Hei-

dekraut, Wolliges → Honigkraut, → Riedgräser.
4. Kalkanzeigende Pflanzen: Dorniger Hauhechel, Federiges Pfriemengras, → Frauenschuh, Küchenschelle (→ Kuhschelle), Luzerne, Schwarzdorn (→ Prunus 7.), Waldlabkraut (→ Labkraut 2.), Waldzwenke (→ Zwenke 1.), → Weißwurz.
5. Magerkeitsanzeiger (Stickstoffmangel): Binsen, Heidekraut, Hungerblümchen, Kleiner Sauerampfer (→ Ampfer), Saat-Wucherblume, Riedgräser, → Schachtelhalme, Seidenhaar-Geißklee (→ Geißklee 4.).
6. Rohhumus oder Trockentorf: Heidekraut, Preißelbeere (→ Heidelbeere 2.), → Torfmoos, → Weißmoos.
7. Säuregehalt des Bodens:
– alkalisch (basisch): → Leberblümchen, Mauerpfeffer, Weißklee, Schwarzkiefer, Adonisröschen
– neutral: Bärenlauch (→ Lauch 1.), Scharbockskraut (→ Hahnenfuß 5.), Wald-Bingelkraut (→ Bingelkraut)
– sauer bis schwach sauer: Heidekraut, Himbeere (→ Rubus 2.), Sauerklee
– stark sauer: Blaubeere und Preißelbeere (→ Heidelbeere 1. und 2.).
8. Stickstoff(an)zeiger (Salpeterpflanzen): → Bärenklau, Große und Kleine → Brennessel, Weiße Taubnessel, Weißer Gänsefuß, Vogelmiere, Kerbel.
9. Trockenheitsanzeiger: Dorniger Hauhechel, Fedriges Pfriemengras, Feld-Thymian (→ Thymian), → Isländisches Moos, → Katzenpfötchen, Rentierflechte (→ Becherflechte 1.), Schafschwingel (→ Schwingel 3.); → Bioindikatoren.
10. Grundwasserzeiger: Schwarzerle.

Bodenart, die: Die B. wird nach dem Anteil der verschiedenen Korngrößen benannt. Man unterscheidet Ton (bis 0,002 mm), Schluff (0,002 – 0,063 mm), Sand (0,063 – 2 mm) und Kies (ab 2 mm). Die B. werden mit der Fingerprobe unterschieden. Dabei wird eine durchfeuchtete Bodenprobe zwischen den Fingern geknetet bis kein überschüssiges Wasser mehr vorhanden ist. Die Bodenprobe glänzt dann nicht mehr. Ton ist formbar und bindig, Schluff ist nicht bindig, hat eine samtigmehlige Beschaffenheit, haftet in den Fingerrillen, Sand haftet überhaupt nicht und ist mit bloßem Auge erkennbar und fühlbar körnig. Im Labor werden die Korngrößenanteile durch Schlämmen oder Sieben analysiert. Die einzelnen Fraktionen beeinflußen die physikalischen und chemischen Eigenschaften des → Bodens. Sandböden z. B. haben überwiegend große Poren, dadurch eine gute Durchlüftung, aber eine geringe Wasserkapazität. Tonböden haben eine ungünstige Durchlüftung, aber eine große Wasserkapazität. Im Lehm sind die vorgenannten Korngrößen etwa zu gleichen Anteilen vertreten; er hat deshalb günstige Wasserkapazität und Durchlüftung. Die Bodenstruktur beeinflußt ebenfalls die Durchlüftung und Wasserkapazität. Die geschilderten Korngrößen kommen rein fast nie vor. Man bezeichnet daher die Zwischenform mit Adjektiven, wie z. B. schluffiger Ton, lehmiger Sand. Zur Darstellung des Zustandes wird ein Dreiecksdiagramm mit den Eckpunkten 100 % Sand, Schluff und Ton verwendet; → Bodenluft.

Bodenatmung, die: der Gasaustausch (Sonderform des Kohlensäureaustausches) zwischen → Bodenluft und freier Atmosphäre. Die B. kann durch Bodenbearbeitungsgeräte erhöht, durch Verkrustung der Bodenoberfläche und durch Staunässe jedoch unterbunden werden. Im Boden werden die → Bodenorganismen, Pflanzenreste etc. bis zur völligen Mineralisation abgebaut, dabei wird viel CO_2 (→ Kohlendioxid) freigesetzt. Diese CO_2-Produktion wird als B. bezeichnet.

Bodenbearbeitung, die: Bearbeitung des → Bodens mit Geräten und Maschinen mit dem Ziel, für → Pflanzen optimale Lebensbedingungen zu schaffen bzw. zu erhalten. Weithin gehört zur B. die Pflege der aufgegangenen Saaten durch Offenhalten des Bodens sowie Bekämpfung der den Pflanzenwuchs nachteilig beeinflussenden → Unkräuter und der → Bodenschädlinge, das Einbringen von organischen Substanzen und Mineraldünger und die Regulierung des → Wasserhaushalts. Zur B. gehören Wenden der Krume (Pflügen; → Bifang(-Pflug)), Zerkleinern zu grober Teile (Eggen u. Walzen), Lockern zu festen Bodens (Grubbern und Eggen), Krustebrechen (Walzen oder Eggen), Mischen (z. B. mit Kunstdünger) und Unterbringen der Saat (Eggen). Die B. ist in der Landwirtschaft uralt und in Verbindung mit Düngung das wichtigste Kulturmittel. In der Forstwirtschaft fand die B. erst Eingang mit der allg. Verbreitung der Kunstverjüngung (→ Verjüngung) Mitte des letzten Jh. Hierbei werden verarmte oder durch Gras- und Krautwuchs verwilderte Böden durch Pflügen (Vollumbruch, Bifangpflügung) oder durch Fräsen vorbereitet. Um das Ankommen der Naturverjüngung zu fördern, werden der Boden verwundet (mit Grubber, Schälpflug) oder die Bodendecke entfernt; z. B. durch Abschieben des Oberbodens. Früher erreichte man die Bodenverwundung durch Schweineeintrieb.

Bodenbelastung, die: Beeinträchtigung der natürlichen Bodenbeschaffenheit durch Schadstoffe aus Abfällen, Abgasen, Abwässern oder Altlasten sowie durch intensive Landwirtschaft und Bebauung. Inzwischen laufen Versuche, verseuchte Böden durch Mikroorganismen, die sich von Schadstoffen ernähren, zu entgiften (biologische Bodensanierung).

Bodenbelastungskataster, der: Vielfalt der → Bodenarten und → Bodentypen, unterschiedliche Belastungen und die weitgehende Privatisierung des → Bodens erfordern für Bodenschutzmaßnahmen (→ Bodenschutz) ein leistungsfähiges Informationssystem. Im B. werden flächenbezogen alle verfügbaren Daten gespeichert, um jeweils für die anfallenden Fragestellungen verknüpft zu werden (z. B. Schwermetallanreicherung und → Bodenversauerung oder Düngemitteleintrag, Nitratauswaschung und Grundwasserstände). Mit Hilfe eines B. lassen sich Umweltqualitätsziele für den Boden bestimmen.

Bodenbestandteile: Der → Boden setzt sich zusammen aus mineralischen Bestandteilen, organischen Bestandteilen (Humus, in den drei Formen Mull, Moder und Rohhumus), aus der → Bodenluft, dem → Bodenwasser, der → Bodenflora und → Bodenfauna.

Bodenbiologie, die: Teilgebiet der → Biologie, das sich mit der Erforschung der → Bodenorganismen befaßt.

Bodenbonitierung, die: → Bodenschätzung.

Bodenbrüter: Vögel, die im Ggs. zu den → Baumbrütern ihre Nester am Boden bauen bzw. Bodenvertiefungen zur Eiablage benutzen; z. B. Fasane, Reb-, Auerhühner, Lerchen u. a.; → Bodenvögel.

Bodenbuckel: kleine (runde bis ovale) Bodenerhebungen, die zahlreich und dicht gedrängt auftreten, meist vergesellschaftet mit ebenso großen Mulden. Die **Buckelwiesen** des Alpenvorlandes und der Alpen (z. B. bei Mittenwald) sind durch Frostbodenbewegungen am Ende der letzten Eiszeit entstanden. Diese B. haben einen Durchmesser von 1 bis 5 m und sind bis zu 1 m hoch. Die kleineren B. von **Buckelalmen** der Ostalpen und **Buckelweiden** des Schweizer Jura und der Schwäbischen Alb gehen auf Vegetationsbülten und Ameisenbauten zurück.

Lößablagerung im Kaiserstuhl

Bodendauerbeobachtungsflächen → Bodeninformationssystem.

Bodendünger, der: Humusdünger (Kompost, Stallmist), der die Bodeneigenschaften in biologischer (Nahrung der Mikroorganismen) und physikalischer (Krümelstruktur) Hinsicht verbessert.

Bodeneinschlag, der: zum Zwecke der → Bodenuntersuchung (Entnahme von Bodenproben), insbesondere zum Studium des → Bodenprofils, ausgehobene Grube, von mind. 100 cm Tiefe und senkrechter, glattgestochener Seitenwand.

Bodenerosion, die (Bodenabtrag, Denudation, Abtrag): Abtrag von Bodensubstanz (Massenverlust des festen Landes) durch Wind (Winderosion) oder Wasser (Wassererosion). Die B. ist ein natürlicher Vorgang, der jedoch durch unsachgemäße oder intensive Bodennutzung beschleunigt werden kann. Besonders erosionsanfällig sind schluffige, skelettarme Böden, z. B. in hängiger Lage. Bodenverdichtung, durch Einsatz schwerer Geräte oder Tritt verursacht, kann ebenfalls wegen der herabgesetzten Wasserdurchlässigkeit und des damit verstärkten oberflächlichen Abflusses vermehrte B. zur Folge haben (Vermeidung des Einsatzes schwerer Maschinen in der Forstwirtschaft und in der Landwirtschaft, soweit auf empfindlichen Böden Schäden verursacht würden). Im Bergland ist die Erosionsgefahr wegen des ausgeprägten Reliefs und der speziellen klimatischen Verhältnisse besonders groß. Die Niederschläge sind dort häufiger und höher als im Flachland; Oberflächenwasser kann stark erosiv wirken. Der → Boden neigt dort großflächig zu Rutschungen. Auf sonnseitig exponierten, steilen Hän-

Bodenerosion

gen mit flachgründigen Kalkböden besteht dort die Gefahr starken Humusabbaues; auch Schurf durch Lawinen oder Gleitschnee kann die erosionshemmende Vegetation zerstören. Aber auch neuartige → Waldschäden, überhöhte Schalenwildbestände, → Waldweide sowie Erschließungen für Siedlungen, Fremdenverkehr und Erholung fördern die Erosion. Die B. verursacht folgende wesentliche Schäden: Verlust des wertvollsten Teils des Bodens, der humus- und nährstoffreichen Krume, damit einhergehend Verminderung des Wasserspeicher- und Filtervermögens, zunehmende Uneinheitlichkeit der Schläge, eine Befrachtung von Gewässern durch abgeschlämmtes Bodenmaterial mit entsprechender Nährstoffbelastung, Hangzerstörung, Wildbachschäden, Bedrohung von Siedlungen und Verkehrswegen, insbesondere im Bergland, Verschmutzung von Wegen und Gräben. Die B. kann durch folgende Maßnahmen begrenzt werden: Verminderung des Oberflächenabflusses, z. B. durch Anlage von Schutzstreifen; Einstellung des → Kahlschlags in Waldbeständen auf gefährdeten Standorten; Verhinderung der Übernutzung von Flächen durch Skisport und Trittschäden im Hinblick auf eine Verdichtung des Oberbodens und von Erosionsschäden bei Hang- und Steillagen; Vermeidung von Bodenbelastungen.

Bodenerschöpfung, die: → Bodenmüdigkeit.

Bodenertragswert, der: auch Bodenerwartungswert. Auf den Zeitpunkt seiner Begründung diskontierter Erwartungswert eines Bestandes; → Waldwert(be)rechnung.

Bodenerwartungswert, der: → Bodenertragswert.

Bodenfauna, die: Zu ihr gehören Vertreter fast aller Tiergruppen vom Einzeller (→ Bodenorganismen) bis zum Säugetier. Ihr Leben ist zwar im Wurzelraum des Waldes mannigfaltig, aber doch unauffällig. Einige verbringen ihr gesamtes Leben im Boden (z. B. Regenwürmer), andere halten sich dort nur kurze Zeit bzw. nur während bestimmter Lebensabschnitte (z. B. als Eier, als Larven oder nur zum Winterschlaf) auf.

Bodenfeuchte, die: auch Haftwasser. Zusammenfassung von Kapillar- und Adsorptionswasser (→ Bodenwasser).

Bodenfeuer, das: → Waldbrände.

Bodenflora, die: die Pflanzenwelt des → Bodens.

Bodenfruchtbarkeit, die (Bodenproduktivität): die spezifische Eigenschaft des → Bodens (→ Waldboden) als Pflanzenstandort zu dienen und gleichzeitig → Nährstoffe und Wasser in für die Pflanzenerträge möglichst optimalen Mengen bereitzustellen. Die B. hängt von physikalischen, chemischen und biologischen Eigenschaften des Bodens ab. Man kann die unbeeinflußte naturbedingte B., die beeinflußte naturbedingte B. (z. B. der Ackerböden) und die kulturbedingte oder erworbene B. (z. B. auf Rekultivierungsflächen) unterscheiden. Im Wald ist die B. v. a. durch Bodenpflege (Dauerbestockung, Humuspflege) steigerbar. Maßstab für die B. ist die → Ertragsfähigkeit; → Bodenschätzung.

Bodengare, die (Gare): Der → Boden ist für die → Pflanzen gar, d. h. verzehrbereit, wenn er wegen seines hohen Humusgehalts eine gute Krümelbildung aufweist, locker und etwas elastisch ist. Er hat in diesem Zustand einen kräftigen Erdgeruch. Die B. wird durch Maßnahmen der → Bodenbearbeitung, Düngung und Pflege herbeigeführt und ist ein günstiger Zustand des Bodens für das Pflanzenwachstum. Voraussetzung zur B. ist ein günstiges Verhältnis von Wasser, Luft, Wärme, Bakterien u. a. Kleinlebewesen im Boden. Unterschieden wird nach

1. Frostgare: Die sprengende Wirkung des Frostes führt zu einem Zerkleinern größerer Strukturen im Boden und damit zu einer ausgeprägten feinen Krümelung und Lockerheit.

2. Schattengare: Die Bodenbedeckung wirkt erhaltend auf die B. Sie schützt den Boden vor Austrocknung durch Sonne und Wind und dämpft die Temperaturunterschiede (Tag/Nacht).

Bodenholz, das: **1)** alte Bez. für → Unterholz. **2)** auch Bodenstücke. Bez. für → Scheit- oder Schnittholz, welches sich zur Herstellung von Faßböden eignet; → Böttcherholz.

Bodenhorizont, der: die überwiegend parallel zur Oberfläche verlaufenden Bodenschichten. Bei uns werden v. a. drei Haupt-B. unterschieden:

A-Horizont (Oberboden), humushaltiger, dicht bewurzelter Boden in dem sich die Masse der Bodenorganismen befindet; **B-Horizont (Unterboden, Illuvialhorizont)**, humusarmer, weniger durchwurzelter Boden. Er ist der Verwitterungshorizont, in dem die Verwitterung noch in vollem Gange ist; **C-Horizont (Untergrund)**, in ihm befindet sich unverwittertes, geologisches Ausgangsmaterial; er wird hauptsächlich aus zerfallenen, mitunter auch durch festes Gestein gebildet; → Bodenprofil.

Bodeninformationssystem, das: aufgrund einer Empfehlung der Umweltministerkonferenz als Teil eines umfassenden Umweltinformationssystems aufgebaut. Das B. basiert in Bayern auf dem Bodenkataster Bayern. Darin werden Verbreitung, Beschaffenheit und Aufbau der Böden dokumentiert. Ergänzend werden von land- und forstwirtschaftlichen Landesanstalten angelegte Bodendauerbeobachtungsflächen einbezogen um Bodenveränderungen feststellen zu können.

Bodeninformationssystem „Forst" → Bundesweite Bodenzustandserhebung im Wald (BZE).

Bodenkataster Bayern → Bodeninformationssystem.

Bodenkultur, die: Bez. für alle Maßnahmen der → Bodenbearbeitung sowie zur Erhaltung und Förderung der → Bodenfruchtbarkeit.

Bodenkunde, die (Bodenlehre, Pedologie): Lehre von der Entstehung, den Eigenschaften und Umbildungen des → Bodens sowie von den Wechselwirkungen zwischen Pflanzen und Boden. Sie untersucht die chemisch-physikalischen Vorgänge im Boden und beschreibt die → Bodentypen. Sie behandelt besonders die Zusammenhänge zwischen Klima, Pflanzen- und Kleintierleben mit der Bodenbildung; → Bodenorganismen.

Bodenlebewesen → Bodenorganismen.

Bodenluft, die: die sich in den Hohlräumen des → Bodens befindliche Luft. Im Ggs. zur normalen Luft (Außenluft) enthält die B. mehr → Kohlendioxid (0,2 – 1,4 %), jedoch weniger → Sauerstoff (20 %). Dies hängt mit den Atmungsprozessen der Pflanzenwurzeln und → Bakterien sowie mit der Lebenstätigkeit der → Mikroorganismen bei der Zersetzung der organischen Bestandteile des Bodens zusammen. Hierbei wird Sauerstoff verbraucht und Kohlendioxid produziert. Die B. muß aber ständig mit genügend Luftsauerstoff gesättigt sein, da nur so ein günstiges Pflanzenwachstum und die Aufrechterhaltung der Lebensfähigkeit von → Bodenorganismen gewährleistet ist. Manche Pflanzen, z. B. die Er, können ihre Wurzeln auch über ein Luftleitungssystem mit Sauerstoff versorgen und sind nicht ausschließlich auf die B. angewiesen; → Bodenatmung.

Bodenmast, die: → Mast.

Bodenmüdigkeit, die (Bodenerschöpfung): Sie macht sich in stark rückgängigen Erträgen bemerkbar und ist eine Folge einseitiger Nutzung oder Raubbaus. B. i. w. S. beruht u. a. auf Verarmung des → Bodens an Nährstoffen oder Spurenelementen, auf Verminderung des Porenvolumens, auf Verseuchung mit Älchen oder starker Zunahme pflanzenschädlicher → Mikroorganismen.

Bodenorganismen (Bodenlebewesen): In einem Bodenblock von 1 m^2 Bodenoberfläche leben mehrere Billionen Individuen vieler tausend Arten der Mikroflora (Kleinpflanzen) und -fauna (Kleintiere, z. B. Bakterien, Algen, Strahlen- und Fadenpilze, Urtierchen, Asseln, Springschwänze, Hornmilben, Tausendfüßer, Faden-, Ringel- und Regenwürmer, Fliegenlarven und Schnecken). Sie haben eine große Bedeutung für die Erhaltung der → Bodenfruchtbarkeit, die sie durch Mineralisierung organischer Stoffe und günstige Beeinflussung der Bodenstruktur erhöhen. Ihre Zusammensetzung hängt von der Art und Menge der verfügbaren Nährstoffe, der Feuchtigkeit, der Temperatur, dem → pH-Wert und der Durchlüftung des Bodens (→ Bodenatmung) ab. Zusammen mit → Bakterien und → Pilzen, Pflanzenwurzeln, tierischen und pflanzlichen Rückständen und abgestorbenen Organismen bilden sie die organische Substanz des Bodens. Innerhalb der → Nahrungskette im Boden wird abgestorbene organische Substanz (z. B. Blätter, Nadeln, Zweige) zersetzt und in Nährstoffe zerlegt (humifiziert), so daß diese von den Pflanzen (→ Produzenten) wiederverwertet werden können. Pro Jahr und Hektar können das je nach Bewuchs bis zu 20 t sein. Kleine Bodentiere, wie z. B. Milben, zerkleinern mechanisch abgefallene Blätter oder Tierleichen,; Bakterien, Pilze und Blaualgen übernehmen den restlichen chemischen Abbau bis zur vollkommenen Mineralisierung. Einen wesentlichen Beitrag leisten die Regenwürmer (in 1 ha Laubwald können ca. 250 000 Regenwürmer vorhanden sein), die allerdings im naßsauren Rohhumus und in tonfreien Sandböden fehlen. Die meisten Arten ernähren sich von verwesenden oder vorbereiteten Abfällen. Sie nehmen beim Durchwühlen des Bodens auch Erdteilchen mit auf und liefern im Zusammenwirken mit Strahlenpilzen die Hauptmasse der dauerhaften Ton-Humus-Krümel. Damit verbessern sie die Durchlüftung und Wasserführung bindiger Böden entscheidend. B. spielen auch beim Abbau von → Pflanzenschutzmitteln eine wesentliche Rolle. Bestimmte Arten der → Mikroorganismen können ganz bestimmt chemische Substanzen als Energiequelle nutzen und zu → Kohlendioxid, Wasser und → Stickstoff mineralisieren. Da Mikroorganismen sehr anpassungsfähig sind, haben sie sich auch auf Pflanzenschutzmitteln als neue Energiequelle eingestellt. Dies hat zur Folge, daß bei Boden-Herbiziden, die mehrere Vegetationsperioden hintereinander angewendet werden, die Stabilität im Boden abgenommen hat. Alle B. sind kurzlebig, sie sind aber so ausgerüstet, daß sie auch natürliche Katastrophen wie Dürreperioden, Hitze, zu große Feuchtigkeit, Frost und Bodenkultivierung überleben. Wird ihr Bestand durch eines der Ereignisse stark reduziert, kann er sich nach einer Normalisierung der ökologischen Bedingungen schon nach 10 bis 30 Tagen wieder erholen. In unserem Klimabereich finden sich in 1 dm^2 Boden etwa 1 Mio. Urtierchen, 100 000 Fadenwürmer, 1000 Milben, 300 Enchytraeiden und ein Regenwurm; → Edaphon.

Bodenproduktivität, die: → Bodenfruchtbarkeit.

◂◂ Bodenprofil (hier Mull-Rendzina): Dem anstehenden Gestein (C-Horizont, Muschelkalk) liegt ein gut ausgebildeter A-Horizont (Mullschicht) auf.

Bodenprofil (Podsol): Unter der rohhumusähnlichen Streu hat sich im A-Horizont eine mächtige Bleicherdeschicht gebildet. Unter ihr hebt sich der B-Horizont durch seine dunklere Färbung deutlich ab.

Bodenprofil, das: Das B. wird bei einem senkrechten Schnitt durch den → Boden bis wenigstens 100 cm Tiefe sichtbar. Es läßt den Bodenaufbau aus den → Bodenhorizonten erkennen. Das B. kann durch einen → Bodeneinschlag oder mit dem Erdbohrer studiert werden.

Bodenreinertrag, der: Zur Ermittlung des B. (der Bodenrente) werden vom → Waldreinertrag die Zinsen für das im aufstockenden → Bestand festgelegte Kapital abgezogen. Die Höhe des B. ist in erster Linie vom → Standort abhängig, kann aber vom Bewirtschafter in Grenzen beeinflußt werden. Die → Umtriebszeit des höchsten B. kann aus Formeln für den Einzelbestand oder für eine → Betriebsklasse berechnet werden. Der B. erreicht sein Maximum früher als der Waldreinertrag. Die so errechneten theoretischen Umtriebszeiten sind entsprechend kürzer.

Bodenreinertragslehre, -theorie, die: Die B. entstand im 19. Jh. und geht auf das Werk von Robert → Preßler „Der Rationelle Waldwirth und sein Waldbau des höchstens Ertrags" (1858/85) zurück. Sie war viele Jahrzehnte auf den forstlichen Lehrstühlen Dtschl. herrschend und hatte eine maximale Verzinsung des Bodenkapitals zum Ziel. Die B. zergliederte das Einkommen des Waldbesitzers entsprechend den bei der Erzeugung beteiligten Kräften: Kapital (→ Holzvorrat), Arbeit und → Boden und rechnete den beiden ersteren einen aus einem festgelegten (objektiven) forstlichen Zinsfuß sich ergebenden Anteil, dem Boden jedoch den veränderlichen, ja manchmal sich negativ ergebenden Restanteil zu. Der Waldbesitzer sollte so wirtschaften, daß dieser auf den Boden entfallende Anteil des Ertrages, die Bodenrente oder der → Bodenreinertrag, möglichst hoch sei. Um dieses Ziel zu erreichen, mußte der Wald wie ein Acker bewirtschaftet werden, d. h. mit → Kahlschlägen und großflächigen Anbau einer einzigen → Baumart (→ Monokultur). Dies hatte zur Folge, daß Mischbestände zugunsten von → Reinbeständen, Laubbäume zugunsten von Nadelbäumen, ungleichaltrige zugunsten gleichaltriger verdrängt wurden, wie es viele Wälder heute noch zeigen. Eine praktische Folgerung der B. war die Herabsetzung der → Umtriebszeiten, die besonders in Süddtschl. nach einem Antrag des Grafen Törring im Bayer. Landtag 1908 eine Bewegung auslöste mit dem Ziel, die überalteten Bestände (sog. „faulen Gesellen") in kurzer Frist zu nutzen.

Bodenreinertragstheorie, die: → Bodenreinertragslehre.

Bodensaure Eichen(misch)wälder (*Quercion robori-petraeae* = *Quercion roboris*): auch west- und mitteleuropäische Birken- und Kiefern-Eichenwälder. pflanzensoziologischer Verband der Ordn. → Bodensaure Falllaubwälder (*Quercetalia robori-petraeae*). Es sind dies B. E. im atlantischen und subatlantischen Bereich, die auf mäßig trockenen, basenarmen und sauren, sehr nährstoffarmen Böden, besonders Sandböden oder flachgründigen sauren Gesteinsverwitterungsböden stocken. Diese sind grundwasserfern oder grund- und stauwasserbeeinflußt. Auf diesen Böden verliert die Bu an Konkurrenzkraft und erlaubt TrEi oder/und StEi die Baumschicht zu bilden. Wälder dieser Art kommen v. a. in pleistozänen Sandgebieten des norddeutschen Flachlandes und inselartig in der kollinen bis submontanen → Vegetationsstufe Süd- und Mitteldtschl. vor. Sie sind relativ artenarm, haben eine relativ niedrige Baumschicht und anspruchslose Säurezeiger (→ Bodenanzeiger) in der Krautschicht. Der Mensch hat durch die direkte oder indirekte Förderung bestimmter Baumarten (z. B. Ei, Bi, Kie) und Zurückdrängung anderer (z. B. Bu) die Baumschicht der E. stark beeinflußt. Oftmals handelt es sich auch um durch Niederwaldwirtschaft in den B. E. ähnliche Bestände (anthropogene Entwicklungsstadien) umgewandelte bodensaure Buchenwälder. Die Hauptbaumarten der B. E. sind TrEi und StEi, gemischt mit Bu, Kie, HBi und MBi, Hbu, WiLi, As, Vobe und auf durch Grund- und Stauwasser beeinflußten Standorten auch SEr und FlUl. Bei niedrigem → pH-Wert und schlechter Nährstoffversorgung können sich die Ei gegenüber der auf besseren Böden konkurrenzkräftigen Bu behaupten und haben die Möglichkeit zusammen mit anderen → Lichtbaumarten die Baumschicht zu bilden. Neben säuretoleranten Bodenpflanzen, die v. a. den hohen Lichtgenuß der Krautschicht anzeigen, finden sich auch ausgesprochene Säurezeiger, wie z. B. das Heidekraut und der Schafschwingel. Ferner finden sich im B. E. Heidelbeere, Pillen-Segge, Drahtschmiele, Rotes Straußgras, Echter Ehrenpreis, Wiesenwachtelweizen, Habichtskräuter, Behaarte und Schmalblättrige Hainsimse. Im subatlantisch beeinflußten Gebiet kommen noch Besenginster, Tüpfelfarn, Deutsches Geißblatt und Salbeigamander hinzu, auf grund- und stauwasser beeinflußten Standorten Faulbaum, Rasenschmiele und Pfeifengras. Wichtige → Assoziationen sind: Der → Hainsimsen-Eichenmischwald oder Birken-Stieleichenwald (*Betulo-Quercetum roboris*) stockt auf extrem nährstoffarmen und stark sauren Sandböden, besonders auf altpleistozänen Sanden Nordwestdtschl. Der Birken-Traubeneichen- oder Westliche Hainsimsen-Traubeneichenwald (*Betulo-Quercetum (petraeae)* = *Luzulo Quercetum*) mit der Hauptbaumart TrEi und den Nebenbaumarten Bu und Bi (Pionierbaumart) stockt auf meist flachgründigen, trockenen, basenarmen und sauerhumosen, sandig-steinigen Gesteinsverwitterungsböden des westdeutschen Hügel- und Berglandes. Weiter östlich, in der kollinen bis submontanen Vegetationsstufe des Hügel- und Berglandes von Süd- bis Ost-Dtschl. kommen inselartig der bodensaure Färberginster-Traubeneichenwald oder Östliche Hainsimsen-Traubeneichenwald (*Genisto tinctoriae-Quercetum (petraeae)* = *Luzulo-Quercetum*) vor. Hauptbaumart ist TrEi, Nebenbaumart Bu, hinzu treten anstatt der subatlantischen Arten Geißklee, Färberginster und Deutscher Ginster. Der bodensaure Honiggras-Eichenwald oder Buchen-Eichenwald (*Holco mollis-Quercetum* = *Querceto-Holcetum mollis* = *Violo Quercetum* = *Fago Quercetum*), der von Nordwestdtschl. bis in die Oberrheinebene auf tiefgründigen, etwas nährstoffreicheren Sandböden stockt, besteht aus den Hauptbaumarten StEi und TrEi mit deutlichem Buchenanteil. Im Unterwuchs finden sich die charakteristischen Arten Weiches Honiggras, Hainveilchen, Maiglöckchen und Sauerklee. Im subkontinentalen Klimabereich, vom niederschlagsarmen ostbayerischen bis zum ostdeutschen Hügelland und unteren Bergland, auch im norddeutschen Pleistozängebiet auf basen- und nährstoffarmen, meist sandigen Böden (Podsole) stockt der → Beerstrauch- oder Kiefern-Eichenwald oder Preiselbeer-Eichenwald (*Vaccinio vitis-idaeae-Quercetum* = *Vaccinio-Quercetum* = *Pino-Quercetum*) mit Kie, TrEi und StEi als Hauptbaumarten, dazu Bi, As und Vobe als Nebenbaumarten, seltener Bu. Hinzu kommen Preisel- und Heidelbeere, Heidekraut, Drahtschmiele, Wiesenwachtelweizen und Behaarte Hainsimse und der Birken-Eichenwald und Drahtschmielen-Buchenwald (*Betulo-Quercetum* und *Abenella-Fagus*-Gesellschaft); → Waldgesellschaften.

Bodensaure Fallaubwälder (*Quercetalia robori-petraeae* = *Quercetea robori-petraeae*): auch Bodensaure Eichen(misch)wälder, Eichen-Birkenwälder. Eine Ordn. der → Europäischen Fallaubwälder (*Querco-Fagetea*) mit dem pflanzensoziologischen Verband → Bodensaure Eichen(misch)wälder oder west- und mitteleuropäische Birken- und Kiefern-Eichenwälder (*Quercion robori-petraeae* = *Quercion roboris*) und dem Verband Hainsimsen-Buchenwälder (*Luzulo-Fagion*).

Bodensaure Weidenröschen-Schlaggesellschaften: → Weidenröschen-Schlaggesellschaften a).

Bodenschäden: B. können im Wald z. B. durch Schadstoffanreicherung (→ „saurer Regen"), Verdichtung durch Befahren mit Großmaschinen (→ Bodenverdichtung), starke Besucherfrequenz entstehen. Eine Behebung ist durch → Melioration möglich.

Bodenschädlinge: → Pflanzenschädlinge, die vorwiegend im Boden leben. Hierzu zählen u. a. die Engerlinge der Maikäfer, die Erdraupen der Wintersaateule, die Drahtwürmer der Schnellkäfer, die Haarmücken und Wiesenschnaken; → Bodenfauna.

Bodenschätzung, die (Bodenbonitierung): Für steuerliche Zwecke wurden gemäß Bodenschätzungsgesetz von 1934 die landwirtschaftlich genutzten Böden nach einheitlichen Kriterien mittels eines Acker-, bzw. Grünlandschätzrahmens bewertet. Die Böden wurden dabei von 1 bis 100 eingestuft. Dabei wurden Bodenart, Zustandsstufe, Entstehung, bei Grünland auch noch Wasserverhältnisse und Klimastufe berücksichtigt. Die zunächst abgeleiteten Boden- oder Grünlandgrundzahlen werden durch Zu- und Abschläge, die u. a. Geländeverhältnisse, Überschwemmungsgefahren, Frostlagen und auch Waldschatten berücksichtigen, in Acker- oder Grünlandzahlen umgerechnet. Diese werden – mit der jeweiligen Fläche gewichtet – zur Ertragsmeßzahl des Betriebes addiert. Aus dieser wird die Bodenklimazahl des Betriebes durch Division durch die Betriebsfläche errechnet. Sie stellt die Relation zum Vergleichsspitzenbetrieb dar. Die Acker- bzw. Grünlandzahl geben Hinweise auf die Nutzbarkeit des Bodens. Sie sind auch Grundlage für die danach gestaffelte Förderung von → Erstaufforstungen.

Bodenschicht, die: **1**) der → Bodenhorizont. **2**) die untere Schicht einer → Pflanzengesellschaft (meist Moose und Flechten) unterhalb der Baum- und Strauchschicht (→ Vegetationsschichten des Waldes).

Bodenschutz, der: Der B. hat insbesondere Maßstäbe für die Erhaltung der Funktionen des → Bodens im Naturhaushalt zu setzen; dafür Sorge zu tragen, daß weder durch stoffliche Einwirkungen über Luft und Wasser noch durch andere ungünstige Einwirkungen des Menschen akute oder chronische Schädigungen der Böden eintreten; Grenzen für Stoffeinträge und andere Belastungen der Böden anzugeben, wenn eine Vermeidung nicht möglich ist; Anforderungen des Biotop- und Artenschutzes, des Grundwasser- und Gewässerschutzes sowie einer nach Güte und Menge ausreichenden Wasserversorgung zu berücksichtigen; Maßstäbe des Gesundheitsschutzes im Hinblick auf die Belastungen von Nahrungsketten zu berücksichtigen; gleichrangig die Sicherung einer langfristig ausreichenden Versorgung mit land- und forstwirtschaftlichen Erzeugnissen sowie mit Rohstoffen zu berücksichtigen; ökologische Anforderungen für Standorte der Abfallbeseitigung und für die Sanierung und Renaturierung der durch Altlasten kontaminierten Standorte zu bestimmen; bei Boden- und Flächennutzungen gesellschaftliche Anforderungen an die Bodenfunktionen unter Anlegung der Maßstäbe der Umweltverträglichkeit und einer Prüfung der Auswirkungen auf den Raum zu beachten und zu bewerten. Bei Überlastungen, erheblichen Gefährdungen oder absehbarer Vernichtung von Böden haben ökologische Belange grundsätzlich Vorrang.

Bodenschutzfunktion des Waldes → Waldfunktionen.

Bodenschutzgesetz → Bundes-Bodenschutzgesetz.

Bodenschutzkalkungen: Die B. einschließlich der → Kompensationsdüngungen werden zur Abpufferung anhaltender Säureeinträge (→ Pufferung) durchgeführt und sind eine der Maßnahmen gegen neuartige → Waldschäden (→ Walddüngung). Dabei wird die Kalkung da, wo immissionsbedingte Nährstoffmängel vorliegen, durch gezielte Düngung ergänzt. Solche Maßnahmen sind jedoch nicht an allen Standorten und nur nach sorgfältiger Prüfung der speziellen kleinstandörtlichen Gegebenheiten sinnvoll. Bund und Länder fördern B. und Kompensationsdüngungen im Rahmen der Gemeinschaftsaufgabe „Verbesserung der Agrarstruktur und des Küstenschutzes".

Bodenschutzprogramm, das: 1991 von der Bayerischen Staatsregierung beschlossen, hat das B. die Ziele, den → Boden als wesentlichen Bestandteil des Naturhaushaltes in seiner Funktions- und Nutzungsfähigkeit für den Menschen, auch als Grundlage der Land- und → Forstwirtschaft, zu erhalten. Wegen der vielfältigen Wechselwirkungen erfolgt eine ganzheitliche, fach- und ressortübergreifende Vorgehensweise. Das B. enthält z. B. Bemühungen um die Luftreinhaltung, um die Verringerung des Pflanzenschutz- und Düngemitteleinsatzes, um die Verringerung der Versiegelungsrate.

Bodenschutzwälder → Waldfunktionen 2.

Bodenstäbe: alte, regionale Bez. für Bodenstücke; → Bodenholz 2).

Bodenständigkeit, die: in der Biologie das Ergebnis eines individuellen Anpassungsvorgangs oder einer Auslese bei Haustieren und

Nutzpflanzen. Ungeeignete Formen werden im Verlauf vieler Generationen allmählich verdrängt; → Anpassung.

Bodenstreu, die: früher ein Teil der → Waldstreunutzung (→ Waldstreu). Zur B. gehören alle unzersetzten (tote und lebende) pflanzliche Teile, die sich auf dem → Waldboden befinden. Bei der B. wurde in Rechstreu (Laub- und Nadelstreu, Moosstreu) und Mäh- oder Unkräuterstreu (hauptsächlich Heidekraut, Besenpfriem, Heidel- und Preiselbeere, Ginster, Farne und Schilfrohr) unterschieden. Sie diente als Einstreu in den Viehställen. Bei der Gewinnung von Laub- und Nadelstreu durften nur einfache, hölzerne Rechen verwendet werden. Bei eisernen Rechen war die Gefahr der Wurzelverletzungen gegeben und wurde zudem die Humusdecke z. T. mitabgetragen. Bei bestimmten Moosarten, die sich nicht mit dem Rechen abziehen ließen, erfolgte die Gewinnung durch Ausrupfen mit den Händen. Junges Heidekraut bis zum Alter von 3 bis 4 Jahren wurde mit Sicheln abgeschnitten, das ältere, holzige mit Messern geschnitten oder ausgerupft. In den reinen Heidegebieten, in denen das Heidekraut großflächig mit Wurzelboden und zusammen mit Moos und Gräsern genutzt wurde (Heideplaggen), bediente man sich breiter scharfer Hauen, den sog. „Heidehauen". Nach den in der Mitte des letzten Jh. vorgenommenen Untersuchungen über den durchschnittlichen Streuertrag (pro Jahr/Hektar in luftrockenem Zustand) wurden z. B. folgende Laub- und Nadelstreuwerte ermittelt: Bestandsalter 30 – 60 Jahre: Bu 4182 kg, Fi 3964 kg; Bestandsalter 60 – 90 Jahre: Bu 4094 kg, Fi 3376 kg; → Aststreu.

Bodenstücke → Bodenholz 2):

Bodentyp, der: ein → Boden mit einer bestimmten Folge von → Bodenhorizonten. Er wird u. a. bestimmt durch das vorhandene Ausgangsgestein, die physikalische Struktur, den Wasserhaushalt und den Humusgehalt. Die wichtigsten B. sind: Schwarzerde, → Braunerde, → Parabraunerde, → Gleiböden, → Auenböden, Marschböden, → Moor, → Ranker, → Rendzina, → Podsol, → Pelosole, → Pseudogley etc.

Bodenuntersuchung, die (Bodenanalyse): Untersuchung des → Bodens auf seine Bodenbestandteile sowie seinen Nährstoffgehalt. Mit Hilfe der physikalischen und mechanischen B. wird der Anteil der einzelnen Korngrößen an der Gesamtmenge der festen Bodensubstanz bestimmt. B. ist Voraussetzung für einen gezielten → Bodenschutz und für eine bedarfs- und umweltgerechte Düngung (→ Walddüngung). Die chemischen Untersuchungen von Bodenproben zur Feststellung des → pH-Wertes sowie des Gehalts an → Stickstoff, Phosphat, Kali und → Kalk und der Spurenelemente wie → Mangan, → Magnesium oder → Bor dienen auch der Kenntnis der Kalk- und Nährstoffversorgung der Böden.

bodenvage: ohne konkrete Bodenansprüche, d. h. auf mehreren → Standorten möglich.

Bodenverdichtung, die: durch den Einsatz schwerer Großgeräte (Schlepper, Holzerntemaschinen, auch Militärfahrzeuge etc.) verursachte oder beschleunigte Verdichtung des → Bodens. B. entstand früher durch die → Waldstreunutzung, bei der dem Boden die wasseraufsaugende Bodenauflage genommen wurde und starker Regen die B. langfristig herbeiführte. Die Folgen sind kleineres Porenvolumen des sonst hohlraumreichen Oberbodens, geringerer Luftgehalt (→ Bodenatmung) und geringere Luftdurchlässigkeit, Schwund der → Bodenorganismen, verminderter Wasserabzug Behinderung des Wurzelwachstums der Pflanzen.

Bodenverdunstung, die: Verdunstung des → Bodenwassers von der Bodenoberfläche aus.

Bodenversauerung, die: Saurer Boden kann auf verschiedenen Wegen entstehen: In einigen Gegenden ist der saure Regen die Ursache; insgesamt gesehen spielt er aber keine große Rolle. Bei der Verwitterung heller, silikatreicher magmatischer Gesteine können saure Böden entstehen. Die Bodenorganismen produzieren Säuren auf verschiedenen Wegen. Es können organische Säuren als Nebenprodukt ihres Stoffwechsels entstehen. Dadurch können die Organismen indirekt zu einer Freisetzung von H+-Ionen führen. Säure entsteht auch, wenn das Atmungsprodukt CO_2 sich mit Wasser zu Säure verbindet. Auch während des Abbaus organischer Substanz kann Säure entstehen, so bei der Streu der meisten Koniferen (→ Waldstreu), bei Moosen und bei Heidekräutern. Alkalische Bodenreaktionen rühren meist von Salzen, wie z. B. Ca-CO_3, her, die zu Basen hydrolysieren. Diese Salze entstammen der Verwitterung von Gesteinen, wie z. B. Kalkgesteinen und dunklen magmatischen Gesteinen, die bei der Verwitterung Basen freigeben. Hohe pH-Werte können auch bei der Verdunstung von Bodenwasser, das immer gelöste Salze enthält, entstehen. Stark alkalische (Solontschak) oder salzhaltige (Solonetz) Böden entstehen deshalb in ariden Gebieten. Die Versauerung der Böden stellt eine wesentliche Belastung für die Waldökosysteme (→ Ökosysteme) dar. Im → Boden ist bereits eine natürliche Versauerung der Bodenlösung, des Bodenwassers und der Bodenteilchen vorhanden. Unterhalb von pH 3 sind bereits durch die Freisetzung von Aluminium- und Schwermetallionen Schäden an den Pflanzenwurzeln zu erwarten. Der derzeit gemessene Säuregrad des Regens liegt in Dtschl. zwischen pH 4,1 und 4,3 (→ saurer Regen). Damit nimmt die Säuremenge oder die Säuresättigung des Bodens zu. Basisch wirksame Nährstoffe wie → Kalzium (Ca), → Magnesium (Mg) und → Kalium (K) können dann ausgewaschen werden. Nur ein geringer Teil der Säure gelangt jedoch mit den Niederschlägen in den Wald. Die größte Versauerung entsteht durch das Auskämmen trocken deponierter Schadstoffe (gasförmige → Luftverunreinigungen) durch das Kronendach. Diese Auskämmung erfolgt durch Lösung von Schwefeldioxid und Stickoxide im Benetzungswasser der Nadeln (Blätter) und Zweige und auch durch Ausfilterung des Nebels. Im Ggs. zu Laubwäldern kämmen Fichtenwälder besonders stark aus. Hält der Versauerungsprozeß längere Zeit an, so werden Aluminium-, Mangan- und Eisen-Ionen mobilisiert, die schädlich auf Pflanzenwurzeln oder → Bodenorganismen wirken können. Geschädigte Bäume, v. a. die Fi als Flachwurzler (→ Tellerwurzel), verlieren dadurch ihre Standfestigkeit.

Bodenverwundung, die: → Bodenbearbeitung.

Bodenvögel: Vögel, die ihre Nahrung vollständig oder fast vollständig auf dem Boden suchen. Zu anderen Tätigkeiten, etwa zum Nisten, Singen oder Schlafen, können sie sich auf Bäumen, auch im Oberbereich der Bäume aufhalten; → Baumvögel.

Bodenverdichtung behindert vor allem das Wurzelwachstum der Pflanzen.

Bodenwärmehaushalt, der: Der B. ergibt sich aus Wärmezufuhr und -verlust. Die Zufuhr erfolgt zunächst durch Sonneneinstrahlung, im → Boden, dann durch Wärmeleitung und ist im Wald von der Art des Baumbestandes und des Bodens und seines Zustandes abhängig. Dunkle und trockene Böden erwärmen sich leichter, helle und nasse langsamer. Böden mit hohem → Porenvolumen haben eine geringe Wärmeleitfähigkeit; auch ist die Wärmekapazität der verschiedenen → Bodenarten unterschiedlich. Die Kombination dieser Eigenschaften äußert sich in einem unterschiedlichen Temperaturverlauf während des Tages. Trockener Moorboden hat z. B. wegen seines hohen Luftgehaltes (Porenvolumen) eine schlechte Wärmeleitung und eine geringe Wärmekapazität. Er kann sich deshalb sehr stark an der Oberfläche, jedoch weniger in der Tiefe, erwärmen. Durch Abbau- und Lebensprozesse im Boden können geringe Wärmemengen entstehen. Verluste an Wärme entstehen durch Abstrahlung.

Bodenwasser, das: In den Poren des → Bodens kann sich Wasser unterschiedlich lang halten. Wasser, das im Boden der Schwerkraft folgt und durch die Poren zum → Grundwasser fließt, heißt Sicker- oder Gravitationswasser. Staut sich dieses Wasser an einem Stauhorizont (→ Pseudogley, → Gley) entsteht Stauwasser. Der aufgrund der molekularen Anziehungskräfte (Kohäsion) zwischen den einzelnen Wassermolekülen in den Bodenporen festgehaltene, bzw. vom Grundwasser aufsteigende Teil des Wassers wird als Kapillarwasser bezeichnet. Wegen der Dipole des Wassermoleküls und der unterschiedlich geladenen Bodenteilchen (Hydration) werden letztere von einer festhaftenden, hygroskopisch gebundenen Wasserhülle, dem Adsorptionswasser (→ Adhäsionswasser), umgeben. Die Adhäsion läßt mit zunehmender Entfernung des Wassermoleküls nach. Je größer die innere Oberfläche des Bodens ist, desto mehr Wasser wird auf diese Weise durch Saugspannung (Wasserspannung) gebunden. Tonboden mit einem Wassergehalt von 20 % fühlt sich daher trocken an, ein Sandboden mit demselben Wassergehalt dagegen naß. Für eine Quantifizierung wird der Boden bei 105 °C getrocknet. Die Wassermenge, die sich so entfernen läßt, zählt zum B. Die maximale Was-

Böhmerwald (Schwarzer See)

sermenge, die ein Boden gegen die Schwerkraft festhalten kann, wird durch die Höhe einer Wassersäule als Feldkapazität quantifiziert, bzw. durch den pF-Wert, dem Logarithmus aus der Höhe dieser Säule in cm, ausgedrückt. Normale Böden haben einen pF-Wert von 1,8 – 2,5; → Pflanzenverfügbare Wasserkapazität, Grundwasserregulierung.

Bodenweide, die: → Waldweide.

Bodenzahl, die: → Bodenschätzung.

Bodenzeiger → Bodenanzeiger.

Bodenzustandserfassung, **-erhebung**, die: → Bundesweite Bodenzustandserhebung.

Bogen, der: → Schere.

Bogenbaum, der: alte Bez. für → Eibe.

Bohle, die: ein → Brett, das mehr als 35 mm, höchstens jedoch 100 mm dick ist, mit Breiten von mehr als der zweifachen Dicke.

Böhmerle, Karl (1851 Steinitz/Mähren bis 1917 Wien): B., zuletzt Oberforstrat, studierte an den Technischen Hochschulen Wien und Zürich und war später Leiter des Referates Holzmeßkunde an der Forstlichen Versuchsanstalt in Wien. B. hatte großen Anteil am Ausbau des österr. forstlichen Versuchswesens. Seine Anregungen zur internationalen Zusammenarbeit führte zur Gründung des → Internationalen Verbandes Forstlicher Versuchsanstalten (IUFRO).

Böhmerwald, der: Früher wurde der ganze Grenzkamm des → Bayerischen Waldes als B. bezeichnet. Heute wird darunter nur mehr der in Böhmen in der Tschechischen Republik gelegene Teil des Grenzgebirges verstanden. Wegen seiner Lage im dicht besiedelten Mitteleuropa, seiner relativen Naturnähe und seiner Wasserreserven wird der B., zusammen mit dem angrenzenden Inneren Bayer. Wald, auch „Grünes Dach Europas" genannt. 1991 wurden, teilweise angrenzend an den → Nationalpark Bayerischer Wald, in Tschechien 69 030 ha zum Nationalpark Sumava erklärt. Daneben sind im großräumigen Landschaftsschutzgebiet Sumava noch bedeutende Schutzgebiete, wie der → Kubány-Urwald (Boubín) zu erwähnen. Schwarzer See, Teufelssee, Lakkasee, Stubenbacher See und Plöckensteinsee stammen als Karseen aus der Eiszeit. Die natürlichen → Waldgesellschaften entsprechen denen des Bayer. Waldes.

Bohnenbaum, der: → Goldregen.

Bohrkäfer, der: → Werftkäfer 1.

Bohutinsky, Anton (1847 Grünberg/Böhmen bis 1924 Prag): B. studierte an der Forstlehranstalt in → Mariabrunn und war später Hofrat und Landesforstinspektor von Böhmen. Während seiner 20jährigen Tätigkeit als Landesforstinspektor erwarb es sich große Verdienste um die Aufforstung von Ödland an Flüssen. B. war Honorardozent an der Deutschen Technischen Hochschule in Prag für Forstwissenschaften.

Bois de Tabre, der: Name und Markenzeichen für den Taberbrücker Kiefernwald in Ostpreussen westlich von Allenstein mit hochwertiger Kiefer. 1919 wurde Dtschl. ausdrücklich verpflichtet, 50 000 fm Holz aus dem B. d. T. an Frankreich als Reparation (→ Reparationshiebe) zu liefern.

Boletaceae → Röhrlinge.

Boletus → Steinpilze.

Boller: frühere Bez. für aufeinander gewälzte und unbehauene Bau- und Werkholzstämme.

Bollweide, die: → Pappeln 4.

Bologneser Glockenblume, die: → Glockenblume 11.

Bombina → Unken.

Bombini → Hummeln.

Bombycidae → Spinner.

Bombycilla garrulus → Seidenschwanz.

Bombyliidae → Wollschweber.

Bondenforst, der (Bondenholzungen): skandinavisch Bonde = Freibauer. Ehemals etwa 13 000 ha umfassende Waldungen in Schleswig-Holstein, die als Abfindung für Waldgrundgerechtigkeiten, verschiedenen Bauernhöfen aus Staatsbesitz zur freien Nutzung überwiesen wurden. Der B. geht auf die „Allgemeine neue Forst- und Jagdverordnung" des dänischen Königs Christian VII vom 2.7.1784 zurück. Sie stellte den B. unter staatliche Forstaufsicht, verbot den Kahlschlag und gebot Wiederaufforstung.

Bongossi, das: → Eisenholz.

Bonität, die: → Ertragsklasse.

Bonitätsklasse, die: → Ertragsklasse.

Bonitierung, die: Ermittlung der → Ertragsklasse.

Bonner Konvention: ein im Jahre 1979 von 22 Staaten unterzeichnetes internationales Übereinkommen zum Schutz wildwachsender Pflanzen und wildlebender Tiere und ihrer Lebensräume (→ Biotop) und zur Erhaltung der wandernden wildlebenden Tierarten; → Artenschutzabkommen.

Bonsels, W. → Wald in der Dichtung.

Bonzen: nach H. H. Hilf Stämme, die sich im → Bestand aus der Masse ihrer Nachbarstämme erheben und auf deren Kosten leben, ohne ihrer inneren Qualität nach dazu berechtigt zu sein; → Verwuchs.

Bor, das (B): chemisches Element, Nichtmetall. Es ist für Pflanzen ein essentielles Mikroelement, das sie in Form von Borat-Anionen durch die Wurzeln aufnehmen. Der gesamte B.-Gehalt schwankt in Böden zwischen 0,02 und 220 ppm, in Fi-Nadeln zwischen 15 und 40 ppm. B. beeinflußt den Transport der Kohlenhydrate in der → Pflanze sowie das Keimungsvermögen der Pollenkörner und stabilisiert die Zellwände. Es beschleunigt u. a. das Wurzelwachstum; → Mangelsymptome an Bäumen.

Boraginaceae → Rauhblattgewächse.

Bord, das: früher in einigen Gegenden verwendete Bez. für → Brett. Im Wasserholzhandel (→ Flößerei) war B. auch eine allg. Bez. für alles geschnittene → Nutzholz. Ein B. (Brett) war i. d. R. 16 → Fuß lang, 12 → Zoll breit und 1 Zoll dick; → Feuerbord.

Bordfloß, das: → Dielenfloß.

Bordwieden → Floßwieden.

Boreal-alpine Nadelwälder → Nadelwälder, boreal-alpine und (subalpine) Zwergstrauchgesellschaften.

Boreale Nadelwälder → Nadelwälder, boreal-alpine und Zwergstrauch-Gesellschaften.

boreale Zone, die (griechisch boréas = Norden, Nordwind): Bez. für die speziell kontinental-kühle, nördliche Nadelwaldzone (→ Vegetationszonen) mit kurzer Vegetationsdauer (ca. 3 bis 4 Monate). Der Begriff wird hauptsächlich in der Pflanzen- und Tiergeorgraphie verwendet; → Nadelwälder, borealalpine und Zwergstrauch-Gesellschaften.

Boreal-subkontinentale Kiefern-Steppenwälder oder Kiefern-Trockenwälder → Kiefern-Steppenwälder.

Borggreve, Bernard, Prof. Dr. (6.7.1836 Magdeburg bis 5.4.1914 Wiesbaden): Er war von

1879 bis 1891 Direktor der Forstakademie Hann.-Münden und später (bis 1905) Oberforstmeister in Wiesbaden. B. war ein Verfechter der Plenterdurchforstung. Er schrieb u. a.: „Forstreinertragslehre" (1878), „Die Holzzucht" (1885) und gab die „Forstlichen Blätter" zuerst mit Grunert (1877), dann allein (seit 1889) heraus.

Borke, die (Rhytidom): der außenliegende, abgestorbene (verkorkte) Teil der → Rinde (äußere Rinde) bei → Holzgewächsen. Die B. wächst beim → Dickenwachstum der Pflanze nicht mit, sondern reißt auf und wird in schuppenförmigen Gewebestücken (→ Schuppen-B.), in Fetzen (→ Ringel-B.) oder Streifen (→ Streifen-B.) abgestoßen. Sie erneuert sich vom Kambium aus ständig. Die Einlagerung von fäulnishemmenden Phlobaphenen bewirkt die Braunfärbung der B. Außerdem schützt die B. den Baum gegen Kälte, Hitze (→ Waldbrand), → Bakterien, → Pilze und → Insekten sowie gegen mechanische Beschädigungen, hält Regenwasser ab oder verhindert bei Sonnenschein zu hohe → Verdunstung. Da sie aber wasserundurchlässig ist, kann sie weder Nährstoffe noch Wasser aufnehmen; → Bast, Tafelborke, Plattenkiefer.

Borkenkäfer (*Scolytidae*; früher *Ipidae*): weltweit verbreitete Käfer-Fam. mit etwa 4600 Arten, davon etwa 150 in Europa und ca. 95 einheimisch. B. sind sehr kleine bis mittelgroße, etwa 0,8 bis 9 mm lange, dunkelbraune bis schwarze Käfer mit meist walzenförmigen Körper und manche Arten mit Absturz (Mulde am Hinterende der Flügeldecken), der am Rande mit Zähnen eingefaßt ist. Der B. bringt das Bohrmehl in diese pfannenartige Mulde und schafft es aus den Fraßgängen heraus. Die → Larven sind meist weiß oder fleischfarben, beinlos, bauchwärts gekrümmt und haben einen braunen, chitinisierten Kopf. Die

◄◄◄ Typisches Fraßbild des Borkenkäfers

→ Puppen sind kurz und gedrungen, weißlich und bewegungslos. B. können als Larven, Puppen oder Käfer überwintern. Die Generation ist bei vielen Arten einfach, bei manchen doppelt, unter günstigen Bedingungen ist die Ausbildung einer dritten Generation möglich. Die Käfer sind gute Flieger und schwärmen teilweise schon im März/April (Frühschwärmer), teilweise erst im Mai, im Gebirge noch später. Sie leben entweder in der Bastschicht zwischen Rinde und Splint (Rindenbrüter) oder im Holzkörper (Holzbrüter). Rindenbrüter erkennt man am braunen, Holzbrüter am weißen Bohrmehl. Darüber hinaus erleichtern das Auftreten an bestimmten Wirtsbäumen sowie die artspezifischen Fraßbilder das Bestimmen der B. Die einzelnen Arten sind auf verschiedene Lbh oder Ndh spezialisiert, aber v. a. gefürchtete Nadelholzschädlinge, wie z. B. Buchdrucker und Kupferstecher in Fichtenwäldern. Einige Arten neigen zur Massenvermehrung, besonders nach trockenen und warmen Jahren, nach → Windwurf, Blitzschlag (→ Blitzlöcher) und → Schneebruch. Auch die durch → Luftverunreinigung geschädigten Wälder verlieren an Vitalität und Widerstandskraft gegen → Sekundärschädlinge (Schwächeparasiten) und können eine Massenvermehrung begünstigen. Die B. befallen dann auch gesunde Bäume und können Nadelbäume (hauptsächlich Fi, Kie, Ta, Lä) innerhalb weniger Wochen zum Absterben bringen und auch den Wert des Holzes beeinträchtigen. Hemmend auf die weitere Entwicklung der B. wirken hingegen hohe Sommertemperaturen, weil hierdurch die Rinden befallener Bäume zu rasch austrocknen, sowie der Mangel an befallsfähigen Bäumen, kühle Witterung und überdurchschnittlich hohe Niederschläge im Verlauf der Vegetationsperiode. Bei den in Einehe lebenden Arten frißt das Weibchen einen Muttergang, an dessen Seiten es die Eier in Einischen (Eigruben) ablegt. Bei den in Vielehe lebenden Arten bohrt das Männchen sich zuerst ein und fertigt eine sog. Rammelkammer für die Begattung. Von dort aus legen die Weibchen die Brutgänge an. Die Larven schlüpfen etwa zwei Wochen nach der Eiablage und fressen, meist jede für sich, mehr oder weniger waagerecht vom Muttergang abzweigende, allmählich breiter werdende Larvengänge,
an deren Ende sie sich in länglichen Puppenwiegen verpuppen und sich in etwa 8 bis 13 Wochen zum Jungkäfer entwickeln. Sie verlassen meist auf kürzestem Weg durch ein kreisrundes Flugloch den Baum. Durch die Larvengänge entstehen arttypische Fraßbilder. Man unterscheidet:

In der Rinde: einarmiger Längsgang (Lotgang), z. B. Großer Waldgärtner; zwei- auch dreiarmiger Längsgang (Stimmgabelgang), z. B. Buchdrucker; Sterngang, z. B. Kupferstecher; einarmiger Quergang (Waagegang), z. B. Eichensplintkäfer; zweiarmiger Quergang, z. B. Kleiner Waldgärtner; doppelter zweiarmiger Quergang, z. B. Krummzähniger Tannenborkenkäfer; Platzgang, z. B. Riesenbastkäfer.

Im Holz: Leitergang, z. B. Nutzholzborkenkäfer; Gabelgang, z. B. Eichenholzbohrer; dreidimensionaler Gabelgang, z. B. Ungleicher Holzbohrer.

Vorbeuge- und Bekämpfungsmaßnahmen: Aus früheren Jh. sind bereits große B.-Kalamitäten bekannt, die damals als „Wurmtrocknis" bezeichnet wurden. V. a. der Buchdrucker hat der Forstwirtschaft große Schäden zugefügt. Im Böhmerwald traten z. B. gegen Ende des letzten Jh. B.-Kalamitäten auf, und in den Trockenjahren von 1943 bis 1949 kam es zur Massenvermehrung des Fichtenborkenkäfers mit Schwerpunkt in Südwestdtschl. Von 1944 bis 1951 mußten 30 Mio. fm Fichtenholz eingeschlagen werden. Die Nutzderbholzerzeugung betrug vergleichsweise 1938 in Dtschl. 54 Mio. fm. Die wichtigste Aufgabe des Forstmannes und des Waldbesitzers ist es daher, den Wald dauernd zu beobachten, um alle vorkommenden Käfervermehrungen zu erkennen. Zu den Vorbeugungs- und Bekämpfungsmaßnahmen gehören:

– Dauerbeobachtung der allgemeinen Borkenkäfersituation z. B. mit → Pheromonfallen oder → Fangbäumen,
– regelmäßige und flächendeckende Befallskontrolle,
– rechtzeitige Fällung erkrankter Bäume,
– Entrinden der befallenenen Bäume und Verbrennung oder Behandlung der Rinde mit amtlich zugelassenen Pflanzenbehandlungsmitteln.

Da alle B.-Insektizide bienengefährlich und fischgiftig sind, sind die einschlägigen Vorschriften, z. B. Bienenschutz- und Wasserschutzverordnung, besonders zu beachten. Ihr Einsatz ist daher auf das zwingend notwendige Maß zu beschränken.

Darüber hinaus muß alles gefällte oder durch Naturereignisse (z. B. Trockenheit, Schneebruch, Sturmwurf) zu Boden gelangte Ndh, welches nicht unverzüglich aus dem Wald abgefahren, sofort entrindet, behandelt oder im Wasser oder auf Sprühpoltern (→ Polter) gelagert werden. Ein modernes Hilfsmittel bei der Überwachung von Buchdrucker und Nutzholz-B. sind die Lockstoff-Fallen (Sexuallockstoffe), die den herkömmlichen Kontrollfangbäumen (→ Fangbäume) i. d. R. überlegen sind. Mit diesen Fallen (Pheromonfallen; → Pheromone) können jedoch dzt. nur die vorgenannten beiden Arten kontrolliert werden.

Die wichtigsten B. sind:

I. Splintkäfer:

1. Großer Ulmensplintkäfer, der (*Scolytus scolytus*): Der rindenbrütende Käfer ist 4 bis 6 mm groß, schwarz oder pechbraun. Er schwärmt von Mai bis Juni und in einer zweiten Generation im August. Er befällt kränkelnde Ul, aber auch Pa, Wei, Es und Hbu und nagt an Stämmen und Ästen einen bis 10 cm langen einarmigen Längsgang. Die 10 bis 15 cm langen Larvengänge, die in Puppenwiegen enden, zweigen rechtwinkelig vom Längsgang ab. Der Käfer überträgt den Pilz *Ceratocystis* (→ Ulmensterben). Befallene Bäume werden wipfeldürr und sterben ab.

Großer Ulmensplintkäfer (*Scolytus scolytus*)

2. Kleiner Ulmensplintkäfer, der (*Scolytus multistriatus*): Der dem Großen Ulmensplintkäfer sehr ähnliche rindenbrütende Käfer lebt wie dieser, ist jedoch nur 2 bis 4 mm groß. Er nagt einen einarmigen, 2 bis 6 cm langen Längsgang. Die Larvengänge sind zahlreicher, bis zu 50 auf jeder Seite, aber schmäler und stehen meist sehr dicht. Er schadet ebenso wie der Große Ulmensplintkäfer. Neben Ul tritt er auch an Pflaume und As auf.

3. Großer Birkensplintkäfer, der (*Scolytus ratzeburgi*): Der rindenbrütende Käfer ist 5 bis 7 mm groß und schwarz glänzend. Er befällt hauptsächlich jüngere und kränkelnde Bi und schwärmt im Juni/Juli. Er nagt unter der Rinde einen bis 10 cm langen, meist mit hakenförmiger Krümmung beginnenden, einarmigen Längsgang, der tief in den → Splint eingreift und viele Luftlöcher aufweist. Die Larvengänge zweigen dicht nebeneinander ab, werden 15 bis 25 cm lang und enden in Puppenwiegen. Einfache Generation. Kränkelnde Bäume sterben durch Käfer- und Larvenfraß rasch ab.

4. Eichensplintkäfer, der (*Scolytus intricatus*): Der ca. 4 mm große, schwarze, rindenbrütende Käfer mit pechbraunen Flügeln schwärmt im Mai/Juni. Er frißt wenige cm lange, in den Splint eingreifende, einarmige Quergänge, von denen nach oben und unten bis zu 30 cm lange und dichte, ebenfalls in den Splint eingreifende Larvengänge abzweigen. Hauptsächlich Ei (auch Hbu, Wei, Pa), beonders kränkelnde Jungeichen und die Äste älterer Bäume werden von ihm befallen. Die befallenen Äste und Zweige sterben dann ab.

II. Bastkäfer:

5. Kleiner bunter Eschenbastkäfer, der (*Leperisinus varius*; früher: *Hylesinus fraxini*): Der rindenbrütende Käfer schwärmt im April, bis anfangs Mai und befällt hauptsächlich Es, aber auch Rob, Ei und Nuss. Er nagt unter der Rinde einen doppelarmigen Quergang von 3 bis 5 cm Länge und 1,5 cm Breite. Die Larvengänge sind kurz, ca. 4 cm, dichtgedrängt und zweigen ziemlich rechtwinkelig nach oben und unten ab. Der → Ernährungsfraß an gesunden Es, unter grüner Rinde, in der Krone oder in Stangen erzeugt eine Rindenwucherung, sog. Käfergrinde (→ Eschenrosen).

Schwarzer Kiefernbastkäfer (*Hylastes ater*)

6. Großer schwarzer Eschenbastkäfer, der (*Hylesinus crenatus*): Der rindenbrütende Käfer ist etwas größer als der Kleine bunte Eschenbastkäfer und einfarbig schwarz. Er schwärmt Ende April/Mai und fertigt einen in den Splint eingreifenden, ein-, eineinhalb- oder gelegentlich auch zweiarmigen Quer- oder Schräggang unter der Rinde stärkerer Eschenstämme, gelegentlich bei Ei. Die gleichfalls den Splint furchenden Larvengänge sind ziemlich lang, oft ineinanderfließend, mit Puppenwiegen, die hauptsächlich in der Rinde liegen. Generation einjährig.

7. Großer Waldgärtner, der (*Tomicus (Blastophagus) piniperda;* früher: *Myelophilus piniperda*): auch Gefurchter Waldgärtner, Großer Kiefernmarkkäfer. Der glänzend braune (Jungkäfer) bis schwarzbraune Käfer schwärmt Ende März, April und befällt alle Kiefernarten, hauptsächlich frisch gefällte unentrindete, aber auch kränkelnde stehende Bäume. Seltener ist er an Fi, Lä oder Ta zu finden. Generation einfach. Der Käfer nagt unter der Rinde einen etwa 10 cm langen einarmigen Längsgang (Lotgang) mit vielen Luftlöchern, der bei liegend beflogenen Stämmen mit einer hakenartigen Krümmung (Krückstock) beginnt. Die oft sehr gedrängten, verworrenen Larvengänge zweigen fast rechtwinkelig vom Muttergang ab und verlaufen an der Rindeninnenseite und enden in tief in der Borke liegenden Puppenwiegen. Die Jungkäfer verlassen im Juli die Borke durch ein Flugloch. Die Altkäfer gehen nach beendetem Brutgeschäft, ab Mitte Mai, ein. Jungkäfer gehen zwecks Reifungsfraß in die ein- und zweijährigen Triebe und höhlen sie aus, dabei wechseln sie mehrfach die Fraßstelle. Die ausgehöhlten Triebe bleiben grün, brechen später z. B. bei Stürmen ab und bedecken als → „Abbrüche" den Boden. Das Einbohrloch an den Trieben ist oft von einem Harztrichter eingefaßt. Bei stärkerem Auftreten sehen die Kronen wie geschnitten aus (Waldgärtner!). Im November verlassen die meisten Käfer die Triebe und bohren am untersten Stammteil bis zu 1,5 m Höhe ihre Überwinterungsgänge, die bis in den Splint reichen. Die Käfer verursachen an den Bäume Mißbildungen und Zuwachsverluste (→ Zuwachs). Ein natürlicher Feind des G. W. ist der Ameisenbuntkäfer; → Buntkäfer.

8. Kleiner Waldgärtner, der (*Tomicus [Blastophagus]) minor;* früher: *Myelophylus minor*): Der dem Großen Waldgärtner sehr ähnliche Käfer ist etwa 3,5 bis 4 mm groß; die Flügeldecken sind jedoch rotbraun glänzend. Er nagt – hauptsächlich im dünnrindigen Stammteil – einen doppelarmigen Quergang (Gabelgang) tief in den Splint der stehenden Bäume mit kurzen, etwa 2 bis 3 cm langen und senkrecht abzweigenden Larvengängen. Diese enden in tief in den Splint eingesenkten Puppenwiegen. Der K. W. ist forstlich bedeutsamer als der etwas früher schwärmende Große Waldgärtner, weil die tief in den Splint furchenden Muttergänge den Saftstrom unterbinden können. Dies kann bei stärkerem Befall zur → Wipfeldürre, ja sogar zum Absterben des befallenen Baumes führen.

9. Schwarzer Kiefernbastkäfer, der (*Hylastes ater*): Der etwa 4 bis 4,5 mm große und schwarze Käfer (Wurzelbrüter) schwärmt schon früh (März-April) aus dem Winterquartier. Das Weibchen nagt zur Eiablage in den oberflächennahen Wurzeln der Kie unter der Rinde einen einarmigen Längsgang. Die Larvengänge zweigen quer davon ab und kreuzen sich später oft. Die Jungkäfer fressen in der zarten Rinde über und unter dem Wurzelhals drei- bis zehnjähriger Kiefernpflanzen. Der Brutfraß der Käfer ist forstlich belanglos. Der Schaden durch den Sekundärfraß (Ernährungsfraß) im Sommer in den → Kulturen kann jedoch so stark sein, daß die Kiefernpflanzen eingehen.

Gleiches biologisches Verhalten hat der **Holzzerstörende** oder **Rothaarige Kiefernbastkäfer** (*Hylurgus ligniperda*).

10. Schwarzer Fichtenbastkäfer, der (*Hylastes cunicularis*): Dieser Käfer (Rindenbrüter, Wurzelbrüter) lebt und schadet wie der Schwarze Kiefernbastkäfer, jedoch in Fi.

11. Riesenbastkäfer, der (*Dendroctonus micans*): Der schwarze, braungelb behaarte und 7 bis 9 mm große Käfer (größter B.; Rindenbrüter) befällt hauptsächlich beschädigte und auch gesunde Fi sowie Kie und Ta. Das Weibchen nagt unter der Rinde meist am unteren Stammteil, Wurzelhals oder in oberirdischen Wurzeln. Aus dem Einbohrloch tritt Harz aus, das den Befall anzeigt. Die Eier werden in Haufen abgelegt. Die Larven fressen dicht nebeneinader bleibend im „Familienfraß", ein Trupp hinter dem anderen her, wobei das Bohrmehl plattenförmig zusammengedrückt wird. Der Käfer ist häufig ein Primärschädling. Bei starkem Befall oder bei Hinzutreten von anderen Parasiten sterben junge Bäume schnell ab, ältere halten den Befall längere Zeit aus.

12. Doppeläugiger Fichtenbastkäfer, der (*Polygraphus poligraphus*): auch Vielschreiber, Städteschreiber. Der 3 mm große, gelbbraun beschuppte, rindenbrütende Käfer kommt in Fichtenwäldern häufig vor. Er schwärmt im April/Mai und dann i. d. R. nochmals im Juli/August. Die Generation ist (meist) doppelt, seltener einfach. Er befällt v. a. 20- bis 40jährige Fi, vorzugsweise solche, die bereits geschwächt sind, sowie unentrindet im Walde lagerndes Stangen- und Brennholz. Käfer und Larven fressen in unterschiedlicher Tiefe unter der Rinde (Schaft, Äste und Zweige) einen unregelmäßig verlaufenden Sterngang, der von der Rammelkammer ausgeht.

III. Gezähnte Borkenkäfer:

13. Buchdrucker, der (*Ips typographus*): auch großer oder großer achtzähniger Fichtenborkenkäfer. Der 4,4 bis 5,5 mm große, rotbraun bis schwarzbraune, in der Jugend hellbraune, rindenbrütende Käfer hat beiderseits des Flügelabsturzes je vier Zähne; der dritte von oben gesehen ist größer und knopfförmig verdickt. Der zur Massenvermehrung neigende B. ist sehr wärmebedürftig (etwa 18 °C)und ein Spätschwärmer (Mitte April bis Mai und im Juli/August). Er hat eine einfache oder bei günstiger Witterung (Wärme) doppelte Generation. Das Männchen bohrt eine in der Rinde verborgene, geräumige Rammelkammer, die bei Abheben der Rinde vom Stamm an der Rindeninnenseite nicht sichtbar wird. Die folgenden Weibchen fressen 6 bis 15 cm lange Gänge nach oben und unten oder einen Stimmgabelgang. Die 3 bis 3,5 mm breiten Muttergänge sind mit Luftlöchern versehen. Unter der Rinde werden bis zu 100 Eier abgelegt. Die nach 10 bis 14 Tagen schlüpfen-

▸▸▸ Buchdrucker (*Ips typographus*)

den Larven fressen, jede für sich, einen rechtwinkelig vom Muttergang abzweigenden kurzen, immer breiter werdenden Gang, der mit Bohrmehl verstopft ist und an dessen Ende sich eine Puppenwiege befindet. Die Larvenzeit beträgt vier bis fünf, die Puppenruhe ein bis zwei Wochen. Die Überwinterung erfolgt i. d. R. als Käfer im unteren Stammteil in der dickborkigen Rinde, in Stöcken und in der Bodenstreu. Schaden durch den Käfer tritt hauptsächlich an den älteren, über 70 Jahre alten Fi auf; vorzugsweise befällt er frisch gefällte, aber auch vom Wind geworfene oder kränkelnde stehende Stämme. Bei Massenvermehrung greift er auch gesunde Bäume an. Starker Befall wirkt durch Zerstörung des Bastes tödlich (→ Wurmtrocknis). Wo die Fi vorkommt, ist ein eiserner Bestand an B. vorhanden. Das Vorhandensein ist am aus den Bohrlöchern rieselnden, braunen Bohrmehl zu erkennen. Befallene und kränkelnde Stämme sind daher zu entfernen, das über den April hinaus im Wald liegende Fichtenstammholz zu entrinden und die Rinde zu vernichten. Von April bis Ende August sind → Fangbäume zu werfen und regelmäßig zu kontollieren.

Ihm ähnlich, aber gerne andere Ndh anfliegend (im Gebirge Krummholzkiefer) ist der **Kleine achtzähnige Buchdrucker** (*Ips amitinus*).

14. Kupferstecher, der (*Pityogenes chalcographus*): auch kleiner oder sechszähniger Fichtenborkenkäfer. Der sehr kleine, nur 2 mm große und glänzend rotbraune, rindenbrütende Käfer hat am Flügelabsturz sechs Zähne, ist ein regelmäßiger Begleiter des Buchdruckers und befällt fast ausschließlich die Fi; selten findet er sich an anderen Nadelhölzern. Doppelte Generation, gelegentlich auch dreifache. Die Flugzeit ist von April bis Mai und im Juli/August. Der K. fertigt in der dünnen Rinde im oberen Stammteil oder in den Ästen einen Sterngang mit drei bis sechs Brutarmen mit in der Rinde verborgener Rammelkammer. Der Muttergang ist etwa 6 cm lang und 1 mm breit. Der Käfer befällt hauptsächlich Fichtendickungen und kann in Gemeinschaft mit dem Buchdrucker gefährlich werden. Seine Nahrung besteht aus dem Bast von Fi und Kie. I. d. R. überwintert der Käfer, gelegentlich auch die Larven und Puppen.

◂◂◂ Kupferstecher (*Pityogenes chalcographus*)

15. Großer Kiefernborkenkäfer, der (*Ips sexdentatus*): auch zwölfzähniger Kiefernborkenkäfer. Der rindenbrütende Käfer besitzt am Flügelabsturz 12 Zähne und ist glänzend tiefbraun. Er bohrt unter meist dicker Borke zwei- bis vierarmige Längsgänge, die bis 50 cm lang und mit einigen Luftlöchern versehen sind. Die schlüpfenden Larven fressen rechtwinkelig vom Muttergang abzweigende, meist ziemlich kurze, sich rasch verbreiternde Gänge, an deren Ende sich schüsselförmige Puppenwiegen befinden. Der G. K. schwärmt von April bis Mai und abermals im Juli/August. Meist doppelte Generation. Er befällt überwiegend ältere, hauptsächlich liegende, frischgefällte Bäume und kann den Bläuepilz (→ Blaufäule) am liegenden Stamm (Holz) fördern.

16. Zweizähniger Kiefernborkenkäfer, der (*Pityogenes bidentatus*): auch Hakenzähniger Kiefernborkenkäfer. Das Männchen des sehr häufigen, pechbraunen, rindenbrütenden Käfers besitzt je einen Hakenzahn an den Flügelabsturzseiten. Der Käfer schwärmt im Mai/Juni und befällt kränkelnde, aber auch gesunde Kie aller Altersklassen. Generation doppelt. Er frißt mehrarmige, tief in den Splint eingegrabene Sterngänge (drei bis sieben Brutarme) mit großen, weitständigen Einischen unter der dünnen Spiegelrinde (→ Lohrinde) von Kiefernzweigen. Die Larvengänge sind meist geschlängelt und verwirren sich zuletzt. Gelegentlich tritt der Käfer auch an jungen Kie in Kulturen auf, die dann häufig eingehen; bei älteren Kie kann → Kronenverlichtung auftreten.

17. Krummzähniger Tannenborkenkäfer, der (*Pityokteines curvidens;* früher: *Ips curvidens*): auch Weißtannenborkenkäfer. Der 2 bis 3 mm große, pechbraune, rindenbrütende Käfer befällt Tannenwälder der Mittelgebirge und ist selten an anderen Ndh anzutreffen. Er bevorzugt lückige Bestände sowie trockene Süd- bis Westhänge. Je Absturz (Flügelabsturz) hat er drei Zähne, wobei beim Männchen die beiden obersten nach oben und die beiden nächstfolgenden nach unten gebogen (gekrümmt) sind. Der Käfer frißt einen doppelarmigen Quergang. Die Larvengänge stehen dicht, sind bis 7 cm lang und verlaufen unregelmäßig. Die Verpuppung erfolgt im Splint. Die Flugzeit ist im April. Der K. T. überwintert in kurzen Gängen in der Stammrinde. Er ist ein gefährlicher Feind der Ta und beginnt in den Wipfelteilen, die dann absterben. Auch am → Tannensterben ist er beteiligt. Befallene Stämme müssen vor der Verpuppung geschält werden. Die Generation ist doppelt, bei günstiger Witterung dreifach.

18. Kleiner Tannenborkenkäfer, der (*Cryphalus piceae*): Der kleine, 1,1 bis 1,8 mm große, braune, rindenbrütende Käfer schwärmt im März/April und abermals im Juni. Er befällt ältere Ta im Wipfelbereich und kränkelnde jüngere, seltener andere Nadelhölzer. Unter der dünnen Rinde fertigt er einen platzartigen Muttergang. Die Eiablage erfolgt haufenweise. Die kurzen Larvengänge sind strahlenförmig angelegt. Generation doppelt. Er überwintert in den Ästen und Zweigen alter Tannenkronen, wobei die Rinde aufreißt und krebsartige Gebilde entstehen können. Die Kronen der befallenen Bäume sterben ab.

19. Großer Lärchenborkenkäfer, der (*Ips cembrae*): Der 5 mm große, rindenbrütende Käfer ähnelt dem Buchdrucker und befällt hauptsächlich die Lä. Er legt unter der Rinde einen meist drei- oder auch mehrarmigen Sterngang mit Rammelkammer und bis zu 20 cm lange Gänge. Die Flugzeit ist April/Mai und eventuell in zweiter Generation nochmals von Juli bis September. Der sekundäre Regenerationsfraß der Altkäfer und der Reifungsfraß der Jungkäfer erfolgt an dünn berindeten Zweigen und auch, wie beim Waldgärtner, an jungen Lärchentrieben. Junge Lä reagieren mit Harzfluß. Auftreten sekundär oder primär.

IV. Holzbrütende Borkenkäfer:

20. Nutzholzborkenkäfer, der (*Trypodendron lineatum*; früher: *Xyloterus lineatus*): auch gestreifter oder linierter Nadelholzbohrer, Nadelbaum-Nutzholzborkenkäfer. Der Käfer ist 3,5 mm groß und braun mit je einem gelben Längsstreifen auf den Flügeldecken. Er ist ein Frühschwärmer (März/April), der abermals im Juli schwärmt und ausschließlich Ndh, v. a. frisch gefällte, unentrindete oder geschwächte, noch stehende Tannen- und Fichtenstämme befällt. Nach einer senkrecht in das Holz führenden Eingangsröhre von einigen cm zweigen die Brutgänge nach den Seiten ab und folgen dem Verlauf der → Jahrringe. Die aus den einzeln oben und unten abgelegten Eiern schlüpfenden Larven fressen nach oben und unten sehr kurze Gänge, so daß ein sog. Leitergang entsteht. Dieser färbt sich infolge des Ambrosiapilzes (→ Ambrosia), der den Larven als Nahrung dient, später schwarz. Die Verpuppung erfolgt in den Larvengängen. Die jungen Käfer gelangen durch den Muttergang ins Freie. Generation doppelt. Der Befall ist am weißen Bohrmehl erkennbar. Wertvolles → Nutzholz aus dem Wintereinschlag ist bis März abzufahren.

21. Buchennutzholzbohrer, der (*Trypodendron domesticum*; früher: *Xyloterus domesticus*): auch Buchen- oder Laubnutzholzborkenkäfer. Der B. ist dem Nutzholzborkenkäfer sehr ähnlich und gleicht ihm auch in seiner Lebensweise. Er brütet jedoch vorwiegend in Stöcken und anbrüchigen Stämmen von verschiedenen Lbh.

22. Ungleicher Holzbohrer, der (*Xyleborus dispar*; früher: *Anisandrus dispar*): auch Ungleicher Holzbohr-Borkenkäfer. Der schwarzbraune männliche U. H. ist walzenförmig. Das wesentlich kleinere, flugunfähige Weibchen ist kugelig eiförmig. Der Käfer befällt die verschiedensten stehenden oder gefällten Lbh, bevorzugt kränkelnde Eichenheister (→ Heister). Ein typisches Zeichen für den Befall ist das am Fuß der Stämmchen gehäufte Bohrmehl. Das Weibchen bohrt eine Eingangsröhre, die in einen dem Jahrring folgenden, meist zweiarmigen Quergang übergeht, von dem nach oben und unten verschieden lange Gänge abzweigen, in die die Eier abgelegt werden. Die Larven leben in den Muttergängen und ernähren sich von dem dort angesiedelten Ambrosiapilz. Bei Befall gehen schwächere Stämmchen meist ein. Der Käfer schwärmt im April/Mai. Generation einfach.

Eine ähnliche, durch charakteristische Fraßfigur auffällige Art an anbrüchigem Laub- und Nadelholz ist der **Kleine Holzbohrer** (*Xyleborus saxeseni*). An einem Fraßplatz können bis zu 200 Larven, Puppen, Jung- und Altkäfer aufgefunden werden.

23. Eichenholzbohrer, der (*Xyleborus monographus*): auch gehöckerter E., kleiner schwarzer Nutzholzborkenkäfer, kleiner schwarzer Wurm. Der kleine, rotbraune Käfer (Männchen kleiner als das Weibchen; Holzbrüter) schwärmt im März/April, befällt fast nur Ei und fertigt horizontale, geweihartig verzweigte Gänge an, die das Splintholz durchlöchern und sich unter Einfluß des Ambrosiapilzes, von dem sich die Larven ernähren, bald schwärzen (kleiner schwarzer Wurm). Die jungen Käfer gelangen durch den Muttergang ins Freie. Da das befressene Holz entwertet wird, ist wertvolles Eichenholz vor März (Schwärmzeit des Käfers) abzufahren.

Weitere auffällige B. sind:

24. Bunter Ulmenbastkäfer, der (*Pteleobius vittatus*): Der Käfer erzeugt an der Rinde der Ul Rindennekrosen und bildet zweiarmige Quergänge, zusammen bis 4 cm lang.

25. Eichennutzholzborkenkäfer (*Trypodendron signatum*): auch linierter Laubnutzholzborkenkäfer. Der Käfer (Holzbrüter) findet sich neben Ei auch in Ah, Bu, Bi, Ul. Larven in Leitergängen, schwärmt im März und Juli.

26. Gelbbrauner Fichtenbastkäfer (*Hylurgos palliatus*): Rindenbrüter, findet sich neben Fi auch an Lä, Kie und Ta. Bildet bis 5 cm lange einarmige Längsgänge mit stiefelartigem Anfang. Wahrscheinlich zwei Fugzeiten im März/April und Juli. Bei massenhaften Auftreten wird die Innenseite der Rinde in Mulm verwandelt; → Glanzkäfer.

27. Gekörnter Fichtenborkenkäfer (*Cryphalus abietis*): Rindenbrüter an Fi (Kie und Ta), mit platzartigem Quer- oder Längsgang in der oberen Baumregion (Astquirle); Eiablage in Haufen, Flugzeit im März.

28. Zottiger Fichtenborkenkäfer (*Dryocoetes autographus*): Rindenbrüter an Fi (Stammbasis abgestorbener Bäume) und an Stöcken. Larvengänge geschlängelt, Muttergänge unregelmäßig und kurz.

29. Kleiner Fichtenborkenkäfer (*Pityophthorus pityographus*): auch furchenflügeliger Fichtenborkenkäfer. Rindenbrüter (Ästen) an Fi und anderen Ndh, mit vier- bis siebenarmigem Quersterngang und deutlich sichtbarer Rammelkammer, Puppenkammer in der Rinde, Fraßbild auch im Splint scharfkantig eingeschnitten. Doppelte Generation (Mai, Juli/August).

30. Winziger Fichtenborkenkäfer (*Crypturgus pusillus*): Rindenbrüter an Fi, Kie u. a. Ndh, benutzt Einbohrloch und Eingangsstollen größerer Rindenbrüter.

31. Sechszähniger Kiefernborkenkäfer (*Ips acuminatus*): auch scharfgezähnter Kiefernborkenkäfer. Rindenbrüter in Kie (gelegentlich in Lä) im Gipfelteil älterer Bäume. Vielarmiger Längssterngang (bis 40 cm lang), kurze Larvengänge.

32. Vielzähliger Kiefernborkenkäfer (*Orthotomicus laricis*; früher: *Ips laricis*): Rindenbrüter in Kie (auch in Fi, Ta, Lä und Stro), v. a. an kränkelndem Material und an gefällten Stämmen. Eiablage in Haufen (bis 50 Stück). Muttergänge: kurze, mit stiefelartigem Knick beginnende Längs- oder Schräggänge mit Verzweigungen und Ausbuchtungen; Flugzeit im Mai.

33. Kleiner Kiefernzweigborkenkäfer (*Pityophthorus glabratus*): Rindenbrüter in dünnen Zweigen der Kie, auch der Lä, zwei- bis sechsarmige Sterngänge, die von der Rammelkammer ausgehen, Holz tief furchend. In Kulturen gelegentlich Schaden durch Triebfraß.

34. Amerikanischer Nutzholzborkenkäfer (*Gnathotrichus materiarius*): Dieser aus dem östlichen Teil Nordamerikas stammende und dort an Kie, Fi, Ta, Lä, Dgl und Hemlock(s)tanne vorkommende B. ist seit 1933 in Europa und seit 1966 auch in Dtschl. nachgewiesen. Der ca. 3,5 mm lange, dunkel- bis rötlichbraune holzbrütende Käfer tritt bei uns bevorzugt an Kie auf. Er ist monogam und verursacht ca. 1 mm breite, bis zu 15 cm tief ins Holz eindringende, leitersprossenartig vom Muttergang abzweigende Larvengänge, die durch den Ambrosiapilz schwarz gefärbt sind.

Borkenkäferholz, das: → Käferholz.

Borkentasche, die: in den Holzkörper eingewachsene → Borke. B. treten häufig nach Verwundungen des Baumes bzw. nach Wundüberwallungen (→ Überwallungen) auf; → Wundperiderm, Rindentaschen.

Borkhausen, Moritz, Balthasar, Dr. (3.12. 1760 Gießen bis 30.11.1806 Darmstadt): Er studierte Rechts- und Naturwissenschaften und wurde 1796 Assessor beim Oberforstamt und 1804 Rat beim Oberforstkollegium in Darmstadt. Er schrieb u. a. „Theoretisch-praktisches Handbuch der Forstbotanik und Forsttechnologie" (2 Teile, 1800 und 1803).

Borkholz, das: alte Bez. für → Rundholz, das im Ggs. zum → Wasserholz nicht oder höchstens bis zu sechs Wochen im Wasser lag. Bei der früheren → Flößerei gab man jedoch häufig dem Wasserholz den Vorzug, weil man es für manche Verarbeitungszwecke für geeigneter hielt.

Bormangel, der: → Mangelsymptome an Bäumen.

Borrelien-Infektion, die: → Lyme-Borreliose.

Bor(r)etschgewächse → Rauhblattgewächse.

Borsten(haare) → Haare.

Borstenkiefer, die: → Kiefern 6.

Borstenscheibling, der: → Blutroter Borstenscheibling.

Borstige Glockenblume, die: → Glockenblume 10.

Borstiger Schildfarn, der: → Schildfarn 2.

Borze, die: alte Bez. für → Welle 2).

Bösartige Tannenlaus, die: → Blattläuse 10.

Boschenzaun, der: im Gebirge übliche Bez. für eine wallartige Anhäufung rauher Äste und Gipfel oder Latschen. Der B. dient der Einzäunung der Weideflächen.

Boskett, das: Lustwäldchen, kleines Gehölz, das sich hauptsächlich aus Buschwerk (→ Gebüsch) zusammensetzt und in dem nur hier und da Bäume oder → Baumgruppen eingestreut sind. Das B. ist ein Hauptbestandteil der englischen und deutschen Park- und Gartenanlagen.

Botrychium → Mondraute.

Böttcherholz, das (Binder-, Faß-, Küfer-, Stab-, Staff- und Daubholz, Blamiser): lange schmale Brettchen (Faßdauben, Stäbe) zur Herstellung von Gefäßen. Die Herstellung von Böttcherwaren ist heute praktisch bedeutungslos, spielte früher jedoch eine große Rolle. Für Spirituosenfässer wurde fast ausschließlich Eichenholz verwendet. Fässer aus Buchenholz dienten dem Versand von Petroleum, Butter, Fett, Mehl und Fischen. Für Schäfflerware, z. B. Wassereimer, Waschbütten, Milchgeschirre, Käsezarchen, Trinkgefäße, wird eine Anzahl von Holzarten verwendet, besonders die gutspaltigen Ndh, aber auch Bu, Bi, Er, As, Ah und Kir. Alles Faßholz wird durch radiale Spaltung (→ Radialschnitt) gewonnen und je nach der Faßgröße in verschiedene Längen und Stärken ausgeformt. Hinsichtlich Verwendung und Ausformung waren für das B. verschiedene Bez. üblich, z. B. → Piepenstäbe, Oxhoftholz, Ganz-Faßholz, Halb-Faßholz, Tonnenholz, → Bodenholz, Salztonnenholz.

Boubín-Urwald, der: → Kubány-Urwald.

Bourgeois, Conrad (18.12.1855 Corcelettes bis 8.9.1901 Corcelettes): B. studierte am Polytechnikum in Zürich. Von 1879 bis 1883 war er Forstinspektor in Nyon und von 1884 bis 1889 in Orbe. 1889 wurde er zum Professor am eidgenössischen Polytechnikum in Zürich ernannt. Von 1896 an war er Vorstand der eidgenössischen Zentralanstalt für das forstliche Versuchswesen und hat als solcher die ersten Stationen für Beobachtung und Messung der auf bewaldetem und unbewaldetem Gebiet abfließenden Wassermengen im Kanton Bern errichtet.

Brabanter Myrte, die: → Gagelstrauch.

Brachflächen: ehemals landwirtschaftlich genutzte Flächen, die, wie zu Zeiten der Dreifelderwirtschaft, ein- oder mehrjährig stillgelegt werden (→ Flächenstilllegung), d. h. aus der landwirtschaftlichen Produktion herausgenommen werden. B. entstehen auch in Gebieten mit standortbedingten Nachteilen für die Landwirtschaft (auf Grenzertragsbrache), ungünstiger Agrarstruktur (auf Strukturbrache), vielen Rohböden (auf Ödland), vielen Erwerbsalternativen und besseren Einkommensmöglichkeiten außerhalb der Landwirtschaft (→ Sozialbrache). Mit der Wiedereinführung von B., die durch verschiedene Programme der EU, des Bundes und der Länder gefördert werden, will man Überschüssen landwirtschaftlicher Erzeugnisse begegnen, den Landwirten die Fläche als Erzeugungsflächen erhalten und den ökologischen Wert der Kulturlandschaft erhöhen. B. eingestreut in die Felder mit ortsüblicher Bewirtschaftung, erhöhen die Strukturvielfalt und bereichern dadurch die Landschaft. Sie schaffen neue Lebensräume und bieten konkurrenzschwachen Pflanzen Lebensmöglichkeiten und fördern auch zahlreiche Tierarten. Sie bieten Brutgelegenheit für Bodenbrüter und ermöglichen Arten mit geringer Ausbreitungstendenz das Wandern von Biotop zu Biotop (Biotopvernetzung). Die Brachlegung erfolgt entweder als Rotations- oder Dauerbrache durch natürli-

◂◂ Brachfläche im Spessart

che (→ Sukzession, mit höherem ökologischen Wert) oder künstliche Begrünung (Einsaat). Bei der Rotationsbrache wird der Schlag in die Fruchtfolge eingereiht. Jedes Jahr wird somit ein anderer Schlag brachgelegt. Die Brachdauer beträgt eine Vegetationsperiode (dzt. auf Grund einer Bundesverordnung mind. vom 15. Dezember bis 15. Juli des Folgejahres). Eine besondere (verkürzte) Form der Rotationsbrache ist die Winterstoppelbrache. Hierbei bleibt nach der Getreideernte die Stoppelfläche über den Winter ohne Bearbeitung und ohne Aussaat bis zum 20. März des Folgejahres liegen. Mit der Winterstoppelbrache können insbesondere die Lebensbedingungen des Rebhuhns verbessert werden. Bei der Dauerbrache bleibt die Fläche über mehrere Jahre brach liegen. Für die bodenständige Tier- und Pflanzenwelt ist diese Art der Brache am vorteilhaftesten. Sie ist nicht in die Fruchtfolge eingebunden. Sie sollte u. a. angelegt werden, wo sie den Bodenabtrag (→ Bodenerosion) vermindert oder als Puffer für gefährdete Biotope wirkt; → Forstbrache, Ödland.

Brachkäfer, der: → Blatthornkäfer 11.

Brachycera → Fliegen.

Brachypodium → Zwenke.

Brachythecium: Gatt. der Fam. Kurzbüchsenmoose (*Brachytheciaceae*) aus der Klasse → Laubmoose. Die bekanntesten, einheimischen Arten sind:

1. Gewöhnliches Kegelmoos, das (*Brachythecium rutabulum* Bryologia europaea): Das weit verbreitete, vereinzelt bis über die Waldgrenze vorkommende → Moos wächst an Mauern, auf Gestein, Baumstämmen, Baumstümpfen, auf Waldböden und Wiesen, wo es lockere, hell- bis goldgrüne, glänzende Rasen bildet. Die niederliegenden, 5 bis 15 cm langen Stengel sind unregelmäßig fiederästig bis dicht büschelig verzweigt mit aufrechten Seitenästen, die am Ende mitunter ausläuferartig verlängert sind. Die gelbbraunen, stark glänzenden, abstehenden Blätter sind breit-eiförmig, kurz am Stengel herablaufend, bis 3 mm lang, konkav, zugespitzt, mit sehr fein gezähntem Rand und bis zur Blattmitte reichender Blattrippe. Sie sind längsfaltig und naß meist glatt. Die → Sporen reifen vom Winter bis zum Frühjahr. Die waagerecht bis geneigt stehende Sporenkapsel ist kurz, gedrungen, gekrümmt, hochrückig und braun, mit stumpfkegeligem Deckel. Der seitenständige Stiel ist etwa 2 bis 3 cm lang und warzig rauh.

2. Samt-Kegelmoos, das (*Brachythecium velutinum* Bryologia europaea): Das vom Flachland bis ins Hochgebirge verbreitete zarte Waldmoos wächst auf Erde, Holz und Gestein, wo es flache, gelblichgrüne bis dunkelgrüne, samtig glänzende, lockere, dicht verwebte Polster und Rasen bildet. Die kriechenden, 5 bis 10 cm langen Stengel sind stark und unregelmäßig verzweigt mit aufsteigenden, gekrümmten Seitenästen. Die 1 bis 2 mm langen, schmal-lanzettlichen Blätter sind stark gefaltet, mit langer dünner Spitze und stark gesägtem Rand; oft sind sie etwas sichelig und einseitswendig. Der Blattnerv mißt dreiviertel der Blattlänge. Die Sporen des reich fruchtenden Mooses reifen vom Winter bis zum Frühjahr. Die geneigt bis waagerecht stehende Sporenkapsel ist rotbraun, eiförmig, hochrückig, mit spitzkegeligem Deckel. Der 1 bis 2 cm lange Kapselstiel ist rauh.

Brack, der, das: svw. Ausschuß. Lokale Bez. für → Schnittholz, das in der Qualität schlechter ist als die geringste Sorte, z. B. faul und zerbrochen. Der B. hat nur Brennholzwert. Da der Verkauf auch nach Gewicht erfolgt, wird er (es) auch als „Gewichtware" bezeichnet.

Bradybaenidae → Buschschnecken.

Brahme, die: auch Brahne, Brane, Prane oder Prone. Frühere Bez. für mit → Laubholz bewachsene Feld-, Wiesen- oder Waldränder.

Brahne, die: → Brahme.

Brake, die, der: alte nordd. Bez. für Reisig, Zweig, auch Busch- und Strauchwerk.

Brakteen, die: → Hochblätter.

Bram(busch), der: → Geißklee 1.

Brand, der: **1**) Pilzkrankheit der → Gräser, insbesondere der Getreidearten, die durch Brandpilze, die zur Gruppe der → Basidienpilze gehören, hervorgerufen wird. **2**) → Rindenbrand.
3) dunkle Verfärbung von mehr oder minder starker Ausdehnung im Holz von Furniereichen. Gelegentlich tritt der B., der einen holzentwertenden Fehler darstellt, im Zusammenhang mit Ringrissen (→ Risse) auf. B. am Stock wird „Stock-B." genannt. Die Ursache des B. ist nicht geklärt. **4**) alte Bez. für ein unverkohltes Stück Holz aus einem → Meiler. **5**) ein anzuzündender Meiler; → Bock. **6**) → Waldbrand.

Brandfleck, der: als B. wurde früher eine Stelle im Wald bezeichnet, an der keine Waldbäume aufkamen.

Brandholz, das: svw. → Brennholz.

Brand-Knabenkraut, das: → Knabenkraut 8.

Brandkultur, die: Bodennutzung durch eine besondere Art von → Waldfeldbau, wobei nach → Abtrieb des meist 15- bis 20jährigen Waldbestandes die verbliebenen Reste (→ Abraum) und der Bodenüberzug abgebrannt werden. Die abgebrannte Fläche wird dann ein- und mehrjährig als Ackerland genutzt; → Birkenberge.

Brandlinde, die: → Linden 2.

Brandmalerei, die: → Holzbrandmalerei.

Brandrodung, die: v. a. während des Hochmittelalters übliche Art der → Rodung. Bei der B. dürfte das Holz zunächst gefällt und als → Bau-, → Brenn- und → Werkholz verwendet worden sein. Das Abfallholz wurde dabei an Ort und Stelle verbrannt. Die Stöcke verblieben bei der B. im Boden und verrotteten im Laufe der Jahre. Der zwischen ihnen liegende Boden wurde mit Hacke und Pflug bearbeitet und dabei die Erde mit der Asche vermengt. Zahlreiche Ortsnamen weisen auf die B. hin, insbesondere solche, die mit brand, schwand, schwend, mais und sang zusammengesetzt sind (auch Bernkastel, Braunlage, Braunschweig u. a. m.).

Brane, die: → Brahme.

Brassicaceae → Kreuzblütengewächse.

Brastelfelber, die: → Weide 4.

Brätling, der: → Milchlinge 1.

Brauerkraut, das: → Porst.

Braunauge, das: → Augenfalter 11.

Braunbeere, die: → Rubus 1.

Braunbloche, die: **1**) auch Manipulationsholz: in Österreich Bez. für Stammabschnitte, die stockbraun sind oder eine beginnende Fäule nach → Wild- oder Wurzelschäden aufweisen, aber zum Einschnitt für → Blindholz tauglich sind. **2**) in Österreich Bez. für Sägerundholz (→ Bloch) von 3 bis 6 m Länge, in vollen Meterlängen ab 20 cm → Mittendurchmesser.

Braune(r/s) ... siehe unter dem jeweiligen Hauptnamen.

Braunelle, die (*Prunella*): Gatt. der Fam. der → Lippenblütengewächse mit fünf Arten in Europa und Nordafrika. In Mitteleuropa auch im Wald:

1. Großblütige Br(a)unelle, die (*Prunella grandiflora* Scholler): Die G. B. ist hauptsächlich in Mitteleuropa beheimatet. Sie ist in Süddtschl. zerstreut verbreitet, wird nach Norden und Nordwesten zu seltener und wächst in lichten Wäldern und Gebüschen, Schneeheide-Kiefernwäldern und Alpenrosen-Latschengebüschen, auf trockenen Wiesen, an Hängen, sonnigen Wald- und Wegrändern, bevorzugt auf

humus- und kalkhaltigen Böden bis in Höhen von 2000 m in den Alpen.
Die mehrjährige, 10 bis 30 cm hohe Pflanze hat einen aufrechten, behaarten Stengel. Die gestielten, schwach behaarten Blätter sind länglich-eiförmig, 3 bis 6 cm lang, 1 bis 2,5 cm breit, meist seicht gekerbt oder auch ganzrandig, die oberen oft auch fiederspaltig.BZ: Juni bis September. Die blauvioletten oder rosafarbenen, selten weißen, 2 bis 3 cm langen Blüten stehen in endständigen, eiförmigen Köpfchen (→ Blütenstand).

2. Kleine Br(a)unelle, die (*Prunella vulgaris* L.): auch Gemeine, Gewöhnliche B. Die K. B. ist in ganz Europa weit verbreitet. Sie ist relativ häufig und wächst in lichten Wäldern, auf Waldlichtungen, an Wald- und Wegrändern, auf Wiesen, besonders Moorwiesen, Weiden und Schutt sowie an Ufern, auf frischen, nicht zu feuchten und nicht zu trockenen Standorten, bevorzugt auf lehmigen Böden, bis in Höhen von 2400 m in den Alpen; Nährstoffzeiger (→ Bodenanzeiger).

Kleine Braunelle (*Prunella vulgaris*)

Die mehrjährige, 10 bis 30 cm hohe Pflanze hat einen niederliegenden bis aufsteigenden, vierkantigen Stengel und oberirdische, kriechende → Ausläufer. Die spärlich behaarten Blätter sind länglich-eiförmig, 2 bis 4 cm lang, ganzrandig oder schwach gezähnt, die unteren gestielt. Die Grundblätter stehen in Rosetten. BZ: Juni bis Oktober. Die blauvioletten Lippenblüten stehen in einer rundlichen oder eiförmigen Scheinähre mit purpurnen, breiten Tragblättern. Der etwa 1 cm lange Kelch ist ungleich zweilippig, mit purpur gefärbten Kelchzähnen. Die Früchtchen werden bei der Reife weit aus dem Kelch geschleudert. Die jungen Triebe der K. B. wurden früher in manchen Gegenden als Salat gegessen.
Die ganze Pflanze, ohne Wurzeln, wird auch als → Heilpflanze verwendet. Sie wird von Juni bis Oktober geerntet und im Schatten getrocknet. Sie enthält Bitterstoffe, → Harze, Gerbstoffe und → ätherisches Öl, wirkt adstringierend, wundreinigend, wundheilend und narbenbildend. Äußerliche Anwendung findet eine Abkochung als Gurgelwasser bei Entzündung der Mundschleimhäute und des Rachens und für Kompressen bei Hämorrhoiden und auf Wunden zur besseren Heilung.

3. Weiße Braunelle, die (*Prunella laciniata*): Die über Mittel- und Westeuropa verbreitete W. B. kommt in Deutschland nur selten vor. Sie wächst auf trockenen Rasen, Schutt, an Wald- und Wegrändern.
Die 10 bis 30 cm hohe Staude hat einen aufsteigenden, an den Kanten weißzottig behaarten Stengel. Die Blätter sind länglich-lanzettlich, die oberen fiederspaltig. Die gelblich-weißen Blüten (Blütezeit Juni bis Oktober) stehen in eiförmigen oder kantigen Scheinähren. Kommen mit den gelblich-weißen Blüten auch blauviolette vor, ist dies ein Zeichen von Bastardierung mit der Kleinen Braunelle.

Braunerde, die: B. sind entwickelte A-B_v-C-Landböden mit fortgeschrittener Verwitterung und Tonmineralbildung. Tief entwickelte B. reichen bis über 1 m Tiefe. Der B-Horizont (→ Bodenhorizont) ist beim Normaltyp gleichmäßig braungefärbt durch das feinverteilte Eisenoxid. Typisch für die echten B. ist, daß die neugebildeten Tonminerale und die Eisen-, Mangan- und Aluminium-Oxide oder -Hydroxide dort verbleiben, wo sie entstehen und kaum verlagert werden. Die Bodenreaktion kann neutral bis stark sauer sein. Bei stark sauren Böden finden Verlagerungsvorgänge in den Unterboden statt. Die Humusform ist Mull, im ungünstigeren Mittelgebirgsklima Moder. Durch die Tätigkeit der → Regenwürmer werden Humusstoffe aus dem Oberboden auch in den B-Horizont gebracht. Bei sauren B. ist die biologische Aktivität geringer. B. entwickeln sich aus sehr verschiedenen Muttergesteinen und unter den unterschiedlichsten Klima- und Reliefbedingungen. Eutrophe B. entstehen aus dunklen, basischen Magmatiten unter günstigen Klimabedingungen. Sie können wüchsige Laubwälder mit Ah, Ul, Es, Li, Bu und auch Ta tragen. Die Fi wächst auch gut, ist wegen des hohen → pH-Wertes aber durch Rotfäule gefährdet. Basenarme B. entstehen aus quarzreichen, aber silikatarmen Gesteinen, die auch noch arm an → Kalzium und → Magnesium sind, wie z. B. Graniten. In den montanen Stufen wachsen auf diesen B. → Bergmischwälder mit Fi, Ta, Bu, BAh, Es, Ul, Li. In Norddtschl. stocken auf diesem Typ Traubeneichen- und Buchenwälder. Podsolige und

▸▸ Großblütige Braunelle (*Prunella grandiflora*)

Podsol-B. treten auf sandigen, quarzreichen Sedimenten und auf sauren Gesteinen auf. Die Nährstoffversorgung auf solchen Typen ist ungünstig. Selbst unter Bu und Ei tritt hier Rohhumus auf; das → C/N-Verhältnis liegt bei 22 bis 27 : 1. I. d. R. tragen solche podsolige oder Podsol-B. artenarme Nadel- oder Laubwälder, die auf Meliorationen gut ansprechen. Wegen der vielfältigen Faktorenkombinationen gibt es viele Abweichungen vom Normaltyp. Podsol-B., podsolierte B.-Formen, Pseudogley-B. und Gley-B. stellen Übergangsformen zu den genannten Bodentypen dar.

Braunfärbung, die: Erscheinung bei der Bu, die ohne Pilzeinwirkung erfolgt, aber grundsätzlich in der Phase des → Erstickens auftritt. Die B. ist darauf zurückzuführen, daß die nach der Fällung des Baumes nicht sofort absterbenden Parenchymzellen (→ Parenchym) → Thyllen und Kernstoffe bilden. B. allein stellt noch keine Wertminderung dar, doch tritt in Folge meist Pilzbefall auf, der zur → Verstockung des Holzes führt.

Braunfäule, die (Destruktionsfäule): Bez. für zelluloseverzehrende (holzzerstörende) → Pilze, wie z. B. Fichten-, Birken- und Schwefelporling (→ Porlinge), die die Holzsubstanz (→ Kernholz) abbauen und in eine bröckelige und würfelartige, braune Masse verwandeln. Das → Lignin bleibt erhalten. Der Stamm wird dabei von unten her ausgehöhlt und bricht (oft muschelförmig) früher oder später ab. Typisch für B. ist der Terpentingeruch. B. hat eine starke Wertminderung, meist sogar die völlige Entwertung des Stammstückes zur Folge. B. tritt hauptsächlich bei Nadelbäumen auf; → Holzpilze, Holzfäule, Weißfäule, Wurzelschwamm (Rotfäule).

Braunfleckiger Perlmutterfalter, der: → Edelfalter 13.

Braunfleckigkeit, die: → Markflecken.

Braungelbe Weidenblattwespe, die: → Blattwespen.

Braungerändertes Ochsenauge, das: → Augenfalter 9.

Braunkern, der: → Fehlverkernung.

Braunketten → Markflecken.

Braunkohle, die: Die B. ist pflanzlicher Herkunft (Hölzer) und entstammt den Waldungen des Tertiär (→ Erdzeitalter). Sie liegt in ausgedehnten Lagern (Flözen) und stellenweise so oberflächennah, daß sie im Tagebau gewonnen werden kann. Die B. ist eine braune bis schwarze, holzige bis erdige (Weich-B.) oder dichte, feste Kohle (Hart-B.). Letztere hat einen etwas höheren Heizwert. Der Brennwert der B. ist geringer als der der → Steinkohle. Die B. aus dem Egergraben (CR) ist sehr schwefelhaltig und Ursache für die → Waldschäden im Erzgebirge. Beim Abbau der B. werden oft unvollständig verkohlte Stümpfe von Bäumen der Tertiärzeit, sog. → Lignit, gefunden, die den Holzcharakter noch weitgehend bewahrt haben. Verschiedene Baumarten, die die mächtigen B.-Flöze bilden, z. B. *Sequoia Pseudotsuga*, starben in der nachfolgenden Eiszeit (→ Vegetationsgeschichte) aus. Die B. wird im allg. energetisch genutzt, ist aber auch chemischer Rohstoff. Durch Vergasen und Verschwelen werden wertvolle Bestandteile herausgeholt und zu Ölen und Benzin verarbeitet. Der verbleibende Schwelkoks ist ein wertvoller Brennstoff. B.-Lager finden sich bei uns in der Kölner Bucht, bei Helmstedt, in der Niederhessischen Senke, in der Oberpfalz, in bayer. Voralpengebiet, im Gebiet Halle-Leipzig sowie in der Niederlausitz. Mit B. wurden jährlich rd. 70 % des Stroms der früheren DDR erzeugt. Sie ist wichtigster Brennstoff in den neuen Bundesländern (55 %). Die B. ist die jüngste aller Kohlen. Von den weltweit vermuteten 523 Mrd. t B.-Vorräten liegen ca. 55,4 Mrd. t in Dtschl..

Braunkopf, der: → Enten 5.

Braunrote Stendelwurz, die: → Sumpfwurz 3.

Braunscheckiger Stink-Champignon, der: → Champignon 6.

Braunscheibiger Schneckling, der: → Schnecklinge 9.

Braunstieliger Streifenfarn, der: → Streifenfarn 1.

Braunvioletter Eggenschwamm, der (*Trichaptum fusco violaceum*): als Erstbesiedler am gefällten Ndh wachsender Pilz mit einer zähnchen- bis lamellenförmigen Fruchtschicht (Hymenium). Diese ist anfangs violett und wird später braun.

Braunweide, die: → Weiden 32.

◄◄◄ Knoten-Braunwurz (*Scrophularia nodosa*)

Braunwurz, die (*Scrophularia*): Gatt. der Fam. der → Rachenblütler mit ca. 150 Arten auf der nördlichen Halbkugel. Etwa sechs Arten sind in Mitteleuropa heimisch, davon ist im Wald anzutreffen:

Knoten-Braunwurz, die (*Scrophularia nodosa* L.): auch Knotige B. Die K. ist fast über ganz Europa verbreitet, lediglich in Portugal, Süditalien und von Mittelskandinavien nordwärts fehlt sie. Sie wächst verbreitet in krautreichen, feuchten, schattigen Laub- und Nadelmischwäldern, Auwäldern, Gebüschen, Kahlschlägen, an Hecken, Gräben, Ufern und Wegen, auf frischen, nährstoffreichen Böden (Frische- und Nährstoffzeiger; → Bodenanzeiger), bis in Höhen von etwa 1700 m. Die K. ist eine schwache Ordnungs → Charakterart der mesophytischen und buchenwaldartigen Laubwälder Europas.

Die mehrjährige, schwach giftige, 50 bis 100 cm (150 cm) hohe, unangenehm riechende Pflanze hat einen walzig-knotigen Wurzelstock (Name!) und einen kahlen, aufrechten, meist einfachen, vierkantigen, nicht geflügelten Stengel. Die kreuzweise gegenständig angeordneten, kurz gestielten Blätter sind kahl, 6 bis 12 cm lang und eiförmig. BZ: Mai bis August.

Die braunroten, am Grunde grünlichen Rachenblüten stehen in einer endständigen, meist drüsig behaarten Rispe (→ Blütenstand). Die von dem unangenehmen Geruch der Blüten angelockten Wespen und verschiedene Kerbtiere bestäuben die Blüten; auch Selbstbestäubung ist möglich. Die eiförmige → Kapselfrucht weist an der Spitze noch Griffelreste auf und enthält ellipsoiden Samen.

Die K. war früher eine → Heilpflanze gegen Scrofulose. Sie enthält Saponine, Diosmin und Hesperidin und wirkt harntreibend. Heute findet sie noch in der Volksmedizin und in der Homöopathie Anwendung. Die Tinktur der frischen Pflanze wird bei Mastitis, Hämorrhoiden und Augenerkrankungen angewandt.

Braunwurzgewächse → Rachenblütler.

brausch → sprock.

Brauteiche, die: → Bräutigamseiche.

Brautholz, das: → Hochzeitholz.

Bräutigamseiche, die: **1**) im Volksmund eine uralte Bez. für eine Eiche in Dodau bei Eutin. Sie verdankt ihren Namen einem Astloch, das auch heute noch als Liebesbriefkasten dient. **2**) Die Verpflichtung sog. „Brauteichen" zur Hochzeit zu pflanzen ist ebenfalls eine uralte Sitte und war in vielen Weistümern verankert. Nach der altpreußischen Eichenkranz- oder Bräutigam-VO vom 1686 mußten z. B. sechs Eichen gepflanzt werden. Der Brauch wird zur Zeit in der Türkei wiederbelebt; → Feme-Eiche, Kaisereiche, Gedenkbäume.

Brechwurz, die: → Haselwurz.

Breck, der: volkstümlicher Name (Böhmen) für den Feldahorn; → Ahorne 3.

Brefeld, Oskar (19.8.1839 Telgte in Westfalen bis 7.1.1925 Berlin-Schlachtensee): B. war Professor an der Forstakademie → Eberswalde und von 1889 bis 1906 Professor und Direktor des pflanzenphysiologischen Instituts Breslau. Sein Hauptwerk sind seine „Untersuchungen aus dem Gesamtgebiet der Mykologie".

Bregenzer Wald, der: Der B. W. gehört zur Gruppe der Allgäuer Alpen und steigt vom Bodensee zum Arlberg an. In seinen niedrigen Teilen besteht er aus runden, z. T. bewaldeten Kuppen; weiter oben wird er von klotzartigen Bergmassiven überragt. Höchste Erhebungen sind Braunarlspitze (2651 m), Hochkünzelspitze (2397 m), Hoher Ifen (2232 m) und Freschen (2006 m). Große Teile der Wälder wurden in den vergangenen Jh. gerodet, um Weideland zu gewinnen. Die mattenbedeckten Hänge wurden zunehmend als Skiabfahrten ausgebaut und mit Liften ausgestattet.

Breitbehnen, der: → Ahorne 4.

Breitblatt, das: → Ahorne 4.

Breitblättrige(r/s) ... siehe unter dem jeweiligen Hauptnamen.

Breitenwachstum, das: Das B. und Flächenwachstum tritt u. a. bei der Entwicklung der Blattspreite (→ Blatt) auf. Dickenwachstum → Zuwachs.

Breiter Wurmfarn, der: → Wurmfarn 6.

Breitfasern: veraltete und auch selten gebrauchte Bez. für die abgeplatteten Holzfasern am äußersten Rand der → Jahrringe, v. a. bei → Nadelhölzern.

Breitflügelfledermaus, die: → Fledermäuse 12.

Breitlaub, **-leben**, **-loben**, der: → Ahorne 4.

Breitsaat, die: → Saatformen.

Breitschuppiger Waldchampignon, der: → Champignon 14.

Bremsen (*Tabanidae*): weltweit verbreitete Fam. mittelgroßer bis großer (etwa 10 bis 24 mm), meist metallisch glänzender → Fliegen von plumper Gestalt, mit kräftigem, dolchartigen Stechrüssel und großen Augen. Während die Männchen nur Pflanzensäfte aufnehmen (Blütenbesucher), sind die Weibchen, v. a. an warmen, schwülen Sommertagen lästige und oftmals auch aggressive Blutsauger. Auf Waldlichtrungen und an den Waldrändern schwärmen v. a. die kleineren Arten (Regen- und Blind-B.) um ihre Opfer, während die größeren Arten (*Tabanus*-Arten, Viehbremsen) auf Viehweiden anzutreffen sind. Vielen B.-Arten sind Überträger menschlicher und tierischer Infektionskrankheiten. Die Larven der B. sind spindelförmig, weißlich oder bräunlichgelb, der Körper längsgestreift. Bekannte Arten sind:

1. Regenbremse (*Haematopota pluvialis*): auch Gewitterfliege. Sie wird 6 bis 11 mm lang, ist aschgrau mit hell marmorierten Flügeln und großen purpurfarbenen Augen.

2. Pferdebremse (*Tabanus sudeticus*): Sie wird bis 25 mm lang, hat große kupferbraune Augen und einen schwarzbraunen, weißlich gezeichneten Hinterleib.

3. Gemeine Rinderbremse (*Tabanus bovinus*): Die Facettenaugen sind bunt schillernd, die Flügel braungrau, der Körper dunkel und gelblich gezeichnet.

Brennbord, das: → Feuerbord.

Brennender Busch, der :→ Diptam.

Brennender Rübling, der: → Rüblinge 3.

Brennessel, die (*Urtica*): Gatt. der Nesselgewächse (*Urticaceae*) mit etwa 35 Arten in den gemäßigten Gebieten. Es sind Pflanzen mit Nesselhaaren (Brennhaaren) an Blättern und

Große Brennessel (*Urtica dioica*)

Stengel. Diese Nesselhaare sind borstenförmige Pflanzenhaare, die im Zellsaft gelöste, hautreizende Giftstoffe enthalten. Im oberen Teil des Haares ist die Wand verkieselt, die Haarspitze bauchig erweitert und bricht bei Berührung schief ab. Der verbleibende Haarstumpf wirkt dann wie eine Injektionsnadel. Von den vier einheimischen Arten, Große, Kleine, Pillen- und Sumpf-B., sind auch im Wald anzutreffen:

1. Große Brennessel, die (*Urtica dioica* Linné): Die über ganz Europa verbreitete und sehr häufige G. B. wächst in Wäldern, besonders feuchten Buchenwaldgesellschaften, in Auwäldern, besonders Hartholz-Auenwäldern und Weiden-Pappel-Gesellschaften, auf Kahlschlägen, Schuttplätzen, an Hecken, Ufern, Weg- und Waldrändern, auf nährstoffreichen, feuchten Böden, bis in Höhen von über 3000 m. Sie ist ein Stickstoff-, im Wald auch Feuchtigkeitszeiger (→ Bodenanzeiger).

Die mehrjährige, bis 150 cm hohe Pflanze hat einen aufrechten, vierkantigen Stengel. Die gegenständigen Blätter sind eiförmig bis länglich, 5 bis 10 cm lang. Die → zweihäusige, → windblütige G. B. blüht von Juli bis Oktober. Die Blüten stehen in langen, blattachselständigen Rispen. Die Früchte sind einsamige Nüßchen. Die G. B. wird allg. als Unkraut angesehen, ist jedoch eine unentbehrliche Futterpflanze für die Raupen zahlreicher Schmetterlingsarten. Sie wird auch als Salat- und Gemüsepflanze (Brennesselspinat), Futter-, Faser- und → Heilpflanze genutzt.

Brennholz ist heute wieder gefragt.

In der Naturheilkunde werden die jungen Pflanzen und die Blätter älterer Pflanzen das ganze Jahr über gepflückt und im Schatten rasch getrocknet sowie Wurzeln und Wurzelstock (Herbst) verwendet. In welkem und trockenem Zustand brennen die Nesselhaare kaum mehr. Die Pflanze enthält Acetylcholin, viel Vitamin C, Gerbstoffe, Histamin, Mineralsalze sowie organisch gebundenes Eisen und relativ viel → Chlorophyll, welche die Blutbildung anregen. G.-B.-Tee oder -Saft wirken adstringierend, blutbildend, blutreinigend, blutstillend, galle-, harn- und milchtreibend. G.-B.-Absud wird angewendet bei Anämie, bei Frühjahrskuren zur Blutreinigung, bei rheumatischen Schmerzanfällen, bei Verletzungen der Mundschleimhaut (als Gurgelwasser) und bei Ödemen. B.-Saft ist hilfreich bei Gebärmutterblutungen, Beschwerden in den Wechseljahren, bei Nasenbluten (getränkter Wattebausch in das Nasenloch), ein Aufguß bei Diabetes als Brotersatz und bei Durchfall. Bei Ischias ist das Schlagen der schmerzenden Stellen mit frischen Brennesseln und anschließendes Einreiben mit Weißwein oder Essig schmerzlindernd und heilend.

2. Sumpf-Brennessel, die (*Urtica kioviensis*): Die über Mitteleuropa verbreitete, in Dtschl. jedoch seltene S. ist in Röhrichtgesellschaften und Bruchwäldern anzutreffen. Sie ist der Großen B. sehr ähnlich, hat jedoch niederliegend-aufsteigende Stengel und weniger Brennhaare.

Brennfleckenkrankheit, die: Sammel-Bez. für pilzliche Krankheiten an Blättern, Sproßen und Früchten, deren Erreger (Pilze: *Deuteromycotina, Coelomycetes*) einzellige Konidien bilden. Als Krankheitsbild erscheinen scharf umgrenzte, braunschwarz, machmal auch eingesunkene Flecken. Die Verbreitung erfolgt bei feuchtem Wetter; → Blattbräune.

Brennhaare → Haare.

Brennhahn, der: das männliche Birkhuhn; → Rauhfußhühner 2.

Brennholz, das: **1**) auch Feuer(ungs)holz. Alles → Rund- oder → Scheitholz, das nicht zu Nutzzwecken geeignet ist und der Wärmeerzeugung dient. Früher zählte auch das zur Verkohlung benötigte Holz zum B. Noch im Jahre 1800 betrug das B. 90 % der gesamten Holznutzung, im Jahre 1980 nur noch 10 % (d. s. etwa 1,8 Mio. m^3). In früherer Zeit wurde B. nach Wagenladungen verkauft, bis das Klaftermaß (→ Klafter) angewendet wurde, wobei die Größe des Klaftermaßes regional unterschiedlich war. B. sollte vor der Verwendung ein oder mehrere Jahre gelagert werden, damit ein gut trockenes Brennmaterial zur Verfügung steht. Es liefert dann einen optimalen Heizwert, wenn der sog. lufttrockene Zustand mit einem Wassergehalt von 15 bis 20 % erreicht wird; → Nutzholz, Stückholz 2). **2**) Bez. für den Geldbetrag, den Forstbedienstete früher für das Brennen (Kennzeichnung mit Brandeisen) der Schweine erhielten, die in den → Mastwald eingetrieben wurden; → Mast, Schweinemast.

Brennholz für Kindbetterinnen, das: Eine v.a. im 14. und 15. Jh. übliche Sitte in Dtschl. und in der Schweiz war die Abgabe von Brennholz bei der Geburt eines Kindes. Speziell die Klöster, in deren Zuständigkeitsbereich ein Kind auf die Welt kam, gaben unentgeltlich eine bestimmte Menge Brennholz ab. Fast überall war die Begünstigung bei der Geburt eines Sohnes größer, was einen Schluß auf die Stellung der Geschlechter im bürgerlichen Leben zuläßt.

Brennholzmagazine → Feuerholzmagazine.

Brennholzrechte: Der weitaus größte Teil der Holznutzungsrechte entfällt auf die B. Sie sind fast durchwegs bis auf einige wenige Ausnahmen festgemessen. Ihre Menge schwankt je nach Gegend in stärkstem Maße, auch die Holzart, ob → Hart- oder → Weichholz, ist gegendweise unterschiedlich und meist standortbedingt. Ihre Holzgüte ist sehr mannigfaltig, vom reinen → Scheitholz über → Prügelholz bis zum Steckenholz, ja sogar → Brennreisig und → Stockholz; vielfach setzt sich das Rechtbrennholz, wo Qualitätsangaben im Rechtstitel fehlen, aus einer Mischung von Scheit- und Prügelholz zusammen. Zu den B. gehören auch die „Leseholzrechte" auf Dürr-, → Klaub-, Raff- (→ Leseholz), → Ur- oder Lagerholz, altes → Stockholz oder Schlagabraum (→ Abraum), mitunter auch auf Windfall-, Schnee- und Eisbruchholz. Sie sind i. d. R. unbeschränkt und ungemessen und jeder Berechtigte kann soviel nutzen, als er an den zugelassenen Tagen mit den zugelassenen Transportmitteln gewinnen kann.

Brennreisig, das: auch Astholz, Astach, Aststreu, Daas, Daxen, Wied. Bez. für Zweige (und Äste) mit Rinde bis zu einem Durchmesser von 7 cm (→ Nichtderbholz), die ausschließlich als Brennmaterial vorgesehen sind. Das B. wird in Wellen (→ Schantze) oder in → Schlauen verwertet; → Reisholz, Brennholz.

Brennstoffzusammensetzung des Holzes, die: Nach Nussbaumer (1994) hat Holz folgende B.: Kohlenstoff (C) = 490 g/kg, Wasserstoff (H) = 60 g/kg, Sauerstoff (O) = 440 g/kg, Stickstoff (N) = 900 mg/kg, Schwefel (S) = 120 mg/kg, Chlorid (Cl) = < 0,01 mg/kg, Cadmium (Cd) = 0,11 mg/kg, Zink (Zn) = 14,57 mg/kg, Kupfer (Cu) = 1,3 mg/kg, Fluor (F) = < 0,01 mg/kg, Blei (Pb) = 0,98 mg/kg, Chrom (Cr) = 0,94 mg/kg. Die Hauptbestandteile des Holzes sind Kohlenstoff, Sauerstoff und Wasserstoff. Der Schwefel wird bei der Holzverbrennung zum großen Teil in die Asche (→ Holzasche) eingebunden. → Schwefeldioxid wird daher nur in geringen Mengen emittiert. Der Stickstoff des Holzes führt hingegen zur Bildung von Stickoxiden, die als Schadstoffe an die Umwelt abgegeben werden. Bei der Verbrennung des Holzes wird der größte Teil der Holzsubstanz bei der Erwärmung in flüchtige Bestandteile aufgespalten. Rund 82 % der Holzmasse werden vor der Oxidation zu Gasen; nur 18 % verbrennen als → Holzkohle, und knapp 1 % bleibt als Asche zurück. Es verbrennt somit nicht in erster Linie das Holz selbst, sondern die bei der Pyrolyse freigesetzten Gase. Holz ist daher ein langflammiger Brennstoff. Für eine emissionsarme Energienutzung des Holzes muß eine fast vollständige Verbrennung der Gase erzielt werden. Dies wird mit moderner Feuerungstechnik, mit heißer Brennkammer und guter Vermischung der Verbrennungsluft mit den heißen Gasen weitgehend erreicht; → Aschenbestandteile des Holzes.

Brennwert des Holzes, der: → Heizwert des Holzes.

Brennwurz, die: → Seidelbast 1.

Brentano, C. → Wald in der Dichtung.

Brett, das: ein aus Baumstämmen geschnittenes Holz von geringer Dicke (Holzplatte). Die Längenabmessungen der B. sind nicht definiert. I. a. wird jedes besäumte und unbesäumte rauhe → Schnittholz, dessen Stärke mind. 10 mm und höchstens 35 mm beträgt, als B. bezeichnet. Die Breite eines B. muß mehr als das Doppelte seiner Dicke sein. In Nord- und Mitteldtschl. unterschied man Herren-B. (19,6 mm stark und 26 bis 21 cm breit, rein, gut und vollkantig), Schal-B. (13 mm stark, 16 bis 21 cm breit, wahnkantig, ästig etc.), gemeine B. oder Mittel-B. (26 mm stark, 21 bis 26 cm breit) und Spünde-B. (29 bis 36 mm stark und 26 bis 31,4 cm breit); in Süddtschl.: Halb-B. (13 mm stark, 4,4 m lang), Sattel-B. (19,6 mm stark, 4,4 m lang), Schal-B. (22,8 mm stark), B. (26 mm stark), B.-Stücke (32,5 mm stark). Die stärksten Sorten heißen in Nord- und Mitteldtschl. Bohlen oder Pfosten, in Süddtschl. Dielen oder Zweilinge, wenn sie 52 mm, Dreilinge, wenn sie 78,5 mm und Schleifdielen, wenn sie 91,5 mm stark sind. Die äußersten B. eines Blockes, die auf einer Seite ganz baumkantig sind, heißen Schwarten, die nächstfolgenden Schwart- oder Endbretter. Die B., die in Sägewerken (Sägemühlen) hergestellt werden, werden zum Austrocknen aufgestapelt oder gehölzelt, d. h. entweder durch Dazwischenlegen von Holzklötzchen oder durch Verschränkung beim Aufeinanderlegen dem Luftdurchzug ausgesetzt; → Feuerbord.

Brettermühle, die: alte Bez. für Sägemühle (→ Sägewerk).

Bretterschnitt, der: → Tangentialschnitt.

Brettstamm, der: alte Bez. für einen Stamm, der lang und stark genug ist, aus seiner Länge mehr oder weniger dicke und breite Bretter zu schneiden.

Bringung, die: → Holztransport, Rücken.

Bringungsschäden → Rückeschäden.

Briza → Zittergras.

Brocke, H. C. von → forstliches Schrifttum.

Brockenholz, das: → Abfallholz.

Brockes, B. H. → Wald in der Dichtung.

Bröger, K. → Wald in der Dichtung.

Broke, der: frühere Bez. für die von den → Forstgerichten (Holzgerichten) verhängten Strafen.

Brombeerblatt-Gallmücke, die: → Gallmücken 18.

Brombeere, die: → Rubus 1., 2. und 3.

Brombeer-Gallmücke, die: → Gallmücken 19.

Brombeergallwespe, die: → Gallwespen 4.

Brombeer-Gebüsche → Hecken und Gebüsche.

Brombeersaummücke, die: → Gallmücken 17.

Brombeerzipfelfalter, der: → Bläulinge 4.

Bromus → Trespe.

Bromus ramosus → Waldtrespe.

Bronzeröhrling, Weißer, der :→ Steinpilz.

Brotbaum, der: Bez. für die Fi, die den Waldbesitzern – entsprechende Pflege vorausgesetzt – sicheren Ertrag bringt. Forstbetriebe, in denen die Fi dominiert, sind im Ggs. zu anderen eher in der Lage, mit Gewinnen zu arbeiten; → Ertragslage.

Brotpilz, der: → Milchlinge 1.

Bruch, der (Bruchboden; Mz.: Brücher): ein → Moor, welches sich in seiner natürlichen Entwicklung mit Wald bedeckt hat (→ Bruchwälder). Der Name B. leitet sich ursprünglich davon ab, daß auf solchen Böden Menschen und größere Tiere einbrechen.

Bruchbirke, die: → Birken 2.

Brücher → Bruch.

Bruchfrüchte → Schließfrucht.

Bruchharz, das: → Flußharz.

Bruchidae → Samenkäfer.

brüchig: Holz ist b., wenn es nur geringe Biegsamkeit (→ Zähigkeit des Holzes) besitzt, d. h. wenn es spröde ist; → faul.

Bruchknüppelholz, das: → Abfallholz.

Bruchkraut, das: → Sanikel.

Bruchleiste, die: Bei der → Fällung muß der Fällschnitt in richtiger Höhe zur Fallkerbsohle geführt werden; es entsteht dann eine → Bruchstufe. An der Keilspitzenlinie des → Fallkerbs wird ein Streifen Holz, die B., gebrochen, deren Späne Waldbart genannt werden. Beim Ansetzen des Fällschnitts sollte eine ausreichend breite B. belassen werden. Sie hält und führt den Stamm im Fall wie ein Scharnier. Eine teilweise oder ganz durchtrennte B. (Totschneiden) führt zu unkontrollierbaren Abweichungen von der geplanten Fällrichtung.

Bruchreizker, der: → Milchlinge 12.

Bruchschäden: Bez. für Schaft- und Wipfelbrüche (→ Gipfelbruch), die durch Wind (→ Windbruch), Schnee (→ Schneebruch) bzw. Duft- oder Eisanhang (→ Rauhreif) entstehen. Wird der Stamm samt Wurzeln aus dem Boden gerissen, liegt Wurf (→ Windwurf), jedoch kein Bruch vor.

Bruchstufe, die: beim Baumfällen Bez. für die Höhe des Fällschnittes über der Fallkerbsohle. Die B. sollte mind. 3 cm betragen. Dadurch kann der Baum leichter abkippen; ein Herausreißen des Holzes aus dem Stamm wird vermieden; → Bruchleiste.

Bruchwälder und Bruchweiden-Gebüsche (*Alnetalia glutinosae*): auch Grauweiden-Gebüsche, Erlen- und Moorbirken-Bruchwälder. pflanzensoziologische Ordn. der Klasse Bruchwälder oder → Schwarzerlen-Bruchwälder und Grauweiden-Gebüsche (*Alnetea glutinosae*) mit dem Verband der → Schwarzerlen-Bruchwälder (*Alnion glutinosae*) und dem Verband der → Grauweiden-Gebüsche und Moorbirken-Bruchwälder (*Salicion cinerea*), der in direktem Kontakt mit ersterem steht und dessen Mantelgesellschaft bildet; → Auwälder, Waldgesellschaften.

Bruchweide, die: → Weiden 4.

Bruchweiden-Gebüsche: → Bruchwälder und Bruchweiden-Gebüsche.

Brühl, der: alte Bez. für einen mit → Unterholz bewachsenen, feuchten und sumpfigen, eingezäunten und zu einem Tiergarten eingerichteten Platz.

Brumhard, August (12.9.1803 Bromskirchen bis 26.3.1858 Offenbach a. Main): B. wurde 1837 Revierförster und später Oberförster in Schotten. Er schrieb u. a. „Versuch zur Begründung einer forstgemäßen Forststrafgesetzgebung. Mit besonderer Rücksicht auf das Großherzogthum Hessen" (1833).

Brunellen → Braunellen.

Brunnen- und Quellbäume: An und um Brunnen und Quellen, auch an Tränkstellen der Hutungen (→ Hutbäume) wurden zur Kühlung Bäume gepflanzt. So stand z. B. die bei Hofgeismar gefällte → Donareiche an einer Quelle.

Brunnenkresse, die (*Nasturtium*): weltweit verbreitete Gatt. der → Kreuzblütengewächse mit etwa 40 Arten. Es handelt sich um Stauden mit gefiederten Stengelblättern und in

Bruchwald

Doldentrauben (→ Blütenstand) stehenden Blüten. Eine bekannte, im Wald wachsende einheimische Art ist:

Wald-Sumpfkresse, die (*Rorippa sylvestris = Nasturtium sylvestris*): auch Wald-, Wilde Sumpf-, Wildkresse. Die über ganz Europa verbreitete W. ist ziemlich häufig und wächst an schlickigen Ufern, an Wegen, auf Wiesen, Äckern, Schuttplätzen und in Auwäldern, auf feuchten bis schlammigen, stickstoffreichen Böden, von der Ebene bis in mittlere Gebirgslagen.

Die mehrjährige, 15 bis 40 cm (60 cm) hohe, eßbare Pflanze hat meist mehrere kahle, hohle, kantige, aufrechte oder aufsteigende, ästige Stengel. BZ: Juni bis September. Die 4 bis 6 mm breiten Blüten, die in trugdoldiger Traube stehen, haben vier goldgelbe → Kronblätter, die etwa doppelt so lang wie die vier → Kelchblätter sind. Die Früchte sind aufrechte, linealische, 8 bis 20 mm lange Schoten.

Die W. bildet zusammen mit der Wasser-Sumpfkresse einen → Bastard, der **Zweischneidige Sumpfkresse** genannt wird und besonders an großen Flüssen verbreitet vorkommt.

Die Brunnenkresse zeigt unterschiedliche standortbedingte Wuchsformen.

Brunnen-Lebermoos, das (*Marchantia*): Gatt. der Fam. Brunnen-Lebermoose (*Marchantiaceae*), der Klasse → Lebermoose mit nachfolgend beschriebener Art:

Brunnen-Lebermoos, das (*Marchantia polymorpha* Linné): Das vom Tiefland bis ins

Buchen

Gattung

Die in den gemäßigten Zonen nördlich des Äquators beheimatete und 10 Arten umfassende Gattung der Buchen (*Fagus*) gehört zur Familie der → Buchengewächse (*Fagaceae*). Es gibt sie wahrscheinlich seit der Oberen Kreide (→ Erdzeitalter). In Europa kommen zwei Arten vor, in West- und Mitteleuropa trifft man allerdings nur auf die Rotbuche. Buchen sind sommergrüne Bäume, denen zum Teil größte wirtschaftliche Bedeutung zukommt. Die ungeteilten, ganzrandigen oder feingezähnten, zweizeilig angeordneten Blätter verfärben sich bei den meisten Arten im Herbst braun oder gelbbraun (→ Blattfarbstoffe). Die dreikantigen Früchte (→ Bucheckern) entwickeln sich in einem vierklappigen verholzten → Fruchtbecher, der Cupula. Das Holz der Buche ist dicht, geradfaserig und sehr wertvoll. Die Buche ist verbiß- und schälgefährdet.

Rotbuche

Die Art *Fagus sylvatica* Linné wird auch Buche, Gemeine Buche, Ecker-, Mastbuche und Akram genannt. Der Name Buche kommt vom mittelhochdeutschen „buoche" und dem althochdeutschen „buohha"; „Rotbuche" heißt sie aufgrund der Herbstfärbung des Laubes und wegen der rötlichen Färbung des Holzes.

Buchenunterstand im Frühling

Historische Bedeutung

Das Wort „Buch" ist abgeleitet von der Buche, da früher auf dünnen Buchenholztafeln geschrieben wurde. Auch die Buchstaben verdanken der Buche ihren Namen, da die Germanen die → Runen zum Weissagen und Losen in Buchenstäbchen ritzten. *Fagus* nannten schon die Römer die Buche, es kommt vom Wort „phagein", was soviel wie verzehren oder essen (der Bucheckern) bedeutet; *sylvatica* heißt waldbewohnend. Die Buche wurde früher besonders verehrt. Hiervon zeugen Namen wie „Kreuzbuche", weil ein Kreuz im Stamm eingeschnitten wurde, oder „Marienbuche", weil sie als Standort für eine Marienstatue oder zur Anbringung eines Marienbildes diente. Vielerorts glaubte man früher auch, daß der Blitz die Buche verschone (→ Blitzrinne), weil sie ein heiliger Baum sei.

Verbreitung

Vor etwa 10 Millionen Jahren war die Buche in ganz Europa verbreitet. Durch die Eiszeiten wurde sie in südeuropäische Gebiete abgedrängt. Nach den Eiszeiten, vor etwa 4500 Jahren in der sogenannten späten Wärmezeit (dem Subboreal), als der Eichenmischwald unser Waldbild prägte und das Klima sich zu verschlechtern begann (sinkende Temperaturen, höhere Niederschläge), begünstigte dies das Vordringen der Buche, die im Osten und Westen um die Alpen herum zurückkehrte (→ Waldgeschichte). Im Mittelland verdrängte sie den Eichenmischwald und hatte während der Bronzezeit (etwa 1000 bis 800 v. Chr.) ihre größte Verbreitung („Buchenzeit"). Seit etwa 800 v. Chr., dem Beginn der Nachwärmezeit (Subatlantikum), wanderten Weißtanne (Tanne) und Fichte ein und bedrängten die Buche. Das heutige Verbreitungsgebiet der Buche reicht von Südengland über Frankreich und ganz Mitteleuropa bis nach Polen, der Westukraine und der Krim; in Bulgarien wird sie abgelöst von der Orientbuche (*Fagus orientalis*). Im Norden reicht ihr Verbreitungsgebiet bis Südskandinavien, im Süden von Zentralspanien über Korsika, Italien bis zum zentralen Teil der Balkanhalbinsel, wobei die Buche in ihrem südlichen Verbreitungsgebiet nur in den Höhenlagen der Gebirge anzutreffen ist und in Höhen von etwa 1800 m zusammen mit der Schwarzkiefer oft die → Waldgrenze bildet. Sie ist über das ganze Land verbreitet und kommt in großen → Reinbeständen (→ Buchenwälder) vor, bildet aber zusammen mit Eichen und Nadelbäumen auch Mischwälder. In der BR Deutschland (ohne neue Bundesländer) beträgt ihr Anteil an der → Waldfläche (schlagweiser Hochwald; → Altersklassenwald) ca. 20, in Österreich fast 10 Prozent. Von der Buche findet man in Gärten und Parks häufig kultivierte Formen (→ Kultivar) und Varietäten, wie z. B. → Hängeund Blutbuchen (→ Anthocyane).

Standort

Die Buche wächst in der kollinen, montanen, seltener subalpinen → Vegetationsstufe auf kalkarmen bis kalkreichen, lockeren, sickerfrischen, gut durchfeuchteten, mittelgründigen, etwas tonigen, nährstoffreichen Böden, auf steinigen Lehmböden und auch auf Sandböden, in sommerkühlen Klimalagen von der Ebene bis in Höhenlagen von etwa 1200 m im Bayerischen Wald und 1500 m in den Alpen, in den Tieflagen oft in Mischung mit Eiche (Eichen-Buchen-Wälder), in den Hochlagen mit Tannen und Fichten. Sie bevorzugt Standorte mit ozeanischem Klimacharakter (feuchtes, warmes Klima, relativ milde Winter und hohe Niederschläge), meidet Staunässe und ist – vor allem in der Jugend – gegen starke Winterfröste, Spätfröste, Hitze und Dürre empfindlich. Wind verträgt sie jedoch sehr gut, weshalb in Frankreich, Belgien und Nordwestdeutschland Buchen häufig als Windschutz auf die Westseite des Hauses oder Gehöftes gepflanzt werden. Freistehende Exemplare auf den Höhen der Mittelgebirge zeigen oft ausgeprägte Windschurformen. So sind zum Beispiel auch auf den Weideflächen der Höhenzüge und Täler der Rhön vereinzelt knorrige Wetterbuchen anzutreffen.

Merkmale

- Die Buche ist ein ansehnlicher, mittelgroßer bis großer, reich verzweigter Baum, dessen Krone anfangs relativ schlank ist, später ziemlich breit und kuppelförmig gewölbt wird. Sie stellt einen wichtigen Waldbaum der Ebene und Mittelgebirge dar, der von allen mitteleuropäischen Laubholzarten am besten Schatten verträgt (→ Schatt(en)baumarten). In Mitteleuropa ist die Buche der wichtigste bestandsbildende Laubbaum. Im → Freistand entwickelt sie sich zu einem prächtigen Baum mit kräftigen, steil aufwärts strebenden Ästen und davon ausgehenden, sich abwärts neigenden Zweigen, breiter, tief angesetzter Krone und bis zum Boden hängenden Zweigen. Im Bestandsschluß (→ Schluß) wird sie zu einem langschäftigen Baum mit hochangesetzter, schmaler Krone. Die Randbäume sind → lichtschief. Der vollholzige, säulenartige Stamm, der im Alter mitunter drehwüchsig (→ Drehwuchs) ist, kann bis zu 150 cm stark werden.
- Die Buche hat ein Herzwurzelsystem (→ Herzwurzel), dessen Wurzeln schräg in den Boden wachsen. Bei zu nassem Boden bildet sie ein flach ausstreichendes Wurzelsystem aus. Der Baum wächst in den ersten fünf Jahren sehr langsam und wird nach 120 Jahren 25 bis 30 m hoch. Er kann eine Höhe von etwa 40 bis 45 m, und ein Alter von 160, in Einzelfällen bis zu 300 Jahren erreichen. Das → Ausschlagvermögen der Buche ist unbedeutend, weswegen sie aus dem Mittel- und Niederwald verdrängt wurde.
- Die Rinde ist anfangs bleigrau bis graubraun, glatt, etwas glänzend, dann gefleckt und im Alter silbergrau, oft reich an Rindenknollen und ein wenig aufgerauht, aber niemals rissig. Die graubraunen bis weißgrauen, glatten und dicht verzweigten Zweige bestehen aus rötlichem Holz. Die jungen, lichtseits rotbraunen und schattenseits olivbraunen, zickzackförmig geknickten Zweige werden zur Spitze hin immer stärker gewinkelt und wachsen → monopodial. Sie weisen anfangs eine mehr oder weniger starke Behaarung auf und sind besetzt mit anfangs strichförmigen, später rundlichen und bräunlichen → Lentizellen. Die Endknospen sind 2 bis 3 cm lang, spindelförmig zugespitzt und genauso groß (oder nur geringfügig

größer) wie die vom Zweig abstehenden Seitenknospen. Die Blütenknospen sind etwas dicker. Die zahlreichen, einander spiraligförmig überdeckenden, hell- bis dunkelbraunen Knospenschuppen besitzen helle oder dunkle Ränder und jeweils im oberen Teil eine feine Behaarung.

■ Die zweizeilig gestellten, wechselständigen (→ Blattstellung) Laubblätter sind länglich-elliptisch bis eiförmig, in der Mitte oder im vorderen Teil am breitesten, am Grunde abgerundet oder keilförmig verschmälert, vorne mit stumpf endender Spitze. Sie sind etwa 5 bis 10 cm lang und 3 bis 7 cm breit sowie mit fünf bis neun Seitennervenpaaren versehen. Oberseits sind sie lebhaft grün, anfangs seidig behaart und bewimpert, später oberseits kahl und glänzend, unterseits etwas heller und längs der Nerven behaart mit Achselbärtchen (→ Domatien). Der → Blattrand ist wellig, mitunter nach der Spitze zu leicht buchtig gezähnt; der Blattstiel ist etwa 10 bis 15 mm lang und behaart. Im Herbst färben sich die Blätter bräunlich bis gelbrot (→ Blattfarbstoffe, → Blattfall).

■ Die Buche wird im Freistand etwa mit 40 bis 50 Jahren, im Bestandsschluß mit 60 bis 80 Jahren mannbar (→ Mannbarkeit) und bringt dann je nach Standort alle fünf bis zwölf Jahre, in rauhen Gebirgsgegenden alle neun bis 15 Jahre Vollmast, dazwischen Sprengmasten (→ Mast). Die einhäusige Buche blüht im April/Mai. Ihre → eingeschlechtigen Blüten stehen an den jungen Trieben und erscheinen mit den Blättern. Die reichblütigen, eiförmigen bis fast kugeligen, 1,5 bis 2 cm langen, stark zottig behaarten männlichen Blütenstände hängen an bis zu 2 cm langen, weichen Stielen. Die einzelne Blüte hat eine stark zottig behaarte, fünf- bis sechsspaltige, schmalglockenförmige Blütenhülle und sechs bis 15 langgestielte → Staubblätter, die weit aus der Blütenhülle herausragen; zuweilen befindet sich in der Mitte ein rudimentärer → Fruchtknoten. Die kugeligen und gestielten weiblichen Blütenstände befinden sich meist aufrecht oder abstehend, paarweise auf einem Stiel; die Blüten mit den rötlichen → Narben stehen jeweils zu zweit oder zu dritt in einem braunfilzigen, weichstacheligen, vierspaltigen, 15 bis 25 mm langen Fruchtbecher, der später verholzt.

■ Die Nußfrüchte, → Bucheckern oder Bucheln genannt, reifen im September/Oktober. Zu Beginn der Reifezeit fallen vorwiegend taube Schalen zu Boden, so daß sich zu diesem Zeitpunkt das Sammeln nicht lohnt. Frost und Sturm beschleunigen den Abfall erheblich. Die Hauptmast erfolgt meist zugleich mit dem Blattfall im Oktober/November. Die Früchte, etwa 2 cm lange, scharf dreikantige, glänzend braune und ölhaltige Nüsse, sind höchstens zu 70 bis 80 Prozent keimfähig und bleiben es nur bis zum nächsten Frühjahr. Bei Herbstsaat keimen sie im nächsten Frühjahr, bei Frühjahrsaussaat nach vier bis sechs Wochen. Bucheckern zählen ökologisch zu den → Dunkelkeimern, das heißt, sie keimen nur bei Laubbedeckung. Die Vermehrung erfolgt ausschließlich durch Samen (→ Naturverjüngung), wobei besonders Eichelhäher und Eichhörnchen, die im Herbst die Früchte sammeln, sie häufig in ihren Verstecken vergessen und so zur Verbreitung der Buche beitragen (→ Hähersaat). Die Samen bilden auch eine wertvolle Herbstnahrung für Schalenwild sowie für einige Vogelarten und Kleinsäuger (z.B. Mäuse). Die großen, ledrigen → Keimblätter der Buchen sind nierenförmig, ganzrandig (am Rand grobwellig), oberseits grün und glänzend, unterseits weißlich. Die gegenständigen Erstlingsblätter sind gezähnt und flaumig behaart wie die Stengel.

Waldbau und Schädlinge

Neben der Hain- besitzt die Rotbuche die größte Schattenfestigkeit der heimischen Laubbäume und ist als Bodenschutzholz unter den → Lichtbaumarten (Eiche, Lärche, Kiefer) gut geeignet. Die → Umtriebszeit beträgt 100 bis 150 Jahre. Überalte Bäume sind häufig wipfeldürr und auch kernfaul (→ Weißfäule), was durch den Befall des Zunderschwammes (→ Porlinge 14.) kenntlich ist. Gefährdet ist die Buche durch die Schleimflußkrankheit (Buchensterben, → Buchen-Rindennekrose), den Buchenkrebs (→ Baumkrebs), den Buchenprachtkäfer (→ Prachtkäfer 2.) und den Schiffswerftkäfer (→ Werftkäfer 2.); mitunter kommt es zu Massenbefall durch die Nonne und den Buchenspinner, wodurch oft ganze Bestände kahlgefressen werden. Auch → Gallen kommen relativ häufig vor, die von den Larven der Buchen(blatt)gallmücke hervorgerufen werden. Die Buche ist sehr empfindlich gegenüber → Schwefeldioxid und → Fluorwasserstoff. Das Baumsterben (→ Waldsterben) beginnt bei ihr mit frühzeitigem Abfall grüner und vertrockneter Blätter sowie mit Kronendürre. Die Buche hat waldbaulich große Bedeutung. Sie dient der Erzeugung von Buchen-Starkholz und gilt als „Mutter des Waldes". Sie ist heute die wichtigste einheimische Laubbaumart und eines der bedeutendsten Nutz- und Industriehölzer.

◂◂ Buchenzweig mit Laubblättern

Holz

Das harte, rötlichweiße und breite → Markstrahlen enthaltende Holz hat bisweilen einen rotbraunen, sogenannten falschen Kern (→ Fehlverkernung); es schwindet und quillt stark, ist zäh, gleichmäßig, sehr tragfähig und gut bearbeitbar, jedoch wenig elastisch. Buchenholz dient zur Herstellung von Schälfurnieren (→ Furniere), Preßholz und → Sperrholzplatten. Ferner werden daraus Büro- und Sitzmöbel, Treppen, Parkett, Kleiderbügel, Wäscheklammern, Bürstenböden (→ Bürstenhölzer), Stiele, Griffe, Werktische, Maschinen- und Wagenteile, Dachschindeln (→ Schindelholz), Spielzeug und Eisenbahnschwellen hergestellt. Es findet auch als → Pfahlholz, als → Faserholz zur Papier- und Pappeherstellung und im Schiffsbau Verwendung. Die Buche liefert ebenfalls gutes Brennholz. Bei der früher in Kohlenmeilern (→ Köhlerei), jetzt gelegentlich in Retorten durchgeführten trockenen Destillation erhält man eine gute Holzkohle, ferner den kreosotreichen Buchenholzteer, → Holzessig und → Holzgeist (Methylalkohol). Die Buchenasche ist für die Gewinnung von → Pottasche von Bedeutung. Rinde und Fruchtschalen werden in manchen Gegenden als Gerbmittel verwendet.

Buchenkronen mit den typischen, relativ steil gestellten Ästen

Bedeutung als Heilpflanze

In der Naturheilkunde finden die Rinde von zwei- bis dreijährigen Zweigen (geschält im Februar) und das Holz Verwendung. Ein Aufguß von Buchenrinde hat fiebersenkende, adstringierende und antiseptische Wirkung; er wird auch bei Erkrankungen der Atemwege sowie bei Verletzungen und Infektionen der Mundschleimhaut verwendet. Verbrennendes Buchenholz hat durch das darin enthaltene Kreosot eine stark desinfizierende Wirkung.

Hochgebirge weit verbreitete und häufige B. wächst an feuchten Stellen, wie z. B. an Ufern, Ruderalstellen, auf Wurzeln, Gestein, Sumpfwiesen, in Mooren, auf Brandstellen und an Gartenwegen.
Das → zweihäusige, thallöse B. bildet lappige grünglänzende Lager. Die Lappen sind etwa 5 bis 20 cm lang, 1 bis 2 cm breit, meist gabelig verzweigt und bandförmig, am Rande gewellt oder gefeldert. Die leicht verdickte Mittelrippe ist oft dunkler gefärbt. Der → Thallus hat unterseits fünf Reihen nach vorne gerichteter Bauchschuppen zwischen zahlreichen Rhizoiden und oberseits fast immer mit runden Brutbechern mit gewimpertem Rand. Die gestielten männlichen Antheridienträger sind flach schildförmig mit gekerbt-gelapptem Rand; die gestielten weiblichen sind sternförmig. Die → Sporen reifen vom Sommer bis zum Herbst. Die gelben, ungestielten Sporenkapseln befinden sich an der Unterseite von älteren weiblichen Schirmchen. Das B. diente früher als Mittel gegen Leberleiden.

Brusthöhendurchmesser (BHD), der: Der Durchmesser eines stehenden Stammes in 1,3 m (= Brusthöhe) vom Boden aus wird in geneigtem Gelände von der Bergseite her gemessen. In Ländern mit nicht metrischem Maß wird die B. bei 5 feet, d. h. bei 1,5 m, in den USA bei 4,5 feet (= 1,37 m), in Japan bei 1,25 m gemessen. Als relativ leicht und zuverlässig zu messende Größe wird in einem Bestand oft der B. aller stehenden Bäume gemessen. Aufgrund statistischer Beziehungen können andere Meßgrößen des Bestandes, wie z. B. die Grundfläche, die Höhe oder das Volumen errechnet oder geschätzt werden. Die Häufigkeitsverteilung des B. in einem Bestand ist für den Bestand charakteristisch: In einem jungen geschlossenen → Reinbestand liegt eine eingipfelige asymmetrische Verteilungskurve – ähnlich der Gausschen Glockenkurve – vor, die dadurch entsteht, daß die schwächeren Stämme absterben oder bei der → Durchforstung entnommen werden. In einem Plenterbestand ergibt sich eine zum stärkeren Durchmesser hin abnehmende Stammzahlverteilungskurve. Der B. dient der → Holzmassenermittlung; → Kluppe.

Brusthöhenkreisfläche, die: → Grundfläche.

Brustwarzenstäubling, der: → Bauchpilze 1.

Brustwurz, die: → Engelwurz.

Brutfraß, der: Fraß, den Käfer und Larven der rindenbrütenden → Borkenkäfer zum Zwecke der Fortpflanzung und in deren Ablauf durchführen (Nagen von röhrenförmigen Muttergängen), im Unterschied zum → Ernährungsfraß.

Brutknolle, die: → Brutknospe.

Brutknospe, die (Brutknolle, Brutzwiebel): in der Botanik Bez. für → Knospen, die sich loslösen (kleine Knöllchen oder Zwiebeln) und die der → vegetativen Vermehrung dienen, z. B. bei einer Unterart der Feuerlilie und beim Scharbockskraut.

Brutknüppel: etwa 1 m lange und ca. 8 cm dicke Nadelholzprügel, die schräg in den Boden gegraben wurden, so daß das eine Ende etwa 10 cm über die Bodenoberfläche hinausragte. B. sollten schädliche Käfer zum Brüten anlocken. Sie wurden regelmäßig kontrolliert und bei Besatz sofort verbrannt.

Brutmast, die: → Mast.

Bruttoprimärproduktion, die: → Biomasse.

Brutzwiebel, die: → Brutknospe.

Bryophyta → Moose.

BSA: Abk. für: → Bundessortenamt.

BU: Kurzzeichen für Buche (Rotbuche) nach DIN 4076.

Bubert, das: ein früher verwendetes Gerüst zum Ausklengen (→ Klenge) der Samen; → Sonnendarre.

BUBK: Abk. für Buche mit Rotkern; → Fehlverkernung.

BUC: Kurzzeichen für Buchsbaum nach DIN 4076.

Buchäscher, der: alte, volkstümliche Bez. für die → Hainbuche.

Buchdrucker, der: → Borkenkäfer 13.

Bucheckern: auch Bucheln, Buchelkerne, Eckern; veraltet: Bucheichel, Buchnuß. Bez. für die ölhaltigen, etwa 12 bis 22 mm langen Früchte der Bu. B. sind für Schalenwild, viele Vogelarten und Kleinsäuger, z. B. Mäuse, eine wertvolle Nahrung. In Zeiten großer wirtschaftlicher Not, v. a. auf dem Gebiete der Ernährung, können B. wesentlich zur Volksernährung beitragen. Die Bu trug z. B. im Jahre 1946 in allen Waldgebieten Südtdtschl. eine Vollmast (→ Buchelmast), wie sie seit Jahrzehnten (1888) nicht mehr vorgekommen war. Dies war im ersten Nachkriegsjahr hinsichtlich der wirtschaftlichen Not, v. a. auf dem Ernährungssektor, besonders von Bedeutung. Je Hektar konnten durchschnittlich 800 kg B. gesammelt und daraus 130 kg Öl gewonnen werden. B. liefern ein Speiseöl von hervorragender Güte, das damals auch besten Grundstoff für die Margarineherstellung bot (→ Arbeitsgemeinschaft Ernährung aus dem Wald).

Bucheichel → Bucheckern.

Buchelkerne → Bucheckern.

Buchelmast, die: Bez. für eine Vollmast (→ Mast) der Bu (→ Bucheckern), die etwa in Intervallen von fünf bis sieben (sieben bis zwölf) Jahren (Mastjahre) eintritt. Diese B. spielt bei der natürlichen → Verjüngung der Bu eine große Rolle. Zwischen den Vollmasten liegen aber stets Jahre mit weniger Frucht, sog. Sprengmasten. Bei einer guten B. wurden in früherer Zeit die Schweine in den Wald zur Mast getrieben; → Schweinemast.

Bucheln → Bucheckern.

B u c h e n, die: siehe Seite 126/127

Buchenblattbaumlaus, Wollige, die: → Blattläuse 1.

Buchenblatt-Gallmücke, die: → Gallmücken 10.

Buchenbock, der: → Bockkäfer 1.

Buchenbühler Pflanzhaue, die: → Pflanzhaue.

Buchendome: poetische, aber auch ehrfürchtige Bez. für große, hochstämmige und beeindruckende alte → Buchenwälder; → Hallenbestand, Heilige Hallen.

Buchendörren, das: alte Bez. im Gebiet der badischen → Murgschifferschaft für das → Ringeln der Buchenstangen in der Saftzeit. Das B. war eine Maßnahme gegen unerwünschten Buchennachwuchs.

Buchenfarn, der: → Lappenfarn 3.

Buchenfrostspanner, der: → Spanner 2.

Buchen-Gallmücke, die: → Gallmücken 11.

Buchengewächse (*Fagaceae*): Fam. zweikeimblättriger Holzgewächse (→ Laubbäume), die mit sieben Gatt. und etwa 600 Arten über die gemäßigten Breiten und über die subtropische Zone verbreitet ist. Die sommer- oder immergrünen Bäume haben wechselständige Blätter (→ Blattstellung) und sind → einhäusig mit unscheinbaren, meist → eingeschlechtigen, vereinzelt in Büscheln oder Kätzchen stehenden Blüten. Die Nußfrüchte (→ Schließfrucht) stehen einzeln oder gruppenweise ganz oder teilweise von einem → Fruchtbecher umgeben. B. sind wichtige Nutzholzpflanzen. Zur Fam. der B. zählen die Gatt. der Scheinbuchen, → Buchen, → Kastanien und → Eichen.

Buchenhochwald, modifizierter, der: → Lichtungsbetrieb.

Buchenkahneule, die (Buchenkahnspinner): → Eulen B 15.

Buchenkeimlingskrankheit, die: Erreger der B. ist der Pilz *Phytophthora cactorum*, der im Frühjahr bei feuchter Witterung auftritt, wobei eine Braunfärbung auf den Primärblättern und am Sproß auftritt. Die Infektion erfolgt durch → Sporen in Wassertröpfchen, die Bekämpfung mit Fungiziden. Befallen werden v. a. Bu, Ah, REi, Nuss und Prunus-Arten. Bei Birne ruft der Pilz Fruchtfäule hervor.

Buchenknospen-Gallmücke, die: → Gallmücken 9.

Buchenkrebs, der: → Baumkrebs.

Buchenkrebsbaumlaus, die: → Blattläuse 2.

Buchen- und Laubmischwälder,Mesophytische → Mesophytische Buchen- und Laubmischwälder.

Buchenmotte, die: → Motten 12.

Buchennutzholzbohrer, der: → Borkenkäfer 21.

Buchennutzholzborkenkäfer, der: → Borkenkäfer 21.

Buchenprachtkäfer, der: → Prachtkäfer 2.

Buchen-Rindennekrose, die: auch Buchen-Rindensterben, Buchen-Schleimfluß. Neben mehreren aufeinanderfolgenden Schadereignissen ist an der Entstehung der B. – neben

▸▸▸ Buchen-Rindennekrose kann zum Absterben der Bäume führen.

Schadpilzen (Nectria-Arten) – die Buchenwollschildlaus (→ Schildläuse 2.) maßgeblich beteiligt. Bei befallenen Bu (meist Altbuchen) tritt im Frühjahr ein dunkel gefärbter Phloemsaft (Schleimfluß) aus; das von den Krebserregern (*Nectria coccinea*) befallene Rindengewebe bildet anfangs Längsrisse, stirbt dann ab und löst sich vom Stamm. Die B. kann zum Absterben der Bäume führen. Vorbeugung: Entnahme stark befallener Stämme und rasche Abfuhr des Holzes.

Buchenrotkern, der: → Fehlverkernung.

Buchenrotschwanz, der: → Trägspinner 4.

Buchenschildlaus, die: → Schildläuse 2.

Buchen-Schleimfluß, der: → Buchen-Rindennekrose.

Buchensichler, der: → Sichelflügler.

Buchenspießbock, der: → Bockkäfer 1.

Buchenspinner, der: → Trägspinner 4. und Zahnspinner 1.

Buchenspringrüßler, der: → Rüsselkäfer 15.

Buchenwälder (*Fagion sylvaticae*): auch Rotbuchenwälder. ein pflanzensoziologischer Verband der Ordn. → Mesophytische Buchen- und Laubmischwälder oder Rotbuchenwälder (*Fagetalia sylvaticae*) mit zahlreichen Unterverbänden. B. sind von Natur aus von Bu beherrschte Waldgesellschaften, zum Teil auch mit Ah und Ta. Der geschlossene Buchenwald war ursprünglich wegen der großen Konkurrenzkraft der Bu (Schattenerträgnis) weit verbreitet; er verkörpert deshalb in Dtschl. gemeinhin den Typ des → Laubwaldes. Andere Baumarten konnten sich nur auf der Bu nicht voll zusagenden Böden behaupten. Etwa 19 % der deutschen → Waldfläche entfallen auf die Bu, die auch unsere wichtigste Laubbaumart ist. Sie stellt allerdings hohe Ansprüche an den Boden. Kalkreiche Böden werden bevorzugt, sie kommt aber auch auf anderen Gesteinsarten vor. Große B. finden sich im nordd. Moränengebiet, aber auch im Mittelgebirge ist sie bestandsbildend. Prächtige B. gibt es z. B. im Weserbergland, im Odenwald, Spessart, Bayerischen Wald sowie auf der Schwäbischen Alb und der Rhön. In den B. der planearen bis (hoch-)montanen → Vegetationsstufe tritt häufig die Ta dazu und bildet die → Waldmeister-Buchenwälder, krautreichen Tannen-Buchenwälder oder Waldmeister-Tannen-Buchenwälder (Unterverband *Galio odorati-Fagenion*), z. B. im Böhmerwald, im Schwarzwald und in den Schweizer Alpen. Die Bu ist dort gut- bis bestwüchsig und bildet ausgeprägte → Hallenbestände fast ohne Strauchschicht und Jungwuchs, dafür aber einer Krautschicht mit anspruchsvollen Gräsern, Kräutern und Farnen. Dadurch unterscheidet sich dieser Waldtyp deutlich vom Hainsimsen-Buchenwald oder Moder-Buchenwald (*Luzulo Fagenion*). Diese stocken auf oligotrophen mehr oder weniger sauren Böden in der kollinen bis montanen Stufe und bildet in der montanen und submontanen Höhenlage Hallenbestände. In der Krautschicht finden sich verschiedene säurezeigende Arten wie z. B. Wald-Hainsimse, Berg- und Seegras-Segge, Maiglöckchen

Buchenwald im Frühling

und Waldreitgras. Die vorherrschende Baumart im Drüsenzahnwurz-(Tannen-)Buchenwald (osteuropäisch-karpatischer Unterverband *Dentario glandulosae-Fagenion*) ist die Bu, der regelmäßig Ta, Fi und BAh beigemischt sind, jedoch in tieferen Lagen zurücktreten oder ganz ausfallen. Es sind straucharme bis strauchlose Hallenbestände mit gut ausgebildeter Krautschicht. Die wichtigsten → Charakterarten sind Drüsenzahnwurz und Weicher Schildfarn.

Weiter im Westen kommt die Assoziation → Quirlblatt-Zahnwurz-Buchenwald oder Neunblatt-Zahnwurz-(Tannen-)Buchenwald (*Dentario enneaphylli-Fagetum*) vor, die über das böhmisch-mährische Stufenland, den Böhmer-, Bayerischen und Oberpfälzer Wald bis in die Fränkische Alb und den Schwäbisch-Fränkischen Wald verbreitet sind. Die → Alpenheckenkirschen-Tannen-Buchenwälder oder alpigenen Buchen- und Tannen-Buchenwälder (Unterverband *Lonicero alpigenae-Fagenion*) sind in der montanen Vegetationsstufe am besten ausgebildet. Die → Bergahorn-Buchenwälder oder bergahornreichen Hochlagen-Buchenwälder (Unterverband *Aceri-Fagenion*) stocken in der hochmontanen bis subalpinen Höhenstufe bis zur → Waldgrenze der Gebirge des südwestlichen Mitteleuropa unter wintermildem, niederschlagsreichem (schneereichem), ozeanisch getöntem Klima (bei kontinentalem Klima setzen sich Fi und Ta durch). Fichtenbestände auf *Aceri-Fagenion*-Standorten sind meist durch Anflug auf aufgelassenen Weiden entstanden. Innerhalb des Buchenareals stocken → Labkraut-Tannenwälder oder artenreiche Tannen-Mischwälder (Unterverband *Galio rotundifolii-Abietenion*) auf weniger buchenfreundlichen Standorten der montanen bis subalpinen Stufe. Werden die klimatischen Bedingungen ungünstiger, gelangt die Ta zur Vorherrschaft, und es entstehen → Tannenwälder mit natürlicher Beimengung der Fi, worin die Bu ganz fehlt oder nur noch gering im Unterstand vorhanden ist. Die → Orchideen-Buchenwälder oder Seggen-Buchenwälder, Kalk-Buchenwälder flachgründiger und/oder warm-trockener Standorte (Unterverband *Cephalanthero-Fagenion*) stocken auf warmtrockenen, mehr oder weniger kalkreichen Böden in der kollinen bis montanen Vegetationsstufe. Wegen

Buchsbäume

Gattung
Die etwa 40 Arten umfassende Gattung der Buchsbäume (*Buxus*) aus der Familie der → Buchs(baum)gewächse (*Buxaceae*) ist vom atlantischen Europa und dem Mittelmeergebiet bis nach Japan verbreitet. Es sind → immergrüne, → einhäusige Sträucher oder kleine Bäume mit lederartigen Blättern und Kapselfrüchten mit drei Hörnern. Die Gattung gibt es seit dem Pliozän (→ Erdzeitalter). Der Name *Buxus* ist ein römischer Pflanzenname (griechisch pyxos von pykos = fest) und bezieht sich auf das Holz.

Buchsbaum
Die Art *Buxus sempervirens* Linné wird auch Gewöhnlicher Buchsbaum oder Buchs genannt. Der lateinische Zusatz *sempervirens* bedeutet immergrün und bezieht sich auf die Blätter.

Buchsbaumzeig

Verbreitung
Der Buchsbaum, eine südeuropäisch-westasiatische Pflanze, ist von Nordspanien über Süd- und Zentralfrankreich, den Schweizer Jura und die Westschweiz, den südlichen Alpenraum, die östlichen Gebiete Österreichs (vereinzelt) und die Balkanländer bis zum Kaukasus verbreitet. In Mitteleuropa gibt es natürliche Bestände im Moselgebiet und an einigen Stellen in Baden (→ Buchsbaum-Flaumeichenwald). Den Buchsbaum findet man als Ziergehölz häufig in Gärten, Parkanlagen und Friedhöfen. Weil man ihn fast beliebig in Form schneiden kann (→ Formbaum), ist er die traditionelle Pflanze für niedrige Hecken und Beeteinfassungen.

Standort
Die Licht-Halbschatt(en)pflanze, die auch starke Beschattung verträgt, wächst vereinzelt in Laubmischwäldern, Buchen- und Flaumeichenwäldern, in Südosteuropa in Buschwäldern mit Lorbeer, Steineiche und Pistazie. Sie liebt sonnige, mäßig trockene Standorte auf mittelgründigen, lockeren, durchlässigen, meist kalkhaltigen Steinschuttböden, mit Vorliebe auf Kalk- und Urgestein. Der Buchsbaum ist von der Ebene bis in die Gebirgsstufe verbreitet, im Schweizer Jura bis 800 m, in den Pyrenäen bis 1600 m, in Griechenland im Gebiet des Olymp bis 2000 m.

Merkmale
■ Der Buchsbaum ist ein immergrüner, dicht verzweigter, buschiger, etwa bis 2 m hoher Strauch, bisweilen auch ein bis 6 m (im Kaukasus bis 16 m) hoher Baum mit spitz zulaufender, ziemlich offener, unregelmäßiger Krone und im Alter mit gewundenem Stamm. Der sehr trägwüchsige Buchsbaum kann bis etwa 50 cm stark und bis 500 Jahre alt werden. Er verträgt sehr hohe Sommertemperaturen und auch längere Trockenperioden sehr gut, ist zudem äußerst widerstandsfähig gegen Frost. Er hat dichtes, weitstreichendes Wurzelwerk und großes → Ausschlagsvermögen.
■ Die Rinde ist hellbraun, an jungen Stämmchen feinrissig und rauh, später meist tief in kleine kantige Felder zerrissen und löst sich in dünnen Lappen ab. Die kurzen, dicken, olivgrünen, kantigen und dicht beblätterten Äste sind jung, kurz behaart und wachsen → sympodial. Die schmal-eiförmigen Blattknospen liegen am Zweig an und stehen am Ende der Triebe sowie in den Achseln der Laubblätter gehäuft. Die Blütenknospen sind kugelig und die grünen Knospenschuppen abgerundet. Letztere haben vorne meist einen braunen Fleck. Die immergrünen, gegenständigen Blätter sind kurzgestielt, elliptisch bis eiförmig, 15 bis 30 mm lang und 7 bis 15 mm breit, vorne abgerundet oder etwas eingekerbt, ledrig, oberseits glänzend dunkelgrün, unterseits matt und etwas heller. Der Blattrand ist etwas eingebogen, die Mittelrippe oberseits eingekerbt, unterseits hellgrün hervortretend. Die Lebensdauer der Blätter beträgt zwei Jahre.
■ Der einhäusige Buchsbaum blüht im März/April. Die → eingeschlechtigen (männlichen und weiblichen) Blüten sind in blattachselständigen oder endständigen Knäueln angeordnet und zwar meist eine weibliche Blüte in der Mitte und fünf bis sechs männliche ringsum. Die männlichen Blüten bestehen aus einer vierblättrigen, grünlichgelben Blütenhülle, aus vier 3 mm langen Staubblättern und einem kleinen Fruchtknotenrudiment. Die weiblichen Blüten haben vier bis acht (meist fünf bis sechs) weißliche Blütenhüllblätter und einen dreifächerigen → Fruchtknoten mit drei freien → Griffeln und Nektardrüsen (→ Honigdrüsen) zwischen den Griffelästen. Die im August/September reifenden Früchte, 7 bis 8 mm lange, ledrig-runzelige, harte, dreihörnige, reif schwarzbraune Kapseln, zerfallen bei der Reife in drei zweihörnige Teile, wobei jedes Horn zwei dunkelbraune bis schwärzliche, längliche, dreikantige Samen enthält (→ Ameisenpflanzen).

Holz
Das Holz des Buchsbaums ist hellgelb bis gelb-orange, feinfaserig, von hornartiger Beschaffenheit, regelmäßig gemasert, schwer, fest und gut für Drechsler- und Holzschnittarbeiten geeignet. Es dient auch zur Herstellung von Druckstöcken, Zeichengeräten, Blasinstrumenten (Flöten), Pfeifenköpfen, Linealen, Löffeln etc.

▸▸ Buchsbaum

Bedeutung als Heilpflanze
Die ganze Pflanze, besonders die Blätter und die Wurzelrinde, enthält das Hauptalkaloid Buxin und vier Nebenalkaloide (→ Alkaloide), → ätherisches Öl, Gerbstoff und Vitamin C; sie wirken abführend, blutreinigend, schweiß- und galletreibend sowie fiebersenkend. Bei innerlicher Anwendung ist Vorsicht geboten, da alle Teile des Buchsbaums in stärkerer Dosierung bei Mensch und Tier giftig wirken und das Buxin Erbrechen und Durchfall verursacht. Früher wurde er gegen Rheumatismus und als Chinin-Ersatz gegen Malaria eingesetzt. In der Homöopathie wird heute eine Buchsbaumtinktur gegen Rheumatismus, Durchfall und Fieber verwendet.

der relativ schwer zersetzbaren und deshalb längerfristig vorhandenen Laubstreu ist der Waldboden unter Bu weitgehend frei von Moosen; lediglich auf Kleinstandorten ohne Laubstreudecke sind sie anzutreffen. Im B. sind an Pilzen v. a. viele Arten der → Röhrlinge und → Milchlinge anzutreffen. Die Eintönigkeit in der Pflanzenwelt findet auch ihren Niederschlag in der Tierwelt, weil die Tiere im reinen und geschlossenen B. kaum Nahrung und Unterschlupf (Deckung) finden. Vertreten sind jedoch eine große Zahl von → Forstschädlingen; insbesondere sind zu nennen: Buchenkahnspinner (→ Eulen B 15.), Buchenwollaus (→ Schildläuse 2.), Buchenspringrüßler (→ Rüsselkäfer 15.), Buchennutzholzbohrer (→ Borkenkäfer 21.), Buchenprachtkäfer (→ Prachtkäfer 2.), Buchenspinner (→ Trägspinner 4.) und Buchenfrostspanner (→ Spanner 2.); → Waldgesellschaften.

Buchen- und Laubmischwälder, Mesophytische → Mesophytische Buchen- und Laubmischwälder.

Buchenwaldschrecke, die: → Feldheuschrecken 4.

Buchenwaldzeit, die: die Zeitperiode von 800 vor bis 800 n. Ch. In dieser (an die Bronzezeit anschließenden) Periode entsprach das Klima wahrscheinlich den heutigen Verhältnissen. Die → Baumgrenze sank in den Gebirgen um mehrere hundert Meter. Das kühlfeuchte Klima begünstigte v. a. die Bu. Sie beherrschte den Wald im westlichen Mitteleuropa. Die Kie zog sich ganz nach Osten zurück; Ei, Ul und Li bestanden nur noch auf Trockenhängen; die Fi war im Vormarsch; → Waldgeschichte.

Buchenwickler, der: → Wickler 16.

Buchenwollaus, die: → Schildläuse 2.

Buchenzierlaus, die: → Blattläuse 1.

Bucheschė, die: → Hainbuche.

Buchfink, der: → Finkenvögel 11.

Buchmayer, August (1835 Vöttau bei Znaim bis 1909 Olmütz): B. war Absolvent der Forstlehranstalt Marienbrunn; ab 1865 Professor an der Forstlehranstalt in Aussee (Mähren) und ab 1873 Direktor dieser Anstalt, zuletzt Direktor der Forstlehranstalt Eulenberg. Von B. erschienen zahlreiche Veröffentlichungen. Ihm zu Ehren wurde in Eulenberg 1909 ein Gedenkstein enthüllt.

Buchnuß, die: → Bucheckern.

Buchs, der: **1)** → Buchsbäume. **2)** → Reaktionsholz.

B u c h s b ä u m e, die: siehe Seite 130

Buchsbaum-Flaumeichenwald, der (*Buxo-Quercetum pubescentis*): pflanzensoziologische → Assoziation des Verbandes → Submediterrane Flaumeichenwälder (*Quercion pubescenti-petraeae*) der Ordn. Flaumeichenwälder (*Quercetalia pubescenti-petraeae*). Diese submediterrane → Waldgesellschaft ist in Südfrankreich stark verbreitet; bei uns kommt sie nur im Moseltal und in Südbaden an trocken-warmen Kalk- und Porphyrhängen kleinflächig vor. Neben der Flaumeiche und dem Buchsbaum kommen Weichselkirsche, Mebe und Immenblatt vor.

Buchs(baum)gewächse (*Buxaceae*): Pflanzen-Fam. von → zweikeimblättrigen, meist immergrünen Holzgewächsen mit etwa 100 Arten in vier Gattungen. B. kommen v. a. in den gemäßigten und subtropischen Gebieten der Alten Welt vor, aber auch in Mittelamerika und Westindien. Die gegenständigen Blätter sind meist ledrig und ganzrandig. Die unscheinbaren, → eingeschlechtigen Blüten stehen einzeln, in Knäueln oder in Ähren (→ Blütenstand). Die Vermehrung erfolgt durch Samen und Stecklinge. Das Holz des B. ist sehr schwer und hart. Manche Arten werden als Zierpflanzen kultiviert. Die bekannteste Gatt. ist die der → Buchsbäume.

Buchsblätterige Kreuzblume, die: → Kreuzblume 2.

Büchsenholz, das: Bez. für kleine Walzen aus Birkenholz, die früher in die runden Löcher der Mühlsteine gesteckt wurden.

Büchsenmacherholz, das: Holz für die Herstellung von Gewehrschäften. Besonders schönes B. ist Nußbaumholz (→ Walnüsse, → Maserholz, → Stockholz). Geeignet wären auch noch FAh und Bi. Die in Betracht kommenden Holzstärken stehen jedoch nur beschränkt zur Verfügung. Seit dem Zweiten Weltkrieg werden viele Militärgewehre, neuerdings auch Sportwaffen mit Schäften versehen, die aus wasserfest verleimten Schichtblöcken (Schichtholzschäfte) aus Rotbuchenschälfurnieren von 1,5 mm Dicke bestehen.

Buchsholz, das: → Reaktionsholz.

Buchsigkeit, die: → Reaktionsholz.

Buchs-Kreuzblume, die: → Kreuzblume 2.

Buchstaben: Unsere Schriftzeichen, die B., verdanken der Buche ihren Namen. Bei den Germanen wurden die → Runen zum Losen und Weissagen in Buchenstäbchen geritzt.

Buchtholz, das: beim Schiffsbau Bez. für ein leicht gekrümmtes Nutzholzstück; → figurierte Hölzer, Krummholz 2).

Büchting, J. J. → forstliches Schrifttum.

Buckelalmen → Bodenbuckel.

Buckelfliegen (*Phoridae*): auch Rennfliegen. Fam. kleiner, etwa 0,5 bis 6 mm großer → Fliegen meist von grauschwarzer, auch brauner oder gelblicher Färbung und buckeligem Habitus. Die B. fliegen wenig, laufen aber mit ruckartigen, schnellen Bewegungen (Zickzack) v. a. auf Blättern und Holz. Die Larven verschiedener Arten ernähren sich von Aas (faulenden Raupen und Puppen etc.), andere von Pilzen oder räuberisch (auch parasitisch) von Insekten und Larven. Die Larven der Art *Megaselia (= Aphiochaeta) rufipes* fressen Samen der SKie.

Buckel-Tramete, die (*Trametes gibbosa*): Der Pilz wächst an totem Lbh, besonders an Bu und erzeugt → Weißfäule. Auf der Schnittfläche der Baumstümpfe bildet der ungiftige, aber nicht genießbare Pilz samtfilzige, helle Polster. Der 6 bis 20 cm breite → Fruchtkörper ist oberseits grauweiß, deutlich gezont, behaart, am Grunde höckerig, mit dünnem und scharfen Rand. Er wird 1 bis 2 cm dick. Die Unterseite zeigt eine weißliche Röhrenschicht mit strahlig verlaufenden Porenmündungen.

Buckelweiden → Bodenbuckel.

Buckelwiesen → Bodenbuckel.

Bügelholz, das: → Schneeball 2.

Bugholz, das: auch Bugposten, Streb(e)pfosten, -holz. Alte Bez. für die an den Seiten der → Schragen schräg angebrachten (angestemmten) Hölzer.

Bugposten, der: → Bugholz.

Bullesbaum, der: → Weiden 19.

Bülte, die (Bulte): die polsterartigen Erhöhungen auf Moorböden, die vielfach aus Heidekraut, Sauergräsern und Moospolstern bestehen; → Kaupen.

BUND: Abk. für „Bund für Umwelt und Naturschutz Deutschland e. V."; → Naturschutzverbände.

Bund, das: → Holzdraht, Welle 2).

Bund Deutscher Forstleute (BDF): Der BDF ist die Fachgewerkschaft der Forstbeamten und -angestellten im Deutschen Beamtenbund (DBB). Er vertritt die beruflichen und sozialen Belange seiner Mitglieder gegenüber allen Behörden, Organisationen, Verbänden und gegenüber dem Parlament. Der BDF ist in Landesverbände gegliedert. Zeitschrift: „BDF-Aktuell".

Bündelfunk, der: → Funkwelle Forst.

Bundesamt für Naturschutz: dem Bundesministerium für Umwelt, Naturschutz und Reaktorsicherheit unterstellte Oberbehörde mit Sitz in Bonn, der die fachwissenschaftliche Unterstützung und Beratung des Ministeriums in Fragen des nationalen wie internationalen → Naturschutzes obliegt. Arbeitsschwerpunkte des BfN sind: Förderung von Naturschutz-Großvorhaben, Genehmigung der Ein- und Ausfuhr geschützter Tier- und Pflanzenarten (Vollzugsbehörde im → Artenschutz des Washingtoner → Artenschutzabkommens, Convention on International Trade of Endangered Species, CITES), Erarbeitung der → Roten Listen, Information und Beratung der Bürger.

Bundesanstalt für Landwirtschaft und Ernährung (BLE): eine Bundesoberbehörde des → Bundesministeriums für Ernährung, Landwirtschaft und Forsten mit Sitz in Frankfurt a. Main. Aufgaben der BLE sind: Marktordnung land- und forstwirtschaftlicher Güter und Koordinierung in der EU nach dem → Gesetz über forstliches Saat- und Pflanzgut, National Seed Coordinating Centre (NSCC), Berichte über die Förderung (auch waldbauliche) durch die EU, sowie Aufgaben nach dem Ernährungssicherstellungs- und dem -vorsorgegesetz. Daneben obliegen ihr die Aufnahme von Kassenkrediten zur Finanzierung der gemeinsamen Agrarpolitik.

Bundesartenschutzverordnung, die: → Artenschutzabkommen.

Bundes-Bodenschutzgesetz (BBodSchG): Zweck des B. (Gesetz zum Schutz vor schädlichen Bodenveränderungen und zur Sanierung von Altlasten) vom 17. März 1998 ist es, nachhaltig die Funktionen des → Bodens zu sichern oder wiederherzustellen. Hierzu sind schädliche Bodenveränderungen abzuwehren, Boden und Altlasten sowie hierdurch verursachte Gewässerverunreinigungen zu sanieren und Vorsorge gegen nachteilige

Einwirkungen auf den Boden zu treffen. Bei Einwirkungen auf den Boden sollen Beeinträchtigungen seiner natürlichen Funktionen sowie seiner Funktion als Archiv der Natur- und Kulturgeschichte so weit wie möglich vermieden werden. Das B. gliedert sich in fünf Teile. Der vierte Teil „Landwirtschaftliche Bodennutzung" beinhaltet in § 17 die „Gute fachliche Praxis in der Landwirtschaft".

Bundesforschungsanstalt für Forst- und Holzwirtschaft (BFA): Die B. in Hamburg hat die Aufgabe, durch Forschung, Beratung und Ausbildung die Leistung und Produktivität der Forst- und Holzwirtschaft zu steigern. Daneben befaßt sie sich mit Waldkunde der Tropen und Subtropen, mit Holzimport und Verwendungsmöglichkeiten der Nutzhölzer. Zur B. gehören folgende Institute: Institut für Weltforstwirtschaft, Institut für Forstgenetik und Forstpflanzenzüchtung, Institut für Arbeitswissenschaft, Institut für Holzbiologie und Holzschutz, Institut für Holzchemie und chemische Technologie des Holzes, Institut für Holzphysik und mechanische Technologie des Holzes, Institut für Forstökologie und Walderfassung. Die B. ging im Jahre 1950 aus der Reichsanstalt für Holzforschung und dem 1939 gegründeten Reichsinstitut für ausländische und koloniale Forstwirtschaft sowie aus dem 1943 gegründeten Reichsinstitut für Forstpflanzenzüchtung hervor und ist mit der Universität Hamburg auf Grund eines Staatsvertrages verbunden; → Heske.

Bundesforschungsanstalt für Naturschutz und Landschaftsökologie: Sie erarbeitete wissenschaftliche Entscheidungshilfen für Naturschutz, Landschaftspflege und den biologischen Umweltschutz. Sie ist seit dem 15.8.93 im → Bundesamt für Naturschutz aufgegangen.

Bundesforsten: **1**) B. sind Wald (→ Staatswald), der im Alleineigentum der BR Dtschl. steht. Sie werden durch die Oberfinanzdirektionen verwaltet und von den nachgeordneten Bundesforstämtern forst- und jagdbetrieblich bewirtschaftet. Größtenteils stehen sie im Zusammenhang mit militärischen Anlagen (Truppenübungsplätzen). Niedersachsen und Bayern haben die größten Flächen an B.; → Landesforsten. **2**) in Österreich allg. Bez. für die Staatswaldungen; → Österreichische Bundesforste.

Bundesforste, Österreichische → Österreichische Bundesforste.

Bundesforstverwaltung, die: oberste Forstbehörde im Bundesministerium der Finanzen für die im Eigentum des Bundes stehenden Waldungen (→ Bundesforsten). Mittelbehörden der B. sind die Oberfinanzdirektionen in Hannover, Berlin und Nürnberg.

Bundes-Immissionsschutzgesetz (BImSchG): Gesetz zum Schutz vor schädlichen Umwelteinwirkungen durch → Luftverunreinigungen, Geräusche, Erschütterungen und ähnliche Vorgänge in der derzeit gültigen Fassung vom 14.5.1990, zuletzt geändert am 10.12.1990. Das BImSchG bildet die Grundlage für ein umfassendes bundeseinheitliches Recht der Luftreinhaltung (→ Luftreinhalteplan) und Lärmbekämpfung. Das Gesetz enthält u.a. Bestimmungen über die Errichtung und den Betrieb umweltgefährdender Anlagen (z. B. von Abfallverbrennungsanlagen, Sonderabfallbehandlungsanlagen), die Beschaffenheit und den Betrieb umweltgefährdender Fahrzeuge, den Schutz bestimmter Gebiete und die Bestellung von Immissionsschutzbeauftragten für genehmigungspflichtige Anlagen. Das B. soll somit Menschen sowie Tiere, Pflanzen und andere Sachen vor schädlichen Umwelteinwirkungen schützen und der Entstehung schädlicher Umwelteinwirkungen vorbeugen.

Die erste Verwaltungsvorschrift zum B. i. d. Fassung von 1974 war die → TA-Luft; → Belastungsgebiet, Emission, Immission, Schwefelgehaltsverordnung, Vorsorgeprinzip.

Bundesjagdgesetz (BJagdG): Das B. in der Fassung der Bekanntmachung vom 29. September 1976 (BGBl. I S. 2849), zuletzt geändert durch Gesetz zur Änderung des B. und des Waffengesetzes vom 21. November 1996 (BGBl. I S. 1779), ist das jagdrechtliche Rahmengesetz des Bundes, dem nach dem Grundgesetz (Art. 75, Nr. 3) auf dem Gebiet des Jagdwesens das Recht zukommt, Rahmenvorschriften zu erlassen. Die Länder haben daher das Recht, eigene Landesjagdgesetze zu erlassen.

Bundesministerium für Ernährung, Landwirtschaft und Forsten (BML): Das Ministerium ist zuständig für Angelegenheiten der Landwirtschaft einschließlich Garten- und Weinbau, der Ernährungswirtschaft, der Fischerei und der Forst- und Holzwirtschaft. Es gliedert sich in sechs Abteilungen (Unterabteilung Forst-, Holzwirtschaft, Jagd gehört zur Abteilung V Ländlicher Raum, Forstpolitik, Jagd). Zum Geschäftsbereich des BML gehören:
1. → Bundesanstalt für Landwirtschaft und Ernährung in Frankfurt/Main.
2. → Bundessortenamt in Hannover-Bemerode als unmittelbar nachgeordnete Bundesoberbehörde, ferner 15 Bundesforschungsanstalten in drei Fachbereichen. Zum Fachbereich „Land- und Forstwirtschaft" gehören: Forschungsanstalt für Landwirtschaft Braunschweig-Völkenrode in Braunschweig, → Bundesanstalt für Forst- und Holzwirtschaft in Reinbek (Bezirk Hamburg), für Rebenzüchtung Geilweilerhof in Siebeldingen und für gartenbauliche Pflanzenzüchtung in Ahrensburg (Holstein) sowie die → Biologische Bundesanstalt für Land- und Forstwirtschaft in Braunschweig. Der Aufsicht des BML unterstehen u. a. der Absatzförderungsfonds der deutschen Land-, Forst- und Ernährungswirtschaft in Bonn; daneben besteht beim BML ein Wissenschaftlicher Beirat.

Bundessortenamt (BSA): dem → Bundesministerium für Ernährung, Landwirtschaft und Forsten unterstehende Bundesoberbehörde, wurde im Jahre 1953 in Hannover errichtet. Das B. gewährt Sortenschutz und führt eine Sortenliste, in der die Sortenbezeichnung, wesentliche Merkmale, Name des Züchters usw. eingetragen werden. Das Saatgut darf nur vom Sortenschutzinhaber und nur unter der Sortenbezeichnung gewerbsmäßig vertrieben werden.

Bundesstiftung Umwelt → Deutsche Bundesstiftung Umwelt.

Bundesverband Bürgerinitiativen Umweltschutz e. V. (BBU): In den letzten Jahren haben sich zahlreiche Bürgerinitiativen gebildet, die sich z. B. gegen die Errichtung von Kernkraftwerken sowie den Bau von Straßen und Autobahnen, Flugplätzen und anderen Einrichtungen zur Wehr gesetzt haben. Die zahlreichen Bürgerinitiativen haben sich in dem 1972 gegründeten BBU mit Sitz in Bonn zusammengeschlossen. Derzeit gehören rd. 350 Gruppen diesem Verband an; → Umweltschutz.

Bundeswaldgesetz: „Gesetz zur Erhaltung des Waldes und zur Förderung der Forstwirtschaft" vom 2. Mai 1975 (BGBl I 1975, S. 1037), zuletzt geändert durch Gesetz vom 27. Juli 1984 (BGBl I S. 1034). Es hat das Forstrecht auf Bundesebene neu geordnet. Der Gesetzeszweck des B. (§ 1) ist insbesondere
1. den Wald wegen seines wirtschaftlichen Nutzens (Nutzfunktion) und wegen seiner Bedeutung für die Umwelt, insbesondere die dauernde Leistungsfähigkeit des Naturhaushaltes, das Klima, den Wasserhaushalt, die Reinhaltung der Luft, die Bodenfruchtbarkeit, das Landschaftsbild, die Agrar- und Infrastruktur und die Erholung der Bevölkerung (Schutz- und Erholungsfunktion) zu erhalten, erforderlichenfalls zu mehren und seine ordnungsgemäße Bewirtschaftung nachhaltig zu sichern,
2. die Forstwirtschaft zu fördern und
3. einen Ausgleich zwischen dem Interesse der Allgemeinheit und den Belangen der Waldbesitzer herbeizuführen.

Das B. befaßt sich im ersten Kapitel mit allg. Vorschriften (wie der gesetzlichen Definition des Begriffs Wald und den Waldeigentumsarten), im zweiten Kapitel mit der Erhaltung des Waldes, der forstlichen Rahmenplanung, der Erstaufforstung, der Bewirtschaftung, den Schutz- und Erholungswalderklärungen und dem Betretungsrecht, im dritten Kapitel mit den forstwirtchaftlichen Zusammenschlüssen und im vierten Kapitel mit der Förderung der Forstwirtschaft.

Auf Grund des B. haben die meisten Länder ihre Landeswaldgesetze (Landesforstgesetze, Waldgesetze, Forstgesetze) novelliert. Das Saarland und die Stadtstaaten besitzen kein eigenes Forstgesetz (Waldgesetz). Sie regeln v. a. die Bereiche, die in die ausschließliche Gesetzgebungszuständigkeit der Länder fallen. Dazu zählen u.a. „die besonderen Vorschriften für den → Staats-, → Körperschafts- und → Privatwald; der behördliche Aufbau der Landesforstverwaltungen (→ Forstorganisation); die → Forstaufsicht und der → Forstschutz; Berufsbezeichnungen und Dienstkleidungsvorschriften; Verfahrensvorschriften und die landesspezifischen Ordnungswidrigkeiten". Als Rahmengesetz werden u.a. das → Betretungsrecht des Waldes, die forstliche Rahmenplanung sowie die Erklärungen zu → Schutz- und → Erholungswald behandelt. Zu beachten sind in den einzelnen Ländern auch Vorschriften, die sich mit dem Nachbarrecht (Grenzabstände), den Forstberechtigungen (→ Forstrechte), der Ablösung von Nutzungsrechten usw. befassen. Z. T. sind forstliche Bestimmungen auch in anderen Ländergesetzen verankert, wie z. B. in Bayern im „Gesetz zur Förderung der bayerischen Landwirtschaft" und in Jagd-, Naturschutz- und Landespflegegesetzen, Landesplanungs-, Bau-, Straßen- und Wegegesetzen, Abfallbeseitigungs-, Wasserhaushalts- und Wasserschutzgesetzen. Da Zuwiderhandlungen gegen ein Landesforstgesetz Ordnungsstrafen nach sich ziehen können, ist es für den Waldbesitzer empfehlenswert, sich über das Forstgesetz seines Landes besonders genau zu informieren.

Bundeswaldinventur, die: Das BWaldG schreibt in § 41 a eine auf das gesamte Bundesgebiet bezogene forstliche Großrauminventur (Bundeswaldinventur) bindend vor. Mit Zustimmung des Bundesrates wurde am 10. März 1986 die Verordnung zur Durchführung der B. erlassen. Ein umfassender Gesamtüberblick über die großräumigen Waldverhältnisse aller Besitzarten und die forstlichen Produktionsmöglichkeiten ist zwingende Voraussetzung jeglicher forstpolitischer Planung und Entscheidungsfindung. Einen solchen Überblick liefert eine moderne forstliche Großrauminventur auf Stichprobenbasis (→ Waldinventur), wie sie zum Stichtag 1. Oktober 1987 mit der B. (1986 – 1990) zum erstenmal für die alten Bundesländer durchgeführt worden ist. Die Durchführung einer zweiten B. als Folgeinventur (Wiederholungsinventur) im früheren Bundesgebiet und als Erstinventur in den neuen Ländern (vorgesehen zum Stichtag 1. Oktober 97) ist notwendig, um

a) erstmalig für die neuen Länder eine vergleichbare Datengrundlage zu erhalten,

b) mit der Folgeinventur im früheren Bundesgebiet erstmalig den Holzzuwachs ermitteln zu können und damit auch die tatsächliche Leistungsfähigkeit des Waldes bei der Holzproduktion nach Masse, Wert und Struktur festzustellen,

c) Parameter zur Beurteilung der Leistungsfähigkeit des Waldes bei den Schutz- und Erholungsfunktionen erheben zu können.

Bundesweite Bodenzustandserhebung im Wald (BZE): Die von Bayern als erster Region Europas im Rahmen des in Aufbau befindlichen Bodeninformationssystemes „Forst" landesweit und systematisch durchgeführte Bayerische Waldbodeninventur (BWI) war Anstoß und Vorbild für die Durchführung der BZE in allen Bundesländern. Sie wird fachlich von einer Arbeitsgruppe „Bodenzustandserhebung im Wald in Bezug auf neuartige → Waldschäden" begleitet. Inzwischen wird auch aufgrund einer eigenen EG-Verordnung an einer Europäischen Bodenzustandserhebung gearbeitet. Bei der ersten Erhebung in Bayern wurden der chemische Bodenzustand, die Ernährungssituation der Waldbäume und die Radioaktivität im Boden gemessen. Bei der Bodenanalyse wurden bodenchemische Kennwerte (wie z. B. → pH-Wert, effektive → Austauschkapazität, → Basensättigung), Nährstoffvorräte und → Nährstoffverfügbarkeit, Schadstoffbelastungen (Schwermetalle) erhoben. Die Nadel- und → Blattanalysen gaben Aufschluß über die Ernährungssituation und Schadstoffbelastung der Bäume. Anhand der BZE können differenzierte Erkenntnisse zu konkreten Problembereichen gewonnen werden; wie z. B. Ausmaß der → Bodenversauerung, Risiken für Grund- und Quellwasser, Engpässe in der Baumernährung, Nährstoffungleichgewichte infolge erhöhter Stickstoffeinträge. Weiter sind sie für die → Baumartenwahl, Maßnahmen zur Pflege und Sicherung der Bodenqualität und der Bestandsernährung, die Einschätzung der Gefährdung der verschiedenen → Standorte nutzbar. Die Ergebnisse der BZE werden im Deutschen Waldbodenbericht veröffentlicht; → Waldboden.

Bund für Umwelt- und Naturschutz Deutschland e. V. (BUND) → Naturschutzverbände.

Bundgatter, das: → Gatter 2).

Bünkl, der: → Hund 2).

Bunte(r/s) ...: siehe unter dem jeweiligen Hauptnamen.

Buntholz, das: → Edelhölzer.

Buntkäfer (*Cleridae*): durchwegs bunt gezeichnete, mit über 3600 etwa 2 bis 25 mm langen Arten weltweit verbreitete Käfer-Fam. Davon leben in Europa 64, in Dtschl. 18 Arten. Die B. leben auf Blumen, an Baumstämmen und gefälltem Holz, einige auch an trockenen tierischen Resten. Die Käfer und Larven leben räuberisch von anderen Insekten. In unseren Nadelwäldern lebt der **Ameisenbuntkäfer** (*Thanasimus (Clerus) formicarius*). Er ist 0,7 bis 1 cm groß, hat einen schwarzen Kopf und schwarze Flügeldecken, letztere mit roten Schulterflecken und zwei weißen, gebuchteten Querbinden; Halsschild überwiegend und Unterseite ganz rot. Fühler mit elf gegen die Spitze verdickten Gliedern. Die kurzbeinige Larve ist rosarot und langgestreckt. Das Weibchen legt die Eier von März bis Mai unter Baumrinden ab. Die jungen Larven ernähren sich von Abfallstoffen, später von Borkenkäferlarven. Emsig wie eine Ameise läuft der Käfer von Frühjahr bis Herbst an gefällten, aber auch an kränkelnden und absterbenden Kie auf und ab und sucht → Borkenkäfer in allen Entwicklungsstadien. Der A. ist daher im Wald sehr nützlich.

Buntlaubbäume → Edelhölzer.

Buntlaubholz, das: → Edelhölzer.

Buntmischung: → Mischungsform mit zahlreichen → Baumarten, vorwiegend in Einzelmischung.

Buntspecht, der: → Spechte 6.

Buntspecht, Großer, der: → Spechte 6.

Buntspecht, Kleiner, der: → Spechte 5.

Buntspecht, Mittlerer, der: → Spechte 4.

Bupleurum → Hasenohr.

Buprestidae → Prachtkäfer.

Burckhardt, Heinrich Christian, Dr. (26.2.1811 Adelebsen Hannover bis 14.12.1879, Hannover): B. studierte nach einer praktischen Forstlehre an der Universität Göttingen Jura und wurde nach verschiedenen Stellungen im Jahre 1844 Lehrer und Revierverwalter an der neu gegründeten Forstlehranstalt Münden. Nach ihrer Auflösung trat er 1849 in die Domänenkammer in Hannover ein und wurde später Direktor des Forstwesens. B. war ein bekannter waldbaulicher Schriftsteller. Er schrieb u.a. „Säen und Pflanzen nach forstlicher Praxis. Ein Beitrag zur Holzerziehung." (1855), „Der Waldwerth etc." (1860), „Die forstlichen Verhältnisse des Königreichs Hannover" (1864), „Jagd- und Waldlieder" (1866). B. war auch Begründer und Herausgeber der Schriftenreihe: „Aus dem Walde, Mittheilungen in (10) zwanglosen Heften" (1865 – 1881).

Bürde, die: alte Bez. für eine gewöhnliche Traglast Holz oder anderer Waldprodukte.

Burgenahorn, der: → Ahorne 2.

Bürgergabholz, das: → Gabholz.

Bürgerinitiativen → Bundesverband Bürgerinitiativen Umweltschutz e.V.

Burgerschlüssel, die: → Primel 2.

Burgsdorf, Friedrich August Ludwig von (23.3.1747 Leipzig bis 18.6.1802 Berlin): Nach einer praktischen Forstlehre betrieb B. von 1777 an in Tegel bei Berlin eine ausgedehnte Anzucht fremdländischer Holzarten. 1786 erhielt er den Auftrag, ein „Forsthandbuch" (1788) auszuarbeiten und von 1787 an forstwissenschaftlichen Unterricht an Jagdpagen zu erteilen. 1792 wurde er zweiter Oberforstmeister in der Kurmark Brandenburg. Er schrieb u.a. „Versuch einer vollständigen Geschichte vorzüglicher Holzarten etc." (1783 – 1800), „Anleitung zur sichern Erziehung und zweckmäßigen Anpflanzung der einheimischen und fremden Holzarten etc." (1787); → forstliches Schrifttum.

Burgunder-Pech, das: svw. Fichtenharz; → Harze.

Burkhardteiche, die: → Maaßeler Lindenwald.

Bürstenfichte, die: Verzweigungstyp der Fi, bei dem die Zweige bürstenartig angeordnet sind. Auch sind die Zweige viel kürzer als bei der → Kammfichte; → Plattenfichte.

Bürstenhölzer: Hölzer, die zur Herstellung von Bürsten und Schrubbern verwendet werden. Hierzu werden hauptsächlich harte Laubhölzer verwendet wie Ah, Bi, Er, Bu, Nuss. Daneben wird auch das Holz der Obstbäume sowie verschiedene Überseehölzer verarbeitet.

Bürstenmoos, das (*Polytrichum*): Gatt. der Fam. → Haarmützenmoose (*Polytrichaceae*), der Klasse → Laubmoose, fossil seit dem Tertiär (→ Erdzeitalter) bekannt. Der Wurzelteil des B. wurde früher zu Bürsten verwendet. Die in Mitteleuropa am häufigsten vorkommenden Arten sind:

1. **Goldenes Frauenhaar**, das (*Polytrichum commune* Linné ex Hedwig): auch Gemeines Widertonmoos, Widerton, Haarmoos, Gewöhnliches Bürstenmoos, Filzmütze. Das vom Tiefland bis in Höhen von 2000 m verbreitete G. F. wächst verbreitet auf sauren, feuchten

Heideböden, in Wäldern, besonders Fichten- und Bruchwäldern, sowie in Sümpfen.
Die 10 bis 40 cm hohen Pflanzen stehen in lockeren, dunkel- bis blaugrünen Rasen. Die beblätterten Stengel (ohne Wurzeln) sind fast unverzweigt. Die spiralig angeordneten Blätter sind etwa 8 bis 12 mm lang, länglich-lanzettlich bis linealisch, flach, mit scharf gesägtem Rand (→ Blattrand), lang zugespitzt mit brauner Spitze. Bei ausreichender Wasserversorgung stehen die Blätter fast waagerecht ab; trocken liegen sie am Stempel an. Die → Sporen reifen von Mai bis Juli. Der 6 bis 12 cm lange Kapselstiel ist gelbrot und befindet sich an der Spitze eines beblätterten Stengels. Die anfangs aufrecht, später geneigt stehende Sporenkapsel ist rotbraun, scharf vierkantig mit deutlich abgesetztem, scheibenförmigen Hals und flachem, kurzgeschnäbeltem Deckel, anfangs mit goldgelber Haarhaube. Die Sporen sind grün, im Ggs. zum Wald-Bürstenmoos, das braune Sporen hat. Wie dieses wurde es früher als Amulett zum Schutz vor bösen Geistern getragen.
2. Wald-Bürstenmoos, das (*Polytrichum formosum* Hedwig = P. *attenuatum*): auch Schönes Widertonmoos. Das weit verbreitete, kalkmeidende W. wächst auf leicht saurem Boden in mäßig trockenen, schattigen Wäldern, besonders bodensauren Laubmischwäldern, auf erdigen Felsen und morschem Holz.
Das bekannteste Moos unserer Wälder bildet dunkel- bis blaugrüne, lockere, oft ausgedehnte Polster oder Rasen. Der 5 bis 15 cm hohe, z. T. fast unverzweigte, aufrechte Stengel ist ringsum beblättert.
Die länglich-lanzettlichen, kurz zugespitzten, am Grunde weißscheidigen Blätter sind 8 bis 12 mm lang, flach oder schwach rinnig. Die kräftige Rippe des Blattes ist pfriemförmig austretend, dort braunrot und grob gesägt. Der Blattrand ist scharf gesägt. Die Blätter sind feucht, sperrig abstehend, bei Trockenheit am Stengel anliegend mit leicht nach außen gebogener Spitze. Die Sporen reifen vom Frühjahr bis zum Sommer. Der 4 bis 8 cm lange Kapselstiel ist gelbrot. Die aufrecht bis geneigt stehende, gelb bis gelbbraune Sporenkapsel ist stumpf, vier- bis sechskantig, mit undeutlich abgesetztem halbkugeligem Hals und einem kugeligen, geschnäbelten Deckel. Die Kapsel ist ganz von einer faserigen Haube bedeckt. Die Sporen sind braun. Ältere Antheridienbestände fallen oft durch große Schutzblätter (Perigonialblätter) auf.
3. Steifes Bürstenmoos, das (*Polytrichum strictum* Banks): Das Moos, das oft als Unterart des Wacholder-Bürstenmooses angesehen wird, wächst vorwiegend auf sumpfigen, sauren Waldböden und auf Mooren.
Die bis zu 10 cm hohen Pflanzen bilden lockere bis dichte Rasen. Der fast unverzweigte Stengel hat im unteren Teil einen weißen Rhizoidenfilz. Die lanzettlich-pfriemförmigen Blättchen haben eine braune Granne, einen ungesägten, eingerollten Blattrand und eine gezähnte Rippe am Blattrücken. Die Blätter sind feucht abstehend, trocken anliegend. Die fast runde, 3 bis 8 cm lang gestielte Sporenkapsel ist von einer hellhaarigen Haube völlig bedeckt.
4. Wacholder-Bürstenmoos, das (*Polytrichum juniperinum* Willdonow): Das W. wächst auf trockenen, sandigen, zur Verheidung neigenden Böden an sonnigen und lichten Standorten und in Mooren, v.a. in *Sphagnum*-Polstern (→ Torfmoos).
Das Moos bildet dichte, blaugrüne Polster von wacholderähnlicher Färbung (Name !). Die aufrechten, 1 bis 10 cm langen Stengel sind gedrängt beblättert; am Grunde bildet sich Wurzelfilz. Die ganzrandigen Blätter mit umgerolltem Blattrand enden in einer orangeroten Granne. Die feuchten Blätter sind steif abstehend, die trockenen am Stengel anliegend. Die Sporen reifen von Mai bis Juli. Die längliche, vierseitige Sporenkapsel hat einen eingeschnürten, scheibenförmigen Hals und ist von einer weißlichen Haube ganz eingehüllt. Der Kapselstiel ist 2 bis 6 cm lang und rötlich. Die männlichen Pflanzen haben an der Spitze auffallende, die Antheridien einhüllende, gelbbraune Blattrosetten.

Bürstentrieb, der: ein Trieb, an dem die Nadeln außergewöhnlich dicht beisammen sitzen. Meist entsteht ein B. ein Jahr nach der Verpflanzung. Da die Nadeln alle schon in der Knospe angelegt sind und sich auch nach der Verpflanzung strecken, der neue Trieb aber infolge der Störung durch die Verpflanzung kurz bleibt, ist eine verhältnismäßig hohe Nadelzahl auf einem kurzen Stück zusammengedrängt. Ein B. kann auch nach Schüttebefall (→ Kiefernschütte) oder bei Triebstauchung entstehen.

Bürstenwuchs, der: dichte → Naturverjüngung mit starker Konkurrenz der Einzelbäume.

Bürt(e)l, die: alte alpenländische Bez. für Wasen, in Wellenbunden (→ Welle 2)) aufgearbeitetes Holz. Früher wurden je 15 oder 30 Stück B. jeweils auf einen pyramidenförmigen Haufen zusammengelegt. Man nannte diesen Haufen einen halben (15 Stück) bzw. einen ganzen Schilling (30 Stück). 8 Schillinge oder 240 Stück ergaben das Maß „ein Pfund“; → Reisigbunde.

Busch, der: i. e. S. Bez. für → Sträucher bzw. Strauchwerk, i. w. S. Sammelbezeichnung für → Gebüsch, → Dickicht, → Unterholz und Gestrüpp. Im Ggs. zum → Baum hat der B. keinen oder einen vielschäftigen Stamm und verzweigt sich unmittelbar über dem Boden. Die Wuchshöhe des Holzgewächses beträgt je nach Art zwischen 0,5 und 8 m. Das Wort B. ist erst seit M. Luther bekannt. Die Redensart „auf den B. klopfen“ ist dem Jagdbetrieb entlehnt. Der Treiber klopfte auf die Büsche, damit das Wild aufgeschreckt wird und dem Jäger vor die Flinte kommt. Hieraus bildete sich auch das Sprichwort „Der eine klopft auf den B., der andere kriegt den Vogel“. Die Redensart ist auch im Sinne von „etwas hintergründig in Erfahrung bringen“ zu verstehen.

Büschal, das: auch Büschere. Egerländer Ausdruck für → Reisigbündel (→ Reisholz).

Busch, Brennender, der: → Diptam.

Büschel-Glockenblume, die: → Glockenblume 6.

Büschelhaare → Haare.

Büscheliger Schwefelkopf, der: → Schwefelkopf 1.

Büschel-Nelke, die: → Nelken.

Büschelpflanzung, die: ein früher bei Fi und Bu angewandtes Verfahren, bei dem der zur Vermeidung von Wildverbiß und Absterben mehrere Pflanzen in ein gemeinsames Pflanzloch gesetzt wurden.

Buschen, der: → Holzdraht.

Büschere, die: → Büschal.

Buschesche, die: → Hainbuche.

Buschhaber, der: → Rodebüsche.

Busch-Hahnenfuß, der: → Hahnenfuß 7.

Buschhainsimse, die: → Hainsimse 5.

Buschholz, das: Bez. für → Unterholz oder Strauchholz.

Buschholzbetrieb, der: Bez. für einen früher üblichen → Niederwaldbetrieb mit kurzer → Umtriebszeit (6 bis 10 Jahre). Er diente der Erzeugung von geradem, schlankem → Reisholz zur Herstellung von → Faschinen zur Ufersicherung. B. war hauptsächlich im Auwald, meist mit Wei, Pa, Er, auch Es sowie verschiedene Straucharten, üblich.

Buschhornblattwespen: in der Literatur teilweise in eine eigene Fam. (*Diprionidae*) gestellte Pflanzenwespen, deren Larven (ohne Gespinst) an Nadelholz fressen. Die bekanntesten Vertreter sind Kiefernbuschhornblattwespe und Kleine Fichtenblattwespe; → Blattwespen.

Buschklafter, der (das): alte Bez. für ein frisch geschlagener(s) → Klafter Holz, auch für ein Klafter, wie er (es) im Wald gesetzt wurde (Waldklafter).

Busch-Nelke, die: → Nelken.

Buschsavanne, die: → Trockensavanne.

Buschschnecken: auch Strauchschnecken. sehr artenreiche Fam. (*Bradybaenidae*) der → Schnecken, die hauptsächlich über Zentral- und Ostasien verbreitet ist. Lediglich eine Art ist über Europa verbreitet:
Buschschnecke, die (*Fruticicola fruticum*): auch Strauchschnecke. Die über Europa (ohne britische Inseln) und Nordasien verbreitete B. bevorzugt feuchtes Gelände und lebt an Bäumen und Sträuchern des Au- und Laubwaldes. Sie hält sich bei Trockenheit an der Unterseite der Blätter auf. Das kugelige, 1,3 cm hohe und 2,5 cm breite Gehäuse ist einfarbig weißlich über gelblich bis rötlichbraun oder violett.
Die Innenlippe ist weißlich. Zwitter, der die 2,5 bis 3 mm großen Eier in selbstgegrabenen Erdhöhlen ablegt. Die Nahrung besteht aus Blättern und Pilzen; → Schließmundschnecken, Bernsteinschnecken, Schnirkelschnecken.

Buschsteppe, die: → Steppe.

Buschtundra, die: → Tundra.

Buschweide, die: **1)** Bez. für strauchartig wachsende → Weiden, insbesondere für Korb-, Reif- und Salweide. **2)** auch Strauchweide. Alte Bez. für eine Viehweide im Busch.

Buschwerk, das: mehrere, dicht beisammenstehende Büsche (→ Busch), die ein → Gebüsch bzw. ein → Dickicht bilden.

Buschwindröschen, das: → Anemone 1.

Bussarde (*Buteo*): Unter-Fam. der Bussardartigen (*Buteoninae*) aus der Fam. der Greife (*Accipitridae*), die zur Ordn. der Greifvögel (*Falconiformes*) gehören. B. sind mittelgroße, etwas plump und schwerfällig wirkende Vögel. Der Schnabel (ohne Zahn) ist von der Wurzel ab gebogen. Die Schwingen (Flügel) sind breit, der Stoß (Schwanz) ist kurz und abgerundet. Auch B. rütteln, jedoch nicht so oft und lange wie der Turmfalke (→ Falken 4.). Sie segeln anhaltend und streichen mit langsamem Flügelschlagen ab. B. schlagen ihre Beute ausschließlich im Sitzen oder Laufen vom Ansitz aus und sind Grifftöter. Die Geschlechter sind gleich gefärbt. Alle B. unterliegen dem → Jagdrecht.

◄◄◄ Der Mäusebussard (*Buteo buteo*) ist in unseren Breiten der häufigste Greifvogel in der Ebene und im Gebirge ein typischer Waldbewohner.

1. Mäusebussard, der (*Buteo buteo* L.): auch Mauser, Mäusefalk, Katzen-, Bus-, Stockaar, Gemeiner Bussard, Bußhard, Mäuse-, Waldgeier, Schlangen- und Unkenfresser.
Länge: ca. 51 bis 57 cm, Gewicht: Männchen etwa 600 bis 900 g, Weibchen etwa 800 bis 1200 g, Flügelspannweite: 120 bis 140 cm. Stand- und Strichvogel.
Der M. bewohnt – mit Ausnahme Irlands – ganz Europa. Er ist unser häufigster Greifvogel in der Ebene und im Gebirge und ein typischer Waldbewohner. Sein Flug wirkt langsam und schwerfällig; oft kreist er stundenlang im Segelflug. Gelegentlich rüttelt er. Zum Ansitz benutzt er gerne Pfähle, Licht- und Telegraphenmasten. Die Beute, auf die er sich aus geringer Höhe stürzt, wird ausschließlich am Boden geschlagen. Jedes M.-Paar beansprucht ein eigenes Brutrevier. Seine Stimme brachte ihm den Namen „Katzenaar" ein.
Der Horst, der von beiden Geschlechtern errichtet wird, steht überwiegend im Kronendach hoher Laub- oder Nadelbäume, in zusammenhängenden Beständen oder auch in kleinen Feldgehölzen und wird über mehrere Jahre hinweg benutzt. Gelegentlich steht er auch an steilen Felswänden. Der im Durchschnitt 70 cm große, umfangreiche Bau wird hauptsächlich aus Reisern und groben Ästen errichtet. Das Gelege, das gewöhnlich erst in der ersten Aprilhälfte vollzählig ist, enthält zwei bis drei, seltener vier grauweiße, braunrot oder violett gefleckte Eier (56 x 45 mm, ca. 61 g), die in Ausnahmefällen auch fleckenlos sein können. Sie werden von beiden Geschlechtern, überwiegend jedoch vom Weibchen bebrütet. Brutdauer: etwa 31 bis 34 Tage, Nestlingszeit: etwa 40 bis 42 Tage. Eine Jahresbrut (April).
Nahrung: Hauptsächlich Mäuse und Maulwürfe, daneben auch Ratten, Feldhamster, Insekten, Schlangen, Frösche, Eidechsen; selten junge Hasen und Kleinvögel. Gelegentlich, v. a. im Winter, nimmt er auch Aas. Das Angebot an Mäusen, speziell an Feldmäusen, reguliert auch den M.-Bestand.

2. Rauhfußbussard, der (*Buteo lagopus* L.): auch Graufalke, Scheren-, Nebel-, Schneegeier, Schneeaar, isländischer Mauser, kleiner Adler. Länge: ca. 51 bis 61 cm, größer als der Mäusebussard, Gewicht: Männchen 800 bis 1100 g, Weibchen 850 bis 1300 g, Flügelspannweite: 135 bis 155 cm. Zugvogel, der nur im Winter bei uns anzutreffen ist.
Der R., ein nordischer Vogel, ist in Norwegen, Mittel- und Nordschweden, Finnland, in Nordasien und Nordamerika als Brutvogel beheimatet. Bei uns in Mitteleuropa ist er nur gelegentlich als Zugvogel in der Zeit von Oktober bis April anzutreffen. In seiner Brutheimat bewohnt er die offenen Tundren (Strauch- und Moostundren) nördlich des Waldgürtels. Sein Verhalten, der Flug und auch das Flugbild ähneln sehr dem Mäusebussard; er rüttelt jedoch häufiger. Der R. bevorzugt Erdhaufen und Steine als Ansitzplätze.
Der Horst wird aus feinen Reisern errichtet. Er steht meist auf dem Boden, gelegentlich auf Felsklippen, seltener auf Bäumen. Das Gelege besteht im Mai aus drei bis vier, in Lemmingjahren auf fünf oder sechs, manchmal sogar aus sieben grauweißen, mit bräunlichen Flecken durchsetzten Eiern (ca. 55 x 44 mm, ca. 61 g), die kaum von denen des Mäusebussards zu unterscheiden sind. Brutdauer: 33 bis 35 Tage, Nestlingszeit: 38 bis 42 Tage. Beim R. brütet – im Ggs. zum Mäusebussard – nur das Weibchen. Eine Jahresbrut (Mai/Juni).
Nahrung: Hauptsächlich Lemminge und andere arktische Kleinnager; daneben auch kranke und schwache Kleinvögel und im Winter auch Aas. Als Durchzügler oder Wintergast in Mitteleuropa lebt er hauptsächlich von Mäusen.

3. Wespenbussard, der (*Pernis apivorus* L.): Auch Wespenfalke, Wespenfresser, Bienen-, Läufer- und Honigfalke, Honigbussard, grauschnäbeliger Bussard, Frosch-, Vogelgeier, Sommermauser. Länge: 51 bis 58 cm, etwa gleich groß wie der Mäusebussard (siehe Nr. 1.), Gewicht: Männchen 700 bis 900 g, Weibchen 800 bis 1000 g, Flügelspannweite: 125 bis 140 cm. Zugvogel, der nur in den Sommermonaten bei uns anzutreffen ist und im tropischen Afrika überwintert.
Der W. ist als Brutvogel, mit Ausnahme einzelner Länder (z. B. Norwegen, Nordschweden, Nordfinnland, Spanien, Britische Inseln, Süditalien und Südgriechenland), in fast ganz Europa verbreitet. Sein Lebensraum sind die Waldränder und -wiesen, Lichtungen und Heiden. Gelegentlich ist er auch in größeren Parklandschaften anzutreffen. Mit seinem langsamen und schwerfälligen Flug ähnelt er sehr dem Mäusebussard; er segelt und rüttelt jedoch weniger als dieser. Im Flugbild ist er an dem kleineren Kopf, den schmäleren Schwingen und dem längeren Stoß vom Mäusebussard zu unterscheiden. Mit Vorliebe hält er sich am Boden auf, auf dem er sich schrittweise – wie eine Krähe – fortbewegt und nach den Erdnestern von Hummeln und Wespen sucht, die er hühnerartig aus dem Boden scharrt. Die Stimme unterscheidet sich deutlich vom Ruf des Mäusebussards.
Den Horst errichtet der W. am hohen, alten Laubbäumen, meist auf Ei und Er und fast immer nahe des Waldrandes. Mit Vorliebe benutzt er alte Horste von Mäusebussard oder Habicht, baut jedoch auch eigene, durchschnittlich 80 bis 100 cm große und ca. 40 cm hohe Horste. Das Gelege besteht aus zwei gelblichweißen und mit vielen rotbraunen Flecken dicht besetzten Eiern (51 x 41 mm, ca. 53 g). Brutdauer: 33 bis 34 Tage, Nestlingszeit: 40 bis 46 Tage. Die Jungen sind Nesthocker. Eine Jahresbrut (Mai/Juni).
Nahrung: Hauptsächlich aus Erdnestern ausgescharrte Larven von Wespen, Bienen, Hummeln, Hornissen und andere Insekten, ferner Käfer, Raupen, Eidechsen, Frösche, Schlange und Jungvögel sowie Beeren, Knospen und süßes Fallobst, wie Birnen und Zwetschgen, was eine Ausnahme unter den Greifvögeln darstellt.

Buteo → Bussarde.
Butonidae → Kröten.
Butterblume, die: → Dotterblume.
Butterpilz, der: → Röhrlinge 14.
Butterröhrling, der: → Röhrlinge 14.
Butterrübling, der: → Rüblinge 6.
Butzen, der: alte Bez. für kleine verkrüppelte Nadelholzbäume; → Kollerbusch.
bützeln → bitz(e)ln.
Butzenbirlesstrauch, der: → Felsenbirne.
Buxaceae → Buchs(baum)gewächse.
Buxo-Quercetum pubescenti → Buchsbaum-Flaumeichenwald.
Buxus → Buchsbäume.
BZE: Abk. für → Bundesweite Bodenzustandserhebung.

C

c: in der → Waldmeßlehre Abk. für den Umfang eines Stammes.

C_3-Pflanzen: Bei dieser Pflanzengruppe erfolgt der Einbau des → Kohlendioxids (CO_2) nur über den → Calvin-Zyklus. Ihr gehören die meisten → Pflanzen an; → C_4-Pflanzen.

C_4-Pflanzen: → Pflanzen, bei denen die erste Stufe des photosynthetischen Kohlendioxid-Einbaus (CO_2-Einbaus) die C_4-Verbindungen Malat, Asperat oder Oxalacetat sind. Der C_4-Zyklus wurde 1965 in Honolulu/Hawaii bei der Untersuchung des Kohlendioxid-Einbaus bei Zuckerrohr entdeckt. Der C_4-Zyklus kommt insbesondere bei Gräsern, auch bei einigen Hirsearten, aber auch bei → zweikeimblättrigen Pflanzen wie z. B. einigen Gänsefuß-, Wolfsmilch-, Nelken-, Braunwurz-, Rauhblatt- und allen Amarantgewächsen vor. Bisher hat man Pflanzen mit diesem Zyklus in 17 von 300 Pflanzen-Fam. entdeckt. Die Gräser stellen 61 % aller bekannten C. C. haben eine eigene Blattanatomie mit einer konzentrischen Schichtung von Bündelscheiden- und Mesophyll-Zellen um die Gefäße, besitzen einen Chloroplastendimorphismus, sind bei der apparenten → Photosynthese den → C_3-Pflanzen deutlich überlegen, haben eine geringere auf die Trockensubstanzleistung bezogene Transpiration (→ Verdunstung) und besitzen ein Bündel weiterer Überlegenheiten, die sich in höheren Netto-Trockensubstanzproduktionen äußern. So produziert das bis zu 3,5 m hohe Chinaschilf auf einem Hektar jährlich bis zu 31,4 t Trockensubstanz und übertrifft damit alle einheimischen Pflanzen. Es gibt Versuche, diese Überlegenheit wirtschaftlich nutzbar zu machen; → nachwachsende Rohstoffe. Gleichzeitig sind einige der hartnäckigsten Unkräuter der Erde, z. B. die Kriechende Quecke oder der Weiße Gänsefuß, C.

C14-Methode, die: auch Radiokarbonmethode. Verfahren zur Datierung fossiler bzw. kohlenstoffhaltiger Objekte (z. B. Holzgegenstände) bis zu einem Alter von ca. 50 000 Jahren. Die Methode nutzt den gesetzmäßigen Zerfall des radioaktiven ^{14}C-$^{+}$Isotops. Von lebenden Organismen wird ^{14}C in konstanter Menge aufgenommen. Nach dem Absterben nimmt es aber im Verhältnis zum normalen Kohlenstoff (^{12}C stabiles Kohlenstoffatom) ab. Es wandelt sich mit einer → Halbwertszeit von 5730 Jahren durch Betazerfall in das stabile Stickstoffisotop ^{14}N um.

Ca → Kalzium.

Cadmium, das: chemisches Zeichen Cd, silberweißes, glänzendes → Schwermetall mit der Ordnungszahl 48, Atomgewicht 112,4, spezifisches Gewicht 8,6, Schmelzpunkt 321 °C. Das geschmeidige, dem → Zink ähnliche Metall ist ein besonders gefährliches Umweltgift und gelangt hauptsächlich durch Feuerungsanlagen, Metallhütten und Müllverbrennungsanlagen in die Luft. Etwa 2000 t pro Jahr C. werden in der BR Dtschl. (alte Bundesländer) verbraucht. Knapp die Hälfte davon wird als gelbes oder rotes Pigment zum Einfärben von Kunststoffen und als Stabilisator für PVC verwendet und etwa ein Fünftel für die Oberflächenveredelung von Metallteilen. Der Rest geht in Nickel-C.-Akkumulatoren und andere Verwendungsbereiche.
C. fällt bei der Zinkherstellung als Nebenprodukt an. In Bächen und Flüssen reichert sich das biologisch nicht abbaubare C. v. a. im Schlamm, bei der Abwasserreinigung im Klärschlamm an. Über die → Nahrungskette Pflanze-Tier gelangt es auch in den menschlichen Organismus (z. B. in die Nieren). Hauptsächlich in Innereien von Tieren, in Gemüsen und Waldpilzen wurden hohe C.-Konzentrationen gefunden. Auf Pflanzen wirkt eine hohe Konzentration wachstumshemmend.

Calamagrostidetum epigeios → Weidenröschen-Schlaggesellschaften 7.

Calamagrostio arundinaceae-Digitalietum grandiflorae → Weidenröschen-Schlaggesellschaften 4.

Calamagrostio variae-Pinetum → Randalpischer Gras-Kiefernwald.

Calamagrostio villosae-Fagetum → Reitgras-Fichten-Buchenwald.

Calamagrostio villosae-Piceetum → Reitgras-Fichtenwald.

Calamagrostis → Reitgras.

Calamintha → Wirbeldost.

Calandrinae, die: Unter-Fam. meist kleinerer Arten der → Rüsselkäfer v. a. vertreten durch den Kiefernkulturrüßler, Harz- und Tannenrüßler sowie durch den Erlenrüßler.

Calcium, das: → Kalzium.

Calla → Drachenwurz.

Calluna → Heidekraut.

Callunatyp, der: → Waldtypus.

Callus, der: → Kallus.

Calo, das: alte Bez. für → Ernteverlust; → Kalo.

Calopteryx (Agrion) splendens → Libellen 6.

Caltha → Dotterblume.

Caltha palustris-Alnus glutinosa → Sumpfdotterblumen-Erlenwald.

Calvin-Zyklus, der: Bez. für die lichtunabhängige Folge von Umsetzungen (Kreisprozeß) der → Photosynthese, die auch im Dunkeln (Dunkelreaktion, Sekundärreaktion) vor sich geht; → C_3-Pflanzen.

Campanula → Glockenblume.

Campanulaceae → Glockenblumengewächse.

CAM-Pflanzen (engl. Abk. für „crassulacean acid metabolism“ = Krassulazeen-Säurestoffwechsel): Die C. sind eine Gruppe meist sukkulenter Pflanzen mit spezieller Anpassung ihrer → Photosynthese an sehr trockene oder salzreiche Standorte. Sie können neben der normalen Kohlenstoffassimilation am Tage auch während der Nachtzeit zusätzlich zur Assimilation von atmosphärischem → Kohlendioxid auch respiratorisch entstandenes Kohlendioxid assimilieren. Bei Wassermangel sind sie daher in der Lage, am Tage die → Spaltöffnungen geschlossen zur halten. Neben den sukkulenten Formen der Wolfsmilch- und Liliengewächse gehören hauptsächlich die Dickblatt- und Kaktusgewächse zu den C.

Canis lupus → Wolf.

Cantharellaceae → Leistlinge.

Cantharidae → Weichkäfer.

Capitulare de villis et curtibus: eine Dienstanweisung (Güterordnung) Karls des Großen (742/43 – 814) über die Bewirtschaftung der Krongüter und Reichshöfe aus dem Jahr 795, vergleichbar mit den späteren → Weistümern. Darin heißt es u.a.: „Unsere Wälder und Forsten sind sorgfältig zu beaufsichtigen. Land, das zur Rodung geeignet, soll man roden und verhindern, daß Ackerland wieder vom Wald überzogen wird." Es heißt darin aber auch: „Wo Wälder sein müssen, sollen sie nicht übermäßig ausgeholzt und verwüstet werden." An anderer Stelle ist bestimmt, daß verbotswidrig gerodete Wälder wieder bewaldet werden müssen. Daneben enthält die C. auch Anordnungen über die → Schweinemast.

Capreolus capreolus → Rehwild.

Caprifoliaceae → Geißblattgewächse.

Caprimulgus europaeus → Nachtschwalbe.

Carabidae → Laufkäfer.

Cardamine → Schaumkraut.

Cardamino trifoliae-Fagetum → Ostalpischer Christrosen-Buchenwald

Carduus → Distel.

Carex → Seggen.

Cariceto laevigatae-Alnetum sphagnosum → Glattseggen-Erlenbruchwald.

Carici elongatae-Alnetum glutinosae → Walzenseggen-Erlenbruchwald.

Carici-Fagetum → Seggen-Buchenwald.

Carici laevigatae-Alnetum → Glattseggen-Erlenbruchwald.

Carici (remotae)-Fraxinetum → Bach-Eschenwald.

Carlina → Eberwurz.

Carlowitz, Hans Carl, von (14.12.1645 Oberrabenstein, Sachsen bis 3.3.1714 Freiberg, Sachsen): Sohn eines kursächsischen Oberforstmeisters. C. studierte in Jena Rechtswissenschaften und war seit 1669 in sächsischen Diensten. Ab 1672 war er Amtshauptmann, dann Vizeberghauptmann, Kamm- und Bergrat und zuletzt Oberberghauptmann für das Erzgebirge. Er schrieb das erste geschlossene Werk über Forstwirtschaft: „Sylvicultura oeconomica, oder Haußwirthliche Nachricht und Naturgemäße Anweisung zur Wilden Baum-Zucht etc." (1713). Er verlangte darin eine Waldwirtschaft, die eine „continuirliche, beständige und nachhaltende Nutzung" gebe und gilt als Schöpfer des forstlichen Nachhaltsbegriffs (→ Nachhaltigkeit); → forstliches Schrifttum.

Carnivora (Carnivore, Raubtiere): auch Zoophagen. Bez. für Fleischfresser, Tierfresser. Hinsichtlich ihrer Fraßsubstanz können sie wie folgt differenziert werden: 1. Entomophage (Verzehrer von Insekten), 2. Ornithophage (Verzehrer von Vögeln), 3. Mammaliophage (Verzehrer von Säugetieren); → Pflanzenfresser, Raubwild.

Carpinaceae → Hainbuchengewächse.

Carpinetum periclymenetosum → Sternmieren-Eichen-Hainbuchenwald.

Carpinion betuli → Eichen-Hainbuchenwälder.

Carpinus → Hainbuchen.

Caryophyllaceae → Nelkengewächse.

Cäsium, das (Caesium): metallisches chemisches Element; chemisches Zeichen Cs, Ordnungszahl 55. In der Natur kommt es nur in Form von Verbindungen vor. Das unedelste, weißglänzende und sehr weiche Metall reagiert schnell mit Luft und Wasser. C. wird v. a. für Fotozellen verwendet. Das radioaktive Isotop ^{137}C, ein Betastrahler, das in Reaktorbrennstäben entsteht, hat eine → Halbwertszeit von 29,7 Jahren und wird vom Organismus in die Knochensubstanz eingebaut und kann Tumorbildung hervorrufen. Aus radioaktiven Niederschlägen (z. B. als Folge von Kernwaffentests oder Reaktorunfällen) stammendes, über Milch, Pilze, Fleisch (v. a. Wild) u. a. aufgenommenes Cs 137 hat in den Muskeln eine biologische Halbwertszeit von ca. 140 Tagen, im übrigen Körper von ca. 70 Tagen.

Castanea → Kastanien.

Castor fiber → Biber.

Caudata → Schwanzlurche.

C.C.P.F.: Abk. für „Comité Centrale des Propriétaires Forestiers" = „Zentralausschuß der Waldbesitzerverbände der Europäischen Union"); → Waldbesitzerverbände.

Cecidomyiidae → Gallmücken.

CEF: Abk. für „Commission européenne des forêts"; → Europäische Forstkommission.

Cd → Cadmium.

Centaurea → Flockenblume.

Centaurium → Tausendgüldenkraut.

Centrale Marketing-Gesellschaft (CMA): Die im Jahre 1969 gegründete CMA der deutschen Agrarwirtschaft mit Sitz in Bonn ist eine Einrichtung zur Durchführung der Maßnahmen des Absatzfondsgesetzes (→ Absatzfonds). Ihr flossen aus den Forstbetrieben Pflichtbeiträge zu, die für Zwecke der Holzwerbung, der Holzmarkt- und Holzproduktforschung verwendet wurden. Sie gibt die Publikation „Marketing, Forst & Holz; Information aus dem Bereich der Absatzförderung" heraus; → Forstabsatzfonds.

Cephalanthera → Waldvögelein.

Cephalanthero-Fagenion → Orchideen-Buchenwälder.

Cerambycidae → Bockkäfer.

Ceratodon → Hornzahnmoos.

Ceratopogonidae → Bartmücken.

Certhiidae → Baumläufer.

Cervus elaphus → Rotwild.

Cervus nippon → Sikawild.

Ceterach → Schriftfarn.

Cetraria islandica → Isländisch(es) Moos.

C-Falter, der: → Edelfalter 19.

C-Fuchs, der: → Edelfalter 19.

C-Hölzer → Krummholz 2).

Chaerophyllum → Kälberkropf.

Chalcididae → Erzwespen.

Chamaephyten: ungeachtet der systematischen Zugehörigkeit (→ Systematik) eine → Lebensform der Höheren Pflanzen oder → Sproßplanzen, bei der sich die → Überdauerungsorgane (Erneuerungsknospen) an verholzten Stämmchen und Zweigen befinden, die bis 25 cm, höchstens 50 cm über die Bodenoberfläche reichen (z. B. → Zwergsträucher, Halbsträucher, Polsterpflanzen und andere aufrechte oder kriechende Pflanzen) und damit in höheren geographischen Breiten und in Gebirgen i. d. R. im Winter unter der schützenden Schneedecke liegen.

Champignon, der (*Agaricus*): auch Egerling. Gatt. der → Blätterpilze aus der Fam. der Egerlingsartigen (*Agaricaceae*) mit rd. 20 Arten in Dtschl. C. haben weiße oder braune, nicht am Stiel angewachsene → Lamellen

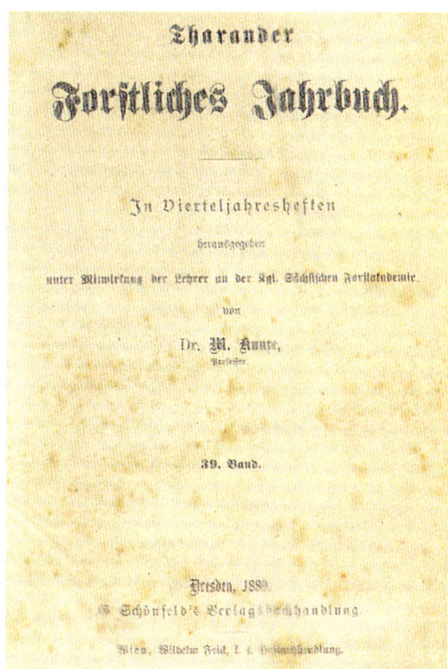
Tharander
Forstliches Jahrbuch.
In Vierteljahresheften
herausgegeben
unter Mitwirkung der Lehrer an der Kgl. Sächsischen Forstakademie
von
Dr. M. Kunze,
Professor.
39. Band.
Dresden, 1889.
G. Schönfeld's Verlagsbuchhandlung.
Wien, Wilhelm Frick, k. k.

H. C. Carlowitz verwendete 1713 zum ersten Mal den Begriff der nachhaltigen Waldnutzung.

und einen oft von Hautfetzen (Reste des → Velums) bedeckten Hut. Mit Ausnahme des giftigen Karbolegerlings sind alle bekannten Arten eßbar, einige von ihnen sind vorzügliche Speisepilze. Die wichtigsten, auch im Wald vorkommenden Arten sind:

1. Waldegerling, der (*Agaricus silvaticus*): auch Kleiner W., Waldchampignon, Kleiner Waldchampignon, Kleiner Blutegerling. Der häufige, oft in Gruppen auftretende Pilz wächst von Juli bis Oktober im Nadelwald, vornehmlich in Nähe der Ränder oder an Waldstraßen. Der 5 bis 10 cm breite, zimtbraune bis graubraune Hut ist jung halbkugelig, später fast flach und mit faserigen Schuppen bedeckt. Die dicht stehenden, am Stiel nicht angewachsenen Lamellen sind anfangs graurötlich, dann schokoladenbraun. Der dünne, schlanke und weißliche, selten rosabräunlich gescheckte Stiel hat eine knollige, von weißem → Myzel überzogene Basis. Im oberen Teil trägt er einen waagerecht abstehenden (hängenden) häutigen Ring. Das weiße Fleisch läuft beim Anschneiden rötlich an. Der gute Speisepilz hat einen milden Geschmack und riecht holzartig.

2. Großer Waldegerling, der (*Agaricus langei*): auch Großer Waldchampignon, Großer Blutchampignon. Der Pilz wächst von August bis Oktober im Nadelwald auf mehr oder weniger kalkreichen Böden, seltener im Laubwald. Der bis zu 15 cm breite Hut ist bräunlich und dicht mit reh- bis rostbraunen Schuppen und Fasern bedeckt. Er ist anfangs halbkugelig, später flach ausgebreitet und oft mit Buckel. Die anfangs rosa, zuletzt schwarzbraunen Lamellen sind frei und nicht am Stiel angewachsen. Der bis zu 12 cm lange und bis zu 3 cm dicke Stiel ist weißlich mit rosa Anhauch, kahl und zur Basis hin leicht keulig verdickt. Der Stiel hat einen großen, hängenden, auf der Unterseite braunschuppigen Ring. Das weiße Fleisch wird beim Durchschneiden sofort rot. Es hat einen milden Geschmack und einen holzartigen Geruch. Guter Speisepilz!

3. Schiefknolliger Anisegerling, der (*Agaricus abruptibulbus*): auch Schiefknolliger Anischampignon, Flachknolliger Egerling. Der gute Speisepilz wächst von Juni bis Oktober im Nadelwald, gern in der Nähe von Fi, aber auch gelegentlich im Laubwald. Der 6 bis 12 cm breite Hut ist jung kugelig, später konvex oder flach. Er ist jung reinweiß und fein seidig oder zart eingewachsen faserig. Leicht gedrückt verfärbt er sich sofort zitronen- bis chromgelb. Der alte Pilz ist meist fleischpurpurn oder auch gelb. Die anfangs purpurgrauen, alt fast schwarzen Lamellen sind frei und stehen dicht gedrängt. Der 7 bis 12 cm lange und bis 2 cm dicke Stiel ist zylindrisch und unterm Hut schwach verjüngt, oberhalb des Ringes seidenfaserig. Der Ring ist dünn und unterseits mit flach-häutigen Schuppenwarzen bedeckt. Er löst sich später vom Hutrand und hängt glockig herab. Er fällt dann zusammen und trocknet ein. Das weiße Fleisch verfärbt sich bei alten Pilzen im Stiel bräunlich. Wenn es zusammengedrückt oder angeschnitten wird, riecht es anisartig.

4. Karbolegerling, der (*Agaricus xanthoderma*): auch Karbolchampignon, Weißer Giftchampignon. Der giftige Pilz ist v. a. auf Wiesen und Weiden, in Gärten und Parkanlagen, aber auch in Wäldern anzutreffen. Er wächst von Juli bis Oktober. Der 5 bis 15 cm breite Hut ist kalkweiß, jung kugelig, später konvex, und nicht sehr fleischig. Die ziemlich schmalen Lamellen sind frei, anfangs rosa und zuletzt schokoladenbraun. Der 5 bis 15 cm lange und bis zu 2 cm dicke Stiel ist weiß, oft stark glänzend und kahl. Das Fleisch der Knolle wird beim Anschneiden sofort chromgelb. Der häutige Ring ist aufwärts abziehbar und hat oft einen gelbfleckigen Rand, auf der Unterseite ist er schuppig. Das weiße, in der Knolle chromgelbe Fleisch riecht unangenehm nach Karbolineum oder Tinte und hat einen widerlichen Geschmack.

5. Weißer Anisegerling, der (*Agaricus arvensis*): auch Weißer Anis-Champignon, Schafchampignon, Schafegerling. Der von Mai bis Oktober wachsende Pilz kommt hauptsächlich auf Viehweiden, in Gärten, auf Wiesen und an Waldrändern vor, findet sich aber auch auf Lichtungen der Laub- und Nadelwälder. Der 8 bis 15 (20) cm breite, dickfleischige Hut ist anfangs kugelig, dann flach gewölbt oder etwas gebuckelt. Er ist erst weiß, später – besonders in der Mitte – hell- bis schmutziggelblich und seidig glänzend, glattfaserig bis leicht flockig. Die sehr dichtstehenden, schmalen Lamellen sind frei und von fleischfarbener bis später schokoladenbrauner Färbung. Der 5 bis 16 cm lange und 1 bis 3 cm dicke Stiel ist weiß und hat dicht unter dem Hut einen häutigen, zweischichtigen Ring. Der Stiel ist oft gelblich gefleckt und zur Basis hin verdickt bis schwach knollig. Das weiße, unter der Oberhaut auch gelbliche Fleisch hat einen nußartigen Geschmack und einen anisartigen Geruch. Er ist ein ausgezeichneter Speisepilz, der aber leicht mit dem Weißen Knollenblätterpilz (→ Wulstlinge 7.) verwechselt werden kann.

6. Braunscheckiger Stink-Champignon, der (*Agaricus impudicus = A. variegans*): Der im Herbst in Kiefernwäldern wachsende B. S. ist dem Waldegerling ähnlich. Der anfangs gewölbte, später mehr oder weniger aufgeschirmte Hut ist etwa 5 bis 12 cm breit mit fast flacher oder niedergedrückter Mitte. Er ist schokoladenbraun, zur Mitte hin dunkler, zum Rand hin heller. Die Huthaut reißt in faserige kreisförmige Schuppen auf. Die anfangs weißen, dann rosafarbenen bis violettbräunlichen Lamellen sind frei am relativ langen, schneeweißen an der Basis gebogenen knolligen Stiel. Der aufsteigende Ring ist weiß. Das weiße Fleisch wird nur zur Basis hin leicht rötlich. Der Geruch des eßbaren Pilzes ist unangenehm.

7. Riesen-Champignon, der (*Agaricus perrarus* Schulzer = *A. augustus* Fries): auch Riesen-Egerling. Der im Sommer in Nadelwäldern wachsende R. hat einen kugeligen, bis zu 20 (35) cm breiten, halbkugelig ausgebreiteten, fleischigen, gelblichen mit gelbbraunen bis braunen Schuppen (Mitte dunkler) bedeckten Hut. Der zylindrische, meist etwas gebogene Stiel hat einen breiten, herabhängenden, gelblichen Ring, der oberseits glatt, unterseits schuppig ist. Der Stiel ist an der Basis leicht knollig. Die nicht sehr breiten, vom Stiel entfernten Lamellen sind fleischrötlich bis braunpurpurn. Das Fleisch des eßbaren Pilzes ist weißlich, bei Berührung gilbend und hat einen süßlichen Geschmack und einen leichten Anisduft. Die ovalen Sporen sind dunkel-purpurn.

8. Dünnfleischiger Anischampignon, der (*Agaricus silvicola*): Der unter Fi und Bu wachsende eßbare Pilz ist dem Weißen Anisegerling sehr ähnlich. Der Fruchtkörper ist jedoch kleiner und zarter und der Anisduft ausgeprägter. Der cremefarbene, bis 8 cm breite Hut ist faserig (nicht schuppig), dünnfleischig, bei Berührung leicht gilbend. Das weiße brüchige Fleisch wird bei älteren Exemplaren bräunlich. Der einfache häutige Ring ist weiß, die Stielbasis leicht knollig.

9. Großsporiger Riesen-Champignon, der (*Agaricus macrosporus*): auch Großsporiger Egerling. Der im Spätsommer auf Wiesen und Feldern, Waldwiesen, in grasigen Auwäldern und an Waldrändern, manchmal in Ringen wachsende gute Speisepilz wird bis zu 10 cm hoch mit einem bis zu 25 cm breiten, ziemlich fleischigen Hut, der anfangs halbkugelig, dann abgeflacht gewölbt und schließlich in der Mitte niedergedrückt ist. Die freien, schmalen Lamellen sind anfangs rosa, dann rosagrau bis schokoladenbraun. Den gedrungenen Stiel umschließt ein dicker Ring mit gezähntem Rand. Das weiße, nach dem Schnitt leicht bräunlich werdende Fleisch hat einen leicht anis- oder bittermandelartigen Duft.

10. Lilarötlicher Champignon, der (*Agaricus porphyrizon* Orton = *A. purpurascens* Cooke): auch Purpurbrauner C. Der im Herbst in Mischwäldern auf Lichtungen wachsende eßbare Pilz hat einen bis 8,5 cm breiten, gewölbten bis abgeflachten, auch unregelmäßig geformten, in der Mitte niedergedrückten (mit kleinem Höcker) Hut. Die glänzende Oberfläche ist weinrot bis purpurnbraun, zum Rand hin cremefarben mit Velumresten. Die relativ breiten, am Stiel freien, dicht stehenden Lamellen sind cremefarben, dann mattrosa, zuletzt dunkelbraun. Der an der Basis verdickte Stiel trägt einen einfachen häutigen, weißlich bis gelblichen Ring. Das weißliche Fleisch riecht nach Bittermandeln. Der L. C. ist dem Purpur-Zwergschampignon (Nr. 12) sehr ähnlich.

11. Weinrötlicher Zwergegerling, der (*Agaricus semotus* Fries = *Psalliota amethystina* Quél.): auch Halbroter Egerling. Der eßbare Pilz wächst von Sommer bis Herbst gesellig in Nadelwäldern, besonders bei Fi. Der bis 5 cm im Durchmesser messende, seidige, im Alter gelblichgraue Hut ist halbkugelig, später ausgebreitet. Er ist anfangs weißlich, später mit feinen hell-weinrötlichen Schüppchen bedeckt, die in der Mitte dichter, zum Rand hin in Fasern übergehen; der fast weiße Rand ist kahl. Die dünnen, dicht stehenden Lamellen sind anfangs blaß gelblich, dann rosa, zuletzt

◄◄◄
Waldegerling
(*Agaricus silvaticus*)

◄◄
Großer
Waldegerling
(*Agaricus langei*)

Schiefknolliger
Anisegerling
(*Agaricus abruptibulbus*)

◄◄◄
Karbolegerling
(*Agaricus xanthoderma*)

◄◄
Weißer
Anisegerling
(*Agaricus arvensis*)

Riesen-
Champignon
(*Agaricus perrarus*)

◄◄◄
Dünnfleischiger
Anischampignon
(*Agaricus silvicola*)

◄◄
Großsporiger
Riesen-Champignon
(*Agaricus macrosporus*)

Lilarötlicher
Champignon
(*Agaricus porphyrizon*)

braun. Der nach unten verdickte, manchmal knollige Stiel ist kahl, weiß, später gelblich und trägt einen einfachen, weißen Ring. Das weiße, an der Stielbasis gilbende Fleisch des Pilzes hat den typischen Anisgeruch.

12. Purpur-Zwergchampignon, der (*Agaricus purpurellus* Moeller = *Psalliota amethystina* ss. Lge.): auch Geselliger P. Der im Herbst besonders bei Kie und Fi, gesellig und oft büschelig wachsende eßbare Pilz ist dem Lilarötlichen Champignon, der fast gleich gefärbt ist, sehr ähnlich, jedoch kleiner. Der im Durchmesser nur bis 4 cm messende, anfangs glockige, später ausgebreitete Hut ist gänzlich mit rotbraunen bis violetten, eingewachsenen faserigen Schuppen bedeckt. Der Rand ist heller und mit Velumresten (→ Velum) behangen. Die entfernt stehenden dünnen Lamellen sind hellrosa, später graurosa, zuletzt purpurn-dunkelbraun. Der relativ lange, an der Basis knollige Stiel ist weiß, im Alter bei Druck gilbend und trägt einen einfachen, weißen, vergänglichen Ring.

13. Perlhuhn-Egerling, der (*Agaricus praeclaresquamosus* Freeman = *Agaricus placomyces* var. *meleagris* J. Schäffer): auch Perlhuhn-Champignon. Dieser giftige, zur Gruppe der Karbol-Egerlinge gehörende P. wächst von Juni bis September gesellig in Laub- und Mischwäldern auf feuchten Böden. Der bis 15 cm im Durchmesser messende, glockige oder halbkugelige, in der Mitte abgeflachte, später aufgeschirmte, manchmal gebuckelte Hut ist in der Mitte braunschwarz zum Rand hin mit feinen, braunen, rußigen Schuppen auf hellem Grund. Die relativ breiten, am Stiel freien Lamellen sind anfangs blaß, dann rosa, im Alter schokoladenbraun. Der zylindrische, hohle, an der Basis knollige Stiel wird bei Verletzung sofort safrangelb, dann braun-purpurn, ebenso der hoch sitzende, herabhängende, dicke, oberseits geriefte, unterseits ockerbräunlich schuppige Ring. Das weiße, an der Stielbasis safrangelbe bis braun-purpurne Fleisch riecht unangenehm nach Schweiß, Tinte oder Karbol.

14. Breitschuppiger Waldchampignon, der (*Agaricus lanipes*): auch Wollfußegerling. Der in Laubwäldern, auf sandigen, kalkarmen Böden wachsende B. W. hat einen bis 8 cm breiten, jung dunkelbraunen und kugeligen, alt flach ausgebreiteten und in große braune Schuppen auf hellem Grund aufgerissenen Hut. Die dicht stehenden, am Stiel freien Lamellen sind jung rosa, bei Druck rötend und im Alter braun. Der knollige, im Alter deutlich keulige Stiel ist an der Basis ocker-gelblich mit bittermandelartigem Geruch. Das weißliche, rötlich anlaufende Fleisch ist fest und hat einen milden Geschmack.

15. Agaricus bresadolianus: Der in lichten Laubwäldern auf sandigen Böden, besonders unter Rob, häufig büschelig wachsende Pilz hat einen bis 7 cm breiten, jung halbkugeligen, später unregelmäßig gewölbt und verbogen aufschirmenden Hut. Die Huthaut ist jung ockerbraun, später ockerbräunlich-schuppig auf hellem Grund. Der Hutrand ist stark nach innen gewölbt und noch lange mit Velumresten behangen. Der weiße, an der Basis knollige Stiel ist mit mehreren Exemplaren verwachsen. Das Fleisch ist zart und weiß, mit bittermandelartigem Geruch.

Charakterart, die: auch Kennart, Charakterpflanze, Leitpflanze. Der Begriff C. wird in der Pflanzensoziologie (auch Tierökologie) für Arten verwendet, die vorwiegend nur in einer Gesellschaftseinheit (Pflanzenassoziation, Biotoptyp) vorkommen. Es gibt deshalb Assoziations-, Verbands-, Ordnungs- oder Klassen-C.; → Assoziation, Differentialart.

charakteristische Baumartenkombination, die: Vorkommen und Mischung von natürlich vorkommenden Baumarten. Für die Ausscheidung von natürlichen → Waldgesellschaften wichtige Grundlage.

Charakterpflanze, die: → Charakterart.

Chelidonium → Schöllkraut.

Chellerhals, der: → Seidelbast 1.

chemische Astung, die: → Wertästung.

chemische Schädlingsbekämpfung, die: → Pflanzenschutz.

chemische Unkrautbekämpfung, die: → Unkrautbekämpfung, Pflanzenschutz.

chemische Zusammensetzung des Holzes: → Holz besteht aus folgenden chemischen Elementen: Kohlenstoff (ca. 50 %), Sauerstoff (ca. 43 %), Wasserstoff (ca. 6 %), Stickstoff (ca. 0,8 bis 1 %). Aus diesen Elementen sind die Hauptbaustoffe → Lignin, → Holzpolyosen und → Zellulose des Holzes zusammengesetzt; → Holzchemie, Brennstoffzusammensetzung des Holzes; → Anhang.

Chemotropismus, der: Eigenart der → Pflanzen, ihre Wachstumsrichtung unter dem Einfluß von gasförmigen oder wassergelösten chemischen Stoffen zu ändern. Pollenschläuche z. B. werden durch C. zu den Samenanlagen gelenkt. C. ist auch bei den Wurzeln, v. a. durch chemische Stoffe und Wasser gegeben.

Chimaphila → Winterlieb.

Chimäre, die: in der Botanik Bez. für einen Pfropfbastard, der nicht geschlechtlich entstand, sondern aus genetisch verschiedenen Zellen aufgebaut ist. Die C. bildet sich am Verwachsungsgewebe, d. h. am → Kallus der Propfstelle durch → Adventivsprosse, an deren Gewebe sowohl Zellen der Unterlage als auch Zellen des eingesetzten Zweiges (Edelreis) beteiligt sind. Eine Sektorial-C. liegt vor, wenn etwa die eine Hälfte des Blattes oder des → Sprosses von der Unterlage, die andere hingegen von dem eingesetzten Zweig stammt. Bei einer Periklinal-C. liegen die Zellen der einen Hälfte im Innern des → Vegetationspunktes, die der anderen als einheitliche, ein- oder mehrschichtige Decke (äußere Gewebeschicht) darüber.

Chinesenbärte: Bez. für die dunklen, nach unten gewölbten Linien an den Stämmen der Bu, Hbu und REi, die gelegentlich Ähnlichkeit mit einem hängenden Schnurrbart haben. Die C. kennzeichnen die Lage der Äste; ihre Zahl gibt Aufschluß über die innere Ästigkeit, und ihre Form läßt eine Beurteilung der Überwallungstiefe der Aststümpfe zu. C. sind auf Stauchung des Rindengewebes infolge sekundären Dickenwachstums zurückzuführen.

Chinesischer Götterbaum, der: → Götterbäume.

Chironomidae → Zuckmücken.

Chitin, das: ein stickstoffhaltiges Polysaccharid, das den Gerüststoff im Außenskelett der Gliederfüßer bildet. C. ist auch als Wandsubstanz der Myzelwände (→ Myzel) höherer → Pilze vorhanden. Es ist äußerst widerstandsfähig gegen chemische Einflüsse und nur in konzentrierten Mineralsäuren sowie (sehr langsam) in wasserfreier Ameisensäure löslich. Beim chemischen Aufschluß von → Holz z.B. löst sich der C.-Panzer toter → Borkenkäfer, die sich in Fraßgängen befinden, nicht auf.

Chlamydosporen: die durch dicke Wände ausgezeichneten Dauersporen der niederen und höheren → Pilze.

Clematido vitalbae-Corylenion avellanae → Linden-Ahorn-Mischwälder.

Chlor, das: chemisches Zeichen Cl, Ordnungszahl 17, Atomgewicht 35,457. Freies C. ist ein schweres, gelbgrünes, schon in starker Verdünnung die Schleimhäute stark reizendes (giftiges) Gas von durchdringendem Geruch. Es wird durch Oxidation von → Salzsäure oder durch Elektrolyse von Kalium- oder Natriumchloridlösungen hergestellt, wo es als Nebenprodukt bei der Herstellung von Ätzkali und Ätznatron in großer Menge anfällt. In der Industrie findet C. Verwendung für Desinfektionszwecke und zum Bleichen von Geweben. In der Umwelt reagieren Pflanzen, besonders Nadelgehölze sehr empfindlich auf C.; → Chloridschäden.

Chloridschäden: entstehen durch Chlorid, das z. B. im Schmelzwasser bei Anwendung von Auftausalz enthalten ist und über den Boden, aber auch durch Gischt an und in die Pflanzen kommt. Als Symptome entstehen → Nekrosen an den Blättern oder v. a. den auch wintergrünen Nadeln. Besonders empfindlich sind Dgl und Fi, robust scheinen Eib, Pla, Pa und Ei zu sein. Chlorid hat an sich einen günstigen Einfluß auf den Wasserhaushalt der Pflanzen. Zu hohe Konzentrationen führen aber zu den vorgenannten Schäden; → Streusalz.

Chlorophyll, das (Blattgrün): grüner Farbstoff und wichtiger Bestandteil vieler Pflanzenzellen. C. ermöglicht höheren Pflanzen die → Photosynthese. Das C. ist in den Chlorophyllkörnern (→ Chloroplasten) enthalten, sie befinden sich immer im Plasma der Zellen und bestehen aus einer farblosen Gerüstsubstanz und darin eingebetteten Blattgrünscheiben. Es sind heute eine ganze Reihe von C. bekannt, die man mit C. a, C. b, C. c, usw. bezeichnet. Das C. a kommt in allen photosynthetisch aktiven Pflanzenzellen vor, bei Farnen, Grünalgen, Moosen sowie bei allen Blütenpflanzen (→ Samenpflanzen) auch zusammen mit C. b. Die Rolle des C. b ist noch umstritten, da es Algen und Blaualgen gibt, die die Photosynthese normal durchführen können, ohne C. b zu besitzen. Das Verschwinden der grünen Farbe im Herbst wird durch einen chemischen Abbau der C. im Blatt hervorgerufen. Die Herbstfärbung (→ Blattfall, → Blattfarbstoffe) geht hier auf braune Abbauprodukte der C. und auf das Hervortreten der Carotinoide zurück. Die Nestwurz z. B., die ebenfalls zu den höheren Pflanzen gehört, besitzt, wie einige andere Arten auch, (fast) kein C., sie erscheint deshalb gelblich-weiß. Manche Pflanzen, wie z.B. die Blutbuche, haben ständig rotbraunes Laub. Bei diesen überlagern rote Farbstoffe die C. in der Farbwirkung. Bei panaschierten Pflanzen fehlt stellenweise C. Die Blätter wirken deshalb mosaikartig grüngelb gefleckt. Schadstoffe können Ursache dafür sein, daß durch Sonneneinstrahlung Verbindungen entstehen, die das C. zerstören; → Chlorose, Xanthophyll.

Chlorophyllkörner → Chloroplasten.

Chloroplasten (Chlorophyllkörner, Blattgrünkörner): durch eingelagertes Blattgrün, besonders → Chlorophyll a und b grün gefärbte → Plastiden, in denen die → Photosynthese abläuft. Ihre Gestalt ist in Höheren Pflanzen oder → Sproßpflanzen meist linsen- oder spindelförmig; bei Algen treten auch andere Formen auf. Der Durchmesser beträgt 1/200 mm. Bis über 100 C. können in einer Zelle sein. Die innere Membrane der doppelten Plastidenhülle faltet sich mehrfach ein. Hier findet die Umwandlung von Sonnenenergie in chemisch gebundene Energie statt. Zwischen den Membranen (im Stroma) werden Glukose und Stärke gebildet.

Chlorosen, die: meist gelbliche Färbung (Ausbleichung) der Blätter und Nadeln wegen fehlender oder gehemmter Ausbildung des Blattgrüns (→ Chlorophyll). Häufigste Ursachen für mangelnde Blattgrünbildung können Nährstoffmangel (→ Mangelsymptome an Bäumen), → Staunässe, → Frosttrocknis und Lichtmangel (→ Photosynthese) sein. Die C. haben in den letzten Jahren im Zusammenhang mit den neuartigen → Waldschäden stark zugenommen; → Blattfarbstoffe, Blattverluste.

Chlorwasserstoff, der: eine farblose, stechende gasförmige Verbindung, deren wässrige Lösung die → Salzsäure ist. C. wird v. a. aus Müllverbrennungs- und anderen Feuerungsanlagen freigesetzt. Er wirk ätzend auf die Atmungsorgane und führt bei längerer Einwirkung zu Bronchialkatarrhen mit heftigem Reizhusten. In der → TA-Luft sind die Immissionswerte geregelt: IW 1 = 0,10; IW 2 = 0,20 mg/m^3. Der Schadstoff verursacht an Pflanzen ähnliche Schäden wie → Fluorwasserstoff.

Choker, der (Würgehaken, Würgekette): Der C. ermöglicht das Anhaken und Lösen von Nebenseilen an einem Hauptwindenseil; → chokern.

chokern: gleichzeitiges Beiseilen von Stämmen (Schwachholz) mittels eines Seilwindenschleppers und unter Verwendung von Chokerketten (Würgeketten; → Choker) die am Hauptwindenseil befestigt werden. Das C. findet nach dem Prinzip des → Schleifens statt.

C-Hölzer → Krummholz 2).

C-Horizont, der: → Bodenhorizont.

Chorologie, die: → Arealkunde.

Christbaum, der: → Weihnachtsbaum.

Christbaumkultur, die (Weihnachtsbaumkultur): speziell der Erzeugung von → Weihnachtsbäumen dienende Kultur. Nach BWaldG § 2 Abs. 3 können die Länder C. vom Waldbegriff (→ Wald) ausnehmen.

Christbaumplomben: Nach dem Österr. Forstgesetz von 1975 dürfen Tannenchristbäume nur befördert oder feilgehalten werden, wenn sie durch Plomben, die über die Herkunft des Baumes Auskunft geben, gekennzeichnet sind. Die Plombe ist vor dem Abtransport aus dem Betriebsbereich (Wald oder Christbaumkultur außerhalb des Waldes) vom Verfügungsberechtigten am Baum leicht sichtbar (im obersten Drittel) anzubringen. Die Bestimmungen gelten auch für Tannenchristbäume aus dem Ausland. Die Plomben sind bei der zuständigen Behörde (Bezirksverwaltungsbehörde) anzufordern, die die Zulässigkeit im Rahmen der → Forstaufsicht überprüfen kann.

Christblock, der: → Weihnachtsblock.

Christblume, die: → Nieswurz 1.

Christdorn, der: → Stechpalmen.

Christklotz, der: → Weihnachtsblock.

Christophskraut, das (Actaea): Gatt. der → Hahnenfußgewächse mit etwa sieben Arten auf der nördlichen Halbkugel. Es handelt sich um Stauden mit in aufrechten Trauben (→ Blütenstand) stehenden kleinen weißen Blüten und mehrsamigen Beerenfrüchten (→ Beeren). In Mitteleuropa kommt nur eine einzige Art vor:

Ähriges Christophskraut, das (*Actaea spicata* Linné): Das fast über ganz Europa verbreitete, hauptsächlich in den Gebirgen, im Süden ausschließlich im Bergland vorkommende Ä. C. wächst in Dtschl. nur zerstreut bis selten in den südlichen Gebirgen und in den Alpen. Es gedeiht in schattigen Wäldern, besonders Laubwäldern, krautreichen Buchen Mischwäldern, Berg- und Schluchtwäldern, Laubmischwäldern, Eschen-Ahornwäldern (→ Charakterart) auf feuchten, kalkhaltigen Böden, bis in Höhen von bis zu 1900 m.

Der Name Christophskraut bezieht sich auf den Heiligen Christophorus, den Schutzpatron gegen Pest.

Die mehrjährige, 30 bis 70 cm hohe, kahle, unangenehm riechende, schwach verzweigte Pflanze hat einen kahlen, aufrechten, verzweigten Stengel und bis 30 cm lange und doppelt dreizählig gefiederte Stengelblätter. BZ: Mai bis Juli. Die kleinen, weißen Blüten stehen in dichten, vielblütigen, gestielten, eiförmigen, end- und seitenständigen (blattachselständigen) Trauben. Die Früchte sind etwa 1 cm lang, beerenähnlich, anfangs grün, später glänzend schwarz, mit vielen harten, flachgedrückten halbkreisförmigen → Samen, die in zwei Reihen angeordnet sind. Das Ä. C. ist eine alte, aber giftige → Heilpflanze.

Christrose, die: → Nieswurz 1.

Christrosen-Buchenwald, Ostalpischer → Ostalpischer Christrosen-Buchenwald.

Christwurz, die: → Nieswurz 1.

Chromosomen: C. sind, mit Ausnahme bei → Bakterien und Blaualgen, fadenförmige Gebilde im Zellkern jeder Zelle und Träger der Erbanlagen oder -faktoren, der sog. → Gene. C. können durch Färbung sichtbar gemacht werden. Die Gesamtheit der C. eines Kerns bzw. einer Zelle wird C.-Satz genannt. Die C. werden bei Teilung der Körper- und Geschlechtszellen in einer für jede Pflanzenart bezeichnenden Anzahl gebildet. Sie beträgt z. B. bei der Himbeere 14, bei der Bi 18 und beim Streifenfarn 144; → Polyploidie.

Chrysanthemum → Wucherblume.

Chrysomelidae → Blattkäfer.

Chrysopa doralis, perla, septempunctata → Florfliegen.

Chrysoperla carne → Florfliegen.

Chrysopidae → Florfliegen.

Chrysosplenium → Milzkraut.

Chrysotropia ciliata → Florfliegen.

Cicadina → Zikaden.

◄◄◄ Chloroplasten enthalten das Blattgrün

◄◄ Elektronenoptische Aufnahme eines Chloroplasten; hier des Scharbockskrauts

Colbitz-Letzlinger Heide

Cicerbita → Milchlattich.

Cicindelidae → Sandläufer.

Ciconia → Störche.

Cieslar, Adolf, Prof. (1858 Blogotitz bei Teschen in Schlesien bis 1934 Wien). C., ein Schüler des Botanikers Wiesner, studierte an der Universität Wien und an der Hochschule für Bodenkultur, an der er später als Professor lehrte.
Von 1919 bis 1911 war er Rektor der Hochschule für Bodenkultur. C. erforschte wichtige Grundlagen der Forstwissenschaften (Forstbotanik und Forstsamenkunde) an der Österr. Versuchsanstalt. Er war Ehrendoktor der Forstlichen Hochschulen → Eberswalde und → Tharandt.

Cinclus cinclus → Wasseramsel.

CIPRA: Abk. für → Internationale Alpenschutzkommission.

Circaea → Hexenkraut.

Cirsium → Kratzdistel.

CITES-Abkommen, das: → Artenschutzabkommen.

Cl → Chlor.

Cladonia → Becherflechte.

Clausiliidae → Schließmundschnecken.

Clavariaceae → Keulenpilze.

Clematido vitalbae-Corylenion avellanae → Linden-Ahorn-Mischwälder.

Clematis → Waldrebe.

Cleridae → Buntkäfer.

Climacium dendroides → Bäumchenmoos.

Clitocybe → Trichterlinge.

Clubionidae → Sackspinnen.

Club of Rome: ein informeller Zusammenschluß von rd. 70 Mitgliedern (Wissenschaftler, Industrielle, Wirtschaftler, Humanisten) aus 25 über die ganze Erde verteilten Staaten. Er wurde 1968 vom ehemaligen Fiat-Manager Aurelio Peccei in der Accademia dei Lincei in Rom gegründet, um Ursachen und innere Zusammenhänge der sich immer stärker abzeichnenden kritischen Menschheitsprobleme zu ergründen.

CMA: Abk. für → Centrale Marketing-Gesellschaft.

C/N-Verhältnis, das: Die am biologischen Abbau beteiligten → Mikroorganismen benötigen für den Aufbau der körpereigenen Substanz und ihre Vermehrung zum Aufbau ihrer Eiweißsubstanz → Stickstoff, den sie aus dem abzubauenden organischen Material in Form von Nitrat- und Ammoniumionen gewinnen und festlegen. Die Abbaugeschwindigkeit ist umso größer, je enger das C/N-(Gewichts-)V. Optimale Verhältnisse sind bei C/N von unter 20 : 1 gegeben. In Mull ist im A_h-Horizont ein C/N-V. von 10 bis 17 : 1, im Rohhumus in der O_h-Lage ein solches von 27 : 1 und im Moder in der O_h-Lage ein solches von 18 bis 29 : 1 gegeben. Die Streu unserer Waldbäume hat ein sehr unterschiedliches C/N-V.: z. B. SEr 15, WEr 19, Ul 28, Es 21, TrKi 22, Hbu 23, BAh 52, Li 37, Ei 47, Bu 51, REi 53, Bi 50, Fi 48, Kie 66, Dgl 77, Lä 113. Getreidestroh hat zum Vergleich ein C/N-V. von 80 bis 100 : 1; → Biomasseabbau, Humus, Streuabbau, C/P-Verhältnis.

CO → Kohlenmonoxid.

CO_2 → Kohlendioxid.

Coccina → Schildläuse.

Coccinellidae → Marienkäfer.

Colbitz-Letzlinger Heide, die: Eines der größten zusammenhängenden Waldgebiete (30 000 ha) des mitteldeutschen Tieflandes im Bundesland Sachsen-Anhalt. Die C. weist großflächig verbreitete Kiefernwälder auf. Eine waldkundliche Besonderheit stellt im Süden der Heide der Colbitzer Lindenwald dar. Er ist mit 188 ha der größte zusammenhängende Lindenwald Europas und wurde wegen seiner Einmaligkeit (bis 240 Jahre alte WiLi und immergrüne Stechplamen) bereits 1907 unter Naturschutz gestellt.

Colchicum → Zeitlose.

Colephoridae → Sackträgermotten.

Colerus, Jacob und Johann → forstliches Schrifttum.

Colline Stufe, die: → Vegetationsstufen.

Collybia → Rüblinge.

Colocybe gambosa → Maipilz.

Coloradokäfer, der → Blattkäfer 10.

Columbidae → Wildtauben.

Colutea → Blasenstrauch.

Commission européenne des Forêts (CEF) → Europäische Forstkommission.

Compositae → Korbblütler.

Concessionsgeld, das: Bez. für eine früher in Württemberg übliche Abgabe, die für alles aus den landesherrlichen Waldungen verflößte → Langholz und für alle Schnittwaren entrichtet werden mußte.

Coniferae → Nadelbäume.

Containeranzuchtverfahren, das → Containerpflanzen.

Containerpflanzen (Topfpflanzen): Forstpflanzen, die in Kunststoffbeuteln, Töpfen, Torfgefäßen oder Styropor-Multisystemen angezogen werden. C. sind besonders zur Bestandsbegründung bei schwierigen äußeren Bedingungen, z. B. Bergwaldsanierung, geeignet und können während der gesamten Vegetationszeit verpflanzt werden. Zu lange Containerhaltung führt allerdings zu schwach verzweigter Wurzelbildung; → Ballenpflanzen.

Convallaria → Maiglöckchen.

Convolvulus → Winde.

Coprinus → Tintling.

Coracias garrulus → Blauracke.

Coraciidae → Racken.

Coraciiformes → Rackenvögel.

Corallorhiza → Korallenwurz.

Cord, das: **1**) amerik. → Klafter, Maß für aufgeschichtetes Holz. Standard-Cord: 4 feet hoch, 4 feet breit (= Holzlänge), 8 feet lang, also 128 cbfeet Inhalt = 36,245 Ster. Face-

Cord: beliebige Breite, d. h. Länge des aufgeschichteten Holzes, bei gleicher Länge und Höhe des Stapels. **2**) auch Line. Altes Brennholzmaß: 1 C. = 126 Kubikfuß = 3,567 m^3; altes englisches Brennholzmaß: 1 C. = 128 Kubikfuß = 3,6244 m^3.
Cordophagen → Pflanzenfresser.
Corinth, L. → Wald in der Malerei.
Coriolus → Lederporlinge.
Cormophyta → Sproßpflanzen.
Cornelbaum, wilder, der: → Hartriegel 2.
Cornus → Hartriegel.
Coronella austriaca → Glattnatter.
Coronilla → Kronwicke.
Cortex, die: in der Botanik Bez. für → Rinde.
Cortina, die (Haarschleier): Teilhülle, die bei verschiedenen Pilzen (Haarschleierlingen) als schleierartiges Gespinst Hutrand und Stiel verbindet.
Cortinarius → Schleierlinge.
Corvidae → Rabenvögel.
Corydalis → Lerchensporn.
Corydalis clavivulata-Epilobium angustifolium → Weidenröschen-Schlaggesellschaften 3.
Corylaceae → Haselgewächse.
Corylus → Hasel.
Corynephorus → Silbergras.
Cossidae → Holzbohrer.
Cotoneaster → Steinmispeln.
Cotta: **1**) Heinrich (30.10.1763 Klein-Zillbach bis 25.10.1844 Tharandt): H. C. wurde von seinem Vater, einem Fürstl. Weimarischen Förster, ab 1778 ausgebildet und 1780 als Jägerbursche freigesprochen. In den Jahren 1784/85 studierte er an der Universität Jena Mathematik, Natur- und Kameralwissenschaften und war dann mit Vermessungen beschäftigt. Hierzu fanden sich von 1786 an junge Leute ein, denen er in Mathematik weiteren Unterricht erteilte, während sein Vater ihre forstliche Unterweisung übernahm. 1789 wurde er Herzogl. Weimarischer Forstläufer und erhielt 1795 als Förster die Stelle seines Vater in Zillbach. Schloß und Garten in Zillbach wurden ihm zu seinem forstlichen Unterricht zur Verfügung gestellt. 1801 wurde er zum Mitglied des Forstkollegiums in Eisenach ernannt und 1811 vom sächsischen König als Forstrat und Direktor der Sächsischen Forstvermessungsanstalt (der späteren Forsteinrichtungsanstalt) nach → Tharandt bei Dresden berufen. Nach Tharandt nahm H. C. auch seine private Forstlehranstalt mit, die 1816 zur Forstakademie erhoben wurde. Er blieb dort bis zu seinem Tode als Oberforstrat. H. C. gehört zu den → forstlichen Klassikern und war einer der bedeutendsten Begründer der neueren → Forstwissenschaft. Zugleich war er ein hervorragender Forsteinrichter, Waldbauer und Lehrer. Zu seinen wichtigsten Schriften zählen: „Systematische Anleitung zur Taxation der Waldungen" (1804), „Naturbeobachtungen über die Bewegung und Funktion des Saftes in den Gewächsen etc." (1806), „Anweisung zum Waldbau" (1817), „Entwurf einer Anweisung zur Waldwerthberechnung" (1818), „Anweisung zur Forsteinrichtung und Abschätzung" (1820), „Grundriß der Forstwissenschaft" (1832). Für besonders herausragende Leistungen auf dem Gebiet der Forstwissenschaft wird die H. C.-Medaille verliehen.
2) Friedrich Wilhelm (12.12.1796 Klein-Zillbach bis 14.2.1874 Tharandt): Sohn von Heinrich C., war einige Zeit unter seinem Vater an der Forstakademie Tharandt im Vermessungs- und Taxationswesen tätig und verwaltete von 1852 bis 1873 die Inspektion Grillenburg. An der Herausgabe der Werke seines Vaters war er zusammen mit seinem Bruder Friedrich August beteiligt.
3) Friedrich August (17.3.1799 Klein-Zillbach bis 18.10.1860 Tharandt): Sohn von Heinrich C., hielt seit 1824 Vorlesungen über Jagdkunde und später über Waldbau. Er war zuletzt Professor an der Forstakademie Tharandt; → forstliches Schrifttum.
C/P-Verhältnis, das: Zum Aufbau von körpereigenem Eiweiß benötigen Organismen, auch die am biologischen Abbau beteiligten → Mikroorganismen → Phosphor. Optimale Verhältnisse sind bei einem C/P-V. von unter 200 : 1 gegeben; → C/N-Verhältnis.
Cramer, J. A. → forstliches Schrifttum.
Crataegus → Weißdorne.
Cratoneurum commutatum → Kalksintermoos.
Crein, die: alte, lokale Bez. für Lat, Unterart der BKie; → Kiefern 1.
Crescentiis, P. de → forstliches Schrifttum.
Cruciferae → Kreuzblütengewächse.
Cryptogramma → Rollfarn.
Cs → Cäsium.
Ctenidium → Astmoos.
Cucubalus → Taubenkropf.
Cuculus canorus → Kuckuck.
Culicidae → Stechmücken.
Culicoides pulicaris → Bartmücken.
Cupressaceae → Zypressengewächse.
Cupula, die (lat.: kleine Tonne): Bez. für einen verholzten, mit Schuppen und Stacheln versehenen Fruchtbecher der → Buchengewächse, der aus der Blütenstandachse entstanden ist, z. B. bei Bu, Ei, Kast.
Curculionidae → Rüsselkäfer.
Cuticula, die → Kutikula.
Cuyp, A. → Wald in der Malerei.
Cyanobakterien: Die blaugrün, grün oder braun gefärbten kugeligen, stäbchen- und fadenförmigen → Bakterien kommen einzellig oder in mehr- bis vielzelligen Aggregaten im Boden oder Wasser vor. Die Zellen besitzen keinen durch eine Membran abgegrenzten Zellkern, sie sind aber in der Lage eine → Photosynthese wie in den → Chloroplasten von → Pflanzen mit abgegrenztem Zellkern durchzuführen. Sie werden deshalb auch oft den → Algen zugerechnet. Ihre Fähigkeit, → Stickstoff zu assimilieren, ermöglicht ihnen die Besiedlung extremer → Standorte. Diese Besonderheit wird für die Landwirtschaft praktisch nutzbar gemacht: In Japan werden Reisfelder zur Steigerung des Ertags mit C. versetzt. Sie können dort 30 bis 50 kg → Stickstoff je ha binden. In Indien werden sterile Salzböden mit C. geimpft, um sie rekultivierbar zu machen.
Cyclamen → Alpenveilchen.
Cyclosa conica → Kreisspinne.
Cylindrotomidae → Moosmücken.
Cynanchum → Schwalbenwurz.
Cynipoidea → Gallwespen.
Cyperaceae → Riedgräser.
Cypripedium → Frauenschuh.
Cystoderma → Körnchenschirmlinge.
Cystopteris → Blasenfarn.
Cytisanthus → Ginster 6.
Cytiso ruthenici-Pinion sylvestris → Kiefern-Steppenwälder.
Cytiso ruthenico-Pinion → Kiefern-Steppenwälder.
Cytisus → Geißklee.
Czanslavsky, Karl (1846 Königsstadtl/Böhmen bis 1899 Weißwasser): C. war Forstrat und von 1894 bis 1899 Direktor der Forstlehranstalt → Weißwasser, von 1896 bis 1899 Redakteur der Fachschrift des Böhmischen Forstvereins.

◂◂◂ Heinrich Cottas Wirken umfaßte drei große Bereiche: das wissenschaftliche Werk, die Lehrtätigkeit und die praktische Arbeit.

Forstliches Cotta-Album.

Mit Cotta's Bildniß, Facsimile und der Ansicht seines Wohnhauses in Tharandt.

Breslau und Oppeln.
Druck und Verlag von Graß, Barth und Comp.
1844.

D

d: In der → Waldmeßlehre Abk. für den Durchmesser des Stammes in 1,3 m Höhe (d, $d_{1,3}$, BHD; → Brusthöhendurchmesser); d_g = Durchmesser des Grundflächenmittelstammes; d_z, d_{gM} = Durchmesser des Grundflächenzentralstammes; d = Durchmesser des arithmetischen Mittelstammes; d_+ und d_- = Durchmesser der Hohenadlschen Mittelstämme; $d_{0,1}$ = Durchmesser in 1/10 der Baumhöhe, d_5 = Durchmesser in 5 m Baumhöhe.

Daas, das: → Brennreisig.

Dachklaftern, die: → Aufhütten.

Dächle, die: Unterart der BKie; → Kiefer 1.

Dachmarder, der: → Marder 2.

Dachpilzartige (*Pluteaceae*): Fam. der → Pilze aus der Ordn. der → Blätterpilze, mit den Gatt. *Pluteus* (Dachpilz) und *Volvariella* (Scheidling). Die D. wachsen hauptsächlich auf Holz. Sie sind genießbar, doch keine besonderen Speisepilze. Die Lamellen sind frei und meist fleischrosa; das Sporenpulver ist ebenfalls rosa. Die wichtigsten Arten sind:

1. Rehbrauner Dachpilz, der (*Pluteus atricapillus*): Der Pilz wächst von Mai bis November auf verschiedenen Laubholz- und Nadelholzstrünken, auf Rindenresten und Strohabfällen. Der bis zu 15 cm breite Hut ist erst glockig, dann breitglockig bis flachgewölbt und meist gebuckelt. Die Hutfarbe ist dunkel rehbraun, auch hellbraun, grau- und rußigbraun. Der Hutscheitel ist geflockt bis flockig-filzig. Die breitbauchigen → Lamellen stehen gedrängt und frei (nicht angewachsen). Sie sind erst weißlich, dann rosa und zuletzt fleisch-rötlich. Der bis zu 15 cm lange und 2 cm dicke Stiel ist weiß und manchmal mit bräunlichen Fasern oder Flecken bedeckt. Das weiße Fleisch des eßbaren Pilzes ist geruchlos und hat einen milden Geschmack.

2. Rosastieliger Dachpilz, der (*Pluteus roseipes*): Der nicht allzu häufige Pilz wächst in den südd. Berglagen auf Holzabfällen und auf Nadelholzstrünken. Der bis zu 10 cm breite Hut ist anfangs glockig und verflacht dann. Er ist von brauner bis olivrußiger Farbe und wird im Alter mehr bräunlich grau. Der Scheitel bleibt meist dunkler und ist feinsamtig; der Hutrand ist zart gerieft. Die dichtstehenden Lamellen sind frei, an der Hutkante abgerundet und fleischrosa gefärbt. Der bis zu 9 cm lange und bis zu 1,5 cm dicke Stiel ist zart rosa, jung etwas keulig und auf ganzer Länge staubig-flockig und wässrig-längsstreifig. Das zarte Fleisch des eßbaren Pilzes ist weißlich, in der Stielspitze und -basis rosa.

3. Löwengelber Dachpilz, der (*Pluteus leoninus*): Der kleine Pilz erscheint von Juni bis September, meist einzeln, auf totem Lbh. Der bis zu 6 cm breite Hut ist erst glockig und verflacht dann. Der dünnfleischige Hut mit gerieftem Rand ist etwas samtig und lebhaft löwen- bis zitronengelb gefärbt. Die bauchigen, ziemlich breiten Lamellen sind frei und stehen gedrängt. Sie sind erst weißlich und dann rosa. Der bis zu 6 cm lange und zerbrechliche Stiel ist abwärts gelblich oder bräunlich, faserig gestreift, fast glasig. Das Fleisch des eßbaren Pilzes ist weiß und weich.

4. Wolliger Scheidling, der (*Volvariella bombycina*): Der Pilz wächst von Juli bis Oktober als Fäulnisbewohner und Parasit auf Wurzeln, Strünken und in Stammhöhlungen verschiedener Laubbäume, oft mehrere Meter über dem Boden. Der bis zu 20 cm breite Hut ist jung eiförmig-glockig, später gebuckelt-ausgebreitet. Der seidenhaarig bekleidete Hut ist trocken und fleischig. Die → Huthaut ist weißlich bis ockergelblich. Die bauchigen und breiten Lamellen stehen gedrängt und sind frei. Sie sind zuerst weiß, zartrosa, dann fleischrot. Der glatte, kahle und fleischig volle Stiel ist weißlich, wird bis zu 15 cm lang und bis zu 1,5 cm dick. Nach oben verjüngt er sich; unten bleibt er in der braunen Hülle, in der anfangs Hut und Stiel stecken. Das schwach nach Rettich riechende Fleisch des eßbaren Pilzes ist weich und zart.

5. Netzaderiger Dachpilz, der (*Pluteus phlebophorus*): Der ziemlich seltene, in Laubwäldern, vorwiegend bei Bu und Bi, auch auf Laubholzstrünken vorkommende eßbare Pilz ist an dem aderigen Netzwerk auf seinem dunkelbraunen, im Alter ockerbraunen Hut deutlich zu erkennen. Der bis zu 6 cm breite, jung gewölbte, alt flach aufgeschirmte Hut hat anfangs blasse, später fleischrosafarbene, am Stiel freie Lamellen. Der zylindrische, dünne, meist gebogene Stiel ist kahl und seidig-glänzend. Das weiche weiße Fleisch hat keinen besonderen Geruch oder Geschmack.

6. Gelbstieliger Dachpilz, der (*Pluteus romellii*): Der an Lbh wachsende G. D. ist dem Netzaderigen Dachpilz sehr ähnlich, jedoch lebhafter gefärbt. Der bis 5 cm messende, dunkelgelbbraune Hut ist jung glockig, dann aufgewölbt und im Alter unregelmäßig geformt aufgeschirmt und gerieft-runzelig. Die jung weißlichen, später altrosa gefärbten Lamellen sind auf halber Länge zusammengewachsen. Der an der Basis keulige, jung fasrig-flaumige, später kahle Stiel ist weißlich-gelblich und wird mit zunehmendem Alter kräftiger gelb. Das gelbliche, gelb geaderte Fleisch hat einen milden Geschmack.

7. Seidiger Dachpilz, der (*Pluteus petasatus*): Der auf Moderholz wachsende Pilz hat einen bis zu 9 cm messenden, seidigen, weißlichen, im Zentrum ockerbräunlichen, schuppig aufreißenden, gewölbten, später flach gewölbten Hut. Die cremefarbenen, später hellrosa-, dann bräunlich-fleischroten Lamellen sind dünn, weich und am Stiel frei. Der zur Basis hin leicht verdickte Stiel ist fest, flaumig-faserig, creme-weiß, im Alter blaß ockerfarben. Das Fleisch ist weich und weiß.

8. Grauer Dachpilz, der (*Pluteus salicinus*): Der auf Lbh wachsende G. D. hat einen bis 6 cm breiten silbergrauen Hut mit radialer, bräunlicher Streifung. Er ist anfangs etwas klebrig, dann kahl, glatt, matt-glänzend, flach gewölbt, in der Mitte unregelmäßig gebuckelt. Die vor dem Stiel freien Lamellen sind jung weiß, später rosa und relativ breit. Der volle, etwas drehwüchsige Stiel ist weiß, kahl und feinfaserig gerillt; das Fleisch des Pilzes weiß und weich.

Dachs, der (*Meles meles* L.): auch Grimbart. Landraubtier (*Carnivora*), das zur Fam. der Marder (*Mustelidae*) und zur Gruppe der echten Marder zählt.

<u>Aussehen:</u> Ein ausgewachsener D. hat eine Kopf-Rumpf-Länge von etwa 70 bis 80 cm, eine Schulterhöhe von etwa 30 cm und eine Pürzel-(Schwanz)Länge von etwa 15 bis 20 cm. Im Sommer hat er ein Gewicht von etwa 10 bis 12 kg, im Spätherbst etwa von 14 bis 16 kg, manchmal sogar bis 20 kg. Die Fähen (Weibchen) sind i. d. R. schwächer. Der D. hat weiche, kurze Unterhaare und drahtige, längere Deckhaare. Der Rücken ist hellgrau; Hals und Bauch sind dunkel bis fast schwarz. Der Kopf und die Branten (Füße) sind kurz und glatt behaart; der Kopf ist schwarz-weiß gestreift, die Branten dunkel bis fast schwarz.

◄◄◄ Der Dachs ist ein Allesfresser.

Die Behaarung des D. wirkt im Winter heller als im Sommer, weil das helle Unterhaar im Winter dichter ist und daher stärker durchschimmert.

<u>Vorkommen, Lebensraum und Lebensweise:</u> Der D. ist in Europa, mit Ausnahme von Nordeuropa, fast gleichmäßig schwach verbreitet. Er kommt auch in Asien vor. Er ist bei der Nahrungssuche ein Einzelgänger, lebt aber sonst in sozialen Familienverbänden. Sein Lebensraum sind Feld- und Waldlandschaften, besonders Laub- und Mischwälder, aber auch Parks. Im Gebirge kommt er z. T. über 2000 m vor. Er ist hauptsächlich dämmerungs- und nachtaktiv und verschläft den Tag meist im Bau. Seine Behausung, ein selbstgegrabener Bau, wird häufig sehr umfangreich angelegt. Er hat mehrere Kessel, ein verzweigtes Röhrensystem sowie mehrere Ausgänge und Luftschächte. In großen Bauanlagen, die auch 100 Jahre und älter sein können, leben neben dem D. meist noch andere Tiere, wie z. B. der → Rotfuchs. Dieser hält sich dann in der oberen Etage auf, während der D. tiefer wohnt. Den Wohnkessel stattet der D. mit Polstermaterial (Heu, Stroh, Laub, Zweige, Moos) aus, das er im Frühjahr wieder aus dem Kessel schafft. In der Umgebung des Baues sind häufig Löcher im Boden, sog. Stechstellen, zu finden. Diese gräbt der D. auf der Suche nach Nahrung mit der Vorderbrante und setzt darin auch seinen Kot ab, die sog. Dachsaborte. In seinem Bau hält der D. eine mehrmals unterbrochene Winterruhe, aber keinen Winterschlaf. Sie dauert – je nach Witterung – etwa von Mitte November bis Ende Februar. Während seiner Winterruhe kommt er einige Male aus dem Bau, um sich zu entleeren und manchmal auch einen kurzen Spaziergang zu machen. Der D. ist sehr behäbig, besonders im Herbst, wenn er seinen Winterspeck auf den Rippen hat. Er bewegt sich auch sehr gemächlich vorwärts, wenn er arglos ist. Bei Gefahr strebt er aber relativ schnell und wendig seinem Bau zu.

<u>Sinne und Lautäußerung:</u> Geruchs-, Gehör- und Gesichtssinn sind gut. Er faucht, brummt, schnaubt und murrt. Während der Begattungszeit gibt er laut gellende Schreie von sich.

<u>Fortpflanzung:</u> Die Begattungszeit ist i. d. R. im Juli/August. Die Tragzeit der Dächsin beträgt (einschließlich der sog. Vortragezeit) sieben bis acht Monate. Die drei bis vier Jung-D. kommen Ende Februar/Anfang März, leicht- und hellbehaart, zur Welt. Sie sind etwa maulwurfgroß, ca. vier bis fünf Wochen blind und werden ca. 12 Wochen gesäugt. Anfang Juli erscheinen sie zum ersten Mal vor dem Bau. Sie bleiben den Winter über noch bei der Dächsin und überwintern auch im selben Bau. Mit ca. eineinhalb Jahren sind sie ausgewachsen und fortpflanzungsfähig. Da die D. eine sehr lange Aufzuchtzeit haben, überschlägt die Dächsin häufig ein Jahr, um wieder zu Kräften zu kommen. Die Vermehrung ist auch aus diesem Grund sehr gering.

<u>Nahrung:</u> Der D. ist ein → Allesfresser und geht in der Dämmerung auf Nahrungssuche. Er nimmt Eier von Bodenbrütern, Junghasen, Mäuse, Würmer, Schnecken, Engerlinge, Larven, Insekten (insbesondere Mistkäfer) und räumt auch Hummel- und Bienennester aus. Daneben dienen ihm auch Pflanzen, Obst, Pilze, Mais und Hafer zur Milchreife als Nahrung; gelegentlich ist er auch in Weinbergen anzutreffen.

Damwild

Dachs-Eicheln, die: → Eicheln.

Dachsenhauen, das (Dächsenhauen, Daxenhauen): Bez. für die früher v. a. in den Gebirgsgegenden übliche Gewinnung von Nadelholzreisig, das als sog. „Hackstreu“ Verwendung fand; → Daxen, Großach.

Dactylis → Knäuelgras.

Dactylorhiza → Knabenkraut.

DAGW: Abk. für → „Deutsche Aktionsgemeinschaft Kampf gegen das Waldsterben“.

Dähle, die: eine v. a. in der Schweiz übliche Bez. für die Waldkiefer; → Kiefern 3.

Dahurische Lärche, die: → Lärchen 5.

Dale, die: → Tällen.

Dalmatinische Schwarzkiefer, die: Unterart der SKie; → Kiefern 2.

Dama dama → Damwild.

Damenbrett, das: → Augenfalter 1.

Damwild, das (*Dama dama* L.): Das D. wird zoologisch den sog. echten Hirschen zugeordnet und zählt zur Fam. der Hirsche (*Cervidae*) aus der Ordn. der Paarhufer (*Artiodactyla*).

<u>Aussehen:</u> Das D. ist kleiner als das → Rotwild. Die Körperlänge eines ausgewachsenen Damhirsches beträgt ca. 140 cm (Damtier ca. 120 cm), die Schulterhöhe ca. 100 cm (Damtier ca. 80 cm), die Länge des Wedels (Schwanzes) ca. 20 cm. Das Gewicht eines ausgewachsenen kräftigen Hirsches in freier Wildbahn beträgt etwa 60 bis 90 kg (Damtier etwa 30 bis 50 kg).

D. wechselt zweimal im Jahr, im Juni und Oktober, die Haarfärbung. Bei der Sommerfärbung ist die Oberseite hell-rötlichbraun mit weißen Flecken, die Unterseite weißlich; bei der Winterfärbung ist die Oberseite dunkelgraubraun. Gelegentlich kommt auch fast schwarzes (sehr schwach geflecktes) und fast weißes D. vor. Das D. hat einen weißen Spiegel (Fleck um den After), der schwarz umrandet ist und einen ebenfalls schwarz umrandeten Wedel (Schwanz). Die männlichen Stücke tragen ein Geweih, das jährlich (April/Mai) abgeworfen wird und wieder neu wächst. Bei älteren Hirschen verbreitert sich der obere Geweihteil schaufelartig.

Vorkommen: Bereits in der Eiszeit war das D. in Mitteleuropa bodenständig. Die jetzige D.-Population stammt aus Südosteuropa und dem Vorderen Orient und wurde über England und Dänemark nach Mitteleuropa eingeführt. Seit Ende des 11. Jh. gibt es wieder Zeugnisse über D.-Vorkommen in Dänemark. 1530 schenkte der dänische König dem Landgrafen von Hessen 30 Damhirsche, deshalb war der alte Name Dähnewild und Danwild. Aus diesen Stücken erwuchs Mitteleuropas neue D.-Population. Außer in Dänemark ist es noch in Dtschl., Polen, Tschechien, Slowakei und Ungarn heimisch. In geringen Beständen, hauptsächlich in Wildgattern, trifft man es in allen Teilen Dtschl. an. Es wird auch in Gehegen zur Fleischerzeugung gehalten.

Der Lebensraum des D. sind parkähnliche Kulturlandschaften mit etwa gleichen Teilen von Wäldern, Wiesen und Feldern. Es bevorzugt strauchreiche Mischwälder und steht im Sommer gern im Getreide. Ausgesprochener Kulturfolger, der auch mit wenig Wald auskommen kann.

Das D. ist sehr gesellig und lebt in Rudeln verschiedenster Größe (bis zu 80 Stück). Nach der Brunft (Begattungszeit), etwa im November, bilden Hirsche und weibliche Tiere ein gemeinsames Rudel. Während der Zeit des Geweihabwurfes trennen sich die Hirsche vom Rudel und bilden verschieden große Hirschgruppen. D. riecht und hört sehr gut, sieht auch gut.

Fortpflanzung: Die Brunft beginnt Mitte Oktober (Höhepunkt gegen Ende Oktober) und endet Mitte November. Die Hirsche tragen untereinander Brunftkämpfe aus, die jedoch mehr zeremoniellen Charakter haben. Nach 33 Wochen Tragzeit werden im Juni i. d. R. ein bis zwei Kälber geboren. D. kann über 30 Jahre alt werden, in freier Wildbahn jedoch selten älter als 20 Jahre.

Nahrung: D. äst gerne weiche Futtersorten und Früchte. Bevorzugt nimmt es verschiedene Gräserarten, allerlei Futterpflanzen und Kräuter, verschiedene Früchte, Samen, Knollen und Wurzeln. Gelegentlich schält es auch die Rinde von Es und Ah.

Danckelmann, Bernhard, Dr. (5.4.1831 Obereimer bis 19.1.1901 Eberswalde): Seit 1866 Direktor der Forstakademie → Eberswalde mit dem Titel Oberforstmeister, seit 1879 preußischer Landforstmeister. D. war auch Mitarbeiter am Bürgerlichen Gesetzbuch (BGB), Neugestalter des Deutschen → Forstvereins und Befürworter der heute als Dunkelwald bezeichneten Waldbewirtschaftung, bei der seiner Ansicht nach bei → Durchforstungen bestenfalls in den dienenden Bereich eingegriffen werden soll. Zu seinen Hauptschriften zählen: „Die deutschen Nutzholzzölle" (1883), „Die Ablösung und Regelung der Waldgrundgerechtigkeiten" (3 Bände, 1880 – 1887). D. war Herausgeber der „Zeitschrift für Forst- und Jagdwesen, zugleich Organ für forstliches Versuchswesen".

Dänische Durchforstung, die: → Durchforstung.

Dannensäer → Tannensäer.

Danzig: Die freie Stadt D. verfügte vor Beginn des 2. Weltkrieges über rd. 12 000 ha Staatswald, 670 ha Gemeinde-, Stiftungs- und Körperschaftswald und 1730 ha Privatwald. Die oberste Forstverwaltungsbehörde war dem Senat angeschlossen (Abteilung für Landwirtschaft, Domänen und Forsten). D. verfügte über vier Oberförstereien (Forstämter): Oliva, Sobbowitz, Stangenwalde, Steegen; → Memelgebiet.

Daphne → Seidelbast.

Darmbeere, die: alte, volkstümliche Bez. für die Elsb; → Ebereschen 2.

Darrdichte des Holzes → Dichte des Holzes.

Darre, die: → Klenge.

Darrgewicht, das: das Gewicht einer völlig wasserfreien Holzprobe; → Holzfeuchtigkeit.

Darrmaß, das: Abmessungen des darrtrockenen (wasserfreien) Holzes.

Darrprobe, die: → Holzfeuchtigkeit.

Darrscheit, das: → Schwindmaß.

Darrstube, die: auch Dörrstube. Frühere Bez. für → Klenge.

Darß, der: urwüchsiges und wildreiches, 6000 ha großes, teilweise mit kaum betretbaren Bruchwäldern durchsetztes und daher schwer zugängliches Waldgebiet und Teil des → Nationalparks Vorpommersche Boddenlandschaft. Den D. prägen Erlenbruchwälder mit Kiefernheiden. In früherer Zeit war er das Jagdgebiet der Pommernherzöge, der Schwedenkönige, im Dritten Reich Leibgehege für Parteigrößen und nach dem Zweiten Weltkrieg für die DDR-Prominenz. Der D. Wald ist verbunden mit dem Namen Ferdinand von Raesfeld (1855 – 1929), dem Altmeister des deutschen Waidwerks, der von 1891 bis 1913 die damalige Oberförsterei Born (heute Forstamt und Sitz der Nationalparkverwaltung) auf dem D. leitete. Bis 1945 war sie auch das Wirkungsfeld des Schriftstellers und Forstmeisters Müller-Darß.

Dasineura marginemtorquens → Gallmücken 16.

Dasineura (Rhabdophaga) terminalis → Gallmücken 16.

Datenbank, forstliche, die: → forstliche Datenbank.

Dauben (Taufeln, Faßtauben): schmale Brettchen zur Herstellung von Fässern, die durch Spalten der → Rundhölzer gewonnen werden. Wegen der Eiform des Fasses müssen die D. in der Mitte am breitesten sein, dagegen sind sie oben und unten dicker, weil dort z. B. die Nut zum Einsetzen der Böden angebracht werden muß. Die D., auf die das Faß zu liegen kommt, heißen Lager-D., alle übrigen Wechsel-D.

Daubholz, das: → Böttcherholz.

Dauerbeobachtungsflächen: → Umweltkontrolle im Wald, Waldmeßstationen, Bodeninformationssystem.

Dauerbestockung, die: → Dauerwald.

Dauergewebe, das: Verbände pflanzlicher, plasmafreier Zellen mit großen Vakuolen. Die Zellen teilen sich nicht mehr und sind je nach Funktion unterschiedlich ausgebildet. Im Verlaufe der funktionalen Ausdifferenzierung sterben manche D. ab, z. B. → Holz und → Kork.

Dauergründland, das: Bez. für → Wildäsungsflächen (Wildfutterwiesen), die nicht ackerfähig sind und zur → Wildschadensverhütung beitragen. Sie bestehen überwiegend aus → Gräsern (Ober- und Untergräsern).

Dauerhaftigkeit, die: **1)** Die natürliche D. des Holzes sowie die Resistenz des Holzes gegen Befall durch Organismen ist auf seinen Gehalt an Alkaloiden, Phenol- und Terpenverbindungen, besonders an Flavoniden, Saponinen und Stilbenen zurückzuführen. Je nach Gehalt dieser als Hemmstoffe wirkenden Verbindungen sind die Holzarten unterschiedlich resistent gegen Schädlinge. Nur wenige Hölzer, und hierzu zählen v. a. die Tropenhölzer, sind gegen alle Abbauerscheinungen resistent oder nahezu resistent. Von unseren Hölzern werden als dauerhaft bezeichnet: Ei, Eib und Rob und je nach Standort Kie, Lä, Ul und Birne. Mittelmäßig dauerhaft sind Es, Fi und Ta, wenig dauerhaft Ah, Bi, Bu, Rka, Li, Pa, Stro und Wei. **2)** → Ökosysteme haben eine D., wenn sie stabil sind, d. h. eine hohe Widerstandsfähigkeit gegen Einflüsse von außen haben und abgeschlossene Kreisläufe mit gleichmäßigem Energiefluß aufweisen.

Dauerlupine, die: → Lupine.

Dauermodifikation, die: **1)** Bez. für Veränderungen (Modifikationen) an Pflanzen und Tieren, die noch in der Nachkommenschaft der folgenden Generation auftreten können. **2)** bei → vegetativer Vermehrung Bez. für die Erhaltung der Jugend- und Übergangsform, die sich von der Altersform gut unterscheiden.

Dauersporen: Dickwandige → Sporen, die eine Ruheperiode (Winterruhe) durchmachen, z. B. bei → Rost- und Brandpilzen.

Dauerwald, der (Dauerbestockung): Die Lehre vom D. entstand zwischen 1920 und 1935. Sie ist sehr kontrovers diskutiert worden. Hierzu beigetragen hat auch u. a. ein Aufsatz des damaligen Direktors der Forstakademie → Eberswalde, Alfred → Möller. Möller wollte dabei alle Waldbauverfahren in den D. einbeziehen, die ständige Waldökosysteme nach ökologischen Grundlagen behandeln. Im D. sollten der Wald und der Standort ständig gepflegt werden; der Kahlhieb hatte hierbei zu unterbleiben (Stetigkeit des Waldwesens). Das Ziel ist hierbei, daß der Waldboden niemals Freilandbedingungen ausgesetzt wird, um ihn nicht negativ zu beeinflussen. Diese Gedanken des D. wurden 1954 von der Arbeitsgemeinschaft → naturgemäße Waldwirtschaft übernommen und in vielen ökologischen und betriebswirtschaftlichen Beispielsbetrieben in die Tat umgesetzt.

Daun, der: → Hohlzahn.

Dauster, Karl-Heinz (1906 – 1979): Forstmann, Mitbegründer und Ehrenmitglied der → Schutzgemeinschaft Deutscher Wald. D. war von 1951 bis 1970 Leiter des staatlichen Forstamtes Herzberg/Harz, leitete jahrelang

◄◄◄ Karl-Heinz Dauster, Mitbegründer der Schutzgemeinschaft Deutscher Wald

das Referat Ausstellung und Schrifttum der Schutzgemeinschaft und richtete das Jugendwaldlager Rotenberg ein. D. war auch Erfinder des → Waldläuferbriefes (1953) und der Waldfibel.

Daxbaum, der: → Fichten 1.

Daxen: **1)** alte, lokale Bez. für Fi; → Fichten 1. **2)** → Brennreisig.

Daxenhauen, das: → Dachsenhauen.

Däzel, Georg Anton, Dr. (5.2.1752 Fürth bis 3.4.1847 Regensburg): D. wurde 1790 Professsor an der neu gegründeten Forstschule in München, 1803 Direktor der Forstschule Weihenstephan, 1807 Professor der Forstwissenschaft an der Universität Landshut und nach deren Verlegung wieder in München. Er führte in der Forstvermessung die polygonometrische Methode in Dtschl. ein. Von seinen Schriften sind besonders zu erwähnen: „Praktische Anleitung zur Taxierung der Wälder etc." (1786), „Lehrbuch für die pfalzbaierischen Förster" (1788 – 1799), der erste Teil ist von → Grünberger verfaßt, „Über die zweckmäßigste und zuverlässigste Methode, große Waldungen zu messen, zu zeichnen und zu berechnen" (1799) und „Anleitung zur Forstwissenschaft" (1802).

DBV: Abk. für → Deutscher Bund für Vogelschutz.

DDG: Abk. für → Deutsche Dendrologische Gesellschaft.

DDT: Abk. für Dichlordiphenyl-trichlormethylmethan (= 1,1,1-Trichlor-2,2-bis(4-chlorphenyl)-ethan). Schädlingsbekämpfungsmittel (Insektizid; → Pestizide), Kontakt- und Fraßgift mit niedriger Anfangs- und hoher Dauerwirkung (Verweilzeit in der Umwelt etwa 20 Jahre). Es wird durch Wind und Wasser leicht verbreitet und ist äußerst umweltschädlich. Es speichert sich leicht in fetthaltigen Geweben. Über die → Nahrungsketten gefährdet es Mensch und Tier und führt bei Tieren zu nachgewiesenen Fortpflanzungshemmungen (bei Vögeln zur Ablage von dünnschaligen Eiern). DDT ist heute weltweit verbreitet. In der BR Dtschl. (seit 1972) und inzwischen auch in verschiedenen anderen Länder (z. B. allen EU-Ländern) ist seine Herstellung und Verwendung nunmehr verboten. Das Gift wurde v. a. als universelles Schädlingsbekämpfungsmittel zum Schutz von Ernten und zur Bekämpfung von krankheitsübertragenden Insekten eingesetzt, doch sind durch die häufige Anwendung mind. 100 Insektenarten gegen das Gift resistent. Der Entdecker des DDT, der Schweizer Chemiker Paul Müller (1899 – 1965), wurde 1948 mit dem Nobelpreis für Medizin ausgezeichnet.

Dechelgeld, das: auch Dehmengeld, Dehem, Dehmen, Dem, Dechtumb, Ackersatz, Eckermiete, Fehm-, Feimgeld. Ein früher bei der → Schweinemast zu zahlendes Entgelt (Mastgeld, regional auch Mastschilling), das zu entrichten war, wenn durch reichliche → Mast auch Fremde ihre Schweine in den Wald der Markgenossen oder des Grundherrn eintreiben durften. Dieses Entgelt war der Zehnte (lat. decima), und ursprünglich wurde das zehnte Schwein genommen, später auch andere Naturalien, z. B. Hafer, schon früh aber auch Geld. Meist war das D. nach Schweinegrößen abgestuft.

Dechtumb, das: → Dechelgeld.

Deckblätter, der: → Hochblätter.

Deckbusch, der: → Deckreiser.

Deckenmoor, das: → Moor.

Deckgrün, das: svw. → Deckreiser; → Schmuckreisig.

Deckhaare → Haare.

Deckmesser, das: krummes Messer an einem langen Stiel, mit dem früher die Köhler die → Deckreiser für das Rauhdach der → Meiler von den Bäumen abschnitten.

Deckreiser (Deckbusch, Deckreisig): Bez. für frisch abgeschnittene Zweige der Fi, die zur Abdeckung von Pflanzen (Schutz vor Frost) dienen. Als Produkte der forstlichen → Nebennutzung wurden D. nach der früheren → Holzmeßanweisung (HOMA) in Bunden von i. d. R. 10 kg oder in Wellenbunden (→ Welle 2) bereitgestellt. Mit D. wurde früher das Rauhdach eines → Meilers gefertigt; → Schmuckreisig.

Deckreisig, das: → Deckreiser.

Decksamer → Bedecktsamer.

Deckung, die: Sammel-Bez. für alles, was das Wild und auch den Jäger davor schützt, gesehen zu werden.

Deckungsbeitrag, der: Der D. besagt, wieviel eine Einzelmaßnahme zur Deckung der festen → Kosten beiträgt. Er errechnet sich aus den Marktleistungen (Verkaufserlös) abzüglich der variablen Kosten für die jeweilige Arbeit. Löhne werden nur abgezogen, falls die Maßnahme von fremden Arbeitskräften durchgeführt wird. Eigenleistungen werden beim D. nicht angesetzt; der Unternehmerlohn ergibt sich bei der Gesamtabrechnung aus der Summierung der D. und dem Abzug der fixen Kosten; → Ertrag.

Deckungsgrad, der (Dominanz): in der → Pflanzensoziologie Bez. für den prozentualen Anteil an der Standortfläche einer Pflanzengesellschaft, den eine bestimmte Pflanzenart für sich beansprucht. Der D. kann ausgedrückt werden als → Beschirmungsgrad, Kronenoberflächenanteil, Biomassenanteil; → Artmächtigkeit.

Deckungsschutz, der: Schutz von Beständen durch in der Hauptgefahrenrichtung vorgelagerte Bestände; → Schutzwald.

Dehem, das: → Dechelgeld.

Dehmel, R. → Wald in der Dichtung.

Dehmen(geld), das: → Dechelgeld.

Dehnbarer Helmling, der: → Helmlinge 1.

Deichselholz, das: Baumstämme von Bi, Es, Bu und Hbu, aus denen Deichseln geschnitten werden können.

Delphinium → Rittersporn.

Deltafleckige Nelke, die: → Nelke 1.

Dem, das: → Dechelgeld.

Demökologie, die: → Ökologie.

Demut, der: → Thymian.

Dendrobionten: Gesamtheit aller Organismen, die auf Stämmen, in Holz oder im Lückensystem zwischen Rinde und Holz absterbender Bäume leben. Unterschieden wird nach Epi-D.: Rindenbewohner; Endo-D.: im Holz lebende Organismen; Miso-D.: in der Lücke zwischen Rinde und Holz bei absterbenden Bäumen sich aufhaltende Organismen; → Destruenten, Konsumenten, Reduzenten.

Dendrochronologie, die (Jahrringchronologie, Baumringchronologie): Datierungsmethode vorgeschichtlicher Holzfunde nach den → Jahrringen; → Jahrringchronologie.

Dendroklimatologie, die: Beurteilung bzw. Feststellung früherer Klimaverhältnisse nach den → Jahrringen alter Bäume.

Dendrologie, die (griech.: Baumkunde; Gehölzkunde): Wissenschaft von Bäumen und Sträuchern; → Deutsche Dendrologische Gesellschaft.

dendrologisch, svw. gehölzkundlich; → Dendrologie.

Dendrometer, das (griech.: Baummesser): Alle D. beruhen auf dem tachymetrischen Prinzip, daß aus einem bekannten Winkel und der Ablesung einer Strecke die Entfernung bestimmt werden kann. Umgekehrt kann mit einer bekannten Entfernung und einem bekannten Winkel z. B. die Höhe eines Baumes, die Breite eines Objektes, und auch der Durchmesser eines Baumes, bestimmt werden. Seit dem 19 Jh. sind verschiedene D. konstruiert worden. Das von Kramer am Institut für Forsteinrichtung und Ertragskunde der Universität Göttingen entwickelte D. kann für mehrere Meßaufgaben eingesetzt werden. Mit ihm kann man die Baumhöhe messen, die Grundfläche nach der → Winkelzählprobe

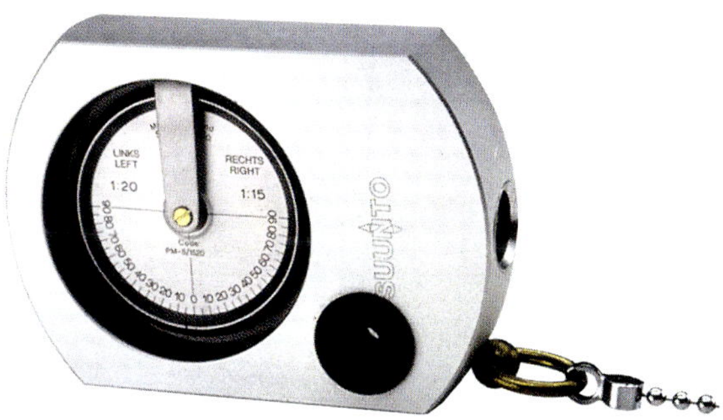

Das an der Universität Göttingen entwickelte Dendrometer kann für mehrere Meßaufgaben eingesetzt werden.

nach Bitterlich bestimmen und die Bestandsmasse nach dem Formhöhentarif bestimmen. Das D. ist ein plättchenförmiges Peilgerät mit Kerben und Peilschlitzen. Die → Höhenmessung erfolgt auf der Basis ähnlicher Dreiecke durch Einpassen von Gipfel und Stammfuß in eine feste Länge am Gerät. An der Geräteskala ist eine Teilstrecke von 1/10 markiert. Die Höhe des damit am Baum anvisierten und zugänglich meßbaren Punktes entspricht 1/10 der Baumhöhe. Die Grundflächenbestimmung erfolgt durch Auszählen aller Bäume in einem horizontalen Vollkreis, die stärker als eine horizontale Meßmarke in einem festen Augenabstand von 50 cm sind. Die Bestandsgrundfläche entspricht der Zahl der Bäume in m^2. Die Bestimmung der Bestandsmasse erfolgt mit Hilfe des Formhöhentarifs. Im Prinzip arbeitet auch das Spiegelrelaskop von Bitterlich nach dem oben genannten tachymetrischen Prinzip.
Das heute verwendete Laserdendrometer ist ein hochmodernes mit Lasertechnik ausgestattes Gerät, mit dem Entfernungen, Durchmesser, Höhen, Neigungswinkel und Azimute unabhängig vom Meßstandpunkt bestimmt werden können. Es findet v. a. bei der Vermessung von Einzelbäumen und bei forstlichen Stichprobeninventuren Verwendung. Besonders geeignet ist es für wissenschaftliche Erhebungen über den Baumwuchs oder für die Bestimmung der Nutzholzmenge eines Waldbestandes; → Kluppe.

Dendrometrie, die: → Waldmeßlehre.

Leopold Dengler, Forstrat in Karlsruhe

Dengler, Leopold (17.11.1812 – 27.1.1866 Karlsruhe): D. wurde nach mehrjähriger Tätigkeit als Forsttaxator 1840 Bezirksförster in Kandern, 1848 Lehrer an der Forstschule des Polytechnikums und zugleich Bezirksförster in Karlsruhe. Er erhielt 1864 den Titel Forstrat. D. schrieb u. a.: „Weg-, Brücken- und Wasserbaukunde für Land- und Forstwirthe, Guts- oder Gewerkebesitzer“ (1863). Von → Gwinners „Waldbau“ gab er 1858 die 4. Auflage heraus. D. redigierte auch von 1858 an die „Monatsschrift für das Forst- und Jagdwesen“, das spätere „Forstwissenschaftliche Centralblatt“.

Densiometer, das: Gerät zum Bestimmen des → Beschirmungsgrades, bestehend aus einem lotrecht aufgehängtem Winkelspiegel mit einem Visierkreuz zum Abloten der → Kronenschirmfläche.

Dentaria → Zahnwurz.

Dentario enneaphylli-Fagetum → Quirlblatt-Zahnwurz-Buchenwald.

Dentario-Fagetum cardaminetosum trifoliae → Ostalpischer Christrosen-Buchenwald.

Dentario glandulosae-Fagenion → Buchenwälder.

Dentario heptaphylli-Fagetum → Fieder-Zahnwurz-Buchenwald.

Denticollis linearis → Schnellkäfer 2.

Denudation, die: → Bodenerosion.

Denunziantenanteil, der: → Anzeigegebühr.

Denzin'sche Formel, die: → Volumenermittlung bei Bäumen.

Deporaus → Blattroller.

Deposition, die: Bez. für die Ablagerung von Luftschadstoffen (naß oder trocken) auf Oberflächen, z. B. Pflanzen, Boden. Die nasse D. ist die indirekte Übertragung von → Luftverunreinigungen in und an der Oberfläche von Wassertropfen, Schnee, Nebel, Wolken, Hagel usw. aus der Luft auf die Erdoberfläche, z. B. auf Felder und Wälder; → Saurer Regen. Die trockene D. ist die direkte Übertragung von Luftverunreinigungen, z. B. → Aerosolen, Gasen, Stäuben, auf natürliche Oberflächen wie Vegetation, Boden, Wasser oder Aufnahme (Absorption) durch dieselben. In der BR Dtschl. wird z. B. die durchschnittliche D.-Rate beim Schwefel mit 6 bis 8 g pro Quadratmeter bzw. 60 bis 80 kg pro Hektar und Jahr angenommen.

Deputatholz, das: auch Amtsholz, Freibrennholz. Frühere Naturalentschädigung an Forstbedienstete, aber auch an Geistliche und Lehrer. D. wurde entweder als Teil der Besoldung (Besoldungsholz) unentgeltlich oder regelmäßig gegen niedriges Entgelt (z. B. Zahlung der Werbungskosten) abgegeben. Dem D. entsprach auch das Wilddeputat, das Jagdberechtigte den Grundstückseigentümern zu liefern hatten. Solche Deputate sind inzwischen abgelöst worden; → Akzidenzien, Gabholz, Geschenkholz.

Derbholz, das: oberirdisch gewachsenes Holz (Ast-D., Baum-D., Schaft-D.) mit einem Durchmesser von über 7 cm mit Rinde; Ggs.: → Nichtderbholz (→ Reisholz und → Stockholz).

Derbholzvolumen, das → Holzvolumen.

Derbstangen: Stangen (Nadel-Langholz), die 1 m über dem stärkeren Ende mind. 7 cm Durchmesser (bis 16 cm) mit Rinde haben. Stangen unter 7 cm Stärke heißen Reisstangen; → Reisholz.

Derodontidae: Fam. polyphager Käfer mit weltweit nur 12 bis 15 Arten, davon in Dtschl. zwei 2 bis 3 mm große Vertreter. In Baumschwämmen in den Gebirgswäldern lebt *Derodontus macularies*, in den Nadelwäldern *Laricobius erichsoni*, wo er z. T. → Blattläuse und deren Eier (v. a. Tannen- und Stammläuse) der Gatt. *Dreyfusia* und *Pineus* in großen Mengen vertilgt.

Deschampsia → Schmiele.

Deschampsio flexuosae-Acerenion pseudoplatani → Linden-Ahorn-Mischwälder.

Destruenten: Lebewesen, die sich von toter organischer Substanz ernähren, die alle Organismen eines → Ökosystems liefern. Sie bilden zusammen mit den → Reduzenten (Mineralisierer) das letzte Glied einer → Nahrungskette. Durch Zersetzung der → Biomasse, die über mehrere Stufen erfolgt, entstehen anorganische Verbindungen, die den Pflanzen (→ Produzenten) wieder zur Verfügung stehen. Die Arbeit der D. und Reduzenten (Nekrophagen) schließt letztlich den Stoffstrom in einem intakten → Ökosystem. Hinsichtlich der Fraßsubstanz können D. in **Saprophagen**, die sich von Pflanzen- und Tierresten, und in **Koprophagen**, die sich von Kot ernähren, eingeteilt werden. Zu den D. gehören die Würmer, Schnecken, Gliederfüßer und Säuger, die nach ihrer Größe wiederum in Mega-, Makro-, Meso- und Mikrofauna untergliedert werden. **1. Megafauna** (Tiere von > 80 mm Größe, z. B. Maulwurf, aber auch besonders große Arten von Regenwürmern, Schnecken, Zwei- und Hundertfüßlern), **2. Makrofauna** (Tiere mit einer Größe von 4 bis 80 mm, z. B. Borstenwürmer, Regenwürmer, Schnecken, Zwei- und Hundertfüßler, Asseln, Käfer), **3. Mesofauna** (Tiere von 0,2 – 4 mm Größe, z. B. Borsten- und Fadenwürmer, Rädertierchen, Milben, Springschwänze, Asseln und Käfer), **4. Mikrofauna** (Tiere mit einer Größe von < 0,2 mm, z. B. Amöben, Rädertierchen, Fadenwürmer; → Dendrobionten, Konsumenten, Reduzenten.

Destruktionsfäule, die: → Braunfäule.

Detailplanung, die: → Bestand(e)splanung.

Detritophage → Totfresser.

Detritus, der (lat.): in der Biologie Bez. für feinste Teilchen organischer Substanz und zersetzender Tier- und Pflanzenreste, die als Schweb- und Sinkstoffe in Gewässern vorkommen. Sie dienen vielen wirbellosen Tieren (D.-fresser, → Totfresser) als Nahrung.

Detritusfresser → Totfresser.

Deutsche Aktionsgemeinschaft Kampf gegen das Waldsterben (DAGW): Die DAGW wurde 1984 in Bonn von 14 bundesweit angesiedelten Verbänden als ein Bündnis im Kampf gegen die → Luftverunreinigungen und das → Waldsterben gegründet. Ziel der Aktionsgemeinschaft ist es u.a., den gesellschaftlichen Druck auf die verantwortlichen Politiker zu verstärken. Die Geschäftsführung der DAGW liegt beim Bund für Umwelt und Naturschutz Dtschl. (BUND). Die erste Großkundgebung der DAGW fand am 10. November 1984 in München statt.

Deutsche Bundesstiftung Umwelt: Die 1990 durch Beschluß des Deutschen Bundestages gegründete rechtsfähige Stiftung des bürgerlichen Rechts fördert ihrem gesetzlichen Auftrag gemäß Vorhaben zum Schutz der Umwelt unter besonderer Berücksichtigung der mittelständischen Wirtschaft. Sie ist i. d. R. außerhalb staatlicher Programme tätig und legt besonderen Wert auf Innovation, Umweltentlastung und Praxisbezug der geförderten Vorhaben. Zu den Förderbereichen zählen u. a. Umweltbildung, Umweltberatung, Umwelt und Landwirtschaft, rationelle Energienutzung und regenerative Energien. Ferner vergibt die Stiftung seit 1993 den Deutschen Umweltpreis.

Deutsche Dendrologische Gesellschaft (DDG): gegründet 1892 in Karlsruhe. Zweck der Gesellschaft ist die Forschung über Bäume aller Art (→ Dendrologie), besonders der einheimischen Arten. Die DDG ist der Internationalen Dendrologischen Union (IDU) angeschlossen. Die DDG gibt (i. d. R. vierteljährlich) die „Kurzmitteilungen der Deutschen Dendrologischen Gesellschaft" sowie die „Mitteilungen der Deutschen Dendrologischen Gesellschaft" (Jahrbuch) heraus.

Deutsche Eiche, die: → Eichen 2.

Deutsche Gesellschaft für Technische Zusammenarbeit (GTZ) → forstliche Entwicklungshilfe.

Deutsche Kontrollvereinigung für forstliches Saat- und Pflanzgut e. V.: Gegründet 1957 mit Sitz in Wiesbaden. Die Vereinigung beschäftigt sich mit der Förderung des Herkunftsgedankens für forstliches Saat- und Pflanzgut und entnimmt bei allen Baumarten besonders geeignete Erntebestände (bei den dem → Gesetz über forstliches Saat- und Pflanzgut unterliegenden Baumarten) als Sonderherkünfte bzw. wählt bei den übrigen Baumarten wie Wildkirsche, Hbu, Bi, Ul usw. die Kontrollzeichenherkunft aus und weist diese in einem Register nach.

Deutsche Mispel, die: → Mispeln.

Deutsche Naturschutz-Akademie: eine private Ausbildungseinrichtung des Bundes für Umwelt- und Naturschutz (BUND); → Akademie für Naturschutz und Landschaftspflege, → Naturschutz.

Deutsche Pappel, die: → Pappeln 2.

Deutscher Bund für Vogelschutz e. V. (DBV) → Naturschutzverbände.

Deutscher Försterbund: ehemalige Vereinigung von Forstbeamten der mittleren und unteren Beamtenlaufbahn, aufgelöst 1933; → Reichsforstverband.

Deutscher Forstverein: Der D. F. wurde 1899 unter dem Vorsitz → Danckelmanns in Schwerin gegründet und ging aus der Vereinigung südd. Forstleute (gegründet 1838 in Baden) und den späteren Wanderversammlungen deutscher Forstleute hervor. Er ist die Dachorganisation der Landesforstvereine, in denen Forstleute, Waldbesitzer, Wissenschaftler, Freunde des Waldes sowie forstliche Verbände zusammengeschlossen sind. Der D. F. vertritt weder Standes- noch Vermögensinteressen, sondern hat sich die Fürsorge um den heimischen Wald zum Ziel gesetzt. Weitere Aufgaben sind die Fortbildung der Mitglieder, die Förderung der forst-lichen Wirtschaft und Wissenschaft und die internationale forstliche Zusammenarbeit. Er führt in zweijährigem Turnus Tagungen durch, die der Information der Öffentlichkeit und der Fortbildung der Mitglieder dienen. Der D. F. hat seinen Sitz in Wiesbaden; → Reichsforstwirtschaftsrat.

Deutscher Forstwirtschaftsrat (DFWR): Der 1950 gegründete DFWR e. V., Rheinbach bei Bonn ist die Nachfolgeorganisation des → Reichsforstwirtschaftsrates und repräsentiert als forstpolitische Vertretung den → Staatswald, den → Körperschaftswald, den → Privatwald, die → Forstwissenschaft, die mit der → Forstwirtschaft verbundenen berufsständischen Verbände und weitere mit der Erhaltung und Förderung des Waldes und der Forstwirtschaft befaßte Institutionen. Er hat sich die Aufgabe gestellt, die Forstwirtschaft und die Erhaltung und Pflege des deutschen Waldes zu fördern. Er richtet zu diesem Zweck Anträge und Vorschläge an die Bundes- und Landesbehörden sowie an andere zuständige Stellen, erstattet auf Wunsch Gutachten und unternimmt alle sonstigen der Erfüllung seiner Aufgaben dienende Schritte. Der DFWR will auf diese Weise und durch Zusammenarbeit aller Kreise der Forstwirtschaft sowie mit den Mitteln der Forstpolitik (→ Forst- und Holzwirtschaftspolitik) die Wirtschaftlichkeit der → Forstbetriebe erhalten und steigern. Er vertritt außerdem die sozial- und gesellschaftspolitischen Aufgaben des Waldes. Von den Mitgliedsorganisationen des DFWR sind insbesondere zu erwähnen: die → Arbeitsgemeinschaft Deutscher Waldbesitzerverbände e.V., die Industriegewerkschaft Bauen, Agrar, Umwelt, der → Bund Deutscher Forstleute, die Bundesvereinigung der kommunalen Spitzenverbände, der Deutsche Bauernverband und die → Schutzgemeinschaft Deutscher Wald.

Deutscher Ginster, der: → Ginster 2.

Deutscher Holzwirtschaftsrat (DHWR): Ein 1949 nach Aufforderung durch die Verwaltung für Ernährung, Landwirtschaft und Forsten von Spitzenverbänden und -vereinen der Holzwirtschaft gegründeter „Holzwirtschaftsrat des Vereinigten Wirtschaftsgebietes". 1950 wurde dieser Beirat in „Deutscher Holzwirtschaftsrat" umbenannt. Der DHWR, ein freiwilliger Zusammenschluß ohne Satzung, wird bei einheitlicher Interessen- und Problemlage der angeschlossenen Berufsverbände fallweise tätig. Seit 1978 besteht im DHWR ein Rundholzausschuß, der als Gesprächspartner für den Holzmarktausschuß des → Deutschen Forstwirtschaftsrates gedacht ist.

Deutscher Naturschutzring (DNR) e. V. → Naturschutzverbände.

Deutscher Naturschutztag: unter Beteiligung von → Naturschutzverbänden durchgeführter Bundeskongreß für → Naturschutz und → Landschaftspflege; ab 1925 unregelmäßig, ab 1957 regelmäßig alle zwei Jahre.

Deutscher Rat für Landespflege (DRL): ein unabhängiges Gremium von Fachleuten aus dem Bereich der → Landespflege. Der DRL wurde 1962 als freie Vereinigung gegründet und erstellt Gutachten und Stellungnahmen auf Bundes- wie auf kommunaler Ebene.

Deutscher Rispelstrauch, der: → Rispelstrauch.

Deutscher Salatbaum, der: → Ahorne 4.

Deutscher Silberbaum, der: → Pappeln 4.

Deutscher Straußfarn, der: → Straußfarn.

Deutscher Streifenfarn, der: → Streifenfarn 4.

Deutscher Theriak, der: → Bibernelle 1.

Deutscher Umweltpreis, der: → Deutsche Bundesstiftung Umwelt.

Deutscher Verband Forstlicher Forschungsanstalten: Der 1951 gegründete Verband ist ein Bindeglied der → Forstwissenschaft innerhalb der BR Dtschl. und nach außen. Seine Aufgaben sind:
– Information über Forschungsfragen und Forschungsvorhaben unter den Mitgliedern.
– Vertretung der Interessen der forst- und holzwirtschaftlichen Forschung gegenüber der Öffentlichkeit, den Behörden und Dienststellen in der BR Dtschl. und nationalen und internationalen wissenschaftlichen Organisationen.

Der Verband hat z. Zt. 53 Mitgliedsinstitutionen. Hierzu gehören alle Lehrstühle und Abteilungen der Forstlichen Fakultäten. Daneben gehören die Forstlichen Versuchs- und Forschungsanstalten dem Verband teils korporativ, teils durch alle zugehörigen Institute (Abteilungen) an. Träger des wissenschaftlichen Lebens im Verband sind die sog. „Sektionen", z. B. die Sektionen „Ertragskunde", „Waldernährung und Düngung" und „Waldbau" etc. Der Verband geht auf den im Jahre 1872 gegründeten „Verein deutscher forstlicher Versuchsanstalten" zurück, der seine letzte Vereinstagung im Jahre 1935 durchgeführt hat.

Deutscher Ziest, der: → Ziest 3.

Deutscher Zuckerahorn, der: → Ahorne 4.

Deutsches Ebenholz, das: schwarz gebeiztes Holz der Eib.

Deutsches Eisenholz, das: seltene Bez. für das Holz der Rob; → Eisenholz.

Deutsches Geißblatt, das: → Geißblatt 6.

Deutsche Tamariske, die: → Rispelstrauch.

Deutsche Umwelt-Aktion (DUA) e. V. → Naturschutzverbände.

Deutsche Waldjugend (DWJ) e. V., die: 1957 in Glücksburg von Klaus → Gundelach gegründete Jugendorganisation der → Schutzgemeinschaft Deutscher Wald. Die DWJ gliedert sich wie die Schutzgemeinschaft Deutscher Wald in Landesverbände; die Bundesgeschäftsstelle hat ihren Sitz in Hemer-Deilingshofen. Ziel der DWJ ist es, in Gemeinschaft mit Jungen und Mädchen im Alter von acht bis 27 Jahren, den sog. → Waldläufern, den Wald zu erleben und kennenzulernen, ihn zu schützen, zu pflegen und zu erhalten. Im Mittelpunkt der Aufgaben einer Waldjugendgruppe steht der → Patenforst. Der Bundesverband der DWJ betreut zur Zeit ca. 4500 Mitglieder in ca. 600 Horsten. Die DWJ gliedert sich in Horte. Diese bestehen meist aus ca. acht bis 15 Waldläuferinnen und Waldläufer eines Ortes. Existieren in einem Ort oder einer Stadt mehrere Horte, bilden sie einen Horst. Die Horte und Horste eines Kreises werden zu einem Hortenring zusammengefaßt und bilden den Landesverband, der wiederum Mitglied im Bundesverband der DWJ ist. Die DWJ ist eine überparteiliche, weltanschaulich und konfessionell nicht gebundene Jugendgemeinschaft und über den Arbeitskreis zentraler Jugendverbände an den Bundesjugendring angeschlossen. Ihre Verbandsorgane sind die DWJ-Info – Informationsschrift des Bundesverbandes (erscheint viermal jährlich) und Fang – Führungszeitschrift der DWJ (erscheint in loser Reihenfolge ca. drei- bis viermal jährlich); → Forstpaten, Späherprobe, Jugendwaldheime.

Deutsche Waldverwertungsgesellschaft mbH: Durch die mit Errichtung des → Reichsnährstandes bewirkte Ausschaltung der Versteigerungen war bei der Holzverwertung im Privatwald an Stelle des bis dahin häufigen öffentlichen Meistgebotverkaufes der Einzelfreihandverkauf getreten. Um den Privatwaldbesitz beim Verkauf zu unterstützen und die Holzmarktplanung zu fördern, hatte der Reichsnährstand die D. W. („Deutschwald") in Berlin mit sämtlichen Anteilen übernommen und zur Holzvermittlungsstelle umorganisiert. Aufgabe dieser Stelle war es, die Holzerzeugnisse, insbesondere des nichtstaatlichen Waldes, in gerechter Weise und zu gerechten Preisen dem Holzhandel und den Säge- und Holzbearbeitungswerken zu vermitteln. Zur regionalen Zusammenfassung der Holzverwertung wurden bei den einzelnen Landesbauernschaften als Unterabteilungen des Reichsnährstandes Zweigstellen der Deutschwaldgesellschaft errichtet (Amtliche Holzverwertungsstellen). Mit Kriegsbeginn traten an deren Stelle die Forst- und Holzwirtschaftsämter.

Deutsche Wespe, die: → Wespen 2.

Deutschwald, die: Abk. für → Deutsche Waldverwertungsgesellschaft mbH.

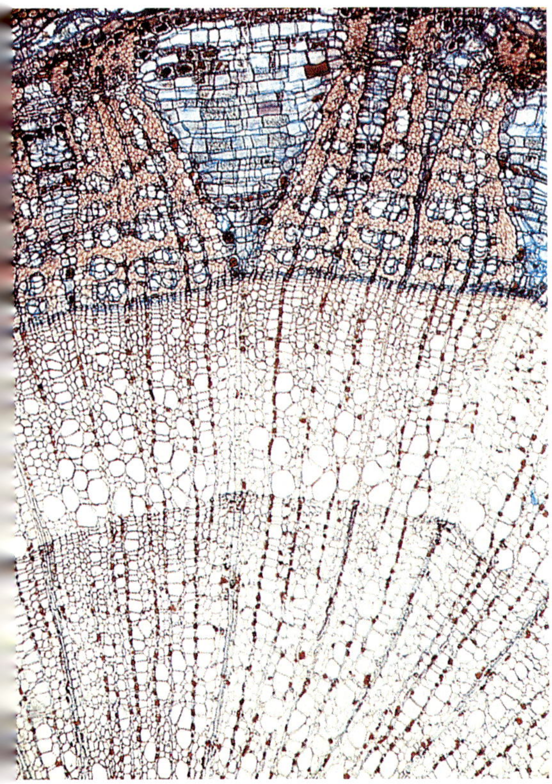

Querschnitt durch das Stämmchen einer fünfjährigen Linde (*Tilia*). Holz hell, Bast dunkler (blau und rot), Rinde fast schwarz gefärbt. Die blaue Grenzlinie zwischen Holz und Bast entspricht dem Kambium.

Devastation, die: fachsprachliche Bez. für Verwüstung oder Verödung, d. h. für das Fehlen einer Pflanzendecke.

devastierte Standorte, die: Boden, die ihre natürlichen Leistungsfähigkeit durch direkte oder indirekte menschliche Einwirkungen (→ Waldstreunutzung, → Waldweide, → Bodenerosion) verloren haben; → Devastation.

Devon, das: → Erdzeitalter, Anhang.

Dezimal, das: → Tagwerk.

DFWR: Abk. für → Deutscher Forstwirtschaftsrat e. V.

DG: Kurzzeichen für (europäische) Douglasie nach DIN 4076.

dGz: in der Forstwirtschaft Bez. für den durchschnittlichen Gesamtzuwachs (→ Zuwachs) eines → Bestandes. Der Zusatz einer Zahl, z. B. $dGz_{100} = 10$ bedeutet, daß in einem Bestand im Zeitraum von 100 Jahren je Jahr und Hektar 10 fm zugewachsen sind; → Wachstumskurve, Gesamtwuchsleistung.

DHWR: Abk. für → Deutscher Holzwirtschaftsrat e. V.

Diapause, die: bei vielen Tieren und Pflanzen in ihrer Entwicklung oft ausgeprägte, zeitlich begrenzte und erbliche Ruhepause (Embryonal-, Larven-, Puppen-, Imaginalruhe, Winterschlaf) mit vermindertem Stoffwechsel. Diese D. genannten Ruhepausen unterliegen i. d. R. einer inneren (endogenen Steuerung), die oft von äußeren Bedingungen (Abnahme der Tageslichtlänge, Temperaturänderung, Feuchtigkeit oder Trockenheit u. ä.) beeinflußt wird. Beispiele: Ruhe des Eies kurz nach der Befruchtung (bewirkt bei Säugern, z. B. Rehwild, verlängerte Tragzeit); Puppenstadium der Schmetterlinge.

Dialpetalae: → Zweikeimblättrige Pflanzen (Dikotylen; *dikotyl* = zwei → Keimblätter aufweisend, zweikeimblättrig) mit einer in Kelch und freiblättrige Blütenknospe gegliederten Blüte mit meist auffälliger Hülle.

Dianthus → Nelke.

Diaspididae → Schildläuse.

Dichasium, das: bei Pflanzen die Fortsetzung des Wachstums von jeweils zwei gegenüberliegenden Seitenachsen, während die Hauptachse gehemmt bleibt; z. B. ein trugdoldiger → Blütenstand besteht aus einer Endblüte und zwei Seitenblüten (zweifache Abzweigung). Setzen mehr als zwei Seitenachsen das Wachstum fort, liegt ein Pleiochasium vor.

Dichogamie, die: Bez. für die zeitlich verschobene Reife der männlichen und weiblichen Blüten bzw. Blütenorgane zwittriger Geschlechtsorgane bei Pflanzen zur Vermeidung von → Inzucht. Es können dabei die weiblichen (Vorweiblicheit oder Protogynie, z. B. bei Kast oder GEr) oder die männlichen (Vormännlichkeit oder Protandrie bei Fi oder Kie) Organe zuerst reifen.

Dichotomie, die (Gabelung): die gabelige Verzweigung der → Sproßachse in zwei gleichartige Tochterachsen; d. h. der → Vegetationspunkt teilt sich in zwei neue, gleichwertige Vegetationspunkte auf, z. B. bei Bärlappgewächsen und einigen Farnen. Ggs.: → seitliche Verzweigung.

dicht → Beschirmungsgrad.

Dichte des Holzes: Verhältnis der Holzmasse zum Holzvolumen. Sie ist eine variable Größe und hängt vom Feuchtigkeitsgehalt ab. Feuchtes Holz ist i. d. R. schwerer und hat somit eine höhere Dichte (Gewicht pro Volumeneinheit) als trockenes Holz. Innerhalb derselben Holzart kann die D. aufgrund unterschiedlicher Wuchsbedingungen starken Schwankungen unterliegen; auch innerhalb eine Stammes verändert sich die Größe der D. sowohl in Längsrichtung als auch in Querrichtung. Für die Angabe des spezifischen Gewichtes des Holzes – bezeichnet mit der physikalischen Meßgröße der „Dichte" – sind in der Forstwirtschaft verschiedene Meßgrößen üblich:

1. Die Rohdichte; Maßeinheit: g/cm^3. Sie ist die D. bei beliebigem Feuchtigkeitsgehalt und ist für nasses Holz höher als für trockenes (schwankt z. B. bei der Fi zwischen 1 und 0,4 g/cm^3); somit die spezifische, auf eine Volumeneinheit (cm^3 oder m^3) bezogene Masse des porigen Körpers Holz.

2. Die Raumdichte; Maßeinheit: kg/fm. Sie bezeichnet das Verhältnis von → Darrgewicht zu Frischvolumen und gibt an, wieviel Kilogramm Trockensubstanz in einem Frischfestmeter eines Holzes enthalten sind. Sie wird v. a. in der forstlichen Literatur zur Charakterisierung der Trockensubstanzerzeugung der Holzarten verwendet. Auch für die Zellstoffindustrie ist der auf das Frischvolumen bezogene Anteil an Trockensubstanz für Anteilsberechnungen von Bedeutung, weil die Zellstoffindustrie das Rohholz nach Volumen im Frischzustand einkauft, das Produkt Zellstoff aber nach der Masse berechnet und verkauft.

3. Die Darrdichte; Maßeinheit g/cm^3. Sie ist die D. des absolut trockenen Holzes und gibt das Verhältnis von Darrgewicht zu Darrvolumen an, d. h. wieviel Gramm wasserfreier Holzstoff in einem Kubikzentimeter (bzw. kg/m^3) trockenem Holz enthalten ist. Für Fi liegt sie z. B. bei 0,4 g/cm^3, für Bu bei 0,7 g/cm^3.

Daneben gibt es noch das Gewicht der reinen Zellwandsubstanz, ausgedrückt in der physikalischen Meßgröße der „**Reindichte**". Im Ggs. zur Rohdichte ist sie das Verhältnis von Masse und Volumen „ausschließlich" der Hohlräume; bei der Rohdichte „einschließlich" der Hohlräume und deren Inhalt. Die Reindichte ist für alle Holzarten fast gleich und liegt bei 1,5 g/cm^3 (siehe Anhang Seite 892).

Dickblättriger Schwarztäubling, der: → Täublinge 15.

Dickblättrige Sternmiere, die: → Sternmiere.

Dickbretter: auch Bankladen. Bez. für schwächere → Bohlen, meist unter 2 → Zoll Stärke. D. wurden als Bankladen bezeichnet, wenn sie neben der erforderlichen Stärke noch eine Breite von mindestens 12 Zoll hatten. E. wurden aus Ei und Ndh hergestellt und von Zimmerleuten und Tischlern verarbeitet.

Dickenmesser, das: → Kluppe, Dendrometer.

Dickenwachstum, das: Vergrößerung des Durchmessers von → Sproß und → Wurzeln, später des → Stammes von höheren Pflanzen (→ Sproßpflanzen). Das primäre D., das v. a.

◄◄◄ Dunkler Dickkopffalter (*Erynnis tages*)

◄◄ Gelbwürfeliger Dickkopffalter (*Carterocephalus palaemon*)

bei → zweikeimblättrigen Pflanzen und → Nacktsamern vorkommt, beruht auf – zeitlich begrenzten – Zellteilungen, die vom Vegetationszeitpunkt ausgehen. Sie dauern meist nur kurze Zeit und verbreitern die Sproßachse. Das sekundäre D. schließt sich immer an das primäre D. an. Es beruht auf der Tätigkeit eines im Querschnitt ringförmig angeordneten Bildungsgewebes (→ Kambium), das durch Zellteilungen nach innen und außen neue Zellen abgibt und erst mit dem Absterben der Pflanze endet. Die nach innen abgegebenen Zellen verholzen und bilden das → Festigungsgewebe. Die nach außen abgeschnürten Zellen bilden den → Bast.

Dickfußröhrling, der: → Röhrlinge 4.

Dickicht, das: svw. → Dickung.

Dickkopffalter (*Hesperiidae*): auch Dickköpfe. Mit über 3000 Arten (davon etwa 40 in Europa) weltweit verbreitete Fam. meist kleiner bis mittelgroßer, etwa 2 bis 3 cm spannender → Schmetterlinge. D. haben einen gedrungenen Körper, einen breiten Kopf und zugespitzte Fühlerkolben, die meist mit einem Endhaken versehen sind. Die Flügel sind oberseits oft düster gefärbt, die Unterseite häufig mit einer arttypischen Zeichnung, die die Bestimmung erleichtert. Die Flügel können in der Ruhestellung nach Art der Nachtfalter nach oben geklappt werden. Männchen und Weibchen unterscheiden sich kaum. Die → Raupen haben einen großen, deutlich abgesetzten Kopf. Sie leben meist zwischen zusammengesponnenen Blättern oder Halmen. Die → Puppe ruht in einem leichten Kokon.

1. **Dunkler Dickkopffalter**, der (*Erynnis tages*): Länge der Vorderflügel etwa 1,5 cm. Der oberseits braune Falter ist weißlich bestäubt und hat am Rand der Vorder- und Hinterflügel einen Saum feiner weißer Punkte. Die etwas hellere Unterseite ist zeichnungslos. Der weit verbreitete Falter bevorzugt trockene Stellen (Heiden und Wiesen), hält sich aber auch in lichten Wäldern auf. Er fliegt im Norden Europas in einer Generation (Mai/Juni), im Süden in zwei Generationen (April bis Spätsommer). Der häufige Falter ruht mit dachförmig zusammengeklappten Flügeln gerne auf dem Boden. Die grüne Raupe mit gelben, schwarz-punktierten Seitenstreifen lebt hauptsächlich an Hornklee, Kronwicke, Mannstreu, Hufeisenklee und Luzerne. Sie überwintert in einem Gespinst an der Futterpflanze. Die Puppe ist grün, gelb und braun.

2. **Gelbwürfeliger Dickkopffalter**, der (*Carterocephalus palaemon*): Länge der Vorderflügel etwa 1,5 cm. Der oberseits dunkelbraune Falter hat auf den Vorderflügeln eine Reihe eckiger, auf den Hinterflügeln rundliche goldgelbe Flecken von unterschiedlicher Größe. Unterseits ist er rötlichgelb und schwarz gezeichnet. Der von den Alpen bis zum Polarkreis vorkommende Falter fliegt in einer Generation von Mitte Mai bis Juni. Er bevorzugt offene Grasplätze, auch Waldlichtungen, die in der Nähe von Wasser liegen. Die in einer Gespinströhre überwinternde, blaßgrüne Raupe lebt an verschiedenen Wildgräsern, besonders an Trespe. Die Puppe ist gelb und grau mit langer Kopfspitze.

3. **Kommafalter**, der (*Hesperia comma*): Länge der Vorderflügel etwa 1,4 bis 1,5 cm. Die Flügelfärbung ist braun-golden. Beim Männchen findet sich auf der Oberseite der Vorderflügel je ein kommaförmiges dunkles Zeichen (Name!). Auf der Unterseite der Flügel weiße Flecken, die beim Weibchen kräftiger und größer ausgebildet sind. Der weit verbreitete, häufige Falter kommt in fast allen Biotopen bis in 2500 m Höhe vor. Er fliegt in einer Generation von Juli bis August und bevorzugt kalkreiche, grasbestandene Böden. Die Eier überwintern. Die im April schlüpfende Raupe ist grün und schwarz und hat einen auffallend dunklen, kugeligen und großen Kopf mit einem Stirndreieck und zwei braunen Längsstreifen. Sie lebt an den verschiedensten Grasarten in einer Röhre (Köcher) aus zusammengesponnenen Halmen.

Dickschaliger Kartoffelbovist, der: → Bauchpilze 4.

Dickten: meist Bez. für Furnierblätter der Sägefurniere in Stärken von 1,2 bis 8 mm; → Furniere.

Dickung, die: auch Jungmais, Schonung. In der Forstwirtschaft Bez. für einen heranwachsenden → Bestand nach dem Eintritt des Bestandsschlusses (→ Schluß) bis zum Beginn der natürlichen → Astreinigung, d. h. die Bäumchen sind bereits mehr als manns-

Die Dickung wird durch die Läuterung gepflegt.

hoch und berühren bzw. überlappen sich mit den Seitenzweigen. In der D. fällt noch kein → Derbholz an. Der vorhergehende Entwicklungsabschnitt wird → Jungwuchs, der folgende → Stangenholz genannt. Pflegemaßnahmen in der D.: → Läuterung; → Maise.

Dickungspflege, die: → Läuterung.

Dicotyledoneae → Zweikeimblättrige Pflanzen.

Dicranum → Gabelzahnmoos.

Dicrano Pinion → Kiefernwälder.

Dielen: **1**) im Bauwesen frühere Bez. für die meist 2 bis 5 cm dicken Bretter (→ Brett) aus Nadelholz, die als Laufschicht der Fußböden verwendet werden. **2**) in Süddtschl. übliche Bez. für → Bohlen.

Dielenfloß, das: auch Bordfloß, Feigenholzfloß, Stümmel, Thill-, Dillspitze. Bei der früheren → Flößerei ein aus Brettern (→ Bord) bzw. anderen Schnittwaren (Latten, Säulenholz) gebundenes Floß. Im Maingebiet bestand z. B. ein D. aus 900 bis 1000 Brettern. Mehrere D. wurden lokal auch als Stümmelstück bezeichnet.

dienende Baumarten → Hilfsbaumarten.

Dienstbarkeit, die: auch Gerechtsame, Servitut. Belastung eines Grundstücks mit Benutzungsrecht oder anderen Vorteilen entweder zugunsten des Eigentümers eines anderen Grundstücks (Grunddienstbarkeit) oder einer bestimmten Person (beschränkte persönliche Dienstbarkeit und Nießbrauch); → Forstrechte.

Dienstkleidungsvorschrift, die: → Forstuniform.

Dienstuniform der Forstbeamten, die: → Forstuniform.

Dietrich, Victor, Dr. (26.8.1879 Neustadt an der Linde bis 8.12.1971 Stuttgart): D. studierte an der Universität Tübingen Forstwissenschaft. Von 1921 bis 1925 war er Leiter der Württembergischen Forstlichen Versuchsanstalt in Tübingen, von 1925 bis 1931 Referent der württembergischen Forstdirektion in Stuttgart und von 1931 bis 1949 Professor der Forstwissenschaft in München. D. war Schöpfer einer umfassenden forstlichen Betriebswirtschaftslehre und der wissenschaftlich begründeten Waldfunktionenlehre. Er zählt zu den bedeutendsten Forstwissenschaftlern dieses Jh. D. schrieb u. a.: „Forstliche Betriebswirtschaftslehre" in drei Bänden: „Die wissenschaftliche Grundlegung" (1930), „Waldwertschätzung" (1940) und „Erfolgsrechnung" (1941).

Victor Dietrich zählt zu den bedeutendsten Forstwissenschaftlern des 20. Jahrhunderts.

Differentialart, die: auch Unterscheidungsart, Trennart. D. bevorzugen beim Vergleich verwandter → Pflanzengesellschaften deutlich eine der Gesellschaften, treten aber auch in anderen Gesellschaften auf; → Charakterart.

Digitalis → Fingerhut.

Dilatation, die: ein in der → Rinde durch Zellteilung oder Zelldehnung bewirktes tangentiales Erweiterungswachstum von parenchymatischen (→ Parenchym) Zellen. Die D. verursacht den Abbau von Gewebespannungen, die durch das radiale → Dickenwachstum der Bäume – besonders bei Li – entstehen.

Dille, die: alte lokale Bez. (Sechsämterland) für → Brett.

Dimensionshieb, der: auch Sortimentshieb. Bei einem D. werden nur Stämme geerntet, die die für den Verwendungszweck (z. B. Bauholz) erforderlichen Ausmaße (Mindestdurchmesser) oder ggf. Formen haben; → Selektionshieb.

Dimensionsholz, das: **1**) auch Dimensionsware. Bez. für → Schnittholz, das in anderen als handelsüblichen Maßen (meist auf Bestellung) erzeugt wird. **2**) → Großbauholz.

Dingel, der (*Limodorum*): auch Dingelorchis. Gatt. der → Orchideen mit der nachstehenden einheimischen Art:

Violetter Dingel, der (*Limodorum abortivum* (L.) Schwartz): auch Dingelorchis. Die hauptsächlich über Südeuropa, aber auch über Süddtschl. und Österreich verbreitete Erdorchidee ist sehr selten, wärmeliebend und wächst in lichten Kiefern-, Eichen- und Flaumeichenwäldern, Flaumeichengebüschen, artenreicheren Kiefern-Eichenwäldern, Buchenmischwäldern, besonders Seggen-Buchenwäldern, in Weinbergen, auf gebüschreichen Trockenrasen und trockenen Böschungen, oft auf basenreichen Böden, bis in Höhen von etwa 2300 m. Der V. D. ist die → Charakterart des Mitteleuropäischen Flaumeichen-Mischwaldes und die überregionale Ordnungs-Charakterart der Xerothermen submediterranen Flaumeichenwälder und subkontinentalen Eichen-Steppenwälder.
Die mehrjährige, 20 bis 50 cm (im Süden bis 80 cm) hohe Pflanze ohne Blattgrün (→ Chlorophyll) hat einen blauen bis violetten, steifen, unten dicken Stengel mit fast horizontaler, tief im Boden liegender Grundachse. Die schuppenförmigen Stengelblätter sind violett. BZ: Mai bis Juli. Die im lockeren vier- bis achtblütigen, ährigen → Blütenstand stehenden, violetten Blüten sind bis 4 cm breit und haben einen hellvioletten, gelegentlich weißlichen, 15 bis 25 mm langen pfriemlichen, abwärts gerichteten Sporn. Die eiförmig-lanzettlichen → Kelchblätter sind 16 bis 25 mm lang und 5 bis 11 mm breit, die seitlichen → Kronblätter schmal-lanzettlich und deutlich kürzer. Die zweigliedrige, eiförmige Lippe ist etwa 4 bis 22 mm lang und am Rande gezähnt. Die Blüten, von denen immer einige im Blütenstand geschlossen sind, öffnen sich nur bei warmen, sehr sonnigem Wetter.

Dingelorchis, die: → Dingel.

diözisch → zweihäusig.

Dioxin, das: systematische Bez. für ein zweifach ungesättigtes, sechsgliedriges Ringsystem. Das bekannteste und auch das gefährlichste ist das 2.3.7.8-Tetrachlordibenzo-1.4-dioxin, Abk.: TCDD. Es ist hochtoxisch, verursacht schwere Hautschäden (Chlorakne), wirkt schädigend auf die Erbsubstanz (teratogene Wirkung) und ist krebserzeugend (kanzerogene Wirkung). Im Juli 1976 wurden durch ein Unglück bei der Hoffmann-La-Roche-Tochtergesellschaft Icmesa-Chemie in Seveso (Italien) ca. 1800 ha Land verseucht. Bei dem Unglück sollen etwa 135 g der Verbindung freigesetzt worden sein. Über 400 Kinder erkrankten an Chlorakne, 75 000 Tiere starben oder mußten getötet werden. TCDD entsteht als unerwünschtes Nebenprodukt bei der Herstellung von 2.4.5-Trichlorphenol (Bakterizid, Fungizid; → Pestizide) und Entlaubungsmitteln sowie bei Müll- u. a. Verbrennungsprozessen. D. ist sehr persistent und reichert sich in biologischen Geweben an.

Diplom-Forstwirt, der: akademischer Grad, der nach einem Studium der → Forstwissenschaft an einer der deutschen Universitäten (Freiburg, Göttingen, München und Tharandt) mit forstlicher Fakultät erworben werden kann; → Forstwirt.

Diplom-Holzwirt, der: akademischer Grad der Universität Hamburg für Absolventen des Studiums der → Holzwirtschaft.

Dippelbäume: auch Dippelhölzer. Lokale Bez. für Tragbalken; → Balken.

Dippelsaat, die: → Saatformen.

Dipsacaceae → Kardengewächse.

Dipsacus → Karde.

Diptam, der (*Diptamnus*): Gatt. der Rautengewächse (*Rutaceae*), seit dem Pliozän (→ Erdzeitalter) bekannt, mit der auch bei uns vorkommenden Art:

Weißer Diptam, der (*Diptamnus albus* L.): Auch Brennender Busch, Eschenblättriger Diptam. Der W. D. ist über Mittel- und Südeuropa, bis Nord-China verbreitet. In Dtschl. ist er v. a. in den Bergwäldern Mittel- und Süddtschl. anzutreffen. Er ist selten, gefährdet, wärmeliebend und wächst in lichten Wäldern, besonders Eichen-Föhrenwäldern, in Gebüschen, häufig Eichengebüschen, an sonnigen, trockenen, felsigen Hängen und auf Steppenheiden, auf trockenen, warmen, kalkreichen Böden.
Die mehrjährige, 50 bis 120 cm hohe Pflanze duftet durch den Gehalt an → ätherischen Ölen stark aromatisch nach Zitrone oder Zimt. An heißen Tagen verdunstet so viel ätherisches Öl, daß es sich bei Windstille sogar entzünden läßt. Die meist zu mehreren, aufrecht stehenden Stengel sind oberwärts kurzhaarig oder mit zahlreichen schwarzen Drüsenpunkten versehen. Die unteren Blätter sind verkehrt eiförmig und ungeteilt; die übrigen Blätter sind gestielt, einfach gefiedert (eschenblattähnlich) mit sieben bis 11 Fiedern. BZ: Mai bis Juni. Die Blüten stehen in endständiger, aufrechter, meist einfacher, selten zusammengesetzter Traube (→ Blütenstand). Die fünf → Kronblätter sind rosa, dun-

◂◂◂ ◂◂ Beim Diptam verhindert die zeitlich getrennte Entwicklungsreife der Staubgefäße und des Stempels eine Selbstbefruchtung.

kelrot geadert, selten weiß, 2 bis 3 cm lang und drüsig; vier von ihnen sind nach oben gerichtet, das fünfte ist abwärts gebogen.

Diptamnus → Diptam.

Diptera → Zweiflügler.

Dirlitze, die: → Hartriegel.

Dirndlholz, das: → Hartriegel 1.

Discoglossidae → Scheibenzüngler.

Discomycetales → Scheibenpilze.

Disjunktion, die: in der Tier- und Pflanzengeographie das Vorkommen einer Tier- und Pflanzenart in mehreren, nicht zusammenhängenden (ehemals aber zusammenhängenden) Verbreitungsgebieten (disjunkte Areale). Diese Aufspaltung trat z. B. während der postglazialen Waldentwicklung (z. B. bei Kie, Lä) ein.

Dissimilation, die: in der Biologie Bez. für die Spaltung hochmolekularer Stoffe (z. B. Kohlehydrate) in niedermolekulare. Die dabei freiwerdende Energie wird zu verschiedenen Lebensprozessen benötigt. Laufen D.-Prozesse in Gegenwart von → Sauerstoff ab, so werden sie als „Atmung", bei Sauerstoffabwesenheit als „Gärung" bezeichnet. Bei der Atmung der Pflanzen wird neben Wasser hauptsächlich → Kohlendioxid abgegeben und Sauerstoff aufgenommen. Das bedeutet einen Abbau an Pflanzenmasse, bei dem Energie frei wird. Dieser Vorgang wird exotherm genannt, im Ggs. zur Energie festlegenden endothermen → Photosynthese. Die O_2-Aufnahme (Sauerstoff) und CO_2-Abgabe (Kohlendioxid) sind bei Licht um ein Mehrfaches höher. Sie werden Lichtatmung (Photorespiration) genannt und haben mit dem normalen Atmungsgaswechsel nur formal Ähnlichkeit. Die Atmung befähigt die Pflanze, die gebundene Energie jederzeit und an allen Orten, wo nicht assimiliert (→ Assimilation) werden kann, zu nutzen.

Distel, die: **1)** volkstümliche Bez. für stachelige → Korbblütler aus verschiedenen Gatt., wie z. B. → Eberwurz und → Kratzdistel. **2)** die Gatt. D. (*Carduus*) aus der Fam. der Korbblütler. Sie umfaßt etwa 100 Arten in Eurasien und Afrika. Es sind dies etwa 30 bis 200 cm hohe Kräuter und Stauden mit stacheligen Blättern und meist in großen Blütenköpfchen stehenden, purpurfarbenen oder weißen Röhrenblüten. Die Früchtchen aller Arten der Gatt. D. haben gezähnte Pappusstrahlen, im Ggs. zu den gefiederten Pappusstrahlen der Arten der Gatt. Kratzdistel. In Dtschl. kommen sechs Arten vor, davon folgende im Wald:

1. Alpen-Kratzdistel, die (*Carduus defloratus* Linné): auch Berg-D., Langstielige Alpen- oder Berg-D., Armblütige Alpen- oder Berg-D. Die A. ist über Mittel- und Südeuropa verbreitet. Sie wächst zerstreut auf nährstoffreichen, bevorzugt auf kalkhaltigen Böden, in lichten Wäldern, besonders Schneeheide-Kiefernwäldern und Alpenrosen-Latschengebüschen, an steinigen Hängen, auf Schutthalden, Magerwiesen und Heideland, von den Tallagen bis in Höhen von 3000 m.

Die ausdauernde, 20 bis 80 cm hohe Pflanze (Pionierpflanze; → Pionierart) hat einen meist bogig aufsteigenden, einfachen oder wenig verzweigten Stengel und wenig stechenden Blätter. BZ: Juni bis Oktober. Die eikugeligen bis eiförmigen, 15 bis 30 mm breiten Blütenköpfchen (→ Blütenstand) bestehen aus purpurroten, gelegentlich auch weißen, zwittrigen Röhrenblüten und dachig angeordneten, im oberen Teil abstehenden, in einer Spitze endenden Hüllblätter. Die länglichen Früchtchen tragen eine mehrreihige (nicht fedrige), abfallende Haarkrone (→ Pappus); → Ameisenpflanzen.

2. Kletten-Distel, die (*Carduus personata* (L.) Jacq.): auch Maskierte D., Klettenähnliche D. Die K. ist über die Gebirge Mittel- und Südeuropas verbreitet. Sie ist ziemlich selten und wächst in feuchten Gebüschen, Grauerlen-Auenwäldern (→ Charakterart, → Differentialart zu den Hartholz-Auenwäldern), Weidengebüschen, Hochstaudenfluren, auf Waldlichtungen, Wiesen, an Bachufern und in der Nähe von Sennhütten (sog. Lägerpflanze), in Höhen von 800 bis 2300 m, vereinzelt aber auch in der Ebene.

Die 60 bis 120 cm hohe Pflanze hat einen schmal geflügelten Stengel und ebensolche Äste und große, weiße, unterseits spinnwebig wollig behaart Blätter. BZ: Juli/August. Die 1 bis 2 cm breiten, purpurnen Blütenkörbchen stehen zu mehreren dicht zusammengedrängt.

3. Krause Distel, die (*Carduus crispus* Linné): Die K. D. ist fast über ganz Europa verbreitet; auf den Britischen Inseln fehlt sie. In Dtschl. ist sie im Süden heimisch und nimmt nach Norden zu ab. Sie wächst verbreitet bis zerstreut, v. a. in Gebirgen und großen Flußtälern, bevorzugt auf feuchten, beschatteten Stellen, in Auwäldern, schattigen Gebüschen, Hecken, an Waldrändern, in Unkrautgesellschaften, an Gräben, Wegrändern, Zäunen, Ufern, auf Schuttplätzen, Ödland und Wiesen, bis in 1000 m Höhe.

Die meist zweijährige, 50 bis 140 cm hohe, verzweigte Pflanze hat einen oben meist verästelten, bis zu den Blütenköpfen schmal kraus- und weichstachelig-geflügelten, wollig behaarten, zerbrechlichen Stengel und unterseits spinnwebig-wollig grau- bis weißfilzig behaarte Blätter. BZ: Juli bis September. Die 10 bis 15 mm breiten, hellroten bis purpurnen, selten weiß oder rosafarbenen, kugeligen Blütenköpfe stehen zu drei bis fünf gehäuft, selten einzeln, auf den Zweigspitzen.

Distelfalter, der: → Edelfalter 20.

Distelfink, der: → Finkenvögel 6.

Distrikt, der: → Waldeinteilung.

Dittrich, Hermann (1845 Prag bis 1912 Weißwasser): D. studierte in Tharandt und Leipzig Forstwissenschaft und war zuletzt Leiter (Oberforstrat) des Oberforstamtes Weißwasser. Forstpolitisch hat D. sich in Böhmen bei der Ablösung der Servitute und der Verbesserung des Zustandes der Bauernwälder hervorgetan.

Diurna → Tagfalter.

Diversität, die: Mit D. wird die Zahl der verschiedenen Arten, Ökosysteme und Genotypen in einer Gemeinschaft, Gesellschaft oder Probefläche (→ Weiserbestand) bezeichnet. Diese Vielfalt kann sich auf alle Arten (Biodiversität) oder nur bestimmte Gruppen, wie z. B. Fische, Vögel, Pflanzen, Säugetiere usw.

Von links nach rechts:
Kletten-Distel (*Carduus personata*)
Krause Distel (*Carduus crispus*)
Alpen-Distel (*Carduus defloratus*)

Douglasien

Gattung
Die sieben Arten umfassende Gattung (*Pseudotsuga*) der Koniferen (→ Nadelhölzer) gehört zur Familie der → Kieferngewächse (*Pinaceae*). Sie kommt in Europa, Asien und Amerika vor. Douglasien haben relativ weiche Nadeln und eine tiefgefurchte Borke. Die hängenden Zapfen mit den herausragenden dreizipfeligen Deckschuppen fallen als Ganzes ab. Die Vermehrung erfolgt durch Samen.

Douglasie
Die auch als Douglastanne oder Douglasfichte bekannte Douglasie *Pseudotsuga menziesii* (Mirbel) Franco = *P. taxifolia* (Poir.) Britton = *P. douglasii* Carr. erhielt ihren Namen vom schottischen Botaniker David Douglas (1799 – 1834). Der lateinische Gattungsname *Pseudotsuga* (griech.: *pseudos* = falsch) heißt „falsche Tsuga"; *Tsuga* ist der Name für die Hemlockstanne (→ ausländische Holzarten). Der Artname *taxifolia* bedeutet „eibenblättrig".

Die Douglasie ist ein raschwüchsiger Baum.

Verbreitung
Paläobotaniker haben die Gattung Douglasie bereits in den tertiären Ablagerungen Europas (→ Erdzeitalter) festgestellt. Die Douglasie wurde 1793 vom schottischen Arzt und Botaniker Archibald Menzies (1754 – 1842) in Kanada entdeckt und 1827 von David Douglas nach England gebracht. Wenige Jahre später findet man sie auch auf dem Kontinent. Sie ist inzwischen unsere wichtigste → Gastbaumart. Ihre ursprüngliche Heimat sind die küstennahen Gebirge im westlichen Nordamerika von Britisch-Kolumbien bis Kalifornien. In Europa wird sie seit langem in Parkanlagen gepflanzt und vielfach forstlich auf Standorten kultiviert, die für die Fichte nicht ausreichend und für die Kiefer zu gut mit Wasser versorgt sind.

Formen
Die Douglasie tritt hauptsächlich in zwei Formen auf, der grünen und der blauen Form. Die **Grüne Douglasie** oder **Küstendouglasie** (*Pseudotsuga menziesii var. menziesii*) hat längere, frisch- bis tiefgrüne Nadeln, ist sehr raschwüchsig, verlangt große Luftfrische und ist in der Jugend sehr empfindlich gegen Frost, Fege- und Verbißschäden. Sie ist auch sehr empfindlich gegen Wind und erreicht größere Ausmaße als die blaue Form, die **Gebirgsdouglasie** (*Pseudotsuga meziesii var. glauca* Franco). Diese ist frosthärter, wächst langsamer, stellt geringere Standortansprüche (ist auch kalkverträglicher), hat eine etwas schmälere Krone und eine dunklere, fast schwarzgraue Borke. Ihre Nadeln sind kürzer, steifer und infolge eines Wachsüberzuges bläulichgrün. Zerrieben haben die Blätter einen schwächeren Geruch als die der grünen Form, der zudem etwas terpentinartig ist. Die zwischen den Zapfenschuppen (Fruchtschuppen) herausragenden Deckschuppen sind unregelmäßig abspreizend und zurückgeschlagen.

▶▶ Douglasienzweig mit weiblichen Blütenständen

Standort
Die Douglasie ist ziemlich anspruchslos und nimmt mit fast jedem Boden vorlieb, meidet aber morastigen Boden. Am besten gedeiht sie auf frischen, meist tiefgründigen, nährstoffreichen, lehmigen Böden in regenreichen, luftfeuchten Klimalagen. Sie erträgt mäßig Schatten und auch längere Trockenperioden.

Merkmale
- Die Douglasie ist ein großer, immergrüner Baum, er trägt in der Jugend eine kegelförmige Krone, die im Alter breiter und flacher wird. Die Äste sind quirlig (Scheinquirle) und etagenartig gestellt (wie bei Fichten und Tannen), an jungen Bäumen meist waagrecht, an älteren aufsteigend oder – vor allem in der Gipfelregion – schräg abwärts geneigt. Die Douglasie bildet ein sehr anpassungsfähiges Herzwurzelsystem aus. Sie erreicht eine Höhe von 50 bis 60 m. Zwei Bäume von fast 60 m sind die höchsten Deutschlands (→ Wuchsleistung). In ihrer ursprünglichen Heimat wird sie fast doppelt so hoch. Ihr Stamm kann ca. 2 m oder gar noch stärker werden. In Europa sind jedoch Stämme über 1 m Durchmesser relativ selten. Das natürliche Höchstalter der Douglasie liegt bei 500 (Gebirgsdouglasie) bis 700 Jahren (Küstendouglasie).
- Die Rinde ist in der Jugend graugrün bis dunkelgrau, ziemlich glatt, mit zahlreichen waagerecht verlaufenden Harzbeulen (Harzbeutel) versehen, wird dann bei älteren Bäumen zu einer gröber rissigen, gefurchten, korkartigen, dunkelbraunen und zuletzt schwarzbraunen Borke mit tiefen helleren, zuweilen auch ockerfarbenen Rissen, da die Innenseite der Borke eine orange Färbung aufweist. Die hell- bis olivgrünen Triebe weisen eine feine Behaarung auf. Die Winterknospen sind spitz-kegelförmig, etwa 5 bis 8 mm lang, zimtbis rotbraun und meist glänzend. Die Seitenknospen stehen fast rechtwinkelig ab.
- Die schraubig und dicht stehenden Nadeln (Nadelblätter) sind 2 bis 3 cm (4 cm) lang und 1 bis 1,5 mm breit, unregelmäßig oder deutlich gescheitelt, flach, weich, biegsam, beidseits mittel- bis dunkelgrün oder blaugrün, unterseits mit zwei schmalen Spaltöffnungsstreifen und mit einem 1 mm langen, gelblichen Stiel versehen. Die zerriebenen Blätter duften fruchtig-harzig nach Orangen, die der Gebirgsdouglasie schwächer und eher terpentinartig. Die Lebensdauer der Nadeln beträgt 6 bis 8 Jahre. Sie fallen dann einzeln ab und hinterlassen kleine, etwas vorstehende, ovale Narben (im Unterschied zu Tannennadeln). Die Nadelstreu zersetzt sich gut und ist bodenverbessernd.

Douglasien

■ Die Douglasie wird im → Freistand mit 15 bis 20 Jahren, im Bestandsschluß (→ Schluß) mit 30 bis 40 Jahren mannbar (→ Mannbarkeit) und trägt dann alle vier bis sechs Jahre reichlich Samen. Sie ist → einhäusig und blüht im April/Mai; die Blüten sind → eingeschlechtig. Die zierlichen männlichen, blattachselständigen Blüten sind zu Zapfen zusammengefaßt, als Knospen rötlich, aufgeblüht dann etwa 1 bis 1,5 cm lang, länglich-eiförmig, nach unten gerichtet und gelb. Die Zapfen stehen zu mehreren an den Enden vorjähriger Zweige. Die weiblichen → Blütenstände befinden sich einzeln (oder zu zweit bzw. dritt) fast am Ende vorjähriger Zweige und sind 1,5 bis 2 cm lang, eiförmig, gelbgrün mit rötlichweißen Schuppen. Die Douglasie ist → windblütig.
■ Die 1 bis 2 cm langgestielten, hängenden Zapfen sind unreif rotbraun, später im September, wenn sie reif sind, braun, 5 bis 10 cm lang, 2,5 bis 3 cm breit, länglich-eiförmig bis fast zylindrisch. Die Samen fliegen im Oktober/November aus den sperrig sich öffnenden Zapfen und können als sogenannte Schraubenflieger vom Wind einige hundert Meter weit getragen werden. Die Fruchtschuppen sind rundlich und sehr breit, die Deckschuppen sind länglich, dreispitzig und hängen sehr lang aus den Fruchtschuppen heraus. Sie geben so den Douglasiezapfen ihr unverwechselbares Aussehen. Der zusammengedrückt dreikantige Samen ist oberseits gewölbt, hell-rötlichbraun, unterseits heller, flach, und mit dem hellbraunen Flügel fest verwachsen. 55 Prozent der Samenmenge sind keimfähig und bleiben es drei bis vier Jahre. Im Frühjahr gesät, keimt der Samen nach 3 bis 5 Wochen. Aus 1 kg Douglasien- Saatgut kann man ca. 15 000 bis 30 000 Pflanzen ziehen. Die spitzen, dreikantigen und mit je einem (kaum sichtbaren) weißen Streifen an den beiden Seitenflächen versehenen → Keimblätter stehen (jeweils fünf bis neun; zumeist sieben) in einem Quirl. Die Erstlingsnadeln sind dann spitz, glatt, weich, blaugrün und besitzen zwei weißliche Streifen auf der Unterseite.

Waldbau und Schädlinge

Wegen ihrer guten Holzeigenschaften und ihrer Schnellwüchsigkeit spielt die Douglasie im Forstbetrieb eine immer größere Rolle (→ schnellwachsende Baumarten). Da sie besonders in der Jugend sehr raschwüchsig ist und an → Wuchsleistung etwa ein Drittel mehr bringt als die Fichte, ist sie gegenüber anderen → Waldbaumarten sehr unverträglich und wird daher meist kleinbestandsweise rein angepflanzt. Die → Umtriebszeit beträgt etwa 80 Jahre, soll → Starkholz produziert werden, 120 bis 140 Jahre. Schaden erleiden Douglasien gelegentlich durch einen Pilz, der die sogenannte → Douglasienschütte hervorruft. Junge Douglasien werden durch die Douglasienwollaus (→ Blattläuse 13.) geschädigt.

Holz

Douglasien-zweige

Das dem der Lärche ähnliche Holz hat einen schmalen, hellbräunlichen → Splint und einen rötlichen bis rotbraunen, nachdunkelnden → Kern. Es ist hochwertig, fest, weich, widerstandsfähig, trocknet langsam, schwindet (→ Quellen und Schwinden des Holzes) und arbeitet (→ Arbeiten des Holzes) nur wenig. Es ist witterungsfest. Mikroskopisch unterscheidet sich das Douglasienholz von anderen Nadelhölzern durch feine, spiralige Wandverdickungen der → Tracheiden. Es hat etwa die gleiche Druckfestigkeit wie die Stieleiche und nahezu deren Biegungsfestigkeit. Douglasienholz findet für Leitungsmasten, Pfosten, Hopfenstangen, Rebpfähle, Grubenholz, Eisenbahnschwellen, Bauholz, Balkenholz etc. und im Schiffsbau Verwendung. Auch Fässer, Fußböden, Täfelungen, Fensterrahmen, Türen, Treppen und Sperrholz werden daraus hergestellt. Als „Oregon Pine" oder „Red Fire" wird es in der Möbelindustrie zu Möbeln verarbeitet und auch zu Furnieren verwendet. Das Abfallholz dient der Papier- und Pappeerzeugung. Dabei wird → Terpentin als Nebenprodukt gewonnen. Die Douglasie kommt auch als → Weihnachtsbaum auf den Markt, und ihre Zweige finden als → Schmuckreisig immer mehr Verwendung.

2,5 mm lange Samen. Die Pflanze hat einen feinen Geruch und schmeckt scharf.
In der Naturheilkunde werden nur die getrockneten Blätter verwendet. Sie enthalten Carotin, Flavonoide, Protoanemonin und Saponin und finden wegen ihrer hautreizenden Eigenschaften nur äußerliche Anwendung. Ein dicker Breiumschlag von getrockneten und erhitzten Blättern bei Rheumatismus auf das schmerzende Gelenk gelegt, wirkt lindernd. Ferner erleichtern die Blätter als Tabakersatz die Abgewöhnung des Rauchens. Die Blätter der S. können auch als Gemüse zubereitet werden. Die in Weinessig eingelegten Knospen können als Ersatz für Kapern dienen.

Dotterpilz, der: → Leistlinge 1.

Dotterweide, die: Variation der SWei; → Weiden 22.

Douglas, David (1799 Scone bei Perth/Schottland bis 12.7.1834 auf Hawai): Schottischer Botaniker. D. erforschte auf drei Reisen zwischen 1825 und 1834 die Landschaften des Westlichen Nordamerika. D. führte die → Douglasien, daneben die Sitkafichte, die Riesentanne, den Oregonahorn und viele Kiefernarten in Europa ein.

Douglasfichte, die: → Douglasie.

Douglasien, die: siehe Seite 156/157

Douglasienschütte, die: eine Pilzkrankheit (Nadelkrankheit), die Anfang dieses Jh. den Wirtsbäumen (→ Douglasien) aus dem Heimatland Amerika folgte. Die D. schwächt die Bäume und kommt bei uns in zwei Arten vor.
1. Rostige Douglasienschütte, die (*Rhabdocline pseudotsugae*): Im Herbst zeigen die Unterseiten diesjähriger Nadeln gelbe Flecken, wodurch die Nadeln wie rotbraun marmoriert wirken. Im darauffolgenden Frühjahr (Mai/Juni) bilden sich dann die Fruchtkörper, die als längliche und gelbliche Streifen sichtbar werden. Die erkrankten vorjährigen Nadeljahrgänge röten sich und fallen bereits im Juni/Juli ab.
2. Rußige Douglasienschütte, die (*Phaeocryptopus gaeumannii*): Diese Schütte, die am häufigsten auftritt, hat einen zwei- bis dreijährigen Krankheitsverlauf und liefert die Disposition für die Folgeschäden (Borkenkäfer, Frost). Im ersten Befallsjahr sind die Nadeln marmoriert wie bei der Rostigen D., wirken aber fahler. Im Nachwinter brechen dann aus den Spaltöffnungen der Nadelunterseiten kleine, kugelige Fruchtkörper hervor. Der schwarzgraue, krustige und rußig wirkende Belag (Name!) verstärkt sich im zweiten und dritten Befallsjahr, im letzteren werden die infizierten Nadeln abgeworfen, was zu einem Schütterwerden der Krone führt.
Beide Formen treten v. a. in → Jungwüchsen, → Dickungen und an → Stangenhölzern auf; → Fichten-, Kiefern-, Lärchen-, Stroben-, Tannenschütte.

Douglasienwollaus, die: → Blattläuse 13.

Douglastanne, die: → Douglasie.

Drachenwurz, die (*Calla*): auch Schlangen-, Sumpfwurz, Schlangenkraut, Kalla. Gatt. der Fam. der → Aronstabgewächse bei uns mit der einzigen nachstehenden Art:

Drachenwurz, die (*Calla palustris* L.): auch Sumpf-Calla, Schlangenwurz. Die über Nord- und Mitteleuropa verbreitete D. ist selten und wächst in Waldsümpfen, Bruchwäldern besonders Erlenbruchwäldern, in Moorschlenken und Großseggengesellschaften, an Gräben und Teichufern.
Die ausdauernde, 10 bis 30 cm hohe Pflanze hat grundständige, langgestielte, herzförmige und glänzende Blätter. BZ: Mai bis Juli (September). Die kleinen grünlichgelben Blüten stehen in einem etwa 2 bis 4 cm langen Blü-

tenkolben (→ Blütenstand), wobei die Blüten → zwittrig, die obersten zuweilen nur männlich sind. Der Blütenkolben ist von einer außen grünlichen, innen weißen, 3 bis 7 cm langen, eiförmigen Blütenscheide (Hüllblatt) umgeben. Die reifen Früchte sind scharlachrote, schleimige Beeren, die vier bis zehn Samen enthalten. Beeren und Wurzelstock sind giftig.

Drachenwurz (*Calla palustris*)

Drahtschmiele, die: → Schmiele 2.

Drahtschmielen-Edellaubholzwälder → Linden-Ahorn-Mischwälder.

Drahtschmielen-Sommerlinden-Wald, der: → Spitzahorn-Sommerlinden-(Steinschutt-)wald.

Drahtseilriese, die: im Hochgebirge im steilen und felsigen Gelände angelegtes Holztransportmittel. Auf dem von Berg zu Tal auf Trägern gespannten Drahtseil ist ein mit Laufrollen versehenes Gehänge befestigt, an dem die gefällten Bäume angehängt und schwebend zu Tal gelassen werden.

Drais von Sauerbronn, Friedrich Heinrich Georg, Freiherr (22.5.1758 Onolzbach [= Ansbach]) bis 27.4.1833 Freiburg i. Br.): D. v. S. studierte Rechtswissenschaften und absolvierte nach seiner Militärzeit eine dreijährige forstliche Lehre. Ab 1784 erhält er das Oberforstamt Eberstein in Gernsbach im Murgtal (→ Murgschifferschaft). D. v. S. gründete 1796 in Gernsbach eine forstliche → Meisterschule.

Es folgten weitere Verwendungen in Pforzheim, Schwetzingen und Freiburg. Sein Privatforstlehrinstitut nahm D. v. S. jeweils mit; es wurde 1812 aufgelöst. D. v. S. schrieb: „Versuch eines Lehrbuchs der Forstwissenschaft vorzüglich für ausübende Forstbediente" (1807).

Drais von Sauerbronn, Karl Friedrich, Freiherr (29.4.1785 Karlsruhe bis 10.12.1851 Karlsruhe): D., Neffe von Friedrich Heinrich Georg v. D., stammte aus Lothringen, war ausgebildeter Forstmann und vorübergehend auch als Forstinspektor (Forstmeister) tätig. D. war u. a. Erfinder des Laufrades (Draisine), eines Vorläufers des heutigen Fahrrades.

Draufholz, das: das bei der Holzsortierung (→ Mittenstärkensortierung, → Heilbronner Sortierung) über den jeweils angegebenen Mindestzopfdurchmesser hinausgehende → Stammholz, das noch als → Nutzholz brauchbar ist. Es wird i. d. R. nach Absprache mit dem Käufer ausgehalten, darf aber die Zopfstärke (→ Zopf) der nächstniederen Klasse nicht unterschreiten.

Drechslerholz, das: Bez. für die Hartholzarten (→ Hartholz) wie StEi und TrEi, BAh und SpAh, Nuss, Es, Hbu, Bu, Rob, Weißdorn, Elsb, Mebe, Hartriegel, Goldregen, Gemeine Mispel, Berberitze, aber auch für die Weichhölzer Er und Li (→ Heiligenholz), aus denen Drechslerwaren gefertigt werden.

Drehkiefer, die: → Kiefern 8.

Drehling, der: → Seitlinge.

Drehlinge: **1)** → Rundlinge. **2)** Brennholz. Das bei der Saline Hall bei Innsbruck im 16. Jh. vorgeschriebenes Maß für einen D. betrug 6 Werkschuh in der Länge mit Mindestzopf von 1 Haller Werkschuh. Die D. in diesem Ausmaß sollten die Gleichmäßigkeit der Feuerung (Sudpfannen) sichern.

Drehmoos, das (*Funaria*): etwa 120 Arten umfassende, weltweit verbreitete Gatt. der Fam. Drehmoose (*Funariaceae*) der Klasse → Laubmoose. Die bekannteste, in Mitteleuropa vorkommende Art ist:

Wettermoos, das (*Funaria hygrometrica* Hedw.): auch Drehmoos. Das überall weit verbreitete und auch häufige W. wächst an offenen, stickstoffreichen und feuchten Stellen, besonders auf alten Brandstellen, in Mauerfugen, auf Dächern, Felsen und zwischen Pflastersteinen.

Das Moos bildet dichte, hellgrüne, niedere, oft großflächige Rasen. Die aufrechten, etwa 1 bis 3 cm hohen Pflanzen haben oval-lanzettliche, kurz zugespitzte Blätter mit Rippe, die oberen Blätter sind knospenartig zusammengeschlossen. Die Sporen reifen vom Frühjahr bis zum Herbst. Die geneigte oder hängende Sporenkapsel ist schief-birnenförmig mit seitlich verschobener Mündung und flach gewölbtem Deckel. Sie ist reif gelb oder gelbrot mit 3 bis 5 cm langem, strohgelbem Stiel, der bei feuchtem Wetter aufgerollt, bei trockenem Wetter strickartig gedreht ist. Es wurde deshalb zur Wetteranzeige herangezogen (Name!). Das W. ist bemerkenswert, weil seine Sporen bis zu 13 Jahre keimfähig bleiben.

Drehwuchs, der: auch Spiralwuchs. Ein schraubig gedrehter Verlauf der Holzfasern um die Stammachse. Alle Ursachen des D. sind noch nicht eindeutig geklärt. D. wird durch Angabe der Faserabweichung in cm auf 1 m Stammlänge oder in Winkelgraden gekennzeichnet. zu den → Baumarten, die häufig D. haben, gehören: Fi, Kie, Rka und Kast, Ei, Ul, Bu, SPa. Seltener tritt D. bei Bi, Er und Ta auf. Holz mit tiefreichendem D. ist zur Schnittholzverarbeitung nicht geeignet, weil Schnittware (→ Schnittholz) sich windschief (propellerartig) verzieht. Als → Bauholz kann es aber bedingt verwendet werden. Bäume mit D. sind entweder links (sinnig) oder rechts (widersinnig) gedreht. Im Sprachgebrauch einiger Forstleute und holzverarbeitender Berufszweige werden rechtsgedrehte Stämme als „widersonnig" oder „weibliches Holz", linksgedrehte als „sonnig", „nachsonnig" gedreht oder auch als „männliches Holz" bezeichnet; → Holzfehler, wildes Holz, Reaktionsholz.

▸▸ K. F. Freiherr Drais von Sauerbronn, Forstmann, Erfinder der Draisine

Drehwurz, die: → Wendelähre und → Winde.

Dreiblättriger Baldrian, der: → Baldrian 4.

Dreieckblättriges Kranzmoos, das: → Rhytidiadelphus 2.

Dreieckverband, der: → Pflanzverband.

Dreifarbige Koralle, die: → Keulenpilze 9.

Dreilappiger Ahorn, der: → Ahorne 2.

Dreilappiges Peitschenmoos, das: → Peitschenmoos.

Dreilinge (Dreylinge): früheres, österr. Brennholzsortiment. D. waren länger als das Scheitholz (5 bis 7 → Schuh, auch länger). Bei einer Stärke von 10 bis 15 → Zoll Durchmesser wurden sie in zwei Teile, bei größerem Durchmesser in drei bis vier Teile gespalten. D. wurden gewöhnlich nicht in Klafter gesetzt, sondern ihr Massengehalt gekluppt; → Brett.

Dreinervige Nabelmiere, die: → Nabelmiere.

Dreischnittiger Baldrian, der: → Baldrian 4.

Dreispänner, der: alte Bez. in Thüringen für ein Stück → Bauholz von 70 bis 72 → Fuß Länge, unten 10 bis 12 → Zoll und oben 4 Zoll dick; → Einspänner.

Dreistaubblättrige Weide, die: → Weiden 12.

Dreizähniges Habichtskraut, das: → Habichtskraut.

Dreizehenspecht, der: → Spechte 9.

Drepanidae → Sichelflügler.

Dreyling, der: beim früheren Floßholzhandel (→ Flößerei) Bez. für ein 3 → Zoll dickes, 14 Zoll breites und 16 bis 18 → Schuh langes → Brett; → Dreilinge.

Drey Stückbalken, die: beim früheren Kinziger Floßhandel (→ Flößerei) Bez. für einen Tannenholzstamm von 28 → Schuh Länge und am Zopfende (→ Zopf) von 8 bis 10 → Zoll Stärke.

Drogenpflanzen → Heilpflanzen.

Drohnen → Honigbiene.

Drosle, die: → Erlen 2.

Drosselbeere, die: → Schneeball 1., Ebereschen 1.

Drosseln (*Turdidae*): mit etwa 300 Arten weltweit verbreitete Fam. etwa 12 bis 33 cm großer Singvögel (*Oscines*). D. haben hohe, dünne Ständer (Beine), große dunkle Augen und verhältnismäßig kurze, abgestutzte Flügel. Der Schwanz ist gerade geschnitten oder schwach abgerundet. Einige von ihnen, wie z. B. die Sing-D., sind hervorragende Sänger. Sie bauen oft kunstvolle, z. T. mit Erde verstärkte Nester und legen zwei- bis dreimal im Jahr vier bis fünf gefleckte Eier. Mit Ausnahme der Amsel (Standvogel) sind sie überwiegend Zug- und Strichvögel. Sie wurden früher bejagt, stehen nun unter Naturschutz bzw. genießen einen besonderen Artenschutz gemäß der

Bundesartenschutzverordnung. Die häufig vorkommende Amsel unterliegt nicht dem besonderen Artenschutz. Im Wald sind folgende Arten aus dieser Fam. von Bedeutung:

1. Gartenrotschwanz, der (*Phoenicurus phoenicurus* L.): auch Baum- oder Waldrotschwanz. Länge: 14 cm, Gewicht: um 15 g.

Der G. kommt mit Ausnahme des nordöstlichen Skandinaviens in ganz Europa vor und bewohnt lichte Laub- und Mischwälder, Parkanlagen, Gärten, Alleen, Obstbaumanlagen und Friedhöfe. Bei uns ist das Vorkommen des G. stark zurückgegangen. Der kleine Vogel ist zutraulich und zittert ständig mit dem rostfarbenen Schwanz. Sein Flug ist leicht und schnell. Zugvogel, der in Südeuropa und Afrika überwintert. Der G. singt v. a. in der Morgen- und Abenddämmerung.

Das Männchen zeigt dem Weibchen mögliche Bruthöhlen an, indem es aus dem Flugloch heraussingt oder dieses mehmals mit gespreiztem roten Schwanz anfliegt. Als → Höhlenbrüter sucht der G. Höhlen in alten Bäumen (z. B. → Kopfweiden), in Holzstößen, Mauerlöchern, Nistkästen und in Spalten von Holzschuppen etc. Die Nisthöhle liegt meist 1 bis 7 m über dem Boden. Das Gelege besteht aus fünf bis sieben blaugrünen Eiern (18,7 x 13,8 mm, ca. 2 g). Es brütet nur das Weibchen. Brutdauer: 13 bis 14 Tage, ebenso Nestlingszeit. Zwei Jahresbruten (Mai bis Juli); gelegentlich Kuckuckswirt (→ Kuckuck).

Nahrung: Insekten, im Herbst auch Beeren.

2. Rotkehlchen, das (*Erithacus rubecula* L.): auch Rotbrüstchen. Länge: 14 cm, Gewicht: um 16 g.

Das R. bewohnt weite Teile Europas und lebt vorwiegend in feuchten Laub- und Mischwäldern mit dichtem Unterholz, in buschreichen Gärten, Parkanlagen, gerne in Wassernähe. Am Boden hüpft es häufig in großen Sprüngen umher, bleibt stehen, knickst dabei viel und wippt mit dem Schwanz. Das R. ist ein sehr gewandter Flieger. Zug- und Standvogel, der in Westeuropa und im Mittelmeerraum überwintert. Ältere Männchen überwintern auch gelegentlich in den Brutgebieten. Das R. singt bereits am frühen Morgen, besonders aber in der Abenddämmerung. Es gehört zu den besten Sängern unter unseren heimischen Vögeln. Der Gesang wird meist von hoher Warte aus mit abwechslungsreichen Strophen vorgetragen.

Mit ihrem Gesang grenzen die Männchen im Frühjahr ihr Brutrevier ab und verteidigen es energisch gegen eindringende Art- und Geschlechtsgenossen. Das Nest wird in einer Mulde am Boden, unter überhängendem Gras oder in ausgefaulten Stubben und Baumhöhlen, auch unter einer Wurzel gebaut. Das Gelege enthält fünf bis sieben gelblichweiße Eier (19,4 x 14,8 mm, 2 g) mit rötlichen Flecken und Punkten. Es brütet nur das Weibchen. Brutdauer: 13 bis 14 Tage, Nestlingszeit: 12 bis 15 Tage. Zwei Jahresbruten (April bis Juli); oft Kuckuckswirt (→ Kuckuck).

Nahrung: Insekten, Webspinnen, Regenwürmern und Nacktschnecken, im Herbst auch Beeren.

Drehwuchs bei Buche

3. Blaukehlchen, das (*Luscinia svecica* L.): Länge: 14 cm, Gewicht: um 18 g.

Das B. kommt in Europa stellenweise vor und bewohnt buschreiche Auwälder, Weidendickicht, Erlenbrüche, Verlandungszonen an Seen und Flüssen und sumpfiges Gelände mit Buschwerk. Es hält sich überwiegend am Boden auf, ist ungemein schnell und hüpft mit weiten Sprüngen fort. Bleibt oft plötzlich stehen und schlägt mit dem Schwanz oder läßt die Flügel hängen. Zugvogel, der in Afrika und Südasien überwintert. Das B. singt im Mai bis spät in die Nacht hinein. Es singt sowohl im Balzflug als auch von einer hohen Warte aus, ahmt andere Vogelstimmen nach, selbst das Gezirpe der Feldgrille. Der Gesang ist sprudelnd mit wohlklingenden Flötentönen.

Das Nest wird in Bodenvertiefungen unter überhängenden Grasbüscheln, häufig an Böschungen gebaut. Das Gelege enthält im Norden (Rotsterniges B.) sechs bis sieben, im Süden (Weißsterniges B.) fünf bis sechs grünlich-graue Eier (19 x 14 mm, 2 g), die dicht rotbraun gewölkt und gefleckt sind. Beide Elternteile brüten, sich abwechseln. Brutdauer: 13 bis 14 Tage, ebenso Nestlingszeit. I. d. R. eine Jahresbrut (Mai/Juni).

Nahrung: Kleinere Insekten und deren Larven, Nacktschnecken, im Herbst auch Beeren.

4. Nachtigall, die (*Luscinia megarhynchos* Brehm): Länge: 17 cm, Gewicht: um 22 g.

Die N. bewohnt in weiten Teilen Süd- und Mitteleuropas Laub-, Misch- und Auwälder mit reichlichem Unterholz, buschreiche Feldgehölze, Parkanlagen, Obstgärten und Friedhöfe. Sie ist ein typischer Gebüsch- und Dickichtvogel. Über 400 m Meereshöhe ist sie bei uns selten anzutreffen. Sie lebt versteckt, sitzt oft

▸▸▸ Nachtigall (*Luscinia megarhynchos*)

▸▸ Blaukehlchen (*Luscinia svecica*)

Rotkehlchen (*Erithacus rubecula*)

▸▸ Amsel (*Turdus merula*)

Singdrossel (*Turdus philomelos*)

mit hängenden Flügeln und erhobenem Schwanz und bewegt sich am Boden hüpfend fort. Ihr Flug ist leicht und schnell und über weitere Strecken in Bogenlinie, fliegt aber meist nur von Busch zu Busch. Zugvogel, der im afrikanischen Regenwald überwintert und Ende April zu uns zurückkehrt. Die N. hat einen auffallenden Gesang, der aus metallischen „Schlägen" besteht, die mit gezogenen weichen Flötentönen, dem sog. „Crescendo". Die N. singt frühmorgens, am Tag, häufig aber in der Nacht, besonders in hellen Nächten. In Volksliedern ist sie die Botin der Liebe.
Das Nest wird gut verborgen am Boden, in Falllaub eingesenkt, manchmal auch dicht darüber in den Büschen, errichtet. Das Gelege besteht aus fünf bis sechs olivgrünen Eiern (21,0 x 15,6 mm, ca. 2,3 bis 3 g), die dicht olivbraun gefleckt sind und daher fast einfarbig wirken.
Es brütet nur das Weibchen. Brutdauer: 13 Tage, Nestlingszeit: 11 bis 12 Tage. Zuweilen Kuckuckswirt (→ Kuckuck). Eine Jahresbrut (Mai/Juni).
Nahrung: Insekten und deren Larven, Webspinnen, Würmer und kleine Schnecken, im Herbst auch Beeren.

5. Wacholderdrossel, die (*Turdus pilaris* L.): auch Blauziemer, Krametser, Krammets-, Kramtsvogel, Schacker. Länge: 25 bis 26 cm (etwa amselgroß), Gewicht: um 100 g.
Die W. ist in ganz Europa, hauptsächlich in Nordeuropa, beheimatet. Der gesellig lebende Vogel ist häufig in Süddtschl. anzutreffen, und im Spätherbst kommen noch große Scharen der nördlichen und östlichen Brutvögel hinzu. Die W. ist bei uns z. T. Stand-, z. T. Zugvogel, der in den süd- und westeuropäischen Ländern überwintert. Ihr Lebensraum sind Auwälder, Feldgehölze, Waldränder an feuchten Wiesen, Pappelalleen, Parklandschaften und Obstbaumkulturen. Im Gebirge ist sie bis zu einer Höhe von 1800 m anzutreffen. Ihr Flug ist leicht wellenförmig. Der Gesang ist ein munteres Zwitschern und Schwätzen und ertönt meist im Flug.
Das Nest wird mit Vorliebe an Waldrändern oder im offenen Gelände mit einzelnen Baumgruppen 4 bis 9 m hoch über dem Boden, meist in Stammnähe oder in einer Astgabel errichtet und ähnelt dem der Amsel. Das Gelege besteht aus fünf bis sechs blaugrünen, mit rostroten Flecken und Stichen versehenen Eiern (29 x 21 mm, ca. 7 g), die kaum von den Amseleiern zu unterscheiden sind. Es brütet nur das Weibchen. Brutdauer: 13 bis 14 Tage, ebenso Nestlingszeit. Häufig zwei Jahresbruten (Ende April/Mai bis Juni).
Nahrung: Insekten, Würmer, Webspinnen, Schnecken, Früchte und Beeren (Wacholderbeeren). Wo die W. in Massen auftritt, kann sie in Obstbaumgegenden durch das Anpicken von reifen Birnen und Äpfeln gelegentlich Schäden anrichten.

6. Singdrossel, die (*Turdus philomelos* Brehm): auch kleine Misteldrossel, Zippdrossel, Zippe. Länge: etwa 23 cm (kleiner als Amsel und Misteldrossel), Gewicht: um 70 g.
Mit Ausnahme des äußersten Nordens ist sie in ganz Europa verbreitet. Sie bewohnt die Ebene ebenso wie das Gebirge. Ihr bevorzugter Lebensraum sind unterholzreiche Wälder, größere Feldgehölze, aber auch in größeren Gärten und Parkanlagen stellt sie sich ein. Die S. fliegt und hüpft wie die Misteldrossel. Der sehr aufmerksame Vogel flüchtet bei Störungen sofort in die nächste Hecke. Die S. ist ein Teilzieher, der im Mittelmeerraum und in Westeuropa überwintert. Ihr wohlklingender Gesang gab ihr den Namen. Das sehr kunstvoll gebaute Nest wird gut versteckt in einer Höhe von 1 bis 2 m in Büschen, Hecken, jungen Fichten oder in Ziersträuchern errichtet. Die Nestmulde ist tief, sauber und glatt und wird mit Holzmulm, dem mit Speichel versetzte feuchte Erde beigemischt wird, ausgekittet. Diese helle holzfarbene, glatte Muldenauskleidung hat nur das S.-Nest. Das Gelege besteht aus vier bis sechs grünlichblauen Eiern (27 x 20 mm, ca. 6,5 g) mit einigen wenigen kleinen schwarzen Flecken, die sich am stumpfen Ende etwas verdichten. Sie werden vom Weibchen 12 bis 13 Tage bebrütet. Nestlingszeit: etwa 14 Tage. Zwei Jahresbruten April bis Juli.
Nahrung: Hauptsächlich Insekten, Würmer und Schnecken. Die Schneckengehäuse werden durch Schlagen auf Steine zertrümmert; sog. Drosselschmieden. Im Herbst nimmt sie auch Beeren, Früchte und Sämereien.

7. Misteldrossel, die (*Turdus viscivorus* L.): auch Doppelvogel, Große Singdrossel, Großer Kramtsvogel, Schnärre, Ziemer. Länge: etwa

27 cm (größte Drosselart), Gewicht: um 120 g.
Die M. ist mit Ausnahme des nördlichen und westlichen Skandinaviens in ganz Europa beheimatet. Als Lebensraum bevorzugt sie alte Nadel- und Laubwälder, von der Ebene bis ins Gebirge, mit Lichtungen und Waldwiesen. Gebietsweise kommt sie aber auch in Parkanlagen, großen Gartenanlagen und Obstgärten vor. In Mitteleuropa ist sie Zugvogel und überwintert meist im Mittelmeerraum und in Südwesteuropa.
Die M. ist sehr scheu und fliegt, wie die meisten D., mit hastigem Flügelschlag und über größere, freie Flächen in Bogenlinien. Bei Gefahr oder Störung flüchtet sie nicht wie die Amsel oder Singdrossel in die nächste Hecke, sondern fliegt geradeaus weg. Auf der Erde hüpft sie in großen Sätzen umher, aber nie im niederen Strauchwerk. Die M. singt bereits zeitig im Frühjahr, wenn andere Vögel noch schweigen, hoch von den Baumspitzen. Ihr Lied besteht aus kurzen, hastigen, aber wohltönenden, monotonen Flötenstrophen und erinnert an den Gesang der Amsel.
Das Nest gleicht dem Amselnest. Es wird meist in den Astgabeln hoher Bäume oder am Stamm in der Krone der Nadelbäume errichtet und mit Erde verkittet. Das Gelege besteht aus drei bis fünf grünlichblauen Eiern (31 x 22 mm, ca. 7 g), die mit violettgrauen und rotbraunen Flecken unregelmäßig gezeichnet sind. Sie werden vom Weibchen 13 bis 14 Tage bebrütet. Nestlingszeit: 12 bis 15 Tage. Zwei Jahresbruten (Anfang April bis Juni).
Nahrung: Insekten und deren Larven, Würmer, Schnecken, Webspinnen, Beeren (Mistelbeeren) und Früchte.
8. Ringdrossel, die (*Turdus torquatus* L.): auch Berg-, Ring-, Schildamsel, Schilddrossel, Stockziemer. Länge: etwa 24 cm (ungefähr amselgroß), Gewicht: um 110 g.
Die R. ist ein Gebirgsvogel, der bei uns in den Alpen, im Schwarzwald und im Bayerisch-Böhmischen Wald beheimatet ist. Sie ist aber in Europa u. a. auch in den Vogesen, Sudeten, Karpaten, auf dem Balkan, im Kaukasus, auf den Britischen Inseln und in Skandinavien anzutreffen. Ihr Lebensraum sind die Gebirgsnadelwälder. Gelegentlich bewohnt sie sogar noch die Latschenregionen oberhalb der Baumgrenze. Am Boden und im Fluge erinnert sie in ihren Bewegungen an die Singdrossel. Teilzieher, der in Südeuropa und Nordafrika überwintert. Ihr Gesang ist zwar wohlklingend, erreicht aber nicht die Reinheit des Singdrosselgesanges.
Das typische Drosselnest steht meist in geringer Höhe (2 m hoch) dicht am Stamm von Nadelbäumen. Gelegentlich befindet es sich auch am Boden oder nur dicht darüber im Wacholder-, Alpenrosen- oder Latschengestrüpp. Das Gelege besteht aus vier bis fünf blaugrünen, mit rostbraunen Flecken versehenen Eiern (ca. 30 x 22 mm, etwa 8 g). Sie werden etwa 12 bis 14 Tage vom Weibchen bebrütet. Nestlingszeit: ca. 14 bis 15 Tage. Häufig zwei Jahresbruten (April/Mai und Juni/Juli).
Nahrung: Würmer, Insekten, kleine Schnecken, Beeren und Obst.
9. Rotdrossel, die (*Turdus iliacus* L.): auch Beimle, Bunt-, Weindrossel. Länge: etwa 22 cm, Gewicht: um 60 g.
Die R. ist ein nordischer Vogel. Ihre Heimat ist Skandinavien, Island und Nordosteuropa. Sie ist ein Teilzieher, der im hohen Norden brütet und in Mitteleuropa und Nordafrika überwintert. Die R. bewohnt in ihrer nordischen Heimat großflächige Nadelwälder und feuchte, sumpfige Erlen- und Birkenbestände. Bei uns ist sie als Durchzügler in Wäldern und Parkanlagen anzutreffen. Obwohl sie aus den dünnbevölkerten Gegenden des Nordens stammt, ist sie sehr gesellig und wenig scheu. Auf dem Durchzug fällt sie häufig in großen Scharen ein. Der Gesang ist ein Zwitschern und Schwatzen.
Das Nest befindet sich auf Birken und Nadelbäumen oder im Gebüsch, gelegentlich auch unter Wacholderbüschen am Boden. Das Gelege besteht aus vier bis sechs grünlichen, mit rotbraunen Flecken versehenen Eiern (26 x 19 mm, etwa 6,5 g). Sie werden 12 bis 13 Tage vom Weibchen bebrütet. Nestlingszeit: 12 bis 14 Tage. Ein bis zwei Jahresbruten (Ende Mai bis Juni).
Nahrung: wie Singdrossel.
10. Amsel, die (*Turdus merula* L.): auch Schwarzdrossel, Grün-, Kohl-, Schwarz-, Stockamsel, Merle. Länge: etwa 22,5 cm, Gewicht: um 100 g.
Die A. ist mit Ausnahme des nördlichen Skandinaviens in ganz Europa beheimatet. Sie dürfte wohl ursprünglich ein reiner Waldbewohner gewesen sein, ist heute aber von der Ebene bis ins Gebirge in allen Dörfern und Städten anzutreffen. Sie sucht ihre Nahrung ausschließlich am Boden, bewegt sich dabei in kleinen Trippelschritten oder hüpft drosselartig dahin und ist ungemein zutraulich. Sie ist überwiegend Stand- und nur noch selten Strich- oder gar Zugvogel. Ihr Gesang, der nach der Singdrossel einer der schönsten unter den Drosseln ist, besteht aus flötenden Strophen, die mit kurzen, schrillen, aber klaren Tönen abwechseln.
Das typische, napfförmige Nest wird an allen möglichen Plätzen, z. B. in Bäumen und Hecken, in Mauernischen, Gartenlauben, auf Balkonen und gelegentlich sogar am Boden errichtet. Das Gelege besteht aus vier bis sechs grünlichen, mit rotbraunen Flecken und Strichen gezeichneten Eiern (etwa 29 x 21 mm, ca. 9 g), die 11 bis 14 Tage vom Weibchen bebrütet werden. Nestlingszeit: 12 bis 14 Tage. Die Jungen werden von den Altvögeln noch weitere 14 Tage, bis sie voll flugfähig sind, versteckt in Hecken und Büschen am Boden gefüttert. Zwei bis drei Jahresbruten (April bis Juli).
Nahrung: Insekten, Würmer, Schnecken, Obst und Beeren.
Droste-Hülshoff, A. von → Wald in der Dichtung.
Druckholz, das: → Reaktionsholz.
Druckteller, der (Tellerwirkung): Bez. für die Bodenfläche um einen Baum, die dem Kronentraufbereich entspricht. V. a. bei Flachwurzlern (z. B. Bi, Fi) tritt in diesem Bereich durch hohen Wasser- und Nährstoffentzug im Oberboden eine Wuchshemmung der Bodenflora auf; → Teller.
Drudenkraut, das: → Bärlapp 1.
Druiden: keltische Priester und Lehrer, die in Gallien und Britannien unter einem Oberpriester einen politisch einflußreichen Stand neben dem Adel bildeten. Sie opferten auf Höhen und in Eichenhainen (→ Baumkult, → Hain, → Heiliger Wald). In Gallien verbot Claudius (10 v. Chr. – 54 n. Chr.) ihren Gottesdienst.
Drumme: mundartliche Bez. für → Trumme; → Rundlinge.
Drümme, das: lokale Bez. für → Langholz.
Drüsenhaare → Haare.
Drüsenzahnwurz-(Tannen-)Buchenwald, der: → Buchenwälder.
Drüsiges Springkraut, das: → Springkraut 3.
Dryaden (Hamadryaden): in der griechischen und römischen Mythologie Baum- und Waldnymphen. Das Dasein der D. war an die Lebensdauer eines von ihnen bewohnten Baumes geknüpft, so daß die Zerstörung dieses Baumes auch den Tod der → Nymphe zur Folge hatte.
Dryopteris → Wurmfarn.
DUA: Abk. für Deutsche Umwelt-Aktion e. V.; → Naturschutzverbände.
Dübener Heide, die: Waldgebiet auf sandigem Endmoränenboden, erstreckt sich nordöstlich von Leipzig. Die großen Kiefern- und Mischwaldbestände weisen eine pilz- und beerenreiche Bodenvegetation auf. Hauptort in der D. H. ist Bad Schmiedeberg
Duckantl, das: → Lappentaucher 2.
Duft, der: → Rauhreif.
Duftbrecher: Bez. für Bäume, die von Duftbruch (→ Rauhreif) regelmäßig heimgesucht werden.
Duftbruch, der: → Rauhreif.
Duftender Leistling, der: → Leistlinge 3.
Duftender Schneckling, der: → Schnecklinge 7.
Duftende Schlüsselblume, die: → Primel 2.
Duftrose, die: → Rosen 15.
Duftware → Blumware.
Dukatenfalter, der: → Bläulinge 7.
Dukatenröschen, das: → Habichtskraut 4.
Dullerche, die: → Lerchen.
Dünenkäfer, der: → Blatthornkäfer 10.
Dünenrose, die: → Rosen 4.
Dünenwald, der: auf Dünen stockender Wald, meist aus Kie, HBi und StEi.
Dungkäfer, der: → Blatthornkäfer 5.
Dungmücken (*Scatopsidae*): mit ca. 150 Arten weltweit verbreitete Fam. 1,5 bis 3 mm großer → Mücken. D. sind meist schwarz, kahl mit kurzen Fühlern. Die wurmförmigen, gelblich-grauen Larven leben gesellig unter Baumrinden oder in Stöcken und zwischen den Blattlagen in Schleimhäutchen, aber auch in Exkrementen.
Düngung, die: → Walddüngung.
Dunkelkäfer → Schwarzkäfer.
Dunkelkeimer: Pflanzen, deren Keimung durch Licht gehemmt ist. Die Hemmung wird durch bestimmte Spektralbereiche des Lich-

tes (z. B. dunkelrote Lichtstrahlen; Wellenlänge 720 – 750 nm) verursacht. Zu den D. gehören z. B. Bu und Taubnessel.

Dunkelscheibiger Schneckling, der: → Schnecklinge 9.

Dunkelschlag, der: Besamungshieb (→ Verjüngungsverfahren) beim klassischen Buchenschirmschlag.

Dunkelschlagwirtschaft, die: Umschreibung für unterbleibende oder nur schwache → Durchforstung.

Dunkle(r/s) ... siehe unter dem jeweiligen Hauptnamen.

Dünnbretter: auch Gemeinläden. Frühere Bez. für Bretter (→ Brett), die üblicherweise eine Breite von 10 bis 12 → Zoll hatten und zwischen 1/2 und 1 Zoll stark waren. D. waren meist Tischlerholz.

Dünnfleischiger Anischampignon, der: → Champignon 8.

Dünnholz, das: weniger gebräuchliche Bez. für schwaches → Rohholz (→ Schwachholz) im Ggs. zum → Starkholz. Der Begriff D. wird teilweise unterschiedlich definiert, so daß die Abgrenzung gegenüber anderen Sortengruppen unklar ist.

Dunstglocke, die: Abgase und Staub vermischen sich mit dem Wasserdampf der Luft, dabei bildet sich ein Dunst (→ Smog), der trüb wie Nebel sein kann und der sich bei ungünstigem Wetter (→ Inversionswetterlage) wie eine Glocke über Städte und industrielle Ballungsgebiete legt. Die Feinteilchen bilden in der Luft schwebende → Aerosole und Tröpfchen von sehr geringem Durchmesser, die im Mittel 10 % weniger Sonnenstrahlung durchlassen. Die konzentrierten → Schadstoffe sind für Menschen, Tiere und Pflanzen schädlich.

Durchbohrter Leistling, der: → Leistlinge 3.

Durchfalläste → Schwarzäste.

Durchforstung, die: Pflegemaßnahmen (→ Bestandspflege) im → Stangen- und → Baumholz im Anschluß an die → Läuterung. Ziel der D. ist es, durch Begünstigung der Besten den Wertzuwachs entsprechend zu lenken. Die Pflegemaßnahme ab dem Stangenholzalter bis etwa zur halben → Umtriebszeit wird Jungdurchforstung (Auslesedurchforstung) genannt. Der erste derartige Eingriff wird Erst-D. genannt. Hier findet die Z-Stamm-Auswahl (→ Auslesebaum) statt und werden die Z-Stämme von Bedrängern befreit. Sie dient auch der Förderung der Mischbaumarten. Pflegemaßnahmen in der zweiten Umtriebszeithälfte werden Altdurchforstung genannt. In jedem → Bestand werden meist im 5- bis 10jährigem Rhythmus D. vorgenommen. D.-Arten werden nach der sozialen Stellung der ausscheidenden Bestandesglieder unterschieden und sind: „Hoch-D.", bei der die Entnahme überwiegend in der herrschenden Baumklasse erfolgt, und die „Nieder-D.", die in die Schicht der beherrschten Baumklasse eingreift, d. h. in Unter- und Zwischenstand. Nach der Eingriffsstärke unterscheidet man: **Schwache D.**: geringe Wirkung. **Mäßige D.**: mit Milderung der Kronen-und Wurzelkonkurrenz, geringer Schlußauflockerung sowie **starke D.**: starke Begünstigung herrschender Einzelstämme und vorübergehende Unterbrechung des Kronenschlusses. Die „dänische D." ist eine sehr starke Hoch-D. in Buchenbeständen. Sie soll zur Erhaltung der Standfestigkeit (bei windreichem Klima) und zur Verbesserung der Ausformung (Arealrandlage) beitragen. Hinsichtlich des Vorgehens bei → Auslese und Entnahme der zu entnehmenden Bäume werden unterschieden: **Schematische D.**: schematische Stammzahlverringerung, → geometrische Durchforstung oder Reihenentnahme. **Auslese-D.**: Nach Schädelin direkte Auslese und individuelle Begünstigung der besten Stämme durch Beseitigung ihrer konkurrierenden Nachbarn. Der → Auslesebaum oder → Kandidat wird ursprünglich bei jedem Durchforstungseingriff neu festgelegt; → Jungwuchspflege, Vorratspflege.

Durchforstungsart, die: → Durchforstung.

Durchforstungseinheit, die: Nach → Leibundgut eine Gruppe von zwei bis drei Bäumen, die wegen unterlassener Pflege zusammen aufgewachsen sind und sich nicht mehr vereinzelnen lassen.

Durchforstungsgrad, der: → Durchforstung.

Durchforstungsintervall, das: zeitlicher Abstand der Durchforstungseingriffe.

Durchforstungskonzept, das: Plan für die → Durchforstung, differenziert nach → Standort, → Baumarten, → Mischungsform, → Mischungsgrad.

Durchforstungsmodell, das: Entscheidungshilfe zur Behandlung von Pflegebeständen zur Wahrung von → Stabilität und Qualität.

Durchforstungsprogramm, das: Modell für die Stammzahlhaltung zur optimalen Bestand(e)sentwicklung.

Durchforstungs-Räumaxt, die: → Räumaxt.

Durchforstungsreserve, die: auch Durchforstungsrückstand. Durch unterlassene → Pflegehiebe bedingte Holzreserve.

Durchforstungsrückstand, der: → Durchforstungsreserve.

Durchforstungsstärke, die: der beim jeweiligen Durchforstungseingriff (→ Durchforstung) entnommene Anteil der Bestandesgrundfläche, der Stammzahl oder der Masse, jeweils auf die Mittelwerte zwischen zwei Durchforstungen bezogen.

Durchforstungsturnus, der: auch Durchforstungsumlauf. Zahl der → Durchforstungen in der Planungseinheit und im Planungszeitraum; → Durchforstungsintervalle.

Durchforstungsumlauf, der: → Durchforstungsturnus.

Durchforstungsverfahren, das: → Durchforstung.

Durchforstungsweise, die: → Durchforstungsart, → Durchforstungsstärke, → Durchforstungsturnus für einen Bestand oder eine → Betriebsklasse. Wird die D. allg. definiert, wird sie zum → Durchforstungsprogramm.

Durchforstungszelle, die: eine im engen Kontakt stehende Gruppe von Bäumen, innerhalb der die Auswahl des → Auslesebaumes oder → Kandidaten erfolgt.

durchhacken → aufhacken.

Druchhauen, das: alte Bez. für → Durchforstung.

Durchmesser, der: → Brusthöhendurchmesser, Mittendurchmesser, Zopfdurchmesser.

Durchmessermessung, die: → Mittendurchmesser.

Durchmesser mit und Durchmesser ohne Rinde → D.m.R., D.o.R.

Durchmesserzuwachs, der: → Zuwachsarten.

Durchplenterung, die: von → Hartig nur für die → Durchforstung (mit einzelstammweiser Entnahme) verwendeter Begriff.

Durchschalmen, das: alte Bez. für das Aushauen eines ganz schmalen Streifens durch den Wald, um eine Visierlinie (Vermessungslinie) zu erhalten.

durchschnittlicher Gesamtzuwachs, der: → dGZ.

Durchsprengen, das: auch Einsprengen. Frühere, waldbauliche Tätigkeit, bei der → Baumarten mit einer anderen durch Saat oder Pflanzung vermischt wurden.

Durchströmungsmoor, das: → Moor.

durchwachsen: Im Niederwaldbetrieb (→ Niederwald) heißt dies, daß man durch positive Pflege und durch Herauspflegen jüngerer → Kernwüchse langsam einen hoch- oder mittelwaldähnlichen Zustand (→ Hochwald, → Mittelwald) erreicht. „Zusammenwachsen lassen" hingegen bedeutet, daß man den → Bestand, meist eine Naturverjüngungsfläche (→ Naturverjüngung), nicht pflegt, sondern sich selbst überläßt.

Durchwachsung, die: Blütenmißbildung, die normalerweise dadurch entsteht, daß die Pflanzenachse nicht mit der Blüte endet, sondern sich über die Blüte hinaus verlängert (durchwächst) und entweder eine weitere Blüte (z. B. bei Rosen) oder einen Laubsproß (z. B. bei Lärche) bildet.

Dürer, A. → Wald in der Malerei.

Dürle, die: → Hartriegel 1.

Dürlitze, die: → Hartriegel 1.

Dürräste → Trockenäste.

Dürre, die: → Trockenheit.

Dürreiche, die: → Eichen 2.

Dürreresistenz, die: Fähigkeit einer Pflanze, Trockenheit ohne oder nur mit geringen Schäden zu überstehen; → Dürreschäden.

Dürreschäden: D. entstehen durch → Wassermangel. Ein solcher kann schon die Keimung verhindern oder junge Pflänzchen zum Absterben bringen. In älteren Pflanzen kommt die → Assimilation zum Stillstand, der Saftdruck (→ Turgor) fällt ab, die Pflanze welkt und stirbt ab. Junge Pflanzen sind anfälliger als alte Bäume. Bäume, die unter Normalbedingungen gut mit Wasser versorgt sind, leiden bei Wassermangel eher unter D. Als besonders empfindlich gelten Fi, JLä, Stro, REr, BAh, As, Bi. Als wenig anfällig gelten Kie, SKie, Ul, SAh, REi, Rob. Symptome sind: Welken, Abfall der Nadeln oder Blätter („Hitzelaubfall"), Vertrocknen des Gipfels, Beeinträchtigungen des → Zuwachses, verringerter Anteil des → Spätholzes, Entstehen kleinerer Blätter und Triebe, Absterben des Baumes. Entscheidend für das Ausmaß der D. ist der Ablauf der

Trockenheit. Frühjahrstrockenheit führt zu stärkeren Schäden an Kulturen, Sommertrockenheit zu einer Verringerung des Höhen- und Stärkenzuwachses.
Auch der → Waldboden kann durch langanhaltende Trockenheit geschädigt werden.
Dürrholz, das: Gesamtheit der → Dürrständer, aber auch allg. Bez. für → Leseholz; → Urholz.
Dürrholzhieb, der: → Totalitätshieb.
Dürrling, der: → Dürrständer.
Dür(r)litze, die: → Hartriegel 1.
Dürrständer, der (Dürrling, abgängiger oder abständiger Baum): abgestorbener, im Bestand verbliebener stehender Baum (Trockenbaum); → abständig, Totholz.
Dürrwurz, die: → Alant 1.
Dürrwurz-Alant, der: → Alant 1.
Dusdeel, das: alte nordd. Bez. für ein privates Gehölz, in dem der Besitzer aus Rücksicht auf die gemeine Weide nur das → Unterholz nutzen durfte.
Düsterer Röhrling, der: → Schuppenröhrling 2.
Düsterkäfer (*Serropalpidae*): auch Schwarzkäfer. Meist düster gefärbte, in der Gestalt ganz unterschiedliche Käfer. Sie sind nachts auf Nahrungssuche und leben tagsüber versteckt, meist unter trockener Baumrinde, verpilztem Holz oder in Baumschwämmen. Bei gehäuftem Vorkommen kann als technischer Schädling auftreten:
Bärtiger Schwarzkäfer, der (*Serropalpus barbatus* Schall.): auch Tannendüsterkäfer. Der 8 bis 18 mm große Käfer ist überwiegend schwarzbraun, Fühler, Taster und Beine sind rostrot. Der Kieferntaster ist viergliedrig. Die Eiablage erfolgt von Juni bis Ende August meist in Rindenritzen kränkelnder Nadelbäume. Die gelblich-weiße Larve ist an beiden Enden verjüngt, Hinterleibssegment mit zwei aufwärts gekrümmten, braunen Hornhaken. Puppe ebenfalls gelbweiß. Die Larve lebt an anbrüchigen oder frischgefällten unentrindeten Tannen- oder Fichtenstämmen. Die zylindrischen Larvengänge ähneln denen der → Holzwespe, dringen bis 7 cm in den Holzkörper ein und sind mit Fraßmehl verstopft.
Dustholz, das: alte, nordd. Bez. für Unterholz, d. h. für alle nicht masttragenden Holzarten (→ Weichhölzer).
Düte, die: → Huppe.
dynamische Nachhaltigkeit, die: → Nachhaltigkeit.
dystroph (griech.: dystrophos = schlecht zu ernähren): in der Limnologie Bez. für durch Torfschlamm und Humusstoffe braungefärbte, nährstoff- und kalkarme Seen (Braunwasserseen) mit relativ niedrigem → pH-Wert, kaum Phytoplankton, oft aber reichlich Zooplankton; → Trophie.
dz: Abk. für „durchschnittlichen → Zuwachs".

Die Durchforstung dient der Wertholzerziehung, der Bestandsstabilität und der Mischungsregulierung.

E

EALG: Abk. für → Entschädigungs- und Ausgleichsleistungsgesetz.
Ebenauskraut, das: → Leberblümchen.
Ebenholz, das: Sammel-Bez. für einige Arten dunkler, schwerer und harter → Edelhölzer. Die echten E. gehören den Gatt. *Diospyros* und *Malba* aus der Fam. der E.-Gewächse (*Ebenaceae*) an. Sie wachsen in den Tropen und Subtropen (Westafrika, tropisches Ostafrika, Madagaskar, Ceylon, Südostasien) und zählen zu den wertvollsten Edelhölzern. Neben dem echten oder schwarzen E. wird auf dem Markt auch sog. künstliches E. angeboten. Es handelt sich hierbei um schwarz gebeiztes Holz des Birnbaums bzw. um Goldregenholz. E. wird v. a. für Einlegearbeiten (→ Intarsia), Musikinstrumente (z.B. Klaviertasten), Spazierstöcke, Messergriffe, Bürstenrücken (→ Bürstenhölzer) und für Kunstdrechslerarbeiten verwendet.
Ebenholz, deutsches, das: das schwarz gebeizte Holz der Eibe.
Ebenstrauß, der: → Blütenstand.
Eberdistel, die: → Eberwurz 2.
E b e r e s c h e n, die: siehe Seite 166 ff.
Eberize, die: → Ebereschen 1.
Eberrauten-Greiskraut, das: → Greiskraut 15.
Eberswalde: brandenburgische Kreisstadt (Bezirk Frankfurt/Oder) am Finowkanal nordöstlich von Berlin. 1974 erfolgte ein Zusammenschluß mit Finow; nunmehr E.-Finow mit 51 000 Einwohnern. In E. befand sich bis zur zwangsweisen Schließung im Jahre 1963 die 1946 aus der Forstlichen Hochschule hervorgegangene Akademie der Landwirtschaft und die forstwirtschaftliche Fakultät der Humboldt-Universität Berlin (Institut für → Forstwissenschaften) mit Forstmuseum. Am 1.4.1992 wurde dort die Fachhochschule E. mit dem ersten Fachbereich „Forstwirtschaft" gegründet. E. ist eng verknüpft mit der Entwicklung des forstwissenschaftlichen Unterrichts in Dtschl. Im Jahre 1770 wurde in E. eine sog. → Forstakademie errichtet, 1821 eine Höhere Forstlehranstalt in Verbindung mit der Universität in Berlin. W. → Pfeil wurde Leiter. Im Jahre 1868 wurde die Höhere Lehranstalt in Forstakademie umbenannt und 1921 erfolgte die Umwandlung der Forstakademie in eine Forstliche Hochschule mit Rektoratsverfassung, 1922 mit Promotions- und Berufungsrecht. In E. lehrten u. a.: → Gleditsch, → Burgsdorf, → Hartig, → Schwappach, → Ramann, → Altum, → Brefeld, → Danckelmann, → Bernhardt, → Ratzeburg und → Weck.

Die goldglänzenden inneren Hüllbläter der Golddistel locken viele Insekten an.

Eberswalder Forstgarten, der: forstbotanischer Garten (Schwappachweg; → Schwappach), der vor über 100 Jahren in → Eberswalde angelegt wurde. Auf etwa 27 ha sind über 1000 in- und ausländische Gehölzarten sowie botanische Sondergärten zu sehen (→ Arboretum).
Eberwurz, die (*Carlina*): Gatt. der Fam. der → Korbblütler mit rd. 20 Arten in Europa, dem Mittelmeergebiet und Vorderasien. Es sind dies distelartige Pflanzen mit dornig gezähnten Blättern, Milchsaft und weißen bis gelben Blüten. Bei uns sind heimisch:
1. Golddistel, die (*Carlina vulgaris* Linné): Auch Gewöhnliche, Gemeine oder Kleine Eberwurz. Die G. ist mit Ausnahme von Portugal fast über ganz Europa verbreitet. In Dtschl. nimmt ihr Vorkommen von Süden nach Norden ab. Sie wächst bevorzugt auf Kalk. Auf anderen Böden ist sie seltener anzutreffen, in Heidesandgebieten fehlt sie. Sie wächst in lichten Eichen- und Kiefernwäldern, auf sonnigen Halbtrocken- und Trockenrasen, trockenem Gras- und Ödland, an Wald- und Wegrändern, sonnigen Hängen, auf Heiden und in Holzschlägen, von der Ebene bis in Höhen von ca. 1700 m.
Die ein- bis zweijährige Pflanze wird etwa 15 bis 40 cm hoch und hat einen aufrechten, verzweigten, dornigen, spinnwebig behaarten Stengel mit mehreren Blütenköpfen. Die länglich-lanzettlichen Blätter sind graugrün, wellig und unterseits spinnwebig behaart. BZ: Juli bis September. Die meist 2 bis 4 cm breiten, gestielten Blütenköpfe bestehen aus zahlreichen (mehrere Hundert) → zwittrigen, gelbbräunlichen, an der Spitze purpurrötlichen Röhrenblüten. Die äußeren Hüllblätter (→ Hochblätter) sind grün, wollig behaart und dornig. Die inneren lineal-lanzettlichen 1 bis 2 cm langen Hüllblätter sind strohgelb, glänzend, mit rotbraunem Mittelstreif. Bei trockenem Wetter sind sie sternförmig ausgebreitet, bei schlechtem Wetter legen sie sich über den Blüten zusammen und schützen diese vor Feuchtigkeit. Die Früchtchen tragen eine 7 bis 8 mm lange Haarkrone (→ Pappus), die aus 10 bis 12 fedrigen Borsten besteht.
2. Silberdistel, die (*Carlina acaulis* Linné): Auch Wetterdistel, Stengellose Eberwurz, Eberdistel, Kraftwurz, Wiesenkas. Die S. ist über die Gebirge Mittel- und Südeuropas verbreitet. Sie wächst zerstreut in lichten Kiefernwäldern, Gebüschen, auf Magerrasen, Triften, sonnigen, trockenen, steinigen, aber tiefgrün-

digen Matten und Weiden sowie an steinigen Hängen, vorwiegend auf Kalk, von der Ebene bis in Höhen von 2800 m in den Hochalpen. Die ausdauernde, fast stengellose Pflanze hat eine dicke, holzige Pfahlwurzel und wird nur etwa bis 30 cm hoch. Die Blätter, die in grundständiger Blattrosette stehen, sind lanzettlich, 8 bis 25 cm lang und tief fiederteilig. BZ: Juli bis Oktober, in milden Jahren sogar bis Dezember. Der große, meist einzeln in der Mitte der Blattrosette auf kurzem Stiel befindliche Blütenkorb hat etwa 2 bis 5 cm, mit den ausgebreiteten Hüllblättern etwa 5 bis 12 cm im Durchmesser und besteht aus zahlreichen weißlichen bis rötlichen, → zwittrigen Röhrenblüten mit fünfspaltigem Saum. Die zahlreichen inneren Hüllblätter sind etwa 3 bis 4 cm lang, schmal, trockenhäutig und auf der Innenseite glänzend silbrig-elfenbeinweiß (selten rosa). Sie sind bei trockenem Wetter sternförmig ausgebreitet, bei trübem Wetter geschlossen (sog. Wetterzeiger). Die äußeren Hüllschuppen sind im unteren Teil gelbbräunlich. Die walzlichen, etwa 5 mm langen Früchtchen tragen eine etwa 10 bis 15 mm lange Haarkrone. Der milchreiche Blütenboden ist eßbar und wurde früher von Kindern gerne gegessen. Im Volksmund wird er auch „Jägerbrot", in der Schweiz auch „Artischöckli" genannt. Er gibt, in Salzwasser gekocht und als Sauce bereitet, eine schmackhafte Speise, die nach Haselnüssen und Mandeln schmeckt. Der Absud der Wurzeln wirkt harn- und schweißtreibend und die in Essig gesottene Wurzel soll gegen Zahnweh und Hautkrankheiten hilfreich sein.

Auch im Aberglauben spielt die S. eine bedeutende Rolle, v. a. auf Grund ihrer Fähigkeit, sich bei Feuchtigkeit zu schließen. Die Wurzeln sollten das Vieh vor Hexenzauber und den Menschen vor dem „Bösen Blick" bewahren. Auch Paracelsus (Arzt und Philosoph; 1493 – 1541) ein Reformator der Medizin, glaubte, wer eine S. bei sich trage, könne anderen Menschen die Kraft entziehen und sie auf den Träger übertragen. Bei den Germanen galt sie als Verkörperung des zauberkräftigen Totengeistes Mar, der als unholder Geist den Schlafenden beunruhigt. Üblich ist auch der Brauch, die S. zusammen mit anderen Heilpflanzen an Mariä Himmelfahrt (15. August) zu einem geweihten „Kräuterbuschen" zu binden, der Haus und Stall vor Unheil schützen soll.

3. Akanthusblättrige Eberwurz, die (*Carlina acanthifolia* All.): Die A. E. ist über die Gebirge Mittel- und Südeuropas sowie der Balkanhalbinsel verbreitet. Sie wächst in lichten Wäldern auf Trockenrasen, trockenen, warmen, steinigen Böden, bis in Höhen von etwa 1800 m. Die ausdauernde, höchstens bis 10 cm hohe, stengellose Pflanze ist der Silberdistel sehr ähnlich. Die Pflanze, die von Juli bis September blüht, hat jeweils nur einen, inmitten der Blattrosette sitzenden Blütenkopf, der, voll erblüht, etwa 10 bis 15 cm breit ist. Er besteht aus gelblichen bis rötlichen Röhrenblüten und einem borstigen Köpfchenboden. Seine inneren, langen, linealischen und strahlenden Hüllblätter sind innen gelblich und außen rötlich, die äußeren sind blattähnlich dornig. Die kleinen Früchtchen haben eine etwa 20 bis 25 mm lange Haarkrone.

Ebich, der: → Ebereschen 1.

Ebritzbaum, der: → Ebereschen 1.

Ebschbeerbaum, der: → Ebereschen 1.

Ebsche, die: → Ebereschen 1.

Ebschenbaum, der: → Ebereschen 1.

Eche, die: → Eibe.

Echinococcose, die: → Fuchsbandwurm.

Echte(r/s) ... siehe unter dem jeweiligen Hauptnamen.

Echtholztapete, die: → Holztapete.

Echwort, das: → Achtwort.

Ecke, die: alte Bez. für → Eichen.

Ecker, das: alte Bez. für → Mast, v. a. für die Eichelmast.

Eckerbuche, die: → Buchen.

Eckerich, der (Obermast): Bez. für alle Früchte des Waldes, die früher den Schweinen als Nahrung dienten (→ Schweinemast). Hierzu zählen → Eicheln, → Bucheckern, → Kastanien, Wildobst etc.; → Mast.

Eckerig, das: alte Bez. für einen Eichenwald, in dem vorzugsweise die → Eichelmast (→ Schweinemast) ausgeübt wurde.

Eckermiete, die: → Dechelgeld.

Eckern, die: → Bucheckern und → Eicheln.

Eckernkamp, der (Eichenkamp): alte Bez. für eine zur Anzucht von Eichenpflanzen (oder künstliche Saat) eingefriedete Fläche.

Ecosystem Management, das: → Ökosystemmanagement.

Eckholz, das → Säulenholz.

eco timber[R]: vom Naturschutzbund Dtschl. (→ Naturschutzverbände) nach seinen Standards verliehenes Gütesiegel für Holz und Holzprodukte aus naturgerechter Waldwirtschaft; → Zertifizierung.

edaphisch: das Leben im Boden betreffend; → Edaphon.

Edaphon, das: Bez. für die Gesamtheit der → Bodenorganismen. In der Ökologie werden vier E.-Gruppen unterschieden: 1. die Bodenhafter: festsitzende pflanzliche Mikroben, einige Wimpertierchen; 2. die Bodenschwimmer im Kapillarwasser: Protozoen, Fadenwürmer, Bärtierchen; 3. die Bodenkriecher: Ringelwürmer, Gliederfüßer; 4. die Bodenwühler: Regenwürmer, Grobinsekten, verschiedene Wirbeltiere.

Edeleberesche, die: → Ebereschen 1.

Edelfalke, der: → Falken 1.

Edelfalter (*Nymphalidae*): auch Fleckenfalter. Weltweit verbreitete Fam. der Tagfalter mit mehreren tausend mittelgroßer Arten. Etwa 70 Arten sind einheimisch. Die meisten Arten haben bunt gefärbte Flügel; bei allen ist das vorderste Beinpaar stark verkürzt (Putz-pfote). Häufig unterscheiden sich Färbung und Zeichnung der Oberseite erheblich von denen der Unterseite. Die → Raupen dieser → Schmetterlinge sind stark bedornt. Die → Puppen (Stürzpuppen) haben meist glänzende goldene oder silberne Flecken. Viele Arten sind stark gefährdet und stehen bereits auf der → Roten Liste.

◂◂◂ Die weißen Hüllblätter der Silberdistel führen hygroskopische Bewegungen aus.

1. Großer Schillerfalter, der (*Apatura iris*): Länge der Vorderflügel: 3,5 bis 4 cm. Der kräftig gebaute Falter hat oberseits eine schwarzbraune Grundfarbe, die beim Männchen einen deutlichen Blauschimmer aufweist. Die Vorderflügel haben weiße Flecken, die Hinterflügel sind zackenförmig ausgebuchtet und tragen zwei orange umrandete Augen. Das Weibchen zeigt keinen Blauschimmer. Der Falter fliegt im Juli/August in Laubmischwäldern und lichten Auwäldern meist in Höhe der Baumkronen, wird aber von Exkrementen (z. B. Pferdemist) und Wasserpfützen auf den Boden gelockt. Seine Eier legt er an verschiedenen Weidenarten, hauptsächlich an die Salweide. Die im August schlüpfende Raupe ist grün, fein gelb punktiert mit gelben Seitenstreifen und hat zwei lange blaue Kopfhörner. Sie ruht auf der Mittelrippe eines Blattes und überwintert in kleinen Gespinsten. Die Verpuppung erfolgt im Juni des folgenden Jahres. Die Puppe ist bläulichgrün.

Großer Schillerfalter (*Apatura iris*)

2. Kleiner Schillerfalter, der (*Apatura ilia*): Länge der Vorderflügel: 2,8 bis 3,3 cm. Der seltene Falter ähnelt dem Großen Schillerfalter, trägt aber auf allen vier Flügeln ein orange umrandetes Auge. Sein Vorkommen beschränkt sich auf die feuchten Lichtungen von Mischwäldern und auf Auengelände, geht im Gebirge nicht über 1000 m Höhe. In Norddtschl. fehlt er gänzlich. Er fliegt von Juli bis August in einer Generation. Die Raupe ähnelt der des Großen Schillerfalters, hat aber schwarze Kopfhörner; sie überwintert. Wirtspflanzen der Raupe sind SchPa und As, aber

Ebereschen

Gattung
Zusammen mit den Mehlbeeren bilden die Ebereschen (*Sorbus*; lat. = Sperberbaum) eine Gattung aus der Pflanzenfamilie der → Rosengewächse (*Rosaceae*) mit etwa 100 Arten in den nördlichen gemäßigten Breiten, die gerne bastardieren. Es sind unbewehrte, in der Regel ziemlich raschwüchsige Sträucher und Bäume. Die kleinen, zumeist weißen Blüten bilden zusammengesetzte Trugdolden (→ Blütenstand) und die Früchte sind kleine weiche Beerenäpfel. Die Ebereschen bilden unpaarig gefiederte, die Mehlbeeren einfache Blätter aus.

1. Eberesche
Die Art *Sorbus aucuparia* Linné ist auch unter folgenden Namen bekannt: Gemeine Eberesche, Vogelbeere, Abrasch, Abreschenbaum, Ebich, Ebsche, Ebschen-, Ebschbeer-, Eibrischbeer-, Eibschbeer-, Vogelbeerbaum, Drossel-, Quicken-, Queckbeere, Quentser, Moosbeerbaum, Wilder Spierling, Sperberbaum, Gürmsch, Faulesche, Abschbaum, Gureschbaum, Eberize, Ebritzbaum, Hanresche, Quitschbeerbaum, Mehlbeere, Dohnenbeerbaum, Moosesche, Vogelesche, Zippenbeerbaum. Der wissenschaftliche Artname *aucuparia* läßt sich von „Vogelfang“ erklären, denn *au* kommt von *avis* = Vogel und *cuparia* von *capere* = fangen. Der Name

Eberesche

Eberesche setzt sich zusammen aus der Vorsilbe „Eber“ = „Aber“, das heißt falsch oder verkehrt, und der Silbe „Esche“, der somit „Falsche Esche“ bedeutet.

Verbreitung
Die Eberesche kommt in mehreren Unterarten in ganz Europa vor.

Standort
Sie ist ein sehr frostharter, äußerst anspruchsloser und anpassungsfähiger Strauch oder Baum, eine Licht-Halbschatten- und → Pionierbaumart, die in lichten Wäldern aller Art, in Flurgehölzen, als Vorholz auf Kahlschlägen, im Vorwald von Buchenwaldgesellschaften und von west- und mitteleuropäischen Eichen-Birken-Wäldern sowie an Wald- und Wegrändern wächst. Die Unterart *S. a. ssp. glabrata* wächst vor allem in den Pionierstadien der Fichtenwälder und in den hochmontanen Hainsimsen-Buchen-Wäldern, auch an der → Waldgrenze, zum Beispiel in Alpendostgesellschaften. Sie ist sehr häufig anzutreffen und gedeiht auf mageren, trockenen oder mäßig feuchten, meist nährstoff- und basenarmen, sauren, humosen, lockeren Lehm- oder Steinböden, aber auch auf Sandböden und nassen Torfmooren. Sie kommt von der Ebene bis ins Gebirge (hochmontane Nadelmischwaldgebiete) vor (dort bis zur → Baumgrenze), wo sie oft inmitten des → Knieholzes noch als zerzauster Busch und als einzige Laubbaumart aushält. Sie ist deshalb bei Aufforstungen im Gebirge sehr wertvoll. Da sie in der Jugend sehr schnellwüchsig ist, wird sie auch gern als Park- und Straßenbaum angepflanzt. Die Samen, die Vögel verbreiten, keimen nahezu überall; so kann es sein, daß eine Eberesche mitunter auf unzugänglichem Fels, auf morschem Gemäuer von Ruinen oder sogar in Astgabeln oder auf geköpften oder modernden hohlen Weiden, Erlen und Pappeln als „Überpflanze“ wächst. Die Eberesche wird vom Schalenwild stark verbissen und geschält.

▸▸ Elsbeerzweig mit Blättern und Früchten

Merkmale
- Der mittelgroße sommergrüne Baum (gelegentlich auch Strauch) hat einen schlanken, walzenförmigen Stamm, eine rundliche bis ovale, ziemlich unregelmäßig aufgebaute und meist offene (selten dichte) Krone, erreicht eine Wuchshöhe von 10 bis 16 m (20 m), eine Stärke von ca. 40 cm und ein Alter von etwa 80, in seltenen Fällen bis zu 120 Jahren. Die Äste sind abstehend oder schräg nach oben gerichtet.
- Die Rinde junger Bäume ist gelblich- bis grünlichgrau und glänzend; mit zunehmendem Alter des Baumes wird sie mattgrau, feinrissig, erst im hohen Alter dann schwärzlich und längsrissig. Die Wurzeln der Eberesche reichen weit und tief. Sie bildet auch → Stockausschläge und → Wurzelbrut.
- Die wechselständig angeordneten, etwa 20 cm langen und 8 bis 12 cm breiten Laubblätter sind unpaarig gefiedert, mit 9 bis 19 Fiedern. Die einzelnen, sitzenden, länglich-lanzettlichen, am Grunde abgerundeten, vorne zugespitzten, etwa 4 bis 6 cm langen und ca. 2 cm breiten Fiederblätter haben einen scharf gesägten → Blattrand und sind nach dem Austrieb anfangs noch silbergrau behaart, nach der Entfaltung jedoch fast kahl. Die Blätter sind oberseits frischgrün bis dunkelgrün, unterseits graugrün. Die jungen Blätter riechen beim Zerreiben nach Marzipan. Die Blattspindel ist drehrund und zwischen den einzelnen Fiedern leicht rinnig. Im Herbst färbt sich das Laub gelb, auf trockenen Standorten dunkel-blutrot (→ Blattfarbstoffe, → Blattfall).
- Die → Mannbarkeit der Eberesche tritt mit etwa 10 Jahren ein, sie trägt dann fast alljährlich reichliche Früchte. Sie blüht im Mai/Juni, mancherorts auch noch bis in den Juli hinein. Die gelblichweißen Blüten messen etwa 1 cm im Durchmesser, sind fünfzählig mit drei Griffeln und stehen sehr zahlreich in großen, aufrechten, gewölbten und ausgebreiteten Schirmrispen (Trugdolden). Ihr Duft ist ziemlich aufdringlich.
- Die Früchte, die im August/September reifen, sind erbsengroß (6 bis 8 mm dick), anfangs gelb, dann orangen- bis scharlachrot,

mit eingeschlagenen Kelchzipfeln am Scheitel versehen und enthalten drei rötliche, schmale, spitze Samen. Sie werden „Vogelbeeren" genannt, da sie mit Vorliebe von Vögeln, besonders → Drosseln, verzehrt werden und früher zum Anlocken und Fangen der Vögel auch benutzt wurden. Auch Schalenwild, Rotfuchs und Dachs nehmen die Beeren gerne an. Sie enthalten Sorbit, das für Diabetiker als Zuckerersatz dient, sind eßbar, aber herb, können jedoch (nach dem Entbittern) zu Kompott, Gelee, Marmelade, Saft, Ebereschenwein und -likör verarbeitet werden. Die Früchte der **Mährischen Eberesche**, **Süßen Eberesche** oder **Süßen Vogelbeere**, auch **Eßbare Vogelbeere** oder **Edeleberesche** (*var. dulcis, var. edulis*) genannt, sind größer und schmecken angenehm.

Holz
Das harte, zähe, zerstreutporige, elastische Holz hat einen breiten, rötlich-weißen → Splint, einen hell- bis rotbraunen → Kern und ist glänzend. Gegen Pilze ist es wenig dauerhaft. Es wird zu Wagner-, Drechsler- und Schnitzarbeiten verwendet.

Bedeutung als Heilpflanze
In der Naturheilkunde verwendet man die getrockneten Blätter und die getrockneten oder gekochten Früchte. Die Früchte enthalten unter anderem Parasorbin-, Sorbin- und Apfelsäure, Pektin, Zucker, Provitamin A und viel Vitamin C (60 bis 120 mg % in der Frucht). Sie wirken roh adstringierend, abführend, galle- und harntreibend, regulierend auf die Menstruation und sind gut gegen Skorbut (Zitrone des Nordens).

Mythologie und Brauchtum
Bei den Germanen war die Eberesche (Vogelbeerbaum) dem Gewittergott Thor geweiht. Ihre Zweige sollten böse Geister abhalten. Besondere Zauberkraft schrieb man der auf anderen Bäumen wachsenden Eberesche zu. Allerlei Aberglauben rankte sich noch im Mittelalter um sie. Heute noch heißt es in einer alten Bauernregel, daß Jahre, in denen die Eberesche reich fruchtet, eine gute Getreideernte bringen, ihnen aber auch ein strenger Winter folgt.

2. Elsbeere
Die Art *Sorbus torminalis* (L.) Crantz wird auch Wilder Sperberbaum, Ruhrbirne, Sauerbirla, Elzen-, Elzbeerbaum, Elritze, Elze, Arlsbeere, Eschrössel, Alsbeerbaum, Arl(e)sbaum, Aressel, Darmbeere, Eischbirle, Elge, Egele, Ehle, Ehelein, Ehelinsbeeren, Eierling, Eierlingsbirlebaum, Hörnike, Hörlinke, Hüttelbeerbaum, Sersch und Serse-(birlein)baum genannt.

Verbreitung
Die Elsbeere kommt vor allem in Südosteuropa (bis zum Kaukasus) vor. Ihr Verbreitungsgebiet reicht bis Kleinasien und Nordafrika. In Deutschland deckt sich ihr natürliches Verbreitungsgebiet etwa mit der Grenze des Weinbaus. In Norddeutschland ist sie mancherorts häufig als Straßen- und Alleebaum zu finden.

Standort
Sie wächst wild auf trockenen, mäßig warmen, lockeren Standorten, frischen Kalkböden, an flachgründigen, trockenen Felshängen, in klimatisch begünstigten Lagen in Eichen-Trockenwäldern, warmen Eichen- und Eichen-Hainbuchen-Wäldern, Flaumeichen-Gebüschen, xerothermen submediterranen Flaumeichenwäldern, Hainbuchen- und Kalk-Buchenwäldern (Seggen- oder Orchideen-Buchenwäldern), in west- und mitteleuropäischen Eichen-Birken-Wäldern von der Ebene bis in Höhenlagen von etwa 900 m.

Merkmale
■ Der langsamwüchsige, kleine bis mittelgroße sommergrüne Laubbaum (gelegentlich auch Strauch) mit rundlicher Krone und weit ausladenden Ästen erreicht eine Wuchshöhe von bis zu 10 m (gelegentlich 20 m) und ein Alter von über 100 Jahren. Sein → Ausschlagvermögen ist unbedeutend; er bildet jedoch Wurzelbrut.

■ Die Rinde junger Bäume ist glatt und grau, später wird sie dunkelbraun-grau, längsrissig oder feingefeldert. Die Elsbeere treibt eine Pfahlwurzel, später wird diese zur Herzwurzel mit starken Seitenwurzeln. Die langgestielten (2 bis 5 cm), wechselständig angeordneten Laubblätter haben einen breit-ovalen Umriß, meist einen herzförmigen Grund, sind ungeteilt, jedoch tief gelappt (sechs bis zehn Lappen). Die Lappen sind zugespitzt, die unteren größer, waagerecht abstehend, die oberen nach vorne verweisend. Der Blattrand ist scharf gesägt. Die relativ festen Blätter sind 6 bis 10 cm lang und 4 bis 8 cm breit, jederseits mit vier bis fünf hervortretenden Nerven, oberseits glänzend dunkelgrün, nach dem Laubaustrieb behaart, später kahl, unterseits blaßgrün und ebenfalls nach gewisser Zeit verkahlend. Im Herbst färben sie sich tiefrot.

■ Die Elsbeere wird etwa mit 20 bis 30 Jahren mannbar und trägt dann alljährlich Früchte. Sie blüht im Mai/Juni. Die weißlichen, fünfzähligen Blüten haben zumeist zwei Griffel, gelbe Staubbeutel und messen 12 bis 15 mm im Durchmesser. Sie stehen in ziemlich großen, aufrechten, gewölbten, doldenartigen Rispen (Trugdolden). Die Stiele und Kelche weisen eine flaumige Behaarung auf. Die im September reifenden, ziemlich kugeligen bis länglichen, etwa 1,5 cm dicken Früchte sind anfangs rötlichgelb, reif braun, matt oder leicht glänzend, durch Korkwarzen (→ Lentizellen) punktiert und vom ringförmigen Kelchrand gekrönt. Überreif werden sie teigig und sind erst dann genießbar.

Holz
Das Holz der Elsbeere hat einen rötlich-weißen, ins Bräunliche nachdunkelnden Splint, einen rotbraunen Kern, ist sehr fest, elastisch, schwer, hart und wertvoll. Früher wurde es mit Vorliebe von Tischlern, Wagnern und Drechslern verarbeitet. Ferner wird es für Möbel und andere feine Holzarbeiten verwendet.

Schwedische Mehlbeere (*Sorbus intermedia*)

Bedeutung als Heilpflanze
In der Naturheilkunde wurden früher die frischen oder getrockneten Beeren als Heilmittel gegen Erbrechen, Durchfall (Darmbeere) und Husten angewandt.

3. Mehlbeere
Die Art *Sorbus aria* (L.) Crantz wird auch Echte Mehlbeere, Mehlbirne, Atlas-, Silber-, Sperber-, Weiß-, Mehl(beer)baum, Arolsbeere, Mehlige Eberesche sowie Sorbapfel genannt.

Verbreitung
Die Mehlbeere ist mit einigen Arten fast überall in Europa (besonders in den Gebirgen Mittel- und Südeuropas) verbreitet (Baumart des Berglandes). In Nordeuropa fehlt sie.
In der Gattung *Sorbus* kommt es gelegentlich zu → Bastarden zwischen Mehlbeere und Elsbeere sowie zwischen Mehlbeere und Eberesche. Diese werden dann Bastard-Ebereschen genannt. Eine Subspezies ist die Donau-Mehlbeere (*Sorbus aria ssp. danubialis* (L.) Crantz), die in der Gegend um Regensburg vorkommt.

Standort
Die Mehlbeere ist sehr lichtliebend und wächst vereinzelt in sonnigen Laub- und Bergwäldern, besonders Eichen- und Buchenwäldern, wärmeliebenden Buchenwaldgesellschaften, Flaumeichenwäldern, in Trockengebüschen (Berberitzengebüschen), subalpinen Hochstaudengebüschen, an Kalkfelshängen (bis etwa 1500 m), auf mäßig trockenem Boden.

Im südost-alpinen Bereich tritt die **Österreichische Bergmehlbeere** (*Sorbus aucuparia ssp. cretica* = *Sorbus austriaca* (Beck) Hedl.) auf, die dort die Bergmehlbeere (*S. mougeottii*) ersetzt. Sie hat keine gefiederten Blätter und ist vermutlich ein konstanter → Bastard aus Eberesche (*S. aucuparia*) und Griechischer Mehlbeere (*S. graccia*). *Ssp. crética* ist selten und wächst in wärmeliebenden Eichen-Waldgesellschaften, Eichengebüschen, Berberitzengebüschen (auch *ssp. danubialis* und *ssp. aria var. incisa*) und ist die Ordnungs- → Charakterart der Xerothermen von submediterranen Flaumeichenwälder und subkontinentalen Eichen-Steppenwäldern. Sie liebt besonders Kalkböden und sonnige Lagen, wächst aber auch auf kalkarmen, mild bis mäßig sauren humosen Böden, auf sandigen bis steinigen, flach- bis mittelgründigen Lehm- oder Steinböden. Da die filzig behaarten Blätter den Staub binden, wird die Mehlbeere häufig als Straßenbaum gepflanzt. Auch in Gärten und Parkanlagen ist sie häufig zu finden.

Merkmale

- Die Mehlbeere ist sehr formenreich. Der laubwerfende, sommergrüne, große Strauch oder kleine Baum (Licht-Halbschattenart) mit aufstrebender, sehr breiter, flach gewölbter, unregelmäßig aufgebauter Krone erreicht bei sehr langsamem Wuchs eine Höhe von etwa 6 bis 12 m und ein Alter von bis zu 200 Jahren. Er hat einen schlanken, meist krummschäftigen, oft spannrückigen Stamm. Jüngere Bäume besitzen eine ziemlich glatte, grau-silbrige oder mattgraue, oft weißfleckige Rinde, die im Alter längsrissig wird.
- Die kräftigen Triebe sind anfangs seidig behaart. Die Bewurzelung ist tiefgehend, das Ausschlagvermögen beträchtlich, zudem bildet sie auch Wurzelbrut. Die wechselständig (→ Blattstellung) angeordneten, derben, ungeteilten Laubblätter sind 8 bis 14 cm lang und 5 bis 7 cm breit, elliptisch, am Grunde keilförmig oder abgerundet, ungleich oder unregelmäßig doppelt gesägt (seltener andeutungsweise gelappt). Sie haben auf jeder Seite acht bis 14 Nervenpaare. Die Blätter von *S. a. ssp. aria* sind gegen die Blattspitze hin etwas eingeschnitten. Die glänzend sattgrüne Blattoberseite weist nach dem Blattaustrieb eine seidige Behaarung auf, verkahlt jedoch später. Die Unterseite und der Blattstiel sind dicht grau- bis weißfilzig.
- Die Mehlbeere blüht im Mai/Juni. Ihre gestielten, weißen bis cremefarbenen Blüten mit einem Durchmesser von etwa 15 mm besitzen zumeist zwei Griffel und stehen in aufrechten, lockeren, flach gewölbten, bis 8 cm breiten Schirmrispen. Stiele und Kelche sind weißfilzig.
- Die im August/September reifenden Früchte sind apfelförmig, etwa 1,0 bis 1,5 cm lang, kugelig-eiförmig, orange bis scharlachrot, haben einen weißfilzigen Scheitel unter den stehengebliebenen Kelchzipfeln und enthalten zwei Kerne. Ihr Fruchtfleisch ist geadert, mehlig und erst nach Frosteinwirkung genießbar, jedoch wegen des Gehalts an Parasorbinsäure etwas giftig. Sie bleiben lange am Baum, häufig sogar bis in den Winter. Nach dem ersten Frost werden sie von Vögeln und Eichhörnchen genommen, die dadurch auch zur Verbreitung der Art beitragen. Ökologisch bilden solche Gehölze die Gruppe der → Wintersteher, die für die Ernährung der kleineren Wirbeltiere im Winter besonders wichtig sind.

Mehlbeere

Holz

Das Holz der Mehlbeere hat einen sehr breiten, hellgelben Splint, einen rotbraunen Kern und ist hart. Es findet als Wagner-, Tischler- und → Drechslerholz Verwendung.

Bedeutung als Heilpflanze

In der Naturheilkunde sind die Verwendungsmöglichkeiten der Mehlbeere die gleichen wie bei der Eberesche. Früher dienten die Beeren als → Schweinemast und wurden in Notzeiten auch getrocknet, gemahlen und als Beimischung zum Mehl (Mehlbeeren!) beim Brotbacken verwendet. Da beim Erhitzen die Parasorbinsäure weitgehend zerstört wird, geht die schwache Giftigkeit der Früchte verloren. Zudem wurden bzw. werden aus den Früchten auch Essig-Branntwein, Saft, Kompott, Marmelade, Gelee, Grütze und Kuchen hergestellt.

▸▸ Speierling

4. Speierling

Der Speierling (*Sorbus domestica* Linné) wird auch Adel(s)beerbaum, Adel(s)esche, Atlasbeerbaum, Zahme Eberesche, Zahmer Sperberbaum, Schme(e)rbirne, Sperbe, Aschitzenbaum und Spierlingsbaum genannt.

Verbreitung

Der Speierling kommt vor allem in Südeuropa und Nordafrika häufig vor; in Mitteleuropa ist er bis ins Mittelrheingebiet anzutreffen. Wegen seiner genießbaren Früchte wird er häufig in Gärten angepflanzt; er ist stellenweise auch verwildert.

Standort

Der Speierling wächst zerstreut und relativ selten in lichten Laubwäldern, besonders Eichen-Trocken- und Eichen-Hainbuchen-Wäldern, warmen Hainbuchen-Gesellschaften, xerothermen submediterranen Flaumeichenwäldern (überregionale Ordnungs → Charakterart), an sonnigen Hängen, bevorzugt auf mäßig trockenen, meist warmen, mineralisch kräftigen und steinigen Standorten.

Merkmale

- Der langsam wachsende, mittelgroße, sommergrüne Laubbaum (oder Strauch), der der Eberesche sehr ähnlich ist, erreicht eine Wuchshöhe von 15 bis 20 m und (angeblich) ein Alter von 500 bis 600 Jahren. Er hat eine rundliche, tief angesetzte Krone mit vielen, überwiegend waagerecht abstehenden oder leicht aufwärts gerichteten Ästen.
- Die Rinde ist dunkelgraubraun, durch zahlreiche feine Längs- und Querrisse kleinschuppig, rauh und borkig. Der Speierling hat eine Pfahlwurzel mit weitreichenden Seitenwurzeln. Die wechselständig angeordneten unpaarig gefiederten, etwa 14 bis 24 cm langen und 10 cm breiten Laubblätter haben insgesamt 13 bis 21 Fiederblätter; sie sind den Blättern der Eberesche sehr ähnlich, jedoch größer. Die einzelnen, sitzenden Fiederblätter sind etwa 3 bis 5 cm lang, länglich-elliptisch oder oval und scharf (einfach oder andeutungsweise doppelt) gezähnt, im unteren Drittel ganzrandig und am Grunde gerundet. Die Oberseite der Blätter ist dunkelgrün und fast kahl, die Unterseite heller und leicht behaart.
- Der Speierling wird erst mit 40 bis 50 Jahren mannbar und blüht im Mai (bis Juni). Die einzelnen Blüten sind weiß oder schwach rötlich, etwa 1,5 cm breit, gestielt, haben meist fünf Griffel und bilden sechs- bis zwölfblütige, 6 bis 10 cm breite, aufrechte, kegelförmige Schirmrispen. Die ei- oder birnenförmigen, manchmal auch apfelförmigen Früchte, die im September reifen, sind etwa 2 bis 4 cm lang, grünlich oder rotwangig, an der Sonnenseite meist stärker rotfleckig oder einheitlich gerötet. Wenn sie eine braune Färbung mit hellen Pünktchen aufweisen, sind sie überreif und genießbar. Sie hängen in Büscheln und enthalten fünf braune, scharfkantige Samen.

Holz

Das Holz hat einen rötlichweißen Splint und einen tief rotbraunen Kern, ist dicht, hart, schwer (härter und schwerer als das der Hainbuche) und wertvoll. Es ist gutes Wagner- und Drechslerholz, das auch im Werkzeug- und Maschinenbau verwendet wird.

Verwendung der Früchte

Die Früchte des Speierling fallen im überreifen Zustand vom Baum, und ihr Fruchtfleisch wird gerne von den Vögeln aufgenommen. Sie eignen sich zum Einkochen und ihr Saft wird dem Apfelwein zur Nachgärung zugesetzt, macht ihn haltbarer, verleiht ihm eine gewisse Herbheit und eine klare Färbung.

5. Zwergmehlbeere

Die Art *Sorbus chamaemespilus* (L.) Crantz wird auch Zwergmispel genannt.

Verbreitung

Die Zwergmehlbeere wächst in den Gebirgen Mittel- und Südeuropas. Sie ist von den Pyrenäen bis zu den Karpaten verbreitet und kommt außerdem im Schweizer Jura und Schwarzwald, in den Vogesen, in Italien und auf der Balkanhalbinsel vor.

Standort

Die Zwergmehlbeere wächst hauptsächlich in Kiefern- und Lärchenwäldern, in sonnigen Grünerlen-, Legföhren- und Schneeheide-Alpenrosengebüschen (Charakterart), auf Geröllhalden, an Felshängen und sonstigen felsigen, bebuschten Plätzen von der Ebene bis in die obere Bergregion (bis 2200 m). Sie bevorzugt trockene, sonnige Lagen und kalkreichen Boden.

Merkmale

Der kleine, etwa 0,5 bis 2,5 m hohe Strauch von oft knieholzartigem Wuchs hat niederliegende oder aufsteigende, dunkelbraune, glatte Stämmchen, rot- oder graubraune Äste und hellbraune, rutenförmige Zweige. Die jungen Zweige sind weißlich behaart und verkahlen später. Die kurzgestielten, wechselständig angeordneten Laubblätter sind elliptisch, derb, fast lederartig und am Grunde keilförmig. Die oberseits dunkelgrünen und unterseits bläulichgrünen, bis zu 9 cm langen Blätter haben jederseits vier bis acht Seitenaderpaare. Der Blattrand ist gesägt. Die Zwergmehlbeere blüht von Juni bis Juli. Die rötlichen, etwa 4 bis 5 mm langen Blüten haben zwei Griffel und stehen in aufrechten, armblütigen, schirmförmigen Trugdolden. Die Früchte, die im September reifen, sind länglich-eiförmig, etwa 1 bis 1,5 cm lang und scharlach- bis braunrot. Sie enthalten vier birnenförmige, bis 5 mm lange Samen und sind eßbar. Sie wurden – wie die Früchte der Mehlbeere – früher in Hungerzeiten gesammelt, getrocknet, gemahlen und als Mehlersatz zum Backen verwendet.

Hybridformen

Vereinzelt bildet in den Westalpen und im Schweizer Jura und in den Vogesen die Zwergmehlbeere mit der **Bergmehlbeere** (*Sorbus mougeotii* Soyer-Will. & Godr.) → Bastarde. Diese werden als **Hostmehlbeere** (*Sorbus hostii*) bezeichnet. Ihre Blätter sind unterseits locker wollig-filzig, die in etwa 6 cm breiten Doldentrauben angeordneten Blüten weißlich-rosa, und ihre Früchte sind oval und korallenrot.

Die **Filzige Zwergmehlbeere** (*Sorbus x ambigua* Decn. = *Sorbus chamaemespilus var. discolor* Hegetschw. = *Sorbus chamaemespilus x aria*) ist offensichtlich eine erbfeste Hybride und kommt im subalpinen Knieholz und in Hochgrasgebüschen, Legföhren- und Schneeheide-Alpenrosengebüschen auf lockeren, basenreichen Stein- und Lehmböden vor.

6. Bergmehlbeere

Die eiszeitlich entstandene, ebenfalls erbfeste Hybride aus Eberesche und Mehlbeere (*Sorbus mougeottii* Soyer-Will. & Godr.) wird auch Vogesenmehlbeere, Alpen-Oxel und nach dem Arzt und Botaniker Jean Baptiste Mougeot (1776 – 1858) Mougeot's Mehlbeere, genannt.

Verbreitung

Die Bergmehlbeere ist in den Gebirgswäldern Südwesteuropas, über die ganze Alpenkette bis in die südlichen Karpaten verbreitet; auch im Apennin kommt sie vor. An den Berghängen der Vogesen, des Schweizer Jura und der Westalpen trifft man sie seltener.

Standort

Der Bergmehlbeere-Gruppe wächst auf ähnlichen Standorten wie die Mehlbeere, stellt jedoch höhere Ansprüche an Feuchtigkeit, Bodenbeschaffenheit und Wärme. Sie ist relativ selten und wächst an sonnigen, trockenen Hängen, auf mäßig trockenen, basenreichen, meist steinigen Lehmböden und auch auf Felsschutt. Sie kommt in lichten Laubwäldern und sonnigen Gebüschen (besonders Berberitzengebüschen), von der Ebene bis in Höhen von etwa 1800 m vor.

Merkmale

Der aufrechte Strauch bzw. bis 20 m hohe Baum besitzt eine graubraune Rinde, die mit zahlreichen Rindenporen besetzt ist. Im Unterschied zur Mehlbeere, der sie ansonsten sehr ähnlich sieht, hat die Bergmehlbeere kahlere Knospen und Zweige. Die länglich-eiförmigen bis fast runden Blätter weisen beidseits etwa zehn gesägte Lappen mit acht bis zwölf Seitennervenpaaren auf. Sie sind oberseits dunkelgrün und kahl, unterseits graugrün und wollig-filzig behaart. Die Bergmehlbeere blüht im Mai/Juni, ihre rundlichen, etwa 10 bis 14 mm langen und roten Scheinfrüchte sind eßbar. Die westeuropäische Bergmehlbeere bildet mit der Zwergmehlbeere Bastarde.

Ebereschen (Vogelbeeren)

7. Sudeten-Zwergmispel

Diese Art (*Sorbus sudetica*) kommt im Riesengebirge endemisch in einer schmalen Zone der oberen Fichtenregion vor. Vermutlich ist sie aus einer Kreuzung von Zwergmispel und Weidenblättriger Mehlbeere (*Sorbus rupicola*) entstanden. Sie blüht rosa und bildet allenfalls mannshohe Sträucher. Da beide Elternteile im Riesengebirge heute fehlen, muß die Art sehr früh entstanden sein. Weitere Bastarde zwischen der Zwergmispel und anderen Mehlbeerenarten (z. B. Echter Mehlbeere, Mougeot'scher Mehlbeere, Österreichischer Mehlbeere) sind bekannt.

8. Breitblättrige Mehlbeere

Die Breitblättrige Mehlbeere (*Sorbus x latifolia* = *S. aria x torminalis*) ist ein relativ häufig vorkommender Bastard von Mehl- und Elsbeere. Er wächst in Flaumeichenwäldern, Orchideen-Buchen- und Hainbuchen-Waldgesellschaften.

9. Schwedische Mehlbeere

Dieser erbfeste Hybride (*Sorbus intermedia* (Ehrh.) Pers. = *S. suécica* Krok. et Alm. = *S. aucuparia-aria*) stammt aus dem Ostseeraum und ist zerstreut in Hecken und Parkanlagen anzutreffen.

◄ Eberesche

auch Wei. Die Puppe ist weiß-grün mit gelber Zeichnung.

3. Großer Eisvogel, der (*Limenitis populi*): auch Aspenfalter. Länge der Vorderflügel: um 4 cm. Einer der größten einheimischen Falter. Er ist oberseits dunkelbraun mit weißen Flecken; vor dem Außensaum besonders der Hinterflügel befindet sich eine Kette orangebrauner Mondflecken. Die Unterseite ist orangebraun mit weißen und blaugrauen Flecken und Binden. Das größere Weibchen hat auf den Hinterflügeln eine auffallende weiße Binde. Das Fluggebiet des sehr seltenen Falters (Flugzeit Juni/Juli) sind lichte, feuchte Wälder und Auwälder, wobei er sich gerne an den Waldwegen und Waldrändern aufhält. Steigt im Gebirge bis 1500 m Höhe auf; in der Norddeutschen Tiefebene fehlt er. Die grüne Raupe hat längs des Rückens zwei Reihen ästiger Dornen und vier helle Spiegelflecken in der Rückenmitte. Ihre Wirtspflanze ist die As, aber auch andere Pappelarten. Sie überwintert in kleinen Gespinsten an den Zweigspitzen der As. Die gelblich-braune Puppe mit schwarzen Punkten hängt an der Oberseite eines gerollten Blattes. In Mitteleuropa eine Generation.

▸▸ Trauermantel (*Nymphalis antiopa*)

▸▸▸ Kleiner Fuchs (*Aglais urticae*)

4. Blauschwarzer Eisvogel, der (*Limenitis reducta*): Länge der Vorderflügel: 2,6 bis 3,0 cm. Der lokal nicht seltene Falter fliegt in lichten Wäldern und auf Waldschneisen, steigt im Gebirge bis 1000 m Höhe. Der den ganzen Sommer über fliegende Falter hat in Mitteleuropa nur eine Generation. Er ähnelt dem Kleinen Eisvogel, hat aber auf den Außenrändern der Hinterflügelunterseite nur eine einfache Reihe runder dunkler Punkte. Die grüne Raupe mit weißen Streifen und zwei Reihen roter Dornen auf dem Rücken ernährt sich vom Geißblatt. Sie überwintert in einem kleinen Gespinst und verpuppt sich im Frühjahr.

5. Kleiner Eisvogel, der (*Limenitis camilla*): Länge der Vorderflügel: ca. 3 cm. Der Falter fliegt von Mitte Juni bis Mitte August in einer Generation und bevorzugt feuchte Laubwälder. Im Gebirge geht er bis an die Baumgrenze hoch. Er ist oberseits braunschwarz, unterseits orangebraun. Die Vorderflügel haben beiderseits weiße Flecken, die Hinterflügel eine weiße Binde. Vom Blauschwarzen Eisvogel ist er u. a. durch zwei Reihen dunkler Punkte zu unterscheiden. Die grüne Raupe mit zwei weißen Streifen und weinroten Dornen frißt am Geißblatt, gelegentlich auch am Schneeball. Sie überwintert sehr klein in einem Gespinst. Die graugrüne Puppe ähnelt einem abgestorbenen Blatt.

▸▸ Admiral (*Vanessa atalanta*)

6. Trauermantel, der (*Nymphalis antiopa*): Länge der Vorderflügel: ca. 3,5 cm. Die Oberseite ist dunkelsamtbraun mit breitem cremegelben Rand, dahinter eine Reihe blauer Fleckchen auf schwarzem Grund. Die überwinternde Generation fliegt im zeitigen Frühjahr, die folgende Generation im Juli bis in den Herbst. Sein Fluggebiet sind lichte Wälder und Auwälder, Lichtungen, Waldränder und Parkanlagen. Er geht im Gebirge bis auf 2000 m Höhe. Häufig wird er von überreifen Früchten und Baumsäften angezogen. Die schwarzen Raupen mit rostroten Rückenflecken, vielen schwarzen Dornen und roten Bauchfüßen leben von Juni/Juli gesellig an Wei (Salweiden), Bi, Ul und Pa. Die bräunliche Puppe mit schwarzer und orangefarbener Zeichnung ruht zwei bis drei Wochen. Im Mittelalter galt der T. als Unglücksbote und „Hexenvogel".

7. Admiral, der (*Vanessa atalanta*): Länge der Vorderflügel: 2,6 bis 3 cm. Er ist ein „Zugvogel" unter den Faltern und fliegt in zwei Generationen vom Mai bis in den Herbst. Die Falter der ersten Generation fliegen bei uns im Frühjahr aus dem Süden ein; die Falter der zweiten Generation kehren im Herbst in den Süden zurück. Die Oberseite des Falters ist samtschwarz; die Vorderflügel haben eine ziegelrote Querbinde und weiße Flecken. Die Saumbinde der Hinterflügel ist ebenfalls ziegelrot und schwarz punktiert. Sein Fluggebiet sind Waldränder, Lichtungen, Gärten, Obstgärten, Wiesen u. ä. offene Geländeteile. Zum Sommerausgang sitzt er gerne auf abgefallenem, überreifen Obst und labt sich mit seinem langen Saugrüssel am süßen Saft. Die überwiegend schwarze Raupe mit gelben Seitenstreifen und gelben Dornen lebt an Brennesseln und ist Einzelgänger. Die Puppe ist graubraun und hat Silberfleckchen.

8. Großer Fuchs, der (*Nymphalis polychloros*): auch Große Blaukante. Länge der Vorderflügel: um 3 cm. Der Falter ist oberseits rotbraun (fuchsfarben) mit schwarzen Flecken und dunkler Randbinde. Die Hinterflügel haben blaue, schwarzumränderte Mondflecken. Der aus dem Winterquartier kommende Falter fliegt im April/Mai, die nachfolgende Generation von Juni bis September. Der Falter war früher fast überall anzutreffen: in lichten Wäldern, in offenem, baum- oder buschbestandenem Gelände, in Obstgärten (die Raupen können darin schädlich werden), Parkanlagen usw. Heute ist er hauptsächlich durch den Einsatz von Schädlingsbekämpfungsmitteln selten geworden. Das Weibchen legt die rötlichbraunen Eier an die Zweige von Obstbäumen, Wei, Ul, As, Bi und anderen Laubbäumen, wo auch die schwarzen Raupen mit orangebrauner Streifung und vielen rostgelben Dornen gesellig leben. Die Verpuppung erfolgt meist in Rindenritzen. Die Puppe ist rötlichbraun und hat metallisch glänzende Flecken. Nach einer Puppenruhe von 10 bis 12 Tagen schlüpft der Falter, der in Holzspalten, alten Stadeln usw., überwintert.

9. Kleiner Fuchs, der (*Aglais urticae*): auch Nesselfalter, Kleine Blaukante. Länge der Vorderflügel: 2,4 bis 2,8 cm. Die Oberseite des sehr häufig vorkommenden und in Europa überall verbreiteten Falters hat eine orange-

rote Grundfarbe. Am Außenrand der Vorder- und Hinterflügel befindet sich eine Reihe von halbmondförmig schwarzumrandeten Flekken, die blau ausgefüllt sind. Auch zieren den Vorderrand der Vorderflügel drei große schwarze Flecken; zwischen dem äußersten und der Spitze befindet sich ein weißer Fleck. Der Falter ist ein eifriger Blütenbesucher und sitzt häufig auf Fetthenne und Sommerflieder und ist in allen Biotopen, im Gebirge noch in 3000 m Höhe anzutreffen. Er kommt im Frühjahr (März) als einer der ersten Falter aus dem Winterquartier; die nachfolgende Generation fliegt von Juli bis Oktober. Die gesellig an der Brennessel lebende Raupe ist schwarzbraun und gelbgrün längsgestreift und hat kurze gelbgrüne Dornen. Die graue Puppe (Puppenruhe ca. 2 Wochen) mit glänzenden Goldflecken hängt oft an Zäunen. Der Falter überwintert in Höhlen, Kellern, Dachböden und auch in Wohnungen.

10. Kaisermantel, der (*Argynnis paphia*): auch Silberstrich. Länge der Vorderflügel: 3,5 cm. Der relativ häufige und große Falter weist eine Reihe von Farbformen auf. Das Männchen ist oberseits meist orangebraun gefärbt mit eingestreuten Punkten und Strichen. Die Flügelunterseite weist silbrige Perlmuttstriche (Name!) auf. Das Weibchen ist oberseits meist hellgraugrünlich glänzend mit ebenfalls dunklen Punkten und Strichen, die sich jedoch nach Form und Anordnung deutlich von denen der Männchen unterscheiden. Der Falter fliegt von Ende Juni bis Mitte September auf Waldlichtungen, -rändern und -wegen und geht im Gebirge bis 1000 m Höhe. Er wird oft von Blüten der Brombeer- und Himbeersträucher angelockt, an die er, ebenso wie an Brennesseln und Veilchen, seine Eier einzeln ablegt. Die im September schlüpfende Raupe ist schwärzlich und hat längs des Rückens ein breites gelbes Band, das von zahlreichen feinen Strichen unterteilt wird. Die Dornen sind lang und gelb. Die Raupe überwintert sehr klein, verläßt dazu häufig die Futterpflanze, um sich in Rindenritzen von Ei und Kie zu verbergen. Die Verpuppung erfolgt im Mai oder Juni. Die Puppe ist braun mit anfangs silbrigen, später goldfarbenen Flecken.

11. Großer Perlmutterfalter, der (*Mesoacidalia aglaja*): Länge der Vorderflügel: ca. 3 cm. Der Falter ist deutlich kleiner als der Kaisermantel, aber diesem ähnlich. Er ist oberseits rotgelb und schwarzgefleckt. Besonderes Kennzeichen ist die grüngelbe Spitze auf der Unterseite der Vorderflügel, auf der viele Silberpunkte glänzen. Vor dem Saum befindet sich eine lehmgelbe Binde. Die Weibchen sind blasser gefärbt. Der Falter fliegt von Ende Juni bis August auf Waldwiesen und an -rändern und geht im Gebirge bis an die Baumgrenze. Er ist auch häufig in Gesellschaft mit dem Kaisermantel anzutreffen. Seine schwarze, nachtaktive Raupe hat weiße Rückenlinien, ziegelrote Seitenflecken und zahlreiche schwarze, ästige Dornen. Sie lebt meist einzeln auf Veilchen und überwintert sehr klein. Die Puppe ist dunkelrotbraun mit schwarzer Zeichnung. Eine Generation.

12. Veilchen-Perlmutterfalter, der (*Clossiana euphrosyne*): Länge der Vorderflügel: 1,9 bis 2,1 cm. Der meist häufig auftretende Falter hat schwarz gezeichnete Vorderflügel und auf der Unterseite der Hinterflügel einen zentralen Silberfleck (Perlmuttfleck, Name!). Der Falter ist auf Waldlichtungen, besonders Kahlschlagflächen, an Waldrändern und in den Alpen bis in 1800 m Höhe anzutreffen. Er fliegt von Mai bis Anfang Juli. Die schwarze Raupe mit weißen Flecken und vielen gelben und schwarzen Dornen lebt ab Juli an verschiedenen Veilchenarten, hauptsächlich Waldveilchen und überwintert. Die Puppe ist grau mit brauner Zeichnung. Im Norden und in den Alpen eine Generation, in wärmeren Gebieten zwei Generationen.

13. Braunfleckiger Perlmutterfalter, der (*Clossiana selene*): Länge der Vorderflügel: 1,8 bis 2 cm. Der häufige Falter ähnelt sehr dem Veilchen-Perlmutterfalter und ist in Auwäldern, an Waldrändern, auf Mooren und Wiesen anzutreffen. Er fliegt in zwei Generationen (Ende Mai bis Anfang Juli und Ende Juli bis Ende August). Seine schwarze Raupe hat weiße Flecken und zahlreiche gelbe und schwarze Dornen. Sie lebt an Heidelbeere, Hunds- und Sumpfveilchen und überwintert.

14. Märzveilchenfalter, der (*Fabriciana adippe*): Länge der Vorderflügel: 2,9 bis 3,3 cm. Der Falter fliegt von Juni bis August in einer Generation und ist häufig auf Lichtungen, Schneisen, Waldwegen und in den Alpen bis in 2000 m Höhe anzutreffen. In Farbe und Zeichnung ähnelt er dem Braunfleckigen Perlmutterfalter und dem Großen Perlmutterfalter. Die Raupe ist graubraun mit weißlichen Rückenlinien und rötlichen Dornen. Sie schlüpft erst im Frühjahr, lebt und verpuppt sich an verschiedenen Veilchenarten.

15. Kleiner Maivogel, der (*Euphydryas maturna*): auch Eschenscheckenfalter. Länge der Vorderflügel: 2,1 bis 2,4 cm. Der Falter ist oberseits dreifarbig (schwarzbraun mit rotgelben Fleckenreihen sowie mit hellgelben oder weißlichen Flecken), unterseits an den Hinterflügeln orangerot. Er kann kaum mit anderen einheimischen Scheckenfaltern verwechselt werden. Der Falter fliegt von Ende Mai bis Ende Juni in lichten, feuchten Laubwäldern und zwar hauptsächlich an Es, aber auch an Wei und As. Die gesellig in Gespinsten lebende Raupe ist schwarz mit gelben Streifen auf dem Rücken und an den Seiten, die durch schwarze Querlinien geteilt sind. Die Dornen sind ebenfalls schwarz. Die Raupen fallen im Herbst mit ihren Nestern zu Boden und überwintern. Im Frühjahr fressen sie an niedrigen Pflanzen, hauptsächlich an Wegerich. Die Puppe ist blaßgrün oder gelb, schwarz und gelb gefleckt und ist während der Puppenruhe an einem Stamm oder Stein befestigt. Eine Generation.

16. Gemeiner Scheckenfalter, der (*Melitaea cinxia*): auch Wegerich-Scheckenfalter. Länge der Vorderflügel: 1,6 bis 2,1 cm. Der Falter fliegt meist in einer Generation von Mai bis Juli an Waldrändern, auf feuchten Wiesentälern und Berghängen bis 2500 m Höhe. Die Flügeloberseite ist dunkel gezeichnet, die Unterseite ockergelb, an der Spitze weißlich. Die schwarze Raupe mit Dornen und blauweißen Punktwarzen lebt gesellig, meist an Spitzwegerich und Habichtskraut und überwintert zu mehreren in einem Gespinst.

17. Wachtelweizen-Scheckenfalter, der (*Mellicta athalia*): Länge der Vorderflügel: um 2 cm. Der Schmetterling ist einer der häufigsten Scheckenfalter in Europa und an Waldrändern, besonders aber auf blumenreichen Wiesen anzutreffen. Er fliegt bei uns in einer Generation (im Süden zwei) von Juli bis September. Die schwarze Raupe mit weißen Punkten lebt gesellig in einem Gespinst an Wachtelweizen, Wegerich und an anderen niedrigen Kräutern.

18. Landkärtchen, das (*Araschnia levana*): auch Netzfalter. Länge der Vorderflügel: etwa 2 cm. Der Falter fliegt in zwei Generationen (Ende April bis Mitte Juni und Mitte Juli bis August), die jedoch unterschiedlich aussehen (zwei Formen: Frühlingsform und Sommerform). Die im Frühling auftretende Stammform (brana) ist oberseits orangefarben mit schwarzen Flecken, unterseits rostbraun und violett, durch weißgelbe Rippen und Querlinien gegittert (Gitternetz; sog. Landkarte, Name!). Die Sommerform (prorsa) ist oberseit schwarz mit weißen Bändern und einer rotgelben Saumlinie, unterseits ähnelt sie der Frühlingsform. Der saisonale Farbwechsel wird durch die unterschiedliche Lichteinwirkungsdauer auf die Raupenentwicklung bedingt. Der weit verbreitete Falter lebt in feuchten Wäldern, hauptsächlich in Auwäldern, und ist ein Bewohner des Flachlandes. Örtlich kommt er noch häufig vor. Die Raupe lebt gesellig ausschließlich an Brennesseln und überwintert. Sie ist schwarz oder dunkelbraun und hat ebenso dunkel gefärbte lange Dornen.

19. C-Falter, der (*Polygonia c-album*): auch C-Fuchs. Länge der Vorderflügel: ca. 2,5 cm. Der Falter ist oberseits rotgelb mit schwarzbraunen Flecken; die Flügel haben eine gezackte Form. Auf der Unterseite der Hinterflügel befindet sich in der Mitte ein deutliches c-förmiges Zeichen (Name!). Der Falter fliegt meist in zwei Generationen (Juni bis Juli und August bis September). Sein Fluggebiet sind die Waldränder, -lichtungen, Auwälder sowie die Gärten. Die bizarr geformte dunkle Raupe hat hinten oberseits einen weißen Fleck und lebt an Brennesseln, aber auch an Ul, Hopfen, Ha, Wei und in Gärten an Beerensträuchern. Der Falter überwintert.

20. Distelfalter, der (*Vanessa cardui*): Länge der Vorderflügel: um 3 cm. Der überall vorkommende und häufige Falter ist gelbrot, schwarz gefleckt und geadert. Er ähnelt dem Kleinen Fuchs. Die Vorderflügelspitze ist schwarz und weiß gefleckt. Auf der Unterseite der Hinterflügel befinden sich fünf kleine bläuliche Augenflecken. Der Falter ist ein Zugschmetterling, der Anfang April aus dem Süden nach Mitteleuropa kommt. Meist zwei (in Südeuropa auch drei) Generationen; die zweite fliegt im August/September. Die schwärzliche Raupe mit gelben Flecken und gelben Dornen lebt einzeln an Disteln, Brennnesseln und Huflattich. Die graue Puppe mit meist goldglänzenden Flecken hängt an der Unterseite eines Blattes oder Blattstieles.

Distelfalter (*Vanessa cardui*)

21. Tagpfauenauge, das (*Inachis io*): auch Pfauenspiegel. Länge der Vorderflügel: etwa 3 cm, beim Weibchen etwas länger. Der wohl häufigste und auch bekannteste Schmetterling ist oberseits samtig rotbraun; auf allen vier Flügeln befindet sich am Vorderwinkel ein großes, buntes und blau gekerntes Auge; die

Tagpfauenauge (*Inachis io*)

Augen der Vorderflügel auch mit einem Gelbanteil. Der Falter kommt überall vor und findet sich im Gebirge noch in einer Höhe von 2500 m. Er fliegt in ein bis zwei Generationen von Juli bis in den Spätherbst und nach der Überwinterung im Frühjahr. Die glänzend schwarze, fein weißpunktierte Dornenraupe lebt gesellig auf Brennesseln, auch auf Hopfen, hauptsächlich an Waldrändern. Die Puppe ist bräunlich oder grünlich und trägt auf der Bauchseite Metallflecken.

Edelfink, der: → Finkenvögel 11.

Edelfurniere: Bez. für hochwertige → Furniere aus harten, edlen Holzarten, wie etwa Ei, Ul, Kir, Ah, Birnbaum, Nuss, Es, Bi, Mahagoni, Palisander u. a.

Edel-Gamander, der: → Gamander 2.

Edelhölzer (Edellaubbaumarten, Edellaubhölzer, Bunt(laub)hölzer, Buntlaubbäume): Bez. für verschiedene Laubhölzer, die durch ihre feine → Maserung besonders gut für Einlegearbeiten (→ Intarsia), Kunsttischler- und Schnitzarbeiten sowie für hochwertige → Furniere geeignet sind. Bei einem Großteil der E. handelt es sich um → ausländische Holzarten, die besondere Farben und Eigenschaften aufweisen, die einheimischen Hölzern fehlen, z. B. große Astreinheit. Wertvolle E. sind u. a. Mahagoni und Ebenholz und von den einheimischen Arten BAh, Es, Li, Ul, Kir und die Wildobstbäume. Die einheimischen E. sollen, wie auch Lä und Kie, nur bei Saftruhe eingeschlagen werden.

Edelkastanie, die: → Kastanien.

Edellaubbaumarten → Edelhölzer.

Edellaubbaum-Mischwälder → Linden-Ahorn-Wälder.

Edellaubhölzer → Edelhölzer.

Edelaubholzwälder → Linden-Ahorn-Mischwälder.

Edel-Leberkraut, das: → Leberblümchen.

Edelmarder, der: → Marder 1.

Edelnuß, die: → Walnüsse 1.

Edelpilz, der: → Steinpilz.

Edelrabe, der: → Rabenvögel 4.

Edelreis, das: → Pfropfreis.

Edelreizker, der: → Milchlinge 5.

Edeltanne, die: → Tannen 1.

Edelweißstrauch, der: → Felsenbirne.

Edelwild, das: → Rotwild.

edge-effect → Rand(linien)effekt, Ökoton.

Edle Angelika, die: → Engelwurz 1.

Edler Walnußbaum, der: → Walnüsse 1.

EFA: Abk. für → Europäische Forst Agentur.

Efeu, der (*Hedera*): Gatt. der Efeugewächse (Araliengewächse; *Araliaceae*) mit etwa sieben Arten in Europa, Asien und Nordafrika, die seit der Oberen Kreide (→ Erdzeitalter) bekannt ist. E. sind immergrüne Sträucher mit gelappten oder gezähnten, lederartigen Blättern. Sie haben gelbgrüne Blüten, die in Doldentrauben (→ Blütenstand) stehen. Der Name „E." ist abgeleitet von „Eb-Heu" = „Ewig-Heu". Der lateinische Pflanzenname *Hedera* stammt vom griechischen Wort *hédera* = das Sitzen und bezieht sich auf das Festsitzen und Anhaften auf der Unterlage. Bei uns heimisch:

Gemeiner Efeu, der (*Hedera helix* Linné): auch Epheu, Ewig, Gemeiner Eppich, Mauer-epheu, -ewig, -eppig, -pfau und -winde, Baum-epheu, -winde, Klinop, Immergrün, Wintergrün, Ive, Ivenblätter, -laub, Ilaub und Iloof (nieders.). Die europäisch-südwestasiatische Pflanze, ist über West-, Süd- und Mitteleuropa verbreitet und von Großbritannien bis Rußland, von Südschweden bis Sizilien und Griechenland anzutreffen.

Der G. E. ist eine Schatt-Halbschattpflanze und wächst in der kollinen und montanen → Vegetationsstufe in schattigen Laubmischwäldern, besonders in krautreichen Eichen- und Buchen-Mischwäldern, Hainbuchen- und Linden-Ahorn-Waldgesellschaften, an Schutthängen, Felsen, Bäumen, Gebüschen und Mauern. Er gedeiht auf steinigen, humosen, sauren bis kalkreichen, feuchten bis trockenen, nährstoffreichen Böden in luftfeuchtem (bevorzugt mildem), ozeanischen Klima, von der Ebene bis in 1800 m Höhe. Der E. ist die Klassen → Charakterart der Buchen- und sommergrünen Eichenwälder Europas. Er ist häufig in Parkanlagen, Gärten, an alten Gemäuern, Ruinen, Schlössern und Friedhöfen etc. anzutreffen und wird auch als Zimmerpflanze verwendet.

▸▸ Efeu wuchert in schattigen Laubwäldern kolliner und montaner Vegetationsstufen.

Der G. E. kriecht entweder am Boden oder klettert mit Hilfe seiner kräftigen Haftwurzeln an Felsen, Baumstämmen und Mauern empor. Obwohl er kein Parasit ist, kann er den Stamm eines Baumes völlig überwuchern und „erwürgen". Der Strauch hat einen dünnen, reich verzweigten, verholzenden Stamm, kann eine Stammstärke von fast 1 m erreichen und über 400 Jahre alt werden. Die Stämmchen, Äste und Zweige sind mit fasrigen Luft- oder Haftwurzeln versehen und können mit deren Hilfe bis zu 20 m hoch klettern. Die Form der wechselständigen, langgestielten Laubblätter ist sehr unterschiedlich, da das Alter der Pflanze, das Licht, die Temperatur und auch die Feuchtigkeit auf die Blattform Einfluß haben. Sie sind an nichtblühenden Trieben drei- bis fünflappig, tief oder seicht gelappt, mit herzförmigem Grund, sehr derb, stark glänzend und hell geadert. Die Blätter an Blühtrieben sind oval, eilanzettlich bis rhombenförmig, stumpf oder zugespitzt und ungeteilt, etwa 4 bis 10 cm lang, bis 10 cm breit und spiralig an den Trieben angeordnet. Während des Winters nehmen die Blätter häufig eine rötlichbraune Färbung an. Ihre Lebensdauer beträgt etwa drei Jahre. Der G. E. blüht gewöhnlich im Herbst, von August bis November. Die → zwittrigen Blüten sind unscheinbar, gelbgrün oder weißlich, fünfzählig und stehen zu acht bis elf in einfachen, halbkugeligen Dolden, die zu Trauben oder Rispen (→ Blütenstand) vereinigt sind. Sie duften faulig und werden von Insekten bestäubt. Die Beeren, die anfangs grün sind, reifen erst im Frühjahr des folgenden Jahres. Sie sind dann kugelig, etwa erbsengroß mit 10 mm Durchmesser, schwarz, für den Menschen giftig; von Vögeln werden sie jedoch gern gefressen und enthalten drei bis fünf einsamige, nierenförmige, dreikantige, dunkelbraun bis blauschwarze Kerne.

Das Holz des G. E. ist grünlich- oder bräunlichgelb. Auch die Blätter des G. E. sind giftig. Ihr Verzehr, wie auch der der Beeren, ruft Magen- und Darmstörungen, Krämpfe und Lähmungen hervor. Die Giftigkeit, aber auch die Heilwirkung des G. E. sind altbekannt und wurden zur Behandlung verschiedener Krankheiten verwendet. Die jungen, frischen Blätter, die Glykoside, östrogene Stoffe und das Saponin Hedrin enthalten, finden – geerntet von August bis September – in der Naturheilkunde Verwendung. Sie haben eine krampflösende und schmerzlindernde Wirkung. Man verwendet sie innerlich in Form von Aufguß als krampflösende Mittel gegen Keuchhusten, Bronchitis, Luftröhrenentzündung, und äußerlich in Form von Kompressen vom Absud bei Rheumatismus und Ödemen (insbesondere geschwollenen Knöcheln) sowie als Blätterbreiumschlag bei Cellulitis und Schwangerschaftsstreifen. Bei leichten Verbrennungen, wie z. B. Sonnenbrand, bringt das Auflegen von frischen, gewaschenen Efeublättern Linderung.

Efeublätterabsud ergibt ein vorzügliches flüssiges Haarschampoo und ein entspannendes, stärkendes Bad. Der E. wird bereits von vielen Autoren der Antike erwähnt und war – neben der Weinrebe – das Attribut des Weingottes Dionysos. Dieser wurde auf wunderbare Weise durch einen E. gerettet und trägt auf älteren Darstellungen einen Efeukranz. Aus diesem Grunde hatte er den Beinamen „Kissostephanos", der Efeubekränzte. Der E. galt als Symbol der Unsterblichkeit.

Efeuahorn, der: → Ahorne 2.

Efeu-Gundelrebe, die: → Gundermann.

Effe, die: → Ulmen 3.

EFICS: Abk. für European Forestry Information and Communication System; → Europäisches Informations- und Kommunikationssystem.

EFm: übliche Abk. für → Erntefestmeter.

Egarten, der: auch Egert(en), Eggert. Alte Bez. für eine Waldblöße, die gelegentlich auch als Feld benutzt wurde, auch Bez. für einen unangebauten oder nur spärlich mit Gebüsch bewachsenen Ort.

Egele, das: → Ebereschen 2.

Egelschnecken (*Limacidae*): auch Großschnegel. Die E. sind eine Fam. schlanker → Schnecken aus der Ordn. der Landlungenschnecken. Es handelt sich z. T. um große → Nacktschnecken mit meist vom Mantel vollkommen eingeschlossenem Schalenrest. Der Rücken ist teilweise gekielt. Bei der Paarung erfolgt die Übertragung des Spermas von Penis zu Penis. Fast alle E. sind Schädlinge. Von Bedeutung sind nachfolgende Arten.

1. Große Egelschnecke, die (*Limax maximus*): auch Tigerschnegel. Die über ganz Süd- und Mitteleuropa verbreitete Schnecke bevorzugt die Nähe menschlicher Siedlungen sowie feuchte Wälder. Sie verbirgt sich unter Rinde, Steinen und Laub und fühlt sich auch in Kellern und Gewächshäusern heimisch. Die 12 bis 15 cm lange G. E. ist hellbräunlich, hellgrau bis weißlich gefärbt; über jede Körperseite ziehen sich ein bis drei Reihen dunkler Flecken hin. Das Tier scheidet farblosen Schleim aus. Die Sohle ist einfarbig hell, ebenso der Kiel. Im Ggs. zu den Arion-Arten (→ Wegschnecken) zieht sie sich bei Reizung nach vorn zusammen. Sie ernährt sich von grünen Pflanzen, Pilzen, Aas sowie räuberisch, z. B. von anderen Nacktschnecken. Zwitter; beide Partner hängen bei der Paarung umschlungen an einem bis 40 cm langen Schleimfaden frei herab. Die fast glasklaren Eier werden im Herbst in Gelegen mit bis zu 200 Eier abgelegt.

2. Kleine Egelschnecke, die (*Limax tenéllus*): Die über Mittel- und Nordeuropa verbreitete, 4 bis 6,5 cm lange Schnecke bevorzugt Misch- und Nadelwälder und verbirgt sich unter Laub, morschem Holz und Rinde und hält sich gern auf Pilzen auf. Der Körper ist durchscheinend gelb und zeigt gelegentlich eine dunkle Längsbänderung. Die Nahrung besteht hauptsächlich aus Pilzen und auch aus Pflanzen. Zwitter!

3. Baumschnegel, der (*Lehmannia marginata*): Die über fast ganz Europa verbreitete Schnecke lebt an Bäumen und Felsen in Laub- und Mischwäldern, bei Trockenheit in Verstecken. Bei Berührung scheidet sie Wasser aus. Der 6 bis 7,5 cm lange B. ist von hellgraubrauner Grundfarbe mit hellerer Rückenlinie und dunklen Binden, die meist zu Flecken aufgelöst sind. Der B. ist weichhäutig und hat einen durchscheinenden Hinterleib, der am Ende scharf gekielt ist. In der Färbung ähnelt er der Großen Egelschnecke. Das Atemloch befindet sich hinter der Mitte des Mantelschildes; der Rücken ist immer etwas gekielt. Der B. ist auf Flechten- und Algennahrung spezialisiert.

4. Einfarbige Ackerschnecke, die (*Deroceras agreste*): Die zur Fam. der Kleinschnegel (*Agriolimacidae*) zählende Schnecke ist über Mittel- und Nordeuropa verbreitet, 3 bis 6 cm lang, bevorzugt feuchte Wälder, Wiesen, Felder und Gärten, besonders naturnahe Biotope, und liebt kalkhaltigen Boden. Am Tage verbirgt sie sich in dunklen Verstecken, nachts ist sie aktiv. Der Körper ist dunkel gestrichelt, weißlich bis hellbraun, auch mehr oder minder grau und schwarz marmoriert. Die A. ist ein Allesfresser (z. B. Aas, Pilze, Kleintiere, Salat, Gemüse) und Schädling durch Fraß in Gärten und auf Äckern. Sie ist Überträgerin von Bakterien. Zwitter; die Eizahl beträgt 200 bis 250 Eier.

Egelteren, der: alte lokale Bez. (um Hannover) für FAh; → Ahorne 3.

Egerer, J. Christoph J. F. (18.2.1781 Frankfurt bis 19.12.1815 Aschaffenburg): E. war kgl. Bayerischer Forstrat und wurde 1807 Professor der Forstwissenschaft an der Forstschule in Aschaffenburg. Er schrieb: „Die Forstwissenschaft. Versuch eines allgemeinen vollständigen, auf die Natur der Wälder und bereits gemachten Erfahrungen gegründeten Systems" (1812/1813) und „Grundsätze des Forstrechts" (1818), die nach seinem Tode von Stephan → Behlen herausgegeben wurden.

Egerling, der → Champignon.

Egert(en), der → Egarten.

Eggeblock, der: alte nordd. Bez. für Sägeblock.

Eggeholt, das: alte nordd. Bez. für Sägeholz.

Eggenschwamm, der: → Braunvioletter Eggenschwamm.

Eggert, der: → Egarten.

Eggetau, das: alte nordd. Bez. für ein scharfes Säge- oder Schneidewerkzeug.

EG-Waldbrandverordnung, die: → Waldbrandverordnung (EG-W.).

Ehelein, die: → Ebereschen 2.

Ehelinsbeeren, die: → Ebereschen 2.

Ehle, die: → Ebereschen 2.

Ehre, die: → Ahorne 1.

Ehrenpreis, der (*Veronica*): Gatt. der Fam. der → Rachenblütler, mit etwa 300 Arten, v. a. auf der nördlichen Halbkugel. Es sind meist Kräuter mit gegenständig angeordneten Blättern und blauen, weißlichen, rosafarbenen oder gelben, in Trauben (→ Blütenstand) stehenden Blüten. In Mitteleuropa kommen fast 40 Arten vor, davon sind u. a. im Wald anzutreffen:

1. Wald-Ehrenpreis, der (*Veronica officinalis* L.): auch Echter E. Der. W. ist über ganz Europa (und im Mittelmeergebiet) verbreitet. Er wächst verbreitet in lichten, bodensauren Laub- und Nadelwäldern, feuchten Buchenwald-Gesellschaften, Hainsimsen-Buchenwäldern, west- und mitteleuropäischen Eichen-Birkenwäldern, an Waldrändern, auf Heiden, Triften und Magerweiden, bevorzugt auf mineralkräftigen, leicht sauren Böden, bis in Höhen von etwa 2000 m.

Die mehrjährige, 10 bis 30 cm hohe Pflanze hat kriechende oder niederliegende, rauhhaarige Stengel mit aufrechten Ästen und aufrechter Blütentraube (→ Blütenstand). Die kurzgestielten, kreuzweise gegenständig angeordneten Blätter sind verkehrt-eiförmig bis eiförmig oder breit-lanzettlich, gesägt oder stumpf gekerbt und behaart. BZ: Juni bis August. Die kleinen, hellvioletten, dunkler geaderten, gelegentlich auch weißen, vierblättrigen, 6 bis 7 mm breiten Blüten stehen in den Achseln kleiner wechselständiger Deckblätter, in scharf abgesetzten, achselständigen, steif aufrechten, reichblütigen Trauben. Die dreieckig verkehrt-herzförmige, stumpf ausgerandete Fruchtkapsel ist drüsenhaarig, deutlich länger als der Kelch und schmeckt bitter (adstringierend); die → Samenverbreitung erfolgt durch → Ameisen.

Der W. war früher eine sehr geschätzte Heilpflanze, die im 16. und 17. Jh. als Wundermittel gegen Schwindsucht und verschiedene Krankheiten der Atem- und Verdauungswege angesehen wurde. Eine im Jahre 1690 von

Waldehrenpreis (*Veronica officinalis*)

Johann Franke verfaßte, dreihundertseitige Abhandlung macht deutlich, wie hoch seine Heilkraft damals geschätzt wurde. In der Naturheilkunde finden die blühenden Sproßspitzen und die Blätter äußerliche und innerliche Verwendung. Sie werden während der Blütezeit gesammelt und in Sträußen getrocknet. Sie enthalten Bitterstoff, Gerbstoff, Harze und Aucubin und wirken auswurffördernd, blutreinigend, wundheilend, appetitanregend, auf den Magen und fördern die Milchsekretion. Der getrocknete W. ist ein guter Tee-Ersatz bei Heiserkeit, Bronchitis, Husten, bei Erkrankungen der Harnwege und der Nieren. Er ist aber auch gut für die Leber. Ferner wirkt er gegen Müdigkeit und äußerlich bei Hautgeschwüren, chronischen Hautleiden und leichten Verbrennungen.

2. Gamander-Ehrenpreis, der (*Veronica chamaedrys* L.): im Volksmund auch Augentrost, Erdeiche, Großmutterl, Katzenäuglein, Katzenkraut, Susannl, und Donner- oder Wetterblume genannt, weil man glaubte, daß ihr

▸▸▸

Bach(bungen)-Ehrenpreis (*Veronica beccabunga*)

Abpflücken Gewitter anzieht. Der G. ist über ganz Europa verbreitet. Er wächst verbreitet in lichten Eichen-Trockenwäldern, Auwäldern und Gebüschen, auf Wiesen, Ödland, an Hecken-, Wald- und Wegrändern, auf humus- und nährstoffreichen Böden, von der Ebene bis in mittlere Gebirgslagen. Der G. kommt in zwei Unterarten vor, *V. c. ssp. chamaedrys* und *V. c. ssp. vindobonensis*, die besonders in lichten xerothermen submediterranen Flaumeichenwäldern und subkontinentalen Eichen-Steppenwäldern wächst.

Die mehrjährige, 10 bis 40 cm hohe Pflanze hat einen zweireihig behaarten, in einem Blattschopf endenden Stengel. Die gegenständigen Blätter, die denen des Echten Gamander ähneln (Name!), sind grob gekerbt, die mittleren und oberen mit herzförmigem Grund sitzend. BZ: Mai bis Juni. Die zarten, leicht abfallenden Blüten sind hellblau, dunkel geadert

Gamander-Ehrenpreis (*Veronica chamaedrys*)

und stehen in lockeren Trauben in den Achseln der oberen Stengelblätter. Die dunkelblauen Adern dienen blütenbesuchenden Insekten als sog. Saftmale zur Orientierung. Die Blüten werden nur von Schwebfliegen besucht. Die dreieckige, verkehrt-herzförmige Fruchtkapsel ist gewimpert, deutlich kürzer als der Kelch und enthält 1 mm lange, ovale, flache Samen; → Ameisenpflanzen.

3. Nesselblättriger Ehrenpreis, der (*Veronica urticifolia* Jacq. = *V. latifolia* L.): Der N. E. ist über die Gebirge Mittel- und Südeuropas verbreitet. Er wächst zerstreut in krautreichen Bergmisch- und Schluchtwäldern, v. a. in montanen Buchenwald-Gesellschaften wie Alpenheckenkirschen-(Tannen-)Buchenwäldern, Labkraut-Tannenwäldern, Hainsimsen-Buchenwäldern, Linden-Ahornwäldern, in Gebüschen, Hochstaudenfluren und an Felsen, auf sickerfeuchten, lockeren, meist kalkhaltigen Steinschutt- und Lehmböden, im Alpenvorland und in den Alpen. Sonst ist er selten, im Norden fehlt er.

Die ausdauernde, 20 bis 60 cm hohe Pflanze hat einen aufrechten, ringsum gleichmäßig behaarten Stengel. Die breit-lanzettlichen, zugespitzten bis herz-eiförmigen Blätter ähneln Nesselblättern (Name!). BZ: Juni bis Juli. Die Blüten stehen in vielblütigen, lockeren, schief abstehenden, blattwinkelständigen Trauben. Der Blütenkelch ist vierblättrig. Die 6 bis 8 mm breite, hellblaue, lilafarbene oder rötliche, dunkel geaderte Blütenkrone ist vierteilig und radförmig. Die Fruchtkapsel ist rundlich, zusammengedrückt und ausgerandet.

4. Großer Ehrenpreis, der (*Veronica teucrium* L.): Der G. E. ist hauptsächlich über Mitteleuropa verbreitet, im Süden bis Mittelspanien und Mazedonien, im Osten bis zum Kaukasus. Er wächst zerstreut in lichten Kiefern- und Eichenwäldern, west- und mitteleuropäischen Eichen-Birkenwäldern, Schneeheide-Kiefernwäldern, Gebüschen, an sonnigen Waldrändern und Abhängen, auf Magerrasen, auf warmen, meist kalkreichen Böden, von der Ebene bis in untere Gebirglagen.

Die ausdauernde, 15 bis 60 cm hohe Pflanze hat einen aufsteigenden bis aufrechten, unten zweizeilig, oben ringsum kraus behaarten Stengel und weichhaarige, eiförmige bis lanzettliche Blätter. BZ: Juni bis Juli. Die himmelblauen, 10 bis 15 mm breiten Blüten stehen in blattwinkelständigen, gegenständigen, dichten, später sich verlängernden Trauben. Die verkehrt herzförmig-rundliche Fruchtkapsel ist behaart und enthält schildförmige Samen; Ameisenpflanze.

5. Berg-Ehrenpreis, der (*Veronica montana* L.): Der B. ist über Mittel- und Südeuropa verbreitet, im Norden bis Südschweden. Im Süden ist er nur in den Gebirgen anzutreffen. Er wächst zerstreut in schattigen, krautreichen Laubwäldern, besonders im bachbegleitenden Eschen-Auenwäldern, in Schwarzerlen-Eschen-Auenwäldern und Winkelseggen-Erlen-Eschenwäldern (schwache Assoziations → Charakterart) sowie in feuchten Buchenmischwäldern, an quelligen Waldstellen, auf kalkarmen, aber nährstoffreichen, sickerfeuchten Lehmböden, von der Ebene bis in die Gebirge. In Sandgebieten und sommertrockenen Gebieten fehlt er.

Die ausdauernde, 10 bis 40 cm hohe Pflanze hat einen kriechenden, ringsum zerstreut behaarten, ästigen Stengel mit aufsteigender Spitze. Die Blätter sind runzelig, rundlich-eiförmig und gekerbt-gesägt. BZ: Mai bis Juni. Die blaßlilafarbenen bis bläulich-weißen, dunkler geaderten, 6 bis 12 mm breiten Blüten stehen in armblütigen, lockeren, blattwinkelständigen, langgestielten Trauben. Die drüsenhaarig gewimperte Fruchtkapsel ist am Grund und an der Spitze fast brillenförmig ausgerandet; Ameisenpflanze.

6. Bach(bungen)-Ehrenpreis, der (*Veronica beccabunga*): auch Bachbunge. Der über ganz Europa verbreitete B. wächst in Quellfluren, Sümpfen, im Röhricht langsam fließender nicht zu nährstoffarmer Gewässer, an Gräben, Bächen und Ufern, auf nassen sandig-schlammigen oder lehmigen Böden.

Die mehrjährige 20 bis 60 cm lange, kriechend-aufsteigende, kahle, fleischige Pflanze hat kurz gestielte, breit-elliptische bis rundliche, 1 bis 4 cm lange, unregelmäßig stumpf gesägte Blätter mit gerundeter Spitze. Die tief hellblauen bis dunkelblauen, 5 bis 7 mm breiten Blüten (BZ: Mai bis September) stehen in gestielten, gegenständigen Trauben in den Achsen der oberen Blätter.

7. Feld-Ehrenpreis, der (*Veronica arvensis*): auch Acker-E. Der über ganz Europa verbreitete F. wächst auf sandig bis lehmigen Standorten (ist kalkmeidend) auf stickstoffreichen Waldsschlägen, Äckern, Schutt und in Unkrautfluren.

Die einjährige, bis 30 cm hohe, behaarte Pflanze hat sitzende oder kurz-gestielte, 10 bis 15 cm lange, eiförmige, gekerbt-gesägte Blätter. BZ: März bis Oktober. Die kleinen hellblauen, 3 bis 4 mm breiten Blüten stehen in dichten beblätterten Trauben. Die Fruchtkapsel ist breit herzförmig, gewimpert, mit tiefer spitzwinkeliger Ausrandung.

8. Langblättriger Ehrenpreis, der (*Veronica longifolium*): Der über West- und Mitteleuropa verbreitete L. E. kommt in Dtschl. zerstreut vor und wächst auf Moor- und Sumpfwiesen, in Auwäldern und bachbegleitenden nährstoffreichen Hochstaudenfluren und im Saum von Auengebüschen, auf wechselfeuchten Tonböden in sommerwarmen Lagen.

Die 40 bis 120 cm hohe Pflanze hat gestielte, bis 12 cm lange und 3 cm breite, ei-lanzettliche, scharf und spitz bis zur Spitze gezähnte Blätter, die zu dritt oder viert in Quirlen stehen. BZ: Juli/August. Die 6 bis 8 mm breiten blauen, vierlappigen Blüten stehen in dichten, vielblütigen Trauben am Ende des Stengels und der Seitenzweige.

9. Ähriger Ehrenpreis, der (*Veronica spicatum*): Der über Mittel- und Südeuropa verbreitete, kalkmeidende, in Dtschl. zerstreut bis selten vorkommende Ä. E. wächst in lichten Trockengebüschsäumen, auf Trockenrasen, Felsen, Abhängen und Dünen, auf stickstoff- und kalkarmen Böden.

Die 15 bis 40 cm hohe Staude mit behaartem Stengel ist dem Langblättrigen Ehrenpreis sehr ähnlich, die kurz gestielten, länglich-eiförmigen Blätter sind jedoch gegenständig und stumpf gezähnt, vorne ganzrandig. BZ: Juni bis September. Die kurzgestielten, 6 bis 10 mm breiten, trichterförmigen, blauen vierteiligen Blüten stehen in blattloser, dichter, ährenförmiger, endständiger Traube.

10. Schild-Ehrenpreis, der (*Veronica scutellata*): Der in Dtschl. zerstreut bis selten vorkommende S. wächst in stickstoffreiche, aber kalkarmen Quell- und Flachmooren und Großseggenrieden.

Die bis 10 cm hohe Pflanze hat lineal-lanzettliche Blätter. Die weißlichen Blüten mit rosa oder blauen Streifen stehen sehr locker in wechselständigen Trauben.

Ehrenwerth, Johann Ignaz (1740 Weischowitz in Mähren bis 1834 Prag): E. absolvierte eine Lehre als Jäger, seine Wehrhaftmachung erfolgte im kaiserlichen Jägerhaus zu Göding. Ab 1771 war er als Oberjäger und Forstmeister bei Graf Rottenhan in Platten (Erzgebirge) tätig und gründete hier 1773 die erste forstliche → Meisterschule Österreichs und begann mit der Einrichtung der dortigen Wälder. E. verfaßte zahlreiche Berichte und Denkschriften und entwickelte eine Klengeinrichtung und ein Verfahren zur Prüfung des Nadelholzsamens. Im Jahre 1791 wurde E. als Kameralforstmeister nach Prag berufen.

EHT: Abk. für Einheits(hauer)lohntarif; → Mittelstammtarif.

EI: Kurzzeichen für Stieleiche und Traubeneiche nach DIN 4076.

EIB: Kurzzeichen für Eibe nach DIN 4076.

E i b e n, die: siehe Seite 176

Eibenblättriges Spaltzahnmoos, das: → Spaltzahnmoos.

Eiben-Gallmücke, die: → Gallmücken 8.

Eibengewächse (*Taxaceae*): zu den → Nadelhölzern zählende Fam. mit fünf Gatt. und 18 sehr ähnlichen, eng verwandten Arten, wovon einige strauchig sind. E. haben – im Unterschied zu anderen Ndh – keine → Harzkanäle. Die nadelförmigen Blätter sind für viele Warmblüter (nicht für Wild) giftig; sie enthalten das → Alkaloid Taxin. Die E. ist → zweihäusig; es gibt männliche und weibliche Bäume. Die weiblichen Blüten zeigen keine Deck- und Samenschuppen und haben nur eine Samenanlage. An der Basis der Samenanlage befindet sich ein ringförmiger Wulst, der zu einem ungiftigen, fleischigen → Samenmantel, dem Arillus, auswächst und den giftigen → Samen völlig (z. B. Nußeibe) oder teilweise (z. B. Gemeine Eibe) umgibt. Dieser ungiftige Samenmantel wird von den Vögeln gefressen; der giftige Samen passiert unversehrt den Darm, was zur Verbreitung der Eiben (→ Samenverbreitung) beiträgt. Die Vermehrung der Eiben erfolgt durch Samen, → Stecklinge und Propfung. Bei uns heimisch ist nur ein Vertreter der Gatt. → Eiben , die Gemeine Eibe.

Eibenholzhandel: der: das Holz der Eibe, die in unseren Wäldern kaum mehr zu finden ist, spielte früher eine bedeutende Rolle. Die Nürnberger Gesellschaft der Fürer und Stockhamer hatte z. B. in drei Generationen im 16. Jh. (kaiserliches Privileg von 1531) aus den Wäldern der österr. Alpen Eibenholz zu hauen und es auf den damals umständlichen Land- und Wasserweg nach England und Schottland zu verfrachten. Dort wurden daraus zur Bewaffnung des Heeres Bogen gefertigt. Die Eibenholzhändler warben im Gebirge Einheimische als Holzhauer an, die das Eibenholz nach vorgeschriebenen Maßen, in einer bestimmten Menge und innerhalb einer bestimmten Frist liefern mußten. Die Höhe der gesamten Eibenholzausfuhr dieses Unternehmens soll in 40 Jahren jährlich 20 000 Bogen betragen haben. Im Durchschnitt erhielten die Landesherren 34 1/2 fl. für 1000 Bogen. Der E. führte in diesen Gebieten fast zur völligen Vernichtung der Eibe. Ein ähnliches Privileg für die alleinige Nutzung und Ausfuhr von Eibenholz erhielt im Jahre 1551 Gabriel Däxl von Nürnberg vom Pfalzgrafen Albrecht für das Herzogtum Bayern.

Eiben-Steilhang-Buchenwald, der: → Seggen-Buchenwald.

Eiblättriges Bingelkraut, das: → Bingelkraut 2.

Eibrischbeerbaum, der: → Ebereschen 1.

Eibschbeerbaum, der: → Ebereschen 1.

Eichapfel, der: → Gallwespen 2.

Eichelbohrer, der: → Rüsselkäfer 18.

Eichelgarten, der: eine zur Anzucht von → Heistern dienende eingefriedete Fläche.

Eichelhäher, der: → Rabenvögel 2.

Eichellesen, das: auch Eichellesungsrecht. Früher übliche Befugnis, bei der außer den → Eicheln auch alle anderen wildwachsenden Früchte in Wald und Flur eingesammelt werden durften. Es war jedoch verboten, die Bäume zu besteigen oder sie gar zu beschädigen.

Eichellesungsrecht, das: → Eichellesen.

Eichelmast, die: die Mastfütterung von Schweinen mit → Eicheln. Die E. bewirkt leicht bräunliche Verfärbung des Fettgewebes; → Mast, Schweinemast.

Eichelmaus, die: → Bilche 1.

Eicheln: auch Eckern. Früchte der Eichen. Die Fruchtbildung erfolgt alle zwei bis sieben Jahre. E. sind ein gutes Schweinemastfutter (→ Eichelmast) und hatten früher für die Schweinezucht eine große Bedeutung. In Kriegszeiten wurden sie als Kaffee-Ersatz, zur Branntweinherstellung und – wenn auch schwer verdaulich – zum Brotbacken verwendet. Sie enthalten bis zu 38 % Stärke. Früher wurden die E. der TrEi als „Dachs-E.", die der StEi als „Harz-E." bezeichnet. Die ersteren galten als die süßeren, die von den Schweinen besonders gern angenommen wurden, letztere galten als bitter, die die Schweine weniger gerne annahmen.

Eichelpassen, das: → Eichelschlagen.

Eichelpossen, das: → Eichelschlagen.

Eichelrüßler, der: → Rüsselkäfer 18.

Eichelschlagen, das (Eichelpossen, -passen): früher übliche Methode, bei Eintrieb der Schweine in den Wald zur → Schweinemast die Eicheln mit Stöcken und Stangen von den Bäumen zu schlagen (possen oder passen). Viele Jagd- und Forstordnungen des Mittelalters hatten das E. als waldschädliche Maßnahme verboten.

E i c h e n, die: siehe Seite 180

Eichenbegleiter: Bez. für die edlen Laubhölzer (→ Edelhölzer), die früher zusammen mit der Ei große Teile des deutschen Waldes eingenommen haben, mit dem Rückgang der Ei und mit dem des Ausschlagswaldes aber stark reduziert wurden.

Eichenbinder, der (Eichheger): frühere Bez. für einen Waldarbeiter mit den gleichen Aufgaben wie der → Heisterbinder.

Eichen-Birkenwälder → Bodensaure Falllaubwälder.

Eichenblatt-Radnetzspinne, die: → Radnetzspinnen 4.

Eichenblattroller, der: → Blattroller 4.

Eichenbock, der: → Bockkäfer 1. und 2.

Eichen-Buchenwälder: Klasse der → Pflanzengesellschaft; → Europäische Falllaubwälder.

Eichendorff, Josef Freiherr von (10.3.1788 Schloß Lubowitz bei Ratibor, Schlesien bis 26.11.1857 Neiße): E., deutscher Dichter der Romantik, studierte in Halle und Heidelberg und war 1813 Lützowscher Jäger, dann bis 1844 preußischer Beamter. Er schrieb viele Gedichte, Lieder und Erzählungen über Natur und Wald. Durch seine oft sehnsüchtige und volksliedhafte Lyrik, die gern vertont wurde („Wer hat dich, du schöner Wald...", „In einem kühlen Grunde...") durch sein inniges Naturempfinden („...die Welt hat mich vergessen; da tratst Du wunderbar zu mir, wenn ich beim Waldesrauschen hier gedankenvoll gesessen") und seine Freude am märchenhaft Wunderbaren wurde er zum volkstümlichsten Romantiker.

Eichen-Eschen-Auenwald, der (Ulmenion): auch Hartholz-Auenwald. Pflanzensoziologischer Unterverband des Verbandes der → Hartholz-Auenwälder (*Alno Ulmion = Alno Padion*) aus der Ordn. der → Mesophytischen Buchen- und Laubmischwälder (*Fagetalia sylvaticae*) mit der einzigen → Assoziation → Eichen-Ulmen-Auenwald (*Querco-Ulmetum (minoris) = Fraxino-Ulmetum*); → Auwälder, Waldgesellschaften.

Eicheneule, Grüne, die: → Eulen B 11.

Eichenfarn, der (*Gymnocarpium*): Gatt. der Fam. der → Tüpfelfarngewächse (*Polypodiaceae*) aus der Klasse der → Farne. E. hat ein im Boden kriechendes Rhizom (→ Wurzelstock) mit einzeln und getrennt stehenden Farnwedeln. Diese sind im Umriß dreieckig, dreifach gefiedert. Die beiden untersten Fiedern sind jeweils fast so groß wie der Rest des Wedels. Die Sori (Sporangienhäufchen) haben keinen Schleier.

Am bekanntesten sind:

1. Echter Eichenfarn, der (*Gymnocarpium dryopteris* (L.) Newman): Der E. E. ist weit verbreitet und besonders im Gebirge ziemlich häufig. Er wächst bevorzugt in schattigen frischen Laubwäldern, besonders Hangwäldern, Eichenwäldern und (häufiger) in krautreichen Buchen-, Tannen-, Fichten- und Buchenmischwäldern sowie in montanen Buchenwaldgesellschaften und Hochstaudenfluren, auf sauren, kalkarmen bis kalkfreien Böden, an moosigen, feuchten Stöcken, Wurzeln, Felsblöcken und Mauern.

Die mehrjährige Farnpflanze hat etwa 5 bis 40 cm lange, einzeln stehende, bogig überhängende oder aufrechte Blätter. Die langgestielten, zarten Wedel sind im Umriß breit-dreieckig, lebhaft grün, dreifach gefiedert und kahl (im Ggs. zum Ruprechtsfarn). Die beiden untersten Fiedern sind gestielt und sehr groß, fast ebenso groß wie der übrige Wedelteil, der abgeknickt und horizontal ausgerichtet ist. Der E. E.-Wedel erscheint daher aus drei Fiedern zusammengesetzt. Die Fiederchen sind

Gattung
Die Gattung der Eiben (*Taxus*) aus der Familie der → Eibengewächse (*Taxeae*) besteht aus immergrünen → zweihäusigen Nadelhölzern und ist auf der Nordhalbkugel der Erde mit acht Arten beheimatet, wo sie wahrscheinlich seit dem Jura (→ Erdzeitalter) existiert. In Mitteleuropa ist die in Deutschland unter Naturschutz stehende Gemeine Eibe heimisch.

Gemeine Eibe
Die Gemeine Eibe (*Taxus baccata* Linné) ist auch unter veralteten Bezeichnungen wie Taxbaum, Tax, Eve, Eche, Eife, Eie, Hageie, Ibe, Ife, Iben-, Eifen-, Bogenbaum bekannt. Der Name „Eibe" ist abgeleitet vom althochdeutschen „iwa" und dem mittelhochdeutschen und mittelniederdeutschen „iwe", dem englischen „yew" und altnordischen „yr" und dem alten Namen „Ybe", wobei „Iwe" nicht nur Eibe, sondern auch Eibenbogen (Bogen aus Eibenholz) bedeutet.

Säuleneiben (*Taxus baccata* Fastigiata)

Schon die Römer nannten die Eibe *Taxus*, nach dem griechischen Wort *taxon* (= Schnittholz, Bogenholz). Das lateinische Epitheton *baccata* ist abgeleitet vom lateinischen *bacca* = Beere, heißt „beerentragend" oder „mit Beeren versehen", also *Taxus baccata* = Beereneibe. Die Eibe war Baum des Jahres 1994.
Von der Eibe gibt es auch zahlreiche Unterarten und Kulturformen, die in Gärten und Parkanlagen gepflanzt werden. Die **Trauereibe** (*Taxus baccata Dovastoniana*) hat waagrechte abstehende Äste mit herunterhängenden Zweigspitzen. Die **Säuleneibe** oder **Irische Eibe**, (*Taxus baccata Fastigiata*), hat aufrecht stehende, dicht verästelte Zweige; sie wird in Mitteleuropa etwa 5 m hoch und weicht im Alter oben auseinander. Alle Pflanzen sind weibliche Stecklinge und stammen von dem 1780 in Irland gefundenen Exemplar ab.

Verbreitung
Die Eibe war bereits im Tertiär in Europa heimisch, wurde jedoch durch die Eiszeiten verdrängt und drang erst nach der letzten Eiszeit wieder bis nach Südskandinavien vor, was → Pollenanalysen beweisen. Gegen die nachdrängende Buche und Hainbuche vermochte die Eibe jedoch in den zurückliegenden Jahrtausenden nicht zu konkurrieren und ist seitdem im Rückgang begriffen. Eibenbestände wurden im Mittelalter wegen ihres wertvollen und elastischen Holzes, das für Bogen (Ybenbogen) und Armbrüste benötigt wurde, vernichtet (→ Eibenholzhandel). Aber noch im 18. Jahrhundert war sie häufiger als in unserer Zeit. Sie ist heute meist nur noch in Einzelexemplaren anzutreffen, seltener in geschlossenen Beständen. Ihre spärliche Verbreitung erstreckt sich über ganz Europa bis zum Kaukasus, bis zum nördlichen Kleinasien und bis zum westlichen Nordafrika (Atlasgebirge). Die gegen Rauch und Abgase relativ unempfindliche Eibe wird gern in Gärten und Parkanlagen und in Hecken (verträgt den Schnitt gut) angepflanzt.

Standort
Die Eibe ist eine ausgesprochene → Schatt(en)baumart, bevorzugt ozeanische, feuchte Klimalagen und wächst in der kollinen, submontanen und montanen → Vegetationsstufe, in Wäldern, in Schluchten und Tobeln sowie an lichten bis schattigen Standorten an Steilhängen, in Eschen-, Buchen-, und Tannenwäldern, vor allem in Seggen-Buchenwäldern und anderen Buchenwaldgesellschaften, in Linden-Ahorn-Wäldern und west-submediterranen Flaumeichenwäldern. Sie gedeiht auf frischen oder feuchten, kalkhaltigen, humosen, tiefgründigen, nährstoffreichen, meist basischen, lockeren, lehmigen bis tonigen Böden. Die vom Aussterben bedrohte Gemeine Eibe ist in der Ebene, in mittleren Gebirgslagen und in den Alpen bis in Höhenlagen von 1600 m anzutreffen. Größere Bestände haben sich nur in Paterzell (Oberbayern) und im Dreiländereck Niedersachsen-Thüringen-Hessen (insbesondere der Eibenwald Bovenden sowie bei Heiligenstadt am „Lengenberg" und im Einzugsbereich der Werra) erhalten. Die umfangreichsten natürlichen Eibenbestände Europas befinden sich in der Nähe von Zvolen in der Slowakei.

Merkmale
- Die Eibe ist eine zweihäusige (diözische) Art und damit eine Seltenheit unter den heimischen Waldbäumen. Sie ist ein immergrüner, kleiner bis mittelgroßer ein- oder auch mehrstämmiger Nadelbaum, der eine Wuchshöhe von etwa 12 m (in seltenen Fällen von 20 m und mehr) sowie ein Durchschnittsalter von ca. 700 Jahren erreicht. Sie kann sogar über 1000 Jahre alt werden. Als älteste Eibe in Deutschland gilt die sogenannte Hintersteiner Eibe, die in 1250 m Höhe bei Bärgündele im Allgäu steht. Sie hat einen Stammdurchmesser von etwa 1 m und wird auf etwa 2000 Jahre geschätzt. Bei Eiben ist die Altersbestimmung sehr schwierig, da Jahresringzählungen (→ Jahrringchronologie), die eine exakte Altersangabe ermöglichen, sehr häufig nicht möglich sind.
- Eibenstämme sind oft sogenannte Komplexstämme (d. h. sie bestehen aus mehreren miteinander verwachsenen Stämmen), oft ist das Stamminnere bei Bäumen ab einem Alter von 250 bis 300 Jahren schon degeneriert oder hohl. Die Krone ist bei einstämmigen Exemplaren breit kegelförmig, später etwas abgerundet, eiförmig oder kugelig, bei mehrstämmigen Exemplaren unregelmäßig mehrgipfelig und weit ausladend. Durch Verwachsung mehrerer Stämme entstehen oft bis zu 1 m dicke, tief gefurchte Stämme, die häufig an → Spannrückigkeit leiden und sehr → abholzig sind.
- Die Äste sind reichverzweigt, stärkere Äste meist abstehend oder leicht hängend, an den Enden häufig etwas ansteigend. Freistehende Bäume sind oft bis zum Grunde beastet. Wegen der Zähigkeit des Eibenholzes können auch noch alte Bäume mit hohlen Stämmen ein mächtiges Astwerk tragen. Die Bewurzelung der Eibe ist tiefgehend, das Ausschlagvermögen (→ Stockausschlag) hoch. Die anfangs rötlichbraune, glatte Rinde wird später zu einer graubraunen, in länglichen Schuppen sich ablösenden Borke, wodurch dann helle, rötlichbraune Flecken entstehen. Die jungen (einjährigen) Zweige sind zunächst hell- bis dunkelgrün und kahl, später nehmen sie eine braune Färbung an.

Eiben

■ Die rundlichen bis eiförmigen Endknospen haben eine Länge von 4 bis 6 mm, die gleichgroßen, eiförmigen, oben stumpfen oder zugespitzten Seitenknospen stehen vom Zweig ab. Die grünen bis bräunlichen, meist zugespitzten Knospenschuppen besitzen einen hellen Rand. Die kugeligen männlichen Blütenknospen haben eine braune Färbung. Die Nadeln (linealische, abgeflachte, stachelspitzige, ledrige, biegsame Blätter) sind etwa 15 bis 40 mm lang und 2 bis 3 mm breit, oberseits dunkelgrün glänzend, mit erhabenem Mittelnerv, unterseits blaßgrün oder graugrün mit zwei breiten, grauen, undeutlichen Spaltöffnungsstreifen. Die gestielten Nadeln stehen, am Ansatz etwas gedreht, an → Langtrieben spiralig, sonst zweizeilig gekämmt mit deutlich erkennbarer Mittelrippe; ihre Lebensdauer beträgt drei bis acht Jahre, dann fallen sie einzeln ab.

■ Die zweihäusige Eibe wird mit 15 bis 30 Jahren mannbar. Sie blüht zumeist im März/April, selten bereits im Februar oder erst im Mai. Die → eingeschlechtigen Blüten, die bereits im Herbst angelegt werden, sind blattachselständig und stehen unterseits an den Zweigen. Die zahlreichen, 1,5 bis 2 mm lang gestielten männlichen Blüten (Staubblüten), die in Reihen an der Unterseite vorjähriger Triebe stehen, sind kugelig oder länglich, etwa 4 mm groß, am Grunde mit Schuppen bekleidet und mit 6 bis 15 schildförmigen → Staubblättern versehen, die jeweils vier bis acht Pollensäcke tragen. Diese sind gelblich, beim Bestäuben hell-gelblich oder weißlich. Die unscheinbaren winzigen (1 bis 1,5 mm großen), lichtgrünen, laubknospenähnlich aussehenden weiblichen Blüten (Fruchtblüten) stehen einzeln (oder paarweise) relativ weit voneinander entfernt an der Zweigunterseite. Zur Zeit der Geschlechtsreife schaut die grüne Samenanlage zwischen den Blattschuppen hervor.

■ Die → windblütige Eibe bildet ca. 6 bis 7 mm lange und 4 bis 5 mm breite, bräunliche, einförmige, zugespitzte und schwach zusammengedrückte → Samen (Samennüßchen) aus, die von einem etwa 1 cm langen und 1 cm breiten, leuchtend roten, saftigen, weißlich bereiften, am Grund mit den Samen verbundenen, vorne offenen → Samenmäntelchen (Arillus) eng umschlossen sind.

■ Die Samen (nicht aber Samenmantel) sind ebenso wie die gesamte Pflanze für Menschen und viele Tiere (besonders Pferde, nicht aber für Wild) sehr giftig. Sie enthalten das giftige → Alkaloid Taxin, ferner die Alkaloide Milossin, Ephedrin sowie das Glykosid Taxacatin. Die tödliche Dosis für den Menschen soll bei 50 bis 100 g Nadelmasse liegen. Die ersten Vergiftungserscheinungen, die bereits nach 60 bis 90 Minuten auftreten, äußern sich durch Erbrechen, Schwindel und heftige Leibschmerzen. Der leuchtend rote Samenmantel jedoch ist ungiftig. Er ist saftig, schmeckt süßlich und wird gerne von Vögeln (v. a. Staren, Amseln, Drosseln, Grünlingen und Kleibern) gefressen, wobei der Samen unversehrt den Darm passiert und wieder ausgeschieden wird, was zur Verbreitung der Eibe beiträgt und manches Eibenpflänzchen sogar auf Mauern wachsen läßt (→ Samenverbreitung). Die Reifezeit dieser Scheinbeere ist von (August) September bis Oktober. Die Samen (etwa 70 Prozent sind keimfähig) keimen, gesät im Herbst, nach ein bis drei Jahren, gesät im Frühjahr, nach drei bis vier Jahren. Der Keimling schiebt zwei derbe, flache und stumpfe → Keimblätter, mehrere, darauf folgende Nadeln (Erstlingsnadeln) sind scharfspitzig und spiralig angeordnet.

Holz

Das Holz der Eibe hat einen sehr schmalen, gelblichweißen → Splint und einen rotbraunen, an der Luft nachdunkelnden → Kern. Es enthält keine Harze und ist zäh, hochelastisch, schwer (spezifisches Gewicht 0,88), sehr feinporig und dicht, äußerst dauerhaft und sehr wertvoll. Es zählt zu den dichtesten und härtesten Hölzern Mitteleuropas, trocknet gut, schwindet nur mäßig, läßt sich schwarz beizen, wird so als „Deutsches Ebenholz" gehandelt und zu Schnitzereien verwendet. Früher wurden aus Eibenholz vorwiegend Bogen und Armbrüste, Messergriffe, Einsteckkämme, Rebenpfähle, Geschirr und anderes hergestellt. Eibenholz erlangte im Mittelalter seine größte Bedeutung. Noch bis ins 17. Jahrhundert fertigte man die besten Bogen aus Eibennolz (Ybenbogen). Vor der Erfindung des Schießpulvers bedeutete der Besitz von Eibenwäldern ein hohes Waffenpotential. Heute findet es nur noch als Furnier für Möbel Verwendung. Durch den Holzstaub kann Übelkeit verursacht werden.

Eibenzweig und Eibensamen

Bedeutung als Heilpflanze

In der Homöopathie wurde das Eibengift Taxin früher als Antispasmodicum benutzt. Heute soll die Eibe noch in manchen Gegenden als Abortivum verwendet werden. Der Blattextrakt findet gegen Lebererkrankungen, Arthritis und Rheumatismus Verwendung. In den USA wird aus der Rinde der Eibe das Krebsmittel „Taxol" gewonnen, welches seit 1993 auch in Deutschland zugelassen ist und hergestellt wird.

Mythologie und Brauchtum

Den Kelten war die Eibe heilig, sie war Druidenbaum. Für die Germanen war sie das Sinnbild der Ewigkeit, worauf wahrscheinlich auch die Anpflanzung von Eiben auf den Friedhöfen zurückgeht. In der nordischen Mythologie ist die Eibe der Baum des Bogengottes Ull (altnordisch: Ullr), der in Ydalir, den Eibentälern, wohnte.

gekerbt gerundet. Die kleinen runden Sori stehen nahe am Fiederrand. Die → Sporen reifen von Juli bis August.

2. **Ruprechtsfarn**, der (*Gymnocarpium robertianum* (Hoffm.) Newman): Der R. ist in den Alpen weit verbreitet, sonst kommt er nur zerstreut bis selten vor. Er wächst nicht häufig, aber gesellig auf schattigen, kalkreichen Standorten in lichten Steinschutt- und Linden-Ahorn-Wäldern, auf Kalkschutt, in Felsspalten, zwischen Geröll auf moosigen Felsblöcken und Mauern.

Der mehrjährige Farn hat einen braunen, kriechenden Wurzelstock und 10 bis 40 cm hohe Blätter. Die Wedel bilden im Umriß ein gleichschenkeliges Dreieck, sind derb, meist dunkelgrün, dreifach gefiedert und unterseits dicht und kurz drüsig behaart (im Ggs. zum Echten Eichenfarn). Die untersten Fiedern sind deutlich gestielt und etwas kleiner als der Rest des Wedels. Die Fiederchen sind fiederteilig mit unregelmäßig langen Zipfeln. Sterile und fertile Wedel sind im Aussehen gleich. Die nahe dem Blattrand auf der Unterseite der Fiederchen stehenden Sori sind rundlich und fließen oft ineinander. Die Sporen reifen von Juli bis August.

Eichen-Feuerschwamm, der: → Feuerschwämme 2.

Eichengallwespe, die: → Gallwespen 1.

Eichenglasflügler, der: → Glasflügler.

Eichen-Glucke, die: → Keulenpilze 1.

Eichengoldafterspinner, der: → Trägspinner 2.

Eichenhähnchen, das: → Laubheuschrecken 3.

Eichen-Hainbuchenwälder (*Carpinion betuli*): auch Hainbuchen-Eichenwälder. Pflanzensoziologischer Verband der Ordn. → Mesophytische Buchen- und Laubmischwälder (*Fagetalia sylvaticae*). Neben den Rotbuchenwäldern (→ Buchenwälder) sind die E. die häufigsten Laubwälder. Die Hbu kann von der konkurrenzstarken Bu nur dort nicht verdrängt werden, wo die Bu von Klima und Boden benachteiligt wird. Im kontinentaleren Klima ist die (spät-)frosthärtere Hbu begünstigt, die Bu mit atlantischeren Klimaansprüchen wegen ihrer Spätfrostempfindlichkeit benachteiligt. Auf den stark wechselfeuchten Pseudogleyen ersetzt die Hbu die dort flachwurzelnde

Bu. Die Hbu gibt sich auch mit trockeneren Böden zufrieden und erträgt somit die kontinentale Sommertrockenheit besser. Unter solchen die Hbu begünstigenden (kontinentalen) Bedingungen entstehen → Waldgesellschaften, die dem Verband E. zugeordnet werden. Es sind Eichen-Mischwälder in denen die Hbu regelmäßig auftritt. Die Hauptbaumarten sind Hbu, StEi, TrEi und Es. Ferner finden sich dort auch Kir, WiLi, FAh, BAh, Bu, FlUl, Wildapfel, Ha, Zweigriffeliger Weißdorn, Feldrose, Wald-Knäulgras, Große Sternmiere, Erdbeerfingerkraut, Schattensegge, Hain-Wachtelweizen, Efeu, Salbei-Gemander, Wald-Heckenkirsche, Brombeere, Immergrün, Knollen-Lungenkraut und Pyrenäen-Milchstern. Zu den charakteristischen Arten kommen häufig noch Wald-Labkraut, Maiglöckchen und Nickendes Perlgras hinzu. Innerhalb dieses Verbandes werden der → Waldlaubkraut-Eichen-Hainbuchenwald oder Elsbeeren-Eichen-Hainbuchenwald (*Galio (sylvatici)-Carpinetum*) und der → Sternmieren-Eichen-Hainbuchenwald (*Stellario-Carpinetum*) unterschieden. Da der Schwerpunkt dieser Waldgesellschaften im kontinentalen Ostmitteleuropa liegt, kommen bei uns nur edaphisch bedingte Vorposten vor. Der Verbreitungsschwerpunkt dieser mitteleuropäischen E. liegt in süd- bis ostdeutschen, sommerwarmen Hügelländern auf sandig-lehmigen bis tonigen, kalk- und nährstoffreichen, trockenen, grund- bis wechselfeuchten Böden. Die zu diesem Verband gehörenden Wälder wurden durch eine Forstwirtschaft gefördert, die die Bu benachteiligt. Auf für Bu geeigneten Standorten stockende E. sind eine Ersatzgesellschaft, da Ei und Hbu den früheren Nieder- und Mittelwaldbetrieb besser ertragen als die Bu.

Eichenmehltau – eine Anfang des 20. Jahrhunderts aus Amerika eingeschleppte Pilzkrankheit

Eichenheldbock, der: → Bockkäfer 1.
Eichenholzbohrer, der: → Borkenkäfer 23.
Eichenkamp, das: eingefriedete Fläche zur Anzucht (künstliche Saat) von Eichenpflanzen.
Eichenkarmin, der: → Eulen B 13.
Eichenkernkäfer, der: → Kernkäfer.
Eichenknospenmotte, die: → Motten 11.
Eichenkompositionsbetrieb, der: → Würzburger Kompositionsbetrieb.
Eichenkratts: auch Stühbusch. Eine besondere Eichenwaldform in Schleswig-Holstein zwischen Itzehoe und der dänischen Grenze. E. sind Bestände von Krüppelwuchs, deren Entstehung auf die Nutzung als → Niederwald zurückzuführen ist. Bei den E. stand nicht die Gewinnung von Gerbrinde (→ Lohrinde) im Vordergrund, sondern das Holz, das zu Deich- oder Dünenbauten und auch als Brennholz benötigt wurde. Z. T. kriechen die Stämme der E., sichtlich zum Schutz vor den Stürmen, auf dem Boden dahin. Der vorherrschende Baum in den E. ist die StEi.
Eichenkropf, der: Bez. für gallartige Wucherungen, die durch Saugen von Baumläusen (nach Escherrich (1937) *Lachnus roboris*) an einem → Jahrring beginnen und sich im Laufe der Jahre zu großen Kropfbildungen entwickeln können. Dadurch platzt die oberste Rindenschicht auf.
Eichen-Lattich, der: → Lattich.
Eichenlaub, das: Das E. ist auf die gotische Ornamentik von bedeutendem Einfluß gewesen. Es wurde auch bei Auszeichnungen (Orden) häufig verwendet, z. B. für das Ritterkreuz, der höchsten deutschen Tapferkeitsauszeichnung im 2. Weltkrieg, mit seinen Stufen, das als Halsorden getragen wurde. Das stilisierte E. findet sich noch heute als Bestandteil von Rangabzeichen auf Uniformen. Auch für allerlei jagdliche Handlungen bzw. für jagdliches Zeremoniell wird ein abgebrochener grüner Zweig mit E. verwendet (z. B. Schützenbruch). Der Eichenkranz, als Schmuck, war zu allen Zeiten ein bedeutendes Symbol. In früheren Zeiten bekränzten sich die Priester damit, auch war er Belohnung römischer Bürgertugend. Dem Sieger im Wettkampf wurde er als Siegespreis ums Haupt gewunden.
Eichenlinsengallwespe, die: → Gallwespen 7.
Eichenlohe, die: Bez. für die früher zum Gerben verwendete Rinde der Ei; → Lohrinde.
Eichenmarinewälder: frühere Bez. für meist in Küstennähe liegende Eichenwälder deren Nutzung (v. a. Gewinnung von → Schiffsbauholz) ausschließlich der Marine vorbehalten war.
Eichenmehltau, der: ein Blattpilz (*Microsphaera alphitoides*), der anfangs des 20. Jh. aus Amerika eingeschleppt wurde und die Ei, hauptsächlich die TrEi, befällt. Der E. überzieht die jungen Blätter und Triebe, insbesondere die → Johannistriebe, mit einem dicken weißlichen Belag (→ Myzel). Das Myzel überwintert zwischen den Knospenschuppen.
Eichenminiermotte, die: → Motten 7.
Eichen(misch)wälder, bodensaure → Bodensaure Eichen(misch)wälder.
Eichenmischwälder, Wärmeliebende → West-submediterrane Flaumeichenwälder.
Eichenmischwälder, Xerotherme → Xerotherme Eichenmischwälder.
Eichen-Mischwald-Zeit, die: In der Klimaperiode Atlantikum (mittlere Wärmezeit; ca. 5400 bis 2500 v. Chr.) vorherrschende Waldform mit Ei, Ha, Ul, Li, Er und Es; → Waldgeschichte, Anhang Seite 876.
Eichenmistel, die → Mistel.
Eichenniederwald, der → Eichenschälwald.
Eichennutzholzborkenkäfer, der: → Borkenkäfer 25.
Eichenpockenschildlaus, die: → Schildläuse 3.
Eichenprachtkäfer, der: → Prachtkäfer 7. und 8.
Eichenprozessionsspinner, der: → Prozessionsspinner 1.
Eichenrindenpilz, der: → Rindenpilze.
Eichenrosen: → Gallen der 2 mm großen Wespe *Andricus foecundatrix*; → Gallwespen 5.
Eichenschälwald, der: Eichenniederwald (→ Niederwald) mit einer → Umtriebszeit von etwa 15 bis 20 (30) Jahren, der früher der Gewinnung des Gerbstoffes, den die Eichenrinde (→ Lohrinde) enthält, diente. Eine derart niedrige Umtriebszeit war notwendig, weil eine beginnende Borkenbildung die Qualität der Rinde wesentlich beeinträchtigte. In Dtschl. wurde die Rinde überwiegend an gefällten Bäumen, in Österreich an stehenden Bäumen gewonnen. Die Fällung der Stämme (Lohstangen) erfolgte zur Frühlingszeit (April/Mai), wenn die Bäume im Saft standen und sich die Rinde am leichtesten mit dem → Lohlöffel schälen ließ. Auf besonderen Gerüsten und Holzblöcken wurde die Rinde getrocknet und dann in die Gerbereien geliefert. Die Qualität der Rinde war abhängig von ihrem Alter (Spiegelrinde, Rauhrinde), vom Stammteil, von dem sie abgelöst wurde (Gipfelrinde, Schaftrinde) sowie vom Standort (mildes Klima, rauhes Klima). Nach der Reichsstatistik von 1900 waren in Dtschl. noch etwa 446 500 ha (1913 nur noch 300 030 ha) mit nutzbaren E. (Lohhecken) bedeckt. Durch die Einfuhr preisgünstiger Gerbrinde aus dem Ausland und die Produktion synthetischen Gerbstoffes wurde der Schälwaldbetrieb überflüssig; → Aufhütten.
Eichenschillerchen, das: → Bläulinge 1.
Eichenschrecke, die: → Laubheuschrecken 3.
Eichenschwammgallwespe, die: → Gallwespe 2.
Eichenspanner, der: → Spanner 4.
Eichenspinner, der: → Glucken 4.
Eichensplintkäfer, der: → Borkenkäfer 4.
Eichen-Steinpilz, der: → Steinpilz.
Eichen-Steppenwälder, Mitteleuropäisch-subkontinentale → Ostmitteleuropäisch subkontinentale xerotherme Eichenwälder.
Eichensterben, das: umfassender Begriff für eine Reihe von Eichenkrankheiten mit den Wirkungsfaktoren Klima, Insekten- oder Pilzbefall; → Spanner, Trägspinner 5., Wickler 1., Hallimasch und Eichenmehltau.
Eichen-Trockenwälder, Thermophile (Wärmebedürftige) → Xerotherme Eichenmischwälder.
Eichen-Ulmen-Auenwald, der (*Querco-Ulmetum (minoris)* = *Fraxino-Ulmetum*): auch Hartholz-Auenwald, Hartholzaue. Pflanzensoziologische → Assoziation des Unterverbandes → Eichen-Eschen-Auenwald (*Ulmenion*). Der E. ist durch die Baumarten StEi, Es, FlUl, FUl und BAh, also Arten mit hartem Holz („Hartholzauenwald") gekennzeichnet. Ferner finden sich dort als Begleitbaumarten auch Hbu, FAh und SpAh, WiLi, Wild-Apfel und -Birne,

Pa, TrKi, Ha, Roter Hartriegel, Rote Heckenkirsche, Pfaffenhütchen, Weißdorn und Liguster. Der E. entwickelt sich in Überflutungsbereichen großer Flüsse, wo das Wasser keine große mechanische Kraft hat, wie z. B. am Rhein, Main, an Donau, am Unterlauf und ihrem Mündungsgebiet zur Donau bei den Flüssen Iller, Lech, Isar und Inn. Ursprünglich begleitete er alle Ströme und Flüsse. Heute sind davon nur noch spärliche Reste vorhanden. Der Wasserhaushalt des Bodens ist wegen der Überschwemmungen und der Grundwässernähe günstig, der Nährstoffhaushalt wegen des Eintrags organischer und mineralischer Stoffe günstig. Dazu zeigen Giersch, Brennessel, Bärenklau, Wiesenkerbel eine gute Stickstoffversorgung an. Die Gesellschaft tritt selten großflächig auf. Die Talauen sind durch Wasserläufe, Trockeninseln, Rinnen durchfurcht. Es treten viele Waldinnenränder auf. Diese stellen eine ökologische Nische für Waldrebe, Hopfen und andere Kletterpflanzen dar, zu denen sich Klebkraut, Buschwindröschen, Gundermann, Blaustern, Riesenschwingel und Waldzwenke gesellen. Diese in Westdtschl. regional selten gewordene oder völlig verschwundene Waldgesellschaft ist durch Änderungen des Wasserregimes betroffen und auch künftig bedroht (nach Trautmann, in Olschowy 1978); → Auwälder, Waldgesellschaften.

Eichenwald, der: Der Anteil der Ei an der gesamten → Waldfläche beträgt ca. 9 %. Die schönsten E. Dtschl. finden sich im → Spessart. Diese Wälder waren schon im früheren Mittelalter → Bannwälder. Ausgeprägte Bestände mit 400- und 300jährigen Ei sind dort keine Seltenheit. Daneben finden sich E. noch im → Pfälzer Wald, in Mittelfranken, im Rhein-Moselgebiet sowie in einigen Gebieten Niedersachsens, speziell in der → Goehrde. Größere E. sind im übrigen Dtschl. selten. Hofeichgruppen und kleinere Waldungen gibt es in den Ebenen und im Hügelland Nordwestfalens sowie im nördlichen Baden und Württemberg.

Der E. hat einen ganz anderen Charakter als der Buchen- und Fichtenwald. Als → Lichtbaumart bilden die Ei ein lichtes Kronendach (Laubdach). Der E. ist daher offen und lichtreich und weist einen reichen Unterwuchs auf. In seinen zahlreichen großen und kleineren Lücken gedeihen neben dem eigenen Nachwuchs auch vielerlei Sträucher, wie z. B. Ha, Weißdorn, Schwarzdorn, Heckenrose und Brombeere sowie Hbu, Bu, Es, Kie, Fi, Ul, und Ah. Auch die feuchtigkeitsliebende Stechpalme ist gebietsweise häufig. Der E. ist deshalb nur selten rein; meist ist er ein Mischwald. Nehmen andere Arten überhand, wird ohne regulierenden Eingriff die Ei oft zurückgedrängt. V. a. die schattenertragende Bu ist oft konkurrenzkräftiger. Typische Pilze des E. sind u. a.: Eichhase, Schwefelporling, Leberpilz, Grüner Knollenblätterpilz, Schmutzbecherling und Wolliger Milchling.

Groß ist die Zahl der schädlichen Insekten, die an Ei leben; z. B. Maikäfer, die Raupen des Schwammspinners, Eichenprozessionsspinner und Eichenwickler, Eichenblattroller, Eichenbock, Frostspanner sowie Eichenholzbohrer. Von den Gallwespen leben allein etwa 90 verschiedene Arten auf der Ei.

Eichenwälder, Bodensaure → Bodensaure Eichen(misch)wälder.

Eichenwälder, Ostmitteleuropäisch-subkontinentale xerotherme → Ostmitteleuropäisch-subkontinentale xerotherme Eichenwälder.

Eichenweichkäfer, der: → Weichkäfer 2.

Eichenwelke, die: durch den → Schlauchpilz *Ceratocystis fagacearum* verursachte Gefäßkrankheit, die befallene Ei zum Absterben bringt. Die E. tritt ausschließlich in den USA an REi auf.

Eichenwickler, Grüner, der: → Wickler 1.

Eichenwidderbock, der: → Bockkäfer 4.

Eichen-Wirrling, der (*Daedala [Trametes] quercina*): ein Erreger der → Braunfäule. Er befällt lebende, liegende, auch verbaute Ei und findet sich häufig auch an Eichenstöcken. Die bis zu 30 cm großen, holzig-korkig-zähen und bräunlichen Fruchtkörper sind mehrjährig, geruchlos und zeigen unterseits meist tiefe, unregelmäßige → Lamellen.

Eichenwurzelknotengallwespe, die: → Gallwespen 6.

Eichenwurzeltöter, der (*Rosellinia quercina*): Ein → Schlauchpilz, der die Blätter 1- bis 9jähriger Ei bleicht und von oben nach unten vertrocknen läßt. Die Stengel werden dicht unter der Erdoberfläche braun, ebenso die Pfahlwurzeln. Die Pflanze stirbt ab. Durch das im Boden sich ausbreitende → Myzel wird die Krankheit von einer Pflanze auf die andere übertragen.

Eichenzierbock, der: → Bockkäfer 4.

Eichenzipfelfalter, der: → Bläulinge 2.

Eicher, der: → Eichhörnchen.

Eichhase, der: → Porlinge 7.

Eichhennchen, das: → Seitlinge.

Eichhoff, Wilhelm Josef (1823 – 1894): E. studierte in → Eberswalde Forstwissenschaft und war bis 1891 Oberförster. Bleibende Verdienste hat sich E. durch die Erforschung der Borkenkäfer, insbesondere durch Reformation der Systematik und der Ansichten über die Generationsdauer erworben. Er schrieb: „Europäische Borkenkäfer" (1881).

Eichhorn, das → Eichhörnchen.

Eichhörnchen, das (*Sciurus vulgaris* L.): auch Eichkatze, Eichkätzchen, Immenaffe, Tannenaffe, Eicher, Eichhorn. Es zählt zur Fam. der Hörnchen (*Sciuridae*) und zur Ordn. der Nagetiere (*Rodentia*).

Aussehen: Das E. hat einen schlanken, geschmeidigen Körper von 20 bis 27 cm Länge, eine Schwanzlänge von 16 bis 22 cm, eine Widerristhöhe von 10 cm und ein Gewicht von 200 bis 300 g. Die Färbung des Felles ist rotbraun bis dunkelbraun; in manchen Gebieten kommen fast schwarze Exemplare vor. Es handelt sich dabei nicht um eine Abart, weil in einem Wurf sowohl rotbraune als auch schwarze Exemplare vorkommen können. Die Unterseite (Bauch und Brust) ist bei allen Farbvarianten fast weiß. Der sehr buschige Schwanz ist zweizeilig. Das Ohr ziert ein Büschel langer Haare. Die Fußsohlen sind nackt.

Vorkommen, Lebensraum, Lebensweise: Das E. ist über ganz Europa, mit Ausnahme der Inseln des Nordens und des Mittelmeeres, und Asien verbreitet. Sein Lebensraum sind lichte Nadel- und Laubwälder, Parkanlagen, aber auch Stadtgärten mit reichem Baumbestand. Es bewegt sich lebhaft, schnell und behend, was sich besonders beim Klettern zeigt. Mit den langen scharfen Krallen an den fingerartigen Zehen häkelt es sich in die Baumrinde ein, und zwar mit allen vier Füßen zugleich. Es nimmt dann Anlauf zu einem weiten Sprung, zu dem es die langen Hinterbeine befähigen. Der lange behaarte Schwanz dient dabei zum Steuern und Ausbalancieren. Stammabwärts klettert es immer mit dem Kopf nach unten. Stets hüpft es in kleinen oder größeren Sprüngen vorwärts. Ungern begibt es sich ins Wasser, obwohl es ausgezeichnet schwimmen kann. Hoch oben in den Ästen eines Baumes baut das E. ein mit Haaren, Gräsern und Moos ausgepolstertes Kugelnest, den sog. Kobel. Daneben werden auch Nebennester angelegt. Bei schlechtem Wetter finden sich häufig mehrere Tiere in einem Kobel. Das Ausgangsloch an der Wetterseite

Eichhörnchen

wird sorgfältig verstopft. Das E. ist tagaktiv, bei Einbruch der Nacht zieht es sich in den Kobel zurück und schläft zusammengerollt solange es dunkel ist. Nach dem BArtSchG steht es unter besonderem Schutz. V. a. der Gehör-, Geruchs- und Geschmackssinn des E. sind stark ausgeprägt. Die Stimme ist im Schreck ein lautes „duck, duck", bei Wohlbehagen ein „Murksen". Bei Freude oder Erregung pfeift es.

Fortpflanzung: Die Paarungszeit erstreckt sich von März bis September. Die Männchen fechten in dieser Zeit bisweilen blutige Kämpfe aus. Das E. wird im Alter von sechs bis acht Monaten geschlechtsreif. Es bringt dann zwei bis drei Würfe pro Jahr mit je drei bis sechs Jungen. Sie werden nackt und blind geboren, sind nach 20 Tagen voll behaart und öffnen nach einem Monat die Augen. Sie werden fünf bis sechs Wochen gesäugt und sind mit zwei Monaten bereits selbständig. In freier Natur werden sie etwa acht bis zehn Jahre alt.

Nahrung: Allesfresser, dessen Nahrung aus Koniferensamen (z. B. aus Fichtenzapfen),

Eichen I

Gattung

Mit über 500 Arten, zahlreichen Bastarden und Zierformen ist die Gattung der Eichen (*Quercus*) aus der Familie der → Buchengewächse (*Fagaceae*) eine der umfangreichsten Baumgattungen der nördlichen Erdhemisphäre. Eichen sind sommer- oder immergrüne Bäume (in Mitteleuropa nur sommergrüne Arten), von denen viele 700 Jahre und älter werden können. Mit einem Anteil von 9 Prozent (das sind etwa 600 000 Hektar) ist sie in der BR Deutschland nach der Buche im Flach- und Hügelland der verbreitetste Laubbaum. Als älteste Eiche Deutschlands gilt die auf über 1500 Jahre geschätzte → „Feme-Eiche", die eine Höhe von etwa 15 m hat. Als älteste Eiche Europas gilt die in Bierbaum nahe Blumau bei Fürstenfeld (Südsteiermark) stehende, die bereits im Jahr 990 erstmals urkundlich erwähnt wird. Sie ist 22 m hoch, hat einen Brusthöhendurchmesser von 2,8 m und einen Umfang von 8,75 m. Der Name „Eiche" kommt vom lateinischen: esca = Speise, was

Eichengruppe

sich auf das Futter, die Eicheln, bezieht. Im Mittelalter war die Nutzung der Eichenwälder von großer Bedeutung. Im Niederwaldbetrieb (→ Niederwald) wurde → Lohrinde gewonnen (→ Eichenschälwald). Die Früchte der Eichen waren für die Schweinezucht (→ Schweinemast) von großer Bedeutung. Die Schweine wurden deshalb früher zur → Waldweide in den Wald eingetrieben (→ Forstgeschichte).
In Mitteleuropa kommen fünf Arten vor, die Flaum-, Stiel-, Trauben-, Zerr- und Roteiche, wobei letztere eingebürgert wurde.
Bei den meisten Eichenarten bilden einige starke Äste die Krone. Die Blätter der Eiche sind gesägt bis gelappt. Die weiblichen Blüten der → windblütigen Eichen stehen einzeln oder zu mehreren in Ähren (→ Blütenstand); die männlichen Blüten bilden gelbgrüne hängende Kätzchen. Die Früchte (→ Eicheln) sitzen in der sogenannten Cupula (→ Fruchtbecher). Die Eicheln, besonders aber deren Fruchtbecher, sind von Art zu Art verschieden und für die Unterscheidung der einzelnen Arten von Bedeutung.
Eine natürliche Verbreitung erfolgt auch durch → Hähersaat. Die → Umtriebszeit beträgt 160 bis 300 Jahre. Alle Eichen bilden ein Ökosystem für sich. Im Wurzelwerk, in der aufgerissenen Rinde sowie im ausladenden Kronenbereich können bis zu 1 000 Insektenarten ihr Auskommen finden. Die Hirschkäfer (→ Blatthornkäfer 1.) sind ohne Eichen sogar vom → Aussterben bedroht. Allerdings ist dieser bisher robuste und ökologisch so wertvolle Baum auch vom Waldsterben (→ Waldschäden) bedroht. Allerdings ist dieser bisher robuste und ökologisch so wertvolle Baum auch vom Waldsterben (→ Waldschäden) bedroht.

Schädllinge

Viele Eichen, besonders Stieleiche und Traubeneiche, werden von zahlreichen gallenbildenden Insekten befallen. Die → Gallen sind an Blättern, Sproßachsen und Blütenständen zu finden. Die Galläpfel werden von der Gemeinen Eichengallwespe hervorgerufen und sitzen auf der Blattunterseite. Sie wurden früher gesammelt und zu einer dokumentenechten Eichengallustinte verarbeitet. Die große Linsengalle und die Seidenknopfgalle werden von → Gallwespen (z. B. von der Eichenlinsengallwespe) hervorgerufen und befinden sich auf der Blattunterseite zwischen den Blattadern. Ferner sind auf verschiedenen Eichenarten noch zapfenähnliche Gallen (→ Eichenrosen) zu finden, die von einer 2 mm großen Wespe, der *Andricus foecundatrix* (→ Gallwespen 5.), verursacht werden. Relativ häufig kommen auch sogenannte Knoppern vor, verholzte Mißbildungen am Fruchtbecher, die von der Knopperngallwespe verursacht werden. Ferner sind die Eichen sowohl durch den Eichenwickler, dessen Raupen oft ganze Eichenwälder kahlfressen, als auch durch den Eichensplintkäfer gefährdet. Eichen können auch vom → Eichenmehltau befallen werden. Von den Pilzschädlingen sind der Blattbräunepilz *Gloeosporium quercinum* und speziell an Stieleichen der Rindenbranderreger *Fusicoccum quercus* erwähnenswert. Letzterer wird hauptsächlich an jungen Eichen bis etwa zum Stangenholzalter schädlich. Der Befall beschränkt sich im allgemeinen auf die jungen Triebe. Wegen starkem Wildverbiß (→ Verbiß) ist heute eine Verjüngung der Eiche fast nur noch hinter dem Zaun (Wildzaun) möglich.

Holz

Das ringporige → Holz ist sehr fest, nur der geringe Anteil an weißlichem → Splintholz ist weniger dauerhaft. Breite → Markstrahlen verlaufen vom Zentrum bis zur → Rinde. Das Holz der Stieleiche und Traubeneiche zählt wegen seiner Dichte, Beständigkeit und Festigkeit zu den wertvollsten und auch gefragtesten einheimischen → Edelhölzern.

Mythologie und Brauchtum

Die Waldnymphen wurden von den Griechen → „Dryaden" genannt, nach *Drys* = Eiche. Von diesem Wort abgeleitet ist auch der Name der keltischen Priester, der „Druiden". Die Germanen schätzten die Eichenwälder, denn sie enthielten alle Mittel zu ihrer Existenz. Ihre Religion fand Ausdruck in einem Gottesdienst, der im Wald gefeiert wurde. In den geheiligten Eichenhainen wurden den Göttern Opfer dargebracht. Unberufenen war das Betreten dieser Haine bei Todesstrafe verboten. Sie wurden so streng geschützt, daß niemand einen Zweig abbrechen, geschweige denn einen Baum fällen durfte, um die Götter nicht zu beleidigen oder zu erzürnen. Auch die Tiere der Haine standen unter dem besonderen Schutz der Götter und durften nicht getötet werden. An die Eiche im heiligen → Hain hing der Sieger seine Schlachttrophäen, und mit Eichenlaub wurde er von den Priestern bekränzt. Wenn die Germanen ein Thing zusammenriefen, wählten sie einen Platz unter einem besonders großen Baum, meist einer Esche oder Eiche. Die heilige Eiche war dem Gott Donar (Thor) geweiht, der durch Blitz und Donner seinen Willen kundtat, in Sturmnächten auf seinem Ziegengespann über den Himmel brauste und seine funkensprühenden Pfeile zur Erde sandte, deren Ziel häufig eine Eiche war. Die Eiche war das Symbol der Ewigkeit, denn sie erreicht ein Alter, das 30 Generationen überdauert. In Westfalen wurde zu Weihnachten ein Eichenklotz (→ Weihnachtsblock) verbrannt, damit die Häuser vor Feuer geschützt und die Felder fruchtbar blieben. In Schleswig hängte man ein Stück Rinde einer vom Blitz getroffenen Eiche auf, damit kein Bienenschwarm über den Zaun entflog. In Mittelfranken schlug man in den Garten drei Eichenpfähle, und so weit der Schall die Schläge trug, so weit waren Gänse und Hühner vor dem Fuchs

geschützt. An anderer Stelle war Wasser aus einem alten Eichenstumpf gut gegen Sommersprossen. Und die Volksmedizin dichtete: „Eichenbaum, ich klage dir, / Die Gicht, die plaget mir, / ich wünsche, daß sie mir vergeht / Und in dir besteht."
Das Christentum hat die Eiche als heiligen Baum entthront, wovon die Fällung der → Donareiche durch Bonifatius eindruckvoll zeugt. Nachdem die christliche Religion sie als Heidenbaum entzaubert hatte, diente sie als Allegorie für Jesus Christus oder die Jungfrau Maria. Für die barocken Maler war die Eiche das Symbol des Lebens, den Romantikern galt sie als Zeichen der Hoffnung. Im 18. Jahrhundert wurde die Eiche dann Sinnbild für Sieg und Heldentum. Orden wurden mit → Eichenlaub geschmückt und auch die Sieger in sportlichen Wettkämpfen damit ausgezeichnet. Dem romantischen Dichter Joseph Viktor von Scheffel (1826 – 1886) galt die Eiche als „der Deutschen urheiligster Baum". Auf Briefmarken, Münzen, Waren- und Herkunftszeichen, in den Wappen von Ländern, Städten, Gemeinden und Geschlechtern sind heute noch der Baum, das Eichenlaub oder die Frucht zu finden (→ Mistel).

1. Stieleiche

Die Stieleiche (*Quercus robur* Linné = *Q. pendunculata* Ehrh.) wird auch Sommer-, Früh-, Kohl-, Loh-, Lohzirn-, Mast-, Vier-, Aust- und Augusteiche genannt. Der Name Stieleiche leitet sich davon ab, daß die Eicheln an einem langen Stiel sitzen. Das lateinische Beiwort *robur* bedeutet „rauh" bzw. „stark".

Verbreitung

Die Stieleiche ist in fast ganz Europa verbreitet, von Südwestspanien, Nordportugal und Italien bis nach Südskandinavien, von den Britischen Inseln bis zum Ural und Kaukasus. Als wichtiger europäischer Waldbaum ist sie in Mitteleuropa häufig anzutreffen.
Wo Stieleiche und Traubeneiche vorkommen, sind Bastarde dieser beiden Arten nicht selten. Eine bekannte Variation der Stieleiche, die gerne in Parkanlagen gepflanzt wird, ist die **Pyramideneiche** (*Quercus robur var. Fastigiata*). Sie ist eine durch Pfropfung vermehrte Säulenform, die etwa 25 m hoch wird. Sie kann auch aus Eicheln gezogen werden, ist dann aber in der Form variabel.

Standort

Die Stieleiche, eine → Lichtbaumart, kommt in der kollinen, seltener montanen → Vegetationsstufe, in Laubmischwäldern und Hainbuchengesellschaften, west- und mitteleuropäischen Eichen-Birken-Wäldern, xerothermen, submediterranen Flaumeichenwäldern, Schneeheide-Kiefernwäldern, Moos-Kiefernwäldern, in Buchen- und sommergrünen Eichenwäldern Europas sowie in Auwäldern, in ebenen Lagen oder an Hängen von in der Regel weniger als 30 Prozent Neigung vor.
Sie stellt relativ hohe Standortansprüche und wächst auf tiefgründigen, kalkhaltigen, frischen bis grundfeuchten, sandigen, steinigen, lehmigen bis tonigen Böden in wintermilden, sommerwarmen, luftfeuchten Klimalagen. Permanente Staunässe und Überschwemmungsbereiche meidet sie. Die lichtbedürftige, sturmfeste Stieleiche ist gegen Spätfröste empfindlich, Frostrisse kommen relativ häufig vor. Sie erträgt größere klimatische Extreme als die Traubeneiche, mit der sie nahe verwandt ist. Die Stieleiche ist von der Ebene bis in Höhenlagen von ca. 1000 m im Gebirge anzutreffen.

Merkmale

■ Der große, sommergrüne Laubbaum wächst in der Jugend rasch, im → Schluß anhaltend und beendet sein Wachstum im Alter von 120 bis 200 Jahren. Er ist aber der Buche unterlegen. Er erreicht eine Wuchshöhe von 25 bis 40 m (in Ausnahmefällen und an besten Standorten bis zu 60 m) sowie eine Stammstärke von 200 cm und mehr. Ihr Alter kann 500 Jahre und mehr betragen; in Ausnahmefällen soll sie sogar 1400 Jahre alt werden. Der gerade, im Bestand(e)sschluß walzige Stamm trägt eine unregelmäßige, hohe und breite Krone. Im → Freistand ist sie tiefästig und wird kurz- und dickschäftig mit unregelmäßiger, kugelig gewölbter, weit ausladender Krone.

■ Die kräftigen Äste sind mehrfach gekrümmt oder gedreht sowie knorrig und unregelmäßig verzweigt. Die Stieleiche hat anfangs eine starke Pfahlwurzel, später kräftige Herzwurzeln, im Alter häufig mit starkem Wurzelanlauf. Das → Ausschlagvermögen aus den

Stieleiche

„Schlafenden Augen" (→ Adventivknospen) und das Überwallungsvermögen (→ Überwallungen) ist groß und anhaltend. Sie bildet fast alljährlich → Johannistriebe. Sie besitzt eine anfangs silbergrau glänzende Rinde (Lohrinde), die etwa zwischen dem fünfzehnten und dreißigsten Jahr aufreißt und danach im Laufe der Jahre zu einer dicken, längs- und tiefgefurchten graubraunen Borke wird.

■ Die jungen olivgrünen bis braunoliven, meist kahlen oder nur schwach behaarten und oft kantigen Triebe, die mit zahlreichen kleinen, punktförmigen bis ovalen und weißlichen bis hellbraunen → Lentizellen besetzt sind, wachsen → monopodial. Ältere Zweige werden durch die sich ablösende → Epidermis hellgrau oder hell-graubraun. Die Endknospen, die am Zweigende gehäuft stehen, sind dick-eiförmig, vorne zugespitzt oder abgerundet und 5 bis

◄◄ Stieleichen-Blätter, weibliche und männliche Blüten

8 mm lang. Die ebenso großen, spitz- bis dick-eiförmigen Seitenknospen stehen vom Zweig ab. Die anliegenden hell- bis gelbbraunen und vorne abgerundeten Knospenschuppen besitzen einen zumeist schmalen, braunen und weiß bewimperten Rand.

■ Die wechselständigen, etwa 4 bis 9 mm lang gestielten Laubblätter befinden sich in Büscheln am Ende der Triebe und erscheinen ca. 14 Tage vor denen der Traubeneiche. Sie sind im Umriß länglich verkehrt-eiförmig, vorne stumpf, am Grunde geöhrt sowie 10 bis 12 cm lang und etwa 7 bis 8 cm breit. Sie besitzen beiderseits vier bis sieben rundliche Lappen, die asymmetrisch angeordnet und bis zur Hälfte der Blattspreite eingebuchtet sind. Sie sind derb, oberseits matt dunkelgrün, unterseits hell-bläulichgrün. Ihre Mittelrippe ist leicht geschwungen, die Blattnerven deutlich sichtbar. Sie sind ganzrandig; der Rand ist oft etwas gewellt. Im Herbst färben sich die Blätter orangebraun. Blätter und Früchte variieren sehr stark.

■ Ihre → Mannbarkeit erreicht die Stieleiche im Freistand mit etwa 60 Jahren, im Bestand(e)sschluß mit ca. 80 Jahren und hat dann alle zwei bis sieben Jahre Samenjahre (Vollmasten; → Mast). Die Blütezeit der → einhäusigen Stieleiche ist im Mai/Juni. Die unscheinbaren Blüten stehen in → eingeschlechtigen → Blütenständen. Die zierlichen männlichen Blüten haben schmale, gelblichgrüne Blütenhüllblätter, sechs bis zehn (meist acht) → Staubblätter mit kahlen → Staubbeuteln und hängen in 2 bis 4 cm langen, lockerblütigen Kätzchen (zahlreiche Blütenknäuel an einer dünnen Spindel) am Grunde neuer Triebe. Die knöpfchenförmigen weiblichen Blüten sitzen einzeln oder zu zweit bis fünft auf gemeinsamen, langen, behaarten Stielen, haben eine Blütenhülle und einen → Fruchtknoten mit drei zungenförmigen, gelblichen oder roten → Narben.

■ Die Früchte, die im September/Oktober reifen, sind walzige, 2 bis 3,5 cm lange und etwa 1 bis 1,8 cm dicke Eicheln, deren unteres Drittel von einem mit flachen Schuppen bedeckten Fruchtbecher umhüllt ist. Sie sitzen einzeln, zu zweit oder dritt an 4 bis 8 cm langen Stielen, sind anfangs grün und werden dann hellbraun. Die reifen Eicheln fallen bald aus dem Becher heraus und sind etwa sechs Monate keimfähig.

Traubeneichenblätter mit weiblichen und männlichen Blüten sowie Früchten

Waldbau und Holz

Im Waldbau spielt die Stieleiche eine bedeutende Rolle. Ausgewachsene Exemplare liefern vorzügliches, wertvolles Holz. Auch zur Niederwaldbewirtschaftung (→ Niederwald, → Eichenschälwald) mit 12- bis 20jähriger → Umtriebszeit ist die Stieleiche bestens geeignet.

Das Holz ist ringporig, hat einen schmalen, gelblichweißen → Splint und meist einen gelb- bis schwärzlichbraunen → Kern. Stieleichenholz ist sehr fest, zäh, hart und schwer; nach der Bearbeitung glänzt es matt und ist gut polierbar. Es widersteht infolge seines Gerbstoffgehaltes lange der Fäulnis und ist unter Wasser fast unzerstörbar.

Aus diesem Grunde findet es auch zu Zaunpfosten, Eisenbahnschwellen, Pfahl-, Gruben- und Schachtholz, im Brücken- und Schiffsbau und als Faßholz Verwendung. Zudem werden aus Stieleichenholz Furniere, Werkzeuge, Möbel, Treppen, Parkett, Fenster, Türen, Täfelungen, Schnitzereien etc. hergestellt. Darüber hinaus ist es ein beliebtes Drechslerholz. Früher wurden Speichen, Naben und Achsen für Wagen aus Eichenholz gefertigt.

Das Holz kann durch Raucheinwirkung nachgedunkelt werden. Allerdings gibt es eine alte Schreinerregel: Leute, die viel schwitzen, sollten nicht mit Eichenholz arbeiten, das mit Rauch nachgedunkelt wird, da sie blaue Fingerabdrücke darauf hinterlassen. Stieleichenrinde diente früher der Gerbstoffgewinnung. Der Gerbsäureanteil dieser Gerberlohe (→ Lohrinde) beträgt ca. 8 bis 20 Prozent.

Bedeutung als Heilpflanze

In der Naturheilkunde finden die Rinde junger Äste (geschält im Frühling von 12 bis 20 Jahre alten Bäumen), die Blätter (gepflückt im Juni) und die Eicheln (gesammelt im Herbst) Verwendung. Sie sind gerbstoffhaltig und wirken adstringierend, fiebersenkend, antiseptisch und tonisch. Ein Absud von Stieleichenrinde findet unter anderem bei Angina als Gurgelwasser und bei Zahnfleischbluten als Mundwasser Verwendung. Zudem wird es äußerlich bei Frostbeulen und Schrunden angewandt. Außerdem können die gerösteten und gemahlenen Eicheln als Eichelkaffee, Eichelkakao oder -schokolade gegen Durchfall, Darm- und Magenschwäche helfen.

2. Traubeneiche

Der deutsche Name Traubeneiche (*Quercus petraea* (Mattuschka) Lieblein = *Q. sessiliflora* Salisb.) leitet sich von den traubenartig angeordneten Eicheln ab. Sie wird auch Deutsche Eiche, Winter-, Stein-, Spät-, Berg-, Weiß-, Truf-, Kohl-, Dürr-, Harz-, Kleb-, Hag-, Heide-, Eis-, Eisholz-, Pfälzerwald- sowie Winterschlageiche genannt. „Wintereiche" heißt sie, weil die Blätter häufig über den Winter an den Zweigen hängenbleiben.

Verbreitung

Die Traubeneiche ist in Europa weit verbreitet, von den Britischen Inseln über Nordspanien, Frankreich, Mitteleuropa, bis nach Südwestrußland und zur Krim sowie von Italien über die Balkanhalbinsel bis nach Südskandinavien. Sie ist relativ häufig, stellenweise bestandsbildend und wird auch oft forstlich kultiviert. In Mitteleuropa liegt ihr Hauptverbreitungsgebiet im Spessart, Odenwald, Taunus, Pfälzer Wald, Rheinischen Gebirge und im nordöstlichen Deutschland.

Standort

Die Traubeneiche ist lichtbedürftig und wächst in der kollinen, seltener montanen Vegetationsstufe auf Heidewiesen und an sonnigen, buschigen Abhängen, häufig vergesellschaftet mit Hainbuche (Eichen-Hainbuchen-Wälder), Flaumeiche, Birke (west- und mitteleuropäische Eichen-Birken-Wälder), Aspe und Buche (Hainsimsen-Buchenwälder). In Eichenwäldern bestandsbildend, gedeiht sie auf lockeren, nährstoffreichen bis nährstoffarmen, sauren, mäßig trockenen, meist mittelgründigen Lehm- und Steinböden in wintermilden, sommer-
trockenen, luftfeuchten Klimalagen. Hohen Grundwasserstand und Staunässe meidet sie. Was die Bodenqualität und die klimatischen Verhältnisse angeht, ist sie weniger anspruchsvoll als die Stieleiche. Sie verträgt mehr Wärme und Trockenheit, ist sturmfest, jedoch gegen Spätfröste sehr empfindlich. Die Traubeneiche ist von der Ebene bis in mittlere Gebirgslagen, in Höhen von ca. 1000 m (in den Zentralalpen bis 1800 m) anzutreffen.

Merkmale

■ Die Traubeneiche ist der Stieleiche sehr ähnlich. Der große, sommergrüne Laubbaum erreicht eine Höhe von 20 bis 40 m und wird meist zu einem mächtigen Baum mit breiter, ziemlich hochgewölbter Krone. Das Höhenwachstum ist besser als bei der Stieleiche und nach etwa 120 bis 200 Jahren abgeschlossen. Die Traubeneiche kann über 700 Jahre alt werden und beachtliche Ausmaße erreichen, ferner zeichnet sie ein hohes Ausschlagvermögen aus. Sie besitzt zumeist einen geraden und etwas schlankeren Stamm als die Stieleiche, ihre relativ geraden (nicht so knorrig wie bei der Stieleiche) Äste steigen steil auf. Die anfangs glatte Rinde ist später dann grau bis graubraun und von Furchen

Eichen I

Flaumeichenblätter mit männlichen Blüten

und Rissen durchzogen.

■ Die in der Jugend glänzend oliven bis braungrauen, kahlen oder leicht bereiften und leicht kantigen Zweige wachsen monopodial. Die zahlreichen Lentizellen sind hellbraun bis grau und punktförmig. Die am Zweigende gehäuft stehenden Endknospen sind ca. 10 mm lang, schmal- bis dick-eiförmig oder kegelförmig und etwas größer als die kegelförmigen, vom Zweig abstehenden, 6 bis 8 mm langen Seitenknospen. Die zahlreichen, oben abgerundeten oder leicht zugespitzten, hellbraunen bis gelbbraunen Knospenschuppen werden von oft dunkelbraunen, weiß bewimperten Rändern gesäumt. Die Knospen der Traubeneiche sind oft schlanker als die der Stieleiche und an den Endknospen finden sich häufig fadenförmig ausgezogene Schuppen.

■ Die wechselständigen Blätter verteilen sich gleichmäßig über den Zweig. Sie sind etwa 1 bis 2 cm lang gestielt, etwa 8 bis 12 cm lang und 5 bis 7 cm breit, vom Umriß verkehrt-eiförmig, am Grunde keilförmig verschmälert bis abgestutzt und vorne abgerundet. Sie gliedern sich symmetrisch und ziemlich regelmäßig in fünf bis sieben (neun) Paar rundliche, nicht zu tief eingebuchtete Lappen, oberseits matt-dunkelgrün, unterseits matt-grün und heller, beiderseits kahl. Die Laubblätter erscheinen etwa 14 Tage nach denen der Stieleiche.

■ Die Traubeneiche wird im Freistand mit etwa 60 Jahren, im Bestand(e)sschluß mit etwa 80 Jahren mannbar und fruchtet dann alle zwei bis sieben Jahre. Sie blüht im Mai etwa 14 Tage nach der Stieleiche. Sie ist einhäusig, ihre eingeschlechtigen Blüten ähneln denen der Stieleiche sehr, lediglich die weiblichen Blüten sind sitzend oder sehr kurz gestielt und daher dicht zusammengedrängt. Die Früchte, die im September/Oktober reifen und nur bis zu 1 cm lang gestielt sind, stehen in Gruppen von drei bis sieben Stück zu Trauben gehäuft (Name!). Die Eicheln sind etwa 2 bis 3 cm lang, 1 bis 1,5 cm dick (im untersten Drittel am breitesten) und stecken bis zu einem Viertel in einem etwa 1,2 bis 1,8 cm breiten, dicht mit ovalen Schuppen bedeckten Fruchtbecher. Ihre Keimkraftdauer hält ca. 6 Monate an.

Waldbau und Holz

Im Waldbau hat die Traubeneiche eine große Bedeutung. Die Umtriebszeit beträgt für Schneideholz etwa 140 bis 180 Jahre, für Furnierholz ca. 250 bis 300 Jahre. In Deutschland befinden sich die wertvollsten Furniereichenbestände im Spessart und im Pfälzer Wald. Da die Traubeneiche – wie alle Eichen – bei genügend Licht Äste bis zur Stammbasis ausbildet, werden, um astfreie Schäfte für Furniere zu erhalten, als Beschattung Buchen oder andere Begleitbaumarten gepflanzt, die im Hinblick auf das höhere Lebensalter der Traubeneiche sogar mehrmals nachgepflanzt werden müssen. Das gelblichbraune Holz hat dieselben Eigenschaften wie das der Stieleiche und findet auch dieselbe Verwendung.

Bedeutung als Heilpflanze

In der Naturheilkunde werden Rinde, Blätter und Früchte in gleicher Weise verwendet wie die der Stieleiche.

Früchten, Nüssen, Beeren, Pilzen, Insekten, Schnecken, Vogeleiern und auch Jungvögeln (Nestplünderer) besteht. Vom Nahrungsangebot ist die jeweilige Populationsdichte abhängig. Da es keinen Winterschlaf hält, betreibt es Vorratswirtschaft. Es versteckt in Spalten und Löchern hohler Bäume und Baumwurzeln, im Boden oder in seinen Nestern Nüsse, Körner, Eicheln, Bucheckern und Kerne. Diese Vorräte findet es nur teilweise wieder. Die Samen keimen dann; damit trägt das E. zur Verbreitung der Pflanzen bei. Durch Schälen der Rinde zum Aufnehmen des Kambiumsaftes kann das E. gelegentlich auch Schäden verursachen. Das E. selbst ist das Hauptbeutetier des Baummarders, der auch den Kobel des E. als Unterschlupf benutzt.

Eichkätzchen, das: → Eichhörnchen.

Eichkatze, die: → Eichhörnchen.

Eidechsen, die (*Lacertidae*): Fam. der Echsen mit ca. 2000 Arten besonders in den warmen und gemäßigten Zonen. E. haben einen langgestreckten Körper, Kehlsäcke oder ähnliche Hautbildungen und einen schlanken, langen Schwanz, der fast immer länger als der Körper ist. Werden E. von Feinden am Schwanz gepackt, kann dieser an einer entsprechend gebauten Stelle abbrechen (Autotomie). Er kann mehr oder minder vollständig regeneriert werden. Das abgeworfene Schwanzende lenkt durch lebhafte Bewegungen den Verfolger ab. Die Zunge der E. ist flach und zweizipfelig. Die in Europa lebenden E. suchen sich im Herbst frostgeschützte Orte, in denen sie den Winter verbringen. Die Weibchen legen weichschalige Eier, einige bringen lebende Junge zur Welt (z. B. Waldeidechse). Sie sind meist Insektenfresser. Von denen in unserer Heimat lebenden E. kommen auch im Wald vor:

1. Waldeidechse, die (*Lacerta vivipara* = lebendgebärende Eichechse): auch Berg-, Moor- und Wieseneidechse, Gelbe Eidechse. Die W. ist über fast ganz Europa verbreitet und fehlt nur im Mittelmeerraum. Sie liebt durchsonnte Wälder, Waldlichtungen, Waldränder, Moore und Sümpfe, ist aber auch in Dünengebieten und an vegetationsreichen Bachrändern und verbuschten Böschungen anzutreffen. Im Gebirge kommt sie noch in Höhen von 3000 m vor. Die W. ist mit höchstens 18 cm die kleinste der einheimischen Eidechsen. Der kurze Kopf ist wenig zugespitzt; die zierlichen Beine sind dünn. Beide Geschlechter sind oberseits rotbraun oder graubraun mit helleren Flecken und Bronzeglanz. An den Seiten finden sich mehrere Längsreihen weißlicher Flecken. Das Männchen ist an Kehle und Hals blaßbläulich, hellrot oder weißlich. Der Bauch ist orangegelb oder rötlich mit schwärzlichen Flecken. Das Weibchen ist am Bauch grauweiß oder gelblichweiß ohne Flecken. Die W. paaren sich in den Monaten April und Mai. Nach etwa drei Monaten bringen sie dann, ab Mitte Juli bis Anfang oder Mitte August, vier bis zehn 2,5 bis 3,5 cm lange, sehr dunkle oder auch schwarze Junge ovovivipar zur Welt, d. h. die lebensfähigen Jungen sprengen die sehr dünnen Eihäute unmittelbar vor der Geburt, somit noch im Muttertier. Die W. ernährt sich von kleinen Insekten. Sie schwimmt gut und verbirgt sich bei Gefahr nicht selten unter Wasser. Die wichtigsten natürlichen Feinde sind Schlingnatter und Kreuzotter.

2. Zauneidechse, die (*Lacerta agilis*): auch Gemeine Eidechse, Graue Eidechse. Die Z. ist in ganz Europa vertreten; im Süden Europas leben grasgrün gefärbte Unterarten. Sie besiedelt Wald- und Feldränder, Geröllhalden, alte Bahndämme, Heideflächen sowie Weinberge. In den Bergen findet sie sich noch in 1300 m Höhenlage. Die Z. wird bis 20 cm, selten bis 24 cm lang. Der Körper ist gedrungen, nahezu plump. Der Schwanz ist relativ dick und mäßig lang. Die Färbung des Männchens im Frühling ist auf dem Rücken braun, an den Seiten smaragdgrün; die Unterseite ist blaßgrün. Das Weibchen ist auf der Oberseite überwiegend hellgrau, gelbbraun oder braun gefärbt, auf der Bauchseite zur Paarungszeit gelbgrün, sonst verwaschen hell braungelb. Der Färbung nach sind zahlreiche Rassen und Varietäten bekannt. Der Winterschlaf beginnt in der zweiten Oktoberhälfte und dauert bis Ende März oder Anfang April. Zuerst erscheinen die Jungtiere, dann die Männchen und zwei bis drei Wochen später die Weibchen. Die Fortpflanzungszeit beginnt in warmen Jahren im April, spätestens Anfang Mai, mit erbitterten Rivalenkämpfen der Männchen. Der Sieger paart sich mit einem Weibchen, dem er zunächst recht grob in den Schwanzansatz, in den Rücken und schließlich in den Nacken beißt. Etwa vier oder fünf Wochen später legt

Zauneidechsen-Männchen

das Weibchen zehn bis 14, fast anderthalb Zentimeter lange, ovale und weichschalige Eier in lockerer gescharrter Erde ab. Die Entwicklungsdauer ist stark temperaturabhängig und beträgt z. B. bei 21 bis 24 °C 62 bis 63 Tage. Die Jungen sind beim Schlüpfen 5 bis 6 cm lang und zeigen eine dem Weibchen ähnliche Färbung und Zeichnung. Nach zwei Jahren sind sie geschlechtsreif. Die Hauptnahrung der Z. besteht v. a. aus größeren Insekten (Käfer und Heuschrecken), aber auch aus Spinnen, Asseln und Steinläufern. Natürliche Feinde sind Schlingnattern, Igel, Katzen, Greifvögel, Amseln und Hühner, daneben auch größere Würgerarten.

Eie, die: alte Bez. für die → Eibe.

Eierbrettholz, das: → Spindelstrauch 2.

Eierling(sbirlebaum), der: → Ebereschen 2.

Eierpilz, der: → Leistlinge 1.

Eierschwamm, der: **1)** Bez. für die haufenweise abgelegten, mit → Afterwolle zugedeckten Schmetterlingseier, z. B. beim Schwammspinner und beim Goldafter; → Trägspinner. **2)** → Leistlinge 1.

Eiertragende Kröte, die: → Kröten 2.

Eigentumsarten → Waldeigentum.

Eife, die: alte Bez. für die → Eibe.

Eifel, die: Die E., eine Hochfläche (400 bis 600 m) mit steil eingeschnittenen Tälern, bildet den nordwestlichen Teil des Rheinischen Schiefergebirges, das vor etwa 300 Mio. Jahren in der Karbonzeit (→ Erdzeitalter) entstand. Im Westen geht sie in die Ardennen über. Die höchste Erhebung der E. ist die Hohe Acht (747 m). Die Wälder der E. wurden vom Mittelalter bis ins 18. Jh. hinein weitgehend abgeholzt. Erst dann begann die Wiederaufforstung, größtenteils mit Fichten; vereinzelt entstanden auch Mischwälder. Zu Anfang unseres Jh. war noch die Hälfte der E. von Fichtenwäldern bedeckt. Die Kämpfe in den beiden letzten Weltkriegsjahren hatten auch für die E.-Wälder verheerende Folgen. Viele wurden durch Bomben und Granaten zerstört und verkamen in der Nachkriegszeit zu einem undurchdringlichen Gewirr von Baumruinen, zwischen denen allerdings das Rotwild sehr rasch heimisch und von Forstleuten und Jägern auch sehr stark gehegt wurde. Sie gefährden – neben dem → sauren Regen – die E.-Wälder ganz erheblich. Der Naturpark Nordeifel, 176 120 ha groß, wurde 1971 durch einen Staatsvertrag mit dem 67 850 ha großen belgischen Parc Naturel-Hautes Fagnes/Eifel zu dem Deutsch-belgischen Naturpark vereinigt. Der Deutsch-luxemburgische Naturpark, 78 500 ha groß, entstand bereits 1964 durch Zusammenschluß des deutschen Naturparks Südeifel, 42 610 ha groß, mit dem 35 890 ha großen nordluxemburgischen Gebiet Eifel-Ardennen.

Eifenbaum, der: alte Bez. für die → Eibe.

Eimerbandstöcke: im früheren Preußen eine besondere Gebrauchsklasse der Reiserholzstangen (Eiche und Hasel). Maße: Ganze E.: 1 bis 2 cm → D.m.R. und 1,2 bis 2,2 m lang; halbe E.: bis 1 cm D.m.R. und 0,9 bis 1,2 m lang.

Einbeere, die (*Paris*): Gatt. der → Liliengewächse mit etwa 20 Arten in Europa und im gemäßigten Asien. Es handelt sich um Pflanzen mit kriechenden → Wurzelstöcken und unverzweigten Stengeln, die netzartig geaderte, in einem Quirl stehende Blätter tragen. In den Wäldern Mitteleuropas:

Vierblättrige Einbeere, die (*Paris quadrifolia* Linné): Die fast über ganz Europa verbreitete V. E. wächst zerstreut in Laubwäldern, besonders krautreichen Eichen- und Buchenwäldern, feuchten Buchen- und Hainbuchenwaldgesellschaften, in Laubmisch- und Auwäldern, besonders Hartholz-Auenwäldern, aber auch in Erlenbruchwäldern, in Nadelmischwäldern, Fichten-Tannen- und Fichtenwäldern. Sie ist

▸▸ Die Einbeere, eine Giftpflanze und Grund- und Sickerwasserzeiger

eine schwache → Charakterart der mesophytischen buchenartigen Laubwälder Europas und ein Grund- und Sickerwasserzeiger.

Die in allen Teilen giftige, 10 bis 40 cm hohe, kahle Staude hat vier (selten fünf oder sechs) quirlständige, sitzende Blätter. Diese sind elliptisch, bis 12 cm lang und netznervig (damit eine Ausnahme unter den Liliengewächsen!). BZ: Mai bis Juni. Die einzelne endständige und duftlose Blüte hat acht Blütenhüllblätter, die in zwei Quirlen zu je vier lanzettlichen bis linealischen Blätter stehen. Die Frucht ist eine kugelige, bis 1 cm dicke, glänzend schwarze, blau bereifte Beere, die trotz ihrer Giftigkeit (verursacht bei Genuß Durchfälle, Koliken und Schwindelanfälle) von Waldvögeln, wie z. B. Drosseln, gefressen wird. Die Beeren wurden früher in der Volksmedizin als „Pestbeeren" (Desinfektionsmittel) gegen ansteckende Krankheiten verwendet.

Einblatt, das: → Weichorchis.

Einblatt-Esche, die: Variation der Gemeinen → Esche.

Einblütiges Perlgras, das: → Perlgras 2.

Einblütiges Wintergrün, das: → Wintergrün 5.

Einbrütige Tannentrieblaus, die: → Blattläuse 11.

einfache Bauholzstämme: auch einläufige Stämme. Alte Bez. für Baumstämme, die auf grund ihres Durchmessers nicht geschnitten werden können, sondern im Ganzen als Bauholz verwendet werden.

Einfachholz, das: im früheren → Holländer(holz)handel im Schwarzwald übliche Bez. für ein Holzsortiment mit einem Zopfdurchmesser von 5 bis 7 → Zoll. Es wurde nach dem Verhältnis zur Länge als „dreißiger", „vierziger", „fünfziger" usw. bezeichnet.

einfarbig: Hölzer werden als e. bezeichnet, wenn von Natur aus zwischen → Kern und → Splint kein Farbunterschied besteht. Hierzu zählen u. a.: Bi, Er, FAh, Li, Bu, Hbu bei den Lbh, Fi und Ta bei den Ndh.

Einforstungsrechte: in Österreich Bez. für die Wald- und Weidenutzungsrechte. Der in den Alpengebieten gelegene Besitz der → Österr. Bundesforste ist vielfach mit Wald- und Weidenutzungsrechten zu Gunsten bäuerlicher Liegenschaften belastet (Holzbezugsrechte, Weiderechte und Streubezugsrechte). Diese Rechte sind in Urkunden festgelegt, die auf Grund des kaiserlichen Patents vom 5.7.1853 gefertigt wurden. Die derzeitige Rechtsgrundlage für die Ausübung und Verwaltung dieser Rechte stellen, abgesehen von den genannten Urkunden, die in den einzelnen Bundesländern erlassenen Waldservituten (→ Forstrechte) und Weideservitutengesetze dar, die sich wieder von dem vom Bund erlassenen Grundsatzgesetz über die Behandlung der Wald- und Weidenutzungsrechte herleiten. Im gesamten Bundesgebiet müssen von den Österr. Bundesforsten im Durchschnitt der Jahre rund 13 % (= ca. 200 000 fm) des Gesamthiebssatzes (→ Hiebssatz) für die Deckung der Holzbezugsrechte bereitgestellt werden. Durch die Belastung mit E. wird der wirtschaftliche Erfolg des Betriebes stark

beeinträchtigt, weil die Gemeinkosten, insbesondere jene der Holzproduktion, von den Österr. Bundesforsten getragen werden müssen, während die Nutzung dem Berechtigten zusteht.
Einforstungswälder: nach dem österr. Forstgesetz Wälder, auf denen Nutzungsrechte (→ Einforstungsrechte) lasten. E. sind von ihren Eigentümern so zu bewirtschaften, daß die Ausübung der Einforstungsrechte gewährleistet ist.
eingerichtete Fläche, die: in der Schweiz Waldungen, deren Bewirtschaftung in einem → Wirtschaftsplan festgehalten ist.
Eingerollte Zahnschnecke, die: → Schnirkelschnecken 8.
eingeschlechtig: Blüten sind e., wenn sie nur männliche oder nur weibliche Geschlechtsorgane, also nur → Staubblätter oder nur → Fruchtblätter enthalten; → einhäusig, zweihäusig.
eingesprengt: E. sind → Mischbaumarten, die in einem sonst reinen Bestand (→ Reinbestand) nur vereinzelt vorkommen. Kommen sie mit den übrigen → Baumarten in größerer Menge vor, so sind sie mit den anderen Baumarten gemischt.
eingewachsene Rinde, die: → Rindentaschen.
Eingriff, der: ein aus dem Naturschutzrecht stammender Begriff, mit dem alle Veränderungen von Gestalt und Nutzung von Grundflächen, die die Leistungsfähigkeit des Naturhaushaltes erheblich oder nachhaltig beeinträchtigen, bezeichnet wird.
Eingriffeliger Weißdorn, der: → Weißdorne 1.
einhäusig (monözisch): Eine Form der Getrenntgeschlechtigkeit (→ Diklinie) bei Blütenpflanzen (→ Samenpflanzen) ist die Einhäusigkeit (Monözie/Synözie). Die männlichen und weiblichen Blüten befinden sich stets auf der gleichen Pflanze; z. B. bei Ei, Bu, Ta, Ha und Kast; → zweihäusig, eingeschlechtig.
Einhegen, das (Einschonen, Verhängen): Früher übliche Art, Verjüngungen, Kulturen oder Schläge vor Vieheintrieb, Gras- oder anderer Nutzungen zu schützen. Das E. geschah mit Hilfe der → Hegezeichen.
einheimisch: In einem Gebiet allein entstandene und ohne menschliche Hilfe eingewanderte Pflanzen und Tiere; → autochthon, heimisch, Endemit.
Einheit, Naturräumliche, die: → Naturraum.
Einheits(hauer)lohntarif, der: → Mittelstammtarif.
Einjähriger Feinstrahl, der: → Beruf(s)kraut 4.
Einjähriges Beruf(s)kraut, das: → Beruf(s)kraut 4.
Einjahrsblumen (Sommer → Annuelle): Pflanzenarten, die im Jahr der Aussaat blühen, Frucht bringen und absterben; → Zweijahrsblumen.
Einkehr, die: → Riesmund, Verleer.
Einkehren, das: → Trift.
Einkeimblättrige (Monokotyledonen): Klasse der Blütenpflanzen (→ Samenpflanzen) mit etwa 30 000 Arten, deren → Keimling nur ein → Keimblatt ausbildet. Diese kann als Laubblatt oder (im Samen) als Saugorgan auftreten. Die Blüten sind vorherrschend dreizählig. Die Primärwurzel (Hauptwurzel) ist kurzlebig und wird durch zahlreiche sproßbürtige Wurzeln ersetzt. Die → Leitbündel sind geschlossen und liegen zerstreut im Stengelquerschnitt (→ Sproßachse). Unter den Gräsern ist der Anteil an → C4-Pflanzen sehr

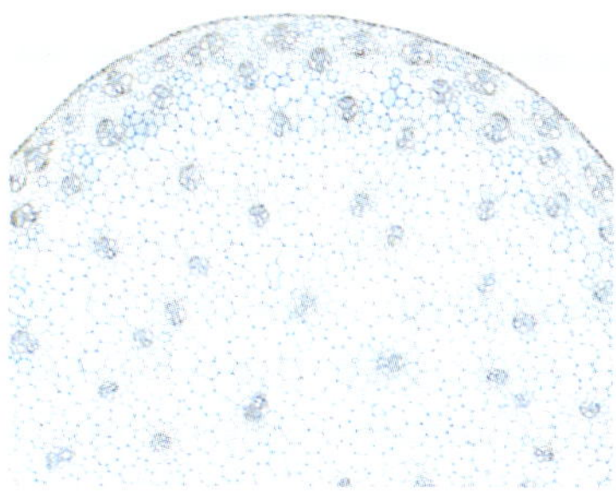

hoch. Da sie kein → Kambium besitzen, ist auch kein sekundäres → Dickenwachstum möglich. E. sind Kräuter oder ausdauernde Pflanzen, die seit der unteren Kreide (→ Erdzeitalter) nachweisbar sind. Häufig bilden sie Knollen, Zwiebeln oder Rhizome aus. Zu den E. gehören z. B. Gräser, Aronstab- und Liliengewächse sowie Orchideen.
Einkellern, das: Aufbewahrung von Pflanzen, speziell von einjährigen Kie, die nach dem Ausheben bis zum Verpflanzen in etwa 1 m tiefen, 60 bis 70 cm breiten Gräben („Keller") eingelagert (eingekellert) werden, um ein frühzeitiges Austreiben zu verhüten. Über die Gräben werden Stangen und darauf Nadelholzreisig gelegt. Für Zufuhr von kühler Luft und Feuchtigkeit wird durch Lockerung der Reisigdecke gesorgt. Das E. von Pflanzen ist kaum mehr üblich; → Pflanzeneinschlag.
Einlauf, der: svw. → Ersticken.
einläufige Stämme → einfache Bauholzstämme.
Einlegearbeiten → Intarsia.
Einleitung, die: Bez. für den Beginn einer → Naturverjüngung.
Einleitungsbereisung, die: → Grundlagenbegang.
Einleitungsbericht, der: auch Vorbericht. Schriftliche Stellungnahme des Forstamtsleiters zu den jetzigen Verhältnissen und zum bisherigen Betriebsablauf mit Vorschlägen für die künftige Betriebsgestaltung.
Einleitungsbesprechung, die: → Grundlagenbegang.
Einleitungsverhandlung, die: → Grundlagenbegang.
Einmannmotorsäge, die: auch Einmannkettensäge. Im Forstbetrieb für Fällungsarbeiten (→ Fällung) zur → Ausformung verwendete Kettensäge mit Benzinmotor für Einmannbedienung.
Einmannrotte, die: → Rotte 1).
Einmessung, die: in der Schweiz Vermessung von → Schnittholz.
Einmieten, das: → Heidemiete.
Einmietegeld, das: → Heidemiete.
Einnahmen, die: E. entstehen durch den Eingang von Zahlungsmitteln. Erfolgswirksame E. entstammen unmittelbar dem Forstbetrieb, erfolgsunwirksame E. kommen nicht aus dem Forstbetrieb; → Ausgaben.
Einnischung, die: → ökologische Nische.
Einrichtungswerk, das: → Forsteinrichtungswerk.

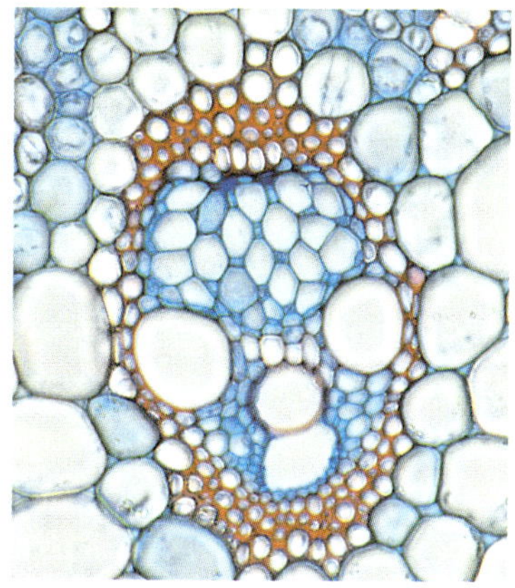

◂◂ Querschnitt durch den Sproß einer Einkeimblättrigen Pflanze; die Leitbündel liegen im Mark verstreut (gefärbtes Präparat).

Leitbündel einer Einkeimblättrigen Pflanze

einschichtiger Bestockungsaufbau, der: → Stufigkeit.
Einschichtpolter, das: → Holzlagerplatz.
Einschlag, der: **1)** in Österreich Schlägerung. In der Forstwirtschaft Bez. für den → Hieb, aber auch für das jährlich eingeschlagene oder einzuschlagende Holz eines Forstrevieres oder Forstamtes. Ist-E.: tatsächlich eingeschlagene und verbuchte Holzmenge; Soll-E.: in der Betriebsplanung und Hieb(s)satzfestsetzung vorgeschriebene Holzmenge; → Hieb(s)satz, Forstbetriebsplan, (Jahres-) Betriebsplan, Fällungsplan, Forsteinrichtung. E. im Sinne der forstlichen Betriebswirtschaft ist der Ist-E. im Abrechnungszeitraum (→ Erntefestmeter ohne Rinde). **2)** → Pflanzeneinschlag.
Einschlagen der Pflanzen, das: → Pflanzeneinschlag.
Einschlagringe: ringförmige Bandeisen, die um die Markröhren herum in die Hirnenden der Baumstämme (v. a. bei Laubbäumen, insbesondere Bu) eingeschlagen werden, um ein → Aufreißen der Stämme zu verhindern. Die E. trennen die Markstrahlen und verhindern so das Weiterlaufen der → Risse. An Stelle der E. werden auch S-Haken verwendet.
Einschlagsfestmeter, das, der: gleichbedeutend mit → Erntefestmeter.
Einschlagsfläche, die: → Schlag.
Einschlagshöhe, die: → Holzeinschlag.
Einschlagsmenge, die: → Holzeinschlag.
Einschlagsrecht, das: → Beischlag.
Einschlagsverlust, der: → Ernteverlust.
Einschlagszeiten (Holzeinschlagszeiten, Fällungszeiten): Da das im Sommer im Saft gefällte Stammholz rasch von → Holzschädlingen (Pilzen und Insekten) befallen und entwertet wird, sind Herbst und Winter (→ Winterfällung) i. d. R. die Haupt-E. für das Stammholz.

3. Flaumeiche

Das lateinische Beiwort pubescens des botanischen Namens der Flaumeiche (*Q. pubescens* Willenow = *Q. lanuginosa* (Lam.) Thuill. non Lam.) leitet sich vom lateinischen *puber* = „flaumig behaart" bzw. mannbar ab. Sie wird auch Flaumhaarige Eiche genannt.

Verbreitung

Die Vorkommen der Flaumeiche in Mitteleuropa sind Relikte aus der Wärmezeit (ca. 5000 bis 2500 v. Chr.), in der diese Eiche in Mitteleuropa eine dominierende Rolle spielte (→ Eichen-Mischwald-Zeit); → Waldgeschichte. Heute ist die Flaumeiche über West-, Mittel-, Süd- und Südosteuropa verbreitet, vom Osten der Iberischen Halbinsel über Frankreich, das Oberrheingebiet, den Mittelrhein, das Mosel- und Nahetal, über Süddeutschland, die warmen Alpentäler, das Saaletal bei Jena (Thüringen), das Wiener Becken, die Südkarpaten, bis auf die Krim und nach Kleinasien. Man bezeichnet die Zone, in der sie mit ihren Begleitern vorkommt, als Flaumeichengürtel, der eine Art Bindeglied zwischen dem feuchtwarmen Laubmischwaldgürtel und dem trockeneren Steppengürtel bildet. An der Mittelmeerküste liegt die Flaumeichenzone direkt über der Zone der immergrünen Stein- und Korkeichen. Dort ist sie auch bestandsbildend und stellt die Charakterbaumart der Eichen- und Eichen-Laubmischwälder.

Standort

Das lichtbedürftige, wärmeliebende Gehölz, das dem submediterranen Florenelement angehört, wächst in der kollinen, seltener montanen → Vegetationsstufe auf nährstoffreichen, lockeren, trockenen, meist kalkhaltigen bis schwach sauren, mittel- bis tiefgründigen Lehm- und Lößböden an buschigen, steinigen und sonnigen Abhängen in Eichenbuschwäldern, sonnigen Hügeln und in lichten Kiefernwäldern. Sie ist die → Charakterart des Flaumeichen-Mischwaldes, und sie ist von der Ebene bis in Höhen von etwa 1 500 m anzutreffen. In einigen Gegenden gibt es reine Flaumeichenwälder. An Standorten, wo Flaumeiche und Traubeneiche vorkommen, treten häufig Bastarde auf.

Merkmale

■ Die Flaumeiche ist ein kleiner bis mittelgroßer, sommergrüner, oft an → Krummschäftigkeit leidender, etwa 5 bis 20 (25) m hoher Baum bzw. ein reich verzweigter, knorriger, nur einige Meter hoher Großstrauch mit sparrig abstehenden Ästen. Der Baum kann bis zu 500 Jahre alt werden und sein Stamm einen Durchmesser von ca. 60 cm erreichen. Das tiefwurzelnde Gehölz, das Johannistriebe bilden kann, besitzt eine dicke, längsrissige und stark zerklüftete Borke.

■ Die jungen Triebe sind lang, olivgrün bis braun, gegen die Spitze zu dicht flaumig behaart, relativ spät verkahlend, nur vereinzelt mit kleinen Lentizellen besetzt. Sie wachsen monopodial. Die bis 10 mm großen Endknospen, die am Zweigende gehäuft stehen, sind spitz-eiförmig und etwas größer als die spitz- bis breit-eiförmigen, leicht zugespitzten, am Zweig anliegenden oder von diesem abstehenden Seitenknospen. Die rotbraunen, vorne abgerundeten und gelegentlich auch etwas gekielten oder zugespitzten Knospenschuppen besitzen einen breiten schwarzen Rand und weisen eine mehr oder weniger starke Behaarung auf.

■ Die wechselständig angeordneten Laubblätter sind sehr formenreich, etwa 7 bis 14 cm lang und bis 10 cm breit, vom Umriß etwa verkehrt-eiförmig, am Grunde keilförmig bis schwach herzförmig und tief gelappt (dem Blatt der Traubeneiche ähnlich). Die einzelnen (pro Seite vier bis sieben) nach vorne weisenden Lappen sind breit-rundlich und ihrerseits wieder seicht gelappt oder gezähnt. Die Blätter sind anfangs beiderseits weiß-flaumig behaart, oberseits stumpf-dunkelgrün und später verkahlend, unterseits graugrün, dicht-flaumig (zuletzt nur noch auf den Blattnerven) behaart. Der weißfilzig behaarte Blattstiel weist eine Länge von 10 bis 18 mm auf.

Roteichen im Herbst

■ Die einhäusige Flaumeiche blüht im Mai. Die männlichen Blüten bilden 4 bis 8 cm lange, schlaff hängende und sehr lockerblütige Kätzchen, die sich in den Blattachseln junger Triebe befinden. Die einzelne Blüte besitzt sechs stark behaarte, schmale, zugespitzte, gelbgrüne Blütenhüllblätter und acht (sechs bis zehn) Staubblätter mit kahlen Staubbeuteln. Die weiblichen Blüten sitzen oder stehen sehr kurz gestielt, einzeln (oder jeweils zwei bis fünf Stück) end- oder blattwinkelständig an diesjährigen Zweigen und haben grünliche bis gelbliche, zungenförmige Narben.
■ Die Früchte, die kleiner und schlanker als die der Traubeneiche sind, bestehen aus Eichel und Fruchtbecher und reifen im Oktober. Die Eichel ist länglich-eiförmig, etwa 2,5 bis 3,5 cm lang und etwa 1,3 bis 1,8 cm breit; ihre untere Hälfte wird knapp von einem halbkugeligen Fruchtbecher umschlossen, dessen behaarte Schüppchen den Becherrand überragen.

Holz
Das Holz hat einen breiten weißen Splint, einen dunkelbraunen, dauerhaften Kern und ist besonders hart und schwer. Es ist deshalb für Tischlerarbeiten und ähnliche Zwecke ungeeignet.

4. Zerreiche
Für die heimische Forstwirtschaft ist die ursprünglich aus Südosteuropa und dem östlichen Mittelmeer stammende Zerreiche (*Quercus cerris* Linné) ohne Bedeutung, da sie in Mitteleuropa nur innerhalb von klimatischen Wärmeinseln eine echte Überlebenschance hat.

Verbreitung
Das natürliche Verbreitungsgebiet reicht vom östlichen Mittelmeerraum und dem Westrand des Schwarzen Meeres über die Balkanhalbinsel bis ins Tessin, in die Steiermark und nach Niederösterreich. Bodenständig ist sie nur in den xerothermen submediterranen Flaumeichen-Waldgesellschaften und subkontinentalen Eichen-Steppenwäldern. Von den Beständen im Kaiserstuhlgebiet kann nicht mit Bestimmtheit gesagt werden, ob es sich um natürliche Vorkommen handelt. In England und Frankreich wurde sie eingebürgert, gelegentlich wird sie in Gärten und Parkanlagen angepflanzt und kommt auch verwildert vor. Sie ist besonders für die Anpflanzung in Städten geeignet, da sie relativ unempfindlich gegenüber → Luftverunreinigungen ist.

Standort
Diese Lichtbaumart wächst in der kollinen Vegetationsstufe in trocken-warmen bis heißen Klimalagen auf mildhumosen, nährstoffreichen, mittel- bis tiefgründigen, kalkhaltigen bis kalkfreien Silikat- und Lehmböden. Sie ist sehr wärmebedürftig und kommt zerstreut in Wäldern, besonders in Flaumeichenwäldern, an steinigen und buschigen Abhängen von der Ebene bis in mittlere Gebirgslagen vor. Ihre Ansprüche an den Boden sind geringer als bei der Stiel- und Traubeneiche.

Merkmale
■ Der sommergrüne, in der Regel mittelgroße Laubbaum wächst in den ersten 100 Jahren im selben Maße wie die Stiel- und Traubeneiche und erreicht eine Wuchshöhe von 30 bis 35 m. Gelegentlich ist die Zerreiche nur ein Großstrauch. Sie wird selten älter als 200 Jahre. Der realtiv lange, gerade und kräftige Stamm trägt eine anfangs schlanke und sehr offene, später stark gewölbte, breite und hohe Krone. Die steil aufsteigenden, ziemlich regelmäßig angeordneten Äste sind relativ dünn. Die graubraune Rinde wird bereits früh deutlich rissig. An älteren Bäumen entsteht dann eine dicke, dunkelgraue, tief gefurchte, längs- und querrissige Borke, die sich in kleinen Platten ablöst.
■ Die oliv- bis dunkelbraunen Zweige wachsen monopodial, die jungen Zweige, die gerade, olivfarben und biegsam sind, weisen eine kurze, graugrüne, rauhe Behaarung auf; später verkahlen sie. Die zahlreichen Lentizellen sind rund und olivgrün bis graubraun. Die Endknospen, die am Ende der Triebe gehäuft stehen, sind schmal-eiförmig, etwa 6 bis 8 mm lang und kaum größer als die breit-eiförmigen, vom Zweig leicht abstehenden Seitenknospen. Die hellbraunen und behaarten Knospenschuppen werden umgeben von Schuppen, die jeweils in eine lange, dunkelbraune und gekrümmte Spitze auslaufen und die Knospe deutlich überragen. An diesen Schuppen, ein Merkmal, das sonst nur bei der Kastanienblättrigen Eiche (*Quercus castaneifolia*) auftritt, kann man die Zerreiche im Winter eindeutig erkennen.
■ Die derben, ledrigen, sich rauh anfühlenden, wechselständigen Laubblätter haben einen sehr variierenden, schmal-ovalen Umriß, sind etwa 8 bis 12 cm lang und 5 bis 8 cm breit. Sie sind spitzlappig, mit tiefen, abgerundeten Buchten (nach einem Rückschnitt entwickeln sich besonders große, tief gebuchtete Blätter) versehen und zeigen sich an den Enden gleichmäßig keilförmig verschmälert. Die beiderseits fünf bis zehn ungleich großen, spitz oder stumpf auslaufenden Lappen weisen ihrerseits wieder eine Lappung auf. Die Blätter sind oberseits tiefgrün, anfangs filzig-behaart, dann verkahlend und leicht glänzend, unterseits hell-graugrün und weich oder flaumig behaart. Die Blattstiele sind 0,8 bis 1,8 cm lang, die bleibenden, gelbbraunen Nebenblätter sind lang ausgezogen und fädig. Im Herbst färben sich die Blätter gelbbraun.
■ Die einhäusige Zerreiche (mit eingeschlechtigen Blütenständen) blüht im April/Mai. Ihre unscheinbaren männlichen Blüten besitzen längliche, behaarte, zumeist hellbraune Blütenhüllblätter, vier weiß behaarte Staubbeutel und stehen in lockerblütigen, bis 8 cm langen, hängenden Kätzchen. Die weiblichen Blüten sitzen oder stehen auf kurzen gemeinsamen Stielen (einzeln bzw. zu zweit bis fünft) an diesjährigen Zweigen.
■ Die Früchte, die sogenannten Eicheln, die erst im zweiten Jahr (im September/Oktober) reifen und anfangs grün, dann zur Reife dunkelbraun sind, fühlen sich infolge der hervortretenden Streifung uneben an, sind etwa 3 bis 4 cm lang und 1,5 bis 2 cm breit. Bis zur Hälfte oder bis zu zwei Dritteln umgibt sie jeweils ein Fruchtbecher, dessen Schuppen lang, zottig-behaart, abstehend und gekrümmt sind.

Zerreichenblätter und männliche Blüten

Holz
Das Holz der Zerreiche hat einen rötlichen Splint und Kern ohne deutlichen Porenkreis, reißt und bricht leicht und ist daher ohne besonderen Wert.

5. Roteiche
Der Name der auch Amerikanische Eiche oder Amerikanische Spitzeiche genannten Roteiche (*Quercus rubra* Linné = *Q. borealis var. maxima* Sarg.) weist auf die rote Herbstfärbung und dieHerkunft, „Spitzeiche" auf die spitze Blattform hin.

Verbreitung
Die ursprünglich nur in den nördlichen Zonen von Nordamerika beheimatete Roteiche wird seit über 100 Jahren überall in Mitteleuropa forstlich angepflanzt und ist in Laub-, Misch- sowie auch inNadelwäldern von der Ebene bis ins Gebirge anzutreffen. Sie ist auch ein beliebter Zier- und Parkbaum.

Standort
Die lichtbedürftige Roteiche stellt an den Boden weniger Ansprüche als die mitteleuropäischen Eichenarten, sie nimmt mit weniger Wärme vorlieb, ist aber gegen Früh- und Spätfröste empfindlicher. Sie liebt lockere kalkarme Böden in mild-humidem Klima,

Eichen II

und auf frischen, nahrhaften Böden gedeiht sie bestens. Die gegen Mehltau resistente Baumart gilt als sturmsicher, leidet aber unter Wildverbiß, → Fege- und → Schälschäden und zeigt sich gegen → Eichenwelke anfällig.

Merkmale

■ Der große, sommergrüne Laubbaum, der in der Jugend sehr rasch wächst, kann eine Höhe bis zu 35 m erreichen. Das durchschnittliche natürliche Alter beträgt 500 Jahre. Der kurze dicke Stamm, der sich bereits in geringer Höhe in kräftige Äste teilt, trägt anfangs eine kegelförmige, mit den Jahren breiter werdende Krone. Bei alten Bäumen ist diese dann kuppelförmig gewölbt und weit ausladend. Die starken, ausgebreiteten Äste stehen steil aufgerichtet und sind im mittleren und oberen Kronenbereich oft quirlständig. Die dünne, hell- oder silbergraue Rinde zeigt sich bis zum vierzigsten Jahr als glatt, wird dann zu einer rissig gefelderten, dünnschuppigen und dunkelgrauen Borke. Die kräftigen, starren Triebe sind furchig und rötlich-braun.

Männliche Blüten der Eiche

■ Die wechselständigen, im Umriß ovalen oder verkehrt-eiförmigen, am Grunde breit-keilförmig verschmälerten und vorne zugespitzten Laubblätter besitzen beiderseits drei bis fünf zugespitzte, in drei Zipfel auslaufende Lappen, die mit einer haarfeinen Spitze enden und die Blattspreite bis zur Hälfte teilen. Die 10 bis 22 cm langen und etwa 8 bis 15 cm breiten, oberseits matt- bis dunkelgrünen und unterseits matt graugrünen Blätter haben schwach entwickelte Achselbärtchen. Der 2 bis 4 cm lange Blattstiel ist rötlich und an der Basis deutlich verdickt. Im Herbst färben sich die Blätter gelborange, dann gelbbraun und braun; die Blätter jüngerer Bäume sind zuerst kräftig tiefrot, dann gelbbraun oder braun (dekorative Herbstfärbung; → Blattfall, → Blattfarbstoffe).

■ Die Roteiche wird im Freistand etwa mit 20 Jahren, im Bestandsschluß mit etwa 25 Jahren mannbar und fruchtet dann alle zwei Jahre. Die einhäusige Roteiche blüht Ende Mai. Die männlichen Blüten hängen in lockeren, gelbgrünen Kätzchen. Die kleinen weiblichen Blüten befinden sich einzeln oder zu mehreren am gleichen Stiel. Die ca. 1 cm lang gestielten Eicheln werden im ersten Jahr etwa erbsengroß und reifen erst im zweiten Herbst (im September/Oktober). Sie sind bis 2,5 cm lang, in reifem Zustand glänzend rotbraun, breit-eiförmig, am Scheitel bespitzt, am Grunde flach abgestutzt und sitzen in einem sehr flachen, kahlen Fruchtbecher (Cupula), der mit anliegenden Schüppchen bedeckt ist.

Holz

Das Holz der Roteiche hat einen schmalen Splint sowie einen rötlichbraunen Kern und ist nicht so fest und dauerhaft wie das Holz deutscher Eichen. Es wird in der Möbelindustrie zu Sitz- und Liegemöbeln, zu Wandvertäfelungen, Parkettböden, Türrahmen und Türschwellen, Treppen, Sperrholzplatten und Furnieren verwendet. Auch als Wagner- und Stellmacherholz ist es geeignet. Da es durchlässig ist, ist es als Faßholz ungeeignet.

Für Laubstammholz sind die Monate November bis Januar die günstigsten Einschlagsmonate. Muß Holz (z. B. Buchenstammholz) im Sommer geschlagen werden, so läßt man die gefällten Stämme vor der Holzaushaltung mit ihrem Laub drei bis vier Wochen zum Austrocknen liegen. Zur Vermeidung der Blaufärbung wird wertvolles Kiefernholz erst nach Einsetzen des Winterfrostes gefällt. Nur Massensortimente (z. B. schwaches Nadelholz) können auch während der übrigen Jahreszeit genutzt werden; → Wadel, Sommerfällung, Aufreißen der Stämme.

Einschlüsse: auch Einwuchs. in den Holzkörper eingeschlossene und überwallte (→ Überwallungen) Fremdkörper, wie z. B. Nägel, Munitions-(Geschoß-)teile, Steine, Drähte, eingewachsene Rinde (→ Rindentaschen) u. ä.

einschnürig → schnürig.

Einschnürkrankheit, die: → Rindenschildkrankheit.

Einschonen, das: → Einhegen.

Einschulen, das: Werden → Wildlinge als schwache Pflanzen ausgehoben und in Forstgärten verschult (→ Verschulpflanzen), so wird dies E. genannt.

einseitiger Wuchs, der: Die → Markröhre ist nicht im geometrischen Mittelpunkt des Stammquerschnittes; letzterer ist nicht kreisrund, sondern hat mehr die Form einer Ellipse. E. W. ist meist mit der Bildung von Druckholz bzw. Zugholz (→ Reaktionsholz) verbunden.

Einseles Akelei, die: → Akelei 3.

Einsiedlerbienen → Bienen.

Einspänner, der: alte Bez. in Thüringen für ein Stück → Bauholz von 40 → Fuß Länge, unten 7 bis 8 → Zoll und oben 2 bis 3 Zoll dick; → Dreispänner.

einsprengen: unregelmäßige Einzelbeimischung (→ Mischungsform) schaffen.

Einstand, der: Bez. für ein Gebiet, das sich Wild, besonders Schalenwild, als seinen engeren Aufenthaltsort (Deckung) erwählt. Gute E. im Wald sind z. B. → Dickungen. Je nach Jahreszeit differenziert man Sommer- oder Wintereinstand.

Einstufen, das: Werden größere Sämereien, z. B. → Eicheln und → Bucheckern, auf einer Kulturfläche einzeln oder zu zwei bis drei Stück in eigens dazu geschaffene Saatlöcher eingelegt, so nennt man dies das E. Das E. in den gewachsenen Boden wird mit der Hacke oder mit dem → Saatstock durchgeführt. Eine Bodenlockerung findet nicht statt; das Saatloch wird mit dem Fuße wieder zugetreten. Vorteile des E. sind der geringe Saatgutverbrauch, die gleichmäßige Verteilung und ein guter Schutz vor Wildschweinfraß.

einstufiger Bestockungsaufbau, der: → Stufigkeit.

Einwuchs, der: **1**) → Einschlüsse. **2**) jener Teil des → Holzvorrates, der bei periodischen Holzvorratsaufnahmen seit der vorhergehenden Aufnahme den festgelegten Mindestdurchmesser der Aufnahme überschritten hat; → Zuwachsberechnung, Kontrollmethode, Ertragsregelungsmethoden.

Einzelbaumauslese, die: → Auslesebaum, Einzelstammpflege.

Einzelbruch, der: → Einzelwurf, Schneebruch.

Einzelflößerei, die: → Trift 1).

Einzelfrüchte: bei → Samenpflanzen Fruchtformen, bei denen aus einer Blüte nur eine Frucht entsteht, die sich dann öffnet (Öffnungsfrüchte, Streufrüchte). Sie gibt den Samen aus Balg, Hülse, Kapsel oder Schale frei oder fällt im geschlossenen Zustand ab (Schließfrucht), wie z. B. die einsamige Achäne der Korbblütler, Beeren, Nüsse, Spaltfrüchte (Ahorn) und Steinfrüchte von Holunder, Kirsche oder Schneeball; → Fruchtstand, Sammelfrüchte.

Einzelhieb, der: in Österreich Einzelstammentnahme. Fällung eines Einzelbaumes, der aus einem → Plenterwald herausgenommen wird.

Einzelmischung, die: → Mischungsform.

Einzelplanung, waldbauliche, die: → Bestand(e)splanung.

Einzelsaat, die: → Saatformen.
Einzelschutz (von Forstpflanzen), der: Schutzmaßnahmen an einzelnen Holz- und Strauchpflanzen, um → Wildschäden zu vermeiden; → Wildschadensverhütung.
Einzelstammentnahme, die: → Einzelhieb.
Einzelstammpflege, die: Pflege von Elitebäumen (→ Auslesebaum) zur Erhöhung der Wertleistung. Sie wird erreicht durch → Läuterung, → Durchforstung und → Astung. Die → Baumchirurgie ist eine E.
Einzelstammwirtschaft, die: eine Form der → naturgemäßen Waldwirtschaft, bei der nicht der → Bestand, sondern der einzelne Stamm Gegenstand der Wirtschaft ist. Die E. ist die intensivste Form der Waldwirtschaft.
Einzelstand, der: → Freistand.
Einzelwurf, der: Sind bei einem → Windwurf bzw. → Windbruch nur einzelne Bäume betroffen, spricht man von E. bzw. Einzelbruch.
EIR: Kurzzeichen für Roteiche nach DIN 4076.
Eisanhang, der (Eisbehang): → Rauhreif.
Eisbirke, die: Maserform der HBi; → Birken 1.
Eisbruch, der: → Rauhreif, Eisregen.
Eischbirle, die: alte, volkstümliche Bez. für die Elsb; → Ebereschen 2.
Eiseiche, die: → Eichen 2.
Eisen, das (chemisches Zeichen: Fe): Chemisches Element und wichtigstes → Schwermetall, welches neben Sauerstoff, Silizium und → Aluminium das vierthäufigste Element auf der Erde darstellt. In Pflanzenenzymen (→ Enzyme), die im Atmungsstoffwechsel eine Rolle spielen, kommt E. in zwei- oder dreiwertiger Form vor und ist ein unentbehrlicher Bestandteil der grünen Pflanzen. Bei E.-Mangel, z. B. auf stark kalkhaltigen Böden, haben die Blattorgane wegen der mangelhaften Ausbildung des Chlorophyllfarbstoffes (→ Chlorophyll) ein blaßes Aussehen, eine Krankheitserscheinung, die als → Chlorose bezeichnet wird (→ Mangelsymptome an Bäumen). E. wird bei Verwitterung oxidiert und färbt die Böden gelbbraun bis rötlich. → Bodenversauerung führt dazu, daß sich E. im Oberboden löst und in tiefere Bodenschichten verlagert wird. Der gesamte E.-Gehalt in Böden liegt durchschnittlich bei 3,8 %.
Eisenbahnschutzstreifen, der: entlang des Bahnkörpers angelegter Schutzstreifen, der die Gefahr durch Funkenflug mindert oder Betriebsstörungen durch Äste und Bäume verhindern soll.
Eisenbahnschwellen, die: Gleis- und Weichenschwellen zur Unterschwellung (Verlegung) der Gleise. I. a. sind folgende Holzarten für die Herstellung von E. zugelassen: Ei (ausgenommen Sumpf-, Langhaar- und Zerreiche), Kie (ausgenommen Schwarz- und Seestrandkiefer) und Bu, letztere jedoch nur für Gleisschwellen. Die E. müssen v. a. aus gesundem Holz und frei von Pilz- und Schimmelbildung sein. Nähere Einzelheiten hinsichtlich der Güteanforderung ergeben sich aus den „Technischen Lieferbedingungen für ungetränkte Holzschwellen" und ggf. aus Ergänzungsbestimmungen der Deutschen Bundesbahn.
Eisenholz, das: besonders harte und schwere Hölzer verschiedener Bäume der tropischen Zonen. Rotes E. liefert die *Hamamelidazee Parrotia persica;* ostindisches E. liefern das → Rötegewächs *Ixorea ferrea* und das → Johanniskrautgewächs *Mesua ferrea.* Bekannte E. sind Quebracho, ein termitensicheres, rotes oder weißes Holz, das bis zu 20 % gerbende Substanzen enthält, und Bongossi aus Afrika (Guineaküste), das schwer entflammbar und witterungsfest ist, jedoch stark schwindet und zum → Reißen neigt. Es ist besonders als Konstruktionsholz für Land- und Wasserbau, Dauben und Fahrzeugbau geeignet. Wegen ihrer guten Polierfähigkeit werden E. hauptsächlich für feine Tischlerarbeiten, Instrumente, Drechslerarbeiten und Spazierstöcke etc. verwendet. Deutsches E. ist die → Robinie.
Eisenhut, der (*Aconitum*): Gatt. der Fam. der → Hahnenfußgewächse (*Ranunculaceae*) mit etwa 300 Arten, v. a. auf der nördlichen Halbkugel. Die Pflanzen dieser Gatt. sind z. T. sehr giftig, sämtliche sind reich an → Alkaloiden (u. a. Aconitin). Die bekanntesten Arten:
1. Blauer Eisenhut, der (*Aconitum napellus* L.): auch Echter E., Sturmhut. Der B. E. ist über die Mittel- und Hochgebirge fast ganz Europas verbreitet. Er wächst zerstreut, jedoch häufiger in Bergwäldern, Schluchtwäldern, in hochmontanen und subalpinen Hochstauden- und Karfluren, auf feuchten Weiden, an Bachufern, Quellen, in Au- und Grauerlenwäldern, bevorzugt auf mineralkräftigen, kalkreichen Böden, bis über 2500 m Höhe.
Die giftige, ausdauernde, bis 150 cm hohe Pflanze hat einen aufrechten, meist unverzweigten, dicht beblätterten Stengel. Die handförmigen Blätter sind bis zum Grund fünf- bis siebenteilig und kahl. Die oberen Blätter sind dreiteilig. BZ: Juni bis August. Die Blüten stehen in einer endständigen, dichtblütigen, einfachen oder wenig ästigen Traube (→ Blütenstand) und sind tiefblau bis violett. Sie bestehen aus fünf ungleichen → Blütenblättern, wobei das obere zu einem Helm aufgewölbt ist, der meist breiter als hoch ist. Die Früchte sind meist drei kahle, 15 bis 20 mm lange Balgfrüchte, die dreikantige Samen enthalten, deren Kanten schmal geflügelt sind. Der B. E. ist eine beliebte Zierpflanze und typische Hummelblume.

◂◂ Der Blaue Eisenhut enthält Aconitin, eines der stärksten Pflanzengifte.

2. Gelber Eisenhut, der (*Aconitum vulparia* Rchb. = *A. lycoctonum* L.): auch Wolfs-E., Wolfswurz. Geschützt! Der G. E. ist über die Gebirge Mittel- und Südeuropas, besonders die Alpen, den Schwarzwald, die Vogesen und den Jura bis Belgien verbreitet, ferner in den Karpaten und auf der Balkanhalbinsel. Er kommt ziemlich selten vor und wächst in lichten bis schattigen, feuchten Bergwäldern, Schluchtwäldern, Auengebüschen, staudenreichen Auwäldern, feuchten Laubmischwäldern und Buchengesellschaften, Erlen-Eschen-Auwäldern, Hochstaudenfluren, Gebüschen, auf Geröllhalden, auf nährstoffreichen frischen Böden, bis in Höhen von 2400 m.
Die giftige, ausdauernde, 50 bis 150 cm hohe Pflanze hat einen meist aufrechten, kraus behaarten Stengel.
Die bis 15 cm breiten Blätter sind handförmig geteilt mit fünf bis sieben rautenförmigen, im vorderen Teil dreilappigen, grob gesägten, am Grunde miteinander verwachsenen Abschnitten.
BZ: Juni bis August. Die blaßgelben bis schwefelgelben, gestielten Blüten stehen in einfachen oder verzweigten, locker bis dichtblütigen Trauben. Das hintere Kelchblatt der Blüte ist zu einem walzenförmigen Helm aufgewölbt, der doppelt so hoch wie breit ist. Die Früchte sind aufrechte, kahle Balgkapseln und enthalten stumpfe dreikantige, schwärzliche Samen. Hummelblume und Zierpflanze.
3. Rispiger Eisenhut, der (*Aconitum paniculatum* Lam.): Geschützt! Der R. E. ist über die Gebirge Mittel- und Südeuropas, von den Seealpen bis zum Balkan, sowie im Apennin und in den Karpaten verbreitet. Er wächst zerstreut bis selten in Berg-, Schlucht- und Auwäldern, subalpinen Hochstauden- und Karfluren, Laubmischwäldern, Schutthalden, montanen Buchengesellschaften und Grünerlengebüschen und an Bachufern, auf feuchten Böden. In den Alpen ist er von 1200 m bis in Höhen von 2400 m anzutreffen:

Gelber Eisenhut; aus dem giftigen Wurzelstock wurde früher ein Pfeilgift gewonnen.

Die giftige, ausdauernde Pflanze wird etwa 50 bis 170 cm hoch, hat einen kahlen, meist verzweigten, beblätterten Stengel und bis zum Grunde in drei bis fünf Abschnitte geteilte Blätter. BZ. Juni bis August. Die blauen bis violetten Blüten stehen auf langen, aufrecht abstehenden, drüsig-klebrig und flaumig behaarten Blütenstielen, in end- und seitenständigen, lockeren Trauben. Der Helm ist geschnäbelt, etwa so hoch wie breit und länger ausgezogen als beim Blauen Eisenhut. Die Frucht bilden drei Balgfrüchte.

Eisvogel

4. **Bunter Eisenhut**, der (*Aconitum variegatum* L.): auch Gescheckter E. Geschützt! Er wächst in subalpinen Hochstaudenfluren, Gebüschen, Auwäldern und ist → Charakterart (unstet) des Grauerlen-Auwaldes.
Der B. E. ist selten, dem Rispigen Eisenhut sehr ähnlich, hat jedoch kahle Blütenstiele, meist einen rispigen Blütenstand und Blüten mit einem hohen, zipfelmützenartigen Helm, der meist höher als breit ist.
Eisenhutblättriger Hahnenfuß, der: → Hahnenfuß 2.
Eiserner Bestand, der: natürliche Schädlingspopulation auf geringer, keinen Schaden verursachenden Höhe; → Borkenkäfer.
Eisheilige: auch „Gestrenge Herren". Maitage mit häufigen Kälteeinbrüchen (Spätfrosteinbrüchen), die durch Langzeitbeobachtungen für diese Tage tatsächlich bestätigt werden. Im Volksmund nach Schutzpatronen benannt: 11. Mai Mamertus, 12. Pankratius, 13. Servatius, 14. Bonifatius, dazu am 15. Mai die „Kalte Sophie".
Eis(holz)eiche, die: → Eichen 2.
Eisklüfte → Risse.
Eisregen, der: Regen, der bei Temperaturen um den Gefrierpunkt einsetzt und auf den Bäumen und Sträuchern einen Eispanzer mit einer Dicke bis zu mehreren Zentimetern entstehen läßt. Unter der Eislast, die im schlimmsten Fall das Achtzigfache des Eigengewichts der Bäume und Sträucher erreichen kann, brechen Äste und Kronen ab und zersplittern die Stämme. Junge Laubbäume biegen sich dabei bis zum Boden. Ein Jahrhundertereignis mit Schäden in Millionenhöhe stellte der E. vom 2. März 1987 dar, der v. a. große Waldflächen in der Oberpfalz und in Niederbayern schädigte.
Eisriese, die: → Riese.
Eisvogel, der (*Alcedo atthis* L.): auch Königsfischer. Fam.: Eisvögel (*Alcedinidae*). Länge: um 16 cm, Gewicht: um 35 g.→ „Vogel des Jahres" 1973.
Der farbenprächtige Vogel kommt überall in Mitteleuropa vor, aber nirgends häufig. Er bewohnt stehende und fließende Gewässer, an deren Ufer Büsche oder Bäume stehen und die auch Steilufer aufweisen. Um überleben zu können, benötigt er saubere Gewässer. Er lebt ungesellig und sitzt stundenlang regungslos auf einem hinausragenden Ast, auf einem Felsenstein oder Pfahl und äugt nach Beute, die er stoßtauchend fängt. Sein Flug ist reißend schnell; häufig rüttelt er auch über dem Wasser, um sich plötzlich hineinzustürzen. Der E. ist Stand-, Strich- und Zugvogel. Wo schnell fließende Gewässer auch im Winter nicht zufrieren, bleibt er, sonst streicht er weit umher und zieht bei extrem schlechten Witterungsverhältnissen bis nach Afrika. Die nordischen E. hingegen ziehen zu uns.
Als Brutplatz braucht der E. steile sandige oder lehmige Uferwände. Beide Partner graben mit ihren Schnäbeln eine etwa 5 cm weite und 0,40 bis 1 m lange horizontale Röhre, die am Ende zu einem Brutraum erweitert wird. Nistmaterial wird nicht eingebracht, allenfalls bilden Fischgräten die Unterlage für die Eier. Das Gelege besteht aus sechs bis acht glänzendweißen und kugeligen Eiern (22,6 x 18,7 mm, 4,5 g). Beide Elternteile brüten abwechselnd. Brutdauer: 21 Tage, Nestlingszeit: 28 Tage. Zwei Jahresbruten (April bis Juni), manchmal auch drei (August). Nach der Brutzeit trennen sich die Partner wieder.
Nahrung: überwiegend kleine Fische, die mit dem Kopf voran verschlungen werden, kleine Krebse und Larven von Wasserinsekten.
Eiszahn, der: → Zitterlinge 3.
Eiszeit, die (Glazial): der Zeitraum der Erdgeschichte mit langanhaltenden Vergletscherungen (pleistozänen Vereisungen im Känophytikum); → Erdzeitalter, Vegetationsgeschichte, Waldgeschichte.
EKE: Kurzzeichen für Eßkastanie nach DIN 4076.
EKS → (Jahres-)Betriebsplan.
ektendotrophe Mykorrhiza, die: → Mykorrhiza.
Ektoparasit, der (Außenparasit, -schmarotzer): ein Schmarotzer, der sich im Ggs. zum → Endoparasit auf der Körperoberfläche seines Wirtes aufhält; → Schmarotzerpflanzen.
ektotrophe Mykorrhiza, die: → Mykorrhiza.
Elaeagnaceae → Ölweidengewächse.
Elastische Lorchel, die: → Lorchel 3.
Elastische (Glattstiel-)Lorchel, die: → Lorchel 4.
Elateridae → Schnellkäfer.
Elbweide, die: → Weiden 22.
Elchwald, der: in Ostpreußen liegender → Bruchwald, der bis 1945 neben der Kurischen Nehrung das letzte deutsche Elchvorkommen aufwies.
Elektrische Holzeigenschaften, die: Die im → Holz enthaltene Feuchtigkeit bestimmt seinen elektrischen Widerstand. Im absolut trockenen Zustand hat Holz eine sehr geringe elektrische Leitfähigkeit. Es setzt dem Fließen des elektrischen Stromes hohen Widerstand entgegen und hat daher hervorragende Isolatoreigenschaften. Mit zunehmender Feuchtigkeit im Holz sinkt der Widerstand. Maximal wassergesättigtes Holz (Zellwände und Zellhohlräume mit Wasser gefüllt) läßt den elektrischen Widerstand auf die Größe des Widerstandes von Wasser sinken. Darrtrockenes Holz ist ein guter Isolator, lufttrockenes Holz (Holzfeuchte 15 %) kann noch als Halbleiter angesehen werden; → Thermische Holzeigenschaften, Akustische Holzeigenschaften.
Elektroholz, das: Bez. für Sperrholzplatten (→ Sperrholz), denen unter hohem Druck metallene Heizwiderstände eingepreßt wurden, um die Platten elektrisch erwärmen zu können. E. wurde in den 30er Jahren gelegentlich für Böden in Räumen zur Kükenaufzucht, Blumenzucht udgl. oder für Speiseanrichtetische oder Wärmeplatten verwendet.
Elendsbluth, das: → Seidelbast 1.
Elfenbeinröhrling, der: → Röhrlinge 21.
Elfenbeinschneckling, der: → Schnecklinge 1.
Elfenring, **-tanzplatz**, der: → Hexenring.
Elge, die: → Ebereschen 2.
Elhorn, der: → Holunder 2.
Elitebaum, der: auch Elitestamm. Pflegewürdiger Baum in Baumholzbeständen (nach Schädelin); → Auslesebaum.
Elle, die: niederl. El. Altes, regional unterschiedliches Längenmaß, abgeleitet von der Länge des Unterarmes.
Baden 60,0 cm, Bayern 58,4 cm, Berlin 66,8 cm, Danzig 57,4 cm, Hamburg (lange E.) 68,8 cm, Hannover 58,4 cm, Lübeck, 57,5 cm, Niederlande 69 cm, Nürnberg 66,1 cm, Prag 59,4 cm, Sachsen 56,6 cm, Schweiz 60 cm, Wien 77,8 cm, Württemberg 61,4 cm.
Eller(n), die: → Erlen.
Ellerbrake, die: alte nordd. Bez. für Erlenzweig.
El(l)horn, der: → Holunder 2.
Elrenholz, das: alte nordd. Bez. für Erlenholz.
Elritze, die: → Ebereschen 2.
Elsbeere, die: → Ebereschen 2.
Elsbeer-Flaumeichenwald, der (*Quercetum pubescenti-petraeae*): pflanzensoziologische → Assoziation des Verbandes → West-submediterrane Flaumeichenwälder (*Quercion pubescenti-petraeae*) der Ordn. → Xerotherme Eichenmischwälder. Sie bildet sich auf südexponierten Hängen, flachgründigen Felskuppen in warmen Lagen sowohl auf Kalk als auch auf basischem Silikatgestein. → Charakterarten sind Pfirsichblättrige Glockenblume, Purpurblaue Steinsame, Türkenbund, Langblättriges Hasenohr. Als Begleiter treten auf: FAh, Frühlingsplatterbse, Behaartes Veilchen, Echte Primel; → Waldgesellschaften.
Else, die: → Erlen 3.
Elsheimer, Adam → Wald in der Malerei.
Elst, die: → Erlen 3.

Elster, die: → Rabenvögel 1.
Elten, die: → Erlen 3.
Elzbeerbaum, der: auch die Elze; → Ebereschen 2.
Emberizidae → Ammern.
Embryo, der/das (Keim, Keimling): in der Botanik die aus der befruchteten Eizelle enstandene Pflanze, in der Zoologie Lebewesen vor der Geburt; → Sproß.
Emission, die: Abgabe (Ausstrahlung, Ausstoß, Aussendung) von → Luftverunreinigungen (feste, flüssige oder gasförmige → Schadstoffe) von einer festen oder beweglichen Anlage oder Produkten an die Umwelt. Auch Geräusche, Strahlen, Wärme (z. B. → Abwärme von Kühltürmen), Erschütterungen oder ähnliche Erscheinungen sind E.
Die E. von → Schwefeldioxid, → Stickoxiden, → Kohlenmonoxid, organischen Verbindungen und Staub wird in der BR Dtschl. regelmäßig gemessen. Der größte Teil dieser E. entstammt Verbrennungsprozessen. Um bei Geräuschen die Belastung für Anwohner in Grenzen zu halten, werden z. B. in Bebauungsplänen Grenzwerte für die erlaubten Geräusche festgelegt. Auch andere E. lassen sich durch entsprechende technische Maßnahmen (z. B. → Abgasreinigung) verringern oder verhindern. E.-Grenzwerte zum Schutz von Menschen und Umwelt werden in Rechtsvorschriften, z. B. → TA-Luft festgelegt; → Immission.
Emissionskataster, der: amtliches Verzeichnis mit Angaben über Art, Menge, räumliche und zeitliche Verteilung sowie die Austrittsbedingungen von → Luftverunreinigungen bestimmter Anlagen und Fahrzeuge (→ Emittenten); → Emission.
Emittenten: Verursacher von → Luftverunreinigungen (→ Emission). Im Zusammenhang mit den neuartigen → Waldschäden gelten v. a. als E.: die Kraft- und Fernheizwerke, die Industriefeuerungen, die Verkehrsfahrzeuge und die Hausbrandkamine.
Emolument, das (svw. Nutzen, Einkünfte): Frühere regelmäßige Nebeneinnahmen der Forstbeamten neben dem Gehalt, z. B. Dienstwohnung, Dienstland, Brennholz. Sie haben früher den wesentlichsten Teil der Einnahmen der Forstbeamten gebildet, wurden aber bereits um das Jahr 1920 für alle Staatsbeamten abgeschafft. Für Naturalbezüge oder Dienstwohnungen etc. ist jetzt ein entsprechendes Entgelt zu zahlen.
Empetrum → Krähenbeere.
Empfindlicher Krempling, der: → Kremplingsartige 1.
Empfindungshaare → Haare.
Endbestand, der: Bestand im Ernte- oder Verjüngungsalter; für ihn wird das → Bestockungsziel angegeben.
Endbretter → Brett.
Endemit, der: Pflanze, die auf ein bestimmtes, meist natürlich begrenztes Gebiet, z. B. Erdteil. Insel, Gebirge, beschränkt ist; → autochthon, einheimisch, heimisch.
Enderlin, J. F. → forstliches Schrifttum.
Endhieb, der: → Räumungshieb, Endnutzung.
Endknospe, die: → Gipfelknospe.

◂◂ Endnutzung eines hiebsreifen Bestandes

Endnutzung, die: auch Abtriebsnutzung, Hauptnutzung, Endhieb (Österreich: Haubarkeitsnutzung). Bez. für den → Abtrieb hiebsreifer Bestände. Hierzu zählen alle Nutzungen, die eine → Verjüngung des Bestandes zum Ziele haben, Hiebe, die eine Änderung der Nutzung, z. B. als Weg, Steinbruch, zur Folge haben, eine vollständige Nutzung des → Oberstandes in zweischichtigen Beständen, wenn dadurch der Unterstand hauptständig wird, Aushiebe von → Überhältern, Plenternutzungen. Das **E.-Prozent** gibt den Anteil der E. an der gesamten Nutzung an. Der vorläufige E.-Satz gibt die aufgrund von bestandsweisen (Einzel)planungen ermittelte Summe der **E.-Masse** an. Die **E.-Fläche** ist die Summe aller Flächen, auf denen vorgenannte E. stattfinden. Die ideale E.-Fläche ist ein Flächenweiser (→ Nachhaltsweiser). Die E.-Masse ist die Summe aller E. (→ Hieb(s)satz), die ideale E.-Masse wird als normale E. aus der idealen E.-Fläche berechnet; → Vornutzung, Räumungshieb, Hieb(s)satz.
Endnutzungsfläche, die: **1**) Fläche auf der → Endnutzungen geplant sind. **2**) rechnerische E. im Forsteinrichtungszeitraum als normale E. (Gesamtfläche: Umtriebszeit x 10); → Nachhaltsweiser.
Endnutzungshieb(s)satz, der: → Hieb(s)satz.
Endnutzungsmasse, die: → Endnutzung.
Endnutzungsprozent, das: → Endnutzung.
Endnutzungssatz, vorläufiger, der: Summe aller bei der waldbaulichen Einzelplanung angesetzten Masse der → Endnutzung (→ Hieb(s)satz).
Endodermis, die: die innerste, meist einzellige Schicht der Rinde der Wurzeln. Sie dient zum Abschluß der Gewebe untereinander im Innern des Körpers und trennt die zentralen → Leitbündel von der Rinde. In älteren Wurzeln sind die E.-Zellen verkorkt.
Endoparasit, der (Innenparasit, -schmarotzer, Entoparasit): Schmarotzer, der im Ggs. zum → Ektoparasit im Innern (Gewebe oder Körperhöhle) seines Wirtsorganismus lebt; → Schmarotzerpflanzen.
Endosperm, das (Nährgewebe): Gewebe, das den pflanzlichen → Embryo umgibt und seiner Entwicklung dient (z. B. in den reifen Samen der Ndh). Fehlt dieses Nährgewebe, so befinden sich die Reservestoffe im Embryo oder in seinen → Keimblättern.
endotrophe Mykorrhiza, die: → Mykorrhiza.
Endphase, die: → Terminalphase.
Endres, Max, Dr. Dr. h. c., Geheimrat (3.4.1860 Großhabersdorf in Mittelfranken bis 9.11.1940 München): E. war von 1886 bis 1888 Dozent an der Technischen Hochschule Karlsruhe, von 1888 bis 1891 a.o. Professor und von 1891 bis 1895 Ordinarius. Im Jahre 1895 wurde er auf den Lehrstuhl für Forstl. Betriebswirtschaftslehre und Forstpolitik an der Universität München berufen, wo er 35 Jahre Vorlesungen über Forstpolitik, Forstverwaltung, Forstgeschichte, Waldwertrechnung und forstliche Statik hielt. E. gilt als Begründer der modernen Forstpolitik („Handbuch der Forstpolitik") und war Anhänger der → Bodenreinertragslehre. Von 1907 bis 1908 war er Rektor der Universität München. Im Jahre 1920 wurde er in den Reichsforstwirtschaftsrat berufen (Vorsitzender des Holzhandelsausschusses).

Max Endres schrieb das erste international ausgerichtete „Handbuch der Forstpolitik".

Endro-Dendrobionten → Dendrobionten.
energetische Holznutzung, die: Nutzung von Holz als Brennstoff. Der e. H. wird wegen der Verknappung fossiler Energien in Zukunft wieder eine wachsende Bedeutung zukommen. Derzeit kann sie einen Beitrag zur Entlastung der besonders unbefriedigenden Industrieholz- und Industrierestholzmärkte leisten. Die e. H. wird sowohl im Rahmen der Verpackungsverordnung als auch der Fünften Novelle des Abfallgesetzes verstärkt berücksichtigt. Im Rahmen des Stromeinspeisungsgesetzes ist die Verstromung des gesamten Holzes, also auch des Rest- und Abfallholzes außerhalb der Land- und Forstwirtschaft mög-

lich. Die Einführung einer CO_2-/Energiesteuer könnte zu einer Verbesserung der Wettbewerbsfähigkeit der erneuerbaren Energien, z. B. Holz, gegenüber fossilen Energieträgern beitragen.

Energiewälder: Wälder (→ Kurzumtriebsflächen), die zur Energieerzeugung aus → schnellwachsenden und ausschlagfähigen Baumarten (z.B. Er, Pa, Wei, bzw. von gezüchteten Klonen der Baumarten Balsampappel, As und Korbweide) begründet werden. Die wichtigsten Anforderungen an E.-Baumarten sind rasches Jugendwachstum, vegetative Reproduktionsfähigkeit des Pflanzmaterials (Stecklingsvermehrung) in Verbindung mit Anwuchssicherheit, Widerstandsfähigkeit gegen Schadeinflüsse und Stockausschlagvermögen nach unterschiedlich langen Ernteintervallen. Die forstliche Biomasse (→ Hackschnitzel) aus derartigen → Holz-(zucht)plantagen, konkurriert mit Holz, das bei der Pflege der Durchforstungsbestände anfällt. In Österreich werden dieser Nutzungsform zur Eigenversorgung des ländlichen Raumes für die Zukunft große Chancen eingeräumt. Ein Hektar E. liefert etwa 15 bis 20 t Trockensubstanz im Jahr. Diese Menge entspricht einem Öläquivalent von 6000 bis 9000 l Heizöl. Ein Hektar E. würde daher zur Eigenversorgung eines landwirtschaftlichen Haushalts mit Heizenergie ausreichen; → Nachwachsende Rohstoffe.

Wald-Engelwurz (*Angelica sylvestris*)

Engelke, G. → Wald in der Dichtung.

Engelsköpfchen, das: Bez. für den Doppelsamen mit Flügeln der → Ahorne.

Engelsköpfchenbaum, der: alte Bez. für BAh (→ Ahorne 1.), aber auch für andere Ahornarten.

Engelsüß, das: → Tüpfelfarn.

Engeltrank, der: → Arnika.

Engelwurz, die (*Angelica*): auch Brustwurz. Gatt. der → Doldengewächse mit etwa 50 Arten auf der Nordhalbkugel, einigen auch auf Neuseeland. Es handelt sich um zwei- bis mehrjährige → Kräuter mit doppelt fiederteiligen Blättern und in großen Doppeldolden (→ Blütenstand) stehenden Blüten. In Mitteleuropa heimisch und in Wäldern anzutreffen:

1. Wald-Engelwurz, die (*Angelica sylvestris* L.): auch Waldbrustwurz, Waldohr. Die W. kommt in zwei Unterarten vor, *A. s. ssp. sylvestris* und *A. s. ssp. montana*. Sie ist über ganz Europa und Sibirien verbreitet und wächst oft in großen Beständen in Auwäldern, besonders Hartholz-Auenwäldern, in Gebüschen, Hochstaudenfluren, auf feuchten Wiesen, in Flachmooren, Sümpfen, Heiden, auf Waldlichtungen, Kahlschlägen und an Ufern, von der Ebene bis in die Gebirge.

Echte Engelwurz (*Angelica archangelica*)

Die mehrjährige, dunkelgrüne Pflanze hat einen 80 bis 150 cm (200 cm) hohen, stielrunden, kahlen, röhrigen Stengel, der oft weißlich bereift und oberwärts ästig ist. Die dunkelgrünen, zweifach gefiederten, im Umriß dreieckigen Blätter sind groß, v. a. die Grundblätter, die 30 bis 60 cm und mehr messen können und dreifach gefiedert sind. BZ: Juli bis September. Die Blüten stehen in 20- bis 40strahligen, bis zu 20 cm breiten Dolden mit kugeligen Döldchen. Sie sind anfangs grünlich, dann weiß, häufig auch rötlich. Die abgeflachten, ovalen Früchtchen sind 4 bis 6 mm lang, 3 bis 4 mm breit, mit flügelartigen Randrippen, bräunlich mit dunklen, durchscheinenden Ölstriemen.

Die W. dient als → Heilpflanze und wurde früher v. a. als schleimlösendes Mittel bei Brusterkrankungen verwendet. Die jungen, in Salzwasser gekochten Stengel und Blätter können als Wildgemüse verwendet werden.

2. Echte Engelwurz, die (*Angelica archangelica* L. = *Archangelica officinalis*): auch Erzengelwurz, Garten-, Arznei-E., Gartenangelika, Heiliggeistwurz, Edle und Zahme Angelika. Die E. E. ist in Nord- und Mitteleuropa verbreitet. Sie ist ziemlich selten und wächst an feuchten Stellen auf Wiesen, in lichten Wäldern, Weidengebüschen, Staudenfluren, an Flußufern, auf feuchten, nährstoffreichen Böden, von der Ebene bis in Höhen von etwa 3000 m im Gebirge.

Die zwei- bis vierjährige, 50 bis 250 cm hohe, aromatisch duftende Pflanze hat einen pfahlförmigen, dicken, innen gelblich-weißen, gelblich milchenden Wurzelstock. Der bis zu armdick werdende Stengel ist röhrig, stielrund, fein gerillt und fast kahl. Die stark riechenden Fiederblätter sind hellgrün, unterseits heller, sehr groß und die unteren bis zu 90 cm lang. BZ: Juni bis August. Die gelbgrünen bis grünlichweißen Blüten stehen in großen, 20- bis 40strahligen, halbkugeligen Dolden. Die ovalen, abgeflachten, etwa 7 mm langen und 4 mm breiten Früchtchen haben gewellte Flügel. Die → Samenverbreitung erfolgt durch das Wasser. Der Geschmack der Pflanze ist scharf und würzig. Ihr frischer Saft kann Hautreizungen hervorrufen.

Die E. E. ist eine alte Heilpflanze. Der Sage nach soll Erzengel Raphael auf die heilsamen Kräfte hingewiesen oder sie einem Einsiedler gebracht haben. Zur Zeit der Pestepidemien wurde die Pflanze mancherorts fast ausgerottet, da man glaubte, mit ihrer Hilfe sich vor Pest schützen zu können. Innerliche und äußerliche Verwendung finden heute noch Blätter (Mai/Juni), Stengel, Wurzel (Herbst) und Früchtchen (Juni/Juli). Sie enthalten → ätherisches Öl (vorwiegend Phellandren), Cumarin, Harze, Gerbstoffe, Wachs, organische Säuren, Kohlenhydrate. Sie wirken antiseptisch, appetitanregend, tonisch, windtreibend, verdauungsfördernd, schweißtreibend und sind magenwirksam. Getrunken wird der Aufguß von E. E. gegen Appetitlosigkeit, bei Nervosität, zur Linderung von Asthma, bei Bronchitis und bei Unwohlsein in der Schwangerschaft. E. E.-Wein wirkt stärkend in der Rekonvaleszens, und E.- E.-Likör hilft bei Völlegefühl und Verdauungsstörungen. Ein Breiumschlag aus zerstoßenen Blättern lindert Quetschungen und fördert die Vernarbung von Hautgeschwüren. Die scharf würzig schmeckende Wurzel ist eine der wichtigsten Zutaten bei der Bereitung des Karthäuserlikörs (Chartreuse) und des

▸▸▸ Entasten eines Baumes

Benediktinerlikörs (Bénédictine) und wird heute feldmäßig angebaut. In der Naturkosmetik wird E. T.-Wasser u.a. als Zusatz zu Lotions und als Badezusatz verwendet.

Engerlinge: Larven der → Blatthornkäfer, die meist im Boden leben und deren Entwicklungszustand einige Jahre dauert. Sie sind meist weich und weißlich, haben einen harten bräunlichen Kopf und drei Beinpaare. Die E. einiger Arten, z. B. der Maikäfer, zählen zu den → Forstschädlingen; → Raupe, Made.

Engholz, das: → Spätholz.

englische Balken: im früheren Fernhandel Bez. für → Balken (timber), die 30 x 30 cm stark, vollkantig und mind. 5,4 m lang waren; → Berliner Balken, → Kantholz.

Englischer Ginster, der: → Ginster 3.

engringig → feinringig.

Engverband, der: → Standraum.

Enok, der: → Marderhund.

entasten (entästen, abasten, abästen, ausasten): das Abhacken oder -sägen der Äste an gefällten Bäumen. Die Äste werden dabei dicht und glatt am Stamm abgeschnitten. E. gehört zur sauberen Aufarbeitung des Holzes und ist Aufgabe des Waldbesitzers; → Wertästung.

Entborken, das: das Entrinden von → Rundholz, wobei im wesentlichen nur die Borkenteile der Rinde entfernt werden und die Bastteile am Holz verbleiben.

Enten: (*Anatinae*): Mit etwa 110 Arten weltweit verbreitete Unter-Fam. aus der Ordn. der gänse- und entenartigen Vögel (*Anseriformes*). Die wildlebenden E. sind Stand-, Strich- oder Zugvögel. Sie werden in Schwimm- oder Gründel-E. (*Anatini*) und Tauch-E. (*Aythyini*) unterteilt. Schwimm-E. liegen hoch im Wasser; der Schwanz liegt immer deutlich über der Wasseroberfläche. Der gesamte Körper erscheint schlanker und länger gestreckt als der der Tauch-E. Auch der Hals ist länger, und an der Hinterzehe fehlt der Hautlappen. Die Flügel sind ebenfalls länger als bei den Tauch-

E., der Flügelschlag ist jedoch langsamer. Sie erheben sich ohne Anlauf aus dem Wasser und tauchen nur bei äußerster Gefahr. Sie bevorzugen flache Gewässer und nehmen die Nahrung auf dem Wasser oder durch Gründeln auf. Als nachtaktive E.-Vögel holen sie die Nahrung auch auf Feldern und Wiesen. Zu den Schwimm-E. gehören Stock-, Krick-, Knäk-, Löffel-, Pfeif-, Schnatter-, Spieß- und Brandente. Tauch-E. liegen tiefer im Wasser; der Schwanz ist zum Teil unter Wasser. Der Körper wirkt plumper und kürzer als der der Schwimm-E. Der Hals ist kürzer, und an den Hinterzehen befindet sich ein für Tauchenten typischer, breit herabhängender Hautlappen. Beim Auffliegen benötigen sie einen Anlauf und bewegen sich mit schnellem Flügelschlag plätschernd über das Wasser. Die Nahrung nehmen sie vorwiegend durch Tauchen auf, gründeln selten und bevorzugen tiefere und größere Gewässer. Häufig sind sie auch am Meer anzutreffen. Zu den Tauch-E. zählen Berg-, Eider-, Eis-, Moor-, Kolben-, Reiher-, Samt-, Schell-, Tafel-, Trauerente. Sämtliche Schwimm-E. sind bei uns Brutvögel; von den Tauch-E. sind es nur die Moor-, Reiher-, Schell- und Tafelente, die Eiderente nur noch vereinzelt an unserer Meeresküsten. Berg-, Eis-, Samt- und Trauerenten sind typische Vertreter des Nordens und nur Wintergäste an deutschen Meeresküsten. Erpel und Ente sind unterschiedlich gefärbt. Die Jungen und der Erpel im Ruhekleid ähneln der Ente. Die Eier werden nur von der Ente bebrütet; die Jungen sind Nestflüchter. In den bewaldeten Gegenden Mitteleuropas sind gelegentlich v. a. Stock-, Krick-, Knäk-, Schell- und Tafelente anzutreffen. Sie leben jeweils in Saisonehe.

I. Schwimmenten (Gründelenten):

1. Stockente, die (*Anas platyrhynchos* L.): auch Busch-, Gras-, März-, Moos-, Spiegel-, Wildente. Stammform der Hausente. Länge: 54 bis 58 cm, Gewicht: Erpel um 1200 g, Ente um 1000 g, Flügelspannweite: 88 bis 92 cm.

Die S. kommt – mit Ausnahme des äußersten Nordens und Nordostens – in ganz Europa, in großen Teilen Asiens und in Nordamerika vor. Als Brutvogel ist sie am Meer, an Seen, Flüssen, Bächen, Teichen und auch an künstlichen Seen und Teichen in Stadt und Land anzutreffen. In Europa Jahresvogel und Teilzieher, der im Winter eisfreie Gewässer aufsucht.

Die S. ist mit einem Jahr geschlechtsreif. Die „Verlobungszeit" beginnt bereits im Spätherbst nach der Mauser im Brut- bzw. Prachtkleid und dauert bis in den Vorfrühling. Als Nistplatz wählt die S. unterschiedliche Standorte, wie z. B. im Schilfrohr, Sumpfgelände, auf Kopfweiden, in Wiesen, Parkanlagen, Fichtendickungen, Mauerlöchern, Nistkörben und verlassenen Greifvogelhorsten. Das Gelege besteht aus sieben bis 11 (14) einfarbigen, gelben bis olivbraunen, grünlichgrauen oder grünlichblauen Eiern (58 x 40 mm, ca. 50 g). Brutzeit: etwa 28 Tage (24 bis 32 Tage). Die Jungen sind mit etwa acht Wochen flugfähig. Die jungen Erpel sind im Oktober ausgefärbt. Meist eine Jahresbrut (März/April), eine zweite Brut (Juli/August) ist möglich. Nachgelege.

Nahrung: Wasser- und Landpflanzen, Samen und Wintertriebe, Eicheln, Bucheckern, Getreide usw. Zur Brutzeit und im Sommer auch Würmer, Insekten und deren Larven, Krebse und Kaulquappen. Die S. gründelt häufig.

2. Krickente, die (*Anas crecca* L.): auch Grauentchen, Kleine Krickente, Spiegel- oder Sommerhalbente. Länge: 34 bis 36 cm, Gewicht: Erpel um 330 g, Ente um 290 g (kleinste europäische Ente).

Die K. kommt in den gemäßigten und kalten Zonen Europas vor, fehlt aber im Mittelmeergebiet. Sie bevorzugt Sumpflandschaften, Hochmoore, Flachwasser mit Schlick und Sand jeder Art sowie Teiche in Wäldern und Seen mit üppiger Vegetation. In Europa ist sie ein Teilzieher, der hauptsächlich in West- und Südeuropa überwintert. Die K. fliegt verhältnismäßig niedrig und gerne in Gesellschaft. Ihr Flug ist schnell und reißend.

Die Balzzeit der K. beginnt schon im Spätherbst, wird aber erst im Vorfrühling feurig. Bevorzugte Neststandorte sind Teiche und Tümpel mit hohem und dichtem Pflanzenwuchs (Schilf, Gras); aber auch weitab von Gewässern im dichten Brombeer- und Heidelbeergestrüpp, unter Weiden und am Waldboden inmitten von Farnen sind K.-Nester zu finden. Das Gelege besteht aus acht bis zehn gelblichgrauen und grün schimmernden Eiern (ca. 45 x 33 mm, ca. 27 g). Brutzeit: 21 bis 23 Tage. Die Jungen werden einen Monat lang geführt und sind mit etwa 44 Tagen flugfähig. Eine Jahresbrut (Mai/Juni). Nachgelege.

Nahrung: Allesfresser, die sich je nach Nahrungsangebot überwiegend tierisch oder überwiegend von Pflanzen ernähren. Im Frühjahr und Sommer besteht die Nahrung vorwiegend aus Insekten und deren Larven, Würmern, Schnecken und Mollusken. Im Herbst und Winter nehmen sie dagegen überwiegend Wasserpflanzen (Wasserlinsen) und Sämereien. Die Nahrung wird gründelnd oder im Schlick aufgenommen.

3. Knäkente, die (*Anas querquedula* L.): Auch Kernelle, Halb-, Schäck-, Schnärr-, Zirp-, Zirtsente. Länge: 38 cm, Gewicht: Erpel um 400 g, Ente um 330 g, Flügelspannweite: um 65 cm (nur geringfügig größer als die Krickente).

Die K. ist als Brutvogel in ganz Mitteleuropa beheimatet, daneben aber auch im gemäßigten Asien. Ihr Lebensraum sind seichte, offene Gewässer mit üppiger Vegetation, Sumpflandschaften und Überschwemmungsgebiete. Zugvogel, der bereits Anfang Oktober unsere Gewässer verläßt und in die afrikanischen Winterquartiere zieht. Ab Anfang März trifft sie wieder in ihren Brutgebieten ein. Im Flug ist sie eine der schnellsten und wendigsten Enten. Sie lebt sehr gesellig.

Die Balz findet bereits während des Frühjahrszuges statt. Die K. kommen in ihren Brutgebieten bereits verpaart an. Als Nistplatz werden meist Standorte mit hohem Gras- oder Schilfwuchs gewählt, aber auch abseits vom Wasser, im Gestrüpp, Heidekraut und am Waldboden sind K.-Nester zu finden. Das Gelege der K. besteht aus acht bis 11 (bis 13) rahmgelben Eiern (45 x 33 mm, 23 bis 29 g), denen der grünliche Schimmer der Krickenteneier fehlt. Brutzeit: 21 bis 23 Tage. Die Jungen werden 35 bis 42 Tage geführt. Eine Jahresbrut (April/Juni). Nachgelege.

Nahrung: Etwa dieselbe wie bei der Krickente.

◀◀ Balzender Schellenten-Erpel

Stockentenpärchen

II. Tauchenten:

4. Schellente, die (*Bucephala clangula* L.): auch Brillente, Dickkopf, Quak-, Schelltauchente, Schwarz- oder Braunköpfiger Ententaucher. Länge: 46 cm, Gewicht: Erpel um 1000 g, Ente um 700 g.

Die S. besiedelt als Brutvogel den Osten Mitteleuropas, Nordosteuropa, Skandinavien, Asien und das nördliche Nordamerika. Die Nordgrenze des Brutgebietes fällt etwa mit der Waldgrenze zusammen. Im Süden ist sie stellenweise in den Mischwäldern Tschechiens, der Slowakei, Bayerns und des Donaudeltas anzutreffen. In Europa ist sie Teilzieher, der im Binnenland und an den Küsten von Mittel- und Südeuropa überwintert. Zur Brutzeit ist sie besonders an Seen und langsam fließenden Gewässern mit bewaldeten Ufern anzutreffen. Außerhalb der Brutzeit lebt sie auch auf Gewässern aller Art.

Die S. ist im zweiten Lebensjahr geschlechtsreif. Als Neststandort werden waldreiche Fluß- und Seenlandschaften gewählt. Die Nisthöhe ist zwischen 2 und 20 m. Die S. ist Höhlenbrüterin. Sie nistet bevorzugt in Baumhöhlen und Nistkästen, mitunter auch in Felsspalten und Erdhöhlen (Kaninchenbauen). Sie baut kein Nest, sondern legt ihre Eier auf die am Boden

der Höhle befindliche Mulmschicht ab. Ist das Gelege vollzählig, wird die Mulde mit Dunen ausgepolstert. Das Gelege besteht aus sieben bis 11 blaugrünen, kurzovalen Eiern (58 x 43 mm, um 56 g). Brutzeit: etwa 30 Tage. Die Jungen klettern ein bis zwei Tage nach dem Schlüpfen aus der Höhle und springen in die Tiefe. Sie werden etwa 50 Tage geführt und sind mit etwa acht bis neun Wochen flugfähig. Eine Jahresbrut (Mitte April bis Mitte Mai). Nachgelege.
Nahrung: Wasserinsekten, Kleinkrebse, Mollusken, Würmer und Fischbrut. Bei der Nahrungssuche taucht sie fast senkrecht nach unten und dreht am Grunde Steine um. Sie taucht bis zu acht Meter tief und bleibt etwa 30 Sekunden unter Wasser. Ab Herbst ernährt sie sich auch durch pflanzliche Kost (Wasserpflanzen).

Weibliche und männliche Krickenten

5. Tafelente, die (*Aythya ferina* L.): auch Rotkopfente, Rotkopf, Braunkopf. Länge: etwa 47 cm, Gewicht: Erpel um 900 g, Ente um 800 g.
Ursprünglich war die T. auf den osteuropäischen Steppenseen heimisch. In den letzten hundert Jahren hat sie ihr Brutgebiet langsam nach Mittel- und Westeuropa, und auch nach Norden ausgedehnt. Heute brütet sie in Mitteleuropa, auf den Britischen Inseln, im südlichen Skandinavien, in Osteuropa und sporadisch auch in Nordafrika. In Dtschl. liegen die größten Brutvorkommen im südd. Raum, in Schleswig-Holstein und in den östlichen Bundesländern. Die T. ist ein Teilzieher, dessen Hauptüberwinterungsgebiete in Mitteleuropa, im Alpenvorland, in Frankreich und im mediterranen Raum liegen. Ihr bevorzugter Lebensraum sind seichte, nahrungsreiche Gewässer mit einem Schilf- oder Rohrgürtel.
Die Hauptbalzzeit der T. ist im März, wenn sie noch auf dem Zug in ihre Brutgebiete sind. Zur Paarbildung kommt es erst im April und Mai an den Brutgewässern. Das Nest wird meist auf kleinen Inseln im Wasser oder am Ufer in unmittelbarer Wassernähe errichtet. Es wird in dichtem Schilf oder unter Gestrüpp gut verborgen. Das Gelege besteht aus sechs bis neun grünlichgrauen oder hellgrau-rahmfarbenen Eiern (61 x 44 mm, 66 bis 68 g), die im Laufe der Bebrütung eine glänzende Oberfäche erhalten. Brutzeit: 24 bis 26 Tage. Die Jungen werden 50 bis 55 Tage geführt. Eine Jahresbrut (Mai/Juni). Nachgelege.
Nahrung: Tierische und pflanzliche Nahrung aller Art. Diese wird z. T. von der Wasseroberfläche, z. T. durch Gründeln und zum größten Teil durch Tauchen vom Grunde flacher Gewässer aufgenommen.

Ententaucher, der: → Enten 4.

Entkusseln, das: manuelles Beseitigen von Gehölz-Jungwuchs, der i. d. R. durch → Anflug entsteht, z. B. auf Magerrasen (infolge aufgegebener Nutzung), Streuwiesen oder entwässertem Hochmoor.

Entodon schreberi → Rotstengelmoos.

Entolomataceae → Rötlinge.

Entomologie, die (griechisch: Insektenkunde): Wissenschaft und Lehre von den → Insekten. Als selbständiger Zweig der Zoologie untersucht sie Entwicklung, Körperbau, land- und forstwirtschaftlichen sowie medizinischen Nutzen und Schaden der Insekten. Ein Spezialgebiet der E. ist die → Forst-E.

Entomophage → Carnivora.

Entoparasit, der: → Endoparasit.

entrinden: auch abborken, entborken, abschälen (in Bayern auch schepsen, in Österreich auch schepsen oder schinden). Das Entfernen der Rinde (Borke) des Ndh von Hand mit Schäleisen (Handentrindung) oder durch Einsatz von Entrindungsmaschinen zur Verhinderung von Schädlingsbefall oder wegen der Nichtverwertbarkeit im weiteren Verarbeitungsvorgang (z. B. Papierherstellung). Lbh wird i. a. nicht entrindet. Das vollständige E. von Hand und ohne Einsatz von Schnitzbock und Ziehmesser ist nur im Sommer (→ Saftzeit) möglich. Im Herbst hingegen wird die Rinde durch das sog. Waldschälen (→ Berappen, → Rappen, Reppeln, Streifen) entfernt. Letzteres dient auch als Schutz vor Käferbefall und fördert das Austrocknen. Da das E. eine schwere, körperlich belastende Arbeit darstellt, kommt heute fast nur noch die mobile Maschinenentrindung an der Waldstraße (Waldentrindung) bzw. die stationäre Maschinenentrindung im holzverarbeitenden Werk (Werksentrindung) in Frage. Mobile Stammholzentrindungsmaschinen arbeiten mit Lochrotoren (ein sich rasch drehender Ring, besetzt mit Messern, die durch Fliehgewichte an den Stamm angedrückt werden).

Entschädigungs- und Ausgleichsleistungsgesetz (EALG): Das EALG vom 1.12.1994 ermöglicht Berechtigten, ehemals volkseigene land- und forstwirtschaftliche Flächen in den neuen Bundesländern zu Vorzugsbedingungen zu erwerben. Die Einzelheiten des Erwerbs nach dem EALG regelt die am 30.12.1995 in Kraft getretene Flächenerwerbsverordnung. Die ehemaligen volkseigenen Forste werden von der Bodenverwertungs- und -verwaltungs GmbH (BVVG) verwaltet und verwertet.

Entschwefelung, die: → Abgasentschwefelung.

entwalden (abholzen): auf einer Fläche den Wald auf Dauer beseitigen.

Entwaldung, die: großflächige Vernichtung von Wäldern, hauptsächlich der tropischen → Regenwälder, zur Erweiterung landwirtschaftlicher Nutzflächen, zur Gewinnung von Bau-, Nutz- oder Brennholz. Jährlich verringert sich der tropische Regenwald um 180 000 bis 200 000 km^2. Derartige Waldflächenverringerungen führen zu schwerwiegenden ökologischen Schäden, Auswaschung von Nährstoffen und → Bodenerosion sind die Folgen. Darüber hinaus kann großflächige E. auch zur Klimaveränderung führen; → Kahlschlag.

Entwässerung, die: Durch E. kann Wasserüberschuß (z. B. in Naßgallen, Vermoorung) vorgebeugt werden. Im Rahmen der standortgerechten Forstwirtschaft werden stattdessen durch entsprechende Baumartenwahl zum → Standort passende Bestände begründet. Zudem handelt es sich bei diesen Flächen um → Feuchtgebiete.

Entwicklungshilfe, forstliche, die: → forstliche Entwicklungshilfe.

Entwicklungszone, die: → Biosphärenreservate.

Enzian, der (*Gentiana*): Gatt. der → Enziangewächse mit über 200 Arten, v. a. in den Gebirgen der nördlichen Halbkugel und den Anden. Es handelt sich um ein- oder mehrjährige Kräuter mit kahlen, ganzrandigen Blättern und glocken- oder trichterförmigen Blüten. Im Wald anzutreffen sind:

1. Schwalbenwurz-Enzian, der (*Gentiana asclepiadea* Linné): auch Würger-E. Der S. ist über die Gebirge Mittel- und Südeuropas verbreitet. Er wächst auf feuchten Wiesen, Flachmooren, an Waldrändern, in Hochstaudenfluren, subalpinen Bergmischwäldern, Hochstaudengebüschen, besonders Grünerlen- und Krummholzgebüschen, im Hochgebirge in wechselfrischen Buchenwäldern, besonders Seggen-Buchenwäldern, in Schneeheide-Kiefernwäldern und Alpenrosen-Latschengebüschen, auf feuchten Geröllhalden, fast nur auf kalkhaltigen Böden, von den Tallagen bis in Höhen von bis zu 2000 m.
Die ausdauernde, 30 bis 70 cm hohe Pflanze hat mehrere aufrechte bis überhängende, dicht beblätterte und mehrblütige Stengel. Die kreuzweise-gegenständig angeordneten Blätter sind lanzettlich bis eiförmig, 4 bis 8 cm lang, von unten nach oben kleiner werdend. BZ: August bis Oktober. Die kurzgestielten Blüten stehen einzeln bis zu dritt in den Achseln der oberen Blätter. Die Blütenkrone ist schmal glockenförmig, 3 bis 5 cm lang, fünflappig mit kurzen Zipfeln, dunkelblau, innen meist mit rotvioletten Punkten und mit hellblauen Längsstreifen, selten hellblau oder weiß.

2. Lungen-Enzian, der (*Gentiana pneumonanthe* Linné): auch Wiesen-E. Der L. ist fast über ganz Europa verbreitet, im Norden bis Südskandinavien, im Süden nur in den Gebirgen. Er ist ziemlich selten, wächst auf Flachmooren, Moorwiesen, Streuwiesen, feuchten Heiden, Wiesen und Waldblößen, auf moorigen, torfigen Böden.
Die mehrjährige, 10 bis 40 cm hohe Pflanze hat einen aufrechten, meist einfachen, unten verholzten, dicht beblätterten Stengel. Die meist einnervigen Blätter sind lineal bis lineallanzettlich, bis zu 5 cm lang. BZ: Juli bis Okto-

Schwalbenwurz-Enzian *(Gentiana asclepiadea)*

ber. Die Blüten stehen meist zu mehreren endständig oder zu eins bis drei in den Achseln der oberen Blätter. Die Krone ist glockig-trichterförmig, 2,5 bis 5 cm lang, fünfteilig, zwischen den fünf → Kronblättern jeweils ein kurzer, breiter Zahn, tiefazurblau, innen mit fünf grünpunktierten Streifen (auch außen grünlich gestreift), selten weiß. Die kleinen Samen sind spindelförmig, etwas geschwänzt, mit feiner Netzaderung. Der L. war früher eine → Heilpflanze gegen Lungenerkrankungen (Name!).

3. Gefranster Enzian, der (*Gentiana ciliata* Linné): auch Fransen-E. Der G. E. ist über Mittel- und Südeuropa verbreitet. In Dtschl. ist er im Süden anzutreffen, nördlich bis zur Eifel, zum Sauerland und Harz. Er wächst zerstreut auf Heide-, Gras- und Ödland, auf trockenen Hügeln, Matten, in lichten Wäldern, besonders Kiefernwäldern, und Gebüschen, auf Trocken- und Halbtrockenrasen, subalpinen Steinrasen und an Waldrändern, bevorzugt auf steinigen, kalkreichen, trockenen Lehmböden, von der Ebene bis in Höhen von etwa 2250 m.

Die mehrjährige, 7 bis 25 cm hohe Pflanze hat einen vierkantigen, meist einfachen, gelegentlich auch spärlich verzweigten, aufsteigenden bis aufrechten Stengel mit einer endständigen Blüte. Die Grundblätter sind spatelförmig und stumpf. Die sitzenden Stengelblätter sind einnervig, lineal bis lineal-lanzettlich, spitz und 3 bis 4 cm lang. BZ: August bis Oktober. Die meist einzeln stehenden, angenehm riechenden Blüten sind bis 5 cm lang, leuchtend blau, mit nur vier am Rande langgefransten Kronzipfeln (Name!).

4. Kreuz-Enzian, der (*Gentiana cruciata* Linné): Der K. ist fast über ganz Europa verbreitet, im Süden jedoch nur in den Gebirgen. In Dtschl. fehlt er im nordwestdeutschen Flachland. Er ist selten und wächst in boreal-subkontinentalen Kiefern-Steppenwäldern, Schneeheide-Kiefernwäldern und Alpenrosen-Latschengebüschen, lichten Kiefern-Trockenwäldern und Eichenwäldern, auf trockenen Wiesen, in sonnigen Waldsäumen und an Wegrändern, auf Kalkmagerrasen und an Felshängen.

Die mehrjährige, 15 bis 50 cm hohe Pflanze treibt mehrere reich beblätterte Stengel aus den Achseln einer grundständigen Blattrosette. Die kreuzgegenständig angeordneten, 5 bis 10 cm langen, 1 bis 2 cm breiten, ledrig derben Blätter sind drei- bis fünfnervig, eilänglich bis lanzettlich. BZ: Juli bis Oktober. Die Blüten stehen einzeln bis zu dritt am Ende des Stengels und in den Achseln der oberen Stengelblätter. Die 20 bis 25 mm lange, keulen- bis glockenförmige Krone ist außen grünviolett bis grünblau, innen leuchtend himmelblau, mit nur vier Kronzipfeln und dazwischen je einem Zahn oder mehreren kleinen Zähnen.

5. Frühlings-Enzian, der (*Gentiana verna* Linné): Der F. ist über die Gebirge Mittel- und Südeuropas sowie das Alpenvorland verbreitet. Er wächst zerstreut, im Alpengebiet meist gesellig, auf trockenen bis feuchten Wiesen und Matten, auf lichten Waldplätzen, auf Halbtrocken- und Kalkmagerrasen, Steinrasen, Felsschutt, Flachmooren und Heiden, von der Ebene bis in etwa 3000 m Höhe.

Die mehrjährige, 3 bis 15 cm hohe Pflanze hat eine grundständige Blattrosette aus ein- bis dreinervigen, lanzettlichen bis elliptischen, spitzen, bis 3 cm langen und 1 cm breiten Blättern. Sie treibt blühende und nichtblühende Triebe. Die ein bis drei Paar Blätter am aufrechten, einblütigen Stengel sind viel kleiner als die Grundblätter. Der F. blüht in mildem Klima gelegentlich schon ab Januar, normalerweise aber von März bis Juni, bisweilen stellenweise nochmals im Juli/August. Die bis 4 cm lange Blüte ist azurblau, mit fünf eirunden, tellerartig flach ausgebreiteten Kronzipfeln. Am Grunde jedes Zipfels befindet sich ein zweizähniges Anhängsel mit weißer Linie.

6. Gelber Enzian, der (*Gentiana lutea* Linné): Der G. F. ist über die Gebirge Mittel- und Südeuropas verbreitet und kommt in Dtschl. zerstreut bis selten vor. Er wächst auf Matten, Geröllfluren, Magerrasen, in Kiefern- und Fichten-Mischwäldern, Schneeheide-Kiefernwäldern und Alpenrosen-Latschengebüschen in Höhen von etwa 1000 bis 2500 m.

Die 40 bis 140 cm große Staude hat einen armdicken Wurzelstock (daraus wird Enzian-Schnaps gebrannt) und einen Stengel mit gegenständigen Blättern. Diese sind bis 30 cm lang, bläulichgrün, elliptisch, durchzogen von kräftigen Bogennerven; die oberen zum Teil stengelumfassend, die unteren gestielt. Die zu drei bis zehn angeordneten kurzgestielten Blüten stehen in den Achseln der schalenförmigen oberen Blattpaare. BZ: Juni bis August. Die goldgelbe, radförmige Blütenkrone ist bis zum Grund fünf- bis siebenteilig.

Enziangewächse, die (*Gentianaceae*): Fam. → zweikeimblättriger → Samenpflanzen mit über 1100 Arten in etwa 70 Gatt., die über die ganze Erde verbreitet sind. Es handelt sich um Kräuter oder Stauden, seltener um Holzpflanzen. Viele Arten enthalten Bitterstoffe und finden deshalb als → Heilpflanzen Verwendung. Die bekanntesten Gatt. sind → Enzian und → Tausendgüldenkraut.

Enztalkiefer, die: Herkunfts-Bez. für die nach dem Fluß Enz (Schwarzwald) benannte Gemeine Kiefer; → Kiefern 3.

Enzyme (auch Fermente): E. sind die Biokatalysatoren aller Lebewesen. Sie erhöhen die Reaktionsgeschwindigkeit, indem sie die Aktivierungsenergie herabsetzen, so daß die Reaktion auch bei Körpertemperaturen ablaufen kann. E. stellen die biologisch wichtigste Gruppe der Proteine (Eiweiße) dar; bisher sind rund 1000 E. bekannt. Die biologischen Katalysatoren unterscheiden sich von den nichtbiologischen durch ihre hohe Spezifität. Fast für jede Reaktion besitzen die Zellen eines Organismus ein besonderes E. Die E. kommen in den Zellen kolloidal gelöst oder an Zellstrukturen (Membranen) gebunden vor (intrazelluläre E.). Manche Zellen (z. B. Drüsenzellen) vermögen E. als Sekret nach außen abzusondern, z. B. für die Verdauung im Magen-Darm-Kanal (extrazelluläre E.). Da eine Einteilung der E. nach ihrer Struktur nicht möglich ist, erfolgt ihre Einteilung in Hauptklassen nach der Wirkungsspezifität: 1. Oxydoreduktasen, 2. Transferasen, 3. Hydrolasen, 4. Lyasen, 5. Isomerasen, 6. Ligasen.

Eperle, die: → Ahorne 3.

Epheu(strauch), der: → Efeu.

Epi-Dendrobionten → Dendrobionten.

Epidemie, die: kurzfristige Ausbreitung von → Schädlingen.

Epidermis, die (Oberhaut): in der Botanik Bez. für ein meist einschichtiges (primäres) → Abschlußgewebe der höheren Pflanzen, das → Sproßachse, Blätter und Wurzeln umhüllt.

Epilobietea angustifolii → Weidenröschen-Schlaggesellschaft.

Epilobio-Digitalietum purpureae → Weidenröschen-Schlaggesellschaft 1.

Epilobion angustifolii → Weidenröschen-Schlaggesellschaft a).

Epilobio-Senecionetum silvatici → Weidenröschen-Schlaggesellschaft 2.

Epilobium → Weidenröschen.

Epipactis → Sumpfwurz.

Epiphyten: ungeachtet ihrer systematischen Zugehörigkeit (→ Systematik) eine → Lebensform der Höheren Pflanzen oder → Sproßplanzen. Die E. keimen und wachsen auf anderen Pflanzen; sie sitzen anderen Pflanzen (meist Bäumen) auf, sind aber keine → Para-

Auch rindenbewohnende Flechten und Moose zählen zu den Epiphyten.

siten. Sie wachsen meist in Baumkronen, um die dort herrschenden besseren Lichtverhältnisse zu nutzen, z. B. viele tropische Orchideen und Ananaspflanzen (Tillandsia), aber auch rindenbewohnende Algen, Flechten und Moose. Zu einer solchen epiphytischen Lebensweise sind nur solche Pflanzen befähigt, deren Keime durch Luftströmungen oder Tiere auf die Stämme oder Äste getragen werden können (Aerophyten).

Epipogium → Widerbart.

Episiten → Prädatoren.

Epökie, die: Durch Nutznießung infolge Aufsiedlung ziehen → Epiphyten, wie z. B. → Farne, → Moose, → Flechten, Vorteile, weil sie durch ihren Standort auf anderen Pflanzen, z. B. Bäumen, mehr Licht genießen.

Eppich, der: → Holunder 3. und → Efeu.

Epverie, die: → Ahorne 3.

Equisetaceae → Schachtelhalmgewächse.

Equisetales → Schachtelhalmartige.

Equisetinae → Schachtelhalme.

Equiseto telmatejae-Fraxinetum → Bach-Eschenwald.

Equisetum → Schachtelhalm.

ER: Kurzzeichen für Rot-, Schwarz-, Grau- und Weißerle nach DIN 4076.

Erbe, der: → Erbexe.

Erber, die: → Erdbeeren 1.

Erbexe, der (Erbe): frühere Bez. für einen meist adeligen (bevorrechtigten) Mitbesitzer der Mark; Grundherr der gemeinen Markgenossen.

Erbförster, der: → Forst- oder Wildhuben; → Steckförster.

Erbförsterei, die: → Forst- oder Wildhuben.

Erbforsthuben → Forst- oder Wildhuben.

Erbholzrichter, der: frühere Bez. für einen → Holzgrafen, der als (erblicher) Vorsitzender dem → Forstgericht (Holzgericht) vorstand.

Erbisch, der: → Sauerdorn.

Erbsenbusch, der: auch Erbsenreisig. In Preußen Bez. für eine Nutzreiser-Holzsorte. E. wurde in Wellenbunden (→ Welle 2)) von 1 m Umfang und in Längen von 1 bis 2 m aufgearbeitet.

Erbseneule, die: → Eulen B 5.

Erbsenreisig, das: → Erbsenbusch.

Erdapfel, der: → Lerchensporn 1.

Erdbeeren *(Fragaria)*: Gatt. aus der Fam. der → Rosengewächse (*Rosaceae*) mit etwa 30 Arten in den gemäßigten Zonen und subtropischen Gebieten der nördlichen Halbkugel und in den Anden. Die Vermehrung erfolgt durch → Ausläufer und → Samen; die Blüten sind überwiegend → zwittrig. Die meist eßbaren Früchte (Erdbeeren) sind Sammelnußfrüchte, die aus winzigen braunen Nüßchen auf einem fleischig gewordenen Fruchtboden bestehen. In unseren Wäldern wachsen:

▸▸ Walderdbeere *(Fragaria vesca)*

1. Walderdbeere, die (*Fragaria vesca* L.): im Volksmund auch Waldbeer, Rotbeer, Erber, Irber. Die W. ist über ganz Europa verbreitet und in Dtschl. fast überall anzutreffen. Sie wächst in sonnigen Wäldern, an Waldrändern, auf Waldlichtungen, Kahlschlägen, an Wegrändern, Böschungen, Rainen und in Gebüschen, bevorzugt feuchte, nährstoffreiche und lehmige Böden; sie zeigt Nitrifizierung an (→ Bodenanzeiger). Die W. ist bis in Höhen von über 2000 m im Gebirge anzutreffen.

Die 5 bis 20 cm hohe Pflanze hat eine grundständige Blattrosette, einen dicken, kurzen Wurzelstock und bildet zahlreiche oberirdische, wurzelnde Ausläufer, die wieder junge Pflanzen hervorbringen. Die Blätter sind dreizählig, oberseits lebhaft grün, unterseits etwas heller, bis zu 6 cm lang. Die einzelnen Fiederblätter sind eiförmig, am Grunde keilförmig, grob gezähnt. BZ: April bis Juni. Die aufrechten Stengel tragen drei bis zehn Blüten. Diese sind 12 bis 16 mm breit, haben fünf weiße → Kronblätter. Die Erdbeeren reifen ab Juni, sind anfangs gelbgrün, reif dann rot, fleischig und haben einen Durchmesser von 1 bis 2 cm. Reif fallen sie vom Kelch ab. Sie enthalten Fruchtsäure, Mineralsalze, Eiweiß, Gerbstoffe, lösliche Kohlenhydrate und viel Vitamin C (etwa 30 mg in 100 g Erdbeeren). Zur Herstellung von Marmelade, Kompott oder Bowle werden sie gerne gesammelt.

In der Naturheilkunde finden Blätter (Frühling), Früchte und Wurzelstock (vor der Entfaltung der Blätter), der an der Luft getrocknet wird, innerliche und äußerliche Anwendung. Die W.-Produkte wirken adstringierend, beruhigend, harntreibend, blutreinigend und werden bei verschiedenen Erkrankungen angewandt. Die Früchte können jedoch auch Hautallergien hervorrufen. Aus den Blättern läßt sich ein Tee bereiten, der eine günstige Wirkung bei Hautausschlägen und Nierenleiden haben soll. Die Früchte der Gartenzüchtungen sind wesentlich größer und auch ergiebiger, so daß die kleine W. heute nur noch selten gesammelt wird.

2. Knack-Erdbeere, die (*Fragaria viridis*): auch Knackbeere, Hügel-Erdbeere. Die über Mittel- und Südeuropa, nördlich bis Südschweden verbreitete K. wächst in Dtschl. zerstreut bis selten in sonnigen, trockenen Gebüschen, an Gebüschsäumen, auf Halbtrockenrasen, in lichten Eichen- und Kiefernwäldern, besonders Schneeheide-Kiefernwäldern und xerothermen submediterranen Flaumeichenwäldern und subkontinentalen Eichen-Steppenwäldern. Sie ist die Verbands → Charakterart der Blut-Storchschnabel-Saum-Gesellschaften.

Die 6 bis 15 cm hohe, kurze Ausläufer bildende Pflanze hat dreizählige, gezähnte Blätter, die seitlichen sitzend, das mittlere gestielt. Die 10 bis 15 mm breiten Blüten sind gelblichweiß. BZ: Mai/Juni. Die gelblichen, seltener roten Beeren haben angedrückte Kelchblätter, die beim Pflücken mitabgerissen werden.

3. Zimt-Erdbeere, die (*Fragaria moschata*): Die über Mittel- und Westeuropa verbreitete Z. kommt in Dtschl. zerstreut bis selten vor. Sie wächst an Waldrändern, in feuchten Gebüschen, Brombeer-Schlehen-Hecken, feuchten Hainbuchenwäldern, Erlen- und Hartholz-Auenwäldern und ist die Klassen → Charakterart der Buchen- und sommergrünen Eichenwälder Europas.

Die z. T. verwilderte, alte Kulturpflanze ist 15 bis 40 cm hoch und bildet meist keine Ausläufer. Die dreiteilige Blätter sind über 6 cm lang. Die Blüten des acht- bis 15blütigen Blütenstandes sind 15 bis 25 mm breit. BZ: Mai/Juni. Die kleinen Früchte haben am Grunde keine Nüßchen.

Erdbeer-Fingerkraut, das: → Fingerkraut 2.

Erdblättriger Rißpilz, der :→ Rißpilze 3.

Erdbohrstöcke: E. dienen der Entnahme von Erdproben. Je nach Ausführung werden E. entweder wie Bohrer gehandhabt oder mit Hämmern eingeschlagen. E. gibt es für Bohrtiefen von 20 bis 200 cm.

Erdbull, der: → Reiher 2.

Erdefeu, das: → Gundermann.

Erdeiche, die: → Ehrenpreis 2.

Erd-Faserkopf, der: → Rißpilze 3.

Erdfeuer, das: → Waldbrände.

Erdgalle, die: → Tausendgüldenkraut.

Erdgefähr, die: schweizerische Bez. für eine Erdriese; → Riese.

Erdgefährte, die: → Loite.

Erdgeier, ägyptischer, der: → Geier 1.

Erdgerste, die: Brutknospen des Scharbockskrauts; → Hahnenfuß 5.

Erdgipfel, der: → UN-Konferenz über Umwelt und Entwicklung in Rio de Janeiro.

Erdglöckchen, das: → Moosglöckchen.

Erdgut, das: → Lohrinde.

Erdhöschen, das: dichter erdiger Überzug, hauptsächlich an verschulten Fichtenpflanzen (→ Verschulpflanze) nach einem starken Platzregen. E. entstehen durch die aufgelösten Erdteilchen, die durch den prasselnden Regen in die Höhe spritzen und an den Pflanzen anhaften.

Erdhummel, die: → Hummeln 1.

Erdigriechender Schleimkopf/Schleierling, der: → Schleierlinge 2.

Erdkastanie, die: → Kälberkropf 4.

Erd-Kratzdistel, die: → Kratzdistel 4.

Erdkrebs, der: → Hallimasch, → Grillen 2).

Erdkröte, die: → Kröten 1.

Erdmann, Friedrich August Christian (1859 bis 1943): nieders. Forstamtleiter in Neubruchhausen, einer der Begründer des → ökologischen Waldbaues. Das Forstamt N. wurde später in Erdmannshausen umbenannt.

Erdmast, die: → Mast.

Erdmaus, die: → Wühlmäuse 4.

Erdorchideen, die: → Waldvög(e)lein.

Erdriese, die: → Riese.

Erdritterling, der: → Ritterlinge 7.
Erdschnaken → Schnaken.
Erdspecht, der: → Spechte 1.
Erdsproß, der: → Wurzelstock.
Erdstamm, der: **1)** auch Erdstück, Erdstammstück, Stammblock. Der unterste, meist 4 bis 6 m lange Stammteil (Schaftteil) unmittelbar über dem → Stock, der den Fällschnitt enthält. **2)** alte Bez. für (kleine) Kernwüchse (→ Kernwuchs), zur Unterscheidung von → Stockausschlägen.
Erdstern, Gewimperter, der: → Bauchpilze 5.
Erdstück, das: → Erdstamm.
Erdwanzen → Wanzen.
Erdweide, die: → Waldweide.
Erdwolf, der: → Grillen 2.
Erdzeitalter, das: die Hauptepochen der Erdgeschichte, gegliedert in Formationen (Systeme; Perioden), Abteilungen (Epochen) und Stufen. Für die Paläontologie sind die vier E. (Achäozoikum, Paläozoikum, Mesozoikum, Känozoikum), eingeteilt nach der Entwicklung des tierischen Lebens, wichtig. Diesen Ären entsprechen die Zeitalter der Pflanzenwelt: Eophytikum, Paläophytikum, Mesophytikum und Känophytikum; → Vegetationsgeschichte, Waldgeschichte und Anhang Seite 874/875 sowie Tabelle Seite 198.
Erdzungenartige (*Geoglossaceae*): Fam. der → Pilze aus der Ordn. der Becherpilzartigen (Pezizales). E., von denen mehrere Arten schwarz sind, z. B. die **Rauhe Erdzunge** (*Trichoglossum hirsutum*), sind mit Ausnahme der nachstehend beschriebenen Art selten anzutreffen.
Gelbes Gallertkäppchen, das (*Leotia lubrica*): auch Grüngelbes, Gelbgrünes oder Gemeines Gallertkäppchen. Der eßbare, aber wenig ergiebige Pilz ist ein Sommerpilz und wächst von Juli bis September (Oktober) gesellig, oft auch büschelig, in großen Mengen in feuchten Wäldern zwischen Moos und Gras. Der 3 bis 8 cm hohe Fruchtkörper ist jung kugelig, später unregelmäßig lappig. Das bis 2 cm breite Käppchen ist gelb, grünlichgelb bis olivbraun und fühlt sich schleimig-schlüpfrig an. Der 2 bis 6 cm lange und 0,3 bis 0,5 cm dicke Stiel ist meist hellgelb oder etwas ocker und fein gekörnelt. Das gallertartige, weißgelbliche Fleisch ist geruch- und geschmacklos.
Eresus niger → Röhrenspinne.
Ereutzbaum, der: → Ahorne 3.
Erfolgskontrolle, die: → Nachhaltigkeitsprüfung.
Ergänzung, die: auch Ausbesserung. Nachpflanzen in noch lückigen → Naturverjüngungen, wenn die Lücken mehr als 25 m^2 groß sind; → Nachbesserung.
Erhaltungsplantagen → Samenplantagen.
Erhaltungszüchtung, die: spezifisches Verfahren der Pflanzenzüchtung, das durch ständige züchterische Auslese typische Merkmale und Leistungen einer Zuchtsorte aufrechterhält. In der Forstwirtschaft wird die Erhaltung genetisch wertvoller Baumrassen mit Hilfe von Erhaltungsplantagen (→ Samenplantagen) erreicht.
Erholung, die: Wiederherstellung der physischen und psychischen Verfassung. Störungen im Wald werden v. a. durch erholungssuchende Wanderer, Reiter, Jogger, Sammler, im Winter durch alpinen Skisport (z. B. Abfahren im Tiefschnee neben den Pisten, das sog. Variantenfahren) und durch Skilanglauf verursacht. Störeffekte sind besonders in Lebensräumen (→ Biotop) von Tieren gegeben, die auf Winterruhe eingestellt sind, z. B. Auer- und Birkwild. Abweichungen von ausgewiesenen Wanderwegen usw. führen allg. zur → Beunruhigung von Wild und höherem Energieverbrauch sowie negativen Auswirkungen auf Tier- und Pflanzenbestände. Starker Tourismus im Wald kann daneben Beschädigungen an Bäumen, Liegenlassen von Abfällen oder die mutwillige Beschädigung von → Jagdeinrichtungen zur Folge haben; → Betreten des Waldes, Radfahren in freier Natur, Reiten im Walde, Skipisten, Naherholungsgebiete.
Erholungsfunktion des Waldes, die: → Waldfunktionen.
Erholungslandschaften: auch Erholungsgebiete. Gebiete, die sich wegen ihrer landschaftlichen Vielfalt und Schönheit zur Erholung besonders gut eignen, z. B. Wälder, Seen, Küsten und Gebirge.
Die Wälder können dort zu → Erholungswald erklärt werden. Der verständliche Wunsch nach naturnaher Erholung kann zur Zerstörung der Natur führen. Da der Erholungsverkehr die Wälder und die übrige → freie Natur erheblich belastet (→ Möb-lierung des Waldes) werden Erholungsplanungen durchgeführt und Erholungszentren eingerichtet um zu lenken und die Natur zu entlasten.
Erholungswald, der: Wald, der so gestaltet wurde, daß er der Erholung dient. Nach dem BWaldG kann Wald zu E. erklärt werden, wenn es das Wohl der Allgemeinheit erfordert, Waldflächen für Zwecke der Erholung zu schützen, zu pflegen oder zu gestalten. Das Nähere regeln die Länder. Wälder, die zu E. erklärt sind, sind in den Regionalplänen ausgewiesen. In den → Waldfunktionskarten sind entweder E. oder „Wälder mit besonderer Bedeutung für die Erholung" (nicht förmlich ausgewiesen!) eingezeichnet. Die Bewirtschaftung solcher Wälder wird weitgehend von der Erholungsfunktion bestimmt. V. a. im → Staatswald und in den stadtnahen → Körperschaftswäldern wurden z. T. für die erholungssuchende Bevölkerung zahlreiche Erholungseinrichtungen geschaffen (z. B. Parkplätze für Waldbesucher, → Wald- und → Naturlehrpfade, Gesundheitspfade, Liegeflächen und Rastplätze, Vogelschutzgehölze); → Betreten des Waldes, Radfahren im Wald, Reiten im Wald, Skisport.
Nach Österr. Forstgesetz ein Wald, an dessen Benützung für Zwecke der Erholung ein öffentliches Interesse besteht und der von der Behörde dazu erklärt wurde.
Erica → Erika.
Ericaceae → Heidekrautgewächse.
Erico-Mugetum → Latschengebüsch.
Erico-Pinetalia → Schneeheide-Kiefernwälder.
Erico-Pinetea → Schneeheide-Kiefernwälder.
Erico-Pinetum → Zentralalpischer Schneeheide-Kiefernwald.
Erico-Pinion → Alpische Kalk-Kiefernwälder.
Erico-Rhododendretum hirsuti → Latschengebüsch.
Erigeron → Beruf(s)kraut.
Erika, das (*Erica*): auch Glockenheide. Gatt. der → Heidekrautgewächse mit etwa 500 Arten, die vom Alpengebiet bis Großbritannien, im Mittelmeerraum, im tropischen Afrika und in Süd-Afrika verbreitet sind. Es handelt sich meist um immergrüne, niedrige, dicht verzweigte Sträucher mit nadelförmigen Blättern und krug-, röhren-, glocken- oder tellerförmigen Blüten, die sich zu mehreren an den Enden der Ästchen befinden. Die wichtigsten Arten sind:

Die Schneeheide ist ein frühblühender Bodendecker mit zahlreichen Kultursorten.

1. Schneeheide, die (*Erica herbacea*; früher: *E. carnea*): auch Frühlingsheide, Alpen-Heiderich, Fleischrote Heide. Sie ist ein immergrüner, 15 bis 30 cm hoher Zwergstrauch mit niederliegenden oder aufsteigenden Stämmchen. Die grünen, nadelförmigen Blätter sind meist zu vieren in Scheinquirlen angeordnet. BZ: März bis Juni, in günstigen Lagen auch schon von Dezember bis Januar. Die Blüten, in meist einseitswendigen Trauben sind rosafarben bis hell karminfarben; die dunkelpurpurfarbenen Staubgefäße ragen aus der Blüte hervor. Die S. ist ein Humuswurzler mit Wurzelpilz und kommt in lichten Kiefernwäldern, Legföhrengebüschen, namentlich auf Kalkboden sowie an felsigen Orten und sonnigen Lagen bis über die Baumgrenze vor und tritt im Alpenvorland stellenweise in Massen auf. Sie ist die Ordnungs → Charakterart der Schneeheide-Kiefernwälder und Alpenrosen-Latschengebüsche.
2. Glockenheide, die (*Erica tetralix*): auch Sumpfheide, Moorheide. Die G. kommt in moorigen Kiefernwäldern, auf feuchten Heiden (Heidemooren) und auf Torfmooren, meist zusammen mit Sparriger Binse, in Nord-dtschl. vor und ist kalkfliehend. Der zierliche, bis 60 cm hoch werdende Zwergstrauch hat kurzgestielte, weichhaarige und graue, meist zu vier in Quirlen angeordnete Blätter, deren Unterseite weißfilzig und deren Rand drüsig bewimpert und zurückgerollt ist. Die vierzähligen rosafarbenen Blüten stehen in endständigen, fünf bis 15blütigen Dolden. Gelegentlich kommt sie (eingeschleppt) in Süddtschl. vor. Sie blüht von Juli bis September.

Glockenheide ist eine gute Bienenweide.

3. Graue Heide, die (*Erica cinerea* L.): Die G. H. kommt in Mitteleuropa nur im nordwestlichen Rheinland wild vor, andernorts als Zierpflanze oder verwildert; früher war sie weiter verbreitet. Der kalkfliehende Zwergstrauch wächst

Erdzeitalter – Hauptepochen der Erdgeschichte

Erdzeitalter Zeitalter Pflanzenwelt	Ära	System	Abteilung	Beginn vor Mio. Jahren	Lebewesen
Känophytikum	Känozoikum (Erdfrühzeit)	Quartiär	Holozän Pleistozän	heute 2	Gegenwärtige Tiere und Pflanzen Auftreten des Menschen, Pflanzen und Tiere der Eiszeit
		Tertiär	Pliozän, Miozän, Oligozän, Eozän, Paläozän	65	Pflanzen und Tiere nähern sich den heutigen Formen, Sumpfwälder, Aufblühen der Säuger
Mesophytikum	Mesozoikum (Erdmittelalter)	Kreide	Oberkreide Unterkreide	135	Laubhölzer (Bedecktsamer), Gräser, kleine, urtümliche Säuger
		Jura	Malm (Weißer Jura) Dogger (Brauner Jura) Lias (Schwarzer Jura)	200	Ginkgogewächse, Nadelhölzer, Hauptzeit der Saurier, erste Vögel und Knochenfische
		Trias	Obere Trias (Keuper) Mittlere Trias Untere Trias (Buntsandstein)	230	Riesenformen von Schachtelhalmen, Farnen, Saurier, erste Säuger
Paläophytikum	Paläozoikum (Erdaltertum)	Perm	Oberperm (Zechstein) Unterperm (Rotliegendes)	290	Erste Nadelhölzer, Entfaltung der Wirbeltiere
		Karbon	Oberkarbon Unterkarbon	330	Erste Wälder, (Bärlappe, Schachtelhalme), Kriechtiere, Lurche
		Devon	Oberdevon Mitteldevon Unterdevon	410	Erste Baumfarne und Insekten, größte Mannigfaltigkeit der Fische
		Silur	Obersilur Mittelsilur Untersilur	435	Erste Landpflanzen, Entwicklung der Panzerfische
Eophytikum		Ordovicium	Oberordovicium Mittelordovicium Unterordovicium	485	Erste Fische (Rundmäuler)
		Kambrium	Oberkambrium Mittelkambrium Unterkambrium	560	Leben nur im Meer, Algen, Wirbellose (alle Formen)
	Archäozoikum (Erdfrühzeit)			3700	

auf Heiden, trockenen Mooren und in lichten Wäldern. Die bis 70 cm hohe, immergrüne G. H. hat aufsteigende reichverästelte Zweige, deren junge Triebe fein behaart sind. Die zu dreien wirtelig angeordneten, kurz gestielten, glänzenden, kahlen Blättchen sind linealisch, bis 6 mm lang, mit gezähntem, nach unten stark eingerolltem Blattrand. Die leuchtend hell purpurfarbenen, selten rosafarbenen oder weißen, vierzähligen Blüten stehen in endständigen vielblütigen Trauben oder Dolden (→ Bienenweide). Die glatte, kahle, fast kugelige Fruchtkapsel enthält dunkelbraune, eiförmige, rauhschalige Samen.
Erikagewächse → Heidekrautgewächse.
Erinaceus europaeus → Igel.
Erinnidae → Holzfliegen.
Eriophorum → Wollgras.
Erkennungszeichen im Wald → Markierungen und Vorrichtungen.
Erklärter Erholungswald, der: → Erholungswald.
E r l e n, die: siehe Seite 200 ff
Erlenblattfloh, der: → Blattflöhe 1.
Erlenblattkäfer, der: → Blattkäfer 1. und 2.
Erlenbruch, Trockener, der: → Sumpfdotterblumen-Erlenwald.
Erlen-Bruchwald, der: → Schwarzerlen-Bruchwald.
Erlen-Edellaub-Auenwälder → Hartholz-Auenwälder.
Erlen-Eschen-Auenwald, der (*Alnenion glutinoso-incanae*): pflanzensoziologischer Unterverband des Verbandes der → Hartholz-Auenwälder (*Alno Ulmion = Alno padion*) aus der Ordn. der → Mesophytischen Buchen- und Laubmischwälder (*Fagetalia sylvaticae*). Wichtige → Assoziationen sind: → Hainmieren-Schwarzerlenwald oder Schwarzerlen-Galeriewald (*Stellario nemorum-Alnetum glutinosae*); → Bach-Eschenwald oder Winkelseggen-Eschenwald (*Carici remotae-Fraxinetum*) und Riesenschachtelhalm-Eschenwald (*Equiseto telmatejae-Fraxinetum*); → Grauerlen-Galeriewald, Grauerlen-Auenwald oder Quell- und Niederungswälder (*Alnetum incanae*); → Traubenkirschen-Eschen- oder Schwarzerlen-Eschen-Auenwald (*Pruno-Fraxinetum = Alno-Fraxinetum*) und der Johannisbeer-Eschen-Auenwald (*Ribeso sylvestris-Fraxinetum*); → Auwälder, Waldgesellschaften.
Erleneule, die: → Eulen B 17.
Erlenglasschwärmer, der: → Glasflügler 2.
Erlenknospenmotte, die: → Motten 10.
Erlenkrempling, der: → Kremplingartige 2.
Erlenminiermotte, die: → Motten 13.
Erlenrüßler, der: → Rüsselkäfer 12.
Erlenschaumzikade, die: → Zikaden 1.
Erlenwürger, der: → Rüsselkäfer 12.
Erlenzeisig, der: → Finkenvögel 5.
Erlenzikade, die: → Zikaden 1.
Ernährung aus dem Wald → Arbeitsgemeinschaft Ernährung aus dem Wald.
Ernährungsfraß, der: Beim E. der → Borkenkäfer sind zu unterscheiden: Der E. noch nicht voll ausgereifter Jungkäfer heißt „Reifefraß", der der abgebrunfteten Altkäfer zwischen zwei Generationen (in einem Jahr) „Regenerationsfraß". Daneben gibt es noch einen E. zur Überwindung von Schlechtwetterperioden und zur Überwinterung.
Ernährungssicherstellung, die: Aufgrund des Ernährungssicherstellungsgesetzes i. d. F. vom 27.8.1990 (BGBl I S. 1802) muß im Verteidigungsfalle eine Selbstversorgung in Dtschl. auch mit forstwirtschaftlichen Produkten sichergestellt sein.
Ernteaussicht, die: → Wolfganger Zapfenzählverfahren.
Erntebewertungsziffer, die: die in Zehnprozentstufen ausgedrückte Ernteaussicht bei Forstsaatgut, bezogen auf die Vollernte (= 100 %). Die E. betragen bei: Vollmast 100 %, guter Mast 70 – 90 %, mittlerer oder Halbmast 40 – 60 %, geringer oder Sprengmast 10 – 30 %, Fehlmast 0 %; → Mast, Wolfganger Zapfenzählverfahren.
Ernteertrag, der: → Holzeinschlag.
Erntefestmeter, der (EFm): Maßeinheit für Planung, Einschlag, Verkauf und Buchung des Holzes. Er wird errechnet, indem vom Vorrat des stehenden Bestandes (→ Vorratsfestmeter (VFm) mit Rinde) zunächst 10 % Ernteverlust abgezogen werden. Dadurch ergeben sich Erntefestmeter mit Rinde (EFm m. R.). Werden nochmals Rindenverluste (je nach Baumart 6 bis 20 %) abgezogen, ergeben sich die E. ohne Rinde (EFm o. R.). Für die Umrechnung VFm m. R. in EFm o. R. ergeben sich insgesamt folgende Kürzungssätze: Fi, Ta 19 %, Kie, Dgl, Ei 21 %, Lä 28 %, Bu 15,4 %, sonstige Baumarten 19 %; → Tariffestmeter.
Erntehieb, der: eine → Hiebsart zur Ernte hiebsreifen Holzes.
Erntekosten (Werbungs-, Holzernte-, Holzwerbungskosten): die bei der Holzernte entstehenden Kosten. Sie setzen sich aus Hauerlöhnen einschließlich Werkzeugvergütung, Rückelöhnen und Lohnnebenkosten (Soziallasten) zusammen.
Erntekostenfreier Holzertrag, der: Wert des stehenden Holzes (Bruttoerlös – abzüglich der Kosten).
Ernterückstände → forstliche Reststoffe.
Ernteschäden → Fällungsschäden.
Erntetechniken → Saatgut-Erntetechniken.
Ernteverfahren, das: → Saatgut-Erntetechniken.
Ernteverlust, der: auch Einschlags-, Hiebs- oder Fällungsverlust, Holzernteverlust, veraltet Calo. Die bei der Holzernte auftretende Differenz zwischen ermittelter stehender und nach der Fällung (Ernte) tatsächlich vorhandenen Holzmenge; → Erntefestmeter, Vorratsfestmeter.
Erntewieden: die früher in manchen Gegenden verwendeten → Loden von Wei und Bi etc. zum Binden der Getreidegarben; → Wieden.
eröffnet → Gehau(e).
Erosion, die: → Bodenerosion.
Ersatzbiotop, der: Durch menschliche Eingriffe können gelegentlich wichtige Lebensräume (→ Biotope) für Pflanzen und Tiere zerstört werden. In solchen Fällen kann vom Gesetzgeber verlangt werden, daß der Verursacher an anderer Stelle als Ersatz einen E. anlegt; → Artenschutz, Biotopschutz, Ersatzmaßnahmen.
Ersatzbrut, die → Nachbrut.
Ersatzgesellschaft, die: eine → Pflanzengesellschaft, die sich bei einer Änderung der Bodennutzung statt der potentiellen natürlichen → Vegetation einstellt.
Ersatzmaßnahmen: Alle Maßnahmen des Menschen in der Natur verändern den Naturhaushalt. In unserer → Kulturlandschaft sind unberührte Lebensräume für Pflanzen und Tiere bereits von großer Seltenheit. Diese Lebensräume werden weiter eingeengt, z. T. sogar zerstört; die → Landschaften werden zerstückelt. Dem soll durch geeignete E. entgegengewirkt werden, z. B. durch Ersatzaufforstungen oder → Ersatzbiotope im gleichen Landschaftsraum.
Ersatztrieb, der: → Angsttrieb.
Erschließung des Waldes → Walderschließung.
Erstarkungswachstum, das: Bez. für das spitzenwärts fortschreitende → Dickenwachstum der Sprosse bei → Einkeimblättrigen, welches im Bereich der Blüten aber stark nachläßt und bei Holzpflanzen durch das sekundäre Dickenwachstum ausgeglichen wird.
Erstaufforstung, die: auch Neuaufforstung. → Aufforstung auf vorher waldfreier Fläche. Sie bedarf i. d. R. einer Genehmigung durch die Forst- oder Landwirtschaftsbehörde.
Erstbesiedler → Pionierart, Pionierbaumarten.
Ersticken, das (Vermucken, Versporen): eine bei Bu oft, aber auch bei Ah und Bi zu beobachtende Erscheinung, daß bald nach der Fällung graubraune bis rotbraune Verfärbungen im Holz auftreten. Dabei erfolgt ein zungen- oder streifenförmiges Vordringen von den Hirnflächen aus in das Holzinnere. Die Verfärbungen entstehen dadurch, daß die nach der Fällung noch eine gewisse Zeit lebenden Holzparenchymzellen (→ Parenchym) eine Schutzzone gegen das Eindringen von Sauerstoff, → Thyllen und Kernstoffe bilden. Pilze sind i. d. R. daran nicht beteiligt. Pilzbefall führt in diesem Zusammenhang zu einer → Verstockung des Holzes; → Fehlverkernung.
Ertrag, der: die in Marktpreisen ausgedrückte Wertentstehung im Betrieb (→ Betriebsertrag). Diese kann sich aus dem Absatz des → Holzeinschlags als Umsatzertrag, Ertrag aus → Forstnebennutzungen und sonstigen Erträgen (z. B. Entschädigungen, Fördermittel, → Jagdertrag), aber auch in einer Werterhöhung, z. B. durch nicht getätigte Nutzungen, manifestieren. Außerordentliche Erträge ergeben sich aus Kalamitätsnutzungen; → Aufwand, Deckungsbeitrag, Reingewinn, Vorrat.
Ertragsfähigkeit, die (Ertragsvermögen): die Fähigkeit eines → Standorts oder einer → Waldbaumart, bestimmte Mengen Holz zu produzieren. Die E. ist eine spezifische Größe, stellt den Ertrag an pflanzlicher Substanz dar und ergibt sich aus dem Zusammenwirken von → Boden, Klima und → Pflanze. Für den Wald wird sie mit dem → dGz, mit der Gesamtwuchsleistung oder anderen geeigneten Wer-

Erlen

Gattung
Die zur Familie der → Birkengewächse (*Betulaceae*) zählende, ca. 30 Arten umfassende Gattung der Erlen (*Alnus*), auch Ellern genannt, bilden Baum- und Straucharten, die überwiegend auf der Nordhalbkugel der Erde vorkommen. Die Gattung *Alnus* ist seit dem Eozän (→ Erdzeitalter) bekannt. Da alle Arten Wurzelknöllchen haben, die von stickstoffbindenden Bakterien (*Schinzia alni*) hervorgerufen werden, können sie auch auf armen Standorten gedeihen; sie reichern den Boden mit Stickstoff an und verbessern ihn dadurch. Sie wachsen auf feuchten, kühlen Standorten wie z. B. an Bach- und Flußufern. Die wechselständigen Blätter haben eine rundliche bis zugespitze Form. Die Blüten sind → einhäusig und → windblütig; die Vermehrung erfolgt durch geflügelte → Samen. Die kleinen rundlichen Zäpfchen (verholzte Fruchtstände) bleiben nach dem Ausfall der Samen noch lange am Baum hängen. Einige Arten bilden Wurzelschößlinge. Das Holz der Erle ist gelbrot, feinporig, weich, mit zahlreichen Markstrahlen versehen, unter Wasser äußerst dauerhaft und widersteht auch gut dem Wechsel von Nässe und Trockenheit. Der Name Erle ist abgeleitet vom althochdeutschen „erila", einer Umstellung vom älteren „elira". Die lateinische Bezeichnung *Alnus* war der Name der Erle bei den Römern. Erle kommt von *alusa* = rotbraun, was sich von der Farbe des Holzes ableitet. In Mitteleuropa gibt es drei Arten, die Grau-, Grün- und Schwarzerle; → Bacherle, Walderle.

Schwarzerlen im Frühling

Mythologie und Brauchtum
Viele nordische Sagen und abergläubische Gebräuche ranken sich um die Erle. Erlenzweige und -rinde galten als zauberabwehrende Mittel. Das Aufhängen von Erlenzweigen sollte Haus und Hof vor Hexen schützen. Ein Absud der inneren Rinde, mit Wein verdünnt, sollte gegen Liebestränke wirken. In Erlenwäldern treiben sich Elfen und böse Geister herum; die Irrlichter (Irrwischmädchen) halten sich am liebsten bei Erlen auf, und auf den Erlenstümpfen brennen rote Flammen. Johann Gottfried von Herder hat, als er 1778 „Erlkönigs Tochter" aus dem Dänischen übersetzte, das dänische Wort „ellerkonge" (von elverkonge = Elfenkönig) mißverstanden und aus dem Elfenkönig den „Erlkönig" gemacht; Goethe übernahm 1782 in seinem berühmten Gedicht diesen Irrtum. Da sich der Stamm an der Schnittoberfläche orangerot färbt, wenn er gefällt wird, sagte man, die Erle blutet aus Schmerz. Vor allem in Jütland wurde die Erle stark verehrt. Ehe der Holzknecht dort die Erle fällte, kniete er vor ihr nieder und bat mit einem überlieferten Spruch um Erlaubnis, sie fällen zu dürfen. Eine große Anzahl von Blütenzäpfchen war für die Bauern ein Zeichen für gute Ernte: „Ellernholz voller Köpfe bedeutet volle Töpfe." Möbel aus Erlenholz sollten Ungeziefer, (besonders Wanzen von Bettstätten) fern halten. In die Wiese gesteckte Zweige sollten Maulwürfe vertreiben und in Scheunen sollte eine Unterlage aus belaubten Erlenzweigen die Mäuse vom Getreide fern halten.

1. Grauerle
Der lateinische Artname des botanischen Namen *Alnus incana* (L.) Moench bezieht sich auf die Farbe der Rinde und der Blattunterseiten (incana = aschgrau). Von der Grauerle, auch Weißerle genannt, gibt es zahlreiche Unterarten und Kulturformen mit sehr unterschiedlichen Blatt- und Wuchsformen (auch Zwergwuchs).

Verbreitung
Die Grauerle kommt in Mittel- und Nordeuropa häufig vor. Im Osten reicht ihr Verbreitungsgebiet bis zum Kaukasus, im Süden, wo sie weniger häufig ist, bis zu den Seealpen, zum nördlichen Apennin und den Gebirgen der Balkanhalbinsel; im Mittelmeergebiet fehlt sie.

Standort
Sie ist in Mitteleuropa vor allem in der kollinen, montanen, seltener subalpinen → Vegetationsstufe, hauptsächlich im Harz, in der Rhön, in Süddeutschland, dem Alpenvorland und im Alpenraum bis in Höhen von etwa 1600 m, in den Zentralalpen vereinzelt sogar bis 2000 m anzutreffen; weiter östlich wächst sie auch in tieferen Lagen. Die Grauerle ist die → Charakterart des Hartholz-Auenwaldes. Sie steht in Bergwäldern, in Lawinenzügen, auf sickerfeuchtem Moränenschutt, entlang von Bächen, kleinen Flüssen, in Auwäldern, an feuchten, schattigen Hängen und ist meist auf nährstoff- und basenreichen, kalkhaltigen Schotter-, Kies- und Tonböden zu finden. Sie ist eine → Licht- bis → Halbschatt(en)baumart, anspruchslos, anpassungsfähig, frosthart, gedeiht auch auf armen Standorten und verträgt zeitweilige Überschwemmungen, meidet jedoch – im Gegensatz zur Schwarzerle – Staunässe. In der Jugend ist sie gegen Dürre empfindlich. Sie wächst häufig vergesellschaftet mit Moorbirke, Vogelbeere, Traubenkirsche, Spitzahorn, Schwarzpappel und Aspe.

Merkmale
- Der kleine bis mittelgroße Baum (oder der vom Grunde an mehrstämmige, große Strauch) wird etwa bis 15, gelegentlich sogar bis 25 m hoch. Er bildet eine breit kegel- oder säulenförmige, etwas zugespitzte Krone. Die Grauerle, die in der Jugend raschwüchsiger als die Schwarzerle ist, wird in Mitteleuropa kaum über 50 Jahre alt. Sie hat einen häufig krummen, etwas zur → Spannrückigkeit neigenden Stamm, locker angeordnete, quirlständige oder unregelmäßig stehende Äste und eine flache, weit streichende Bewurzelung. Sie bildet reichlich → Stockausschläge, → Wurzelbrut und verträgt starken Rückschnitt.
- Die glatte, anfangs graubraune Rinde wird später glänzend silbergrau-grünlich (nach oben zu immer etwas heller) und reißt auch im Alter kaum auf (keine Borkenbildung). Sie weist zahlreiche, stark gedehnte Korkwarzenstreifen mit meist rundlichen, weißen, später schwarzen → Lentizellen auf. Die in der Jugend schattenseits graugrünen und lichtseits rotvioletten, an der Spitze meist deutlich filzig-behaarten Zweige wachsen → monopodial; die älteren Zweige sind dreikantig bis rundlich.
- Die bis zu 5 mm langen und stumpf- oder spitz-eiförmigen Endknospen sind ebenso groß wie die deutlich (etwa 2 mm) gestielten, meist anliegenden Seitenknospen (die auf die Endknospe folgende Seitenknospe ist etwas kleiner). Im Gegensatz zu denen der Schwarzerle erweisen sich die Knospen nur in seltenen Fällen als

klebrig. Die rotvioletten Knospenschuppen besitzen anfangs eine feinzottige Behaarung, später werden sie kahl. Deutlich sichtbar zeigen sich die → Blütenstände.

■ Die wechselständigen, etwa 2 bis 3 cm lang gestielten Laubblätter sind eiförmig bis oval, vorne zugespitzt, etwa 6 bis 10 cm lang und fast ebenso breit, haben sieben bis zwölf Seitennervenpaare und einen grob doppeltgesägten Blattrand. Sie sind oberseits dunkelgrün, unterseits blau- bis graugrün, in der Jugend beiderseits weich behaart, später oberseits verkahlend und unterseits nur noch auf den Blattnerven behaart. Im Herbst färbt sich das Laub nicht, sondern bleibt bis zum Laubabfall grün.

◂◂ Grauerle *(Alnus incana)*

■ Im Freistand wird die Grauerle etwa mit 15 Jahren mannbar. Sie blüht im März/April, häufig auch schon im Februar vor der Laubentfaltung. Die → eingeschlechtigen Blüten der → einhäusigen Pflanze befinden sich an den vorjährigen Trieben, überwintern nackt und sind im Herbst und Winter grünbraun bis braun. Die gestielten und gelbbräunlichen männlichen Kätzchen, die endständig (jeweils drei bis fünf Stück) am Zweig hängen, erscheinen im Frühling und messen in der Länge 7 bis 9 cm. Die Tragblätter (→ Hochblätter) der Blüten sind dunkelbraun bis schwarz, die → Staubbeutel zuerst rötlich, dann gelb. Die blattachselständigen, ungestielten, dicht behaarten, rötlichbraunen und 0,5 bis 1,5 cm langen weiblichen Blütenstände stehen in Gruppen (jeweils zwei bis acht Stück). Die weiblichen Blütenstände wachsen sich zu graubraunen, holzigen Zäpfchen aus. Diese sind zur Reifezeit im September/Oktober etwa 12 bis 16 mm lang und etwa 10 mm dick, schwarzbraun und enthalten 3 bis 4 mm große, etwas flache Nußfrüchtchen mit dunkel gerandeten Flügeln, die oft erst im Spätwinter ausfallen und vom Wind (→ Samenverbreitung) weggetragen werden. Die → Keimblätter der kleinen Pflänzchen sind ähnlich denen der Schwarzerle etwa linsengroß, gestielt, eirund und ganzrandig, die Erstlingsblätter zugespitzt und gesägt. Die kleinen Stämmchen haben eine feine Behaarung.

Waldbau

Die Grauerle ist durch ihre zahlreiche Wurzelbrut, die Stockausschläge und durch ihre bodenverbessernde Eigenschaft eine wertvolle Baumart. Sie wird weit über ihr ursprüngliches Vorkommen hinaus angepflanzt. Im Waldbau kommt ihr als Vorwaldbaumart (→ Vorwald), besonders in Fichtenkulturen, zur Aufforstung von Ödland und als Pioniergehölz (→ Pionierbaumart) auf Rohböden, Bedeutung zu. Ferner ist sie eine Nebenbestandsbaumart (→ Nebenbaumart) beim Pappelanbau und wird auf armen Sandböden gerne als Füll- und Treibholz der Kiefer beigemischt. Als Stickstoffsammlerin aufgrund ihrer Wurzelknöllchen ist sie zudem bodenverbessernd. Aus diesem Grunde wird sie auch gerne auf kalkhaltigem Ödland, Bergwerkshalden, Uferböschungen und anderen erosions- und rutschgefährdeten Standorten angepflanzt, wo sie zudem noch zur Bodenbefestigung beiträgt. Auch als Böschungsbewuchs an Straßen hat sie sich bewährt. Die Grauerle ist anfällig gegen → Wurzelfäule.

Holz

Das Holz ist im frischen Zustand auffallend orangerot und wird ähnlich wie das der Schwarzerle genutzt, hat jedoch weniger gute Eigenschaften und ist vor allem nicht so beständig. Es wird für Drechsel- und Schnitzarbeiten sowie zur Herstellung von Spielsachen, Schuhleisten etc. verwendet.

2. Grünerle

Alnus viridis De Candolle wird auch Berg-, Alpen-, Birkenerle, Drosle, in Bayern auch Laublatsche, Lutterstrauch, Luttern, Ludern genannt. Der lateinische Artname *virisdis* bedeutet grün. Von der Grünerle gibt es auch zahlreiche Kulturformen und Unterarten. Die Grünerle unterscheidet sich aufgrund der in Knospen überwinternden weiblichen Blütenstände und dem fehlenden Hypoderm grundlegend von den anderen beiden mitteleuropäischen Erlenarten, zudem stimmen Rinde, Holz und → Parenchym mit dem anatomischen Bau der Birke überein. Sie stellt dadurch anatomisch ein Bindeglied zwischen den Gattungen Erlen (*Alnus*) und Birken (*Betula*) dar und wird deshalb von Systematikern (→ Nomenklatur) in die eigene Sektion bzw. Unterart *Alnobetula* eingeordnet, was bereits auf die Gemeinsamkeit mit der Gattung der Birken hinweist, bei der die weiblichen Blütenstände ebenfalls in Winterknospen überwintern.

Verbreitung

Die Grünerle, eine mittel- und südosteuropäische Pflanze, ist über die Hochlagen der Mittelgebirge und die Gebirge Mittel- und Südeuropas verbreitet, zudem über das nördliche Alpenvorland, die Karpaten und einige Gebirge der Balkanhalbinsel.

Standort

Sie wächst in der montanen und subalpinen, seltener kollinen Vegetationsstufe an schattigen und feuchten Hängen, besonders Nordhängen, an Bachufern, in Gräben, Lawinenzügen, an Waldrändern, in Auwäldern, nassen, lichten Mischwäldern, in kühlen feuchten Lagen, besonders im Bereich der → Waldgrenze und darüber hinaus. Die Grünerle ist eine Halbschatt(en)baumart und gedeiht auf feuchten, mäßig nährstoffreichen, meist tiefgründigen, kalkarmen, mäßig sauren Stein-, Lehm- und Tonböden, häufig auf Urgestein in kühl-humider Klimalage. Sie ist die Charakterart des Grünerlenbusches, wächst auch in lichten Ulmen-Ahorn-Wäldern und in tieferen Lagen auch in Holunder-Weiden-Vorwaldgesellschaften. In den Alpen ist sie in Höhen von 1200 bis 2100 m sehr oft anzutreffen; in den Zentralalpen kommt sie bis in Höhen von 2800 m vor. Sie wächst häufig vergesellschaftet mit Alpenrose, Eisenhut, Alpendost und Weißem Germer.

Grünerle *(Alnus viridis)*

Merkmale

■ Die Grünerle, deren Wuchsform etwas an die Hasel erinnert, ist ein von Grunde an reichverzweigter, vielstämmiger, weit ausladender und etwa 50 bis 300 cm hoher Strauch bzw. ein selten bis 5 m hoher Baum. Sie ist gegen Witterungseinflüsse nahezu unempfindlich, bildet zahlreiche Wurzelbrut und reichlich Stockausschläge. Die Rinde der biegsamen Äste ist glatt, bräunlich bis dunkel-aschgrau und mit bräunlichen Korkwülsten, zuletzt graubraun und geht an den Stämmchen in eine schwärzliche Borke über.

■ Die jungen Triebe sind schattenseits oliv- bis graubraun, lichtseits rötlichbraun, behaart, etwas kantig, mit strichförmigen bis runden, weißlichen Lentizellen; später werden die → monopodial wachsenden Zweige rundlich und verkahlen. Die 10 bis 15 mm langen und ungestielten Knospen sehen länglich-oval aus, die Seitenknospen stehen leicht vom Zweig ab. Die braungrünen bis rotbraunen, glänzenden, kahlen Knospenschuppen erweisen sich als etwas klebrig. Während die weiblchen Blütenstände noch in den Knospen verborgen bleiben, zeigen sich die männlichen bereits.

■ Die wechselständigen, 1 bis 2 cm lang gestielten Laubblätter sind eiförmig bis elliptisch, am Grunde abgerundet, vorne zugespitzt, 5 bis 8 cm lang und etwa 4 bis 5 cm breit sowie mit fünf bis zehn Seitennervenpaaren versehen. Die Blätter sind oberseits

▸▸ Erlenbruch

dunkelgrün, unterseits etwas heller, in der Jugend klebrig, ausgewachsen beidseitig kahl, mit bräunlichen Nervenachselbärtchen auf der Unterseite. Der Blattrand zeigt sich doppelt gesägt.

■ Die einhäusige Pflanze blüht zur Zeit des Laubausbruchs oder danach je nach Standort von April bis Juli. Die Blüten stehen in eingeschlechtigen Blütenständen. Die männlichen Kätzchen werden bereits im Sommer des Vorjahres gebildet und überwintern nackt, lediglich bedeckt von einer weißlichen Harzkruste, sitzen einzeln, zu zweit oder zu dritt an einem Sproßende und sind zur Blüte bis zu 6 cm lang und hängend. Die Tragblätter sind anfangs grün, später violettbraun, die unscheinbaren Blüten mit vier- bis fünfteiliger Blütenhülle besitzen vier → Staubblätter mit rötlichen oder grünlich-gelben, später gelben Staubbeuteln. Die gestielten weiblichen Blütenstände, die in Knospen überwintern und erst mit den Laubblättern erscheinen, stehen in Gruppen (drei bis acht Stück) aufrecht an diesjährigen Trieben, sind etwa 10 bis 15 mm lang, anfangs grünlich, dann rötlich, klebrig und bestehen aus Einzelblüten. Diese haben meist leuchtend rote, seltener weiße Narben.

■ Die Fruchtzapfen, die im Oktober/November reifen, sind etwa 10 bis 14 mm lang und bis 7 mm breit, anfangs grün und sehr klebrig. Sie bleiben bis zum Frühjahr am Gehölz, werden dann dunkelbraun und verholzen. Sie sind kleiner und heller als die der Grauerle und Schwarzerle und enthalten etwa 3 mm lange, flache und breit geflügelte Nußfrüchtchen.

Waldbau

Forstlich spielt die Grünerle keine Rolle. Sie hat jedoch in den Alpen als Erosionsschutz landeskulturelle Bedeutung und ist ein → Schutzholz gegen Steinrutsch und Lawinen; sie wird dort auch zur Festigung von Lawinenhängen als Pioniergehölz (Pionierbaumart) angepflanzt, in dessen Schutz andere Baumarten wie z. B. Bergahorn und Lärche Fuß fassen können. Sie breitet sich sehr schnell aus, ihre hochelastischen Stämmchen und Zweige können hohe Schneelasten tragen, ohne abzubrechen. Sie sind etwa mit denen der Legföhre vergleichbar; sie wird in Bayern daher auch „Laublatsche" genannt.

3. Schwarzerle

Schwarzerlenzweig mit weiblichen und männlichen Blütenständen

Alnus glutinosa (L.) Gaertner wird auch Gemeine Erle, Kleb-, Roterle, Roteller, Eller, Else, Elst, Elten, Aller, Urle, Irl, Orlin, Otternbaum und Schwarzeller genannt. Der lateinische Artname *glutinosa* bezieht sich auf die sehr klebrigen Knospen und jungen Triebe. Der deutsche Name „Schwarzerle" bezieht sich auf die schwärzliche Borke des Stammes. Von der Schwarzerle gibt es zahlreiche Unterarten und Kulturformen (nach Krüssmann insgesamt 16), ihre Blatt- und Wuchsform kann daher sehr variabel sein.

Verbreitung

Die Schwarzerle, eine eurosibirische Pflanze, ist mit Ausnahme Mittel- und Nordskandinaviens fast über ganz Europa verbreitet, darüber hinaus bis nach Westsibirien, Westasien und Nordafrika.

Standort

Die Halbschatt(en)baumart, wächst in der kollinen und montanen, seltener subalpinen Vegetationsstufe, entlang von Fluß- und Bachläufen, bestandsbildend in Au-, Bruch- und Niederungswäldern und vorherrschend in den sogenannten Erlenbrüchern, vergesellschaftet mit Esche in den Hartholz-Auenwald-Gesellschaften, in quelligen Gebirgseinschnitten, auf tiefgründigen, oft periodisch überfluteten, nährstoff- und basenreichen, kalkarmen bis sauren, lockeren oder steinigen, sickerfeuchten oder auch staunassen Kies-, Lehm- und Tonböden. Die Schwarzerle ist ein Grundwasserzeiger (→ Bodenanzeiger) und eine Pionierbaumart auf Naßwiesen und in Flachmooren. Sie ist ein Charakterbaum der Weichholzaue, wo sie vergesellschaftet mit Pappel und Weide steht, kann aber auch in der Hartholzaue, vergesellschaftet mit Esche, Ulme und Stieleiche, angetroffen werden. Entlang von Wiesenbächen bildet sie zusammen mit Pfaffenhütchen, Kreuzdorn und dem Bittersüßen Nachtschatten oft dichte Bestände. In Mitteleuropa trifft man sie bis in Höhenlagen von 1200 m (in der Schweiz bis 1800 m) an.

Merkmale:

■ Der sommergrüne, locker bis reich verzweigte, mittelgroße bis große Baum (selten Strauch) besitzt einen schlanken, vollholzigen Stamm und eine breit angelegte pyramidenförmige Krone. Seine locker und ziemlich weit gestellten Äste sind meist aufsteigend. Die Schwarzerle hat ein sehr anpassungsfähiges Herzwurzelsystem, aber auch eine bis zwei Meter tiefgehende Pfahlwurzel. Die Wurzeln werden über sehr große → Lentizellen am Wurzelhals und ein Luftleitgewebe (Aerenchym) mit Sauerstoff versorgt, wodurch sie selbst in vernäßtem Boden überleben können. Ihr Stock hat ein sehr großes und anhaltendes → Ausschlagvermögen, sie bildet aber keine Wurzelbrut.

■ Im ersten Jahr wächst sie sehr wenig, dann rasch, mit etwa 20 Jahren schließt sie ihr Höhenwachstum bereits ab. Sie erreicht eine Stärke von etwa 50 bis 70 cm und eine Höhe von etwa 25 m (selten über 30 m). In der Regel wird sie 100 bis 120 Jahre, nur in Nordosteuropa erreicht sie ein höheres Alter. Von allen unseren Baumarten verträgt sie (abgesehen von einigen Weidenarten) die meiste Bodenfeuchtigkeit, ist lichtliebend, ziemlich frosthart, wenig wärmebedürftig, jedoch wärmeliebend. In der Jugend zeigt sie sich gegen Dürre als sehr empfindlich.

■ Die grünlich-braune, glänzende Rinde wird später bräunlich-grau und reißt in längliche oder quadratische Felder. An den Stämmen wird sie zu einer dunkelgrauen bis schwärzlichen, zerklüfteten Borke. Die jungen, lichtseits zimtbraunen bis rötlichen, schattenseits grünlich-braunen Triebe haben nur an der Spitze eine leichte Behaarung und wachsen monopodial. Die zahlreichen Lentizellen sind gelblich bis grauweiß und länglich. Die Endknospen sind schmal, verkehrt-eiförmig, vorne abgerundet und ungestielt. Die ebenfalls schmalen und verkehrt-einförmigen Seitenknospen stehen meist vom Zweig ab. Die beiden sichtbaren, rotbraunen bis braunvioletten, kahlen und durch Wasserausscheidungen grau punktierten Knospenschuppen erweisen sich als klebrig. Die männlichen und weiblichen Blütenstände zeigen sich bereits im Winter.

■ Die wechselständigen 2 bis 3 cm lang gestielten Laubblätter sind verkehrt-eiförmig, oben meist eingebuchtet oder auch gestutzt und am Grunde keilförmig. Sie sind etwa 5 bis 10 cm lang und fast ebenso breit (im vorderen Blattdrittel am breitesten), mit fünf bis acht Seitennervenpaaren versehen, oberseits sehr dunkelgrün (es sind die dunkelsten Blätter aller Waldbäume), etwas glän-

Erlen

zend, anfangs klebrig, unterseits etwas heller, mit gelbbraunen Achselbärtchen. Der Blattrand ist schwach doppelt gesägt und leicht wellig. Die Blätter zeigen keinerlei Herbstfärbung, sondern fallen im Oktober dunkelgrün ab. Das verhältnismäßig stickstoffreiche (→ C/N-Verhältnis) Laub zersetzt sich leicht.

■ Im → Freistand erreicht sie die → Mannbarkeit etwa mit 15 bis 20 Jahren, im Bestandsschluß (→ Schluß) etwa mit 40 Jahren. Das windblütige, einhäusige Gehölz hat eingeschlechtige Blütenstände, die sich an einem vorjährigen Trieb befinden. Sie werden bereits im Sommer des Vorjahres gebildet, überwintern nackt und erblühen im März/April etwa zwei bis vier Wochen vor dem Laubaustrieb. Die männlichen Kätzchen stehen endständig zu Gruppen (zwei bis sechs), sind etwa 3 cm lang und purpurn bis bräunlich, bei der Blüte 6 bis 12 cm lang und braun/gelbgrün. Die purpurnen bis bräunlichen Tragblätter der einzelnen Blüten zeichnen sich in der Mitte meist durch einen graublauen Fleck aus. Die Staubbeutel zeigen sich zunächst rötlich, werden dann gelb. Die weiblichen Blüten stehen in seitenständigen/blatt-achselständigen, 3 bis 4 mm großen, gestielten, eiförmigen, unbehaarten Blütenständen, zwischen deren Deckschuppen die roten Narben hervortreten. Sie stehen in kleinen Gruppen (zwei bis acht Stück), sind während des Winters purpurn, beim Aufblühen grünlich. Nach der Bestäubung wachsen sie zu 10 bis 20 mm langen und 8 bis 12 mm breiten, verholzten Fruchtzäpfchen heran, die in der Jugend graugrün und klebrig, bei der Reife im September/Oktober dunkelbraun sind. Diese enthalten kleine, 2 bis 4 mm lange, abgeflachte, rötlichbraune, schmal geflügelte Nüßchen, die meist erst im Februar/März freigegeben und vom Wind, aber auch vom Schmelzwasser fortgetragen werden.

■ Die entleerten Fruchtzapfen lösen sich erst im Laufe des Sommers von den Bäumen. Sie werden im Spätherbst oder Winter häufig zum Basteln oder zu Dekorationszwecken gesammelt. Die Keimkraft der Samen ist nur gering, sie bleiben etwa ein Jahr keimfähig und keimen ca. vier bis fünf Wochen nach der Frühjahrsaussaat. Die aus dem Samen hervorbrechenden Keimblätter sind deutlich gestielt, eirund, etwa linsengroß und ganzrandig. Die folgenden, derben und zugespitzten Erstlingsblätter haben einen gesägten Balttrand.

Waldbau

Die Schwarzerle ist gut geeignet als Pionierbaumart und wegen ihrer Frosthärte auch als Vorwaldbaumart. Sie wird gerne Pappel-, aber auch Fichtenkulturen beigemischt. Da sie eine Stickstoffsammlerin ist und sich ihr relativ stickstoffreiches Laub leicht zersetzt, wirkt sie auch bodenverbessernd. Zur Flußuferverbauung, als Windschutzhecken und an Waldrändern wird sie wegen ihrer Stockausschlagfähigkeit gepflanzt. Im Niederwaldbetrieb vermag sie sogar schwaches Nutzholz zu erzeugen. Im Waldbau ist sie jedoch nur unter einer Höhe von 800 m wirklich von Bedeutung, wobei hier der Ökotyp im Bereich der oberbayerischen Grundmoräne sehr gute Wuchsleistungen erbringt (von der Schwarzerle gibt es zahlreiche Ökotypen und Klimarassen). Die Pflege muß bei der Schwarzerle frühzeitig einsetzen und konsequent durchgeführt werden; zugleich ist auf gleichmäßige Kronenausbildung zu achten. Die → Umtriebszeit beträgt 60 bis 80 Jahre. In der Jugend muß sie gegen → Fegeschäden geschützt werden; der Erlenrüssler kann schädlich werden, die Erlenblattkäfer sind dagegen harmlos.

Holz

Das Holz der Schwarzerle ist blaß-rötlichgelb bis tief gelbrot, mit dunklen Zonen durchzogen; frisches Schwarzerlenholz dunkelt an der Luft nach. Es ist weich, fest, mäßig schwindend, hat einen geringen Brennwert und ist wenig haltbar. Bei Wasserbauten jedoch, z. B. bei Schleusentoren, Uferdämmen oder Pfählen (halb Venedig ist auf Erlenpfählen erbaut), ist seine Dauerhaftigkeit fast unbegrenzt. Ferner widersteht es auch gut dem Wechsel von Nässe und Trockenheit, und es wird dort, wo es ständig mit Wasser in Berührung kommt (so z. B. als Pfahl- und Grubenholz), eingesetzt. Zudem wird es zur Herstellung von Holzschuhen, Bleistiften, Sperrholz, Zigarettenkistchen, Holzschächtelchen, Bürsten- und Besenrücken, als Möbelholz, für Bilderrahmen, Gießereimodelle, Schnitzarbeiten etc. verwendet und ist bei Modellschreinern, Drechslern und Wagnern beliebt. Es liefert auch ideale Holzkohle für Schießpulver. Die Sägespäne werden zum Räuchern von Fleisch und Fischen verwendet. Die gerbstoffhaltige Rinde kann zum Gerben von Leder verwendet werden und liefert zugleich einen grauen Farbstoff.

Bedeutung als Heilpflanze

Die Rinde junger Zweige sowie die Blätter enthalten Gerbstoffe, Fettsubstanzen, Harzsäuren und dienen als Volksheilmittel. Ein Absud der Rinde wird äußerlich zu Spülungen bei Wunden und Hautgeschwüren, zum Gurgeln bei Angina, Rachenkatarrh sowie bei Verletzungen der Mundschleimhaut angewandt.

---

ten der → Ertragstafeln dargestellt. Am objektivsten als Maßstab wäre die Trockensubstanzproduktion. Man kann zwischen aktueller und potentieller E. unterscheiden, wobei sich letztere aus der Beeinflussung des Standortes ergibt.

Ertragsfunktion des Waldes → Waldfunktionen.

Ertragsklasse, die (Bonität, Bonitätsklasse, Standortsbonität, Standortsgüte): Die E. ist ein relativer oder absoluter Maßstab für die Leistung eines Bestandes. Für jede → Waldbaumart sind die → Ertragstafeln nach E. unterteilt. Die jeweilige E. ergibt sich aus den einfach zu bestimmenden Größen Alter und Bestand(e)shöhe. Die E. wird in römischen Ziffern angegeben, wobei die Bez. von I = sehr gut bis V bzw. VI = sehr schlecht reichen kann. Der Wert der E. (Bonität) drückt auch das Leistungsvermögen des → Standortes und der → Bestockung aus. Dabei ergibt sich die statische E. aus dem Vergleich der bei der Aufnahme des Bestandes gemessenen Größen mit den Werten der → Ertragstafeln, die dynamische E. aus einem Vergleich mit ähnlich erwachsenen Beständen auf ähnlichem Standort. Diese findet dann Verwendung, wenn der Wachstumsablauf der Baumart nicht dem in der Ertragstafel angenommenen entspricht.

Ertragskunde, die (Waldertragskunde, -lehre, Zuwachslehre): Die forstliche E. ist die Wissenschaft von den Gesetzmäßigkeiten des Wachstums, → Zuwachses und → Ertrags einzelner Bäume und Bestände.

Ertragsniveau, das: → Gesamtwuchsleistung, die bei einer bestimmten Höhe des → Bestandes auf unterschiedlichen Standorten erreichbar ist. Bei Fi schwankt das E. bei gleichem Alter (100) und bei gleicher Höhe (40) von einer Gesamtwuchsleistung 1580 bis zu 2040.

Ertragsregelung, die: → Waldertragsregelung, Ertragsregelungsmethoden.

Ertragsregelungsmethoden: alle E. prüfen, wieviel Holz in der Nachhaltseinheit nachhaltig genutzt werden kann. Vorläufer der immer mehr fundierten E. waren Holzbeschau, Waldbereisungen oder → Forstbereitungen, Waldbeschreibungen, → Forstordnungen, Forstvermessungen, Schlageinteilungen. Bei den Nutzungsteilungsverfahren wurden die vorhandenen → Holzbodenflächen oder → Holzvorräte (damals noch als "Masse" bezeichnet) möglichst gleichmäßig auf die gesamte → Umtriebszeit aufgeteilt, wobei der → Zuwachs teilweise berücksichtigt wurde. Dadurch sollte ein gleichbleibender, nachhaltiger Holzertrag erreicht werden. Bei der einfachen Flächenteilung wurde die Fläche, auf der nachhaltig gewirtschaftet werden sollte, durch die Umtriebszeit dividiert. Dadurch ergaben sich jährliche Schlagflächen von gleicher Größe. Der Holzertrag ergab sich aus der abzunutzenden Fläche. Das Verfahren wurde v. a. im → Nieder- und → Mittelwald angewandt. Ein dem Mainzer Bischof gehörender Niederwald bei Langensalza (Hof Monre) wurde z. B. 1264 in neun Schläge eingeteilt und in neunjährigem Umtrieb nacheinander geschlagen. Im Erfurter Stadtwald erfolgte 1358 eine Einteilung in sieben Schläge; auch die Siegener → Hauberge wurden 1447 in Schläge geteilt. Die Holzförsterinstruktionen für die kurmainzischen Waldungen (um 1500) bei Erfurt erwähnt das "Herausmessen der Zähne" (= den Nutzungsberechtigten überwiesene Holzflächen). Im 16 Jh. stiegen die Umtriebszeiten häufig auf 16 bis 25 und damit die Schlageinteilungen. Wegen der Standortsunterschiede war der Holzertrag nicht bei jedem Schlag, bzw. in jedem Jahr, gleich hoch. Deshalb wurde das Verfahren weiterentwickelt mit nach dem Ertrag gewichteten, und daher ungleich großen, Proportionalschlägen. Hierzu war es schon notwendig, die Ertragsfähigkeit der verschiedenen Standorte zu erfassen. Später entstand die Massenteilung (Vorrats(ein)teilung), die unter Berücksichtigung des Vorrats und des Zuwachses nach gleichmäßigen Massenerträgen strebte. Der so ermittelte → Hiebssatz wurde zunächst ohne strenge → räumliche Ordnung durch ungeregeltes → Plentern gewonnen. Die geschilderten Verfahren wurden weiterentwickelt und bildeten die Grundlage für weitere Verfahren.

Beim Fachwerk (von Heinrich → Cotta in Erinnerung an die Fachwerkhäuser in seiner unterfränkischen Heimat so genannt) wurde die festgelegte Umtriebszeit in vier bis acht Fache (Perioden) mit je 20 bis 30 Jahren eingeteilt; diese wurden in einem eigenen Fachwerkplan durch Zuweisung von Distrikten mit gleichen Anteilen ausgestattet. Das Verfahren brachte damit gegenüber dem starren Schema der Flächen- oder der Masseneinteilung mehr Beweglichkeit. Die Holzerträge wurden auch in Vor- und Endnutzung getrennt. Je nach den Kriterien der Zuweisung in die Fache wurden Flächen-, Massen-, Wertfachwerk und kombiniertes Fachwerk unterschieden. Das letzte Verfahren verband die Vorzüge von Flächen- und Massenfachwerk. Die Zuweisung erfolgte zunächst nach der Fläche; die Holzvorratszuweisung wurde auf die ersten Fache (I.) beschränkt. Für diese wurde ein Hauungsplan erstellt, um auch die räumliche Ordnung zu wahren. Beim Wertfachwerk strebte man gleiche finanzielle Erträge an. Mit der Einführung des Fachwerkes war das Nachhaltsprinzip fester Bestandteil der E. geworden.

Aus dem Flächenfachwerk wurde in Sachsen das recht einfache und zudem übersichtliche Altersklassenverfahren zur Bestandeswirtschaft entwickelt. Hier wurde der Hiebssatz nur mehr für die Forsteinrichtungsperiode, das sind die nächsten 10 bis 20 Jahre, abgeleitet. Die Endnutzungsfläche wird aus einem Vergleich von idealem und gegebenem Altersklassenverhältnis hergeleitet. Nach Gewichtung mit dem flächenbezogenen Vorrat und des mittleren Zuwachses der Forsteinrichtungsperiode ergibt sich der Volumenhieb(s)satz. Das Altersklassenverfahren wurde als ein Hieb(s)satzweiser unter mehreren verwendet. Bei den Vorrats- und Zuwachsverfahren wurde der Nachhaltshieb(s)satz aus Holzvorrat, Zuwachs und Holz-ertrag abgeleitet. Heute stellt auch dieses Verfahren einen Weiser unter mehreren zur Herleitung des Hieb(s)satzes dar. Durch moderne → Ertragstafeln ist dieses Verfahren einfacher in der Anwendung geworden. Beim Nutzungsprozentverfahren wurde vom Verhältnis der idealen Nutzung zum idealen Holzvorrat ausgegangen und aus dem realen Holzvorrat und dem vorgenannten Quotienten das reale Nutzungsprozent errechnet. Der so ermittelte Wert ist von der Baumart, der → Ertragsklasse und der Umtriebszeit bestimmt. Dabei unterstellte man das Modell eines → Idealwaldes. Die Anwendung erfordert eine Ermittlung des → Holzvorrates und eine → Bonitierung. Die Zuwachsverfahren nutzten den Zuwachs – mit oder ohne Vorratsausgleich – zur Herleitung des Hieb(s)satzes. Beim Stärkeklassenverfahren wird der Holzvorrat stärkeklassenweise erhoben und mit einem Zielvorrat und einer angestrebten Stärkeklassengliederung verglichen. Aus dieser Gegenüberstellung ergibt sich die Höhe der möglichen Nutzung, aus der unter Berücksichtigung der waldbaulichen Gegebenheiten und der Wirtschaftsziele der Hieb(s)satz entwickelt wird. Die → Kontrollmethode wurde zunächst in der Schweiz für den → Plenterwald entwickelt. In Slowenien wurde ein ähnliches Verfahren entwickelt. Letztlich wird auch beim System mit permanenten Probeflächen eine Kontrollmethode angewandt. Bei allen Kontrollmethoden handelt es sich um induktive Verfahren zur Ermittlung des günstigsten Waldzustandes. Dabei wird der schwierig zu messende Zuwachs durch die Bildung der Differenz der durch Vollkluppung ermittelten abteilungsweisen Vorräte am Ende und am Anfang eines Beobachtungszeitraumes, korrigiert durch die Hinzunahme der in diesem Zeitraum erfolgten Nutzung und den Abzug des → Einwuchses von unterhalb der Kluppschwelle ermittelt. Dieser Zuwachs wird als Weiser für den möglichen Hieb(s)satz verwendet. Soll der Vorrat erhöht werden, muß der Hieb(s)satz geringer sein, soll er verringert werden, muß er umgekehrt höher sein. Die Kontrollmethode strebt den „dauernd vollkommenen Bestand" an, und die Zuwachssteigerung ist ihr oberstes Ziel. Beim slowenischen Verfahren wird der Holzvorrat differenzierter, nämlich nach Höhe, Baumartenverteilung und Stärkegliederung, und damit die für die Plenterwaldwirtschaft wichtigen Kenngrößen noch genauer erfaßt. Heute werden kombinierte Verfahren mit mehreren Hieb(s)satzweisern angewandt. Es wird zunächst durch bestandsweise Planungen ein aufsummierter Planungsvorschlag, gewissermaßen als Realisierungstest, erarbeitet. Diese Datailplanung wird über verschiedene E. für die Nachhaltseinheit (Betriebsklasse) verprobt und abgeglichen. Dadurch werden die Produktions- und die → Waldertragsregelung miteinander verbunden.

Ertragstafel, die (Zuwachstafel): In den E. sind die empirischen Kenntnisse über das Wachstum und den Ertrag von Waldbeständen eingearbeitet. Sie werden zur Schätzung des → Holzvorrates, des → Zuwachses von Beständen, der Entnahmemenge bei → Durchforstungen, zur Vorhersage der Vorratsentwicklung und der Erntenutzung benutzt und geben auch die Gesamtwuchsleistung wieder. Die E. werden für die verschiedenen Baumarten aufgestellt, sind jeweils auf ein Hektar bezogen und nach → Ertragsklassen (Bonitäten) eingeteilt. Die Einstufung erfolgt aufgrund der Eingangsgrößen → Baumalter und → Baumhöhe. Die E. dienen auch als Anhalt für die waldbauliche Behandlung. Sie sind für die → Forsteinrichtung, für die forstliche Statistik, für die → Waldwertrechnung und die Besteuerung und für die → Ertragskunde unentbehrliche Unterlagen und werden zu betriebswirtschaftlichen Entscheidungen herangezogen. Die Höhenkurven sind asymmetrisch S-förmig. Die Ertragsklasse oder Bonität drückt das Leistungsvermögen eines → Standortes aus. Die ersten E. wurden 1787 von Paulsen aufgestellt und 1795 von G. F. Führer veröffentlicht. Wegen des Sticksoffeintrags geben die E. den Zuwachsverlauf nicht mehr wirklichkeitsgetreu wieder. Während Einheits-E. für größere Gebiete gelten, gelten lokale E. für kleinere Gebiete, z. B. → Wuchsgebiete.

Ertragsvermögen, das: → Ertragsfähigkeit.

Ertragswald, der: Wald mit dem eindeutigen Schwerpunkt auf Holznutzung (Ertragsfunktion); → Waldfunktionen.

Erweiterter Sortentarif, der (EST): Der E. S. ist seit dem → Forstwirtschaftsjahr 1983 im Staatswald der Bundesländer, im Bundeswald und teilweise in den Gemeindewaldungen der Länder als Holzerntetarif (gegliedet nach verkaufsüblichen Sorten) eingeführt (Leistungslohnsystem); in Hessen Bestandteil eines Prämienlohnsystems); → Lohnformen.

Erzengelwurz, die: → Engelwurz 1.

Erzeugergemeinschaft für sortengeschütztes Vermehrungsgut e. V.: Im Jahre 1988 gegründeter Verein mit Sitz in Wiesbaden. Zweck des Vereins ist es, die Erzeugung und den Absatz von forstlichem → Vermehrungsgut seiner Mitglieder durch die Anwendung von gemeinsamen Erzeugungs- und Qualitätsregeln sowie Lieferungs- und Verkaufsregeln den Erfordernissen des Marktes anzupassen. Seine Tätigkeit beschränkt sich auf die Behandlung von Forstpflanzen aus den Zolltarifnummern 06.02 A II und 06.02 D u. a. Bekanntmachungen des Vereins werden in der Zeitschrift „Die Holzzucht" veröffentlicht.

Erzfarbiger Erlenblattkäfer, der: → Blattkäfer 2.

Erzgebirge, das: Grenzgebirge mit sanfter N.-Abdachung (Sachsen) und steilem S.-Abfall (Böhmen), 150 km lang, 40 km breit und waldreich. Höchste Erhebungen sind der Keilberg (1243 m) auf tschechischer und der Fichtelberg (1214 m) auf deutscher Seite. Das E. ist aus kristallinen, hochmetamorphen und magmatischen Gesteinen des Paläozoikums (→ Erdzeitalter) aufgebaut. Im Osten und in der Mitte des E. sind es vorwiegend rote und graue Gneise, im Westen Glimmerschiefer und Phyllite. Die Waldfläche des E. beträgt ca. 350 000 ha. Die höheren Lagen werden von natürlichen Fichtenwäldern bestockt. Im Osten des E. finden sich auf günstigeren Standorten auch Laubwälder, im feuchteren West-E. meist Fichtenbestände und Hochmoore. Seit Jh. wird der große Holzreichtum genutzt. Die neuartigen → Waldschäden wurden im E. erstmals im Jahr 1947 beobachtet. Damals waren etwa 5000 bis 6000 ha Wald erkrankt. Anfang der 50er Jahre stieg die Schadensfläche auf ca. 30 000 ha; 1960 betrug sie über 60 000 ha. 1983 waren bereits zwischen 40 000 und 50 000 ha total abgestorben. Die übrige Waldfläche ist geschädigt. Das E. war das am stärksten vom Waldsterben betroffene Gebiet der Welt. Die starke Luftverschmutzung kommt von den Industriegebieten im Egergraben südlich des E. zwischen Falkenau und Dux/Brüx sowie aus den stark industrialisierten Bereichen um Chemnitz und Zwickau. Das E. ist infolge des früheren Reichtums an Silber-, Blei-, Zink-, Kupfer-, Zinnerzen und Uran dicht besiedelt; jetzt Heimindustrie: Spielwaren, Musikindustrie, Uhren, Klöppelspitzen u. a.; auch Abbau von Uranerzen.

Erziehungshieb, der: → Pflegehieb.

Erzwespen (*Chalcididae*): auch Zehrwespen. Mit den → Gallwespen zu den Legestachelwespen (*Terebrantia*) gehörende Über-Fam. von Insekten von oft winziger Größe und metallischer Körperfärbung. Die meisten Arten sind zoophag (Gatt. *Trichogramma*), einige auch phytophag (Gatt. *Megastigmus*) und dadurch Samenschädlinge und befallen v. a. Fi, Ta, Stro und Dgl. Bei Dgl kann die Art *Megastigmus spermotrophus* fast die ganze Samenernte vernichten. Die zoophagen E. (Gatt. *Trichogramma*) sind wichtige biotische Faktoren innerhalb der Waldbiozönose, v. a. als Eiparasiten, weil durch ihre schmarotzende Ernährungsweise Schadinsekten (z.B. Kiefernspanner oder Blattwespen) gar nicht erst zur Entwicklung kommen.

ES: Kurzzeichen für Gemeine Esche nach DIN 4076.

E s c h e n, die: siehe Seite 206

Eschen-Ahorn-Steinschutthangwald, der (*Fraxino-Aceretum* (*pseudoplatani*) = *Tilio platyphylli-Ulmetum glabrae*): auch Sommerlinden-Bergulmen-Bergahorn-Wald, Linden-Ulmen-Ahorn-Wald, Eschen-Ahorn-Steinschuttschatthangwald. Pflanzensoziologische → Assoziation des Unterverbandes Eschen-Ahorn-Wälder oder Bergahorn-Mischwälder (*Lunario-Acerenion pseudoplatani*) des Verbandes der → Linden-Ahorn-Wälder (*Tilio-Acerion*). Sie tritt in den Schattlagen der sub- bis hochmontanen → Vegetationsstufen unter kühlfeuchten Bedingungen auf. In der Baumschicht sind Es, SLi, BAh, SAh und BUl vertreten. In der Krautschicht treten großblättrige, transpirationsaktive und einen ausgeglichenen Wasserhaushalt zeigende Arten, wie Silberblatt, Quirlblättrige Weißwurz und Hasenlattich auf. Je nach Nährstoff- und Bodenwasserhaushalt gibt es mehrere Subassoziationen, z.B. in luftfeuchten Lagen mit Hirschzunge, auf feinerdereicheren Böden mit Hohlem Lerchensporn oder Bärlauch. Übergänge zu den → Hartholz-Auenwäldern und zum → Waldlaubkraut-Eichen-Hainbuchenwald treten auf; → Waldgesellschaften.

Eschen-Ahorn-Steinschuttschatthangwald, der: → Eschen-Ahorn-Steinschutthangwald.

Eschen-Ahorn-Wälder → Linden-Ahorn-Wälder.

Eschenbach, W. von → Wald in der Dichtung.

Eschenbastkäfer, der: → Borkenkäfer 5. und 6.

Eschenblattfloh, der: → Blattflöhe 2.

Eschenblattnestlaus, die: → Blattläuse 7.

Eschenblättriger Diptam, der: → Diptam.

Eschenbraunkern, der: → Fehlverkernung.

Eschenkrebs, der: Sammel-Bez. für zwei verschiedene Krebserkrankungen an der Gemeinen Esche: **1**) der auch als Schießscheibenkrebs bezeichnete Stammkrebs an alten Es, hervorgerufen durch den gallistischen Pustelpilz *Nectria galligena*. **2**) *Pseudomonas syrin-*

◀◀ Eschenrosen: Wucherungen an der Rinde von Eschen

gae var. svastonoi pv. fraxini. Erreger des Bakterienkrebses. Kennzeichen: auffällige und sehr unregelmäßige, dunkle Gewebewucherungen an Stämmen und Zweigen; führt zur Holzentwertung.

Eschenrosen (Käfergrinde): Bez. für die Wucherungen an der Rinde von Es, besonders der der jungen Es (Eschenstangen), die nach einem Ernährungsfraß des Kleinen bunten Eschenbastkäfers (→ Borkenkäfer 5.) durch die Beschädigung der Rinde entstehen.

Eschenrüßler, der: → Rüsselkäfer 16.

Eschenscheckenfalter, der: → Edelfalter 15.

Eschen-Schwarzerlenwald, der: → Hainmieren-Schwarzerlenwald.

Eschenzweiglaus, die: → Blattläuse 8.

Eschenzwieselmotte, die: → Motten 3.

Escherich, Karl, Dr. med. et phil., Dr. h. c. (18.9.1871 Schwandorf bis 22.11.1951 Kreuth): E. war Professor und Geheimer Regierungsrat und einer der bedeutendsten Forstentomologen. Er erwarb sich bleibende Verdienste um die Entwicklung und Anwendung physiologisch-ökologischer Forschungsmethoden. Daneben gründete er die Deutsche Gesellschaft für angewandte Entomologie und gab vier Jahrzehnte lang die Zeitschrift für angewandte Entomologie heraus. Seine wichtigste Veröffentlichung ist das in fünf Bänden erschienene Werk „Die Forstinsekten Mitteleuropas“ (1914 - 1942).

Eschrössel, das: alte, volkstümliche Bez. für die Elsbeere; → Ebereschen 2.

Esel, der: bei der früheren → Flößerei Bez. für den Platz auf einem Langfloß, auf den sich die Flößer niedersetzten und auch ihre Kleider ablegen und trockenhalten konnten.

Eselsohr, das: → Becherlinge 1. und → Aronstab.

Eshölzer → Krummholz 2).

Espe, die: → Pappeln 5.

Espenrotkappe, die: → Röhrlinge 9.

Eßbare Vogelbeere, die: Variation der Eberesche; → Ebereschen 1.

Essenholz, das: → Ulmen 3.

Essenkehrer, der: → Milchlinge 3.

Essigbeer, der: → Sauerdorn.

Essigdorn, der: → Sauerdorn.

Essigrose, die: → Rosen 5.

Eßkastanie, die: → Kastanien.

EST: Abk. für → Erweiterter Sortentarif.

Estdorn, der: → Ahorne 3.

Estienne, Charles → forstliches Schrifttum.

Etagenmoos, das (*Hylocomium*): Gatt. der Fam. Hainmoose (*Hylocomiaceae*) aus der Klasse → Laubmoose.

Etagenmoos, das (*Hylocomium splendens* Hedw.): Auch Glänzendes Hainmoos, Stockwerk-, Glanzmoos. Das vom Tiefland bis über die → Baumgrenze im Hochgebirge verbreitete → Moos bildet in Mooren, Heiden und Wäldern, besonders in Fichtenwäldern, auf sauren bis neutralen Humusböden ausgedehnte, lockere, gelb- bis olivgrüne, glänzende Rasen. Das mehrfach fiedrig verästelte Moos ist aus stockwerkartig übereinandergebauten Jahrestrieben zusammengesetzt. Auf dem Rücken einer übergebogenen Fieder entspringt der nächstjährige Trieb. Die Jahrestriebe sind durch zweizeilig gestellte Verästelungen zwei- bis dreifach gefiedert. Die rotrindigen Stengel sind von gelblichen bis olivgrünen, glänzenden, 1 bis 3 mm langen, länglich-eiförmigen Blättern mit langer, meist geschlängelter Spitze besetzt. Der Blattrand ist gesägt. Die Astblätter sind kleiner und kurzgespitzt, mit umgeschlagenem Rand. Die Sporen reifen im

Karl Escherich war einer der bedeutendsten Forstentomologen.

Eschen

▸▸ Eschenknospe und Eschenblüte

Gattung
Die etwa 600 Arten umfassende Gattung der Eschen (*Fraxinus*) gehört zur Pflanzenfamilie der → Ölbaumgewächse (*Oleaceae*). Es sind vor allem in der nödlichen gemäßigten Zone wachsende mittelgroße oder große Bäume mit gegenständigen, meist unpaarig gefiederten Blättern und unscheinbaren, meist blütenblattlosen Blüten in → Blütenständen, die in der Regel vor dem Laub erscheinen. Die Früchte bestehen aus kleinen Nüssen (→ Schließfrucht) mit einem zungenförmigen Flügelfortsatz (Flügelnuß). Innerhalb eines → Jahrringes ist weitporiges, leichtes, elastisches → Frühholz von sehr viel festerem und dichterem → Spätholz zu unterscheiden. Dieser typische Jahrringaufbau (ringporig; → Poren) bewirkt beim Eschenholz die besondere Elastizität und Festigkeit. Die Vermehrung erfolgt durch Samen.
Die in Mitteleuropa verbreitete Art ist die **Gemeine Esche**. In Südeuropa, Kleinasien und im Kaukasus gesellen sich zu ihr noch die **Spitzfrüchtige Esche** oder **Kaukasus-Esche** (*Fraxinus oxycarpa*), die auch als Form der **Schmalblättrigen Esche** gedeutet wird; ferner die **Blumen-**, **Blüten-**, **Schmuck-** oder **Manna-Esche** (*Fraxinus ornus* Linné = *Ornus europaea* Pers.), die im Mai eine Fülle duftender, cremeweißer Blüten entfaltet und die Verbands → Charakterart des Verbandes des Mannaeschen-Hopfenbuchenwaldes ist. In Osteuropa ist noch die **Schwarzmeer-Esche** (*Fraxinus pallisiae* Wilmott) anzutreffen und in Südeuropa, Kleinasien und Nordafrika die **Schmalblättrige Esche** (*Fraxinus angustifolia* Vahl), deren einblättrige Form (*Veltheimii*) der **Einblatt-Esche**, einer Variation der Gemeinen Esche, sehr ähnelt, jedoch eine rauhe, dunkle Rinde und bürstenartig dichte, aufwärts gerichtete Triebe ausbildet.

Gemeine (Gewöhnliche) Esche
Fraxinus excelsior Linné wird auch Asche, Äsche(rn), Asch-, Geiß-, Vogelzungen-, Wundholzbaum, Langespe, Wald- oder Steinasche und Waldesche genannt. Der Name „Esche" ist abgeleitet vom althochdeutschen „Asc". *Fraxinus* war der Name der Esche bei den Römern, kommt vom griechischen Wort *Phraxis* (= Zaun), da man das Holz der Esche für Umzäunungen verwendete. Das lateinische Wort *excelsior* kommt von *excelsus* (= hervorragend), da die Esche zu einem stattlichen, hohen Baum heranwächst.
Bei der Gemeinen Esche kommt mitunter eine Variation mit ungeteilten Blättern vor, die **Einblatt-Esche** (*Fraxinus excelsior var. monophylla* = *Fraxinus excelsior diversifolia*) sowie eine Gartenform mit goldgelber Herbstfärbung mit im Winter goldbraunen, im Frühjahr heller werdenden Trieben und deutlich gelber Rinde, die **Gelb- oder Goldesche** (*Fraxinus excelsior Jaspidea*), und diese auch in einer Hängeform, die **Hänge- oder Traueresche** (*Fraxinus excelsior Pendula*). Letztere wird durch Pfropfung von Hängezweigen auf einen Hochstamm, der bereits die gewünschte Höhe erreicht hat, erzeugt.

Eschenzweig mit Blättern und Samen

Verbreitung
Die Gemeine Esche ist fast in ganz Europa weit verbreitet. Ihr Verbreitungsgebiet reicht von den Britischen Inseln, Nordspanien, Frankreich, über Mittel- und Osteuropa bis zur Wolga, dem Kaukasus nach Kleinasien, im Norden bis Südskandinavien, im Süden bis Mittelitalien. In den südwestlichsten und südlichsten Teilen Europas fehlt sie. Sie wird auch häufig als Park- und Zierbaum angepflanzt.

Standort
Die Esche, die zu den anspruchsvollsten Baumarten zählt, ist die Ordnungs-Charakterart der mesophytischen buchenwaldartigen Laubwälder Europas, wächst in Flußtälern, krautreichen Au- und Schluchtwäldern und auch in anderen feuchten Buchenwaldgesellschaften. Sie hat ihren Verbreitungsschwerpunkt in den Hartholz-Auenwäldern. Sie gedeiht auf tiefgründigen, nährstoff- und basenreichen bis mäßig sauren, lockeren, frischen bis feuchten Lehm- und Tonböden. Stagnierende Nässe verträgt sie nicht. In den Mittelgebirgen kommt sie bis in Höhen von 700 m, in den Alpen bis 1400 m vor. Sie ist sehr lichtbedürftig und gegen Spätfröste sehr empfindlich. Neben dieser → „Wasseresche" gibt es noch die sogenannte → „Kalkesche", die auf verhältnismäßig trockenen, kalkhaltigen und flachgründigen Standorten gedeiht (→ Gartenesche).

Merkmale
■ Die Gemeine Esche ist ein sommergrüner, langschäftiger, stattlicher Laubbaum und zählt zu den hochwüchsigsten einheimischen Laubbäumen. Sie wächst in den ersten 40 Jahren sehr rasch (nur die Pappel übertrifft sie), wird dann langsamer und beendet mit ca. 100 Jahren bei 30 bis 40 m Höhe ihr Höhenwachstum. Sie kann etwa 1,70 m stark und etwa 250 Jahre alt werden. Die Krone junger Bäume ist relativ licht, eikegelförmig bis oval, die älterer Bäume hingegen mehr rundlich, offen und häufig auch etwas unregelmäßig.
■ Der walzenförmige, meist ziemlich gerade Stamm weist eine anfangs glatte, später längsrissige, breit gerippte, fein querrissige und graue bis schwärzliche Borke auf. Die Gemeine Esche hat eine tiefgehende Pfahlwurzel mit im Alter weitstreichenden Seitenwurzeln. Auf verdichteten, schweren Böden bildet sie ein oberflächennahes Wurzelsystem mit vielen Absenkern aus.
■ Die meist steil aufstrebenden Äste sind anfangs olivgrün bis grünlichgrau, später grau. Die in der Jugend rundlichen bis ovalen, kahlen, olivgrauen bis graugrünen Zweige wachsen → monopodial. Die hellen Korkwarzen (→ Lentizellen) sind deutlich sichtbar. Die Endknospen sind breit pyramidenförmig gewölbt, flankiert von zwei Seitenknospen und größer als die etwa 5 mm dicken Seitenknospen. Letztere sind halbkugel- bis kugel- oder eiförmig, vorne leicht zugespitzt und meist vom Zweig abstehend. Sie liegen über wappenförmigen → Blattnarben. Die samtartigen, mattkohlschwarzen Knospenschuppen besitzen meist einen braunen Rand. Das aus Stamm und Stock zunächst beachtliche → Ausschlagvermögen läßt bald nach.
■ Die kreuzweise gegenständig angeordneten, unpaarig gefiederten, langgestielten Laubblätter sind etwa 20 bis 30 cm lang, oberseits mattgrün, kahl, unterseits heller und entlang der Adern rotbraun behaart. Die einzelnen Fiederblätter (9 bis 15, meist 11) sind länglich-oval bis lanzettlich, ca. 6 bis 12 cm lang und 2 bis 5 cm breit, vorne zugespitzt und sitzend, nur das End-Fiederblatt ist lang-gestielt. Der Blattrand ist ungleich gezähnt. Die Eschenblätter bleiben bis zum Laubfall (→ Blattfall) grün. Da die Streu sehr nährstoffreich ist und sich rasch zersetzt, trägt die Gemeine Esche

entscheidend zur Bodenverbesserung bei. Die Eschenblätter waren früher auch ein beliebtes Vieh- und Wildfutter (→ schneideln).

■ Die Gemeine Esche erreicht im → Freistand mit 20 bis 30 Jahren, im Bestandsschluß (→ Schluß) mit 40 bis 45 Jahren die → Mannbarkeit. Sie blüht kurz vor Laubausbruch im April/Mai. Die unscheinbaren Blüten sind → eingeschlechtig oder (meist) → zwittrig (→ triözisch), → ein- oder → zweihäusig und stehen in reichblütigen, seitenständigen, anfangs aufrechten, zuletzt überhängenden Rispen an den Sprossen des gleichen Jahres. Die männlichen Blüten haben zwei (selten drei) → Staubblätter mit rundlichen, anfangs purpurroten → Staubbeuteln, die weiblichen einen → Fruchtknoten, eine zweilappige → Narbe und zwei spatelförmige, sterile Staubblätter. Die zwittrigen Blüten besitzen einen Fruchtknoten, eine zweilappige Narbe und zwei Staubblätter. Obwohl sie → windblütig sind, werden sie von Bienen besucht, die die Pollen sammeln. Die Fruchtbildung erfolgt in zweijährigem Rhythmus.

■ Die Früchte, einsamige Nüßchen mit zungenförmigen Flügeln, sind etwa 20 bis 30 mm lang und 4 bis 6 mm breit, schmal-länglich, flach, vorne zugespitzt (sogenannte Drehschraubenflieger) und zur Reifezeit (August bis Oktober) gelbbraun. Sie hängen in büscheligen Rispen (→ Blütenstand), die den Winter über (mitunter bis zum Herbst des folgenden Jahres) am Baum hängenbleiben. Die Samen sind länglich, zugespitzt, mattdunkelbraun und längsgestreift. 65 Prozent der Samen sind keimfähig (bleiben dies zwei Jahre). Sie werden vom Wind weggetragen und keimen nach dem Abfall erst im darauffolgenden Frühjahr. Die → Keimblätter sind schmal-zungenförmig, glatt, ledrig, fiedernervig, mit einem Mittelnerv versehen und am Grunde stielartig verschmälert. Die gegenständigen, langgestielten Erstlingsblätter sind ungeteilt und ungleich gezähnt; die darauf folgenden Blätter sind dreizählig, die weiteren unpaarig gefiedert.

Waldbau und Schädlinge

Waldbaulich ist die Gemeine Esche eine wertvolle Baumart, die auf geeigneten Standorten gezielt eingebracht und gefördert werden sollte. Die natürliche → Verjüngung erfolgt in der Regel ohne Schwierigkeiten. Von großer Bedeutung bei der Gemeinen Esche sind frühzeitige und wiederholte Pflegemaßnahmen, bei denen vor allem tief angesetzter Zwieselwuchs (→ Zwiesel) sowie beschädigte und ungünstig geformte Bäumchen zu entnehmen sind. Häufige → Durchforstungen sind nötig, um der Gemeinen Esche ständig Kronenfreiheit und so einen ungestörten, gleichmäßigen Wuchs zu bieten.
Häufig wird die Gemeine Esche von der Milbe *Aceria fraxinivora* befallen, was zur Ausbildung von → Gallen führt. Die angegriffenen und mißgestalteten Blütenstände verholzen und bleiben im Winter am Baum hängen. Der Befall beschränkt sich zumeist auf einzelne Bäume. Die Eschenzwieselmotte (→ Motten 3.) tötet die Gipfelknospe ab, wodurch es zu Zwieselwuchs kommt. Mäuse- und Wildschäden sind relativ häufig.

Holz

Viele Eschenarten liefern sehr festes, ungewöhnlich elastisches Holz, das vielseitige Verwendung findet. Die beste Qualität liefern langsam wachsende Bäume mit geraden, mitunter bis über 10 m astfreien Schäften. Das gut zu bearbeitende Holz ist ringporig, schwer, zäh, elastisch, hat einen breiten gelblichen oder weißrötlichen → Splint, einen hellbraunen → Kern und reißt nicht. Frisch bearbeitet riecht es leicht süßlich-aromatisch. Seine natürliche Dauerhaftigkeit ist gering, daher wird es nicht im Freien verwendet. Früher diente das harte Holz zur Herstellung von Skiern und Schneeschuhen.
Heute wird es für Werkzeugstiele und -griffe, Ruder und Paddel, Schlittenkufen, Leitersprossen, Sportgeräte, Jalousien, Fruchtpressen, Parkett, Jagdspießschäfte (bereits Homer rühmte die Güte des Eschenholzspeeres) u. a. verwendet. Das Holz dient auch für die Herstellung von → Holzkohle. Stämme mit Maserknollen und Zwieselwüchsige sind besonders für die Herstellung von Maserfurnieren geeignet und ergeben auch hochwertiges Drechsel- und Möbelholz (Schlafzimmer- und Küchenmöbel). Im Winter gefälltes Eschenholz gilt als zäher und federkräftiger, im Sommer gefälltes ist leichter zu biegen. Eschenfurnier ist hell gefärbt. Eine Besonderheit ist die → Olivesche. Die in der Jugend glatte, bräunliche Rinde der Gemeinen Esche wurde in Gerbereien als Ersatz für Eichenrinde verwendet.

Bedeutung als Heilpflanze

In der Naturheilkunde finden die Samen und die Rinde zwei- bis dreijähriger Zweige (geschält im April) sowie die Blätter (gesammelt kurz nach dem Laubaustrieb, wenn sie noch mit einem klebrig-süßen Überzug bedeckt sind), Verwendung. Aus den Blättern läßt sich ein belebender Tee bereiten, der auch harntreibend und leicht abführend wirkt. Die Samen und die Rinde wirken adstringierend und fiebersenkend. Eschenprodukte enthalten Zucker, Harze, Cumaringlykoside, Gerbstoff, Mineralsalze sowie die Vitamine C und P. Sie werden u. a. bei Gicht, Neuralgie, Rheumatismus, Steinerkrankungen, Schmerzen, Verstopfung sowie bei Fettleibigkeit angewandt. Der frische, schleimreiche Bast der Rinde wurde früher als Auflage zur Heilung von Wunden benutzt, („Wundholzbaum"). Man legte aber auch frische Blätter auf Wunden.

Eschenstämme

Mythologie und Brauchtum

In der germanischen Mythologie spielt die Esche eine bedeutende Rolle. Die riesige, immergrüne Weltenesche „Iggdrasil" umspannt mit ihrem Gezweig Weltall, Himmel und Erde und verbindet die Reiche der Götter, Menschen, Riesen und Zwerge. Unter ihren Wurzeln entspringen die drei Quellen Urd, Hwergelmir, Mimirs Brunnen, an denen die Nornen, die allwissenden Schicksalgöttinen Urd, Verandi und Skuld die Fäden des Schicksals spinnen. Die vier Hirsche Dwalin, Dain, Durathor und Dunyer fraßen ständig die Knospen (Stunden), Blüten (Tage) und Zweige (Jahreszeiten) der Weltenesche ab. Aus der Esche schufen Odin, Wili und We den ersten Mann „Ask" (abgeleitet vom altgermansichen Wort Askr = Baumklotz); dessen Gattin „Embla" schufen sie aus der Erle oder Ulme. Der Sage nach kamen die Götter unter Odins Baum zusammen, was den nordischen Völkern als Beispiel diente und viele Stämme daher ihren Thingplatz (Gerichts- und Versammlungsstätte) unter einer großen Esche wählten.

Frühjahr. Wie bei allen Astmoosen stehen auch beim E. die 2 bis 3 cm lang gestielten, geneigten Sporenkapseln an der Spitze kurzer Seitenzweige. Die gekrümmte, länglich-eiförmige Sporenkapsel hat einen geschnäbelten Deckel.

Etat, der: früher übliche Bez. für → Hieb(s)satz.

Ethanol, das: → Äthanol.

Ethologie, die: → Verhaltensforschung.

Ethylalkohol, der: → Äthanol.

Eukalyptus, der: → Wuchsleistungen.

Eulen

A: **Eulen, Vögel** (*Strigiformes*): Die Ordn. E. gliedert sich in die Fam. der Echten Eulen (*Strigidae*) mit 123 Arten, zu denen u. a. Uhu, Sumpfohr-, Waldohr-, Zwergohreule, Habichts-, Rauhfuß-, Sperlings-, Stein- und Waldkauz zählen, und in die Fam. der Schleiereulen (*Tytonidae*) mit 11 Arten. Sie sind fast über die ganze Erde verbreitet. Die E., auch Nachtgreifvögel genannt, sind mit den Greifvögeln jedoch nicht verwandt. Sie besitzen einen dicken, fast runden Kopf mit flachem Gesicht und einen etwas plump wirkenden Körper. Die ungewöhnlich großen Augen sind nach vorne gerichtet und haben ein durchsichtiges inneres Augenlid, das sie willkürlich öffnen und schließen können. Es schützt das Auge vor Schäden durch zu grelles Licht. Der Augapfel der E. ist unbeweglich. Sie sind jedoch in der Lage, Kopf und Hals bis 270 Grad zu drehen, ohne die Körperhaltung zu ändern. E. sehen auch am Tage gut. Der Schnabel ist kurz (ohne

Der Uhu (*Bubo bubo*) ist die größte europäische Eule.

Zahn) und bereits von der Wurzel weg scharf nach unten gebogen. Das Gesicht wird von einem Kranz steifer und nach rückwärts gekrümmter Federn umgeben, dem Gesichtsschleier. Vermutlich befähigt sie dieser Gesichtsschleier dazu, auch die geringsten Geräusche wahrzunehmen. Die Beine der E. sind bis zu den Fängen (Füßen) dicht befiedert, die Krallen stark gekrümmt und sehr scharf. Zwei der Zehen sind stets nach vorne gerichtet, die äußere dritte Zehe ist eine Wendezehe. Das Körpergefieder der E. ist weich und groß und gestattet ihnen einen fast geräuschlosen Flug. Die überwiegend nachtaktiven Vögel jagen auch in den Dämmerstunden und schlagen ihre Beute nach Gehör und Gesicht. E. haben keinen Kropf und können deshalb die Nahrung nicht speichern. Diese besteht hauptsächlich aus Mäusen, Ratten und Kleinvögeln. Unverdauliche Rückstände wie Federn, Knochen, Haare, Krallen und Zähne werden als Gewölle (Speiballen) ausgewürgt. Da der Magensaft der E. kaum Salzsäure enthält, können sie diese Rückstände nicht verdauen. Mit Ausnahme der Sumpf-ohreule bauen die E. keine eigenen Horste (Nester). Soweit sie keine verlassenen Greifvogelhorste oder Krähen- und Elsternnester vorfinden, nisten sie auch in Baum- und Felshöhlen, Kirchtürmen, Mauernischen oder Erdhöhlen. Die Eier der E. sind rein weiß und rund. Die Geschlechter sind gleichgefärbt, gleich groß und gezeichnet und daher kaum zu unterscheiden. Nur beim Uhu ist das Weibchen größer.

I. Echte Eulen (*Strigidae*):

1. Uhu, der (*Bubo bubo* L.): auch Auf, Große Ohreule, Schuhu, Horn-, Berg-, Adler-, Steineule. Der U. ist die größte europäische E. Der Name kommt von seinem Gesang ("u-hu"). Länge: etwa 66 bis 70 cm, Gewicht: 2000 bis 3000 g, Flügelspannweite: bis 180 cm. Das Weibchen ist in der Regel größer als das Männchen.

In Dtschl. zählte er zu den ausgerotteten E.-Arten, besiedelt aber durch Wiedereinbürgerungsaktionen, wenn auch in wenigen Exemplaren, wieder Teile seines ursprünglichen Verbreitungsgebietes.

►► Waldohreule (*Asio otus*)

Der U. bewohnt als Standvogel meist Flußtäler mit Felswänden in großen zusammenhängenden Wäldern. Als Jagdrevier beansprucht er eine Fläche von 6000 bis 7000 ha. In Dtschl. bewohnt er bevorzugt die Mittelgebirge (Harz, Thüringen, Mosel, Franken, Oberpfalz und obere Donau). Erfolgreiche Wiedereinbürgerungsversuche (z. B. in Bayern, Württemberg und Niedersachsen) lassen den Bestand wieder anwachsen. Der U. lebt ungesellig, ist scheu und hält sich tagsüber meist regungslos an geschützten und möglichst unzugänglichen Stellen auf. Von Krähen, Greif- und Kleinvögeln wird er gehaßt und verfolgt, wenn er am Tage gesichtet wird. Die Beutejagd erfolgt abends und nachts. Er jagt meist lautlos im niedrigen Suchflug oder von einer Warte aus.

Die Balzzeit ist im März oder April. Als Horst (Nest) werden Reiher- und Greifvogelhorste benutzt. Häufig genügt ihm auch schon eine einfache Bodenmulde. Er ist hauptsächlich Felsbrüter, gelegentlich Baum- und Bodenbrüter. Das Gelege besteht aus zwei bis drei, selten vier, weißen, kurzovalen Eiern (ca. 60 x 49 mm, ca. 80 g). Brutdauer: 32 bis 36 Tage; ebenso lange sitzen die Jungen im Horst. Nur eine Jahresbrut (Anfang April).

<u>Nahrung:</u> v. a. Mäuse und Ratten. Er nimmt jedoch auch Hasen, Wildkaninchen, Rehkitze, Bussarde, Fasane, Igel, Frösche und Vögel bis zur Auerhahngröße.

2. Zwergohreule, die (*Otus scops* L.): auch Baumeule, Krainische Ohreule, Kleine Ohreule, Waldäuffel, Posseneule, Gehörntes Käuzchen. Sehr kleine E., nur etwa drosselgroß. Länge: 18 bis 19 cm, Gewicht: etwa 100 g, Flügelspannweite etwa 50 cm.

Die nur noch sehr selten in den Alpenländern (v. a. in der Steiermark) vorkommende Z. bewohnt bevorzugt lichte Wälder, parkartiges Gelände, Alleen und Olivenhaine. Sie sitzt tagsüber dicht an einem Baumstamm gedrängt oder versteckt sich in einer natürlichen Baumhöhle. In den Dämmerungsstunden und in hellen Nächten wird sie jedoch aktiv. Sie fliegt wendig und niedrig über dem Boden dahin.

Die Z. legt ihre Eier fast immer in Baumhöhlen und nur selten in Mauer- und Felslöcher ab. Das Gelege enthält drei bis vier, seltener fünf kurzovale, weiße Eier (ca. 31 x 27 mm, ca. 12 g). Brutzeit: Mai/Juni, 24 bis 26 Tage, Nestlingszeit: etwa vier Wochen. Eine Jahresbrut.

<u>Nahrung:</u> Nachtschmetterlinge, Großinsekten, Spinnen und kleine Mäusen.

3. Waldohreule, die (*Asio otus* L.): auch Gemeine Ohreule, Kleine W., Horneule, Langohrige E., Fuchs-, Ranz-, Knappeule, Kleiner Uhu, Ohrkauz. Die W. ist wesentlich kleiner als der Uhu, diesem jedoch sonst sehr ähnlich. Länge: etwa 35 cm, Gewicht: etwa 280 g, Flügelspannweite: 80 bis 90 cm.

Die W. kommt in Mitteleuropa noch relativ häufig vor. Sie lebt in Wäldern am Rande offener Flächen (Lichtungen etc.), Parkanlagen, Feldgehölzen, Friedhöfen und im Winter in der Nähe von Siedlungen.

Die dämmerungs- und nachtaktive W. ist sehr gesellig (v. a. im Winter) und sitzt tagsüber geschützt und dicht an den Stamm gedrückt, schlank aufgerichtet auf einem Ast. Der Flug ist schwankend und wie bei allen E. lautlos. Je nach Nahrungsangebot ist die W. Stand-, Strich- oder Zugvogel.

Die W. benützt zum Brüten gern verlassene Krähen- und Elsternnester, gelegentlich auch Horste von Sperber und Reiher. Ab und zu brütet sie am Boden. Das Gelege besteht aus vier bis sechs kurzovalen, weißen Eiern (ca. 41 x 33 mm, ca. 23 g). Brutdauer: 27 bis 28 Tage, Nestlingszeit: 24 bis 28 Tage (Platzhocker). Eine Jahresbrut im März/April; in Mäusejahren ist auch eine zweite Brut möglich.

<u>Nahrung:</u> Mäuse (Feld-, Spitzmäuse), andere

Kleinnager und Frösche, in mäusearmen Jahren auch Kleinvögel und Insekten.

4. Sumpfohreule, die (*Asio flammeus* Pontopp.): auch Bruch-, Brand-, Kohl-, Moor-, Rohr-, Schnepfen-, Wieseneule, Kurzohrige E., Gelber Kauz, Gelber König. Sie ist nur geringfügig größer als die Waldohreule. Länge: 35 bis 40 cm, Gewicht: etwa 380 g, Flügelspannweite: 90 bis 95 cm.

Die S. bevorzugt sumpfiges Gelände, feuchte Wiesen, Sumpf- und Moorlandschaften, Heiden und Dünengelände. Tagsüber sitzt sie gerne versteckt zwischen Schilfrohr und hohem Gras am Boden oder auch auf Pfählen, aber kaum auf Bäumen. Sie jagt sowohl am Tage als auch in den Dämmerungs- und Nachtstunden. Ihr Flug ist weich und gaukelnd mit weitausholenden, langsamen Flügelschlägen, häufig geht sie dabei ins Gleiten über. Sie jagt in niedrigem Suchflug und rüttelt häufig. Zur Brutzeit kreist sie bussardartig über dem Revier; beim Balzflug klatscht sie auch mit den Flügeln. Bei guten Nahrungsverhältnissen (milder Winter) bleibt sie als Wintergast hier; ansonsten zieht sie als Strich- oder Zugvogel in die Mittelmeerländer.

Im Ggs. zu den anderen E. baut die S. einen Horst. Sie errichtet ihn immer am Boden auf umgeknickten Halmen, gut getarnt zwischen Schilfrohr und Binsenbeständen. Das Gelege besteht aus vier bis sieben, in Mäusejahren bis zu 11 kurzovalen weißen Eiern (40 x 32 mm, ca. 22 g). Brutdauer: 25 bis 29 Tage,

◂◂◂ Waldkauz (*Strix aluco*)

Nestlingszeit: 16 bis 17 Tage. Eine Jahresbrut (April/Mai).

Nahrung: Mäuse, Ratten und Frösche, selten Kleinvögel.

5. Sperlingskauz, der (*Glaucidium passerinum* L.): auch Sperlingseule, Zwerg-, Tannen-, Tagkauz, Kleiner Waldkauz, Akadische E. Der S. ist die kleinste E., er ist nur etwa starengroß. Länge: 15 bis 17 cm, Gewicht: 60 (Männchen) bis 75 g (Weibchen), Flügelspannweite: etwa 27 bis 31 cm.

Der S. kommt nur noch vereinzelt vor. Er bewohnt bevorzugt die Nadelwälder der Gebirge und ist in den großen ruhigen Wäldern der Ebene nur selten anzutreffen. Er ist dämmerungs- und tagaktiv und stellt lebhaft und keck seiner Beute nach. Er fliegt schnell und gewandt und schlägt kleine Vögel im Fluge. Typisch für ihn ist das häufige Wippen mit dem Stoß. In Süddtschl. Standvogel.

Der S. legt seine Eier in natürlichen Baumhöhlen oder Spechthöhlen (Buntspechthöhlen) ab. Das Gelege besteht aus vier bis sechs weißen, runden Eiern (29 x 23 mm, ca. 8 g). Brutdauer: 28 bis 29 Tage, Nestlingszeit: 30 bis 33 Tage. Eine Jahresbrut (April/Mai).

Nahrung: Kleinsäuger aller Art, Insekten, Fledermäuse und Kleinvögel.

6. Steinkauz, der (*Athene noctua* Scop.): auch Kleiner Haus-, Scheunen-, Schützen-, Leicheneule, Leichenhühnchen, Leichenvogel, Klagemutter, Totenvogel, Toteneule, Wichtel. Im antiken Griechenland war der S. der Göttin Athene geweiht und galt als Sinnbild der Gelehrsamkeit. Länge 20 bis 32 cm, Gewicht: etwa 200 g, Flügelspannweite: 45 bis 50 cm. → Vogel des Jahres 1972.

Außer den skandinavischen Ländern ist er in ganz Europa anzutreffen, in den südlichen Ländern jedoch häufiger als in den nördlichen. Der S. liebt das offene Gelände mit lichten Baumbeständen. Er hält sich daher bevorzugt in Parkanlagen, großen Obstgärten, in Feldgehölzen und Friedhöfen auf. Unterschlupf findet er in alten Gemäuern, Türmen, Scheunen und Dachböden. Er ist auch oft tagsüber aktiv und sitzt dabei gerne auf Masten, Dächern und Zäunen. Seine Eigenart, sich bei Erregung und Unsicherheit zu ducken, um dann wieder hoch aufzufahren sowie seine tiefen Verbeugungen lassen ihn sehr possierlich erscheinen. Der S. ist ein ausgesprochener Standvogel. Der Warnruf ist ein kurzes „kuwitt, kuwitt", bei dem abergläubische Menschen die Aufforderung „komm mit" – nämlich ins Jenseits – heraushörten und ihn als Todesvorboten ansahen.

Der S. legt die Eier in Baumhöhlen, Fels- und Mauerlöcher und auch in Nistkästen ab. Das Gelege besteht aus drei bis fünf, seltener sechs reinweißen, kurzovalen Eiern (33 x 28 mm, ca. 15 g). Brutdauer: 26 bis 28 Tage, Nestlingszeit: 28 bis 34 Tage. Eine Jahresbrut (Mitte März/Ende April).

Nahrung: Kleinnager aller Art, Insekten, Eidechsen, Frösche, Würmer, seltener kleine Vögel. Häufig legt er in Baumhöhlen Vorräte an.

7. Rauhfußkauz, der (*Aegolius funereus* L.): auch Rauhfüßiger Kauz, Langschwänziges Käuzchen, Tengmalms-, Puppeneule.

Länge: etwa 25 cm, Gewicht: 100 g (Männchen) bis 160 g (Weibchen). Flügelspannweite: etwa 54 cm. Der R. ist dem Steinkauz täuschend ähnlich.

Der R. bevorzugt große dichte Wälder, mit Vorliebe Nadelwälder mit Schwarzspechthöhlen und Dickungen. Er zieht den düsteren Bergwald dem Wald der Ebene vor. Der wenig gesellige, dämmerungs- und nachtaktive Vogel verschläft den Tag in alten Nadelbäumen. Bei Einbruch der Dämmerung geht er geräuschlos und schwankend fliegend auf Nahrungssuche. Stand- und Strichvogel, der im Winter gerne vom Gebirge in die Täler und Ebenen ausweicht.

Der R. legt seine Eier mit Vorliebe in Schwarzspechthöhlen, besonders wenn diese sich in Fi oder Kie befinden, aber auch in natürlichen Baumhöhlen und gelegentlich in Nistkästen ab. Der Niststand ist meist sehr hoch. Das Gelege besteht aus vier bis sechs kurzovalen, weißen Eiern (32 x 26 mm, ca. 12 g). Brutdauer: 26 bis 28 Tage, Nestlingszeit: 32 bis 36 Tage. Eine Jahresbrut (Ende April/Anfang Mai).

Nahrung: Kleinnager und Mäuse, daneben auch Kleinvögel und Insekten.

8. Waldkauz, der (*Strix aluco* L.): auch Brand-, Knarr-, Knapp-, Stock-, Horn-, Gemeine Waldeule, Große Baumeule, Rote, Braune E., Kieder, Melker, Milchsauger. Der W. ist etwas größer als die Sumpfohreule. Länge: 39 cm, Gewicht: 450 g (Männchen) bis 550 g (Weibchen), Flügelspannweite: annähernd 98 cm.

Der W. bewohnt noch relativ häufig die Laub- und Mischwälder unserer Heimat. Er ist auch in Parkanlagen und großen Gärten anzutreffen. Wie alle E. ist er ein dämmerungs- und nachtaktiver Vogel; während der Aufzucht der Jungen fliegt er gelegentlich auch bei Tage lautlos umher. Seinen Unterschlupf sucht er im Sommer überwiegend auf Bäumen, dicht an den Stamm gedrückt. Im Winter sitzt er jedoch auch in Kaninchenröhren und manchmal in verlassenen Fuchsbauen. Oft sonnt er sich vor seiner Schlaf- oder Bruthöhle. In unserer Heimat ist er Standvogel.

Der W. legt seine Eier in Baumhöhlen, Scheunen, alten Krähen- und Elsternnestern ab. Das Gelege besteht aus zwei bis fünf, im Durchschnitt aus zwei oder drei weißen, kurzovalen Eiern (ca. 48 x 39 mm, ca. 38 g). Brutdauer: 28 bis 29 Tage, Nestlingszeit: etwa 28 bis 35 Tage. Die Jungen sind erst mit etwa 45 Tagen flugfähig. Eine Jahresbrut im März/April, manchmal auch schon Ende Februar.

Nahrung: hauptsächlich Mäuse, daneben aber auch Insekten, Kleinsäuger, Frösche, junge Hasen und Vögel bis zur Taubengröße. In Notzeiten nimmt er auch Aas.

9. Habichtskauz, der (*Strix uralensis* Pall.): auch Uralkauz, Uralische E., Schwarzäugige E., Große Braune, Langschwänzige Sibirische E., Habichtseule, Habergeiß. Der H. ist wesentlich größer als der Waldkauz. Länge: 58 bis 61 cm, Gewicht: 700 g (Männchen) bis 900 g (Weibchen), Flügelspannweite: etwa 118 cm.

Der H. bevorzugt hauptsächlich Laub-, Misch- und Nadelwald mit ausreichenden Altholzbeständen und Baumhöhlen. Sein Vorkommen beschränkt sich auf die nordischen Länder. Im deutschsprachigen Raum ist er nur noch vereinzelt im östlichen Alpengebiet (Steiermark, Kärnten) anzutreffen. Standvogel, der aber in harten Wintern als Strichvogel weit umherstreicht.

Der H. horstet in entsprechend großen Baumhöhlen oder in verlassenen Greifvogelhorsten. Er legt dort drei bis vier, seltener fünf weiße Eier (50 x 43 mm, ca. 47 g). Brutdauer: 27 bis 29 Tage, Nestlingszeit: 32 bis 39 Tage. Die Jungvögel sind mit etwa 42 Tagen flugfähig. Eine Jahresbrut (Ende Februar bis April).

Nahrung: Kleinsäuger bis Eichhörnchengröße, Insekten und Frösche.

II. Schleiereulen

10. Schleiereule, die (*Tyto alba* Scop.): auch Feuer-, Gold-, Herz-, Flammen-, Kirchen-, Klag-, Perl-, Ranz- und Turmeule, Schleierkauz, Kauz-, Toten-, Schläfereule, Fliegende Katze, Schnarchkauz. Länge: etwa 35 cm, Gewicht: um 340 g, Flügelspannweite: 92 bis 96 cm; → Vogel des Jahres 1977.

Die sehr selten gewordene S. kommt mit Ausnahme der nördlichen Länder in ganz Europa vor. Als ausgesprochene Nachteule sieht sie am Tage sehr schlecht, ist aber in der Dämmerung und v. a. nachts sehr rege. Sie wohnt vorwiegend in alten Kirchtürmen, Dachkammern, Scheunen und Ruinen. Ihr Flug ist schwankend und leise. Fehlende Nistgelegenheiten schränken ihren Lebensraum stark ein, und strenge Winter mit hoher Schneelage dezimieren sie arg. Sie ist ein Kulturfolger und bei uns Standvogel.

Die S. baut keinen eigenen Horst. Sie legt ihre vier bis sieben ovalen, reinweißen Eier (ca. 39 x 31 mm, um 21 g) auf dem Boden ihrer Behausung ab. Der Brutbeginn (April bis August) hängt von der Mäusepopulation ab. Die Brutdauer beträgt etwa 30 bis 34 Tage; die Jungvögel sind etwa 60 Tage lang Platzhocker. Meist eine Jahresbrut; in mäusereichen Jahren ist eine zweite Brut möglich.

Nahrung: Die S. schlägt Mäuse in sehr großen Mengen (Name: „Fliegende Katze"), in mäusearmen Jahren auch Fledermäuse, Kleinvögel und Frösche.

B: Eulen, Schmetterlinge, die (*Noctuidae*): E. sind mit Ausnahme der Ordensbänder meist kleine, unscheinbare Schmetterlinge, die an Kopf und Brust stark behaart sind. Flügel meist dunkel gefärbt (Schutzfärbung) mit charakteristischer Zeichnung aus zwei Querbinden und einem nierenförmigen Fleck im Mittelteil. Hinterflügel in der Färbung immer völlig verschieden von jener der Vorderflügel. Die → Raupen sind 16-, 14- oder 12beinig und meist nackt. Die → Puppen sind gestreckt und ruhen meist ohne Kokon unter der Bodenoberfläche. Die Falter sind schnelle Flieger, fliegen überwiegend nachts oder in der Dämmerung, nur einige bei Tage. Sie saugen Blumennektar und ausfließenden Baumsaft, wobei einige Arten besonders an Nadelbäumen beträchtlichen Schaden verursachen können; andere hingegen stellen anderen Raupen nach (→ Mordraupen).

Die wichtigsten Arten sind:

1. Forleule, die (*Panolis flammea*): auch Kieferneule. Schwärmt bereits im März/April bei Sonnenuntergang und kann massenhaft auftreten. Sie kommt in Kiefernwäldern, hauptsächlich in den jüngeren 30- bis 50jährigen Beständen vor. Flügelspannweite: 3 bis 3,5 cm. Die Vorderflügel sind gelbrot, mit grauen Makeln besetzt und können dachartig zusammengefaltet werden. Die ca. 1 mm großen Eier – anfangs hellgrün, später dunkel – werden in einer Zeitspanne von zwei Wochen in einreihigen Eizellen an den vorjährigen Nadeln abgelegt. Die im Mai schlüpfenden Raupen ernähren sich anfangs von treibenden Knospen und den sprießenden Maitrieben, die alten, bis zu 4 cm langen Raupen von vorjährigen Kiefernnadeln. Futterpflanzen sind jedoch auch Bi und Ei. Die Verpuppung erfolgt im Juli/August. Die braune Puppe überwintert ohne Gespinst in der Bodendecke. Die F. kann Kahlfraß in Kiefernstangenhölzern verursachen. Findet man beim Probesuchen eine

▸▸ Erleneule (*Acronicta alni*)

oder mehr Puppen je Quadratmeter Boden, droht Kahlfraß.

2. Kiefernsaateule, die (*Agrotis vestigialis*): Schmetterling mit aschgrauen Vorderflügeln (Flügelspannweite bis 40 mm) und deutlichen dunklen Makeln. Er fliegt im August/September, auch bei Tag. Die Eiablage erfolgt einzeln am Boden. Die 3 cm langen, schmutzig graubraunen Larven (Erdraupen) fressen unterirdisch Pflanzenwurzeln, wandern nachts an der Erdoberfläche und benagen Mieren und ein- bis dreijährige Ndh, v. a. Kie, an Rinde und Nadeln, so daß diese vertrocknen.

3. Wintersaateule, die (*Agrotis segetum*): Schmetterling mit gelblichbraunen oder rötlichbraunen Vorderflügeln (Flügelspannweite bis 40 mm) und fein schwarz umrandeten Makeln. Fliegt Ende Mai/Juni und häufig nochmals im Spätherbst. Die bis zu 50 mm großen Raupen fressen an Ampfer und krautigen Pflanzen und werden auch an Saatpflanzen der Ndh (v. a. Fi und Lä), auch an Bu, die teils abgebissen, teils unterirdisch bis zum Wurzelknoten entrindet werden, schädlich. Die Verpuppung findet im Boden statt.

4. Braunes Ordensband, das (*Pseudophia lunaris*): auch Mondeule. Fliegt im Mai/Juni. Die Raupen befressen zarte Triebe und Blätter der Eichenpflanzen.

5. Erbseneule, die (*Mamestra pisi*): fliegt im Mai/Juni bei Nacht. Die Raupen leben an verschiedenen krautartigen Pflanzen, an Weißdorn und anderen Holzgewächsen. Sie wird gelegentlich an Fichtenpflanzen und Lä schädlich.

6. Mönch, der (*Panthea coenobita*): fliegt im Mai/Juni und kommt nur in Nadelwäldern vor. Die Eiablage erfolgt an Fi, Kie und Ta; die Verpuppung am Baumfuß.

7. Ahorneule, die (*Acronicta aceris*): Die weißgraue A. (Flügelspannweite 40 bis 45 mm) fliegt im Mai/Juni nachts. Die Eiablage erfolgt in den Rindenritzen von Ah, Rka, Ei und anderen Lbh. Anfangs Skelettierfraß der Raupen, später Fraß der Blattfläche bis auf die stärksten Rippen. Die Verpuppung (Puppe rotgelb) erfolgt in einem Gespinst in der Borke am Baumfuß.

8. Spinnereule, die (*Colocasia coryli*): auch Haseleule. Sie fliegt im Mai/Juni. Vorderflügel mit auffallendem Farbgegensatz; Flügelspannweite bis 33 mm. Die bis 40 mm große

▸▸▸ Gammaeule (*Autographa gamma*)

Raupe ist fleischfarben mit schwarzen Mittellängsstreifen und ebensolchen Seitenstreifen. Die Eiablage erfolgt an Ei, Bu, Ha, Bi und anderen Lbh. Sie verpuppt sich zwischen zusammengesponnenen Blättern oder am Boden.

9. Gemeine Markeule, die (*Gortyna ochracea*): Sie fliegt im August/September. Die Raupe lebt u. a. im Mark von Holunderzweigen und Weidenruten, in dem sie sich auch verpuppt. Die befallenen Triebe schrumpfen von der Spitze her ein; oft knicken sie auch an der Fraßstelle um.

10. Blaukopf, der (*Diloba caeruleocephala*): Fliegt von August bis Oktober am Abend. Die Eiablage erfolgt an Lbh, vorwiegend an Weißdorn, Schlehen und Obstbäumen. Die Raupen fressen die Knospen, Blätter und Blüten. Die Verpuppung erfolgt an Stämmen, Mauern usw.

11. Aprileule, die (*Dichonia aprilina*): auch Grüne Eicheneule. Fliegt Ende August bis Oktober, häufig in Eichenwäldern. Die Raupen fressen nachts das junge Laub der Ei und verstecken sich am Tage in den Rindenspalten. Die Verpuppung erfolgt im Boden.

12. Trapezeule, die (*Calymnia trapezina*): auch Ulmeneule. Fliegt im Juli/August. Die Raupe lebt auf Ei, Ul, Wei und anderen Laubhölzern (Mai/Juni). Bei Nahrungsmangel frißt sie auch Artgenossen (Mordraupe). Die Verpuppung erfolgt in der Bodendecke.

13. Eichenkarmin, Großes, das (*Astiodes sponsa*): Der Schmetterling, ein Ordensband, fliegt spät abends im Juli/August in Eichenwäldern. Die Eiablage erfolgt hauptsächlich auf Ei; die Raupen (Mai/Juni) fressen nachts die jungen Blätter. Die Verpuppung erfolgt zwischen den Blättern.

14. Weidenkahneule, die (*Earias (Halias) chlorana*): auch Weidenkahnspinner. Fliegt nachts im April/Mai und Juli bis September. Die Eiablage erfolgt einzeln an den Spitzen junger Weidentriebe, hauptsächlich an der Korbweide. Die einzeln lebenden Raupen fressen unter einem Gespinst im Mai bzw. Juli/August die Blätter und weichen Triebspitzen. Der Raupenfraß führt zur Verhinderung des Längenwachstums der Ruten bzw. zu sperrigem Wuchs. Die Verpuppung erfolgt in einem weißen, kahnförmigen und dichten Kokon an Zweigen und Blättern.

15. Buchenkahneule, die (*Bena prasinana = Hylophila p.*): auch Buchenkahnspinner, Jägerhütchen. Fliegt nachts im Mai/Juni, überwiegend in Buchenwäldern. Die Eiablage erfolgt an Bu, Ei und Bi. Die Verpuppung findet auf einem Blatt statt. Die Puppe fällt mit dem Blatt zur Erde und überwintert.

16. Gammaeule, die (*Autographa gamma = Plusia g.*): Falter graubraun, hell und dunkel marmoriert (Flügelspannweite bis 40 mm). Fliegt von Mai bis September. Die Eiablage erfolgt an Kräutern und Kulturpflanzen. Die grünen Raupen mit gelben Seitenlinien befressen neben Brennesseln, Klee und krautigen Pflanzen auch Kiefernsämlinge. Bei Störung lassen sie sich fallen und ringeln sich. Die Verpuppung findet an den Fraßpflanzen statt.

17. Erleneule, die (*Acronicta alni*): auffallende, 40 mm große Raupe, erwachsen schwarz, stahlblau glänzend, dorsal mit hochgelben Querwülsten. Die Raupen leben im Juli/September u. a. auf Er, Bi, Ei, Pa, Wei, Weißdorn und anderen Laubbäumen und -sträuchern.

Eulenkopf, der: → Schnepfenvögel 1.

Euonymus → Spindelstrauch.

Eupatorium → Wasserdost.

Euphorbia → Wolfsmilch.

Euphorbiaceae → Wolfsmilchgewächse.

Euphrasia → Augentrost.

Eurhynchium striatum → Schönschnabelmoos.

EURONATUR → Naturschutzverbände.

Europadiplom, das: vom Europarat verliehene Auszeichnung für bedeutende → Naturschutzgebiete, → Nationalparke und → Naturparke. In der BR Dtschl. bisher der Deutsch-Luxemburgische Naturpark sowie die Naturschutzgebiete Lüneburger Heide, Siebengebirge, Wollmatinger Ried und Wurzacher Ried, Weltenburger Enge und die Nationalparke Bayerischer Wald und Berchtesgaden; → Europareservat.

Europäische Fallaubwälder (*Querco-Fagetea*): auch sommergrüne Laubwälder Europas, Eichen-Buchenwälder. Es sind dies Wälder aus sommergrünen Baumarten, die auf fast allen mitteleuropäischen Waldbodentypen, außer extremen Naßböden und extremen → Podsolen, stocken. In diesen sind Bu, Ei, Hbu → Charakterarten und herrschend. Wegen der unterschiedlichen Arealcharakter der genannten Baumarten ergeben sich unterschiedliche geographische Schwerpunkte. Die Bu wird z. B. im kontinentalen Osten durch die Hbu ersetzt. Allen Wäldern ist gemeinsam, daß durch den herbstlichen Laubfall (→ Blattfall) eine Lage unterschiedlich abbaubarer Streu entsteht. Während der Vollentfaltung der Blätter herrscht in den Beständen ein für Bodenpflanzen ungünstiges Lichtklima. Ein Großteil der Pflanzen gehört deshalb zu den → Geo-

Sommergrüner Laubwald

phyten mit unterirdischen Speicherorganen (Knollen, Zwiebeln, Rhizome), mit deren Hilfe sie die lichtklimatisch für sie günstige Zeit vor Laubausbruch rasch nutzen können. In der Krautschicht der E. F. dominieren daher die → Vorfrühlingsblumen, die die größere Lichtmenge vor der Belaubung der Bäume zur Assimilation und Reproduktion nutzen. Die E. F. bilden die potentielle natürliche → Vegetation Mitteleuropas und umfassen das Areal der Bu mit Flaumeiche bis an die Hartlaubzone im Süden, mit der Hbu bis an die Steppengebiete im Osten und grenzen im Norden an den borealen Nadelwald. Diese Klasse der → Pflanzengesellschaft umfaßt die Ordn. der Submediterranen → Flaumeichenwälder (*Quercetalia pubescentis*), die der Mesophytischen Buchen- und Laubmischwälder oder → Rotbuchenwälder (*Fagetalia sylvaticae*) und die der → Eichen-Birkenwälder oder Bodensauren Fallaubwälder (*Quercetalia robori-petraeae*); → Waldgesellschaften.

Europäische Fichte, die: → Fichte 1.

Europäische Forst Agentur (EFA): Am 15.4. 1993 von acht Chefredakteuren der führenden forstlichen Zeitschriften aus acht europäischen Ländern gegründet. Ziel der Agentur ist der Nachrichtenaustausch und die Herausgabe von gemeinsamen Schwerpunktheften über besondere Probleme der Forstwirtschaft in den Mitgliedsländern. Jedes Mitgliedsland (Stand 1995: zehn Länder) wird in der EFA von einer forstlichen Fachzeitschrift vertreten.

Europäische Forstkommission: Die E. F. (Abk.: CEF = Commission européenne des forêts) ist eine von sechs regionalen Forstkommissionen der UNO-Organisation für Ernährung und Landwirtschaft (→ FAO). Das 1947 zur Wiederherstellung und langfristigen Entwicklung der regionalen Forstressourcen geschaffene Mandat der E. F. hat folgende Aufgaben: Abgabe von Gutachten zur Erarbeitung der Forstpolitik; Überwachung und Koordination von deren Anwendung auf regionaler Ebene; Allgemeine Abgabe, und zwar durch besondere Subsidiärorgane, von Gutachten über geeignete Methoden und Maßnahmen zur Lösung technischer und wirtschaftlicher Probleme und Formulierung sämtlicher nützlicher Empfehlungen.

Europäische Hopfenbuche, die: → Hopfenbuche.

Europäische Informationszentrale für Naturschutz: gegründet 1967 als eine Einrichtung des Europarats zur Förderung des Naturschutzes in den Mitgliedsstaaten.

Europäische Lärche, die: → Lärche 1.

Europäische Naturschutzkonvention, die: im Jahre 1979 vom Europarat aufgestelltes Programm zur Erhaltung gefährdeter Tier- und Pflanzenarten sowie natürlicher Lebensräume (→ Biotop, → Biotopschutz), z. B. in Form von → Biogenetischen Reservaten.

Europäischer Kommunalwaldbesitzerverband – FECOF- (Fédération européenne des communes forestières): Die FECOF wurde am 16.11.1990 auf Initiative des Gemeinsamen Forstausschusses der Bundesvereinigung der kommunalen Spitzenverbände und des französischen Kommunalwaldbesitzerverbandes in Straßburg gegründet. Die Aufgaben der FECOF erstrecken sich v. a. auf folgende Gebiete, die die kommunalen Gebietskörperschaften in ihrem Waldbesitz und ihrem Eigentum berühren: Forstpolitik in Europa; Raumordnung und Gemeindeentwicklung in Bezug auf das Forsteigentum der Gemeinden und des sonstigen Körperschaftswaldes; Wirtschafts-, Handels- und Verkehrsfragen, die sich aus der Bewirtschaftung und aus dem Absatz der Forstprodukte sowie aus der Entwicklung und der Einrichtung von Verarbeitungsindustrien ergeben; Förderungen des gemeindlichen und sonstigen Körperschaftswaldes; Probleme der neuartigen Waldschäden und des Waldschutzes.

Die FECOF soll auf eine Verbesserung des Bewußtseins der Menschen hinsichtlich der ökologischen, ökonomischen und gesellschaftlichen Bedeutung des gemeindlichen und sonstigen Körperschaftswaldes hinwirken. Sie soll ferner den Erfahrungsaustausch in den Bereichen der Bewirtschaftung des Gemeindewaldes einschließlich der Verwertung der forstlichen Produkte sowie der Rechtsetzung der verschiedenen Länder fördern.

Am 24.5.1991 wurde in Bingen der Beirat der FECOF – Deutsche Sektion gegründet. Seine Aufgabe besteht darin, die Grundsätze für die europäische Forstpolitik der FECOF auf nationaler Ebene vorzubereiten und gegenüber der Delegiertenversammlung der FECOF zu formulieren. Die Geschäftsführung wird von der Geschäftsstelle des Gemeinde- und Städtebunds Rheinland-Pfalz in Mainz wahrgenommen.

Europäischer Laubfrosch, der (*Hyla arborea*): auch Wetterfrosch, Laubkleber, Heckenfrosch. Weit verbreitete Gatt. der Laubfrösche aus der Fam. der → Froschlurche. Der E. L. ist ein Kletterfrosch (Baum- und Strauchbewohner) und kann eine Körperlänge bis zu 5 cm erreichen. Er kommt außer den Britischen Inseln in ganz Europa, Nordwestafrika und in Asien vor. Als Lebensraum werden feuchte Gegenden mit üppiger Vegetation, z. B. Sumpfgebiete mit Röhricht, Auwälder, Waldränder mit Buchen und Haselsträuchern, auch mit Wasserstellen ausgestattete Gärten, die mit viel Buschwerk durchsetzt sind, bevorzugt.

▸▸ Europäischer Laubfrosch (*Hyla arborea*)

Ausgewachsene Männchen erreichen ein Körpergewicht von 8 bis 9 g, Weibchen bis zu 11 (15) g. Die Oberseite des stumpfschnäuzigen Frosches ist meist laubgrün, kann aber starkem physiologischem Farbwechsel (Braun oder Grautöne) unterworfen sein und hängt auch wesentlich von der Farbe der Unterlage und Umgebung ab. Auch blaugrüne L., denen eine gelbe Komponente in ihrem Hauptfarbstoff fehlt, kommen vor. Das Männchen unterscheidet sich vom Weibchen durch die schwärzliche Kehlhaut mit kehlständiger Schallblase. Diese übertrifft im aufgeblasenen und dann kugelförmigen Zustand die Größe des Kopfes. Vom Frühjahr bis in den Sommer hinein ist abends und in der Nacht nur der Ruf des Männchens zu hören („äp-äp-äp" oder „krak-krak-krak").

Während der Paarungszeit (März bis Juni), halten sich die E. L. in der Nähe von Laichgewässern auf. Bei der Paarung umklammert das Männchen das Weibchen in der Hüftgegend. Der Laich, ein verhältnismäßig kleiner Klumpen von höchstens Walnußgröße, enthält etwa 1000 Eier und sinkt auf den Grund der Gewässer. Daraus schlüpfen 5 mm große, dunkelgraue, mit goldfarbener Tüpfelung versehene Kaulquappen, die das Gewässer im Hochsommer als 16 mm lange Jungfrösche verlassen. Die zu kleinen Haftscheiben erweiterten Enden der Finger und Zehen befähigen den Frosch, selbst an glatten, senkrechten Flächen hochzuklettern. Er ernährt sich hauptsächlich von kleinen Insekten, die er häufig im Sprung erbeutet. Den Winter übersteht er unter Steinen, in Löchern oder auf dem Grund stehender Gewässer. Der E. L. gilt als Wetterprophet. Er wird deshalb gelegentlich im Wasserglas (Laubfroschglas) gehalten. Er soll bei gutem Wetter hoch, bei schlechtem niedrig sitzen und den Wetterumschwung ankündigen. Der E. L., der außerhalb der Paarungszeit den Sommer überwiegend in luftiger Höhe auf Sträuchern und Bäumen verbringt, schwimmt und springt ausgezeichnet und ist im Klettern ein wahrer Meister; → Frösche, Kröten.

Europäischer Siebenstern, der: → Siebenstern.

Europäischer Stechginster, der: → Stechginster.

Europäisches Alpenveilchen, das: → Alpenveilchen.

Europäische Sanikel, die: → Sanikel.

Europäisches Informations- und Kommunikationssystem (EFICS): Ein vom European Forest Institute (EFI, Finland) entwickeltes System, mit dem objektive und vergleichbare Informationen über die Struktur des forstlichen Sektors in der Gemeinschaft bereitgestellt und damit eine Basis für forstpolitische Entscheide und Maßnahmen geschaffen werden sollen. Es soll ebenso die vorhandenen Informationen in den Mitgliedsstaaten verwenden, insbesondere die Daten, die im Rahmen von nationalen Forstinventuren erhoben werden oder in Datenbanken frei zugänglich sind.

Europäisches Mufflon, das: → Muffelwild.

Europäisches Naturerbe → Naturschutzverbände.

Europäisches Naturschutzjahr: Das E. N. wurde 1970 vom Europarat ausgerufen und war Grundlage für zahlreiche Initiativen, Programme und letzlich auch Erfolge im Umwelt- und Naturschutz sowie in der Landschaftspflege.

Europäisches Wildschaf, das: → Muffelwild.

Europäische Vereinigung für naturnahe Waldwirtschaft: Am 22.9.1989 gründeten 33 Forstleute aus zehn europäischen Ländern auf Inititative von Prof. Dusan Mlinsek in Ljubljana/Jugoslawien eine E. V. f. n. W. Die Vereinigung hat sich zum Ziel gesetzt, die Erkenntnisse der → naturnahen Waldwirtschaft international zu verbreiten und den Erfahrungsaustausch zwischen den Ländern Europas zu fördern. Die Vereinigung hat sich den Namen „PRO SILVA" gegeben und zu ihrem Vorsitzenden den französischen Waldbesitzer Brice de Turckheim, Barr-Truttenhausen/Elsaß gewählt; → Naturgemäße Waldwirtschaft, Arbeitsgemeinschaft Naturgemäße Waldwirtschaft.

Europäische Zeder, die: alte und lokale Bez. für die ELä; → Lärchen 1.

Europareservate: eine von der Europäischen Sektion des Internationalen Rates für Vogelschutz verliehene Auszeichnung für Naturreservate, überwiegend → Feuchtgebiete, mit besonderem Schutz und besonderer Bedeutung für Watt- und Wasservögel; → Europadiplom.

euryök → polyphag.

EU-Sortierungsvorschriften für Holz → EWG-sortiertes Rohholz, Holzsortierung.

eutroph (griech.: *eutrophos* = nahrhaft): nährstoffreich, bezogen auf einen Lebensraum (z. B. Gewässer); → Eutrophierung, oligotroph, mesotroph.

Eutrophierung, die (Überdüngung): Überernährung von Pflanzen, insbesondere Wasserpflanzen, z. B. Algen, Laichkraut, durch eine zu hohe Nährsalzkonzentration. Mit dem Abwasser und Abschwemmungen landwirtschaftlicher Flächen gelangen große Mengen Nährstoffe (besonders Phosphor- und Stickstoffverbindungen) in die Gewässer. Das Wachstum der Wasserpflanzen wird dadurch beschleunigt. Durch das vermehrte Absterben der Pflanzen wird beim anschließenden Verfaulen übermäßig Sauerstoff verbraucht. Anaerobe → Bakterien zersetzen die organischen Substanzen zu übelriechenden Stoffen (aus schwefelhaltigen Stoffen entsteht z. B. Schwefelwasserstoff). Man sagt, das Gewässer ist umgekippt. Im sauerstoffarmen, mit giftigen Abbaustoffen beladenem Wasser sterben alle höheren Organismen ab; es kommt zum Fischsterben.

EU-Umweltagentur: Die E. wurde am 2.11. 1994 als europäische Behörde in Kopenhagen eröffnet. Ihre Aufgabe ist es, der EU und den Mitgliedsländern Information über die Entwicklung der Umwelt zur Verfügung zu stellen. Die Daten werden Grundlagen für Maßnahmen im Umweltschutz und für die Öffentlichkeitsarbeit sein.

Evapotranspiration, die: Gesamtverdunstung von einer Landoberfläche aus mit den Komponenten → Verdunstung und Transpiration.

Eve, die: → Eibe.

Evernia prunastri → Pflaumenflechte.

Evolution, die: Die allg. Entwicklung. In der Biologie ist die E., die stammesgeschichtliche Entwicklung der Lebewesen von niederen Lebensformen zu hochentwickelten Formen. Die E.-Theorie besagt, daß die heute existierenden Lebewesen einer E. unterworfen waren bzw. sich aus sich selbst heraus weiterentwickelt haben. Grundprobleme der E.-Forschung sind, die Entstehung der Mannigfaltigkeit der Lebewesen und Höherentwicklung zu erklären.

Dies wird durch Untersuchungen an lebenden bzw. ausgestorbenen → Populationen und → Arten ermöglicht. Auf der Erde gibt es z. B. weit über 1 Mio. Tierarten und über 500 000 Pflanzenarten. Die Paläontologie (Lehre von den Lebenwesen der Vorzeit) befaßt sich mit der Entwicklung von Tierstammesreihen; → Koevolution.

E-Wald, der: alte lokale Bez. (Sechsämterland) für einen vertraglich gebundenen Wald.

EWG-sortiertes Rohholz, das: Am 23.1. 1968 hat der Rat der Europäischen Gemeinschaften eine Richtlinie zur Angleichung der Rechtsvorschriften der Mitgliedsstaaten für die Sortierung von → Rohholz erlassen. Als besonderer Grund für diese einheitliche Regelung wird die Steigerung des innergemeinschaftlichen Handels mit Rohholz hervorgehoben, der mehrere Mio. Festmeter beträgt. Ziel der E. ist eine Harmonisierung der Rechtsvorschriften auf diesem Gebiet, die nicht nur den innergemeinschaftlichen Handel erleichtern, sondern es auch ermöglichen soll, für Rohholz eine vergleichbare Statistik über die Produktion, den Handel, den Verbrauch und die Preise der Gemeinschaft aufzustellen. Gleichzeitig wird festgelegt, daß Rohholz innerhalb der Gemeinschaft nur dann als „EWG-sortiertes Rohholz" in den Verkehr gebracht werden darf, wenn es einer der Sortierungen nach dem Anhang der Richtlinien entspricht.

Im Vollzug dieser Richtlinien hat die BR Dtschl. das Gesetz über gesetzliche → Handelsklassen für Rohholz erlassen, welches am 25. Februar 1969 in Kraft trat und das bis dahin gültige „Gesetz über die Marktordnung auf dem Gebiete der Forst- und Holzwirtschaft" vom 16. Oktober 1935 ablöste. Am 31. Juli 1969 folgte die „Verordnung über gesetzliche Handelsklassen für Rohholz" mit der Anlage zu § 1 der Verordnung, kurz „Forst-HKS" genannt. Sie löste die bis dahin geltende → Holzmeßanweisung (HOMA) ab; → Holzsortierung.

Ewig, der: → Efeu.

Exellren → Ahorne 3.

Exodermis, die: Bez. für das ein- oder mehrschichtige, lebende, sekundäre Abschlußgewebe bei Pflanzenwurzeln, das sich nach Eingehen der dünnen → Epidermis durch Verkorken der Zellwände vom Rindengewebe bildet.

exogen (griechisch): Von außen entstehende Erscheinungen. In der Biologie Bez. für die an Pflanzen erscheinenden Blattanlagen und Seitenknospen.

Exoten: **1**) im Waldbau Bez. für fremdländische → Baumarten; → Gastbaumarten, → ausländische Baumarten. **2**) svw. → Tropenhölzer, Neophyten.

Exploitation, die: auch Waldexploitation. Bez. für die Erschließung und Nutzung bisher ungenutzten Waldes. Der Begriff leitet sich vom veralteten Begriffsinhalt des Wortes, nämlich „Ausbeuten" ab. Heute versteht man darunter „Nutzbarmachung, Erschließung".

Die E. in den tropischen Wäldern erfolgt vielfach flächig ohne nachfolgende Wiederaufforstung; oft ist sie mit der Auslese nur interessierender Baumarten verbunden, während die unbrauchbaren auf der Fläche verbleiben und immerhin noch Wald bilden. Oft erfolgt die E. im Rahmen von → Konzessionen.

Exposition, die: in der Forstwirtschaft Bez. der das Wachstum beeinflussenden Himmelsrichtung (→ Hanglage) von auf geneigten Böden stockenden Beständen.

Externe Effekte der Forstwirtschaft: von der → Forstwirtschaft nach der Theorie von den e. E. durch aktives Handeln oder gezieltes Unterlassen erzeugbare positive Leistungen außerhalb der Holzproduktion, für die es aber (noch) keinen Marktwert gibt (Sozial-leistungen o. ä.); → Waldfunktionen.

extrazonal: eine Pflanzenformation bzw. Schlußwaldgesellschaft (→ Waldgesellschaften), die i. d. R. an Sonderstandorten außerhalb des eigentlichen Vertretungsgebietes (Hauptverbreitungszone), meist in einem benachbarten Vegetationsgebiet an Sonderstandorten auftritt, z. B. Wald in feuchten Tälern der Steppengebiete.

Exzenterwuchs, der: auch Exzentrischer Wuchs. Der E. bei Bäumen entsteht durch besondere Wuchsumstände, z. B. Schiefstellung am Hang, einseitige Kronenausbildung an Bestandesrändern, Steilhanglagen, Winddruck etc. Die Holzbildung wird dabei ungleichmäßig und exzentrisch; die Folge ist eine Durchmesserabweichung, die auch als Unrundigkeit bezeichnet wird. Das Mark der Hölzer mit E. liegt außermittig, deshalb ist für diese Erscheinung auch die Bez. Markverlagerung oder i. w. S. auch Kernverlagerung gebräuchlich. Solches Holz neigt sehr zum Winden, → Reißen und Verwinden, wobei bei der Holzverarbeitung nur das Druckholz verwendet werden kann. E. gilt als → Holzfehler; häufig ist mit dem E. eine Bildung von → Reaktionsholz verbunden.

F

F: **1**) Abk. für → Furnierholz. **2**) in der → Waldmeßlehre Abk. für die Bestand(e)sformzahl (→ Formzahl).

f: In der → Waldmeßlehre Abk. für die unechte Derbholzformzahl ($f_{1,3}$); f_s = unechte Schaftholzformzahl.

F_1, F_2, F_3 usw.: F = Abk. für: Filialgeneration (lat.: *filia* = Tochter); Kurz-Bez. für erste, zweite, dritte usw. Tochtergeneration (F-Generation) aus einer bestimmten Paarung, z. B. **F_2** (Zweite Tochtergeneration) = Nachkomme der **F_1**.

Fabaceae → Schmetterlingsblütengewächse.

Face-Cord → Cord.

Fachausschuß für Waldarbeit und Forsttechnik: 1947 als Arbeitsausschuß für Zeit- und Leistungstafeln vom steiermärkischen Forstverein gegründet, 1949 in den Österreichischen Forstverein eingegliedert. Ziel des F. sind intensive Zusammenarbeit und Erfahrungsaustausch auf dem Gebiet der Waldarbeit und Forsttechnik zwischen Behörden, Landwirtschaftskammern, Forstbetrieben, der Forstlichen Bundesversuchsanstalt, der Universität für Bodenkultur, forstlichen Schulen und Ausbildungsstätten; → Kuratorium für Waldarbeit und Forsttechnik.

Fachbaum, der: auch Wehrbaum. Bez. für den obersten Balken eines hölzernen Wehres, der die Stauhöhe des Wassers bestimmt.

Fächel, der → Blütenstand.

Fächerulme, die: → Ulmen 3.

Fachgemäßheit, die: Die Langfristigkeit der forstlichen Produktion und das komplizierte Beziehungsgefüge Wald erfordern eine entsprechende Fachausbildung des Betriebsleiters, bzw. fachliche Beratung der Waldbesitzer.

Fachgerten: auch Spach(el)gerten, Schleitgerten, Wieden. frühere Bez. für einzollige (→ Zoll) oder auch etwas stärkere Ruten von Bi, Ha und anderen zähen Holzarten, mit denen das in die Fachwerkswände eingefügte → Fachholz ausgeflochten wurde; → Flechtgerten.

Fachgruppe Forstwirtschaftlicher Lohnunternehmer (FFL): Standesvertretung der forstlichen Lohnunternehmer mit Sitz in Stuttgart, eine Fachgruppe im Verband der Agrargewerblichen Wirtschaft e. V.

Fachholz, das: auch Stak-, Schal-, Welgerholz. alte Bez. für dünne Latten, Schwartenstücke und Spaltstücke, die beim Fachwerkbau zum Ausfüllen der Zwischenräume zwischen den Balken dienten. Die Balken wurden hierzu nach ihrer ganzen Länge ausgefalzt, und in die gegenüberliegende Falze eines Balkenpaares wurde das F. eingeschoben. Beim Verschalen der Decke (Zimmerdecke) wurden Latten und Spaltstücke mit in Lehmbrei getauchtem Stroh umwickelt. Die Umfassungs- und Innenwände wurden gelegentlich ebenfalls mit F. ausgefüllt und dieses dann mit Lehm beworfen. Auch war die Verbindung des F. mit → Fachgerten und Bewerfen mit Lehm üblich; → Faschinen.

Fachwerk, das: → Ertragsregelungsmethoden.

Fachwerkplan, der: → Ertragsregelungsmethoden.

Fachzeitschriften, forstliche → forstliches Schrifttum.

Fackelbaum, der: lokale Bez. für Waldkiefer; → Kiefern 3., Kienholz.

Fackelföhre, die: lokale Bez. für Waldkiefer; → Kiefern 3.

Faden, der: **1**) altes Raummaß für Holz, meist Brennholz (eigentlich das Maß der ausgebreiteten Arme): Bremen 1,74 rm, Lübeck 3,99 rm, Mecklenburg-Schwerin 3,48 rm, Mecklenburg-Strelitz 4,45 rm, Oldenburg 1,08 rm, Schleswig-Holstein 2,54 rm. In verschiedenen Gegenden war der F. gleichbedeutend mit → Klafter. **2**) „Das Holz hat F.". Ein alter Ausspruch der → Stellmacher; sie bezeichneten damit zähes Holz, v. a. Stockloden von Wei, Hbu, Ei, Bi und Ha. **3**) Die Langfaser des Bauholzes z. B. nach dem F. trennen, svw. nach der Länge trennen.

Fadenflechten → Haarflechten.

Fadengeflecht, das: → Myzel.

Fadenholz, das: in → Faden gesetztes → Brennholz.

Fadenmolch, der: → Schwanzlurche 6.

Fadenwürmer (Nematoden, *Nematodes*): Klasse der → Rundwürmer mit fast 15 000 weltweit verbreiteten Arten. Die Grö-ße der F. schwankt zwischen 0,1 mm und 1 m. Sie haben einen drehrunden, ungegliederten, wurmförmigen und fadenartig dünnen Körper mit einer starken → Kutikula, die im Laufe des Lebens viermal gehäutet wird. Sie besitzen auch einen Darm mit After, eine primäre Leibeshöhle und am Hinterende Haftapparate oder Klebdrüsen. Die F. sind fast stets getrenntgeschlechtig; bei einigen tritt auch Zwittertum auf. F. kommen frei im Boden, im Süß- oder Meerwasser vor oder parasitieren in pflanzlichen und tierischen (einschließlich menschlichen) Organismen. Viele sind an Nutzpflanzen schädlich, z. B. das Rüben- und das Weizenälchen.

Fagaceae → Buchengewächse.

Fagetalia sylvaticae → Mesophytische Buchen- und Laubmischwälder.

Fagion medio-europaeum → Waldmeister-Buchenwälder.

Fagion sylvaticae → Buchenwälder.

Fagus → Buchen.

Fahnenwuchs, der: einseitige Kronenentwicklung bei Bäumen unter dauerndem Windeinfluß, die sich deshalb nur nach der windabgewandten Seite (Leeseite) verzweigen. Hauptursache für das Verkümmern bzw. Absterben der Triebe in Windrichtung ist die austrocknende Wirkung des Windes, gelegentlich verstärkt durch Salz- oder Eisnadelwirkung.

Fahrholz, das: frühere, lokale Bez. für Holz, das an die Kohlstätten (Meilerstätten) zum Verkohlen (→ Kohlholz) gefahren wurde.

fähriges Holz, das: auch fähriger Wald, fähriger Schlag, offener Wald. frühere Bez. für eine abgeholzte Fläche, deren Unterholz bereits wieder so hoch war, daß weder Wild noch Großvieh Verbißschäden verursachen konnten und in die deshalb auch wieder Schafe gefahrlos eingetrieben werden durften. Bis zu diesem Zeitpunkt galt diese Fläche als gebannt; → Gehau(e).

Fahrpolter, das: → Holzlagerplatz.

Falber, die: auch Felbe. lokale und volkstümliche Bez. für → Wei, besonders aber für die SWei; → Weiden 22.

Falconidae → Falken.

Falconiformes → Greifvögel.

Falken (*Falconidae*): Fam. aus der Ordn. der → Greifvögel (*Falconiformes*). Sie wurden aufgrund der Bundesartenschutzverordnung in den besonderen → Artenschutz einbezogen. F. haben einen stark gewölbten Kopf, große nußbraune Augen und einen nackten Augenkreis. Ihre Nasenlöcher sind kreisrund. Der Oberschnabel hat seitlich einen stark hervortretenden scharfen Zahn, den sog. F.-Zahn, der sich in eine entsprechende Einkerbung im Unterschnabel einfügt. Die F. sind Bißtöter, d. h. sie töten ihre Beute, indem sie ihr das Genick durchbeißen. Über die Backen zieht sich ein schwarzer Streif, der Backenstreif oder Zügel, der bei mehreren Arten nur angedeutet ist. Die Schwingen sind lang und spitz, der Stoß mittellang und keilförmig zusammengezogen, beim Turm-F. gleich breit. F. bauen – mit Ausnahme des Rötel-F. – keine eigenen Horste, sondern benützen verlassene Kolkraben-, Krähen- und Elsternnester (z. B. Rotfuß-F., Baum-F., Turm-F.) oder legen ihre Eier in Mauer- und Felsnischen ab. Beide Geschlechter brüten (überwiegend jedoch das Weibchen) und füttern abwechselnd. Während der Fortpflanzungszeit bleiben sie aufgrund einer schnell verlaufenden Mauser voll flugfähig. Die Edel-F. (Wander-F., Baum-F., Merlin) schlagen ihre Beute fast ausschließlich im Fluge; die unedlen F. oder Rüttel-F. (Rötel-F., Rotfuß-F., Turm-F.) erjagen ihre Beute vorwiegend am Boden. Alle F. lassen die Schultergürtel der erbeuteten Vögel mit den noch fest am Handskelett sitzenden Handschwingen als Beuterest zurück. Die F. sind von allen Greifvögeln die schnellsten und wendigsten Flieger, wobei hier wiederum der den Norden Europas und Asiens bewohnende Ger-F. (*Falco rusticolus* L.) die übrigen F.-Arten überbietet.

Mythologie: In der Mythologie erscheint der F. gewöhnlich als göttlich, allem Diabolischen feindlich. Der altindische Kriegs- und Gewittergott Indra erscheint oft in Gestalt eines F.; er tötet die feindlichen Dämonen und bringt den Menschen die Götterspeise. Nach Homer ist der F. der schnelle Bote Apollons. Nach dem Tode hat er die Fähigkeit, zu prophezeien. Er wehklagt über einen Leichnam, scharrt Unbegrabene ein, lebt 700 Jahre und besitzt viele Heilkräfte. Bei den Ägyptern war er ein heiliger Vogel. Auf ihren Gemmen und Reliefs findet sich der falkenköpfige Gott Horus. Auch im slawischen Altertum wurde der F. verehrt und in Götterhainen gehegt. Er ist gewöhnlich eine glänzende Gestalt und tritt oft in den Ggs. zum düsteren Adler (Krimhildens Traum). Im Mittelalter galt er als eines der unterscheidenden Zeichen des Ritters (daher auf Grabmälern). Nach einem Gesetz vom Jahre 818 sollten Schwert und F. im Besitz des Besiegten bleiben. Der F. war auch das Feldzeichen Attilas.

1. Wanderfalke, der (*Falco peregrinus* Tunst.): auch Berg-, Blau-, Edel-, Pilgrims-, Stein-, Tannen-, Tauben-, Waldfalke, Taubenstößer, Fremdling, Schwarzbacken, Blaufuß, Schlecht-, Beizfalke, Gefleckter F., Gefleckter Habicht.

Länge: etwa 38 bis 50 cm (krähengroß), Gewicht: Männchen 550 bis 700 g, Weibchen 900 bis 1100 g, Flügelspannweite: etwa 90 bis 115 cm. → Vogel des Jahres 1971.

Der W. ist ein Stand- und Strichvogel. Sein Lebensraum sind verschiedene Landschaftsformen von der Ebene bis ins Gebirge; er bevorzugt aber Gegenden mit steilen, zerklüfteten Felswänden und Wälder mit Lichtungen. Große geschlossene Waldungen und strukturlose Ebenen meidet er. Vereinzelt dringt er bis in die Ortschaften vor. Er gilt als der wendigste, mutigste und schnellste Greifvogel und soll im Sturzflug (Winkel 45°) eine Geschwindigkeit von über 300 km/h erreichen. Er fängt seine Beute stets im Fluge und schlägt sie mit pfeilschnellen Angriffen, wobei er im Sturzflug die Schwingen fast geschlossen hält (Stoßfluggleiter). Die Beute wird am Boden gerupft und verzehrt. Wird er dabei gestört, kehrt er nicht mehr zu seiner Rupfung zurück. Wird ihm seine Beute von Bussarden oder Milanen streitig gemacht, überläßt er sie diesen ohne Verteidigung.

Der W. ist erst im zweiten Lebensjahr geschlechtsreif. Als Horstplatz werden mit Vorliebe passende Höhlen oder Nischen in Felswänden, Steinbrüchen oder Kirchtürmen gewählt. Gelegentlich nimmt er auch verlassene Horste anderer Greifvögel auf hohen Bäumen an oder scharrt eine Bodenmulde. Das Gelege besteht meist aus drei bis vier gelblichweißen Eiern (53 x 42 mm, ca. 48 g), die mit vielen rotbraunen Flecken dicht besetzt sind. Brutdauer: ca. 30 Tage, Nestlingszeit: 36 bis 39 Tage. Eine Jahresbrut (Ende März/Anfang April).

Nahrung: fast ausschließlich Vögel bis zur Fasanengröße, hauptsächlich Wildtauben, Drosseln, Krähen und Stare. Sein Jagdgebiet umfaßt bis zu 6000 ha.

2. Baumfalke, der (*Falco subbuteo* L.): auch Kleiner Wander-F., Lerchen-F., Lerchenhabicht, Lerchenstößer, Schmerl, Stein-F., Stößer. Der B. ist etwa so groß wie der Turm-F. Länge: etwa 30 bis 36 cm, Gewicht: Männchen um 210 g, Weibchen um 310 g. Flügelspannweite 70 bis 80 cm (haustaubengroß).

Der B. ist in einigen Ländern, z. B. in Dtschl., als Brutvogel nur noch selten anzutreffen. Als Zugvogel kehrt er bereits im August/September in seine afrikanischen und indischen Winterquartiere zurück und erscheint erst wieder im April/Mai in seinen europäischen Brutge-

1 Turmfalke
2 Rötelfalke
3 Rotfußfalke
4 Baumfalke
5 Wanderfalke
6 Merlin
7 Würgfalke
8 Gerfalke

♀ weiblich
♂ männlich
JK Jugendkleid

bieten. Sein Lebensraum sind von Wäldern unterbrochene, offene Baumlandschaften und lichte, trockene Wälder, häufig Kiefernwälder. Er ist einer der schnellsten Flieger unter den Greifvögeln, äußerst gewandt und kühn und schlägt sogar die schnellen und wendigen Mauersegler und Schwalben im Fluge (Flugjäger). Im Fluge ähnelt er mit seinen langen spitzen Schwingen sehr dem Turm-F.
Der B. benützt alte, verlassene Krähennester oder Bussardhorste, v. a., wenn sie sich am Waldrand befinden. Der Neststand ist sehr hoch, meist 12 bis 20 m. Das Gelege besteht aus zwei bis vier, meist drei gelblichweißen Eiern (42 x 33 mm, ca. 24 g), die dicht und fein rötlichbraun gefleckt sind. Brutdauer: ca. 28 Tage, Nestlingszeit: ca. 28 bis 32 Tage. Als Ästlinge (fast flügger Greifvogel, der außerhalb des Horstes auf den Ästen sitzt) werden sie noch von den Eltern mit Nahrung versorgt und erlernen dann das Jagen. Erst zur Zeit des Herbstzuges löst sich die B.-Familie auf. Eine Jahresbrut (Juni).
Nahrung: Der B. schlägt seine Beute grundsätzlich im Fluge. Sie besteht hauptsächlich aus Vögeln wie Lerchen, Mauerseglern und Schwalben, daneben greift er aber auch größere Flugkäfer und Libellen. Er jagt bis weit in die Dämmerung hinein und erbeutet auch Fledermäuse.
3. Merlin, der (*Falco columbarius*): auch Mirle, Kleiner Sperber, Kleiner Lerchenstößer, Schmerl, Schmerlein, Sprenzchen, Blau-, Stein-, Zwergfalke. Der M. ist der kleinste europäische Falke. Länge: 27 bis 33 cm, Gewicht: Männchen etwa 165 bis 180 g, Weibchen etwa 190 bis 205 g, Flügelspannweite: 61 bis 67 cm.
Der M. ist bei uns im Frühjahr und Herbst fast nur als Durchzügler anzutreffen, vereinzelt (besonders Altvögel) aber auch als Überwinterer. Überwiegend hält er sich im Winter jedoch in den Mittelmeerländern und in Afrika auf (Zugvogel). Sein Lebensraum sind die offenen Landschaften, v. a. die Hochmoore und Heiden der Tundra und die vermoosten Moore der nordischen Nadelwaldzone. Seine Beute schlägt er mit großer Sicherheit. Im Flug ist er vom Turm-F. durch den kürzeren Schwanz, vom Baum-F. durch die breiteren Flügel und den gedrungeneren Körper zu unterscheiden.
Als Horst dient dem M. – soweit nicht ein altes Nest anderer Bodenbrüter verwendet wird – eine einfache, gescharrte Bodenmulde, die zwischen Grasbüscheln oder im Heidekraut angelegt wird. Selten werden verlassene Krähennester auf einzelnen Bäumen benützt. Das Gelege besteht aus vier bis fünf, seltener sechs gelblich-weißen, stark rotbraun gefleckten Eiern (40 x 31 mm, ca. 21 g), die denen des Turmfalken sehr ähnlich sind. Brutdauer: 28 bis 30 Tage, Nestlingszeit: 26 bis 28 Tage. Eine Jahresbrut (Mai/Juni).
Nahrung: hauptsächlich Kleinvögel wie Lerchen, Ammern und Drosseln, seltener Mäuse und Insekten.
4. Turmfalke, der (*Falco tinnunculus* L.): auch Kirch-, Mauer-, Rot-, Rüttel-F. Lerchensperber, Lerchen-, Sperlingshabicht, Rötel, Roter Sperber, Rötelweih, Rüttelweih, Rüttelgeier, Schwimmer, Wieg-, Windweih, Wandweher, Steinschmack, Steinschmatz, Steringall. Länge: 32 bis 35 cm (etwa taubengroß), Gewicht: Männchen um 190 g, Weibchen um 215 g, Flügelspannweite: 72 bis 80 cm.
Der T. ist Stand-, Strich- und Zugvogel. Bei uns ist er, neben dem Mäusebussard, ein noch häufig und überall vorkommender Brutvogel. Er hält sich überwiegend an Waldrändern, im offenen Gelände mit Feldgehölzen, in Steinbrüchen, Ruinen und Felswänden auf, meidet jedoch große geschlossene Waldungen. Nicht selten trifft man ihn auch in Städten an, wo er gerne in den Mauerlöchern und Nischen von Kirchen, Türmen und sonstigen hohen Gebäuden horstet.
Er fliegt schnell und gewandt, gleitet auch ab und zu, und über freien Flächen rüttelt er (Rüttel-F.). Soweit er Zugvogel ist, zieht er bereits im September/Oktober in seine Winterquartiere (Mittelmeerländer, Afrika) und kehrt Anfang April wieder zurück.
Der T. ist bereits im ersten Lebensjahr geschlechtsreif. Es wird kein eigener Horst errichtet. Als Horst dienen dem T. verlassene Greifvogelhorste, Krähen- und Elsternnester, Turm-, Fels- und Mauernischen. Das Gelege besteht aus vier bis sechs, seltener sieben gelblichweißen, mit dichten, rotbraunen Flecken versehenen Eiern (39 x 31 mm, ca. 21 g), die vom Weibchen 28 bis 30 Tage bebrütet werden. Nestlingszeit: ca. 29 bis 31 Tage. Eine Jahresbrut (April bis Juni).
Nahrung: Als ausgesprochener Bodenjäger jagt der T. fast ausschließlich Mäuse, v. a. Feldmäuse. Er rüttelt dabei häufig über freien Flächen und stößt dann blitzschnell mit angelegten Schwingen auf die eräugte Beute herab. Daneben zählen aber auch Eidechsen, Frösche, Käfer und Heuschrecken zu seiner Nahrung. Kleine Vögel, bis zur Amselgröße, die er aus geringer Höhe am Boden stößt, werden nur ausnahmsweise erjagt. Die Beute wird nach Falkenart durch Nackenbiß getötet.
5. Rötelfalke, der (*Falco naumanni* Fleicher): auch Gelbklauiger F., Italienischer Turm-F. Naumanns-F. Länge: 30 bis 31 cm, Gewicht: um 150 g, Flügelspannweite: 70 bis 75 cm.
Der gesellig lebende R. brütet überwiegend im Mittelmeergebiet, in Nordafrika, Südosteuropa, Asien und ist auch noch in Österreich (Steiermark, Kärnten) Brutvogel. Fernzieher, der teilweise südlich des Äquators überwintert. In Dtschl. ist der R. nur in Bayern gelegentlich als Durchzügler zu beobachten. Sein Lebensraum sind warme, trockene, offene Landschaften, wobei er sich gerne an felsigen Hängen aufhält. Im Ggs. zum Turm-F. rüttelt er nur selten.
Der R. brütet oft in kleinen Kolonien. Er legt seine Eier ausnahmslos in Höhlungen wie Felsen, Baumhöhlen, Mauerlöcher oder Nistkästen ab. Wie der Turm-F. brütet auch er nicht selten inmitten menschlicher Siedlungen. Das Gelege ist im Mai vollständig und besteht aus vier bis fünf, seltener sechs gelblichweißen, rotbraun gefleckten Eiern (ca. 35 x 29 mm). Brutdauer: ca. 28 Tage, Nestlingszeit: 27 bis 30 Tage.
Nahrung: überwiegend große Insekten wie Heuschrecken, Käfer usw.; gelegentlich werden auch kleine Reptilien und Kleinsäuger geschlagen.
6. Rotfußfalke, der (*Falco vespertinus* L.): auch Abend-F. Länge: etwa 30 bis 31 cm, Gewicht: 120 bis 200 g, Flügelspannweite: 72 bis 76 cm.
Der R. ist ein Zugvogel. Im südd. Raum ist er gelegentlich während des Frühjahrszuges, gelegentlich sogar als Brutvogel anzutreffen. Er lebt sehr gesellig und jagt oft zusammen mit Baum- und Rötel-F. Sein Lebensraum ist das offene, mit alten Bäumen und Feldgehölzen durchsetzte Gelände. Er jagt noch in der Abenddämmerung nach Insekten, was ihm den Namen Abend-F. einbrachte.
Der R. brütet kolonieweise und meist in Saatkrähenkolonien, die schon verlassen wurden, weil die Krähenjungen bereits flügge sind, wenn die F. mit dem Brutgeschäft beginnen. Das Gelege besteht aus drei bis sechs, meist jedoch aus vier gelblichen, rotbraun gefleckten Eiern (37 x 29 mm). Brutzeit: 22 bis 23 Tage. Nestlingszeit: ca. 27 bis 29 Tage. Eine Jahresbrut (Juni/Juli).
Nahrung: Heuschrecken, Libellen usw., die nach Greifvogelart erjagt werden, Grillen und Käfer. Daneben, v. a. im insektenarmen Frühjahr, schlägt er auch Kleinsäuger und Eidechsen, in Ausnahmefällen auch Kleinvögel (Jungvögel).

Falke, Schwarzer, der: → Milane 2.

Fallbaum, der: auch Hak-, Krackelbaum. Bez. für einen meist kahlen oder dürren Baum, auf den Greifvögel und Rabenvögel einfallen (aufhaken).

Fallen: **1)** F. zur Jagdausübung; → Fallenjagd. **2)** verschiedene Geräte, die im integrierten → Forstschutz zum Fangen und/oder Töten von forstschädlichen Insekten verwendet werden. Trichter-F. z. B. dienen der Überwachung (Monitoring) und dem Massenfang von schädlichen Lepidopteren (Faltern) mit Hilfe von spezifischen Sexuallockstoffen (→ Pheromone). Die Borkenkäfer-Schlitz-F., Klebe-F., ebenfalls mit Sexuallockstoffen versehen, dienen der Überwachung der Populationsdichte von Schädlichen in Land- und Forstwirtschaft sowie in der Vorratshaltung. Weitere F. sind Köderstationen zur verdeckten Ausbringung von Rodentiziden zur → Mäusebekämpfung, oder alternativ (biologischer Forstschutz) die Göttinger Fangwanne mit drei Einläufen (ca. elf bis zwölf Wannen/ha). In letzterer sterben die gefangenen Mäuse (Erd- und Rötelmäuse) an Schock und/oder Unterkühlung innerhalb weniger Stunden oder werden durch → Prädatoren aufgenommen. Eingesetzt zur Mäusebekämpfung werden auch die altbewährten Mäuse- und Ratten-F. mit Wippe und Schlagbügel und die Mäuse-Schlag-F. für Prognosefänge. I. w. S. zählen auch → Fangbäume, → Fangknüppel, → Fangplatten und Leimringe zu den F.

Fällen, das: → Fällung.

Fallenjagd, die: waidgerechte Hegemaßnahme (Fangjagd) zur Dezimierung des Raubwildes und des Raubzeuges (Beutegreifer). Die F.

wird ausgeübt mit Lebendfangfallen (Kasten- und Netzfallen) zum Fangen von Marder, Iltis, Wiesel und wildernden Hunden und Katzen und mit sofort tötenden Fallen, die durch Aufnehmen eines Köderbrockens oder Betreten eines Tretholzes ausgelöst werden. Hierzu zählen z. B. Schwanenhals und Eiabzugseisen sowie Prügel- und Scherenfallen. Verboten bei der F. sind alle Fanggeräte, die nicht sofort töten (Pfahl- und Tellereisen) sowie alle Arten von Lebendfangfallen, die das Wild nicht unverletzt fangen. Fängisch gestellte Fallen müssen täglich kontrolliert werden. Wild in der Falle ist bereits Eigentum des Jagdausübungsberechtigten (Revierinhabers), Wegnahme ist daher Diebstahl.

Fällern, das: auch Reisten. Das F. des Holzes war eine früher in vielen Alpenorten gebräuchliche Methode, bei der das Holz (Brennholz) durch die → Sapine in Bewegung gesetzt, teils rollend, teils bockend und teils rutschend zu Tal gebracht wurde; → Bocken, Holzstürzen, Treiben.

Fallersleben, Hoffmann von → Wald in der Musik.

Fällhieb, der: → Fallkerb.

Fallholz, das: alte Bez. für Holz, welches infolge von → Windbruch und -wurf anfällt oder auf natürliche Weise als Dürrholz von den Bäumen fällt.

◂◂◂ Mit dem Fallkerb wird die Fallrichtung bestimmt.

Fallkerb, der: auch Anhau, Anhieb, Fällhieb, Hau, Stammkerb, Schrot. Bez. für den bei der → Fällung eines Baumes i. d. R. von über 20 cm Durchmesser mit der Säge gemachten Einschnitt auf der Seite, in die der Baum gefällt werden soll. Der Fällschnitt wird auf der entgegengesetzten Seite angesetzt. Die Bruchstufe, die dadurch entsteht, gibt die Gewähr, daß der Baum in die vorgesehene Richtung fällt. Der F. bestimmt die → Fällrichtung des Baumes. Die F.-Tiefe beträgt 1/5 bis 1/4 (bei sehr starken Bäumen bis zu 1/3) des Durchmessers der Stammwalze. I. a. soll die F.-Höhe genauso sein wie die F.-Tiefe. Um zu verhindern, daß das Splintholz aufreißt, werden beiderseits der Bruchleiste vorsichtig Splintschnitte oder -hiebe geführt, besonders bei den Nadelbäumen und bei Es und Ei.

Fallkerbmaul, das: die nach Anbringung des → Fallkerbs entstandene Öffnung (Ausschnitt) am Stammfuß.

Fallkraut, das: → Arnika.

Falllaubwälder, Bodensaure → Bodensaure Falllaubwälder.

Falllaubwälder, Europäische → Europäische Falllaubwälder.

Fällordnung, die: Vorgabe für die Hiebsarbeiten zur Vermeidung von → Rückeschäden; → Rücken, Rückegasse.

Fallrichtung, die: → Fällrichtung.

Fällrichtung, die: auch Fällseite, Fallrichtung. Richtung, in die ein Baum gefällt wird; → Fallkerb.

Fällrisse → Risse 1).

Fällsäge, die: → Schrotsäge.

Fällschnitt, der: → Fallkerb.

Fallseite, die: → Fällrichtung.

Fällung, die: Die F. umfaßt alle Arbeiten der Waldarbeiter (Holzhauer) vom Bestimmen der → Fällrichtung über → Beibeilen oder Beisägen der → Stammanläufe sowie über die Anlage von → Fallkerb und Sägeschnitt, bis der Baum zu Fall gebracht ist.

Fällungsergebnis, das: beim Einschlag erzielte, d. h. angefallene Holzmasse; → Holzeinschlag.

Fällungsplan, der (Hauungsplan): Für eine Betriebsklasse, einen Forstbetriebsbezirk (oder Privatwaldbesitzer) wird im F. jährlich sowohl die Reihenfolge und Verteilung der Hiebe als auch die Holzarten festgelegt. Grundlage hierfür bilden die Ergebnisse der → Forsteinrichtung, bei der die nachhaltig nutzbare Holzmenge in einem Jahr bestands- und baumartenweise festgestellt sowie der → Hiebssatz geplant wurden.

Fällungsschäden (Ernteschäden): alle Schäden, die im Zusammenhang mit der Fällung entstehen, insbesondere Schäden an stehenbleibenden Bäumen (Rinde und Stamm), am → Jungwuchs und am gefällten Holz selbst. Folgeschäden entstehen durch holzzerstörende Pilze (→ Holzpilze); → Rückeschäden.

Fällungsverlust, der: → Ernteverlust.

Fällungswerkzeuge: Das Hauptarbeitsgerät des Waldarbeiters bei der Holzfällung ist heute die Motorsäge. Mit ihr werden die Wurzelanläufe beigeschnitten, damit der Stamm eine walzenförmige Form erhält, der → Fallkerb angelegt, der Sägeschnitt geführt und der Baum von den stärkeren Ästen befreit (entastet). Unentbehrlich ist daneben die Axt, das älteste Holzhauerwerkzeug. Sie dient hauptsächlich zum Entasten nicht zu stark astiger Bäume. Im Einsatz ist überwiegend die leichte, etwa 1000 g schwere Iltisaxt und zum Spalten von → Schichtholz und kurzem → Industrieholz die schwere, bis 3200 g (ohne Stiel) wiegende Spaltaxt. Die Iltisaxt ist etwa 70 cm, die Spaltaxt etwa 80 cm lang. Zu den F. gehören aber auch verschiedene Keile, die zu den unterschiedlichsten Zwecken verwendet werden; z. B. Sägeschnittkeile aus Kunststoff oder Leichtmetall, Fällkeile, die aus Duraluminium mit Holzeinsatz und Ring bestehen und Spaltkeile, die zum Längsspalten von Schichtholz dienen; → Aufarbeitungsgeräte.

Fällungszeiten → Einschlagszeiten, Sommerfällung, Winterfällung, Wadel.

Fallwild, das: Bez. für Wild, das im Ggs. zu erlegtem Wild durch Unglücksfälle, Krankheit, Hunger und Kälte getötet wird bzw. verendet. F. ist auch krankgeschossenes Wild, das nicht innerhalb kurzer Zeit nach dem Schuß zur Strecke gebracht oder nicht frisch verendet aufgefunden wird. Wildpret (Fleisch) von F. darf nicht verwertet werden; → Aneignungsrecht.

Falsche (r/s) ... siehe unter dem jeweiligen Hauptnamen.

Falschkern, der: → Fehlverkernung.

Falter, die: → Schmetterlinge.

Familie, die: Rangstufe im zoologischen und botanischen System, wobei eine F. aus mehreren verwandten Gatt. besteht. Wo diese Stufe nicht ausreicht, wird noch eine Unter-F. eingefügt, z. B.: F. Hirsche (*Cervidae*), Unter-F. Echte Hirsche (*Cervinae*) und Unter-F. Trughirsche (*Odocoilinae*); oder F. Rosengewächse (*Rosaceae*), Unter-F. Apfelgewächse (*Pomoidae*) und Unter-F. Spiräengewächse (*Spiraeoideae*); → Systematik.

Fanara, die: → Wurmfarn 1.

Fangbäume: **1)** dienen der Kontrolle und Bekämpfung der → Borkenkäfer. F. sind gefällte, entastete und entgipfelte Nadelholzstämme, die als künstliches Brutmaterial für Schadinsekten dienen und nach dem Befall entrindet werden. Die Rinde wird entweder verbrannt oder mit einem zugelassenen Forstschutzmittel behandelt. Da die Lockwirkung (→ Pheromone) der F. nur zwei bis drei Monate anhält, sind rechtzeitig neue Bäume zu werfen. Die Zahl der F. ist auf etwa 10 % der ausgeräumten → Käferbäume zu bemessen, mindestens sind jedoch je Befallsherd zwei F. auszulegen. Giftfreie Lockstoff-Fallen – ohne

Unentbehrlich bei der Holzfällung ist heute eine Motor-Kettensäge.

schädliche Nebenwirkungen auf Fauna und Flora – ersetzen zunehmend das seit 200 Jahren praktizierte und bewährte F.-Verfahren; → Probesuchen. **2)** auch Ruten. Beim früheren → Holländer(holz)handel Bez. für runde, geschälte Ei von 40 → Fuß und mehr Länge und 13 → Zoll Dicke.

Fanggebäude → Trift.

fängisch: **1)** Eine Falle ist f., wenn sie zum Fangen hergerichtet, d. h. gespannt und entsichert ist; → Fallenjagd.
2) f. sind auch z. B. → Fangknüppel oder → Fangrinde, soweit sie Schadinsekten

animalisch, und zwar in der ersten Woche zu etwa 90 %, in der zweiten zu etwa 65 % und in der dritten zu etwa 50 %. Jagdlich zählt der F. mit zum beliebtesten jagdbaren Flugwild.

Fasanenbeere, die: → Sanddorn.

Faschinen: in Niedersachsen (veraltet) auch „Specken", um Oldenburg „Schlengen" genannt. fest zusammengeschnürte Bündel aus Reisig (→ Reisholz) in Längen von 2 bis 6 m. Die F. werden zur Befestigung von Ufern, Böschungen, Gräben oder zur Ausfüllung der Zwischenräume im Fachwerkbau (→ Fachgerten, → Fachholz), im Flußbau und früher auch für militärische Feldbefestigungen verwendet. Das → Reisholz darf nicht astig, sondern muß möglichst schlank und geschmeidig sein; die Reiser sollen sich glatt zusammenlegen. Es werden deshalb → Stockausschläge, insbesondere von Wei, Er und Ha sowie anderen raschwachsenden Baum- und Straucharten bevorzugt. F. aus grünen Reisern, die durch Wurzelbildung zur Befestigung beitragen sollen, werden Lebend-F., solche aus trockenem Material Tot-F. genannt.

Bei einer Verwendung als F. wurden die in der Forstfachsprache als Welle, Krähen oder Wasen (→ Welle 2)) bezeichneten Reisigbündel allgemein auch als F. bezeichnet. Daneben unterschied man noch besondere Arten von F.:

a) **Ordonanz-F.**: F. aus Laub- oder Nadelreisern von 18 → Fuß Länge und 12 → Zoll mittlerer Dicke, die vier- oder fünfmal in gleichen Abständen mit Weidenruten umbunden wurden, meist von Ei, Bu, Er, Bi, Pa und Wei.

b) **Gewöhnliche F.**: In der Länge kürzer als die Ordonanz-F., aber von gleicher Dicke und nur drei- oder viermal gebunden.

c) **Streich-F.**: Von 3 bis 5 Fuß Länge, 6 bis 12 Zoll Dicke und dreimal gebunden.

d) **Würste**: 15 bis 30 Fuß Länge und 10 bis 15 Zoll Dicke, auf jeden Fuß Länge ein Band.

e) **Teichwellen (Vorlegewellen)**: 5 bis 10 Fuß Länge, 9 bis 10 (bis 18) Zoll Dicke und zwei- oder dreimal gebunden, aus allen Holzarten, meist aber von Tannen- und Wacholderreisig.

f) **Wurst-F. (Buschwellen)**: Würste aus jungem, zweijährigem Reisig von 30 bis 60 Fuß Länge und 4 Zoll Dicke, auf jeden Fuß Länge ein Band.

g) **Senkwürste**: 15 bis 30 Fuß Länge und 9 bis 10 Zoll Dicke. Sie wurden mit Sand und Kies gefüllt und im Abstand von Fuß zu Fuß mit gedrehten → Wieden geknebelt; → Welle 2)).

Faser, die: Bez. für die längliche Zellform des Holzkörpers (Sklerenchym; → Festigungsgewebe). Als wenig verholzte Phloem- oder Bastfaser erscheint sie in primärer oder sekundärer Rinde von Baum- und Straucharten (fehlt aber bei Bi, Bu, Fi, Er, Fi, Ta). Als stark lignifizierte (meist kurzklebige Holzfaser (→ Libriformfaser) erscheint sie im → Xylem von Laubbäumen. Bei einheimischen Baumarten liegt der Anteil zwischen 37 und 76 %, die Länge liegt zwischen 0,2 und 2,4 mm. Der F.-Verlauf hat Einfluß auf Bearbeitung und Dekor des Holzes, die Faserlänge auf die Verwendung, z. B. in der Papierindustrie. Sklerenchymfasern werden z. T. wegen ihrer Länge und ihrer Dehnbarkeit als Textilfasern verwendet. In der holzverarbeitenden Industrie und forstlichen Praxis umfaßt der Begriff F. auch die → Tracheiden. Bei Ndh versteht man dementsprechend unter F.-Länge die Länge der Tracheiden.

Faserberingter Flämmling, der: → Flämmlinge 4.

Faserholz, das (Schleifholz, Papierholz, Zellstoffholz): zur Verwendung in der Papier- oder Plattenindustrie bestimmtes → Schichtholz (→ Industrieholz), i. d. R. → Schwachholz, das bei der Waldpflege zwangsläufig anfällt oder Sägerestholz, das auf mechanischem Weg zerfasert wird. Die Weiterverarbeitung der Holzfasern erfolgt hauptsächlich zu → Holzschliff, → Zellstoff, → Holzfaserplatten und → Zellulose.

In Österreich ist F. ein Rohholzsortiment aus verschiedenen Nadel- und Laubholzarten mit einem Zopfdurchmesser von 7 cm (Dünnholz 4 bis 6 cm) ohne Rinde aufwärts in langem Zustand oder als Schichtholz (1 oder 2 m lang).

Faserlinge (*Psathyrella*): auch Zärtlinge. in Mitteleuropa mit ca. 90 Arten verbreitete Gatt. der Pilze aus der Fam. der Tintlingsartigen (*Coprinaceae*), die zur Ordn. der → Blätterpilze gehört. Alle F. haben violettbraune Sporen und sehen überwiegend wie kleine → Helmlinge oder → Häublinge aus. Die bekanntesten Arten sind:

1. **Behangener Faserling**, der (*Psathyrella candolleana*): Der eßbare Pilz wächst von April bis November an Laubholzstrünken, zwischen Laubholzreisig, auf abgeräumten Holzlagerplätzen und im Humus der Auwälder, oft sehr gesellig, einzeln oder mehrere Fruchtkörper büschelig verwachsen. Der bis zu 6 cm breite Hut ist anfangs honig- bis holzgelb, kugelig, dann flach gewölbt, bei Trockenheit seidig glatt und durch eine schmale, weiße Haut mit dem Stiel verbunden. Die weißen, dann purpurlila, schließlich dunkelbraun werdenden → Lamellen sind schmal, stehen dicht und sind schmal angewachsen. Der bis zu 6 cm lange Stiel ist röhrig hohl und zerbrechlich, schwach faserig, oben leicht gestreift und bisweilen leicht wurzelnd. Das weiße, zarte und mürbe Fleisch hat einen angenehmen Geschmack.

2. **Wässriger Saumpilz**, der (*Psathyrella hydrophila* = *P. piluliformis*): auch Wässriger Mürbling, Wässriger Zärtling, Weißstieliges Stockschwämmchen. Der eßbare Pilz wächst von September bis November gesellig an feuchten Stellen oder auf Brandflächen, an Lbh, hauptsächlich an Buchenstümpfen. Der bis zu 6 cm breite Hut ist konvex und in durchfeuchtetem Zustand rotbraun, trocken stark ausblassend und blaß tonfarben und dann dem → Stockschwämmchen ähnlich. Die dicht stehenden Lamellen sind jung blaß bräunlich, alt schokoladenbraun. Die anfänglich die Lamellen verhüllenden Schleierfäden bleiben als Saum am Hutrand erhalten. Der bis zu 8 cm lange, glatte und ringlose Stiel ist jung weiß, alt bräunend und an der Basis weißfilzig. Das weiße, zarte, aber sehr brüchige Fleisch ist geruchlos und hat einen milden Geschmack.

3. **Schokoladenbrauner Faserling**, der (*Psathyrella sarcocephala*): Der an Laubholzstümpfen büschelig wachsende eßbare Pilz hat einen bis zu 8 cm breiten, anfangs halbkugeligen, dann gewölbten Hut, der feucht schokoladenbraun, trocken beige, matt und kahl ist. Das zarte weiße Fleisch ist wässrig, die breiten Lamellen rötlich-braun mit welligen

▸▸▸ Behangener Faserling (*Psathyrella candolleana*)

Schneiden, die Sporen rötlich braun. Der bis 5 cm lange Stiel ist feinrillig und bräunlich überfasert.

4. **Kohlen-Faserling**, der (*Psathyrella pennata*): Der auf Feuerstellen wachsende Pilz hat einen bis 2,5 cm breiten, grau- bis rotbraunen Hut, der glockig, dann mit Buckel, anfangs mit flockig-faserigen weißen Schüppchen bedeckt, im Alter dann kahl ist. Die Lamellen sind cremeweiß, alt purpur-braun mit hellen Schneiden. Der bis 4 cm lange Stiel ist weißflockig.

5. **Tränender Saumpilz**, der (*Psathyrella velutina* = *Lacrymaria lacrymabunda*): Der im Sommer und Herbst in lichten Wäldern an Wegrändern, auf Ruderalplätzen, an Holzstümpfen und in Gärten einzeln oder in Gruppen wachsende eßbare Pilz hat einen bis 7 cm breiten, cremefarbenen bis fuchsigen Hut mit festem, gelb-bräunlichen brüchigen Fleisch und hell-bräunlichen, später braunen Lamellen, deren Schneiden weiß-flockig und tränend (Name!) sind. Der bis 10 cm lange und 1 cm breite zerbrechliche Stiel ist weißlich bis braunockerfarben, mit dunklen Fasern bedeckt, die auch am Rand des Hutes hängenbleiben.

6. **Medusenhaupt(-Saumpilz)**, der (*Psathyrella caput-medusae*): auch Kiefern-Saumpilz. Der im Sommer und Herbst büschelig an Nadelholzstümpfen (besonders im Gebirge) wachsende Pilz ist anfangs weißlich, wattig-wollig mit braunen Schuppen und zottig behangenem, jung rundlich gewölbtem Hut. Dieser flacht später ab, wird bis 6 cm breit und braun. Das brüchige Fleisch ist geruch- und geschmacklos (nicht eßbar), bräunlich, im Stiel heller, im Hut dunkler. Die schokoladenbraunen, tränenden Lamellen haben eine weißliche Schneide; die Sporen sind dunkel-

braun. Der bis 9 cm lange, zylindrische Stiel ist flaumig, wollig-wattig, mit lockerem wattigem Rand, im Alter dann fast kahl mit bräunlichen Fasern.

7. **Geriefter Faserling**, der (*Psathyrella CF. noli-tangere*): Der am Waldrändern wachsende Pilz hat einen bis 2,5 cm breiten beige-ockerfarbenen, runzelig-gefurchten Hut mit etwas dunkler gefärbtem Buckel am Scheitel; trocken ist er blasser und glimmerig. Das Fleisch ist cremefarben, die entfernt stehen-

◂◂◂ Wässriger Saumpilz (*Psathyrella hydrophila* =*P. piluliformis*)

den Lamellen sind tabakbraun mit heller Schneide. Der bis 3 cm lange Stiel ist hohl und seidig glänzend.

Faserplatten → Holzfaserplatten.

Faserrichtung, die: der gewöhnlich parallel zur Stammachse ausgerichtete Faserverlauf. Die F. beeinflußt beim Holz alle Festigkeiten, und zwar um so mehr, je stärker sie von der Richtung, in der die Kraft wirkt, abweicht.

Fasersättigungsfeuchtesatz, der: → Holzfeuchtigkeit.

Fasertracheiden: Bez. für die Spätholztracheiden der Ndh, eine Hauptzellart mit über 90 % Anteil am Gewebeaufbau. Bei einigen Lbh stellen die F. eine Übergangsform (Zellzwischenform) von der → Tracheide zur → Libriformfaser dar. Sie dienen der Festigung, aber auch der Wasserleitung; → Tracheen.

Faserzellen: die toten Holzfaserzellen, die das Holz festigen. Sie bestimmen die Härte, Festigkeit und Oberflächenbeschaffenheit des Holzes; → Festigungsgewebe.

Fasnachtsbaum, der: ein v. a. in Franken früher üblicher Brauch (sog. Weiberfasching), bei dem zum Winterausgang die Frauen des Dorfes den „schönsten Baum im Gemeindewald“ am Donnerstag vor Fastnacht fällten und in das Dorf trugen. Der Baum wurde dann sofort versteigert und der Erlös von den Frauen vertrunken.

Ursprünglich dürfte der F. als ein Objekt kultischer Verehrung aufgestellt worden sein. In späterer Zeit wurde der mit Blumen, Bändern und Kränzen geschmückte Baum vor das Gemeindehaus getragen. Das dort von der Gemeinde ausgezahlte Entgelt für den Baum wurde ebenfalls vertrunken. Im Oberinntal (Hochgebirge) wurde dieser Brauch in ähnlicher Form von jungen Männern und mit Schlitten ausgeübt.

Faßdauben → Dauben, Böttcherholz.

Faßholz, das: 1) engporiges Holz aus (französischer) Eiche, das mindestens 10 Jahre abgelagert ist. 2) → Böttcherholz.

Faßreifen: Holzreifen zum Binden der Trockenfässer (Packfässer): Diese werden aus halb- oder mehrfach von Hand oder mit Maschine gespaltenen Gerten, Stangen und → Stockausschlägen von Ah, Bi, Ei, Kast, Ha, Ul, und Wei hergestellt. Die Abmessungen liegen je nach Zweck zwischen 1 bis 3,5 m, der

◂◂ Tränender Saumpilz (*Psathyrella velutina* =*Lacrymaria lacrymabunda*)

Durchmesser zwischen 1 und 4 cm. Die Hölzer werden meist vor Laubausbruch gefällt; → Bandstöcke.

Faßspangen: svw. Faßdauben; → Dauben, Böttcherholz.

Faßspunde: rund ausgestanzte und konisch gepreßte Klötze zum Verschließen der Fässer. Die Pressung bewirkt Ausdehnung bei Feuchtigkeitsaufnahme, so daß die F. fest sitzen. Sie werden meist aus Li, Er, Faulbaum und Pa hergestellt, daneben auch aus Ah, Ei, Fi und Kie.

Faßstäbe: svw. Faßdauben; → Dauben, Böttcherholz.

Fastenbleaml, das: → Leberblümchen.

Fasziation, die: auch Verbänderung. gelegentlich auftretende starke Verbreiterung der Triebe krautiger und holziger Pflanzen, hervorgerufen durch eine plötzliche Erweiterung des Sproß-Vegetationskegels. Die F. wurde bei Es, Kie, Rob und Wei beobachtet.

faul: Holz gilt als f., wenn es nicht mehr → nagelfest ist; → brüchig.

Fauläste: Äste, die am Abhieb erkennbare Zersetzungserscheinungen im Astbereich zeigen und hauptsächlich an Laubbäumen vorkommen.

Faulastbildung führt i. d. R. zu einer Einsortierung in die → Güteklasse C.; → Hornäste, Trockenäste, Wasserreiser.

Faulbaum, der: → Kreuzdorn 3., → Prunus 5.

Faulbaumbläuling, der: → Bläulinge 8.

Faulbaumgewächse → Kreuzdorngewächse.

faule Gesellen → Bodenreinertragslehre.

Faule Grete, die: → Wanzen 11.

Faulesche, die: → Ebereschen 1.

Faulgas, das: → Biogas.

Faulkern, der: hauptsächlich am lebenden Baum vorkommende Zersetzung des → Kern- oder → Reifholzes; → Kernfäule.

Fäulnis des Holzes, die: → Zersetzungsformen des Holzes.

Fäulniserreger: Bez. für → Bakterien und → Pilze, die sich von totem organischen (insbesondere stickstoffreichem) Material ernähren, z. B. von toten Tieren und pflanzlichen Teilen. Die Zersetzung des Materials erfolgt unter anaeroben (bei der Verwesung unter aeroben) Bedingungen, wodurch der Kreislauf der Stoffe in der Natur gefördert wird (Mineralisation). So wird eine Anhäufung organischer Stoffe auf der Erde verhindert. Abhängig ist die Zersetzung jedoch auch von den Temperatur- und Feuchtigkeitsbedingungen.

Fäulnispflanzen (Saprophyten): auch Moder- und Humuspflanzen. Bez. für Gewächse, die bei Fäulnis, Verwesung und Vermoderung beteiligt sind. Durch sie werden die abgestorbenen Reste der Lebewesen nach und nach in einfache, anorganische Stoffe zerlegt. Z. B. Fäulnisbakterien in tierischen Leichen; Fadenpilze in pflanzlichen Abfälle des Waldbodens; Gärungserreger (Alkoholhefen, Milchsäurebakterien). Unter den Blütenpflanzen (→ Samenpflanzen) ernähren sich einige Orchideenarten auf diese Weise und besitzen deshalb kein Blattgrün (→ Chlorophyll). Sie sind daher nicht oder nicht ausreichend zur → Photosynthese befähigt. Der Abbau organischer Substanz erfolgt durch → Pilze, deren Fäden innerhalb der Wurzelzellen der → Orchideen leben (→ Symbiose); → Mykorrhiza.

Faun, der (Faunus; der Gnädige): altrömische Gottheit, die halbtierisch mit Gehörn und Bockfüßen dargestellt wird. Von den Römern wurde der F. hauptsächlich als Gott der Berge, Triften und Fluren sowie als Beschützer der Herden verehrt, der das Vieh fruchtbar machte; er ist dem griechischen Pan gleichgestellt. Wie dieser liebt er den Aufenthalt im Wald, wo er gelegentlich die Menschen schreckt und ängstigt, die er auch nachts in ihren Häusern beschleicht, um sie durch Träume und schreckhafte Erscheinungen zu plagen. Ihm zu Ehren wurde von den Bauern und Hirten am 5. Dezember ein Fest begangen. Man opferte ihm Böcke mit Wein- und Milchspenden, betete, daß der Gott den Äckern und Herden, zumal den jungen Geschöpfen sich holde erweise und ließ, während auch das Vieh sich umhertummeln durfte, die Sklaven auf Wiesen und Kreuzwegen tanzen und sich vergnügen. Als lüsterner, spielender Waldgeist, der manchmal auch die Panflöte spielt, lebt er heute noch in Literatur und Kunst fort (faunisch = lüstern wie ein F.)

Fauna, die (neulateinisch): Bez. für die Tierwelt eines geographisch begrenzten Gebiets oder eines bestimmten Lebensraumes. Der Name geht auf die römische Fruchtbarkeitsgöttin F. zurück; → Flora, Faunistik.

Faunenfälschung, die: → Faunen(ver)fälschung.

Faunenschichten: in den tiergeographischen Regionen (→ Tiergeographie) unterscheidbare Komplexe von Tiergruppen, die im Verlaufe der Erdgeschichte zu verschiedenen Zeiten aus anderen Verbreitungsgebieten eingewandert sind.

Faunenschutz, der: Teilbereich des → Artenschutzes, befaßt sich mit dem Schutz, der Pflege und der Förderung der wildlebenden Tierwelt.

Faunen(ver)fälschung, die: Unter F. versteht man eine Ansiedlung gebietsfremder Tierarten (Neozoen), die nach der letzten Eiszeit nicht in den Gebieten vorkamen und deren Entstehungs- und Entwicklungsgebiete räumlich getrennt sind. Diese Tierarten konnten aus eigener Kraft eine Besiedlung nicht vornehmen, z. B. wegen Trennung der Kontinente. Beispiele für eine F. sind u. a. die Verwilderung der Bisamratte, die Ansiedelung des Wildkaninchens in Australien. F. kann auch ungewollt sein, etwa Ausbruch aus Tiergehegen in die freie Wildbahn, z. B. Damwild, Waschbär, Sumpfbiber (Nutria), Verfrachtung durch Gütertransporte, z. B. Wanderratte durch Schiffe etc. Die F. ist häufig mit Problemen verbunden, z. B. fehlen in der neuen Heimat die Gegner, sind Nahrungspflanzen nicht vorhanden oder werden einheimische Populationen verdrängt oder gefährdet; → Floren(ver)fälschung.

Faunistik, die: Bez. für das Teilgebiet der Zoologie, das sich mit der Feststellung der in einem bestimmten Gebiet lebenden Tierarten befaßt.

Faunus, der: → Faun.

Faustmann, Martin (19.2.1822 bis 1.2.1876): F. war Großherzoglich-Hessischer Oberförster und schuf wesentliche mathematische Grundlagen zur Waldwertrechnung. Im Jahre 1856 konstruierte er einen Baumhöhenmesser der unter dem Namen „Spiegelhypsometer" bekannt wurde. Von seinen Schriften sind beispielhaft zu nennen: „Berechnung des Wertes, welchen Waldboden, sowie noch nicht haubare Holzbestände für die Waldwirtschaft besitzen" (1849); „Das Verhältnis zwischen Holz- und Bodenwert" (1853) und „Der Waldwegebau im Basaltgebirge, mit Hinweis auf andere geognostische Formationen" (1857).

FBVA: Abk. für → Forstliche Bundesversuchsanstalt.

FCKW: Abk. für → Fluorchlorkohlenwasserstoffe.

FECOF: Abk. für „Fédéderation européenne des communes forestières; → Europäischer Kommunalwaldbesitzerverband.

Federbaum, der: → Waldrebe 2.

Federmoos, das (*Ptilium*): Gatt. der Fam. Astoder Schlafmoose (*Hypnaceae*) aus der Klasse → Laubmoose. Eine einheimische Art ist:

Federmoos, das (*Ptilium crista-castrensis* (Hedw.) De Notaris): auch Helmbuschmoos. Das bis zur Waldgrenze verbreitete, aber nicht häufige Moos wächst auf feuchten, mäßig bis stark sauren Waldböden, v. a. in humusreichen Nadelwäldern und Fichtenkulturen sowie auf humusbedeckten Felsblöcken. Das Laubmoos bildet dort lockere, hell- bis gelbgrüne, glänzende Rasen. Die liegenden oder aufsteigenden, etwa 5 bis 20 cm langen, etwas starren, oft gabelig verzweigten Stengel sind dicht unregelmäßig bis regelmäßig zweizeilig fiedrig beastet. Die spiralig angeordneten Blätter sind lanzettlich, 2 bis 3 mm lang, längsfaltig, mit lang ausgezogener, pfriemenförmiger, einseitswendig-sichelförmig gekrümmter Spitze. Die Blattrippe fehlt meist oder ist kurz und doppelt. Die Sporen reifen im Herbst. Die 4 bis 5 cm lang gestielte, seitenständige Sporenkapsel steht geneigt bis waagerecht. Sie ist rötlichgelb, 3 bis 4 mm lang, zylindrisch und schwach gekrümmt mit zugespitztem Deckel.

Federmücken → Zuckmücken.

Feenlämpchenspinne, die: → Sackspinnen 1.

Feenring, der: → Hexenring.

Fegeholz, das: → Raumholz.

fegen: abschaben und abreiben des Bastes vom neugebildeten Geweih oder Gehörn bei Hirsch und Rehbock an Bäumen und Sträuchern. Die abgeriebenen behaarten Hautfetzen bleiben häufig am beschädigten Bäumchen oder Strauch (→ Fegeschäden) hängen oder werden vom Wind verweht.

Fegen der Lachen, das (bei der Harzgewinnung): → Lachen.

Fegeschäden: Rinden- und Bastverletzungen an Jungpflanzen (Bäumen und Sträuchern), die durch das Abstreifen (→ Fegen und Schlagen) der sog. Bastschicht am Geweih oder Gehörn von Rot-, Sika-, Damhirsch und Rehbock entstehen. F. treten häufig an selteneren Baumarten (z. B. JLä, Dgl) auf. Die verursachten Schäden können waldbauliche Ziele beieinträchtigen und in Einzelfällen sogar zum Absterben der Pflanzen führen. Sie fallen aber im Ggs. zu Verbißschäden (→ Verbiß) nicht so ins Gewicht. Eine Verhinderung oder Vorbeugung ist durch Einzelschutz (chemischer oder mechanischer Fegeschutz; → Wildschadensverhütung) oder durch Zäunung des gefährdeten Bestandes möglich.

▸▸ Fegeschäden können das Einbringen von bestimmten Baumarten gefährden.

Fegeschutz, der: → Wildschadensverhütung.

Fehlkante, die: → Baumkante.

fehlkantig: F. ist eine Bez., die angibt, daß bei → Kanthölzern oder → Balken → Baumkanten vorhanden sind, die bis zu 1/3 der Balkenhöhe betragen dürfen. Eine in den → Gütebedingungen (DIN 4074) gestellte Anforderung (Schnittklasse); → scharfkantig, sägegestreift, vollkantig.

Fehlmast, die : → Mast.

Fehlstelle, die (aus Ausfall-, Kahlstelle): nachbesserungsbedürftige Lücke im Anwuchs oder → Jungwuchs, in der eine → Naturverjüngung oder Aufforstung nicht möglich war. Die Stellen werden (erneut) bepflanzt; → Bestandeslücke.

Fehlverkernung, die: auch Falschkern. Bedingt durch Standortverhältnisse, aber auch klimatische Einflüsse (Kälteinwirkung) oder durch Wasserentzug in den physiologisch inaktiven Holzschichten, bleibt bei manchen Hölzern (v. a. ältere Bu und Ei) die normale Verkernung aus oder es kommt zu intensiver (fakultativer) Farbkernbildung, obwohl der Baum normalerweise kein oder ein viel helleres → Kernholz bildet, sog. F. Als „Braunkern" bezeichnet man bei der Es die dunkelbraune wolkenartige Verfärbung des Kerns (Eschenbraunkern), der normalerweise gelblich-weiß ist. Diese Verkernung ist von einem bestimmten Wasser-Gas-Verhältnis in den Zellhohlräumen abhängig. Sie tritt v. a. bei Es auf feuchten bis nassen Standorten auf. Eine seltenere Abart des Braunkerns ist der „Olivkern". Bei ihm weist der Querschnitt durch den Kern in periodischem Wechsel Hell-Dunkel-Zonen auf, die auf dem Furnier eine charakteristische Zeichnung ergeben (→ Olivesche). Bei alten Bu kann sich ein „Rotkern" bilden (Buchenrotkern, Alterskern, Falschkern, Scheinkern, Schutzholzkern, auch Grau- oder Spritzkern); hier kommt es zu einer sternförmigen oder unregelmäßig wolkigen Kernfärbung. Die Festigkeit des Holzes leidet nicht darunter. Ursache hierfür ist eine rein physiologische Erscheinung. Sein Auftreten ist an Holzpartien gebunden, deren Wassergehalt < 60 % beträgt. Bei dieser Holzfeuchte sind im Bu-Holz die Hohlräume der Gefäße wasserfrei geworden und die lebenden Zellen haben gerade noch ihre Turgeszenz (→ Turgor). Bei Ei und seltener Lä können sichel- oder ringförmige, splintartige helle Zonen entstehen; sie werden → „Mondring" genannt. Eine fakultative Kernbildung an Ahornarten wird als „Grünkern" bezeichnet. Sie tritt in verschiedenen Farbvarianten auf. Neben den deutlich grünen gibt es auch gelbliche und bräunliche Varianten. Eine besondere Art fakultativer Kernbildung ist der → Naßkern. Bräunliche zungenförmige Verfärbungen, von den Querschnittsflächen lagernden frischen Lbh her nach innen laufend, wird als → Ersticken, bei gleichzeitigem oder folgendem Schimmelpilzbefall als Verstocken (→ Verstockung des Holzes) bezeichnet; → Frostkern.

Fehm, die: **1**) auch Feme, Feim. Frühere Bez. für die Waldmast (→ Mast) der Hausschweine; → Schweinemast. **2**) frühere, nieders. Bez. für ein → Klafter.

Fehmgeld, das: → Dechelgeld.

Fehmmal, das: auch Feimmal, veraltete Schreibweise „Fehmmahl". ein früher übliches Brandzeichen (Waldmastzeichen) für Schweine, die zur Mast in den Wald getrieben wurden; → Ringeln 2), Schweinemast.

Fehmregister, das: ein früher von den Forstbediensteten zu führendes Register, in das die Anzahl der zur → Mast getriebenen (eingeschlagenen) Schweine (Fehmschweine) eingetragen wurde.
Feiche, die: auch Feichte, Feicht'n. alte und lokale Bez. für die Gemeine Fi; → Fichten 1.
Feigenholzfloß, das: → Dielenfloß.
Feigwurz, die: → Hahnenfuß 5.
Feigwurzeliger Hahnenfuß, der: → Hahnenfuß 5.
Feim, der: → Fehm.
Feimgeld, das: → Dechelgeld.
Feimmal, das: → Fehmmal.
Feinast, der: Ast unter 1 cm Durchmesser; → Grobast.
feinastig: Sortierungsmerkmal; → Feinast.
feinastige Baumarten → Astigkeit.
Feingefältelte Schließmundschnecke, die: → Schließmundschnecken 1.
Feinheit des Holzes, die: Man spricht dann von F. d. H., wenn der Aufbau ein gleichmäßiges Gefüge zeigt, → Poren und → Markstrahlen nicht zu erkennen sind und die Ringbildung nur andeutungsweise wahrzunehmen ist. Hierzu gehören Ah, Li, Birnbaum, Buchsbaum, Ebenholz und Pockholz. Diese Hölzer eignen sich besonders zu Holzschnitzereien, Drechsler- und Kunsttischlerarbeiten. Alles Holz, das Poren, Markstrahlen und Jahrringe deutlich erkennen läßt, nennt man grob, z. B. Rob, Lä, Es, Kie, Ta, Ul u. a.
feinjährig → feinringig.
feinporige Hölzer → Poren.
feinringig: auch feinjährig, engringig. Als f. wird Holz bezeichnet, das schmale → Jahrringe, höchstens bis 3 mm Dicke, hat; → grobringig.
Feinschuppiger Ritterling, der: → Ritterlinge 5.
Feinstrahl, der: → Beruf(s)kraut.
Feinstrahlaster, die: → Beruf(s)kraut.
fein strukturiertes Holz: Bez. für → Holz (Lbh) mit dichter Oberfläche, bedingt durch englumige Gefäße, die als sog. Porenrillen in Erscheinung treten, z. B. bei Buchsbaum und Kir. Da Ndh keine Porenrillen hat, ist es grundsätzlich f. s.
Feistmantel, Rudolf Ritter v. (22.7.1805 Ottakring bei Wien bis 7.2.1871 Wien): F. wurde nach seiner Beschäftigung in verschiedenen praktischen Stellungen 1838 Bergrat und Professor an der Berg- und Forstakademie in Schemnitz. Im Jahre 1848 kam er als Sektionsrat in das österr. Finanzministerium und wurde 1851 Ministerialrat und technischer Vorstand des gesamten Forstwesens. F. trat 1869 in den Ruhestand.
Er schrieb: „Die Forstwissenschaft nach ihrem ganzen Umfange ... etc." (1835 – 1837), „Allgemeine Waldbestands-Tafeln ... etc." (1854), „Die politische Oekonomie mit Rücksicht auf das forstliche Bedürfniß ... etc." (1856). F. ist Initiator des österr. Forstgesetzes von 1852.
Felbaum, der: → Pappeln 2.
Felbe(r), die: alte Bez. für Wei, besonders aber für die SWei; → Weiden 22.
Felberich, der: → Gilbweiderich.
Felberich, Gemeiner, der: → Gilbweiderich 1.
Feldahorn, der: → Ahorne 3.
Feldbeerbaum, der: → Kreuzdorn 2.
Feldbock, der: → Bockkäfer 28.
Feld-Ehrenpreis, der: → Ehrenpreis 7.
Feldfrosch, der: → Frösche 3.
Feldgehölz, das (Feldholzinsel, Waldinsel): kleinflächiger Baum- und Strauchbestand in der Feldmark. Er ist meist unregelmäßig begrenzt und steht auf einer Fläche, die wegen ungünstiger Wasser-, Boden- oder Reliefverhältnisse, wegen nachteiliger Lage oder zur Abgrenzung nicht mit in die landwirtschaftliche Nutzfläche einbezogen wurde. Das F. hat immer ein Eigenklima, das sich von dem des Freilandes unterscheidet, und ist zudem durch eine gewisse Höhe (meist mehr als 5 m), die es im Laufe seiner Entwicklung erreicht, gekennzeichnet. F. können sowohl neu gepflanzt als auch durch natürlichen Anwuchs entstanden sein. Häufig sind sie aber die Überreste eines früheren, größeren und längst gerodeten Waldkomplexes. Im Kern sind die F. überwiegend waldähnlich – meist jedoch kein Wald im Sinne des Waldgesetzes –, sie besitzen i. d. R. einen ausgeprägten Außenmantel aus kurzen, tiefbeasteten Randbäumen und einen geschlossenen, dichten bis undurchdringlichen Saum von Sträuchern und standortsgemäßen Waldsaumgesellschaften. F. sind Zufluchts- und Aufenthaltsort für viele Kleintiere und Vogelarten; → Gebüsch, Hecke, Knicks, Baumgrupppe.
Feldgeschworener, der: → Grenzzeichen.
Feldgrille, die: → Grillen 3.
Feldhainsimse, die: → Hainsimse 3.
Feldhase, der: → Hasen 1.
Feldheuschrecken (*Acridiidae*): weltweit mit über 5000 Arten, davon ca. 40 in Dtschl., verbreitete Fam. der → Heuschrecken. Sie sind gekennzeichnet durch kurze, fadenförmige Fühler, kurze Legeröhren und kräftig entwickelte hintere Sprungbeine. Die Männchen zirpen, indem sie die Hinterschenkel an einer vorspringenden Ader des Vorderflügels reiben; → Laubheuschrecken. Die wichtigsten F. sind:
1. Blauflügelige Ödlandschrecke, die (*Oedipoda caerulescens*): auch Blaue Schnarrheuschrecke. Das 1,5 bis 2,8 cm lange, gelbbraune Insekt hat meist leuchtend-blaue Hinterflügel mit einem breiten dunklen Streifen unterhalb der Spitze. Einige Exemplare haben auch gelbe bzw. rötliche Flügel. Auf den Vorderflügeln befinden sich zwei braune Querbinden. Von Juli bis September kommt sie an trockenen Stellen mit spärlicher Vegetation, in Kiesgruben und trockenen Waldrändern vor. Beim Fliegen ist ein schnarrendes Geräusch zu hören. Sie ernährt sich von verschiedenen Wildgräsern.
2. Säbeldornschrecke, die (*Tetrix subulata*): auch Dornschrecke. Die ca. 1 cm lange, bräunliche S. hat eine Vorderbrust, die hinten oben zu einem Dorn umgeformt ist. Die Vorderflügel sind stark reduziert, die Hinterflügel voll ausgebildet. Sie ist weit verbreitet auf Heideflächen, Wiesen und an Waldrändern etc. anzutreffen. Die Nahrung besteht aus zarten Getreide- und jungen Kiefernpflanzen sowie aus Eichen- und Buchenaufschlag; → Aufschlag.

Feldgehölze bilden neben Hecken und Ackerrainen wichtige Glieder der Biotopvernetzung.

3. Schnarrschrecke, die (*Psophus stridulus*): Die 2,2 bis 3,2 cm lange S. kommt im Berggelände, auf Wiesen und Lichtungen vor. Ihre Häufigkeit ist in den letzten Jahren stark zurückgegangen. Kennzeichnend für die S. ist das Schnarren der Männchen im Flug; die Schnarrtöne sind ein Teil des Balzspieles. Sie fliegt von Juni bis September.
4. Buchenwaldschrecke, die (*Miramella (Podisma) alpina* Koll.): Die 20 bis 30 mm große B. ist grün mit schwarzgelben Zeichnungen und lebt vorwiegend auf landwirtschaftlichen Nutzflächen. Sie wird gelegentlich forstlich schädigend durch Entlauben von Buchenkeimlingen. In der Steiermark (Österreich) tritt sie zuweilen in Massen auf; in SO-Europa ist sie in Altbeständen mit Kahlfraß hervorgetreten.
Feldholder, der: → Holunder 3.
Feldholzinsel, die: → Feldgehölz.
Feldjägerkorps, das: Das F. wurde im Jahre 1740 durch Friedrich den Großen (1712 – 1786) während des Schlesischen Krieges gegründet. Er stellte ein „F. zu Pferd" und ein „unberittenes F." auf. Es rekrutierte sich aus Forstleuten und deren Söhnen, da man bei diesen Personen die zur Verwendung als „Kolonnenführer, Ordonnanzen und Kuriere" nötigen Eigenschaften am meisten voraussetzte. Im Frieden sollten sich die Feldjäger forstlich ausbilden und nach beendeter Militärdienstzeit als verwaltende Forstbeamte (F. zu Pferd) Verwendung finden. Die Verwendung und Organisation des F. hatte sich im Laufe der Zeit mehrfach und wesentlich geändert. Die Angehörigen des Korps waren Anwärter für den preußischen Staatsforstverwaltungsdienst, gleichzeitig aber auch aktive Offiziere, ohne jedoch unter der Waffe zu stehen. In militärischer Beziehung hatte das F. seinen Standort in Berlin; mit der Führung war der jeweilige Inspekteur der Jäger und Schützen beauftragt. Die Zahl der Angehörigen des F. betrug zuletzt 71, von denen die Dienstältesten mit dem Dienstgrad Oberleutnant, Oberjäger und mit dem Dienstgrad Leutnant, Feldjäger hießen. Nach dem Bestehen der beiden forstlichen Prüfungen wurden die Feldjäger eine Zeitlang zur Kurierdiensten und hier spe-

ziell zu Vermittlung des Verkehrs zwischen dem Auswärtigem Amt und den Botschaften sowie mit dem Kaiser während dessen Reisen verwendet. Im Kriege leisteten sie außerdem – teils als Ordonnanzoffiziere, teils an der Front – Dienst. Die Laufbahn war zuletzt folgende: Bald nach dem Bestehen des Abiturs (damals Maturitätsprüfung genannt) traten die Anwärter als Einjährig-Freiwillige in ein Jägerbataillon ein und meldeten sich dann sofort beim Feldjäger zur Aufnahme. Wenn die Qualifikationsberichte entsprechend gut und auch die übrigen Vorbedingungen (Vermögensnachweis) erfüllt waren, wurden die Anwärter zur nächsten Prüfung (jeweils im Februar) einberufen. Diese erstreckte sich auf Kenntnis der neuen Sprachen (Englisch, Französisch oder Italienisch) und Fertigkeit im Reiten. Nach Beendigung des Einjährig-Freiwilligen-Jahres begannen die Anwärter ihre forstliche Ausbildung in der allg. vorgeschriebenen Weise, erledigten sobald als möglich ihre Offiziersübungen, erhielten bei genügender Qualifikation durch den Truppenteil vom Kommando des reitenden F. das Aufnahmezeugnis und wurden dann zunächst zu Reserveoffizieren ernannt. Wenn dies geschehen war, erfolgte ihre Versetzung in das reitende F. Der forstliche Ausbildungsgang wurde hierdurch nicht unterbrochen. Nach dem Bestehen der zweiten forstlichen Prüfung und Ernennung zum Forstassessor wurden die unverheirateten Feldjäger eine Zeitlang zum Kurierdienst einberufen. Mit der Ernennung zum Oberförster, die nach den gleichen Grundsätzen erfolgte wie jene der übrigen Forstassessoren, schieden die Feldjäger aus dem Korps aus und traten zur Reserve oder Landwehr über. Bei der Stellenbesetzung im Staatsforstverwaltungsdienst hatte das reitende F. allerdings das Vorrecht, daß jede siebte Oberförsterstelle mit einem seiner Angehörigen besetzt wurde. Das reitende F. wurde im Jahre 1919 aufgelöst.
Württemberg: Im Jahre 1759 gründete Herzog Karl Eugen ebenfalls ein F. Nach sechs Jahren Dienst im F. erwarb man die Voraussetzung für die Anstellung im niederen Vollzugsdienst.
In Hohenheim wurde 1783 eine „Jägergarde" mit militärischer Verfassung zur Ausbildung der gelernten Jäger errichtet. Von 1818 bis 1820 bestand in Verbindung mit dem Militärdienst eine Feldjäger-Forstlehranstalt; → Militärpflanzschule.

Feldkapazität, die: höchstmögliche Wassermenge, die durch die Bodenpartikel gegen die Schwerkraft gehalten werden kann; → Bodenwasser.

Feldkopf, der: alte Bez. für kleine, mit Bäumen bewachsene Feldberge und Hügel; → Feldgehölz.

Feldkrähe, die: → Rabenvögel 7.

Feld-Kratzdistel, die: → Kratzdistel 1.

Feldkümmel, der: → Thymian.

Feldmaikäfer, der: → Blatthornkäfer 9.

Feldmaus, die: → Wühlmäuse 3.

Feldquendel, der: → Thymian.

Feldrabe, der: → Rabenvögel 5.

Feldrose, die: → Rosen 6.

Feldrüster, die: → Ulmen 2.

Feldsandläufer, der: → Sandläufer 3.

Feldschicht, die: → Krautschicht.

Feldschwirl, der: → Grasmücken 9.

Feldspatz, der: → Webervögel.

Feldsperling, der: → Webervögel.

Feldspitzmaus, die: → Spitzmäuse 5.

Feldthymian, der: → Thymian.

Feldulme, die: → Ulmen 2.

Feldversuche (Freilandversuche): auf Freilandflächen durchgeführte Untersuchungen, in der Forstwirtschaft, z. B. die Untersuchung des Wachstums neuer Forstpflanzenzüchtungen. Da F. kosten- und zeitintensiv sind, wird in der Forstwirtschaft den Gefäßversuchen der Vorzug gegeben.

Feldwaldbau, der: → Waldfeldbau.

Feld-Wald-Wechselwirtschaft: heute kaum mehr praktizierte Art der landwirtschaftlichen Wechselwirtschaft, bei der auf einer Fläche die langjährige, niederwaldartige Waldnutzung (Umtriebszeit mindestens 12 Jahre) mit kurzfristiger Ackernutzung (ein bis drei Jahre) abwechselt; → Hackwaldwirtschaft, Waldfeldbau.

Feldwinde, die → Winde.

Felgenholz, das: zur Anfertigung von Radfelgen geeignetes Holz. Die Felgen wurden am besten unmittelbar nach der Fällung der Bäume aus Spaltstücken von Buchen-, Birken-, Eschen-, Robinien- und Ulmenholz, und zwar in der Art ausgehauen, daß die ebenen Seitenflächen der Felge in die Richtung des Jahrringsverlaufs fielen. Damit wollte man vermeiden, daß das Holz bei Eintreiben der Speichen sprang. F. wird von den Wagnern (Stell- oder Radmachern) benötigt und wurde früher dem sog. „Handwerkholz" (→ Handwerkshölzer) zugeordnet.

Felis silvestris → Wildkatze.

Felsenahorn, der: → Ahorne 2.

Felsenbeere, die: → Rubus 4.

Felsenbirne, die (*Amelanchier*): Gatt. aus der Pflanzen-Fam. der → Rosengewächse (*Rosaceae*) mit etwa 25 Arten in Nordamerika, Eurasien und Nordafrika. Die Sträucher oder kleinen buschigen Bäume haben ungeteilte Blätter und weiße Blüten in Trauben (→ Blütenstand). In Mitteleuropa heimisch:

▸▸ Gemeine Felsenbirne (*Amelanchier ovalis*)

Gemeine Felsenbirne, die (*Amelanchier ovalis* Medicus = *A. vulgaris* Moench = *A. rotundifolia* Dum.-Cours.): auch Echte Felsenbirne, Felsen-, Alpenmispel, Edelweißstrauch, Butzenbirlesstrauch, Frühbirne, Flühbirnbaum, Fliegenbeere, Fliegenbeerbaum, Misperlein, Quantel- oder Quandelbeere.
Die G. F. ist in den Gebirgen Mittel- und Südeuropas verbreitet, im Norden bis Belgien und Mitteldtschl., im Osten bis Polen und Rumänien. Sie kommt auch in den Gebirgen Vorderasiens und Nordafrikas vor. Die G. F. wächst in lichten Eichen- und Kiefernwäldern, in xerothermen submediterranen Flaumeich-Wäldern und subkontinentalen Eichen-Steppenwäldern, in Felsenbirnen-Gebüschen (→ Charakterart) und gelegentlich in warmen west- und mitteleuropäischen Eichen-Birkenwäldern. Sie wächst in Felsspalten, an steinigen Hängen sowie auf Felsschutt und ist vorwiegend in Südlagen, auf mageren, kalkreichen Böden, von der Ebene bis in Höhenlagen von 2000 m im Gebirge anzutreffen.
Merkmale: Der aufrechte, 1 bis 2 m, höchstens 3 m hohe, dornenlose Strauch hat schwärzlich berindete Stämmchen und schlanke, rotbraun berindete Zweige. Die wechselständig angeordneten Laubblätter sind eiförmig bis elliptisch, 2 bis 4 cm lang, etwa 3 cm breit, ziemlich derb, meist stumpf und am Grunde abgerundet oder schwach herzförmig. Der Blattrand ist fein gezähnt. In der Jugend sind die Blätter oberseits dunkelgrün, unterseits heller und dicht weißfilzig; später verkahlen sie. Die Blattstiel ist etwa 15 mm lang. Im Herbst färbt sich das Laub orange bis scharlachrot (→ Blattfarbstoffe). Die G. F. blüht von April bis Juni. Die Blüten, die schon vor dem Laubaustrieb vorhanden sind, haben schmale, lanzettliche, ausgebreitete, bis 15 mm lange, weiße → Kronblätter, die an der Spitze rötlich überlaufen sind, und etwa 20 → Staubbeutel und fünf → Griffel, die nicht miteinander verwachsen sind. Sie stehen in drei- bis achtblütigen aufrechten Trauben am Ende beblätterter Zweige. Die beerenartigen Scheinfrüchte (→ Schließfrucht), die im August reifen, sind kugelig, etwa 1 cm lang, schwarz, bläulich bereift, süß, eßbar und noch von den Kelchzipfeln gekrönt. Sie enthalten bis zu zehn glänzende, sichelförmigen Samen. Die G. F. wird seit dem 16. Jh. auch als Ziergehölz in Gärten und Parkanlagen angepflanzt.

Felsen-Himbeere, die: → Rubus 4.

Felsen-Johannisbeere, die: → Johannisbeere 4.

Felsenkirsche, die: → Prunus 3.

Felsenkreuzdorn, der: → Kreuzdorn 4.

Felsenmispel, die: → Felsenbirne.

Felsenröschen, das: → Alpenheide.

Felsen-Schüsselflechte, die (*Parmelia saxatilis* (L.) Acharius): Die zur Fam. Schüsselflechte (*Parmeliaceae*) aus der Abteilung Flechten zählende F. ist fast überall weit verbreitet und besonders in höheren Lagen häufig. Sie kommt überwiegend auf Gestein, aber auch auf Rinde von Laubbäumen und Nadelbäumen, vor. Verschiedene Wachstumsformen finden sich auch auf dem Boden und auf Holz. Die oberseits bläulichgraue oder bräunlichgraue und unterseits schwarze F. bildet kreisrunde, etwa 20 cm breite, oder auch unregelmäßig rasig ausgebreitete Lager (→ Thallus), deren Oberfläche mit einem Netz aus weißlichen → Pseudocyphellen und zahlreichen graubraunen stiftförmigen oder korallenförmig verzweigten → Isidien bedeckt ist. Die schüsselförmigen, 2 bis 10 mm breiten → Apothecien sind braun und hell umsäumt. Eine Verwechslung dieser Art mit anderen *Parmelia*-Arten und mit *Hypogymnia*-Arten (→ Graue Baumflechte) ist möglich.

Felshafter → Felspflanzen.

Felshang-Buchenwald, der: → Blaugras-Buchenwald.

Felspflanzen: Bez. für Pflanzen, vorwiegend → Algen, → Flechten und → Moose, die auf Felsgestein leben können. Unterschieden wird nach „Felshafter", d. s. Pflanzen, die keine besonders ausgebildeten Wurzelorgane besitzen und die die Nahrung mit der ganzen Oberfläche aufnehmen, und nach „Felswurzler", d. s. Pflanzen, die mit Wurzeln oder Rhizoiden in den Fels eindringen. In Felsspalten, in denen sich abgestorbene Pflanzenteile oder auch Erde befinden, wachsen die Pflanzen auch höher.

Felswurzler → Felspflanzen.

Feme, die: → Fehm.

Feme-Eiche, die: Bez. für Ei, unter denen früher die Femgerichte tagten. Nur wenige F. sind uns heute noch bekannt und erhalten. Die F. in Erle (zwischen Dorsten und Borken, Nordrhein-Westfalen) ist mit 14 m Umfang und 1500 Jahren (geschätzt) einer der ältesten Bäume Dtschl. Schon zur Zeit Karls des Großen (742 bis 841) wurden unter dieser Ei Femegerichte abgehalten. In der Mitte der hohlen Ei ließ man z. B. Mitte des 19. Jh. zu Ehren des Bischofs von Münster anläßlich seines Besuches eine Tafel für 12 Personen decken; → Kaisereiche.

Femelhieb, der: → Verjüngungsverfahren.

Femeln, das: Einzelne Bäume werden so entnommen, daß zunächst eine kleinflächige (z. B. in der Größe eines → Horstes) Schirmstellung entsteht. Der Begriff wurde früher und wird immer noch syn. mit dem Begriff → „Plentern" verwendet. Georg Ludwig → Hartig verstand darunter nur die einzelstammweise → Endnutzung; → Durchplenterung, Verjüngungsverfahren.

Femelschlag, der: Kombination der horst-, gruppen- oder truppweisen → Schlagform mit dem Femelhieb (→ Hiebsart); → Verjüngungsverfahren.

Femelwald, der: Wald, der im → Femelschlag (→ Verjüngungsverfahren) bewirtschaftet wird, d. h. bei dem die Altbäume trupp-, gruppen- oder horstweise entnommen werden. Auf den Lichtungen stehen überwiegend lichtliebende Kräuter.

Fenchelporling, der: → Porlinge 16.

Fencheltramete, die: → Porlinge 16.

Fenn, das: → Moor.

Fermente, die: → Enzyme.

Ferntransport, der: Verfrachtung von Schadstoffen aus Industrieanlagen in weit entfernte Gebiete. V. a. durch den Bau von Großfeuerungsanlagen mit modernen Verbrennungstechniken werden die Schadstoffe (insbesondere → Schwefeldioxid und → Stickoxid) in höhere Luftschichten geschleudert (→ Luftverunreinigung) und in der Atmosphäre mehrere hundert Kilometer transportiert; → Emission.

Feßlerkröte, die: → Kröten 2.

Fester Lerchensporn, der: → Lerchensporn 2.

Festgehalt des Holzes: Volumen (Inhalt) des Holzes; → Festmeter, Raummeter, Volumenermittlung.

Festigungsgewebe, das (Sklerenchym): Das F. verleiht den nicht mehr wachsenden Pflanzenteilen Festigkeit und Elastizität. Es besteht aus toten Zellen mit allseitig stark verdickten Zellwänden. Man unterscheidet die meist stark verholzten, rundlichen Steinzellen und die meist unverholzten spindelförmigen Sklerenchymfasern (→ Fasern), die auch Holz- oder Bastfasern genannt werden. Steinzellen verleihen z. B. dem Kirschkern oder der Walnußschale ihre Härte; → Bast, Kollenchym (Collenchym), Libriformfaser.

Festknolliger Lerchensporn, der: → Lerchensporn 2.

Festmeter, das, der (Abk.: Fm, fm): Bez. für das Holzvolumen lang ausgehaltenen → Rundholzes, das einem Kubikmeter (→ Kubikmaß) entspricht. Rechnungseinheit für gesägtes Holz ist der Kubikmeter (1 m^3). Nach den „Bestimmungen über die Einführung gleicher Holzsortimente und einer gemeinschaftlichen Rechnungseinheit für Holz im Deutschen Reiche vom 23. August 1875" wurde in Preußen, Bayern, Sachsen, Württemberg, Baden und Sachsen-Gotha als Rechnungseinheit für Holz der Kubikmeter fester Holzmasse, der F. eingeführt. Diese Bestimmung wurde auch von den übrigen deutschen Staaten im gleichen Jahr übernommen, 1876 schloß sich Österreich-Ungarn an. Die Bez. F. ist seit dem 1.1.1978 nicht mehr zugelassen, wird aber weiterhin als Rechnungseinheit verwendet; → Raummeter; → Erntefestmeter.

Festuca → Schwingel.

festverwachsener Ast, der: Ast, der mit mind. der Hälfte seines Umfanges auf einer Seite mit dem umgebenden Holz fest verbunden ist.

Fettbäume: Bez. für Laub- und Nadelbäume, die neben Stärke, Zucker usw. auch fette Öle als Reserve speichern. Die Speicherung erfolgt in den Parenchymzellen (→ Parenchym). Zu den F. gehören u. a. Bi, Li, Fi, Kie und Ta. Bei manchen Baumarten treten fette Öle v. a. im Winter, bei anderen (Nadelbäumen) im Sommer auf. Bei den sog. „Stärkebäumen" (die meisten → Harthölzer) nahm man früher an, daß sie im Sommer ihre Stärke in Fett umsetzen, im Winter aber zeitweise in Zucker auflösen; → Stärke und Fette.

Fette → Stärke und Fette.

Fette Henne, die: volkstümliche Bez. für die Krause Glucke; → Keulenpilze 1.

Fetzenbaum, der: → Lappenbaum.

Feucht, Otto, Dr. h. c. (19.2.1879 Stuttgart bis 25.7.1971 Stuttgart): F. studierte in Tübingen Forstwissenschaft und war bis 1970 im württembergischen Staatsforstdienst (Forstämter Bad Teinach und Solitude), zuletzt als Oberforstmeister (Pensionierung 1949), tätig. F. war in der Vegetationskunde, im Naturschutz und in der Landschaftspflege bahnbrechend tätig. Er schrieb u. a. „Die Bäume und Sträucher unserer Wälder" (1909), „Schwäbisches Baumbuch" (1911), „Der Wald als Lebensgemeinschaft" (1936).

Feuchtboden, der: humider Boden, dessen Nährstoffe durch Sickerwasser ausgewaschen sind.

Feuchte, die: → Holzfeuchtigkeit

Feuchtesatz, der: → Holzfeuchtigkeit.

Feuchtgebiete: Lebensräume, deren Erscheinungsbild und deren Pflanzen- und Tierwelt wesentlich vom Wasser geprägt sind. Dazu gehören Feuchtwiesen, Brücher, Moore und Sumpfgebiete sowie Gewässer, die natürlich oder künstlich, dauernd oder zeitweilig, stehend oder fließend, Süß-, Brack- oder Salzwasser sind, einschließlich solcher Meeresgebiete, deren Tiefe bei Niedrigwasser 6 m nicht übersteigt; hierzu zählen Quellen, Bäche, Flüsse, Auwälder, Altwasser, Tümpel, Weiher und Seen. Großflächige F. sind z. B. Ammersee, Dümmer, Spreewald und Steinhuder Meer. F. erfüllen wichtige chemisch-physikalische Aufgaben, z. B. für die Selbstreinigung von Flüssen und Bächen. Sie regulieren den Wasserhaushalt, tragen zum Klimaausgleich bei und sind wichtig für die → Bodenfruchtbarkeit und deshalb ein unentbehrlicher Teil des Naturhaushalts. F. bieten Lebensraum für zahlreiche, z. T. vom Aussterben bedrohte Tier- und Pflanzenarten. Die Unterzeichnung des internationalen Übereinkommens zum Schutz von F. (Übereinkommen über F., insbesondere als Lebensraum für Wasser- und Watvögel von internationaler Bedeutung, → Ramsar-Konvention 1971, BGBl II, 1976, S. 1266) und die in der BR Dtschl. durchgeführte Internationale Konferenz zum Schutz von F. (Heilighafen 1974) trugen wesentlich dazu bei, daß in der Öffentlichkeit mehr Verständnis für den Schutz der Gewässer und der Feuchtlandschaften sowie ihrer Vogelwelt aufgebracht wurde. Die Vögel finden deshalb besondere Beachtung, weil sie durch ihre Anwesenheit und ihre Artenzahl anzeigen, daß die von ihnen bewohnten Gewässer und Feuchtlandschaften noch intakt sind. Viele der wasserbewohnenden und an Feuchtlandschaften gebundenen

Feuchtgebiete sind ein unentbehrlicher Teil des Naturhaushalts.

Vogelarten gehören zu den jagdbaren Tieren. Neben der Erklärung gefährdeter F. zu Natur- und Landschaftsschutzgebieten steht die Lenkung der Jagd, z. B. durch → Wildschutzgebiete. Flächen, deren spezielle Pflege und Bewirtschaftung zur Erhaltung des gesamten F. notwendig sind, werden angekauft. Nach Artikel 2 des Übereinkommens bezeichnet jede Vertragspartei geeignete F. in ihrem Hoheitsgebiet zur Aufnahme in eine „Liste international bedeutender F.". Die Grenzen der F. werden genau beschrieben und auf einer Karte eingezeichnet; sie können auch die an die F. anschließenden Ufer- und Küstenbereiche, Inseln oder innerhalb der F. liegende Meeresgewässer mit einer größeren Tiefe als 6 m bei Niedrigwasser einschließen, v. a. wenn sie als Lebensraum für Wat- und Wasservögel von Bedeutung sind. In erster Linie sollen F., die während aller Jahreszeiten im Hinblick auf Wat- und Wasservögel international bedeutend sind, in die Liste aufgenommen werden. Watt- und Wasservögel im Sinne des Übereinkommens (Art. 1) sind Vögel, die von F. ökologisch abhängig sind.

Feuchtigkeit, die: Gehalt von Wasser oder Wasserdampf, die chemisch nicht gebunden sind, in einem bestimmten Volumen eines Stoffes; → Bodenwasser, Bodenfeuchte, Wasserbedarf der Waldbäume, Wasserhaushalt, Wassermangel, Wasserstreß, pflanzenverfügbare Wasserkapazität.

Feuchtigkeitsgehalt von Holz → Holzfeuchtigkeit.

Feuchtsavanne, die: durch menschliche Einflußnahme (Wanderlandwirtschaft, Weidenutzung) entstehen im Bereich der regengrünen Wälder F., die im Aussehen den → Trockensavannen ähneln.

Feuchttanne, die: alte Bez. für → Fichte 1.

Feuchtwälder: F. wie Auenwälder, Bruch- und Moorrandwälder sind seltene und nach den Naturschutzgesetzen besonders geschützte → Waldgesellschaften (Naß- und Feuchtflächen). Sie stocken auf Standorten mit zeitweiligem oder ständigem → Wasser-überschuß; → Trockenwälder, Subtropischer Feuchtwald, geschützte Pflanzenformationen.

Feuer, das: → Waldbrand.

Feuerbord, das: auch Brennbord, X-Bretter. Alte Bez. für Bretter (→ Brett) geringster Güte mit groben Fehlern, grobastig, leicht anbrüchig und stark wahnkantig; → Baumkante, Bord.

Feuereule, die: → Eulen A 10.

Feuerfliege, die: → Feuerkäfer.

Feuergefahr, die: → Waldbrandverhütung.

Feuergestell, das: veraltet auch Quergestell. im Wald angelegte Feuer- oder Brandschneise (Feuerschutzstreifen). Die früher in Preußen angelegten F. durchschnitten die → Hauptgestelle und verliefen in Nord-Süd-Richtung; → Schneise, Waldbrandverhütung.

Feuerholz, das: svw. → Brennholz.

Feuerholzmagazine: auch Brennholzmagazine. Einrichtungen von Holzmagazinen (Brennholzreserven), meist in waldfernen Orten. Die überwiegend von den Gemeinden bzw. von der Lokalpolizei eingerichteten F. dienten vorrangig der minderbemittelten Bevölkerung zur Versorgung mit Brennholz, zum Teil wurden sie von den Regierungen für die Staatsdiener eingerichtet. Mit der Einrichtung von F. wollte man den Wucher durch Holzhändler, aber auch einer unberechtigten Holzentnahme im Walde vorbeugen.

Feuerkäfer, der: → Blatthornkäfer 1.

Feuerkäfer (*Pyrochroidae*): kleine, nur etwa 150 Arten (davon drei einheimisch) umfassende Fam. 1 bis 2 cm großer Käfer mit meist auffallend roten, samtartigen Flügeldecken. Die langgestreckten, sechsbeinigen Larven leben in morschem Lbh. In unseren Laubmischwäldern und Auwäldern lebt:

Scharlachroter Feuerkäfer, der (*Pyrochroa coccinea*): auch Feuerfliege. Der bis 1,5 cm lange Käfer erscheint im Mai/Juni und hat Halsschild und Flügeldecken scharlachrot. Der dreieckige Kopf und die Beine sind glänzend schwarz, die Fühler lang und kräftig. Der Käfer ist flugunfähig und legt seine Eier unter Rindenstücke und in Spalten von Stämmen oder gefällten Bäumen. Er ist auch auf Blüten anzutreffen, wo er Nektar saugt und Blütenpollen frißt. Die ziemlich flachen und braunen Larven leben oft in größerer Zahl unter der Rinde von totem Holz und ernähren sich räuberisch von den Larven anderer Holzinsekten.

Feuerköpfchen, das: → Grasmücken 2.

Feuerkraut, Schmalblättriges, das: → Weidenröschen 1.

Feuerkröten → Unken.

Feuer-Lilie, die: → Lilie 1.

Feuer-Management, das: Form der → Landschaftsgestaltung durch den gezielten und gelenkten Einsatz des Feuers (→ Waldbrand), v. a. in Nordamerika.

Feuermolch, der: → Schwanzlurche 1.

Feuerpolizei, die: Bez. für die einschlägigen Aufgaben der früheren → Forstpolizei, um fahrlässige → Waldbrände zu verhüten. Nach den damals bestehenden Vorschriften hatten die F. nicht nur Landstreicher, Hirten, Waldarbeiter und Waldbesucher zu überwachen, sondern insbesondere die in den Wäldern angesiedelten Gewinnungs- und Bereitungsanstalten forstlicher Nebenprodukte wie Köhlerei, Aschen- und Kienrußbrennen, Teer- und Pechbereitung.

Feuersalamander, der: → Schwanzlurche 1.

Feuerschröter, der: → Blatthornkäfer 1.

Feuerschüppling, der: → Schüpplinge 2.

Feuerschutzstreifen, der: → Waldbrandverhütung, Feuergestell, Schneise.

Feuerschwamm, der: → Porlinge 14.

Feuerschwämme (*Phellinus*): weltweit verbreitete Gatt. holzzerstörender → Pilze aus der Fam. der Schwammporlinge (*Hymenochaetaceae*), davon ca. 30 Arten in Europa. F. sind Erreger der → Weißfäule, häufig mit mehr- bis vieljährigen konsolenförmigen, harten Fruchtkörpern. Sie verglühen im Feuer langsam. Einige Arten brennen mit heller Flamme und wurden früher als Zunder sehr geschätzt, insbesondere der Zunderschwamm (→ Porlinge 14.).

Von forstlichem Interesse sind:

1. **Aspen-Feuerschwamm**, der (*Phellinus tremula*, Bond): Der A. findet sich neben der Aspe gelegentlich auch an GPa oder SPa und dringt durch Aststummel in das Innere lebender Bäume ein, die er schnell und über große Längen zerstört. Der Fruchtkörper ähnelt dem Grauen F., ist dunkelgrau und eng gezont mit scharfem Rand und senkrechten Rissen, die Unterseite hat dunkelbraune Poren. Er findet sich bevorzugt an Astansätzen und wird ca. 5 bis 10 cm breit.

2. **Eichen-Feuerschwamm**, der (*Phellinus robustus*, Karst): Der Pilz tritt fast ausnahmslos an alten lebenden Bäumen auf und kann das → Kambium der Bäume zerstören. Die mehrjährigen Fruchtkörper können bis zu 50 cm groß und 20 cm hoch werden. Sie sind sehr hart, konsolenförmig, haben einen wulstigen Rand und sitzen i. d. R. an eingesenkten Stellen des oberen Stammes. Sie sind oberseits graubraun und rissig, oft mit Algen besetzt. Die Unterseite hat braune Poren. Unterhalb des Fruchtkörpers finden sich häufig Spechthöhlen.

3. **Grauer Feuerschwamm**, der (*Phellinus igniarius*): auch Falscher Zunderschwamm. Der weit verbreitete, jedoch nicht häufige Pilz findet sich hauptsächlich an Lbh, meist an Wei und Apfelbäumen. Der anfangs knollige, später konsolenförmige und mit wulstigem Rand versehene Fruchtkörper ist sehr hart, oberseits graubraun bis dunkelgrau, selten gezont, aber meist rissig. Die Unterseite weist bräunliche Poren auf.

4. **Kiefern-Baumschwamm**, der (*Phellinus pini*, Thore ex. FR., syn.: *Trametes pini*): Der K. ist ein wirtschaftlich bedeutender Stammfäuleerreger an Altkiefern, der über die Astabbrüche in lebende Stämme eindringt und das Kernholz befällt. Der Pilz befällt auch Fi und Ta sowie Lä und Dgl und besiedelt bei diesen auch den → Splint. Er ruft die → Weißlochfäule hervor. Das befallene Holz wird oft rotbraun und zeigt zahlreiche kleine weiße und spindelförmige Löcher. Durch Abbau des → Frühholzes entsteht die sog. → Ringfäule. Die mehrjährigen Fruchtkörper sind unscheinbar, etwa 10 cm breit, hart und bräunlich gezont und erscheinen hauptsächlich an Astlöchern oder unter toten Ästen. Die Unterseite ist graubraun und hat rundliche Poren. Die Fruktikationszeit beträgt 10 bis 20 Jahre. Die Fruchtkörper können 50 Jahre und älter werden.

5. **Tannen-Feuerschwamm**, der (*Phellinus hartigii*): Der T. ist ein Weißfäuleerreger an alten Ta, wobei die Infektion über die Aststummel erfolgt. Die Fruchtkörper finden sich hauptsächlich im oberen Stammbereich. Sie sind etwa 20 cm breit und 12 cm hoch, sehr hart und ähneln dem Eichen-F. Gelegentlich wachsen sie entlang toter Seitenäste und umschließen diese (sog. Astkriecher).

Feuerungsholz, das: veraltete Bez. für → Brennholz.

Feuervogel, der: → Bläulinge 7.

Feuerwanze, Gemeine, die: → Wanzen 7.

Feurenföhre, die: → Kiefern 3.

F-Generation, die → F_1, F_2, F_3 usw.

FI: Kurzzeichen für Fichte nach DIN 4076.

Fichte, die: → Picea.

Fichtelgebirge, das: Waldlandschaft (Mittelgebirge) mit großen, geschlossenen Wäldern im Schnittpunkt von Thüringer Wald, Oberpfälzer Wald und Erzgebirge. Das F. ist ein nach Norden geneigtes Schieferplateau mit aufgesetzten Granitkuppen (Schneeberg 1053 m, Ochsenkopf 1028 m). Erdgeschichtlich gehört das F. zu den sog. Urgebirgen, vor rund 600 Mio. Jahren gebildet aus Granitgestein verschiedener Farbe und Struktur. Im Mittelalter wurde im Gebiet des F. nach Eisen und Zinn gegraben.
1971 wurde der 55 700 ha große Naturpark F. gegründet, der mit 80 % Wald zu den waldreichsten deutschen Naturparken zählt. In einem Hochmoorgebiet entlang der Fichtelgebirgsstraße zwischen Schneeberg und dem Ochsenkopf (mit ca. 45 ha das größte Naturschutzgebiet des F.) wachsen die außerhalb des Alpenraumes nur selten vorkommenden Berg-, Sumpfkiefern und Spirken.

F i c h t e n: siehe Seite 228

Fichtenapfel, der: veraltete, an verschiedenen Orten gebrauchte Bez. für den Zapfen (Frucht) der Fi; → Fichtennuß.

Fichtenbastkäfer → Borkenkäfer 10. und 26.

Fichtenblasenrost, der: hauptsächlich im Alpengebiet auftretende Erkrankung der Fichtennadeln, verursacht durch die wirtswechselnden → Rostpilze *Chrysomyxa rhododendri* und *Chrysomyxa ledi* = *Aecidium abietinum*, die ihre Sporengeneration (→ Sporen) auf den Blättern der Alpenrosen und des Kienporstes im Flachland erzeugen. Die befallenen Nadeln der letzten Triebe werden im Sommer gelbrot, und bereits im August erscheinen auf ihnen die becherförmigen Sporenlager (Äzidien) als rostfarbene Röhren oder Blasen. Der Abfall der erkrankten Nadeln erfolgt noch im gleichen Jahr.

Fichtenblattwespe, die: → Blattwespen 3. und 4.

Fichtenbock, der: → Bockkäfer 18.

Fichtenborkenkäfer → Borkenkäfer 13., 14., 27. bis 30.

Fichtengallenläuse → Blattläuse.

Fichtengerbrinde, die: → Fichtenrinde, Lohrinde.

Fichtengespinstblattwespe, die: → Blattwespen 3.

Fichtenharz, das: Harz der Fichte; → Harze.

Fichtenholzwespe, Schwarze, die: → Holzwespen 2.

Fichten-Kolonie, die: → Rottenstruktur.

Fichtenkreuzschnabel, der: → Finkenvögel 10.

Fichtenläuse → Blattläuse.

Fichtennadelmarkwickler, Kleiner, der: → Wickler 10.

Fichtennadelmotte, die: → Motten 14.

Fichtennadelöl, das: stark riechendes → ätherisches Öl aus Fichtennadeln (auch aus Kiefern- und Tannennadeln), das durch Destillation gewonnen wird. Das F. enthält meistens Bornylazetat und wird für Inhalations-, Desinfektions- und Bademittel verwendet; → Fichtenöl, Latschenkiefernöl.

Fichtennadelrost, der: Befall der einjährigen Nadeln an Maitrieben durch den → Rostpilz (*Chrysomyxa abietis*), wobei sich Ende Juni/Anfang Juli die befallenen Nadeln streifenweise gelb färben; führt letzlich zu Nadelfall. Im Herbst erscheinen dann auf diesen Streifen die Wintersporenlager des Pilzes in Form von flachen braunen Schwielen. Der meist bedeutungslose Schaden tritt hauptsächlich in jungen, zehn bis 40jährigen Fichtenbeständen auf.

Fichtennestwickler, der: → Wickler 9.

Fichtennuß, die: veraltete, an verschiedenen Orten gebrauchte Bez. für den Zapfen (Frucht) der Fi, aber auch für die Zirbelnuß, die Frucht der Zir; → Fichtenapfel.

Fichtenöl, das: Das F. wurde früher aus Fichten-, Tannen- und Kiefernsamen gewonnen. Warm geschlagen ist es von goldgelber (Kiefernöl von bräunlichgelber), kalt geschlagen von hellgelber Farbe. Das 24%ige F. schmeckt und riecht nach Terpentin, trocknet leicht und wurde zur Firnisherstellung verwendet. Im Schwarzwald diente es daneben als Brennstoff für die Lampen; → Fichtennadelöl.

Fichtenporling, der: → Porlinge 12.

Fichtenprozessionsspinner, der: → Prozessionsspinner 3.

Fichtenquirlschildlaus, die: → Schildläuse 4.

Fichtenreinanbau, der: Bei der Beurteilung der Aus- und Nebenwirkungen des F. auf Laubbaumstandorten muß man die Eigenschaften der Fi auf den jeweiligen Standorten sorgfältig analysieren. Sie bringt gegenüber Laubbäumen wegen ihrer ganzjährigen und dichten Benadelung in jedem Fall Änderungen des Licht- und Wärmehaushaltes (ganzjähriger Schatten), dann des → Wasserhaushalts (höhere → Interzeption bei Fi, ganzjährige Beschattung). Die Streu der Fi ist besonders auf ohnehin nährstoffarmen → Standorten mit zusätzlich verringerter Aktivität der → Bodenfauna nährstoffärmer und schwerer zersetzbar. Die Wurzelausbildung, und damit die Standfestigkeit und der Nährstoffumlauf, hängt von → Bodentyp und → Bodenart ab. Auf stabilen Standorten mit günstiger Struktur, hohem Basengehalt, im günstigsten Fall noch mit nährstoffreicher zusätzlicher Wasserversorgung durch Grund- oder Hangzugwasser, ist die Streu der Fi wegen ihres höheren Nährstoffgehaltes, ihrer engeren → C/N- und → C/P-Verhältnisse, ihres höheren Basengehalts leichter zersetzlich. Der Bildung von Auflagehumus und damit der Degradation durch Versauerung und Podsolierung wird so entgegengewirkt. Dabei sind Auflagehumus und auch leichte Podsolierung nicht pauschal negativ zu beurteilen: auf nährstoffreichen, biologisch aktiven feinerdereichen Böden mit Moder oder sogar Rohhumus ist ein Leistungsrückgang nicht feststellbar. Eine Abnahme der Bodenfruchtbarkeit infolge F. ist bisher nur auf sauren, gering basenversorgten Standorten nachgewiesen worden.

Fichtelgebirge – Blick vom Plattengipfel

Fichtenreizker, der: → Milchlinge 6.

Fichtenrinde, die: → Lohrinde.

Fichtenrindenwickler, der: → Wickler 8.

Fichtenritzenschorf, der: → Fichtenschütte.

Fichtenröhrenlaus, die: → Blattläuse 15.

Fichtenrotmilchling, der: → Milchlinge 4.

Fichtenrüsselkäfer, der: → Rüsselkäfer 9.

Fichtensamen-Gallmücke, die: → Gallmücken 2.

Fichtensamenwespe, die: → Schlupfwespe 3.

Fichtenschütte, die: durch den Pilz *Lophodermium makrosporum* (Fichtenritzenschorf) aus der Fam. *Hypodermataceae* verursachte Nadelkrankheit in zehn- bis 40jährigen Fichtenbeständen, die erst eine Fleckenbildung und Bräunung der Nadeln hervorruft und dann zu Nadelabfall führt; → Lärchen-, Douglasien-, Kiefern-, Stroben-, Tannenschütte.

◂◂ Der Fichtenreinanbau tritt zu Gunsten stabiler Mischwälder zunehmend in den Hintergrund.

Fichtenspargel, der (*Monotropa*): Gatt. der → Wintergrüngewächse (*Pyrolaceae*) mit vier Arten, davon zwei auch in Mitteleuropa heimisch. Die bekannteste Art ist:

Echter Fichtenspargel, der (*Monotropa hypopitys* L.): Der E. F. ist fast über ganz Europa, über Asien und Nordamerika verbreitet; lediglich in manchen Teilen Südeuropas fehlt er. In Dtschl. ist er selten. Da er nicht auf Sonnen-

Fichten

Gattung
Die etwa 50 Arten umfassende Gattung Fichten (*Picea*) der Koniferen (→ Nadelbäume) gehört zur Familie der → Kieferngewächse (*Pinaceae*). Fichten sind in der nördlichen Hemisphäre von den Ebenen im Norden bis zu den Gebirgen im Süden verteilt und fossil seit der Unteren Kreide (→ Erdzeitalter) nachweisbar.
Die Fichtenarten sind sich sehr ähnlich und unterscheiden sich oft nur an Kleinigkeiten. Sie haben eine rauhe, schuppige, nicht gefurchte Rinde. Die meist starren, zugepitzten → Nadeln stehen einzeln und spiralig um den Zweig und hinterlassen beim Abfall einen kleinen Höcker, das sogenannte Nadelkissen. Die reifen Zapfen hängen herab und fallen dann als Ganzes ab. Sie brauchen eine → Vegetationsperiode bis zur Reife. Fichtenzapfen führen hygroskopische Bewegungen aus, das heißt, sie öffnen sich bei trockenem und schließen sich bei feuchtem Wetter. Viele Fichtenarten sind forstlich kultiviert und wichtige Holzlieferanten. Die Vermehrung erfolgt durch Samen.
Der Name Fichte geht auf das althochdeutsche „fiohta" oder „fiuhta", das mittelhochdeutsche „viehte" bzw. das altsächsische „fiuhtia" zurück. Im bayrisch-österreichischen Raum wird die Fichte in der Mundart heute noch „Feuchten", im schwäbischen Raum „Feicht" oder „Feiche" genannt. Die botanische Bezeichnung → *Picea* ist abgeleitet vom lateinischen *pix, picis* = Pech, Harz; *piceus* = pechig.

1. Gemeine Fichte
Picea abies (L.) Karsten = *P. excelsa* Link wird auch Europäische Fichte, Rottanne, Rotfichte, Kreuztanne, Grannenholz, Gräne, Grämbaum, Pechtanne, Pechbaum und im Volksmund Feiche, Feuchten, Feuchttanne, Feicht'n, Taxen, Daxen, Daxbaum, Harzfichte, Harztanne sowie Fichttanne genannt.

Fichtenwipfel

Verbreitung
Die Gemeine Fichte drang nach dem Ende der letzten Eiszeit wieder nach Mitteleuropa vor und war dann – konkurrenzbedingt – von Skandinavien bis zum Balkan schwerpunktmäßig nur in Höhen über 800 m verbreitet und bestandsbildend. Im Osten geht sie allmählich in die **Sibirische Fichte** (*Picea obovata*) über, die von einigen Dendrologen nicht als eigene Art, sondern als Subspezies (Unterart) der Gemeinen Fichte angesehen wird.
Von der Gemeinen Fichte gibt es einige seltene Spielarten, u. a. die **Schlangenfichte** (→ Schlangenbäume), die **Hängefichte** und die → **Haselfichte**, die sich durch besondere Holzgüte auszeichnet. Eine Wuchsform ist die **Stelzenfichte** und die **Wetterfichte** (→ Wetterbäume). Auf das Erscheinungsbild der Gemeinen Fichte hinsichtlich der Verzweigung der Seitenzweige beziehen sich die Namen wie **Bürstenfichte, Kammfichte** und **Plattenfichte**.

Standort
Die ursprünglich nur in der subalpinen → Vegetationsstufe wachsende Gemeine Fichte wird seit dem 18. Jahrhundert auch in der kollinen und montanen Stufe angepflanzt. Von Natur aus vorherrschend findet man sie in boreal-alpinen Nadelwäldern und beigemischt in Buchenwaldgesellschaften und Hartholz-Auenwäldern. Sie gedeiht auf frischen bis nassen, lockeren, humosen, mittel- bis tiefgründigen, modrig-torfigen bis steinig-sandigen, basenreichen bis sauren Lehm- und Tonböden in kühlen, luftfeuchten, winterkalten Lagen, bevorzugt an kühlen Nord- und Osthängen. Die Gemeine Fichte ist häufig vergesellschaftet mit Tanne, Buche und Kiefer. Da sie ein sogenannter Rohhumusbilder ist, führen Monokulturen zur Versauerung des Bodens (→ Bodenversauerung). Sie kommt in den Gebirgen bis in Höhen von 2000 m vor.

Merkmale
■ Die Gemeine Fichte ist ein immergrüner Nadelbaum. Sie bildet mit vier Jahren den ersten Astquirl und dann jedes Jahr einen weiteren. Bis zum 15. Lebensjahr wächst sie langsam, dann etwas schneller und beendet ihr Höhenwachstum mit ca. 70 bis 120 Jahren. Sie erreicht eine Wuchshöhe von 30 bis 50 m, in Ausnahmefällen bis 70 m und ist damit der höchste einheimische Nadelbaum. Ferner kann sie eine Stammstärke von 1 bis 1,50 m (bis 2 m) und im Urwald ein Alter von 600 Jahren erreichen. Im → Wirtschaftswald wird sie früher geerntet (→ Umtriebszeit). Die Gemeine Fichte erträgt mäßig Schatten, ist aber sehr empfindlich gegen Hitze und Dürre. Ihre Wärmeansprüche sind gering, in der Jugend leidet sie unter Spätfrösten.
■ Im → Freistand bildet sie einen tief beasteten, abholzigen → Stamm und eine ebenmäßige, spitz-kegelförmige → Krone, während im Bestandsschluß (→ Schluß) der Stamm → Vollholzigkeit aufweist, langschäftig ist und die Krone hoch angesetzt wird. Die Bewurzelung ist abhängig von der Bodendurchlüftung. Bei hohem Grundwasserstand, Staunässe und schweren Böden bildet sie ein flaches, tellerförmiges und weitstreichendes Wurzelsystem aus. Bäume mit derartigem Wurzelsystem (Tellerwurzel) werden leicht vom Sturm geworfen. Bei tiefgründigem, gut durchlüftetem Boden entwickelt sie ein oft mehrere Meter tief greifendes, reichverzweigtes, kräftiges Wurzelsystem; eine Pfahlwurzel fehlt jedoch.
■ Die gerbstoffreiche (ca. 11,5 Prozent) Rinde (→ Lohrinde) ist anfangs glatt, rötlichbraun (Name: Rottanne) und wird später graubraun mit rundlichen, am Rand sich aufbiegenden Schuppen. Die Äste sind wirtelig gestellt (Scheinquirle), im unteren Baumteil hängend, in der Mitte meist waagerecht abstehend oder leicht aufsteigend. In der Verzweigung variiert sie stark. Am häufigsten sind die sogenannte „Kammfichte" mit schlaff herabhängenden Zweigen, die sogenannte „Bürstenfichte" mit viel kürzeren, bürstenartig angeordneten, schräg nach unten stehenden Zweigen und im Gebirge die sogenannte „Plattenfichte" mit horizontal vom Hauptast angeordneter Verzweigung (vgl. hierzu → Kreuzfichten).
■ Die in der Jugend hellbraunen bis rötlichbraunen, kahlen oder spärlich behaarten Triebe wachsen → monopodial. Die Endknos-

pen sind 4 bis 7 mm lang, stumpf- bis spitz-eiförmig und ebenso groß oder nur geringfügig größer als die schlank-eiförmigen, vom Zweig abstehenden Seitenknospen. Beide haben meist harzlose, hell- bis dunkelbraune, meist zugespitzte und dunkler braun oder schwärzlich berandete Knospenschuppen. Diese fallen zusammen als „Mütze" ab.

■ Die sogenannten Nadeln (nadelförmige Blätter) sind relativ starr, 10 bis 25 mm lang und ca. 1 mm breit, stachelspitzig und im Querschnitt vierkantig, flach rhombisch bis fast quadratisch. Sie sind glänzend dunkelgrün mit feiner heller Linie (Spaltöffnungslinien) auf jeder Seite, wirtelig gestellt, meist vom Zweig seitlich und nach oben abstehend, häufig säbelförmig gekrümmt und weisen überwiegend nach vorne zum Zweigende. Sie sitzen auf stark vorspringenden Blattkissen, weshalb sich die entnadelten Zweige rauh anfühlen. Die Lebensdauer der Nadeln ist normalerweise sechs bis sieben Jahre, in Höhenlagen noch länger.

■ Im Freistand wird die Gemeine Fichte mit 30 bis 50 Jahren, im Bestandsschluß mit 50 bis 60 Jahren, mannbar und trägt dann alle zwei bis vier Jahre (im Gebirge alle sechs bis acht Jahre) reichlich Samen. Während der Blütezeit im April/Mai fliegt der Blütenstaub (→ Pollen) 3 bis 5 km weit. Die → eingeschlechtigen Blüten des → einhäusigen Baumes befinden sich an vorjährigen Trieben im oberen Wipfelbereich. Die männlichen, blattachselständigen, vor dem Aufblühen karminroten, anfangs kugeligen und dann 15 bis 25 cm langen Blüten bilden beim Aufblühen emporgerichtete, rotgelbe Kätzchen (→ Blütenstand). Die weiblichen Blüten stehen in zuerst aufrechten, purpurroten, 2 bis 4 cm langen Zapfen, die sich nach der Befruchtung abwärts neigen.

■ Die jungen Zapfen sind grün. Sie reifen im Oktober/November und sind dann braun, zylindrisch, etwa 10 bis 16 (18) cm lang und geöffnet ca. 3 bis 5 cm breit. Sie sind mehr oder weniger harzig. Die Zapfenschuppen haben glatte Ränder, nur am oberen Rand sind sie meist gezähnelt. Vom Spätwinter bis zum Frühjahr öffnen sich bei trockener Luft die Zapfen und die → Samen (sogenannte Schraubenflieger) fliegen aus, danach fallen die Zapfen ab. Wird Saatgut für die Vermehrung gewünscht, müssen die Zapfen vor der Samenreife in den Baumwipfeln gepflückt (→ Zapfenpflücker) werden. Sie werden dann langsam bei warmer, trockener Luft getrocknet (→ Klenge) und das aus den Zapfen fallende Saatgut (ein Zapfen enthält 300 bis 500 Samen, ca. 124 000 Samen wiegen 1 kg; → Tausendkorngewicht) gewonnen. Der Samen ist etwa 4 bis 5 mm lang, kaffeebraun, eiförmig, mit gedrehter Spitze und hat einen löffelartig vertieften, häutigen, etwa 15 mm langen und etwa 6 mm breiten Flügel. Etwa 80 bis 90 Prozent der Gesamtmenge ist keimfähig und bleibt es etwa drei bis sechs Jahre. Gesät im Frühjahr (für einen Ar Baumschulfläche werden 1,5 kg Samen benötigt), keimt er nach drei bis acht Wochen.

■ Die dreikantigen, zugespitzten, bogig aufwärts gekrümmten Keimblätter sind an der Innenkante fein sägezähnig, an den Seitenflächen weiß punktiert und stehen (sechs bis neun) im Quirl. Die Erstlingsnadeln weisen an den Seitenkanten im oberen Teil eine feine Zähnung auf. Für einen Hektar Aufforstungsfläche werden ca. 2500 Fichtenpflanzen benötigt. Zur Hiebsreife im Alter 100 stehen dann noch etwa 500 Bäume auf einem Hektar.

Waldbau und Schädlinge

Für die Forstwirtschaft ist die Gemeine Fichte von großer Bedeutung. Sie ist unser wichtigster Waldbaum überhaupt und wird ganz nach den Gesichtspunkten größten Nutzertrages angepflanzt. Sie ist der sogenannte „Brotbaum" der Forst- und Holzwirtschaft, relativ leicht anzupflanzen und bringt vom Weihnachtsbaum bis zum Starkholz Erträge. Ihr Anteil an der gesamten → Waldfläche der BR Deutschland beträgt etwa 35 Prozent. Die Umtriebszeit beträgt etwa 80 bis 140 Jahre. Im Alter 100 stehen auf einem Hektar Fichtenwald etwa 600 Festmeter Holz (→ Ertragstafeln). Ein Festmeter waldfrisches Holz wiegt dabei 800 kg. Die Gemeine Fichte, besonders die Reinbestände und Bestände auf ungünstigen Standorten, sind von zahlreichen Gefahren bedroht, u. a. von Schneebruch, Sonnenbrand, Wildverbiß, Windwurf, Windbruch; auch die neuartigen → Waldschäden bringen erhebliche Verluste. Hinzu kommen auch noch Hallimasch, Rotfäule, Fichtenrüsselkäfer, Kleine Fichtenblattwespe, verschiedene Borkenkäfer und die Nonne; ferner sind erwähnenswert Fichtenbock, Fichtengallenläuse, Fichtengespinstblattwespe, Fichtenrinden-, Fichtennest-, Fichtennadelmark-, Fichtentrieb- und Fichtenzapfenwickler, Fichtenquirlschildlaus und Fichtenzapfenzünsler.

Holz

Das → Holz (ohne Kernfärbung; → Reifholz) ist sehr hell, weißlich, gelblich bis hell-bräunlich, leicht, weich, harzreich, tragfest, arbeitet gering, ist aber nur mäßig witterungsbeständig und wenig dauerhaft. Es ist gut bearbeitbar und wird als Bauholz, als Balken und Latten für Dächer, Fenster, Täfelungen, Schindeln, Fußböden, Absperrfurniere und Leisten verwendet. Jüngere Stämme werden für Gerüststangen, Leitungsmasten, Baumpfähle, Zäune und auch Rebstöcke verwendet. Gleichmäßig gewachsene, astfreie Stammabschnitte geben hochwertiges Holz für Resonanzböden (vor allem das Holz der Haselfichte) von Streichinstrumenten (→ Stammwerkholz, → Resonanzholz). Auch Spielzeug, Kisten, Verpackungsmaterial und Möbel werden daraus hergestellt. Fichtenholz wird zur Herstellung von → Holzschliff und → Papier verwendet. Die ebenfalls daraus gewonnene Zellulose ist Ausgangsstoff zur Herstellung einer verspinnbaren Faser, aus der Kunstseide (Viscose) hergestellt wird.

Männliche Fichtenblüten

◄◄ Fichtenzapfen

Bedeutung als Heilpflanze

In der Naturheilkunde werden aus den Nadeln heilkräftige Öle hergestellt. Das Einatmen von Fichtennadel- und Terpentinöl ist bei Heiserkeit und Katarrhen der Atmungsorgane und der Rachenhöhle heilsam. Ein Absud von jungen Fichtennadeln dient als blutreinigendes und wassertreibendes Mittel. Ferner stellt die Kosmetikindustrie aus Fichtennadeln Badezusätze her, die eine belebende Wirkung auf die Haut ausüben.

2. Sitkafichte

Der Artname von *Picea sitchensis* (Bong.) Carriere kommt von der Stadt Sitka in Alaska.

Verbreitung

Die ursprüngliche Heimat der Sitkafichte ist Nordamerika. Dort besiedelt sie einen bis zu 80 km breiten Küstenstreifen von Südwestalaska bis Nordkalifornien, häufig vergesellschaftet mit Douglasie, Westlicher Hemlockstanne, Riesenlebensbaum und Riesentanne. 1792 wurde sie von A. Menzies, einem schottischen Arzt und Botaniker, entdeckt und gelangte durch den schottischen Botaniker D. Douglas nach Europa. Da sie sehr schnellwüchsig ist, keine besonderen Ansprüche hinsichtlich des Bodens stellt und auch gutes Holz liefert, wird sie heute in vielen vor allem atlantisch getönten Teilen Europas forstlich angepflanzt.

Standort
Die Sitkafichte wächst in Flußtälern, Mündungsgebieten, auf feuchten bis nassen, auch sumpfigen, tiefgründigen, sauren, nährstoffarmen Lehm- oder Sandböden in luftfeuchten Klimalagen. Sie ist von der Ebene bis in Höhenlagen von etwa 1000 m anzutreffen und besonders in den küstennahen Standorten Norddeutschlands eine leistungsfähige Baumart.

Merkmale
■ Der große, immergrüne Nadelbaum hat anfangs eine schmalkegelförmige, im Alter eine breit-kegelförmige Krone und einen kräftigen, gelegentlich spannrückigen (→ Spannrückigkeit) Stamm. Er kann in Mitteleuropa eine Höhe von 40 bis 50 m (in Nordamerika bis 80 m) und einen Stammdurchmesser von bis zu 2 m erreichen. Das Höchstalter liegt bei etwa 800 Jahren.
■ Die Sitkafichte ist sehr lichtbedürftig, verträgt Wind, ist in Europa ganz winterhart, jedoch sehr empfindlich gegen Spätfröste und Lufttrockenheit. Ihre Äste, die in Scheinquirlen stehen, spreizen fast waagerecht ab und sind nur mäßig verzweigt. Die Zweige hängen mehr oder weniger. Die Rinde der Sitkafichte ist etwa 1 bis 2 cm dick, grau- bis rotbraun, gefleckt und blättert in Schuppen ab. Die jungen Triebe sind hellgrau- bis orangebraun, gelegentlich auch weißlich, völlig von Nadelkissen berindet und kahl. Die etwa 6 mm langen, eiförmigen Winterknospen sind hellbraun und harzlos. Die 1,5 bis 3 cm langen und 1 bis 1,2 mm breiten Nadeln sind etwas abgeflacht und im Querschnitt fast rhombisch, blaugrün bis blaugrau, starr und scharf zugespitzt. Auf allen Seiten, besonders jedoch unterseits, befinden sich bläulichweiße Spaltöffnungsstreifen.
■ Die allseits angeordneten Nadeln stehen meist horizontal ab und weisen nach vorne. Bei mannbaren Bäumen schimmert die Benadelung eigentümlich weiß. Die Nadeln haben eine Lebensdauer von acht bis zehn Jahren; die Nadelkissen stehen auffallend ab.
■ Die einhäusige Sitkafichte blüht im Mai. Die eingeschlechtigen Blüten befinden sich im oberen Kronenbereich. Die männlichen Blütenknospen sind rot, die Blüten gelb und 1,5 bis 2 cm lang. Die weiblichen Blütenstände sind hellgrün und 2 bis 3 cm lang. Die im unreifen Zustand gelbgrünen bis blaß-oliven Zapfen reifen im August/September. Sie sind dann zylindrisch, matt-gelbbraun, kaum harzig, 5 bis 10 cm lang und 2,5 bis 3 cm breit, am Ende ziemlich stumpf abgerundet und auffallend kleinschuppig. Die dünnen, länglichen Schuppen haben einen gewellten, an der Spitze gezähnten Rand.
■ Der braune, 2 bis 4 mm lange Samen hat einen 6 bis 8 mm langen und ca. 3 mm breiten Flügel, der oft stumpf gezähnelt ist. Die Keimblätter der jungen Sitkafichte sind ganzrandig und dreikantig. Sie stehen zu fünft im Quirl (→ Blattstellung). Die darauffolgenden Erstlingsnadeln sind ganzrandig, glatt und vierkantig.

Männliche und weibliche Blütenstände der Fichte sowie Fichtenzapfen

Waldbau und Schädlinge
Die Sitkafichte hat vor allem in Großbritannien, Irland und Nordwestdeutschland forstliche Bedeutung erlangt. Ihre Umtriebszeit beträgt dort etwa 50 bis 60 Jahre. Gefahr droht der Sitkafichte unter anderem durch Rotfäule (→ Wurzelschwamm), Hallimasch, Sitkalaus und Kleine Fichtenblattwespe.

Holz
Das Holz der Sitkafichte ist leicht, zäh und findet beim Bau und Schiffsbau sowie für Flugzeugpropeller Verwendung.

3. Serbische Fichte
Picea omorika wird auch Omorika-Fichte genannt. Sie kommt im Tara-Gebirge des mittleren und oberen Drinagebietes vor sowie im Grenzbereich von Bosnien und Serbien (dort → Charakterart der Schneeheide-Kiefernwälder) sowie in einem kleinen Areal in Montenegro. Sie gilt als Eiszeitrelikt.
Sie ist ein 30 bis 35 m hoher Baum von säulenzypressenähnlichem Wuchs. Im Freistand ist sie bis zum Boden beastet. Der sehr gerade Stamm kann 30 bis 70 cm dick werden und hat eine dünne, dunkelbraune, sich in Schuppen ablösende Borke. Die kurzen Äste stehen in Scheinquirlen, sind bogig aufsteigend und dicht verzweigt. Die Nadeln sind 1,2 bis 1,8 cm lang, kurz zugespitzt und auf der nach unten gekehrten Oberseite weißgestreift. Die harzigen Zapfen sind anfangs blauviolett, später schwarzbraun. Der trockenheitsunempfindliche Baum, der alkalische wie saure Böden toleriert und auch einen gewissen Grad an Luftverunreinigungen verträgt, ist ein ideales Stadtgehölz. Als winterhartes und anspruchsloses Gehölz gehört es in Mitteleuropa zu den am häufigsten kultivierten Gartenkoniferen.

4. Stechfichte
Die aus dem südwestlichen Nordamerika (Colorado) stammende Stechfichte (*Picea pungens*) gelangte 1862 durch den nordamerikanischen Botaniker Ch. Parry nach Europa. Sie wird seit einigen Jahrzehnten auch forstlich angebaut. Die Sorten des Formenkreises *Glauca* (sogenannte Blaufichte) werden häufig in Gärten als Zierbäume gepflanzt. Der stattliche, immergrüne, 25 bis 35 m (manchmal sogar bis 50 m) hohe Baum hat eine dicht beastete, regelmäßige, kegelförmige Krone sowie waagerecht abstehende, bei älteren Exemplaren leicht abwärts geneigte Äste. Er kann einen Stammdurchmesser von 50 bis 75 cm (100 cm) erreichen.
Die jungen Zweige haben eine gelblich-braune, orange-braune oder fast weißliche Rinde. Sie sind nahezu unbehaart oder völlig kahl. Die Rinde älterer Zweige und des Stammes ist grob geschuppt und braun-purpurn oder braun-grau. Sie wird später zu einer bis 3 cm dicken, tiefgefurchten, dunkel- bis schwarzgrauen Schuppenborke. Die ca. 6 bis 9 mm langen Winterknospen sind eiförmig, zugespitzt, kaum harzig, von zahlreichen braunen, lanzettlichen, an der Spitze etwas abspreizenden oder zurückgebogenen Knospenschuppen umhüllt, die nach dem Laubaustrieb nicht abfallen. Die rings um die Triebe schraubig stehenden, unterseits leicht gescheitelten, zur Oberseite hin gehäuften Nadelblätter sind 2 bis 3 cm lang, ca. 1 mm breit, vierkantig (im Querschnitt rhombisch bis fast quadratisch), starr und zugespitzt, mattglänzend, dunkelgrün bis meist bläulichgrün, bei den Kultursorten blaugrün, graugrün bis blauweiß schimmernd (Bereifung mit einer dicken Wachsschicht). Ihre Lebensdauer beträgt vier bis acht (zehn) Jahre.
Die Stechfichte erreicht ihre Mannbarkeit mit 20 bis 25 Jahren. Die Blütenstände (Blütezeit: Mai) des einhäusigen Baumes befinden sich im oberen Teil der Krone. Sie sind 1 bis 1,5 cm lang, die männlichen Blütenknospen rötlich mit gelben Blüten, die weiblichen Blütenstände rosa und aufrecht stehend. Die ungestielten, zylindrischen Zapfen sind anfangs bräunlich-purpurn, später zur Reifezeit (September/Oktober) 8 bis 12 cm lang und 4 bis 4,5 cm breit, graubraun und meist etwas gekrümmt. Die dünnen, gewellten Zapfenschuppen sind am Rand unregelmäßig gezähnelt. Jede Schuppe deckt zwei 2 bis 4 mm lange Samen mit 5 bis 6 mm langem und 3 bis 4 mm breitem Flügel. Das Holz der Stechfichte ist hellbraun, leicht und weich. Die Stechfichte ist sehr anfällig gegen die Sitkalaus (→ Blattläuse 15.). Sie erwies sich aber als widerstandsfähig gegen Luftverunreinigungen.

licht angewiesen ist, wächst er zerstreut in schattigen, moderhumusreichen Wäldern, vorzugsweise in geschlossenen Nadelwaldgebieten, besonders in Kiefern-, Tannen- und Fichtenwäldern, v. a. in boreal-subkontinentalen Kiefern-Steppenwäldern, auch in zwerg-strauchreichen Fichten-Tannenwäldern, Eichen- und Buchenwäldern, besonders Hainsimsen-Buchenwäldern und Labkraut-Tannenwäldern. Der F. kommt in zwei Unterarten vor, wobei die Unterart *M. h. ssp. hypopytis* bevorzugt in Nadel- und Nadelmischwäldern, die Unterart *M. h. ssp. hypophegea* in bodensauren Buchen- und Buchen-Mischwäldern wächst.
Die mehrjährige, bis zu 30 cm hohe, aufrecht stehende, vanilleartig duftende Pflanze ohne Blattgrün (→ Chlorophyll) ist gelblich bis rötlich gefärbt und hat glasig spröde Wurzeln. Sie bezieht ihre Nährstoffe nur aus sich zersetzenden organischen Substanzen am Waldboden (→ Saprophyten). Der Pflanze sind bei der Gewinnung von Nährstoffen Pilze behilflich, die in ihren Wurzeln leben und diese mit ihrem Fadengeflecht umhüllen (→ Mykorrhiza). Die 1 bis 2 cm langen, geblichen, schuppenartigen Blätter umfassen etwas den bleichgelben, fleischigen Stengel. BZ: Juni bis August. Die dichte, endständige, anfangs nickende Blütentraube (→ Blütenstand) besteht aus 8 bis 15, vier- bis fünfzähligen, sitzenden Blüten. Bis zur Fruchtreife richtet sich die nickende Traube auf, wodurch dann alle 6 bis 8 mm langen, eiförmigen Fruchtkapseln nach oben gerichtet sind. Die bis 1 mm langen Samen sind leicht und werden vom Wind oft weit getragen.

Fichtensplintbock, der: → Bockkäfer 18.

Fichtensteinpilz, der: → Steinpilz.

Fichtensterben, das: **1)** allg. Bez. für das Absterben der Fi (→ Waldsterben). **2)** um 1930 in Ostpreußen über Jahre hinweg anhaltende Erkrankung von Fi, die vermutlich auf ungeeignete Standorte zurückzuführen war.

Fichten-Tannen-Wälder, zwergstrauchreiche (*Vaccinio-Abietenion*): auch Tannen-Mischwälder. pflanzensoziologischer Unterverband des Verbandes → Fichtenwälder und Fichten-Tannen-Wälder (*Piceion abietis*) der Ordn. Boreal-alpine → Nadelwälder und subalpin-alpine Zwergstrauch-Gesellschaften (*Piceetalia abietis*) aus der Klasse Boreal-alpine → Nadelwälder und Zwergstrauch-Gesellschaften (*Vaccinio-Piceetea*). Mit Verkürzung der Vegetationsperiode, steigender Spätfrostgefährdung und bei Vernässung des Bodens verliert die Bu im klimatisch bedingten Übergangsbereich von Laubmisch- zu Fichtenwäldern an Konkurrenzkraft und wird zunächst allmählich durch die Ta, dann durch die Fi ersetzt. Natürliche F. können sich daher in der submontanen-montanen → Vegetationsstufe auf Standorten ausbilden, die aus klimatischen und bodenbedingten Gründen für die Bu zu ungünstig sind oder deren Konkurrenzkraft hemmen. Je ungünstiger der Standort für die Bu wird desto mehr nimmt ihre Vorherrschaft ab und die der Ta zu. Im kontinentalen Bereich kommen zur Ta noch Fi und Kie. Der Übergang von tannenreichen → Buchenwäldern (Tannen-Buchenwälder) zu F. und Fichtenwäldern ist fließend. Im Unterverband F. werden drei → Assoziationen, der → Hainsimsen-Fichten-Tannenwald (*Luzulo-Abietetum*), mit mehr atlantischer Verbreitung, der → Preiselbeer-Fichten-Tannenwald (*Vaccinio-Abietetum*) im mehr kontinentalen Klima und der → Reitgras-Fichten-Buchenwald (*Calamagrostio villosae-Fagetum*) unterschieden.

Fichtentrieb-Gallmücke, die: → Gallmücken 1.

Fichtentriebwickler, der: → Wickler 11.

Fichtenwald, der: In Dtschl. ist die Gemeine Fichte mit ca. 33 % an der gesamten → Waldfläche beteiligt. Sie kommt in Misch- und Reinbeständen in und außerhalb ihres natürlichen Verbreitungsgebietes vor. Natürliche Fichtenwälder finden sich in den Mittelgebirgen und den Alpen. Sekundäre Fichtenwälder wurden auf allen der Fi zusagenden → Standorten angelegt. Typische Fichtenwaldbewohner unter den Tieren sind z. B. Eichhörnchen, Schwarzspecht, Dompfaff, Fichtenkreuzschnabel, Tannenhäher, Tannen- und Haubenmeise, Heckenbraunelle, Rotkehlchen, Winter- und Sommergoldhähnchen, Auerhuhn, Rauhfußkauz und Sperber. Gefährdet ist der F. allerdings durch viele Forstschädlinge, so z. B. durch Fichtenbastkäfer, Fichtenbock, Buchdrucker, Fichtenrüsselkäfer und Fichtenblattwespe und verschiedene andere Blattwespen sowie Holzwespen und Wickler; → Fichtenwälder und → Fichten-Tannen-Wälder, → Fichtenwälder, natürliche.

Fichtenwälder und Fichten-Tannen-Wälder (*Piceion abietis = Vaccinio-Piceion*): pflanzensoziologischer Verband der Ordn. Boreal-alpine → Nadelwälder und subalpin-alpine Zwergstrauch-Gesellschaften (*Piceetalia abietis*), umfaßt die bodensauren Nadelwald- und Moorwald-Gesellschaften des Nordens und Nordostens und der hohen europäischen Gebirge auf rohhumusreichen Böden. Alle mitteleuropäischen Nadelbaumarten (Ausnahme Eibe) können in seinen → Waldgesellschaften bestandsbildend sein. Dieser Verband umfaßt die Unterverbände natürliche → Fichtenwälder (*Vaccinio-Piceenion*), zwergstrauchreiche → Fichten-Tannen-Wälder (*Vaccinio-Abietenion*), → Subalpin-alpine Zwergstrauch-Gesellschaften und Lärchen-Zirbenwälder (*Rhododendro-Vaccinienion*).

Fichtenwälder, natürliche (*Vaccinion-Piceenion*): pflanzensoziologischer Unterverband des Verbandes → Fichtenwälder und Fichten-Tannen-Wälder (*Piceion abietis*). In Mitteleuropa treten n. F. in den Hochlagen der Mittelgebirge und in der subalpinen → Vegetationsstufe der Alpen, in Geländemulden mit lokalen Kaltluftansammlungen und an Hochmoorrändern auf. Die kältefeste, starken Schatten bildende Fi stellt hier die Baumschicht allein; gelegentlich tritt die Vobe dazu. → Charakterarten des Unterverbandes sind im Rohhumus wurzelnde Säurezeiger (→ Bodenanzeiger) wie der Rippenfarn, die Gelbliche Hainsimse, das Peitschenmoos, das Wellige Schiefbüchsenmoos. Insgesamt ist diese → Waldgesellschaft artenarm. → Assoziationen dieses Unterverbandes sind der → Peitschenmoos-Fichtenwald (*Bazzanio-Piceetum*), der → Reitgras-Fichtenwald (*Calamagrostio villosae-Piceetum*), der → Alpenlattich-Fichtenwald (*Homogyno-Piceetum*) mit der Gesellschaft → Alpendost-Fichtenwald (*Adenostylo glabrae-Piceetum*) und der → Kalkblock-Fichtenwaldes (*Asplenio-Piceetum*).

Fichtenwanze, die: → Wanzen 8.

Fichtenzapfenrübling, der: → Zapfenrüblinge.

Die geraden Stämme, der schlanke Wuchs sind neben dem immergrünen Nadelkleid die bestimmenden Eigenschaften des Fichtenwaldes.

Fichtenzapfenschuppen-Gallmücke, die: → Gallmücken 2.

Fichtenzapfenwickler, der: → Wickler 12.

Fichtenzapfenzünsler, der: → Zünsler 1.

Fichticht, das: alte und lokale Bez. für ein reines dichtes Fichtengehölz; → Föhricht.

Fichttanne, die: alte und lokale Bez. für die Gemeine Fi; → Fichten 1.

Fideikommiß, das: unveräußerliche und nur als Ganzes vererbbare Vermögensmasse, deren Inhaber nur über ihre Erträge verfügen kann; meist (besonders adeliger) Großgrundbesitz. Das F. ist in Dtschl. durch die Weimarer Verfassung und Landesgesetze verboten, in Österreich 1919 abgeschafft und 1938 für erloschen erklärt. Das schweizerische Zivilgesetzbuch (ZGB) untersagt die Neuerrichtung von F., überläßt es aber den Kantonen, über den Fortbestand der vor 1912 gegründeten F. zu befinden. Gleichbedeutend mit F. sind

◄◄◄ Typische Bodenvegetation in Fichten-Tannen-Wäldern

auch die Bez. Familiengut (Preußen), Familienanwartschaft (Sachsen), Stammgut (Baden), Familienstammgut (Braunschweig), immerwährendes Majorat (Hannover). Entstanden seit etwa dem 17. Jh., wurden die F. schon wiederholt, so 1848 in den Grundrechten der Nationalversammlung in Frankfurt, in vielen Staaten aufgehoben, später fast überall wieder zugelassen und vermehrt. Forstwirtschaftlich haben die F. ihre Bedeutung dadurch erlangt, daß sie eine besonders geeignete Eigentumsform für Wald und für dessen Bewirtschaftung bildeten. Im Jahre 1912 war die F.-Fläche in Dtschl. zu 47 % bewaldet, umfaßte rd. 1 683 000 ha Wald, vom Gesamtwald 12 %, vom Privatwald 26 %, davon in Preußen 1 216 000 ha (14,3 %), in Schlesien 400 000 ha (34,3 %) und in Hessen 53 400 ha (22,3 %). Nach dem 1. Weltkrieg hatten die F. noch rund 1 580 000 ha Wald. Der Ertrag an Holz in den F.-Forsten stand 1912 mit 4,59 fm je ha dem der Staatsforste, 5,32 fm nahe und weit über dem der freien Privatforste, 2,43 fm. In Preußen erbrachten sie 1912 mehr → Derbholz als die freien Privatforsten auf weit mehr als der doppelten Fläche; 1916 waren es 3,66 fm gegenüber 1,06 je ha. In Österreich umfaßten im Jahre 1898 die 297 F.-Güter 1 200 000 ha (= 4 % der Landesfläche), davon waren 790 000 ha (= 60 %) bewaldet.

Fieberklee, der (*Menyanthes*): auch Bitterklee. in Nordamerika, Europa und dem gemäßigten Asien verbreitete Gatt. der Fieberkleegewächse (*Menyanthaceae*) mit nur einer Art:

Fieberklee, der (*Menyanthes trifoliata*): auch Sumpf-Fieberklee, Bitterklee. Er wächst an quelligen Orten, in Verlandungszonen stehender Gewässer, an Gräben, Bächen und Teichen, in Erlenbrüchen, in Moorschlenken, Quell- und Flachmooren bis in Höhen von 2400 m.

Fieberklee (*Menyanthes trifoliata*)

Die mehrjährige, bis 30 cm hoch werdende Pflanze hat ein weit kriechendes Rhizom mit grundständigen Blättern. Die fleischigen, dreiteilig gefiederten Blätter sind kleeartig (Name!), die Einzelblättchen oval. BZ: April bis Juni. Die Knospen sind rosa. Die weißen, leicht rosa überhauchten, kelchförmigen Blüten haben fünf nach außen gerollte Kronblattzipfel, deren Innenseite weiß und kraus behaart ist, und violette Staubblätter. Sie stehen in einer langgestielten, aufrechten, endständigen, pyramidenförmigen Traube (→ Blütenstand) und werden hauptsächlich von Hummeln bestäubt. Die Frucht ist eine rundliche, zweiklappige, vielsamige Kapsel.

Der F. ist eine alte → Heilpflanze. Sie enthält, besonders in den Blättern, die Bitterstoffglykoside Menyanthin und Meliatin, ferner noch u. a. Ameisensäure, fettes Öl, Vitamin C, Cholin, Jod, Gerbstoffe, Harzsäure und Enzyme. Die Blätter werden von April bis Juni gesammelt und rasch im Dunkeln getrocknet. F.-Tee wirkt blutreinigend, fiebersenkend, tonisch, appetitanregend, reguliert die Menstruation, wirkt gegen Sodbrennen, chronische Gastritis und Blähungen.

Fieberkraut, das: → Tausendgüldenkraut.

fiederspaltig → Blattränder.

fiederteilig → Blattränder.

Fieder-Zahnwurz, die: → Zahnwurz 4.

Fieder-Zahnwurz-Buchenwald (*Dentario heptaphylli-Fagetum*): pflanzensoziologische → Assoziation des Unterverbandes → Alpenheckenkirschen-Tannen-Buchenwälder (*Lonicero alpigenae-Fagenion*) des Verbandes der → Buchenwälder (*Fagion sylvaticae*). In den Schweizer Alpen treten zum Artenbestand der Assoziation → Hainlattich-Buchenmischwald weitere, submediterrane-subatlantische Arten, wie z. B. Efeu und Stechpalme dazu.

Fiederzwenke, die: → Zwenke 2.

figurierte Hölzer: alte Bez. für krumme Nutzholzstücke, die wegen ihrer Krümmung zu verschieden Zwecken verwendet wurden, z. B. für Pflugsterzen, Kummethölzer, Kahnknie usw. Beim Schiffsbau unterscheidet man z. B. zwischen „Buchtholz" und „Knieholz"; ersteres ist leicht gekrümmt, letzteres winkelig gebogen (Stammteil mit daran sitzendem starkem Ast) und wurde hinsichtlich Form und Stärke weiter unterteilt in sog. Achterstevenknie, Balkenknie, Bettungsknie, Kropwrangen, Mastspurlinie, Schegknie usw.

Filament, das: botanische Bez. für den Staubfaden einer Blüte; → Staubblatt.

Filialgeneration, die: → F_1, F_2, F_3 usw.

Filicatae → Farne.

Filices → Farne.

Filicinae → Farne.

Filicopsida → Farne.

Filicopsidae → Farne.

Filipendula → Mädesüß.

Filz, das: südd. Bez. für Hochmoor; → Moor.

Filzhaubenmoos, das (*Pogonatum*): Gatt. der Fam. → Haarmützenmoos (*Polytrichaceae*), der Klasse → Laubmoose. Die bekannteste Art ist:

Aloëblättriges Filzhaubenmoos, das (*Pogonatum aloides* Palisot de Beauvais): Das allg. vom Tiefland bis zu 2000 m Höhe verbreitete Moos wächst auf sandigen und lehmigen Böden und in lichten Wäldern.

Das A. F. bildet niedere, lockere, dunkelgrüne Rasen. Die aufrechten, meist unverzweigten Pflanzen sind 1 bis 2 cm hoch. Die lanzettlichen Blättchen sind etwa 4 bis 7 mm lang, mit zahlreichen Lamellen auf der Oberseite und gesägtem Rand. Sie sind feucht abstehend, trocken eingekrümmt. Die aufrecht stehende, oft etwas seitlich geneigte, walzenförmige Sporenkapsel ist gelblichbraun und völlig mit einer haarigen Haube bedeckt. Der Kapselstiel ist 2 bis 4 cm lang und purpurrot.

Filzige(r/s) ... siehe unter dem jeweiligen Hauptnamen.

filziges Holz: eine Festigkeits- und Härtebezeichnung. Beim f. H. sind die Fasern weniger dicht (fest) verbunden; es ist schwieriger zu hobeln und zu polieren.

Filz-Königskerze, die: → Königskerze 6.

Filzmütze, die: → Bürstenmoos 1.

Filzröhrling, Brauner, der: → Röhrling 8.

Filzrose, die: → Rosen 7.

Filzzwergmispel, die: → Steinmispeln 2.

Fimmeln, das: auch Ausschleien. veraltete Bez. für das Durchforsten; → Durchforstung.

Fimmelschlag, der: svw. Femelschlag; → Verjüngungsverfahren.

Fimmelwald, der: alte und örtliche Bez. für → Femelwald.

Finanzplanung, die: Planung von → Einnahmen und → Ausgaben für den Forsteinrichtungszeitraum als Grundlage einer → Betriebsanlalyse und für die Planung der erforderlichen Haushaltsmittel.

Fingerhut, der (*Digitalis*): Gatt. der Fam. der → Rachenblütler mit ca. 25 Arten in Eurasien und dem Mittelmeergebiet. Es sind dies häufig hohe Stauden mit meist nickenden, langröhrigen, zweilippigen, roten, gelben oder weißen Blüten, die in langen Trauben (→ Blütenstand) stehen. In Mitteleuropa kommen drei Arten vor, die alle giftig und geschützt sind.

1. Großblütiger Fingerhut, der (*Digitalis grandiflora* Miller = *Digitalis ambigua* Murray): auch Blaßgelber F., Großer Gelber F. Der G. F. ist fast über ganz Mitteleuropa, im Osten bis zum Kaukasus und Sibirien, im Süden bis in die Südalpen und bis Nordgriechenland sowie über große Teile Westeuropas verbreitet. Er

▸▸▸ Typisch für alle Fingerhutarten sind die zweilippigen, langröhrigen, meist nickenden, roten, weißen oder gelben Blüten in langer Traube.

wächst zerstreut in lichten Wäldern, besonders Berg- und Laubwäldern und mesophytischen buchenwaldartigen Laubwäldern, an sonnigen Waldrändern, in Gebüschen, Staudenfluren, auf Holzschlägen, Waldverlichtungen, Geröllhalden, an steinigen, buschigen Hängen, auf nährstoffreichen, lockeren, kalkhaltigen, nicht zu sauren Böden, bis in Höhen von etwa 1600 m in den Alpen.
Die giftige, ausdauernde, 50 bis 120 cm hohe Pflanze hat einen unten kahlen, oberwärts drüsigflaumig behaarten Stengel. Die Blätter sind gesägt, die unteren länglich-lanzettlich, die mittleren und oberen eilanzettlich. BZ: Juni bis August. Die nickenden, bauchigen, trübschwefelgelben, innen bräunlich geadert und gefleckten Rachenblüten stehen in einer lockeren, einseitswendigen Traube (→ Blütenstand). Die eiförmige Fruchtkapsel ist ebenfalls drüsig behaart.

2. Gelber Fingerhut, der (*Digitalis lutea* L.): Der G. F. ist über die Gebirge Mittel- und Südeuropas verbreitet. In Skandinavien und auf den Britischen Inseln fehlt er. Er ist selten und wächst in lichten, warmen Eichen- und Buchenwäldern, in Laub- und Mischwäldern, auf beschatteten Schlägen, Waldverlichtungen und an steinigen, buschigen Abhängen, bis in Höhen von etwa 1500 m.
Die giftige, mehrjährige, meist kahle, 50 bis 100 cm hohe Pflanze hat einen kahlen Stengel und kahle Blattstiele sowie kahle, schmallanzettliche, glänzende Blätter. Der G. F. ist dem Großblütigen F. sehr ähnlich, hat jedoch kleinere Blüten. BZ: Juni bis August. Die Blütenkrone ist etwa 2 bis 2,5 cm lang, mit spitzer, zweizipfeliger Oberlippe, gelb, auf der Innenseite purpurfarben geadert.

3. Roter Fingerhut, der (*Digitalis purpurea* L.): Der R. F. ist über West- und Südwesteuropa verbreitet, im kontinentalen Europa seltener. Im Norden reicht das Verbreitungsgebiet bis Südschweden, im Osten bis zum Böhmerwald. Er wächst zerstreut bis selten in wintermilden Klimaten in lichten Wäldern, besonders Bergwäldern, auf Lichtungen, Holzschlägen, an buschigen Hängen und Wegrändern, auf lockeren, nährstoffreichen, kalkarmen bis kalkfreien, sandigen Lehmböden. Wegen seiner Schönheit wird der R. F. gerne in Gärten als Zierpflanze angepflanzt und auch in Gebieten ausgebracht, in denen er von Natur aus nicht vorkommt.
Die giftige, zweijährige, etwa 40 bis 150 cm hohe Pflanze hat einen aufrechten, meist einfachen Stengel. Die in einer Rosette stehenden, grundständigen, eiförmigen bis lanzettlichen, zur Blütezeit meist schon verwelkten Blätter und die unteren Stengelblätter sind gestielt, die oberen mit verschmälertem Grund sitzend. BZ: Juni/Juli bis August. Die Rachenblüten stehen nickend in den Achseln breit-lanzettlicher Tragblätter in einer einseitswendigen Traube, wobei jede Traube aus 50 bis 200 Blüten besteht. Die etwa 4 bis 6 cm lange röhrig-glockige Blumenkrone ist purpurrot, außen kahl, innen mit dunkleren, weiß umrandeten Flecken und behaart; sehr selten ist sie ganz weiß oder rosa. Die Blüten werden von Insekten, hauptsächlich von Hummeln, bestäubt. Die eiförmige Fruchtkapsel ist drüsenhaarig und etwas länger als der sie umschließende Kelch. Sie wird schwärzlich, bevor sie sich öffnet, und enthält kleine, fast rechteckige, von einem feinen Netzwerk überzogene Samen.
Der R. F. ist, wie auch der Gelbe F., eine altbekannte → Gift- und Arzneipflanze (→ Heilpflanze), die auch zur Drogengewinnung kultiviert wird. Die ganze Pflanze ist giftig, die Blätter enthalten mehrere Glykoside, darunter Digitalin, Digitoxin, Gitoxin. Diese Inhaltsstoffe wirken auf die Herzmuskulatur, und zwar herzstärkend bis herzlähmend (Gegenmittel: Coffein). Der Gebrauch darf nur nach ärztlicher Anweisung erfolgen.

Fingerhut-Schlaggesellschaft, die: → Weidenröschen-Schlaggesellschaften 1.

Fingerkraut, das (*Potentilla*): Gatt. der → Rosengewächse mit über 300 Arten, hauptsächlich in den kühlen Klimazonen auf der nördlichen Halbkugel. Es handelt sich meist um mehrjährige → Kräuter mit fingerförmig geteilten Blättern (Name!) und weißen oder gelben Blüten. In Mitteleuropa sind etwa 30 Arten heimisch. Die wichtigsten im Wald anzutreffenden Arten sind:

1. Aufrechtes Fingerkaut, das (*Potentilla erecta* (L.) Räuschel): auch Wald-F., Blut-, Ruhr-, Birkwurz, Tormentill(a), Bauchwehwurzel. Das A. F. ist fast über ganz Europa verbreitet. In Dtschl. wächst es verbreitet, stellenweise sogar häufig, in lichten Wäldern, west- und mitteleuropäischen Eichen-Birkenwäldern, in Mooren, auf Waldblößen, Moorwiesen, Magerrasen, Heiden und nassen bis trockenen Wiesen, bevorzugt auf sauren, kalkfreien Böden, bis in Höhen von etwa 2400 m. Es ist ein Magerkeits- und Versauerungszeiger (→ Bodenanzeiger).

Die mehrjährige, 10 bis 30 cm (50 cm) hohe, behaarte Pflanze hat ein 1 bis 3 cm dickes, unregelmäßig knolliges, außen braunes Rhizom, das zerschnitten oder zerbrochen sich blutrot verfärbt (Name!). Der rote Farbstoff ist chemisch ein Abkömmling der Gerbsäure, die in Mengen im Wurzelstock enthalten ist. Die meist mehreren, niederliegend-aufsteigenden bis aufrechten, abstehend behaarten, nie wurzelnden Stengel sind oben ästig und tragen dreizählige Blätter. Die großen Nebenblätter sind fingerförmig eingeschnitten, wodurch die Blätter fünfzählig erscheinen. Die dreizähligen Grundblätter stehen in einer Rosette. BZ: Mai bis August. Die Blüten haben vier gelbe, herzförmige Kronblätter. Die bis zu 20 Früchtchen sind eiförmige, runzelig gefurchte Nüßchen auf kleinem, festem Fruchtboden.
Das A. F. galt bereits im Mittelalter als kräftiges Heilmittel bei Schmerzen der verschiedensten Art. Verwendung findet der Wurzelstock, ausgegraben im März/April und an der Sonne oder im Backofen getrocknet. Er enthält Farbstoffe, bis zu 20 % Gerbstoffe, Stärke, Harze, Gummi und Pseudosaponine (Tormentosid), die astringierend, blutstillend, antidiarrhöisch und narbenbildend wirken. Blutwurz-Wein, hergestellt aus 75 g getrockneter, zerriebener Wurzel und 1 Liter Rotwein, findet innerlich Anwendung bei Diarrhoe (Durchfall) und Darmkatarrh, Blutwurzabsud-Kompressen bei Hämorrhoiden. Blutwurzaufguß wird zum Bestreichen von Geschwüren der Mundschleimhaut (Aphthen) verwendet. Ein Absud ist zur Vorbeugung von Zahnfleischschwund, zur Straffung des Zahnfleisches sehr hilfreich und wird zur Auswaschung von Wunden verwendet.

2. Erdbeer-Fingerkraut, das (*Potentilla sterilis* (L.) Garcke): Das E. ist fast über ganz Europa verbreitet, im Norden bis Schottland und Südskandinavien, im Süden bis Mittelspanien und Jugoslawien. In den Alpen ist es selten. Es wächst in Gebüschen, in lichten krautreichen Eichen-Hainbuchen-Wäldern, an Wald- und Wegrändern sowie auf grasigen Hügeln. Es ist die Verbands → Charakterart des Hainbuchenwaldes.
Die ausdauernde, 5 bis 15 cm hohe, behaarte Pflanze bildet lange wurzelnde Ausläufer mit Blattrosetten an der Spitze und hat dreizählig gefingerte, erdbeerblattähnliche, grundständige Blätter. BZ: April bis Mai. Die einzeln bis zu dritt stehenden, 1 bis 1,5 cm breiten Blüten haben weiße, breit verkehrt-eiförmige Kronblätter, die sich nicht berühren. Der Blütenboden wird zur Fruchtzeit nicht fleischig. Die kleinen, etwa 1,5 mm großen Früchtchen sind nur am Grunde behaart.

◂◂ Der Rote Fingerhut hat auf Schlagflächen einen Konkurrenzvorteil, weil er den Boden durch Streuzersetzung mit Stickstoffsalzen anreichert.

Dem E. sehr ähnlich ist das **Kleinblütige Fingerkraut** (*Potentilla micrantha* Ram.), das über das südliche Mitteleuropa und Südeuropa verbreitet ist. Es ist wärmeliebend und wächst in Gebüschen, lichten krautreichen Eichen- oder Kiefern-Mischwäldern, in Schneeheide-Kiefernwäldern, warmen Hainbuchenwald-Gesellschaften und an Waldrändern. Das K. F. ist eine überregionale Ordnungs-Charakterart der xerothermen submediterranen Flaumeichenwälder und subkontinentalen Eichen-Steppenwälder. Im Ggs. zum E. bildet es keine Ausläufer. Die Blättchen sind jederseits mit sechs bis 11 Zähnen versehen, Kelch und Krone sind am Grunde rötlich, die Staubfäden sind unten bewimpert.

3. Weißes Fingerkraut, das (*Potentilla alba* Linné): Das W. ist über Mittel- und Osteuropa verbreitet. Es ist relativ selten und wächst zer-

und Direktor des Systematisch-Geobotanischen Instituts der Universität Göttingen.

Firnisbaum, der: → Götterbäume.

FIS: Kurzzeichen für Sitkafichte nach DIN 4076.

Fiscali, Ferdinand, Ritter von (1837 Wittingau bis 1907 Komotau): Nach forstlicher Staatsprüfung und naturwissenschaftlichen Studien in Tharandt (1852) Lehrer für Naturwissenschaften an der Forstlehranstalt in Aussee (→ Mährisch-Aussee). 1866 wurde F. Nachfolger von → Judeich als Direktor der Forstlehranstalt Weißwasser. 1869 wurde er Leiter eines 2100 ha großen Waldbesitzes des Grafen Waldstein in Nordböhmen. Er schrieb: "Deutschlands Forstcultur-Pflanzen" (1856).

Fischadler, der: → Adler 2.

Fischbach, Carl Dr. von (15.3.1821 Hohenheim bis 23.11.1901 Sigmaringen): F. studierte an der Akademie Hohenheim und an der Universität Tübingen. Im Jahre 1843 trat er in den württembergischen Staatsdienst ein und war von 1849 bis 1853 Stadtförster von Stuttgart. 1853 wurde er zum Königlichen Revierförster in Wildbad und 1861 zum Forstmeister in Rottweil ernannt. 1866 trat er als Oberforstrat in fürstlich Hohenzollernsche Dienste, 1894 wurde ihm die staatliche Aufsicht über die Gemeindewaldungen in Hohenzollern übertragen. Neben zahlreichen Aufsätzen in den forstlichen Zeitschriften schrieb er: „Lehrbuch der Forstwissenschaft" (1856), „Praktische Forstwirthschaft" (1880).

Fischmarder, der: → Fischotter.

Fischotter, der (*Lutra lutra* L. = *Lutra vulgaris* Erxleben): auch Fluß-, Landotter, Fluß-, Fisch- und Wassermarder. Der F. (Eurasischer Otter) zählt zur Unter-Fam. der Otter (*Lutrinae*), Fam. der Marder (*Mustelidae*) und Ordn. der Raubtiere (*Carnivora*).

Der Lebensraum des Fischotters sind saubere Flüsse, Bäche und Seen.

Aussehen: Ein ausgewachsener F. hat eine Kopf-Rumpf-Länge von etwa 80 bis 100 cm und eine Schulterhöhe bis 35 cm. Der zugespitzte Schwanz ist buschig behaart und ca. 40 bis 44 cm lang. Der Otter kann ein Gewicht bis zu 14 kg (Weibchen bis zu 8 kg) erreichen. Er ist marderähnlich, jedoch gedrungener. Der Kopf ist länglich rund, die Schnauze abgerundet mit starken Schnurrhaaren. Die Ohren sind sehr kurz, halb-eiförmig zugerundet und fast ganz in seinem Pelz (Haaren) versteckt; durch eine Hautfalte sind sie verschließbar. Die Augen sind braun, klein und lebhaft. Die fünfzehigen Beine sind relativ kurz und stämmig, die Zehen durch Schwimmhäute verbunden. Das schöne Fell des F. ist oberseits hell- bis dunkelbraun. Die Unterseite (Bauch und Kehle) ist stets heller und graubraun gefärbt. Am Kinn befindet sich ein heller Fleck. Mit zunehmendem Alter erhält der Pelz des F. meist eine graubraune Tönung. Vereinzelt kommen auch Otter mit hellen Flecken vor.

Vorkommen, Lebensraum, Lebensweise: Der F. kommt in ganz Europa und Asien vor, ist aber in vielen Gebieten Europas, u. a. auch in Dtschl., nahezu ausgerottet und steht bei uns unter Naturschutz. Auf Island und den meisten Mittelmeerinseln fehlt er. Sein Lebensraum sind saubere Flüsse, Bäche und Seen, an deren Ufern er sich tagsüber in Bauen, hinter Faschinen oder in Baumhöhlungen versteckt. Der F.-Bau besteht i. d. R. aus einer mit trockenem Gras und Laub ausgepolsterten Haupthöhle, die über dem Wasserspiegel liegt. Der Haupteingang liegt etwa 50 cm unter Wasser. Gelegentlich werden auch Fuchs- und Dachsbaue angenommen, die in der Nähe von Wasser liegen. I. a. geht er erst nach Sonnenuntergang auf Nahrungssuche. F. sind sehr spielfreudig. In Gefangenschaft gewöhnt sich der sehr intelligente F. schnell an Menschen. Sein Seh-, Hör- und Riechvermögen ist ausgezeichnet. F. sind im zweiten oder dritten Lebensjahr geschlechtsreif. Da zu allen Jahreszeiten Jungotter angetroffen werden, scheinen sie keine feste „Ranzzeit" (Begattungszeit) zu haben. Die meisten F. ranzen jedoch im Februar/März. Die Tragzeit beträgt ca. neun Wochen. Bei ungünstigen klimatischen Verhältnissen (Winter) und geringem Nahrungsangebot kommt jedoch auch eine längere Tragzeit vor, wahrscheinlich auch bedingt durch die Eiruhe (Vortragezeit). Die Otterin bringt i. d. R. zwei bis drei (selten bis fünf) Junge. Diese sind behaart; die Lidöffnung erfolgt zwischen dem 15. und 35. Tag; etwa acht Wochen werden sie von der Mutter gesäugt. Mit ca. sechs bis neun Monaten sind sie selbständig. Sie bleiben bei der Mutter, bis diese ihren nächsten Wurf erwartet (i. d. R. alle zwei Jahre).

Nahrung: Fische (hauptsächlich Forellen), Krebse, Wasserwild, Nager, wie z. B. Wühlmäuse, Wasserspitzmäuse, auch Frösche, Lurche, kleine Wasservögel, Pflanzen und Obst. Der F. hält seine schlüpfrige Fischbeute zwischen den Vorderbeinen fest und beginnt sie vom Kopf her zu verspeisen; manchmal läßt er dann den Schwanz liegen.

Fischreiher, der: → Reiher 1.

Fiset(t)holz, das: → Färberhölzer.

Fissidens → Spaltzahnmoos.

Fitabufelibirn: Merkwort zum Einprägen der wichtigsten Reifholzbäume (→ Reifholz). In ihm sind die Anfangssilben folgender Bäume enthalten: Fichte, Tanne, Buche, Feldahorn, Linde und Birnbaum; → Bibergasperlweißspitz.

Fitis, der: → Grasmücken 4.

Fitislaubsänger, der: → Grasmücken 4.

Fitte, die: → Fittenmaß.

Fittenmaß, das: auch Wassermaß. beim früheren Floßholzhandel neben dem Kettenmaß benutzter Maßstab (Fitte) zum Messen des Durchmessers von im Wasser liegendem Holz (Floßholz). Das F. hatte einen am unteren Ende senkrecht daraufstehenden Schenkel von 5 bis 6 cm Länge. Dieser Schenkel wurde beim Messen an der unteren Rundung des Stammes angelegt. Der Stammdurchmesser konnte somit am Maßstab abgelesen werden; → Kluppe.

Fläche, die: → Forstwirtschaftliche Fläche.

Flächenaufnahmeprozent, das: Bei der Aufnahme einer Einheit (z. B. Bestand) im Rahmen der → Forsteinrichtung gibt das F. an, wieviel Prozent der Fläche dieser Aufnahmeeinheit bei einer repräsentativen Teilaufnahme zu erfassen sind.

Flächenbruch, der: → Schneebruch.

Flächenbuch, das: → Flächenveränderungsnachweis.

Flächendurchschnittsalter, das: mit den Flächen der Bestände oder Anteile gewichtetes Durchschnittsalter einer → Betriebsklasse oder auch eines Bestandes. Das F. wird als tatsächliches F., bzw. bei einer (unterstellten) normalausgestatteten Betriebsklasse als normales F. bezeichnet und als → Nachhaltsweiser benutzt; → Alter.

Flächenfachwerk, das: → Ertragsregelungsmethoden.

Flächensaat, die: → Saatformen.

Flächenveränderungsnachweis, der: auch Flächenbuch, Flächenverzeichnis. nach Holzboden (→ Forstbetriebsfläche) und → Nichtholzboden (oft auch nach Abteilungen) gegliederte tabellarische Übersicht über die seit der letzten → Forsteinrichtung eingetretenen Flächenveränderungen.

Flächenverbrauch, der: → Landverbrauch.

Flächenverzeichnis, das: → Flächenveränderungsnachweis.

Flächenweiser, der: → Nachhaltsweiser.

Flacher Bärlapp, der: → Bärlapp 4.

Flachknolliger Egerling, der: → Champignon 3.

Flachmoor, das: → Moor.

Flachszeisig, der: → Finkenvögel 4.

Flachwurzel, die: → Tellerwurzel.

Flader, der: → Ahorne 3.

Flader, die: die Ader im Holz bzw. Gestein; → Maserung.

Fladerschnitt, der: → Tangentialschnitt.

Fladerung, die: → Maserung.

Flake, die: svw. Holzgeflecht.

Fläming, der: niedriger, sandiger Höhenzug (Endmoränen), benannt nach flämischen Kolonisten, die im 12. Jh. von Albrecht dem Bären dort angesiedelt wurden. Der westliche Teil des F., der Hohe F., erreicht im Hagelberg 201 m ü. d. M. Der F. ist weithin mit Kiefernwäldern, im zentralen Teil mit Buchenmischwald bestanden. Zahlreiche Trockentäler, sog. Rummeln, die unter anderen klimatischen Bedingungen entstanden sind und gegenwärtig nur selten Wasser führen, beleben das Landschaftsbild. Der Ort Wiesenburg im Hohen F. ist wegen des Artenreichtums der Gehölze im Schloßpark bekannt.

flämmen (abbrennen): heute noch weit verbreitete Unsitte, trockenes Gras, Röhricht und

Buschwerk durch Feuer zu beseitigen. Das sog. F. ist durch die Naturschutzgesetze der Länder im ganzen Bundesgebiet verboten. Viele Kleintiere, Jungtiere und bodenbrütende Vögel, wie z. B. Igel, Wiesel, Spitzmäuse, Eidechsen und Kröten, kommen dabei um oder verlieren zumindest ihre Lebensstätten. Wiederholtes F. trägt zudem zur Verarmung der Tierwelt und zum erhöhten Schädlingsbefall bei. Im Forstbetrieb gelegentlich das absichtliche und kontrollierte Verbrennen der Pflanzendecke oder des Schlagabraums als Vorbereitung für weitere waldbauliche Maßnahmen, z. B. das Herrichten einer Kulturfläche.

Flammender Eichkater: von der → Schutzgemeinschaft Deutscher Wald 1978 eingeführtes Symbol (ein Eichhörnchen, dessen buschiger Schwanz in Form einer Flamme dargestellt ist), mit dem vor der Brandgefahr in Wald und Landschaft gewarnt wird. Werbemittel, auf denen das Symbol des F. E. dargestellt ist, sind z. B.: Plakate, Schilder, Auto- und Briefaufkleber; → Waldbrand.

Flammeneule, die: → Eulen A 10.

Flämmlinge (*Gymnopilus*): Gatt. kleiner Pilze aus der Fam. der Tintlingsartigen (*Coprinaceae*), die zur Ordn. der → Blätterpilze gehört. F. sind den → Schüpplingen ähnlich, in Laugen färben sie sich durchwegs schwarz. F. sind ungenießbar. Die häufigsten Arten sind:

1. **Geflecktblättriger Flämmling**, der (*Gymnopilus penetrans*): Der Pilz wächst von August bis November oft in großen Scharen an Stümpfen und toten Ästen verschiedener Ndh. Der bis zu 6 cm breite Hut ist goldgelb bis fuchsig, glatt und kahl. Die schmalen, dicht stehenden und um den Stiel ausgebuchteten → Lamellen sind anfangs hellgelb, dann rostig fleckig. Der bis zu 8 cm lange Stiel ist gleich dick, gelb und spärlich von feinen, weißen Fasern überkleidet. An der Basis ist oft der weißliche Filz des Myzels vorhanden. Das blaßgelbe Fleisch ist sehr bitter und geruchlos.

2. **Beringter Flämmling**, der (*Gymnopilus spectabilis*): Der Pilz wächst von August bis Oktober an Stümpfen und toten Ästen von Lbh. Der bis zu 14 cm breite Hut ist orangegelb und anliegend feinfaserig geschuppt, alt dann kahl. Der bis zu 15 cm lange Stiel ist spindelförmig, sehr fest und längs braun überfasert. Der Hautring am Stiel ist oben oft von braunen Sporenpulver bedeckt. Das Fleisch des ungenießbaren Pilzes ist hellgelb, am Stiel später mehr gelbbraun und schmeckt sehr bitter.

3. **Tannenflämmling**, der (*Gymnopilus sapineus*): Der im Nadelwald wachsende T. hat einen bis 7 cm breiten, früh flach gewölbten, ungleich geformten und gebuckelten Hut. Er ist auf goldgelbem Grund fuchsbraun bis dunkelbraun, filzig bis faserschuppig, im Alter trocken und rissig. Die goldgeben, bei Verletzung und im Alter rostbraunen Lamellen sind breit, der Stiel bis 5 cm lang und 1 cm breit, oben erweitert und weiß beflockt auf dunkelbraunem Grund, abwärts flockig-faserig. Das Fleisch des Stiels ist brüchig und wässrig, im Hut kaum vorhanden. Der Geruch des Pilzes erinnert an Mandeln, Zimt oder Kokos.

4. **Faserigberingter Flämmling**, der (*Gymnopilus hybridus*): Der auf Ndh wachsende Pilz hat einen anfangs orange-fuchsig, später dunkler gefärbten, bis 7 cm breiten Hut, der etwas gewölbt bis fast flach, kahl oder etwas runzelig ist. Die gelbliche bis blaß ockerfarbenen Lamellen stehen mäßig dicht, mit kleinem Zahn und etwas am Stiel herablaufend. Der Stiel ist bis 6 cm lang und 6 mm breit mit blasser, etwas erweiterter Spitze, von der farblich angedeuteten Ringzone abwärts seidenfaserig und weißlich, zum Grund hin weißflaumig. Das blaßgelbliche Fleisch ist weich.

5. **Gymnopilus stabilis**: Der auf vermoderndem Holz wachsende Pilz hat jung einen glockig gewölbten mit weißen feinen Fäden übersponnenen Hut. Dieser wird bis 11 cm breit, gelbbraun-fuchsig, mit gelbem, dünnem Rand, ist kahl, wellig, runzelig-grubig und bleibt gebuckelt. Die hellgelben, später ockerfarbenen, rostfleckigen Lamellen mit heller Schneide sind dünn, mit Zahn und am Stiel etwas herablaufend. Der bis 8 cm lange Stiel ist oben leicht gerillt, hat einen durch Velumfasern (→ Velum) angedeuteten Ring. Das Hutfleisch ist gelblich bis ockerfarben, das Fleisch des Stiels karottenfarben bis fuchsig und wässrig; die Sporen sind rostbraun.

Flammpunkt des Holzes → Thermische Holzeigenschaften.

Flammulina → Samtfußrüblinge.

Flandern → Holzflandern.

Flaschenbaum, der: Bez. für einen rotfaulen (→ Wurzelschwamm) Baum (Fichte), dessen unterer Stammteil bis etwa zur Brusthöhe ein wesentlich verstärktes Dickenwachstum aufweist, wodurch der Teil mehr oder weniger flaschenförmig aussieht.

Flaschenstäubling, der: → Bauchpilze 2.

Flaser, die: → Flader.

Flatterbinse, die: → Binsen 2.

Flatterbusch, der: auch Rauschen. alte, regionale Bez. für schwache → Stockausschläge.

Flatteresche, die: → Pappeln 5.

Flattergras, das (*Milium*): Gatt. der Fam. der Süßgräser mit nachstehender, auch im Wald wachsender Art:

Flattergras, das (*Milium effusum*): auch Waldflattergras, Waldhirse. Das Gras wächst an lichten Stellen kraut- und grasreicher Laub- oder Nadelmischwälder, besonders Buchenwälder und ist Ordnungs → Charkaterart der mesophytischen buchenwaldartigen Laubwälder Europas; Frischezeiger (→ Bodenanzeiger). Die Unterart *M. e. ssp. violaceum* ist die Klassen-Charakterart der subalpinen Hochstaudenfluren und -gebüsche.

Das ausdauernde, 50 bis 100 cm hohe Rispengras hat einen kriechenden Wurzelstock mit kurzen Ausläufern. Es hat flache, bis 15 mm breite Blätter, die am Rand rauh sind, und eine lockere, 15 bis 30 cm lange, feinästige, ausgebreitete Rispe (→ Blütenstand) aus kleinen, hellgrünen oder rötlichen Ährchen. Diese sind einblütig, 2 bis 4 mm lang und eiförmig. Das F. blüht von Mai bis Juli und ist ein wertvolles Waldvogelfutter.

Flatterreiser → Raumholz.

Flatterrüster, die: → Ulmen 3.

Flatterulme, die: → Ulmen 3.

Flaumeiche, die: → Eichen 3.

Flaumeichenwälder → xerotherme Eichenmischwälder.

Flaumeichenwälder, West-submediterrane → West-submediterrane Eichenwälder.

Flaumhaarige Eiche, die: → Eichen 3.

Flaumiger Seidelbast, der: → Seidelbast 3.

Flechten (*Lichenes*): F. sind eine Abteilung der Pflanzen mit über 20 000 Arten in etwa 400 Gatt. Sie sind Doppelwesen, in denen Pilze und Algen in Symbiose leben. So bilden Blau- oder Grünalgen meist mit → Schlauchpilzen eine morphologische und physiologische Einheit. Die Alge versorgt den Pilz mit organischen Nährstoffen (Kohlenhydrate), während das Pilzgeflecht der Alge als Wasser- und Mineralstoffspeicher dient. Man unterscheidet Krusten-, Laub- und Strauch-F. **Krusten-F.** sitzen als krustenartige Überzüge fest an Holz, Gestein und Baumrinde und lassen sich nicht ohne Zerstörung ablösen. **Laub-F.** sind unregelmäßig laubartig gelappt, erscheinen vielfach auch zerschlitzt und lassen sich ohne Zerstörung ablösen. Die **Strauch-F.** sind strauchartig verzweigt und bilden an den Bäumen Bärte und auf der Erde Rasen. Die F. sind anspruchslos. Zum Leben benötigen sie saubere Luft; deshalb werden sie als Indikatorpflanzen (→ Bioindikatoren) für die Beurteilung der Luftqualität benutzt. Die Vermehrung der F. erfolgt meist ungeschlechtlich (vegetativ) durch abgeschnürte, Algen enthaltende Pilzhyphen (→ Soredien) oder durch stift- oder korallenförmige Auswüchse auf der Thallusoberfläche (→ Isidien), seltener geschlechtlich durch Ausbildung von Fruchtkörpern des Pilzes. Die F. wachsen auf ärmsten Waldböden, auf Steinen, Felsen und Bäumen, hauptsächlich in feuchten Gebirgslagen. Weil sie Humus bilden und die Mineralstoffe aus dem Gestein herauslösen, werden sie zu Wegbereitern der Pflanzenwelt bei der → Sukzession. Am bekanntesten sind die Gatt. → Bartflechte, → Becherflechte, → Peltigera und die Arten → Astflechte, → Gallertflechte, → Gelbflechte, → Graue Baumflechte, → Felsen-Schüsselflechte, → Isländisch(es) Moos, → Köpfchenflechte, → Landkartenflechte, → Lungenflechte, → Mähnenflechte, → Pflaumenflechte, → Schriftflechte und → Wimpernflechte.

Die Flechten, Lebensgemeinschaften einer Alge und eines Pilzes, sind Indikatoren für saubere Luft.

Flechtenspinner, der: → Bärenspinner 1.
Flechtenwald, der: → Kiefernwald.
Flechtgerten: auch Flechtruten. Bez. für Gerten, die zur Befestigung der → Faschinen mit den Deichpfählen dienten. Sie waren meist 25 → Fuß und mehr lang und etwa 1 bis 1 1/2 → Zoll dick und stammten von geschmeidigen Holzarten, meist Wei; → Fachgerten.
Flechtlinge → Rindenläuse.
Flechtruten → Flechtgerten.
Flechtschienen: hauptsächlich aus → Bandstöcken hergestellte, 2 bis 4 mm dicke Gerten, die von Hand oder mit Maschine gespalten werden. Sie werden zu verschiedenen Flechtzwecken verwendet.
Flechtweiden: Bez. für Wei, deren Zweige (Ruten) als Flecht- und Bindematerial Verwendung finden, z. B. Korb-, Purpur- u. Silberweide. In Nord- und Osteuropa noch heute ein bedeutender Zweig forstlicher → Nebennutzung.
Flecken, das: → Anschalmen.
Fleckender Gelbfuß, der: → Schmierling 4.
Fleckender Schmierling, der: → Schmierlinge 4.
Fleckenfalter → Edelfalter.
Fleckennatter, die: → Glattnatter.

Große Hufeisennase (*Rhinolophus ferrumequinum*)

▸▸ Kleine Hufeisennase (*Rhinolophus hipposideros*)

Fledermäuse (*Microchiroptera*): althochdeutsch „fledarmus", eigentlich „Flattermaus". weltweit mit etwa 750 Arten verbreitete Unter-Ordn. der Flattertiere. Die 21 in Dtschl. vorkommenden Arten stehen alle auf der → Roten Liste. Fünf davon sind bereits vom Aussterben bedroht und 14 stark gefährdet. F. sind die einzigen fliegenden Säugetiere und dämmerungs- bzw. nachtaktiv. Ihre Körperlänge beträgt je nach Art etwa 3 bis 16 cm, ihre Flügelspannweite rd. 18 bis 70 cm. Der Kopf ist stark verkürzt bis extrem lang ausgezogen, Nase oft mit bizarr geformten, häutigen Aufsätzen. Die Ohren (Ohrdeckel = Tragus) sind je nach Art mittelgroß bis sehr groß, gelegentlich über den Kopf verwachsen. Die Augen sind klein. Das Gebiß besteht aus kleinen, spitzen und scharfen Zähnen, hat aber keine Reißzähne. Die Insekten (Kerbtiere), die sie jagen, werden durch Ultraschallortung aufgespürt. Mit dieser Echolotpeilung machen sie auch ihre Artgenossen aus, ebenso erkennen sie damit Gegenstände wie Bäume, Felsvorsprünge etc. in ihrer Flugbahn. Die Laute werden durch Nase oder Mund ausgestoßen. Sie geben auch für den Menschen hörbare zirpende Laute von sich, die vermutlich der Verständigung untereinander und als Abwehrlaute dienen. Einige Arten haben mäßige Fluggeschwindigkeiten, andere wiederum sind außerordentlich schnelle Flieger (z. B. Abendsegler, Mops- und Langflügelfledermaus). So gewandt und schnell sich die F. in der Luft zu bewegen verstehen, so ungeschickt und schwerfällig bewegen sie sich auf dem Boden oder im Gezweig der Bäume, da die Flughaut auch die hinteren Gliedmaßen bis zur Ferse umspannt. So sind sie nur mit Hilfe ihrer kräftigen, stark gebogenen Zehenkrallen (die Zehen sind nach hinten gerichtet) befähigt, im Gezweig der Bäume umherzuklettern. Zu dieser Fortbewegungsart vermögen sie auch den einzigen, mit starker Hakenkralle versehenen Daumen der Vordergliedmaßen zu verwenden. Die Hauptarbeit aber bleibt den Füßen, da die Tiere in der Ruhelage mit dem Kopf nach unten hängen, eine Stellung, in der unsere heimischen Arten auch den Winterschlaf verbringen. Vielfältig ist die Flugweise der F. Meist fliegen sie mit zitternden Flügelschlägen, umschwirren geräuschlos die vorstehenden Äste der Bäume und Büsche, schießen reißenden Fluges zu Wipfeln und Giebeln empor. Sie können auch blitzschnelle Haken schlagen, im Segelflug dahinzuschweben, mit blitzschnellen Flugbewegung ein Insekt fangen und im Fluge verzehren. Im Kampf gegen die Schädlinge sind sie große Nützlinge. Ein Abendsegler kann hintereinander 30 Maikäfer vertilgen; eine kleine Kolonie von etwa 50 Tieren kann in einer Saison 15 bis 30 kg Kleinschmetterlinge, Mücken und Köcherfliegen etc. erbeuten. In aller Regel sind F. ihren angestammten Sommer- und Winterquartieren treu. Je nach Art und Landschaft können Wanderungen bis weit über 200 km zwischen diesen Quartieren zurückgelegt werden. Zur Überwinterung – meist in Kolonien – suchen sie ein dunkles, frost- und zugfreies Quartier (Felshöhlen und -stollen, Mauerspalten, Baumhöhlen und Dachräume) mit ausreichend hoher Luftfeuchtigkeit, die sie vor dem Vertrocknen schützen soll, auf. Sie senken dabei ihre Körpertemperatur stark ab und zehren von ihren Fettreserven. Als Winterquartiere bevorzugen Bechstein-F., Großer und Kleiner Abendsegler und Rauhhaut-F. Baumhöhlen und -spalten, Nord-F., Breitflügel-F. und Zwerg-F. Dachräume; die übrigen Arten überwintern hauptsächlich in Felshöhlen und -spalten.

Im Frühjahr finden sich zahlreiche trächtige Muttertiere in sog. Wochenstuben zusammen. Die Männchen werden aus solchen Unterkünften davongejagt und leben in dieser Zeit einzeln oder in Gruppen in der Nähe. Je nach Art bringen sie nach einer Tragzeit von 50 bis 75 Tagen meist nur ein Junges zur Welt, das bei der Geburt mit der Schwanzhaut aufgefangen wird. Mit dem eigenartig gebauten Milchgebiß hält sich das Junge an der Mutter – auch während der Flüge – fest. Nach etwa zwei Wochen wird es jedoch in der Wochenstube zurückgelassen, nach sechs bis acht Wochen ist es selbständig. Verschiedene F.- Arten erreichen ein Lebensalter um 20 Jahre.

Wegen ihrer nächtlichen Lebensweise, ihres lautlosen Fluges und ihrer absonderlichen Gestalt waren (sind) die F. bei den Menschen wenig beliebt. Sie wurden für die Helfer des Teufels gehalten (z. B. Dracula), die auch Menschenblut saugen und den Frauen ins Haar fliegen. Der Teufel selbst (und auch Drachen) wurden häufig mit F.-Flügeln dargestellt. In den früheren Hexen- und Liebestränken sowie in den Alchimistenrezepten durften F.-Teile nicht fehlen.

Die Bestände der meisten F. in Europa sind stark rückläufig. Bereits durch die Naturschutzverordnung von 1936 mußten wegen des stetigen Rückgangs alle unsere F. unter Schutz gestellt werden. Durch die übermäßige Anwendung von Insektiziden und Herbiziden wird den F. die Nahrungsgrundlage weitgehend entzogen (z. B. Rückgang der Maikäfer) Sie reichern als Endglieder einer Nahrungskette auch Gifte an. Weiter fehlt es immer mehr an geeigneten Winter- und Sommerquartieren und Wochenstuben durch die Fällung alter hohler Bäume, durch die Renovierung und Isolierung von Dachstühlen und durch die Vergitterung von Felsenhöhlen und -stollen. Durch Anbringen von F.-Kästen und F.-Brettern, Offenhalten von Felsenhöhlen und -stollen versucht man die F. vom Aussterben zu retten.

Die Nahrung aller F. besteht – je nach Größe und Art – aus kleinen bis größeren Insekten (Käfer, Spinnen, Fliegen, Nachtfaltern u. a. Fluginsekten). Sie erjagen sie und verzehren sie gleich im Flug oder – meist größere Insekten – auf einem Ast. Manche Arten (z. B. Fransen-F., Bechstein-F.) lesen sie auch vom Blattwerk ab. Im gemäßigten Klima Europas leben vier F.-Fam.: die Hufeisennasen (*Rhinolophidae*), die Glattnasen (*Vespertilionidae*), die Hohlnasen (*Nycteridae*) und die Bulldoggfledermäuse (*Molossidae*). Folgende Arten kommen in Dtschl. vor:

1. Große Hufeisennase, die (*Rhinolophus ferrumequinum* Schreber): auch Großhufeisennase. Körperlänge: bis 7 cm, mit Schwanz bis 11 cm, Flügelspannweite: fast 40 cm, Gewicht: 14 bis 34 g, Weibchen größer als Männchen. Oberseits fahlbraun, unterseits bräunlichweiß; große Ohren. Ihr niedriger Flug (höchstens bis 13 m Höhe) ist schwerfällig, schmetterlingsartig flatternd.

2. Kleine Hufeisennase, die (*Rhinolophus hipposideros* Bechstein): auch Kleinhufeisennase, Zwerghufeisennase. Körperlänge: bis 4,5 cm, mit Schwanz bis 7 cm, Flügelspannweite: um 20 cm, Gewicht: 4 bis 10 g. Eine der kleinsten Arten. Oberseits bräunlich (dunkler als Große Hufeisennase), unterseits heller mit grauem Anflug. Ohren relativ klein. Weibchen gesellig in Wochenstuben. Die K. H. jagt spät nachts bis zu Beginn der Morgendämmerung in 1 bis 5 m Flughöhe. Der Flug ist reißend und abgehackt.

3. Bartfledermaus, die (*Myotis mystacinus* Kuhl): Körperlänge: ca. 4 bis 5 cm, mit Schwanz ca. 8 cm, Flügelspannweite: bis 22 cm, Gewicht: 3 bis 6,5 g. Unterschiedlich gefärbt, oberseits bräunlich, unterseits grau, Flughäute und Ohren schwärzlich. Langer, spitzer Ohrdeckel (Tragus), der weit über das Ohr hinausragt. Bartmäßige Haarbüschel beiderseits des Mundes (Name!). Beuteflüge häufig über Gewässer oder in Gewässernähe. Im Sommer tagsüber in Mauerspalten, Baumhöhlen, Nistkästen oder hinter Fensterläden, im Winter in Stollen und Höhlen.

4. Fransenfledermaus, die (*Myotis nattereri* Kuhl): auch Gefranstes Mausohr. Körperlänge: um 4,5 cm, mit Schwanz um 9 cm, Flügelspannweite: bis 25 cm, Gewicht: 5 bis 10 g. Oberseits dunkelbraun, unterseits heller. Am Außenrand der Schwanzflughaut etwa 1 mm lange, steife, leicht gekrümmte Härchen (Name!). Flug auffallend schwer und langsam, jagt gerne in kleinen Trupps in Höhen von 1 bis 15 m, von den frühen Abendstunden bis in den Vormittag. Im Sommer hauptsächlich in Baumhöhlen und Gebäuden, im Winter in Grotten und Kellern.

5. Bechsteinfledermaus, die (*Myotis bechsteini* Kuhl): auch Großohrige F. Körperlänge: 4,5 bis 5 cm, mit Schwanz um 9,5 cm, Flügelspannweite: 25 bis 27 cm, Gewicht: 7 bis 12 g. Oberseits rötlichbraun, unterseits weißgrau, Schnauze mit acht bis zehn Falten, Ohren groß und breit. Lebt hauptsächlich in naturnahen Wäldern. Im Sommer in Baumhöhlen, im Winter auch in Felshöhlen. Weibchen gesellig in Wochenstuben.

6. Mausohr, das (*Myotis myotis* Bechstein): auch Großmausohr, Riesenfledermaus. Körperlänge: 6,5 bis 8 cm, mit Schwanz um 14 cm, Flügelspannweite: bis 36 cm, Gewicht: 20 bis 45 g. Größte heimische Art. Oberseits graubraun, unterseits grauweiß. Auf der Schnauze sieben bis acht Falten, Ohren groß und breit, Flughaut breit. Flug ruhig und geradlinig, ohne scharfe Wendungen. Liebt lichte Wälder und Ortschaften. Im Sommer in Dachstühlen alter Häuser und im Winter in Felshöhlen und -spalten.

7. Wasserfledermaus, die (*Myotis daubentoni* Kuhl): Körperlänge: um 5 cm, mit Schwanz um 9 cm, Flügelspannweite: ca. 24 cm. Oberseits dunkel bis rötlich graubraun, unterseits hellgrau. Flug schnell, ruhig und niedrig, meist über Gewässer. Im Sommer in Baumhöhlen, im Winter in Höhlen verschiedenster Art.

8. Teichfledermaus, die (*Myotis dasycneme* Boie): Körperlänge: um 6 cm, mit Schwanz 11 cm, Flügelspannweite: ca. 30 cm. Oberseits graubraun, unterseits grauweiß bis gelblich und von Oberseite scharf abgegrenzt. Unterschenkel und umgebende Flughaut nackt. Flug niedrig, meist über dem Wasser. Im Sommer hauptsächlich in Dachräumen, im Winter in Felshöhlen und -spalten.

9. Wimpernfledermaus, die (*Myotis emarginatus* Geoffr.): auch Gewimpertes Mausohr. Körperlänge: um 5 cm, mit Schwanz um 9,5 cm, Flügelspannweite: ca. 24 cm, Gewicht: 7 bis 10 g. Ähnlich der Bartfledermaus, jedoch etwas größer und dunkler. Oberseits graubraun, unterseits weißlich bis gelblich. Bevorzugt lichte Wälder und Parklandschaften. Im Sommer in Dachräumen, auch in Viehställen, im Winter in Höhlen und offenen Kellern. Weibchen gesellig in Wochenstuben. Die Nahrung erjagt sie über Wiesen und Gewässern in niedriger bis mittlerer Höhe vom frühen Abend bis spät in den Vormittag.

10. Zweifarbfledermaus, die (*Vespertilio murinus* Kuhl): auch Zweifarbige Fledermaus. Körperlänge: 5 bis 6 cm, mit Schwanz um 10,5 cm, Flügelspannweite: ca. 30 cm, Gewicht: 12 bis 14 g. Überwiegend dunkelbraun mit gelblichem oder weißlichem Schimmer gefärbt. Kehle und Vorderbrust weißlich. Lebt gesellig und bevorzugt Wälder im Bergland. Fliegt hoch, schnell und geradlinig und schon früh am Abend. Im Sommer und Winter hauptsächlich in Mauerspalten tief hineingezwängt.

11. Nordfledermaus, die (*Eptesicus nilssoni* K. et Blas.): auch Nordische F., Umberfledermaus. Körperlänge: 5 bis 5,5 cm, mit Schwanz ca. 10,5 cm, Flügelspannweite: etwa 27 cm, Gewicht: 8 bis 13 g. Oberseits schwarzbraun mit goldgelb glänzenden Spitzen, unterseits gelblich (Goldglanz). Sie bevorzugt bei uns den alpinen Raum und ist noch in 2000 m Höhe anzutreffen. Sie fliegt schon früh am Abend. Ihr Flug ist sehr gewandt und ausdauernd und meist in mittleren bis großen Höhen. Im Sommer in Dachräumen und Mauerspalten, im Winter in Dachräumen und Felshöhlen.

12. Breitflügelfledermaus, die (*Eptesicus serotinus* Schreber): auch Spätfliegende F. Körperlänge: 6,5 bis 8 cm, mit Schwanz bis 13,5 cm, Flügelspannweite: um 40 cm, Gewicht: 16 bis 35 g. Oberseits rauchbraun, mehr oder weniger dunkel, mit gelblichem Glanz an den Haarspitzen, unterseits heller. Flughäute, Ohren und häutige Teile des Gesichtes schwarz. Bevorzugt lichte Wälder, Straßen und Alleen. Fliegt oft noch bei Helligkeit aus, jagt bis in die frühen Morgenstunden und sucht von allen Arten am spätesten die Winterquartiere auf. Sie fliegt niedrig und langsam, mitunter Flügelklatschen. Im Sommer in Dachräumen und Baumhöhlen, im Winter in Felshöhlen und -spalten, aber auch in Dachräumen.

13. Großer Abendsegler, der (*Nyctalus lasiopterus* Schreber): auch Frühfliegende F., Speckmaus. Körperlänge: ca. 7,5 cm, mit Schwanz ca. 12,5 cm, Flügelspannweite: um 38 cm, Gewicht: 16 bis 40 g. Oberseits rötlichbraun, meist goldglänzend, unterseits etwas heller. Die Flügel sind schmal und verhältnismäßig lang. Ohren klein und abgerundet. Flug schnell, fast reißend, häufig über den Baumwipfeln in der Gesellschaft von Schwalben und Mauerseglern. Im Sommer in Baumhöhlen, Mauerspalten und Dachräumen, im Winter in Baumhöhlen, Dachräumen und Kirchtürmen etc.

14. Kleiner Abendsegler, der (*Nyctalus leisleri* Kuhl): auch Rauharmige Fledermaus. Körperlänge: um 7 cm, mit Schwanz um 11 cm, Flügelspannweite: bis 30 cm, Gewicht: 14 bis 20 g. Etwas kleiner als Großer Abendsegler. Überwiegend an Wälder gebunden. Im Sommer und Winter überwiegend in Baumhöhlen, im Sommer auch in Nistkästen.

15. Zwergfledermaus, die (*Pipistrellus pipistrellus* Schreber): Körperlänge: 3,5 bis 5 cm, mit Schwanz um 7,5 cm, Flügelspannweite: etwa 19 cm, Gewicht: 3 bis 8 g. Kleinste aller europäischen F. Oberseits dunkelbräunlich, unterseits etwas heller gefärbt. Von der Bartfledermaus an den kürzeren Ohren zu unterscheiden. Sie zählt zu den Arten, die „noch“ am häufigsten vorkommen. Der Flug ist äußerst gewandt, über dem Boden hoch, über Gewässer niedrig. Lebt sehr gesellig. Im Sommer und Winter in Baumhöhlen, Felsspalten und Mauerritzen.

Bartfledermaus (*Myotis mystacinus*)

Breitflügelfledermaus (*Eptesicus serotinus*)

16. Rauhhautfledermaus, die (*Pipistrellus nathusii* K. et Blas.): auch Rauhhäutige Fledermaus. Körperlänge: um 4,5 cm, mit Schwanz um 9 cm, Flügelspannweite: ca. 21 cm, Gewicht 6 bis 9 g. Oberseits dunkelrotbraun, unterseits gelblich getönt. Ohren kurz. Lebt vorwiegend in Obstgärten und Parkanlagen. Im Sommer und Winter in Baumhöhlen und -spalten sowie in zerrissenem Mauerwerk.

17. Mopsfledermaus, die (*Barbastella barbastellus* Schreber): Körperlänge: um 5,5 cm, mit Schwanz um 10,5 cm, Flügelspannweite: etwa 24 cm, Gewicht: 6 bis 8,5 g. Oberseits schwarzbraun, unterseits etwas heller. Schlank, mit breiter, kurzer Schnauze, Ohren kurz und breit, am Grunde verwachsen; breite Flügel. Jagt schon am frühen Abend. Der Flug ist sehr gewandt. Sie ist wenig frostempfindlich und daher auch bei kühlem Wetter im Frühjahr oder Herbst anzutreffen. Bevorzugt bewaldetes und bergiges Gelände. Im Sommer in Mauerritzen oder hinter Fensterläden, im Winter in Felshöhlen und -stollen, Kellern und Gebäuden.

18. Langfügelfledermaus, die (*Miniopterus schreibersi* Kuhl): Körperlänge: um 5,5 cm, mit Schwanz um 11 cm, Flügelspannweite: etwa 30 cm, Gewicht: 8 bis 15 g. Oberseits graubraun oder mausgrau, unterseits etwas heller. Schnauze kurz, Stirn stark gewölbt, Ohren sehr kurz und fast quadratisch. Lange, schmale Flügel, Kopfhaare kraus. Sie ist eine ausgezeichnete Fliegerin und fliegt schon kurz nach Sonnenuntergang bis in den Morgen. Bevorzugt lichte Wälder. Im Sommer und Winter in warmen Felshöhlen und -stollen. Weibchen gesellig in Wochenstuben.

19. Braunes Langohr, das (*Plecotus auritus* L.): auch Ohrenfledermaus. Körperlänge: um 4,5 cm, mit Schwanz um 9 cm, Flügelspannweite: etwa 27 cm, Gewicht: 5 bis 10 g. Oberseits graubraun, unterseits etwas heller. Sehr große Ohren, die in Ruhestellung und zum Überwintern unter die breiten Flügel geschlagen werden. Dämmerungs- und nachtaktiv, Flug ruhig und gewandt, bevorzugt offenes Gelände als Lebensraum. Im Sommer in Baumhöhlen und Dachräumen, im Winter in Felshöhlen und -spalten.

20. Graues Langohr, das (*Plecotus austriacus*): Nur etwas größer als Braunes Langohr, sonst diesem in jeder Beziehung ähnlich. Sie wurde erst 1960 entdeckt.

21. Alpenfledermaus, die (*Pipistrellus savii* Bp.): Körperlänge: um 4,5 cm, mit Schwanz um 8,5 cm, Flügelspannweite: etwa 22 cm, Gewicht: um 8 g. Erstmalig 1931 in Dtschl. festgestellt. Oberseits schwarzbraun, Gesicht fast schwarz, am Kinn auffallend helle Haare, unterseits aufgehellt schwarzbraun. Ohren und Ohrdeckel kurz und breit. Echte Gebirgsbewohnerin auch oberhalb der Baumgrenze (bis 2600 m Höhe), kommt jedoch sehr selten vor. Bezieht kleine Baumhöhlen, alte Sennhütten und Felsnischen, im Sommer in kleinen Kolonien, im Winter einzeln.

Fleischchampignon, der: → Wulstlinge 5.

Fleischfarbenes Knabenkraut, das: → Knabenkraut 10.

Fleischpilz, der: → Leberpilz.

Fleischrote Heide, die: → Erika 1.

Fleischroter Lackpilz, der: → Lacktrichterlinge 2.

Fleischroter Speisetäubling, der: → Täublinge 2.

Fleischschwamm, der :→ Leberpilz.

Fleisch und Bluat: volkstümliche Bez. für das Echte → Lungenkraut 1.

Fleming, Paul → Wald in der Musik.

Flemming, Hanns Friedrich, Freiherr von → forstliches Schrifttum.

Flicker, der: → Bockkäfer 1.

Flidderbarke, die: → Pappeln 5.

Flidderesche, die: → Pappeln 5.

Flieder, der **1**) (*Syringa*): etwa 30 Arten in Südosteuropa und Asien umfassende Gatt. aus der Pflanzen-Fam. der → Ölbaumgewächse (*Oleaceae*). Es sind kleine Bäume oder Sträucher mit gegenständigen (→ Blattstellung), meist ganzrandigen Blättern, vielen duftenden Röhrenblüten in Rispen (→ Blütenstand) und ledrigen länglichen Kapselfrüchten. Die bekannteste Art ist der aus Südosteuropa stammende Gemeine F., der in über 500 Sorten kultiviert wird.

Gemeiner Flieder, der (*Syringa vulgaris* Linné): auch Spanischer F., Türkischer F., Türkischer Holunder, im Volksmund auch Lilak, Syringe, Maia, Nägelchen, Schmeckader Holler, Riechender Holler, Holder, fälschlich auch Holler und Holunder.

Verbreitung: Die Heimat des G. F. ist Südosteuropa. In Mittel- und Westeuropa wurde er im 16. Jh. eingebürgert und kommt in wärmeren Lagen verwildert vor.

Standort: Der G. F. wächst in Laubwäldern, an Waldrändern, in Hecken und an steinigen Hängen.

Merkmale: Der langsamwüchsige, sommergrüne, bis 8 m hohe Strauch oder kleine Baum hat eine weitreichende flache Bewurzelung, eine besenförmige Krone und ist sehr ausschlagfähig (→ Ausschlagsvermögen). Seine rutenförmigen Zweige sind jung rundlich glatt, olivgrün und anfangs kurz drüsig behaart. Die Rinde der älteren Zweige und Stämme ist graubraun, rauh, im Alter längsrissig und dünn abblätternd. Die gegenständig angeordneten Blätter sind herzförmig mit langgezogener Spitze, am Grunde auch gerundet. Sie sind ganzrandig, kahl, oberseits lebhaft grün und unterseits etwas blasser. Die Blütezeit ist von April bis Juni. Die wohlriechenden, meist lilafarbenen, vierzähligen Blüten, die nach den Blättern erscheinen, stehen in dichten, vielblütigen, bis 20 cm langen Rispen, die sich meist paarweise aus den oberen Seitenknospen am Ende der letztjährigen Zweige entwickeln. Die Frucht ist eine länglich-eiförmige, vorne zugespitzte, zweifächerige, etwa 1 cm lange, holzige, braunglänzende Kapsel, die hellbraune, ringsherum geflügelte Samen enthält.

Das sehr harte Holz des G. F. ist von feiner Struktur und gut zu polieren. In der Rinde, den Blättern und insbesondere in den Samenkapseln ist die kristallisierende Substanz Syringin enthalten, ein heute kaum mehr angewandtes Fiebermittel. Das → ätherische Öl der Blüten wird zur Herstellung von Parfüm verwendet. Im 10. Jh. wurde der G. F. von den Arabern nach Spanien gebracht (daher: „Spanischer Flieder"), Mitte des 16. Jh. kam er dann auch nach Mitteleuropa. Der G. F. und zahlreiche Kulturformen desselben werden heute als Ziersträucher angepflanzt.

2) Schwarzer Holunder, der: → Holunder 2.

Fliedermotte, die: → Motten 13.

Fliegen (*Brachycera*): weltweit verbreitete Unter-Ordn. der → Zweiflügler (*Diptera*) mit 100 Fam. und ca. 60 000 Arten. F. sind je nach Art unterschiedlich groß (weniger als 1 mm bis 5 cm). Die Gliederung des Körpers in Kopf, Brust und Hinterleib ist deutlich erkennbar. Viele Fam. haben an den Endgliedern der sechs Beine Haftorgane. Der Gesichtssinn (Komplexaugen) ist stark ausgeprägt. Je nach Fam. ist auch die Ernährungsweise unterschiedlich. Einige Arten ernähren sich saugend (z. B. Blütennektar) oder blutsaugend, z. B. die → Bremsen, andere nehmen als Imagines überhaupt keine Nahrung auf. Die → Raub-F. (*Asilidae*) hingegen erbeuten Insekten. Die Larven (Maden) sind ohne Beine, die Kopfkapsel ist reduziert oder gänzlich zurückgebildet. Sie häuten sich drei bis vier mal. Nach der Ausbildung der Puppe (Schlüpfvorgang) unterscheidet man Deckelschlüpfer und Spaltschlüpfer. Von der Vielzahl der F.-Fam. forstlich interessant sind die nur wenige Millimeter großen → Minier-F. (*Agromyzidae*); → Buckel-, Holz-, Langbein-, Raupen-, Stilettfliegen, Lonchaeidae, Wollschweber.

Fliegenbeere, die: → Felsenbirne.

Fliegenbeerbaum, der: → Felsenbirne.

fliegende Katze, die: → Eulen A 10.

fliegender Kamp, der: → Kamp.

fliegendes Saatbeet, das: → Kamp.

fliegender Wurm, der: → Baumtrocknis.

Fliegenholz, das: Bez. für vom → Myzel des *Stereum hirsutum* (Striegeliger Schichtpilz; → Porlinge 11.) zersetztes Eichenholz. Das kranke Holz ist weißgestreift oder mehr gleichmäßig gelbweiß verfärbt. In den weißen Streifen wird das Holz zunächst in Zellulose umgewandelt und die Mittellamelle aufgelöst. Im gelben Holz beginnt die Zersetzung vom Zellinnern aus; eine Umwandlung in Zellulose findet nicht statt. Die Zersetzung geht von Ästen aus und verbreitet sich in peripherischen, weißen Zonen; → Rebhuhnholz, Rotstreifigkeit.

Fliegenorchis, die: → Ragwurz 2.

Fliegenpilz, der: → Wulstlinge 1.

Fliegen-Ragwurz, die: → Ragwurz 2.

Fliegenschnäpper (*Muscicapidae*): weltweit verbreitete Fam. mit über 300 Arten etwa 9 bis 55 cm großer Singvögel, die überwiegend in Wäldern, Gärten und Parkanlagen leben. Sie bauen kunstlose Nester in Halbhöhlen und Höhlen. In Mitteleuropa Brutvögel.

1. Grauschnäpper, der (*Muscicapa striata* Pallas): auch Grauer F. Länge: 14 cm, Gewicht: 18 bis 20 g.

Der G. lebt in lichten Laubwäldern und an Waldrändern, in Parkanlagen und baumbestandenen Gärten sowie in und um menschlichen Siedlungen. Zugvogel, der im tropischen und südlichen Afrika überwintert.

Das Nest wird hinter abgesprungener Baumrinde, in Astgabeln, Spalieren, in Halbhöhlen, unter Dachsparren, Mauerlöchern, offenen Gartenhäuschen und Nistkästen, meist höher als 1,50 m über dem Boden errichtet. Das Gelege besteht aus vier bis sechs (meist fünf) bläulichen oder grünlichweißen Eiern (18,4 x 13,6 mm, ca. 2 g), die lebhaft rotbraun gefleckt sind. Brutdauer: 12 bis 14 Tage, Nestlingszeit: 14 bis 16 Tage. Ein bis zwei Jahresbruten (Mai bis Juli). Bisweilen Kuckuckswirt.

Nahrung: überwiegend Fluginsekten, im Sommer und Herbst auch Beeren.

2. Trauerschnäpper, der (*Ficedula hypoleuca* Pallas): auch Trauer-F. Länge: 13 cm, Gewicht: 13 g.

1 Trauerschnäpper
2 Halsbandschnäpper
3 Zwergschnäpper
4 Grauschnäpper

♀ weiblich
♂ männlich

In Europa nur örtlich verbreitet. Er bewohnt lichte Laub-, Misch- und Auwälder, auch reine Kiefernwälder, Parkanlagen und Obstgärten mit hohlen Bäumen oder Nistkästen. Im Hochgebirge kommt er nicht vor. Zugvogel, der im tropischen Afrika überwintert.

Der T. ist ein ausgesprochener Höhlen- bzw. Halbhöhlenbrüter. Er baut sein Nest in ausgefaulten Baumhöhlen, in Spechthöhlen und Nistkästen. Das Gelege besteht aus fünf bis sieben ungefleckten hellblauen Eiern (17,6 x 12,7 mm, 1,5 g). Brutdauer: 14 bis 15 Tage, Nestlingszeit: 14 bis 16 Tage. Meist eine Jahresbrut (Mai/Juni); oft aber Nachgelege.

Nahrung: überwiegend Fluginsekten.

3. Halsbandschnäpper, der (*Ficedula albicollis* Temminck): auch Halsband-F.

Er bewohnt lichte Laubwälder mit alten höhlenreichen Bäumen sowie Auwälder und Obstgärten. Lebensweise wie Trauerschnäpper.

In Überschneidungsgebieten, wo beide Arten vorkommen, kommt es zu Mischehen, aus denen Bastarde hervorgehen.

Nahrung: Wie Trauerschnäpper.

4. Zwergschnäpper, der (*Ficedula parva* Bechstein): auch Zwerg-F. Länge: 11,5 cm.

Der seltene Vogel kommt bei uns nur in den östlichen Alpen und im Raum Hamburg vor. Er lebt in unterholzreichen Laub- und Mischwäldern, meist in der Wipfelregion und ist nur schwer zu beobachten. Bei uns Zugvogel.

Das Nest wird meist hoch oben in den Bäumen, hinter abgesprungener Rinde, in Baumhöhlen, Astgabeln, Nistkästen, gelegentlich auch in faulenden Baumstümpfen errichtet. Das Gelege besteht aus fünf bis sieben gelblichweißen Eiern, die dicht rotbraun gewölkt sind. Sie sehen wie Rotkehlcheneier aus, sind nur etwas kleiner (16,6 x 12,6 mm, 1,5 bis 1,7 g). Brutdauer: 12 Tage, Nestlingszeit: 13 Tage. Eine Jahresbrut (Mai/Juni). Nachgelege.

Nahrung: hauptsächlich Insekten und nur zum geringen Teil Beeren.

Fliegenschwamm, Grauer, der: → Wulstlinge 5.

Fliegen, Schwarze → Kriebelmücken.

Fliegentod, der: → Wulstlinge 1.

Fließharz, das: bei der → Harzgewinnung ausfließendes → Harz.

Flitsche, die: alte südbayer. Bez. für ein Bretterfloß; → Flößerei.

Flitschholz, das: frühere, in Süddtschl. übliche Bez. für auf einer Seite in ganzer Länge, auf den anderen an drei Seiten nur bis zur Mitte beschlagenes Bauholz.

Flitterbarke, die: → Pappeln 5.

Flitteresche, die: → Pappeln 5.

Flockenblume, die (*Centaurea*): über 500 Arten umfassende Gatt. der Fam. der → Korbblütler, die v. a. in den gemäßigten Zonen verbreitet ist. Es sind dies meist flockig behaarte Kräuter mit großen, in Köpfchen (→ Blütenstand) stehenden Röhrenblüten. Bekannte, auch im Wald vorkommende mitteleuropäische Arten sind:

1. Bergflockenblume, die (*Centaurea montana* Linné): Die B. ist über die Gebirge Mittel- und Südeuropas, in den Karpaten und im Kaukasus heimisch. Sie wächst gesellig auf nährstoffreichen, frischen bis feuchten Kalk-, Gneis- oder Basaltböden, in sonnigen Berg- und Schluchtwäldern, lichten Linden-Ahorn-Wäldern, Seggen-Buchenwäldern und angrenzenden Wiesen, in Hochstaudenfluren, auf Waldlichtungen, an Waldrändern, in Latschen- und Alpenrosengebüschen, bis in Höhen von 2000 m. Die ausdauernde Staude hat einen kriechenden, manchmal Ausläufer treibenden Wurzelstock und wird 20 bis 80 cm hoch. Sie hat einen aufrechten, meist einfachen, reich beblätterten, weißfilzig behaarten Stengel. Die ebenfalls weißfilzig behaarten Blätter sind sattgrün, länglich-lanzettlich, ganzrandig oder geschweift sägezähnig. BZ: Mai bis August, gelegentlich auch noch im Herbst. Sie ist in Blütenaufbau und Farbe der Kornblume, die jedoch nicht im Wald vorkommt, sehr ähnlich.

Die gelblichen Früchte tragen eine Haarkrone, die viel kürzer ist als die Frucht; → Ameisenpflanzen. Sie wird auch als Gartenpflanze kultiviert.

2. Gemeine Flockenblume, die (*Centaurea jacea* L.): auch Wiesen-F. Die G. F. ist fast über ganz Europa verbreitet, in Südeuropa ist sie seltener, in England wurde sie eingebürgert, in Irland fehlt sie. Sie wächst in lichten Wäldern, Gebüschen, an Wegrändern, auf Weiden, Wiesen und Magerrasen bis in 1900 m Höhe. Die mehrjährige Pflanze ist sehr formenreich und wird 30 bis 80 (120) cm hoch. Die Blätter am Stengelgrund sind schmal-eiförmig, ungeteilt bis gelappt, die Stengelblätter lanzettlich. BZ: Juni bis Oktober. Die 1 bis 2 cm großen Blütenköpfchen bestehen aus asymmetrisch röhrenförmigen Blüten.

3. Perücken-Flockenblume, die (*Centaurea pseudophrygia* C.A. Mey): Die P. ist über Mitteleuropa bis zum Balkan und bis nach Südskandinavien verbreitet. Sie wächst in Wäldern, besonders in Hainbuchenwäldern und in ostmitteleuropäisch-subkontinentalen Eichen-Trockenwäldern, in Hochstaudenfluren, Gebüschen und an Wegrändern, auf Gebirgswiesen, auf kalkarmen, humosen, frischen, lehmigen Böden.

Die ausdauernde, 15 bis 80 cm (100 cm) hoch werdende, mit mehrzelligen Haaren bedeckte Pflanze hat einen aufrechten, beblätterten, im oberen Teil kurz verzweigten Stengel. Die Blätter sind breit-oval, ganzrandig bis gezähnt. BZ: Juli bis September. Die hellpurpurnen Blütenköpfchen bestehen aus röhrenförmigen zweilippigen Blüten; die Randblüten sind vergrößert. Die Blütenhülle besteht aus grünen bis braunvioletten Hüllblättern (→ Hochblätter) mit schwarzbraunem, in eine dünne, gefranste, zurückgebogene Spitze verlängertem Anhängsel. Dieses Anhängsel überdeckt die etwa 2 cm breite Blütenhülle wie eine Perücke.

◂◂ Die Bergflockenblume zeigt auf Bergwiesen Feuchtigkeit an.

Die ähnliche Filzige Flockenblume wächst im Saum sonniger Eichenwälder.

4. Skabiosen-Flockenblume, die (*Centaurea scabiosa* Linné): Die S. ist fast über ganz Europa verbreitet, fehlt lediglich in Südosteuropa und Portugal. Sie wächst – in zahlreichen Unterarten – zerstreut, bevorzugt an sonnigen Stellen und auf kalkhaltigen Böden, in lichten Wäldern, an Weg- und Waldrändern, in Gebüschen, auf Magerrasen, Schuttplätzen, trockenen Wiesen und Triften von der Ebene bis in Höhen von 2000 m im Gebirge.

Die mehrjährige, ausdauernde Pflanze hat einen aufrechten, in der oberen Hälfte meist verzweigten, kantigen, rauhen Stengel und wird etwa 30 bis 150 cm hoch. Die Blätter sind doppelt fiederschnittig mit breit-lanzettlichen Abschnitten, dunkelgrün und beiderseits spärlich rauh behaart. Die oberen Stengelblätter sind sitzend, die Grundblätter gestielt. Blütezeit: Juni bis September/Oktober. Die asymmetrisch röhrenförmigen Blüten sind i. d. R. purpurn, selten rosa oder weiß und stehen in Blütenköpfchen von 2 bis 4 cm (6 cm) Durchmesser. Die Früchtchen sind etwa 4 bis 5 mm lang; die Haarkrone ist so lang wie die Frucht.

5. Filzige Flockenblume, die (*Centaurea triumfetti*): auch Bunte F. Die über Mitteleuropa verbreitete, in Dtschl. auf der Iller-Lech-Inn-Platte und auf der Fränkischen Keuper- und Liasplatte selten vorkommende F. F. wächst im Saum sonniger Eichenwälder, in trockenen Gebüschen, Hainbuchenwäldern, xerothermen submediterranen Flaumeichen- und subkontinentalen Eichen-Steppenwäldern.

Die F. F. blüht blau, ähnelt der Bergflockenblume, hat aber schmälere Blätter. Die Hüllblätter haben einen schwarzen Saum und helle Fransen.

Ferner kommt noch die über West- und Mitteleuropa verbreitete **Hain-Flockenblume** (*Centaurea nemoralis*) im südlichen Schwarzwald und auf der westlichen Iller-Lech-Platte selten bis zerstreut an Wald- und Buschrändern vor. Sie blüht dunkel-rosa, und das Mittelfeld der Hüllblattanhängsel ist schmaler als die Fransenlänge.

Flockenstieliger Helmling, der: → Helmlinge 5.

Flockenstieliger Hexenpilz, der: → Röhrlinge 3.

Flohkraut, das: → Wurmfarn 1.

Flor, der (lat.: „Blüte"): die Blüte, Zustand des Blühens, Blumenfülle; Blütezeit, auch svw. Zustand des Gedeihens, Wohlstand.

Flora, die: **1**) in der Botanik Bez. für die Gesamtheit der Pflanzenwelt eines bestimmten Gebietes; z. B. Wald-F., Wasser-F., Höhen-F. **2**) die systematische Beschreibung von 1), Pflanzenbestimmungsbuch; z. B. F. germanica, F. orientalis, F. berolinensis etc. **3**) bei den Römern die Göttin der Blumen und Blüten, gleichgesetzt mit der griechischen Göttin Chloris. F. war die Göttin alles Blühenden, somit auch der Jugend und des fröhlichen Lebensgenusses, selbst der „guten Hoffnung" der Frauen, deren Symbol die Blüte ist. An ihrem Fest (Floralia) schmückte man die Wohnungen und sich selbst mit Blumen; die Frauen kleideten sich auffällig in bunte Farben, und Gesang, Tanz und Tafelfreuden füllten die Festzeit. Nach dem ersten Punischen Krieg (264 bis 241 v. Ch.) kamen auch Spiele der F. auf (ludi florales, vom 28.4. bis 3.5.), wobei man im Zirkus statt der Raubtiere allerlei niederes Wild (Hasen, Ziegen etc.) jagte.

Florenelement, das: Gesamtheit der Pflanzenarten, die ein bestimmtes, klimatisch relativ einheitliches → Areal bewohnen. Das boreale F. z. B. (ein nacheiszeitlicher Vegetations- und Klimaabschnitt) umfaßt alle Arten, die in der nördlich-gemäßigten Zone vorkommen, das mediterrane F. die Pflanzen des Mittelmeergebietes.

Florenfälschung, die: → Floren(ver)-fälschung.

Florengebiet, das: Gebiet mit einer auf Grund der geographischen und klimatischen Verhältnisse einheitlichen Pflanzenwelt; → Florenreiche.

Florengeschichte, die: Geschichte der → Flora und Vegetation der Erde. Sie arbeitet v. a. mit Methoden der Paläontologie: Untersuchungen von vorzeitlichen Pflanzenresten wie Seeablagerungen, Torfen, Kohlen und der → Pollenanalyse; → Florenzeitalter.

Florenreich, das: die verschiedenen Erdräume, in denen sich die Pflanzenwelt im Laufe der Erdgeschichte selbständig entwickelt und den dort herrschenden Bedingungen angepaßt hat, so daß jeweils unterschiedliche Pflanzengruppen vorherrschen. Es werden sechs F. unterschieden: Die Holarktis ist das größte F. und enthält die gesamte nördliche gemäßigte und kalte Zone. Die Paläotropis umfaßt die Tropenzone der alten Welt. Die Neotropis umfaßt die Tropenzone der neuen Welt. Die Australis umfaßt Australien und Tasmanien. Das Kapländische F. umfaßt als kleinstes nur die Südspitze Afrikas, die Antarktis, das Südpolargebiet, die Südspitze Amerikas und die antarktischen Inselgruppen.

Floren(ver)fälschung, die: auch Ansalben. Anpflanzung einer nicht heimischen Pflanzenart in einem bestimmten Gebiet. Die neue, nicht heimische Art kann den Lebensraum heimischer Pflanzenarten beschränken oder diese verdrängen; → Neophyten.

Florenzeitalter, das: Zeitabschnitte der florengeschichtlichen Entwicklung: Eophytikum (Florenfrühzeit), Paläophytikum (Florenaltertum), Mesophytikum (Florenmittelalter), Kanäophytikum (Florenneuzeit); → Erdzeitalter.

Florfliegen (*Chrysopidae*): auch Goldaugen, Perlaugen. eine weltweit verbreitete Fam. 1 bis 2 cm langer Netzflügler mit insgesamt 800 Arten, davon 22 in Mitteleuropa. F. haben goldgrün schillernde Facettenaugen; die Larven haben lange sichelförmige Mandibeln und Maxillen, die eine Saugröhre bilden und werden als Blattlausvertilger auch Blattlauslöwen genannt. Die genaue Artbestimmung der F. ist schwierig. Die wichtigsten Unterscheidungsmerkmale sind Flügeladerung und Körperfärbung. *Nineta pallida* (eine der größten heimischen Arten) kommt in Nadelwäldern, besonders in Fichtenbeständen der Ebene und im Gebirge bis ca. 1000 m Höhe vor. In Kiefernwäldern (200 bis 600 m Höhe), besonders in xerothermen Gebieten mit Sandböden und Waldsteppen findet man *Chrysopa doralis*. Die kleinste F., *Fjederina gracilis*, bevorzugt Fichtenwälder in 200 bis 800 m Höhe. *Chrysopa septempunctata* kommt in Laubwäldern und Parkanlagen vor. *Anisochrysa prasina* lebt im Kronenbereich der Laubwälder, besonders der Eichenwälder. *Nineta flava* lebt auf Ah und Salweide an feuchten Standorten, Nineta vittata auf Ah in höheren Lagen, *Chrysotropia ciliata* in feuchten Wäldern, besonders Eichen- und Eichen-Buchenwäldern der Vorgebirge. An Laubwaldrändern bis in Höhen von ca. 1600 m kommt die sehr häufige *Chrysoperla carne* vor. Die am häufigsten bei uns vorkommenden Arten sind die

Gemeine Florfliege (*Chrysopa vulgaris*): auch Gemeines Goldauge, Perlauge und *Chrysopa perla*, die sich von ersterer nur durch das schwarze Abdomen unterscheidet und nur geringügig größer ist. Die zarte, etwa 1 cm große (*Chrysopa perla* bis 1,4 cm) F. spannt bis zu 3 cm. Sie hat vier große, den Hinterleib weit überragende grüne Flügel, die wie mit einem Flor überhaucht wirken. Die großen Augen sind goldglänzend, die Fühler lang und dünn. Diese dämmerungs- und nachtaktive F. lebt in Wäldern, Gärten und Parkanlagen und ist im Herbst und Winter auf Dachböden, in warmen Räumen und an den Fenstern anzutreffen. Die bestielten Eier werden im Frühjahr an einem Blatt abgelegt, nicht selten in der Nähe von Blattlauskolonien. Die buntgefärbten, stark behaarten und beborsteten Larven haben einen großen Kopf und kräftige Mundwerkzeuge. Sie saugen → Blattläuse in großer Zahl aus und sind häufig von einer Menge leerer Chitinhüllen der Blattläuse umgeben. Zum Teil bedecken sie sich damit, indem sie die Hüllen mit den starken Borsten aufspießen. Zur Verpuppung spinnen sie sich zwischen Ästen in einem Kokon ein. Der Vollkerf überwintert. Je nach Witterung ein bis zwei Generationen.

Die F. gehören als Blattlausvertilger zu den äußerst nützlichen Insekten. Sie verfolgen auch Blattflöhe, Blattwespenlarven, Milben, Schildläuse und Schmetterlingsraupen. Sie gehören, was die → Abundanz betrifft, mit zu den wichtigsten Bioregulatoren der Populationsdichte von Blattläusen in den Wäldern.

Florinus, → forstliches Schrifttum.

Flormücke, die: → Haarmücken.

Flosch, der: auch Seif, Miß. alte Bez. für eine nasse, holzfreie Stelle im Wald.

Floß, das: → Flößerei.

Floßamt, das: früheres für die → Flößerei zuständiges Amt.

Floßband, das: ein Querbaum, der die Stämme eines Floßes (→ Flößerei) verbindet.

Floßbaum, der: eine bis zu 8 m lange Holzstange mit Eisenspitze, die zum Steuern von Flößen in tieferem Wasser diente.

Floßeinrichtungen: alle baulichen Anlagen, die der → Flößerei dienen, insbesondere → Floßstuben, Wehre, Teiche, → Klausen und → Floßrechen.

Flößerei, die (gebundene Flößerei): der früher übliche Wassertransport von → Langholz in größeren, miteinander verbundenen Partien, den Flößen, im Ggs. zur → Trift. Die Flöße setzten sich aus Gestören (Traften, Gestricke, Matätschen) zusammen. Diese bestanden jeweils aus fünf bis zehn gleichlangen und gleichstarken, fest verbundenen Stämmen. Dem Zusammenhalt der Stämme dienten → Floßwieden, die durch in die Stammenden gehauene Löcher gezogen wurden, oder darübergelegte und durch Holzpflöcke befestigte Stangen, den sog. → Zengelstangen. Die einzelnen Gestöre wurden durch Winden oder Ketten beweglich zu Flößen verbunden. Die leichtesten Gestöre bildeten die Spitze (Kopf) des Floßes, die schwersten bildeten den sog. Schwanz. Die Flöße waren dadurch besser zu lenken und erreichten durch den Schub der hinten angehängten und schwereren Gestöre auch eine größere Geschwindigkeit. Für die F. eigneten sich besonders größere, ruhig fließende Flüsse und Ströme (z. B. Rhein, Neckar, Donau, Main, Isar, Loisach, Lech, im Schwarzwald Wolf, Enz, Nagold, Murg (→ Murgschifferschaft) und Kinzig sowie Saale, Spree, Weser, Elbe und Oder). In den oberen, wenig Wasser führenden Teilen des Wasserlaufes wurden nur einzelne Gestöre geflößt (Gestör-F.), auf den breiten, ruhig fließenden Strömen hingegen große Flöße (Haupt-F.). Bei der Gestör-F. wurden die Flöße in der Breite nur durch ein Gestör gebildet, dagegen waren sie mitunter sehr lang und bestanden oft aus 40 bis 70 hintereinander gehängten Gestören, zusammen mit 300 bis 500 und mehr Stämmen. Die Hauptflöße auf Strömen erreichten jedoch oft eine Breite von 50 m und 200 bis 250 m Länge; sie wurden je nach Flußgröße und nach Gefälle des Wassers auch noch größer gebaut. Gigantische Ausmaße erreichten die Flöße auf dem Rhein für den → Holländer(holz)handel, die bis zu 500 Mann Besatzung benötigten (Ruder- und Ankerknechte, Steuerleute und Köche). Diese Flöße waren z. T. mehr als 300 m lang, 50 bis 80 m breit, mit einem Tiefgang bis zu 2,5 m, und besaßen zehn bis 15 Unterbringungshütten, teilweise auch Ställe für Ochsen, die nach dem Anlanden als Zugtiere benötigt wurden. Rund 30 000 Festmeter Holz enthielten diese Riesen- oder Kapitalflöße, d. s. umgerechnet bis zu 17 000 Tonnen Holz, die etwa 950 vollbeladene Lastwagen ergeben würden. Bis zu einer Mio. Gulden wurden für so ein Floß erzielt. Letztmalig wurde im Jahre 1816 ein Riesenfloß zusammengestellt; kleinere Flöße gingen allerdings noch bis 1933 nach Holland.

Wenn das zu transportierende Holz schwerer als das Wasser war, z. B. Eichenholz, wurde es entweder als sog. → Oblast auf die Nadelholzflöße gelegt oder so gleichmäßig verteilt zwischen die Nadelholzstämme gebunden, daß das Floß schwamm (Tragflöße). Zum Führen (Lenken) eines Floßes, v. a. auf ruhigen Gewässern, bediente man sich einer Flößer- oder Schaltstange. Um die Fahrt eines Floßes zu verlangsamen, wurden entweder Schleppäste an das hintere Gestör angehängt oder man löste das hinterste Gestör in einen sog. Wedel, d. h. das Ende des hintersten Gestörs wurde nicht verbunden, so daß die Stämme sich fächerförmig spreizen konnten. I. a. wurde aber zur Verminderung der Fahrt die sog. Sperre eingesetzt, die sich auf dem hintersten Gestör befand. Sie bestand aus einem starken Balken, der zwischen den zwei mit Klammern oder Wieden festgehaltenen Sperriegeln bis

In der Floßstube (kleinere Klause) fand früher das Einbinden der Gestöre und Flöße statt.

auf den Grund des Wassers hinabgelassen und auf diesem in schiefer Lage fortgeschleift wurde, während er oben zwischen den Riegeln festgeklemmt war. Damit konnte man die Floßfahrt verlangsamen und das Floß auch anhalten. Bei langen und schweren Flößen auf schnellen Gewässern befanden sich auf den letzten Gestören stets mehrere Sperren. Die Führung der Hauptflöße auf breiten Strömen mit großer Wassertiefe erfolgte durch sog. „Ruderstreiche". Auf dem Rhein unterschied man die Ruder (das waren starke, am Ende in Brettform zugehauene Stämme oder nur Fichtenbretter) in „Lappen" und „Streiche". Lappen waren große Ruderstreiche, die auf Grund ihrer Schwere nur von mehreren Floßknechten, die das Lappenende auf der Schulter trugen, bewegt werden konnten. Streiche nannte man die schwächeren Ruder.

Die Kunst des Flößens ist uralt. Urkundlich wurde sie zwar erst im 13. Jh. erwähnt (auf der Saale 1258, auf dem Neckar 1342, auf der Mulde 1482 und auf der Elbe 1495), doch dürfte die F. bereits früher ausgeübt worden sein. Aus dem Jahre 1496 ist uns auch überliefert, daß auf der Isar und Loisach über 3600 Flöße nach Wolfratshausen gegangen sind. Der Holztransport zu Wasser stellt zugleich die älteste Bringungsart dar. Bereits im Alten Testament (Buch der Könige, Kap. 5, Vers 9) wird berichtet, daß David und Salomo zum Tempelbau Zedern und Tannen aus dem Libanon über das Meer gebracht (geflößt) haben. Die erste Blütezeit der F. dauerte bis zum Dreißigjährigen Krieg. Großen Aufschwung nahm sie wieder durch den Holländer(holz)handel. Ihren Niedergang erlitt die F., als im Industriezeitalter die Straßen- und Schienenwege ausgebaut wurden. Flöße, und zwar nur kleine, werden heute nur noch zur Traditionspflege oder für Vergnügungsfahrten (z. B. auf der Isar von Wolfratshausen bis zur Floßlände in Grünwald) zusammengestellt.

Die F. war früher Vorrecht der Landesregierung (Flößregal) und nur gegen Abgabe gestattet. Dies galt namentlich für das Flößen mit verbundenen Hölzern (jus ratium) und nur auf öffentlichen Flüssen. Das Flößen mit ungebundenen Hölzern, die Trift (jus grutiae), kam dagegen auch auf Privatgewässern vor; doch hatte auch hier der Staat die polizeiliche Regelung und Aufsicht (Floß- und Triftordnungen). Die Ufereigentümer mußten das Betreten der Ufer zu Zwecken der F. sowie den Lein- oder Flößerpfand dulden. Nach Art. 99 der Reichsverordnung vom 11. August 1919 galten die Bestimmungen über Befahrungsabgabe für die Binnenschiffahrt auch für die schiffbaren Wasserstraßen; für die F. auf nicht schiffbaren natürlichen Wasserstraßen war die Erhebung von Abgaben nach § 1 des Gesetzes über Abgaben in der F. vom 1. Juni 1870 beschränkt zulässig. Das Reichsgesetz vom 15. Juni 1895 über die privatrechtlichen Verhältnisse der F. regelte den Inhalt des Floßfahrtvertrags im Anschluß an die seerechtlichen Bestimmungen des Handelsgesetzbuches. Als Frachtführer galt der Unternehmer (Frachtflößer), der das Floß selbst führte oder die Führung einem andern (dem Floßführer) übertrug. Die Floßmannschaft unterstand der Gewerbeordnung. Die landesrechtlichen Vorschriften über die F. wurden damals durch Art. 65 des Einführungsgesetzes zum Bürgerlichen Gesetzbuch (BGB) aufrechterhalten.

Flößer(ei)museum, das: öffentliche Sammlung mit Anschauungsmaterial zum Thema Flößerei und Trift, z. B.: F. und Verkehrsmuseum Gegenbach (Baden-Württemberg); Flößermuseum Unterrodach, Marktrodach (Bayern); Heimat- und Flößermuseum Bad Wildbad-Calmbach (Baden-Württemberg); F. und Schifffahrtsmuseum Kamp-Bornhofen (Rheinland-Pfalz); → Forst-, Holz-, Holzknecht-, Waldmuseum.

Flößereischarwerk, das: → Waldzins 2).

Floßgasse, die: auch Floßloch, Floßtenne. technische Vorrichtung (mit einer Schleuße versehene Öffnung in einer Wehranlage), durch welche das Floßholz und die Flöße geleitet wurden.

Floßgehau, das: auch Floßhieb. frühere Bez. für einen → Schlag, dessen Holz zum Flößen bestimmt war; → Gehau(e).

Floßgraben, der: natürlicher oder künstlicher Graben, der sich zum Holzflößen eignete.

Floßhaken, der (Griesbeil, Holzsticher): eine hölzerne Stange (ca. 3 → Zoll dick und 15 bis

16 → Fuß lang mit einem eisernen Aufsatz, bestehend aus einer 6 bis 7 Zoll langen Spitze mit darunter angebrachtem, etwa 1 bis 2 Zoll dicken Haken). Mit dem F. wurde das Triftholz (→ Trift) im Wasser gelenkt, die in der Triftstraße hängengebliebenen Holzstücke wieder flottgemacht sowie → Senkholz ausgestochen.

Floßhieb, der: → Floßgehau.

Floßholz, das: auch Flößholz, Langholz, das auf dem Wasserweg befördert wurde und i. d. R. über acht Wochen im Wasser gelegen hat. Bis zum Jahre 1938 wurde das F. (Nadelholz) nach der damaligen → Holzmeßanweisung nach dem durchschnittlichen Festgehalt sortiert: → Kleinholz, → Leichtholz, Mittelholz, → Meßholz, → Balkenholz, Schwerholz, → Holländerstämme.

Floßlände, die: Anlege- bzw. Halteplatz der Flöße; → Aufschwemme.

Floßloch, das: → Floßgasse.

Floßmarke, die: auch Floßzeichen. früher in amtlichen Katastern registriertes Zeichen eines Holz- bzw. Floßbesitzers.

Floßrafen: alte bayer. Bez. für entgipfelte, 6 bis 7 m lange Nadelholzstangen.

Floßrechen, der: auch Holzfang. zur Zeit der Flößerei ein Wehr zum Aufhalten des Flöß- und Triftholzes.

Floßrecognitionsgeld, das: frühere Abgabe für das Holzflößen durch fremdes Gebiet; → Floßzoll.

Floßstube, die: auch Wasserstube. frühere Bez. für eine kleinere → Klause mit einer Wassertiefe von 1,5 m bis 2 m, in der das Einbinden der Gestöre und Flöße stattfand.

Floßtenne, die: → Floßgasse.

Floßwieden: besondere Sorte der → Wieden, die bei der früheren → Flößerei zum Binden der Gestöre dienten. Die F., hergestellt in Wiedendrehereien, wurden entsprechend ihrer Länge und mittleren Stärke in Klassen eingeteilt. Im Schwarzwald unterschied man z. B. **Holländer-Baumwieden** mit 16 bis 20 Fuß Länge und 2 Zoll mittlerer Dicke, **Meßbalkenwieden** (**Meesbalken-W.**) von 14 bis 18 Fuß Länge und 1 1/2 bis 1 3/4 Zoll mittlerer Dicke, **gemeine Bauholzwieden** von 10 bis 16 Fuß Länge und 1 bis 1 1/4 Zoll mittlerer Dicke sowie **Klotz-** und **Bordwieden** von 6 bis 8 Fuß Länge und 1/2 bis 3/4 Zoll mittlerer Dicke. Ein Zoll entsprach 2,86 cm, 1 Fuß waren 10 Zoll (= 28,6 cm). Während Holländer-Baumwieden und Meßbalkenwieden von Ta und Fi sein mußten, durften die gemeinen Bauholzwieden auch von Bi, die Bord- oder Klotzwieden von Ha sein. Ohne Meßangaben waren in der Flößerei noch folgende Bez. üblich: **Vorspitz-Wieden** (die kürzesten und dünnsten F., die hauptsächlich für das Einbinden des ersten Gestörs benötigt wurden), **Reywieden** (die meistgebrauchten F. für das Einbinden mittelstarker Baumstämme), **Gutwieden** (für das Einbinden starker Stämme der hinteren Floßgestöre, bzw. zum Festmachen der Flöße am Ufer) sowie **Baumwieden**, die für das Einbinden der stärksten Stämme dienten. Letztere waren die längsten und dicksten F. Von den zur Herstellung von Wieden geeigneten jungen Holzgewächsen, die i. d. R. zwischen 1 bis 6 cm stark waren, putzte man die Seitenzweige ab, befeuchtete sie und legte sie im → Bähofen (Wiedofen) zum Erhitzen ins Feuer, wodurch ihre Zähigkeit und Elastizität erhöht wurde. Anschließend wurden sie von den Wiedendrehern (Wieder) sofort am → Wiedstock verpflockt und mit der Wiedstange gedreht bzw. aufgewickelt. Die Gewinnung der F. nannte man „Wiedhauen", die Gewinnung von Wieden für Zwecke der Landwirtschaft oder zum Korbflechten etc. "Wiedschneiden". Vor einer Verwendung wurden die F. gewässert. Die Flöße auf der Weichsel wurden weitgehend mit Baststricken gebunden. F. waren jedoch dauerhafter und strapazierfähiger, zudem in der Herstellung billiger; → Zengelstangen.

Floßzeichen, das: → Floßmarke.

Floßzoll, der: frühere Abgabe an die landesherrlichen Zollämter. Der F. war abhängig vom eingeführten Zollsystem. Er richtete sich entweder nach der Stückzahl, der Holzart bzw. nach dem Sortiment, nach dem Gewicht der Ladung oder nach dem Volumen.

Floßzug, der: mehrere zusammengebundene oder im losen Verband fahrende Flöße.

Flottholz, das: ein Stück Holz oder ein Stück Borke, welches – meist am Ende – an einem Fischernetz oder einer Fischereigerätschaft mit einer so langen Schnur befestigt wird, daß es an der Oberfläche des Wassers schwimmt. Es zeigt an, wo das Netz bzw. sein Ende liegt.

Flotzschiff, das: bei der früher auf der Kinzig (Schwarzwald) betriebenen → Flößerei Bez. für ein Floß, das nur aus einem Gestör bestand.

Fluder, der (das): **1)** → Wasserriese. **2)** älterer Begriff für Floß; → Flößerei.

fludern: svw. flößen.

Flügelfrucht, die: Frucht mit einem oder mehreren flügelartigen Auswüchsen oder Anhängseln, wie z. B. die F. der Ah oder die → Flügelnuß der Es.

Flügelginster, der → Ginster 5.

Flügelnuß, die: Nußfrucht (→ Schließfrucht) mit einem oder mehreren flügelartigen Auswüchsen oder Anhängseln, z. B. die der Es.

Fluglöcher: F. im Holz (stehendem und lagerndem) stammen von Insekten und weisen mit ihrer Form bereits auf die Art des → Forstschädlings hin. Kreisförmige F. von 1 bis 3 mm Durchmesser hinterläßt z. B. der holzbrütende → Borkenkäfer bzw. in Ta und verschiedenen Laubhölzern der Bohrkäfer (→ Werftkäfer 1.). Ebenfalls kreisrunde F. hat die → Holzwespe, die jedoch, je nach Art, einen Durchmesser zwischen 4 und 7 mm haben können. F. von elliptischer Form weisen auf den → Bockkäfer hin. Die F. des Hausbockes (→ Bockkäfer 6.) sind dabei an den Rändern meist ungleichmäßig geformt.

Flugtaler, der: Abgabe (1 Taler), die in verschiedenen Gegenden für das Aufstellen von Bienenstöcken in herrschaftlichen Wäldern oder Heiden bezahlt werden mußte.

Flühbirnbaum, der: → Felsenbirne.

Fluhröschen, das: → Seidelbast 3.

Fluorchlorkohlenwasserstoffe (Abk.: FCKW): Sammel-Bez. für → Kohlenwasserstoffe, in denen Wasserstoff durch Fluoratome ersetzt sind (Chlorfluorkohlenstoffe). Sie besitzen eine hohe thermische und chemische Stabilität und werden ausschließlich industriell produziert. Der größte Anwendungsbereich war bis vor wenigen Jahren der Einsatz als Treibmittel in Spraydosen, bei der Kunststoffverschäumung und als Löse- und Reinigungsmittel. Auch als Kühlmittel in der Kälte- und Klimatechnik wird es – mit stark rückläufiger Tendenz – verwendet. Die Stoffgruppe der FCKW ist an der Ozonzerstörung (→ Ozon) im wesentlichen und am → Treibhauseffekt erheblich beteiligt. Dabei wirkt ein einzelnes FCKW-Molekül etwa 15 000 mal so stark wie ein CO_2-Molekül. Die FCKW können bereits gegenwärtig zum großen Teil und in einigen Jahren fast völlig durch chlorfreie Stoffe und andere Substitutionsmöglichkeiten ersetzt werden, die die Ozonschicht nicht mehr gefährden.

Fluorwasserstoff, der: eine stark ätzend wirkende, farblose Flüssigkeit, die örtlich auch an Bäumen Schäden verursacht. F. wird überwiegend aus Anlagen emittiert, die Mineralien chemisch aufschließen, z. B. Aluminiumhütten, Glasfabriken, Ziegeleien, Düngemittelbetriebe. Große Mengen werden auch von Steinkohlekraftwerken ausgestoßen. Bei nur 0,3 $\mu g \backslash m^3$ Luft wirkt er bereits pflanzenschädlich. Als sehr empfindliche Pflanzen gelten Ta und Fi, als empfindlich Hbu, Bu, Kie, und die Lä. F. wird bei Pflanzen mit dem Transpirationsstrom zu den Blatträndern transportiert. Er reichert sich dort an und verursacht das Absterben der Blattzellen im Randbereich. Am → Waldsterben dürfte F. allerdings nicht besonders beteiligt sein. F. führt beim Menschen zur Reizung der Schleimhäute und bei chronischer Belastung zu Beeinträchtigungen des Skelettsystems und der Zähne.

Flurbereinigung, die: behördlich geleitetes Verfahren zur Neuordnung ländlichen Grundbesitzes, dessen Durchführung nach dem Genossenschaftsprinzip den Grundeigentümern bzw. dem von diesen gewählten Vorstand obliegt; → Waldflurbereinigung.

Flurgehölz, das: **1)** svw. → Feldgehölz. **2)** bestockte kleinere Fläche, die im Sinne des BWaldG kein → Wald ist. Hierzu zählen auch einzelne Baumgruppen und Baumreihen sowie Baumschulflächen.

Flurholzanbau, der: Holzerzeugung außerhalb des Waldes ähnlich der → Holzzuchtplantage. Neben der Verbesserung der Ertragslage der Landwirtschaft kommt dem F. große landeskulturelle Bedeutung zu. Neben Schutzfunktionen (Frost-, Wasser- und Windschutz) bereichert er das Landschaftsbild. Im F. werden hauptsächlich → schnellwachsende Baumarten (Baumweiden und Pa), aber auch andere Lbh wie Ah, Bi, Es, Li und Ul verwendet. F. zur Holzerzeugung spielte v. a. in den Nachkriegsjahren eine große Rolle zur zusätzlichen Holzerzeugung, als viele Waldgebiete durch übermäßige Nutzungen teilweise ausgeplündert waren. Der Begriffsinhalt F. wurde später auf weitere Aufgaben und Zwecke, wie z. B. dem Schutz der Kulturlandschaft gegen Erosion und dem Landschaftsbild, ausgedehnt. Später verstand man daher unter F. Schutzpflanzungen in der Feldflur, die damit Element der Landschaftspflege wurden; → Feldgehölze, Hecken.

Flußadler, der: → Adler 2.

Fluß-Greiskraut, das: → Greiskraut 8.

Flußharz, das: alte Bez. für geringwertiges, über die → Lachen herabgeflossenes → Harz im Ggs. zum reinen Harz, dem sog. Baum- oder Bruchharz, das aus den jüngeren Lachen gewonnen wurde und wertvoller war. Das F., mit Holz- und Rindenteilen vermischt, eignet sich zum Kienholzbrennen. Die Gewinnung war in den ostdeutschen Ländern bis 1990 weit verbreitet; → Harzgewinnung, Kienholz, Schellharz.

flüssiges Holz, das: → Holzzement.

Flußmarder, der: → Fischotter.

Flußotter, der: → Fischotter.

Flußrohrsänger, der: → Grasmücken 8.

Flußscharren, das: → Lachen 1).

Flußschwirl, der: → Grasmücken 8.

Flußufergehölze → Uferschutzpflanzungen.

fm: Abk. für → Festmeter.

FN: Abk. für Forstliche Nutzfläche, → Forstbetriebsfläche.

Fohre, die: → Kiefern 3.

Föhre, die: → Kiefern 3.

Fohrenbaum, der: → Kiefern 3.

Föhrenwald, der: → Kiefernwald.

Föhricht, das: alte Bez. für Föhrendickicht; → Fichticht.

Fomes annosus: neben dem → Hallimasch der wichtigste forstliche Schadpilz (→ Wurzelschwamm), der sowohl saprophytisch als auch parasitisch leben kann.

Fondsforste: früher in Österreich vorkommende Form des Waldeigentums. F. waren ehemalige Klosterwaldungen, die nach Aufhebung der Klöster den Religions-, Studien- und Stiftungsfonds der einzelnen Kronländer gewidmet wurden. Sie werden von der Staatsforstverwaltung (→ Bundesforste) wie Staatsforste (→ Staatswald) verwaltet.

Fontane, Theodor → Wald in der Dichtung.

Forche, die: lokale Bez. (Bayern, Schweiz) für Waldkiefer; → Kiefern 3.

Förderverein für schnellwachsende Baumarten: Der Verein mit Sitz in Hann.-Münden ging im Jahre 1975 aus dem Deutschen Pappelverein und der Gesellschaft für Flurholzanbau und Pappelwirtschaft hervor. Zusammen mit der Hessischen Forstlichen Versuchsanstalt beschäftigt sich der F. mit der Züchtung und der Kultur schnellwachsender Baumarten. Er gibt seit 1945 die Zeitschrift "Die Holzzucht" heraus.

Forest-influences: in der englischsprachigen Fachliteratur Bez. für die Wohlfahrtswirkungen des Waldes (→ Waldfunktionen) mit der Erweiterung, daß auch die negativen Einflüsse einbezogen sind (→ Komitativwirkungen).

Forest Stewardship Council (FSC): 1993 in Toronto gegründete internationale, nichtstaatliche Organisation mit Sitz in Oaxaca/Mexiko. Ihr gehören Vertreter der Holzindustrie, Umweltverbände, Zertifizierungsinstitute und Experten aus 25 Ländern an. Die deutsche FSC-Arbeitsgruppe wurde am 1.10.1997 in Bonn gegründet; → Zertifizierung.

Forficula auricularia → Gemeiner Ohrwurm.

Forhe, die: alte lokale Bez. bzw. Schreibweise (Sechsämterland) für Waldkiefer (aber auch für Forelle); → Kiefern 3.

Forle, die: → Kiefern 3.

Forleule, die: → Eulen B 1.

Formaldehyd, das (Ameisensäurealdehyd, Methanol, Formol): Das seit ca. 100 Jahren technisch hergestellte F. ist ein farbloses, stechend riechendes Gas. Es dient zur Desinfektion von Räumen und wird auch als Ausgangsstoff für Harze, als Bindemittel für die Herstellung von Holzwerkstoffen (Preßspanplatten) sowie als Rohstoff für Arzneimittel und Sprengstoffe etc. verwendet. F. kommt als Formalin in 30- bis 40%iger wässriger Lösung in den Handel. Gewonnen wird es durch Oxidation von Methanol. F. kann Allergien auslösen und steht in Verdacht krebserregend zu sein.

Formation, die: Pflanzenformationen werden (im Unterschied zu → Pflanzengesellschaften) unabhängig von der Artenzusammensetzung nach ihrem Aufbau und Erscheinungsbild festgelegt. Die Laubwälder Europas und Nordamerikas gehören z. B. zur F. der sommergrünen Laubwälder.

Formbaum, der: durch gezielte Schnittmaßnahmen zu bestimmten Formen herangezogene Holzgewächse. Zu den F. zählen die zugeschnittenen Obstbäume und die besonders geformten Zierbäume in Parkanlagen und Gärten. Beliebt sind u. a. Pyramiden-, Kugel-, Spindel- und Spalierform, einfache und doppelte U-Form, einfache und Verrier-Palmette, Schnurbaum oder Cordon. Geeignet dafür sind u. a. Buchsbaum, Ah, Hbu, Kornelkirsche.

Formelhieb(s)satz, der: der sich rechnerisch aus einer, z. B. der Gerhardtschen, Formel ergebende → Hiebssatz.

$$Hs = \frac{Zw + Zs}{2} + \frac{Vw - Vs}{a}$$

Hs = Hiebssatz

Z = → Zuwachs

Zw = laufender Zuwachs

Zs = Soll- oder → Normal-Zuwachs

Vw = wirklicher Vorrat (→ Holzvorrat)

Vs = Soll- oder → Normalvorrat

a = → Ausgleichszeitraum.

Formfehler: starke Abweichungen des Holzes (Stammes) von der normalen Form; → Holzfehler.

Formhöhe, die: zur vereinfachten Massenberechnung (→ Volumenermittlung) verwendetes Produkt aus → Formzahl und gemessener Höhe.

Formicoidae → Ameisen.

Formigkeit, die: im → Erweiterten Sortentarif verwendeter Begriff, der baumbezogene Hiebsmerkmale für die Entlohnung der Waldarbeiter (lang-, mittel- oder kurzschäftig) beschreibt. Die Einstufung ergibt sich nach Baumart, → Brusthöhendurchmesser und Baumhöhe aus eigenen Tabellen. Für langschäftiges Holz wird ein Abschlag, für kurzschäftiges ein Zuschlag gewährt; → Lohnformen.

Formol, das: → Formaldehyd.

Formquotient, der: Verhältnis zweier Durchmesser in verschiedenen Baumhöhen als Maßstab für die Abholzigkeit (→ abholzig), z. B. des Durchmessers in halber Baumhöhe zum → Brusthöhendurchmesser.

Formzahl, die (Vollholzigkeitszahl, Reduktionszahl): Die Form des Stammes eines Baumes ist weder ein Zylinder, noch ein Kegel. Vielmehr setzt er sich aus mehreren verschiedengestaltigen Abschnitten zusammen. Die Formzahl (f) ist ein empirisch ermittelter Faktor, mit dem das Produkt aus Grundfläche und Höhe multipliziert werden muß, um das Volumen des Baumes zu ermitteln. Sie ist damit eigentlich der Quotient aus dem tatsächlichen Volumen (V) eines Baumes und dem Inhalt einer Walze von der Höhe (h) des Baumes und der Grundfläche (g) des Baumes
($f = V : (g \times h)$).

Die F. sind Reduktionsfaktoren. Sie liegen baumartenspezifisch zwischen 0,45 und 0,55. Man unterscheidet die unechte oder Brusthöhen-F. und die echte F. danach, ob der Durchmesser der Idealwalze in Brust- oder in relativer Höhe (z. B. 10 % der Baumhöhe) gemessen wird. Die Einzel-F. sind aus dem Durchschnitt von Bäumen gleicher Höhe und gleichen Durchmessers berechnet. Sie werden angewandt zur Berechnung des Volumens von Einzelbäumen und von Bäumen einer Durchmesserklasse. Die Bestands-F. dagegen stellen die Durchschnittswerte für ganze Bestände dar.

Förna-Schicht, die: aus dem Schwedischen übernommene Bez. für die noch unzersetzte Streuschicht; → Humus.

Forst, der: **1**) das Wort F. ist heute eine umgangssprachliche Bez. für einen abgegrenzten forstwirtschaftlich genutzten Wald (Wirtschaftwald). In Norddtschl. auch "die" F. für staatliche Wälder, im Ggs. zum → Urwald. **2**) im Mittelalter ein befriedeter, gebannter Wald (→ Bannwald), worin das Holzrecht, hauptsächlich aber das Jagd- und Fischereirecht dem König, seinem Vertreter oder einem anderen Berechtigten vorbehalten war. Er bildete somit den Ggs. zur offenen "gemeinen Mark" der Dorfgenossen. Der F. hatte dabei einen fast öffentlich-rechtlichen Charakter. Der Begriff bzw. die Bedeutung des Wortes F. hat sich im Laufe der Jh. mehrmals geändert. F. wurde z. B. zeitweise syn. für Wald gebraucht; zu anderen Zeiten stand F. in Abgrenzung zum Begriff Wald für eine beträchtlich größere Waldfläche; kleinere Flächen hingegen wurden als Wald bezeichnet. Aus den Definitionen in der älteren Literatur kann aber für bestimmte Zeitperioden die genau umgekehrte Bedeutung abgeleitet werden. Das Wort F. ist vermutlich abgeleitet vom Ausdruck "forestis nostra", der seit dem 7. Jh in den Urkunden fränkischer Könige erscheint und herrenloses, bisher nicht genutztes Land bezeichnete. In den mittelalterlichen Urkunden bedeutete "forestis" den königlichen Wald; der nicht eingeforstete Wald hieß „silva". Der Ausdruck F. wich seit dem 11. Jh. der Bez. Wild- oder Forstbann, wobei sich Wild-

▸▸ Unter Forst versteht man heute einen forstwirtschaftlich genutzten Wald (Wirtschaftswald).

bann nicht auf die jagdliche Bedeutung im heutigen Sinne bezog. Lateinische Formen des Wortes F. sind foresta, forestis, forestum, foreste. **3**) in der Vegetationskunde Bez. für eine zunächst künstlich begründete (Forst-)Gesellschaft, auch anthropogener Wald, Kunstforst genannt, die sich im Ggs. zum natürlichen Wald aus beherrschenden gebiets- und gesellschaftsfremden Baumarten zusammensetzt und die unmittelbar oder über andere Ersatzgesellschaften an die Stelle natürlicher → Waldgesellschaften getreten ist.

Forstabsatzfonds, der: dient v. a. der Förderung des Holzabsatzes. Durch Änderung des F.-Gesetzes wurde mit Wirkung vom 1. Juli 1993 der seit 1969 unveränderte Abgabensatz von drei auf fünf Promille angehoben, um die Mittelausstattung des Fonds zur Verbesserung seiner Aufgabenerfüllung zu erhöhen, den Holzabsatz auch im Hinblick auf eine größere Bestandespflege- und Aufforstungsbereitschaft verstärkt zu fördern und in den neuen Ländern die umfangreichen potentiellen Absatzmöglichkeiten für Holz als Roh- und Werkstoff zu nutzen. 1998 wurde das F.-Gesetz novelliert. Vom 1.1.1999 an leistet auch die Holzwirtschaft eine Abgabe in Höhe von 3 ‰. Von diesem Zeitpunkt an wird der F. dann – vorbehaltlich der Zustimmung der EU-Behörden – „Holzabsatzfonds“ heißen.
Seit Januar 1994 betreibt der F. eine bundesweite Imagekampagne zur Holzabsatzförderung. Eine neue Organisationsstruktur soll ihn in die Lage versetzen, die konzeptionellen Arbeiten selbst zu leisten und alle Aktivitäten von Forst- und Holzwirtschaft zu bündeln. Der F. hat 1996 im Auftrag des → Deutschen Forstwirtschaftsrates ein → Herkunftszeichen mit Lizenzsystem entwickelt; → energetische Holznutzung.

Forstabschätzung, die: → Forsttaxation, Forsteinrichtung.

Forstadjunkt, der: **1**) frühere Bez. für einen Forstgehilfen: **2**) in Österreich Absolvent der Höheren Bundeslehranstalt für Forstwirtschaft ohne Staatsprüfung.

Oberbayerisches Forstamtsgebäude

Forstakademien: Ausgangs des 18. Jh. entwickelten sich über die meist privaten → Meisterschulen, den staatlichen forstlichen Mittelschulen und den höheren Forstlehranstalten die F., die in der Folge den Status Forstlicher Hochschulen erhielten. Letztere konnten wiederum zur Technischen Hochschule bzw. zur Universität führen. Die erste F. wurde 1770 in Berlin errichtet. Erster Lehrer und Direktor der bereits 1806 wieder aufgehobenen F. war → Gleditsch, der u. a. die Angehörigen des → Feldjägerkorps unterrichtete. 1787 wurde von → Burgsdorf sein Nachfolger. F. bestanden auch in Münden, Tharandt und Eisenach; → Forstliche Akademische Ausbildungsstätten.

Forstamt, das: die unterste Behörde (Organisationseinheit) der → Forstverwaltung. Das staatliche F. wird von einem Beamten des höheren Dienstes (Forstoberrat, Forstdirektor) geleitet und ist in → Forstreviere unterteilt, die i. d. R. von Beamten des gehobenen Dienstes (Forstbetriebsdienst) betreut werden. Im Ggs. zu Großprivatwald-F. haben staatl. F. hoheitliche Aufgaben – neben der Führung des Wirtschaftsbetriebes und der Privatwaldförderung – zu erfüllen. Die Größe des F. ist je nach Bundesland unterschiedlich; im allgemeinen schwankt sie zwischen 6000 und 15 000 Hektar.

Forstamtsassessor, der: in Bayern früher ein Nebenbeamter in halbselbständiger Stellung, der zur Unterstützung eines Revierverwalters bei der Verwaltung entlegener Revierteile eingesetzt wurde.

Forstanwärter, der: → Forstbeflissener.

Forstarbeiter, der: → Forstwirt, Waldarbeiter.

Forstassessor, der: frühere Dienst-Bez. für einen Beamten des höheren Forstverwaltungsdienstes nach Ablegung der Großen Forstlichen Staatsprüfung, heute Forstrat z. A.; → Forstreferendar, Forstrat, Forstmeister, Forstverwaltungsdienst.

Forstassistent, der: Dienst-Bez. für einen Beamten des mittleren Forstverwaltungsdienstes.

In Österreich Bez. für einen Absolventen der Diplomstudien der Studienzweige Forstwirtschaft oder Wildbach- und Lawinenverbauung der Studienrichtung Forst- und Holzwirtschaft an der Universität für Bodenkultur in Wien.

Forstästhetik, die (Waldästhetik, Waldschönheitspflege): die Lehre von der Waldschönheit und ihrer Bedeutung, Erhaltung und Pflege. Den Begriff F. prägte als erster Forstmeister Freiherr von der Borch (1771 bis 1833) im Jahrgang 1824 des “Sylvan” mit seinem Titel “Ästhetik im Walde”. In den 30er Jahren des 19. Jh. unterrichtete als nächster Oberforstrat Dr. Gottlob → König (1779 bis 1849) in seiner Eisenacher Forstlehranstalt über die “Verschönerung der Wälder”. Seine Gedanken hierzu wurden unter dem Titel “Poesie des Waldbaus” im “Forstlichen Cotta-Album” 1844 veröffentlicht. Vor dem ersten Weltkrieg wurde im “Handbuch der Forstwissenschaft” von → Lorey ein eigenes Kapitel “F.” aufgenommen; v. Salisch veröffentlichte 1902 seine “Forstästhetik”. In jüngster Zeit (1991) hat der “Arbeitskreis forstliche Landespflege” versucht, die Ansätze zu modernisieren und kompakt darzustellen. Die Gedanken und Bestrebungen der F. finden heute Eingang in die Landschaftsgestaltung.

Forstaufschließung, die: österr. Bez. für → Walderschließung.

Forstaufseher, der: → Forstschutzpersonal.

Forstaufsicht, die: hoheitliche Tätigkeit staatlicher Forstverwaltungen. Aufgabe der F. ist es, den → Nichtstaatswald zu erhalten, vor Schäden zu bewahren und seine sachgemäße Bewirtschaftung zu sichern. Begriff und Umfang der F. sind in den Wald- bzw. Forstgesetzen der Länder unterschiedlich definiert bzw. geregelt. Der Begriff F. wurde erstmals in den Entwurf eines (nicht in Kraft getretenen) Reichsforstgesetzes aufgenommen und löste in der Folge den bis dahin üblichen Begriff → „Forstpolizei“ ab; → Forsthoheit, Forstschutz, Forstschutzbeauftragte.

Forstausrüstung, die: Bez. für den Nachrüstsatz für landwirtschaftliche → Schlepper (Standardschlepper) zur Verwendung im Forstbetrieb. Die wichtigsten Teile einer F. sind: Doppeltrommel-Aufbauwinde, → Rückezange, Frontpolterschild und Tragbergstütze, Schutzvorrichtungen (Astabweiser, Schutzgitter etc.).

Forstbann, der: → Bannwald, Forstgeschichte.

Forstbaumschule, die: → Baumschule, in der Forst- und auch Landschaftspflanzen gezüchtet, vermehrt und angezogen werden; → Kamp.

Forstbeamte, der: → Forstverwaltungsdienst.

Forstbedienstete, der: In der BR Dtschl. waren im Staatswald (Stand 1992) etwa 42 000 Arbeitnehmer tätig. Davon waren 15 000 Beamte und Angestellte sowie 27 000 betriebseigene Lohnarbeitskräfte; → Forstverwaltungsdienst, Forstorganisation.

Forstbeflissener, der: alte nordd. Bez. für einen Anwärter des höheren Forstverwaltungsdienstes bis zur Ablegung des Referen-

darexamens, auch im Sinne von Forstlehrling (Forstanwärter).
Forstbehörden → Forstorganisation.
Forstbenutzung, die: → Forstnutzung.
Forstberechtigungen → Forstrechte.
Forstbereiter, der: → Forstbereitungen.
Forstbereitungen: auch Waldbereitungen, Waldbeschreibungen, Waldaufnahmen. In früherer Zeit mußten die Inspektionen der Waldungen wegen fehlender fahrbarer Wege und geeigneter Unterkünfte hauptsächlich zu Pferde und mit reichlichem Gepäck ausgeführt werden. Sie erforderten zwangsläufig auch einen erheblichen Aufwand an Zeit und Kosten. Deshalb wurden sie meist nur im Abstand von mehreren Jahren durchgeführt. Die F. dienten ursprünglich vorrangig der Grenzfeststellung, der Klärung von Rechtsverhältnissen (z. B. Berechtigungen), später v. a. der Feststellung der Leistungsfähigkeit des Waldes. Auch die Wirtschaftsleiter waren im 18. Jh. und selbst noch weit in das 19. Jh. hinein an vielen Orten beritten und hießen deshalb „Forstbereiter" oder „Waldbereiter". Die untergeordneten Beamten, die ihren Dienst zu Fuß versehen mußten, waren die sog. „Forstläufer". Die Bez. → Belauf für Schutzbezirk hängt mit der Form der Dienstausübung zusammen. Die Bez. "raiten" oder "reiten" fand sich in der Forstverwaltung auch noch im Sinne von „Rechnen", entsprechend der damals in Südbayern und Österreich üblichen Bez., in der Kurpfalz auch als "Besorgung" bezeichnet. Man hatte in diesen Gegenden früher vielfach ein besonderes „Raitamt", das die Holzverwertung besorgte und ganz unabhängig war vom technischen Betrieb. Diese Verhältnisse hatten sich im 15. und 16. Jh. entwickelt, wo die Kunst des Schreibens unter den Forstleuten noch wenig verbreitet war und man hierfür eigene Beamte, die „Forstschreiber", hatte; → Holzbeschau, Überreiter.
Forstbeschädigung, die: Nach den → Forststrafgesetzen begeht derjenige eine F., der vorsätzlich ein einem Wald → Walderzeugnisse, die noch nicht zum Verkauf oder Verbrauch hergerichtet sind, unbefugt zerstört oder beschädigt. Eine F. begeht auch, wer vorsätzlich in einem Wald Wege, Gräben oder Holzlagerplätze oder Holzbringungsanlagen, Einfriedungen oder Sicherheitsvorrichtungen unbefugt zerstört, beschädigt oder unbrauchbar macht.
Forstbetrieb, der: organisatorische Einheit zur wirtschaftlichen Nutzung des Waldes; → Betriebsgrößen.
Forstbetriebsarten → Betriebsarten.
Forstbetriebsbeamte, der: Beamte (Revierbeamte) des mittleren und gehobenen Forstdienstes als Dienstbezirksinhaber (Forstdienststelle, Revierförsterbezirk); → Forstverwaltungsdienst.
Forstbetriebsbezirk, der: → Forstdienststelle.
Forstbetriebsfläche, die: Bez. für alle Flächen, die dem forstlichen Betrieb dienen und keine eigenwirtschaftliche Bedeutung haben. Die F. wird nach Holzboden (HB) und Nichtholzboden (NHB) gegliedert.
Holzboden: Er umfaßt die dauernd zur Holzerzeugung bestimmte Fläche (Holzbodenfläche, forstliche Nutzfläche) einschließlich der Gräben, Leitungsstrassen, Schneisen und Wege, jeweils bis zu 5 m Gesamtbreite, der Wasserläufe sowie anderer unbestockter Flächen, deren Größe den Zusammenhang der Bestockung nicht wesentlich unterbricht. Der Holzboden wird in Wirtschaftswald in regelmäßigem Betrieb (WiW i.R.B.) und Wirtschaftswald außer regelmäßigem Betrieb (WiW a.R.B., auch Nichtwirtschaftsfläche, Ausschlußfläche) unterteilt. Zum ersteren zählen bestockte und unbestockte Waldflächen, deren nachhaltige Nutzungsmöglichkeit durch die ungünstige Lage und Beschaffenheit des Standorts, infolge äußerst schwieriger Bringungsmöglichkeiten oder aus sonstigen Gründen in absehbarer Zeit nicht mehr als ein → Erntefestmeter (Efm) → Derbholz o. R. je Jahr und Hektar beträgt; → Grenzwirtschaftswald. Auf die Holzbodenfläche (forstliche Nutzfläche) beziehen sich alle "je ha"-Angaben.
Nichtholzboden: Hierzu zählen alle übrigen Flächen innerhalb der F., die nicht unmittelbar der Holzerzeugung dienen, deren Größe den Zusammenhang der Bestockung aber nicht wesentlich unterbricht und die keine eigene wirtschaftliche Bedeutung haben. Hierzu zählen: Betriebs- und Dienstgebäude mit Umgriff (Hausgärten bis ca. 0,1 ha), soweit sie im forstbetrieblichen Einheitswert enthalten sind; ständige Forstpflanzgärten (→ Kamp), wenn mehr als 2/3 der erzeugten Pflanzen im eigenen Forstbetrieb verwendet werden; Samenplantagen; Trassen von Versorgungsleitungen mit Aufhieb über 5 m Breite; Flächen mit besonderen Sozialfunktionen in Eigenregie (z. B. Park-, Rast- und Spielplätze ohne Bestockung, Skiabfahrten usw.); Schneisen, Wege, Gräben, Schutzstreifen usw. über 5 m Breite; Abbauland in Eigenbetrieb (soweit die abgebaute Bodensubstanz überwiegend im eigenen Forstbetrieb nutzbar gemacht wird); Wildwiesen und → Wildäcker ohne Wertzahl im Liegenschaftskataster; Christbaumkulturen; → Holzlagerplätze.
Die F. bildet zusammen mit den „sonstigen Flächen" die zu einem Forstbetrieb gehörende Gesamtfläche. Zu den sonstigen Flächen zählen alle Flächen, die dem Forstbetrieb nicht dienen. Hierzu gehören u. a.: verpachtetes Kleingartenland; bewirtschaftete landwirtschaftliche Flächen; fischereiwirtschaftliche Wasserflächen; Erbbaugrundstücke, Fels-, Kies- und Schotterbänke, Plaiken, aufgelassene Kiesgruben u. a.; landwirtschaftliche Hof- und Gebäudeflächen einschließlich Hausgärten bis 0,1 ha und viele andere Flächen.
Forstbetriebsgemeinschaften → Forstwirtschaftliche Zusammenschlüsse.
Forstbetriebsgrößen → Betriebsgrößen.
Forstbetriebsgutachten, das: ein für einen kleineren → Forstbetrieb aufgestelltes → Forsteinrichtungswerk in vereinfachter Form. Die Bewirtschaftung kleinerer Körperschaftswälder, z. B. in Bayern ab 5 und unter 50 ha, muß auf F. gestützt sein. Diese müssen neben der Zustandsaufnahme eine allg. Beschreibung des Waldzustandes und Angaben über den möglichen Holzeinschlag enthalten.
Forstbetriebskosten (Waldkosten): Bez. für die Gesamtheit der Mittel, die in einem Forstbetrieb zur ordentlichen Bewirtschaftung des Waldes aufgewendet werden müssen. Hierzu zählen die Kosten für Holzeinschlag, Holzrücken, Bestandsbegründung, Waldpflege, Waldschutz, Wegeneubau und -instandsetzung, sonstige Betriebsarbeiten und Verwaltung (z. B. Löhne und Gehälter).
(Forst-)Betriebsplan, der: → Forstwirtschaftsplan.
Forstbetriebsverbände → Forstwirtschaftliche Zusammenschlüsse.
Forstbetriebswerk, das: → Forsteinrichtungswerk.
(Forst-)Betriebsziel, das: auch Bewirtschaftungsziel. langfristiges technisch-wirtschaftliches Ziel eines Betriebes zur Erreichung seines → Wirtschafts- bzw. Produktionszieles. Das B. kann sich auf den ganzen Betrieb oder auch auf einen Bestand beziehen. Es umfaßt Rahmenrichtlinien für die langfristige Waldbauplanung, die auf den Ergebnissen der forstlichen Standort(s)erkundung und der Waldfunktionsplanung (→ Waldfunktionsplan) beruhen.
Der → Forstwirtschaftsplan zeigt auf, wie diese dort gesteckten waldbaulichen Ziele erreicht werden sollen. Für jeden zu verjüngenden Bestand wird das → Bestockungs- und das → Verjüngungsziel angegeben. Für den Betrieb werden das allg. Bestockungsziel und die (durchschnittliche) → Umtriebszeit benannt. Betriebe mit vergleichbaren F. werden zu Betriebstypen, Standorte mit vergleichbaren → Bestockungszielen in manchen Bundesländer schematisiert zu → Betriebszieltypen, eigentlich Zielbestockungsgruppen, zusammengefaßt. Die F. sind von der natürlichen Ausgangslage (→ Standort(s)kartierung, Waldzustand) und den gesellschaftspolitischen Rahmenbedingungen (→ Waldgesetz, Waldfunktionsplan) bestimmt.
Österreich: die der Verwirklichung des Wirtschaftszieles durch den Betrieb dienenden technischen Zielsetzungen.
Forstbock, der: → Bockkäfer 8.
Forstbotanik, die: Teilgebiet der allg. Botanik und unentbehrliche Grundlage der forstlichen Produktionslehre (→ Waldbau, → Forstschutz, forstliche Ertragskunde u. a.). Die F. läßt sich einteilen in:
a) Morphologie und Systematik (sie beinhaltet die Unterscheidungsmerkmale und die systematische Ordnung der forstlichen Kulturpflanzen); → Dendrologie.
b) Anatomie und Physiologie (Lehre vom inneren Bau und dem Leben der Bäume).
c) Forstliche Pathologie (die Lehre von durch Pflanzen verursachte Walderkrankungen).
Der erste deutsche Forstmann und zugleich der erste wissenschaftlich ausgebildete Forstmann in Baden, der sich mit F. befaßte, war Josef Friedrich Enderlin (1732 bis 1808), der bedeutendste deutsche F. jener Zeit Johann Gottlieb → Gleditsch (1714 bis 1786).

Forstbotanischer Garten: → Tharandt, Arboretum.
Forstbrache, die: auch Waldbrache. nicht gepflegter, nicht genutzter Wald, aber Bewirtschaftungspflicht; → Brachflächen.
Forstbrüche, die: alte Bez. für eine Geldstrafe bei → Forstfrevel.
Forstbuße, die: auch Waldbuße. alte Bez. für die von einem Gericht verhängte Strafe bei Forstvergehen.
Forstcontravention, die: alte Bez. für eine Übertretung der Gesetze und Vorschriften der → Forstpolizei, welche dem Charakter nach aber kein → Forstfrevel oder Diebstahl war. Unter F. fielen z. B. Betreten einer → Schonung, nächtliches Verweilen im Wald, Anzünden eines Feuers, Sammeln von Waldbeeren ohne Erlaubnis, Holzsammeln (Leseholz) außerhalb der sog. Holztage usw.
Forstdeuben: alte, regionale Bez. für → Forstdiebstähle.
Forstdepartement, das: frühere Bez. in verschiedenen deutschen Staaten für die oberste Forstbehörde (heute Ministerium).
Forstdiebstahl, der: eine besondere Form des Diebstahls, der sich auf → Walderzeugnisse bezieht, z. B. unberechtigte Wegnahme von Holz im Wald. F. wird nach jeweiligem Landesrecht geahndet und kann milder bestraft werden als allg. Diebstahl; → Forstfrevel, Forstentwendung, Forstgefährdung, Aneignungsrecht.
Forstdiener, der: früher im Nürnberger Reichswald – und in der Gegend um Nürnberg – Bez. für einen einfachen Forstbediensteten, der bei einem Erbförster in Diensten stand.
Forstdienstbarkeit, die: → Forstrechte.
Forstdiensthütten → Forsthütten.
Forstdienstkleidung, die: → Forstuniform.
Forstdienststelle, die (Forstbetriebsbezirk, Försterei, Forstgehöft, Forsthaus, Revierförsterei): **1**) der Dienstbezirk (Dienststelle) eines Forstbeamten des (meist) gehobenen oder mittleren Dienstes. **2**) auch Dienstsitz (Forsthaus, Wohnung) des Beamten.
Forstdienstwohnung, die: Wohnung (Forsthaus; → Forstdienststelle) für das Forstpersonal mit Büro für die Amtsgeschäfte. Eine F. wurde in früherer Zeit v. a. am Rande großer ortsferner Wälder errichtet. Sie ermöglichte dadurch dem Forstpersonal kurze Wege in den Dienstbezirk, machten es auf Grund ihrer Autorität unabhängig von der Landbevölkerung.
Forstding, das: auch Forstthing. frühere Bez. für ein Gericht über Forstsachen mit den gleichen Aufgaben eines → Forstgerichtes (Holzgerichtes).
Forstdinger, die: ein v. a. im 18. Jh. übliches Servitut (Dienstbarkeit), bei dem die Forsteigentümer einigen Gutsbesitzern gestatteten, gegen einen bestimmten jährlichen Zins und Bezahlung des üblichen Holzfällerlohnes ihren Brennholzbedarf aus dem Wald zu holen.
Forstdirektion, die (Oberforstdirektion; Landesforstdirektion): die Mittelstufe (höhere Forstbehörde) der Forstbehörden. Zuständigkeitsbereich gebietlich i. d. R. identisch mit der Grenze des Regierungsbezirkes. In einigen Bundesländern dem Regierungspräsidium bzw. der Bezirksregierung eingegliedert; → Forstorganisation.
Forstdirektor, der: Beamter des höheren Forstdienstes. I. a. Leiter (Amtsvorstand) eines → Forstamtes oder Referatsleiter (Sachgebietsleiter) an einer → Forstdirektion.
Forstdüngung, die: → Walddüngung.
Forstei, die: alte und selten verwendete Bez. für Forstrevier.
Forsteinmiete, die: → Forstmiete.
Forsteinrichter, der: auch Forstschätzer, Forsttaxator, Taxator. ein Fachmann (ausgebildeter Forstmann), der die → Forsteinrichtung durchführt.
Forsteinrichtung, die: auch (forstliche) Betriebsregelung oder -regulierung, → Waldertragsregelung, veraltet auch Taxation, Forsttaxation, Forstabschätzung. Die F. ist ein Führungs- und Planungsinstrument für den → Forstbetrieb. Wegen der langfristigen Produktionszeit in der Forstwirtschaft (→ Umtriebszeit) kommt ihr große Bedeutung zu. Hierzu wird in periodischen Abständen (zehn oder meist 20 Jahre), den Forsteinrichtungszeiträumen, i. d. R. durch eigene Planungssektionen, eine Erfassung des Waldzustandes, eine Erfolgskontrolle und die Planung für den nächsten Forsteinrichtungszeitraum durchgeführt und ein → Forstwirtschaftsplan, für kleinere Betriebe nur ein → Forstbetriebsgutachten, erstellt. Die durch eine → Waldinventur (bestandsweise oder durch eine Stichprobeninventur) gewonnenen Daten werden mit denen der vorhergehenden Inventur und mit angestrebten Idealwerten (→ Idealwald, Normalwald) verglichen. Die Zustandserfassung beinhaltet die Überprüfung und Erfassung des Grenzverlaufs, der Größe der Teil- und der Gesamtfläche, Informationen über → Standort (→ Standort(s)kartierung), → Waldfunktionen und Bestockung. Damit enthält sie auch wichtige Grundlagen für den Naturschutz, für forstliche Rahmenplanungen, die Waldlandschaftspflege und die Landschaftspflege. Die darauf aufbauende Planung regelt die → Nachhaltigkeit, legt langfristige Ziele (z. B. → Wirtschafts- und → Bestockungsziele) und die zu deren Erreichen erforderlichen Maßnahmen, v. a. den → Hiebssatz im nächsten Forsteinrichtungszeitraum (Betriebsregelungszeitraum) fest. Die F. im ursprünglichen Sinn bezieht sich auf Waldpflege, -verjüngung und -nutzung. Heute werden die Aufgaben der F. auch auf ökonomische Fragestellungen erweitert. In einer umfassenden Betriebsplanung werden u. a. Arbeitsplanung, Finanzplanung, Erschließungsplanung, jagdliche Planungen usw. erstellt. Ziele und Inhalte der F. sind in speziellen Vorschriften, den F.-Anweisungen, geregelt. Die Ergebnisse der F. werden in einem eigenen F.-Werk, Forstwirtschaftsplan, → (Jahres-)Betriebsplan oder Betriebswerk in Text und Tabellen, wegen der Vergleichbarkeit nach Mustergliederungen, zusammengefaßt. Die jährlichen Betriebspläne stützen sich auf die Vorgaben der F. Die **Geschichte der F.** ist zugleich jene der verschiedenen → Ertragsregelungsmethoden. Die Verfahren der F. (der Begriff stammt von → Beckmann) haben eine lange historische Entwicklung hinter sich. Nach den Fachwerksmethoden (Massen- und Flächenfachwerke) folgten die Altersklassen-, die Normalvorrats- und schließlich die Zuwachsmethoden, die teilweise auch nebeneinander entwickelt wurden. Die Anfänge der F., von den → forstlichen Klassikern Forsttaxation der Forstabschätzung genannt, gehen auf das Mittelalter zurück, wo man die Mittel- und Niederwälder zur Ertragsregelung in (Sieben bis 30) meist gleichgroße Jahresschläge (Flächeneinteilungsverfahren) einteilte. Maßgeblich beteiligt an der Entwicklung und Erprobung der einzelnen Verfahren waren u. a. → Judeich, Oettelt, Büchting, → Kling, → Hennert, → Däzel, → Zanthier und → Vierenklee. Die klassische F. begann jedoch mit G. L. → Hartig, der als Begründer der Forsteinrichtungslehre gilt. Hartig verfaßte hierüber das Standardwerk "Anleitung zur Forsttaxation oder zur Bestimmung des Holzertrages der Wälder" (1795). Ihm folgten → Cotta (1804) und → Hundeshagen (1826). Als wissenschaftliche Lehre wurde die F. im 19. Jh. entwickelt; → Forsttaxation, Arbeitsgemeinschaft Forsteinrichtung.
Forsteinrichtungsanstalten: selbständige Behörden, die den → Forstdirektionen unmittelbar unterstehen und die Forsteinrichtungsarbeiten durchführen.
Forsteinrichtungslehre, die: Wissenschaft von der → Forsteinrichtung, technische Disziplin der → Forstwissenschaft.
Forsteinrichtungswerk, das (Operat, Einrichtungswerk, Betriebswerk, Forstbetriebswerk; Schweiz: Wirtschaftsplan): umfassende Ergebnisdokumentation (Schriften und Karten) hinsichtlich Zustandserfassung und Planung der → Forsteinrichtung eines → Forstbetriebes oder einer anderen Wirtschaftseinheit der → Forstwirtschaft; → Forstbetriebsgutachten.
Forsteinrichtungszeitraum, der: → Forsteinrichtung.
Forsteisen, das: früher auch verwendete Bez. für → Waldhammer.
Forsteleve, der: frühere Bez. für einen Forststudenten.
Forstempiriker, der: frühere Bez. für einen niederen Forstmann, der nicht studiert hatte und im Forstbetrieb als Praktiker tätig war.
Forstenried, die: frühere Bez. für eine Rodung im Forst; heute noch erhalten im → Forstortsnamen und Ortsnamen.
Forstentomologie, die: Teil der → Forstwissenschaft und Spezialgebiet der Insektenkunde, die v. a. Nutzen und Schaden der → Forstschädlinge untersucht; → Entomologie.
Forstentwendung, die: frühere Bez. für einen Diebstahl von Holz oder anderen Walderzeugnissen in einem Wald (Forst) oder auf einem außerhalb der Ortschaft gelegenen, aber der Holzerzeugung dienenden Grundstück; → Forstdiebstahl, Forstfrevel, Forstgefährdung.
Forster, der: alte umgangssprachliche Bez. für eine Person, die Anteil am Forst hat. Forsten: svw. jemand Anrecht am Forst geben.

Förster, der: umgangssprachliche Bez. für alle Forstbeamten ohne Rücksicht auf ihre Laufbahn oder dienstliche Stellung. I. e. S. sind F. Forstbetriebsbeamte (Beamte des gehobenen Dienstes mit Fachhochschulabschluß und Revierförster-(Forstinspektoren-)prüfung); → Forstverwaltungsdienst, Forstbedienstete. In Österreich Bez. für einen Absolventen der Höheren Bundeslehranstalt für Forstwirtschaft mit Staatsprüfung für den Försterdienst oder diesem lt. Übergangsbestimmungen des Forstgesetzes 1975 Gleichgestellter.
Die Bezeichnung F. ist sehr alt. Man unterschied füher „reitende F." und „gehende F.", in Norddtschl. auch als „Heidereiter" und „Hegemeister", in Württemberg als „reisige F.", in Bayern und Österreich als „Gegenreiter" oder „Überreiter", in Hessen als „Unter-F." bezeichnet; → Forstknecht, Forstbereitungen.
Försterei, die: → Forstdienststelle.
Förstergedinge (Märkergedinge, Maygericht): frühere lokale Bez. für Forstgerichte, die von den Kaisern angeordnet wurden. In den F. versammelten sich die → Märker unter Vorsitz des Obermärkers oder → Erbexen, berieten über das Wohl ihrer → Markwaldungen und erließen Verordnungen zum Schutz und für die Benützung der Wälder. Neben den F. wurden in den einzelnen Ländern schon früh Gerichte, die sich vorrangig mit dem Wohl des Waldes und der Rechtspflege beschäftigten, eingerichtet. So gab es u. a. in Niedersachsen das Holz-, Häger-, Weizen-, Mühlen- und Hausgenossengericht, in Bayern das Dorfgericht, bei Münster das Bauerngericht und in Schlesien das Dreiding. Die F., Holzgerichte usw. mit ihren → Weistümern bildeten die Grundlage zur späteren Forstgesetzgebung. Bei diesen Forstgerichten war es üblich, daß die alten → Förster, Forsthubner, Erbexen oder Märker, je nachdem, wie sie von ihren Vorfahren unterrichtet worden waren, Recht sprachen, Streitigkeiten schlichteten und Auskunft gaben über die Grenzen der Wälder, über die Rechte der Förster, Märker oder Holzberechtigten. Sie legten einen Eid ab und gaben Auskunft über Recht, Gebrauch und Herkommen. Erst später wurden über die mündlichen Verhandlungen Protokolle geführt. Diese Dokumente flossen weitgehend in die Weistümer ein.
Försterknecht, der: → Forstknecht.
Forsters Hainsimse, die: → Hainsimsen 7.
Forstfach, das: allg. Bez. für den Beruf der Forstbediensteten und die dazu erforderlichen Kenntnisse.
Forstfacharbeiter, der: österr. Bez. für → Forstwirt. Die F. (→ Waldarbeiter) können ihre Qualifikation auf drei Arten erwerben: Lehre, Abschlußlehre und zweiter Bildungsweg. Nach dreijähriger Praxis sowie begleitenden Lehrgängen kann an land- und forstwirtschaftlichen Ausbildungsstätten (Hohenlehen, Ort, Ossiach, Pichl, Rotholz) eine Abschlußprüfung abgelegt werden. Weiterführende Kurse und eine dreijährige Praxis als F. berechtigen zur Ablegung einer Meisterprüfung.
Forstfachschulen: österr. Ausbildungsstätten (mit Lehrforst und Schülerheim) in Waidhofen und Ybbs für die Berufsausbildung zum → Forstwart.
Forstfrauentreffen, das: Das erste bundesweite F. fand vom 10. bis 12.4.1987 auf der Domäne Hohlenfels bei Limburg/Lahn statt. Das Treffen wurde organisiert von der Arbeitsgruppe „Frauen in der Forstwirtschaft" aus Göttingen, in der Studentinnen der Fachhochschule Hildesheim/Holzminden und der Universität Göttingen seit Herbst 1985 zusammenarbeiten. Die Gruppe entstand aus dem Bedürfnis heraus, die Isolierung von Frauen an der Forstlichen Fakultät zu durchbrechen. Dort bildet sie noch eine Minderheit und werden oftmals als „Papageien im deutschen Wald" betrachtet. Insgesamt nahmen beim ersten bundesweiten F. 78 Frauen aus allen alten Bundesländern teil: von der Praktikantin bis zur Forsträtin aus fast allen Bereichen des forstlichen Berufsfeldes, in der Mehrzahl Studentinnen. Für die zukünftige Zusammenarbeit wurden auf Länderebene Kontaktgruppen gebildet.
Forstfrevel, der: die Übertretung der zum Schutze der Waldungen (z. B. → Forstdiebstahl, → Forstentwendung, Verhütung von Waldbränden; → Waldbrandverhütung) gegebenen polizeilichen Vorschriften. In Bayern ist F. ein feststehender Rechtsbegriff. Das gesamte Forststrafwesen wurde früher besonders geregelt. Heute ist es entweder in das allg. Strafrecht eingegliedert (z. B. Forstdiebstahl, Brandstiftung) oder in Ordnungswidrigkeiten umgewandelt, deren Verfolgung den Forstbehörden obliegt.
Forstfutter, das: alte lokale Bez. (Sechsämterland) für die Abgabe von Brenn- und Schleißholz.
Forstgarbe, die: früher an verschiedenen Orten eingeführte Naturalabgabe, welche jener, der ein Waldstück rodete und in Feld umwandelte zu zahlen hatte, meist an den, dem das Jagdrecht in dem Wald zustand. I. a. war die F. der zehnte Teil der erzeugten Feldfrüchte.
Forstgarten, der (Forstpflanzgarten): größere, zur dauernden Anzucht von Waldpflanzen bestimmte Waldfläche. Seine Größe und feste Umfriedung unterscheidet ihn von dem kleineren, nicht oder nur provisorisch eingefriedeten und meist nur vorübergehend benutzten → Kamp.
Forstgatter, das: → Gatter.
Forstgeding, das: altes Recht der Gemeinden oder von Privatpersonen, aus einem Wald Holz unentgeltlich oder gegen feststehende Preise zu beziehen; → Forstrechte.
Forstgefährdung, die: Bez. für verschiedene, meist geringfügige Delikte, die die Ordnung im Wald oder den Wald selbst gefährden. Wer z. B. einen fremden Wald dadurch gefährdet, daß er vorsätzlich oder fahrlässig Vieh außerhalb genügend umschlossener Grundstücke ohne ausreichende Aufsicht oder Sicherung läßt oder unbefugt außerhalb von Wegen fährt, reitet oder Vieh treibt, Holz schleift oder stürzt, Vorrichtungen, die dem Schutz → verhängter Waldorte dienen, öffnet und offen stehen läßt, entfernt oder in anderer Weise unwirksam macht oder beim Sammeln von Leseholz oder von Streu Hau-, Hack- oder Schneidewerkzeuge oder eisene Rechen verwendet, begeht eine F.; → Forstdiebstahl, Forstentwendung, Forstfrevel.
Forstgefälle, das: veraltete Bez. für die Forsteinkünfte.
Forstgehilfe, der (Hilfsförster): Bez. für einen in Ausbildung stehenden → Förster. Im Volksmund auch Bez. für alle Waldarbeiter (Forstarbeiter), die im praktischen Forstbetrieb tätig sind.
Forstgehöfte: Bez. für die früheren, den Forstarbeitern, Waldhütern, Hilfsförstern, Förstern, Oberförstern, Jägern u. a. zur Verfügung gestellten Anwesen. Die F. lagen meist am Rande des Reviers (Forstbezirks). Zum F. gehörten i. d. R. auch landwirtschaftliche Nutzflächen.
Für die Größe der F. und ihren Raumbedarf sowohl an Wohn- als auch an Wirtschaftsräumen waren die Lebensansprüche der Beamtengruppen und die Ortsüblichkeit maßgebend. So gab z. B. die Preußische Forstverwaltung den Förstern 12 bis 15, höchstens 19 ha, den Oberförstern 20 bis 30, höchstens 46 ha als Dienstland in Pacht, das gegen Wildschaden meist eingefriedet war. Heute noch selten gebrauchte Bez. für → Forstdienststelle.

Forsthütten dienen heute überwiegend der Jagdausübung.

Forstgenbank, die: Aufbewahrungsstelle, in der in Spezial-Kühlräumen Saatgut und Pollen für mehrere Jahrzehnte keimfähig eingelagert werden können. Die F. hat den Zweck, möglichst vielfältige Erbtypen besonders der langlebigen → Waldbaumarten zu sichern, damit sich die jeweilige Baumpopulation verschiedenen Standorten und Lebensbedingungen anpassen kann; → forstliche Genressourcen.

Forstgenetik, die: F. befaßte sich ursprünglich mit der Züchtung von Forstpflanzen und ist ein Teilgebiet der → Genetik. Wichtigstes Ziel war die Steigerung der Holzproduktion und die Verbesserung der Holzqualität durch züchterische Veränderungen des forstlichen Ausgangsmaterials sowie die Steigerung der Widerstandskraft gegen Schäden aller Art. Heute sichert sie auch die genetische Vielfalt. Wissenschaftlich intensiv betrieben wird die F. erst seit der Jahrhundertwende, wobei sie sich der Erkenntnisse und Methoden der landwirtschaftlichen Züchtung bediente; → forstliche Genressourcen.

Forstgeographie, die: Teilgebiet der Wirtschaftsgeographie, befaßt sich v. a. mit Ursachen und Entwicklung der räumlichen Ausdehnung der Wälder, ihrer artenmäßigen Zusammensetzung einschließlich ihrer Nutzung und ökologischen Bedeutung.

Forstgeräume, das: alte Bez. für eine im Wald angelegte Wiese, die i. a. den Forstbediensteten zur Nutzung überlassen wurde.

forstgerecht: svw. → holzgerecht.

Forstgerechtigkeit, die: auch Holzgerechtigkeit. veraltete Bez. für das Eigentums- und Nutzungsrecht an einem Wald, aber auch für → Forstrechte.

Forstgerechtsame: Nutzungsrechte, die Privatpersonen oder Körperschaften etc. an einem fremden Wald zustehen, v. a. Holznutzungsrechte (→ Forstrechte). Hierzu gehörten früher auch die → Waldstreunutzung, die → Waldweide und die → Trift.

Forstgericht, das: auch Holzgericht. ein früher eingerichtetes, örtliches Gericht, das aus dem Oberforstmeister (regional unterschiedliche Bez.) und den Beamten des Bezirkes bestand. Bei diesem F. wurden alle Angelegenheiten untersucht und verhandelt, die das Forstwesen des gesamten Bezirkes betrafen (Gesetzgebung und Gerichtsbarkeit). Wichtigste Verhandlungsgegenstände waren neben der → Mast der Waldfeldbau, die Holznutzung und die Viehweide. Berühmte F. bestanden in Nürnberg (Sebalder Wald), in Langen bei Frankfurt (Dreieicher Wald) und in Osnabrück. Regional üblich war auch die Bez. Maigericht, weil viele Verhandlungen im Monat Mai stattfanden. Die F. wurden anfangs – v. a. in Niedersachsen – in den Kirchen abgehalten. Als dies nicht mehr geduldet wurde, wurden meist eigene Gerichtshäuser errichtet. Gegendweise wurden im Freien auch Rundplätze angelegt, mit Li bepflanzt und mit Steinbänken ausgestattet. Mit der im 17. Jh. beginnenden modernen Forstgesetzgebung in den einzelnen deutschen Staaten wurden die F. bis Anfang des 19. Jh. aufgelöst, in Württemberg erst 1879.

Forstgeschichte, die: **siehe Seite 252**

Forstgesellschaften: im Ggs. zu natürlichen → Waldgesellschaften künstlich entstandene Waldgesellschaften, bei denen die → Waldbaumarten der Baumschicht nicht unbedingt standortheimisch sind. F. sind → Ersatzgesellschaften, die natürliche Laub- und Mischwälder ersetzt haben.

Forstgesetze: → Bundeswaldgesetz, Österreichisches Forstgesetz, Schweizer Waldgesetz.

Forstgrundkarte, die: → Forstkarten.

Forsthafer, der: frühere, an verschiedenen Orten übliche Bez. für eine bestimmte Menge Hafer (→ Naturalabgabe), die Untergebene ihrer Herrschaft oder den Forstbediensteten als einen jährlichen Zins als Entgelt für die Unterhaltung der Jagdhunde und Pferde zu entrichten hatten.

Forsthammer, der: → Waldhammer.

Forsthauptnutzung, die: Bez. für das Abholzen, Bearbeiten und Vermessen des Holzes sowie dessen Transport und Verkauf; → Forstnutzung, → Forstnebennutzung.

Forsthaus, das: → Forstdienststelle.

Forsthaushalt, der: der Etat einer Forstverwaltung für ein Jahr oder zwei Jahre (Doppelhaushalt). Der F. gliedert sich in einen nach Titeln aufgegliederten Einnahme- und Ausgabeteil. Bei der Budgetierung werden Gewinnabführung, bzw. Verlustabdeckung summarisch ausgewiesen.

Forsthenne, die: ein früher in Württemberg üblicher Zins an Hühnern, welche dem jeweiligen Forstmeister von den Untertanen des Bezirks jährlich geliefert werden mußten; → Forsthühner.

Forst-HKS, die: Abk. für forstliche Handelsklassensortierung; → Holzsortierung, Handelsklassen für Rohholz.

Forsthoheit, die: Bez. für das staatliche Hoheitsrecht, kraft welchem der Staat die Forstwirtschaft beaufsichtigt und fördert; → Forstaufsicht.

Forsthuben (*Mansos forestarios*): auch Wildhuben. In den früheren königlichen Forsten erhielten die Förster (Erbförster) häufig statt einer Besoldung ein erbliches Lehen (Erbförsterei), die F. oder W. Meist wurden ihnen auch gewisse Waldnutzungen eingeräumt. Die Belehnten durften die Lehne verpachten und an andere abtreten oder veräußern.

Die Förster des → Nürnberger Reichswaldes, des St. Sebaldus- und Laurenzer-Waldes, hatten bereits im Jahre 1331 F. inne, wie aus einer Urkunde von Ludwig dem Baiern aus dem gleichen Jahre hervorgeht. Beim Übergang des Reichswaldes 1806 an Bayern bestanden noch 13 solche Erb-F.; die letzte Erbförsterei wurde 1836 aufgehoben; → Forstlehen.

Forsthufe: **1**) → Forsthuben. **2**) frühere, an verschiedenen Orten übliche Bez. für Felder und Wiesen, die vorher Wald waren und gegen gewisse jährliche Zinsen (→ Forstgarbe) an die Untertanen verkauft wurden.

Forsthühner: auch Rauchhühner. frühere Abgabe von Hühnern als Gegenwert für Holzbezüge; → Forsthenne.

Forsthut, die: frühere, im Sebalder-Wald (Nürnberger Reichswald) übliche Bez. für jeden der sechs Bezirke, in welche der Sebalder-Wald (St. Sebaldi-Wald, St. Sebaldus-Wald) eingeteilt war.

Forsthüter: Bez. für Forstbedienstete, die zum Schutz des Waldes eingesetzt werden; → Forstschutz und Forstschutzbeauftragte, Forstpolizei.

Forsthütten (Arbeiter-, Dienst-, Forstdienst-, Schutz-, Waldarbeiterhütten, Holzerstuben): früher in ausgedehnten Wäldern und im unwegsamen Gelände (z. B. Gebirge) errichtete, einfache Unterkunftshütten für das Forst- und Jagdpersonal. F. bestehen meist aus einem großen Raum (Aufenthalts- und Küchenraum) sowie aus ein oder mehreren Schlafräumen. F. dienen heute überwiegend der Jagdausübung, dem Forsteinrichtungspersonal, gelegentlich auch für Urlaubszwecke. Die F. werden heute durch die mobilen → Personalwagen ersetzt.

Forstinsekten: veraltete Sammel-Bez. für alle forstschädlichen Insekten. Sie wurden ihrem Auftreten und ihrer Lebensweise nach in → Kulturverderber (z. B. Engerlinge) und in → Bestandsverderber (z. B. Buchdrucker, Nonne) eingeteilt.

Forstkalender, der: Bez. für die früher herausgegebenen Bücher mit nach Monaten gegliederten Anweisungen für den praktischen Forstwirt. Den ersten deutschen F. gab J. G. Beckmann 1765 heraus; ihm folgte der F. von → Zanthier (1772).

Forstkammer Baden-Württemberg: Die F. ist der Waldbesitzerverein des Landes Baden-Württemberg. Er vertritt die Interessen des privaten und kommunalen Waldbesitzes (= 76 % der Landeswaldfläche bzw. 1,4 Mio. ha Wald). Die F. ist Hauptanteilseigner der Servicegesellschaft → Holzkontor.

Forstkarten: F. haben für großflächige Arbeitsprojekte und langfristige, daher planungsabhängige Produktionsmethoden im Forstwesen eine große Bedeutung. V. a. für die → Forsteinrichtung sind sie unentbehrlich. Für die Darstellung der Eigentumsflächen und der räumlichen Einteilung des Waldes dient die Forstgrundkarte (Spezialkarte, Flurkarte, Katasterkarte) im Maßstab 1 : 5000. Diese ist Grundlage des gesamten Forstkartenwerkes. Sie ist aus den Katasterblättern entwickelt und eignet sich auch für Wegbauplanungen. Die Wirtschaftskarte (Forstwirtschaftskarte, Betriebskarte, Revierkarte), meist im Maßstab 1 : 10 000 oder 1 : 5000, beinhaltet die Linien des inneren forstlichen Einteilungsnetzes. Sie enthält Höhenschichtlinien, und mit bestimmten Farben werden die → Baumartenverteilung, der Bestand(e)saufbau und die → Altersklassen der Bestände dargestellt. Daneben trägt sie bestimmte Planungsinformationen. Sie ist für das Forstwesen die wichtigste F. Die Übersichtskarte im Maßstab 1 : 25 000 (Meßtischblatt, topographische Karte) dient hauptsächlich der groben Orientierung. Sie zeigt insbesondere die Eigentumsgrenzen, die Wald-Feldgrenzen, die Grenzen der verschiedenen Besitzarten innerhalb der

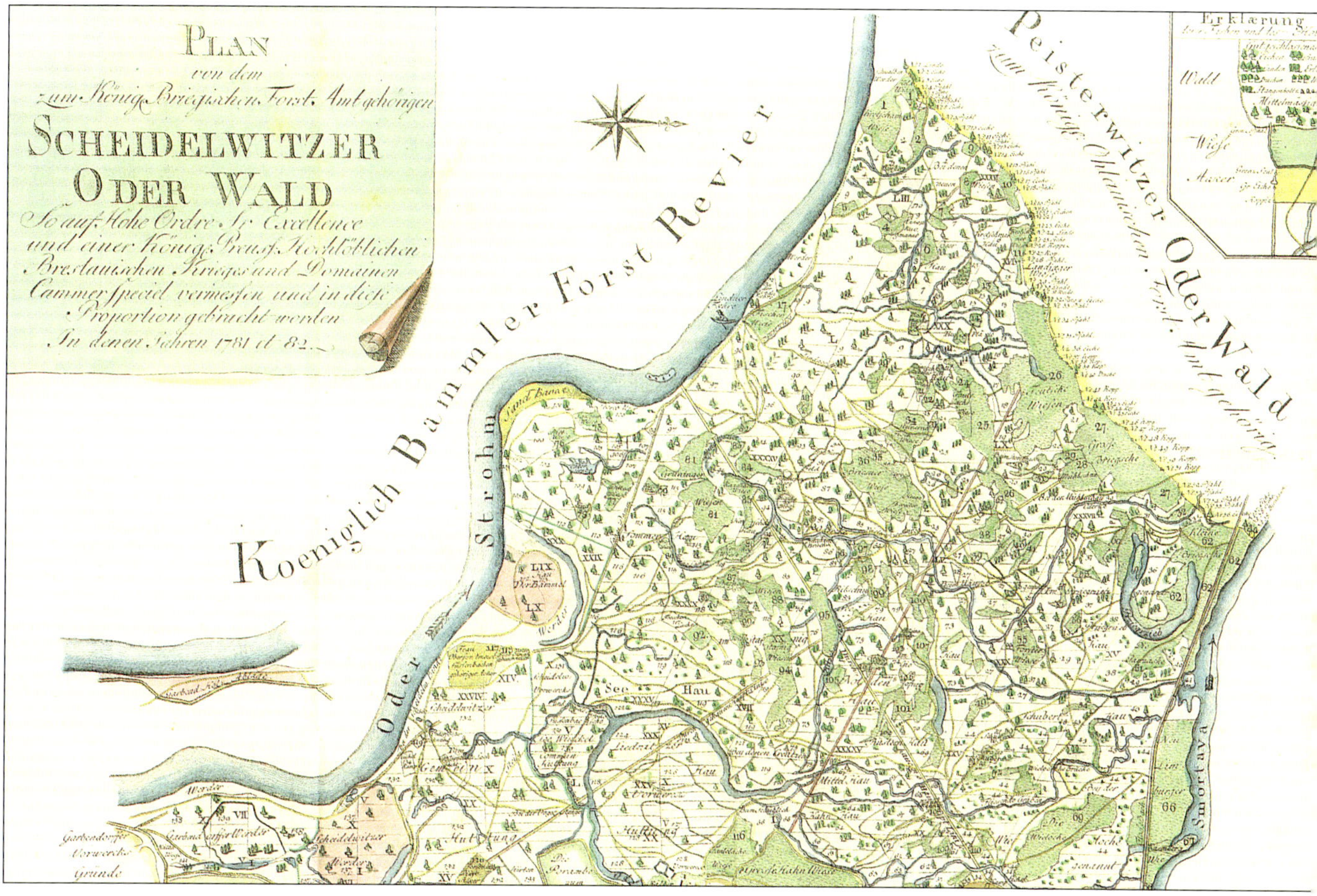

Alte Forstkarte

Waldkomplexe und das Hauptstraßen- und Wegenetz. In ihr sind ebenfalls die Höhenschichtlinien eingezeichnet. Aus den Blanketten der Wirtschaftskarte werden Sonderkarten, z. B. Wege- oder Jagdkarten und Karten der räumlichen Ordnung angelegt. Im Maßstab 1 : 5000 werden, oft aus der Forstgrundkarte entwickelt, sog. Grenzkarten angelegt. Sie dienen der Grenzkontrolle und zeigen den Verlauf und die Vermarkung (Grenzsteine) der Eigentumsgrenzen sowie die Grenzlängen. Mehr und mehr werden im Forstwesen auch Luftbildpläne verwendet, die, entzerrt und auf den Maßstab 1 : 5000 gebracht, jeweils einem Flurkartenblatt entsprechen. Auf den Luftbildplänen lassen sich u. a. genau Baumarten- und Altersklassenunterschiede erkennen; → Standort(s)karte.

Forstkatechismen: früher übliche Unterrichtsbücher für angehende Forstmänner, die in Fragen und Antworten gehalten sind.

Forstknecht, der (Förster-, Holz-, Waldknecht): alte volkstümliche Bez. für → Waldarbeiter, speziell für den Arbeiter, der mit Pferdegespannen bei der → Bringung des Holzes eingesetzt wurde. F. nannte man im Mittelalter auch diejenigen Forstbediensteten (Hilfskräfte der → Förster, i. d. R. aus dem Stande der Unfreien und Hörigen), die im → Forstschutz (Forstaufseher) tätig waren. Diese hatten ferner den Holzkäufern, die das Holz meist selbst fällten und zubereiteten, die Walderzeugnisse anzuweisen und waren letztlich auch an der Ausübung und dem Schutz der Jagd beteiligt. In Niedersachsen entsprach der F. bis ins 16. Jh. oft dem Förster, ebenso z. B. im Sechsämterland. In Norddtschl. bürgerten sich auch die Bez. Forst- oder Heideläufer ein, in Bayern (1568) wurde er Unterknecht genannt. F. konnten auch Diener der F. sein (Württemberg 1526: "knechts-knecht"); → Überreiter.

Forstkontravention, die: alte Bez. für forstpolizeiliche Übertretungen (→ Forstpolizei) im Ggs. zum → Forstdiebstahl.

Forstkultur, die: → Kultur.

Forstkulturpflug, der: → Waldpflug.

Forstkunstsprache, die: alte Bez. für die forstliche Fachsprache, vergleichbar mit der Jägersprache (Waidmannssprache).

Forstlach, das: alte Bez. für ein kleines Wäldchen.

Forstlagerbücher: im Herzogtum Württemberg ab 1555 eingeführte Waldbeschreibungen, in denen die Waldverhältnisse und der -zustand für jeden Württembergischen Forst auf Grund von → Forstbereitungen und Befragungen aufgezeichnet wurden. Solche F., die auf Befragungen zurückgehen, wurden in Bayern "Fragstuckhe" (Fragstücke) genannt.

Forstläufer, der: frühere Bez. für einen im Forstschutz eingesetzten Bediensteten, der über keine forstlichen Kenntnisse verfügen mußte; → Forstbereitungen, Forstknecht.

Forstlehen (Waldlehen, Waldrechtsgüter, Medeumsgüter): in früherer Zeit Bez. für erbliche Lehngüter, die ihren Ursprung der Rodung der Wälder verdanken (Rottländereien), von denen Erbpacht bezahlt wurde. Das Waldrecht bestand darin, daß der Lehnsträger solche Gebiete zu seinem Nutzen urbar machen durfte, z. B. Anlagen von Äckern; → Forsthuben.

Forstlehrling, der: → Forstbeflissener.

forstlich (försterlich): svw. auf einen Forst bezüglich; das Forstwesen betreffend.

Forstliche Akademische Ausbildungsstätten: In der BR Dtschl. bestehen folgende Ausbildungsstätten für das Forststudium: Forstliche Abteilung der Universität Freiburg, Forstliche Fakultät Hann. Münden der Universität Göttingen, Forstliche Lehrstühle der Staatswirtschaftlichen Fakultat der Universität München in Freising-Weihenstephan und die Fakultät der Forstwissenschaften Tharandt der Technischen Hochschule Dresden. Die Universiät Hamburg hat einen Lehrstuhl für Weltforstwirtschaft.

Geschichtliche Entwicklung: Eine, wenn auch bescheidene, wissenschaftliche Ausbildung der Forstleute setzte erst um die Mitte des 18. Jh. ein, als einige der privaten → Meisterschulen in höhere Forstlehranstalten oder → Forstakademien überführt wurden. Ähnli-

Forstgeschichte I

Gegenstand
Im Gegensatz zur → Waldgeschichte beinhaltet die Forstgeschichte die Darstellung der Waldentwicklung unter dem Einfluß des Menschen. Der Wald lieferte ihm in frühen Jahren alles, was er zum Lebensunterhalt benötigte: Fleisch, Pilze, Beeren, Wurzeln, das Holz für seine Werkzeuge, daneben war er auch bergender Unterschlupf. Andererseits stellte der düstere Wald mit seinen wilden Tieren, den Sümpfen und seinen bei Sturm und Wind stürzenden Bäumen eine stete Bedrohung für ihn dar.

Früheste Epoche
Erste Rodungstätigkeit setzte schon um 5000 v. Chr. im Eichenmischwald ein. Die Siedlungsdichte der einzelnen Völker wurde größer, die Nomaden wurden seßhaft, und man benötigte Kulturland für Ackerbau und Viehzucht. Das Anlegen von einzelnen Feldern geschah auf die einfachste Weise: Der Wald wurde angezündet (→ Brandrodung) und zwischen den Baumstöcken der Boden nur geringfügig bearbeitet. Damit der Wald besser brannte, schälte man den starken Bäumen ringsum einen Streifen ab und ließ sie absterben und dürr werden. Auf dem so gewonnenen Ackerboden waren zwei oder drei ergiebige Ernten mit Wildgetreide möglich, der Boden wurde anschließend Weideland und blieb dann wieder dem natürlichen Anflug überlassen, d. h. der Wald eroberte

Merian Matthäus d. Ä. (1593 bis 1650): „November", Radierung; um 1623 aus der Folge „Die zwölf Monate"

sich das Feld zurück. Zugleich entstanden hier im heutigen Sinne Anfänge einer Forstwirtschaft, denn bevor die Menschen damals diesen Teil des Waldes den Flammen überließen, nahmen sie jene Holzsortimente heraus, die zum Bau ihrer Wohnungen, für die Feuerstätten und für die Herstellung ihrer Geräte benötigt wurden. Die in den ausgedehnten Mischwäldern lebenden Menschen sammelten eßbare Früchte wildwachsender Bäume und Sträucher. Später wurden die Bäume als Nahrungsgrundlage gepflanzt und wohl auch gezüchtet, wenn auch der Obstanbau in der Nahrungswirtschaft insgesamt keine besondere Rolle spielte.

Etwa in der Zeit von 300 bis 200 v. Chr. wurden in Mitteleuropa die Süßkirsche und eine großkernige Pflaumenart als Kulturpflanzen eingeführt. Schon im Neolithikum (Jungsteinzeit, etwa 4000 bis 1750 v. Chr.) begann man Apfelbäume zu kultivieren, wenig später auch Birnbäume. Vorherrschend war weiterhin das Einsammeln von Strauchfrüchten wie Himbeeren, Brombeeren und Schwarzer Holunder.

Die germanischen Wälder zur Römerzeit
Das alte Germanien war rauh und kalt, von vielen Sümpfen und Wäldern bedeckt, immer feucht und naß. Die großen und wildreichen Wälder verbanden die Germanen mit der Jagd. Von Natur unruhig, sagt der römische Geschichtsschreiber Tacitus (um 55 bis 120 n. Chr.), können die „Germanen nie ruhig sein; wenn sie keine Kriege haben, so belustigen sie sich fortwährend mit dem Waidwerk". Nach Cäsar (100 bis 44 v. Chr.) huldigten die Germanen der Jagd sowohl zur Erhaltung ihrer Gesundheit, ihres Lebens und ihrer Kleidung als auch zur Stärkung ihrer natürlichen Kräfte und zu ihrer Ergötzung. Diodor von Sizilien fand es schauderhaft, daß die größten Flüsse zufroren. Tacitus sagt weiter, daß das von fürchterlichen Wäldern und häßlichen Morästen angefüllte Land unfähig gewesen sei, fruchttragende Bäume zu erzeugen oder zu ernähren, daher hatten die alten Germanen als Baumfrüchte nur → Eicheln und → Bucheckern. Ob sie sich aber auch von den Früchten der geheiligten Eiche ernährt haben, ist wohl nicht nachzuweisen.
Bei diesen abschreckenden Schilderungen Germaniens und seiner Wälder muß man aber bedenken, daß die Verfasser die hochkultivierten und klimatisch bevorzugten Verhältnisse Italiens und Griechenlands gewohnt waren. Immerhin war aber das Land ungleich reicher an Wäldern und Sümpfen als heute. In den großen Wäldern lebten viele jagdbare Tiere (Hirsche, Rehe, Wildschweine, Wölfe und Bären). Der Ur, von Plinius (23 bis 79 n. Chr.) und Cäsar übertrieben beschrieben, war zahlreich vorhanden und wurde mutig bejagt. Die Hörner des Ur waren Trophäen von hohem Ansehen und wurden als Trinkgeschirre sowie als Schlachthörner verwendet. Die Jagd war gefahrvoll, aber sie prägte den unerschrockenen Krieger. Für die Geschichte der Germanen war der Wald daher von großer Bedeutung. Ihm ist es zu verdanken, daß es gelang, dem wiederholten Andringen der Römer Stand zu halten. Mehr als einmal unterlag die römische Taktik. Urwald und Sumpf deckten die Germanen besser als die festeste Burg. Das Holz der germanischen Wälder, hauptsächlich das Nadelholz der Alpen, war in Rom bekannt und geschätzt, wie wir ebenfalls aus den Aufzeichnungen des Plinius wissen. Er erzählt beispielsweise von einer riesenhaften Lärche (35,7 m lang), die aus den Alpen über Ravenna nach Rom transportiert (geflößt?) wurde.

Von der Völkerwanderungszeit bis zum späten Mittelalter
Während der Römerzeit erscheint der Wald, bis dahin noch Urwald, nirgends als selbständiger Wirtschaftsbetrieb, obwohl etwa ein Viertel der Landesfläche gerodet gewesen sein dürfte. Im Umbruch der Völkerwanderung, die etwa in der Mitte des 4. Jahrhunderts n. Chr. begann, eroberte sich der Wald wieder viele der entstandenen Rodungsinseln zurück. Die geringe Bevölkerungsdichte bedurfte auch keiner größeren Waldrodungen. Das Nötigste, das die damaligen Menschen brauchten, Holz, → Mast, → Waldfrüchte und Wild, enthielt der Wald im Überfluß. Daneben wurde Viehzucht betrieben. Erst nach der Völkerwanderung, als in Europa wieder Ruhe einkehrte und die Bevölkerungsdichte zunahm, begann man den Wald in größerem Umfang zu roden. Für Siedlungen und Ackerbau wurde Kulturland benötigt. Die vor allem während der Völkerwanderungszeit vorherrschende Viehzucht wurde vom Ackerbau immer mehr zurückgedrängt.
Die eigentliche Rodungszeit begann Anfang des 6. Jahrhunderts und erreichte unter den Karolingern (7. bis 10. Jahrhundert n. Chr.) ihren Höhepunkt. Die größte Rodungstätigkeit ging von den Klöstern aus, sie waren die bedeutendsten Kolonisatoren. Die Fürsten beschenkten sie mit Wildland, und zwar mit bedeutend größeren

Flächen, als zur Gründung der Klöster notwendig war. Sie wußten, daß die Mönche und die von diesen wiederum durch Landverleihung gewonnenen Helfer den Boden urbar machen würden. Karl der Große (742/43 bis 814) stiftete zahlreiche Klöster und gab mit seinen Gütern ein Vorbild, indem er planmäßig roden ließ. Adel und Geistlichkeit folgten nach, um möglichst viel Ackerland zu gewinnen und von Bauern bewirtschaften zu lassen, die ihnen dann zinspflichtig waren. Damals wurden viele große Wälder unter des Königs Bann gestellt (→ Bannwald) und dann entweder überhaupt der Nutzung durch andere entzogen oder die Erlaubnis zur → Schweinemast und zum Holzeinschlag von Zahlungen abhängig gemacht. Höhere Bedeutung als das Holz hatten die Nebennutzungen wie Weide, Schweinemast und Bienenzucht (→ Zeidelweide). Die Schweinemast wurde stark betrieben. Die großen Eichen- und Buchenwälder lieferten im Überfluß die Mast. Neben der Schweinemast spielte auch die → Waldweide (wenn auch nicht in diesem Ausmaße) eine große Rolle. Bereits in der Karolingerzeit erhoben die Eigentümer Abgaben für den Weidebetrieb, im allgemeinen in Form von „Weidekorn" oder „Weidehafer". Unbestritten ist, daß es schon vor der Karolingerzeit Privateigentum an Wäldern gab. Auf deutschem Boden war aber bis um 700 n. Chr. wohl das Gemeineigentum am Wald weitaus vorherrschend. Die *Lex Burgundiorum* räumte jenen Personen, die keinen Wald besaßen, ein ausdrückliches Recht auf Befriedigung/Deckung ihres Holzbedarfs durch liegendes und dürres Holz sowie durch nicht fruchttragende Bäume (wozu Fichte und Kiefer zählten) ein. Mehrfach sind in den Volksrechten auch Bestimmungen über Bienen enthalten.
Auf den Höhen des Schwarzwaldes begann die Rodungsarbeit etwa um das Jahr 900 n. Chr., die übrigen Wälder der Mittelgebirge und der Alpen waren bislang von der Axt verschont geblieben. Etwa um das Jahr 1000 begann auch hier die Rodung, vor allem in breiteren Talauen und an flacheren Hängen. Steilhänge und Felslagen blieben hingegen verschont. Durch das Wachstum der Bevölkerung nahmen die Waldrodungen im 11. und 12. Jahrhundert ihr größtes Ausmaß an. Die Rodung des im Übermaß vorhandenen Waldes war Vorbedingung für eine wirtschaftliche Weiterentwicklung. Anhand der → Ortsnamen aus der damaligen Zeit lassen sich viele Siedlungsgründungen in den Rodungsgebieten nachweisen. Meist hängen diese Ortsnamen mit „roden", „reuten" oder mit „hagen" (umzäunen) zusammen. Zwischen 1100 und 1400 verschwanden allerdings wieder viele Siedlungen. Der Wald holte sich seinen Lebensraum zurück. Die Rodungstätigkeit dürfte etwa um 1400 abgeklungen sein. Bis zu dieser Zeit ist der Wald im wesentlichen auf die ertragsärmeren oder steileren Standorte zurückgedrängt worden. Seit dieser Zeit hat sich die Wald-Feld-Verteilung kaum noch verändert.

Holzversorgung und Holzbedarf

Der Wald hatte schon immer eine herausragende Bedeutung für die Volkswirtschaft, obwohl das Holz selbst anfangs nur eine untergeordnete Rolle spielte. Die seßhafte Lebensweise und die Zunahme der Bevölkerung erforderten jedoch eine steigende Zufuhr an Holz. Einerseits wurde der Wald durch die Rodungstätigkeit stark dezimiert, andererseits wurden die verbliebenen Wälder, vor allem in der Nähe von Städten und größere Ansiedlungen, stark genutzt. Der Transport des Holzes aus weit abgelegenen Gebieten war zu Lande kaum, die → Flößerei nur auf geeigneten Gewässern möglich. In vielen Gegenden war der Wald deshalb bald in einem desolaten Zustand. Man benötigte zudem das Holz für Waffen, Werkzeuge und Haushaltsgeräte, vor allem aber für dauerhafte Wohnstätten, Kirchen-, Brücken- und Wasserbauten, für den Schiffs- und Fahrzeugbau, für die Erzausschmelzung, Glashütten, → Köhlerei und → Salinen. Das Holz wurde zum wichtigsten und vielseitigsten Rohstoff und zum Energielieferanten. Bis tief ins Mittelalter hinein fehlte es jedoch am Verständnis, auch etwas für die Walderhaltung zu tun. Man konnte weder den → Holzvorrat ermitteln, noch den → Zuwachs im voraus errechnen. Aufforstungen waren unbekannt; Raubbau war an der Tagesordnung. Der siedlungsnahe Wald hatte weiterhin der Schweinemast, Waldweide, → Waldstreunutzung (→ Aststreu), Gerbrindennutzung (→ Lohrinde), der Pottaschegewinnung (→ Pottasche), der Teer- und → Harzgewinnung sowie der Zeidlerei (Imkerei) zu dienen und war so wichtiger Zweig der Volksernährung. Allmählich kam aber Besorgnis vor der anstehenden Holznot, eine frühe Energiekrise, auf. Vor allem die Landesherren und Grundeigentümer bangten um den Reichtum an Wild, denn die Jagd wurde mit großer Leidenschaft ausgeübt.

Forstliche Gesetzgebung

Bereits im 13. und 14. Jahrhundert, hauptsächlich aber im 15. und 16. Jahrhundert fing man daher an, durch → Weistümer und obrigkeitliche → Forstordnungen (Forst- und Jagdordnungen, → Waldordnungen) die hemmungslose Entnahme von Holz, wenigstens von Bauholz, zu untersagen. Wenn auch die Entnahme von Brennholz vorläufig meist noch keiner Beschränkung hinsichtlich der Quantität unterlag, so sollten doch nur die Abfälle von Bauholz, die Windfälle und überhaupt das schlechtere Holz zu Brennholz genommen werden. Man schied sogar bisweilen die Waldungen in → Bauwaldungen, in denen kein Brennholz geschlagen werden durfte, und in sogenannte Laubwaldungen oder → hauende Waldungen, in denen ausschließlich das Brennholz gefällt und gelesen werden durfte (z. B. nach der Miltenberger Waldordnung von 1587). Die Ausfuhr von Bau- und Brennholz sowie von aus Holz gefertigten Waren aus der Mark waren meist streng verboten. Zeit und Maß der Weide wurden gewöhnlich durch Beschluß der Märkerversammlung, teils auch durch das Herkommen bestimmt. Auch das Waldeigentum gewann zudem an Wert, und die Grundherren waren immer weniger geneigt, in freigiebiger Weise den Wald zu veräußern. Sie gewährten meist nur noch Nutzungsrechte am Wald, behielten sich aber das Eigentum vor. Auf diese Weise enstanden bereits damals die ersten → Forstrechte, die aber in wichtigen Ausformungen zwischen dem 16. und 18. Jahrhundert entstanden.

„Der Köhler"; Kupferstich von Christoph Weigel (1654 bis 1725)

che Aufgaben übernahm in Preußen das → Feldjägerkorps bzw. in Württemberg die → Militärpflanzschule. Die erste forstliche Vorlesung an einer Universität hielt der Kameralist → Stisser (Universität Jena, 1734 – 1736), ab 1778 folgten J. H. Jung, genannt Stilling, an der Hohen Kameral-Schule Lautern (Kaiserslautern) und ab 1785 Müllenkampf an der Universität Mainz. Forstliche Vorlesungen wurden bald auch an den Universitäten Gießen, Göttingen und Leipzig gehalten. Die bekanntesten forstlichen Vorlesungen hielt Johann Jacob → Trunk zwischen 1787 und 1792 an der Universität Freibung. Trunk, der den ersten voll besoldeten forstlichen Lehrstuhl innehatte, ermöglichte damit erstmals eine geschlossene forstliche Ausbildung an einer Universität, die erst wieder ab 1831 an der Universität Gießen fortgesetzt wurde. In den folgenden Jahren entstanden forstliche Ausbildungszweige an den technischen Hochschulen Karlsruhe und Braunschweig. In Bayern wurde 1878 die Ausbildung von der Forstschule Aschaffenburg an die Universität München verlagert, in Württemberg 1881 von Hohenheim an die Universität Tübingen. In Preußen blieben bis ins 20. Jh. die Forstakademien Eberswalde (seit 1830, 1945 Teil der Humboldt-Universität Berlin, später aufgelöst) und Hann. Münden (seit 1868) bestehen. 1928 wurde die 1816 gegründete Forstakademie Tharandt Forstliche Hochschule, 1929 Abteilung der TH Dresden. 1939 wurde Gießen aufgelöst und Hann. Münden als forstliche Fakultät der Universität Göttingen eingegliedert. Die forstlichen Zweige der Universitäten Tübingen und Karlsruhe wurden 1920 nach Freiburg verlegt.

In Österreich erfolgt die Ausbildung zum Forstakademiker an der Universität für Bodenkultur in Wien, in der Schweiz an der Eidgenössischen Technischen Hochschule in Zürich (Forstingenieure); → Forstakademien, Forstfachschulen, Forstschulen, Waldarbeitsschulen.

Forstliche Arbeitslehre, die: → Forstliche Arbeitswissenschaften.

Forstliche Arbeitswissenschaften: früher Forstliche Arbeitslehre, Forstmaschinenkunde. Zur Forstvereinstagung 1926 in Rostock wurde die F. A. als neue Disziplin der → Forstwissenschaften begründet und durch Schaffung eines "Institut für F. A. (IFFA)" die Grundlage für eine gezielte Arbeit geschaffen. Die F. A. befassen sich mit dem Einsatz und der Substitution der Arbeit in der Forstwirtschaft. Teildisziplinen sind Arbeitsorganisation, -technik, –bedingungen, -physiologie, -hygiene, -verhalten, -belastungen, -gefahren, -schutz und -sicherheit, Maschineneinsatz, Rationalisierung des Faktors Arbeit i. w. S.; → Kuratorium für Waldarbeit und Forsttechnik, Waldarbeitsschulen.

forstliche Ausbildungsstätten: österr. Ausbildungsstätten mit der Aufgabe, die in der Forstwirtschaft Tätigen durch Veranstaltungen wie Kurse, Vorträge und Vorführungen weiterzubilden. Sie haben die Befugnis, → Forstschutzorgane auszubilden und an der Forstarbeiterausbildung mitzuwirken. Sie haben zudem die Aufgabe, die bei der Erprobung von forstlichen Arbeitsverfahren, Geräten und Maschinen gewonnenen Erkenntnisse weiterzugeben; → Forstakademien, Forstfachschulen, Forstschulen, Forstliche Akademische Ausbildungsstätten, Waldarbeitsschulen, Meisterschulen.

forstliche Betriebsarten → Betriebsarten.

Forstliche Betriebsregelung, die: → Forsteinrichtung.

Forstliche Betriebsregulierung, die: → Forsteinrichtung.

Forstliche Betriebswirtschaftslehre, die: die Lehre vom zweckmäßigen wirtschaftlichen Handeln im Forstbetrieb. In erster Linie befaßt sich die F. B. mit der Prüfung der Wirtschaftlichkeit in rück- und vorausschauender Betrachtung, wobei das erwerbswirtschaftliche Prinzip unter Beachtung der → Nachhaltigkeit zugrundegelegt wird. Gegenstand der F. B. sind: die forstlichen Wirtschaftsziele, die Ertragsverhältnisse des Waldes, die Bewertungsgrundsätze bei Kauf, Tausch und Verkauf (Waldbewertung), die forstliche Erfolgsrechnung, Buchführung und Betriebsstatistik. Den Grundstein für die f. B. hat der Kameralist Wilhelm Gottfried von → Moser mit seinem zweibändigen Werk "Grundsätze der Förstökonomie" (1757) gelegt.

Forstliche Bundesversuchsanstalt (FBVA): Die österr. F. B. ist eine dem Bundesministerium für Land- und Forstwirtschaft unterstehende Bundesanstalt ohne Rechtspersönlichkeit mit Sitz in Wien. Sie ist mit der fachwissenschaftlichen Bearbeitung und Lösung forstlicher Fragen beauftragt. Sie hat die Aufgabe, durch Untersuchungen und Versuche auf fachwissenschaftlicher Grundlage sowie durch Vermittlung der Anwendbarkeit ihrer Untersuchungsergebnisse für die forstliche Praxis den forstlichen Belangen i. a. und der Forstwirtschaft im besonderen zu dienen; → Forstliche Versuchs- und Forschungsanstalten.

forstliche Datenbanken: meist in landwirtschaftlichen Datenbanken eingebundene Informations- und Auswertungssysteme. Die wichtigsten, auch öffentlich zugänglichen f. D. sind: AGRICOLA (Agricultural Online Access); AGRIS (International Information System for the Agriculture Sciences and Technology FAO); CAB-forestry (Commonwealth Agricultural Bureau International, Oxford); ELFIS (Ernährungs- , Land- und Forstwirtschaftliches Informationssystem); FBVA (Literatur-D.; Forstliche Bundesversuchsanstalt, Wien); HOLZ (IVD, Dresden); IFE (Institut für Forstwissenschaften Eberswalde); Pascal (Pascal-agroline und Pascal zooline, französische D.); PHYTOMED (Internationale D. der Phytomedizin und Immissionsschäden); VELLEDA (Ecole nationale du génie rural, des eaux et des forêts, Nancy/Frankreich); ÖKOWALD (Waldökologie-Literatur).

forstliche Düngung, die: → Walddüngung.

forstliche Durchforstung, die: im Forstgesetz für Österreich von 1975 verankerter Begriff. Im Rahmen der → Forstaufsicht sind die Behörden u. a. berechtigt, alle tatsächlichen und rechtlichen Verhältnisse des einzelnen Waldbesitzes, die für die Durchführung der forstgesetzlichen Bestimmungen Bedeutung haben, festzustellen. Diese Berechtigung wird f. D. genannt.

forstliche Entwicklungshilfe: Bez. für die in Entwicklungsländern geleistete Arbeit auf dem Gebiete der Forst- und Holzwirtschaft. Zuständig ist heute das Bundesministerium für wirtschaftliche Zusammenarbeit (BMZ). Das BMZ bedient sich bei der fachlichen Planung, Steuerung und Überwachung von Projekten und Programmen, deren Ausstattung mit Personal und Sachausrüstungen und der Abwicklung finanzieller Verpflichtungen gegenüber den Partnern in den Entwicklungsländern der „Deutschen Gesellschaft für Technische Zusammenarbeit" (GTZ). Die bundeseigene GTZ hat seit 1975 die Aufgaben der bisher getrennt arbeitenden öffentlichrechtlichen Bundesstelle für Entwicklungshilfe (BfE) und der privatrechtlichen Deutschen Förderungsgesellschaft für Entwicklungsländer (GAWi) übernommen. Der Schwerpunkt der f. E. liegt in Afrika (hauptsächlich in Äthiopien, Algerien, Benin, Gambia, Kenia, Liberia, Mali, Burkina Faso, Senegal, Somalia und Sudan) sowie in Jemen, Pakistan und Jordanien.

forstliche Genressourcen: Zur Erhaltung bedrohter f. G. (→ Ressourcen) bemüht sich die Bundesregierung mit einem im Jahre 1987 ausgearbeiteten Konzept. Dieses sieht die Sicherung von f. G. (alle heimischen Baum- und Straucharten) am Ort ihres Vorkommens, ihre Erhaltung durch Verlagerung in unbelastete Gebiete sowie durch Einlagerung von Vermehrungsgut in sog. Genbanken vor. Die dazu 1985 gebildete Bund-Länder-Arbeitsgruppe "Erhaltung f. G." besteht aus drei Vertretern der → Bundesforschungsanstalt für Forst- und Holzwirtschaft, je einem Vertreter des Bundesministeriums für Ernährung, Landwirtschaft und Forsten sowie den Vertretern der Bundesländer; → Forstgenbank, Forstgenetik.

Forstliche Handelsklassensortierung, die: → Handelsklassensortierung.

forstliche Klassiker: Bez. für herausragende Persönlichkeiten in der ersten Hälfte des 19. Jh., die auf Grund ihrer Ausbildung und forstl. Praxis, ihres Wissensstandes und ihrer leitenden Stellungen in Finanz- und Forstverwaltungen das gesamte forstliche Wissen der damaligen Zeit erfaßten, vermittelten und beeinflußten. Sie gelten als Begründer der → Forstwissenschaft und haben letztlich das → forstliche Schrifttum begründet. Zu den f. K. gehören u. a. → Hartig, → Cotta, → Pfeil, → Hundeshagen, → Heyer und → König.

Forstliche Landesanstalten → Forstliche Versuchs- und Forschungsanstalten.

Forstliche Meisterschulen → Meisterschulen.

Forstliche Nordische Skiwettkämpfe → Internationale Forstliche Nordische Skiwettkämpfe.

Forstliche Nutzfläche, die: → Forstbetriebsfläche.

Forstliche Rahmenplanung, die: in Österreich Forstliche Raumplanung. Die F. R. im Sinne des BWaldG vom 16.3.1976 (§ 6 und 7) dient der Ordnung und Verbesserung der → Forststruktur. Sie ist darauf ausgerichtet, die für die Entwicklung der Lebens- und Wirtschaftsverhältnisse notwendigen Funktionen des Waldes zu sichern.
Die F. R. besteht aus fachlichen Plänen nach dem Raumordnungs- und dem Landesplanungsgesetz. Sie findet ihren Niederschlag je nach Landesrecht z. B. in Gebietsentwicklungsplänen, Waldfunktions-plänen und Waldfunktionskartierungen. Darin werden die einzelnen Funktionen des Waldes (→ Waldfunktionen) erfaßt, ihre Bedeutung im Hinblick auf die Entwicklung und die Bedürfnisse der Gesellschaft aufgezeigt und gegeneinander abgewogen sowie Grundsätze, Ziele und Maßnahmen für die Walderhaltung, Waldentwicklung und → Waldpflege abgeleitet. Auf betrieblicher Ebene erfolgt die forstliche Planung im Rahmen der → Forsteinrichtung.
Forstliche Raumplanung, die: → Forstliche Rahmenplanung.
Forstliche Rekultivierung von Kippen und Halden, die: Ziel der F. R. in ehemaligen Abbaugebieten ist es, Rohböden mit einer Pflanzendecke zu versehen und dadurch einen wirksamen Schutz gegen → Wind (→ Windschutzpflanzungen) und Wassererosion herbeizuführen, die Bodenbildung und die Holzproduktion zu fördern. Vor Beginn einer F. R. (Aufforstung) wird das Gelände durch ein Einteilungs- und Wegenetz erschlossen. Weiter werden z. B. Hilfspflanzen wie perennierende Lupine, Klee oder andere Stickstoffbindende Pflanzen angebaut. Bei der Baumpflanzung sollten Mischungen mit möglichst unterschiedlichen Wachstumsabläufen bzw. Umtriebszeiten angebaut werden. Je nach Rohbodenform eignen sich hierfür Pa, Kie, Lä, REi, Bi, Li und Rob.
forstliche Reststoffe (Ernterückstände): Bez. für Rohholzanteile wie → Stockholz, Rinde und Schlagabraum (→ Abraum), die beim → Abtrieb eines Bestandes anfallen. Zu den f. R. zählen auch die Anfälle aus der Jugendpflege und teilweise der Jungdurchforstung (→ Durchforstung); → Restholz.
forstlicher Standort, der: → Standort.
Forstlicher Zinsfuß, der: Trotz wirtschaftlicher und natürlicher Risiken gilt Wald als relativ sichere Kapitalanlage. Aus diesem Grund setzen insbesondere die Vertreter der → Bodenreinertragslehre einen eigenen F. Z. oder objektiven Z. an, der mit fixen 3 % i. d. R. niedriger als der landesübliche Zinsfuß ist.
forstlicher Zuwachs, der: → Zuwachs.
Forstliches Artgesetz, das: Zur "Erhaltung und Nachzucht hochwertigen Erbgutes des deutschen Waldes sowie zur Ausmerzung rassisch minderwertiger Bestände und Einzelstämme" hatte die Reichsregierung (→ Reichsforstamt) das „Forstliche Artgesetz" vom 13.12.1934 erlassen. Damit sollte die künftige Verwendung einwandfreien Samens gewährleistet werden. Da lange Zeit die Bedeutung der Samenherkunft für die Forstwirtschaft nicht ausreichend erkannt wurde, hat man früher den Samen da gewonnen, wo er am billigsten zu bekommen war. Erst der nach dem 1. Weltkrieg gegründete → Reichsforstwirtschaftsrat schuf einen „Hauptausschuß für forstliche Saatgutanerkennung" und entwickelte auf freiwilliger Grundlage und ohne gesetzliche Ermächtigung ein Verfahren der Saatgutanerkennung. Das F. A. wurde im Jahre 1957 durch das Bundesgesetz (→ Gesetz über forstliches Saat- und Pflanzgut) ersetzt.
Forstliches Saat- und Pflanzgut, das: → Gesetz über forstliches Saat- und Pflanzgut.
forstliches Schrifttum, das: siehe Seite 260.
Forstliche Versuchs- und Forschungsanstalten: Zahlreiche Länder der BR Dtschl. unterhalten Landesanstalten für Forstwirtschaft, Forstliche Forschungsanstalten. Solche Anstalten wurden in Dtschl. seit 1872 errichtet. Im Bundesgebiet bestehen:
Bayer. Landesanstalt für Wald und Forstwirtschaft Freising-Weihenstephan;
Bayer. Landesanstalt für forstliche Saat- und Pflanzenzucht Teisendorf;
Landesforstanstalt Eberswalde in Eberswalde-Finow;
Thüringer Landesanstalt für Wald und Forstwirtschaft in Gotha;
Sächs. Landesanstalt für Forsten in Graupa;
Hessische Landesanstalt für Forsteinrichtung, Waldforschung und Waldökologie in Hann. Münden;
Forstliche Versuchs- und Forschungsanstalt Baden-Württemberg in Freiburg;
Forstliche Versuchsanstalt Rheinland-Pfalz in Trippstadt;
Niedersächsische Forstliche Versuchsanstalt in Göttingen;
Forstliche Landesanstalt Sachsen-Anhalt in Gernrode.
Die Bundesrepublik unterhält die Bundesanstalt für Forst- und Holzwirtschaft in Hamburg.
In Österreich: → Forstliche Bundesversuchsanstalt Österreich in Schönbrunn-Wien und Forstliche Bundesversuchsanstalt Österreich – Außenstelle für subalpine Waldforschung – in Innsbruck.
In der Schweiz: Eidgenössische Forschungsanstalt Wald, Schnee und Landschaft in Birmensdorf.
Mit forstlichen und waldökologischen Fragen befassen sich auch die Landesanstalt für Ökologie, Bodenordnung und Forsten / Landesamt für Agrarordnung (LÖBF/LafAo) Nordrhein-Westfalen in Recklinghausen und die Hessische Landesanstalt für Umwelt in Wiesbaden.
Einige Länder unterhalten eigene Stabsstellen für die → Forsteinrichtung, bzw. Forstplanung, so:
Landesanstalt für Forstplanung des Landes Brandenburg in Potsdam:
Hessische Forsteinrichtungsanstalt in Gießen;
Landesamt für Forstplanung Mecklenburg-Vorpommern in Schwerin;
Forstplanungsamt des Saarlandes in Saarbrücken.
Zusammengefaßt werden diese Anstalten im „Deutschen Verband Forstlicher Forschungsanstalten" mit Sitz in Hamburg (gegründet 1951). Der → „Internationale Verband Forstlicher Forschungsanstalten (IUFRO)" mit über 380 Mitgliedern aus 75 Ländern arbeitet mit der Ernährungs- und Landwirtschaftsorganisation der Vereinten Nationen (→ FAO) und der UNESCO zusammen.
Forstliche Zusammenschlüsse → Forstwirtschaftliche Zusammenschlüsse.
Forstmann, der: Bez. für jede in der Forstwirtschaft tätige Person mit forstlicher Ausbildung an einer Techniker-, Fach-, Hochschule oder Universität; volkstümlich oft auch ohne Differenzierung als → Förster bezeichnet.
Forstmaschinen: i. e. S. Spezialmaschinen, die speziell für den Einsatz im Forstbetrieb konstruiert werden, z. B. für die Holzernte und -bringung sowie für die Waldpflege. Zu den F. i. w. S. zählen auch Maschinen, die aus anderen Wirtschaftsbereichen kommen, z. B. aus der Landwirtschaft (landwirtschaftliche → Schlepper), aus dem Straßen- und Wegebau sowie aus dem Pflanzenschutz; → Forsttechnik.
Forstmaschinenkunde, die: → Forstliche Arbeitswissenschaften.
Forstmaschinen-Profi: Deutsche Forsttechnische Monatszeitschrift, die sich hauptsächlich mit Themen der Forsttechnik, Umwelttechnik, des Holztransports sowie auch der Landschaftspflege, Ökologie und Ökonomie befaßt.
Forstmathematik, die: frühere Bez. für die auf das Forstwesen angewandte Mathematik. Die grundlegende Bedeutung der Mathematik für das Forstwesen wurde bereits 1765 von Oettelt in seinem Buch "Praktischer Beweis, das die Mathesis bei dem Forstwesen unentbehrliche Dienste thue" hervorgehoben. Um die F. verdient gemacht haben sich mit einschlägigen Werken auch → Gehren, → Hoßfeld, Gottlob → König und Vierenklee.
Forstmeister, der: früher Titel für einen Inspektionsbeamten mit meist weitgehender Einwirkung auf die örtliche Verwaltung. Dann wurden um die Jahrhundertwende zunächst in Preußen und wenigen anderen deutschen Staaten die älteren Oberförster ohne Änderung der dienstlichen Tätigkeit zu F. ernannt. Später wurde der Titel F. (in Bayern bereits seit 1885) die Amtsbezeichnung für alle Revierverwaltungsbeamten, und zuletzt war ein F. bis vor wenigen Jahren die Bez. für einen Beamten des höheren Forstdienstes; F., Ober-F. Nunmehrige Bez.: Forstrat, Forstoberrat; → Forstreferendar.
Forstmeteorologie, die: Teilgebiet der Meteorologie. Sie untersucht den Einfluß des Klimas auf Entwicklung und Wachstum der Waldbestände (und umgekehrt). Untersucht wird auch, ob zwischen dem Auftreten bestimmter Pflanzenkrankheiten oder -schädlinge und dem Wetter ein Zusammenhang besteht, i. w. S. auch der klimatische Einfluß des Waldes auf den Menschen.
Forstmiete, die: auch Forsteinmiete. **1**) früher die gegen eine pauschale, meist geringe Entschädigung gewährte Erlaubnis, innerhalb

Die Anfänge der Forstwirtschaft

Das 15. und 16. Jahrhundert bringt die notwendigen Anfänge einer geregelten Forstwirtschaft. In vielen Gegenden wird der Wald im Umkreis der Städte in Schläge eingeteilt und die Holznutzung somit räumlich und zeitlich geordnet. Die Wiederbegründung von Wald (Saat und Pflanzung) wird gezielt betrieben. Hierzu schreibt **Adam → Schwappach** in seinem 1883 erschienenen Buch „Grundriß der Forst- und Jagdgeschichte Deutschlands": „An manchen Orten führte man bereits eine Ordnung der Abnutzung durch Einteilung der Waldungen in eine bestimmte Anzahl von Schlägen ein, von denen jährlich je einer abgenutzt werden sollte; so erfolgte im Erfurter Stadtwald 1358 eine Einteilung in sieben Schläge (→ Ertragsregelungsmethoden), die Siegenschen Hauberge wurden 1447 in Schläge geteilt, die Holzförsterinstruktionen der kurmainzischen, bei Erfurt gelegenen Waldungen (um 1500) erwähnt das „Herausmessen der Zähne" (= den Nutzungsberechtigten überwiesenen Holzflächen). Gleichzeitig wurde eine rasche Wiederverjüngung der abgetriebenen Fläche dadurch ermöglicht, daß man beim Laubholz auf eine nieder- oder mittelwaldähnliche Wirtschaft überging. In dieser Beziehung ist die erwähnte kurmainzische Holzförsterinstruktion interessant. Sie ordnet detailliert den Abtrieb der Niederwaldschläge (→ Niederwald) und das Überhalten von Laßraidel (→ Laßreiser, → Überhälter) an. Auch im Mühlhauser

„Der Förster" aus „Der Wald und seine Ausnutzung"; Farblithographie (1890)

Stadtwald scheint um das Jahr 1560 ein → Niederwaldbetrieb mit kurzem, 9- bis 12jährigem → Umtrieb nachgewiesen. Soweit man beim Nadelholz eine Regelung des Betriebes einführte, wurde Kahlabtrieb (→ Kahlschlag) mit Überhalt einzelner Stämme angewandt. Ein Weistum der Stadt Goslar vom Jahre 1428 ordnet z. B. die Zahl der im Nadelwald überzuhaltenden Laßreiser an; Erzbischof Lang von Salzburg machte 1524 darauf aufmerksam, daß genügend „Scharpäume" der „Sambdächsen" übergehalten werden sollten. Die ersten Versuche zum künstlichen Holzanbau dürften in Nordwestdeutschland gemacht worden sein, wo bei Entnahme von Eiche und Buche an Stelle der abgehauenen Stämme neue gepflanzt werden sollten, außerdem mußte häufig noch jeder Markgenosse jährlich eine bestimmte Anzahl → Eichenheister setzen. Man legte Eichelkämpe an und hatte bis zum 16. Jahrhundert die Technik der Eichenpflanzung bereits sehr hoch ausgebildet. Schon der Sachsenspiegel (13. Jahrhundert) kennt „Holz, desz gesatzet ist", dessen Entwendung besonders hoch bestraft wurde. Auch Kiefernsaaten werden schon früh erwähnt, die ersten haben nach den vorhandenen Nachrichten 1368 im → Nürnberger Reichswald und 1420 im Frankfurter Stadtwald stattgefunden. Neben der Holznutzung spielten Schweinemast und ausgedehnte Waldbienenzucht weiter eine Hauptrolle, letztere besonders im Nürnberger Reichswald, im Fichtelgebirge, bei Bamberg und in Oberbayern. Wo keine eigene Zeidelwirtschaft bestand, wurden meist Bestimmungen darüber getroffen, wem der gefundene Wildhonig gehören solle. Eine Besserung der Verhältnisse seit Beginn des 16. Jahrhunderts zeigt sich auch in der Einführung bestimmter Holzmaße und der Anhaltung der Holzhauerei zu ordentlicher und reinlicher Arbeit. Der Mangel an entsprechenden Landwegen führte schon früh dazu, die vorhandenen Wasserstraßen zum Holztransport (→ Flößerei) zu benutzen. Um das Jahr 1500 war die Holzflößerei schon weit verbreitet.
Die Bannforste, vor allem in den markgenossenchaftlichen Waldungen, hatten im Laufe der Jahrhunderte große Ausmaße erreicht. In ihnen war die rechtswidrige Entnahme von Holz ebenso wie unberechtigtes Jagen mit der Strafe des Königsbanns bedroht. Der Sachsenspiegel enthält hierüber detaillierte Bestimmungen über Forstfrevel: Für unberechtigtes Fischen und Grasschneiden sowie für einfachen Holzfrevel war z. B. eine Strafe von drei Schilling zu zahlen. Die Entwendung von gepflanzten oder von masttragenden Bäumen, Verletzung und Beseitigung von Grenzbäumen und Grenzsteinen wurde mit 30 Schilling bestraft. Auf nächtlichen Diebstahl aufbereiteten Holzes stand sogar die Todesstrafe („daz sal man rihten mit der wid"), geschah hingegen die gleiche Tat bei Tage, so war Leibesstrafe angedroht („stelt her des tages, ez get zu hut und hare"). In den verschiedensten Markweistümern findet sich eine Vielzahl von Straften für Forstvergehen. Allgemein wurde das unbefugte Fällen von Holz wesentlich milder geahndet als die Entwendung bereits aufbereiteten Holzes. Meist waren es Geldstrafen. In Norddeutschland war die Ablieferung „einer Tonne Bier" ein häufiges Strafmaß. In einigen landesherrlichen Forsten oblag die oberste Verwaltung den sogenannten Amtsleuten, denen häufig Forstmeister (Oberförster) nachgeordnet waren. Sie hatten, ohne jegliche Ausbildung, die Aufsicht über die Waldungen. Vielerorts war dieses Amt erblich oder es wurde als Lehen verliehen. Die Forstmeister stammten meist aus angesehenen Familien. Forstschutzaufgaben (→ Forstschutz) hingegen waren Aufgaben der → Forstknechte, die zu den Unfreien gehörten. Geordnete Aneinanderreihung der Schläge, Beseitigung des alten, schlechten Materials, soweit es nicht zu Samenbäumen tauglich war, Belassung einer angemessenen Anzahl solcher Samenbäume, ferner Schonung des → Jungwuchses waren damals bereits bekannte und praktizierte Grundsätze der Waldverjüngung.

Die Rückschläge durch den Dreißigjährigen Krieg

Der Dreißigjährige Krieg (1618 – 1648), dem etwa die Hälfte der Menschen in Mitteleuropa zum Opfer fiel, und die folgenden schweren Notzeiten setzten der Erholungsphase, die den Wäldern durch die strengen Rodeverbote und die Einschränkung der Schweinemast und Waldweide beschieden war, wiederum ein Ende. Fast ein Jahrhundert lang verhinderten die Folgen dieses Krieges die Weiterentwicklung der Forstwirtschaft. Es war wieder eine Zeit, in der Raubbau am Wald betrieben wurde. Er war die sicherste Einnahmequelle und mußte drückende Not lindern helfen. Holz wurde in großen Mengen verkauft, Eisen- und Glashütten angelegt. Auch die Tuchindustrie blühte auf und die hierzu benötigte Wolle lieferten die Schafe, die man wieder, nachdem sie schon weitgehend aus dem Wald verbannt waren, in großen Herden eintrieb. Dazu wurde der Wald auch seiner Bodendecke beraubt. Er mußte Stallstreu liefern. Eingesammelt wurden deshalb Blätter, Nadeln, Moose und die meisten niederen Pflanzen. In vielen Regionen wurde so der Wald schwer verwüstet. Die Schädlichkeit dieser Waldstreunutzung war lange nicht erkannt worden und in einzelnen deutschen Ländern in beschränktem Ausmaß noch bis zur Mitte des 20. Jahrhunderts üblich.

Die Forstwirtschaft im 18. Jahrhundert
Im 18. Jahrhundert wurden Mast und Weide weitgehend eingeschränkt. Der verstärkte Anbau von Futterkräutern sowie die Ausbreitung der Kartoffel, die bereits Anfang des 16. Jahrhunderts von Amerika nach Europa kam, machten die Viehzucht vom Walde unabhängig. Die meisten Forstordnungen enthalten auch Bestimmungen, die das Harzscharren, Laubrechen, Aschenbrennen und die Weide etc. stark einengen, zum Teil sogar verbieten. Nach zeitgenössischen Berichten bot der Wald im 18. Jahrhundert jedoch einen trostlosen Anblick. Die Holzpreise stiegen, denn die Wälder lieferten den Rohstoff für fast alle Gewerbebetriebe. Besonders Bergwerke und Werften verschlangen ungeheure Mengen von Holz, und für die Erzverhüttung wurde immer noch Holzkohle verwendet. Für den Bergbau war das → Grubenholz unentbehrlich. Es wurden hierfür überwiegend → Stockausschläge (→ Niederwald) verwendet. Die steigende Nachfrage nach Holz und die Abnahme der Holzvorräte führten dazu, daß die Art und Weise des Holzverbrauchs durch obrigkeitliche Verordnungen geregelt wurde. Privatholzmärkte waren z. B. verboten, und öffentliche → Holzmagazine wurden errichtet. Einige Forstordnungen enthielten Bestimmungen, wonach den Untertanen, die selbst keinen Wald besaßen, wenigstens das nötigste Brennholz für den Eigenbedarf, häufig auch Nutzholz für den Gewerbebetrieb entweder unentgeltlich oder für nur geringe Vergütung überlassen werden sollte.
Auf diese Bestimmungen gehen die zum Teil heute noch vorhandenen Forstberechtigungen (→ Forstrechte) zurück. An besonders dafür eingerichteten „Holzschreibetagen" mußte der Bedarf angemeldet werden. Die „bairische Forstordnung" bestimmte: „Bauersleuten um's Gebirg, die nicht eigenes Holz haben, soll man ihre Hausnothdurft schlagen lassen; auch andere Handwerksleute sollen ihr Holz gegen angemessene Bezahlung erhalten".
Viele Verordnungen richteten sich gegen die Holzverschwendung und sahen die Kontrolle des abgegebenen Bauholzes vor. Schon in der Magdeburger Holzordnung von 1622 und der Braunschweig-Lüneburgschen von 1655 ist niedergeschrieben: „Wenn Jemand Bauholz fordert, so soll sein Gebäude mit Fleiß besichtigt werden, auch Einsehen geschehen, daß er das alte Holz mit verbaue und mit dem neuen sparsam umgehe." Um das Jahr 1800 versuchte man der drohenden Holznot durch den ausgedehnten Anbau raschwüchsiger Baumarten wie Pappel, Weißerle und Birke entgegenzuwirken. Eine gezielte Pflanzung der Laubbäume war fast ausschließlich bei der Eiche üblich. In Norddeutschland mußte z. B. einer alten Gewohnheit entsprechend jeder Ortsbürger alljährlich eine bestimmte Anzahl von Eichen pflanzen. Die Braunschweigsche Waldordnung schrieb vor: „Jeder Ackermann soll jährlich 10 junge Eichen, der Halbspänner 5, der Kortmann 3 auf ihre Gemeine oder auf Blößen setzen". Die oft nur geringwertige Bestockung gab den Anstoß zu einer auf wissenschaftlicher Grundlage beruhenden Forstwirtschaft. Die Wälder wurden eingeteilt und vermessen, Holzerträge – meist nur geschätzt – wurden festgestellt. Die Forstwirtschaft hatte zu dieser Zeit große Fortschritte getan. Die Verjüngung der Bestände geschah vorwiegend auf natürlichem Wege.
Im Laubwald herrschte der Mittelwaldbetrieb (→ Mittelwald) vor. Die leichte Verbreitungs- und Keimfähigkeit des Nadelbaumsamens ermöglichte eine schnelle Wiederbestockung abgeholzter Fichten- und Kiefernbestände. Pflanzung und Saat wurden damals hauptsächlich zur Ausbesserung kahler Stellen in den Schlägen angewandt. Bis zur zweiten Hälfte des 18. Jahrhunderts waren Laubbaumbestände oder zumindest gemischte Bestände (Laub- und Nadelbäume), mit Ausnahme in natürlichen Fichtenbeständen der hohen Gebirgslagen, verbreitet. Nun breiteten sich die Nadelwälder immer mehr aus. Im Norden und Westen Deutschlands wurde statt Eiche und Buche die Kiefer, im Süden statt Buche und Tanne die Kiefer und Fichte vorherrschend. Zu Ende des 18. Jahrhunderts wurden auch Akklimatisationsversuche → ausländischer Baumarten unternommen. Vor allem raschwüchsige Baumarten (insbesondere aus Nordamerika) standen im Mittelpunkt des Interesses.

Gegen Ende des 18. Jahrhunderts erkannte man den Nutzen der → Durchforstung junger Bestände. Sie war erstmals für die Forstbediensteten der Grafschaft Münzenberg (1790) und in der Lippeschen Dienstesinstruktion (1791) vorgeschrieben. Einen entscheidenden Fortschritt machte die Durchforstungslehre aber erst durch **Georg Ludwig → Hartig**. Die forstliche Literatur erfuhr im 18. Jahrhundert einen großen Aufschwung. Bislang waren es Nichtfachleute, die neben dem Feld-Gartenbau und der Viehzucht auch den Waldbau beschrieben. Hervorzuheben ist die im Jahre 1713 erschienene „Sylvicultura oeconomica" von **Hans Karl von → Carlowitz**, die ausschließlich die Forstwissenschaft, und zwar mit Schwerpunkt „Waldkultur durch Saat und Pflanzung" behandelt. Ein weiteres hervorragendes Werk „Grundsätze der Forstökonomie" stammt von **Wilhelm Gottfried von → Moser** (→ Forstliches Schrifttum).
Noch wenig Aufmerksamkeit schenkte man der Forstzoologie. Erst die großen Schäden in den Nadelwäldern in der zweiten Hälfte des 18. Jahrhunderts waren Anlaß, die Lebensweise der Schadinsekten und notwendige Abwehrmaßnahmen näher zu untersuchen. Man war damals z. B. noch der Ansicht, daß Kiefernraupen lebende Junge gebären und nachts von den Bäumen herabsteigen, um zu schlafen; der → Borkenkäfer galt als völlig harmlos. **Johann Friedrich Gmelin** (1748 – 1804) gab 1787 eine „Abhandlung über Wurmtrocknis" heraus, das beste Werk über → Forstentomologie der damaligen Zeit, das auf genauen Beobachtungen beruhte.

Bildnis des Försters Edward Barnes (geb. 1761/62); Öl auf Leinwand, Britische Schule, 1830

Gegen 1800 entstanden die ersten forstlichen → Meisterschulen. Die älteste gründete 1767 **Hans Dietrich von → Zanthier** in Wernigerode, die später nach Ilsenburg verlegt wurde. Erwähnswert sind noch die Meisterschulen von **Georg Ludwig → Hartig**, gegründet 1791 in Hungen, und **Heinrich → Cotta**, gegründet 1785 in Zillbach.

Die Entwicklungen im 19. Jahrhundert
Erst seit Beginn des 19. Jahrhunderts wurde der überwiegende Teil der Waldungen planmäßig und nachhaltig bewirtschaftet (→ Nachhaltigkeit; → forstliche Klassiker). Grundlage für diese Weiterentwicklung und starke Ausprägung der Forstwirtschaft waren die Aus-

Forstgeschichte II

wirkungen der Französischen Revolution im Jahre 1789, die eine Neuverteilung des Landbesitzes auch auf deutschem Gebiet nach sich zogen. Viel Wald wurde noch im Revolutionsjahr 1848 und danach verwüstet. Die meisten landesherrlichen Waldungen wurden → Privatwälder. Der Waldbesitz der säkularisierten Bistümer, Klöster sowie der geistlichen Ritterorden kam mit dem übrigen Territorium an weltliche Landesherren.
Den der staatsrechtlichen Selbständigkeit beraubten Reichsstädten wurde der städtische Wald meist als → Gemeindewald belassen. Nur in seltenen Ausnahmen (z. B. Nürnberger Reichswald, ein altes Reichsgut) kam er an den Staat. Vorwiegend in den größeren deutschen Staaten (Preußen, Sachsen, Bayern und Württemberg) wurden sämtliche Domänialgüter (Besitz der Fürsten) zu Staatsgütern erklärt. In den übrigen deutschen Staaten wurde den fürstlichen Familien zwar das Eigentum der → Domänen vorbehalten, deren Ertrag hingegen mußte ganz oder nach Abzug einer Rente für den Regenten zur Bestreitung der Staatsausgaben verwendet werden. Durch den Übergang des Domäneneigentums an den Staat sind, soweit Wald betroffen war, aus den landesherrlichen Forsten die Staatswaldungen (→ Staatswald) entstanden.
In der zweiten Hälfte des 19. Jahrhunderts ist mit bewundernswertem Eifer die Waldfläche Deutschlands vergrößert worden. An die Stelle des vorwiegend Brennholz erzeugenden Laubwaldes mit großem Ausschlagswaldanteil traten nunmehr nutzholzreiche Nadelholzhochwälder. Die Forstwirtschaft entwickelte sich zu einer wirtschaftlich orientierten Hochleistungswirtschaft. Es entstanden jene ertragreichen Wälder, die die wirtschaftlichen Krisen der beiden Kriegs- und Nachkriegsperioden des 20. Jahrhunderts überwinden halfen. Bei der Begründung neuer Wälder hatte man bislang überwiegend die Saat mit unverhältnismäßig großen Samenmengen und Pflanzenzahlen angewandt und letztlich ein optimales Wachstum der Bäume verhindert. Nunmehr setzte sich die Pflanzung mit den unterschiedlichsten Pflanzmethoden durch. Im Spessart begann man bereits 1836, die Eiche zusammen mit der Buche anzubauen. Etwa 123 000 Hektar Ödland und verwüstete Waldflächen wurden in Deutschland wieder aufgeforstet. Allein das damalige Preußen hat in der Zeit von 1880 bis 1930 seine Waldfläche um ca. 500 000 Hektar vermehrt. Zunehmend setzte sich auch die Erkenntnis durch, daß sich die Aufgabe des Waldbaues nicht nur auf die Entnahme hiebsreifen Holzes und die notwendige Bestand(e)sbegründung beschränken darf, sondern die Pflege des Waldes miteinzubeziehen ist.

Ergebnisse der forstlichen Entwicklung

In Europa führten in der ersten Hälfte des 20. Jahrhunderts die aus dem letzten Jahrhundert überkommenen → Monokulturen zu häufigem Auftreten von Insektenmassenbefall, Sturmschäden und Bodenverschlechterung. → Luftverunreinigungen durch Industrie und Verbrennungsmotoren bewirken zunehmende Umweltbelastung. Heute sind die Menschen durch die neuartigen → Waldschäden beunruhigt und mit Sorge um die Zukunft unserer Wälder erfüllt. Die Forstwirtschaft hat sich inzwischen von den Monokulturen gelöst und ist weitgehend zur → naturnahen Waldwirtschaft mit stabileren Mischbeständen übergegangen.

eines bestimmten Waldbezirkes für gewisse Zeit (meist ein Jahr) den Anfall an einzelnen Nutzungen (zumeist Dürr- und Lagerholz) zu beziehen. **2**) Der Ausdruck F. wurde früher auch auf die Erlaubnis zum Eintrieb von Schweinen (→ Schweinemast) zur → Mast bzw. für die → Waldweide angewandt.

Forstmuseum, das: öffentliche Sammlung mit Anschauungsmaterial zum Thema → Wald und → Forstgeschichte etc. Bekannte F. sind: Forstliche und jagdkundliche Lehrschau Grillenburg (Sachsen); F. auf dem Karlsberg, Weikersheim (Baden-Württemberg); F. und Jagdmuseum Sababurg (mit Kohlenmeiler); F. Silvanum Großreifling (Steiermark); F. Reichraming (Oberösterreich); → Flößerei-, Holz-, Holzknecht-, Waldmuseum.

Forstnebennutzungen: Nutzungen im Walde neben der Holzgewinnung; hierzu zählen die gewerbsmäßige Nutzung von Gräsern, Kräutern, Heilpflanzen und Wurzeln, Moosen, Beeren und Pilzen, Harznutzung, Weihnachtsbäume, Brennreisig (Leseholz), Schmuckreisig und Rinde (sog. Forstnebennutzung), daneben Bienenweide, Viehweide und der Abbau von Bodenbestandteilen (Kies, Sand, Steine, Erden und sonstiges Material), Auffüllungen (Deponien) sowie Vermietung und Verpachtung von Flächen für private, gewerbliche und industrielle Nutzung, einschließlich militärische Nutzung, Nutzung zu sportlichen Zwecken, land-, almwirtschaftliche und gärtnerische Nutzung, Nutzung zu gemeinnützigen und landespflegerischen Zwecken und zu Zwecken des Arten- und Biotopschutzes, Benutzung von staatseigenen Wegen, Stromleitungen, Ver- und Entsorgungsleitungen, Telekommunikationsleitungen, Wassernutzung, Windkraftanlagen, Mobilfunkanlagen, Fernsehfüllsenderanlagen, Fotografieren und Filmen auf Staatsforstgrund für gewerbliche Zwecke; → Forstnutzung, Forsthauptnutzung.

Forstnutzung, die (Forstbenutzung): wirtschaftliche Nutzung von → Walderzeugnissen. Der Begriff umfaßt die → Forsthaupt- und die → Forstnebennutzung.

Forstnutzungsrechte → Forstrechte.

Forstökosystemtypen → Waldökosystemtypen.

Forstordnungen: Die Landeshoheit, die sich seit dem 15. und 16. Jh. immer stärker entwickelte, umfaßte auch ein Oberaufsichtsrecht des Landesherrn über sämtliche in seinem Gebiet gelegene Waldungen, d. h. die → Forsthoheit. Zur Durchführung dieses Rechts wurden von den Landesherren besondere Verordnungen, die sog. F. erlassen. Diese F. unterschieden sich von den bisherigen, auf den Wald bezogenen Rechtsnormen (markgenossenschaftliche → Weistümer, → Waldordnungen) dadurch, daß sie für alle Waldbesitzarten gelten sollten; sie sind somit die Vorläufer der späteren Forstgesetzgebung. In Bezug auf Waldungen konnten die Landesherren daher erlassen:
1. Eigentumsverordnungen für ihre Privatwaldungen. Sie enthielten vielfach Bestimmungen, daß die Untertanen ihren Bedarf an Walderzeugnissen zunächst im Gemeindewald oder im eigenen Wald zu decken hatten. Vorrangig war die Versorgung von Salinen-, Berg- und Hüttenwerken, die eine wichtige Einnahmequelle darstellten.
2. Vorschriften über Behandlung und Nutzung der Markwaldungen in ihrer Eigenschaft als Schirmherren der → Markgenossenschaft. Hier wurden Bestimmungen aufgenommen, die der drohenden Holznot vorbeugen, aber auch der Holzverschwendung Einhalt gebieten sollten.
3. Forsthoheitsordnungen als Inhaber der staatlichen Gewalt. F. enthalten daher einleitend meist noch ausdrücklich den Hinweis auf die den Erlaß begründende forstliche Obrigkeit (z. B.: „So ordnen Wir in Kraft Unserer Obrigkeit ganz ernstlich befehlend..." – Aus Württembergische F. von 1551). Die F., die hauptsächlich in der Zeit von 1500 bis 1800 erlassen wurden (älteste F. vom 1442 Bistum Speyer), enthielten auch umfangreiche Bestimmungen über die Jagdausübung. Da die Landesherren an der Jagd größtes Interesse zeigten (das Jagdrecht war herrschaftliches Regal), beeinflußten diese Bestimmungen die forstpolizeilichen Vorschriften wesentlich (z. B. Beschränkung der Waldrodung, Schutz der fruchtenden oder tragenden Bäume, Einschränkung oder Ausschluß der → Waldweide etc.). Die Ausbreitung der Forsthoheit erfolgte im südlichen und westlichen Dtschl., das dichter besiedelt und wirtschaftlich stärker entwickelt war, viel rascher (um 1600) als im nördlichen und östlichen (um 1670), wo Holz z. T. noch im Überfluß vorhanden war. Unterschiedlich war auch der praktische Vollzug der F. Die älteren F., die sich meist darauf beschränkten, gewisse Handlungen, namentlich Waldverwüstungen und Rodungen, zu verbieten, waren zwar Willenserklärungen der Landesherren, fanden aber nicht immer die ihnen zugedachte Beachtung. Die Gründe

lagen hauptsächlich in der mangelnden Autorität der landesherrlichen Beamten. Die meisten von ihnen lebten fast ausschließlich von → Anweisegeldern für Holz u. ä.; viele von ihnen waren deshalb auch bestechlich. Dies führte letztlich, obwohl von Landesherrn zu Landesherrn unterschiedlich geregelt, zu einer Verschärfung der F. Die gesteigerten Strafandrohungen in den späteren F. belegen dies. Für Verletzungen der forstpolizeilichen Bestimmungen, die in den F. enthalten waren, sowie für Holzdiebstähle war in erster Linie Geldstrafe, zusätzlich, namentlich bei Wiederholung, Freiheitsstrafe, körperliche Züchtigung und Strafarbeit angedroht. Besonders streng wurden Entwendungen von aufgearbeitetem Holz (Klafterholz) und Verletzung von Grenzzeichen geahndet. Ausgraben von Grenzsteinen oder Umhauen eines Grenzbaumes sollten z. B. in Nassau-Dillenburg nach der Halsgerichtsordnung bestraft werden. Die F. wurden deshalb wie die Weistümer in den Märkerversammlungen – soweit diese unter Leitung der landesherrlichen Beamten noch fortbestanden – an Amts- oder Holztagen verlesen und oft auch in den Kirchen von den Kanzeln verkündet, damit auch der Teil der Bevölkerung, der weder schreiben noch lesen konnte, sich nicht mit Unwissenheit entschuldigen konnte. Die später immer zahlreicher werdenen F. geben dann aber auch direkte Vorschriften über Waldbehandlung, Verwertung der Walderzeugnisse etc. und umfassen bis 1700 überhaupt das gesamte forstliche Wissen ihrer Zeit. I. a. hatten sie folgenden Inhalt:

1. administrative Bestimmungen über Waldungen und Jagden.
2. Gebote und Verbote zum Schutz des gesamten Wald- und Wildbestandes sowie die Waldnutzungs- und Jagdrechte.
3. Bestimmungen über die Jagdgerechtigkeit, weniger über Waldnutzungsrechte, abgesehen von der forstpolizeilichen Regelung ihrer Ausübung.

Einige F. hatten ihren Bestand – häufig neu gefaßt – bis weit in das 19. Jh. hinein. Die Neufassung der württembergischen F. von 1614 galt z. B. bis 1879, die altbayerische von 1568 bis 1852; → Forstgeschichte, Forstrecht.

Forstordnungswidrigkeiten: → Forststrafrecht.

Forstorgane: Nach dem Österr. Forstgesetz von 1975 haben zur Sicherung des öffentlichen Interesses an der Walderhaltung und der Einhaltung der Bestimmungen dieses Gesetzes die Eigentümer von → Pflichtbetrieben unter bestimmten, im Gesetz näher beschriebenen Voraussetzungen fachlich ausgebildetes Forstpersonal (F.) zu bestellen. Aufgabe der F. ist die fachgemäße Bewirtschaftung des Waldes. Solche Organe erfüllen auch die fachlichen Voraussetzungen für die Betrauung mit den Funktionen eines → Forstschutzorgans.

Forstorganisation, die: In der BR Dtschl. sind die Länder auf dem Gebiet der Forst- und Holzwirtschaft sowie des Jagdwesens selbständig und verfügen über eigenständige Landesforstverwaltungen (Ober-, Mittel-, Unterstufe). In der Oberstufe sind die Forstverwaltungen der Bundesländer als Abteilungen bei den Ministerien für Landwirtschaft und Forsten bzw. Landwirtschaft und Umwelt, in einigen Ländern bei denen für Finanzen und Wirtschaft angesiedelt. In der Mittelstufe (Mittelbehörden) bestehen mit Ausnahme Schleswig-Holsteins und des Saarlandes höhere Forstbehörden (z. B. Nordrhein-Westfalen), in Bayern, Baden-Württenberg und Sachsen Forstdirektionen genannt. In Hessen und Niedersachsen ist die höhere Forstbehörde der allg. Verwaltung angegliedert. In der Unterstufe bestehen in allen Bundesländern staatliche Forstämter (Einheitsforstämter, bes. in Süddtschl.) mit Forstdienststellen (Forstdienstbezirken, Revierförstereien) als Außenstellen. Die Forstämter werden von Beamten des höheren Dienstes, die Forstdienststellen (Außenstellen) von Beamten des gehobenen Dienstes (Ausnahme: mittlerer Dienst) geleitet. Die staatl. Forstbehörden bewirtschaften die Staatsforsten und führen i. d. R. die Aufsicht über die nicht im Staatseigentum stehenden Wälder. Gemeinden und Körperschaften verwalten, soweit nicht auch hier die staatl. Forstverwaltung tätig wird, ihre Waldungen selbst (z. B. Stadtforstämter), unterliegen aber insoweit der allg. Kommunal- und Körperschaftsaufsicht, die im Benehmen mit der staatl. Forstverwaltung ausgeübt wird. Auch Privatwälder können durch die staatl. Forstverwaltung bewirtschaftet werden (Beförsterung). Werden sie, wie beim Großwaldbesitz (Privatforstämter), vom Eigentümer selbst verwaltet, so unterstehen sie der Aufsicht der staatl. Forstverwaltung oder, wie in Niedersachsen, der Landwirtschaftskammer. In einigen Ländern ist eine Betreuung des Privatwaldes durch staatliche Forstdienststellen möglich. In allen wird er unentgeltlich beraten (→ Beratung).

Österreich: oberste Forstbehörde ist die „Sektion für Forstwesen" im Bundesministerium für Land- und Forstwirtschaft. Der Aufgabenbereich umfaßt alle Angelegenheiten der Forstpolitik und des Forstrechts, welche im Forstgesetz 1975, den dazugehörigen Gesetzen und Verordnungen angeführt sind. Als Mittelbehörden (obere Forstbehörden) bestehen Landesforstinspektionen bei den Ämtern der Landesregierung, vergleichbar mit den deutschen Forstdirektionen. Ihnen unterstellt sind Bezirksforstinspektionen (Forstämter) bei den Bezirksverwaltungsbehörden.

Schweiz: oberste Forstbehörde ist die Eidgenössische Forstdirektion im Bundesamt für Umwelt, Wald und Landschaft (BUWAL).

Forstort, der: Bez. für eine bestimmte, örtlich abgegrenzte Fläche im Wald (→ Waldeinteilung), aber auch ein zusammenhängender Waldteil mit eigener Bez.; → Forstortsnamen.

Forstortsnamen: Im Ggs. zu → Ortsnamen sind F. und Flurortsnamen meist jüngerer Herkunft. Sie entstanden zu einer Zeit, als man tiefer in den Wald eindrang (im Laufe des Mittelalters und später; → Forstgeschichte) und die Waldungen unterscheiden mußte. Mit den ersten F. wurden Landschaften bezeichnet die auf Wald und Baum, Pflanze und Tier, auf Gewässer sowie auf trockenes oder feuchtes Gelände deuten. Die jüngeren F. hingegen beziehen sich auf die Art der Nutzung des Waldes, z. B. „Köhlersgraben", „Jägerpfad", „Lärchengarten", „Tannenkamp" oder „Ziegenwerder". F. fallen gelegentlich mit den Begriffen Distrikt und Abteilung (→ Waldeinteilung) zusammen. Aus kulturgeschichtlichen Gründen und zur Erleichterung der Orientierung im Wald ist es wünschenswert, überlieferte F. akten- und kartenmäßig weiterzuführen.

Forstpaten: Forstbeamte oder andere mit der Natur vertraute Persönlichkeiten, die die → Deutsche Waldjugend bei Planung und Durchführung von praktischen Umweltschutzmaßnahmen unterstützen und in allen Fachfragen beraten und als Vermittler zwischen Forst- und Schulverwaltung, Behörden, anderen Verbänden, Grundstückseigentümern und Jägerschaft auftreten. Der Landesforstpate erarbeitet zusammen mit den anderen Mitgliedern der Landesleitung Arbeitshilfen und bereitet Seminare und Lehrgänge für die F. und die Deutsche Waldjugend vor. Zur obersten Forstbehörde ist er Kontaktperson.

Forstpathologie, die: Lehre von den → Waldkrankheiten und krankhaften (pathologischen) Veränderungen am Einzelbaum bzw. von den Baumkrankheiten.

Forstpflanzen: junge Pflanzen von → Waldbäumen und -sträuchern, gleichgültig ob aus künstlicher Anzucht (z. B. aus Baumschulen) oder natürlicher Ansamung (→ Naturverjüngung); → Verschulpflanze, Kamp.

Forstpflanzenanzucht in Containern; → Containerpflanzen

Forstpflanzenzüchtung, die: → Forstgenetik.

Forstpflanzgarten, der: → Kamp.

Forstpflanzkamp, der: → Kamp.

Forstpflug, der: → Waldpflug.

Forstplantage, die: → Holz(zucht)plantage.

Forstpolitik, die: Inbegriff der staatlichen Maßnahmen zur Erhaltung, Mehrung und nachhaltigen Nutzung (→ Nachhaltigkeit) des Waldes unter Berücksichtigung der Wechselwirkungen zwischen Forstwirtschaft, Gesellschaft, Volkswirtschaft und Staat. Zur F. gehört auch die Förderung der Forstwirtschaft, des Vereins- und Forschungswesens, der forstlichen Ausbildung sowie i. w. S. der Holzaußenhandel, die Waldbesteuerung und die Verkehrstarifpolitik.

Forstliches Schrifttum

Die Anfänge im Mittelalter

Bis zur Mitte des 16. Jahrhunderts gab es in Deutschland noch kein eigenständiges forstliches Schrifttum. Wenn auch die Produkte des Waldes selbst schon immer eine bedeutende Rolle spielten, so gab es doch noch keine Forstwissenschaft im heutigen Sinne. Die wenigen angewandten Regeln für eine Waldbewirtschaftung beruhten auf Tradition und mündlicher Überlieferung. Nur wenige Schriften vor dem 16. Jahrhundert enthalten deshalb – und nur in einigen Abschnitten – Angaben über Waldbäume und -pflanzen. Meist handelt es sich dabei auch nur um botanische und pflanzengeographische Daten bzw. um die Auswertung antiker Schriften.

Einer der ersten, der in einem Buch auch Waldbäume erwähnte, war der Erzbischof von Mainz, **Rhabanus Maurus** (784 – 856). In seinem Werk „De Universo“ vom Landbau und den Pflanzen, schreibt er „von den Bäumen im allgemeinen“ und „von den eigenen Namen der gemeinen Bäume“. Die Äbtissin des Klosters St. Ruprechtsberg bei Bingen, **Hildegard von Bingen** (1098 – 1179), führt im dritten Buche ihrer „Physica“ ein Verzeichnis der Holzarten unter Berücksichtigung ihrer Heilkraft an.

Als einen der ersten Forstschriftsteller kann man den als Philosophen und Theologen berühmt gewordenen Dominikanermönch **Albertus Magnus** (1193 – 1280) bezeichnen. Der zu seiner Zeit hochgeschätzte Botaniker verfaßte um das Jahr 1260 das Werk „De vegetabilibus et plantis“, in dem er die Holzarten in alphabetischer Reihenfolge aufführt. Neben der botanischen Beschreibung von Stamm, Rinde, Blättern, Blüten und Früchten gibt er Mitteilungen über die Eigenschaften des Holzes(Brennkraft, Dauer, Härte, Spaltbarkeit und Farbe) sowie über die Verwendung als Nutz-, Bau-, Brenn- und Kohlholz, über den Standort, die Höhe und Astverbreitung der Bäume. Außerdem befaßte er sich mit dem Wachstum der Pflanzen, ihrer Ernährung und über den Einfluß des Standorts etc.

Etwa zur gleichen Zeit schrieb auch der Dominikanermönch **Vincent von Beauvais** (gestorben um 1264), auch Vincentius Bellovacensis genannt, das bedeutende Werk „Speculum naturale“. Unter Benutzung eines reichen Quellenmaterials hat er in 112 Kapiteln die Bäume, insbesondere die Waldbäume, beschrieben. Vertreten sind alle heute vorhandenen einheimischen Baumarten. Bereits im 15. Jahrhundert wurde sein Buch handschriftlich verbreitet. Es gehörte außerdem zu den ersten Büchern, das nach Erfindung des Buchdrucks vervielfältigt wurde (Straßburg 1473, Nürnberg 1483).

Einige Schriften des Mittelalters, die u. a. auch forstliche Angelegenheiten behandelten, gingen auf römische bzw. italienische Schriftsteller zurück und gelangten von Italien und Frankreich nach Deutschland. Der Bologneser Senator und Gutsbesitzer **Petrus de Crescentiis** (um 1300) bearbeitete nach den Schriften des **Varro** (116 – 27 v. Chr.) und nach anderen antiken Quellen sein „ruralium commodorum libri duodecim“. Das Buch wurde, obwohl schon anfangs des 14. Jahrhundert geschrieben, erstmals 1474 in Augsburg gedruckt und später auch in deutscher (1493) und italienischer Sprache aufgelegt. Dieses Buch paßte aber wenig für deutsche forstliche Verhältnisse, sondern war fast ausschließlich für die der Mittelmeerländer verfaßt worden.

Die Schriften der frühen Neuzeit

Im Jahre 1559 begann der französische Arzt **Charles Estienne** mit der Niederschrift eines wesentlich auf Petrus de Crescentiis beruhenden Sammelwerks „Praedium rusticum“, das von seinem Schwiegersohn **Jaques Liebault** fortgesetzt und 1566 von **Melchior Sebizius** ergänzt und in einer Zusammenfassung 1579 herausgegeben wurde. Eine fachliche Bildung der verwaltenden Forstbeamten war im 16. und 17. Jahrhundert noch nicht gegeben. Die gesamten forstwissenschaftlichen Kenntnisse der damaligen Zeit (bis in das 18. Jahrhundert hinein) enthalten die → Forstordnungen, deren Verfasser fast alle nicht bekannt sind. Alles was im 16. und 17. Jahrhundert über Forstwissenschaft geschrieben wurde, stammte von Nichtfachleuten. Einer davon war der Jurist, kurfürstlich-pfalzgräflicher Rat und → Kameralist **Noë → Meurer**. Als erstes Buch erschien von ihm im Jahre 1560 „Von Forstlicher Oberherrlichkeit und Gerechtigkeit …“. Die 1576 erschienene stark erweiterte zweite Auflage erhielt den Titel „Jag- und Forstrecht …“. Neben Anweisungen für die Nadelholzsaat enthält sie unter anderem Regeln über die schlagweise Nutzung, die Bestandespflege mittels Durchforstung und Reinigung.

Das Werk vermittelt einen Einblick in den Stand der Waldbaulehre des 16. Jahrhunderts und hat die forstliche Ordnung der damaligen Zeit stark beeinflußt. Meurer gilt als erster deutscher Autor, der sich in seinen Büchern ausschließlich mit Jagd und Wald auseinandersetzte, wenn auch die Bücher mehr rechtlichen Inhalts sind. Sein Werk und die umfangreiche anonyme Handschrift „Haushaltung in Vorwerken“, die um 1559 im Kurfürstentum Sachsen niedergeschrieben wurde (erstmals gedruckt 1910), zählen zu den wichtigsten Grundlagen der deutschen Forstwirtschaftslehre.

Das erste geschlossene und bedeutsame Werk über Forstwirtschaft stammt von dem Bergmann **Hans Karl von → Carlowitz** (1645 – 1714). Unter Verzicht auf Jagdkunde und Landwirtschaft schrieb er „Sylvicultura oeconomica oder Haußwirthliche Nachricht und Naturmäßige Anweisung zur Wilden Baum-Zucht…“ (Forstwirtschaft), veröffentlicht 1713.

Darin behandelt er unter anderem ausführlich die Saat und Pflanzung, die Holznutzung, den Ausschlagsbetrieb, und er befürwortet die Einbürgerung fremdländischer Holzarten. Er verwendete als erster den Begriff → Nachhaltigkeit.

Die 1710 erschienenen „Notabilia venatoris ..." des herzoglich-sächsischen Oberlandjägermeisters **Herrmann Friedrich von Göchhausen** (1663 – 1733) befassen sich hingegen fast ausschließlich mit der Jagd und nur mit einem äußerst bescheidenen Beitrag über die „Mannigfaltigkeit des Gehölzes". Auch **Hanns Friedrich Freiherr von Fleming** (geb. nach 1650, gest. nach 1726), ebenfalls der Jagd stark verbunden, gedenkt der Forstwirtschaft in seinem zweibändigen, umfangreichen Werk „Der Vollkommene Teutsche Jäger ..." (erschienen 1719 und 1724), nur wenig.
Zu diesem Kreise adeliger Jagd- und Forstbeamter gehörten auch solche, die sich im Hinblick auf die Entwicklung der praktischen Forstwirtschaft große Verdienste erworben haben, wenngleich auch ihre literarischen Schöpfungen nur sehr gering waren. Zu nennen sind hier insbesondere **Karl Friedrich von Berlepsch** (1724 – 1790), der kurfürstlich-hessische Staatsminister und Oberjägermeister mit „Kurzer Bericht für die Forstbedienten der Grafschaft Hanau-Münzenberg" (erschienen 1761), **Johann Georg von → Langen** (1699 – 1776) sowie seine Schüler **Hans Dietrich von → Zanthier** und **von Lassberg**.

Hoch Fürstl. Brandenb. Onolzbachische Wald-Ordnung / Forst- und Wald- auch Jagd- und Wildbahns-MANDATA und Verordnungen / Wie solche nach und nach biß hieher zu männiglichs Wissenschafft ins Land ergangen / und von Zeiten zu Zeiten publiciret und wiederholet worden.
Onolzbach / Gedruckt durch Jeremias Kretschmann / Hochfürstl. Hof-Buchdrucker / Anno 1692.

Die Hausväterliteratur

Das 16. und 17. Jahrhundert war auch die Zeit der sogenannten „Hausväter" (Hausväterliteratur). Sie beschrieben in ihren Werken alles, was ein tüchtiger Hausvater damals wissen mußte: Feld-, Wiesen- und Gartenbau, Viehzucht, Fischerei, Astrologie, Hausarzneikunde, Imkerei, Traumdeutung und Alchemie. Daneben behandelten sie auch den Waldbau, die Kultur der wilden Bäume.
Hierzu gehören u. a.: **Konrad Heresbach** (1496 – 1576) „Rei rusticae libri quatuor ..." von 1570 sowie das forstlich wohl wichtigste Werk dieser Zeit „Oeconomia ruralis et domestica, worin das Ampt aller braven Hausväter und Hausmütter begriffen" (Land- und Hauswirtschaft) der beiden evangelischen Pastoren (Vater und Sohn) **Jacob** und **Johann Coler(us)**, (1566 – 1639), dessen sechs Teile in erster Auflage zwischen 1593 und 1601 erschienen sind. In diesem Werk, in dem auch ein Teil der bestehenden Forstordnungen verarbeitet wurde, wird anschaulich die Kiefernsaat, die Gewinnung des Nadelholzsamens, die Schlageinteilung und das Beschneiden der Eichen-Heister beschrieben. Bedingt durch den Dreißigjährigen Krieg wurden keine neueren Werke herausgegeben.
Es folgten **Georg Andreas Böckler** (Boecler) „Nützliche Hauss- und Feldschule ..." (1666), **Wolf Helmhard Freiherr von Hohberg** „Georgica curiosa aucta ..." (1682) und **Florinus** „Oeconomus prudens et legalis oder Allgemeiner Klug- und Rechtsverständiger Haus-Vatter, bestehend in 9 Büchern" (1702). Diese Hausväterliteratur hat keinen Einfluß auf die Forstwirtschaft gehabt.

sich selbst rathende Jäger, Oder: Hundert und siebenzehn auserlesene und zum Theil sehr delicate Casus und streitige Fälle / welche täglich bey dem Forst- Jagd- Fischerey- Wesen vorkommen, und sowol aus denen Rechten, sonders löbl. Observanz entschieden
Ans Licht gestellet von Tit. Herrn Carln von Heppe,
Augsburg, bey Johann Jacob Lotters sel. Erben, 1754.

Die forstwirtschaftlichen Grundlagen im 18. Jahrhundert

Als Mitte des 18. Jahrhunderts die Forstleute das einseitige und bis dahin stark ausgeprägte Jägertum überwunden hatten, legten herausragende Persönlichkeiten ihre auf Erfahrung und Praxis beruhenden Kenntnisse auch schriftlich nieder. Dieses Schrifttum bildete die Grundlage für die sich allmählich entwickelnde Forstwirtschaftslehre. Vor allem für die späteren Kameralisten waren die Schriften dieser sogenannten „holzgerechten Jäger" wichtigstes Grundlagenmaterial.
Der bekannteste unter diesen holzgerechten Jägern ist **Johann Gottlieb → Beckmann** (um 1700 – um 1777). Von ihm stammt das dreibändige Werk „Gegründete Versuche und Erfahrungen von der zu unsern Zeiten höchst nöthigen Holzsaat, zum allgemeinen Besten herausgegeben" (1756), „Anweisung zu einer pfleglichen Forstwirthschaft ..." (1759) und „Beyträge zur Verbesserung der Forstwissenschaft ..." (1763). Seine Schriften waren weit verbreitet. In waldbaulicher Beziehung vertrat er u. a. auch die Saat und den Kahlschlagbetrieb, zugleich gilt er als Mitbegründer der Forstwirtschaftslehre.

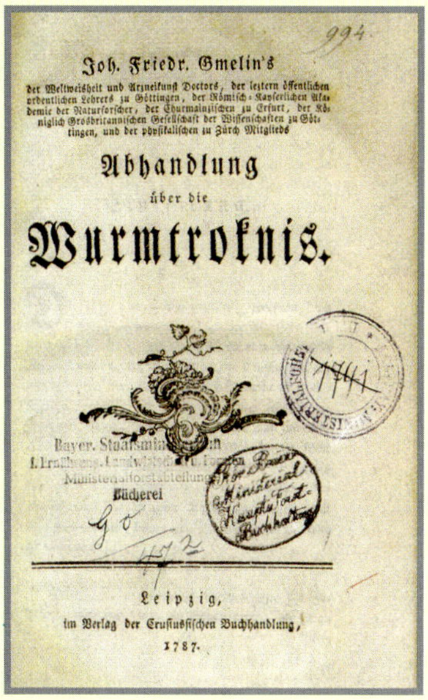
Joh. Friedr. Gmelin's
Abhandlung über die Wurmtroknis.
Leipzig, im Verlag der Crusiusischen Buchhandlung, 1787.

Seiner Richtung nahe stand auch der Wildmeister **Melchior Christian Käpler** (1712 – 1793). Auch dieser hatte keine besondere Schulausbildung und spricht in seinen Schriften nur von den eigenen praktischen Erfahrungen, die sich – seinem Wirkungsbereich angepaßt – fast ausschließlich auf die Bewirtschaftung von Nieder- und Mittelwald bezogen, so z. B. „Gründliche Anleitung zu mehrerer Erkenntniß und Verbesserung des Forstwesens ..." (1764). Der erste holzgerechte Jäger, der eine Universität (Halle) besuchte, war **Johann Jacob Büchting** (1729 – 1799). Seine praktische Tätigkeit war hauptsächlich dem Vermessungswesen gewidmet. Er schrieb u. a. „Geometrisch-oeconomischer Grund-Riss zu einer regelmäßigen wirthschaftlichen Verwaltung derer Waldungen ..." (1762). Ein ziemlich bewegtes Leben führte der durch seine 1746 erschienene „Eröffnete Jäger-Practica ..." bekannt gewordene **Heinrich Wilhelm → Döbel** (1699 – 1759). Der jagdliche Teil seines Buches steht jedoch ungleich höher als der forstliche. Er schildert nur die ihm bekannte Laubwaldwirtschaft und behandelt nur kurz die → Schlageinteilung, Vermessung und Baumschätzung sowie das Streurechen. Obwohl die holzgerechten Jäger ihre praktischen Erfahrungen nur aus dem eigenen Wirkungskreis, d. h., aus örtlichen Gegebenheiten schöpfen konnten, glaubten sie jedoch, daß die von ihnen erprobten und bewährten Wirtschaftsregeln allgemeine Gültigkeit besitzen müßten. Das führte dazu, daß sie andere Anschauungen für gänzlich falsch hielten. Hieraus entwickelte sich eine lebhafte literarische Fehde. An der Spitze dieser Kritiker stand Döbel, der vor allem Beckmann und Büchting scharf angriff.

Die Kameralisten

Es waren neben Bergbaubeamten, Juristen, Theologen und Medizinern vor allen die Kameralisten, die neben Jägern und Forstleuten das forstliche Schrifttum begründet und bis zum Ende des 18. Jahrhunderts fortgeführt haben. Für eine enzyklopädische Zusammenfassung des forstlichen Wissens war im 18. Jahrhundert kein Stand besser geeignet als der der Kameralisten. Es fehlten ihnen zwar überwiegend die praktischen Kenntnisse, doch dank ihrer Bildung und ihrer dienstlichen Stellung an der Spitze der Finanzverwaltungen oder der landesherrlichen Domänen- und Forstverwaltungen waren sie für solche Arbeiten prädestiniert. Sie galten als Vertreter des aufstrebenden Bürgertums.

Bei den Kameralisten lassen sich zwei Gruppen unterscheiden: die praktischen und die wissenschaftlichen Kameralisten. Erstere waren in höheren Verwaltungen tätig. Ihre Werke sollten für das unterstellte Personal „Leitfäden" bzw. „Anweisungen" für die praktische Arbeit sein. Die wissenschaftlichen Kameralisten lehrten an den Universitäten Kameralwissenschaften unter Einschluß der Forstwissenschaft. Ihre Schriften waren daher mehr Lehrbücher und Enzyklopädien, die das gesamte forstliche Wissen der damaligen Zeit systematisch geordnet enthielten.

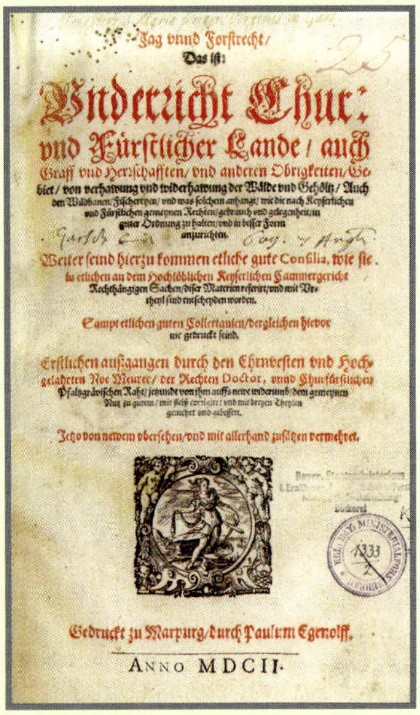
Jag vnnd Forstrecht/
Das ist:
Underricht Chur:
vnd Fürstlicher Lande / auch
Graff vnd Herrschafften/ vnd anderen Obrigkeiten/ Gebiet/ von verhawung vnd widerhawung der Wälde vnd Gehöltz/ Auch den Wildbanen/ Fischereyen/ vnd was solchem anhangt/ wie die nach Keyserlichen vnd Fürstlichen gemeynen Rechten/ gebrauch vnd gelegenheit/ in guter Ordnung zu halten/ vnd in besser Form anzurichten.
Weiter seind hierzu kommen etliche gute Consilia, wie sie in etlichen an dem Hochlöblichen Keyserlichen Cammergericht Rechthängigen Sachen/ diser Materien referirt/ vnd mit Vrtheyl sind entschieden worden.
Sampt etlichen guten Collectanien/ dergleichen hievor nie gedruckt seind.
Erstlichen außgangen durch den Ehrnvesten vnd Hochgelahrten Noe Meurer/ der Rechten Doctor, vnnd Churfürstlichen Pfaltzgrävischen Raht/ jetzundt von jhm auffs newe widerumb/ dem gemeynen Nutz zu gutem/ mit fleiß corrigirt/ vnd mit dreyen Theylen gemehret vnd gebessert.
Jetzo von newem obersehen/ vnd mit allerhand zusätzen vermehret.
Gedruckt zu Marpurg/ durch Paulum Egenolff.
ANNO MDCII.

Von den praktischen Kameralisten sind anzuführen: **Johann Andreas Cramer** (1710 – 1777). Seine „Anleitung zum Forstwesen …" mit Schwerpunkt Waldbaulehre, ausgestattet mit 60 Kupfertafeln, erschien 1766. **Johann Friedrich Stahl** (1718 – 1790) gab 1772 bis 1780 „Onomatologia Forestalis-Piscatoria-Venatoria oder vollständiges Forst-, Fisch- und Jagdlexikon …" heraus, dessen forstwirtschaftliche Abhandlungen zwar nur geringen Wert haben, dessen forstrechtliche Abschnitte hingegen sehr gut sind.

An der literarischen Fehde zwischen den holzgerechten Jägern beteiligte sich auch **Heinrich Christian von Brocke** (1713 – 1778). 1752 veröffentlichte er unter dem Pseudonym „Sylvander" „Zufällige Gedanken von der Natur, Eigenschaft und Fortpflanzung der wilden Bäume …". Sein enzyklopädisches Werk „Wahre Gründe der physicalischen und Experimental allgemeinen Forst-Wissenschaft …" wurde von 1768 bis 1775 herausgegeben.

Zu den besten und umfassendsten Forstenzyklopädien der Kameralisten gehören die 1757 in zwei Bänden erschienenen „Grundsätze der Forst-Ökonomie" des württembergischen Expeditionsrats **Wilhelm Gottfried von → Moser** (1729 – 1793). Moser, der zuletzt Fürstlich Taxis'scher Geheimrat in Ulm war, behandelt hierin Holzartenkunde und Holzverwendung, → Waldeinteilung und -pflege, Bestandsbegründung, Ernte und Nutzung der → Walderzeugnisse, → Forsthoheit, Nebennutzung, → Forstschutz und Jagdkunde. In der Zeit von 1788 bis 1796 hat Moser auch die damals sehr bekannte und beliebte Zeitschrift „Forstarchiv" herausgegeben.

Etwa ab der zweiten Hälfte des 18. Jahrhunderts wurden die wissenschaftlichen Kameralisten, die an fast allen deutschen Hochschulen Vorlesungen hielten, zum Teil auch literarisch tätig. Einer der ersten war **Friedrich Ulrich → Stisser** (1689 – 1739). Von ihm stammt auch das erste forstgeschichtliche Werk „Forst- und Jagd-Historie der Teutschen" (1737). Als forstliche Schriftsteller sind noch hervorzuheben: **Johann Beckmann** (1739 – 1811); der ordentliche Professor der Ökonomie in Göttingen stellte 1769 in seinem Werk „Grundsätze der deutschen Landwirthschaft" das erste vollständige System der Land- und Forstwirtschaft auf (die Forstwirtschaft wird allerdings nur auf 61 Seiten abgehandelt). **Johann Heinrich Jung** (1740 – 1817), genannt Stilling, war eine bemerkenswerte und herausragende Persönlichkeit seiner Zeit. Zuerst Schneidergeselle, dann nach dem Studium Mediziner und berühmter Staroperateur, später Professor der Staatswissenschaften in Kaiserslautern, Heidelberg und Marburg. Er gab neben vielen anderen Werken und Abhandlungen 1781/82 das zweibändige Werk „Versuch eines Lehrbuchs der Forstwirthschaft" heraus (der Hauptinhalt des Buches bezieht sich auf die Forstbotanik). **Dr. Johann Jacob → Trunk** (1745 – 1816) war der erste Kameralist, der an einer Universität auch für Forstleute Vorlesungen hielt. Von ihm stammt das 1788 erschienene Werk „Neues, vollständiges Forstlehrbuch oder systematische Grundsätze des Forstrechts, der Forstpolizey und Forstökonomie …".

Die Begründung der Forstwissenschaft

Zur Entstehung einer eigenständigen Forstwissenschaft reichten die Kenntnisse und Erfahrungen der Praktiker nicht aus. Es mußte daher noch eine wissenschaftliche Begründung und Weiterbildung in drei Richtungen erfolgen, nämlich in mathematischer, naturwissenschaftlicher und volkswirtschaftlicher Beziehung.

Allein die Mathematik war im 18. Jahrhundert bereits vollständig durchgebildet. Die ersten forstmathematischen Arbeiten, streng wissenschaftliche Ertragsversuche, wurden bereits seit 1721 durch **René Ferchault de Reaumur** (1683 – 1757) in den französischen Niederwaldungen angestellt, blieben jedoch auf die deutsche Forstwissenschaft ohne Einfluß. 1734 erschien von **Georg Christoph Rieckher** das älteste deutsche forstmathematische Werk „Der sichere und accurate Gränz-, Land- und Forst-Renovator" und von **Johann Friedrich Penther** (1693 – 1749) die älteste Anleitung zur Waldvermessung „Praxis geometriae …" (1729). Von dem sächsischen Pastor **Johann Ehrenfried Vierenklee** (1716 – 1777) erschien 1767 „Mathematische Anfangsgründe der Arithmetik und Geometrie, in so fern solche denjenigen, die sich dem höchstnöthigen Forstwesen auf eine vernünftige und gründliche Weise widmen wollen, zu wissen nöthig sind".

Die Grundlagen der Holzmeßlehre, die sich später als die Waldvermessung entwickelte, schuf **Carl Christoph Oettelt** (1727 – 1802), der erst Oberförster, dann Waldmeister und später Forstmeister zu Ilmenau war. Er schrieb 1764 „Praktischer Beweis, daß die Mathesis bey dem Forstwesen unentbehrliche Dienste thue". In gleicher Richtung tätig war auch **Carl Wilhelm → Hennert** (1739 – 1800), der zuerst Artillerieleutnant und später Geheimer Forstrat war. Sein Hauptwerk ist die 1791 bis 1795 erschienene „Anweisung zur Taxation der Forsten …".

Die Naturwissenschaften begannen erst gegen Ende des 18. Jahrhunderts an Boden zu gewinnen. Wenn man von der absolut unwis-

senschaftlichen Schrift von **Agricola**'s „Neuer und unerhörter Versuch der Universalvermehrung aller Bäume, Stauden, Blumengewächse ...“ (1716 – 1718) absieht, so war es wieder ein französischer Gelehrter, welcher auf dem Gebiet der Forstbotanik bahnbrechend wirkte. Es ist dies der Marineinspektor **Henry Louis Duhamel du Monceau** (1700 – 1780). Seine Schriften wurden von dem Amtmann des Nürnberger Sebaldiwaldes (→ Nürnberger Reichswald), **Karl Christoph Oelhafen von Schöllenbach** (1709 – 1785), ins Deutsche übersetzt. Oelhafen selbst schrieb auch ein bedeutendes botanisches Werk „Abbildung der wilden Bäume, Stauden und Buschgewächse ...“ (1773).
Der erste deutsche Forstmann, der ein forstbotanisches Werk herausgab, war der Geheime Hofrat und Mitglied des Hofratskollegiums des Markgrafen von Baden, **Joseph Friedrich Enderlin** (1732 – 1808). Von ihm erschien im Jahre 1767 „Die Natur und Eigenschaften des Holzes und seines Bodens, nebst seiner Nahrung und Ursachen des Wachsthums ...“
Weit bedeutender als Oelhafen und Enderlin war jedoch Dr. med. **Johann Gottlieb → Gleditsch** (1714 – 1786), der 1746 Direktor des Botanischen Gartens in Berlin wurde. Gleditsch war vor allem ein beschreibender Botaniker. Seine 1775 erschienene „Systematische Einleitung in die neuere, aus ihren eigenthümlichen physikalisch-ökonomischen Gründen hergeleitete Forstwissenschaft“ bezieht sich hauptsächlich auf die Forstbotanik, während das Übrige nur Zusammenstellungen aus fremden Werken enthält.

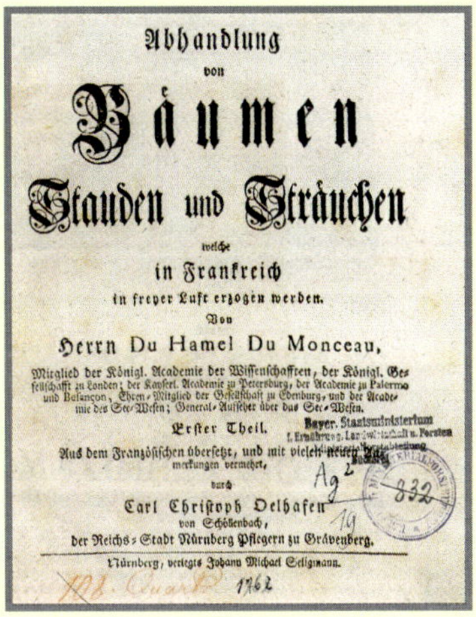
Abhandlung von Bäumen Stauden und Sträuchen welche in Frankreich in freyer Luft erzogen werden. Von Herrn Du Hamel Du Monceau, Mitglied der Königl. Academie der Wissenschafften, der Königl. Gesellschafft zu London; der Kayserl. Academie zu Petersburg, der Academie zu Palermo und Besançon, Ehren-Mitglied der Gesellschaft zu Edenburg, und der Academie des See-Wesen; General-Aufseher über das See-Wesen. Erster Theil. Aus dem Französischen übersetzt, und mit vielen neuen Anmerkungen vermehret, durch Carl Christoph Oelhafen von Schöllenbach, der Reichs-Stadt Nürnberg Pflegern zu Grävenberg. Nürnberg, verlegts Johann Michael Seligmann.

Linné schätzte ihn hoch und benannte die Pflanzengattung „Gleditschia“ nach ihm.
Auch **Friedrich August Ludwig von → Burgsdorf** (1747 – 1802) vollbrachte hervorragende Leistungen auf dem Gebiet der Forstbotanik. Sein bekanntes „Forsthandbuch. Allgemeiner theoretisch-praktischer Lehrbegriff sämtlicher Försterwissenschaften“ (1788 und 1796) war seinerzeit hoch geachtet.
Noch weniger weit als die Forstbotanik war die Forstzoologie bis Ende des 18. Jahrhunderts fortgeschritten. Etwa ab Mitte des 18. Jahrhunderts trat nun in Folge der ausgedehnten Schäden durch Schadinsekten die → Forstentomologie in den Vordergrund. Bereits der erwähnte braunschweigisch-lüneburgische Kammerrat **Johann Andreas Cramer** (1710 – 1777) beschreibt in seiner 1766 herausgegebenen „Anleitung zum Forstwesen, nebst einer ausführlichen Beschreibung von Verkohlung des Holzes, Nutzung der Torfbrüche ...“ den „schwarzen Wurm“ (→ Borkenkäfer) ganz gut. Das beste Werk über Forstentomologie, das in dieser Zeit entstand und zugleich auf exakten Beobachtungen beruhte, war die „Abhandlung über die Wurmtrockniß“ des Professors der Medizin in Göttingen, **Johann Friedrich Gmelin** (1748 – 1804), die 1787 herausgegeben wurde.

Die moderne Forstwissenschaft

An der Wende zum 19. Jahrhundert konnte sich auf Grund der Fülle von Erfahrungen und Forschungen die Forstwissenschaft endgültig durchsetzen. Nunmehr mußte aber auch jeder, der den Forstberuf ergreifen wollte, zumindest eine Lehre absolvieren. Die Wälder waren zu dieser Zeit stark verwüstet, und viele der im Wald tätigen Männer waren in erster Linie Jäger. Es enstanden daher forstliche Ausbildungsstätten (→ Meisterschulen), die anfangs reine Privatinstitute waren. Es waren die studierten Forstleute, die leitende Stellungen in den Forstverwaltungen innehatten und auch mit der praktischen Arbeit im Wald vertraut waren, die sowohl Meisterschulen leiteten, als auch Vorlesungen an den Universitäten hielten. Ihr fundiertes Wissen, ihre wissenschaftlichen Methoden und ihre literarischen Werke ließen sie zu den sogenannten → forstlichen Klassikern werden. Zu ihnen gehören in erster Linie Persönlichkeiten wie **Georg Ludwig → Hartig, Heinrich → Cotta, Wilhelm → Pfeil, Johann Christian → Hundeshagen, Carl → Heyer** und **Gottlob → König.**
Ab dieser Zeit hat das forstliche Schrifttum – auch was die wissenschaftliche Aufgliederung betrifft – einen enormen Zuwachs erfahren. Die Aufzählung aller wichtigen Werke liegt außerhalb des hier gesetzten Rahmens und konnte auch für die abgehandelten Zeitperioden nur für die bedeutendsten Autoren der damaligen Zeit erfolgen. Eine Zusammenstellung des gesamten forstlichen Schrifttums findet sich in dem dreibändigen Werk „Deutsche Forstliche Bibliographie 1560 – 1965“, herausgegeben von K. → Mantel.

D. Johann Jodoci Becks, JCti. Hochgräfl. Hohenlohe-Neuensteinischen und Hochgräfl. Giechischen Rath, der Hochlöbl. Republique Nürnberg Consulent, bey der Universität Altdorf Pandectarum Profess. Publ. & Facult. Jurid. Assess. Ordin. TRACTATUS DE JVRISDICTIONE FORESTALI Von der Forstlichen Obrigkeit, Forst-Gerechtigkeit und Wildbann, Wie dieselbe im heiligen Römischen Reich, sonderlich in Schwaben/ Franken und anderen Provinzen ausgeübet wird, Aus denen allgemeinen Reichs-Gesetzen, Landes-Verordnungen, täglicher Observanz und Praxi, gründlich und deutlich deduciret, sowohl mit vielen darzu dienlichen Urteln, Responsis und judicialiter ventilirten Casibus erläutert und bestärket, Nunmehro bey dieser vierten Auflage mit einigen Vornehmlich aus denen Churfürstlich Sächsischen und Braunschweig-Lüneburgischen Herzogl. Gothaischen und Schlesischen Landes-Verordnungen ergangenen Special-Befehligen, Gerichtlichen Registraturen, ausgesprochenen Urteln, Decisis und vornehmer Rechtsgelehrten schönen Schriften hergenommenen SVPPLEMENTIS um ein ziemliches vermehret und bequemer gemachet von Johann Gottlob Klingnern Beeder Rechten Doctorn und Consulenten in Leipzig. Frankfurt und Leipzig, in Verlegung Christoph Riegels seel. Wittib. 1767.

Forstliche Periodika

An der Herausgabe der ersten forstlichen periodischen Schriften beteiligten sich zunächst nur die Kameralisten und einige bekannte Forstleute. Die erste, speziell forstliche Zeitschrift war „Das allgemeine ökonomische Forstmagazin“ von **J. F. Stahl**, wovon 1763 bis 1769 12 Bände erschienen. Als Fortsetzung hiervon erschien 1776 bis 1779 ein „Neueres Forstmagazin“ in drei Bänden unter der Redaktion des mainzischen Hofkammerrats **Johann Mathias Franzmadhes.** Ein in forstgeschichtlicher Hinsicht sehr wichtiges Journal war das „Forstarchiv zur Erweiterung der Forst- und Jagdwissenschaftlichen Literatur“, herausgegeben von **Wilhelm Gottfried von Moser** (17 Bände, herausgegeben von 1788 bis 1796).
Als forstliche Fachorgane gelten heute die → „Allgemeine Forstzeitschrift“ (AFZ / Der Wald). Weitere Fachzeitschriften sind: „Allgemeine Forst- und Jagdzeitung“, „Beiträge für die Forstwirtschaft“, „Centralblatt für das gesamte Forstwesen“, „Der Wald“, „Der Waldwirt“, „Die Waldarbeit“, „Forstarchiv“, „Forstliche Mitteilungen“, „Forstliche Umschau“, „Forsttechnische Informationen“, → „Forst und Holz“, „Forstwissenschaftliches Centralblatt“, „Holz als Roh- und Werkstoff“, „HolzKurier“, „Holzwoche“, „Holzzentralblatt“, → „Forstmaschinenprofi“, „Forst und Technik“, „BDF Aktuell“ des → Bundes Deutscher Forstleute, „Internationaler Holzmarkt“, „Österreichische Forstzeitung“, „Schweizerische Zeitschrift für das Forstwesen“, „Unser Wald“ der → Schutzgemeinschaft Deutscher Wald, „Waldhygiene“.

Forstpolizei, die: frühere Bez. für die Behörden, die den Schutz des Waldes, seiner Tier- und Pflanzenwelt wahrnehmen, soweit damit eine Gefahr für die öffentliche Sicherheit oder Ordnung verhütet oder bekämpft wird. Die Aufgaben des polizeilichen → Forstschutzes einschließlich des Jagdschutzes werden von den staatl. Forstämtern bzw. von den Beamten des Forstbetriebsdienstes wahrgenommen. Der Begriff F. ersetzte die frühere Bez. → Forsthoheit und hat seinen Ursprung im preußischen Landesrecht von 1794, in dem damals der moderne Polizeibegriff geprägt wurde. Die Polizeiaufgaben wurden eine Angelegenheit der inneren Verwaltung, und man unterschied z. B. nach Bau-, Gesundheits-, Forst-, Wasser- und Wegepolizei. Der Begriff fand Eingang in die Länderforstgesetze. An Stelle von F. ist im 20 Jh. der Begriff → Forstaufsicht getreten.
In Österreich ist die F.-Gesetzgebung Bundessache.
In der Schweiz bestehen neben einem Bundesrahmengesetz über die F. kantonale Vorschriften; → Forstschutz, Forstschutzbeauftragte, Forstsicherheitspolizei.

Forstpolizeisergeant, der: frühere Bez. für einen preußischen Hilfsförster, der zu Überwachung der Aufgaben der → Forstpolizei (und Jagdpolizei) der städtischen Polizeiverwaltung beigegeben war.

Forstprodukte: Sammel-Bez. für Holz und → Holzhalbwaren; → Rundholz, Schnittholz, Furniere, Platten, Zellstoff und Papier.

Forstpurifikation, die: alte Bez. für die Befreiung der Wälder von Servituten (→ Forstrechte).

Forstrat, der: ein Beamter des höheren Forstdienstes (Rangfolge: F., Forstoberrat, Forstdirektor).

Forstrationalismus, der: Nach Herausbildung der → Forstwissenschaft entstand der Begriff F., unter dem man die Verbindung von Wissenschaft und Erfahrung verstand. Forstrationalist war, wer die Forstwissenschaft studiert und ihre praktisch Anwendung kennen gelernt hat, in der Ausübung aber sich an erprobte Grundsätze hielt.

Forstrechnungsführer, der: → Forstschreiber.

Forstrecht, das: Gesamtheit aller Rechtsnormen, die das Forstwesen regeln. Wesentliche Teile des F. in der BR Dtschl. sind im BWaldG vom 2.5.1975 und in den Waldgesetzen (Forstgesetzen) der Länder enthalten, die die Sicherung des wirtschaftlichen Nutzens und der außerwirtschaftlichen Aufgaben (Umweltschutz, Erholung) des → Staats-, → Körperschafts- und → Privatwaldes bezwecken. Bundeseinheitlich werden Bestimmungen zusammengefaßt, die allg. Gültigkeit besitzen müssen, z. B. → Gesetz über forstliches Saat- und Pflanzgut vom 29.10.1969 bezüglich der Ein- und Ausfuhr, Gesetz zum Ausgleich von Schäden infolge besonderer Naturereignisse in der Forstwirtschaft (→ Forstschäden-Ausgleichsgesetz) vom 29.8.1969 bezüglich steuerlicher Erleichterungen und Einschlagsbeschränkungen, Gesetz über gesetzliche → Handelsklassen für Rohholz vom 25.10. 1969 bezüglich der Sortierung und Messung. Das F. wird von vielen Bereichen tangiert, die teils der ausschließenden (z. B. Holzzölle, Holzmaße), teils der konkurrierenden (z. B. Bodenrecht, Forschung, Grundstücksverkehr) und teils der rahmengebenden (z. B. Naturschutz, Raumordnung) Gesetzgebungskompetenz unterliegen. Zum F. gehören auch Forstschutzvorschriften der Länder, nach denen → Forstfrevel (Waldfrevel) u. a. als Ordnungswidrigkeiten geahndet werden können.
In Österreich wurde mit dem Forstgesetz vom 3.7.1975 erstmals eine umfassende Kodifikation des F. erlassen, die die Nutzwirkung (Holz), Schutzwirkung (Lawinen, Hangrutschen), Wohlfahrtswirkung (Luft- und Wasserhaushalt) und Erholungswirkung (Waldzugang) regelt.
In der Schweiz ist das F. durch das Bundesgesetz betreffend die eidgenössische Oberaufsicht über die Forstpolizei vom 11.10.1902 geregelt.

Forstrechte (Forstnutzungsrechte, Forst- oder Waldservituten, Forstberechtigungen, Forst- oder Walddienstbarkeiten, Waldgrundgerechtigkeiten): F. sind bürgerlich-rechtliche, dingliche (aber nicht immer im Grundbuch eingetragene) Rechte auf wiederkehrende Benutzung fremder Waldgrundstücke. Sie sind meist Grunddienstbarkeiten, in Ausnahmefällen auch beschränkte persönliche Dienstbarkeiten oder Reallasten. Der Waldeigentümer (oft der Staat) hat gewisse Nutzungen zu dulden. Die jahrhundertealten Rechte entstanden im 15. und 16. Jh., zum Teil wesentlich früher, als Bauern im Auftrag der Landesherren Wald rodeten.
Auf der lehensweisen Übertragung von Grundstücken wurden Forstberechtigungen zur Stärkung der Wirtschaftskraft der neu angesiedelten Bauern, z. T. auch als Gegenleistung für Jagd- und Frondienste verliehen. Für die Existenzsicherung bzw. für die erste Ansiedlung war Holz für das Gebäude, für Zäune, als Brennmaterial usw. (sog. Hausnotdurft) unerläßlich.
Hinsichtlich der Ausübungsart unterscheidet man gemessene F., die auf ein bestimmtes jährliches Maß lauten und in ihrer Ausübung vom Bedarf des Berechtigten unabhängig sind, und ungemessene Rechte, deren Ausübung meist an den Bedarf des Berechtigten gebunden ist. Die wichtigsten F. sind Holzrechte (Bau- und Nutzholz, Brennholz), Weiderechte (→ Waldweide), Streurechte (→ Waldstreunutzung). Alte F. sind auch Mastnutzung und Harznutzung. F. erschweren den Betrieb, verursachen unverhältnismäßig viel Verwaltungsarbeit und sind auch eine Belastung des Waldes. Die meisten dieser F. wurden in den letzten zweihundert Jahren gegen Grundstücke oder Geld abgelöst. In Bayern hingegen, v. a. im Hochgebirge, blieben noch viele F., meist Waldweiderechte, bestehen. Im Flachland wurden sie durch das Forstrechtegesetz vom 3. April 1955 pflichtabgelöst; → Forstvergünstigungen.

Forstreferendar, der: ein nach seiner Hochschulausbildung (Diplom-Forstwirt) im Vorbereitungsdienst (Referendarzeit) stehender Beamter auf Widerruf, der eine spätere Tätigkeit im öffentlichen Dienst anstrebt; → Forstverwaltungsdienst.

Forstregal, das: → Bannwald.

Forstrentmeister, der: westdeutsche (auch österreichisch-böhmische) Bez. für den früher üblichen Forstkassenbeamten.

Forstreservefonds, der: auch Forstrücklagesatz. Ein in den zwanziger Jahren dieses Jh. geschaffener Fonds, der dazu diente, hinsichtlich des Geldertrages die → Nachhaltigeit eines forstlichen Betriebes zu gewährleisten. Ihm flossen Sondereinnahmen zu, welche durch Inangriffnahme von Holzreserven durch Überhiebe infolge von Kalamitäten etc. entstehen konnten. Dafür glich er Ertragsausfälle aus und bestritt Sonderausgaben für Wegebauten, → Forstschutz usw.

Forstressourcen → Waldfläche, Ressourcen.

Forstreviere (Forstbetriebsbezirke): Jedes → Forstamt umfaßt mehrere (ca. fünf bis zehn) F., wobei sich die Größe der F. nach der Aufgabenstellung und der Holzartenzusammensetzung richtet; sie schwankt etwa zwischen 800 und 3000 ha. I. d. R. wird ein F. von einem Beamten des gehobenen Dienstes (Forstbetriebsdienst) betreut.

Forstrücklagesatz, der: → Forstreservefonds.

Forstrüge, die: frühere Bez. für die Anzeige begangener → Forstfrevel, aber auch für die folgende Verhandlung dieser.

Forstrügeregister, das: → Forstrügesachen.

Forstrügesachen: Forststrafsachen, die nach den einzelnen Forstpolizeigesetzen (→ Forstpolizei) der Länder zu ahnden waren. Die sog. Forstrügeverfahren waren hauptsächlich dadurch gekennzeichnet, daß die Anklage nicht von der allg. Strafverfolgungsbehörde (Staatsanwaltschaft), sondern vom staatlichen Forstamt vertreten wurde. Über die bestraften Forstfrevler wurde ein besonderes Verzeichnis, das „Forstrügeverzeichnis" oder „Forstrügeregister", geführt. Die Gerichtsbarkeit in F. lag bei den Forststrafgerichten (Forstrügegerichten); → Forstfrevel.

Forstrügeverzeichnis, das: → Forstrügesachen.

Forstsaatgutanerkennung, die: → Gesetz über forstliches Saat- und Pflanzgut.

Forstsaatgutgesetz, das: → Gesetz über forstliches Saat- und Pflanzgut.

Forstsaat-Herkunftsgebietsverordnung, die: → Gesetz über forstliches Saat- und Pflanzgut.

Forstsamengewinnung, die: → Saatgut-Erntetechniken.

Forstschäden-Ausgleichsgesetz, das: Das „Gesetz zum Ausgleich von Schäden infolge besonderer Naturereignisse in der Forstwirtschaft" (Forstschäden-Ausgleichsgesetz vom 29.8.1969, BGBl. I, S. 1533, zuletzt geändert am 21.12.1979, BGBl. I, S. 3656) entstand angesichts der Folgen der Windwurfkatastrophe vom Jahre 1967. Hierin wurde der Bundesminister für Ernährung, Landwirtschaft und Forsten ermächtigt, im Einvernehmen mit dem Bundesminister für Wirtschaft durch Rechtsverordnung mit Zustimmung des Bundesrates den ordentlichen Holzeinschlag der Forstwirtschaft für einzelne Holzartengruppen (Bu, Ei, Fi und Kie) zu beschränken, wenn und soweit dies erforderlich ist, um erhebliche und überregionale Störungen des Rohholzmarktes durch außerordentliche Holznutzung zu vermeiden, die infolge eines besonderen Naturereignisses, insbesondere → Windwurf und → Windbruch, Schnee- und Eisbruch, Pilzbefall und Insektenfraß (Kalamitätsnutzungen) erforderlich werden. Der Einschlag darf jedoch höchstens auf 80 % des Nutzungssatzes im Sinne des § 34 b Absatz 4 Ziff. 1 des Einkommensteuergesetzes beschränkt werden. Forstwirte, die nicht Bücher führen, können von der Einschlagsbeschränkung in der Rechtsverordnung ausgenommen werden. Die zuständige Landesbehörde kann einzelne Forstbetriebe befreien, wenn die Einschlagsbeschränkung zu einer wirtschaftlich unbilligen Härte führen würde. Von dieser Ermächtigung wurde bereits mehrmals, zuletzt 1990 bzw. in den Folgejahren, Gebrauch gemacht. Daneben enthält das Gesetz Bestimmungen über die Beschränkung der Holzeinfuhr, die steuerfreie Rücklage für die Bildung eines betrieblichen Ausgleichsfonds, einen Pauschsatz für Betriebsausgaben (für Betriebe, die keine Bücher führen), die Stundung der Vermögensabgabe bei einer Rücklagenbildung und bei einer Einschlagsbeschränkung, die steuerliche Behandlung von Übervorräten bei der Holzwirtschaft und Steuererleichterungen im Straßengüterverkehr für die Beförderung von Schadensholz. Ordnungswidrigkeiten können mit einer Geldbuße bis zu 5000,– DM geahndet werden.

Forstschädlinge: Sammel-Bez. für Organismen, die im Wald (Forst), speziell an Waldbäumen Schäden verursachen. Es werden unterschieden: primäre F., die gesunde Gewächse schädigen, und sekundäre F., die bereits vorgeschädigte Bäume angreifen, z. B. nach längerer Trockenheit (Dürre). Der Schaden kann physiologisch sein, etwa durch Zerstörung des Laubes, oder technisch, wenn das → Kernholz durch Fraß von Käfer- und Holzwespenlarven unbrauchbar wird. Durch Massenbefall von F. können große Waldflächen vernichtet werden, z. B. durch die Nonne, die Forleule, den Kiefernspanner und die Borkenkäfer. In Pflanzgärten und jungen Kulturen werden Engerlinge der Mai- und Junikäfer durch Wurzelfraß, der Große Braune Rüsselkäfer durch Rindenfraß zu großen Schädlingen. Auch → Mäuse, v. a. die Wühlmäuse, von denen einige Arten sich innerhalb weniger Wochen oder Monate in Massen vermehren können, verursachen z. T. erhebliche Schäden in Forstkulturen und Pflanzgärten. I. a. sind Ndh stärker bedroht als Lbh, weil letztere einen Kahlfraß überstehen können, Ndh jedoch bei Nadelverlust absterben. Haupt-F. sind Insekten, besonders Käfer, Schmetterlinge und Hautflügler, wie die Gespinst- und Buschhorn-Blattwespen an Kie, Fi und Lä u. a. Der Reinanbau bestimmter Baumarten hat ihre Anfälligkeit und damit die Bedeutung spezifischer Schädlinge erhöht, z. B. der zunehmende Pappelanbau die der Pappelschädlinge wie z. B. Pappelblattkäfer und Pappelbockkäfer und deren Raupen, der Sitkalaus in den nordwestdeutschen Sitkafichtenbeständen. An Ta und Fi rufen die Tannentrieblaus (*Dryfusia nordmannianae*) und andere *Dreyfusia*-Arten Saugschäden hervor. Forstliches Saatgut wird durch Samenwespen und Rüsselkäfer geschädigt. Von den pflanzlichen Schädlingen sind zu nennen der Wurzelschwamm, der Kiefernbaumschwamm, der Schüttepilz und der Hallimasch. Wildkaninchen, Rot- und Rehwild werden durch Schälen der Rinde und Triebverbiß schädlich. Vögel und Eichhörnchen fressen Knospen. Die Bekämpfung der F. erfolgt u. a. im Rahmen des → Forstschutzes durch Walddüngung, Bodenbearbeitung, Unkrautbekämpfung, Einsatz von Pestiziden, Aufforstung mit Mischwaldbeständen, die meist weniger gefährdet sind als Monokulturen, biologischer Schädlingsbekämpfung (Schutz der Waldameisen und nützlichen Vogelarten). Die Bekämpfung der F. erfolgt inzwischen auch von Luftfahrzeugen aus. Im Jahre 1912 ließ sich der preußische Oberförster Zimmermann die Bekämpfung von F. von Luftfahrzeugen aus patentieren. Der Patentanspruch (D.R.P. Nr. 247028 vom 17.12. 1912) lautete: „1. Verfahren zur Vernichtung der Nonnenraupe und anderer Waldschädlinge durch Bestäuben mit schädlingsvernichtenden Flüssigkeiten oder Trockenstoffen, dadurch gekennzeichnet, daß die nebelartige Bestäubung von einem über dem Altbestand usw. kreuzenden Luftfahrzeug aus erfolgt. 2. Verfahren nach Anspruch 1, dadurch gekennzeichnet, daß die Gondel des Luftfahrzeuges außer dem die Flüssigkeit aufnehmenden Behälter Zerstäubungsvorrichtungen aufweist, die von dem Motor der Propeller in Tätigkeit gesetzt werden."
Während in Dtschl. der Gedanke Zimmermanns nicht aufgegriffen wurde, erprobte der Amerikaner C. R. Neillie diese Methode zum Schutz eines Catalpa-Bestandes 1921 im Staate Ohio mit Erfolg. Im Jahre 1925 wurde dann der erste deutsche Versuch am Sorauer Wald, der 1924 von der Forleule heimgesucht und 1925 erneut von einer Nonnenkalamität bedroht wurde, durchgeführt. Die Erfolge im Sorauer Stadtwald wurden auch durch Erfolge in den Staatsforsten Lübben und Regenthin bestätigt. Die Bestäubung wurde damals durch die Firma E. Merck, Darmstadt, mit Junkersflugzeugen und durch die Güttler-Schärfe-Werke in Reichenstein in Schlesien mit Aero-Lloyd- und Stahlwerk Mark-Breslau-Flugzeugen ausgeführt. 1925 wurde auch eine Kiefernspannerbekämpfung von E. Merck-Junkers im damaligen bayerischen Forstamt Ensdorf durchgeführt. Als Vorbeugemaßnahme gegen F. ist eine ständige Beobachtung des Schädlingsbestandes notwendig, um eine drohende Massenvermehrung (Gradation) rechtzeitig zu erkennen; → Holzschädlinge.

◄◄◄ Vom Großen Waldgärtner geschädigter Kiefern-Bestand

Forstschätzer, der: → Forsteinrichter.

Forstschlepper, der: → Schlepper.

Forstschreiber, der: auch Holzschreiber. Dieses Amt entstand im 16. Jh., als man aus grundsätzlichem Mißtrauen heraus Ämter meist doppelt besetzte, und zwar mit dem eigentlichen Amtsverweser und seinem sog. Gegenschreiber. Der F. trat hauptsächlich an den Holzschreibetagen in Erscheinung, an denen die Bevölkerung ihren Holzbedarf anzugeben hatte, an denen das Holz verkauft wurde, die Forsterzeugnisse bezahlt wurden oder auch das Gericht über die Forstfrevler stattfand. Dem F. oblagen auch alle rechnerischen und schriftlichen Arbeiten (z. B. Führen der Protokolle) einschließlich der Kassengeschäfte (Forstrechnungsführer). Seiner Vorbildung entsprechend konnte sich seine Stellung leicht zu einer mitüberwachenden entwickeln. Im 18. Jh. sind in Preußen aus den F. die Forsträte (→ Forstrat) hervorgegangen; → Forstbereitungen.

Forstschulen: F. sind forstliche Ausbildungs- und Fortbildungsstätten für Forstberufe. In der BR Dtschl. bestehen F. in Allagen (Nordrhein-Westfalen), in Rottenburg und Karlsruhe (Baden-Württemberg), in Düsterntal (Niedersachsen), in Hachenburg und Trippstadt (Rheinland-Pfalz), in Lohr a. Main (Bayern), in Schotten (Hessen). An ihnen werden z. T. auch Kurse für Waldarbeiter und Lehrgänge für Waldbauern abgehalten. In Bayern besteht eine eigene → Waldbauernschule Goldberg bei Kelheim. In den neuen Bundesländern befinden sich F. in Schwarzburg (Land Thüringen, Bezirk Gera) und Raben-Steinfeld sowie forstliche Fachschulen in Ballenstedt und Lychen; → Forstliche Akademische Ausbildungsstätten, Waldarbeitsschulen, Forstverwaltungsdienst.

Forstschutz, der (Waldschutz; veraltet Waldhut): **1)** Schutz der Wälder und Forsterzeugnisse sowie der dem Forstbetrieb dienenden Anlagen vor menschlichen Übergriffen (z. B. unberechtigte Aneignung, Zerstörung und Beschädigung von Walderzeugnissen und → Forstzeichen, Störung der Ordnung im Wald, Forstgefährdung durch Feuer (→ Waldbrände), Rauchen im Wald. Der F. obliegt den Forstbehörden; für den Vollzug sind in erster Linie die Forstbediensteten sowie die im Vollzugsdienst tätigen Polizisten zuständig; → Forstfrevel, Pflanzenschutz, Biotechnische Waldschutzmaßnahmen. 2) F. beinhaltet auch den Waldschutz gegen Tiere, insbesondere Insekten (z. B. Borken-, Rüsselkäfer und andere schädliche Käfer sowie den Schutz der Kulturen gegen Wildschäden, v. a. Verbiß- und Fegeschäden), den Schutz gegen Pflanzen und Pilze (z. B. Him- und Brombeere, Adlerfarn, Kiefernschütte, Rotfäule usw.), Schutz vor witterungsbedingten Schäden und Naturkatastrophen (Wind-, Sturm-, Schnee-, Wasser- und Dürreschäden, Erosion), Schutz vor Immissionen sowie den biologischen F., wie z. B. die Hege der Roten Waldameise (→ Ameisenschutz), Schaffung von Nistgelegenheiten für Vögel usw. Die Aufgabe des F. besteht darin, die Ursachen und Erscheinungen aller Waldbeschädigungen festzustellen sowie Vorbeugungs- und Verhütungsmaßnahmen zu entwickeln und durchzuführen. Eine dominierende Rolle spielt der F. gegen schädliche Tiere, Pflanzen und Pilze. Für die Bekämpfung stehen heute eine Anzahl umweltverträglicher Präparate zur Verfügung; → Pflanzenschutzmittel.

Forstschutzbeauftragte: für den → Forstschutz zuständige Personen. Sie sind zur Wahrnehmung der Forstschutzaufgaben gesetzlich verpflichtet. Der Umfang der Aufgaben ist in den einzelnen Wald- und Forstgesetzen der Bundesländer geregelt. Zu den F. gehören auch die im Vollzugsdienst tätigen Dienstkräfte der Polizei. Bei den F. wird i. a. unterschieden in:

a) Forstschutzbeamte kraft Amtes, d. s. die zu Hilfsbeamten der Staatsanwaltschaft erklärten, im Revierdienst tätigen Forstbeamten,

b) Forstschutzbeamte kraft Bestätigung, d. s. der Waldbesitzer oder von ihm beauftragte Personen, wenn von der zuständigen Kreisverwaltungsbehörde eine Bestätigung erteilt ist.

Alle F. haben bei der Ausübung des Forstschutzes die Rechte und Pflichten von Polizeibeamten. Ihre Befugnisse richten sich daher nach dem Polizeiaufgabengesetz (PAG). Nach dem Bayerischen Waldgesetz z. B. haben die F. der dort bezeichneten juristischen Personen des öffentlichen Rechts ferner die Aufgabe, Zuwiderhandlungen gegen Vorschriften, die den Schutz der Natur, die Pflege der Landschaft und die Erholung in der freien Natur regeln und deren Übertretung mit Strafe oder Bußgeld bedroht ist, zu verhüten, zu unterbinden und bei ihrer Verfolgung mitzuwirken. F. haben bei Ausübung des Forstschutzes ein Forstschutzabzeichen und einen Dienstausweis mit sich zu führen. Verstöße werden – je nach Schwere des Vergehens – entweder als Forststraftat nach dem Strafgesetzbuch oder als Forstordnungswidrigkeit nach dem Ordnungswidrigkeitengesetz geahndet; → Forststrafrecht, Forstschutzorgane, Forstschutzpersonal.

Forstschützen → Forstschutzpersonal.

Forstschutzmittel: im Forstschutzmittelverzeichnis eingetragene chemische → Pflanzenschutzmittel.

Forstschutzorgane: nach dem Österr. Forstgesetz von 1975 Personen, die vom Waldeigentümer nominiert (Bedienstete oder er selbst) und von der Behörde als Wacheorgane (Waldhüter) bestellt werden. Die F. sind keine öffentlichen Bediensteten. Soweit sie als öffentliche Wache bestellt werden, genießen sie in Ausübung ihres Dienstes, wenn sie das landesgesetzlich vorgeschriebene Dienstabzeichen tragen, den Schutz, der Beamten gewährt wird. In Ausübung des Dienstes sind sie berechtigt, eine Faustfeuerwaffe zu tragen. Unter gewissen Voraussetzungen sind sie auch befugt, Personen festzunehmen und bei (im Forstgesetz näher bezeichneten) Verstößen Personen aus dem Walde ihres Dienstbereiches zu verweisen; → Forstschutzbeauftragte.

Forstschutzpersonal, das: auch Betriebsaufsichtspersonal. Im 19. und bis weit in das 20. Jh. hinein wurden die im → Forstschutz eingesetzten Forstbediensteten, denen weitgehend auch die Betriebsaufsicht im Wald oblag, je nach Gegend als Waldschützen, Heger, Waldwärter, Waldaufseher Forstaufseher, Forstschützen oder Forstwarte bezeichnet; → Forstschutzbeauftragte.

Forstschutzrichtlinien → Forststrafgesetze.

Forstservituten → Forstrechte.

Forstsicherheitspolizei: frühere, weitgehend syn. Bez. für → Forstpolizei. Der Begriff F. beinhaltete die Sicherung des Waldes gegen rechtswidrige Handlungen und die Sicherung des Waldes gegen an sich erlaubte, aber in ihren Folgen gefährliche Handlungen und Unterlassungen.

Forstspezialschlepper, der: → Schlepper.

Forststempel, der: → Waldhammer.

Forststrafgesetze: auch Forstschutzrichtlinien. Gesetze bzw. Richtlinien zum Schutze des Waldes. Sie regeln i. a. die Maßnahmen des → Forstschutzes, die Zuständigkeiten für den Forstschutz, die Rechte und Pflichten der → Forstschutzbeauftragten sowie die Verfahrensvorschriften.

Forststrafrecht, das: Teil des allg. Strafrechts.

Zu unterscheiden sind:

a) Forstordnungswidrigkeiten: z. B. unerlaubte Rodung, unerlaubter Kahlschlag, unbefugte Waldweide, Forstgefährdung durch Rauchen oder Feuer, Betreten von Kulturen (Schonungen). Forstordnungswidrigkeiten sind in den Forst- und Waldgesetzen bzw. → Forststrafgesetzen (oder Forstschutzrichtlinien) der Länder unterschiedlich geregelt.

b) Forststraftaten: Hierzu zählen alle strafbaren Handlungen am Wald und seinen Erzeugnissen, die nach dem allg. Strafrecht eine Straftat darstellen und daher mit Strafe bedroht sind, z. B. Brandstiftung, Sachbeschädigung, Diebstahl und Unterschlagung, Urkundenfälschung.

Forststraftaten → Forststrafrecht.

Forststraße, die: eine für den Verkehr mit Kraftfahrzeugen und Fuhrwerken bestimmte nicht öffentliche Straße einschließlich der in ihrem Verlauf befindlichen Einrichtungen, die der Bringung und dem wirtschaftlichen Verkehr innerhalb der Wälder sowie deren Verbindung zum öffentlichen Verkehrsnetz dient; → Walderschließung, Waldwege.

Forststreifenpflug, der: Anbaugerät für landwirtschaftliche → Schlepper. Mit dem F. wird der Bodenüberzug in der Mitte zerschnitten, abgeschält und nach links und rechts umgeklappt. Seitenbreite je nach Pflug 50, 70 oder 80 cm. Dadurch wird der Mineralboden freigelegt und die Humusschicht weitgehend erhalten. Der S. wird eingesetzt auf sandigen bis mittelschweren Böden zur Vorbereitung einer Pflanzung oder einer Naturverjüngung.

Forststruktur, die: Unter F. ist umfassend die Gesamtheit der Elemente und ihrer Beziehungen zu verstehen, die das Ökosystem Wald und das sozioökonomische System Forstwirtschaft ausmachen. Nutz-, Schutz- und Erholungsfunktionen (→ Waldfunktionen) bewirken miteinander den volkswirtschaftlichen Gesamtnutzen des Waldes. Sie gehen u. U. gleichzeitig von dem gleichen Waldbestand auf derselben Fläche aus, sind also untrennbar miteinander verbunden und können daher nur als Einheit forstlich geplant werden. Die F. steht im engen Zusammenhang mit der Agrar- und Infrastruktur; → Forstliche Rahmenplanung.

Forstsystemisierung, die: alte, österr. Bez. für → Forsteinrichtung.

Forsttag, der: → Rügetag.

Forsttaxator, der: → Forsteinrichter.

Forsttaxation, die: auch Forstabschätzung. alte Bez. für → Forsteinrichtung, mit der in erster Linie die Bestimmung des nachhaltigen Ertrags von Wäldern umschrieben wurde; → Ertragsregelungsmethoden, Nachhaltigkeit.

Forsttaxe, die: → Holzpreise.

Forsttechnik, die: Die F. befaßt sich mit den für die Bewirtschaftung der Forstbetriebe notwendigen Betriebsmitteln. Hierzu zählen v. a. Maschinen und Maschinenteile, Geräte und Werkzeuge, Hilfsmittel wie Seile und Ketten und die Betriebsstoffe; → Forstmaschinen.

Forsttechnischer Prüfungsausschuß (FPA): zum → Kuratorium für Waldarbeit und Forsttechnik gehörender Ausschuß, der mechanisch- und chemisch-technische Hilfsmittel auf ihre Verwendbarkeit und Wirtschaftlichkeit in der Forstwirtschaft erprobt. Dabei werden der Arbeitserleichterung, der Arbeitshygiene und dem Unfallschutz besondere Beachtung geschenkt.

Forstthing, das: → Forstding.

Forst und Holz: seit 1946 im Verlag Schaper, Alfeld-Hannover erscheinende Zeitung (von 1954 – 1988 mit dem Titel „Der Forst- und Holzwirt"). Sie erscheint 14tätig und ist Mitteilungsblatt der Landesforstverwaltungen und der Forstabteilungen der Landwirtschaftskammern. Daneben bringt sie Nachrichten aus den Forstvereinen, den Waldbesitzerverbänden und aus der Bundesverwaltung; → forstliches Schrifttum.

Forstung, die: alte Bez. für den → Forst.

Forstuniform, die (Forstdienstkleidung): Das Tragen einer F. hat eine lange Tradition. Erste Hinweise auf eine Dienstkleidung für Forstbedienstete gehen auf das Ende des Mittelalters zurück. In einem undatierten alten Weistum für das „Cröver Reich" ist für den Sommer ein grü-

◀◀ Bayern: Galauniform des Forstmeisters (2. Hälfte des 19. Jh.)

Bayern: Interims-Uniform des Revierförsters (2. Hälfte des 19. Jh.)

◀◀ Bayern: Uniform des Gebirgs-Forstschutzpersonals (2. Hälfte des 19. Jh.)

Württemberg: Uniform eines Oberförsters (Forstamtsleiters) zu Pferde von 1818 – 1851

ner, für den Winter ein grauer Rock vorgesehen, die bis heute üblichen Farben der grünen Zunft. Bereits beim früheren Jagdpersonal der Landesherren, etwa ab dem 17. Jh., glänzten Epauletten und Schabracken, goldene Knöpfe und Hirschfänger an den unterschiedlichst gestalteten und militärähnlichen Uniformen. Besonders prunkvoll waren die Uniformen der Parforcejäger und der leitenden Forstbeamten. Erst als die Berufsjägerei ihren hohen Stellenwert verlor und ab der zweiten Hälfte des 18. Jh. die Waldbewirtschaftung an Bedeutung zunahm, erhielt auch das Forstpersonal eine eigene, repräsentative F. Zu Beginn des 19. Jh., als Napoleons Truppen Europa beherrschten und die Gesellschaft von Titeln, Tressen und Orden bestimmt wurde, wurden durch landesherrliche Verordnungen viele neue Bestimmungen über das Tragen einer F. erlassen.
Heute bestehen in den meisten Bundesländern „Dienstkleidungsvorschriften" mit detaillierter Beschreibung (Form, Farbe und Abzeichen) der Dienstkleidung. Sie bestimmen u. a. auch den Personenkreis, der zum Tragen der F. verpflichtet ist. Dem Forstdienstpersonal, das zum Tragen der Dienstkleidung verpflichtet ist (i. d. R. das im Außendienst tätige, forstlich ausgebildete Personal), wird ein – je nach Bundesland und Laufbahn unterschiedlicher – Dienstkleidungszuschuß gewährt. I. a. wird zwischen einem Walddienstanzug (A-Rock, kleiner Dienstanzug) und einem Dienstanzug (B-Rock, großer Dienstanzug, Galauniform, Ausgehanzug) unterschieden. Zur Kennzeichnung der einzelnen Laufbahnen (teilweise auch der Funktion) im Forstdienst werden in einigen Bundesländern Schulterstücke (mit Plattschnüren oder Geflecht) sowie mit Eicheln vorgeschrieben. In Bayern z. B. wird an Stelle von Schulterstücken ein Dienstabzeichen (Löwen-Emblem) an der linken Seite der Kopfbedeckung getragen. Üblich sind auch nach einigen Dienstkleidungsvorschriften Landesabzeichen (Ärmelabzeichen) auf dem linken Oberarm der Dienstkleidung. I. a. ist es den Forstbeamten im Ruhestand gestattet, bei besonderen Anlässen F. (Standestracht) zu tragen.
Eine einheitliche Regelung der Dienstkleidung in ganz Dtschl. gab es nur im Dritten Reich. A- und B-Rock erhielten hierbei eine kleine Abwandlung in Richtung auf den militärischen Waffenrock; die kurze Fliegerbluse wurde als Waldbluse eingeführt. Reichseinheitlich gab es Achselklappen und Kragenspiegel, weiße Sommerjacken und insbesondere eine Trageordnung, nach welcher „der Anzug grundsätzlich zu befehlen ist". Eine Mitte der 60er Jahre von der Bayerischen Staatsforstverwaltung ergriffene Initiative, für die Forstbeamten im Bundesgebiet eine möglichst einheitliche Dienstkleidung zu erhalten, führte zu keinem Erfolg.

Forstunkräuter (auch Ungräser): Sammel-Bez. für alle Gewächse, die im Wald, v. a. in → Verjüngungen und in Kulturen, aber auch an anderen Stellen (z. B. Wege, Gräben) hinderlich sind und die Verwirklichung des Waldbauzieles erschweren. Zu den F. zählen nicht nur Kräuter und Gräser, sondern auch Stauden, Sträucher und Moose. Früher zählten auch alle → Weichhölzer (Unhölzer), die die Wirtschaftsbaumarten verdämmten (Lichtentzug und Niederdrücken bei Schnee), zu den F.

Forstverein, Deutscher → Deutscher Forstverein.

Forstvereine: Vereine zur Förderung der Forstwirtschaft und Forstwissenschaft und zur Fortbildung der Mitglieder durch wissenschaftliche Vorträge und mündlichen Erfahrungsaustausch. Daneben haben sie auch die berufsständische Vertretung ihrer Mitglieder zum Ziel. Vereinigungspunkt aller Forstleute Dtschl. war seit 1837 die Versammlung Deutscher Land- und Forstwirte. Aus ihr und der Wanderversammlung Süddeutscher Forstwirte (seit 1838) entstand 1872 die Versammlung Deutscher Forstmänner. 1900 vereinigte sie sich mit dem Reichsforstverein zum → Deutschen Forstverein, der sich seit seiner Wiedergründung 1952 auf Länderforstvereinen aufbaut und überwiegend Fortbildungsaufgaben wahrnimmt. Besondere berufsständische Interessen vertreten als Arbeitnehmervereinigungen der „Bund Deutscher Forstleute" (Mitglied des Deutschen Beamtenbundes) und die Industriegewerkschaft Bauen, Agrar, Umwelt.

Forstvergünstigungen (Genüsse, Prekarien): vom Waldbesitzer einem Bittsteller (Prekaristen) freiwillige und wiederrufliche Überlassung eines Walderzeugnisses zur Nutzung. F. haben nicht den Charakter dinglicher Rechte; → Forstrechte.

Forstversorgungsschein, der: Der F. wurde früher den in den preußischen Jägerbataillonen (→ Feldjägerkorps) dienenden Anwärtern des Staatsforstschutzdienstes (Jäger der Klasse A) nach Ablauf der 12jährigen Dienstzeit oder, wenn sie zum Oberjäger befördert worden sind und eine mindestens fünfjährige Dienstzeit in diesem Dienstgrad abgeleistet hatten, nach Ablauf einer neunjährigen aktiven Dienstzeit von der Inspektion der Jäger und Schützen zuerkannt. Mit dem F. erhielten die Inhaber die Berechtigung, als Forsthilfsaufseher beschäftigt und auf einer Försterstelle im Staatsdienst, nach Maßgabe der Fähigkeiten auch auf einer Revierförsterstelle angestellt zu werden. Die Inhaber des F. hatten ferner Anspruch auf alle Gemeinde- und Anstaltsforstbeamtenstellen, die einschließlich des Wertes etwaiger Nebeneinnahmen ein Jahreseinkommen von mindestens 750 Mark gewährten, aber eine weitergehende Befähigung als die eines Försters nicht erforderten.

Forstverwaltungen → Forstorganisation.

Forstverwaltungsdienst, der: Die Beamten der Forstverwaltung gehören entweder der Laufbahn des höheren, gehobenen oder des mittleren Forstdienstes an (→ Forstbedienstete). Die Laufbahn des mittleren technischen Dienstes ist in den staatlichen Forstverwaltungen eine auslaufende Laufbahn; → Forstwart.

Höherer Forstdienst: Eingangsvoraussetzung für diese Laufbahn ist das abgeschlossene Studium der → Forstwissenschaft. Für die Tätigkeit im öffentlichen Dienst ist ein Vorbereitungsdienst (Referendarzeit) von ca. zwei Jahren vorgeschrieben, der mit der Großen Forstlichen Staatsprüfung endet. Die Verwendung liegt überwiegend im Staatsforstdienst (Verwaltung, Forschung) als → Forstrat, Forstoberrat, Forstdirektor im Leitungsdienst der Forstämter oder an den übergeordneten Forstbehörden.

In Österreich ist nach dem Studium eine dreijährige Praxis als Forstassistent zu absolvieren, anschließend ist das Staatsexamen abzulegen (Forstwirtschaftsführer, Forstwirte).

Gehobener Forstdienst: Früher erfolgte die Ausbildung der forstlichen Betriebsbeamten des gehob. Forstdienstes an verwaltungsinternen Fortschulen der Landesforstverwaltungen. Bildungsvoraussetzung war die Mittlere Reife. Jetzt ist für das Fachhochschulstudium (acht Semester) die Fachhochschulreife (Fachabitur), eine andere Hochschulreife oder ein vom zuständigem Kultusministerium als gleichwertig anerkannter Bildungsabschluß notwendig. Der Abschluß erfolgt als graduierter Ingenieur. Wer als Forstbeamter in den öffentlichen Dienst eintreten will, muß einen Vorbereitungsdienst absolvieren und die Revierförsterprüfung ablegen. Die Anstellung erfolgt als Forstoberinspektor, spätere Beförderungen zum Forstamtmann, Forstamtsrat und Forstoberamtsrat; die Verwendung ist hauptsächlich Revierleiter an Forstämtern. Nach den früheren Ausbildungsvorschriften erfolgte die Anstellung als „Revierförster". Für den zukünftigen Revierförster erfolgt die Ausbildung an der Försterschule. Nach einer zweijährigen Praxis als Forstadjunkt ist die Staatsprüfung abzulegen.

In Österreich ist die Ausbildung des forstlichen Nachwuchses ebenso wie die Forstgesetzgebung Bundessache. Für Förster erfolgt eine fünfjährige Ausbildung an den „Höheren Lehranstalten für Forstwirtschaft" in Bruck/Mur und Gainfarn. Nach zwei Jahren Berufspraxis kann eine Staatsprüfung zur Befähigung zum leitenden Forstorgan abgelegt werden.

In der Schweiz werden die Förster an den Försterschulen (nunmehr Höhere Forstliche Fachschulen) in Lyss und Maienfeld ausgebildet.

Forstwart, der: Bez. für einen Beamten des mittleren Forstbetriebsdienstes (F., Ober-F., Haupt-F., Betriebsinspektor). Der F. ist i. d. R. nach entsprechender Fachausbildung aus dem Beruf des → Waldarbeiters hervorgegangen. Im staatlichen Bereich ist diese mittlere Laufbahn ausgelaufen. Im privaten Bereich wurde sie durch die neue Laufbahn des „Forsttechnikers" abgelöst; → Forstverwaltungsdienst, Forstschutzpersonal.

In Österreich Bez. für einen Absolventen der → Forstfachschule oder lt. Übergangsbestimmungen des Forstgesetzes 1975 diesem Gleichgestellten. Dieser nimmt sowohl forstschutztechnische und beratende Funktionen als auch Aufgaben des forst- und jagdlichen Betriebsdienstes wahr.

In der Schweiz besuchen die F.-Lehrlinge die allgemeinbildenden Fächer und die Berufskunde an den kantonalen Berufsschulen. Die Lehrlinge der Kantone VD und GE dagegen besuchen diese am kantonseigenen forstlichen Ausbildungszentrum in Le Mont-sur-Lausanne. Die Einführungskurse für die F.-Lehrlinge werden immer dezentral durchgeführt und vom Waldwirtschaft-Verband Schweiz organisiert. F. mit abgeschlossener Berufsausbildung können die Prüfung für F.-Vorarbeiter mit eidgenössischen Fachausweis ablegen.

Forstwartei, die: frühere, südd. Bez. für einen Forstbezirk (Försterei).

Forstweg, der: ein dem Forstbetrieb dienender Weg; → Waldwege.

Forstwesen, das: alle den Wald betreffenden Angelegenheiten; → Forstwirtschaft.

Forstwiderstand, der: Widerstand oder tätlicher Angriff gegen einen Forst-, Jagd- oder Fischereibeamten u. a. F. wurde nach § 117 Strafgesetzbuch (StGB) mit Gefängnis bestraft. Diese Sonderregelung wurde jedoch durch das 2. Strafrechtsreformgesetz aufgehoben, da § 113 StGB (Widerstand gegen die Staatsgewalt) Beamte und ihre Funktion Ausübende ausreichend schützt.

Forstwirt, der: Berufs-Bez. für den früheren Waldfacharbeiter (→ Waldarbeiter), dessen Ausbildung, auf der Grundlage des Berufsbildungsgesetzes, sich nach der „Verordnung über die Berufsausbildung zum F./zur Forstwirtin" richtet. Nach einer praktischen Ausbildungsdauer von drei Jahren (kann bei Vorliegen bestimmter Voraussetzungen auf zwei Jahre abgekürzt werden) in einem Forstbetrieb mit Blockunterrichtskursen in → Waldarbeitsschulen erwirbt der Waldarbeiter die Berufsbezeichnung F. Der Ausbildungsbetrieb muß als solcher anerkannt sein und nach Einrichtung und Bewirtschaftungsstand Gewähr dafür bieten, daß dem Auszubildenden die notwendigen Fertigkeiten und Kenntnisse vermittelt werden können, z. B. in Grundlagen der Waldbewirtschaftung (Bestand(e)sbegründung, → Bestand(e)spflege und -schutz, Holzernte, Wegebau), für Wartung, Pflege und Instandsetzung von Werkzeugen, Geräten und Maschinen, über Arbeitsschutz und Unfallverhütung, in Landbau- und Landschaftspflegearbeiten u. a. Eine Weiterbildung zum Forstwirtschaftsmeister (früher Haumeister) nach Ablegung einer Prüfung (Meisterprüfung) ist möglich. Letzterer ist i. d. R. der weitgehend selbständige Mitarbeiter des Revierbeamten (Försters); u. a. ist er für die Ausbildung von Nachwuchs für den Beruf „Forstwirt" zuständig.

Ein Diplom-F. hingegen ist ein Absolvent einer Hochschule oder Universität mit Diplom auf dem Gebiete der Forstwissenschaft, in Österreich kurz F. genannt; → Forstfacharbeiter.

Forstwirtschaft, die: siehe Seite 270

Forstwirtschaftliche Fläche, die: Nach Speidel (1972) läßt sich die F. F. wie folgt einteilen: 1. Nach der räumlichen Ordnung: Landesforstamt, Forstinspektion, Forstamt, Revierförsterei, Distrikt, Abteilung (Jagen), Unterabteilung. 2. Nach der Funktion: a) Gesamtbetriebsfläche, b) forstliche Betriebsfläche, c) Schutzwald, d) nichtforstliche Betriebsfläche, e) Holzboden, f) Nichtholzboden, g) Wirtschaftswald, h) Nichtwirtschaftswald.

Forstwirtschaftliche Vereinigungen → Forstwirtschaftliche Zusammenenschlüsse.

Forstwirtschaftliche Zusammenschlüsse: Sie dienen der Produktionssteigerung und Rationalisierung im Klein- und Kleinstwald. Im Vordergrund steht die Durchführung einer oder mehrerer der folgenden Maßnahmen: a) Abstimmung forstwirtschaftlicher Vorhaben und Absatz der Forstprodukte, b) Ausführung von Forstkulturen, Bestandespflegearbeiten und Forstschutzmaßnahmen, c) Bau und Unterhaltung von Wegen, d) Beschaffung und Einsatz von Maschinen, e) Holzernte und Holzbringung, f) Beschaffung von Pflanzgut und anderen Materialien, g) Vorbereitung und Organisation von Förderungsmaßnahmen.

Durch den Zusammenschluß zu einer größeren Gemeinschaft sind die Waldbesitzer wie die großen Betriebseinheiten vollwertige Partner gegenüber der Forstgeräte- und Forstmaschinenindustrie, dem Pflanzenhandel, und v. a. auf dem Holzmarkt. Gesetzliche Grundlage für die Bildung von F. Z. ist das BWaldG, das folgende Arten der F. Z. nennt:

1. **Forstbetriebsgemeinschaften** (§ 16 BWaldG): Privatrechtliche Zusammenschlüsse von Grundbesitzern, die den Zweck verfolgen, die Bewirtschaftung der angeschlossenen Waldflächen und der zur Aufforstung bestimmten Grundstücke zu verbessern, insbesondere die Nachteile geringer Flächengröße, ungünstiger Flächengestalt, der Besitzzersplitterung, der Gemengelage, des unzureichenden Waldaufschlusses oder anderer Strukturmängel zu überwinden.

2. **Forstbetriebsverbände** (§ 21 BWaldG): Zusammenschlüsse von Grundstückseigentümern in der Form von Körperschaften des

öffentlichen Rechts, die den gleichen Zweck wie die Forstbetriebsgemeinschaften verfolgen. Zu den Forstbetriebsverbänden zählen auch die 18 Waldwirtschaftsgenossenschaften Nordrhein-Westfalens.
3. Forstwirtschaftliche Vereinigungen (§ 37 BWaldG) sind privatrechtliche Zusammenschlüsse von anerkannten Forstbetriebsgemeinschaften, Forstbetriebsverbänden oder nach Landesrecht gebildeten Waldwirtschaftsgenossenschaften oder ähnlichen Zusammenschlüssen einschließlich der Gemeinschaftsforsten zu dem ausschließlichen Zweck, auf die Anpassung der forstwirtschaftlichen Erzeugung und des Absatzes von Forsterzeugnissen an die Erfordernisse des Marktes hinzuwirken. Demzufolge dürfen sie nur folgende Maßnahmen zur Aufgabe haben:
- Unterrichtung und Beratung der Mitglieder sowie Beteiligung an der forstlichen Rahmenplanung;
- Koordinierung des Absatzes;
- marktgerechte Aufbereitung und Lagerung der Erzeugnisse;
- Beschaffung und Einsatz von Maschinen und Geräten.

4. Sonstige Zusammenschlüsse in der Forstwirtschaft (§ 37 BWaldG): Die nach der Verordnung über die Bildung wirtschaftlicher Zusammenschlüsse in der Forstwirtschaft vom 7.5.1943 gebildeten Forstverbände stehen den Forstbetriebsverbänden gleich, soweit deren Zweck sich nicht ganz oder überwiegend auf Einstellung von Personal beschränkt. Die nach Landesrecht bisher anerkannten F. Z. des privaten Rechts stehen den anerkannten Forstbetriebsgemeinschaften gleich, wenn sie nach § 18 BWaldG ausdrücklich anerkannt sind. Das gleiche gilt unter gewissen Voraussetzungen auch für nicht förmlich anerkannte Zusammenschlüsse des privaten Rechts und für Grundbesitzer, die mit einer Forstbehörde Vertäge über gemeinschaftliche Betreuung abgeschlossen haben. Zu den sonstigen Zusammenschlüssen zählen z. B. Gehöfterschaften, Haubergsgenossenschaften, Laubgenossenschaften, Waldnachbarschaften und Realgemeindeforsten.
In der BR Dtschl. existieren über 4447 F. Z. (davon 1415 Forstbetriebsgemeinschaften, 53 Forstbetriebsverbände, 17 Forstwirtschaftliche Vereinigungen, 2962 sonstige Zusammenschlüsse) mit rd. 389 000 Mitgliedern und einer Waldfäche von ca. 3 Mio. ha (Stand 1994). F. Z. sind vielfach korporative Mitglieder der Waldbesitzerverbände und verstehen sich als Interessenvertretung auf örtlicher Ebene.
Forstwirtschaftsbetriebe, Staatliche → Staatliche Forstwirtschaftsbetriebe.
Forstwirtschaftsjahr, das (FWJ): im Ggs. zum Kalenderjahr geht das F. jeweils vom Oktober des lfd. Jahres bis einschließlich September des folgenden Jahres, z. B. FWJ 1998 = Oktober 1997 mit September 1998.
(Forst-)Wirtschaftskarte, die: → Forstkarten.
Forstwirtschaftsmeister (FWM), der: → Forstwirt.
Forstwirtschaftsplan, der: auch (Forst-)Betriebsplan. Die Bewirtschaftung größerer Wälder (bei Körperschaftswäldern in Bayern z. B. über 50 ha) wird auf einen F. gestützt. Dieser wichtige Bestandteil der → Forsteinrichtung dient dazu, den Forstbetrieb zu steuern, in Körperschaftswäldern und im Staatswald zusätzlich dazu, die Beachtung der gesetzlichen Vorschriften sicherzustellen. Der F. enthält neben einer ausführlichen Zustandsaufnahme eine Erfolgskontrolle des abgelaufenen Planungszeitraums (Vollzug der waldbaulichen Planung, Störungen des planmäßigen Betriebsvollzugs, Wirtschaftserfolg) und v. a. die Planung für den nächsten Zeitraum. Dort werden Festlegungen für → Waldbaurichtlinien, → Bestockungs- und → Verjüngungsziele, → Umtriebszeit, Grundsätze der bestandsweisen Planung, Ermittlung und Begründung des → Hiebssatzes, Abnutzungsfläche, Arbeitsvolumenplanung, Finanzplanung getroffen. Der Waldpflege- und Nutzungsplan (→ Fällungsplan) ist Grundlage für die Aufstellung der → (Jahres-)Betriebspläne; → Forsteinrichtungswerk.
Forstwirtschaftsrat, Deutscher → Deutscher Forstwirtschaftsrat.
Forstwirtschaftsschulen → Waldarbeitsschulen.
Forstwirtschaftsweg, der: → Forststraße, Walderschließung, Waldwege.
Forstwissenschaft, die: die Wissenschaft und Lehre von den biologischen und ökologischen Gesetzmäßigkeiten im Wachstum von Bäumen und Wäldern, der planmäßigen Erwirtschaftung von nachhaltigen Erträgen in der Holzwirtschaft auf der Grundlage von Wirtschaftsplänen sowie der Anwendung von Technik und Mechanisierung in der Forstwirtschaft. Der F. obliegt auch die Abgrenzung und Regelung aller rechtlichen und gesetzlichen Probleme zwischen Mensch und Wald. Sie gliedert sich in naturwissenschaftliche Grundwissenschaften und die Fachwissenschaften Produktionslehre, Betriebslehre und Forstpolitik, die noch weiter unterteilt werden. Daneben berührt die F. auch andere Wissenschaftsgebiete; z. B. Botanik, Bodenkunde, Chemie, Entomologie, Geologie, Jagdwissenschaft, Mineralogie, Meteorologie, Ökologie, Physik, Mathematik, Rechtswissenschaft, Volkswirtschaft und Zoologie; → Forstliche Akademische Ausbildungsstätten, forstliche Klassiker.
Forstwroge, die: alte nordd. Bez. für eine gerichtliche Anzeige bei Verstößen gegen die → Forstordnung.
Forstzeichen, das: mit dem → Waldhammer in das Holz eingeschlagenes Zeichen. Am stehenden Baum gibt es zu erkennen, daß der Stamm gefällt werden soll; am aufgearbeiteten, ordnungsgemäß hergerichteten Holz ist es ein Kontrollzeichen dafür, daß das Holz ordnungsgemäß aufgenommen, d. h. in die Bücher eingetragen ist.
Forstzins, der: frühere Bez. für eine Abgabe für die → Forstnutzung als auch für eine Einnahme aus der Forstnutzung.
Forstzoologie, die: Wissenschaft von Bau, Leben und Vergesellschaftung aller forstlich relevanten – nützlichen und schädlichen – Tiere. Neben den Säugetieren, Vögel, Amphibien werden v. a. die → Insekten und die meist unscheinbaren Bodenlebewesen erforscht; → Waldschutz.
Fortschreibung, die: Ermittlung von Bestandesdaten, wie z. B. Alter und Vorrat, aus den Daten früherer Erhebungen.
fossile Brennstoffe: Bez. für in der Erdkruste abgelagerte Brennstoffe, die aus Pflanzen oder Tieren vergangener → Erdzeitalter entstanden sind. Im Ggs. zu den nachwachsenden Rohstoffen, z. B. Holz, kommen f. B. nur in begrenzten Mengen vor, und die Reserven dürften Mitte des 21. Jh. erschöpft sein. Beim Verbrennen f. B. werden zudem gebundene Stoffe, insbesondere SO_2 (→ Schwefeldioxide) freigesetzt, die zur → Luftverunreinigung beitragen. Zu den f. B. zählen Erdöl, Erdgas, → Braun- und → Steinkohle und → Torf.
Fotografieren von Wildtieren: Wegen der sehr häufigen und intensiven Störungen der Wildtiere durch Amateur-Tierfotografen ist in der BR Dtschl. für die vom → Aussterben bedrohten Tierarten ein Fotografier- und Filmverbot in § 22 BNatSchG ausgesprochen worden.
FPA: Abk. für „Forstechnischer Prüfungsausschuß" des → Kuratoriums für Waldarbeit und Forsttechnik.
Fraas, Carl Nikolaus, Dr. (8.9.1810 Ratteldorf bei Bamberg bis 10.11.1875 München): F. war von 1847 an Professor der Landwirtschaft an der Universität München. Er machte zahlreiche medizinische und botanische Studien. Von seinen Schriften sind zu erwähnen: „Wie wird die Waldstreu entbehrlich" (1857) und „Geschichte der Landbau- und Forstwissenschaft seit dem sechzehnten Jahrhundert bis zur Gegenwart" (1865).
Fragaria → Erdbeeren.
Fragarion Vescae → Weidenröschen-Schlaggesellschaften b).
Fragstuckhe (Fragstücke): → Forstlagerbücher.
Frankenwald, der: Der zwischen Thüringerwald und Fichtelgebirge liegende F., ein Mittelgebirge, wurde noch vor 200 Jahren „Nordwald" genannt (Döbraberg, 795 m). Mit ca. 52 000 ha Wald ist er eines der schönsten Wandergebiete. 1973 wurde der 112 600 ha große → Naturpark F. gegründet. Vier Fünftel des gesamten Baumbestandes sind Fichten; im nördlichen F. herrschen Eichen- und Tannenwälder vor; im Ludwigstadter Raum sind Perlgras-Buchenwälder anzutreffen. Ein Großteil der Wälder des F. steht auf Granit und Gneis. Der Wald, die Sägemühlen und die gesamte Holzwirtschaft waren früher eine reiche Erwerbsquelle. Vor 100 Jahren standen an den Gewässern des F. noch 132 Sägemühlen.
Fransen-Enzian, der: → Enzian 3.
Fransenfledermaus, die: → Fledermäuse 4.
Franzosenhiebe: Bez. für Holzeinschläge, die unmittelbar nach dem Zweiten Weltkrieg auf Anordnung der französischen Besatzungsmacht im → Schwarzwald durchgeführt wurden. Innerhalb von drei Jahren muß-

Forstwirtschaft

►► Die Einnahmen der Forstbetriebe kommen zu ca. 90 Prozent aus Holzverkäufen.

Die Forstwirtschaft (auch Waldwirtschaft) als Teil der Volkswirtschaft hat die Aufgabe, den → Wald der menschlichen Gesellschaft durch die Bereitstellung materieller und immaterieller Leistungen nutzbar zu machen. Alle auf diesen Zweck gerichteten wirtschaftlichen Tätigkeiten im Wald gehören damit zur Forstwirtschaft (z. B. → Waldbau, → Holzernte, → Waldpflege). Je nach wirtschaftlicher Entwicklungsstufe und speziellen Bedürfnissen der Gesellschaft kann sie verschieden ausgeprägt sein.

Aufgaben und Anforderungen

In unserer Volkswirtschaft hat die Forstwirtschaft die Aufgabe,

- den Rohstoff → Holz und andere Walderzeugnisse zu liefern,
- den Wald zu erhalten,
- die landeskulturellen Leistungen zu erbringen.

Die Anforderungen der Volkswirtschaft an den Wald haben sich im Laufe der Jahrhunderte immer wieder geändert (→ Forstgeschichte).

Die langen Produktionszeiträume und das großflächige Wirtschaften mit dem → Ökosystem Wald bedingen verschiedene Besonderheiten der Forstwirtschaft:

- Die langen → Umtriebszeiten lassen eine Vorausschau auf zum Zeitpunkt der Ernte gefragte Holzarten und Sorten kaum zu.
- Kurzfristige Änderungen eines einmal ausgewählten → Produktionsziels sind in der Forstwirtschaft nur mit Verlusten möglich.
- Mit der langen Produktionszeit und der großen Abhängigkeit von den natürlichen Erzeugungsbedingungen entstehen Risiken und Unsicherheiten und erfordern zur Beachtung der → Nachhaltigkeit besondere Planungsverfahren (→ Forsteinrichtung) und standortgerechte, daher stabilere und risikoärmere Bestände.
- Verstöße gegen die Prinzipien Nachhaltigkeit, Standortgerechtigkeit und Stabilität treffen oft erst spätere Generationen.
- Ferner besteht die Schwierigkeit, Produktionsmittel und Produkt, das heißt stehenden Holzvorrat und jährlichen Holzzuwachs, zu trennen („Holz wächst nur an Holz.").
- Eine weitere Besonderheit der Forstwirtschaft besteht in der zwangsläufig gleichzeitigen Erzeugung unterschiedlicher Produkte (z. B. Stammholz und geringerwertiges Brennholz bei der Endnutzung, schlechter bezahltes, aber kostenintensives Schwachholz bei der notwendigen Pflege der jüngeren Bestände; → Kuppelprodukt).
- Für die Verwirklichung aller Betriebsziele gilt das Prinzip der → Wirtschaftlichkeit.

Eine geregelte Forstwirtschaft begann in Deutschland erst vor 150 Jahren. Die Brutto-Wertschöpfung der deutschen Forstwirtschaft (alte Bundesländer) betrug im Forstwirtschaftsjahr 1994 rund 1,49 Milliarden DM, die Netto-Wertschöpfung rund 1,21 Milliarden DM, der Produktionswert rund 2,67 Milliarden DM.

ten rd. 9 Mio. m^3 Holz gefällt werden, dreimal mehr, als im gleichen Zeitraum nachwachsen konnte. Bis 1950 wurden insgesamt 200 km^2 Wald kahlgeschlagen; → Reparationshiebe.

Franzosenholz, das: → Pockholz.

Franzosenkraut, das: → Springkraut 1.

Franzmadhes, Johann Mathias → forstliches Schrifttum.

Französischer(r/s) ... siehe unter dem jeweiligen Hauptnamen.

Fräsen: Anbaugeräte zur Bodenbearbeitung an landwirtschaftlichen → Schleppern. Sie dienen dem Auflockern und intensiven Durchmischen des Oberbodens.

Fraßformen: Bez. für die durch Tierfraß, v. a. Raupen, entstehenden besonderen Formen an Blattorganen, Gewebe und Zellen. Unterschieden werden:

Skelettierfraß der Blattkäfer

a) an Blattorganen: Löcherfraß (junge Nonnenraupe), Ankerfraß (alte Nonnenraupe), Schartenfraß (Graurüßler, Kiefernspanner), Minierfraß (Buchenspringrüßler), Skelettierfraß (Blattkäfer)

b) an Stämmen und Zweigen: Rindenplatzfraß (z. B. Schälschäden durch Rotwild, in Form von Löchern und Ringelungen durch Borkenkäfer), Holzfraß (Weidenbohrer), Markröhrenfraß (Waldgärtner, Kleiner Pappelbock), Wurzelfraß (Engerlinge) und Samenfraß (Eichenrüßler).

Fraßschäden: Bez. für die Beschädigung lebender Bäume oder toten Holzes durch Insekten. Zu unterscheiden sind Blattfraß, Rindenfraß und Holzfraß: Ersteren verursachen z. B. die → Blattkäfer und die Maikäfer (→ Blatt-hornkäfer 8. und 9.), Rindenfraß einige Arten der → Rüsselkäfer und Holzfraß die holzbrütenden → Borkenkäfer. Als F. können auch die → Spechtringe und die → Schälschäden des Rotwildes bezeichnet werden.

Frässpäne → Sägespäne.

Fratzenorchis, die (*Aceras*): auch Ohnsporn. Gatt. der → Orchideen mit einer einzigen einheimischen Art:

Fratzenorchis, die (*Aceras anthropophorum* (L.) Aiton fil.): auch Ohnsporn, Ohnhorn, Puppen-, Männerorchis. Die über West- und Mitteleuropa verbreitete F. ist selten und wächst an sonnigen Hängen in feuchten Wäldern, besonders Bergwäldern, und lichten Gebüschen, auf Kalkmager- und Halbtrockenrasen (→ Charakterart), auf trockenen bis mäßig frischen, bevorzugt kalkhaltigen Böden, bis in Höhen von etwa 1500 m.

Die ausdauernde Pflanze hat zwei eiförmige Knollen und einen 10 bis 40 cm hohen Stengel mit einigen braunen Schuppenblättern am Grund und vier bis neun ungefleckten, länglich-lanzettlichen Laubblättern. BZ: März bis Juni. Die unangenehm riechenden, spornlosen Blüten stehen in einem zylindrischen, reichblütigen, ährigen → Blütenstand. Sie haben eine grünlich-gelbe Grundfarbe und sind verschieden intensiv braunrot überlaufen, gestreift oder berandet. Die eiförmigen → Kelchblätter neigen sich mit den etwas kürzeren, lanzettlichen → Kronblättern helmartig zusammen. Die rotbraune bis goldgelbe Lippe ist tief dreilappig, am Grunde mit zwei seitlichen Wülsten, mit einem linealischen, tief zweispaltigen Mittellappen und fadenförmigen Seitenlappen.

Frauenbettstroh, das: alte und volkstümliche Bez. für den Waldmeister; → Labkraut 1.

Frauenbirke, die: → Birken 1.

Frauenbiß, der: → Frauenmantel.

Frauenfarn, der (Athyrium): Gatt. der Fam. der → Tüpfelfarngewächse aus der Klasse der

→ Farne mit etwa 200 Arten in den gemäßigten Zonen. Es sind Farne mit zwei- bis dreifach gefiederten, großen Blättern und runden oder etwas langgestreckten Sori (Sporangienhäufchen).
Die Bez. „F." kommt noch aus der Zeit, als man über die Fortpflanzung der Farne wenig wußte. Man hielt diese Gatt. für die weibliche und den → Wurmfarn für die männliche Pflanze (→ Farnfräulein). In Mitteleuropa kommen folgende zwei Arten vor:
1. Gemeiner Frauenfarn, der (*Athyrium filix-femina* (L.) Roth): auch Wald-F. Der G. F. ist von der Ebene bis ins Gebirge weit verbreitet, relativ häufig und wächst auf feuchten, vorzugsweise kalkarmen, schwach sauren, humosen Waldböden in krautreichen, schattigen Laub- und Nadelwäldern, im Gebirge v. a. in Buchenwäldern, in trockenen Tieflagen fast nur in Hartholz-Auenwäldern oder feuchten Hainbuchenwäldern, als Gley- und Pseudogley-Zeiger (→ Bodenanzeiger).
Die mehrjährige Farnpflanze wird 30 bis 100 cm hoch, hat ein kriechendes Rhizom und aufrecht stehende oder bogig überhängende Farnwedel (Blätter), die in einer Rosette stehen. Fruchtbare und unfruchtbare Wedel sind gleichgestaltet. Der kurze Blattstiel ist gelblich oder rötlich und im unteren Teil mit schmal-lanzettlichen Spreuschuppen besetzt. Die Wedel sind im Umriß breit-lanzettlich, vorne zugespitzt, zum Grunde hin stark verschmälert, hellgrün und zwei- bis dreifach gefiedert. Die einzelnen, etwas entfernt sitzenden Fiedern sind länglich, die Fiederchen spitz gesägt und aufwärts gekrümmt. Die Sori sind langgestreckt, oft haken- bis hufeisenförmig, mit schmalem, gewimpertem, bleibendem Schleier und befinden sich auf der Wedelunterseite, und zwar jeweils in einer Reihe zwischen Mittelrippe und Fiederchenrand. Die → Sporen reifen von Juli bis August (September).
Der G. F. ist ein wertvoller Boden- und Humusbereiter. Er wirkt auf Forstkulturen nicht verdämmend, weil seine nicht sehr zahlreich stehenden Wedel im Herbst bald welken.
2. Gebirgs-Frauenfarn, der (*Athyrium distentifolium* Tausch): auch Alpen-F. Der G. ist in staudenreichen Bergmischwäldern, Hochstauden-Buchenwäldern, orealen Bergahorn-Buchenwäldern, Fichten-Tannen- und Fichtenwäldern sowie in subalpinen Hochstaudenfluren (Klassen → Charakterart) relativ häufig, im Bayerischen Wald und anderen Mittelgebirgen zerstreut verbreitet, anderorts jedoch selten anzutreffen. Er wächst vorzugsweise auf Nordlagen.
Die 50 bis 150 cm hohe Farnpflanze sieht dem Gemeinen Frauenfarn sehr ähnlich, ist jedoch etwas kräftiger. Der kurze, dicke, strohgelbe Blattstiel ist unten mit breit-lanzettlichen Streuschuppen besetzt. Die Farnwedel sind vom Umriß länglich-lanzettlich, vorne zugespitzt, zum Grunde hin nur wenig oder gar nicht verschmälert, oberseits satt- bis dunkelgrün, unterseits heller und zweifach gefiedert. Die Fiedern sind eiförmig bis oval-länglich, etwa eineinhalb- bis zweimal so lang wie breit, fiederspaltig mit gesägten Abschnitten. Die Sori sind klein, reif fast kreisrund, mit früh abfallendem Schleier. Die Sporen reifen von Juli bis August (September).
Die vorgenannten Arten bilden den Bastard *Athyrium x ruchsteinii*, der Merkmale beider Arten aufweist.
Frauenflachs, der: → Leinkraut.
Frauenhaar, das: → Waldrebe 2.
Frauenhaar, Goldenes, das: → Bürstenmoos 1.
Frauenkraut, das: → Frauenmantel.
Frauenmantel, der (*Alchemilla*): Gatt. der → Rosengewächse mit über 20 Arten, vorwiegend in den kühlen und gemäßigten Gebieten und in den Hochgebirgen. Es handelt sich meist um mehrjährige Stauden und Kräuter mit verholzendem Wurzelstock, rundlichen, gelappten oder fingerförmig eingeschnittenen Blättern, die locker oder dicht seidig behaart sind, und kleinen gelblichen oder grünen Blüten. Eine bekannte Sammelart ist:
Gemeiner Frauenmantel, der (*Alchemilla vulgaris* Linné): auch Gewöhnlicher F., Wiesen-F., Marienmantel, im Volksmund auch Jungfern-, Taumantel, Tauschüsselchen, Taubecherl, Sinau, Taukraut, Wundwurz, Löwenfuß, Frauenbiß, Frauenkraut, Aschitz, Helft. Der fast über ganz Europa verbreitete G. F. wächst verbreitet in lichten, feuchten Wäldern, in Gebüschen, an Waldrändern, in Hochstaudenfluren, auf Naß- und Fettwiesen, in Quellfluren und auf Weiden.

◂◂ Der Name „Frauenmantel" bezieht sich auf die Blattform, die an einen überwurfartigen Mantel erinnert.

Die mehrjährige, 10 bis 30 cm hohe, sehr variable Pflanze hat aufsteigende oder aufrechte, oft rot überlaufene Stengel. Die Grundblätter sind rundlich, gefaltet, bis zur Hälfte geteilt in sieben bis 13 (meist neun) gezähnte, halbkreisförmige, dreieckige oder trapezförmige Abschnitte. Die → Nebenblätter sind klein. Auf den Blättern sammeln sich stets Regen-, Guttations- oder Tautropfen. Alchemisten sammelten die Tautropfen früher in der Morgendämmerung, worauf der Gatt.-Name *Alchemilla* hinweist. Sie benötigten sie zur Herstellung des „Himmlischen Wassers", das sie neben anderen Bestandteilen auf der Suche nach dem Stein der Weisen brauchten. Diese Tautropfen wurden auch zu den Versuchen, Gold aus unedlen Metallen herzustellen, benötigt. BZ: Mai bis August/September. Die kleinen, 2 bis 4 mm breiten, gelbgrünen, meist eingeschlechtigen Blüten stehen in doldigen Rispen (→ Blütenstand). Sie bestehen aus einem Kelch mit vier → Kelchblättern und einem vierzähnigen Außenkelch (→ Kronblätter fehlen), vier kurzen → Staubblättern und einem → Griffel. Die Früchtchen liegen in einem außen behaarten Kelchbecher. Der G. F. ist eine äußerst formenreiche Sammelart mit zahlreichen, nur schwer unterscheidbaren Kleinarten, bei denen die Samenbildung ohne Befruchtung erfolgt. Aus diesem Grunde findet kein Austausch von Erbanlagen statt und die neuen Pflanzen entsprechen immer genau der Mutterpflanze.
In der Naturheilkunde (→ Heilpflanzen) findet die ganze Pflanze (ohne Wurzel), geerntet von Juni bis August, Verwendung. Sie enthält Fettsubstanzen, Gerbstoffe, Harze, Kohlenhydrate, organische Säuren, Saponin, die adstringierend, entzündungshemmend, narbenbildend, sedativ und wundheilend wirken und magenwirksam sind. Der G. F. wird u. a. auch als Gurgelwasser bei Angina verwendet. Ein Aufguß wirkt lindernd bei Blähungen, Diabetes und bei Beschwerden in den Wechseljahren sowie als Augenbad bei Augenbindehautentzündung. Warmer F.-Wein ist hilfreich bei Durchfall. Ein Absud findet Verwendung bei Arteriosklerose und Migräne und Auflagen aus gehacktem G. F. bei Quetschungen. Zur Straffung schlaff werdender Brust sollen F.-Tinktur und F.-Kompressen sehr gut sein, F.-Kompressen ebenfalls bei Schwangerschaftsstreifen. Junge Blätter können auch mit anderen Kräutern zusammen zur Kräutersuppe verwendet werden.
Frauenschlüsselblume, die: → Primel 2.
Frauenschuh, der (*Cypripedium*): Gatt. der → Orchideen mit etwa 50 Arten auf der nördlichen Halbkugel. Es sind Erdorchideen mit büschelartig verzweigtem Wurzelstock, ungegliederten, meist behaarten Blättern und einzeln oder in wenigblütigen Trauben (→ Blütenstand) stehenden Blüten mit großer, schuhförmiger Unterlippe. In Europa ist nachstehende Art anzutreffen:
Frauenschuh, der (*Cypripedium calceolus* Linné): auch Gelber F., Rotbrauner F. Der hauptsächlich über Nord- und Mitteleuropa, im Süden bis Südfrankreich und Jugoslawien verbreitete F. kommt weit verbreitet bis zerstreut vor, gebietsweise ist er ziemlich selten und vielerorts bereits ausgerottet. Er wächst in lichten, halbschattigen Wäldern, besonders gras- und krautreichen Nadel- und Laubwäldern, v. a. Kalk-Buchenwäldern, xerothermen submediterranen Flaumeichenwäldern, Kiefern-Mischwäldern, boreal-subkontinentalen Kiefern-Steppenwäldern, artenreichen Tannenwäldern, in buschigen Bergwäldern, in Gebüschen und Latschenbeständen, auf kalkhaltigen Böden, vorwiegend im Hügel- und Bergland. In den Alpen ist er bis in Höhen von etwa 1600 m, selten bis 2000 m anzutreffen.
Die ausdauernde, prächtige, 15 bis 60 cm hohe Erdorchidee hat ein horizontal kriechendes Rhizom und ein oder mehrere, kurz behaarte, ein wenig gebogene Stengel mit drei bis fünf den Stengel scheidig umfassenden Blättern. Diese sind breitelliptisch, gefaltet,

zugespitzt, am Rand und auf den Nerven fein behaart. BZ: Mai bis Juli. Die Blüte ist groß, auffällig und steht meist einzeln bis zu zweit, selten zu dritt bis fünft. Die zwei rotbraunen → Kelchblätter sind 3,5 bis 5 cm lang; der abwärts gerichtete Abschnitt besteht aus den zwei seitlichen, verwachsenen Kelchblättern. Die seitlichen, rotbraunen → Kronblätter sind 4 bis 6 cm lang und etwas gedreht. Die 3 bis 4 cm lange und bis 3 cm breite Lippe ist vorne abgerundet, pantoffel- oder schuhförmig (Name!) aufgeblasen, zitronengelb und innen rötlich geadert oder gefleckt.

Frauentäubling, der: → Täublinge 7.

Frau Ermeline, die: Bez. des → Rotfuchses in der Fabel.

Fraxino-Aceretum (pseudoplatani) → Eschen-Ahorn-Steinschutthangwald.

Fraxino-Ulmetum → Eichen-Ulmen-Auenwald.

Fraxinus → Eschen.

Freia: nichtschlagende Verbindung von Studenten der Holzwirtschaft an der Universität Hamburg, gegründet 1946. Sie ist eine „Tochter" der gleichnamigen Verbindung von Studenten der Forstwirtschaft an der Universität Göttingen (gegründet 1879).

Freibrennholz, das: → Deputatholz.

Freibusch, der: auch Freybusch. frühere Bez. für einen Wald, in dem jeder nach seinem Belieben Holz schlagen durfte. Wegen der äußerst schädlichen Wirkungen auf diese Wälder bestanden bereits Anfang des 19. Jh. nur noch wenige F.

freie Natur, die: in erster Linie Bez. für alle Flächen, die außerhalb von bebauten Ortsteilen liegen, aber auch größere Flächen (Freiflächen), die innerhalb von Stadtgebieten liegen.

freie Puppe, die: → Puppe.

Freier Stil des Waldbaus: Unter Vermeidung von nicht auf alle Standorte übertragbaren Schemata, Generalregeln oder Verallgemeinerungen erfordert jeder → Standort und → Bestand eine gezielte individuelle waldbauliche Behandlung, insbesondere bei der → Naturverjüngung.

Die hierfür erforderliche genaue Kenntnis des jeweiligen Bestandes ist durch die moderne Standorterkundung, die bestandsgeschichtliche Überlieferung und die moderne forstliche Forschung, insbesondere des → Waldbaus und der Waldwachstumskunde heute eher gegeben als früher.

Freiflächen im Wald: Zeitweise oder ständig baumfreie Flächen im Wald sind Wald im Sinne der Forstgesetze, denn auch kahlgeschlagene oder gelichtete Grundflächen, Waldwege, Waldeinteilungs- und Sicherungsstreifen, Waldblößen und Lichtungen, Waldwiesen, Wildäsungsplätze, Holzlagerplätze sowie weitere, mit dem Wald verbundene und ihm dienende Flächen gelten als Wald gemäß § 2 Ziff. 1 BWaldG. Neben den ausdrücklich im Gesetz genannten F., die als Wald gelten, zählen häufig dazu: Still- und Fließgewässer, Heiden, Moore, Felsen, Blockhalden, Magerrasen u. a. m. Verjüngungsflächen wirken zeitweise ebenfalls als F.

Freihändiges Ausgebot, das: → Freihandverkauf.

Freihandverkauf, der: freihändiges Ausgebot. ein Verkaufsverfahren beim → Holzverkauf, bei dem der Preis und der Vertrag zwischen Verkäufer und Käufer in einem Verkaufsgespräch vor oder nach dem Einschlag (→ Vorverkauf/→ Nachverkauf) ausgehandelt werden. In einem anschließend gefertigten Kaufvertrag werden Holzmenge, Preis und Verkaufsbedingungen schriftlich festgehalten.

Freiheitsbaum, der: Im August 1765 wurden in Boston an einer Ulme aus Protest gegen die Stempelsteuer zwei Strohpuppen aufgehängt. Unter diesem Baum mußten die Steuereinnehmer später schwören, niemals Stempelmarken zu verkaufen. Der Baum wurde danach „Tree of Liberty" getauft, aber schon 1775 auf Geheiß der Obrigkeit gefällt. In der Folge wurden auch in einigen europäischen Ländern Bäume (meist Fi oder Ta) als Symbol der Freiheit angepflanzt und mit Fahnen und Bändern geschmückt. Diesen Brauch soll General M. J. Marquis de Lafayette (1757 – 1834), der an den amerikanischen Freiheitskriegen teilnahm, nach Frankreich gebracht haben. Der F. wurde v. a. von den Änhängern der Französischen Revolution überall gepflanzt bzw. errichtet. In Paris z. B. errichteten die Jakobiner 1790 den ersten F. (l'arbre de la liberté), krönten ihn mit der Freiheitsmütze, umtanzten ihn und sangen dabei Revolutionslieder. Als Siegeszeichen soll er 1792 schon in 60 000 Orten der Republik gestanden haben. In Dtschl. wurden F. zu dieser Zeit auch im linksrheinischen Bayern (Pfalz) errichtet. Auch in der Februarrevolution von 1848 wurden F. gepflanzt, aber durch einen Regierungserlaß 1850 beseitigt. In der Schweiz wurde letztmalig 1851 ein F. errichtet; → Freiheitslinde, Gedenkbäume.

Freiheitslinde, die: eine am 30.4.1990 von der → Schutzgemeinschaft Deutscher Wald vor dem Reichstagsgebäude in Berlin gepflanzte Li, mit der sie symbolhaft auf die Wiedervereinigung Dtschl. hinweisen wollte; → Freiheitsbaum, Gedenkbäume.

Freihieb, der: Neben dem → Loshieb in der Forstwirtschaft eine Maßnahme zur Wahrung der → Räumlichen Ordnung beim → Altersklassenwald. Hierbei wird die Baumreihe eines im Westen oder Süden vorgelagerten älteren Bestandes entfernt, um die Traufbildung (→ Waldränder) am Rande des zu schützenden rückliegenden Bestandes zu fördern.

Freiholz, das: alte Bez. für → Leseholz.

Freilage, die: Bodenfläche, die der Witterung (einschließlich Seeluftaerosol) ohne Bestockungsschutz ausgesetzt ist.

Freiluftschule, die: → Waldschule.

Freimähen, das: auch Freischneiden. Pflegemaßnahme (→ Waldpflege) in → Jungbeständen; → Freischneidegeräte.

Freiräume: Begriff der → Landschaftsplanung. Unter F. versteht man großflächige Gebiete, die außerhalb der für die eine verstärkte Überbauung und Siedlungsentwicklung vorgesehenen Gebiete liegen. Die F. umfassen die Flächen der Land- und Forstwirtschaft und die ökologischen Ausgleichsräume. Innerhalb der F. können Siedlungen unterschiedlicher Größe liegen. Die Flächen mit ökologischer Ausgleichsfunktion werden in den Regionalplänen als regionale Grünzüge bzw. Vorranggebiete ausgewiesen.

Freisaat, die: → Saat.

Freischneidegeräte: Maschinen, die der Kultur-, Jungwuchs- und Dickungspflege, der Stammzahlreduzierung (bei Stämmen bis zu einem Schnittdurchmesser von 8 cm), zur Waldrandgestaltung und zur Landschaftspflege dienen. Es handelt sich hierbei hauptsächlich um Motorsensen mit einer rotierenden, austauschbaren Klinge bzw. Säge oder einem Nylonfaden; sie ersetzen weitgehend die früher hierzu verwendeten Sensen, Sicheln und Heppen.

Freischneiden, das: → Freimähen.

Freistand, der: auch Einzelstand, Solitär. Bäume, die von frühester Jugend an freistehend aufwachsen, z. B. im Feld, in Gärten, Parkanlagen, an Fluß- und Bachläufen, erhalten wegen der fehlenden → Konkurrenz eine ganz andere Gestalt als Bäume, die im dichten → Schluß des Waldes in Konkurrenz mit anderen Bäumen heranwachsen. Sie haben eine meist mächtig ausladende Krone, die lebenden Äste reichen häufig weit herab, sind stark und im unteren Teil oft weit ausgestreckt. Infolge des großen Lichtgenusses sterben die Äste nicht ab, sondern werden vielmehr von Jahr zu Jahr stärker. Bäume im F. werden allerdings stark abholzig (→ Abholzigkeit); der Schaft wird kräftig, aber kurz. V. a. die Laubbäume liefern deshalb viel Ast- und Wipfelholz, aber weniger Stammholz. Umgekehrt ist es jedoch bei Bäumen, die im Bestand(e)sschluß heranwachsen. Bäume im F. werden früher mannbar (→ Mannbarkeit) als solche, die im Bestand(e)sschluß heranwachsen; → H/d-Wert.

Freistellung, die: die Beseitigung des Bestandschirmes von Naturverjüngungen und → Kulturen, die unter dem Schutz eines Altbestandes erzogen worden sind. Die F. kann mit einem einzigen Hieb oder allmählich erfolgen.

Fremdbefruchtung, die: Befruchtung durch ein erbungleiches Indiviuum.

Freitreten, das: Freistellen der Kulturen bei starkem Unkrautbewuchs. Im Ggs. zum Freischneiden (→ Freischneidegeräte) werden beim F. die Halme und Stengel der Schlagpflanzen nur umgedrückt und gequetscht. Die Pflanzen (Unkräuter) sterben langsamer ab und verzögern das Nachwachsen im allgemeinen länger als abgemähte Pflanzen. Zum F. dienen Tretschuhe, das sind an der Unterkante angeschliffene Stahlreifen, die an den Schuhen befestigt werden.

Ähnlich wirkt auch das Freiwalzen mit der Graswalze (Gewicht um 100 kg), bei der ein Stahlrahmen mit Lenkholmen einen 2-PS-Motor trägt und zwei profilierte Gummiwalzen umfaßt. Rechtzeitig gewalztes Gras richtet sich nicht mehr auf.

Freiwalzen, das: → Freitreten.

Fremdbestäubung, die: → Bestäubung.

In einen Buchenstamm eingewachsene Eisenklammer

Fremdkörper im Holz: hauptsächlich durch Geschosse aller Art, durch Bomben- und Granatsplitter (→ Splitterholz), durch eingewachsene Drähte (v. a. Weidedrähte) und Nägel. F. sind ein → Holzfehler und mindern die Holzqualität. Holz aus Truppenübungsplätzen oder aus ehem. Kriegsgebiet wird deshalb mit Metallsuchgeräten untersucht. Bei einem Verkauf muß auf die Gefahr von F. hingewiesen werden. In Sägewerken wird solches Holz mit stationären Suchgeräten (Sortieranlagen) vor dem Einschnitt untersucht.
fremdländische Baumarten → ausländische Baumarten.
Fremdling, der: → Falken 1.
Fremdverbreitung, die: → Allochorie, Samenverbreitung.
Fresser, der: veraltete Bez. für einen → Baumkrebs.
Frevelstämme: frühere Bez. für die von Holzdieben gefällten Stämme, aber auch für die im Boden zurückgebliebenen Wurzelstöcke dieser Stämme.
Freybusch, der: → Freibusch.
Frickdorn, der: → Rosen 10.
Friedrich, C. D. → Wald in der Malerei.
Fringillidae → Finkenvögel.
Frischdorn, der: → Rosen 10.
Frische, die: auch Bodenfrische. Bez. für feuchte (nicht staunasse) und gut durchlüftete Böden. F. Böden benötigen Es, Fi, JLä, Pa, REr, StEi und Stro; → Wasserhaushaltsstufen.
Fronwald, der: in früherer Zeit ein herrschaftlicher Wald.
Frösche (*Ranidae*): auch Echte Frösche. artenreiche, weltweit verbreitete Fam. der Ordn. → Froschlurche (Klasse → Lurche), zu der die meisten in großen Mengen auftretenden Braun- und Wasser-F. gehören. F. haben einen nach vorne verschmälerten Kopf, ein großes Trommelfell und die Männchen oft eine ausstülpbare Schallblase. Vorne am Mundboden ist eine meist zweilappige, klebrige Zunge angewachsen, die herausgeschleudert werden kann. Viele Arten halten sich überwiegend im und am Wasser auf, andere suchen das Wasser nur zum Überwintern bzw. zum Überdauern der Trockenzeit und zur Fortpflanzung auf; → Europäischer Laubfrosch, → Kröten. Die wichtigsten, auch im Wald vorkommenden Arten (Braun-F.) sind:
1. Grasfrosch, der (*Rana temporaria*): auch Tau-, Land- und Märzfrosch, Stummer Frosch. Der in Mittel- und Nordeuropa sowie in Asien weit verbreitete G. kommt in der Ebene und im Gebirge bis zur Schneegrenze vor. Der bis zu 10 cm lange G. ist oberseits gelbbraun über rot- bis schwarzbraun, oft mit kleinen Wärzchen besetzt und gefleckt oder getüpfelt. In der Ohrgegend befindet sich stets ein braunschwarzer Fleck und an jeder Rückenseite eine bogenförmig gekrümmte Drüsenleiste. Die Unterseite ist weißlich oder gelblich, beim Männchen ungefleckt, beim Weibchen mit bräunlichen und rötlichen Flecken. Zwischen den Fingern der langen Hinterbeine spannen sich gut ausgebildete Schwimmhäute. Die Haut des Frosches ist ständig feucht. Die Laichzeit beginnt früh, in den Niederungen Ende Februar oder spätestens im März, in Gebirgslagen im April. Der Laich mit ca. 3000 bis 4000 Eiern wird in Klumpen abgelegt, die zuerst auf den Grund der Gewässer sinken. Nach dem Quellen der Gallerthüllen steigt der Laichklumpen wieder nach oben. Die Kaulquappen schlüpfen nach drei oder vier Wochen und verlassen Ende Juli als voll ausgewachsene, etwa 10 mm große Frösche das Wasser. Das Männchen besitzt zwei innere Schallblasen, mit denen es ein tiefes Knurren erzeugen kann. Tagsüber hält sich der G. in feuchten Verstecken verborgen. In der Dämmerung und nachts, bei feuchtem Wetter auch tagsüber, erbeutet er seine Nahrung, hauptsächlich Insekten und kleine Weichtiere. Gewöhnlich überwintert er im Grundschlamm, selten auf dem Trockenen.
2. Springfrosch, der (*Rana dalmatina*): auch Landfrosch. Der hauptsächlich in Mittel- und Südeuropa, vorwiegend aber in den Mittelmeerländern verbreitete Frosch lebt in Laubwäldern, insbesondere in Auwäldern, sowie in feuchten Wiesen. Der S. hat einen schlanken Körper, und das Fersengelenk des nach vorne angelegten Hinterbeines ragt deutlich über die Schnauzenspitze hinaus. Er hat von allen Fröschen die längsten Hinterbeine und kann bis zu 2 m weite und etwa 75 cm hohe Sprünge ausführen. I. a. erreicht er eine Länge von 6 bis 7 cm; Weibchen können bis zu 9 cm lang werden. Die Oberseite ist meist hellbraun (heller als beim ähnlichen Grasfrosch), mit großem, bräunlichschwarzem Fleck in der Schläfengegend. Die Flanken sind hellgelb, die Unterseite weißlich oder rahmgelb. Über die Hinterbeine ziehen sich zumeist zehn etwas dunklere, deutlich ausgebildete Querbinden. Dem Männchen fehlt die Schallblase; der ziemlich leise Ruf klingt wie „rro-rro-ro" oder „quo-quo-quo". Den Sommer über lebt der S. auf dem Trockenen und entfernt sich dabei weit vom Wasser. Die Paarung und das Ablaichen erfolgen im März/April. Er sucht dann in größerer Zahl Waldtümpel auf. Die Laichballen der Weibchen umfassen ca. 1000 bis 2000 Eier. Die Kaulquappen verwandeln sich nach zwei bis drei Monaten in junge Frösche, die nach zwei bis drei Jahren fortpflanzungsfähig werden. Der S. ist tag- und nachtaktiv und ernährt sich von Insekten und anderen Kleintieren, v. a. von Würmern und gelegentlich auch von Nacktschnecken. Er überwintert meist im Schlamm auf dem Gewässergrund.
3. Moorfrosch, der (*Rana arvalis*): auch Feld-, Sumpffrosch. Der dem Grasfrosch ähnliche M. ist von Nordwestfrankreich bis Sibirien in der gemäßigten Zone bis zum Polarkreis verbreitet. Er bewohnt vorwiegend sumpfige Niederungen, Bruchwälder und moorige Wiesen mit Wassergräben und Tümpeln. Der kräftig gebaute Frosch wird ca. 6,5 bis 8 cm lang. Die Schnauze ist spitz (spitzer als beim Grasfrosch), der Fersenhöcker im Vergleich zum Grasfrosch groß. Die Oberseite ist braun bis schwarzbraun, mit dunklen Flecken oder ohne Fleckzeichnung. Die Haut ist glatt oder mit kleinen Warzen bedeckt, oft auch mit hellem Rückenstreifen. An den Kopfseiten befindet sich ein großer, sichelförmiger, dunkler Schläfenfleck. Die Augen haben eine waagerechte Pupille. Die Bauchseite ist weiß und ungefleckt. Die Männchen sind während der Paarungszeit am Kopf, zuweilen auch am ganzen Körper, blau gefärbt. Das Männchen besitzt auch zwei innere, nicht ausstülpbare Schallblasen, mit denen es zur Paarungszeit glucksende, blubbernde Laute erzeugt, und an der ersten Zehe der Vorderfüße wachsen in dieser Zeit dunkle Schwielen. Die Laichzeit ist im März/April. Die Weibchen legen den Laich in einem oder in zwei Klumpen ab, insgesamt etwa 2000 Eier. Die Laichklumpen verbleiben am Gewässergrund. Die Entwicklung und Verwandlung der Kaulquappen ist ähnlich wie beim Gras- und Springfrosch. Die Überwinterung – im Schlamm der Gewässer – erfolgt von Oktober bis März. Die Nahrung besteht aus Insekten, Würmern, Asseln, Webspinnen und Schnecken. Die natürlichen Feinde sind Ringelnatter und Störche.

Grasfrosch (*Rana temporaria*)

Springfrosch (*Rana dalmatina*)

Froschgeier, der: → Bussarde 3.
Froschlurche (*Anura Salientia*): Sie bilden eine weltweit verbreitete Ordn. der Klasse → Lurche mit etwa 2600 Arten. Zu den F. gehören u. a. die Fam. der → Scheibenzüngler, Krötenfrösche, → Kröten, Baumfrösche, Laubfrösche (→ Europäischer Laubfrosch), → Frösche, Ruder- und Pfeilfrösche. F. haben einen gedrungenen, kleinen bis mittelgroßen

Körper und sind im erwachsenen Zustand schwanzlos. Von den zwei Gliedmaßenpaaren sind die Hinterbeine meist sehr viel länger als die vorderen und dienen zum Schwimmen und Springen. In der drüsenreichen Haut liegen die Farbzellen (Chromatophoren), die die Körperfarbe und -zeichnung und den Farbenwechsel bedingen, der von sehr verschiedenen Reizen (psychische Erregung, Licht, Wärme, Feuchtigkeit, Art des Untergrundes) ausgelöst wird. F. haben einen nicht durch eine Halsregion vom Rumpf abgesetzten, breiten und ziemlich flachen Kopf mit großem Maul und große, oft stark hervortretende Augen. Die Zunge ist

▸▸ Frostleiste

meist vorn angewachsen, vorschnellbar, oft aber auch ganz fehlend. Zur Fortpflanzung werden stehende Gewässer aufgesucht. Die Weibchen legen ihre Eier (Laich) in großen Klumpen (bis 10 000 Eier) ab, die sofort bei Austritt aus dem weiblichen Körper vom Männchen befruchtet werden. Danach quillt im Wasser eine Gallerte auf, die das Ei umhüllt und ein Ankleben und Zusammenhaften der Eier bewirkt. Die aus den Eiern schlüpfenden Larven (Kaulquappen) besitzen zuerst äußere, dann innere Kiemen und einen Hornkiefer zum Abraspeln der pflanzlichen Nahrung sowie einen Schwimmschwanz. Nach mehrmonatigem Larvenleben beginnt die → Metamorphose (Verwandlung). Zuerst bilden sich die Hinterbeine aus, später die Vorderbeine. Gleichzeitig entstehen aus einer Ausstülpung des Vorderdarms die Lungen. Der Schwanz schrumpft allmählich völlig ein, und letztlich verändert sich auch das Verhalten grundlegend. Der F. geht nunmehr an Land und frißt überwiegend tierische Beute.

Frost, der: Sinkt die Lufttemperatur unter 0 °C, spricht man von F. Er kann als Advektiv-F. durch kalte Luftströmungen, z. B. durch polare Luftkörper, und dann großflächig (Landfrost), oder durch Ausstrahlung als Strahlungsfrost oder Lokalfrost in begrenzten Lagen (z. B. in Mulden, Tallagen) entstehen. F. verursacht → Frostschäden; → Frühfrost, Spätfrost.

frostbeständig → frosthart.

frostempfindliche Baumarten → Frostschäden.

Frostgare, die: → Bodengare.

frosthart: auch frostresistent, frostunempfindlich, frostbeständig. Eine Pflanze ist f., wenn sie gegen → Frost unempfindlich ist; → winterhart.

Frostkeimer: Bez. für Pflanzen, deren Samen ohne vorhergehende Kälteeinwirkung nicht oder nur schlecht keimen. Zu den F. gehören viele alpine Arten; → Stratifizieren.

▸▸▸ Frostschäden an Buchen

Frostkern, der: Infolge extrem niedriger Temperaturen im Winter können im zentralen Teil des Stammes Farbabweichungen entstehen. Diese sind an Bu besonders häufig (z. B. im Winter 1928/29), kommen aber auch an Ta, Es und Nuss vor. Es handelt sich dabei nicht nur um eine die Verwendung, z. B. als → Furnier, beeinträchtigende Verfärbung, sondern auch um einen die Imprägnierung erschwerenden → Holzfehler. Die sprunghafte Neubildung oder Ausdehnung des Kerns durch Frosteinwirkung ist eine Folge des Eindringens von Luft in den Stamm durch vom Frost hervorgerufenen Haarrisse; → Fehlverkernung.

Frostleisten (Überwallungsleisten): Dieser technische → Holzfehler entsteht durch wulstartige → Überwallungen von Frostrissen (→ Risse). Diese sind auf starken Frost und plötzlichen Temperaturwechsel, welche Spannungsunterschiede hervorrufen, zurückzuführen. F. haben eine vogelschnabelähnliche Form, wobei die Dicke abhängig ist von der Zahl der Jahre, die zur völligen Überwallung nötig sind. F. treten v. a. bei der Ei, aber auch bei Ah, Es, Pa und Ul auf.

Frostloch, das: eine Bestand(e)slücke, auch eine Senke oder Mulde, in der sich die kalte Luft ansammelt, wodurch Spät- und Frühfröste entstehen können. Jungpflanzen, die der örtlichen Frosthöhe noch nicht entwachsen sind, sind dabei stark gefährdet.

Frostplatten: Aufreißen der Rinde auf der Südseite des Stammes dünnrindiger Baumarten, bedingt durch die starke Mittagssonne. F. wurden v. a. in den strengen Wintern 1928/29 und 1939/40 an der Bu, vereinzelt auch an Ah und REi beobachtet. Temperaturunterschiede, die auf Grund der inneren Kälte und der äußeren Strahlungswärme entstehen, verursachen zunächst Längsrisse in der Rinde. Später hebt sich dann die abgestorbene Rinde beiderseits der Risse – ähnlich dem → Rindenbrand – ab. F. beeinträchtigen daher den Gebrauchswert des Holzes; → Frostschäden, Frosttrocknis.

frostresistent → frosthart.

Frostriegel: Bez. für angelegte Hecken oder Wälle, die frostempfindliche Kulturen vor → Frostschäden schützen sollen.

Frostrisse → Risse.

Frostschäden: Um die kalte Jahreszeit überstehen zu können, haben sich unsere einheimischen Baumarten physiologisch auf den Winter eingerichtet. So werfen z. B. die Laubbäume vor Beginn des Winters die Blätter ab (→ Blattfall), die Nadelbäume (Ausnahme: Lä) hingegen behalten ihre → Nadeln auch im Winter, die sie durch besondere Vorkehrungen vor dem Erfrieren sichern. Schäden durch Winterfrost sind daher relativ selten. Gefährlich wird es, wenn z. B. an Südrändern infolge starker winterlicher Sonneneinstrahlung der physiologische Ruhestand unterbrochen wird. Die Nadeln beginnen dann zu assimilieren, doch aus dem gefrorenen Boden kann kein Wasser nachgezogen werden. Die Folge ist die Frosttrocknis. Verschärft wird diese Trocknis noch, wenn durch Wind die Verdunstung erhöht wird. Solche Trockenschäden treten v. a. im Spätwinter auf. F. und zu wenig Wärme in einer relativ kurzen Vegetationszeit sind die Ursachen dafür, daß in höheren Lagen, etwa ab 2000 m, keine Bäume mehr wachsen; → abiotische Forstschäden. Häufiger treten jedoch F. durch Spätfröste auf, d. s. die Fröste zu Beginn der Vegetationszeit (Frühjahrsfröste), die schwere Schäden an jungen, sich entwickelnden Trieben und Blättern verursachen. Typische F. sind auch Frostrisse (→ Risse), vermutlich auch der → Mondring im → Kernholz der Ei sowie die → Frostplatten und die → Frostschütte. Durch waldbauliche Maßnahmen (z. B. Anbau frostharter Baumarten,→ Vorwald, Voranbau, Entwässerung u. a.) kann F. jedoch vorgebeugt werden. In Mulden, Senken (→ Frostloch) und Tallagen sollte z. B. auf den Anbau frostempfindlicher Waldbaumarten wie Bu, Dgl und Es verzichtet werden. Weitere frostempfindliche Baumarten sind: gegenüber Spätfrösten Ei, Rob, Ta, auch Fi, Lä, Li und Ah. Gegenüber Früh- und Winterfrösten Rob, Kast und Nuss, auch Bu, Dgl, Ei, Es, Ta und Ul.

Frostschneckling, der: → Schnecklinge 11.

Frostschütte, die: Bez. für vorzeitigen Nadelabfall nach vorhergehender Rotfärbung bei Fi und Dgl durch Spätfröste im Vorfrühling.

Frostspanner, der: → Spanner 1. und 3.

Frosttrocknis, die: → Frostschäden.

frostunempfindlich → frosthart.

Fruchtbarkeit, die: → Mannbarkeit.

Fruchtbecher, der (*Cupula*): becherförmige (z. B. bei der Ei) oder vierteilige (z. B. bei Bu und Kast) Achsenwucherung, die die Früchte der → Buchengewächse (*Cupuliferae*) umgibt. Der F. ist oft mit Schuppen oder Stacheln versehen.

Fruchtblatt, das (Karpell): weiblicher Teil einer Blüte. Es ist ein besonders ausgebildetes Blatt, das die Samenanlagen mit der Eizelle trägt und den → Griffel und auch die → Narbe ausbildet. Alle F. einer Blüte werden als → Gynözeum bezeichnet. Die F. können zu einem → Fruchtknoten verwachsen oder einzeln angeordnet sein; → Stempel.

Fruchtformen: → Einzelfrüchte, Fruchtstand, Sammelfrüchte.

Fruchtknoten, der (*Ovarium*): durch Verwachsung der → Fruchtblätter gebildetes Gehäuse bei weiblichen und zwittrigen Blüten, in dem sich die Samenanlagen befinden. Der F. ist der untere Teil des → Stempels; aus ihm entwickelt sich während der Reife die Frucht.

Fruchtkörper, der: vielzelliges Geflecht aus verzweigten und miteinander verwachsenen Pilzfäden bei höheren → Pilzen, welches das Sporenlager trägt. Umgangssprachlich wird der F. „Pilz" genannt.
Fruchtreife, die: → Samenreife.
Fruchtschuppe, die: → Samenschuppe.
Fruchtstand, der: aus einer oder mehreren Blüten hervorgegangene Gruppe von Früchten, z. B. der Nußfruchtstand der Maulbeere und der Steinfruchtstand der Feige; → Einzelfrüchte, Sammelfrüchte.
frugivor: Bez. für fruchtfressende Tiere (z. B. Drosseln, Auerhuhn, Braunbär).
Frühbirne, die: → Felsenbirne.
Frühblüher: **1**) Bäume und Sträucher, die vor Laubausbruch blühen (Es und einige Wei), und dazu ihre Blütenanlagen im Herbst ausbilden. **2**) → Vorfrühlingsblumen.
Früheiche, die: → Eichen 1.
Frühe Segge, die: → Seggen 4.
Frühfliegende Fledermaus, die: → Fledermäuse 13.
Frühfrost, der: im Herbst auftretender → Frost, der durch Schädigung noch nicht ausgereifter Pflanzenteile Wachstumsstörungen verursachen kann; → Frostschäden.
Frühholz, das: auch Frühjahrsholz, Frühlingsholz, Weitholz. das hellere, dünnwandige und weitlumige Holz, das zu Beginn der Vegetationsperiode, wenn der Saftstrom sehr stark ist, etwa im Mai/Juni, gebildet wird. Es ist lockerer (weniger dicht) und leichter als das → Spätholz, mit dem es zusammen einen → Jahrring bildet.
Z. T. deutlich sichtbar wird das F. beim → Tangentialschnitt. Während die Übergänge vom F. zum Spätholz bei den meisten Baumarten kontinuierlich erfolgen, sind sie bei Lä und Dgl abrupt.
Frühjahrsbluten, das: → Wurzeldruck, Bluten der Bäume.
Frühjahrsfrost, der: → Frostschäden.
Frühjahrsholz, das: → Frühholz.
Frühjahrslorchel, die: → Lorchel 1.
Frühjahrspflanzung, die: → Pflanzzeit.
Frühlings-Adonisröschen, das: → Adonisröschen.
Frühlingsahorn, der: → Ahorne 5.
Frühlings-Anemone, die: → Kuhschelle 1.
Frühlingsblumen: Bodenpflanzen (→ Samenpflanzen), die in unseren Wäldern schon bald nach den → Vorfrühlingsblumen erscheinen. Hierzu zählen u. a.: Aronstab, Taubnessel, Goldnessel, Waldziest, Immenblatt (Waldmelisse), Maiglöckchen, Weißwurz (Salomonssiegel), Einbeere, Waldveilchen, Waldmeister, Waldbingelkraut, Zweiblatt, Korallenwurz, Geflecktes Knabenkraut, Pur-purorchis, Zweiblättrige Kuckucksblume, Waldvögelein, Frauenschuh; → Sommerblumen.
Frühlings-Enzian, der: → Enzian 5.
Frühlingsgiftrötling, der: → Rötlinge 8.
Frühlingshainsimse, die: → Hainsimse 1.
Frühlingsheide, die: → Erika 1.
Frühlingsholz, das: → Frühholz.
Frühlings-Kreuz-Labkraut, das: → Labkraut 4.
Frühlings-Knotenblume, die: → Knotenblume.
Frühlings-Küchenschelle, -Kuhschelle, die: → Kuhschelle 1.
Frühlingslorchel, die: → Lorchel 1.
Frühlings-Platterbse, die: → Platterbse 1.
Frühlings-Scharbockskraut, das: → Hahnenfuß 5.
Frühlings-Schlüsselblume, die: → Primel 2.
Frühlings-Teufelsauge, das: → Adonisröschen.
Frühlingswicke, die: → Platterbse 1.
Frühlorchel, die: → Lorchel 1.
Frühsommer-Meningoenzephalitis (FSME): auch Zeckenenzephalitis. Die FSME ist eine virale (→ Viren) Infektionskrankheit, die durch Zeckenbiß (→ Zecken) übertragen wird. In den meisten Fällen verläuft sie ohne bleibende Schäden (in den letzten Jahren sind in ganz Dtschl. ca. 60 bis 80 Erkrankungen jährlich bekannt geworden, in Österreich etwa 200), mit Symptomen, die anfangs denen einer Grippe ähneln. Bei einem geringen Prozentsatz der Infizierten kann sich jedoch eine Hirnhaut- und Gehirnentzündung (Erkrankung des Zentralnervensystems) entwickeln, die in einigen Fällen tödlich endet oder erhebliche gesundheitliche Schäden hinterläßt. Das Virus dringt seit Jahren aus dem Osten vor. Wie Untersuchungen ergaben, hat das Virus wahrscheinlich oberhalb von 500 m Meereshöhe keine Überlebenschancen. Der Schwerpunkt der Erkrankungshäufigkeit liegt in der Gemeinschaft Unabhängiger Staaten, in den ostdeutschen Ländern, in Tschechien, der Slowakei, Ungarn, Polen, in den Ländern des ehemaligen jugoslawischen Staatsgebietes und Österreich. In Dtschl. werden Erkrankungen insbesondere in Süddtschl. (v. a. in Niederbayern und Südwürttemberg) festgestellt. Das FSME-Virus hat man bereits bei der Rötelmaus, dem Igel, den Hauswiederkäuern und beim Schalenwild gefunden. Erkrankungen wurden bislang aber nur bei Rotfuchs, Maus und beim Menschen festgestellt. Die Wildtiere bilden ein Virusreservoir; der Hauptüberträger der FSME auf den Menschen sind die Zecken, besonders der Holzbock (*Ixodes ricinus*). Da Zeckenlarven und Zecken vorwiegend im Wald leben, sind besonders Menschen gefährdet, die sich viel im Wald aufhalten, z. B. Waldarbeiter, Jäger und Forstleute. FSME-Erkrankungen treten gehäuft im Frühsommer (April bis Juli) und dann noch im September/Oktober auf, da die Zecken in diesen Monaten besonders aktiv sind. In den Gefahrengebieten ist etwa jede zwanzigste bis hundertste Zecke Virus-träger. Durch einen Zeckenbiß kann das FSME-Virus in den Blutkreislauf gelangen und die FSME zum Ausbruch bringen. Die Inkubationszeit beträgt i. d. R. zwei bis zehn Tage, kann aber bis 28 Tage betragen. Es kommt dann zu einer leichten Erkrankung, die bis zu acht Tagen dauert und ähnlich einem grippalen Infekt verläuft. Die ersten Anzeichen sind Kopf- und Halsschmerzen, Husten, Schnupfen und Fieber. Zwei Drittel der Infektionen verlaufen auf diese relativ harmlose Weise. Bei einem Drittel der Erkrankten kommt es dann jedoch zur zweiten Phase. Nach ein bis 20 beschwerdefreien Tagen setzen starke Kopf- und Nackenschmerzen und hohes Fieber (um 40 °C) ein. Übelkeit, Nackensteifheit, Schlafstörungen, Depressionen und gelegentlich auch Bewußtseinsstörungen und Lähmungserscheinungen (Zeichen einer fortschreitenden Schädigung des Zentralnervensystems) sind die Folge. Die erkrankten Personen werden i. d. R. geheilt. Bei etwa 6 % kommt es jedoch zu Dauerschäden (lang anhaltende Kopfschmerzen, Muskelschwund, Restlähmungen) und etwa 1 bis 2 % der Krankheitsfälle enden tödlich. Je älter der Erkrankte ist, desto schwerer ist der Verlauf der Erkrankung. Da es für FSME noch keine spezielle Therapie gibt, bietet lediglich rechtzeitige Impfung Schutz. Ist es nach einem Zeckenbiß vermutlich zu einer Infektion gekommen, ist sofort ein Arzt aufzusuchen; dies empfiehlt sich auch nach einem Zeckenbiß in einem Gefahrengebiet; → Lyme-Borreliose.

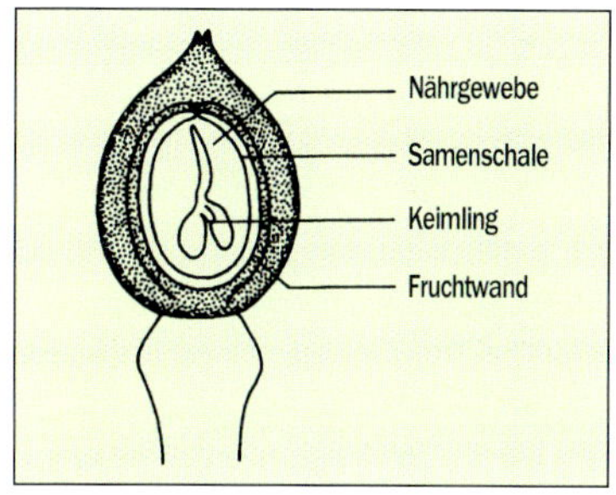

Aufbau einer Frucht

Frühtest, der: frühzeitige Feststellung von Eigenschaften, besonders von Waldbäumen im Forstpflanzenalter oder bei → Samen, z. B. Verhalten beim Austreiben etc.; → Saatgutprüfung.
Fruktifikation, die: Ausbildung von → Samen und Früchten bei → Pflanzen. Viele → Waldbäume fruktifizieren nur nach mehrjährigen Pausen während der sog. → Mastjahre (→ Mast). Voraussetzung ist jedoch, daß sie die → Mannbarkeit erreicht haben. Bei → Moosen werden → Sporangien ausgebildet, bei → Pilzen die → Fruchtkörper.
Fruktivoren (Früchtefresser): → Pflanzenfresser.
Fruticetum → Arboretum.
FSaatG: Abk. für → Gesetz über forstliches Saat- und Pflanzgut.
FSME: Abk. für → Frühsommer-Meningoenzephalitis.
FSC: Abk. für → Forest Stewardship Council.
Fuchs, der: **1**) auch Verleer. Bez. für den Stau einer → Trift auf der gesamten Breite der Triftstraße, bzw. für einen sich stauenden Flößholzhaufen; → Flößerei. **2**) → Rotfuchs. **3**) → Bock. **4**) Großer F.; → Edelfalter 8.
Fuchsbandwurm, der: Der Kleine F. oder *Echinococcus (E.) multilocularis*, fünfgliedrig und etwa 3 bis 5 mm groß, wurde bisher vorwiegend in Baden-Württemberg nachgewiesen. Als besonderes Verbreitungsgebiet gilt die Schwäbische Alb. Dort wurde dieser Parasit bei über der Hälfte der Füchse gefunden. Der F. befällt nicht nur den → Rotfuchs. Auch

Katzen und Hunde, in erster Linie streunende Tiere, können als Endwirte vom F. infiziert werden. Im Darm der Tiere können mehrere Tausend, bis 200 000 Stück, dieser Parasiten leben. Jeder Bandwurm stößt etwa alle vierzehn Tage ein ca. 1 mm großes Bandwurmglied ab, das mit etwa 300 reifen Eiern gefüllt ist. Der Bandwurmträger scheidet bei normal hohem Befall täglich 100 000 bis über 1 Mio. weniger als ein Hundertstel Millimeter große Bandwurmeier mit dem Kot aus. Diese werden (nach dem Aufplatzen des Bandwurmgliedes) durch den Wind weit im Umkreis verteilt. Die Bandwurmeier sind über Monate ansteckungs- und äußerst widerstandsfähig. Bei Temperaturen von minus 20 °C sind sie nach Monaten noch ansteckungsfähig. Bei intensiver Sonneneinstrahlung werden sie nach etwa acht Wochen und Temperaturen von etwa 45 °C in ca. drei Stunden zerstört. Die Bandwurmeier können von einem Zwischenwirt aufgenommen werden. Als Zwischenwirt kommen alle Säugetiere in Betracht, wobei Nagetiere die größte Rolle spielen.

Ein von der Finne des F. befallener Mensch stellt einen seltenen Fehl-Zwischenwirt dar. Allerdings handelt es sich dann um eine sehr ernstzunehmende Krankheit; unbehandelt führt die alveoläre Echinococcose stets zum Tode. Bei frühzeitiger Diagnose ist eine Therapie, jedoch bisher keine echte Heilung möglich. Die Zeitspanne bis zum Ausbruch der Krankheit schätzt man auf zehn bis 15 Jahre. Durch Blutuntersuchungen (Antikörper im Blut) und der Computertomographie läßt sich ein Befall vor Ausbruch der Krankheit erkennen. Beim Menschen wandert die im Ei enthaltene Larve i. d. R. zur Leber, entwickelt sich zu einer Finne, ein Zwischenstadium im Entwicklungskreislauf des Bandwurmes, deren Innenwandung Hunderte von Bandwurmköpfen ausbildet. Diese Finne führt dort durch die Abschnürung weiterer Tochterfinnen zu krebsartiger Zerstörung des Gewebes, preßt dadurch die Gallengänge und Blutgefäße ab und kann Tochtergeschwüre in der Lunge und im Gehirn auslösen. Die Infektion des Menschen erfolgt durch Aufnahme und Verschlucken von Wurmeiern. Als Infektionsweg dürfte am häufigsten der Verzehr von mit Fuchskot bzw. Bandwurmeiern verunreinigte Lebensmitteln, z. B. niedrig hängenden Waldfrüchten wie Erdbeeren oder Heidelbeeren sowie Pilzen in Betracht kommen. Auch beim Kauen auf einem Grashalm oder durch Riechen an einem Pilz können die Eier über den Mund oder die Atmung aufgenommen werden, ferner kann auch direkter Kontakt mit infizierten Tieren, wie er beispielsweise beim Abbalgen von Füchsen durch den Jäger stattfindet, zu einer Übertragung von Wurmeiern führen. Eine Infektionsgefahr besteht ebenso für die Besitzer von Hunden und Katzen, die sich durch Fressen befallener Zwischenwirte (u. a. Mäuse) infiziert haben. Es empfehlen sich daher folgende Vorsichtsmaßnahmen: Kein Verzehr roher Waldfrüchte. Waldbeeren und Pilze sollten nur nach Erhitzen über 60 °C (Kochen, Backen) genossen werden. Hunde und Katzen sollten möglichst nicht frei laufen, um die Gefahr der Aufnahme von Wurmeiern durch Fangen von Mäusen oder Anfressen von Kadavern zu verringern. Sie sollten zudem mit einem spezifischen Mittel prophylaktisch entwurmt werden. Diese Maßnahme ist nur dann wirksam, wenn sie regelmäßig im Abstand von vier Wochen wiederholt wird. Beim Abbalgen von Füchsen sind Vorsichtsmaßnahmen (Anfeuchten des Fells, Tragen von Handschuhen und Mundschutz; Wechsel der Kleidung nach der Arbeit) in jedem Falle, auch außerhalb der Risikogebiete angezeigt. Der Mundschutz ist deshalb nötig, weil – wenn auch die Gefahr nicht sehr groß sein dürfte – die Möglichkeit besteht, daß freischwebende Eier inhaliert werden.

Fuchsfarbener Milchling, der: → Milchlinge 2.

Fuchs-Greiskraut, das: → Greiskraut 1.

Fuchsiger Scheidenstreifling, der: → Wulstlinge 10.

Fuchs, Japanischer, der: → Marderhund.

Fuchs-Kreuzkraut, das: → Greiskraut 1.

Fuchs-Kreuzkraut-Traubenholunder-Gesellschaft, die: → Weidenröschen-Schlaggesellschaften 9.

Fuchsnagerl, das: → Seidelbast 3.

Fuchsschwanzkiefer, die: → Kiefern 6.

Fuchsschwanz-Klee, der: → Klee 2.

Fuchs-Segge, die: → Seggen 5.

Fudel, das: auch Spanfudel. alte österr. Bez. für → Kienholz.

Fuhre, die: lokale Bez. (nordd. Heide) für die Waldkiefer; → Kiefern 3.

Füllholz, das (Treibholz): **1)** Bez. für → Waldbaumarten, die der → Hauptbaumart in der Jugend beigemischt werden, um im → Bestand die Lücken zu füllen, und die damit den → Schluß beschleunigen und gleichzeitig das Höhenwachstum anregen sollen. F. besteht i. d. R. aus genügsamen, → schnellwachsenden und frostharten Baumarten. Nach Erfüllung ihrer Aufgaben werden sie allmählich wieder aus dem Bestand entfernt. Je nach Standort und Hauptbaumart können, z. B. Bi, Kie, Lä und WEr F. sein. **2)** frühere Bez. für das zur Füllung eines → Meilers benötigte Holz.

Füllzellen → Thyllen.

Funaria → Drehmoos.

Fünfnadelige Kiefern: auch Fünfnadler. Bez. für Kie, auf deren → Kurztrieben die Nadeln zu fünfen gebüschelt in einer häutigen Scheide stecken. Zu den f. K. gehören aus dem mitteleuropäischen Raum die Stro und die Zir (→ Kiefern 5. und 6.). Diese werden vom → Kiefernblasenrost befallen.

Fungi → Pilze.

Fungivoroidae → Pilzmücken.

Fungizide → Pestizide.

Funktionen des Waldes → Waldfunktionen.

Funkwelle Forst, die: eine Sprechfunkeinrichtung in der Forstwirtschaft. Sie dient vorrangig dem forstlichen Katastrophenschutz, z. B. dem Feuerwachdienst einschließlich der Einsatzkoordination, dem Unfallschutz und dem Betriebsfunk; jetzt Bündelfunk.

Furchenflügeliger Fichtenborkenkäfer, der: → Borkenkäfer 29.

Fürholt, das: alte nordd. Bez. für → Brennholz.

Furniere: F. sind 0,5 bis 1 mm, für Absperrzwecke auch bis 8 (10) mm dünne Holzblätter, die mit Maschinen – soweit sie nicht für Sperrholz verwendet wurden – aus gut gemasertem Edelholz (→ Edellaubhölzer) geschnitten werden. Bei der F.-Herstellung werden zwei Methoden unterschieden: das Schneiden von Holzblöcken mit der Messermaschine (Messer-F.; 0,1 bis 10 mm dünne Blätter) und das Schälen von Stämmen nach dem Drehbanksystem (Schäl-F.; über 3 mm). Rd. 90 % der Weltproduktion werden auf Rundschälmaschinen hergestellt, in denen sich die Stämme (Blöcke) wie in einer Drehbank gegen das Messer drehen (Rundschäl-F.). Das Schäl-F. zeigt keine natürliche Maserung wie ein Brett, sondern geflammte Muster. Für bestes Eichenfurnierholz (Voll-F.) aus unseren Wäldern kann für einen Kubikmeter ein Durchschnittspreis von etwa 3000,– DM erzielt werden. F. werden bei der Möbelherstellung und beim Innenausbau verwendet. Dabei werden die F. auf Bretter geringerer Güte (→ Blindholz) aufgeleimt oder F.-Platten hergestellt, das sind → Sperrholzplatten mit mindestens zwei bis vier Lagen übereinander verleimter F.

Die F.-Technik war bereits im alten Ägypten bekannt, und auch im antiken Griechenland stellte man F. aus Nuß- und Ölbaumholz her. Von Griechenland aus verbreitete sich dieses Kunsthandwerk über ganz Europa. Es geriet im Mittelalter in Vergessenheit, wurde aber in der Renaissance neu entdeckt und erlebte während des Barockzeitalters in Frankreich seinen Höhenpunkt. Verwendet wurde v. a. Eben- und → Rosenholz, seit dem 18. Jh. auch Mahagoni, Palisanderholz u. a. exotische Hölzer (→ Exoten). Heute werden in der Möbelindustrie fast ausschließlich F.-Hölzer verwendet. Die einheimische F.-Industrie ist die weltgrößte und bezieht einen großen Teil ihres Rohstoffes aus dem Ausland. Der Verbrauch an einheimischen Hölzern, besonders an Bu, ist in den letzten Jahrzehnten zugunsten tropischer Hölzer sehr zurückgegangen. Nur rd. 30 % der erzeugten F. stammen noch aus heimischem Buchen- und Eichenholz (z. B. Spessarteichen). Lediglich in der Sperrholzindustrie werden etwa 70 % der Erzeugnisse aus Rohholz inländischer Erzeugung hergestellt. Die Musterung eines F. hängt von dem Baumteil ab, aus dem das Holz stammt und von der Richtung, in der das Rohholz angeschnitten wird. Die dazu verwendeten Baumstämme müssen gesund, geradschaftig, → vollholzig und → astrein sowie beulen- und rosenfrei sein. Auch die → Jahrringe dürfen nicht grob sein.

Furnierholz (F), das: Güteklasse gemäß der → Gütesortierung. F. ist gesundes, geradschaftiges, vollholziges, astreines oder fast astreines sowie beulen- oder rosen- oder fast rosenfreies Holz. Jahrringbau und Farbe sollen den bei den einzelnen Holzarten zu stellenden Anforderungen entsprechen. Geringe Fehler im Stammzentrum sind zulässig. Bei den ein-

zelnen Holzarten sind folgende Abmessungen und zusätzlichen Gütemerkmale üblich:
Eiche: Mindestmittendurchmesser i. a. 35 cm o. R., Mindestlänge i. a. 2,00 m; mildes Holz, gleichmäßiger, nicht grobringiger Jahrringbau.
Buntlaubholz: Mindestmittendurchmesser i. a. 30 cm o. R., Mindestlänge i. a. 2,00 m.
Nadelholz: Mindestmittendurchmesser i. a. 30 cm o. R., Mindestlänge i. a. 2,00 m, harzarm; bei Kiefer im Stammzentrum nicht grobringiger Jahrringbau, außer bei nachweisbar rechtzeitiger Ästung.

Furnierindustrie, die: → Furniere.

Fürreut, die: frühere Bez. für ursprünglich mit Wald bestockte, später gerodete und landwirtschaftlich genutzte Flächen, zum Reichseigentum (Nürnberger Reichswald) gehörig und einem der Lehensträger, einer Gemeinde (meist als „Espan"-Weidefläche) oder Einzelnen zur Nutzung gegen einen Zins überlassen. In historischen Karten sind diese F. gelegentlich eingezeichnet.

Fürst, Hermann von, Dr. (24.3.1837 Ansbach bis 11.2.1917 Aschaffenburg): F. studierte an der Forstlehranstalt Aschaffenburg und an der Universität Würzburg. 1858 trat er in den bayerischen Staatsforstdienst ein und wurde 1871 Oberförster zu Berg in der Oberpfalz und 1878 Forstmeister bei der Regierung in Regensburg. Noch im gleichen Jahr wurde er an die Kurbayerische Forstlehranstalt in Aschaffenburg berufen, deren Direktor er bis 1909 war. 1892 wurde er zum Oberforstrat ernannt und 1901 durch Verleihung des Verdienstordens der Bayerischen Krone und des hiermit verbundenen persönlichen Adels ausgezeichnet. Er schrieb u. a.: „Die Pflanzenzucht im Walde. Ein Handbuch für Forstwirthe." (1882), „Deutschlands nützliche und schädliche Vögel ..." (2 Bde. 1893 u. 1894). F. war auch Herausgeber der 1. und 2. Auflage „Illustriertes Forst- und Jagd-Lexikon" (1888 und 1904).

Fürwitz, der: → Hartriegel 1.

Fuß, der: auch Schuh, ein von der Länge eines Männerfußes entlehntes Längenmaß. Quadratfuß oder Flächenfuß bezeichnet eine Fläche, Kubikfuß einen Raum von je einem Fuß Seitenlänge; → Zoll.
Ein F. war in
Altenburg = 283,79 mm;
Appenzell, Luzern, St. Gallen = 314,69 mm;
Augsburg = 296,17 mm;
Basel = 298,20 mm;
Bern = 293,32 mm;
Bozen, Innsbruck = 334,12 mm;
Brünn = 295,90 mm;
Darmstadt = 250,00 mm;
Freiburg = 293,26 mm;
Fulda = 282,88 mm;
Genf = 487,94 mm;
Hanau = 286,90 mm;
Hildesheim = 280,17 mm;
Koburg = 303,97 mm;
Lauenburg = 293,00 mm;
Lemberg = 296,97 mm;
Lemgo (Lippe) = 287,59 mm;
Libau = 268,80 mm;
Lippe-Bückeburg = 290,10 mm;
Lippe-Detmold = 289,50 mm;
Lüttich (St. Hubertsfuß) = 294,70 mm;
Lüttich (St. Lambertsfuß) = 291,80 mm;
Mainz (Werkschuh) = 291,50 mm;
Mainz (Kameralschuh) = 287,50 mm;
Meiningen = 302,92 mm;
Osnabrück = 279,27 mm;
Prag = 296,40 mm;
Rostocker Kettenfuß = 460,19 mm;
Waldeck = 292,40 mm;
Weimar = 281,98 mm.

Fußjäger: Als F. wurden früher die Anwärter des preußischen Staatsforstverwaltungsdienstes bezeichnet, die nach erlangtem Abitur bei einem Jägerbataillon eintraten und sich ebenso wie die Anwärter des Forstschutzdienstes zu einer 12jährigen Militärdienstzeit verpflichten mußten. Hiervon brachten sie jedoch nur ein bis zwei Jahre bei der Fahne zu und wurden dann als Reservisten beurlaubt, um die Verwaltungslaufbahn einschlagen zu können. Während der Studienzeit auf der Forstakademie und der Universität erhielten sie weiter ihre militärischen Bezüge und waren von der Zahlung des Kollegiengeldes befreit. Diese Laufbahn, die bei Gründung des Korps durch Friedrich den Großen im Jahre 1740 aus Söhnen von Förstern und Jägern bestand, wurde selten beschritten und 1919 aufgehoben; → Feldjägerkorps, reitendes.

Fußknecht, der: frühere Bez. für einen niedrigen Forstbediensteten, der nur ein kleines Revier zu betreuen hatte. Auf Grund der geringen Reviergröße stand ihm deshalb auch zur Dienstausübung kein Pferd zur Verfügung, d. h. er erhielt zum Gehalt kein Futtergeld für ein evtl. vorhandenes Pferd.

Fußscheiter: alte Bez. der Köhler für diejenigen Holzscheite, die in einem → Meiler die unterste, quer übereinander gelegte Schicht bildeten.

Futteralmotten → Sackträgermotten.

Futterlaub, das: Das F. von Es, Pa, Li, Hbu, Ah, und WEr wurde früher durch Grünastung (→ Wertastung) gewonnen; → Aststreu.

Füttert, das: alte Bez. für den Anhang an einem Bretterfloß, der aus Latten, Bauholz und Rahmschenkeln bestand.

FWJ: Abk. für → Forstwirtschaftsjahr.

◄◄◄ Hermann Fürst war Direktor der Forstlehranstalt Aschaffenburg und Herausgeber des Illustrierten Forst- und Jagdlexikons.

Länder, Bezeichnung des Fußes, Angabe seiner Zolleinteilung – wenn nicht 12	*Millimeter eines Fußes*	*Quadratzentimeter eines Quadratfußes*	*Kubikdezimeter eines Kubikfußes*
Baden; Fuß = 10 Zoll	300,000	900,000	27,0000
Bayern rechtsrheinisch (beim Feldmessen = 10 Zoll)	291,859	851,813	24,8609
Bayrische Rheinpfalz, Oberamt Meisenheim	333,333	1111,111	37,0370
Braunschweig (beim Feldmessen: 1 Dezimalfuß = 1,6 Fuß)	285,362	814,317	23,2375
Bremen (beim Feldmessen=10 Zoll)	289,355	837,263	24,2266
Frankfurt; Fuß, Schuh, Werkschuh (aber der Feldschuh = 1,25 Fuß 10teilig)	284,614	810,053	23,0553
Hamburg, Mecklenburg, Schleswig-Holstein	286,575	821,222	23,5350
Hannover ($11^1/_2$ englische Zoll, aber zwölfteilig)	292,094	853,193	24,9213
Kurhessen; Normalfuß = rheinische Zoll (aber 12teilig)	287,699	827,707	23,8131
Kurhessen; Katasterfuß oder alter Kasseler Fuß (der Dezimalfuß aber 10teilig = 1,4 Fuß)	284,915	811,765	23,1284
Lübeck und Gotha (→ Waldfuß)	287,622	827,264	23,7940
Mecklenburg; Feld- oder Lübecker Fuß	291,006	846,845	24,6437
Oldenburg; oldenburgischer Fuß	295,879	875,444	25,9026
Preußen, Anhalt; Dezimalfuß = 10 Zoll	376,624	1418,458	53,4226
Preußen, Mecklenburg-Strelitz, Anhalt; rheinländischer Fuß	313,853	985,040	30,9158
Sachsen; Dezimalfuß = 10 Zoll	429,505	1844,475	78,8327
Sachsen und Reuß (Gera); regulieter Fuß (für Domänen und Abgaben, auch 10teilig)	283,190	801,966	22,7109
Württemberg; Fuß = 10 Zoll	286,490	820,767	23,5142
Österreich-Ungarn; Wiener Fuß	318,080	999,070	31,0319
Schweiz; Fuß = 10 Zoll oder Pied = 12 Pouces	300,000	900,000	27,0000

G

g: in der → Waldmeßlehre Abk. für die → Grundfläche (früher Kreisfläche) pro Baum in 1,3 m Höhe (Brusthöhe; g1,3). G = Grundflächensumme; Gha = Grundflächensumme auf 1 ha.
Gabelbaum, der: → Zwiesel.
Gabelblättling, der: → Kremplingartige 4.
gabelförmige Hölzer → Krummholz 2).
Gabelgänge: die von den holzbrütenden → Borkenkäfern angelegten Fraßgänge.
Gabelhölzer → Krummholz 2).
Gabeliges Habichtskraut, das: → Habichtskraut 3.
Gabelmaß, das: → Kluppe.
Gabelrisse: G. werden meist durch Schneedruck (→ Schneebruch) oder Sturm verursacht und führen zum Aufspalten der (häufig hochangesetzten Gabel) Stämme mit → Zwiesel.
Gabelschwanz, Großer, der: → Zahnspinner 4.
Gabelung, die: → Garbenbaum, Zwiesel.
Gabelzahnmoos, das (*Dicranum*): etwa 50 Arten umfassende Gatt. der Fam. Gabelzahnmoose (*Dicranaceae*) der Klasse → Laubmoose. Es handelt sich um Arten, die meist in den gemäßigten und kühlen Zonen der Nordhalbkugel vorkommen. Typisch für diese kleinen bis mittelgroßen → Moose sind die sichelförmigen, an der Spitze gezähnten Blätter. Die am häufigsten vorkommenden Arten sind:
1. Besenförmiges Gabelzahnmoos, das (*Dicranum scoparium* Hedwig): auch Besen-G., Sichelmoos. Das allg. verbreitete und auch häufig vorkommende B. G. wächst auf ärmeren Waldstandorten, vorzugsweise auf mäßig saurem Humus, auf dem Waldboden zwischen Steinen, an Baumstämmen und Felsen, auf Heideland und in Sümpfen.
Das → zweihäusige, sehr formenreiche Laubmoos bildet lockere, glänzende, grüne bis gelbgrüne oder bräunliche Rasen oder Polster. Der 5 bis über 10 cm hohe, aufsteigende oder aufrechte Stengel ist einfach oder weit unten gegabelt und fast ohne Rhizoidenfilz. Die schmalen, 5 bis 8 mm langen und flachen Blätter mit breitem eiförmigem Grund und langer, pfriemenförmiger Spitze sind von der Mitte ab scharf gesägt und zumindest in trockenem Zustand deutlich einseitswendig und meist sichelförmig. Die → Sporen reifen vom Frühjahr bis zum Herbst. Die 3 bis 4 cm langen, kräftigen, braunroten Kapselstiele entspringen der Stengelspitze und tragen eine leicht gekrümmte, länglich-zylindrische Sporenkapsel mit lang geschnäbeltem Deckel.
2. Welliges Gabelzahnmoos, das (*Dicranum rugosum* Bridel): Das vom Flachland bis in Höhen von etwa 1500 m verbreitete Moos wächst auf sauren, oft wechselfeuchten Böden, in feuchten bis trockenen Wäldern, v. a. in schattigen Nadelwäldern und in Heiden.
Das zweihäusige Laubmoos bildet lockere, gelblichgrüne, glänzende Polster und Rasen. Die aufrechten, gelegentlich gabelig verzweigten Stengel sind 3 bis 10 cm hoch mit weißlichem oder graubräunlichem Wurzelfilz. Die allseits abstehenden, bis 10 mm langen, deutlich querwelligen Blätter sind auf breitem Grund lanzettlich, mit scharf gesägter, langer Spitze. Die Sporen reifen vom Sommer bis zum Herbst. Die geneigte, trocken stark gekrümmte Sporenkapsel ist hellbraun, auf 3 bis 4 cm langem, einer Stengelspitze entspringendem Stiel.
Gabholz, das: auch Bürgergabholz, Losholz. alte Bez. für → Brenn- und → Bauholz, das früher von den Gemeinden an die Gemeindemitglieder für den Eigenbedarf verteilt bzw. verlost wurde; → Deputatholz.
Gagea → Gelbstern.
Gagelstrauch, der (*Myrica*): auch Wachsmyrte. Gatt. der zweikeimblättrigen Pflanzen aus der Fam. *Myricaceae* mit etwa 50 Arten in den gemäßigten und subtropischen Gebieten, fossil seit der Oberen Kreide (→ Erdzeitalter). Die einzige, in Mitteleuropa vorkommende Art ist:
Heidegagelstrauch, der (*Myrica gale* L.): auch Heidemyrte, Echter G., Brabanter Myrte. Der über Nord- und Mitteleuropa, in Dtschl. nur im Norden verbreitete H. wächst zerstreut in feuchten Gebüschen und auf Heidemooren,

Der Heidegagelstrauch blüht im April/Mai vor dem Laubausbruch.

gelegentlich auch als → Unterholz in Kiefernwäldern, auf feuchten, torfigen Böden; → Charakterart der Gagelstrauch-Grauweidengebüsche.
Merkmale: Der oft stark aromatisch duftende, Gebüsche bildende, meist → zweihäusige, selten → einhäusige Strauch hat Wurzelknöllchen, wird etwa 50 bis 250 cm hoch und hat aufrechte, rötlichbraune bis dunkelbraune, flaumig behaarte oder kahle Zweige. Diese und die kurzgestielten, lanzettlichen bis verkehrt-eiförmigen, gegen die Spitze zu gezähnten, 2 bis 5 cm langen, sommergrünen Blätter sind mit goldglänzenden Drüsen besetzt und duften stark aromatisch. Die älteren Blätter sind oberseits dunkelgrün und kahl, unten, wo die gelben Drüsen sitzen, grauflaumig behaart. Sie wurden früher in manchen Gegenden anstatt des Hopfens als Bitterstoff dem Bier zugesetzt.
BZ: April/Mai, vor Laubausbruch. Die Blüten sind fast immer → eingeschlechtig, selten → zwittrig. Die männlichen Blüten bestehen aus vier → Staubblättern; sie sitzen in den Achseln kleiner Tragblätter und bilden 10 bis 15 mm lange gelb-orange, aufrecht-abstehende Kätzchen (→ Blütenstand). Die weiblichen Blüten haben einen → Fruchtknoten, der von zwei bis vier kleinen grünen Vorblättchen und dem Tragblatt umgeben ist, und sitzen in 5 bis 6 mm kurzen, rötlichen Kätzchen.
Die → Narbe ist fadenförmig und rot. Die 2 bis 3 mm großen, trockenen, abgeflachten, dreispitzigen Früchtchen sind mit Drüsen besetzt.

Galanteriewaren: alte Bez. für aus Holz hergestellte Schmuckstücke und Kleingegenstände wie z. B. Zierdosen, Zigarettenetuis, Holzketten u. ä.

Galanthus → Schneeglöckchen.

Galeopsis → Hohlzahn.

Galeriewald, der: Bach- und flußbegleitender Feuchtwald (Uferwald), der sich von der umgebenden Vegetation abhebt; → Trockensavanne.

Galerina → Häublinge.

Galgenbäume → Gerichtsbäume.

Galgenvogel, der: → Rabenvögel 4.

Galio-Abietetum → Labkraut-Tannen-(Misch-)Wald.

Galio-Abietion → Labkraut-Tannenwälder.

Galio odorati-Fagenion → Waldmeister-Buchenwälder.

Galio odorati-Fagetum → Waldmeister-Buchenwald.

Galio odorati-Fagion → Waldmeister-Buchenwald.

Galio-Piceetum → Labkraut-Tannen-(Misch-)Wald.

Galio rotundifolii-Abietenion → Labkraut-Tannenwälder.

Galio rotundifolii-Abietetum → Labkraut-Tannen-(Misch-)Wald.

Galio (sylvatici)-Carpinetum (betuli) → Waldlabkraut-Eichen-Hainbuchenwald.

Galipot, der: frühere, aus dem Französischen übernommene Bez. für weißes Kiefernharz, Scharrharz; → Harze.

Galium → Labkraut.

Galläpfel: die → Gallen der Gemeinen Eichengallwespe (→ Gallwespen 1.). In den G. stellen sich auch verschiedene Insekten als → Parasiten ein. Man glaubte früher, daß eine Fliege den Krieg, ein Wurm eine Verteuerung und eine Spinne die Pest anzeigt.

Gallen: **1)** auch Pflanzengallen (Cecidien). G. sind Gestaltsänderungen (Wucherungen, Mißbildungen), die durch pflanzliche oder tierische → Parasiten an jungen pflanzlichen Organen verursacht werden. Pflanzliche Erreger sind → Bakterien oder → Pilze, die u. a. die Bildung von Wurzelknöllchen bei → Leguminosen (Hülsenfrüchtler) und die → Hexenbesen (abnorme Verzweigung bei Holzgewächsen) verursachen. Tierische Erreger sind Milben (→ Gallmilben), Älchen und viele Insekten (überwiegend → Gallwespen, → Gallmücken, → Blattläuse, Schmetterlinge und Käfer), deren Larvenentwicklung sich in den G. vollzieht. Beispielsweise stechen Gallwespen mit ihrem Legbohrer ein Blatt oder eine Knospe an und legen ein Ei hinein, aus dem später die Larve schlüpft. Unter Einwirkung des Stiches sowie vom Parasiten abgegebener Stoffe bildet sich die G., in der die Larve lebt und die ihr Wohnung und Nahrung bietet. Im Prinzip sind G.-Bildungen Schutzmaßnahmen der befallenen Pflanzen, die damit die Eindringlinge gegen das übrige Gewebe abgrenzen. Gallmücken verursachen v. a. an der Bu und an der Li, Gallenläuse an der Fi (→ Blattläuse 8.) und Rostpilze an Wacholder und Ta G. Da die G. auch sehr viel Gerbstoffe enthalten, wurden sie früher zum Ledergerben und auch zur Tintenherstellung (z. B. dokumentenechte Eichengallustinte) verwendet. Diese G. entstanden durch den Stich der Knopperngallwespe. Der von der Rosengallwespe (→ Gallwespen 3.) erzeugte → Schlafapfel wurde früher als Heilmittel eingesetzt. In Mittel- und Nord-europa sind etwa 3000, weltweit ca. 15 000 G.-Arten bekannt, die als Blatt- oder Blütengallen, Wurzel- oder Sproß-G. auftreten können. **2)** → Naßgallen.

Gallenläuse → Blattläuse.

Gallenröhrling, der: → Röhrlinge 5.

Gallertflechte, die (*Leptogium saturninum* Nylander): Die zur Gatt. *Leptogium* aus der Abteilung → Flechten zählende G. ist in luftfeuchten Gebieten weit verbreitet und wächst besonders in feuchteren Bergwäldern, häufig am Fuß alter Wald- und Obstbäume, aber auch an bemoosten Felsen.
Die etwa 3 bis 5 cm breite, großblättrige G. hat ganzrandige, gerundete Lappen. Sie ist oberseits graubraun oder schwarz, mit winzigen → Isidien, und in feuchtem Zustand schwarzgrün. Unterseits ist sie weißfilzig. Die Fruchtkörper (→ Apothecium) sind rotbraun.

Gallertpilze: Pilze mit gallertartigen → Fruchtkörpern. G. gehören verschiedenen Gatt. der Fam. → Zitterlinge (*Tremellaceae*) an. Die meisten von ihnen leben saprophytisch (→ Fäulnispflanzen) auf totem Holz (→ Totholz); einige Arten sind Halbparasiten und gelegentlich an lebenden Holzgewächsen anzutreffen.

Gallertstacheling, der: → Zitterlinge 3.

Galli → Hühnervögel.

Galliformes → Hühnervögel.

Gallmilben (*Tetrapodili*): Unterordnung winziger, etwa 0,08 bis 0,27 mm langer → Milben mit nur zwei Beinpaaren, wobei die dritten und vierten Beinpaare vollkommen rückgebildet sind. G. sind Pflanzenparasiten, die Pflanzenzellen anstechen, durch Ausscheidungen den Inhalt der Zellen verflüssigen und ihn aussaugen. Die Pflanze (meist das Blatt) reagiert auf diese Behandlung mit Umbildung des angestochenen Gewebes (→ Gallen, → Hörnchengallen), das die G. als Schutz für ihre Nachkommenschaft benutzen.

Gallmücken (*Cecidomyiidae, Itonididae*): weltweit mit ca. 4000 Arten verbreitete Fam. unscheinbarer, zarter, meist nur 2 bis 5 mm langer → Mücken. G. haben breite behaarte Flügel, lange Fühler und Beine. Beißende Mundwerkzeuge fehlen. Die Weibchen sind oft durch eine lange Legeröhre ausgezeichnet. Die spindelförmigen, farblosen oder weißlichen Larven erzeugen oft → Gallen (phytophage Arten), andere (→ Prädatoren; zoophage Arten) greifen Artgenossen, Milben, Blatt- und Schildläuse an. Viele Arten sind Pflanzenschädlinge. In der → Waldbiozönose kommen vor:

1. Fichtentrieb-Gallmücke (*Dasineura abietiperda*): In den Maitrieben der Fi finden sich tonnenförmige Gallen mit roten Larven.

2. Fichtenzapfenschuppen-Gallmücke (*Kaltenbachiola* (*Dasineura*) *strobi*): Sie bildet warzenförmige Verdickungen am Grunde der Zapfenschuppen. Ihr ähnlich ist die **Fichtensamen-Gallmücke** (*Plemeliella abietina*), deren eigelbe Larve in Samen lebt.

Die Buchenblatt-Gallmücke (*Mikiola fagi*) verursacht eiförmige, zugespitzte, dickschalige Beutelgallen.

3. Nadelknickende Kiefern-Gallmücke (*Contarinia baeri*): Sie ruft die sogen. Krückstockkrankheit der Kiefernkurztriebe hervor. Die orange-gelben Larven (ca. 2 mm) leben in den Nadelscheiden ausgewachsener Nadeln, die dann abknicken und braun werden.

4. Kiefernharz-Gallmücke (*Cecidomyia* (*Itonida*) *pini*). Die dottergelben Larven finden sich unterseits der frischen Maitriebe und saugen an der Rinde, wobei es zu Harzausfluß kommt. Die Überwinterung erfolgt in einem weißen länglichen Harzkokon.

5. Nadelkürzende Kiefern-Gallmücke (*Thecodiplosis brachyntera*): auch Kiefernnadelscheiden-Gallmücke. Sie bildet an den Nadeln Gallen mit je einer orangeroten Larve. Die Nadeln werden gelb und fallen in der kalten Jahreszeit ab.

6. Lärchenknospen-Gallmücke (*Dasineura kellneri*): Die Eiablage erfolgt an der Basis eines Nadelbüschels der Kurztriebe. Die Larve bohrt sich in die nächstjährige Knospe ein. Diese schwillt bis August an und treibt die sie umstehenden Nadeln sternförmig auseinander. Die befallenen Triebe sterben ab. Die Larven verpuppen sich in der Bodenschicht. Die L. kommt v. a. in den Alpen vor.

7. Tannensamen-Gallmücke (*Reseliella piceae*): Bis zu sieben Larven sitzen in einem Samenkorn der Ta. Sie bilden keine Gallen.

8. Eiben-Gallmücke (*Taxomyia taxi*): Die Larve bildet rosenknospenartige Gallen an männlichen Blütenknospen der Eib.

9. Buchenknospen-Gallmücke (*Schueziella* (*Dasineura*) *fagicola*): Sie tritt v. a. an Buchenheistern auf. Die Larven saugen an den Blättern junger Knospen, die dann absterben. Sie bildet keine Gallen.

10. Buchenblatt-Gallmücke (*Mikiola fagi*): Sie bildet eine eiförmige, zugespitzte und dickschalige Beutelgalle auf der Blattoberseite oder neben einer Blattrippe. Bei starkem Auftreten kann an jungen Pflanzen Zuwachsverlust entstehen.

11. Buchen-Gallmücke (*Hartigiola annulipes*): Sie bildet stumpfzylindrische, mit bräunlichen Haaren dicht besetzte Gallen auf der Blattoberseite, meist längs des Mittelnervs.

12. Birkensamen-Gallmücke (*Semudobia* (*Oligotrophus*) *betulae*): Die Larve lebt in dem zu einer Galle umgebildeten Samenkorn in einer gesonderten Kammer.

13. Haselkätzchen-Gallmücke (*Contarinia coryli*): bildet Gallen an Kätzchen.

14. Weidenrosen-Gallmücke (*Dasineura* (*Rhabdophaga*) *rosaria*): Der befallene Weidentrieb bleibt kurz; die verkümmernden Blätter entwickeln sich übereinander rosettenartig (Weidenrosen). In der Blattrosette sitzt die blaßrote Larve.

15. Weidenruten-Gallmücke (*Dasineura* (*Rhabdophaga*) *salicis*): Sie bildet an jungen, einjährigen Ruten knotige rundliche bis 4 cm lange und 1 cm dicke Anschwellungen (Stengelgallen), deren Rinde rissig wird. Im Innern finden sich die orangeroten Larven, jeweils in besonderen Kammern.

16. Weidenholz-Gallmücke (*Dasineura* (*Rhabdophaga*) *saliciperda*): Die Eiablage erfolgt an zwei- und mehrjährigen Zweigen (Baum- und Kopfweiden, Pa), an diesjährigen Ruten und an Stämmchen bis 15 cm Durchmesser. Von den befallenen Stellen (bis zu 1/2 m lang) löst sich die Rinde in Fetzen ab; die darunter liegende Splintschicht erscheint wabig durchlöchert (Schußloch-Gallmücke). Die Ablösung wird wahrscheinlich durch insektensuchende Vögel verursacht. An Wei kommen noch vor: *Dasineura marginemtorquens* und *Dasineura* (*Rhabdophaga*) *terminalis*.

17. Brombeersaummücke (*Lasioptera rubi*): auch Himbeer-Gallmücke. Sie verursacht walnußgroße, kugelige Stengelgallen mit leuchtend roten Larven.

18. Brombeerblatt-Gallmücke (*Dasineura plicatrix*): Die Eiablage erfolgt in die ungeöffneten Blätter. Diese verkümmern und werden schwarz.

19. Brombeer-Gallmücke (*Contarinia rubicola*): Die von Larven besetzten Knospen schwellen an und bleiben geschlossen.

20. Himbeerruten-Gallmücke (*Reseliella theobaldi*): Die Larve lebt unter pilzbefallenen Ruten, bildet aber keine Gallen. Der Fraß unter der Epidermis zeigt sich durch dunkle Verfärbung der Rinde.

Gallwespen (*Cynipoidea*): mit etwa 1600 Arten weltweit verbreitete Über-Fam. der → Hautflügler. Die meisten Arten sind auf der Nordhalbkugel beheimatet. G. sind unscheinbare, kleine (1 bis 5 mm lange), meist dunkel gefärbte Insekten mit eiförmig seitlich zusammengedrücktem Hinterleib. Die spärlich geäderten Flügel überragen weit den Hinterleib. Die meisten Arten parasitieren in Pflanzen, häufig niedrig gewachsenen (unterdrückten) Ei, aber auch an Ah, Rosen und anderen Pflanzen. Die Ausscheidung der sich dort entwickelnden Larven führt zur Bildung von → Gallen, die je nach Art unterschiedlich geformt sind. Hierin entwickeln und verpuppen sich die Larven. Die wichtigsten Arten sind:

1. Gemeine Eichengallwespe, die (*Diplolepis quercus-folii* = *Cynips quercus-folii*): auch Gewöhnliche Eichengallwespe. Die 0,3 bis 0,5 cm große Wespe schwärmt im Mai/Juni und ist streng an Ei gebunden. Die etwa 2 cm großen, einkammrigen Gallen (→ Galläpfel) entstehen aus den auf der Blattunterseite in die Blattnerven abgelegten Eiern. Die Gallen sind anfangs grünlich, später gelblich und meist rotbackig. Aus diesen Gallen schlüpfen im Winter nur Weibchen, die an die noch ruhenden Knospen die Eier legen. Aus diesen kleineren, anfangs roten, später dunkelvioletten Gallen (Knospengallen) schlüpfen im Mai/Juni geschlechtliche Männchen und Weibchen. Aus den von diesen Weibchen abgelegten Eiern entwickeln sich die oben erwähnten großen Gallen, die sog. Galläpfel.

▸▸ Die rotbackige, einkammrige Eichengalle der Gemeinen Eichengallwespe wird etwa 2 cm groß.

2. Eichenschwammgallwespe, die (*Biorrhiza pallida*): Die 0,4 cm große rötlichgelbe Wespe ist wie die Gemeine Eichengallwespe ebenfalls an Ei gebunden. Im Winter schlüpfen große, flügellose Weibchen nach einer Entwicklungszeit von 16 bis 18 Monaten aus unterirdischen, erbsen- bis kirschgroßen, dunkelbraunen Wurzelgallen, die aus der Eiablage an dünnen Eichenwurzeln entstanden sind. Die Weibchen klettern zur Eiablage in den Kronenbereich der Ei. An den Zweigspitzen entstehen gelbliche bis rötliche, später lederfarbige Gallen (Eichapfel, Kartoffelgalle). Aus ihnen schlüpfen im Sommer geflügelte Männchen und geflügelte sowie ungeflügelte Weibchen. Die Weibchen graben sich im Juli in den Boden ein und legen die länglichen Eier an den Eichenwurzeln ab. Die Entwicklungsdauer beträgt zwei Jahre.

3. Rosengallwespe, die (*Diplolepis rosae*): Die etwa 0,5 cm große Wespe wird an Wildrosen (→ Rosen), aber auch an Kulturrosen angetroffen. Die Gallen, auch Schlafäpfel genannt, können faustgroß werden und sind mit moosartig verzweigten, grünen bis roten Fasern bewachsen. In der vielkammrigen Galle sind nicht nur überwiegend Weibchen der Rosengallwespe, sondern auch Schlupfwespen, die in die harte Galle eingedrungen sind. Auf 100 Weibchen kommt ein Männchen.

4. Himbeergallwespe, die (*Diastrophus rubi*): auch Brombeergallwespe. Die knapp 3 mm lange, schwarze, rotbeinige Wespe verursacht an Himbeer- und Brombeerruten Zweiganschwellungen.

5. Andricus foecundatrix: Die nur 2 mm große Wespe bildet nach der Eiablage eine 2 cm große, zapfenähnliche Galle (Eichenrose), die eine innere Galle enthält, in der sich die eigentliche Entwicklung abspielt. Die Gallen befinden sich auf verschiedenen Eichenarten; die Eier werden in männlichen Blüten abgelegt.

▸▸▸ Die typischen Linsengallen der Eichenlinsengallwespe erscheinen im Spätsommer und Herbst auf den Blattunterseiten der Eichen.

6. Eichenwurzelknotengallwespe, die (*Andricus testaceipes*): An drei- bis fünfjährigen Eichenstämmchen erzeugt diese Wespe erbsengroße Rindengallen, häufig in der Nähe des Wurzelhalses, wobei die Gallen tief in den Holzkörper eindringen.

7. Eichenlinsengallwespe, die (*Neuroterus quercus-baccarum*): Die im Juni befruchteten Eier bilden an der Sproßspitze in jungen Eichenblättern linsenförmige Gallen, aus denen im März des folgenden Jahres nur Weibchen schlüpfen. Diese legen unbefruchtete Eier in die Knospen der Ei. Beim Aufbrechen der Knospen entstehen weinbeerartige, meist grünliche Gallen, aus denen Männchen und Weibchen schlüpfen.

8. Knopperngallwespe, die (*Andricus cerri*): Die Gallen der Wespe wachsen zwischen → Fruchtbecher und Eichel der Stieleiche. Wegen ihres Gerbstoffgehaltes wurden diese Gallen, auch → Knoppern genannt, gesammelt. Sie sind anfangs grün, später braun und hart und fallen im Spätherbst zu Boden.

Gamander, der (*Teucrium*): Gatt. der Fam. der Lippenblütengewächse mit über 100 Arten in den gemäßigten und wärmeren Zonen. Es sind dies Sträucher, Halbsträucher oder Kräuter mit traubigen, kopfigen oder ährigen → Blütenständen. Von den fünf einheimischen Arten sind im Wald anzutreffen:

1. Salbei-Gamander, der (*Teucrium scorodonia* L.): auch Waldgamander. Der S. ist über Mittel- und über Südosteuropa verbreitet, im Süden bis Südfrankreich, Oberitalien und im Norden bis Südskandinavien. Er wächst in lichten Wäldern, besonders Eichen- und Kiefernwäldern, in Heiden, Hecken, an Weg- und Waldrändern, auf frischen bis mäßig trockenen und sauren Böden; Verbands- → Charakterart der west- und mitteleuropäischen Eichen-Birkenwälder.

Die mehrjährige, 30 bis 60 cm hohe, unangenehm riechende Pflanze hat einen weit kriechenden Wurzelstock und treibt Ausläufer. Sie hat einen aufrechten, vierkantigen, wollig zottig behaarten Stengel, der meist nur oben verzweigt ist. Die kreuzweise gegenständig angeordneten (→ Blattstellung), 3 bis 7 cm langen, salbeiähnlichen Blätter sind eiförmig, netzrunzelig und gekerbt bis gezähnt. BZ: Juni/Juli bis September/Oktober. Die Lippenblüten stehen einzeln oder paarweise in den Achseln kleiner eiförmiger Tragblätter, in lockeren, schlanken end- und seitenständigen, einseitswendigen Scheinähren. Die blaßgelbe bis grünlichgelbe Blütenkrone hat eine weit hervorragende Röhre, eine tief zweispaltige Oberlippe und eine dreispaltige herabgekrümmte Unterlippe mit großem vertieftem Mittellappen sowie vier weit hervorragenden Staubblättern. Die vier Nüßchen, die die Frucht bilden, sind etwa 2 mm lang, oval, kahl und fast glatt.

2. Edel-Gamander, der (*Teucrium chamaedrys* L.): auch Echter G., Gemeiner G. Der E. ist über Mittel- und Südeuropa verbreitet. In Dtschl. kommt er im Süden zerstreut vor, nach Norden zu seltener, und schließlich fehlt er ganz. Er wächst in lichten trockenen Wäldern, besonders Kiefern- und Eichenwäldern, Schneeheide-Kiefernwäldern, west-submediterranen Flaumeichenwäldern, Gebüschen, auf Trocken-, Halbtrocken- und Kalkmagerrasen, an steinigen bis felsigen, sonnigen Hängen, an Wegrändern, bevorzugt auf Kalkbö den, bis in Höhen von 1100 m.

Der mehrjährige, 15 bis 25 cm hohe, angenehm aromatisch riechende, zwergige Halbstrauch hat einen am Grunde verholzten, behaarten, ästigen, aufsteigenden, älter niederliegenden Stengel und treibt unterirdische Ausläufer. Die paarweise stehenden Blätter sind 1 bis 2,5 cm lang und breit-eiförmig. BZ: Juni bis September. Die purpurroten, kurzgestielten Lippenblüten stehen in ein- bis meist sechsblütigen Scheinquirlen in den Achseln der oberen Blätter und bilden eine mehr oder weniger einseitswendige endständige Scheinähre.

Aufgrund seines hohen Gehalts an → ätherischen Ölen, Gerb- und Bitterstoffen wird der E. auch zur Herstellung von Wermutwein, Karthäuserlikör und anderen ähnlichen appetitanregenden, belebenden und verdauungsfördernden Likören verwendet. Er ist auch eine alte Heilpflanze, deren fiebersenkende und verdauungsfördernde Wirkung bereits im Altertum bekannt war. Verwendung finden die blühenden Sproßspitzen und die Blätter, geerntet von Mai bis September und im Schatten getrocknet. Sie werden äußerlich und innerlich angewendet und wirken antiseptisch, tonisch, fiebersenkend, galletreibend, verdauungsfördernd und wundheilend.

3. Lauch-Gamander, der (*Teucrium scordium*): auch Knoblauch-G. Der über Mittel-, West- und Nordeuropa verbreitete L. kommt in Dtschl. selten vor und wächst auf nassen Wiesen, Moorwiesen, an Gräben und Ufern.

Die 10 bis 40 cm hohe, weichhaarige Ausläufer bildende Staude hat sitzende, länglich-elliptische, gekerbt-gezähnte Blätter. BZ: Juni bis August. Die karminroten Blüten befinden sich quirlig in den Blattwinkeln.

Gamanderblättriger Spierstrauch, der: → Spiersträucher.

Gamander-Ehrenpreis, der: → Ehrenpreis 2.

Gamet, der (Mz.: Gameten) → Befruchtung.

Gametogamie, die: → Befruchtung.

Gametophyten → Farne.

Gammaeule, die: → Eulen B 16.

Gamme, die: → Stoß, Scheiter.

Gamswild, das (*Rupicapra rupicapra* L.): auch Gemse. zählt zoologisch zur Unter-Fam. der ziegenartigen Hornträger und zur Fam. der Horntiere (*Bovidae*) aus der Ordn. der Paarhufer (*Artiodactyla*).

Aussehen: Ein ausgewachsener Gamsbock hat eine Körperlänge von etwa 100 bis 130 cm, eine Schulterhöhe von 70 bis 80 cm und ein Gewicht von 27 bis 40 kg. Die Geißen (Weibchen) wiegen i. d. R. 15 bis 20 % weniger als die Böcke (Männchen). Die Böcke können ein Alter von etwa 16 bis 18 Jahre, Geißen bis zu 20 (25) Jahren erreichen. Der Körperbau des G. ist gedrungen und ziegenähnlich. Das Sommerhaar ist etwa 3 cm lang und von fahl- bis gelblichbrauner Färbung. Vom Nacken bis zum Schwanz zieht sich ein schwarzer Aalstrich. Das Winterhaar ist etwa 10 bis 12 cm lang mit feiner Unterwolle und dunkelbraun. Auch besonders dunkles, fast schwarzes G. (sog. Kohlgams) kommt vor. Die Bauchseite ist heller gefärbt. G. wechselt im Mai und im September das Haar. Die langen aufrichtbaren Haare entlang der Wirbelsäule wachsen ab dem Frühjahrshaarwechsel und werden beim Haarwechsel im Herbst nicht abgestoßen. Sie erreichen ihre größte Länge (bis 25 cm beim Bock, bei Geißen weniger lang) im September. Aus ihnen wird der Gamsbart gebunden, eine begehrte Trophäe für den Jäger. Von der hinteren Oberlippe zieht sich ein schwarzer Streifen über die Augen bis hin zum Ansatz der Hörner und Ohren. Die weiße Stirnblesse, das weiße Kinn und die weißen Wangen bilden dazu einen scharfen Kontrast und wirken wie eine Gesichtsmaske. G. hat relativ schwache, aufrechtstehende Hörner (Krucken, Krickeln), deren Spitzen nach hinten hakenförmig umgebogen sind. Sie bestehen aus Hornschläuchen, die auf Schädelknochenfortsätzen aufsitzen und niemals abgeworfen werden. Die Hörner der Geißen sind etwas schwächer und i. d. R. weniger stark gebogen als die der Böcke. Eine Krucke kann 20 bis 26 cm hoch werden. Die Beine des G. haben sehr feste, leistungsfähige Gelenke und eine starke Muskulatur. Die sich nach vorne verschmälernden Hufe bestehen aus relativ weichem Horn, das sich festem Untergrund und dessen Unebenheiten gut anschmiegt. Die Ballen der Unterseite haften wie Rohgummi auf dem Gestein; daher sind Gemsen sehr gewandte Springer in felsigem Gelände und rutschen fast nie aus. Zudem können sie sich in stark abschüssigem Gelände noch mit den harten Spitzen der Afterklauen im Boden verkeilen.

Vorkommen: G. ist ein ausgesprochenes Gebirgswild und kommt in den Europäischen Gebirgen wie den Alpen, Pyrenäen, Abruzzen, Karpaten und der Tatra vor. In einigen Mittelgebirgsregionen, wie z. B. im Schwarzwald, den Vogesen, auf der südwestlichen Schwäbischen Alb und im Elbsandsteingebirge wurde es eingebürgert (sog. Flachlandgemsen).

Lebensraum und Lebensweise: Der Lebensraum des G. sind Bergwälder, felsige Steilhän-

Gamswild ist ein ausgesprochenes Gebirgswild.

▸▸▸ Garbenbaum

ge, die Latschenregion und Geröllhänge oberhalb der Baumgrenze, zudem Vorgebirgs- und Mittelgebirgslandschaften. G. klettert ausgezeichnet und lebt im Sommer in den Hochlagen der Gebirge, oberhalb der Waldgrenze; im Winter ziehen sie in tiefere Lagen. Der Lebensraum schwankt daher im Jahr zwischen 800 und über 2500 m Meereshöhe. Gemsen sind Tagtiere, die bei ihrer Fortbewegung im steilen Gelände auf gute Sicht angewiesen sind. Sie leben sehr gesellig. Geißen, Kitze und noch nicht geschlechtsreife Böcke schließen sich zu größeren Rudeln zusammen. Um zu gebären, trennen sich die Geißen für einige Tage vom Rudel. Mittelalte Böcke bilden kleinere „Herrengemeinschaften" (i. d. R. drei bis sechs Stück); alte Böcke sind häufig Einzelgänger.

Das Sehvermögen des G. ist wie das Riech- und Hörvermögen sehr gut. Lockende Geißen oder Kitze geben meckernde Laute von sich. Bei Zorn, Erregung, Mißtrauen, Unsicherheit und als Warnung pfeift das G. Der Brunftlaut des Bockes ist ein grunzendes Blöken, das sog. Blädern.

Fortpflanzung: Die Brunftzeit (Begattungszeit) des G. ist Anfang November bis Mitte Dezember. Während dieser Zeit nehmen die Böcke nur wenig Nahrung zu sich und gehen dadurch und durch den Brunftbetrieb geschwächt in den Winter. Das weibliche G. ist ab dem vierten (Flachlandgemsen ab dem dritten) Lebensjahr fortpflanzungsfähig und setzt im fünften Lebensjahr das erste Kitz. Nach einer Tragzeit von 24 bis 26 Wochen wird im Mai/Juni ein Kitz (selten zwei) gesetzt (geboren). Es wird etwa sechs Monate gesäugt, frißt jedoch schon früh zusätzlich Gräser und Kräuter. Es bleibt bis zur Geburt des nächsten Kitzes bei der Mutter.

Nahrung: Sie besteht aus Alpenkräutern, Gräsern, Laubblättern, im Winter zudem aus Flechten (hoher Eiweißgehalt), Moosen und Latschen. Die Oberlippe des G. ist gespalten, so daß es auch noch sehr kurze Pflanzen aufnehmen kann.

Gamswurz, die: → Gemswurz.

Gangförster → Stockförster.

August von Ganghofer, Vater des bayerischen Volksschriftstellers Ludwig Ganghofer

Ganghofer, August von (23.4.1827 Bayerdießen bis 29.3.1900 München): G. studierte in Aschaffenburg und München Forstwissenschaft. Er war zuletzt Geheimer Rat und Ministerialrat; von 1882 bis 1897 Leiter der Staatsforstverwaltung (Ministerialforstbureau) im Finanzministerium. G. wurde 1860 Oberförster in Welden und 1873 Kreisforstmeister bei der Regierung (Kreisforstbureau) in Unterfranken. Ab 1875 war er Vorstand der Abteilung für forstliches Versuchswesen und Statistik in München. G., Vater des bayer. Volksschriftstellers Ludwig G. (1855 – 1920), schrieb: „Das forstliche Versuchswesen" (Band I 1881, Band II 1884), „Das Forstgesetz für das Königreich Bayern" (1880). G. veröffentlichte in Fachzeitschriften auch eine Reihe von Artikeln, teils unter dem Pseudonym Silvius.

Gänsebaum, der: → Ahorne 1.

Gäns(e)füßbaum, der: → Ahorne 1.

Gänsegeier, der: → Geier 1.

Gänsekresse, die (*Arabis*): Gatt. der → Kreuzblütengewächse mit etwa 100 Arten v. a. in den Gebirgen Eurasiens, Afrikas und Nord-Amerikas. Es sind dies niedrige Kräuter, die rasen- oder polsterförmig wachsen, mit weißen, rötlichen, bläulichen oder gelben Blüten, die in Trauben (→ Blütenstand) stehen. Von den zehn einheimischen Arten sind auch im Wald anzutreffen:

1. Kahles Turmkraut, das (*Arabis glabra* (L.) Bernh. = *Turritis glabra* L.): auch Kahle Gänsekresse. Das über ganz Europa verbreitete K. T. wächst zerstreut in lichten Wäldern, besonders lichten Eichenwäldern, in Gebüschen (Schlehen-Gesellschaften), an Wald-, Weg- und Heckenrändern, auf Waldverlichtungen, in Waldsaum-Gesellschaften mit Knoblauchsrauke und Geißfuß sowie auf steinigen Hügeln, an trockenen, sonnigen Orten. Die zweijährige, 50 bis 120 cm (150 cm) hohe Pflanze hat einen aufrechten, meist einfachen Stengel (Sproßachse). Die rosettig angeordneten Grundblätter sind verkehrt länglich-eiförmig, buchtig gezähnt oder ganzrandig, rauhhaarig und zur Blütezeit oft schon verwelkt. Die kahlen Stengelblätter sind länglich-lanzettlich, spitz, am Grund herz-pfeilförmig, stengelumfassend sitzend, ganzrandig, blaugrün bereift. BZ: Mai bis Juli. Die kleinen, 5 bis 8 mm breiten, vierblättrigen und gelblichweißen Blüten stehen dicht traubig gedrängt. Die 4 bis 7 cm langen Schoten sind vierkantig, schmal und enthalten zweireihig angeordnete Samen.

2. Turm-Gänsekresse, die (*Arabis turrita* L.): Die über die Gebirge Mittel- und Südeuropas, insbesondere über die Alpen, den Schwarzwald, den Jura und den Schweizer Jura verbreitete T. ist selten, wärmeliebend und wächst in lichten Wäldern, west-submediterranen Flaumeichenwäldern, trockenen Gebüschen (Berberitzengebüschen), auf felsigen Hängen, Trockenrasen und an Mauern, bevorzugt auf Kalk; Ordnungs → Charakterart der xerothermen submediterranen Flaumeichenwälder und subkontinentalen Eichen-Steppenwälder. Die zwei- bis mehrjährige, bis 70 cm hohe Pflanze hat schmal-eiförmige, sich in den Stiel verschmälernde, unregelmäßig gezähnte Grundblätter. Die Stengelblätter sind länglich, mit herzförmigem Grund, stengelumfassend,

geschweift gezähnt und unterseits oft violett. BZ: April bis Juni. Der Blütenstand ist im unteren Teil beblättert. Die vier 6 bis 8 mm langen Kronblätter sind gelblich-weiß. Die Früchte sind einseitig sichelförmig-überhängend gebogene, 8 bis 15 cm lange und 2 bis 3 mm breite Schoten.

Gänsesäger, der: → Säger.

Gänsfüßbaum, der: → Ahorne 4.

Ganstaucher, der: → Säger.

Gant, die (Holzgant): frühere Bez. für die (Zwangs-)Versteigerung von Holz.

Ganter, die: auch Greden oder Stapel. die auf einem Ganterplatz (→ Holzlagerplatz) aufgestapelten Holzstämme.

gantern: Holz am → Holzlagerplatz lagern.

Ganterplatz, der: → Holzlagerplatz.

Ganzbäume: bei der → Holzernte (→ Rükken des Holzes) Bez. für Bäume, die unentastet (oder auch nur teilweise entastet) zur nächsten Lkw-fahrbaren Straße gerückt werden; sog. Vollbaumernte, → Vollbaumnutzung. Bei diesem Ernteverfahren werden dem → Waldboden, wegen der Entnahme der Äste, Zweige, Nadeln, ggf. auch Blätter, große Nährstoffverluste zugefügt.

Ganze Bretter: frühere, in Schwaben übliche Bez. für Bretter von 10 → Fuß Länge, 13 → Zoll Breite und 1 1/4 Zoll Dicke.

Ganzgrauer Wulstling, der: → Wulstlinge 4.

Ganzholz, das: auch Vollholz. einstielig aus dem Rundholzstamm herausgeschnittenes → Kantholz mit quadratischem oder annähernd quadratischem Querschnitt. Ggs.: Halbholz; → Halbhölzer.

ganzrandig → Blattränder.

Garbenbaum, der: ein Baum, der aus mindestens vier und mehr Stämmen (Wuchseinheiten) besteht. Die Verwachsung in der unteren Schaftregion mit anschließender Gabelung reicht meist nicht weit den Stamm hinauf; → Zwiesel, Kandelaberstamm.

Gare, die: → Bodengare.
Gar(r)igue, die: bis etwa 1 m hohes, immergrünes lockeres Gebüsch auf armen oder verarmten Böden im Mittelmeergebiet. Die „Macchia" ist dichter bestockt und höher.
Gartenangelika, das: → Engelwurz 2.
Garten-Bänderschnecke, die: → Schnirkelschnecken 5.
Gartenbaumläufer, der: → Baumläufer 2.
Garten-Engelwurz, die: → Engelwurz 2.
Gartenesche, die: Bez. für eine im → Freistand erwachsene Es im Ggs. zur Waldesche. Sie hat i. d. R. breite → Jahrringe mit hohem Anteil an → Spätholz, d. h. festes und schweres Holz.
Gartengeißblatt, das: → Geißblatt 3.
Gartengrasmücke, die: → Grasmücken 13.
Gartenkäfer, der: → Blatthornkäfer 13.
Garten-Kreuzspinne, die: → Radnetzspinnen.
Gartenlaubkäfer, der: → Blatthornkäfer 13.
Gartenlaubvogel, der: → Grasmücken 7.
Gartenlaufkäfer, der: → Laufkäfer 6.
Gartenrotschwanz, der: → Drosseln 1.
Gartensänger, der: → Grasmücken 7.
Gartenschläfer, der: → Bilche 2.
Gartenspinne, die: → Radnetzspinnen 1.
Gartenspitzmaus, die: → Spitzmäuse 4.
Gartenspötter, der: → Grasmücken 7.
Garten-Wolfsspinne, die: → Wolfsspinnen.
Gaspeldorn, der: → Stechginster.
Gassenbruch, der: → Schneebruch.
Gassenwurf, der: Bez. für einen → Windwurf, bei dem der Wind (Sturm) Gassen in die Bestände reißt; → Einzelwurf, Nesterwurf.
Gastbaumart, die: Bez. für → Waldbaumarten, die in der Forstwirtschaft außerhalb ihres natürlichen Verbreitungsgebietes mit Erfolg angebaut werden, z. B. Fi und Lä als G. in einem natürlichen Buchenwaldgebiet. Außereuropäische G: Dgl, Rob, REi, JLä, Stro, SKie, SchPa; → Exoten, Neophyten.
Gastromycetidae → Bauchpilze.
Gastropoda → Schnecken.
Gatter, das: **1**) auch Forstgatter, Kultur-, Schutzzaun, Zaun. Einzäunung von Forstkulturen zur Verhinderung von → Wildschäden. Als G. wird auch eine verstellbare Einzäunung um einen → Wildacker bezeichnet. Die Bez. G. ist bisweilen auch bedeutungsgleich mit Gehege (Wildgatter).
Das G. dient der Einzäunung ganzer Flächen (Flächenschutz), heute mit Drahtgeflechtzäunen, früher mit Holzzäunen. Besonders zum Schutz wertvoller Mischkulturen, insbesondere bei Beteiligung verbißempfindlicher Baumarten, wie Ta oder Ei, wird Flächenschutz (Zaunschutz) wegen der relativ langen Schutzbedürftigkeit angewandt. Zäune sind eine sehr aufwendige Schutzmaßnahme und daher durch rechtzeitige Planung, entsprechende Hiebsführung und unverzügliche Kulturmaßnahmen für die Gründung zielgemäßer → Verjüngungen optimal auszunutzen. Die Zäunungsdauer ist durch waldbauliche Maßnahmen (rechtzeitige Ergänzungspflanzungen, rechtzeitiges Nachlichten, bei Bedarf Bodenbearbeitung und Düngung) möglichst kurz zu halten. Da die Äsung durch die Anlage von Zäunen eingeschränkt und damit der Druck des Wildes auf die nicht gezäunten Waldteile noch größer wird, sind entbehrliche Zäune unverzüglich abzubauen. Die optimale Zaungröße richtet sich nach den Geländeverhältnissen, der Schutzdauer, der Mischungsform und der Gefährdung der einzelnen Baumarten. Die Größe des G. kann nach den Naturschutzgesetzen der Länder einer Genehmigungspflicht unterliegen. In Bayern z. B. bedürfen G. mit einer Größe von mehr als 5 ha der Genehmigung durch die Untere Naturschutzbehörde. I. a. sollte aber eine Zaungröße von 3 ha nicht überschritten und eine Größe von 0,5 ha nicht unterschritten werden. In den Ecken von Zäunen sollten möglichst Tore vorgesehen werden (erforderlichenfalls zusätzlich einfache Ein-/Auslässe schaffen), damit eingedrungenes Wild rasch ausgetrieben werden kann. Um die Entwicklung der Zaunkultur verfolgen zu können, werden an Toren und Überstiegen gelegentlich auch Zeitmarken angebracht. Folgende Arten von G. werden unterschieden:
1. Stützenzaun: Er wird aus Drahtgeflecht (Viereck- oder Sechseckgeflecht) hergestellt. Dieses wird zwischen nicht in den Boden eingelassene Pfähle gespannt, die zur Innenseite hin mit schräg stehenden Pfählen abgestützt werden. Der Stützenzaun ist ein sehr kostengünstiges Verfahren.
2. Hordengatter (Hordenzaun): Es dient dem vorübergehenden Schutz kleinerer Flächen (z. B. Wildäcker) und besteht aus Holzstangen, die mit oder ohne Drahtbenagelung in fachweisem Verbundbau hergestellt werden.
3. Pfostenzaun: Er wird aus Maschen- oder Stahldrahtgeflecht hergestellt, das an 3 bis 5 m voneinander entfernt stehenden, in den Boden eingelassenen Pfosten entweder angenagelt (Maschendraht) oder mit Hilfe von Spanndrähten über Krampen (Drahtgeflecht) gespannt wird. Der Pfostenzaun muß, um wirksamen Schutz zu bieten, bei vorhandenem Rotwild 1,8 bis 2,4 m, bei Rehwild ca. 1,5 m hoch sein. Bei Schwarzwild (ca. 1,3 m), bei Hasen und Wildkaninchen (ca. 1 m) muß das Geflecht am Boden durch Eisenhaken oder kleine Pfähle zusätzlich gesichert werden.
2) eine Holzbearbeitungsmaschine, in der Baumstämme durch hin und her gehende Sägeblätter in → Bretter und → Balken zerlegt werden (Nachahmung der alten, von Hand bewegten Blocksäge). Je nach Bauweise bewegen sich die Sägeblätter senkrecht oder waagerecht. Kennzeichnender Teil ist das eigentliche G., ein durch einen Kurbelbetrieb bewegter Rahmen, in dem ein einzelnes Sägeblatt (meist mit waagerechter Blattebene) oder mehrere im Abstand der gewünschten Brettdicke senkrecht stehende Sägeblätter (Bund- oder Voll-G.) angeordnet sind. Der Baumstamm wird hierbei in einem Arbeitsgang in Bretter zerlegt. Er liegt dabei auf dem Blockwagen und wird durch Vorschubwalzen dem G. zugeführt. Der Abstand der Sägeblätter bestimmt die Brett-, Bohlen- oder Balkenstärke.
Gatterer, Christoph Wilhelm Jakob Dr. (2.12. 1759 Göttingen bis 11.9.1838 Heidelberg): G., Großherzoglich badischer Oberforstrat, studierte Kameralwissenschaften (→ Kameralisten) und wurde 1787 Professor der Landwirtschaft, Forst- und Handlungswissenschaft und Technologie in Heidelberg. In dieser Eigenschaft hielt er auch Vorlesungen über Forstwissenschaft. G. verfaßte zahlreiche Schriften. In den Jahren 1796 bis 1807 setzte er → Mosers „Forstarchiv zur Erweiterung der Forst- und Jagdwissenschaft" unter dem Titel „Neues Forstarchiv zur Erweiterung der Forst- und Jagdwissenschaft und der Forst- und Jagd-Literatur" fort. Zusammen mit → Laurop gab er 1811 den ersten Band der „Annalen der Forst- und Jagdwissenschaft" heraus.
Gattersäge, die: → Gatter 2).
Gattung, die (*Genus*): systematische Kategorie (→ Systematik), in der im allg. mehrere nah verwandte Arten (→ Art) zusammengefaßt werden; → Nomenklatur.

Gatter (Kulturzäune) schützen Forstkulturen vor Wildschäden.

Gauch, der: → Kuckuck.

Gauchblume, die: → Schaumkraut 1.

Gayer, Johann Christian Karl Dr. (15.10.1822 Speyer bis 1.3.1907 München): G. studierte von 1840 bis 1842 am Polytechnikum in München Mathematik und Naturwissenschaften, wandte sich aber bald der Forstwissenschaft zu. Ohne vorheriges fachwissenschaftliches Studium trat er in die praktische Ausbildung ein, ergänzte aber während dieser Zeit auch seine theoretischen Kenntnisse durch eifriges Studium der forstlichen Literatur (→ forstliches Schrifttum). Bereits im Jahre 1843 erhielt er seine erste Anstellung als bayerischer Forstgehilfe und legte 1844 die Staats-

Karl Gayer war Deutschlands wichtigster Begründer der Lehre von den gemischten Beständen.

prüfung ab. 1845 wurde er zum Forstamtsaktuar ernannt und später am Regierungsforstbüro in Speyer verwendet. Im Jahre 1846 wurde er Revierförster in Meisenheim und 1855 zweiter Professor der Forstwissenschaft an der Forstlehranstalt in Aschaffenburg. Dort oblagen ihm die Hauptfächer Forstbenutzung und Staatsforstwissenschaft. G. kämpfte für eine Verbesserung des forstlichen Unterrichts und setzte sich für dessen Verlegung an die Universität München ein. Im Jahre 1886 übernahm er vorübergehend das Direktorium der Zentralforstlehranstalt und gleichzeitig sein Lieblingsfach, den Waldbau. Bei der 1878 erfolgten Verlegung des forstlichen Unterrichts an die Universität München wurde G. als Professor der forstlichen Produktionsfächer berufen und gleichzeitig zum Dr. Oeconomiae publicae honoris causa ernannt. Wegen Krankheit trat er im Jahre 1892 vom Lehrfach zurück, behielt aber seine Tätigkeit an der Forstlichen Versuchsanstalt bei. Bereits während seiner Aschaffenburger Zeit gab G. im Jahre 1868 die erste Auflage seiner „Forstbenutzung“ heraus. Sein berühmter „Waldbau“ entstand zwar ebenfalls in Aschaffenburg, erschien aber erst 1880 in erster Auflage. Weitere Werke sind u. a.: „Die neuen Wirtschaftseinrichtungen in den Staatswaldungen des Spessarts“ (1884) und „Der gemischte Wald“ (1895).

▸▸▸ Gebüsch

Zur Erinnerung an G., den Vordenker und Vorkämpfer für den naturgemäßen Waldbau (naturnahe Waldwirtschaft) in Europa, wurde vom Bund Naturschutz die **Karl-Gayer-Medaille** geschaffen. Diese wird in unregelmäßigen Abständen an Forstleute oder Waldbesitzer verliehen, welche sich vorbildhaft für den naturgemäßen Waldbau eingesetzt haben. Der erste Träger der Medaille war Leitender Forstdirektor a. D. Paul Lang; → naturnaher Waldbau.

Geäckerich, das: alte Bez. für → Eckerich.

geadert: die aderartige Zeichnung des Holzes, z. B. der Weißdorne und Götterbäume.

Geäste, das: umfassende Bez. für das gesamte Astwerk einer Baumes; → Gezweig(e).

Gebänderter Kiefernspanner, der: → Spanner 8.

gebannter Hau, der: → Gehau(e).

gebanntes Gehau(ig), das: → Gehau(e).

Gebhard, Karl (4.5.1800 Stuttgart bis 4.7.1874 Kannstadt): G. wurde nach mehrjährigen praktischen Dienstleistungen 1831 Professor in Hohenheim und trat 1833 in Fürstenbergische Dienste. Im Jahre 1861 trat er wegen Dienstunfähigkeit in den Ruhestand. Zusammen mit → Arnsperger gab er von 1838 bis 1843 die „Forstliche Zeitschrift für das Großherzogtum Baden“ heraus.

Gebirgsameisen → Ameisen 1.

Gebirgsdouglasie, die: Variation der → Douglasie.

Gebirgs-Frauenfarn, der: → Frauenfarn 2.

Gebirgs-Hahnenfuß, der: → Hahnenfuß 2.

Gebirgsigel, der: → Grubber.

Gebirgsstufe, die: → Vegetationsstufen.

Gebirgstundra, die: → Tundra.

Gebirgsweide, die: → Weiden 5.

Gebirgs-Weidenaue, die: → Weichholzaue.

Gebräuchlicher Baldrian, der: → Baldrian 1.

Gebrechlicher Glöckling, der: → Rötlinge 6.

Gebrüder Grimm → Wald in der Dichtung.

gebuchtet → Blattränder.

gebuchtete Hölzer → Krummholz 2).

Gebück, das: → Wehrhecken.

Gebuckelter Trichterling, der: → Trichterlinge 4.

Gebunde, das: alte Bez. für → Welle 2).

gebundene Flößerei, die: → Flößerei

Geburtshelferkröte, die: → Kröten 2.

Gebüsch, das: Im Ggs. zum → Feldgehölz ist das G. durch eine geringere Höhe der Einzelglieder (allg. unter 5 m), den sehr hohen Anteil an → Sträuchern und damit durch eine geringere Ausbildung von Baumzonen gekennzeichnet. Ein sehr dichtes (sperriges und dorniges) G. wird auch Gestrüpp oder Gesträuch genannt. Unterschieden wird nach geschlossenem G. (→ Deckungsgrad über 0,6) und offenem G. (Deckungsgrad unter 0,6). Mehrere zusammenstehende G. bilden ein Busch- oder Strauchwerk (auch Gestäude); → Baumgruppe, Boskett, Gehölz, Hecken und Gebüsche, Knicks, Wald.

Gedenkbäume: alter, heute in manchen Ländern wieder auflebender Brauch, zur Erinnerung an ersehnte (oder besondere) Ereignisse (z. B. Ende eines Krieges, Wiedervereinigung (→ Freiheitslinde) etc.), Heilige oder an Persönlichkeiten (z. B. Ludwig II, Tassilo) Bäume zu pflanzen. Hierzu gehören auch die Bäume, die anläßlich Geburt, Kommunion, Konfirmation, Schulentlassung, Hochzeit (→ Hochzeitsbäume), Geschäftsjubiläum und ähnlichen privaten Festen gepflanzt werden. Dieser Brauch geht auf die Holznot des 18. Jh. (→ Forstgeschichte) zurück. Zum Zeichen der Verständigung werden bei internationalen Anlässen sog. Freundschaftsbäume gepflanzt. Beliebte G. sind Li, Ei, aber auch Bu, Ul und andere Baumarten. Bekannte G. sind die Kunigundenlinde bei Kasberg, die der Sage nach von der heiligen Kunigunde gepflanzt worden sein soll, und die Wolframslinde in Ried, da Wolfram von Eschenbach um 1200 auf der nahen Burg Haidsten zu Gast gewesen sein soll. Bekannt ist auch die Lindengruppe beim Gedenkobelisken für Kaiser Ludwig den Bayern (kam dort auf der Bärenjagd ums Leben) bei Puch (Fürstenfeldbruck).

gedrängt → Beschirmungsgrad.

Gedrungener Täubling, der: → Täublinge 11.

gedrungender Wald, der: auch gedrungener oder geschlossener → Bestand. Veraltete Bez. für einen Bestand, bei dem sich die Äste der Baumkronen bereits berühren bzw. ineinandergreifen; → Beschirmungsgrad.

Gedrungener Wulstling, der: → Wulstlinge 4.

Gefährdeter Bezirk, der: → Tollwut.

Gefährdungen des Waldes: Die G. d. W. können unterschiedliche Ursachen haben: → Landverbrauch und damit verbundene → Rodung, → Luftverunreinigungen, → Erosion, → Wassermangel, → Wasserüberschuß, → saurer Regen. Hinzu kommen G. d. W. durch → Verbiß durch Schalenwild, Schäden durch → Mäuse, → Insekten, → Pilze, → Bakterien und → Viren; → Rauchschäden, Waldschäden, Belastbarkeit des Waldes.

Gefahrenzonenplan, der: Nach dem Österr. Forstgesetz sind die wildbach- und lawinengefährdeten Bereiche und deren Gefährdungsgrad sowie jene Bereiche darzustellen, für die

eine besondere Bewirtschaftsart oder Freihaltung für spätere Schutzmaßnahmen erforderlich ist. Der Entwurf des G. ist dem Bürgermeister zu übermitteln und von diesem vier Wochen in der Gemeinde zur Einsicht aufzulegen. Die Auflegung ist öffentlich kundzumachen. Der G. soll neben dem forsttechnischen Dienst für Waldbach- und Lawinenverbauung (Dienststellen) auch als Grundlage für Planungen auf den Gebieten der Raumplanung, des Bauwesens und des Sicherheitswesens geeignet sein.

Gefäßbündel, das: → Leitbündel.

Gefäße (Gefäßteil): Bez. für langgestreckte tote Zellen im → Holzteil der Pflanzen, die dem Transport von Wasser und darin gelösten Nährsalzen dienen. Es werden dabei → Tracheen und → Tracheiden unterschieden; → Leitbündel.

Gefäßpflanzen → Sproßpflanzen.

Gefäßsporenpflanzen → Farnpflanzen.

Gefäßteil, der: → Holzteil, Gefäße.

Gefelderter Grüntäubling, der: → Täublinge 1.

GEFFA: Abk. für Gesellschaft für forstliche Arbeitswissenschaft; → Kuratorium für Waldarbeit und Forsttechnik.

Gefiederte Pimpernuß, die: → Pimpernuß.

Gefiederte Zahnwurz, die: → Zahnwurz 4.

Gefingerter Lerchensporn, der: → Lerchensporn 2.

Gefingerte Zahnwurz, die: → Zahnwurz 3.

geflammt: Handels-Bez. für besondere, an Flammen erinnernde Zeichnung des → Tangentialschnittes (Fladerschnittes); z. B. Flammbirke.

Geflecktblättriger Flämmling, der: → Flämmlinge 1.

Gefleckte(r/s) ... siehe unter dem jeweiligen Hauptnamen.

geforstete Hölzer (Haupthölzer): Bez. aus früherer Zeit für die wertvollen Hölzer, wie Ah, Bu, Ei, Er, Es, und Ndh, denen im Ggs. zum → Unholz eine besondere Aufmerksamkeit galt und die Gegenstand der Nachzucht, Pflege und Nutzung waren. Ihre unbefugte Entnahme wurde streng bestraft.

Gefranster Enzian, der: → Enzian 3.

Gefranstes Mausohr, das: → Fledermäuse 4.

Gefügetypen → Waldgefügetypen.

Gefurchter Waldgärtner, der: → Borkenkäfer 7.

Gegenblättriges Milzkraut, das: → Milzkraut 1.

Gegenreiter, der: → Förster.

gegenständige Blätter → Blattstellung.

Gehau(e), das: auch Gehauig. frühere Bez. für eine Schlagfläche (→ Schlag), die wieder aufgeforstet wurde. Wurde die gesamte Schlagfläche zudem gerodet, so nannte man das „ein Gehau ausstocken". Ein gebanntes G. oder gebannter Hau, gebanntes Gehauig, war eine mit Jungpflanzen bewachsene Schlagfläche, in die so lange kein Vieh eingetrieben werden durfte und in der auch keine Grasnutzung erlaubt war, bis die Bäumchen den Mäulern des Viehes entwachsen waren. Konnte in diesen Schlag wieder gefahrlos Vieh eingetrieben werden, wurde er als „fährig" (→ fähriges Holz) bezeichnet; → Hegeheister, Hegezeichen.

Gehauig, das: → Gehau(e).

Gehäuseschnecken: Wichtigstes Kennzeichen vieler → Schnecken ist ihr Gehäuse. Es ist bei einigen napfförmig gebaut, bei den meisten aber ist es gewunden wie bei der bekannten Weinbergschnecke. Der größte Teil der Schale (etwa 98 %) ist aus kohlensaurem Kalk aufgebaut, den außen ein dünnes Schutzhäutchen überzieht. Bei den meisten G. ist das Gehäuse rechts gewunden; nur wenige sind links gewunden. Das Gehäuse wächst in regelmäßigen Zeitabständen (periodisch). Bei Gefahr zieht sich die Schnecke in das Gehäuse zurück. Zu den G. (Landlungenschnecken) gehören die Fam. → Schnirkelschnecken und → Buschschnecken.

Gehege, das: **1**) eine aus waldbaulichen Rücksichten mit einfacher Einfriedung begrenzte Fläche. Früher wurde ein G. mind. mit → Hegezeichen gekennzeichnet, um Mast-, Weide- und Grasnutzung von ihm fernzuhalten. In Schleswig-Holstein werden alle mit Wallgräben umschlossenen, an den Wegen mit verschließbaren Barrieren versehenen Waldparzellen G. genannt; → Gatter, Gehau(e), fähriges Holz. **2**) Im jagdlichen Sinne sind G. Anlagen oder eingefriedete Grundflächen jeder Größenordnung, in oder auf denen Tiere wildlebender Art gehalten werden.

Gehegebereiter, der: → Gehegereiter.

Gehegereiter, der (Gehegebereiter): frühere Bez. für einen berittenen → Förster.

gehender Förster, der: → Förster.

Gehöckerter Eichenholzbohrer, der: → Borkenkäfer 23.

Gehöfterschaft, die: G. hieß früher eine Bauerngemeinde, bei der die Äcker und Ländereien, namentlich der Wald der einzelnen Gemeindemitglieder keine feste Lage in der Dorfgemarkung hatten, sondern der ganze Grundbesitz oder ein Teil davon alle drei bis neun Jahre unter der feststehenden Zahl der Gemeindemitglieder nach feststehender Quote verlost wurde. Ausgenommen blieb bei der Verlosung nur der gemeinsam genutzte Grund und Boden. Die G. kam v. a. in Südwestdtschl., die G.-Waldungen hauptsächlich im Hunsrück und in der Eifel vor; → Genossenschaftswald.

Gehölz, das: **1**) umgangssprachlich für kleineren → Wald bzw. für ein Waldstück. In der Forstwirtschaft Bez. für eine überwiegend aus Bäumen bestehende Pflanzengesellschaft in Beständen mit einem natürlichen → Beschirmungsgrad von mehr als 0,3 und einer Wuchshöhe im Reifealter von mind. 5 m. **2**) → Holzgewächse.

Gehölzkunde, die: → Dendrologie.

Gehörst, das: veraltete lokale Bez. für ein Buschwerk; → Horst 1).

Gehren, Edmund Franz von (14.12.1798 Kopenhagen bis 29.7.1873 Kassel): G. wurde 1824 Lehrer der Forstmathematik an der Forstlehranstalt in Melsungen, 1860 Mitglied des kurfürstlichen Oberforstkollegiums, später der königlichen Regierung in Kassel. Er schrieb: „Mathematisches Taschenbuch ... etc." (1832), „Lehrbuch der Arithmetik und Waldwerthberechnung ... etc." (1835), „Anleitung zur Waldwerthberechnung für Forstmänner" (1835).

Gehret, Gottlieb (13.5.1800 Schloß Liebegg im Aargau bis 2.10.1869 in Aarau): G. führte als Forstinspektor in den 40er Jahren des 19. Jh. in Aarau bei Umwandlungen von Mittel- und Niederwaldungen (→ Mittel- und → Niederwald) vielfach das sog. „Vorwaldsystem" (eine Mischung von → schnellwachsenden und langsamwachsenden Baumarten) ein.

Geier (*Aegypiinae*): Unter-Fam. aus der Fam. der Greife (Accipitridae), die zur Ordn. der Greifvögel (*Falconiformes*) gehört. G. sind große Vögel mit langem, starkem Schnabel, der höher als breit und an der Spitze hakig übergebogen ist. Ihre Flügel sind ungewöhnlich lang, breit und abgerundet, der Stoß (Schwanz) ist mittellang, z. T. gerundet, z. T. stark abgestuft. Die Ständer (Beine) sind mittelhoch, stark und von der Ferse ab unbefiedert. Die Zehen dagegen sind lang, schwach und nicht greiffähig. Das Weibchen ist größer als das Männchen. Die Jungen sind sehr gefräßig und werden erst nach einigen Monaten selbständig. G. halten sich meist hoch in der Luft, nützen dabei die Aufwinde aus, die ihnen einen mühelosen Langflug gestatten und suchen den darunterliegenden Grund nach Kadavern ab. Sobald ein G. aus großer Höhe nach unten fliegt, hat ihn schon ein anderer beobachtet, der nun ebenfall auf das Aas zufliegt. Diese Kettenreaktion setzt sich fort und versammelt oft eine große Anzahl G. um einen Fraß. Viele G.-Arten haben nackte Köpfe und Hälse. Sie können so in das Leibesinnere von Kadavern eindringen, ohne ihr Gefieder zu beschmutzen.

Mythologie: In der Mythologie spielt der G. oft eine ähnliche Rolle wie der → Adler. Der indische G. Gatayu weiß alles Vergangene und alles Zukünftige, da er die ganze Erde durchmessen hat. Er kämpft mit den Ungeheuern und ist den Göttern und den Herden freundlich gesinnt. Nach Herodot war der G. mit Herakles

Der Bart- oder Lämmergeier wurde in den Alpen in der zweiten Hälfte des 19. Jahrhunderts ausgerottet.

befreundet, er kündigt dem Romulus, Cäsar und Augustus die Alleinherrschaft an. Verbrannte G.-Federn sollen die Geburtswehen erleichtern und Schlangen vertreiben. Die Gefräßigkeit des G. war bei den Alten sprichwörtlich, und es heißt, er wittert Leichname sogar schon vor dem Tode; daher werden hungrige Erben „G." genannt. Bei den Ägyptern war er ein Symbol der Sonne; und weil sie glaubten, daß es bei den G. nur Weibchen gäbe, die vom Ostwind befruchtet würden, war er auch das Symbol der Mutter und der Göttin Reith geweiht, die mit einem G.-Kopf abgebildet wurden. Bei den Germanen galt er für ein böses Prinzip (daher die Verwünschung). In Mitteleuropa kommen nachstehende zwei G.-Arten vor:

Gänsegeier kreisen oft stundenlang in großer Höhe.

1. Gänsegeier, der (*Gyps fulvus* Hablizl): auch Ägyptischer Erdgeier, Fahlgeier, Weißkopfgeier, Weißköpfiger G. Länge: 95 bis 100 cm, Gewicht: etwa 6500 bis 7500 g, Flügelspannweite: etwa 250 cm.
Der G. kommt in Südosteuropa, Vorder- und Zentralasien, im Apennin, Südfrankreich, Sardinien, Sizilien, auf der Iberischen Halbinsel, in Nord- und Südostafrika, von der Türkei bis Ägypten und auch in Österreich (Kärnten, Salzburger Land) vor. Er ist überwiegend Jahresvogel, unternimmt aber z. T. große Ausflüge (er taucht aus diesem Grunde immer wieder im Nationalpark Königssee auf). Als Lebensraum bevorzugt er offene Landschaften sowie kahle Gebirge und Felsschluchten.
Der G. nistet sowohl einzeln als auch gesellig. Als Horstplatz wählt er Nischen in steilen Felswänden oder hohe Bäume. Der Horst – soweit er nicht auf hohen Bäumen errichtet oder ein alter Greifvogelhorst bezogen wird – besteht aus einigen Reisern und Federn. Das Gelege enthält nur ein weißes, ungeflecktes Ei (92 x 70 mm, etwa 252 g). Brutzeit: 48 bis 50 Tage. Das Junge wird anfangs mit einem von den Eltern ausgewürgten Brei gefüttert, verläßt den Horst erst nach drei Monaten und ist mit vier Monaten selbständig. Eine Jahresbrut (Februar bis März).
Nahrung: ausschließlich Aas. Aufgefundenen Kadavern wird mit dem kräftigen Schnabel die Bauchhaut aufgerissen; als erstes werden die Eingeweide gefressen.
2. Bart- oder Lämmergeier, der (*Gypaetus barbatus*): auch Alpenbartgeier, Bart-, Geieradler, Bärtiger Geieradler, Gemsen-, Joch-, Schafgeier, Gir. Länge: 114 bis 135 cm, Gewicht: 5000 bis 7000 g, Flügelspannweite: 2,75 bis 3 m. Er ist der größte Geier.
Der B. brütet in hohen Gebirgen der Iberischen Halbinsel, Siziliens, Sardiniens, Korsikas, Südosteuropas sowie in Asien und Afrika. Sein Lebensraum ist das Hochgebirge an und über der → Waldgrenze. Früher bewohnte er auch die österr. und Schweizer Alpen. In Dtschl. soll der letzte B. 1855 bei Berchtesgaden erlegt worden sein. Seit 1928 ist er in den Salzburger Alpen wieder erschienen, später auch wieder im Berchtesgadener Land. Sein Flug ist äußerst schnell, rauschend und falkenartig; sein Flugbild gleicht einer Riesenschwalbe.
Der B. ist mit vier bis fünf Jahren fortpflanzungsfähig. Der Horst wird in unzugänglichen Felswänden zum Teil aus Knochen errichtet. Die Paarungszeit beginnt in der Wintermitte mit Balzflügen des Männchens. Die Eiablage erfolgt ab Anfang Februar. Das Weibchen legt ein bis zwei Eier, die von beiden Elternteilen 53 bis 57 Tage bebrütet werden. Es wird immer nur ein Junges groß. Dieses wird nicht aus dem Kropf gefüttert, sondern die Altvögel tragen die Nahrung mit ihren Füßen herbei. Der Jungvogel trägt etwa viereinhalb Monate das Jugendkleid und fliegt dann aus. Bis zum Spätherbst bleibt er jedoch noch mit den Eltern zusammen.
Nahrung: v. a. Knochen, die er aus großer Höhe fallen läßt, um sie zu zerkleinern. Die Panzer von Schildkröten zerschmettert er auf gleiche Art. Daneben nimmt er auch Aas und kleine Wirbeltiere, die er nach Greifvogelart schlägt.
Geieradler, der: → Geier 2.
Geier, Weißköpfiger, der: → Geier 1.
Geigenholz, das: ausgesuchte Hölzer, die für den Geigenbau benötigt werden; → Haselfichte, → Resonanzholz (Klangholz), → Stammwerkholz.
Geilstelle, die: vom Weidevieh durch Exkremente verschmutzte und dadurch mit Nährstoffen überversorgte Stelle, deren Kräuter und Gras vom Vieh nicht beweidet werden und deshalb auswachsen; → Waldweide.
Geilwuchs, der: übermäßiger Höhenwuchs bei Pflanzen; sie vergeilen.
Geißbart, der (*Aruncus*): Gatt. der → Rosengewächse mit zwei Arten in der nördlichen gemäßigten Zone. Es handelt sich um Stauden mit mehrfach dreizähligen oder mehrfach fiederschnittigen Blättern mit gesägten Abschnitten und kleinen, weißen, eingeschlechtigen Blüten, die in Ähren (→ Blütenstand) stehen, welche zusammen eine große Rispe bilden. Die einzige mitteleuropäische Art ist:
Waldgeißbart, der (*Aruncus sylvestris* Kost. = *A. dioicus* Fernald = *A. vulgaris* Rafin.): auch Ziegenbart. Der W. ist hauptsächlich über die Gebirge Mitteleuropas, die Pyrenäen, die Alpen, den Apennin und die Gebirge der Balkanhalbinsel verbreitet. Er wächst in feuchten Laubwäldern, Linden-Ulmen-Ahorn- und Erlen-Ahornwäldern, Bergwäldern, Schluchtwäldern, schattigen Steilhängen, Hochstaudenfluren, an Gebirgsbächen, Quellen und auf feuchten Wiesen, auf schattigen, feuchten, humosen Standorten, bevorzugt im Hügelland und den Gebirgen. Der W. ist auch eine beliebte Zier- und Gartenpflanze für schattige Stellen.
Die ausdauernde, 80 bis 150 cm (200 cm) hohe Staude hat einen kräftigen, holzigen Wurzelstock mit Adventivwurzeln. Die beblätterten und steif aufrechtstehenden Stengel sind einfach und kahl. Die bis 1 m langen Blätter sind zwei- bis dreifach, drei- bis fünfzählig unpaarig gefiedert. Die Fiederblättchen sind schmal-eiförmig, lang zugespitzt und scharf doppelt gesägt; das Endblättchen ist größer. Der W. ist → zweihäusig. BZ: Juni bis Juli. Der Blütenstand der männlichen Pflanzen ist üppiger, dichter und gelblichweiß, der der weiblichen zarter, unscheinbarer und rein weiß. Die vielen kleinen Blüten stehen in endständiger, bis zu 50 cm langer, reichblütiger, zuletzt überhängender Rispe. Die Früchte sind kleine, ca. 3 mm lange, auf herabgebogenen Stielen hängende, braune, nach innen aufspringende Balgfrüchte mit etwa 2 mm langen, lineal-lanzettlichen Samen.
Geißbaum, der: → Esche.
Geißblatt, das (*Lonicera*): auch Heckenkirsche. etwa 180 Arten umfassende Gatt. aus der Pflanzen-Fam. der → Geißblattgewächse (*Caprifoliaceae*), die auf der nördlichen Halbkugel und in den Anden heimisch ist. Es sind Sträucher mit zweiseitig-symmetrischen Blüten und Beerenfrüchten. Viele Arten und Formen der Gatt. G. wurden als Ziersträucher kultiviert. In Mitteleuropa heimisch sind:
1. Alpen-Heckenkirsche, die (*Lonicera alpigena* Linné): auch Alpen-G., Alpen-Doppelbeere. Die A. ist über die Gebirge Süd- und Mitteleuropas verbreitet.
Standort: Sie wächst besonders auf den Kalkböden der Gebirge, in krautreichen Buchen-, Bergmisch- und lichten Laubwäldern, Holzschlägen, in Alpenheckenkirschen-Buchen- und Alpenheckenkirschen-Tannen-Buchenwäldern, Schluchten, Gebüschen und an Bächen. In den Wäldern der Alpen kommt sie bis in die Nähe der → Baumgrenze vor (in den Bayer. Alpen und Tirol bis 1620 m, in Bünden bis 2000 m).
Merkmale: Die A. ist ein 1 bis 2,50 m hoher, aufrechter Strauch. Seine jungen, hellgrauen Zweige sind mit festem Mark angefüllt; die älteren sind gelblichgrau berindet und die Rinde löst sich in Streifen ab. Die kurzgestielten, gegenständig angeordneten Blätter sind groß (bis 10 cm lang und 5,5 cm breit), elliptisch

▸▸▸ Das leichte Samenkorn des Waldgeißbarts wiegt nur 0,00008 g.

◀◀◀ Alpen-Heckenkirsche (*Lonicera alpigena*)

◀◀ Wald-Heckenkirsche (*Lonicera periclymenum*)

Blaue Heckenkirsche (*Lonicera coerulea*)

bis länglich, zugespitzt und am Grunde abgerundet oder verschmälert. Sie sind ganzrandig, oberseits dunkelgrün, unterseits heller grün und glänzend. Bis auf den in jungen Stadien gewimperten Rand sind sie nahezu kahl. BZ: Mai bis Juli. Die fünfzähligen, zweilippigen, gelblichen oder gelblich-grünen, rötlich überlaufenen Blüten stehen paarweise in den Blattachseln auf einem gemeinsamen Blütenstiel von 2 bis 5 cm Länge. Die Früchte, kugelige bis eiförmige, glänzende, leuchtend rote, etwa 10 mm große Doppelbeeren, tragen noch den schwarzen Griffelrest an der Spitze und sind giftig.

Aufgrund der unterschiedlichen Verwachsung der Fruchtknoten und der Beeren gibt es zwei Unterarten, die *ssp. alpigena* mit verwachsenem Fruchtknoten und verwachsenen Beeren und die *ssp. formanekiana*, deren → Fruchtknoten und Beeren nicht oder nur am Grund leicht verwachsen sind; sie ist auf der Balkanhalbinsel beheimatet. Die A. wird häufig als Ziergehölz angepflanzt.

2. Blaue Heckenkirsche, die (*Lonicera coerulea* Linné): auch Blaues G., Blaue Doppelbeere. Die B. H. kommt in Nord- und Nordosteuropa und von den Pyrenäen, den Alpen bis in die südwestlichen Gebiete Tschechiens und der Slowakei und Bulgarien vor.

Standort: Sie ist meist in gebirgigen Gegenden in Höhen von 800 bis 2000 m (in den Alpen bis 2400 m) verbreitet und wächst auf feuchten humusreichen Standorten in Wäldern, an felsigen, buschigen Orten, auf steinigen Kalkböden, in Zwergstrauchgesellschaften und auch in bodensauren Bergwäldern, in Fichtenwäldern (Ordnungs-Charakterart der borealalpinen Nadelwälder), Kiefern-Hochmooren, Moorbirken-Bruchwäldern, in Grauweiden-, Grünerlen-, Schlehen-, Legeföhren- und Alpenrosengebüschen.

Merkmale: Die B. H. ist ein aufrechter, bis 2 m hoher Strauch, dessen junge Zweige mit festem Mark gefüllt sind. Die älteren Zweige sind gelblichbraun bis rötlichbraun berindet, die Rinde löst sich in Streifen ab. Die gegenständig angeordneten ganzrandigen Blätter sind bis 7 cm lang und 3 cm breit. Sie sind meist elliptisch, manchmal auch verkehrt-eiförmig, eiförmig oder länglich, spitz, unterseits bläulichgrün; jung leicht behaart, später kahl. Die Nebenblätter sind oft verwachsen. Die gelblichweißen Blüten stehen an sehr kurzen Stielen paarweise, nickend in den Blattachseln. Die Frucht ist eine längliche, schwarzblaue, blau bereifte, saftige und wohlschmeckende Doppelbeere (entstanden aus einem Blütenpaar).

Bei der B. H. gibt es zwei Unterarten. Die *ssp. coerulea*, deren junge Zweige und Blätter weniger behaart sind und deren Blüte eine sehr breite Blütenröhre besitzt, und die *ssp. pallasii*, die allg. dichter, kurz behaart ist und eine schmale Blütenröhre hat. Die B. H. wird auch häufig als Ziergehölz angepflanzt.

3. Garten-Geißblatt, das (*Lonicera caprifolium* Linné): auch Alpranke, Hirschkraut, Wohlriechendes oder Echtes G., Jelängerjelieber, Mäuseholz, Nachtschatten, Nachtfräulein, Saurebe, Stinkrebe, Waldrebe, Zaunrebe. Das natürliche Verbreitungsgebiet des G. ist Südosteuropa. Heute kommt es als Zierpflanze, verwildert und eingebürgert, in Ost- und Mitteleuropa bis Italien vor.

Standort: Es wächst in xerothermen, submediterranen Flaumeichen-Wäldern und subkontinentalen Eichen-Steppenwäldern, sonnigen Gebüschen, Hecken und an Waldrändern und ist auch eine beliebte Laubenpflanze; Verbands-Charakterart der Berberitzen-Gebüsche.

Merkmale: Der holzige Schlingstrauch kann mit seinen rechtswindenden Stengeln bis 4 m hoch, in Ausnahmefällen auch höher, klettern. Die hellbraune Rinde löst sich in langen Streifen von den Zweigen. Die jungen Zweige und Blätter sind schwach behaart. Die gegenständig angeordneten, ganzrandigen Blätter sind oberseits dunkelgrün, unterseits bläulichgrün. Die oberen Blätter eines jeden Zweiges sind am Grunde paarweise kurz verbunden; die obersten Blätter sind zu einem ovalen oder kreisrunden, vom Stengel durchwachsenen Blatt (Doppelblatt) vereinigt. Die übrigen Blätter sind kurzgestielt, elliptisch bis breit elliptisch, stumpf, bis 10 cm lang und 5 cm breit. BZ: Mai bis Juli. Die großen, fünfzähligen Blüten haben eine kahle, anfänglich weiße, rötlich überlaufene, später gelbliche Blumenkrone und sitzen zu sechs in Quirlen unmittelbar auf dem obersten verwachsenen Doppelblatt, gelegentlich auch noch auf dem zweiten und dritten Doppelblatt. Das G. blüht im Mai/Juni. Seine Blüten gehören – ebenso wie die der Wald-Heckenkirsche – zu den in Mitteleuropa seltenen Schwärmerblumen. Sie öffnen sich erst gegen Abend und strömen hauptsächlich nachts einen intensiven Duft aus. Die Früchte, die im Juli reifen, sind einfächerige, wenigsamige, ellipsoide, vom Kelchsaum gekrönte, orangerote oder dunkelrote Beeren.

In der Naturheilkunde wird es häufig als Ersatz für die Wald-Heckenkirsche verwendet.

4. Gemeine Heckenkirsche, die (*Lonicera xylosteum* Linné): auch Rote Heckenkirsche, im Volksmund Beinholz, Beinweide, Ahlbaum, Zweck(en)holz, und wegen der vermeintlich giftigen Beeren auch Hundsbeer, Hundskirsche, Pfeifenröhrenholz, Sellenholz, Spießbeerenholz, Teufelsbeer, Teufelskirsche, Walpurgis- oder Wolpermai, Zaunkirsche genannt. Die G. H. ist mit Ausnahme des äußersten Nordens, des äußersten Südens und der Inseln fast über ganz Europa verbreitet.

Standort: Sie liebt mäßigen Schatten und wächst bevorzugt auf kräftigen, frischen, kalkhaltigen Böden, an Waldrändern, in Hecken und Gebüschen, lichten Laub- und Mischwäldern, krautreichen Eichen- und (wärmeliebenden) Buchenwäldern, Ulmen-, Linden-, Nadel-Mischwäldern und west-submediterranen Flaumeichenwäldern bis in eine Höhe von etwa 1600 m. Sie ist die Klassen-Charakterart der Buchen- und sommergrünen Eichenwälder Europas.

Merkmale: Die G. H. ist ein bis 2,50 m hoher, reich verzweigter, flach wurzelnder Strauch. Seine jungen Zweige sind kurz, weich und grau behaart; die älteren sind dunkelgrau-braun, hohl mit braunem Markrand, dünn und gebogen. Die graubraune Rinde der Stämmchen ist längsrissig. Die gegenständig angeordneten, weichen, ganzrandigen Blätter sind breit eiförmig bis fast rund, manchmal elliptisch bis verkehrt-eiförmig, laufen mehr oder weniger spitz zu und sind am Grunde abgerundet oder kurz verschmälert. Sie sind bis 7 cm lang, 5 cm breit, am Rande gewimpert, oberseits dunkelgraugrün und zerstreut behaart, unterseits heller und dicht anliegend behaart, ebenso der bis 2 cm lange Blattstiel. BZ: Mai/Juni. Die fünfzähligen gelblichweißen (anfangs meist weißlichen, dann gelblichen) Blüten stehen paarweise auf einem gemeinsamen, bis 2 cm langen, flaumig behaarten Stiel in den Blattachseln, wobei die beiden Fruchtknoten nur am Grunde verwachsen sind. Die Früchte reifen im Juli. Es sind etwa erbsengroße, viersamige, kugelige, glasig glänzende, scharlachrote Beeren, die – wie die Blüten – paarweise auf einem gemeinsamen Stiel stehen. Sie sind ungenießbar (bitter), erregen Brechreiz, sollen jedoch nicht giftig sein.

Das Holz der G. H. ist gelblich, sehr hart, zäh und daher gut als → Drechslerholz verwendbar. Aus ihm wurden früher Peitschenstöcke und Ladestöcke hergestellt. Früher verwendete man, besonders in Süddtschl., die jungen, langen, rutigen Zweige wegen des verhältnismäßig harten Holzes auch zum Besenbinden.

Der Name *xylosteum* kommt aus dem Griechischen und bedeutet Beinholz, wie die G. H. im Volksmund auch genannt wird. Die G. H. wird auch als Ziergehölz angepflanzt.

5. Schwarze Heckenkirsche, die (*Lonicera nigra* Linné): auch Schwarzes G., Schwarzer Hundsbeer. Die S. H. ist in den Gebirgen Süd- und Mitteleuropas und von den Pyrenäen bis zu den Karpaten verbreitet.

Standort: Sie ist sehr selten und wächst auf frischen bis feuchten, humosen, steinigen Böden in krautreichen Bergwäldern mit Fi und Ta, besonders artenreichen Tannenwäldern, auch in hochmontanen Buchenwäldern und krautreichen Fichten-Tannen-Waldgesellschaften, an buschigen Stellen bis zu einer Höhe von 1600 m.

Merkmale: Der aufrechte, bis 1,5 m hohe Strauch hat dünne, häufig gebogene Zweige, die graubraun berindet und mit festem Mark gefüllt sind. Die jungen Zweige sind kahl oder kurz behaart. Die gegenständig angeordneten, kurzgestielten Blätter sind weich, schmal elliptisch bis verkehrt-eiförmig, mehr oder weniger spitz, am Grunde kurz verschmälert, bis 7 cm lang und 3 cm breit. Sie sind ganzrandig, oberseits lebhaft grün, fast kahl, unterseits graugrün, kahl oder an den Nerven flaumig behaart. BZ: April bis Juli. Die fünfzähligen, zweilippigen, rosa oder weißlichen Blüten stehen paarweise auf einem etwa 4 cm langen kahlen Stiel in den Blattachseln. Die Früchte, am Grunde verwachsene Doppelbeeren, die im August/September reifen, sind glänzend schwarz, bläulich bereift, meist ungleich groß, ungenießbar und enthalten ellipsoide Samen. Die S. H. wird auch als Ziergehölz angepflanzt.

6. Wald-Heckenkirsche, die (*Lonicera periclymenum* Linné): auch Wald-G., Wildes G., Deutsches G., Windendes G., im Volksmund auch Baumwürger, Baumtöter. Die W. ist über West- und Mitteleuropa, nördlich bis Südskandinavien, südlich bis Mittelitalien und auf Korsika verbreitet.

Standort: Sie wächst in Gebüschen, an Waldrändern, Zäunen, Hecken, buschigen Abhängen, auf Waldverlichtungen, in lichten bodensauren Wäldern mit Ei, Bi oder Hbu, west und mitteleuropäischen Eichen-Birkenwäldern, Eichen-Hainbuchenwäldern, Erlen-Waldgesellschaften und schätzt besonders fruchtbare Auenböden.

Merkmale: Der kräftig wachsende, üppige, lianenartige, holzige Strauch hat rechtswindene Stengel und kann bis 10 m hoch klettern und schwächere Bäume sogar erwürgen und zum Absterben bringen. Er kann 50 Jahre alt und ziemlich stark werden. Die gegenständig angeordneten, kurzgestielten oder sitzenden Blätter sind bis zu 9 cm lang und 5 cm breit, ei-elliptisch bis länglich, stumpf oder spitz und kahl. Nur die jungen Blätter sind leicht behaart. Sie sind dünn, oberseits dunkelgrün, unterseits fast bräunlich. BZ: Mai bis August, sogar bis September. Die großen fünfzähligen, wohlriechenden, gelblichweißen bis gelben, oft purpur überlaufenen Blüten sitzen gehäuft in endständigen Köpfchen. Ihre Blüten gehören – ebenso wie die des Garten-Geißblattes – zu den in Mitteleuropa seltenen Schwärmerblumen. Die gehäuft stehenden, rundlichen, noch von Kelchzipfeln gekrönten, wenigsamigen Beeren sind dunkelrot, saftig, schwach giftig und reifen von August bis September.

Im Altertum wurde v. a. die Rinde zu Heilzwecken verwendet. Heute nutzt man in der Naturheilkunde die Blüten und Blätter wegen ihrer antiseptischen, wundreinigenden, harn-. und schweißtreibenden Eigenschaften. Ist keine W. vorhanden, können auch die Blüten und Blätter des Garten-Geißblattes verwendet werden.

Bei der Art W. gibt es zwei Unterarten und zwar die *ssp. periclymenum* mit meist sitzendem, oberstem Blattpaar, die mit Ausnahme Südspaniens und Portugals das gleiche Verbreitungsgebiet hat; und die *ssp. hispanica*, deren oberstes Blattpaar gestielt ist und die in Südportugal, Mittel- und Südspanien wächst.

Die W. und Abarten derselben werden auch als Ziergehölze angepflanzt. Da sie keine besonderen Ansprüche an den Boden stellt und selbst im starken Schatten gedeiht, kann sie auch als Bodendecker unter Büschen verwendet werden. Die blühenden Triebe ranken dann zwischen den Zweigen der Büsche.

Geißblatt-Gewächse (*Caprifoliaceae*): Fam. der → zweikeimblättrigen Pflanzen mit etwa 400 Arten in 15 Gatt. Es sind dies meist in der gemäßigten Zone der Nordhalbkugel wachsende Bäume, Sträucher und Stauden mit einfachen oder gefiederten, gegenständigen Blättern. Bekannt sind die Gatt. → Geißblatt, → Holunder, → Schneeball und → Moosglöckchen.

Geißfuß, der (*Aegopodium*): auch Giersch. Gatt. der → Doldengewächse mit zwei Arten in Europa und Sibirien. Die bekannteste Art ist: **Gewöhnlicher Geißfuß**, der (*Aegopodium podagraria* L.): auch Giersch, Gichtkraut, Zipperleinskraut. Der G. G. ist mit Ausnahme der Iberischen Halbinsel fast über ganz Europa verbreitet, relativ häufig und ist Verbands → Charakterart der Geißfußgesellschaften und schwache Charakterart der Brennessel-Geißfuß-Saumgesellschaften. Er wächst gesellig in feuchten schattigen Wäldern, Schlucht- und Hartholz-Auwäldern, Eichen-Buchenwald-Gesellschaften, Hecken, Gebüschen, an Ufern, Waldrändern, Zäunen sowie in Garten- und Parkanlagen, auf feuchten, stickstoffreichen Böden, von der Ebene bis in Gebirgslagen von etwa 1500 m.

Die ausdauernde, kahle, 30 bis 100 cm hohe, unangenehm riechende Pflanze treibt zahlreiche unterirdische Ausläufer. Sie ist in Gärten ein sehr lästiges Unkraut, das sich nur schwer ausrotten läßt. Der hohle, kantig gefurchte Stengel ist im oberen Teil ästig. Die unteren Blätter sind doppelt dreizählig, die oberen einfach dreizählig. Die 5 bis 10 cm messenden, länglich-eiförmigen Abschnitte (Fiederblätter) sind ungleich fein gezähnt, ungeteilt oder das endständige eingeschnitten. Die Seitenabschnitte erster Ordnung sind oft nur zweispaltig und ähneln einem Ziegenfuß (Name: Geißfuß). BZ: Mai bis August. Die kleinen Blüten stehen in 12- bis 25strahligen Dolden (→ Blütenstand). Hüll- und Hüllchenblätter fehlen. Die z. T. männlichen, z. T. zwittrigen Blüten haben weiße, oft rötlich angehauchte, 1,5 mm lange, verkehrt herzförmige → Kronblätter. Die länglich-eiförmigen, 3 mm langen, seitlich zusammengedrückten Früchtchen sind braun

▸▸ Der Besenginster wird häufig in Wäldern auf armen Sandböden angepflanzt, um den Boden mit Stickstoffsalzen anzureichern.

mit fadenförmigen gelben Rippen (kümmelähnlich). Die Pflanze kann als Wildgemüse, Suppenkraut und Salat verzehrt werden. Früher galt sie auch als → Heilpflanze, die angeblich gegen Gicht (das Zipperlein) half (Name!).

Geißfußschnitt, der: alte Bez. für einen (üblicherweise) schräg angesetzten Schnitt an Wurzeln, Trieben, Ästen und Steckreisern.

Geißhülse, die: → Liguster.

Geißklee, der (Zytisus, *Cytisus*): etwa 50 Arten in Mitteleuropa und dem Mittelmeergebiet umfassende Gatt. aus der Pflanzen-Fam. der → Schmetterlingsblütengewächse (*Fabaceae, Papilionaceae*). Es sind hauptsächlich Sträucher mit gelben, weißen oder roten Blüten in Köpfchen oder Trauben (→ Blütenstand). Die Gatt. G. ist fossil seit dem Tertiär (→ Erdzeitalter). In Mitteleuropa sind heimisch:

1. Besenginster, der (*Cytisus scoparius* Link = *Spartium scoparium* L. = *Sarothamnus scoparius* Wimmer): auch Besenstrauch, Hasengeil, Rehkraut, Bram, Brambusch, Hasenheide, Genester, Besenpfriem, Pfriemenstrauch, Pfriemen. Der B. ist fast über ganz Europa verbreitet: von der Iberischen Halbinsel und Frankreich bis Bulgarien und im Norden bis Südskandinavien und England.

Standort: Er wächst meist gesellig, oft massenweise auf trockenen, lockeren, meist kalkfreien Sandböden, an sonnigen, felsigen Plätzen, auf Waldschlägen, Heiden und Dünen, in lichten Wäldern, besonders Kiefern- und bodensauren Eichen-Buchen-Wäldern, Hainbuchen-Waldgesellschaften, xerothermen submediterranen Flaumeichen-Wäldern und subkontinentalen Eichen-Steppenwäldern, an Waldsäumen und Wegrändern. Er kommt in der Ebene und in niedrigen Gebirgen (bis 1100 m) vor. Nasse, torfige Böden meidet er.

Merkmale: Der dornlose, stark verzweigte, 0,50 bis 2 m hohe Strauch mit bisweilen armdicken Stämmchen hat rutenförmige, aufrechte, kantige, grüne, nur in der Jugend behaarte Äste und spärlich belaubte Zweige. In Gegenden mit mildem Klima und auf fruchtbarem Boden nimmt er gelegentlich eine baumartige Form an. Er hat eine tiefgehende Hauptwurzel (pfahlwurzelnder Strauch) und weitreichende Seitenwurzeln mit reichlicher Knöllchenbildung (Stickstoffsammler). Er ist sehr lichtbedürftig und empfindlich gegen Winterkälte, Früh- und Spätfröste. Die tief in den Boden gehenden Wurzeln schlagen jedoch immer wieder aus, auch wenn der ganze Strauch vernichtet wurde. Die kleeartig dreizählig gefiederten Laubblätter an 5 bis 15 mm langen, kahlen oder behaarten Stielen sind nur spärlich vorhanden und wechselständig (→ Blattstellung) angeordnet, ganzrandig und dunkelgrün. Oberseits sind sie meist kahl und unterseits anliegend behaart. Das einzelne Fiederblättchen ist 8 bis 20 mm lang und 2 bis 9 mm breit, verkehrt ei-lanzettlich, am oberen Ende spitz bis stumpf mit kleiner Stachelspitze. Zur Spitze hin sind die Blätter häufig nur noch einfach. BZ: Mai bis Juni. Die goldgelben, gelegentlich weißgelben, Schmetterlingsblüten haben 2 bis 3 cm Durchmesser, sind gestielt (1 bis 1,5 cm langer Stiel), sitzen einzeln oder zu zweit in den Blattwinkeln und haben einen fadenförmigen, spiralig nach innen gebogenen Griffel. Sie bilden einen langen lockeren, endständigen, traubenförmigen Blütenstand. Die gerade bis sichelförmige Hülsenfrucht ist 2,5 bis 5 cm lang und 0,8 bis 1,2 mm breit, flach, erst grün, dann schwarz und enthält zahlreiche bohnenförmige, gelbliche oder grünlichbraune Samen mit Anhängsel. Die → Samenverbreitung erfolgt durch → Ameisen (→ Ameisenpflanzen). Die Samen bleiben lange keimfähig (Lichtkeimer), können Jahrzehnte überliegen und keimen nach der Aussaat oft erst im zweiten Frühling. Das Holz ist weiß, im → Kern braun und eignet sich für die Holzkohlebereitung.

In der Naturheilkunde werden die getrockneten jungen Blütenknospen und die Spitzen der jungen Zweige verwendet, die → Alkaloide, Gerbstoff, Bitterstoff, → ätherisches Öl und Mineralsalze enthalten; sie wirken blutdruckerhöhend, gefäßverengend, herzregulierend und harntreibend. Die reifen Samen sind besonders reich an Spartein, einem Alkaloid, das auf Herz, Blutgefäße, Darm und Uterus anregend wirkt und die Harnausscheidung steigert. Der B. wurde früher zu Besen zusammengebunden (Name!) und auch zu Körben und Matten verarbeitet. Aus seinen Fasern wurde ferner ein Gewebe als Juteersatz hergestellt. Oft wird er zur Befestigung von Bahndämmen, Straßenböschungen und Dünen angepflanzt, da er den Boden mit Stickstoff anreichert. Zudem bietet er auch eine gute Hasen- und Rehäsung. Im Handel werden zahlreiche Gartenformen als „Edelginster" angeboten.

2. Niederliegender Zwergginster, der (*Chamaecytisus supinus* (L.) Link = *Cytisus supinus* = *Cytisus capitatus* Scop.): auch Kopf-Ginster, Zwerg-Geißklee. Der N. Z. ist über Mittel- und Südeuropa verbreitet.

Standort: Er ist auf Weiden, an Ufern, Waldsäumen, felsigen Hängen und in lichten Wäldern, besonders Kiefern-Trockenwäldern zu finden. Vorwiegend wächst er auf trockenen, kalkhaltigen Böden in sonnigen Lagen, vom Flachland bis in Mittelgebirgslagen.

Merkmale: Der dornlose, aufrechte, etwa 15 bis 50 cm (maximal bis 100 cm) hohe Strauch hat aufsteigende, gelegentlich auch niederliegende Äste. Die jungen Zweige sind lang, zottig behaart. Die dreizählig gefiederten, wechselständig angeordneten Laubblätter haben einen 1 bis 3 cm langen, dünnen, dicht abstehend behaarten Stiel. Das einzelne Fiederblatt ist 12 bis 40 mm lang und 6 bis 20 mm breit, verkehrt-eiförmig bis elliptisch, am oberen Ende spitz bis stumpf mit kurzer Stachelspitze. BZ: April bis Mai und Juli bis August. Die gestielten (3 bis 5 mm langer, abstehend behaarter Stiel) Schmetterlingsblüten sind hellgelb mit rötlich-brauner Zeichnung, haben 10 bis 15 mm Durchmesser und stehen zu ein bis drei Stück büschelig in den Blattachseln an → Kurztrieben oder sind zu zwei bis acht Stück in stark verkürzten, knopfförmigen, endständigen Trauben angeordnet. Die längliche Hülsenfrucht ist 20 bis 35 mm lang, 5 bis 6 mm breit, wird bei der Reife schwarz und enthält mehrere, eiförmige, flache, gelbbraun glänzende Samen mit Anhängsel.

Der Schwarze Geißklee wird auch Bohnenstrauch genannt.

3. Schwarzer Geißklee, der (*Cytisus nigricans* = *Lembotropis nigricans* (L.) Griseb.): auch Schwarzwerdender Ginster. Der S. G. ist über Mittel- und Südosteuropa verbreitet, im Osten bis Mittelrußland und dem Schwarzen Meer und im Süden bis Mittelitalien.

Standort: Der S. G. wächst auf steinigen Hängen, in lichten Wäldern, lichten sonnigen Kiefern-(Eichen-)Trockenwäldern, Geißklee-Kiefernwäldern (dort Differentialart zum Schneeheide-Kiefernwald), in west- und mitteleuropäischen Eichen-Birkenwäldern, subkontinentalen Flaumeichenwäldern, an Waldsäumen und Wegrändern. Er stellt an den Boden keine besonderen Ansprüche, liebt aber warme Lagen und ist vom Flachland bis in die Berge verbreitet.

Merkmale: Der dornlose, buschige, 0,30 bis 1,50 m hohe Strauch hat dunkelbraun berindete Stämmchen und rutenförmige, aufsteigende bis aufrechte Zweige, die gefurcht, grün berindet und anliegend behaart sind. Die dreizählig gefiederten, wechselständig angeordneten Laubblätter haben 1 bis 4 cm lange, dünne und anliegend behaarte Stiele. Die einzelnen Fiederblätter sind 1 bis 3 cm lang und 0,5 bis 1,5 cm breit, verkehrt-eiförmig bis elliptisch, am oberen Ende spitz bis stumpf. Sie sind oberseits dunkelgrün, meist kahl und unterseits hellgrün, anliegend behaart. BZ: Juli bis August; bisweilen hat er im Herbst noch eine zweite Blüte. Die goldgelben, angenehm duftenden Schmetterlingsblüten haben einen Durchmesser von 8 bis 12 mm und stehen zu 15 bis fast 100 Stück auf 4 bis 8 mm langen behaarten Blütenstellen in unbeblätterten, endständigen, 10 bis 30 cm langen, meist überhängenden Trauben. Die 20 bis 35 mm langen und 4 bis 6 mm breiten Hülsenfrüchte sind länglich, gerade, flach, anliegend behaart

und von schwarzbrauner Färbung. Sie enthalten fünf bis acht flache, eiförmige, schwarzbraune Samen ohne Anhängsel.
Der Name Sch. G. kommt von der schwärzlichen Verfärbung der Sprosse und Blüten im Herbst.
4. Seidenhaar-Geißklee, der (*Chamaecytisus ratisbonensis* (Schaeffer) Rothm. = *Cytisus r.* Schaeffer): auch Regensburger Geißklee, Regensburger Zwergginster. Der S. ist über Mittel- und das östliche Südeuropa verbreitet. Im Osten reicht sein Verbreitungsgebiet bis zum Kaukasus; in Dtschl. ist er nur im Donauraum um Regensburg anzutreffen.
Standort: Er wächst in lichten Wäldern, Steinbrüchen, Kiesgruben, auf Bahndämmen und Magerwiesen, stellt keine besonderen Ansprüche an den Boden (→ Bodenanzeiger für magere Böden), bevorzugt jedoch warme Lagen, von der Ebene bis in eine Höhe von etwa 800 m.
Merkmale: Der dornlose, niederliegende bis aufrechte, 10 bis 40 cm hohe Strauch hat rutenförmige, liegende bis aufrechte, angedrückt seidig behaarte, im Alter oft verkahlende Äste. Die kleeartig dreizählig gefiederten Laubblätter sind wechselständig angeordnet (→ Blattstellung) und haben 1 bis 2,5 cm lange, anliegend behaarte Stiele. Die einzelnen Fiederblätter sind 10 bis 24 mm lang und 4 bis 6 mm breit, verkehrt-eiförmig, am oberen Ende abgerundet oder mit kurzer Stachelspitze. Sie sind oberseits dunkelgrün und kahl, unterseits graugrün und dicht angedrückt behaart. BZ: April bis Juni; er hat im Herbst häufig noch eine zweite Blüte. Die Schmetterlingsblüten sind gelb mit brauner Zeichnung und haben einen Durchmesser von etwa 10 bis 15 mm. Sie stehen an 3 bis 4 mm langen, dicht behaarten Blütenstielen zu ein bis drei Stück büschelig an seitenständigen Kurztrieben und bilden zusammen einen langen, dichten Blütenstand. Die 2 bis 3 cm lange und etwa 0,5 cm breite Hülsenfrucht ist länglich, gerade, flach, dunkelbraun und dicht anliegend behaart. Sie enthält mehrere flache, eiförmige, hellbraune, glänzende Samen mit Anhängsel.
5. Spanischer Ginster, der (*Spartium junceum* L.): auch Pfriemenginster. Der S. G. ist im gesamten Mittelmeergebiet beheimatet, zudem noch von Südfrankreich bis zu den Balkanländern und Kleinasien. In Asien, Nord- und Südamerika wurde er eingebürgert.
Standort: Er wächst auf Heiden, Macchien (Charakterpflanze bestimmter Macchien (Buschwälder) an den Mittelmeerküsten) und an Felshängen. Vorwiegend ist er auf steinigen, trockenen, kalkhaltigen Böden in warmen Lagen zu finden; er ist nur in der kollinen Stufe (→ Vegetationsstufen) anzutreffen.
Merkmale: Der dornlose, 0,5 bis 3,0 m (bis 5 m) hohe Strauch hat rutenförmige, aufrechte, grau-berindete Äste mit grünen feingerippten Zweigen. Die früh abfallenden, einfachen Laubblätter sind nahezu sitzend, 10 bis 30 mm lang und 2 bis 5 mm breit, lanzettlich bis schmal verkehrt-eiförmig, am oberen Ende stumpf bis zugespitzt, graugrün und oberseits kahl, unterseits spärlich anliegend behaart. Der Blattrand ist häufig scheidenartig verbreitert. BZ: April bis Juni; in Mitteleuropa bis in den August. Die gelben, süßlich duftenden Schmetterlingsblüten haben 2 bis 3 cm Durchmesser und sind auf 4 bis 8 mm langen kahlen Blütenstielen mit zwei kleinen Vorblättern einzeln oder zu einigen wenigen gehäuft, endständig in lockeren Trauben angeordnet. Die längliche, 40 bis 80 mm lange und 5 bis 7 mm breite Hülsenfrucht ist seidig behaart, bei der Reife verkahlend und schwarzbraun. Sie enthält 10 bis 18 flache, eiförmige, hellbraune Samen.
Die Blüten und Samen des S. G. enthalten das → Alkaloid Spartein. Kulturformen mit gefüllten und stark duftenden Blüten werden in Gärten als Ziersträucher gepflanzt.
6. Zottiger Geißklee, der (*Chamaecytisus hirsutus* (L.) Link): auch Behaarter Zwergginster. Der Z. G. ist in Mittel- und Osteuropa sowie in Westasien verbreitet und zudem von den Pyrenäen entlang der südlichen Alpen bis zu den Karpaten und Südrußland.
Standort: Er wächst in lichten Wäldern, auf Geröllhalden und Buschweiden, bevorzugt auf steinigen, trockenen, kalkarmen Böden in warmen Lagen. Sein Vorkommen erstreckt sich vom Hügelland bis in eine Höhe von etwa 1900 m im Gebirge.
Merkmale: Der dornlose, ausgebreitete, 0,3 bis 1,2 m (1,8 m) hohe Strauch zeigt sehr unterschiedliche Wuchsformen. Die rutenförmigen, gerippten, niederliegenden bis aufrechten Äste sind in der Jugend abstehend flaumig behaart und verkahlen später. Die kleeartig dreizählig gefiederten Laubblätter haben 1 bis 3 cm lange, dicht zottig behaarte Stiele und sind wechselständig angeordnet. Sie sind dunkelgrün, oberseits meist kahl und unterseits dicht zottig behaart. Die einzelnen Fiederblätter sind 5 bis 25 mm lang, 3 bis 15 mm breit, elliptisch bis verkehrt-eiförmig und am oberen Ende stumpf bis abgerundet mit kurzer Stachelspitze.
BZ: April bis Juni. Die goldgelben Schmetterlingsblüten haben 2 bis 2,5 cm Durchmesser und stehen an 1 bis 2 mm langen, abstehend behaarten Blütenstielen (ohne Vorblätter) zu ein bis vier Stück büschelig an den seitenständigen Kurztrieben und bilden zusammen einen traubigen Blütenstand.
Die 25 bis 40 mm lange, 5 bis 8 mm breite, leicht sichelförmige Hülsenfrucht ist dunkelbraun und v. a. am Rand dicht zottig behaart. Sie enthält mehrere flache, eiförmige, glänzende, grünlich-gelbe Samen mit Anhängsel.
Die Art Z. G. ist sehr formenreich. Im Tessin kommt eine Sippe mit purpurroter Fahne vor.

Geißtannli, die: → Kuhbuchen.

gekerbt → Blattränder.

Gekielter Lauch, der: → Lauch 3.

Geknäck, das: veraltete Bez. für das beim Betreten knackende → Reisholz. Das Wort ist der Waidmannssprache zuzuordnen.

Geknäulte Glockenblume, die: → Glockenblume 6.

gekniete Hölzer → Krummholz 2).

Gekörnter Fichtenborkenkäfer, der: → Borkenkäfer 27.

gekrönte Bäume: veraltete, in einigen Gegenden gebrauchte Bez. für Bäume, die im Wipfelbereich dürr werden.

Gekrümmtblättriges Wurmmoos, das: → Wurmmoos 3.

Gekrümmter Weißdorn, der: → Weißdorne.

Gelachet, das: → Harzreisser.

Gelaget, das: → Harzreisser.

gelappt → Blattränder.

Gelappter Schildfarn, der: → Schildfarn 3.

Gelbbauchunke, die: → Unken.

Gelbbeeren: unreife Beeren des Echten Kreuzdorns und des Felsenkreuzdorns (→ Kreuzdorn 2. und 4.), die zum Gelbfärben von Textilien verwendet werden; → Pflanzenfarbstoffe.

Gelbbrauner Fichtenbastkäfer, der: → Borkenkäfer 26.

Gelbbrauner Salweidenblattkäfer, der: → Blattkäfer 7.

Gelbbrauner Trichterling, der: → Trichterlinge 4.

Gelbbräunlicher Scheidenstreifling, der: → Wulstlinge 10.

Gelbe(r/s) ... siehe unter dem jeweiligen Hauptnamen.

Gelbesche, die: Variation der Gemeinen → Esche.

Gelbflechte, die (*Xanthoria parientina* Beltram): Die zur Fam. Gelbflechten (*Teloschistaceae*) aus der Abteilung → Flechten zählende Art ist in ganz Europa weit verbreitet und häufig. Sie wächst an der Rinde alter Laubbäume und auch an Nadelbäumen sowie an Gestein und Bretterwänden.
Die sehr formenreiche Blattflechte (Laubflechte) hat ein einfaches, oberseits gelb bis orangegelbes, unterseits weißliches, 2 bis 10 cm großes, oft rasig ausgebreitetes Lager (→ Thallus) aus flachen, 1 bis 5 mm breiten blatt-artigen Lappen. Sie ist oberseits reich mit orangefarbenen, schüsselförmigen, 1 bis 5 mm breiten → Apothecien mit krausem Rand besetzt, die sich leicht von der Unterlage ablösen lassen.

Gelbfleckigkeit, die: unnatürliche, fleckige Vergilbung von Nadeln und Blätter. Dieses Krankheitsbild kann durch Insektenbefall (z. B. Saugschäden durch Läuse), Umwelteinflüsse (z. B. Ozon), Virusinfektion oder Pilze verursacht werden.

Gelbfrüchtiger Kälberkropf, der: → Kälberkropf 5.

Gelbfüße → Schmierlinge.

Gelbhals-Johanniskäfer, der: → Leuchtkäfer.

Gelbhalsmaus, die: → Mäuse 1.

Gelbholz, das: → Färberhölzer.

Gelbkehlchen, das: → Marder 1.

Gelbköpfiges Goldhähnchen, das: → Grasmücken 1.

Gelbliche Hainsimse, die: → Hainsimsen 8.

Gelbliche Natter, die: → Äskulapnatter.

Gelblicher Ritterling, der: → Ritterlinge 4.

Gelbling, der: → Leistlinge 1.

Gelbmilchender Becherling, der: → Becherlinge 7.

gelbpfeifiges Holz, das: → Fliegenholz.
Gelbringfalter, der: → Augenfalter 10.
Gelbspötter, der: → Grasmücken 7.
Gelbstern, der (*Gagea*): auch Goldstern. Gatt. der → Liliengewächse mit rd. 90 Arten in Eurasien und Nordafrika. Es handelt sich um Zwiebelgewächse mit gelben, sternförmigen, in → Blütenständen stehenden Blüten. Bekannte, auch in unseren Wäldern wachsende Arten sind:
1. Wald-Gelbstern, der (*Gagea lutea* (L.) Ker-Gawl. = *G. sylvatica* Loud.): auch Gemeiner G., Wald-Goldstern.
Der fast über ganz Europa verbreitete W. kommt in Dtschl. zerstreut bis selten vor. Er wächst in Laub- und krautreichen Auwäldern, besonders Hartholz-Auenwäldern (Verbands-→ Charakterart), in feuchten Buchen- und Hainbuchen-Waldgesellschaften, in Gebüschen, Obstgärten und auf Wiesen, bis in Höhen von etwa 1600 m.
Die mehrjährige, zierliche, 10 bis 30 cm hohe Pflanze wächst aus einer kleinen Zwiebel. Sie hat nur ein grundständiges, breit-linealisches, 7 bis 15 mm breites, kurz zugespitztes, kapuzenförmig auslaufendes Blatt und zwei lanzettliche, gekielte → Hochblätter (das obere kleiner) dicht unter dem ein- bis sechsblütigen Blütenstand. BZ: März bis Mai. Die gelben, duftlosen Blüten stehen auf langen, kahlen Stielen und bestehen aus sechs sternförmig ausgebreiteten, etwa 14 mm langen, innen zitronengelben, außen gelbgrünen → Blütenblättern. Die → Bestäubung erfolgt durch Insekten. Die Frucht ist eine dreiteilige Kapsel; → Ameisenpflanzen.
2. Scheidiger Gelbstern, der (*Gagea spathacea*): auch Scheiden-G. Der über West- und Mitteleuropa verbreitete und in Dtschl. hauptsächlich im Norden vorkommende S. G. wächst in lichten krautreichen Laubwäldern auf nährstoffreichen humosen Lehmböden, v. a. im Hartholz-Auenwald und feuchten Hainbuchenwäldern. Sie ist die Charakterart der Ordn. Mesophytische Buchen- und Laubmischwälder.
Die bis zu 20 cm hohe Pflanze wächst aus zwei Zwiebeln. Sie hat grundständige, linealfadenförmige und stengelständige, breitere, scheidenförmige Blätter. BZ: April und Mai. Die gelb-grünen Blüten stehen einzeln oder bis zu fünft.
3. Kleiner Gelbstern, der (*Gagea minima*): Der u. a. über Mittel- und Nordeuropa verbreitete K. G. kommt in Dtschl. selten vor. Er wächst an Waldsäumen, in Gebüschen, lichten Wäldern und ist die Klassen-Charakterart der Buchen- und sommergrünen Eichenwälder Europas.
Die bis 15 cm hohe Pflanze hat grundständige, 1 bis 2 mm breite Blätter, die flach oder mehr oder weniger rinnig sind. BZ: März bis Mai. Die langgestielten, gelben Blüten entspringen bis zu sieben Stück zwei blattartigen Hochblättern.
Gelbstieliger Dachpilz, der: → Dachpilzartige 6.
Gelbweiderich, der: → Gilbweiderich.
Gelbweiderich, Gewöhnlicher, der: → Gilbweiderich 1.
Gelbwürfeliger Dickkopffalter, der: → Dickkopffalter 2.
Gelle, die (auch Gölle): → Boden 2)
Gelochet, das: → Harzreisser.
Gelsen → Stechmücken.
Gemeindegutsnutzungsrechte → Einforstungswälder.
Gemeindewald, der: auch Kommunalwald, im Elsaß auch Gereut. der einer Gemeinde gehörende Wald. Der G. entstand in vielen Gebieten aus dem früheren → Märkerwald. Die → Forstordnung für den G. wurde als Gereutordnung bezeichnet. In einigen Bundesländern ist der G. ebenso vorbildlich zu bewirtschaften wie der → Staatswald. Die Gemeinden bewirtschaften ihren Wald entweder mit eigenem Personal oder lassen Betriebsausführung und/oder Betriebsleitung durch das Staatliche Forstamt wahrnehmen; → Körperschaftswald.
Gemeine(r/s) ... siehe unter dem jeweiligen Hauptnamen.
Gemeiner Funfziger, Sechziger und Siebenziger: bei der früher auf dem Neckar durchgeführten → Flößerei Bez. für einen 50, 60 und 70 → Fuß langen Nadelholzstamm, der zum Flößen bestimmt war.
Gemeiner Ohrwurm, der (*Forficula auricularia*): Der etwa 1 bis 1,5 cm lange, flache, glänzend braune G. O. hat zu kurzen Stummeln reduzierte Flügel und ist deshalb fast flugunfähig. Die kräftigen Schwanzanhänge sind zu Greifzangen umgewandelt; beim Männchen stark gekrümmt, beim Weibchen schwach gebogen. Der gesellig lebende O. ist nachtaktiv, kommt fast überall vor, auch in menschlichen Behausungen und dort besonders gerne in und unter Blumentöpfen. Er hält sich mit Vorliebe in den obersten Bodenschichten und auf dem Boden auf und ernährt sich hauptsächlich von organischen Stoffen, aber auch von → Blattläusen und anderen kleinen Insekten. Im Frühjahr und Herbst legt das Weibchen 20 bis 40 weißliche, rundliche Eier in eine Erdkammer, bewacht sie ständig und betreibt auch bei den ausgeschlüpften Larven eine bei Insekten ungewöhnlich fürsorgliche Brutpflege.
Gemeinholz, das: **1)** alte Bez. für Holz geringer Qualität. **2)** alte regionale Bez. für das Holz der Ta, welches zum Häuserbau verwendet wurde (Landbauholz) in Abgrenzung zum Floßholz für den → Holländer(holz)handel.
Gemeinholzfloß, das: frühere Bez. für ein mit allerhand Holzarten eingebundes Floß (→ Flößerei), dessen Größe sich nach der Beschaffenheit der Flüsse oder nach besonderen Verträgen richtete. In Württemberg mußte ein G. z. B. 21 Gestöre halten, die zusammen aus 187 Baumstämmen bestanden. Als → Oblast wurden auch Bretter und Stangen etc. darauf gebunden.
Gemeinläden → Dünnbretter.
Gemeinschaftswald, der: in Österreich Oberbegriff für Genossenschaftswald und Kirchenwald. Der Anteil des G. an der Gesamtwaldfläche beträgt 14 %, davon sind 10 % Genossenschaftswald und 4 % Kirchenwald.
Gemeinwohl, das: auch Gemeinnutzen, Gemeinnützigkeit, Sozialbindung, Sozialpflichtigkeit, sozial-ethische Eigentumsbindung. Nach Art. 14 Abs. 2 des Grundgesetzes der Bundesrepublik Dtschl. soll Eigentum auch zum Wohle der Allgemeinheit verwendet werden. Der Umfang der Sozialpflichtigkeit des Waldes ist durch die Waldgesetze des Bundes und der Länder beschrieben.
Da der Wald weit mehr als etwa die landwirtschaftlichen Flächen oder Gärten dem G. dient, v. a. hinsichtlich der Erholung der Bevölkerung (→ Waldfunktionen), ist es durch das im BWaldG verankerte Betretungsrecht (→ Betreten des Waldes) erlaubt, ihn jederzeit zu besuchen. Gewisse Einschränkungen sind dabei (z. B. Wegegebote, → Wildschutzgebiete) in den Ländergesetzen enthalten. Durch das freie Betretungsrecht erwachsen dem Waldbesitzer oft vielfältige und erhebliche Mehraufwendungen (z. B. Errichtung von Erholungseinrichtungen und Parkplätzen, Säuberung des Waldes von Müll und Unrat, Schutz vor → Waldbränden, Mindereinnahmen durch Beschädigung von Bäumen). Auch ergeben sich daraus bestimmte Pflichten der Waldbesitzer: vorbeugende Maßnahmen zum Schutz von Waldspaziergängern (Warntafeln, Warnsignale, Absperrungen; → Markierungen und Vorrichtungen), die Verkehrssicherungspflicht, die Erhaltung besonders markanter Bäume.
Gemnophagen → Pflanzenfresser.
Gemse, die: → Gamswild.
Gemsengeier, der: → Geier 2.
Gemsheide, die: → Alpenheide.

◂◂ Tritt der Wald-Gelbstern im Auwald bestandsbildend auf, zeigt er Grundwasserdurchzug an.

▸▸▸ Geophyten

Gemswurz, die (*Doronicum*): auch Gamswurz. Gatt. der Fam. der → Korbblütler, die etwa 35 Arten in Europa und Asien, v. a. in den Mittel- und Hochgebirgen, umfaßt. Es sind dies Stauden mit wechselständig angeordneten (→ Blattstellung), ungeteilten Blättern und einem oder wenigen großen, gelben Blütenköpfen (→ Blütenstand). In Mitteleuropa im Wald anzutreffen sind:

1. **Herzblättrige Gemswurz**, die (*Doronicum columnae*): Die H. G. ist über die Gebirge Mittel- und Südeuropas verbreitet, ferner im Apennin, auf dem Balkan und in Kleinasien. Sie wächst in lichten Wäldern und staudenreichen Steinschuttfluren, auf nährstoffreichen, feuchten, schattigen Böden, bevorzugt auf Kalk, in Höhen von 1000 bis 2300 m.

Die ausdauernde 15 bis 60 cm hohe Pflanze hat einen meist aufrechten, wenig beblätterten Stengel mit einem Blütenkopf, der selten bis fünf Blüten trägt. Die grundständigen, büschelig stehenden Blätter sind breit herzförmig-dreieckig, mit langem, schmal geflügeltem Stiel. Die mittleren und oberen Stengelblätter sind sitzend, herzförmig stengelumfassend. BZ: Mai bis August. Die Blütenköpfchen, die etwa 6 cm im Durchmesser haben, bestehen aus goldgelben Röhrenblüten und zungenförmigen Randblüten sowie einer Blütenhülle mit drüsig-wollig behaarten Hüllschuppen. Die inneren Früchtchen tragen eine steife Haarkrone; die äußeren (randständigen) sind kranzlos, behaart oder kahl.

Die Österreichische Gemswurz ist ein Humuswurzler.

2. **Österreichische Gemswurz**, die (*Doronicum austriacum*): Diese Halbschattenpflanze, Humuswurzler, kommt in den Ostalpen, Berchtesgadener Alpen und im Bayerischen Wald vor. Sie wächst auf sickerfrischen, stick-, nährstoff- und basenreichen Ton- und Lehmböden in Hochstaudenwäldern, -fluren und -gebüschen, kommt selten außerhalb der Laubholzgrenze vor.

Die untersten Blätter der 30 bis 150 cm hohen Pflanze sind spatelig.

Weitere G.-Arten wachsen auf Steinschuttfluren und Kalkschutt in den Alpen, wie z. B. die **Großblütige G.** (*Doronicum grandiflorum*), deren Blütenkorb bis 6 cm Durchmesser haben kann, und die **Gletscher-G.** (*Doronicum glaciale*) auf Schneeböden.

Gen, das (griech. génos = Geschlecht, Gatt.; Syn. Erbanlage, Erbfaktor, Cistron): ursprünglich die letzte unteilbare, zur Selbstverdoppelung befähigte Grundeinheit der Erbinformation. Ein G. bestimmt – zusammen mit den Umwelteinflüssen – die Merkmalsausbildung im Erscheinungsbild und wird erkennbar durch das Vorkommen alternativer Formen für diese Merkmal.

Genbank, die: → forstliche Genressourcen.

Generation, die: **1**) die einzelnen Glieder in der Geschlechterfolge Eltern, Kinder, Enkel, bei Pflanzen und Tieren. **2**) Menschenalter. **3**) die Masse der gleichzeitig lebenden Individuen. Beim Wald werden damit Bäume gleichen Alters und damit gleicher Größe und Stärke bezeichnet, die aus → Naturverjüngung entstanden sind. Die Folge-G. der Bäume am selben Ort kann erst heranwachsen, wenn die alten Bäume absterben und dadurch den jüngeren, kleineren genügend Licht lassen, damit sich diese entwickeln können. Je nach Baumart kann eine G. 300 Jahre (bei Menschen rechnet man traditionsgemäß mit 30 Jahren) umfassen.

generativ: svw. geschlechtlich, keimbildend, die Zeugung betreffend. Ggs.: → vegetativ.

generative Phase, die (reproduktive Phase): ein der → vegetativen Phase folgender zeitlich begrenzter Entwicklungsabschnitt der Pflanzen, in dem die Blüten- und Fruchtbildung erfolgt.

generative Vermehrung, die (geschlechtliche Vermehrung): eine Vermehrung, die im Ggs. zur → vegetativen Vermehrung aus einer → Befruchtung entstanden ist.

Generatorholz, das: ein bis zum Ende des Zweiten Weltkrieges zur Herstellung von Gas- oder Tankholz (für Holzgasgenerationen) benötigtes Holz.

Genester, der: → Geißklee 1.

Genetik, die: Vererbungslehre. die Lehre von den Erblichkeitserscheinungen. Die → Forstgenetik ist ein Teilgebiet der G.

Genfer Günsel, der: → Günsel 2.

Genista → Ginster.

Genistella → Ginster 5.

Genossenschaftswald, der: **1**) Wald im gemeinschaftlichen Besitz einzelner Eigentümer, die „Genossen" sind. Für einen G. gibt es sehr unterschiedliche Rechtsformen. Er kann sowohl ein → Privatwald als auch ein → Körperschaftswald sein; → Gehöferschaft. **2**) in der früheren DDR ein von Mitgliedern in die landwirtschaftlichen Produktionsgenossenschaften (LPG) eingebrachter Wald. Der G. einschließlich Privatwald betrug rd. 864 000 ha.

Genotyp, der (griech.): Gesamtheit der genetischen Informationen eines → Organismus, die in den Chromosomen lokalisiert sind; → Phänotyp.

Genpool, der: Gesamtheit aller → Gene innerhalb einer → Population von Tieren oder Pflanzen.

Genreservat, das: Schutzgebiet, das die Erhaltung der genetischen Vielfalt, z. B. von Baum- und Straucharten mit deren Lokalrassen, zum Ziel hat.

Genreserven: Tiere und Pflanzen enthalten Eigenschaften, die der Mensch nutzen kann, wenn er sie kennt (z. B. Heilwirkung einer Pflanze; → Heilpflanzen). Von den etwa 1,5 Mio. Tierarten und den über 300 000 Pflanzenarten auf unserer Erde ist jedoch nur ein verschwindend geringer Teil erforscht. Die auf ihre Eigenschaften noch nicht untersuchten Tiere und Pflanzen stellen zusammen mit den bereits bekannten und nicht genutzten → Genen die G. dar. Sterben Tier- und Pflanzenarten aus, gehen dem Menschen G. verloren. Für bestimmte Pflanzenarten wurden deshalb Genbanken, das sind Einrichtungen zur Sammlung, Erhaltung und Nutzung des Genmaterials, geschaffen; → forstliche Genressourcen.

Genressourcen → forstliche Genressourcen.

Gentiana → Enzian.

Gentianaceae → Enziangewächse.

Genüsse → Forstvergünstigungen.

Geobionten: ausschließlich im Erdboden lebende Organismen; → Organismus.

Geobotanik, die (Pflanzengeographie): Wissenschaft (Teilgebiet der Botanik) von der Verteilung der Pflanzenwelt auf der Erde, die die räumliche Ausbreitung einzelner Arten (floristische G.), ihre Abhängigkeit von Umweltfaktoren (ökologische G.) und die historische Bedingung ihrer Verbreitung (historische G., → Vegetationsgeschichte) untersucht und die Gliederung des weltweiten Pflanzenbestandes (z. B. → Pflanzengesellschaften) und deren klima- und bodenbedingten Ursachen (soziologische G, Pflanzensoziologie, Vegetationskunde) erforscht.

Geoglossaceae → Erdzungenartige.

geologischer Lehrpfad, der: → Naturlehrpfad.

Geometridae → Spanner.

Geometrische Durchforstung, die: schematisches Durchforstungsverfahren (→ Durchforstung) mit geometrischer Entnahme z. B. von Einzelpflanzen oder Reihen.

Geoökologie, die: → Landschaftsökologie.

Geophyten: ungeachtet der systematischen Zugehörigkeit (→ Systematik) eine → Lebensform (→ Kryptophyten) der Höheren Pflanzen, bei denen die → Überdauerungsorgane unter der Erdoberfläche sitzen. Nach der für die Samenproduktion und Assimilation günstigen Jahreszeit ziehen sich die mehrjährigen krautigen Pflanzen von der Bodenoberfläche zurück, d. h. es stirbt ihr oberirdischer Teil ab. Die Pflanzen überdauern in einem Nährstoff-Depot (Knolle, Zwiebel, Rhizom) und können deshalb in Laubwäldern im Frühjahr rasch vor dem sie überschirmenden Baumbestand austreiben (→ Vorfrühlingsblumen).

Georg-Ludwig-Hartig-Stiftung → Hartig, Georg Ludwig.

Georgsritterling, der: → Maipilz.

Geotropismus, der: → senkelwüchsig.

geprüftes Vermehrungsgut → Vermehrungsgut.

geputzte Rinde: alte Bez. für die Eichenlohrinde (→ Lohrinde), bei der mit dem Schnitzer die borkigen Rindenteile entfernt wurden.

geradschäftig: Auch geradschaftig, geradstämmig oder zweischnürig wird ein Baum genannt, dessen → Markröhre eine Gerade bildet, bzw. der einen geraden Schaft besitzt.

Geraid, die: → Gereut.

Geranium → Storchschnabel.

Geräteholz, das: Sammel-Bez. für Nutzholz, welches für allerlei Geräte (Handwerksgeräte), Schaufeln, Löffeln etc. benötigt wird, aber auch Bez. für verschiedene Sortimente von Bau- und Schnittholz (Werkholz); → Geschirrholz.

Geräumt(e), das: eine vom Bewuchs freigehauene (geräumte) Waldschneise; Grenzlinie einer Waldabteilung; → Schneise, Waldeinteilung.

Geräumtes Holz, das: frühere Bez. für eine Rodungsfläche; → Rodung.

Gerber, der: → Bockkäfer 8. und → Blatthornkäfer 10.

Gerberlohe, die: → Lohrinde, Fichtenrinde.

Gerberpflanzen: In vielen Pflanzen kommen Gerbstoffe vor, welche für das Gerben tierischer Häute verwendet werden können. Gerbstoffreich sind vorwiegend die Rinden einer Anzahl von Bäumen.

Auch wurden früher Extrakte, gerbstoffhaltige Wurzeln, grüne Teile oder Früchte verwendet. Von einheimischen Pflanzen wurde v. a. die Ei benutzt, sowohl deren Rinde als auch die → Galläpfel; weiter die Rinde der Bi, Wei, Kast, Lä und Fi.

Gerberweide, die: → Weiden 22.

Gerbholz, das: auch Gerbstoffholz. Bez. für 0,75 m bis 2,50 m lange Rund- und Spaltstücke mit einem Durchmesser über 7 cm aus dem → Schaftholz und den Ästen von Ei und Kast, die zur Auslaugung verwendet wurden.

Gerbrinde, die: → Lohrinde.

Gerbstoffe → Inhaltsstoffe des Holzes.

Gerbstoffholz, das: → Gerbholz.

gerecht gehen: frühere, nicht mehr gebräuchliche Bez. für einen Baum, der gerade in die Höhe wuchs und gleichspaltig war. Man sagte: „Der Baum geht gerecht"; → geradschäftig.

Gerechtsame, die: → Dienstbarkeit.

Gereum, das: alte lokale Bez. (Sechsämterland) für durch → Rodung gewonnenes Ackerland oder gewonnene Wiese; → Gereut.

Gereut, das: veraltete Bez. in verschiedenen Gegenden Dtschl. für eine Rodungsfläche. Im Elsaß hingegen verstand man unter G. einen → Gemeindewald. Jene Gemeindeangehörige, die daran ihren Anteil hatten, nannte man Gereute oder Gereutgenossen, die Gerichtsbarkeit darüber Oberheimgereut, das Gericht selbst den Gereutstuhl oder die Geraid, dessen Beschlüsse Gereutschlüsse.

Gereute → Gereut.

Gereutgenossen → Gereut.

Gereutordnung, die: alte Bez. für die → Forstordnung für einen → Gemeindewald.

Gereutschlüsse → Gereut.

Gereutstuhl → Gereut.

Gerhardtsche Formel, die: → Formelhieb(s)satz.

Gerichtsbäume: Ei und Li waren die hauptsächlichsten Baumarten, unter denen früher Gericht (Galgenbäume, Blutlinden) gehalten wurde. Selten findet man andere Baumarten als G. Die Es bezeichnete die nordische Thingstätte; in Dtschl. diente sie hierzu nicht. G. standen meist auf öffentlichen Plätzen, beherrschenden Kuppen in der Landschaft oder in der Nähe einer Burg. In Rüdesheim am Rhein war eine weitbekannte Gerichtsstätte unter einem Walnußbaum. In Süddtschl. waren die Birnbäume häufig G. Von den Nadelbäumen ist nur die Weißtanne aus einigen Gebirgsgegenden (z. B. Steiermark) als G. bekannt. Von den größeren Sträuchern bezeichneten der Schwarze Holunder und der Hagedorn mitunter die Stelle des Gerichts; → Dorfbaum.

Geriefter Faserling, der: → Faserlinge 7.

gering haubar: Als g. h. wurde früher ein → Bestand bezeichnet, der die vorgesehene → Umtriebszeit noch nicht erreicht hatte.

Gerissen, das: → Harzreisser.

Germer der (*Veratrum*): Gatt. der → Liliengewächse mit über 40 Arten in Europa, Nord-Asien und Nord-Amerika. Es handelt sich um mehrjährige Pflanzen mit breiten, längsfaltig genervten Blättern und breiter Blattscheide an der Basis sowie in → Blütenständen stehenden Blüten. Von den zwei in Europa heimischen Arten ist nachstehende Art auch im Wald anzutreffen:

Weißer Germer, der (*Veratrum album* Linné): Der über die Gebirge Mittel- und Südeuropas verbreitete W. G. wächst verbreitet bis häufig auf feuchten Wiesen, Moorwiesen, Flachmooren, in Hochstaudenfluren, praealpinen Auwäldern, im Alpenvorland in Hartholz-Auenwäldern, auf Waldlichtungen, Lägerstellen und Alpenweiden, bis in Höhen von 500 bis etwa 2700 m.

Die ausdauernde, giftige, 50 bis 150 cm hohe Pflanze hat einen fleischigen Wurzelstock, der oben von Blattresten bedeckt ist. Der einfache, aufrechte Stengel ist beblättert. Die tief längsfaltigen, sich überlappenden Blätter sind wechselständig angeordnet (→ Blattstellung), im Ggs. zu denen des Gelben Enzians (mit dem er bei oberflächlicher Betrachtung oft verwechselt wird), die gegenständig angeordnet sind. Sie sind oberseits kahl oder fast kahl, unterseits, besonders an den stark hervortretenden bogigen Nerven, flaumig behaart, die unteren breit-eiförmig, am Grund stengelumfassend, die oberen lanzettlich. BZ: Juni bis August. Die unscheinbaren, weißlichgrünlichen bis gelblichen Blüten haben bis zu 25 mm im Durchmesser und stehen in einer endständigen, 30 bis 60 cm langen, reich verzweigten Rispe. Die unteren Blüten sind zweigeschlechtig, die oberen meist männlich. Die Frucht ist eine spärlich behaarte Kapsel. Der W. G. ist giftig, v. a. die Wurzeln, und wird deshalb auch vom Vieh verschmäht.

Gerte, die: biegsamer ast- und blattloser Zweig (Rute). Das Wort ist verwandt mit dem germanischen Wort „Ger" = Speer.

Gertel, Schweizer, die: → Heppe.

Gertenholz, das: Mit G. bezeichnet man Lbh, und zwar Eichen- und Buchenjunghölzer im Stadium des Übergangs von der → Dickung zum → Stangenholz, demnach in einem Alter, in dem das Längenwachstum der Stärkeentwicklung vorauseilt und der Wuchs der im → Schluß stehenden Stämmchen ein sehr schlanker, gertenartiger (→ Gerte) ist; → Brusthöhendurchmesser bis etwa 14 cm.

Geruch des Holzes → Holzgeruch.

Geruchgras, das: → Ruchgras.

Gerüstholz, das: → Gerüststangen.

Gerüststangen: auch Gerüstholz, Gerüststempel. frühere Bez. für unentgipfelte bzw. in ganzer Länge ausgehaltene dünne Nadelholzstämme. G. waren i. d. R. 16 m und mehr lang und hatten einen Durchmesser mit Rinde von über 14 bis 17 cm bis 1 m über dem dickeren Ende.

Gerüststempel → Gerüststangen.

Gerwig, Friedrich Julius (11.10.1812 Sulzburg (Baden) bis 9.4.1875 Gernsbach): G. war Bezirksförster in Gernsbach und schrieb u. a. „Die Weißtanne (Abies pectinata D. C.) im Schwarzwalde" (1868).

gesägt → Blattränder.

Gesägter Tüpfelfarn, der: → Tüpfelfarn.

Gesamtastholz, das: → Holzvolumen.

Gesamthiebssatz, der: → Hieb(s)satz.

Gesamtholznutzung, die: → Gesamtwuchsleistung.

Gesamtnutzung, die: die Summe von → Endnutzung und → Vornutzung einschließlich der → Nebennutzung.

Gesamtnutzungssatz, der: → Hieb(s)satz.

Gesamtschaftholzvolumen, das: → Holzvolumen.

Gesamtvolumenleistung, die: → Gesamtwuchsleistung.

Gesamtweiser, der: → Nachhaltsweiser.

Gesamtwuchsleistung, die: auch Gesamtvolumenleistung, Gesamtholznutzung. gesamte Zuwachsleistung (→ Zuwachs) eines → Bestandes in seinem Leben. Die G. besteht aus dem noch vorhandenen Holzvolumen und den bisherigen (Durchforstungs-)Entnahmen; → dGz.

Gesäter Tintling, der: → Tintling 1.
Gesäumter Häubling, der: → Häublinge 1.
Gescheckter Eisenhut, der: → Eisenhut 4.
Geschenkhölzer: früher gegendweise übliche Abgabe von geringem Brennholz an die ärmere Bevölkerung; → Deputatholz, Gabholz.
Geschichte des Waldes, die: Sie umfaßt die → Vegetationsgeschichte, die → Waldgeschichte und die → Forstgeschichte.
Geschirrgeld, das: Für die Beschaffung ihres Geschirrs (Geräte) hatten die Waldarbeiter selbst aufzukommen. Für diese Mehrbelastung leistete der Waldbesitzer eine besondere Entschädigung für den Geschirraufwand.

Die Wacholderheide gehört nach dem Bundesnaturschutzgesetz zu den geschützten Pflanzenformationen.

Die bayerische Forststatistik weist z. B. nach dem Stand von 1910 auf, daß der durchschnittliche Geschirraufwand je Mann 5 bis 10 Pfennig am Tag betrug, und wenn mit der Fällung noch die Holzrückung (→ Rücken) verbunden war, sogar 9 bis 11 Pfennig am Tag; → Motorsägengeld.
Geschirrholz, das: das Holz, das früher das ländliche Handwerk für die Wind-, Mahl- und Ölmühlen, Pochwerke, Eisenhämmer etc. benötigte. Gegendweise zählte auch noch das im landwirtschaftlichen Kleingewerbe und das von den Wagnern verwendete Holz zum G.; → Geräteholz.
Geschlängelte Schmiele, die: → Schmiele 2.
geschlossen: Ein → Bestand ist g., wenn sich das → Kronendach soweit entwickelt hat, daß sich die Zweigspitzen jeweils benachbarter Kronen (fast) berühren; → Beschirmungsgrad, Kronenschluß, Schluß.
geschlossener Zwiesel, der: → Zwiesel.
Geschmückter Gürtelfuß, der: → Schleierlinge 8.
geschützte Pflanzen: Für g. P. gelten im wesentlichen die selben Rechtsvorschriften wie für → geschützte Tiere. Die Roten Listen enthalten dabei regionale Zusammenstellungen der in ihrem Bestand bedrohten oder ausgestorbenen Pflanzenarten. Von den einheimischen Pflanzenarten sind z. Z. in ihrem Bestand gefährdet: Farn- und Blütenpflanzen: 802 Arten; Moose: 124 Arten; Flechten: 390 Arten; Pilze: 826 Arten; Armleuchteralgen: 26 Arten; → Artenschutz, Artenschutzverordnung.
geschützte Pflanzenformationen: Nach § 20c des BNatSchG sind bestimmte Biotope besonders geschützt. Dazu gehören u. a.: Moore, Moorwälder, Sümpfe, Röhrichte, seggen- und binsenreiche Naßwiesen, Quellbereiche, naturnahe und unverbaute Bach- und Flußabschnitte, Verlandungsbereiche stehender Gewässer, offene Binnendünen, offene natürliche Block- und Geröllhalden, Zwergstrauch- und Wacholderheiden, Borstgrasrasen, Wälder und Gebüsche trockenwarmer Standorte, Bruch-, Sumpf- und Auwälder, alpine Rasen, Schneetälchen, Krummholzgebüsche, Feuchtwiesen, Quellfluren, Trocken- und Halbtrockenrasen, natürliche und naturnahe Waldgesellschaften.
Solche ökologisch besonders wertvollen → Naß- und Feuchtflächen oder Mager- und Trockenstandorte, wie z. B. Steppen-, Halbtrocken- und Trockenrasen, Sand- und Felsrasen, Borstgrasrasen trockener Ausprägung, alpine Kalkmagerrasen, Fels- und Steppenheiden, Zwergstrauchheiden trockener Ausprägung, Steinfluren, Trockenwälder und -gebüsche (wärmeliebende Kiefern- und Eichenmischwälder, Steppenheidewälder und Schneeheide-Kiefernwälder), sind auch nach den Naturschutzgesetzen der Länder der Bundesrepublik Deutschland besonders geschützt.
Maßnahmen, die zu einer Zerstörung, Beschädigung, nachhaltigen Störung oder Veränderung des charakteristischen Zustandes führen können, bedürfen der Erlaubnis; → Artenschutz, Artenschutzverordnung.
geschützte Tiere: Nach der → Artenschutzverordnung und dem Naturschutzgesetz sind alle heimischen Tiere, die kein Wild sind (sonstige Tierarten) allg. geschützt; → Artenschutz.
Geselliger Purpur-Zwergchampignon, der: → Champignon 12.
Gesellschaft des Kletternden Lerchensporns → Weidenröschen-Schlaggesellschaften 3.
Gesellschaft für forstliche Arbeitswissenschaft: → Kuratorium für Waldarbeit und Forsttechnik; → Forstliche Arbeitswissenschaften.
Gesellschaftskrähe, die: → Rabenvögel 7.
Gesetz über forstliches Saat- und Pflanzgut: Das Gesetz vom 26. Juli 1979 (BGBl I, S. 1242) in der Fassung vom 2.8.94 bezweckt die Förderung der Waldwirtschaft durch Bereitstellung von ausgewähltem bzw. geprüftem, in seiner äußeren Beschaffenheit beschriebenem → Vermehrungsgut. Ziel des Gesetzes ist die Erhaltung und Verbesserung des Waldes in seiner Ertragsfähigkeit und in seinen Wirkungen auf die Umwelt. Die Erzeuger und Händler sind verpflichtet, nur den gesetzlichen Bestimmungen entsprechendes, etikettiertes Vermehrungsgut zu verwenden und auf den Markt zu bringen. Folgende → Waldbaumarten unterliegen dem Forstsaatgutrecht: die Gatt. Pa und Weißtanne, Große Küstentanne, Bergahorn, Rotbuche, Esche, Europäische Lärche, Japanische Lärche, Fichte, Sitkafichte, Schwarzerle, Schwarzkiefer, Strobe, Kiefer, Douglasie, Traubeneiche, Stieleiche, Roteiche und Winterlinde.
Die Forstsaatgutanerkennung umfaßt Auswahl und Bestätigung der für die Forstsaatgutgewinnung vorgesehenen Bestände und Baumgruppen sowie alle Maßnahmen der Nachweisführung über die Saatgutherkunft. Das Vermehrungsgut dieser Baumarten ist bei Ernte, Aufbereitung, Lagerung, Beförderung, Anzucht und Angebot u. a. getrennt zu halten nach Art, → Herkunftsgebiet, Höhenlage und Dauer der Anzucht sowie entsprechend zu kennzeichnen.
Eine bedingte Anerkennung kann ausgesprochen werden, wenn an die Gewinnung oder Vermehrung des Forstsaatgutes der betreffenden Bestände oder Baumgruppen eine oder mehrere Bedingungen geknüpft sind. Für die Anerkennung von → Saatgut aus Plantagen besteht die Forderung, daß mind. 20 → Klone vorhanden sind (bei → diözischen Pflanzenarten mind. 20 männliche und 20 weibliche Klone). In der Forstwirtschaft darf nur das aus anerkannten Beständen geerntete Saatgut und das daraus erwachsene (gezogene) → Pflanzgut verwendet werden. Am 1. Januar 1995 trat die neue Verordnung über Herkunftsgebiete für forstliches Vermehrungsgut (Forstsaat-Herkunftsgebietsverordnung) vom 7.10.1994, BGBl I. S. 3578 in Kraft, mit der eine veränderte Abgrenzung der Herkunftsgebiete vorgenommen wurde. Die Herkunftsgebiete sind nunmehr nach → ökologischen Grundkarteneinheiten abgegrenzt worden; → „Arbeitsgemeinschaft zur forstlichen Saatgutanerkennung", Anerkennungseinheit, Forstliches Artgesetz, Wuchsgebiet, Klenge.
Gesetz über gesetzliche Handelsklassen für Rohholz → Holzsortierung.
Gesetz zum Schutz des Bodens→ Bundes-Bodenschutzgesetz.
Gespannschaften → Holzmeisterinstitut.
Gespar: alte lokale Bez. (Sechsämterland) für → Balken 1).
Gespensterwald, der: In der Nähe von Bremen, im sog. „Hasbruch", dem Rest eines uralten Eichenwaldes, heißt ein Bezirk G., weil sich in ihm viele in früheren Zeiten zur Brennholzgewinnung geköpfte Hbu befinden, die sich nur durch ständigen → Stockausschlag am Leben erhalten. Die kurzstämmigen, drehwüchsigen und unglaublich verasteten Bäume wirken gespenstisch.

Gespinstblattwespen (*Pamphiliidae = Lydidae*): auch Kotsackblattwespen. neben den → Buschhornblattwespen zu den Pflanzenwespen gehörende Fam. der Wespen, deren Larven in Gespinsten leben und fast ausschließlich an Kie und Fi fressen. Kennzeichnend für die Vollkerfe ist der ziemlich flache, aber breite Hinterleib. Die bekanntesten Vertreter sind die Kieferngespinstblattwespe, die Fichtengespinstblattwespe und die Stahlblaue Kieferngespinstblattwespe; → Blattwespen.
Gespinstmotte, die (*Yponomeutidae*; früher: *Hyponomeutidae*): zu den Kleinschmetterlingen zählende Fam. der → Motten, deren Arten eine sehr unterschiedliche Lebensweise haben. Einige minieren in Blättern, Knospen und Nadeln usw., andere, v. a. die im Wald vorkommenden zwei Arten (→ Motten 6.), leben gesellig in dichten Gespinsten.
Gespinstpflanzen: Bez. für Pflanzen, welche faserige Stoffe (Bastfasern, Samenwolle usw.) besitzen, die sich verspinnen lassen, sich zu Geflechten und Geweben eignen. Einheimische oder in Dtschl. anbaufähige Pflanzen dieser Art gibt es nur einzelne, ausländische dagegen in sehr großer Zahl. Bei uns wird angebaut: Lein (Flachs); wildwachsend dagegen sind: Li (Bastfasern), Waldkiefer (aus deren Nadeln die → Waldwolle gewonnen wird), Große Nessel (Bastfasern, Nesselfasern), bei verschiedenen Arten der Pa und Wei, beim Waldweidenröschen und verschiedenen Arten des → Wollgrases diente die Samenwolle zu Lampendochten.
Gestänge, das: → Stangenholz.
Gestäude, das: → Gebüsch.
Gestell, das: → Schneise.
Gesteudlich, das: alte lokale Bez. (Sechsämterland) für niederständiges Laubholz; → Gebüsch.
Gestocket, das: auch Gestockicht; → Stockach.
Gestö(h)r, das: → Flößerei.
Gesträuch, das: Strauchwerk; → Gebüsch.
Gesträuche, wärmeliebende → Hecken und Gebüsche.
Gestreifte(r/s) ... siehe unter dem jeweiligen Hauptnamen.
Gestrenge Herren → Eisheilige.
Gestricke, das: das Gestör; → Flößerei.
Gestrüpp, das: dichtes (dorniges), struppiges Strauchwerk; → Gebüsch.
Gestübe, das: alte Bez. der Köhler für das Gemisch aus Erde und Kohlenstaub, mit dem sie den → Meiler bedecken.
Gestutzte Weide, die: → Weiden 24.
Gesundheitspolizei des Waldes, die: Bez. für alle Tiere, Pilze und Bakterien im Wald, die dazu beitragen, Tierleichen und faulende Pflanzenteile zu beseitigen. Zu den Tieren, die Aas beseitigen, zählen Rotfuchs, Dachs, Schwarzwild, Krähen, Aaskäfer und deren Larven, Waldmistkäfer und Ameisen. Eine große Anzahl von Pilzen und Bakterien schließlich vollzieht die restlose Umwandlung der Tier- und Pflanzenleichen in Erde; → Mineralisierung.
Gesundschneiden, das: Absägen kranker Stammteile (meist am Stockende) bei der Aufbereitung (→ Ausformung) des Rundholzes im Walde. Meist handelt es sich dabei um in den Stamm hineinreichende Stockfäule oder um Schälstellen usw.

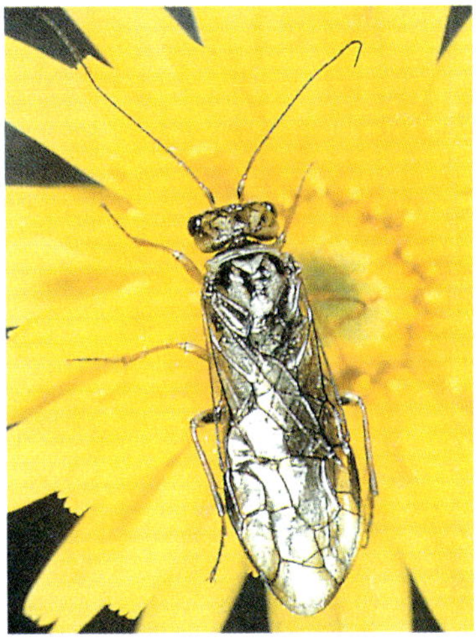

◂◂ Die Fichtengespinstblattwespe hat einen auffallend großen Kopf.

Geum → Nelkenwurz.
Gewälde, das: veraltete Bez. für einen Wald.
Gewanne: **1)** auch Länder. Bez. für größere Beete (ca. 4 bis 6 m breit), die i. d. R. bei Kastanien- oder Eichelsaat in einem → Kamp angelegt werden. **2)** → Aufforstungsgewanne.
Geweihförmige Holzkeule, die: → Holzkeulenverwandte 2.
Gewerkholz, das: alte Bez. für Handwerkshölzer, die die Stellmacher (Wagner), Drechsler, Tischler, Faßbinder, Holzschnitzer usw. für die Herstellung ihrer Geräte benötigen. Teilweise zählte hierzu auch das Holz (Bauholz) zum Wasser-, Mühlen- und Grubenbau → Geschirrholz.
Gewerkschaft Gartenbau, Land- und Forstwirtschaft (GGLF) → Industriegewerkschaft Bauen, Agrar, Umwelt.
gewerkschaftliche Wälder: früher in der Steiermark und Kärnten übliche Bez. für die Wälder einer Gesellschaft (Gewerkschaft), die Berg- und Hüttenbau betrieb. Die Gewerkschaft hatte eigene Forstbeamte und Waldaufseher und verwendete den Wald und dessen Ertrag nur für den gemeinsamen Bergbau und für die Schmelz- und Hüttenwerke. Die g. W. waren vergleichbar mit den → Markwaldungen.
Gewicht des Holzes → Holzgewicht.
Gewichtsvermessung, die: bei → Industrieholz übliche Volumenvermessung des Holzes. Es wird als → lutro-Gewicht aus dem Wald gewogen und nach dem → atro-Gewicht (anhand einer Stichprobe im Labor ermittelt) bezahlt; → Holzgewicht.
Gewichtware, die: → Brack.
Gewimperter Erdstern, der: → Bauchpilze 5.
Gewimpertes Labkraut, das: → Labkraut 4.
Gewimpertes Mausohr, das: → Fledermäuse 9.
Gewinnung von Saatgut, die: → Saatgut-Erntetechniken.
Gewitterbäume → Blitzlöcher, Blitzrinne.
Gewitterbremse, die: → Bremsen.
Gewitterfliegen → Bartmücken.
Gewöhnliche(r/s) ... siehe unter dem jeweiligen Hauptnamen.
Gezähe, das: alte alpenländische Bez. für das Handwerkszeug der Waldarbeiter, insbesondere für die Eisenteile der Werkzeuge. Der Ausdruck stammt aus dem Bergbau; → Gezäheholz.
Gezäheholz, das: das für das → Gezähe verwendete Holz. Zu Werkzeugstielen dient hauptsächlich das Holz von Es, Hbu, Bi, Mebe und Kir.
Gezähneltes Wurmmoos, das: → Wurmmoos 2.
gezähnt → Blattränder.
Gezähnter Moosfarn, der: → Moosfarne 1.
Gezirk, das: frühere, in Schwaben übliche Bez. für ein Forstrevier.
Gezonter Birkenmilchling, der: → Milchlinge 8.
Gezweig(e), das: Gesamtheit der Zweige eines Baumes (Zweigwerk); → Geäste.
GGLF: Abk. für Gewerkschaft Gartenbau, Land- und Forstwirtschaft; → Industriegewerkschaft Bauen, Agrar, Umwelt.
Gichtbeere, die: → Schneeball 1.
Gichtblume, die: → Primel 2.
Gichtkraut, das: → Geißfuß.
Giebel → Balkenschleten.
Giersch, der: → Geißfuß.
Gifthaare → Haare.
Gifthäubling, der: → Häublinge 1.
Giftpflanzen: Pflanzen, die auf Grund des Gehaltes an Giftstoffen (→ Alkaloide, Glykoside, → ätherische Öle) für Menschen und Tiere schädlich sind. Ihr Genuß kann zu Vergiftungserscheinungen oder zum Tode führen. I. a. sind die Giftstoffe in allen Pflanzenteilen zu finden, doch ist häufig eine Anreicherung in bestimmten Organen (z. B. Blüten, Blätter, Beeren, Wurzeln, Rinde etc.) und/oder in den Früchten festzustellen. Bei einigen G. wirken nur größere Mengen giftig. Bei geringer Dosierung sind die G. häufig Drogen und finden als → Heilpflanzen Verwendung. Auch können einige G. für eine bestimmte Tierart sehr schädlich, für andere hingegen völlig ungefährlich sein. Die Giftstoffe wirken hauptsächlich auf Darm und Magen, auf die Herztätigkeit und auf das Nervensystem ein. Die wichtigsten einheimischen G. sind: → Efeu, Weißer → Germer, Blauer → Eisenhut, → Tollkirsche, Schierling, → Liguster, Herbstzeitlose (→ Zeitlose), Roter → Fingerhut, Brechnuß, → Maiglöckchen, → Einbeere, Gemeine Heckenkirsche (→ Geißblatt 4.), → Eibe, Gemeiner → Seidelbast, → Aronstab.
Giftpilze: G. sind höhere Pilze mit einem → Fruchtkörper, der bestimmte Substanzen als Stoffwechselbestandteil in so hohen Anteilen enthält, daß nach seinem Genuß bei Mensch und Tier Vergiftungserscheinungen auftreten.
Wie kein anderes Lebewesen sind Pilze befähigt, äußerst komplizierte organische Verbindungen zu erzeugen. Insofern unterscheiden sich ihre Inhaltsstoffe grundlegend von denen der Blütenpflanzen (→ Samenpflan-

zen; → Giftpflanzen). Von den etwa 200 G.-Arten der nördlichen gemäßigten Zone sind mehr als 40 gefährlich giftig und 10 tödlich giftig, die übrigen verursachen zumindest Magen-Darm-Erkrankungen. Eine Reihe dieser Pilzarten baut giftige Substanzen auf, die menschliche Organe, v. a. Leber, Nieren und den Kreislauf angreifen und unter Umständen zum Tod führen können.

Nach der Wirkung der Gifte auf den Organismus sind drei Gruppen der G. zu unterscheiden:

▸▸ Gewöhnlicher Gilbweiderich (*Lysimachia vulgaris*)

1. G. mit Protoplasmagiften, die schwere, lebensgefährliche Vergiftungen hervorrufen und deren Wirkung erst nach sechs bis 48 Stunden eintritt. Die Folgen können Tod durch Kollaps, Herzlähmung (z. B. Knollenblätterpilz; → Wulstlinge 6., 7. und 8.) oder Leberversagen (Zersetzung der Leber) sein.

2. G. mit Nervengiften (Mascarin, Muscaridin, Ibotensäure, Psilocin, Psilocybin). Diese Gifte wirken bereits nach 15 bis 30 Minuten und lösen schwere Vergiftungen aus, jedoch selten mit tödlichem Ausgang. Sie bewirken Zittern, Pulsverlangsamung oder -beschleunigung, Bewußtseinstrübung und bei bestimmten Arten auch Hochgefühle oder Depressionen; oft stellen sich auch Magen-Darm-Störungen ein. Hierzu gehören der Fliegenpilz (→ Wulstlinge 1.), die → Rißpilze und viele Arten der → Trichterlinge.

3. G. mit lokal wirkenden Giften, die weniger starke Vergiftungen hervorrufen und hauptsächlich auf Magen und Darm wirken, z. B. Tigerritterling (→ Ritterlinge 6.), Riesenrötling (→ Rötlinge 2.) und weitere Arten der Rötlinge, Karbolegerling (→ Champignon 4.), einige → Schleierlinge, → Flämmlinge, → Schwefelkopf, → Täublinge und → Milchlinge. Auch eßbare Pilze, die zu lange oder unsachgemäß gelagert, falsch zubereitet, mit Alkohol genossen oder durch Frosteinwirkung ungenießbar wurden, können zumindest Magen-Darm-Erkrankungen hervorrufen. Darüber hinaus gibt es Menschen, die auf eßbare Pilze überempfindlich reagieren. Da es bei Pilzvergiftungen kein allg. anwendbares Patentrezept gibt, sollte beim ersten Anzeichen einer (auch vermuteten) Pilzvergiftung sofort ein Arzt zu Rate gezogen werden. Grundsatz: Pilze, die man nicht eindeutig bestimmen kann, läßt man stehen.

Giftringe: aus natürlichem Gewebe hergestellte Bänder zur Schädlingsbekämpfung, die ringförmig um Baumstämme gewickelt (geklebt) werden. Die äußere Seite der G. ist mit Giftstoffen getränkt, die die am Stamm hochkriechenden Schadinsekten, z. B. zur Eiablage hochkriechende Weibchen der → Blattwespen, des Kiefernspinners und der Nonne abtöten; → Fangplatten.

Gigaswuchs, der: erblich bedingter Riesenwuchs bei verschiedenen Pflanzen. G. entsteht durch numerische Erhöhung des Chromosomensatzes oder der Chromosomenzahl (Polyploidie), verbunden mit einer Zellvergrößerung und/oder Zellvermehrung. Zu G. kann es auch bei Artbastarden kommen.

Gilbender Erdritterling, der: → Ritterlinge 7.

Gilbert, der: früheres Holzmaß in Frankfurt a. M. 1 G. = 2 → Stecken, bei Tannenscheitholz 3 Stecken.

Gilbweiderich, der (*Lysimachia*): auch Gelbweiderich, Felberich, Gatt. der → Primelgewächse mit etwa 150 Arten in den gemäßigten Zonen, v. a. in Europa und Ostasien. Es handelt sich um niedrige oder kriechende Kräuter und Stauden mit beblättertem Stengel. In Mitteleuropa kommen fünf Arten vor. Die wichtigsten sind:

1. Gewöhnlicher Gilbweiderich, der (*Lysimachia vulgaris* Linné): auch Gemeiner G., Gewöhnlicher Gelbweiderich, Gemeiner Felberich. Der G. G. ist fast über ganz Europa verbreitet, nur im äußersten Norden, in Südspanien und Griechenland fehlt er. Zudem ist er in Nordafrika und ostwärts bis Japan anzutreffen. Er wächst verbreitet an den Ufern stehender und fließender Gewässer, in Weiden- und Ufergebüschen, Röhricht, an Wassergräben, auf Sumpfwiesen, Streuwiesen, Flachmooren, in Au- und Bruchwäldern, besonders Erlenbruchwäldern, vorwiegend auf nährstoffreichen, staunassen Böden und auch auf Torf, von der Ebene bis in Höhen von etwa 1800 m.
Die mehrjährige, 50 bis 125 cm (150 cm) hohe, behaarte Pflanze hat einen aufrechten, schwach kantigen, kurz zottig behaarten, verzweigten, beblätterten Stengel (→ Sproßachse). Die gegenständig angeordneten oder zu drei bis vier im Quirl (→ Blattstellung) stehenden Blätter sind länglich-eiförmig bis lanzettlich, ganzrandig, oberseits flaumig behaart und rot oder schwarz drüsig punktiert, unterseits blaugrün und dicht behaart. BZ: Juni bis August. In den Achseln der oberen Stengelblätter und am Ende des Stengels stehen gestielte → Blütenstände (kurze Trauben oder Rispen). Die goldgelbe Blüte besteht aus fünf 7 bis 12 mm langen, ovalen, stumpfen, kahlen → Kronblättern. Die Blüten, die ohne Duft und Nektar sind, werden von Schwebfliegen, Wespen und einer Bienenart besucht, können sich aber auch selbst bestäuben. Die 4 bis 5 mm lange, kugelige Fruchtkapsel enthält 1,5 mm lange, dreikantige Samen. Die Vermehrung erfolgt durch Samen und durch unterirdische → Ausläufer. Alle Teile der Pflanze können zum Färben genutzt werden. Mit den Wurzeln erzielt man eine schöne Braunfärbung, mit dem Stengel und den Blättern eine schöne gelbe Farbe bei Wolle. Der konzentrierte Absud der Blüten kann zum Haarebleichen verwendet werden.
Der G. G. ist auch eine → Heilpflanze, von der die Blätter und Blüten, gesammelt von Juni bis August, verwertet werden. Sie enthalten Enzym, Gerbstoff, Glykoside, Saponin, Vitamin C und Zucker und wirken adstringierend und wundheilend. Der G. G. wurde früher gegen Skorbut, Fieber, Quetschungen etc. verwendet. Heute findet er noch innerliche Anwendung bei allg. Blutungen und Bluthusten, ferner bei Durchfall; der Absud wird als Gurgelwasser und Mundbad bei Geschwüren etc. in der Mundhöhle empfohlen.

2. Wald-Gilbweiderich, der (*Lysimachia nemorum Linné*): auch Hain-Gilbweiderich, Waldgelbweiderich, Hainfriedlos. Der W. ist fast über ganz Europa verbreitet. Er wächst zerstreut bis selten in feuchten Wäldern, besonders feuchten, krautreichen Buchen- und Laubmischwäldern, Bacheschen-Wäldern, krautreichen Schluchtwäldern, in Gebüschen, an Waldwegen, an schattigen, quelligen Waldstellen. Er ist eine schwache Assoziations- → Charakterart des Winkelseggen-Erlen-Eschenwaldes; er verträgt viel Schatten und bevorzugt kalkarmen, aber noch etwas nährstoffreichen Boden.
Die ausdauernde, 10 bis 30 cm lange niederliegende bis aufsteigende, meist kahle Pflanze hat einfache Stengel, die an den Gelenken Wurzeln treiben. Die gegenständig angeordneten, kurzgestielten Blätter sind eiförmig, zugespitzt und durchscheinend punktiert. BZ: Mai bis Juli/August. Die Blüten stehen einzeln in den Achseln der oberen Blätter. Die 10 bis 15 mm breite Krone ist gelb und fünfzählig. Die Frucht ist eine kugelige Kapsel, die nicht von den → Kelchblättern verdeckt wird, und hat einen etwa 1,4 mm langen, grobwarzigen Samen.

3. Pfennigkraut, das (*Lysimachia nummularia* Linné): Das P. ist – mit Ausnahme des Mittelmeerraumes – fast über ganz Europa verbreitet. Es wächst verbreitet auf feuchten Wiesen und Weiden, an Gräben, Ufern, in feuchten Wäldern, besonders feuchten Laubwäldern und Hartholz-Auenwäldern, sowie in Gebüschen und an Waldrändern, bevorzugt auf feuchten, nährstoffreichen Lehm- und Tonböden (Lehmzeiger), von der Ebene bis in Höhen von etwa 1200 m.
Die mehrjährige, weit kriechende, niederliegende, bei dichtem Bodenbewuchs auch aufsteigende Pflanze hat einen bis zu 50 cm langen, vierkantigen, einfachen oder verzweigten, an den untersten Knoten wurzelnden Stengel. Die gegenständig angeordneten Blätter sind ganzrandig, rundlich, selten elliptisch, stumpf, rotdrüsig gepunktet und messen 1,5 bis 3 cm im Durchmesser (etwa pfenniggroß). BZ: Mai bis Juli/August. Die Blüten stehen einzeln oder zu zweit in den Achseln der mittleren Blätter. Die Frucht, die nur selten ausgebildet wird, ist

eine kugelige Fruchtkapsel, die von den breiten → Kelchblättern verdeckt wird. Die Vermehrung des P. erfolgt durch selbständig werdende → Sprosse. Die Pflanze bringt nur in seltenen Fällen reife Samen hervor.
Das P. war im Mittelalter und während der Renaissance ein Allheilmittel, das später in Vergessenheit geriet. Es wurde innerlich und äußerlich bei Geschwüren und schlecht heilenden Wunden angewandt. Verwendbar ist die ganze Pflanze, geerntet von Juni bis August und im Schatten getrocknet. Sie enthält Enzyme, Gerbstoff, Kalium, viel Kieselsäure, Saponin und Schleimstoffe, die adstringierend und wundheilend wirken. Das Heilkraut findet innerlich Anwendung bei Gebärmutterblutungen und Durchfall. Äußerlich finden mit P.-Absud getränkte Kompressen bei Hämorrhoiden Anwendung, der Absud zur Mundspülung bei Mundschleimhautverletzungen sowie der Aufguß zum Auswaschen von Wunden.
4. Strauß-Gilbweiderich, der (*Lysimachia thyrsiflora Linné*): Der über Nord- und Mitteleuropa verbreitete S. wächst nur in Norddtschl. verbreitet, im übrigen Dtschl. ist er selten, sogar gefährdet. Er ist an den Ufern von Gewässern, in Sümpfen, Großseggenbeständen, Mooren, Erlenbrüchen und Grauweiden-Gebüschen anzutreffen.
Die mehrjährige, 30 bis 70 cm hohe, aufrechte Staude hat kreuzweise gegenständige, sitzende, schmal-lanzettliche, 5 bis 10 cm lange Blätter (nehmen von unten nach oben an Größe zu), oft mit leicht gewelltem Rand. BZ: Mai/Juni (Juli). Die gelben Blüten stehen in dichten, gestielten Trauben in den Achseln der mittleren Stengelblätter.
Gimpel, der: → Finkenvögel 9.
Gimpelbeer, der: → Liguster.

◂◂◂ Die Blätter des Ginkgobaumes sind fächerförmig.

Ginkgo, der (*Ginkgo biloba*): Der japanische Name ginkgo kommt vom chinesischen ginkyo = Goldfruchtbaum, Silberaprikose Silberpflaume. Der G., der einzige heute noch lebende Vertreter einer Gruppe von → Nacktsamern, existierte schon vor über 180 Mio. Jahren. Die Nadelblätter haben sich flächig entwickelt. Seine ursprüngliche Heimat ist China; wildwachsend nur in der Provinz Sichuan. In ganz Ostasien ist er aber als Tempelbaum verbreitet. Er wurde bereits im 18. Jh. nach Europa und Amerika gebracht.
Merkmale: Der sommergrüne, laubwerfende, ein- oder mehrstämmige Baum hat eine schlanke, kegelförmige Krone und kann bis zu 40 m hoch und bis 1000 Jahre alt werden. Die Rinde ist braungrau bis dunkelbraun, netzartig oder tiefrissig gefurcht. Die spitzwirtelig abgehenden Äste und Zweige wachsen steil aufrecht. Die Blätter wachsen zu Büscheln an Kurztrieben oder einzeln an Langtrieben (Jahreszuwachs). Die langgestielten, fächerförmigen, weichen, hell- bis mittelgrünen Blätter sind bis 10 cm lang. Der G. ist zweihäusig. BZ: März/April. Die weiblichen Blüten stehen zu zweit oder dritt. Die kleinen, freien, hellgrünen Samenanlagen sind eiförmig. Die männlichen Blüten stehen in gelben walzlichen Kätzchen, diese zu mehreren an Kurztrieben; die Bestäubung erfolgt durch den Wind, die Befruchtung noch durch Spermatozoiden. Der steinfruchtähnliche Samen hat einen fleischigen Samenmantel, der reif graugrün oder gelblichgrün gefärbt ist und beim Zerquetschen unangenehm riecht.
Der G. ist als dekorativer, winterharter, widerstandsfähiger Park- und Straßenbaum sehr beliebt. Er wird auch als Heilpflanze genutzt. In der Forstwirtschaft spielt er keine Rolle. Sein Holz ist hell und relativ hart. Es wird für Kleinmöbel und Figuren verwendet. Goethe widmete dem Baum in seinem west-östlichen Diwan ein sinniges Liebesgedicht.
Ginster, der (*Genista*): von Europa, Nordafrika bis Westasien verbreitete, etwa 100 Arten umfassende Gatt. aus der Pflanzenfamilie der → Schmetterlingsblütengewächse. Es sind dies vorwiegend an warmen, trockenen Stellen wachsende, gelb blühende, gelegentlich dornige Sträucher. Sie haben grüne, elastische Zweige, kleine ein- bis dreifiedrige Blätter, die manchmal fehlen können und → Blütenstände. Bei uns bekannte Arten sind:
1. Behaarter Ginster, der (*Genista pilosa Linné*): auch Heideginster, Sandginster. Der B. G. ist in England, im Norden Europas bis Südschweden, im Osten bis Westpolen und die nördlichen Balkanländer, im Süden bis Portugal, Nordspanien und Mittelitalien verbreitet. In den westlichen und mittleren Alpen fehlt er.
Standort: Er ist auf Heiden, Magerwiesen, felsigen Hängen, an Waldrändern, in Eichen- und in Kiefernwäldern, vom Flachland bis ins Gebirge anzutreffen und die → Charakterart der west- und mitteleuropäischen Eichen-Birkenwälder sowie der Ginster-Besenheiden-Gesellschaften. Bevorzugt wächst er auf mageren, sandigen, kalkhaltigen Böden in sonnigen Lagen.
Merkmale: Der dornlose, niedrige Strauch wird 10 bis 40 cm (100 cm) hoch. Seine jüngeren Äste sind aufrecht, kantig, anliegend behaart und mehr oder weniger dicht beblättert. Die älteren sind niederliegend bis aufsteigend, oft über 50 cm lang, knotig, kahl und blattlos. Seine einfachen, fast sitzenden Laubblätter sind 6 bis 15 mm lang, 2 bis 5 mm breit, lanzettlich bis verkehrt-eiförmig, am oberen Ende stumpf und V-förmig gefaltet. Sie sind dunkelgrün, oberseits mehr oder weniger kahl, unterseits anliegend behaart. BZ: Mai bis August. Die goldgelben Schmetterlingsblüten haben etwa 1 cm Durchmesser und einen sehr kurzen behaarten Blütenstiel (ohne Vorblätter). Sie sitzen an verkürzten

Der Behaarte Ginster (*Genista pilosa*) ist giftverdächtig.

Der Deutsche Ginster (*Genista germanica*) wächst besonders in lichten Trockenwäldern und an Waldrändern.

Der Flügelginster (*Genista sagittalis*) ist auch unter den Namen Pfeil-Ginster und Pfeil-Kleinginster bekannt.

Seitentrieben, angeordnet zu ein- bis dreiblütigen endständigen Trauben in den Achseln laubblattähnlicher Tragblätter und bilden zusammen eine lange, lockere, aufrechte Doppeltraube. Die längliche, gerade, 10 bis 30 mm lange und 3 bis 4 mm breite Hülsenfrucht ist flach, hellbraun, silbrig behaart und enthält drei bis acht linsenförmige Samen. Wegen der goldgelben, leuchtenden Blüten und des niederen, kriechenden Wuchses wird der B. G. seit dem 18. Jh. als Zierpflanze kultiviert.

2. Deutscher Ginster, der (*Genista germanica* Linné): Der D. G. ist vom Südwesten Frankreichs bis Mittelrußland und von Südschweden bis Mittelitalien und Bulgarien verbreitet.
Standort: Er wächst in lichten, trockenen Wäldern, verheideten Kiefern- und Eichenwäldern, Ginster-Traubeneichen-Gesellschaften, an Wald- und Wegrändern, auf Heiden (häufig zwischen Heidekraut), Magerwiesen und Holzschlägen, wobei er sonnige, trockene, kalkarme Böden bevorzugt. Nördlich der Alpen kommt er bis in eine Höhe von etwa 800 m vor, südlich davon ist er hingegen im Gebirge bis in eine Höhe von etwa 2200 m anzutreffen. Der D. G. ist ein typischer Vertreter des pontischen Florengebietes, das vorwiegend die Steppen am Nordrand des Schwarzen Meeres umfaßt.
Merkmale: Der dornige, selten dornlose, 20 bis 70 cm hohe Strauch hat aufrechte bis aufsteigende, rutenförmige, nach oben rispig verzweigte Äste. Die jungen Zweige sind grün, dornlos und dicht abstehend behaart. Die älteren sind braun, kahl und tragen in den Blattachseln (meist schon abgefallener Blätter) grüne, bis zu 2,5 cm lange Dornen, die unten einfach, weiter oben verästelt sind. Die einfachen, fast sitzenden, ganzrandigen Laubblätter sind 10 bis 20 mm lang und 4 bis 8 mm breit, lanzettlich, spitz, mit gewimpertem Blattrand. Sie sind grasgrün, oberseits kahl, unterseits anliegend rauhhaarig. BZ: Mai bis August. Die goldgelben Schmetterlingsblüten haben 8 bis 12 mm Durchmesser und sind zu endständigen, aufrechten, etwa 1 bis 5 cm langen Trauben angeordnet. Blütenstiel und Kelch sind rauh behaart. Die länglich-rautenförmigen, 8 bis 13 mm langen und 3 bis 5 mm breiten Hülsenfrüchte sind reif schwarzbraun, dicht behaart und enthalten zwei bis fünf braune linsenförmige Samen. Die Äste des D. G. enthalten – ebenso wie die des Färberginsters – Gerbstoffe und einen gelben Farbstoff (→ Pflanzenfarbstoffe).

3. Englischer Ginster, der (*Genista anglica Linné*): Der E. G. ist an den atlantischen Küstengebieten West- und Mitteleuropas (Ausnahme Irland), im Norden bis Südschweden, hauptsächlich jedoch in Westeuropa, Nordwestdtschl. und im Schwarzwald verbreitet.
Standort: Er wächst (häufig eingebürgert) auf Heiden, Mooren, Magerweiden, in Flußebenen, lichten Birken- und Kiefernwäldern, vereinzelt auch auf felsigen oder sandigen Hügeln. Der E. G. bevorzugt feuchte, kalkarme Böden. Er ist ein typischer Vertreter des atlantischen Florengebietes.
Merkmale: Der dornige, meist laubabwerfende, niederliegende bis aufrechte, 10 bis 60 cm hohe Strauch hat sparrige, dicht verzweigte, kahle bis behaarte Äste. Diese sind dicht mit einfachen, abstehenden, achselständigen, 1 bis 2 cm langen Dornen besetzt; die jungen Triebe sind noch dornlos. Die wechselständig angeordneten (→ Blattstellung), dicht stehenden, einfachen Laubblätter sind kurz gestielt, kahl, ganzrandig, 4 bis 10 mm lang und 2 bis 3 mm breit, lanzettlich (an jungen Trieben auch eiförmig), am oberen Ende spitz. BZ: Mai bis Juli, unter klimatisch günstigen Bedingungen bis in den Herbst. Die hell- bis goldgelben Blüten haben einen Durchmesser von 6 bis 8 mm. Die Blütenstiele sind kürzer als die Tragblätter (→ Hochblätter) und mit zwei bald abfallenden, winzigen Vorblättern besetzt. Die Blüten sind zu end- und seitenständigen, drei- bis zehnblütigen, 1 bis 3 cm langen, lockeren bis dichten Trauben angeordnet. Die längliche, leicht gekrümmte Hülsenfrucht ist 1,5 bis 2 cm lang, 3 bis 5 mm breit, hellbraun, kahl, im Querschnitt fast rund und vielsamig. Die Äste des E. G. wurden früher zur Gewinnung einer zitronengelben Farbe verwendet.

4. Färberginster, der (*Genista tinctoria* Linné): auch Färberblume, Färberkraut, Färberpfrieme. Der F. ist über Südeuropa bis Kleinasien verbreitet und wächst vom Mittelmeer bis England und Süd-Skandinavien.
Standort: Der sehr häufig auftretende F. wächst auf Heiden, Magerwiesen, in lichten Wäldern (Eichenwäldern) und Kiefermooren, Ginster-Traubeneichen-Gesellschaften, an Wald- und Wegrändern. Er bevorzugt nicht zu trockene, sandige oder lehmige kalkarme Böden sowie sonnige Magerstandorte und ist vom Flachland bis in die Berge, bis in eine Höhe von etwa 1800 m, anzutreffen. Er ist ein Feuchte- und Magerkeitszeiger (→ Bodenanzeiger).
Merkmale: Der dornlose, niederliegende bis aufrechte, 30 bis 120 cm (in Kulturen bis etwa 200 cm) hohe Strauch von vielgestaltiger Wuchsform hat eine kräftige Pfahlwurzel und kurze aufrechte Stämmchen. Die rutenförmigen Zweige sind niederliegend bis aufsteigend, tief gefurcht, grün, in der unteren Hälfte kahl, in der oberen meist dicht behaart. Die kurzgestielten, wechselständig angeordneten Laubblätter sind einfach, 10 bis 40 mm lang, 3 bis 15 mm breit und sehr variabel in der Form, meist jedoch elliptisch bis lanzettlich. Sie sind am oberen Ende spitz bis stumpf, kahl bis seidig behaart, und der Blattrand ist bewimpert. Die kleinen Nebenblätter sind häutig und von schmaler lanzettlicher Form. Der F. blüht von Juni bis August. Die hell- bis goldgelben Schmetterlingsblüten haben 1 bis 1,5 cm im Durchmesser und einen 2 bis 3 mm langen Blütenstiel mit zwei lanzettlichen, etwa 1 mm langen Vorblättern. Sie sitzen in den Achseln laubblattähnlicher Tragblätter und sind zu 2 bis 5 cm langen, endständigen Trauben angeordnet, die zusammen reichblütige aufrechte Rispen bilden. Die länglichen, geraden oder leicht gekrümmten Hülsenfrüchte sind 2 bis 3 cm lang, 2 bis 3 mm breit, flach, schwach gegliedert, kahl und braun gefärbt. Sie enthalten sechs bis zehn rundliche Samen. Der F. enthält die zwei → Alkaloide Cytisin und Methylcytisin, das Luteolin und das Isoflavon Genistein. In der Naturheilkunde wurde der F. früher wegen seiner harntreibenden und mild abführenden Wirkung verwendet. Schon zur Zeit der Römer wurde er wegen seines gelben Inhaltsstoffes (Luteolin) zum Färben von Wolle und Leinen benutzt.

5. Flügelginster, der (*Genista sagittalis* Linné = *Chamaespartium sagittale* (L.) P. Gibbs): Der F. kommt in Südeuropa vor, zudem noch vereinzelt in Mitteleuropa von Frankreich und Südbelgien bis zur Donau und Elbe.
Standort: Er wächst auf trockenen Wiesen, Magerrasen, in verlichteten Eichen- und Kiefernwäldern, an Wald- und Wegrändern sowie felsigen Hängen. Der F. bevorzugt sandige, magere, kalkarme Böden in sonnigen Lagen und ist ein Säure- und Magerkeitszeiger.
Merkmale: Der rasenbildende, dornlose, etwa 10 bis 20 cm hohe Zwergstrauch hat kriechende, verholzende, graubraun berindete Stengel. Die aufsteigenden bis aufrechten Zweige sind einfach oder nur an der Basis verzweigt, abstehend behaart und locker beblättert. Äste und Zweige sind breit zweischneidig geflügelt. Die sitzenden, einjährigen, wechselständig angeordneten, einfachen Laubblätter sind 5 bis 20 mm lang, 4 bis 8 mm breit, grasgrün, breit-lanzettlich bis eiförmig und am oberen Ende spitz bis stumpf. Sie sind abstehend behaart, verkahlen jedoch im Alter teilweise. BZ: Mai bis Juni und hat im Herbst gelegentlich eine zweite Blüte. Die goldgelben Blüten haben 12 bis 14 mm Durchmesser, sitzen an kurzen Blütenstielen mit zwei lanzettlichen Vorblättern in den Achseln laubblattähnlicher Tragblätter, angeordnet zu endständigen, drei- bis 15blütigen, aufrechten, kurzen Trauben. Die längliche, 1 bis 2 cm lange, 0,5 cm breite Hülsenfrucht ist schwach gegliedert, zusammengedrückt, behaart und enthält zwei bis sechs grünlichbraune eiförmige Samen. Der F. wird auf Grund seiner geflügelten Stengel gelegentlich auch als eigene Gatt. (Gatt.: *Genistella*) angesehen.

6. Rutenginster, der (*Genista radiata* (L.) Scop.): Der R. ist über die Gebirge Mittel- und Südeuropas, im Osten bis in die Südkarpaten verbreitet.
Standort: Er wächst auf steinigen Wiesen, an Felshängen, in lichten Kiefern- und Lärchenwäldern, bevorzugt auf trockenen, kalkreichen Böden.
Merkmale: Der dornlose, aufrechte, etwa 20 bis 60 cm (bis 100 cm) hohe Strauch hat reichverzweigte Stengel und viele gegenständige oder quirlige Zweige. Die rutenförmigen Äste sind dunkelgrün, anliegend behaart, später oft verkahlend. Die gegenständig angeordneten dreizählig gefiederten Blätter haben einen kurzen, an der Basis verbreiterten Stiel. Die einzelnen Fiederblätter sind 5 bis 20 mm lang und 1 bis 4 mm breit, schmal lanzettlich und am oberen Ende spitz. Sie sind dunkelgrün, oberseits kahl, unterseits anliegend sei-

dig behaart und fallen frühzeitig ab. Die Nebenblätter sind scheidig verwachsen. BZ: Mai bis Juli. Die gelben Blüten haben 10 bis 15 mm Durchmesser und sitzen in den Achseln häutiger, laubblattähnlicher Tragblätter, angeordnet zu endständigen, zwei bis fünfzehnblütigen, köpfchenartigen Trauben. Die eiförmige bis elliptische Hülsenfrucht ist 10 bis 15 mm lang, 3 bis 5 mm breit, behaart, braun und enthält ein bis drei glänzende Samen. Der R. wird auf Grund seiner gegenständig angeordneten Blätter gelegentlich als eigene Gatt. (Gatt.: *Cytisanthus*) angesehen.

Ginster, Schwarzwerdender, der: → Geißklee 3.

Ginster, Spanischer, der: → Geißklee 5.

Gipfel, der: → Wipfel.

Gipfelbruch, der: durch Schneedruck, → Rauhreif oder Sturm verursachter Bruch des Baumgipfels.

Gipfeldürre, die: → Wipfeldürre.

Gipfelende, das: svw. Zopfende; → Zopf.

Gipfelgut, das: die vom Gipfel der Schälwaldeichen (→ Schälwald) gewonnene Eichenrinde: → Eichenschälwald.

Gipfelknospe, die (Terminal- oder Endknospe): → Knospe, die sich an den Enden der Triebe entwickelt.

gipfelreich: auch wipfelreich, höllreich. Frühere Bez. für einen Baum, der vom Stammfuß bis oben an die Zweige fast gleich dick blieb und gerade in die Höhe gewachsen war; → schnürig, Vollholzigkeit.

Girlitz, der: → Finkenvögel 8.

Gitter, das: → Gatter 1).

GKE: Abk. für → ökologische Grundkarteneinheiten.

Gladiole, die: → Siegwurz.

Gladiolus → Siegwurz.

Glänzender Storchschnabel, der: → Storchschnabel 5.

Glänzendes Hainmoos, das: → Etagenmoos.

Glänzende Wiesenraute, die: → Wiesenraute 2.

Glänzendschwarze Holzameise, die: → Ameisen 5.

Glanzkäfer (*Nitidulidae*): weltweit verbreitete Käfer-Fam. mit etwa 2600 Arten, davon rd. 150 Arten einheimisch. Die kleinen, etwa 2 bis 8 mm großen, mehr oder weniger gestreckten, meist metallisch glänzenden Käfer mit kurzen Beinen finden sich häufig auf Blumen, hinter Baumrinden, in Pilzen und an getrockneten Früchten. Einige Arten sind Schädlinge an Nutzpflanzen (Blattfresser), z. B. der Raps-G., andere stellen als Käfer und Larve den → Borkenkäfern nach, wie z. B. der **Glanzkäfer** *(Epuraea laeviscula Gyll.)*, der in den Gängen des Gemeinen Nutzholzborkenkäfers und des Fichten(stamm)bastkäfers lebt, und der **Vierpunktige Rindenglanzkäfer** (*Glischrochilus quadripustula*). Der zwischen 3 und 6 mm große, glänzende Käfer hat auf jeder Flügeldecke zwei gelbrote Flecken. Er lebt sowohl unter Baumrinde (Kiefernrinde) als auch auf verletzten Stämmen, aus denen Baumsaft quillt. Seine Hauptnahrung ist die Brut der Borkenkäfer.

Glanz-Labkraut, das: → Labkraut.

Glanzmoos, das: → Etagenmoos.

Glanzrinde, die: → Lohrinde.

Glanzruß, der: bei Verbrennung von Buchenholz entstehender fester, glänzender Ruß, der früher zur Herstellung von Bister (braune Aquarellfarbe) diente.

Glanzweide, die: → Weiden 6.

Glasbirke, die: → Birken 1.

Glaserholz, das: auch Glaserstäbe, Rahmenholz. Gutspaltiges und astfreies Eichenspaltholz (auch Eichenschnittholz), das für gute Fenster und Rahmen verwendet wird. Für Winter- und Vorfenster genügt auch harzfreies Kiefern- und Lärchenschnittholz.

Glaserstäbe → Glaserholz.

Glasfügler (*Aegeriidae; Sesiidae*): auch Glasschwärmer. mit etwa 800 Arten weltweit verbreitete Fam. kleiner bis mittelgroßer → Schmetterlinge, davon 20 Arten in Dtschl. G. haben einen meist bienen-, wespen- oder hornissenähnlichen Körper. Die Flügel, hauptsächlich die hinteren, sind glasartig durchsichtig, da die Beschuppung stellenweise fehlt. Die schmutzigweißen Raupen leben in Wurzeln, Stengeln und Stämmen verschiedener Pflanzen. Sie sind Kulturschädlinge; junge Stämme gehen nach starken Fraßschäden ein. Viele G. werden nach ihren Fraßpflanzen (Bi, Ei, Er, Pa, Ta, Wei) benannt. Die wichtigsten Arten sind:

1. **Bienenschwärmer**, der (*Aegeria apiformis*): auch Hornissenglasschwärmer, großer Pappelglasflügler. Der tagaktive, etwa 16 mm lange B. spannt bis 4,5 cm. Er ist hornissenartig gelb und hat einen schwarz geringelten Hinterleib (ahmt die Hornisse nach). Die glasklaren Flügel sind durch Abfallen der Flügelschuppen entstanden. Der B. lebt an mit Pa bestandenen Bach- und Flußläufen, in Auwäldern und in Parkanlagen. Seine Flugzeit ist von Ende Mai bis Ende Juli. Der B. ist ein auffallender und summender Flieger, der nach Schwärmerart rüttelnd vor den Blüten stehen kann. Die im August schlüpfende Raupe entwickelt sich in zwei Jahren. Das erste Jahr verbringt sie fressend unter der Rinde, im zweiten Jahr dringt sie ins Holz der unteren Stammteile und der Wurzeln von Pa und Wei (Salweide), auch Bi, Es und Li ein und bildet dabei walzenrunde Längsgänge. Die durchwühlten Stämme gehen häufig ein oder werden durch → Windbruch vernichtet. Ähnlich ist der **Pappelglasschwärmer** (*Paranthrene (Sciapteron) tabaniformis*) an Pappel, dessen Schadbild an den Kleinen Pappelbock erinnert. Ablage von mehr als 1000 Eiern an Stamm, Ästen und Trieben von Pa aller Altersklassen, hauptsächlich an zwei- bis fünfjährigen Bäumchen.

2. **Erlenglasschwärmer**, der (*Sesia (Synanthedon) spheciformis*): Der Falter spannt 3 cm, ist stahlschwarz und hat schwefelgelbe Fühlerspitzen und glashelle Flügel. Der Vorderrand, Saum und Mittelfleck sind violettschwarz bzw. schwärzlich-braun. Er lebt vorzugsweise in Er, aber auch an Bi. Frische Erlenstöcke bilden oft Ansiedlungsstellen. Die Eier werden tief unten im Wurzelstock abgelegt. Die ausschlüpfende Raupe frißt zunächst plätzend unter der Rinde und nagt dann im Holz einen kurzen, gerade aufsteigenden Gang. Befallene Stämmchen gehen ein.

Ähnliche Lebensweise hat der **Weidenglasflügler** (*Synanthedon formicaeformis*), der **Birkenglasflügler** (*Synanthedon culiciformis*) und der **Eichenglasflügler** (*Synanthedon vespiformis*), wobei den beiden letzteren v. a. bodenbiologische Bedeutung (Abbau der Stöcke) zukommt, sowie der **Tannenkrebsglasflügler** (*Synanthedon cephiformis*), der sich an krankhaften Holzwucherungen in Nadelhölzern einfindet.

Glasscheite: Bez. für Fichten- und Tannenholz, welches in den Glashütten für die Erhaltung einer stetigen und starken Hitze benötigt wurde.

Der Bienenschwärmer erreicht durch visuelle Schutzanpassung seine täuschende Ähnlichkeit mit einer Hornisse.

Glasschwärmer → Glasflügler.

Glasweide, die: → Weiden 4.

Glatte(r/s) ... siehe unter dem jeweiligen Hauptnamen.

Glatthafer, der (*Arrhenatherum*): auch Wiesenhafer. Gatt. der → Süßgräser mit etwa 50 Arten in Europa, Asien, tropischen Gebirgen Afrikas, Südafrika und Nordamerika. Die einzige einheimische Art ist:

Hoher Glatthafer, der (*Arrhenatherum elatius*): auch Französisches Raygras, Roßgras. Das sehr verbreitete, wertvolle Futtergras wächst auf Wiesen, montanen Grasflächen, an Wegrändern, in mäßig trockenen Waldlichtungen, von der Ebene bis in mittlere Gebirgslagen.

Das bis 150 cm hohe, ausdauernde und borstig wachsende Gras bildet lockere Horste. Die gelbgrünen Blätter sind flach, linealisch-lanzettlich; die Rispe ist 15 bis 20 cm lang, schmal und während des Blühens ausgebreitet. Die etwa 1 cm langen → Ährchen sind zweiblütig (drei- bis vierblütig), von denen die obere Blüte zwittrig, die unterste kürzer und männlich ist. Die Hüllspelzen sind häutig und etwa so lang wie das Ährchen. BZ: Juni bis Juli.

Glattnatter, die (*Coronella austriaca*): auch Schlingnatter, Haselotter, Fleckennatter, Thüringer Natter, Jachschlange. Die ungiftige Schlange gehört zur Fam. der Echten → Nattern (*Colubridae*). Sie ist im Norden von Spanien und Portugal, der Schweiz, Albanien, Nordgriechenland, in Norwegen und Schweden bis zum 64. Breitengrad verbreitet. Ihr Hauptvorkommen bei uns liegt im Rhein-Main-Gebiet; sie ist aber in allen Gebieten Dtschl. heimisch. Ihr Lebensraum sind lichte Wälder und Waldränder, Kahlschläge, Heideflächen, sonnige Gebirgshänge bis 2000 m Höhe, aber auch bewachsene Halden sowie Steinbrüche.

Die meist nur bis 50 cm, in Ausnahmefällen bis 75 cm lange, aber kräftige G. hat einen etwas niedergedrückten bzw. flachen, wenig vom Hals abgesetzten Kopf und einen langen Schwanz. Die kleinen Augen haben eine runde Pupille und eine goldglänzende Iris. An den Kopfseiten verläuft ein dunkelbrauner Längsstreifen vom Nasenloch über Auge und Mundwinkel bis zur Halsseite. Am Hinterkopf und Nacken befindet sich ein dunkelbrauner, stark variierender und nach hinten eingebuchteter Fleck. Die Grundfärbung des Rückens und der Körperseiten ist beim Männchen bräunlich bis

Der Biß der tagaktiven Glattnatter ist ungiftig.

rötlichbraun, beim Weibchen olivbraun bis graubraun. Die Rückenzeichnung besteht aus graubraunen oder olivbraunen dunklen Flecken oder Tupfen, die auch zu teilweise undeutlichen Längsbändern verschmelzen können oder durch Querverbindungen zu einem Muster zusammenlaufen, das dem Zickzackband der → Kreuzotter ähnlich ist. Die Unterseite ist beim Männchen braunrot (bei den Jungen G. ziegelrot), beim Weibchen grau oder schwärzlichgrau.

Die sehr geschmeidige, sich langsam bewegende G.ist bei Störungen sehr angriffslustig. Sie ringelt sich zusammen, bläht sich auf, zischt und beißt wütend um sich. Die G. kann sich auch mit Hilfe ihrer kleinen Zähne verbeißen, d. h. an der Bißstelle festhaken und geraume Zeit festhalten. Der schnell ausgeführte Biß verursacht harmlose und nur geringe Blutungen. Wegen ihrer Bißfreudigkeit wird sie von vielen Menschen für eine Giftschlange gehalten bzw. mit der Kreuzotter verwechselt und leider auch getötet.

Die Winterruhe der G. beginnt im Oktober und dauert bis März, in höheren Lagen bis April. Die Paarung findet im April oder Mai statt. Etwa drei bis vier Monate nach der Paarung werden vier bis zehn, höchstens 15 Junge „ovovivipar" zur Welt gebracht, d. h. die Jungen verlassen ihre Schleimhüllen (Eihüllen) sofort bei der Geburt. Die 15 bis 18 cm langen Jungen wachsen dann schnell heran.

Die Nahrung der G. besteht hauptsächlich aus Eidechsen, Blindschleichen, gelegentlich auch aus nestjungen Spitzmäusen. Die natürlichen Feinde der G. sind Igel, Marder, Schwarzwild, Greifvögel und Rabenkrähe. Junge G. werden auch von kleineren Vögeln, z. B. von Amseln und Würgern, gefressen; → Ringelnatter, Äskulapnatter.

Glattrüster, die: → Ulmen 2.

Glattseggen-Erlenbruchwald, der (*Carici laevigatae-Alnetum = Cariceto laevigatae-Alnetum sphagnosum*): auch Torfmoos-Erlenbruchwald. → Assoziation des Verbandes Schwarzerlen-Bruchwald (*Alnion glutinosae*), der Ordn. → Bruchwälder und Bruchweiden-Gebüsche (*Alnetalia glutinosae*). → Charakterarten dieser Assoziation sind Königsfarn, Kleines Helmkraut und Glatte Segge oder Moor-Segge. Der G. kommt nur im ozeanisch getönten Nordwesten Dtschl. an quelligen Hangpartien und in vernäßten Senken vor. Begleitarten sind u. a. der Frauenfarn, Dornfarn, Torfmoose.

(Glattstiel-)Lorchel, Elastische, die: → Lorchel 4.

Gleba, die: bei Pilzen das sporenbildende (Basidiosporen) Hyphengeflecht (→ Hyphen) im Inneren geschlossener Fruchtkörper der Bauchpilze.

Glechoma → Gundermann.

Gleditsch, Johann Gottlieb, Dr. (5.2.1714 in Leipzig bis 5.10.1786 in Berlin): bedeutendster Forstbotaniker des 18. Jh. (→ Forstbotanik). Nach medizinischen und botanischen Studien wurde er 1746 Direktor des Botanischen Gartens in Berlin. Friedrich der Große beauftragte ihn 1770, für reitende Feldjäger (→ Feldjägerkorps) und Forstleute forstbotanische Vorlesungen zu halten. Daraus entwickelte sich die Berliner Forstakademie. G. war deren erster Direktor. Neben botanischen Werken schrieb er: „Systematische Einleitung in die neuere, aus ihren eigenthümlichen physikalisch-ökonomischen Gründen hergeleitete Forstwissenschaft" (1775). Nach ihm wurde innerhalb der Unterfamilie der *Caesalpinoidae* eine Gatt. benannt, die *Gleditsia,* mit mehreren Arten, von denen die Dornengleditsie (*Gleditsia triacanthos*) aus den östlichen USA auch bei uns als Parkbaum vorkommt.

Gleiboden, der: → Gley.

gleichaltriger Hochwald, der: → Hochwald, der jene Betriebsformen umfaßt, bei denen die → Verjüngung der Bestände entweder künstlich oder durch natürliche Verjüngung derart erfolgt, daß größere Altersunterschiede als 20 Jahre im Bestand mit Ausnahme der → Überhälter im allg. nicht vorkommen.

gleichgültige Bäume: herrschende oder mitherrschende Bäume eines Bestandes, die wegen des größeren Abstands die Auslesebäume (noch) nicht beeinflussen.

Gleitbahn, die: → Rutsche.

gleitender Hieb(s)satz, der: → Hieb(s)satz.

Gleitschneeverbauung, die: → Schutzwaldsanierung.

Gletscherweide, die: → Weiden 8., 16., 24.

Gley, der: Durch ständigen, relativ hohen (80 bis 100 cm), nur in Extremjahren stärker schwankenden Grundwassereinfluß, haben sich bei diesem Bodentyp ein rostfleckiger Oxidationshorizont Go, der mit dem Spiegelschwankungsbereich zusammenfällt, und ein grauer Reduktionshorizont Gr, der den ständigen Grundwasserbereich und den Kapillarsaum kennzeichnet, gebildet. Der kapillare Wasseraufstieg reicht bis in den Hauptwurzelraum. Die Eigenschaften dieses Bodentyps sind von der Art des Grundwassers geprägt. Hangzugwasser kann sauerstoffreicher und damit günstiger sein. Braunerde-, Parabraunerde-, Podsol-, Pseudogley-, Rendzina- und Pelosol-G. sind als Übergangsformen bekannt. Auf lehmigen und tonigen Talfüllungen entstehen bei hohem Basen- und Silikatgehalt nährstoffeiche, teilweise auch carbonathaltige G. mit Mull. Die natürliche Waldgesellschaft solcher G. besteht aus StEi, Es, BAh, Hbu und Li. Nährstoffreiche Mulden-G. kommen in Lößgebieten und in Mittelgebirgen vor. An stark wasserzügigen Hängen treten Hanggleye auf.

Gliederungshieb, der: Aufhieb zur Unterteilung eines Bestandes, wobei Traufschutz (→ Waldränder) angestrebt wird; → Hieb.

Glimmertintling, der: → Tintling 2.

Gliridae → Bilche.

global change: englische Bez. für alle weltweit zu erwartenden Veränderungen infolge anthropogen induzierter Klimaveränderungen (z. B. Abtauen des Polareises, Anhebung des Meeresspiegels, Verschiebung der → Vegetationszonen, Zunahme katastrophaler Naturereignisse).

Global 2000: Umweltstudie, die 1977 im Auftrag des amerikanischen Präsidenten Jimmy Carter von amerikanischen Wissenschaftlern und Regierungsbehörden zusammengestellt und 1980 veröffentlicht wurde. Untersucht wurden die voraussichtlichen weltweiten Veränderungen der Bevölkerung, der natürlichen → Ressourcen und der Umwelt bis zum Jahr 2000. Ähnlich wie schon andere, frühere Untersuchungen (→ Club of Rome) ergibt auch G. 2000 ein eindringliches Bild von der stark wachsenden Belastung und dem gleichzeitigen Rückgang der Belastbarkeit der Erde und ruft die Regierungen zu verstärkten Anstrengungen in der Umweltpolitik auf. U. a. wurde die Prognose gestellt, daß Wüstengebiete sich v. a. durch Überweidung und Abholzung bis zum Jahre 2000 um 20 % ausdehnen werden.

Glockenblume, die (*Campanula*): Gatt. der Fam. der → Glockenblumengewächse mit etwa 300 Arten, die fast ausschließlich in den arktischen, gemäßigten und subtropischen Gebieten der Nordhalbkugel verbreitet sind. Es sind dies meist Stauden mit glocken-, trichter- bis radförmigen Blüten, die in Trauben angeordnet sind. In Dtschl. 18 Arten, davon im Wald:

1. Rundblättrige Glockenblume, die (*Campanula rotundifolia* L.): Die R. G. ist zerstreut – in verschiedenen Kleinarten – fast über ganz Europa verbreitet. Sie wächst in trockenen Wäldern, vorzugsweise lichten Kiefern- und Eichenwäldern, in Schneeheide-Kiefernwäldern und Alpenrosen-Latschengebüschen, west- und mitteleuropäischen Eichen-Birkenwäldern, an Weg- und Waldrändern, in Felsspalten, an Mauern, auf Halbtrocken- und Magerrasen, Wiesen, Triften, Heiden und Dünen. Weiter südlich ist sie in den Gebirgen bis in Höhen von 2500 m anzutreffen. Im mediterranen Süden fehlt sie.

Die mehrjährige, aufrechte, 10 bis 40 cm hohe Pflanze hat einen beblätterten, am Grunde flaumig behaarten Stengel. Die Grundblätter sind herz- oder nierenförmig bis rundlich, gekerbt oder gesägt und zur Blütezeit meist schon verwelkt. Die ganzrandigen Stengelblätter sind länglich-lanzettlich. BZ: Juni bis September/Oktober. Die 1,5 bis 2 cm langen, glockenförmigen, nickenden, hellblauen bis violetten, selten weißen, langgestielten Blüten stehen einzeln, in lockerer Traube oder in armblütiger Rispe. Die nickenden Fruchtkapseln haben im unteren Teil drei Löcher, die sich öffnen und bei feuchtem Wetter schließen.

2. Nesselblättrige Glockenblume, die (*Campanula trachelium* L.): Die N. G. ist fast über ganz Europa verbreitet, zudem über Nordafrika und Kleinasien. Sie ist die Ordnungs-Charakterart der mesophytischen buchenwaldartigen Laubwälder Europas und wächst auf Kalk in lichten, krautreichen Eichen- und Buchen-Mischwäldern, Hainbuchen-Waldgesellschaften, Seggen-Buchenwäldern, in Linden-Ahornwäldern, Gebüschen, Hecken und Hochstaudenfluren, auf Waldverlichtungen und Kahlschlägen zerstreut bis verbreitet.

Die mehrjährige, 30 bis 100 cm hohe Pflanze, die der Acker-Glockenblume und der Breitblättrigen Glockenblume ähnlich ist, hat einen aufrechten, scharfkantigen, steifhaarigen Stengel. Die Grundblätter sind bis zu 10 cm lang, herzförmig bis dreieckig-eiförmig, grob doppelt nesselartig gezähnt und ähneln denen der Brennessel (Name!). Die Stengelblätter sind lanzettlich. BZ: Juli bis September. Die 3 bis 4 cm lange, schmal trichterförmige, blaue bis blauviolette, selten weiße Blütenkrone hat fünf gewimperte Zipfel und ei-lanzettliche, borstig bewimperte Kelchzipfel. Die Blüten stehen zu ein bis drei in den Blattachseln und bilden eine lange, beblätterte, allseitswendige, lockere Traube. Die Fruchtkapsel hat nahe dem Grund drei Löcher, durch die die bis 2 mm langen Samen ins Freie gelangen.

3. Pfirsichblättrige Glockenblume, die (*Campanula persicifolia* L.): Die P. G. ist fast über ganz Europa verbreitet. Sie ist bei uns weit verbreitet und wächst zerstreut in lichten, sonnigen, krautreichen Eichenmischwäldern, Kiefern-Tannenwäldern, an Gebüschsäumen, Wald- und Wegrändern, in xerothermen submediterranen Flaumeichenwäldern und subkontinentalen Eichen-Steppenwäldern, lichten, warmen mesophytischen buchenwaldartigen Laubwäldern, Schneeheide-Kiefernwäldern und Berberitzengebüschen. Sie gedeiht auf nährstoffreichen, häufig kalkhaltigen, vorzugsweise trockenen, sandigen bis steinigen Böden, von der Ebene bis in mittlere Gebirgslagen.

Die mehrjährige, 30 bis 100 cm hohe, meist kahle Pflanze hat einen aufrechten, kräftigen, wenig beblätterten Stengel. Die derben, dunkelgrünen Grundblätter sind ei-länglich bis breit-lanzettlich und gekerbt. Die Stengelblätter sind schmal-lanzettlich, höchstens 1 cm breit und fein gesägt. BZ: Juni bis August. Die großen, bis zu 4 cm langen und breiten, weitglockigen, himmelblauen, selten weißen Blüten haben fünf lanzettliche Kelchzipfel und fünf breite, dreieckig-lanzettliche, spitze Kronzipfel. Die Blüten stehen in einer meist einfachen, armblütigen Traube. In der kreiselförmigen Fruchtkapsel befinden sich etwa 0,5 mm längliche, glänzend braune Samen.

4. Wiesen-Glockenblume, die (*Campanula patula* L.): Die W. ist fast über ganz Europa verbreitet. In Dtschl. kommt sie verbreitet bis zerstreut vor, in Nordwestdtschl. ist sie selten. Sie wächst auf kurzwüchsigen Wiesen, an lichten Waldstellen, an Gebüsch- und Wegrändern, in Gebüschen, auf trockenen bis mäßig frischen Lehmböden, von der Ebene bis in Höhen von 1400 m im Gebirge.

Die ein- bis zweijährige, 20 bis 60 cm hohe Pflanze hat einen aufrechten, kantigen, oben verzweigten Stengel. Die Blätter sind gekerbt gesägt, die Grundblätter lanzettlich, spatelig bis verkehrt-eiförmig, die Stengelblätter schmal-lanzettlich. BZ: Mai bis Juli/August. Sie ist der Rapunzel-Glockenblume sehr ähnlich. Die hellblauen oder blauvioletten Blüten haben eine bis zur Hälfte fünfspaltige, 1,5 bis 2,5 cm lange, trichterförmig-glockige, dunkel geaderte Blumenkrone. Die bei Sonnenschein weit geöffneten, aufrechten, bei Nacht und bei trübem Wetter geschlossenen und nickenden Blüten stehen in einer meist armblütigen, lockeren Rispe. Die aufrechte Fruchtkapsel hat nahe der Spitze drei sich öffnende Löcher.

5. Breitblättrige Glockenblume, die (*Campanula latifolia* L.): Die B. G. ist fast über ganz Europa verbreitet, hauptsächlich über die Alpen, das Alpenvorland, den Schwarzwald, die Vogesen, den Jura und die Eifel. Sie wächst in krautreichen Bergmisch- und Schluchtwäldern, Linden-Ahorn-Wäldern, Hochstauden-Bergahorn-Ulmen-Wäldern sowie in Hochstaudenfluren und feuchten Gebüschen.

Die mehrjährige, bis über 100 cm hohe Pflanze, die der Nesselblättrigen Glockenblume ähnlich ist, hat jedoch einen weichhaarigen bis fast kahlen, stumpfkantigen Stengel. Die Blätter sind ei-länglich, beiderseits weichhaarig, mit unregelmäßig gesägtem Blattrand. BZ: Juni bis August. Die 4 bis 5 cm langen, blaßvioletten, glockenförmigen Blüten stehen einzeln in den Blattachseln.

6. Knäuel-Glockenblume, die (*Campanula glomerata* L.): auch Geknäuelte G., Büschel-G. Die K. ist fast über ganz Europa verbreitet, besonders über Mitteleuropa, im Norden bis Südschweden, im Süden bis Mittelitalien. Sie wächst verbreitet an Wald- und Wegrändern,

◂◂◂ Nesselblättrige Glockenblume (*Campanula trachelium*)

◂◂ Pfirsichblättrige Glockenblume (*Campanula persicifolia*)

Wiesen-Glockenblume (*Campanula patula*)

in Gebüschen, auf Kalkmagerrasen und trockenen Mähwiesen.
Die mehrjährige, kurz und weich behaarte, 10 bis 60 cm hohe Pflanze hat einen einfachen Stengel. Die Blätter sind ei-lanzettlich und stumpf gezähnt. BZ: Juni bis September. Die Blüten befinden sich sitzend am Ende des Stengels in dichtem Knäuel oder gebüschelt in den Blattachseln.
7. Bärtige Glockenblume, die (*Campanula barbata*): Die B. G. ist über die ganzen Alpen, die Sudeten, West-Karpaten und Süd-Norwegen verbreitet. Sie wächst in Zwergstrauchheiden, Grünerlengebüschen, subalpinen Zwergstrauch-Gestrüppen, auf Magerrasen, über Kalk und Silikat, stets auf versauerten Böden, in der alpinen und subalpinen, seltener montanen → Vegetationsstufe, in Höhen von etwa 1200 bis 3000 m.
Die ausdauernde, steifhaarige, 10 bis 40 cm hohe Pflanze hat einen aufrechten rauhhaarigen Stengel. Die in grundständiger Rosette stehenden Blätter sind behaart, länglich-lanzettlich, oft ganzrandig. BZ: Juni bis August. Die kurzgestielten nickenden Blüten stehen zu 2 bis 12 Stück in einseitswendiger, wenigblütiger Traube. Die bauchig-glockige 1,5 bis 3 cm lange Blütenkrone ist blau bis blaß-blaulila, selten weiß, mit innen lang bärtig behaarten Zipfeln.
8. Acker-Glockenblume, die (*Campanula rapunculoides* L.): auch Kriechende G. Die A. ist fast über ganz Europa verbreitet. Sie wächst zerstreut in lichten Wäldern, besonders Kiefern- und Eichenwäldern, xerothermen submediterranen Flaumeichenwäldern und subkontinentalen Eichen-Steppenwäldern, im Saum sonniger Gebüsche (Berberitzengebüsche), an Wald- und Wegrändern, in Hecken, auf Äckern und in Gärten (sog. Unkraut), an trockenen Stellen in wärmeren Lagen.
Die mehrjährige, 30 bis 60 cm (100 cm) hohe Pflanze, die der Nesselblättrigen Glockenblume ähnlich ist, hat einen kriechenden Wurzelstock mit waagerechten, unterirdischen, oft knollig verdickten Ausläufern und einen stumpfkantigen, meist einfachen Stengel. Die ganze Pflanze ist kurz-steifhaarig. Die kurzhaarig rauhen Blätter sind gezähnt, die Grundblätter herzförmig dreieckig, die oberen Stengelblätter lanzettlich. BZ: Juni bis September.
9. Rapunzel-Glockenblume, die (*Campanula rapunculus* L.): Die R. ist fast über ganz Europa verbreitet, z. T. fehlt sie in Nordeuropa, z. T. wurde sie eingebürgert. Sie wächst zerstreut im Saum lichter Wälder, sonniger Gebüsche, auf Rainen, in Weinbergen, auf trockenen Wiesen und Halbtrockenrasen, bis in Höhen von etwa 700 m.
Die ein- bis mehrjährige, bis 80 cm (100 cm) hohe Pflanze hat eine dicke, fleischige, eßbare, oft rübenförmige Pfahlwurzel und einen einfachen, aufrechten, kantigen Stengel. Die lanzettlichen bis eiförmigen Blätter sind zum Grunde hin verschmälert. BZ: Mai bis August. Die Blüten stehen in einer schlanken, fast traubigen, reichblütigen Rispe mit aufrecht abstehenden Ästen. Die hellblauvioletten 1,5 bis 2,5 cm langen, schmal trichterförmigen Blüten haben eine fast bis zur Hälfte gespaltene Blütenkrone mit fünf zugespitzten Zipfeln. Die R. ist der Wiesen-Glockenblume sehr ähnlich. Die Kapsel der R. springt auf.
10. Borstige Glockenblume, die (*Campanula cervicaria* L.): Die über Nord-, West- und Mitteleuropa verbreitete B. G. kommt in Dtschl. zerstreut bis selten vor. Sie ist v. a. im Tiefland östlich der Elbe vereinzelt, sonst selten anzutreffen; in den Alpen fehlt sie. Sie wächst in lichten Buchen-, Eichen- und Kiefernwäldern, besonders Hainbuchen-, Flaumeichen- und subkontinentalen Eichen-Steppenwäldern, in Wald- und Moorwiesen, Flachmooren, Gebüschen, bevorzugt auf zeitweise frischen oder feuchten, basenreichen bis neutralen, humushaltigen oder etwas torfigen Lehm- und Tonböden.
Die etwa 40 bis 80 cm hohe, tiefwurzelnde Halbschatten-Lichtpflanze hat einen aufrechten, einfachen Stengel, der, wie die Blätter auch, mit abstehenden steifen Haaren (Borsten) besetzt ist. Die grundständigen Blätter und unteren Stengelblätter sind schmal-lanzettlich, unregelmäßig stumpf gezähnt, die mittleren und oberen Stengelblätter länglich-zungenförmig. Die acht bis 35 Blüten sitzen endständig kopfig-büschelig gehäuft und in den Achseln der oberen Blätter. BZ: Juni bis August. Die blaßblaue bis lilafarbene, röhrig eng glockenförmige Blütenkrone ist 12 bis 20 mm lang, außen auf den Nerven behaart, mit einem sie überragenden Griffel.
11. Bologneser Glockenblume, die (*Campanula bononiensis* L.): auch Filzige G. Die B. G. ist über ganz Mitteleuropa verbreitet; ihr Hauptverbreitungsgebiet liegt im südöstlichen Osteuropa. In Dtschl. ist sie selten und ist da über das östliche niedersächs. Hügelland, Mecklenburg, Brandenburg, Harzvorland, Thüringer Becken und das sächsische Hügelland verbreitet. Selten ist sie am Genfer See, im Wallis und zerstreut im östlichen Österreich und auf der Alpen-Südseite. Sie wächst in warmen Trockengebüschen und an Busch- und Waldrändern auf basenreichen, lehmigen Sand- oder Steinschuttboden.
Die 30 bis 100 cm hohe Pflanze hat einen aufrechten, runden, meist einfachen, kurz behaarten Stengel und treibt keine Ausläufer. Die grundständigen Stengelblätter (zur Blütezeit meist schon verwelkt) sind herzförmig, wie die wechselständigen Stengelblätter. Diese haben einen unregelmäßig gezähnten Rand. Die oberen Stengelblätter sind schmal-eiförmig oder breit-lanzettlich und undeutlich gekerbt-gezähnt. Die Blätter sind oberseits schütter kurz behaart und unterseits kurz, dicht, flaumig behaart (graufilzig). BZ: Juli bis Oktober. Die Blüten stehen nickend oder schräg aufwärts in einer schlanken, einseitswendigen Traube. Die hell blauviolette Blütenkrone ist 1 bis 2 cm lang, glockig-trichterförmig und bis zu zwei Drittel in fünf Zipfel geteilt. Die B. G. ist der Ackerglockenblume ähnlich, unterscheidet sich jedoch durch die graufilzig behaarten Blätter und einem dichteren Blütenstand.

Glockenblumengewächse (*Campanulaceae*): 70 Gatt. und rd. 2000 Arten umfassende Pflanzenfamilie, v. a. in den gemäßigten und subtropischen Gebieten. Es sind hauptsächlich Kräuter mit fünfzähligen Blüten mit verwachsenen Kronblättern. Einheimische Gatt. sind u. a.: → Glockenblume, → Sandglöckchen, → Teufelskralle.
Glockenfrosch, der: → Kröten 2.
Glockenheide, die: → Erika 2.
Glucke, Breitblättrige, die: → Keulenpilze 1.
Glucken (*Lasiocampidae*): auch Wollraupenspinner. mit etwa 1000 Arten, davon ca. 20 in Mitteleuropa, weltweit verbreitete Fam. von bis zu 9 cm spannenden Nachtfaltern mit plumpem, kräftigem, stark behaartem Körper. Die Flügel sind gelb, braun oder grau gefärbt und werden in der Ruhe steil dachförmig gehalten (so wie eine Hühnerglucke auf ihren Eiern sitzt). Die Raupen sind stark pelzig behaart mit seitlich nach unten gerichteten Haarbüscheln. Folgende Arten sind forstlich bedeutsam:
1. Wollafter, der (*Eriogaster lanestris*): auch Birken(nest)spinner. Der sehr dickleibige W. ist überwiegend braun mit zwei weißen Flecken auf jedem Vorderflügel. Hinterleibsende des Männchens grau wollig. Flügelspannweite: Männchen 25 bis 30 mm, Weibchen 40 bis 45 mm. Die Raupe ist schwarzbraun oder schwarzblau und hat auf dem Rücken zwei Reihen rotgelber Flecken. Der W. schwärmt im April; die Eier werden in länglicher Rolle um einjährige Triebe gelegt und mit Afterwolle des Männchens bedeckt. Die Raupen leben tagsüber in weißen Gespinstnestern zwischen den Zweigen von Bi, Weißdorn, Schlehe, Wei und anderen Laubbäumen und -sträuchern. Fraßschäden meist sehr gering. Die Generation ist einfach.
2. Ringelspinner, der (*Malacosoma neustria*): Der ockergelbe bis rotbraune R. mit breitem Querband auf den Vorderflügeln schwärmt an Juliabenden im Wald und in Gärten. Flügelspannweite: Männchen 25 bis 30 mm, Weibchen 35 bis 40 mm. Die dünne, langgestreckte Raupe hat eine weiße Rückenlinie, blaue Seitenstreifen und einen grauen Kopf mit zwei schwarzen Punkten. Die Eier werden in dichten Ringeln am Fraßbaum (Laub-, Obstbäume und Sträucher, z. B. Wei, Apfel, Weißdorn, Schlehe) angeklebt. Die Raupen fressen im Mai an ausschlagenden Blatt- und Blütenknospen und leben anfangs gesellig in einem gemeinschaftlichen Gespinst in den Zweiggabeln. Die Verpuppung erfolgt im Juni; die Generation ist einfach.
3. Kiefernspinner, der (*Dendrolimus pini*): auch Große Kieferngluck e. Der K. ist ein bedeutender Kiefernschädling, der meist massenhaft auftritt. Der plumpe Falter ist i. d. R. rötlichbraun mit lilagrauem Anflug. Die Vorderflügel haben in der Mitte einen kleinen weißen Fleck (Gesamtfärbung der K. kann sehr variabel sein). Flügelspannweite: Männchen 50 bis 70 mm, Weibchen 70 bis 90 mm. Die stark behaarte Raupe ist meist graubraun mit zwei stahlblauen Nackenquerstreifen. Der K. schwärmt im Juli und August nachts, sitzt

◀◀◀ Die Weibchen (Bild) des Kiefernspinners (*Dendrolimus pini*) sind wenig aktiv und leben sehr verborgen.

◀◀ Das Männchen (Foto) des Eichenspinners (*Lasiocampa quercus*) ist dunkelrotbraun mit gelblichem Querband und hat zwei weißliche Punkte auf den Vorderflügeln.

tagsüber häufig träge am Stamm und ist dabei durch seine Tarnfärbung gut geschützt. Die Eier sind blaugrün, später grau, hanfkorngroß und werden zu 20 bis 150 Stück in unregelmäßigen Haufen an dünnen Zweigen, aber auch am Stamm, seltener an den Nadeln abgelegt.
Die Raupen schlüpfen im August, verursachen zunächst Schartenfraß, aber bereits im Herbst werden ganze Nadeln verzehrt. Sie baumen bei Beginn der Winterkälte ab und überwintern als halbwüchsige Raupen zusammengerollt in der Bodendecke am Fuß des Fraßbaumes. Ab Ende März beginnen sie den Wiederaufstieg, um in der Krone den Nadelfraß fortzusetzen. Die Verpuppung erfolgt im Juni in einem grauen und weichen, watteartigen Gespinst. Die Generation ist meist einfach. Die Bekämpfung erfolgte früher durch Anlegen von Leimringen im Februar, heute durch Einsatz von Insektiziden.
4. Eichenspinner, der (*Lasiocampa quercus*): auch Quittenvogel. Der E. (Männchen dunkelrotbraun, Weibchen ockergelb) schwärmt im Juli/August. Spannweite bis 55 m (Weibchen) oder bis 70 mm (Männchen). Die langbehaarten Raupen überwintern (Verpuppung Ende Mai) und leben hauptsächlich auf Lbh (u. a. Ei, Bi, Wei, Weißdorn, Rubus, Heidekraut, Heidelbeere), gelegentlich auf Ndh.
Glückskäfer, der: Umgangssprachliche Bez. für den → Marienkäfer.
Glücksnüßchen, das: → Pimpernuß.
Glühwürmchen, das: → Leuchtkäfer.
Glutbäume: frühere Bez. **1**) für Bäume, die zum Verbrennen in die Glashütten geliefert wurden. **2**) für die hohlen Bäume, die die Forstbeamten den → Aschenbrennern zum Ausbrennen angewiesen haben.
Gnadenholz, das: Bez. für die früher ohne Entgelt an Bedürftige abgegebene jährliche Holzmenge.
Gnaphalium → Ruhrkraut.
Gnitzen → Bartmücken.
Göchhausen, H. F. von → forstliches Schrifttum.
Goehrde, die: hügeliges und wildreiches Waldgebiet (Eichen- und Buchenwald) mit Jagdschloß in der nordöstlichen → Lüneburger Heide, westlich von Dannenberg, bis 104 m hoch. In einem 300jährigen Stall in G. befindet sich ein Waldmuseum, das Werkzeuge für die Waldarbeit, Pflanzgeräte und präparierte Tiere der G. zeigt. Daneben enthält es auf Karten und in Dioramen viele Informationen über Wald und Waldwirtschaft.
Goethe, J. W. von → Wald in der Dichtung, Wald in der Musik.
Goldadler, der: → Adler 1.
Goldafter, das: → Trägspinner 2.
Goldammer, die: → Ammern.
Goldamsel, die: → Pirol.
Goldauge, das: → Florfliege.
Goldberger Verfahren, das: Bringungsverfahren bei der Ernte von Industrieholz lang. Zu den → Rückegassen laufen in 12 bis 15 m Abstand 1,2 m breite Seillinien in Winkeln von 45° oder 60°. Die Stämme werden unter genauer Einhaltung der Fällrichtung fischgrätenartig zur Seillinie gefällt und entastet. Mit einer Seilwinde werden sie unter Mithilfe eines zweiten Mannes im Choker-System an der Seillinie zusammengezogen und auf dieser zur Rückegasse vorgeschleift. Dort kann es vom Schlepper aufgenommen und zur Straße gerückt werden.
Golddistel, die: → Eberwurz 1.
Golddrossel, die: → Pirol.
Goldenes Frauenhaar, das: → Bürstenmoos 1.
Goldesche, die: Variation der Gemeinen → Esche.
Goldeule, die: → Eulen A 10.
Goldfellschüppling, der: → Schüpplinge 3.
Goldgelbe(r/s) ... siehe unter dem jeweiligen Hauptnamen.
Goldglänzender Laufkäfer, der: → Laufkäfer 3.
Goldgrubenprachtkäfer, der: → Prachtkäfer 6.
Gold(haar)-Aster, die: → Aster 3.
Goldhähnchen, die: → Grasmücken.
Goldhähnchen, Gelbköpfiges, das: → Grasmücken 1.
Gold-Hahnenfuß, der: → Hahnenfuß 3.
Goldkäfer, der: → Blatthornkäfer 14. und 15.
Gold-Kälberkropf, der: → Kälberkropf 5.
Goldkehlchen, das: Scherzhafte Bez. für den Baummarder; → Marder 1.
Gold-Klee, der: → Klee 5.
Goldköpfchen, das: → Grasmücken 1.
Goldleiste, die: → Laufkäfer 5.
Goldmarder, der: → Marder 1.
Gold-Milzkraut, das: → Milzkraut 2.
Goldnessel, die: → Taubnessel 1.
Goldranunkel, die: → Trollblume.
Goldraute, die: → Goldrute.
Goldregen, der (*Laburnum*): auch Bohnenbaum. drei Arten in Südeuropa und Westasien umfassende Gatt. aus der Fam. der → Schmetterlingsblütengewächse. Es sind Bäume oder Sträucher mit langgestielten, dreizähligen Blättern und langen, hängenden Blütentrauben. Der G. ist giftig. Bei uns heimisch:
1. Alpen-Goldregen, der (*Laburnum alpinum* (Miller) Berchtold & I. Presl): auch Alpen-Bohnenbaum.
Verbreitung: Der A. wächst in den Gebirgen Mittel- und Südeuropas, von den französischen Jura-Ausläufern entlang der südlichen Alpen und des nördlichen Apennin bis zu den Karpaten.
Standort: Er ist – auch aus Gärten und Parks verwildert – in lichten Wäldern, auf Kahlschlägen und an Felshängen zu finden, liebt steinige, etwas feuchte Böden in warmen Lagen und kommt im hügeligen Gelände und im Gebirge bis in eine Höhe von 2000 m vor.

Die Blätter des Alpen-Goldregens verwendete man früher als Tabakersatz.

Merkmale: Der A. ist ein aufrechter, 1,5 bis 6 m (in Kulturen bis 8 m) hoher, sommergrüner Strauch oder Baum mit glatter, grünbrauner Rinde. Die Äste stehen aufrecht, sind graugrün und kahl; nur die jungen Zweige sind gelegentlich behaart. Die wechselständig angeordneten Laubblätter stehen büschelig gehäuft an Kurztrieben. Die Blattstiele sind 5 bis 9 cm lang, kahl oder abstehend behaart. Die Blätter sind dreizählig gefiedert, hellgrün und leicht glänzend. Die einzelnen Fiederblätter sind 3 bis 8 cm lang, 1,5 bis 4 cm breit, elliptisch bis eiförmig und am oberen Ende zugespitzt, seltener stumpf. Die jungen Blätter sind abstehend behaart, die älteren kahl und nur unterseits behaart. BZ: Mai bis Juli (je nach Höhenlage). Die goldgelben Schmetterlingsblüten, die angenehm süßlich duften, haben etwa 1,5 cm Durchmesser, 8 bis 14 mm lange, abstehend behaarte Blütenstiele und sind zu 20 bis 40 Stück in endständigen, hängenden, 15 bis 40 cm langen, blattlosen Trauben angeordnet. Die Frucht ist eine 3 bis 6 cm lange und 5 bis 10 mm breite, längliche, flache, schwach gegliederte Hülse, die hellbraun und kahl ist und abfällt. Sie enthält zwei bis sechs nierenförmige, flache, glänzende, braune Samen.

Aus dem harten, gelblich gefärbten Holz werden Instrumente hergestellt. Die Blätter fanden früher gelegentlich auch als Tabakersatz Verwendung.

Der A. wird gerne als Zierstrauch in Gärten und Parkanlagen angepflanzt.

Der Gemeine Goldregen zählt zu den giftigsten bei uns vorkommenden Bäumen bzw. Sträuchern. Aus seinem Holz fertigte man früher Armbrustbögen.

2. Gemeiner Goldregen, der (*Laburnum anagyroides* Medicus = *Cytisus laburnum* L. = *L. vulgare* Bercht. & Presl): auch Traubiger Goldregen, Bohnenbaum, Kleebaum.

Verbreitung: Der G. G. ist über die Gebirge Mittel- und Südeuropas, von Ostfrankreich bis zum Balkan verbreitet.

Standort: Der sehr lichtbedürftige G. G. wächst – auch aus Gärten und Parks verwildert – in lichten Bergwäldern, Eichen-, Kiefern- und mitteleuropäischen Flaumeichen-Mischwäldern, auf Holzschlägen, an steinigen und felsigen Hängen, bevorzugt auf trockenen, kalkhaltigen Böden in sonnigen Lagen; nasse Standorte meidet er. Er kommt in der Ebene, im Hügelland und im Gebirge bis in eine Höhe von 2000 m vor.

Merkmale: Der aufrechte, bis 8 m hohe Großstrauch oder Baum mit schmaler, unregelmäßiger Krone hat eine olivbraune bis schwärzliche glatte Rinde mit zahlreichen quergestellten Korkwülstchen und anfangs aufrechte, später oft überhängende graugrüne und anliegend silbrig behaarte Äste. In der Jugend wächst er rasch und hat eine flache, weitreichende Bewurzelung (dünne Wurzeln) und ein großes → Ausschlagvermögen. Die kleeartig dreizählig gefiederten Laubblätter sind wechselständig, an → Kurztrieben meist büschelig gehäuft, angeordnet. Der Blattstiel ist 2 bis 7 cm lang und angedrückt seidig behaart. Die Fiederblätter sind 1,5 bis 8 cm lang, 1,5 bis 3 cm breit, ganzrandig, elliptisch und am oberen Ende stumpf bis rundlich mit kurzer Spitze. Die Oberseite ist kahl und dunkelgrün, die Unterseite graugrün und anliegend seidig behaart. BZ: April bis Juni. Die hellgelben Schmetterlingsblüten haben 15 bis 18 mm Durchmesser und stehen an 8 bis 12 mm langen behaarten Stielen zu zehn bis 30 Stück in 10 bis 25 cm langen, blattlosen, anfangs aufrechten, später hängenden, endständigen Trauben. Die Hülsenfrüchte sind 3 bis 7 cm lang und 7 bis 8 mm breit, flach, schwach gegliedert, anfangs grün und anliegend behaart, später bräunlich-grau und fast kahl. Sie enthalten mehrere nierenförmige, flache, braune, giftige Samen.

Das glänzende und harte Holz hat einen schmalen, gelb-weißen → Splint und einen schwarzbraunen → Kern. Früher wurden daraus Armbrustbogen hergestellt, heute findet es u. a. im Instrumentenbau Verwendung.

Der G. G. zählt zu den giftigsten bei uns vorkommenden Pflanzen. Es sind alle Teile giftig und enthalten die → Alkaloide Cystin, Laburnin und Mineralsalze. In der Naturheilkunde werden die getrockneten Blätter ausgewachsener Bäume angewendet, die abführend und galletreibend wirken. In der Homöopathie verwendet man eine aus Blätter und frischen Blüten hergestellte Essenz gegen Depressionszustände und verschiedene Krampf- und Schwindelanfälle.

Der G. G. ist etwa seit dem 16. Jh. ein beliebtes Ziergehölz und wird in Gärten und Parkanlagen angepflanzt.

Goldröhrling, der: → Röhrlinge 15.

Goldrüster, die: → Ulmen 2.

Goldrute, die (*Solidago*): auch Goldraute. Gatt. aus der Fam. der → Korbblütler mit rd. 100 Arten, v. a. in Nordamerika, deren kleine goldgelbe Blütenköpfchen in schmalen Rispen stehen. Einheimische Arten sind u. a.:

1. Gemeine Goldrute, die (*Solidago virgaurea ssp. virgaurea*): auch Gewöhnliche G., Echte G., im Volksmund auch Unsegenkraut, heidnisch Wundkraut. Die G. G. ist fast über ganz Europa, Nordasien und Nordamerika verbreitet. Sie wächst verbreitet in lichten, trockenen, krautreichen Laub- und Mischwäldern, besonders Eichen-, Buchen- und Nadelmischwäldern, auf Kahlschlägen, in Gebüschen, auf Magerrasen, Heiden und Weiden, auf nicht zu armen Böden von der Ebene bis hoch zur Krummholzzone in den Gebirgen.

Die 20 bis 100 cm hohe, mehrjährige Pflanze hat einen walzigen, knotigen, schiefen Wurzelstock und wechselständige Blätter. Die unteren Blätter sind elliptisch, glänzend, die oberen sind lanzettlich und gesägt bis fast ganzrandig.

BZ: Juli bis Oktober. Die goldgelben, 7 bis 8 mm langen und 10 bis 15 mm breiten Blütenköpfchen bestehen aus zwittrigen röhrigen Scheibenblüten und fünf bis zehn weiblichen, zungenförmigen, flach ausgebreiteten Randblüten. Die zahlreichen Blütenköpfchen sind zu einer aufrechten, endständigen, dichten, walzenförmigen bis kegeligen allseitswendigen Rispe oder Traube angeordnet. Die walzenförmigen, acht- bis zehnrippigen Früchtchen sind etwa 3 bis 4 mm lang und tragen eine Haarkrone (Pappus).

In der Naturheilkunde finden die blühenden Sproßspitzen und die ganze Pflanze, deren Inhaltsstoffe aus → ätherischem Öl, Flavonoid, Gerbstoff, Saponinen, Oxal- und Zitronensäure bestehen, innerliche und äußerliche Anwendung. Sie dienen als harn- und schweißtreibendes Mittel u. a. auch bei Blasenentzündung, Ekzemen, Hautgeschwüren, Ödemen sowie bei zu hohem Cholesteringehalt im Blut; früher wurden sie auch bei Blasensteinen und Nierengrieß, bei Durchfall und Rheumatismus verwendet. Äußerlich wurde die zu Brei zerquetschte Pflanze als Wundmittel benutzt.

2. Alpengoldrute, die (*Solidago virgaurea ssp. minuta; früher: Solidago alpestris*): Die A. ist über Zentralspanien, die Vogesen, den Schwarzwald, Böhmerwald und die Alpen bis zum Balkan verbreitet. Sie ist kalkmeidend und wächst meist häufig in lichten Wäldern, Hochstaudenfluren, Zwergstrauchgebüschen, auf Heiden, Bergwiesen und Felsschutt und Magerrasen der montanen und hochmontanen Vegetationsstufe, bis in Höhen von 2800 m.

Die A. ist der Gemeinen Goldrute sehr ähnlich. Sie ist eine ausdauernde, 20 bis 120 cm hohe Pflanze mit knotigem Wurzelstock und gerilltem, aufrechtem, locker beblättertem, im unteren Teil kahlem Stengel. Die schwach behaarten Blätter sind oval bis lanzettlich (schmäler als die der Gemeinen Goldrute), gesägt (mit nach vorne gerichteten Zähnen). BZ: Juli bis Oktober. Die bis 10 mm langen und über 15 mm breiten, goldgelben Blütenköpfe bestehen aus zwittrigen Röhrenblüten und fünf bis zwölf viel längeren, ausgebreiteten Zungenblüten. Die Blütenköpfchen stehen in dichter, allseitswendiger, ährenförmiger Rispe. Die Früchtchen sind kurz behaart und tragen eine Haarkrone.

3. Riesen-Goldrute, die (*Solidago gigantea*): auch Späte G. Die bis 250 cm hoch werdende R. wurde als Zierpflanze aus Nordamerika bei uns eingebürget und ist verwildert. Auf stickstoffreichen Lehmböden bildet sie individuenreiche Bestände. Sie wächst an lichten Waldstellen, in Auwäldern und Hochstaudenfluren.
4. Kanadische Goldrute, die (*Solidago canadensis*): Sie ist aus Kulturen verwildert und wächst dann auf stickstoffreichen Böden an lichten Waldstellen, in Auwäldern, an Waldrändern, Ufern, auf Schuttfluren und Ödland etc. Die K. G. ist inzwischen häufiger als die vorgenannte Art.
5. Grasblättrige Goldrute, die (*Solidago graminifolia*): Sie ist aus Nordamerika eingebürgert und verwildert. Die G. G. wächst auf basenreichen, oft kalkhaltigen, grundwasserbeeinflußten Böden, z. B. im Alpenvorland.
Goldrutenfalter, der: → Bläulinge 7.
Goldspitzigkeit, die: → Mangelsymptome an Bäumen, Magnesium, Blattverluste.
Goldstern, der: → Gelbstern.
Goldstieliger Pfifferling, der: → Leistlinge 3.
Goldstreifiger Moderkäfer, der: → Kurzflügler 1.
Goldtäubling, der: → Täublinge 6.
Goldweide, die: Variation der Silberweide; → Weiden 22.
Goldzahnschneckling, der: → Schnecklinge 2.
Gölle, die: → Boden 2).
Goltzius, Hendrick → Wald in der Malerei.
Gomphidiaceae → Schmierlinge.
Goodyera → Netzblatt.
Götterbäume (*Ailanthus*): zehn Arten umfassende Gatt. aus der Fam. der Bitter-eschen- oder Bitterholzgewächse (*Simaroubaceae*), die in Indien, Ostasien und Australien verbreitet sind. G. haben kräftige Zweige und große, unpaarig gefiederte Blätter. In Nordeuropa gedeihen nur der Chinesische Götterbaum (*Ailanthus altissima*) und der Weichhaarige Götterbaum (*Ailanthus vilmoriniana*).
Chinesischer Götterbaum, der (*Ailanthus altissima* (Miller) Swingle): auch Firnisbaum. Der Gatt.-Name *Ailanthus* leitet sich vom Wort Ailanto, dem Volksnamen auf den Molukken, ab, was soviel wie „Baum des Himmels“ oder „Himmelsbaum“ bedeutet.
Verbreitung: Der C. G. war ursprünglich nur in Ostasien beheimatet. 1751 nach England eingeführt, gelangte er von dort nach Mittel- und Südeuropa. Wegen seiner schönen Belaubung wird er bei uns seit langem häufig in großen Gärten und Parkanlagen als Zierbaum angepflanzt.
Standort: Der licht- und wärmebedürftige Baum gedeiht auf basenreichen, oft kalkhaltigen, steinigen Böden. Er gedeiht auch noch gut in abgasbelasteter Luft.
Merkmale: Der sommergrüne, mäßig verzweigte Baum ist anfangs sehr raschwüchsig (mehrere Meter pro Jahr), hat eine hohe, häufig etwas unregelmäßig gestaltete, gewölbte Krone und einen kräftigen, geraden Stamm. Der Baum wird etwa 20 bis 25 m hoch und häufig nur 40 bis 50 Jahre alt; das Holz wird sehr oft kernfaul. Seine Äste sind relativ gerade, steil aufstrebend, unregelmäßig, locker verzweigt und leicht windbrüchig. Die Zweige sind glatt, dick und braun; ihr → Mark ist kräftig orangegelb gefärbt (sonst bei keinem anderen Baum). Die jungen Triebe sind ziem-

lich dick, kräftig und mit zahlreichen → Lentizellen besetzt. Die relativ kleinen, fein behaarten Knospen sind länglich-oval, während des Winters rötlich-braun und kurz vor der Laubentfaltung intensiv scharlachrot; Endknospen fehlen. Die wechselständig angeordneten, unpaarig gefiederten Blätter, die Ende Mai erscheinen, sind etwa 40 bis 70 cm lang (an beschnittenen Bäumen und an Schößlingen bis 1 m mit bis zu 39 Fiederblättern) und relativ kahl (Schößlingsblätter bisweilen behaart). Die meist 13 bis 25 Fiederblätter sind oval bis schief-lanzettlich, ganzrandig, vorne zugespitzt und im unteren Teil mit zwei bis vier Zähnen, die große Drüsen tragen, versehen. Sie sind 6 bis 15 cm lang und etwa 4 bis 6 cm breit. Die Blätter sind beim Laubaustrieb bronzefarben, dann oberseits matt dunkelgrün, unterseits heller und riechen beim Zerreiben unangenehm; die Spindel und die Stielchen sind rötlich oder grünlich. Im Herbst fallen die Blätter, ohne sich vorher verfärbt zu haben, ab. Der C. G. blüht im (Juni) Juli/August. Die unscheinbaren Blüten stehen in langen, locker verzweigten, 10 bis 20 cm langen endständigen Rispen und sind 7 bis 8 mm breit, → zwittrig oder → eingeschlechtig, von typischem unangenehmem Geruch und verblühen sehr schnell. Die männlichen Blüten haben bis zehn → Staubblätter, die zwittrigen nur zwei bis drei, die weiblichen Blüten zwei bis fünf → Fruchtblätter; beide Blüten sind gelblichweiß, 7 bis 8 mm breit und haben je fünf → Kron- und → Kelchblätter. Sie sind reich an Nektar und Pollen und werden von Bienen besucht. Die kleinen runden Samen (Nußfrüchtchen), die im September/Oktober reifen, befinden sich im Zentrum eines 3 bis 4,5 cm langen, etwa 10 bis 15 mm breiten, gedrehten, gelben bis rötlichen Flügels, der zur Reifezeit manchmal leuchtend rot gefärbt ist. Die den Schraubendrehfliegern zugeordneten Flügelfrüchte hängen i. d. R. in rispigen Büscheln noch bis zum Frühjahr am Baum. Die Samen benötigen eine hohe Keimtemperatur, daher ist seine Verbreitung durch Samen hierzulande selten. Durch Wurzelbrut vermehrt er sich jedoch sehr intensiv. Von Krankheiten und Schädlingen ist der C. G. kaum bedroht. Das ringporige (→ Poren) Holz hat keinen besonderen Nutzwert, ist relativ weich, oft auch kernfaul und wäre bestenfalls zur Papierherstellung verwendbar.

◂◂ Die Kanadische Goldrute kam ursprünglich als Zierpflanze nach Europa.

Gottesgnadenkraut, das: → Tausendgüldenkraut.
Gottesschäflein, das: umgangssprachliche Bez. für den → Marienkäfer.
Graben, das: alte Bez. für das Aufreißen des Bodens durch das Rollen und Drehen der gefällten Stämme beim Herausschleifen.
Grabheuschrecken → Grillen.
Grabkäfer, der: → Laufkäfer 10.
Grabwespen (*Sphecidae* = *Sphegidae*): auch Sand-, Mordwespen. Fam. mittelgroßer → Wespen aus der Unter-Ordn. der Stachelwespen. G. sind lebhafte, bei Sonnenschein auf dem Boden herumlaufende → Insekten die gelähmte Beutetiere eintragen und diese mit einem Ei belegen. Sie haben meist einen schwarzgelb oder schwarzrotbraun gezeichneten Körper, dessen Hinterleib am Brustabschnitt teils ungestielt, teils mit einem langen Stiel ansetzt und dessen Vorderfüße häufig durch starke Bedornung als Grabbeine dienen. Sie graben Erdröhren als Brutnester. Zu den G. gehört auch die Gatt. → Knotenwespen.
Gracillaria filograna → Schließmundschnecken 3.
Gräckelster, die: → Rabenvögel 1.
Gradation, die: Ablauf einer Massenvermehrung mit den Phasen Erhaltung (→ Eiserner Bestand), Erholung, Begrenzung, Zusammenbruch.
Gradierholz, das: → Gradierwerk.
Gradierwerk, das: Um den Salzgehalt von Solen zu erhöhen und somit bei der Salzgewinnung in der Salzsiedepfanne Energie zu sparen, leitet man die Sole über ein G. Dort sind in einem Balkengerüst Wände von Schlehen- oder Weißdornästen aufgeschichtet. Darüber rieselt die Sole herab und wird durch Zerstäubung und Verdunstung konzentriert. Schwerer lösliche Salze scheiden sich schon am G. ab und bilden den Dornstein. Die für das G. erforderlichen Äste werden auf Triftflächen, aus Hecken oder Buschflächen gewonnen.
Grämbaum, der: → Fichten 1.
Gramineae → Süßgräser.
Gramineen → Süßgräser.
Granawitter, der: → Wacholder 1.
Grandelverfahren, das: früher bei der → Harzgewinnung am lebenden Baum durchgeführtes Verfahren, bei dem im unteren Stammteil Rinde und → Splint bis zur Tiefe des dritten → Jahrringes abgehackt wurde. Zum Auffangen des ausfließenden → Harzes wurde am Stammfuß eine Höhlung (Grandel) in den Stamm geschlagen. Das G. gilt als das älteste Verfahren bei der Harzgewinnung.

Gräne, die: → Fichten 1.

Graner, Karl Friedrich Hermann von (27.3.1847 Ludwigsburg bis 25.9.1914 Stuttgart): G. studierte in Hohenheim Forstwissenschaft, war ab 1887 Professor der Forstwissenschaft in Tübingen und zuletzt Präsident der Württembergischen Forstdirektion. Von ihm erschienen zwischen 1872 und 1910 zahlreiche Schriften.

Gränke, die: → Rosmarinheide.

Granken, die: → Heidelbeere 2.

Grannenhaare → Haare 2).

Grannenholz, das: → Fichten 1.

Grannenkiefer, die: → Kiefern 6.

Grannen-Labkraut, das: → Labkraut.

Grannen-Schildfarn, der: → Schildfarn 2.

Graphis scripta → Schriftflechte.

Grasblättrige Goldrute, die: → Goldrute 5.

Grasente, die: → Enten 1.

Gräser: i. d. R. umgangssprachliche Bez. für die weltweit verbreitete Fam. der → Süßgräser, gelegentlich wurden auch die Sauer- und → Riedgräser einbezogen; → Waldgräser.

Grasfichte, die: alte Bez. für eine freistehende Fi, entsprechend auch Graskiefer, Grastanne usw.

Grasfrosch, der: → Frösche 1.

Grasgrüne Huschspinne, die (*Micrommata rosea*): Die über weite Teile Europas und Nordasiens verbreitete, gebietsweise auch häufig vorkommende G. H., ist besonders in Laubwäldern anzutreffen, wo sie sich im Frühjahr auf herabgefallenen Blättern auf Waldwiesen, später auf Sträuchern ansiedelt. Die bis zu 9,5 mm (Männchen) bzw. 13 mm (Weibchen) große Spinne (→ Webspinnen) ist intensiv hellgrün gefärbt; die Männchen haben einen rötlichen Rückenstreifen. Die schnelle, huschende Bewegungsweise gab der Spinne, die keine Netze spinnt, ihren Namen. Ihre Nahrung besteht aus Kleininsekten, auf die sie, auf hellgrünen Blättern und Trieben sitzend, lauert und sie dann rasch mit den Vorderbeinen ergreift.

Die Grasgrüne Huschspinne ergreift ihre Beute mit den Vorderbeinen.

Grasgrüner Birkenpilz, der: → Röhrlinge 10.

Grasgrüner Täubling, der: → Täublinge 8.

Grashexe, die: → Grasmücken 13.

Grashüpfer, der: auch Heuhüpfer, Sprengsel. volkstümliche Bez. für einige kleine Arten der → Feldheuschrecke.

Gras-Kiefernwald, Randalpischer, der: → Randalpischer Gras-Kiefernwald.

Graslärchen → Wiesenlärchen.

Grasletsbeere, die: → Heidelbeere 2.

Graslilie, die (*Anthericum*): auch Zaunlilie. Gatt. der → Liliengewächse mit über 100 Arten in Europa, Amerika und (hauptsächlich) in Afrika. In Dtschl. sind zwei Arten heimisch:

▸▸ Die Ästige Graslilie ist im Tiefland kaum anzutreffen.

1. Astlose Graslilie, die (*Anthericum liliago* L.): Traubige G. Die A. G. ist über Süd- und Mitteleuropa, im Norden bis Südschweden verbreitet und kommt in Dtschl. zerstreut bis ziemlich selten vor. Sie wächst auf warmen Standorten, in lichten Wäldern, besonders Steppenheidewäldern, west- und mitteleuropäischen Eichen-Birkenwäldern, lichten Eichen- und Kiefernwäldern, Gebüschen, auf Trockenrasen, sonnigen Hügeln, an Waldsäumen und Felshängen, auf kalkarmen Böden.
Die mehrjährige, kahle, zarte, aufrechte Pflanze hat einen faserigen Wurzelstock. Die in einer grundständigen Rosette stehenden Blätter sind fast grasartig, schmal-linealisch und etwa so lang wie der blatt- und astlose (Name!), 30 bis 70 cm hohe Blütenschaft. BZ: Mai bis Juni. Die Blüten stehen in einer endständigen, einfachen Traube einzeln in den Achseln kleiner Tragblätter (→ Hochblätter). Sie bestehen aus sechs weißen, gleichgestalteten, 15 bis 20 cm langen, schmal-elliptischen → Blütenblättern, die weitglockig stehen. Die sechs etwa halb so langen → Staubblätter haben gelbe Staubbeutel und werden weit vom bogig gekrümmten Griffel überragt. Die Frucht ist eine 10 bis 15 mm lange, eiförmige, zugespitzte Kapsel.

2. Ästige Graslilie, die (*Anthericum ramosum* L.): Die hauptsächlich über Süd- und Mitteleuropa verbreitete Ä. G. kommt im mittleren Dtschl., besonders aber im südlichen Dtschl. zerstreut vor. Sie ist ziemlich selten und wächst in Steppenheidewäldern, Schneeheide-Kiefernwäldern, an Waldrändern, in Gebüschen, auf Trocken- und Halbtrockenrasen, auf trockenen, sonnigen Hängen, bevorzugt auf kalkreichen Böden, bis in Höhen von etwa 1800 m.
Die mehrjährige Pflanze ist der Astlosen Graslilie sehr ähnlich. Sie hat ebenso fast grasartige, etwa 5 mm breite Blätter, die jedoch wesentlich kürzer als der 30 bis 50 cm hohe Stengel sind, der einen rispig verzweigten Blütenstand trägt. BZ: Juni bis August. Die zarten Blüten stehen in den Achseln winziger Tragblätter. Sie bestehen aus sechs 8 bis 13 mm langen Blütenblättern, die inneren breiter als die äußeren, die so lang wie die Staubblätter sind. Der gerade Griffel ist länger als die Blütenblätter. Die Frucht ist eine fast kugelige Kapsel. Die Vermehrung erfolgt durch Samen.

Graslinde, die: → Linden 1.

Grasmehl, das: Bez. für Koniferennadeln, die früher in zermahlenem und gestampftem Zustand mit Viehsalz vermengt und in manchen Gegenden (v. a. in der Steiermark) als G. der Winterfütterung von Rindvieh beigemengt wurden.

Grasmücken (*Sylviidae*): Zu dieser Fam. gehören weltweit rd. 400 Arten meist kleiner, 8 bis 30 cm großer Singvögel. Männchen und Weibchen sind meist gleichgefärbt. Sie leben überwiegend in dichten Gebüschen und bauen ihre Nester häufig am oder niedrig über dem Boden. Zur Fam. der G. gehören die Goldhähnchen, Laubsänger, Rohrsänger und Schwirle. 21 Arten sind in Mitteleuropa Brutvögel; die nachstehenden Arten leben auch im Wald.

1. Wintergoldhähnchen, das (*Regulus regulus* L.): auch Gelbköpfiges Goldhähnchen, Goldköpfchen, Safrangoldhähnchen. Länge: ca. 9 cm, Gewicht: um 5 g. Neben dem Sommergoldhähnchen unser kleinster mitteleuropäischer Vogel.
Das W. bewohnt zur Brutzeit hauptsächlich Fichten- und Tannenwälder von der Ebene bis zur Baumgrenze. Im Winter ist es auch in Parkanlagen, Mischwäldern, an Hecken und in größeren Gärten anzutreffen. Bei uns überwiegend Jahresvogel, der ab Ende September starken Zuzug aus nordöstlichen Gebieten erhält.
Das kugelförmige, dickwandige Nest, oben mit einer kleinen Öffnung, wird meist 10 bis 12 m über dem Boden in einem Nadelbaum (meist Fi oder Ta) an der äußersten Spitze eines herabhängenden Zweiges errichtet. Das Gelege besteht aus acht bis 11 gelblichweißen und dunkel gewölkten Eiern (ca. 13,6 x 10,3 mm, 0,72 g). Brutdauer: etwa 16 Tage, selten weniger. Die Jungvögel bleiben ca. 14 Tage im Nest. Zwei Jahresbruten Ende April/Mai und Juni.
Nahrung: im Sommer kleine Insekten und deren Eiern und Larven, im Winter hierzu feine Sämereien.

2. Sommergoldhähnchen, das (*Regulus ignicapillus* Temminck): auch Feuerköpfchen. Länge: ca. 9 cm, Gewicht: um 5 g.
Mit Vorliebe hält es sich in Nadelwäldern auf, ist aber nicht so stark an diese gebunden wie das Wintergoldhähnchen und bevorzugt wärmere Lagen. Es ist deshalb, v. a. im Süden, auch in Laub- und Mischwäldern und in Parkanlagen anzutreffen. Zugvogel, der überwiegend im Mittelmeerraum (ab Oktober) überwintert und Ende März/April zurückkehrt.
Das kugelförmige Nest ähnelt dem des Wintergoldhähnchens. Das Gelege besteht aus sieben bis 12 gelbrötlichen bis fast weißen Eiern mit mattroten Flecken, die am stumpfen Ende kranzartig gehäuft sind. Sie sind 13,5 x 10,3 mm groß und 0,70 g schwer (die klein-

sten europäischen Vogeleier). Brutdauer: 14 bis 15 Tage, Nestlingszeit: etwa 18 bis 19 Tage. Zwei Jahresbruten (Mai und Juli). Nachgelege.
Nahrung: wie Wintergoldhähnchen.
3. Zilpzalp, der (*Phylloscopus collybita* Vieillot): auch Weidenlaubsänger. Länge: 11 cm, Gewicht: um 9 g.
Der Z. bewohnt unterholzreiche Laub-, Misch- und Nadelwälder, Auwälder sowie Parkanlagen und Gärten. Bei uns Zugvogel, der im Mittelmeerraum überwintert.
Ein am oder meist etwas über dem Boden, in Fichtenbüschen, grasdurchwachsenen dürren Reisighaufen, Brombeergestrüpp udgl. errichteter ballenartiger Haufen aus dürrem Laub, trockenen Halmen und Moos ist sein Nest. Der Einschlupf ist seitlich und nach oben gerichtet. Das Gelege enthält fünf bis sieben Eier (15,5 x 12,0 mm, 1,2 bis 1,4 g), die auf weißlichem Grund dunkelbraun punktiert sind. Brutdauer und Nestlingszeit: jeweils 13 bis 16 Tage. Meist zwei Jahresbruten (Mai bis Juli), gelegentlich Kuckuckswirt.
Nahrung: kleine Insekten, deren Larven und Webspinnen.
4. Fitis, der (*Phylloscopus trochilus* L.): auch Fitislaubsänger. Länge: 11 cm, Gewicht: 9 g.
Der sehr muntere F. bevorzugt Auwälder, Birkenbestände, Weidengebüsch, kommt aber auch in Mischwäldern, Parkanlagen, Feldgehölzen und Gärten vor. Er ist aber im Gebirge selten über 1000 m anzutreffen. Zugvogel, der im tropischen Afrika überwintert. Kehrt im April in seine Brutgebiete zurück.
Das Nest wird immer am Boden und gut versteckt zwischen Gras und unter dichtem Gebüsch gebaut. Es ist ein ovaler, kugelförmiger Bau mit seitlichem Einschlupf. Das Gelege enthält fünf bis sieben weiße, mit rostroten Flecken versehene Eier (15,3 x 12,4 mm, ca. 1 bis 1,1 g). Brutdauer: 13 bis 14 Tage, Nestlingszeit: 18 bis 19 Tage. Meist nur eine Jahresbrut (Mai/Juni). Gelegentlich Kuckuckswirt.
Nahrung: wie Zilpzalp.
5. Berglaubsänger, der (*Phylloscopus bonelli* Vieillot): Länge: 11,5 cm.
Der B. ist dem Waldlaubsänger in Gestalt, Aussehen und Lebensweise ähnlich. Er kommt an sonnigen Südhängen der Mittelgebirge und der Alpen vor und bewohnt lichte unterholzreiche Misch-, v. a. aber Kiefern- und Lärchenwälder. Zugvogel, der hauptsächlich in Westafrika überwintert. Das Nest wird stets in einer kleinen Bodenmulde im Laub oder zwischen Geröll errichtet. Fünf bis sieben weißliche Eier (15 x 11,8 mm, um 1,2 g) mit rotbraunen Flecken. Brutdauer: 13 bis 14 Tage, Nestlingszeit: 12 Tage. Eine Jahresbrut (Mai/Juni); Nachgelege.
Nahrung: wie Zilpzalp.
6. Waldlaubsänger, der (*Phylloscopus sibilatrix* Bechstein): auch Waldschwirrvogel. Länge: 13 cm, Gewicht: 10 g.
Der W. lebt in lichten Laub- und Mischwäldern, in Auwäldern und ist der Charaktervogel des Buchenwaldes; in Nadelwäldern kommt er selten vor. Zugvogel, der im tropischen Afrika überwintert und im April/Mai zurückkehrt.

◂◂ Wintergoldhähnchen (*Regulus regulus*)

Fitis (*Phylloscopus trochilus*)

◂◂ Zilpzalp (*Phylloscopus collybita*)

Zaungrasmücke (*Sylvia curruca*)

Das kugelförmige, überdachte Nest wird am Waldboden, häufig im Fallaub, gut getarnt angelegt. Das Gelege enthält fünf bis sieben Eier (16,1 x 12,6 mm, ca. 1,3 g), die auf weißlichem Grund ziemlich dicht bräunlich gepunktet sind. Brutdauer: 13 Tage, Nestlingszeit: 11 bis 12 Tage. Meist nur eine Jahresbrut, selten zwei (Mai/Juni). Gelegentlich Kuckuckswirt.
Nahrung: wie Zilpzalp.
7. Gelbspötter, der (*Hippolais icterina* Vieillot): auch Gartenlaubvogel, Gartensänger, Gartenspötter, Bastardnachtigall. Länge: 13 cm, Gewicht: 13 bis 14 g.
Der G. bewohnt lichte Laub-, Misch- und Auwälder, buschreiche Gärten, Obstgärten, Parkanlagen, Feldgehölze, manchmal auch Alleen in größeren Städten. Zugvogel, der bereits im August in das tropische Afrika zieht und erst im Mai wieder zurückkehrt.
Das Nest wird meist einige Meter über dem Boden (zwischen 2 und 4 m) in dichten Laubbüschen (Flieder, Holunder), in Sträuchern und auf Bäumen errichtet. Das Gelege enthält drei bis sechs, meist jedoch fünf rosafarbene Eier (18,5 x 13,4 mm, ca. 1,5 bis 1,9 g) mit schwarzen Punkten und Flecken. Brutdauer: 13 Tage, Nestlingszeit: 13 bis 14 Tage. Meist nur eine Jahresbrut (Mai/Juni). Gelegentlich Kuckuckswirt.
Nahrung: wie Zilpzalp.
8. Schlagschwirl, der (*Locustella fluviatilis* Wolf): auch Flußschwirl, Flußrohrsänger. Länge: 14 cm.
Der S. lebt bei uns und im östlichen Europa in Auwäldern und anderen Wäldern mit dichtem Unterwuchs sowie in Kahlschlägen (Name!). Zugvogel, der in Afrika überwintert.
Das Nest mit tiefer Mulde wird in Wäldern im dichtesten Gebüsch oder am Ufer stehender Gewässer gebaut. Das Gelege besteht aus vier bis fünf weißlichen oder rötlichweißen Eiern (20 x 15,1 mm), die dicht braun gefleckt sind. Brutdauer: 12 bis 13 Tage, Nestlingszeit: ca. 12 Tage. Eine Jahresbrut (Ende Mai bis Juli).
Nahrung: Kleininsekten und ihre Entwicklungsstadien.
9. Feldschwirl, der (*Locustella naevia* Boddaert): auch Busch- und Heuschreckenrohrsänger. Länge: 13 cm.
Der F. bewohnt mit Vorliebe sumpfige Wiesen und mit hohem Gras bewachsene Waldlichtungen sowie bebaute Felder. Zugvogel, der in Südeuropa und Nordafrika überwintert.
Das Nest ist meist ein länglicher tiefer Napf und wird im Sumpfgelände, auf feuchten Wiesen, trockenen Waldlichtungen auf oder nahe dem Boden und gut versteckt im dichtesten Pflanzenwuchs errichtet.
Das Gelege besteht aus fünf bis sechs Eiern (18,1 x 13,8 mm, 1,7 g), die auf rötlichweißem Grund dicht rostrot gefleckt sind. Brutdauer: 13 bis 14 Tage, Nestlingszeit: zehn bis 12 Tage. Bei uns eine Jahresbrut (Mai bis Juli); Nachgelege.
Nahrung: allerlei kleine Insekten und deren Larven, daneben auch kleine Webspinnen und kleine Nacktschnecken.
10. Zaungrasmücke, die (*Sylvia curruca* L.): auch Klappergrasmücke, Müllerchen. Länge: 13,5 cm, Gewicht: um 12 g.

Die Z. bewohnt offenes Gelände mit Buschgruppen, lichte Wälder, Feldgehölze, Parkanlagen und Gärten. Zugvogel, der hauptsächlich in Ostafrika überwintert.

Das locker aus Würzelchen, Hälmchen und trockenen Pflanzenstengeln gebaute Nest befindet sich meist niedrig bis 1,5 m über der Erde in Dornhecken, Ziergebüsch und kleinen Fichten sowie in Beerensträuchern. Das Gelege besteht aus vier bis sechs weißlichen Eiern (16,5 x 12,6 mm, ca. 1,7 g) mit grauen und bräunlichen Flecken. Brutdauer und die Nestlingszeit: jeweils 11 bis 12 Tage. Meist nur eine Jahresbrut, selten eine zweite (Mai/Juni). Nachgelege.

Nahrung: wie Zilpzalp; im Herbst kleine Beeren.

11. **Dorngrasmücke**, die (*Sylvia communis* Lath.): auch Weißkehlchen. Länge: 14 cm, Gewicht: um 14 g.

Die D. bewohnt offenes Gelände mit dornigen Hecken und anderem Gestrüpp, bebuschte Wegränder, Weidendickichte und lichten Laubwald. Zugvogel, der im tropischen Afrika überwintert.

Das Nest wird niedrig über dem Boden, besonders im Dorngestrüpp, in kleinen Brombeerbüschen und in Brennesselstauden errichtet. Das Gelege besteht aus vier bis sechs recht unterschiedlich gefärbten Eiern (18,1 x 13,8 mm, ca. 2 g); meist graugrün, auch gelb, mit unterschiedlich großen, dunkelgrauen oder bräunlichen Flecken. Brutdauer: 11 bis 13 Tage, Nestlingszeit: zehn bis 12 Tage. Zwei Jahresbruten (Anfang Mai bis Juli). Gelegentlich Kuckuckswirt.

Nahrung: wie Zilpzalp; im Spätsommer Beeren.

12. **Sperbergrasmücke**, die (*Sylvia nisoria* Bechstein): Länge: 15 cm, Gewicht: um 30 g.

Die S. lebt in unterholzreichen Laubwäldern, auf Waldblößen, in Feldgehölzen mit Dorngestrüpp, Parkanlagen, buschigen Ufern und in Auwäldern. Zugvogel, der im tropischen Afrika überwintert.

Das umfangreiche, flachmuldige und feste, aus Halmen und Stengeln gebaute Nest befindet sich kaum höher als 1 m im dichten Buschwerk oder in dornigen Hecken. Das Gelege besteht aus vier bis sechs grauweißen Eiern (21,1 x 14,4 mm, 2,5 g), die mit bräunlichen Flecken versehen sind. Brutdauer: 14 bis 15 Tage, Nestlingszeit: 12 bis 15 Tage. Eine Jahresbrut (Mai/Juni). Oft Kuckuckswirt.

Nahrung: Insekten und deren Larven, süße Früchte und Beeren.

13. **Gartengrasmücke**, die (*Sylvia borin* Boddaert): auch Grasmücke, Grashexe. Länge: 14 cm; Gewicht: um 20 g.

Die G. bewohnt unterholzreiche Laub-, Misch- und Auwälder, ausgedehnteres Ufergebüsch und Parkanlagen sowie größere buschreiche Gärten. Zugvogel, der im tropischen Afrikas überwintert.

Das Nest wird hauptsächlich im Gebüsch, in kleinen umwucherten Fichtenbäumchen oder im Gerank von Himbeeren, Brombeeren etc. errichtet. Der Neststand ist sehr niedrig, meist in einer Höhe von 40 bis 120 cm. Das Gelege enthält vier bis sechs unterschiedlich gefärbte Eier (20,1 x 14,8 mm, 2,4 bis 2,6 g); meist gelblichweiß, spärlich mit hellbraunen bis dunkelbraunen Flecken. Brutdauer: 12 bis 14 Tage, Nestlingszeit: zehn bis 12 Tage. Meist eine Jahresbrut (Mai/Juni), selten eine zweite (Juli); Nachgelege. Häufig Kuckuckswirt.

Nahrung: wie Zilpzalp; im Spätsommer Beeren.

14. **Mönchsgrasmücke**, die (*Sylvia atricapilla* L.): auch Schwarzplättchen, Schwarzkopf, Kardinälchen. Länge: um 14 cm, Gewicht: um 20 g.

Die M. ist ein Teilzieher, der vorwiegend im Mittelmeerraum überwintert und zeitig im Frühjahr zurückkehrt. Sie bewohnt hauptsächlich lichte, nicht zu trockene, unterholzreiche Nadel-, besonders aber Laub- und Mischwälder, auch Auwälder sowie Parkanlagen, buschreiche Gärten und Feldgehölze.

Das Nest wird meist niedrig und locker aus Grashalmen, feinen Wurzelfasern und Pflanzenwolle gut versteckt im Dorngestrüpp, Gebüsch oder auf kleinen Fichtenbäumchen gebaut. Das Gelege besteht aus vier bis sechs Eiern (19,6 x 14,7 mm, 1,8 und 2,1 g), die in der Färbung sehr variabel sind; häufig bräun-

▸▸ Die Graue Baumflechte ist sehr formenreich.

lichweiß, grünlichweiß, mit dunkelbraunen und aschgrauen Flecken, manchmal mit sog. „Brandflecken“. Brutdauer: 13 bis 14 Tage, Nestlingszeit: zehn bis 12 Tage. Zwei Jahresbruten (Mai/Juli); bisweilen Kuckuckswirt; Nachgelege.

Nahrung: vorzugsweise Insekten und Beeren.

Grasnutzung, die: früher übliche Gewinnung des im Wald wachsenden Grases und anderer als Viehfutter dienender Pflanzen zur Viehernährung, für gewerbliche Zwecke (Seegras; → Seegrasnutzung) oder zum Schutze der Forstkulturpflanzen. Örtlichkeiten, die eine reichliche G. gewährleisteten, wurden in ständige und unständige Grasflächen unterschieden. Die ständigen Flächen (Forstwiesen) umfaßten die Straßenlichtungen, Böschungen und Holzlagerplätze etc., die unständigen die Schlagflächen und Kulturen auf graswüchsigem Boden und die holzlosen Stellen in alten Beständen. Die Gewinnung des Grases erfolgte entweder mit der Sichel oder durch Ausrupfen. Letzteres war ungefährlicher, weil Beschädigungen von Forstpflanzen sicherer vermieden wurden als beim Absicheln. Die G. wurde von den Waldbesitzern meist unentgeltlich oder gegegen geringe Entschädigung (Grasscheine) den Waldarbeitern und der sonstigen ärmeren Bevölkerung überlassen.

Graßach, das: auch Grasset. alter bayer. Ausdruck für Fichten- und Tannentriebe oder -zweige (grüne Aststreu; Hackstreu, Schneitelstreu), die zu Viehfutter oder Streu kleingehackt wurden.

Grassamennutzung, die: Auf Kahlschlagflächen, an Waldwegen und in lichten Waldorten finden sich u. a. fast alle jene Grasarten, die den Bestand der Kulturwiese bilden. Die Wiesengräser wurden fast ausnahmslos vor der Samenreife gemäht. Im Wald können die Samen ungestört ausreifen. Deshalb wurden früher die Grassamen durch Abschneiden der reifen Büschel mit zusammengefaßten Fruchthalmen unter den Ähren und Ausdreschen nach erfolgter Trocknung gewonnen. Gesonderte Ernte jeder einzelnen Grasart war allerdings nötig, um reines Saatgut zu gewinnen.

Grassavanne, die: → Trockensavanne.

Grasset, das: → Graßach.

Grassgarb, die: alter bayer. Ausdruck für ein Bündel Nadelholzzweige (→ schneideln (schnaiteln) und sammeln).

Graßholz, das: auch Graßstreu. alte bayer. Bez. für Äste und Zweige vom Ndh; → Graßach.

Grat, der: → Waldbart.

Graubrauner Schneckling, der: → Schnecklinge 8.

Graue Baumflechte, die (*Hypogymnia physodes* (L.) Nyl.): Die zur Fam. Schüsselflechte (*Parmeliaceae*) aus der Abteilung → Flechten zählende G. B. ist weit verbreitet und sehr häufig. Sie kommt auf Gestein, Rinde, Erde und auf altem Holz vor. Besonders im Bergland wächst sie oft massenhaft an Stämmen und Ästen von Laubbäumen und Nadelbäumen, bevorzugt an jungen Fi. In Gebieten mit hoher Luftverunreinigung ist sie oft die letzte überlebende Großflechte. Die sehr formenreiche Blattflechte bildet etwa 2 bis 15 cm große, rasig ausgebreitete oder kreisförmig-rosettig angeordnete Lager (→ Thallus). Sie ist oberseits grau oder grünlichgrau, unterseits mehr braunschwarz, zum Rand hin heller. Die Randlappen liegen der Unterlage meist an, sind breitwulstig oder schmal, gelegentlich auch fiederig geteilt, und hochgewölbt. Die → Apothecien sind schüsselförmig, 2 bis 10 mm breit, mit gelb- bis rotbrauner Scheibe, später flach bis schwach gewölbt. Eine Verwechslung dieser Art mit anderen *Hypogymnia*-Arten und graunen *Parmelia*-Arten (→ Felsen-Schüsselflechte) ist leicht möglich.

Graue(r/s) … Stichworte, die hier nicht zu finden sind, siehe unter dem jeweiligen Hauptnamen.

Grauentchen, das: → Enten 2.

Grauerde, die: → Podsol.

Grauerle, die: → Erlen 1.

Grauerlen-Auenwald, der: → Grauerlen-Galeriewald.

Grauerlen-Galeriewald, der (*Alnetum incanae*): auch Grauerlen-Auenwald, Quell- und Niederungswälder. Pflanzensoziologische → Assoziation des Unterverbandes → Erlen-Eschen-Auenwald (*Alnenion glutinoso-incanae*). Der G., eine montane Laubwaldgesellschaft (Weichholz-Aue) an kleinen Flüssen, tritt auf sand- und schotterreichen, kalkhaltigem Substrat, zumindest auf basenreichen Böden auf und kommt deshalb vorwiegend in den Alpen und im Alpenvorland, gelegentlich auch in Kaltlufttälern des Bayerischen Waldes und des Schwarzwaldes, vor. Die Baumschicht wird von WEr (Grauerle) beherrscht, zu der Es, BAh, TrKi, SWei, Roter Hartriegel, Rote Heckenkirsche, Kratzbeere, Pfaffenhütchen kommen. In der Krautschicht kommen die → Charakterarten Akeleiblättrige Wiesenraute, Schwarzwerdende Weide, Feuchte- und Stickstoffzeiger des Verbandes → Hartholz-Auenwälder, wie Waldziest, Giersch, Waldengelwurz, Sumpfmädesüß, Eisenhut und Waldzwenke vor; → Auwälder, Waldgesellschaften.

Graufalke, der: → Bussarde 2.

Graugrüner Milchling, der: → Milchlinge 14.

Graukappe, die: → Rötelritterlinge 2.

Graukern, der: auch Spritzkern. Wird ein Rotkern (→ Fehlverkernung) von Pilzen befallen, entsteht im Laufe der Zeit aus dem Rotkern ein G. und bei fortschreitender Zersetzung schließlich die → Weißfäule.

Graupappel, die: → Pappel 1.

Graureiher, der: → Reiher 1.

Graurüßler, der: → Rüsselkäfer 3.

Grauschimmelfäule, die (*Botrytis cinerea*): Der Pilz befällt alle Baumarten in allen Altersklassen, tritt aber besonders in Kulturen und Jungwüchsen auf. Bei Befall vertrocknen die diesjährigen Triebe. Sie werden braun und hängen schlaff herab. Im Ggs. zu den ähnlichen Spätfrostschäden, bei denen meist alle Triebe vertrocknen, werden durch G. nur einzelne Triebe befallen.

Grauschnäbeliger Bussard → Bussarde 3.

Grauschnäpper, der: → Fliegenschnäpper 1.

Grauspecht, der: → Spechte 2.

Grauweide, die: → Weiden 1. und 10.

Grauweidengebüsche und Moorbirken-Bruchwälder (*Salicion cinereae*): pflanzensoziologischer Verband der Ordn. → Bruchwälder und Bruchweiden-Gebüsche (*Alnetalia glutinosae*). Diese Gebüsche schließen in → Natur- und → Kulturlandschaft an die Schwarzerlen-Bruchwälder gegen Wasserflächen, bzw. Röhrichte an. Bei den → Pflanzengesellschaften dieses Verbandes handelt es sich um primäre oder sekundäre Pioniergehölze, besonders an Moor- und Seerändern oder auf aufgelassenen Moor- und Feuchtwiesen, wo sie als Buschwerk, mit oder auch ohne einzeln stehende Bi den Beginn der Wiederbewaldung anzeigen, aber teilweise auch schon waldartige Formen annehmen können, z. B. Lorbeerweiden- oder Ohrweiden-Birkenbruch. → Charakterarten sind die namensgebende Grauweide, die Öhrchenweide, Begleiter sind u. a. Faulbaum, Sumpfdistel, Flatterbinse, Weißes Straußgras. Auf eutrophen Standorten kommen neben der Bi dann SEr hinzu, was den Übergang zum Verband der → Schwarzerlen-Bruchwälder (*Alnion glutinosae*) anzeigt, mit dem sie in direktem Kontakt stehen und dessen → Mantelgesellschaft sie bilden; → Waldgesellschaften.

Grauwürger, der: → Würger 2. und 4.

Gravitationswasser, das: → Bodenwasser.

Gravitropismus, der: → senkelwüchsig.

Grebe, Karl Friedrich August, Dr. (20.6.1816 Großenritte in Kurhessen bis 12.4.1890 Eisenach): G. studierte an der polytechnischen Schule in Kassel, der Forstlehranstalt Melsungen und der Universität Berlin. Am 1.4.1840 wurde er Dozent der Forstwissenschaft, Mineralogie, Geologie und Botanik an der landwirtschaftlichen Akademie Eldena. 1844 als Forstrat nach Eisennach berufen, ging er aber am 1.7.1849 wieder nach Eldena und wurde zugleich Forstmeister der Universität Greifswald. Er kehrte am 1.4.1850 nach Eisenach zurück als Direktor der großherzoglichen Forsttaxationskommission mit dem Titel Oberforstrat, ab 1865 Geheimer Oberforstrat und ab 1880 Oberlandforstmeister.
G. schrieb u. a.: „Die Beaufsichtigung der Privatwaldungen seitens des Staates" (1845), „Forstliche Gebirgskunde, Bodenkunde und Klimalehre" (1853), „Der Buchenhochwald" (1856), „ Die Lehrforste der Eisenacher Forstschule" (1858), „Die Betriebs- und Ertragsregulierung der Forsten" (1867). G. gab außerdem auch mehrere Werke von → König in neuer Auflage heraus, z. B. „Forstbenutzung" (3. Auflage 1882), „Waldpflege" (3. Auflage 1875) und „Forstmathematik" (5. Auflage 1864).

Greben der: → Lappentaucher 1.

Greden → Ganter.

Greenpeace (englisch: Grüner Friede): Bez. für eine 1971 in Kanada (Vancouver) gegründete internationale Umweltschutzorganisation. Heute gibt es in über 20 Staaten G.-Gruppen, darunter auch in der BR Dtschl. (Mitte 1990 rd. 600 000 Mitglieder). Ziel von G. ist es, durch gewaltfreie Aktionen auf die Bedrohung der Umwelt aufmerksam zu machen und die Regierungen zu entsprechenden Maßnahmen zu veranlassen. Der Hauptsitz von G. befindet sich in Amsterdam. Bei der UNO hat G. einen Beobachterstatus; → Robin Wood.

Gregärparasitismus, der: → Parasitoid.

Gregärparasitoid, der: → Parasitoid.

greifiger Baum, der: Als g. B. bezeichnete man früher einen schwachen Baum, der mit beiden Händen umspannt werden konnte.

Greifvögel (Greife, *Falconiformes, Accipitres*): eine eigene Ordn. mit vier Fam., darunter die Fam. der → Falken (*Falconidae*) und die umfangreiche Fam. der Greife (*Accipitridae*), zu der u. a. die → Adler, → Bussarde, → Geier, → Habichte, → Milane, → Sperber und Weihen gehören. Kennzeichnend für alle G., die auch Tag-G., früher Raubvögel oder Tagraubvögel genannt werden, sind der gekrümmte Oberschnabel und die relativ starken Fänge (Zehen). Sie sind fast alle ausgesprochene Tagjäger (Ausnahme: Weihen, die in der Dämmerung jagen) und können sehr weit und sehr scharf sehen. G. töten ihre Beute entweder mit den Krallen (Grifftöter) oder durch einen Schnabelbiß ins Genick (Bißtöter). Zu den Grifftötern gehören Adler, Habicht, Mäusebussard, Rohrweihe, Sperber, zu den Bißtötern die Falken. Unverdaute Nahrungsreste wie Haare, Federn, Knochensplitter und Steinchen werden als Gewölle (Speiballen) wieder ausgespien. Das Gewölle der G. enthält im Ggs. zu dem der → Eulen nur ganz selten Knochenteile. G. leben monogam. Die Weibchen sind immer größer als die Männchen. Sie

Karl Friedrich August Grebe, Oberlandforstmeister in Eisenach

haben ein abgegrenztes Brutrevier (Standrevier), in dem sie keine Artgenossen dulden und ein sehr viel größeres Jagdrevier, in dem auch andere Vögel Beute machen. Der Horst (Nest) wird entweder an Felswänden (Steinadler, Geier) oder in den Wipfeln hoher Bäume errichtet (Bussarde, Habichte, Milane), bei manchen Arten (z. B. Weihen) auch am Boden. Meist brütet nur das Weibchen, bei einigen Arten (Steinadler, Schwarzer Milan, Falken) wechseln sich die Partner ab. Das brütende Weibchen wird bei manchen Arten vom Männchen mit Nahrung versorgt. Während der Aufzucht der Jungen bringt das Männchen die Beute an den Horst, die dort vom Weibchen zerkleinert und an die Jungen verfüttert wird. Die Jungen sind Nesthocker. G. können aufgrund ihrer Flugart und ihres Flugbildes erkannt werden. Habicht und Sperber sind schnelle Flieger mit langem kräftigem Schwanz und kräftigen Rundschwingen und unterscheiden sich nur hinsichtlich ihrer Größe. Ein langsamer Flieger, oft gleitend und segelnd, ist der Bussard, der mit seinen breiten Schwingen und dem breiten Schwanz plump wirkt. Die Falken sind schnelle und gewandte Flieger mit schmalen, spitzen Schwingen und schlankem Schwanz. Die Adler sind allein schon an ihrer Übergröße, den gewaltigen Schwingen, dem breiten Schwanz und an ihrem kraftvollen Flug (sie segeln gerne) zu erkennen. Die Milane haben einen gegabelten Schwanz, der beim Roten Milan stark ausgeprägt ist. Die Weihen, die bestimmte Biotope bevorzugen, jagen mit Vorliebe in der Dämmerung mit hochgewölbten Schwingen und schaukelndem Flug. Viele G.-Arten, so z. B. die Adler, sind in Mitteleuropa vom → Aussterben bedroht. Die Veränderung der Biotope, die den Ansprüchen der G. nicht mehr gerecht werden, aber auch der Einsatz verschiedener → Pflanzenschutzmittel in der Land- und Forstwirtschaft haben zu einem ste-

Der Artname Fuchs-Greiskraut geht auf den Arzt und Botaniker Leonhard Fuchs (1501 – 1565) zurück.

tigen Rückgang verschiedener Arten geführt. Einige Bundesländer haber daher besondere Bestimmungen zum Schutz der G. getroffen, die u. a. auch den Erwerb, die Haltung und die Verwendung in der Falknerei (Jagd mit abgerichteten Greifvögeln) beinhalten. Ferner sind die G. in den besonderen → Artenschutz einbezogen worden.

Greifzug, der: zur Holzfällung gehörendes Gerät. Der G. wird zum Zufallbringen von → Hängern, zur Sicherung des Einhaltens der Fallrichtung, insbesondere in der Nähe von Straßen, Gebäuden, Strom- und Telefonleitungen etc. sowie zum Anheben oder Absenken von schweren Lasten eingesetzt oder zum Spannen von Tragseilen bei Seilanlagen verwendet. Durch das Einschalten von Rollen (Flaschenzugprinzip) kann die Zugkraft vervielfacht werden.

Greiskraut, das (*Senecio*): auch Kreuzkraut. Gatt. mit über 1500 weltweit verbreiteten Arten aus der Fam. der → Korbblütler. Es sind Kräuter, Halbsträucher, Blatt- oder Stammsukkulenten (wasserspeichernde Pflanzen) mit in Trauben stehenden oder einzelnen Blütenköpfchen (→ Blütenstand). Da unter den meisten G.-Arten Bastardbildung häufig vorkommt, ist die genaue Artbestimmung oft schwierig. Bekannte einheimische, auch im Wald wachsende Arten:

▸▸ Sumpf-Greiskraut (*Senecio paludosus*)

1. Fuchs-Greiskraut, das (*Senecio fuchsii* C. C. Gmelin): auch Fuchs-Kreuzkraut. Das F. ist hauptsächlich über Mitteleuropa und dem Balkan verbreitet. In Dtschl. kommt es zerstreut bis selten, in den Mittelgebirgen und Alpen verbreitet vor. In Norddtschl. fehlt es. Es wächst in krautreichen Buchen- und Buchen-Mischwäldern, Bergmischwäldern, Laubwäldern, Hochstaudenfluren, Hecken und gebüschen, Schlehengesellschaften, auf Kahlschlägen, an Waldrändern, bevorzugt an schattig-feuchten Stellen, auf frischen, nährstoffreichen Böden; Nitrifizierungszeiger (→ Bodenanzeiger). In den Alpen ist es bis über 2000 m Höhe anzutreffen.

Die mehrjährige, kahle, aufrechte, 60 bis 150 cm hohe Pflanze hat einen meist rot überlaufenen Stengel und kahle oder nur unterseits spärlich behaarte, lanzettliche (oberseits meist fünfmal so lange wie breite) Blätter, deren Rand fein gesägt ist. BZ: Juli bis August (September). Die zahlreichen gelben, wohlriechenden, 2 bis 3 cm breiten Blütenköpfe, die in einer lockeren doldenartigen Rispe angeordnet sind, bestehen aus sechs bis 15, meist 12 röhrigen, zwittrigen Scheibenblüten und meist fünf weißlichen, zungenförmigen Randblüten. Die etwa 4 mm langen Früchtchen sind längsgestreift und tragen eine Haarkrone (→ Pappus). Das F. ist ein Bodenlockerer und guter Bodenbereiter. Bei massenhaftem Auftreten wird es im Wald jedoch zu einem lästigen Unkraut.

2. Hain-Greiskraut, das (*Senecio nemorensis* Linné): auch Hain-Kreuzkraut. Das H. ist hauptsächlich über Mittel- und Südeuropa verbreitet. In Dtschl. ist es relativ selten; es kommt v. a. in den Mittelgebirgen bis 900 m vor. In Norddtschl. fehlt es. Es wächst in staudenreichen Bergmisch-, Schlucht- und Laubwäldern, Bergahorn-Buchenwäldern, Linden-Ahorn-Wäldern, Hochstaudenfluren, Gebüschen, auf Kahlschlägen, Bergwiesen und an Gebirgsbächen, an feuchten schattigen Stellen.

Das H. ist eine ausdauernde, mehrjährige, aufrechte, etwa 50 bis 120 cm (150 cm) hohe Pflanze und hat einen ziemlich dicken, leicht kraus behaarten Stengel. Die unteren, länglich-eiförmigen und oberen, ei-lanzettlichen Blätter sind im Durchschnitt dreimal so lang wie breit. Der Blattrand ist knorpelig gezähnt und stark bewimpert. BZ: Juli bis August (September). Die gelben, etwa 25 mm breiten Blütenköpfchen, die in dichten Blütenständen stehen, bestehen aus 14 bis 20 röhrenförmigen, zwittrigen Scheibenblüten und i. d. R. fünf (bis acht) zungenförmigen Randblüten.

Das H. diente früher als äußerlich angewandtes Wundheilmittel, besonders bei eiternden Wunden.

3. Jakobs-Greiskraut, das (*Senecio jacobaea* Linné): auch Jakobs-Kreuzkraut, Jakobskraut. Das J. ist fast über ganz Europa und über Nordasien verbreitet. Es wächst in lichten Wäldern, Staudenfluren, auf Schlagflächen, an Wald- und Wegrändern, Dämmen und buschigen Hängen, auf Trockenwiesen, Halbtrockenrasen, sonnigen Hügeln und an Ufern.

Die zwei- oder mehrjährige, kräftige, aufrechte, giftige, 30 bis 100 cm hohe Pflanze hat einen kantig gerillten, oft rötlich überlaufenen, locker spinnwebartig behaarten Stengel. Die mittleren Stengelblätter sind fiederspaltig mit tief gezähnten Fiederlappen. Die Grundblätter sind mehr leierförmig-fiederteilig mit großem Endabschnitt und zur Blütezeit, Juni bis Oktober, meist schon verwelkt. Die goldgelben, 15 bis 20 mm breiten Blütenköpfchen, die in ziemlich dichten, aufrechten Doldentrauben stehen, bestehen aus 60 bis 80 röhrenförmigen, zwittrigen Scheibenblüten und meist 12 bis 15 zungenförmigen weiblichen Randblüten. Die Früchtchen sind rauh mit Haarkrone; die Randfrüchtchen kahl, mit hinfälliger Haarkrone.

Das J. ist ein Rohbodenbefestiger, aber auch ein Wald- und Weideunkraut. In der Naturheilkunde findet das J., wie das Gewöhnliche Greiskraut (*Senecio vulgaris* L.), das ähnliche medizinische Eigenschaften hat, Verwendung. Es werden die ganze Pflanze (kurz vor dem Aufblühen), die Blätter und der Saft, die → Alkaloide, Gerbstoff, Mineralsalze und Schleimstoffe enthalten und die adstringierend, auswurffördernd, wundheilend, wurmtreibend und menstruationsregulierend wirken, innerlich bzw. äußerlich angewendet, u. a. bei Angina, Husten, Durchfall, Hämorrhoiden, Nervosität, Insektenstichen und gegen Darmparasiten. Da die Pflanze giftig ist, ist bei der Dosierung Vorsicht geboten.

4. Sumpf-Greiskraut, das (*Senecio paludosus*): auch Sumpf-Kreuzkraut. Das S. ist hauptsächlich über Mitteleuropa und die Britischen Inseln verbreitet. In Dtschl. ist es zerstreut im Süden, nach Norden zu seltener anzutreffen. Es wächst in Bruchwäldern, lichten Erlenbeständen und Moorbirkenwäldern, auf feuchten und nassen Wiesen, im Röhricht sowie an Ufern, bis in 600 m Höhe.

Die stattliche, aufrechte, mehrjährige Pflanze wird 50 bis 200 cm hoch und hat einen hohlen, furchig gerieften, am Grunde oft roten, oberwärts schwach behaarten, bis oben beblätterten Stengel. Die lineal-lanzettlichen Blätter sind bis zu 14 cm lang, der Blattrand stark sägezähnig mit nach vorne weisenden Zähnen.

BZ: Juni bis August. Die goldgelben, 3 bis 4 cm breiten Blütenköpfchen, die zu zehn bis 30 Stück zu reichblütigen, doldenartigen Rispen angeordnet sind, bestehen aus zwittrigen Röhrenblüten und meist 13 zungenförmigen Randblüten. Die Früchtchen tragen eine weiße Haarkrone.

5. Wald-Greiskraut, das (*Senecio silvaticus*): auch Wald-Kreuzkraut. Das W. ist über weite Teile Europas verbreitet. Es ist häufig und wächst herdenweise in lichten Laub- und Mischwäldern, auf Waldblößen, Kahlschlägen, an Waldrändern, bevorzugt auf trockenen, steinigen Sand- und Humusböden (Nitrifizierungszeiger), von der Ebene bis in Höhen von 1800 m.

Die einjährige, 15 bis 50 cm hohe, giftige Pflanze ist kahl bis zerstreut wollig behaart. Die Blätter sind tief fiederspaltig mit linealen gezähnten Abschnitten. BZ: Juli bis September. Die kleinen, hellgelben, etwa 5 mm breiten Körbchen, die in lockeren Doldenrispen stehen, bestehen aus Röhrenblüten und zungenförmigen Randblüten, die meist zurückgerollt sind und die Hüllblätter, die eine schwarze Spitze haben, nur wenig überragen.

6. Wasser-Greiskraut, das (*Senecio aquaticus*): auch Wasser-Kreuzkraut. Das W. ist, mit Ausnahme des äußersten Südostens, fast über ganz Europa verbreitet. In Dtschl. kommt es zerstreut bis häufig vor; gegendweise fehlt es. Es wächst häufig in kleineren oder auch etwas größeren Beständen, in Auwäldern, an Quellen, Gräben und Gewässerufern, auf Moorwiesen, gedüngten Feucht-, Naßwiesen (Verbands-Charakterart), auf Torfböden (Düngungszeiger). In den höheren Lagen der Mittelgebirge und der Alpen fehlt es.

Die mehrjährige, aufrechte, 15 bis 60 cm hohe Pflanze hat einen stielrunden Stengel, der schwach gestreift, am Grunde oft rot überlaufen und im oberen Teil behaart ist. Die Blätter sind gelblichgrün, kahl. BZ: Juni bis Oktober. Die goldgelben, 2 bis 3 cm breiten Blütenköpfe, die in lockerer, fast blattloser, doldenartiger Rispe (Ebenstrauß) stehen, bestehen aus vielen zwittrigen Röhrenblüten und etwa 12 bis 16, weiblichen, zungenförmigen 1 bis 1,2 cm langen Randblüten.

7. Raukenblättriges Greiskraut, das (*Senecio erucifolius*): Das über Nord-, West- und Mitteleuropa verbreitete R. G. kommt in Dtschl. selten bis verbreitet vor und wächst auf Moorwiesen, Kalkmagerrasen, an Wald- und Buschrändern.

Es ist dem Jakobs-Greiskraut sehr ähnlich; die Blattlappen sind jedoch schmäler, die Endlappen spitzer, und die Öhrchen am Blattgrund sind unzerteilt. Die äußeren Hüllblätter (vier bis sechs) der Blüte sind halb so lang wie die inneren. BZ: Juli bis September.

8. Fluß-Greiskraut, das (*Senecio fluviatilis*): Das F. ist über die Britischen Inseln, West- und Mitteleuropa verbreitet und kommt in Dtschl. zerstreut bis selten vor. Es wächst an Flußufern, in Flußauen und in Weidengebüschen.

Es ist dem Sumpf-Greiskraut sehr ähnlich, hat jedoch kahle Blätter, die gezähnt sind. Der Blütenstand hat ca. 3 cm im Durchmesser mit weinigen (bis acht) Strahlenblüten.

9. Alpen-Greiskraut, das (*Senecio alpinus*): auch Alpen-Kreuzkraut. Das über Mitteleuropa verbreitete, in Dtschl. selten bis zerstreut vorkommende A. wächst in Hochstauden- und Grünerlengebüschen, in tieferen Lagen in Hartholz-Auenwald-Gesellschaften und ist auf den gedüngten Flächen der Alpenweiden eine Lägerpflanze geworden (Stickstoff- und Beweidungszeiger).

Das 30 bis 100 cm hohe A. ist dem Sumpf-G. ähnlich. Die unteren herzförmigen Blätter haben einen ungeflügelten Stiel.

10. Berg-Greiskraut, das (*Senecio subalpinus*): Das B. ist über Mitteleuropa verbreitet und kommt in Dtschl. zerstreut bis selten vor. Es wächst in Hartholz-Auenwäldern, in Staudenfluren, an Waldbächen und -quellen.

Es ist dem Sumpf-Greiskraut ähnlich, hat jedoch einen fiederig-geflügelten Blattstiel.

11. Gemeines Greiskraut, das (*Senecio vulgaris*): Das über ganz Europa verbreitete, in Dtschl. sehr häufig vorkommende G. G. wächst auf Waldschlägen, Äckern, Schuttplätzen, in Unkrautfluren und Gärten, auf unterschiedlichen, bevorzugt aber auf stickstoffhaltigen Böden, bis in Höhen von über 2000 m.

Die einjährige, 10 bis 30 (50) cm hohe Pflanze hat einen kahlen oder behaarten Stengel. Die buchtig gelappten bis fiederspaltigen Blätter sind oberseits kahl, gezähnt, meist stengelumfassend mit geöhrtem Grund. BZ: März bis Oktober. Die ca. 1 cm langen Blütenköpfchen bestehen nur aus Röhrenblüten (sehr selten wenige Zungenblüten) und bestäuben sich meist selbst. Die Blütenhülle besteht aus braun-schwarz bespitzten Hüllblättchen. Die kleinen Früchtchen mit 5 mm langem Pappus werden mit dem Wind verbreitet. Das früher als Heilpflanze verwendete G. G. ist giftig.

12. Steppen-Greiskraut, das (*Senecio integrifolius*): Das über Nord-, West- und Mitteleuropa verbreitete S. kommt in Dtschl. selten vor und wächst in lichten Gebüschen, Mooren und Kalk-Magerrasen.

Die bis 25 cm hohe Pflanze ist nur im oberen Teil verzweigt und jung spinnwebig-wollig behaart. Die rosettig stehenden Grundblätter sind eiförmig, länger als der Blattstiel und entfernt gezähnt. Die 1,5 bis 2,5 cm breiten gelben Korbblüten stehen in einer Rispe. BZ: Mai/Juni.

13. Spatelblättriges Greiskraut, das (*Senecio helenitis*): Das über West- und Mitteleuropa verbreitete S. G. kommt in Dtschl. selten vor und wächst in lichten Wäldern, wechseltrockenen Laubwaldgesellschaften und Moorwiesen.

Die bis zu 100 cm hohe Pflanze ist dem Steppen-Greiskraut sehr ähnlich, hat mehr oder weniger herzförmige Grundblätter, die so lang wie der schmal geflügelte Blattstiel und unterseits wollig-filzig sind. BZ: Mai/Juni. Die gelben Korbblüten sind 1,5 bis 2,5 cm breit und stehen in einer Rispe.

14. Bach-Greiskraut, das (*Senecio rivularis*): auch Krauses G. Das B. ist über Mitteleuropa verbreitet, kommt in Dtschl. zerstreut bis selten vor und wächst in feuchten Wäldern und Wiesen, Hartholz-Auenwäldern, an Waldbächen und -quellen.

Es ist dem Spatelblättrigen G. sehr ähnlich; die Grundblätter sind jedoch lang gestielt und der Fruchtknoten ist kahl. BZ: Mai/Juni.

15. Eberrauten-Greiskraut, das (*Senecio abrotanifolius*): Das über Mitteleuropa verbreitete E. kommt in Dtschl. in den Alpen vor und wächst in Schneeheide-Kiefernwäldern, Alpenrosen-Latschengebüschen, Krummholzfluren, Zwergstrauchgestrüppen und Zwergwacholderheiden.

Das 15 bis 40 cm hohe E. hat blaugrüne Blätter und orange bis orangerote (*S. a. ssp. tirolensis*) Zungen- und Scheibenblüten, die es unverwechselbar machen.

Grenzacher Buchswald, der: lokale Ausbildung des wärmeliebenden Mischwaldes mit ausgeprägtem Buchsbewuchs. Der G. B., ein 100 ha großes Naturschutzgebiet, liegt am Stadtrand von Grenzach-Whylen im Oberrheinischen Tiefland. Die Südhanglage des Waldes führte dazu, daß an dieser Stelle ein wärmeliebender Laubwald aus Flaumeichen, Hbu, Es, Eib und Schneeballblättrigem Ahorn entstand. Das besondere an diesem Wald ist, daß zwischen den Bäumen der immergrüne Buchs wuchert und z. T. eine dichte, oft undurchdringliche Stauchschicht bildet.

◂◂ Wasser-Greiskraut (*Senecio aquaticus*)

Grenzbaum, der: **1**) Während des Mittelalters wurden vielfach Bäume als → Grenzzeichen benutzt, und zwar naturgemäß mit Vorliebe solche, die durch Größe, Standort, Art, Wuchs usw. besonders bemerkenswert waren. In Ermangelung von solchen wurden geeignet stehende Bäume durch Zeichen (Einschnitte, althochdeutsch „lah") als Grenzmale kenntlich gemacht, woher die Bez. → „Lachbaum" stammt, die später vielfach mißverständlich in Lochbaum umgewandelt wurde. Im Laufe der Zeit wurden die G. meist durch dauerhaftere Male, Steine, Erdhügel ersetzt; vereinzelt haben sich sich bis in die 40er Jahre dieses Jh. erhalten.

2) Bezüglich der auf einer Grenzlinie stehenden Bäume bestimmt das Bürgerliche Gesetzbuch (BGB) in § 923: Steht auf der Grenze ein Baum, so gehören die Früchte und wenn der Baum gefällt wird, auch der Baum den Nachbarn zu gleichen Teilen. Jeder Nachbar kann die Beseitigung verlangen; die Kosten derselben fallen den Nachbarn zu gleichen Teilen zur Last. Der Nachbar, der die Beseitigung verlangt, hat jedoch die Kosten allein zu tragen, wenn der andere auf sein Recht an dem Baum verzichtet; er erwirbt in diesem Falle mit der Trennung das Alleineigentum. Anspruch auf Beseitigung ist ausgeschlossen, wenn der Baum als Grenzzeichen dient und den Umständen nach nicht durch ein anderes zweckmäßiges Grenzzeichen ersetzt werden kann.

Grenze, die: Sie ist eine gedachte Linie, welche zwei nebeneinanderliegende Grundstücke verschiedener Eigentümer voneinander scheidet und welche durch → Grenzzeichen sichtbar gemacht sein soll.

Grenzertragsboden, der: → Boden, der unter den aktuellen Bedingungen landwirtschaftlich nicht rentabel genutzt werden kann, weil er einen geringen Ertrag abwirft und/oder nur mit hohen Kosten bewirtschaftet werden kann. G. haben eine geringe Ertragsmeßzahl, starke Hanglage, schlechte Verkehrslage. Vielfach werden solche Böden aus betriebswirtschaftlichen , agrarstrukturellen oder landeskulturellen Gründen aufgeforstet; → Bodenschätzung.

Grenzkarten → Forstkarten.

Grenzlinienwirkung, die: → Rand(linien)-effekt.

Grenzsteine → Grenzzeichen.

Grenzwirtschaftswald, der (GwW): Innerhalb des → Wirtschaftswaldes in regelmäßigem Betrieb (WiW i. R. B.) kann bei Bedarf Wald geringer Qualität und Wuchsleistung auf nicht meliorationswürdigen → Standorten als G. ausgeschieden werden. Hier sind nach den bayer. Forsteinrichtungsrichtlinien die Maßnahmen auf die Walderhaltung und die Sicherung ausgewiesener Vorrangfunktionen zu beschränken und langlebige Bestandsformen möglichst zu erhalten, bzw. anzustreben.

▸▸ Grenzsteine markieren Grundstücks- und Ländergrenzen; die Erhaltung historischer Grenzzeichen ist Aufgabe der Heimat- und Denkmalpflege.

Grenzzeichen: Zur Markierung der Grenzen eines Grundstückes, eines Waldes etc. bediente man sich von jeher der G. In früheren Zeiten dienten hierzu vorzugsweise natürliche Zeichen wie z. B. Steine (→ Lagersteine) und Felsen, Wege, auch Bergrücken, Täler oder Wasserläufe, insbesondere aber Bäume, die durch eingehauene Zeichen besonders gekennzeichnet wurden (Malbäume; → Grenzbäume). Mit zunehmender Parzellierung der Grundstücke reichten aber diese natürlichen G. nicht mehr aus; sie gewährten auch vielfach nicht jene dauernde und sichere, genaue Bez., die für die Feststellung der Eigentumsverhältnisse notwendig war. Man ging deshalb mehr und mehr auf künstliche Zeichen, wie Gruben, Gräben und Steinhaufen, Hecken, Alleen, Durchhiebe und später auf Pfähle aus dauerhaftem Holz über. In steinarmen Gegenden wurden z. B. häufig Grenzhügel (Kupitzen), etwa 2 m im Durchmesser, errichtet. Darauf wurde noch ein (kleiner) Stein als Grenz- oder auch nur als Nummernstein gesetzt. Im sumpfigen Gebiet verwendete man Grenzpfähle aus Eichenkernholz, das unten, um das Herausziehen zu verhindern, mit einem Querholz versehen wurde. Heute werden allg. nur noch Grenzsteine verwendet. Nach bürgerlichem Recht sind die Eigentümer von Nachbargrundstücken einander verpflichtet, an der Errichtung oder Wiederherstellung fester G. mitzuwirken.

Grenzsteine werden heute teils in rauher, häufiger aber in regelmäßig behauener Gestalt verwendet. Sie werden aus hartem dauerhaftem Material (Basalt, Dolomit, Granit, hartem Sandstein) gefertigt und auf etwa 2/5 bis 1/2 der Gesamtlänge (30 cm) vierseitig behauen; der in die Erde kommende unbehauene Teil (3/5 bis 1/2) sein. Die oberen Stirnflächen der Steine werden zweckmäßig etwas abgerundet, damit das Wasser leicht abfließen kann. Kann der Verlauf der Grenze von einem Eckpunkt zum andern nicht überschaut werden, setzt man in die geraden Linien in angemessenen Abständen noch weitere, Läufer genannt. Zur Wiederauffindung des ehemaligen Standorts eines verlorengegangen Steines werden von den Feldgeschworenen (früher auch Vierer, Märker, Siebener, Schwurer, Landschieber genannt) unter den Stein zweckmäßig Ton-, Porzellan- oder Glasscherben, Ziegelsteinbrocken oder sonstige dauerhafte Zeichen (Materialien), die es sonst an der Stelle im Boden nicht gibt, gelegt (sog. Kunden, stumme Zeugen, Eier, Junge, Beleg, Gemerk oder Siebenerzeichen). Dieses sog. Siebenergeheimnis (Geheimnis der sieben Feldgeschworenen) durfte nur mündlich an Feldgeschworene weitergegeben werden und mußte zeitlebens bewahrt werden. In manchen Gegenden werden so auch heute noch die Grundstücksgrenzen festgesetzt und überwacht. Auf der dem betreffenden Wald zugekehrten Seite werden einige dem Waldeigentümer bezeichnende Buchstaben oder Zeichen (z. B. StW = Staatswald), auf der anderen Seite die Nummer des Steines einge-

hauen. Die Steine werden fortlaufend numeriert. Das Wort G. konnte sich erst im 19. Jh. allg. durchsetzen. Bis dahin waren je nach Gegend eine Vielzahl von Bez. üblich, z. B. Loch-, Leich-, Mark-, March-, Marich-, Ram- oder Rainstein, Scheid-, Schied- oder Wandstein, auch Furch-, Furchen-, Wandel- oder Wendelstein, Bann-, Heu-, Sned-, Term-, Zielstein, Rainzill.

Gretsch, Eugen (7.8.1859 Reichenau bis 1.10.1934 Reichenau): G. war von 1919 bis zu seiner Pensionierung im Jahre 1924 als Landforstmeister Leiter der Forstabteilung des Finanzministeriums in Karlsruhe. Vertreter des Oberförstersystems. Er veröffentlichte zwischen 1893 und 1930 zahlreiche Schriften.

Griesbeer, die: → Sanddorn.

Griesbeil, das: → Floßhaken.

Grießbleaml, das: → Schaumkraut 1.

Grießholz, das: **1)** → Liguster. **2)** frühere regionale und veraltete Bez. für das Buschholz an den Ufern und sowie im Auwald von Donau und Iller, v. a. auf Sandbänken. Das G. bestand überwiegend aus zahlreichen Arten der Wei, Er, Es, Pa, Bi, Weißdorn. Die → Umtriebszeit der G. betrug meist zehn bis 15 Jahren. Das Holz wurde fast ausschließlich für → Faschinen verwendet.

Griffel, der (*Stylus*): der obere, verjüngte stielige Teil des → Fruchtblattes, der die → Narbe und den → Fruchtknoten verbindet. Er bringt die Narbe in eine für die → Bestäubung günstige Stellung und leitet die Pollenschläuche der nach der Bestäubung auf der Narbe auskeimenden Pollenkörner (→ Pollen) zu den Eizellen, die im Fruchtknoten eingeschlossen sind.

Griffelrose, die: → Rosen 8.

griffig: alte Bez. für das Umgreifen eines Baumstammes mit den Armen (ungefähre Umfangmessung). Je nach dazu benötigter Personenzahl sprach man von ein-, zwei- und dreigriffigen Bäumen; → greifiger Baum.

Grillen (*Grylloidea*): weltweit verbreitete Über-Fam. mit mehr als 2000 Arten und mit ähnlichen Merkmalen wie die → Laubheuschrecken. Die Flügel werden jedoch in der Ruhelage so gefaltet, daß sie spießartig unter den Vorderflügeln hervorragen. Der Körper ist meist gedrungen, walzenförmig, lehmgelb bis schwärzlich gefärbt, die Fühler häufig lang und borstenförmig.

Die Männchen besitzen an der Unterseite des einen Flügels eine gezähnelte Schrilleiste und auf dem Innenrand des anderen Flügels eine glatte Schrillkante, mit der das Zirpen (Anlocken der Weibchen) durch das Gegeneinanderreiben der Flügel erzeugt wird. Die Gehörorgane mit Trommelfell befinden sich an den Vorderschienen. Die wichtigsten G., die in sechs Fam. eingeteilt werden, sind nachstehende, zu der Fam. Grabheuschrecken (*Gryllidae*) gehörenden G.:

1. Waldgrille, die (*Nemobius sylvestris*): Die dunkelbraune bis schwarze, flugunfähige W. wird ca. 1 cm lang, hat einen walzenförmigen Körper und kurze Vorderflügel; die Hinterflügel fehlen. Sie lebt unter der Bodenstreu von Laubwäldern, v. a. wenn viel Laub den Boden bedeckt. Am Nachmittag und Abend zirpt das Männchen fein und anhaltend mit den kurzen Flügelstummeln. Die W. kann schnell laufen und gut springen. Die jungen Larven überwintern im Laub; ausgewachsene Tiere scheinen den Winter nicht zu überleben.

2. Maulwurfsgrille, die (*Gryllotalpa gryllotalpa*): auch Werre. Erdkrebs, Erdwolf, Rentwurm, Reitkröte. Sie ist bräunlich gefärbt, samtartig behaart und kann bis zu 5 cm lang werden. Die

Vorderfüße sind zu handförmigen Grabschaufeln umgebildet; der Halsschild ist mächtig. Die Vorderflügel sind kurz, die häutigen Hinterflügel hingegen voll ausgebildet und befähigen sie zum Fliegen. Sie liebt lockeren Boden und lebt unterirdisch in selbstgegrabenen Gängen, die z. T. dicht unter der Bodenoberfläche ver-

laufen. Ein Weibchen legt im Juni/Juli bis zu 300 hanfkorngroße Eier. Das Weibchen betreibt Brutpflege bei Eiern und frisch geschlüpften Larven. Der Balzgesang des Männchens ist ein regelmäßiges feines Zirpen (Trillern) und kann den ganzen Sommer über vernommen werden. Durch den ober- und unterirdischen Fraß (hauptsächlich Wurzelfraß) sowie durch Grabtätigkeit kann die M. in Forstgärten und Saatkämpen schädlich werden. Neben pflanzlichen Stoffen ernährt sie sich aber auch von Insekten, Regenwürmern, Engerlingen, Drahtwürmern, Schnakenlarven usw.

3. Feldgrille, die (*Gryllus campestris* L.): Die bis 2,7 cm große F. ist schwarz mit bräunlichen Flügeln, die in Ruhestellung flach übereinanderliegen. Sie lebt überwiegend in einer selbstgegrabenen Röhre an grasigen Wegrändern. Ihre Nahrung besteht aus Insekten; gelegentlich wird sie an jungem Laubholz (Saaten) schädlich.

Grimm, J. und W. → Wald in der Dichtung, → Waldmärchen.

Grindkraut, das: → Skabiose.

Grindschnabel, der: → Rabenvögel 7.

Grobast, der: Ast mit mehr als 40 mm Durchmesser.

Grobästen, das: Entfernen grüner Äste an Protzen (→ Vorwuchs), um deren Wuchskraft zu schwächen, bzw. die → Konkurrenz zu regulieren.

grobastige Baumarten → Astigkeit.

grobes Holz, das: alte nordd. Bez. für → Bauholz und → Oberholz.

grobjährig → grobringig.

grobporig → Poren.

Grobrinde, die: → Rauhrinde, Lohrinde.

grobringig: → Holz wird als g. oder grobjährig bezeichnet, wenn es über 4 mm breite → Jahrringe hat; → feinringig.

Großach, das: → Graßach.

Großbauholz, das: auch Dimensionsholz. Alte Bez. für alle Hölzer, welche im Hoch-, Tief- und Schiffsbau sowie im Großwagen- und Mühlenbau verwendet wurden.

Großblättrige Linde, die: → Linden 1.

Großblättrige Weide, die: → Weiden 5.

Großblütige(r/s) ... siehe unter dem jeweiligen Hauptnamen.

Größe der Bäume, die → Wuchsleistungen.

Große(r/s) ... siehe unter dem jeweiligen Hauptnamen.

Großen, der: auch Größling. Alte bayer. Bez. für ein junges Waldbäumchen.

Großfläche, die: eine über drei Baumlängen (etwa 90 m) des Altbestandes gehende Fläche mit ökologischer und wirtschaftlicher Selbständigkeit; → Gruppe, Horst, Trupp.

Großfrüchtige Moosbeere, die: → Heidelbeere 4.

Großkahlschlag, der: ein → Kahlschlag (→ Hiebsart) auf großer Fläche (→ Schlagform). Der G. wird heute wegen seiner negativen Auswirkungen auf die biologischen, physikalischen und chemischen Eigenschaften des Bodens, auf das Klima und den Wasserhaushalt usw. in Dtschl. nicht mehr angewandt. Ein G. kann heute noch durch Naturkatastrophen, z. B. → Waldbrände, → Windbruch bzw. → Windwurf sowie durch Insektenschäden (z. B. → Borkenkäfer) erforderlich werden. Die größten Kahlschläge in der Geschichte des deutschen Waldes kamen durch Kriegseinwirkungen und die Besatzungseinschläge (→ Franzosenhiebe, → Reparationshiebe) zustande.
In Österreich ist ein G. ein Kahlschlag mit einer Ausdehnung von über 50 m Breite und mehr als 2 ha, oder ein Schlag, dessen Breite zwar unter 50 m bleibt, dessen Länge jedoch mehr als 600 m beträgt. Ein solcher G. ist nach dem österr. Forstgesetz verboten. In besonderen Fällen kann die Behörde eine Ausnahme zulassen; → Verjüngungsverfahren, Saumkahlschlag.

Großkelchiger Weißdorn, der: → Weißdorn.

Großkopf, der: → Würger 1.

Großlibellen → Libellen.

Größling, der: → Großen.

Großmausohr, das: → Fledermäuse 6.

Großmutterl, das: → Ehrenpreis 2.

Großohrige Fledermaus, die: → Fledermäuse 5.

Großpflanze, die: Forstpflanze (→ Heister, → Loden) mit über 31 cm Sproßlänge, i. d. R. mehrfach verschulte Pflanze; → Kleinpflanze.

Großprivatwald, der: → Privatwald.

Großschirmschlag, der: Kombination der → Schlagform Großfläche mit dem Schirmhieb (→ Hiebsart). Der G. ist das älteste → Verjüngungsverfahren, bei der die ganze Fläche in Verjüngung gestellt wird.

Großschnegel → Egelschnecken.

Großsporiger Egerling, der: → Champignon 9.

Grubber, der: auch Kultivator, Gebirgsigel. Bodenbearbeitungsgerät zur Kulturvorbereitung, bei dem Federzinken, an denen verschiedengeformte Scharen befestigt sind, in den Boden greifen. G. krümeln den Boden grob und ziehen nicht zu tief sitzendes Unkraut heraus. Sie werden i. d. R. zu viert an einen 40-50-PS-Schlepper angebaut und von dahinterschreitenden Männer geführt.

Grubenbauholz, das: → Grubenholz.

Grubenhalsbock, der: → Bockkäfer 28.

Grubenhals-Prachtkäfer, der: → Prachtkäfer 4.

Grubenholz, das: auch Grubenbauholz, Stollenholz, Zechenholz, Berg(bau)holz, Stempelholz. Unter diesem Sammelbegriff werden die verschiedensten Holzsortimente zusammengefaßt; i. e. S. versteht man darunter → Ganzhölzer verschiedener, aber meist geringerer Länge und Stärke, die im Bergbaubetrieb zum Ausbau der Strecken und zum Abbau von Kohle, Erzen, Salzen u. a. benötigt werden. An das Grubenholz wurden verschiedene Ansprüche wie → Warnfähigkeit und → Dauerhaftigkeit gestellt. G. wird meist als entrindete → Rundlinge (Stempel, Stempelholz), teilweise auch beschlagen oder als → Halbholz verwendet. Zur Errichtung und Auskleidung der Schächte (Schachtholz), für Spurlatten, Leiterholmen und Schwellen etc. werden auch andere Hölzer (→ Schnitt- und Spaltholz) verwendet. Entsprechend seiner Stärke teilte man früher im Harz G. in Starkschachtholz, Mittelschachtholz, Kleinschachtholz und Schachtstangenpfähe ein.
In Österreich ist G. ein Rohholzsortiment aus Ndh und Ei in Längen von 0,8 bis 7 m, von 8 cm Zopfdurchmesser bis 24 cm Mittendurchmesser.

Grubenkohle, die: alte Bez. für → Holzkohlen, die in einer Grube gebrannt wurden.

Grubiger Erdschieber, der: → Milchlinge 7.

Grubiger Milchling, der: → Milchlinge 7.

Grünamsel, die: → Drosseln 10.

Grünast, der: lebender (grüner) Ast, der Laub- oder Nadelblätter trägt. Im → Schnittholz wird ein Ast als G. bezeichnet, wenn er zum Zeitpunkt der Fällung des Baumes grün und mit diesem fest verwachsen war.

Grünästung, die: → Wertästung.

Grünberger, Johann Georg, Ritter von (28.2.1749 Bettbrunn bei Ingolstadt bis 18.2.1820 München): G. erteilte einige Zeit Unterricht an der 1790 errichteten Forstlehranstalt in München neben seiner Tätigkeit als Beamter der forstlichen Zentralbehörde. Er schrieb den ersten Teil in → Däzels „Lehrbuch für die pfalzbayerischen Förster" (1788 bis 1790), ferner: „Einige Ansichten von dem Forstwesen in Baiern etc." (1805) u. a.

Grünblättriger Schwefelkopf, der: → Schwefelkopf 1.

Grünblütiges Leimkraut, das: → Leimkraut 3.

Grünblütiges Wintergrün, das: → Wintergrün 3.

◄◄◄ Maulwurfsgrille (*Gryllotalpa gryllotalpa*)

◄◄ Feldgrille (*Gryllus campestris*)

Grundbestand, der: Baumart, die in einem Bestand überwiegt und seinen Charakter bestimmt.
Grundfläche, die (früher: Kreisfläche in Brusthöhe, Basalfläche, Brusthöhenkreisfläche, Stammquerfläche): **1)** G. pro Baum → g. **2)** Auch Bestand(e)sgrundfläche, Bestand(e)skreisfläche, Kreisflächensumme. Summe der G. (früher: Kreisflächen) aller Bäume eines Bestandes bzw. alle Bäume einer → Baumart. Sie wird ermittelt durch Vollkluppung (in 1,3 m Höhe gemessen) über Kreisflächentafeln oder durch die Winkelzählprobe nach Bitterlich; die Angabe erfolgt in m^2/ha mit einer Dezimalen.
Grundflächendichte, die: → Bestand(e)sdichte.
Grundflächenhaltung, die: Die Bestandesgrundfläche (→ Grundfläche 2)) hängt eng mit dem → Durchforstungsgrad und dem → Zuwachs zusammen. Man unterscheidet: **Maximale G.** als höchstmögliche G., feststellbar in nicht aktiv durchforsteten Beständen, **Optimale G.**: mit dem maximalen Zuwachs in einem bestimmten Zeitabschnitt, **Kritische G.** mit gerade noch 95 % des maximal auf dem jeweiligen → Standort möglichen laufenden → Zuwachses (IZ). Die optimale G. deckt sich im hohen Alter fast mit der maximalen G. Die kritische G. liegt bei allen Baumarten bei einem → Bestockungsgrad von 0,6 bis 0,9 (bei den → Lichtbaumarten bei den höheren Werten).
Grundgewebe, das: → Parenchym.
Grundholden → Teil- und Zinswald.
Grundkarteneinheiten → ökologische Grundkarteneinheiten.

Grunewald – beliebtes Erholungsziel der Berliner

Grundkuppel, die: → Kuppel.
Grundlagenbegang, der: auch Einleitungsbereisung, -besprechung, -verhandlung. Beim G. werden auf der Basis der allg. Waldbauplanung, übergeordneter forstlicher Rahmenpläne und eines Erfahrungsberichtes des Forstamtes für die beginnende → Forsteinrichtung allg. → Wirtschaftsziele, → Umtriebszeiten, → (Forst-)Betriebsziele und Planungsgrundsätze für den Forstbetrieb festgelegt. Am G. sind Forsteinrichter, Forstamtsleiter, Inspektionsbeamter, Sachgebietsleiter und z. T. auch das Ministerium beteiligt. Die Ergebnisse werden in einer Grundlagenniederschrift festgehalten.
Grundlagenniederschrift, die: → Grundlagenbegang.
Gründling, der: alte Bez. für ein knorriges und krummes → Scheitholz, das sich beim Aufsetzen nicht in die → Klafter legen ließ.
grundständige Blätter → Blattstellung.
Gründüngung, die: Anbau von eiweißhaltigen Pflanzen wie z. B. Lupine, Klee und Besenginster, deren Streu den biologischen Bodenzustand verbessert und die über → Knöllchenbakterien den Stickstoffhaushalt verbessern.
Grundwasser, das: dauernd vorhandenes, die Bodenporen und Gesteinshohlräume füllendes Wasser, entstanden durch versickernde Niederschläge und Oberflächenwasser. Der jahreszeitlich schwankende G.-Spiegel hängt von der Niederschlagsmenge und ihrer zeitlichen Verteilung, der Durchlässigkeit des Unterbodens und der Oberflächenneigung ab.
Grundwasserregulierung, die: G. will einen für die nachhaltige Holzerzeugung optimalen Wasserhaushalt im Boden erreichen. Bei humusreichen Böden führt G. bei mäßigem Wasserentzug zunächst zur Vererdung (Fen oder Erdfen) mit einem Anstieg der Bodenfruchtbarkeit. In der Folge setzt aber Vermulmung (Vermullung) ein, nach der der → Humus vom Niederschlagswasser nicht mehr benetzbar ist. Bei nur gering nährstoffhaltigen Substrat mit basenreichem Grundwasser führt G. zu einer Verarmung an → Nährstoffen; → Bodenwasser.
Grüne(r/s) ... Stichworte, die hier nicht zu finden sind, siehe unter dem jeweiligen Hauptnamen.
Grüne Farbe, die: Bez. für die Gesamtheit aller Forstleute.
Grüne Gilde, die: Bez. für die Gesamtheit aller Jäger.
Grüne Lungen: Bez. für Grünflächen (hauptsächlich Waldflächen) innerhalb von Städten und Ballungsgebieten, die zahlreiche positive Wirkungen für die Städte erbringen. Das Klima einer Stadt wird durch Bäume, insbesondere Waldflächen, erheblich verbessert. G. L. gleichen die Temperaturgegensätze aus. Zwischen den stark aufgeheizten, dicht bebauten Gebieten und den kühleren Grünräumen entwickelt sich ein Zirkulationssystem, das die Luft austauscht. Dies führt zum Ausgleich der Luftfeuchtigkeit; → Grünflächen.
Grünender Pfeffermilchling, der: → Milchlinge 15.
Grünerle, die: → Erlen 2.
Grünerlengebüsch, das: → Hochstaudenfluren.
Grünerlenflur, die: → Hochstaudenfluren.
Grüner Runder Tisch, der: 1992 wurde von der → Schutzgemeinschaft Deutscher Wald der sog. G. R. T. ins Leben gerufen. In dieser verbandsübergreifenden konzertierten Aktion, bei der neben Umwelt- und Naturschutzverbänden auch Vertreter aus Politik, Wirtschaft, Wissenschaft und Gesellschaft mitwirken, soll ständig auf die Probleme des Waldes hingewiesen werden. Es werden Stellungnahmen erarbeitet, die auf der Grundlage von Forderungskatalogen an die politisch Verantwortlichen übermittelt werden.
Grüner Zweig, der: Auszeichnung des Steiermärkischen Forstvereins, die als Anerkennung besonderer Verdienste für Erhaltung und Pflege des heimischen Waldes sowie der Verwendung einheimischen Holzes verliehen wird.
Grünes Blatt, das: → Unser Wald.
grünes Holz, das: Holz, das in vollem Saft steht.
Grünes Telefon, das: → Umwelttelefon
Grünes Klassenzimmer, das: Bez. für den Erweiterungsbau des Erlanger → Waldmuseums (Wald-Freilandmuseum). Im G. K. wird der Bürger über den Wald und seine Aufgaben informiert und auf die lange, wechselvolle Geschichte des → Nürnberger Reichswaldes sowie auf die Lebensgemeinschaft Wald hingewiesen.
Grunewald, der: Forst mit etwa 2800 ha → Holzbodenfläche. Der G. besteht weitgehend aus Mischwald, obwohl es in weiten Gebieten auch reine Kiefernbestände gibt. Er

ist ein beliebtes Erholungsziel der Berliner mit Seen (z. B. G.-See, Teufelsee), Autorennstrecke Avus. Im Jagdschloß G. (Zum Grünen Wald), einem Renaissanceschloß, ist eine wertvolle Gemäldesammlung, in Nebengebäuden ein Jagd- und → Waldmuseum untergebracht.

grünfeucht → waldfrisch.

Grünfäule, die: durch den Grünen Becherling (*Chlorosplenium aeruginascens*) verursachte Fäule (→ Holzfäule), die das Holz leuchtend spangrün färbt. Die G. tritt hauptsächlich an verrottenden Laubholzästen auf.

Grünfink, der: → Finkenvögel 2.

Grünflächen: Gesamtheit der öffentlichen Park- und Grünanlagen innerhalb der städtischen Landschaft. G. sind nicht → Wald i. S. der Waldgesetze, auch wenn sie die biol./ökol. Kriterien erfüllen. V. a. Großstädte sind bemüht, den Anteil der G. zu erhalten und zu mehren, um damit der Verbauung und der Zersiedelung entgegenzuwirken. Die alle zwei Jahre stattfindenden Bundesgartenschauen und auch die Landesgartenschauen haben viel zur Erhaltung und Vermehrung von G. in Großstädten beigetragen; → Grüne Lungen.

Grünfüßiges Teichhuhn, das: → Rallen 2.

Grünfüßl, das: → Schnepfenvögel 4.

Grüngefelderter Täubling, der: → Täublinge 1.

Grünhänfling, der: → Finkenvögel 2.

Grünherzholz, das (Grünholz): für den Schiffsbau sehr geschätztes Holz (grünes → Ebenholz), das aus Guayana stammt. G. liefert der Baum *Necandra rodioei*, der zu den Lorbeergewächsen zählt.

Grünholz, das: → Grünherzholz.

Grünkern, der: → Fehlverkernung.

Grünliche Waldhyazinthe, die: → Waldhyazinthe.

Grünling, der: → Finkenvögel 2. und → Ritterlinge 1.

Grünöl, das: → Harzöl.

Grünordnung, die: Gesamtheit der Maßnahmen für die → Landschaftspflege und den → Naturschutz in Städten und Dörfern als Aufgabenbereich der Gemeinden.

Grünrüßler, der: → Rüsselkäfer 13.

Grünsaat, die: Aussaat von Samen der Es, Hbu und WiLi, der vor der Vollreife geerntet und sofort (ab Mitte August) gesät wird. Der Samen liegt dann nicht über; → Saat.

Grünschenkel, der: → Schnepfenvögel 3.

Grünspanträuschling, der: → Träuschling.

Grünspecht, der: → Spechte 1.

Grünstengelmoos, das (*Scleropodium purum* Limpricht): Das vom Flachland bis zur Waldgrenze verbreitete, kalkliebende Laubmoos wächst auf besseren, frischen, kalkhaltigen Lehm-, Sand- und Waldböden in offenen Wäldern, auf feuchten Grasplätzen und Wiesen. Dort bildet es ausgedehnte, lockere, weiche, bleich- bis gelbgrüne, fettig glänzende Rasen. Die niederliegenden bis leicht aufsteigenden 5 bis 15 cm langen Stengel sind grün- bis gelbgrün-rindig, mehr oder weniger regelmäßig locker fiedrig verzweigt. Die glänzenden Blätter sind spiralig angeordnet und liegen dachziegelig, wodurch die Zweige kompakt und drehrund wirken und stumpf enden. Die breit-eiförmigen Blättchen sind ganzrandig, hohl, längsfaltig, mit stumpfem Ende, kurzem, aufgesetztem, zurückgebogenem Spitzchen und dünnem, bis zur Blattmitte reichendem Blattnerv. Die Sporenkapseln erscheinen im Herbst; die Sporen reifen im Winter. Die vereinzelt stehenden, 2 bis 5 cm langgestielten, seitenständigen, waagerechten bis geneigten Sporenkapseln sind braun, länglich-eiförmig, mit zugespitztem Deckel.

Grünstieliger Streifenfarn, der: → Streifenfarn 2.

Grünverbau, der → lebende Baustoffe, Ingenieurbiologie.

Grünwerbung, die: Gewinnung von → Schmuckreisig. G. ist ein Teil der forstlichen → Nebennutzung.

Gruppe, die: auch Baumgruppe. **1**) Teil eines Bestandes (Kleinfläche) mit einem Durchmesser bis zu einer Baumlänge (etwa 30 m); → Horst, Trupp, Kleinbestand, Rotte. **2**) dichtere Stelle im Wald, die aus mindestens zwei Bäumen besteht und sich von ihrer Umgebung erkennbar unterscheidet. Eine solche G. kann aus Bäumen gleicher Art und sozialer Stellung oder aus mehreren Baumarten bestehen. Entscheidend ist die soziale Zusammengehörigkeit. Die G. endet dort, wo Lücken im Kronendach sind oder wo erkennbar keine Zusammengehörigkeit mehr besteht; → Durchforstungszelle.

Gruppendurchforstung, die: **1**) Durchforstungsverfahren, das bei einer unregelmäßigen Verteilung der → Auslesebäume v. a. in Buchenbeständen angewandt wird. Dabei werden qualitativ zusammenhängende gute, stabile Baumgruppen als Grundelement des Pflegekonzepts verwendet. Diese Baumgruppen sind nicht identisch mit der bei der Beschreibung der Flächengröße verwendeten → Gruppe. **2**) Förderung von → Strukturen mit → Gruppen und → Rotten durch eine konsequente → Durchforstung.

Gruppenmischung, die: → Mischungsform.

Gruppenplenterung, die: Kombination der horst-, gruppen- oder truppweisen → Schlagform mit dem Plenterhieb (→ Hiebsart); → Verjüngungsverfahren.

Gruppenrandstellung, die: → Gruppensaumschlag.

Gruppensaumschlag, der: auch Umrändeln, Gruppenrandstellung. Kombination der horst-, gruppen- oder truppweisen → Schlagform mit dem Saumhieb (→ Hiebsart) zur Erweiterung der Verjüngungskerne; → Verjüngungsverfahren.

Gruppenschirmschlag, der: auch Gruppenschirmstellung. eine Kombination der horst-, gruppen- oder truppweisen → Schlagform mit dem Schirmhieb (→ Hiebsart); → Verjüngungsverfahren.

Gruppenschirmstellung, die: → Gruppenschirmschlag.

Gruppenüberhalt, der: → Überhalt in → Gruppen mit bis zu 50 → Überhältern je ha (im Ggs. zum Einzelüberhalt).

Grus grus → Kranich.

Grylloidea → Grillen.

GTZ: Abk. für „Deutsche Gesellschaft für technische Zusammenarbeit"; → forstliche Entwicklungshilfe.

Guajakholz, das: → Pockholz.

Gugelkraut, das: → Günsel 1.

Gugelschecken, der: → Schaumkraut 1.

Güldengünsel, der: → Günsel 1.

Guldenklee, der: → Leberblümchen.

Güllwurz, die: → Nieswurz 1.

Gummifluß, der: auch Gummosis. ein meist tropfenförmiger, gelber oder brauner Ausfluß gummiartiger Substanzen aus der Stamm- oder Astrinde v. a. bei Steinobstarten, zurückzuführen auf Bakterien-, Pilz-, Virus- oder Insektenbefall. Die ausfließenden Stoffe entstehen durch Verflüssigung von Gefäßbestandteilen, jungen Holz- und Bastfasern oder anderen Zellarten.

Gummihelmling, der: → Helmlinge 1.

Gummilack, der: → Schellack.

Gummosis, die: → Gummifluß.

Gundelach, Klaus (1905 – 1989): G. war vor dem Krieg Redakteur und Verlagsdirektor in Rostock. Er war Mitbegründer (17.6.1948) und später Ehrenmitglied der → Schutzgemeinschaft Deutscher Wald (SDW) des Landesverbandes Schleswig-Holstein, dessen hauptberuflicher Geschäftsführer er bis 1978 war. G. war Initiator der → Schulwälder und Gründer der → Deutschen Waldjugend. Seit 1975 wird jährlich der von ihm gestiftete und von der SDW verliehene Klaus-Gundelach-Preis für besondere Verdienste um die Deutsche Waldjugend vergeben.

Gundelrebe, die: → Gundermann.

Gundermann, der (*Glechoma*): Gatt. der Fam. der → Lippenblütengewächse mit fünf Arten im gemäßigten Eurasien, jedoch nur einer einzigen heimischen Art:

Die Gundelrebe enthält Gerbstoffe und diente früher als Wundheilmittel.

Gundelrebe, die (*Glechoma hederaceum (hederacea)* Linné): auch Efeu-Gundelrebe, Gundermann und im Volksmund Erdefeu, Soldatenpetersilie, Taubenschnäbel, Kummerradl.
Die G. ist fast über ganz Europa sowie über den Kaukasus und Sibirien verbreitet. Sie wächst in Laubwäldern, Auwäldern, besonders Hartholz-Auenwäldern, Auen- und Weidengebüschen, Hochstaudenfluren, Hecken, an Wald- und Gebüschrändern, Mauern, Rainen, auf feuchten Wiesen, auf nährstoffreichen, frischen bis feuchten, bevorzugt stickstoffhaltigen Böden, von der Ebene bis in Höhen von 1500 m.
Die mehrjährige, würzig riechende, oft wintergrüne Pflanze hat einen kriechenden Stengel, der an den Knoten wurzelt und etwa 2 bis 15 cm hohe Blütenäste treibt, die über 100 cm lange oberirdische, beblätterte Ausläufer bilden. Die gegenständig angeordneten, gestielten Stengelblätter sind nieren- bis rundlich-herzförmig und grob gekerbt; sie duften beim Zerreiben aromatisch.
BZ: März bis Juni. Der lockere Blütenstand besteht aus meist zwei- bis dreiblütigen, blattachselständigen, einseitswendigen Scheinquirlen. Die 1 bis 2 cm lange, blauviolette, selten rotlilafarbene oder weiße Krone hat eine gerade, vorne bauchig erweiterte Röhre, eine kurze, tief ausgerandete Oberlippe, deren Ränder zurückgeschlagen sind, eine längere, dreilappig purpurn gefleckte Unterlippe mit größerem Mittellappen, vier lange, kahle Staubblätter und Griffel; → Ameisenpflanzen.
Die G. ist ein altes Wildgemüse, das wie Spinat bereitet oder für eine Kräutersuppe und als Würzmittel verwendet werden kann. Sie ist auch eine alte → Heilpflanze, die, geerntet zu Beginn der Blütezeit, frisch verwendet oder rasch an der Sonne oder an gut gelüftetem Ort getrocknet wird. Sie enthält → ätherisches Öl, Bitterstoff, Gerbstoff, Harze, Kalium und Kohlenhydrate, wirkt tonisch, harntreibend, wundheilend und v. a. gegen Bronchialerkrankungen. Sie findet äußerliche bzw. innerliche Anwendung bei Bronchitis, Asthma, Katarrh, Lungenblähung, Furunkeln und Wunden. Die G. ist auch Bestandteil des sog. Schweizer Tees, eines Wundheiltees, der tonisch wirkt und bei Belastungen aller Art gereicht werden kann.

Der Pflanzensaft des Kriechenden Günsels, auch Kriech-Günsel genannt, vermag kleinere Blutungen zu stillen.

Günsel, der (*Ajuga*): Gatt. der Fam. der → Lippenblütengewächse, fossil seit dem Pliozän (→ Erdzeitalter), mit rd. 50 Arten in Eurasien, Afrika und Australien. Es sind dies Kräuter oder Stauden mit blauen, rötlichen oder gelben Blüten in dichten Wirteln in den oberen Blattachseln. Die → Samenverbreitung nachgenannter Arten erfolgt durch → Ameisen (→ Ameisenpflanzen). In Mitteleuropa vorkommende, auch im Wald wachsende Arten sind:
1. Kriechender Günsel, der (*Ajuga reptans* Linné): auch Güldengünsel, Gugel-, Himmelkraut, Blauer Kuckuck. Der K. G. ist mit Ausnahme von Südeuropa fast über ganz Europa verbreitet, zudem über den Kaukasus und Kleinasien. Er wächst in artenreichen Wäldern, besonders Laubwäldern und frischen Buchenwald-Gesellschaften, in Gebüschen, Hecken, Hochstaudenfluren, auf Schlagflächen, Wiesen, an Bächen, Wald- und Wegrändern, bevorzugt auf frischen, nährstoffreichen Lehm- und Tonböden, bis in Höhen von etwa 2000 m.
Die mehrjährige, 15 bis 30 cm hohe Pflanze treibt lange, oberirdische Ausläufer, die sich an den Knoten nahe der Spitze bewurzeln. Diese alten Ausläufer sterben im Winter ab; und an den Bewurzelungsstellen entstehen neue Pflanzen. Auf diese Weise kann die Pflanze ausgedehnte Bestände bilden. Der aufrechte Stengel des K. G. ist meist einfach, vierkantig, zweizeilig behaart oder fast kahl. Die spatelförmigen, 4 bis 7 cm langen Blätter der grundständigen Blattrosette sind schwach gekerbt bis fast ganzrandig. Die gegenständig angeordneten (→ Blattstellung), sitzenden Stengelblätter sind eiförmig-länglich, oft purpurn überlaufen, schwach gezähnt oder ganzrandig. BZ: April bis Juli/August. Der unten aufgelockerte, oben verdichtete, kerzenartige → Blütenstand setzt sich meist aus drei bis zehn Scheinquirlen zusammen. Diese Scheinquirle, die jeweils aus vier bis 12 Blüten bestehen, befinden sich in den Achseln grüner, manchmal violett überlaufener Tragblätter (→ Hochblätter), die nach oben zu allmählich kleiner und dann oft von den Blüten überragt werden. Die 1 bis 1,5 cm lange, blaue, ganz selten rosa oder weiße Krone, hat innen einen Haarring. Die vier bläulichen → Staubblätter ragen weit aus der Kronenröhre hervor. Die Frucht setzt sich aus vier kleinen, etwa 2 mm langen, eiförmigen, fein netzartigen Nüßchen zusammen.
Das Kraut des K. G. kann vor der Blütezeit als Wildgemüse, zubereitet wie Spinat, gegessen werden.
Der K. G. ist auch eine alte → Heilpflanze. Verwendung findet die ganze Pflanze, ohne Wurzel, geerntet von April bis Juli. Sie enthält Cholin, Gerbstoff, Glykoside, Mineralsalze und Saponin, wirkt adstringierend, wundheilend, tonisch und findet innerliche bzw. äußerliche Anwendung bei Angina, Durchfall, Blutungen, Weißfluß und zur Beschleunigung der Wundheilung.
2. Genfer Günsel, der (*Ajuga genevensis* Linné): auch Heide-G., Behaarter G. Der G. G. ist hauptsächlich über Süd- und Mitteleuropa verbreitet. In Norddtschl. wurde er eingebürgert; auf der Iberischen Halbinsel und in Großbritannien fehlt er. In Dtschl. ist er hauptsächlich im Süden verbreitet; nach Norden zu wird er seltener. Er wächst in lichten Wäldern, an Gebüschsäumen, Wegrändern, auf Kalkmager-, Trocken- und Halbtrockenrasen, an sonnigen Hängen, in Unkrautgesellschaften und auf Geröll, vorwiegend an trockenen Standorten, in wärmeren Lagen, auf kalkhaltigen Böden.
Die mehrjährige, 10 bis 30 cm hohe, zottig behaarte Pflanze ist dem Kriechenden Günsel sehr ähnlich, bildet jedoch einen oder mehrere aufrechte oder aufsteigende Blütenstengel, die bis zum Grund rauhhaarig-zottig behaart sind. Er treibt keine oberirdischen Ausläufer. Die Blätter der grundständigen Blattrosette, die zur Blütezeit meist schon vertrocknet sind, sind ei-länglich und grobgekerbt bis gesägt. Die oberen Blätter sind dreilappig oder tief gekerbt und an der Spitze meist kräftig blauviolett überlaufen.
BZ: Mai bis Juli/August. Der Blütenstand ist eine verlängerte Scheinähre. Die dunkelblaue, selten blaßrote Krone ist etwa 12 bis 18 mm lang und hat vier Staubblätter. Die Vermehrung des G. G. erfolgt durch Samen und Wurzelknospen.
Gureschbaum, der: → Ebereschen 1.
Gürmsch, die: → Ebereschen 1.
Gürtelpuppe, die: → Puppe.
Gurtwieden → Floßwieden.
Gütebedingungen und Güteklassen für Bauschnittholz: In der DIN 4074 festgelegte Qualitätsmerkmale. Anforderungen werden gestellt an:
1. Allgemeine Beschaffenheit: → Risse, pflanzliche und tierische Schädlinge.
2. Schnittklassen: A = → vollkantig, B = → fehlkantig, C = → sägegestreift.
3. Feuchtigkeitsgehalt: den Einbau betreffend. Mindestgewichte: Bis 20 % Feuchtigkeitsgehalt.
4. Jahresringbreiten (→ Jahrringe): unter 4 mm sind unbedenklich.
5. Äste: Beschaffenheit, Anzahl, Flächenanteil, Lage.
6. → Drehwuchs: Faserverlauf auf 1 m Länge.

7. Faserabweichung: Abweichung der Jahrringe auf 1 m Länge.
8. Krümmung: Gemessen wird die Krümmung auf 2 m Länge; → Spannrückigkeit.
Güteklassen des Holzes → Gütesortierung.
Güter aus rauher Wurzel: zur Zeit des Kurfürsten August I. von Sachsen (1526 bis 1586) Bez. für verwüstete Waldgebiete, die z. T. nicht mal mehr zur Weide tauglich waren. Die Flächen dieser ehemaligen Wälder wurden von Sträuchern, Stöcken und Wurzeln der früheren Baumvegetation geprägt. Diese in den Gesetzen als G. a. r. W. bezeichneten Flächen wurden den Inhabern unter der Bedingung überlassen, daß sie die Stöcke und Wurzeln rodeten und kulturfähiges Ackerland herstellten.
Andere Wälder wurden vom Kurfürsten angesichts der großen Waldverwüstungen der damaligen Zeit nicht mehr zur Rodung freigegeben.
Gütesortierung, die: Nach der EWG-Richtlinie vom 23.1.1968 ist die Sortierung von Rohholz – neben der Sortierung nach Stärke (→ Mittenstärkensortierung) und neben der Sortierung nach dem Verwendungszweck – in verschiedenen Güteklassen möglich. Bei der → Heilbronner Sortierung wird auf eine G. meist verzichtet. Es werden unterschieden:
Güteklasse A/EWG: gesundes Holz mit ausgezeichneten Arteigenschaften, fehlerfrei oder nur mit unbedeutenden Fehlern, die seine Verwendung nicht beeinträchtigen.
Güteklasse B/EWG: Holz von normaler Qualität einschließlich stammtrockenem Holz mit einem oder mehreren der folgenden Fehler: schwache Krümmung und schwacher → Drehwuchs, geringe → Abholzigkeit, einige gesunde Äste von kleinem oder mittlerem Durchmesser – jedoch nicht grobastig -, eine geringe Anzahl kranker Äste von geringem Durchmesser, leicht exzentrischer Kern, einige Unregelmäßigkeiten des Umrisses oder vereinzelte andere, durch eine gute allgemeine Qualität ausgeglichene Fehler.
Güteklasse C/EWG: Holz, das wegen seiner Fehler nicht in die Güteklassen A oder B aufgenommen werden kann, jedoch gewerblich verwendbar ist.
Anmerkung: Der Güteklasse C werden in der Praxis v. a. anbrüchige, d. h. fäulebefallene, aber noch beil- und nagelfeste Erdstammstücke, starkastige Stücke aus dem oberen Stammbereich (Zopfstücke) und stark gekrümmte Stämme (v. a. bei Kiefer und Laubholz) zugeordnet. Die untere Grenze dieser Güterklasse ist dort erreicht, wo sich ein Stamm aufgrund seiner Qualität mit der Säge nicht mehr in Längsrichtung in wirtschaftlich brauchbare Produkte zerlegen läßt.
Die Güteklassen A, B und C sind auch in der Anlage zu § 1 der Verordnung über gesetzliche Handelsklassen für Rohholz vom 31.7.1969 enthalten. Hinzu kommt hierin noch die Güteklasse D, die in der EWG-Richtlinie nicht enthalten ist.
Güteklasse D: Holz, das wegen seiner Fehler nicht in die Güteklassen A/EWG, B/EWG und C/EWG aufgenommen werden kann, jedoch mindestens noch zu 40 % gewerblich verwendbar ist.
Anmerkung: Hierunter fallen z. B. starkastige, stark abholzige oder astige Zopfstücke und kranke Stücke mit tiefgehenden faulen Ästen, → Rot- und → Weißfäule (jedoch ohne kleine Faulflecken) oder sonstigen wesentlichen Pilz- oder Insektenzerstörungen sowie Stücke mit weitgehender Ringschäle.
Der Zusatz EWG kann bei allen Güteklassen wegfallen. Bei Verwendung der Bez. A, B und C handelt es sich grundsätzlich um EWG-sortiertes Holz.
Folgende, statistisch der Güteklasse A zuzurechnende, die Eignung charakterisierende Bez. können verwendet werden: → Furnierholz (F), → Teilfurnier (TF), → Schneide- und Schälholz (SS), → Teilschneide- und Teilschälholz (TS), → Stammwerkholz (W).
Bei Güteklasse B: → Masten (M) und → Rammpfähle (R).
Einige Bundesländer haben der Gütesortierung allg. Zusatzbestimmungen vorangestellt.
Beim → Industrieholz ist die Ausscheidung von Güteklassen i. d. R. nur bei Ndh üblich. Laubindustrieholz wird überwiegend ohne Güteklassenausscheidung nach Gewicht verkauft. Industrieholz wird in folgende Güteklassen eingeteilt:
IN: gesund, nicht grobastig, keine starke Krümmung,
IF: leicht anbrüchig, grobastig oder krumm,
IK: stark anbrüchig, jedoch gewerblich verwendbar; → Holzsortierung.

Guttation, die: Für die Aufnahme von → Nährstoffen ist Wasserfluß in der Pflanze unerläßlich. Ist die → Luft, z. B. in der Nähe des → Waldbodens, wassergesättigt, droht der Wassertransport in der Pflanze zum Erliegen zu kommen. Einige Pflanzen, insbesondere im tropischen → Regenwald, behelfen sich und scheiden an den Blättern (→ Blatt) aktiv Wasser aus. Durch diese G. wird der Wasser- und Nährstoffstrom in Bewegung gehalten; → Verdunstung.
Guttenberg, Adolf Ritter von (18.10.1841 Tarneweg bis 23.3.1917 Wien): G. studierte an der ungarischen Forstakademie Schemnitz und wurde 1868 Unterförster und Taxator in Görz, dann Förster im Ternovaner Wald. Von

Adolf Ritter von Guttenberg

1871 bis 1873 war er Forstkonzipist bei der k. k. Stadthalterei in Innsbruck, dann Oberingenieur an der dortigen Forst- und Domänendirektion, 1877 Professor der Betriebslehre an der Hochschule für Bodenkultur in Wien. G. trat 1912 in den Ruhestand. Seine Hauptwerke sind: „Die Forstbetriebseinrichtung nach ihren gegenwärtigen Aufgaben und Zielen" (1896) und „Wachstum und Ertrag der Fichte im Hochgebirge" (1915). G. war auch langjähriger Herausgeber der Österreichischen Vierteljahresschrift für Forstwesen.
Gwinner, Wilhelm Heinrich von, Dr. (13.10.1801 Ötisheim in Württemberg bis 19.1.1866 Bistriz in Böhmen): G. war bereits 1826 Lehrer (Professor) der Forstwissenschaft in Hohenheim und übernahm 1839 zusätzlich die Verwaltung des dortigen Lehrreviers. 1841 kehrte er in die Praxis zurück, wurde Kreisforstrat in Ellwangen, 1850 Mitglied der Forstabteilung der Oberfinanzkammer in Stuttgart. Im Jahre 1858 übernahm er die Administration der Fürstlichen Hohenzollernschen Güter in Böhmen. G. war zuletzt Domänendirektor in Bistriz. Seine wichtigsten Schriften sind: „Der Schwarzwald in forstwirthschaftlicher Beziehung etc." (1835), „Der Waldbau in kurzen Umrissen etc." (1834). 1836 bis 1847 gab er die „Forstlichen Mitteilungen", 1850 bis 1856 die „Monatsschrift für das württembergische Forstwesen", 1857 den ersten Jahrgang der „Monatschrift für Forst- und Jagdwesen ... etc." heraus.
GWL: in der → Waldmeßlehre Abk. für die Gesamtwuchsleistung je ha.
GwW: Abk. für → Grenzwirtschaftswald.
Gymnadenia → Händelwurz.
Gymnocarpium → Eichenfarn.
Gymnopilus → Flämmlinge.
Gymnospermae (Gymnospermen) → Nacktsamer.
Gynözeum, das (Gynoeceum, Gynaeceum, Gynäzeum): botanische Bez. für die Gesamtheit der weiblichen Organe einer Blüte der → Bedecktsamer, die aus den → Fruchtblättern mit den auf ihnen gebildeten Samenanlagen besteht.

◂◂ Frauenmantel-Blätter mit Guttationstropfen an den Rändern.

H

h: **1**) in der → Waldmeßlehre Abk. für Höhe; $\bar{h}$ = arithmetische Mittelhöhe; h_g = Höhe des Grundflächenmittelstammes; h_z = Höhe des Grundflächenzentralstammes; h_L = Loreysche Mittelhöhe;

H 1 bis H 6: Bez. der Stärkeklassen für → Langholz (Stammholz) nach → Heilbronner Sortierung. **2**) in der Bodenkunde Kurzzeichen zur Bez. von humosen → Bodenhorizonten.

Haarbirke, die: → Birken 2.

Haare: **1**) botanisch: Bez. für alle ein- und mehrzelligen Anhangsgebilde des Pflanzenkörpers, die aus einer, selten mehreren Epidermiszellen hervorgehen. Die Gestaltung der pflanzlichen Haare (*Trichome*) ist sehr mannigfaltig. Sie können verzweigt und unverzweigt sein. Sie haben dünne, weiche Membranen oder stark verdickte, starre, verholzte, verkalkte oder verkieselte Seitenwände und stechende Spitzen.

Die H. sind entweder schlauch-, papillen-, warzen- oder blasenförmige einzellige Ausstülpungen oder mehrzellige Zellreihen, Zellflächen oder Zellkörper der → Epidermis. Vielfach unterstützen die H. die Epidermis bei ihren spezifischen Aufgaben. So schaffen dichte weißfilzig erscheinende Überzüge toter H. windgeschützte Räume, in denen sich Wasserdampf sammelt, und reduzieren auf diese Weise die Transpiration.

Wurzelhaare, Mikroaufnahme eines gefärbten Präparates

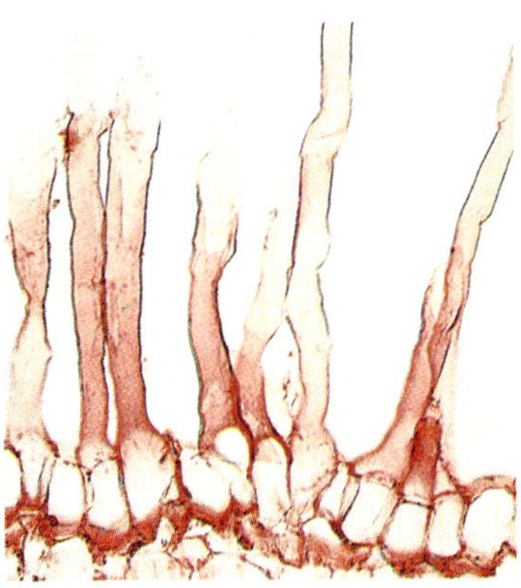

Die Arten der H. können in folgende sieben Gruppen zusammengefaßt werden:

1. Sekretionshaare: Hierzu zählen Öl-H., Kleb-H., Gift-H. Borsten-H., Brenn-H., Verdauungs-H und Wasserdrüsen-H. (Hydathoden).

a) Die Öl.-H. haben Köpfchen oder Kugelform und dienen teils der Insektenanlockung; z. B. bei Thymian und Hanf.

b) Die Kleb-H. fangen mit einer harzig-klebrigen Stoffausscheidung aufkriechende Tiere. Zu ihnen rechnet man auch die Drüsenzotten, die bei den Knospen der Rka und SchPa die klebrigen Flächen, bei Pechnelke und Leimkräutern die leimigen Stengel verursachen.

c) Die Gift-H. scheiden ein giftiges Sekret aus (Fraßschutz), welches bei Menschen Hautausschläge hervorrufen kann. Bei den Gift-H. bildet die Endzelle ein Köpfchen (Drüsenzelle).

d) Die Borsten-H. (einzellig) dienen dem Fraßschutz und sind einzellige, zugespitzte, starre Gebilde mit verkalkter oder verkieselter Membran, ähnlich wie die Brenn-H.; z. B. Bor(r)etsch.

e) Die Brenn-H. (mehrzellig) sind ebenfalls eine Fraßschutzeinrichtung; sie haben eine verkieselte Spitze. Das Köpfchen ist schräg aufgesetzt, bricht bei Berührung ab und hinterläßt eine Einstichstelle. Das austretende Gift ist stark hautreizend; z. B. bei der Brennessel.

f) Die Verdauungs-H. der fleischfressenden Pflanzen können Köpfchen-H. oder Zellflächen sein.

g) Die Wasserdrüsen-H. (Hydathoden) geben tropfbar flüssiges Wasser ab (→ Guttation).

2. Deckhaare: Sie bedecken die Oberhaut an bestimmten Stellen. Sie sind trocken und haben die Aufgabe, die Pflanze gegen Kälte, Verdunstung und Tierfraß zu schützen. Sie verleihen den Pflanzen, ihren Blüten oder Blättern einen seidigen, filzigen, zottigen oder wolligen Charakter. Zu den Deck-H. gehören

a) die Stern-H. der Ölweide

b) die Schuppen-H. (auch Schild-H.) des Sanddorns

c) die Büschel-H. des Fingerkrauts

d) die verzweigten H. der Königskerze

e) die filzigen H. der *Stáchys byzantina*

f) die Papillen (kurze, kugelige Ausstülpungen der Epidermiszellen) der Stiefmütterchen. Sie verleihen den Pflanzen das samtige Aussehen.

3. Saughaare: Zu den S. zählen die Wurzel-H. und die eigentlichen Saug-H. Ihre Aufgabe ist es, Stoffe für die Pflanze aufzunehmen. Die eigentlichen Saug-H. sind meist Köpfchen-H. mit quellbarer Zellwand, die imstande sind, den Regen und Tau aufzusaugen. Sie finden sich z. B. bei *Pelargonium*.

4. Absorptionshaare: Sie dienen den fleischfressenden Pflanzen zur Aufnahme des durch die Verdauungs-H. gespaltenen Eiweißes.

5. Klett-, Kletter- oder Klimmhaare: Hakig gebogene Klett-H. tragen zur Verbreitung von Samen oder Früchten bei. Hakig gebogen Kletter-H. verhindern das Abgleiten windender oder klimmender Sprosse.

6. Empfindungs- oder Sinneshaare: Sie sind mit reizbarem Protoplasma gefüllt, das die Reize schnell weiterleitet. Dadurch werden die klappenden Blattbewegungen oder die ruckartigen Bewegungen an Staubblättern ausgelöst.

7. Wurzelhaare: Sie sitzen an der Spitze einer Saugwurzel in der sog. Wurzelhaarzone und dienen der Wasser- und Mineralaufnahme.

2) zoologisch: Bei Insekten und anderen Gliederfüßlern sind die H. haarförmige Anhänge der Cuticula. Unterschieden werden.

a) unechte H., das sind nicht gelenkig mit der Cuticula verbundene Gebilde und b) echte H., das sind hohle, meist gelenkig in einer Vertiefung der Cuticula eingesetzte Borsten, die bei Insekten von charakteristischen Zellen aufgebaut werden. Sie sind zugleich Sinnesborsten und häufig bei Insekten (und Krebsen) von stiftführenden Sinneszellen begleitet. Es werden Sinnes-H., Gift-H., Haft-H. (Haftborsten) und Drüsen-H. unterschieden. Speziell umgewandelte H. sind bei vielen Insekten die Schuppen, z. B. bei Schmetterlingen, aber auch bei Zweiflüglern.
Unter den Wirbeltieren besitzen allein die Säugetiere (H-Tiere) typische H., meist als Fell, das primär dem Wärmeschutz dieser „Warmblüter" dient. Nach ihrer Form lassen sich mehrere Typen unterscheiden: kurze stark gekräuselte Woll-H. (Unter-H., Wärmeisolationsschicht) und lange, kräftige stachel- bis borstenartige Deck- oder Kontur-H. (Ober-H.), die vielfach die äußere Körperform bestimmen und aus den sog. Leit- und Grannen-H. bestehen. Viele Säuger (Musteliden) besitzen Tast-H. (Vibrissen), lange Borsten, deren Wurzeln von Nervenendigungen umsponnen sind. Sie dienen in aufgerichteter Stellung als „Tast-Antennen-System" und erleichtern die Orientierung bei nächtlichen Aktivitäten. Sie befinden sich hauptsächlich am Kopf, aber auch an den Vorderläufen. Die H.-Zeichnung kann der Tarnung dienen, ebenso auch artspezifischen Mustern der inner- und zwischenartlichen Kommunikation. Gleiches gilt für die Betonung von Körpterteilen durch unterschiedlichen H.-Wuchs (z. B. Mähnen).
Haarflechten: auch Fadenflechten. auf Gestein lebende, kleine und einfach gebaute → Flechten.
Haarfrost, der: → Rauhreif.
Haargerste, die: → Waldgerste.
Haarhainsimse, die: → Hainsimse 1.
Haarholz, das: alte Bez. für das Holz des Echten Kreuzdorns (→ Kreuzdorn 2.), weil es eine Strichelung aufweist, die an die Haare eines Tierfelles erinnert. H. wird v. a. in der Kunsttischlerei verwendet.
Haariger Schichtpilz, der: → Porlinge 11.
Haarmoos, das: → Bürstenmoos 1.
Haarmücken (*Bibionidae*): fälschlich auch Märzfliegen genannt. weltweit mit ca. 400 Arten vertretene Fam. der → Mücken. H. sind ziemlich große (5 bis 9 mm) fliegenartig aussehende, meist dunkel oder schwärzlich gefärbte, dicht- und feinbehaarte Mücken mit großen, behaarten Augen.
Sie sind im zeitigen Frühjahr oftmals massenhaft im Wald anzutreffen und hängen dann an Gräsern und Zweigen (Weibchen) oder schweben träge mit herabhängenden Beinen (Männchen). Die Larven können durch Wurzelfraß in Saatkämpen Schäden, ähnlich den Drahtwürmern und Erdraupen, verursachen. Abgefallene Blätter werden benagt, auch ganze Teile der Blattspreite gefressen. In der Waldbiozönose vorkommende Arten sind: **Flormücke** (*Penthetria funebris*), **Markushaarmücke** (*Bibio marci*), **Johannishaarmücke** (*Bibio johannis*).
Haarmützenmoose (*Polytrichaceae*): Fam. der Klasse → Laubmoose mit den Gatt. → Katharinenmoos, → Bürstenmoos und → Filzhaubenmoos.
Haarrose, die: → Rosen 7.
Haarschleier, der: → Cortina.
Haarstrang, der (*Peucedanum*): Gatt. der → Doldengewächse mit rund 120 Arten in Eurasien und Südafrika, die fossil seit dem Pliozän (→ Erdzeitalter) ist. Es sind dies bis zu 200 cm hohe Pflanzen mit fiederteiligen Blättern und kleinen, gelblichen, weißen oder rötlichen Blüten. In Mitteleuropa heimisch und in Wäldern anzutreffen sind:

◂◂ Der Sumpf-Haarstrang kommt überwiegend in Bruchwäldern vor; sein Saft kann Hautreizungen verursachen.

Der Hirschwurz-Haarstrang (*Peucedanum cervaria*) gedeiht in sonnigen Gebüschen und Wäldern.

1. Sumpf-Haarstrang, der (*Peucedanum palustre* (L.) Moench): Der S. ist über Nordeuropa, außer dem hohen Nordeuropa, über Mitteleuropa bis Südfrankreich und Norditalien verbreitet. In Dtschl. wächst er verbreitet bis zerstreut; in höheren Lagen ist er selten. Er kommt meist in Großseggenbeständen, in der Verlandungszone von Gewässern, in Bruchwäldern, besonders Erlenbrüchen und auf sumpfigen Wiesen, in Mooren, Sümpfen, an Gräben und Teichufern vor. Die zweijährige, 60 bis 150 cm hohe, fast kahle, grasgrüne Staude hat in jungem Zustand in allen Teilen wässrige, weiße Milch. Der aufrechte Stengel ist hohl, kantig gefurcht und oft purpurn überlaufen; jung nickend. Die Blätter sind zwei- und mehrfach gefiedert, die Zipfel lineal-lanzettlich, 1 bis 2 mm breit, oft mit weißer Spitze. BZ: Juli bis September. Die kleinen, weißen, selten rötlichen Blüten stehen in 15- bis 30strahligen Dolden. Die breit-elliptischen, scheibenförmigen Früchtchen sind 3 bis 5 mm lang. Eine Teilfrucht hat jeweils drei flache Rippchen und weist rechts und links je einen Flügel auf. Die Früchtchen werden durch das Wasser verbreitet und können lange Zeit auf der Wasseroberfläche schwimmen.
2. Hirschwurz-Haarstrang, der (*Peucedanum cervaria* Lapeyrouse): auch Hirschwurz. Der H. ist hauptsächlich über Mitteleuropa, Frankreich, Belgien und Luxemburg verbreitet. In Dtschl. wächst er in Mittel- und Süddtschl. Er ist ziemlich selten und gedeiht in lichten Eichen- und Kiefernwäldern, west-submediterranen Flaumeichenwäldern, im Saum sonniger Gebüsche und Wälder, auf Waldwiesen, an buschigen, felsigen Abhängen, bevorzugt auf trockenen, kalkreichen Böden, von der Ebene bis in mittlere Gebirgslagen.
Die ausdauernde, 50 bis 120 cm hohe Pflanze hat einen markigen, stielrunden, fein gerillten Stengel. Die derben, fast lederartigen Blätter sind oberseits hellgrün, unterseits graugrün, im Umriß eiförmig bis länglich dreieckig und zwei- bis dreifach gefiedert. Die eiförmigen Blattabschnitte sind sehr scharf gesägt. BZ: Juli bis August. Die kleinen, weißen, gelegentlich auch rötlichen Blüten stehen in großen, 20- bis 30strahligen Dolden. Die kleinen, länglich bis breit eiförmigen, linsenförmig zusammengedrückten Früchtchen sind fast glatt.
3. Meisterwurz, die (*Peucedanum ostruthium* (L.) Koch): auch Kaiserwurz, Magistranz. Die M. ist hauptsächlich über die Alpen, die Gebirge und Mittelgebirge Mitteleuropas sowie über die Gebirge Südeuropas verbreitet, häufig auch aus Kulturen verwildert. Sie wächst ziemlich häufig in über 1000 m bis auf etwa 2700 m Höhe, auf Gebirgswiesen, in Grünerlengebüschen, subalpinen Hochstaudenfluren, auf Waldlichtungen und in Wäldern, auf Kalk- und Urgestein. Früher wurde sie im Gebirge als Heil- und Gewürzpflanze angebaut und ist auch aus diesen Kulturen verwildert.
Die ausdauernde, oft üppige, 30 bis 100 cm hohe, fast kahle, → Ausläufer bildende Staude riecht stark nach Möhre oder Sellerie und hat einen scharfen, etwas bitteren Geschmack. Sie hat einen runden, hohlen, aufrechten, gerippten, selten oben verzweigten Stengel. Die Blätter sind doppelt dreizählig, 10 bis 30 cm lang, im Umriß dreieckig und etwas derb. BZ: Juni bis August (September). Die kleinen Blüten stehen in großen, flachen, 20- bis 60-strahligen Dolden. Die weiß-gelbliche, rundliche, stark scheibenförmig zusammengedrückte Frucht ist etwa 4 bis 6 mm lang mit sehr breiten Seitenflügeln.
Die M. ist eine seit langem bekannte und früher hoch geschätzte Gewürz- und Heilpflanze, die, im Mittelalter „Magistrantia" genannt, häufig in Gärten gepflanzt wurde und als wirksames Mittel gegen Gift- und Hundebisse galt. Die M. findet bei der Herstellung von Kräuterkäse Verwendung; als Speisezusatz regt sie den Speichelfluß an. Aus der Wurzel wird ein Schnaps gebrannt, der in manchen Gegenden als magenstärkendes Mittel sehr beliebt ist.
In der Naturheilkunde finden der Wurzelstock und die frischen Blätter Verwendung. Sie enthalten → ätherisches Öl, → Harze, Kau-

tschuk, Cumarinabkömmlinge, welche appetitanregend, auswurffördernd und magenstärkend wirken. Ein Aufguß wirkt bei Blähungen, zur Appetitsteigerung und für Inhalationen bei Bronchitis. Frische Blätter, zerquetscht und an einer Insekten-Stichstelle abgerieben, wirken lindernd.

4. Berg-Haarstrang, der (*Peucedanum oreoselinum* Moench): auch Bergsellerie. Der B. ist über Nord- und Mitteleuropa verbreitet. Er ist ziemlich selten und wächst in trockenen Wäldern, vorwiegend lichten Eichen- und Kiefernwäldern, west-submediterranen Flaumeichenwäldern, west- und mitteleuropäischen Eichen-Birkenwäldern, Schneeheide-Kiefernwäldern, boreal-subkontinentalen Kiefern-Steppenwäldern, in Gebüschen, an Wegrändern, auf trockenen Wiesen, sonnigen Hügeln, Öd- und Heideland, vorzugsweise auf Kies- und Sandböden.

Die ausdauernde, 30 bis 100 cm hohe, grasgrüne, oft rot überlaufene Pflanze hat einen angenehm würzigen Geruch. Der aufrechte, meist stielrunde, markige Stengel ist fein gerillt. Die glänzend grünen, etwas derben Blätter sind zwei- bis dreifach gefiedert, bis 40 cm lang und bis 15 cm breit. BZ: Juli bis August. Die kleinen Blüten stehen in großen, schwachgewölbten, zusammengesetzten Dolden. Die kleinen, etwa 6 bis 7 mm langen Früchtchen sind stark linsenförmig zusammengedrückt und weisen durchscheinende Ölstriemen auf.

Haarwurm, der: im Holzhandel lokale Bez. für den Schiffswerftkäfer (→ Werftkäfer 2.).

Haberbock, der: → Schnepfenvögel 2.

Habergeiß, die: → Eulen A 9.

Habicht, der (*Accipiter gentilis* L.): auch Hühnerhabicht, Doppelsperber, Stockfalke, Stößer, Taubenhabicht. Der H. zählt zur Fam. der Greife (*Accipitridae*) aus der Ordn. der → Greifvögel (*Falconiformes*). Länge: etwa 50 bis 63 cm (hühnergroß), Gewicht: Männchen 500 bis 800 g, Weibchen 900 bis 1250 g, Flügelspannweite: 105 bis 120 cm.

Der H. kam ursprünglich in ganz Europa vor.

Der Habicht, neben den Adlern unser stärkster Greifvogel, ist ein überaus wendiger Flieger.

Der bevorzugte Lebensraum des scheuen und ungesellig lebenden H. sind ausgedehnte Waldungen mit hohen Bäumen von der Ebene bis ins Gebirge. Mit Vorliebe jagt er jedoch im offenen Gelände, das mit Hecken und lichten Gehölzen durchsetzt ist. Seine Beute schlägt er sowohl am Boden als auch in der Luft und tötet sie mit seinen starken Fängen durch Kopf- und Halsgriff; er ist ein sog. Grifftöter. Als Kurzstreckenjäger schlägt der H. seine Beute im Überraschungsangriff. Das Standrevier (Lebensbereich) für ein H.-Paar umfaßt etwa 3000 bis 5000 ha und wird gegen Artgenossen, aber auch gegen zur Strichzeit durchziehende Jung-H. energisch verteidigt. Er fliegt reißend schnell und sehr wendig, meist aber sehr niedrig über den Boden. Nach einigen schnellen Flügelschlägen geht er häufig ins Gleiten über, rüttelt aber nie. Beim Balzflug im Vorfrühling fliegt das Männchen in Wellen dahin; sog. Girlandenflug.

Der standorttreue H. ist meist schon im zweiten Lebensjahr geschlechtsreif und trägt deshalb bei der ersten Brut noch das Jugendkleid. Der umfangreiche Horst wird bevorzugt auf hohen Laub- oder Nadelbäumen tief im Wald und in Stammnähe errichtet und oft über mehrere Jahre benützt. Gelegentlich benutzt der H. auch verlassene Milan- oder Mäusebussardhorste und baut sie entsprechend aus. Das Gelege besteht aus drei bis vier, seltener aus fünf grünlichweißen Eiern (56 x 42 mm, ca. 61 g), die ausnahmsweise schwach hellbraun oder violettgrau gefleckt sein können. Brutdauer: 36 bis 40 Tage, Nestlingszeit: etwa 40 bis 42 Tage. Eine Jahresbrut (April/Mai).

Nahrung: hauptsächlich Drosseln, Häher, Elstern und Tauben, auch Haus-, Feld- und Waldhühner, Hasen, Wildkaninchen und Eichhörnchen.

Habicht, kleiner, der: → Sperber.

Habichtseule, die: → Eulen A 9.

Habichtskauz, der: → Eulen A 9.

Habichtskraut, das (*Hieracium*): rund 800 Arten auf der nördlichen Halbkugel und in den Anden umfassende Gatt. der Fam. der → Korbblütler. Es sind dies Kräuter mit ausschließlich hellgelben, gelben, orangen oder roten Zungenblüten, die in Körbchen stehen. Da das H. eine sehr differenzierte Gatt. ist, wiederholt Bastardbildung und z. T. auch geschlechtslose Fortpflanzung vorkommen, gibt es viele Zwischenarten, deren exakte Bestimmung besondere Kenntnisse erfordert. In Mitteleuropa kommen etwa 15 formenreichen Sammelarten vor, davon folgende auch im Wald:

1. Gemeines Habichtskraut, das (*Hieracium lachenalii* C. C. Gmelin): eine sehr formenreiche Art mit mehreren Kleinarten, die fast über ganz Europa verbreitet ist. In weiten Teilen Südeuropas fehlt es. Es wächst in Wäldern, besonders lichten, bodensauren Laub- und Nadelwäldern, v. a. in west- und mitteleuropäischen Eichen-Birkenwäldern (Verbands → Charakterart), boreal-alpinen Nadelwäldern und subalpin-alpinen Zwergstrauch-Gesellschaften, in Heiden, Gebüschen, an Felsen, auf Magerrasen, bevorzugt auf kalkarmen Böden von der Ebene bis in die alpine Region.

Die mehrjährige, 30 bis 100 cm hohe Pflanze hat zur Blütezeit eine grundständige Blattrosette. Der Stiel ist drei- bis fünfblättrig, gelegentlich bis achtblättrig, und bildet damit ein Unterscheidungsmerkmal zum blattlosen oder nur ein- bis zweiblättrigen Stiel des Wald-H. Die Blätter sind grün, meist ungefleckt. Die nach oben kleiner werdenden Stengelblätter sind eiförmig bis ei-lanzettlich und grob gezähnt. BZ: Juni bis August. Die gelben Blüten stehen in Körbchen, die in Rispen angeordnet sind.

2. Wald-Habichtskraut, das (*Hieracium murorum* L. = *H. silvaticum* L.): auch Mauer-H. Das W. ist in ganz Europa zu finden. In Dtschl. ist es weit verbreitet und überall ziemlich häufig. Es wächst in lichten krautreichen Misch-, Laub- und Nadelwäldern, besonders in Buchenmischwäldern, west- und mitteleuropäischen Eichen-Birkenwäldern, Fichten- und Tannenwäldern, in Gebüschen, auf Wald- und Gebirgswiesen, an Wald- und Wegrändern, auf trockenem Gras- und Ödland sowie an schattigen Felsen und Mauern (früher deshalb auch Mauer-Habichtskraut genannt), auf nicht zu armen Böden.

Die mehrjährige, 20 bis 60 cm hohe Pflanze ist eine sehr formenreiche Art mit mehreren Kleinarten (ca. 120 Unterarten). Der nur an der Spitze verzweigte Stengel ist meist blattlos; gelegentlich trägt er ein bis zwei kleine Blätter; abwärts ist er zunehmend behaart. BZ: Mai bis August. Die Blütenköpfe stehen zu zwei bis 15 in Doldenrispen und bestehen ausschließlich aus Zungenblüten Die Früchtchen haben einen → Pappus.

3. Gabeliges Habichtskraut, das (*Hieracium bifidum* Kit.): Das G. H. ist in Europa verbreitet, im Süden aber nur in den Gebirgen anzutreffen. Es wächst in lichten Buchenwäldern, Kalk-Buchenwäldern, auf Felsfluren und Steinrasen (auf Kalk).

Das G. H. ist dem Wald-H. sehr ähnlich. Die derben, buchtig gezähnten Blätter sind jedoch am Grunde nicht herzförmig, unterseits oft rot, und die wenigen Blütenköpfe stehen gabelig und sparrig. Die Kopfstiele und die Hüllblätter sind sternhaarig, filzig und drüsenlos.

4. Kleines Habichtskraut, das (*Hieracium pilosella*): auch Dukatenröschen, Mausohr oder -öhrchen, Langhaariges H. Das K. H. ist fast über ganz Europa, Nordasien und Nordamerika verbreitet. Im Mittelmeergebiet kommt es seltener vor. In Dtschl. ist es überall anzutreffen und meist sehr häufig. Es wächst in lichten trockenen Kiefernwäldern, auf Waldlichtungen, Triften, Gras- und Ödland, Heiden, an Wegrändern, auf Weiden, Mager-, Trocken- und Halbtrockenrasen, in Felsspalten, Geröll- und Felsfluren, von der Ebene bis in Höhen von bis zu 3000 m im Gebirge; Magerkeitszeiger.

Die kleine, mehrjährige, etwa bis 30 cm hohe Pflanze ist ebenfalls sehr formenreich (zahlreiche Unterarten) und ein rasenbildender Bodenfestiger. Der blattlose, meist einköpfige, selten gegabelte Stengel ist kurz graugrün behaart. Die Blätter der grundständigen Blattrosette sind verkehrt-eiförmig bis ei-lanzettlich, oberseits meist langhaarig, unterseits grüngrau- bis weißfilzig. Aus der Blattrosette entspringen lange dünne Ausläufer, die kleinere, zum Ende zu immer kleiner werdende Blätter tragen und an der Spitze einwurzeln können. BZ: Mai bis Oktober. Die hellgelben Zungenblüten stehen in einzelnen endständigen Körbchen. Die außenstehenden Blüten sind unterseits oft rötlich gestreift. Die kleinen Früchtchen tragen einen einreihigen trübweißen Pappus.

Das K. H. diente früher als Heilpflanze und wurde gegen verschiedene Blutungen, Wurmbefall, Augenkrankheiten, Durchfall und Maltafieber angewandt. Heute wird in der Naturheilkunde die ganze frische Pflanze, die Cumarine (Umbelliferon), Flavonoide , Gerbstoff, Harze, Mangan und Schleimstoffe enthält, die antiseptisch, stark adstringierend, harn- und galletreibend wirken, innerlich und äußerlich angewandt. Man gebraucht sie u. a. in der Rekonvaleszenz, bei Nasenbluten, Durchfall, Blutungen, Ödemen und Bluthochdruck.

5. **Dolden-Habichtskraut**, das (*Hieracium umbellatum* L.): auch Schirm-H. Das D. ist fast über ganz Europa verbreitet. Im Süden ist es nur in den Gebirgen anzutreffen. In Dtschl. ist es weit verbreitet und mehr oder weniger häufig zu finden. Es wächst in lichten grasreichen Eichen- und Kiefernwäldern, west- und mitteleuropäischen Eichen-Birkenwäldern, borealsubkontinentalen Kiefern-Steppenwäldern, Heiden, Gebüschen, auf Wiesen, Triften, Brachland, Flachmooren, Magerrasen, Dünen, verhagerten Wald- und an Wegrändern auf lockeren, nährstoffreichen, trockenen, aber kalkarmen Böden von der Ebene bis in Höhen von etwa 1600 m im Gebirge.

Die mehrjährige, 30 bis 100 cm (150 cm) hohe, Milchsaft führende Pflanze ist sehr formenreich. Der verästelte, oft rötliche Stengel trägt zahlreiche (bis zu 50) lineal-lanzettliche Blätter, deren Rand häufig umgerollt ist. Sie sind oberseits dunkelgrün, unterseits blaßgrün und durch Borsten rauh. Die Grundblätter fehlen. BZ: Juli bis Oktober. Die goldgelben, kahlen, zungenförmigen Blüten haben gelbe Griffel, die später braun werden, bilden Blütenköpfchen und stehen in doldenartigen Schirmrispen (→ Blütenstand). Die Früchtchen sind schwärzlich.

6. **Savoyer Habichtskraut**, das (*Hieracium sabaudum* L.): Das S. H. ist hauptsächlich über Mitteleuropa verbreitet. Es wächst in lichten, bodensauren Laubwäldern, lichten Eichenwäldern, Eichengebüschen, xerothermen submediterranen Flaumeichen-Wäldern und subkontinentalen Eichen-Steppenwäldern (Ordnungs-Charakterart), in Hainsimsen-Buchenwäldern, Steinbrüchen, an Wald- und Wegrändern.

Die 50 bis 150 cm hohe Halbschattenpflanze hat zur Blütezeit keine grundständige Blattrosette. Der Stiel ist gleichmäßig beblättert, die unteren Blätter häufig gedrängt sitzend; die oberen sind halbstengelumfassend. Die Blätter sind ei-lanzettlich und unterseits blaugrün, der Blattrand grob gesägt. BZ: August bis Oktober. Es ist dem Dolden-Habichtskraut sehr ähnlich. Die gelben Blütenköpfe stehen in lockeren Rispen.

7. **Hasenlattich-Habichtskraut**, das (*Hieracium prenanthoides* Vill.): Das H. ist über Nordeuropa und die Gebirge Mittel- und Südeuropas verbreitet. Es ist ziemlich selten und wächst in Latschengebüschen, Hochstaudenfluren und auf subalpinen Matten.

Das H. ist dem Gemeinen H. sehr ähnlich, der Stengel trägt jedoch zehn bis 30 mit breitem, herzförmigem Grund stengelumfassende, unterseits netzadrige Blätter. Die gelben Zungenblüten sind vorne bewimpert und stehen in Köpfchen, deren Hülle reich drüsig ist.

8. **Wolliges Habichtskraut**, das (*Hieracium lanatum*): Das W. H. ist über den Jura, die Westalpen, die Ligurischen Alpen und den Apennin verbreitet. Es wächst in lichten Kiefernwäldern, auf Trockenrasen, an Felsen und Mauern, auf sehr warmen, trockenen, steinigen Böden, von den Tälern bis in Höhen von über 2000 m.

◂◂ Das Wald-Habichtskraut gehört zu einer formenreichen Art, die von ähnlichen Arten nur schwer zu unterscheiden ist.

Das Orangerote Habichtskraut wird auch als Zierpflanze angepflanzt.

Die ausdauernde, etwa 15 bis 50 cm hohe Pflanze hat einen beblätterten, meist in der oberen Hälfte gabelig verzweigten, wenig köpfigen Stengel. Die ganze Pflanze ist mit grauen oder weißen, langen, fedrigen, wolligfilzigen Haaren bedeckt. Die großen, relativ dicken Blätter sind oval bis lanzettlich, meist ganzrandig oder schwach gezähnt. Die Stengelblätter werden nach oben zu meist kleiner. Die grundständigen Blätter sind zur Blütezeit (Mai bis August) bereits verwelkt. Die hellgelben, zungenförmigen Blüten sind oft leicht gewimpert und haben gelbe Griffel. Die Früchtchen sind schwarz mit schmutzig-weißer, zerbrechlicher Haarkrone.

9. **Orangerotes Habichtskraut**, das (*Hieracium aurantiacum*): Das O. H. ist über die alpinen und arktischen Gebiete verbreitet. Es wächst gesellig und relativ häufig in Zwergstrauchheiden, auf Magerrasen, Silikat-Magerweiden und Wiesen, auf nährstoffarmen, neutralen bis sauren Böden, in Höhen von 1500 bis 2500 m.

Die ausdauernde, 20 bis 60 cm hohe Pflanze hat einen hohlen, zwei- bis 12köpfigen Stengel, der lang, schwärzlich behaart, im oberen Teil drüsig ist und ein bis vier dünne, weiche, behaarte Blätter trägt, die nach oben hin kleiner werden. Die zwei bis vier (sechs) rosettig angeordneten Grundblätter sind zur Blütezeit (Juni bis August) vorhanden. Die Pflanze treibt längere, unterirdische oder zerbrechliche, dünne, oberirdische Ausläufer. Die zungenförmigen, gelborangen, orangeroten bis feuerroten Blüten stehen in zu dichten Büscheln angeordneten Blütenköpfchen, deren schwärzliche, stumpfe Hüllschuppen einfach drüsig und mit Sternhaaren besetzt sind.

Vom H. gibt es zahlreiche Unter- und Zwischenarten. Einige weitere in Dtschl. selten vorkommende Arten sind auch im Wald anzutreffen:

Das **Bläuliche H.** (*Hieracium glaucinum*) wächst häufig in lichten Eichenwäldern (Eichenbegleiter, Assoziations-Differentialart im rheinischen Birken-Traubeneichen-Wald), an Wald- und Gebüschrändern, selten in Hainsimsen-Buchen- und Hainbuchen-Wäldern.

Das **Glatte** oder **Dreizähnige H.** (*Hieracium laevigatum*) wächst häufig in grasigen, west- und mitteleuropäischen Eichen-Birkenwäldern (Verbands-Charakterart), an Waldrändern, v. a. in verhagerten Waldsäumen, gelegentlich auch in Hainsimsen-Buchenwäldern.

Das **Alpen-H.** (*Hieracium alpinum*) wächst in Zwergstrauch-Gestrüppen der subalpinen und alpinen Vegetationsstufe.

Das **Traubige H.** (*Hieracium racemosum*) wächst (selten) in lichten Gebüschen und Waldsäumen. Die Zwischenform davon (*H. lycopilifolium*) wächst (selten) in lichten (Waldlabkraut-)Eichen-Hainbuchen-Wäldern, rheinischen Birken-Traubeneichen-Wäldern.

Das *H. Hieracium saxifragum* wächst in felsigen Eichenwäldern, *H. maculatum* in lichten Eichenwäldern, besonders west- und mitteleuropäischen Eichen-Birkenwäldern.

Habichtspilz, der: → Stachelpilze 1.

Habichtswald, der: westlich von Kassel liegender Bergrücken, höchste Erhebung der Hohe Gras (615 m). 1962 wurde der 47 500 ha große Naturpark H. gegründet. Der Schloßpark Wilhelmshöhe mit ca. 300 ha ist Teil des Naturparkes. Er umfaßt 800 verschiedene Gehölze und er ist damit der größte Bergpark Europas.

Habitat, das (lat. habitare = wohnen): in der Biologie Bez. für einen Ort (Standort), an dem Organismen einer → Art regelmäßig anzutreffen sind (autökologischer Begriff in Abgrenzung zu → Biotop); im englischen Sprachraum jedoch oft in anderer Bedeutung als Synonym für Biotop verwendet); → Population.

Habitatentzug, der: Beseitigung des im Wald liegenden Brutmaterials während der Flugzeit des → Borkenkäfers. H. (z. B. Entrinden, Verbrennen oder Abtransport allen bruttauglichen Materials) ist die wirksamste Methode bei der Bekämpfung der v. a. rindenbrütenden (→ Rindenbrüter) Borkenkäfer und der → Bockkäfer. Die Beseitigung allen brutfähigen Materials trägt aber auch zur Reduzierung vieler weiterer → Holzbrüter bei, weil diese in ihrem Anfangsstadium meist auf den berindeten Zustand des Holzes angewiesen sind; → Pheromonfallen.

Habitatmanagement, das: gezielte Pflege eines → Habitats z. B. zur Förderung und Erhaltung bestimmter Arten durch Verbesserung ihrer Lebensbedingungen; → Wildlife Management.

Habitat-Opportunist, der: Ein H. benutzt ohne deutliche Bevorzugung viele, sich zufällig anbietende Habitate, z. B. Amsel, Rehwild.

Habitus, der: das Gesamterscheinungsbild (charakteristische, äußerlich erkennbare Merkmale wie Aussehen und Verhalten) von Lebewesen.

Hackel: alte, mundartliche Bez. für die Nadeln der Tannen.

Hackert, Jan → Wald in der Malerei.

Hackgut, das: → Hackschnitzel.

Hackklötze: auch Fleischerklötze. früher in Metzgereien verwendete Holzklötze, am besten aus Ulmen-, auch Eichen-, Buchen- und Eschenholz.

Hackschnitzel gewinnt man u. a. aus Läuterungen und aus Industrierestholz.

Hackschnitzel: auch Industrie-, Waldhackschnitzel, Hackgut, Industrie-, Waldhackgut. H. entstehen aus der maschinellen Zerkleinerung von Wald- oder → Industrieholz durch spezielle Maschinen (Hacker; z. B. Trommel- oder Scheibenhacker) in Stücke von einer Größe von 1 bis 120 mm. Beim Feinhackgut (H.) sind die einzelnen Stücke bis 3 cm groß. Dieses Material ist v. a. für Kleinheizanlagen geeignet. Zu große Stücke können hier zu einer Beeinträchtigung der Heizanlage führen. Auch kann ein zu hoher Anteil an Staub stören. Bei mittelgroßem Hackgut sind die Stücke unter 5 cm groß. Derartiges Hackgut entsteht vorwiegend aus dem → Industrierestholz bzw. fällt als Nebenprodukt mit einer Korngröße von 35 bis 55 mm an. Dieses Material wird meist in größeren Anlagen verfeuert. Großhackgut mit einer Stückgröße von bis zu 10 cm wird in Großanlagen verfeuert oder bei der Handfeuerung verwendet. Aus einem → Raummeter (rm) → Brennholz entstehen rund 1,9 Schüttraummeter (Srm) Hackgut. 1 rm Holz = 0,54 bis 0,62 Srm; 1 fm Holz = 0,35 bis 0,40 Srm, oder: 1 Srm = 1,61 bis 1,86 rm bzw. 2,50 bis 2,86 fm Holz; Stückholz 25 cm lang (ofenfertig) geschüttet: 1 Srm = 0,68 bis 0,72 fm; Sägespäne bis 5 mm: 1 Srm = 0,33 fm; Rinde unzerkleinert geschüttet: 1 Srm = 0,25 bis 0,40 fm. Hackgut hat bei 20 % Wassergehalt je Srm folgende Heizwerte: Fi 690 kWh, Lä 860 kWh, Kie 800 kWh, Bu 960 kWh. Ein Srm H. ersetzt demnach 65 bis 90 l leichtes Heizöl; → Nachwachsende Rohstoffe, Energiewälder.

Hackspäne → Span 1).

Hackstreu, die: → Aststreu.

Hackwaldbetrieb, der: → Hackwaldwirtschaft.

Hackwaldwirtschaft, die: auch Hackwaldbetrieb. Die H. war eine Verbindung der Landwirtschaft mit der Forstwirtschaft (Waldfeldbau). Sie erfolgte entweder mit dem Eichenschälwaldbetrieb (→ Eichenschälwald) oder der → Waldweide im 16- bis 20jährigen, oft schon im sieben- bis neunjährigen → Umtrieb. Die sog. „Hackwälder" bestanden größtenteils aus Eichen- und Birkenniederwald (→ Niederwald), die nach ihrem → Abtrieb mit Korn und dann mit Buchweizen (auch Heiden oder Heidenkorn genannt), Roggen, im Herbst mit Winterroggen, besät wurden. Nach der Abholzung wurde etwa im Monat Juni entweder gehaint oder gerödert, d. h. der Bodenüberzug aus Rasen, Unkraut wurde zwischen den stehengebliebenen und wieder ausschlagenden Laubholzstöcken (→ Stockausschlag, → Niederwald) mit der Hacke schollig gehackt und, nachdem er trocken war, im Nachsommer in kleinen, mit → Reisholz vermengten Meilern (sog. → Schmoden) geschmodet. Z. T. wurde auch das Verfahren des Sengens oder Überlandbrennens angewandt. Hierbei wurde das Reisig über die gesamte Fläche ausgebreitet und bei trockenem Wetter zusammen mit dem Bodenüberzug verbrannt. Bei beiden Verfahren wurde die Asche als Düngemittel untergehackt. Auf diese, so vorbereiteten Flächen wurde Buchweizen oder Roggen gesät und mit dem Hainhaaks (altdeutscher Hakenpflug) oder mit der Hacke untergebracht. Nach ein- bis zweimaliger Fruchtfolge diente der Waldboden wieder der Holzerzeugung, wobei sich meist ein kräftiger Niederwald entwickelte. Bereits im zweiten Jahr erreichten die → Stockausschläge zwischen den Kulturpflanzen Meterhöhe. Im Frühjahr des dritten Jahres wurden dann die vorhandenen Lücken mit kräftigen Eichenpflanzen ausgepflanzt oder Schafe bzw. Rindvieh (ab dem sechsten Jahr) für die Weide zugelassen. Die H. ist uralt und reicht in das frühe Mittelalter zurück. Sie war die am meisten verbreitete Form landwirtschaftlicher Nutzung des Waldbodens. Gründe für die Einführung der H. waren der Mangel an Ackerland und der große Lebensmittelbedarf. Durch Ausdehnung der → Waldweide versuchten daher die Bauern, die Stockausschläge möglichst niedrig zu halten, um den Waldfeldbau ausüben zu können. Die H. war früher im badischen Teil des → Schwarzwaldes, am Rhein, an der Mosel und ganz besonders im → Odenwald verbreitet. Im Jahre 1850 wurden die Hackwaldflächen im Odenwald auf 10 000 bis 12 000 ha geschätzt. Erst mit Zunahme der Industrialisierung, der Steigerung der landwirtschaftlichen Erträge sowie durch Getreideeinfuhren etc. und auch bedingt durch die Abnahme der benötigten Eichenschälwaldflächen ging auch die H., die sich weit ins 19. Jh. und örtlich auch noch im 20 Jh. erhalten hat, zu Ende. Die meisten Flächen wurden mit Nadelbäumen aufgeforstet. Eine ähnliche Form stellten auch die → Hauberge dar; → Birkenberge, Lohheckenwirtschaft, Rodebüsche, Urwechselwirtschaft.

Haferkirsche, die: → Prunus 1.

Haferkrähe, die: → Rabenvögel 7.

Haferpflaume, die: → Prunus 8.

Haferschlehe, die: → Prunus 8.

Haffdorn, der: → Sanddorn.

Hafnerköl, der: → Thymian.

Haftborsten (Hafthaare): → Haare.

Haftmittel, das: bei der Verwendung von Fungiziden oder Insektiziden (→ Pestizide) verwendeter Zusatz, der deren Haftfähigkeit auf den Oberflächen der Pflanzen verbessern und damit ihr vorzeitiges Abwaschen bei Niederschlägen verhindern soll.

Haftwasser, das: → Bodenfeuchte.

Hag, der, das (mittelhochdeutsch: hagen = umfriedeter Wald; althochdeutsch; hagan = Dornstrauch, Gebüsch): Der H. (auch → Hagen) bedeutet Einfriedung, → Hecke, Zaun oder → Gebüsch, auch einen Waldbezirk oder Weideplatz.

Hagebuche, die: → Hainbuchen.

Hagebutten: auch Hahnbutten, Wiekirchen, Wirpen. alte mundartliche und lokale Bez. für die Früchte (→ Schließfrucht) der → Rosen.

Hagedorn, der: → Kreuzdorn 2. und → Weißdorn 2.

Hageeiche, die: → Eichen 2.

Hägeholz, das: → Hegeheister.

Hageie, die: → Eibe.

Hagelholz, das: → Wimmerwuchs.

Hagelschäden: Hagelschlag verursacht neben zahlreichen Nadel- bzw. Blatt- und Triebverlusten (abgeschlagene Terminaltriebe, die zu Verzweigungsanomalien führen können), auch Rinden- und Bastverletzungen (mechanische Verletzungen). Dadurch entstehen im Wald Holzwert- und Zuwachsverluste. Die durch den Aufschlag der Hagelkörner verursachten Streif- und Quetschungen am Stamm werden zwar z. T. überwallt (→ Überwallungen), haben aber meist Fehler und Nutzwertminderungen des Holzes zur Folge. Bei jungen Bäumen können diese Wunden die Entwicklung der Schaftform (Stammkrümmungen) und den → Zuwachs ungünstig beeinflussen;

daneben können Rindenteile einwachsen (→ Rindentaschen), Harzeinschlüsse stattfinden oder – bei großen Quetschungen – Fäulepilze (parasitäre Pilze) eindringen, bevor die Überwallung stattgefunden hat. Holzfehler, die auf Hagelschlag beruhen, sind häufig äußerlich nicht erkennbar. Die sog. → Steingallen der Bu gehen z. B. weitgehend auf Hagelschlag zurück. Besonders gefährdet sind Ndh, bei den Lbh Ah, Bu, Ei, Es und Rob.

Hagelbuche, die: → Hainbuchen.

Hagen, Otto Friedrich von (15.2.1817 Ilsenburg bis 10.9.1880 Berlin): Ab 1845 im preußischen Finanzministerium, erhielt H. im Jahre 1846 die Oberförsterei Falkenberg. Im Jahre 1849 wurde er wieder in das Finanzministerium und 1861 zum Landforstmeister berufen, 1863 zum Oberlandforstmeister und Vorstand des gesamten preußischen Staatsforstwesens ernannt. Er schrieb: „Die forstlichen Verhältnisse Preussens" (1867).

Hagen, der: alte Bez. für einen gerodeten, jetzt eingefriedeten, gehegten Raum.

Hagenau, die: ursprüngliche Bez. für eine Siedlung im königlichen Bannwald.

Hagstangen: in Baden-Württemberg übliche Bez. für geringe → Derbstangen.

Häher, der: → Rabenvögel 2. und 3.

Hähereiche, die: gelegentlich Bez. für aus → Hähersaat hervorgegangene Ei.

Hähersaat, die (Vogelsaat): Der Eichelhäher (→ Rabenvögel) legt sich häufig unter Moos und im Boden Vorräte aus → Eicheln, → Bucheckern und Haselnüssen an. Er bevorzugt dabei Untergrund mit rauher Oberfläche, mit nicht zu mächtiger Streu und einer maximalen Vegetationshöhe von 20 cm in offenen Beständeteilen, Übergängen bzw. Wechseln der Vegetation (Randbereiche). Ein einzelner Vogel kann bis zum Einbruch des Winters z. B. über 4000 Eicheln vergraben. Da er einen Teil seiner Verstecke wieder vergißt, trägt er zur Verbreitung dieser Baumarten bei. Im → Bergwald sorgt auf dieselbe Weise der Tannenhäher für die Verbreitung von Zir und Ha.

Hahnbutten → Hagebutten.

Hahnenfuß, der (*Ranunculus*): Gatt. der → Hahnenfußgewächse mit rund 40 Arten in Mitteleuropa. Die wichtigsten, auch im Wald vorkommenden Arten sind:

1. Kriechender Hahnenfuß, der (*Ranunculus repens* Linné): Die über ganz Europa verbreitete Pflanze ist häufig und wächst in Wäldern an feuchten Orten, besonders Hartholz-Auenwäldern, Silberweidengebüschen, hauptsächlich aber auf Wiesen, Äckern und in Sümpfen (Bodenverdichtungszeiger).

Die mehrjährige, schwach giftige Pflanze wird 10 bis 30 cm hoch. Der Stengel treibt oberirdisch kriechende, beblätterte und an den Knoten wurzelnde Ausläufer. Die dreizähligen Grundblätter haben gestielte, eingeschnitten gezähnte Fiedern. BZ: Mai bis August. Die 2 bis 3 cm breiten und goldgelb glänzenden Blüten sitzen an gefurchten Blütenstielen. Die Früchtchen haben einen kurzen, geraden Schnabel.

2. Eisenhutblättriger Hahnenfuß, der (*Ranunculus aconitifolius* Linné): auch Gebirgs-H. Die über die Alpen und die mittel- und südeuropäischen Gebirge verbreitete Artengruppe wächst auf nährstoffreichen, aber kalkarmen Böden, an Bächen, Quellen, am Saum hochmontaner Hartholz-Auenwald-Gesellschaften und in lichten, feuchten hochmontanen, staudenreichen Wäldern.

Die mehrjährige, 60 bis 120 cm hohe Gebirgspflanze hat einen reich verzweigten und reichblütigen Stengel. Die Blätter sind grundständig und handförmig gelappt mit gezähnten, lanzettlich bis verkehrt-eiförmigen Abschnitten. BZ: Mai bis Juli/August. Die 1 bis 2 cm breiten Blüten haben fünf weiße, eiförmige → Kronblätter. Die → Kelchblätter sind rot bis stahlblau überlaufen.

3. Gold-Hahnenfuß, der (*Ranunculus auricomus* Linné): Die fast über ganz Europa verbreitete Sammelart mit fast unzähligen Kleinarten wächst in feuchten Laub- und Mischwäldern, Auenwäldern, in tieferen Lagen in Hainbuchen-Waldgesellschaften und Hartholz-Auenwäldern, in Gebüschen und auf Wiesen.

Die mehrjährige, schwach giftige Pflanze hat einen aufrechten, verzweigten Stengel und wird 15 bis 50 cm hoch. Die langgestielten, grundständigen Blätter sind ungeteilt, rundlich-nierenförmig, mit gekerbtem bis gesägtem Rand, oft auch mit tiefen Einschnitten. Die Stengelblätter sind sitzend und bis zum Grund fingerförmig geteilt mit linealen Abschnitten. BZ: April bis Juni. Die 1 bis 3 cm breiten Blüten sind goldgelb. Die kleinen Früchtchen sind behaart; → Ameisenpflanzen.

4. Wolliger (Wald-)Hahnenfuß, der (*Ranunculus lanuginosus* Linné): Die über Mitteleuropa und das östliche Südeuropa verbreitete Pflanze kommt in schattigen, feuchten Laub- und Mischwäldern vor. Sie ist die Ordnungs-Charakterart der mesophytischen buchenwaldartigen Laubwälder Europas und wächst besonders in krautreichen Buchenmisch- und Hainbuchenwäldern, in Buchen- und Linden-Ahorn-Mischwäldern, Hartholzauen- und Schluchtwäldern.

Die mehrjährige, schwach giftige Pflanze wird 30 bis 70 (80) cm hoch und hat einen meist reich verzweigten, unten hohlen Stengel. Dieser ist wie die Blätter abstehend rauh behaart. Die grundständigen Blätter sind handförmig geteilt und haben lineal-lanzettliche, unregelmäßig gesägte Abschnitte. BZ: Mai bis Juli. Die orangegelben, glänzenden Blüten sind 2,5 bis 4 cm breit; die Blütenstiele sind rund. Die Früchtchen haben einen hakig gebogenen bis eingerollten Schnabel; der Fruchtboden ist kahl.

5. Scharbockskraut, das (*Ranunculus ficaria* Linné = *Ficaria verna* Huds.): auch Frühlings-Scharbockskraut, Feigwurz, Feigwurzeliger H., im Volksmund auch Zigeunersalat, Biberhödln, Kreuzerlan und Schmalzblattl. Die über ganz Europa verbreitete Art kommt häufig an feuchten und schattigen Stellen in krautreichen Laubmischwäldern, v. a. in Gesellschaften der mesophytischen buchenwaldartigen Laubwälder Europas tieferer Lagen, auf Wiesen, in Gebüschen, Auwäldern, Obstgärten, Hecken und an Bachufern vor. Das S. ist eine schwache

Der Gold-Hahnenfuß bevorzugt lichte feuchte Laub- und Auwälder sowie sickerfeuchte Bergwiesen.

Der Eisenhutblättrige Hahnenfuß ist eine Pflanze der höheren Mittelgebirge und der Alpen.

Charakterart der Buchenwälder und sommergrünen Eichenwälder Europas und ein Lehm- und Nährstoffzeiger (→ Bodenanzeiger).

Die bis 30 cm hohe Art wird wegen der feigenähnlichen Form der Wurzelknollen auch „Feigwurz" genannt; auch der lateinische Artname „*ficaria*" leitet sich davon ab. Die herzförmigen Blätter sind grundständig und ungeteilt. In den Blattachseln der oberen Stengelblätter bilden sich kleine, weißliche → Brutknospen, die, wenn sie etwa im Juli durch Regen bloßgelegt, den Boden bedecken, wegen ihrer Ähnlichkeit mit Weizenkörnern auch als „Erdgerste", „Mäusebrot" oder „Himmelsbrot" bezeichnet werden. Die rasenbildende Pflanze gehört zur den Frühjahrsblühern (BZ: März bis Mai). Jede der einzelstehenden, gelben Blüten hat acht bis zwölf Kronblätter und drei grüne Kelchblätter; bei schlechtem Wetter bleiben die Blüten geschlossen; Ameisenpflanze.

Das S. gilt auch als Heilkraut, dessen zerstoßene Wurzel „mit einem süßen gebratenen Apfel vermischt und wie ein Pflaster übergeschlagen" nach Aussage alter Kräuterbücher aus dem 16. Jh. die Schmerzen der Feigwarzen zu stillen vermochte und dessen Blätter man als Salat zur Vertreibung des Scharbocks (Skorbut) verzehrte. Das frische, scharf schmeckende Kraut des S. enthält viel Vitamin C und kann in ganz jungem Zustand als Salat (unter Feldsalat) gegessen werden; alte Blätter und die Wurzelknöllchen sind hingegen schwach giftig. Die Brutknospen und die Wurzelknöllchen wurden früher in Salzwasser gekocht und dann, in Fett gedünstet, als Fleischbeilage gegessen.

6. **Wald-Hahnenfuß**, der (*Ranunculus nemorosus* De Candolle = *R. breyninus* aut.): auch Hain-H. Der W. ist über Mittel- und Südeuropa verbreitet, im Norden bis Dänemark; in Großbritannien und Skandinavien wurde er eingeführt. Er wächst verbreitet in lichten Wäldern, besonders in lichten, krautreichen Eichen- und Kiefern-Mischwäldern, Hainbuchenwäldern, Hartholz-Auenwäldern, Labkraut-Tannenwäldern und artenreichen Tannenwäldern, auf Bergwiesen, Wiesen und Trockenrasen.
Der W. ist eine Sammelart mit mehreren Kleinarten. Die ausdauernde, 20 bis 80 cm hohe Pflanze hat aufrechte, unten abstehend, oben anliegend behaarte Stengel und dunkelgrüne, gestielte, im Umriß fünfeckige, bis fast zum Grund handförmig drei- bis fünfgeteilte Grundblätter mit keilförmigen, dreispaltigen, gelappten Abschnitten. BZ: Mai bis Juli. Die leuchtend gelben, glänzenden Blüten haben fünf 15 bis 20 mm lange Kronblätter. Die Früchtchen haben einen etwa 1,5 mm langen, an der Spitze eingerollten Schnabel; der Fruchtboden ist borstig.
7. **Vielblütiger Hahnenfuß**, der (*Ranunculus polyanthemos* Linné): auch Hain-H. Der über Mittel- und Nordeuropa verbreitete, zerstreut bis selten vorkommende V. H. wächst an Waldrändern, in lichten Eichen- und Kiefernwäldern, sonnigen Gebüschen, wechseltrockenen Waldgesellschaften der xerothermen submediterranen Flaumeichenwäldern und subkontinentalen Eichen-Steppenwäldern.
Die 30 bis 60 cm hohe Pflanze hat fünfteilige Grundblätter mit tief eingeschnittenen Blattabschnitten mit linealischen bis lineal-lanzettlichen, gezähnten Zipfeln. Die schwach gefurchten, behaarten Blütenstiele tragen gelbe, etwa 2 bis 3 cm breite Blüten. BZ: Mai bis Juli. Die 0,5 mm langen Früchtchen haben einen schwach gebogenen (nicht eingerollten) Schnabel.
Der Vielblütige H. oder Hain-H. (*R. polyanthemos*) wird mit dem Rain-H. oder Schlitzblättrigen Wald-H. (*R. polyanthemophyllus*) – Südwestsippe –, dem Wald-H. (*R. nemorosus*), dem Wurzelnden Wald-H. (*R. serpens*) – westliche Bergsippe – und dem Busch-H. (*R. polyanthemoides*) – Westsippe – zur Sammelart *R. polyanthemos* zusammengefaßt.
8. **Platanenblättriger Hahnenfuß**, der (*Ranunculus platanifolius*): Der über ganz Mitteleuropa verbreitete P. H. kommt in Dtschl. selten bis zerstreut vor und wächst in Berg- und Schluchtwäldern, besonders in Linden-Ahorn-Wäldern, Hochstauden-Buchenwäldern und boralen Bergahorn-Buchenwäldern.
Die bis 130 cm hohe Staude ist dem Eisenhutblättrigen H. sehr ähnlich, hat jedoch schmälere Blattabschnitte; der Mittellappen der drei- bis siebenspaltigen Grundblätter ist nicht gestielt. Der Stengel hat aufrechte Äste und fast kahle Blütenstiele mit bis 2 cm breiten weißen Blüten. BZ: Mai bis Juli.
9. **Wurzelnder Wald-Hahnenfuß**, der (*Ranunculus serpens* Schrank): auch Niederliegender H. Der über Mitteleuropa verbreitete W. W. kommt in Dtschl. selten vor. Er wächst in montanen staudenreichen Bergmischwäldern, in Grünerlengebüschen und im Knieholz. Er ist die Charakterart der Hochstauden-Buchenwälder und boralen Bergahorn-Buchenwälder. Die zweijährige Pflanze hat einen zur Blütezeit niederliegenden Stengel mit bis zu zwei Drittel eingeschnittenen Grundblättern und gelben Blüten.
10. **Schlitzblättriger Wald-Hahnenfuß**, der (*Ranunculus polyanthemophyllus*): Wächst auf Trockenrasen.

Hahnenfußgewächse (*Ranunculaceae*): Besonders auf der Nordhalbkugel verbreitete Pflanzen-Fam. mit etwa 60 Gatt. und über 2000 Arten. H. sind → Kräuter, mitunter → Halbsträucher, → Sträucher, Lianen oder Wasserpflanzen. Einige Arten enthalten → Alkaloide oder Glykoside und sind → Giftund/oder → Heilpflanzen. Die Blätter sind meist hahnenfußartig (wechsel- oder grundständig und ohne Nebenblätter) zerteilt. Die Blütenhülle ist oft fünfteilig und lebhaft gefärbt. Die Früchte sind entweder vielsamige Bälge oder Nüsse (→ Schließfrucht). Die wichtigsten Gatt. der etwa 90 in Dtschl. vorkommenden Arten sind: → Adonisröschen, → Akelei, → Dotterblume, → Eisenhut, → Nieswurz, → Anemone (Windröschen), → Leberblümchen, → Waldrebe, → Hahnenfuß, → Christophskraut, → Kuhschelle, → Rittersporn und → Trollblume.

Hahnenkamm, der: → Keulenpilze 8.

Hahn, Großer, der: → Rauhfußhühner 1.

Hahnhoden: volkstümliche Bez. für das Pfaffenhütchen; → Spindelstrauch 2.

Hahn, Kleiner, der: → Rauhfußhühner 2.

Haide, die: → Heide 2).

Hain, der: **1**) Im Altertum waren H. öfters den Göttern geweiht und dienten auch als Opferstätten (heilige H.). Die Verehrung heiliger Bäume (→ Baumkult) und H. war auch bei den Germanen üblich. Arminius ordnete seine Scharen in einem H., und in einem solchen versammelte auch Civilis seine Bataver zu Schmaus und Beratung. Auch sonst wurden Feste und Opfer gern im Schatten heiliger Wälder gehalten. Unter den Bäumen galt v. a. die Ei für heilig, gefolgt von Ul, Li und Ta. Wer in einen heiligen H. floh oder den Schatten eines heiligen Baumes erreichte, war der Strafe entronnen. Heute gepflegtes → Gehölz von geringem Umfang. Der H. ensteht durch forstliche Pflanzungen i. d. R. aus landschaftspflegerischen Gründen und ist eine Gesellschaft freistehender Bäume ohne höheres → Unterholz. **2**) frühere Bez. für einen neu angelegten → Schlag in einer → Hackwald- oder Haubergswirtschaft; → Hauberge.

Hain-Ampfer, der: → Ampfer 2.

Hain-Augentrost, der: → Augentrost 3.

Hain-Bänderschnecke, die: → Schnirkelschnecken 4.

Hainbuchen: siehe Seite 326/327

Hainbuchen-Eichenwälder → Eichen-Hainbuchenwälder.

Hainbuchengewächse (*Carpinaceae*): Fam. der Lbh, zu der die Gatt. der → Hainbuchen (*Carpinus*) und die der → Hopfenbuchen (*Ostrya*) zählt. In mancher Literatur werden sie den → Birkengewächsen (*Betulaceae*) zugeordnet.

Hainbuchen-Rauhfußröhrling, der: → Röhrlinge 11.

Hainbuchenröhrling, der: → Röhrlinge 11.

Hainbuchenwald, der: → Eichen-Hainbuchenwälder.

Hainbuzel, die: alter bayer. Ausdruck für Hagebutte; → Rosen.

Hainen, das: auch Rödern, Schiffeln. Ein früheres, in der → Hackwaldwirtschaft übliches Verfahren, den Waldboden zur vorübergehenden Fruchtbestellung vorzubereiten.

Hain-Flockenblume, die: → Flockenblume.

Hainfriedlos, der: → Gilbweiderich 2.

Hain-Gilbweiderich, der: → Gilbweiderich 2.

Hain-Greiskraut, das: → Greiskraut 2.

Hain-Hahnenfuß, der: → Hahnenfuß 6. und 7.

Hainich, der: → Thüringer Hainich.

Hain-Kreuzkraut, das: → Greiskraut 2.

Hainlattich-Buchenmischwald, der (*Aposerido-Fagetum, Lonicero alpigenae-Fagetum*): auch Alpenheckenkirschen-Buchenmischwald. pflanzensoziologische → Assoziation des Unterverbandes → Alpenheckenkirschen-Tannen-Buchenwälder (*Lonicero alpigenae-Fagenon*) des Verbandes der → Buchenwälder (*Fagion sylvaticae*). Sie ist auf Kalk- und Dolomitgesteinen am Alpennordrand verbreitet. Dabei wird mit zunehmender Höhenlage die zunächst vorherrschende Bu durch Ta und Fi ersetzt (→ Bergmischwald). Die hohen Artenzahlen in der Krautschicht sind auf natürliche Lichtungen und das Mikrorelief zurückzuführen. An steilen Hängen und bei anstehendem Grundgestein treten auch Basenzeiger (→ Bodenanzeiger) auf; → Waldgesellschaften.

Hainmieren-Schwarzerlenwald, der (*Stellario nemorum-Alnetum glutinosae*): auch Schwarzerlen-Galeriewald, Eschen-Schwarzerlenwald, Submontaner Bach-Eschen-Erlen-Auenwald. pflanzensoziologische → Assoziation des Unterverbandes → Erlen-Eschen-Auenwald (*Alnenion glutinoso-incanae*). Diese Assoziation – ein schmaler Auwaldstreifen – begleitet die Bäche und kleinen Flüsse mit nur kurzzeitigen Überschwemmungen in der submontanen bis montanen → Vegetationsstufe in aus Urgestein (Silikat) bestehenden Mittelgebirgen. Die Baumschicht besteht aus Es und SEr; BAh ist gelegentlich eingesprengt. Dem Standort entsprechend treten viele Feuchtezeiger, wie z. B. Bruchweide und in der Krautschicht Rauhhaariger Kälberkropf, Geißbart, Hundsquecke, Große Brennessel, Echtes Mädesüß, Giersch, Rote Pestwurz und die → Charakterart Wald-Sternmiere, auf. Durch die Stickstoffbindung der SEr, den Eintrag mineralischer und organischer Stoffe ist die Nährstoffversorgung gut. Wenn versumpfte Verebnungen auftreten, steht der H. in räumlichem Kontakt mit dem → Schwarzerlen-Bruchwald; → Auwälder, Waldgesellschaften.

Hainmoos, Glänzendes, das: → Etagenmoos.

Hainmoos, Sparriges, das: → Rhytidiadelphus 1.

Hain-Rispengras, das: → Rispengras 2.

Hainsalat, der (*Aposeris foetida* Lessing): auch Stinkender H., Stinksalat. Der H. ist über die Gebirge Mittel- und Südeuropas und über das Alpenvorland verbreitet. Er wächst in frischen, schattigen Wäldern, Bergmischwäldern, Buchen-und Nadelholzmischwäldern, Laubwäldern, besonders Eichen-Hainbuchen-

wäldern, in Buchen- und Hainbuchen-Waldgesellschaften, in Gebüschen, an Waldrändern, auf Wald- und Alpenwiesen, auf mineralkräftigen, meist kalkhaltigen Böden. Er ist Ordnungs → Charakterart der mesophytischen buchenwaldartigen Laubwälder Europas.
Die ausdauernde Pflanze, die dem Löwenzahn sehr ähnlich ist, wird etwa 5 bis 25 cm hoch und hat einen weißen, unangenehm riechenden Milchsaft. Die in einer grundständigen Rosette stehenden Blätter sind fiederspaltig mit eckigen, am hinteren Rand gezähnten Lappen. BZ: Juni bis August. Der lange blattlose Stengel trägt einen gelben Blütenkopf, der nur aus Zungenblüten besteht. Die fünfrippigen Früchtchen tragen keine Haarkrone.

Hainschnecken → Schnirkelschnecken.

Hainschnirkelschnecke, die: → Schnirkelschnecken 4.

Hainsimse, die (*Luzula*): Gatt. ausdauernder Pflanzen aus der Fam. der → Binsengewächse (*Juncaceae*) mit rund 80 Arten in der nördlichen, gemäßigten Zone. H. sind → Stauden mit grasähnlichen, am Rande bewimperten oder behaarten, grundständigen Blättern und bräunlichen bis gelblichen oder weißen, sechszähligen Blüten; das sind doldenrispig angeordnete → Blütenstände. Die → Samenverbreitung aller *Luzula*-Arten erfolgt durch → Ameisen; → Ameisenpflanzen. Von den 12 in Dtschl. beheimateten Arten kommen auch im Wald vor:

1. Haarhainsimse, die (*Luzula pilosa*): auch Behaarte H., Frühlings-H. Die H. wächst verbreitet in Wäldern, besonders in Buchen-Waldgesellschaften, west- und mitteleuropäischen Eichen-Birkenwäldern, boreal-alpinen Nadelwäldern und subalpin-alpinen Zwergstrauch-Gesellschaften, in Gebüschen, in krautreichen Laub- und Nadelwäldern, besonders auf frischen und lehmigen Böden.
Die grasgrüne, ausdauernde und rasenbildende Pflanze hat einen glatten, stielrunden, 10 bis 30 cm hohen Stengel. Die grundständigen Blätter sind 5 bis 10 mm breit (die stengelständigen kleiner und schmaler) und an der Mündung der Blattscheiden weiß behaart. Die einzelstehende Blüte ist binsenähnlich; sie hat sechs spitze, lanzettliche, dunkelbraune Blütenhüllblätter und sechs Staubblätter. Die dreisamige Fruchtkapsel ist stumpf und einfächerig. Der hellbraune und große Samen an der Spitze ist mit einem sichelförmig gekrümmten Anhängsel versehen; er wird von Ameisen gerne verschleppt. BZ: März bis Mai.

2. Waldhainsimse, die (*Luzula sylvatica*): Die im Gebirge häufig, in der Ebene und im Norden zerstreut bis selten anzutreffende Pflanze wächst hauptsächlich in humusreichen, schattigen Laub- und Nadelwäldern, besonders artenarmen Buchen-, Eichen-Buchen-, Tannen- und Fichten-Wäldern, v. a. in Hainsimsen-Buchenwäldern, Fichten-Tannen-, west- und mitteleuropäischen Eichen-Birkenwäldern.
Die ausdauernde, grasgrüne W. hat einen 30 bis 80 cm hohen Stengel. Die grundständigen Blätter sind bis zu 30 cm lang, bis 15 mm breit und am Rand bewimpert, die Stengelblätter kürzer und schmäler. BZ: April bis Juni. Der große Blütenstand ist spirrenartig ausgebreitet; die Blüten sind zu drei bis vier gebüschelt. Die spitzen Blütenhüllblätter sind braun und weißhautrandig und etwa so lang wie die Fruchtkapsel. Letztere ist glänzend schwarzbraun und enthält den Samen mit angeheftetem Anhängsel.

3. Gemeine Hainsimse, die (*Luzula campestris*): auch Hasenbrot, Feld-H. Die kalkmeidende und lockere Rasen bildende Pflanze wächst auf Wiesen, Triften, Magerrasen, Heiden und an Waldrändern, von der Ebene bis in die Nähe der Gletscher.
Die ausdauernde und kurze Ausläufer treibende G. H. hat einen 5 bis 40 cm hohen Stengel und grasartige, bis 3 mm breite Blätter, die stark behaart sind. Die binsenartige Blüte hat sechs dunkel kastanienbraune und mit weißem Saum versehene Blütenhüllblätter sowie sechs Staubblätter in fünf- bis zehnblütigen → Ährchen, die teils gestielt, teils sitzend, einen spirrigen, zwei- bis sechsästigen, lockeren Blütenstand bilden. BZ: März bis Mai.

4. Vielblütige Hainsimse, die (*Luzula multiflora*): Die Pflanze wächst verbreitet auf Wald- und Bergwiesen, an Sumpfrändern, auf Heiden, Magerrasen und in lichten Wäldern; Magerkeitszeiger.
Die ausdauernde, dichtrasige und keine Ausläufer bildende V. H. hat einen 20 bis 50 cm hohen Stengel. Blätter und Binsenblüte sind flach und grasartig. Sie bildet acht- bis 20blütige, eiförmige bis längliche Ährchen, die in drei- bis zehnästigem, dichtem Blütenstand stehen. BZ: April bis Juni.

5. Buschhainsimse, die (*Luzula luzuloides* L.): auch Weiße H., Schmalblättrige H. Die Pflanze wächst in lichten, trockenen Laub- und Nadelwäldern, artenarmen Buchen- oder Eichen-Buchen-(Tannen-)Wäldern und Gebüschen. Sie ist die → Charakterart des Hainsimsen-Buchenwaldes und wächst auch als → Differentialart in Hainbuchen-Waldgesellschaften, west- und mitteleuropäischen Eichen-Birkenwäldern, zwergstrauchreichen Fichten-Tannenwäldern. Sie ist hauptsächlich in den Waldgebirgen verbreitet, weniger in der Ebene.

Die Buschhainsimse ist die Charakterart des Hainsimsen-Buchenwaldes.

◂◂◂ Der Hainsalat ähnelt dem Löwenzahn.

Die ausdauernde B. hat einen 30 bis 60 cm hohen Stengel und 3 bis 4 mm breite, schmal linealische, am Rand bewimperte Blätter. Der Blütenstand ist spirrig und locker ausgebreitet. Die Blütenbüschel tragen jeweils zwei bis sechs blaß gelblichweiße und bis 4 mm lange Blüten. BZ: Juni bis Juli.

6. Schnee-Hainsimse, die (*Luzula nivea*): Die über das Alpenvorland, die Alpen, Cevennen, Pyrenäen und dem Apennin verbreitete S. wächst zerstreut in artenarmen Buchen- und Eichenwäldern, Nadelmischwäldern, Hainsimsen-Buchenwäldern (Verbands-Charakterart), west- und mitteleuropäischen Eichen-Birkenwäldern, Hainbuchenwäldern, zwergstrauchreichen Fichten-Tannenwäldern.
Die 40 bis 90 cm hohen Pflanze bildet lockere Rasen. Sie haben 3 bis 5 mm breite, bewimperte Blätter. BZ: Juni bis Juli. Die zu sechs bis 20 gebüschelten Blüten haben je sechs reinweiße Blütenblätter. Die → Hochblätter sind so lang wie oder länger als der zusammengezogene Blütenstand.

7. Forsters Hainsimse, die (*Luzula forsteri*): F. H. ist über das Mittelmeergebiet bis Südengland verbreitet; in Dtschl. kommt sie nur im westlichen Teil vor. Sie wächst in Bergwäldern, Eichen- und Eichen-Hainbuchen-Wälder, v. a. in west- und mitteleuropäischen Eichen-Birkenwäldern, in Hainbuchenwäldern und mediterranen Trockenwäldern der collinen Stufe, in warmen Lagen auf nährstoffarmen, sauren, aber basenreichen, sandigen bis lehmigen, mäßig trockenen Böden.
F. H. ist der Haarhainsimse sehr ähnlich, hat jedoch nur 1,5 bis 3 mm breite Blattspreiten mit purpurroten oben bewimperten Scheiden. BZ: April bis Mai. Die Äste des Blütenstandes sind zur Fruchtzeit aufrecht; der Samen hat ein kurzes gerades Anhängsel.

8. Gelbliche Hainsimse, die (*Luzula luzulina*): Sie ist selten und wächst in Fichten- und Kiefernwäldern, besonders Schneeheide-Kie-

Hainbuchen

Gattung

Die zur Familie der → Hainbuchengewächse (*Carpinaceae*) zählende, ca. 45 Arten umfassende Gattung der Hainbuche (*Carpinus*) besteht aus sommergrünen Holzgewächsen. Es sind kleine bis mittelgroße Baumarten, die mit Erle und Birke verwandt sind. Ihre Verbreitung beschränkt sich auf die nördlichen gemäßigten Breiten der Erde. Hainbuchen bevorzugen tiefgründigen, nährstoffreichen Boden. Die zweizeilig angeordneten Blätter mit den hervortretenden Adern sind scharf doppelt-gesägt (gezähnt) und zugespitzt. Die männlichen Kätzchen (→ Blütenstand) befinden sich während des Winters noch in der Knospe. Die einsamigen Früchte (kleine, abgeflachte Nüsse) hängen in Büscheln an den jüngsten Zweigen und sind in ein dreiteiliges Gebilde eingeschlossen. Die Vermehrung erfolgt durch → Samen. In Mitteleuropa ist als einzige Art die Hainbuche vertreten.

Die bis zu 30 m hohe Hainbuche hat das schwerste Holz aller einheimischen Baumarten.

Hainbuche

Carpinus betulus Linné wird auch Weiß-, Hagel-, Hage-, Horn-, Hecken-, Ham-, Spindelbuche, Holster, Hornbaum, Steinriegelholz, Buchäscher, Bach- oder Buschesche, Haster, Jochbaum, Rauch-, Spindel-, Stein- oder Strauchbuche genannt.
Den Namen *Carpinus* gaben die Römer der Hainbuche; das lateinische Epitheton *betulus* bezieht sich auf die Ähnlichkeit der Blütenkätzchen mit denen der Birke. Der Name „Weißbuche" bezieht sich auf das gelblich-weiße Holz und wurde ihr von Holzhandwerkern gegeben, während „Hornbaum" sich auf die Härte des Holzes bezieht. Der Name „Hagebuche" ist abgeleitet vom althochdeutschen und mittelhochdeutschen „hag", was Umzäunung bedeutet, da die Hainbuche eine beliebte Heckenpflanze ist.

Verbreitung

Die Hainbuche ist von Südengland über Mitteleuropa bis Weißrußland und die Türkei, von den Pyrenäen über Italien, die Balkanhalbinsel bis nach Südskandinavien verbreitet.

Standort

Die Hainbuche, eine europäisch-südwestasiatische → Halbschatt(en)baumart, ist ein wichtiger Laubbaum den man relativ häufig antrifft. Sie kommt in gras- und krautreichen Laubmischwäldern der Tieflagen, in Hecken und Schlehengebüschen vor. Sie ist zum Teil bestandsbildend und stellt die Verbands→ Charakterart (Charakterbaumart) der Eichen-Hainbuchen-Mischwälder und zum Teil die Pionierbaumart der Buchenwälder dar. Sie stellt mittlere Standort- und mäßige Wärmeansprüche. Die Hainbuche wächst in der kollinen, seltener montanen → Vegetationsstufe und ist von der Ebene über das Hügelland bis in Höhen von etwa 1000 m im Gebirge anzutreffen. Am besten gedeiht sie auf frischen, mineralkräftigen, mäßig lockeren Böden. Auf schlickbedeckten Aueböden erreicht sie beachtliche Stammstärken, gedeiht gut auf frischen Lehmböden des Hügellandes und wächst sogar noch auf trockenen Sandböden, kalten Böden und in Frostlagen. In den Barockgärten wurden Hainbuchen früher – wie der → Buchsbaum – zu architektonischen und anderen Formen zurechtgeschnitten.

Merkmale

- Die Hainbuche ist ein mittelgroßer Laubbaum, wird aber auch häufig durch → Stockausschläge vielstämmig oder strauchartig. Der Baum hat im Bestandsschluß (→ Schluß) einen geradschäftigen Stamm, der selten gleichmäßig rund ist, sondern zumeist einen ovalen Querschnitt hat. Besonders bei älteren Bäumen ist der Stamm spannrückig, abholzig oder gedreht und teilt sich meist schon in geringer Höhe in starke, steil aufstrebende, etwas geschwungene Äste.
- Seine zunächst kegelförmige Krone ist hoch, breit, im → Freistand schön gewölbt, im Alter weit ausladend, häufig aber etwas unregelmäßig. Das in den ersten Jahren zunächst geringe Höhenwachstum steigert sich dann rasch und endet mit 80 bis 90 Jahren im wesentlichen bei einer Höhe von etwa 25 bis 30 m. Insgesamt kann eine Stärke von etwa 50 cm (in Ausnahmefällen sogar bis zu 100 cm) und ein Alter von etwa 150 Jahren erreicht werden.
- Die silber- bis dunkelgraue, anfangs glatte und später mit einem feinen, längs verlaufenden Netzmuster (auch aufreißend oder abblätternd) versehene Rinde bleibt in der Regel ohne Borkenbildung. Die Bewurzelung stellt ein arttypisches, regelmäßiges und kräftiges Herzwurzelsystem mit strahlenförmig nach allen Seiten gehenden Wurzeln dar, das je nach Standort flacher oder tiefgehender ist, aber selbst noch bei schweren Lehm- oder Tonböden eine gute Tiefenerschließung bringt. Das → Ausschlagvermögen erweist sich als außerordentlich groß und andauernd. Die jungen, schattenseits olivgrünen und lichtseits braunen Zweige sowie die zickzack gekrümmten → Langtriebe wachsen → sympodial. Die älteren Zweige sind grau- bis schwarzbraun. Die zahlreichen → Lentizellen an den jungen Zweigen sind punktförmig bis länglich und hellgrau bis weißlich.
- Die Knospen sind streng zweizeilig angeordnet. Die schmaleiförmigen, etwa 7 bis 10 mm langen Seitenknospen liegen eng am Zweig an, und zwar diesem mit der Spitze zugekehrt. Die ebenso geformten unechten Endknospen sind manchmal etwas größer und haben eine gekrümmte Spitze. Die gegenüber den übrigen Knospen etwas größeren Knospen der männlichen Kätzchen stehen stärker vom Zweig ab und sind seitenständig. Die meist abgerundeten, hell- bis dunkelbraunen Knospenschuppen besitzen oft einen dunklen Rand (vorne häufig dunkelbraun bis schwärzlich). Die jungen Schuppen weisen zottige Wimpern und gegen die Spitze zu eine Behaarung auf.
- Die streng zweizeilig gestellten, wechselständigen und langgestielten (bis 14 mm) Laubblätter sind länglich-eiförmig, etwa 4 bis 10 cm lang und 3 bis 6 cm breit, meist leicht asymmetrisch, an der Basis abgerundet bis herzförmig sowie vorne kurz zugespitzt. Ihre Oberseite ist frisch- bis sattgrün, anfangs seidig behaart, später verkahlend. Ihre Unterseite ist etwas heller und auf den Adern sowie in deren Winkeln spärlich behaart. Die Blätter sind längs der 10 bis 15 geraden, parallel laufenden, randläufigen Seitennerven-

Hainbuchen

paare gefaltet. Der Blattrand ist scharf doppelt-gesägt (gezähnt). Der kurze Blattstiel ist rot überlaufen. Die Laubblätter färben sich im Herbst kräftig gold- oder braungelb (→ Blattfarbstoffe) und bleiben abgestorben noch fast den ganzen Winter über am Baum hängen (→ Blattfall).

■ Im Freistand erfolgt die → Mannbarkeit der Hainbuche etwa mit zehn bis 20 Jahren, im Bestandsschluß etwa mit 30 bis 40 Jahren; sie fruchtet dann fast alljährlich. Das → einhäusige Holzgewächs hat → eingeschlechtige Blüten, die im Mai/Juni mit dem Laub erscheinen. Die bleichgrünen/rötlichbraunen männlichen Kätzchen, die an vorjährigen Zweigen aus seitenständigen Knospen entspringen, sind etwa 3 bis 6 cm lang, zylindrisch, lockerblütig und hängen schlaff herab. Deren männliche Blüten (4 bis 12 → Staubblätter) stehen ohne Vorblatt und Blütenhülle in den Achseln der grünen, an der Spitze bräunlichen Tragblätter. Die → Staubbeutel haben an der Spitze einen Haarschopf. Die gestielten, unscheinbaren, grünen, weiblichen Blütenstände stehen endständig an jungen, beblätterten → Langtrieben und werden zur Blütezeit etwa 1 bis 3 cm lang. Die Blüten stehen paarweise in der Achsel eines bewimperten Tragblattes, haben ein dreiteiliges Vorblatt und einen → Fruchtknoten mit zwei roten fadenförmigen → Narben. Sie sind umschlossen von einem vier bis fünfzähligen Perigon (einheitliche Blütenhülle).

■ Die Fruchtreife erfolgt im September/Oktober. Die 8 bis 15 cm lang werdenden Fruchtstände tragen 6 bis 10 mm große, zusammengedrückte, gerippte, harte, einsamige Nüßchen, die von einem dreilappigen Flügel umschlossen sind. Das Nüßchen und das durch Verwachsung der beiden Vorblätter mit dem Tragblatt einer Blüte entstandene Flugorgan sind anfangs bleichgrün, später braun. Sie fallen gemeinsam während der Wintermonate ab. Beim Abfall vollführen sie eine schraubenförmige Flugbahn. 60 bis 70 Prozent der Samen, die häufig erst im zweiten Frühjahr nach der Reife keimen, sind keimfähig (→ Saatgutprüfung). Die kurzgestielten → Keimblätter sind verkehrt-eiförmig, am Grunde pfeilförmig ausgeschnitten, dick, ledrig, ganzrandig und durchzogen von handartig verlaufenden Nerven. Sie sind unbehaart und unterseits weißlich. Die Erstlingsblätter, die – im Gegensatz zur Ulme – einzeln erscheinen, sind bereits den normalen Laubblättern ähnlich.

◂◂ Hainbuchenblätter und -früchte

Waldbau

Die Hainbuche spielt im Forstbetrieb keine große Rolle. Wegen ihrer Schattenverträglichkeit und ihrer leicht zersetzbaren Streu (das Laub zersetzt sich innerhalb von 1 1/2 Jahren) ist sie jedoch für die Bodenpflege von besonderer Bedeutung. Sie zeigt sich als nahezu resistent gegen Frost, hält allerdings Dürreperioden kaum aus, ist sehr empfindlich gegen → Schwefeldioxid und → Fluorwasserstoff, und leidet im Alter häufig an → Rindenbrand. Wegen ihrer Schnittverträglichkeit und ihrem Ausschlagvermögen ist sie eine beliebte Baumart im Nieder- und Mittelwaldbetrieb. Zur Viehfuttergewinnung wurde sie früher auch gerne geschneidelt (→ schneideln). Sie ist hervorragend für → Hecken geeignet. Allerdings wird sie in der Jugend vom Schalenwild stark verbissen.

Holz

Das im → Splint und → Kern gelbliche Hainbuchenholz erweist sich als besonders hart, feinfasrig, zäh und fest; es ist nach dem Holz des Speierlings unser härtestes und schwerstes Holz. Sein spezifisches Gewicht (→ Dichte des Holzes) beträgt im Mittel 0,83. Es trocknet schnell und leicht, schwindet jedoch stark, wirft sich gern und reißt. Beim Wechsel vom feuchten in den trockenen Zustand hat es keine lange Lebensdauer. Das Holz hat eine hell-gelblichweiße Färbung. Es läßt sich gut polieren und wird wegen der Härte bevorzugt zu Gegenständen, die einer hohen Beanspruchung unterliegen, verarbeitet. Hierzu zählen u. a. Werkzeugstiele, Hackstöcke, Dreschflegel, Schrauben, Drehbänke, Kegelkugeln, Schuhleisten. Wegen seiner Druck- und Biegefestigkeit (→ Biegsamkeit des Holzes) sowie seiner Zug- und Drehfestigkeit wird es auch zur Herstellung von Holzwerkzeugen aller Art, wie z. B. Furnierpressen, Hobeln, Holzhämmern, Zahnrädern für Wassermühlen, hölzernen Maschinenteilen und auch landwirtschaftlichen Geräten verwendet. Hainbuchenholz hat einen hohen Brenn- und → Heizwert, ist jedoch wegen der schweren Aufarbeitung weniger geschätzt. Es liefert auch eine ausgezeichnete → Holzkohle.

---

fernwäldern, Alpenrosen-Latschengebüschen und ist die Verbands-Charakterart der Fichten-Tannen- und Fichtenwälder.

Hainsimsen-Buchenwald, der: → Buchenwälder.

Hainsimsen-Fichten-Tannenwald, der: → Fichten-Tannen-Wälder.

Hain-Sternmiere, die: → Sternmiere 1.

Hainveilchen, das: → Veilchen 2.

Hain-Wachtelweizen, der: → Wachtelweizen 1.

Hainwurz, die: → Nieswurz 1.

Hainzeichen, das: Bei der früheren Haubergswirtschaft (→ Hauberge) bezeichneten die Nutzungsberechtigten bei der alljährlichen Verteilung der → Schlagflächen die ihnen zustehenden Bäume mit eingeschnittenen H. Diese immer gleichbleibenden Zeichen ersetzten z. B. im Siegerland oft bei gerichtlichen Urkunden ein Siegel oder eine Unterschrift.

Hakbaum, der: → Fallbaum.

Haken(-Berg)kiefer, die: Unterart der BKie; → Kiefern 1.

Hakenzähniger Kiefernborkenkäfer, der: → Borkenkäfer 16.

Halbbäume: Längsdurchschnittene Rundstämme (Bloche), besäumte H. – v. a. wenn sie für Zimmerdecken benötigt werden – nannte man → Dippelbäume. Sie wurden früher auch als Wandbäume bezeichnet, wenn sie bei Wasserbauten für die Herstellung starker Wände verwendet wurden.

Halbbretter → Brett.

Halbengebrauchswälder: frühere Allmendwaldungen (→ Allmende) im ehemaligen Kurhessen. Die H. waren im Eigentum des Staates; einigen Hofbesitzern standen jedoch ausgedehnte Nutzungsberechtigungen zu. Die Verwaltung erfolgte auf Staatskosten; die Kosten für → Forstschutz und Kulturen wurden je nach Herkommen, teilweise vom Staat, teilweise von den Nutzungsberechtigten oder von einem allein getragen. Die H. sind alle in alleiniges Eigentum des Staates und der Gemeinden übergegangen.

halber Fladerschnitt, der: → Halbschnitt.

halber Hirnschnitt, der: → Halbschnitt.

Halbfertigerzeugnisse: Hölzer, die bereits für einen bestimmten Verwendungszweck vorbearbeitet sind. Hierzu gehören Hobeldielen, Faser- und Stabbretter, Stülpschalung, Rauhspund, Fußleisten, Türbekleidungen, Türfutter, Fensterteile, Treppenteile, Baukehlleisten, Möbelleisten, Rundstäbe, Möbelteile, → Furniere und → Sperrholz; → Schnittholz.

Halbfreie Morchel, die: → Morchel 3.

halbfudriger Baum, der: auch halbfüdriger Baum. Frühere Bez. für einen Baum, der nur ein halbes Fuder Holz gab, bzw. mit einem Zweigespann (Fuhrwerk) abgefahren werden konnte. Ein solcher Baum hatte am Zopfende etwa einen Durchmesser von 13 bis 14 → Zoll.

Halbgräser → Riedgräser.

Halbheister, der: → Heister.

Halbhölzer: → Rundhölzer, die durch einen Längsschnitt durch das Mark in zwei Hälften zerlegt wurden.

Halbknappholz, das: frühere Bez. für ein Stück gespaltenes Eichenholz von 6 1/2 → Zoll Länge und 11 Zoll Höhe.

Halbkulturbiotope → Kulturbiotope.
Halbkulturgesellschaft, die: → Pflanzengesellschaft.
Halbmast, die: → Mast.
halbnatürlich → Natürlichkeitsgrad.
Halbparasiten → Halbschmarotzer, Parasitismus.
Halbreise, die: frühere, in der Gegend um Bayreuth übliche Bez. für Nadelholzstämme von 40 → Fuß Länge und einer Dicke am Stammende von 8 bis 90 → Zoll.
halbringporige Hölzer → Poren.
Halbroter Egerling, der: → Champignon 11.
Halbschatt(en)baumarten: → Waldbaumarten, die hinsichtlich des Mindestlichtgenusses (mittlere Lichtansprüche), den sie zum Gedeihen benötigen, zwischen den → Lichtbaumarten und den → Schatt(en)-baumarten stehen. Zu den H. gehören Ah, Es, Fi, Ul und Stro.
Halbschmarotzer (Halbparasiten): Pflanzen, z. B. Steifer → Augentrost, → Mistel und → Wachtelweizen, die zwar auf anderen Pflanzen parasitieren, aber auf Grund ihrer noch wohlentwickelten grünen Blätter selber zur → Assimilation von → Kohlendioxid befähigt sind. Ihr Wurzelsystem ist jedoch verkümmert. Die parasitische Ernährung beschränkt sich daher auf Wasser und Nährsalze, die mit Hilfe eines → Haustoriums den Wirtspflanzen entzogen werden.

Der Hallimasch ist ein wirtschaftlich wichtiger Wurzelparasit und Weißfäuleerreger. Er ist weltweit verbreitet.

Halbschnitt, der: in Schnitt und Zeichnung ein Mittelding zwischen Hirnschnitt (→ Querschnitt des Holzes) und → Tangentialschnitt (Fladerschnitt), der schräg zur Stammachse geführt wird. Der H. wird auch „halber Hirnschnitt" oder „halber Fladerschnitt" genannt. Der H. ist selten und wird nur dann angewendet, wenn besondere dekorative Flächen gewünscht werden; → Radialschnitt.
Halbsträucher (Hemiphanerophyten): Holzpflanzen von geringer Höhe und buschartigem Wuchs, deren untere Sproßteile verholzen und ausdauern, während die oberen, krautigen Sproßteile nach einer oder zwei Vegetationsperioden absterben (z. B. Bittersüßer Nachtschatten). Die neuen Triebe werden aus Knospen der verholzten → Sprosse gebildet; → Sträucher.
Halbwertszeit, die: **Physikalische H.**: Zeit, nach der von der ursprünglichen Menge eines radioaktiven Stoffes die Hälfte zerfallen ist. Durch den Zerfall verwandelt sich der radioaktive Stoff am Ende in einen inaktiven Stoff, der nicht mehr strahlt. **Biologische H.**: Zeit, nach der von der ursprünglichen Menge eines aufgenommenen Stoffes die Hälfte von Organismus ausgeschieden oder abgebaut ist.
Halbwirtschaftswald, der: in Österreich Bez. für einen Wald, in dem die Holznutzung gegenüber anderen Nutzungen zurücksteht, so z. B. Pech-, Alm-, Weidewälder usw.
Halbwüste, die: → Steppe.
halbzerstreutporige Hölzer → Poren.
Hallenbestand, der: auch Hallenwald. beschreibende Bez. für einen alten, reinen Buchenwald, der mit seinen dicken, hohen astfreien Stämmen, der geringen Stammzahl in weitem Abstand und wegen des fehlenden → Neben- und Zwischenbestandes an Hallen erinnert; → Heilige Hallen.
Hallenwald, der: → Hallenbestand.
Hallimasch, der (*Armillariella mellea*): auch Honigpilz und Honigschwamm. kommt in mehreren schwer unterscheidbaren Arten vor. Ein im Spätherbst wachsender Massenpilz (→ Blätterpilze), der ausschließich auf lebendem und totem Holz gehäuft vorkommt. Weißfäuleerreger! Als Forstschädling kommt er an den Stümpfen fast aller Laub- und Nadelbäume vor. Scheinbar aus dem Boden wachsende Pilze (Erdkrebs) stehen in Wirklichkeit auf unterirdischen Wurzeln (Wurzelparasit) oder Holz. Er bildet zwischen Rinde und Holz weißliche Myzelhäute, die später schwärzliche, verzweigte Myzelstränge (Rhizomorphen) bilden.
Die Hüte von gelblicher oder bräunlicher Farbe erreichen einen Durchmesser von 10 cm und mehr und sind im Jugendstadium von büschelig-haarigen Schüppchen bedeckt. Die anfangs weißen → Lamellen verfärben sich später gelb-bräunlich und sind von den Sporen weiß bemehlt. Der schlanke Stiel kann bis 17 cm hoch werden. Auf Grund chemischer Vorgänge leuchtet vom H. durchzogenes faulendes Holz im Dunkeln. In Nadelholzkulturen und -dickungen verursacht er als Parasit das sog. „Harzsticken" und an älteren Nadelbäumen, hauptsächlich Kiefern, Stammtrocknis. Stiele und Hüte junger Pilze sind gekocht eßbar, doch sollte der Sud weggeschüttet werden. Bei manchen Menschen verursacht der H. allerdings Magen- und Darmbeschwerden.
Halophyten → Salzpflanzen.
Halsband-Fliegenschnäpper, der: → Fliegenschnäpper 3.
Halsbandschnäpper, der: → Fliegenschnäpper 3.
Halsgrubenbock, der: → Bockkäfer 28.
Halsschild, der: die von oben gesehene Vorderbrust der Insekten, die bei vielen Arten frei beweglich ist. Bei Käfern sind Mittel- und Hinterbrust in der Ruhe meist von den Flügeln bedeckt, und nur der H. ist sichtbar.
Halteren: Bez. für die Schwingkölbchen (modifizierte Hinterflügel) der → Fliegen.
Hamadryaden → Dryaden.
Hamamelididae → Kätzchenblüher.
Hambuche, die: → Hainbuche.
Hambutte, die: alter bayer. Ausdruck für Hagebutte; → Rosen.
Hammerachsen, -drahme, -helme, -stiele, -wellen → Hammerwerkholz.
Hammerwerkholz, das: frühere Bez. für → Nutzholz, welches in Hammerwerken (Eisen- und Kupferhammern) Verwendung fand. Unterschieden wurde nach Hammerachsen oder -wellen (30 bis 40 → Fuß lang, am Stammende 40 bis 48 → Zoll, am Gipfelende 30 bis 36 Zoll dick), Hammerdrahme (23 bis 24 Fuß lang, 36 bis 40 Zoll dick), Hammerhelme und -stiele (6 bis 7 Fuß lang, 18 bis 20 Zoll dick) und → Säulenholz von verschiedener Länge und Stärke bis zu 20 Fuß lang und bis zu 30 Quadratzoll stark.
Handelsgebräuche: → Holzhandelsgebräuche.
Handelsklassen für Rohholz: Bez., unter der Rohholzsorten gehandelt werden dürfen, wenn sie bestimmten Anforderungen nach Stärke, Güte u. a. genügen. Gesetzliche Grundlagen: „Gesetz über gesetzliche Handelsklassen für Rohholz" vom 25.2.1969 (BGBl I S. 149) und „Verordnung über gesetzliche Handelsklassen für Rohholz" vom 31.7.1969 (BGBl I S. 1075), Forst-HKS; → Holzsortierung, Mittenstärkensortierung, Heilbronner Sortierung, Stangensortierung, Kennzeichnung des Holzes, Gütesortierung.
Handelsklassenverordnung, die: → Kennzeichnung des Holzes.
Händelwurz, die (*Gymnadenia*): Gatt. der → Orchideen mit 11 Arten in Europa und im gemäßigten Asien. In Mitteleuropa auch in Wäldern anzutreffen sind:
1. Mücken-Händelwurz, die (*Gymnadenia conopea* (L.) Robert Brown): auch Große H. Die fast über ganz Europa verbreitete M. kommt relativ häufig vor und wächst auf Heiden, feuchten Waldwiesen, Feucht-, Naß-, Berg- und Moorwiesen, auf Flach- und Quellmooren, Magerrasen, Schafweiden und in lichten Wäldern, besonders Schneeheide-Kiefernwäldern, Alpenrosen-Latschengebüschen, artenreichen und Labkraut-Tannenwäldern, auf mäßig trockenen bis nassen, sauren bis basischen Böden, bis in Höhen von etwa 2800 m.
Die ausdauernde, 20 bis 60 cm hohe Pflanze hat eine zweispaltige, platte, handförmig geteilte (Name!) Wurzelknolle. Der aufrechte, kahle, oben oft etwas violett überlaufene Stengel hat zwei bis drei Schuppenblätter am Grunde und drei bis neun Laubblätter, wovon die unteren einander genähert, linealisch bis lanzettlich, 5 bis 25 cm lang und 0,5 bis 4 cm breit, die oberen tragblattähnlich sind. BZ: je nach Standort Mai bis August. Die rosaroten

bis rotvioletten schwach duftenden Blüten stehen in einer zylindrischen, etwas lockeren, bis zu 20 cm langen Ähre (→ Blütenstand).
2. Wohlriechende Händelwurz, die (*Gymnadenia odoratissima* (L.) L. C. M. Richard): auch Kleine H. Die hauptsächlich über die Gebirge und Mittelgebirge Mittel- und Südeuropas bis Südskandinavien verbreitete W. H. kommt selten vor und wächst auf Flachmooren, Bergwiesen, Magerrasen und in lichten Kiefernwäldern, besonders Schneeheide-Kiefernwäldern und Alpenrosen-Latschengebüschen (Verbands- → Charakterart), bevorzugt auf wechselfeuchten Böden, in den Alpen bis in Höhen von etwa 2500 m.
Die W. H. ist der Mücken-Händelwurz sehr ähnlich. Die etwa 15 bis 30 cm (bis 50 cm) hohe Pflanze hat linealische, schmale, bis 8 mm breite Blätter. BZ: Mai bis August. Die purpurnen bis blaßrosafarbenen oder weißen, selten hellgelben Blüten duften stark nach Vanille und stehen in einem kürzeren, dichten Blütenstand.

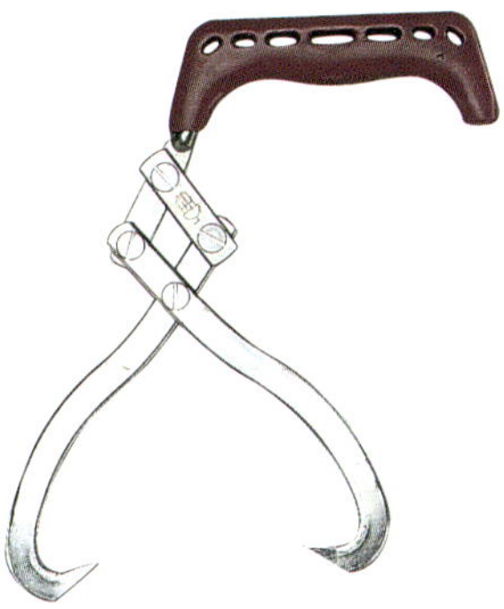

◂◂◂ Zum Heben und Ziehen von Schichtholz verwendet man Handpackzangen.

Handpackzangen: auch Hebezangen. Werkzeuge mit einem ergonomisch geformten Griff zum Heben und Ziehen von → Schichtholz. Das zangenförmige Gerät mit – je nach Ausfertigung – einer Klauenöffnung (Griffweite) von 190 bis 270 mm wird mit einem Scherengitter beim Anheben unter Balast geschlossen. Die größeren Ausführungen der H. (Klauenöffnung von ca. 40 bis 70 cm und einer Tragfähigkeit von 1,5 t bis 2 t, werden Hebe- oder Holzzangen genannt; → Hebehaken.
Handspaken: frühere Bez. für junge Stämme von Bi und Ei, ca. 6 bis 7 → Fuß lang, die die Schiffer zum Ankereinholen benötigten.
Handwerker, der: → Bockkäfer 1.
Handwerkshölzer: frühere Sammel-Bez. für Holzsortimente für Stellmacher (Wagner), Drechsler, Tischler, Faßbinder, Holzschnitzer und Spanzieher.
Hanekläschen, das: → Spindelstrauch 2.
Hänfling, der: → Finkenvögel 3.
Hanfnessel, die: → Hohlzahn.
Hanfweide, die: → Weiden 7.
Hängebäume: Bäume, deren Zweige senkrecht oder schräg nach unten wachsen. Dieses Wachstum ist erblich bedingt und bei der Trauerweide besonders bekannt, aber auch Es, Bu (→ Hängebuche) und Ul können solche Hängeformen bilden.
Hängebirke, die: → Birken 1.
Hängebuche, die (*Fagus sylvatica pendula*): auch Trauerbuche. Kulturform der Bu, bei der die Hauptäste waagerecht sind oder bogig nach oben weisen, die Seitenäste jedoch nach unten gekrümmt sind und auch auf dem Erdboden aufliegen; → Hängebäume.
Hängeesche, die: Variation der Gemeinen → Esche.
Hänger: Bez. für Bäume, die **1**) schief stehen (nicht lotrecht), d. h., so gewachsen sind, daß sie in einer Richtung aus der Senkrechten mehr oder weniger stark heraushängen, **2**) beim Fällen in den Kronen benachbarter Bäumen hängenblieben. Dies geschieht häufig bei → Durchforstungen und bei Frostwetter. Nach den Unfallverhütungsvorschriften muß ein solcher H. (außer Schwachholz) vor dem Weiterarbeiten entweder unverzüglich zu Fall gebracht oder als Gefahrenquelle markiert werden.
Hänge-Segge, die: → Seggen 14.
Hängezweige: dünne, schlaffe und abwärts hängende Zweige der Bi, Lä und Ta. Als H. werden aber auch die Zweige der → Hängebäume bezeichnet.
Hanglage, die: Sie wird gekennzeichnet durch Hangneigung (eingeteilt in sieben Neigungsstufen) und Hangrichtung (bezeichnet nach der achtteiligen Kompaßrose). Unterschieden wird nach Sonnenhängen und Schattenhängen. Unter Sonnenhängen werden Hangrichtungen von Südost bis West, unter Schattenhängen Hangrichtungen von Nordwest bis Ost zusammengefaßt. Neben der Höhenlage und den Standortverhältnissen ist bei waldbaulichen Maßnahmen in Bezug auf die Baumartenwahl im Bergland die Hangrichtung von großer Bedeutung. Südhänge haben z. B. höhere Sonneneinstrahlung und sind dadurch wärmer, aber auch trockener. Dort wird zudem die Schneeschmelze beschleunigt. An Nord- und Osthängen sind die Wärme- und Lichtzufuhr reduziert; der Wasserhaushalt ist günstiger; hier besteht allerdings eine stärkere Gefährdung durch Frost. Baumbestände an Westhängen sind windwurfgefährdeter, der Boden ist häufig einer Austrocknung ausgesetzt, v. a. an Südwesthängen.
Hangmoor, das: → Moor.
Hangschuttwälder → Linden-Ahorn-Wälder.
Hanresche, die: → Ebereschen 1.
Hansl und Gretl → Lungenkraut 1.
Hard(t), der: → Hart.
Harfenbaum, der: stark geneigter oder am Boden liegender Baum, der auf seiner Oberseite mehrere senkrechte Stämme treibt und dabei auch seinen Gipfel aufkrümmt.
Harffer Pappel, die: über ganz Dtschl. verbreitete und eine der wertvollsten Pa-Hybriden (SchPa-Hybride; Sortenname: Regenerata Deutschland). Die H. P. ist frosthart und liefert schälfähiges, hartes Stammholz.
Harmlose Tannenlaus, die: → Blattläuse 3.
Harsdörfer, G. F. → Wald in der Musik.
Hart, der: auch Haardt, Hard, Hardt. Das ahd. hard, mhd. hart hat man als einen für Weidezwecke genutzten Wald im Gemeindebesitz, als Allmendeland, gedeutet. Bekannt ist auch die frühere Bez. H. für große Wälder, bewaldete Höhenzüge, Waldgebirge, die in geographischen Benennungen oder in Waldgebieten fortlebt, z. B. Spechteshard für den heutigen Spessart, Speicheshart für das heutige Speinshart, Hartkirchen oder in den H.-Wäldern (Garchinger Hart, Weilhart, Forst Hart).

Die Hängebuche ist eine gelegentlich in Gärten und Parks gepflanzte Kulturform der Buche.

Hartbast, der: die im → Bast verschiedener Holzgewächse auftretenden Schichten dickwandiger Sklerenchymfasern (Bastfasern; → Bestigungsgewebe). H. kommt z. B. bei der Ei, Li, Pa, Weinrebe und beim Wacholder vor.
Hartbaum, der: → Hartriegel 2.
Härtern, der: → Hartriegel 2.
Harter Schwingel, der: → Schwingel.
Hartfaser, die: → Libriformfaser.
Hartfaserplatten → Holzfaserplatten.
Hartheu, das: → Johanniskraut.
Hartholz, das: Holz mit einer höheren Rohdichte (→ Dichte des Holzes) als 0,55 g/cm^3 (schweres Holz und auf Grund seines hohen Holzfaseranteils und seiner engen Gefäße auch festes Holz). Die Rohdichte wird im darrtrockenen Zustand bestimmt. Sehr harte Hölzer sind z. B. Buchsbaum-, Eben- und Pockholz, harte Hölzer Eichen-, Eiben-, Eschen-, Robinien- und Hainbuchen-Holz. I. a. werden aber auch die Hölzer von BAh und SAh, Nuss,

Wald in → Hanglage

Georg Ludwig Hartig verdankt die deutsche und internationale Forstwirtschaft und Forstwissenschaft ihre entscheidenden Grundlagen.

Bu, Weißdorn, Elsb und Maulbeerbaum, Birne, Kir, Berberitze, Hartriegel, auch von Ul und Kast dem H. zugerechnet. Auch innerhalb eines Stammes kann die Härte des Holzes unterschiedlich sein. So ist z. B. Stammholz härter als Zopfholz (→ Zopf), → Spätholz härter als → Frühholz. Je trockener Holz und je höher seine Rohdichte ist, um so härter ist es. Die Bez. H. war ursprünglich ein zolltechnischer Begriff; → Weichhölzer.

Hartholzaue, die: → Eichen-Ulmen-Auenwald.

Hartholz-Auenwald, der: → Eichen-Ulmen-Auenwald.

Hartholz-Auenwälder (*Alno Ulmion = Alno Padion*): auch Aue(n)wälder, Erlen-Edellaub-Aue(n)wälder, Niederungswälder. pflanzensoziologischer Verband der Ordn. → Mesophytische Buchen- und Laubmischwälder (*Fagetalia sylvaticae*). Kennzeichnend für diesen Verband sind regelmäßige, aber nicht zu lange andauernde und nicht zu gewaltige Überflutungen oder wenigstens hoch anstehendes Grundwasser oder Sickerwassereinfluß sowie eine gute Nährstoffversorgung. Während der Überschwemmungen sind die Bäume mechanischen Einflüssen ausgesetzt, und der Gasaustausch im Boden ist unterbrochen. Diese Überstauung vertragen die Bäume unterschiedlich. Die SWei verträgt z. B. lange Überflutungsdauer, die Bu nur kurze. Bäume mit elastischen Zweigen („Weichholz") passen sich der Strömung an und meistern die mechanische Beanspruchung besser als Arten mit starren Ästen und Zweigen („Hartholz"). Durch die Überschwemmung werden Minerale im Schlamm, aber auch organische Substanzen zugeführt. Kennzeichnende Arten der H. sind FUl, SEr und WEr, TrKi, StEi und Es. In der Bodenvegetation treten als → Charakterarten der H. Großes Hexenkraut, Riesenschwingel, Wald-Schachtelhalm, Hainampfer und Wald-Gelbstern auf. Wegen des Standortes kommen noch viele Frische- bis Feuchtezeiger und Stickstoffzeiger (→ Bodenanzeiger) vor. Die H. werden wegen ihrer, der unterschiedlichsten Kombination der Standortfaktoren entsprechenden Vielfalt in die zwei Unterverbände → Erlen-Eschen-Auenwald (*Alnenion glutinoso-incanae*) und → Eichen-Eschen-Auenwald (*Ulmenion*) gegliedert; → Auwälder, Waldgesellschaften.

Hartig, Georg Ludwig, Dr. phil. h. c. (2.9.1764 Gladenbach bis 2.2.1837 Berlin): H. erlernte das Forst- und Jagdwesen bei seinem Oheim in Harzburg. Nach praktischer Vorlehre und Studium an der Universität Gießen wurde er 1786 fürstlich Solmscher Forstmeister in Hungen und siedelte 1797 als nassauischer Landforstmeister nach Dillenburg über. An der nahegelegenen Universität Herborn hielt er forstlichen Unterricht. Im Jahre 1806 ging er als Oberforstrat nach Stuttgart und errichtete dort ein Forstinstitut. 1811 wurde er als Oberlandforstmeister und Staatsrat zur Reorganisation der preußischen Staatsforstverwaltung nach Berlin berufen, wo er u. a. das Reviersystem in Preußen einführte. 1814 begann H. mit Vorlesungen über Forstwissenschaft und forderte die Wiedereröffnung einer forstlichen Bildungsstätte (von 1770 bis 1806 existierte eine Berliner → Forstakademie zur rein theorethischen Wissensvermittlung für Forstanwärter; eine Wiedereröffnung erfolgte am 21.4.1821. Von seinen zahlreichen Werken sind zu nennen: „Anweisung zur Holzzucht für Förster" (1791), „Physicalische Versuche über das Verhältniß der Brennbarkeit der meisten deutschen Wald-Baum-Hölzer ... etc." (1794), „Anweisung zur Taxation der Forste ... etc." (1795), „Lehrbuch für Förster und die es werden wollen etc." (1808), „Lehrbuch für Jäger und die es werden wollen ... etc." (1809), „Die Forstwissenschaft in ihrem ganzen Umfange ... etc." (1831), „Lexikon für Jäger und Jagdfreunde oder waidmännisches Conversations-Lexikon" (1836). Er redigierte ferner das „Journal für das Forst-, Jagd- und Fischereywesen ... etc." (1806-1808) sowie das „Forst- und Jagd-Archiv von und für Preußen" (1816-1820). Die Grabstätte H. befindet sich auf dem Dorotheenstädtischen Kirchhof in Berlin. Seine Grabstätte wurde von der Stadt Berlin als Ehrengrabstätte Berlins anerkannt.

Im Jahre 1987 wurde von der Hessischen Landesregierung die **Georg-Ludwig-Hartig-Stiftung** mit Sitz in Wiesbaden errichtet. Sie ist eine rechtsfähige Stiftung des öffentlichen Rechts. Sie fördert materiell und ideell den Schutz, die Erhaltung und ausgewogene Mehrung eines naturnahen, stabilen Waldes, der im Sinne des von H. formulierten und erstmals in Hessen umgesetzten Nachhaltsgedanken eine Vielzahl wichtiger Funktionen erfüllt. Der Preis wurde erstmalig im Jahre 1990 an Prof. em. Dr. Hans Lamprecht vergeben.

Hartig, Ernst Friedrich (24.3.1773 Gladenbach bis 17.8.1843 Fulda): H., zuletzt kurhessischer Oberlandforstmeister, gründete 1808 ein Privat-Forstinstitut in Fulda, das später zur Staatsanstalt erhoben wurde. Er schrieb u. a.: „Die Forstbetriebs-Einrichtung nach staatswirtschaftlichen Grundsätzen" (1825), „Praktische Anleitung zum Baumroden nach den neuesten Versuchen" (1827).

Hartig, Theodor, Dr. (21.2.1805 Dillenburg bis 26.3.1880 Braunschweig): Sohn von Georg Ludwig H., erhielt nach einer praktischen Vorlehre und nach seinem Studium an der Universität in Berlin provisorisch die Reviere Woltersdorf und Liebenwalde. 1831 wurde er zum Oberförster und zum Dozenten an der Universität Berlin ernannt. Im Jahre 1838 wurde er Forstrat und Professor der Forstwissenschaft am Carolinum in Braunschweig und trat dort nach Aufhebung der Forstschule in den Ruhestand. H. war ein bedeutender Pflanzenphysiologe und Entomologe, schrieb aber auch forstliche Abhandlungen, z. B.: „Die Forstkulturenpflanzen Deutschlands" (1840), „Lehrbuch der Pflanzenkunde in ihrer Anwendung auf Forstwirtschaft" (1840-1846), „Vergleichende Untersuchungen über den Ertrag der Rothbuche usw." (1847). H. war Herausgeber der „Jahresberichte über die Fortschritte der Forstwissenschaft und forstlichen Naturkunde im Jahre 1836 und 1837 etc." (1837-1838); zudem gab er noch mehrere Werke seines Vaters in neuen Auflagen heraus, z. B. das „Lehrbuch für Jäger".

Hartig, Robert, Dr. (30.5.1839 Braunschweig bis 9.10.1901 München): Der Sohn von Theodor H., studierte in Braunschweig und Berlin. Er war einige Zeit im braunschweigischen und hannoverischen Forstdienst tätig. Ab 1869 war er Dozent für Botanik und Zoologie und ab 1871 Professor für Botanik an der Akademie in → Eberswalde. 1878 folgte er einem Ruf nach München, wo er als Professor der Forstbotanik und Vorstand der botanischen Abteilung der Versuchsanstalt wirkte. Neben vielen Abhandlungen in forstlichen und naturwissenschaftlichen Zeitschriften schrieb er u. a.: „Vergleichende Untersuchungen über den Ertrag der Rotbuche und Eiche im Spessart, der Kiefer in Pommern, der Weißtanne im Schwarzwald" (1865), „Die Rentabilität der Fichtennutzholz- und Buchenbrennholzwirtschaft im Harz und Wesergebirge" (1868), „Wichtige Krankheiten der Waldbäume" (1874), „Die durch Pilze erzeugten Krankheiten" (1875), „Die Zersetzungserscheinungen des Holzes der Nadelholzbäume und der Eiche" (1878), „Die Unterscheidungsmerkmale der wichtigeren in Deutschland wachsenden Hölzer" (1879), „Lehrbuch der Baumkrankheiten" (1882), „Das Holz der deutschen Nadelbäume" (1885), „Das Holz der Rotbuche" zusammen mit Rudolf Weber (1888), „Lehrbuch der Anatomie und Physiologie der Pflanzen" (1891). Auch gab er „Untersuchungen aus dem forstbotanischen Institut zu München" (1880-1883) heraus.

Hartlaubholz, das: → Hartholz.

Hartlaubvegetation, die: Die im mediterranen Klima mit trockenen heißen Sommern mit trockenen Nord- und Nordwestwinden und kühlen niederschlagsreichen Wintern gelegenen Zonen zwischen dem 30° und 40° geographischer Breite (im Mittelmeerraum bis 44° geographischer Breite) sind durch ihre immergrünen Sträucher mit steifen, verdickten, durch Wachs, Harz oder Kalk geschützten Blätter geprägt. In Frankreich wird die H. „macchie", in Spanien „matorral", in Australien „mallee", in Kalifornien „chaparral" und in Südafrika „renosterveld" genannt. Durch die erdgeschichtlich jungen Gebirge wird die mediterrane → Vegetationszone des Mittelmeerraumes in zahlreiche Landschaften zergliedert. Bei besserer Wasserversorgung entstehen immergrüne Wälder. In heiß-trockenen mediterranen Gebieten wird die H. niedriger und verstreuter mit einem höheren Anteil an Sträuchern, die ihr Laub in den Dürrezeiten abwerfen. Durch Eingriff des Menschen (Beweidung, Brand etc.) befinden sich große Gebiete mit ehemaliger H. in Degenerationsstadien, die schließlich in Felsheiden oder Karstweiden übergehen und keinen H.-Charakter mehr zeigen.

Hartmonate: alte Bez. für die drei strengsten Wintermonate Dezember, Januar, Februar, die beste Zeit zum Holzfällen; → Wadel, Wadel- oder Wedelzeit).

Hartriegel, der (*Cornus*): auch Hornstrauch. etwa 45 Baum- und Straucharten umfassende Gatt. aus der Pflanzen-Fam. der Hartriegelgewächse (*Cornaceae*). H. gibt es in Europa, Amerika, Sibirien, China, Japan und dem Himalaja. Er hat meist gegenständige Blätter mit bogenförmig zur Spitze hin verlaufenden Nerven, kleine, vierteilige Blüten, die oft von großen, weißen oder rosa → Hochblättern umgeben sind. In Mitteleuropa kommen nur die Kornelkirsche und der Rote H. vor. Gelegentlich wird auch der → Liguster H. genannt.

1. Kornelkirsche, die (*Cornus mas* Linné): auch Gelber H., Herlitze, Dirlitze, Dürlitze, Gelber Hornstrauch, Kornelle, Kornel-, Hornkirsch-, Hörnsgen-, Dorlings-, Judenkirsch-, Tierlibaum, Dirndlholz, Korle, Zinserlein, Kürbeeren, Fürwitz, Rohrbeerstrauch.

Verbreitung: Die K. ist fast über ganz Mittel- und Osteuropa und im Mittelmeergebiet verbreitet. Der Verbreitungsschwerpunkt liegt im Mittelmeerraum und an den Küsten sowie im Hinterland des Schwarzen Meeres. Ob es sich in Mitteleuropa um natürliche Vorkommen oder um Nachkommen von Gartenpflanzen handelt, ist wissenschaftlich noch nicht eindeutig geklärt.

Standort: Die K. liebt lockeren, humosen, kalkhaltigen Boden und wächst in der Ebene und im Hügelland. Sie ist in Hartholz-Auenwäldern und Laubwäldern, besonders lichten Eichenwäldern, in Berberitzengebüschen, an sonnigen, steinigen bis felsigen Hängen, bebuschten Orten und an Waldrändern zu finden; sie ist eine überregionale Ordnungs → Charakterart der xerothermen submediterranen Flaumeichen-Wälder und subkontinentalen Eichen-Steppenwälder.

Merkmale: Die K. ist ein 2 bis 5 m hoher, großer, sommergrüner Strauch oder ein bis 8 m hoher Baum mit lockerer, rundlicher Krone. Sie ist sehr trägwüchsig und kann bis zu 100 Jahre alt, der Stamm bis zu 20 cm dick werden. Der Stock und die Wurzeln haben ein großes → Ausschlagvermögen. Die Rinde ist gelblichgrau, dünn, rissig, kleinschuppig und blättert ab, wobei die jungen Zweige meist vierkantig, olivgrün oder braunrot und fein anliegend sind. Die gegenständig angeordneten Laubblätter sind oval bis ei-elliptisch, vorne spitz zulaufend und am Grunde abgerundet. Sie sind 4 bis 10 cm lang, ganzrandig, oberseits glänzend mattgrün und angedrückt behaart, mit drei bis fünf Paar bogenförmig zur Blattspitze verlaufenden Nerven. Die Unterseite ist hellgrün; die Aderwinkel sind weißbärtig. Im Herbst verfärben sie sich in vielfältige dunkle Rottöne. Der lange Blattstiel ist oberseits rinnig. BZ: März/April, in milden Wintern auch schon im Februar. Die kleinen, goldgelben, vierzähligen Blüten, die bereits vor Laubaustrieb erscheinen, stehen auf 5 mm langen, behaarten Stielen, in kugeligen, zehn- bis 25blütigen kleinen Trugdolden (→ Blütenstand), die anfangs von vier gelblichgrünen, elliptischen Hüllblättern umgeben sind. Die kirschähnlichen, hängenden Früchte, die im August/September reifen, sind länglich-elliptisch, 1 bis 2 cm lang, glänzend scharlachrot, eßbar und vollreif von angenehmem süßsäuerlichem Geschmack. Sie enthalten einen großen, zweisamigen, ellipsenähnlichen Steinkern. Wegen des guten Geschmacks wurden früher aus ihnen Marmelade, Gelee und kandierte Früchte hergestellt. Da die K. wenig Fruchtfleisch hat, ist die Herstellung dieser Produkte sehr arbeitsintensiv und daher aus der Mode gekommen.

Das Holz der K. hat einen hellgelben bis rötlich-weißen → Splint und einen rotbraunen, fast schwarzen → Kern. Es ist sehr hart, schwer, dicht, feinfasrig, zäh, schwer spaltbar, wertvoll und gut zu polieren. Die schwere → Spaltbarkeit des Holzes war auch schon den Griechen und Römern bekannt, die es deshalb zur Herstellung von Lanzenschäften verwendeten. Es wird auch gerne von Drechslern verarbeitet. Bekannt sind die „Ziegenhainer Stöcke", Gehstöcke, die nach dem Dorf Ziegenhain in der Nähe von Jena benannt sind; daneben dient es zur Herstellung von Werkzeugstielen, Radspeichen und Leitersprossen. Wegen der frühen Blütezeit, die fast mit dem Schwinden des Schnees zusammenfällt (es ist das am frühesten blühende unserer Holzgewächse) und des in allen tiefen Rottönen gefärbten Herbstlaubes wird die K. gerne als Zierstrauch in Gärten und Parkanlagen angepflanzt. Da sie den Schnitt gut verträgt und ein starkes Ausschlagvermögen hat, ist sie auch eine beliebte Heckenpflanze.

2. Roter Hartriegel, der (*Cornus sanguinea* Linné): auch Roter Hornstrauch, Roth-, Bein-, Rotbeinholz, Blut-, Beinweide, Hundsbeerstaude, Hart-, Hundsbaum, Härtern, Teufelsbeere, Schusterholz, Dirlitze, wilder Cornelbaum.

Verbreitung: Der R. H. ist fast über ganz Europa verbreitet, im Norden bis Irland und Südnorwegen, im Süden bis Zentralspanien, Sizilien und Griechenland und im Osten bis Rußland.

Standort: Er wächst auf lockeren, kalkhaltigen Böden in der Ebene und im Hügelland bis zu einer Höhe von 1200 m, an Waldrändern, als Unterwuchs in feuchten, krautreichen Laub-Mischwäldern, in Berberitzengebüschen (schwache Verbands-Charakterart), in Auwäldern, an Flußufern, in Mooren, auf trockenen Hängen, in Hecken und Schlehen-Gesellschaften sowie in wärmeliebenden mesophytischen buchenwaldartigen Laubwäldern, xerothermen submediterranen Flaumeichen-Wäldern und subkontinentalen Eichen-Steppenwäldern. Er verträgt starke Beschattung, ist jedoch gegen Früh- und Spätfröste empfindlich.

Merkmale: Der aufrechte, sommergrüne, trägwüchsige, 2 bis 5 m hohe Strauch oder Baum wird 15 bis 20, selten über 30 Jahre alt. Er hat lange, rutenförmige, aufsteigende, teilweise auch überhängende Äste und bildet reichlichen → Stockausschlag, → Wurzelbrut und → Absenker. Die Rinde der einjährigen Zweige ist angedrückt kurz behaart, im Sommer rotbraun und im Winter braun- oder blutrot gefärbt. Die Zweige verkahlen später und sind dann olivbraun gefärbt. Die unangenehm riechende Rinde der Äste ist im Alter graubraun, längs- und querrissig. Die gegenständig angeordneten, ganzrandigen, am Rand welligen Laubblätter sind ungleich groß, bis 10 cm lang, breit-elliptisch bis eiförmig, am Grunde abgerundet und vorne zugespitzt. Sie sind beiderseits zerstreut zottig behaart, oberseits hellgrün, unterseits mattgrün gefärbt und haben drei bis fünf bogenförmig zur Blattspitze verlaufende Nervenpaare. Die Blätter färben sich im Herbst leuchtend blutrot. Der Blattstiel ist etwa 1 cm lang, kurzhaarig und oberseits rinnig. BZ: Mai bis Ende Juni, häufig im Herbst noch eine Nachblüte. Die weißen, vierblättrigen Blüten, die nach dem Laubaustrieb erscheinen, stehen in langgestielten, schirmförmigen, reichblütigen, sechs bis acht cm breiten Trugdolden am Ende der beblätterten Triebe. Die erbsengroßen, glatten oder undeutlich gerippten, anfangs grünen, später roten und kugeligen, zur Reife blauschwarzen Steinfrüchte, die von Ende August bis Oktober reifen und vom vertrockneten Kelchrand gekrönt sind, stehen aufrecht

Aus jungen geraden Trieben der Kornelkirsche werden Gehstöcke hergestellt.

Mit einem Harvester werden alle Teilarbeiten der Holzernte durchgeführt.

auf roten Stielen und enthalten zweisamige, kugelige Steinkerne. Sie schmecken bitter und sind roh ungenießbar. Früher wurden sie zu Marmelade verarbeitet oder zur Ölgewinnung (für Brennzwecke) eingesammelt.
Das hornharte Holz und die Herbstfärbung des Laubes und der jungen Triebe gaben diesem Holzgewächs seinen Namen. Das schwach glänzende Holz ist schwer spaltbar, stark schwindend, zäh, fest und mittelschwer. Der Splint ist manchmal etwas rötlich, der Kern weißlich; meist ist aber kein Farbunterschied erkennbar. Das Holz wird als → Drechslerholz gesucht. V. a. früher fand es zu Schusterzwecken und Radzähnen Verwendung. Wie das Holz der Kornelkirsche wird es auch zu Gehstöcken (Ziegenhainer) verarbeitet. Die Zweige dienten als Flechtwerk. Der Strauch dient häufig zur Befestigung des Bodens und ist ein sog. Rohbodenpionier. Auch in Gärten und Parkanlagen wird er gerne als Zierstrauch und in Hecken angepflanzt. Die Berührung der Blätter kann allerdings bei empfindlichen Menschen zu Hautrötungen und Juckreiz führen.

▸▸▸ Harze treten bei den Nadelhölzern nur bei Verletzungen aus und bilden einen Schutzstoff.

Hartwurm, der: → Blindschleiche.

Harvester, der: Holzerntemaschine (Vollernter), die alle anfallenden Teilarbeiten der Holzernte ausführen kann: Fällen, Entasten, Vermessen, Einschneiden, Zopfen und Ablegen. Man unterscheidet Anbau-H., bei dem das Fäll- und Prozessoraggregat als Einheit am Ladekran angebracht ist und bei dem ein → Schlepper als Trägerfahrzeug dient, Kran-H. (Ein-Griff-H.) mit Trag- oder Knickschlepper als Fahrzeug sowie Aufbau- oder Kompakt-H. (Zwei-Griff-H.), bei dem Fäll- und Prozessoraggregat getrennt sind. Neuerdings wurden auch Bagger-H. entwickelt, die mit ihrem Arm 15 m Reichweite haben und Bäume bis zur Dimension der 6. Klasse → Heilbronner Sortierung ernten können. Bei den H. ist das Fällaggregat an der Kranspitze angebracht. Nach dem Fällschnitt führt es den Baum dem auf dem Trägerfahrzeug aufgebauten Prozessoraggregat zu. Dieses entastet, vermißt, schneidet ein, zopft und legt schließlich den Baum ab. H. können mit den gleichen Zusatzgeräten und Sonderausrüstungen ausgestattet werden wie → Prozessoren. Der Einsatz des H. erfolgt hauptsächlich beim Fällen und Aufarbeiten von schwachem bis mittelstarkem Holz (Schichtholz, Stammholzabschnitte, Industrieholzkranlängen) von der → Rückegasse aus. Er ist heute in geeignetem Gelände Standard bei der Schwachholzernte.

Harvestvermessung, die: automatische Vermessung des durch den → Harvester aufgearbeiteten Holzes durch das Vermessungssystem des Harvesters. Dieses besteht aus der im Harvesteraggregat eingebauten Sensorik zur Erfassung der Daten, einem in der Harvesterkabine installierten Vermessungs- und Steuerungscomputers (Hardware) und dem Computerprogramm zur Sortimentaushaltung und Volumenerrechnung (Software). Das Vermessungssystem muß die Volumenermittlung jedoch HKS-konform, d. h. auf der Basis eines Mittendurchmessers durchführen. Diese Grundforderung haben die bisherigen skandinavischen Harvestersysteme, die das sog. Sektionsvolumen errechnen, nicht erfüllt. Die neuesten Entwicklungen haben inzwischen eine Meßgenauigkeit von bis zu 99 % erreicht.

Harz, der: Der rund 90 km lange, aber nur 30 km breite H. bildet das nördlichste deutsche Mittelgebirge. Sein höchster Berg ist der Brocken (1142 m), auch Blocksberg genannt. Der Sage nach ist er der Tanzplatz der Hexen in der Walpurgisnacht. Im Brockengebiet erreicht der Hochharz (→ Nationalpark Hochharz) die subalpine Wuchsregion mit den charakteristischen Knieholz-Wuchsformen bis hin zur Waldauflösung. Der von Fichtenwäldern und Hochmooren bedeckte Westteil des H. (Oberharz) bildet einen natürlichen Wasserspeicher. Der Unterharz im Osten ist eine eiförmige Hochfläche mit (mehr Laub-) Wäldern und Ackerfluren. Hier nimmt der Anteil der Bu zu. Ausgedehnte Bu-Bestände stehen in → Verjüngung und sichern so die Zukunft dieser für dieses Gebiet wichtigen Baumart. Im östlichen Bereich des Unterharzplateaus bis hin zur östlichen Gebirgsabdachung sind Ei-Wälder mit Bu- und Hbu-Beimischungen häufiger anzutreffen. BAh, Es, SAh und auch BUl sind der Ei in den Talbereichen auf frischeren Standorten beigemischt. Den ursprünglichen Wäldern des H. fehlte die Ta, während die Fi in den Hochlagen stets schon reine Bestände bildete und an tieferen Standorten in Mischung mit der Bu gedieh. Die dort um 1750 beginnende, geregelte Forstwirtschaft brachte sie in den unteren Lagen der Bergbaugebiete (Silbererz) vielfach an die Stelle reiner Laubwälder oder der waldbaulich so günstigen Mischung aus Bu und Fi ein. So verlor die Bu im dortigen Areal von 1700 bis 1900 etwa 30 % ihrer Fläche. Auch war in diesem Mittelgebirge mit seinem angespannten Holzbedarf für Bergwerke und waldnahe Gewerbe der schlagweise Betrieb schon länger üblich. Er begünstigte gleichfalls die Fi und hinterließ meist großflächige sowie gleichaltrige Bestände. 1960 wurde der 95 000 ha große Naturpark H. gegründet.
Im H. werden ca. 30 bis 40 Mikrogramm → Schwefeldioxid je m^3 Luft im Jahresdurchschnitt gemessen; das liegt bei dem kühlfeuchten Klima oberhalb des kritischen Bereichs für die Fi. In den Hochlagen des H. (Oberharz) werden daher großflächige Schäden an dieser Baumart beobachtet, begleitet seit 1983 durch massenweise Vermehrung des → Borkenkäfers (Buchdrucker). Der H. gehört zu den am stärksten durch die neuartigen → Waldschäden betroffenen Gebieten Dtschl.

Harzbaum, der: → Kiefern 3.

Harzbirke, die: → Birke 1.

Harze (Naturharze; Resina): H. sind komplizierte organische Verbindungen ohne einheitlichen Aufbau und überwiegend aus → Terpenen (ungesättigte Kohlenwasserstoffe) oder Esterharzen (veresterte Harzalkohole oder Phenole) zusammengesetzt. H. sind wasserunlösliche, zähflüssige, klebrige, meistens gelb bis braun gefärbte Pflanzenprodukte; sie besitzen, ähnlich dem Glas, keinen festen Schmelzpunkt und lösen sich nur in organischen Lösungsmitteln, z. B. in → ätherischen Ölen, wie → Terpentinöl. H. werden v. a. bei Nadelbäumen (Fi, Ta, Kie, Lä) in interzellulären Kanälen (→ Harzkanälen) ausgeschieden. I. a. bleiben die H. in der Pflanze eingeschlossen und treten nur bei Verletzungen aus. Im Leben der Bäume haben H. die Bedeutung eines Schutzstoffes. Die Schutzwirkung des festen H. erstreckt sich besonders auf Pilze und Bakterien, denen es bei Holz- und Rindenverletzungen den Weg in das Innere des Baumes versperrt (Wundverschluß). Splintverletzungen der stark harzenden Kie haben deshalb keine → Holzfäule zur Folge, während sich bei der viel geringer harzenden Fi häufig Fäulniserreger ausbreiten können, wenn der Baum verletzt ist (→ Schälschäden). Daneben schützen H. die Bäume auch vor Austrocknung. H., die nach dem Austritt flüssig bleiben, werden als Balsam bezeichnet. Erhärten sie sich hingegen durch Verdunsten der ätherischen Öle und durch Oxidationserscheinungen an der Luft, werden sie Hart-H. genannt. Sie sind dann von amorpher oder kristalliner Struktur, glasklar oder gefärbt und fest. Fossiles H. wird → Bernstein genannt. Das H. hatte früher eine große volkswirtschaftliche Bedeutung (→ Harzgewinnung) und ist auch heute noch ein wertvoller Rohstoff für die

Gewinnung von → Kolophonium und Terpentinöl; → Harzverwendung.

Harzeiche, die: → Eichen 2.

Harz-Eicheln, die: → Eicheln.

Harzer-Labkraut, das: → Labkraut.

Harzfichte, die: alte Bez. für → Fichte 1.

Harzfloß, das: früheres Bauholzfloß, dessen → Oblast aus → Harz bestand.

Harzfluß, der: Krankheit fast aller Nadelbäume, die sich anfangs in einem Kienigwerden (→ Kienholz) des Holzes bemerkbar macht. Im fortgeschrittenen Stadium bilden sich im Holz große Mengen gleichmäßiger Harzmassen (→ Harzgallen); → Harze.

Harzgallen: **1**) auch Harzlinsen, Harztaschen. Flache, unterschiedlich große, mit Harz (→ Harze) gefüllte, oft linsenförmige Hohlräume im Holz verschiedener Nadelbäume (Fi, Kie, Lä und Dgl), die durch Tangentialrisse im → Kambium enstanden sind; z. B. starke Biegebeanspruchung durch Wind. Die H. sind im → Tangentialschnitt oval und im → Radialschnitt länglich-streifig und deutlich zu erkennen. **2**) die nach Parasitenbefall (z. B. Harzmotten) oder Wildverbiß entstandenen gallenartigen Harzmassen an den Zweigen von Nadelbäumen.

Harzgänge → Harzkanäle.

Harzgewinnung, die: die Gewinnung von Harz (→ Harze) durch künstliche Verletzung von → Nadelbäumen, hauptsächlich von Fi und Kie. Noch bis zum Ende des 18. Jh. war die H. neben der Jagd, → Mast und → Waldweide eine der Hauptnutzungen des Waldes. Bei vielen unzugänglichen und entlegenen Waldgebieten war zudem die H. der einzige Ertrag aus dem Wald. In Thüringen wurden z. B. zusammenhängende Fichtenwaldungen als sog. „Harzwälder“ ausgeschieden und verpachtet oder durch Berechtigungen für die H. genutzt. Der Bedarf an Harz und Pech war entsprechend groß. Kaum ein größerer Fichtenwald blieb damals in Dtschl. und Österreich von der schädlichen H. verschont, die die Nutzholzverwertung der Bäume stark einschränkte. Dies änderte sich erst zu Beginn des 19. Jh., als Harze aus Übersee auf den europäischen Markt kamen. Die H. spielte ab dieser Zeit – zum Wohle des Waldes – nur noch als → Nebennutzung eine Rolle. In der ehemaligen DDR war die Harznutzung an Kie noch bis 1989 stark verbreitet. Neben der Fi wurden Ta, Kie und Lä geharzt. Diese liefern → Terpentin, das sich, wenn es sich in größeren Mengen ansammelt, über die Rinde ergießt (Kie, Lä) oder sich in Harzbeulen der Rinde (Ta) oder in Hohlräumen der Holzkörper (Lärchen Südtirols) sammelt. Die Gewinnung des Harzes bzw. des Terpentins war nach Baumart und nach Ortsgebrauch unterschiedlich. In Dtschl. wurden die Fi von den → Harzscharrern durch Entfernen von Rindenstreifen verwundet (→ Lachen). Anders wurde hingegen die SKie behandelt. Da deren Harz flüssiger als das der Fi ist, wurde am Stamm unterhalb der Lachen ein napfförmiger Einhieb (Vertiefung) vorgenommen, der sog. Grandel (→ Grandelverfahren), in dem sich das aus der Lache abfließende Harz sammeln konnte. Alle zwei bis drei Wochen wurde dann das im Grandel sich sammelnde „Sommer- oder Rinnpech“ ausgestochen und das auf der Lache erhärtete Harz, das „Winter- oder Scharrharz“ im Herbst abgescharrt. In Südtirol wurde die Lä im Frühjahr etwa 30 cm über dem Boden an der bergabwärts gerichteten Seite bis ins Zentrum des Holzkörpers von unten nach oben angebohrt und das 3 cm weite Bohrloch mit einem Holzpfropf verschlossen. Üblich war auch das Anbohren von oben nach unten. In diesem Fall blieb das Bohrloch unverschlossen, es wurde aber ein Gefäß angebracht, um das ausfließende Harz auffangen zu können. Bei der Weißtanne öffnete man die Harzbeulen und ließ das Terpentin in Gefäße ablaufen. Der Harzfluß konnte durch Reizmittel (verdünnte Schwefelsäure, Salzsäure) verlängert werden. Es ergaben sich dadurch Ertragssteigerungen je Riß, die jedoch durch die größeren Rißabstände wieder ausgeglichen wurden. Neben der künstlichen H., die gewerbsmäßig betrieben wurde, war auch das Einsammeln von Harzen, die auf natürliche Weise aus den Bäumen austraten, üblich. Im Böhmen sammelte man z. B. die schwefelgelben Harzplatten, die sich zwischen Holz und Rinde dicker Wurzeläste der Fi ansammelten, das sog. → „Wurzelpech“. Als „Waldweihrauch“ wurde das Harz bezeichnet, daß von jungen Fichten- und Kiefernästen auf den Boden tropft und sich mit diesem verbindet. Es verbrennt mit einem angenehmen Duft. Der Ertrag des Harzes war sehr schwankend. Wurden z. B. Fi erst zehn Jahre vor dem Abtrieb geharzt, lag der Ertrag pro Hektar bei etwa jährlich 30 kg Rohharz und 43 kg Flußharz. Weit größer war der Ertrag bei der SKie. Er lag etwa zwischen 2,5 und 4,5 kg pro Stamm und Jahr; → Harzverwendung, Pechhauen.

◂◂◂ Harzgewinnung an Kiefern

Harzholz, das: alte Bez. für Ndh, besonders für Fi und Kie, die speziell der → Harzgewinnung dienten.

Harzkanäle: auch Harzgänge, Wundharzkanäle. im Holzkörper sowie in den Nadeln und Zapfen der meisten Nadelbäume (z. B. Fi, Kie, Lä), jedoch niemals im Holz der einheimischen Laubbäume vorkommendes, mit → Harz gefülltes, zusammenhängendes Gangsystem (interzelluläre Kanäle), in dem das Harz zu den Wundstellen des Baumes geleitet wird. Unter dem Einfluß eines Wundreizes werden dabei besondere H. neu gebildet. H. sind hauptsächlich im → Frühholz in Faserrichtung als sehr feine, harzgefüllte Gänge zu erkennen. Im Holzquerschnitt (Hirnschnitt) zeigen häufig kleine austretende Harztröpfchen H. an. Im → Tangential- und → Radialschnitt sind sie als feine, dunkle Striche kaum, manchmal auch gar nicht, zu erkennen.

Harzkappe, die: Leinenjacke der früheren → Harzreißer.

Harzkröpfe: kropfartig erstarrte Harzballen an den Wundstellen der Nadelbäume.

Harzkuchen, der: Rückstand des ausgekochten Harzes. Der H. wurde früher zum Brennen des → Kienrußes verwendet.

Harzlach(t)en → Lachen.

Harzleim, der: Der H. wurde früher durch Verseifung von → Harz mittels Alkalien hergestellt. Die so erhaltenen Resinate (Harzseifen) waren wasserlöslich und dienten zum Leimen von Papier und zur Herstellung von Harzkernseifen.

Harzlinsen → Harzgallen 1).

Harzmeise, die: → Meisen 2.

Harzmesser, das (Harzscharre, Pechscharre): früher zum → Harzreißen verwendetes, krummes (sichelförmiges), beidseitig scharfes Messer. Es mußte so stabil sein, daß es nicht nur das → Harz abschaben, sondern zwischen Rinde und Kern auch die Wunden in den Baum reißen konnte.

Harzmeste, die (Hocke): früher zur → Harzgewinnung, v. a. im Schwarzwald, verwendeter Korb. Er war aus Fichtenrinde gefertigt und hatte die Form eines Zuckerhutes.

Harznutzung, die: → Harzgewinnung.

Harzöl, das: durch Destillation von Harz (→ Harze) oder → Kolophonium im Vakuum oberhalb 300 °C gewonnenes Öl. Bei steigenden Temperaturen entsteht nacheinander sog. Blondöl, Blauöl (Grünöl) und Rotöl. Wird es nochmals gereinigt und destilliert, ist es klar, farb- und fast geruchlos.

Harzreißer, der (Harzer, Harzscharrer, Harzschaber, Pechscharrer, -hauer, -reißer, -het-

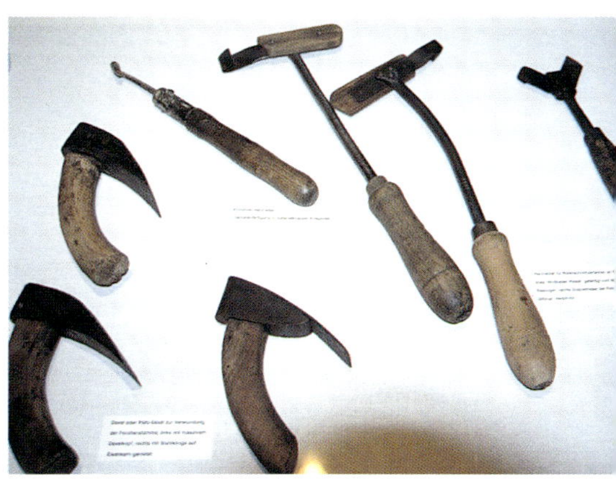

Harzmesser oder Harzscharrer gehörten zur Ausrüstung der Harzreißer.

zer): Frühere Bez. für einen Arbeiter, der die → Harzgewinnung, das „Harzreißen" gewerbsmäßig ausübte. Die Arbeit des Harzreißens wurde Gelachet (Gelochet, Gelaget, Gerissen) genannt.

Harzrisse → Risse 1).

Harzrüßler, der: → Rüsselkäfer 9.

Harzsäure, die: → Harzwasser.

Harzscharre, die: → Harzmesser.

Harzscharrer, der: → Harzreisser.

Harzsieden, das: altes Waldgewerbe, bei dem das gewonnene Harz (→ Harze) in einem besonderem Kessel durch Schmelzen gereinigt wurde. Das Feuer unter dem Kessel wurde anfangs schwach geschürt und dann verstärkt, bis das Harz zum Kochen kam, und dabei ständig und langsam umgerührt. Die

Die gelblichen und walzenförmigen männlichen Kätzchen und die kleinen weiblichen Blüten der Hasel werden bereits im Herbst angelegt.

oben schwimmenden Teile wurden mit dem Schaumlöffel abgeschöpft, das klare Harz in hölzerne Tonnen eingegossen. Wurde das als klar ausgeschöpfte Harz nochmals geschmolzen und unter beständigem Umrühren etwas Wasser zugegossen, erhielt man gelbes oder weißes Harz; durch Zusatz von Essig gewann man das → Kolophonium. Aus 50 kg Harz erhielt man 25 kg gelbes und 1 kg schwarzes Harz; → Harzgewinnung.

Harzsticken, das: → Hallimasch.

Harztanne, die: alte und lokale Bez. für die Gemeine → Fichten 1.

Harztaschen → Harzgallen 1).

Harzverwendung, die: In früheren Zeiten war die Harznutzung (→ Harzgewinnung) zur Gewinnung von → Terpentinöl weit verbreitet. Während des Ersten Weltkrieges und auch danach wurden die heimischen Nadelwälder stark beeinträchtigt, weil → Harze bei der Munitionsherstellung unerläßliche Rohstoffe waren. Wird Fichtenharz destilliert, so erhält man das → Kolophonium; → Harzsieden.

Harzwasser, das (Harzsäure): bei der früheren Teergewinnung zusammen mit dem Teer abfließendes, saures und schwärzliches Wasser, welches sich durch die ständige Befeuerung mit Teerteilen vermengte und als → Pech genutzt wurde.

Harzzünsler, der: → Zünsler 2.

Hasel, die (*Corylus*). Pflanzen-Gatt., die mit 14 sommergrünen baum- und strauchförmigen Arten über die nördliche Hemisphäre verbreitet ist und zur Fam. der → Haselgewächse (*Corylaceae*) zählt. Die gezähnten Blätter stehen zweizeilig. Die Pflanzen sind → einhäusig; die getrennt-geschlechtlichen Blüten stehen in kätzchen- und knospenförmigen → Blütenständen. Die schon im Winter vorhandenen männlichen Kätzchen und die weiblichen Blüten blühen bereits vor der Belaubung; die Bestäubung der Blüten erfolgt durch den Wind. Die Vermehrung erfolgt durch Samen (Nüsse) oder durch → Absenker. Die H. ist seit dem Eozän (→ Erdzeitalter) bekannt;

1. Haselnuß, die (*Corylus avellana* Linné): auch Gemeine Hasel, Gemeiner Hasel(nuß) - strauch, Waldhaselnuß, Klöterbusch, Bienenstrauch. Der Gatt.-Name *Corylus* ist ein griechischer Pflanzenname; der Artname *avellana* kommt von „Avella", einem Berg bei Neapel.

Verbreitung: Das Vorkommen der H. erstreckt sich fast über ganz Europa. Es reicht von den Mittelmeerländern bis Norwegen und im Osten über den Balkan bis zum Kaspischen Meer und Kleinasien.

Standort: Die H. ist relativ häufig und wächst in Wäldern, besonders Hainbuchen-Wäldern, Hartholz-Auenwäldern, in Gebüschen, Hecken und Schlehen-Gesellschaften, auf potentiellen Buchen- und Buchenwaldstandorten, an Waldrändern, steilen Halden, Bach- und Flußufern sowie an Zäunen. Auf Wiesen und Weiden wird sie häufig angepflanzt. Als typischer Eichenbegleiter ist sie als → Unterholz an lichten Standorten häufig in den Laubmischwäldern zu finden. Sie ist von der Ebene über die Mittelgebirge bis in Höhenlagen von 1800 m in den Alpen anzutreffen. Der anspruchsvolle, lichtliebende Strauch, der auch Beschattung verträgt (Licht-, Halbschatt(en)baumart), nimmt mit den verschiedenartigsten Bodenverhältnissen vorlieb. Er bevorzugt frischen, lockeren, nährstoffreichen Kalkboden, gedeiht jedoch auch auf neutralen oder humosen Böden in halbschattigen Lagen; arme Sandböden und Sumpfgebiete meidet er.

Merkmale: Der ausgebreitete, stets mehrstämmige Strauch wächst in den ersten sechs Jahren langsam, dann schneller und erreicht eine Höhe von etwa 2 bis 6 m, in Kulturen auch bis 10 m, und ein Alter von 60 bis 80 Jahren. Seine Stämmchen werden am Grunde etwa 7 bis 8 cm stark. Die Bewurzelung ist flachstreichend und das → Ausschlagvermögen außerordentlich hoch. Die Rinde ist graubraun, glatt, glänzend, mit weißlichen, waagerechten → Lentizellen, rollt sich pergamentartig ab und bleibt lange Zeit glatt; erst bei hohem Alter wird sie am Grunde etwas rissig. Die Zweige sind sehr zäh und biegsam, die jungen Triebe lichtseits braungrau, schattenseits olivbraun und dicht mit rotbraunen Drüsenhaaren besetzt. Die Knospen sind eiförmig bis schmal-eiförmig (Endknospen breit-eiförmig), glänzend, kahl, vielschuppig, 4 bis 8 mm lang, an der Triebbasis meist zugespitzt, gegen die Zweigspitze hin mehr abgerundet und vom Zweig abstehend. Die Knospenschuppen sind nur an den Rändern fein weiß behaart, vorne abgerundet oder leicht eingekerbt, schattenseits grün und lichtseits rotbraun. Die einfachen, wechselständigen, teilweise auch zweizeilig angeordneten, an kräftigen Trieben ringsum gestellten Laubblätter sind rundlich-herzförmig, bis breit-eiförmig, am Grunde herzförmig, am oberen Ende kurz zugespitzt. Sie sind etwa 7 bis 12 cm lang, 4 bis 6 cm breit, oberseits dunkelgrün, zerstreut behaart, unterseits hellgrün mit stark hervortretendem Adernetz (meist fünf bis sieben Paar Seitennerven), welches ebenso wie der dicke 1 bis 2 cm lange Blattstiel drüsig behaart ist. Der Blattrand ist scharf doppelt gesägt und manchmal unregelmäßig schwach gelappt. Die Nebenblätter sind eiförmig (oberes Ende stumpf) und fallen frühzeitig ab. Die H. wird mit etwa zehn Jahren mannbar, Stock- und Wurzelausschläge viel früher. Die Samenjahre sind dann sehr häufig. Sie blüht je nach Standort von Februar bis April, geraume Zeit vor dem Blatt-austrieb; sie ist → windblütig und → einhäusig. Die kleinen, männlichen Teilblüten bilden miteinander längliche, walzenförmige Staubkätzchen, die sich zu zwei bis vier an den → Kurztrieben befinden. Sie sind erst hellgrün, später bräunlich, dann gelb. Bereits im Sommer bilden sie sich an vorjährigen Zweigen und bleiben den Winter über am Strauch. Die Blütenspindel streckt sich, sobald es warm wird, auf 3 bis 5 cm Länge, um den aufblühenden Staubblüten Raum zu geben, die Pollen auszuschütten. Nach der Blüte fallen sie ab. Die unscheinbaren, eiförmigen, 3 bis 5 mm langen, weiblichen Blüten (Stempelkätzchen) sind zu zwei bis fünf umschlossen von grünlichen bis bräunlichen Knospenschuppen, sitzen aufrecht an den Zweigen und sind von den Laubknospen nur durch die karminroten, 2 mm pinselförmig daraus hervorragenden Narbenbüschel zu unterscheiden, wobei je zwei Narben zu einem → Fruchtknoten gehören. Die Frucht, die im August/September reift, besteht aus dem öligen Nußkern, der holzigen Schale und der Fruchthülle. Die grüne, glockenförmige Fruchthülle besteht aus drei, nur teilweise miteinander verwachsenen, unregelmäßig zerschlitzten oder gelappten Vorblättern, ist weit offen und nur so lang wie die Frucht oder kaum länger als diese. Die Nuß ist anfangs grünlichgelb, dann braun, am Grunde weißlich, reif 1,5 bis 2 cm lang, eirund, spitz und steht einzeln oder zu mehreren (bis vier) beisammen. Gleich nach der Reife fällt sie ab. Sie enthält einen großen, wohlschmeckenden, nahrhaften, öl- und stärkehaltigen Samen. Dieser bleibt meist nur bis zum nächsten Frühjahr keimfähig. Er keimt unterirdisch, und zwar im Herbst gesät, im darauffolgenden Frühjahr; im Frühjahr gesät, häufig erst ein Jahr später. Das aus dem Samen gewonnene Öl wird als Speiseöl, als Schmiermittel für Taschenuhren und sonstige feine Apparate sowie zur Farbenherstellung verwendet. Gemahlen finden H.-Kerne als Backzutaten und

als Würzmittel für Fleischgerichte Verwendung.
Das Holz der H. ist rötlichweiß und sehr zäh. Auch H.-Zweige sind sehr zäh und biegsam; die H.-Rute war als Züchtigungsinstrument früher fast sprichwörtlich. Gegabelte, abgeschnittene H.-Zweige dienten und dienen als „Wünschelruten" zum Auffinden unterirdischer Wasser- und Erzadern. Volkswirtschaftlich spielt das Holz der H. hingegen keine Rolle, Verwendung findet es für Zeichenkohle und früher zur Schießpulverherstellung.
In der Naturheilkunde finden die Kätzchen, die Rinde junger Zweige, die Blätter und Nußkerne innerliche und äußerliche Anwendung. Sie enthalten Flavonoide, Gerbstoff, wirken adstringierend, gefäßverengend, blutstillend, fiebersenkend, blutreinigend und werden bei Fieber, Krampfadern, Nasenbluten, Fettleibigkeit, Venenentzündung und anderen Krankheiten angewandt. Zahlreiche Funde deuten darauf hin, daß die H. nach der letzten Eiszeit in Mitteleuropa eine dominierende Stellung einnahm. In Mitteleuropa spielte sie, bevor Getreide angebaut wurde, für die Ernährung der Menschen eine bedeutende Rolle. Auch bei unseren germanischen Vorfahren nahm sie eine Sonderstellung ein. Sie stand unter besonderem Schutz, durfte nicht abgeschlagen werden und war dem Thor geweiht. Sie galt als blitzsicher und blitzabwehrend. Manche Bäuerin warf – noch bis in unser Jh. hinein – bei Gewitter drei H.-Kätzchen ins Herdfeuer, um Haus und Hof vor Unheil zu schützen. Ihr mythischer Charakter zeigte sich auch darin, daß sie zum Abstecken der Gerichts- und Kampfstätten verwendet wurde. Die „summerlatten" der H. dienten als Weiserstab des Gerichtes und der Forsthoheit.
Die H., die bereits zeitig im Frühjahr blüht, ist auch für Bienen (Bienenstrauch) wichtig. Gegen Autoabgase ist sie relativ resistent und wird daher häufig als straßenbegleitendes Gebüsch angepflanzt. Die H. und zahlreiche verwandte Arten werden auch in unseren Gärten und in Kulturen angepflanzt.
Der H.-Strauch hat im Volksleben und Volksglauben eine große Bedeutung, und kommt auch vielfach im Volkslied vor. Im Aberglauben spielt er eine große Rolle. Den auf H. wachsenden Schwämmen wird z. B. die Eigenschaft zugesprochen, daß man damit Verlorenes leicht wiederfindet. Am bekanntesten ist der Glaube an die → Wünschelrute.
2. Baumhasel, die (*Corylus colurna*): auch Türkische Nuß. Diese aus Südosteuropa bis Vorderasien stammende H. wird bei uns bis zu 20 m hoch. Die grüngelben Kätzchen werden bis zu 12 cm lang, die Blätter sind denen der Haselnuß ähnlich, dunkelgrün; die Fruchthülle ist tief zerschlitzt; die Nüsse sind ähnlich wie die der Haselnuß, jedoch kleiner und ebenfalls eßbar. In ihrer Heimat ist die B. ein Waldbaum; bei uns wird sie wegen ihrer Trockenresistenz und Hitzebeständigkeit als Straßen- und Parkbaum gepflanzt, gelegentlich auch als Waldbaum propagiert.
Haselblattroller, der: → Blattroller 3.
Haselbock, der: → Bockkäfer 16.
Hasel-Buschwälder → Linden-Ahorn-Mischwälder.
Haseleiche, die: Die Eichenholz verarbeitenden Gewerbe unterscheiden kaum zwischen dem Holz der StEi und TrEi. V. a. früher suchten sie diese Hölzer mit → Kohleiche und H. zu klassifizieren. Mit letzterer bezeichneten sie meist schweres, breitringiges, schwer zu bearbeitendes, öfter von der StEi als von der TrEi stammendes Holz.
Haseleule, die: → Eulen B 8.
Haselfichte, die: lokal auch als Schindeltanne und Zottelfichte bezeichnet. Die H. ist eine Wuchsbesonderheit (→ Wimmerwuchs) der Fi, v. a. in den Hochgebirgslagen. Das Holz der H., bei dem die → Jahrringe auf Querschnitten als V-förmige Zickzacklinie erscheinen, ist als Klangholz (→ Resonanzholz, → Stammwerkholz) sehr gesucht.
Haselgewächse (*Corylaceae*): Fam. der Laubhölzer, die über die Nordhalbkugel verbreitet ist. Zu ihr zählt die Gatt. der → Hasel. In mancher Literatur ist sie keine eigene Fam., sondern wird der der → Birkengewächse (*Betulaceae*) zugeordnet.
Haselhuhn, das: → Rauhfußhühner 4.
Häseling, der: → Hasel 1.
Haselkätzchen-Gallmücke, die: → Gallmücken 13.
Haselmaus, die: → Bilche 3.
Haselnuß, die: → Hasel.
Haselnußbohrer, der: → Rüsselkäfer 18.
Haselotter, die: → Glattnatter.
Haselstrauch, der: → Hasel 1.
Haselulme, die: → Ulmen 1.
Haselung, die: → Wimmerwuchs.
Haselwuchs, der: → Haselfichte, Wimmerwuchs.
Haselwurm, der: → Blindschleiche.
Haselwurz, die (*Asarum*): Gatt. der Osterluzeigewächse (*Aristolochiaceae*) mit der in Dtschl. heimischen Art:
Haselwurz, die (*Asarum europaeum* L.): auch Brech-, Pfefferwurz. Die hauptsächlich in Mittel- und Osteuropa und auch in Nordasien heimische H. wächst verbreitet und häufig in mesophytischen buchenwaldartigen Laubwäldern Europas (Ordnungs → Charakterart), in Nadelmisch- und Auwäldern, Gebüschen, auf frischen Böden, bevorzugt auf Kalk, bis in Höhen von etwa 1700 m.
Die ausdauernde, immergrüne, pfeffer- oder kampferartig riechende Pflanze von 5 bis 10 cm Höhe hat einen waagerecht kriechenden Wurzelstock und dicke, aufsteigende oder kriechende, behaarte Stengel, am Grunde mit schuppenförmigen, weißlichen oder bräunlichen → Niederblättern. Die dunkelgrünen, oberseits glänzenden, ledrigen, oft wintergrünen Blätter sind rundlich-nierenförmig und 3 bis 10 cm breit. Zwischen den Blättern stehen von März bis Mai auf kurzen Stielen die einzelnen, nickenden Blüten. Sie haben eine außen braungrünliche, innen dunkelpurpurne, glockige, dreiteilige (auch vierteilige), etwa 10 bis 15 mm lange Blütenhülle, die in drei gebogene Zipfel ausläuft, 12 → Staubblätter und einen → Griffel mit sechs → Narben. Die Frucht ist eine unregelmäßig aufspringende Kapsel mit vielen, kleinen Samen (→ Ameisenpflanzen).
Die H. ist eine seit dem Altertum bekannte Pflanze. Sie war das klassische Brechmittel, bis die Brechwurzel *Uragoga ipeca cuanha* im 16. Jh. aus Brasilien nach Europa kam. Es finden die Blätter, geerntet im Sommer, und der Wurzelstock, geerntet im Frühling oder Herbst, der frisch oder nicht älter als sechs Monate sein soll, Verwendung. Der Wurzelstock enthält ein duftendes → ätherisches Öl mit etwa 30 bis 35 % Asaron, sowie Harze, Stärke und Gerbstoffe. Eine Tinktur aus dem frischen Wurzelstock wird gegen Rheumatismus und gegen Gastroenteritis verwendet. Die H. ist auch ein altbekanntes Abtreibungsmittel und soll gegen Alkoholismus helfen. Ein Aufguß von zwei bis drei frischen Blättern H. auf eine Tasse Wasser oder von 30 g auf ein Liter siedendes Wasser wirkt bei Asthma und Bronchitis lindernd.
Hasen (*Leporidae*): Säugetier-Fam. aus der Ordn. der Hasenartigen (*Lagomorpha*), den Nagetieren ähnlich, jedoch u. a. durch ein zweites Schneidezahnpaar im Oberkiefer von ihnen unterschieden. Zu den H. gehören die Kaninchen (→ Wildkaninchen) und die echten Hasen:

Der Feldhase ist in unseren Fluren selten geworden.

1. Feldhase, der (*Lepus europaeus* Pall.): scherzhaft auch Meister Lampe, Krummer, Löffel- oder Mümmelmann genannt. Hinsichtlich seines Lebensraumes wird auch vom Berg-, Heide-, Sumpf-, Holz- und Waldhasen gesprochen.
Aussehen: Der F. hat eine Gesamtlänge von 50 bis 70 cm und eine Schulterhöhe von 12 bis 15 cm. Seine Löffel (Ohren) sind auffallend lang (12 bis 15 cm), seine Blume (Schwänzchen) hat eine Länge von etwa 10 cm und ist auf der Oberseite schwarz, auf der Unterseite weiß. Das Gewicht des F. beträgt 3 bis 6 kg. Das Fell ist auf der Oberseite rötlich- bis gelbbraun gefärbt. Die Seiten erscheinen stumpf graugelb bis rötlichbraun. Der Bauch und die Kehle sind weiß, die Ohrenspitzen schwarz. Die langen Schnurrhaare sind schwarz und haben weiße Spitzen.

Die großen Augen sind gelblichbraun bis bernsteinfarben.
Vorkommen: Der F. ist fast über ganz Europa verbreitet. Im Hochgebirge wird er durch seinen Artverwandten, dem Schneehasen, und auf der Iberischen Halbinsel durch den Kaphasen (*Lepus capensis*) vertreten.
Lebensraum und Lebensweise: Der F., ursprünglich ein Steppenbewohner, hat sich gut unserer Kulturlandschaft angepaßt (→ Kulturfolger). Er schätzt trockenen Boden und Landschaften mit vielen Feldern, die von Wäldchen und Feldgehölzen unterbrochen sind. Gegen feuchtes Klima und starken Wind ist er sehr empfindlich. Als Tagesunterschlupf bevorzugt er Hecken, Gräben, Feldraine, Böschungen, umgepflügte Äcker. Er ist dämmerungs- und nachtaktiv, wird zunehmend zum Nachttier und verbringt den Tag meist ruhend in seinem Lager. Bei Sonne und Frost und im Herbst bei Laubfall zieht er das Feld dem Wald vor; bei stürmischem Wetter bevorzugt er hingegen den Wald.

▸▸ Die Färbung des Schneehasen (reinweiß oder braunweiß gescheckt) ist von der Temperatur abhängig.

Der F. ist ein ausdauernder Läufer und schwimmt gut. Die größten natürlichen Feinde des F. sind Rotfuchs, Iltis, Marder, Wiesel, Habicht, Roter Milan, auch Eulen, Krähen, wildernde Hunde und Katzen. Daneben dezimieren Mähmaschinen und Pflüge den Bestand. Hohe Verluste entstehen durch Pflanzenschutz- und Unkrautvertilgungsmittel und durch Straßenverkehr. Auch durch schlechte Witterung (Nässe und Kälte) entstehen besonders bei den ersten beiden Jahressätzen Verluste. Auch das verbotene Abbrennen von Hecken und der Befall durch Parasiten kostet vielen Junghasen das Leben, so daß bis zum Herbst nur etwa 25 % überleben.
Sinne und Lautäußerung: Der F. hört sehr gut, riecht gut, sieht aber nicht besonders. An seinen Lippen und an der Stirn befinden sich lange borstenartige Haare (Tastsinnorgane), die die Reichweite des Tastsinns erhöhen. Gerät er in Not, gibt er ein quäkendes Klagen (Hasenklage) von sich, das dem Geschrei eines kleinen Kindes gleicht.

▸▸▸ Der Rote Hasenlattich ist nördlich der Mainlinie selten.

Fortpflanzung: Mit Ausnahme der Rammelzeit (Begattungszeit) sind F. Einzelgänger. Bei günstigen klimatischen Verhältnissen beginnt die Begattungszeit bereits im Januar und dauert bis Ende August, mit Höhepunkt im April/Mai. Nach einer Tragzeit von 42 bis 44 Tagen (sechs Wochen) bringt die Häsin meist drei-, seltener viermal im Jahr einen Satz von zwei bis vier (seltener fünf oder sechs) Junghasen zur Welt. Sie kommen behaart und sehend zur Welt, sind sog. Nestflüchter und können bereits einige Stunden nach der Geburt laufen. Bei der Geburt wiegen sie etwa 130 g und werden oft getrennt voneinander abgelegt und täglich – meist nachts – etwa zwei- bis dreimal von der Häsin aufgesucht und gesäugt.
Nach einer Saugzeit von etwa drei bis vier Wochen, sind die Junghasen selbständig. Bereits in der zweiten, spätestens in der dritten Lebenswoche nehmen sie Grünäsung auf. Im Alter von etwa neun Monaten sind sie fortpflanzungsfähig und mit acht bis zehn Monaten ausgewachsen. Der F. kann bis zu 12 Jahre alt werden, in freier Wildbahn jedoch selten älter als sechs Jahre. Nach Untersuchungen sollen nur 15 % der F. zwei Jahre und älter werden.
Nahrung: Saftige Gräser, Kräuter, Wurzeln, Getreidesaaten, Kohlpflanzen und Rüben. Im Winter auch aus Trieben, Knospen und Rinde von Weichhölzern und Obstbäumen.

2. Schneehase, der (*Lepus timidus* L.):
Aussehen: Der S. ist kleiner als der Feldhase. Er hat eine Gesamtlänge von etwa 50 bis 65 cm und eine Schulterhöhe von 10 bis 12 cm. Die Ohren sind etwa 9 bis 13 cm lang; das Schwänzchen ist etwa 5 bis 6 cm lang. Sein Gewicht beträgt meist 2 bis 4 kg. Der Winterbalg des S. ist rein weiß bis auf die schwarzen Ohrenspitzen. Der Sommerbalg ist oberseits graubräunlich (etwas grauer als der Feldhase) mit schwarzen Ohrenspitzen, fast weißer Blume und weißlich-grauer Unterseite. Die Färbung des S. ist von der Temperatur abhängig, so ist er z. B. in arktischen Gebieten das ganze Jahr über weiß gefärbt, während er in wärmeren Gebieten (z. B. Irland) ganzjährig braunweiß gescheckt ist.
Vorkommen, Lebensraum, Lebensweise: Der S. kommt in mehreren geographischen Formen, in den Gebirgen Europas (Pyrenäen, Kaukasus, Alpen) in Höhenlagen von 1200 bis 3500 m, in Nordeuropa (Skandinavien, Irland, Schottland) und im Norden Asiens vor. Sein Lebensraum sind Wälder und höhere Lagen bis zur Schneegrenze, in den Alpen (**Alpenschneehase**; *Lepus timidus varronis*) von etwa 1200 m an, besonders die Krummholzzone und darüber. Der S. ist dämmerungs- und nachtaktiv, tagsüber jedoch aktiver und mehr unterwegs als der Feldhase. Sein Lager hat er häufig zwischen Felsen und Büschen, sucht auch Schutz unter Baumwurzeln und in Murmeltierbauen.
Sinne und Lautäußerung wie der Feldhase.
Fortpflanzung: Die Begattungszeit ist i. d. R. im Frühjahr. Die Häsin bringt nach einer Tragzeit von 45 bis 52 Tagen, meist zweimal im Jahr, i. d. R. zwei bis vier Junge, und zwar im April/Mai und im Juli/August. Sie kommen sehend und behaart zur Welt, werden drei bis vier Wochen gesäugt und sind mit acht bis neun Monaten geschlechtsreif. S. können vermutlich bis zu zehn Jahre alt werden. In Gebieten, wo S. und Feldhase vorkommen, sind gelegentlich auch Kreuzungen (Blendlinge) der beiden Arten anzutreffen. Diese → Bastarde sind aber offenbar unfruchtbar.
Nahrung: Gräser, Flechten, Kräuter, Zweige, Knospen, Triebe und Rinde.

Hasenadler, der: → Adler 1.

Hasenbrot, das: → Hainsimse 3.

Hasenfuß-Segge, die: → Seggen.

Hasengeil, das: → Geißklee 1.

Hasenglöckchen, das (*Hyacinthoides non-scripta* = *Enymion non-scriptus*): Das seltene, geschützte, zu den Liliengewächsen gehörende blau/weiß blühende H. wächst in Nordwestdtschl. auf frischen, nährstoffreichen Lehmböden in Fichten- und Buchen-Mischenwäldern (→ Charakterart des Verbandes der Hainbuchenwälder).

Hasenheide, die: → Geißklee 1.

Hasenkraut, das: → Johanniskraut 1.

Hasenlattich, der (*Prenanthes*): Gatt. der Fam. der → Korbblütler. Bei uns ist heimisch:
Roter Hasenlattich, der (*Prenanthes purpurea* Linné): Der R. H. ist über Mittel- und Südeuropa verbreitet. In Mitteleuropa ist er nur in den höheren Lagen der Mittelgebirge und der Alpen mehr oder weniger zerstreut bis verbreitet anzutreffen. Er wächst in schattigen Bergwäldern, Misch-, Laub- und Nadelwäldern, besonders in gras- und krautreichen Buchenwäldern und in Tannen-Buchen-Mischwäldern, v. a. in der montanen und hochmontanen Vegetationsstufe und in Hochstaudenfluren. Er ist die Verbands → Charakterart des Buchenwaldes und die → Differentialart im rheinischen Birken-Traubeneichen-Wald sowie der Zwergstrauchreichen Fichten-Tannenwälder und wächst bevorzugt auf humusrei-

chen, aber kalkarmen Böden, bis in Höhen von über 2000 m.
Die mehrjährige, aufrechte, 50 bis 150 cm hohe, oben rispig verzweigte, Milchsaft führende Pflanze hat zarte, kahle, länglich-lanzettliche, unterseits blaugrüne Blätter. BZ: Juli bis September. Die kleinen, schlanken, nickenden Blütenköpfchen bestehen aus drei bis meist fünf zungenförmigen, purpurvioletten bis roten Blüten und stehen in lockerer, ausgebreiteter Rispe (→ Blütenstand). Die 5 mm langen, walzlichen, undeutlich gerippten, hellbraunen Früchtchen tragen eine weiche, weiße Borstenkrone.

Hasenlattich-Habichtskraut, das: → Habichtskraut 7.

Hasenohr, das: → Becherlinge 2.

Hasenohr, das (*Bupleurum*): Gatt. der → Doldengewächse mit rd. 150 Arten, v. a. in Europa, Asien und Afrika und einer Art in Nordamerika. Es handelt sich um einjährige oder ausdauernde Kräuter oder Sträucher mit kleinen, gelben Büten, die in Dolden (→ Blütenstand) stehen. In Dtschl. gibt es sechs Arten, die bekanntesten sind:

1. Wald-Hasenohr, das (*Bupleurum longifolium* Linné): auch Langblättriges H. Das W. ist über die Gebirge Mitteleuropas, besonders über die Alpen, das Alpenvorland, die Karpaten, und die Gebirge der Balkanhalbinsel verbreitet. Es ist relativ selten und wächst zerstreut in lichten Laubwäldern, Gebüschen, an buschigen Abhängen, auf warmen, nährstoffreichen, nicht zu trockenen Böden, bevorzugt auf Kalk.
Die 30 bis 80 cm hohe, blaugrüne, kahle Pflanze hat ungeteilte, länglich- bis rundlich-eiförmige oder breit lanzettliche, netzaderige Blätter. BZ: je nach Standort Mai/Juni bis Juli/August. Die kleinen, gelbgrünen Blüten stehen in endständigen Doppeldolden. Die 4 bis 5 mm langen Früchtchen sind schwärzlich.

2. Sichelblättriges Hasenohr, das (*Bupleurum falcatum* L.): Das S. H. ist über Mitteleuropa verbreitet, südlich bis Mittelspanien und Albanien. Es ist wärmeliebend und wächst zerstreut bis selten in lichten Eichen- und Kiefernwäldern, Gebüschen und auf Trockenrasen.
Die 20 bis 100 cm hohe Pflanze ist mehrfach verzweigt und am Grunde verholzt. Die unteren Blätter sind länglich spatelförmig, die oberen lanzettlich und fünf- bis siebennervig. BZ: Juni bis September. Die kleinen, gelben Blüten stehen in Doppeldolden. Die 3 bis 4 mm langen Früchtchen sind braun.

Hasenpfote-Segge, die: → Seggen 3.

Hasenwurz, die: → Nelkenwurz 1.

Haslinger, der: lokale Bez. für die Haselrute; → Hasel 1.

Häßling, der: → Hasel 1.

Hau, der: **1**) das Hauen oder Fällen des Holzes im Wald. **2**) svw. → Schlag. **3**) der → Fallkerb.

haubares Holz, das: auch schlagbares Holz. Svw. hiebsreif; → Hiebsreife.

Haubarkeit, die: → Hiebsreife.

Haubarkeitsalter, das: svw. → Hiebsreife bzw. → Abtriebsalter (Nutzungsalter).

Haubarkeitsdurchschnittszuwachs, der: historischer Begriff, wird errechnet als Quotient aus dem Vorrat des verbleibenden Bestandes und dem Alter (Vorrat : Alter); → Zuwachs, Holzvorrat.

Haubarkeitsertrag, der: Der H. ist der durchschnittliche Vorrat je Hektar der Bestände in der Verjüngungsnutzung zuzüglich des laufenden Zuwachses von fünf Jahren (der Hälfte des Planungszeitraumes); → Holzvorrat..

Haubarkeitsnutzung, die: → Endnutzung.

Haube, die: bei einem → Meiler Bez. für die obere, halbkugelförmige Rundung, bestehend aus kurzen Scheitern.

Haubeere, die: alte Bez. für die TrKi (→ Prunus 5.) und den Wolligen Schneeball (→ Schneeball 2.).

Haubenmeise, die: → Meisen 3.

Haubennetzspinnen → Kugelspinnen.

Haubentaucher, der: → Lappentaucher 1.

Hauberge: auch Haubergswirtschaft, Haubergsbetrieb; in der Eifel und in Preußen Schiffelwirtschaft; → Waldbrandwirtschaft. Der früher in den H. betriebene → Waldfeldbau war eine andere Form der → Hackwaldwirtschaft mit längerer → Umtriebszeit und wurde hauptsächlich im südlichen Teil Westfalens, im Siegerland und im Dillkreis ausgeübt. Die H. (ca. 40 000 ha) dienten der Brennholzgewinnung und verdanken ihre Entstehung dem Vorkommen von Eisenerzen. Das Ende der H. begann v. a. mit dem Bau der Eisenbahn in das Ruhrgebiet in den Jahren 1860 bis 1862. Die Steinkohle ersetzte nunmehr die Holzkohle. Die H. lieferten früher Brennholz, das im Niederwaldbetrieb (anfangs Ei, Bu, Ha, Bi, Hbu, später überwiegend Ei) gewonnen und für die Verhüttung der Eisenerze benötigt wurde. War ein Teil der H. abgetrieben, wurde auf der Fläche ein Jahr lang Korn, meist Winterroggen, angebaut. H. waren genossenschaftlich genutzte → Niederwälder. Ihr Betrieb wurde bereits in uralten → Waldordnungen, später in → Forstordnungen und Haubergsordnungen geregelt. Für die heute noch vorhandenen 104 Haubergsgenossenschaften des Kreises Altenkirchen mit insgesamt 6516 ha (im Forstamtsbereich Kirchen) gilt z. B. immer noch die am 9.4.1890 von König Wilhelm von Preußen erlassene Haubergsordnung. Diese Haubergsgenossenschaften sind Körperschaften des öffentlichen Rechts: dem Regierungspräsidenten obliegt dabei die staatliche Oberaufsicht über die Verwaltung der H.
I. a. wurde jeder H. (sog. Haubergsmark) in 15 bis 18 Jahresschläge (entspricht der Umtriebszeit) eingeteilt und jeder Jahresschlag durch den H.-Vorsteher wiederum in so viele Teile oder „Jähne", als Genossenschaftsanteile vorhanden waren. Von den stehenden Bäumen (→ Eichenschälwald) wurde die → Lohrinde abgeschält, die kahlen Stämmchen anschließend gefällt und den Köhlern überlassen. Im Herbst erfolgte dann die Ansaat mit Winterroggen als einmalige landwirtschaftliche Nutzung. Vom dritten Jahr an wurden die Schläge mit Schafen (Ziegen waren untersagt) und vom sechsten Jahr an mit Großvieh (Hornvieh) beweidet. Daneben erfolgte auch noch eine → Waldstreunutzung (Besenpfrieme). Ab 1900 wurden die meisten der seit mindestens dem 15. Jh. üblichen H. in → Hochwald übergeführt; → Lohheckenwirtschaft.

Haubergsgenossenschaften → Hauberge.

Haubergskorn, das: → Rodebüsche.

Haubergswirtschaft, die: → Hauberge.

Häublinge (*Galerina*): Mit ca. 55 z. T. schwer bestimmbaren Arten vertretene Gatt. der Pilze aus der Fam. der Tintlingsartigen (*Coprinaceae*), die zur Ordn. der → Blätterpilze gehört. H. haben meist braune bis gelbliche Hüte und Stiele und gewöhnlich die Gestalt von → Helmlingen. Sie haben braune Sporen, der Haarschleier ist nur bei jungen Pilzen vorhanden. Die wichtigsten Arten sind:

Gifthäubling (*Galerina marginata*)

1. Gifthäubling, der (*Galerina marginata*): auch Gesäumter H., Nadelholz-H. Der wie der Knollenblätterpilz (→ Wulstlinge 6., 7. und 8.) das giftige → Amanitin enthaltende Pilz wächst von September bis November weit verbreitet und büschelig, aber auch einzeln an Nadelholz- und Laubholzstämmen. Der bis zu 4 cm breite Hut ist anfangs glockig-konvex, dann fast flach. Feucht ist er honigbraun und am Rand von den durchscheinenden → Lamellen gerieft; trocken ist er gelbbraun, kahl und glatt. Die dünnen, dicht stehenden Lamellen sind am Stiel breit angewachsen bis kurz herablaufend. Der bis zu 12 cm lange Stiel ist an der Spitze weiß bereift, abwärts flockig oder faserig und vom Grund her schwarzbraun verfärbend. Der weit oben ansitzende, häutige Ring ist schwach entwickelt und verschwindet bald. Das bräunliche Fleisch hat einen irreführenden deutlichen Mehlgeruch.

2. Mooshäubling, der (*Galerina hypnorum*): Der sehr häufige, ungenießbare Pilz wächst in Nadelwäldern zwischen Moos. Der kleine, bis zu 1 cm breite Hut ist dünnhäutig und kegelig-glockig. Die Huthaut ist feucht hell-honigbraun und gerieft, trocken gelbbraun. Die Lamellen sind blaß-rostbraun. Der dünne, lange Stiel mit bereifter Spitze ist hutfarben und weißlich faserig oder flockig.

3. Galerina badipes: Der auf modrigem Ndh, Holzresten und Zapfen wachsende Pilz hat einen bis ca. 2,5 cm breiten, feucht gelb-braunen, trocken hell-ockerfarbenen Hut der gewölbt bis etwas gebuckelt ist. Die Huthaut ist kahl, glatt und weit überstehend, der Hutrand gerieft. Die weit stehenden, hell-ockergelblichen Lamellen haben flockige Schneiden. Der dauerhafte, oberseits rostgelbe, unten weiße Ring ist bei jungen Pilzen aufsteigend, bei älteren häutig herabhängend.

Haue, die: → Pflanzhaue.

hauende Waldungen: alte Bez. für einen Laubwald, in dem nur Brennholz geschlagen und gelesen werden durfte; → Bauwaldungen.

Hauer, der: → Holzhauer 1), Waldhauer.

Haufen, der: altes Raummaß für Holz und Torf in Alt-Berlin: 1 H. Holz = 13,356 m^3; 1 H. Torf = 6000 Stück; in anderen Gegenden ein Brennholzstoß, der etwa vier → Klafter Holz enthielt.

Hauff → Wald in der Dichtung, Waldmärchen.

Haumeister, der: frühere Bez. für den heutigen Forstwirtschaftsmeister (→ Forstwirt). Der H. war seiner Stellung nach ein Vorarbeiter und hatte die Aufsicht über mehrere → Waldarbeiter.

Hauordnung, die: frühere, in den Forstbetrieben angewandte Bestimmungen über technische und formelle Durchführung des Fällungsbetriebes (Holzhauereibetriebes).

Hauptbaumart, die (Hauptholzart, Hauptwirtschaftsbaumart): die vorherrschende oder die im Bestand am meisten vorhandene Baumart, die das → (Forst-)Betriebsziel bestimmt. Sie bestimmt sowohl im Mischbestand als auch im

Hans Hausrath, ein Waldbauhistoriker, hat sich um die deutsche Wald- und Forstwirtschaftsgeschichte verdient gemacht.

Forstbetrieb das geeignetste Nutzungsalter, d. h. die → Umtriebszeit. Als H. gelten v. a. Fi, Kie, Ta, Lä, Bu, Ei, Ah und Es. In § 32 (1) BJagdG werden Wildschäden nur an den im Revier vorkommenden H., nicht dagegen an den Nicht-H., ersetzt. Eine verbindliche Definition hierfür gibt es nicht; → Mischbaumart.

Hauptbestand, der: Der H. wird von den herrschenden Stämmen (→ herrschende Holzart) gebildet, d. h. von jenen Stämmen, die den oberen Kronenschirm bilden, im Ggs. zu dem Nebenbestand, der die unterdrückten und überwachsenen, also die → beherrschten Bäume umfaßt. Auf dem H. liegt das waldbauliche und wirtschaftliche Schwergewicht.

Hauptgestelle: Als H. wurden früher die von Osten nach Westen verlaufenden holzfreien → Schneisen einer → Waldeinteilung bezeichnet, die zusammen mit den von Norden nach Süden verlaufenden Feuergestellen den Wald in Rechtecke oder Quadrate zerlegten.

Hauptholzart, die: → Hauptbaumart.

Haupthölzer: → geforstete Hölzer.

Hauptmerkbuch, das: → Revierchronik.

Hauptnutzung, die. → Endnutzung.

Hauptwald, der: → Waldgefügetypen.

Hauptwirtschaftsbaumart, die: → Hauptbaumart.

Hausbaum, der: auch Hofbaum. Bei einem Haus oder Gehöft gepflanzter Einzelbaum (auch mehrere Bäume), der als natürlicher Blitzableiter, als Windschutz, Schattenspender und auch als Wahrzeichen dient. Der H. ist besonders charakteristisch für Häuser und Höfe in Einöden und Weilern. Ein H. oder Hofbaum wurde häufig bei Hochzeiten, der Geburt eines Stammhalters oder sonstigen besonderen Anlässen gepflanzt (→ Gedenkbäume). Als H. bevorzugt werden Obstbäume, Nußbäume, Li (SLi) und Es, im Voralpenraum in höheren Lagen der BAh, im nordd. Tiefland Ei; → Dorfbaum.

Hausbock, der: → Bockkäfer 6.

Hauseule, Kleine,die: → Eulen A 6.

Hausfäule, die: → Holzfäule.

Hausmarder, der: → Marder 2.

Hauspäne → Span 1).

Hauspflaume, die: → Prunus 9.

Hausrath, Hans, Dr. (5.10.1866 Karlsruhe bis 29.8.1945 Freiburg i. Br.): H., an der Universität München Schüler von K. → Gayer, wurde 1899 Professor am Forstinstitut der TH Karlsruhe und lehrte von 1920 bis 1934 als Professor in Freiburg. H. befaßte sich hauptsächlich mit der Forstgeschichte und war ein bedeutender Waldbauhistoriker. Er schrieb u. a.: „Beitrag zur Geschichte der natürlichen Verjüngung in der Schirmschlagform. Eine historische Studie auf dem Gebiet des Waldbaues" (1891), „Forstgeschichte der rechtsrheinischen Theile des ehemaligen Bisthums Speyer" (1898), „Aus der Waldgeschichte des Schwarzwalds" (1938).

Hausschwamm, der (*Merulius (Serpula) lacrymans*): auch Echter H., Tränender H., Holzschwamm. Der zur Gatt. H., zur Fam. Warzenschwämme zählende → Ständerpilz zerstört durch enzymatischen Holzabbau verbautes Holz (Gebäudepilz). Er gehört zu den gefährlichsten pilzlichen Schädlingen und ist wegen seines geringen Wasserbedarfs besonders widerstandsfähig und schwer zu bekämpfen. Besonders häufig befallen wird verbautes Ndh (z. B. Gebälk der Häuser). Das → Myzel überzieht die Oberfläche des Holzes mit zunächst weißen oder rötlichen, später grauen, wolligen Pilzmassen, die die Zellulosewände auflösen. Dadurch verliert das Holz seine Tragkraft. Die Verbreitung des H. erfolgt meist durch Myzelstränge, die bleistift- bis fingerdick und mehrere Meter lang sein können. Die Myzelstränge können sich auch durch Ritzen und Mauerwerk verbreiten. In anhaltend feuchten und schlecht durchlüfteten Räumen ist die Gefahr des Befalls durch den H. besonders groß. Gerbstoffreiches Holz, z. B. Eichenkernholz, wird nicht befallen. Die Vorbeugung erfolgt durch Holzschutz. Bekämpfung hingegen ist nur durch Beseitigung des befallenen Holzes und Desinfektion der noch nicht befallenen Teile möglich. Auch das Mauerwerk, das mit dem Pilz in Berührung gekommen ist, muß desinfiziert werden.

Hausspitzmaus, die: → Spitzmäuse 6.

Hausstock, der: → Stockholz.

Hausstorch, der: → Störche 1.

Haustorien: Bez. für die Saugorgane (Saugwurzeln) der → Schmarotzerpflanzen, mit denen diese in die Wirtspflanzen eindringen und diesen Wasser und Nährstoffe entziehen.

Hautbaum, der: volkstümliche Bez. für Faulbaum; → Kreuzdorn 3.

Hautengerling, der: → Made der Hirschdasselfliege (→ Raupenfliege 1.); → Larve, Engerlinge.

Hautflügler (*Hymenoptera*): weltweit verbreitete Ordn. der Insekten mit weit über 100 000 Arten. Ihren Namen führen sie nach ihren häutigen aderarmen Vorder- und Hinterflügeln, die sie im Fluge zu einer Einheit vereinigen. Dabei greift eine Falte der ersteren unter eine Häkchenreihe der letzteren. H. sind unter den Insekten die einzige Gruppe, bei der ein Legerohr (Legestachel) ausgebildet wird, der bei einigen Arten zu einem Wehrstachel umgebildet sein kann. Das erste Hinterleibssegment ist mit dem dritten Brustsegment fest verschmolzen. Weitere Kennzeichen sind: Schreitbeine, Facettenaugen neben Punktaugen, beißende oder leckend-saugende Mundwerkzeuge und gut entwickelte Oberkiefer. Die Entwicklung führt über mehrere Larvenstadien und ein ruhendes Puppenstadium. Die Lebensweise der einzelnen Arten ist sehr unterschiedlich. Die → Larven sind entweder freilebende Pflanzenfresser oder werden durch eine besondere → Brutpflege gefüttert (→ Ameisen, → Bienen). Die Larven verpuppen sich meist in einem selbstgesponnenen Kokon. Manche H. sind gelegentlich Räuber; meist ernähren sie sich jedoch von Pflanzensäften, Nektar oder Blütenstaub. Gegenwärtig untergliedern sich die H. in die beiden Unterordnungen Pflanzenwespen und Taillenwespen.

▸▸▸ Die Hornisse, ein wichtiger Räuber im Ökosystem Wald

Hautgewebe, das: → Abschlußgewebe.

Hauung, die: svw. → Hieb.

Hauungsart, die: → Hiebsart.

Hauungsplan, der: → Fällungsplan.

Havelland, das: Gebiet im Bezirk Potsdam. Kennzeichnend sind moorige Niederungen wie das Havelländische Luch (→ Moor), überschwemmungsgefährdete Talsandflächen wie oberhalb der Stadt Brandenburg, Binnendünenfelder wie im Kremmener Forst (v. a. Kiefernwälder), inselhafte Grundmoränenflächen wie die Nauener Platte oder das Rhinower Ländchen und isolierte Endmoränenkuppen (v. a. Mischwälder) wie der Wietkiekenberg bei Ferch (126 m über dem Meer).

Hayholtz, das: alte lokale Bez. (Sechsämterland) für gehegten Wald; → Gehege 1).

Hazzi, Joseph von (12.2.1768 Abensberg/Niederbayern bis 21.5.1845 Oelkofen/Oberbayern): H., ursprünglich Jurist und später → Kameralist, beschäftigte sich mit der Landeskultur in Bayern. Neben Montgelas befürwortete er 1802 den Verkauf von 4000 ha zersplitterten Staatswaldes, der versteigert und von den Bauern gerodet werden sollte. Bis Ende 1803 wurden daraufhin 4340 ha Staatswald verkauft. Seine Gedanken legte er nieder in dem Werk: „Die echten Ansichten der Waldungen und Förste ... usw." (2 Bde. 1805).

HB: Kurzzeichen für Hainbuche nach DIN 4076.

H/D-Wert, der (Schlankheitsgrad): Dieser Wert bezeichnet das Verhältnis von → Baumhöhe (H) zu → Brusthöhendurchmesser (D) (z. B. bei 25 m Höhe und einem Brusthöhendurchmesser von 28 cm = 25 : 0,28 = 89). Er beschreibt direkt die Stammform und gibt einen Anhalt für die Gefährung durch → Windwurf und v. a. → Schneebruch. Zwischen dem H. und individueller Stabilität gibt es einen Zusammenhang. Bei H/D-Werten von über 100 ist mit Verlusten der individuellen → Stabilität zu rechnen. Solche, mit Werten < 70, gelten als stabil. Der H. ist von der Art der → Bestand(e)sbegründung, dem Alter (→ Altersbestimmung der Bäume, → Baumalter) und der → Bestand(e)sdichte abhängig. In stammzahlreichen Beständen forcieren die Bäume ihr Höhenwachstum zu Lasten des Dickenwachstums; die Relation H : D wird ungünstig. Weitständig begründete und intensiv gepflegte Bestände haben günstigere H. und sind stabiler, aber abholziger; → Durchforstung, Solitär, abholzig.

Hebebaum, der: auch Hebeknittel. starke Stange, die zum Aufheben und Umwälzen von Stämmen oder schweren Lasten dient.

Hebehaken: Hilfswerkzeuge (Vorlieferhilfen beim Rücken), die zum Anheben der Stämme dienen und auch als Wendehaken zum Drehen des Schwachholzes verwendet werden können. Die ca. 200 bis 400 g schweren Haken haben einen Griff aus Thermoplast oder Holz und können in Rohrfällheber (Fällhilfen) eingehängt werden. Ähnlich konstruiert ist auch der ca. 600 g schwere Stahl-Packhaken, der zum Aufsetzen von → Schichtholz verwendet wird; → Handpackzangen.

Hebeknittel, der: → Hebebaum.

Hebezangen → Handpackzangen.

Hechel, die: Instrument, mit dem Flachsfasern von den Holzteilen der Rinde befreit wurden; die Fasern wurden gehechelt.

Hechtrose, die: → Rosen 14.

Heckdorn, der: → Weißdorn 2.

Hecken und Gebüsche (*Prunetalia spinosa*): auch Waldmantelgebüsche. Ordn. der → Europäischen Fallaubwälder (*Querco-Fagetea*). Nach den vorkommenden Baum- und Straucharten sind verschiedene natürliche pflanzensoziologische Verbände zu unterscheiden. In den wärmeliebenden Gesträuchen, Berberitzen-Gebüschen (*Berberidion*), sind Berberitze, Liguster, Gemeine Felsenbirne, Felsenkirsche, Wolliger Schneeball und Filzige Zwergmispel vorherrschend. Sie befinden sich vorwiegend auf sommerwarmen, trockenen bis feuchten, nährstoffarmen bis nährstoffreichen, steinigen oder lehmigen Standorten. Für die kontinentalen Lehmbodengesträuche oder Zwergkirschen-Gesträuche (*Prunion fruticosae*) sind v. a. Zwergkirsche und Waldwindröschen charakteristisch. Subatlantische brombeerreiche Gebüsche oder Brombeer-Gebüsche (*Pruno-Rubion fruticosi*) sind v. a. auf kalkarmen Böden anzutreffen. Für die Pflanzen der H. u. G. sind Widerstandsfähigkeit und hohes Lichtangebot wichtiger als Boden- und Klimaverhältnisse. Sie treten daher in unterschiedlicher Zusammensetzung auf. Hecken sind zudem auffällige, anthropogene Bestandteile der → Kulturlandschaft und bestehen aus Sträuchern, wie z. B. Weißdorn, Schwarzdorn und Wildrose, mit eingestreuten, lichtbedürftigen Bäumen, die meist nicht ihre volle Höhe erreichen. Krautiger Unterwuchs fehlt i. d. R. gänzlich. Ihre Einzelglieder sind hauptsächlich band- bzw. streifenartig angeordnet. H. können Felder und Weiden begrenzen, Feldwege beiderseits begleiten oder sich auch mehr flächenhaft auf Brachland entwickeln. Ihre Entstehung verdanken sie meist der Anpflanzung zur Erfüllung bestimmterAufgaben, wie Abgrenzung, Windschutz, Vogelschutz, einer Duldung auf nicht mehr bewirtschafteten Flächen, einer Förderung auf Ackerrainen, Lesesteinhaufen oder Ödflächen. Um ihre Form zu behalten und eine gewünschte Funktion erfüllen zu können, müssen sie regelmäßig gepflegt, beschnitten, ergänzt und v. a. verjüngt werden, wie beispielsweise durch das → Auf-den-Stock-Setzen. Wird die H. nicht gepflegt etc., entwickelt sie sich zum → Gehölz. Ferner sollte – besonders bei Neuanpflanzungen – darauf geachtet werden, daß zwischen H. und bewirtschaftetem Feld 1 bis 2 m breite Randstreifen nicht genutzt werden, damit sich Staudensäume bilden können, die pflanzen- und tierökologisch wertvoll sind. Die H. gehört zu den sekundären → Biotopen, worunter man vom Menschen erst geschaffene oder zumindest stark beeinflußte Biotope versteht. Sie spielen eine bedeutsame Rolle im Haushalt der Natur, leisten einen Beitrag zur Vernetzung von Biotopen (→ Biotopverbund) und verringern die Gefahr des Bodenabtrags (→ Bodenerosion) durch Wasser und Wind. Sie bieten auch Nistgelegenheit, Deckung, Schlafplätze, Unterschlupf und Überwinterungsplätze für eine artenreiche Tierwelt, ferner Ansitzplätze für räuberisch lebende Arten, Rückzugsplätze bei Störungen im Umland und sind zudem Nahrungsquelle und Nahrungsreservoir. H. bieten dem Wild Schutz, Deckung und Nahrung. Von Hermelin, Mauswiesel und Marder werden sie bevorzugt aufgesucht. Die Randbereiche kleinerer isolierter Feld- und Flurhecken werden z. B. vom Rebhuhn bevorzugt. Auf H.-Landschaften sind auch die sog. „Buschbrüter" unter den einheimischen Brutvogelarten angewiesen, wie z. B. Dorngrasmücke, der Feldschwirl, die Goldammer und der Neuntöter. Vom heimischen Brutvogelbestand werden als Nistplatz H. im Alter vom fünf bis 20 Jahren bevorzugt. Bis zu 1800 Tierarten – zum größten Teil Insekten – wurden in einer H. gezählt. Viele dieser Tierarten sind für die biologische Schädlingsbekämpfung von großer Bedeutung. Zahlreiche „Klein-H." im Abstand von weniger als 10 m sind hinsichtlich der Nutzung als Nistplatz und hinsichtlich der Artenvielfalt (→ Diversität) bedeutend günstiger. Wieder angelegte „Großhecken" können in einer „ausgeräumten" Landschaft den Verlust einer gut strukturierten H.-Landschaft nicht ausgleichen. H., wurden früher i. d. R. wie der → Niederwald bewirtschaftet, d. h. alle fünf bis 15 Jahre genutzt (abgeschlagen); → Wald, Feldgehölz, Knicks, Wehrhecken.

Heckenberberitze, die: → Sauerdorn.

Hecken und Gebüsche müssen, um ihre Form zu behalten und eine gewünschte Funktion erfüllen zu können, regelmäßig gepflegt werden.

Heckenbraunelle, die (*Prunella modularis* L.): Fam. Braunellen (*Prunellidae*). Länge: 15 cm, Gewicht: um 20 g.
Mit Ausnahme des äußersten Nordens und Südens kommt die H. in ganz Europa vor. Sie bewohnt Misch- und Nadelwälder, hauptsächlich Schonungen, auch Hecken, Gärten, Gebüsch, Parkanlagen und Friedhöfe. Sie lebt sehr versteckt. Zug- und Standvogel, der vereinzelt bei uns überwintert, z. T. aber in den Mittelmeerraum zieht.
Das napfförmige Nest wird in dichten Büschen und Hecken, mit Vorliebe in Jungfichten, in Reisighaufen und auch auf dem Boden errichtet. Es steht jedoch selten höher als 1,5 m. Das Gelege besteht aus vier bis sechs blaugrünen Eiern (19,9 x 14,7 mm, 2,0 g). Brutdauer: 12

Wacholderheide

bis 14 Tage, Nestlingszeit: 11 bis 14 Tage. Meist zwei Jahresbruten (April bis Juni/Juli). Zuweilen Kuckuckswirt.
Nahrung: Kleine Insekten und deren Larven, Webspinnen und kleine Schnecken sowie Sämereien.
Heckenbuche, die: alte, volkstümliche Bez. für die → Hainbuche.
Heckenfrosch, der: → Europäischer Laubfrosch.
Hecken-Kälberkropf, der: → Kälberkropf 3.
Heckenkirsche, die: → Geißblatt.
Heckenpflanzen: alle → Holzgewächse, die einen Schnitt gut vertragen und leicht aus schlafenden Augen (→ Adventivknospen) austreiben und daher besonders für die Bildung von → Hecken geeignet sind. Zu den H. gehören insbesondere Liguster, Schlehe, Hbu, Weißdorn, Fi, Eib, Hemlock(s)tanne und Thuja.
Heckenrose, die: → Rosen 9.
Heckenrosenweide, die: → Weiden 20.
Heckenweißling, der: → Weißlinge 1.
Hecksame, der: → Stechginster.
Hedera → Efeu.
Heermännchen, das: → Wiesel 2.
Heerschnepfe, die: → Schnepfenvögel 2.
Heerwurm, der: Die nackten → Larven der Heerwurm-Trauermücken (→ Pilzmücken) vereinigen sich gelegentlich auf dem Waldboden zu riesigen Wanderscharen. Eine solche Ansammlung (Zug) wird H. genannt.
Heerwurm-Trauermücke, die: → Pilzmücken.
Hege, die: **1**) auch Schonung. eine früher an vielen Orten übliche Bez. für geschützte (geschonte) Waldteile, in denen → Waldweide und → Grasnutzung, gelegentlich auch das Betreten durch Menschen, untersagt war. Meist handelt es sich hierbei um → Kulturen und → Verjüngungen, die häufig durch Gräben (Hege- oder Schonungsgräben), Wälle oder Hecken geschützt waren. **2**) Maßnahmen des Jägers zum Schutz und zur Pflege des Wildes und dessen Lebensraum, zu denen er gesetzlich verpflichtet ist.
Hegebusch, der: ein weitgehend aus Dornsträuchern bestehendes → Feldgehölz mit einer gewissen Breite, das sich in eine Saum-, Rand-, Zwischen- und Innenzone gliedern läßt. Letztere besteht aus Laub- und Nadelbäumen. Der H. dient v. a. in der ausgeräumten Agrarlandschaft als „Hegeinsel“ der Niederwildhege.
Hegeheister, der: Hegeholz, Hägeholz, Hegung, Zuschlag. früher Bez. für einen geschonten, d. h. vor Viehverbiß und Hieb geschützten → Heister bzw. Bestand; → Hege, fähriges Holz, Gehau(e).
Hegeholz, das: → Hegeheister.
Hegemeister, der: in der früheren preußischen Staatsforstverwaltung ein Titel für ältere → Förster. Der H. trug einen goldenen Stern auf den Achselstücken der Uniform.
Heger → Forstschutzpersonal.
Heger, Anton, Prof. Dr. (1887 Neu-Würben, Kreis Titschin bis 1964 Tharandt): H. studierte an der Hochschule für Bodenkultur in Wien und legte 1912 in Troppau die Große Staatsprüfung ab; Promotion 1938 in Wien. Nach verschiedenen Verwendungen war er von 1920 bis 1940 Leiter (Oberforstrat) des Stadtforstamtes Komotau. Dort führte er die von ihm entwickelte Vorratswirtschaft ein. Ab 1936 war H. Honorardozent an der Landwirtschaftlichen Abteilung der Prager Deutschen Technischen Hochschule in Tetschen-Liebwerd. Ab 1940 kommissarischer Leiter des Instituts für Ertragskunde und Betriebswirtschaft, ab 1941 Ordentlicher Professor in → Tharandt. Wegen Zugehörigkeit zur NSDAP war H. 1945 Waldarbeiter, von 1946 bis 1952 Lehrer an der neugegründeten Forstfachschule in Tharandt, ab 1950 wieder Prof. in Tharandt, ab 1952 Ordentliches Mitglied der Akademie der Landwirtschaftswissenschaften in Berlin. H. war ein bekannter Vertreter eines ökologisch orientierten Waldbaus in Mitteleuropa. Von ihm erschienen zahlreiche Veröffentlichungen.
Hegereitel → Bannraidel.
Hegereiter, der: auch Hägereiter. frühere Bez. für einen berittenen → Forstaufseher, dem Range nach – je nach Gegend – zwischen → Förster und Oberförster stehend.
Hegesäule, die: → Hegezeichen.
Hegeschlag, der: → Hegewald.
Hegestange, die: → Hegezeichen.
Hegewald, der: auch Hegeschlag. alte Bez. für einen Waldteil oder → Schlag, der sich in → Hege oder → Schonung befand, d. h. in dem keine Bäume gefällt werden durften.
Hegezeichen: frühere Warnzeichen (Bannzeichen), mit denen Waldteile (→ Hege, Hegeheister), in denen Mast-, Weide- und Grasnutzung etc. bei Strafe verboten war, kenntlich gemacht wurden. In Süddtschl. galt allg. ein Strohwisch (Hegewisch), auf einen Stock gesteckt, als H.; in Norddtschl. verwendete man überwiegend Tafeln mit der Aufschrift „Schonung“ bzw. Hegesäulen (Hegestangen).
Hegreiser, die: alte Bez. für → Laßreiser.
Hegung, die: → Hegeheister.
Heide, die: **1**) Volkstümlich bedeutet H. Land, das untauglich zum Anbau ist (früher wurde die H. auch mit „wüster Landstrich“ umschrieben). Im Mittelalter verstand man unter H. das unbebaute Land, das als Allmende (→ Markgenossenschaft) neben Wiese, Weide, Wald und Wasser zur Gemarkung gehörte. Heute wird unter H. ein baumfreies Gebiet auf sandigem Boden mit einer Vegetation von → Zwergsträuchern, vorwiegend → Heidekrautgewächsen im ozeanischen Bereich verstanden. Die südd. H. bilden sog. → Steppenheiden (Fels-H.) und Trockenrasen; die nordd. H. hingegen sind von kiefernreichen Wäldern durchsetzt. Die nordwestdeutschen H. (Zwergstrauch-H.) entstanden aus Birken-Eichenwäldern auf den ärmsten, aus Eichen-Hainbuchen-Buchenwälder auf den reicheren, frischeren Standorten. Auf grundwasserfreien Sandböden Nordwestdtschl. führt das Abholzen des Birken-Eichenwaldes zu Zwergstrauch-H., die ihrerseits zum Wacholderheidenstadium verbuschen können, wie die Lüneburger H. zeigt.
Die Zwergstrauch-H. hat ihre typische Ausprägung auf nährstoffarmen sauren Böden im atlantischen Klimagebiet, in Dtschl. v. a. im Nordwesten, wo sie sich hauptsächlich aus Beständen des Heidekrautes, der Glocken-H. und der Krähenbeere zusammensetzt. Hinzu kommen noch einige Ginsterarten, Gräser, Flechten und Moose. Häufig gesellen sich den Zwergsträuchern der verbißunempfindliche Wacholder und Besenginster zu, wodurch die H. allerdings den Charakter der reinen Zwergstrauch-H. verliert. Die Nutzung der Zwergstrauch-H. geschieht durch Beweidung, Heide- oder Plaggenhieb und als Bienenweide. Erfolgt eine Beweidung durch Schafe, kann sich dieses Stadium lange halten. Unterbleibt eine Beweidung, werden sich die Zwergstrauch-H. mit Kie bedecken und nach längerer Zeit wieder in den ursprünglichen Eichen-Birkenwald zurückschwingen.
2) in der früheren Schreibweise „Haide“; auch veralteter Ausdruck für → Forst (Holzhaide), davon abgeleitet „Haidereiter“ bzw. „Heidereiter“ (→ Überreiter), „Haideläufer“ (→ Heideläufer); → Heidevogt.
3) H.-Kraut (*Calluna*). Gatt. der → Heidekrautgewächse; → Heidekraut.

Heideeiche, die: lokale Bez. für TrEi; → Eichen 2.
Heide, Fleischrote, die: → Erika 1.
Heide, Graue, die: → Erika 3.
Heidegagelstrauch, der: → Gagelstrauch.
Heideginster, der: → Ginster 1.
Heide-Günsel, der: → Günsel 2.
Heidehieb, der (Plaggenhieb): frühere Art der Gewinnung von mit → Heide bewachsener → Plaggen zur Einstreu.
Heidekiefernwald, der: → Kiefernwald.
Heidekrankheit, die: Das Phänomen H. wurde 1831 erstmals geschildert. Aufgrund von eigenen Beobachtungen beschrieb sie → Rebel 1921 eingehend als Kümmern und Krüppelwuchs junger Kie auf armen mit → Heide besiedelten Standorten. Allein schon durch ihr dichtes Wurzelwerk mit verfilzten Feinwurzeln, die Verdämmung und durch den sauren Rohhumus der unter → Heidekraut entsteht, ist diese Pflanze bei massenhaftem Auftreten ein Kulturhindernis. Sie enthält dem Unterboden Wasser und Luft vor. Aber auch durch allelopathische Wirkungen (→ Allelopathie) beeinflußt das Heidekraut andere Pflanzen. Auf schottischen Mooren mißlang deshalb die Aufforstung mit SFi. Erst nach Entfernung des Heidekrauts gelang die Kultur. Auf Kie ist die Wirkung des Heidekrauts offensichtlich geringer. Rebel schilderte die H. als nur auf ärmsten Böden vorkommend. Nach seinen Beobachtungen ging die H. nach Aufkommen des Zypressenmooses in der Heide zurück. In Schottland beobachtete man, daß die Fi in Gesellschaft von Heidekraut besser wuchs, wenn gleichzeitig Kie anwesend war. Die H. hat offensichtlich komplexe Ursachen. Als Gegenmaßnahmen haben sich bewährt: den Boden heidefrei halten durch Beschirmung mit Stro, Lä, Bi, Er, Rob, Ginster, Lupinen oder auch Sträucher, durch Beimischung von diesen Baumarten, durch Bodenbearbeitung, durch Düngung mit mineralischen oder organischen Düngern, durch Beisaat von Lupine oder Ginster, durch Bodenbearbeitung. Auch die Verbesserung des Wasserhaushaltes zeigte positive Wirkungen. Durch den Stickstoffeintrag aus der Luft, durch jahrzehntelange Bemühungen, Mischwald zu begründen, die Einstellung der Streunutzung (→ Waldstreunutzung) und aufgrund betriebswirtschaftlicher Überlegungen (geringe Bonitäten auf diesen Standorten) ist die H. heute kein aktuelles Problem mehr. Die ohnehin geschwundenen Heidekrautvorkommen werden auch aus landeskulturellen Gründen nicht mehr kategorisch bekämpft.
Heidekraut, das (*Calluna*): auch Besenheide. Gatt. der → Heidekrautgewächse mit nur einer einzigen Art:
Heidekraut, das (*Calluna vulgaris*): auch Besenheide. Das H. ist ein immergrüner, niederliegender bis aufsteigender Zwergstrauch von 20 bis 100 cm. Das in Massen auftretende Gewächs ist ein Magerkeitsanzeiger (→ Bodenanzeiger) und bevorzugt Moor- und Sandböden. Es findet sich auch in trockenen und lichten Eichen- und Kiefernwäldern, auf Mooren, in west- und mitteleuropäischen Eichen-Birkenwäldern und Zwergstrauchheiden, Borsten-Rasen u. Ginsterheiden (Klassen → Charakterart), bis in Höhen von 2500 m. Die nadelförmigen kreuzweise gegenständigen (→ Blattstellung) Blätter sind im Sommer dunkelgrün, im Winter braunrot. Die hellvioletten Blüten (Juli bis Oktober) stehen in einseitswendigen Trauben (→ Blütenstand). Die Blumenkrone ist fleischrot, selten weiß, tief vierspaltig und viel kürzer als der Kelch. Die zäh-elastischen H.-Pflanzen werden zu Besen verarbeitet; aus den holzigen Wurzeln werden Pfeifen und Wurzelschnitzereien hergestellt. Die blühenden Sproßspitzen enthalten Flavonglykoside, Gerbstoffe, organische Säuren, Arbutin, Carotin und Stärke. H. wird bei Blasenentzündung angewandt und wirkt harntreibend. Daneben wirkt es unterstützend bei Krankheiten des rheumatischen Formenkreises. In Norddtschl. wird heute noch das H. in Abständen von vier bis acht Jahren abgestochen. Die gewonnenen → Plaggen dienen als Streu für die Viehställe; früher wurden auch die Hausdächer damit gedeckt. Die Blüten des H. sind auch eine gute → Bienenweide. Das H. kann bis etwa 40 Jahre alt werden und wird in vielen Gartenformen kultiviert.

Die Beeren der Blaubeere sind ein sehr geschätztes Wildobst (links).

Die Früchte der Moosbeere enthalten reichlich Vitamin C (rechts).

Heidekrautgewächse (*Ericaceae*): auch Erikagewächse. eine weltweit verbreitete Pflanzen-Fam. mit über 2500 Arten in 82 Gatt. H. sind überwiegend Zwergsträucher mit ungeteilten, meist immergrünen, nadel- oder schuppenförmigen Blättern. Sie haben Kapsel- oder Beerenfrüchte. Die wichtigsten Gatt. sind: → Heidekraut, → Erika, → Heidelbeere, → Bärentraube, → Alpenrose, → Porst, → Rosmarinheide, → Alpenheide.

◂◂ Das Heidekraut ist die Charakterpflanze der Heidelandschaft.

Heideläufer, der: frühere Bez. für → Förster und Forsthüter; → Heide 2), Forstknecht, Überreiter.
Heidelbeerblättrige Weide, die: → Weiden 13.
Heidelbeere, die (*Vaccinium*): rund 150 Arten in Europa, Nordamerika und Nordasien umfassende Gatt. der → Heidekrautgewächse, seit dem Oligozän (→ Erdzeitalter) bekannt. Es handelt sich um sommergrüne, teilweise immergrüne, → Sträucher und → Halbsträucher, Pflanzen der Berge, Wälder, saurer Moore und Sümpfe mit kleinen, einfachen Blättern und glockenförmigen Blüten und vielfach eßbaren Früchten. Die wichtigsten Arten sind:
1. Blaubeere, die (*Vaccinium myrtillus*): auch Heidel-, Aigel-, Bick(el)-, Mirten- oder Mostbeere, Mostbir, Besinge, Sibber, Roß-, Schwarz-, Staudel-, Tau-, Waldbeere.
Die B. wächst in ganz Mittel- und Nordeuropa, im Süden nur in den Gebirgen. Sie liebt lockere, feuchte und saure Böden (besonders Sandböden) und wächst in Hochmooren, Moor- und Bergheiden, in lichten, artenarmen Laub- und Nadelwäldern, besonders west- und mitteleuropäischen Eichen-Birkenwäldern, Hainsimsen-Buchenwäldern. Sie ist eine schwache Ordnungs → Charakterart der boreal-alpinen Nadelwälder und subalpin-alpinen Zwergstrauch-Gesellschaften. In den Alpen kommt sie in Gebirgs-Fichtenwäldern noch in 2700 m Höhe vor (Zwergstrauchregion).
Merkmale: Der langsam wachsende, sommergrüne Zwergstrauch wird bis zu 50 cm hoch. Die Zweige sind reich verästelt, grün, kahl und dreikantig. Die kurzgestielten, hellgrünen Blätter sind wechselständig angeordnet (→ Blattstellung), von länglich-eiförmiger Gestalt mit fein gesägtem Rand. Sie verfärben sich im Herbst orangefarben. Die nickenden, vier- oder fünfzähligen hellgrünen, rötlich überlaufenen oder rosa Blüten sitzen meist einzeln in den Blattachseln. BZ: Mai/Juni. Die erbsengroßen Beeren reifen im Juli. Die reifen Beeren

sind blauschwarz, bereift, haben einen roten Saft und braune, halbmondförmige Samen. In verschiedenen Gegenden kommt dem Sammeln der H. (und auch der Preiselbeere) eine gewisse wirtschaftliche Bedeutung zu. Die Beeren finden roh oder gekocht als Kuchenbelag Verwendung, werden eingemacht oder zu Marmelade, Heidelbeergeist u. a. verarbeitet. Die getrockneten Beeren und der Heidelbeergeist sind wegen des hohen Gerbstoffgehaltes ein gutes Mittel gegen Durchfall. Besonders wirksam ist der Heidelbeergeist, wenn er mit Nelken und Zimt erhitzt als Heidelbeerglühwein getrunken wird.

2. Preiselbeere, die (*Vaccinium vitis-idaea*): auch Graslets-, Krack-, Krans- oder Kronsbeere, Krackbesien, Jagabeer, Totenkraut, Granken, Pumbl, Zwengerling.

Die Preiselbeere ist eine wertvolle Wildfrucht.

Die über ganz Nord- und Mitteleuropa, im Süden bis zum nördlichen Apennin, bis Albanien und Bulgarien verbreitete P. wächst in sonnigen Lagen auf sauren Böden, in Bergheiden und Mooren, in lichten Nadelwäldern (meist Kiefern- und Fichtenwäldern), auf Heide- und Moorböden, im alpinen Zwergstrauch-Gestrüpp und in Eichenwäldern. Sie ist die Ordnungs-Charakterart der boreal-alpinen Nadelwälder und subalpin-alpinen Zwergstrauch-Gesellschaften und die → Differentialart in ostmitteleuropäisch-subkontinentalen Eichen-Trockenwäldern sowie in Schneeheide-Kiefernwäldern und Alpenrosen-Latschengebüschen. In den Alpen kommt sie noch in 3000 m Höhe vor.

Merkmale: Der immergrüne, aufrechte und nur spärlich verzweigte Zwergstrauch wird nur 10 bis 30 cm hoch. Die kurzen, büscheligen Stengel entspringen den unterirdisch kriechenden, nur schuppig beblätterten Trieben. Die oberseits glänzend dunkelgrünen, unterseits etwas helleren und dunkel punktierten Blätter sind wechselständig, kurzgestielt, am Rande etwas zurückgerollt und ähneln denen des Buchsbaumes. Die kleinen Blüten sind vier- oder fünfzählig, von weißer oder rötlicher Farbe und hängen meist in vielblütigen, gedrängten, nickenden und endständigen Trauben (→ Blütenstand). BZ: Mai bis Juli. Die scharlachroten Beeren reifen im August/September. Sie ähneln einer kleinen Kirsche und enthalten rotbraune, halbmondförmige Samen. Die Beeren schmecken etwas säuerlich, mehlig und liefern ein schmackhaftes, haltbares Kompott. Sie sind eine beliebte Zugabe bei Wildgerichten. Die Blätter der P. werden zu Teeaufgüssen verwendet und sind ein harntreibendes Mittel. In größerer Menge sind sie allerdings giftg.

3. Rauschbeere, die (*Vaccinium uliginosum*): auch Moor-, Moos-, Krähen-, Sumpfheidel-, Trunkel-, Schwindel- und Tollbeere.

Die R. ist über Nord- und Mitteleuropa, im Süden bis zur Sierra Nevada, dem nördlichen Apennin, bis Albanien und Bulgarien verbreitet. Sie ist ein Eiszeitrelikt und wächst hauptsächlich auf sauren Böden, auf Torfmooren, besonders Kiefern- und Birkenmooren (Moorwäldern), in Legföhren- und subalpinen Zwergstauch-Gestrüppen.

Die R. ist eine überregionale Ordnungs-Charakterart der boreal-alpinen Nadelwälder und subalpin-alpinen Zwergstrauch-Gesellschaften. Sie kommt von der Ebene bis über 3000 m Höhe vor, meidet aber sonnige Südhänge.

Merkmale: Der sommergrüne, bis 75 cm, an manchen Orten bis 100 cm hoch werdende Kleinstrauch mit Wurzelpilz hat braune, runde Zweige, die denen der Heidelbeere ähneln. Die wechselständig angeordneten Blätter sind kurzgestielt, eiförmig bis länglich, oberseits dunkelgrün und unterseits blauweiß. Die kleinen Blüten sind weiß oder rosa, vierzählig und sitzen in wenigblütigen, endständigen Trauben. Die langen Blütenstiele sind behaart und am Grunde von braunroten Knospenhüllblättern umgeben. BZ: Mai bis Juli, die Früchte reifen im August. Die etwa 8 mm große, kugelige oder birnenförmige Beere ist blau bereift und hat einen süßlich schmeckenden, farblosen Saft. Der Same ist hellbraun. Obwohl sie immer wieder als giftverdächtig bezeichnet wird, konnte kein Giftstoff in ihr nachgewiesen werden. Sie kann gesammelt und unbeschadet gegessen werden, soll jedoch manchmal rauschartige Zustände (Name!) hervorrufen.

Die vorherrschende Sippe der R. ist *die V. c. ssp. uliginosum, V. c. ssp. pubescens*, die v. a. in subalpinen Zwergstrauch-Gestüppen vorkommt.

4. Moosbeere, die (*Vaccinium oxycoccus* = *Oxycoccus*-Artengruppe): Die M. sind über Mittel- und Nordeuropa, im Süden bis Norditalien verbreitet. Sie wachsen auf moorigen Böden und kommen in den Alpen bis 1400 m Höhe vor.

Die **Kleinfrüchtige M.** oder Sumpfmoosbeere (*Oxycoccus microcarpus*) wächst in braunen Torfmoospolstern und auf Hochmoorbülten, die **Gewöhnliche M.** (*Oxycoccus palustris*) auf Hochmoorbülten, in Zwischenmooren, auf Torfmoospolstern und die **Großfrüchtige M.** (*Oxycoccus macrocarpon*) in Hochmooren.

Merkmale: Der immergrüne, niederliegende Zwergstrauch hat weit im Moos kriechende, bis 80 cm lange, fadenförmige und verholzende Zweige. Die kleinen, eiförmigen Blätter sind wechselständig, oberseits dunkelgrün glänzend, unterseits aschgrau, am Rande eingerollt. Die Blüten sind vierzählig, nickend, karminrosa und stehen in wenigblütigen, endständigen Trauben. Die Blütenstiele sind sehr lang, dünn und rötlich behaart. In der Mitte des Stiels befinden sich zwei Deckblättchen. BZ: Mai bis Juni. Die Früchte reifen im Sommer und Herbst. Die rote Beere ist kugelig bis birnenförmig und befindet sich auf einem niederliegenden Stiel. Die Früchte werden im Frühjahr nach den Frösten gesammelt.

Heidelbeere, Spanische, die: die Immergrüne → Beerentraube.

Heidelbeerkiefernwald, der: → Kiefernwald.

Heidelbeerweide, die: → Weiden 13.

Heidelerche, die: → Lerchen.

Heidemiete, die: frühere, in Norddtschl. erteilte Erlaubnis oder Berechtigung, während einer bestimmten Zeit (meist ein Jahr lang) unentgeltlich oder gegen geringe Abgabe (anfangs Naturalien, später Geld, z. B. in Preußen ab 1720) Raff- und → Leseholz (auch trockene Stämme; → Dürrständer) aus dem Wald holen zu dürfen. Man nannte diese Tätigkeit „Einmieten", die Naturalabgabe „Miet(h)-Hafer", die Geldabgabe „Einmietegeld".

Heidemyrte, die: → Gagelstrauch.

Heidenachtigall, die: → Lerchen.

Heide-Nelke, die: → Nelke 1.

Heidereiter → Überreiter, Förster.

Heideröschen, das: → Seidelbast 3.

Heiderose, die: → Rosen 10.

Heidevogt, der: frühere, v. a. in Niedersachsen übliche Bez. für einen Beamten, dem die → Forstaufsicht oblag.

Heidewacholder, der: → Wacholder 1.

Heidnisch Wundkraut, das: → Goldrute 1.

Heilandsbrot, das: → Nelkenwurz 2.

Heilbetonie, die: → Ziest 1.

Heilbronner Sortierung, die: Für das → Stammholz der Fi, Ta und Dgl wird im südd. Raum (Bayern, Baden-Württemberg, Rheinland-Pfalz, teilweise in Hessen, jedoch nicht im Staatswald, Körperschaftswald und im staatlich beförsterten Privatwald) an Stelle der → Mittenstärkensortierung die H. S. angewandt. Das Stammholz (Stämme und Stammteile) wird auf ganze Meter abgelängt und nach Mindestlänge und Mindestzopfdurchmesser (→ Zopf) ohne Rinde, gemessen bei der vorgeschriebenen Mindestlänge, in folgende Stärkeklassen eingeteilt:

Heilbronner Sortierung

Klasse	Mindestlänge	Mindestzopfdurchmesser ohne Rinde
H 1	8 m	10 cm
H 2	10 m	12 cm
H 3	14 m	14 cm
H 4	16 m	17 cm
H 5	18 m	22 cm
H 6	18 m	30 cm

Für → Langholz der Klassen H 1 mit H 6 wird i. d. R. auf → Gütesortierung verzichtet. Langholz H. S. soll jedoch – von geringen Fehlern abgesehen – gesund sein und im unteren Stammteil Durchschnittsqualität aufweisen. Stämme und Stammteile, welche die Anforderungen (Dimension oder Güte) der H. S. nicht erreichen, werden nach der Mittenstärkensortierung sortiert, auch wenn das Stammholz sonst nach der H. S. eingeteilt wird. Diese

Stammteile (= „Abschnitte") werden mit HL gekennzeichnet. Das Stammholz kann über den angegebenen Mindestzopfdurchmesser hinaus in größeren Längen ausgehalten werden (Draufholz), jedoch darf dabei nicht die Zopfstärke der nächstniederen Klasse unterschritten werden. Die H. S. entstand vor etwa 500 Jahren auf dem Heilbronner-Mannheimer Markt beim Wassertransport von Nadellangholz auf dem Rhein, Neckar und Main.

Heildolde, die: → Sanikel.

Heilhäupt, die: → Zeitlose.

Heiligabendholz, das: früher übliche Holzabgabe zu Heiligabend.

Heilige Hallen: Naturwaldreservat. Großherzog Georg von Mecklenburg-Strelitz besang um 1850 in einem Gedicht einen damals rd. 200 Jahre alten Buchenwald bei Lüttenhagen und verfügte, daß dieser Bestand „für alle Zeiten zu schonen" sei. Der Bestand stand damals schon in der → Optimalphase. Er beeindruckte durch seine großen Kronen, geraden und dicken, → vollholzigen Stämme und erweckte Assoziationen zu den Säulen gotischer Dome (→ Hallenbestand). Schon um 1872 wird in Anlehnung daran der Begriff „H. H." erstmals verwendet. 1908 werden die H. H. in die erste Naturdenkmalliste Mecklenburgs aufgenommen; 1938 wurden sie zum → Naturschutzgebiet erklärt. Das Schutzgebiet war ursprünglich rd. 25 ha groß und wurde 1989 durch die Forstverwaltung um einen Schutzgürtel auf 60 ha erweitert. Bis 1950 konnte in dem NSG → Totholz genutzt werden. Inzwischen (1995) ist der Bestand rd. 350 Jahre alt, damit der älteste Buchenbestand Dtschl. Mittlerweile ist er in die → Zerfalls- und → Verjüngungsphase eingetreten. Einige der Bu hatten eine → Oberhöhe von 50 m und einen Stammumfang von über 4 m. Der Bestand dient heute der Beobachtung der Dynamik in der → Klimaxgesellschaft des Perlgras-Buchenwaldes. An ihm können die Zersetzung der organischen Substanzen und die Besiedlung mit Pilz- und Käferarten beobachtet werden. So wurden z. B. über 50 holz-, rinden- oder pilzfressende Käferarten festgestellt. Es kommen auch einige seltene saprophytische Pilze, wie Wolliger Scheibling, Buchenschleimrübling, Igelstachelbart, Korallenstachelbart und Dorniger Stachelbart, vor; → Thüringer Hainich.

Heiligenholz, das: alte volkstümliche Bez. für das Holz der Linde (*Lignum sanctum*), weil früher aus dem Lindenholz bevorzugt die Heiligenbilder bzw. Figuren geschnitzt wurden.

Heiliger Wald, der: bei den Germanen dichter und dunkler Wald oder → Hain, in dem den Göttern geopfert und die Siegeszeichen aufbewahrt wurden; → Lappenbaum 2).

Heiliggeistwurz, die: → Engelwurz 2.

Heilpflanzen (Arzneipflanzen, Drogenpflanzen): → Pflanzen, die wegen ihres Gehaltes an Wirkstoffen ganz oder z. T. (z. B. Blätter, Rinde, Wurzeln, Blüten, Samen, Früchte) zu Heilzwecken verwendet werden. Sie enthalten sehr oft → ätherisches Öl und Bitterstoffe und sind deshalb häufig auch beliebte Gewürzpflanzen, wie z. B. Thymian, Rosmarin oder Salbei. Die Wirkstoffe der H. werden heute überwiegend industriell in chemisch reiner und entsprechend exakt dosierbarer Form gewonnen und verdrängen daher immer mehr die Verwendung wildwachsender oder kultivierter H. Die H. werden frisch oder getrocknet als sog. Drogen verarbeitet. Übergießen der Pflanzenteile, wie Blätter, Blüten, Samen, mit siedendem Wasser ergibt die „Infuse" (Aufgüsse), Abkochen der harten Teile, wie Rinde, Stengel, Wurzeln, Holz, die „Dekokte" (Abkochungen). Durch Ansetzen schleimhaltiger Pflanzenteile mit kaltem Wasser und stundenlangem Stehenlassen gewinnt man die „Mazerate" (Auszüge). Hinsichtlich der Wirkungsweise ihrer Inhaltsstoffe unterscheidet man weniger stark wirksame und stark wirksame (giftige) H. (→ Giftpflanzen). Die Heilwirkung der stark wirksamen H. kann bei falscher Anwendung in das Gegenteil umschlagen. H. finden schon seit älteren Zeiten Verwendung. Zur Pflege aller, die Arzneipflanzen betreffenden Fragen (Forschung, Züchtung, Anbau, Verarbeitung, Therapie) wurde 1953 die „Deutsche Gesellschaft für Arzneipflanzenforschung e. V." in Camberg (Taunus) gegründet.

Heilwurz, die: → Bergfenchel 2.

Heilziest, der: → Ziest 1.

heimisch: Im Sinne des fünften Abschnittes des BNatSchG (§ 20a Abs. 4) ist eine wildlebende Tier- oder Pflanzenart h., die ihr Verbreitungsgebiet oder regelmäßiges Wandergebiet ganz oder teilweise in Dtschl. hat oder in geschichtlicher Zeit hatte oder auf natürliche Weise ausdehnt. Als h. gilt eine wildlebende Tier- oder Pflanzenart auch, wenn sich verwilderte oder durch menschlichen Einfluß eingebürgerte Tiere oder Pflanzen der betreffenden Art in Dtschl. in freier Natur und ohne menschliche Hilfe über mehrere Generationen als → Population erhalten; autochthon, einheimisch, Endemit.

Heimschar(t), die: → Bauer(n)friede.

Heister, der: Bez. für eine Laubholzpflanze (v. a. Ei, Es, Ah, Li, Ul, Pa, seltener Bu) von 2 bis 3 (4) m Höhe. Die schwächeren Bäumchen von 151 bis 200 cm Höhe werden „Halb-H.", die stärkeren von 201 bis 250 cm Höhe „eigentliche H." oder „Voll-H.", und solche über 250 cm Höhe „Stark-H." genannt. H. sind meist mehrfach verschulte (→ Verschulpflanze) Großpflanzen. Die zu Beginn des 17. Jh. im Spessart gepflanzten TrEi im Bereich des Forstamtes Rohrbrunn werden als „H.-Block" bezeichnet.; → Loden.

Heisterbinder, der (Heisterwärter): frühere, v. a. in Niedersachsen übliche Bez. für einen Waldarbeiter, der die jungen Laubholzpflanzen (→ Heister) zum Schutz vor Wildverbiß an Pflanzstöcke anband und mit Dornenruten umwickelte.

Heisterblock, der: → Heister.

Heisterknick, der: Bez. für eine schwache Krümmung der Eichenschäfte in etwa 2 m Höhe, die einige Spessarteichen aufweisen. Die Krümmung ist vermutlich auf die Begründung der Bestände durch Heisterpflanzung (→ Heister) zurückzuführen.

Heisterpflanzen: Pflanzen von → Heistern.

Heisterwärter, der: → Heisterbinder.

Heizwert des Holzes, der: Heizwert ist die Wärmemenge, die bei vollkommener Verbrennung von 1 kg festem oder flüssigem oder von einem Normalkubikmeter gasförmigen Brennstoff bei unverändertem Druck frei wird. Der H. wird in kcal bzw. cal (Kilo(gramm)kalorie bzw. Grammkalorie) angegeben, je nachdem ob ein kg oder ein g eines (wasserfreien) Stoffes verbrannt wird. Nach DIN 5499 ist der spezifische Brennwert (Ho) eines flüssigen oder festen Brennstoffs der Quotient aus Reaktionsenthalpie und Masse des Brennstoffs. Als oberer H. für alle Holzarten gelten durchschnittlich 4500 kcal/kg, wenn das Holz gesund und vollständig wasserfrei ist. In diesem absolut wasserfreien Zustand kann Holz nie verbrannt und dieser H. somit in der Praxis nicht erreicht werden. Der erreichbare H. hängt neben dem Feuchtigkeitsgehalt von der Rohdichte (→ Dichte des Holzes) vom Verhältnis → Zellulose : Lignin (= chemische Zusammensetzung) sowie vom Gehalt an brennbaren (Harze, Fette) und nichtbrennbaren (z. B. Gerbstoffe) Inhaltsstoffen ab. Werden gleiche Gewichtsmengen unterstellt, variiert der H. von Holzart zu Holzart nur wenig. Legt man aber anstatt des Gewichts gleiche Raummaße zugrunde, ergibt sich für die wichtigsten Holzarten folgende Rangordnung: Hbu, Bu, Rob, Bi, Ul, Ei, Ki, Lä, Fi und Ta. Da in der Praxis nur der untere Heizwert, der die Verdampfung der Feuchtigkeit berücksichtigt, von Bedeutung ist, ergibt sich, daß für lufttrockenes Holz (15 % Feuchtigkeit) der H. etwa 3570 kcal/kg beträgt; siehe Anhang S. ....

Heldbock, der: → Bockkäfer 1.

Heleidae → Bartmücken.

Helenenkraut, das: → Alant 1.

Helft, der: → Frauenmantel.

Helianthemum → Sonnenröschen.

Helicidae → Schnirkelschnecken.

Heliophyten → Lichtpflanzen.

Heliotropismus, der: → senkelwüchsig.

Helleboro-Fagetum → Ostalpischer Christrosen-Buchenwald.

Helleborus → Nieswurz.

Helm, der: auch Holm oder Hölb. Stiel der Äxte (→ Axt) und Beile. Die besten H. werden aus Es, Hbu, Bi, Kir, Rob und Mebe gefertigt.

Helmbuschmoos, das: → Federmoos.

Helm-Knabenkraut, das: → Knabenkraut 5.

Helmkraut, das (*Scutellaria*): Gatt. der Fam. der → Lippenblütengewächse mit rd. 180 Arten, v. a. in den gemäßigten Zonen und in den Tropen. Es sind dies → Halbsträucher oder → Kräuter mit violetten, gelben, roten oder blauen Blüten mit zweilippigem Kelch in zweiblütigen Quirlen. In Mitteleuropas Wäldern kommt vor:

1. Sumpf-Helmkraut, das (*Scutellaria galericulata* Linné): auch Schildkraut. Das S. ist über

Kleines Helmkraut (*Scutellaria minor*) (oben)

Das Sumpf-Helmkraut wird auch Kappen-Helmkraut genannt (unten).

Dehnbarer Helmling (*Mycena epipterygia*)

ganz Europa verbreitet, zudem über Asien und Nordamerika. Es ist relativ häufig und wächst in feuchten Wäldern und Weidengebüschen, Bruchwäldern, besonders Erlenbruchwäldern, auf Moorwiesen, in Flachmooren, Sümpfen, Naßwiesen, an Gräben und Ufern stehender und fließender Gewässer, wie z. B. Waldteichen, im Röhricht und in der Verlandzungszone (Verlandungsgesellschaften) von Gewässern.
Die mehrjährige, 10 bis 40 cm (50 cm) hohe Pflanze hat einen aufsteigenden bis aufrechten, scharf vierkantigen, an den Kanten zerstreut behaarten Stengel und treibt dünne → Ausläufer. Die kreuzweise gegenständigen Blätter sind oval bis eiförmig-lanzettlich, bis 4 cm lang, mit vier bis acht seichten Kerbezähnen. BZ: Juni bis September. Die kurzgestielten, blauvioletten, selten weißen Lippenblüten sitzen in meist nur ein bis vier einseitswendigen Paaren in den Achseln der obersten Blätter. Nach dem Abfall der Blütenkrone schließt sich der Kelch wieder, bis die vier Nüßchen, dann eiförmig, warzig und etwa 1 mm groß, reif sind.

2. Kleines Helmkraut, das (*Scutellaria minor* Huds.): Das K. H. ist über die Britischen Inseln, Westeuropa und den westlichen Teil Mitteleuropas verbreitet. Es kommt in Dtschl. selten vor, ist stark gefährdet und wächst in Flach- und Hochmooren, Bruchwäldern, besonders Weiden- und (Torfmoos-)Erlenbrüchen, an Ufern und Gräben, in Riedgrasbeständen und auf Feuchtwiesen, auf sandigen, torfigen Böden; Kalk meidet es.
Die mehrjährige bis 30 cm hohe Staude hat aufsteigende oder aufrechte, reich verzweigte Stengel und 5 bis 20 mm lange, länglich-lanzettliche, nur am Grunde gezähnte oder ganzrandige Blätter. Die einzeln, in den Blattwinkeln stehenden violett-rosafarbenen Blüten (BZ: Juli bis September) haben eine gerade, 6 bis 7 mm lange behaarte Kronröhre und einen behaarten Kelch mit einer Schuppe auf der Oberseite.

Helmlinge (*Mycena*): mit rd. 100 Arten vertretene Gatt. der Pilze aus der Fam. der → Ritterlingsartigen (*Tricholomataceae*), die zur Ordn. der → Blätterpilze gehört. H. sind kleine, zierliche Pilze, die meist scharenweise oder büschelig wachsen. Sie haben einen kegeligen Hut und einen fadenartig dünnen Stiel. Viele Arten haben einen farbigen Milchsaft. Als Speisepilz sind H. nicht zu empfehlen; einige Arten sind zudem giftig; auch ist die Unterscheidung äußerst schwierig. Die wichtigsten und interessantesten Arten sind:

1. Dehnbarer Helmling, der (*Mycena epipterygia*): auch Gummihelmling. Der sehr häufige und gesellig wachsende Pilz erscheint von September bis November in Laub- und Nadelwäldern zwischen Moosen und an Baumstümpfen. Der höchstens 1,5 cm breite Hut ist glockig-flach, graubraun, auch weißlich, graulich bis rötlichbraun, etwas radial gefurcht, mit mehr oder weniger gezähneltem Rand. Der Hut ist von einer hautartigen, dehnbaren, schleimigen und abziehbaren Schicht überzogen. Die Lamellen sind weiß, später mit rosa Schein. Sie haben eine abziehbare Schneide und laufen mit einem Zähnchen am Stiel herab. Der dünne, bis zu 8 cm lange Stiel ist zitronengelb, kahl und glatt und von einer schleimigen Schicht überzogen. Die Stielbasis ist wurzelnd. Der ungenießbare Pilz hat keinen besonderen Geruch und Geschmack.

2. Weißmilchender Helmling, der (*Mycena galopoda*): Der kleine, sehr häufige Pilz wächst von Juni bis November in moosigen Laub- und Nadelwäldern. Der bis 1,5 cm breite, zart geriefte Hut ist kegelig-glockig, graubraun bis graulich. Die weißlichen bis blaßgrauen Lamellen stehen etwas entfernt und scheinen durch den Hut. Der bis zu 8 cm lange, zerbrechliche und binsendünne Stiel ist graubraun und scheidet bei Verletzung einen weißen Milchsaft aus. Der Pilz ist ungiftig, aber wertlos.

3. Rettichhelmling, der (*Mycena pura*): Der sehr häufige und weit verbreitete Pilz wächst von Juli bis November in Laub- und Nadelwäldern. Der bis zu 5 cm breite Hut ist erst glockig, bald flach mit breitem Buckel, der Rand gerieft. Die Huthaut ist rosabraun, blauviolett oder graulila, seltener weißgelblich oder bläulich. Die sehr breiten, ziemlich entfernt stehenden Lamellen sind queraderig und am Stiel ausgebuchtet angewachsen. Sie sind i. d. R. hutfarben, jedoch etwas blasser. Der bis zu 7 cm lange, ebenfalls hutfarbene Stiel wird später röhrig oder hohl und hat eine striegelige Basis. Das wässrige Fleisch des giftverdächtigen Pilzes, der geringe Mengen Muscarin enthält, riecht und schmeckt nach Rettich.

▸▸ Rettichhelmling (*Mycena pura*)

▸▸ Rosablättriger Helmling (*Mycena galericulata*)

4. Rosa Helmling, der (*Mycena rosella*): Der sehr kleine Pilz wächst gesellig von September bis November im Nadelwald, vorwiegend im Bergnadelwald zwischen Nadeln und Moos. Der bis zu 1,5 cm breite Hut ist erst halbkugelig, bald flach gewölbt. Die Huthaut ist blutrosa und durchscheinend gerieft. Die fast entfernt stehenden Lamellen sind blaßrosa mit roter Schneide. Der bis zu 5 cm lange und zarte Stiel ist hellrosa bis blaßbraun, an der Basis oft weißhaarig. Der Pilz ist ungenießbar.

5. Rostiger Helmling, der (*Mycena zephirus*): auch Flockenstieliger Helmling. Der meist sehr gesellig wachsende Pilz erscheint von September bis November in Kiefernwäldern. Der bis zu 5 cm breite Hut ist kegelförmig und bleibt auch im Alter gebuckelt. Die Huthaut ist creme-weißlich, fleischbräunlich, zum Scheitel hin mehr bräunlich, im Alter oft braunrot gefleckt. Die dicklichen, ziemlich entfernt stehenden Lamellen sind hackig angewachsen und blaß, werden aber bald rostbraun fleckig. Der röhrige, bis zu 8 cm lange Stiel ist braunpurpurn, bald rostbraun fleckig und von Anfang an weißflockig. Der Pilz ist genießbar, aber wertlos.

6. Rosablättriger Helmling, der (*Mycena galericulata*): Der Pilz wächst von Mai bis Dezember meist büschelig auf Laub- und Nadelholzstrünken. Der bis 6 cm breite Hut ist anfangs kegelig-glockig, dann kegelig-flach, oft runzelig-gefurcht. Die Hutfarbe ist grau- oder fleischbraun, aber auch weißlich mit rosa Schein, die Mitte meist dunkler. Die Lamellen sind bauchig, am Grunde runzelig oder aderig-blättrig verbunden und etwas entfernt stehend. Sie sind anfangs weißgrau und werden allmählich fleischrosa. Der hohle Stiel wird bis zu 8 cm lang und bis zu 0,5 cm dick. Er ist grau oder bräunlich, oben weißlich, an der wurzelartigen Basis weißstriegelig. Das Fleisch des eßbaren Pilzes riecht schwach mehlartig, manchmal auch leicht nach Gurken.
Neben den vorgenannten, weit verbreiteten H., gibt es noch zahlreiche seltenere Arten, wie z. B. **Klebriger H.** (*Mycena vulgaris*), **Schleimfuß-H.** (*Mycena rorida*), **Gelbmilchender H.** (*Mycena crocata*), **Großer Blut-H.** (*Mycena haematopoda*), **Weißmilchender H.** (*Mycena galopus*) usw., die hier nicht alle beschrieben werden können.

Helsinki-Prozeß: Kurz-Bez. für die Konferenz Europäischer Forstminister in Helsinki; → Nachhaltigkeit, Zertifizierung, Lissabon-Konferenz.

Helvella → Lorchel.

Helvetischer Gelbfuß, der: → Schmierlinge 3.
Hemerobie, die: Auswirkungen des menschlichen Kultureinflusses auf natürliche → Ökosysteme und Ausdruck der Belastung der Landschaft, unterschieden von natürlich bis anthropogen (→ Natürlichkeitsgrad), die man → Hemerobiestufen zuordnen kann.
Hemerobiegrade → Hemerobiestufen.
Hemerobien: Tier- und Pflanzenarten die durch den Menschen begünstigt werden; → Synanthropen.
Ideochoren = Arten, die in einem Gebiet vor dem menschlichen Eingriff vorkamen; **Hemerochoren (Anthropochoren)** = Arten, die durch die menschliche Einwirkung eingebürgert wurden (z. B. Kulturpflanzen); **Archäochoren** = Alteinwanderer, die seit der Jungsteinzeit bis zum Mittelalter aus dem Mittelmeerraum und Vorderasien zuwanderten; **Neochoren** = Zuwanderer der letzten 500 Jahre aus Übersee (z. B. Bisamratte); → ausländische Baumarten, Hemerobiestufen, Natürlichkeitsgrad, Neophyten.
Hemerobieindikatoren → Hemerobiegrade.
Hemerobiestufen: Nach dem Grad des Kultureinflusses auf Lebensräume werden im Vergleich zum → Natürlichkeitsgrad folgende Stufen unterschieden: Ahemerobie = nicht kulturbeeinflußt (k.); Obligohemerobie = schwach k.; Mesohemerobie = mäßig k.; Euhemerobie = stark k.; Polyhemerobie = sehr stark k.; Metahemerobie = übermäßig stark und einseitig k., Lebewesen sind tendentiell vernichtet; → Hemerobiegrad.
hemerophil: Tier- und Pflanzenarten, die durch die → Kulturlandschaft gefördert werden, nennt man h.; Ggs.: → hemerophob.
hemerophob: Tier- und Pflanzenarten, die durch die → Kulturlandschaft zurückgedrängt werden, nennt man h.; Ggs.: → hemerophil.
Hemi-Epiphyten → Lianen.
Hemikryptophyten: ungeachtet der systematischen Zugehörigkeit (→ Systematik) eine → Lebensform der Höheren Pflanzen oder → Sproßpflanzen bei der die oberirdischen Pflanzenteile vor der Vegetationsruhe absterben und deren → Überdauerungsorgane (Erneuerungsknospen) sich im Bereich der Erdoberfläche befinden und in ungünstigen Klimaperioden durch die eigene Laubstreu bedeckt sind (meist Stauden). Zu den H. gehören mehr als die Hälfte aller Höheren Pflanzen Mitteleuropas.
Hemiparasiten → Parasitismus.
Hemizellulosen → Holzpolyosen.
Hemlock(s)tannen (*Tsuga*): insgesamt vierzehn immergrüne Arten und einen Artbastard (→ Bastard) umfassende Gatt. der Koniferen (→ Nadelhölzer) aus der Fam. der → Kieferngewächse (*Pinaceae*). Die H. ist seit dem Tertiär (→ Erdzeitalter) bekannt. Sie war bis zur Eiszeit auch in Europa verbreitet. Ihre Heimat ist das östliche und westliche Nordamerika, Japan, China, bis zum Himalaya. H. haben (meist) unterschiedlich große Blätter (Nadeln), deren Stiele einem Nadelkissen aufsitzen, und harzlose Winterknospen. Die Vermehrung erfolgt durch Samen. Die Zapfen, die im ersten Jahr reifen, haben zwei Samenanlagen je Samenschuppe. Die wissenschaftliche Gattungsbezeichnung stammt vom japanischen „Tsuge“, dem Namen der H. in Japan. Der Name „Hemlock“ ist der englische Name für den Schierling und bezieht sich wohl auf den Duft der zerriebenen Nadeln mancher H.-Arten, der dem des Hemlockskrautes (Schierlings) ähneln soll.
1. Kanadische Hemlock(s)tanne, die (*Tsuga canadensis* (L.) Carrière): auch Schierlingstanne.
Verbreitung: In Nordamerika ist sie von Süd-Ontario, Nord-Minnesota, Süd-Quebec bis nach Nord-Alabama, Nord-Georgia und das nordwestliche Süd-Carolina verbreitet. Etwa um 1730 gelangte die K. H. nach Europa. Sie ist in Mitteleuropa winterhart und wird relativ häufig in Gärten und Parkanlagen, gelegentlich auch forstlich angepflanzt. Sie ist auch als Heckenpflanze geeignet.
Standort: Die K. H. bevorzugt halbschattige Standorte und feuchte, aber gut wasserdurchlässige, tiefgründige, nährstoffreiche, lehmige Böden. Gegen Trockenheit, zu kalkhaltigen Boden und in der Jugendphase gegen Frost ist sie sehr empfindlich. Sie ist in feuchten und kühlen Klimalagen, besonders in geschützten Lagen an Nord- und Osthängen, von der Ebene bis in etwa 1700 m Höhe im Gebirge anzutreffen.
Merkmale: Die K. H. ist ein relativ zierlicher, mittelgroßer, immergrüner Nadelbaum, nicht selten mit gegabeltem Stamm oder von Grunde an mehrstämmig. Sie erreicht auf geeigneten Standorten eine Wuchshöhe von 20 bis 30 m, eine Stammstärke von 50 bis 100 cm, gelegentlich bis 200 cm und ein sehr hohes Alter, bis zu etwa 1000 Jahren. Sie wurzelt flach, und ihre Krone ist meist sehr unregelmäßig, breit pyramidenförmig, weit ausgebreitet, dicht beastet und im Alter gerundet. Auffallend ist bei jüngeren Bäumen die überhängende Spitze des Gipfeltriebes. Die Rinde ist gerbstoffreich, anfangs glatt, braunorange, wird später dunkler und schließlich zu einer 1 bis 2 cm dicken, grau- bis rotbraunen, längsrissigen, gefurchten, korkigen Schuppenborke. Die Äste sind anfangs waagerecht abstehend, später mehr oder weniger hängend; die unteren Äste sind meist sehr stark. Die waagerecht stehenden oder hängenden Zweige sind anfangs hellbraun, später graubraun, von den Nadelkissen völlig berindet, fein und dicht rötlich behaart und nur langsam verkahlend. Die harzlosen Winterknospen sind etwa 1,5 bis 2 mm lang, eiförmig und zugespitzt; die Knospenschuppen sind dunkelbraun. Die ungleich großen Nadelblätter sind etwa 6 bis 18 mm lang, 1 bis 2,5 mm breit, zur Spitze hin stets allmählich verschmälert. Sie sind oberseits abgeflacht, matt glänzend, dunkelgrün, unterseits mit zwei silbrig-weißen Spaltöffnungsstreifen und gelblichweiß gestielt (Stiel am Zweig anliegend). Die Nadeln stehen dicht schraubig und sind deutlich zweizeilig gescheitelt (jederseits zwei bis drei Reihen), wobei die Nadeln der mittleren Reihe dicht dem Trieb anliegen, häufig gedreht sind und mit ihrer hellgestreiften Unterseite nach oben weisen. Die Lebensdauer der Nadeln beträgt ca. fünf bis sechs Jahre. Die → einhäusige K. H. erreicht mit etwa 20 bis 40 Jahren ihre → Mannbarkeit und blüht dann jeweils im Mai. Die blattachselständigen männlichen Blüten sind etwa 3 mm groß, fast kugelig, gelb und befinden sich an zwei- bis dreijährigen Sproßabschnitten. Die weiblichen → Blütenstände, die sich endständig an vorjährigen Zweigen befinden, sind kegelig-oval, blaßgrün und etwa 6 mm lang. Die ungestielten, hängenden Zapfen sind relativ klein, anfangs grün, zur Reifezeit dann hell- bis mittelbraun, etwa 15 bis 25 mm lang und 10 bis 15 mm breit, eiförmig und reifen im September/Oktober des ersten Jahres, fallen jedoch erst im zweiten ab. Ihre Schuppen haben etwas verdickte Ränder. Sie enthalten je Samenschuppe zwei 1 bis 2 mm große, 6 bis 8 mm langgeflügelte Samen. Die bei uns herangereiften Samen sind keimfähig. Die → Keimblätter des Keimlings sind oberseits bläulichgrün, unterseits glänzend grün, spitz und stehen zu drei bis fünf, meist vier, in einem Quirl. Die Erstlingsnadeln weisen unterseits zwei weißliche Streifen und Sägezähnchen an den Kanten auf.
Waldbaulich eignet sich die K. H., die viel Schatten erträgt, v. a. als → Hilfsbaumart, als Voranbau und → Unterbau, ferner zu Mischungs- und Füllzwecken.
Das Holz ist im → Splint gelblich-weiß, im → Kern gelb- bis rotbraun, leicht, weich, grobfaserig, spröde und schwindet stark. Es wird als → Bau- und → Konstruktionsholz, v. a. aber in der Zellstoff- und Papierindustrie verwendet.
2. Westamerikanische Hemlock(s)tanne, die (*Tsuga heterophylla* (Raf.) Sargent.): auch Riesenschierlingstanne. Die im Jahre 1826 von D. Douglas entdeckte und 1851 durch J. Jeffrey in Schottland eingeführte W. H. unterscheidet sich von der Kanadischen Hemlock(s)tanne v. a. durch ihren schlanken, säulenförmigen Wuchs, die stärker herabhängenden Seitenzweige und durch die Höhe; sie kann in Europa bis 40 m hoch werden, in ihrer ursprünglichen Heimat jedoch 40 bis 60 m. Die Rinde ist anfangs glatt und dunkelgrau, später eine tiefgefurchte, bis 3 cm dicke, hell rötlichbraune Schuppenborke. Die Nadelblätter sind zweizeilig gescheitelt, auf jeder Seite in zwei übereinanderliegenden Reihen, in der oberen 5 bis 10 mm lang, in der unteren 18 bis 20 mm, jeweils 2 bis 3 mm breit. Die linealischen, kräftig grünen oder dunkelgrünen, leicht glänzenden Nadeln haben unterseits zwei breite, silbergraue Spaltöffnungsstreifen. Die weiblichen Zapfen sind etwa 2,5 cm lang, ungestielt, hell- bis rotbraun und bestehen aus wenigen Schuppen. Sie reifen bereits im ersten Jahr, fallen aber erst im zweiten Jahr ab. Die W. H. blüht im April/Mai; die Samenreife ist im September/Oktober. Der 2 bis 3 mm lange Samen hat 4 bis 8 mm lange Flügel. Die forstlich kultivierte W. H. liebt einen frischen, nährstoffreichen Standort, der in etwa dem des Eschenschluchtwaldes entspricht. Sie hat zwar eine gewisse waldbauli-

che Bedeutung, wenn auch Anbauerfahrungen aus vielen Wuchsgebieten noch fehlen. Als → Schatt(en)baumart eignet sie sich auch als → Hilfsbaumart zu Unterbau-, Voranbau-, Füll-, Mischungs- und Nachbesserungszwecken. Sie leidet in der Jugendphase unter Verbiß- und Fegeschäden und ist frostempfindlich.
Die **Nordjapanische Hemlock(s)tanne** (*Tsuga diversifolia*) wird in Japan bis 25 m hoch; bei uns ist sie meist eine staudige Zierpflanze.
Die **Berg-Hemlock(s)tanne** (*Tsuga mertensiana*), aus dem westliche Nordamerika hat radiale, blaugrüne bis fast silbrigblaue Nadeln. In ihrer Heimat wird sie bis 30 m hoch.
Die **Südjapanische Hemlock(s)tanne** (*Tsuga sieboldii*) aus Südjapan wird in ihrere Heimat bis 30 m hoch.
Das Holz der *Tsuga*-Arten ist für bestimmte Verwendungszwecke hervorragend geeignet, da sich keine Risse bilden.

Hennert, Karl Wilhelm (3.1.1739 bis 21.4. 1800): H. war ursprünglich Artillerieoffizier, später Oberforst-Bauinspektor in Berlin und auch einige Zeit Lehrer der Forstmathematik an der Universität Berlin. Von 1785 an leitete er das Forstvermessungswesen in Preußen. H. brachte eine auf Massenteilung beruhende Forsteinrichtungsmethode zur Anwendung. Er schrieb u. a.: „Anweisung zur Taxation der Forsten ... etc." (1791 – 1795); → forstliches Schrifttum.

Henschel, Gustav A. O. (1835 bis 1896): H. war Revierverwalter und zuletzt Professor an der Hochschule für Bodenkultur in Wien. Er gab u. a. einen Leitfaden zur leichteren Bestimmung der schädlichen Forst- und Obstbauminsekten heraus (1895).

Hepatica → Leberblümchen.

Hepaticae → Lebermoose.

Hepe, die: → Heppe.

Heppe, die (Barte, Hepe, Hippe): ein- oder zweihändiges Werkzeug (Kulturpflegegerät) der Waldarbeiter mit einem an der Spitze sichelförmig gebogenem Messer. Die H. dient zum Aufasten der Stämme, zum Zerkleinern von → Reisholz, zum Abhauen von Buschholz, Entfernen von Stockausschlägen und zum Ringeln von → Protzen. Eingesetzt wird die H. bis zu einem Trenndurchmesser von ca. 5 cm. Eine viel verwendete H. ist das „Schweizer Gertel" mit Ledergriff, einer Länge um 43 cm und einem Gewicht zwischen 600 und 750 g für die Männerarbeit. Für Frauenarbeit findet die leichte (ca. 480 g) „Karlsruher Pflege-H." mit abgerundeter Schneide und flachem Pistolengriff Verwendung; → Räumaxt, Sichel.

▸▸ Die Herbstspinne hält sich vorzugsweise in offenem Gelände auf.

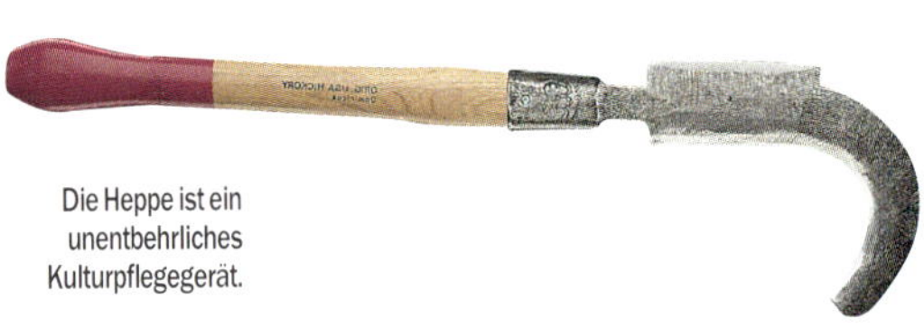

Die Heppe ist ein unentbehrliches Kulturpflegegerät.

Heppenhiebe, die: Pflegearbeiten in Jungwüchsen und jungen → Dickungen, die mit der → Heppe durchgeführt werden.

Heracleum → Bärenklau.

Heraklithplatte, die: auch Leichtbauplatte, Holzwolle-Leichtbauplatte. H. ist der Markenname für die älteste, bereits seit 1914 in Österreich hergestellte Holzwollplatte. Sie wird aus → Holzwolle unter Verwendung von anorganischen Bindemitteln wie Magnesitmörtel, Zement oder Gips hergestellt. Etwa 50 % ihres Volumens besteht aus Poren und Hohlräumen; dadurch ergibt sich eine sehr gute Wärme- und Schallisolierung. Die H. eignet sich bestens als Putzträger und gilt verputzt als feuerhemmender Bauteil. Sie dient deshalb auch zum Verschalen von Zimmerdecken, Seitenwänden und Dachausbauten etc. Entscheidend für die Eigenschaften der Platte ist hauptsächlich die richtige Beschaffenheit der Holzwolle. Sie muß langfädig sein (etwa 80 mm); zu kurze Späne werden ausgesondert. Als Holzarten für die Herstellung der H. eignen sich besonders Fi und Pa. Für die Herstellung von Holzwolle für 1 m^3 H. sind etwa 0,36 fm → Rundholz erforderlich. Durch die Zunahme der Schaumstoffe ist der Verbrauch der H. zumindest für Isolierzwecke rückläufig.

Herbivoren → Pflanzenfresser.

Herbizide → Pestizide, Unkrautbekämpfung.

Herbstaster, die: → Aster 1.

Herbst-Blaustern, der: → Blaustern.

Herbstblume, die: → Zeitlose.

Herbst-Drehähre, die: → Wendelähre.

Herbst-Drehwurz, die: → Wendelähre.

Herbstfärbung der Blätter, die: → Blattfall, Blattfarbstoffe.

Herbstholz, das: frühere Bez. für → Spätholz; → Jahrringe.

Herbstkirsche, die: → Prunus 6.

Herbstlorchel, die: → Lorchel 2.

Herbstpflanzung, die: → Pflanzzeit.

Herbst-Schraubenstendel, der: → Wendelähre.

Herbstspinne, die (*Meta segmentata*): Die fast über ganz Europa verbreitete H. lebt in Mischwäldern, Auwäldern und Gärten, kommt relativ häufig vor und wird Ende des Sommers

oder zu Herbstbeginn örtlich oft zur häufigsten Spinne. Sie ist 7 mm groß und hat einen kugeligen, fein gelb-braun gezeichneten Hinterleib. Die H. baut ausgedehnte Netze, die an die Netze der Kreuzspinne erinnern; lediglich die innere Öffnung ist frei.

Herbsttrompete, die: → Leistlinge 4.

Herbst-Wendelähre, die: → Wendelähre.

Herbst-Wendelorchis, die: → Wendelähre.

Herbst-Zeitlose, die: → Zeitlose.

Herdschnepfe, die: → Schnepfenvögel 2.

Heresbach, K. → forstliches Schrifttum.

Herkuleskeule, die: → Keulenpilze 1.

Herkuleskraut, das: → Bärenklau.

Herkunft, die: Syn. oft auch Provenienz. Eine autochthone oder nicht autochthone → Population von Bäumen, die an einem bestimmten, abgegrenzten Ort wächst und bestimmte charakteristische und genetisch fixierte Eigenschaften aufweist. Die H. wird mit dem Namen des Ortes belegt, z. B. Westdeutsches Bergland und Oberrheingraben.

Herkunftsgebiete: Das → Vermehrungsgut verschiedener → Baumarten, die dem → Gesetz über forstliches Saat- und Pflanzgut unterliegen (Forstsaatgut-Herkunftsgebietsverordnung vom 7.10.1994, inkraftgetreten am 1.1.1995), darf in Dtschl. nur von zugelassenem Ausgangsmaterial gewonnen und mit Begleitschein in den Verkehr gebracht werden. Für die dem Gesetz unterliegenden Baumarten werden deshalb H. abgegrenzt, die annähernd gleiche ökologische Bedingungen und ähnliche phänotypische (→ Phänotyp) oder genetische Merkmale der → Art, → Unterart oder Sorte haben (→ Herkunft). Das H. muß in den Pflanzenpreislisten angegeben werden.
Beispiel: Fichte (*Picea abies*), Herkunftsgebiet „Neckarland und Fränkisches Hügelland = 840 17. Bei der angegebenen fünfstelligen Zahl beziehen sich die ersten drei Ziffern auf die Baumart (Fichte), die letzten zwei auf das H. Die dem Forstsaatgutrecht unterliegenden Baumarten erhielten folgende Registriernummern: Weißtanne = 827, Bergahorn = 801, Schwarzerle (Roterle) = 802, Buche = 810, Esche = 811, Europäische Lärche = 837, Fichte = 840, Kiefer = 851, Douglasie = 853, Traubeneiche = 818, Stieleiche = 817, Winterlinde = 823, Große Küstentanne = 830, Japanische Lärche = 839, Roteiche = 816, Sitkafichte = 844, Schwarzkiefer = 847, Strobe = 852, Pappel = 900. Die zweistelligen Nummern der H. sind immer der entsprechenden Baumart zugeordnet; so bedeutet z. B. die Nummer 05 bei der Weißtanne H. „Westdeutsches Bergland und Oberrheingraben", bei der Europäischen Lärche hingegen das H. „Alpen, submontane Stufe bis 900 m"; → ökologische Grundkarteneinheiten, Wuchsgebiet.

Herkunftszeichen, das: Mit nationalen H. für Holz sollen Verarbeiter und Verbraucher auf Herkunft und auch Rahmenbedingungen für die jeweilige Forstwirtschaft hingewiesen werden. Das deutsche H. mit Lizenzsystem „Holz aus nachhaltiger Forstwirtschaft. Gewachsen in Deutschlands Wäldern" wurde am 22.6. 1996 vom → Deutschen Forstwirtschaftrat in Neubrandenburg vorgestellt. Zwischenzeitlich (1998) wird es zu einem europäischen Nachhaltszeichen weiterentwickelt.
Das österr. H. „Holz aus Österreich. Natürlich. Kontrolliert" wurde im August 1996 vorgestellt.

Herlitze, die: → Hartriegel 1.

Hermelin, das: → Wiesel.

Herrenbretter, die: → Brett.

Herrenpilz, der: → Steinpilz.
Herrenscheitfuhren: Die → Waldordnung für den → Nürnberger Reichswald von 1516 enthält die Bestimmung, daß die Eingeforsteten das Holz der Herrschaft (und zwar der Stadt und der Burggrafen) zu fahren hatten, sog. H.
Herrgottsbart, der: → Waldrebe 2.
Herrgottsblut, das: → Johanniskraut 1.
Herrgottskäfer, der: → Marienkäfer.
Herr Johannes → Rübezahl.
herrschend: in der → Forstwirtschaft Adjektiv für die Baumart, die das obere Kronendach eines Bestandes bildet (herrschender Bestand, herrschende Holzart, Oberschicht, Oberstand). Als mitherrschend wird diejenige Baumart bezeichnet, die soziologisch zum unteren Teil der herrschenden Kronenschicht gehört; → beherrschte Stämme; → Baum-(Schichten).
Herz, das: auch juveniles Holz, das im Zentrum des Stammes, und zwar unmittelbar an der Markröhre gebildete Holz. Es kommt bei Lbh und Ndh vor, hat eine geringere Rohdichte und weitlumige Zellen.
Herze, der: → Ahorne 3.
Herzblatt, das (*Parnassia*): Gatt. der → Steinbrechgewächse mit rd. 50 Arten in den kühleren Bereichen der nördlichen Halbkugel. Es sind Stauden mit länglichen oder eiförmigen Blättern und großen Blüten. In Dtschl. nur eine Art:

Sumpfherzblatt, das (*Parnassia palustris* Linné): auch Studentenröschen. Das über ganz Nord- und Mitteleuropa und im Süden über die Gebirge verbreitete S. wächst zerstreut bis selten, aber gesellig auf sumpfigen bis trockenen Waldwiesen, auf Quell- und Flachmooren, auf Moorwiesen, Schutthängen, Kalkmager- und Trockenrasen, in der Ebene und v. a. im Gebirge bis in Höhen von bis zu 2500 m; Grund- und Sickerfrischezeiger (→ Bodenanzeiger).
Die ausdauernde, 10 bis 25 cm hohe, kahle Pflanze hat einen kantigen, einblütigen Stengel. Die grundständigen Blätter sind langgestielt, herzförmig (Name!) und ganzrandig. Das einzelne Stengelblatt ist, meist im unteren Drittel des Stengels sitzend-, stengelumfassend. BZ: Juni bis September. Die einzelnen, endständigen Blüten sind 1 bis 3 cm breit und bestehen aus jeweils fünf → Kelchblättern, ovalen weißen, wasserhell geäderten → Kronblättern, Staubgefäßen und gefransten Staminodien mit gelben Drüsen an den Fransen. Die Fruchtkapsel springt an der Spitze vierklappig auf und enthält Samen mit Flügelrand.
Herzblättchen, das: → Zweiblatt 2.
Herzblättrige Gemswurz, die: → Gemswurz.
Herzholz, das: → Kernholz.
Herzkraut, das: → Leberblümchen.
Herzrisse → Risse 1).
Herzwurzeln: die etwa gleich kräftigen Wurzeln eines Baumes, die einen großen Bodenraum sowohl nach der Seite als auch in die Tiefe durchwurzeln. Zu den Waldbäumen, die eine H. besitzen, gehören u. a. Bu, Dgl und SEr; → Pfahlwurzel, Tellerwurzel.
Herz-Zweiblatt, das: → Zweiblatt 2.
Heske, Franz, Prof. Dr. Ing. (1892 Frauenberg bis 1963 Hamburg): H. war Forstwissenschaftler, Philosoph, Pädagoge und Gründer des Instituts für ausländische und koloniale Forstwirtschaft, → Tharandt/Dresden (1930), der späteren → Bundesforschungsanstalt für Forst- und Holzwirtschaft, Reinbeck/Hamburg. H., von dem 130 Publikationen stammen, gründete 1932 die „Zeitschrift für Weltforstwirtschaft". Seine Arbeiten, mit denen er der modernen Weltforstwirtschaft entscheidende Entwicklungsimpulse gegeben hat, brachten Leitlinien für den Waldbau, die Walderhaltung und die Holznutzung in den Tropen. Er ist der Schöpfer der Philosophie der → Organik und hat in seinem Buch „Besitz und Verpflichtung" (1950) die Grundlegung dazu geschaffen.
Hespe, die: alte, nordd. Bez. für die As; → Pappeln 5.
Hesperiidae → Dickkopffalter.
Heß, Richard, Dr. phil. (23.6.1835 Gotha bis 18.6.1916 Gießen): H. studierte an der Forstlehranstalt Aschaffenburg und an der Universität Göttingen. Im Jahre 1856 legte er das forstliche und 1858 das kameralistische Staatsexamen (→ Kameralisten) ab. Ab 1868 war er Forstkommissar bei der gothaischen Forstmeisterei Schwarzwald zu Ohrdruf. Von 1869 ab bis zu seiner Pensionierung war H. ordentlicher Professor an der Universität Gießen. Er schrieb u. a.: „Der Forstschutz" (1876-1878), „Lebensbilder hervorragender Forstmänner etc." (1885). Im Jahre 1893 gab H. die 3. und 4. Auflage von Karl → Heyers „Waldbau" heraus.
HET: Abk. für Holzerntetarif; → Mittelstammtarif.
Heterobasidion annosum → Wurzelschwamm.
Heterophyllie, die: Hat eine Pflanze unterschiedlich gestaltete Laubblätter in den verschiedenen Stockwerken der Triebe (Blattfolge), so spricht man von H. Diese findet man bei Efeu und Stechpalme.
Heteroptera → Wanzen.
Heterosis, die: auch Heterosis-Effekt. bei heterozygoten Individuen (Hybriden, → Bastard) bestimmter Rassen und Arten der → F^1-Generation auftretende Steigerung der Vitalität, Wüchsigkeit und Ertragsleistung gegenüber homozygoten Individuen.
heterotroph (griech.: heteros = verschieden, trophein = ernähren): Alle Tiere sowie die meisten nichtgrünen → Pflanzen ernähren sich h., d. h., sie sind bei ihrer Ernährung auf die Zufuhr organischer Substanzen angewiesen, die sie zur Energiegewinnung und zum Aufbau der Körpersubstanz benötigen. Sie selbst sind nicht zur → Photosynthese befähigt. Ggs.: → autotroph.
Hetschepetschen → Rosen 10.
Heubaum, der: → Lachbaum.
Heuduftender Dornfarn, Wurmfarn, der: → Wurmfarn 5.
Heuhüpfer → Grashüpfer.
Heupferde → Heuschrecken.
Heupferd, Grünes, das: → Laubheuschrecken 1.
Heureiter und -ständer: Bez. für Gipfelstücke von Nadelbäumen mit 1,5 bis 2 m Länge und 4 bis 6 (7) cm Durchmesser mit Rinde, denen die Äste bis auf etwa 20 bis 25 cm gestutzt werden und zum lockeren Aufhängen von Heu dienen.
Heuschrecken (Schrecken, Heuspringer, *Saltatoria*; im Volksmund „Heupferde"): Ordn. der Insekten, zur Über-Ordn. der Geradflügler zählend, mit weltweit etwa 10 000 Arten von 0,2 bis 25 cm Länge. In Mitteleuropa sind etwa 80 Arten heimisch. H. durchlaufen eine hemimetabole Entwicklung mit fünf bis sechs Larvenstadien. Sie haben beißende Mundwerkzeuge und sind meist pflanzenfressende Tiere. Die Hinterbeine sind fast immer zu

Von Richard Heß stammt das Buch „Lebensbilder hervorragender Forstmänner ..."

◀◀◀ Das Sumpfherzblatt ist ein Grund- und Sickerfrischezeiger.

Sprungbeinen umgebildet. In der Ruhestellung bedecken die Vorderflügel dachartig die Hinterflügel. Fast alle Arten besitzen Gehörorgane (Tympanalorgane) an den Schienen der Vorderbeine oder am Hinterleib und erzeugen zum Auffinden des Geschlechtspartners mit Schrilleisten an den Beinen oder Flügeln Töne. Man unterscheidet → Feldheuschrecken, → Laubheuschrecken und → Grillen.
Heuschreckenrohrsänger, der: → Grasmücken 9.
Heuspringer → Heuschrecken.

Hexenbesen, der (im Volksmund auch Donnerbesen, Donnerbüsche, Wirrzöpfe): Der H. ist eine abnorme, besen- oder nestförmige Astwucherung (meist an Seitenästen) an Laub- und Nadelbäumen, der aber den Gesundheitszustand der Bäume nicht beeinträchtigt. Meist entstehen H. durch den Befall mit bestimmten parasitischen → Pilzen, die ein Massenaustreiben von „schlafenden Augen" (→ Adventivknospen) auslösen, oder durch Knospenmutation, z. B. bei Kie und Fi, aber auch durch → Viren (Rob und Bu) und → Mykoplasmen. Bekannt sind die H. auf Hbu und Kirschbäumen, aber auch auf Ta (→ Tannenkrebs), Bi, Er, Wei, Kie, Fi und Lä. Bei der Kie vererben die zapfentragenden H. diese Eigenschaften. Bei Wei, Ta und Bi konnten → Milben als Erreger der hexenbesenartigen Wucherungen gefunden werden.

Hexendorn, der: → Kreuzdorn 2.

Hexenkraut, das: → Bärlapp 1. und → Johanniskraut 1.

Hexenkraut, das (*Circaea*): Gatt. der → Nachtkerzengewächse mit sieben Arten in den gemäßigten Gebieten der nördlichen Halbkugel. Es sind dies Stauden mit wechselständigen Blättern (→ Blattstellung) und kleinen Blüten, die in Trauben (→ Blütenstand) stehen. Die Samen bleiben mit ihren hakenförmigen Borsten im Fell vorbeistreifender Tiere hängen und werden auf diese Weise verbreitet (Zoochorie; → Samenverbreitung). Bei uns heimisch und auch im Wald anzutreffen sind:

Von links nach rechts: Gemeines Hexenkraut; Mittleres Hexenkraut; Alpen-Hexenkraut

1. Gemeines Hexenkraut, das (*Circaea lutetiana* Linné): auch Gewöhnliches oder Großes H. Das G. H. ist fast über ganz Europa verbreitet und wächst in feuchten schattigen Wäldern, v. a. in feuchten Laub- und Nadelmischwäldern, Auwäldern und an Wegrändern. Es ist eine schwache Verbands → Charakterart der Hartholz-Auenwälder, eine → Differentialart in anderen feuchten Waldgesellschaften der mesophytischen buchenwaldartigen Laubwälder und wächst auf humosen, nährstoffreichen Böden, von der Ebene bis in mittlere Gebirgslagen.

Die mehrjährige, 20 bis 60 cm hohe Staude hat einen aufrechten, an den Knoten verdickten, nach oben zu flaumig behaarten Stengel. Die gekreuzt gegenständig angeordneten, matten Blätter sind breit-lanzettlich bis eiförmig, 5 bis 10 cm lang, zugespitzt, gezähnt und auf den Nerven behaart. BZ: Juni bis August (September). Die kleinen, weißen oder rötlichen Blüten stehen in einer langen, blattlosen, lockeren, endständigen Traube. Die Früchte sind verkehrt-eiförmig, 3 bis 4 mm lang, zweifächerig, mit hakenförmigen Borsten. Dem G. H. sehr ähnlich ist das ebenfalls in feuchten Wäldern, besonders Schlucht- (Linden-Ahorn-), Au- und Bacheschenwäldern wachsende, aber sehr seltene **Mittlere Hexenkraut** (*Circaea intermedia* Ehrh.), das Charakterart des Winkelseggen-Erlen-Eschenwaldes ist. Dieses hat jedoch glänzende, stark gezähnte, plötzlich kurz zugespitzte Blätter, die am Grunde deutlich herzförmig sind. Der Blattstiel ist rund, nur auf der Oberseite behaart und die Frucht lediglich 2 mm lang.

2. Alpen-Hexenkraut, das (*Circaea alpina* Linné): Das A. ist über Nord- und Mitteleuropa, die Alpen, den Apennin, die Pyrenäen, über Korsika und die Gebirge der Balkanhalbinsel verbreitet. Es ist ziemlich selten, in den Alpen und in höheren Mittelgebirgslagen häufiger, und wächst in schattigen, feuchten Wäldern, vornehmlich in Bergwäldern, Hochstauden-Buchenwäldern, Bergahorn-Buchenwäldern, artenreichen Tannen- und Labkraut-Tannenwäldern, Schlucht- und Auwäldern, bevorzugt in Erlenbrüchen und auch in borealen Schwarzerlen-Eschen-Auenwäldern, in Nadelmischwäldern und Gebüschen.

Die ausdauernde, 5 bis 25 cm hohe Pflanze hat einen fleischigen Wurzelstock, der dünne, waagerechte, reich bewurzelte Ausläufer treibt. Der bogig aufsteigende bis aufrechte Stengel ist zart und kahl. Die kahlen, dünnhäutigen Blätter sind rundlich-eiförmig, deutlich herzförmig, 1 bis 3 cm lang und fettglänzend. BZ: Juni bis August. Die kleinen, weißlichen Blüten stehen in einer kurzen, später sich etwas verlängernden Traube. Die etwa 2 mm langen, schief birnenförmigen Früchtchen sind einfächerig und einsamig.

Hexenmehl, das: → Bärlapp 1.

Hexenring, der (Elfen-, Feenring, Elfentanzplatz): eine mehr oder weniger kreisförmige Anordnung von Pilzfruchtkörpern sogenannter bodenbewohnender Pilze mit bis zu 20 cm Durchmesser. Etwa 120 bekannte Pilzarten bilden H. Der H. entsteht dadurch, daß ein Pilzgeflecht (→ Myzel) von einem Zentrum aus nach allen Seiten gleichmäßig wächst und bei Eintritt günstiger Witterung einen Ring von Pilzen bildet. Die Pilzfruchtkörper entstehen immer am Rand des vordringenden Pilzgeflechts, während die älteren Teile absterben. Bekannte Pilze die H. bilden, sind Pfifferling und Wurzel-Lorchel.

Hexenzwirn, der: → Waldrebe 2.

Heyer, Carl Gustav, Dr. (9.4.1797 Bessungen bei Darmstadt bis 24.8.1856 Gießen): Nach der praktischen Vorlehre bei seinem Vater und Abschluß des Studiums in Gießen und → Tharandt eröffnete H. auf kurze Zeit ein Forstinstitut in Darmstadt. Im Jahre 1819 wurde er Revierförster in Grünberg, 1825 in Gießen und erhielt zugleich eine Lehrerstelle für praktischen Unterricht am neu gegründeten Forstinstitut. 1831 trat er in gräflich Erbachsche Dienste in Michelstadt (Odenwald) und kehrte 1835 als Forstmeister nach Gießen zurück. Hier erhielt er eine ordentliche Professur an der Universität. Die Forstmeisterstelle legte er 1843 nieder. Er schrieb u. a.: „Die Wald-Ertrags-Regelung" (1841), „Anleitung zu forststatistischen Untersuchungen" (1845), „Die Hauptmethoden zur Waldertrags-Regelung grundsätzlich geprüft und verglichen" (1848) und „Der Waldbau oder die Forstproductenzucht" (1854).

Heyer, Eduard, Dr. (27.2.1819 Gundernshausen bis 9.5.1898 Darmstadt): H. war von 1857 bis 1873 Professor in Gießen, trat in den praktischen Dienst zurück und verwaltete als Oberforstmeister das Forstamt Lorsch bis 1892. Er schrieb: „Anleitung zum Bau von Waldwegen ..." (1864).

Heyer, Gustav Friedrich Casimir, Dr. (11.3.1826 Gießen bis 10.7.1883 Fürstenfeldbruck): Er studierte von 1843 bis 1847 in Gießen → Forstwissenschaft, Mathematik und Naturwissenschaften. Im Jahre 1849 wurde er Privatdozent und 1854 ordentlicher Professor an der Universität Gießen. Er verwaltete in den Jahren 1854 bis 1857 auch die dortige Oberförsterei. 1868 wurde er Direktor der Forstakademie München und ab 1878 Professor an der Universität München. Er schrieb u. a.: „Über die Ermittlung der Masse, des Alters und des Zuwachses der Holzbestände" (1852), „Lehrbuch der forstlichen Bodenkunde und Klimatologie" (1856), „Anleitung zur Waldwerthrechnung" (1865). Von 1856 bis 1878 redigierte er die „Allgemeine Forst- und Jagdzeitung".

HEZ: Abk. für „Tarifvertrag über die Entlohnung von Holzerntearbeiten im Zeitlohn"; → Tarifverträge.

Hickory, das: Bez. für das → Holz des Hickorybaumes, der zu einer Gatt. (*Carya spec.*) der → Walnußgewächse mit rd. 25 → Arten im östlichen Nordamerika und in Chi-

▸▸▸ Hexenringe sind deutlich sichtbare kreisförmige Anordnungen von Pilzfruchtkörpern.

na gehört. Alle Arten liefern das wertvolle H.-Holz. Die Bäume werden zwischen 20 und 30 m hoch, haben gefiederte Blätter und → einhäusige Blüten. Das Holz ist dem der Es ähnlich. Der → Splint ist breit und weißlich, der → Kern rötlichbraun. H. ist hart, zäh, elastisch, nicht leicht zu bearbeiten und nicht witterungsbeständig. Es wird für Sportgeräte (z. B. Skier) und für Werkzeugstiele verwendet. In Dtschl. gibt es Anbauversuche mit H.

Hieb, der: Bez. für das Fällen von Waldbäumen. Die Fläche des H. wird → Schlag genannt. Im → Hochwald dient ein H. entweder der → Waldpflege (→ Pflegehieb) oder der Ernte von Bäumen, die den Zieldurchmesser erreicht haben (Erntehieb), sowie gleichzeitig der Begründung eines neuen Waldes. Beim Ernte-H. werden verschiedene Hiebsverfahren (→ Verjüngungsverfahren) unterschieden; → Gliederungshieb.

Hiebsalter, das: → Abtriebsalter.

Hiebsanfall, der: → Holzeinschlag.

Hiebsanfall, verstreuter, der: Nach dem (bayerischen) → Tarifvertrag für Holzerntearbeiten im Hochgebirge (HGT) liegt ein v. H. vor, wenn

– im schwachen und mittelstarken Holz (bis 35 cm BHD) nicht mehr als 20 Bäume,

– im starken Holz (über 35 cm BHD) nicht mehr als 10 Bäume je ha Hiebsfläche anfallen.

Hiebsart, die: auch Hiebsverfahren, -form, Hauungsmethode, Schlagmethode, Holzeinschlagsart; in Österreich: Schlägerungsart. die Art des Hiebseingriffs in einen Bestand. Unterschieden werden Erntehiebe (→ Verjüngungsverfahren) und → Pflegehiebe.

Hiebsauszeichnung, die: → Auszeichnen.

Hiebsergebnis, das: → Holzeinschlag.

Hiebsertrag, der: → Holzeinschlag.

Hiebsfläche, die: die konkrete oder ideelle Fläche, auf der die Nutzungen (Schläge) vorgenommen werden; → Schlag.

Hiebsfolge, die: → Schlagfolge.

Hiebsform, die: → Hiebsart.

Hiebsfortschritt, der: Der H. ist die jährliche Strecke, mit der sich die gesicherte → Verjüngung bewegt; → Hiebsrichtung, Verjüngungstechnik, Verjüngungsfortschritt.

Hiebsmasse, die: → Holzeinschlag.

Hiebsmenge, die: → Holzeinschlag.

Hiebsordnung, die: Um Fällungs- und Rückeschäden zu vermeiden, werden Bäume möglichst exakt fischgrätartig zu den → Rückegassen gefällt.

Hiebsreife, die: auch Haubarkeit, in Österreich: Schlägerungsreife. Zustand eines Bestandes, in dem die Bäume bei der Fällung eine Sortenzusammensetzung aufweisen, die dem → (Forst-)Betriebsziel entspricht. Der Einzelbaum ist h., wenn er den bei der forstlichen Produktion angestrebten Baumdurchmesser (→ Brusthöhendurchmesser) erreicht hat; letzteres wird auch die „Zielstärke" oder der „Zieldurchmesser" genannt; → Umtriebszeit.

Hiebsrichtung, die: die Richtung, in der sich die Verjüngungshiebe (→ Verjüngungsverfahren) aneinanderreihen und in den Altbestand (→ Altholz) vordringen. I. d. R. werden die Hiebe von Ost nach West, immer entgegen der Hauptwindrichtung, festgelegt; → Hiebsfortschritt, Verjüngungstechnik.

Hiebsruhe, die: die Zeitspanne zwischen den Fällungsperioden; d. h. das Ruhen aller größeren Einschlagsmaßnahmen und → Durchforstungen, wobei die Entnahme von „Zufälligen Ergebnissen (ZE)", z. B. kranke, absterbende Bäume, die H. nicht unterbrechen.

Hieb(s)satz, der (Abnutzungssatz, Nutzungssatz; früher auch Etat): Der H. ist die durch die → Forsteinrichtung geplante, nachhaltig jährlich einschlagbare Holzmenge. Der H. wird entweder in → Erntefestmetern ohne Rinde (EFm o. R.), (gelegentlich auch in Erntefestmeter mit Rinde (EFm m. R.)oder in → Vorratsfestmetern) angegeben. Der H. hat auch Bedeutung für die steuerliche Bewertung des privaten Waldes; → Holzeinschlag, Nutzungskoeffizient.

Der H. einer → Betriebsklasse wird aufgrund der Einreihung der Bestände in die Verjüngungsnutzung und der Flächenausstattungen der → Altersklassen zunächst vorläufig ermittelt. Der jährliche **vorläufige Endnutzungshieb(s)satz** errechnet sich dabei aus der jährlichen → Abnutzungsfläche, gewichtet mit dem → Haubarkeitsertrag, der Masse der jährlich zur Nutzung vorgesehenen → Nachhiebsreste und → Überhälter, der Masse aus Beständen mit einer Sonderbehandlung und aus Pflegeeingriffen in Verjüngungsbeständen (z. B. Kronenumlichtung (→ Kronenpflege) der Samenbäume). Der **Vornutzungshieb(s)satz** wird aus dem jährlichen Flächensoll, gewichtet mit dem jeweiligen Hektaranfall, getrennt nach den Vornutzungsarten Alt- und Jungdurchforstung sowie Jungbestandspflege ermittelt. Der **waldbauliche H.** ist die Summe der einzelbestandsweisen Vor- und Endnutzungsplanungen, also der vorläufige Gesamthieb(s)-satz. Der **endgültige H.** wird durch Vergleich des **vorläufigen Gesamthieb(s)satzes**, das ist die Summe von vorläufigem Endnutzungs-H. und Vornutzungs-H., mit → Nachhaltsweisern ermittelt. Der **gleitende H.** stellt in Hessen den genehmigten Spielraum für Abweichungen vom H., der nicht ausgeglichen werden muß, dar.

Der **steuerliche Hieb(s)satz (Nutzungssatz)** ist die Bemessungsgrundlage für die Steuer und entspricht der nachhaltig erzielbaren Nutzung bei Ausschöpfung der vollen Ertragsfähigkeit des Waldes.

Österreich: **Bilanzierter Hieb(s)satz** (auch **ausgeglichener Hieb(s)satz**). Bez. für einen H. für den Einrichtungszeitraum abzüglich bereits bezogener Nutzung, geteilt durch die Anzahl der noch verbleibenden Jahre des Einrichtungszeitraumes; → Ertragsregelung, Formelhieb(s)satz.

Hieb(s)satzbegründung, die: → Hieb(s)-satzhcrleitung.

Hieb(s)satzermittlung, die: → Forsteinrichtung.

Hieb(s)satzherleitung, die: auch Hieb(s)-satzbegründung. Gutachten, das den → Hieb(s)satz unter Beachtung der → Nachhaltigkeit herleitet.

Hieb(s)satzweiser, der: → Nachhaltsweiser.

Hiebstechnik, die: Die bei der Holzernte angewandte H. (Erntetechnik) bestimmt die → Hiebsart und den Hiebsgang.

Hiebsverfahren, das: → Hiebsart.

Hiebsverlust, der: → Ernteverlust.

Hiebszug, der: → Schlagreihe.

Hiefe, die: auch Hagebutte. Frucht der Hekkenrose bzw. Hundsrose; → Rosen 10.

Hieracium → Habichtskraut.

Hifte, die: → Rosen 9.

High Quality Lumber (HQL): Bez. für hochwertige Holzerzeugnisse, die früher nur in Dänemark hergestellt wurden und nun auch in Dtschl. die allg. bauaufsichtliche Zulassung bekommen haben. Sie sind eine Alternative zu Massiv- oder Brettschichtholz. Bei der Herstellung wird hochwertiges → Schwachholz verwendet. Die Stämme werden herzgetrennt (→ Herzschnitt), die → Bohlen abgerichtet, getrocknet und sortiert.

Hilf, Hubert Hugo, Prof. Dr. Dr. h. c. (1893 bis 1984): H. war nach seiner Professur von 1927 bis 1941 Rektor der Forstlichen Hochschule in → Eberswalde. Er leitete dort das renommierte Institut für Arbeitswissenschaft. H. ist der Gründer der Forstlichen Arbeitswissenschaft und schrieb u. a. „Die Erforschung und Verbesserung der Waldarbeit" (1941), „Forstgerechtes Baumfällen" (1960).

Richard Berthold Hilf war ein bedeutender forstgeschichtlicher Forscher.

Hilf, Richard Berthold, Dr. (14.7.1895 Limburg a. d. Lahn bis 3.9.1955 Klagenfurt): Neben Rechts- und Staatswissenschaften studierte H. Forstwissenschaften in → Eberswalde, Hann. Münden und München. H. war ab 1936 Forstmeister am Preußischen Forstamt Uetze bei Lüneburg und von 1941 bis 1955 an der Universität Freiburg tätig. Er wurde besonders bekannt durch sein Buch „Der Wald in Geschichte und Gegenwart", das als Band I des Werkes Hilf-Röhrig: „Wald und Weidwerk in Geschichte und Gegenwart" (1938) erschienen ist.

Hilfsbaumarten (dienende Baumarten): Bez. für Baumarten von meist geringer forstwirtschaftlicher Bedeutung, aber erheblichem wirtschaftlichem und ökologischem Nutzen für die → Hauptbaumarten. Sie reinigen z. B. durch Beschattung, die Hauptstämme, verhüten Wasserreiserbildung (Schaftpflege), sorgen für Luftruhe (hauptsächlich im Zwischen- und Unterstand), decken den Boden (Bodenpflege) und schaffen ein ausgeglichenes → Bestandsklima. Typische H. sind z. B. Bi, WEr, Rob, Hbu, Kir, Vobe, As, Hemlock(s)tanne, SFi und Stro.

Hilfsförster, der: → Forstgehilfe.

Hilfspflanzen: Bez. für v. a. stickstoffbindende Pflanzenarten, die als waldbauliche Maßnahme auf nährstoffarmen Böden angepflanzt werden. Sie tragen zur Bodenverbesserung bei. H. sind z. B. Besenginster, Dauerlupine, Waldstaudenroggen und Er.

Hille, P. → Wald in der Dichtung.

Himantoglossum → Riemenzunge.

Himbeere, Gemeine, die: → Rubus 2.

Himbeergallwespe, die: → Gallwespen 4.

Himbeerruten-Gallmücke, die: → Gallmücken 20.

Himmelkraut, das: → Günsel 1.

Himmelsbrot, das: **1)** die Brutknospen des Scharbockskrauts; → Hahnenfuß 5. **2)** → Nelkenwurz 2.

Himmelsschlüssel, die: → Lungenkraut 1., → Primel.

Himmelssterndl, das: → Leberblümchen.

Himmelsziege, die: → Bockkäfer 20.

Himpel → Rundlinge.

Hindelbeere, die: → Rubus 2.

Hippe, die: → Heppe.

Hippocrepis → Hufeisenklee.

Hippophae → Sanddorn.

Hirnholz, das: die Querschnittsfläche des Holzes, auf der die → Jahrringe als konzentrische Kreise sichtbar sind; → Querschnitt des Holzes.

Hirnschnitt, der: → Querschnitt des Holzes.

Hirschdorn, der: → Kreuzdorn 2.

Hirsche → Rotwild.

Hirschfraß, der: volkstümliche Bez. für → Schälschaden, den Rotwild an Baumstämmen (Rindenschälungen) verursacht.

Hirschholler, der: → Holunder 1.

Als Hochlagen bezeichnet man die je nach Gebirge unterschiedlichen Lagen über 800 m Meereshöhe.

Hirschhol(un)der, der: → Holunder 1.

Hirschhörner: abgestorbene Kronenäste älterer Ei, verursacht durch Störungen in der Wasserversorgung, z. B. durch plötzliche Freistellung.

Hirschkäfer, der: → Blatthornkäfer 1.

Hirschkraut, das: → Geißblatt 3.

Hirschmangold, der: → Lungenkraut 1.

Hirschsteine dokumentieren die Jagdleidenschaft ehemaliger Herrscher.

Hirschsteine: Gedenksteine, die am Ort der Erlegung besonders starker Hirsche errichtet wurden. In die z. T. heute noch erhaltenen H. wurden Zeitpunkt der Erlegung, Endenzahl, Gewicht und häufig auch eine Abbildung des Hirsches eingemeißelt. Manche H. erinnern aber auch an ein besonderes Jubiläum. So enthält z. B. ein H. die Aufschrift, daß im Jahre 1898 Kaiser Wilhelm II seinen tausendsten Hirsch erlegt hat.

Hirschvogel, A. → Wald in der Malerei.

Hirschwurz, die: → Haarstrang 2.

Hirschwurz-Haarstrang, der: → Haarstrang 2.

Hirschzehen → Wurmfarn 1.

Hirschzunge, die (*Phyllitis*): Gatt. der Fam. der → Tüpfelfarngewächse (*Polypodiaceae*) aus der Klasse der → Farne mit nur einer einzigen europäischen Art.

Hirschzunge, die (*Phyllitis scolopendrium* (L.) Newman): Die H. ist ein in Europa weit verbreiteter, aber sehr seltener Farn. Auf feuchtem Kalkstein in den Mittelgebirgen und den Kalkalpen ist sie etwas häufiger anzutreffen. Sie ist eine Schattenpflanze, wächst in steinigen, feuchten Schluchtwäldern und ist → Differentialart im Eschen-Ahorn-Steinschuttschatthangwald. Die H. wächst auf sickerfeuchten, nährstoffreichen, oft kalkhaltigen Böden, an Felsen und Mauern, in hohlen Bäumen und gelegentlich auch im Innern von Ziehbrunnen. Der seltene, unter Naturschutz stehende, mehrjährige Farn hat einen spreuschuppigen, aufrechten oder aufsteigenden Wurzelstock und in Rosetten stehende, 15 bis 50 cm lange, aufrechte oder schräg gestellte, wintergrüne Wedel (Blätter). Der Blattstiel ist mit haarförmigen, bräunlichen Schuppen besetzt. Die Wedel sind zungenförmig (Name!), hellgrün, am Grunde herzförmig, vorne zugespitzt, ganzrandig (Rand oft leicht gewellt), am Anfang weißlich behaart und später kahl. Die langen, streifenförmigen Sori (Sporangienhaufen) befinden sich auf der Wedelunterseite, längs der schrägen Seitennerven. Die freien Schleierränder sind dabei einander zugekehrt. Die → Sporen reifen von Juli bis August (September). Die Blätter der H. wurden früher als Wundheilmittel verwendet. Wegen ihrer schonen Form und Farbe wird sie häufig auch als Zierpflanze angepflanzt.

Hitschelnbaum, der: → Holunder 2.

Hitzerisse → Risse 1).

Hitzeschäden: Schäden an Pflanzen durch Überhitzung bei extremer und unmittelbarer Sonnenbestrahlung (Temperaturen über 45 °C) oder durch starke Temperaturschwankungen. Der häufigste H. ist der → Rindenbrand. Gefährdet sind v. a. die freistehenden Bäume in windgeschützten Lagen und hier wiederum die Südwestseite der Baumstämme. Tief belaubte und in einem geschlossenen Bestand stehende Bäume sind vor Hitze am besten geschützt. Auch starke Borke, bei der Bi auch die weiße Rinde und bei der Kie die glatte helle Rinde des oberen Stammteils, die die Strahlen reflektieren, schützen den Stamm. Bei großer Hitze können junge Pflanzen und Saaten eingehen; ältere Bäume verlieren vorzeitig das Laub (Hitzelaubfall). Bei hitzegeschädigten Bäumen treten auch Zuwachsverluste auf; → Untersonnung.

Hoadlen, das: → Berappen.

Hoangbeer, der: → Rubus 2.

Hobelspäne → Span 1).

Hoblerbloche, die: österr. Bez. für Sägerundholz mit einer Länge wie → Bloche, jedoch von 14 cm Zopfdurchmesser bis 19 cm Mittendurchmesser.

Hochblätter: auch Hüll-, Trag-, Deck- und Stützblätter, Brakteen oder Spelzen. H. sind kleiner, meist in der Form von den anderen Laubblättern abweichende Blätter, aus deren Achseln ein Seitensproß oder eine Blüte hervorgeht. Sie bilden die schützenden Decken der jungen Blüten und dienen der Insektenanlockung, der Fruchtbildung (z. B. Ha) und der Fruchtverbreitung (z. B. Li).

Hochdurchforstung, die: → Durchforstung.

Hochentaster, der: ein motorgetriebenes Wertästungsgerät, dient wie die → Klettersäge zur maschinellen Hochästung von Nadelbäumen. Der H. wird meist von einem Zweitakt-Motor angetrieben und gibt seine Kraft über eine feste Welle oder einen Hydraulikantrieb an eine Motorsägenschneideeinrichtung ab. Der H. wird bei Entastungshöhen bis zu 6 m eingesetzt, z. B. auch bei Freischneidearbeiten zur Wegeunterhaltung; → Wertästung.

Hochgebirgstarif, Bayerischer → Mittelstammtarif.

Hochlagen: die je nach Gebirge unterschiedlichen Lagen über ca. 800 m Meereshöhe. Von den Tal- und Hanglagen unterscheiden sie sich u. a. durch: niedrige Durchschnitts- und Minimumtemperaturen, höhere Niederschläge, kürzere Vegetationszeit, längere Schneedeckenandauer, größere Nebelhäufigkeit (mehr Rauhreif und Rauhfrost), größere Sonneneinstrahlung, flachgründigere Böden, größeren Säureeintrag und Bestockung durch meist reinen, natürlichen Nadelwald. In den H., z. B. Bayerischer Wald, Erzgebirge, Fichtelgebirge, Harz und Riesengebirge, sind die Schäden (→ Waldsterben, Waldschäden, Luftverunreingung) an der Fi am größten. Die natürliche Verjüngung bereitet häufig Schwierigkeiten; die ankommenden jungen Bäumchen wachsen nur langsam und sind dazu noch (z. B. wegen der Schneedecke) besonders lange dem Wildverbiß ausgesetzt. Auch die Gewässer der H. unterscheiden sich in ihrer Qualität deutlich von denen der Tal- und Hanglagen. Sie zeigen im Durchschnitt niedrigere → pH-Werte sowie hohe Sulfat- und Aluminiumkonzentrationen.

Hochlagenaufforstung, die: dient der Wiederherstellung der natürlichen → Waldgrenze und Erhöhung des Waldanteils in den schutzentscheidenden Hochlagen; → Schutzwald.

Hochlagen-Buchenwälder, bergahornreiche → Bergahorn-Buchenwälder.

Hochleite, die: → Leite.

hochmontane Stufe, die: → Vegetationsstufen.

Hochmoor, das: Entwickelt sich ein → Übergangsmoor in feuchtem und kühlem Klima weiter, rührt der Wasserüberschuß vorwiegend von den Niederschlägen her. Auch durch die Verlandung offener Gewässer können H. entstehen. Die Streu rührt von den typischen Moorpflanzen, wie z. B. → Torfmoos, → Wollgras, → Heidekraut, → Heidelbeere her. Unbeeinflußte H. sind dauernd naß. Aus diesem Grund ist die Stickstoffmineralisation gehemmt, und sie sind arm an → Magnesium, → Kalium, → Phosphor und → Kalzium. Sie tragen allenfalls eine spärliche Bestockung. In den Randbereichen gedeihen Kie, MBi, Spir, Lat und Fi auch in geschlossenen Beständen. Bei entwässerten H. zersetzt sich der → Torf, und sie können geringwüchsige Waldbestände tragen. Die Bez. H. wird auch für die Landschaftseinheit verwendet (→ Moor).

Hochschulen, forstliche → Forstliche Akademische Ausbildungsstätten.

Hochstauden-Bergahorn-Wald, der (*Ulmo glabrae-Aceretum pseudoplatani*): auch Ulmen-Ahorn-Wald. pflanzensoziologische → Assoziation des Unterverbandes Eschen-Ahorn-Wälder oder Bergahorn-Mischwälder (*Lunario-Acerenion pseudoplatani*) des Verbandes der → Linden-Ahorn-Wälder (*Tilio-Acerion*). Diese Assoziation tritt in der hochmontanen Stufe auf. Dabei treten SLi, SAh, Es zurück und BAh und BUl bilden die Bestände. Mit der Höhenlage nehmen auch die Hochstauden zu; → Waldgesellschaften.

Hochstauden-Buchenwald, der: → Bergahorn-Buchenwald.

Hochstaudenfluren: Charakteristische Vertreter der H. sind hohe Gewächse wie Alpen-Milchlattich, Grauer Alpendost, Meisterwurz, Bäumchen-Weide und Blauer Eisenhut. Sie werden allerdings auf Silikatböden häufig von kleinwüchsigen Grünerlen beherrscht; man spricht dann auch von Grünerlengebüsch oder -flur. Diese Pflanzengesellschaft liebt feuchte, nicht zu flachgründige Böden und kommt deshalb nur an besonders günstigen, kleinräumigen Stellen in höheren Lagen vor. H. brauchen eine gute Wasserversorung und auch windgeschützte Lagen. Sie besitzen ein saftiggrünes, umfangreiches, kräftiges Blattwerk, das stark assimiliert.

Hochthronender Schüppling, der: → Schüpplinge 3.

Hochwald, der: Hochwald- oder Kernwuchsbetrieb, veraltet auch Samenwald, Samenholzung, Baumwald. Bez. für die am meisten verbreitete Betriebsart im forstwirtschaftlich genutzten Wald (hochstämmiger Wirtschaftswald), bei dem der Baumbestand (Nadel- und Laubbaumarten in Rein- oder Mischbeständen) durch Naturverjüngung (→ Verjüngung), Saat oder Pflanzung (z. B. Saat bei Ei, Pflanzung bei Nadelbäumen) entsteht. Es handelt sich dabei um einen aus → Kernwüchsen verjüngten Wald jeglichen Alters, also auch Kulturen, und damit unterschiedlicher Höhe. Die Betriebsart H. ist bei Nadelbäumen wegen des fehlenden Stockausschlagvermögens unumgänglich. Produktionsziel des H. ist die Gewinnung von Nutzholz. Die Nutzung der Bäume erfolgt, wenn sie ihre Zielstärke (→ Hiebsreife) erreicht haben, also i. d. R. in höherem Alter. Betriebsformen der → Betriebsart H. sind der → Altersklassenwald (schlagweiser H.) und der → Plenterwald, Überhaltbetrieb und → Zweialtriger Hochwald; → Niederwald, Mittelwald.

Hochwaldbetrieb, der: → Hochwald.

Hochwaldschlagholz, das: → Mittelwald.

Hochwald, schlagweiser, der: → Altersklassenwald.

Hochwasserschäden: Schäden an Bäumen bei starker Überflutung und länger anhaltender Überschwemmung. Neben mechanischen Schäden wie Entwurzelung bei starkem Wasserdruck, Beschädigung der Bäume durch Schutt- und Geröllfrachten, z. B. bei Waldbachstürzen, entstehen H. hauptsächlich als Folge von Sauerstoffmangel im Boden nach länger anhaltender Vernässung (Überflutung) innerhalb der Vegetationsperiode. Schadsymptome sind u. a. Absterben von Wurzeln und Zweigen (auch Tod des Baumes) und → Chlorosen. Verhältnismäßig tolerant gegenüber lang anhaltender Vernässung sind Wei und SchPa, weniger tolerant SEr, Es, StEi und Fi, sehr empfindlich Bu und Ta; → Wassermangel, Wasserstreß.

Hochwild, das: Nach dem BJagdG § 2 Abs. 4 gehören zum H.: Schalenwild (außer Rehwild), Auerwild, Steinadler und Seeadler. Alles übrige Wild gehört zum Niederwild. In manchen Gegenden wird der Begriff H. mit Rotwild gleichgesetzt.

Hochzeitholz, das (Brautholz): ein früherer und seltener Brauch, bei dem den Bräuten bei ihrer Verheiratung ein Wagen H. überreicht wurde. Eine solche Bestimmung enthält z. B. die Forstordnung für den Rheingau aus dem Jahre 1487; → Brennholz für Kindbetterinnen.

Hochzeitsbäume: anläßlich einer Trauung gepflanzte → Gedenkbäume (lokaler alter Brauch). So war es beispielsweise im heute nieders. Bederkesa ab 1692 Vorschrift, daß ein Paar dem Pfarrer vor der Trauung nachweisen mußte, daß es 20 bis 30 Bu oder Ei gepflanzt hatte. 1977 hat man dort diesen Brauch wieder aufleben lassen. Neben Ei und Bu werden heute auch andere standortgerechte Baumarten gepflanzt wie z. B. Li, Kast, Ah, Pa und Vobe.

Hochzuchtplantage, die: → Samenplantage.

Hocke, die: → Harzmeste.

Höckling, der: bei der → Naturverjüngung eine fußfassende, in der Vegetationsschicht wachsende Baumpflanze bis etwa 20 cm Höhe, die älter als drei Jahre ist; im Kollektiv → Anwuchs.

Hodler, F. → Wald in der Malerei.

Hofbaum, der: → Hausbaum.

Hoffmann, E. T. A. → Wald in der Dichtung.

Hofkammerforste → Kronwaldungen.

Hofkammerwaldungen → Kronwaldungen.

Hoflbeer, der: → Rubus 2.

Hoftüpfel: Die H. befinden sich im Holz der Koniferen (→ Nadelhölzer). Die Kanäle der H. erweitern sich trichterförmig nach der Schließhaut hin, wobei die kreisrunden H. in der Aufsicht als zwei konzentrische Kreise erscheinen. Der kleine Kreis ist die enge Mündungsstelle des Tüpfelkanals im Gefäßraum, der große Kreis ist die weiteste Stelle des Kanals an der Schließhaut und bildet den Hof; → Tüpfel.

Hochmoore werden in der Regel von einem zentralen waldfreien, das heißt offenen, Bereich geprägt, der ringförmig von Hochmoorwald umgeben ist.

Hohberg, W. H. Frhr. von → forstliches Schrifttum.

Höhe der Bäume, die: → Wuchsleistungen, → Höhenwachstum, → Höhenmessung.

Höhenermittlung, die: → Höhenmessung.

Höhengrenze, die: Der durch klimatische Faktoren bedingte Grenzraum, über dessen Höhe eine Vegetationsformation oder eine Pflanze nicht mehr gedeihen kann; → Baumgrenze, Waldgrenze.

Höhenkiefer, die: Standortrasse der Waldkiefer; → Kiefern 3.

Höhenklassen → Baumklassen.

Höhenkurve, die: Trägt man in einem rechtwinkligen Koordinatensystem über den leicht ermittelbaren Durchmessern der Bäume die dazugehörigen Mittelhöhen auf, erhält man eine zunächst nicht ausgeglichene H. Gleicht man diese über eine Näherungsfunktion mathematisch nach der Methode der kleinsten Quadrate aus, erhält man als Ausgleichskurve eine Parabel. Für jeden ermittelten

Durchmesser ist somit die mutmaßliche Höhe und damit auch die Masse ermittelbar. Die H. gleichaltriger Bestände verlagern sich mit dem Alter. Bäume eines bestimmten Durchmessers haben mit zunehmendem Alter eine größere Höhe.

Höhenmessung der Bäume, die: auch Höhenermittlung. Die Höhe der Waldbäume spielt für die Bonitierung, die Berechnung des → Holzvorrats und die Ertrags- und Zuwachsprognose eine entscheidende Rolle. Ihre direkte Messung ist nicht oder nur mit großem Aufwand möglich. Deshalb bedient man sich für die H. bestimmter Verfahren, die alle auf geometrisch-trigonometrischen Gesetzen beruhen.

1. Im einfachsten Fall hält man aus einer festen, bekannten Entfernung eine Meßlatte gegen den Baum und errechnet über die so entstehenden ähnlichen Dreiecke die unbekannte Höhe des Baumes aus der bekannten Entfernung, dem Augenabstand, der Länge der Meßlatte und dem ablesbaren Abschnitt auf der Meßlatte; → Spazierstockverfahren.

Aus dem Vergleich des Schattens eines unbekannten Objektes und des Schattens eines bekannten Gegenstandes (auch eigener Schatten) kann die Höhe eines Baumes ebenfalls ermittelt werden.

2. Bei manchen Höhenmessern sind optische Entfernungsmesser eingebaut, z. B. aus Kalkspat, wie beim Baumhöhenmesser Blume-Leiss. Die eigentliche H. erfolgt dann aus einer bekannten Entfernung mit einem Visiergerät an dem an einem geeichten Neigungsmesser, dessen Zeiger der Schwerkraft folgt (Lot), die Höhe über und unter der Horizontalen abgelesen werden kann.

3. Neuere Geräte messen die Entfernung vom Beobachter zum Baum mit Laser (z. B. die Laserdendrometer) oder Ultraschall (z. B. Ultraschallhypsometer Vertex) und errechnen aus der Entfernung und dem gemessenen Höhenwinkel die Baumhöhe.

Für die H. fanden gegen Ende des 19. Jh. und in den ersten Jahrzehnten des 20. Jh. viele Geräte Verwendung, die i. d. R. nach ihrem Erfinder benannt wurden, z. B. Meyer-Hoßfeldscher Höhenmesser, Höhenmesser von Winkler-Großbauer, Faustmanns Spiegelhypsometer, Höhenmesser von Weise, Trümbachs Drehscheibenquadrat, Höhenmesser I und II von Havlik, Klaußnerscher Höhenmesser, Höhenmesser von Klein, → Dendrometer von Rueprecht, Maaders Höhenmesser „Heureka", Heyers Hypsometer, Meßknecht von Preßler, Hübnersche Meßplatte, Höhenmesser von Bose, Wimmenauers Höhenspiegel, Spiegeldiopter von Abney u. a. m.

Die Baumhöhe kann auch aus stereofotografisch aufgenommenen Luftbildern ermittelt werden.

Höhlenbäume dienen zahlreichen Tieren als Unterschlupf und als Aufzuchtstätte.

Höhenstufen → Vegetationsstufen.

Höhenwachstum, das (Längenwachstum): Bäume, die zu den höheren Pflanzen (→ Samenpflanzen) gehören, werden Jahr für Jahr höher. → Baumart und → Standort eines Baumes bestimmen u. a. die Grenzen des H. Mit etwa 50 m Höhe werden bei uns Ta und Fi am längsten (→ Wuchsleistungen). Voraussetzung ist jedoch, daß der Baum auf dem geeigneten Standort ausreichend mit Licht, Wasser und Nährstoffen versorgt wird. Die Haupttriebe junger Bäume wachsen dabei schneller in die Höhe, als sich seine Äste in die Breite ausdehnen können. Einige → Pionierbaumarten (z. B. WEr und Vobe) wachsen in der Jugend sehr rasch, stellen aber das H. bereits mit 60 bis 80 Jahren ein; dagegen wächst die Ta in der Jugend langsam. Sie kann aber bis zu einem Alter von 600 Jahren noch etwas an Höhe zunehmen (→ Dickenwachstum).

Höhenzuwachs, der: → Zuwach.

Höhere Pflanzen → Sproßpflanzen.

höhere Pilze (*Eumycetes*): zusammenfassende Bez. für → Pilze, die saprophytisch oder parasitisch leben und ein verzweigtes, mit Querwänden versehenes → Myzel haben. Nach Art der Sporenbildung werden sie in die beiden Klassen → Schlauchpilze (*Ascomycetes*) und → Ständerpilze (*Basidiomycetes*) eingeteilt.

Hoher Rittersporn, der: → Rittersporn.

Hoher Wolfstrapp, der: → Wolfstrapp.

Hohe Schlüsselblume, die: → Primel 1.

Hohlbeere, die: → Rubus 2.

Hohlbohrer, der: auch Ballenbohrer. Pflanzwerkzeug für die Pfropflochpflanzung (H.-Pflanzung), besteht aus einem Stahlblatt, als Halbkegelmantel nach unten verjüngt mit scharfem Seitenkantenwalzenmantel gleichweit gewölbt, mit Eisenstiel und langem, hölzernem Griff. Der H. wird mit der Öffnung vom Körper weg in den Boden getreten und einmal um die Achse gedreht, bis ein kreisrundes Loch entsteht. Der dabei entstehende Bohrkern (Erdpfropfen) wird ausgehoben und die (i. d. R. zwei- bis dreijährige Pflanze) in das Bohrloch gesetzt.

Hohlbohrerpflanzung, die: → Hohlbohrer.

Höhlenbäume: lebende oder tote Bäume (→ Totholz), die Höhlen durch Spechte oder durch Ausfaulen von Astlöchern, durch Blitzschläge oder durch Frostrisse (→ Risse) aufweisen. Während Spechthöhlen hauptsächlich von Folgebrütern wie Hohltaube und Insekten (z. B. Wildbienen, Wespen und Fliegenarten) angenommen werden, dienen v. a. größere Höhlen vielen bedrohten Tierarten als Unterschlupf und als Aufzuchtstätten für den Nachwuchs (z. B. Fledermaus, Wald- und Rauhfußkauz, Garten-, Baum- und Siebenschläfer, Dohle, Wildkatze, Baum- und Steinmarder). H. sollten daher erhalten werden. Während der Brut- und Setzzeit sind Fällungen dieser Bäume verboten.

Hohler Lerchensporn, der: → Lerchensporn 1.

Hohlfußröhrling, der: → Röhrlinge 12.

Hohlhackenpflanzung, die: ein mit der Schwedischen Bohrhacke (Kulturhacke) mit auswechselbarem, hohlspatenähnlichem Blatt und kurzem Stiel durchgeführte Pflanzung von starken Sämlingen und kleineren Verschulpflanzen. Die Hohlhacke wird in den Boden eingeschlagen, hin und her bewegt und durch Anheben des bodennahen Stielendes eine Scholle losgetrennt. In den entstehenden Freiraum wird die Pflanze eingesetzt. Die H. ist geeignet für lockere, möglichst stein- und wurzelfreie Böden.

Hohlkehlen → Holzkehlen.

Hohlknolliger Lerchensporn, der: → Lerchensporn 1.

Hohlkörner: leere und damit nicht keimfähige Samen oder Früchte. Sie entstehen bei einigen Baumarten aus unbestäubten Blüten (Bi, Er, Fi, Kie, Lä, Wei) oder teilweise (Ah, Bu, Hbu, Ul).

Hohlmantel, der: → Waldränder.

Hohlpunkt, der: → Laufkäfer 6.

Hohlspaten, der: ein Stahlblatt, als Halbwalzenmantel gleichweit gewölbt, oben mit längerem, unten mit kürzerem Bogen, auf geradem Holzstiel mit T-Griff für die Hohlspatenpflanzung. Der H. findet Anwendung bei bindigem, aber möglichst steinfreien Boden bei der Pflanzung von kräftigen Pflanzen mit schon verholzenden Wurzeln (z. B. Lä, Dgl und Ta) sowie Laubholz-Starkloden. Der H. wird mit der Öffnung zum Körper senkrecht in den Boden gestochen und langsam herausgezogen. Nach der Drehung um 180° wird ein schräger Gegenstich so geführt, daß sich die beiden Stichstellen im unteren Teil leicht überschneiden. Der H. wird dann nach beiden Seiten gedreht, bis oben der Anschluß an den ersten Einstich hergestellt ist. Beim Herausziehen entsteht ein sich nach untern verjüngender Erdpfropf.

Hohltaube, die: → Wildtauben 2.

Hohltrauf, der: → Waldränder.

Hohlunder, der: → Holunder 2.

Hohlwurz, die: → Lerchensporn 1.

Hohlzahn, der (*Galeopsis*): auch Hanfnessel, Daun. Gatt. der Fam. der → Lippenblütengewächse mit rd. zehn Arten in Eurasien. Es sind dies Pflanzen mit purpurnen oder gelblichen bis weißen Lippenblüten, deren Unterlippe zwei hohle zahnförmige Höcker aufweist. Die Samen bleiben im Fell vorbeistreifender Tiere hängen und werden so verbreitet (Zoochorie; → Samenverbreitung). Bei uns heimisch und im Wald anzutreffen:

1. **Gewöhnlicher Hohlzahn**, der (*Galeopsis tetrahit* Linné): auch Gemeiner H., Stechender H. Der G. H. ist fast über ganz Europa verbrei-

tet. Er wächst auf Waldlichtungen, Kahlschlägen, in Hecken, auf Heiden, in Gebüschen, auf Äckern, Schuttplätzen sowie an Wegrändern und Zäunen, von der Ebene bis ins Gebirge.
Die einjährige, sehr variable, 10 bis 60 cm hohe Pflanze hat einen vierkantigen, abstehend behaarten, an den Knoten stark verdickten Stengel. Die kreuzweise gegendständig angeordneten (→ Blattstellung) Blätter sind 3 bis 10 cm lang, länglich-eiförmig, zugespitzt, weich behaart und am Rand gezähnt. BZ: Juli bis Oktober. Der → Blütenstand ist relativ armblütig und besteht aus übereinanderliegenden, oben gedrängten Scheinquirlen mit schwarzköpfigen Drüsenhaaren. Die 15 bis 20 mm lange Krone ist rosa bis rot, sehr selten gelblich oder weiß. Die Kelchzähne und auch die verdornten Vorblätter sind starr und stechend.
2. Bunter Hohlzahn, der (*Galeopsis speciosa* Mill.): Der B. H. ist fast über ganz Europa verbreitet, besonders über Mittel- und Osteuropa. Lediglich im Westen und Nordwesten Europas fehlt er. Er wächst zerstreut in feuchten, artenreichen Wäldern auf Verlichtungen, in Gebüschen, Hecken, auf Schlagflächen, Ödland, Schuttplätzen, Äckern, an Bächen und Wegrändern, v. a. in der montanen und subalpinen Region (→ Vegetationsstufen).
Die einjährige, 30 bis 80 cm hohe Pflanze, die dem Gewöhnlichen Hohlzahn sehr ähnlich ist, hat einen i. d. R. kahlen Stengel, der nur unter den verdickten Knoten mit steifen Haaren besetzt ist. Die gestielten Blätter sind länglich bis eiförmig; der → Blattrand ist regelmäßig gezähnt. BZ: Juni bis Oktober. Er hat die größten Lippenblüten aller H.-Arten. Sie sind 2 bis 3,5 cm (4,5 cm) lang und stehen in quirlartigen → Blütenständen in den Achseln von Tragblättern (→ Hochblättern). Die Krone ist schwefelgelb-weiß-violett-dottergelb-bunt.
3. Weicher Hohlzahn, der (*Galeopsis pubescens* Besser): auch Weichhaariger H. Der über Südskandinavien, Mitteleuropa, im Süden bis Mittelitalien, im Osten bis Bulgarien verbreitete W. H. wächst zerstreut auf Äckern und Waldschlägen.
Der W. H. ist dem Gewöhnlichen H. sehr ähnlich. Die Blätter sind oberseits anliegend, unterseits abstehend weichhaarig. BZ: Juli/August. Die Blütenkrone ist 18 bis 25 mm lang, purpurrot mit gelbem Schlund und zwei- bis dreimal so lang wie der Blütenkelch.
4. Kleinblütiger Hohlzahn, der (*Galeopsis bifida* Boenningh.): auch Zweispaltiger H. Der K. H. ist fast über ganz Mitteleuropa bis Südskandinavien verbreitet und kommt in Dtschl. zerstreut vor. Er ist kalkmeidend und wächst auf Äckern, Kahlschlägen, gestörten Mooren und an Waldrändern.
Der K. H. ist dem Gewöhnlichen H. sehr ähnlich. Die Blätter sind ei-lanzettlich und gezähnt. BZ: Juni bis Oktober. Der Blütenstand ist mit gelbköpfigen Drüsenhaaren besetzt oder drüsenlos. Die nur bis 15 mm lange Blütenkrone ist blaßrot.
Hölb, der: → Helm.
Holcus → Honiggras.
Holder, der: → Holunder 2., Flieder.
Hölderlin, F. → Wald in der Dichtung.
Holländer-Baumwieden → Floßwieden.
Holländer-Dickbalken → Holländerstämme.
Holländer(holz)handel, der: Bez. für den früher getätigten Holzaußenhandel mit Holland und England. Im H. wurden hauptsächlich Eichen-, Ahorn- und Nadelholz als sog. → Holländerstämme in Flößen oder als wertvolle → Oblast auf dem Rhein nach Holland geflößt. Bereits vor dem Dreißigjährigen Krieg (1618–1648) hat der H. zur starken Abnahme von Ei im Schwarzwald geführt (→ Flößerei auf dem Zubringefluß Neckar u. a. und Weitertransport auf dem Rhein). Mit den Einnahmen aus dem H., der im 18. und beginnenden 19. Jh. seine größte Blüte hatte, versuchten die Landesherren den hohen Aufwand zu bestreiten, der ihnen durch die kostspielige

Hofhaltung und durch das Jagdvergnügen enstand. Das waldarme Holland und England benötigten die Stämme zum Aufbau ihrer Kriegs- und Handelsflotten.
Holländer-Kreuzbalken → Holländerstämme.
Holländerstämme: auch Holländer(holz). im → Holländer(holz)handel Bez. für einen Stamm (Nadelholzstamm) von besonderer Güte und bestimmtem Durchmesser. Genaue Sortenvorschriften regelten die Außmaße der H. Im Schwarzwald mußten z. B. die H. (Ta) mindestens 18 bis 30 m lang sein und 15 cm → Zopf haben. Ei hingegen mußten 11 bis 13 m lang und in der Mitte 70 bis 110 cm dick sein. Als Holländer-Dickbalken wurden Fichten- und Tannenstämme von 44 → Fuß Länge und mit einem Zopf von 16 → Zoll, als Holländer-Kreuzbalken Tannenstämme von 44 Fuß Länge und einem Zopf von 14 bis 16 Zoll bezeichnet. Die sog. Holländer-Tanne hatte eine Länge von 60 bis 80 und mehr Fuß und einen Zopf von mindestens 16 Zoll. Sie hatte den Wert von 13 Holländer-Dickbalken oder sechs Holländer-Kreuzbalken. Wagenschoßklötze waren ca. 5 bis 6 m lang und 50 cm dick. Die früher zu Rammpfählen verwendeten oder für Schiffs- und Hafenbauten benötigten Nadelholzstämme gingen von Südtschl. aus auf dem Main und Rhein nach Holland; → Bemastungsholz, Konstruktionsholz.
Holländer-Tanne, die: → Holländerstämme.
Holländische Linde, die: → Linden 3.
Holländische Ulme, die: → Ulmen 4.
Holländische Ulmenkrankheit, die: → Ulmensterben.
Hölle, die: alte Bez. für eine finstere Waldschlucht, z. B. Höllental.
Hollende, die: → Höllende 1).
Höllende, das: **1)** auch Hollende, Gipfelende. Veraltete Bez. für Baumkrone. **2)** svw. Zopfende; → Zopf.
Höllenotter, die: → Kreuzotter.
Holler, der: → Holunder 2., Flieder.
Holler, Riechender, der: → Flieder.
Holler, Schmeckender, der: → Flieder.
Holler, Wilder, der: → Holunder 3.
höllreich → gipfelreich.
Holm, der: → Helm.
Holozän, das: → Erdzeitalter.
Holozelluosen: Sammelbegriff für → Zellulosen und Hemizellulosen (→ Holzpolyosen).
Holster, der: → Rabenvögel 1. und Hainbuche.
Holunder, der (*Sambucus*): auch Holder. etwa 20 Arten umfassende Gatt. aus der Pflanzen-Fam. der → Geißblattgewächse (*Caprifoliaceae*) der gemäßigten und subtropischen Gebiete. Es sind meist kleine Bäume und Sträucher mit markhaltigen Zweigen, gegenständigen (→ Blattstellung), unpaarig gefiederten Blättern und fünfzähligen Blüten in Rispen oder Doldentrauben (→ Blütenstand). Die Früchte sind beerenartige, drei- bis fünfsamige → Steinfrüchte. Bei uns heimisch sind:
1. Roter Traubenholunder, der (*Sambucus racemosa* Linné): auch Roter H., Hirsch-, Trauben-, Berg-, Korallen-H. Hirsch-, Bergholder, Hirschholler, Hundsbeere, Schalaster, Katelbeere.
Verbreitung: Der R. T. ist über Mitteleuropa und im Süden bis zu den Pyrenäen und Mittelitalien verbreitet.
Standort: Er wächst auf lockeren, lehmig-sandigen, frischen, nährstoffreichen Böden, in

◀◀ Der Bunte Hohlzahn bevorzugt frische Böden.

Der Rote Traubenholunder ist eine typische Schlagpflanze.

Um den raschwüchsigen buschigen Schwarzen Holunder ranken sich Volkssagen und Märchen.

sonnigen Lagen, an Waldrändern, in Mischwäldern, Vorwaldgesellschaften der Buchenwälder, Traubenholunder-Gesellschaften (→ Charakterart), lichten Nadelwäldern, auf Holzschlägen (typische Schlagpflanze; → Schlagflora), in montanen Hecken und Gebüschen, Schlehengebüschen, an felsigen Berghängen und auf Gesteinschutthalden, in der Ebene, im Hügel- und Bergland und in den Alpen bis zu einer Höhe von 1500 m. Die einjährigen Triebe werden aufgrund ihres hohen Eiweißgehaltes vom Schalenwild stark verbissen.

Merkmale: Der R. T. ist ein mittelgroßer bis großer, 1 bis 4 m hoher Strauch mit weitreichenden Wurzeln, die auch Wurzelsprosse treiben. Die Zweige sind dick hell-braungrau berindet und haben deutliche Rindenporen (→ Lentizellen). Der Stamm ist dunkelbraun berindet. Das Stammark ist gelbbraun. Die gestielten Blätter sind gegenständig angeordnet und unpaarig gefiedert mit ein bis drei Paaren von Fiederblättern, wobei das Endblatt nicht größer ist als die übrigen Blätter. Die Blattfiedern sind kurzgestielt, länglich oder eilanzettlich und zugespitzt; der → Blattrand ist grob und scharf gesägt. Die Blätter des R. T. sind kleiner und schmäler als die des Schwarzen Holunders. Sie sind oberseits dunkelgrün, unterseits bläulichgrün. BZ: März bis Mai. Die fünfzähligen, sehr kleinen, grünlichgelben und schwach mehlig duftenden Blüten stehen in aufrechten, dichten, eiförmigen Rispen. Die dichtstehenden Steinfrüchte, die von Ende Juni bis Mitte August reifen, sind bis 5 mm groß, kugelig und leuchtend scharlachrot. Sie enthalten gelbbraune, flach eiförmige Samen, die einen Giftstoff enthalten, der Übelkeit und Erbrechen hervorruft. Die Früchte sind nicht eßbar; sie rufen Störungen im Magen und Darm hervor (Brechdurchfall). Sie enthalten viel Vitamin C, Provitamin A, Pektine und etwa 25 % Öl. Der gekochte Saft ist jedoch verwendbar. Häufig wird er dazu verwendet, der Marmelade eine schöne rote Farbe zu geben. Durch Abkochen der Beeren kann ein fettes, zum Kochen und Braten geeignetes Öl gewonnen werden, das sich auch zur Herstellung einer guten Seife eignet.

Der R. T. wird ebenfalls in der Naturheilkunde verwendet, da seine Wirkungsweise der des Schwarzen Holunders gleicht.

2. Schwarzer Holunder, der (*Sambucus nigra* Linné): auch Hohlunder, Hollunder, Holler, Hollerbusch, (schwarzer) Flieder, Holder, El(l)-, Alhorn, Albeere, Alt-, Bachholter, Schibicke, Schiebeckenbaum, Schiebeckenbeerstrauch, Keeske, Resken, Rech-, Baumholder, Kesken-, Hitscheln-, Zibkenbaum, Quitschen, Quebecken.

Verbreitung: Der S. H. ist mit Ausnahme des äußersten Nordens fast in ganz Europa verbreitet.

Standort: Er wächst auf frischem, fruchtbarem Boden, in feuchten Hecken und Gebüschen sowie Schlehen-Gesellschaften, an Waldrändern, in Auwäldern und lichten Waldungen, v. a. im Vorwald feuchter Waldgesellschaften der mesophytischen buchenwaldartigen Laubwälder, in der Ebene, im Hügelland und in den Alpen bis zu einer Höhe von etwa 1200 m; Stickstoffzeiger (z. B. unter Rob). Der S. H. ist seit langem kultiviert und häufig in Gärten und Parkanlagen zu finden. Er verträgt starken Verbiß.

Merkmale: Der S. H. ist ein bis 10 m hoher großer Strauch oder kleiner Baum mit krummem Stamm und dichtbelaubter Krone. Er hat eine flache Bewurzelung und eine hohe → Ausschlagfähigkeit. Der Stamm hat eine hellbraune bis graue, rissige Rinde. Die jungen Zweige sind erst grün, dann hellgrau berindet mit zahlreichen deutlich sichtbaren Rindenporen (Lentizellen). Die Zweige enthalten viel weiches weißes → Mark. Die Blätter, die lange vor den Blüten erscheinen, sind gegenständig angeordnet und unpaarig gefiedert mit meist zwei bis drei Paar Fiederblättern und einem größeren Endblatt. Die einzelnen Fiederblätter sind fast sitzend, elliptisch oder länglich, zugespitzt, spärlich behaart, dünn, glanzlos, oberseits dunkelgrün und unterseits heller. Der Blattrand ist unregelmäßig gesägt, der Blattstiel oberseits rinnig. Die abfallenden → Nebenblätter sind klein, faden- oder knopfförmig. BZ: Mai/Juni(Juli). Die fünfzähligen, gelblichweißen, kleinen (bis 5 mm breiten), intensiv duftenden Blüten stehen in vielblütigen, anfangs aufrechten, fünfstrahligen, endständigen, flachen, schirmförmigen Trugdolden oder Ebensträußen. Die Bestäubung erfolgt durch Käfer und Fliegen. Die Steinfrüchte, die von August bis September reifen, sind dreisamige, kugelige, bis 6 mm große, glänzend schwarzviolette Beeren mit weinrotem Saft, die an purpurvioletten Stielen überhängen. Die bräunlichen Samen sind eiförmig. Die Holunderbeeren sind eßbar und werden gerne von Amseln, Drosseln, Rotkehlchen u. a. Vögeln verzehrt. Für den menschlichen Genuß sind sie roh nicht geeignet. Gekocht werden sie zu Sirup, Mus, Holundersuppe (Hollerkoch), Gelee, Marmelade, Eingemachtem und Schnaps verarbeitet. In manchen Gegenden werden die Blüten in Pfannkuchenteig getaucht und herausgebacken (sog. Hollerküchel). Auch Holundersekt wird aus ihnen bereitet. Frisch verwendet man die Blüten zu einer Kaltschale (Fliedermilch).

Das Mark verwendeten früher die Uhrmacher; aus den Wurzelmasern wurden Tabaksdosen und Pfeifenköpfe geschnitzt und aus den ausgehöhlten Zweigen Flöten hergestellt. Die Zweige eignen sich auch bestens für Käfigvögel, die gerne klettern und knabbern, z. B. Wellensittiche. Das kernlose Holz ist gelblichweiß glänzend, hart und wird für Drechslerarbeiten verwendet.

Der S. H. ist eine alte → Heilpflanze. Ein Aufguß der Blüten wirkt schweiß- und harntreibend und wird bei fiebrigen Erkrankungen gereicht. Eine schweiß- und harntreibende, blutbildende und blutreinigende Wirkung hat auch das aus den Beeren, die reich an Vitamin A, B und C sind, bereitete Holundermus. Getrocknete Beeren sind ein Mittel gegen Durchfall. Der Holundersaft wird auch mit Erfolg bei Nervenentzündungen verwendet. Ein Sud aus Blättern, Wurzeln und der unter der oberen grauen Rinde liegenden frischen grünen Rinde wirkt entwässernd und verbessernd auf die Magensäfte. Größere Mengen rufen jedoch Brechreiz hervor.

Der S. H. ist bereits seit der Steinzeit den Menschen bekannt. Die Germanen und Slawen betrachteten ihn als Wohnung böser Geister, von Kobolden und Zwergen, die entweder im Baum selbst oder unter ihm im Boden wohnten oder sich des Nachts unter dem Holunder versammelten. Bei den Polen ist der Name des Zwergenkönigs Pikulik an den aus Holundermark gefertigten Stehmännchen haftengeblieben. Volkssagen und Märchen ranken sich auch um seinen Namen. Bei unseren Vorfahren war der H. der „Baum der Holla" (der Frau Holle). Im Laufe von mehr als 1000 Jahren hat sich sein Name kaum verändert, denn der Name „Holunder" geht auf die altdeutsche Form „holun-tar" zurück, wobei „tar" oder „tra" = Baum bedeutet und „holun" der Genitiv von „Holla" ist. Man hatte sogar Hemmungen, einen H.-Baum oder -Busch zu fällen, und wenn dies doch geschah, dann kaum ohne einen schützenden Bannspruch. In Höfen und Hausgärten soll der S. H. die Gebäude vor Feuer, das Vieh vor Seuchen, Unglück und Hexerei und die Bewohner selbst gegen Verzauberung schützen. Im Schatten eines H. zu schlafen, sollte vor Mücken- und giftigen Fliegenstichen und Otter-(Viper-)bissen schützen. Bei Zahnschmerzen sollten allerlei Hokuspokus und Zaubersprüche um den H.-Baum diese vertreiben.

Der im 13. Jh. lebende Theologe und Naturforscher Albertus Magnus vertrat die Auffassung, daß die aufwärts geschabte Rinde Erbrechen erzeuge, die abwärts geschabte jedoch abführend wirke. Dieser Glaube war ebenso im östlichen Europa, in Sibirien und Amerika verbreitet. Der H. wurde auch bei der Beerdigung (Stab oder Kreuz aus H.) verwendet;

Tote wurden unter ihm beigesetzt (z. B. bei den Friesen). Aus der auch in England verbreiteten Anschauung (Shakespeare), Judas habe sich an einem H. erhängt, entstammt wohl der jüngere Glaube, daß der H. zum Teufel in Beziehung stehe.

3. Zwergholunder, der (*Sambucus ebulus* Linné): auch Attich, Zwergblatt und im Volksmund Adach, Arch, Ackerholunder, Wilder Holler, Feld-, Kraut-, Niederholder, Natterbeer, Eppich.

Verbreitung: Der Z. ist über Mittel- und Südeuropa verbreitet. Er kommt in Süddtschl. zerstreut, v. a. in Gebirgsgegenden, in Norddtschl. seltener vor. In Südskandinavien und auf den Britischen Inseln wurder er eingebürgert.

Standort: Er ist die Charakterart der Zwergholunder-Gesellschaften und wächst vereinzelt in lichten Wäldern, Auwäldern, auf Waldlichtungen, Holzschlägen, Ödland, in Gebüschen, Hecken, an Wald- und Wegrändern, bevorzugt auf frischen, nährstoffreichen, meist kalkhaltigen, auch steinigen Böden. Der Z. ist von der Ebene bis in Gebirgslagen von 1300 bis 1500 m anzutreffen; Stickstoffzeiger.

Merkmale: Die 50 bis 200 cm hoch werdende, ausdauernde Staude mit unangenehmem Geruch hat kräftige, kriechende Rhizome. Ihre krautigen Stengel sind einfach, steif, gefurcht und enthalten weißes Mark. Die gegenständig angeordneten gefiederten Blätter haben drei bis neun (11) fein gesägte, lanzettliche, vorne zugespitzte Fiedern. Diese sind kahl oder unterseits flaumig behaart. Die blattartigen Nebenblätter sind lanzettlich und gesägt. BZ: Juni bis August. Die kleinen weißen oder rosafarbenen Blüten haben fünf Staubblätter mit roten bis violetten Staubbeuteln, die die fünf Kronblätter überragen. Sie sind zu reichblütigen, endständigen, schirmförmigen, 7 bis 10 cm großen Trugdolden (Scheindolden) mit drei Hauptästen angeordnet. Die beerenartigen, schwarzen, etwa 4 mm großen Früchte sind kugelig, glänzend, enthalten einen blaufärbenden Saft (früher Blaufärbemittel) und drei bis vier knorpelige Samen. Die Früchte sind etwas giftig und können mit denen des Schwarzen Holunders verwechselt werden.

In der Naturheilkunde finden die Blüten (Juni bis August), die getrockneten Blätter, der Wurzelstock oder seine frische und getrocknete Rinde Verwendung (Erntezeit: September/Oktober). Die Pflanze enthält einen Bitterstoff, Gerbstoffe, → ätherisches Öl, Anthocyanfarbstoffe, Enzyme, Saponin und Kohlenhydrate. Die medizinischen Eigenschaften des Z. sind abführend, schweiß-, galle- und harntreibend, ferner bei äußerlicher Anwendung abschwellend und narbenbildend. Die Pflanze und auch die Beeren sind etwas giftig; es ist daher bei ihrer Verwendung Vorsicht geboten.

H. ist auch eine irreführende Bez. für den Gemeinen → Flieder.

Holunder-Knabenkraut, das: → Knabenkraut 2.

Holunder, Roter, der: → Holunder 1.

Holunder-Salweiden-Schlaggebüsche: → Weidenröschen-Schlaggesellschaften d).

Holunderschwamm, der: → Judasohr.

Holunder, Schwarzer, der: → Holunder 2.

Holunder, Türkischer, der: → Flieder.

Holz, das: **1)** mittelhochdeutsch = Wald, Gehölz. Das Wort H. ist griechischen Ursprungs und hat sich aus „klados" Zweig, in das vorgermanische „keldos", in das germanische „holtaz" und schließlich in das althochdeutsche und heutige Wort H. gewandelt.

2) die von → Bast und → Rinde befreite Hauptmasse des → Stammes der H.-Gewächse (Bäume und Sträucher) und zugleich das Dauergewebe der H.-Gewächse, das beim sekundären → Dickenwachstum vom → Kambium aus nach innen neu gebildet wird (Stamm, → Ast, → Wurzeln) und biologisch abbaubar ist. Unter dem Mikroskop ähnelt H. einem Röhrchenbündel. Diese Struktur verleiht dem H. die enorme Festigkeit. Die Zellen des H. sind meist langgestreckte hohle → Libriformfasern, die etwa parallel zur Stammachse liegen und für große Zugfähigkeit sorgen. Das → Lignin ist die Kittsubstanz, die die einzelnen Zellelemente miteinander verbindet und die besondere Druckfestigkeit garantiert. Bei → Laubholz werden das Wasser und die Baustoffe in weiten Gefäßen (→ Tracheiden) geleitet. Bei den großporigen Arten wie Ul, Ei, Es und Nuss sind diese Gefäße am → Hirnholz (→ Querschnitt) als Poren, am Längsschnitt als Nadelstriche sichtbar. Spezielle Zellen (Parenchymzellen; → Parenchym)

dienen der Leitung und Speicherung der Nährstoffe. Bei fast allen H.-Arten ist die → chemische Zusammensetzung in der Trockensubstanz fast gleich. An chemisch-stofflichen Verbindungen enthält H. 40 bis 50 % → Zellulose, 20 % → Hemizellulosen und 20 bis 30 % Lignin; daneben verschiedene Substanzen, wie Gerb- und Farbstoffe, → Harze, anorganische Salze u. a. Beim Stammquerschnitt zeigt sich von innen nach außen folgender ringartige H.-Aufbau: Im Zentrum befindet sich die bis zu einigen mm dicke → Markröhre. Diese wird von einem mehr oder weniger breiten H.-Körper mit → Jahrringen umschlossen. Diese bilden sich nur in Gebieten mit ausgeprägten Jahreszeiten; → Tropenhölzer haben daher keine Jahrringe. Sie bestehen aus dichtem → Spätholz und lockerem → Frühholz. Der H.-Körper wird vom Kambium umschlossen. Dieses ist ein dünnwandiger Mantel und mit seiner Zellschicht der eigentlich wachsende Teil des Stammes. Nach innen erzeugt es

Holz ist u. a. als Bau- und Werkstoff vielseitig verwendbar.

◀◀ Das Holz wird zum Trocknen gestapelt.

neues H., nach außen die innere Rinde, den kurzlebigen Bast, von dem aus die → Markstrahlen (vorwiegend dünnwandige Parenchymzellen) in das H. verlaufen. Die äußerste, abschließende Schicht (äußere Rinde) bildet die → Borke, die den Stamm vor Gefahren (Sonne, Kälte, Hitze, Pilz- und Insektenbefall etc.) schützt.

Das H. ist der wichtigste erneuerbare heimische Rohstoff. Er wird von den Forstbetrieben nachhaltig und im Vergleich zu anderen Bodennutzungen umweltschonender produziert. Das H. ist u. a. als Bau- und Werkstoff, Faserlieferant, Chemierohstoff und Energieträger vielseitig verwendbar. Seine Bedeutung als ein umweltfreundlicher, nachwachsender, CO^2-neutraler und vielseitig einsetzbarer Rohstoff wird dabei weiter zunehmen. Das H. zeichnet sich im Vergleich zu anderen Rohstoffen durch außerordentlich günstige ökologische Eigenschaften in Bezug auf Erzeugung, Be- und Verarbeitung, Wiederverwertung, Entsorgung und Energiebilanz aus.

Holzabbau, der: auch Holzzerfall; Holzzersetzung, eine auf abiotische und biotische Wirkungen zurückgehende Zerstörung des Holzes, z. B. durch → Pilze und Witterungseinflüsse. Das → Holz ist wertgemindert und wird als anbrüchig, angefault, angestockt oder angegangen bezeichnet; → Holzfäule, Zersetzungsformen des Holzes.

Holzabfälle: Abfälle, die bei der Holzernte sowie bei der Holzbe- und -verarbeitung entstehen und sich im wesentlichen aus Schlagabraum (→ Abraum 1)) und Rindenabfällen zusammensetzen. Für H. gibt es zahlreiche Verwertungsmöglichkeiten, z. B. Kompostierung (→ Rindenkompostierung), Biogasgewinnung (→ Biogas), Pyrolyse und Einsatz in der Spanplatten- und Papierherstellung. Neben diesen Abfällen kommt eine bisher nicht erfaßte Menge Altholz (ausgesonderte Möbel, Innenausbauteile, Bauholz aus Abbruch- und Umbauarbeiten, Masten, Schwellen u. a.) hinzu, die verbrannt, auf Deponien gebracht oder anderweitig verwertet werden kann; → Laubkompostierung.

Holzabfuhr, die: → Holztransport.

Holzabgabeschein, der: → Abfuhrschein.

Holzabnahme, die (Schlagabnahme, Abpostung): Das vom Forstbetriebsbeamten zur Abgabe fertiggestellte und in den Verkaufslisten verzeichnete Holz wird durch den vorgesetzten Forstbeamten (i. d. R. Forstamtsleiter) hinsichtlich Menge und Beschaffenheit geprüft. Als Zeichen der durchgeführten Prüfung werden die Hölzer und sonstigen Nutzungen mit dem → Waldhammer (Markierhammer) kenntlich gemacht; → Kennzeichnung des Holzes.

Holzabsatz, der: → Forstabsatzfonds.

Holzabsatzförderung → Forstabsatzfonds.

Holzaktien: Nach dem Gesetz vom 1.6.1854 wurden im Kreis Wittgenstein von den dort bestehenden Waldgenossenschaften sog. H. ausgegeben. Jeder Waldgenosse erhielt, je nachdem, wieviele Grundstücke einschließlich Holzbestand er in die Genossenschaft eingebracht hatte, eine entsprechende Anzahl von H., die auf seinen Namen ausgestellt waren. Die Zahl der H. war auch Grundlage für die Stimmberechtigung bei Beschlüssen und für die Anteile am Waldertrag.

Holzalkohol, der (Holzspiritus): bei der → Holzverzuckerung durch Gärung entstandener Äthylalkohol. Die → Zellulose des Holzes wird durch Säuren in Traubenzucker verwandelt und dieser mit Hilfe von Hefe zu Äthylalkohol vergoren. Aus 100 kg Trockenholz lassen sich z. B. über 20 l hundertprozentigen Alkohols gewinnen. H. ist nicht zu verwechseln mit → Holzgeist.

Holzameisen: die meist schwarzen → Ameisen der Gatt. *Lasius*.

Holzanatomie, die: Methode zur Beschreibung von → Holzarten aufgrund von Merkmalen des Holzaufbaus. Das durch die Differenzierung der Zellkörper entstandene Strukturbild des Holzkörpers ist bei Bäumen und Sträuchern von Art zu Art verschieden, so daß durch vergleichende Beobachtung auf Grund mikro- und makroanatomischer Untersuchungen auch bei spärlichen Überresten oft noch eine Holzbestimmung durchgeführt werden kann.

Die H. hat besondere Bedeutung für die Vor- und Frühgeschichte, denn das Vorkommen bestimmter Holzarten in prähistorischen Siedlungen ermöglicht Rückschlüsse auf Technik und Wirtschaft der jeweiligen Bewohner, besonders bei Moorsiedlungen und Pfahlbauten. Die Verwendung verschiedener Holzarten als Bauholz, Brennholz und zu Holzgeräten gibt Auskunft über die technologischen Kenntnisse ihrer Benutzer und deren Verhältnis zur Umwelt.

Der Baustoff Holz verbindet Ökologie mit Ökonomie.

Holzapfel, der: volkstümliche Bez. für die gerbstoffreiche, kleine, herbe Frucht des Holzapfelbaumes; → Äpfel.

Holzapfel(baum), der: → Äpfel.

Holzarbeiter, der: → Waldarbeiter.

Holzart, die: sachlich und sprachlich richtige Bez. für den von einer bestimmten → Baumart stammenden, eingeschlagenen, aufgearbeiteten oder der Verarbeitung zugeführten Rohstoff → Holz. Für lebendes Holz, d. h. für im Walde stehende Bäume, ist die Bez. Baumart richtiger und zutreffender.

Holzartengruppe, die: → Baumartengruppe.

Holzasche, die: Beim Verbrennen von → Holz bleiben anorganische und organische Verbrennungsrückstände zurück. Der Anfall an H. ist baumartenweise verschieden. Ein fm Buchenholz liefert z. B. ca. 3,8 kg H., ein fm Fichtenholz hingegen nur ca. 1,1 kg. Je nach Aufbereitungsart des Brennstoffes (Sägespäne, Hackgut ohne Rinde) verbleiben 0,5 bis 1,4 Gewichtsprozente der Brennstoff-Trocken-Substanz zurück (→ Aschenbestandteile des Holzes). Reine Rinde enthält 5 bis 8 %. Die Zusammensetzung der H. schwankt; sie besteht überwiegend aus Metalloxiden und Silikaten. Späneasche enthält 29,5 Gewichtsprozente der Trockensubstanz Calcium, 3,8 % Magnesium, 7 % Kalium, 1,2 % Phosphor. Die entsprechenden Werte der Rindenasche sind 28,4 %, 3,1 %, 4 % und 0,8 %. Daneben enthält sie noch → Schwermetalle, am meisten Blei, Zink, Chrom und Kupfer. Bei der Verbrennung von unbehandeltem Holz in Biomasseheizkraftwerken mit moderner Feuerungs- und Filtertechnik unterscheidet Obernberger (1994) je nach Ort des Anfalls zwischen drei verschiedenen Aschefraktionen:

Grob- oder Rotasche: Sie fällt im Verbrennungsbereich der Feuerung an und besteht aus dem mineralischen Rückstand von Holz (v. a. bei der Verbrennung von Rinden- und Hackgut). Daneben enthält sie die direkten Verunreinigungen wie Sand, Erde und Steine, ist besonders reich an Nährstoffen, weist aber vergleichsweise niedrige Schwermetallkonzentrationen auf. Kritische Schwellen werden nur für Nickel und Chrom erreicht.

Zyklonflugasche: In den Kesseln nachgeschalteten Fliehkraftabscheidern (Zyklonen) bleibt die Zyklonflugasche zurück. Sie besteht im wesentlichen aus festen, überwiegend anorganischen Bestandteilen und fällt v. a. beim Einsatz von Sägespänen als Brennstoff in größeren Mengen an. Überschreitungen der Belastungsschwellen sind für Cadmium und Blei gegeben.

Feinstflugasche: Wenn darüber hinaus Elektro- oder Gewebefilter installiert sind, fällt zusätzlich die Feinstflugasche (dritte Fraktion) an, die die höchste Schwermetallkontamination (v. a. Cadmium) aufweist.

H. hat einen → pH-Wert von 10 bis 13. Sie ist ein gutes Düngemittel, das v. a. im Mittelalter verwendet wurde. Die Ausbringung von H. im Wald ist nur dann empfehlenswert, wenn diese ausschließlich aus der Verbrennung von unbehandeltem Holz stammt. Flugaschenfraktionen sind jedoch von einer solchen forstlichen Nutzung auszuschließen; → Brennstoffzusammensetzung des Holzes.

Holzäste: frühere Bez. für die stärksten Äste eines Baumes, die noch als → Klafterholz verwendet werden konnten.

Holzaufbereiter (Holzwarenfertiger): Sammel-Bez. für eine mehrere hundert Spezialberufe umfassende Berufsgruppe, die sich aus den Berufsordnungen H., Holzverformer, Holzwarenmacher sowie Korb- und Flechtwarenmacher zusammensetzt. Zu den H. zählen z. B. die Furnier-, Holzpreßplatten- und Sperrholzhersteller sowie Sägewerker u. a., zu den Holzverformern die Drechsler, Holzbildhauer, Schnitzer, Holzschuhmacher u. a., zu den Holzwarenmachern die Stock- und Schirmmacher, die Holzspielwaren-, Bürsten-, Besen- und Pinselmacher usw.

Holzaufkommen, das: das Gesamtaufkommen des Holzes. Inlandsaufkommen, Einfuhr und Ausfuhr von Rohholz für das Jahr 1995 gliedern sich wie folgt:
Inlandsaufkommen (Verkäufe der Forstwirtschaft): 34,541 Mio. m^3, davon Stammholz: 22,140 Mio. m^3, Industrieholz: 12,401 Mio. m^3. Einfuhr: ca. 2,036 Mio. m^3, Ausfuhr: ca. 3,881 Mio. m^3. Verfügbare Menge (rechnerisch; ohne Bestände): 32,696 Mio. m^3. Quelle: Agrarbericht der Bundesregierung (1997); → Holzverwendung, Holzeinschlag.

Holzaufnahme, die (veraltet: Schlagaufnahme): Aufnahme des gefällten Holzes in eine Holznummernliste durch Forstbeamte. Beim → Stammholz werden insbesondere Holzart, Länge (m), → Mittendurchmesser (cm), Sorte oder Langholzklasse und Güte festgehalten. Anhand dieser Aufzeichnungen erfolgt die → Mengenberechnung, Klasseneinteilung und Wertberechnung; → Holzsortierung, Holzverkauf, Kennzeichnung des Holzes und Entlohnung.

Holzaufschluß, der: chemische und physikalische Behandlung des → Holzes zur Gewinnung von → Zellstoff.

Holzauktion, die: → Versteigerung.

Holzausformung, die: → Ausformung.

Holzausformungsplatz, der: → Ausformungsplatz.

Holzaushaltung, die: das Vermessen, Klassifizieren und Numerieren des Stammes für den Verkauf; → Ausformung, Holzabnahme, Kennzeichnung des Holzes.

Holzauszeichnen, das: → Auszeichnen.

Holzbau, der: Herstellen von Bauten und Bauteilen aus Holz, das als Werkstoff (leichte Bearbeitbarkeit, geringes Gewicht) seit jeher große Bedeutung hat. Geschichtlich ist der H. zweifellos die älteste Bauweise. Eingerammte Pfahlreihen (dünne → Rundhölzer) durch Flechtwerk verbunden, der sog. Pfostenbau, ist die älteste europäische Form des H. Dem Pfostenbau folgten der Blockbau, eine einfache Konstruktionsweise, bei der die Rundhölzer waagerecht aufeinandergelegt werden, und der Bohlenbau, bei dem die halbierten Stämme – oder bearbeitete dicke Bretter – senkrecht stehen. Noch zu Beginn des frühen Mittelalters erstreckte sich der H. hauptsächlich auf Decken. Große Bedeutung gewann er aber ab Ende des 12. Jh., als fast alle Bürgerhäuser und bäuerlichen Anwesen aus Holz errichtet wurden. Neben dem reinen Holzhausbau zählen alle selbständig oder in Verbindung mit anderen Bauarten vorkommenden Holzkonstruktionen zum H.; z. B. Fachwerk- und Gerippebauten, Dächer, Gerüste, Treppen, Brücken, Tribünen und Absteifungen. Durch die günstigen statischen Eigenschaften des Holzes und durch die vom Ingenieur-H. entwickelten Verfahren (Leim-H., Dübel-H., Nagel-H.) findet der H. heutzutage wieder eine ausgedehnte Verwendung; v. a. Fest- und Sporthallen, Freizeitheime, Ausstellungshallen etc. entstehen häufig in H.-Weise.

holzbearbeitende Industrie, die: ein Teil der → Holzwirtschaft; umfaßt die Sägeindustrie (einschließlich der Hobel- und Holzimprägnierwerke), Furnier-, Sperrholz-, Holzfaserplatten- und Holzspanplattenindustrie. Sie ist der größte Rundholzabnehmer im Bundesgebiet und der heimischen Forstwirtschaft. Hauptabnehmer ist die Bauwirtschaft.

Holzbearbeitung, die: Die H. ist ein Teil der → Holzwirtschaft mit (1996) 53 500 Beschäftigten. Sie umfaßt die Verarbeitung von → Rohholz in Säge-, Sperrholz-, Furnier-, Holzfaserplatten- und Holzspanplattenwerken sowie die Holzzurichtung und -konservierung (maschinelles oder handwerkmäßiges Zubereiten des Holzes zur Verwendung im Bauwesen, für die Möbel- und Parkettherstellung u. ä.). Hierzu zählen v. a.:

a) Fertigung von Balken, Kantholz, Bohlen und Brettern.

b) Einarbeiten von Vertiefungen (z. B. Einschnitte, Nuten und Profile).

c) Holzoberflächenbehandlung durch Hobeln, Beizen und Polieren.

c) Holztrocknung.

e) Holzkonservierung.

f) Vergüten zu Lagenholz, Vollholz (z. B. Preßvollholz), Holzfaserstoffen (z. B. → Holzfaserplatten), Holzspanstoffen (z. B. Holzwolle-Leichtbauplatten, Steinholz, Holzspanplatten).

Holzbearbeitungsmaschinen: Sammel-Bez. für verschiedene Spezialmaschinen, die zur industriellen oder handwerklichen Bearbeitung des Holzes notwendig sind. Die wichtigsten H. sind:

1. Sägen: Maschinelle Sägen, z. B. die Gattersäge (→ Gatter 2)).

2. Hobelmaschinen: Maschinen, die mit spanabhebenden Messern an umlaufender Messerwelle ausgestattet sind; z. B. Dicktenhobelmaschine zum Abhobeln von Brettern auf bestimmte Stärken, Abrichthobelmaschine zum einseitigen Glattrichten von Bohlen und Brettern, Fügemaschine mit geraden und profilierten Messern zum Bearbeiten der Bretterlängskanten, Kehlmaschine zum gleichzeitigen mehrseitigen Abrichten.

3. Fräsmaschinen: Maschinen zum Einarbeiten von Vertiefungen (Nuten, Profile etc.) durch den mit Messern versehenen, umlaufenden Fräser.

4. Bohrmaschinen: verschiedene Konstruktionen, auch tragbar als Handbohrmaschinen.

5. Drehmaschinen (Drehbänke): bei denen das Werkstück umläuft.

6. Stemmmaschinen.

Holzbedarf, der: Der H. wird durch Eigenbedarf und Import gedeckt (→ Holzaufkommen). Er ist von einer Vielzahl von Faktoren abhängig. Das spiegelt sich in den beispielhaften Holzverbrauchszahlen (→ Holzverbrauch) einiger Länder wider; → Holzeinschlag, Holzverwendung.

Holzbeigen, das: → Holzsetzen.

Holzbeizen: Flüssigkeiten zum Färben des Holzes. Die echten H. (Beizenfarben mit chem. Behandlung des Holzes) färben wasserfest und fast lichtecht. Daneben gibt es noch alkohollösliche H. (Farbholzextrakte oder synthetische Farbstoffe) und wasserlösliche H. (Farbholzextrakte). Kirschbaumholz wird z. B. schön bräunlichrot, wenn man es mit dicker Kalkmilch bestreicht, diese trocknen läßt und die Kruste abbürstet. Ulmen- und Nußbaumholz kann man mit einer sehr starken Abkochung von Mahagoniholzspänen (Säge- oder Hobelspänen) diesem täuschend ähnlich beizen; die Farbe wird jedoch mit der Zeit dunkler.

Holzbeschau, die: in den landesfürstlichen Waldungen (Haller Salzmayeramt) des Oberinntals (Tirol) ab 1459 durchgeführte Waldbesichtigungen (Waldbereitungen; → Forstbereitungen). Die H. diente der Ertragsregelung. Man unterschied dabei Jungholz, hiebsreifes Holz und überständiges Holz. Mit der H. verbunden waren auch einfache Zuwachsschätzungen. Vor 1459 wurden vom Haller Pfandhaus durchgeführte Kontrollen als sog. „Pfandhausritte" bezeichnet.

Holzbeton, der (Holzspanbeton, Leichtbeton): H. besteht aus Zement (Portlandzement) und Fräs-, Hobel- oder Sägespänen, letztere von Tannen- oder Fichtenholz. Die Späne werden mit Kalkmilch, Alkaliwasserglas u. ä. vorbehandelt. H. dient der Herstellung von Platten für Verschalungen und Zwischenwände, für Nistkästen und wird auch in der → Baumchirurgie verwendet.

Holzbibliothek, die (Xylothek): Sammlung buchförmiger Kästchen, wobei jedes Kästchen einer bestimmten Baum- oder Straucharten gewidmet ist. Die Deckel der Kästchen sind aus dem Holz, der Rücken aus der Rinde (der betreffenden Baumart) hergestellt. Im Inneren werden die getrockneten Blätter, Zweige, Blüten, Blütenstaub, Querschnitte von Ästen, Früchte des Baumes auch Moose, die auf ihm wachsen, aufbewahrt. Auf der linken Buchhälfte befindet sich die Beschreibungen des Baumes und der Pflanzenteile. Eine der schönsten und wertvollsten H. stammt von dem Benediktinermönch Candid Huber (1747 bis 1813), die dieser in der zweiten Hälfte des 18. Jh. angelegt hat und die 150 Baum- und Straucharten umfaßt (Candid Hubersche H.). Weitere Holzbuchhersteller waren Hinterlang, von Schlumbach, Ryss und Goller. Holzbuch-Sammlungen befinden sich in Ebersberg (117 Bände aus der Werkstatt Candid Hubers), im Bayer. Nationalmuseum und im Institut für Holzforschung München, im Naturkundemuseum in Kassel, im Naturkundemuseum in Kassel, im Haus der Natur in Salzburg, im Oberösterreichischen Landesmuseum in Linz, den Stiften Kremsmünster und Lilienfeld, an der Universität Hohenheim und auf Burg Guttenberg (bei Haßmersheim-Neckarmühlenbach), im Stadt- und Kreismuseum Landshut und im Naturkundemuseum Ostbayern in Regensburg. Neben diesen kostbaren H. wurden auch einfache Holzsammlungen angelegt, deren einzelne Stücke jeweils aus dem → Quer-, → Radial- und → Tangentialschnitt bestehen. Eine der ersten derartigen Sammlungen haben z. B. Nördlinger: „Querschnitte von Holzarten" (Stuttgart 1852 – 1881, 11 Bde.), jeder Band umfaßt 100 natürliche, durchscheinend dünne Blättchen

Rundholz (→ holzbearbeitende Industrie)

→ Hirnholz mit erläuterndem Text, und Burkart: „Sammlung der wichtigsten europäischen Nutzhölzer" (Brünn 1880), insgesamt 40 Tafeln, angelegt.

Holzbienen (*Xylocopa*): Gatt. einzeln lebender hummelartiger → Bienen mit breitem, behaartem Hinterleib. Während in den Tropen mehr als 100 Arten leben, kommen in Dtschl. nur zwei Arten vor (blauschwarz mit dunkelblauen und violettschimmernden Flügeln). Eine davon ist die 18 bis 26 mm große **Blaue Holzbiene** (*Xylocopa violacea*). H. leben nur in zwei Geschlechtern, d. h. ohne Arbeiterinnen. Die Weibchen nagen Brutröhren in altes Holz oder in Pflanzenstengel und bilden in diesen durch Querwände Zellen (Brutzellen), die sie mit Pollen füllen.

Holzbilanz, die: Die H. zeigt das Verhältnis von → Holzeinschlag, Holzein- und -ausfuhr.

Holzskulptur „Tobias und der Engel" (1516) von Veit Stoß (um 1445–1533)

Holzbildhauerei, die (Holzbildnerei, Holzskulptur): die Kunst, aus Holz (Stammholz oder geleimten Holzblöcken) vollplastische Figurengruppen oder Reliefs herauszuhauen. Mit einem groben Schnitzeisen und dem sog. Knüppel wird erst die Grundform aus dem Holz herausgehauen. Die Details werden dann mit dem Schnitzeisen ausgeführt und mit Messern, Raspeln und Glaspapier geglättet. Insoweit unterscheidet sich die H. von der → Holzschnitzerei. Werke der H. gab es bereits in der ostasiatischen und ägyptischen Kunst. Bedeutende frühchristliche Beispiele sind die Reliefs der Kirchentüren, z. B. Santa Sabina in Rom (5. Jh.).

Ihre Blüte erreichte sie in Europa im Mittelalter; v. a. monumentale Kruzifixe und Madonnenfiguren wurden gestaltet (Holztüren von St. Maria im Kapitol in Köln, 11. Jh.). In romanischer Zeit wurde das freistehende hölzerne Bildwerk oft mit Goldblech überzogen (Imadmadonna in Paderborn, Essener Madonna). Seit dem 12. Jh. waren bedeutende Triumphkreuzgruppen (Wechselburg, Halberstadt, 13. Jh.) dominierende Aufgabe der H. Zum Schutz und Schmuck des Materials diente die Bemalung (Fassung). Im 14. und 15. Jh. entstanden im Rahmen der Andachtsbilder die Christus-Johannes-Gruppen. Im Hoch- und Spätmittelalter gestaltete man Schnitzaltäre, die Flügel gemalt oder in Relief, das Mittelstück meistens geschnitzt. Den Höhepunkt der Darstellung erreichte die H. in der Spätgotik (Tilman Riemenschneider, Veit Stoß, N. Hagenauer, H. Brüggemann, Claus Berg, Hans Leinberger u. a.). Riemenschneider verzichtete zuerst auf die Fassung (Bemalung) und nutzte die Struktur des Materials zur künstlerischen Wirkung aus. Münstermann und Albert von Soest sind Hauptmeister der manieristischen Epoche. Die besonders in Spanien und Süddtschl. gepflegte H. des Barocks bevorzugte wieder die gefaßte Figur.

Aus dem 17. und 18. Jh. stammen die Arbeiten von B. Permoser, G. Petel, I. Günther, J. A. Feuchtmayer. Nach einem allgemeinen Niedergang im 19. Jh. führten E. Barlach und E. Mataré die H. wieder zu bedeutenden Höhepunkten. Als Material wurde in Norddtschl. überwiegend Eichenholz, in Süddtschl., wo dieses dem figürlichen Schmuck von Schreinerarbeiten (Türflügel, Chorgestühl) vorbehalten blieb, hauptsächlich Lindenholz (→ Heiligenholz), in den Alpenländern auch Zirbenholz verwendet. Das besonders harte Buchsbaumholz, aber auch Obstbaumholz diente überwiegend für Kleinplastiken und Bozzetti. Die Bildschnitzer und Schreiner gehörten im Mittelalter zwei verschiedenen Zünften an; → Holzschnitt, Holzstich.

Holzbildnerei, die: → Holzbildhauerei.

Holzbildung, die: Sie erfolgt durch das im allg. jährlich erfolgende → Dicken- und Längenwachstum (→ Höhenwachstum). Die H. verläuft während eines Baumlebens nicht gleichmäßig; so sind z. B. das Wachstum und die H. in der Jugend zunächst gering, nehmen aber – je nach Art – rasch zu und mit fortschreitendem Baumalter wieder ab, so daß alte Bäume i. d. R. einen geringeren Zuwachs haben. Bei diesen ist zumindest das Höhenwachstum beendet; → Holz.

Holzbiologie, die: Die H., ein Teilgebiet der → Holzforschung, befaßt sich mit dem wachsenden und gewachsenen → Holz und gliedert sich in die Fachrichtungen → Holzanatomie, Physiologie, → Holzpathologie (einschließlich → Holzschutz), Holzartenkunde (und Holzartenbestimmung) auf der Grundlage der → Systematik.

Holzbirne, die: → Birnen.

Holzbitzler, der: auch Bitzler, Pitzler; etwa soviel wie Holzschnitzer, Holzschnipsler. in Altbayern (Bayer. Wald) Bez. für eine Person die im Winter Gegenstände für den Haushalt, wie z. B. Kochlöffel, Quirle, Siebränder, Backmulden, Gabeln, Schaufeln und Holzschuhe schnitzte.

Holzblasinstrumente: Sammelname für eine Gruppe von Blasinstrumenten wie Labialinstrumente (Flöten) und Rohrblattinstrumente (Klarinetten, Oboen, Fagotte), im Ggs. zu den Blechblasinstrumenten. Nicht alle Instrumente, die unter dem Begriff H. zusammengefaßt sind, sind jedoch aus Holz. Früher wurden Knochen und Bambus, später auch Elfenbein, Glas, Silber, Neusilber und sogar Gold verwendet. Auch der Begriff Blechblasinstrumente umfaßt solche, die aus Holz gefertigt wurden; z. B. verschiedene Trompetenformen.

Holzblau, das: → Färberhölzer.

Holzbock, der: → Bockkäfer 1., → Zecken.

Holzboden (HB), der: Holzbodenfläche; → Forstbetriebsfläche.

Holzbohr-Borkenkäfer, Ungleicher, der: → Borkenkäfer 22.

Holzbohrer (*Cossidae*): eine Fam. plumper → Nachtschmetterlinge, die mit rd. 700 Arten weltweit verbreitet ist. H. erreichen z. T. eine beträchtliche Größe (bis 25 cm Flügelspannweite), die Weibchen sind weit größer als die Männchen. Der Rüssel (Saugrüssel) ist rückgebildet, der Körper robust und dicht anliegend behaart, der Hinterleib lang, beim Weibchen mit einer Legröhre versehen. Die Männchen haben meist einen gekämmten oder geblätterten Fühler. Die 16füßigen, kaum behaarten Raupen leben in Holz und Pflanzenstengeln und entwickeln sich mehrjährig. Die Puppen sind langgestreckt und haben am beweglichen Hinterleib Stacheln. In Dtschl. kommen fünf Arten vor; die bedeutendsten zwei Arten sind:

1. Weidenbohrer, der (*Cossus cossus* Linné): Der Falter kann bis zu 9 cm Flügelspannweite erreichen. Die kräftigen Vorderflügel sind braun und weißgrau mit zahlreichen schwarzen Querstreifen. Der lange, stumpfe Hinterleib ist geringelt. Die Eier sind länglichrund, hellbraun und schwarz gestreift. Die Raupen sind bis 8 cm lang, fleischrot, an den Seiten gelblich und haben einen schwärzlichen Kopf. Sie riechen nach → Holzessig. Die Puppe steckt in einem aus Holzspänen gefertigten Gewebe. Sie ist rotbraun, hat einen gelben Hinterleib und ist am Rücken gestachelt. Die Eier des W. werden vorwiegend in den Rindenritzen der älteren Laubbäume, hauptsächlich bei einzelstehenden Wei, Pa, Bi, Ul, Es und Obstbäumen häufchenweise abgelegt. Die Raupen schlüpfen im Juli, fressen erst unter der Rinde und später im Holz. Die Verpuppung erfolgt nach zweimaliger Überwinterung im Mai des dritten Kalenderjahres. Der Schmetterling schwärmt im Juni/Juli zur Nachtzeit. Die Fraßgänge entwerten das Holz technisch, sie können aber auch die Windbruchgefahr begünstigen.

▸▸▸ Der nachtaktive Weidenbohrer ruht tagsüber gern in Bodennähe an Baumstämmen.

2. Blausieb, der (*Zeuzéra pyrina* Linné): auch Kastanienbohrer. Der Falter mit den weißen, blaugetupften Flügeln kann bis 6 cm spannen. Auf dem Rücken zeigt er sechs blaue Flecken. Die Raupe ist dick und walzenförmig, gelb und schwarz punktiert; der letzte Ring ist dunkelbraun. Die walzenförmigen Eier sind fleischfarben und werden meist einzeln an dünnen, freistehenden Laubbäumen und Sträuchern, besonders Wei, Ei, Ul, Es, Apfel und Weißdorn abgelegt. Die Raupe frißt anfangs das Blatt- und Zweigwerk und bohrt später einen drehrunden, aufsteigenden Fraßgang in das Holzinnere. Die Puppe ist hellbraun und mit Stachelkränzen versehen. Die Verpuppung ist ähnlich wie beim Weidenbohrer. Auch der B. schwärmt nur nachts, und zwar im Juni/Juli. Die Raupengänge entwerten zwar das Holz technisch, doch ist der Schaden durch den B. sehr gering. Schäden können auch in Baumschulen und Obstbaumkulturen auftreten.

Holzbohrer, Ungleicher, der: → Borkenkäfer 22.

Holzbörse, die: V. a. in Süddtschl. und in der Schweiz übliche Bez. für in monatlichen oder größeren Zeitabständen stattfindende Versammlungen von Holzkaufleuten und anderen Holzinteressenten sowie von Sägewerkern. Sinn und Zweck der H. sind der Austausch von Informationen (Fachvorträge, Marktberichte) sowie der Erfahrungsaustausch mit Vertretern der Forstwirtschaft. H. werden v. a. in Rosenheim abgehalten; weiter sind die Städte Wien, Straßburg, St. Gallen, Bern, Luzern und Zürich Tagungsorte solcher H.

Holzbrandmalerei, die (Brandmalerei, Pyrographie): das Einbrennen von Ornamenten und bildlichen Darstellungen in das Holz. Hierzu wird ein glühender Stahl- oder Platinstift verwendet. Für die H. eignen sich Hölzer von Birnbaum, Ah, Li und Pa.

Holzbrikett, das: gepreßtes Brennmaterial, das aus → Restholz, Sägespänen, Rinde, Stroh und Altpapier hergestellt wird. Um Umweltbelastungen zu vermeiden, dürfen H. keine chemischen Zusätze enthalten.

Holzbringung, die: → Holztransport, Rücken.

Holzbrüter: Bez. für holzbrütende → Borkenkäfer. Im Ggs. zu den → Rindenbrütern liegen bei den H. die Fraßgänge der Weibchen im → Holz. Die H. verursachen technische Schäden, indem sie zur Anlage der Brutgänge mehr oder weniger tief in den Holzkörper eindringen. Der verbreitetste und gefürchtetste H. ist der Gestreifte Nadelholzbohrer (→ Borkenkäfer 20.).

Holzbücher → Holzbibliothek.

Holzcellulose, die: → Zellulose, Zellstoff.

Holzchemie, die: Wissenschaft vom chemischen Aufbau und chemischen Verhalten des → Holzes, ein Teilgebiet der → Holzforschung. Die Erkenntnisse der H. dienen dem Verständnis chemisch-technologischer Verfahren; z. B. Herstellung von → Holzfaserplatten, → Zellstoff, → Papier, Zellwolle etc. Die Hauptbereiche der H. sind: Chemie der Grundsubstanzen des Holzes (Hemizellulose, → Lignin, → Zellulose) und der Inhalts- und Begleitstoffe, Biochemie des Holzes (z. B. → Verkernung), Holzanalysen; → chemische Zusammensetzung des Holzes, Anhang Seite 877.

Holzdarre, die: in der Forstwirtschaft Bez. für eine Holztrocknungsanlage.

Holzdebit, der: → Holzverschleiß.

Holzdestillation, die (Holzverkohlung): Gewinnung von → Holzgas, → Holzessig, → Holzteer und → Kienöl durch trockene Erhitzung von Holz unter weitgehendem Luftabschluß entweder in einfachen, mit Erde abgedeckten Meilern (nur zur Gewinnung von → Holzkohle) oder in gemauerten Meileröfen, die auch die Gewinnung von Destillat ermöglichen, oder in schmiedeeisernen Retorten. V. a. in Retorten können alle anfallenden Destillationsprodukte gewonnen werden; → Teerschwelen.

Holzdeube, die: veraltete Bez. für Holzdiebstahl.

Holzdichte, die: → Dichte des Holzes.

Holzdraht, der: ein drahtartiger Holzfaden (Holzstäbchen), der zur Herstellung von Streichhölzern und Holzgeweben (Vorhänge, Jalousien, Tischdecken, Untersetzer, Blumentopfmanschetten) dient. Der H. ist rund, oval oder rechteckig, zwischen 1 bis 3 (5) mm dick und bis 1,75 m, in Ausnahmefällen bis zu 6 (10) m lang. Für die Herstellung von H. eignet sich besonders Fichtenholz, aber auch Tannenholz. Die Hersteller wurden „Hölzlstößer" genannt. Die H. wurden zu „Buschen" von 240 Stück gebunden und im „Bund" (= 25 Buschen) verkauft.

Holzeigenschaften: → Akustische H., Elektrische H., Thermische H.

Holzeinschlag, der: **1)** auch Abtriebsmasse, Einschlag, Einschlagshöhe, Einschlagsmenge, Ernteertrag, Fällungsergebnis, Hiebsanfall, Hiebsergebnis, Hiebsertrag, Hiebsmasse, Hiebsmenge, Nutzung, Nutzungsanfall, Nutzungsmenge. Die tatsächliche jährlich eingeschlagene Rohholzmenge. Bei Betrieben mit einem → Forstwirtschaftsplan oder → Forstbetriebsgutachten orientiert er sich am → Hieb(s)satz. Daran gemessen wird zwischen planmäßigem und überplanmäßigem H. unterschieden. Außerplanmäßiger H. wird z. B. durch → Kalamitäten bedingt. Der H. in deutschen Wäldern betrug im Forstwirtschaftsjahr → 1996 rd. 37 Mio. m^3 (→ Rohholz). 3,6 % des H. entfielen auf den Staats- und 19,9 % auf den Bundeswald, 57,4 % auf den Kommunal- und 19,1 % auf den Privatwald. Bedingt durch Windwurf betrug der H. im Forstwirtschaftsjahr 1990 rd. 75,02 Mio. m^3.

→ Holzbedarf, Holzbilanz, Holzverbrauch, Nutzungskoeffizient.

Außerordentlicher Holzeinschlag: vom Fachausschuß für Forsteinrichtung im Österreichischen Forstverein als Einschlag auf Flächen, die dauernd der Holzproduktion entzogen werden, z. B. Rodungen, sowie Holzanfall auf Wegaufhieben, Leitungsaufhieben und → Neugründungen definiert.

Holzernte – zur Abfuhr hergerichtetes Langholz

2) mit der Fällung des Holzes verbundene Schritte; → Hieb.

Holzeinschlagsart, die: → Hiebsart.

Holzeinschlagszeiten → Einschlagszeiten.

holzen: alte, volkstümliche Bez. für Holz fällen oder sammeln und wegbringen.

Holzen der Stämme, das: → Schießen der Stämme.

Holzer, der: alte, lokale Bez. für einen → Holzknecht.

Holzerde, die: Bez. für → Humus, der aus Verwesung von Holz (z. B. Baumstubben) unter Mitwirkung von Bakterien und anderen Kleinlebewesen entsteht.

Holzerlöse → Holzpreise.

hölzern: **1)** swv. aus Holz bestehend. **2)** im übertragenen Sinne svw. steif, unbeholfen.

hölzernes Zeitalter: Bez. für die Zeitepoche von Beginn des Mittelalters an bis zum Ende des 18. Jh., in der das Holz für den Hausbau, für fast alle Gerätschaften und Einrichtungsstücke sowie für die Beheizung etc. den entscheidenden Rohstoff lieferte.

Holzernte, die: das forstgerechte Fällen von hiebsreifen Bäumen oder ganzer Bestände sowie das Bereitstellen für den Verkauf. Die H. ist auch häufig Voraussetzung für eine Bestandsumwandlung, Wegebau, Kulturgründung oder für Forstschutzmaßnahmen.

Holzerntekosten → Erntekosten.

Holzerntemaschinen: Maschinen, die bei der → Holzernte mehrere Teilarbeiten ausführen können. Es wird unterschieden zwischen → Harvestern (Vollernter) und → Prozessoren (Aufarbeitungsmaschinen).

Holzerntetarif, der: → Mittelstammtarif.

Holzernteverlust, der: → Ernteverlust.

Holzerntezug, der: eine Kombination großer und mobiler → Holzerntemaschinen, die als halbstationäre Anlage im Wald oder in Waldnähe das Entrinden, das → Ablängen und die Sortierung des → Rohholzes vornehmen.

◄◄ Herstellung von Holzessig

Holzerntekosten, die: → Erntekosten.

Holzerstuben → Forsthütten.

Holzertrag, erntekostenfreier, der: → Erntekostenfreier Holzertrag.

Holzessig, der (Rohholzessig, Holzsäure, Teerwasser, Teergalle): ein bei der Holzdestillation (→ Teerschwelen) gewonnenes Gemisch von Essigsäure (10 %), Methanol (2,5 %), Azeton, Phenolen und Wasser (75 %). H. ist eine braune, sauer und scharf riechende und schmeckende Flüssigkeit. Er wird zur Herstellung von Essigsäure verwendet, wobei → Holzgeist als Nebenprodukt anfällt. H. wird zu Konservierungszwecken benutzt; v. a. Fleisch- und Wurstwaren wurden früher fast ausschließlich mit H. schnellgeräuchert (H. wirkt fäulnishemmend). Den Ägyptern diente er zur Einbalsamierung. Auf Grund seiner keimtötenden Wirkung wird er auch als Desinfektionsmittel verwendet; → Holzteer.

Holzextraktion, die: die Gewinnung von Extrakten aus Holz, Rinde, Früchten, Wurzeln oder Blättern als Gerb- und Farbstoffe. Als Extraktionsflüssigkeit für Gerb- und Farbstoffe wird Wasser verwendet. Zur Gewinnung von Harzen und Fetten verwendet man leichtflüssige Lösungsmittel (z. B. Alkohol, Benzol, Schwefelkohlenstoff, Schwefeläther etc.) die durch Destillation von dem extrahierten Stoff abgetrennt und dann wieder in den Prozeß zurückgeführt werden, so daß das Extraktionsmittel für eine mehrmalige Auslaugung verwendet wird.

Holzfachschulen: Ausbildungsstätten für Holztechniker, -handwerker und -kaufleute. H. mit verschiedenen spezialisierten Studienangeboten und Lehrgängen bestehen u. a. in Göppingen (Sägewerkerberufs- und Meisterschule), in Rosenheim (FHS, Fachrichtung Holztechnik, Kunststofftechnik und Innenarchitektur) und Bad Wildungen; → Holzingenieur, → Holzwirtschaftliche Berufe.

Holzfahne, die: hölzerne Fahne (Unikat), seit 1750 Standeszeichen der Schreiner- und Schlosserzunft von Höchstadt/Aisch. Sie ist ca. 5 kg schwer und befindet sich im Heimatmuseum der Stadt.

Holzfäller, der: → Waldarbeiter.

Holzfällung, die: → Einschlagszeiten.

Holzfang, der: → Floßrechen.

Holzfarbe, die: → Farbe des Holzes.

Holzfasern: **1**) Sklerenchymfasern,; → Festigungsgewebe. **2**) Streifen aus weichem Holz mit ovalem oder rundem Querschnitt; in der Textilindustrie für Schußmaterial bei Flachs-, Hanf- oder Baumwollkette verwendbar.

Holzfaserplatten: plattenförmige Holzwerkstoffe, die aus minderwertigem → Faserholz, Holzabfällen, oft auch unter Zusatz anderer pflanzlicher Faserstoffe, mit oder ohne Bindemittel maschinell hergestellt werden. Geeignete Holzarten sind die Ndh; hauptsächlich Fi, aber auch Lbh können verwendet werden. Das meist für andere industrielle Holzverwertung ungeeignete Holz wird hierzu gehackt und zerfasert (→ Holzschliff). Auf einer endlos umlaufenden Siebbahn wird aus dem Holzfaserstoff eine Faserstoffmatte geformt. Für die Wärme- und Schallisolierung werden diese Matten in Trockenkanälen ohne Pressung getrocknet (Dicke etwa 12 bis 26 mm oder mehr) und als Holzfaserdämm- oder -isolierplatten (sog. Weichfaserplatten) bezeichnet. Sie werden gelocht und gezielt als Akustikdämmplatten angeboten. Werden sie in einer hydraulischen Heizpresse unter Druck verdichtet und getrocknet, entstehen die sog. Hartfaserplatten (Holzfaserhartplatten) mit einer Dicke von durchschnittlich 3 bis 4 mm). Sie haben eine rauhe und eine glatte Seite und eignen sich besonders als Rückwände, werden aber auch mit Lack-, Kunststoff- oder Furnierbeschichtung hergestellt. Seit einigen Jahren sind auch Mitteldichte Faserplatten (MDF), die im Trockenverfahren (Heißpressen nach einem Flach- oder Kalanderpreßverfahren) erzeugt werden, auf dem Markt. Sie können wie Holz bearbeitet und verarbeitet werden. H. finden v. a. im Möbel- und Fahrzeugbau sowie in der Bautechnik Verwendung. Eine industrielle Erzeugung der H. setzte in Dtschl. Anfang der dreißiger Jahre ein; → Holzspanplatten.

▸▸ Holzfäule führt zur Holzzersetzung

Plattenförmige Holzwerkstoffe werden aus minderwertigem Faserholz sowie aus Holzabfällen hergestellt. Von links nach rechts: Spanplatte, mitteldichte Faserplatte, Vollholz

Holzfäule, die: Zersetzungserscheinungen des Holzes, die durch verschiedene Pilze (Innenpilze, Kernfäule-, Kernholz-, Kernpilze) hervorgerufen werden. H. führt zur Verfärbung und Holzzersetzung unter Verlust der Festigkeit. Bei fortgeschrittenem Befall kommt es meist zur Fruchtkörperbildung am Holz. H. kann am stehenden Baum, an lagernden oder im Freien verbauten Holz sowie am verbauten Holz unter Dach vorkommen. Dringen die Pilze in den Wurzelbereich ein, spricht man von Wurzelfäule; entsteht der Befall durch Wunden, spricht man allg. von → Wundfäule. Nach Lebensräumen wird die H. in drei Gruppen eingeteilt:

1. → Stamm- und → Stockfäule am stehenden Baum; z. B. Kiefern-Braunporling (→ Porlinge 15.), Kiefernbaumschwamm (Feuerschwämme 4.), → Wurzelschwamm (Rotfäule), → Hallimasch, → Weißfäule, → Weißlochfäule, Wundfäule, Kiefernstockfäule.
2. Lagerfäule, durch Pilze an lagerndem und im Freien verbauten Holz; z. B. → Bläuepilze und Schimmelpilz (keine Holzzersetzung, sondern nur Verfärbungen). Hierzu zählen auch Zaunblättling (→ Porlinge 13.), Schillernder Porling (an Buchenholz), Eichenwirrling, Tannenblättling und Sägeblättling.
3. Hausfäule, durch Pilze am verbauten Holz unter Dach, die die stärkste Zerstörungsintensität aufweisen; z. B. Echter → Hausschwamm, Kellerschwamm, Weißer Porenschwamm; → Naßfäule.

Nach der Zerstörungsart unterscheidet man: Braun-, → Weiß- und Rotfäule; → Bienenrosigkeit, Blaufäule, Grünfäule, Kernfäule, Moderfäule, Trockenfäule, Holzabbau, Zersetzungsformen des Holzes.

Holzfehler: Mängel am → Holz, die über das normale Maß hinausgehen und die Verwendbarkeit des Holzes schmälern. Nur in Ausnahmefällen kann ein H. für die Verarbeitung auch von Vorteil sein; z. B. ästiges Holz für rustikale Vertäfelungen oder Krümmung für Treppenwangen und den Schiffsbau (→ Krummholz 2)). Es wird nach H. in der

a) Stammform, z. B. → Abholzigkeit, → Krummschäftigkeit, → Drehwuchs, Zwieselwuchs (→ Zwiesel), → Spannrückigkeit, ovaler Querschnitt (→ Exzenterwuchs), Beulen,

b) Holzstruktur, z. B. Äste, → Harzgallen, → Risse, ungleicher Jahrringbau (→ Jahrringe), Rothärte (Druckholz; → Reaktionsholz), → Fehlverkernung, → Wimmerwuchs und durch

c) Umwelteinflüsse, z. B. Pilzbefall, Insekten- und Mistelbefall (→ Mistel), Krebs- und Maserknollen, Sonnenbrand (→ Hitzeschäden), mechanische Schädigung und Fremdkörper unterschieden.

Holzfelder: → Kurzumtriebswälder, Holzgärten.

Holzfertigwaren: übliche Bez. für marktmäßig aufbereitete Gegenstände aus Holz.

Holzfeuchtigkeit, die: auch Holzfeuchte. Porige Körper wie das Holz enthalten wechselnde Mengen von Luft und Wasser. Dementsprechend sind großporige Hölzer, wie die Ndh, feuchter, d. h. mit höherem Wassergehalt, als kleinporige Hölzer (Lbh). Der natürliche Feuchtigkeitsgehalt der einzelnen Hölzer ist unterschiedlich, selbst innerhalb derselben → Holzart. Das frisch geschlagene Holz enthält zwischen 35 bis 50 % Wasser. Nach einer längeren Lagerung im Walde sinkt der Wassergehalt auf 25 bis 30 % ab. Lufttrockenes und vor Feuchtigkeit geschütztes Holz enthält nur noch 10 bis 16 % Wasser. Der Fachmann stellt die H. mit einem speziellen Meßgerät fest. Sie läßt sich aber auch auf sehr einfache Weise durch eine **Darrprobe** bestimmen. Dazu nimmt man ein 8 cm langes Probestück mindestens 50 cm vom Holzende entfernt und wiegt es. Das festgestellte Gewicht ist das sog. Naßgewicht. Im Backofen oder auf einer Heizplatte wird das Probestück so lange getrocknet, bis es kein Gewicht mehr verliert. Die H. beträgt dann 0 %. Das Gewicht des getrockneten Holzes ergibt das sog. **Darr-** oder **Trockengewicht**. Nach folgender Formel wird anschließend die H. des Probestücks in Prozenten errechnet: H. in % =

$$\frac{(\text{Naßgewicht} - \text{Darrgewicht}) \times 100\,\%}{\text{Darrgewicht}}$$

$$\text{Beispiel: } \frac{(205\,\text{g} - 160\,\text{g}) \times 100\,\%}{160\,\text{g}}$$

$$\frac{45\,\text{g} \times 100\,\%}{160\,\text{g}} = \text{rd. } 28\,\%$$

Als **Feuchtesatz** wird das Verhältnis der in einem Stoff enthaltenen Wassermasse zur Masse des wasserfreien Stoffes verstanden. Der **Fasersättigungsfeuchtesatz** ist der Feuchtesatz, bei dem die Zellwände des Holzes mit Wasser gesättigt sind, die Zellhohlräume aber kein tropfbar flüssiges Wasser enthalten. Fast alle Holzeigenschaften hängen gesetzmäßig von der H. ab.

Holzflandern: früher auf der Iller eingesetzte Flöße, die 4 bis 7 → Klafter Holz umfaßten. Durch einzelne starke Bäume (Flandern) wurden mehrere Stangen so verbunden, daß Holz (auch Prügelholz) verladen und von zwei Männern flußabwärts transportiert werden konnte.

Holzfliegen (*Erinnidae, Xylophagidae*): mit rd. 150 Arten v. a. in Wäldern verbreitete Fliegen, die im Aussehen leicht an die → Schlupfwespen erinnern. Sie sind mittelgroß und schlank, meist schwarz oder rostrot gefärbt und haben einen relativ großen Kopf und lange, mückenartige Fühler. An Baumstämmen in lichten Laubwaldungen vollführen sie auf- und niederschwebend einen balzartigen Flug. Geschlechtsreife H. saugen Säfte und Nektar. Die Larven mit schwarzbrauner Kopfkapsel leben räuberisch von Insektenlarven und Würmern und halten sich unter der Baumrinde, an Wundstellen von alten Stämmen und in morschem Holz (z. B. Baumstümpfe) auf.

Holzforschung, die: die wissenschaftliche Untersuchung von Holz, wie physikalische und Festigkeitseigenschaften des Holzes, chemische Eigenschaften, Anwendung, Verarbeitung, Veredelung etc. In Dtschl. beschäftigen sich folgende Institutionen mit der H.: → Bundesforschungsanstalt für Forst- und Holzwirtschaft in Hamburg, → Deutsche Gesellschaft für Holzforschung, → Institut für Holztechnologie in Dresden, Institut für Holzforschung in München und Bundesanstalt für Materialforschung und -prüfung; → Holzbiologie.

Holzförster, der: in früherer Zeit Bez. für einen Aufseher im Privat- und Gemeindewald.

Holzfräulein, das: → Holzweibchen.

holzfreie Papiere: Bez. für Druckpapiere, die im Ggs. zu den → holzhaltigen Papieren keinen → Holzschliff (Holzstoff), sondern nur gebleichten → Zellstoff (Sulfitzellstoff) oder Hadern als Faserstoffkomponente enthalten. Sie werden also trotz der Verwendung von Holz bei ihrer Herstellung als „holzfrei" bezeichnet. Nach DIN alle Papiere mit weniger als fünf Masse-% verholzten Fasern.

Holzfresser (*Xylophagen*): Bez. für die Käfer – und ihrer Larven – der sog. → Waldverderber, die sich auf Holz und Rinde als Nahrung spezialisiert haben, z. B. der Große Braune Rüsselkäfer (→ Rüsselkäfer 4.), die → Borkenkäfer und die Große Roßameise (→ Ameisen 4.).

Holzfrevel, der: alte und kaum übliche Bez. für → Forstfrevel.

Holzfuchs, der: → Rotfuchs.

Holzgant, die: → Gant.

Holzgärten: frühere Anlagen unmittelbar an den Wasserstraßen, auf denen → Trift oder → Flößerei betrieben wurde. Die H. waren Sammelstellen für Holz. Das heranschwimmende Holz wurde entweder umgebunden oder aus dem Wasser gezogen und in den H. aufgeschichtet, oder die H. wurden so eingerichtet, daß das Holz über einen Wasserhof in den sog. Holzfeldern anlandete. Waren die Holzfelder gefüllt, wurden sie trockengelegt, indem die Wasserzufuhr unterbrochen wurde. Der Weitertransport erfolgte mit Fuhrwerken oder mit der Eisenbahn. Der Begriff H. war teilweise syn. mit → Holzhof; → Holzmagazin.

Holzgas, das: bei der Holzverkohlung (→ Holzdestillation) entstehendes brennbares Gas-Gemisch (Nebenprodukt) aus ca. 50 % Kohlendioxid, 33 % Kohlenoxid, 10 % Methan, wenig Wasserstoff und anderen Spurengasen.

H. hat einen Heizwert von 2000 kcal/m^3. Es kann als Heiz- oder Leuchtgas verwendet werden. In Stockholm bestand ein hoher Anteil des Stadtgases aus H. Vor und während des Zweiten Weltkrieges wurde es als Motortreibgas (Autokraftstoff) verwendet. Die aus 3 kg Holz gewonnene Gasmenge ersetzte dabei rund 1 Liter Benzin.

Holzgedinge, die: **1**) frühere Bez. für den Vertrag über eine zu leistende Holzlieferung. **2**) bis zum Ende des 17. Jh. übliche Bez. für die Holzgerichte; → Forstgerichte.

Holzgehau, das: → Holzhau.

Holzgeist, der: volkstümliche, alte Bez. für ein farbloses, giftiges Gemisch aus Methylalkohol, Azeton, Methylazetat etc. (verunreinigter Methyalkohol). H. wird bei der Destillation des → Holzessigs gewonnen, v. a. wenn bei der trockenen Destillation (Erhitzung von Holz unter Luftabschluß) Buchenholz verwendet wird. Methylalkohol wird heute fast ausschließlich synthetisch hergestellt und ist wichtig als Lösungsmittel für → Harze (Politur); → Holzteer, Holzdestillation.

Holzgelänge, das: frühere lokale Bez. für einen sich in die Länge ziehenden, aber schmalen, mit Bäumen bestandenen Landstreifen; → Galeriewald.

Holzgeleiter, das: → Riese.

holzgerechte Jäger: ab der Mitte des 18. Jh. im Walde tätige Forstleute, die noch keine schulmäßige systematische Ausbildung, sondern nur die damals übliche Jägerlehre durchlaufen hatten. In Dtschl. war zu jener Zeit die Ausbildung und Erziehung der Beamten in erster Linie auf den Jagdbetrieb zugeschnitten. Der Forstbetrieb war Nebensache; er gewann erst mit dem steigenden Holzwert an Bedeutung. Man verlangte von den Beamten, daß sie hirsch-, holz-, weide- und forstgerecht sind. Die h. J. waren daher Praktiker, die, nachdem die Vormachtstellung der Jäger gebrochen war, sich mehr um forstliche Belange kümmerten und z. T. auch ihre örtlichen Kenntnisse, Erfahrungen und Beobachtungen schriftlich niederlegten. Zu den h. J. gehörten z. B. Johann Gottlieb → Beckmann und Heinrich Wilhelm → Döbel; → forstliches Schrifttum.

Holzgericht, das: → Forstgericht.

Holzgeruch, der: In gesundem Zustand hat jede Holzart ihren bestimmten und charakteristischen Geruch. Er wird hauptsächlich durch Verdunsten von Begleitstoffen, wie Gerbsäure, → Harze, → Terpentin u. a. Ölen hervorgerufen. Frisch eingeschnittenes (eingeschlagenes) Holz hat daher einen stärkeren Geruch als abgelagertes Holz. Stark riechende Hölzer sind Ei, Ki, Weichsel, von den ausländischen Holzarten Zeder, Palisanderholz, Veilchenholz u. a. Von den Kunsthandwerkern werden des Geruchs wegen verarbeitet: Weichsel zu Pfeifenröhren, Zeder zu Zigarrenkisten, Veilchenholz zu Zierkästen und Schatullen. Der H. ist auch ein Kennzeichen der Güte. Gesundes Holz hat einen frischen und kräftigen Geruch, während faules Holz moderig riecht.

Holzgeschworener, der: frühere Bez. für **1**) einen vereidigten Beisitzer eines Holzgerichtes (→ Forstgericht). **2**) einen Waldaufseher.

Holzgewächse (Gehölze, Holzpflanzen): Ausdauernde (mehrjährige) → Pflanzen, deren Stamm und Äste (Sproßachsen) verholzen (sekundäres → Dickenwachstum). Zu den H. zählen die Bäume und Sträucher.

Der Buchdrucker, ein gefürchteter Forstschädling. Die Larven bohren vom Muttergang wegführende Fraßgänge mit Puppenwiegen am Ende.

Holzgewebe, das: Gewebe aus feinen, dichtliegenden Holzstreifen (→ Sparteriewaren), aus runden oder platten Holzstäbchen (Holzstabgewebe, Baculagewebe) oder aus Rohrstengeln (Matten). Zur Hutfabrikation dienen schmale Holzspäne der Wei und As, für Spankörbe breite Fichtenholzstreifen. H. für Rollvorhänge, Glashausdecken und Untersetzer bestehen im Schuß aus weichen, gebleichten oder gefärbten Holzstäbchen der Wei, Pa oder Li, die von einer lose eingestellten Baumwoll- oder Leinenzwirnkette zusammengehalten werden. Bei den Rohrmatten und Holzstabgeweben für den Rohverputz von Zimmerdecken und Wänden werden die Rohrstengel (Holzstäbe) mit feinen Bindedrähten nach Art der Dreherbindung auf stärkeren Eisendrähten befestigt.

Holzgewicht, das: Das H. wird von der → Dichte des Holzes und von der → Holzfeuchtigkeit bestimmt (Anhang Seite 872/873). Frisch geschlagenes → Holz ist durch den höheren Feuchtigkeitsgehalt schwerer als trockenes Holz.

Holzgewicht von Nadel- und Laubhölzern (kg/fm)

	frisch geschlagen	*luft-trocken*
1. Nadelhölzer:		
Fichte	580	420
Tanne	580	420
Kiefer	800	580
Lärche	950	690
Douglasie	800	580
Weymouthkiefer	560	410
2. Laubhölzer:		
Eiche	950	690
Esche	1030	750
Ulme	910	660
Edelkastanie	810	590
Nußbaum	880	640
Kirschbaum	910	660
Birnbaum	950	690
Robinie	990	720
Rotbuche (Buche)	940	680
Weiß- (Hainbuche)	1020	740
Birke	840	610
Erle	670	490
Ahorn	840	610
Linde	730	530
Schwarzpappel	620	450
Silberpappel	660	480

Beim → Industrieholz wird heute allg. von der Volumensvermessung abgesehen und eine → Gewichtsvermessung vorgenommen.

Holzglanz, der: → Holzfarbe.

Holzgraf, der: frühere Bez. für **1**) den Vorsitzenden eines Holzgerichtes (→ Forstgericht). **2**) frühere Bez. für einen Forstaufseher; → Holzmeister.

Holzgrafschaft, die: frühere Bez. für den Forstbezirk eines → Holzgrafen, in dem dieser die Gerichtsbarkeit (→ Forstgericht) ausübte.

Holzgrauppen, die: Bez. für Erz in Gestalt versteinerter Ästchen.

Holzgummi, der: → Xylan.

Holzhacker, der: veraltete österr. Bez. für Holzfäller (→ Waldarbeiter).

Holzhafen, der: großer → Holzgarten für das Umbinden der Flöße (→ Flößerei). Bekannt war der H. in Geestemünde/Bremerhaven für die Weserflöße.

Holzhäher, der: → Rabenvögel 2.

Holzhalbwaren: umfassende Bez. für alle Arten von → Schnittholz, → Furniere, → Sperrholz, beschlagenes Holz, Formvollholz (Biegeholz), Holzschwellen, für Voll- und Kleinbahnen, Masten, Telegraphenstangen, Faßdauben, Holzpflasterklötze, Rohfriesen für die Parkettherstellung, Rohkanteln und Rohleisten, → Holzspanplatten, Holzfaserhart- und -dämmplatten (→ Holzfaserplatten) u. ä.

holzhaltige Papiere: Papiere (→ Papier), die als Faserstoffkomponente mehr oder minder große Mengen → Holzschliff (Holzstoff) haben, im Ggs. zum → holzfreien Papier. Einen besonders hohen Holzschliffanteil (80 bis 90 %) haben dabei die Zeitungsdruckpapiere. Bei mittelfeinen Schreib- und Buchdruckpapieren liegt der Anteil zwischen 10 und 30 %. Das Vergilben von h. P. wird durch das darin enthaltene → Lignin und durch verschiedene → Holzinhaltsstoffe bewirkt. Nach DIN alle Papiere mit mehr als fünf Masse-% verholzten Fasern.

Holzhammer, der: → Waldhammer.

Holzhandel, der: Teil der Holzwirtschaft. Er umfaßt den Inlandshandel sowie den Holzeinfuhr- und Holzausfuhrhandel und zwar von → Rohholz, → Holzhalbwaren und Bauelementen aus Holz. Hauptaufgabe des H. sind Absatz und Verteilung der Erzeugnisse der → holzbe- und → holzverarbeitenden Industrie; v. a. → Schnittholz, Hobelware, → Furniere, → Sperrholz, → Holzfaser- und → Holzspanplatten. Der H. kann als Wirtschaftszweig in Holzgroßhandel (Holzbinnengroßhandel und Holzaußenhandel), Holzeinzelhandel und Handelsvermittlung von Holz (Handelsagenten und Handelsmakler) untergegliedert werden; → Holzbilanz.

(Holz-)Handelsgebräuche: Sie regeln den Handel mit Holz und Holzerzeugnissen. Es sind Gepflogenheiten, Gewohnheiten oder Übungen, die in einem bestimmten Gebiet einheitlich gehandhabt werden und sich in Jahrzehnten oder gar Jahrhunderten in ständiger Anwendung herausgebildet haben. Bei handelsrechtlichen Streitfällen werden sie von den Gerichten berücksichtigt. H. werden von den Industrie- und Handelskammern des jeweiligen Gebietes im Einzelfall festgestellt. Die wichtigsten H. sind:
- Gebräuche der Mitglieder des Vereins deutscher Holzeinfuhrhäuser
- Gebräuche im Grubenholzhandelsverkehr
- Gebräuche im Verkehr mit inländischem → Rundholz, → Schnittholz und → Holzhalbwaren (Tegernseer Gebräuche); → Österreichische Holzhandelsusancen.

Holzhau, der: auch Holzgehau. alte Bez. für einen bestimmten Bezirk im Wald, der zur Holzfällung heransteht.

Holzhauer, der: **1**) auch Holzmacher, Holzschläger. alte Bez. für den → Waldarbeiter (→ Forstwirt). Früher wurden die beruflichen H. je nach ihrer speziellen Tätigkeit und entsprechend ihren Kenntnissen unterschieden. Man nannte sie z. B. Lang- und Werkholzhauer für → Holländerholz; Nutzholzhauer für Wagnerholz; Blochrichter (für Böttcherholz); Stangenhauer; Pfahlspalter; Schindelhauer; Faschinen- und Wiedenmacher, Brennholz-H. oder Feuerholz-H., Stuckenroder oder Stockschläger, Wasen- oder Wellenbinder oder gewöhnliche Hauer, reisige H. (H. die von Ort zu Ort zogen) etc. Über die Aufgaben und Pflichten der H. wurden teilweise sog. Holzhauerordnungen erlassen; → Holzknecht, Waldhauer. **2**) im Volksmund Bez. für den Grünspecht; → Spechte 1.

Holzhauerbetrieb, der: alte Bez. für Fällungsbetrieb.

Holzhauerweltmeisterschaft, die: seit 1974 durchgeführter internationaler Wettkampf der Waldarbeiter. Die Nationalmannschaft setzt sich i. d. R. aus den drei Erstplazierten einer nationalen Meisterschaft zusammen. Der Wettkampf besteht aus folgenden fünf Disziplinen: 1. Zielfällung, 2. Entasten, 3. Motorsägenmontage, 4. Kombinationsschnitte, 5. Präzisionsschnitt.

Holzhauerwerkzeuge → Fällungswerkzeuge.

Holzhaufen, der: → Scheiterhaufen.

Holzhaut, die: → Holztapete.

Holzheie, der: → Holzschlegel.

Holzhof, der: **1**) svw. → Holzlagerplatz, → Holzplatz. **2**) frühere, landesherrliche Einrichtung für die gesicherte Versorgung der Residenzen, großen Gewerbebetriebe, Städte und auch anderer Holzgroßverbraucher. H. wurden an transportmäßig günstig gelegenen Plätzen, z. B. Trift- und Floßbächen als Sammellager für Brennholz, aber auch für Stammholz und andere Holzsorten, angelegt. Insbesondere sollte damit die Holzversorgung der Städte, Höfe und fürstlichen Bediensteten mit Deputatholz gesichert werden und auf dem Holzmarkt ein Ausgleich von Angebot und Nachfrage bei Verknappung des Holzes erreicht werden. Der älteste H. wurde 1442 in Philippsburg (Udenheim) am Rhein errichtet. Andere große H. befanden sich u. a. in Darmstadt, Dresden, Heidelberg, Stuttgart, Augsburg, München, Regensburg und in Freiburg i. Br.; → Holzgärten, Holzhafen.

Holzhüpfer, der: → Wiedehopf.

Holzicht, die: veraltete Bez. für die verholzten Samenstände, z. B. die Zapfenschuppen der Nadelbäume.

Holzimitationen, die (Imitatholz): Vortäuschung einer anderen (meist wertvolleren) Holzart durch Färben oder Bedrucken eines hierfür geeigneten Holzes (z. B. Schwarzbeizen von Birnbaumholz, um → Ebenholz vorzutäuschen). Auch Holzreproduktionen auf Folien oder Kunststoffplatten, die auf → Blindholz oder → Holzspanplatten und → Holzfaserplatten aufgeleimt werden, sind H.

Holzindustrie, die: umfassende Bez. für einen Wirtschaftszweig, der sich in Abgrenzung zum Holzhandwerk mit der Herstellung von → Holzhalbwaren und → Holzfertigwaren befaßt.

▸▸▸ Betrieb der Holzindustrie

Holzingenieur, der (Ingenieur für Holztechnik – Ing.grad.): an Fachhochschulen als betriebstechnische Führungskräfte für die Holzindustrie ausgebildet; → holzwirtschaftlich Berufe, Holzfachschulen.
Holzinhaltsstoffe: → Inhaltsstoffe des Holzes.
Holzkehlen: auch Achselhöhlen, Hohlkehlen. Bez. für Einbuchtungen am Stammmantel, die unter den Ansatzstellen stärkerer Äste beginnen und sich lang am Stamm herunterziehen. Ursache für die Bildung von H. dürfte nach K. Rubner (1910) eine Unterernährung des Kambiums unter der Astansatzstelle (besonders bei kümmernden Ästen) sein. Die Äste erzeugen weniger Baustoffe, als sie verbrauchen. Dadurch ist der → Zuwachs sehr gering. Die H. sitzen zwar nicht tief, bilden aber eine der → Spannrückigkeit ähnliche Unregelmäßigkeit der Stammquerfläche. H. sind hauptsächlich bei Bu anzutreffen. Ähnliche Erscheinungen wurden auch an der Waldkiefer nach einem Befall durch den Kiefernbaumschwamm (→ Feuerschwämme 4.) unterhalb der Infektionsstelle beobachtet.
Holzkeule, die: → Holzkeulenverwandte 1. und 2.
Holzkeulenverwandte (*Xylariaceae*): Fam. der Pilze aus der Ordn. der Kugelpilzartigen (*Sphaeriales*).
1. Vielgestaltige Kernkeule, die (*Xylaria polymorpha*): auch Vielgestaltige Holzkeule. Der häufige, ungenießbare Pilz wächst meist in kleineren Gruppen das ganze Jahr über am Grund alter, bemooster Buchenstümpfe, gelegentlich auch an anderen Lbh. Sein Fruchtkörper ist schlank keulig, oft unregelmäßig gebogen und im Kopfteil flachgedrückt. Er ist etwa 5 bis 8 cm hoch und 1 bis 3 cm breit. Anfangs ist er dunkel graubraun, später kohlschwarz. Am Rande befindet sich eine Vielzahl schwarzer Kügelchen mit einer winzigen Öffnung, die die Fruchtkörper darstellen. Das Fleisch unter der schwarzen Außenhaut ist reinweiß, etwas faserig und geruchlos.
2. Geweihförmige Holzkeule, die (*Xylaria hypoxylon*): Der bis zu 5 cm hohe, einfach keulenförmige, gegabelte oder geweihartig verzweigte Pilz wächst auf moderndem Lbh, seltener auf Ndh. Er ist grau, hat weiße Spitzen und ist abwärts schwarz filzig-zottig. Die Sporen werden in den hellen Spitzen gebildet.
Holzkirsche, die: → Prunus 1.
Holzkitt, der: Kitt zum Ausfüllen von Vertiefungen (Rissen) im Holz. Er besteht aus Harzseifen und Leinöl, die mit Kalk, Kreide oder Ton gemischt werden; → Holzzement.
Holzklause, die: → Klausen.
Holzknecht, der: ältere Bez. für Waldarbeiter. Die Bez. H. läßt sich bis zum Beginn des 16. Jh. zurückverfolgen. Die ersten H. waren in den Wäldern der Gebirge tätig. Die H. oder → Holzhauer wohnten in äußerst einfachen Hütten, den H.-Hütten; → Koben, Forstknecht.

Holzknechtmuseum, das: Sammlung mit Anschauungsmaterial zum Thema Waldarbeit und Waldarbeiter (Holzknechte, Holzhacker), Fällung, Holzbringung und Trift. Z. B.: H. Ruhpolding (Bayern); H. Salzkammergut in Bad Goisern (Oberösterreich); H. Trübenbach, Gaming (Niederösterreich); Holzhacker-Stüberl, Karlstift (Oberösterreich); H. St. Ruprecht (Steiermark; → Holzstraße); → Flößerei, Forst-, Holz-, Waldmuseum.
Holzknospe, die: → Blattknospe.
Holzkohle, die: raucharmer Brennstoff, der hauptsächlich aus Kohlenstoff (80 bis 83 %), → Sauerstoff (13 bis 14 %), Wasserstoff (3 bis 4 %), Asche (1 bis 2 %) und Stickstoffverbindungen besteht. Der Feuchtegehalt liegt bei 5 bis 6 %, das Schüttgewicht je nach Holzart und Stückgröße bei 150 bis 230 kg/m^3, der → Heizwert zwischen 29 und 33,5 MJ/kg. Der Porenanteil macht bei Buchenholzkohle etwa 70 % des Gesamtvolumens aus. H. entsteht durch Erhitzen von Holz bei beschränktem Luftzutritt (→ Holzdestillation, → Köhlerei), ist von schwarzer Farbe, sehr leicht und ohne Geruch. Die H. wird bei uns v. a. als Grillkohle (ca. 25 %) verwendet, dient aber auch als Reinigungsmittel von Flüssigkeiten und Gasen sowie als Entfärbungsmittel und für die Herstellung von Schwarzpulver, medizinischer Aktivkohle (adsorbierender Kohlefilter) und Zeichenkohle (durch Verkohlung von Zweigen des Pfaffenhütchens). H. wird aber auch zum Raffinieren von Rohmetallen und in der Pharmaindustrie benötigt. Wegen ihrer chemischen Eigenschaften bei der Schmelze und wegen des hohen Heizwertes war die H. früher bei der Eisenverhüttung unentbehrlich und wurde auch für das Brennen von Kalk verwendet.

◂◂ Holzkohlenherstellung im Ebersberger Forst; zeitgenössische Aufnahme.

Holzkohlenbriketts: chemisch präparierte Formlinge aus mit Stärkekleister gepreßten Feinanteilen der → Holzkohle. Sie dienen zu Heizzwecken und zum Anwärmen von Modellplatten.
Holzkonservierung, die: → Holzschutz.
Holzkontor Baden-Württemberg, das: Servicegesellschaft mit der Aufgabe, dem Nichtstaatswald durch Vermittlung von Holzverkäufen eine Vermarktungshilfe anzubieten. Hauptziel des Unternehmens ist daher die Bündelung von Holzmengen auf der Anbieterseite, um Nachteile am Markt auszugleichen, die sich durch die Besitzgröße (geringe Angebotsmenge der Einzelbetriebe) ergeben.
Holzkorn, das: → Rodebüsche.
Holzkörper, der: der mehr oder weniger breite Gürtel des Baumstammes um das im Zentrum liegende → Mark. Bei den meisten Baumarten setzt sich der H. aus den → Jahrringen zusammen, die sich durch Wechsel in Struktur und Färbung z. T. deutlich voneinander abheben. Im H. werden nicht nur Wasser und Mineralien geleitet und gespeichert, er gibt dem Baum auch die notwendige Festigkeit. Das → Kambium umschließt als dünner Mantel den H.

◂◂ Holzknechtmuseum in Ruhpolding (Oberbayern)

Holzkrähe, die: → Spechte 3.
Holzkrankheiten → Baumkrankheiten.
Holzlagerplatz, der (Lagerplatz, Poller-, Polter- oder Polderplatz, Ganter-, Stell-, Lade-, Abfuhr- oder Zainplatz): geeigneter Platz an einem Abfuhrweg im Wald, auf dem das eingeschlagene Holz nach der Schlagräumung bis zum Abtransport durch Lkw usw. sachgerecht gelagert wird. Je nach Anlage werden bei der Lagerung von Langholz unterschieden:

Ein Holzlagerplatz dient der sachgemäßen Lagerung des Holzes.

a) **Einschichtpolter (Fahrpolter)**: eignet sich v. a. in ebenen, befahrbaren Lagen. Das gelagerte Holz (die Stämme liegen nebeneinander) ist gut zugänglich für alle Arbeiten (Besichtigen, Vermessen). Allerdings wird für relativ wenig Holz viel Platz benötigt.
b) **Mehrschichtpolter**: Es wird für gleichförmige Massensortimente und wenn wenig Platz zur Verfügung steht, entweder als Haufenpolter (z. B. mit dem Frontlader eines Schleppers als Schiebepolter) oder als Lagenpolter gebildet. Hier sind die Stämme jeweils rechtwinklig aufeinander gelagert. Es faßt eine große Menge Holz und hat eine gute Durchlüftung; daneben führt es zu einer Konservierung des Holzes. Das Mehrschichtpolter ist die häufigste Anlageart.
c) **Abrollpolter**: Sie können sowohl bei Einschichtpolter als auch bei Mehrschichtpolter gebildet werden. Sie werden an abfallenden Böschungen und Talseiten so angelegt, daß die am Wegrand abgelegten Stämme durch kurzen seitlichen Anstoß auf ihren Platz rollen. Sie erfordern wenig Platz, wenig Kosten und geringen Zeitbedarf.
Bei der Holzlagerung von Kurzholz ist auf die Einsatzmöglichkeit eines Kranes zu achten. Die → Rauhbeigen müssen daher ausreichend bemessen sein (1 Greiferladung = ca. 0,3 rm). Sie sollten längenbündig und senkrecht, bzw. parallel zur Rückegasse auf mindestens 2/3 der Länge reisigfrei gelagert sein. Bei feuchtem Untergrund müssen Querhölzer gelegt werden.
Die günstigsten Holzlängen für eine Kranbeladung betragen 2 bis 5 m. Müssen größere Holzmengen, z. B. Kalamitätsholz (→ Katastrophenholz), für einen längeren Zeitraum gelagert werden, bietet sich die → Naßholzkonservierung an.
Holzlassen über Tafelwerk, das: → Schießen der Stämme.
Holzläuse → Rindenläuse.
Holzleime: bei der Holzverarbeitung verwendeten Leime. für Möbel Glutinleime, Polyvinylacetat-Dispersionen (Weißleime) und Harnstoffharze, im Holzbau Caseinleime, Harnstoff- und Phenol-Resorzinharze, für Sperrholz Harnstoff- und Phenolharze, für wetterfeste Verleimungen im Waggon-, Schiffs- und Flugzeugbau Phenolharze.
Holzleite, die: alter, v. a. in den Alpenländern gebräuchlicher Ausdruck für einen mit Bäumen bestockten Berghang.
Holzlerche, die: → Lerchen.
Holzlese, die: Sammeln von → Leseholz.
Hölzlstößer, der: → Holzdraht.
Holzmacher: alte, umgangssprachliche Bez. für → Holzhauer (→ Waldarbeiter).
Holzmacherseelen: alter Ausdruck der → Holzhauer (Waldarbeiter) für Splitter (Spreißel), die durch Ausreißen und „Fetzenziehen" des → Splints an der → Bruchleiste entstehen, wenn sich bei falscher Führung des Sägeschnittes zur Lage der Fallkerbsohle (→ Bruchstufe) der Stamm beim Brechen über den Stock wälzt.
Holzmagazin, das: → Holzlagerplatz, auf dem große Mengen an Holz gelagert wurden. In früherer Zeit haben die H. eine wichtige Rolle zur Sicherung des Brennholzbedarfes der Städte gespielt; → Holzgärten, Holzhof.
Holzmalerei, die: svw. Intarsienmalerei; → Intarsia, Holzbrandmalerei.
Holzmarder, der: → Marder 1.
Holzmark, die: **1**) frühere Bez. für einen Waldbezirk, der einer Privatperson oder einer Gemeinde gehörte (genossenschaftlicher Waldbesitz). **2**) allg. Bez. für ein Gehölz bzw. eine Waldparzelle; → Gereut, Mark.
Holzmärker, der: alte Bez. für den Genossen einer → Holzmark.
Holzmarkt, der: Auf den deutschen Holzmärkten war von 1934 bis zum Ende der Holzbewirtschaftung 1952 die freie Marktwirtschaft durch das „Gesetz über die Marktordnung auf dem Gebiet der Forst- und Holzwirtschaft" von 1935 außer Kraft gesetzt. Das Gesetz ermächtigte den Reichsforstmeister durch eine staatliche Holzmarktordnung, die Erzeugung, den Absatz, die Preise und Preisspanne der Forst- und Holzwirtschaft zu regeln. Dieses Preisbindungssystem wurde von den Siegermächten noch Jahre nach Beendigung des Zweiten Weltkrieges beibehalten. Seit 1952 ist der H. keinen Beschränkungen mehr unterworfen. Der Gründungsvertrag der EWG (EG, EU) enthält keine Regelungen für eine Marktordnung in der Holzwirtschaft. Die → Holzpreise hängen vielmehr vom Verhältnis Angebot/Nachfrage ab und werden vom internationalen H.-Geschehen beeinflußt. Der H. selbst gliedert sich in
a) **Lokale H.**: auf Orts- und Kreisebene.
b) **Regionale H.**: Bestimmte Holzsortimente werden in komplexen Wirtschaftsräumen angeboten (z. B. süd- bzw. nordbayer. H.).
c) **Zwischenstaatliche H.**: Ausgleich des Holzmangels in waldärmeren Staaten (z. B. Holzimport aus Skandinavien nach Dtschl.).
d) **Kontinentale H.**: Holzhandel mit Sondersortimenten zwischen den Kontinenten (z. B. Tropenholzimport aus Südamerika nach Dtschl.).
e) **Sortenmärkte**: Angebot von bestimmten Holzsortimenten (z. B. Nadelstammholzmarkt in Dtschl.).
Holzmasse: das Volumen eines Baumes oder aller Bäume eines Bestandes, gemessen nach → Festmetern. Die Massenermittlung ganzer Bestände für Zwecke der → Forsteinrichtung wird Bestandsmassenermittlung (→ Bestandsaufnahme) bzw. Massenermittlung genannt; → Holzmassenermittlung.
Holzmassenermittlung, die: in der forstlichen Praxis Bez. für die Holzvolumenermittlung von liegenden Stämmen, Stammteilen und Stangen sowie von aufgesetztem → Schichtholz, im Ggs. zur Bestandsmassenermittlung (→ Volumenermittlung bei Beständen).
Holzmast, die: alte Bez. für die → Schweinemast im Walde, aber auch Sammel-Bez. für alle Arten der Waldfrüchte.
Holzmehl, das: Das H. wird durch Mahlen von Sägespänen u. a. Holzabfällen gewonnen. Es dient z. B. als Füllmittel in Preßmassen (Kunstharzpreßmassen) oder für die Herstellung von Linoleum. Früher wurde das H. als Streumittel in Bäckereien (Backstreumehl) verwendet. Nadelholzmehl wurde zuvor durch Erhitzen in abgeschlossenen Gefäßen von seinem harzigen Geruch befreit.
Holzmehlkäfer → Splintholzkäfer 2).
Holzmeise, die: → Meisen 2.
Holzmeister, der: svw. → Holzgraf; ab dem 16. Jh. meist als Oberförster bezeichnet.
Holzmeisterinstitut, das: im bayer. Staatswald (Hochgebirge) früher übliche Arbeitsorganisation. Für die Arbeiten der Holzfällung schloß der Holzmeister als eigentlicher Unternehmer mit dem Waldbesitzer einen Arbeitsvertrag ab. Er stellte dann auf eigenes Risiko die erforderlichen → Holzknechte. Diese Unternehmungsform war nur dort gerechtfertigt, wo es an ansässigen Arbeitern fehlte und der Wald so wenig aufgeschlossen war, daß der Arbeitsunternehmer von sich aus die nötigen Verkehrseinrichtungen zu schaffen und dabei für die Unterbringung und Verpflegung fremder Arbeiter Sorge zu tragen hatte. Ein Mittelding bildeten die sog. „Holzmeisterschaften" oder „Gespannschaften" Bayerns; das waren Vereinigungen selbständiger Landwirte, denen es darauf ankam, ihr Gesinde oder ihre sonstigen Angehörigen den Winter über nebenbei mit Waldarbeit zu beschäftigen.
Holzmeisterschaften → Holzmeisterinstitut.
Holzmeßanweisung, die (HOMA): Verordnung über die → Ausformung, Messung und Sortenbildung des Holzes, d. h. Einstufung von geschlagenem Holz in zum Verkauf kommende Sortimente. Die HOMA vom 1.4.1936 wurde durch das „Gesetz über gesetzliche → Handelsklassen für Rohholz" vom 25.2. 1969 aufgehoben und durch die Verordnung über gesetzliche Handelsklassen (Forst-HKS) vom 31.7.1969 ersetzt; → Holzsortierung.
Holzmesser, der: veraltete Bez. für einen Waldarbeiter, der Holz aufsetzte (Holzaufsetzer), d. h. ins Maß setzte.
Holzmeßkunde, die: → Waldmeßlehre.
Holzmeßkunst, die: → Waldmeßlehre.
Holzmist, der: auch Waldmist. Laub und → Reisholz, das früher zum Einstreuen in die Ställe im Wald eingesammelt wurde; → Streunutzung.
Holzmonat, der (Holzmond): alte Bez. für den September.
Holzmoor, das: → Wäldermoor.
Holzmuseum, das: Sammlung mit Anschauungsmaterial zum Thema Holz und Holzbe- und Holzverarbeitung. Bekannte H.: Holztechnisches Museum Rosenheim (Bayern); Erzgebirgisches Spielzeugmuseum Seiffen (Sachsen); Holzgerätemuseum Burg Brandenstein, Schlüchtern (Hessen); Steirisches H. St. Ruprecht (Steiermark); Schweizerisches Spanschachtelmuseum Wengi-Frutigen (Schweiz); → Flößerei-, Forst-, Holzknecht-, Waldmuseum.
Holznebensorten: Holzsorten, die in verschiedenen deutschen Bundesländern bei Bedarf außerhalb der → Handelsklassen für → Rohholz ausgehalten werden können. H. zählen zu den → Nebennutzungen. Zu den H. gehören:

Baden-Württemberg:
a) Zier- und Weihnachtsbäume
b) → Nutzreisig (Zier-, Deckreisig u. ä.)
c) → Brennreisig und → Stockholz
d) Rinde.
Bayern:
a) Zier- und Weihnachtsbäume
b) Reisig
c) Stockholz
d) → Abfallholz
e) Rinde
f) → Reisholz (Holz unter 7 cm Stärke).
Niedersachsen:
a) Schlengen (Reisig)
b) Industrie-Hackschnitzel nach Gewicht
c) Stockholz
d) Rinde
Schleswig-Holstein:
a) Stockholz
b) Reisig (Deck-, Brennreisig, → Faschinen)
c) Zier- und Christbäume
d) Rinde.

Holznormung, die: Für die Holznormung (z. B. Güte-, Maß-, Anwendungs- und Prüfnormen) ist der Fachnormenausschuß des Deutschen Instituts für Normung (DIN) zuständig. Die Normen kommen in freier Übereinkunft aller Beteiligten, zu denen in der Regel Erzeuger, Be- und Verarbeiter, Verbraucher, Handel, Architekten und Baubehörden gehören, zustande. Für Holzerzeugnisse, die im Bauwesen verwendet werden, werden Normblätter herausgegeben, die meist Bestandteil der Verdingungsordnung für Bauleistungen (VOB) sind. Um sie dem jeweiligen Stand der wirtschaftlich-technischen Entwicklung anpassen zu können, werden die Normen meist alle zwei Jahre überarbeitet. Gütergemeinschaften, die auf Grund dieser Normen gegründet wurden, verpflichten sich, ihre Erzeugnisse nur normengerecht zu liefern.

Holznutzung, energetische → energetische Holznutzung.

Holznutzungsrechte → Forstrechte.

Holzopal, der: versteinertes (verkieseltes) Holz, bei dem die Struktur des Holzes erhalten blieb. Der H. erinnert an Opal, ist manchmal geflammt oder gestreift. H. stammt besonders aus der Braunkohlenformation; → Holzstein.

Holzpappe, die: aus → Holzschliff hergestellte Pappe. Für die braune H. (Lederpappe) wird Braunschliff verwendet, die weiße wird aus Weißschliff hergestellt; → Holzschliff.

Holzparenchymzellen: Sie sind die lebenden Teile des Holzkörpers und übernehmen die Leitung und Speicherung der organischen Substanzen (Nährstoffe). Sie sind überwiegend in Längsreihen angeordnet; → Parenchym.

Holzpartikel: nach dem RGW-Standardwerk der ehemals sozialistischen Länder (RGW-Standard „Produkte der Rohholzbereitstellung"; Termini und Definition) Sammel-Bez. für Hackschnitzel, Späne, Sägespäne und Holzschrot, die durch mechanische Be- oder Verarbeitung von Holzmaterial und Resten des Holzeinschlags hergestellt werden und für industrielle Zwecke sowie als Brennmaterial eingesetzt werden.

Holzpathologie, die: Teilgebiet der → Holzforschung, befaßt sich mit den → Holzkrankheiten und → Holzschäden, die durch Schadorganismen (pflanzliche und tierische → Holzschädlinge) und anorganische Einflüsse entstehen.

Holzpech, das: fester Rückstand, der bei der Destillation von → Holzteer (Nadelholzteer) aus der Holzverkohlung (Holzdestillation) gewonnen wird. Das H. wird hauptsächlich in der optischen Industrie als Einbettungsmittel beim Schleifen von Linsen verwendet; → Pech.

Holzpflanzen → Holzgewächse.

Holzpflaster, das: meist rechteckige – seltener runde – und gegen Fäulnis imprägnierten Holzklötze, die an Stelle von Pflastersteinen in Faserrichtung auf eine Unterlage gestellt werden. Die Zwischenräume werden häufig mit Zement und Asphalt ausgegossen. Hierzu eignen sich besonders Kötze aus dichtem Holz, wie Bu und Kie. H. ist schalldämpfend, griffig für Pferdhufe und eignet sich gut für Rampen und Brückenfahrbahnen. Es unterliegt allerdings einer starken Abnutzung und ist bei Nässe sehr glatt bzw. rutschig. Fußböden aus H. haben unbegrenzte Lebensdauer, sind abriebfest und erfordern wenig Pflege.

Holzphysik, die: Wissenschaft vom physikalischen Verhalten des Holzes; Teilgebiet der → Holzforschung. Die H. befaßt sich mit der → Dichte des Holzes, dem Feuchtigkeits- und Temperaturverhalten sowie mit den thermischen, elektrischen, akustischen, mechanischen, elastischen und viskoelastischen (rheologischen) Eigenschaften von Holz und → Holzwerkstoffen. Die Erkenntnisse der H. werden bei den mechanisch-technologischen Verfahren der Holzbe- und -verarbeitung in die Praxis umgesetzt.

Holzpieper, der: → Baumpieper.

Holzpilze: Bez. für Pilzarten verschiedener Fam., die entweder den Holzstoff, selektiv das → Lignin, oder nur die → Zellulose abbauen und das Lignin erhalten. Erstere erzeugen die → Weißfäule (Korrosionsfäule), v. a. bei Lbh, letztere die → Braunfäule (Destruktionsfäule). H. scheiden zum Aufschluß der Holzsubstanz (an ihren Spitzen und z. T. auch an den Seiten) → Enzyme aus. Eine andere Gruppe von H. befällt und zerstört lagerndes → Schnittholz oder Zäune und Pfosten. Sie sind die Erreger der Lagerfäule (→ Holzfäule). Vorhandene Baumwunden, z. B. Beschädigungen der Rinde, sind ideale Angriffspunkte für Pilzinfektionen. Das Pilzgeflecht (→ Myzel) dringt hierbei bis ins → Kernholz vor. Das Holz behält zwar lange seine Struktur, verfärbt sich aber bald sehr hell (→ Wundfäule). Wenn die → Fruchtkörper sichtbar sind, ist das Kernholz bereits weitgehend zerstört. Beschränkt sich der Ligninabbau auf die Stammbasis, spricht man von Stockfäule. Wird das Lignin unregelmäßig abgebaut und hinterläßt dabei linsenförmige Hohlräume, spricht man von Weißlochfäule. In Fichtenbeständen tritt hauptsächlich der → Hallimasch als Holzzerstörer auf. Zu den H. gehören auch die → Porlinge; → Wurzelschwamm, Hausschwamm.

Holzplantage, die: → Holz(zucht)plantage.

Typischer Holzplatz

Holzplatz, der: auch → Holzhof. Aufarbeitungsplatz für Schwachholz oder Verkaufsplatz für Holz aller Art. Ein H. wird meist von Genossenschaften oder Besitzern großer Waldungen eingerichtet.

Holzpolyosen: auch Hemizellulosen. H. sind neben → Lignin und → Zellulose eine der drei Hauptbaustoffe des → Holzes. Es handelt sich hierbei um Kohlenhydrate, die teils als Reservestoffe, teils als stützende Bestandteile der Zellwand dienen. Grundbausteine der H. sind Zucker mit fünf (Xylose, Arabinose) oder sechs Kohlenstoffatomen (Glukose, Galaktose, Mannose). Als Quell-, Kitt-, Reserve- und Stützstoffe stellen sie ca. 20 bis 30 % des Holzes. Sie sind z. B. für die Ausbildung von Quellschichten und für die Faser-Faser-Bindung beim Papier verantwortlich. Bei der Faserplattenherstellung wirken H. verklebend und festigkeitserhöhend, doch überwiegt hier meist ihr negativer Einfluß auf das Quellverhalten der Platten; → chemische Zusammensetzung des Holzes.

Holzpreise: veraltet auch Taxe, Forst-, Holztaxe. Die H. sind infolge der liberalisierten Einfuhr weitgehend der Konkurrenz des Weltmarktes ausgesetzt. Während im Inland die H. von der Konjunktur, von Katastrophen u. a. beeinflußt werden, steht bei den meisten Holzausfuhrländern auf Grund der äußerst niedrigen Lohnkosten auch ein günstiger H. gegenüber. Der Index der Erzeugerpreise – ohne Mehrwertsteuer – für Rohholz im Staatswald (1985 = 100) lag 1991 bei 82,0, im Jahre 1995 bei 96,3. Dem entspricht ein Durchschnittserlös in Dtschl. von 96,6 DM/m^3 im Jahre 1985 und 83,0 DM/m^3 im Jahre 1995. Die H. pro → Festmeter sind z. B. im Staatswald von 1955 bis 1980 nur um das 1 1/2fache gestiegen, während die Kaufkraft des eingenommenen Geldes um die Hälfte abnahm und die Kosten um das Dreifache stiegen; → Holzmarkt, Waldpreis.

Holzproduktion, die: Sie ist ein wichtiger Zweig der Urproduktion. Die jährliche Nutzung von Holz (Rohholzeinschlag), die nach dem Prinzip der → Nachhaltigkeit erfolgt, beträgt in der BR Dtschl. durchschnittlich etwa 31 Mio. m^3 (1995: 39,3 Mio m^3), wobei der → Zuwachs um einige Mio. höher liegt. Er hat sich in den letzten beiden Jahrzehnten von 30 auf 32 Mio. m^3/Jahr vergrößert und wird jetzt mit 35 Mio. m^3/Jahr angenommen. Die deutschen Wälder bieten ein nachhaltig nutzbares Potential von jährlich rd. 57 Mio. m^3 Rohholz. 1995 erreichte der Produktionswert der Forstwirtschaft 3,513 Mrd. DM.

Holzrechen, der: → Trift.

Holzrecht(l)er, der: alte Bez. für eine Person, die zur Benutzung des Forstes berechtigt war; → Forstrechte.

Holzreißer, der: → Baumreißer.

Holzreservebildung, die: Unter Verzicht auf die vollkommene Ausschöpfung des nachhaltigen → Hieb(s)satzes werden insbesondere in den Landes- oder Staatsforsten zur Sicherung der Holzversorgung in Not- und Krisenzeiten und auch als Finanzrücklage Holzreserven gebildet. Fliegende Reserven entstehen durch das Nichtausschöpfen des lokalen Hiebssatzes; sie sind örtlich nicht gebunden. Stehende Reserven bestehen aus konkreten, an sich hiebsreifen, gesunden und stabilen Beständen, die aber weiter gepflegt werden.

Holzriese, die: → Riese.

Holzringe → Jahrringe.

Holzrisse → Risse.

Holzritterlinge (*Tricholomopsis*): aus nur vier Arten bestehende Gatt. der Pilze (→ Blätterpilze) aus der Fam. der → Ritterlingsartigen, die im Ggs. zu den echten → Ritterlingen auf Holz vorkommen. Der wichtigste H. ist:

Rötlicher Holzritterling, der (*Tricholomopsis rutilans*): auch Purpurfilziger H. Der Pilz erscheint von Juli bis November in kleinen Büscheln und wächst ausschließlich auf oder unmittelbar neben morschen Stümpfen von Ndh. Sein Hut ist bis zu 10 cm breit, kann aber auch 20 cm erreichen. Der anfangs gewölbte Hut flacht allmählich ab und behält manchmal noch einen leichten Buckel in der Mitte. Die filzige Huthaut ist auf gelbem Grund sehr farbvariabel. Sie kann purpurrot, rötlich oder weißgelblich sein. Die purpurfarbenen Schüppchen konzentrieren sich in der Hutmitte und intensivieren die Farbgebung. Die gelben, dünnen Lamellen stehen gedrängt, sind schwach ausgebuchtet oder abgerundet angewachsen. Sie werden im Alter dunkel. Der ebenfalls gelbe Stiel ist meist purpurrot überfasert, bis zu 12 cm hoch und selten dicker als 1,5 cm. Das Fleisch ist hell bis goldgelb, saftig und schmeckt erdig. Er ist kein besonderer Speisepilz und soll leichte Verdauungsstörungen hervorrufen.

Ihm sehr ähnlich, jedoch sehr selten ist der **Olivgelbe Holzritterling** (*T. decora*), der etwas kleiner ist, an den gleichen Standorten wächst und kleine, olivbraune bis schwärzliche Schüppchen auf dem dünnen, mehr schwefelgelben Hut trägt.

Holzrüblinge, die (*Megacollybia*): nur wenige Arten umfassende Gatt. der Pilze aus der Fam. der → Ritterlingsartigen. Der wichtigste Vertreter ist:

Breitblättriger Holzrübling, der (*Megacollybia platyphylla*): Der zum Teil sehr häufige und genießbare Pilz wächst von Mai bis Oktober ausschließlich an altem Holz (Stümpfe von Lbh und Ndh). Er entspringt dabei entweder dem Holz direkt oder ist mit diesem durch bis zu 5 mm starke Myzelstränge verbunden. Sein bis über 10 cm breiter Hut ist jung konvex, später flach; bei trockenem Wetter reißt er strahlig ein. Er ist von hell-braungrauer Farbe und netzartig gefasert. Die bis zu 15 mm breiten Lamellen sind weiß, stehen entfernt und sind um den Stiel tief ausgebuchtet. Der bis zu 14 cm lange Stiel ist hellgraubraun, gleich dick, doch oft verdreht und längsgestreift. Die → Fruchtkörper, die in wenigen Tagen heranwachsen, haben ein weißes, geruchloses und mildschmeckendes Fleisch.

Holzrücken, das: → Rücken.

Holzrutsche, die: → Riese.

Holzsaft, der: → Bluten der Bäume.

Holzsammlungen → Holzbibliothek.

Holzsäure, die: → Holzessig.

Holzschäden: im Ggs. zu den → Baumkrankheiten Schäden am toten Holz durch Insektenoder Pilzbefall, durch → Risse und Verformungen infolge unsachgemäßer Lagerung und Trocknung. Die Vermeidung von H. ist weitgehend Aufgabe des → Holzschutzes.

Holzschädlinge: Schadorganismen (pflanzliche und tierische H.), die Nutz- und Bauholz angreifen, schädigen oder gar zerstören. Zu den H. gehören z. B. viele Käferarten (→ Hausbock, → Nagekäfer), einige → Ameisen (z. B. Riesenameise), die → Holzwespen und letztlich die Termiten. Hölzer im Wasser werden von Bohrmuscheln und Bohrasseln befallen. Pflanzliche H. sind insbesondere die Pilze (→ Holzfäule); → Forstschädlinge.

▸▸ Hans Burgkmair: Holzschnitt aus „Theuerdank“

Holzscheit, das: → Scheit.

Holzschimmel, der: durch Pilze verursachte Grünfärbung an geschlagenem Ndh bei unsachgemäßer Lagerung. Sie kommt durch Sporen von *Trichoderma lignorum* zustande; → Holzfäule.

Holzschlägel, der: → Holzschlegel.

Holzschläger, der: alte Bez. für einen → Waldarbeiter, der zum Holzeinschlag bzw. zum Spalten des Holzes eingesetzt wird; → Holzhauer 1).

Holzschlagversicherung, die: → Waldbrandversicherung.

Holzschlegel, der: auch Holzheie, Holzschlägel. alte Bez. für einen schweren, hölzernen Schlegel, mit dem die Eisenkeile in die Fallkerbe der Stämme oder in die Holzklötze zum Spalten getrieben werden.

Holzschleifen, das: → Rücken.

Holzschliff, der (Holzstoff): ein Faserstoff, der durch Zerschleifen von entrindetem Holz auf Holzschleifmaschinen entsteht. H. ist der wichtigste Rohstoff für die Erzeugung von Papier und Pappe und wird insbesondere von Fi-, Ta- und Kie-Holz gewonnen. Die Erzeugung von Faserstoffen aus Holz geht auf die Erfindung des sächsischen Webers Friedrich Gottlob Keller zurück, der im Jahre 1843 darauf das Patent erhielt. Bis zu diesem Zeitpunkt dienten Lumpen als Rohstoff für die Papierherstellung. Die entrindeten, in etwa 1 bis 1,5 m lange Stücke zersägten Holzstücke werden in Schleifmaschinen (Holzschleifern) unter Wasserzusatz in einen Faserstoffbrei verwandelt. Beim Kaltschliff wird die Reibungswärme durch viel Wasserzusatz abgeführt. Beim Heißschliff werden nur geringe Wassermengen zugegeben, und man erhält feinere und längere Fasern, die für die Papierherstellung besonders gut geeignet sind. Der so gewonnene rohe Faserstoff wird mit viel Wasser verdünnt, in Splitterfängen (Sieben) von groben Stücken befreit und auf Entwässerungsanlagen zu pappenähnlichen, gelbweißen Tafeln ausgearbeitet (Weißschliff). Wird das Holz vor dem Schleifen gedämpft (gekocht), ändert es seine Farbe, und man erhält den weiter aufgeschlossenen, leichter verarbeitbaren (geschmeidigeren) Braunschliff mit längeren Fasern.

Holzschlitteln, das: → Schlitteln.

Holzschlupfwespe, die: → Schlupfwespen 1.

Holzschneidekunst, die: → Holzschnitt.

Holzschnepfe, die: → Schnepfenvögel 1.

Holzschnitt, der (Holzschneidekunst, Formschneidekunst, Xylographie): neben dem Kupferstich die älteste Technik der vervielfältigenden Graphik. Der H. ist die Kunst, Zeichnungen und Schriften, die auf einer Holzplatte mit Feder, Bleistift, Tusche etc. entworfen werden, in Holz so auszuschneiden, daß sie auf der Druckpresse reproduziert werden können. Der Ablauf ist folgender: Eine etwa 2 cm starke Holzplatte (Stock, Holzstock) wird glattgehobelt und geschliffen und mit einem dünnen Kreideüberzug versehen. Auf der so vorbereiteten Platte wird die Zeichnung oder die Schrift vom Künstler (im Mittelalter „Reißer" genannt) seitenverkehrt (Spiegelbild) entworfen. Meist wird diese Platte dann vom Holzschneider (Formschneider) weiterbehandelt, der – früher allein mit dem Schneidemesser, später fast ausschließlich mit dem Stichel – die vom Zeichner unberührt gelassenen Stellen aus dem Holz aushebt. Übrig bleibt nur die Zeichnung oder Schrift, die sich erhaben vor der früheren Oberfläche abhebt und mit Druckerschwärze versehen einen schwarzen Abdruck auf weißem Grund ergibt. Dieser H. wirkt durch seinen Schwarzweiß-Druck klar und einfach. Als Holzstock wurde vom 15. Jh. bis Ende des 18. Jh. nur → Langholz verwendet; d. s. Platten, deren Oberfläche parallel mit der Holzfaser läuft, meist Birnbaum- oder Apfelbaumholz, in der Frühzeit auch Eibenholz. Thomas Bewick (1753 – 1828) brachte im 19. Jh. den Hirnholzschnitt auf. Hierzu werden Platten verwendet, deren Oberfläche die Holzfaser quer durchschneidet. Verwendet wird Buchsbaumholz (Kernholz), weil dieses die gleichartigste Textur besitzt. Aus einem Holzstock konnten etwa 6000 bis 10 000 Abdrucke gefertigt werden, bei groben Arbeiten, die keine besondere Feinheit des Schnittes erfordern, bis zu 100 000.

Geschichte: Die Kunst, Druckformen in Holz zu schneiden, entwickelte sich um 1400 aus der des Zeugdrucks und wurde vom Orient übernommen. Es waren zuerst die sog. Einblattdrucke, denen etwa ab 1430 bis ca. 1470 die Blockbücher und nach Erfindung der Buchdruckerkunst Buchillustrationen folgten. Der älteste datierte H. (Einblattdruck) ist der Hl. Christophorus (1423) aus der Kartause Buxheim bei Memmingen, heute Manchester (Ryland's Library). Das erste mit eingedruckten H. versehene typographische Werk, d. h. das erste auf der Buchdruckpresse gedruckte illustrierte Buch ist das „Bonersche Fabeldruck", gedruckt von Pfister, 1461. Aber schon lange vorher gab es xylographische Bücher, bei denen sowohl Text als auch Bild von Holztafeln mit dem Reiber gedruckt wurden, meist geistlichen oder poetischen Inhalts (z. B. Holbein d. J. „Totentanz", 1538). In der zweiten Hälfte des 15. Jh. gewann der H. durch die Erfindung der Buchdruckpresse – bislang wurden die H. nur mit dem Reiber (Lederballen) und mit Leimfarben gedruckt – einen raschen Aufschwung. Besonders die Nürnberger Maler Michel Wolgemut und Wilhelm Pleydenwurff gaben durch ihre zahlreichen Blätter zu Hartmann Schedels Chronik (1493) den Hauptanstoß zu einer mehr künstlerischen Ausübung des H. Durch die Vorlagen Albrecht Dürers, des großen Schülers Wolgemuts, und die Tätigkeit ausgezeichneter Formschneider, wie H. Andreä, Jost de Negker u. a., erreichte der H. anfangs des 16. Jh. seine größte bildkünstlerische Wirkung. Die hierher gehörigen Hauptwerke Dürers sind die „Apokalypse" (Nürnberg 1498), das „Leben der Maria", die „Große Passion" (1509 – 1511) und die „Kleine Passion", das „Brustbild Kaiser Maximilians" (1519) u. a. Kaiser Maximilian war auch der geistige Urheber einer Anzahl sehr umfangreicher Werke, an denen außer Dürer noch andere Künstler, wie Hans Burgkmair, H. L. Schäuffelein, Leonhard Beck u. a. mitarbeiteten; z. B. „Theuerdank", „Weißkunig", „Triumphzug Maximilians" und „Triumphwagen". Eine Menge Blätter entstand nach Zeichnungen von Schülern und Nachahmern Dürers, wie Albrecht Altdorfer, H. S. Beham, Hans Baldung u. a. Besonders hervorzuheben ist Lucas Cranach d. Ä., der in derselben Zeit durch die Fülle seiner Zeichnungen den H. besonders förderte. Seit dem Ende der Dürerzeit verlor der H. an Bedeutung. Im 17. und 18. Jh. verdrängte dann der Kupferstich den H. fast gänzlich. Auf den Originalholzschnitt griffen vereinzelt immer wieder tüchtige Künstler zurück. So sind vom Rembrandtschüler Jan Lievens neun Blätter erhalten, die in ihrer Unmittelbarkeit vermuten lassen, der Künstler habe sie selbst geschnitten. Im 18. Jh. nahmen Johann Georg Unger und sein Sohn Friedrich Gottlieb den alten Linienschnitt wieder auf, der bei den deutschen Romantikern zahlreiche Freunde gewann. Die gehobenere soziale Stellung der Holzschneider wirkte sich in der Tatsache aus, daß sie meist neben dem Zeichner signierten. Nach wie vor galten nur Blätter für die der Künstler selbst die Vorzeichnung auf den Stock lieferte, als Originale (Faksimileschnitt). Originale sind z. B. die Holzschnitte C. D. Friedrichs, deren Stöcke sein Bruder Christoph schnitt, auch die Nibelungen Alfred Rethels, der für ihren Schnitt den besten deutschen Formschneider seiner Zeit, Friedrich Ludwig Unzelmann, gewann. Ludwig Richter fand in seinem Schwiegersohn A. Gaber den geeigneten Holzschneider. In München setzte sich für den werkgerechten Holzschnitt Kaspar Braun ein, der für Eugen Napoleon Neureuther und Moritz von Schwind arbeitete. In den Münchner Bilderbogen und den Fliegenden Blättern lebte diese Kunst volkstümlich weiter. Im 19. Jh. verbreitete sich der von Thomas Bewick erfundene Holzstich v. a. in Frankreich. Den Grund zu neueren Entwicklung des deutschen H. legte Friedrich Wilhelm Gubitz in Berlin und gleichzeitig Blasius Höfel in Wien. Zukünftige Künstler wurden an Kunstakademien unterrichtet. Hier ist besonders Adolf Menzel zu erwähnen, der sich für die Reproduktion seiner Illustrationen zu Kuglers „Geschichte Friedrich des Großen" eine Anzahl im Faksimileschnitt bewanderter Holzschneider heranzog. Eine Wiederbelebung ging gegen Ende des 19. Jh. von England aus. Anregend wirkte auch der japanische Farbholzschnitt, der den H. wieder zur Linie und Fläche zurückführte. Der Franzose Paul Gauguin und der Norweger Edvard Munch verwendeten ihn bereits als expressionistisches Ausdrucksmittel und bezogen z. T. die natürliche Maserung in die Bildwirkung ein. Ihnen folgte die bedeutende H.-Kunst der deutschen Expressionisten, besonders hervorzuheben sind Emil Nolde, Franz Marc, Ernst Barlach und Charl Theodor Thiemann, der großformatige Farbholzschnitte schuf; → Holzstich, Holzbildhauerei.

Greglinger Marienaltar (Lindenholz) von Tilman Riemenschneider (um 1455/60 bis 1531)

Holzschnitzerei, die: die Bearbeitung von Holz mit Schnitzmessern zur Herstellung figürlicher und ornamentaler plastischer Arbeiten; → Holzbildhauerei.

Holzschnitzereischulen: H. für Schnitzer, Bildhauer, Kunsttischler gibt es in Berchtesgaden, Bischofsheim (Bayern), Furtwangen, Oberammergau, Partenkirchen und Zwiesel, vor 1945 auch in Warmbrunn.

Holzschreiber, der: → Forstschreiber.

Holzschreier, der: → Rabenvögel 2.

Holzschuhe: ganz aus Holz gefertigte (geschnitzte) Schuhe, die vorwiegend in Frankreich und in Holland (sog. Klompen) hergestellt werden. Sie bestehen hauptsächlich aus Ahorn-, Birken-, Buchen- und Erlenholz. Als Holzpantoffeln werden die pantoffelähnlichen Halbschuhe mit hölzerner Sohle und ledernem Blatt bezeichnet.

Holzschutz, der (Holzkonservierung): alle Maßnahmen gegen die Zerstörung oder Wertminderung des Holzes durch → Holzschädlinge, Feuer oder Witterungs- und Umwelteinflüsse. Der H. (Abhalten von Feuchtigkeit) wird ausgeführt durch entsprechende Konstruktion des Bauwerks (konstruktiver H.), durch Streichen, Spritzen, Tauchen, Tränken (Imprägnieren), Osmotierung (Osmoseverfahren unter Ausnutzung der Diffusionsfähigkeit von wasserlöslichen pastenförmigen Schutzstoffen), Boucherisierung (Saftverdrängungsverfahren am frischgeschlagenen → Rundholz), teilweise auch im Nachschutz durch Bandagenschutz (Imprägnierung von Leitungsmasten und Pfählen in der Erd-Luft-Zone durch mit Salzgemischen getränkte Bandagen), Anlagerung von Pasten und Bohrlochimpfung (chemischer H.). Bereits von Holzschädlingen befallenes Holz läßt sich vor weiterer Zerstörung durch bautechnische Maßnahmen, chemische H.-Mittel und Heißluft-Verfahren (Erwärmung des Holzes auf 80 bis 90 °C)

Holzsortierung

schützen. Durch die Schutzbehandlung wird die Lebensdauer des verbauten Holzes um ein Vielfaches erhöht; → Naßholzkonservierung.

Holzschutzmittel: Dem → Holzschutz dienen u. a. chemische Schutzstoffe, anorganische Flüssigkeiten, lösliche Salze, Pasten, Tränkstoffe. Wichtige anorganische Schutzmittel sind: Sublimat, Kupfer-, Zinksalze, Fluoride, Bichromat, Borsäure; wichtige organische Schutzstoffe: Steinkohlenteeröl mit verschiedenen wirksamen Inhaltsstoffen, Anthrazenöl, chlorierte Phenole, chlorierte Kohlenwasserstoffe, Naphthensäuren, Kontaktinsektizide u. a. Feuerschutzmittel sind meist anorganische Salze (z. B. Borax, Wasserglas) oder schaumschichtbildende, meist organische Mittel. Mehrzweckmittel vereinigen Feuerschutzwirkung mit dem Schutz gegen Befall durch → Holzschädlinge. Gegen die Verwendung von Pentachlorphenol (PCP) als H., besonders in Innenräumen, bestehen erhebliche Bedenken. Die H. sind nach DIN 68 800 durch Buchstaben auf den Gebinden gekennzeichnet: P = wirksam gegen → Pilze; Iv = vorbeugend wirksam gegen → Insekten; Ib = wirksam zur Bekämpfung von Insekten; S = auch zum Streichen, Spritzen und Tauchen von Bauhölzern geeignet; W = auch für Holz, das der Witterung ausgesetzt wird; F = wirksam als Feuerschutz (machen schwer entflammbar); M = geeignet zur Bekämpfung des Schwammes im Mauerwerk; → Naßholzkonservierung.

Holzschwamm, der: Bez. für den → Hausschwamm, aber auch für alle anderen holzzerstörenden Pilze (→ Holzpilze).

Holzschwarz, das: → Färberhölzer.

Holzschwemme, die: → Trift 1).

Holzsetzen, das: auch Holzbeigen, Aufzainen. das Einschichten (Aufstellen, Aufsetzen, Aufmaltern) aller mit Raummaßen zu messenden Holzsorten (Holzstöße). Eine Reihe aufgestellter Stöße wird Zain oder Arke genannt.

Holzskulptur, die: → Holzbildhauerei

Holzsortierung, die: die Einteilung des geschlagenen Holzes (→ Rohholzes) in → Handelsklassen nach Stärke (→ Mittenstärkensortierung oder → Heilbronner Sortierung), Gütemerkmalen (→ Gütesortierung) oder besonderen Verwendungszwecken (z. B. Eisenbahnschwellen); → Stangensortierung, EWG-sortiertes Rohholz.

Holzsortiment, das: auch Rohholzsortiment. eine Einteilungskategorie für → Rohholz, das hinsichtlich Qualität und/oder Abmessung für einen bestimmten Verwendungszweck geeignet ist.

Holzspaltwaren: Sammel-Bez. für Holzschindeln, Faßdauben, Siebränder, Holzdraht, Späne für Spanschachteln und Spankörbe.

Holzspäne → Sägespäne.

Holzspanplatten (Spanplatten): aus Holzspänen (Sägespänen) oder Abfällen aus der Flachsverwertung (Flachsschäben = Holzteilchen vom Flachs) durch Verleimung hergestellte, plattenförmige Holzwerkstoffe von gleichmäßiger Festigkeit. Bedingt durch die Holzverknappung im Zweiten Weltkrieg und in den Jahren danach wurde dieser Holzwerkstoff in Dtschl. und in der Schweiz entwickelt. Als Ausgangsmaterial dient schwächeres → Rundholz als → Schichtholz oder → Industrieholz-lang, aber auch Industrierestholz (→ Restholz). Als Holzarten finden sowohl Ndh als auch Lbh Verwendung. Lbh wird i. a. in Rinde, Nadelholz ohne Rinde verarbeitet. Das aufbereitete Spanmaterial (Größe und Form der Späne sind für die Plattenqualität entscheidend) wird getrocknet, beleimt und auf Bleche gestreut. Hierbei entsteht der sog. Spankuchen. Bei der Herstellung der H. wird meist das Flachpreßverfahren (Ggs.: Strangpreßverfahren) angewandt. Bei diesem Verfahren wird der Spankuchen in einer Heizpresse verdichtet und der Kunstharzleim (Bindemittel) bei Temperaturen über 100 °C ausgehärtet. H. werden wie Tischler- bzw. Furnierplatten verwendet und hauptsächlich im Möbelbau und als Bauplatten im Innenausbau und im Fertighausbau benötigt. Die Plattendicke der H. beträgt 2 bis 70 mm, handelsübliche Plattendicken sind 8, 10, 13, 15, 19, 22 und 25 mm. Plattenformate: Längen- und Breitenabmessungen von H. sind nicht genormt. Handelsübliche Formate und Breiten von 125 bis 260 cm und Längen von 250 bis 550 cm. 1996 betrug die Inlandsproduktion von H. 8,63 Mio. m^3; → Holzfaserplatten.

Holzspanwerkstoff, der: aus Holzspänen mit einem Bindemittel hergestellte Werkstoffe, wie Leichtbauplatten, → Holzspanplatten und Holzspanformlinge, wie z. B. aus einem Gemisch von Holzspänen und Kunstharzleim hergestellte Kisten oder Holzspanmassen.

Holzsparterie, die: auch Holzweberei. frühere Verarbeitung des in feine Holzfäden aufgerissenen Holzes auf dem Webstuhl zur Herstellung von 60 x 90 cm großen Platten, die zu Damenhüten, Decken, Siebböden, Holzmatten, Etuis und anderen Gegenständen verwendet wurden. Hierfür fand ausschließlich das Holz der As Verwendung.

Holzspiritus, der: → Holzalkohol.

Holzstatistik, die: Das Gesetz über die H. vom 30.4.1968 (BGBl I. S. 333) regelt die Erhebungen über Holzeinschlag und Holzverkauf beim Waldbesitz, über Zugänge, Abgänge und Bestände von Rohholz und über Erzeugnisse des holzbearbeitenden Gewerbes in Herstellerbetrieben. Die H. ist ist aufgrund des Agrarstatistikänderungsgesetzes in die Agrarstatistik einbezogen worden. In diesem Zusammenhang wurde die zu erhebende Datenbasis erweitert. Die Einschlagsursache wurde als Erhebungsmerkmal aufgenommen. Die Durchführung der H. fällt nun in den Zuständigkeitsbereich des Statistischen Bundesamtes.

Holzstaub, der: Staub, der bei der industriellen Holzbe- und -verarbeitung in Sägewerken und Möbelfabriken anfällt. H. kann zu Nachbarschaftsbelästigungen führen. In der 7. Verordnung zum → Bundesimmissionsschutzgesetz (H.-Verordnung) sind deshalb für H.-Emissionen Höchstgrenzen festgesetzt. Spanplattenwerke können erhebliche Mengen an H. und geruchsintensiven Stoffen v. a. aus den Spänetrocknern emittieren. Die Staubemissionen konnten durch die Verbesserung der Staubabscheider stark reduziert werden; → Allergie.

Holzstein, der: auch Kieselholz. durch Mineralien versteinertes, in Quarz umgewandeltes Holz findet sich vielfach am Kyffhäuser (waldiger Bergrücken zwischen Thüringen und Harz), in Kalifornien usw. Wegen der schönen, auf polierten Flächen sich besonders scharf abhebenden Holzstruktur wird der H. zu den verschiedensten Kunstgegenständen wie Briefbeschwerern, Uhren, Dosen, Tischplatten u. ä. verarbeitet; → Holzopal.

Holzstich, der: eine von dem englischen Illustrator Thomas Bewick (1753 bis 1828) erfundene Sonderform des → Holzschnitts (Tiefdruckverfahren), die seit dem 19. Jh. angewendet wird. Für die Holzstöcke wird → Hirnholz, und zwar Buchsbaumholz, verwendet. Bei den aus quer zur Faser geschnittenen Holzstöcken können feine Linien mit dem Holzstichel herausgestochen werden. Die feineren oder breiteren Rillen des Buchsbaumholzes in verschieden dichten Abständen ermöglichen zudem Tonigkeit, die auch gemalte Vorlagen wiedergeben kann. Aus dem H. entwickelte sich der Tonstich, der im Ggs. zum Linienholzschnitt malerische Halbtöne wiedergibt.

Im 19. Jh. wurde der Tonstich für die Massenherstellung von Buch- und Zeitschriftenillustrationen verwendet, bis er durch die photomechanischen Verfahren verdrängt wurde. Als Originalholzschnitt aber entwickelte sich, unter der Einwirkung ostasiatischer Vorbilder, im 20. Jh. der schwarze und farbige Flächenholzschnitt, dessen Zeichnung, Formschnitt und Druck der Künstler selbst ausführte; → Holzbildhauerei.

Holzsticher, der: → Floßhaken.

Holzstifte: früher von den Schuhmachern zur Verbindung von Sohle und Oberleder benutzte Stifte (Nägel) aus Ahorn- oder Birkenholz. H. wurden zuerst von den amerikanischen Schuhmachern verwendet. Die Spitzen der amerikanischen H. waren pyramidenförmig, die der deutschen keilförmig. H. aus Akazien- und Eschenholz fanden auch im Schiffsbau (Schiffsnägel), die aus Eichenholz (auch Ndh) im Schreinerhandwerk Verwendung.

Holzstock, der: → Holzschnitt, Stock.

Holzstoff, der: **1**) → Holzschliff. **2**) → Lignin.

Holzstoß, der: → Stoß, Scheit.

Holzstrahlen: Bez. für in Holz verlaufende Markstrahlen-Abschnitte. Sie setzen sich im Phloembereich als Baststrahlen fort; → Markstrahlen, Bast 1), Siebteil.

Holzstraße, Steirische, die: Die S. H. verbindet in der Region Murau/Steiermark zahlreiche Beispiele der gewachsenen Holzstruktur dieser waldreichen Region. Kernstück ist das Steirische → Holzmuseum in St. Ruprecht.

Holzstürzen, das: früher in den Alpenländern angewandte Methode der Holzbringung im unwegsamen Gelände, bei der das Holz über steile Wände geworfen wurde; → Bocken, Fällern, Treiben.

Holztage: Die Ausübung der Raff- und Leseholznutzung (Sammeln von Brennholz) sowie von Bauholz auf Grund einer Berechtigung oder der Einmiete war früher fast überall auf bestimmte Tage in der Woche beschränkt, die man H. nannte. Als H. wurden auch die Termine bezeichnet, zu denen die Ansprüche auf Holzzuweisung angemeldet werden konnten.

Holztapete, die: auch Holzhaut, Echtholztapete. eine auf Papier- oder Gewebeunterlage geklebte Tapete, die aus → Furnier besteht.

Holztaube, die: → Wildtauben 1. und 2.

Holztaxation, die: → Waldmeßlehre.

Holztaxe, die: → Holzpreise.

Holztechniker, der: wird an Technikerschulen ausgebildet. Voraussetzung für die Aufnahme ist eine bestimmte schulische und fachbezogene praktische Tätigkeit. Das Studium baut auf einer Vorpraxis im Holzhandwerk oder in der Holzindustrie auf; → holzwirtschaftliche Berufe.

Holztechnologie, die: Beschreibung und Erforschung der technischen Nutzbarmachung des Rohstoffes → Holz durch Auswertung der Erkenntnisse der → Holzforschung unter Berücksichtigung der → Holzbiologie, → Holzphysik und → Holzchemie.

Holztee, der: → Holztrank.

Holzteer, der (Kienteer, Kreosot): dunkel gefärbte, ölige Flüssigkeit mit scharfem, rauchartigem Geruch, die bei der trockenen → Holzdestillation (→ Teerschwelen) entsteht. H. ist ein kompliziert zusammengesetztes Ölgemisch und enthält u. a. Benzol, Naphthalin, Phenole, Kresole und Guajacol (Heilmittel für die Atmungsorgane). 100 kg Trockenholz liefern etwa 18 kg. H. Er findet in der Lebensmittelindustrie (Schnellräucherei), als Konservierungsmittel für hölzerne Schiffsteile, für Taue, Dachpappen und in der Pharmazie Verwendung und dient auch als Heizöl. Nach nochmaliger Destillation von Birkenteer wird das Birkenteeröl (Doggertöl, Juchtenöl) gewonnen, das zur Herstellung des wasserdichten Juchtenleders dient; → Terpentinöl.

Holzteil, der (Gefäßteil, Xylem): ein im → Leitbündel neben dem → Siebteil vorkommende Gewebeart, die dem Inneren des Sprosses zugekehrt ist und dem Transport von Wasser und den darin gelösten Nährstoffen dient. Der H. besteht aus toten, langgestreckten, verholzten Zellen in Form der → Tracheen und → Tracheiden.

Holztextur, die: → Textur.

Holzton, der: Gut trockenes und gesundes Holz leitet den Schall deutlich fort; es klingt. Nasses und faules Holz hingegen klingt dumpf, und der Ton bricht kurz ab. Schlägt man mit dem Hammer gegen die Schnittfläche eines gefällten Stammes, so ist durch den Ton festzustellen, ober der Baum gesund ist oder einen kranken → Kern hat. Der Schall wird besonders durch feinjähriges Holz gut geleitet, welches deshalb für Resonanzböden geeignet ist; → Resonanzholz, Stammwerkholz.

Holztrank, der (Holztee, Blutreinigungstee; *Decoctum lignorum*): schweiß- und harntreibendes Mittel, meist bei chronischen Haut- und Brustkrankheiten. Er wurde früher zur Unterstützung anderer Mittel verordnet und bestand lt. Deutschem Arzneibuch aus einer Mischung (*Species lignorum*) von fünf Teilen Guajakholz (Pockholz), drei Teilen Hauhechelwurzel, einem Teil Süßholz (*Glycyrrhiza glabra* L.) und einem Teil Sassafrasholz (Fenchelholz, Wurzel des Sassafras-Lorbeers).

Holztransport, der (Holzabfuhr, Holzbringung, Bringung): Er umfaßt das → Rücken und den Ferntransport von Holz (mit Lkw., Eisenbahn, → Flößerei, als Schiffsfracht); → Walderschließung.

Holztrift, die: **1**) im ehem. Preußen Bez. für ein Holzfloß. **2**) in Bayern früher übliche Bez. für eine Floßanstalt. **3**) frühere Berechtigung zur Ausübung der → Waldweide.

Holztrocknung, die: wichtiger Schritt bei der → Holzbearbeitung. Bei der H. wird die → Holzfeuchtigkeit auf das dem Verwendungszweck entsprechende Maß herabgesetzt. Folgende Trocknungsverfahren werden angewandt:

a) Trocknung mit thermischer Luftbewegung;
b) Trocknung mit mechanisch geförderter Trockenluft (unter 100 °C)
c) Heißdampf- oder Hochdrucktrocknung (110 bis 120 °C);
d) Hochfrequenztrocknung;
e) Infrarotstrahlertrocknung als zusätzliche Erwärmung zur Konvektion (Temperaturausgleich durch Wärmeströmung).

Der Feuchtigkeitsgehalt soll z. B. betragen: bei Musikinstrumenten ca. 6 bis 8 %, bei Möbeln in Räumen mit Zentralheizung ca. 6 bis 8 %, mit Ofenheizung ca. 8 %, Faßdauben ca. 8 bis 10 %, Fußbodenbretter ca. 10 bis 14 %, Bauholz ca. 12 bis 18 %; → atro, lutro.

Holztrummen, das: → Abtrummen.

Holzüberweisung, die (Anweisen, Überweisen): das örtliche Vorzeigen und die damit verbundene Übergabe des gekauften Holzes an den Käufer. Bei der H. wird dem Käufer die Möglichkeit gegeben, das gekaufte Holz nach → Holzart, Aushaltung (→ Ausformung), Sortierung (→ Holzsortierung) und Menge zu prüfen. Nach der H. geht die Gefahr des Verlustes, des Untergangs und der Wertminderung des verkauften Holzes auf den Käufer über, nicht aber das Eigentum.

Holzung, die: **1**) alte Bez. für einen kleinen Wald, aber auch gleichbedeutend für Wald i. a. **2**) kaum übliche Bez. für das Abholzen (Holzeinschlag).

holzverarbeitende Industrie, die: Teil der Holzwirtschaft mit (1996) 245 000 Beschäftigten. Neben → Faserholz werden → Holzhalbwaren wie → Sperrholz, → Schnittholz, → Furniere, → Holzspan- und → Holzfaserplatten verarbeitet. Sie umfaßt die Holzschliff-, Zellstoff-, Papier- und Pappeindustrie, Möbelindustrie, Holzbauten- und Holzbauteileindustrie, die Parkettindustrie, Korbmöbel- und Flechtwarenindustrie, Holzverpackungsmittelindustrie, die Pinsel-, Bürsten- und Besenindustrie, die Kork-, Schnittstoff- und Formstoffindustrie, Spielwarenindustrie, Musik-, Sport- und Schreibgerätehersteller sowie die sonstige Holzwarenindustrie. Die herstellenden Werke sind überwiegend klein- und mittelständische Betriebe.

Holztransport

holzverarbeitendes Handwerk, das: Teil der → Holzwirtschaft. Es umfaßt: Bau- und Möbeltischlerei, Karosseriebau, Weinküferei und Zimmereinhandwerk, Böttcherei, Bau- und Aufbauhandwerk. Hohes handwerkliches Können, künstlerisches Empfinden und genaue Materialkenntnis sind Voraussetzung für die Ausübung des Handwerks. Im h. H. werden überwiegend → Holzhalbwaren, aber auch Rohholz verarbeitet.

Holzverbände: **1**) → Holzverbindungen. **2**) → Arbeitsgemeinschaft Holz.

Holzverbindungen (Holzverbände): feste Verbindung zweier Hölzer einer Holzkonstruktion durch eine geeignete Form ihrer Berührungsflächen ohne oder mit Befestigungsmittel (Bolzen, Dübel, Nägel, Klammern, Bänder, Leime). H. werden in der Schreinerei, im Zimmermann- und Ingenieurbau hergestellt. Bei letzterem müssen alle Holzteile statisch berechnet werden.

Holzverbrauch, der: Der Pro-Kopf-Verbrach von Holz ist länderweise verschieden: Im Mittelalter war er sechs- bis achtfach höher als heute (1996: 1,1 m^3). Ein Bauernhof verbrauchte im Jahr rd. 40 fm Holz (Möbel, Geschirr, Werkzeuge, Zäune, Brunnen, Pflüge, Leitungsrohre, Brennstoff etc.). Im 16. Jh., als der „Kampf um die Weltmeere" tobte, waren für ein mittleres Kriegsschiff etwa 800 große Eichen (das sind rd. 3 ha!) notwendig.

Im Jahre 1996 verteilte sich der Holzverbrauch (→ Rohholz, auch → Industrieholz) verschiedener Industrizweige wie folgt:

Holzstoff- und Zellstoffindustrie	7,309 Mio. m^3
Holzfaserplatten-industrie	1,603 Mio. m^3
Holzspanplatten-industrie	7,262 Mio. m^3

Der Rundholzverbrauch (einschließlich ausländisches Rohholz) der Säge-, Furnier- und Sperrholzwerke betrug 1996:

Sägewerke	12,814 Mio. m^3
Furnierwerke	0,245 Mio. m^3
Sperrholzwerke	0,296 Mio. m^3

Holzverformer → Holzaufbereiter.

Holzvergütung, die: Maßnahmen zur Verbesserung der Holzeigenschaften, z. B. durch Tränken mit Ölen, Wachsen, Kunstharzen, Verdichten, oder Oberflächenschutz durch Kunststoffbeschichtung, durch Verarbeiten zu → Schichtholz u. a. Holzwerkstoffen. H. dient auch als Verfahren zur Erhöhung der Lebensdauer durch Behandlung mit → Holzschutzmitteln.

Holzverkauf, der: Er umfaßt den Verkaufsabschluß (→ Vorverkauf, → Nachverkauf), die → Holzüberweisung, die Zahlung bzw. Sicherstellung des Kaufpreises und die Aushändigung des Holzes. I. a. wird → Rohholz freihändig in freier Vereinbarung (→ Freihandverkauf) verkauft. In geringem Umfang erfolgt der H. auch im öffentlichen Ausgebotsverfahren (→ Versteigerung, → Submission), v. a. wenn es sich um wertvolleres Holz oder um Stammholzmassenware handelt. Mit dem Verkaufsabschluß (mündliche oder schriftliche Einigung über den Kaufpreis) übernimmt der Waldbesitzer die Verpflichtung zur fristgerechten Lieferung (Holzüberweisung) und der Käufer die Verpflichtung zur Abnahme, zur rechtzeitigen Bezahlung und zur Erfüllung aller sonstigen Vereinbarungen. Nadelstammholz wird i. a. ohne Rinde verkauft. Erfolgt jedoch der Verkauf mit Rinde, wird ein entsprechender Abschlag gewährt. Qualität und Stärke des Holzes bestimmen beim Stammholz die Holzpreise. Die Wertrelationen der einzelnen → Stärkeklassen der verschiedenen Baumarten sind in sog. „Meßzahlen" (MZ) festgelegt. Sie sind in Tabellenform aufgeführt und gelten als Grundpreise in DM je → Festmeter Holz. Der Holzpreis selbst wird im Prozentsatz der Meßzahl ausgedrückt.

Beispiel: Für Fichten-Langholz der → Handelsklasse L 4 wurden 400 % der Meßzahlen vereinbart. Der festgesetzte Grundpreis der Handelsklasse L 4 beträgt lt. Tabelle 50,– DM (= 100 %); 400 % der Meßzahlen sind somit 200,– DM. Mit Hilfe der Meßzahlen und des Meßzahlprozentsatzes ist es möglich, den Holzpreis unabhängig von den Stärkenklassen durch eine einzige Zahl – das Meßzahlprozent – auszudrücken. Der endgültige Preis errechnet sich aus der Menge je Stärkeklasse, den Meßzahlen und dem Meßzahlprozent.

Beispiel:
7,50 fm Fichte L 2,
MZ 39.– DM/fm = 292,50 DM
3,50 fm Fichte L 3,
MZ 46,– DM/fm = 161,00 DM
3,00 fm Fichte L 4,
MZ 50,– DM/fm = 150,00 DM
14,00 fm Fichte = 603,50 DM

Als Kaufpreis waren 500 % der Meßzahlen vereinbart worden; Gesamtkaufpreis somit 3017,50 DM. Als durchschnittliche Meßzahl für einen Festmeter ergeben sich aus dem Beispiel 43,10 DM (603,50 DM : 14 fm); als durchschnittlicher Erlös errechnen sich 215,53 DM/fm. Die durchschnittliche Meßzahl gibt Aufschluß über die Stärke des Holzes. Marktberichte, Statistiken und in erster Linie Preisverhandlungen beziehen sich i. d. R. auf den Prozentsatz der Meßzahlen für Stammholz normaler Qualität. Für → Industrieholz gibt es keine Meßzahlen. Es wird gestaffelt nach Güteklassen (vorwiegend bei Ndh) in DM je Festmeter (IL) bzw. je Raummeter (IS) verkauft; → Waldpreis.

Holzverkohlung, die: → Holzdestillation.

Holzverschleiß, der: → Holzvertrieb.

Holzversteigerung, die: → Holzverkauf, Versteigerung.

Holzvertrieb, der: auch Holzverschleiß, Holzdebit. veraltete Bez. für die Abgabe und den Verkauf des Holzes.

Holzverwendung, die: Der nachwachsende Rohstoff Holz ist vielseitig verwendbar. Die Schwerpunkte der H. liegen v. a. im:

1. Mechanischen und chemischen Aufschluß: Zellstoff, Zellwolle, Papier, Platten unterschiedlichster Art (z. B. Holzspanplatten) und chemische Produkte,
2. Hoch- und Tiefbau: Bau-, Konstruktions- und Schalungsholz,
3. Innenausbau: Fenster, Türen, Treppen, Wand-, Decken-, Bodenbelag, Möbel und sonstige Wohnungs- bzw. Inneneinrichtungen,
4. Bergbau: Grubenholz,
5. Transport- und Verkehrswesen: Masten, Schwellen, auch Werkstoff im Fahrzeug- und Schiffsbau,
6. Energieholz- einschließlich Brennholzverbrauch.

Holzverzuckerung, die: Für die Überführung von Holzzellulose in Traubenzucker werden zwei Verfahren angewandt:

a) Auf Fichtenholz-Sägespänen läßt man bei Zimmertemperatur gesättigte Salzsäure (erst 40%ige, dann verdünnte) einwirken. Dabei wird die → Zellulose herausgelöst und in Traubenzucker verwandelt; das → Lignin bleibt zurück. Nach Entfernung der Salzsäure kann der zurückbleibende Trockenzucker zu Alkohol vergoren oder zur Züchtung eiweißreicher Futterhefen für Mastzwecke verwendet werden (Verfahren nach Bergius).

b) Das zerkleinerte, meist minderwertige Holz wird mit verdünnter (0,2 bis 0,6%iger) Schwefelsäure bei 160 bis 190 °C unter Druck behandelt und zu vergärbarem Zucker aufgespalten. Die austretende Lösung enthält etwa 5 % Traubenzucker (Verfahren nach Scholler).

Holzvogt, der: auch Holzvorsteher, -wart, -wärter. frühere Bez. für einen Waldaufseher.

Holzvolumen, das: Inhalt eines Holzkörpers in Kubikmeter (m^3) oder Festmeter (fm). Falls nicht anders vermerkt, verstehen sich H. mit Rinde.

Gesamtschaftholzvolumen: H. des Baumschaftes vom Boden bis zum Scheitel des Baumes.

Schaft-Derbholzvolumen: H. des Baumschaftes vom Boden bis zum Mindestdurchmesser von 7 cm, der sog. Derbholzgrenze.

Baum-Holzvolumen: Gesamtvolumen des Holzkörpers über dem Boden.

Baum-Derbholzvolumen: Gesamtvolumen an Derbholz (über 7 cm Durchmesser) über dem Boden.

Gesamtastholz: Gesamtvolumen der Äste.

Ast-Derholzvolumen: Volumen der Astteile, die stärker sind als 7 cm Durchmesser.

Holzvorrat, der: auch Vorrat. Das gesamte → Derbholz einer Waldfläche. Die Ermittlung des H. ist eine wichtige Aufgabe der → Forsteinrichtung. Die hierfür angewandte Methode orientiert sich an der angestrebten Genauigkeit und dem Umfang der aufzunehmenden Flächen. Grundsätzlich möglich sind: Messung aller Bäume (→ Vollaufnahme), Stichprobenverfahren (z. B. → Winkelzählprobe), auf → Ertragstafeln gestützte oder okulare Schätzungen. Der tatsächlich vorhandene H. wird Istvorrat, der eines Modells Normalvorrat (Ideal-, Modellvorrat) genannt (→ Idealwald). Nach der Bundeswaldinventur 1986 bis 1990 beträgt der H. der BR Dtschl. (alte Bundesländer) 218 185 000 (= 2,218 Mrd.) fm m. R., also durchschnittlich 302 m^3/ha, und er nimmt weiter zu.

In Österreich beträgt der H. 972,652 Mio. m^3 (292 m^3/ha), in der Schweiz 280 Mio. m^3 (250 m^3/ha); → Ertrag.

Holzvorratsinventur, die: → Waldinventur.

Holzvorsteher, der: → Holzvogt.

Holzwarenfertiger → Holzaufbereiter.

Holzwarenmacher → Holzaufbereiter.

Holzwart, der: svw. → Waldaufseher; → Holzvogt.

Holzwart, die: frühere Bez. für Waldaufsicht.

Holzwärter, der: → Holzvogt.

Holzweberei, die: → Holzsparterie.

Holzweg, der: zur Holzabfuhr angelegter Waldweg, der meist blind am → Schlag endet. Daher auch die Redewendung: „Auf dem Holzweg sein" = im Irrtum sein.

Holzweibchen (Holz- oder Moosfräulein, Waldfräulein, Waldweiblein): im deutschen Volksglauben (Sagen) Bez. für gutmütige Waldgeister. Sie sind die Personifikation des im Baume wirksamen Lebens und müssen daher auch sterben, wenn dieser abstirbt oder gefällt wird. In der Beschreibung haben die H. einen behaarten Körper und ein altes runzeliges Gesicht, das an mehreren Stellen gleich alten Baumstämmen, ganz mit Moos bewach-

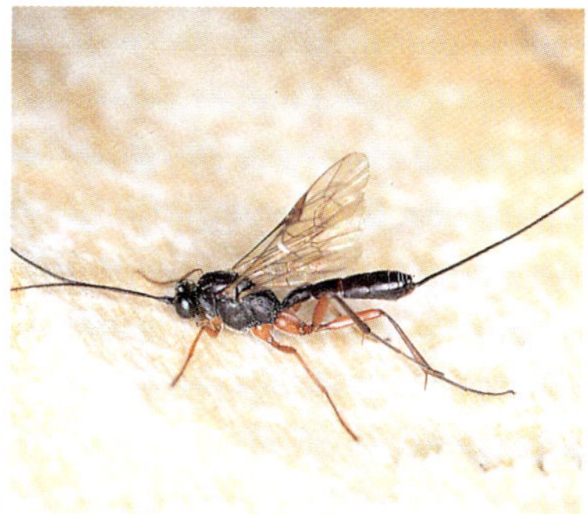

◂◂◂ Riesenholzwespe *(Urocerus gigas)*;

◂◂ Blaue Kiefernholzwespe *(Sirex juvencus)*;

Schwarze Fichtenholzwespe *(Xeris spectrum)*

sen ist. Gelegentlich gesellten sich zu den H. die ganz in Grün gekleideten Waldmännlein oder Moosmännlein. Dem H. brachte früher das Volk von der Ernte gewisse Anteile (Büschel Heu, Beeren usw.) als Opferspenden dar.

Holzweide, die: → Waldweide.

Holzwerbung, die: **1**) das Fällen, Zurichten und → Rücken des Holzes (Holzernte). **2**) im Sinne von Werbung für den Werkstoff Holz anhand von Aufklärung und geeigneten Maßnahmen in Verbraucherkreisen durch die → Arbeitsgemeinschaft Holz.

Holzwerbungskosten → Erntekosten.

Holzwerkstoffe: H. sind aus Holzlagen gleicher oder unterschiedlicher Dicke, aus Holzspänen oder Holzfasern mit Bindemitteln verleimte Platten oder Formteile. Je nach Aufbau werden die H. in die vier Gruppen → Lagenholz, Verbundplatten, Holzspanwerkstoffe und Holzfaserwerkstoffe eingeteilt.

Holzwerkstoffreste → Industrierestholz.

Holzwespen *(Siricidae)*: weltweit verbreitete Fam. der → Pflanzenwespen (Waldinsekten; → Forstschädlinge) mit über 100, z. T. bis 4 cm langen Arten. Die H. sind kräftige, schlanke, wespenartige → Hautflügler ohne Einschnürung zwischen Brust und Hinterleib. Der halbkugelige Kopf liegt der Brust meist eng an. Die überwiegend anders gefärbten Männchen sind kleiner als die Weibchen; letztere haben einen langen Legeapparat, mit dem sie ihre Eier in das Holz, v. a. in das kränkelnde Ndh legen. Die nur im Holz lebenden, langgestreckten, weichen und weißen Larven haben am Hinterleibsende einen kurzen, aufwärtsgerichteten Dorn, der als „Nachschieber" dient, da keine Bauchfüße, sondern nur kurze, verkümmerte Brustfüße vorhanden sind. Sie fressen einen sanftbogigen, an Stärke zunehmenden und im Querschnitt kreisförmigen, hinter ihnen mit weißem Bohrmehl fest verstopften Gang tief in das Holz hinein. Die Verpuppung erfolgt ohne Kokon am Ende des Ganges, der nahe an der Oberfläche liegt. Die geschlüpfte Wespe frißt sich durch ein kreisrundes Flugloch ins Freie. Durch die Larvengänge wird das Holz technisch entwertet. Die bei uns vorkommenden, wichtigsten Arten sind:

1. **Riesenholzwespe**, die *(Urocerus gigas)*: Sie ist ca. 1 bis 4 cm lang und der größte Vertreter der Pflanzenwespen in Mitteleuropa. Kopf und Brust sind schwarz. Beim stets kleineren Männchen ist der Hinterleib rötlichgelb, beim Weibchen auffallend gelb mit einem breiten schwarzen Ring in der Mitte. Die summend fliegende und harmlose Wespe hält sich von Juni bis September in den Nadelwäldern auf. Das Weibchen bohrt mit dem langen Legebohrer (Sägebohrer) einen Gang in anbrüchige oder liegende Stämme von Fi, Ta, Kie und Lä und legt nach und nach bis zu 500 Eier ab. Die Larve lebt bis zu drei Jahren im Holz.

2. **Schwarze Fichtenholzwespe**, die *(Xeris spectrum)*: Die etwa 1,5 bis 3 cm lange, dunkelbraune bis schwarze Wespe hat hinter den Augen einen gelben Fleck. Der Legebohrer des Weibchens ist körperlang. Es sucht zur Eiablage geschwächte und kränkelnde Bäume (Ta, Fi, Kie) auf und legt seine Eier unter die Rinde.

3. **Blaue Kiefernholzwespe**, die *(Sirex juvencus)*: Sie wird wie die Schwarze Fichtenholzwespe 1,5 bis 3 cm lang und hat einen blauschwarzen Körper. Das Weibchen hat einen breiten rotgoldenen Ring am Hinterleib. Die Wespe bevorzugt Kiefernwälder, legt aber die Eier auch in Fi und Ta. Die Entwicklungsdauer beträgt 3 bis 6 Jahre je nach Nahrungsangebot und Witterung.

Holzwirt, der: Bez. für einen geprüften Holzfachmann.

Holzwirtschaft, die: Sammelbegriff für die → holzbearbeitende und → holzverarbeitende Industrie, das → holzverarbeitende Handwerk und für den → Holzhandel. H. und → Forstwirtschaft müssen eng zusammenarbeiten. Während die H. auf eine ausreichende Versorgung mit inländischen Rohhölzern zu angemessenen Preisen angewiesen ist, ist die Forstwirtschaft von einer intakten und konkurrenzfähigen H. abhängig. Die Zusammenarbeit erstreckt sich daher v. a. auf die Koordinierung von Holzeinschlag, Import und Export sowie auf mittel- und langfristige Prognosen über Holzaufkommen und -verwendung. In der H. waren (Stand 1992 einschließlich Papierindustrie) über 704 000 Arbeitskräfte mit einem Umsatz von 163 Mrd. DM beschäftigt.

holzwirtschaftliche Berufe: Das mit der Holzwirtschaft verbundene Berufsangebot ist sehr weit gefächert.

Auszubildende im Handwerk werden entweder in einer Holzhandwerkerschule für einen Holzberuf (unter Mitwirkung der zuständigen Handwerksorgane) oder in einer dreijährigen Lehre bei einem Holzhandwerksmeister mit Berufsschulbesuch ausgebildet. Die Abschlußprüfung, z. B. als Tischler, Zimmerer, Holzbildhauer ist unerläßliche Voraussetzung für eine spätere Handwerksmeisterprüfung oder für die Aufnahme eines Fachstudiums, z. B. für die Ausbildung zum Industriemeister, → Holztechniker, Holzkaufmann, Möbelkaufmann; → Holzfachschulen, Holzingenieur.

Holzwirtschaftspolitik, die: → Forst- und Holzwirtschaftspolitik.

Holzwirtschaftsrat, Deutscher (DHWR) → Deutscher Holzwirtschaftsrat.

Holzwolle, die: aus langen, geschälten Rundstücken abgehobelte Holzbänder, die 0,5 bis 10 mm breit, 0,03 bis 0,5 mm dick und im allgemeinen bis 50 cm lang sein können. H. wird in Dtschl. seit den achtziger Jahren des vorigen Jh. hergestellt. Sie wird in Holzmaschinen (H.-Hobelmaschinen) wie Späne abgehobelt. In der Maschine befindet sich ein Schlitten mit zahlreichen Messern, die das Holz einritzen.

Fluglöcher der Riesenholzwespe

Ein sich horizontal bewegendes Hobeleisen schneidet dann die eingeritzten Holzspäne ab. H. zeichnet sich durch hohe Elastizität (besser als Papierwolle) und geringes Gewicht aus. Sie hat sich auch als hygienisches, preiswertes Innenverpackungsmaterial bestens bewährt und findet v. a. zum Verpacken zerbrechlicher

Güter wie Glas, Keramik, Apparate und Spielwaren Verwendung. H. wird aber auch als Polstermaterial verwendet und diente früher gelegentlich als Vieheinstreu. Obwohl fast jede Holzart brauchbar ist, wird zur H.-Herstellung hauptsächlich Ndh (Fi, Ta, Kie) verwendet; von den weicheren Lbh eignet sich am besten die Pa. Für die Herstellung von → Heraklithplatten wird etwas gröbere H. verwendet. Aus 1 rm Fichtenscheitholz können je nach Stärke etwa 200 bis 220 kg. H. gewonnen werden.

Holzwolle-Leichtbauplatte, die: → Heraklithplatte.

Holzwucher, der: in Bayern Kaudelei genannt. Frühere Bez. für Schwarzverkäufe. H. lag nach K. Mantel vor, wenn bei Holzverknappung Holzverkäufe durch private Waldbesitzer vorgenommen wurden, und zwar meist zu höheren Preisen als zu den Holztaxen (→ Forsttaxe). H. wurde schwer bestraft. H. lag auch vor, wenn ein Holzhändler oder Floßmeister das in den landesherrlichen Waldungen um die billige Taxe erworbene Holz zu höherem Preis weiterverkaufte oder Holz stapelte und es nach eingetretener Holzverknappung teuer weiterverkaufte.

Holzwürmer: im Volksmund Bez. für verschiedene holzbewohnende Insektenlarven; z. B. → Bockkäfer, Klopfkäfer und Borkenkäfer; → Holzwespen.

Holzzain, der: Bez. für einen Holzstoß; → Holzsetzen.

Holzzehent, der: frühere Pflicht (Servitut) mancher Privatwaldbesitzer, den zehnten Teil des eingeschlagenen Holzes an die Obrigkeit oder an die Geistlichkeit abzuliefern.

Holzzeichen, das: alte Bez. für das mit dem → Waldhammer eingeschlagene Zeichen, aber auch für den → Waldhammer selbst.

Holzzeit, die: veraltete Bez. für Fällungszeit; → Einschlagzeiten, Wadel.

Holzzellen: Die H. nehmen drei Hauptaufgaben wahr: Wasserleitung, Festigung und Speicherung. Diesen Aufgaben entsprechen drei Zell- und Gewebearten: → Gefäße (→ Leitgewebe), → Faserzellen (→ Festigungsgewebe), → Speicherzellen (→ Speichergewebe).

Holzzellulose, die: → Zellulose, Zellstoff.

Holzzement, der (flüssiges oder plastisches Holz): schnelltrocknendes Mittel zum Ausbessern schadhafter Stellen im Holz. Er besteht aus → Holzmehl (Sägemehl oder -spänen) und Bindemitteln, meist Zellulose-Estern; → Holzkitt.

Holzzerfall, der: → Holzabbau.

Holzzersetzung, die: → Holzabbau.

holzzerstörende Pilze → Holzpilze.

Holzzerstörender Kiefernbastkäfer, der: → Borkenkäfer 9.

Holzzettel, der: → Abfuhrschein.

Holzzeug, das: alte Bez. für → Holzschliff.

Holzzucht, die: → Waldbau.

Holz(zucht)plantage, die: auch Forstplantage, Schnellwuchsplantage. Kultur von besonders raschwüchsigen Holzpflanzen mit kurzen → Umtriebszeiten und wachstumsfördernden Maßnahmen (→ Wuchsbeschleunigung), z. B. turnusmäßige Bodenbearbeitung und unter Umständen Düngung (evtl. auch Be- oder Entwässerung) wie bei intensiver Landwirtschaft (z. B.: Pa in Mitteleuropa, Eukalyptus und Kie im Mittelmeerraum, in Südafrika, Südamerika und Australien, mit Okoume in Äquatorialafrika, mit Teak in SO-Asien). Geerntet wird im → Kahlschlag. Der „Flurholzanbau" entspricht der H., jedoch auf Nichtwaldflächen; → Samenplantage.

Holzzucker, der: **1**) durch Holzverzuckerung gewonnen Zuckerarten. Sie werden hauptsächlich zu Hefen verarbeitet oder zu Alkohol vergoren. **2**) ein im Holz bereits enthaltener Zucker; → Xylose.

Holzzuwachs, der: die jährliche Zunahme der → Holzmasse; → Zuwachsleistung.

Homa, die: Abk. für → Holzmeßanweisung.

Homogamie, die: in der Biologie Bez. für die gleichzeitige Reifung von männlichen und weiblichen Blüten, z. B. bei Kir und Rob.

Homogyne → Alpenlattich.

Homogyno-Piceetum → Alpenlattich-Fichtenwald.

Hondolärche, die: → Lärche 2.

Honig, der: Der H. ist der Energievorrat der → Honigbienen für den Winter. Er wird aus dem Blütennektar von Pflanzen oder aus anderen von Pflanzenteilen gebildeten Sekreten gewonnen. Diese Sekrete reichern die Bienen mit körpereigenen Stoffen an. Der H. ist eine konzentrierte wäßrige Lösung, die bis zu 20 % aus Wasser, 38 % Fruchtzucker (Fructose), 31 % Traubenzucker (Glucose), 7,3 % Malzzucker (Maltose), 1,3 % Haushaltszucker (Sacharose) und 0,17 % Mineralstoffen und organischen Säuren zusammengesetzt ist; → Zeidelweide.

Honigbeere, die: → Rubus 2.

Honigbiene, die (*Apis mellifica*): Sie gehört zur Gruppe der sozial lebenden, Staaten bildenden → Bienen. Sie wurde bereits im Altertum domestiziert und fast weltweit in geeigneten Lebensräumen in den kühl-gemäßigten bis tropischen Regionen angesiedelt (→ Imkerei, Zeidelweide). Ihr Lebensraum sind die lichten Wälder, Waldränder, Gärten und Wiesen. Die H. ist ein äußerst nützliches → Insekt im Dienste der Blütenbestäubung, durch das Sammeln von → Honig, die Produktion von Wachs und die → Bestäubung. Sie ist etwa 1,3 bis 1,5 cm groß. Die Brust, besonders an den Seiten, die Ringe des Hinterleibes und auch Kopf und Beine sind behaart. Ein Bienenstaat besteht i. d. R. aus drei Kasten, und zwar aus der Königin, aus 500 bis 1500 (2000) Drohnen und aus 8000 bis 20 000 Arbeiterinnen im Winter bzw. 50 000 bis 75 000 Arbeiterinnen im Sommer, wobei ein Bienenstaat mit ca. 70 000 Arbeiterinnen als „gutes Volk" gilt. Die Königin (Weisel) ist ein voll entwickeltes Weibchen mit voll ausgebildeten Geschlechtsorganen. Sie entwickelt sich aus einem befruchteten Ei und wird mit besonderem Königinnenfutter (Weiselsaft) gefüttert. Die Entwicklungszeit beträgt 16 Tage, die Lebensdauer drei bis vier Jahre. Während eines Fluges (Hochzeitsflug) wird sie durch die Drohnen begattet und kann dann vom Frühjahr bis zu Herbst täglich etwa 2000 bis 3000 Eier legen. Ihre Absonderung von Geruchs- und Geschmacksstoffen dient dem Zusammenhalt des Volkes. Die Arbeiterinnen sind unvollkommen entwickelte und umgeformte Weibchen mit zurückgebildeten Geschlechtsorganen, die sich aus befruchteten Eiern entwickelt haben. Sie haben eine Entwicklungszeit von 21 Tagen und eine Lebensdauer von sechs bis acht Wochen im Sommer und sechs bis acht Monaten im Winter. Ihre Aufgabe ist die Verrichtung sämtlicher für die Existenz des Volkes erforderlichen Arbeiten. Dies sind die Beschaffung von Nahrung und deren Speicherung, die Umarbeitung der Nährstoffe in Ammenmilch und Königinnenfutter (Weiselfuttersaft), die Pflege und Fütterung der Königin und der Brut, die Fütterung der Drohnen, die Heizung, Kühlung, Bewachung und Reinigung des Stockes. Die Arbeiterinnen besitzen spezielle Wachsdrüsen auf der Bauchseite (Wachsspiegel), aus denen sie Wachs absondern, das chemisch ein Gemisch aus langkettigen Fettsäuren (Wachssäuren) und ihren Estern ist. Dieses Bienenwachs dient als Baumaterial für den Bau von sechskantigen Zellen, die sie in Form von senkrechten Waben errichten. In diesen Zellen werden die Vorräte (Honig und Pollen) gespeichert und die Brut aufgezogen. In den etwas vergrößerten Wabenzellen (Drohnenzellen) entstehen aus den unbefruchteten Eiern die Drohnen, das sind voll entwickelte männliche Bienen, deren Aufgabe die Befruchtung der Königin und die „Stimulation" des Volkes ist. Bei Sommerende werden sie von den Arbeiterinnen getötet oder vertrieben (Drohnenschlacht). Wird in einer übergroßen Zelle, einem runden, hängenden Napf (Weiselwiege), die nur einmal benutzt und dann abgetragen wird, eine Jungkönigin aufgezogen, verläßt die alte Königin mit einem Teil des Volkes bei passender Witterung den bisherigen Stock (die Bienen schwärmen). Sie bildet in der Nähe des alten Stockes (z. B. an einem Baumast) zusammen mit den Arbeiterinnen eine große Traube. Von hier fliegen Spurbienen aus, um eine neue Unterkunft zu suchen. Die Flugorientierung erfolgt nach Landmarken, dem Stand der Sonne und dem polarisierten Himmelslicht, die als Kompaß dienen (Bienensprache). Die Sammelbienen (Arbeitsbienen, die die eigentlichen Honigbrin-

Königin und Arbeiterinnen der Honigbiene verlassen nach Aufzucht einer jungen Königin den Stock und suchen eine neue Unterkunft.

ger sind) nehmen mit den Mundwerkzeugen die Nektariensäfte aus den Blüten, die im Honigmagen (Kropf) durch Enzyme und andere zugeführte Stoffe in Honig umgewandelt werden. Die Stockbienen übernehmen im Stock den herausgewürgten Honig. Die Eindickung des Honigs bis auf einen Endwassergehalt von ca. 18 bis 20 % geschieht durch dauerndes Übertragen von Zelle zu Zelle und Bearbeiten mit den Mundwerkzeugen. Ist der Honig „reif" wird die Zelle mit Wachs verschlossen. Die Sammelbienen (Arbeitsbienen) tragen am Hinterbein eine mit Borsten versehene Vertiefung der Schiene, das sog. Körbchen, die, mit Blütenstaub gefüllt, zum sog. Höschen wird. Mit der sog. Bürste am Fersenglied wird der Blütenstaub entnommen, der verarbeitet als Nahrung für die Larven dient. Bei jedem Flug werden nur diesselben Blumenarten besucht. Dadurch wird die Bestäubung gesichert und eine Fremdbefruchtung vermieden. Nur die Königin und die Arbeitsbienen besitzen einen Stechapparat. Er besteht aus einer hornartigen Scheide mit Widerhaken und einer Giftblase. Der Widerhaken bleibt beim Einstich in die elastische Haut eines warmblütigen Wirbeltieres und des Menschen stecken und der ganze Stechapparat wird mitsamt den Giftdrüsen herausgerissen. Als Nutztiere des Menschen werden die H. volkweise in besonderen Bienenbehausungen (Bienenkasten, -korb, -stock, -beute) untergebracht. In honigarmen Zeiten muß aber mit Sirup und Zuckerwasser zugefüttert werden.

Honigbussard, der: → Bussarde 3.

Honigdrüse, die (Nektarien): H. sind Drüsenflächen oder -haare an der Pflanze, die zur Anlockung der die Blüte bestäubenden Insekten (und Vögel) einen zuckerreichen Nektar ausscheiden. Die H. treten meistens in der Blütenregion in Form von Höckern, Ringen oder Schwielen auf, finden sich aber auch an Blattstielen (z. B. Rob) oder an Nebenblättern (z. B. Pferdebohne). Diese sind nur während der Wachstumsperiode funktionsfähig.

Honigfalke, der: → Bussarde 3.

Honiggras, das (*Holcus*): Gatt. der → Rispengräser aus der Fam. der → Süßgräser. Das H. ist mit rund zehn Arten in der gemäßigten Zone Eurasiens und in Nordafrika vertreten. Die mehrjährigen Pflanzen duften nach Honig; die Halme schmecken süßlich. Die Blätter sind wollig behaart, die Rispen (→ Blütenstand) reichblütig, oft rötlich oder violett. In Mitteleuropa sind die beiden nachstehenden, auch bei uns im Wald anzutreffenden Arten heimisch:

1. Wolliges Honiggras, das (*Holcus lanatus*): Das Gras wächst in feuchten Wiesen und an Rainen – besonders auf mäßig nährstoffreichen Lehm- und Ton-, auch Torfböden -, von der Ebene bis in mittlere Gebirgslagen.

Die ausdauernde Pflanze mit ihren samtig behaarten Halmen und Blättern wird 30 bis 80 cm hoch. Die Blätter sind schwach gerieft und stark gekielt. Das kleine Ährchen ist zweiblütig, die obere Blüte männlich mit gebogener, von Hüllspelzen eingeschlossener Rückengranne. Der → Blütenstand ist eine bis über 10 cm lange, meist rötlich überlaufene Rispe, aber nur während der Blüte, sonst scheinährig. BZ: Juni bis Juli (August). Das W. H. ist ein Humuswurzler und mit einem Wurzelpilz vergesellschaftet.

2. Weiches Honiggras, das (*Holcus mollis*): Das kalkmeidende Gras wächst auf mäßig frischen Böden in artenarmen Eichenwäldern, wie dem bodensauren Honiggras-Eichenwald (Assoziations- → Charakterart), in Gebüschen und auf Heiden, von der Ebene bis auf 1500 m aufsteigend. Es ist die überregionale Verbands-Charakterart der west- und mitteleuropäischen Eichen-Birkenwälder und zeigt Bodensäure, Sand und Magerkeit an.

Das W. H. sieht dem vorigen sehr ähnlich, ist jedoch weniger behaart. Das ausdauernde Gras wird 30 bis 70 cm hoch und entwickelt queckenartige unterirdische Ausläufer. Die oberen Blätter und Blattscheiden sind kahl. Die Rispenäste sind zur Blütezeit ausgebreitet, sonst zusammengezogen. Das zweiblütige Ährchen ist bleich weißgrünlich; die Granne der männlichen Blüte ist gekrümmt, über die Kelchspelzen weit hinausragend. BZ: Juni bis Juli.

Honigpilz, der: → Hallimasch.

Honigschwamm, der: → Hallimasch.

Honigtau, der: flüssige Ausscheidung von → Blattläusen und Schildläusen. Er wird der Pflanze in Form von Kohlenhydraten (Zucker) entnommen und häufig – in großen Mengen – unverdaut von den Läusen abgegeben. Der H. wird von den → Ameisen gerne aufgenommen und den Läusen durch Betrillern mit den Fühlern abverlangt. Verschiedene Arten von → Blattläusen werden von den Ameisen regelrecht in Ställen gehalten und gemolken. Auch → Bienen schätzen den H. Die H.-Ablagerungen fördern aber die Ansiedlung von schädlichen Bakterien und Pilzen. Pflanzlicher H. besteht aus zuckerhaltigen, oft gelblich gefärbten Tropfen an Blättern und Blüten.

Honigwabenfäule, die: → Weißlochfäule.

◂◂ Das Wollige Honiggras ist ein Humuswurzler und mit einem Wurzelpilz vergesellschaftet.

Hopfen, der (*Humulus*): Gatt. der Hanfgewächse (*Cannabaceae*) mit drei Arten in der nördlichen gemäßigten Zone. Die → zweihäusigen Stauden haben rechtswindende Triebe (Lianen) und gegenständige (→ Blattstellung), herzförmige oder handförmig gelappte Blätter sowie amboßförmige Hafthaare. Die Blüten haben eine einfache grünliche Blütenhülle. Die männlichen Blüten stehen in lockeren Rispen (→ Blütenstand), die weiblichen in gestielten, mit großen Brakteen (→ Hochblätter) besetzten Ähren (Zapfen). Die bekannteste einheimische Art ist:

Gemeiner Hopfen, der (*Humulus lupulus* Linné): auch Wilder Hopfen. Die fast über ganz Mitteleuropa verbreitete und häufige Schlingpflanze wächst wild in Auwäldern, besonders Hartholz-Auenwäldern (Verbands-→ Differentialart) und Bruchwäldern, besonders Erlenbrüchen, sowie in Ufergebüschen, Hecken, Schlehen-Gesellschaften (Ordnungs-Charakterart) und an Waldrändern, auf feuchten, nährstoffreichen Ton- und Lehmböden. Durch den Anbau wurde er auch nach Nordamerika gebracht.

Männlicher wilder Hopfen ist in der Nähe von Hopfenanbaugebieten unerwünscht. Nur die samenlosen Fruchtstände der weiblichen Pflanze werden beim Bierbrauen benötigt.

Die kletternde Staude hat einen ausdauernden, unterirdischen Wurzelstock, der unterirdische Ausläufer und jedes Jahr dünne, bis zu 6 m lange, einjährige Stengel treibt, die mit zweispitzigen Kletterhaaren besetzt sind. Die langgestielten, gegenständig angeordneten Blätter sind aus herzförmigem Grund meist tief dreilappig (bis siebenlappig) und gezähnt (weinlaub-ähnlich). Die zweihäusige Pflanze ist → windblütig. BZ: Juli bis August/September. Die männlichen Blüten, die in blattachselständigen, etwas hängenden, lockeren Rispen stehen, haben fünf freie, hellgrüne Blütenhüllblätter und fünf Staubblätter. Die meist zu viert in den Achseln verwachsener Nebenblattpaare stehenden, unscheinbaren, weiblichen Blüten bilden dichtblütige, zapfenähnliche Scheinähren mit ovalen, bis zu 2 cm langen Tragblättern und → Fruchtknoten, die von zweiteiligen → Narben gekrönt sind. Aus ihnen entwickeln sich zur Fruchtzeit gelbgrüne Fruchtzäpfchen, die „Hopfendolden", mit eiförmigen, trockenhäutigen Schuppen und einer etwa 3 mm langen Nuß. Die Schuppen und die jungen Früchte sind mit aromatischen, gelblichen Drüsen besetzt, die v. a. den Bitterstoff Lupulin enthalten. In den H.-Gärten werden die weiblichen Pflanzen kultiviert. Aus ihren Fruchtständen wird das Hopfenmehl gewonnen, das als Bierwürze dient und ihm den bitteraromatischen Geschmack, das Schaumvermögen und mehr Haltbarkeit verleiht. Die jungen, unterirdischen Sprosse der Pflanze werden als „Hopfenspargel" sehr geschätzt. Die Vermehrung erfolgt durch Samen, bei kultivierten Pflanzen durch Wurzelstockstücke.

In der Naturheilkunde finden die H.-Zapfen Verwendung, sie können jedoch nicht lange aufbewahrt werden. Sie enthalten im Sekret

Lupulin die Bitterstoffe Lupulon und Humulon, Cholin, Gerbstoff und → ätherisches Öl, die antiseptisch, krampflösend, schmerzlindernd, verdauungsfördernd, sedativ und appetitanregend wirken. Als Aufguß werden sie innerlich zur Appetitsteigerung bei Magerkeit, zur Beruhigung bei Nervosität und äußerlich als Lotion zur Stärkung der Haut angewandt. Ein Absud wirkt bei Schlaflosigkeit und bei gestörter Verdauung. Das Auflegen eines kleinen mit H.-Zäpfchen gefüllten Kissens, das vorher erwärmt wurde, soll Neuralgien lindern.

Hopfenbuche

Hopfenbuchen (*Ostrya* = griech. für einen Baum mit sehr hartem Holz): Der deutsche Name H. spielt auf die dem → Hopfen gleichenden Fruchtstände an. Die zur Fam. der → Hainbuchengewächse (*Carpinaceae*) zählende, sieben Arten umfassende, seit dem Oligozän (→ Erdzeitalter) bekannte Gatt. ist über die Nordhalbkugel verbreitet; in mancher Literatur wird sie der Fam. der → Birkengewächse (*Betulaceae*) zugeordnet. Die männlichen Kätzchen sind schon im Winter ausgeprägt und die Früchte sind in blasenförmige Hüllen eingeschlossen. Sonst gleichen sie sehr stark den → Hainbuchen.

Hopfenbuche (*Ostrya carpinifolia* Scopoli = *O. vulgaris* Willd.): auch Europäische H., Gemeine H., Schwarzbuche.

Verbreitung: Die Verbreitung der H. erstreckt sich von Südfrankreich über Korsika, Sardinien, Italien, die Südschweiz und Südösterreich, dem ehemaligen Jugoslawien, Griechenland, bis Kleinasien. Ihr Verbreitungsschwerpunkt liegt im östlichen Mittelmeergebiet, wo sie in der Waldzusammensetzung eine wichtige Rolle spielt. In den Südalpen ist sie bis in Höhen von 1300 m anzutreffen.

Standort: Die H., eine südeuropäische Halbschatt-Lichtpflanze, wächst in der kollinen und montanen → Vegetationsstufe, in lichten Laubmischwäldern, an Waldrändern, an trockenen sommerwarmen, buschigen, steinigen Abhängen, auf flach- bis tiefgründigen, mäßig nährstoffreichen, lehmigen, kalkarmen bis kalkreichen Böden. In Südosteuropa ist sie die Charakterbaumart verschiedener Waldgesellschaften, wie z. B. in Hopfenbuchen-Mannaeschen-Wäldern und Hopfenbuchen-Flaumeichen-Wäldern.

Merkmale: Die H. ist ein sommergrüner großer Strauch oder mittelgroßer, bis 20 m hoher Baum mit anfangs kegelförmiger, später breiter Krone. Im Freistand ist die H. tiefbeastet mit breiter Krone; im Bestand bildet sie einen astfreien Schaft aus. Sie ist relativ raschwüchsig und wird etwa 100 Jahre alt. Die Rinde ist graubraun, anfangs glatt und wird später zu einer längsrissigen, dunkelbraunen Tafelborke, die mitunter abschuppt. Die Bewurzelung ist je nach Boden tiefgehend oder oberflächlich und weit ausstreichend. Die H. hat, besonders nach kräftigem Rückschnitt oder auch Abholzung, eine hohe → Ausschlagsfähigkeit. Die jungen Zweige sind sehr biegsam, schattenseits olivbraun, lichtseits rötlichbraun, anfangs bräunlich wollige behaart, wachsen → sympodial und sind mit zahlreichen rundlichen → Lentizellen besetzt. Die bis 10 mm langen Endknospen (meist fehlend) sind spitzeiförmig bis schmal-kegelig und nur geringfügig größer als die ebenso geformten, vom Zweig abstehenden Seitenknospen. Die Knospenschuppen sind im Frühherbst grün, dunkel berandet, später hell- bis dunkelbraun oder rötlichbraun und weißlich behaart. Die zweizeilig angeordneten, wechselständigen, etwa 1 cm lang gestielten Blätter sind eilänglich bis oval, etwa 5 bis 12 cm lang, 3 bis 6 cm breit, am Grunde fast herzförmig, vorne zugespitzt und denen der Hainbuche sehr ähnlich. Sie haben 12 bis 15 Seitennervenpaare, die sich kurz vor dem Blattrand verzweigen, sind oberseits dunkelgrün glänzend, unterseits hellgrün und längs der Adern behaart mit hellgrünen Achselbärten; oft sind die Blatthälften auch ungleich wie bei den Ulmen. Der Blattrand ist scharf doppelt gezähnt. Im Herbst färben sich die Blätter sattgelb (→ Blattfarbstoffe, Blattfall). Die Blütezeit der → einhäusigen Pflanze ist von April bis Juni; ihre Blüten sind → eingeschlechtig und erscheinen mit den Blättern. Die männlichen → Blütenstände, dichtblütige Kätzchen, die bereits im Herbst des Vorjahres ausgebildet werden, überwintern nackt, sind bis zu 12 cm lang und hängen zu zweit oder dritt (bis zu fünft) endständig an vorjährigen → Langtrieben. Die Blüten (ohne Blütenhülle) stehen in den Achseln grünlicher, im oberen Teil brauner Tragblätter, haben vier bis 14 auf der ganzen Tragblattfläche verteilte → Staubblätter, deren → Staubbeutel an der Spitze einen Haarschopf tragen. Die weiblichen Kätzchen, die als Knospen überwintern, stehen anfangs aufrecht am Ende junger Triebe; später hängen sie und sind erblüht etwa 5 cm lang (dichter und dicker als die der Hainbuche). Die Blüten mit unscheinbarer Blütenhülle stehen zu zweit in den Achseln jedes Tragblattes und haben lange rötliche Narben. Die Früchte der H., die von August bis Oktober reifen, sind grünliche bis bräunliche, eiförmige, zusammengedrückte, ca. 5 mm lange, schwach gerippte, glänzende Samennüßchen,

▸▸ Hörnchengallen auf der Blattoberseite einer Linde

die von einer 15 bis 20 mm langen elliptischen, kurz zugespitzten, weißlichen oder grünlichen, blasigen Hülle umgeben sind. Die Hülle, die durch Verwachsung des Tragblattes mit den beiden Vorblättern entsteht, spielt bei der Verbreitung durch den Wind eine wichtige Rolle. Die 3 bis 5 cm langen, dichten, zylindrischen Fruchtstände, die dem Hopfen ähnlich sind, bleiben in Mitteleuropa noch lange am Baum hängen und fallen erst nach dem Laub ab. Obwohl die H. im Bereich des Weinbauklimas winterhart ist, wird sie in Mitteleuropa nur selten angepflanzt; auch als Parkbaum ist sie selten zu finden. Das zerstreutporige, hellrötliche Holz ist schwer, hart und zäh und wird u. a. zur Herstellung von Werkzeugteilen verwendet. Es ergibt auch eine gute Holzkohle. An Rohdichte (→ Dichte des Holzes) und Härte übertrifft es die Hbu.

Hopfensäulen: schwache Stämme oder Stammstücke aus Ndh, die in den Hopfenanbaugebieten für die Draht- oder Schnurspannungen, an denen der Hopfen schlingt, gebraucht werden. Die H. werden imprägniert (→ Holzschutz) verwendet.

Hopfenstangen: die in den Hopfenanbaugebieten verwendeten und bis zu 10 m (12 m) langen Nadelholzstangen. Für H. wird allg. die Fi bevorzugt; der Durchmesser der Stangen beträgt gewöhnlich 7 bis 12 cm; → Hopfensäulen, Rote Stangen.

Hörde, die: alte, nordd. Bez. für einen Reisighaufen bzw. für Flechtwerk aus Reisig.

Hordelymo-Fagetum → Waldgersten-Buchenwald.

Hordelymus europaeus → Waldgerste.

Hordendarre, die: → Klenge.

Hordengatter, das: → Gatter 1).

Hörlicke, die (der Hörlickenbaum): → Ebereschen 2.

Hörlinke, die: → Ebereschen 2.

Hörnike, die: → Ebereschen 2.

Hornäste: ins Holz eingewachsene tote (stark verkiente) Nadelholzäste. H. sind durch die übergroße Harzanreicherung dichter und schwerer als das Holz des Stammes, durch das → Harz dunkel gefärbt und auch glasig erscheinend. Wegen ihrer Dichte schwinden sie beim Trocknen von Brettern stärker als das Stammholz (besonders Fichten- und Tannenbretter), fallen deshalb heraus (Durchfalläste) und hinterlassen Astlöcher; → Fauläste, Schwarzäste.

Hornbaum, der: → Hainbuchen.

Hornbuche, die: → Hainbuchen.

Hörnchengallen: durch die → Gallmilbe *Eriophyes tiliae tiliae* auf der Blattoberseite der Linden hervorgerufene → Gallen. Sie sind 10 bis 15 mm lang, erst grün, dann rot oder braun und stehen in Gruppen dicht zusammen.

Hornisse, die: → Wespen 1.

Hornissen(glas)schwärmer, der: → Glasflügler 1.

Hornkirschbaum, der: → Hartriegel 1.

Hornklee, der (*Lotus*): Gatt. der → Schmetterlingsblütengewächse mit rd. 150 Arten in den gemäßigten Zonen, im subtropischen Asien, in Australien und Südafrika. Es handelt sich um Halbsträucher oder Stauden mit gelben oder roten Schmetterlingsblüten, deren Schiffchen hornartig verlängert sind und die in meist doldenförmigen → Blütenständen stehen. Die Hülsen sind schmal und gerade. In Mitteleuropa im Wald anzutreffen ist:

Gemeiner Hornklee, der (*Lotus corniculatus* Linné): auch Gewöhnlicher H., Wiesen-H. Der G. H. ist fast über ganz Europa verbreitet, lediglich in Nordskandinavien fehlt er. Er wächst verbreitet an Wegrändern, auf Trocken-, Halbtrocken- und Magerrasen, Weiden, in Steinbrüchen, Gebüschsäumen und lichten Wäldern, bevorzugt auf kalkhaltigen Böden, bis in Höhen von über 2000 m. Der G. H. ist auch eine beliebte Futterpflanze, die die Böden beschattet und verbessert.

Die mehrjährige, sehr variable Pflanze hat niederliegende oder bogig aufsteigende, bis 30 cm lange, markige oder engröhrige Stengel. Die Blätter sind fünfzählig. BZ: Mai bis August. Die Schmetterlingsblüten stehen zu drei bis sechs (selten bis acht) in einem gestielten, doldenähnlichen Köpfchen mit drei kleinen → Hochblättern am Grund. Die 6 bis 14 mm lange Krone ist dunkelgelb, oft rötlich überlaufen, das Schiffchen zur Spitze hin in einem rechten Winkel nach oben gebogen, die Schiffchenspitze oft rötlich. Der Kelch hat fünf Zähne, die vor dem Aufblühen zusammengeneigt sind. Die Früchte sind bis zu 2 cm lange, gerade, runde, reif kastanienbraune, vielsamige Hülsen, deren derbe Klappen sich beim Aufspringen spiralig eindrehen.

Hörnling, Klebriger, der: → Keulenpilze 12.

Hornsgenbaum, der: → Hartriegel 1.

Hornschröter, der: → Blatthornkäfer 1.

Hornstrauch, der: → Hartriegel.

Hornstrauch, Gelber, der: → Hartriegel 1.

Hornstrauch, Roter, der: → Hartriegel 2.

Hornzahnmoos, das (*Ceratodon*): Gatt. der Fam. Doppelhaarmoose (*Ditrichaceae*) der Klasse → Laubmoose, mit zwei weltweit verbreitete Arten. In Mitteleuropa kommt v. a. nachfolgend beschriebene Art vor:

Hornzahnmoos, das (*Ceratodon purpureus* (Hedw.) Bridel): auch Purpurzahnmoos. Das weit verbreitete und häufige H. wächst im Wald auf trockenen nährstoffarmen Böden, besonders häufig auf Brandstellen, auf Felsen, Mauern, Wiesen, Dächern, an Holz und an Wegen. Das ziemlich formenreiche H. bildet lockere, ausgedehnte, grüne bis bräunlichgrüne Rasen. Die aufrechten, einfachen oder gabelig verzweigten, etwa 2 bis 3 cm hohen Stengel sind abstehend beblättert. Die lanzettlichen Blätter haben eine lange Spitze, in die die Mittelrippe hineinragt. Sie sind ganzrandig mit nach unten umgerollten Blattrand. Die Sporen reifen vom Frühjahr bis zum Sommer. Der glänzend purpurrote Kapselstiel ist 1 bis 3 cm lang. Die jung speerförmige, später länglichovale Sporenkapsel ist bis 3 mm lang, rotbraun und steht etwas geneigt.

Horst, der: **1)** Teil eines Bestandes mit einem Durchmesser von ein bis zwei Altbaumlängen (etwa 30 bis 60 m). H. stammt von „Hurst" ab, was soviel wie Dickicht, Hecke, Gesträuch bedeutet. Der H. ist eine Kleinfläche, die im Ggs. zur → Gruppe bereits ein deutlicheres Maß ökologischer und wirtschaftlicher Selbständigkeit besitzt; → Trupp, Kleinbestand, Gruppe, Rotte. **2)** das Nest der → Greifvögel, → Eulen, → Kraniche, → Rabenvögel, → Reiher und → Störche. Im Ggs. zum Nest wird der H. oft mehrere Jahre benutzt und dabei immer wieder ausgebessert und häufig auch weiter ausgebaut.

Horstfeld, das: die Zone um den → Horst (Brutrevier), in der während der Aufzuchtzeit ihrer Jungen die horstenden → Greifvögel keine Beute schlagen.

Horstmischung, die: → Mischungsform.

Hortungsbetrieb, der: Betrieb, der weniger Holz nutzt als nachhaltig (→ Nachhaltigkeit) genutzt werden könnte und dadurch eine Vorratsanreicherung betreibt, die über einen Aufbau optimaler Bestände hinausgeht; → Hieb(s)satz.

Hoßfeld, Johann Wilhelm (19.8.1768 Öpfershausen bis 23.5.1837 Dreißigacker): H. war ab 1801 als Lehrer der Mathematik am Forstinstitut Dreißigacker. Er schrieb u. a.: „Niedere allgemeine Mathematik für alle Stände, besonders für Forstmänner, Cameralisten und Kaufleute" (2 Bde. 1819, 1820), „Die Forsttaxation nach ihrem ganzen Umfange" (1823 bis 1825). Ein Schüler von H. war G. → König.

Hostmehlbeere, die: → Ebereschen 5.

Hotter, der: österr. Bez. für → Hutewald.

Hotzen: altes, aus dem Allemannischen stammendes Wort für Waldbauern, die einst den → Schwarzwald besiedelten. Die südliche Terrasse des Schwarzwaldes, gegen den Hochrhein, wird heute noch als H.-Wald bezeichnet. Die H. galten als besonders freiheitsliebend, aber auch als rebellisch. Im 18. Jh. nannten sie sich nach ihrem Anführer Salpeter-Hans, einem Salpetersieder, Salpeterer.

HQL: Abk. für → High Quality Lumber.

Huber, Bruno, Prof. Dr. (1899 bis 1969): H. zählt zu den bedeutendsten Forstbotanikern des 20. Jh. Er war zuletzt Professor für → Forstbotanik an der Universität München. Bahnbrechende Arbeit hat er auf dem Gebiete der Baumphysiologie geleistet, z. B. seine Arbeit über den Wasserhaushalt, die Stoffproduktion und die Saftströme der Bäume. Die synthetische Betrachtung der Struktur und Funktion von Holz und Rinde, Nadeln bzw. Blättern und Wurzeln gelten als Pionierleistungen seiner Zeit. H. gründete das erste Zentrum für → Dendrologie in Europa; daneben gab er auch einige Fachbücher heraus.

Huber, C. → Holzbibliothek.

Huber, Franz Xaver (13.4.1769 Hammer b. Traunstein bis 16.10.1842 Reichenhall): H. war seit 1808 Kgl. Bayer. Salinen-Forstinspektor in Traunstein. Von 1799 bis 1800 ließ H. sich in München auf der Staatsforstschule u. a. in Mathematik und Naturwissenschaften ausbilden. Noch in seinem letzten Lebensjahr wurde H. die Inspektion über sämtliche Salinenforstämter und Reviere übertragen. Er hat sich v. a. um eine Förderung der mathematischen Richtung in der Forstwirtschaft, insbesondere der Holzmeßkunde und Forsteinrichtung verdient gemacht. Er schrieb u. a.: „Hilfs-Tafeln für Bedienstete des Forst- und Baufaches zunächst zur leichten und schnellen Berechnung des Massengehaltes voller Holzstämme und der Theile derselben" (1828).

Der Name Hornklee bezieht sich auf die gekrümmten Früchte (Hülsen).

Huber, W. → Wald in der Malerei.

Hudewald, der: → Hutewald.

Hufeisenklee, der (*Hippocrepis*): Gatt. der → Schmetterlingsblütengewächse (*Fabaceae*) mit rd. 20 Arten vom Mittelmeergebiet bis Zentralasien. Es sind dies Kräuter oder Halbsträucher mit unpaarig gefiederten Blättern und kleinen, einzeln oder in Dolden stehenden Blüten und Bruchhülsen mit einsamigen hufeisenförmigen (Name!) Gliedern. In Mitteleuropa einzige Art:

Schopf-Hufeisenklee, der (*Hippocrepis comosa* L.): auch Schopfiger H. Der über Westeuropa (außer Irland) und Mitteleuropa verbreitete S. kommt in Dtschl. zerstreut bis verbreitet, mancherorts auch relativ häufig vor. Er wächst auf sonnigen Kalkmagerrasen, Trockenrasen, an Wegrändern, auf Triften, in Steinbrüchen, lichten Kiefern-Trockenwäldern und Schneeheide-Kiefernwäldern.

Die mehrjährige, niederliegende bis aufsteigende Pflanze hat bis 30 cm lange, fast kahle, reich verzweigte, dünne Stengel, die am Grunde verholzen. Die langgestielten Blätter bestehen aus 5 bis 15 ovalen oder verkehrt-eiförmigen bis schmal-lanzettlichen, saftig grünen, zuweilen rot überlaufenen, kurzgestielten Fiederblättchen. BZ: Mai bis Juli. Die goldgelben, 6 bis 12 mm langen duftenden Schmetterlingsblüten stehen zu vier bis 12 Stück in einer langgestielten Dolde (→ Blütenstand). Die Frucht ist eine 1 bis 3 cm lange, reif dunkelbraune Hülse, deren Glieder hufeisenförmig gekrümmt sind. Dadurch ist der S. von der sehr ähnlichen Scheiden-Kronwicke (→ Kronwicke 1.) zu unterscheiden. Er kann auch leicht mit dem Gemeinen → Hornklee verwechselt werden.

Hügel-Erdbeere, die: → Erdbeeren 2.

Hügelklee, der: → Klee 3.

Hügellandschaft, die: → Vegetationsstufen.

Hügelpflanzung, die: → Pflanzverfahren.

Hügelstufe, die: → Vegetationsstufen.

Hühnerbiß, der: → Taubenkropf

Hühnereintrieb, der: Zur Vermeidung von Schädlingskalamitäten, besonders durch die → Spanner, wurden in früheren Zeiten Haushühner und Puten in den Wald eingetrieben bzw. gleich im Wald gehalten. Die Hühner, in Herden zu 100 bis 200 Stück, waren in sog. Hühnerwagen oder in Moosställen untergebracht. Je nach Häufigkeit der Puppen war ein Huhn imstande, pro Tag zwischen 4500 und 6000 Puppen zu vertilgen.

Die Erdhummel ist weit verbreitet und nistet tief im Erdreich.

Hühnergeier, der: → Milane 1.
Hühnerhabicht, der: → Habicht.
Hühnervögel (*Galliformes, Galli*): mit über 260 Arten in vier Fam. weltweit verbreitete Ordn. der Vögel. Es sind dies mehr oder weniger große, gedrungene, kurzflügelige Bodenvögel mit einer Körperlänge von 10 bis 150 cm. Sie haben einen kleinen Kopf, einen kräftigen Hackschnabel und kräftige, zum Scharren geeignete, häufig mit Sporen versehene Füße, ferner einen Muskelmagen mit Reibeplatten. Zur Zerkleinerung der Nahrung werden häufig Steinchen (Magensteine, Mahlsteine) mit aufgenommen. H. nehmen gerne Staub-, aber keine Wasserbäder. Die Hähne sind oft größer und weitaus prächtiger gefärbt als die Hennen. Ihr Flugvermögen ist gering; sie fliegen meist schwerfällig und polternd. I. d. R. leben sie polygam und vollführen während der Paarungszeit eine auffällige Baum- und/oder Bodenbalz. H. sind meist Standvögel, die häufig in kleinen Scharen leben und sich überwiegend von Insekten und deren Larven, Schnecken, Würmern, Beeren, Knospen, Körnern und Samen ernähren. Als Nest dient nur eine einfache gescharrte Bodenmulde, die mit wenig Nistmaterial (trockenen Blättern, Halmen, Moos usw.) ausgelegt wird. Die je nach Art sehr umfangreichen Gelege enthalten 6 bis 14 Eier. Die Jungen sind Nestflüchter, die der Mutter vom ersten Tag an folgen und bereits alleine die Nahrung aufnehmen. Eine Jahresbrut. Zu den H. zählen Feldhühner (*Perdicinae*), Truthühner (*Meleagridinae*), → Fasanen (*Phasianinae*) und → Rauhfußhühner (*Tetraoninae*).
Hüllblätter → Hochblätter.
Hülle, die: → Velum.
Hülsdorn, der: → Stechpalmen.
Hülse, die: → Stechpalmen.
Hülsendorn, der: → Stechpalmen.
Hülsenfrüchtler → Leguminosen, Schmetterlingsblütengewächse.
Hummelfliegen → Wollschweber.
Hummeln (*Bombini*): Gatt. stechender → Insekten aus der Fam. der → Bienen. Die H. sind in Mitteleuropa mit 30 Arten vertreten. Sie haben einen kräftigen und meist stark behaarten Körper und mit Ausnahme der Erdhummel einen langen Rüssel, der es ihnen ermöglicht, auch in tiefe Blütenkelche zu gelangen. Die Erdhummel mit ihrem kurzen Rüssel muß, um den Nektar zu erreichen, die Blüten seitlich anstechen. H. sind wichtige Blütenbestäuber, ihre Hinterbeine sind wie bei den → Honigbienen mit Körbchen und Bürsten versehen, die als Sammelvorrichtung dienen. Alle H. bilden Staaten, die in unseren Breiten nur einjährig sind. Im Herbst geht die gesamte Population mit Ausnahme einiger befruchteter Weibchen ein. Die Gründung einer neuen H.-Population obliegt den überwinternden und befruchteten Weibchen. Jedes dieser Weibchen baut allein die ersten Zellen, bis die schlüpfenden, kleineren Arbeiterinnen diese Arbeiten sowie die weitere Versorgung übernehmen. Die Männchen erscheinen erst im Spätsommer. Die wichtigsten, auch im Wald lebenden Arten sind:
1. Erdhummel, die (*Bombus terrestris*): Die staatenbildende E. erreicht eine Körpergröße von 2,5 bis 2,8 cm. Sie ist groß und dick, dicht pelzig samtschwarz behaart; das Hinterende ist weiß. Vorne an der Brust und am zweiten Hinterleibsring trägt sie je eine querverlaufende, gelbe Binde. Die Geschlechter und Einzelindividuen zeigen jedoch starke Farbunterschiede. Die weit verbreitete E. nistet tief im Erdreich. Das überwinternde Weibchen fliegt im zeitigen Frühjahr die Kätzchen blühender Weidengewächse an. Nektar und Blütenstaub werden in die Wachszellen gelegt und dienen den Larven als Nahrung.
2. Waldhummel, die (*Bombus silvarum*): Die bis zu 2 cm große W. hat eine braun/gelbe Streifung, die aber von Tier zu Tier unterschiedlich stark ausgeprägt sein kann. Sie findet sich hauptsächlich auf Waldschneisen und in Waldlichtungen. Die befruchteten und überwinternden Weibchen erscheinen erst im Mai und sind dann hauptsächlich auf Taubnesseln und Günsel anzutreffen, im Herbst werden bevorzugt Doldengewächse und Knautien aufgesucht. Die Nester der W. werden in verlassenen Säugetierbehausungen oder in alten Vogelnestern angelegt.
3. Steinhummel, die (*Bombus lapidarius*): Die 2 bis 2,5 cm große S. unterscheidet sich von anderen Arten gut durch ihre Färbung: dunkler Körper und orangebraunes Hinterende. Die sehr häufige und fast überall anzutreffende S. fliegt schon im April aus dem Winterquartier. Das Nest, das im Herbst aus 100 bis 300 Tieren bestehen kann, wird meist unter Steinhaufen, aber auch unter der Erde, in Mauerritzen etc., errichtet. Gelegentlich finden sich im Nest auch Schmarotzer-H. (*Psithyrus rupestris*) ein, die selbst kein eigenes Nest anlegen.
Hummel-Ragwurz, die: → Ragwurz 3.
Humperdinck, E. → Wald in der Musik.
Humulus → Hopfen.
Humus, der (lat.: Erde, Erdboden): Dem → Boden werden über den → Blatt- und Nadelfall (→ Waldstreu), absterbende → Wurzeln und → Bodenorganismen sowie Ernterückstände laufend organische Substanzen zugeführt. Diese werden durch die Bodenfauna und -flora abgebaut und mineralisiert, und zwar im Endprodukt bis zu einfachen anorganischen Verbindungen wie Kohlendioxid (CO_2), Wasser (H_2O), Ammonium ($NH4+$). Bei diesem → Biomasseabbau entstehen durch Humifizierung als Zwischen- und als Stoffwechselprodukte der → Mikroorganismen neue zum Boden gehörige Substanzen, die Huminstoffe. Alle im Boden vorhandenen toten organischen Stoffe, ob unzersetzt, halbzersetzt oder bereits humifiziert, werden als organische Bodensubstanz oder H. bezeichnet. Das Verhältnis der Humifizierungs- und Mineralisierungsvorgänge zueinander und die Geschwindigkeit dieser Prozesse sind abhängig von den Ausgangsstoffen, wie z. B. deren → C/N-Verhältnis, der Aktivität der Bodenorganismen. Letzteres hängt von den physikalischen und chemischen Bodenverhältnissen und vom Klima ab. Als ungefährer Maßstab für die biologische Bodenaktivität kann das Ausmaß der → Bodenatmung, d. h. die CO_2-Produktion des Bodens, gelten. Als humusfrei gelten Böden mit weniger als 0,3 % H. Solche mit 2,5 bis 5 % H. gelten als stark humos, mit 5 bis 15 % als sehr stark humos. Anmoorig sind Böden mit 15 bis 30 %, torfig solche mit mehr als 30 % H. Der H. besteht chemisch betrachtet aus in alkalisch wässriger Lösung löslichen Fulvosäuren und durch starke Säuren aus einer solchen Lösung ausfällbaren Huminsäuren sowie unlöslichen Huminen. Die Säuren sind gelb bis gelbbraun, die Huminstoffe braun bis schwarz. Die großen Moleküle der Huminsäuren mit Molekülmassen bis zu 100 000 sind im Wasser schwer löslich und enthalten weniger Carboxylgruppen und OH-Gruppen als die Fulvosäuren. Diese haben Molekülmassen von bis zu 9000 und können Eisenoxide lösen und Metallionen komplex binden. Die Huminstoffe sind Riesenmoleküle und schwer abbaubar. Sie bestehen aus aromatischen Kohlenstoffringen, die miteinander über die verschiedensten Molekülbrücken, wie z. B. – NH -, – CH_2 – verknüpft sind. Die Huminmoleküle können sich an Tonminerale binden und bilden mit diesen den Ton-Humus-Komplex. In Abhängigkeit und im Zusammenspiel von Faktoren, die die Humifizierung und die Mineralisierung begünstigen, entwickeln sich verschiedene Humusformen; → Waldboden, organischer Auflagehumushorizont, Mineralbodenhorizont.
Humuskeimer, der: → Samen, die in → Humus keimen, z. B. Zir, Ta.
Humuspflanzen → Fäulnispflanzen.
Hund, der: **1**) bei der früheren → Flößerei eine Hilfsvorrichtung aus seitlich ausklappbaren Läden oder Stämmen (Wasserstau) zum Wiederflottmachen eines festsitzenden Floßes. **2**) auch Bünkl. bei den früher im Gebirge verwendeten Handschlitten für den Holztransport Bez. für die hinten angehängten Holzscheiter, die im steilen Gelände die Bremswirkung verstärkten.
Hundeshagen, Johann Christian, Dr. (10.8. 1783 Hanau bis 10.2.1834 Gießen): H. war zuerst Revierförster in Friedewald, 1818 Professor der Staats- und Forstwissenschaft in Tübingen und wurde 1821 Direktor der Forstlehranstalt in Fulda. Er war ein genialer forstlicher Systematiker und Enzyklopädist. Als Forsteinrichter war er Begründer einer Formelmethode und der forstlichen Statistik. Seine Hauptschriften sind: „Methodologie und Grundriß der Forstwissenschaft" (1819), „Ency-

clopädie der Forstwissenschaft systematisch abgefaßt" (1821), „Die Forstabschätzung ... etc." (1826), „Die Waldweide und Waldstreu ... etc." (1830).

Hundsbaum, der: → Hartriegel 2.

Hundsbeer, der: → Geißblatt 4. und 5., Kreuzdorn 2., Liguster.

Hundsbeere, die: → Holunder 1.

Hundsbeerstaude, die: → Hartriegel 2., Kreuzdorn 2.

Hundsbeerstrauch, der: → Kreuzdorn 3.

Hundsdorn, der: → Kreuzdorn 2.

Hundsflechte, die: → Peltigera 2.

Hundsgras, das: → Knäuelgras.

Hundskirsche, die: → Geißblatt 4.

Hundsknofl, der: → Zeitlose.

Hundsquecke, die: → Quecke.

Hundsrose, die: → Rosen 10.

Hundsrute, die (*Mutinus caninus*): Die in ganz Dtschl. verbreitete, jedoch nicht häufige H. gehört wie die nahe verwandte → Stinkmorchel, zu den → Bauchpilzen. Sie wächst einzeln oder gesellig in humusreichen Laub- und Nadelwäldern gerne in der Nähe von mulmigen Baumstümpfen. Sie ist von Juli bis Oktober zu finden. Die Entwicklung vom Hexenei zum fertigen Pilz verläuft wie bei der Stinkmorchel. Aus dem taubeneigroßen, weißen Hexenei, das oben aufplatzt, bricht ein 8 bis 12 cm langes und 1 bis 1,5 cm dickes, rutenförmiges Gebilde hervor. Die nicht abgesetzte Spitze (keine Kappe) des hohlen und weißlichen Schaftes ist mit einer olivgrünen, verschleimten und schwachstinkenden Sporenmasse, der Gleba überzogen. Der ausgewachsene und ungenießbare Pilz, der in der Eihülle keinen Halt findet, biegt sich stark um bzw. liegt meist am Boden. Nach Abtragen der Sporenmasse durch Aasfliegen und andere Insekten wird die orangerote Rutenspitze sichtbar.

Hundsveilchen, das: → Veilchen 3.

Hundswürger, der: → Schwalbenwurz.

Hundswurz, die (*Anacamptis*): Gatt. der → Orchideen mit nachstehender, auch in Wäldern wachsenden Art:

Hundswurz, die (*Anacamptis pyramidalis* (L.) Richard): Auch Pyramiden-, Spitzorchis. Die über das westliche Südeuropa und Mitteleuropa, im Norden bis Südskandinavien verbreitete H. ist selten und wächst in lichten Wäldern und Gebüschen, an Rainen, Böschungen, in Saumgesellschaften und Staudenhalden trockener Standorte, trockenen Pfeifengrasgesellschaften, auf Kalkmagerrasen, Dünen, auf sonnigen Berghängen und Moorwiesen, auf basenreichen, trockenen bis wechselfeuchten Böden, bis in Höhen von etwa 2000 m. Sie ist die → Charakterart der submediterran-subozeanischen Halbtrockenrasen.

Die ausdauernde Pflanze hat zwei kugeligeiförmige Knollen und einen 20 bis 50 cm (80 cm) hohen Stengel, der im unteren Teil locker beblättert ist. Die vier bis zehn Laubblätter sind ungefleckt, schmal-lanzettlich, 8 bis 25 cm lang und 1 bis 2 cm breit. BZ: Mai bis Juli. Die kleinen Blüten sind hell- bis dunkelpurpurrot, rosa oder weiß und wohlriechend.

Hundszecken → Zecken.

◀◀ Johann Christian Hundeshagen, Begründer einer Formelmethode und der forstlichen Statistik

Hundszungen → Lungenkraut 1.

Hungermännchen (Rehkäfer): Bez. für die Männchen der Hirschkäfer (→ Blatthornkäfer 1.), die sich bei schlechter Ernährung ohne Geweih ausbilden und sich auch hinsichtlich der Körpergröße kaum von den Weibchen unterscheiden (Kümmerlinge). Käfer mit einem kleineren Geweih werden der Form *capreolus* („Rehgeweih") zugeordnet.

Hungermoos, das: → Becherflechte 1.

Hüpfspinnen → Springspinnen.

Huppe, die (Rumpe, Düte, Rolle): alte, hauptsächlich in der Pfalz und in Württemberg gebräuchlich Bez. für eine ungebrochene, ganze Rindenschale, die im → Eichenschälwald von den → Lohstangen gelöst wurde.

Huschspinne, Grasgrüne, die: → Grasgrüne Huschspinne.

Hutbäume: weit ausladende Bäume, die einzeln, gruppen- bis hainweise oder parkartig verstreut in der Landschaft stehen. Sie wurden meist angepflanzt, um das Weidevieh und die Hirten gegen Sonne und schlechtes Wetter zu schützen, aber auch an traditionellen Pferchstellen. Bevorzugt wurden Bu, Ei, Kie, Fi und Li, gelegentlich andere Laubbäume.

Hutebestand, der: Bez. für ältere, z. T. über 200 Jahre alte Eichenbestände; → Hutewald.

Hutewald, der (Hütewald, Hudewald, Weidewald, Hutweide, Hutung): etwa vom Mittelalter an bis weit in die Neuzeit hinein Wälder, in denen weiträumig Ei und Bu standen, damit sich eine Bodendecke aus Gras, Heide oder Heidelbeere bilden konnte. Der H. diente v. a. der → Waldweide (Hute) und der Mastnutzung. Auf Grund eines Hüterechts (Weiderechts) mußte der Waldeigentümer das Eintreiben von Vieh dulden. Durch den intensiven Vieheintrieb wurden die Wälder aber ihrer natürlichen Regenerationsfähigkeit beraubt. H. kann man z. B. heute noch im Berchtesgadener Land, die sog. „Tratten", im Forstenrieder Park bei München und im Bayerischen Wald, die sog. → „Schachten" sehen.

Hutgerechtigkeit, die: das Recht, Vieh auf fremdem Boden zu weiden; → Hutewald, Waldweide, Viehweide, Ziegenweide.

Huth, die: frühere, schwäbische Bez. für Forst oder Revier; → Gezirk.

Huthaut, die: die äußerste Zellschicht des Pilzhutes; → Pilze.

Hutpilze: Die H. mit etwa 2500 Arten gehören wie die → Bauchpilze zu den → Ständerpilzen. Die → Fruchtkörper sind immer in Hut und Stiel gegliedert und tragen auf der Unterseite der Hüte die Fruchtschicht. Diese sporenerzeugende Fruchtschicht kann röhren- (→ Röhrlinge) oder lamellartig (→ Blätterpilze; → Lamellen) sein. Hierzu gehören auch die hutbildenden → Porlinge. Die H. stellen den weitaus größten Teil der Pilzflora unserer Wälder dar. Zu Ihnen gehören die meisten unserer Speisepilze; → Schlauchpilze, → Schleimpilze.

Hüttelbeerbaum, der :→ Ebereschen 2.

Hutung, die: → Waldweide, Hutewald.

Hybride, die, der: → Bastard.

Hybrid-Plantagen → Samenplantage.

Hybridlärche, die: → Lärchen 3.

Hydnaceae → Stachelpilze.

Hydrochorie, die: → Samenverbreitung.

Hygrophoraceae → Schnecklinge.

Hydrophyten: ungeachtet der systematischen Zugehörigkeit (→ Systematik) eine → Lebensform (→ Kryptophyten) der Höheren Pflanzen oder → Sproßpflanzen. Es sind dies Wasserpflanzen die im oder auf dem Wasser flottieren, aber auf dem Gewässergrund verankert sind, wo sich ihre → Überdauerungsorgane befinden, oder frei im Wasser triften und vor Beginn der ungünstigen Jahreszeit vegetativ erzeugte Überdauerungsorgane (Hibernakeln, Turionen) zum Gewässergrund absenken.

Hyla arborea → Europäischer Laubfrosch.

Hylocomium → Etagenmoos.

Hymenochaete mougeotii → Blutroter Borstenscheibling.

Hymenoptera → Hautflügler.

Hypericum → Johanniskraut.

Hyphen: die langgestreckten, fadenförmigen Pilzzellen, aus denen sich das → Myzel und der → Fruchtkörper aufbauen; → Pilze.

Hypnum → Schlafmoos.

Hypogymnia physodes → Graue Baumflechte.

Hyponomeutidae → Gespinstmotten.

Hutbäume

I

i: in der → Waldmeßlehre Abk. für den jährlichen → Zuwachs je Baum; id, ig, ih, iv = Durchmesser-, Grundflächen-, Höhen- und Volumenzuwachs.
Ibe, die: → Eibe.
Ibenbaum, der: → Eibe.
Ichneumonoidea → Schlupfwespen.
Idealvorrat, der: → Holzvorrat.
Idealwald, der: Der I. oder Normalwald wurde erstmals 1826 von → Hundeshagen als systematisches Modell für die → Nachhaltigkeit im schlagweisen → Hochwald dargestellt. Ansätze dieses Gedankens gab es schon gegen Ende des 18. Jh. Die Normalwaldtheorie hat einen Betrieb als Vorbild, bei dem alle → Altersklassen mit der gleichen Fläche ausgestattet sind und der – homogene Standortsverhältnisse vorausgesetzt – nachhaltig jährlich gleichbleibende Holzerträge liefert. Zum Modell gehören Idealvorrat, idealer Zuwachs, ideale Altersklassenverteilung bzw. Stärkestruktur. In der Praxis stellt ein solcher I. die Ausnahme dar, da es in der → Forstwirtschaft immer wieder zu Störungen, → Kalamitäten und Katastrophen kommt; → Altersklassenwald.

Der Igel ist unser größter einheimischer Insektenfresser.

IF: Abk. für leicht anbrüchiges, grobastiges oder krummes → Industrieholz; IFL = Industrieholz lang ausgehalten, IFS = Industrieholz kurz ausgehalten; → IK, IN.
Ife, die: → Eibe.
Iffe, die: → Ulmen 3.
IFL → IF.
IFNS: Abk. für → Internationale Forstliche Nordische Skiwettkämpfe.
IFS → IF.
IFSA: Abk. für → International Forestry Students Association.
Ig: in der → Waldmeßlehre Abk. für → Zuwachs an Grundfläche je ha.
Igel, der (*Erinaceus europaeus*): Er zählt zoologisch zur Fam. der I. (*Erinaceidae*) und zur Ordn. der Insektenfresser (*Insectivora*); größter einheimischer Insektenfresser. Länge: um 28 cm (davon 2 bis 3 cm Schwanzlänge), Gewicht: 500 bis 1100 g.
Der ungesellig lebende I. ist in ganz Europa, mit Ausnahme des äußersten Nordens, Nordostens und der Balearen, sowie in großen Teilen Asiens verbreitet. Sein Lebensraum sind Waldränder, Lichtungen, Feldgehölze, Auwälder, Parkanlagen, Gärten und anderes Gelände mit Büschen und Sträuchern. Er hat sich gut an den Siedlungsbereich des Menschen angepaßt. In einer mit Blättern, Heu, Moos oder Stroh ausgepolsterten Höhle mit zwei Röhren oder auch in besonders stabilen oberirdischen Nestern hält er von Oktober bis Winterende (etwa Ende März) seinen Winterschlaf, den er bei milder Witterung gelegentlich unterbricht. In ihr bringt er auch seine Jungen zur Welt. Eine Überwinterung des I. in menschlicher Obhut ist aus der Sicht des Tier- und Artenschutzes nicht notwendig. Droht ihm auf seinen nächtlichen Beutezügen Gefahr, rollt er sich mit Hilfe der Hautmuskulatur zusammen. Seine natürlichen Feinde sind Fuchs und Uhu. Der Bestand der I. ist in den letzten Jahren zurückgegangen; er ist jedoch nicht gefährdet. Das Geruchs- und Sehvermögen des I. ist ausgezeichnet. Manchmal sind von ihm schnarchende Laute zu hören; in Bedrängnis kann er laut kreischen.
I. sind mit einem Jahr geschlechtsreif. Die Fortpflanzungszeit ist etwa von Mai bis Juli. Nach einer Tragzeit von sechs bis sieben Wochen wirft das Weibchen i. d. R. zwei bis sechs etwa 6,5 cm lange Junge, und das ein- bis zweimal im Jahr. Die Jungen sind 14 bis 18 Tage blind sie werden 18 bis 20 Tage gesäugt und bis zum Alter von 40 bis 45 Tagen geführt. I. können acht bis zehn Jahre alt werden.
Nahrung: Würmer, Schnecken, Insekten, Puppen und Larven, aber auch Eier und Junge von Bodenbrütern, Reptilien (auch Kreuzottern) und Jungmäuse. Gelegentlich nimmt er auch süßes Obst.
Igel-Segge, die: → Seggen 20.
Igelstäubling, der: → Bauchpilze 3.
Igel-Wegschnecke, die: → Wegschnecken 6.
Igelzecken → Zecken.
IHD: Abk. für → Institut für Holztechnologie.
IK: Abk. für stark anbrüchiges, jedoch gewerblich verwendbares → Industrieholz; IKL = Industrieholz lang ausgehalten, IKS = Industrieholz kurz ausgehalten; → IF, IN.
IKL → IK.
IKS → IK.
Ilaub, das: → Efeu.
Ilex → Stechpalmen.
Ilk, der: → Iltis.
Ilme, die: nordd. Bez. für Ulme.
Iloof, der (nieders.): → Efeu.

Iltis, der (*Mustela putorius* L.): auch Walditis, Ratz, Ilk, Stinkmarder, Stänker. Der I. zählt zur Fam. der Marder (*Mustelidae*) aus der Ordn. der Raubtiere (*Carnivora*).
Aussehen: Kopf-Rumpf-Länge: ca. 35 bis 45 cm, Schulterhöhe: ca. 13 bis 18 cm. Schwanz buschig, 14 bis 18 cm lang. Gewicht: 1200 bis 1800 g (Männchen) bzw. 600 bis 900 g (Weibchen). Langhaariger Balg, am Rücken dunkelbraun gefärbt; die gelbliche bis fast weiße Unterwolle schimmert deutlich

durch. Unterseite, Kehle und Beine sind dunkelbraun bis fast schwarz. Im hellen Gesicht eine dunkle Maskenzeichnung. Bei manchen I. ist die Unterwolle extrem gelb gefärbt, diese werden dann auch Gold-I. oder Honig-I. genannt.
Vorkommen: Der I. kommt in ganz Mitteleuropa vor. Im Norden ist er bis Südschweden verbreitet. Im Süden besiedelt er ganz Italien, fehlt jedoch auf den Mittelmeerinseln Elba, Korsika und Sizilien. Im Westen (England und Schottland) ist er lokal anzutreffen.
Lebensraum und Lebensweise: Er bevorzugt deckungsreiches Gelände, Waldränder und hält sich gerne in der Nähe menschlicher Siedlungen auf. Der I. schätzt besonders die Nähe von Wasser und bewohnt daher gerne Auwälder. Er ist gewandt und sehr vorsichtig, schwimmt und taucht gut, klettert aber nur mäßig. Tagsüber verbirgt er sich in Baumstümpfen, Kaninchenbauen, Stein- oder Reisighaufen, im Winter auch in alten Gemäuern, Scheunen, Stallungen und auf Dachböden. Er durchstöbert den dichten Unterwuchs an den Ufern der Gewässer, aber auch Scheunen und landwirtschaftiche Gebäude. Da er sich überwiegend von Mäusen und Ratten ernährt, lebt er häufig wie diese im Sommer im Wald und auf dem Feld und im Winter in Scheunen und anderen Gebäuden.
Sinne und Lautäußerung: Der I. ist dämmerungs- und nachtaktiv; seine Sinne sind daher ganz auf das Leben und die Jagd in der Dunkelheit eingestellt. Die Lautäußerung der I. untereinander ist ein „Keckern". Während der Begattungszeit, wenn der Rüde das Weibchen jagt, gibt dieses ein lautes Kreischen von sich, der Rüde dagegen gackernde Laute.
Fortpflanzung: Die Paarungszeit ist i. d. R. im März, kann aber bis in den Juni gehen. Die Tragzeit beträgt 41 bis 43 Tage. In einem Versteck bringt das Weibchen einmal im Jahr vier bis acht Junge zur Welt. Diese sind dünn, weiß behaart, wiegen etwa 10 g, sind 6 bis 7 cm lang und öffnen erst nach 28 bis 34 Tagen die Augen. Bis zur fünften Lebenswoche geben die Jung-I. feine zwitschernde Töne (sog. Nestgezwitscher) von sich. Sie werden etwa fünf Wochen gesäugt, nehmen jedoch schon nach der vierten Lebenswoche feste Nahrung zu sich. Mit etwa drei Monaten sind sie selbständig, mit fünf Monaten ausgewachsen und mit neun Monaten fortpflanzungsfähig. Die Fam. bleibt bis in den Spätherbst zusammen und löst sich dann langsam auf. I. können in Gefangenschaft bis zu zehn Jahre, in freier Natur etwa fünf bis sechs Jahre alte werden.
Nahrung: Zum größten Teil Mäuse, Hamster und Ratten. Ferner auch Frösche, Lurche, Schlangen, Kleinvögel, Jungwild, Wildkaninchen, Hasen, Rebhühner, Fasane und Gelege, Engerlinge, Krebse, Fische, Beeren, Obst und zur Not auch Aas. Gelegentlich bricht er in Hühnerställe ein und richtet ein „Blutbad" an, raubt aber nur ein Stück.

Iltisaxt, die: → Fällungswerkzeuge.

Imago, das (Mz.: Imagines): das fertig ausgebildete, geschlechtsreife Insekt (Vollinsekt, Vollkerf).

im bösen Wedelhauen (Wadel-, Wädelhauen) → Wadel.

Imitatholz, das: → Holzimitationen.

Imitationen des Holzes → Holzimitationen.

Imkerei, die: → Zeidelwirtschaft.

Immenaffe, der: → Eichhörnchen.

Immenblatt, das (*Melittis*): Gatt. der Fam. der → Lippenblütengewächse mit nur einer einzigen Art:

Immenblatt das (*Melittis melissophyllum* Linné): auch Waldmelisse, Melissenblatt, Bienensaug. Das I. ist über Mittel- und Südeuropa verbreitet. Es ist ziemlich selten und die Ordnungs → Charakterart der xerothermen submediterranen Flaumeichenwälder und subkontinentalen Eichen-Steppenwälder. Das I. wächst zerstreut in wärmeliebenden mesophytischen buchenwaldartigen Laubwäldern, besonders gras- oder krautreichen Eichenwäldern, Eichen-Hainbuchenwäldern, Linden- oder Buchen-Mischwäldern, Seggen-Buchenwäldern, Spitzahorn-Sommerlinden-Steinschuttwäldern und in sonnigen Gebüschen, Hecken und auf Schlagflächen, gelegentlich auch in Nadelwäldern, auf lockeren, nicht zu trockenen, kalkhaltigen Böden, von den Tallagen bis in die montane Region, in den Alpen bis in Höhen von 1400 m.
Die mehrjährige, 20 bis 60 cm hohe, dicht und weich behaarte Staude hat einen stumpf vierkantigen, meist einfachen Stengel. Die 3 bis 9 cm langen und 2 bis 5 cm breiten Blätter sind eiförmig, behaart, grobgekerbt oder gesägt und riechen etwas unangenehm. BZ: Mai bis Juni/Juli. Die großen, weißen, rosaroten oder zweifarbigen 2,5 bis 4,5 cm langen Lippenblüten stehen (meist einseitswendig) einzeln bis zu dritt in den Achseln der oberen Blattpaare. Der glockenförmige, zweilippige Kelch hat vier bis fünf breite, stumpfe Zipfel. Die zweilippige rosa oder weiße Krone hat eine innen rötlich punktierte Oberlippe und eine dreiteilige, meist rosa oder rotviolett gefleckte Unterlippe mit großem ausgerandetem Mittellappen. Die Früchtchen sind kleine 4 bis 5 mm lange Nüßchen.
Das I. war früher eine → Heilpflanze, hat aber in letzter Zeit zunehmend an Bedeutung verloren. Verwendung findet die ganze Pflanze ohne Wurzeln, und zwar geerntet zu Beginn der Blütezeit. Sie enthält eine Cumarinverbindung, wirkt antiseptisch, harntreibend, beruhigend, schmerzlindernd, menstruationsregulierend und wird bei Augenbindehautentzündung, Schwindel, Verdauungsstörungen etc. äußerlich bzw. innerlich angewandt.

Immenblatt (*Melittis melissophyllum*)

Immenrösigkeit, die: eine beginnende → Kernfäule bei der Kie. I. zeigt sich anfangs nur im → Frühholz des → Kerns mit punkt- bis streifenförmigen und rötlichen Verfärbungen. Später bilden sich dann löcherige Auslösungen im Frühholz, wobei durch das zunächst nicht zersetzte → Spätholz ein bienenwabenähnliches Gebilde entsteht. Als Erreger gilt u. a. die Krause Glucke (→ Keulenpilze 1.).

Immenwolf, der: → Spechte 1.

Immer, der: alte Bez. für einen von Bienen bewohnten Bienenstock; → Beuten.

immergrün: Pflanzen sind i., wenn sie ihre Blätter und Nadeln mehrere Vegetationsperioden behalten, z. B. Kie ca. fünf Jahre, Fi bis zu sieben Jahren, Ta bis zu 11 Jahren (→ Nadelbäume). Die meisten unserer Laubbäume und Sträucher sind laubabwerfend, d. h. → sommergrün. In unseren Breiten sind der → Buchsbaum und die → Stechpalme i. Laubbaumarten. Im Bereich der temperierten Nadel- und Laubfeuchtwälder gibt es weit mehr i. Arten, ebenso in den Hartlaubwäldern und im i. tropischen → Regenwald.

Immergrün, das (*Vinca*): auch Singrün. Gatt. der → zweikeimblättrigen Pflanzenfamilie Hundsgift- oder Immergrüngewächse (*Apocynaceae*) mit sechs Arten in Europa, Vorderasien und Nordafrika. Es handelt sich um Kräuter oder Halbsträucher mit gegenständig angeordneten (→ Blattstellung), lederartigen Blättern und einzelnen stieltellerförmigen oder trichterförmigen roten, blauen oder weißen Blüten. I. ist mit dem Oleander (*Nerium oleander*) verwandt. In Mitteleuropa heimisch und in Wäldern anzutreffen ist nachstehende Art:

Kleines Immergrün, das (*Vinca minor* Linné): Das K. I. ist über Mitteleuropa (nördlich bis Dänemark), West- und Südeuropa verbreitet. Es wächst oft verwildert in Laub- oder Buchen-Mischwäldern, Buchenwäldern, west-submediterranen Flaumeichenwäldern, Hainbuchenwäldern (Verbands → Charakter-

◄◄◄ Die dunkle Maskenzeichnung im sonst hellen Gesicht ist charakteristisch für den Iltis.

Kleines Immergrün (*Vinca minor*)

art), Gebüschen, Hecken, Schlehen-Gesellschaften, an Mauern und zwischen Felsgestein, auf feuchten, nährstoffreichen Böden, bis in Höhen von etwa 1000 m. Es erträgt Halb- und Vollschatten und wird auch in Gärten angepflanzt, kommt häufig daraus verwildert vor, ist meist Siedlungszeiger.
Die ausdauernde, bis 20 cm hohe Pflanze hat niederliegende, bis 1 m lange, nicht blühende, an den Knoten meist Wurzeln treibende Zweige und aufrechte bis aufsteigende, blühende Zweige. Die → immergrünen gegenständig angeordneten Blätter sind länglich-lanzettlich bis elliptisch, oberseits glänzend dunkelgrün, unterseits heller, lederartig, kahl und ganzrandig. BZ: April bis Juni, manchmal auch nochmals im Herbst. Die einzeln stehenden, blattachselständigen, kurzgestielten Blüten haben eine stieltellerförmige, etwa 2 bis 3 cm breite, hellblaue bis blauviolette, gelegentlich auch weiße Krone. Die Früchte sind je zwei zylindrische Balgkapseln mit wenigen braunen, warzigen Samen.
Das K. I. ist auch eine → Heilpflanze. Die Blätter können das ganze Jahr gesammelt werden; zur Konservierung empfiehlt sich der März. Sie enthalten → Alkaloid (Vincamin), Gerbstoff, Pektin, organische Säuren, Flavonoide und Mineralsalze, wirken adstringierend, blutdrucksenkend, gefäßerweiternd, antidiabetisch, wundheilend und milchsekretionshemmend. Sie finden innerliche bzw. äußerliche Anwendung bei Angina, Anämie, Bluthochdruck, Magenverstimmung, Schwindel, Diabetes, Quetschungen, in der Rekonvaleszenz und als Breiumschlag zur Hemmung der Milchsekretion in der Stillzeit.
I. ist auch eine alte Bez. für → Efeu.
Immergrüne Bärentraube, die: → Bärentraube.
Immigration, die: Einwanderung von Tier- oder Pflanzengruppen in einen Lebensraum.
Immission, die: Zur Beurteilung von Umweltbelastungen unterscheidet man zwischen I. und → Emissionen. I. ist die Einwirkung von → Luftverunreinigungen (emittierten Schadstoffen), Geräuschen, Erschütterungen, Strahlen, Wärme u. a. auf Menschen, Tiere, Pflanzen und auf die unbelebte Umwelt (Sachgüter). Als

Impulshammer

Meßgröße dient v. a. die Konzentration eines Schadstoffes in der Luft, bei Staub auch die Menge, die sich auf einer bestimmten Fläche pro Tag ablagert. Um die I. so gering wie möglich zu halten, wurden im Bundesimmissionsschutzgesetz (→ TA Luft) I.-Grenzwerte festgelegt.
Immissionsempfindlichkeit, die: unterschiedliche Empfindlichkeit der heimischen Baumarten für Immissionsschäden. Die Empfindlichkeit eines Baumes ist nach Art, Herkunft, Rasse oder Alter verschieden. Kulturen und Dickungen von Ndh sind i. a. widerstandsfähiger als ältere Bestände, Lbh sind auf Grund des jährlichen Blattwechsels weniger empfindlich als immergrüne Ndh. Schließlich ist die Empfindlichkeit des Baumes von ihrer jeweiligen Aktivitätsphase abhängig. Diese ist im Winter und in der Nacht geringer als im Sommer und am Tage. Auch die Wirkungen des Wetters aktivieren einen Baum physiologisch und steigern die Aufnahme und die Wirkung von Luftschadstoffen. Je höher die Temperatur, die Intensität des Lichts und die Feuchtigkeit der Luft sind, um so größer ist i. a. die Schädigung. Gegenüber → Schwefeldioxid sind
– sehr empfindlich Ta, Fi, Dgl, Nuss,
– empfindlich Kie, Stro, Lä, Li, Bu,
– weniger empfindlich SKi, Lebensbaum (Thuja), Eib, Ei, Ah, Er, Bi, Pa, Wei und Rob; neuartige → Waldschäden, Waldsterben.
Immissionsforschung, die: Sie beschäftigt sich mit der Giftwirkung von → Immissionen auf Pflanzen und versucht die Giftkonzentration genau zu bestimmen, bei deren Überschreitung die → Luftverunreinigungen schädlich werden. Die I. entstand etwa ab der Mitte des 19. Jh. Bereits 1850 wurde festgestellt, daß → Schwefeldioxid ein wesentliches Schadgas ist. Mit Beginn der systematischen Luftüberwachung (etwa vor 30 Jahren) und der Entwicklung geeigneter Meßtechniken und -methoden ist man nunmehr in der Lage, eine genaue Quantifizierung der für Waldbäume schädlichen Dosen eines Schadstoffes vorzunehmen.
Immissionskataster, der: Erfassung und Darstellung der räumlichen Verteilung der → Luftverunreinigungen für ein bestimmtes Gebiet (Belastungsgebiet). Für Belastungsgebiete müssen, für schutzbedürftige Gebiete können I. aufgestellt werden (z. B. aus Gründen des Naturschutzes oder für Kurorte, um eine Verschlechterung der Luftverhältnisse zu vermeiden).
Immissionsschäden → neuartige Waldschäden, Rauchschäden.
Immissionsschutzfunktion des Waldes → Waldfunktionen.
Impatiens → Springkraut.
Impulshammer, der: Der I. mißt die Laufzeit, welche ein Schallimpuls benötigt, um quer durch den Baum zu laufen. Jede Baumart hat eine charakteristische Schallgeschwindigkeit, wobei Defekte diese Schallgeschwindigkeit mindern. Der I. kann innere Defekte wie Risse, Höhlungen und Faulbereiche in beliebig dicken Bäumen detektieren und findet auch von Wurzeln aufsteigende Fäule mit Ligninabbau; → Resistograph.
im Saft hauen: Die künstliche Holztrocknung war in früheren Jh. nicht bekannt. Die Bäume mußten daher zwangsläufig im Winterhalbjahr gefällt werden. Im Saft wurden die Bäume hingegen nur dann gefällt, wenn die Rinde zum Gerben benötigt und sie in großen Stücken abgeschält oder wenn das Holz für die → Trift benötigt wurde. Bis zur Trift im Frühjahr erreichte das im Saft gehauene Holz schneller den erforderlichen Trockengrad als das Winterholz.
IN: Abk. für gesundes, nicht grobastiges → Industrieholz, welches keine starke Krümmung aufweist; INL = Industrieholz lang ausgehalten, INS = Industrieholz kurz ausgehalten; → IF, IK.
Indikator, der: → Bioindikator.
Indikatorpflanzen → Bodenanzeiger.
Individualauslese, die: → Auslesebaum, Einzelbaumauslese, Einzelstammpflege.
Individuendichte, die: → Abundanz.
Industriefachkräfte der Holzwirtschaft → holzwirtschaftliche Berufe 3.
Industriegewerkschaft Bauen, Agrar, Umwelt: Arbeitnehmerverband, entstanden 1996 aus dem Zusammenschluß der IG Bau-Steine-Erden-Umwelt mit der 1949 gegründeten Gewerkschaft Gartenbau, Land- und Forstwirtschaft, die die Interessenvertretung der forstlichen Arbeitnehmer und Beamten ist.
Industrieholz, das: Bez. für schwaches Holz, das i. d. R. bei der → Durchforstung (→ Waldpflege) jüngerer Bestände anfällt, und für die Abfälle aus Sägewerken (→ Industrierestholz). Bäume, die wegen der notwendigen Waldpflege aus zu dichten Beständen herausgenommen werden müssen und als I. verwendet werden, haben bei Ndh einen durchschnittlichen → Brusthöhendurchmesser von etwa 10 bis 25 cm, bei Lbh von etwa 10 bis 30 cm. Ca. ein Drittel der gesamten Rohholzmenge ist I. Abnehmer für I. sind die Zellstoff- und Papierindustrie sowie die Span- und Faserplattenindustrie. Während beim Ndh hinsichtlich der Qualität das I. üblicherweise in drei Güteklassen (→ Gütesortierung) eingeteilt wird (→ IN, → IF, → IK), erfolgt der Verkauf beim Lbh (Laub-I.) allg. nach Gewicht. Nach der Anlage zu § 1 der Verordnung über gesetzliche → Handelsklassen für → Rohholz vom 31. Juli 1969 ist I. Rohholz, das mechanisch oder chemisch aufgeschlossen werden soll. Es wird für die die Holzverwertung ohne Stärkeklassensortierung in langer (INL, IFL, IKL, IL) und kurzer Form (INS, IFS, IKS, IS), letzeres i. a. bis 2 m, nicht über 3 m lang ausgehalten. Unter- und (oder) Obergrenzen hinsichtlich Stärkeaushaltung können vereinbart werden; → Spanholz.
Industriemelanismus, der: → Melanismus.
Industriepflanzen → Nachwachsende Rohstoffe.
Industrierestholz, das: Reststoffe, die in der mechanischen und chemischen Holzindustrie bei der Herstellung des Hauptprodukts anfallen. Es besteht aus Holz- und Holzwerkstoffresten. Das I. kann dabei zum größten Teil in Form eines Recycling einer holztechnischen Weiterverwertung zugeführt werden. Holzwerkstoffreste haben produktionsbedingte Störstoffe wie Klebstoffe, Beschichtungen mit

Papier, Folien und Lacken. Holzreste sind meist frei von Störstoffen; soweit es sich dabei um Vollholzreste handelt, können diese mit Holzschutzmitteln behandelt sein. Der Gesamtanfall pro Jahr beträgt etwa 8 Mio. Tonnen; → Waldholz, Waldrestholz.

Infloreszenz, die: → Blütenstand.

Infrarotphotographie, die: auch Ultrarotphotographie. Die I. erfolgt unter Verwendung spezieller infrarotlichtempfindlicher Photoschichten. Sie wird als Mittel der Fernerkundung vom Flugzeug aus eingesetzt, z. B. zur Erkennung und Erfassung von Waldschäden. Durch abiotische Schadenseinflüsse, z. B. → Immissionen, Nährstoffmangel, Trockenheit etc., können die Zellstruktur der Blätter verändert und der Saftdruck (→ Turgor) der Zellen beeinträchtigt werden. Verfärbungen und → Nekrosen treten auf; ganze Blattorgane können absterben. Diese Veränderungen bewirken eine verminderte spektrale Reflexion besonders im nahen Infrarotbereich (Strahlenwellenlänge 0,7 – 1,0 μm), der für das menschliche Auge unsichtbar ist. Um diesen Effekt sichtbar zu machen, ist die oberste der drei Emulsionsschichten auf dem Infrarotfilmmaterial für den genannten Spektralbereich der Strahlung sensibilisiert. Durch die zusammenwirkenden Abbildungsmerkmale wie Farbsignatur, Helligkeit und Textur können dann aus dem entwickelten und stabilisierten Farbinfrarotfilm die verschiedenen Baumarten und deren Vitalitäts- bzw. Schädigungsgrade erkannt und interpretiert werden. Gesunde Bäume erscheinen z. B. auf dem Luftbild kräftig rot (magenta), geschädigte Bäume gelblich-rosa und abgestorbene Baumindividuen hellgrün.

Infrastruktur, die: alle Einrichtungen mit Bedeutung für die wirtschaftliche und soziale Organisation der Gesellschaft.

Infrastrukturleistungen des Waldes, bzw. des Forstbetriebes: eigentlich Leistungen des Waldes oder des Forstbetriebes für die → Infrastruktur; → Waldfunktionen.

Ingenieurbiologie, die (Lebendbau, Grünverbauung): ein Arbeitsgebiet, in dem → lebende Baustoffe (z. B. Bäume, Sträucher, Gräser, Kräuter) und unbelebte Baustoffe (Ingenieurbauten) im Landschaftsbau Verwendung finden; → Biotechnik.

Ingenieur für Holztechnik (Ing. grad.) → Holzingenieur.

Ingenieurholz, das: aufgrund der Technik der Verleimung von Bindern ein besonders tragfähiges Holz, aus dem sich unter Berücksichtigung der Statik Brücken, Kirchen, Hallen und Zirkusbauten errichten lassen.

Inger, der: Bez. für den Engerling der Maikäfer; → Blatthornkäfer 8. und 9.

Inhaltsermittlung, die → Volumenermittlung.

Inhaltsstoffe des Holzes: Holz enthält neben seinen Bausteinen → Zellulose und → Lignin auch noch zahlreiche Inhaltsstoffe. Sie bedingen viele Eigenschaften der Hölzer wie Farbe, Geruch (→ Holzgeruch), Giftigkeit (z. B. können die → Alkaloide und Saponine beim Menschen Hauterkrankungen oder gar Herzstörungen hervorrufen), Resistenz gegen Pilz- und Insektenbefall (den I. mit fungiziden und insektiziden Eigenschaften, die in den Zellhohlräumen oder den Zellwänden abgelagert sind, ist die hohe natürliche Dauerhaftigkeit des → Kernholzes vieler Holzarten zu verdanken). I. sind auch Ursache vieler Schwierigkeiten bei der Verarbeitung. Manche Hölzer können wegen ihrer I., wie → Harze, ätherische Öle etc., nur schwer lackiert und geleimt werden. → Thyllen können die Gefäße völlig verstopfen, so daß keine Flüssigkeit mehr hindurch kann. Beispielsweise kann das Kernholz der Weißeichenarten nicht imprägniert werden, während die nicht verthyllte amerikanische Roteiche Holzschutzmittel aufnimmt. Häufig ist der → Kern wesentlich reicher an I. als der → Splint; auch kann der Gehalt an I. bei den einzelnen Holzarten recht unterschiedlich sein. Bei den überwiegenden Holzarten der gemäßigten Zone liegt der Anteil der I. zwischen 2 und 6 %, bei einigen harzreichen Ndh auch bis zu 10 %. In vielen Fällen handelt es sich um Gerbstoffe, die bei einigen Holzarten in der Rinde konzentriert sind, aber auch im Holz, v. a. im Kern (Ei, Kast) eingelagert sein können, und die Gefäße ganz oder teilweise ausfüllen. In einigen Fällen kann man einander sehr ähnliche Hölzer mit Hilfe dieser I., die jedoch nicht zu den Strukturelementen der Zellwände gehören, unterscheiden.

◂◂ Industrieholz

Initialphase, die: Lebensphase im → Urwald; entspricht dem Vorwald nach der Waldgefügetypenlehre von Weck.

Inkarnatschnecke, die: → Schnirkelschnecken 7.

Inkohlung, die: Bez. für die bei der Entstehung von Kohle unter Luftabschluß, hohem Druck und Wärme vor sich gehende Anreicherung des in den kohlebildenden Pflanzen enthaltenen → Kohlenstoffes. Der Beginn der I. ist die Torfbildung; mit zunehmender I. bildet sich → Lignit, → Braunkohle, → Steinkohle und letztlich Anthrazit und Graphit.

Inkrustierung, die: in der Botanik Bez. für die nachträgliche Einlagerung von Stoffen in das Zellulosegerüst pflanzlicher Zellwände. Die wichtigsten Formen der I. sind:

a) Verholzung (Lignineinbau). Mit fortschreitender Verholzung vermehrt sich die I. im Pflanzenkörper.

b) Verkernung (Gerbstoffeinlagerung unter Dunkelfärbung in Hölzern, Borken, Samenschalen; Fäulnisschutz).

c) Mineraleinlagerungen u. a.

Alle diese verholzenden Stoffe werden unter der Bez. → Lignin zusammengefaßt.

INL → IN.

Inmärker, der: → Märker 1).

Innenklima, das: → Bestand(e)sklima.

Innenparasit, der: → Endoparasit.

Innensaum, der: → Saum.

Innenschmarotzer, der: → Endoparasit.

Inocybe → Rißpilze.

INS → IN.

Insecta → Insekten.

insectivor: svw. insektenfressend, insektenfressende Tiere (z. B. Fledermäuse, Spitzmäuse, viele Vögel, insbesondere Singvögel).

Insekten (*Insecta*): auch Kerbtiere, Kerfe. Die seit dem Devon (→ Erdzeitalter) bekannten I. bilden mit etwa einer Mio. beschriebener Arten den größten Teil des Tierreiches (Gliederfüßer). Sie haben einen Körper mit starrem, aus Chitin bestehendem, segmentiertem Außenskelett, der sich in drei Abschnitte, den Kopf (aus sechs miteinander verschmolzenen Körpersegmenten), die Brust (Thorax; mit den Segmenten Pro-, Meso- und Metathorax) und den Hinterleib (→ Abdomen; aus bis zu 11 Segmenten) gliedert. Am Kopf befinden sich Netzaugen (Facettenaugen) – daneben können noch auf der Stirn bzw. auf dem Scheitel Nebenaugen (Punktaugen) vorkommen, Antennen (Fühler, Riechorgan) und Mundwerkzeuge zum Kauen, Lecken, Saugen oder Stechen. Bei geflügelten I. entspringen auf dem Rücken am zweiten und dritten Brustring die (meistens vier) Flügel. Die Atmung erfolgt über → Tracheen. Die Entwicklung vom Ei zum geschlechtsreifen Insekt (→ Imago) verläuft verschieden. Man unterscheidet die direkte Entwicklung bei flügellosen I. (das Jungtier wächst unter mehreren Häutungen bis zur Ge-

Intarsien: Ägyptische Tänzerin, Einlegearbeit (um 1930); Metall, Elfenbein und Perlmutt in Holz

schlechtsreife), unvollständige → Metamorphose (die → Larve erreicht erst nach mehreren Häutungen die Form des geschlechtsreifen Tieres) und die vollständige Metamorphose (zwischen Larvenstadium und Imago schiebt sich das Puppenstadium ein). Die Sinnesleistungen der I. sind hoch entwickelt; u. a. ist bei Fliegen, Libellen, Schmetterlinge und Honigbiene nachgewiesen, daß diese Farben sehen können. Auch der Geruchssinn ist gut entwickelt. Viele I. leben einzeln, andere bilden Staaten. Zahlreiche I. übertragen Krankheiten auf Pflanze, Tier und Mensch, einige leben als → Parasiten. Auf Feldern und in den Wäldern richten verschiedene Arten große Schäden an (→ Forstschädlinge), z. B. verschiedene Käfer, Schmetterlinge und Holzwespen.

Insektenbestäubung, die: → Bestäubung mit Pollen durch blütenbesuchende Insekten; → insektenblütig.

Insektenbläue, die: Befall durch Bläuepilze (→ Blaufäule), deren Sporen durch bestimmte Insektenarten (→ Borkenkäfer, → Amrosia) verbreitet werden. I. kann leichter vermieden werden, wenn das Holz zeitgerecht eingeschlagen bzw. eingeschnitten wird.

insektenblütig: I. sind Pflanzen, deren → Pollen eine klebrige oder rauhe Oberfläche haben und von → Insekten auf andere Blüten übertragen werden. Insektenblütler, entomophile Pflanzen, haben entweder auffällig gefärbte → Blütenblätter, einen starken Lockduft, süßen Nektar oder alles zusammen, um die Insekten anzulocken. Hauptsächlich Bienen oder Hummeln tragen an ihrem Körper den Blütenstaub von einer Blüte zur anderen (z. B. bei Obstbäumen, Li, Rka und vielen Blumen); → windblütig.

Insektenfraß, der: Fraßschäden durch holzbewohnende → Insekten (Käfer, Holzwespen und Schmetterlinge), die v. a. durch die Anlage von Bohrgängen an lebendem und totem Holz entstehen.

Insektizide → Pestizide.

Inselbuche, die: → Küstenbuche.

Institut für Holztechnologie (IHD): Das IHD in Dresden, eines der führenden Institute auf dem Gebiete der → Holzforschung, beschäftigt sich mit der Entwicklung von Werkstoffen, der Verwertung von Alt-, Industrierest- und Rohholz, der Holzbearbeitung und -oberflächenbehandlung, daneben mit Produkt- und Werkstoffprüfung, Beratung bei Werkstattplanung und Weiterbildung sowie mit der Literaturbank HOLZ.

Intarsia, die (Mz.: Intarsien): Einlegearbeiten andersfarbigen Holzes (oder Alabaster, Glas, Elfenbein, Perlmutter, Metall, Schildplatt) in aus dem massiven Holz herausgearbeiteten Vertiefungen. Zu I. verwendet man auch → Furniere feiner oder besonders eigenartiger Zeichnung, meist Hölzer mit ausgeprägten Farbtönen oder → Maserungen, von einheimischen Holzarten, besonders BAh, Li, Bi (Maser-Bi), Obst- und Nußbaum, auch Es, Pa, Ei und Buchsbaum; von den ausländischen Holzarten v. a. Zedern-, Satin-, Rosenholz und Fernambuk. Eine deutsche Sonderform der Intarsienmalerei ist die Relief-I., eine Mischtechnik aus Schnitzerei und Einlegearbeit.

Integrierter Pflanzenschutz, der: in der Land- und Forstwirtschaft angewandtes Verfahren, bei dem alle wirtschaftlich, ökologisch und toxikologisch vertretbaren Methoden verwendet werden mit dem Ziel, die Schadorganismen unter der wirtschaftlichen Schadensschwelle zu halten, wobei die bewußte Ausnützung aller natürlichen Begrenzungsfaktoren im Vordergrund steht. Der I. P. zielt somit darauf ab, Schädigungen der Nutzpflanzen oder Ernteverluste in erster Linie durch Bodenbearbeitung, Sorten- und Standortwahl, richtige Fruchtfolge u. a. zu vermeiden und → Pflanzenschutzmittel nur in unbedingt erforderlichem Maß einzusetzen. Damit soll v. a. die Umwelt geschont und die ökologische Selbstregulation erhalten werden; → Pflanzenschutz.

Intensitätsstufen: Speidel unterschied für die Forstwirtschaft drei wirtschaftlich orientierte I. – auch Kostendeckungs- oder Reinertragsstufen genannt: I 1: → Ertrag größer als die → Kosten; I 2: Ertrag kleiner als die gesamten, aber größer als die variablen Kosten; I 3: Ertrag kleiner als die variablen Kosten.

Interception, die: → Interzeption, Wasserhaushalt des Waldes.

Interessentenwald, der (Interessentenforsten): frühere, in Niedersachsen und Hannover übliche Bez. für ehemalige Markwaldungen (Genossenschaftswälder), in denen die Markgenossen unter dem Einfluß des römischen Rechts zu nur dinglich berechtigten Holzinteressenten herabgesunken waren. An die Stelle des Gesamteigentums trat das bloße Miteigentum.

Interferenz, die: Möglichkeit des Ablaufs des Artenwechsels während einer → Sukzession. Individuen einer → Art hindern die einer anderen Art, eine Waldfläche zu besiedeln. Haben die Individuen der ersten Art aber ihren Lebenszyklus vollendet und sind abgestorben, kann die andere Art die Fläche besiedeln. Mit zunehmender Besiedlungsdichte können Einschränkungen in der Raumnutzung auftreten, bei → Pflanzen z. B. durch → Allelopathie, bei Tieren durch Aggressionen.

Interforst, die: Abk. für „Internationale Messe für Forst- und Holztechnik“. Die I. findet seit 1970 in vierjährigem Abstand in München statt. Sie hat sich zu einer der bedeutendsten europäischen Fachmessen für die Erzeugung, Gewinnung und Verarbeitung des Rohstoffes Holz entwickelt.

Intergovernmental Panel on Forests (IPF): von der Kommission der Vereinten Nationen für Nachhaltige Entwicklung (CSD) zur Weiterführung des internationalen forstpolitischen Dialogs eingesetzt. Das IPF hat den Auftrag, die seit Rio erfolgten forstlichen Aktivitäten zu überprüfen, Defizite bei der Umsetzung der Waldbeschlüsse von Rio aufzudecken, weiterführende Vorschläge zu entwickeln und darüber der Kommission zu berichten.

Interimshammer, der: → Waldhammer.

Interimsstempel, der: → Waldhammer.

Interkostalnekrose, die: → Blattnekrose.

Internationale Alpenschutzkommission (CIPRA; Commission Internationale pour la Protection des Régionalpines): Sie ist ein Zusammenschluß von Natur- und Umweltschutzverbänden aus der BR Dtschl., Frankreich, Italien, dem ehem. Jugoslawien, Liechtenstein, Österreich und der Schweiz. Ihre Ziele sind die Erhaltung und Förderung der natürlichen und kulturellen Werte des Alpenraumes auf der Grundlage seiner räumlich differenzierten Nutzung nach ökologischen Grundsätzen als Lebens-, Wirtschafts- und Erholungsraum.

Internationale Forstliche Nordische Skiwettkämpfe (IFNS): seit 1969 alljährlich von Forstleuten und Waldbesitzern aus fast allen Bundesländern sowie mehreren Nationen Westeuropas und Skandinaviens durchgeführter internationaler forstlicher Biathlonwettkampf (Biathlon = Kombination von Skilanglauf und Schießen mit dem Kleinkalibergewehr). Erstmals wurden die Wettkämpfe auf dem Herzogenhorn im Schwarzwald durchgeführt.

Internationaler Umweltag: Am 5. Juni eines jeden Jahres wird weltweit der „Tag der Umwelt“ begangen. Er geht auf die erste Umweltkonferenz der Vereinten Nationen (UN) in Stockholm 1972 zurück. Durch Veranstaltungen, Plakate, Veröffentlichungen in der Presse und sonstige Aktionen wird auf ganz bestimmte Probleme des Umweltschutzes hingewiesen; z. B. Energiesparen, Gefahren durch Umweltchemikalien usw.

Internationaler Verband Forstlicher Forschungsanstalten (IUFRO): „International Union of Forestal Research Organisations Oxford“. Der 1890 in → Eberswalde gegründete Verband nimmt als Mitglieder Institutionen und Einzelwissenschaftler (z. Zt. über 10 000) auf, die sich mit Forschung auf den Gebieten der Forst- und Holzwirtschaft oder damit in Zusammenhang stehender Bereiche befassen. Der IUFRO gehören dzt. ca. 600 Forschungsinstitute aus 94 Staaten an. In mehrjährigen Abständen werden Weltkongresse abgehalten. Der IUFRO ist nach Fachabteilungen (6) organisiert, die wiederum aus Fachgruppen (40) oder Projektgruppen (20) bestehen. Er ist auch Mitarbeiter und Berater der → FAO.

Internationaler Waldtag → Waldtag, Internationaler.

Internationales Jahr des Waldes → Jahr des Waldes.

Internationale Union für die Erhaltung der Natur und der natürlichen Hilfsquellen (IUCN) → Naturschutz.

International Forestry Students Association (IFSA): gegründet 1989 auf dem Internationalen Forestry Students Symposium (IFSS) in Poznan (Polen), um eine kontinuierlich arbeitende Organisation zu haben, v. a. aber um den angestrebten Informationsaustausch zwischen den Fachschaften und die Koordination der Symposien, die seit 1973 jährlich stattfinden, zu verbessern. Die Ziele der IFSA sind u. a. die Bereicherung der Ausbildung der Forststudenten durch Informationsaustausch, Symposien und Seminare, die Öffentlichkeitsarbeit für forstliche Belange im globalen Rahmen und eine enge Zusammenarbeit mit der UNESCO und den Gremien der UN, soweit sie mit forstlichen Belangen befaßt sind.

International Standard Organisation (ISO): 1947 als Dachorganisation der nationalen Normungsinstitute (z. B. DIN in Dtschl.) gegründete Organisation; → Zertifizierung.

International Tropical Timber Organisation (ITTO): Die ITTO mit Sekretariatssitz in Yokohama wurde am 1. April 1985 gegründet, nach dem Inkrafttreten des Internationalen Tropenholzabkommens (International Timber Agreement, ITTA) von 1983. Mitglieder der ITTO sind 23 Produzenten- und 27 Verbraucherländer, die rund 90 % des Tropenholzhandels vertreten, und die EU-Kommission. Organe der ITTO sind: der Internationale Tropenholz-Rat (ITTC) der Mitglieder; die ständigen Ausschüsse (Wirtschaftsinformation, Wald, Holzindustrie); das Sekretariat. Die Aktivitäten wurden 1986 aufgenommen. Ziele und Aufgaben der ITTO sind: Verbesserung der Erlöse für die Produzentenländer; Förderung der ressourcenschonenden, nachhaltigen Bewirtschaftung der Tropenwälder; Bereitstellung einer Informationssammelstelle und einer Diskussionsplattform über Tropenwald und Tropenholz. Die bisher wichtigsten Pläne und Politiken waren: Der „ITTO Action Plan“ (1990) mit Kriterien und Prioritätengebiete für Programmentwicklungen und Projekte; die Richtlinien für die nachhaltige Entwicklung in natürlichen tropischen Wäldern (1990) und in Aufforstungen (1991); das ITTO-Ziel „Target 2000“, das erreichen will, daß ab dem Jahr 2000 der gesamte Export von tropischen Holzprodukten von nachhaltig bewirtschafteten Wäldern kommen soll.

Interspezifische Beziehungen: Lebewesen verschiedener Arten können vielfältig miteinander in Beziehung treten. Je nach Art der Beeinflussung unterscheidet man → Probiose (Nutznießung), → Symbiose, interspezifischer Wettbewerb (→ Konkurrenz), → Parasitismus und Räuber (→ Prädatoren). Diese i. B., insbesondere der Wettbewerb zwischen verschiedenen Arten, zwingen die einzelnen Arten, sich im → Ökosystem den Nahrungserwerb dadurch zu sichern, daß sie sich eine → ökologische Nische suchen.

Interzeption, die: allgemein der Verdunstungsverlust bei Niederschlägen; i. e. S. der Anteil der Niederschläge, der die Pflanzen benetzt und wieder verdunstet. Bäume mit vielen kleinen und dichtstehenden Nadeln und Blättern haben eine sehr hohe I.; → Wasserhaushalt des Waldes, Verdunstung.

Intraspezifische Beziehungen: Individuen der gleichen Art können voneinander Vorteile ziehen durch gemeinsame Wanderung, Überwinterung, gemeinsames Fortpflanzen oder Brüten, gemeinsames Jagen, weil dadurch ein besserer Schutz vor Feinden oder Energieverlusten, ein besserer Jagderfolg oder eine sicherere Fortpflanzung gewährleistet sind. Es kann auch eine dichteabhängige intraspezifische → Konkurrenz eintreten.

Inula → Alant.

Inventur, die: → Zustandserfassung.

Inversionswetterlage, die: Bez. für eine austauscharme Wetterlage, bei der die normalen Luftverhältnisse (wärmere Luft unten, kältere Luft oben) umgekehrt sind (Umkehrwetterlage) und bei der keine oder nur geringe Luftbewegung stattfindet. Eine I. kann durch das großräumige Übereinandergleiten von zwei verschieden temperierten Luftschichten entstehen oder durch die Ausstrahlung des Bodens und die damit verbundene bodennahe Abkühlung in klaren Nächten. Bei einer anhaltenden I. kann es zu Beeinträchtigungen der Atmung, zur Reizung der Schleimhäute und zu Herz- und Kreislaufstörungen kommen. Auch Tiere und Pflanzen können erheblich beeinträchtigt werden; → Smog, Dunstglocke.

Inzucht, die: Bei zahlenmäßig begrenzter → Population steigt die Gefahr, daß sich Individuen paaren, die näher verwandt sind, als dies bei einem zufallsmäßig aus einer Population entnommenen Individuenpaar der Fall wäre. Fortgesetzte I. führt zu Degeneration und zu Leistungs- und Vitalitätsminderung.

IPF: Abk. für → Intergovernmental Panel on Forests.

Ipidae → Borkenkäfer.

Irber, die: → Erdbeeren 1.

Iridaceae → Schwertliliengewächse.

Iris, die: → Schwertlilie.

Irische Eibe, die: Unterart der → Eibe.

Irl, die: → Erlen 3.

Isidien: I. sind berindete, meist in größerer Anzahl zusammenstehende Auswüchse eines → Thallus. Sie können in der Form sehr unterschiedlich sein, z. B. elliptisch, keulig, kugelig, fädig oder fingerförmig verzweigt. Die I. brechen reif leicht ab und dienen der → vegetativen Vermehrung.

Islandsflechte, die: → Isländisch(es) Moos.

Isländisch(es) Moos, das (*Cetraria islandica* Acharius): auch Islandflechte. Das zur Gatt. *Cetraria*, zur Fam. → *Parmeliaceae* aus der Abteilung → Flechten zählende I. M. ist v. a. in höheren Lagen weit verbreitet und wächst auf dem Boden lichter Bergwälder, in Heiden und Mooren.

Die auch für den Grabschmuck verwendete Flechte bildet bis zu 10 cm hohe, strauchige, mehr oder weniger röhrige, oberseits glänzend braune, grünlichgraue bis schwarzbraune, unterseits hellere bis weißliche Lager (→ Thallus). Der Rand ist mit dornigen Auswüchsen besetzt. Eine Verwechslung mit anderen *Cetraria*-Arten ist leicht möglich.

In der Naturheilkunde findet die getrocknete Pflanze (ggf. von Bitterstoffen befreit) Verwendung, die das ganze Jahr über gesammelt werden kann. Sie enthält neben Bitterstoffen, Flechtensäure, Kohlenhydrate und Schleimstoffe, wirkt antiseptisch, appetitanregend, erweichend, tonisch, krampflösend und gegen Brechreiz. Sie findet Anwendung als Absud bei Übelkeit, Erbrechen, Husten, Müdigkeit und in der Rekonvaleszenz.

Interzeption

ISO: Abk. für → International Standardisation Organisation.

ISO 9000 → Zertifizierung.

ISO 14 000 → Zertifizierung.

Isothecium myurum → Mäuseschwanzmoos.

ISTA: Abk. für International Seed Testing Association; → Saatgutprüfung.

Ist-Einschlag, der: der tatsächlich erfolgte → Einschlag im Ggs. zum Soll-Einschlag (dem jährlich festgesetzten und planmäßigen Holzeinschlag).

Istvorrat, der: → Holzvorrat.

Istzuwachs der: laufender jährlicher → Zuwachs (IZ).

Italienische Pappel, die: → Pappeln 3.

Italienischer Ahorn, der: → Ahorne 5.

Itonididae → Gallmücken.

ITTO: Abk. für → International Tropical Timber Organisation.

ITW: Abk. für → Initiative Tropenwald.

IUCN: Abk. für „International Union for the Protection of Nature“; → Naturschutzverbände.

IUFRO: Abk. für „International Union of Forestry Research Organisation“; → Internationaler Verband forstlicher Forschungsanstalten.

IUFRO-Klassifizierung der Bäume → Baumklassen.

Iv: In der → Waldmeßlehre Abk. für den → Zuwachs an Volumen je ha.

Ive, der: → Efeu.

Ivenblätter, die (das Ivenlaub): → Efeu.

Ixodidae → Zecken.

J

Jachschlange, die: → Glattnatter.

Jagabeer, die: → Heidelbeere 2.

Jagd, die: **1**) das Jagdwesen und die Jagdwirtschaft schlechthin. Die Jagdausübung beruht in Dtschl. auf dem Reviersystem. Das → Jagdrecht ist mit dem Eigentum an Grund und Boden verbunden.

Es kann jedoch nur in Eigenjagdbezirken (Größe mindestens 75 ha, in Bayern mindestens 81,755 ha bzw. im Hochgebirge mit seinen Vorbergen mindestens 300 ha) oder gemeinschaftlichen Jagdbezirken (nach dem BJagdG ist die Mindestgröße 150 ha; die Länder haben aber zumeist von der Ermächtigung Gebrauch gemacht und eine höhere Mindestgröße festgelegt) ausgeübt werden. Wer die Jagd ausüben will, muß einen gültigen Jagdschein und ggf. einen Jagderlaubnisschein besitzen.

Die Belange der Land- und Forstwirtschaft haben gegen-über denen der Jagd Vorrang; die Wilddichte hat sich daher zur Vermeidung von Wildschäden in Wald und Flur in angemessenen Grenzen zu halten.

2) Bez. für das Aufsuchen, Nachstellen, Fangen und Erlegen von Wild nach den Regeln des Jagdrechts und des jagdlichen Brauchtums. Man unterscheidet nach Wildarten: Hohe J. auf → Hochwild, Niedere J. (alles übrige Wild); → Jagdarten.

Jagdarten: unterschiedliche Methoden der Jagdausübung, die sich in Einzeljagden und Gesellschaftsjagden gliedern. Sie werden entweder alleine (z. B. Ansitz, Pirsch) oder mit mehreren (z. B. Treibjagd), mit Hunden (z. B. Bau-, Brackenjagd, Hühnersuche), mit Beizvögeln (→ Beizjagd), mit Frettchen oder mit anderen Hilfsmitteln (z. B. Lock-, Fangjagd, Pirschenfahren) durchgeführt. Je nachdem, in welchem Gelände die Jagd ausgeübt wird, unterscheidet man die Wald-, Feld- und Wasserjagd. Die wichtigsten J. sind: Ansitz, Baujagd, Pirsch, Stöberjagd, Wasserjagd, Fallenjagd und die Gesellschaftsjagden.

Jagdausübungsrecht, das: Befugnis, das → Jagdrecht in einem Jagdbezirk tatsächlich ausüben zu dürfen. Diese Befugnis umfaßt das Hegen, Jagen und das Recht auf Aneignung von Wild. Das J. steht dem Eigenjagdinhaber bzw. der Jagdgenossenschaft, bei Verpachtung dem Jagdpächter zu.

jagdbare Tiere: Bez. für alle wildlebenden Tiere, die dem → Jagdrecht (§ 2 BJagdG) unterliegen. Die Bundesländer können jedoch in den Landesjagdgesetzen weitere Tierarten für jagdbar erklären, z. B. Bayern: Waschbär, Sumpfbiber, Marderhund, Eichelhäher, Elster und Rabenkrähe; Rheinland-Pfalz: Waschbär, Marderhund, Bär und Wolf. Die j. T. gliedern sich in → Haarwild und Federwild.

Jagdeinrichtungen: auch Reviereinrichtungen. Anlagen des Jagdausübungsberechtigten, die zum Zwecke der ordnungsgemäßen Jagdausübung auf den Grundstücken seines Jagdrevieres erforderlich oder zweckmäßig sind. Zu den J. gehören Futterplätze, Futterraufen, Salzlecken, künstlich angelegte Suhlen, Hochsitze, Leitern, Kanzeln, Erdsitze, Schirme, Pirschsteige, Ansitzhütten und Jagdhütten. Zäune sind keine J., denn sie dienen nicht der Jagdausübung, sondern der → Wildschadensverhütung. Eine Ausnahme bilden jedoch Zäune, die der Wildhege dienen. Die J. unterstehen dem zivil- und dem strafrechtlichen Schutz. Sie sind überwiegend Eigentum des Revierinhabers. Werden J. durch Dritte beschädigt oder zerstört, so sind diese Personen nach § 823 Abs. 1 BGB schadensersatzpflichtig. Wer trotz Aufforderung des Berechtigten J. (z. B. Hochsitze) nicht verläßt, macht sich nach den meisten deutschen Landesjagdgesetzen einer Ordnungswidrigkeit schuldig und kann nach derzeit geltendem Recht mit Geldbuße belegt werden. Bei unbefugter Benutzung haftet der Jagdausübungsberechtigte nicht, selbst wenn die Unfallverhütungsvorschriften nicht ausreichend beachtet wurden.

Wilhelm von Kobell (1766 – 1855): „Jagdgesellschaft am Tegernsee"; auf Holz

Jagdertrag, der: Der J. entspricht den Einnahmen aus der Jagdverpachtung bzw. – bei Eigenjagd oder Nichtauszahlen des Pachterträges in Gemeinschaftsjagden – dem ortsüblichen Wert der Jagdpacht.

Jagdherr, der: der Eigentümer oder auch Pächter eines Jagdbezirkes; gleichbedeutend mit Revierinhaber.

Jagdjahr, das: Das J. beginnt mit dem 1. April und endet mit dem 31. März des folgenden Jahres.

Jagdrecht, das: **1)** J. in objektivem Sinn ist der Inbegriff aller Rechtsnormen, die sich auf die → Jagd beziehen. **2)** J. in subjektivem Sinne ist das zivil- und strafrechtlich geschützte, jedoch im Interesse der Landeskultur beschränkte, ausschließliche Nutzungsrecht des Grundeigentümers auf seinen Grundstücken bezüglich der Jagd. Nach dem BJagdG ist das J. die ausschließliche Befugnis, auf einem bestimmten Gebiet wildlebende Tiere, die dem J. unterliegen, zu hegen, auf sie die Jagd auszuüben und sie sich anzueignen. Mit dem J. ist die Pflicht zur → Hege verbunden. Nach dem BJagdG steht das J. dem Eigentümer auf seinem Grund und Boden zu. Es ist untrennbar mit dem Eigentum an Grund und Boden verbunden. Als selbständiges dingliches Recht kann es nicht begründet werden. Das BJagdG bestimmt, daß auf Flächen, an denen kein Eigentum begründet ist, das J. den Ländern zusteht.

Jagdschaden, der: ein Schaden, den der Jäger bei der Ausübung der Jagd an einem Grundstück (z. B. Feldern und Wiesen) anrichtet. J. ist auch ein Schaden, der beim Transport von Holz zum Bau eines Hochsitzes (→ Jagdeinrichtungen) über eine Wiese entsteht. Nicht jeder J. muß ersetzt werden. Vielmehr besteht eine Ersatzpflicht nur für den Schaden, der aus mißbräuchlicher, d. h. gegen § 33 Abs. 1 BJagdG verstoßender Jagdausübung entsteht. Der Grundstückseigentümer oder Nutzungsberechtigte hat allerdings den bei der Jagdausübung unvermeidbaren J. zu dulden.

Jagdschein, der: ein öffentlich-rechtlicher Zulassungsschein für die Jagdausübung mit der Bescheinigung der zuständigen Behörde, daß gegen den Inhaber jagdpolizeiliche Bedenken als Jäger und Waidmann nicht vorliegen. Der J. gilt im gesamten Bundesgebiet. Wer die Jagd ausübt, muß einen auf seinen Namen lautenden J. mit sich führen und diesen auf Verlangen den Polizeibeamten sowie den Jagdschutzberechtigten vorzeigen. Die erste Erteilung eines J. ist davon abhängig, daß der Bewerber im Geltungsbereich des BWaldG eine Jägerprüfung bestanden hat, die aus einem schriftlichen und einem mündlich-praktischen Teil sowie einer Schießprüfung bestehen soll.

Hochsitze gehören zu den jagdlichen Einrichtungen.

Jagdschutz, der: Der J. umfaßt nach näherer Bestimmung durch die Länder den Schutz des Wildes, insbesondere vor Wilderern, Futternot, Wildseuchen, vor wildernden Hunden und Katzen sowie die Sorge für die Einhaltung der zum Schutz des Wildes und der Jagd erlassenen Vorschriften im → Bundesjagdgesetz. In den Jagdgesetzen der Länder werden auch genannt: „Schutz bestandsbedrohter Wildarten und Schutz vor Raubwild sowie anderen jagdschädlichen Tierarten".

Jagdspinnen → Raubspinnen.

Jagen, das: → Waldeinteilung.

Jagengrenze, die: → Abteilungsgrenze.

Jäger, der: eine Person, die einen → Jagdschein besitzt und die Jagd waidgerecht und rechtmäßig ausübt.

Jägerbrot, das: volkstümliche Bez. für den eßbaren milchreichen Blütenboden der Silberdistel, in der Schweiz auch „Artischöckli" genannt; → Eberwurz 2.

Jägergarde, die: → Feldjägerkorps.

Jägerhütchen, das: → Eulen B 15.

Jägerschmid, Karl Friedrich Viktor (27.6. 1774 Karlsruhe bis 8.1.1863 Karlsruhe): J. war Großherzoglich Badischer Oberforstrat und Mitglied der Oberforstkommission in Karlsruhe. Verdienste hat er sich um die Vor-

◂◂◂ Futterraufe für Rehwild

◂◂ Salzlecken (hier Stangensulze) sollen die Widerstandskraft des Wildes gegenüber Krankheiten verbessern.

bereitung und Einführung der badischen Forstorganisation von 1834 erworben. Von 1832 bis 1835 erteilte er Unterricht an der Forstschule in Karlsruhe. J. schrieb u. a.: „Handbuch für Holztransport- und Floßwesen, zum Gebrauche für Forstmänner und Holzhändler und für solche, die es werden wollen" (2 Bde. 1827) sowie ein Zusatzband: „Abbildungen zu Jaegerschmids Handbuch für Holztransport- und Floßwesen – Tab. I – XXXV zu beiden Bänden (1828).

Jägervogel, der: → Spechte 1.

Jageteufel, der: → Johanniskraut 1.

Jahn, der: auch John, Kamm, Zahl. Frühere Bez. für das abgehauene, in einer Reihe liegende Buschholz. In der Nassauer Gegend auch Bez. für die Abteilung eines Schlages in den → Haubergen.

Jahnhauer, der: auch Johnhauer. frühere Bez. für einen Busch- und Reisigholzhauer; → Jahn.

Jahr des Waldes: Die UN-Organisation für Ernährung und Landwirtschaft (FAO) hat 1985, in dem vor ihr ausgerufenen „Internationalen Jahr des Waldes" weltweit eine Kampagne zum Schutz und zur Vergrößerung der Waldbestände gestartet. Anlaß hierfür sind die jährliche Vernichtung von mehr als 11 Mio. ha tropischen → Regenwaldes und die Zerstörung großer Waldgebiete in Europa und Nordamerika durch → sauren Regen und andere Umweltverschmutzungen sowie durch Waldbrände. Die FAO will mit ihrer Kampagne sowohl das öffentliche Bewußtsein für den Schutz der Wälder fördern als auch konkrete Initiativen dazu durch technische Hilfe einleiten. Diese Maßnahmen reichen von Baumpflanzungen durch Einzelpersonen auf lokaler Ebene bis zur Einbeziehung der Forstwirtschaft in die nationalen Entwicklungspläne, von Landarbeitstagen lokaler Schulen bis zur Betreuung staatsunabhängiger Organisationen an der Arbeit für die Wälder.

(Jahres-)Betriebsnachweisung, die: Die J. dient der Kontrolle, ob die getätigten Maßnahmen im → Forstbetrieb dem → (Jahres-) Betriebsplan entsprechen.

(Jahres-)Betriebsplan, der: Die einzelnen J. dienen der Umsetzung der Zielvorgaben im Betriebs- und Verwaltungsbereich im jeweiligen Haushaltsjahr; sie sind deshalb auf die Ziele und Maßnahmen abzustellen, die im → Forstwirtschaftsplan oder anderen mittel- bis langfristigen Planungen (z. B. generelle Erschließungsplanung) enthalten sind. In einem → Forstbetrieb gibt es i. d. R. folgende J., gegliedert nach den einschlägigen Ertrags- und Kostenstellen (EKS): Holznutzung, Nebennutzung, Bestand(e)sbegründung, Bestand(e)spflege ohne Ertrag und Astung, Förderung der Wohlfahrtswirkungen, Waldschutz, Meliorationen, Wegeinstandhaltung, Jagd und Fischerei und Sonder-J., z. B. für → Schutzwaldsanierung. In den J. sind alle geplanten Maßnahmen in einzelnen oder in summarischen Ansätzen mit ihrem Aufwand und den erforderlichen Bezugseinheiten aufgenommen. Der im Vollzug tatsächlich getätigte Aufwand wird in Betriebsnachweisen monatlich, quartalsweise und jährlich ((Jahres-)Betriebsnachweisung) nachgewiesen.

Jahresring(e), der (die): → Jahrring(e).

Jahrestrieb, der: bei Holzgewächsen Bez. für die Erneuerungssprosse (Innovationsprosse).

▸▸ Jahrringe sind auf dem Querschnitt des Holzes als konzentrische Ringe erkennbar.

Jahrhauer, der: frühere, in verschiedenen Gegenden übliche Bez. für einen → Holzhauer, dem die Aufsicht über die übrigen Holzhauer übertragen war.

Jahrringchronologie, die (Dendrochronologie, Jahrringforschung): die Bestimmung der Lebensalter (→ Baumalter) von Bäumen oder Baumstämmen aus der Anzahl der → Jahrringe. Jahrringe geben dem Fachmann hinsichtlich Gestalt, Farbe, Gleichmäßigkeit und Dicke auch Auskunft über die Geschichte des Baumes. Die Ausbildung unterschiedlich breiter Jahrringe an demselben Baum läßt z. B. Rückschlüsse auf die verschiedenen Wachstumsbedingungen zu.

Die aneinandergereihten, verschieden dicken Jahrringe stellen eine Art Code dar, mit dem neben den unterschiedlichen Wachstumsbedingungen auch das Holzalter bestimmt werden kann. Da innerhalb eines vergleichbaren Wuchsgebietes alle Bäume aufgrund der klimatischen Gegebenheiten eine ähnliche Folge in der Jahrringbreite aufweisen, lassen sich, von einer zeitlich genau bestimmten Jahrringfolge ausgehend, durch das Aneinanderreihen von typischen Jahrringsequenzen über Jh. reichende sog. „Wachstumskalender" aufstellen. Ein Vergleich der Jahrringfolge ermöglicht auch die Datierung einzelner Holzstücke. Die Jahrringe werden mit einem Spezialmikroskop vermessen und als sog. Jahrringkurve grafisch dargestellt. Hierfür wird ein spezielles Computerprogramm verwendet.

Bereits um die Jahrhundertwende wurde die J. in den USA begründet. Die amerikanischen Forscher haben gegenwärtig einen sog. Baumringkalender (Borstenkiefer-Kalender), der bis ins Jahr 6270 v. Chr. zurückreicht. Die Wissenschaftler der Universitäten Belfast, Hohenheim und Köln haben für Westeuropa einen Baumringkalender (Jahrringkalender) zusammengestellt, der lückenlos bis zum Jahr 5289 vor Christi Geburt zurückreicht, also über 7000 Jahre umfaßt. Dieser Kalender stützt sich auf Jahrring-Analysen am Holz von StEi und TrEi.

Jahrring(e), der (die): auch Jahresring(e), Wachstumsring(e), Vegetationsring(e), Zuwachsringe(e), Altersring(e), veraltet: Holzring(e). die jährlichen Dickenzuwachszone(n) (→ Dickenwachstum) der einheimischen (mitteleuropäischen) Baumarten im Holzteil (Holzkörper). Sie sind auf dem Querschnitt als konzentrische Ringe und im Längsschnitt als → Maserung erkennbar. Besonders deutlich sind sie bei den Ndh und bei den ringporigen Lbh (Ei, Ul) ausgebildet. In Gebieten mit temperatur- bzw. feuchtebedingtem Wechsel von Vegetationszeit und -ruhe werden die J. durch periodische Änderung der Teilungstätigkeit des → Kambiums gebildet. Bei → Tropenhölzern sind daher J. nicht oder nur undeutlich (regenzeitbedingte Zuwachszonen) vorhanden. Die J. setzen sich aus zwei Schichten zusammen: aus einer dünnwandigen (gelblichweißen) Schicht mit großen Zellen (→ Frühholz), die etwa in den Monaten Mai/Juni entsteht, und aus einer merklich dunkleren, dickwandigen Schicht mit kleinen Zellen (→ Spätholz), die etwa in den Monaten Juli/August gebildet wird.

Die Breite der J. und damit auch der → Zuwachs der → Holzmasse hängen von der Baumart und den Wachstumsbedingungen ab. → Schnellwachsende Baumarten, wie z. B. die Pa, können eine Jahrringbreite von über 20 mm erreichen; hochwertige Furniereichen besitzen eine Jahrringbreite von unter 1 mm; → Jahrringchronologie.

Jahrringkalender, der: → Jahrringchronologie.

Jahrzehnt-Nutzungsprozent, das: → Nutzungsprozent.

Jakobs-Greiskraut, das: → Greiskraut 3.

Jakobskraut, das: → Greiskraut 3.

Jakobs-Kreuzkraut, das: → Greiskraut 3.

Japanhirsch, der: → Sikawild.

Japanische Lärche, die: → Lärchen 2.

Japanischer Fuchs, der: → Marderhund.

Japanlärche, die: → Lärche 2..

Jarowisation, die: → Vernalisation.

Jasione → Sandglöckchen.

Jeitter, Johann Melchior (21.9.1757 Kleinheppach in Württemberg bis 10.5.1842 Beutelsbach bei Stuttgart): J. studierte von 1775 bis 1783 Forstwissenschaft auf der Karlsschule in Stuttgart. Nach verschiedenen Stellungen im praktischen Forstdienst wurde ihm eine Lehrstelle am Forstinstitut in Stuttgart und nach dessen Aufhebung eine Lehrstelle an der Akademie Hohenheim übertragen. Er schrieb u. a.: „Systematisches Handbuch der theoretischen und der praktischen Forstwissenschaft" (1789), „Anleitung zur Taxation und Eintheilung der Laubwaldungen" (1794), „Forstkatechismus etc." (1805 – 1807).

Jesuswundenkraut, das: → Johanniskraut 1.

Jelängerjelieber, das: → Geißblatt 3.
Jelle, die: → Boden 2).
Jena: Universitätsstadt im Bezirk Gera (Ostthüringen) mit 107 000 Einwohnern. An der Goetheallee liegt – auf dem Gelände des früheren fürstlichen Lustgartens – der Botanische Garten. Dort findet man 12 000 Pflanzen aus allen Erdteilen, ein Alpinum mit 2000 Arten, ferner ein → Arboretum mit etwa 800 Laub- und Nadelbaumarten.
Jester, Friedrich Ernst (9.10.1743 Königsberg bis 14.4.1822 Königsberg): J. studierte Rechtswissenschaft. Im Thüringerwald und im Harz machte er sich mit dem Berg-, Hütten- und Forstwesen bekannt. 1767 wurder er Sekretär bei der preußischen Gesandtschaft am Wiener Hofe und erlernte drei Jahre lang nebenher bei einem Oberförster das Forstwesen und die Jägerei. 1772 kehrte er nach Königsberg zurück. J., zuletzt Oberforstmeister, trat 1820 in den Ruhestand. Ihm war auch die Schonung des damals bereits vom Aussterben bedrohten Elchwildes in der dorti gen Gegend zu verdanken. Von seinen Schriften sind die acht Bände „Über die kleine Jagd. Zum Gebrauche angehender Jagdliebhaber" (1793 – 1806) erwähnenswert.
Jochbaum der: → Hainbuche.
Jochgeier, der: → Geier 2.
Jochlärchen: auch Blutlärchen. Bez. für Lä mit besonders feinjährigem Holz und stark ausgeprägter Rotfärbung des → Kernholzes, die im Hochgebirge im geschlossenen Bestand wachsen; → Steinlärchen, Wiesenlärchen.
Jochmied, der: alte bayer. Bez. für Zwergwacholder, Unterart des Gemeinen → Wacholders.
Jochstangen: im früheren → Holländer-(holz)handel Bez. für → Schirrholz aus Buchen-, Hainbuchen-, Birken- und Aspenholzstämmen. J. waren mindestens 25 → Schuh lang, 13 bis 15 → Zoll dick und gerade gewachsen. Sie wurden an den Vorder- und Hinterseiten der Saar-, Mosel- und Mainflöße befestigt und dienten als Vorrichtung für die Steuerung der Flöße.
Jodoformtäubling, der: → Täublinge 18.
Johannisapfel, der: → Äpfel.
Johannisbeere, die: → Stachelbeere 2. und 3.
Johannisbeer-Eschen-Auenwald, der: → Traubenkirschen-Eschen-Auenwald.
Johannisbeergewächse → Stachelbeergewächse.
Johannisblut, das: → Johanniskraut 1.
Johannisglühwürmchen, das: → Leuchtkäfer.
Johannishaarmücke, die: → Haarmücken.
Johanniskäfer, der: → Blatthornkäfer 11. und → Leuchtkäfer.
Johanniskraut, das (*Hypericum*): auch Hartheu. Gatt. der → Johanniskraut- oder Hartheugewächse (*Hypericaceae*) mit gelben Blüten und mit über 300 Arten in subtropischen und gemäßigten Gebieten. In Dtschl. sind etwa zehn Arten bekannt. Die wichtigsten, auch im Walde vorkommenden Arten sind:
1. Tüpfeljohanniskraut, das (*Hypericum perforatum*): auch Echtes Johanniskraut, Tüpfelhartheu, Waldhopf, Wilder Magram, Frauengliester, Johannis- oder Hergottsblut, Hexen-, Färber-, Blut-, Jesuswunden-, Konrads-, Löcher-, Hasen- und Sonnwend-, Wundkraut, Teufelsfluch, Jageteufel, Mannskraft. Das T. ist fast über ganz Europa verbreitet und

◂◂ Friedrich Ernst Jester

wächst in lichten Wäldern, an Weg- und Waldrändern sowie in Gebüschen, auf Heiden, Magerrasen und kommt noch in 2000 m Höhe vor.
Die wenig anspruchsvolle, 20 bis 70 cm hohe und ausdauernde Staude hat eine spindelförmige, reichästige Wurzel, der Stengel ist zweikantig und markig. Der lateinische Beiname *perforatum* bezieht sich auf die durchsichtigen Öldrüsen in den wie perforiert erscheinenden Blättern. Diese sind gegenständig, länglichoval und ganzrandig und am Rand mit feinen, schwarzen Drüsenpunkten besetzt. Die zahlreichen Blüten haben fünf goldgelbe → Kronblätter (zwischen den Fingern zerrieben färben sie sich blutrot) und fünf elliptische, ganzrandige und grüne → Kelchblätter die unterseits schwarzdrüsig punktiert sind. BZ: Juli bis August.
Das T. zählt zu unseren wertvollsten und vielseitigsten Heilpflanzen. Die blühenden Triebe werden bei Asthma und Bronchitis, bei Blasenentzündung, als Wundmittel und bei Verbrennungen verwendet. Die Blüten zerrieben, in Öl, liefern ein schmerzstillendes Öl für Brandwunden. Dieses Öl, mit derselben Menge Terpentin vermischt, gilt als gutes Mittel gegen Rheumatismus. In der Homöopathie findet J. (J.-Öl, Rotöl) u. a. Verwendung gegen Depressionen, Nervenschmerzen und -leiden, Magen-, Darm- und Gallebeschwerden. Auch im Volksglauben und -brauchtum spielt es eine bedeutende Rolle. Zur Johannisnacht gesammelt, galt es als Bannmittel gegen böse Geister und Hexen und sollte zudem vor Blitzschlag schützen. Der die Haut rotfärbende Saft der Blattdrüsen wurde als Johannis- oder Herrgottsblut bezeichnet.
2. Niederliegendes Johanniskraut, das (*Hypericum humifusum*): auch Liegendes J. Das N. J. ist über ganz Mitteleuropa verbreitet und kommt auf kalkarmen Böden in Waldlichtungen, Schlägen, Ödländern, Heiden, Magerrasen, an Waldwegen und auf Äckern vor; es ist ein Feuchtezeiger (→ Bodenanzeiger).
Die zierliche, 5 bis 15 cm lange Pflanze hat einen hohlen, niederliegenden Stengel. Die gegenständigen Blätter sind blaugrün, elliptisch oder eiförmig. Die kleinen gelben Blüten haben bis zu 8 mm lange Kronblätter und längliche, ganzrandige Kelchblätter. BZ: Juni bis September.
3. Behaartes Johanniskraut, das (*Hypericum hirsutum*): Das B. J. ist fast über ganz Süd- und Mitteleuropa verbreitet und wächst häufig in lichten Laubwäldern, auf Kahlschlägen, Waldverlichtungen und an Waldrändern, v. a. auf lehmigem und wenig kalkhaltigem Boden. In Norddtschl. kommt es seltener vor. Es zeigt gute Nährstoffversorgung an.
Die mehrjährige, 40 bis über 100 cm hohe Pflanze hat einen stielrunden, dicht kurzhaarigen und aufrechten Stengel. Die kurzgestielten, eiförmigen Blätter sind gegenständig und behaart, durchscheinend punktiert und am Rande schwarzdrüsig. Die gelben Blüten sitzen auf behaarten Stielen in lockeren pyramidenförmigen Rispen (→ Blütenstand). BZ: Juni bis August.
4. Geflecktes Johanniskraut, das (*Hypericum maculatum*): Das über weite Teile Europas verbreitete G. J. wächst in Wäldern, auf Wiesen und Mooren und an feuchten Orten.
Die ausdauernde, 20 bis 50 cm hohe Pflanze hat einen vierkantigen, hohlen Stengel. Auf den breiten, eiförmigen Blättern befinden sich nur wenige durchscheinende Drüsen. BZ: Juni bis August (September). Die gelben Büten sind schwarz gepunktet.

Das Tüpfeljohanniskraut wird als Volksheilmittel verwendet.

5. Bergjohanniskraut, das (*Hypericum montanum*): Das B. ist fast über ganz Europa verbreitet. Trotz seines Namens ist es jedoch keine echte Gebirgspflanze, sondern wächst vorwiegend in der Ebene bis in mittlere Gebirgslagen (etwa bis 1500 m Höhe). Es kommt in lichten, trockenen Wäldern, beson-

▸▸▸ ders in Eichen-, Eichen-Kiefern- und Eichen-Buchen-, und Buchenwäldern, in Hainbuchen-Waldgesellschaften, sonnigen Gebüschen, Berberitzen-Gebüschgesellschaften und an Waldrändern vor und liebt kalkreiche Böden; schwache Ordnungs → Charakterart der xerothermen submediterranen Flaumeichenwälder und subkontinentalen Eichen-Steppenwälder.
Die ausdauernde, 30 bis 60 cm hohe Pflanze hat eiförmig-längliche, gegenständige Blätter. Die Abstände zwischen den Blattpaaren sind gegenüber den anderen Arten ziemlich weit. Die blaßgelben Blüten stehen in kopfig gedrängter, endständiger Trugdolde. Die

Johannistriebe treten bei der Eiche regelmäßig auf.

Kronblätter sind nicht schwarz punktiert. BZ: Juni bis August.
6. **Schönes Johanniskraut**, das (*Hypericum pulchrum* L.): Das mit Ausnahme Südeuropas fast über ganz Europa (im Norden bis Südskandinavien) verbreitete S. J. kommt in Dtschl. zerstreut bis verbreitet vor und fehlt in den Alpen. Es ist kalkmeidend und wächst auf Kahlschlägen, Heiden, in Gebüschen, auf trockenen, lichten Stellen in Laub-, Nadel- und Mischwäldern und an Waldrändern, bevorzugt auf lehmigen, sandigen und sauren Böden.
Die 30 bis 60 cm hohe, schlanke, am Grunde verholzte Staude hat einen runden, kahlen Stengel. Die sitzenden, eiförmigen Blätter mit breitem herzförmigem Grund sind durchscheinend punktiert, unterseits graugrün, 1 bis 2 m lang, mit etwas eingerolltem Blattrand. BZ: Juli bis September. Die etwa 16 mm breiten Blüten haben goldgelbe, oft rötlich überlaufene Kronblätter, deren Rand rot oder schwarz punktiert ist.
„J." wird wegen der Blütezeit auch der Berg-Wohlverleih (→ Arnika) genannt.
Johannistrieb, der: auch Augusttrieb, Sommertrieb, proleptischer Trieb. Bez. für das zweite Austreiben einiger unserer Baumarten im Juni/Juli (August), nach der Zeit des jährlichen Hauptwachstums. Der dann gebildete kleinere Trieb heißt J. Regelmäßig treten J. bei der Ei auf, sind aber auch bei jungen Hbu, bei der Bi und den Ndh, besonders bei der Lä zu finden. J. werden von allen Lbh auch nach völliger Entlaubung durch Spätfrost oder Insektenfraß gebildet, sofern die Entlaubung im zeitigen Frühjahr erfolgt ist. Findet im gleichen Jahr eine nochmalige Entlaubung statt, stirbt der Baum allerdings ab.
Johanniswurz, die: → Wurmfarn 1.
John, der: → Jahn.
Johnhauer, der: → Jahnhauer.
Josefiblümel, das: → Leberblümchen.
Juchtenöl, das: → Holzteer.

Dr. Friedrich Judeich

Judasohr, das: → Zitterlinge 1.
Judeich, Friedrich, Dr. (27.1.1828 Dresden bis 28.3.1894 Tharandt): Nach dem Studium an der Akademie → Tharandt und der Universität Leipzig war er in den Jahren 1849 bis 1857 bei der Sächsischen Forsteinrichtungsanstalt beschäftigt. 1857 übernahm er die Verwaltung der Herrschaft Hohenelbe in Böhmen. 1862 wurde er zum Direktor der Forstlehranstalt Weißwasser berufen, und im Jahre 1866 wurde ihm die Direktion der Akademie Tharandt übertragen. 1878 wurde er zum Geheimen Oberforstrat ernannt. Er schrieb u. a.: „Die Forsteinrichtung" (1871), „Lehrbuch der mitteleuropäischen Forstinsektenkunde" mit einem Anhang: „Die forstlichen Wirbelthie-

Jungbestand

re" (1885 – 1895, 2 Bde; Herausgabe zusammen mit Prof. → Nitsche). Von 1867 bis 1887 redigierte er das „Tharandter Jahrbuch" und gab von 1873 an den „Deutschen Forst- und Jagdkalender" heraus.

Judenkirschbaum, der: → Hartriegel 1.

Judenkirsche, die: → Blasenkirsche.

Jugend für den Wald: in Österreich gegründete Aktion, die, in Anlehnung an die → Waldjugendspiele in der BR Dtschl., Schüler über Wald- und Forstwirtschaft informiert. Die Aktion wird unter Mitwirkung von Forstleuten und Biologielehrern durchgeführt.

Jugendholz, das: → Kernholz.

Jugendwaldheime: auch Waldjugendheime. Heime zur aktiven Erziehung der Schuljugend zu umwelt- und waldbewußten Bürgern. Die wesentlichen Aufgaben der J. bestehen darin, der Jugend den Lebensraum Wald zu erschließen und das Erleben zu vermitteln. Durch praktische Arbeiten in der Natur sollen die jungen Menschen Gefühl und Verantwortung für die eigene Umwelt entwickeln. Ergänzt werden diese praktischen Arbeiten durch Fachvorträge, Filmvorführungen und Lehrwanderungen u. ä.

Im Jahre 1948 wurde von Forstmeister Walther Freist das erste Deutsche J. in Zorge (Niedersachsen) gegründet. Zur Zeit bestehen in Baden-Württemberg drei, in Hessen drei, in Niedersachsen 11, in Nordrhein-Westfalen drei, in Rheinland-Pfalz drei, in Bayern und in Schleswig-Holstein je zwei und in Sachsen-Anhalt vier J. Die J. werden entweder von den Landesforstverwaltungen (z. B. in Baden-Württemberg, Bayern, Niedersachsen und Nordrhein-Westfalen) und/oder von der → Schutzgemeinschaft Deutscher Wald (Hessen, Rheinland-Pfalz, Sachsen-Anhalt) betreut. Das Hessische J. Hasselroth-Niedermittlau erhielt 1985 den Umweltschutzpreis der Deutschen Gesellschaft für Agrar- und Umweltpolitik e. V. (DGAU).

Juglandaceae → Walnußgewächse.

Juglans → Walnüsse.

Julblock, der: → Weihnachtsblock.

Julikäfer, der: → Blatthornkäfer 12.

Juncaceae → Binsengewächse.

Juncus → Binsen.

Jung, J. H. → forstliches Schrifttum.

Jungbestand, der: in der Forstwirtschaft gelegentlich Bez. für die natürliche Altersstufe der Bestände von der Begründung bis zum Eintreten in das Stangenholzstadium (→ Jungwuchs und → Dickung).

Jungdurchforstung (JD), die: → Durchforstung.

Jungfernmantel, der: → Frauenmantel.

Jungfernzeugung, die (Parthenogenese): eingeschlechtige Fortpflanzung, bei der das → Embryo aus einer unbefruchteten Eizelle gebildet wird (z. B. → Ameisen, → Blattläuse, → Bienen); d. h. die Weibchen pflanzen sich fort, ohne daß Männchen auftreten. In den formenreichen Gatt. Frauenmantel, Habichtskraut, Stechapfel, Nachtkerze, Löwenzahn spielt J. eine große Rolle; → vegetative Vermehrung.

Jungholz, das: svw. → Jungwuchs.

Jungwuchs von Kiefern

Junghölzer: frühere Bez. der Forsteinrichter für Bäume, die 1/4 ihrer → Umtriebszeit erreicht haben.

Jungmais, die: → Dickung.

Jungrinde, die: die Glanzrinde; → Lohrinde.

Jungwuchs, der: natürliche Altersstufe, die künstliche (→ Kultur) oder natürliche Verjüngung (→ Anflug, → Aufschlag) vom Zeitpunkt der Entstehung bis zum Abschluß der → Nachbesserungen, d. h. bis zum Beginn des Bestandsschlusses (→ Schluß), mindestens jedoch bis zu einer durchschnittlichen Höhe von 2 m (Grenze der Überschaubarkeit in Manneshöhe); → Dickung.

Jungwuchspflege, die: lenkende Eingriffe in der Jugendphase eines → Bestandes, um das forstliche Wirtschaftsziel des späteren Erntebestandes zu erreichen. Zur J. gehören insbesondere:

1. Nachbesserung größerer Fehlstellen, um Zuwachs- und Qualitätsverluste im heranwachsenden Bestand zu vermeiden.

2. Düngung: Zeigen Jungwüchse trotz ausreichender Wasserversorgung nur mattes Wachstum, so besteht – falls andere wachstumshemmende Ursachen ausgeschlossen sind – der Verdacht, daß ein Nährstoffmangel vorliegt. Mit einer geeigneten Düngung (→ Walddüngung) kann dieser Mangel behoben werden. Zu beachten ist aber, daß im Jahr der Kulturbegründung zur Vermeidung von Wurzelverätzungen nicht gedüngt werden soll.

3. Beseitigung von Gras und Unkrautkonkurrenz: bei der Regulierung der Konkurrenz von Wildkräutern und Gräsern, wenn sie das Wachstum und die Entfaltung der Kulturpflanzen (z. B. starke Beschattung, Nährstoffentzug oder durch dichte Überdeckung – Verdämmung) eindeutig beeinträchtigen. Die Eingriffe sollten nur so stark geführt werden, daß der Gipfeltrieb der Forstpflanzen in der Hauptwachstumszeit (Mai/Juni) frei ist. Die Eingriffe (Pflegemaßnahmen) können mechanisch durch Freischneiden (manuell mit verschiedenen Geräten) oder durch Einsatz chemischer Mittel durchgeführt werden, wobei der Einsatz von Chemiekalien problematisch und bedenklich ist.

4. Beseitigung unerwünschter Bestandsglieder: Kranke, krumme und beschädigte Jungpflanzen sowie verdämmende Weichhölzer (z. B. Bi, Wei, Er, Vobe etc.) und ggf. Stockausschläge, die den jungen Forstpflanzen Licht und Wärme entziehen, außerdem grobastige → Vorwüchse (Protzen), sollten mit → Heppe oder Kleinmotorsäge entfernt werden. Auch hier ist aus Gründen des → Umweltschutzes der Einsatz von chemischen Mitteln auf Ausnahmefälle zu beschränken. Zudem sind Begleitpflanzen, wenn sie das Wachstum der Kulturpflanze nicht eindeutig beeinträchtigen, durchaus erwünscht.

5. Auflockerung zu dichter Naturverjüngung: Um in zu dichten Naturverjüngungen (Bürstenwuchs) den Pflanzen ausreichenden Raum für ein gutes Wachstum zu ermöglichen, kann es notwendig werden, daß die Pflanzenzahlen verringert werden müssen. Diese Eingriffe erfolgen von Hand oder mit Maschinen.

6. Mischregelungen: Häufig werden die erwünschten → Mischbaumarten von Nachbarbäumen bedrängt. Diese Mischbaumarten müssen frühzeitig freigestellt werden.

7. Besondere Maßnahmen: Die J. erfordert auch geeignete Schutzmaßnahmen der Pflanzen vor → Wild, → Mäusen, → Insekten und atmosphärischen Schädigungen; → Bestandspflege.

8. Beseitigung von Steilrändern: Die ungleichmäßige Höhenentwicklung an der Grenzlinie zwischen höheren und niedrigeren Bestandsteilen wird durch Entnahme der Steilrandbäume oder Zurückschneiden ihrer groben Seitenäste abgemindert.

Junikäfer, der: → Blatthornkäfer 11.

Juniperus → Wacholder.

K

KA: Kurzzeichen für Roßkastanie nach DIN 4076.
Kabeln: frühere Bez. für die Waldteile, in denen das Holz stehend meistbietend verkauft wurde; → Verkauf auf dem Stock.
Kadaververjüngung, die: unpassende Bez. für Moderholzverjüngung; → Rohnenverjüngung.
Kadig, der: → Wacholder.
Käfer (*Coleoptera*): artenreichste, seit dem Perm (→ Erdzeitalter) bekannte Ordn. der → Insekten. Etwa 350 000 Arten sind weltweit in fast allen → Biotopen verbreitet. Sie besitzen eine Körperlänge von 0,25 bis 160 mm. Die harten Vorderflügel bedecken in der Ruhe die häutigen Hinterflügel; letztere werden auch zum Flug benutzt. Die Beine sind je nach Art ausgebildet als Lauf-, Grab-, Kletter-, Schwimm- oder Sprungbeine. K. haben kauende Mundwerkzeuge, und die meisten von ihnen sind Pflanzenfresser. Unter Ihnen gibt es in Dtschl. ca. 1400 xylobionte Arten (Holzpilz-, Mulm-, Rinden- und Baumsaftkäfer), darunter auch viele Pflanzenschädlinge wie Maikäfer, → Borkenkäfer und → Rüsselkäfer. Sie besiedeln in großer Arten- und Individuenzahl auch → Totholz verschiedener Baumarten und → Zersetzungsgrade. Viele K. leben auch räuberisch und sind, indem sie Schadinsekten und anderen Kleintieren nachstellen, nützlich (z. B. → Marienkäfer und viele → Lauf- und → Buntkäfer). Einige Arten leben in Aas (→ Aaskäfer), Dung oder Mist. Unser größter einheimischer K. ist der Hirschkäfer (→ Blatthornkäfer 1.). Die Entwicklung der K. ist eine vollkommene → Metamorphose.

Beim Kahlschlag wird eine Bestandesfläche vollkommen abgeholzt.

Käferbäume: Bez. für Bäume, die vom → Borkenkäfer befallen sind; → Fangbäume.
Käferentchen, das: → Lappentaucher 2.
Käfergrinde → Eschenrosen, → Borkenkäfer 5.
Käferholz, das: Bez. für Holz, das durch den Fraß von → Käfern oder deren → Larven in seinem technischen Gebrauchswert mehr oder weniger gemindert ist. Als K. wird aber auch Stammholz bezeichnet, das durch die rindenbrütenden → Borkenkäfer (Borkenkäferholz) zum Absterben gebracht wurde. Wird dieses Holz frühzeitig gefällt und entrindet, wird es in seinem Gebrauchswert nicht gemindert, weil rindenbrütende Borkenkäfer die Holzsubstanz nicht angreifen.
Käferlöcher: bei Borkenkäferkalamitäten (→ Borkenkäfer) Bez. für sich im lebenden Bestand rasch ausweitende Befallsherde.
Kahlabtrieb, der: → Kahlschlag.
Kahle(r/s) ... siehe unter dem jeweiligen Hauptnamen.
Kahlfläche, die: Ergebnis eines → Kahlschlags, eines → Windwurfes oder → Waldbrandes.
Kahlfraß, der: (nahezu) totaler Blatt- oder Nadelverlust durch → Forstschädlinge (→ Käfer und deren → Larven). K. an Nadelbäumen führt zum Absterben des Baumes; → Naschfraß, Lichtfraß.
Kahlhieb, der: → Kahlschlag; Verjüngungsverfahren.
Kahlhiebsfläche, die: → Kahlschlagfläche.
Kahlrückige Waldameise, die: → Ameisen 1.
Kahlschlag, der (Kahlhieb, Kahlabtrieb, Abforstung, Abholzung, Abtrieb): Bez. für die großflächige und vollständige Abholzung einer Bestandsfläche. Der K. bzw. K.-Betrieb hatte seine Entstehung zu Beginn des 19. Jh., als man begann, die beiden Baumarten Fi und Kie gleichaltrig anzubauen. Wegen der komplexen Zusammenhänge und sehr individuellen Auswirkungen sind nur wenige grundsätzliche Aussagen über die Wirkungen eines K. möglich: Die → Biomasse wird – je nach Ernteverfahren – teilweise oder weitgehend entfernt. Der verbleibende Teil bleibt als → Abraum mit mulchender oder bodenschützender Wirkung auf der Kahlfläche. Mit dem Fällen der Bäume fällt deren Wasserverbrauch weg, und sie nehmen keine Nährstoffe mehr auf; der Streufall wird bis auf Null reduziert; das schützende Kronendach entfällt; die Baumkronen können keine Stäube, Aerosole und Gase mehr ausfiltern und dem Boden zuführen. Die → Interzeption an den Baumkronen entfällt. In der Folge nimmt die Bodendurchfeuchtung zu; mehr Wasser versickert oder fließt oberflächlich ab. Mit dem Oberflächenabfluß kann die Erosion insbesondere auf Böden mit natürlicher oder künstlicher Verdichtung zunehmen. Bei Versickerung nehmen mit der größeren Wassermenge die Verlagerungsprozesse in tiefere → Bodenhorizonte zu. Insgesamt kann auch die Vernässung des Bodens zu-, die Durchlüftung dagegen abnehmen. Da die Beschattung des Bodens wegfällt, führt die Sonneneinstrahlung zu einer Erhöhung der Bodentemperatur. Das Temperaturoptimum für die humuszersetzenden Mikroorganismen liegt bei

20 bis 35 °C. In Verbindung mit einer größeren Bodenfeuchtigkeit führt dies zu einer Beschleunigung der Zersetzung, zunächst des Auflagehumus, dann des Schlagabraums. Auch die → Mineralisierung organischer Substanzen läuft schneller ab (→ Biomasseabbau). In der Folge kann im Oberboden ein niedriger → pH-Wert entstehen, wenn die bei der Zersetzung und Mineralisierung entstehenden Säuren nicht durch Basen abgepuffert werden können. Der pH-Wert kann, wenn z. B. niedermolekulare Huminsäuren, Fulvosäuren aus Auflagenhumus entstehen, auch ansteigen. Der Humusschwund ist immer mit Nährstoff-, insbesonders Stickstoffverlusten, verbunden. Auf gut durchlüfteten nitrifizierenden Böden kann ein Teil der Stickstoffes in Nitratform ausgewaschen werden und in das Grundwasser und die Vorfluter gelangen. Auf der freigelegten Fläche entwickelt sich zunächst eine → Schlagflora, bzw. auch schon eine neue Baumgeneration. Diese nehmen die Nährstoffe auf und binden sie. Um die geschilderten Nachteile zu vermeiden, sollte deshalb die neue Baumgeneration schon unter dem Schirm des Altholzes vorhanden sein. Sind K. unumgänglich, sollte ihre Flächenausdehnung begrenzt sein. Unter natürlichen Bedingungen entwickeln sich auf K.-Flächen → Pionierbaumarten. Bei → Lichtbaumarten ist der K. die gängige Verjüngungsform, wobei einzelne stabile Bäume als → Überhälter aus dem Vorbestand auf der Fläche verbleiben können, im Schutzwald jedoch wegen Erhöhung der Erosions- und Lawinengefahr verboten. Die → Verjüngung erfolgt i. d. R. durch → Saat oder → Pflanzung, wobei sich natürliche Verjüngung auch durch verbliebene Samenbäume oder von benachbarten Beständen her einstellen kann; → Verjüngungsverfahren.

In Bayern gilt im → Schutzwald eine abgeholzte Fläche ab 0,1 ha als K.

In Österreich müssen K., die größer als 0,5 ha sind, vor dem Abtrieb bei der Forstbehörde angemeldet und innerhalb drei Jahren aufgeforstet werden. Bei natürlicher Verjüngung muß diese innerhalb von acht Jahren gesichert sein. Das österr. Forstgesetz verbietet zudem i. a. K., die a) breiter als 50 m und größer als 2 ha sind und b) schmäler als 50 m und länger als 600 m sind; → Saumkahlschlag.

Kahlschlagbetrieb, der: ein Betrieb oder eine → Betriebsklasse, die mit dem → Kahlschlag arbeitet und die abgeholzte (abgetriebene) Fläche verjüngt; → Verjüngungsverfahren.

Kahlschlagfläche, die: auch Kahlhiebs-, Abhiebs-, Abtriebs-, Schlagfläche, Schlag. Die Fläche (Bestand oder Bestandsteil), auf der ein → Kahlschlag stattgefunden hat.

Kahlschlagvegetation, die: → Schlagflora.

Kahlschlagverfahren, das: → Kahlschlag, Verjüngungsverfahren.

Kahlstelle, die: → Fehlstelle.

Kahnblättriges Torfmoos, das: → Torfmoos 1.

Kahnknie, das: alte Bez. für gekrümmtes Holz, das zum Schiffsbau benötigt wurde. K. wurde aus Ast- und Wurzelansatzstücken gewonnen. Wichtig dabei war, daß der sog. „Daumen", das Ast- oder Wurzelstück, ungefähr gleiche Stärke mit dem „Leib" oder der „Sohle", dem Stammstück, hatte. Die geeigneten Holzarten waren Ei und Kie; im Schiffsinneren wurden auch Bu und Fi verwendet.

◂◂ Rauhhaariger Kälberkropf *(Chaerophyllum hirsutum)*

Kaiserbuche, die: Naturdenkmal am Haunsberg bei Nußdorf/Salzburg, 1779 beim Besuch von Kaiser Josef II. gepflanzt.

Kaisereiche, die: **1)** Das mutmaßliche Alter der 26 m hohen K. zu Geiselwind-Füttersee (Bayern) ist 1000 Jahre. Der inzwischen hohle Baum ist benannt nach Kaiser Karl dem Großen (742/43 – 814). **2)** Bez. für eine ca. 300 Jahre alte Ei in Würselen bei Aachen. Nach dem geschichtlichen Unterlagen hielten sich nach dem Sturz Napoleons anläßlich des Monarchenkongresses König Friedrich Wilhelm III. von Preußen, Kaiser Franz I. von Österreich und Zar Alexander I. von Rußland vom 27.9. bis 20.11.1818 in Aachen auf. Zar Alexander I., der bei seinen Spaziergängen oft inkognito sein wollte, verweilte gerne, als einfacher russischer Offizier verkleidet, unter der K.; → Feme-Eiche, Gedenkbäume.

Kaiserling, der: → Wulstlinge 2.

Kaisermantel, der: → Edelfalter 10.

Kaiserrecht, das: In früherer Zeit durfte ein Waldfrevler, sobald er das freie Feld erreicht hatte, nicht mehr ergriffen oder gepfändet werden; er war durch das sog. „K." geschützt, das aber nur bei Markwaldungen (→ Märkerwald) angewandt wurde.

Kaiserwurz, die: → Sterndolde 1. und → Haarstrang 3.

Kalabrische Schwarzkiefer, die: Unterart der SKie; → Kiefern 2.

Kalamität, die (lat.: *calamitas*): Massenvermehrung von tierischen und pflanzlichen Schädlingen in Pflanzenkulturen, wobei die wirtschaftliche Schadensschwelle überschritten wird. In der Forstwirtschaft sinngemäß auch eine großflächige Waldvernichtung durch abiotische (z. B. Hagel, Sturm, Naßschnee, Waldbrand) oder biotische (z. B. Insekten, Mäuse, Pilze) Schadfaktoren; → abiotische Forstschäden.

Kalamitätsholz, das: → Katastrophenholz, Scheidholz.

Kalamitätsnutzung, die: → Katastrophenholz, Scheidholz.

Kälberkern, der: → Kälberkropf.

Kälberkropf, der (*Chaerophyllum*): auch Kälberkern. Gatt. der → Doldengewächse mit rd. 35 Arten, die von Europa bis Mittelasien und einige wenige auch in Nordamerika verbreitet sind. Sie ist bekannt seit dem Tertiär (→ Erdzeitalter). In Dtschl. kommen fünf Arten vor.

1. Rauhhaariger Kälberkropf, der (*Chaerophyllum hirsutum* L.): auch Behaarter K. Der R. K. ist über Mittel- und Südeuropa verbreitet und hauptsächlich in den Gebirgen zu finden. In Dtschl. kommt er im Bereich der Alpen, des Alpenvorlandes und der Mittelgebirge zerstreut bis häufiger vor; seltener ist er in der Ebene und im Norden Dtschl. Er wächst in Berg-Auwäldern, Ufergebüschen, feuchten Bergwäldern, Hochstaudenfluren, auf Bergwiesen und Fettwiesen, in montanen Erlen-Ulmen-Gesellschaften (*ssp. hirsutum*).

Die mehrjährige, bis zu 100 cm hohe, behaarte Pflanze hat einen rauhhaarigen bis kahlen, verzweigten Stengel, der unter den Knoten kaum verdickt ist. Die mehr oder wenig borstig behaarten Blätter sind gestielt und zwei- bis dreifach gefiedert mit grob gesägten Abschnitten. Die beiden untersten Fiederabschnitte sind fast so groß wie das übrige Blatt. BZ: Mai bis August. Die kleinen Blüten stehen in einer zehn- bis 20strahligen Doppeldolde (→ Blütenstand). Die weiß- bis rosagefärbten → Kronblätter sind am Rand bewimpert. Die acht bis zwölf mm lange Frucht ist spindelförmig, mit Längsrippen und ohne Schnabel.

2. Berg-Kälberkropf, der (*Chaerophyllum villarsii* Koch): Der B. gilt heute als Unterart des Rauhhaarigen Kälberkropfes (*Chaerophyllum hirsutum ssp. vallarsii*). Er ist über die Gebirge Mittel- und Südeuropas verbreitet. Er wächst in feuchten, lichten Bergwäldern, in Erlengebüschen, Hochgebirgs-Hochstaudenfluren, auf Bergwiesen, Heideland und an Ufern, auf nährstoffreichen Lehmböden in kühleren Lagen.

Die ausdauernde, 30 bis 100 cm hohe Pflanze hat einen gerillten, unterwärts steifhaarigen, sonst zerstreut behaarten bis kahlen Stengel. Sie ist dem Rauhhaarigen Kälberkropf sehr ähnlich. Die Blätter sind behaart, unterseits glänzend, fiederspaltig oder lappig eingeschnitten; der Rand ist ungleich gesägt. BZ: Mai bis Juli/August. Die kleinen, weißen oder oft rötlichen Blüten stehen in Dolden. Die etwa 1 cm langen Früchtchen sind gerippt.

3. Hecken-Kälberkropf, der (*Chaerophyllum temulum* Linné): auch Taumel-K., Taumelkerbel, Betäubender K. Der H. ist über Mittel- und Südeuropa verbreitet. Er wächst in lichten Wäldern, Hecken, Gebüschen, in schattigen Unkrautfluren, auf Waldlichtungen und an Waldrändern und ist ein Stickstoffzeiger (→ Bodenanzeiger).

Die als giftig geltende, ein- bis zweijährige, 30 bis 100 cm hohe, krautige Pflanze hat eine spindelförmige, verästelte Wurzel, die sich leicht aus dem Boden ziehen läßt. Der fein geriefte, schmutzigrot überlaufene bis gefleckte, steifhaarige, unter den Knoten verdickte Stengel ist oberwärts ästig. Die zwei- bis dreifach gefiederten, trübgrünen bis z. T. rötlichen, oft schwarz gefleckten Blätter sind beiderseits zerstreut behaart und doppelt gefiedert. BZ: Mai bis Juli. Die kleinen Blüten stehen in zusammengesetzten Dolden. Die etwa 7 mm langen, schmalen Früchtchen haben gelbliche Rippen und sind ungeschnäbelt. Kraut und Wurzeln des H. enthalten das → Alkaloid Chaerophyllin, das betäubend, schwindel- und brecherregend wirkt. Zu ech

Gebankte Kalke (Kalksteine) bei Geisingen

ten Vergiftungen ist es bisher jedoch nur bei Vieh gekommen. Wegen des rotgefleckten Stengels wird er oft mit dem giftigen Gefleckten Schierling verwechselt.

4. **Rüben-Kälberkropf**, der (*Chaerophyllum bulbosum* Linné): auch Kerbelrübe, Knollenkerbel, Knolliger K., Erdkastanie. Der R. ist über Mittel-, Ost- und Südosteuropa verbreitet und wächst in lichten Auwäldern, zwischen Gebüschen, an Wald- und Wegrändern, an Ufern und Gräben zwischen Weidengebüschen.

▸▸▸ In den Bunten Mergeln des Keuper wechsellagern kalkig-tonige und sandig-kalkarme Schichten.

Die ein- bzw. zweijährige, 80 bis 200 cm hohe Pflanze hat eine knollige oder rübenartig verdickte Wurzel, die bei der Wildform kleiner, bei der Kulturform, der „Kerbelrübe", etwas größer, bis 10 cm lang und bis 6 cm dick ist und hohen Nährstoffgehalt sowie einen süßlich aromatischen Geschmack hat und früher wie Kartoffeln gegessen wurde. Der geriefte Stengel ist oberwärts kahl, oft bereift, unten zerstreut steifhaarig, rot gefleckt und unter den Knoten stark verdickt. Die grasgrünen Blätter sind drei- bis vierfach gefiedert mit spitzen, schmal lanzettlichen Fiedern. BZ: Juni bis August. Die kleinen Blüten stehen in fünf- bis zwölfstrahligen, mittelgroßen Dolden. Die linealisch-längliche Frucht ist 4 bis 6 mm lang.

5. **Gold-Kälberkropf**, der (*Chaerophyllum aureum* L.): auch Gelbfrüchtiger K. Der G. ist über Mitteleuropa, südlich bis zu den Pyrenäen und bis zum Apennin verbreitet und wächst in Hecken, an Waldrändern, Ufern, Gräben, auf überdüngten Bergwiesen und anderen stickstoffreichen Stellen.

Gold-Kälberkropf (*Chaerophyllum aureum*)

Die ausdauernde, 60 bis 120 cm hohe Pflanze ist dem Rüben-Kälberkropf sehr ähnlich, hat jedoch keine verdickte Wurzel, sondern ein dickes, ästiges Rhizom, das schwer aus dem Boden zu ziehen ist. Der Stengel ist rotfleckig und an den Knoten verdickt. Die drei- bis vierfach gefiederten Blätter haben fein zugespitzte Zipfel und sind unterseits meist weichhaarig. BZ: Mai bis Juli. Die weißen, unbewimperten Kronblätter haben vorne ein eingeschlagenes Läppchen. Die zur Reifezeit gelblichen Früchtchen sind 8 bis 11 mm lang.

Kalbfleischpilz, der: Handels-Bez. für die gezüchteten Austernseitlinge; → Seitlinge.

Kalinkebeerstrauch, der: → Schneeball 1.

Kalitsch, Friedrich, Frhr. von (28.10.1858 bis 8.1.1939): Kammerherr und bis 1892 Forstassessor. 1894 übernahm er die Bewirtschaftung des 660 ha großen Familienbesitzes → Bärenthoren mit einem stark belasteten Wald und verstand in glänzender Weise, die natürlichen Gegebenheiten zu nutzen (Vertreter des → Dauerwaldes). 1911 begegnete er Alfred → Möller. Nach dem Tod von F. von Kalitsch wurde seine Arbeit von einem Kuratorium fortgeführt, dem u. a. sein Sohn Joachim sowie Hermann → Krutzsch angehörten.

Kalium, das: K. (chemisches Zeichen K) ist ein silberweißes, weiches, luft- und wasserempfindliches, einwertiges Alkalimetall, das mit ungefähr 2,5 % am Aufbau der Erdkruste beteiligt ist; Atomgewicht 39,102, Ordnungszahl 19, Schmelzpunkt bei 63,5 °C, Siedepunkt bei 762,2 °C. Die Dichte beträgt 0,862 g/cm^3. Es ist gelöst im Meerwasser enthalten und findet sich auch in zahlreichen Gesteinen. In Mineralböden ist K. überwiegend an Silikate gebunden und damit in Feldspaten, Glimmern und Tonmineralien enthalten. Der K.-Gehalt des → Bodens liegt i. d. R. bei 0,2 bis 4 %, wobei in Alkaliböden höhere, in Moorböden niedrigere Werte auftreten können. In Waldhumusauflagen wurden 0,05 bis 0,32 % K. gefunden, da es bevorzugt ausgelaugt wird. Die Huminstoffe im Humus bilden mit K. lösliche Salze. Der Hauptanteil an K. im Boden ist in den unverwitterten Mineralen und in glimmerartigen Tonmineralien enthalten. 0,1 bis 5 % der gesamten → Austauschkapazität werden von K. gestellt. K. ist für das Pflanzenwachstum unerläßlich. Besonders junge, wachsende Zellen sind reich an K., wie auch die stärksten K.-Aufnahmen meistens in den Jugendstadien der Pflanze erfolgen. Es beeinflußt besonders den Wasserhaushalt und Quellungszustand der Zelle. Nur ein geringer Teil des im Boden vorhandenen K. ist allerdings pflanzenverfügbar. Die K.-Aufnahme durch die → Pflanzen erfolgt umso intensiver, je besser die Wurzeln mit Sauerstoff versorgt sind. Optimal mit K. versorgte Pflanzen haben hohe osmotische Werte der Zellen und können mehr Wasser aufnehmen. K. ist u. a. für den Quellungszustand des Zytoplasmas, für die Bildung verschiedener Enzymgruppen, die Frostresistenz, die Bildung von Vitaminen, Proteinen, Zucker und Stärke verantwortlich. K. wird leicht aus dem Boden ausgewaschen. Auf kalkreichen Böden zeigen geschädigte Fichten- und Tannennadeln K.-Mangelerscheinungen; → Mangelsymptome an Bäumen.

Kalk, der: volkstümliche Bez. für einige Calciumverbindungen (→ Kalzium), die in einfachem Zusammenhang mit Calciumoxyd, CaO, stehen (kohlensaurer K., gebrannnter K., gelöschter K.). Kohlensaurer K., kohlensaures Calcium, Calciumcarbonat, $CaCO_3$, ist in der Natur sehr verbreitet als feinteiliger K.-Stein, poröse Kreide, feinkristallisierter Marmor, grobkristallisierter K.-Spat und Aragonit, als Hauptbestandteil von Muschelschalen, Schneckengehäusen, Korallen, Perlen, Eierschalen und anderen Organismenteilen. Als gebirgsbildendes Gestein kommt neben K.-Stein auch Dolomit, ein Doppelcarbonat mit Magnesiumcarbonat vor. Gelöschter K. (K.-Hydrat; eine Umwandlung des gebrannten K. mit Wasser zu Calciumbydroxyd) findet u. a. in der Landwirtschaft als Dünge-K. Verwendung. Eine K.-Düngung in der Forstwirtschaft fördert u. a. den Rohhumusabbau (Bodenverbesserung) und begünstigt die Entwicklung von Laubholz- und Nadelholzkulturen; → Bodenschutzkalkungen, Kompensationsdüngung, Walddüngung.

Kalkammonsalpeter, der: Handels-Bez. für einen Stickstoffdünger mit ertrags- und zuwachssteigernder Wirkung, der Ammonnitrat und Calciumcarbonat enthält. K. ist besonders geeignet für Nadelbäume auf schwach sauren Standorten.

Kalkaster, die: → Aster 1.

Kalkdüngung, die: → Bodenschutzkalkungen, Kompensationskalkung, Walddüngung.

Kalk-Blaugras, das: → Blaugras.

Kalk-Buchenwald, der: → Waldgersten-Buchenwald, Orchideen-Buchenwälder.

Kalkblock-Fichtenwald, der (*Asplenio-Piceetum*): auch Strichfarn-Fichtenwald. Pflanzensoziologische → Assoziation des Unterverbandes natürliche → Fichtenwälder (*Vaccinio Piceenion*). Bei dieser → Waldgesellschaft sind aufgrund der örtlichen Besonderheiten in hochmontanen und subalpinen Lagen durch die Abdeckung der Kalkblöcke auf flachen Partien mit Tangelhumus und dem anstehenden Kalk auf den steileren Partien Kalk-Felsspaltenpflanzen, wie der Grüne Streifenfarn, die Mauerraute und Säurezeiger (→ Boden(an)zeiger) des Fichtenwaldes auf kleinstem Raum nebeneinander zu finden.

Kalk-Buchenwald, der: → Seggen-Buchenwald.

Kalk-Buchenwälder flachgründiger und/oder warmtrockener Standorte → Orchideen-Buchenwälder.

Kalkeschen: Bez. für Gemeine Eschen, die im Ggs. zu den → Wassereschen auf trockenen Kalkstandorten (Kalkverwitterungsböden, z. B. in Buchen- und Eichen-Mischwäldern) wachsen.

kalkfliehende Pflanzen → Boden(an)-zeiger.

Kalk-Kiefernwald, Außeralpischer, der: → Außeralpischer Kalk-Kiefernwald.

Kalk-Kiefernwälder → Schneeheide-Kiefernwälder.

Kalk-Kiefernwälder, Alpische → Alpische Kalk-Kiefernwälder.

Kalksintermoos, das (*Cratoneurum commutatum* (Hedw.) Roth): Das zur Fam. der Starknervmoose (*Cratoneuraceae*) aus der Klasse → Laubmoose zählende, sehr formenreiche K. kommt vom Flachland bis in Höhen von über 2500 m vor. Es wächst immer in kalkreichem Wasser, in Bächen oder Sümpfen, an Bachufern und auf stärker überrieselten Felsen, wo es meist ausgedehnte, lockere, starre, gelbgrüne bis olivbraune Rasen bildet. Die aufsteigenden oder aufrechten, 4 bis 10 cm hohen Stengel sind fiederförmig geteilt, am Grunde gelb-rotfilzig und oft kalkverkrustet. Die aus dreieckigem Grund lanzettlich zugespitzten, stark sichelförmigen Blätter sind 1,5 bis 2 mm lang, am unteren Rand mit aufgeblasenen Öhrchen, und haben einen gezähnten Rand. Der Blattnerv endet in der Blattspitze oder tritt aus; der obere Blatteil ist oft rinnig. Die 4 bis 5 cm lang gestielte, seitenständige Sporenkapsel ist zylindrisch und gekrümmt. Das K. ist immer an Kalktuffbildungen beteiligt.

Dem K. sehr ähnlich ist die Art *Cratoneurum filicinum* Roth. Sie hat etwa das gleiche Verbreitungsgebiet und wächst an ähnlichen Orten wie die genannte Art. Die Pflanzen sind jedoch weniger regelmäßig gefiedert, kaum kalkkrustig, die Blätter matt olivgrün bis bräunlich, nicht sichelförmig, und die Blattrippe tritt nicht aus.

Kalkstickstoff, der: chemisch-technisches Produkt, das als Hauptbestandteil Calciumcyanamid ($CaCN_2$) enthält und ein anorganisches Totalherbizid mit geringer Wirkungsdauer ist. Im Forst wird K. zur Bekämpfung von Heidekraut und Heidelbeere eingesetzt und wirkt auch gegen Schnecken. Durch eine sehr langsam verlaufende Umsetzung des K. mit Wasser im Erdboden, die über Harnstoff und über Ammoniak zu Calciumnitrat führt, entwickelt sich K. zu einem basischen Düngemittel.

Kalkwälder → Kalkblock-Fichtenwald, Seggen-Buchenwald, Außeralpischer Kalk-Kiefernwald, Kalk-Kiefernwälder, Alpische Kalk-Kiefernwälder.

kalkzeigende Pflanzen → Boden(an)zeiger.

Kalla, die: → Drachenwurz.

Kallus, der (*Callus*): bei Pflanzen ein Wund- und Vernarbungsgewebe, das nach Verletzung des Stammes, Astes oder der Wurzeln von den Wundrändern her durch Zellwucherungen bzw. -teilungen gebildet wird und die Wunde schwielenartig überwallt (→ Überwallungen) und verschließt. Bei größeren Wunden bilden die äußeren K.-Schichten → Kork, die inneren → Kambium, das mit dem Stammkambium in Verbindung steht.

Kalo, der: österr. Bez. für den Verlust des Holzes, der auf dem Weg vom Hiebsort zum Lagerplatz, früher auch bei der → Trift durch Hängenbleiben oder Versinken entstand; → Calo.

Kaltluftsee, der: nächtliche Ansammlung der schwereren Kaltluft in Tälern und Mulden. Dadurch können waldbauliche Probleme (→ Frost) oder eigene → Waldgesellschaften (Au-Fichtenwald) entstehen.

Kalyptra → Wurzelhaube.

Kalzium, das (*Calcium*, chemisches Zeichen Ca): silberweißes, glänzendes, an der Luft jedoch schnell anlaufendes, weiches zweiwertiges Erdalkalimetall. Atomgewicht 40,08, Ordnungszahl 20, spez. Gewicht 1,55, Schmelzpunkt 850 °C. Es ist eines der zehn häufigsten Elemente und mit 3,4 % am Aufbau der Erdkruste beteiligt. In seinen Verbindungen ist es als Düngemittel und Bodenverbesserungsmittel von Bedeutung. In Kalksteinverwitterungsböden kann der Ca-Gehalt bis 20 % und mehr gehen, i. d. R. liegt er bei 0,1 bis 1,5 %. Das C. stellt den Hauptanteil der Kationen des → Bodens. Erst wenn der Ca-Sättigungsgrad des Sorptionskomplexes mehr als 50 % ist, wird bei landwirtschaftlichen Böden von einem gu-ten Kalkzustand gesprochen. Ein großer Teil des K. ist in primären Silikaten, wie Apatiten, Augit, Biotit, Hornblenden, Kalkfeldspate, Plagioklase, und in Form von Karbonaten, wie Kalzit und Dolomit oder Sulfat (Gips), gebunden. Bei deren Verwitterung wird Ca^{++} frei und tritt mit den verschiedensten Bodenbestandteilen in Wechselwirkung. Die Löslichkeit der Ca-Karbonate hängt weitgehend von der CO_2-Anreicherung (→ Kohlendioxid) des Bodens durch die Atmungstätigkeit des Bodenlebens ab. An Bodenkolloide ist Ca^{++} durch Sorption gebunden. Ist die Auswaschung von Ca^{++} größer als der Nachschub aus der Verwitterung, entstehen Kalkverluste, die bis zu 300 kg/ha/Jahr erreichen können. K.-Mangel, der das Pflanzenwachstum einschränken würde, ist in unseren Breiten nicht bekannt. In der Pflanze werden durch Ca^{++} vergleichsweise wenige Enzyme begünstigt. In der Zellwand oder in der Vakuole können K.-Salze (Phosphate, Karbonate, Oxalate) inkrustiert sein. → Kalk gibt dem wachsenden Gewebe und den älteren Zellen eine erhöhte Widerstandskraft gegen ungünstige Witterungseinflüsse. Während → Kalium die Quellung des Plasmas fördert, vermindert K. diese. Die Bedeutung des K. ist v. a. biologisch und liegt im Boden und dort in seiner Eigenschaft, als natürlicher Antagonist der H-Ionen aufzutreten; → Mangelsymptome an Bäumen.

Kambium, das (Cambium, Zuwachsschicht, Wachstumsschicht): Das K. liegt zwischen der Rinde und dem eigentlichen Holzteil und ist ein teilungsfähiges Bildungsgewebe (Zellschicht) im peripheren Bereich von Sproß und Wurzel der mehrjährigen → Nacktsamer (Nadelbäume) und der → zweikeimblättrigen Pflanzen. Das nur einige Zellen dicke K. ist nur unter dem Mikroskop sichtbar. Durch die Zellenteilung (tangentiale Teilung) parallel zum Sproß- bzw. Wurzelumfang werden jedes Jahr nach außen Bastzellen und nach innen Holzzellen gebildet. Das Bildungsgewebe (Kambialgewebe) umhüllt den Baum wie ein Mantel (über Wurzel, Stamm und Zweige). Es bewirkt das sekundäre → Dickenwachstum und durch die Kambialzellen an den Sproßenden das Höhenwachstum.

Kambium-Minierfliege, die: → Markflecken, Minierfliegen.

Kamelhalsfliege, die (*Rhaphidia notata*): Die 1,5 cm lange Fliege hat eine Flügelspannweite von annähernd 3 cm. Der Kopf, der durch den verlängerten Hals sehr weit nach vorne reicht, wird stets schräg aufwärts getragen (Kamelhals). Der herzförmige Kopf ist sehr beweglich und mit scharfen Kiefern ausgestattet. Die vier großen, netzförmigen Flügel sind glasig durchsichtig und reich geädert. Sie liegen in der Ruhestellung dachförmig an. Weibchen mit langer Legröhre. Die K. lebt in lichten Laub-Mischwäldern, in Nadelwäldern sowie im Gebüsch und ist meist regelmäßig und häufig anzutreffen. Sie lebt räuberisch von Waldinsekten und legt ihre Eier in Baumrinden und -spalten ab. Die sehr bewegliche Larve ernährt sich von Nonneneiern und stellt der Borkenkäferbrut nach. Sie ist daher sehr nützlich. Die Verpuppung erfolgt im Frühjahr in kleinen Baumhöhlen oder in morschem Holz.

Kamelspinner, der: → Zahnspinner 3.

Kameralisten: Im 18. und teilweise noch zu Anfang des 19. Jh. beschäftigte sich der Staat in sehr umfangreicher Weise mit dem Betrieb von Gewerben, Fabriken und mit Handel. Die Leitung dieser Unternehmen wurde von Beamten besorgt, die Kameralismus (Wirtschaftswissenschaft) studiert hatten, d. h. die Lehre von der landesfürstl. Verwaltung, die Rechtswissenschaft, Verwaltungs- und Wirtschaftslehre, besonders Finanzlehre. Den K. unterstand häufig auch die Forstverwaltung. Einige von ihnen haben sich um die Ausbildung der Forstwissenschaft durch systematische Gliederung und Zusammenfassung der ihnen zugänglichen forstlichen Kenntnisse große Verdienste erworben; die forstliche Praxis stand ihnen dagegen meist fern. Die K. gelten als Begründer der Forstwissenschaften. Sie gliederten sich in praktische K., hierzu gehören z. B. Johann Andreas → Cramer, Heinrich Christian von Brocke, Wilhelm Gottfried von → Moser, und in wissenschaftliche K. wie Johann → Beckmann, Johann Heinrich → Jung und Johann Jakob → Trunk; → forstliches Schrifttum.

Kameralistik, die: → Betriebskameralistik, Verwaltungskameralistik.

Kamm, der: → Waldbart, Jahn.

Kammerforste → Kronwaldungen.

Kammergut, das: seit dem Spätmittelalter Bez. für die Summe der Einkünfte, die der landesherrlichen Kammer aus Regalien, Liegenschaften, Abgaben und anderen Quellen zuflossen. Die Einkünfte aus dem K., hauptsächlich aber aus den landesherrlichen Wäldern, bildeten anfangs das Grundkapital der landesherrlichen Finanzen. Auch Vertreter des Adels und der Geistlichkeit versuchten auf die Nutzung des K. Einfluß zu nehmen, zweigten einen Teil des K. als sog. „Schatullgut" ab und verwendeten ihn für ihre persönlichen Zwecke. Ab dem dem 17. Jh. durfte daher das K. nicht mehr geteilt, veräußert oder belastet werden. Seit dem 18. Jh. wird für K. der Ausdruck → Domäne verwendet.

Kammerwaldungen → Kronwaldungen.

Kammfarn, der: → Wurmfarn 3.

Kammfichte, die: Bez. für eine Fi, bei der die Zweige vorhangähnlich herabfallen; → Verzweigungstypen.

Kammförmige Koralle, die: → Keulenpilze 3.

Kammholz, das: alte, v. a. nordd. Bez. für Schnittholz für Zahn- und Mühlräder.

Kammkelchmoos, das (*Lophocolea*): Gatt. der Fam. Kammkelchmoose (*Lophocoleaceae*) der Klasse → Lebermoose. Zwei bekannte Arten sind:

Zweizahn-Lebermoos, das (*Lophocolea bidentata* (L.) Dumortier): Das verbreitet bis häufig von der Ebene bis in die unteren Bergwälder in Höhen von etwa 1000 m vorkommende Z. wächst auf feuchten lehmigen bis trockenen Böden zwischen Gras und anderen Moosen, an grasigen Waldrändern, an Gräben und auf Wiesen, z. T. auf Faulholz und Silikatgestein.

Das → zweihäusige, beblätterte Lebermoos wächst in dichten, blaßgrünen bis sattgrünen, oft ausgedehnten Rasen. Die kriechenden, wenig verzweigten Stengel sind 2 bis 5 cm lang, um 3 mm breit, mit wenigen Rhizoiden und locker beblättert. Die zweizeilig gestellten, seitlich ausgebreiteten Blätter sind oben durch eine halbmondförmige Bucht zweizipfelig geteilt. Die Sporen reifen im Frühjahr.

Sehr ähnlich ist das **Lebermoos** *Lophocolea heterophylla* (Schrad.) Dumortier, eines der häufigsten einheimischen Lebermoosarten. Es wächst verbreitet bis häufig auf Baumwurzeln, Borken, Faulholz, auf Gestein und auf Humus.

Das beblätterte → einhäusige Lebermoos wächst in flachen, gelb- bis dunkelgrünen Rasen. Die niederliegenden, 2 bis 10 cm langen Stengel sind wenig oder unregelmäßig gabelig verzweigt und unterseits mit zahlreichen, in Bündeln stehenden Rhizoiden. Die zweizeilig gestellten Blätter sind fast rechtwinkelig. Der Blattoberrand wird vom unteren Rand des darüberliegenden Blattes verdeckt. Der an kurzen Seitenzweigen endständige Perianth ist lang-zylindrisch, an der Spitze scharf dreieckig, dreilappig, mit gezähnter Mündung. Die runde bis ovale Kapsel, die sich auf dünnem, glasigem, schnell vergänglichem Stiel befindet, ist schwarzglänzend.

Kammkoralle, die: → Keulenpilze 3.

Kammmolch, der: → Schwanzlurche 3.

Kamm-Moos, das: → Astmoos.

Kammschnaken → Schnaken.

Kamm-Wachtelweizen, der: → Wachtelweizen 4.

Kamm-Wurmfarn, der: → Wurmfarn 3.

Kammziegenbart, der: → Keulenpilze 3.

Kamp, der (Forstpflanzgarten): forsteigener Betrieb (Pflanzgarten, Baumschule) zur Waldpflanzenerziehung. Der K. ist i. a. eine kleine, vor → Wildverbiß geschützte Fläche; größere Flächen werden als → Forstgarten (Forstpflanzgarten) bezeichnet. Unterschieden wird nach **Saat-K.** (Saatschule), wenn er nur Saatbeete und Sämlinge (ein- bis dreijährige Pflanzen), nach **Pflanz-K.**, wenn er auch Beete mit verschulten Pflanzen (→ Verschulpflanzen) enthält. Als **Wander-K.** oder **fliegender K.** (Fliegendes Saatbeet) werden Flächen bezeichnet, die nur vorübergehend (ein- oder zweimal) benutzt werden und mit den Kulturflächen wandern.

Kampenwälle → Knicks.

Kampfermilchling, der: → Milchlinge 13.

Kampfzone des Waldes, die: der Bereich der → Wald- bzw. → Baumgrenze, in dem ein Zusammenwirken von ungünstigen Wachstumsbedingungen im Sommer (zu wenig warme Tage), → Frosttrocknis und → Schneedruck im Winter das Wachstum der Bäume erheblich einschränkt bzw. gänzlich verhindert; → Vegetationsstufen, Vegetationszonen, Ökoton.

Kampfzone des Waldes

Kanadische Goldrute, die: → Goldrute 4.

Kanadische Hemlock(s)tanne, die: → Hemlock(s)tannen 1.

Kanadische Pappel, die: → Pappeln 2.

Kanadischer Katzenschweif, der: → Beruf(s)kraut 2.

Kanadisches Beruf(s)kraut, das: → Beruf(s)kraut 2.

Kanalbretter: frühere Bez. für 3 m lange Bretter, die auf dem Ludwig-Donau-Main-Kanal geflößt wurden. In größerer Länge war früher das Rundholz zu ihrer Herstellung aus dem → Bayerischen Wald auf den Triftbächen (→ Trift) nicht ausbringbar.

Kandelaberfichte, die: → Kandelaberstamm, Wetterbäume.

Kandelaberstamm, der: armleuchterförmige Mehrgipfeligkeit (Verzwieselung; → Zwiesel) eines Stammes. Ein K. bildet sich hauptsächlich bei Fi und Zir, und zwar meist nach Verlust oder Beschädigung des Gipfeltriebes in der Jugend. Nach dem Gipfelverlust richten sich die quirlständigen Seitenäste aus ihrer Schräglage auf und bilden dabei mehrere nebeneinander in die Höhe wachsende Stämme; → Garbenbaum, polykormischer Wuchs.

Kandelaberwuchs, der: → Kandelaberstamm.

Kandelaberzirbe, die: → Kandelaberstamm, Wetterbäume.

Kandelbeere, die: → Schneeball 2.

Kandidat, der: gut veranlagter Baum in jungen Beständen; → Auslesebaum.

Kaninchen, das: → Wildkaninchen.

Kanker → Weberknechte.

Kannenkraut, das: → Schachtelhalm 4.

Kantel, das: → Säulenholz.

Kantholz, das: Bez. für → Bauholz von rechteckigem oder quadratischem Querschnitt. Die Querschnittsseiten müssen mindestens 60 mm haben; → Balken.

Kapillarwasser, das: → Bodenwasser.

Kapitalflöße → Flößerei.

Käpler, M. C. → forstliches Schrifttum.

Käppchenmorchel, die: → Morchel 3.

Kapselfrucht, die: Im Ggs. zur → Balgfrucht besteht die K. aus mindestens zwei → Fruchtblättern und kann ein- oder mehrfächerig sein. I. a. geschieht das Öffnen durch Längstrennung der Fruchtblätter (Schote), doch kann es auch durch Klappen (z. B. Veilchen), Deckel (z. B. Bilsenkraut) und Löcher (z. B. Mohn) erfolgen.

Karbolegerling, der: → Champignon 4.

Karbonat-Latschenbusch, der: → Latschengebüsch.

Karbonwälder → Steinkohlenwälder.

Karde, die (*Dipsacus*): auch Kardendistel. Nahezu 20 Arten umfassende Gatt. der Fam. der → Kardengewächse, die in Mitteleuropa, im Mittelmeergebiet, in Westasien und dem tropischen Afrika beheimatet ist. K. sind oft distelartige Pflanzen. In Dtschl. ist im Wald anzutreffen:

◄◄◄ Wilde Karde *(Dipsacus fullonium)*

1. Wilde Karde, die (*Dipsacus fullonium* = *D. sylvestris* Hudson): auch Kardendistel. Die W. K. ist fast über ganz Mittel- und Südeuropa, über Südwestasien und Nordafrika verbreitet. In Dtschl. ist sie zerstreut, im Norden selten anzutreffen. Sie ist relativ häufig und wächst zerstreut in Auwäldern, Unkrautfluren, auf Waldlichtungen, Ödland, an Wiesen-, Wald-, Straßen- und Wegrändern, Ufern, auf Bahndämmen und Schuttplätzen, vorwiegend auf Lehmboden, von der Ebene bis in mittlere Gebirgslagen; Lehmzeiger (→ Boden(an)zeiger). Die zweijährige, 60 bis 150 cm (200 cm) hohe, distelartig aussehende Pflanze hat im ersten Jahr kurzgestielte, rosettig angeordnete Grundblätter, die verkehrt eilänglich, etwa 35 cm lang, fast kahl und nur oberseits mit vereinzelten hellen, unten verdickten Stacheln besetzt sind. Bis zur Blütezeit im zweiten Jahr sind dann diese Blätter wieder abgestorben. Die Pflanze hat einen aufrechten, oben ästigen Stengel, der stachelige Kanten aufweist. Die gegenständigen Stengelblätter sind länglich-lanzettlich. BZ: Juli bis August. Die Blüten sind hell-lila, selten weiß und stehen in 3 bis 8 cm langen, ei-länglichen Blütenköpfen (eiförmige Ähre; → Blütenstand) mit borstigen Spreublättchen (Deckblättchen), die länger sind als die in der Achsel sitzende Blüte (später Frucht) und in einer geraden biegsamen Spitze auslaufen. Die Blütchen öffnen sich zuerst etwa in der Mitte des Blütenkopfes, bilden so einen Ring und blühen dann nach oben und unten weiter.

Die kleinen Einzelblüten bestehen aus einer 9 bis 11 mm langen dünnen Kronröhre mit vier Kronblattzipfeln. Die verblühten Blütenköpfe werden gerne für Gestecke und Trockensträuße verwendet. Die abgeblühten Köpfe der nahe verwandten, in Südeuropa heimischen **Weberkarde** (*Dipsacus sativus*) wurden früher in Webereien zum Rauhen oder Karden von Tuchen benutzt. Aber auch heute noch sind sie zum schonenden Rauhen besonders wertvoller Stoffe wie z. B. Kaschmir durch nichts zu ersetzen.

2. Behaarte Karde, die (*Dipsacus pilosus* L.): Die über West-, Mittel- und das nördliche Südeuropa verbreitete B. K. ist in Dtschl. zerstreut bis selten anzutreffen oder fehlt ganz (Norden). Sie wächst in lichten Wäldern, Hartholz-Auenwäldern (Erlen-Ulmen-Auenwald), an Flußufern, feuchten Wald- und Wegrändern, Zäunen und Hecken.

Die Stengel und Blätter der zweijährigen, aufrechten, 60 bis 120 cm hohen, verzweigten Pflanze sind mehr oder weniger borstig behaart. Die Blätter sind oval, die oberen Blätter oval-elliptisch und oft dreiteilig. BZ: Juli bis September. Die weißen oder gelblichweißen Blüten mit violetten Staubbeuteln stehen in dichten kugeligen, 2 bis 2,5 cm großen Blütenköpfchen (vor dem Aufblühen nickend). Die Tragblätter sind lang zugespitzt, borstig gewimpert, die Hüllblätter wenig länger als die Blüten.

Der B. K. sehr ähnlich ist die selten vorkommende **Schlanke Karde** (*Dipsacus strigosus*), die in Gebüschsäumen wächst. Ihre blaßgelben Blüten stehen in 2,5 bis 4 cm dicken, kugeligen Blütenköpfchen.

3. Schlitzblättrige Karde, die (*Dipsacus laciniatus* L.): Die über Mitteleuropa verbreitete S. K. kommt in Dtschl. nur selten vor und wächst in Unkrautfluren, an Weg- und Waldrändern. Die wärmeliebende Pflanze ist der Wilden Karde sehr ähnlich, hat jedoch unregelmäßig fiederspaltige Stengelblätter, weit abstehende Hüllblätter, die kürzer als der Blütenkopf sind. Alle Blätter sind borstig bewimpert. Die Blüten sind blaßlila.

Kardendistel, die: → Karde.

Kardengewächse (*Dipsacaceae*): rund zehn Gatt. und rund 270 Arten umfassende Pflanzen-Fam., die v. a. im Mittelmeerraum und in Vorderasien beheimatet ist. K. sind meist ausdauernde Kräuter, seltener Halbsträucher, mit gegenständigen Blättern und Blüten, die in von Hochblättern umhüllten Köpfchen (→ Blütenstand) stehen. In Mitteleuropa kommen v. a. die Gatt. → Abbiß, → Karde, → Knautie und → Skabiose vor.

Kardinälchen, das: → Grasmücken 14.

Karinenfloß, das: → Kiepenfloß.

Karl-Abetz-Förderpreis → Abetz.

Karl Gayer-Medaille → Gayer.

Karl, Heinrich (1.9.1796 Sigmaringen bis 27.3.1885): K. studierte in Mariabrunn und war einige Zeit als Geometer in Württemberg beschäftigt. Er wurde 1841 Oberforstmeister in Sigmaringen und 1850 Forstrat der Fürstl. Hohenzollernschen Rentkammer. Er schrieb u. a. „Grundzüge einer wissenschaftlich begründeten Forstbetriebsregulierungsmethode" (1838) und „Forstbetriebsregulierung nach der Fachwerksmethode" (1851).

Karlsruher Pflegeheppe, die: → Heppe.

Karlszepter, das: → Läusekraut 2.

Karnickel, das: → Wildkaninchen.

Kärntner Spierstrauch, der: → Spiersträucher 1.

Karpatenbirke, die: Unterart der MBi; → Birken 2.

Karpaten-Spierstrauch, der: → Spiersträucher.

Karpatisches Terpentin, das: → Terpentin.

Karpophagen → Pflanzenfresser.

Karpose, die: → Probiose.

Karrenbäume: alte Bez. für die beiden gekrümmten Seitenteile des Schubkarrens. Auch allg. Bez. für das Holz für Karrenbauer und Stellmacher. Man verwendete hierzu meist krummgewachsene Stangen von Bi, Es, Ei und Bu.

Karten → Forstkarten.

Karthäuser-Nelke, die: → Nelke 2.

Karthäuser Wurmfarn, der: → Wurmfarn 7.

Kartoffelbovist, Dickschaliger, der: → Bauchpilze 4.

Kartoffelgalle, die: → Gallwespen 2.

Kartoffelkäfer, der: → Blattkäfer 10.

Kast, Jakob (1550 bis 1615): Der Murgtaler Holzkönig K., der einer Fam. aus dem Gebiet von Gernsbach an der Murg (Schwarzwald) entstammte, galt als einer der reichsten und hervorragendsten Männer seiner Zeit. Er war großer Holzhändler und Rheinschiffer, besaß 72 Waldstücke und Mitanteil an 26 Sägemühlen. K. versorgte die oberrheinischen Holzhöfe bis nach Bingen und errichtete in Straßburg eine Holzverkaufsfiliale. Daneben war K. Geldgeber für viele Städte, Länder und Herrschaften; → Murgschifferschaft.

K a s t a n i e n: siehe Seite 396/397

Kastanienbrauner Becherling, der: → Becherlinge 8.

Kastanienniederwald, der: früher in Weinbaugegenden, v. a. Elsaß und Pfalz, angelegter → Niederwald aus Kastanien, auf steinigen

Kastanienhain, in der Schweiz Kastanienselve genannt

und sandigen Standorten auch in Mischung mit Rob. Wo letztere die Kastanienstockausschläge (→ Stockausschläge) bedrängten, wurden sie im Wege der → Durchforstung entfernt. K. benötigt tiefgründigen, kräftigen Boden, mildes Klima und freie, sonnige Lage. Die → Umtriebszeit eines K. betrug 15 bis 20 Jahre; → Kastanienselve.

Kastanienroter Rübling, der: → Rüblinge 6.

Kastanienselve, die: hauptsächlich in der Schweiz übliche Bez. für einen → Hain, in dem die Kast. als Fruchtbäume kultiviert werden (→ Selven); → Kastanienniederwald.

Käste (Keste): → Kastanien.

Kasten, der: früheres deutsches Raummaß für → Brennholz. 1 K. (46 cm breit, 88 cm lang, Grundfläche 0,4098 m^2) = 1/18 rm; → Raummeter.

Kästenbaum, der (Kestenbaum): → Kastanien.

Kasthofer, Karl (1777 bis 22.1.1853 Bern): K. studierte in Heidelberg und Göttingen und

Kastanien

Gattung
Die in den südlichen Teilen der nördlichen temperierten Zonen verbreitete Gattung der Kastanien (*Castanea*) gehört zur Familie der → Buchengewächse (*Fagaceae*), umfaßt ca. 10 Arten und ist seit dem Tertiär (→ Erdzeitalter) bekannt. Kastanien wachsen zu stattlichen Bäumen heran, die über 500 Jahre alt werden können, und bevorzugen leichte Böden in warmen Gebieten. In einer sehr stacheligen Fruchthülle entwickeln sich die zwei oder drei eßbaren → Samen (Maronen). Der bekannteste und in Mitteleuropa einzige Vertreter der Gattung Kastanie ist die Eß- oder Edelkastanie. Die Roßkastanie, deren Früchte auch „Kastanien" genannt werden, zählt zur Gattung der → Roßkastanien.

Eßkastanie
Castanea sativa Miller = *C. vesca* Gaertner = *C. vulgaris* Lam. wird auch Echte Kastanie, Edel-, Maronenkastanie, Kästen oder Kestenbaum genannt. Der Name *Castanea* ist römisch; das lateinische Wort *sativa* bedeutet „gesät" oder „gepflanzt".

Verbreitung
Die Eßkastanie, deren ursprüngliche Heimat Südeuropa, Nordafrika und Westasien war, wurde wahrscheinlich von den Römern nach Mittel- und Westeuropa gebracht. In den milderen Gebieten West- und Mitteleuropas ist sie seit langem beheimatet, wo man sie vor allem in Gebieten des Weinbauklimas und in Föhntälern antrifft. Sie wird häufig in Gärten und Parkanlagen angepflanzt. Die größeren Vorkommen in Deutschland befinden sich an den Westhängen des Schwarz- und des Odenwaldes sowie im Mosel-, Saar- und Nahetal, aber auch an der Donau.

Standort
Die Eßkastanie wächst auf mittel- bis tiefgründigen, lockeren, mäßig trockenen bis sickerfrischen, nährstoff- und mäßig basenreichen, meist kalkfreien Silikatböden, zuweilen auch auf kalkreichen Böden oder sandigen Lehmböden (oligotrophen Braunerden) in wintermildem und sommerwarmem luftfeuchtem Klima. Sie wächst in west- und mitteleuropäischen Eichen-Birkenwäldern, Hainsimsen-Buchenwäldern und ist die Klassen → Charakterart der Buchen- und sommergrünen Eichenwälder Europas. Die Eßkastanie braucht zur Fruchtreife mildes, nicht zu trockenes Klima, zur bloßen Holzproduktion ist ihr Wärmeanspruch allerdings geringer. Gegen Früh- und Spätfröste ist sie sehr empfindlich, erweist sich aber als sturmfest. In Mitteleuropa ist sie in der kollinen, seltener montanen → Vegetationsstufe anzutreffen. In den Südalpen kommt sie bis etwa 800 m Höhe, in Süditalien und Sizilien bis über 1200 m Höhe vor.

Merkmale
■ Die mittelgroße (selten große) sommergrüne → Halbschattenbaumart Eßkastanie hat anfangs eine breit-kegelige, mit zunehmendem Alter säuliger werdende, hochgewölbte und weit ausladende Krone mit relativ kurzen dicken Ästen, die überwiegend quirlständig angebracht sind, so daß sich regelrecht Verzweigungsetagen bilden. Im Bestandsschluß (→ Schluß) wird die Eßkastanie langschäftig mit einer relativ schlanken Krone, während sie im → Freistand kurzschäftig mit wuchtiger Krone wird und in ihrer Form etwa der Stieleiche gleicht. Sie wächst in den ersten zehn Jahren langsam, dann rascher. Mit 50 Jahren ist sie etwa 16 bis 20 m hoch und ca. 50 cm stark. Sie kann 200 Jahre alt werden. Südlich der Alpen erreicht sie einen Stammdurchmesser von etwa 1 m und ein Alter von über 500 Jahren. Unter günstigen Bedingungen kann sie sogar mehrere Meter dick und über 1000 Jahre alt werden.
■ Anfangs entwickelt der Baum eine Pfahlwurzel, dann kräftige Seitenwurzeln. Sein Stockausschlagvermögen (→ Stockausschläge) ist außerordentlich, und er entwickelt auch kräftige → Wurzelbrut. Die Rinde ist anfangs graubraun bis olivbraun, glatt, wird dann durch Flechten weißfleckig, später zu einer dunkel-braungrauen, längsrissigen Borke, die von einem dichten Netzwerk erhabener Leisten und tiefer Furchen durchzogen ist, die spiralig um den Baum verlaufen.
■ Die jungen Triebe sind ziemlich dick und kräftig, an ihren Enden kantig, schattenseits olivgrün, lichtseits rot- bis graubraun. Sie sind besetzt mit zahlreichen punktförmigen, weißlichen bis hellbraunen → Lentizellen, an der Spitze dicht und kurz behaart, später kahl und wachsen → sympodial. Die etwa 5 bis 8 mm langen gedrungen-eiförmigen und vorne zugespitzten Seitenknospen stehen vom Zweig ab; eine echte Endknospe fehlt. Die gelbbraunen bis braun-

Kastanienbäume im Schwarzwald

Kastanien

roten, vorne abgerundeten Knospenschuppen (jeweils zwei sichtbar und ungleich groß) besitzen meist einen dunklen Rand, sind vorne abgerundet und kurz behaart. Die wechselständig angeordneten, 2 bis 2,5 cm lang gestielten Laubblätter sind länglich-lanzettlich, am Grunde keilförmig oder schwach herzförmig eingeschnitten, vorne zugespitzt, 10 bis 30 cm lang und etwa 5 bis 10 cm breit. Sie sind ledrig und derb, oberseits glänzend grün, unterseits hellgrün, mit zahlreichen stark hervortretenden Seitennerven, die jeweils in einer kräftigen, nach vorne weisenden, zähnchenartigen Spitze auslaufen. Im Herbst färben sie sich zunächst goldgelb, zum Schluß sind sie braungelb. Durch die kaliumreichen Laubblätter ist das Laub der Eßkastanie bodenverbessernd.

■ Im Freistand wird die Eßkastanie mit etwa 20 bis 30 Jahren, im Bestandsschluß mit etwa 40 bis 60 Jahren mannbar (→ Mannbarkeit) und bringt dann an Standorten, an denen sie fruchtet, alle zwei bis drei Jahre Vollmast. Die Blütezeit der → einhäusigen Pflanze ist von Mitte Mai bis Mitte Juli. Die Blüten sind eingeschlechtig. Die männlichen Blüten, zu mehreren Büscheln vereinigt, bilden 10 bis 20 cm lange, aufrechte, unterbrochene und hellgelbe Kätzchen. Die einzelne männliche Blüte hat eine sechs- (fünf- bis acht-) spaltige Blütenhülle und acht bis zwölf → Staubblätter mit sehr langen Staubfäden. Die weiblichen Blüten, die einzeln, zu zweit oder dritt (bis fünf) am Grunde der männlichen Blüten stehen, werden von einer grünen, mit schuppenförmigen Blättern besetzten Fruchthülle dicht umschlossen. Die grünliche, meist sechsteilige Blütenhülle umgibt sechs bis acht grünlichweiße bis weiße, aufrechte → Narben. Die Blüten riechen intensiv nach Trimethylamin und produzieren viel Nektar. Sie werden von Insekten (vor allem Hummeln, Bienen, Käfer und Fliegen) bestäubt.

■ Die Früchte, die im September/Oktober reifen, sind mit ledriger Hülle versehene, 2 bis 3 cm lange glatte Kastanien (Maronen), die einzeln, zu zweit oder dritt in einem stacheligen, 8 bis 10 cm großen → Fruchtbecher *(Cupula)* sitzen. Sie fallen im Oktober ab, wobei die sehr stachelige Fruchthülle in vier Klappen zerspringt. Die Kastanien werden von Mäusen, Eichhörnchen, Siebenschläfern, Hähern und Krähen gesammelt, die so auch zur Verbreitung der Eßkastanie beitragen. Etwa 60 Prozent der Samen sind keimfähig und bleiben es ca. sechs Monate. Sie keimen vier bis sechs Wochen nach der Frühjahrsaussaat unterirdisch. Die Kastanien (Maronen) enthalten ca. 40 Prozent Wasser, 43 Prozent Stärke und 2 bis 3 Prozent Fett, sie sind eßbar und finden gekocht oder geröstet Verwendung.

Waldbau

In Mitteleuropa spielt die Eßkastanie im Forstbetrieb keine besondere Rolle. Früher wurde sie wegen ihrer außerordentlichen Ausschlagskraft häufiger in Niederwaldkulturen (→ Kastanienniederwald) mit 15- bis 20jähriger → Umtriebszeit gezogen. Die jungen, schlanken Stämmchen wurden (schon von den Römern) zu Reb- und Zaunpfählen und zur Gewinnung von Gerbrinde verwendet. Vor allem in der Schweiz sind die Eßkastanienbestände durch eine gefährliche Rindenkrankheit (→ Rindenkrebs) bedroht, die durch einen Schmarotzerpilz (*Endothia parasitica*) verursacht wird und bis jetzt noch nicht mit Erfolg bekämpft werden kann.

Kastanienblätter, weibliche und männliche Blüten

Holz

Das leicht spaltbare Holz ist ringporig, hat einen sehr schmalen, gelblichweißen Splint und einen dunkelbraunen Kern. Es ähnelt dem Eichenholz, hat jedoch kaum sichtbare → Markstrahlen. Es ist fest, schwindet mäßig, ist mittelschwer, gerbstoffreich, widerstandsfähig gegen Feuchtigkeit, gut bearbeitbar und wird vor allem in der Möbelindustrie zur Herstellung von Einbauschränken, zu Türrahmen, Türschwellen, Fenstersimsen, Vertäfelungen, Dachbalken, Faßdauben und im Schiffsbau verwendet. Das Holz junger Bäume ist sehr zäh und dauerhaft, das von alten und sehr alten Bäumen hat seine Dauerhaftigkeit verloren. Eßkastanienholz ist auch gutes Brennholz (→ Kastanienselve).

Bedeutung als Heilpflanze

Die gerbstoffreichen Blätter, die Rinde, die Blüten und Früchte werden innerlich und äußerlich verwendet. Die Früchte (Maronen), die Kohlenhydrate, Fettsubstanzen, Eiweiß und Mineralsalze enthalten, sind gut gegen Durchfall, Mineralsalzmangel und wirken während der Rekonvaleszenz stärkend. Der Aufguß von Eßkastanienblättern und -rinde ist als Spülung gegen Schuppen, als Husten- und Gurgelwasser gegen Rachenentzündung wirksam. Kastanien-Essenz findet auch in der Bach-Blüten-Therapie Verwendung.

wurde im Jahre 1806 Oberförster in Unterseen bei Interlaken, wo er eine Privatforstschule errichtete. In der Zeit von 1832 bis 1844 war er Kantonsforstmeister. Er schrieb u. a.: „Der Lehrer im Walde. Ein Lesebuch für Schweizerische Landschulen, Landleute und Gemeindeverwalter welche über die Waldungen zu gebieten haben" (1828/1829). 1850 redigierte er den ersten Jahrgang des schweizerischen Forstjournals.

Kataphylla → Niederblätter.

Katastrophenholz, das: auch Kalamitätsholz. Bez. für Holz, das infolge einer → Kalamität anfällt bzw. eingeschlagen werden muß; → Holzeinschlag, Scheidholz.

Katelbeere, die: → Holunder 1.

Katharinenmoos, das (*Atrichum*): Gatt. der Fam. → Haarmützenmoose (*Polytrichaceae*) der Klasse → Laubmoose. Die bekannteste in Mitteleuropa vorkommende Art ist:

Welliges Katharinenmoos, das (*Atrichum undulatum* Palisot de Beauvais = *Catharinaea undulata*): auch Wellenblättriges K. Das vom Flachland bis ins Gebirge häufige W. K. wächst besonders auf frischen bis feuchten, lehmigen Böden, in Wäldern, Heiden, auf Wiesen und ziemlich häufig in Eichen-Hainbuchen-Wäldern.

Das kräftige, etwa bis 8 cm hohe → Moos bildet lockere, dunkelgrüne Polster. Die 2 bis 8 cm langen, aufrechten Stengel (ohne Wurzelfilz) sind ringsum beblättert. Die 5 bis 8 mm langen, abstehenden Blättchen sind zungenförmig, zugespitzt, auffällig querwellig, unterseits rauh und der Rand scharf gesägt, die Blattrippe oberseits mit wenigen, aufrechten Lamellen. Bei Trockenheit ist das Moos stark geschrumpft und gekräuselt. Die → Sporen reifen vom Spätherbst bis zum Frühling. Der 2 bis 5 cm lange Kapselstiel ist rot. Die 4 bis 5 mm lange, zylindrische, leicht gekrümmte Sporenkapsel ist rotbraun, schief oder fast waagerecht stehend, mit langgeschnäbeltem Deckel und kappenförmiger, nicht behaarter Haube.

Kathreinwurzel, die: → Arnika.

Kationenaustauschkapazität, die (KAK): → Austauschkapazität.

Kätzchen, das: → Blütenstand.

Kätzchenblüher (*Hamamelididae* = *Amentiferae*): auch Kätzchenblütler. Unterklasse der → Zweikeimblättrigen Pflanzen mit sieben Ordn., überwiegend Holzpflanzen, mit stark vereinfachten, oft eingeschlechtigen, windbestäubten, wenigzähligen Blüten, aus denen Nußfrüchte hervorgehen. Zu den K. zählen die Ordnungen Buchenartige (*Fagales*) mit den

Männliche und weibliche Blütenstände der Hängebirke (*Betula pendula*)

zwei Fam. → Birkengewächse und → Buchengewächse, Gagelartige (*Myricales*) mit der einzigen Fam. *Myricaceae* und der Gatt. → Gagelstrauch. Pa und Wei hingegen, deren Blütenstände ebenfalls „Kätzchen" sind, gehören zur Fam. Weidengewächse (*Salicaceae*), Ordn. Weidenartige (*Salicales*) der Unterklasse *Dilleniidae*.

Kätzchenblütler → Kätzchenblüher.

Katzelbaum, der: → Weiden 19.

Katzenäuglein, das: → Ehrenpreis 2.

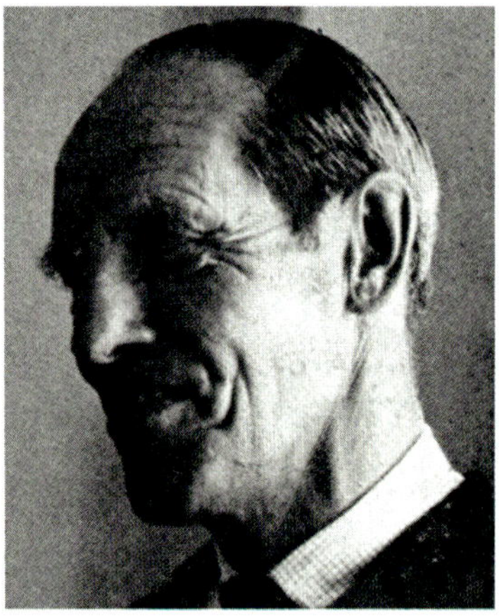

Georg von Kaufmann

Katzengras, das: → Knäuelgras.

Katzenkraut, das: → Baldrian 1. und → Ehrenpreis 2.

Katzenpfötchen, das (*Antennaria*): Gatt. der Fam. der → Korbblütler, mit rd. 100 weltweit (außer Afrika) verbreitete Arten. Im Wald anzutreffen ist:

Gemeines Katzenpfötchen, das (*Antennaria dioica* (L.) Gaertner): auch Gewöhnliches K. Das G. K. ist eine eurosibirisch-nordamerikanische Pflanze und fast über ganz Europa verbreitet. Im Süden kommt es nur in den Gebirgen vor. Stellenweise ist es selten. Es wächst in lichten trockenen Wäldern, bevorzugt in Kiefernwäldern, auf Heiden, Halbtrocken- und Silikatmagerrasen, in Gebüschen und auf Matten, seltener in Ginster- und Geißklee-Kieferngesellschaften, aber auch in windexponierten Lagen.

Die ausdauernde, 5 bis 20 cm hohe Pflanze hat einen einfachen beblätterten, seidig-wollig behaarten Stengel. Sie besitzt oberirdische Ausläufer, deren Blattrosetten Wurzeln treiben. Die in grundständiger Blattrosette stehenden Blätter sind grün, spatelförmig, oberseits fast kahl, unterseits seidig-filzig behaart. Das G. K. ist eine → zweihäusige Pflanze. BZ: Mai bis August. Die Blüten, die männlichen meist weiß, die weiblichen i. d. R. rosa, stehen in 5 bis 8 mm breiten Köpfchen; die weiblichen in halbkugeligen, die männlichen in walzlichen Köpfchen (→ Blütenstand) mit dünnröhrigen Einzelblüten.

Katzenpfötchen: **1**) die infolge Wasserreiserbildung (→ Wasserreiser) an Pappelstämmen bei der Aufarbeitung zu → Furnieren (Messer- und Schälfurniere) auftretenden kleinen, eigenartigen Äste. K. gelten als wertmindernd. **2**) Bez. für bestimmte Fehler in Furniereichen, z. B. → Nagelkrebs.

Katzenschwanz, der: → Schachtelhalm 6.

Katzenschwoif, der: → Beruf(s)kraut 2.

Katzenwurzel, die: → Baldrian 1.

Kaudelei, die: → Holzwucher.

Käuferhieb, der: ein Hieb, bei dem der Käufer die Durchführung des Holzeinschlags übernimmt. Im Kaufvertrag werden die genauen Bestimmungen hinsichtlich Einschlag, Holzmenge (Kaufmenge), Preis und Pflichten des Käufers festgelegt; → Unternehmerhieb.

Kaufmann, Georg von (24.5.1907 München bis 3.5.1972 Giebing b. Prien): Von K. studierte Forstwissenschaft in Wien und München. Er befaßte sich v. a. mit dem Bau von Bringungsanlagen im Hochgebirge. Er war Waldarbeitslehrer in Seehaus und später in Laubau bei Ruhpolding. Nach Kriegsdienst und Verwendung am Forstamt Ruhpolding-Ost und Kreuth war von K. Forstmeister und Arbeitslehrer in Ruhpolding-Ost bzw. Seegatterl. Von 1952 bis 1965 oblag ihm die Verwaltung des Salinenforstamtes Unken im Lande Salzburg. Er entwarf den Hochgebirgseinheitstarif für Bayern auf der Basis des Stammdurchmessers mit sog. Erschwernispunkten. Von K. durchstieg als erster die Watzmann-Ostwand im Winter. Er war 1929 Studenten-Skiweltmeister in Davos, trug bei den Olympischen Winterspielen 1936 die Fahne der deutschen Mannschaft und erhielt für die Förderung des Volkstanzes das Bundesverdienstkreuz. Er schrieb: „Zubringen von Holz im Hochgebirge mit Drahtseilen" (1954).

Kaufmannsgut, das: frühere Bez. für die stärksten Eichen- und Kiefernstämme, die von den Hamburger Kaufleuten erworben wurden.

Kaufunger Wald, der: waldreicher Bergrücken des Hessischen Berglandes mit rd. 16 000 ha Wald, gehört mit fast 70 % Wald zu den waldreichsten Landschaften in Dtschl. Bis ca. 800 n. Chr. war der K. W. ein arten- und buchenreicher, dunkler, menschenfeindlicher Naturwald, der nur im Überschwemmungsbereich der Wasserläufe lichte Stellen aufwies. Im späten Mittelalter litt er stark unter → Waldweide. Auch Streunutzung, Lese- und Reisigholzentnahme führte zu einer Störung im Nährstoff- und Humushaushalt und zur Verarmung der Waldböden. Im 16. Jh. war der K. W. Zentrum des Glasmacherhandwerks. Der Holzverbrauch dieser Glashütten, die Fenster- und grünes Flaschenglas herstellten, war enorm und wurde für eine Hütte im Jahre 1580 auf bis 500 Klafter (= rd. 2900 Festmeter) veranschlagt. Die Glashüttenwirtschaft wurde später von Landgraf Philipp dem Großmütigen verboten.

Kaukasusesche, die: → Eschen.

Kaukasus-Tanne, die: → Tannen 3.

Kaulbeere, die: → Schneeball 2.

Kaupen: aus Niedermooren oder Waldbrüchern (→ Bruch) hervorgegangene, aus den Wurzelstöcken der Sauergräser (→ Riedgräser) gebildete Hügel, auf denen auch Bäume (Er, Bi usw.) wachsen.

Käuzchen/Kauz, das/der: → Eulen A.

KB: Kurzzeichen für Kirschbaum nach DIN 4076.

Keeske, der: → Holunder 2.

Kegel → Klöppel 2).

Kegelhütiger Knollenblätterpilz, der: → Wulstlinge 7.

Kegeliger Rißpilz, der: → Rißpilze 2.

Kegeliger Wulstling, der: → Wulstlinge 7.

Kegelkopf, der: → Laubheuschrecken 3.

Kegelmoos, das: → Brachythecium 1.

Kehrbesen: Zur Herstellung von K. werden die jungen Triebe und Zweige der Bi, auch Besenpfrieme, Ginster und geschälten Weidenruten verwendet.

Keilfrotten: im Bayer. Wald Bez. für die Holzkeile der Holzhauer, die aus dem Überwallungsholz (geringe Spaltbarkeit) von Lbh hergestellt wurden. Solche Lbh, v. a. die Hbu, wurden früher absichtlich verwundet (Feuer an den Bäumen), um später Keilholz zu erhalten.

Keiljungfer, die: → Libellen 1. und 2.

Keilschirmschlag, der: → Verjüngungsverfahren.

Keim, der: → Embryo, Keimling.

Keimbett, das: Kleinststandort für die → Ansamung.

Keimblätter (Samenlappen, Kotyledonen): in der Botanik Bez. für die ersten, bereits an der Keimachse des pflanzlichen Embryos im Samen angelegten Blattorgane. Aufgabe der K. ist es, den → Keimling mit fertigen Baustoffen zu versorgen, bis er sich selbst ernähren kann.

Keimfähigkeit, die: → Keimhemmung.

Keimhemmung, die: Verzögerung der → Keimung trotz bester Keimungsbedingungen,

▸▸ Samenkeime bei der Eiche

zurückzuführen auf unterschiedliche Ursachen, wie K. durch keimhemmende Stoffe in der Frucht- oder Samenschale (z. B. Es, Ta), Hartschaligkeit (Hbu, Li, Rob), unvollständig entwickelte Embryone (Zir, Es), organische Säuren bei Früchten mit fleischiger Fruchtwand (z. B. Vobe, Mebe, Speierling) oder keimhemmende Stoffe im → Endosperm (z. B. Bu). Die Überwindung der K. (baumartenspezifisch) erfolgt u. a. durch → Stratifikation (Bu, Zir), durch Ritzen der Samenschale (Rob) durch Früh- oder Grünernte (Es, Hbu, WiLi) oder durch Entfernen der Fruchtschicht (z. B. Kir).

Keimknospe, die (*Plumula*): in der Botanik Bez. für die Wachstums- oder → Vegetationspunkte. Diese liegen bei den → Zweikeimblättrigen (Dikotyledonen) zwischen den → Keimblättern und bei den → Einkeimblättrigen (Monokotyledonen) seitlich des Keimblattes.

Keimkraftprüfung, die: → Saatgutprüfung.

Keimling, der: der → Embryo (Jungpflanze) bis zur voll entwickelten Epikotylknospe (erste Blattknospe nach den Keimblättern); → Naturverjüngung.

Keimlingsfäule, die (Umfallkrankheit, Wurzelbrand): hervorgerufen durch verschiedene bodenbürtige Pilze, wie *Pythium-*, *Fusarium-* und *Phytophtora*-Arten. Von der K. werden Ndh- und Lbh-Sämlinge, v. a. die Keimlinge der Bu, Fi und Kie befallen. Sie schwärzt den Stengel unmittelbar über der Erde; dieser schrumpft, trocknet an dieser Stelle und fällt später um. Die Krankheit tritt v. a. in Pflanzgärten und Naturverjüngungen auf.

Keimprozent, das: Lebensfähigkeit des Saatgutes, mit einem chemischen Verfahren ermittelt; → Saatgutprüfung.

Keimruhe, die: → Samenruhe.

Keimsproß, der: → Trieb.

Keimung, die: die ersten Entwicklungsvorgänge (Zellteilung oder Differenzierung) bei Pflanzensamen nach einer mehr oder weniger langen → Samenruhe. Der Wiederaufnahme der Embryo-Entwicklung geht eine Quellung des Sameninhaltes (Wasseraufnahme) und Sprengung der Samenschale voraus; es werden die im Nährgewebe bzw. in den → Keimblättern eingelagerten Resevestoffe aktiviert, es erscheint die Keimwurzel. Bleiben die Keimblätter (*Kotyledonen*) von der Samenschale umschlossen spricht man von hypogäischer K. (z. B. bei vielen Schmetterlingsblütlern, Ei, Ha, Rka); werden sie mit der sich streckenden Keimachse (*Hypokotyl*) bogenförmig über die Erdoberfläche hinausgeschoben, wo sie ergrünen, spricht man von epigäischer K. (z. B. Bi, Es, Li, Ah, Bu und Koniferen). Im übrigen beeinflussen Licht und Temperatur entscheidend die K. Sie ist abgeschlossen, wenn die junge Pflanze nach Ausbildung funktionsfähiger Blätter und Wurzeln zu selbständiger Lebensweise übergeht.

Kelchbecherling, der: → Becherlinge 9.

Kelchblätter (*Sepalen*): die die Blüte umgebenden, meist grünen Blätter, die nicht verwachsen sind. Zusammen mit den → Kronblättern bilden sie die Blütenhülle. Im Knospenstadium dienen sie als Schutzhülle für die inneren Blütenteile. Sie können abfallen oder bleibend sein.

Kelchlilie, die: → Simsenlilie.

Kelch-Simsenlilie, die: → Simsenlilie.

Keller, G. → Wald in der Dichtung.

Kellerbäume: Bäume, meist Li, auch Rka und andere Bäume, die über oder neben Bier-Lagerkellern oder an Kellerstraßen (am Dorfausgang an Hohlwegen aufgereihte Erdkeller) gepflanzt wurden. Besonders häufig sind sie in Dogger- und Keupersandsteingebieten. Die Bäume an oder über ehemaligen Brauereikellern von altbayerischen Stadt- und Landbrauereien dienen heute oft als Biergärten.

Kellerhals, der: → Seidelbast 1. und 2.

Kellerkraut, das: → Seidelbast 1.

Kellerspinne, die (*Amaurobius ferox*): auch Finsterspinne. Die zu den Kräuselfadenspinnen (*Cribellatae*) zählende, über ganz Europa verbreitete K. kommt regelmäßig bis sehr häufig vor und ist in Mischwäldern unter lockerer Rinde, im Mulm, in Spalten und am Boden, häufig auch in Häusern und Ställen anzutreffen. Die bis 15 mm große, kräftige dunkelbraune Spinne (→ Webspinnen) hat eine deutliche Zeichnung auf dem Hinterleib. Sie besitzt ein Spinnsieb über den Spinndrüsen, woraus sie feine Kräuselfäden preßt, die sie über ihr Netz legt und worin sich ihre Beutetiere verfangen. Am vorletzten Fußglied befindet sich ein „Kräuselkamm", mit dessen Hilfe sie die Kräuselfäden gut verteilen kann. Die Nahrung der K. besteht aus Kleintieren, die sie räuberisch erbeutet.

Kellerwald, der: der bewaldete östliche Ausläufer des Rheinischen Schiefergebirges. Typisch für den K. sind die ausgedehnten Eichen- und Buchenwälder. Die vorhandenen Nadelwälder stammen überwiegend aus Aufforstungen der Waldweideflächen gegen Ende des letzten Jh. Im K. wurde in früherer Zeit auch → Holzkohle gebrannt (→ Köhlerei).

Kempf, Emil Karl (5.12.1879 Mespelbrunn bis 10.2.1953 Ramsen): von 1901 bis 1909 Studium an der Forstlichen Hochschule Aschaffenburg und Universität München. Ab 1913 war er als Forstassessor im Kolonialdienst auf Deutsch-Neuginea tätig. Ihm oblagen Bestandsaufnahme und Nutzbarmachung der Urwälder, Wald- und Naturschutzfragen (1914 wurde eine Schonzeit für Paradiesvögel eingeführt). Ab 1919 war er bei der Regierung von Oberbayern tätig, dann an diversen Forstämtern und schließlich von 1921 bis zu seiner Pensionierung (1947) Leiter des pfälzischen Forstamtes Ramsen.

Kelterholz, das: frühere Bez. für Eichen- und Buchenholz welches für die Weinkelterei benötigt wurde.

Kengerte, die: → Liguster.

Kennart, die: → Charakterart.

Kennzahlen → Kennziffern.

Kennzeichnung des Holzes: Nach der Handelsklassenverordnung ist Langholz der Güteklassen A/EWG, C/EWG und D mit dem zutreffenden Buchstaben A, C oder D dauerhaft zu kennzeichnen. Diese Pflichtvorschrift ist stets anzuwenden, wenn → Rohholz unter der Bez. einer gesetzlichen → Handelsklasse angeboten, verkauft oder sonst in den Verkehr gebracht wird. Die Bundesländer haben hierzu Zusatzbestimmungen erlassen. In Bayern, Mecklenburg-Vorpommern und Sachsen-Anhalt wird die K. (Langholz nach → Heilbronner Sortierung) z. B. wie folgt vorgenommen: Teilt man die Schnittfläche durch einen waagerechten und einen senkrechten Strich in vier Sektoren, so werden die einzelnen Angaben wie folgt angeschrieben: links oben: Nummer; rechts oben: Länge; links unten: Güteklasse bzw. Langholzklasse nach Heilbronner Sortierung; rechts unten: → Mittendurchmesser. Angeschlagen bzw. angeschrieben wird das Holz mit einem Brennstempel oder mit Kunststoffplättchen, mit Sprühfarben oder Signierkreide. Bei Schichtholz und Stangen erfolgt in den meisten Bundesländern eine Beschriftung von Stärkeklasse und Stückzahl auf einer Stange oder dem Nummernpflock.

Kennziffern: Für betriebswirtschaftliche Vergleiche werden i. d. R. K. verwendet. Sie sollen die innere Verfassung eines Forstbetriebes charakterisieren. Gliederungs- oder Gefügezahlen geben Aufschluß über die Struktur des Betriebes. Mit ihnen wird der Anteil einer bestimmten Größe am Gesamtwert dargestellt (z. B. Anteil der Pflegenutzung am Gesamteinschlag). Beziehungszahlen stellen die Relation zwischen verschiedenen Werten dar (z. B. Arbeitsstunden je ha). Die Indexzahlen stellen bestimmte Werte in ihrer zeitlichen Dynamik dar. Der Wert des Basisjahres wird mit 100 angegeben, die Werte der Folgejahre mit einem Prozentsatz (z. B. Lohn- oder Preisindizes). Forstliche K. können u. a. sein: Einschlag Efm. o.R./ha, Erlös/Efm. o.R., Ertrag/ha Holzboden, Arbeitsstunden/ha, Kulturkosten/ha Kulturfläche bzw. /ha Gesamtfläche, Wegedichte.

Kerb, der: **1**) ein Insekt; → Insekten. **2**) ein spitzer Einschnitt im Holz.

Kerbameise, die: → Ameisen 2.

Kerbelrübe, die: → Kälberkropf 4.

Kerbholz, das: längs gespaltener vierkantiger Holzstab, in dessen beide Hälften die Gastwirte früher Kerben (Einschnitte) zur Zählung und Abrechnung von Schuldforderungen quer einschnitten. Die Inhaber der Hälften kontrollierten die Richtigkeit der Kerben durch deren Aneinanderfügen. Das K. wurde bei uns bis ins Mittelalter verwendet und ist heute noch bei einigen Naturvölkern verbreitet. Daher die Redewendung: „etwas auf dem K. haben" = „etwas angestellt haben". Die Redewendung „in dieselbe Kerbe hauen" ist darauf zurückzuführen, daß beim Anlegen eines → Fallkerbes die Holzfäller fachgerecht in dieselbe Kerbe hauen mußten. Im übertragenen Sinne bedeutet dies: inhaltlich dasselbe sagen, mit anderen auf dasselbe Ziel hinarbeiten, d. h. einer Meinung sein.

Kerbtiere → Insekten.

Kerf, der (Mz.: Kerfe): → Insekten.

Kern, der: der ältere, innen liegende, dunkle, harte und dichte Holzteil; → Kernholz.

Kernbeißer, der: → Finkenvögel 1.

Kernelle, die: → Enten 3.

Kerner, J. → Wald in der Dichtung.

Kernfäule, die: Sammel-Bez. für Zersetzungsprozesse beim Lbh und Ndh, die durch bestimmte Holzpilze (v. a. Polyporus-Arten) verursacht werden. Der wichtigste Erreger der K. bei der Fi ist der → Wurzelschwamm (Rotfäule), standortbedingt auch der → Hallimasch. K. kann zur völligen Aushöhlung des Stammes führen, wobei oft nur ein schmaler Splintmantel (→ Splint) erhalten bleibt. K. führt zur starken Entwertung des Holzes, das dabei eine rötliche bis braune Färbung annimmt; → Braunfäule, Holzfäule, Kiefernstockfäule, Weißfäule.

Kernholz, das: auch Herz-, Jungholz. Bei Hölzern mit Farbkern der innere, abgestorbene und dunkler gefärbte Teil des Holzkörpers im Ggs. zum äußeren, lebenden und helleren Teil, dem → Splintholz. Der Übergang vom Splint zum K. kann aber auch allmählich sein. Der Anteil von K. und Splintholz ist je nach Baumart unterschiedlich groß. K. ist die zentrale und stützende Säule des Baumes. Die dunklere Färbung kommt durch die Einlagerung von Kernstoffen (Farb- und Gerbstoffe, Harze, Gummi u. a.) zustande. Als Folge der zunehmenden Dichte der verholzten (abgestorbenen) Zellstrukturen ist bei einigen Holzarten das K. auch schwerer, fester und dauerhafter und bildet den wertvolleren und oft allein genützten Teil des Holzes. Das K. leitet kein Wasser mehr, verfügt über keine lebenden Zellen und enthält auch keine für den Baum verfügbaren Reservestoffe mehr. Es gibt Baumarten, bei denen der innere Teil des Baumes nicht sichtbar verfärbt ist, aber ebenfalls nicht mehr an der Wasserleitung beteiligt ist und daher trockener ist; → Kernholzarten, Reifholz, Fehlverkernung. **2)** frühere, regionale Bez. für die Kie.

Kernholzarten (Kernhölzer, Kernholzbäume): Baumarten, bei denen sich der innere Teil (→ Kernholz) des Stammquerschnitts meist durch seine gewöhnlich sehr starke dunklere Färbung vom äußeren hellen → Splintholz abhebt. Zu den einheimischen K. gehören, Eib, Ei, Es, Dgl, Kie, Lä, Nuss, Kir, Stro, Pflaume, Ul, Wacholder, Wei und Pa mit Ausnahme der As; zu den ausländischen K. gehören Mahagoni, Hickory, Eben-, Pock-, Rosen-, Palisander-, Teak-, Veilchenholz, Padouk, Olive, Gabun, Whitewood, Limba und Oregon-Pine; → Reifholz, Splintholzarten.

Kernholzkäfer → Kernkäfer.

Kernkäfer (*Platypodidae*): auch Kernholzkäfer. Weltweit verbreitete Käfer-Fam., die hauptsächlich in den Tropen und Subtropen vorkommt. In Mitteleuropa sind nur zwei Arten (*Platypus cylindrus* und *P. cylindriformis*) heimisch, die den holzbrütenden → Borkenkäfern sehr ähnlich sind. Die K. bohren Gänge bis ins → Kernholz von Laubbäumen (Ei und Bu). Die Käfer sind etwa 5 mm lang und walzenförmig; die Larven sind 6 bis 7 mm lang. Letztere nagen vor der Verpuppung von den Muttergängen leitersprossenförmig abzweigende Puppenwiegen. Die Flugzeit ist im Juni/Juli. Generation einjährig. Von Bedeutung ist der **Eichenkernkäfer**, der (*Platypus cylindrus*): Der walzenförmige, etwa 5 mm lange, dunkelbraune Käfer hat einen breiten Kopf und schwärmt Ende Juni/Juli bis September. Er befällt Eichenstöcke und stärkere Stämme, aber auch stehendes Holz. Die langen, bohrmehlfreien und fast horizontal verlaufenden Bohrgänge reichen oft tief in das → Kernholz. Von dort aus nagen die 6 bis 7 mm langen Larven, jede für sich, in Holzfaserrichtung ihre Puppenwiegen. Das Fraßbild wirkt dadurch leiterähnlich. Die Bohrgänge mindern den Wert des Eichennutzholzes, deshalb sollte wertvolles Eichenholz vor Juni (Schwärmzeit des Käfers) abtransportiert werden.

Kernkeule, die: → Holzkeulenverwandte 1.

Kernlode, die: svw. → Kernwuchs.

Kernnährstoffe → Makronährstoffe.

Kernpolyedrose, die: → Wipfelkrankheit.

Kern-Reifholzbäume: Bäume, die als Übergang vom → Kern zum → Splint einen nicht gefärbten, aber wasserärmeren Zwischenteil besitzen, d. h. sie haben nebeneinander → Splintholz, → Reifholz und → Kernholz. Neben der Es, die auch zu den → Kernholzarten gezählt wird, gehört das Pfaffenhütchen zu den K.

▸▸ Die Krause Glucke, ein Wundparasit, verursacht die Wurzelfäule.

Kernrisse → Risse 1).

Kernröhre, die: seltene Bez. für → Markröhre.

Kernsäule, die: der innere verkernte Holzteil des Baumschaftes.

Kernschäle, die (Ringriß): → Risse 1).

Kernscheite: alte Bez. für Holzscheite, die aus bestem Holz geschlagen wurden, d. h. → Kernholz enthielten.

Kernwuchs, der: Bez. für Laubholzpflanzen und -stämme, die aus Samen oder Stecklingen (→ Hochwald) erwachsen sind. Ggs.: → Stockausschlag, Wurzelbrut.

Kernwuchsbetrieb, der: → Hochwald.

Kernzone, die: → Biosphärenreservate.

Keskenbaum, der: → Holunder 2.

Kesselhieb, der: früher (mehr versuchsweise) angewandte Methode, die natürliche Verjüngung der Fi durch Besamungsschläge zu erreichen. Diese sog. Löcherhiebe, die nach und nach erweitert wurden, bildeten dem Wind Angriffspunkte und förderten somit die Wind- und Sturmbruchgefahr. Der K. hatte eine Ähnlichkeit mit der bewährten horst- und gruppenweisen → Verjüngung in gemischten Beständen aus Ta, Fi und Bu in weniger sturmbedrohten Orten.

Kesselmoor, das: → Moor.

Kestenbaum, der: → Kastanien.

Kettenmaß, das: auch Wassermaß. Frühere, beim Floßholzhandel (→ Flößerei) übliche Messung des Durchmessers schwimmenden Holzes. Hierfür wurde eine dünne Meßkette verwendet, die mit dem Anfangsende ins Wasser gelassen und mittels eines vorne gebogenen Drahtes an der anderen Stammseite wieder hochgezogen wurde. Der Stammdurchmesser wurde dann über den Umfang mit einem anders geeichten Bandmaß gemessen; → Fittenmaß.

Keulenbärlapp, der: → Bärlapp 1.

Keulenfußtrichterling, der (Keulenfüßiger Trichterling): → Trichterlinge 3.

Keulenpfifferling, der: → Leistlinge 5.

Keulenpilze (*Clavariaceae*): → Ständerpilze mit keulenförmigen Fruchtkörpern und z. T. korallenartigem Aufbau. Der Klebrige Hörnling wurde hier der Ähnlichkeit wegen aufgeführt, gehört aber als Außenfrüchtler mit geteilten Basidien zur Fam. der Gallerttränenpilze (*Dacrymycetaceae*). Die wichtigsten Vertreter der K. sind:

1. Krause Glucke, die (*Sparassis crispa* = *Clavaria crispa*): auch Fette Henne. Der an einen Badeschwamm oder von weitem an eine sitzende Glucke erinnernde Pilz wächst von August bis Oktober (November) am Grund von Kiefernstämmen und ist ein Wundparasit, der die → Wurzelfäule verursacht. Der bis zu 5 kg schwer werdende Fruchtkörper kann auch nach dem Fällen des Baumes noch einige Jahre nachwachsen. Der Pilz besteht aus einem stark verzweigten Geflecht mit bandartig gekräuselten, eng miteinander verflochtenen Verästelungen, die sich aus einem knorpelfleischigen Strunk, der oft tief im morschen Holz sitzt, nach allen Seiten entwickeln. Die zahlreichen flachgedrückten und gewundenen Äste haben wellig-krause oder gelappte Enden. Der Pilz hat anfangs eine weißliche, dann gelbliche und im Alter bräunliche Farbe. Das weiße und wachsartige Fleisch des jungen Pilzes ist wohlschmeckend (ergiebiger Speisepilz) und hat einen angenehm würzigen Geruch. Das alte Fleisch schmeckt bitter und ist unbekömmlich. Eine ähnliche Art ist die **Eichen-Glucke** oder **Breitblättrige Glucke** (*Sparassis laminosa*) die häufig mit der K. G. verwechstelt wird. Die E. wächst im Sommer bei Ei und hat nicht so stark gekräuselte Äste und ist auch meist kleiner. Ebenfalls eine ähnliche Art ist die **Tannen-Glucke** (*Sparassis nemecii*), auch **Deutsche Glucke**. Sie wächst am Grund alter Ta und hat keine so krausen, sondern dünnere, breiter ausgezogene und wellig verbogene, strohgelbe Zweigenden.

2. Goldgelbe Koralle, die (*Ramaria aurea*): auch Goldgelber Ziegenbart. Der auffällige Pilz wächst von August bis Oktober vorwiegend in den Nadelwäldern höherer Lagen, aber auch verbreitet in Laub- und Mischwald. Der von sehr ähnlichen Arten nur schwer zu unterscheidende Pilz hat insgesamt eine etwas halbkugelige Form und besteht aus einem kräftigen kurzen, cremefarbenen Strunk, aus dem sich viele dichtstehende und aufrechtstehende, am Ende gegabelte oder abgestutzte Äste entwickeln. Der gleichmäßig zitronen- bis goldgelbe, später blaßgelbocker werdende Pilz erreicht einen Durchmesser von 10 bis 15 cm und eine Höhe von 7 bis 12 cm. Das

weiße Fleisch ist zäh, hat einen leicht grasartigen-holzartigen Geruch und ist eßbar.
3. Kammziegenbart, der (*Clavulina coralloides = C. cristata*): auch Kammkoralle, Kammförmige Koralle. Der ungenießbare Pilz wächst von August bis November meist in großen Scharen und nicht selten zusammenhängende Rasen bildend im Laub- und Nadelwald. Er hat einen ziemlich kleinen, weißlichen und fein bereiften Strunk, von dem mehr oder weniger schlanke, am Ende flachgedrückte Äste hervorwachsen und sich in viele kleine Zweige zerteilen. Diese Zweige können stumpf bleiben oder in mehrere Zähnchen auswachsen. Die Äste und Zweige sind zunächst weiß und werden später weißlich-grau. Der bis zu 4 cm hohe Pilz hat ein weißes, etwas faseriges Fleisch und einen milden Geschmack. Von dem Pilz werden zahlreiche Varietäten unterschieden. Die → Fruchtkörper können ganz dicht verzweigt sein mit fein zugespitzten Astenden oder mit stumpfig-keuligen Enden, auch mit lockerer Verzweigung. Hinsichtlich der Färbung findet man neben weißlichen auch gelbliche, lilagetönte und graue Abarten.
4. Herkuleskeule, die (*Clavariadelphus pistillaris*): Der große Pilz mit keulenförmigem Fruchtkörper wächst von August bis Oktober auf nährstoffreichen, kalkhaltigen Böden der Buchen-Eichen-Kastanienwälder, meist in großen Gruppen. Die H. kann bis zu 25 cm hoch und bis zu 7 cm dick werden. Sie ist jung schlank und mehr oder weniger zylindrisch und ockergelb, sehr bald aber keulenförmig, runzelig, schmutzigocker, schwammig und weich. Das weiße Fleisch hat meist einen bitteren Geschmack, ist jedoch nicht giftig.
5. Abgestutzte Keule, die (*Clavariadelphus truncatus*): Der Pilz sieht der Herkuleskeule sehr ähnlich und wächst von August bis Oktober im Nadelwald auf kalkhaltigen Böden. Er bildet häufig → Hexenringe. Die jungen Keulen sind abgerundet gewölbt, die alten Pilze sind stark runzelig und haben meist einen wulstig ausgebildeten Oberrand. Im Ggs. zur Herkuleskeule ist die A. K. mehr rötlichbraun gefärbt und das locker-weiche Fleisch schmeckt süß und ist genießbar.
6. Zungenkeule, die (*Clavariadelphus ligula*): Der mitunter in riesigen Mengen von August bis November wachsende, eßbare Pilz kommt vorwiegend in den Nadelwäldern des Berglandes vor. Der keulige, oft flachgedrückte Fruchtkörper wird bis zu 5 cm hoch. Die sich zur Basis hin verjüngende Z. ist jung hell rötlichgelb, alt schmutzig fleischocker, runzelig, am Grunde meist weißfaserig und innen oft hohl. Das weiße Fleisch ist weich und hat einen milden bis bitteren Geschmack.
7. Bleicher Ziegenbart, der (*Ramaria pallida = R. mairei*): auch Bauchwehkoralle, Blasse Koralle. Der Pilz wächst von August bis Oktober im Laubwald, besonders im Buchenwald, kommt aber auch in Fichten- und Kiefernwäldern vor. Gelegentlich bildet er geschlossene → Hexenringe. Von dem wenig ausgeprägten, kurzen und weißen Strunk gehen die korallenartigen und mehrfach verzweigten Äste ab. Diese sind jung cremegelb, bald schmutzig grauocker und enden in lilagefärbten Spitzen (Zweigen). Der bis zu 15 cm hohe und ebenso breite Pilz hat ein weißes Fleisch mit einem etwas säuerlichen Geruch und leicht bitteren Geschmack. Der giftige Pilz kann, schon in geringer Menge genossen, starken Durchfall und kolikartige Zustände (Bauchwehpilz!) verursachen.
8. Hahnenkamm, der (*Ramaria botrytis*): auch Rötliche Koralle, Traubenziegenbart, Bärentatze. Der mehr oder weniger häufige H. wächst in Laub- und Nadelwäldern, besonders unter Bu, einzeln oder gruppenweise. Der im Aussehen sehr variable Pilz besteht aus einem dicken, fast knolligen, weißen oder blaßgelblichen, nach unten zugespitzten Strunk, aus dem unterschiedlich dicke, etwas gebogene und dicht zusammengedrängte Äste wachsen, die sich korallenartig verzweigen und schließlich in kurzgestutzten rötlich gefärbten Ästchen enden. Der Pilz ist eßbar. Das weiße, ziemlich weiche Fleisch ist geruchlos und hat einen milden Geschmack, wird aber im Alter bitter.
9. Dreifarbige Koralle, die (*Ramaria formosa*): auch Schöne Koralle. Der Pilz wächst von August bis September, meist in großen Gruppen oder Kreisen in Laub- und Mischwäldern auf kalkhaltigen Böden. Er hat einen korallenartigen, dicht verzweigten Fruchtkörper mit einem 8 bis 12 cm breiten und 2 bis 3 cm dicken Strunk. Die Ästchen sind an den Spitzen zwei- bis dreigeteilt und enden mehr oder weniger stumpf. Die Äste sind jung satt ockergelb, später ocker verblassend; der Strunk ist an der Basis weiß und wird nach oben zu ockergelblich und ist leicht rosa überhaucht. Das Fleisch ist weich, an den Randzonen manchmal rosa durchfärbt. Es ist geruchlos und hat einen bitteren Geschmack. Der giftige Pilz verursacht Magen- Darmbeschwerden.
10. Schwefelgelbe Koralle, die (*Ramaria flava*): Der in Laub-, Nadel- und Mischwäldern wachsende Pilz ist besonders bei Bu und Fi anzutreffen. Er wird 14 bis 16 cm hoch, ebenso breit und hat leuchtend hellgelbe, hell-dottergelbe, jung etwas schwefelgelbe, später cremeockergelbliche Verästelungen. Die Druckstellen laufen manchmal leicht gelbbräunlich an. Die S. K. hat einen herben Geruch und ist jung eßbar.
11. Steife Koralle, die (*Ramaria stricta*): Der im Laub- und Nadelwald auf morschem Holz wachsende Pilz wird bis 12 cm hoch, ebenso breit. Er hat tief angesetzte ockerlilafarbene, aufwärts strebende Verästelungen mit gelben, meist zweizackigen Spitzen auf verlängerter Basis, die bis zu den Astansätzen mit weißlichem Myzel bewachsen ist. Riecht etwas nach Menthol und schmeckt bitter.
12. Klebriger Hörnling, der (*Calocera viscosa*): auch Klebriges Schönhorn. Der Pilz wächst das ganze Jahr hindurch in Büscheln unterschiedlicher Größe an verfaulendem Ndh. Er hat einen bis zu 6 cm hohen Fruchtkörper, der korallen- oder geweihartig verzweigt ist und sich in der oberen Hälfte mehrfach gabelig teilt. An der Basis ist er weißfilzig und kann mit einem wurzelähnlichen Strang bis zu 25 cm tief in das modernde Holz eindringen. Insgesamt ist der Pilz leuchtend dottergelb bis orange; die Zweige haben einen klebrig-schlüpfrigen, gallertartigen Überzug. Das geruch- und geschmacklose Fleisch ist elastisch-zäh, gelblichweiß und nimmt bei Trockenheit eine hornartig verfestigte Konsistenz an; bei hoher Luftfeuchtigkeit quillt es wieder auf.

Keulenschmiele, die: → Silbergras.

Kl: Kurzzeichen für Kiefer nach DIN 4076.

Kicher-Tragant, der: → Tragant 2.

Kickbeere, die: → Kiekbeere.

K i e f e r n: siehe Seite 404 ff.

Kiefernbastkäfer, der: → Borkenkäfer 9.

Kiefern-Baumschwamm, der: → Feuerschwämme 4.

Kiefernbegleiter: Bez. für Bäume, Sträucher und Kräuter, die im → Kiefernwald vertreten sind. Bei den Bäumen sind es die anspruchslosen und lichtliebenden Arten wie As, Rob und Bi. Bei besseren Böden kommt auch die Ei als Begleitbaum vor. Als Sträucher sind überwiegend Brombeere, Wacholder und Ginster vertreten, als Pilze Kiefernsteinpilz.

Kiefernbestands-Gespinstblattwespe, die: → Blattwespen 1.

Kiefernbestandsrüßler → Rüsselkäfer 8.

Kiefernblasenrost, der (Kiefernrindenblasenrost, Kienzopf): Krankheit, die alle Kiefernarten in allen Altersklassen befällt und hauptsächlich durch den Rostpilz *Cronartium flaccidum* entsteht. Häufig tritt er an den Wundstellen, die nach Reiben der Äste durch den Wind entstehen, auf. Der Befall beginnt an jungen benadelten Trieben und führt zu Harzausfluß. Der → Fruchtkörper, der sich an der Rinde bildet, ist gelb- bis orangerot und wird später blasser. Im Laufe der Jahre wandern die Pilze bei alten Kie auf den Stamm über, wodurch dieser einseitig abstirbt, jedoch auf der gesunden Seite weiterwächst. Nach einigen Jahren, wenn der Befall den gesamten Stamm umfaßt, stirbt der über der erkrankten Stelle liegende Baumteil ab; es entsteht der harzige „Kienzopf". Bei jungen Kie führt der Befall zu Verdickungen an den Quirlstellen von Zweigen; die befallenen Triebe sterben später ab.

Kiefernborkenkäfer, der: → Borkenkäfer 15., 16., 31. und 32.

Kiefern-Braunblättling, der: → Lenzites-Pilze.

Kiefern-Braunporling, der: → Porlinge 15.

Der Klebrige Hörnling wächst an faulendem Nadelholz.

Kiefernbuschhornblattwespe, die: → Blattwespen 5.
Kieferndrehrost, der: durch den wirtswechselnden → Rostpilz *Melampsora pinitorqua* hervorgerufene Kiefernkrankheit. Die erste Entwicklungsform lebt auf den Kie, die zweite und dritte harmlos auf Pa. Bei jungen Kie führt der K. zu Triebkrümmungen und Wachstumsstörungen durch einseitiges Unterbrechen des Triebwachstums. Er bringt dünne Triebe zum Absterben, stärkere krümmen sich an der befallenen Stelle abwärts und richten sich später wieder auf, wodurch eine S-förmige Krümmung entsteht (sog. Posthörnchen); → Posthornwuchs.
Kiefern-Eichenwälder → Eichen-Birkenwälder.
Kieferneule, die: → Eulen B 1.
Kieferngespinstblattwespe, die: → Blattwespen 1. und 2.
Kieferngewächse (*Pinaceae*): auf der nördlichen Halbkugel wachsende größte Fam. der Koniferen (→ Nadelbäume), unterteilt in zehn Gatt. mit über 200 Arten. K. sind waldbildend und prägen häufig das Bild der Landschaft; die meisten Arten liefern Nutzholz und Harze. Ihre

Kiefernschütte

Blätter sind linealisch oder nadelförmig. Die Zapfen sind verholzt und tragen viele spiralig angeordnete Schuppen mit je zwei Samen. Die K. gelten als die höchstentwickelten Koniferen. Ihre Vermehrung erfolgt durch Samen, → Kultivare durch Pfropfung. Die Gatt. der Fam. der K. sind → Tannen, Zedern, → Lärchen, → Fichten, → Hem-lockstannen, → Douglasien und → Kiefern.
Kieferglucke, Große, die: → Glucken 3.
Kiefernharzgallenwickler, der: → Wickler 5.
Kiefernharz-Gallmücke, die: → Gallmücken 4.
Kiefern-Hochmoorwald, der: → Kiefernwald, Moorwälder.
Kiefernholzwespe, die: → Holzwespen 3.
Kiefernknospentriebmotte, die: → Motten 9.
Kiefernknospenwickler, der: → Wickler 3.
Kiefernkotsackblattwespe, die: → Blattwespen.
Kiefernkultur-Gespinstblattwespe, die: → Blattwespen.
Kiefernkulturrüßler, der: → Rüsselkäfer 6.
Kiefernmarkkäfer → Borkenkäfer 7. und 8.
Kiefernnadelmotte, die: → Motten 4.
Kiefernnadelscheiden-Gallmücke, die: → Gallmücken 5.
Kiefernnadelschütte, die: → Kiefernschütte.
Kiefernöl, das: → Tallöl.
Kiefernprachtkäfer, der: → Prachtkäfer 1. und 3.
Kiefernprozessionsspinner, der: → Prozessionsspinner 2.
Kiefernquirlwickler, der: → Wickler 4.
Kiefernreizker, der: → Milchlinge 5.
Kiefernrindenblasenrost, der: → Kiefernblasenrost.
Kiefernrindenwanze, die: → Wanzen 1.
Kiefernritzenschorf, der: → Kiefernschütte.
Kiefernsaateule, die: → Eulen B 2.
Kiefernsamenzünsler, der: → Zinsler 3.
Kiefern-Saumpilz, der: → Faserlinge 6.
Kiefernscheidenrüßler, der: → Rüsselkäfer 17.
Kiefernschütte, die (Schütte, Nadelschüttelkrankheit, Kiefernnadelschütte, Kiefernritzenschorf, Blattschorf): Die K. (Nadelpilz) ist eine verbreitete Krankheit der Kiefernnadeln und hat in der Forstwirtschaft von allen Schadpilzen die größte Bedeutung. Befallen werden überwiegend Sämlinge und jungen Bäume der Gemeinen Kiefer bis ins Stangenholzalter, aber auch die anderen Kiefernarten (z. B. BKie und Zir). Der Erreger der Krankheit ist der Rostpilz (→ Schlauchpilz) *Lophodermium seditiosum*, ein Blattparasit, dessen Sporen durch den Wind verbreitet werden. Infiziert werden meist empfängliche Nadeln, v. a. wenn der Baum an Wassermangel (im Juli/August) leidet. Erkennbar ist der Pilz an den gelblichen, später rotbraunen Punkten an den Nadeln bereits im Herbst. Erst im Frühjahr wirkt sich aber die Krankheit voll aus. Die Nadeln verfärben sich nach den ersten warmen Frühlingstagen flächig braun- bis feuerrot, und der Baum wirft (schüttet) die gebräunten Nadeln als übermäßig verdunstende Glieder ab. Junge Kie können nach mehrmaligem Befall absterben. Der Befall nimmt seinen Ausgang von alten auf dem Boden liegenden Nadeln, auf denen sich ovale Fruchtkörper bilden, die zu ihrer Entwicklung feuchtwarme Witterung benötigen; → Douglasienschütte, Lärchenschütte.
Kiefernschwärmer, der :→ Schwärmer 1.
Kiefernspanner, der: → Spanner 6.
Kiefernspinner, der: → Glucken 3.
Kiefernstangenrüßler, der: → Rüsselkäfer 7.
Kiefern-Steinpilz, der: → Steinpilz.
Kiefern-Steppenwälder (*Pulsatillo-Pinetalia* (*sylvestris*)): auch Subkontinentale Küchenschellen-Kiefernwälder. Eine Ordn. der Klasse Boreal-alpine → Nadelwälder und Zwergstrauch-Gesellschaften oder Fichtenwälder und Kontinentale Kiefernwälder (*Vaccinio-Piceetea*) der Pflanzengesellschaft mit dem pflanzensoziologischen Verband der Boreal-subkontinentalen Kiefern-Steppenwälder oder Kiefern-Trockenwälder (*Cytiso ruthenici-Pinion sylvestris* = *Cytiso ruthenico-Pinion*). Von manchen Autoren (z. B. E. Oberdorfer) wird sie jedoch einer eigenen Klasse, die der Kiefern-Steppenwälder (*Pulsatillo-Pinetea sylvestris*) zugeordnet. Es sind dies artenreiche, lichte Kiefernwälder in wärmeren Gebieten auf trockenen, basenreichen Sandböden. In Dtschl. kommen sie nur inselartig vor, besonders in Brandenburg und in südd. Sand- und Kalkgebieten (nördliche Oberrhein-ebene, im östlichen Niederbayern, an einigen Stellen Frankens) und sind nacheiszeitliche Relikte, auch anthropogen gefördert. Die Hauptbaumart dieser Kiefern-Trockenwälder ist die Kie, als Nebenbaumart sind Bi, As, StEi und TrEi zu finden. Im Unterwuchs finden sich Heide-Segge, Wintergrünarten, Dolden-Winterlieb, Berg-Haarstrang, Küchenschelle, Sand-Veilchen, Sand-Nelke und andere typische Pflanzen der Trockenrasengesellschaften.
Kiefernstockfäule, die: durch wundparasitische Pilze verursachte Zersetzung des → Kernholzes am Stammfuß der Kie. Der Befall beschränkt sich meist auf den Stock und das (den) erste(n) Meter des Stammes. Wichtigster Erreger der K. ist der Pilz *Polyporus sistotremoides*; → Kernfäule.
Kieferntriebwickler, der: → Wickler 2.
Kiefern-Trockenwälder → Kiefern-Steppenwälder.
Kiefernwald, der (Föhrenwald): In Dtschl. ist die Kie mit 27,5 % an der gesamten → Waldfläche beteiligt. Sie kommt in Misch- und Reinbeständen in und außerhalb ihres natürlichen Verbreitungsgebietes vor. Die Kie ist der zweithäufigste Waldbaum und hat einen bedeutenden Anteil an der Zusammensetzung des deutschen Waldes. V. a. im Gebiet des eiszeitlichen sandigen Untergrundes Norddtschl. finden sich ausgedehnte Kiefernforste. Neben diesen großen norddeutschen Kieferngebiet bildet sie ausgedehnte Forste nur noch in Süddtschl., und zwar im Rhein-Main-Gebiet, im Pfälzer Wald, in Mittel- und Oberfranken sowie in der Oberpfalz. Die Kie ist ein Baum der Ebene und geht im Gebirge allg. nicht so hoch wie die Fi. In Nordost- und Nordwestdtschl. sowie auf der bayer. Hochfläche bildet sie zusammen mit der Bi sehr charakteristische weiträumige Mischwälder, sog. „Kiefern-Hochmoorwald" (→ Moorwälder). Die Kie bildet dabei häufig zwergen- und krüppelhafte Wuchsformen. Die → Waldgesellschaft des Kiefern-Hochmoorwaldes ist geprägt durch eine besonders interessante Pflanzen- und Tierwelt. Pflanzen: z. B. Rosmarinheide, Gagelstrauch, Sumpfporst, Torfmoose, Wollgräser, Sonnentau, Heidel-, Preisel- und Moosbeere. Tiere: Birkwild, Heidelerche, Kranich und Kreuzotter. Die Kie, eine → Lichtbaumart, verträgt große Hitze, Kälte und Trockenheit. Sie ist unter unseren Waldbäumen die genügsamste. K. finden sich daher auch auf magersten Standorten (Sandboden), wobei die Rentierflechte („flechtenreicher K.", „Flechtenwald") weithin den Boden überzieht und sonstiger Bodenbewuchs (Schafschwingel, Drahtschmiele) sehr dürftig ist. Ist der Grund etwas nährstoffreicher, werden die Kie etwas höher und die Bäume stehen im Kronenschluß. Hier stellen sich am Waldboden Heidelbeere und

Heidekraut, Preiselbeere, Wintergrün, Bärlapp, Wachtelweizen, Goldrute und Katzenpfötchen ein („Heidekiefernwald"). Ein weiterer K.-Typ ist der „Heidelbeer-K." auf sandigem, etwas lehmigem und nicht gerade nahrungsarmem Boden. Leitpflanze ist hier die Heidelbeere; daneben sind das Weißmoos und der Adlerfarn stark vertreten. Im „Ruchgras- und Sauerklee-K." gedeiht die Kie am besten. Unter der Kie sind eingesprengt verschiedene Laubbäume zu finden; die Zwergsträucher treten hier allerdings zurück, der Moosrasen fehlt gänzlich. Auf besseren Böden wird die lichtbedürftige Kie durch andere Baumarten verdrängt. Typische Pilzarten des K. sind z. B.: verschiedene → Röhrlinge, und zwar Maronenröhrling, Ziegenlippe, Schmerling, Sandröhrling, Kuhröhrling und Butterpilz, der Rosenrote Schmierling, der Echte Reizker sowie die Frühlorchel. Als Waldschädlinge im K. sind v. a. zu nennen: Kieferneule, Kieferntriebwickler, Kiefernbuschhornblattwespe, Großer Brauner Rüsselkäfer sowie die Waldgärtner und der Große Kiefernborkenkäfer.

Kiefernwälder (*Dicrano-Pinion* = *Pinion medioeuropaeum*): auch Moos-Kiefernwälder. Pflanzensoziologischer Verband der Ordn. Boreal-alpine → Nadelwälder und subalpin-alpine Zwergstrauch-Gesellschaften (*Piceetalia abietis*). Auf sauren Sand- und Moorböden ist die konkurrenzschwache lichtliebende Kie bei boreal-subkontinentalem Klima ohne Konkurrenz und bildet unter natürlichen Bedingungen Bestände wie den → Weißmoos-Kiefernwald, und → Moorwälder; → Waldgesellschaften, Kiefernwald.

Kiefernzapfenrüßler, der: → Rüsselkäfer 11.

Kiefernzweigbock, der: → Bockkäfer 21.

Kiefernzweigborkenkäfer, Kleiner, der: → Borkenkäfer 33.

Kieferspinnen → Streckerspinnen.

Kiekbeere, die: auch Kickbeere. Durch die Larve eines Zweiflüglers verursachte, fleischige → Galle an jungen Zweigspitzen des Wacholders, an denen drei Nadeln sich stark verbreitern und drei andere ganz kleine Blättchen einschließen.

Kielwassertheorie, die: Aussage, daß im Kielwasser der Holzproduktion i. d. R. alle übrigen Funktionen des Waldes (→ Waldfunktionen) erbracht werden.

Kien, der: → Kienholz.

Kienäpfel: alte nordd. Bez. für die Zapfen der Kiefern.

Kienäste → Hornäste.

Kienbaum, der: → Kiefern 3.

Kiene, die: → Kiefern 3.

Kiener, der: frühere Bez. für einen → Köhler oder Holzknecht, der das → Kienholz für die Schmelzöfen besorgen mußte.

Kienfackel, die: brennender → Kienspan.

Kienföhre, die: → Kiefern 3.

Kienholz, das (Kien): **1**) stark mit Harz oder Terpentin durchtränktes, sehr leicht entzündliches Kiefernholz, das daher früher als Zündmittel für anderes Brennmaterial diente. K. entsteht hauptsächlich durch Befall mit dem → Kiefernblasenrost. Arme Leute, die in Kiefernwaldgegenden wohnten, verwendeten K. als Leuchtmaterial (→ Kienspan). Durch Auffangen des Rauches von unvollständig verbrennendem K. (bes. Wurzelholz) wird → Kienruß gewonnen. **2**) die Waldföhre; → Kiefern 3.

Kienhütte, die: auch Kienrußhütte, Rußhütte. Speziell für das Brennen von → Kienruß errichtete Hütte oder Gebäude; → Teerschwelen.

Kienknippen, die: auch Knippen. Im Schwarzwald früher Bez. für Schwelholz, das zu 35 cm langen und 7 cm dicken Stücken zerhackt wurde. K. wurden zum → Teerschwelen benötigt.

Kienöl, das: auch Harzöl. Ein durch trockene Destillation (→ Holzdestillation) von → Kienholz gewonnenes Öl(→ Teerschwelen), im wesentlichen mit → Terpentinöl identisch, wird aber an der Luft gelb. Es dient zur Herstellung von Eisenlack, bunten Ölfarben, Schmiermitteln usw.; → Holzteer.

Kienporst, der: → Porst.

Kienruß, der: Der K. wurde früher durch Auffangen des Rauches unvollständig verbrennenden (schwelenden), harzreichen → Kienholzes (Wurzelholz), aber auch aus Pechresten beim → Teerschwelen, aus den Rückständen beim Harz- oder Pechsieden (= Harz- oder Pechgrieben) sowie aus harzigen Nadelholzzapfen und Nadelreisig von Ta, Fi und Kie gewonnen (Kienrußbrennerei). Er ist ein feines und leichtes grauschwarzes Pulver, das nur wenige Teerbestandteile enthält (hochprozentiger Kohlenstoff) und wurde als Ölfarbe, Druckerschwärze und bei der Herstellung von Tusche oder Schuhwichse verwendet, diente aber auch zum Färben von Genußmitteln. Aus 100 Pfund Pech- oder Harzgrieben wurden z. B. 10 bis 13 Pfund K. gewonnen. Je heißer der Brenn- bzw. Schwelvorgang war, desto feiner wurde der Ruß („Feinruß" oder „Pfundruß"). K. von grober Qualität wurde „Malerruß" oder „ordinärer Ruß" genannt. Die Herstellung von K. war ein altes Waldgewerbe.

Kienrußbrennerei, die: die Herstellung von → Kienruß in einem Kienrußofen (Rußbrennofen); → Teerschwelen.

Kienrußhütte, die: → Kienhütte.

Kienspan, der: auch Leuchtspäne, veraltet auch Schleiße oder Schleise. Ein etwa drei Finger breites, abgespaltenes Kiefernholzstück (v. a. von Kie, aber auch von Bi, Ah, Es, Fi, Ta oder Bu), das früher zur Zimmerbeleuchtung diente. Mehrere K. wurden mit Wieden zusammengebunden, in einen Halter gesteckt (Fackel) und angezündet. Der K. diente aber auch zum Anmachen eines Feuers. Hierzu wurden jedoch ausnahmslos Nadelholzstücke, v. a. Kiefernspanstücke verwendet; → Kienholz 1).

Kienteer, der: → Holzteer.

Kienzopf, der: → Kiefernblasenrost.

Kiepenfloß, das: auch Karinenfloß. Frühere Bez. für ein einfach konstruiertes Floß aus Langholzstämmen, auf dem Brennholz transportiert wurde. Ein K. wurde immer dann eingesetzt, wenn die Wasserführung eines Flusses eine → Trift nicht zuließ.

Kiefernwald

Kiepenstöcke: früher übliche Bez. für Stöcke (Reisstangenstärke) von 2 bis 5 cm Durchmesser m. R. (→ D. m. R.) und 1,2 m Länge. Die K. wurden zur Herstellung von Rückentragkörben (Kiepen) benötigt.

Renovierte Kienhütte (Rußhütte) in Enz-Klösterle (Schwarzwald)

Kieselholz, das: **1**) Bez. für ein hartes Holz von Akazienarten aus Westindien, das gelegent-

Gattung

Die über die temperierten und subtropischen Gebiete der nördlichen Halbkugel verbreitete, etwa 100 Arten umfassende Gattung der Kiefern (*Pinus*) besteht aus immergrünen Koniferen der Familie der → Kieferngewächse (*Pinaceae*). Sie ist fossil bereits seit der Unteren Kreide (→ Erdzeitalter) bekannt. Der lateinische Name *Pinus* ist abgeleitet von „*Picnus*" (*pix, picis* = Harz, harzliefernder Baum) und wurde von den Römern für mehrere Kiefernarten gebraucht. Das Wort „Kiefer" dürfte sich wohl vom rheinpfälzischen „Kienfernholz" (1526), dem ostfränkischen „Kinfir" bzw. nordböhmischen „Kimfer" herleiten oder aus der Zusammenziehung des Wortes „Kienföhre" entstanden sein. „Kiefer" ist seit Anfang des 15. Jahrhunderts bezeugt (Raum Dresden). Die Lutherbibel setzte dann diese mittelhochdeutsche Form durch.

Bergkiefer
(*Pinus mugo*)

Viele Kiefernarten sind waldbildend und von großer wirtschaftlicher Bedeutung (→ Holz, → Harze, → Terpentin, → Kolophonium). Das Sproßsystem der Kiefer ist in → Lang- und → Kurztriebe gegliedert. Die nadelförmigen Blätter (Nadeln) entspringen zu zweit, dritt oder fünft (= zwei-, drei- und fünfnadelige Kiefern) einem gestauchten Kurztrieb und sind am Grunde von einer Nadelscheide umgeben. Nach mehrjähriger Lebensdauer fallen sie mit dem Kurztrieb ab. Sie zersetzen sich sehr langsam (länger als drei Jahre). Die Blüten stehen in → eingeschlechtigen → Blütenständen an jungen Langtrieben. Die männlichen Blüten befinden sich ährig gehäuft an der Basis von jungen Langtrieben. Die weiblichen Blüten sind Zäpfchen mit verholzenden Zapfenschuppen und sitzen im Bereich der Spitze junger Langtriebe. Die in der Regel geflügelten Samen wachsen innerhalb von zwei bis vier Jahren heran. Die Kiefernzapfen führen hygroskopische Bewegungen aus, das heißt sie öffnen sich bei trockenem und schließen sich bei feuchtem Wetter.

Die Kiefer wurde durch Kulturen über ihre ursprüngliche Heimat verbreitet und nimmt heute etwa ein Viertel der Waldfläche in der BR Deutschland ein. Von den nachfolgend genannten Arten zählen zu den zweinadeligen Kiefern die Berg-, Schwarz-, Wald- und die Drehkiefer. Zu den fünfnadeligen Kiefern zählen die Weymouthkiefer oder Strobe, die Zirbelkiefer, Grannenkiefer und die Macedonische Weißkiefer.

1. Bergkiefer

Die Bergkiefer (*Pinus mugo* Turra = *P. montana* Miller) wird auch Bergföhre genannt. Das lateinische Epitheton *mugo* ist der lateinische Name für die Bergkiefer.
Die Bergkiefer hat eine große Formenvielfalt. Nach Wuchsform und Gestalt des Zapfens unterscheidet man drei Unterarten:

- *P. mugo ssp. mugo*: die Legföhre, Krummholzkiefer oder Latsche;
- *P. mugo ssp. uncinata*: die Hakenkiefer, Haken-Bergkiefer oder Bergspirke;
- *P. mugo ssp. rotundata*: die Moorkiefer oder Moorspirke.

Aufgrund der Nomenklaturregeln gilt derzeit noch *P. mugo* als Art, die sich durch Wuchsform, Standort und Zapfenform unterscheidenden anderen Formen als Varietäten bzw. Subspezies. In letzter Zeit wird diese Einteilung zunehmend in Frage gestellt und zumindest *P. uncinata*, die Waldkiefer des Hochgebirges, als eigene Art geführt.

Verbreitung

Die Bergkiefer ist über die Gebirge Süd- und Mitteleuropas und der Balkanhalbinsel verbreitet. Besonders kommt sie in den Pyrenäen, im französischen Zentralmassiv, in den Alpen, östlich bis zu den Karpaten, südlich bis zu den Abruzzen und Nordalbanien, nördlich bis zu den Vogesen, dem Schwarzwald, dem Fichtel- und Erzgebirge sowie in den Sudeten vor.

Standort

Die Bergkiefer, eine mittel- und südeuropäische Gebirgspflanze und → Lichtbaumart, wächst in der subalpinen, seltener alpinen und montanen → Vegetationsstufe, häufig auf Extremstandorten an sonnigen, felsigen Hängen, Nordhängen mit langer Schneebedeckung, auf steinigen Matten und auch auf Hochmooren. Sie gedeiht auf flach- bis tiefgründigen, sandigen, torfigen, felsigen, meist nährstoffarmen, frischen, kalkhaltigen, basischen bis stark sauren Böden. Die Bergkiefer bildet in der subalpinen Zone häufig kleine und größere Reinbestände, oft auch vergesellschaftet mit Grünerle, Alpenrosen und anderen Kleingehölzen. Sie ist vorwiegend von etwa 1 500 bis 2 700 m Höhe, aber auch schon ab 200 m Höhe anzutreffen, sehr genügsam, anpassungsfähig und gegen → Schneedruck und -bruch sehr widerstandsfähig.

Merkmale

- Die Bergkiefer, ein sehr vielgestaltiges Gehölz, ist ein immergrüner, aufrechter oder niederliegender Strauch oder ein bis zu 25 m hoher Baum. Der Strauch hat einen aufrechten, kegelförmigen Wuchs oder niederliegende, kriechende, knieförmig gebogene, am Ende aufsteigende Äste und erreicht eine Höhe von etwa 5 m. Der kleine bis mittelgroße Baum trägt eine breit-kegelförmige Krone. Die Äste, die etagenartig in Scheinquirlen angeordnet sind, stehen waagrecht ab oder steigen bogig auf und sind locker bis reich verzweigt. Der Stamm kann eine Stärke bis zu 50 cm erreichen. Die Bewurzelung ist flach und weit ausstreichend.
- Die Bergkiefer, die insbesondere als Latsche oder Knieholz sehr langsam wächst, erreicht ein Alter von 100 (Unterart Latsche) bis 300 (Unterart Hakenkiefer) Jahren.
- Die Rinde ist graubraun und zerreißt in kleine eckige Schuppen. Im Alter wird sie zu einer schwarzbraunen Borke, deren Schuppen sich an den Rändern leicht aufbiegen, jedoch nicht abblättern. Die jungen Zweige sind braungrün bis hellbraun, später rotbraun bis schwarzbraun, kahl, gefurcht und von herablaufenden Schuppen-

◂◂ Männliche Latschenblüten

blattbasen völlig berindet; sie wachsen → monopodial. Die 8 bis 15 mm langen, länglich-eiförmigen bis rundlichen, kurz zugespitzten oder stumpfen Endknospen verharzen stark. Dadurch erscheinen die hell- bis dunkelbraunen Knospenschuppen grauweiß.
Die Nadeln, die dicht und zu Paaren an Kurztrieben stehen, sind etwa 2,5 bis 8 cm lang und 1,5 bis 2,5 mm breit, im Querschnitt halbkreisförmig, derb, stachelspitzig, gerade oder sichelförmig gekrümmt. Die gewölbte Außenseite ist dunkelgrün, die flache Innenseite graugrün, die Spaltöffnungsstreifen sind gleichmäßig über die Nadeloberfläche verteilt; der Rand ist sehr fein gesägt. Die aus mehreren, dicht anliegenden Schuppen bestehende graubraune Nadelscheide der Nadelpaare mißt etwa 1 cm. Anfangs liegen die Nadelpaare an den Zweigen an oder stehen spitzwinkelig ab, später stehen sie rechtwinkelig ab. Ihre Lebensdauer beträgt 5 bis 10, mitunter sogar 15 Jahre.

■ Die Bergkiefer ist → einhäusig, wird etwa mit 6 bis 10 Jahren mannbar (→ Mannbarkeit) und trägt dann jedes Jahr Samen. Sie blüht je nach Standort von Mai bis Juli, meist jedoch im Juni. Die männlichen Blüten, die im Frühjahr erscheinen, bestehen aus zahlreichen, schraubig angeordneten → Staubblättern, sind 10 bis 15 mm lang, rötlichgelb und stehen zu länglich-eiförmigen, 3 bis 8 cm langen Kätzchen (männliche Zapfen) angeordnet am Grunde junger Langtriebe. Die kurzgestielten weiblichen Blüten, die ebenfalls im Frühjahr erscheinen, sind purpurrote, breit-eiförmige, 6 bis 10 mm lange, aufrecht stehende Zäpfchen und bestehen aus zahlreichen, in den Achseln der Deckschuppen stehenden, schraubig angeordneten, fleischigen Fruchtschuppen. Sie sitzen einzeln oder zu zweit bis viert nahe am Ende junger Langtriebe.

■ Die Zapfen stehen aufrecht, vergrößern sich bis zum Herbst des ersten Jahres kaum, wachsen im zweiten Jahr aus und reifen dann bis zum Oktober/November. Sie sind nur sehr kurz gestielt, etwa 2 bis 6 cm lang und 1,5 bis 5 cm breit, sehr vielgestaltig (symmetrisch oder asymmetrisch), zuerst aufrecht, dann waagrecht oder schräg nach unten abstehend, glänzend und hellbraun bis dunkelbraun. Die verholzten Fruchtschuppen überdecken sich dachziegelartig. Das stark verdickte, nach oben gerichtete, rautenförmige Schuppenbild ist meist im oberen Teil vorgewölbt, im unteren eingedellt oder auch flach, weist einen großen Nabel (oft von einem schwärzlichen Ring umgeben) auf und trägt an der Spitze einen kurzen, manchmal undeutlichen Dorn, der auch fehlen kann.

■ Die Samen hängen paarweise unter einer Fruchtschuppe. Der Samen, der im Frühjahr des dritten Jahres ausfliegt, ist eiförmig, hellbraun, etwa 3 bis 5 mm lang und dem der Waldkiefer ähnlich, jedoch kürzer und stumpfer. Er ist mit einem 10 bis 20 mm langen und ca. 5 mm breiten, dünnen und braunen Flügel verwachsen (sogenannte Schraubenflieger). Die Samen sind etwa zu 55 bis 90 Prozent keimfähig und bleiben es zwei bis vier Jahre. Gesät im Frühjahr, laufen sie nach etwa zwei bis drei Wochen auf. Die drei bis sieben, meist vier bis fünf → Keimblätter stehen im Quirl und sind bogig aufgerichtet, glattrandig und dreikantig; die Erstlingsnadeln stehen einzeln und sind beidkantig gesägt. Keimblätter und Erstlingsnadeln gleichen denen der Waldkiefer sehr, sind jedoch meist etwas kürzer und bläulichgrün.

Sippen und Standortformen
Bei der Bergkiefer, die ein sehr vielgestaltiges Gehölz ist, unterscheidet man mehrere geographische Sippen und Standortformen. Da diese jedoch meist durch Zwischenformen miteinander verbunden sind, ist die genaue Abgrenzung (auch anhand der Zapfen) sehr schwer. Heute unterscheidet man gewöhnlich drei Unterarten. Andere Autoren sprechen von einem „Artenkreis" bei *Pinus uncinata*, *P. rotundata* und *P. mugo*.
Hakenkiefer: Sie wird auch Aufrechte Bergföhre, Spirke, Bergspirke, Haken-Bergkiefer genannt (*Pinus mugo* Turra *ssp. rostrata* Hoopes = *Pinus mugo* Turra *ssp. uncinata*). Die auch als eigene Art (Pinus uncinata Ramond) angesehene Kiefer besiedelt den Westen des Gesamtareals von den Pyrenäen, dem Französischen Zentralmassiv und dem Schweizer Jura bis in Höhen von 2500 m in den Alpen. Sie ist die Baumart der hochmontanen und subalpinen Vegetationsstufe und wächst vorwiegend auf Kalk- oder Dolomitgestein, aber auch auf Urgestein, besonders Granit, sandigen, felsigen oder kiesigen, flach- bis mittelgründigen Böden. Sie bildet Reinbestände oder wächst auf Spezialstandorten auch in tieferen Lagen, vergesellschaftet mit Lärche, Wald- und Zirbelkiefer in Schneeheide-Kiefernwäldern und Alpenrosen-Latschengebüschen, aber auch in Fichten-Tannen- und Fichtenwald-Gesellschaften. Die Hakenkiefer ist ein aufrechter, bis zu 25 m hoher Baum mit geradem, bis zu 50 cm starkem Stamm und einer kegelförmigen Krone und waagerecht abstehenden Ästen oder auch ein mehrstämmiger Strauch. Sie trägt asymmetrische, ei- oder kegelförmige, 4 bis 7 cm lange und 2 bis 5,5 cm (geöffnet) breite Zapfen, deren Schuppenschilde auf der dem Zweig abgewandten Seite stumpf oder zugespitzt, höher als breit und häufig mit einem Haken versehen sind.

Latsche (*var. pumilio*)

Moor-Bergkiefer: Die Form (*Pinus mugo* Turra *ssp. rotundata*) wird auch Sumpfspirke, Spirke, Moorföhre oder Moorspirke genannt. Sie ist nahe mit der Hakenkiefer verwandt und wird häufig in deren engeren Formenkreis mit einbezogen. Sie ist etwas östlicher verbreitet, und zwar über die Vogesen, den Schwarzwald, die Bayerischen Alpen und das Alpenvorland, über den Bayerischen Wald, das Fichtel- und das Erzgebirge bis zu den Nordkarpaten. Sie wächst vorwiegend in der montanen und hochmontanen Vegetationsstufe, ist aber auch in Höhen von 200 bis 1 600 m anzutreffen. Sie wächst besonders am Rand der Gebirgshochmoore auf basenarmen, sauren, staunassen Torfböden, vorwiegend auf Kalk in Moos-Kiefernwäldern und auf Moorböden in Fichten-Tannen- und Tannenwald-Gesellschaften. Die Moor-Bergkiefer ist ein aufrechter, ca. 8 bis 12 m hoher Baum oder ein latschenartiger, niederliegender Strauch. Sie steht in ihren Merkmalen zwischen Hakenkiefer und Latsche. Ihre Zapfen sind etwas asymmetrisch. Die Schuppenschilde sind ebenso breit wie hoch oder breiter als hoch. Der Haken ist nur schwach angedeutet oder fehlt.
Krummholzkiefer: *Pinus mugo* Turra *ssp. mugo* wird auch Latsche (in Oberbayern), Zwergkiefer, Legföhre und Spurtführe (in Österreich), Knieföhre, Knieholz, Krummholz, Zunder (in Tirol), Arle (in Vorarlberg), Dächle (im Berner Oberland), Läcken, Löcken, Leckeren, Leckerte, Laggerstaude, Crein, Serpe, Zarm, Zürn, Zetten, Sandrine genannt. Sie besiedelt die Abruzzen, die Alpen und den Bayerischen Wald. Dort ist sie auf nährstoffarmen, steinigen, neutralen bis mäßig sauren, humosen, oft nassen Lehm- und Tonböden, vorwiegend auf Kalk in Höhen von 400 bis 2700 m anzutreffen. Sie wächst in Schneeheide-Kiefernwäldern, Fichten-Tan-

▸▸ Schwarzkiefern

nen- und Fichtenwald-Gesellschaften und bildet in den Hochlagen der Alpen oberhalb der → Waldgrenze die Krummholzregion und dort, häufig vergesellschaftet mit Alpenrosen, die Alpenrosen-Latschengebüsche. Nach der Wuchsform und nach der Form der Zapfen unterscheidet man zwei Varietäten:
Die Latsche (*var. mughus*) ist ein niederliegender, bis zu 5 m hoher Strauch mit knieförmigen Ästen oder ein kleiner Baum mit aufsteigenden, reich verzweigten Ästen. Die Nadeln sind 3 bis 8 cm lang (von gleicher Länge). Ihre Zapfen sind sehr variabel, kegel- bis eiförmig, 2 bis 5 cm lang und 1,5 bis 5 cm breit, symmetrisch, nach der Blüte ockerfarben, zur Reifezeit zimtbraun. Die Schuppenschilde sind flach mit einem in der Mitte gelegenen Nabel (meist ohne Haken).
Die Latsche (*var. pumilio*) ist ein niederliegender, weit ausgebreiteter Strauch mit kriechenden, dicht angeordneten, an den Enden aufsteigenden Ästen. Ihre unterschiedlich langen Nadeln sind 2,5 bis 5 cm lang. Die Zapfen sind symmetrisch, fast kugelig, nach der Blüte bläulich bereift und zur Reifezeit dunkelbraun.
Die Bergkiefer hat sehr elastische Zweige und Äste, wodurch sie selbst über längere Zeiträume große Schneemassen ertragen kann und auch Wind, Geröll, Eis und Schnee trotzt. Da sie zudem sehr genügsam und widerstandsfähig ist, zählt sie zu den ersten → Pionierbaumarten. Durch das reich verzweigte, weitstreichende Wurzelwerk hält sie lockeres Erdreich und Geröll fest. Weil sie damit der Bodenbefestigung dient und Erosionsschäden vermeiden hilft, wird sie an erosionsgefährdeten Stellen und in Lawinenzügen angepflanzt. Ferner wird sie auch zur Aufforstung magerer Heideböden, in Norddeutschland und Dänemark auch zur Befestigung von Dünen angepflanzt. Da sie gegen Luftverschmutzung relativ resistent und zudem anspruchslos ist, ist sie auch eine beliebte Gartenpflanze. Gelegentlich wird die Bergkiefer vom → Schwarzen Schneeschimmel befallen.

Holz

Das Holz der Bergkiefer ist sehr hart und harzreich und ähnelt dem der Waldkiefer. Da die Stämme jedoch meist nicht dick werden, kann es höchstens als Drechsler- und Schnitzholz oder für kleingewerbliche Gegenstände wie z. B. Tragkörbe oder Holzziehschlitten verwendet werden.

Bedeutung als Heilpflanze

Aus den Nadeln wird Latschenkiefernöl für kosmetische Zwecke und auch als Bestandteil für Heilpflanzenöle zum Inhalieren bei Erkältungskrankheiten, Husten und Schnupfen gewonnen.

Zweig der Schwarzkiefer (*Pinus nigra*)

2. Schwarzkiefer

Pinus nigra Arnold = *Pinus nigricans* Host wird auch Schwarzföhre und Schwarzforche genannt.

Verbreitung

Die Schwarzkiefer, eine südeuropäische Gebirgspflanze, ist über das südliche Mitteleuropa, auf dem Balkan und über weite Teile des Mittelmeergebietes von Südfrankreich, Mittel- und Südspanien, über Korsika, Italien, Ostösterreich bis Kleinasien verbreitet. Das nächste natürliche Vorkommen liegt in den Ostalpen südlich von Wien. Vielerorts wird sie forstlich angepflanzt und ist auch in Parkanlagen und großen Gärten anzutreffen.

Standort

Die Schwarzkiefer ist ein waldbildender Baum und wächst in der kollinen und montanen Vegetationsstufe, häufig bis zur Waldgrenze, auf flach- bis mittelgründi-

gen, gut drainierten, mäßig nährstoffreichen Lehm- und Sandböden oder auch auf reinen Kalkböden in trockenen Lagen. Sie ist eine → Halbschatt(en)baumart, wärmebedürftig und gegen Hitze und Dürre unempfindlich, aber auch frosthart und sturmfest. Gegen → Immissionen zeigt sie sich weniger empfindlich als andere Nadelbäume.

Merkmale

■ Die Schwarzkiefer ist ein immergrüner, mittelgroßer bis großer Nadelbaum mit schlankem Stamm und einer anfangs dichten, ebenmäßigen, kegelförmigen, im Alter weit ausladenden, sehr unregelmäßigen und meist offenen, schirmförmig abgewölbten Krone. Bäume im → Freistand bilden eine breite schirmförmige Krone aus (Schirmföhre) und ähneln dann stark den südlichen Pinien. Die Schwarzkiefer, die rascher wächst als die Bergkiefer, erreicht mit 100 Jahren eine Höhe von 16 bis 23 m und eine Stammstärke von 50 cm. Sie kann 500 bis 600 Jahre alt werden und eine Höhe von 30 bis 40 m, in Ausnahmefällen bis 45 m und eine Stammstärke bis zu 1 m erreichen. Ihre Bewurzelung ist flach und weitverzweigt.
■ Die Rinde ist anfangs glatt und grünlichbraun, später wird sie zu einer dicken, tiefrissigen, dunkelgrauen oder dunkelbraunen bis fast schwärzlichen (Name!) Schuppenborke. Die im Bestand sehr langschäftige Schwarzkiefer hat etagenartig in Scheinquirlen stehende, bogig aufsteigende oder auch waagrecht abgehende Äste.

Die jungen Zweige sind dick, kahl, graubraun, rotbraun bis braunschwarz (rußig erscheinend). Die Triebe sind sehr kräftig, längsfurchig und gelblich-braun. Im Winter sind die Endknospen 1,5 bis 2,5 cm lang, breit-kegelförmig bis länglich-eiförmig, scharf zugespitzt oder spitz-eiförmig und mehr oder weniger stark verharzt. Die in der Regel zugespitzten Knospenschuppen sind silbrig-hellbraun bis dunkelbraun. Die jeweils zu zweit (selten zu dritt) an Kurztrieben stehenden Nadelblätter sind kräftig, steif, dunkelgrün bis schwarzgrün, etwa 8 bis 18 cm lang und 1 bis 2 mm breit, im Querschnitt halbkreisförmig oder beidseits abgeflacht, gerade oder nur leicht bogig, mitunter etwas gedreht und vorne zugespitzt (Spitze oft gelblich). Der Rand ist fein gesägt. Die Spaltöffnungsstreifen verteilen sich gleichmäßig. Die Nadeln stehen zu zweit in einer etwa 1 bis 1,5 cm langen dunkelgrauen Nadelscheide. Ihre Lebensdauer beträgt vier bis sechs, mitunter bis acht Jahre.

■ Die Schwarzkiefer ist einhäusig und wird im Freistand mit 15 bis 20 Jahren, im Bestandsschluß mit 30 bis 40 Jahren mannbar und trägt dann alle zwei bis drei Jahre reichlich Samen. Die Blütezeit ist von Mai bis Mitte Juni, die Blüten sind eingeschlechtig. Die männlichen Blütenstände, die sich im unteren Kronenbereich am Grunde der neuen Triebe befinden, sind zylindrisch, hellbräunlichgelb, etwa 2 bis 3 cm lang und stehen gehäuft. Die am Ende junger Zweige aufrecht stehenden weiblichen Blüten, die sich nur im oberen Kronenteil befinden, sind rot, etwa 1 cm lang und stehen einzeln oder zu zweit bis zu viert. Männliche und weibliche Blüten sind größer als bei der Waldkiefer.

■ Die Samenzapfen reifen bis zum Herbst (September bis November) des zweiten Jahres. Sie sind hellbraun bis gelbbraun glänzend, fast waagrecht abstehend, breit kegelförmig, fast symmetrisch, etwa 3 bis 10 (12) cm lang und 4 bis 6 cm breit (geöffnet) sowie sehr kurz gestielt. Die 2 bis 2,5 cm langen Zapfenschuppen sind von einer Querleiste überspannt, somit deutlich gekielt, mit stumpfem Höcker versehen. Der Samen, der im Herbst des zweiten Jahres reif ist und im April des dritten Jahres ausfliegt, ist etwa 3 bis 6 mm lang, länglich-oval mit einem bis 2,5 mm langen und bis 5 mm breiten Flügel verwachsen. Er ist gelblichbraun (der hellste aller Kiefernsamen) und größer als der der Waldkiefer. Die leeren Zapfen fallen dann ab. Etwa 75 Prozent der Samenmenge sind keimfähig und bleiben es zwei bis vier Jahre. Nach der Samenreife im April ausgesät, laufen sie nach zwei bis drei Wochen auf. Die Keimblätter und auch die Erstlingsnadeln des Keimlings gleichen denen der Waldkiefer. Sie sind jedoch länger und derber als diese und bläulichgrün. Die Keimblätter stehen (jeweils zu vier bis zehn, meist sieben Stück) in einem Quirl.

Unterarten

Die Schwarzkiefer ist eine sehr veränderliche, vielgestaltige und formenreiche Art, die sich in mehrere Unterarten gliedern läßt, wobei aufgrund der großen Variationsbreite eine sichere Abgrenzung sehr schwierig ist. Die wichtigsten, die sich in zwei Gruppen gliedern, sind:

Gruppe *Laricio* oder *Pinus nigra ssp. orientalis* Delevoy:

Österreichische Schwarzkiefer: (*Pinus nigra ssp. nigra* = *Pinus nigra var. austriaca* Badoux = *Pinus austriaca* Hoess), von den Ostalpen (Österreich) über den Balkan bis Bulgarien und Griechenland verbreitet, ist ein wichtiges Gehölz in den Kalk-Trockenwäldern Südosteuropas und in den Schneeheide-Kiefernwäldern. Sie kommt allgemeinen in Höhenlagen zwischen 150 und 300 m vor, wächst aber noch in Höhen von bis zu 1400 m. Die Österreichische Schwarzkiefer hat eine breit-kegelförmige Krone, 8 bis 16 cm lange, dunkelgrüne, steife, dicht gestellte Nadeln und 6 bis 10 cm große Zapfen.

Krim-(Schwarz-)kiefer: *Pinus nigra ssp. pallasiana* = *Pinus nigra var. caramanica* kommt auf der Krim, in Südosteuropa und in Teilen Kleinasiens vor. Sie ist ein bis 35 m hoher Baum mit breiter, kegelförmiger Krone, sattgrünen, steifen, 12 bis 18 cm langen und leicht gedrehten Nadeln sowie 6 bis 12 cm großen Zapfen.

Gruppe *Leptophylla* oder *Pinus nigra ssp. occidentalis* Delevoy:

Korsische oder **Kalabrische Schwarzkiefer**, auch **Lariciokiefer** (*Pinus nigra ssp. laricio*) genannt: Sie kommt auf Korsika, in Süditalien (Kalabrien) und auf Sizilien in Höhenlagen zwischen 1 300 und 2 000 m vor. Sie ist in Nordwesteuropa ein raschwüchsiger, häufig angepflanzter Waldbaum. In Mitteleuropa ist sie nicht überall winterhart. Der bis 45 m hoch werdende Baum trägt eine relativ enge, schmal kegelförmige, im Alter abgeflachte Krone. Der Stamm hat eine rotbraune bis dunkelbraune schwach-rissige Rinde und ist regelmäßig mit relativ kurzen, waagrecht abstehenden Ästen besetzt. Die 10 bis 14 cm langen, schmalen, weicheren, gras- bis graugrünen Nadeln sind besonders an jungen Bäumen gedreht. An den Triebspitzen stehen sie gelegentlich zu dritt oder viert im Bündel. Die Zapfen sind 6 bis 8 cm groß.

Pyrenäen-Schwarzkiefer oder **Spanische Schwarzkiefer:** *Pinus nigra ssp. salzmannii*, deren Verbreitungsgebiet sich über die Pyrenäen, Cevennen sowie Mittel- und Ostspanien erstreckt, ist ein bis 20 m hoher Baum mit schmal-kegelförmiger, lockerer, lichter Krone, dünnen, 8 bis 16 cm langen, hell-mattgrünen, weniger steifen Nadeln und 4 bis 6 cm großen Zapfen.

Spirken

Von allen Unterarten verfügt nur die Österreichische Schwarzkiefer über genügend Winterhärte für Mitteleuropa. Die anderen sind bei uns nur in klimamilden Lagen gelegentlich in großen Gärten und Parkanlagen zu finden. Die Österreichische Schwarzkiefer ist gegenüber Pilzkrankheiten (→ Schwarzkieferntriebsterben) sehr anfällig.

Holz

Das Holz der Schwarzkiefer ist sehr harzreich, der → Splint rötlichweiß bis gelblich, der → Kern braunrot. Es ist dauerhafter als das der Waldkiefer und schwindet wenig. Daneben hat es eine grobe Struktur, ist schwierig zu bearbeiten, eignet sich daher weniger als Möbelholz und wird meist als Baumaterial für Erd-, Wasser- und Schleusenbau, zur Zellstoffherstellung, für Brunnenröhren und für Behälter für chemische Lösungen verwendet. In den → Harzkanälen der Rinde und des Holzes befindet sich besonders viel Harz (bis zu 26 Prozent Harzgehalt), das gelegentlich auch heute noch gewonnen wird (→ Harzgewinnung).

lich auch bei uns als Nutzholz verwendet wird. **2**) → Holzstein.

Kilben: v. a. in Württemberg gebräuchlicher Ausdruck für Stammabschnitte aller Holzarten, die wegen Unterlänge oder erheblicher Fehler nicht mehr als → Abschnitte gemäß der früheren → Holzmeßanweisung geeignet sind.

Kindel, der: Bez. für einen im Wuchs zurückbleibenden Zwieselarm; → Zwiesel.

Kinferrn, die: alte lokale Bez. (Sechsämterland) für Waldkiefer; → Kiefern 3.

Kingerte, die: → Liguster.

Kinigl, das: → Wildkaninchen.

Kippen: frühere Bez. für → Wagnerholz, von welchem zur besseren Trocknung von der Rinde stellenweise runde Platten abgenommen wurden.

Kirchenwald, der: Nach dem BWaldG zählt K. nicht zum → Körperschaftswald, sondern nach § 3 Abs. 3 zum → Privatwald, wird aber in den Landeswaldgesetzen entweder dem Privatwald oder dem Körperschaftswald zugeordnet. In Bayern z. B. unterliegt der Wald öffentlich rechtlicher Religionsgemeinschaften nicht den Vorschriften für den Körperschaftswald: er untersteht nicht der Staatsaufsicht, ist Privatwald.

Kirchner, E. L. → Wald in der Malerei.

Kiritschelbeere, die: → Prunus 5.

Kirschen → Prunus.

KIS: Kurzz. für Schwarzkiefer nach DIN 4076

Kistenholz, das: Holz für kleine Kistchen aus dünnen Nadelholz- bzw. gespaltenen Buchenholzbrettchen.

Kitschbaum, der: → Prunus 5.

Kitzgeiß, die: → Geiß.

KIW: Kurzzeichen für Weymouthkiefer nach DIN 4076.

Klafter, der, die, das: **1**) früheres Längenmaß, entsprechend der Länge beider in gerader Linie ausgestreckten Männerarme, zugleich die Manneshöhe. Ein K. enthielt meist 6 → Fuß und maß in Hessen 2,5 m; in der Schweiz 1,8 m; in Wien 1,896 m; in der Wallachei 1,962 m. **2**) früheres Flächenmaß: Ein Quadrat-K. hatte in Hessen-Darmstadt 100 Quadratfuß = 6,25 m^2; in Österreich 36 Wiener Quadratfuß = 3,595 m^2. **3**) altes Raummaß für → Brennholz, um 1500 eingebürgert, 1872 amtlich abgeschafft. Länderweise war der, die, das K. verschieden:
Baden: 144 Kubikfuß = 3,888 m^3;
Bayern: 126 Kubikfuß = 3,1325 m^3 (hergeleitet vom „Münchnerischen K." von 6 Schuh Höhe und 6 Schuh Breite und 3 1/2 Schuh Scheitlänge) oder 108 Kubikfuß = 2,685 m^3;
Braunschweig: 216 Kubikfuß = 5,019 m^3;
Frankfurt/M.: 6 x 7 x 3 Fuß = 2,9048 m^3;
Gotha: 6 x 6 x 3 Fuß = 2,4389 m^3;
Hannover: 125 Kubikfuß = 3,115 m^3 oder 144 Kubikfuß = 3,5887 m^3 oder 216 Kubikfuß = 5,383 m^3;
Hessen-Kassel: 150 Kubikfuß = 3,572 m^3 (in Hanau und Fulda: 144 Kubikfuß = 3,429 m^3);
Homburg (Amt): 144 Kubikfuß = 3,3198 m^3;
Coburg: 144 Kubikfuß = 4,045 m^3;
Lippe-Bückeburg: 216 Kubikfuß = 5,273 m^3;
Lippe-Detmold: 216 Kubikfuß = 5,241 m^3;
Mähren: 88,74 Wiener Kubikfuß = 2,8023 m^3;
Meiningen: 126 Kubikfuß = 3,502 m^3;
Meisenheim (Oberamt): 81 Kubikfuß = 3,00 m^3;
Nassau (Herzogtum): 144 Kubikfuß = 3,888 m^3;
Neuenburg (Toise de bois): 150 Kubikfuß = 3,783 m^3;
Österreich: 108 Kubikfuß = 3,4105 m^3 oder 90 Kubikbuß = 2,842 m^3;
Preußen: 108 Kubikfuß = 3,339 m^3;
Rheinpfalz: 144 Kubikfuß = 3,580 m^3;
Sachsen: 108 Kubikfuß = 2,453 m^3;
Weimar: 126 Kubikfuß = 2,825 m^3;
Württemberg: 144 Kubikfuß = 3,386 m^3;
→ Faden, Raummeter.

Klafterholz, das: das früher in Raummaßen (→ Klafter) aufgesetzte (eingelegte, eingeschichtete) → Derbholz bzw. → Scheitholz; → Schichtholz (Brennholz), Klobenholz.

Klaftermaß, das: frühere Bez. für einen Stock (Klafterstock, Klafterpfahl, Stoßpfahl), den die Holzmacher benötigten, um ein → Klafter danach zu setzen. Dieser Stock war so lang, wie ein Klafter breit und hoch war, und diente zugleich als Außenstütze eines Brennholzstapels.

Klafterpfahl, der: → Klaftermaß, Stoß.

Klafterschlag, der: frühere Bez. für einen → Schlag, auf dem das Holz zu → Klaftern geschlagen und aufgesetzt wurde.

Klafterschläger, der: → Scheitschläger.

Klafterstock, der: → Klaftermaß.

Klamaie, die: alte Bez. für ein Holzsortiment (Eichen → Schiffsbauholz), welches aus geraden Stämmen in unterschiedlicher Länge und Stärke bestand. Die Abmessungen richteten sich nach Art und Größe des Schiffes.

Klammerstämme: nach der Handelsklassensortierung (→ Handelsklassen für Rohholz) Stämme mit zwei oder mehreren Stammteilen benachbarter (unterschiedlicher) Güteklassen, z. B. B und C (→ Gütesortierung). Die Stammteile der K. werden getrennt vermessen und gekennzeichnet, erhalten gemeinsame oder verschiedene Holznummern. Ein Trennschnitt zwischen den Güteklassen wird nicht durchgeführt.

Klampen: alte Bez. für starke Latten, die aus behauenen oder gespaltenen → Reiteln gewonnen und mit denen die Langholzstämme zusammengehalten wurden.

Klangholz, das: → Resonanzholz, Stammwerkholz.

Klapholz, das: → Klap(p)holz.

Klappenstecken: auch Klippstecken. Frische, biegsame Gerten, die früher an den Rändern der Holzfuhrwerke, die von steilen Bergen herabfuhren, angebracht wurden. Die K. wurden so an der Radachse befestigt, daß sie beim Fahren in die Radspeichen eingriffen und als Bremse wirkten.

Klapperesche, die: → Pappeln 5.

Klappergrasmücke, die: → Grasmücken 10.

Klappernuß, die: → Pimpernuß.

Klapperstorch, der: → Störche 1.

Klappertopf, der (*Rhinanthus*): Gatt. der Fam. der → Rachenblütler mit rd. 40 Arten auf der Nordhalbkugel. Es sind Halbschmarotzerpflanzen, die Blattgrün enthalten. Die reifen Samen befinden sich lose in den Früchten, so daß sie beim Schütteln klappern (Name!). Im Wald:
Großer Klappertopf, der (*Rhinanthus serotinus*): Der G. K. ist fast über ganz Europa verbreitet. Er ist meist häufig und wächst in lichten, trockenen Wäldern, an Waldrändern, an sonnigen Hängen, auf Wiesen, Moorwiesen, Feldern und Dünen, bevorzugt auf lehmigen, nährstoffreichen und feuchten Böden, bis in Höhen von etwa 1300 m.
Die schwach giftige, einjährige, sehr formenreiche Pflanze (zahlreiche Unterarten) wird 30 bis 60 cm hoch und hat einen schwarz gestrichelten, vierkantigen Stengel. Die gegenständigen Blätter sind linealisch bis lanzettlich, kerbig gesägt und bis 7 cm lang. BZ: Mai bis August. Die kurzgestielten Blüten stehen einzeln in den Achseln der oberen Stengelblätter. Die winzig kleinen Samen haben eine Flughaut und werden vom Wind verbreitet.

Klap(p)holz, das: beim früheren Weser-Holzhandel Bez. für großgespaltenes Eichenholz; diente zur Herstellung von Faßdaubenstäben; → Böttcherholz.

Klärgas, das: → Biogas.

Klärschlammausbringung, die: Die bisherigen Versuche, Klärschlamm im Wald auszubringen, haben gezeigt, daß durch den dadurch bedingten Eintrag von Schwermetallen die Gefahr besteht, daß diese von der Vegetation und damit über diese auch von Tieren aufgenommen werden.
Durch die Schlammabgaben werden die → pH-Werte im Boden erhöht und das Nährstoffangebot kurzfristig verbessert. Von den erhöhten Stickstoffgehalten profitieren die Nadeln älterer Bäume. Auf ohnehin stickstoffreichen oder stark durchlässigen Böden nimmt aber der Nitrataustrag mit dem Sickerwasser deutlich zu. V. a. das Problem der Belastung durch Schwermetalle hat aber dazu geführt, daß von weiterer K. im Wald abgesehen wird. In Bayern ist z. B. auf Grund der gewonnenen Versuchsergebnisse die K. im Wald generell verboten worden.

Klärspäne: K. wurde früher von den Brauereien und Essigfabriken als Klärmittel verwendet. Hierzu wurde Hasel – ersatzweise auch Buchenholz – zu dünnen langen Spänen verarbeitet, acht bis zehn Tage in kaltem Wasser ausgezogen und dann so lange gesotten, bis das ablaufende Wasser keine Färbung mehr zeigte.

Klasse, die: → Systematik, Assoziation.

Klasseneinteilung der Bäume → Baumklasse.

Klassischer Waldbau, der: über Jahrhunderte entwickeltes mitteleuropäisches Konzept mit naturnahen Beständen, langen Umtriebszeiten, höheren Vorräten, intensiver Pflege.

Klaubholz, das: alte österr. und südd. Bez. für Brennholz (→ Leseholz), das auf dem Waldboden gesammelt und noch über den Knien gebrochen werden konnte; → Knack(holz).

Klauer: in Rheinhessen Bez. für kleine, waldähnliche und bäuerliche → Hecken, die keiner forstlichen Aufsicht unterliegen.

Klauprecht, Johann Ludwig Joseph (28.12. 1798 Mainz bis 21.4.1883 Karlsruhe): K. begann seine forstliche Ausbildung 1815 an der Forstlehranstalt Aschaffenburg. Er war Großherzogl. Badischer Forstrat, Professor der Forst- und Staatswissenschaften an der Universität Gießen und Vorstand der Forstlehranstalt sowie Professor an der polytechnischen Schule in Karlsruhe. Er schrieb u. a.: „Die Holzmesskunst" (1842).

Klausen: auch Schwellwerke, Schwellungen, Schwallungen, Schwelle, Treibseen. K. sind quer durch das Triftwasser errichtete Dammbauten, die das für die → Trift benötigte Wasser aufstauten und im sog. K.-Hof zu einem See aufsammelten. Durch eine eingebaute Wasserpforte, die vom K.-Hüter bedient wurde, konnte das Wasser nach Bedarf abgelassen werden. Als Baustoff für die K. dienten Erde, Holz, Steine und Beton entweder einzeln, z. B. reiner Holzbau (Holz-K.), oder im Verbund miteinander. Hinsichtlich Bauart und Konstruktion hatte jede Gegend ihren eigenen hergebrachten Stil. Die Wasserpforten (Klaustore, Wasserdurchlässe, Ablasse) für das Haupt- oder Hochwasser befanden sich meist in der Mitte des Klausdammes und hatten die unterschiedlichsten Einrichtungen. Man unterschied hauptsächlich Schlagtore, die sich in Angeln drehten, und Hebetore, die in senkrechte Führungen gehoben werden konnten. Außer der Hauptwasserpforte hatte jeder Klausdamm noch ein Über- und Vorwassertor, bei Geröll führenden Wassern auch einen Grundablaß; → Floßstube.

Klaus-Gundelach-Preis → Gundelach.

Klebäste → Wasserreiser.

Klebeiche, die: → Eichen 2.

Kleberle, die: → Erlen 3.

Klebhaare → Haare.

Klebkraut, das: → Labkraut 3.

Klebrige(r/s) ... siehe unter dem jeweiligen Hauptnamen.

Klee, der (*Trifolium*): Gatt. der → Schmetterlingsblütengewächse mit rd. 300 Arten in der gemäßigten und subtropischen Zone. Es handelt sich um einjährige oder ausdauernde Kräuter mit meist dreizähligen Blättern und rosafarbenen, roten, weißen oder gelben Blüten, die meist in traubigen oder doldigen → Blütenständen stehen. Von den mehr als 20 in Mitteleuropa vorkommenden Arten sind die bekanntesten im Wald:

1. Bergklee, der (*Trifolium montanum* Linné): auch Weißer B. Der B. ist hauptsächlich über Mitteleuropa verbreitet, im Norden bis Südskandinavien, im Süden Europas nur in den Gebirgen. Er wächst zerstreut auf Kalkmagerrasen, Trocken- und Halbtrockenrasen, in lichten Wäldern, Gebüschen, Gebüsch- und Waldsäumen, auf trockenen oder wechselfeuchten Wiesen, besonders auf Kalkböden; Wechseltrockenheitszeiger.

Die mehrjährige Pflanze hat einen aufsteigenden oder aufrechten, 15 bis 40 cm (60 cm) langen Stengel, der weiß seidig-wollig behaart ist. Die dreizähligen Blätter haben länglich-lanzettliche, fein stachelspitzig gesägte, unterseits seidig behaarte Blättchen. BZ: Mai bis August. Die wohlriechenden, endständigen Schmetterlingsblüten stehen in kugeligen bis eiförmigen, 1 bis 2 cm langen, meist paarweise angeordnetenen Blütenständen. Die 7 bis 10 mm lange Krone ist weiß bis weißlichgelb, beim Verblühen rötlich-graubraun.

2. Purpur-Klee, der (*Trifolium rubens* Linné): auch Fuchsschwanz-K. Der über Mitteleuropa, südlich bis Nordspanien und Mittelitalien verbreitete P. ist selten. Er ist wärmeliebend und wächst in lichten Wäldern, besonders Eichen-Kiefern-Trockenwäldern, auch in → Niederwäldern, besonders in wärmeren Gebirgen, bevorzugt an trockenen Südhängen; Differentialart in Flaumeichen-Gesellschaften.

Die ausdauernde, 30 bis 60 cm hohe Pflanze, die dem Waldklee sehr ähnlich ist, hat aufrechte Stengel, die kahl, dick und stielrund sind. Die Blätter sind dreizählig mit 4 bis 6 cm langen, länglich-lanzettlichen Blättchen, die zahlreiche Seitennerven haben, mattgrün (nie gefleckt), kahl und stachelspitzig gezähnt sind. BZ: Juni bis Juli. Die purpurroten Schmetterlingsblüten stehen in meist paarweise angeordneten, kurzgestielten, 3 bis 7 cm langen, walzlichen Blütenköpfen. Die Früchte sind rundliche Hülsen, die klappig aufspringen und helle, eiförmige Samen enthalten.

3. Waldklee, der (*Trifolium alpestre* Linné): auch Hügel-K. Der hauptsächlich über Südeuropa verbreitete, in Mittel- und Nordeuropa seltene W. ist wärmeliebend und wächst in lichten, trockenen Wäldern, besonders Kiefern-Trockenwäldern und Eichen-Trockenwäldern (→ Differentialart), an Gebüschsäumen, Waldrändern, in Gebüschen, Heiden, auf trockenen Wiesen und Kalktrockenrasen, besonders in Mittelgebirgen, seltener im Flachland. Er ist bis in Höhen von etwa 2300 m anzutreffen.

Die ausdauernde, 10 bis 40 cm hohe, rasenbildende Pflanze hat einen kräftigen, aufrechten, anliegend behaarten, meist einfachen Stengel. Die Blätter sind dreizählig. BZ: Juni bis August. Die leuchtend purpurroten Schmetterlingsblüten stehen in vielblütigen, kaum gestielten, kugeligen bis eiförmigen Blütenköpfen, die meist paarweise in den Achseln der obersten Blätter wachsen.

Triftklause (Schwellwerk) in der Almbachklamm bei Berchtesgaden

4. Mittlerer Klee, der (*Trifolium medium* (L.) Grufberg): auch Zickzack-K. Der fast über ganz Europa verbreitete M. K. wächst verbreitet in gestörten lichten Waldgesellschaften und lichten Gebüschen (Schlehengesellschaften), an Busch- und Waldrändern, auf trockenen Wiesen und Halbtrockenrasen; Lehmzeiger (→ Boden(an)zeiger).

Die mehrjährige Pflanze ist dem Purpur-Klee sehr ähnlich und hat einen 15 bis 50 cm langen, aufsteigenden, seltener niederliegenden, zickzackförmig gebogenen, meist ästigen, oft rötlichen Stengel. Die wechselständigen (→ Blattstellung), gestielten Blätter sind dreizählig, meist gefleckt und oft mit hellerer oder rotbrauner Querbinde. BZ: Juni bis August. Die karminroten bis purpurnen Schmetterlingsblüten stehen in einzelnen, 2 bis 3 cm langen, kugeligen bis eiförmigen Blütenköpfen ohne Hülle.

◂◂ Bergklee (*Trifolium montanum*)

5. Gold-Klee, der (*Trifolium aureum* Pollich): Der über große Gebiete Europas, im Süden nur in den Gebirgen, verbreitete G. kommt in Dtschl. zerstreut vor und wächst in lichten Wäldern und Gebüschen, auf trockenen Wiesen, kalkarmen Magerrasen, an Wegrändern und in Waldsäumen, auf kalkarmen Böden.

Die zweijährige, 15 bis 40 cm hohe buschig wachsende Pflanze hat dreiteilige Blätter, wobei die Teilblättchen fast ungestielt und bis 2 cm lang sind. BZ: Juni bis Juli (August). Die 10 bis 15 mm langen, goldgelben Blütenköpfchen bestehen aus 20 bis 40 Einzelblütchen. Die Frucht ist eine Hülse mit hakenförmigem Schnabel.

◂◂ Roter Wiesen-Klee (*Trifolium pratense*)

6. Moor-Klee, der (*Trifolium spadiceum* L.): Der M. ist fast über ganz Europa verbreitet und kommt hauptsächlich in den Gebirgen vor. In Dtschl. wächst er zerstreut bis selten auf Quellmooren, Moorwiesen, mageren Bergwiesen, Wegen und an Gräben, bevorzugt auf kalkfreien Böden.

Kiefern II

3. Waldkiefer

Die Art *Pinus sylvestris* Linné wird auch Gemeine Kiefer, Weiß-, Feuren-, Fackel-, Schleiß-, Waldföhre, Weiß-, Sandkiefer, Föhre, Thäle, Forche (in Bayern und Schweiz), Fohre, Forle, Fahre, Fohre, Harz-, Theer, Zürgelbaum, Kinfern, Spanholz, Kienbaum, Kienholz, Kienföhre, Kräh-, Kuh-, Kratzfichte, Kiene, Mantel (in Oberbayern, Oberpfalz, Mittelfranken), Fuhre (norddeutsche Heide), Tanger, Tangel- und Mädelbaum (in Württemberg) sowie Fackelbaum genannt. Der lateinische Zusatz *sylvestris* bedeutet „wild" und wird im Deutschen als Vorsilbe „Wald" bei Pflanzennamen verwendet. Der Name „Föhre" leitet sich vom mittelhochdeutschen „vorhe", dem althochdeutschen „for(a)ha" und dem altnordischen „fura" ab.

Verbreitung

Die Waldkiefer, eine eurosibirische Pflanze, ist von Spanien und Nordafrika, über ganz Europa bis zur polaren Waldgrenze, von Westeuropa (Schottland) über Osteuropa sowie weiter ostwärts über Sibirien (vom 65. bis zum 50. Breitengrad) bis Ostasien und über das nördliche Kleinasien verbreitet. In den Trockenwäldern Südosteuropas wird sie häufig von der Schwarzkiefer abgelöst.

Standort

Die Waldkiefer ist ein häufig vorkommender Waldbaum und wächst in der kollinen, montanen und subalpinen Vegetationsstufe. Sie ist eine sehr anspruchslose und standorttolerante Lichtbaumart und gedeiht auf mäßig trockenen bis nassen, kalkhaltigen, basenreichen oder sauren, nährstoffarmen, humosen, flach- bis tiefgründigen Sand-, Lehm-, Kies-, Fels-, Schutt- oder Torfböden, an trockenen, sonnigen Hängen, auf Felskuppen, auf Mooren, in sommerwarmen und winterkalten Klimalagen. Sie ist in Reinbeständen oder in Mischwäldern anzutreffen, vergesellschaftet mit Fichte, Birke, Eiche und anderen Gehölzen (→ Kiefernbegleiter). Von Natur aus ist sie nur an für Schattenbaumarten ungeeigneten Standorten (Felsen, Dünen, Schotter, Moore) bestandsbildend. Von Natur aus vorherrschend ist sie in Moos-Kiefernwäldern und boreal-subkontinentalen Kiefern-Steppenwäldern. Sie wächst ferner in zwergstrauchreichen Fichten-Tannen-Wäldern, west- und mitteleuropäischen Eichen-Birken-Wäldern und west-submediterranen Flaumeichenwäldern, von der Ebene bis in Höhen von 1600 m (in den Zentralalpen bis 2200 m).

Waldkiefer
(Pinus sylvestris)

Merkmale

■ Der immergrüne Nadelbaum wächst in den ersten Jahrzehnten sehr rasch. Er wird mit etwa 80 Jahren 20 bis 25 m hoch und kann letztlich eine Höhe von bis zu 35 m, in seltenen Fällen bis zu 48 m sowie ein Alter von etwa 600 Jahren erreichen. Im Bestandsschluß trägt der vollholzige Stamm in der Jugend eine lockere, kegelförmige Krone. Nach Erreichen der Endhöhe wird diese häufig asymmetrisch, abgeflacht, abgewölbt oder schirmförmig verbreitert. Im Freistand wird die Waldkiefer oft astig, relativ kurzschäftig und breitkronig. Der gerade, meist langschäftige, häufig auch gebogene Stamm erreicht eine Stärke von 50 bis 100 cm, gelegentlich sogar bis 150 cm. Die Waldkiefer hat eine tiefgehende → Pfahlwurzel mit vielen, zum Teil oberflächlich, teils schräg in den Boden vordringenden Seitenwurzeln.

■ Die Rinde ist anfangs glatt, graugelb oder braungrau, dann, wie die Rinde an Stamm und Ästen im Kronenbereich, leuchtend rotgelb bis fuchsrot und blättert in papierdünnen Fetzen ab („Fuchsrinde"). Im Alter wird sie zu einer in große Platten gegliederten, von tiefen schwärzlichen Furchen durchzogenen, dicken, grau- bis rotbraunen Schuppenborke. Die reichverzweigten Äste sind anfangs bogig aufsteigend und stehen etagenartig. Später sind sie aufsteigend oder hängend und ziemlich unregelmäßig. Die jungen Zweige sind kahl, olivgrün bis gelbbraun, völlig von herablaufenden Schuppenblattbasen berindet und wachsen → monopodial.

■ Die Winterknospen sind länglich, 8 bis 12 mm lang, vorne abgerundet oder kurz zugespitzt und schwach oder stark harzig. Die hell- bis dunkelbraunen lanzettlichen Knospenschuppen erscheinen durch starke Verharzung oft grauweiß. Je zwei Nadeln stehen an einem Kurztrieb ringsum angeordnet und zum Ende der Triebe büschelig gehäuft. Sie sind derb, steif, etwa 2,5 bis 8 cm lang und 1,5 bis 2 mm breit, meist gedreht, kurz zugespitzt und im Querschnitt fast halbkreisförmig. Die gewölbte Außenseite hat eine dunkelgrüne, die flache Innenseite eine graugrüne Farbe und ist mit einem Wachsüberzug versehen. Die Spaltöffnungsstreifen verteilen sich gleichmäßig über die Oberfläche. Jeweils zwei Nadeln befinden sich in einer anfangs weißen, später grauen, 8 bis 10 mm langen Nadelscheide, die aus etwa 10 Schuppenblättern besteht. Die Lebensdauer der Nadeln beträgt zwei bis drei Jahre, im Gebirge bis sechs Jahre und bei manchen Rassen vier bis sieben Jahre.

■ Die Waldkiefer ist einhäusig und wird im Freistand mit 15 bis 20 Jahren (im Bestandsschluß mit 30 bis 40 Jahren, auf feuchten bis nassen Standorten noch später) mannbar und trägt dann, je nach Höhenlage, alle zwei bis sechs Jahre reichlich Samen. Sie blüht im Mai/Juni und weist eingeschlechtige Blüten auf. Die zahlreichen männlichen Blüten, die sich am Grunde junger Langtriebe anstelle beblätterter Kurztriebe befinden, sind 6 bis 7 mm lang, gelblich und walzlich. Sie stehen in 3 bis 8 cm langen, meist schmal-pyramidenförmigen Kätzchen und enthalten große Pollenmassen. Die weiblichen Blüten, die einzeln, zu zweit oder dritt (bis fünft) am Ende junger Langtriebe stehen, sind gestielte, etwa 5 bis 6 mm lange, eiförmige bis fast kugelige, violette bis tiefrote Zäpfchen. Die Bestäubung erfolgt durch den Wind. Die befruchteten Zäpfchen krümmen sich im Herbst hakig abwärts, wachsen dann und werden im ersten Jahr zu kleinen grünen, im Herbst (Septem-

▶▶ Waldkiefern auf armem Standort

ber bis November) des zweiten Jahres zu verholzten, dunkelbraunen bis fast schwärzlichen, kurz gestielten, 3 bis 8 cm langen, 3 bis 5,5 cm breiten (geöffnet), zurückgekrümmten Zapfen.

■ Die Zapfenschuppen sind länglich, die Schuppenschildchen rautenförmig und flach mit kleinem hellbraunem Nabel und meist sehr kurzem Höcker. Die Schuppen mit je zwei Samenanlagen klaffen zur Reifezeit oder sind zurückgebogen. Im März/April des dritten Jahres fliegt der Samen aus. Die leeren Zapfen fallen später ab. Der 3 bis 5 mm lange Same ist schwärzlich bis gelbbraun, länglich-eiförmig, scharfkantig, einseitig glänzend und mit einem ihn zangenartig umschließenden, 10 bis 15 mm langen und 4 bis 6 mm breiten Flügel verwachsen. Etwa 95 Prozent der Samenmenge sind keimfähig und bleiben es vier bis fünf Jahre. Bei Aussaat im Frühjahr läuft der Samen nach zwei bis fünf Wochen auf. Die Keimblätter sind dreikantig, glattrandig, bogig aufgerichtet und stehen (jeweils vier bis sieben, zumeist sechs) im Quirl. Die Erstlingsnadeln stehen einzeln und sind beidkantig gesägt.

Unterarten und Standortrassen

Die Waldkiefer ist ein außerordentlich anpassungsfähiges, gegen Frost und Hitze unempfindliches, vielgestaltiges Gehölz und zählt zu unseren bescheidensten Baumarten. Sie gliedert sich in zahlreiche Standortrassen, die hinsichtlich Wüchsigkeit, Stamm- und Kronenform, aber auch hinsichtlich der Ansprüche und der Widerstandsfähigkeit sehr unterschiedlich sein können.
Erwähnenswert sind vor allem die weniger lichtbedürftige, geradschäftige **Höhenkiefer**, die hauptsächlich im Fichtelgebirge und im Schwarzwald anzutreffen ist. Ferner die sehr langsamwüchsige **Alpenkiefer**, die in Höhenlagen von über 1100 m bis 2000 m (als **Krüppelkiefer** sogar bis 2300 m) anzutreffen ist, eine relativ spitze Krone aufweist, häufig bis zum Boden beastet ist und nur etwa 10 bis 15 m hoch wird.
Eine Standortrasse ist auch die häufig krummwüchsige, lichtwendige, südwestdeutsche **Tieflandskiefer**, die mit ihrer unregelmäßigen, schirmartigen Krone an eine Pinie erinnert.
Schließlich ist die sehr langsamwüchsige **Moor-Waldkiefer** (*var. turfosa*) zu nennen, die die Kiefern-Heidemoore Nordwestdeutschlands, Skandinaviens und des Baltikums bis nach Nordrußland besiedelt. Sie hat dicht übereinanderstehende Astquirle, wird etwa 3 m hoch und hat etwa 2,5 cm lange kurzlebige Nadeln.

Schädlinge

Die Waldkiefer (besonders die Waldkiefer-Reinbestände) wird unter anderem bedroht von der → Kiefernschütte, dem → Kiefernblasenrost, verschiedenen → Borkenkäfern, dem → Kieferndrehrost sowie den Raupen des Kiefernprozessionsspinners, des Kiefernspinners und des Kiefernspanners (→ Glucken, → Spanner), die enorme Fraßschäden anrichten können.

Holz

Das harzreiche, leichte, weiche Holz hat einen breiten, gelblich-bis rötlichweißen Splint und einen rotbraunen Kern (dunkelt im Licht stark nach), trocknet langsam, schwindet mäßig und ist sehr dauerhaft. Es findet u. a. für Bahnschwellen, Balken, Schiffsmasten, Blind- und Sperrholz, Pfähle und Pfosten, Dachlatten, Faßdauben, Rammpfähle, Kanthölzer, Licht- und Telefonmasten, Rüstbretter, Dielen, Fensterrahmen und sonstiges Bauholz sowie als Gruben-, Möbel- und Brennholz Verwendung. Ferner werden daraus auch Messer- und Schälfurniere hergestellt. Es dient ebenfalls als Rohstoff zur Pappe- und Papierherstellung. Wie von der Schwarzkiefer kann auch von der Waldkiefer Harz gewonnen werden. Aus dem → Kienruß stellte man früher Druckerschwärze und Schuhwichse her.

Bedeutung als Heilpflanze

In der Naturheilkunde finden die an → ätherischem Öl und Vitamin C reichen Knospen bzw. Maitriebe, die antiseptische, harntreibende, stimulierende und auswurffördernde Wirkung haben, sowie das frisch ausgeflossene Harz Verwendung. Der Aufguß der Knospen und Maitriebe findet bei Asthma, Heiserkeit und Blasenentzündung innerliche Anwendung, ferner der Waldkiefernsirup bei Bronchitis. Ein Waldkieferabsud wird bei Gicht und Rheumatismus äußerlich angewandt. Aus Waldkiefernadeln werden Extrakt und Öl gewonnen, die auch zu Badezusätzen verarbeitet werden.

4. Weymouthkiefer

Die Art *Pinus strobus* Linné wird auch Strobe oder Weimutskiefer genannt. Der Name Strobe ist abgeleitet vom lateinischen Artnamen *strobus*, der auf das griechische Wort „*strobos*" zurückgeht, was soviel wie „Kreisel" oder „Wirbel" bedeutet. Weymouthkiefer heißt sie deshalb, weil sie von Lord Weymouth im Jahre 1705 nach Europa gebracht wurde (→ ausländische Baumarten).

Verbreitung

Die ursprüngliche Heimat der Weymouthkiefer ist das östliche Nordamerika (von Neufundland bis in die Berge Georgias). Heute wird sie vielerorts in Europa, besonders in Mitteleuropa, einzeln oder kleinbestandsweise auf verarmten Böden angepflanzt und ist gelegentlich auch in Parkanlagen anzutreffen.

Standort

Die Weymouthkiefer wird in der kollinen, seltener montanen Vegetationsstufe angepflanzt. Sie ist eine Halbschatt(en)baumart und verlangt tiefgründige, möglichst frische, feuchte, lockere, lehmig-sandige Böden in niederschlagsreichen, luftfeuchten Klimalagen. Auch auf Torf und trockenem Sandboden gedeiht sie.

Weymouthkiefernzapfen (ein Jahr)

Merkmale

■ Der stattliche immergrüne Nadelbaum wächst sehr rasch, bildet im dritten Jahr seinen ersten Astquirl, ist mit 100 Jahren etwa 30 m hoch und kann bis 50 m hoch (in seiner Heimat sogar bis 80 m) und etwa 500 Jahre alt werden. Der gerade vollholzige Stamm erreicht eine Stärke von 150 cm, vereinzelt sogar bis 200 cm. Die aus sehr regelmäßigen Astquirlen aufgebaute, lockere Krone ist anfangs schmal-kegelförmig und wird im Alter breiter, gedrungener und unregelmäßig mit gebogenen Hauptästen. Die Weymouthkiefer hat eine kräftige Pfahlwurzel und weitstreichende Seitenwurzeln, die sie sturmfest machen. Die Rinde des Stammes ist anfangs glatt, grünlichbraun, dann schwärzlich-grau bis schwärzlich-rot. Ab dem 20. Jahr wird sie längsrissig und schließlich zu einer außen grauen, innen rotvioletten, von Rissen und Furchen durchzogenen Tafelborke. Die Äste stehen quirlig in Etagen (charakteristisch), sind bogig aufsteigend und mäßig verzweigt in dünne, waagrecht stehende, graubraune Zweige.

■ Die Triebe sind olivgrün bis bräunlich, kantig gerieft, relativ dünn und fein grau behaart; sie werden im zweiten Jahr kahl. Sie wachsen → monopodial. Die Winterknospen sind 3 bis 6 mm lang, länglich-eiförmig, harzig und oben kurz zugespitzt. Die Knospenschuppen sind hell- bis dunkelbraun, dunkel berandet, zugespitzt und harzig. Die die Zweige dicht einhüllenden Nadelblätter stehen (jeweils fünf Stück) in kleinen Büscheln an einem Kurztrieb, sind dreikantig, gerade, dünn, biegsam, weich, anfangs hell, ab dem zweiten Jahr dann dunkel-blaugrün, etwa 6 bis 14 cm lang und 0,5 bis 0,8 mm breit. Ihre Innenseiten weisen bläulichweiße Längsstreifen (Spaltöffnungsstreifen) auf. Ihr Rand ist sehr fein gesägt und die Spitze meist zugespitzt. Jedes fünfnadelige Büschel ist von einer etwa 1 cm langen, schon im ersten Jahr abfallenden Nadelscheide umgeben. Die Lebensdauer der Nadeln beträgt etwa zwei bis drei Jahre.

■ Die Weymouthkiefer wird im Freistand mit 15 bis 20 Jahren, im Bestandsschluß mit 30 bis 40 Jahren mannbar und fruchtet dann alle zwei bis drei Jahre. Sie ist einhäusig und blüht im (April) Mai/Juni. Ihre eingeschlechtigen Blütenstände ähneln denen der Waldkiefer. Die männlichen Blüten stehen in blaßgelben, nach der Blütezeit bräunlichen, länglichen, meist gekrümmten Kätzchen, die zahlreich am Grunde der Langtriebe stehen. Die weiblichen Blüten stehen in langgestielten, schlank-eiförmigen, blaugrünen, aufrechten Zäpfchen, die zu zweit bis viert am Ende junger Triebe gehäuft wachsen. Ihre Fruchtschuppen sind grün, dreieckig und haben keinen Kiel. Die kurzgestielten Zapfen sind anfangs rötlichbraun und im ersten Jahr noch aufrecht, werden dann grün und reifen im zweiten Herbst (August/September) zu hängenden, zimtbraunen, meist am oberen Ende etwas gekrümmten, 8 bis 20 cm langen und 4 bis 5 cm breiten (geöffneten) Zapfen heran. Die locker stehenden, verholzten Zapfenschuppen, die sich zur Reifezeit stark spreizen, sind dünn, glatt, stumpf, schmal und auffallend groß mit gelbbrauner Verdickung an der Spitze. Die Zapfen fallen im auf die Reife folgenden Frühjahr als Ganzes ab.

Weymouthkiefer
(Pinus strobus)

■ Der braun-marmorierte Samen, der kurz nach der Reife ausfliegt, ist 5 bis 7 mm lang, einseitig glänzend und hat einen 15 bis 20 mm langen und 5 bis 6 mm breiten, halbmondförmigen Flügel. Etwa 65 Prozent der Samenmenge sind keimfähig und bleiben es etwa zwei bis drei Jahre. Bei Frühjahrsaussaat läuft der Samen nach drei bis vier Wochen auf. Der Keimling hat häufig einen rötlichen Stengel. Die Keimblätter, die zu acht bis elf im Quirl stehen, sind dreikantig, dunkelgrün und die Innenkante ist etwas gesägt. Die einzeln stehenden Erstlingsnadeln sind flach und beidkantig gesägt.

Waldbau und Schädlinge

Die Weymouthkiefer stellt keine besonderen Bodenansprüche, ist unempfindlich gegen Hitze und Frost, erträgt auch extreme Temperaturunterschiede und ist gegen → Schneedruck wiederstandsfähiger als die Waldkiefer. Ihre langen Nadelbüsche falten sich in der feuchten Winterluft zusammen und lassen den Schnee abgleiten. Sie kann daher in schneedruckgefährdeten Lagen angepflanzt werden. Aus diesen Gründen und auch weil sie an Zuwachs und Ertrag der Waldkiefer überlegen ist, wurde sie in Mitteleuropa als Forstgehölz angepflanzt und fand schnell Verbreitung. Doch seit Ende des 19. Jahrhunderts ist sie vom → Strobenblasenrost bedroht, der sich schnell über ganz Europa ausbreitet, und gegen den sie sehr anfällig ist. Aus diesem Grunde sollte sie auch nicht in größeren Reinbeständen angebaut werden. Auch gegenüber Luftverschmutzung, besonders → Schwefeldioxid, ist sie sehr empfindlich.

Holz

Das Holz hat einen gelblichweißen Splint und einen rötlichbraunen Kern, ist harzreich, weich, sehr leicht und beim Trocknen wenig schwindend. Es findet als Isoliermaterial, im Modellbau und für Leichtkonstruktionen aller Art, für Möbel, Türen und Fensterrahmen Verwendung.

5. Zirbelkiefer

Die Art *Pinus cembra* Linné wird auch Zirbe, Arve, Arbe, Zirbelfichte und mundartlich Zirbm (Kärnten) und Zirm (Tirol) sowie Leinbaum, Zimber, Zirzen, Zirschen und Zirbelnußbaum genannt.
Ursprünglich (bis ins 16. Jahrhundert) wurde nur der runde Zapfen „Zirbel" genannt, später wird das Wort „Zirbe" für den ganzen Baum gebraucht. Das Wort „Zirbel" ist abgeleitet vom althochdeutschen „zerbel" und dem mittelhochdeutschen „zirben", was soviel wie drehen oder wirbeln bedeutet. Das Wort „Arve" ist in den österreichischen und schweizerischen Alpen ein bodenständiges Wort und seit dem 16. Jahrhundert als „arbe" bzw. „arve" belegt. Die Namen Arlberg und Vorarlberg leiten sich von „Arve" ab. Der Zusatz *cembra* geht wohl auf das Keltische „ciom-bra" = Gebirgstal zurück.

Unterarten und ihre Verbreitung

Die Zirbelkiefer wird in zwei räumlich voneinander getrennte Unterarten geteilt. Und zwar in die **Sibirische Arve** oder **Sibirische Zirbelkiefer** (*Pinus cembra ssp. sibirica*), die über Sibirien (vom Ural bis zum Baikalsee) verbreitet ist, und in die **Alpen-Arve** (*Pinus cembra ssp. cembra*), die über Mitteleuropa, insbesondere über den Alpenraum verbreitet ist, aber auch in den Karpaten und der Tatra vorkommt. Diese muß als ein Relikt aus der Nacheiszeit (→ Waldgeschichte) angesehen werden, in deren Verlauf sie vom Osten (Sibirien) her nach Mitteleuropa einwanderte. Zur Zeit der Mittleren Wärmezeit (Atlantikum) vor etwa 5000 bis 7500 Jahren (5500 bis 3000 v. Chr.) war sie am meisten verbreitet. Ab dem späten Mittelalter schrumpften durch Rodung für Almweiden und durch Almwaldnutzung die Zirbelkieferbestände. Ferner wird sie in nördlichen Regionen (Skandinavien) forstlich angepflanzt und ist gelegentlich auch in großen Gärten und Parkanlagen zu finden. Die nachstehend beschriebene Zirbelkiefer ist die sogenannte Alpen-Arve.

Standort

Die Zirbelkiefer ist eine Lichtbaumart und wächst hauptsächlich in der subalpinen Vegetationsstufe, vorwiegend an Nord- und Nordwesthängen auf mäßig nährstoffreichen, frischen, tiefgründigen und versauerten Lehm- und Steinböden mit Rohhumusauflage. In niederschlagsreichen Regionen ist sie auch auf kalkhaltigem Gestein (wenn Kalk ausgewaschen) wie z. B. Dolomit und auf Serpentin anzutreffen. Die Zirbelkiefer bevorzugt lufttrockene, kaltkontinentale bis luftfeuchte Klimalagen und ist in Höhenlagen von 1200 bis 2850 m anzutreffen. Sie verträgt in der Jugend Schatten, ist gegen Frost unempfindlich und ist der markanteste Baum an der alpinen Waldgrenze. Vom Wind zerzaust und knorrig harrt sie auch noch auf Extremstandorten in Sturmlagen und nahe von Gletschern und Schneefeldern aus. Meist tritt sie wäldchen- und hortenweise zwischen Lärche und Tanne oder auch vergesellschaftet mit Lärche (→ Charakterart des Lärchen-Zirbenwaldes), Bergkiefer und gelegentlich mit Fichte auf. Größere Reinbestände bildet sie selten. Sehr eindrucksvolle Zirbelkieferbestände befinden sich im Schweizer Nationalpark Graubünden, im Oberengadin, Wallis, den Niederen Tauern sowie in den Zillertaler und Ötztaler Alpen. Der Bestand an Zirbelkiefern, die ehemals ganze Wälder bildete, geht stark zurück. Heute ist sie vielfach nur noch in kleinen Gruppen und als Einzelbaum anzutreffen.

Merkmale

■ Der stattliche, mittelgroße bis große, sehr langsam wachsende immergrüne Nadelbaum ist von gedrungenem Wuchs, kann bis zu 22 m hoch (die Sibirische Arve bis 35 m hoch) und bis zu 1000 Jahre alt, sogar älter (z. B. im Aletschwald im Kanton Wallis) werden. Sein meist gerader, oft wellenförmig aufsteigender, stark abholziger Stamm kann bis zu 170 cm Stärke erreichen. Die tief angesetzte Krone ist bei jungen Bäumen schmal-kegelförmig, sehr dicht und meist ebenmäßig. Später wird sie fast säulenförmig mit stumpfer Spitze, gerundet und oft sogar (besonders im Freistand) sehr unregelmäßig und mehrwipfelig (Nebengipfel bildend). Im Frei-

◄◄ Zirbelkiefer

stand sind die Bäume bis ins hohe Alter fast bis zum Boden beastet. Die Bewurzelung ist kräftig, weit ausgreifend und – wo möglich – auch tiefgehend. Dadurch ist sie sehr sturmfest. Die Rinde ist anfangs glatt, grünlichgrau bis silbergrau, wird dann rauh und schuppig (stellenweise mit Harzblasen), und schließlich entsteht eine graubraune bis silbrig-rotbraune, längsrissige Schuppenborke mit breiten rötlichen Furchen zwischen den Feldern.

■ Die in dichten Scheinquirlen und meist waagerecht abstehenden, gedrungenen, relativ kurzen Äste haben an den Enden steile bogig aufsteigende Zweige. Die jungen Zweige sind dick, olivgrün bis braungrün, (im zweiten Jahr sind sie dann schwarzgrau) runzelig, gerieft, dicht filzig rostrot bis orangebraun behaart (kaum verkahlend). Sie wachsen → monopodial. Die 6 bis 11 mm langen Winterknospen sind schmal-eiförmig mit meist lang ausgezogener Spitze und häufig harzig. Die dicht schließenden, zugespitzten, braunen bis dunkelbraunen Knospenschuppen erscheinen oftmals durch das Harz graugelb.

■ Die Benadelung der Zirbelkiefer ist üppig. Die 5 bis 12 cm langen und 1 bis 1,5 mm breiten (relativ dicken) Nadelblätter sind gerade, relativ steif, derb, zugespitzt (aber nicht stechend), unterseits dunkelgrün, oberseits hell-graugrün, mit drei bis fünf blauweißen Spaltöffnungsstreifen auf jeder der beiden Innenseiten. Sie wachsen (jeweils fünf Stück) auf sehr dicht stehenden Kurztrieben, umgeben von etwa 2 cm langen, sehr locker stehenden Schuppenblättern (keine eigentliche Nadelscheide), die bereits im ersten Jahr abfallen. Die Nadeln sind im Querschnitt fast dreieckig und am Rand fein gesägt. Die Lebensdauer der Nadeln beträgt drei bis sechs, zumeist jedoch fünf Jahre.

■ Die Zirbelkiefer erreicht die Mannbarkeit nicht vor dem 40. Jahr, auf ihren natürlichen, hochgelegenen Standorten im Freistand mit 50 bis 60 Jahren, im Bestandsschluß meist erst mit 70 bis 80 Jahren oder sogar noch später und trägt dann, je nach Standort, alle sechs bis zehn Jahre Samen. Sie ist einhäusig und blüht von Mai bis Juli. Die Blüten, die sich nur im oberen Kronenbereich befinden, sind eingeschlechtig. Die männlichen Blüten, die sich am Grunde junger Langtriebe an Stelle von beblätterten Kurztrieben befinden, stehen in zuerst 1 bis 2 cm langen, eiförmigen bis walzlichen, purpurroten, aufrecht- oder abstehenden Kätzchen, die nach der Blütezeit länglich werden und meist gebogen sind. Die weiblichen Blütenstände, die sich einzeln oder zu mehreren (bis sechs) im Spitzenbereich junger Langtriebe befinden, sind gestielte, eiförmige bis stumpf-kegelförmige, aufrecht stehende, 1 bis 1,5 cm lange Zäpfchen, die purpurn bis tiefrot leuchten.

■ Die breit-eiförmigen bis tonnenförmigen Zapfen sind kurz und kräftig gestielt, anfangs blaugrün bis hellviolett, blaubereift, später braunpurpurn. Zur Reifezeit stehen sie aufrecht, sind zimtbraun bis dunkelbraun, 6 bis 13 cm lang und 3,5 bis 8 cm breit (höchstens eineinhalbmal so lang wie breit). Sie reifen im Herbst des zweiten Jahres (Ende Oktober/November), bleiben aber geschlossen und fallen im darauffolgenden Frühjahr (April) in geschlossenem Zustand als Ganzes ab. Die breiten, in der äußeren Hälfte stark verdickten Zapfenschuppen haben kein deutliches Schuppenbild, sind an der Spitze etwas umgeschlagen und haben einen kleinen abstehenden Nabel.

■ Der relativ große, dicke, flügellose, eßbare Samen (die sogenannte Zirbelnuß) ist stumpf dreikantig, hartschalig, mattbraun und enthält bis zu 36 Prozent Öl. Der Samen wird gern von Vögeln, insbesondere von Tannenhäher (→ Hähersaat) und Kernbeißer, sowie von Eichhörnchen verzehrt oder als Vorrat versteckt und dadurch auch von ihnen verbreitet. Die Zirbelnüsse gewinnt man am besten, indem man die Zapfen im Backofen bei mäßiger Hitze zum Spreizen ihrer Schuppen bringt. Etwa 60 Prozent der Samenmenge sind keimfähig und bleiben es zwei bis drei Jahre. Nach Aussaat liegen sie in der Regel ein bis drei Jahre über (Samenruhe). Die Keimblätter sind dunkelgrün, dreikantig und sichelförmig aufwärts gekrümmt. Ihre Innenkante ist schwach gesägt; die Innenflächen weisen weiße Längsstreifen auf. Sie stehen (jeweils neun bis zwölf, meist zehn) in einem Quirl. Die einzeln stehenden Erstlingsnadeln sind flach, oberseits schwach weißgestreift und beidkantig gezähnt.

Zirbelkiefer
(Pinus cembra)

Holz

Das Holz der Zirbelkiefer hat einen schmalen, gelblichen Splint, einen gelbrötlichen bis rotbräunlichen Kern, der stark nachdunkelt und ist von schwarzem Astholz durchzogen. Es ist leicht, weich, zäh, harzreich, würzig duftend, sehr dauerhaft, schwindet kaum, ist gut spaltbar, von hohem Wert und wird im Innenausbau für Parkett, Holzdecken, Vertäfelungen, für Schindeln, Möbelfurniere, als Möbelholz (Bauernmöbel) und (besonders im alpinen Raum) auch für den Hausbau verwendet. Wegen seiner gleichmäßigen Struktur ist es sehr gut für Schnitz- und Drechslerarbeiten sowie zur Herstellung von Tellern, kübelartigen Behältern für die Hauswirtschaft und dergleichen geeignet.

6. Grannenkiefer

Pinus aristata Engelmann wird auch Borsten- oder Fuchsschwanzkiefer genannt. Die erst 1861 entdeckte Grannenkiefer wächst hauptsächlich in den White Mountains in Kalifornien und wird seit einiger Zeit auch in Mitteleuropa angepflanzt. Sie bildet in ihrer Heimat in lichten Beständen die → Baumgrenze und zählt zu den ältesten Bäumen bzw. Lebewesen der Erde (die älteste bisher gefundene Grannenkiefer ist 4 600 Jahr alt und wächst in einer Höhe von 2 850 m). Bei den uralten Bäumen ist meist über die Hälfte des Baumes tot, der noch lebende Teil wächst außerordentlich langsam. In der trockenen Luft vermodert das Holz nicht. Die Grannenkiefer wird im allgemeinen 8 bis 10, seltener bis 15 m hoch und erreicht einen Stammdurchmesser von etwa 0,5 bis 1,0 m. Die fünfnadeligen Kurztriebe stehen dicht. Die 2,5 bis 4 cm langen Nadeln sind 1 mm breit, zugespitzt, oft gekrümmt und haben eine Lebensdauer bis zu 30 Jahren. Die oft harzigen Zapfen sind 5 bis 9 cm lang und 4 cm breit. Die Schilde besitzen einen ca. 8 mm langen, grannenartigen (Name!) Fortsatz. Die Blütezeit ist von Juli bis August, die Samenreife von September bis Oktober.

7. Macedonische Weißkiefer

Die Art *Pinus peuce* Grisebach wird auch Rumelische Kiefer oder Balkankiefer genannt.

Verbreitung

Die Macedonische Weißkiefer ist über den Balkan von Montenegro, Mazedonien über Serbien, West-Bulgarien, Albanien bis nach Nordgriechenland verbreitet; bei uns wird sie gelegentlich angebaut.

Standort

Sie ist ein lichtbedürftiges Gehölz und wächst in der hochmontanen und subalpinen Vegetationsstufe in Höhen von 800 bis 2000 m Höhe auf mittel- bis tiefgründigen, nur mäßig nährstoffreichen Silikat- und Serpentinböden.

▶ Drehkiefer (*Pinus contorta*)

Merkmale

■ Der 15 bis 20 m (maximal 30 m) hohe und winterharte Baum hat einen bis zu 1 m dicken Stamm und eine lockere, schmal-kegelförmige Krone. Die Winterknospen sind 5 bis 10 mm lang, spitz-eiförmig, braun und harzig. Die jungen Zweige sind olivgrün, kahl und glänzend. Später wird die Rinde braun und am Stamm zu einer graubraunen, kleinschuppigen Borke.

■ Die 7 bis 10 cm langen Nadeln sind etwa 0,6 bis 0,8 mm breit, gerade, im Querschnitt dreieckig, frisch- bis dunkelgrün, auf der Innenseite mit weißen Spaltöffnungsstreifen versehen und vorne zugespitzt; der Rand ist feingesägt. Die Nadeln befinden sich zu fünft in bis zu 1,8 cm langen, hinfälligen Schuppenblättern und haben eine Lebensdauer von zwei bis drei Jahren.

■ Die Macedonische Weißkiefer ist einhäusig, sie blüht im Mai/Juni. Die männlichen Blüten sind 1 cm lang und walzlich, die weiblichen Blütenstände 1,5 bis 1,8 cm lang, rötlich und stehen einzeln bis zu viert. Die etwa 10 mm lang gestielten, hängenden Zapfen mit längsgestreiften Schuppen, die im zweiten Jahr im September reifen, sind schmal-zylindrisch, ca. 5 cm breit und 8 bis 15 cm lang. Die 4 bis 6 mm langen Samen haben einen etwa 7 mm breiten und 15 mm langen Flügel.

■ Die Macedonische Weißkiefer ist weniger anfällig gegen den Strobenrost. Das Holz ist sehr harzreich, dauerhaft und arbeitet kaum.

8. Drehkiefer

Die Art *Pinus contorta* Dougl.: Loud. = *P. murrayana* Balf. wird auch Murraykiefer genannt. Die Drehkiefer gibt es in drei Subspezies: *ssp. bolanderi* (Küstenform), *ssp. latifolia* und *ssp. murrayana* (Gebirgsformen).

Verbreitung

Die Drehkiefer wächst im Westen Nordamerikas von Meereshöhe bis etwa 3 500 m Höhe und ist von Kanada über die Rocky Mountains bis Nordmexiko, östlich bis Montana, South Dakota und Colorado verbreitet. D. Douglas entdeckte 1825 die Küstenform der Drehkiefer und schickte 1831 Samen nach Europa. Die Gebirgsform entdeckte J. Jeffrey 1852.

Standort

In Küstennähe wächst sie auf nährstoffarmen, sandigen oder sumpfigen Böden, im Gebirge auf sauren, mittel- bis tiefgründigen Böden (Lichtbaumart). Sie ist winterhart und wird seit einiger Zeit auch in Europa angepflanzt.

Merkmale

■ Die Drehkiefer ist ein bis 30 m (35 m) hoher Baum mit kurzem gekrümmtem (Küstenform) oder geradem und langschäftigem (Inlandsform) Stamm (Durchmesser bis 1,50 m, in Ausnahmefällen bis 2 m) und breiter gerundeter oder schlanker kegelförmiger Krone. Er kann bis zu 600 Jahre alt werden und mit 100 Jahren einen → Brusthöhendurchmesser von 30 cm erreichen.

■ Die Winterknospen sind zylindrisch, kurz zugespitzt, 1 bis 1,5 cm lang, rötlich und harzig. Die Rinde der jungen Triebe ist grünbraun bis rotbraun, kahl, wird später dunkel-graubraun und am Stamm zu einer rötlich-braunen bis grau- oder schwärzlich-braunen, kleinschuppigen Borke.

■ Die 4 bis 8 cm langen und 1,3 bis 1,7 mm breiten, steifen und gedrehten (Name!) Nadeln sind im Querschnitt fast halbkreisförmig und haben feine Spaltöffnungslinien. Sie sind im ersten Jahr gelbgrün, dann dunkelgrün, mit kurzer Stachelspitze; der Rand ist sehr fein gesägt. Die Nadeln befinden sich zu zweit in 4 bis 6 mm langen (bleibenden) Nadelscheiden und stehen rechtwinkelig ab. Ihre Lebensdauer beträgt zwei bis acht Jahre.

■ Die einhäusige Drehkiefer blüht im Mai/Juni. Die männlichen Blüten sind 8 bis 10 mm lang und gelb, die weiblichen Blüten stehen in aufrechten, länglich-eiförmigen, rötlichen Blütenständen und werden im September/Oktober des zweiten Jahres zu breiten, eibis kugelförmigen, 3 bis 6 cm großen Zapfen mit gebogenem Dorn am Schuppenschild, die bis zu 10 Jahre am Baum bleiben können.

■ Die Drehkiefer ist mit ihren sich spät öffnenden Zapfen als → Pionierbaumart auf Waldbrände eingestellt. Durch das Feuer wird in den Zapfen das verklebende Harz geschmolzen, die Zapfen öffnen sich und entlassen die Samen auf die Waldbrandfläche mit ihren für die Drehkiefer günstigen Wuchsbedingungen. Die 2 bis 4 mm langen Samen haben einen etwa 4 mm breiten und 8 bis 10 mm langen Flügel. Das Holz wird für die Papierherstellung und als Brennholz verwendet.

Die 10 bis 40 cm hohe, aufrechte oder aufsteigende, meist kahle Pflanze hat dreizählige Blätter, wovon die oberen fast gegenständig sind. BZ: Juli bis August. Die goldgelben Blüten haben eine 4 bis 6 mm lange Krone und stehen in zuletzt walzlichen Blütenköpfen.

7. Roter Wiesen-Klee, der (*Trifolium pratense*): auch Rot-K. Der fast über ganz Europa verbreitete R. W. kommt in Dtschl. verbreitet vor und wächst auf Fett-, Naß- und Moorwiesen, Feldern, Weiden, an Wegrändern und in lichten Wäldern, auf nährstoffreichen Böden.
Die sehr formenreiche, mehrjährige, behaarte, 15 bis 30 cm hohe Pflanze hat aufrechte oder aufsteigende Stengel und dreizählige Blätter mit ganzrandigen, eiförmigen Fiedern, die meist einen weißlichen Fleck tragen. BZ: Mai bis Oktober. Die duftenden Blüten stehen in fast ungestielten, 2 bis 4 cm langen, kugeligen oder eiförmigen Blütenständen. Die Schmetterlingsblüten sind hell-purpurrot, rosa, selten weiß oder gelblich.
Der R. W. ist eine wichtige Futterpflanze die in Dtschl. seit etwa dem 11. Jh. angebaut wird.

8. Blaßgelber Klee, der (*Trifolium ochroleucon* Huds.): Der über West-, Mittel- und Südeuropa verbreitete B. K. kommt in Dtschl. selten vor und wächst auf Moorwiesen, Magerrasen, in trockenen Wäldern, an Waldrändern und im Saum lichter Gebüsche; Tonzeiger.
Die 20 bis 40 cm hohe Pflanze hat aufsteigende, dicht behaarte Stengel und dicht behaarte dreizählige Blätter. Die Blättchen sind länglich-elliptisch und 1 bis 3 cm lang. BZ: Juni bis Juli. Die blaßgelben oder gelblichweißen Schmetterlingsblüten haben eine etwa 13 bis 18 mm lange Krone.

Kleeas, der: → Rabenvögel 8.

Kleebaum, der: → Goldregen 2.

Kleeblättriges Schaumkraut, das: → Schaumkraut 2.

Kleesalz, das: Das aus dem Wald-Sauerklee (*Oxalis acetosella*; → Sauerklee) gewonnene K. diente früher zum Beseitigen von Tinte- und Rostflecken, Bleichen von Stroh, Beizen von Holz u. a. und fand Verwendung in der Kattundruckerei sowie in der Woll- und Seidenfärberei.
Zur K.-Gewinnung wurde der frisch gerupfte Wald-Sauerklee zerkleinert, zerstampft oder zermahlt und anschließend ausgepreßt. Der Saft wurde mit Ton oder Eiweiß geklärt und in Kesseln bis zur Kristallisation eingedampft. Die Herstellung von K. – ein altes Waldgewerbe – war früher v. a. im → Schwarzwald weit verbreitet.

Klee-Schaumkraut, das: → Schaumkraut 2.

Kleiber, der (*Sitta europaea* L.): auch Spechtmeise, Baumkletter, Blauspecht. Länge: 14 cm, Gewicht: um 23 g. Fam. Kleiber (*Sittidae*).
Der K. kommt überall in Europa vor und bewohnt Wälder aller Art mit alten Baumbeständen, Parkanlagen, Obstgärten mit alten Bäumen; im Gebirge lebt er bis zur Baumgrenze. Er ist der einzige Vogel Mitteleuropas, der mit dem Kopf voran abwärts klettern kann. Standvogel, der ab Herbst oft in Gesellschaft von Meisen anzutreffen ist, aber nicht weit umherstreicht.
Als Höhlenbrüter baut der K. sein Nest in Baumhöhlen, v. a. in alten Spechtlöchern, in Nistkästen und gelegentlich in Mauerlöchern. Der Eingang zur Nisthöhle wird vom K. so weit mit Lehm verklebt (Name!), daß er gerade noch hindurchschlüpfen kann. Größe etwa 28 x 29 mm. Das Gelege besteht aus sechs bis acht milchweißen Eiern (19,9 x 14,6 mm, ca. 2,2 g) mit rostroten Flecken. Brutdauer: 15 Tage, Nestlingszeit etwa 22 bis 24 Tage; die Jungen werden noch lange darüber hinaus von den Eltern gefüttert. I. d. R. nur eine Jahresbrut (April/Mai).
Nahrung: Insekten, deren Larven und Puppen, die er aus der Rinde herausklopft, sowie Webspinnen und Sämereien. Haselnüsse, Bucheckern, Eicheln usw. legt er in eine Rindenvertiefung und hämmert sie mit dem Schnabel auf. Gelegentlich legt er Vorräte an.

Kleiderbaum, der: → Platane.

Kleinbauholz, das: frühere Bez. für Bauholzstämme von 36 bis 40 → Fuß Länge und mit einem Zopfdurchmesser von 7 bis 8 → Zoll.

Kleinbestand, der: → Bestand mit einem Durchmesser von > 2 Altbaumlängen (> 60 m); → Gruppe, Trupp, Horst, Rotte.

Kleinblättrige(r/s) ... siehe unter dem jeweiligen Hauptnamen.

Kleinblütige(r/s) ... siehe unter dem jeweiligen Hauptnamen.

Kleine(r/s) ... siehe unter dem jeweiligen Hauptnamen.

Kleinfläche, die: eine Mischungsform mit einer absoluten Flächenausdehnung von 60 m im Durchmesser (zwei Baumlängen und mehr); → Trupp, Gruppe, Horst, Rotte.

Kleinflächenbetrieb, der: Betrieb mit sehr kleinen Flächeneinheiten (bis → Kleinfläche).

Kleinfrüchtige Moosbeere, die: → Heidelbeere 4.

Kleingriffel, der: → Weichorchis.

Kleinholz, das: auf dem früheren Mannheimer Markt Bez. für ein Langholzsortiment von 8 bis 13 m Länge; → Meßholz.

Kleinlibellen → Libellen.

Kleinnutzholz, das: **1)** veraltete Bez. für Papierholz, → Grubenholz, Ökonomieholz. **2)** in Baden früher Bez. für Hopfenstangen, Bohnen- und Rebstecken, Erntewieden sowie Korb- und Flechtweiden.

Kleinpflanze, die: Forstpflanze bis 30 cm Höhe; → Großpflanze.

Kleinprivatwald, der: → Privatwald, Bauernwald.

Kleinrüster, der: → Spindelstrauch 2.

Kleinschnegel → Egelschnecken 4.

Kleinspecht, der: → Spechte 5.

Kleinstrukturen: Teilkriterium der Vielfalt bei der flächendeckenden → Waldbiotopkartierung. I. d. R. kartenmäßig nicht abgrenzbare Strukturen, wie z. B. schmale kurze → Waldränder im sonst einheitlichen Waldbestand, schmale feuchte Rinnen in standörtlich andersartigem Gelände.

Klemmpflanzung, die: → Pflanzverfahren.

Klemmzettel, der: → Kluppliste.

Klenganstalt, die: → Klenge.

Klenge, die (Darre, Samendarre, Samenklenge, Klenganstalt): Anlage zur Gewinnung, Aufbereitung und Lagerung forstlichen Saatgutes (des in Nadelholz- und Erlenzapfen liegenden Samens). Die Gewinnung erfolgt durch vorsichtige Erwärmung (Sonnenbestrahlung oder Heizung). Unterschieden wird dabei nach Hordendarren und Trommeldarren. Die Erntetätigkeit der K. stehen hinsichtlich der Herkunftssicherung des zu gewinnenden Saatgutes unter Kontrolle der staatlichen Forstbehörden; → Gesetz über forstliches Saat- und Pflanzgut.

Kleppel: auch Klöppel. Veraltete Bez. für Rundholzstücke von schwachen Stämmen, die wegen ihres geringen Umfanges ungespalten in → Klaftern gesetzt wurden, sog. Kleppelklafter.

Klettenähnliche Distel, die: → Distel 2.

Kletten-Distel, die: → Distel 2.

Klettenkerbel, der (*Torilis*): Gatt. der → Doldengewächse. Es sind dies einjährige Kräuter mit kleinen eiförmigen Früchtchen, die meist Borsten tragen. In unseren Wäldern:

Gemeiner Klettenkerbel, der (*Torilis japonica* (Houtt.) De Candolle = *Torilis anthriscus* C. Gmel.): auch Gewöhnlicher K. Der G. K. ist fast über ganz Europa verbreitet. In Mitteleuropa ist er i. d. R. häufig und wächst in lichten Wäldern, Gebüschen, Hecken, Unkrautgesellschaften, an Wald- und Wegrändern sowie auf Kahlschlägen, bevorzugt an schattigen Stellen, auf frischen, nährstoffreichen Böden, aber auch auf Schutthalden und im Bereich von Hafen- und Bahnanlagen.
Die ein- bis zweijährige, 30 bis 120 cm hohe Pflanze hat einen aufrechten, fein gerillten, oft rotbraun überlaufenen, ästigen Stengel, der anliegend borstig behaart ist. Die im Umriß schmal-dreieckigen bis länglich-eiförmigen Blätter sind ein- bis zweifach gefiedert, schlaff, trübgrün, oft trübviolett überlaufen, rauh behaart, am Rand gezähnt und tief fiederschnittig und angedrückt bewimpert. BZ: Juni bis August/September. Die kleinen, weißen oder rosafarbenen Blüten stehen in langgestielten, vier- bis 12strahligen Dolden (→ Blütenstand). Die kleinen Blüten sind teils zwittrig,

Der Kleiber klettert an Bäumen in beiden Richtungen, ohne sich mit dem Schwanz abzustützen.

teils männlich. Die 2 bis 3 mm langen, eiförmigen, klettenden Früchtchen sind dicht mit rauhen, schwach einwärts gekrümmten Stacheln (ohne Widerhaken) besetzt und von den zurückgebogenen Griffeln gekrönt.

Kletten-Labkraut, das: → Labkraut 3.

Kletterhaare → Haare.

Kletterlaufkäfer, der: → Laufkäfer 1. und 2.

Kletternder Lerchensporn-Gesellschaft, die: → Weidenröschen-Schlaggesellschaften 3.

Kletterpflanzen: i. w. S. auch → Lianen. Pflanzen, die an anderen Gewächsen, auch an Felsen und Mauern emporklimmen, um ihre Blätter, ohne selbst Stämme auszubilden, aus dem Schatten ans Licht zu bringen. Nach der Art des Kletterns werden unterschieden:

a) Rankenpflanzen (Wein, Wicke, Erbse) umfassen mit ihren Ranken auf einem Berührungsreiz hin die Stütze.

b) Schling- oder Windepflanzen (Hopfen, Bohne), winden den langen dünnen Stengel um die Stütze.

c) Spreizklimmer (Brombeere, bestimmte Wildrosen), halten sich mit seitlich abstehenden Stacheln, Dornen, Seitensprossen (Kletterhaaren) fest.

d) Wurzelkletterer (Efeu und einige Aronstabgewächse), haben sproßbürtige Haftwurzeln.

Die K. sind besonders in den tropischen Regenwäldern verbreitet und charakteristisch.

Klettersäge, die: motorgetriebenes Wertästungsgerät (Astsäge) zur maschinellen Hochentästung von Nadelbäumen. Es wird i. d. R. eingesetzt ab einer Ästungshöhe von 2 m (bis 20 m), bei einem Durchmesserbereich zwischen 15 und 31 cm. Zur Vermeidung von Kambiumquetschungen wird sie außerhalb

Klettersäge

der Vegetationsperiode an frostfreien Tagen eingesetzt. Stammverletzungen treten v. a. bei leichten Schaftkrümmungen sowie bei sehr starken Ästen auf; → Wertästung, Hochentaster.

Kletthaare → Haare.

Kliebenklöppel, der: frühere Bez. für ein großes Stück Holz, das zur Bildung des Zündloches in einem → Meiler dient.

Klima des Waldes, das: → Waldklima, Bestandsklima, Waldfunktionen.

Klimarasse, die: dem Klima angepaßte → Rasse.

Klimaschutzfunktionen des Waldes → Waldfunktionen.

Klimaxgesellschaft, die: Schlußglied einer natürlichen Vegetationsentwicklung in einem klimatisch einheitlichen Gebiet mit mehr oder minder gleichbleibender Zusammensetzung der → Pflanzengesellschaft, z. B. zusammenhängende Waldgebiete; → Sukzession, Waldgefügetypen.

Klimmhaare → Haare.

Klimt, G. → Wald in der Malerei.

Kling, Johann Peter (28.3.1749 Hergenfeld bis 17.12.1808 Probfeld): K. war zuletzt Forstkommissarius und Direktor der Kurpfalz-Bayerischen Hofforstkammer in Mannheim. K. hatte große Bedeutung für die Forsteinrichtung und widmete sich u. a. auch der Entwässerung und Kultivierung des rund 20 000 ha großen Donaumooses bei Ingolstadt. Neben v. Montgelas, v. Stengel und v. Zentner regte K. an, auf den trockengelegten Mooren die aus der Pfalz vertriebenen Bauern anzusiedeln. Auf Grund seiner Verdienste wurde seiner Zeit der neu angelegte Ort Klingsmoos bei Neuburg nach ihm benannt. K. schrieb u. a.: „Der Tabacksbau, dem Landmann der Pfalz gewidmet" (1776).

Klinop, der: → Efeu.

Klippel → Klöppel 2).

Klipstein, Philipp Engel, von Dr. phil. h. c. (2.6. 1777 Forsthaus Königsstädten bei Darmstadt bis 3.11.1866 Darmstadt): Er studierte bei Georg Ludwig → Hartig in Hungen, trat 1799 in fürstl. Solms-Lichsche Dienste und gründete in Hohensolms ein Privatforstinstitut. Im Jahre 1823 wurde er zum Direktor der Oberforstdirektion Darmstadt ernannt. Er schrieb: „Versuch einer Anweisung zur Forstbetriebs-Regulierung ... etc." (1823), „Der Waldfeldbau ... etc." (1850).

Kloben (Klobenholz): alte nordd. Bez. für → Scheitholz. Nach den früheren Gebräuchen im Berliner Holzhandel war unter K. solches Brennholz zu verstehen, das, von → Borke zu Borke gemessen, mindestens 15 cm betrug. K. wurden v. a. in → Meilern verkohlt.

Klobenholz, das: gleichbedeutend mit Klafterscheitholz (→ Klafterholz), jedoch i. d. R. aus starken Scheitern bestehend; → Kloben, Klotzholz 3).

Klon, der (griechisch: = Zweig, Sproß, Ableger, der zur Vermehrung abgeschnitten wird): Der K. ist ein einheitliches Material, das ausnahmslos vegetativ, z. B. durch Stecklinge, Teilungen, Pfropfungen u. a. vermehrt wird;

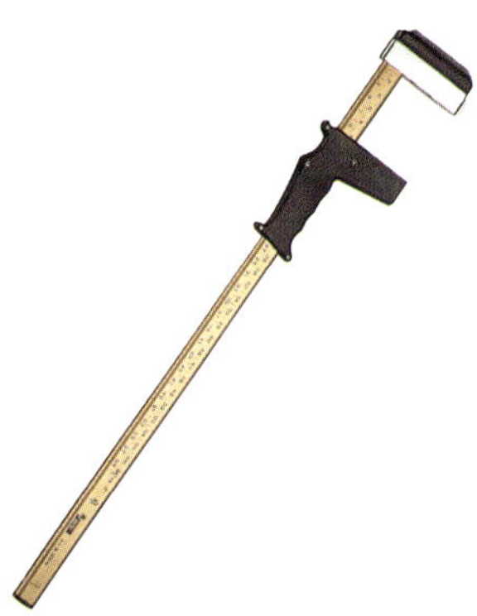
▸▸ Kluppe

erbgleiche Nachkommenschaft eines Individuums.

Klonalterung, die: Degenerationserscheinung bei über einen längeren Zeitpunkt ausschließlich vegetativ vermehrten Pflanzen, z. B. engeres Aderngeflecht bei alten Pappelklonen.

Klonprüfung, die: → Nachkommenschaftsprüfung mit vegetativ vermehrten Individuen. Hauptsächlich angewandt bei Lä, Kie und verschiedenen Laubbäumen hinsichtlich Länge, Stärke und Stellung der Äste, Neigung zur Wipfelschäftigkeit, Resistenz gegen pflanzliche und tierische Schädlinge etc.

Klopfkäfer (*Anobiidae*): auch Bohr-, Poch-, Nagekäfer. Weltweit verbreitete Käfer-Fam. mit ca. 1500 Arten, davon ca. 66 Arten in Dtschl. K. werden ca. 2 bis 6 mm groß, haben einen walzenförmigen Körper und schlagen (klopfen) zur Paarungszeit mit dem Halsschildvorderrand gegen die Wände der Bohrgänge. Die Larven (→ Holzwürmer) sind engerlingartig und z. T. Holzschädlinge, die Möbel und Bauholz befallen; → Totenuhr, Holzbohrer.

Klöppel: **1)** → Kleppel. **2)** auch Kegel, Klippel, Walzen, Schrote. Alte Bez. für kurze Holzblöcke oder -klötze, die zu Scheitholz gespalten wurden.

Klöppelholz, das: → Prügelholz.

Klöppelweg, der: → Knüppeldamm.

Klopstock, F. G. → Wald in der Dichtung.

Kloster Barthe → Staatsforst Kloster Barthe.

Klöterbusch, der: → Hasel.

Klotzholz, das: **1)** auch Trumpf-, Knorrholz. Alte Bez. für Wurzelstöcke, die so schwerspaltig oder verwachsen sind, daß sie nicht oder nur schwer zerkleinert werden können. Auch → Rundlinge (Brennholzrundlinge) mit einem oberen Durchmesser von ca. 14 cm (Scheitholzstärke), die schwer spaltbar sind und deshalb ungespalten bleiben, werden manchmal als K. bezeichnet. **2)** → Blochholz. **3)** auch Klobenholz. Alte Bez. für schwere, einige → Fuß hohe Holzstöcke, die als Unterlage für Ambosse oder als Schlagstock für Metzger (Hackstock), Nagelschmiede, Goldschläger, Böttcher, Buchbinder usw. dienten. Hierzu verwendete man Harthölzer, insbesondere Ei, Hbu oder Bu und Ul.

Klotzwieden → Floßwieden.

Klüben, das: In Süddtschl. weit verbreitete Bez. für das Holzspalten.

Kluft, die: frühere Bez. für Holzscheit.

Kluftholz, das (Klüftelholz): → Spaltholz, Scheitholz.

Klupers, der: → Wacholder.

Kluppbuch, das: → Kluppliste.

Kluppe, die (Meßkluppe, Gabelmaß, Spanne): Instrument zum Messen von Baumdurchmessern (Schublehreprinzip) liegender Bäume (Gabelmaß) und zur Ermittlung des → Brusthöhendurchmessers stehender Bäume (Kluppe). K. gibt es auch als frei programmierbare Meßgeräte mit abnehmbarer Elektronik für eine rationelle und präzise Datenerfassung, z. B. für Zwecke der → Forsteinrichtung; → Dendrometer, Baummeßkette.

Kluppen, das: Arbeiten (Messen) mit der → Kluppe.

Kluppliste, die: auch Klemmzettel, Kluppmanual, Kluppbuch. Die K. (Vordruck) dient zum Eintragen der Aufnahmeergebnisse der → Vollkluppung.

Kluppmanual, das: → Kluppliste.

Kluppmeßstock, der: aus Stahl oder Leichtmetall gefertigter Meßstock mit beweglichem Reißer (→ Reißmeter) und mit zwei Anschlägen zur Längenfeststellung und zur Durchmesserermittlung der gefällten Stämme.

Kluppschwelle, die: Mindest-Durchmesser, den ein Baum aufweisen muß, um z. B. noch aufgenommen (→ Holzaufnahme) zu werden.

Kluster, die: → Mistel.

Knabenkraut, das (*Orchis, Dactylorhiza*): Gatt. der → Orchideen mit 32 Arten auf der nördlichen Halbkugel, 13 davon in Mitteleuropa. Das Wort K. deutet auf die hodenförmige Gestalt der Wurzelknollen hin, die früher im Volksglauben eine bedeutende Rolle spielten. Auch der botanische Name „*Orchis*" stammt von diesen Knollen, die der Pflanze als Nährstoffspeicher dienen. Das griechische Wort „orchis" bedeutet Hoden. Einige K. haben hodenförmige Knollen, und man nahm an, daß der, der solche Knollen ißt, die Kraft bekäme, Knaben zu zeugen. Man sammelte nach der Blütezeit die vollsaftigen Knollen, welche frisch etwas bitterlich schmecken, Cumarin, Eiweiß, Fettsubstanzen, Mineralsalze, Stärke, Schleimstoffe, enthalten und auch unangenehm riechen, wäscht sie, reibt die äußere braune Haut ab, brüht die Knollen und trocknet sie in künstlicher Wärme.
Die so getrockneten Wurzelknollen, auch Salep genannt, waren schon im Altertum bekannt, so beim griechischen Arzt Dioskorides (50 n. Chr.), bei Plinius und im Mittelalter bei Theophrast (→ Heilpflanzen). In Dtschl. liefern hauptsächlich der Taunus, der Westerwald, die Rhön und der Odenwald Salep. Salepschleim (Salepgelee) spielt besonders in der Kinderheilkunde bei Darmerkrankungen eine Rolle. In vielen Teilen Griechenlands und in der Türkei dient Salepschleim als tägliches Morgengetränk. Da die Knolle, aus deren Nährstoffvorrat die blühende Pflanze aufgebaut wurde, vertrocknet und dunkel aussieht, die mit frischen Nährstoffen gefüllte dagegen hell, machte der Aberglaube die „Teufelshand" und das „Muttergotteshändchen" daraus. Auch „Johannis-" oder „Glückshändchen" sind geläufige Namen. Bei den Germanen waren die Orchis-Arten der Göttin der Liebe, Freya, geweiht. Die bekanntesten in unseren Wäldern:

1. **Blasses Knabenkraut**, das (*Orchis pallens* L.): Auch Bleiches K. Das B. K. ist über Süd- und Mitteleuropa, besonders über Süddtschl., das Alpenvorland, die Alpen, Thüringen, Siebenbürgen und das Wiener Becken verbreitet. Es wächst zerstreut bis selten in lichten Wäldern, besonders Laubwäldern, Laubmischwäldern, Buchen-, Linden-Ahorn-, Buchen-Eichen- oder sonnigen Schluchtwäldern, Flaumeichen-Wäldern und lichten Bergwäldern, in Gebüschen, auf Waldwiesen, Halbtrockenrasen, bevorzugt in höheren Lagen auf frischen, kalkhaltigen Böden. In Gebirgen ist es bis in Höhen von etwa 2400 m anzutreffen; Tonzeiger.
Die kräftige, 15 bis 40 cm hohe Pflanze hat zwei eiförmig-ellipsoidische Wurzelknollen und einen stielrunden bis schwach kantigen, kahlen, hellgrünen Stengel. Die in einer Grundrosette stehenden Laubblätter sind elliptisch bis breit-eiförmig, nach dem Grunde hin verschmälert, vorne zugespitzt, 6 bis 12 cm lang, 1,5 bis 4 cm breit, hellgrün, glänzend. BZ: April bis Mai. Die großen, blaßgelben Blüten stehen in einer eiförmigen bis fast zylindrischen, dicht- und reichblütigen Blütenähre und riechen, besonders abends und nachts, stark unangenehm.

2. **Holunder-Knabenkraut**, das (*Orchis sambucina* Linné = *Dactylorhiza sambucina* (L.) Soó): BZ: April bis Mai. Die großen, blaßgelben Blüten stehen in einer eiförmigen bis fast zylindrischen, dicht- und reichblütigen Blütenähre und riechen, besonders abends und nachts, stark unangenehm.
em Grunde hin verschmälert, von Böden, bis in Höhen von ca. 2100 m.
Die ausdauernde 10 bis 30 cm hohe Pflanze hat einen hohlen, beblätterten Stengel mit zwei Schuppenblättern am Grunde und darüber vier bis sieben hellgrüne, glänzende, ungefleckte, am Stengel verteilte Laubblätter, wovon die unteren oft rosettig genähert sind. Sie sind 5 bis 12 cm lang, 1 bis 3 cm breit und lanzettlich. BZ: April bis Mai. Die gelblichen (*D. s. var. sambucina*), seltener rötlichen (*D. s. var. rubra*) Blüten stehen in einem dicht- und reichblütigen, kurz eiförmigen, zuletzt zylindrischen → Blütenstand.

3. **Breitblättriges Knabenkraut**, das (*Dactylorhiza majalis* (Reichenb.) P. F. Hunt & Summerhayes = *Orchis latifolia* Linné = *Dactylorhiza latifolia* Soó = *D. fistulosa* (Moench) H. Baumann & Künkele): Das hauptsächlich über Mitteleuropa, nördlich bis Südskandinavien, südlich bis Nordspanien verbreitete B. K. kommt in ganz Dtschl. vor und ist relativ häufig. Es wächst verbreitet auf feuchten oder sumpfigen Wiesen und Waldstellen, auf Flachmooren, Quellsümpfen und an Gräben, auf nährstoffreichen Böden. Die Unterart *D. m ssp. brevifolia* wächst in Kalkflachmooren, *D. m. ssp. alpestris* in den Flachmooren der Hochgebirge bis in Höhen von etwa 2500 m. Als einzige K.-Art verträgt es sogar gedüngten Boden.
Die 15 bis 40 cm (bis 60 cm) hohe Pflanze hat einen hohlen, oben oft purpur überlaufenen und unverzweigten Stengel mit drei bis sechs (bis neun) ungestielten Laubblättern. Sie sind länglich-eiförmig bis breit-lanzettlich, 5 bis 10 cm (15 cm) lang und 1,5 bis 3,5 cm (bis 5 cm) breit, etwa in der Mitte am breitesten, oberseits (selten beiderseits) kräftig purpur gefleckt. BZ: Mai bis August. Die Blüten stehen in einem zylindrischen, bis 10 cm (16 cm) langen, etwa 35-(50-)blütigen, meist dichtblütigen Blütenstand. Diese sind hell bis dunkel purpurn.

4. **Geflecktes Knabenkraut**, das (*Dactylorhiza maculata* (L.) Soó = *Orchis maculata* L.): Das fast über ganz Europa verbreitete G. K. kommt in Dtschl. zerstreut bis stellenweise häufig vor. Es wächst in lichten Wäldern, u. a. auf Quell- und Flachmooren (*D. m. ssp. maculata*), in Heiden, auf feuchten Tonböden (*D.m. ssp. elodes*) und Flachmooren (*D. m. ssp. transsilvanica*), bevorzugt auf nährstoffarmen und sauren Böden.
Das G. K. ist eine sehr variable Art und kommt in verwirrender Vielfalt vor. Die ausdauernde, schlanke, 20 bis 60 cm hohe Pflanze hat einen schlanken, markigen, beblätterten Stengel.

Holunder-Knabenkraut (*Orchis sambucina*)

Die sechs bis zehn (bis 12) Stengelblätter sind lanzettlich, spitz auslaufend und meist schwarzbräunlich gefleckt. BZ: Mai/Juni bis Juli/August. Die hellpurpurnen bis hellvioletten, selten weißlichen Blüten stehen in einer kugelförmigen, später zylindrischen Blütenähre.

5. **Helm-Knabenkraut**, das (*Orchis militaris* Linné): Das fast über ganz Europa verbreitete, relativ häufige H. wächst zerstreut in lichten Wäldern und Gebüschen, an Gebüschsäumen, Böschungen, auf Kalkmagerrasen, Magerwiesen, auf Moor- und Feuchtwiesen, auf kalkreichen, meist mäßig trockenen Böden, bis in Höhen von 1800 m; Kalkzeiger.
Die ausdauernde, 20 bis 40 cm (bis 65 cm) hohe Pflanze, die dem Purpur-Knabenkraut sehr ähnlich ist, hat zwei eiförmige Knollen und einen schwach kantigen, hellgrünen Stengel mit zwei bis drei Schuppenblättern am Grund, drei bis fünf in einer Grundrosette stehende Laubblätter und ein bis zwei scheidenartig stengelumfassende Blätter in der unteren Stengelhälfte. BZ: April bis Juni. Die wohlriechenden Blüten stehen in einem 10- bis 40blütigen, anfangs dichten, später aufgelockerten Blütenstand. Die violetten Tragblätter sind kürzer als der Fruchtknoten. Die fünf Blütenblätter sind lanzettlich, spitz, außen blaßrosa, innen rosaviolett gestreift und neigen sich helmartig zusammen (Name!).

6. **Kuckucks-Knabenkraut**, das (*Orchis mascula* Linné): auch Stattliches K., Manns-K. Das K. ist eine sehr vielgestaltige Gruppe, deren Gliederung noch nicht abschließend geklärt ist. Es ist über Süd- und Mitteleuropa verbreitet, kommt zerstreut bis selten vor und wächst in lichten Laubwäldern, Eichen-Hainbuchen-

Wäldern, Laubmischwäldern, auf Halbtrockenrasen, Gebirgswiesen, buschigen Wiesen und Hängen, in tieferen Lagen in Hainbuchen- und Flaumeichen-Wäldern, gern auf Kalk, bis in Höhen von etwa 2200 m.
Die kräftige, ausdauernde, 15 bis 60 cm hohe Pflanze hat einen oben häufig purpurn überlaufenen Stengel, oft mit feinen Punkten und Strichen versehen. Die zungenförmigen bis länglich-lanzettlichen Blätter sind häufig dunkel. BZ: April/Mai bis Juni. Die hellrosa bis rotvioletten Blüten stehen in einem 5 bis 15 cm langen, schmalen, zylindrischen, reichblütigen, meist lockeren Blütenstand.
7. Purpur-Knabenkraut, das (*Orchis purpurea* Hudson = *O. lokiana* H. Baumann): auch Purpurorchis. Das über Süd- und Mitteleuropa verbreitete, gebietsweise fehlende, ziemlich seltene P. wächst in wärmeren, lichten Wäldern, besonders Eichenwäldern und -gebüschen, in Laubwäldern, im Ulmen-Auenwald, Eichen-Ulmen-Auenwald und Flaumeichen-Wäldern (Ordnungs-Charakterart) in Gebüschen, auf Halbtrockenrasen und Magerrasen, bevorzugt auf mäßig trockenen bis wechselfeuchten Böden, von der Ebene bis in Höhen von etwa 1800 m.
Die stattliche, ausdauernde, 30 bis 90 cm hohe Pflanze hat eine eiförmige bis fast kugelige Knolle und einen oberwärts oft purpur überlaufenen Stengel mit zwei bis drei Schuppenblättern am Grund, drei bis sechs Laubblättern unten und ein bis zwei scheidig den Stengel umfassende Blätter weit oben. Sie sind ungefleckt, oberseits glänzend. BZ: April/Mai bis Juni. Die Blüten stehen in meist dicht- und reichblütigen, walzlichen, 5 bis 15 cm langen Blütenständen. Die fünf außen braunroten Blütenblätter neigen sich zu einem kugelig-eiförmigen Helm zusammen. Die hellrosa bis weißliche Lippe ist sehr variabel und mit zahlreichen braunroten Haarbüscheln besetzt.
8. Brand-Knabenkraut, das (*Orchis ustulata* L.): Das fast über ganz Europa, nördlich bis Südschweden verbreitete B. kommt in Dtschl. nur selten vor. Es wächst auf Magerwiesen, Kalkmager-, Halbtrocken- und Trockenrasen, an Gebüschsäumen, in lichten Gebüschen, selten in lichten Laubwäldern, auf basenreichen (auch kalkfreien), wechselfeuchten bis trockenen Böden, bis in die alpine Vegetationsstufe (ca. 2000 m).
Die 15 bis 35 (45) cm hohe Pflanze wächst aus zwei eiförmigen Knollen und hat am Grunde des Stengels zwei Schuppenblätter. Die fünf bis neun Blätter, die von unten nach oben an Größe abnehmen sind lineal- bis eiförmig-lanzettlich und ungefleckt. BZ: ist von Mai bis Juni. Die duftenden, bis 1 cm langen Blüten haben sich helmförmig zusammenneigende, außen schwarzpurpurne (später hellere) Perianthblätter. Die Blüten bilden einen reichblütigen, etwa 3 bis 6 cm langen zylindrischen, vor dem Aufblühen angebrannt erscheinenden (Name!) Blütenstand.
9. Sumpf-Knabenkraut, das (*Orchis palustris* Jacq.): Das über Mittel- und Südeuropa verbreitete S. kommt in Dtschl. relativ selten vor. Es wächst auf Moor- und Sumpfwiesen, in Flachmooren, auf basenreichen Böden bis in Höhen von etwa 1200 m.
Die 30 bis 50 (100) cm hohe, sehr variable Pflanze hat lineal-lanzettliche, bis 5 cm breite, ungefleckte Blätter. BZ: April bis Juni (Juli). Der lockere bis dichte Blütenstand ist 5 bis 10 cm lang. Die purpurroten Blüten haben seitlich abstehende Blütenblätter.
10. Fleischfarbenes Knabenkraut, das (*Dactylorhiza incarnata* (L.) Soó = *Orchis incarnata* L. = *Orchis strictifolia* Opitz): Das F. K. ist über Europa und Vorderasien verbreitet. Es wächst auf basenreichen Böden in Moorgebüschen, auf Sumpfwiesen, Flach- und Zwischenmooren und an verlandenden Seen bis in Höhen von über 2000 m.
Das sehr formenreiche F. K. wird 25 bis 60 (80) cm hoch, hat vier bis sieben schmallanzettliche, bis zu 3,5 cm breite und 20 cm lange Blätter, die steil aufrecht stehen oder zurückgebogen sind. BZ: April bis Juli. Der bis 12 cm lange Blütenstand ist bis 50blütig. Die grünen Tragblätter sind länger als die fleischfarbenen Blüten. Gelegentlich kommen auch Varianten vor mit lila überlaufenen Tragblättern und purpurroten bis rotvioletten Blüten (*D. i. ssp. pulchella*), leuchtend zinnoberroten bis karmesinroten Blüten (*D. i. ssp. coccinea*) und das bis 90 cm hohe K. mit hellgeben Blüten und grünen Tragblättern (*D. i. ssp. ochroleuca* = *D. ochroleuca*).
11. Traunsteiners Knabenkraut, das (*Dactylorhiza traunsteineri* (Reichenb.) Soó = *Orchis traunsteineri* Reichenb. = *Orchis angustifolia* Reichenb.): Das in der temperierten und borealen Zone Europas lückenhaft verbreitete T. K. wächst auf Quell- und Flachmooren, wechselnassen Magerwiesen, auf kalk- oder basenreichen Böden bis in Höhen von 1900 m.
Die Gruppe T. K. ist sehr formenreich und vielgestaltig. Der bis 40 cm hohe Stengel ist dünn, hohl oder mit Mark gefüllt, mit zwei bis fünf schräg bis weit abstehenden, lineal-lanzettlichen, gefleckten oder ungefleckten Blättern. BZ: Mai bis Juli. Die purpurroten Blüten stehen in einem bis zu 25blütigen zylindrischen Blütenstand.
12. Spitzels Knabenkraut, das (*Orchis spitzelii* Koch = *O. viridifusa* Albov): Das in den Alpen und auf Gotland (Nacheiszeitrelikt), früher auch bei Nagold (Württemberg), lückenhaft verbreitete und seltene, in den Pyrenäen und auf der Balkanhalbinsel etwas häufiger verbreitete S. K. wächst in lichten Wäldern, auf Bergwiesen, meist in Höhen von 1000 bis 2100 m, selten in niederen Lagen, auf frischen bis feuchten, basenreichen Böden.
Die 20 bis 40 (60) cm hohe Pflanze hat zwei länglich-eiförmige Knollen und zwei bis sieben eiförmig-lanzettliche, bis 12 cm lange und 1,6 bis 3,3 cm breite ungefleckte, grundständige Blätter. BZ: April bis Juli. Die rosa bis purpurroten Blüten sind deutlich oder verwaschen dunkler punktiert, die Kelchblätter olivgrün, rötlich überlaufen und gepunktet. Der Blütenstand ist zehn- bis 35blütig.

Knabenkrautgewächse → Orchideen.

Knack(-Erd)beere, die: → Erdbeeren 2.

Knack(holz), das: alte regionale Bez. für → Leseholz (Brennholz); → Klaubholz.

Knack(er)weide, -wied, die: → Weiden 4.

Knäkente, die: → Enten 3.

Knappholz, das: frühere Bez. für → Schiffsbau- und Holländerholz, i. d. R. Holzklötze von 8 bis 11 → Fuß Länge und 14 oder mehr → Zoll Durchmesser.

Knast, der: ein überwallter Aststummel, der deutlich aus dem Stamm hervortritt und häufig an Ei zu beobachten ist.

Knäuel-Glockenblume, die: → Glockenblume 6.

Knäuelgras, das (*Dactylis*): auch Knaul-, Hunds-, Katzengras. Gatt. der → Süßgräser mit weltweit sechs Arten, davon zwei in Mitteleuropa.
Gemeines Knäuelgras, das (*Dactylis glomerata*): auch Wiesen-K. Das Rispengras wächst in Fettwiesen und -weiden, an Wegrändern, auf feuchten Waldschlägen, in Hainbuchen-Buchen-Eichenwäldern und Hartholz-Auenwäldern. Es benötigt nährstoffreichere, frische Böden (→ Boden(an)zeiger).
Das mehrjährige, 30 bis 100 cm hohe, wertvolle Futtergras hat einen aufrechten Stengel. Die graugrünen Blätter sind bis 1 cm breit und gekielt, die Blattscheiden flachgedrückt rauh oder glatt. Die aufrechte Rispe (→ Blütenstand) ist zur Blütezeit (Mai/Juni) von dreieckigem Umriß mit zu Knäueln vereinigten → Ährchen (Name!). Die Ährchen sind drei- bis fünfblütig, bläulichgrün, mit derber Hüllspelze, an der Spitze gekrümmt und auf dem Rücken gekielt.

Knaulgras, das: → Knäuelgras.

Knautia → Knautie.

Knautie, die (*Knautia*): auch Witwenblume. Rund 60 Arten in Europa und im Mittelmeergebiet umfassende Gatt. der Fam. der → Kardengewächse, benannt nach dem Botaniker und Arzt C. Knaut. Es sind dies mehrjährige Pflanzen mit in Köpfchen (→ Blütenstand) stehenden Blüten mit becherförmigen Kelchsaum und ohne Spreublätter (Deckblätter), im Ggs. zu der sehr ähnlichen Gatt. → Skabiose.
1. Wald-Knautie, die (*Knautia dipsacifolia* = *K. sylvatica* (L.) Duby): auch Wald-Witwenblume, Wald-Skabiose. Die W. ist hauptsächlich über die Gebirge Mitteleuropas verbreitet und wächst in Bergwäldern und montanen Auwäldern, Hochstaudenfluren, Gebüschen, an schattigen Weg- und Waldrändern, in Ufergebüschen, Erlen-, Erlen-Edellaub-Auwäldern, Linden-Ahorn-Mischwäldern, Fichten- und Kalkbuchenwäldern, feuchten Eichen-Birkenwäldern und an buschigen Abhängen, bevorzugt auf nährstoffreichen, frischen, lehmigen Böden bis in Höhen von 2100 m. Sie kommt in den Gebirgen relativ häufig, sonst selten vor.
Die mehrjährige, 30 bis 100 cm hohe Pflanze hat einen aufrechten, einfachen oder ästigen, beblätterten Stengel. Die dünnen, frischgrünen Blätter sind lang-zugespitzt. BZ: Juni bis September. Die zahlreichen violetten Blüten stehen in endständigen 2,5 bis 4 cm breiten, flachen Blütenköpfchen, die von einer Hülle grüner, ei-lanzettlicher, fein behaarter und

◄◄◄ Die Wald-Knautie kommt in Bergwäldern relativ häufig vor.

◄◄ Wiesen-Knautie, auch Wiesen-Witwenblume genannt

langbewimperter → Hochblätter (Hochblatthülle) umgeben sind. Die etwa 5 mm langen und 2,5 mm breiten Früchtchen sind behaart; → Ameisenpflanzen.

2. Wiesen-Knautie, die (*Knautia arvensis* L. (Coult.)): auch Acker-Witwenblume. Die fast über ganz Europa verbreitete W. kommt in Dtschl. verbreitet bis häufig vor. Sie wächst auf Fettwiesen, Äckern, Trockenrasen, Gebüschen, Weg- und Waldrändern, bis in Höhen von etwa 1500 m; Lehmzeiger.

Die mehrjährige, 30 bis 100 (120) cm hohe Pflanze hat einen einfachen oder schwach verzweigten, kurzhaarigen oder borstig-zottig behaarten Stengel. Die überwinternden, gestielten Grundblätter sind ei-lanzettlich, (meist) ganzrandig oder gezähnt. BZ: Juli bis September. Die blau- bis rotvioletten Blüten haben eine vierteilige Krone und stehen in langgestielten, halbkugeligen, relativ flachen, 2 bis 4 cm breiten Köpfen.

Knepken: alte Bez. für 4 → Fuß lange und 2 1/2 Fuß breite Schlitten die im Gebirge für die Bringung der Bauholzstämme auf Schneebahnen eingesetzt wurden.

Knicks: auch Wallhecken, Kampenwälle. Sie stellen eine Sonderform der → Hecken (Buschhecken) dar, die auf Wällen aus Erde und Steinen gedeihen. In Schleswig-Holstein gibt es dzt. noch etwa 80 000 Kilometer K. Ursprünglich dienten sie zur Einzäunung der Koppeln. Die Wälle der K. werden von mehr oder minder deutlich erhaltenen Gräben auf beiden Seiten begleitet. Die Höhe eines K. beträgt 4 bis 6 m, wobei der Wall etwa 1 m hoch ist; die Breite beträgt ohne Gräben ca. 2,50 m, mit Gräben ca. 4 m, der Wall allein ist an seiner Kuppe 1 bis 2 m breit. K. spenden Schatten, bremsen den Wind, verhindern → Erosion und halten die Bodenfeuchtigkeit auf einem Niveau dicht unter der Bodenoberfläche, wo viele Pflanzen mit kurzen Wurzeln sie nutzen können. K. stellen ein → Ökosystem dar, in dem eine typische artenreiche Waldrandfauna lebt. Der Name K. ist darauf zurückzuführen, daß die Sträucher – meist Ha, Bu, Bi und Ei – und Bäume von Zeit zu Zeit gekappt (geknickt; d. H. → auf den Stock gesetzt) werden, um sie auf einer bestimmten Höhe zu halten. Ei und Bu bleiben vielfach in bestimmten Abständen als Einzelbäume stehen; → Wald, Baumgruppe, Feldgehölz, Gebüsch.

Knickwuchs, der: Bestandbegründung mit 2 m hohen Eichenheistern (→ Heister), die in dieser Höhe im späteren Alter eine leichte Schaftkrümmung aufweisen; → Heisterknick.

Kniebüsche: **1**) hauptsächlich im Erzgebirge und im Vogtland gebräuchlicher Ausdruck für Bäume, die auf Grund ihres schlechten Standorts und durch häufigen, anhaltenden Schneedruck niedrig bleiben und auch krumm und struppig wachsen. **2**) auch Kuhmaul, Kussel. Provinzielle Bez. für Bäume und Sträucher die durch Vieh- und Schalenwildschäden niedrig bleiben und krumm und struppig wachsen; → Kollerbusch.

Knieföhre, die: Unterart der BKie; → Kiefern 1.

Knieholz, das: **1**) auch Knieholzföhre. Unterart der BKie; → Kiefern 1. **2**) → figurierte Hölzer.

Kniestücke → Krummholz 2).

Knippel: auch Knippen. Alte Bez. für kurze Holzstücke, die bei einem → Meiler in die Lücken des Kohlholzes gefüllt wurden, bevor die Decke aufgesetzt wurde.

Knippen → Knippel, Kienknippen.

Knipskäfer: volkstümliche Bez. für die → Schnellkäfer.

Knistern des Holzes, das: → Warnfähigkeit des Holzes.

Knitsch(el)beerholz, das: → Prunus 5.

Knoblauch-Gamander, der: → Gamander 3.

Knoblauchhederich, der: → Knoblauchsrauke.

Knoblauchschwindling, der: → Schwindlinge.

Knoblauch(s)rauke, die (*Alliaria*): Gatt. der → Kreuzblütengewächse mit zwei Arten.

Lauchkraut, das (*Alliaria petiolata* (Bieb.) Cavara et Grande = *A. officinalis* Andrzejowski): auch Gemeines K., Knoblauchhederich, Lauchhederich. Das L. ist, außer im Süden Mitteleuropas, fast über ganz Europa verbreitet. Es ist häufig und wächst, auch epiphytisch, in lichten Wäldern, besonders Laubwäldern, in Gebüschen, auf Schlägen, an Hecken, Zäunen, in Unkrautfluren (Waldunkraut), Parkanlagen, an Waldwegen und Waldrändern, in Saum- und Verlichtungsgesellschaften (Ordnungs-Charakterart), bevorzugt auf frischen Böden, von der Ebene bis in mittlere Gebirgslagen.

Die 20 bis 100 cm hohe, zwei- oder mehrjährige Pflanze, die beim Zerreiben intensiv nach Knoblauch riecht, hat einen aufrechten, kantigen, meist einfachen, am Grund zerstreut abstehend behaarten Stengel. Die Grundblätter sind herz- bis nierenförmig, buchtig gekerbt, die Stengelblätter herz-eiförmig und ebenfalls buchtig gekerbt. BZ: April bis Juni. Die vierzähligen, etwa 4 bis 8 mm großen, unangenehm duftenden Blüten haben schmal eiförmige → Kelchblätter, doppelt so lange, weiße → Kronblätter und stehen in einer endständigen, blattlosen, einfachen oder verzweigten Blütentraube (→ Blütenstand). Die Blüten werden von Bienen, Schwebfliegen und Mücken bestäubt; häufig findet auch Selbstbestäubung statt. Die Frucht ist eine linealische, 2 bis 6 cm lange und 1,5 bis 2,5 mm dicke Schote, die zahlreiche, etwa 3 mm lange, schwarzbraune, hornförmige, längsgerippte Samen enthält.

Das L. ist eine Salatpflanze und ein geschmackvolles Gewürz mit dem früher der gesalzene Fisch gewürzt wurde, ferner fand es auch als Salat, zum Braten oder in Soßen Verwendung. Alle Teile der Pflanze, einschließlich der Wurzel und Samen, enthalten das Glykosid Sinigrin, → ätherisches Öl und Enzyme. In der Naturheilkunde findet die ganze Pflanze (ohne Wurzeln) frisch oder getrocknet innerliche und äußerliche Verwendung. Sie wirkt antiseptisch, auswurffördernd, harntreibend, wundreinigend, wundheilend und stimulierend. Der frische Saft des L. wirkt äußerlich gegen Ekzem. Eine L.-Lotion wirkt desinfizierend. Rohe, zerstoßene L.-Blätter, auf Wunden aufgelegt, wirken wundreinigend und wundheilend. Frische Blätter sind gut zur Vorbeugung

Das Lauchkraut heißt wegen seines intensiven Geruchs auch Knoblauchhederich.

gegen Karies und bei kleinen Verletzungen in der Mundhöhle. L.-Aufguß findet Anwendung zur Straffung des Zahnfleisches und zur Vorbeugung von Zahnfleischschwund.

Knöllchenbakterien: Die Bodenbakterien der Gatt. *Rhizobium* (schnell wachsend) und *Bradyrhizobium* (langsam wachsend) leben – streng wirtspflanzenspezifisch – nach der Bildung von Wurzelknöllchen durch induzierte Wucherungen i. d. R. an → Leguminosen, aber auch an einigen Nichtleguminosen – in → Symbiose mit diesen Pflanzen und binden Luftstickstoff. Die K. erhalten dabei ausrei-

Schnitt durch die Sproßspitze mit den Blattanlagen bei der Wasserpest (gefärbtes Präparat).

▶ Aufbrechende Knospe der Roßkastanie

chend → Assimilate von der Pflanze; die Pflanze erhält dafür → Stickstoff. K. kommen von den Tropen bis in die Subarktis vor, bevorzugen Böden mit einem → pH-Wert von 4,5 bis 9,5. Die → Stickstoffixierung kann im Jahr bis zu 600, im Durchschnitt bis zu 100 kg Reinstickstoff betragen. Damit kann die Bodenfruchtbarkeit erhalten oder verbessert werden. Diese Eigenschaft wird bei der Gründüngung systematisch ausgenutzt. Forstlich bedeutsam ist die Stickstoffbindung der Wurzelknöllchenbakterien von → Robinien, → Lupinen und → Ginster. Wurzelknöllchen, die von K. besetzt sind, färben sich beim Aufbrechen wegen des Hämoglobins rot. Fehlende K. können durch Impfung des Bodens oder schon des Saatgutes mit der richtigen Art eingebracht werden.

Knöllchen-Steinbrech, der: → Steinbrech 2.

Knollen-Beinwell, der: → Beinwell 3.

Knollenblätterpilz, der: → Wulstlinge 6., 7. und 8.

Knollenkerbel, der: → Kälberkropf 4.

Knollen-Kratzdistel, die: → Kratzdistel 7.

Knollen-Spierstaude, die: → Mädesüß 2.

Knolliger Kälberkropf, der: → Kälberkropf 4.

Knolliges Mädesüß, das: → Mädesüß 2.

Knopfstieliger Rübling, der: → Rüblinge 2.

Knoppe, der: frühere Bez. für knorriges Ast- oder Wurzelholz.

Knoppenholz, das: → Pottschatholz.

Knoppern: durch die Larve der Knoppern-gallwespe (→ Gallwespe 8.) erzeugte → Gallen an der Frucht der StEi. K. entstehen zwischen Becher und → Eichel, sind von unregelmäßiger, höckeriger Gestalt und etwa haselnußgroß. Sie sind anfangs grün, werden dann gelblich und zur Zeit der Reife im August/September braun; sie fallen mit der Eichel vom Baum. K. waren auf Grund des hohen Gerbstoffgehaltes (etwa 30 %) ein sehr geschätztes Gerbemittel und wurden hauptsächlich in den Stieleichenwäldern Ungarns gesammelt, auf sog. Brücken (Bretterbühnen) getrocknet und in den Handel gebracht. Gute K.-Jahre gab es durchschnittlich nur alle acht bis zehn Jahre. Voraussetzung hierfür waren reichlicher Blüten- und Fruchtansatz, gute Sommerwitterung und ein starkes Schwärmen der Gallwespe.

Knopperngallwespe, die: → Gallwespen 8.

Knorren: alte Bez. für unförmig verwachsene Holzstücke sowie für die am Stamm verbliebenen knotigen Erhöhungen.

Knorrholz, das: → Klotzholz.

Knospe, die: in der Botanik Bez. für einen durch Blattanlagen geschützten (umschlossenen) Wachstumspunkt (Vegetationskegel) bei höheren Pflanzen. Die K. ist somit eine noch nicht voll entwickelte Sproßspitze. Sie kann endogen, d. h. inneren Ursprungs sein und muß dann die äußeren Gewebe durchbrechen oder sie ensteht exogen durch Hervorwölbung oberflächiger Gewebeschichten. An K.-Arten werden unterschieden: → Achselknospe, Adventivknospe, Blattknospe, Blütenknospe, Keimknospe, Gipfelknospe, schlafende Augen.

Knospendrang, der: → Knospensucht.

Knospensucht, die (Knospendrang, Zweigsucht): Eine abnorme Knospenbildung, die u. a. durch Raupenfraß, Wildverbiß (→ Verbiß), Weidevieh, Insektenstich, aber auch durch Hagel an verschiedenen Pflanzen entstehen kann. Bei älteren Bäumen, v. a. bei Li, Birnbaum und Ei kommt es gelegentlich zu einem jährlich sich wiederholenden Aufbrechen → schlafender Augen am glatten Stamm in großer Zahl und begrenzt auf den jeweils gleichen Bereich. Da an diesen Stellen ein verstärktes → Dickenwachstum auftritt, kann dies zur Entstehung von Maserwuchs (→ Maserholz) führen.

Knötelbaum, der: → Birnen.

Knoten, der (Blattknoten, Nodium): in der Botanik Bez. für die Ansatzstelle eines Blattes bzw. dessen → Achselknospe.

Knoten-Beinwell, der: → Beinwell 2.

Knotenblume, die (*Leucojum*): Gatt. der → Amaryllisgewächse mit neun Arten in Europa und im Orient. Es handelt sich um Zwiebelpflanzen mit schmalen, grundständigen Blättern und weitglockigen Blüten.

▶▶ Die Frühlings-Knotenblume wird häufig mit dem Schneeglöckchen verwechselt.

Frühlings-Knotenblume, die (*Leucojum vernum* L.): auch Märzenbecher. Die F. ist über weite Gebiete Europas, hauptsächlich über Mitteleuropa, im Süden bis Mittelitalien verbreitet. Sie wächst in Rotbuchenwäldern (Ordnungs-→Charakterart), Auwäldern, feuchten Laub- und Laubmischwäldern (Linden-Ahorn-Mischwäldern), Schluchtwäldern, auf feuchten Wiesen, in Gebüschen, bevorzugt auf nährstoffreichen, frischen Böden, bis in Höhen von etwa 1600 m; Feuchtigkeitsanzeiger.

Die giftige, 10 bis 30 cm hohe, kahle Pflanze hat eine verhältnismäßig große Zwiebel und einen aufrechten Stengel, der von einer einblättrigen, etwa 3,5 cm langen Blattscheide überragt wird. Die drei bis vier hellgrünen Blätter sind linealisch, 20 bis 30 cm lang, etwa 1 cm breit, grasartig und fleischig. BZ: März bis April, gelegentlich auch schon ab Februar. Die meist einzeln, selten zu zweit stehenden, nickenden Blüten sind wohlriechend. Die Blütenblätter sind weiß, oval, 2 bis 2,5 cm lang, mit gelbgrünem Fleck an der Spitze und neigen sich glockenförmig zusammen. Die → Staubbeutel sind orange. Die Bestäubung erfolgt hauptsächlich durch Bienen und Tagfalter. Die Frucht ist eine grüne, aufspringende Kapsel. Die → Samenverbreitung erfolgt durch → Ameisen (→ Ameisenpflanzen). Die F. wird häufig mit dem → Schneeglöckchen verwechselt, bzw. so bezeichnet.

Knoten-Braunwurz, die: → Braunwurz.

Knotenfuß, der (*Streptopus*): Gatt. der → Liliengewächse. In Europa eine Art:

Knotenfuß, der (*Streptopus amplexifolius*): Der über Mitteleuropa verbreitete K. kommt in Dtschl. selten vor und wächst in der montanen und subalpinen Stufe in Bergwäldern, staudenreichen Nadelmisch- und Fichtenwäldern, in Bergahorn-Buchenwäldern, Hochstauden-Bergmischwäldern und ist die → Charakterart der Grünerlengebüsche.

Der K. ist der Wohlriechenden → Weißwurz sehr ähnlich. Der einfache oder verzweigte, zickzackartig gebogene Stengel hat breit-lanzettliche Blätter mit stengelumfassendem Grund. BZ: Mai bis Juli. Die kleinen, glockenförmigen, gelbgrünen Blüten bestehen aus sechs Perigonblättern, sechs Staubbeuteln und einem Griffel. Die Frucht ist eine dreifächerige blaßrote Beere.

Knotenwespen (*Cerceris*): zu den → Grabwespen gehörende Gatt. mit in Dtschl. zehn 7 bis 20 mm großen Arten. K. haben an den Hinterrändern stark eingeschnürte Hinterleibssegmente und dadurch besonders das erste Segment knotig abgesetzt. Die schwarze **Sandknotenwespe** (*Cerceris arenaria*) hat einen gelb geringelten Hinterleib. Die K. ernähren sich hauptsächlich von Larven.

Knöterich, der (*Polygonum*): Gatt. der → Knöterichgewächse mit rd. 150 weltweit verbreiteten Arten.

Schlangen-Knöterich, der (*Polygonum bistorta* L.): Auch Wiesen-K., Schlangen-Wurz, Otterwurzel, Lämmer-, Schafzunge. Der hauptsächlich über West- und Mitteleuropa, in Südeuropa nur in den Gebirgen verbreitete S. ist häufig und wächst in Auwäldern, Quell- und Niederungswäldern, Hochstaudenfluren, auf feuchten Wiesen und Waldplätzen, an Bachufern und auf Flachmooren, bis in Höhen von etwa 2500 m.

Die ausdauernde, 30 bis 80 cm hohe Pflanze hat ein etwa fingerdickes, schlangenartiges gewundenes Rhizom und einen einfachen, kahlen Stengel mit weit entfernt voneinander stehenden, etwas welligen, 10 bis 20 cm langen Blättern. BZ: Mai bis Juli. Die Blüten stehen in einer endständigen, dichten, zylindrischen,

1 bis 2 cm breiten und 3 bis 5 cm (9 cm) langen, von unten nach oben erblühenden Scheinähre (→ Blütenstand). Sie haben fünf rötlichweiße bis rötliche, 4 bis 5 mm lange Blütenblätter. Die Frucht ist eine dunkelbraun glänzende, scharf dreikantige, 4 bis 5 mm lange Nuß (→ Schließfrucht). Der S. ist ein geschätztes Bienenfutter.

Der Geschmack der geruchlosen → Heilpflanze ist säuerlich (Blätter), der des Wurzelstockes bitter. Verwendung findet der Wurzelstock, ausgegraben im Herbst, gewaschen, in Scheiben geschnitten und an der Sonne getrocknet. Er enthält Gerbstoffe, Kohlenhydrate, Oxalsäure, Vitamin C und hat adstringierende, tonische und wundheilende Eigenschaften; er wirkt auch gegen Durchfall. Ein Absud ist u. a. bei Angina als Gurgelwasser lindernd und wirkt, verwendet zum Auswaschen von Wunden, adstringierend und wundheilend. Das gilt auch bei Verletzungen der Mundschleimhaut. In diesem Absud getränkte Kompressen sind bei Hämorrhoiden lindernd. Ferner ist S.-Absud bei Blutungen, insbesondere Magenblutungen und Gebärmutterblutungen hilfreich.

Knöterichgewächse (*Polyganaceae*): → zweikeimblättrige Pflanzen-Fam. mit über 800 über alle Erdteile verbreitete Arten. Bekannte Gatt. sind u. a. → Ampfer und → Knöterich.

Knotige Braunwurz, die: → Braunwurz.

Knüllwald, der: stark gegliedertes hessisches Mittelgebirge, etwa zur Hälfte mit Wald bestockt. Infolge der Höhenlage (Eisenberg 636 m, Knüllköpfchen 634 m) und geringen Niederschlägen in der Vegetationszeit eignet sich der Boden weniger für landwirtschaftliche Nutzung. Bis zum Ende des 18. Jh. waren Laubbäume (Bi, Bu, Ei, Hbu) vorherrschend.

Knüppel: Holzsortimente nach der früheren → Holzmeßanweisung; → Prügelholz, Reisholz, Reisernutzknüppel.

Knüppeldamm, der: auch Prügelrost, Klöppelweg. Eine aus 8 bis 12 cm starken Knüppeln hergestellte, behelfsmäßige Straße in feuchten bzw. sumpfigen Waldgebieten (oder Baustellen). Bei der Anlage werden quer zur Fahrbahnrichtung Rundholzstangen (→ Knüppel, Prügel) nebeneinander gelegt. Für einen guten Zusammenhalt und als seitlicher Abschluß (Abweisbalken) werden längslaufende Rundhölzer, sog. Rödelbäume, mit Draht oder Weidenruten auf die Fahrbahnhölzer gebunden (gerödelt).

Knüppelholz, das: → Prügelholz.

Knüppelreisig, das: → Reisernutzknüppel, Reisholz.

Knüttelholz, das: → Prügelholz.

Kobell, W. von → Wald in der Malerei.

Koben, der: auch Kofen, Köte. Ein altgermanisches Wort für ein enges Haus, Hütte oder Verschlag, verwandt mit Kober, Kobold (Hausgeist). V. a. die oberbayerischen Waldarbeiter, Jäger Köhler und Knechte nannten ihre einfachen, aus Stangen und Holzrinde gefertigten Unterkünfte, die in entlegenen Wäldern errichtet wurden, K. Sie boten lediglich Platz für eine Schlafstelle und einen Feuerplatz zum Kochen; → Personalwagen.

Koevolution, die: die zeitlich parallele Entwicklung verschiedener Tier- und Pflanzenarten im Verlauf der Stammesgeschichte, die sich in wechselseitigen Anpassungen ausdrückt; → Evolution.

Kofen, der: → Koben.

Kohlamsel, die: → Drosseln 10.

Kohldistel, die: → Kratzdistel 3.

Kohleiche, die: **1**) alte Bez. der Handwerker für StEi und TrEi mit – im Ggs. zur → Haseleiche – meist weichem, mildem, engringigem Holz. Dieses wächst vorwiegend in höheren Lagen, darum kommt es bei der dort mehr vertretenen TrEi häufiger vor. K.-Holz ist im Ggs. zur Haseleiche seltener und teurer. **2**) auch Kohleneiche. Alte Bez. für Ei, die nur noch schlechtes Holz liefern, welches sich nur noch für die Verkohlung eignete.

Kohlenbrenner, der: auch Kohlenschweler, Köhler. Berufs-Bez. für eine Person, die die → Köhlerei betreibt.

Kohlendioxid (CO_2), das: Das K., mit rd. 0,03 % ein natürlicher Bestandteil der Luft, entsteht bei der Atmung der Lebewesen und v. a. beim Verbrennen von Kohle, Erdöl und Erdgas in Kraftwerken, im Verkehr und in privaten Haushalten, wobei gleichzeitig → Sauerstoff verbraucht wird. K., ein farb-, geruch- und geschmackloses Gas, läßt die von der Sonne eingestrahlte Energie zu einem größeren Teil durch die Atmosphäre auf die Erdoberfläche dringen, als es die wieder von der Erde abgestrahlte Energie in den Weltraum entweichen läßt (sog. → Treibhauseffekt). Pflanzen benötigen K., um bei der → Photosynthese organische Substanz herstellen zu können. Mit der Nutzung fossiler Energieträger setzt die Menschheit derzeit große Mengen an K. frei. Zum CO_2-Anstieg in der Atmosphäre und den damit verbundenen Wirkungen trägt auch die Abholzung tropischer Regenwälder bei. Zur Zeit werden weltweit etwa 6 Mrd. Tonnen Kohlenstoff zu etwa 22 Mrd. Tonnen K. verbrannt. Das hat in den letzten 100 Jahren zu einem CO_2-Anstieg von ca. 14 % geführt. Diese CO_2-Freisetzung führt zum zusätzlichen, anthropogenen Treibhauseffekt. Für das Wachstum der Pflanzen ist dies sogar vorteilhaft, denn deren → Assimilation steigt mit dem K.-Anteil in der Luft (Düngung mit CO_2 in Treibhäusern!). In Dtschl. sanken die CO_2-Emissionen von 1060 Mio. t (1987) auf 903 Mio. t (1993).

Kohlen-Faserling, der: → Faserlinge 4.

Kohlengehaue, das: frühere Bez. für einen → Schlag, dessen Holz ausnahmslos für das Verkohlen bestimmt war; → Köhlerei.

Kohl(en)gestübe, das: auch Kohl(en)lösche. Alte Bez. für die bei der Holzverkohlung anfallenden kleinsten Kohlenbröckchen sowie für den Kohlenstaub.

Kohl(en)lösche, die: → Kohl(en)gestübe.

Kohlenmonoxid, das: auch Kohlenoxid. Abk. CO. Das K. entsteht bei unvollständiger Verbrennung (Sauerstoffmangel und niedriger Temperatur) von fossilen Brennstoffen (Gas, Kohle, Öl). Es ist ein farb- und geruchloses, giftiges Gas und mengenmäßig der bedeutendste Luftschadstoff. Hauptquellen sind Kraftfahrzeugmotoren (Auspuffgase), Schwerindustrie und Heizungen. K. ist für die Vegetation ungefährlich, für Mensch und Tier jedoch giftig. Eingeatmetes K. blockiert die Sauerstoffaufnahme des Blutes und verursacht dadurch Kopfschmerzen, Schwindel und bei sehr hohen Konzentrationen den Tod. Immissionsgrenzwerte für K. sind in der → TA-Luft geregelt. Der Kurzzeitwert beträgt danach 30 mg pro m^3 Atemluft.

Kohl(en)saite, die: auch Kohlsetze. Alte Bez. für einen großen Korbwagen, der i. a. 12 Körbe oder Kübel mit Holzkohlen faßte.

Kohlenschweler, der: → Kohlenbrenner.

Kohlenstoff, der: Abk. C, chem. Element; Ordnungszahl 6, Atomgewicht 12,01115. K. ein Nichtmetall, kommt in kristallisierter Reinform als Diamant (härtester Stoff), als Graphit, unrein als → Steinkohle, daneben in allen organisch-chemischen Verbindungen vor. K. ist wichtigster Grundstoff des organischen Lebens, da alle pflanzlichen und tierischen Aufbaustoffe aus Kohlenstoffverbindungen bestehen. Die → Assimilation der grünen Pflanzen wandelt während des Wachstums Kohlendioxid (CO_2) durch → Photosynthese in Kohlenstoff (C)-Verbindungen und Sauerstoff (O_2) um; → Kohlenstoffbindung.

Kohlenstoffbindung, die: Durch die → Photosynthese der grünen → Pflanzen wird CO_2 (→ Kohlendioxid) aus der → Luft gebunden. Bei deren natürlicher → Zersetzung oder Verbrennung wird wieder genau soviel Kohlenstoff freigesetzt, als vorher gebunden wurde. Die thermische Nutzung → nachwachsender Rohstoffe trägt daher nicht zur Anreicherung des Kohlendioxids in der Atmosphäre bei (→ Treibhauseffekt). Eine nachhaltig betriebene Forstwirtschaft (→ Nachhaltigkeit) ist ebenfalls CO_2-neutral, Waldzerstörungen, z. B. durch → Brandrodungen, sind es dagegen nicht. 1 t Trockenmasse entsteht durch die Absorbtion von 1 t CO_2. Darrtrockenes Holz

Die Koben, einfache Waldarbeiterunterkünfte, wurden aus Stangen und Holzrinde errichtet.

besteht etwa zur Hälfte seines Gewichts aus → Kohlenstoff (→ Brennstoffzusammensetzung des Holzes). Im Wald erfolgt die K. durch die Bäume, die Begleitvegetation und im Boden. In Bayern betrug z. B. der Kohlenstoffvorrat 1996 je ha durchschnittlich 215,3 t, davon in der lebenden Dendromasse 52 %, im

Boden 47 % und in der Bodenvegetation, dem Totholz und den Holzernteresten 1 %. In den Waldökosystemen Dtschl. sind insgesamt rd. 2 Mrd. t Kohlenstoff (rd. 7 Mrd. t CO_2) gebunden. Jedes Jahr werden durch das Wachstum der Bäume weitere 60 Mio. t CO_2 gebunden und der Atmosphäre entzogen. Im verarbeiteten Holz sind weitere 325 Mio. t langfristig gebunden. Bei einjährigen Pflanzen ist die K. und damit Kohlenstoffspeicherung entsprechend kurz. Bei mehrjährigen Pflanzen, insbesondere bei Bäumen, entsprechend lang (→ Alter, → Umtriebszeit). Wird Holz verarbeitet und nicht thermisch genutzt, verlängert sich die Dauer der K. entsprechend. → Erstaufforstungen sind wegen des Vorratsaufbaus besonders lang wirksame Kohlenstoffspeicher.

Köhler, der: Beruf des Holzkohlenbrennens; → Kohlenbrenner, Köhlerei.

Köhlerbock, der: frühere Bez. für einen kleinen → Meiler, in dem die von anderen Meilern übriggebliebenen Brände (unverkohlte Holzteile) verkohlt wurden.

Köhlerei, die: auch Waldköhlerei. Selten gewordenes und vom Untergang bedrohtes Handwerk des Holzkohlenbrennens. Die K. (Wald-K.) ist etwa sechstausend Jahre alt und dürfte bei uns spätestens seit der Eisenzeit bekannt sein, als im nordd. Tiefland, im Siegerland, bei Kelheim und im kärntisch-steirischen Gebiet Eisenerz gewonnen und in Öfen verhüttet wurde. Damit dürfte die K. wohl auch der ältesten Zweig der auf Holz basierenden chemischen Industrie sein. Ab dem Ende des 18. Jh. wurde bei der Metallgewinnung anstelle der Holzkohle fast nur noch Koks verwendet. Bis dahin war die → Holzkohle der wichtigste Rohstoff zum Verhütten von Erz und wurde zudem für das Schmieden von Metallen in großen Mengen benötigt. Der enorme Bedarf an Holzkohle führte letztlich in Landstrichen mit Eisenerzlagern zu Waldverwüstungen; v. a. die zur Holzverkohlung geeignetsten Bäume, Ei, Kast und Er wurden gegendweise nahezu ausgerottet. In vielen → Wald- und Forstordnungen sowie in → Weistümern finden sich zahlreiche Vorschriften über Anlage, Größe und Bedienung der Meiler sowie über die Zahl der zugelassenen Köhler, auch Vorschriften über die Abwendung der Feuergefahr, über das zu verwendende Holz und Strafbestimmungen für unbefugtes Kohlebrennen. Bis zum 16. Jh. war die „Grubenverkohlung" üblich, die die verschwenderischste Art des Kohlebrennens darstellte. Im festen Boden wurde eine runde, etwa 1 m tiefe Grube ausgehoben und mit trockenem Reisig ausgefüllt. Das angezündete Reisig blieb solange im offenen Feuer, bis der Rauch nachließ und es zu Kohle zusammengebrannt war. Dann wurde Holz eingeworfen und man ließ es ebenfalls brennen, bis der Rauch nachließ. Dies wurde mehrfach wiederholt, bis die Grube voll war. Anschließend bedeckte man die Grube mit Rasen und Erde und ließ die Holzkohlen ausglühen. Nach ein bis zwei Tagen wurde die Grube geöffnet und die Holzkohle entnommen. Die spätere, wirtschaftlichere Verkohlung erfolgte entweder in Retorten oder in Meilern. Bei der Retorten-K. bildete die Holzkohle mehr ein Nebenprodukt, während das Hauptgewicht hierbei auf der Gewinnung von → Holzessig, → Holzgeist und → Holzteer lagen. Meiler sind regelmäßig aufgeschichtete, mit einer luftabschließenden Decke überkleidete Haufen von 10 bis 100 rm und mehr Inhalt. Die Größe der früheren Meiler hing meist mit der Gegend, in der sie errichtet wurden, zusammen; z. B. im Spessart 12 bis 20 rm, im Harz 60 bis 100 rm. Ausnahmen bildeten die Alpenländer (Alpenkohlung) mit z. T. Meilern mit 150 bis 200 rm. Der Meiler wird auf der sog. → Kohlstätte gerichtet, indem zunächst durch Pfähle ein hohler Schacht, der „Quandelschacht" (→ Quandel), hergestellt und dann um diesen das Holz gesetzt wird. Auf die Oberfläche kommt das „Rauhdach" aus Rasen, Moos, Fichtenzweigen, auf dieses das möglichst dichte Erddach aus Erde. Bald nachdem der Meiler im Quandelschacht angezündet ist und sich eine stärkere Hitze entwickelt, kommt er ins Schwitzen; der Baumsaft wird als Dampf ausgetrieben. Dabei erfolgen oft kleine Explosionen, die der Köhler mit „der Meiler schlägt" oder „der Meiler schüttet" bezeichnet. Das Feuer muß auch geleitet werden; dazu dienen die „Räume", d. s. in das Dach gestoßene Löcher, um an diesen Stellen die Glut anzufachen. Wenn Höhlungen ausbrennen, kann dabei soviel Zugluft entstehen, daß die Kohle verbrennt. Solche Stellen werden erst mit dem „Wahrhammer" zusammengeschlagen, schnell aufgedeckt, mit Holz gefüllt und schnell wieder zugedeckt. Das Ausziehen, nachdem der Meiler gar ist, muß sehr vorsichtig geschehen, da die Glut leicht wieder angefacht wird. Die Verkohlung dauert bei Meilern von 20 bis 30 rm etwa eine Woche, bei Meilern von 100 bis 200 rm vier bis fünf Wochen. Die Kohlenausbeute wechselt nach der Holzart, den Eigenschaften der Kohlplatte (→ Kohlstätte), der Witterung, der Dauer und Art des Kohlungsganges und der Umsicht des Köhlers. Beim Ndh ist die Ausbeute größer als beim Lbh; sie beträgt im Durchschnitt dem Raumgehalt nach beim Ndh 55 bis 60 % des Holzes, bei Lbh 48 bis 50 %, dem Gewicht nach bei Ndh 20 bis 26 %, bei Buchenholz 20 bis 22 %. Holzkohle ist in den letzten Jahren wieder als Heizstoff für Grills populär geworden. Sie spielt auch eine wichtige Rolle bei der Herstellung von gebranntem Kalk und Zement. Auch in der Metallindustrie wird sie heute noch für Spezialzwecke wie die Gewinnung von Kobalt, Magnesium, Arsen und Antimon verwendet, bei der Stoffumsetzer mit hohem Reinheitsgrad erforderlich sind. Gerin-

Kohlenmeiler (Köhler und Pichler); unbezeichnet, um 1895. Westfälisches Schulmuseum.

Kohlentrichterling, der: → Trichterlinge 5.

Kohlenwasserstoffe: chemische Verbindungen, die ausschließlich aus → Kohlenstoff und Wasserstoff entstehen und z. B. in Ruß, Teer, bestimmten Mineralölen und vielen Chemikalien enthalten sind. Die K. sind an der Entstehung von → Photooxidantien und → Smog beteiligt. Sie haben dadurch sehr wahrscheinlich große Bedeutung für die neuartigen → Waldschäden. In der Umweltdiskussion spielen insbesondere die ringförmigen aromatischen K. (z. B. Benzol, Benzo(a)pyren sowie die chlorierten K. (z. B. Vinylchlorid, das v. a. zur Herstellung von Polyvinylchlorid = PVC eingesetzt wird) eine besondere Rolle. Die Belastung durch diese Stoffe wird überwiegend durch den Straßenverkehr verursacht. In der Gruppe der ungesättigten K. (C-C-Mehrfachverbindungen) hat sich das Butadien nachweislich als krebserregend und pflanzenschädigend erwiesen.

ge Mengen, v. a. Lindenkohle, werden auch medizinisch verwendet. Jährlich gelangen etwa 300 000 Tonnen Holzkohle auf den Weltmarkt. In der dritten Welt werden heute noch große Mengen von Holzkohle durch Kleinhersteller erzeugt und von diesen auch verheizt.

Köhlereiholz, das: → Meilerholz.

Kohlgestübe, das: → Kohl(en)gestübe.

Kohlholz, das: zur Verkohlung in → Meilern bestimmtes Holz; → Köhlerei, Meilerholz.

Kohl-Kratzdistel, die: → Kratzdistel 3.

Kohllösche, die: → Kohl(en)gestübe.

Kohlmeise, die: → Meisen 1.

Kohlplatte, die: → Kohlstätte.

Kohlsetze, die: → Kohl(en)saite.

Kohlstätte, die: auch Kohlplatte, Kohlstelle. Die Stelle, auf der der Kohlenmeiler (→ Köhlerei) errichtet wird. Als K. wählte man früher hinter Wind gelegene, geschützte Stellen, nach Möglichkeit in der Nähe eines Gewässers.

Kohlstelle, die: → Kohlstätte.

Kolben, der: → Blütenstand.

Kolbenbärlapp, der: → Bärlapp 1.

Kolbweide, die: → Weiden 22.

Kolkrabe, der: → Rabenvögel 4.

Kollenchym, das (griechisch: *kolla* = der Leim, *enchyme* = das Eingegossene): K. ist das dehnungs- und wachstumsfähige Festigungsgewebe noch wachsender Pflanzenteile. Es besteht aus langgestreckten, lebenden Zellen und erhält seine Festigkeit durch Zellwandverdickungen, die sich nur auf Teile der Zellwände erstrecken. Sind nur die Kanten verdickt, spricht man von Kanten-K., sind nur die einzelnen Zellwände verdickt, von Platten-K.

Kollerbusch, der (Kussel, Sperrwuchs): ältere Holzpflanze, die nur eine geringe Höhenentwicklung infolge → Freistandes oder wiederholter Beschädigung durch Spätfröste, Wild und Weidevieh entfaltet hat. Auf Grund dieser Einflüsse hat die Pflanze unverhältnismäßig viele und starke Seitenäste entwickelt. Ein K. ist frühzeitig zu entfernen, weil er keinen Nutzholzstamm bilden kann; → Kniebüsche, Kümmerer, Vorwuchs.

kolline Stufe, die: → Vegetationsstufen.

Kolophonium, das: nach der antiken türkischen Stadt Kolophon benannt, die wegen ihrer → Harzgewinnung berühmt war. K. ist ein amorphes Gemisch von Harzsäuren mit Abientsäure als Hauptbestandteil. Es ist ein hellgelbes bis schwarzes Balsamharz und entsteht als Rückstand bei der Destillation von → Harzen (→ Pechöfen). K. erweicht bei 70 °C und löst sich in organischen Lösungsmitteln. Es wird zur Herstellung von Lacken, Firnissen, zum Verpichen von Fässern, von Seifen, Schmierölzusatz, Druckfarben, Polituren, Kleb- und Bindemittel in der Papierindustrie, der Medizin und als Geigenharz verwendet. Früher hatte es auch große Bedeutung für die Herstellung von Leuchtgas und Leuchtöl; → Harzverwendung.

Kombinationsrückezüge: für das → Rücken von Kurzholz (→ Schwachholz) eingesetzte schwere Allradschlepper herkömmlicher Bauart über 37 kW mit einer leistungsfähigen Hydraulikanlage, einem geländegängigen Spezialrückewagen und einem hydraulischen Ladekran. Die K. müssen in der Lage sein, → Schichtholz in 1 und 2 m Länge und Schwachholz in Kranlängen zu manipulieren. Gut einsetzbar sind die K. auf 3 m breiten, in 25 bis 30 m Abstand angelegten Rückegassen.

kombiniertes Fachwerk, das: → Ertragsregelungsmethoden.

Kombinierte Verjüngungsverfahren → Verjüngungsverfahren.

Komitativwirkungen: Dieser Begriff wurde 1969 von H. Thomasius in Tharandt in Anlehnung an das lat. Substantiv „comitatus" (= Begleitung, Gefolge, begleitende Erscheinung) geprägt. Darunter werden „alle über die Rohstoffproduktion hinausgehenden Wirkungen des Waldes, welche besonders in seinem Einfluß auf den Landschaftshaushalt und die Landschaftsentwicklung sowie die materiellen Lebensbedingungen und die Bewußtseinsbildung der Menschen zum Ausdruck kommen" verstanden. Mit der Einführung dieser Bez. wurde von dem in der deutschsprachigen Literatur seit Max → Endres (1905) verwendeten Begriff Wohlfahrtswirkungen (→ Waldfunktionen), abgegangen, da dieser nur die vom Menschen positiv empfundenen, nicht aber die negativen Wirkungen, abdeckt.

Kommafalter, der: → Dickkopffalter 3.

Kommaschildlaus, die: → Schildläuse 1.

Kommensalismus, der: i. e. S. versteht man darunter, daß eine → Art von der gleichen Nahrung als eine andere lebt, ohne daß diese deswegen Schaden erleidet. Das ist z. B. der Fall, wenn Bussard, Geier oder Hyäne die Nahrungsreste von Beutegreifern verzehren. I. w. S. versteht man darunter auch eine interspezifische Beziehung, bei der nur einer der beiden Partner Schaden oder Nutzen hat, während der andere vollkommen unbehelligt ist. Ein Beispiel dafür: wenn Schneehühner den Rentierherden folgen, um an die durch die Huftiere freigescharrte Nahrung zu gelangen. Epiphytische → Moose oder → Flechten siedeln z. B. auf Bäumen, ohne diesen zu schaden Selbst ziehen sie daraus Nutzen, weil sie der Konkurrenz der → Gräser und → Kräuter ausweichen können. Entwickeln sich aber bestimmte → Epiphyten zu stark, dann können sie dem Baum Licht entziehen; → Symbiose, Parasitismus.

Kommunaler Waldbesitzerverband: in verschiedenen Bundesländern die Interessenvertretung der Eigentümer des → Körperschaftswaldes. Die Dachorganisation ist die Bundesvereinigung der kommunalen Spitzenverbände. Der K. W. ist Mitglied der → Arbeitsgemeinschaft deutscher Waldbesitzerverbände; → Europäischer Kommunalwaldbesitzerverband.

Kommunalwald, der: → Gemeindewald.

Kommunalwaldbesitzerverband → Europäischer Kommunalwaldbesitzerverband.

Kompanie, die: → Rotte 1).

Kompensationsdüngung, die: → Walddüngung, Bodenschutzkalkungen.

Kompensationskalkung, die: die Wiederherstellung des ursprünglichen → pH-Wertes des → Waldbodens durch Ausbringung von → Kalk. Damit soll den negativen Folgen der → Bodenversauerung entgegengewirkt werden; → Walddüngung, Bodenschutzkalkungen.

Komplexkrankheit, die: im Bezug auf den Wald eine Baumkrankheit, an deren Zustandekommen und Ablauf mehrere Faktoren beteiligt sind. Sie können gleichzeitig oder nacheinander angreifen und sind zoologischen, botanischen oder abiotischen Ursprungs, z. B. das → Waldsterben.

Kompositionswald, der: → Mittelwald.

Kompossessoratswald, der: → Staatsanteilwald.

Kompostierung, die: ein Abfallbehandlungsverfahren zur Verwertung organischer Abfälle (Pflanzenreste, Klärschlamm, Hausmüll). Bei der K. werden die organischen Bestandteile durch → Mikroorganismen und Kleintiere unter Sauerstoffeinfluß zersetzt, wodurch ein gutes Bodenverbesserungsmittel (Düngung und Lockerung) entsteht. Kompost kann auch außerhalb des üblichen pflanzenbaulichen Bereichs eingesetzt werden, z. B. bei der Begrünung von Straßenböschungen und Lärmschutzwällen sowie im Filterbau zur Reinigung organisch belasteter Abluft (→ Biofilter).

Konidien: ungeschlechtlich erzeugte Verbreitungskörper (→ Sporen) von Pilzen.

Koniferen (lat. *conifer*, „Zapfen tragend"): wissenschaftliche Bez. für → Nadelbäume.

König, Ewald (10.2.1891 Born, Kreis Malmedy/Eifel, bis 30.5.1970 Murrhardt/Württemberg): K. war nach forstlicher Ausbildung und Tätigkeit im Holzhandel nach 1925 einer der bekanntesten deutschen Holzfachschriftsteller. Daneben war er freier Mitarbeiter bei Verlagen, die Holzzeitungen und -zeitschriften herausgaben. K. war u. a. Herausgeber und Hauptautor des Holz-Lexikons (1962).

König, Gottlob, Dr. phil. h. c. (18.7.1779 Hardisleben bei Weimar bis 22.10.1849 Eisenach): K. erhielt seine Ausbildung auf → Cottas Forstinstitut in Zillbach und war ein Schüler des Forstmathematikers → Hoßfeld. Im Jahre 1805 wurde er als Revierförster nach Ruhla versetzt und gründete dort ein Privatforstinstitut. 1821 wurde er zum Vorstand der neu errichteten Forsttaxations-Kommission und 1829 zum Mitglied des Oberforstamts in Eisenach ernannt. 1830 verlegte er neben seinem Wohnsitz auch das Privatinstitut nach Eisenach, wo es zur Staatsanstalt erhoben wurde, dessen Direktor er bis zu seinem Tode war. K. war auch für die Waldbaulehre von Bedeutung (Pflege der Bodenkraft). Seine Hauptschriften sind: „Anleitung zur Holztaxation ... etc." (1813), „Forst-Mathematik ... etc." (1835), „Grundzüge der Buchenanerziehung ... etc." (1846), „Die Waldpflege ... etc." (1849).

Königsfarn, der: → Rispenfarn.

Königsfarngewächse → Rispenfarngewächse.

Königskerze, die (*Verbascum*): auch Wollblume. Gatt. der Fam. der → Rachenblütler, die

Die Großblütige Königskerze *(Verbascum densiflorum)* wird bis 2 m hoch und auch als Zierpflanze in Gärten angepflanzt.

Violette Königskerze *(Verbascum phoeniceum)*

rd. 250 Arten in Europa, Nordafrika, West- und Mittelasien umfaßt. Es sind dies aufrechte, meist wollig behaarte Kräuter mit gelben, purpurfarbenen oder weißen, flachen bis becherförmigen Blüten. In Mitteleuropa 15 Arten.

1. Großblütige Königskerze, die (*Verbascum densiflorum* Bertol. = *Verbascum thapsiforme* Schrader): Die G. K. ist hauptsächlich über Mitteleuropa und über weite Teile Südeuropas verbreitet. Auf den Britischen Inseln wurde sie eingebürgert. In Dtschl. kommt sie verbreitet vor, nach Norden zu seltener. Sie wächst in lichten trockenen Nadelwäldern, auf Waldschlägen, Schuttplätzen, Dämmen, Brachland, in Unkrautfluren, an sonnigen Weg- und Waldrändern, an trockenen, steinigen Stellen, von der Ebene bis in mittlere Gebirgslagen. Wegen ihrer Schönheit wird sie auch als Zierpflanze angepflanzt.

Die zweijährige, aufrechte, 50 bis 200 cm hohe, graugrüne oder weißgelbfilzige Krautpflanze hat einen kräftigen, aufrechten, graufilzig behaarten Stengel, der durch herablaufende Blätter geflügelt ist. Die großen, wechselständigen (→ Blattstellung) gelbgrünlichen Blätter sind länglich-lanzettlich bis eiförmig-länglich, gekerbt und beiderseits dicht graugelbfilzig. BZ: Juli bis September. Die großen, hellgelben, selten weißen Blüten haben fünf flache, radförmig ausgebreitete, ungleiche → Kronblätter und einen Durchmesser von 3,5 bis 5,5 cm. Sie stehen gebüschelt zu zweit bis fünft in den Blattwinkeln und bilden eine endständige, lange, dichte Ähre (→ Blütenstand), die im unteren Teil kurz verzweigt ist. Die bis 10 mm lange, eiförmige, zweifächerige Fruchtkapsel enthält zahlreiche Samen. Die G. K. ist eine alte → Heilpflanze und hat etwa dieselben Bestandteile und dieselbe Verwendung wie die Kleinblütige Königskerze.

2. Kleinblütige Königskerze, die (*Verbascum thapsus* L.): Die K. K. ist, mit Ausnahme von Nordeuropa, über ganz Europa verbreitet. Sie wächst zerstreut auf Waldlichtungen, Kahlschlägen, Dämmen, Schutthalden, in Sandgruben, Unkrautfluren, auf Abraumhalden von Steinbrüchen, an Ufern und Waldrändern, bis in Höhen von etwa 1800 m.

Die zweijährige Pflanze bildet im ersten Jahr eine Blattrosette, im zweiten dann einen bis 180 cm hohen, dicht filzig behaarten, aufrechten, meist einfachen Stengel, der im oberen Teil durch die herablaufenden Blätter geflügelt ist. Die beiderseits filzig behaarten Blätter sind länglich-lanzettlich bis verkehrt-eilänglich. BZ: Juli bis September. Die Blüten haben eine hellgelbe, fünfzipfelige Blumenkrone, die etwa 15 bis 22 mm breit ist und stehen zu zweit bis fünft gebüschelt in vielen, dichtgedrängten Teilblütenständen.

Die K. K. ist eine alte Heilpflanze. Verwendet werden die Blätter und die voll erblühten Blüten, die einige Stunden an der Sonne und dann im Schatten getrocknet und im Dunkeln aufbewahrt werden. Sie enthalten → ätherisches Öl, Saponine, Schleimstoffe und Xanthophylle, wirken reizlindernd, erweichend, erfrischend, harntreibend, blutreinigend und werden bei Asthma, Bronchitis, Heiserkeit, Husten, Luftröhrenentzündung, Blasenentzündung, Hämorrhoiden, Schlaflosigkeit, Neuralgien und äußerlich bei Abszessen, Furunkeln, Verbrennungen, Frostbeulen und bei Juckreiz angewendet.

3. Mehlige Königskerze, die (*Verbascum lychnitis* L.): auch Lichtnelken-K. Die M. K. ist über Mittel- und Südeuropa verbreitet. Sie wächst an Wald- und Wegrändern, auf Kahlschlägen, in Gebüschen, an sonnigen Gebüschsäumen, auf Trocken-, Halbtrocken- und Kalkmagerrasen, in verlichteten wärmeliebenden Eichenwäldern, bevorzugt an warmen Stellen und auf kalkhaltigen Böden bis in Höhen von etwa 1400 m; Nitrifizierungsanzeiger.

Die zweijährige, 50 bis 150 cm hohe Pflanze hat einen oberwärts kantigen Stengel. Die oberseits dunkelgrünen, fast kahlen, unterseits graugrünen, staubig (mehlig) sternhaarig-filzigen Blätter sind nicht am Stengel herablaufend. Die Grundblätter sind gestielt und länglich-lanzettlich, die Stengelblätter oval, lang zugespitzt und sitzend. BZ: Juni bis September. Die Blüten haben eine 1 bis 1,5 cm breite, hellgelbe oder weißliche Blütenkrone und fünf weiß- oder gelblich-wollige Staubgefäße.

4. Schwarze Königskerze, die (*Verbascum nigrum* Linné): auch Dunkle K. Die S. K. ist fast über ganz Europa verbreitet. In Portugal, Irland und Südosteuropa fehlt sie. Sie wächst zerstreut bis selten in lichten Wäldern, besonders Nadelwäldern, Gebüschen, Hecken, Unkrautfluren, auf Waldschlägen, Schuttplätzen, Trockenrasen, Dämmen sowie an Ufern, Straßen- und Wegrändern, auf trockenen, sonnigen, steinigen Standorten, von der Ebene bis in mittlere Gebirgslagen.

Die mehrjährige, 50 bis 150 cm hohe, schwach behaarte Pflanze hat einen aufrechten, oben kantigen Stengel. Die Blätter sind oberseits fast kahl, unterseits dünn graufilzig, die grundständigen, eiförmigen Blätter langgestielt, am Grunde herzförmig, ungleichmäßig gekerbt. BZ: je nach Standort Mai/Juni bis August/September. Die gelbe, selten weiße, 1,5 bis 2,2 cm breite, fünfzipfelige Blütenkrone ist am Grund blutrot bis purpurn gefleckt und hat violett wollig behaarte Staubfäden. Die Blüten stehen in knäueligen Teilblütenständen von meist zwei bis vier Stück und bilden einen dichten, verlängerten, meist unverzweigten Blütenstand.

5. Violette Königskerze, die (*Verbascum phoeniceum* L.): auch Phönizische K. Die V. K. ist über West-, Mittel- und Südosteuropa, die Alpen und den Apennin verbreitet. In Dtschl. ist sie selten, kommt in Mitteldtschl. und in der Oberrheinischen Tiefebene vor und wächst an sonnigen Hängen, auf Trockenrasen, in Buschwäldern, sonnigen Gebüschsäumen und an sonnigen Waldrändern.

Die 30 bis 100 cm hohe, krautige, meist unverzweigte Pflanze ist unten weißfilzig, oben dicht drüsig behaart. Die eiförmigen, rosettig angeordneten Grundblätter sind dunkelgrün, bis 17 cm lang und 9 cm breit, kahl oder spärlich behaart. BZ: Mai bis Juli. Die 2 bis 3,5 cm breiten Blüten stehen in einer einfachen unverzweigten Traube. Die fünf ausgebreiteten, nur kurz verwachsenen, rundlichen Kronzipfel sind violett (Unterart *Verbascum phoeniceum ssp. flavidum* mit gelben Blüten). Die Frucht ist eine eiförmige, vielsamige, zweiklappige Kapsel.

6. Windblumen-Königskerze, die (*Verbascum phlomoides*): auch Filz-K., Filzige K. Die über West- und Mitteleuropa verbreitete, in Dtschl. zerstreut bis verbreitet vorkommende W. wächst auf Waldschlägen, auf steinigen Böden.

Die zweijährige, wollige oder grau behaarte, aufrechte, 60 bis 120 cm hohe Pflanze hat breit-lanzettliche Blätter und gelbe, in dichten Trauben angeordnete flache Blüten von ca. 3 bis 5 cm Durchmesser. BZ: Mai bis September.

Die W. ist eine seit der Antike verwendete Heilpflanze. Sie enthält Pflanzenschleim, Saponine und in den Blüten gelbe Farbstoffe (Xanthophyll, Crocetin). Die Blüten sind Bestandteil von Brusttees, und Abkochungen davon dienen als Gurgelwasser.

Königs-Rispenfarn, der: → Rispenfarn.

Konizität, die: österr. Bez. für → Abholzigkeit.

Konkurrent, der: am Wettbewerb (→ Konkurrenz) Beteiligter; → Durchforstung.

Konkurrenz, die: auch Wettbewerb. Bei gleichen Ansprüchen an wenigstens eine der im Lebensraum nur beschränkt verfügbaren Umweltkomponenten (Nahrung, Beute, Boden, Licht, Wasser, Raum) treten verschiedene Organismen in K. Diese ist nur von begrenzter Dauer, da auf lange Sicht nur eine → Art als Individuum überlebt. Die K. ist umso schärfer, je spezialisierter die beteiligten Arten sind. In einem Wald treten im Laufe der Entwicklung eines Bestandes verschiedene Stadien der K. auf. Im Jugendstadium stehen die jungen Bäume in interspezifischer K. zu → Kräutern, → Gräsern, → Sträuchern und anderen Bäumen. Die schwächere Art unterliegt dabei. Haben sich die Bäume durchgesetzt, treten sie – bei gleicher Art – in eine intraspezifische K. Dabei unterliegt das schwächere Individuum; die Art selbst erfährt keine Schwächung. Der Gewinner erweitert seinen Standraum und kann sich besser entwickeln. Beide Arten der K. sind hinsichtlich der Arterhaltung unterschiedlich zu bewerten. Die intraspezifische

K. dient der Stärkung der Art, da sich nur die kräftigen Indviduen durchsetzen. Eine Buchenverjüngung kann im Anfangsstadium auf einem Hektar fast 100 000 junge Pflanzen aufweisen; im Alter 140 sind auf dieser Fläche nur mehr rd. 200 vorhanden. Die Verringerung der Stammzahl erfolgt unter natürlichen Bedingungen durch K., wobei der Stärkste siegt, im → Wirtschaftswald durch Pflegeeingriffe, wobei der Beste gefördert wird.

Konkurrenzvegetation, die: auch Begleitwuchs, Begleitflora. Sich natürlich einfindende Pflanzen wie Gräser (z. B. Binsen, Sandrohr, Pfeifengras), Farne (z. B. Adlerfarn), Kleinsträucher und Sträucher (z. B. Him- und Brombeere, Heidelbeere, Holunder, Faulbaum) und Bäume (z. B. Bi, Wei), die erwünschte Forstpflanzen in ihrer Entwicklung behindern und auch nicht dem Produktionsziel dienen. Sie stellen sich durch plötzliche Veränderungen in den Umweltbedingungen ein, z. B. nach → Waldbrand, → Windwurf oder → Windbruch, → Kahlschlag etc. Neben den negativen Wirkungen (Verhinderung der Naturverjüngung, Erschwernisse bei der Bodenbearbeitung u. a.) hat die K. auch positive Auswirkungen, z. B. Schutz vor Bodenaustrocknung, vor Erosion, vor Überhitzung der Pflanzen, vor Strahlungsfrost; sie hat auch einen Ablenkungseffekt bei Wildverbiß. Daneben schafft die K. Lebensraum für viele Tiere und Kleinlebewesen, die auf diese → Pflanzengesellschaft angewiesen sind; → Konkurrenz.

Konradskraut, das: → Johanniskraut 1.

Konservationshieb, der: ein von Georg Ludwig → Hartig in seiner „Anweisung zur Taxation der Forsten" (1795) empfohlenes Verfahren, bei der Hochwaldbestände (Hochwald-K.) vor einem Übergang in → Mittel- und → Niederwald bewahrt werden sollten. Die nur für den Buchenhochwaldbetrieb oder bei Bu und Ei gemischten Beständen anwendbare Methode bestand darin, daß in den 30- bis 40jährigen Buchenstangenhölzern der Bestand unter Schonung der 600 bis 800 stärksten Stangen pro ha genutzt, nach 30 bis 40 Jahren der erschienene Stockausschlag, der als Bodenschutzholz gedient hatte, zur Nutzung herangezogen und mit Hilfe der inzwischen zu starkem Baumholz herangewachsenen Oberständer eine natürliche Verjüngung erreicht werden kann. Diese Betriebsart wurde von seinem Bruder Ernst Friedrich Hartig, von 1822 bis 1841 Landforstmeister in Kassel, in den kurhessischen Wäldern in der Praxis erprobt, führte aber nur auf guten Böden zu einem zufriedenstellenden Erfolg; auf schlechten hingegen bedeutete sie einen Ruin der Bestände.

Konstruktionsholz, das: alte Bez. für Hölzer, die zum Bau des Schiffsrumpfes benötigt wurden, im Ggs. zum → Bemastungsholz. Beim K. unterschied man → figurierte Hölzer und Langholz. Die Hauptholzart für K. war Ei; für Flußkähne genügte Ndh; → Schiffsbauholz.

Konsumenten: heterotrophe Organismen (z. B. alle Tiere), die in einer → Nahrungskette organische Verbindungen zur Deckung ihres Energie- und Baustoffbedarfs aufnehmen müssen. Sie ernähren sich direkt oder indirekt von organischen Substanzen (→ Produzenten), z. B. als reine Pflanzenfresser oder als Tierfresser (Sekundär-K.), die sich von Pflanzenfressern ernähren, oder als → Allesfresser; → Destruenten, Dendrobionten.

Kontaktgesellschaft, die: Bez. für jene → Pflanzengesellschaft, die mit dem Wald regelmäßig in enger Nachbarschaft vorkommt. Der Begriff K. wird überwiegend in Bezug auf die → Waldgesellschaft verwendet. K. sind aber auch zwischen anderen Pflanzengesellschaften möglich.

Kontaktherbizide: → Unkrautbekämpfung.

Kontamination, die: Anreicherung von Schadstoffen.

kontinentale Lehmbodengesträuche → Hecken und Gebüsche.

Kontrollbuch, das: → Wirtschaftsbuch.

Kontrolle, die: laufende Überprüfung, auch durch Vergleich mit Standard- oder Soll-Werten.

Kontrollfläche, die: → Weiserbestand.

Kontrollmethode, die: Die K. wurde von Gurnaud 1861 in der Schweiz entwickelt. Erst Biolley verhalf ihr zum Durchbruch. In Slowenien wurde vor dem ersten Weltkrieg ein ähnliches Verfahren entwickelt. Letztlich wird auch beim System permanenter Probeflächen eine K. angewandt. Bei den K. handelt es sich um induktive Verfahren zur Ermittlung des günstigsten Waldzustandes. Dabei wird der schwierig zu messende → Zuwachs durch die Bildung der Differenz der durch Vollkluppung ermittelten abteilungsweisen Vorräte am Ende und am Anfang eines Beobachtungszeitraumes, korrigiert durch die Hinzunahme der in diesem Zeitraum erfolgten Nutzungen und den Abzug des → Einwuchses von unterhalb der → Kluppschwelle ermittelt. Dieser Zuwachs wird als Weiser für den möglichen → Hiebssatz verwendet. Soll der Vorrat erhöht werden, muß der Hiebssatz geringer sein; soll er verringert werden, muß er umgekehrt höher sein. Die K. strebt den "dauernd vollkommenen Bestand" an, und die Zuwachssteigerung ist ihr oberstes Ziel. Beim slowenischen Verfahren wird der → Holzvorrat differenzierter, nämlich nach Höhe, Baumartenverteilung und Stärkegliederung, und damit die für die Plenterwaldwirtschaft (→ Plenterwald) wichtigen Kenngrößen erfaßt.

Kontrollvereinigung deutscher Besitzer von Samenklenganstalten und Forstbaumschulen → Arbeitsgemeinschaft zur forstlichen Saatgutanerkennung.

Konturhaare → Haare.

Köpfchen, das: → Blütenstand.

Köpfchenflechte, die (*Baeomyces roseus* Persoon): Die zur Fam. Schriftflechten (*Graphidaceae*) aus der Abteilung → Flechten zählende Art findet sich vom Tiefland bis ins Gebirge. Sie ist weit verbreitet, aber oft steril, und wächst auf Heide- und Sandboden, aber auch in sonnenbeschienenen Beständen sowie an morschen Stöcken in Fichtendickungen. Der → Thallus besteht aus weißlichen, 2 bis 5 mm hohen, etwa 1 mm dicken Stielchen auf krustigem, weißlichem bis grauweißlichem, oft rosa überhauchtem Grund. Die → Apothecien sind fast kugelig, etwa 1 bis 4 mm groß und blaß rosarot gefärbt.

Kopfdistrikt, der: früher in Preußen übliche Bez. für eine Betriebseinheit, die dadurch entstand, daß der Kopf eines Berges durch einen gürtelartig gelegten Weg als Distrikt (→ Waldeinteilung) ausgeschieden wurde.

Kopfdüngung, die: das Ausstreuen des Düngemittels über die schon im Wachstum befindlichen Pflanzen; Düngung auf die Köpfe; → Walddüngung.

Köpfel → Riegel.

Kopffurniere: → Furniere die vom untersten Stammteil stammen. Bedingt durch die Wurzelanläufe weisen sie eine sehr lebhafte (wimmerige) Textur auf. K. werden hauptsächlich aus Nuß gewonnen.

Kopf-Ginster, der: → Geißklee 2.

Kopfgras, das: → Blaugras.

Kopfhochverfahren, das: Beim K., das im steilen Gelände angewandt wird (Seilbringung), wird mit Motorseilwinde, Tragseil, Zugseil und Rückholseil gearbeitet. Das → Stammholz wird am vorderen Ende durch das Zugseil angehoben und hangaufwärts gezogen. Beim K. werden sowohl Boden und Bestand als auch das ausgerückte (→ Rükken) Holz geschont.

Kopfholz, das: **1)** → Kopfholzbetrieb. **2)** das früher auf einem → Meiler obenaufliegende schwache Holz, welches bei einem Klöppelmeiler Kopfklöppel, bei einem Scheitmeiler Kopfscheite genannt wurde.

Kopfholzbetrieb, der: auch Kopfholzwirtschaft, -zucht, Schneitel- oder Schneidelbetrieb, Schneidelholzbetrieb. Eine früher übliche forstliche → Betriebsart, v. a. eine landwirtschaftliche Nebennutzung. Die für den K. besonders geeigneten Laubbäume, die in einem nicht zu hohen Alter – ähnlich wie im Niederwaldbetrieb (→ Niederwald) – aber einige Meter über dem Boden abgehauen (geköpft) wurden, waren Ei, Hbu, Wei, Li, Pa und Rob, in geringerem Maße auch Bu, Bi, Es, Er und Ul. Im Sommer genutzt, diente das gedörrte Laub der Ul, Li, Ei, Es und Hbu als Futter für die Schafe (→ Schneitelbetrieb). Meist handelte es sich dabei um einzelne, weitständig und unregelmäßig über Wiesen, an Feldrändern, an Bächen und Flüssen, in Hecken und in Überschwemmungsgebieten verstreute Laubbäume. Die Ausschläge, insbesondere die der Wei, wurden u. a. zu Flechtwerk, Reifen, Faschinen verwendet, dienten aber auch als Brennholz und Besenreisig (Bi), das Laub als Futter für Schafe. Hauptsächlich wurden Ei, Er, Es, Li und Bu geschneitelt. Wurden die Ausschläge der geköpften (abgehauenen) Stämme von Zeit zu Zeit genutzt, so nannte man solche an der Abhiebstelle sich kopfartig verdickenden Stämme Kopfholzstämme; → Aststreu, Lachbaum, Stiefelbaum.

Kopfholzstämme → Kopfholzbetrieb.

Kopfholzzucht, die: → Schneitelbetrieb.

Kopfhornschröter, der: → Blatthornkäfer 3.

Kopfige Teufelskralle, die: → Teufelskralle 3.

Kopfweide, die: eine (Silber)weide (→ Weiden 22.), der regelmäßig die Ruten am Hauptstamm und an den Hauptasten abgeschnitten werden.

Kopfweiden

Koprophage → Totfresser.

Koralle, Dreifarbige, Goldgelbe, Schwefelgelbe, Steife → Keulenpilze.

Korallen-Becherflechte, die: → Becherflechte 4.

Korallenholunder, der: → Holunder 1.

Korallenwurz, die (*Corallorrhiza*): Gatt. der → Orchideen mit 15 Arten in Nordamerika und einer in Europa und Asien. Es handelt sich um von faulenden Stoffen lebende Pflanzen (Saprophyten; → Fäulnispflanzen).

Korallenwurz, die (*Corallorrhiza trifida* Chantel): Die in Nord- und Mitteleuropa weit verbreitete, aber ziemlich seltene K. kommt besonders in den Alpen, den Pyrenäen, dem Apennin und den Gebirgen der Balkanhalbinsel vor. Sie wächst zwischen Moos in schattigen Nadelwäldern, besonders moorigen Fichten-, Fichten-Tannen-Wäldern, Tannen-Mischwäldern, Hainsimsen-Buchenwäldern, Erlenbrüchen, boreal-alpinen und subalpinen Zwergstrauchgesellschaften (Ordnungs → Charakterart), besonders der Berge und Voralpen, in Sümpfen, Torfbrüchen, in Tundren und feuchten Dünensenken.

Die ausdauernde, 8 bis 25 cm hohe Pflanze (Saprophyt) hat einen fleischigen, gelblichweißen, korallenartig verzweigten Wurzelstock (Name!) ohne Wurzeln. Der aufrechte, schlanke, kahle, gelblichgrüne Stengel ist unten meist von drei häutigen, lockeren, gelblichgrünen, scheidigen Schuppenblättern umhüllt. BZ: Mai bis Juli/August. Die kurzgestielten, abstehenden, gelbgrünen, spornlosen Blüten stehen in einer lockeren vier- bis neunblütigen (bis 12blütigen) Blütentraube (→ Blütenstand).

Korbblütler (*Asteraceae, Compositae*): auch Körbchenblütler. Eine der größten Pflanzen-Fam. mit rd. 20 000 Arten in über 900 Gatt. K. sind meist Kräuter oder Stauden, deren Blüten in charakteristischen → Blütenständen (Köpfchen oder Körbchen) stehen. Zu den K. zählen u. a. die Gatt. → Alpendost, → Alpenlattich, → Arnika, → Aster, → Alant, → Distel, → Eberwurz, → Flockenblume, → Gemswurz, → Goldrute, → Greiskraut, → Hainsalat, → Habichtskraut, → Hasenlattich, → Kratzdistel, → Katzenpfötchen, → Lattich, → Milchlattich, → Pestwurz, → Pippau, → Ruhrkraut, → Wasserdost, → Wucherblume, → Scharte, → Beruf(s)kraut und → Rainkohl.

Körbchen, das: → Blütenstand.

Körbchenblütler → Korbblütler.

Korbweide, die: → Weiden 7. Wegen ihrer Eignung für Flecht- und Bindearbeiten werden auch Purpurweide, Mandelweide (→ Weiden 15. und 12.), amerikanische Weidenarten und Hybriden als K. bzw. Flecht- oder Bindeweiden (Bandweiden) bezeichnet.

Korbweidenblattkäfer, der: → Blattkäfer 5.

Korbwuchs, der: Bei Lä gelegentlich vorkommende Störung des Längenwachstums nach Frost. Nach Schädigung des Gipfeltriebes übernimmt nicht nur ein Seitentrieb die Führung, sondern es richten sich mehrere Triebe gleichzeitig bogenförmig (korbartig) auf; → Mehrgipfeligkeit.

Kork, der (niederländ.-span., zu lat. *cortex*): ein vom Korkkambium (→ Kambium) gebildetes sekundäres → Abschlußgewebe mit abgestorbenen Zellen. Es bildet einen Teil der äußeren Rindenschichten der Sprosse und Wurzeln mehrjähriger → Samenpflanzen. K. wird vom Korkkambium nach außen abgegeben. Er besteht aus vielen Schichten regelmäßig angeordneter toter Zellen. Da die Zellwände mit → Zellulose und Suberin beschichtet sind, sind sie für Flüssigkeiten und Gase undurchlässig. K. ist lufthaltig und leicht (Dichte 0,12 bis 0,25 g/cm^3), staut Wärme (geringe Wärmeleitzahl), verhindert das Eindringen von Schädlingen und schützt die Pflanze vor Verdunstung. K. besteht zu 58 % aus Suberin,

▸▸ Geschälte Korkeichen

22 % Zellulose, 12 % Lignin, 5 % Wasser und zu 3 % aus Nebenbestandteilen. Er bildet bei den verschiedenen Pflanzen dünne Häute (z. B. Bi) oder dicke, rissige Krusten (Korkschicht 1 bis 6 cm), z. B. mediterrane immergrüne K.-Eichen (*Quercus suber*), deren K. wirtschaftlich genutzt wird. Haupterzeugungsland ist Portugal. Die Ernte erfolgt periodisch ca. alle zehn Jahre auf etwa 3 bis 4 m Länge des unteren Baumschaftes. K. ist leicht verarbeitbar, eignet sich zur Schalldämmung und Wärmeisolierung, findet als Voll-K. Verwendung für Schwimmgürtel und Korken und wird als K.-Schrot (vermahlen) mit Bindemitteln zu Platten oder Formkörpern (Isolier- und Akustikplatten, Fußbodenbelägen und Dichtungen) verarbeitet; → Rinde.

Korkgewebe, das: → Periderm.

Korkholz, das: Bez. für das Holz des → Balsabaumes, das leichter als → Kork ist.

Korkporen (Korkwarzen): → Lentizellen.

Korle, die: → Hartriegel 1.

Kormophyten → Sproßpflanzen.

Kornbeere, die: → Rubus 2.

Körnchenröhrling, der: → Röhrlinge 18.

Körnchenschirmlinge (*Cystoderma*): Gatt. der Pilze aus der Fam. der → Egerlingsartigen. Von Bedeutung ist:

Starkriechender Körnchenschirmling, der (*Cystoderma carcharias*): Der kleine Pilz wächst häufig und meist scharenweise von August bis Oktober in Nadelwäldern auf fast allen Böden. Der 3 bis 5 cm breite Hut ist jung konvex, später auch flach, oft mit breitem und stumpfem Buckel. Der Hut ist hell fleischbraun und körnig; am Hutrand stehen die Schleierreste über. Die weißen und dicht stehenden → Lamellen sind am Stiel angewachsen. Der 4 bis 8 cm lange Stiel ist gleich dick und vom dauerhaften Ring abwärts bis zur Basis gleichmäßig feinkörnig. Das weiße, ungenießbare Fleisch hat einen unangenehmen Geruch (Gasgeruch).

Neben vorgenannter, weit verbreiteter Art, gibt es noch zahlreiche seltenere Arten, wie z. B. den **Amiant-K.** (*Cystoderma amiantinum*), **Rostroter K.** (*Cystoderma granulosum*), **Zinnoberbrauner K.** (*Cystoderma terrei*) und Cystoderma fallax.

Kornelbaum, der: → Hartriegel 1.

Kornelkirsche, die: → Hartriegel 1.

Kornelle, die: → Hartriegel 1.

Körner(s)-Steinbrech, der: → Steinbrech 2.

Körnerwanze, die: → Laufkäfer 7.

Kornwieden: → Wieden.

Körperschaftswald, der: Wald im Eigentum von Städten, Gemeinden, Gemeindeverbänden oder auch Zweckverbänden, sonstigen Körperschaften, Anstalten und Stiftungen des öffentlichen Rechts wird unter dem Begriff K. zusammengefaßt. Nach dem BWaldG ist hiervon ausgenommen Wald von Religionsgemeinschaften und deren Einrichtungen sowie von Realverbänden, Haubergsgenossenschaften, Markgenossenschaften, Gehöferschaften und ähnlichen Gemeinschaften. Von der Gesamtwaldfläche in Dtschl. sind 19,8 % K.; → Bauernwald, Besitzstandsarten, Waldeigentum, Waldfläche.

Korporationswald, der: frühere Bez. für einen Wald, der teils öffentlich rechtlichen (Gemeinden, Kirchen, Armenanstalten, Hospitälern, Schulen), teils privatrechtlichen Korporationen (Pfarrstellen, Waldgenossenschaften) gehörte. Der K. wurde gesetzlich teils dem → Gemeindewald, teils dem → Privatwald gleichgestellt.

Korrosionsfäule, die: → Weißfäule.

Korsische Schwarzkiefer, die: regionale Unterart der Skie; → Kiefern 2.

Kosmopolit, der: in der Biologie Bez. für eine Tier- oder Pflanzenart, die auf der ganzen Erde an ihr zusagenden Standorten verbreitet ist (z. B. → Wanderratte).

Kosten: Der rechnerische Ausdruck für den Verbrauch von Wirtschaftsgütern wird K. genannt. Sie entstehen nur, wenn die Wirtschaftsgüter zum Erreichen betrieblicher Ziele verbraucht werden. Es geht nur der Zweckaufwand (→ Aufwand) in die Kosten ein; er wird als Grund-K. bezeichnet. Gegenüber dem Aufwand kommen noch Zusatzkosten dazu, die nicht mit → Ausgaben verbunden sind. Die Zusatzkosten bestehen aus Unternehmerleistungen (Tätigkeit des Besitzers als Betriebsleiter oder Waldarbeiter, Zinsen für das eingesetzte Kapital), kalkulatorischen Wagniszuschlägen (Risikokosten) und bewertungsbedingten K. (Abschreibungen); → Leistungen, Betriebskameralistik, Deckungsbeitrag.

Köst(e)nbaum, der: → Roßkastanie 1.

Kostendeckungsstufen → Intensitätsstufen.

Köstler, Josef Nikolaus, Prof. Dr. (18.7.1902 Rosenheim bis 24.12.1982 Ramsau): K., Sohn eines Forstbeamten, studierte Kunstgeschichte, Volks- und Forstwirtschaft in München und Kiel. Er promovierte 1927 mit der Arbeit „Die Grenzen des Kapitalismus in der Forstwirtschaft". 1934 wurde K. außerordentlicher Professor an der Forsthochschule Hann.-Münden und Leiter des Instituts für Forstpolitik und Forstliche Betriebswirtschaftslehre, später zusätzlich Direktor der Internationalen Forstzentrale in Berlin. 1946 wurde K. „Waldbauprofessor" in München, 1953/54 Rektor der Universität München. Er schrieb u. a.: „Waldbau. Grundriß und Einführung als Leitfaden zu Vorlesungen über Bestandsdiagnose und Waldtherapie" (1950), „Waldpflege. Waldbauleistungen und Waldgesinnung in süddeutschem Privatwald" (1953), „Offenbarung des Waldes. Ein Beitrag zur Frage der künstlerischen Gestaltung deutschen Naturerlebens" (1941).

Köstliche Morchel, die: → Morchel 4.

Köte, die: → Koben.

Kotfresser → Totfresser.

Kotsackblattwespen → Gespinstblattwespen.

Kotsch, Theodor (1818 Hannover bis 1884 München): Landschaftsmaler, der v. a. Waldlandschaften in Morgen- und Abendstimmung fertigte, daneben Stimmungslandschaften mit oberbayer. Seen, Waldwegen und Baumgruppen.

Kottenforst, der: Am Westufer des Rheins, etwa auf der Höhe von Bad Honnef, nur wenige Kilometer nördlich der Landesgrenze zu Rheinland-Pfalz erstreckt sich der 1959 gegründete und 16 000 ha große Naturpark K.-Ville. Der erstmals 886 urkundlich erwähnte K. hat einen Waldanteil von 80 %. Am Schnittpunkt von Flerzheimer Allee und Elchesmaar Allee wurde ein besonders schöner Stieleichen-Hainbuchen-Linden-Mischbestand 1969 zur → Naturwaldzelle erklärt. Der K. besteht überwiegend aus Laubwäldern. Neben den vorherrschenden Baumarten Ei und Bu gibt es noch Ah, Es, Er und Li. Bemerkenswert sind ca. 1200 ha Traubeneichenwälder. Dgl, Fi, Kie und Lä bilden die Nadelwälder. Sehenswert im K. ist die Meta-sequoia (→ Lebensbaum).

Kotyledonen → Keimblätter.

Kötze, die: → Kraxe.

Krabbenspinnen (*Thomisidae*): Fam. der → Webspinnen. Es sind dies 5 bis 7 mm große, oft bunt gefärbte Spinnen, die keine Gespinste (Fangnetze) weben. Die K. halten ihre vier Vorderbeine krabbenartig flach (Name!) vom Körper weg und können so auch rasch seitwärts und rückwärts laufen. Sie sind zudem Meister der Tarnung. Die bekanntesten Arten sind:

1. Braune Krabbenspinne, die (*Diaea dorsata* Fabricius): Die über ganz Europa und den Kaukasus verbreitete B. K. kommt regelmäßig und meist häufig vor. Sie ist ab Mai in buschbestandenen Eichenwäldern, Nadelwäldern, Laubmischwäldern, Gebüschen, Parkanlagen und Gärten zu finden. Sie ist etwa 5 bis 7 mm groß. Der gesamte Körper ist leuchtend grün gefärbt; lediglich die Oberseite des Hinterleibes ist braun. Ihre Nahrung besteht aus Insekten, auf die sie an Blüten und Blättern lauert. Das Weibchen fällt kurz vor der Verpaarung in eine Art Starrezustand, der bis nach der Kopulation anhält. Zur Samenübergabe steigt das Männchen auf das Weibchen.

◂◂ Krabbenspinnen fangen ihre Beute nicht mit dem Netz, sondern liegen auf Blüten auf der Lauer.

2. Gelbe Krabbenspinne, die (*Misumena vatia* Clerck): auch Veränderliche K., Gemeine K. Die über ganz Europa verbreitete, regelmäßig und häufig vorkommende G. K. ist auf blühenden Wiesen, auf Waldlichtungen und auch in Gärten anzutreffen, wo sie an Blüten (besonders auf Margariten) sitzt und auf Beute lauert. Sie ist bis 4 mm (Männchen) bzw. bis 10 mm (Weibchen) groß und von unterschiedlicher Färbung. Diese kann weißlich, hellgelb bis bräunlich sein. Die Spinnen suchen sich zu ihrer Färbung passende Blüten. Die weißlichen bis hellgelben Spinnen sitzen an hellen Blüten, die bräunlichen Spinnen an dunkleren und lauern auf Beute, die aus Bienen, Hummeln, Wespen, Fliegen und anderen Nektar und Pollen suchenden Insekten besteht. Die Weibchen ändern ihre Färbung je nach Umgebung, aber auch je nach aufgenommener Nahrung. Die G. K. preßt ihre langen Vorderbeine eng krabbenartig zusammen und streckt sie waagerecht aus. Sie kann sich sehr schnell bewegen. Die Verpaarung findet in den Blüten statt. Die Eier werden in Eikokons abgelegt, die vom Weibchen bewacht werden. Die Eier überwintern.

Krackbeere, die: → Heidelbeeren 2.

Krackbesien, die: → Heidelbeeren 2.

Krackweide, die: → Weiden 4.

Kraft, Eduard Friedrich Gustav (18.8.1823 Clausthal bis 9.1.1898 Hannover): K., der zuletzt Oberforstmeister war, gab zahlreiche Schriften heraus, u. a.: „Zur Praxis der Waldwerthrechnung und forstlichen Statistik" (1882), „Beiträge zur Durchforstungs- und Lichtungsfrage" (1889).

Kraftrose, die: → Arnika.

Kraftwurz, die: → Arnika und → Eberwurz 2.

Krähen, die: alte Bez. für Reisigbunde bzw. → Faschinen.

Krähenbeere, die: → Heidelbeere 3.

Krähenbeere, die (*Empetrum*): Gatt. der Fam. Krähenbeerengewächse (*Empetraceae*) deren Arten über die kühlgemäßigten Gebiete der Nordhalbkugel und über die Südspitze Südamerikas verbreitet sind.

Schwarze Krähenbeere, die (*Empetrum nigrum* L.): Die S. K. ist über Nordeuropa und in Gebirgslagen über Mitteleuropa bis zu den Pyrenäen, bis Mittelitalien, Bulgarien und dem südlichen Ural verbreitet. In Dtschl. kommt sie im Norden verbreitet, in den Mittelgebirgen zerstreut bis selten vor. Sie wächst auf sauren, sandigen, lockeren Böden, in Torf- und Kiefernmooren, Heiden, Moorheiden und Zwergstrauchheiden, Dünen, alpinen Matten und Nadelwäldern. Sie ist ein Rohhumusbildner.

Die Schwarze Krähenbeere ist ein Rohhumusbildner.

Merkmale: Der immergrüne, 15 bis 50 cm hohe Zwergstrauch hat niederliegende, ausgebreitete Sprosse und bildet ausgedehnte Teppiche. Die jungen Triebe sind rötlich, später rotbraun. Die fast sitzenden, in unregelmäßigen Quirlen zu drei bis vier Stück angeordneten, ledrigen, glänzenden, linealisch-länglichen Blättchen sind bis 7 mm lang und 2 mm breit (drei- bis viermal so lang wie breit), unterseits mit schmaler, tiefer Furche und eingerolltem Rand. Die zweihäusige S. K. blüht von Mai bis Juni. Die kleinen, unscheinbaren, einzeln oder zu dritt in den Blattachseln stehenden Blüten sind grünlich-rosafarben bis purpurn, eingeschlechtig oder zwittrig. Die Früchte sind etwa 5 mm große, kugelige, blauschwarz glänzende, beerenartige Stein-

früchte, die bitter schmecken und in den skandinavischen Ländern roh gegessen oder zu Kompott, Saft oder Marmelade verarbeitet werden.
Die Art S. K. wird in zwei Unterarten gegliedert. *Ssp. nigrum* hat kriechende, spärlich verzweigte, wurzelnde Zweige und fehlt in den Alpen. *Ssp. hermaphroditum* (Zwittrige Krähenbeere) hat bis zu 50 cm lange, niederliegende oder aufsteigende, üppig verzweigte Zweige, meist zwittrige Blüten und wächst verbreitet im nördlichen Europa und im Süden in den höheren Gebirgslagen.
Krähenschnaken → Schnaken.
Krähenfichte, die: → Kiefern 3.
Krammetsbeerbaum, der: → Wacholder.
Krammetsbeere, die: volkstümliche Bez. für die Frucht von Eberesche und Heidewacholder.
Kramvetstrauch, der: → Wacholder.
Kranabit, der: → Wacholder 1.
Kranawettstrauch, der: → Wacholder 1.
Kranewitt, der: → Wacholder 1.

Kranich *(Grus grus)*

Kranich, der (*Grus grus* L.): Fam. der K. (*Gruidae*) aus der Ordn. der Kranichvögel (*Gruiformes*). Länge: etwa 115 cm, Gewicht: etwa 5 bis 6 kg, Flügelspannweite: um 180 cm. → Vogel des Jahres 1978.
Der K. ist in Ost- und Nordeuropa sowie in Mittel- und Ostasien Brutvogel. In Mitteleuropa Zugvogel, der übersommert und nur in wenigen Paaren im östlichen Teil Norddtschl. und in Polen brütet. Sein Lebensraum sind große Sumpfgebiete, Nieder- und Hochmoore sowie Verlandungsgebiete von Teichen und Seen. Er brütet in Erlenbrüchen. Seine Überwinterungsgebiete, in die er im September/Oktober zieht, liegen in Afrika, hauptsächlich im Gebiet des Weißen Nils. Im März/April kehrt er verpaart (lebt in Einehe) wieder in sein Brutgebiet zurück. Der K. ist sehr scheu und wachsam und lebt nur außerhalb der Brutzeit gesellig. Er ist ein Bodenvogel und baumt nicht auf. Auf dem Zug fliegen die Kraniche in Keil-Formation. Hals und Beine werden dabei gestreckt, beim ähnlichen Reiher hingegen nur die Beine. Der K. wird mit fünf bis sechs Jahren geschlechtsreif. Das Nest wird in Sumpfgebieten oder feuchten Wiesen an schwer zugänglichen Stellen errichtet. Das Gelege besteht i. d. R. aus zwei, seltener aus drei olivgrünen Eiern (97 x 61 mm, ca. 200 g), die mit braunen und mattgrauen Flecken versehen sind und von beiden Partnern im Wechsel etwa 28 bis 30 Tage bebrütet werden. Nestlingszeit: neun bis zehn Wochen. Eine Jahresbrut (April/Mai).
Nahrung: Insekten und deren Larven, Würmer, Mäuse, Eidechsen, grüne Pflanzenteile, Sämereien, Beeren und Getreide.
Kranichholz, das: → Wacholder 1.
Kransbeere, die: → Heidelbeere 2.
Kranzlkraut, das: → Thymian.
Kranzlo(h)de, die: alte Bez. für einen Stockausschlag zwischen Rinde und → Splint.
Kranzmoos, Dreiblättriges, Großes, das: → Rhytidiadelphus 2.
Krappen, die: in Bayern alte und lokale Bez. für geringes → Schichtholz (→ Rundlinge von → Nutz- und → Brennholz).
Kratt, das: → Eichenkratts.
Kratzbeere, die: → Rubus 3.
Kratzdistel, die (*Cirsium*): Gatt. der → Korbblütler mit rd. 250 Arten auf der nördlichen Halbkugel. Es sind Kräuter – häufig sog. → Unkräuter – mit meist purpurfarbenen, seltener gelben oder weißen Blüten. Die Früchtchen aller Arten der Gatt. haben einen gefiederten → Pappus, im Ggs. zu den höchstens gezähnten Pappusstrahlen der Arten der Gatt. Distel. Im Wald anzutreffen sind:
1. Acker-Kratzdistel, die (*Cirsium arvense*): auch Ackerdistel, Feld-K. Die A. ist sehr häufig und über ganz Europa verbreitet. Sie wächst in Auwäldern, auf Schuttplätzen, Waldlichtungen, Ödland, Holzschlägen, Äckern, an Wegrändern und Dämmen, auch an sehr trockenen Stellen, von der Ebene bis ins Gebirge.
Die mehrjährige, 50 bis 130 (150) cm hohe Pflanze hat einen stark verästelten, reich beblätterten, fast kahlen Stengel (ohne herablaufende Blattränder) und ungeteilte oder buchtig gezähnte bis fiederspaltige, oberseits kahle, unterseits kahle bis dicht weißfilzig behaarte, im Umriß länglich-lanzettliche Blätter, deren Rand meist gewellt und borstig bewimpert ist und Dornspitzen hat. BZ: Juli bis September/Oktober. Die hellpurpurnen bis blaßrosafarbenen, seltener weißen Blüten stehen in eiförmigen, 1 bis 1,5 cm breiten und 1,5 bis 2 cm langen Blütenköpfchen, die einzeln, zu zweit oder dritt angeordnet einen rispigen Blütenstand bilden. Die braunen Früchtchen sind 3 bis 4 mm lang.

▸▸ Acker-Kratzdistel *(Cirsium arvense)*

2. Gemeine Kratzdistel, die (*Cirsium vulgare* = *C. lanceolatum*): auch Lanzenblättrige K., Sperrdistel, Lanzett-K. Die G. K. ist über ganz Europa und Westasien verbreitet und in Dtschl. meist häufig anzutreffen. Sie wächst an Wald- und Wegrändern, an Ufern, auf Waldschlägen, Schuttplätzen, Triften, Ödland, bevorzugt auf kalkhaltigen, nährstoff- und stickstoffreichen Böden; Nitratzeiger (→ Boden(an)zeiger).
Die zweijährige, 60 bis 150 cm hohe, behaarte, sehr kräftige, stachelige Pflanze hat einen spinnwebig-wolligen, oben meist verzweigten Stengel mit bogig abstehenden Ästen, der durch die herablaufenden, dornig gezähnten Blattränder geflügelt ist. Die oberseits grünen, fein stachelig kurzhaarigen, unterseits dicht, weiß spinnwebig-wolligen, am Stengel herablaufenden, entfernt fiederteiligen Blätter sind länglich-lanzettlich mit stachelig gezähnten, in langem gelben Stachel endenden Abschnitten. BZ: Juni/Juli bis Oktober. Die bis 4 cm breiten und bis 8 cm langen purpurnen bis violetten Blütenköpfe stehen einzeln an den Enden der Äste; → Ameisenpflanzen.
3. Kohl-Kratzdistel, die (*Cirsium oleraceum* Scopoli): auch Kohldistel. Die K. ist fast über ganz Europa bis Sibirien verbreitet. Gegen Nordwesten nimmt ihre Verbreitung ab; stellenweise fehlt sie. Sie wächst in Erlen-Edellaub-Auenwäldern, in Staudenfluren, auf Waldschlägen, Mooren, feuchten Wiesen, an Gräben, Bachufern und sumpfigen Waldstellen, von der Ebene bis in die Gebirge.
Die ausdauernde, 50 bis 150 cm hohe, verzweigte, gelbgrüne Pflanze hat einen aufrechten, kahlen oder zerstreut behaarten, bis oben beblätterten, einfachen oder im oberen Teil ästigen Stengel. Die weichen, nicht stechenden Blätter sind kahl oder zerstreut behaart. BZ:Juni/Juli bis September. Die gelblichweißen, röhrenförmigen Blüten, die eine gute Bienenweide sind, haben eine 1,5 bis 2 cm lange Krone und stehen in 2,5 bis 4 cm langen Blütenköpfchen. Die K. ist ein sog. Wildgemüse.
4. Stengellose Kratzdistel, die (*Cirsium acaule*): auch Erd-K. Die S. K. ist mit Ausnahme von Südosteuropa fast über ganz Europa verbreitet. In Dtschl. ist sie verbreitet bis selten anzutreffen; in manchen Gebieten fehlt sie. Sie wächst vereinzelt an lichten Waldstellen, Waldrändern, auf Triften, trockenen bis feuchten Wiesen und Heiden, Kalkmager- und Halbtrockenrasen und an Böschungen, bevorzugt auf kalkhaltigem Boden, bis in Höhen von 2000 m.
Die mehrjährige Pflanze hat einen sehr kurzen, nur wenige Zentimeter hohen Stengel. Die in grundständiger Rosette gehäuften Blätter sind derb, buchtig fiederspaltig bis fiederteilig. BZ: Juli bis September. Die 2,5 bis 3 cm langen, purpurroten, selten weißen, zwittrigen Röhrenblüten stehen in einem Blütenkopf.
5. Sumpf-Kratzdistel, die (*Cirsium palustre*): Die S. ist, mit Ausnahme des äußersten Südostens, fast über ganz Europa verbreitet. Sie wächst verbreitet in lichten, feuchten Wäldern, Erlenbruch- und Erlen-Edellaub-Auenwäldern, Flachmooren, Sümpfen, nassen Holzschlägen und Wiesen, an Gräben, Ufern, Quellen und anderen sumpfigen und schlammigen Orten,

von der Ebene bis in Höhen von 1700 m im Gebirge; Ton- und Vernässungszeiger.
Die zweijährige, 30 bis 150 (200) cm hohe behaarte Pflanze ist meist purpurrot überlaufen. Der durch herablaufende stachelige Blatt-ränder dornig geflügelte Stengel ist meist nur im oberen Teil verzweigt und bis oben beblättert. Die aufrecht abstehenden Äste sind spinnwebig behaart. Die im Umriß lanzettlichen, am Stengel mit verschmälertem Grund sitzenden Blätter sind oberseits grün und behaart, unterseits besonders in der Jugend weiß spinnwebig-wollig behaart und haben bis zum nächsten Blatt am Stengel herablaufende stachelige Blattränder. BZ: Juli bis September. Die zwittrigen und weiblichen, purpurroten, selten weißen Blüten stehen in eiförmigen, 1 bis 1,5 cm langen und etwa 1 cm breiten Blütenköpfen, die gehäuft in Knäueln an der Spitze des Stengels und dessen Äste stehen. Die Früchtchen sind 2 bis 3 mm lang. Die S. ist ein Wildgemüse; ihre jungen Sprossen können als Salat gegessen werden. Auf Mähwiesen ist sie ein gefürchtetes Unkraut.

6. Woll-Kratzdistel, die (*Cirsium eriophorum*): auch Wollköpfige K. Die W. ist über die Gebirge Europas, über England und auf dem Balkan verbreitet. In Dtschl. ist sie in Süd- und Mitteldtschl. anzutreffen. Die nicht häufige Pflanze wächst truppweise in lichten Gehölzen, Unkrautfluren, auf Waldschlägen, Triften und Magerweiden, an Wald- und Wegrändern, an sonnigen, steinigen Hängen, bevorzugt auf stickstoffreichen, kalkigen Böden, bis in Höhen von über 2000 m.
Die zweijährige, sehr dornige W. bildet im ersten Jahr eine große Blattrosette aus. Im zweiten Jahr wird sie 70 bis 150 (200) cm hoch mit kräftigem, aufrechtem, ästig verzweigtem, wehrlosem, ungeflügeltem, wollig-zottig behaarten Stengel. Die grünen derben Blätter sind oberseits stachelig behaart, unterseits weißfilzig und fiederteilig mit umgerolltem Blattrand. BZ: Juli bis September. Die zwittrigen Röhrenblüten sind purpur-blauviolett und stehen in großen, 4 bis 7 cm breiten, meist einzeln stehenden Blütenköpfen.

7. Knollen-Kratzdistel (*Cirsium tuberosum* (L.) All.): Die über West- und Mitteleuropa verbreitete K. kommt in Dtschl. selten vor. Sie wächst auf Moorwiesen, Flachmooren, in lichten Gebüschen, besonders Berberitzengebüschen und auf Wiesen, meist auf Kalk; Wechselfeuchtezeiger.
Die bis 150 cm hohe Pflanze wächst aus einer spindelförmig verdickten Wurzel (ohne Ausläufer) und hat beiderseits grüne, unterseits schwach wollige, gefiederte Blätter mit gelappten oder grob gezähnten Fiedern. Die einzeln stehenden purpurfarbenen, 2 bis 3 cm großen Blütenköpfe haben grüne Hüllblätter.

8. Klebrige Kratzdistel (*Cirsium erisithales* (Jacq.) Scop): Die über die Alpen, den Schweizer Jura, die Karpaten, den Apennin und die Gebirge der Balkanhalbinsel verbreitete Pflanze wächst in diesen Berggebieten, an Waldrändern, in Laubmischwäldern, Hochstaudenfluren, Schneeheide-Kiefernwäldern und Alpenrosen-Latschengebüschen.
Die K. K. hat weiche bis zum Mittelnerv fiederteilige Blätter mit lanzettlichen, stachelig gezähnten Seitenfiedern und sehr schmaler Endfieder. Die hell- bis zitronengelben Blütenköpfe stehen einzeln oder zu wenigen und nickend; sie sind nicht von Hochblättern umgeben. Die Hüllblätter sind klebrig (Name!).

Kratzfichte, die: → Kiefern 3.

Krätzkraut das: → Skabiose.

Krausblättriges Neckermoos, das (*Neckera crispa* (L.) Hedwig): Das zur Fam. Neckermoose (*Neckeraceae*) aus der Klasse → Laubmoose zählende, kalkliebende K. N. kommt verbreitet bis zerstreut vom Flachland bis zur Waldgrenze vor. Es wächst an schattigen Felsen, am Fuß alter Bäume und auf Baumstämmen, wo es flache, gänzende, gelb- bis bräunlichgrüne Rasen bildet. Die meist aufsteigenden, ausgebreiteten oder hängenden, kräftigen Stengel sind 5 bis 25 cm lang, unregelmäßig fiederförmig verzweigt und zweizeilig abgeflacht beblättert. Die durchscheinend hellgrünen, 3 bis 4 mm langen Blätter sind zungenförmig, am Grunde etwas eingebogen, auffallend querwellig, ganzrandig, ohne Blattrippe, mit sehr kurzer, aufgesetzter, abgerundeter Spitze. Die → Sporen des selten fruchtenden Mooses reifen im Winter. Die seitenständige, etwa 1 cm lang gestielte Sporenkapsel steht aufrecht bis schwach geneigt, ist braun und eiförmig. Das K. K. ist empfindlich gegen → Luftverunreinigungen.

Krause Distel, die: → Distel 3.

Krause, Georg Friedrich (2.4.1768 Prenzlau bis 22.11.1836 Weimar): K. war erst Kaufmann und dann Artillerieoffizier und wurde im Jahre 1800 zum Direktor der Forstkartenkammer und zum Mitglied des Forstdepartements in Berlin ernannt. Nach dem Tode → Burgsdorfs wurde er 1802 mit den forstlichen Vorlesungen an der Berliner Forstakademie betraut. Im Jahre 1817 schied er aus dem aktiven Staatsforstdienst aus. Er schrieb u. a.: „Handbuch der mathematischen Forstwissenschaft ... etc." (1800), „Compendium der niedern Forstwissenschaften" (1810), „Compendium der höheren Forstwissenschaften oder staatswirthschaftliche Direction des Forstwesens" (1824), „Anleitung zur Behandlung des Mittelwaldes" (1829), „Über die Forst-Gesetzgebung in Deutschland ... etc." (1834).

Krause Glucke, die: → Keulenpilze 1.

Kräuselmoos, das (*Tortella*): Gatt. der Fam. Drehzahnmoose (*Pottiaceae*) der Klasse → Laubmoose. Hierzu gehört nachstehend beschriebene Art:

Kräuselmoos, das (*Tortella tortuosa* (Hedwig) Limpricht): Das in der Ebene seltene, vom Bergland bis ins Hochgebirge häufigere, kalkliebende Laubmoos wächst in lichten Wäldern auf trockenen bis feuchten Böden, in Mauerfugen und auf Gestein.
Das Moos bildet dichte, gelbgrüne oder bräunliche, innen rotfilzig verwebte Polster. Die 2 bis 6 cm hohen aufrechten Stengel sind einfach oder gabelig verzweigt. Die 4 bis 8 mm langen, linealischen Blätter haben eine lang ausgezogene Spitze und sind trocken stark gekräuselt (Name!) und verdreht, feucht ziemlich gebogen abstehend. Die Sporen reifen vom Frühjahr bis zum Sommer. Die aufrecht stehende, 2 bis 3 cm lang gestielte, gerade oder schwach gekrümmte Sporenkapsel ist eiförmig bis zylindrisch.

Krausenbuchen: Krüppelbuchen, die im Wiehengebirge vorkommen. In der Wuchsform ähneln sie der → Süntelbuche.

Krauser Rollfarn, der: → Rollfarn.

Krauses Greiskraut, das: → Greiskraut 14.

Krauss, Gustav Adolf, Prof. Dr. (25.4.1888 Diebach bis 4.8.1968 Regensburg): K. war von 1925 bis 1935 am Lehrstuhl für Bodenkunde und Standortslehre an der Forstl. Hochschule in Tharandt (1929 der TH Dresden angegliedert) und von 1935 bis 1954 (mit kurzen Unterbrechungen) Leiter des Lehrstuhles für Bodenkunde und Standortslehre an der Univ. München. K. ist Begründer der modernen forstl. Standortslehre.

Kräuter: Bez. für unverholzte Pflanzen (→ Stauden) mit weichen, saftigen, oberirdischen → Sprossen, die am Ende der Vegetationsperiode entweder nach einmaliger Blüten und Fruchtbildung ganz (einjährige K.) oder bis auf ihre unterirdischen Teile (mehrjährige K.) absterben. Die K. gehören zu den Bodenpflanzen des Waldes, die den Humus bereichern und Nahrung für viele Waldtiere abgeben; → Lebensformen, Therophyten, Unkräuter.

Kräuterweihe, die: auch Würz- oder Wischweihe. Eine besonders am Fest Mariä Himmelfahrt (15.8.) in katholischen Gemeinden Dtschl. stattfindende Weihe von Kräutern und Früchten.

Krautholunder, der: → Holunder 3.

Krautige Gletscherweide, die: → Weiden 8.

Krautige Zwergweide, die: → Weiden 8.

Krautschicht, die (Feldschicht): Die über der Moos- oder Bodenschicht sich erhebende, aus den verschiedensten Kräutern, Gräsern, Stauden, Keimlingen und Jungpflanzen von Holzgewächsen gebildete → Vegetationsschicht des Waldes.

Krautschicht des Waldes

Krautweide, die: → Weiden 8.

Kraxe, die: auch Kötze. Früher übliche Rückentrage der → Holzhauer, mit der Hölzer von geringem Gewicht (z. B. Brenn- und → Reisholz) aus dem → Schlag gebracht wurden.

Krebserkrankungen von Bäumen → Baumkrebs, Bakterien.

Krebsweide, die: → Weiden 15.
Krechtholz, das: veraltete Bez. für „gerechtes" bzw. „rechtes" Holz; svw. → Werkzeugholz.
Kreiser, der: frühere Bez. für einen Waldaufseher (Forstaufseher), der im Rahmen seiner Dienstaufgaben ein Forstrevier aufmerksam zu umgehen hatte.
Kreisfläche, die: → Grundfläche, g.
Kreisflächensumme, die: → Grundfläche 2).
Kreisflächenzuwachs, der: → Zuwachsarten.
Kreisprobeflächen: kleine kreisförmige Flächen von etwa 6 m Durchmesser, die früher zahlreich an verschiedenen Stellen eines Bestandes angelegt wurde; die darauf stehenden Bäume wurden gekluppt. In Verbindung mit einer sog. Scheitelhöhenmessung wurde auf diese Weise der → Holzvorrat des Bestandes ermittelt.

▸▸ Der Samtfußkrempling wächst auf und an Nadelholzstümpfen.

Kreisspinne, die (*Cyclosa conica*): Die fast über ganz Europa verbreitete, regelmäßig bis häufig vorkommende K. ist besonders in Nadelwäldern anzutreffen. Die bis zu 9 mm große Spinne (→ Webspinnen), die den → Radnetzspinnen sehr ähnlich ist, hat einen über die Spinnwarzen hinausreichenden Hinterleib, der sich dann verjüngt. Sie baut regelmäßig angeordnete Netze zwischen den Nadelzweigen in 1,50 bis 2 m Höhe. Die bewegungslos zwischen zwei verdickten Speichenfäden sitzende Spinne stürzt sich sofort auf die Beute, die sich in ihrem Netz gefangen hat, und tötet sich durch einen Giftbiß.
Kremmener Forst, der: → Havelland.
Krempel, die: → Sappie.
Kremplingsartige (*Paxillaceae*): Fam. mittelgroßer bis großer → Ständerpilze, deren Fruchtschicht aus weit herablaufenden, oft gegabelten → Lamellen gebildet wird. Der Hut ist anfangs meist stark eingerollt. Als Speisepilz hat nur der Falsche Eierschwamm Bedeutung. Die wichtigsten Arten:
1. Kahler Krempling, der (*Paxillus involutus*): auch Empfindlicher Krempling. Der fast überall in Dtschl. vorkommende und häufig anzutreffende Pilz wächst von (Juni) Juli bis Oktober in Laub- und Nadelwäldern, auf Grasflächen, in Gärten, in Mooren auf dem Boden oder an Baumstümpfen. Als Säureanzeiger fehlt er jedoch auf Kalkböden. Der oliv- bis rotbraune Hut wird 6 bis 12 (15) cm breit. Er ist jung flach, später konvex oder etwas trichterförmig; der feinfilzige Hutrand ist eingekrempelt. Die Huthaut ist bei Feuchtigkeit schmierig, bei Trockenheit seidig glänzend und filzig. Die holzgelben Lamellen sind aderig verbunden, gabeln sich am Stielansatz und laufen an diesem herab. Sie flecken bei Berührung dunkelrotbraun. Der oft gebogene, 5 bis 8 cm lange und 1 bis 2 cm dicke und festfleischige Stiel ist wie der Hut gefärbt und fleckt bei Berührung braun. Das gelblichweiße, saftige Fleisch ist weich, hat einen angenehmen Geruch und einen säuerlichen Geschmack. Der Pilz war lange Zeit ein gern gegessener Bratpilz. Ungenügend gekocht oder gar roh verzehrt, kann er jedoch schwerste Vergiftungen bzw. akutes Leberversagen mit Todefolge hervorrufen. Er enthält einen unbekannten Wirkstoff, der sich im Blut anreichert und dort eine Antikörperbildung auslöst.
2. Erlenkrempling, der (*Paxillus rubicundulus*, früher: *P. filamentosus*): Der E. kann als Doppelgänger des Kahlen Kremplings bezeichnet werden. Er wächst oft in größeren Gruppen oder → Hexenringen nur unter Er, ist etwas kleiner als der Kahle Krempling und auch heller gefärbt. Seine Hutoberfläche ist mit dunkleren, eingewachsenen oder angedrückten Schüppchen besetzt. Seine Lamellen flecken nur schwach und sind nicht gegabelt. Da beim E. ähnliche Wirkungen wie beim Kahlen Krempling vermutet werden, ist von einem Genuß dringend abzuraten.

3. Samtfußkrempling, der (*Paxillus atrotomentosus*): Der häufige und gedrungen wirkende Pilz hat eine ähnliche Verbreitung wie der Kahle Krempling und wächst von Juni bis in den Herbst hinein einzeln oder in kleinen Gruppen auf und an Nadelholzstümpfen, meist an feuchten und schattigen Stellen.
Der Hut mit lang eingerolltem Rand wird 15 (20) cm breit und ist jung flach, später trichterförmig. Die braune Huthaut ist samtig, alt kahl werdend und fühlt sich trocken an. Die holzgelben, weichen Lamellen flecken bei Druck nicht. Sie sind sehr schmal und dichtstehend und laufen am Stiel herab.
Der dunkelbraune und samtige Stiel wird 4 bis 9 cm lang und 2,5 bis 4 cm dick.
Das saftige Fleisch ist holzgelb, hat einen etwas bitteren Geschmack, aber einen angenehmen Geruch. Der Pilz ist als Speisepilz nicht geeignet.
4. Falscher Eierschwamm, der (*Hygrophoropsis aurantiaca*): auch Falscher Pfifferling, Gabelblättling. Der Pilz wird häufig mit dem Pfifferling (→ Leistlinge 1.) verwechselt und wächst von September bis in den November hinein (Herbstpilz) gesellig in Nadelwäldern, seltener in Laubwäldern, auf dem Waldboden oder auf Baumstümpfen. Er ist vom Flachland bis in die niederen Lagen der Alpen verbreitet. Der bis 6 cm breite Hut ist jung leuchtend orangegelb und alt verblassend. Der Hut ist jung flach mit eingerolltem Rand und entwickelt sich allmählich trichterförmig. Die gleichgefärbten schmalen Lamellen sind leuchtend orange und leistenartig, stehen gedrängt und laufen am Stiel herab. Der bis zu 8 cm lange zylindrische Stiel ist ebenfalls wie der Hut gefärbt. Das weiche, biegsame und orange Fleisch des eßbaren Pilzes (Mischpilz) ist geruchlos und hat einen milden Geschmack.
5. Muschelkrempling, der (*Paxillus panuoides*): Dieser auf Ndh vorkommende Pilz hat einen 4 bis 7 cm breiten, muschel- oder fächerförmigen, cremefarbenen oder oliv- bis braungelben Hut, der jung flaumig-filzig, alt kahl ist. Der Stiel ist sehr kurz oder fehlt ganz. Das weißliche bis gelbliche und wässrige Fleisch schmeckt mild.
Krenn, Karl, Dr. (7.2.1908 Wien bis 28.3. 1949 Freiburg): K. studierte Forstwissenschaft an der Hochschule für Bodenkultur in Wien und war Prof. der Forstwissenschaft an der Universität Freiburg, Direktor des Instituts für Ertrags- und Holzkunde sowie Leiter der Bad. Forstl. Versuchsanstalt. K. war Wegbereiter einer modernen Holzmeßlehre und Ertragskunde. Bahnbrechend waren seine Arbeiten auf dem Gebiete der neueren Vorratsermittlungsverfahren. Er veröffentlichte zwischen 1932 und 1948 zahlreiche Schriften.
Kresse, Wilde, die: → Schaumkraut 1.
Kreuzbaum, der: → Ahorne 3., Lachbaum.
Kreuzbeer, der: → Kreuzdorn 2.
Kreuzbestäubung, die: → Bestäubung.
Kreuzblume, die (*Polygala*): Gatt. der → Kreuzblumengewächse (*Polygalaceae*) mit rd. 600 Arten in den gemäßigten und wärmeren Klimagebieten. Es handelt sich meist um Kräuter oder Sträucher mit dorsiventralen Blüten. Die bekanntesten Arten sind:
1. Gemeine Kreuzblume, die (*Polygala vulgaris* Linné): auch Gewöhnliche K. Die G. K. ist fast über ganz Europa verbreitet, im Süden jedoch nur in den Gebirgen. Sie ist ziemlich häufig und wächst verbreitet auf Heiden, Silikatmagerrasen, trockenen Wiesen, Triften, an Wegrändern sowie auf grasigen Stellen in lichten Wäldern und Gebüschen.
Der mehrjährige, sehr variable, 10 bis 30 cm hohe Zwergstrauch hat zahlreiche aufsteigende bis aufrechte Stengel, die stark verzweigt und reich beblättert sind. Die ganzrandigen Blätter sind wechselständig angeordnet (→ Blattstellung), die unteren verkehrt-eiförmig oder elliptisch, die oberen lineal-lanzettlich. BZ: Mai bis August. Die meist blauen, seltener rosafarbenen oder weißen Blüten stehen in einer endständigen, lockeren, zehn- bis 20blütigen Traube (→ Blütenstand). Die Frucht ist eine verkehrt-herzförmige Kapsel, aus der die Samen vom Wind ausgestreut und dann von den → Ameisen (→ Ameisenpflanzen) verschleppt werden.
2. Zwergbuchs, der (*Polygala chamaebuxus* Linné): auch Buchsblätteriger K., Buchs-K. Der Z. ist über die Gebirge Mittel- und Südeuropas, von den Pyrenäen über die Alpen bis zum Balkan verbreitet. Er ist kalkliebend und wächst zerstreut, in den Alpen stellenweise verbreitet, in lichten, trockenen Wäldern, lichten Kiefernwäldern, Eichen- oder Kiefern-Trockenwäldern, Schneeheide-Kiefernwäldern und Alpenrosen-Latschengebüschen (Ordnungs → Charakterart), Heiden, lichten Gebüschen, auf rasigen Felshängen, Grasland, Ödland und Trockenrasen, auf Kalk- und Urgestein, von den Tälern bis in Höhen von über 2000 m.
Der 5 bis 30 cm hohe, reichverzweigte Zwergstrauch hat holzige, teils niederliegende, teils

bogig aufstrebende, am Grunde wurzelnde Äste. Die immergrünen, ledrigen, unterseits hellgrünen, kurzgestielten Blätter sind kahl, linealisch-lanzettlich bis eiförmig-elliptisch, vorne stachelspitzig, mit nach unten umgerolltem Rand. BZ: März bis Juli. Die kurzgestielten Blüten stehen einzeln oder zu zweit in den Achseln der oberen Blätter. Sie sind 13 bis 15 mm lang, Kelch und Krone gelb, oft rot überlaufen.

3. Sumpf-Kreuzblume, die (*Polygala amarella*): auch Moor-K. Die über West- und Mitteleuropa verbreitete S. kommt in Dtschl. zerstreut bis selten vor und wächst auf Quellfluren, feuchten Wiesen, Moor- und Sumpfwiesen.

Die mehrjährige, bis 20 cm hoch werdende Pflanze hat einen aufsteigenden oder aufrechten, nicht verzweigten Stengel mit verkehrt-eiförmigen Blättern in grundständiger Blattrosette. BZ: Mai bis August. Die 2 bis 4 mm langen, blauen, weißen oder rötlichblauen Blüten stehen in einem lockeren endständigen Blütenstand.

4. Kalk-Kreuzblume, die (*Polygala calcarea*): Die über West- und Mitteleuropa verbreitete K. kommt in Dtschl. nur selten vor und wächst in Gebüschsäumen, auf Kalk (Name!).

Die 5 bis 20 cm hohe Pflanze hat einen im unteren Teil niederliegenden Stengel mit an der Spitze rosettenartig gedrängten, verkehrt-eiförmigen Blättern. Die hellblauen, etwa 5 mm langen Blüten (BZ: April bis Juni) stehen in einem aufrechten Blütenstand.

Kreuzblütengewächse (*Cruciferae, Brassicaceae*): auch Kreuzblütler, Kruziferen. Eine vielgestaltige, sehr umfangreiche, weltweit verbreitete Fam. der → Zweikeimblättrigen mit rd. 3000 Arten in 350 Gatt. Es handelt sich meist um Kräuter oder Stauden mit → zwittrigen, in Trauben (→ Blütenstand) stehenden Blüten (Kreuzblüten), die vier getrennte → Kelchblätter und vier kreuzständig angeordnete → Kronblätter haben. Die Frucht ist eine meist zweiklappige Schote. Zu den K. zählen viele bekannte Nutzpflanzen, wie z. B. Gartenkresse, Meerrettich, Rettich, Raps und Senf. Bekannte Gatt. sind → Gänsekresse, → Schaumkraut, → Silberblatt, → Zahnwurz, → Brunnenkresse und → Knoblauchsrauke.

Kreuzblütler → Kreuzblütengewächse.

Kreuzdorn, der (*Rhamnus*): Etwa 150 Arten umfassende Gatt. aus der Fam. der → Kreuzdorngewächse (*Rhamnaceae*), die meist in der nördlichen gemäßigten Zone heimisch ist. Es sind meist Sträucher oder Bäume mit dornigen Zweigen. Die Bez. „Kreuzdorn" ist von den kreuzförmig angeordneten Sproßdornen abgeleitet. *Rhamnus* ist der griechische Pflanzenname für Dornstrauch. Die Gatt. *Rhamnus* ist seit der Oberen Kreide (→ Erdzeitalter) bekannt. Die in Mitteleuropa häufigsten Arten sind der Echte K. (Purgierkreuzdorn) und der Faulbaum.

1. Alpenkreuzdorn, der (*Rhamnus alpina* L.):
Verbreitung: Der A. ist hauptsächlich in den Gebirgen Südwesteuropas, von Nordspanien bis Mittelfrankreich, Norditalien, Steiermark, Kärnten bis nach Griechenland und zum Balkan verbreitet.
Standort: Er wächst hauptsächlich an Bachufern, Waldrändern, in lichten Laubwäldern, Berberitzengebüschen (Verbands → Charakterart) und an felsigen Hängen. Vorwiegend ist er im Hügelland und in Gebirgen an sonnigen Stellen, meist auf kalkhaltigem Boden, anzutreffen.
Merkmale: Der bis 3,50 m hohe, laubwerfende Strauch ist von Grund an ästig. Die jungen Zweige sind graubraun, glänzend, kahl, geringfügig gestreift, mit deutlichen Rindenporen (→ Lentizellen). Die wechselständig angeordneten Laubblätter sind 6 bis 12 cm lang, 2 bis 6 cm breit, eiförmig bis breit-lanzettlich, an der Spitze und am Grunde abgerundet. Der Blattrand ist fein gezähnt. BZ: Mai bis Juli. Die vierzähligen, gelbgrünen, unscheinbaren, → zweihäusigen Blüten stehen in fünf- bis achtblütigen (i. d. R. sieben) blattachselständigen Büscheln. Die Frucht ist schwarzblau, eiförmig bis kugelig, glänzend gelb, mit drei schwachen Längsfurchen und hat 1 cm Durchmesser. Die unreifen Beeren liefern Farbstoffe, die zur Herstellung von Aquarellfarben (z. B. Chinesisches Grün, → Saftgrün) Verwendung finden.

2. Echter Kreuzdorn, der (*Rhamnus cathartics* L.): auch Amsel-, Kreuz-, Hundsbeer, Purgierstrauch, Purgier(kreuz)dorn, Gemeiner Kreuz-, Hunds-, Hirsch-, Hexen-, Hage-, Wege-, Wie-, Wolfsdorn, Feldbeerbaum, Hundsbeerstaude, stinkender Weichsel.
Verbreitung: Der E. K. ist fast über ganz Europa verbreitet, im Norden bis Skandinavien, im Süden bis Spanien, Sizilien und Griechenland, im Osten bis Westsibirien.
Standort: Er wächst an Waldrändern, Feldrainen, in Laubwäldern, Flaumeichenwäldern und Gebüschen, Berberitzengebüschen (Verbands-Charakterart), auf Magerweiden, in lichten Wäldern, Hecken, in Flußniederungen und an steinigen Hängen. In der Ebene, im Hügelland und in den Alpen (bis 1600 m) ist er besonders an sonnigen Süd- und Westhängen anzutreffen, liebt steinigen, kalkhaltigen Boden und ist sehr lichtbedürftig. Anhaltende Bodenfeuchtigkeit verträgt er nicht gut.
Merkmale: Der E. K. ist in seiner Wuchsform sehr unterschiedlich. Er ist trägwüchsig und kommt als aufrechter sperriger Strauch von 1 bis 4 m Höhe und gelegentlich auch als bis zu 8 m hoher Baum mit krummem, spannrückigem (→ Spannrückigkeit) Stamm und unregelmäßiger lockerer Krone vor und kann dann bis zu 100 Jahre alt werden. Die Zweige sind gegenständig angeordnet und enden mit einem Dorn. Die Rinde junger Zweige ist glatt, dunkelbraun glänzend, mit deutlichen Rindenporen (→ Lentizellen), die älterer Zweige ist schwarzbraun mit feinen querrunzeligen Rissen; innen ist sie gelbrot. Der E. K. bildet leicht → Absenker und Wurzelsprosse. Sein → Stockausschlag hingegen ist unbedeutend. Die schief gegenständig angeordneten Laubblätter sind rundlich bis breit eiförmig, 4 bis 6 cm lang und 1 bis 3,5 cm breit. Sie sind oberseits stumpfgrün, unterseits heller, anfangs dünn und weich, später derb. Der Blattstiel ist viel länger als die → Nebenblätter, der Blattrand fein kerbig gesägt. Die Blätter haben drei bis vier (fünf) bogig zur Spitze hin verlaufende Nervenpaare und stehen teils gebüschelt. Der E. K. blüht von Mai bis Juni. Die zu zwei bis acht Stück in den Achseln von Blättern doldenartig angeordneten Blüten sind → eingeschlechtig oder → zwittrig, klein (4 bis 5 mm Durchmesser), unscheinbar, gelblichgrün, gestielt und duften angenehm. Sie haben je vier → Kelch-, → Kron- und → Staubblätter. Die Früchte, Steinbeeren, die im August/September/Oktober reifen, sind anfangs grün, später schwarz, kugelig und etwa erbsengroß. Sie haben einen unangenehmen Geruch, schmecken erst süßlich, dann bitter und enthalten meist vier einsamige dreikantige Steinkerne. Der E. K. ist Zwischenwirt des Rostpilzes *Puccinia coronata*, dem Erreger des Hafer-Kronenrostes.

Aus dem Holz des Faulbaumes gewann man früher eine feinpulverige Holzkohle für die Schießpulverherstellung (Pulverholz).

Das Holz ist hart, hat einen schmalen, gelbweißen → Splint, einen glänzend braunroten → Kern und findet zu Intarsien (→ Intarsia) und Drechslerarbeiten Verwendung.

In der Naturheilkunde werden die Rinde und die Beeren (Kreuzdornbeeren) verwendet. Die Beeren haben als Ganzes eine drastisch abführende, blutreinigende, harntreibende Wirkung und enthalten Antrachinonderivate, Polyphenole, Glykoside und Vitamin C. Es werden entweder getrocknete Beeren, der aus den reifen Beeren hergestellte Kreuzdornsirup oder frische Beeren (20 bis 30 Stück als Einzelgabe) verwendet. Der Sirup wurde früher außer bei Verstopfung auch bei Hautausschlägen, Gicht und Wassersucht verwendet.

Die unreifen Beeren (Färberkörner, Gelbbeeren) fanden früher zum Gelbfärben Verwendung (→ Saftgrün). Der wissenschaftliche Artname *cathartica* (vom griechischen *kathairein* = reinigen) bezieht sich auf die abführende, blutreinigende Wirkung.

3. Faulbaum, der (*Rhamnus frangula* Linné = *Frangula alnus* Miller): auch Gemeiner F., Pulver-, Zapfen-, Schwarz-, Schießbeer(holz)-, Läusebaum, -holz, Hundsbeerstrauch, Schweißbeerstaude, Spröckel, Hautbaum, glatter Wegdorn.
Verbreitung: Der F. ist fast über ganz Europa verbreitet, im Norden bis Irland, Skandinavien und Lappland, im Süden bis Südspanien, Italien, Griechenland und Kleinasien, im Osten bis Westsibirien.
Standort: Er wächst in lichten Laubmischwäldern, Erlenwäldern, Buchen- und Auwäldern, Erlenbrüchen, lichten Kiefern-, Eichen- und Eichen-Buchen-Wäldern, Eichen-Birkenwäldern, Nadelwäldern, Schneeheide-Kiefernwäldern und Alpenrosen-Latschengebüschen, Weidengebüschen, an Gewässern und in

Mooren, besonders Birkenmooren. Er liebt frischen bis feuchten, lehmigen Boden und wächst auch noch in sumpfigem und moorigem Gelände, besonders an Teich- und Moorrändern, von der Ebene bis ins Gebirge (bis etwa 1000 m Höhe).

Merkmale: Der raschwüchsige, dornlose, aufrechte, 1 bis 3 m hohe, locker verzweigte Strauch oder kleine, bis 7 m hohe Baum mit besenförmiger Krone kann über 60 Jahre alt werden und hat horizontal abstehende, locker beblätterte Zweige. Er hat in der Jugend eine braunrote, später eine graubraune Rinde mit langen, quergestellten weißgrauen Rindenporen; ihre Innenseite ist grüngelb. Der F. bildet reichlichen, meist kerzengeraden Stockausschlag und auch → Wurzelbrut. Er verträgt Frost gut, ebenso starke Beschattung. Die wechelständig angeordneten Laubblätter sind breit-elliptisch bis verkehrt-eiförmig, 2 bis 6 cm lang, bis zu 5 cm breit, vorne stumpf oder zugespitzt, ganzrandig, leicht gewellt, dünn und kahl mit sieben bis neun (12) leicht gekrümmten, zum Rand hin bogig verlaufenden Nervenpaaren. Die Blätter sind oberseits dunkelgrün, unterseits glänzend hellgrün. Der Blattstiel ist behaart und auf der Sonnenseite rötlich. BZ: Mai bis August. Die kleinen, kurzgestielten, unscheinbaren, trichterförmigen Blüten sind grünlichweiß, zwittrig, haben je fünf Kelch-, eiförmige Kron- und Staubblätter, einen einfachen → Griffel und stehen zu zwei bis zehn (meist fünf) Stück, angeordnet zu lockeren doldenartigen Büscheln, in den Blattachseln. Die kugeligen, kaum erbsengroßen Steinfrüchte, die ab Juli reifen, sind erst grün, dann rot, dann schwarzviolett. Die Steinkerne sind flach. Bemerkenswert ist, daß sich an einem Strauch (Baum) oft Blüten und Beeren in allen drei Reifestadien befinden. Letztere sind fast geruchlos und ungenießbar (bitter und adstringierend) und enthalten zwei bis drei flache dreieckig-linsenförmige Samen. Das leichte und weiche Holz des F. hat einen schmalen gelben Splint und einen leuchtend gelbroten Kern. Früher stellte man daraus eine aschearme, feinpulverige Holzkohle her, die Schwarzpulvergemischen beigemengt wurde. Daher auch der Name Pulverholz.

▸▸ Kreuzotter (*Vipera berus*)

In der Volksmedizin wurde früher die Basthaut der Wurzeln, gekocht in Butter und Milch, gegen die Räude der Hunde und Schafe und gegen die Krätze eingesetzt. Die Rinde, deren fauliger Geruch der Pflanze den Namen gab, diente bereits im 16. Jh. als Droge und wird heute noch in der Naturheilkunde verwendet. Sie wird von Mai bis August von den abgeholzten Zweigen geschält, in Streifen getrocknet und muß danach noch mindestens ein Jahr lagern, da sie sonst ein zu starkes Abführ- und Brechmittel wäre. Aus der zerkleinerten Rinde (*Cortex Frangulae*), die Frangolin, die Muttersubstanz des Emodins, Saponin, Gerbstoffe, Bitterstoff und Schleimstoffe enthält und abführend, galletreibend und narbenbildend wirkt, wird ein Abführtee bereitet. Sie wird auch gern als Zusatz zu Blutreinigungstees und äußerlich bei einigen Hauterkrankungen verwendet.

4. **Felsenkreuzdorn**, der (*Rhamnus saxatilis* Jacq.):

Verbreitung: Der F. ist von Nordspanien bis Südfrankreich, von Mittelitalien bis Süddtschl., über die Alpen, die Balkanhalbinsel, bis Bulgarien und Rumänien verbreitet.

Standort: Er ist ziemlich selten und wächst in Laub- und sonnigen Kiefern-Trockenwäldern,

Flaumeichenwäldern, Schneeheide-Kiefernwäldern und Alpenrosen-Latschengebüschen (Verbands-Charakterart), Hecken, sonnigen Gebüschen, auf Kahlschlägen, an Waldrändern, trockenen, felsigen Hängen, von der Ebene bis ins Gebirge (bis etwa 1300 m Höhe).

Merkmale: Der niederliegende oder aufrechte, bis etwa 1 m hohe Strauch, der in seiner Wuchs- und Laubblattform sehr veränderlich ist, hat sperrig abstehende, meist dornige Äste. Die einjährigen Zweige sind leicht behaart. Die Rinde ist anfangs rotbraun, später olivbraun oder grau, rissig und blättert leicht ab. Die kleinen, länglich-elliptischen Laubblätter sind 1 bis 3 cm lang, 0,5 bis 1,5 cm breit, vorne zugespitzt, am Grunde leicht keilig, in den kurzen Blattstiel verschmälert, der so lang ist wie die früh abfallenden Nebenblätter, etwa 4 bis 8 mm. Die Blätter sind oberseits hellgrün und unterseits weich behaart. Sie haben zwei bis vier bogig gekrümmte Seitenaderpaare. BZ: April/Mai, im Gebirge auch noch im Juni. Die unscheinbaren Blüten sind gelblichgrün, vierzählig und stehen zu einigen wenigen in Büscheln in den Blattachseln. Die kugeligen Früchte haben einen Durchmesser von 5 bis 7 mm, sind glänzend schwarz, sitzen auf einem erhöhten Fruchtboden und enthalten braune Samen mit ringsum klaffender und verdickter Furche.

Aus den unreifen Beeren (Gelbbeeren, Avignonkörner) wird ein zitronengelbes Pulver gewonnen, das hauptsächlich zum Färben von Baumwolle Verwendung findet.

Kreuz-Enzian, der: → Enzian 4.

Kreuzerlan, das: → Hahnenfuß 5.

Kreuzfichten: Gelegentlich zeigen Fichtenstämme an jeder alten Astansatzstelle, oft den ganzen Stamm entlang, zwei etwa im rechten Winkel übers Kreuz verlaufende Anschwellungen, an deren Kreuzungspunkt der eingewachsene Aststummel sitzt. Die Anschwellungen verlaufen sich in einer Entfernung von 10 bis 20 cm vom Ast.

Kreuzholz, das: **1**) svw. → Viertelholz. **2**) → Kreuzdorn 2.

Kreuzkraut, das: → Greiskraut.

Kreuz-Labkraut, das: → Labkraut 4.

Kreuzotter, die (*Vipera berus*): Die bei uns sehr bekannte Giftschlange (→ Schlangen) gehört zur Fam. der Ottern (*Viperidae*). Mit Ausnahme Irlands kommt sie in ganz Nord- und Mitteleuropa sowie in weiten Teilen Mittelasiens vor. In Dtschl. ist sie relativ häufig in Norddtschl., im Fichtelgebirge und in Oberbayern anzutreffen. Sie kommt von den Niederungen bis ins Hochgebirge (etwa 3000 m Höhe) hauptsächlich auf Rodungsflächen mit reichlicher → Schlagflora, auf sonnigen, vegetationsreichen Geröllhalden und an verkrauteten Wald- und Wegrändern vor, ist aber auch in Torfmooren und ausgesprochen feuchten Orten, z. B. in Auwäldern, anzutreffen. Die K. erreicht i. d. R. eine Gesamtlänge von 50 bis 60 cm, in Ausnahmefällen auch bis 80 cm. Die kräftige Schlange hat einen verhältnismäßig dicken Körper. Der Kopf ist nur wenig vom Hals abgesetzt. Die Augen sind rötlich, die Pupillen senkrecht geschlitzt. Der Schwanz ist relativ kurz. Die Färbung der K. ist sehr variabel. Die Oberseite kann silber- oder hellgrau, weißlich, auch kupferfarben (Kupferotter), rötlich, gelblich oder gar schwarz (Höllenotter) sein. Am Hinterkopf findet sich eine V- oder X-förmige Zeichnung, und über den gesamten Rücken zieht sich ein typischer zickzackförmiger Streifen.

Die scheue, tag- und dämmerungsaktive Schlange liegt tagsüber, häufig tellerartig zusammengerollt, an einem sonnigen Platz, um Wärme aufzunehmen. Bei einer Erwärmung von etwa 33 °C besitzt sie ihr volles Reaktionsvermögen. Die K. flüchtet meist bei Gefahr. Wird sie aber überrascht oder gar an der Flucht gehindert, ringelt sich sich zusammen und beißt sofort zu. Der K.-Biß ist zwar nur selten tödlich, doch bereitet er große Schmerzen, und in Einzelfällen kann jahrelanges Siechtum gegeben sein. Die Winterruhe der K. beginnt im Oktober. Sie zieht sich hierzu in Erdlöcher, unter Baumstümpfe oder unter Felsbrocken zurück. Meist verbringen mehrere K. die Winterruhe gemeinsam, oft auch in Gesellschaft mit Blindschleichen, Waldeidechsen und Amphibien. Ende März, Anfang April wird die Winterruhe beendet und im April bis Mai findet die Paarung statt. Nach einer von den Witterungsverhältnissen und der geographischen Lage abhängigen Entwicklungszeit (bis zu fünf Monaten) werden zwischen zehn und 15, selten bis 20 Junge geboren, die 14 bis 23 cm lang sind und die sich unmittelbar nach der Geburt aus einer durchsichtigen Schleimhülle befreien (die K. ist lebendgebärend).

Nahrung: Vorwiegend Mäuse, aber auch Grasfrösche, Waldeidechsen und Spitzmäuse. Die Beute wird nach dem Biß sofort wieder losgelassen. Die Schlange wartet dann die Giftwirkung ab und spürt anschließend die Beute, die nur noch einige Meter flüchten kann (v. a. Mäuse) züngelnd auf. Hierzu befähigt sie ihr hoch entwickelter Geruchssinn. Der Bestand der K. ist zunehmend im Rückgang.

Kreuzspinnen → Radnetzspinnen.

kreuzständige Blätter (kreuzweise gegenständige Blätter): → Blattstellung.

Kreuztanne, die: alte und lokale Bez. für die Ta; → Tannen 1., aber auch für die Fi; → Fichten 1.; → Kreuzfichten.

Kribbelmücken → Kriebelmücken.

Krickelster, die: → Würger 4.

Krickente, die: → Enten 2.

Kriebelmücken (*Simuliidae*; früher: *Melusinidae*): auch Kribbelmücken, Schwarze Fliegen. Weltweit mit ca. 100 Arten verbreitete Fam. 2 bis 6 mm langer, fliegenähnlicher und dunkelbraun bis schwarz gefärbter → Mücken. K. haben einen gedrungengen Körper, kurze, zehngliedrige Fühler und breite Flügel. Die Weibchen besitzen einen Stechrüssel, sind Blutsauger und z. T. Überträger von Krankheiten bei Tieren (insbesondere Weidevieh) und bei Menschen. Manche Arten der K. sind v. a. bei einem Wettersturz oder vor Gewittern angriffslustig. Die Männchen tanzen bereits frühmorgens im Sonnenschein in Schwärmen. In Waldbeständen häufig anzutreffen ist die Art *Simulium reptans*.

Kriechenbaum, der: → Prunus 8.

Kriechende(r/s) ... siehe unter dem jeweiligen Hauptnamen.

Krieche(npflaume), die: → Prunus 8.

Kriechrose, die: → Rosen 6.

Kriechstendel, der: → Netzblatt.

Kriechtiere → Reptilien.

Kriechweide, die: → Weiden 9.

Kries, die: → Kris.

Krim(-Schwarz)kiefer, die: Unterart der SKie; → Kiefern 2.

Kris, die (veraltet Kries): schweizerische mundartliche Bez. für dürre Tannenäste.

Kritische Zahl, die: für das → Probesuchen (auch bei Probesammeln und Probefangen) festgelegte Zahlenwerte, bei deren Erreichung oder Überschreitung mit einer Massenvermehrung (→ Kalamität) von Insekten bzw. Mäusen oder Pilzen zu rechnen ist. Die K. Z. löst somit die erforderlichen Bekämpfungsmaßnahmen aus.

Kronawit, der: → Wacholder 1.

Kronblätter: Teile der Blütenhülle. Neben der Schutzfunktion spielen die K. bei der → Bestäubung eine indirekte Rolle, indem sie die Insekten durch ihre Farbe und ihren Nektar anlocken.

Krone, die: **1)** bei älteren Bäumen Bez. für den oberen, von Ästen und Zweigen gebildeten Teil; → Kronenform. **2)** die Gesamtheit der Blütenblätter (→ Kronblätter).

Kronenabschuß, der: Bei Bäumen mit ausladenden starken Kronen (breitkronige → Althölzer), die neben oder über dicht geschlossenen Beständen und wertvollen → Jungwüchsen (z. B. → Überhälter) zu fällen sind, besteht die Gefahr, daß durch das Aufschlagen der Kronen → Fällungsschäden entstehen. Solche Bäume – einschließlich der Park- und Straßenbäume – wurden früher bestiegen und entastet, was eine langwierige und gefährliche Arbeit war. Der badische Forstmeister Langer führte deshalb anfangs der 20er Jahre den K. ein, den er auch patentieren ließ. Um z. B. die Krone abzusprengen, bestieg man den Baum. Am Kronenabsatz wurde unter einem stärkeren Ast gegen die Stammmitte etwas schräg abwärts ein Sprengloch bis zu 2/3 des Stammdurchmessers eingebohrt und genau in der Mitte des Stammes mit Hilfe eines runden Holzes geladen. Für 30 bis 50 cm starke Ei brauchte man 100 bis 200 g Sprengstoff. Die Sprengung schlug eine 20 cm hohe Holzschicht nach allen Seiten aus dem Stamm und ließ die ganze Krone senkrecht neben dem Baum langsam und meist ohne jede Bestandbeschädigung zu Boden gleiten.

Kronenausbildung, die: Die Ausbildung der → Krone eines Baumes ist abhängig von → Baumart, → Herkunft, → Standort und → Bestand (Mischungsform, Pflegezustand). Sie wird mit → Kronenlänge, → Kronenmantelfläche, Kronenvolumen beschrieben. Die K. hat Einfluß auf die Zuwachsleistung (→ Zuwachs). Kronen mit großer Kronenmantelfläche sind hinsichtlich ihrer Zuwachsleistung am günstigsten zu beurteilen.

Kronenausformung, die: → Kronenform, Kronenausbildung.

Kronenbaum, der: → Baum.

Kronenbecherling, der: → Becherlinge 4.

Kronenbrand, der: → Waldbrände.

Kronenbürtiges Holz, das: lokale Bez. für den Kronenanteil des Baumschaftes, d. h. für den → Zopf bzw. das Zopfstück.

Kronendach, das: auch Kronenschirm, -schicht, Blätterdach. Mit K. bezeichnet man die Gesamtheit aus Ästen, Zweigen, Blättern (Nadeln), welche aus der Gemeinschaft aller Baumkronen gebildet wird. Die Rauhigkeit des K. steigert die Luftdurchmischung. Von der Dichte des K. (die nach Lichtbedürfnis bzw. Schattenerträglichkeit und Alter der Baumarten variiert) ist es auch abhängig, ob und in welchem Maße sich eine Bodenpflanzendecke mit Moosen, Gräsern, Kräutern und Sträuchern ausbilden kann.

Kronendurchlaß, der: Anteil des Niederschlags, der durch die Kronen bis zum → Waldboden fällt.

Kronenfeuer, das: → Waldbrand.

Kronenfläche, die: → Kronenschirmfläche.

Kronenform, die: Die Form der → Krone kann ganz breit sein wie bei einer freistehenden Li oder lang und schmal wie bei Fi an der Waldgrenze im Gebirge. Einen großen Kronenumfang haben z. B. BAh, BUl, REi, StEi und TrEi, die SLi und WiLi sowie die Bu und SchPa; eine säulenförmige K. haben: Fi, Lä, Wacholder, Pyramidenpappel; eine lockere K. haben: Bi, Vobe, Es, FAh, Lä, Rob, REr und Kie.

Kronengleichschluß, der: Sind alle Bäume etwa gleich hoch und alle → Kronen gleich lang (→ Kronenlänge), spricht man von K.

Kronengrundfläche, die: → Kronenschirmfläche.

Kronengut, das: frühere Bez. für ein absolut fehlerfreies → Schiffsbau- oder → Böttcherholz.

Kronen/Höhenverhältnis, das: → Kronenlänge; → Baumhöhe.

Kronenkern, der: unbenadeltes oder unbelaubtes Inneres der → Krone.

Kronenlänge, die: Länge der lebenden → Krone. Biologisches Maß: IUFRO-Klassifizierung der Bäume (→ Baumklassen).

Kronenmantel, der: der äußere belaubte oder benadelte Teil der → Krone. Der vollbelichtete Anteil wird auch als Lichtkrone bezeichnet, der im Schatten liegende als Schattenkrone.

Kronenpflege, die: Die Blätter und Nadeln in den → Kronen der → Waldbäume sollen optimal assimilieren können. Bei einzelstehenden Bäumen ist dies bestmöglich gewährleistet. Im → Bestand können sie durch Seitendruck beeinträchtigt oder durch das Absterben der untersten Äste verkürzt werden. Um ein tief angesetztes, gegliedertes und aufgelockertes → Kronendach und damit gute Ausformungen der Einzelkronen (→ Kronenausformung) zu erreichen, wird das Kronengedränge bei der → Durchforstung aufgelockert. Dadurch wird der Durchmesserzuwachs (→ Zuwachs) der verbleibenden Bäume gefördert und die Samenproduktion angeregt (→ Verjüngungsverfahren (Schirmschlag)). Durch kontinuierliche K. kann auch die Bildung von → Wasserreisern verhindert werden.

Kronenprojektion, die: → Kronenschirmfläche.

Kronenprozent, das: → Bekronungsgrad.

Kronenraum, der: von den → Kronen eingenommener Raum.

Kronenschirm, der: → Kronendach.

Kronen(schirm)fläche, die: Horizontalprojektion des Kronenumfangs, auch die von der → Krone überschirmte Fläche (→ Schirmfläche). Die K., wird zur näherungsweisen Bestimmung der beanspruchten Standfläche eines Baumes verwandt. Die Schirmflächen eines → Bestandes ist gleich der Summe der Schirmflächen der einzelnen Bäume; → Beschirmungsgrad.

Kronenschluß, der: horizontaler und vertikaler → Schluß der → Kronen. Ein → Bestand mit einem → Kronenschlußgrad von mehr als 0,8 wird als **geschlosser Bestand** bezeichnet. In einem solchen Bestand berühren sich die Zweige benachbarter Kronen. In einem **lichten Bestand** schließen sich die Lücken auf abseh-

Fichten haben lange und schmale Kronen.

Berg-Kronwicke (links); Strauch-Kronwicke (mitte); Scheiden-Kronwicke (rechts oben); Bunte Kronwicke (rechts unten)

bare Zeit nicht, der K.-Grad ist gering; in einem **lockeren Bestand** sind zwischen den Kronen nur kleine Zwischenräume, die sich bald wieder schließen. Ein zu dicht bestockter Bestand wird als überbestockt bezeichnet; → Schluß.

Kronenschlußgrad, der: → Beschirmungsgrad (Verhältnis der → Kronenschirmflächen zur tatsächlichen Fläche), → Bestockungsgrad.

Kronenspiegel, der: ein → Dendrometer zur Messung des → Beschirmungsgrades.

Kronenstümmler: alte und lokale Bez. für besonders ausgebildete Waldarbeiter, die mit Steigeisen auf Bäume klettern, um die Krone abzusägen, abzuhauen oder (früher) abzusprengen (→ Kronenabschuß). K. werden hauptsächlich bei der Pflege wertvoller → Überhälter (Alteichen, Kie, Lä usw.) eingesetzt.

Kronentaucher, der: → Lappentaucher 1.

Kronentrauf, der: tiefreichende Beastung von Bäumen; → Waldränder.

Kronentraufe, die: **1)** Bez. für den Teil des Niederschlagswassers, der von den Baumkronen auf den Boden tropft. **2)** die Bodenfläche um einen Baumstamm, die von den Blättern beschattet wird.

Kronenumlichtung, die: Maßnahme der → Kronenpflege.

Kronenverlichtung, die: → Blattverluste, → saurer Regen, → Waldschäden. K. kann auch durch den Zweizähnigen Kiefernborkenkäfer (→ Borkenkäfer 16.) hervorgerufen werden.

Kronenzustandserhebung, die: → Schadstufe, Waldzustandserhebung.

Kronlkraut, das: → Thymian.

Kronmast, der: frühere Bez. im Holzhandel für ein Sortiment der Schiffsmastbäume; → Kronengut.

Kronsbeere, die: → Heidelbeere 2.

Kronwaldungen: Früher bestritten die Landesherren ihre Staatsausgaben überwiegend aus Einkünften, die ihnen aus ihren Domänen und Forsten zuflossen. Mit Einführung der konstitutionellen Verfassung wurde in den meisten deutschen Staaten eine Aufteilung der landesherrlichen Wälder in Staatswaldungen und K. vorgenommen. Die Einnahmen aus letzteren sind dem regierenden Haus ohne Verwendungsnachweis zugewiesen worden (keine Kontrolle durch die gewählten Volksvertreter). In einigen Ländern war für K. auch die Bez. Domänen-, Schatull-, Kammer- oder Hofkammer-Waldungen (-Forste) üblich.

Kronwicke, die (*Coronilla*): rund 25 Arten in Eurasien umfassende Gatt. der → Schmetterlingsblütengewächse. Es handelt sich um Stauden oder Sträucher mit unpaarig gefiederten Blättern und meist mit hängenden Blüten in Dolden (→ Blütenstand). Einige Arten werden als Zierpflanzen angebaut.

1. Scheiden-Kronwicke, die (*Coronilla vaginalis* Lam.): Die über die Gebirge Mittel- und Südeuropas verbreitete S. wächst in lichten Wäldern, besonders in Kiefern-Trockenwäldern, in Schneeheide-Kiefernwäldern und Alpenrosen-Latschengebüschen, → Charakterart des Scheiden-Kronwicken-Kiefernwaldes, auf Trockenrasen, Schutt, stets auf Kalk, in Höhen von bis zu 2200 m.

Die ausdauernde, 5 bis 30 cm hohe, kahle Pflanze hat einen meist reich verzweigten, niederliegenden bis bogig aufsteigenden, am Grund holzigen Stengel. Die 2 bis 3 cm langen Blätter sind unpaarig gefiedert mit fünf bis 13 blaugrünen, verkehrt-eiförmigen Teilblättern. BZ: Juni bis August. Die gelben, duftenden, 8 bis 10 mm langen, nickenden Blüten stehen in lang-gestielten, drei- bis zehnblütigen Dolden. Die bis 1 cm lange Krone ist gelb, oft rot gestreift, das Schiffchen kürzer als Fahne und Flügel. Die Früchte sind nickende, gerade, zwischen den Samen deutlich eingeschnürte, sechskantige Hülsen, wovon vier Kanten wellig geflügelt sind.

2. Strauch-Kronwicke, die (*Coronilla emerus* L.): auch Strauchige K., Strauchwicke, Große K. Die über West-, Mittel- und Südeuropa, im Norden bis Südskandinavien vorkommende S. wächst in Dtschl. relativ selten und ist in den Föhntälern der Alpen, auch in Österreich, den Zentral- und Südalpen anzutreffen. Sie wächst an felsigen Hängen, in trockenen, sonnigen Gebüschen, besonders Berberitzengebüschen (Verbands-Charakterart), in lichten Eichen-, Buchen- und Kiefernwäldern, an Waldsäumen, in Kiefern-Mischwäldern, Flaumeichenwäldern (Differentialart), in Schneeheide-Kiefernwäldern und Alpenrosen-Latschengebüschen.

Der wärmeliebende, sommergrüne, 50 bis 200 (300) cm hohe Strauch hat aufrechte, holzige Stengel und grüne, kantige Zweige. Die kurzgestielten, graugrünen Blätter bestehen aus fünf bis neun ovalen Fiederblättern. BZ: April bis Mai/Juni. Die gelben Schmetterlingsblüten, deren Fahne oft rot gestreift ist, sind etwa 16 bis 22 mm lang. Die Frucht ist eine etwa 5 bis 10 cm lange walzliche, quer gegliederte Hülse.

3. Berg-Kronwicke, die (*Coronilla coronata* L. = *C. montana* Scop.): Die über Mittel- und das östliche Südeuropa verbreitete B. kommt in Dtschl. selten vor. Sie wächst hauptsächlich in den Gebirgen, an sonnigen trockenen Hängen, in Gebüschen, lichten Eichen- und Kiefernwäldern, Trockenwäldern, lichten montanen Flaumeichenwäldern, Schneeheide-Kiefernwäldern und Alpenrosen-Latschengebüschen, sowie in Waldsäumen, auf kalkhaltigen Böden. Die wärmeliebende, aufrechte, 30 bis 50 cm hohe Staude hat unpaarig gefiederte Blätter, mit sieben bis 13 ovalen, unterseits blaugrünen, etwas fleischigen Fiedern. BZ: Mai bis Juli. Die gelben Schmetterlingsblüten stehen in zehn- bis 20blütigen Dolden. Die Frucht ist eine 15 bis 30 mm lange, eingeschnürte Hülse.

4. Bunte Kronwicke, die (*Coronilla varia* L.): Die B. K. ist über ganz Mitteleuropa und das östliche Südeuropa verbreitet. In Dtschl. kommt sie zerstreut bis selten vor. Sie wächst auf Halbtrocken- und Trockenrasen, in lichten Gebüschen und an Gebüschsäumen, an Weg- und Waldrändern, bevorzugt auf Kalk.

Die schwach giftige, ausdauernde, kahle Pflanze hat zahlreiche, niederliegende bis aufsteigende, 30 bis 100 (150) cm lange, krautige, am Grund gelegentlich verholzte Stengel. Die kurzgestielten, bis zehn cm langen Blätter bestehen aus 11 bis 25 ovalen Fiederblättchen. BZ: Mai/Juni bis September. Die Schmetterlingsblüten stehen in zehn- bis 20blütigen, fast kugeligen Dolden. Die Blütenkrone ist 8 bis 15 cm lang, die Flügel weiß, die Fahne rosarot und das Schiffchen weiß mit violetter Spitze.

Kröpfe: kropfartige Anschwellungen am Wurzelanlauf oder am Stamm mancher Laubbäume.

Kropff, Carl Philipp (17.6.1748 Kattenstedt b. Blankenburg/Harz bis 17.5.1820 Potsdam): K. war Königlich Preußischer Churmärkischer erster Oberforstmeister und erwarb sich besondere Verdienste um das preußische Forsteinrichtungswesen und die Bewirtschaftung der Forsten der Kurmark im 18. Jh. K. ließ z. B. die Kiefernforsten entsprechend ihrer Größe und Lage, ohne Rücksicht auf Beschaffenheit und Bodengüte, in eine bestimmte Anzahl Hauptabteilungen, diese jeweils in zwei gleich große Blöcke und jeden Block in 70 gleiche Schläge einteilen. Damit war praktisch eine 140jährige → Umtriebszeit mit gleichen Jahresschlägen erreicht.

Kropwrange, die: → Schiffsbauholz, welches zu den Kniehölzern zählt; → figurierte Hölzer.

Kröten (*Bufonidae*): Fam. plumper, kurzbeiniger, etwa 2,5 bis 25 cm großer → Froschlurche (Klasse → Lurche) mit ca. 300 Arten in Eurasien, Afrika und Amerika. Die sehr nützlichen und harmlosen K. sind ausgesprochene Landtiere und vorwiegend dämmerungs- und nachtaktiv. Untertags suchen sie feuchte und schattige Stellen auf, z. B. Erdlöcher, Felsspalten, feuchte Stellen unter Baumwurzeln. K. leben nicht nur in Wäldern, sondern auch in Feldgehölzen, in Hecken, Gärten und Parkanlagen. Ihre Haut ist meist warzig und drüsenreich und scheidet – für den Menschen ungefährlich – ein Sekret von unangenehmem Geruch und geringer Giftigkeit aus. Die Fortpflanzung und Entwicklung erfolgt immer im Wasser. Zur Paarungszeit entwickeln sich an den ersten drei Fingern des Männchens rauhe, dunkle Hautschwielen, die ein klebriges Sekret absondern. Mit Hilfe dieser Hautschwielen klammert sich das Männchen in der Achsel des Weibchens fest. So auf dem Rücken des wesentlich größeren Weibchens sitzend, läßt sich das Männchen zum Laichplatz tragen. Hierzu unternehmen die K. oft weite Wanderungen, um zu ihrem gewohnten Laichplatz (zugleich ihr Geburtsort) zu kommen. Den Winter verbringen die K. in selbstgegrabenen Erdhöhlen. Die Insekten und Nacktschnecken fressenden K. wurden früher und leider z. T. noch heute aus Aberglauben verfolgt. Die bei uns beheimateten, wichtigsten K. sind:

1. **Erdkröte**, die (*Bufo bufo*): auch Gemeine K., Braune K., Lork, Hutsche, Muggel, Mummel, Meame. Die E. ist die in Europa häufigste Kröte. In Dtschl. kommt sie fast überall vor und ist im Gebirge noch über 2000 m anzutreffen. Ihr Lebensraum sind Natur- und Kulturlandschaften verschiedenster Art sowie Wälder, Wiesen, Felder und Gärten. Das Weibchen wird bis zu 12 cm, das Männchen bis zu 8 cm lang. Die E. mit unregelmäßig angeordneten Warzen und trockener Haut ist oberseits grau-, rot- oder schwarzbraun, unterseits schmutzig-weiß, meist graubraun gefleckt. Die Regenbogenhaut des Auges ist rot, die Iris goldgrün bis kupferfarben. Der Winterschlaf beginnt im Oktober, in kälteren Jahren vor dem Laubfall. Zeitig im Frühjahr, meist schon im März, versammeln sich die oft schon verpaarten K. am Laichplatz. Während der Laichablage schwimmen die Paare ruhelos umher. Der Laich besteht aus 3 bis 5 m langen und bleistiftdicken Gallertschnüren, in denen die kleinen schwarzen Eier (bis zu 7000 pro Schnur) in zwei bis vier Reihen eingebettet liegen. Nach etwa zwei Wochen schlüpfen die schwarzen Kaulquappen, die sich zuerst von Algen ernähren. Sie atmen durch Kiemen, und im Laufe der Entwicklung bilden sich dann das Froschmaul und die Lungen; der Ruderschwanz bildet sich zurück, und bis Ende Juni, Anfang Juli haben sich die Kaulquappen zu etwa 1,5 cm großen Kröten entwickelt und gehen an Land. Da man sich früher die große Zahl der entwickelten K. an Land nicht erklären konnte, sprach man von einem Froschregen. Die Nahrung der E. besteht aus Würmern, Asseln, Webspinnen, Insekten aller Art und aus Weberknechten. Ein arger Feind der E. ist die Krötenschmeißfliege (*Lucilia bufonivora*), die ihre Eier am Kopf oder in den Nasenlöchern der E. ablegt. Die Larven bohren sich über die Nasenlöcher in den Kopf und fressen ihn aus. Die E. ist, wie alle anderen Kröten

◂◂ Erdkröte (*Bufo bufo*)

auch, äußerst nützlich und hilft mit, das biologische Gleichgewicht zu erhalten.

2. **Geburtshelferkröte**, die (*Alytes obstetricans*): auch Glockenfrosch, Feßler-K., Eiertragende K. Die G. kommt in Teilen Mitteleuropas und in Südwesteuropa vor und bewohnt lichte Wälder im Hügelland und Gebiete mit anstehendem Fels. Tagsüber ruht sie unter Steinen und Geröll oder unter Baumstümpfen. Sie wird ca. 4 bis 5 cm lang. Oberseits ist sie aschgrau oder braungrau mit einem dunkleren Feld zwischen den Augen und Schultern und hat eine schwärzliche und hellgraue Fleckzeichnung. Die kleinen Warzen sind verstreut, die größeren bilden je eine seitliche Längsreihe. Unterseits ist sie mehr oder weniger reinweiß bis hellgrau und stark gekörnelt. Männchen und Weibchen lassen sich äußerlich nur sehr schwer unterscheiden. Die Paarung erfolgt im Ggs. zur Erdkröte nicht im Wasser, sondern auf dem Lande. Das Männchen wickelt sich die Laichschnüre, die 50 bis 80 verhältnismäßig große, braune Eier enthalten, um die Unterschenkel der Hinterbeine und befeuchtet sie regelmäßig an Pfützen und Wasserstellen, bis die Jungen (Kaulquappen) schlüpfen und ins Wasser gehen. Männchen, die Laichschnüre tragen, kann man von März bis September beobachten; sie werden „Feßlerkröten" genannt. Der Ruf der G. ist glockenhell (Glockenfrosch).

3. **Wechselkröte**, die (*Bufo viridis*): auch Grüne K. Die W. ist in weiten Teilen Mittel- und Südeuropas verbreitet sowie in Nordafrika und in großen Teilen Asiens. Auf der Pyrenäenhalbinsel, im westlichen Teil Frankreichs, in Großbritannien, Belgien und Holland fehlt sie. Sie bewohnt die offene Landschaft und meidet geschlossene Wälder. Die W. wird bis zu 10 cm lang und ist oberseits hellgrau bis hell olivgrün mit großen, dunkelgrünen Flecken und Feldern. Dazwischen liegen viele rötliche bis gelbliche Punkte. Die Laichzeit reicht von April bis Anfang Juni. Zu Lautäußerungen während der Paarung ist nur das Männchen befähigt, wobei die Schallblase an der Kehle stark aufgeblasen wird. Die 2 bis 4 m langen Eischnüre enthalten über 10 000 kleine, braunschwarze Eier. Die Kaulquappen verwandeln sich schon Ende Juli, spätestens Anfang August. Die Färbung der W. nehmen sie erst im nächsten Frühjahr an. Die Nahrung ist dieselbe wie bei der Erdkröte.

Krötenbinse, die: → Binsen 1.

Krückstock, der: Bez. für das Fraßbild des Großen Waldgärtners; → Borkenkäfer 7.

Krückstockkrankheit, die: → Gallmücken 3.

Krummholz, das: **1)** Unterart der BKie; → Kiefern 1. **2)** das vom Stellmacher und im Schiffsbau häufig verwendete, krumm- bis bogenförmig gewachsene Stamm- oder Wurzelholz (sog. Krümmlinge) von Rob, Ei und Kie. Hölzer, die zwei Krümmungen aufweisen und daher ein „S" bilden, werden als „doppelt gebuchtete Hölzer" oder „S-Hölzer" („Eshölzer") bezeichnet. Einfach gebuchtete Hölzer weisen nur eine starke bogenförmige Krümmung auf und bilden ein C, sog. „C-Hölzer". Gekniete Hölzer („Kniestücke") bilden ein L („L-Hölzer"), gabelförmige Hölzer („Gabelhölzer") ein Y („Y-Hölzer"). Diese Formen der Hölzer, fast ausschließlich Eichenholz (aus Baumhecken), finden vorrangig als → Schiffsbauholz Verwendung; → Krummschäftigkeit. **3)** Bez. für von Wind und Wetter zerzauste Bäume, die oberhalb der → Baumgrenze als Zwerg- und Kriechformen (→ Krüppelwuchs) vorkommen; → Krummholzzone.

Krummholzkiefer, die: Unterart der BKie; → Kiefern 1.

Krummholzöl, das: → Latschenkieferöl, Terpentin.

Krummholzzone, die: auch Krummholzregion. Die rauhen Hochlagen der Alpen oberhalb der → Waldgrenze, in denen nur noch die Knie- oder Krummholzkiefer, auch Latsche genannt, eine Unterart der BKie (→ Kiefern 1.), vergesellschaftet mit Alpenrosen wächst. Die K. bildet mit der vorgenannten Vegetation einen wichtigen Schutz gegen Lawinen; → Latschengebüsch.

Krummholzregion

Krümmlinge → Krummholz 2).

Krummschäftigkeit, die: durch Wind- und Schneedruck, Klima- und Bodenverhältnisse, Hanglage usw. entstandene Abweichung von der geradschäftigen Stammform. Bei der Kie dürfte auch eine vererbbare, individuelle Anlage von Einfluß sein (z. B. Saatgut ungeeigneter Rassen). Die verschiedenen Formen der K. sind → Säbelwuchs (z. B. häufig bei Lä), Bajonettwuchs (→ Bajonettbildung), → Posthornwuchs, Schrauben- oder Korkenzieherwuchs. Der Krümmungsgrad wird nach der Pfeilhöhe bestimmt. Diese ist, in Zentimetern ausgedrückt, die Abweichung von der Geraden je lfd. Meter Länge. Gemessen wird an der Stelle der größten Abweichung. Die Pfeilhöhe wird forstüblich auf ganze Zentimeter abgerundet. Eine Abweichung von 2 bis 5 cm kann als normal angesehen werden; Krümmungen, die über eine Pfeilhöhe von 5 cm hinausgehen, gelten hingegen als Fehler; → Holzfehler, Krummholz.

Krümmung, die: → Krummschäftigkeit.

Krümmungsgrad, der: → Krummschäftigkeit.
Krummzähniger Tannenborkenkäfer, der: → Borkenkäfer 17.
Krüppelbuchen → Krausenbuchen, Süntelbuche.
Krüppelgrenze, die: Die Vorposten einer Art – unabhängig von ihrer Wuchsform, z. B. bei den Bäumen – stellen die Artgrenze dar. Bis zur → Baumgrenze kommen die Bäume als → Krummholz in einer → Krummholzzone und als Bäume mit noch typischer Wuchsform in einem → Baumgrenzökoton vor. Bis zur → Waldgrenze stocken sie in Waldbeständen.
Krüppelwuchs, der: Wuchsform der Bäume, hauptsächlich der Bi, Fi und Kie oberhalb der alpinen → Baumgrenze. Der K. wird durch äußere Einflüsse, z. B. extreme Kältegrade, Mangel an Wärme und sehr starke Winde maßgeblich beeinflußt.; → Krummholz.
Krustenpilze: → Pilze mit vorwiegend krustenförmigen, ausgebreiteten Fruchtkörpern, wie der weiße Rindenpilz (*Corticium centrifugum*), der Echte → Hausschwamm und der Kellerschwamm.
Krutzsch, Hermann (1886 – 1952): sächsischer Forstmann. Er lernte als Forsteinrichter die Bärenthorener Dauerwaldwirtschaft (→ Dauerwald) mit der Baumart Kie kennen. Darauf aufbauend erarbeitete er die Idee vom naturgemäßen Wirtschaftswald (→ naturgemäße Waldwirtschaft). Ab 1926 war er Leiter des sächsischen Erzgebirgsforstamtes Bärenfels, wo er seine waldbauliche Idee verwirklichte (Bärenfelser Waldwirtschaft).Von 1935 bis 1939 war er Waldbaudezernent in Dresden; dann Rückversetzung nach Bärenfels. Seine Idee publizierte er in verschiedenen Aufsätzen und Büchern. Von 1951 bis 1961 hatten seine Prinzipien in der ehem. DDR Gültigkeit (Jahrzehnt der vorratspfleglichen Waldwirtschaft).
Kruziferen → Kreuzblütengewächse.

Der Kuckuck (*Cuculus canorus*) ist ein Brutparasit.

Kryobiologie, die: ein modernes Teilgebiet der Biologie, das sich mit dem Verhalten von Lebewesen bei Unterkühlung, bei extrem niedrigen Temperaturen befaßt.
Kryptoblast → schlafende Augen.
Kryptogamen: in der Botanik Bez. für Pflanzen, die keine Blüten bilden, z. B. → Algen, → Moose, → Farne und → Pilze. Da sie sich durch einzellige Keime (z. B. → Sporen) vermehren, werden sie auch Sporenpflanzen genannt.
Kryptophyten: Gruppe ausdauernder krautigen → Pflanzen (→ Sproßpflanzen) der → Lebensformen, die ungünstige Perioden (Kälte, Dürre, Lichtmangel) in der Erde (→ Geophyten), im Sumpfboden (Helophyten, Sumpfpflanzen) oder am Gewässergrund (→ Hydrophyten) überdauern.
K-Strategen: auch Persistenten. Pflanzen oder Tiere, die an einen stabilen Lebensraum mit konstanten, sich wenig oder kaum wandelnden Umweltbedingungen angepaßt sind und diesen deshalb dauerhaft besiedeln. Sie stehen in großer inter- und intraspezifischer → Konkurrenz. Zur Arterhaltung brauchen sie nur eine lange Generationenfolge, haben unproduktive Jugendstadien, eine geschlechtliche Fortpflanzung mit niedriger Nachkommensrate und bei Tieren eine intensive Pflege der Jungen. Sie erreichen i. d. R. die Kapazitätsgrenze des Lebensraumes und stehen mit ihm in einem Gleichgewicht (Gleichgewichtsarten). Da die K. beträchtliche Mengen Energie in Form von → Biomasse speichern können, sind sie widerstandsfähiger gegen Störungen von außen oder Mangel. Bei starken Rückgängen der → Population reagieren z. B. Wirbeltiere mit größeren Würfen, früherer Geschlechtsreife. Eine zu hohe Dichte wird über Konkurrenz, Territorialbildung und Abwanderung geregelt. Zu den K. gehören die Großsäuger Bär, Rothirsch und auch die Bäume; → r-Strategen.
Kubány-Urwald, der: auch Boubín-Urwald. Der in Böhmen nahe Volary (Wallern) gelegene → Urwald umfaßt ca. 46,7 ha Bergmischwald in der oberen Fichten-Buchen-Vegetationsstufe in geschützter mittel geneigter → Hanglage unterhalb des Gipfels Boubín (1 362 m ü.NN). Die häufigste Baumart ist die Fi (55 %), gefolgt von Bu (39 %) und Ta (6 %); auf nicht wasserbeeinflußten Flächen dominiert die Bu (ca. 50 %). Die Totholzmasse beträgt etwa ein Drittel des gesamten Holzvorrates.
Kübelbaum, der: frühere Bez. für das Stammende eines Nadelbaumes, das zu einer 14 bis 36 → Fuß langen Mühlwelle verarbeitet wurde.
Kubierung, die: in der Forstwirtschaft Ermittlung des Festgehaltes (Masse) liegenden Holzes. Der Inhalt des liegenden Holzes wird aus der Länge des Stammes und dem → Mittendurchmesser ohne Rinde nach Festmetern berechnet. Diese Formel Mittelfläche x Länge wird auch Hubersche Formel (→ Huber) genannt. Sie wird heute allg. für die Ermittlung des Inhaltes von Langholz verwendet und ergibt bei normal geformten Stämmen ziemlich genaue Ergebnisse. Anfang des 20. Jh. wurden neben der Huberschen Formel, die sich damals schon weitgehend durchgesetzt hatte, noch folgende K.-Formeln verwendet: Smaliansche Formel, Hoßfeldsche Formel, Formel von Riecke, Simpsonsche Formel. Diese Formeln waren z. T. in der Berechnung kompliziert und erreichten bei weitem nicht die Genauigkeit der einfachen Huberschen Formel.
Zur leichteren und schnelleren Berechnung anfallender Holzmassen dienen einfache und vielfache Kreisflächentafeln sowie Kubiktabellen, in denen mit Hilfe des → Mittendurchmessers und der Länge der Festgehalt für den Einzelstamm abgelesen werden kann. Beim Rundholzrechner läuft die Tabelle über zwei Rollen; die Durchmesserangabe kann mittels Reitern auf einer Schiene für die Längenangabe variiert werden. Genauere Werte erhält man mit der sog. „abschnittsweisen Kubierung". Je kürzer die Abschnitte sind, um so genauer werden die Meßdaten. Der Durchmesser wird jeweils in der Mitte der Abschnitte gemessen. Man unterscheidet dabei Abschnitte gleicher absoluter Länge von 1 m, 2 m und mehr, unabhängig von der Gesamtlänge des Stammes, und Abschnitte gleicher relativer Länge. Im letzteren Fall werden Stämme verschiedener Länge jeweils in eine gleiche Anzahl von Abschnitten unterteilt.
Kubikmaß, das: ein Hohlmaß (z.B. Kubikmeter, 1 m^3 = ein Würfel von 1 m Kantenlänge); → Festmeter.
Kubiktabellen → Kubierung.
Küchenschabe, die: → Schaben 2.
Küchenschelle, die: → Kuhschelle.
Küchenschellen-Kiefernwälder, subkontinentale → Kiefern-Steppenwälder.
Küchenschwindling, der: → Schwindlinge.
Kuckuck, der (*Cuculus canorus* L.): auch Gauch. Er zählt zur Fam. der Kuckucke (*Cuculidae*), die mit 130 Arten auf der ganzen Welt vertreten ist, wobei rund 50 Arten keine Nester bauen und auch nicht selber brüten, also Brutparasiten sind.
Länge: etwa 33 cm, Gewicht: um 100 g.
Der K. ist mit Ausnahme des äußersten Nordostens und der Inseln des Nordatlantiks in ganz Europa sowie in Asien und Afrika beheimatet. Die europäischen Vögel sind Zugvögel und überwintern ausnahmslos in Afrika. Die Männchen kehren Mitte bis Ende April aus ihren afrikanischen Winterquartieren zurück; die Weibchen kommen sieben bis zehn Tage später an. Bevorzugter Lebensraum des K. sind Wälder aller Art. Er ist aber auch auf Wiesen, in Sümpfen und auf Bergmatten anzutreffen. Der K. ist ein Einzelgänger und lebt nie paarweise. Er kehrt aber überwiegend in Trupps im September in das Winterquartier zurück. Der Balzruf des Männchens im Frühjahr ist ein „uck-uck".
Der K. ist bereits mit einem Jahr geschlechtsreif. Da er kein Nest baut und seine Jungen auch nicht selbst groß zieht, legt er die Eier in die Nester von Wirtsvögeln, z. B. Bachstelze, Baumpieper, Dorn-, Garten-, Sperbergrasmücke, Neuntöter, Rotkehlchen, Schafstelze, Teich-, Schilf-, Sumpfrohrsänger, Wiesenpieper und Zaunkönig, sog. K.-Wirte. Das Weibchen legt je ein Ei in das Nest der Wirtsvögel. In einer Legeperiode werden etwa 12 bis 20 Eier, die denen der Wirtsvögel sehr ähnlich sind, abgelegt. Da der Legeabstand zwei bis drei Tage beträgt, dauert die Legezeit etwa 36 bis 46 Tage. Bekannt ist, daß gewisse Wirtsvö-

gel bevorzugt werden und jedes K.-Weibchen bestrebt ist, seine Eier (22,5 x 16,5 mm, ca. 3 g) möglichst bei der gleichen Vogelart unterzubringen, welche meist die Art ist, in deren Nest es selbst aufwuchs. Brutdauer: 12 bis 13 Tage. Der K. schlüpft meist vor seinen Stiefgeschwistern. Schlüpft er nach ihnen, wächst er so schnell, daß er sie bald an Gewicht überholt. Zehn bis 15 Stunden nach dem Schlüpfen erwacht in ihm ein Trieb, der ihn veranlaßt, alle Dinge, mit denen der in Berührung kommt, aus dem Nest zu drücken, seien es nun die Eier der Wirtsvögel oder deren bereits geschlüpfte Jungen. Die Nestlingszeit beträgt 22 bis 23 Tage; weiter 20 Tage wird er noch von seinen „Pflegeeltern" gefüttert.
Nahrung: Besonders behaarte Raupen (z. B. die Raupen der Nonne, des Schwammspinners und des Buchenrotschwanzes), deren Haare in der Magenschleimhaut steckenbleiben und dort einen regelrechten Pelz bilden. Von Zeit zu Zeit werden die Reste wie Gewölle ausgewürgt. Daneben auch Würmer, Webspinnen, Insekten und deren Larven sowie ganze Gelege von Singvögeln.

Kuckuck, Blauer, der: → Günsel 1.

Kuckucks-Knabenkraut, das: → Knabenkraut 6.

Kuckucksstendel, der: → Waldhyazinte 1.

Kuehneromyces mutabilis → Stockschwämmchen.

Küferholz, das: → Böttcherholz.

Kugelhölzer: frühere Bez. für Floßholzstämme (Ndh), die nur entastet waren und daher noch ihre natürliche runde Gestalt hatten.

Kugelige Teufelskralle, die: → Teufelskralle 3.

Kugelknospe, die: auch Säumauge, Sphäroblast. Aus einer schlafenden Knospe hervorgegangene, erbsengroße Aufwölbung der Rinde. Eine K. wird v. a. bei der Bu beobachtet. Sie steht mit dem inneren Holzkörper in Verbindung und bildet jährlich neue Holzschichten, so daß die K. verdickt.

Kugelranunkel, die: → Trollblume.

Kugel-Rapunzel, die: → Teufelskralle 3.

Kugelspinnen (*Theridiidae*): auch Haubennetzspinnen. Weltweit verbreitete Fam. der → Webspinnen mit etwa 1300 Arten in 130 Gatt., darunter 60 Arten einheimisch. Es handelt sich um 1 bis 10 mm große Spinnen mit z. T. kugelförmigem Hinterleib. Zu den – mit wenigen Ausnahmen – schwer bestimmbaren Arten der K. zählt die bekannte, im Mittelmeergebiet vorkommende **Schwarze Witwe** (*Latrodectus mactans* Fabricius) und nachfolgend beschriebene Art.

Kugelspinne, die (*Theridion sisyphium*): Die fast über ganz Europa verbreitete K. kommt regelmäßig bis häufig vor und ist auf Blumenwiesen, in verwilderten Gärten, Parkanlagen und an Waldrändern anzutreffen. Die 3 bis 4 mm große bräunliche K. hat einen kugeligen, heller gezeichneten Hinterleib. Sie errichtet ein bodennahes Netz, in dem sie kopfunter hängt. Verfängt sich eine Beute in dem Netz, so bürstet sie ein klebriges Sekret über die Beute, um sie unbeweglich zu machen. Auf diese Weise können Beutetiere bis zur Bienengröße überwältigt werden. Die weiblichen K. betreuen ihre Eier, später auch die geschlüpften Jungen und ernähren sie durch Mund-zu-Mund-Fütterung mit vorverdautem Nahrungsbrei, solange sie sich noch im Mutternetz aufhalten.

Kuhauge, das: → Augenfalter 13.

Kuhbuchen: volkstümliche Bez. für Bu an der → Baumgrenze, die nur niedrige und kugelige Büsche bilden, weil alle höherragenden Triebe vom Vieh immer wieder abgeweidet (→ Waldweide) werden. Wenn sie schließlich so breit geworden sind, daß die mittleren Triebe dem Maul des Viehs entwachsen sind, fangen diese an, zu Stämmen aufzuschießen. Nicht selten entwickelt sich deren mehrere aus der Mitte eines „Kuhbusches" und es entstehen so die imposanten „Weidbuchen" unserer Mittelgebirge. Ähnliche Wuchsformen bilden auch die von den Ziegen abgeweideten Ta und Fi. Sie werden im Volksmund „Geißtannli" genannt; → Kuhmäuler.

Kuhfichte, die: → Kiefern 3.

Kühlhauslagerung, die: → Triebverzögerung.

Kuhmaul, das: → Schmierlinge 1., Kniebüsche 2).

Kuhmäuler: alte Bez. für junge Bäumchen, die so verbissen wurden (Schädigung des Terminaltriebes), daß sie ihre natürliche Größe und Stärke nicht mehr erreichen können; → Kuhbuchen, Kniebüsche 2).

Kuhröhrling, der: → Röhrlinge 20.

Kuhschelle, die (*Pulsatilla*): auch Küchenschelle. Gatt. der → Hahnenfußgewächse mit rd. 25 Arten auf der Nordhalbkugel.

1. Frühlings-Kuhschelle, die (*Pulsatilla vernalis* (L.) Miller): auch Frühlings-Küchenschelle, Frühlings-Anemone. Die über Nordeuropa sowie die Gebirge Mittel- und Südeuropas verbreitete F. wächst in Kiefernheiden, lichten sandigen Kiefernwäldern, besonders Wintergrün-Waldkiefern-Steppenwäldern (Charakterart), Zwergstrauchheiden, auf Silikatmagerrasen, Bergwiesen, in der montanen bis alpinen → Vegetationsstufe, in Höhen von etwa 1300 bis 3600 m.
Die ausdauernde, 5 bis 15 cm, bis zur Reife bis 35 cm hohe Pflanze hat einen zottig behaarten Stengel. Die langgestielten Grundblätter sind ledrig derb, einfach gefiedert, mit drei bis fünf eiförmigen, tief eingeschnittenen Teilblättchen. Sie erscheinen erst nach der Blüte und überwintern (wintergrün). BZ: April bis Juni/ Juli. Die Pflanze trägt eine einzelne endständige, erst nickende, dann aufrechte, 3 bis 6 cm breite Blüte. Sie ist erst glockig, dann halb, bei Sonnenschein ganz geöffnet und ausgebreitet. Sie besteht aus meist sechs innen weißen oder blaßlilanen, außen violetten, rosaroten oder bläulichen Blütenblättern, die goldbräunlich seidig behaart sind. Die Früchtchen sind ebenfalls behaart.

2. Gemeine Kuhschelle, die (*Pulsatilla vulgaris* Miller = *Anemone pulsatilla* L.): auch Gewöhnliche, Echte K., Gemeine und Gewöhnliche Küchenschelle, Bitzwurz, Osterblume. Die in Mitteleuropa seltene, gebietsweise fehlende und gefährdete G. K. wächst in lichten trockenen Wäldern, besonders Kalk-Kiefernwäldern, Geißklee- und Schneeheide-Kiefernwäldern, an steinigen sonnigen Hängen, auf Trockenrasen, Heiden und sonnigen Hügeln, bevorzugt an trockenen, warmen Stellen, vorwiegend auf Kalk, bis in Höhen von etwa 1000 m.
Die giftige, ausdauernde, 5 bis 25 cm (40 cm) hohe Pflanze hat einen kräftigen, fast schwarzen Wurzelstock und einen zottigen weißhaarigen Stengel. Die grundständigen Blätter sind langgestielt, zwei- bis dreifach, selten vierfach gefiedert. Je nach Art erscheinen sie vor, mit oder (meist) nach der Blüte. BZ: März bis April (Anfang Mai). Die G. K. trägt eine endständige, anfangs aufrechte, später nickende, violette Blüte. Diese besteht aus sechs dunkel- bis hellvioletten, außen zottig behaarten Blütenhüllblättern, die 3 bis 5 cm lang sind und sich am Anfang der Blütezeit glockig zusammenneigen, später weiter ausbreiten. Die zahlreichen Früchtchen auf einem kugeligen Blütenboden haben einen 3,5 bis 5 cm langen, fedrig behaarten Griffel und werden vom Wind forgetragen.
Die Pflanze, die in Dtschl., der Schweiz und Österreich geschützt ist, findet auch in der Naturheilkunde Verwendung. Sie ist in fri-

Die Gemeine Kuhschelle gehört zu den geschützten Pflanzenarten.

schem Zustand giftig. Verwendung findet die ganze Pflanze (geerntet von Mai bis Juli), die Enzyme, Gerbstoff, Protoanemonin, fettes Öl, Sterole und Saponin enthält, die sedativ, harntreibend, krampflösend und auswurffördernd wirken. In der Homöopathie findet ein Extrakt der frischen Pflanze bei nervösen Störungen, Nierenleiden, Krampfadern Verwendung. Ein Aufguß getrockneter Blüten und Blättern ist ein gutes Mittel gegen Fieber und wirkt äußerlich angewandt, aufgetragen auf die befallenen Stellen, gegen Hautflechte. Ein Umschlag von frischen Blättern soll bei Gelenkschmerzen und Neuralgien lindernd wirken.

3. Finger-Kuhschelle, die (*Pulsatilla patens* (L.) Mill.): auch Stern-K. Die über Nord- und Mitteleuropa verbreitete F. kommt in Dtschl. selten vor (Ostdtschl. und Bayern) und wächst auf Heiden, Trocken- und Magerrasen, in Kiefernwäldern, besonders Wintergrün-Waldkiefern-Steppenwäldern und Geißklee-Kiefernwäldern.
Die 5 bis 35 cm hohe behaarte Pflanze hat gefingerte Grundblätter mit eingeschnittenen Zipfeln, die jung weißzottig behaart sind. BZ: März bis Mai. Die aufrecht stehenden Blüten haben blau-violette, außen zottig behaarte

Blütenblätter, die glockig, zuletzt sternförmig ausgebreitet stehen.
Kulissen → Kulissenschlag.
Kulissenschlag, der: Werden in einem Bestand mehrere Schmalkahlschläge nebeneinander gelegt, bleiben dazwischen Altholzstreifen (Kulissen) stehen.
Kullholz, das: alte nordd. Bez. für Kronenholz, d. h. für Holz aus dem Astwerk der Baumkrone.
Kullwase, die: ein aus den schwachen Zweigen des Wipfelbereiches gefertigtes Bündel.
Kultivar, der: eine durch gärtnerische Maßnahmen als Zier- oder Gartenform züchterisch veränderte Pflanze.
Kultivatoren: Anbaugeräte, die zur Anlage von Kulturen verwendet werden, wie → Grubber, Pflanzmaschinen und Streifenpflüge.
Kultur, die: auch Forstkultur. Natürliche Altersstufe, durch Kunstverjüngung (Saat oder Pflanzung) begründeter → Jungwuchs (Jungbestand); → Verjüngung.
Kulturbiotope: Landschaftsteile, die dem ständigen Einfluß des Menschen unterliegen, z. B. Felder, Gärten, Weiden. Die → Wirtschaftswälder hingegen, die seltener und weniger tiefgreifende Veränderungen erfahren, werden als Halb-K., die unveränderten → Biotope als Naturbiotope bezeichnet.
Kulturdüngung, die: → Walddüngung.
Kulturflächen: alle land-, forst- und wasserwirtschaftlich sowie gartenbaulich genutzten Flächen der → Kulturlandschaft. Insbesondere zählen zu den K.: Ackerland, Baumschulen, Dauer- und Wechselgrünland, forstlich genutzte Waldflächen, Gärten, Sonderkulturen sowie wirtschaftlich genutzte Gewässer, z. B. Fischteiche.
Kulturflüchter: Tier- und Pflanzenarten, die aus der → Kulturlandschaft, d. h. aus dem menschlichen Kulturbereich verschwinden. K. sind z. B. Waldhühner (→ Rauhfußhühner), Biber, Elch, Fischotter, Kranich und Orchideenarten; Ggs.: → Kulturfolger.

Kulturlandschaft – durch den Menschen geprägte Landschaft

Kulturfolger: Tier- oder Pflanzenarten, die sich in der → Kulturlandschaft ansiedeln und dort (wegen der für sie meist günstigeren Lebensbedingungen) leben können. K. sind z. B. Damwild, Weißstorch, Sperling, Amsel, Türkentaube, Turmfalke, Schuttpflanzen, Unkräuter; Ggs.: → Kulturflüchter.
Kulturfreistellung, die: die Beseitigung von verdämmenden Pflanzen aus Kulturen; → Freistellung.
Kulturgeräte: Sammelbegriff für alle Geräte und Werkzeuge die für die Kulturarbeit benötigt werden, z. B. Pflanzlade (→ Pflanzenbehälter), -maschine, → Pflanzhaue, Kulturhake, Hohlspaten, Klemmspaten, → Sichel, Sense (→ Freischneidegerät), → Räumaxt, → Waldpflug, → Grubber, → Fräsen.
Kulturgesellschaft, die: → Pflanzengesellschaft.
Kulturkosten: die Kosten der Bestandsbegründung (→ Verjüngung) und der → Bestandspflege; → Jungwuchspflege.
Kulturlandschaft, die: Die vom Menschen und seinen Werken sowie durch natürliche Landschaftsfaktoren und -elemente beeinflußte Landschaft mit ihrer spezifischen Entwicklung, Struktur, ihrem Wirkungsgefüge und Bild wird als K. bezeichnet. Je nach Beeinflussungsgrad spricht man von naturnahen bis naturfernen K., letztere mit stärksten Abweichungen vom natürlichen Zustand; → Naturlandschaft.
Kulturpappeln: Pa, die zunächst durch zufällige, später durch gezielte Kreuzung von SchPa mit der kanadischen SchPa (*Populus deltoides*) entstanden. Die heutigen Zuchtsorten werden durch → Stecklinge vermehrt. Die Vielfalt an K. kann nur noch der Fachmann übersehen; auch kann nur er die Sorten unterscheiden.
Kulturpflege, die: → Jungwuchspflege.
Kulturplan, der: **1**) als K. und Arbeitsplan Plan für die Anlage einer → Kultur, i. d. R. durch Pflanzung, z. B. bei Erstaufforstungen. Der K. stellt die Lage der Mischungselemente dar und enthält Angaben über die → Pflanzverbände. **2**) manchmal auch Bez. für den → (Jahres-)Betriebsplan zur Bestand(e)sbegründung.
Kultursichel, die: → Sichel.
Kultursteppe, die: Bez. für eine offene, baumlose Landschaft, die in ursprünglichen Waldgebieten durch Rodung oder starke Beweidung entstanden ist. Die K. ist stark anfällig für Bodenerosion.
Kulturverderber: allg. Bez. für verschiedene Käferarten, die durch warme und trockene Witterung zur Massenvermehrung neigen und durch ihren Fraß Forstkulturen ganz oder teilweise vernichten können, wie z. B. Engerling und der Große Braune → Rüsselkäfer; → Bestandsverderber, Forstinsekten.
Kulturwald, der: im Ggs. zum → Naturwald ein → Wald, der mehr oder weniger anthropogen entstand und der einer ständigen forstbetrieblichen Bewirtschaftung unterliegt; → Urwald.
Kulturzaun, der: → Gatter 1).
Kulturzeit, die: → Pflanzzeit.
Kümmerer, der (Kümmerling): ein in seiner Entwicklung stark zurückgebliebener schwacher, auch sterbender Baum.
Kummerradl, das: → Gundermann.
Künanz, Hermann, Dr. (12.6.1896 bis 8.2.1958): zuletzt Leiter des hessischen Forstamtes Konradsdorf und Gründer des Landesverbandes Hessen der → Schutzgemeinschaft Deutscher Wald (SDW). K. war auch Träger des Naturparkgedankens in Dtschl. Er war von 1948 bis 1958 Geschäftsführer des SDW-Landesverbandes Hessen.
Kundlkraut, das: → Thymian.
Kunele, das: → Wildkaninchen.
Kunigundenkraut, das: → Wasserdost.
Kunigundenlinde, die: Die fast 1000jährige K. steht in Kasberg in der Fränkischen Schweiz. Die Heilige Kunigunde, die Frau König Heinrichs II., der von 1002 bis 1024 regierte, soll sie gepflanzt haben. In der Höhlung des Stammes kann sich ein Reiter mit seinem Pferd leicht umdrehen; → Blutlinde.
Kunstdünger, der: Bez. für anorganische, industriell erzeugte Düngemittel, heute Mineraldünger.
Kunstforst, der: → Kunstwald.
Kunstholz, das: ein Werkstoff, der auf organisch-chemischem Wege industriell hergestellt wird und in Aussehen und Formbarkeit holzähnlichen Charakter hat. Die wesentlichsten Bestandteile des K. sind Sägemehl und Holzfaserabfälle, die unter Beimengung von chemischen Stoffen verleimt werden.
Künstlicher Femelschlag, der: → Verjüngungsverfahren.
Künstliche Verjüngung, die: → Verjüngung.
Kunsttrauf, der: → Waldränder.
Kunstverjüngung, die: **1**) → Verjüngung. **2**) → Kultur.
Kunstwald, der (Kunstforst): ein zu bestimmten Zwecken künstlich umgeformter oder völlig neu angelegter Wald, der durch den menschlichen Eingriff tiefgreifend verändert ist. Der älteste K. ist der → Nürnberger Reichswald, in dem seit 1368 die Kie vom Menschen durch Saat vermehrt wurde; → Wirtschaftswald, Schutzwald, Urwald, Naturwald.
Kupfer, das: Mineralstoff (chem. Zeichen Cu), der in Form der Kationen Cu^{+} und Cu^{2+} in Organismen in kleinen Mengen erforderlich ist und zu den Spurenelementen gerechnet wird. In höheren Dosen ist K. toxisch (Schwermetall). Zu hoher Kupfergehalt im Boden verhindert Baumbewuchs (sog. Kupferlichtung, im Kongo). K.-Mangel kann bei Gehölzen zu Formveränderungen und → Nekrosen führen, z. B. Absterben der → Terminalknospen. Der gesamte K.-Gehalt der Böden schwankt zwischen 1 und 100 ppm. K. ist an der → Photosynthese beteiligt und in zahlreichen Enzymen enthalten. Es steigert u. a. die Atmungsaktivität. Der K.-Gehalt beträgt z. B. in Nadeln ca. 0,5 bis 6 ppm, in Laubblättern ca. 5 bis 16 ppm.
Kupferbrauner Sandläufer, der: → Sandläufer 2.

Kupferlichtung, die: → Kupfer.
Kupfermangel, der: → Mangelsymptome an Bäumen.
Kupferotter, die: → Kreuzotter.
Kupferroter Gelbfuß, der: → Schmierlinge 2.
Kupferroter Schmierling, der: → Schmierlinge 2.
Kupferstecher, der: → Borkenkäfer 14.
Kuppel, die: auch Grundkuppel. Bei der früheren → Flößerei Bez. für ein elastisches Kleinfloß aus bis zu 12 Langhölzern, die i. d. R. nur am dünnen Ende mit Hilfe einer Querstange zusammengebunden wurden.
Kuppelprodukt, das: Unvermeidbar und zwangsläufig automatisch entstehen bei manchen Produktionen neben dem angestrebten Hauptprodukt, im Wald i. d. R. → Sägeholz, andere Erzeugnisse als K., wie z. B. → Brennholz, → Industrieholz (→ Faser- oder → Spanholz), → Reisholz, → Astholz. Manche Autoren rechnen zu den K. auch wenigstens einen Teil der Infrastrukturleistungen des Waldes (→ Waldfunktionen), da diese auch zwangsläufig anfallen.
Kuratorium für Waldarbeit und Forsttechnik e. V. (KWF): Das KWF mit Sitz in Groß-Umstadt ist eine Fachinstitution für forstechnische Fragestellungen der mitteleuropäischen Forstwirtschaft und arbeitet seit vielen Jahren intensiv und erfolgreich mit den Nachbarländern zusammen. Zugleich ist es Mittler zwischen forstlicher Grundlagenforschung, Praxis und Industrie. Es ging im Jahre 1962 aus dem Zusammenschluß der „Gesellschaft für → forstliche Arbeitswissenschaften (GEFFA)", dem „Ausschuß für Technik in der Forstwirtschaft (ATF)" und der „Technischen Zentralstelle der deutschen Forstwirtschaft (TZF)" hervor. Die wesentlichsten Aufgaben sind: Erhöhung von Wirtschaftlichkeit und Ertragsleistung der Forstbetriebe durch Verbesserung der Waldarbeitstechnik sowie Entwicklung, Erprobung und Prüfung technischer Arbeitsmittel und -verfahren; → Fachausschuß für Waldarbeit und Forsttechnik.
Kürbeeren → Hartriegel 1.
Kürbisspinne, die: → Radnetzspinnen 5.
Kurvenhölzer: bayer. Bez. für Eichenhölzer mit natürlicher Krümmung (Krümmlinge), aus Gipfeln und Ästen ausgeformt. K. dienten hauptsächlich zum Bau von Flußkähnen; → Krummholz 2).
Kurzdeckenbock, der: → Bockkäfer 17.
Kurzdeckflügler → Kurzflügler.
Kurzflügler (*Staphylinidae*): auch Kurzflüglerkäfer, Moderkäfer, Kurzdeckflügler. Mit rd. 30 000 Arten (davon ca. 1500 einheimisch) weltweit verbreitete Fam. schmaler, kleiner bis sehr kleiner, meist schwarzer bis buntschillernder → Käfer. Sie haben stark verkürzte Flügeldecken, die den langgestreckten Hinterleib größtenteils freilassen. Unter den kurzen Flügeldecken liegen zusammengefaltete Hautflügel, mit denen sie ausgezeichnet fliegen können. Sie führen ihr Leben im Verborgenen und halten sich vorwiegend unter dem Bodenlaub, unter Moos und Steinen, z. T. hinter der Baumrinde auf. Einige Arten leben in Gemeinschaft mit den → Ameisen in deren Bauten. K. können schnell laufen und bei Gefahr ihren Hinterleib nach den verschiedensten Richtungen drehen oder emporkrümmen. Käfer und Larven leben entweder räuberisch von kleinen Tieren, aber auch von Aas oder von verwesenden Pflanzenteilen. Einige Arten stellen v. a. im Larvenstadium, den → Borkenkäfern in ihren Gängen nach. Die wichtigsten Arten sind:
1. Großer Kurzflügler, der (*Staphylinus caesareus*): auch Goldstreifiger Moderkäfer. Der etwa 1,8 bis 2,3 cm große Käfer hat rote Flügeldecken und Beine und auf dem Hinterleib gelbe Haarflecken. Der übrige Körper ist schwarz. Er gehört zu den wenigen K., die man häufig tagsüber laufen sieht. Sein Lebensraum sind die Wald- und Wegränder. Der im Boden überwinternde Käfer erscheint schon zeitig im Frühjahr.
2. Moderkäfer, der (*Ocypus olens*): auch Stinkender Moderkäfer. Der schwarze M. zählt zu den häufigsten K. und mit einer Länge von 2,2 bis 3,2 cm auch zu den größten. Er lebt in Mischwäldern unter altem Laub.
Kurzflüglerkäfer → Kurzflügler.
Kurzholz, das: svw. → Schichtholz.
Kurzrüßler → Rüsselkäfer.
kurzschäftig: Bäume mit für die Baumart relativ geringer Schaftlänge.
Kurzschwanzmäuse → Wühlmäuse.
Kurztriebe: auch Strauchlinge. Die Haupt- und Seitentriebe (Zweige), bei denen die Zwischenknotenstücke gestaucht sind, d. h. sich wenig gestreckt haben und daher nur wenig in die Länge wachsen. K. haben oft nur eine beschränkte Lebensdauer. Sie verzweigen sich nicht oder nur sehr wenig und bringen Blätter und Blüten hervor. Die Lä bildet z. B. an ihren älteren blattlosen → Langtrieben ganz kurze, Nadelbüschel tragende K.
Kurzumtriebmaterial, das: Laubholz-Strauchmaterial, das in zwei- bis fünfjährigem → Umtrieb erzeugt wurde; → Kurzumtriebswälder.
Kurzumtriebsflächen: Bez. für Energieholzanlagen (→ Energiewälder), Christbaumkulturen, Kastanienplantagen etc. Hinsichtlich der rechtlichen Situation gilt derzeit folgendes. In Dtschl. wurde in § 1 des „Gesetz zur Gleichstellung stillgelegter und landwirtschaftlicher Flächen" vom 10.7.1995 u. a. folgende Regelung getroffen: „Flächen, die nach Maßgabe der VO (EWG) Nr. 1765/92 des Rates vom 30. Juni 1992 zur Einführung einer Stützungsregelung für Erzeuger bestimmter landwirtschaftlicher Kulturpflanzen (...) stillgelegt worden sind, gelten weiterhin als landwirtschaftlich genutzte Flächen ...". Damit ist zur Energiewaldbegründung keine Aufforstungsgenehmigung und zur Beseitigung von Energiewald keine Rodungserlaubnis erforderlich. Für Erstaufforstungsflächen, als für Flächen, die nicht auf die Stillegung angerechnet werden, bedeutet die Erstaufforstung mit schnellwachsenden Baumarten eine genehmigungspflichtige Nutzungsänderung.
K. gelten nach dem österr. Forstgesetz von 1975 (novelliert 1987) nicht als Wald, wenn sie nicht auf Waldboden angelegt sind, innerhalb von 30 Jahren einmal genutzt werden, innerhalb von zehn Jahren nach Einrichtung der Anlage bei der Behörde angemeldet werden.

In vergrößerter Darstellung:

Großer Kurzflügler (*Staphylinus caesareus*)

Kurzumtriebswälder: auch Holzfelder. Eine Sonderform des → Niederwaldes als Alternativnutzung für freiwerdende landwirtschaftliche Flächen. Solche Waldflächen mit Klonen (→ Klon) → schnellwachsender Baumarten (hauptsächlich Pa und Wei) dienen der energetischen oder industriellen Nutzung mit periodischen Nutzungsintervallen von unter zehn Jahren; → Energiewälder, Kurzumtriebmaterial, Kurzumtriebsflächen.
kurzzähnige Weide, die: → Weiden 27.
Kussel, der: → Kollerbusch, Kniebüsche 2).
Kustel, die: mundartliche Bez. für die Fichten- und Tannenzapfen.
Kustelsteiger, der: mundartliche Bez. für einen → Zapfenpflücker.
Küstenbuche, die: auch Inselbuche. Eine durch verhältnismäßig kurze Schaft- und breite Kronenbildung ausgezeichnete Bu der Ostseeländer.
Küstendouglasie, die: Variation der → Douglasie.

Moderkäfer (*Ocypus olens*)

Küstenschutzwald, der: zwischen Deich und Düne liegender, etwa 100 m breiter Waldstreifen, der die Aufgabe hat, den meist aus Feinsand bestehenden und mit einer Lehmsowie Rasendecke überzogenen Seedeich vor Wellenschlag zu schützen. Bei einem optimal angelegten K., d. h. bei einem dichten und stufig aufgebauten Bestand (i. d. R. ein ungleichaltriger und plenterartig aufgebauter Bestand), soll das Kronendach von der Seeseite zum Land hin ansteigen. Dazu müssen aber mehrere Gehölzstreifen angelegt werden. Der erste Streifen, etwa 15 bis 30 m breit, sollte mit windharten und stark Ausläufer bildenden Sträuchern bepflanzt werden (z. B. mit Sanddorn, Ölweide und Kartoffelrose), der zweite Streifen, 10 bis 20 m breit, mit Reif- und Salweide, FAh, TrKi, Weißdorn und Weichselkirsche. In einem dritten Streifen, der v. a. dann angelegt wird, wenn es sich um Flachküsten ohne Deichschutz handelt, können Bäume erster und zweiter Ordnung stehen. Die → Baumartenwahl richtet sich dabei nach den örtlichen Standortverhältnissen.
Küstentanne, die: → Tannen 2.
Kutikula, die (lat.: *cutis* = „die Haut", *cuticula* = „das Häutchen"): Die K. ist ein gefälteltes Häutchen, das die → Epidermis überzieht. Sie ist keine Zellschicht, sondern eine wachsartige Deckschicht auf Blättern und Nadeln. Die K. ist für Wasser und Gase nur schwer durchlässig und nur durch Löcher und Spalten, die der Atmung dienen, unterbrochen. Die K. schränkt die Wasserverdunstung ein (Verdunstungsschutz).
Kutterlkraut, das: → Thymian.
KWF: Abk. für → Kuratorium für Waldarbeit und Forsttechnik e. V.

L

LA: Kurzzeichen für Europäische Lärche nach DIN 4076.

Laaß, die: auch Laaße. Alte Bez. in den Ostalpen für eine → Riese, speziell für die Holzriese (Holzgleitriese).

Labiatae → Lippenblütengewächse.

Labiaten → Lippenblütengewächse.

labiler Standort, der: → Standort.

Labkraut, das (*Galium*): Gatt. der zweikeimblättrigen Pflanzen-Fam. der Rötegewächse mit rd. 300 weltweit verbreiteten Arten. In Mitteleuropa kommen 25 Arten vor; die wichtigsten, auch im Wald anzutreffenden Arten sind:

1. Waldmeister, der (*Galium odoratum* (L.) Scop. = *Asperula odorata* Linné): auch Maikraut, -blume, Wohlriechender W., Färbe(r)-W., niederdeutsch Mösch, Meusch. Bis zum Mittelalter führte der W. noch den poetischen Namen Frauenbettstroh, auch Mariabettstroh, weil das massenhaft gedeihende Kraut zum Füllen der Betten verwendet wurde. Der W. ist fast über ganz Europa und Nordasien verbreitet; lediglich in Südwesteuropa fehlt er. Er wächst verbreitet in schattigen Wäldern, v. a. Bruchwäldern und krautreichen Hainbuchen- und Buchenwäldern (Verbands- →Charakterart) und Laubmischwäldern, in Waldmeister-Buchen- und Tannen-Buchenwäldern (→ Charakterart), auf frischen nährstoff- und mullreichen, lockeren Böden, gern auf Kalk, von der Ebene bis in die Voralpen.

Der Waldmeister (*Galium odoratum*) bildet große Blütenteppiche.

Die mehrjährige, 10 bis 30 cm hohe Pflanze hat einen dünnen, glatten, vierkantigen, aufrechten, an den Kanten borstigen Stengel. Die spatelförmigen (unteren) bis lanzettlichen (oberen) Blätter sind beiderseits frischgrün und stehen zu sechst (unteren) bis acht (oberen) im Quirl (→ Blattstellung). BZ: Mai. Die kleinen weißen Blüten (ohne Kelch) haben eine röhrenförmig-glockige Krone und stehen in einer endständigen, dreiteiligen Trugdolde (→ Blütenstand). Die kleinen, kugeligen, 2 bis 3 mm langen Früchtchen sind grün und dicht mit hakigen Borsten besetzt. Der W. duftet, besonders beim Welken und Trocknen, nach Cumarin. Das junge Kraut wird gerne zum Würzen des Maitranks verwendet. Der Cumaringehalt ist sehr gering, daher kommt es auch kaum zu Vergiftungen. Größere Mengen von W. können aber zu starken Kopfschmerzen und zu Benommenheit führen.

Der W. ist eine alte → Heilpflanze. Die ganze Pflanze, ohne Wurzeln, wird bei Blühbeginn geerntet und in Büscheln aufgehängt getrocknet, wobei sie schwarz wird. Sie enthält neben Cumarin auch Vitamin C, Fette und Farbstoffe, wirkt antiseptisch, blutreinigend, harn-, schweiß- und galletreibend, sedativ, tonisch und wundheilend. Innerliche bzw. äußerliche Anwendung findet sie u. a. bei Steinerkrankungen, Verdauungsstörungen, Kopfschmerzen, Nervosität, Frühjahrskuren, Abszessen und zur Beruhigung des Herzens bei Herzklopfen. Aufgehängte oder zwischen die Wäsche gelegte W.-Blätter werden, auch wegen des angenehmen Duftes, gern als Motten- und Insektenschutz verwendet.

2. Wald-Labkraut, das (*Galium sylvaticum* L.): hauptsächlich in Mitteleuropa in Laub- und Mischwäldern verbreitet, besonders in Eichen-Hainbuchen-Wäldern (Charakterart des Waldlabkraut-Eichen-Hainbuchen-Waldes), lichten Buchenwäldern (Seggen-Buchenwald) oder Lindenmischwäldern (Spitzahorn-Sommerlinden-Wald), in feuchten Bergwäldern, auf Kahlschlägen, an Waldrändern und buschigen Abhängen, bevorzugt auf frischen, mineralkräftigen Böden, von der Ebene bis in mittlere Gebirgslagen.

Die mehrjährige, 30 bis 100 cm hohe Pflanze ist dem Waldmeister sehr ähnlich, jedoch ohne Duft. Der aufrechte, verzweigte Stengel ist stielrund und meist kahl. Die länglich-lanzettlichen, etwa 4 bis 10 mm breiten Blätter sind oberseits dunkelgrün, unterseits blaugrün, stachelspitzig, am Rande rauh und stehen in sechs- bis achtzähligen Quirlen. BZ: Juli bis September. Die kleinen, weißen, selten gelblichen Blüten sind vor dem Aufblühen nickend und stehen in endständiger, locker ausgebreiteter Rispe. Die kleinen Früchtchen sind 1,5 mm lang, etwas runzelig und kahl.

3. Klebkraut, das (*Galium aparine* Linné): auch Kletten-L. Das K. kommt in ganz Europa vor. Es wächst verbreitet in feuchten Laubwäldern, Auwäldern, Weidenwäldern, Erlenbrüchen, Gebüschen, Hecken, Unkrautfluren, Weinbergen, Gärten, auf Schutthalden, Äckern, an Ufern, Wegen und Zäunen, bevorzugt auf nährstoffreichen Böden.

Die einjährige Pflanze hat einen scharf vierkantigen, ästigen, 30 bis 200 cm langen, schlaffen, liegenden oder an anderen Pflanzen klimmenden Stengel, der sich mit den an den Kanten abwärts gerichteten rauhen Stacheln überall anhängt. Die linealischen bis breit-lanzettlichen Blätter sind an Blattrippen und -rändern mit rückwärts gerichteten Stacheln besetzt und stehen zu sechst bis acht in Quirlen. BZ: Mai bis Oktober. Die unscheinbaren, weißlichen Blüten sind etwa 2 mm breit, vier-

zipfelig und stehen zu zweit bis fünft in blattachselständigen Trugdolden. Die Früchtchen, 4 bis 7 mm lange, dicht mit hakigen Borsten besetzte, überall anhaftende Klettfrüchte, bestehen aus zwei kugeligen Teilfrüchten.
4. Kreuz-Labkraut, das (*Galium cruciata* (L.) Scopoli = *Cruciata laevipes* Opiz): auch Gemeines Kreuz-L., Gewimpertes L. Das K. wird häufig auch in eine besondere Gatt. gestellt. Es ist über Mittel- und Südeuropa verbreitet, im Norden bis Dänemark, im Westen

bis auf die Britischen Inseln, und wächst in lichten Wäldern, besonders Auwaldverlichtungen, Unkrautgesellschaften, Schlehen- oder Buchenwaldgesellschaften, an Wald- und Gebüschrändern, Ufern, Zäunen, Hecken, auf Wiesen und Schutt, auf frischen, nährstoffreichen Lehm- und Tonböden, von der Ebene bis in Höhen von 1600 m.
Die mehrjährige, 10 bis 50 cm hohe Pflanze hat abstehend bis zottig behaarte, aufsteigende bis aufrechte, vierkantige Stengel. Die mehr oder weniger elliptischen bis eiförmigen Blätter sind gelbgrün, 1 bis 2 cm lang und zu viert angeordnet, d. h. kreuzständig (Name!). BZ: April bis Juli. Die duftenden, gelblichen Blüten stehen in blattachselständigen Trugdolden. Die Früchtchen sind unbehaart.
Das dem K. sehr ähnliche und in Dtschl. selten vorkommende **Frühlings-Kreuz-Labkraut** oder **Kahle Kreuz-Labkraut** *(Cruciata glabra)* wächst in Hainbuchenwald-Gesellschaften und an Waldsäumen. Es unterscheidet sich vom K. lediglich durch den kürzeren (10 bis 30 cm) Stengel, der im oberen Teil kahl ist, und durch die Blütenstände, die keine Hochblätter aufweisen.
5. Rundblättriges Labkraut, das (*Galium rotundifolium* L.): Das R. L. ist hauptsächlich über die Gebirge Mittel- und Südeuropas verbreitet und wächst zerstreut in Tannen- und Fichtenmischwäldern, in Labkraut-Tannenwaldgesellschaften, montanen Alpenheckenkirschen-Tannen-Buchenwäldern, auf lehmigen, frischen Böden.
Die ausdauernde, 10 bis 25 cm hohe Pflanze hat zahlreiche, meist einfache, dünne, zarte, aufsteigende oder liegende, vierkantige Stengel. Die Blätter sind eiförmig-elliptisch bis breit-eiförmig und 1 bis 2 cm lang. BZ: Juni bis September. Die weißen Blüten haben vier eiförmige Zipfel, sind bis 3 mm breit und stehen in einer lockeren, armblütigen, endständigen Trugdolde. Die Frucht besteht aus zwei fast kugeligen Teilfrüchtchen, die dicht mit Hakenborsten besetzt sind.
6. Wiesen-Labkraut, das (*Galium mollugo*): auch Gemeines L. Diese Sammelart umfaßt *Gallium mollugo* L., *G. album* Mill., *G. lucidum* All., *G. meliodorum* (Beck) Fritsch und *G. truniacum*. Das W. ist in ganz Europa beheimatet. *G. mollugo* besiedelt Fettwiesen, wächst aber auch verbreitet im Saum frischer bis mäßig trockener Eichenmisch- und Auwälder, Waldblößen, in Gebüschen, an Wald- und Wegrändern, Rainen und Hecken. *G. album ssp. album* bevorzugt Fettwiesen, Waldränder und Hartholz-Auenwälder, *G. album ssp. pycnotrychum* ist im Saum xerothermer submediterraner Flaumeich-Wälder und subkontinentaler Eichen-Steppenwälder anzutreffen.
Die mehrjährige, 25 bis 100 cm hohe Pflanze hat meist mehrere vierkantige, schlaffe, liegende, aufsteigende oder aufrechte Stengel mit abstehenden Ästen, die zwischen anderen Pflanzen emporklimmen. Die grünen, linealisch bis lineal-lanzettlichen Blätter sind nach vorne etwas verbreitert, stachelspitzig und stehen in achtblättrigen Quirlen. BZ: Mai bis September. Die kleinen weißen, wohlriechenden Blüten sind radförmig, 2 bis 4 mm breit, mit vier begrannten Zipfeln und stehen in reichblütigen, dichten Rispen. Die reifen Früchte zerfallen in zwei Teilfrüchtchen. Das W. wurde früher als Käselab zur Milchgerinnung verwendet (Name!).
7. Nordisches Labkraut, das (*Galium boreale* Linné): Das N. L. ist über Nord- und Mitteleuropa und über die Gebirge Südeuropas verbreitet. Es wächst zerstreut in Gebüschen, lichten Wäldern, besonders wechseltrockenen Kiefern- und Eichenwäldern, auf Flachmooren, Auwiesen, Ufer-, Moor- und Magerwiesen, Heiden, Ödland, auf wechselfeuchten, tonigen Lehm- oder Kalkböden, von der Ebene bis in die Gebirge.
Die ausdauernde, 20 bis 50 cm hohe Pflanze hat einen vierkantigen, meist kahlen, steifen, aufrechten, verzweigten Stengel. Die derben, lanzettlichen Blätter sind deutlich parallel-dreinervig, am Rand zurückgerollt und fein stachelig gezähnelt, stumpf und nicht stachelspitzig und stehen zu viert in Quirlen. BZ: Juni bis August. Die kleinen, weißen, duftenden Blüten haben vier eiförmige Kronzipfel und stehen in dichten, endständigen, reichblütigen Rispen. Die kleinen Früchtchen sind meist mit Hakenborsten besetzt, selten kahl.
8. Sumpf-Labkraut, das (*Galium palustre*): Das fast über ganz Europa verbreitete S. wächst an nassen Ufern, Gräben, auf Naßwiesen, in Röhrichten und Erlenbrüchen.
Die mehrjährige, 20 bis 50 cm hohe Pflanze hat einen vierkantigen, an den Kanten rauhhaarigen Stengel. Die dunkelgrünen, schmalen, linealisch-länglichen, vorne abgerundeten Blätter stehen in meist vierzähligen (bis sechszähligen) Quirlen. BZ: Mai bis August. Die weißen Blüten stehen in end- oder seitenständigen, lockeren Trugdolden. Die kleinen Früchte sind schwärzlich.
9. Glattes Labkraut, das (*Galium schultesii*): Das über Mitteleuropa verbreitete G. L. wächst in Laubwäldern.
Die 30 bis 100 cm hohe Pflanze hat einen oben vierkantigen Stengel mit 5 bis 9 mm breiten, grünen, unterseits blaugrünen Blättern, die zu sechst bis acht in Quirlen stehen.
Neben den vorgenannten weit verbreiteten L-Arten gibt es noch zahlreiche seltenere Arten,

◂◂◂ Wald-Labkraut *(Galium sylvaticum)* wird hauptsächlich von Schlammfliegen bestäubt.

Wiesen-Labkraut *(Galium mollugo)*

die hier nicht alle beschrieben werden können. Z. B. das **Grannen-L.** (*G. aristatum*), das bevorzugt in den Alpen und im Alpenvorland in Buchenmischwäldern, Seggen- oder Orchideen-Buchenwäldern, Hainbuchenwäldern und lichten Gebüschen wächst, das **Niedere L.** (*G. pumilum*), das in aufgelichteten west- und mitteleuropäischen Eichen-Birkenwäldern vorkommt, das **Glanz-L.** (*G. lucidum*), das in lichten Eichenwäldern, besonders rheinischen Birken-Traubeneichen-Wäldern, Schneeheide-Kiefernwäldern und Alpenrosen-Latschengebüschen anzutreffen ist und das **Sand-L.** oder **Harzer L.** (*G. harcynicum*), das in lichten Eichen-, Kiefern- und Tannenwäldern, west- und mitteleuropäischen Eichen-Birkenwäldern, Hainsimsen-Buchenwäldern und Hainsimsen-Fichten-Tannenwäldern wächst.
Labkraut-Tannen-(Misch-)Wald, der (*Galio rotundifolii-Abietetum* = *Galio Piceetum* = *Oxali-Abietetum* = *Galio-Abietetum*): auch artenreicher Silikat-Tannwald. Pflanzensoziologische → Assoziation des Unterverbandes → Labkraut-Tannenwälder (*Galio rotundifolii-Abietenion*) des Verbandes → Buchenwälder (*Fagion sylvaticae*). Sie ist dadurch gekennzeichnet, daß vom Kleinklima (Schneeanhäufung mit Verkürzung der Vegetationsperiode) und/oder vom Boden (Bodenvernässung bei Pseudogley oder Gley) her die Ta gegenüber der sonst konkurrenzstärkeren Bu begünstigt ist. Die Humusform ist aus klimatischen Gründen und wegen des hohen Anteils an Nadelstreu Moder bis Rohhumus. Auf basenreichen Standorten können Basenzeiger (→ Boden(an)zeiger) wie Seidelbast, Nickendes Perlgras, Stendelwurz auftreten. Bei Verzögerung des Streuabbaus, z. B. durch zusätzliche Trockenheit, kommen auch flachwurzelnde Säurezeiger wie Nickendes und Einblütiges

Wintergrün, Korallenwurz und auch säurezeigende Moose vor. Dadurch ergibt sich eine Ähnlichkeit mit Fichtenwäldern. Örtliche Bodenvernässung wird u. a. durch Wald-Schachtelhalm und Winkel-Segge angezeigt; → Waldgesellschaften.

Labkraut-Tannenwälder (*Galio rotundifolii-Abietenion* = *Galio-Abietion* = *Piceo-Abietion*): auch artenreiche Tannen-(Misch-)Wälder. Pflanzensoziologischer Unterverband des Verbandes → Buchenwälder (*Fagion sylvaticae*) der Ordn. → Mesophytische Buchen- und Laubmischwälder (*Fagetalia sylvaticae*). Wälder dieses Unterverbandes stocken innerhalb eines Buchenareals auf weniger buchenfreundlichen Standorten der montanen bis subalpinen Vegetationsstufe, wo Bodennässe und -trockenheit, kurze Vegetationszeit, Winterfröste oder kontinentaleres Klima die Konkurrenzkraft der Bu schwächen und die Ta deutlich fördern. → Charakterart ist das Rundblättrige Labkraut. → Assoziationen dieses Unterverbandes sind der → Labkraut-Tannen-(Misch-)Wald (*Galio rotundifolii-Abietetum*) und der Wintergrün-Tannenwald (*Pyrolo-Abietetum*); → Waldgesellschaften.

Laburnum → Goldregen.

Laccaria → Lacktrichterlinge.

Lacertidae → Eidechsen.

lachbar: frühere Bez. für Fichtenbäume, die die nötige Stammstärke (Umfang) zum Harzscharren (→ Harzgewinnung) hatten; die Bäume konnten „gelachet" werden; → Lachrinken.

Lachbaum, der: auch Lachter-, Loch-, Mal-, Mark-, Grenz-, Kreuz-, Zielbaum (Rheinhessen), Last-, Lack- oder Lappenbaum (Bayern), Metzles- oder Heubaum (Unterfranken), Schedel- oder Scheidelbaum (Basel). Alte Bez. für einen neben einem Grenzstein stehenden starken Baum, der besonders gekennzeichnet wurde, um den Standort des Grenzsteines besser feststellen zu können. In früherer Zeit markierten L. selbst die Grenze (Forst- und Jagdgrenzen). Um sie kenntlich zu machen, wurden sie mit besonderen Zeichen versehen. Als L. dienten hauptsächlich Baumarten mit langer Lebensdauer, v. a. Bu, Ei, Li, Ta, Fi, in den Alpen Lä. Ei wurden z. T. auch einige Meter über dem Boden geköpft (Kopfholzstämme), damit sie sich in charakteristischer Weise als M. von den umgebenden Bäumen abhoben; → Grenzzeichen, Lagersteine.

Lachen: **1**) auch Lachten, Lagen, Laken, Harzlache, Risse. Bez. für die einem Nadelbaum zur → Harzgewinnung beigebrachten Wunden (Risse). Zum L.-Reißen verwendete man das sog. → Harzmesser und löste damit am unteren Teil eines Baumes ca. 3 bis 6 cm breite und 0,8 bis 1,5 m lange Rindenstücke ab; „der Baum wurde angelacht". Da sich nach drei bis vier Jahren die L. an den Wundrändern durch eine Überwallungsleiste mehr oder weniger schlossen, wurden die Ränder mit dem Scharreisen wieder – ca. 5 mm tief – aufgerissen. Diese Tätigkeit wurde das „Anziehen" oder „Fegen" (auch „Flußscharren") der L. genannt; „man zog die L. an". Das Anlegen und Fegen der L. wurde aber je nach Gegend

▸▸ Blauer Lackpilz (*Laccaria amethystea*)

unterschiedlich gehandhabt. An einigen Orten wurden nach und nach L. gezogen, an anderen legte man nur zwei gegenüberliegende L. an, die aber jährlich „angezogen" wurden und sich daher stets vergrößerten; → Balken. Nach der → Gütesortierung in B/EWG-Holz sind in Dtschl. bis zu zwei L. erlaubt. **2**) Alte Bez. für durch das Buschholz geschlagene Steige (Lachsteige). **3**) alte Bez. für jedes in einen Baum geschlagene Zeichen; → Lachbaum.

Lachnidae → Baumläuse.

Lachrinken, der (Lochrinken): eiserner Meßring mit einem bestimmten Umfang, um Nadelholzbäume, hauptsächlich Fi, zu ermitteln, die den zum Harzscharren (→ Harzgewinnung) erforderlichen Umfang hatten, um → lachbar zu sein.

Lachten → Lachen.

Lachterbaum, der: → Lachbaum.

Lackbaum, der: → Lachbaum.

Läcken, die: Unterart der BKie; → Kiefern 1.

Lackholz, das: alte Bez. für das Holz der Lat (Unterart der BKie; → Kiefern 1.), das früher zur Herstellung von lacküberzogenen Waren verwendet wurde.

Lacktrichterlinge (*Laccaria*): auch Bläulinge. Elf ungiftige Arten umfassende Gatt. der Pilze aus der Fam. der → Ritterlingsartigen (*Tricholomataceae*), die zur Ordn. der → Blätterpilze

▸▸ Lachen (Lachten) lösen den Harzfluß aus.

gehört. L. sind in allen Teilen mehr oder weniger fleischrosa, lila oder violett, auch orangebraun. Ihre → Lamellen sind breit angewachsen bis herablaufend, dicklich und entfernt stehend. Die wichtigsten Arten sind:

1. Blauer Lackpilz, der (*Laccaria amethystea* = *L. amethystina*): auch Violetter Lackpilz, Amethystblauer Lacktrichterling. Der zierliche Pilz wächst von Juli bis November in größeren Trupps in Laub- und Nadelwäldern, aber auch in Parkanlagen, Gärten und Mooren. Der bis zu 6 cm breite Hut erscheint mit eingerolltem Rand, schirmt dann auf, ist etwa trichterartig und kann unregelmäßig verbogen sein. Der intensiv violette Hut verblaßt bei Trockenheit rasch. Die dicken, violetten Lamellen stehen weit auseinander und wachsen am Stiel an. Sie werden durch die → Sporen weißmehlig bestäubt. Der knorpelige, bis zu 10 cm lange und bis zu 1 cm dicke Stiel ist hutfarben und faserfleischig, an der Basis zottig behaart. Das dünne Fleisch des als Mischpilz verwendeten B. L. ist ebenfalls violett und hat einen leichten, fruchtartigen Geruch und einen milden Geschmack.

2. Roter Lackpilz, der (*Laccaria laccata*): auch Rötlicher Lacktrichterling, Fleischroter Lackpilz. Der kleine Pilz wächst von Juni bis November im Laub- und Nadelwald, auch in Mooren und an trockenen Standorten. Er unterscheidet sich vom Blauen Lackpilz durch die einheitliche Färbung und ist sonst in allen anderen Merkmalen übereinstimmend. Der R. L. ist eine Leitart mit mehreren Varietäten, z. B. **Zweifarbiger L.** (*L. var. bicolor*), der von August bis Oktober in Wäldern, hauptsächlich im Bereich von Kie wächst und einen fleischrötlichen Hut und Stiel, aber lilafarbene Lamellen hat.

Neben den vorgenannten, weit verbreiteten L., gibt es noch zahlreiche seltenere Arten, wie z. B. **Purpurbrauner L.** (*L. purpureobadia*), **Geriefter L.** (*L. pumila* = *L. altaica*), **Laubfreundtrichterling** oder **Gilbender Trichterling** (*Clitocybe phyllophila*) und **Anistrichterling** (*Clitocybe odora*), der in grauer und weißer Form vorkommt, die hier nicht alle beschrieben werden können.

Lactarius → Milchlinge.

Lactuca → Lattich.

Ladden: alte nordd. Bez. für → Loden.

Läde, die: auch Leede, Laite. Veraltete, regionale Bez. für eine holzleere (baumfreie) öde Stelle im Wald; → Lichtung, Blöße.

Ladebaum, der: **1**) eine das Hochziehen starker Stämme durch Zahnradzug bewirkende Vorrichtung zum Aufladen von Rundholz. **2**) ein Baum, der zum Überbrücken des Zwischenraumes zwischen Fördergerät und → Polter dient.

Laden: österr. Bez. für Bretter bzw. Dielen.

Laestra → Lappenfarn.

Lagen → Lachen.

Lagenholz, das: L. besteht aus einzelnen Furnierschichten, die zu Platten oder Formteilen verleimt sind. Zu den L.-Hölzern gehören die Furnierplatten (→ Sperrholz), die Schichthölzer, die Lagenholzformteile sowie die Kunstharzpreßhölzer; → Holzwerkstoffe.

Lagenpolter, das: → Holzlagerplatz.
Lager, das: → Thallus.
Lagerfäule, die: → Holzfäule, Lenzites-Pilze, → Schichtenrindenpilze.
Lagerholz, das: → Urholz.
Lagerpflanzen (Thallophyten, Thalluspflanzen): alle niederen Pflanzen (→ Algen, → Flechten, → Pilze, → Moose), deren Vegetationskörper – im Ggs. zu den → Sproßpflanzen – nicht in → Sproßachse, Blätter und Wurzeln gegliedert ist. Als Vegetationskörper besitzen sie vielmehr ein ein- oder mehrzelliges Lager (→ Thallus) und leben entweder im Wasser oder an Stellen mit hoher Feuchtigkeit; → Samenpflanzen.
Lagerplatz, der: → Holzlagerplatz.
Lagersteine: aus dem Boden hervortretende, auffallende Fels- und Steinblöcke. Sie dienten früher als → Grenzzeichen; → Lachbaum.
Lagerverjüngung, die: Fähigkeit von Bäumen, an Zweigen, die ständig dem Boden aufliegen, Wurzeln zu treiben; → Absenker, Absenkerverfahren, vegetative Vermehrung.
Laggerstaude, die: alte und lokale Bez. für Lat, Unterart der BKie; → Kiefern 1.
Lahne, die (Lähne): → Ahorne 4.
Lährbaum, der: alte und lokale Bez. für ELä; → Lärchen 1.
Laite, die: → Läde.
LAJ: Kurzzeichen für Japanische Lärche nach DIN 4076.
Laken → Lachen.
Lamellen: in der → Botanik Bez. für die auf der Unterseite des Hutes vieler Pilze strahlenförmig (radial) um den Stielansatz angeordneten dünnen Gewebeblättchen, an denen die Basidiosporen (→ Sporen) gebildet werden. Die L.-Pilze (→ Blätterpilze), gehören zur Ordn. der → Ständerpilze.
Lamellenpilze → Blätterpilze.
Lamellicornia → Blatthornkäfer.
Lamettasyndrom, das: schlaffes Herabhängen von Fichtenästen zweiter Ordnung, verbunden mit Verlust älterer Nadeljahrgänge. Nachwachsende → Nadeln erreichen nicht die normale Länge, und an Ästen erster Ordnung zeigen sich Angsttriebe und anomale Verzweigungen; → Waldschäden.
Laminaceae → Lippenblütengewächse.
Lamium → Taubnessel.
Lämmerchen, die: alte, regionale Bez. für Kätzchen der Ha und Wei.
Lämmergeier, der: → Geier 2.
Lämmerzunge, die: → Knöterich.
Lampyridae → Leuchtkäfer.
Landarbeiterkammer: 1945 eingerichtete Interessenvertretung der österr. Land- und Forstarbeiter.
Landbau, der: landwirtschaftliche Nutzung des Bodens zur Erzeugung von Pflanzen, die direkt oder verarbeitet der menschlichen Ernährung oder als Futterpflanzen der tierischen Ernährung dienen; → Landwirtschaft.
Landbauholz, das: alte Bez. für Bauholz (Holz für Zimmerer), das zum Bau von Gebäuden benötigt wurde, im Ggs. zum → Schiffsbauholz.
Lände, die: Kurzform von → Floßlände.
Länder → Gewanne.

Landesforstdirektion, die: → Forstdirektion.
Landesforstdirektor, der: österr. Bez. für den Leiter des Forstaufsichtsdienstes beim Amt der Landesregierung.
Landesforsten: Wald im Eigentum oder Miteigentum der einzelnen Bundesländer (→ Staatswald). Den höchsten Staatswaldanteil auf ihrem Gebiet haben Hessen und das Saarland; Bayern hingegen hat der Fläche nach den größten Wald. L. sind i. a. durch größere und geschlossene Waldkomplexe bzw. Waldgebiete gekennzeichnet. Ihr Ursprung geht auf das ehemalige Eigentum der früheren Landesherren (Könige, Herzöge, Markgrafen, Fürstbischöfe u. a.) zurück bzw. war Kirchenbesitz, der nach der Säkularisation an den Staat fiel; → Waldfläche.
Landesforstinspektion, die: österr. Forstbehörde der Mittelstufe; → Forstorganisation.
Landesforstmeister, der: früherer Titel für den Chef der Hessischen Staatsforstverwaltung; → Landforstmeister.
Landesforstpate, der: → Forstpaten.
Landesjugendreferent, der: von der → Schutzgemeinschaft Deutscher Wald (SDW) bestellte Persönlichkeit, die das Verbindungsglied der SDW (Vorstand) und der → Deutschen Waldjugend (Landesleitung) bildet.
Landeskultur, die: Bez. für alle Maßnahmen, die der besseren Nutzung des Bodens und

◂◂ Lamellen des Samtfußrüblings *(Flammulina velutipes)*

seiner Verteilung (→ Kulturlandschaft) sowie der Neulandgewinnung dienen. V. a. finden hier land-, forst- und fischereiwirtschaftliche Belange (Funktion und Erzeugung) Berücksichtigung.
Landespflege, die: **1)** Sammelbegriff für die Aufgabengebiete → Naturschutz und → Landschaftspflege. **2)** Gesamtheit der Maßnahmen zur nachhaltigen Sicherung und Entwicklung von Landschaften.
Landesplanung, die: zukunftsorientierte Planung für einen größeren abgegrenzten Raum unter Berücksichtigung der natürlichen, sozialen, kulturellen und wirtschaftlichen Erfordernisse, mit dem Ziel einer optimalen Lebensraumnutzung. Hierzu werden Nutzungsmöglichkeiten bzw. -beschränkungen festgelegt.
Landforstmeister, der: Beamter des höheren Forstverwaltungsdienstes.
Landfrosch, der: → Frösche 1. und 2.
Landfrost, der: → Advektivfrost.
Landkärtchen, das: → Edelfalter 18.

Landkartenflechte, die (*Rhizocarpon geographicum* (L.) De Candolle): Die zur Fam. Napfflechten (*Lecideaceae*) aus der Abteilung → Flechten zählende Sammelart ist in allen höheren Gebirgen weit verbreitet. Sie ist hauptsächlich in steinigen Bergwäldern anzutreffen und bildet an Gesteinen oft großflächige, flache, krustenartige Überzüge.
Das deutlich rissige, eckig gefelderte Lager (→ Thallus) ist hellgelb bis grünlichgelb mit schwarzem Vorlager, das zwischen den einzelnen Feldern und am Rand sichtbar wird. Die langsam wachsende Krustenflechte erinnert an Landkarten (Name!). Die flachen schwarzen, zwischen den Feldern des Thallus sitzenden, in das Lager eingesenkten → Apothecien sind 1 bis 1,5 mm breit.

Elias Landolt

Landolt, Elias (28.10.1821 Klein-Andelfingen bis 18.5.1896 Zürich): L. studierte in Hohenheim und → Tharandt und war von 1853 bis 1864 Forstmeister, von 1864 bis 1882 Oberforstmeister des Kantons Zürich. Von 1855 bis 1893 war er Professor an der forstlichen Abteilung des neu errichteten Polytechnikums in Zürich. Er schrieb u. a.: „Der Wald, seine Verjüngung, Pflege und Benutzung" (1866), „Die forstliche Betriebslehre mit besonderer Berücksichtigung der schweizerischen Verhältnisse … etc." (1892). Von 1861 bis 1893 gab er die „Schweizerische Zeitschrift für das Forstwesen", zuerst mit Kopp, später mit W. v. Greyerz, heraus.
Landotter, der: → Fischotter.
Landreitgras, das: → Reitgras 1.
Landrock, H. → Wald in der Dichtung.
Landschaft, die: Im frühen Mittelalter wurde der althochdeutsche Begriff „Landscaf" für Gebiet, Provinz oder Bezirk verwendet. Üblicherweise versteht man heute unter L. ein von einem Punkt überschaubares Gebiet, das sich charakteristisch von der weiteren Umgebung durch ein unterschiedliches Gepräge abhebt. Schmithüsen definierte als Geograph die L. 1953 als „den Inbegriff eines Landstriches von mehr oder weniger gleichartiger Beschaffenheit, also den Typus eines konkreten Teiles der Erdoberfläche mit allem, was dessen Wesen oder „Totalcharakter" (A. v. Humboldt) ausmacht". Heute versteht man darunter

umfassender einen abgrenzbaren Teilraum der Erdoberfläche mit spezifischen Elementen (Standortseinheiten, Landschaftszellen), Strukturen (Größe, Anzahl, räumliche Zu- und Anordnung der → Landschaftselemente), Entwicklungsabläufen (geschichtliche Entstehung, Zukunft), Verhaltensweisen (das landschaftsbestimmende Beziehungs- und Wirkungsgefüge), Stabilitätseigenschaften (Labilität des Bodens) und → Landschaftsbild. Die L. wird aus dem abiotischen, dem biotischen und dem gesellschaftlich-sozialen Bereich im Zusammenwirken ihrer jeweiligen Landschaftselemente gebildet. Dazu zählen Klima, Wasserhaushalt, Lithosphäre, Relief, Atmosphäre, Flora und Fauna, Siedlungen, Wirtschaft und Infrastruktureinrichtungen, menschliche Tätigkeit. Der Wald kann selbst L. oder L.-Element sein; → Kulturlandschaft, Naturlandschaft.

In Landschaftsschutzgebieten bleibt die land- und forstwirtschaftliche Nutzung bestehen.

Landschaftsbestandteile: durch Rechtsverordnung geschützte Teile der Natur, die die Anforderungen an ein → Naturdenkmal nicht erfüllen, aber zur Belebung des Landschaftsbildes beitragen oder im Interesse des Naturhaushalts, insbesondere der Tier- und Pflanzenwelt, Erhaltung verdienen. Hierzu gehören insbesondere: Bäume, Baum- und Gebüschgruppen, Raine, Alleen, Hecken, Feldgehölze, Schutzpflanzungen, Schilf- und Rohrbestände, Moore, Streuwiesen, Auenwiesen, Parke und kleinere Wasserflächen (Rechtsgrundlage ist § 18 BNatSchG).

Landschaftsbild, das: die vom Betrachter optisch wahrgenommene → Landschaft als Erscheinung, die sich aus der Entwicklung, Struktur und dem Wirkungsgefüge aller Landschaftsfaktoren, bzw. → Landschaftselemente ergibt. Der Charakter einer Landschaft wird durch das Zusammenwirken der jeweiligen Landschaftselemente geprägt. Das dazugehörige L. wird über die Bildaufbauelemente und Wahrnehmungsfaktoren Form, Farbe, Linie, Struktur wahrgenommen. Dabei dominiert in jedem Bild ein anderes Element. Die Wirkung der Elemente wird noch durch Kontrast, Achsen, Schnittlinien, Rahmung, Verstärkung durch Wiederholung bestimmt. Der Wald prägt das L. ganz entscheidend mit. Bei Laubwald z. B. spielt der jahreszeitliche Farbwechsel (Frühlings- und Herbstaspekt) eine große Rolle.

Landschaftselement, das: Die L. Lithosphäre, Atmosphäre, Hydrosphäre, Pedosphäre, Biosphäre und Anthroposphäre sind als Bausteine der Erdoberfläche jeweils in den vorgenannten Erscheinungsgruppen zusammengefaßt und treten in der Landschaft unter enger gegenseitiger Wechselwirkung zu einem Erscheinungsganzen zusammen, das strukturell in der → Landschaftsstruktur und funktionell im Wirkungsgefüge → Landschaftshaushalt zusammengefaßt ist.

Landschaftsgestaltung, die: i. w. S. die Umgestaltung (Umformung) der Landschaft durch menschliche Eingriffe; i. e. S. die gärtnerische Gestaltung der → Kulturlandschaft (Landschaftsgärtnerei).

Landschaftshaushalt, der: das Beziehungs- und Wirkungsgefüge aller natürlichen Landschaftsfaktoren, wie Boden, Wasser, Klima, Grundgestein, Pflanzen- und Tierwelt und der Einflüsse des Menschen.

Landschaftsökologie, die (Geoökologie): die Wissenschaft (Umweltforschung) von der Struktur, Funktion und Entwicklung der Landschaft; → Ökologie.

Landschaftspflege, die: Die Ziele der L. (und des → Naturschutzes) sind, Natur und Landschaft im besiedelten und unbesiedelten Bereich so zu schützen, zu pflegen und zu entwickeln, daß erstens die Leistungsfähigkeit des Naturhaushaltes, zweitens die Nutzungsfähigkeit der Naturgüter, drittens die Pflanzen- und Tierwelt sowie viertens die Vielfalt, Eigenart und Schönheit von Natur und Landschaft als Lebensgrundlage des Menschen und als Voraussetzung für seine Erholung in Natur und Landschaft nachhaltig gesichert sind. Dieses Ziel wird durch → landschaftspflegerische Maßnahmen erreicht.

landschaftspflegerische Maßnahmen: L. M dienen der Verwirklichung der Ziele des → Naturschutzes und der → Landschaftspflege. Durch sie sollen v. a. Landschaftsschäden, die durch Eingriffe in die Natur entstehen, verhindert oder ausgeglichen werden.

Landschaftsplanung, die: Die überörtlichen Erfordernisse und Maßnahmen zur Verwirklichung der Ziele des → Naturschutzes und der → Landschaftspflege werden unter Beachtung der Grundsätze und Ziele der Raumordnung und → Landesplanung für den Bereich eines Landes in Landschaftsprogrammen, einschließlich Artenschutzprogrammen, oder für Teile des Landes in Landschaftsrahmenplänen dargestellt. Die örtlichen Erfordernisse (Gemeindeebene) sind in Landschaftsplänen näher festzulegen.

Landschaftsschäden → landschaftspflegerische Maßnahmen.

Landschaftsschutz, der: Maßnahmen aus Teilbereichen von → Naturschutz und → Landschaftspflege zur Sicherung von Landschaften und Landschaftsteilen. Der L. versucht einen Ausgleich zwischen den Lebensbedürfnissen der Menschen und der Belastbarkeit der Natur herzustellen; → Landschaftsschutzgebiete.

Landschaftsschutzgebiete: durch Rechtsverordnung festgelegte naturnahe Flächen, die zur Erhaltung ihrer ökologischen Vielfalt sowie eines ausgeglichenen Naturhaushaltes und ihres Erholungswertes gegen Veränderungen (Abholzung, Aufforstung, Überbauung, Industrialisierung) geschützt werden. Für L. gelten nicht so strenge Schutzbestimmungen wie für → Naturschutzgebiete; ihre bisherige land- und forstwirtschaftliche Nutzung bleibt bestehen. Eingriffe in die Landschaft (Straßenbau etc.) bedürfen jedoch vorher einer Genehmigungsprüfung, um Landschaftsschäden oder Verunstaltungen der Natur auszuschließen. Rechtsgrundlage ist § 15 BNatSchG.

Landschaftsstruktur, die: die Art und räumliche Anordnung der → Landschaftselemente.

Landschaftsüberwachungsdienst, der: → Naturschutzwacht.

Landschaftswacht, die: → Naturschutzwacht.

Landschaftswart, der: → Naturschutzwart.

Landschaftszerstörung, die: Bez. für alle Eingriffe in Landschaften, die deren bisherigen Charakter verändern und dadurch das natürliche Gleichgewicht beeinflussen oder zerstören.

Landschieber, der: → Grenzzeichen.

Landshecke, die: → Wehrhecken.

Landverbrauch, der: Der Flächenverbrauch für Wohnen, Industrie, Gewerbe und Verkehr ist in den letzten Jahrzehnten stetig angestiegen. Jährlich gehen im Bundesgebiet (ohne neuen Bundesländer) etwa 60 000 ha Nutzfläche der Land- und Forstwirtschaft verloren; → Waldfläche, Bodenschutz.

Landwehr, die: → Bauer(n)friede.

landwirtschaftliche Nutzfläche (LN), die: Die LN umfaßt die → landwirtschaftlich genutzte Fläche (LF), die privaten Parkanlagen, die Ziergarten- und Rasenfläche und die nicht genutzte, aber landwirtschaftlich nutzbare Fläche; → Sozialbrache.

Landwirtschaftliche Rentenbank, die: Zur Beschaffung und Gewährung von Krediten für die Landwirtschaft und Ernährungswirtschaft (einschließlich Forstwirtschaft und Fischerei) wurde die L. R. durch Gesetz vom 11.5.1949 gegründet. Sie gewährt verzinsliche Darlehen an Kreditinstitute der Landwirtschaft und an Unternehmen, deren Geschäftsbetrieb für die inländische landwirtschaftiche Erzeugung, Vorratshaltung und den Absatz von allg. Bedeutung ist. Die L. R. ist eine Anstalt des öffentlichen Rechts und hat ihren Sitz in Frankfurt/Main.

landwirtschaftliche Zwischennutzung, die: → Birkenberge, Hackwaldwirtschaft, Hauberge, Waldfeldbau, Waldausbränden.

landwirtschaftlich genutzte Fläche (LF): Sie umfaßt die Ackerfläche, die Obst- und Gemüsefläche in Haus- und Nutzgärten, jedoch nicht die Ziergärten, die Dauergrünlandflächen, die weinbaulich genutzte Fläche und die Obst-, Hopfen-, Baumschul- und Flurholzfläche. In Dtschl. (alte Bundesländer) gibt es etwa 786 600 landwirtschaftliche Betriebe; die Durchschnittsgröße der LF beträgt 15,3 ha; → landwirtschaftliche Nutzfläche.

Landwirtschaftskammern: L. wurden seit 1894 als berufsständische Vereinigungen (Zwangszusammenschlüsse) zur Wahrnehmung der Belange der Land- und Forstwirtschaft ihres Bezirkes errichtet. In einigen Bundesländern sind die Forstämter Teil der L. bzw. bestehen eigenständige Forstabteilungen innerhalb der L., so in Berlin, Bremen, Hamburg, Niedersachsen, Nordrhein-Westfalen, Saarland, Rheinland-Pfalz, Schleswig-Holstein.
Landwirtschaftsklausel, die: Bez. für die Festlegung in § 1 Absatz 3 BNatSchG, derzufolge die ordnungsgemäße land- und forstwirtschaftliche Bodennutzung nicht als → Eingriff in Natur und Landschaft anzusehen ist.
Langblättriges Hasenohr, das: → Hasenohr 1.
Langbeinfliegen (*Dolichopodidae*): Fam. schlanker, lebhafter, oft metallisch grün glänzender kleiner bis mittelgroßer → Fliegen mit langgestreckten Beinen. Viele Arten halten sich bevorzugt in Gewässer- und Sumpfnähe auf. Der Beobachter sieht sie dabei über die Oberfläche stehender Gewässer, auch über Pfützen auf Waldwegen laufen. An mit Algen und Krustenflechten überzogenen Buchenstämmen halten sich bevorzugt die beiden graugrünlichen nur bis 3 mm langen Arten *Medetera jacula* und *Medetera dendrobaena* auf. Die fast zylindrischen, etwa 6 bis 8 mm großen Larven sind weißlich oder gelbgrün. Sie leben in der Bodenschicht des Waldes, in der Streudecke oder unter den Wurzelanläufen von Stämmen. L. ernähren sich entweder von Fallaubblättern oder räuberisch von Larven oder Puppen anderer Insekten (z. B. *Medetera signaticornis* von Borkenkäfern).
Langbirke, die: → Birken 1.
Langblättrige(r/s) ... siehe unter dem jeweiligen Hauptnamen.
Lange Bartflechte, die: → Bartflechte 2.
Langen, Johann Georg von (1699 in Oberstedt, Grafschaft Henneberg bis im Mai 1776 auf dem Jagdschloß Jägersburg bei Kopenhagen); → forstliches Schrifttum.
Längenmessung, die: Die L. von → Langholz erfolgt mit dem → Reißmeter (Ablängstab) oder dem aufrollbaren Bandmaß. Sie beginnt immer am stärkeren Ende, bei Stämmen mit → Fallkerb in der Mitte des Fallkerbs. Bei Langholz, das nach der → Mittenstärkensortierung oder nach der → Heilbronner Sortierung aufgenommen wird, ist bei der L. ein → Übermaß von 1% zu geben. Bei der Heilbronner Sortierung wird der Stamm, sofern → Draufholz ausgehalten wird, mit Einschluß des Draufholzes vermessen und die Mitte aus der Gesamtlänge abzüglich Übermaß berechnet.
Längenwachstum, das: → Höhenwachstum.
Langespe, die: → Esche.
Langflügelfledermaus, die: → Fledermäuse 18.
Langfühler, Grüner, der: → Motten 16.
Langgestreckte Streckerspinne, die: → Streckerspinnen.
Langhaariges Habichtskraut, das: → Habichtskraut 4.
Langhecke, die: → Wehrhecken.
Langholz, das: **1**) → Rohholz, dessen Masse üblicherweise in → Festmetern angegeben wird (Richtlinie des Rats der EWG zur Angleichung der Rechtsvorschriften der Mitgliedstaaten für die Sortierung von Rohholz vom 23.1.1968). Die Forst-HKS bezeichnet Stammholz und Stangen als L., wobei Stammholz in Stämme (in ganzer Länge) und Stammteile (gekürztes Stammholz = Abschnitte) unterteilt wird. Das L. wird nach dem Festgehalt (aus Länge und Mittendurchmesser) berechnet und entweder nach der → Mittenstärkensortierung, → Heilbronner Sortierung oder → Stangensortierung sortiert. Der bei L. der Inhaltsermittlung und auch der Mittenstärkensortierung zugrunde zu legende Mittendurchmesser in der Stammmitte bis zu 19 cm Durchmesser ohne Rinde wird durch einmaliges waagerechtes Kluppen, wie der Stamm im Wald liegt, ermittelt; ab 20 cm Durchmesser ohne Rinde werden zwei, zueinander senkrecht stehende Messungen (möglichst des kleinsten und des größten Durchmessers) vorgenommen.
Wird der Durchmesser ausnahmsweise in Rinde gemessen, so ist ein der durchschnittlichen Rindendicke entsprechender Abzug zu machen und der Abzug zu erwähnen. Beim Messen des Durchmessers und der Berechnung des Mittels wird nach unten auf ganze Zentimeter abgerundet. Bei L. Heilbronner Sortierung und bei Schwellen ist auch der Zopfdurchmesser zu ermitteln. Er wird durch einmaliges waagerechtes Kluppen, wie der Stamm im Walde liegt, gemessen. Der Zopfdurchmesser ohne Rinde ist anzugeben. Wird er in Rinde gemessen, ist ebenfalls ein Abzug vorzunehmen; → Längenmessung.
2) L. nach der früheren → Holzmeßanweisung (Homa): a) Kie, Lä, Stro. Das L. dieser Holzarten wurde in Klassen nach → Mittendurchmesser eingeteilt und mußte mindestens 6 m lang sein. Die Stämme wurden in ganzer Länge oder ohne wesentliche Kürzung in vollen und halben Metern oder geraden Zehntelmetern bis zu solchen Zopfstärken (→ Zopf) ausgehalten, die nach den örtlichen Verhältnissen eine gute Verwertung gewährleisteten. Die Abtrennung und Aufarbeitung des Gipfelstückes zu → Grubenholz oder Schichtderbholz, ebenso die Abtrennung von höchstens drei schadhaften Meterstücken am Erdstammabschnitt (Gesundschneiden) galt nicht als wesentliche Kürzung. b) Fi, Ta, Dgl: Stämme, die in Klassen nach Mindestlänge (→ Heilbronner Sortierung) eingeteilt und nach ganzen Metern abgelängt werden. Das Zurückschneiden der Stämme am unteren Abschnitt schließt auch hier die L.-Eigenschaft nicht aus.
Langholzflößerei, die: → Flößerei.
Langhornkäfer, der: → Bockkäfer 13.
Langnutzholz, das: nach der früheren → Holzmeßanweisung (Homa) Bez. für → Nutzholz, das nach Festgehalt berechnet und nicht in Schichtmaßen aufgearbeitet wird. Die Einteilung erfolgt in Stämme und Stangen; → Langholz.
Langrüßler → Rüsselkäfer.
langschäftig: Bez. für Bäume mit für die Baumart relativ langem durchgehendem → Schaft; → kurzschäftig.
Langschwanzmäuse → Mäuse.
Langstielige Alpen- oder **Berg-Distel**, die: → Distel 1.
Langstreu, die: → Unkrautstreu.
Langtriebe: die Haupt- und Seitentriebe (→ Zweige), die unter Streckung der Internodien, im Ggs. zu den → Kurztrieben, stark in die Länge wachsen.
Langwanzen → Wanzen.
Laniidae → Würger.
Lanzenblättrige Kratzdistel, die: → Kratzdistel 2.
Lanzen-Schildfarn, der: → Schildfarn 1.
Lanzett-Kratzdistel, die: → Kratzdistel 2.
lanzettliche Blätter: Bez. für Blätter, die drei- bis viermal so lang wie breit sind und zugespitzte Enden haben, z. B. bei der Korbweide und beim Gemeinen → Seidelbast; → Blatt.
Lanzettliches Reitgras, das: → Reitgras 2.
Lappen: die schweren Ruder, die früher bei der → Flößerei auf dem Rhein verwendet wurden.
Lappenbaum, der: **1**) → Lachbaum. **2**) auch Fetzenbaum. In früherer Zeit heiliger Erinnerungsbaum, dessen Stamm und Äste v. a. bei den Kelten, Griechen, Römern, Ägyptern und Esten mit Opfergaben aus bunten Bändern, abgerissenen Kleiderfetzen und abgelegten Kleidungsstücken geschmückt wurden. Meist war es ein dürrer Baum, der als heilig galt. Vorbeigehende fühlten sich verpflichtet, dem L. als Opfer ein Stück ihrer Kleidung darzubringen; → Heiliger Wald.

Langholz auf einem Holzlagerplatz

Lappenfarn, der (*Laestra, Thelypteris*): auch Sumpffarn. Gatt. der Fam. der → Tüpfelfarngewächse (*Polypodiaceae*) aus der Klasse der → Farne. L. sind Farnpflanzen mit einfach gefiederten Blättern und fiederspaltigen Fiedern. Die Sori (Sporangienhäufchen) haben einen bald abfallenden oder keinen Schleier. Die bekanntesten Arten sind:
1. Bergfarn, der (*Thelypteris limbosperma* (All.) H. P. Fuchs = *Lastrea limbosperma* (All.)

Holub et Pouz.): auch Berg-L. Der B. ist im Gebirge ziemlich weit verbreitet, kommt in der Ebene seltener vor und ist im Norden kaum zu finden. Er ist besonders in staudenreichen Bergmischwäldern, Bruchwäldern, Hochstaudenfluren und anderen schattigen Wäldern anzutreffen und wächst bevorzugt auf sickerfrischen bis feuchten, sauren, kalkarmen Böden in schattigen Lagen.

Buchenfarn (*Thelypteris phegopteris*)

Die aromatisch duftende, mehrjährige Farnpflanze hat – im Ggs. zu anderen Arten dieser Gatt. – 30 bis 100 cm hohe, in Rosetten angeordnete, aufrechte und so einen Trichter bildende Wedel (Blätter). Die kurzgestielten Wedel sind im Umriß schmal-lanzettlich, zur Basis hin stark verschmälert und haben lanzettliche Fiedern mit meist geschweiften Zipfeln, wobei die untersten Fiedern ziemlich klein und dreieckig sind. Die Unterseite der Wedel sind dicht mit gelben Drüsen besetzt. Die Sori haben einen kleinen, nierenförmigen, früh abfallenden Schleier und stehen aufgereiht dicht am kaum eingerollten Fiederlappen-Rand. Die → Sporen reifen von Juli bis September. Der B. ist dem Wurmfarn und dem Sumpffarn sehr ähnlich.

2. **Sumpffarn**, der (*Thelypteris palustris* Schott): auch Sumpf-L. Der S. ist v. a. im nördlichen Tiefland weit verbreitet, jedoch nur stellenweise häufiger anzutreffen. Im Bergland kommt er nur äußerst selten vor. Er wächst in Erlenbruchwäldern, Torfmooren, Waldsümpfen, Sumpfgebüschen, Schilf- und Großseggenriedern und an Bächen.

Der mehrjährige Farn hat einen dünnen, kriechenden Wurzelstock und langgestielte, einzeln stehende (keine Rosette), hellgrüne, 30 bis 80 cm lange Wedel. Diese sind einfach gefiedert, am Grund nur wenig verschmälert und in der Jugend unterseits spärlich weißlich behaart, später kahl. Die etwas entfernt voneinander stehenden Fiedern haben ganzrandige, etwas sichelförmig aufwärts gebogene Zipfel. Die Fiederteile (Fiederzipfel) sind ganzrandig oder schwach gezähnelt. Jene der fertilen Wedel sind am Rande eingerollt, was dem Schutz der Sori dient, deren nierenförmige Schleier früh abfallen. Die Sori befinden sich zwischen Mittelnerv und umgerollten Blattrand auf der Unterseite der Fiederlappen. Die Sporen reifen von Juli bis September. Der S. ist unter den großblättrigen einheimischen Farnen die einzige Wasserpflanze.

3. **Buchenfarn**, der (*Thelypteris phegopteris* L. = *Phegopteris connectilis* (Michx.) Watt.): Der B. ist weit verbreitet und wächst ziemlich häufig und gesellig in frischen schattigen Wäldern, besonders in sauren, feuchten Laubmischwäldern (Buchenwäldern), in Hochstaudenfluren, auf feuchten moosigen Stöcken, Wurzeln und Felsblöcken. Nährstoffreiche quellige Standorte im Gebirge bevorzugt er.

Der mehrjährige Farn hat einen kriechenden Wurzelstock und 15 bis 50 cm lange, aufrechte, meist ausgebreitete Wedel, die einzeln stehen. Die Wedel sind im Umriß länglich dreieckig, lang zugespitzt und einfach gefiedert. Die sitzenden Fiedern sind meist – bis auf die beiden untersten – paarweise am Grund verwachsen. Das unterste Fiederpaar ist von den übrigen etwas abgesetzt, schwalbenschwanzartig nach unten gerichtet und nur geringfügig größer als die folgenden. Die Unterseite der Wedel ist dicht hell schuppig behaart. Die kleinen, schleierlosen, rundlichen Sori befinden sich auf der Unterseite der Fiedern in je einer Reihe zwischen dem Mittelnerv und dem Fiederrand. Die Sporen reifen von (Juni) Juli bis August (September).

Lappenprobe, die: früheres Verfahren zur Feststellung der Keimkraft des Samens (→ Saatgutprüfung). Man schlug hierzu eine Anzahl von Samenkörnern in Wollappen ein, die mit lauwarmem Wasser ständig feucht gehalten wurden. Keimten von 100 Samenkörnern 80 Stück, so galt der Samen als gut, keimten nur ca. 25 Körner, galt der Samen als schlecht und durfte nicht verwendet werden.

Lappentaucher (*Podicipedidae*): auch Steißfüße. Die Fam. der L. gehört zur Ordn. der ausschließlich auf dem Wasser lebenden Schwimmvögel der Binnengewässer mit Spaltschwimmfüßen (Lappenfüßen). Die Vorderzehen sind mit großen, an der Wurzel verbundenen Schwimmhäuten versehen. Der Schwanz ist sehr kurz und z. T. kaum sichtbar. Der spitze Schnabel ist hart und ohne Lamellen; die Nasenlöcher sind verschließbar. Die L. liegen beim Schwimmen tief im Wasser, können ausgezeichnet tauchen und sich sehr schnell unter Wasser fortbewegen. Zum Auffliegen nehmen sie Anlauf auf dem Wasser, fliegen jedoch nur schlecht.

1. **Haubentaucher**, der (*Podiceps cristatus* L.): auch Blitzvogel, Greben, Großer Lappen-, Kronentaucher, Großer Gehaubter Steißfuß, Gekappter, Großer Gehörnter Taucher, Seedrache, -teufel, Zerch. Länge: 48 cm, Gewicht: um 1000 g.

Der H. ist überall in Europa beheimatet, daneben auch in Asien, Afrika, Australien und Neuseeland. Sein Lebensraum sind Seen und Teiche mit ausreichender Vegetation. Außerhalb der Brutzeit ist der H. auch an den Meeresküsten, auf Flüssen und Stauseen anzutreffen. In Europa Teilzieher, der in Mitteleuropa und im mediterranen Raum überwintert.

Der H. ist mit ein bis zwei Jahren geschlechtsreif. Das Nest wird im starken Schilfgürtel von großen stehenden Gewässern in Ufernähe errichtet. Das meist schwimmende Nest ragt nur zu einem Drittel aus dem Wasser. Es ist ein großer Haufen aus feuchtem Pflanzenmaterial, verklebt mit Schlamm und hat einen Durchmesser von 30 bis 60 cm. Die Mulde ist relativ flach und stets feucht. Das Gelege besteht i. d. R. aus vier (zwei bis sechs) weißen oder bräunlichweißen Eiern (55 x 36,5 mm, etwa 38 g), die während der Bebrütung durch die Farbstoffausscheidungen des faulenden Nestmaterials eine bräunliche Tönung annehmen. Sie werden von beiden Partnern 25 bis 28 Tage bebrütet. Die Jungen sind Nestflüchter und werden in den ersten Lebenstagen von den Altvögeln unter den Flügeldecken getragen und etwa zweieinhalb Monate von den Eltern geführt. In Südeuropa brüten die H. kolonieweise. Ein bis zwei Bruten im Jahr (Ende April bis Juni).

Nahrung: Hauptsächlich Fische, Kaulquappen, Wasserinsekten, Frösche, Schnecken, Krebstiere und manchmal auch kleine Schlangen (Ringelnattern). Sie wird zum größten Teil tauchend erbeutet.

2. **Zwergtaucher**, der (*Podiceps ruficollis* Pall. = *Tachybaptus ruficollis*): auch Duckantl, Haar-, Käferentchen, Kleiner Taucher, Schwärzlicher Taucher, Kleiner Lappentaucher, Kleiner Steißfuß, Zwergsteißfuß. Länge: 27 cm, Gewicht: um 200 g.

Der Z. kommt in Mittel-, Süd- und Südosteuropa, auf den Britischen Inseln, in Südskandinavien, Asien und Nordafrika vor. Sein Lebensraum sind Seen, Teiche, Tümpel und langsam fließende Gewässer mit üppiger Ufervegetation. Außerhalb der Brutzeit auch im Küstengebiet. Stand- und Strichvogel, im Norden Zugvogel, der im südlichen Mitteleuropa oder im mediterranen Raum überwintert.

Geschlechtsreife mit einem Jahr. Das etwa tellergroße Nest wird meist schwimmend – oder

▸▸▸ Zwergtaucher (*Podiceps ruficollis*) im Winterkleid

▸▸ Haubentaucher (*Podiceps cristatus*)

versteckt zwischen Schilf und Binsen – am Rande langsam fließender Gewässer, auf Altwässern, Teichen und Tümpeln angelegt und hat eine relativ flache (ca. 3 cm tiefe) und stets feuchte Mulde. Das Gelege enthält vier bis sechs bläulichweiße und schwach gefleckte Eier (38 x 26 mm, etwa 13 bis 14 g), die später durch die faulenden Neststoffe eine rostgelb-bräunliche Färbung annehmen. Sie werden von beiden Partnern 20 bis 21 Tage bebrütet. Die Jungen sind Nestflüchter, sitzen in den ersten Tagen beim Altvogel im Gefieder und können bereits nach wenigen Tagen schwimmen und tauchen. Sie werden etwa drei Wochen von den Eltern geführt. Zwei Jahresbruten, selten drei (Ende Mai bis Juni/Juli). Nahrung: Hauptsächlich Insekten und deren Larven, besonders Wasserkäfer, Weichtiere, kleine Fische und Krebse, Kaulquappen, gelegentlich auch Pflanzenteile.

Lapsana → Rainkohl.

L ä r c h e n: siehe Seite 448

Lärchen-Arvenwald, der: → Lärchen-Zirbenwald, Subalpine-alpine Zwergstrauch-Gesellschaften.

Lärchenbaumschwamm, der: → Lärchenschwamm.

Lärchenblasenfuß, der (*Taeniothrips laricivorus*): Der winzig kleine und langgestreckte Käfer mit stechend saugenden Mundwerkzeugen (Männchen orangegelb, Weibchen schwarzbraun) verursacht die sog. Lärchenwipfelkrankheit. Die vom L. (Haftblasen zwischen den Fußklauen) stark besaugten → Langtriebe und → Nadeln der Kronen junger Lä verfärben sich dabei glasig grau, runzeln sich und fallen frühzeitig ab. Bei eintretender Verholzung kommt es zu Rissen der Triebrinde und zu Harzausfluß. Das Absterben von Wipfeltrieben hat eine Minderung des Höhenwachstums sowie eine Verbuschung der Krone zur Folge. Der L. (Vollkerf) überwintert an Fichtentrieben und fliegt im Mai zur Eiablage an die Lä.

Lärchenblattwespe, die: → Blattwespen.

Lärchenborkenkäfer, der: → Borkenkäfer 19.

Lärchengallenwickler, der: → Wickler 14.

Lärchengespinstblattwespe, die: → Blattwespen 7.

Lärchenknospen-Gallmücke, die: → Gallmücken 6.

Lärchenkrebs, der: Der L., der durch den Pilz *Lachnellula willkommii* (= *Dasyscypha w.*, *Trichoscyphella w.*) hervorgerufen wird, befällt hauptsächlich die ELä, kann aber auch andere Lärchenarten befallen. Er tritt als offener Stammkrebs an älteren Bäumen oder als Ast- oder Zweigkrebs in allen Altersklassen auf. Der Pilz dringt im Spätherbst oder Vorfrühling in das Rindengewebe ein und ruft Wucherungen hervor, die dann aufplatzen. Nach dem Aufplatzen setzt Harzausfluß ein; später entstehen an dieser Stelle wulstige Beulen. In Kulturen und Dickungen können Schäden durch Absterben der Stämmchen (Unterbrechung der Saftleitung) eintreten; daneben werden befallene Stämme für eine Verwendung als Nutzholz untauglich. Die beste Vorbeugung ist, den Kronen ausreichend Licht und Luft zu geben.

Lärchenminiermotte, die: → Motten 1.

Lärchenrätsel, das: → Lärchensterben.

Lärchenrindenwickler, der: → Wickler 14.

Lärchenröhrling, der: → Röhrlinge 15. und 16.

Lärchenschütte, die: Pilzkrankheit (Nadelschüttepilz) an ELä und JLä. Die Nadeln werden im Sommer (Juli) braunfleckig und fallen ab. Auf den kranken, von → Myzel durchwucherten Nadeln erscheinen zunächst die Konidienpolster des Pilzes als winzige schwarze Pünktchen. Die hier erzeugten stabförmigen → Konidien dienen der raschen Verbreitung der Krankheit, hauptsächlich bei feuchter Witterung. Die → Sporen verbreiten sich im Frühjahr von den alten, am Boden liegenden Nadeln. Aus diesem Grunde schadet der Pilz in Lärchenreinbeständen oder mit Fi untermischten Beständen der Lä weit mehr als dort, wo diese mit Bu gemischt ist, weil das Buchenlaub die Lärchennadeln abdeckt und so die rasche Verbreitung der Sporen verhindert; → Kiefernschütte, Douglasienschütte.

Lärchenschwamm, der (*Fomitopsis officinalis* = *Lariciformes officinalis*): auch Lärchenbaumschwamm. Ein → Baumschwamm (Pilz der Gatt. *Fomitopsis*), der an hochalpinen Lä vorkommt. Der L. kann, wie alle Baumschwämme, die → Destruktionsfäule hervorrufen. Er wird auch als Heilmittel verwendet.

Lärchensterben, das: Bez. für eine ungeklärte, aufsteigende Zweigdürre der Lä in der Stangenholzphase, v. a. wenn sie in Mischung mit der Fi steht. Münch prägte hierfür den Begriff "Lärchenrätsel". Vom L. wird nur die ELä betroffen; die JLä hingegen ist unempfindlich. Für das meist bestandsweise auftretenden L. wurden u. a. → Lärchenkrebs, Lärchengallenwickler, falsche Herkunft und Spätfröste diskutiert.

Lärchentanne, die: → Lärchen 1.

Lärchentriebmotte, die: → Motten 2.

Lärchenwickler, Grauer, der: → Wickler 13.

Lärchenwiesen: sehr lichte Lärchenbestände in niederen Lagen der Alpen, die meist auf Waldweide-Wirtschaft (→ Waldweide) zurückgehen. Zwischen den Bäumen konnte sich genügend Gras- und Krautwuchs entwickeln, der dann vom eingetriebenen Vieh abgeweidet wurde.

Lärchenwipfelkrankheit, die: → Lärchenblasenfuß.

Lärchen-Zirbenwald, der (*Vaccinio-Pinetum cembrae* = *Larici-Pinetum cembrae* = *Larici-Cembretum*): auch Lärchen-Arvenwald, Zirbelkiefernwald. Pflanzensoziologische → Assoziation des Unterverbandes → Subalpin-alpine Zwergstrauch-Gesellschaften und Lärchen-Zirbenwälder (*Rhododendro-Vaccinienion*) des Verbandes der → Fichtenwälder und Fichten-Tannen-Wälder (*Piceion abietis*). Es sind dies von Alpenrosengebüschen durchsetzte, lichte Bestände aus ELä und Zir, die charakteristisch für die → Waldgrenze in den klimatisch subkontinental getönten Zentralalpen sind. In Dtschl. treten L. kleinflächig in den nördlichen Kalkalpen (im Berchtesgadener Land) an die Stelle der Fichtenwälder. Neben ELä und Zir kommen noch Fi, Vobe, Lat, Zwergwacholder und in der Bodenvegetation Preisel-, Rausch- und Heidelbeere, Alpenrebe, -rose, -lattich, Wolliges Reitgras und Moosglöckchen vor. Diese Assoziation findet sich bis in Höhen von etwa 2400 m, ebenso die Assoziation → Rostblatt-Alpenrosen-Gebüsch (*Vaccinio-Rhododendretum ferruginei*); → Waldgesellschaften.

Larici-Cembretum → Lärchen-Zirbenwald, → Subalpine-alpine Zwergstrauch-Gesellschaften.

Lariciokiefer, die: Unterart der SKie; → Kiefern 2.

Larici-Pinetum cembrae → Lärchen-Zirbenwald.

Larix → Lärchen.

Lärmschutzfunktion des Waldes → Waldfunktionen.

Larvaevoridae → Raupenfliegen.

Larve, die (lat.: *larva* = böser Geist, Gespenst, Maske): eine Jugendform von → Insekten, die ihre Entwicklung vom Ei zum geschlechtsreifen Individuum nicht direkt durchmachen, sondern erst durch einen Formwandel (→ Metamorphose) in den Endzustand übergeführt werden. Die Lebensweise der im Tierreich außerordentlich weit verbreiteten L. weicht oft sehr stark von der des erwachsenen Vollinsekts (Imago) ab; → Puppe, Made, Engerlinge, Raupen, Afterraupe.

Laserdendrometer, der: → Dendrometer.

Laserkraut, das (*Laserpitium*): Gatt. der → Doldengewächse, die seit dem Tertiär (→ Erdzeitalter) bekannt ist. In Mitteleuropa auch in Wäldern anzutreffen sind:

Berg-Laserkraut
(Laserpitium siler)

Lärchen

Gattung

Lärchen (*Larix*): Die zehn Arten umfassende Gattung der Koniferen (→ Nadelbäume) aus der Familie der → Kieferngewächse (*Pinaceae*) ist fossil seit dem Tertiär (→ Erdzeitalter) bekannt. Der Nadelholzgürtel um den nördlichen Polarkreis wird hauptsächlich von drei Lärchen-Arten gebildet, und zwar von der dahurischen, der sibirischen und der amerikanischen Lärche. Die restlichen sieben Arten kommen südlich davon in kleineren, zerstreuten Arealen vor. Sämtliche Lärchen sind → Lichtbaumarten und sommergrün. Die weichen, dünnen Nadeln sind büschelweise an → Kurztrieben oder spiralförmig an → Langtrieben angeordnet. Die Zapfen, die schon im ersten Jahr reifen, können noch jahrelang am Baum verbleiben. Sie führen hygroskopische Bewegungen aus, das heißt, sie öffnen sich bei trockenem Wetter und schließen sich bei feuch-

Lärche im Hochgebirge

tem Wetter. Den Namen *Larix* hat die Lärche schon seit der Zeit von Kaiser Augustus (63 v. Chr. – 14 n. Chr.). Die Römer übernahmen ihn von der gallischen Alpenbevölkerung; er lebt im italienischen Wort „larice" und auch im rätoromanischen „larsch" fort. Der deutsche Name „Lärche" ist abgeleitet vom althochdeutschen „larihha", „lericha", „leriacha" und dem mittelhochdeutschen „larche" und „lerche"; die Schreibweise „Lärche" wurde zur Unterscheidung von den → Lerchen (Singvögel) durchgesetzt.

1. Europäische Lärche

Die Art *Larix decidua* Miller = *L. europaea* De Candolle wird im Volksmund auch Lärchentanne, Lähr-, Lier-, Leer-, Lorch- oder Schönbaum, Lergel, Terpentinbaum, Europäische Zeder und Weißlärche genannt.

Verbreitung

Die Europäische Lärche war ursprünglich in vier isolierten Teilarealen nur in den Alpen (Alpenlärche), in den Sudeten (Sudetenlärche), Karpaten (Karpatenlärche), in der Tatra (Tatralärche) und in den polnischen Tieflagen, vor allem in den Weichselniederungen (Polnische Lärche), verbreitet. Heute wird sie überall in Europa angepflanzt und ist ein häufiger Waldbaum. Ihr Anteil an der gesamten → Waldfläche der BR Deutschland beträgt weniger als 1 Prozent, im Alpenland Österreich dagegen 26 Prozent.

▸▸ Europäische Lärche

Standort

Ursprünglich wuchs die Europäische Lärche nur in der subalpinen → Vegetationsstufe der oben genannten Verbreitungsgebiete (vereinzelt bis 2900 m Höhe) auf genügend feuchten Rohböden, so z. B. auf Moränen, Lawinenzügen und Rutschhängen. Sie ist eine ausgesprochene Lichtpflanze und wächst sowohl in der Ebene und im Bergland (mit einer fünf bis sechs Monate dauernden Vegetationsperiode) als auch in Hochgebirgslagen von 2500 m im (mit einer nur zwei bis drei Monate dauernden Vegetationsperiode), wo sie in der hochmontanen und subalpinen Nadelwaldstufe die → Waldgrenze bildet. Sie verträgt Jahresniederschlagsmengen von 450 bis 2500 mm, übersteht Tiefsttemperaturen von minus 40 °C unbeschadet und ist auch gegen Hitze relativ unempfindlich. In sommerwarmen, sonnigen, auch winterkalten, luftrockenen, nebelarmen Klimalagen gedeiht sie auf mittel- bis tiefgründigen, nährstoffreichen, lehmigen, tonigen, aber auch sandigen, frischen, meist gut durchlüfteten und drainierten basenreichen Böden auf Kalk, Dolomit oder Urgestein. Sie wächst sowohl in lockeren Reinbeständen als auch vergesellschaftet mit Fichte, Tanne, Buche, Bergkiefer und Zirbe. Wegen ihrer goldgelben Herbstfärbung und wegen ihres zarten Grüns im Frühling wird sie gerne in Gärten und Parkanlagen gepflanzt. In den Städten ist sie sehr empfindlich gegenüber → Luftverunreinigungen und Rauchgasen, besonders → Stickoxiden und → Schwefeldioxid. Je nach Standort wird nach → Wiesen-, → Stein- und → Jochlärche unterschieden. Der Goldröhrling (→ Röhrlinge 15.) ist speziell mit der Lärche verbunden und daher häufig in ihrem Wurzelbereich zu finden.

Merkmale

- Die Europäische Lärche ist ein laubwerfender Nadelbaum, der in der Jugend sehr raschwüchsig ist. Im ersten Jahr kann er 10 bis 20 cm (sogar bis 40 cm) im zweiten 50 bis 100 cm hoch werden. Später verlangsamt sich sein Wachstum. Wo er vergesellschaftet mit der Fichte wächst, wird er mit 20 bis 30 Jahren von dieser eingeholt und überwachsen. Sein Höhenwachstum beendet er, je nach Standort und Klimalage, mit 20 bis 40 m (zum Teil bis über 50 m) mit 60 bis 150 Jahren. Sein durchschnittliches Höchstalter liegt bei 400 bis 600 Jahren; er kann jedoch bei besten Standorten bis zu 800 Jahre alt werden. In der Forstwirtschaft beträgt die → Umtriebszeit 100 bis 140 Jahre.
- Die Europäische Lärche hat eine dicht beastete (je nach Subspezies eine regelmäßige), schlanke, kegelförmige und im Alter breiter und lichter werdende Krone oder auch eine breite, unregelmäßig aufgebaute Krone. Der durchgehende, zumeist gerade (seltener krummschäftige oder → abholzige) Stamm wird 50 bis 150 cm (gelegentlich bis 200 cm) stark. Zwischen den Hauptästen, die fast quirlig stehen, befinden sich kleinere Äste. Die leicht abbrechenden Äste spreizen fast waagerecht ab und steigen bogig auf, im oberen Kronenbereich stehen sie schräg aufrecht. Die seitlichen, schlaff hängenden Zweige sind in der Mehrzahl nur mäßig verzweigt. Die tiefgehenden, stark verzweigten Herzwurzeln machen sie sturmfest. Ihre anfangs glatte, ledergelbe, später grün- bis graubraune Rinde wird relativ bald zu einer bis zu 10 cm dicken, tiefgefurchten, äußerlich graubraunen, schuppigen Borke mit rotbraunen Furchen.
- Die jungen Triebe sind fahlgelb bis gelblichbraun, kahl und völlig von Nadelpolstern umgeben; sie wachsen → monopodial. Die 2 bis 5 mm großen Winterknospen (sowohl End- als auch Seitenknospen) haben eine halbkugelige bis kegelförmige Form mit abgerundeter Spitze; die Endknospen sind in der Regel mit Harz überzogen, die Seitenknospen stehen mehr oder weniger rechtwinklig vom Zweig ab. Die dicht schließenden Knospenschuppen glänzen bräunlich.
- Die schmal-linealischen, weichen, nadelförmigen Blätter (Nadeln) sind abgeflacht, vorne stumpf oder nur wenig zugespitzt, 15 bis 30 mm lang und ca. 0,5 mm breit, unterseits mit erhabener Mittelrippe und zwei helleren Längsstreifen.

Sie sind beim Austrieb hellgrün, dunkeln später nach und stehen an → Kurztrieben zu 20 bis 40 Stück in rosettig angeordneten Büscheln. An den → Langtrieben sind sie einzeln schraubig angeordnet und meist zugespitzt. Im Herbst färben sie sich goldgelb und fallen einzeln ab. Die Blattbasen an den Kurztrieben bleiben stehen, was den kahlen Zweigen dann ein rauhes Aussehen verleiht.

■ Die Europäische Lärche erreicht im → Freistand mit etwa 15 bis 20 Jahren, im Bestandsschluß (→ Schluß) und in Gebirgslagen mit 30 bis 40 Jahren die → Mannbarkeit und trägt dann je nach Höhenlage und Standort alle drei bis zehn Jahre reichlich Samen. Die → einhäusige Pflanze besitzt → eingeschlechtige Blüten, die noch vor den Nadeln an den mindestens zweijährigen Kurz- oder an dreijährigen Langtrieben erscheinen. Je nach Standort blüht sie von März bis Mai. Die männlichen Blüten, die sich an unbenadelten Kurztrieben befinden, stehen in abstehenden oder abwärts gerichteten, kugeligen bis eiförmigen, 5 bis 10 mm langen, schwefelgelben Kätzchen. Die weiblichen Blüten, die meist an dreijährigen benadelten Kurztrieben aufrecht stehen, befinden sich in etwa 10 bis 20 mm langen, eiförmigen, dunkelrosa bis purpurroten, am Grunde von einem Nadelkranz umgebenen Zäpfchen. Sie vergrünen dann und reifen im Oktober/November.

Die reifen, aufrecht stehenden Zapfen sind hellbraun, eiförmig, 1,5 bis 6 cm lang und 1,5 bis 2,5 cm breit; sie bestehen aus 40 bis 50 Samenschuppen mit je zwei Samenanlagen. Die rundlichen, locker liegenden Samenschuppen weisen feine Streifenmuster auf, besitzen eine bräunliche Behaarung und sind am oberen Rand nicht oder nur minimal nach außen gebogen (im Gegensatz zu denen der Japanischen Lärche).

◄◄ Europäische Lärchen

■ Die Samen, die zumeist erst im auf die Reife folgenden Frühjahr ausfliegen, sind glänzend hellbraun, dreieckig-eiförmig, etwa 3 bis 4 mm lang und mit einem 5 bis 10 mm langen und 5 bis 6 mm breiten Flügel verwachsen. 1 Hektoliter Zapfen wiegt grün etwa 35 kg und gibt 2 bis 3 kg abgeflügelten Samen; 1 kg Samen enthält etwa 120 000 Körner. Nach dem Ausfliegen der Samen verblassen die Zapfen, nehmen eine graubräunliche Färbung an, bleiben am Baum und fallen erst nach fünf bis zehn Jahren mit den Zweigen ab.

Die Samen sind etwa zu 35 Prozent keimfähig und bleiben es ca. fünf Jahre. Bei Frühjahrsaussaat läuft der Samen nach drei bis vier Wochen auf. Der zarte Keimling hat bläulichgrüne, stumpf-dreikantige, ganzrandige → Keimblätter, die (jeweils fünf bis acht, in der Regel sechs) im Quirl stehen.

Der Stiel ist meist rot, die Erstlingsnadeln sind flach, blaugrün, einzeln stehend und im Unterschied zu Kiefer und Fichte ganzrandig.

Unterarten

Die Europäische Lärche ist sehr formenreich und weist entsprechend der Teilareale vier Unterarten auf, deren genaue Bestimmung jedoch schwierig ist:

Die **Alpenlärche** (*Larix decidua ssp. decidua*), die in den Alpen von 300 bis 2400 m Höhe wächst, zeichnet sich durch eine relativ breite und unregelmäßig aufgebaute Krone und durch einen nicht selten krummschäftigen Stamm aus. Die breit-eiförmigen Zapfen sind etwa 2,5 bis 3,5 cm lang. Sie besitzt das größte Teilareal.

Die **Karpatenlärche** (*Larix decidua ssp. carpatica*), deren ursprüngliches Wuchsgebiet in Höhenlagen von 600 bis 1600 m in den Karpaten und in der Hohen Tatra liegt, hat eine schlanke Krone und zumeist einen geraden Stamm. Ihre eiförmigen Zäpfchen sind etwa 2,0 bis 2,5 cm lang.

Die **Sudetenlärche** (*Larix decidua ssp. sudetica*), die aus den Sudeten in Höhenlagen von 300 bis 1100 m stammt, ist geradstämmig mit schlanker, gleichmäßiger Krone und besitzt 4,0 bis 6,0 cm lange, breit-eiförmige Zäpfchen.

Die **Polenlärche** (*Larix decidua ssp. polonica*), die früher weit verbreitet war, heute aber fast ausgerottet ist, stammt aus den Weichselniederungen (aus Höhenlagen von 150 bis 600 m); sie hat eine schlanke Krone, einen geraden Stamm sowie ei- bis kegelförmige, kleinere, 1,5 bis 2,0 cm lange Zäpfchen. Sie ist die schattenverträglichste Unterart und gilt auch als Zwischenform von Europäischer und Sibirischer Lärche.

Waldbau

Die Europäische Lärche wird überall in Europa angepflanzt und ist ein häufiger, wertvoller Waldbaum, dessen Frosthärte, Schneebruch- und Sturmfestigkeit beachtlich ist. Da sie ein Frühaustreiber ist, sollte sie von allen Waldbäumen als erste gepflanzt werden. Gefährdet sind Lärchen durch die → Lärchenschütte, den → Hallimasch, den → Lärchenkrebs (vor allem Alpenherkünfte), die Lärchenwickler (→ Wickler 13. und 15.), den Großen Lärchenborkenkäfer (→ Borkenkäfer 19.), den → Lärchenblasenfuß und auch durch das Baumsterben (→ Waldschäden).

Pflanzen der Europäischen Lärche

Holz

Das Holz riecht aromatisch, hat einen schmalen, höchstens bis zu 3 cm breiten, gelblichen bis rötlichweißen → Splint und einen braunroten → Kern (→ Kernholzbaum). Es ist sehr fest, dauerhaft, zäh, harzreich, ziemlich wertvoll (wertvoller als das der Fichte und Tanne), trocknet schnell, schwindet nur mäßig, arbeitet (→ Arbeiten des Holzes) gering, ist gut bearbeitbar, jedoch schwieriger zu beizen und gegenüber Pilzbefall und Säuren relativ unempfindlich. Es kann für Erd-, Schiffs- und Wasserarbeiten an Stelle von Eichenholz verwendet werden; ferner werden auch Schiffsmasten (→ Bemastungsholz) aus gut gewachsenen Stämmen, Wasserräder in Sägen und Mühlen, Waggons, Silos, Fässer und Eisenbahnschwellen daraus hergestellt.

Auch zum Brückbau, als → Bau- und → Grubenholz sowie in der Möbelindustrie, der Tischlerei (für bessere Ausführungen) und zum Innenausbau findet es Verwendung. Schindeln (→ Schindelholz), Fenster und Türen werden ebenfalls daraus gefertigt. Schwächere Stämme sind für Baumpfähle, Leitungsmasten etc. sehr gesucht.

Aus dem Harz der Lärche wird der „venezianische → Terpentin" (→ Lorettbohren, Terpentinöl, ätherisches Öl) hergestellt.

2. Japanische Lärche

Die Art *Larix kaempferi* (Lamb.) Carrière = *Larix leptolepis* Gordon wird auch Japan-Lärche oder Hondo-Lärche genannt. Sie heißt so nach ihrer ursprünglichen Heimat Japan (höhere Gebirgslagen der Insel Hondo). Der lateinische Zusatz *kaempferi* ist nach dem deutschen Arzt E. Kaempfer (1651 – 1716) benannt, der die japanische Flora beschrieb. 1861 gelangte die Japanische Lärche durch J. G. Veitch, einen englischen Gärtner, nach Europa (→ ausländische Baumarten).

Verbreitung

Die Japanische Lärche wurde ursprünglich in Europa für Aufforstungen in Küstennähe verwendet. Sie wird heute vielerorts, besonders in Schleswig-Holstein und Dänemark, einzeln und bestandsweise forstlich angepflanzt, da sie hohe Niederschläge verträgt. Vor allem auf den der Europäischen Lärche nicht zusagenden Standorten hat sich die Japanische Lärche gut bewährt.

Standort

Die Japanische Lärche wächst auf mittel- bis tiefgründigen, frischen, gut drainierten, nährstoffreichen Böden in luftfeuchten Klimalagen mit ausreichenden Niederschlägen. Staunasse Standorte, Südhänge und windige Lagen meidet sie. Sie ist sehr lichtbedürftig, frosthart, jedoch mäßig dürreempfindlich und in der Regel nur unter 700 m Höhe anzutreffen.

Merkmale

- Die Japanische Lärche wächst in der Jugend sehr rasch (rascher als die Europäische Lärche) und ist auch noch im höheren Alter zuwachsfähig, hält jedoch nicht immer, was sie verspricht. Sie erreicht in ihrer Heimat eine Höhe von 35 bis 40 m (in Ausnahmefällen über 50 m) und ein Alter von über 500 Jahren. Der gerade, langschäftige Stamm, der eine Stärke von 150 cm erreichen kann, trägt eine weit ausladende, kegelförmige Krone sowie waagrecht abstehende, am Ende bogig aufsteigende Äste. Die anfangs glatte, rotbraune Rinde wird später zu einer hell- oder graubraunen, tiefgefurchten Schuppenborke, die sich in dünnen kleinen Längsschuppen ablöst. Die Japanische Lärche hat ein Herzwurzelsystem und bildet weitreichende Seitenwurzeln mit verzweigten Senkerwurzeln aus.
- Die jungen Triebe und Zweige sind dunkel-orangerot oder rötlichbraun. Erstere sind schwach-grau bereift (daran kann man sie im Winter gut von der Europäischen Lärche unterscheiden), kahl und selten schwach behaart. Die spitz-kegelförmigen Winterknospen sind rötlichbraun und schwach-harzig. Die nadelförmigen, etwa 15 bis 35 mm langen und ca. 1 mm breiten, weichen, spitzen oder etwas abgestumpften, abgeflachten, anfangs hellgrünen, später blaugrünen Blätter weisen unterseits zwei deutlich sichtbare Längsstreifen auf und stehen (jeweils 30 bis 40 Stück gehäuft) an den Kurztrieben. Im Herbst vor dem Abfall verfärben sie sich goldgelb. Die abgefallenen Nadeln unterdrücken die Bodenvegetation.
- Die Japanische Lärche erreicht im Freistand mit etwa 15 Jahren, im Bestand mit etwa 25 Jahren, die Mannbarkeit und bringt dann alle drei bis fünf Jahre reichlich Samen. Sie ist einhäusig und blüht je nach Standort von März bis Mai. Die eingeschlechtigen Blüten gleichen denen der Europäischen Lärche. Die in den oberen Abschnitten von stärkeren Zweigen aufrecht stehenden, anfangs hellrötlichen oder rötlichgelben, dann grünlichen und zur Reifezeit braunen Zapfen reifen im Oktober/November. Sie sind etwa 2 bis 3,5 cm lang und mit 3 cm etwas breiter als die der Europäischen Lärche. Die zahlreichen (etwa 40) locker stehenden Fruchtschuppen sind am Rande rosenblattartig zurückgeschlagen. Die Samen sind 3 bis 4 mm lang und mit einem 6 bis 10 mm langen Flügel verwachsen. Sie bleiben etwa fünf Jahre keimfähig; die Samenruhe beträgt drei bis vier Wochen.

Waldbau

Die forstwirtschaftlich häufig angepflanzte Japanische Lärche hat eine Umtriebszeit von etwa 50 bis 80 Jahren. Sie scheint gegen Umweltverschmutzung weniger empfindlich zu sein und kann deshalb auch in den Gärten und Parkanlagen der Stadt gepflanzt werden. Sie ist gegen den Lärchenkrebs praktisch immun und auch gegen den Lärchenblasenfuß sehr widerstandsfähig; vom Hallimasch wird sie gelegentlich befallen. Größere Schäden können durch die Lärchen-Miniermotte auftreten. Die Japanische Lärche ist auch gegen das Fegen des Rehbocks anfällig.

Holz

Das Holz findet etwa dieselbe Verwendung wie das der Europäischen Lärche, ist jedoch nicht so wertvoll und so begehrt wie dieses, da es weitringiger wächst.

3. Hybridlärche

Larix marschlinsii = *Larix x eurolepis* ist ein um die Jahrhundertwende in Schottland aus Europäischer Lärche und Japanischer Lärche entstandener → Bastard. Sie steht mit ihren Merkmalen zwischen den Elternarten, wird auch forstlich angepflanzt und ist in Großbritannien ein beliebter Garten- und Parkbaum. Der Bastard übertrifft beide Elternarten in der Wuchsleistung, ist daher forstlich interessant und wird züchterisch bearbeitet. Zuverlässige Unterscheidungsmerkmale zwischen Hybridlärche und den Elternarten sind nur mit Mühe zu finden.

4. Sibirische Lärche

Larix sibirica kommt im europäischen und asiatischen Teil Rußlands vor. Sie wird 30 m hoch. Die jungen Triebe sind gelblichbraun, dünn und schwach behaart. Sie ist durch zarte, bis 4 cm lange Nadeln gekennzeichnet. Ihre Blüten sind grün. Die Zapfen sind etwa so groß wie bei der Europäischen Lärche. Die Samenschuppen sind spärlich behaart. Bei uns ist sie wegen des zeitigen Austreibens durch Spätfröste gefährdet und sehr anfällig gegen den Lärchenkrebs.

5. Dahurische Lärche

Larix gmelinii stammt aus dem östlichen Sibirien, kommt auf den Halbinseln Kamtschatka und Sachalin vor und als Varietät auch in Nordchina und Korea. In ihrer Heimat ist sie ein wichtiger, sehr standorttoleranter und wüchsiger Waldbaum, wird bis zu 55 m hoch und 500 Jahre alt; in den nördlichen Breiten wächst sie strauchförmig. Sie hat kurze Nadeln. Die jungen Triebe sind braun bis rotbraun. Ihre Zapfen sind unter 2,5 cm groß und damit kleiner als bei anderen eurasischen Arten.

6. Ostamerikanische Lärche

Larix laricina, eine klimaharte Art, besiedelt mit flachstreichenden Wurzeln anmoorige Standorte und Flußufer im nordöstlichen Nordamerika und verträgt auch Überflutungen. Sie hat dünne junge Triebe, kleine dunkelrote Knospen und Zapfen von unter 1,5 cm Größe, deren Deckschuppen versteckt sind.

7. Westamerikanische Lärche

Larix occidentalis ist im Nordwesten der USA beheimatet, wird bis zu 60 m hoch und älter als 500 Jahre. Sie gilt als robust und verträgt auch Sommertrockenheit. Die jungen Triebe sind dick und orangebraun, die Nadeln zugespitzt. Die Äste an älteren Bäumen sind kurz und stehen waagrecht ab bzw. sind leicht abwärts gekrümmt. Die Bäume haben eine dunkelbraunrote, ungewöhnlich dicke Borke. Die Zapfen hängen an behaarten Stielen und zeigen ihre lanzettlichen Deckschuppen.

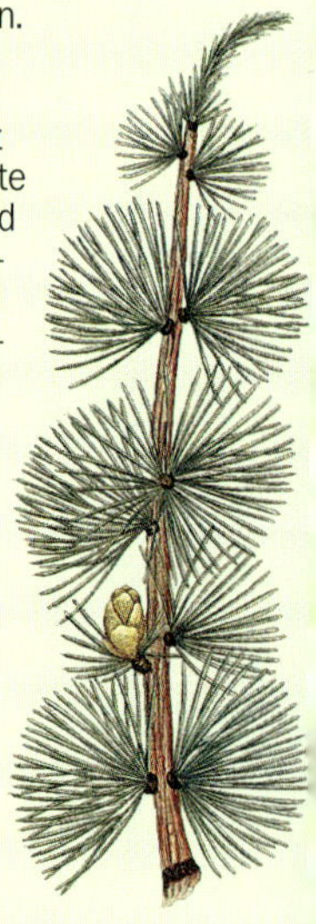

►► Ostamerikanische Lärche (*Pinus laricina*)

1. Breitblättriges Laserkraut, das (*Laserpitium latifolium* Linné): Das B. L. ist fast über ganz Europa verbreitet, fehlt aber auf den Britischen Inseln. Es wächst zerstreut in lichten, trockenen Wäldern, besonders Steppenheidewäldern, Schneeheide-Kiefernwäldern und Alpenrosen-Latschengebüschen, Berglaubwäldern und in Hochstaudenfluren, an felsig buschigen Abhängen, auf steinigem Rasen, Heideland und Bergwiesen, bevorzugt auf trockenen, warmen kalkhaltigen Böden, in den Alpen bis in Höhen von 2000 m.
Die mehrjährige, 50 bis 150 cm hohe, stark würzig riechende Pflanze hat einen rundgerillten, bis 2 cm breiten Stengel. Die sehr großen, bis zu 100 cm langen, ein- bis zweifach gefiederten Blätter sind kahl, blaugrün und haben breit-eiförmige, am Grund herzförmige, gesägte Fiedern. BZ: Juli bis August. Die kleinen, weißen Blüten stehen in 20- bis 40strahligen, bis über 20 cm breiten Dolden (→ Blütenstand). Die 5 bis 10 mm langen Früchtchen sind kahl und geflügelt.
2. Berg-Laserkraut, das (*Laserpitium siler* L.): Das B. ist über die Alpen, das Alpenvorland, den Jura, die Pyrenäen, dem Apennin und die Gebirge der Balkanhalbinsel verbreitet. Es ist wärmeliebend und wächst zerstreut bis selten auf Verlichtungen in Eichen- und Kiefernwäldern, in Schneeheide-Kiefernwäldern und Alpenrosen-Latschengebüschen sowie sonnigen, trockenen Wiesen und Felsen.
Die ausdauernde, 30 bis 100 cm (180 cm) hohe, würzig riechende Pflanze hat am Grund einen starken Faserschopf. Der Stengel ist fein gerillt, einfach oder oben ästig verzweigt. Die blaugrünen, etwas ledrigen Blätter sind bis zu 100 cm lang, im Umriß dreieckig und zwei- bis vierfach gefiedert. Die Blattfiedern sind lineal-lanzettlich und am Rand schmal-knorpelig. BZ: Juni bis August. Die kleinen weißen Blüten stehen in 20- bis 50strahligen, bis 25 cm breiten Dolden. Die 5 bis 12 mm lange, längliche Frucht ist geflügelt.

Laserpitium → Laserkraut.

Lasiocampidae → Glucken.

Laßbaum, der: frühere Bez. für Bäume im Sinne von → Laßreiser, jedoch mit einer Mindeststärke von 12 → Zoll.

Laßreiser (Laßreitel, Laßreidel): Stangen bzw. junge Stämme, die beim → Abtrieb im Niederwaldbetrieb (→ Niederwald) stehenbleiben, um stärkeres Holz zu erzielen. Sie werden erst später, nach Erreichen der Zielstärke, genutzt. L. sind auch die jüngste → Altersklasse des → Oberholzes im → Mittelwald. Hierzu nimmt man möglichst → Kernwüchse, während im Niederwald auch → Stockausschläge geeignet sind. Als L. werden hauptsächlich → Lichtbaumarten, insbesondere Ah, Rob, Ei, Es, und Pa verwendet. Früher wurden als L. nur junge Bäume bis zu 6 → Zoll (in verschiedenen Gegenden jedoch von 6 bis 10 Zoll) Stärke bezeichnet. V. a. in Österreich war hierfür auch die Bez. Bannreiß bzw. → Bannraidel (Bannreidel) üblich; → Laßbaum.

Laßreitel → Laßreiser, Bannraidel.

Last, die: altes Raummaß für geschnittenes oder beschlagenes Holz (2,265 m^3) und für → Rundholz (1,840 m^3), das früher im Ostseehandel Anwendung fand.

Lastbaum, der: → Lachbaum.

Laterne, die: im Waldbau Bez. für in Verjüngungen eingewachsene Altholzreste, die nicht ohne Schaden genutzt werden können.

Lathraea → Schuppwurz.

Lathyro-Fagetum → Waldgersten-Buchen-Wald.

Lathyrus → Platterbse.

Latsche, die: Unterart der BKie; → Kiefern 1.

Latschengebüsch, das: In den nördlichen Kalkalpen schließt oberhalb des montanen, bzw. subalpinen Waldes das L. mit buschförmiger Lat an. Diese Gesellschaft wurde durch den Einfluß des Menschen gefördert. Der zum Verband → Alpische Kalk-Kiefernwälder (*Erico-Pinion*) gehörige Karbonat-Latschenbusch (Assoziation *Erico-Mugetum*) tritt vorzugsweise in den Zentralalpen auf steilen, flachgründigen, südorientierten Lagen auf, wo sich keine Humusauflage bilden kann. Er enthält neben den → Charakterarten Lat, Behaarte Alpenrose, Zwergmispel, Gestreifter Seidelbast zahlreiche Kalkzeiger (→ Bodenanzeiger). Bei L. auf flacherem Gelände mit stärkeren Rohhumusauflagen treten in der Bodenvegetation dagegen vermehrt Arten des angrenzenden Fichtenwaldes zusammen mit Frischezeigern auf. Das hier entstehende Schneeheide-Alpenrosen-Latschengebüsch (Assoziation *Erico-Rhododendretum hirsuti* = *Rhododendro-Mugetum*) gehört zum Verband der → Fichtenwälder und Fichten-Tannen-Wälder (*Piceion abietis*). Unter Einfluß der Beweidung wird der kalkhaltige Untergrund freigelegt und es können zusätzlich Kalkzeiger auftreten. In den Silikatalpen tritt auf Standorten der Assoziation des → Lärchen-Zirbenwaldes (*Vaccinio-Pinetum cembrae*) bei starker Auflichtung die Assoziation → Rostblatt-Alpenrosen-Gebüsch (*Vaccinio-Rhododendretum ferruginei*) als Ersatzgesellschaft auf. In ihr treten gelegentlich auch Lat auf. Charakterarten sind Wald-Simse, Blaue Heckenkirsche; Begleiter sind Heidel- und Preiselbeere; → Krummholz, Waldgesellschaften.

Latschenkieferöl, das: auch Krummholzöl. → Ätherische Öle aus Lat (→ Kiefern 1.). Das L. mit wertvollen und würzigen Geruchsstoffen ist ein bewährtes und altes Volksheilmittel. Es steht in seiner Beschaffenheit dem → Terpentinöl sehr nahe, beugt u. a. Muskelschmerz vor, belebt und durchblutet Haut und Muskulatur, ist wohltuend für Nerven und Gelenke, erfrischt müde Beine und lindert Muskelkater; → Fichtennadelöl.

Latten: **1)** Lange, schwache, meist vierkantige und besäumte Hölzer (Schnittware). L. werden für einfache Türen, Zäune, Unterteilungen von Bodenräumen usw. verwendet. Außerdem dienen sie als Dach-L. zum Aufhängen der Dachziegel, als Balken-L. zum Auflegen des Einschubs in Holzbalkendecken und als Maurer-L. unter den Dachbalken. Die Querschnittsmaße der L. sind kleiner als die der → Kanthölzer, → Bretter und → Bohlen, jedoch größer als bei → Leisten, meist zwischen 16 und 35 mm lang und bis 75 mm breit. L. werden überwiegend von Fi, Ta und Kie gewonnen. **2)** frühere allg. Bez. für junge, gerade und schlank aufgeschossene Baumstämme; → Leisten.

Lattenbaum, der: auch Lattenholz. Bez. für lattentaugliches Holz; → Latten.

Lattenholz, das: → Lattenbaum.

Lattich, der (*Lactuca*): Gatt. der Fam. der → Korbblütler mit rd. 100 weltweit verbreiteten Arten, darunter sieben in Mitteleuropa.

Eichen-Lattich, der (*Lactuca quercina*): auch Steifer L. Der über Nord- und Mitteleuropa verbreitete E. wächst in lichten Eichen-Kieferntrockenwäldern und in sonnigen Gebüschsäumen, auf basen- und nährstoffreichen Lehm- u. Tonböden.
Die krautige, Milchsaft führende Pflanze hat einen grünen, hohlen, bis 150 cm hohen Stengel und fiederlappige oder gezähnte Blätter. BZ: Juni bis August; die Blütenköpfchen sind gelb.

Breitblättriges Laserkraut (*Laserpitium latifolium*)

Lattknüppel, der: frühere Bez. für einen Nadelholzstamm von 10 bis 12 → Fuß Länge und 5 bis 6 → Zoll Dicke, aus dem Dachlatten hergestellt werden.

Laub, das: Blätter der Bäume (→ Laubbäume) und Sträucher, die eine großflächige Blattspreite haben; → Laubblätter.

laub(ab)werfend: Bez. für sommergrüne Pflanzen, die einen jährlichen (periodischen) Blattfall haben. Ggs.: → immergrün.

Laubaschenbrennen, das: auch Laubäschern. Ein früher v. a. in den Gebirgsgegenden übliches, aber waldschädigendes Verfahren, bei dem die Asche aus der Laubverbrennung (Laub- und Nadelstreu) für die Felddüngung, insbesondere auf den Feldern mit Buchweizen, verwendet wurde; → Holzasche.

Laubäschern, das: → Laubaschenbrennen.

Laubbäume: Die L. gehören über 60 verschiedenen Fam. der → Bedecktsamer an und sind entwicklungsgeschichtlich jünger als die → Nadelbäume. Mit Ausnahme einiger weniger Gruppen (z. B. Palmen) zählen fast alle zu den Dicotylen und haben zwei → Keimblätter. Die Samen der L. sind in Früchten, aus denen sie sich zur Reifezeit lösen, eingeschlossen. Ihre vielgestaltigen Blätter (→ Laubblätter, Blatt) besitzen im Ggs. zu denen der Nadelbäume eine breitflächige Blattspreite. Hinsichtlich der Dauer der Beblätterung sind die L. entweder → immergrün (z. B. → Buchsbaum) oder, wie in unseren Breiten, → sommergrün (laubwerfend). Die Blüten der L. sind → einhäusig, → zweihäusig oder → zwittrig. I. a. sind L. weniger geradwüchsig als Nadelbäume, häufiger zwieselig (→ Zwiesel) oder mehrstämmig. Verschiedene Pflanzen-Fam. der L. sind z. B. → Ahorn-, → Birken-, → Buchen-, → Buchs(baum)-, → Hainbuchen-, → Hasel-, → Bittereschen-, → Linden-, → Ölbaum-, → Platanen-, → Rosen-, → Roßkastanien-, → Ulmen-, → Walnuß- und → Weidengewächse; → Laubhölzer, Laubwälder.

Laubblätter: Blätter der → Samenpflanzen und → Farne. Sie gliedern sich in Blattstiel, Blattgrund bzw. -scheide, -spreite oder -fläche, → Blattrand und -spitze.

Lauben, das: alte lokale Bez. (Sechsämterland) für → Laubstreifen.

Lauben-Ulme, die: Variation der BUl; → Ulmen 1.

Laubfall, der: → Blattfall.

Laubfärbung, die: → Blattfarbstoffe.

Laubfrosch, der: → Europäischer Laubfrosch.

Laubheu, das: früher beim Schneiteln (→ Kopfholzbetrieb) oder → Laubstreifen gewonnenes Laub, das getrocknet als Viehfutter verwendet wurde. Auch heute dient das Laub wildwachsender Bäume und Sträucher (z. B. Hbu, Himbeere, Li, Rob u. a.), das im Sommer luftig gelagert wird, im Winter dem Schalenwild als Futter.

Laubheuschrecken (Laubschrecken, *Tettigoniidae*): weltweit verbreitete Über-Fam. der Langfühlerschrecken mit etwa 5000 Arten. Sie sind gekennzeichnet durch mindestens körperlange Fühler, lange Legesäbel (Legeröhren) der Weibchen und, wie bei den → Grillen, mit Gehörorganen an den Vorderbeinschienen. Am Grunde der Vorderflügel befindet sich die Zirpvorrichtung. L. sind Pflanzenfresser und leben auch räuberisch von kleinen Insekten; → Feldheuschrecken. Die wichtigsten L. sind:

Weibchen der Eichenschrecke mit deutlich sichtbarem Legestachel

1. Grünes Heupferd, das (*Tettigonia viridissima*): auch Grüne L. Die schlanke, grasgrüne und bis zu 3,5 lange Schrecke mit großen roten Augen kommt fast überall vor. Sie fliegt ausgezeichnet und ist vorwiegend nachtaktiv. Die Männchen sitzen an warmen Abenden auf Sträuchern und Bäumen, von wo aus sie laut und ohne Unterbrechung zirpen. Das Weibchen legt mit Hilfe der Legröhre bis zu 100 Eier in lockeres Erdreich. Erst im folgenden Frühjahr schlüpfen die → Larven, die sich räuberisch von → Blattläusen, später, wie auch die ausgewachsenen Tiere, von Fliegen, Raupen und anderen Insekten ernähren. Als Allesfresser benügt es auch Gräser und z. T. Holzpflanzen, v. a. Lbh, auch Triebspitzen in Kiefernschonungen.

2. Warzenbeißer, der (*Decticus verrucivorus*): Bei dem ca. 2 bis 4 cm langen, meist grünen oder auch braunen, häufig dunkel gefleckten und plump gebauten W. sind sämtliche Flügel gut entwickelt. Er ist in Ndh-Kulturen, hauptsächlich aber auf Wiesen, Feldern und Heideflächen anzutreffen. Der W. ernährt sich von Insekten, gelegentlich auch von Pflanzengewebe. Das → Imago kommt von Juni bis September vor; aus den in den lockeren Boden gelegten Eiern schlüpfen im April des folgenden Jahres die Larven. Nach dem Volksaberglauben soll ein Biß des W., der sehr kräftig sein kann, Warzen heilen (Name!).

3. Eichenschrecke, die (*Meconema thalassinum*): auch Kegelkopf, Linden-, Eichenhähnchen. Die kleine, 1 bis 1,5 cm lange, hellgrüne E. hat sehr lange Fühler, die leicht abbrechen, und lange Hinterbeine. Die Weibchen tragen einen langen Legestachel. E. zirpen nicht. Sie sind weitgehend an das Vorkommen von Ei und Li gebunden und befinden sich meist in den Kronen der Ei. Die Nahrung besteht aus Pflanzenstoffen und Insekten.

4. Sattelschrecke, die (*Ephippigera ephippiger*): Die 2 bis 3 cm lange S. mit graugrünem Kopf ist am Hinterleib oberseits dunkelgrün, unterseits heller. Der kräftige Halsschild ist hinten hochgewölbt. Die Flügel sind völlig reduziert; sie ist deshalb flugunfähig. Sie ist sehr selten und kommt in Dtschl. nur noch lokal vor. Sie findet sich gelegentlich in Laub- und Nadelwäldern, bevorzugt aber in warmen und trockenen Magerrasen und Steppen. Beide Geschlechter zirpen metallisch. Sie ernährt sich von Eichenlaub und kleinen Insekten.

5. Waldheuschrecke, die (*Barbitistes constrictus* B. v. W.): auch Nadelholz-Säbelschrecke. Die flugunfähige, bräunlich gefleckte W. kommt vereinzelt in Fichten- und Kiefernbeständen vor. Sie frißt Knospen, Nadeln und an den Trieben von Kiefern-Junghölzern.

Laubholz, das: **1**) Oft noch auch für stehende → Laubbäume verwendete (unzutreffende) Bez. **2**) → Holz von Laubbäumen. L. ist ring- oder zerstreutporig (→ Poren), hat keine → Harzkanäle und ist schwerer, fester und härter als das Holz der → Nadelbäume; dagegen sind die Unterschiede zwischen → Früh- und Spätholz weniger ausgeprägt als bei den Nadelbäumen. Im L. sind neben engen → Tracheiden auch sehr weite, dünnwandige → Tracheen (Gefäße) sowie → Sklerenchymzellen (→ Festigungsgewebe) und dickwandiges Holzparenchym (Holzfasern; → Holzparenchymzellen) vorhanden. Durch die unterschiedlich weiten Zellbestandteile ist die radiale Anordnung der Zellelemente, wie sie im Nadelholz vorliegt, gestört.

Laubholzborkenkäfer: verschiedene Arten von → Borkenkäfern (Gatt. *Scolytus*), wie Ulmen-, Birken- und Eichensplintkäfer, deren Wirtsbäume überwiegend Laubbäume sind. Sie werden auch als Splintkäfer oder Splintholzkäfer bezeichnet, weil ihre Larven Fraßgänge zwischen Rinde und → Splint anlegen.

Laubholzprachtkäfer, der: → Prachtkäfer 1.

Laubknospe, die: → Blattknospe.

Laubkompostierung, die: die → Kompostierung von Laub zur Gewinnung von Bodenverbesserungsmitteln und zur Entlastung der Deponien. L. wird gewöhnlich in Form der einfachen Mietenkompostierung über einen Zeitraum von 1/2 bis 1 Jahr betrieben, wobei vornehmlich das Laub von Parkanlagen und Straßenbäumen verwendet wird; → Rindenkompostierung, Holzabfälle.

Laublatsche, die: → Erlen 2.

Laubmisch- und Buchenmischwälder, mesophytische → Mesophytische Buchen- und Laubmischwälder.

Laubmoose (*Musci*): Die L. bilden mit rd. 16 000 Arten eine weltweit verbreitete Klasse der → Moose. Sie besiedeln alle Standorte mit größerer Feuchtigkeit. Bei den L. findet ein ausgeprägter Generationswechsel statt. Sie sind viel komplizierter gebaut als die entsprechenden Organe der foliosen → Lebermoose. Der → Thallus des Gametophyten ist immer in Stämmchen und Blättchen, letztere mit Mittelrippe, gegliedert. Ihre Rhizoide haben vorwiegend Haftfunktion. Die der Verbreitung dienenden → Sporen werden in Kapseln ausgebildet, die meistens auf einem deutlich entwickelten Stiel stehen (Sporophyt), der immer mit der beblätterten Pflanze in Verbindung bleibt. Als Wasserspeicher sind L. von großer Bedeutung für die Wälder; als Indikatoren für bestimmte Bodenqualitäten (→ Bodenanzeiger) und für den Aufbau der Torfmoore. L. werden in verschiedenen Unterklassen (z. B. Torfmoose und die eigentlichen L.) eingeteilt. Die bekanntesten L. sind die Gatt. → Drehmoos, → Bürstenmoos, → Etagenmoos, → Katharinenmoos, → Torfmoos, → Weißmoos, → Filzhaubenmoos, → Gabelzahnmoos, → Hornzahnmoos, → Spaltzahnmoos, → Kräuselmoos, → Rhytidiadelphus, → Astmoos, → Schlafmoos, → Federmoos, → Wurmmoos, → Brachythecium, → Sternmoos sowie das → Sumpf-Streifenmoos, → Nickende Birnmoos, → Rotstengelmoos, → Grünstengelmoos, → Schönschnabelmoos, → Kalksintermoos, → Tannenmoos, → Thujamoos, → Mäuseschwanzmoos, → Krausblättrige Neckermoos, → Bäumchenmoos.

Laubnutzholzborkenkäfer, der: → Borkenkäfer 21. und 25.

Laubsänger → Grasmücken.

Laubstreifen, das: früher an verschiedenen Orten angewandte Methode, im Spätsommer das Laub von Es, Ul, Faulbäumen, Er, Bu, Bi, Wei und Ei für die „dürre Viehfütterung" abzustreifen. Dieses sehr waldschädliche Verfahren hat weitgehend zur Bodenverarmung beigetragen. Darüber hinaus wurden die Bäume beim L. häufig beschädigt. Hinzu kam auch noch die in verschiedenen Gegenden übliche Gewohnheit der Schäfer und Hirten, zur gleichen Zeit junge Bu, Er, Wei und verschiedenes Buschwerk für die sog. „Schaflaube" abzuhacken; → Aststreu, Bodenstreu, Laubheu, Waldstreunutzung.

Laubstreu, die: → Bodenstreu, Laubheu, Waldstreunutzung.

Laubwälder: L. sind in unseren Breiten die natürliche Form des Waldes. Sie bestimmten früher die Zusammensetzung des → Naturwaldes in Mitteleuropa. Vorherrschend waren L. wie rotbuchenreiche Mischwälder mit BAh, Es und Li, reine → Buchenwälder, → Hainbuchen-Eichenwälder und große → Auwälder mit Ah, Es, StEi und Ul. Man begann in den letzten 200 Jahren, den Laub- oder Mischwald durch Anpflanzungen von Reinbeständen einer Baumart zu ersetzen. Fi und Kie wurden bei der Anpflanzung solcher Monokulturen besonders bevorzugt. Sie sind raschwüchsiger und bringen einen höheren Holzertrag und einen höheren Stammholzanteil als die Laubbaumarten. Noch 1860 bestanden unsere Wälder zu 70 % aus L.; heute nur noch zu 30 %. Das Verhältnis hat sich somit im Verlauf der letzten 100 Jahre umgekehrt. Heute werden auf geeigneten Standorten wieder viele Nadelholzbestände, wenn sie hiebsreif sind, in Mischbestände umgewandelt. Gegenwärtig sind unter den Baumarten des Waldes die Laubbaumarten in Dtschl. wie folgt vertreten: 25,3 % Bu (mit einigen Edellaubbaumarten und sonstigen Lbh) und 8,6 % Ei.

Laubwälder Europas, Sommergrüne → Europäische Falllaubwälder.

Laubwaldgürtel, der: → Sommergrüner Laubwald.

Laubwald, sommergrüner, der: → Sommergrüner Laubwald.

Laubwaldzone, die: → Sommergrüner Laubwald.

laubwerfend → laub(ab)werfend.

Lauch, der (*Allium*): Gatt. der → Liliengewächse mit über 300 Arten in der Nordhemisphäre, v. a. in Zentralasien, dem westlichen Nordamerika und auch im Mittelmeerraum. Es handelt sich um Stauden mit Zwiebeln oder mit Zwiebelstamm und grundständigen, verschiedenartigen, oft röhrenförmigen oder gefalteten Blättern. Sämtliche Arten der Gatt. L. besitzen scharf riechende und schmeckende Senföle in allen Pflanzenteilen. Zahlreiche Arten werden wegen ihres Senfölgehaltes seit dem Altertum als Gartenpflanzen kultiviert und sind bekannte Küchenpflanzen, wie z. B. Knoblauch, Zwiebel, Schalotte, Porree und Schnittlauch. Bekannte, wildwachsende, auch in unseren Wäldern anzutreffende Arten sind:

1. Bär-Lauch, der (*Allium ursinum* Linné): auch Bären-Lauch, Wilder Knoblauch, Waldknoblauch. Der fast über ganz Europa verbreitete B. kommt in Dtschl. verbreitet bis zerstreut vor. Er wächst gesellig in feuchten Wäldern, besonders Hainbuchen- und Buchenwaldgesellschaften, Laub-, Laubmisch- und Auwäldern (Hartholz-Auenwäldern), Hecken, Bergmischwäldern (Ordnungs- →Charakterart der mesophytischen, buchenwaldartigen Laubwälder Europas), auf nährstoffreichen und etwas feuchten Böden.

Laubwald im Herbst

Die 20 bis 50 cm hohe Pflanze, die meist in großen Beständen wächst, riecht stark nach Knoblauch. Sie wächst aus einer kleinen, schlanken, 2 bis 5 cm langen Zwiebel, die nur aus den Grundteilen der beiden Laubblätter besteht. Die breiten, flachen Blätter sind denen des → Maiglöckchens ähnlich, aber kräftiger grün, breit-lanzettlich und spitz. BZ: April bis Juni. Der stumpf dreikantige Stiel trägt einen doldenartigen, armblütigen (zwischen fünf und 20 Blüten) → Blütenstand. Die Blüten bestehen aus sechs weißen, lanzettlichen, 8 bis 12 mm langen, sternförmig ausgebreiteten Blütenblättern. Die Bestäubung erfolgt hauptsächlich durch Bienen, Hummeln und Fliegen. Die Frucht reift bereits im Juni oder Juli. Sie ist eine tiefgefurchte, dreifächerige Kapsel und enthält kugelige schwarze Samen, die von Ameisen verschleppt werden; → Ameisenpflanzen. Die Samen gelangen aber erst im März/April des nächsten Jahres zur Keimung. Kühe fressen die frische Pflanze mit Begierde; die Milch wird dadurch aber ungenießbar. Den B. verwendet man auch in der Küche.

◂◂ Bär-Lauch wird zuweilen als Gemüse genutzt.

2. Allermanns-Harnisch, der (*Allium victorialis* Linné): Der A. ist über die Gebirge Südeuropas, die Alpen (Rostseggenrasen), den Jura, die Vogesen, das Riesengebirge und den Schwarzwald verbreitet. Er wächst in Hochstaudenfluren, auf Wiesen, Waldblößen, alpinen Matten und an felsigen Abhängen, im Bereich der → Waldgrenze, in Höhen von etwa 1000 bis 2400 m.

Die stattliche Pflanze, die dem Bär-Lauch ähnlich ist, hat einen langgestreckten Wurzelstock mit stark netzfaseriger Umhüllung und einen 30 bis 50 cm hohen, beblätterten Stengel. Die Blätter sind lang, breit lanzettlich, 2 bis 5 cm breit und anfangs längsgefaltet. BZ: Juli bis August. Die gelblich-weißen bis grünlich-gelblichen Blüten stehen in ansehnlichen, kugeligen Scheindolden. Dem Aberglauben nach soll jeder, der die Wurzel des A. („Zauberwurzel") um den Hals trägt, vor dem bösen Blick, vor Verhexung, vor bösen Geistern sowie gegen Hieb-, Stich- und Schußwaffen gefeit sein.

In vergrößerter Darstellung:

▸▸▸ Goldglänzender Laufkäfer *(Carabus auronitens)*

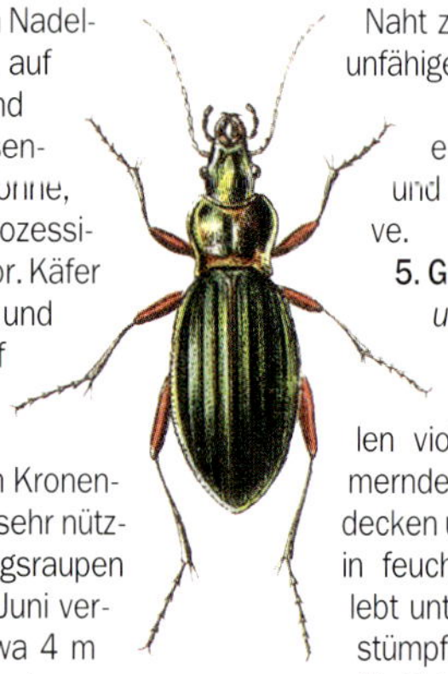

3. Gekielter Lauch, der *(Allium carinatum)*: Der über Süd- und Mitteleuropa verbreitete G. L. ist in Dtschl. im Süden anzutreffen. Er ist selten und wächst auf Halbtrocken- und Magerrasen, auf Heide- und Moorwiesen, Stromtal-Auen, gelegentlich in lichten Wäldern, an buschigen Orten und auf Felsen, bis in Höhen von bis zu 2000 m.

Die mehrjährige, 30 bis 60 cm hohe Pflanze hat einen in der unteren Hälfte beblätterten Stengel. Die Blätter sind lineal, flach, schwach rinnig bis gekielt. BZ: Juni bis August. Die Blüten stehen in einer kugeligen Scheindolde. Die Einzelblüten bestehen aus sechs rosaroten bis dunkellilafarbenen, 4 bis 7 mm langen, stumpflichen Blütenblättern.

Lauch-Gamander, der: → Gamander 3.

Lauchhederich, der: → Knoblauch(s)rauke.

Lauchkraut, das: → Knoblauch(s)rauke.

Laufen, das: → Treiben.

Läufer, der: ein zwischen den Haupt- und Ecksteinen stehender → Grenzstein (Zwischenstein).

Läuferfalke, der: → Bussarde 3.

Laufespe, die: → Pappeln 5.

Lauffeuer, das (Bodenfeuer): → Waldbrände.

Laufkäfer *(Carabidae)*: artenreiche (rd. 25 000 Arten, davon ca. 600 einheimisch), weltweit verbreitete Käfer-Fam. L. sind gestreckt mit meist dunkler, metallisch glänzender Körperfärbung und haben lange, schlanke Laufbeine. Einige Arten, v. a. die größeren, sind flugunfähig; die meisten leben räuberisch. Der Leder-L. z. B., aber auch verschiedene andere Arten, können bei Gefahr aus der Hinterleibsdrüse ein stinkendes Sekret verspritzen. Die meist dunkel gefärbten Larven sind gestreckt, haben kräftige Zangen (Mandibeln), eine kleine Mundöffnung und sechs Beine. Ihr Halsschild ist verhornt, die neun Hinterleibsringe sind mit Hornplatten versehen; am Ende befinden sich zwei kräftige Spitzen (Anhänge). Die flinken Käfer sind überwiegend nachtaktiv und halten sich unter Baumstümpfen, -rinden, Steinen, Laub oder in anderen Schlupfwinkeln verborgen. Sowohl die Käfer als auch die Larven ernähren sich überwiegend von lebenden Insekten, hauptsächlich von Schadinsekten, und zwar in allen Entwicklungsstadien, sowie von Schnecken und Würmern. Kleine Arten dringen auch in die Gänge des Borkenkäfers ein und vernichten diesen und dessen Brut. Sie sind daher forstlich sehr nützlich. Nur sehr wenige leben von Aas oder Pflanzen; sie können aber in Saatbeeten schädlich werden. Die forstlich wichtigsten Arten sind:

Kleiner Kletterlaufkäfer *(Calosoma inquisitor)*

1. Großer Puppenräuber, der *(Calosoma sycophanta)*: auch Kletterlaufkäfer. Der 2,5 bis 3,5 cm große Käfer ist metallisch grün und hat verhältnismäßig breite, goldgrüne, am Außenrand rotgoldene Flügeldecken. Der violette Halsschild ist herzförmig. Die anfangs weißlichen Larven dunkeln später nach, können bis zu 4 cm lang werden und sind mit schwarzen, in der Mitte gefurchten Rückschildern bedeckt. Der Käfer lebt in Nadel- und Laubwäldern am Boden, auf Bäumen und Sträuchern und kommt in Gebieten mit Massenvermehrung der Raupen (Nonne, Forleule, Kiefernspinner, Prozessionsspinner) in größerer Zahl vor. Käfer und Larve klettern sehr gut und sind durch ihre Jagd auf Schmetterlingsraupen und andere Insekten, die sie tagsüber und nachts bis in den Kronenbereich der Bäume verfolgen, sehr nützlich. Etwa 400 Schmetterlingsraupen vertilgt ein Käfer pro Jahr. Im Juni verpuppen sich die Larven in etwa 4 m Tiefe im Boden. Bereits im September schlüpft der Käfer, der dann im Boden überwintert und im Mai des folgenden Jahres erscheint. Im Juli/August graben sie sich zur Überwinterung erneut ein. Sie können bis zu drei (vier) Jahre alt werden und sehr gut fliegen.

2. Kleiner Kletterlaufkäfer, der *(Calosoma inquisitor)*: auch Kleiner Puppenräuber. Der dem Großen Puppenräuber sehr ähnliche, jedoch nur 1,6 bis 2,2 cm lange Käfer ist meist dunkelbronzebraun. Im Ggs. zum ersteren besitzt er keinen vollständig gerandeten Halsschild. Er kommt vorwiegend im Laubmischwald, in Parkanlagen und Obstgärten vor und ist häufiger anzutreffen als der Große Puppenräuber. Käfer und Larve stellen hauptsächlich den Raupen und Puppen des Frostspanners (→ Spanner 1. und 3.) und des Eichenwicklers (→ Wickler 1.) nach. Sie jagen sowohl auf Bäumen und Sträuchern als auch auf dem Boden und helfen mit, das biologische Gleichgewicht im Wald zu erhalten.

3. Goldglänzender Laufkäfer, der *(Carabus auronitens)*: Der in den Wäldern der mittleren und höheren Lagen lebende Käfer erreicht ein Länge von ca. 2,8 cm. Seine Flügeldecken sind rot- oder grüngold, können aber je nach Sonneneinstrahlung und Luftfeuchtigkeit auch glänzend blau sein. Der tagaktive Käfer findet sich unter Baumstümpfen und -rinden, Steinen und Laub. Er und die dunkle Larve sind nützlich und ernähren sich räuberisch von Insekten, Nacktschnecken und Würmern. Der Käfer überwintert und erscheint in den ersten warmen Apriltagen. Nach der Eiablage erscheinen bereits drei bis zehn Tage später die kleinen Larven; nach der Verpuppung schlüpft im Herbst der Jungkäfer.

▸▸ Hohlpunkt oder Gartenlaufkäfer *(Carabus hortensis)*

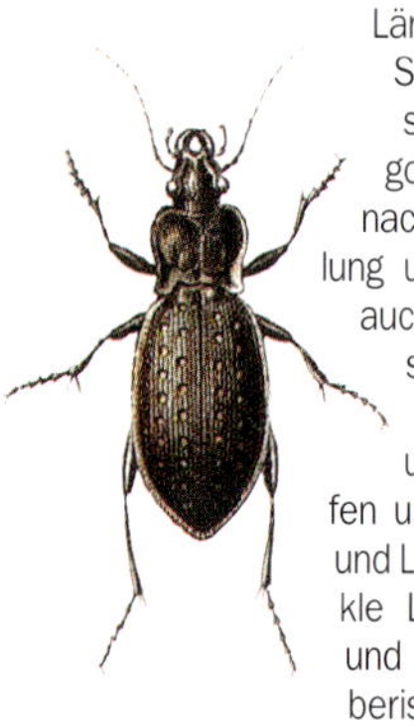

4. Lederlaufkäfer, der *(Carabus coriaceus)*: Der in Mischwäldern der Ebene und Vorgebirge sowie in Gärten und Parkanlagen anzutreffende L. ist mit 4 cm Länge unser größter L. Seine Oberseite ist lederartig gerunzelt und mattschwarz. Die Flügeldecken sind an der Naht zusammengewachsen. Der flugunfähige Käfer ist nachtaktiv und lebt unter Steinen und Laub. Er ernährt sich von Raupen, Käfern und Schnecken, ebenso seine Larve.

5. Goldleiste, die *(Carabus violaceus)*: Der etwa 1,8 bis 3,4 cm lange, oberseits mattschwarze Käfer mit auffallend schmalen violetten, blau- oder grünschimmernden Randstreifen um Flügeldecken und Halsschild ist hauptsächlich in feuchten Wäldern anzutreffen und lebt unter Steinen, Laub und in Baumstümpfen.

6. Hohlpunkt, der *(Carabus hortensis)*: auch Gartenlaufkäfer. Der feuchtigkeitsliebende Käfer ist etwa 2,3 bis 3 cm groß, oberseits schwarz; Flügeldecken und Halsschild haben einen grünlichen oder braunen Bronzeschimmer. Auf den Flügeldecken sind je drei Reihen goldfarbener Punkte deutlich sichtbar. Er lebt tagsüber versteckt unter Steinen und jagt nachts in Wäldern und Gärten. Fehlt in einigen Gebieten Dtschl., z. B. in Baden, Hessen und Westfalen.

7. Körnerwanze, die *(Carabus cancellatus)*: Der etwa 1,8 bis 2,7 cm lange, bronzefarbene Käfer hat auf den Flügeldecken Längsrippen mit Kettenpunkten und lebt in Feldern und Wäldern. Käfer und Larve sind durch Vertilgung verschiedener Schadinsekten sehr nützlich.

8. Glatter Laufkäfer, der *(Carabus glabratus)*: Der fast schwarze, etwa 2,2 bis 3,2 cm lange Käfer mit glatten Flügeldecken ist tagaktiv und lebt in feuchten Wäldern der Ebene und der Gebirge.

9. Behaarter Schnellkäfer, der *(Harpalus rufipes)*: Der 1,4 bis 1,6 cm lange braunschwarze Käfer mit gelbroten Fühlern und Beinen hat gefurchte Flügeldecken, auf denen eine dichte gelbliche Behaarung sitzt. Da er Kleinpflanzen der Fi dicht über dem Boden abbeißt, auch an Nadel- und Laubholzsamen nagt, kann er schädlich werden. Der nachtaktive Käfer kommt fast überall vor und lebt meist unter Steinen.

10. Grabkäfer, der *(Pterostichus niger)*: Der 1,4 bis 1,6 cm lange schwarze Käfer mit gefurchten Flügeldecken kommt mit vielen anderen und ähnlichen Arten fast überall häufig vor und lebt in Wäldern, Gärten und Feldern.

Laufmast, die: frühere Bez. für den ungehinderten (erlaubnisfreien) Schweineeintrieb (→ Schweinemast) in den Wald.

Laurop, Christian Peter (1.4.1772 Schleswig bis 13.5.1858 Karlsruhe): L. war Großherzogl. Badischer Oberforstrat und zweiter Direktor der Forstakademie zu Dreißigacker. In Karlsruhe gründete L. im Jahre 1809 eine private Forstlehranstalt, die bis 1820 bestand. L. schrieb u. a.: „Über Forstwirthschaft, besonders über Erhaltung, Abtrieb und Wiederanbau der Wälder" (1796) und „Grundsätze der Forstbenutzung und Forsttechnologie" (1810).

Läusebaum, der: → Kreuzdorn 3.

Läuseholz, das: → Kreuzdorn 3.

Läusekraut, das (*Pedicularis*): Gatt. der Fam. der Rachenblütler mit rd. 600 Arten auf der Nord-Halbkugel. Es sind dies Halbparasitenpflanzen mit meist fiederteiligen Blättern und zweilippigen, in Ähren oder Trauben (→ Blütenstand) stehenden Rachenblüten.

1. Wald-Läusekraut, das (*Pedicularis sylvatica* Linné): Das W. wächst zerstreut auf feuchten, moorigen Wiesen, auf feuchten Waldstellen, in Flachmooren, Sümpfen, torfigen Heiden, feuchten Borstengrasrasen und auf Waldwiesen.
Die mehrjährige, 5 bis 15 cm hohe Halbschmarotzerpflanze (→ Parasiten) hat meist mehrere Stengel, der mittlere aufrecht und von unten an mit Blüten besetzt, die seitlichen liegend oder aufsteigend. Die Blätter sind eirund mit fiederspaltig-gelappten Zipfeln. BZ: Mai bis Juni. Die blaßrosa bis purpurnen Rachenblüten stehen in endständigen Trauben in den Achseln fiederspaltiger → Hochblätter. Die schief-eiförmige Fruchtkapsel ist zweifächerig. Das W. war früher ein Mittel gegen Ungeziefer (Name!).

2. Karlszepter, das (*Pedicularis sceptrum-carolinum* Linné): Das K. ist über Nord- und Mitteleuropa verbreitet. In Mitteleuropa ist es sehr selten und sogar vom → Aussterben bedroht. Es ist ein Eiszeitrelikt und wächst in nassen, lichten Wäldern, an Ufern, in Moorwäldern, Flach- und Zwischenmooren, Moor- und Sumpfwiesen.
Die mehrjährige, 30 bis 100 cm hohe, kahle Pflanze ist sehr auffällig und hat einen aufrechten, kräftigen, wenig beblätterten Stengel. Die großen Blätter sind tief fiederteilig bis zum Mittelnerv, mit länglichen, gekerbten Fiedern. Die untersten Blätter stehen in einer Rosette. BZ: Juni bis August. Die hellgelben Rachenblüten stehen in einem lockeren langen Blütenstand. Die kugelige Fruchtkapsel enthält Samen mit grubigem Flügelrand.

Lauskraut, das: → Zeitlose.

Läuskraut, das: → Seidelbast 1.

Läuterung, die: auch Dickungspflege. Forstliche Maßnahme zur → Bestandspflege. Sie folgt auf die → Jungwuchspflege (Entfernung verdämmender Unkräuter und → Unhölzer) und dient der Pflege von jungen Waldbeständen durch → Aushieb (Läuterungs-, Reinigungs- oder Säuberungshieb) der schlechten und konkurrierenden Bäumchen, z. B. → Protzen (→ Ringeln), sowie der Regelung der Baumartenmischung. Bei der L. fällt noch kein verwertbares → Derbholz an; → Durchforstung, Waldpflege, Totalitätshieb.

Läuterungshieb, der: → Läuterung.

Läuterungsmesser, das: → Ringeln.

Lavendelheide, die: → Rosmarinheide.

Lavendelweide, die: → Weiden 10.

Lavendelweiden-Aue(n)wald, der: → Weichholzaue.

Lawinenschutzpflanzung, die: → Lawinenschutzwald.

Lawinenschutzwald, der: geschlossener, stabiler → Hochwald an Berghängen zum Schutz der Täler (Häuser, Ortschaften) vor Lawinen. Der L. ist ein natürlicher oder angepflanzter Wald (Lawinenschutzpflanzung), der oft durch technische Verbaumaßnahmen des Landschaftsbaus unterstützt wird; → Schutzwald, Bannwald, Bergmischwald.

Lawinenverbauung, die: → Schutzwaldsanierung.

Leaf-area-Index, der: → Blattflächenindex.

Lebendbau, der: → Ingenieurbiologie, lebende Baustoffe.

lebende Baustoffe: Bez. für Pflanzen, die nach dem Einsetzen Sicherungsfunktionen übernehmen und daher im Landschaftsbau zunehmend Verwendung finden. Diese Pflanzen schützen vor Erosion, Abschwemmung oder Abrutschen und werden vorwiegend beim Gewässerausbau (Uferbefestigungen), zur Hangsicherung und beim Straßen- und Wegebau angepflanzt, sog. Grünverbau, Lebendverbau. Besonders geeignet hierfür sind die → Stecklinge der Wei.

lebendiges Holz, das: So nannte man früher umgangssprachlich bestimmte Laubbaumarten, weil sie im Ggs. zu den Nadelbäumen die Fähigkeit haben, wieder auszuschlagen, wenn sie gefällt wurden; → schlafende Augen, Stockausschlag, Niederwald.

Lebensalter der Bäume, das: → Baumalter.

Lebensbäume (*Thuja*): Gatt. aus der Fam. der Zypressengewächse (*Cupressaceae*) mit zwei Arten in Nordamerika und vier in Ostasien. Bei uns eingebürgert:

Riesenlebensbaum, der (*Thuja plicata* D. Don. = *T. gigantea*): ein mächtiger, immergrüner Waldbaum aus den unteren bis mittleren Lagen Westamerikas von der kanadischen Grenze bis Kalifornien. Er ist eine → Schattenbaumart mit langsamem Jugendwachstum, einer großen ökologischen Spannweite zwischen Schirm- und Freistand, Feuchtigkeit und Trockenheit, stark saurer bis neutraler Bodenreaktion. Er wird in seiner Heimat bis 60 m hoch, 6,4 m stark und ca. 1000 Jahre alt. In Mitteleuropa wurde er 1853 durch T. Lobb und 1854 durch J. Jeffrey eingeführt, ist hier winterhart und schneedruckfest, auf Grund seines flachen Wurzelsystems aber windwurfgefährdet, empfindlich auch gegen trockene Sommer. Er bevorzugt tiefgründige, schwach saure, feuchte Böden. Der Baum kann bei uns über 30 m hoch werden. Er brachte in forstlichen Anbauversuchen gute Ergebnisse, wird aber v. a. in großen Parks als Solitär angepflanzt. Der R. hat anfangs eine schmal kegelförmige Form, wird aber im Alter säulenförmig. Im → Freistand ist er bis zum Boden beastet; bildet Absenker. Die 1 bis 2 cm dicke, längsstreifige Schuppenborke ist hell zimt- bis dunkel rotbraun, der Stamm i. d. R. stark abholzig, die Stammbasis meist spannrückig verbreitert. Die → Mannbarkeit erreicht er mit 20 Jahren. BZ: März/April. Samenreife: August/September. Die gegenständigen Blätter stehen in vier Längsreihen, von zweierlei Gestalt. Die Kantenblätter decken die Flächenblätter am Rand. Sie sind an der Sproßoberseite glänzend grün, unterseits graugrün. Die 1,5 bis 2 cm langen Zapfen mit verholzten, 5 bis 6 mm breiten und braunen Schuppen enthalten einen länglich-elliptischen, 5 mm langen, 1 bis 1,5 mm breiten, von einem 1,5 mm breiten Flügelsaum umgebenen Samen. Sein Holz ist leicht und dauerhaft mit fast weißem → Splint und rotbraunem → Kern. Es wird im Außenbau für Fenster, Türen und Verkleidungen, im Bootsbau für Masten und für Schindeln verwendet. Die Indianer verwendeten das Holz für Kanus und Totempfähle; die Rinde diente für Netze und Seile.

Karlszepter (*Pedicularis sceptrum-carolinum*)

Wald-Läusekraut (*Pedicularis sylvatica*)

Lebensformen: unabhängig von der systematischen Zugehörigkeit (→ Systematik) die Erscheinungs- und Wuchsformen (Gesamtbau) der Höheren → Pflanzen oder → Sproßpflanzen (Kormophyten, *Cormophyta*), d. h. die mehr oder weniger deutlich ausgeprägten, gleichartigen Anpassungserscheinungen an die Lebensbedingungen. Das von Raunkiaer 1905 entwickelte System wurde mehrfach überarbeitet und verfeinert (Schmithüsen 1968, Müller-Dombois und Ellenberg 1974). Heute unterscheidet man neun Hauptgruppen, in die sich sämtliche Höheren Pflanze einordnen lassen: → Chamaephyten, → Epiphyten, → Geophyten, → Hemikryptophyten, → Hydrophyten, → Lianen und Hemi-Epiphyten, → Phanerophyten, → Parasiten und Hemi-Parasiten sowie → Theorphyten; → Kryptophyten.

Lebensgemeinschaft, die: → Biozönose.

Lebensraum, der: → Biotop.

Leberblattl, das: → Leberblümchen.

Leberblümchen, das (*Hepatica*): Gatt. der Fam. der → Hahnenfußgewächse (*Ranunculaceae*) mit sechs Arten in Eurasien und im atlantischen Nordamerika und einer Art in Dtschl.:

Das himmelblau blühende Leberblümchen wächst auf lehmigem oder kalkhaltigem Boden.

Echtes Leberblümchen, das (*Hepatica nobilis* Miller = *Anemone hepatica* L.): Im Volksmund auch Edel-Leberkaut, Herzkraut, Guldenklee, Ebenauskraut, Leberblattl, Fastenbleaml, Osterbleaml, Josefiblümel und Himmelssterndl genannt. Weil die Blätter des E. L. erst nach dem Blühen erscheinen wird es in der Pfalz „Tochter vor der Mutter" und im Rheinland „Sohn vor dem Vater" genannt. Den Namen „E. L." hat die i.d. R. himmelblaue Blume davon, daß sie ein altes Volksheilmittel gegen Nieren- und Leberkrankheiten ist.
Das E. L. ist fast über ganz Europa verbreitet. Es wächst in Nadelmisch- und schattigen Laubwäldern, hauptsächlich Eichen- und Buchenwäldern (schwache Klassen-Charakterart der Buchen- und sommergrünen Eichenwälder Europas) sowie in boreal-alpinen Nadelwäldern und Zwergstrauch-Gesellschaften, Gebüschen und Hecken, auf lehmigen oder kalkhaltigen Böden; Lehmzeiger. In kalkarmen Gebieten ist es selten, fehlt meist. Im Gebirge ist das E. L. bis etwa 2200 m Höhe anzutreffen.
Die zerstreut, aber gesellig wachsende, ausdauernde → Frühlingsblume ist 5 bis 15 cm hoch. Ihre oft überwinternden, grundständigen, langgestielten Blätter sind ledrig, oberseits grün, unterseits braunrot bis violett mit drei herz- bis leberförmigen Lappen. Die braunrote bis violette Färbung ist auf den Farbstoff Anthocyan zurückzuführen, der Licht in Wärme umwandeln kann. Dadurch schützt sich die Pflanze vor Frost. Die Blätter erscheinen erst gegen Ende der Blütezeit oder danach. In der Jugend sind sie dicht, weich und seidig behaart, später kahl. BZ: März/April, in höheren Lagen oft auch erst im Mai/Juni. Die sechs bis zehn ganzrandigen Blütenblätter (Perigonblätter) sind blau, seltener rosa oder weiß und haben 2 bis 3 cm im Durchmesser. Die Früchtchen sind behaart; → Ameisenpflanzen.
Das E. L. wurde wegen seiner frühen Blütezeit in Gartenformen kultiviert und findet auch in der Naturheilkunde Verwendung. Die frischen Blätter (gepflückt von April bis Mai) enthalten Glykoside, Saponin, Protoanemonin und Enzyme. Sie werden bei Steinerkrankungen und Wunden innerlich bzw. äußerlich verwendet, da sie harntreibend, adstringierend und narbenbildend wirken.
Leberklette, die: → Odermennig 1.
Lebermoose (*Hepaticae*): Klasse der → Moose, die mit rd. 10 000 Arten weltweit verbreitet ist. Sie kommen überwiegend in den Tropen, z. T. aber auch an feuchten Standorten der gemäßigten Zone vor.
Nach dem Bau des → Thallus lassen sich die L. in zwei große Gruppen teilen, und zwar in die Gruppe der thallösen L. mit flächigem, oft gabelig verzweigtem Thallus und die Gruppe der foliosen L. mit Pflanzen, die in Stämmchen und Blättchen gegliedert sind. Im Ggs. zu den → Laubmoosen haben ihre Blätter aber keine Mittelrippe. Die → Sporen werden in Kapseln ausgebildet, die auch sterile Zellen enthalten und durch Kohäsionsbewegungen zum Ausstreuen der Sporen beitragen. Die bekanntesten Gatt. der L. sind: → Brunnen-Lebermoos, → Beckenmoos, → Schiefmundmoos, → Peitschenmoos und → Kammkelchmoos.
Leberpilz, der: → Porlinge 10.
Leberreischling, der: → Porlinge 10.
Leckeren, die: Unterart der BKie; → Kiefern 1.
Leckerte, die: alte und lokale Bez. für Lat, Unterart der BKie; → Kiefern 1.
Lederlaufkäfer, der: → Laufkäfer 4.
Lederpilze → Schichtrindenpilze.
Lederporlinge (*Coriolus*): Gatt. der → Porlinge mit acht einheimischen Arten. L. leben an totem Lbh und Ndh und haben unregelmäßige, konsolartige, stiellose Fruchtkörper. Die z. T. zottige und gezonte Oberfläche ist lederartig; → Schichtrindenpilze.
Lederschwämme: allg. Bez. für Pilze der Gatt. *Stereum* (→ Holzpilze, → Schichtrindenpilze).
Lederschwamm, Rauhhaariger, der: → Mondring.
Ledertäubling, der: Bez. für drei Arten von Pilzen aus der Gatt. der → Täublinge.
Lederwide, die: → Schneeball 2.
Ledum → Porst.
Leede, die: → Läde.
Leerbaum, der: → Lärchen 1.
Legföhre, die: Unterart der BKie; → Kiefern 1.
Leguminosae → Leguminosen.
Leguminosen (Hülsenfrüchtler, *Leguminosae*): mit rd. 13 000 Arten weltweit verbreitete Ordn. der → zweikeimblättrigen Pflanzen, die die Fam. der Mimosen-, Johannisbrotbaum- und → Schmetterlingsblütengewächse umfaßt. Sie sind holzige oder krautige Pflanzen mit fiedrig zusammengesetzten Blättern und fünfzähligen Blüten. Alle L. sind durch eine aus einem → Fruchtblatt bestehende Hülsenfrucht gekennzeichnet. Auf Grund der → Symbiose mit den → Knöllchenbakterien können sie Stickstoff (N) aus der Luft binden und zu Eiweiß aufbauen. Sie haben zwar hohen N-Bedarf, aber i. d. R. kein N-Bedürfnis. Verschiedene Arten, wie Ackerbohnen und Lupinen, durchwurzeln sehr tief den Boden und bilden durch die großen Mengen an Wurzelrückständen den Humus. Die meisten Arten, z. B. Klee, Luzerne, Erbsen, Wicken, Sojabohnen, Lupinen usw. dienen überwiegend als Futterpflanzen. Von den Bäumen gehören → Robinie und → Goldregen, von den Sträuchern → Ginster und → Blasenstrauch dazu.
Lehmbodengesträuche, kontinentale → Hecken und Gebüsche.
Lehne, die: → Ahorne 4.
Lehr, Julius, Dr. (18.10.1845 Schotten bis 10.10.1894 München): L. wurde 1868 Dozent in Münden, 1874 Professor der Volkswirtschaftslehre in Karlsruhe und 1885 Professor der Forstpolitik und -geschichte in München. Er schrieb u. a.: „Die neuen deutschen Holzzölle" (1880), „Beiträge zur Statistik der Preise, insbesondere des Geldes und Holzes" (1885). Von 1878 an gab er mit → Lorey die „Allgemeine Forst- und Jagdzeitung" heraus.

▶▶▶ Dr. Julius Lehr

Lehr, Robert, Dr. Dr. h. c. (20.8.1883 Celle bis 13.10.1953 Düsseldorf): L., Jurist, war von 1924 bis 1933 Oberbürgermeister von Düsseldorf. Er gehörte der Widerstandsbewegung um Goerdeler an und war nach Kriegsende Mitbegründer der CDU. L. war 1946 nordrhein-westf. Landtagspräsident und 1950 – 1953 Bundesinnenminister. Er war Mitbegründer und erster Präsident der → Schutzgemeinschaft Deutscher Wald.
Lehrgebiete: neben → Waldlehrpfaden besonders angelegte waldgeschichtliche Wandergebiete, z. B. im Nationalpark Bayer. Wald oder im Naturpark Schwalm-Nette (Naturlehrpark) mit geologischen, bodenkundlichen, pflanzenkundlichen und vegetationskundlichen Lehrpfaden.
Lehroberförstereien: zur Förderung von Forschung und Lehre an der Fachhochschule Eberswalde (Land Brandenburg) im Jahr 1996 wiederbegründete Lehrreviere. Die ersten Eberswalder Lehrreviere entstanden bereits 1830 auf Initiative → Pfeils in den Oberförstereien Biesenthal und Liepe und bestanden bis 1963.
Lehrpfade → Waldlehrpfade.

Leibholz, das: veraltete, regionale Bez. für das → Scheitholz.
Leibundgut, Hans, Prof. Dr. Dr. mult. h. c. (28.6.1909 Neuravensburg bis 26.3.1993 Uitikon-Waldegg): Ehrendoktor der Universität München (1966) und der Hochschule für Bodenkultur in Wien (1972). Nach Studium an der ETH Zürich (1928/32) war L. von 1934 bis 1937 Assistent an der ETH und promovierte 1938 mit einer Arbeit über die Waldverhältnisse im Lötschental. Von 1937 bis 1940 war L. Oberförster der Forstverwaltung in Büren a. A. und anschließend bis 1979 Waldbauprofessor an der ETH Zürich (seit 1948 auch Leiter des von ihm 1948 gegründeten Waldbauinstitutes der ETH). Er veröffentlichte zahlreiche Fachbücher.
Leichenfinger, der: volkstümliche Bez. für die → Stinkmorchel.
Leichtbauplatte, die: → Heraklithplatte.
Leichtholz, das: im Rhein- und Mainfloßhandel Bez. für → Langholz mit durchschnittlich 0,30 bis 0,40 fm. Die Bez. L. war bis 1938 üblich.
leichtsamig: Samen von geringem Gewicht (oft auch zusätzlich mit Flugeinrichtung) und dadurch für die Windverbreitung besonders geeignet; → Samenverbreitung.
Leimbaum, der: → Ahorne 4.
Leimkraut, das (*Silene*): Gatt. der → Nelkengewächse mit über 400 weltweit verbreiteten Arten von → Kräutern und → Halbsträuchern. In Dtschl. kommen zehn Arten vor, darunter auch:
1. **Nickendes Leimkraut**, das (*Silene nutans* Linné): Das fast über ganz Europa verbreitete N. L. ist ziemlich häufig und wächst auf trockenen Wiesen, sonnigen Hügeln, an Waldrändern, Felshängen und in lichten Wäldern, besonders in lichten Eichenwäldern, bevorzugt auf kalkreichen, trockenen Böden, in den Alpen bis in Höhen von etwa 2000 m.
Die mehrjährige, 30 bis 60 cm hohe Pflanze hat aufrechte und unverzweigte Stengel, die zottig behaart und oberwärts drüsig-klebrig sind. Die Grundblätter sind spatelförmig bis linealisch-spatelförmig, stumpf, die oberen Stengelblätter lanzettlich und spitz. Die nickenden Blüten (BZ: Mai bis August/September) stehen in einem lockeren, vielblütigen, einseitswendigen Blütenstand mit gegenständigen Rispenästen. Die Blüten öffnen sich erst zu Beginn der Nacht, duften angenehm und werden von Nachtfaltern bestäubt (Nachtfalterblume). Die eiförmige Fruchtkapsel enthält nierenförmige Samen.
2. **Ohrlöffel-Leimkraut**, das (*Silene otites*): Das über West- und Mittel- und Osteuropa verbreitete O. kommt in Dtschl. zerstreut bis selten vor. Es wächst auf Dünen, Trockenrasen und in lichten Kiefernwäldern.
Die 20 bis 60 cm hohe, am Grunde klebrig behaarte Staude hat einen aufrechten, steifen, wenig beblätterten Stengel, unten mit rosettenartigen, spatelförmigen Blättern. BZ: Mai bis September. Männliche und weibliche Blüten bisweilen auf verschiedenen Pflanzen. Die zahlreichen, 3 bis 5 mm breiten, blaßen, grünlichgelben Blüten haben ungeteilte Kronblätter die von Griffel- und Staubgefäßen überragt werden.
3. **Grünblütiges Leimkraut**, das (*Silene chlorantha*): Das über Mitteleuropa verbreitete G. L. wächst in lichten Kiefernwäldern, besonders in steppenheideartigen Wäldern Ostdtschl.
Das G. L. ist dem Ohrlöffel-Leimkraut sehr ähnlich. Der 30 bis 130 cm hohe Stengel ist kahl. Die unteren Blätter sind lineal-lanzettlich. BZ: Juli/August. Die kleinen grünlichen, nickenden Blüten stehen zu ein bis drei Stück zusammen und sind zu einer rispigen Traube angeordnet.
Neben vorgenannten Arten kommen noch **Taubenkropf**, **Klautsch-Leimkraut** oder **Aufgeblasenes Leimkraut** (*Silene vulgaris*) an Gebüschsäumen, **Nelken-Leimkraut** (*Silene armeria*) in Heiden, Buschsäumen und Waldschlägen und **Hain-Leimkraut** (*Silene nemoralis*) an Waldrändern vor.
Leimstangen: fest auf dem Boden aufliegende, mit Raupenleim bestrichene Stangen. Mit dieser früher angewandten Methode wollte man eine Ausbreitung der Raupen der Nonne und des Kiefernspinners (→ Trägspinner 1. und Glucken 3.) verhindern.
Leinahren, der: → Ahorne 4.
Leinbaum, der: → Kiefern 5. und → Ahorne 4.
Leinblatt, das (*Thesium*): auch Vermainkraut, Vermeinkraut. Gatt. der → zweikeimblättrigen Leinblatt- oder Sandelgewächse (*Santalaceae*) mit über 200 Arten, v. a. im Mittelmeergebiet und in Afrika. Es handelt sich um grüne Halbschmarotzerpflanzen (→ Halbschmarotzer) mit trichterförmigen, kleinen Blüten, die in Trauben oder Rispen stehen (→ Blütenstand).
Berg-Leinblatt, das (*Thesium bavarum* Schrank = *T. montanum* Ehrh.): auch Bayer. L. Das über Nord-, Mittel- und Südosteuropa verbreitete B. ist selten und wächst in Schneeheide-Kiefernwäldern und Alpenrosen-Latschengebüschen, xerothermen submediterranen Flaumeichenwäldern und subkontinentalen Eichen-Steppenwäldern, an sonnigen Busch- und Waldrändern, auf Halbtrockenrasen, meist auf Kalk.
Die 20 bis 80 cm hohe Pflanze, die keine Ausläufer bildet, hat 2 bis 7 mm breite, breit-lanzettliche, bläulich-grüne Blätter. BZ: Juni bis September. Die weißen Blüten sind meist fünfteilig, die Blütenblätter zur Fruchtzeit bis auf den Grund eingerollt.
Leinkraut, das (*Linaria*): auch Frauenflachs. Gatt. der Fam. der → Rachenblütler mit rd. 150 Arten auf der Nord-Halbkugel. Es sind dies überwiegend Kräuter mit gespornten, zweilippigen Blüten. In Dtschl. sieben Arten, davon im Wald:
1. **Gemeines Leinkraut**, das (*Linaria vulgaris* Miller): auch Gewöhnliches L., Frauenflachs. Das G. L. ist über ganz Mitteleuropa, im Süden bis Südfrankreich, Mittelitalien und Südjugoslawien und fast ganz Nordeuropa verbreitet. Es wächst verbreitet, besonders an sonnigen trockenen Stellen, in lichten Wäldern, auf Holzschlägen, Schuttplätzen, Dämmen, Dünen, sonnigen Unkrautfluren, in Steinbrüchen, Straßengräben, an Wegrändern und Böschungen, auf sandigen, steinigen Böden, von der Ebene bis in Höhen von etwa 1300 m.
Die mehrjährige, 20 bis 60 cm hohe Pflanze hat einen tiefreichenden, verzweigten Wurzelstock und ist ein Bodenbefestiger. Die zahlreichen, aufrechten, kahlen Stengel sind oberwärts mit kurzen Drüsenhaaren besetzt. Die dichtstehenden, wechselständigen, sitzenden Blätter sind linealisch bis lineal-lanzettlich, 3 bis 8 cm lang, kahl und am Rand oft leicht umgerollt. BZ: Juni bis September. Die in einer reichblütigen, dichten, endständigen Traube stehende Rachenblüten haben eine schwefelgelbe dreilippige Blütenkrone mit 2 bis 3 cm langem, geradem Sporn am Grunde und einer orangefarbenen Auftreibung auf der Unterlippe. Die zweifächerige, eiförmige, aufspringende Fruchtkapsel enthält zahlreiche breit geflügelte, flache, warzige Samen.
Das G. L. ist eine Hummelblume und eine → Heilpflanze, die heute noch in der Volksmedizin als Blutreinigungs- und harntreibendes Mittel Verwendung findet. Die Pflanze, besonders die Blüten, enhält u. a. die Flavonglykoside Linarin und Pectolinarin. Es wird die blühende Pflanze gesammelt.

Das Gemeine Leinkraut wird in der Volksmedizin verwendet.

2. **Gestreiftes Leinkraut**, das (*Linaria repens*): Das über West- und Mitteleuropa verbreitet G. L. kommt in Dtschl. selten vor. Es wächst auf Waldverlichtungen, an Wald- und Wegrändern, häufig vergesellschaftet mit Fingerhut, und auf Äckern, wo es mit dem Acker-L. (*L. arvensis*) Bastarde bildet.
Die 30 bis 80 cm hohe, kahle Staude hat linealische, ungezähnte Blätter und bläuliche, dunkelviolett gestreifte Rachenblüten mit gelblichem Gaumen. BZ: Juni bis September.
Leinzeisig, der: → Finkenvögel 4.
Leisten: L. sind → Latten mit sehr kleinem Querschnitt, haben aber eine bearbeitete Oberfläche, d. h. sie sind allseitig geglättet oder profiliert, meist zwischen 6 und 15 mm dick und bis 35 mm breit.
Leistenmolch, der: → Schwanzlurche 6.
Leistlinge (*Cantharellaceae*): auch Leistenpilze. Fam. der → Ständerpilze mit fast stets offenen → Fruchtkörpern. Die Fruchtschicht befindet sich auf meist gabelig verzweigten

walnußgroße Knolle, die mit einem Hohlraum versehen ist (Name!), in dem sich ein oder zwei Tochterknollen entwickeln. Der aufrechte Stengel ist fleischig, kahl und ohne schuppige Niederblätter. Die gestielten Blätter, meist zwei, sind blaugrün, doppelt dreizählig und kahl. Die → Hochblätter (Tragblätter) unter den Blüten sind eiförmig und ungeteilt, somit ein deutliches Unterscheidungsmerkmal zum Fingerlerchensporn. BZ: März bis Mai. Die gespornten, schwach wohlriechenden Blüten sind trübpurpurn oder weiß bis cremefarben,

Der Lerchensporn ist ein ausdauerndes Kraut mit roten, gelben oder weißen Blüten.

seltener lila oder bläulich und stehen in einer endständigen, dichten, sechs- bis zwanzigblütigen Traube (→ Blütenstand). Die 2 bis 3 cm großen Blüten bestehen aus zwei äußeren und zwei inneren → Kronblättern. Der Sporn ist so lang wie der Rest der Blüte und enthält Nektar, der von den langrüsseligen Bienen durch die Blütenöffnung ausgesaugt wird. Die kurzrüsseligen Hummeln beißen den Sporn von außen an. Die Früchtchen reifen schon im Mai; Blätter und Stengel verwelken dann. Die an einem 6 bis 7 mm langen Stiel befindlichen Schoten sind blaßgrün und zweiklappig. Sie enthalten bis 3 mm breite, fast kugelrunde, glänzend schwarze Samen mit Anhängsel (→ Ameisenpflanzen).

2. Fingerlerchensporn, der (*Corydalis solida* (L.) Clairv.): auch Fester, Festknolliger, Gefingerter L. Der F. ist mit Ausnahme von Spanien und Portugal über Mittel- und Südeuropa verbreitet. In Dänemark, Schweden und England wurde er eingebürgert. Der F. wächst in lichten Laubwäldern, krautreichen Laubmischwäldern, Eichen-Hainbuchen-Waldgesellschaften, mesophytischen Buchen- und Laubmischwäldern (schwache Ordnungs-Charakterart), in Hecken und Gebüschen, Schlehengesellschaften, auf lehmigen, aber kalkarmen Böden.

Die mehrjährige, 10 bis 30 cm hohe Pflanze (Ameisenpflanze) hat, im Ggs. zum Hohlen Lerchensporn, dem sie sonst sehr ähnlich ist, eine volle Wurzelknolle. Die Tragblätter sind fingerförmig eingeschnitten (Name!). BZ: März bis April (Mai). Die trübroten, selten weißen oder violetten, bis 2,5 cm langen Blüten haben einen langen, fast geraden, manchmal leicht nach oben zeigenden Sporn und stehen in einer endständigen, etwas lockeren Traube.

3. Zwerg-Lerchensporn, der (*Corydalis pumila*): Der über mittel- und Nordeuropa verbreitete Z. ist selten und wächst in Laubmischwäldern, Eichen-Hainbuchen-Wäldern, Hartholz-Auenwäldern, Hainen und Gebüschen.

Die Pflanze ist 8 bis 15 cm hoch. BZ: März/April. Die 1 bis 1,5 cm großen Blüten haben einen geraden Sporn und die inneren Kronblätter abgerundet-stumpfwinkelige Flügel. Sie stehen zu zwei bis acht Stück in einer gedrängten Blütentraube. Die Deckblätter sind fingerförmig geteilt (gefingert) und länger als die Blütenstielchen.

Neben den genannten wachsen noch seltener vorkommende Arten im Wald: Der **Rankende L.** (*C. claviculata*) wächst in lichten Wäldern, an Böschungen und in Schlaggesellschaften. Er ist die Charakterart der Lerchensporn-Gesellschaft. Der **Mittlere L.** (*C. intermedia*) ist selten und wächst in krautreichen Bergahorn-, Eichen- und Fichtenwäldern, v. a. in Gesellschaften der mesophytischen Buchen- und Laubmischwälder, sowie in Gebüschen, in luftfeuchten Lagen.

Lerchensporn-Gesellschaft, die: → Weidenröschen-Schlaggesellschaften 3.

Lergel, die: → Lärchen 1.

Lersch, H. → Wald in der Dichtung.

Leseholz, das: auch Knack-, Raff-, Sprak- oder Sprockholz). Bez. für → Brennholz, das i. d. R. im Wald vom Boden aufgelesen (zusammengerafft) wird. L. ist geringwertiges Holz, das auf natürliche Weise, z. B. Dürräste (Dürrholz, wie → Windfallholz, Ast- und Reisigholz), vom Stamm abgebrochen ist. Zum L. zählt an manchen Orten auch das Holz, das nach einem Hieb als Abfallholz (Schlagabraum) liegenbleibt. L.-Sammeln war bis zum Ende des 19. Jh. eine wichtige Brennstoffquelle der ärmeren Bevölkerung.

Lessing, K. F. → Wald in der Dichtung.

Leuchten faulenden Holzes → Leuchtwirkung des Holzes.

Leuchtkäfer (*Lampyridae*): Mit rd. 2000 Arten weltweit verbreitete Fam. etwa 8 bis 25 mm großer Käfer aus der Verwandtschaft der → Weichkäfer. Sowohl Käfer als auch die Larven haben Leuchtvermögen (kaltes Licht). Damit ist es den nächtlich fliegenden Männchen möglich, die flügellosen, im Grase sitzenden Weibchen zu finden. In Mitteleuropa kommen drei Arten vor, die um Johannis (24. Juni) erscheinen. Daher auch der Sammelname Johanniskäfer. Neben dem **Kleinen Leuchtkäfer** (*Phausis splendidula*), der etwa 0,8 bis 1 cm groß ist und vorwiegend in Wiesen, Gärten und Parkanlagen anzutreffen ist, ist bei uns von Bedeutung:

Großer Leuchtkäfer, der (*Lampyris noctiluca*): auch Großes Johannisglühwürmchen, Gelbhals-Johanniswürmchen, Johanniskäfer. Das Männchen ist etwa 1,1 cm lang, bräunlichgelb und hat im Ggs. zum größeren Weibchen voll ausgebildete Flügel. Das flugunfähige graubraune Weibchen ist etwa 1,5 bis 1,8 cm lang, sieht larvenartig aus (bzw. wurmartig, daher auch der Name Glühwürmchen) und kann nur kriechen. Es besitzt am fünften und sechsten Hinterleibsring je eine große Leuchtplatte, das Männchen hingegen nur eine. Das komplizierte phosphoreszierende Leuchtorgan strahlt ein smaragdgrünes Licht. Damit locken die Weibchen, die zur Schwärmzeit im Mai/Juni auf Grashalme klettern, die Männchen an. Die ebenfalls leuchtfähigen und bis zu 2,3 cm langen, asselförmigen Larven sind mattschwarz mit schmalen, gelben Rückenlinien und orangefarbenen Flecken in den Hinterecken der Leibesringe. Sie verpuppen sich nach fünf Häutungen im Boden. Der Käfer kommt in Laubmischwäldern, Gärten und Parkanlagen vor und bevorzugt etwas feuchte Orte. Er ist fast in ganz Europa verbreitet. Leider ist sein Vorkommen stark rückläufig. Seine Nahrung und die der Larven besteht aus Nackt- und Gehäuseschnecken.

Leuchtspäne svw. → Kienspan.

Leuchtwirkung des Holzes (Leuchten faulenden Holzes): Die L., eine bekannte Erscheinung phosphoreszierender alter Baumstümpfe, ist auf das Myzel des → Hallimasch zurückzuführen. Seine lebenden Zellen leuchten im Dunkel durch die Einwirkung des Sauerstoffs.

Leucobryo-Pinetum → Weißmoos-Kiefernwald.

Leucobryum → Weißmoos.

Leucojum → Knotenblume.

Level II-Flächen → Umweltkontrolle im Wald, Waldmeßstationen.

LF: Abk. für → landwirtschaftlich genutzte Fläche.

LH: Kurzzeichen für Laubhölzer nach DIN 4076.

L-Holz, das: → Stiefelholz 2), Krummholz 2).

L-Horizont, der: die oberste, überwiegend aus unzersetztem organischem Material bestehende Schicht einer Humusdecke; → Humus, Boden.

Ll: Kurzzeichen für Linde nach DIN 4076.

Lianen und **Hemi-Epiphyten**: ungeachtet der systematischen Zugehörigkeit (→ Systematik) → Lebensform der Höheren Pflanzen oder → Sproßpflanzen. L. sind am Boden keimende Pflanzen die – sich an andere Pflanzen stützend – in den Kronenbereich dieser Pflanzen hinaufwachsen. Einige Arten (z. B. Waldrebe und Efeu) erreichen so das Kronendach des Waldes. Keimen sie auf der Trägerpflanze (beginnend als → Epiphyten), bilden herabwachsende Wurzeln später den Kontakt zum Boden (Hemi-Epiphyten). Hochwüchsige verholzte L. lassen sich den → Phanerophyten, nicht verholzte L., z. B. Hopfen, den → Hemikryptophyten, zuordnen; → Kletterpflanzen.

Libellen (*Odonata*): auch Wasserjungfern. Weltweit verbreitete Insekten-Ordn. mit rd. 4700 farbenprächtigen, am Wasser lebenden Arten. Etwa 80 Arten kommen in Dtschl. vor. Die L. sind erdgeschichtlich sehr alte, schlanke, aber großköpfige, bis 15 cm lange und räuberisch lebende Insekten. Die großen Facettenaugen sind äußerst leistungsfähig, die borstenförmigen Fühler kurz; die beiden gut entwickelten, häutigen Flügelpaare (Vorder- und Hinterflügel) sind netzadrig, nicht faltbar und werden in der Ruhe seitlich vom Körper weggestreckt. Die Unter-Ordn. „Großlibellen" (Ungleichflügler, *Anisoptera*) mit den einheimischen Fam. Edellibellen, Teufelsnadeln (*Aeschnidae*), Quelljungfern (*Cordulegasteridae*), Segellibellen (*Libellulidae*), Falkenlibellen (*Cordulidae*) und Flußjungfern (*Gomphidae*) ist weltweit mit ca. 1400 Arten – davon etwa 50 Arten einheimisch – vertreten. Die Großlibellen haben die Fähigkeit, die unterschiedlich geformten Vorder- und Hinterflügel getrennt voneinander zu bewegen. Die Unter-Ordn. „Kleinlibellen" (*Zygoptera*) ist bei uns mit den Fam. Prachtlibellen (*Calopterygidae*), Schlanklibellen (*Coenagrionidae*) und Teichjungfern (*Lestidae*) vertreten, wobei insgesamt nur 20 Arten auch in Mitteleuropa vorkommen. Diese nur bis 5 cm langen Insekten haben gleichgroße Vorder- und Hinterflügel, die in der Ruhe über dem Rücken zusammengeklappt werden können.

L. sind äußerst gewandte Flieger und erreichen eine Fluggeschwindigkeit bis zu 54 km/h. Sie erbeuten ihre Nahrung (Wasserinsekten, deren Larven, Milben, Mücken, Bremsen, Kleinschmetterlinge u. a. fliegende Insekten) mit Hilfe ihrer Beine überwiegend im Fluge. Die räuberischen Larven leben im Wasser und ergreifen ihre Beute mit einer vorschnellbaren Fangmaske, die aus einem verlängerten Teil der Mundgliedmaßen gebildet wird. Bei der Paarung bilden die L. ein Rad, indem das Männchen mit seinem Hinterleibsende das Weibchen hinter dem Kopf festhält und dieses sein Hinterleibsende an ein mit einer Samentasche verbundenes Begattungsorgan heranführt. Die Eier werden, je nach Art, einzeln oder zu mehreren ins Wasser, in die sumpfigen Wasserränder (Uferschlamm) oder an Wasserpflanzen abgelegt. Die Entwicklung (unvollkommene → Metamorphose) erfolgt im Wasser. Die Entwicklungsdauer ist artabhängig; sie liegt bei einigen unter einem Jahr, bei anderen zwischen drei und fünf Jahren, z. B. bei der gelbfleckigen L. (*Cordulegaster bidentatus*) aus der Fam. der Quelljungfern.

Alle L. sind tagaktiv und mehr oder weniger vom Wasser abhängig. Während einige Arten schnellfließende, klare Gewässer lieben, sind andere Arten bevorzugt an stehenden, moorigen Gewässern anzutreffen. Die gebietsweise Erfassung vorkommender L.-Arten läßt Rückschlüsse auf den ökologischen Zustand des Gebietes zu. Speziell in Waldbereichen sind anzutreffen:

1. Gemeine Keiljungfer, die (*Gomphus vulgatissimus*). auch Nageljungfer. Die bis zu 5 cm lange G. K. hat einen grüngelben Vorderkörper mit schwarzer Zeichnung. Der Hinterleib ist schwarz und gelb gefleckt; die Beine sind ebenfalls schwarz, die Hüften und die Innenseite gelb. Die inzwischen in hohem Maße gefährdete L. lebt an Bächen und Flüssen und hält sich gerne an Waldseen auf. Flugzeit: Mai bis Ende Juni/Anfang Juli. Das Lebensalter beträgt ca. vier Wochen, die Entwicklungszeit drei Jahre.

2. Grüne Keiljungfer, die (*Ophiogomphus serpentinus*): Die etwa 5 bis 5,5 cm lange L. ist gelb-grün gefärbt. Sie ist wenig scheu, hält sich an sauberen Waldbächen auf und fliegt von Mai bis Juli. Die Verpaarung erfolgt meist auf sandigen, sonnenbeschienenen Waldwegen. Die Entwicklungszeit beträgt drei bis vier Jahre.

3. Gefleckte Smaragdlibelle, die (*Somatochlora flavomaculata*): Die etwa 5 cm lange L. hat seitlich auf dem Hinterleib zitronengelbe Flecken. Die früher häufige L. bevorzugt nasse Waldränder und sumpfige Wiesen. Sie fliegt meist über Schilffelder oder auf Waldlichtungen. Flugzeit: Juni bis September. Die Entwicklungszeit beträgt vermutlich drei Jahre.

4. Blaugrüne Mosaikjungfer, die (*Aeshna cyanea*): Die bis 8 cm lange B. M. hat eine Flügelspannweite von 10 bis 11 cm. Kopf, Brust und Hinterleib haben leuchtend grüne und blaue Flecken. Die häutige L. ist ein ausgezeichneter Flieger und fast an allen Gewässern anzutreffen. Sie fliegt auch in Städte. Flugzeit: Mitte Juni bis Anfang November. Die Entwicklungszeit beträgt zwei Jahre.

5. Gemeiner Plattbauch, der (*Libellula depressa*): Der etwa 4,7 cm lange G. P. mit dickleibigem Habitus hat braune Flecken an den Flügelwurzeln. Das Männchen hat ein blaubereiftes, das Weibchen ein bräunlich-gelbes, plattes Abdomen. Flugzeit: Mai/August. Er jagt auf Blößen, Schneisen und in der Kronenregion der Lbh. Bei einer Kalamität, z. B. bei Nonne, beteiligt er sich an der Dezimierung.

6. Calopteryx (Agrion) splendens: Die L. mit schlankem Habitus und einer Länge bis 4,7 cm hat einen stahlbauen (Männchen) bzw. metallisch-grünen (Weibchen) Körper. Die Flügel sind druchscheinend mit blauer Binde. Sie fliegt im Mai/August, z. T. bis Anfang Oktober und jagt vorwiegend auf Lichtungen; sehr nützliche Blattlausvertilgerin.

Libriformfaser, die: auch Hart-, Sklerenchymfaser. Bis 1,5 mm lange, bei manchen Hölzern wesentlich längere (z. B. Hbu 6,7 mm) Fasern, die im Querschnitt vier- bis sechseckig sind, dicke Wände haben und nahezu den ganzen Querschnitt einnehmen. Die L., die das Festigungs- oder Stützgewebe bilden, haben am Aufbau der Lbh den Hauptanteil, meist zwischen 37 bis 75 %, teils auch weniger, also stark variierend. Ihr Anteil am Holz ist weitgehend bestimmend für Raumgewicht und Festigkeitseigenschaften; → Sklerenchym, Sklerenchymzellen.

Lichenes → Flechten.

Licht, das: L. ist für die → Assimilation oder → Photosynthese unentbehrlich und beeinflußt das Pflanzenwachstum in vielfältiger Weise. L.-Mangel führt zu „Vergeilung", d. h. die → Internodien und Blattstiele werden lang, während die Blattspreiten klein bleiben und zudem bleich und gelblich aussehen. Zuviel L. hemmt die Photosynthese; die Pflanzen verhärten. Es führt auch zur Zersetzung des → Blattgrüns; die Pflanzen vergilben. Bei zu starker Bestrahlung kann es sogar zur Zerstörung (Verbrennung) des → Protoplasmas führen. Im Wald entstehen spezifische L.-Verhältnisse. Zunächst wird ein Teil des eingestrahlten L. von den Baumkronen reflektiert; nur ein Teil gelangt durch Lücken im Kronendach ins Bestandesinnere. Beim Durchgang durch die Blätter und Nadeln wird ein Teil des L. herausgefiltert. → Schatt(en)baumarten absorbieren Rot, Blau und Violett stark. → Lichtbaum-arten absorbieren diese Farben nur z. T. Der gelbe Teil des L. gelangt unverändert durch das → Kronendach. Das L. im Innern eines Bestandes ist nach Menge und spektraler Zusammensetzung von Bestandesstruktur (→ Struktur), → Kronendichte, Schlußgrad (→ Beschirmungsgrad) und → Baumart abhängig.

licht → Kronenschluß, Beschirmungsgrad.

Lichtbaumarten (Lichtholzarten): Bez. für die Baumarten, die zum Überleben einen bestimmten Mindestlichtgenuß benötigen.

◀◀◀ Gemeine Keiljungfer (*Gomphus vulgatissimus*)

◀◀ Grüne Keiljungfer (*Ophiogomphus serpentinus*)

◀ Blaugrüne Mosaikjungfer (*Aeshna cyanea*)

Lichtung

Der Kampf im Wald um das → Licht trägt zur Arterhaltung bei und bewirkt eine natürliche Auslese. Ausgesprochene L. sind Ei, Er, Es, Lä, Pa, Kie und Bi. Sie brauchen einen Mindestlichtgenuß von 1/5 bis 1/10 des Außenlichts, um noch gedeihen zu können; → Halbschatt(en)baumarten, Schatt(en)baumarten.

Lichtblätter (Sonnenblätter): im Ggs. zu den → Schattenblättern im vollen Licht gewachsene Blätter der äußeren Laubkrone. S. haben eine stärkere → Epidermis, vielfach in mehreren Schichten übereinanderliegende Palisadenzellen und eine größere Zahl von → Spaltöffnungen als die Schattenblätter. Sie wirken deshalb auch derber und stärker; auch ihre Blattform kann durch das Licht beeinflußt werden. Auch bei den Nadelbäumen lassen sich bei günstiger Lichtstellung relativ kurze und derbe Licht- oder Sonnennadeln und dünnere und längere → Schattennadeln unterscheiden.

Lichte, die: → Lichtung.

lichte Hölzer: alte, regionale Bez. für Laubwälder, weil deren Belaubung ein helleres Grün als die Nadelwälder hat.

lichten: einen Wald ausholzen; → Lichtungshieb.

Lichtfleck, der: fleckenweiser, wandernder Lichteinfall durch das Kronendach auf den Waldboden. Dem L. kommt große Bedeutung für die Lichtversorgung der Bodenpflanzen zu.

Lichtfraß, der: Bez. für → Forstschädlinge (Käfer und deren Larven), die Sträucher und Bäume so stark befressen, daß sie licht werden; → Nasch- und Kahlfraß.

Lichthabitus, der: hohem Lichtgenuß angepaßte Ausprägung von Pflanzen (→ Blatt, → Nadeln) mit Lichtnadeln oder → Lichtblättern.

Lichthauung, die: Bei einer L. wird der → Bestockungsgrad so weit verringert, daß sie wegen der Verringerung der Schutzwirkungen einem → Kahlschlag gleichkommt. Sie wird rechtlich wie ein Kahlschlag beurteilt.

Lichtholz, das: auch Lichtstock, -späne. Alte Bez. für ein Stück Kiefernholz, das zu Leuchtspänen (→ Kienholz) verarbeitet wurde.

Lichtholzarten → Lichtbaumarten.

Lichtkrone, die: → Kronenmantel.

Lichtnadeln → Lichtblätter.

Lichtnelken-Königskerze, die: → Königskerze 3.

Lichtnelke, Rote, die: → Nachtnelke.

Lichtpflanzen (*Heliophyten*): Pflanzen, die eine hohe Lichtintensität benötigen oder ertragen; → Lichtbaumarten.

lichtschief: auf der Lichtseite stärkere Kronenentwicklung.

Lichtschlag, der: → Lichtungshieb.

Lichtschutzlack, der: ein bestimmter Lack, der die Veränderung der → Holzfarbe durch Lichteinwirkung verzögert.

Lichtspäne → Lichtholz.

Lichtstock, der: → Lichtholz.

Lichtung, die: **1**) Eingriffe in Durchforstungsbestände, die deutlich über der starken → Durchforstung liegen. **2**) starke Entnahme von Bäumen im Schirmschlagbetrieb, dient der Einleitung der Verjüngung oder/und der zeitlich begrenzten Starkholzzucht. **3**) ein Durchforstungskonzept, das auf den Erfahrungen von Seebach beruht. **4**) veraltet auch Lichte. Eine baumlose (holzleere) Stelle im Bestand (Wald). Nach dem BWaldG gelten L. im rechtlichen Sinn als Wald. L. sind i. a. sehr artenreich und bieten dem Wild Äsung; → Blöße, Läde.

Lichtungsbetrieb, der: eine in der Eingriffsstärke über die → Lichtwuchsdurchforstung hinausgehende Betriebsweise im Hochwaldbetrieb (→ Hochwald), bei der durch einen einmaligen oder durch mehrere, über einen nur kurzen Zeitraum hinweg stattfindende Hiebe im herrschenden Bestand eine dauernde Unterbrechung des → Kronenschlusses erfolgt. Der L. dient der Starkholzerzeugung in relativ kurzer Zeit; meist ist jedoch durch die plötzliche → Freistellung der Bäume und den dadurch hervorgerufenen Wechsel in der Jahrringbreite eine Güteminderung des Holzes gegeben.

Bei dem auch modifizierter Buchenhochwald genannten L. wird durch äußerst starke – in der Stärke über die Lichtwuchsdurchforstung hinausgehende – Eingriffe in 70- bis 80jährigen Buchenbeständen, in denen 50 bis 60 % des Holzvorrates i. d. R. in einem Samenjahr entnommen werden, ein → Lichtungszuwachs an den verbleibenden Bäumen erreicht. Nach 40 bis 50 Jahren ist der Kronenschluß wieder erreicht. Die aufkommende Verjüngung dient nur dem vorübergehenden Bodenschutz. Nach erneutem Kronenschluß bleibt der Bestand 30 bis 40 Jahre ohne weitere Eingriffe und wird dann verjüngt.

Bei dem von Assmann und Freist entwickelten Lichtwuchsbetrieb werden in dichten Buchenbeständen nur unerwünschte Bäume, v. a. Vorwüchse, entnommen, und es erfolgen Eingriffe, um den Unter- und Zwischenstand zu erhalten. Ist eine astfreie Schaftlänge von etwa 10 m erreicht, erfolgt zunächst eine Auslesedurchforstung. Deren Ziel sind etwa 200 in Schaftform und Qualität gute Zukunftsbäume (Z-Stämme) je ha. Nach dieser wird eine Lichtwuchsdurchforstung eingeleitet. Dabei werden diese Zukunftsbäume während der restlichen Umtriebszeit auf die Hälfte der Zahl verringert.

Lichtungshieb, der (Lichtschlag): Verjüngungshieb (→ Verjüngungsverfahren) über → Jungwuchs oder → Voranbau. Er soll der Versorgung des angekommenen Jungwuchses mit Licht und Wasser dienen. Der L. folgt dem → Besamungshieb nach einigen Jahren.

Lichtungszuwachs, der: die Reaktion des Baumes auf Standraumerweiterung mit verstärktem Dickenwachstum.

Der L. ist somit ein → Zuwachs, der durch plötzliche und starke → Freistellung eines → Baumes an diesem oder durch Lichtung im gesamten Bestand entsteht. Die Freistellung bedingt ein sprunghaftes Hinaufschnellen der Ringbreite. Der L. wirkt sich bei → Schatt(en)-baumarten stärker aus als bei → Lichtbaumarten. Durch den sprunghaften Wechsel in der Jahrringbreite entsteht meist eine Güteminderung des Holzes; es besteht die Gefahr der Ringrisse (→ Risse 4.); → Lichtungsbetrieb.

Lichtwuchsbetrieb, der: → Lichtungsbetrieb.

Lichtwuchsdurchforstung, die: Nach mehreren → Durchforstungen hat sich in der Oberschicht eine Elite von 300 bis 500 Einzelbäumen je Hektar mit deutlichem Höhenvorsprung, starken Stämmen und bis 12 m astfreien Schäften herausgebildet. Bei der L. werden deren Kronen zur Erzielung eines → Lichtungs- und v. a. Wertzuwachses gezielt freigestellt; der → Kronenschluß wird auf Dauer durchbrochen. Die Eingriffsstärke richtet sich nach der tolerierbaren Jahrringbreite der so geförderten → Elitebäume. Die L. wird bei Wertbaumarten, v. a. bei Bu, auch Kie Lä, Ei und auch Fi durchgeführt. Besonders die Bu hat ein großes Kronenausladungsvermögen, weshalb gerade diese Baumart für die L. besonders geeignet ist. Der gelenkte Wertzuwachs an den Elitebäumen soll den Massenzuwachsverlust auf der Gesamtfläche ausgleichen; → Lichtungsbetrieb.

Lichtwuchshieb, der: starke → Durchforstungen und → Pflegehiebe, die den → Schluß unterbrechen zur Herbeiführung vollster Kronenausbildung und Erzielung höchstmöglichen → Zuwachses am Einzelstamm.
lichtwüchsig → senkelwüchsig.
Liebfrauendorn, der: → Rosen 10.
Liebich, Christoph (9.10.1783 Falkenberg in Schlesien bis 11.1.1874 Prag): L. war Dozent der Forstwissenschaft am Polytechnikum in Prag. Er schrieb u. a.: „Der Waldbau nach neuen Grundsätzen als die Mutter des Ackerbaues" (1834), „Organ für die Reformation des Waldbaues im Interesse des Ackerbaus, der Industrie und des Handwerks" (1846), „Compendium der Forstwissenschaft" (1854), „Forst-Katechismus oder erster Unterricht über das Forstwesen" (1869). Er gab auch von 1824 bis 1831 „Der aufmerksame Forstmann, oder das Neueste und Bemerkenswertheste aus dem Forst- und Jagdfache" und von 1831 bis 1837 „Allgemeines Forst- und Jagdjournal" heraus.
Liebigsches Minimumgesetz, das: Annahme, daß das Wachstum einer Pflanze durch den Wachstumsfaktor bestimmt wird, der am geringsten angeboten wird. I. d. R. wird das L. M. nur auf die für das Wachstum erforderlichen → Nährstoffe angewandt.
Liegendes Johanniskraut, das: → Johanniskraut 2.
Liele, die: → Waldrebe 2.
Lierbaum, der: → Lärche 1.
Liese, Johannes, Dr. (1891–1952): L. studierte an den Universitäten Freiburg und Berlin und war zuletzt Hochschullehrer an der Forstlichen Hochschule → Eberswalde. Von seinen zahlreichen Veröffentlichungen ist die 3. Auflage seines Werkes „Handbuch für Holzkonservierungen" (1950) besonders hervorzuheben.
LIGNA: Internationale Fachmesse für Maschinen und Ausrüstung der Holz- und Forstwirtschaft. Die in Hannover stattfindende L. ist die größte Holzbearbeitungs-Maschinen-Messe der Welt. Das Messeangebot garantiert dem Besucher einen umfassenden Überblick über den dzt. Stand der Technik bei Maschinen, Werkzeugen und Zubehör für die Be- und Verarbeitung von Holz und Holzwerkstoffen sowie die Herstellung von Holzwerkstoffen.
Lignifizierung, die: → Verholzung.
lignikol (lat. *lignum* = Holz und *colere* = bewohnen): im Holz lebend, z. B. → Borkenkäfer, Holzwespen, Bockkäfer.
Lignikultur, die: **1**) im Jahre 1947 in Kiel gegründete Gesellschaft für Holzerzeugung außerhalb des Waldes. **2**) allg. Bez. für den plantagenmäßigen Anbau v. a. → schnellwachsender Baumarten. Zur Erarbeitung wissenschaftlicher Grundlagen für den Holzanbau außerhalb des Waldes wurde im Jahre 1948 in Reinbek eine Forschungsstelle für Flurholzanbau errichtet; → Sylvikultur.
Lignin, das (lat.: lignum = Holz): Das L. (Holzstoff) ist ein Strukturstoff des Holzes und neben der → Zellulose (Zellulosebegleiter) wichtigster und festigender Holzbestandteil. Bei Einlagerung in die pflanzlichen Zellwände bewirkt es deren Verholzung und somit die Druckfestigkeit des Gewebes. Bei der technischen Gewinnung der Zellulose wird das L. entfernt. Mengenmäßig ist L. im Holz der Nadelbäume zu ca. 29 % und im Holz der Laubbäume zu ca. 21 % enthalten. Es zeichnet sich durch einen hohen Kohlenstoffgehalt (etwa 60 %) aus, ist bräunlich-weiß und krümelig. Die Verteilung des L. im Holz ändert sich je nach Gewebeart, Alter und Höhe im Stamm.
Ligninspezialisten: Bez. für holzzersetzende → Pilze, die die Korrosionsfäule (→ Weißfäule) verursachen. Diese Pilze bauen zuerst das → Lignin ab und im weiteren Verlauf die → Zellulose.
Lignit, das (Lignitholz, Xylit): Bez. für → Braunkohle mit noch deutlich sichtbarer Holzstruktur.
Lignofol, das: meist aus mehreren 1 mm dicken Birken- oder Buchenholzfurnieren hergestelltes Preßschichtholz. Die → Furniere werden mit gleichlaufender Faserrichtung verleimt und unter hohem Druck gepreßt. Es findet hauptsächlich im Fahrzeugbau (Flugzeuge) und bei der Herstellung hochbeanspruchter Maschinenteile Verwendung; → Preßsperrholz, Lignostone.
Lignostone, das: ein hochverdichtetes Preßholz, das aus völlig fehlerfreiem, normal geradfaserigem Holz der Bu (oder Ul) hergestellt wird. Das L. eignet sich besonders für Drechslerprodukte; → Drechslerholz.
Liguster, der (*Ligustrum*): auch Rainweide. Etwa 50 Arten umfassende Gatt. aus der Pflanzen-Fam. der → Ölbaumgewächse (*Oleaceae*), die v. a. in der Alten Welt beheimatet ist. Es sind → sommer- oder → immergrüne → Sträucher mit gegenständigen, ganzrandigen Blättern und weißen, meist kleinen Blüten in endständigen Rispen (→ Blütenstand). Viele Arten werden für Ziersträucher (Hecken) kultiviert. Bei uns kommt in Hecken und Gebüschen vor:
Gemeiner Liguster, der (*Ligustrum vulgare* Linné): auch Gewöhnlicher L., Rain-, Beinweide, Zaunriegel, Hund-, Gimpelbeer, Bein-, Grießholz, Geißhülse, Hartriegel, Tintenbeer(strauch), Kengerte, Kingerte.
Verbreitung: Der G. L. ist über Süd-, West- und Mitteleuropa verbreitet, im Norden bis zur Nord- und Ostsee, im Osten bis in die mittlere Ukraine.
Standort: Der G. L. wächst an Waldrändern, sonnigen Hängen, in lichten Eichen- und Kiefernwäldern, Schneeheide-Kiefernwäldern und Alpenrosen-Latschengebüschen, west- und submediterranen Flaumeichen-Wäldern, wärmeliebenden mesophytischen Buchen- und Laubmischwäldern, sonnigen Hecken und Gebüschen (→ Charakterart des L.-Gebüsch), von der Ebene bis in Höhenlagen von 1400 m. Er liebt nährstoffreiche, kalkhaltige Böden und verträgt sowohl trockene als auch feuchte Standorte.
Merkmale: Der dichtbuschige, langsamwüchsige, bis 5 m hohe Strauch hat weitverzweigte Wurzeln, die leicht Schößlinge treiben. Auch durch → Stecklinge und Ableger (→ Absenker) ist er leicht vermehrbar. Die dünnen, langen, rutenförmigen, jungen Zweige sind grauoliv bis graubraun und sehr fein behaart; bald verkahlend. Kommen sie mit Erde in Berührung, bewurzeln sie sich leicht. Die kurzgestielten, ganzrandigen, lederartigen, lanzettlichen Blätter sind kahl und haben eine stark hervortretende Mittelrippe. Sie sind gegenständig oder zu dreien quirlig angeordnet, bis 6 cm lang und 2 cm breit, oberseits dunkelgrün, unterseits heller und verfärben sich im Herbst violett (→ Blattfarbstoffe). In milden Gegenden und in milden Wintern fallen die Blätter erst im Frühjahr zum Neuaustrieb ab. BZ: Ende Mai bis Juli. Die kleinen vierzähligen, grünlichweißen oder weißen, stark und schwer riechenden Blüten stehen in reichblütigen, endständigen, aufrechten, bis 6 cm langen Rispen. L.-Blüten sind Nachtfalterblüten. Die Früchte, erbsengroße, kugelige, anfangs grüne, später schwarze, glänzende Steinbeeren reifen im August und September. Sie sind meist zweifächerig, haben purpurrotes, violett färbendes Fleisch, violettbraune Samen und verbleiben bis in den Winter hinein am Strauch. Sie werden gerne von Drosseln gefressen und keimen erst ein Jahr nach der Frühjahrssaat.
Das feine und außerordentlich harte Holz findet bei der Herstellung von kleinen Drechslerarbeiten (→ Drechslerholz) und von Werkzeuggriffen Verwendung. Der Kern weist einen violetten Farbton auf.
Die schwarzen Beeren sind giftig und verursachen schwere Magen-Darm-Entzündungen, stärkste Durchfälle, Krämpfe und Kreislauflähmungen. Früher wurden sie zur Herstellung von Tinte und zum Schwarz- und Grünfärben verwendet. Die Rinde des G. L. diente zum Gelbfärben von Wolle und die Zweige zum Korbflechten. L.-Öl ist ein altbewährtes Mittel, das z. B. gegen Cellulitis verwendet wird. Die getrockneten Blätter (Frühjahr) und Blüten dienen zur Bereitung von Mundwasser bei chronischen Mund- und Halsentzündungen.

Reife Früchte des Gemeinen Ligusters

Der G. L. taugt wegen seines reich verzweigten Wurzelwerkes auch zur Bodenbefestigung an Rainen, Böschungen, Hängen und als Erstbesiedler auf mäßig trockenen Kalkböden. Er wächst auch in starkem Schatten, ist relativ

links: Feuerlilie (*Lilium bulbiferum*): rechts: Türkenbundlilie (*Lilium martagon*)

unempfindlich gegen Winddruck und verträgt auch Wildverbiß gut. Da er den Schnitt sehr gut verträgt, wird er häufig für Hecken verwendet. Diese bleiben auch im unteren Teil dicht und belaubt.

Ligusterschwärmer, der: → Schwärmer 2.

Ligustrum → Liguster.

Lila Dickfuß, der: → Schleierlinge 1.

Lilak, der: → Flieder.

Lilarötlicher Champignon, der: → Champignon 10.

Lilaschuppiger Pfifferling, der: → Leistlinge 1.

Liliaceae → Liliengewächse.

Lilie, die (Lilium): Gatt. der → Liliengewächse mit rd. 100 Arten in den gemäßigten Zonen der nördlichen Halbkugel. Es sind Zwiebelpflanzen mit meist einfachen Stengeln und trichterförmigen bis fast glockigen Blüten. Wildwachsend in unseren Wäldern sind die beiden nachstehenden und geschützten Arten anzutreffen:

1. Feuer-Lilie, die (*Lilium bulbiferum* L.): Die über die Mittelgebirge Mitteleuropas und über die Alpen verbreitete, häufig kultivierte und vielerorts auch aus Gärten verwilderte F. wächst an Waldrändern, auf Waldwiesen, in Saumgesellschaften, Gebüschen und Hecken, in Bergwäldern und auf Bergwiesen.

Die ausdauernde, 20 bis 80 cm hohe Pflanze wächst aus einer weißen Zwiebel. Der nicht beblätterte Stengel ist rot oder schwarz gefleckt. Die wechselständigen, linealischen Blätter von *L. b. ssp. bulbiferum* tragen in den Achseln häufig braune → Brutknospen; nicht jene von *L. b. ssp. croceum*. BZ: Mai bis Juli. Die sechs 4 bis 6 cm langen Blütenblätter sind gelbrot oder feuerrot (Name!), innen warzig rauh, dunkel gefleckt und neigen sich glockig-trichterförmig zusammen. Die → Staubblätter tragen rote → Staubbeutel.

2. Türkenbund-Lilie, die (*Lilium martagon* L.): auch Türkenbund, Goldwurz. Die fast über ganz Europa, hauptsächlich aber über Mittel-, Ost- und Südosteuropa verbreitete T. ist selten und wächst in lichten Laub- und Nadelwäldern, v. a. Buchenwäldern, Berg- und Schluchtwäldern, in subalpinen Hochstaudenfluren und Gebüschen sowie auf Gebirgswiesen, in den Alpen bis in Höhen von etwa 2500 m; schwache Ordnungs- →Charakterart der mesophytischen Buchen- und Laubmischwälder.

Die mehrjährige, 30 bis 100 cm hohe Pflanze – eine der schönsten Pflanzen unserer Heimat – wächst aus einer großen gelben bis goldgelben, eiförmigen, etwa 5 cm großen Zwiebel, die viele Schuppen aufweist. Der grüne, runde Stengel ist meist rotgefleckt mit in der Mitte des Stengels quirlständig genäherten, sonst wechselständigen Blättern. Diese sind dunkelgrün, länglich-spatelförmig oder breit-lanzettlich und etwa 15 cm lang. BZ: Juli bis August. Die in einer endständigen, lockeren Traube (→ Blütenstand) stehenden Blüten (drei bis zehn, selten mehr) sind nickend und blühen von unten nach oben auf. Sie haben sechs freie, 3 bis 6 cm lange fleischfarbene bis hellpurpurrote Blütenblätter mit dunklen Flecken, die zurückgerollt sind und so ein türkenturbanähnliches Aussehen haben. Die sechs Staubbeutel sind dunkelrot. Die T., die in Abständen von ein bis zwei Tagen erblüht und mehrere Tage frisch bleibt, verströmt einen süßlichen, nicht unangenehmen Duft. Obwohl auch Tagfalter die Blüten besuchen, sind es doch hauptsächlich Schwärmer, die, mit ihren langen Rüsseln den Nektar aus den Honigrinnen vom Grunde der Blüte holen.

Die Alchimisten des Mittelalters bereiteten aus der Zwiebel die für ihre vergeblichen Versuche vermeintliche Goldtinktur, die unedle Metalle in pures Gold umwandeln sollte. In früheren Zeiten benützte man auch eine Abkochung aus der Zwiebel, um den Kindern das Zahnen zu erleichtern.

Bereits im Altertum richtete sich die Aufmerksamkeit der Menschen auf die T. Bei dem römischen Dichter Ovid kann z. B. nachgelesen werden, daß die Göttermutter Juno durch Berührung der „Eisenhyazinthe", wie die Pflanze früher hieß, den Kriegsgott Mars erzeugt habe. Der botanische Name *martagon* deutet auf diesen antiken Gott hin. Der Besitzer einer Schuppenzwiebel der T. sollte im Kampf immer siegreich bleiben.

Liliencron, D. von → Wald in der Dichtung.

Liliengewächse (*Liliaceae*): → einkeimblättrige Pflanzen-Fam. mit rd. 3500 Arten in über 200 Gatt. Es handelt sich meist um ausdauernde → Kräuter mit Wurzelstöcken, Knollen oder Zwiebeln und meist radiären Blüten. Bekannte Gatt. sind u. a. → Einbeere, → Maiglöckchen, → Schattenblume, → Lauch, → Blaustern, → Lilie, → Tulpe, → Gelbstern, → Graslilie, → Zeitlose, → Germer, → Knotenfuß und → Simsenlilie.

Lilium → Lilie.

Limacidae → Egelschnecke.

Limba, das (*Terminalia superba*): tropisches Holz aus Mittel- und Westafrika. Es ist blaßgelb mit einem schwachen Olivschimmer, häufig jedoch auch mit unregelmäßigem, olivbraunem bis schwarzbraunem, auffällig gestreiftem Kern. Helles L. erinnert an europäische Ei, dunkles an Nußbaumholz. Das Holz ist dicht, leicht zu bearbeiten, jedoch bläueanfällig und nicht witterungsbeständig. Es ist gut geeignet als → Konstruktionsholz zum Innenausbau für mittlere Beanspruchungen, für Kunst- und Möbeltischlereien, für Fräs- und Schnitzarbeiten sowie für die Sperrholzindustrie.

Limbaum, der: → Ahorne 4.

Limnobiidae → Stelzmücken.

Limodorum → Dingel.

Limoniidae → Stelzmücken.

Linaria → Leinkraut.

Limpf: veraltete Bez. für die äußersten und hellgrünen Triebenden bei jungen Nadelholzbäumen.

Lindan, das: Wie viele andere Insektizide (→ Pestizide) gehört L. zu den chlorierten Kohlenwasserstoffen. Im Vergleich zu anderen chlorierten Kohlenwasserstoffen gilt L. als „relativ wenig giftig". Im Wasser löst es sich vergleichsweise gut – was unerwünschte Folgen mit sich bringt. L. wird von → Mikroorganismen abgebaut; über die Dauer dieses Prozesses gibt es unterschiedliche Angaben. Nach den Angaben einer Erzeugungsfirma soll die Hälfte nach drei bis sechs Monaten abgebaut sein. Das Institut für Umwelt- und Energieforschung Heidelberg (IFEU-Institut) gibt eine → Halbwertszeit von 12 bis 20 Monaten an. Chemisch betrachtet, handelt es sich beim L. um das Gamma-Isomer des Hexachlorcyclohexans (HCH). Das heißt, die Atome haben im L.-Molekül eine andere räumliche Anordnung zueinander als in den sonstigen Isomeren des HCH. Bei der L.-Produktion wird Chlorgas in Benzol geleitet und mit ultraviolettem Licht bestrahlt. Es entsteht zunächst einmal technisches HCH, ein Gemisch aus vier HCH-Isomeren (Alpha-, Beta-, Gamma- und Delta-Isomere). Das Gamma-Isomer wurde nach dem holländischen Chemiker von der Linden benannt, dem es als erstem gelang, L. von den anderen HCH-Isomeren abzutrennen. Dies war ein wichtiger Schritt, weil allein das L. tödlich auf Insekten wirkt. Die anderen Isomere sind als Schädlingsbekämpfungsmittel wirkungslos, für Umwelt und Gesundheit aber bedeutend gefährlicher. L. wird durch die Haut, den Magen-Darm-Trakt und die Atemwege relativ rasch in den Körper aufgenommen. Aus Versuchen mit Ratten folgern Fachleute, daß L. im akuten Fall „mittelgradig" giftig wirkt, langfristig dafür weniger. Erste Reaktionen bei einer akuten L.-Vergiftung zeigt das Zentralnervensystem mit Symptomen wie Übererregbarkeit, Zittern und Krämpfen. Der Einsatz von L. ist in der BR Dtschl. in Mühlen, in Mehlsilos, in Vorräten von Getreide und Getreideerzeugnissen verboten, ebenso der Einsatz gegen Borkenkäfer in geschälter Rinde und als Gieß- und Streumittel.

L. wirkt gegen Insekten als Fraß- und Atemgift, v. a. auf dem Kontaktweg, und führt damit zu irreversiblen Stoffwechselstörungen. Durch seinen hohen Dampfdruck dringt L. gut in den Boden ein und verteilt sich in der Luft. Für die Bekämpfung von Borkenkäfern ist das durchaus ein erwünschter Effekt. Mit den Borkenkäfern sterben aber dort, wo gespritzt wird, leider auch wichtige und nützliche → Bodenorganismen. Auf Fische und deren Nahrungstiere wirkt L. ebenfalls giftig. L. wird nicht nur in der Forstwirtschaft als Schädlingsbekämpfungsmittel eingesetzt. Der Industrieverband Pflanzenschutz zählt allein 80 Schädlingsbekämpfungsmittel auf, die diesen Wirkstoff enthalten. Mit L. werden z. B. Ameisen in Wohnungen, Kopfläuse, Pilzkrankheiten sowie Landwirtschafts- und Gartenschädlinge bekämpft. In Vorratsräumen entwest man mit diesem Wirkstoff Boden und Wände. Schafe werden gegen Hautparasiten durch HCH-haltige Bäder getrieben.

L i n d e n: siehe Seite 466 ff.

Linden-Ahorn-Wälder (*Tilio-Acerion* = *Tilio platyphylli-Acerion pseudoplatani*): Auch Ahorn-Linden-Mischwälder, Edellaubbaum-Mischwälder, Schatthangwälder, Hangschuttwälder, Steinschutthaldenwälder. Ein pflanzensoziologischer Verband der → Mesophytischen Buchen- und Laubmischwälder oder Rotbuchenwälder (*Fagetalia sylvaticae*). Die zu diesem Verband zählenden Edellaubbaum-Mischwälder treten azonal und relativ kleinflächig in den planaren, kollinen, montanen bis hochmontanen → Vegetationsstufen auf. Sie wachsen auf frischen nähstoffreichen Böden, an mehr oder weniger bewegten, block- und feinschuttreichen Hängen, Schuttströmen, Felsstürzen, auf nicht überschwemmten Alluvionen und Steinschutthalden mit boden- und luftfeuchten Tälern und Schluchtgründen. Dort herrschen für SLi, WiLi, BAh und SAh, BUl und Es günstigere Wuchsbedingungen als für die Bu, die auf dem feinerdearmen Material nicht Fuß fassen kann, erst recht nicht, wenn es bewegt ist. Mit der Bu fehlen dann auch typische Buchenwaldbegleiter, wie z. B. Waldmeister. SAh, SLi und BUl sind → Charakterarten dieses Verbandes. Das Laub der vorgenannten Arten lagert sich in den Spalten und Klüften, verrottet leicht und trägt zu einer guten Nährstoffversorgung bei. Zu den L. zählen die Eschen-Ahorn-Wälder oder Bergahorn-Mischwälder (Unterverband *Lunario-Acerenion pseudoplatani*), die von BAh, SLi, Es, BUl, Stacheliger Schildfarn, Fuchs-Greiskraut, Wildes Silberblatt, Quirlblättrige Weißwurz und Roter Hasenlattich geprägt sind, mit den Assoziationen → Eschen-Ahorn-Steinschutthangwald (*Fraxino-Aceretum pseudoplatani*), Mehlbeer-Bergahorn-Mischwald (*Sorbo ariae-Aceretum pseudoplatani*), → Hoch-stauden-Bergahorn-Wald oder Ulmen-Ahorn-Wald (*Ulmo glabrae-Aceretum pseudoplatani*) und Eschen-Mischwald oder Ahorn-Eschen-Wald (*Adoxo moschatellinae-Aceretum*). Für den Unterverband Ahorn-Linden Wälder, Thermophilen Sommerlinden-Mischwälder oder Thermophilen Linden-Hangschuttwälder (*Tilienion platyphylli*) sind SLi und WiLi, BAh und SAh, TrEi und Es charakteristisch. Ferner zählen

zum Verband L. noch der Unterverband Hasel-Buschwälder (*Clematido vitalbae-Corylenion avellanae*), in denen die Hasel als Baum und Busch auftritt, und der Unterverband Drahtschmielen-Edellaubholz-wälder oder Edellaubholzwälder (*Deschampsio flexuosae-Acerenion pseudoplatani*) auf Silikatsteinschutt-Hängen mit den dafür typischen Arten wie Drahtschmiele, Buschhainsimse, Dornfarn, Gemeiner Tüpfelfarn, Salbeigamander, Blaubeere, Wald-Bürstenmoos und Besenförmiges Gabelzahnmoos. Zu letzterem Unterverband zählt die Assoziation → Spitzahorn-Sommerlinden-(Steinschutt-)Wald (*Aceri-Tilietum platyphyllis myrtilletosum*).

Lindenblättrige Birke, die: → Birken 5.

Lindenblattwespe, kleine, die: → Blattwespen.

Lindengewächse (*Tiliaceae*): vorwiegend in tropischen Gebieten verbreitete Pflanzen-Fam. mit über 400 Arten in 45 Gatt. Es sind hauptsächlich Bäume und → Sträucher mit ungeteilten Blättern und regelmäßigen Blüten. Die bekannteste Gatt. ist die der → Linden.

Lindenhähnchen, das: → Laubheuschrecken 3.

Lindenprachtkäfer, der: → Prachtkäfer 5.

Lindenschwärmer, der: → Schwärmer 5.

Lindensichler, der: → Sichelflügler.

Linden-Ulmen-Ahorn-Wald, der: → Eschen-Ahorn-Steinschutthangwald.

Lindmanns Weißdorn, der: → Weißdorne.

Line → Cord.

Linienbock, der: → Bockkäfer 23.

linierter Laubnutzholzborkenkäfer, der: → Borkenkäfer 25.

linierter Nadelholzbohrer, der: → Borkenkäfer 20.

Linke, J. → Wald in der Dichtung.

Linnaea → Moosglöckchen.

Linnäe, die: → Moosglöckchen.

Linnahorn, der: → Ahorne 4.

Linne, die: → Ahorne 4.

Linné, Carl von (23.5.1707 bis 10.1.1778): Schwedischer Naturforscher und königlicher Leibarzt in Upsalla; schuf das nach ihm benannte künstliche Pflanzensystem (→ Systematik) und die noch heute gebräuchliche wissenschaftliche Benennung der Tiere und Pflanzen mit je einem lateinischen Gattungs- und Artnamen (binäre → Nomenklatur). Er schrieb u. a.: „Systema naturae" (1735), „Species plantarum" (1735).

◂◂ Carl von Linné; nachträglich colorierter Kupferstich von J. M. Bernigeroth aus dem Jahre 1749

Liosomaphis abietinum → Sitkalaus.

Lippenblütengewächse (*Laminaceae, Labiatae*, Labiaten): auch Lippenblütler. Weltweit verbreitete Pflanzen-Fam. mit rd. 200 Gatt. und über 300 Arten. Es sind dies meist → Kräuter, → Stauden oder → Halbsträucher mit vierkantigen Stengeln oder Zweigen, kreuzgegenständigen Blättern, zweiseitig symmetrischen Blüten (sog. Lippenblüten) mit zweilippiger Kronröhre und vierteiligem → Fruchtknoten, der sich zu vier einsamigen Teilfrüchtchen entwickelt. Viele von ihnen enthalten stark duftende → ätherische Öle und dienen deshalb als → Heil- und Gewürzpflanzen. Zu dem L. zählen u. a. die Gatt. → Dost, → Wirbeldost, → Salbei, → Ziest, → Minze, → Thymian, → Taubnessel, → Gamander, → Immenblatt, → Gundermann, → Günsel, → Helmkraut, → Hohlzahn, → Wolfstrapp und → Braunelle.

Lissabon-Konferenz: Vom 2. bis 4. Juni 1998 fand in Lissabon die 3. Ministerkonferenz zum Schutz der Wälder in Europa statt. Dort wurden gesamteuropäische Kriterien und Leitlinien für eine nachhaltige Waldbewirtschaftung auf operationeller Ebene beschlossen; → Helsinki-Prozeß.

Listera → Zweiblatt.

Listspinne, die: → Raupenspinne 2.

Liszt, Franz → Wald in der Musik.

Lithospermum → Steinsame.

Lizitation, die: alte Bez. für Holzversteigerung.

LN: Abk. für → landwirtschaftliche Nutzfläche.

Load, das: altes, im früheren Ostseehandel (Holzhandel) gebräuchliches englisches Raummaß. Bei behauenem → Schiffsbauholz bedeutete L. svw. 50 Kubikfuß, bei unbehauenem 40 Kubikfuß = 1,1326 m^3. Als Dielenmaß enthält das L. 600 Quadratfuß Dielen und Bretter zu 1 → Zoll, 400 Quadratfuß zu 1,5 Zoll, 300 Quadratfuß zu 2 Zoll, 240 Quadratfuß zu 2,5 Zoll, 200 Quadratfuß zu 3 Zoll, 170 Quadratfuß zu 3,5 Zoll und 150 Quadratfuß zu 4 Zoll Dicke; → Fuß.

Lobaria pulmonaria → Lungenflechte.

Lochbaum, der: → Lachbaum, Waldzeichen.

Lochen, das: alte lokale Bez. (Sechsämterland) für das Einstemmen von → Beuten.

Löcherhieb, der: in der Forstwirtschaft Bez. für eine → Hiebsart (Femelhieb, Femelschlag), die Lücken in einen geschlossenen Altbestand (Erntebestand) schlägt; → Verjüngungsverfahren, Kesselhieb.

Löcherpilze (*Polyporaceae*): Pilzart, die zu den → Basidienpilzen gehört. Bei den L. ist die Fruchtschicht von innen mit Löchern durchsetzt; → Porlinge.

Lochfäule, die: → Weißlochfäule.

Linden

Gattung
Die Linden sind eine Gattung (*Tilia*) aus der Familie der → Lindengewächse (*Tiliaceae*) mit über 30 Arten in der nördlichen gemäßigten Zone der Erde. Sie sind wahrscheinlich seit der oberen Kreide (→ Erdzeitalter) verbreitet. Während der Wärmezeit, vor ca. 8000 bis 4000 Jahren, reichte ihr Vorkommen weiter nach Norden bis Norddeutschland (Sommerlinde) und Mittelskandinavien (Winterlinde) sowie nach Osten. Die Silberlinde, eine südosteuropäische Pflanze, war damals auch bis Ost- und Mitteleuropa verbreitet. Linden waren zusammen mit Ulmen, Eschen und Bergahorn Bestandteil des Eichenmischwaldes. Mit der beginnenden Klimaverschlechterung wurden sie langsam von der Buche zurückgedrängt.
Der Name „Linde" ist mittelhochdeutsch und mittelniederländisch, abgeleitet vom althochdeutschen „linta", dem angelsächsischen „lind(i)a" und dem angelsächsisch-altnordischen „lind", dem gemeingermanischen Namen für diesen Baum. Den Namen *Tilia* gab schon Vergil (Publius Vergilius Marco, 70 – 19 v. Chr.) der Linde.
Linden sind sommergrüne Bäume, die bis zu 40 m hoch und bis 1000 Jahre alt werden können. Die Laubblätter sind wechselständig (→ Blattstellung) zweizeilig gestellt und langgestielt; die → Nebenblätter hinfällig. Das Laub zersetzt sich binnen zwei Jahren.
Die wohlriechenden, zwittrigen proterandrischen (d. h. die männlichen Blütenteile reifen vor den weiblichen) Blüten werden durch Insekten (insbesondere Bienen, aber auch durch Hummeln, Fliegen und Schwebfliegen) bestäubt.
Die Insekten sammeln die Pollen (Blütenstaub) und den Nektar, der am Grunde der → Kelchblätter von Haar-Nektarien abgesondert wird, wobei der am Abend gesammelte Nektar den höchsten Zuckergehalt aufweist. Lindenblütenhonig ist eine geschätzte Spezialität. Die gegen Abend besonders intensiv duftenden Blüten erscheinen erst, nachdem der Baum vollständig belaubt ist. Die Blüten sind weißlich oder gelblich und meist zu langgestielten, hängenden, kleinen Trugdolden (→ Blütenstand) angeordnet, deren Stiel mit dem unteren Teil des flügelartig vergrößerten, hellgrünen Vorblattes verwachsen ist. Es dient später dem Fruchtstand, der bei der Reife als Ganzes abfällt (vom Oktober bis zum Frühjahr), als Flugorgan. Die Frucht ist eine kleine einsamige → Kapselfrucht (Nüßchen). Die Vermehrung erfolgt durch Samen; die Holländische Linde ist gelegentlich steril und wird vegetativ vermehrt.

Sommerlindenblätter und -blüten

Auf Linden außerhalb der Städte kann sich ein artenreicher Flechtenbewuchs (→ Flechten) befinden, der als Reinluftanzeiger (→ Bioindikator) angesehen wird. Ferner sind Linden die Wirtspflanze des Lindenschwärmers (→ Schwärmer 5.). Auch Gallenbildungen (→ Gallen) kommen häufig vor. Am häufigsten sind die → Hörnchengallen, die auf der Blattoberseite durch die → Gallmilbe *Eriophyes tiliae tiliae* verursacht werden.

Holz und Rinde
Das Holz (→ Reifholz) der Linde ist sehr weich und leicht und wird gerne zum Schnitzen und in der Bildhauerei verwendet. Als Bast werden die unter der äußeren Rinde liegenden Fasern (die sekundär gebildete Rinde) bezeichnet, aus der früher Seile hergestellt wurden. Auch die Fasern in der Rinde wurden im Obstbau und in Gärtnereien zum Binden (Bindebast) verwendet. Im 5. und 6. Jahrhundert v. Chr. verwendeten die Angelsachsen Seile und Stricke aus Bast auf ihren Schiffen. Auch die nordamerikanischen Indianer gebrauchten Seile dieser Art.

Bedeutung als Heilpflanze
Lindenholzkohle ist eine gute Zeichenkohle und hat zudem eine große Heilkraft bei Erkrankungen des Magen-Darmkanals. Äußerlich angewandt, wirkt sie bei „offenen Beinen" wundreinigend und fördert die Abheilung. Lindenblütentee ist seit dem 16./17. Jahrhundert ein beliebtes Hausmittel. Gesammelt werden die ganzen Blütenstände – tauglich sind nur die Blüten reiner Arten – im Juni/Juli, die dann im Schatten getrocknet werden. Sie enthalten → ätherisches Öl, Flavonoide, Gerbstoff, Mangan, Schleimstoffe und Zucker, wirken schweißtreibend, krampflösend, fiebersenkend und schlaffördernd. Lindenblütentee wird bei Grippe, Erkältung, Halsentzündung, Nieren- und Blasenkatarrh, Bronchitis, Kopfschmerzen, Magenverstimmung, Rheumatismus und Schlaflosigkeit gereicht. Die Rinde (ohne Kork), die im Wasser extrahiert wird, wird als ein die Gallesekretion anregendes Mittel gebraucht.

Mythologie und Brauchtum
Bei den Germanen und Slawen spielte neben der Eiche die Linde im Volksglauben, in Sagen und Dichtung eine wichtige Rolle. Noch bis in die jüngste Zeit fanden sich in Mittel- und Osteuropa zahlreiche Feme-, Gerichts-, Blut- und Geisterlinden. Die Sage geht, daß kein Blitzstrahl die Linden zu treffen wage, weil sie Wodans Gemahlin Frigga (Göttin der Fruchtbarkeit) geweiht ist; auch vor bösen Geistern soll sie Schutz bieten. Seit der Zeit der Germanen fanden Feste, Trauungen und Versammlungen bevorzugt unter Dorf-, Brunnen- und Burglinden (meist Sommerlinden) statt. Fast kein Dorf und keine Gemeinde war früher ohne die Dorflinde.

Mancher Aussichtspunkt in der Ebene oder im Hügelland wird von einer Linde gekrönt, während im Voralpenland und Bergland häufig ein Bergahorn diesen Platz einnimmt. Zahlreiche Ortsnamen (zum Beispiel Linden, Lindau, Lindenfels, Linderhof, Hohenlinden, Schönlind) zeugen heute noch davon, welche bedeutende Rolle die Linde in der Vergangenheit in Deutschland gespielt hat. Daneben leiten sich auch Personennamen, wie zum Beispiel Lindinger, Lindner, von dieser Baumart ab.

▸▸ Lindenallee zum Schloß Ortenburg (Niederbayern)

1. Sommerlinde
Die Art *Tilia platyphyllos* Scopoli = *T. grandifolia* Ehrh. wird auch Großblättrige Linde, Wasser- oder Graslinde genannt. Der Zusatz *platyphyllos* ist abgeleitet von den griechischen Worten *platys* = breit und *phyllon* = Blatt und weist auf die breiten Blätter hin.

Verbreitung
Die Sommerlinde, eine mittel- und südeuropäische Pflanze, ist über West-, Mittel-, Süd- und Südosteuropa bis in die Ukraine, zum Kaukasus und nach Kleinasien verbreitet. Im Westen und Süden der Iberischen Halbinsel, in Skandinavien, auf Sizilien und Sardinien fehlt sie. Auf den Britischen Inseln, in Belgien und den Niederlanden wurde sie eingebürgert.

Standort
Die Sommerlinde ist eine Schatt(en)baumart (je besser der Standort, desto mehr Schatten erträgt sie) und wächst in der kollinen, seltener montanen → Vegetationsstufe, zerstreut in Laubmischwäldern (Linden-Ahorn-, Buchen-Linden-Bergwäldern und Eschen-Ulmen-Ahorn-Schluchtwäldern) sowie Gebüschen, in milden, sommerwarmen Lagen; reine Sommerlindenwälder sind nur im östlichen Teil des Verbreitungsgebietes zu finden. Die Sommerlinde gedeiht an steilen Hängen, in Schluchten, unter Felsen, auf schattigen Geröllhalden, auf flach- bis tiefgründigen, sickerfrischen, nährstoff- und basenreichen, meist kalkhaltigen bis mäßig sauren, oft bewegten, steinigen und lehmigen Böden (Mullböden). Hinsichtlich Licht, Wärme, Luftfeuchtigkeit und Bodenbeschaffenheit stellt sie höhere Ansprüche als die Winterlinde, ist jedoch gegen Frost und Dürre empfindlich. Sie ist vom Hügelland bis in Höhen von 1000 m im Gebirge anzutreffen. Von der Sommerlinde gibt es auch zahlreiche Gartenformen, die sich hinsichtlich der Wuchs- und Blattform unterscheiden.

Merkmale
■ Der sommergrüne Baum (seltener Strauch) wird in der Regel groß und stattlich. In der Jugend wächst er rascher als die Winterlinde und erreicht eine Höhe bis zu 35 m (in Ausnahmefällen bis zu 40 m)und ein Alter von 1000 und (angeblich) mehr Jahren. Im Bestandsschluß (→ Schluß) wächst die Sommerlinde in der Regel zu einem hohen, schlankschäftigen Baum mit astfreiem, walzenrundem Stamm und hoch angesetzter, hochgewölbter, relativ schlanker Krone. Im → Freistand strebt sie weniger in die Höhe, vielmehr bildet sie hier häufig einen geraden, bei älteren Exemplaren sehr dicken, 4 bis 5 m starken Stamm mit mächtiger, rundlicher, dichtverzweigter und tief angesetzter Krone. Sie ist ein Tief- (Bodenbefestiger) bzw. Intensivwurzler. Sie bildet eine dicht verzweigte Herzwurzel, die auch tief in schwere Böden einzudringen vermag, mit zahlreichen Feinwurzeln bereits unmittelbar am Stock. Ihr Ausschlagsvermögen (→ Stockausschlag) ist durch die Bildung von → Adventivknospen am Stock und an den Wurzeln sehr hoch; Wurzelbrut bildet sie seltener.
■ Die graue bis dunkelgraue oder schwarzbräunliche Rinde ist mit feinen, längsverlaufenden Rissen und Furchen (mitunter auch flachen Leisten) durchsetzt. Die strahlig abgehenden Äste zeigen steil aufwärts und wenden sich nur im unteren Teil auch erdwärts. Die jungen schattenseits oliv- bis gelbgrünen und lichtseits rotbraunen Zweige wachsen → sympodial. Sie sind samtig behaart (Behaarung meist auf die Spitzenregion beschränkt; im zweiten Jahr dann kahl) oder auch kahl. Die zahlreichen kleinen und länglichen Lentizellen weisen eine hellbraune bis graubraune Färbung auf. Die Endknospen sind schmal- bis breit-eiförmig, seitlich etwas zusammengedrückt, 6 bis 8 mm lang und meist zugespitzt; die ebenso großen und gleich geformten Seitenknospen stehen vom Zweig ab. Die ungleich großen, eiförmigen bis schief-eiförmigen Knospenschuppen sind lichtseits glänzend purpurrot bis rotbraun, schattenseits gelbgrün bis oliv, kahl oder an der Spitze fein behaart.
■ Die zweizeilig gestellten, wechselständigen, herzförmigen Blätter sind etwa 5 bis 15 cm lang und ebenso breit, am Grunde oft leicht asymmetrisch (schief-herzförmig) und vorne zugespitzt. Im Kronenbereich sind sie häufig etwas kleiner, an den → Wasserreisern aber auffallend groß (bis 25 cm lang). Sie sind weich, beidseits kurz behaart (oberseits meist verkahlend), oberseits matt dunkelgrün, unterseits heller graugrün mit hellen weißlichen Haarbüscheln in den Nervenwinkeln (Achselbärtchen; → Domatien). Der abwärts gebogene Blattrand ist scharf kerbig gesägt mit nach vorne weisenden Zähnen; der flaumig-behaarte Blattstiel mißt eine Länge von 3 bis 5 cm (kürzer als die Blattspreite).
■ Die Sommerlinde erreicht im Freistand mit 15 bis 20 Jahren (im Bestandsschluß mit 20 bis 30 Jahren) die Mannbarkeit und blüht dann – besonders die freistehenden Bäume – fast jährlich. Sie blüht im Juni etwa 10 bis 14 Tage vor der Winterlinde. Die einzelne, zwittrige Blüte hat fünf länglich-eiförmige, 3 bis 4 mm lange Kelchblätter, fünf bis zu 8 mm lange, gelblich-weiße, kahle Kronblätter, 25 bis 40 Staubblätter (keine Staminodien vorhanden) und einen oberständigen, dicht weiß-behaarten, kugeligen Fruchtknoten mit unbehaartem Griffel und fünf Narbenlappen. Die gestielten Blüten befinden sich (jeweils zwei bis fünf Stück, meist drei) in einem hängenden, traubigen oder rispigen Blütenstand (Trugdolde), dessen Stiel etwa zur Hälfte mit einem länglich-ovalen, häutigen, grünlichgelben, ca. 7 bis 10 cm langen und ca. 1,5 cm breiten, kahlen oder fein behaarten Hochblatt (Tragblatt) verwachsen ist. Die Blüten sind eine gute Bienenweide. Die Bienen sammeln den Nektar (Lindenblütenhonig) und auch die Pollen.
■ Die → Kapselfrüchte, stark verholzte, dickwandige Nußfrüchte, die im September reifen, sind länglich-kugelig, graubraunfilzig-behaart, ca. 8 bis 10 mm lang und ca. 7 bis 8 mm breit, weisen drei bis fünf hervortretende Kanten auf, sind größer als die der Winterlinde und zwischen den Fingern nicht zerdrückbar. Sie bleiben noch einige Zeit an den Zweigen hängen, fallen dann von Oktober bis Dezember ab und können mit ihrem Flugblatt ansehnliche Strecken zurücklegen. Der Samen keimt erst im auf die Reife folgenden zweiten Jahr. Die → Keimblätter sind gestielt, handförmig gelappt; die Lappen sind länger und spitzer als bei den Keimblättern der Winterlinde. Ansonsten ist der Keimling dem der Winterlinde sehr ähnlich.

Blätter und Blüten der Winterlinde

Holz
Das Holz hat einen breiten, gelblichweißen → Splint und einen etwas dunkler getönten → Kern (→ Reifholz). Es hat eine gleichmäßige Textur, ist dichtfaserig, elastisch, zäh, leicht spaltbar, trocknet rasch und schwindet mäßig. Es ist noch leichter als das Holz der Winterlinde, aber etwas weniger hochwertig als jenes. Es ist sehr gut zu bearbeiten, hat einen leichten Seidenglanz und findet in der Bildhauerei, Drechslerei und Tischlerei Verwendung; ferner werden daraus Bilderrahmen, Zigarrenkistchen, Spielsachen, Zündhölzer, Bleistifte, Holzwolle und Zellulose hergestellt.

2. Winterlinde
Die Art *Tilia cordata* Miller = *T. parvifolia* Ehrh. = *T. ulmifolia* Scop. wird auch Steinlinde, Kleinblättrige Linde, August-, Bastholz-, Schmeer-, Brand- und Berglinde genannt. Der lateinische Zusatz *cordata* ist abgeleitet von *cor* = Herz und bezieht sich auf die herzförmigen Blätter; *parvifolia* ist abgeleitet von *parvus* = klein und bezieht sich auf die Größe der Blätter.

Verbreitung
Die Winterlinde, eine europäische Pflanze, ist in Europa weitverbreitet, von Großbritannien und den Pyrenäen bis zum Ural, der Krim und dem Kaukasus. Sie ist weiter nach Norden und Osten verbreitet als die Sommerlinde. Im nördlichen Tiefland ist sie seltener, in Nordskandinavien fehlt sie, ferner auch auf der südlichen Balkanhalbinsel.

Linden

Standort
Die Halbschatt-Schattenpflanze wächst in der kollinen, seltener montanen → Vegetationsstufe in Laubmischwäldern (Eichen-, Eichen-Hainbuchen-, Ahorn-Eschen-Wäldern, Ahorn-Hangwäldern und Eichen-Auenwäldern), vergesellschaftet mit Hainbuche, Traubeneiche und Stieleiche, Esche, Mehlbeere, Bergulme, Kirsche und Waldkiefer, im Süden mit Kastanie, Hopfenbuche und Zerreiche. Reine Bestände bildet sie nur im östlichen Teil ihres Verbreitungsgebietes. Die größten Vorkommen finden sich in Deutschland im Hessischen Bergland, im Kottenforst bei Bonn sowie im Pfälzer Wald. Sie gedeiht auf frischen bis mäßig trockenen, kräftigen, flach- bis (meist) tiefgründigen, lockeren, basenreichen bis mäßig sauren, humosen, gern sandig-steinigen, meist kalkhaltigen Lehm-, Löß- und Tonböden in geschützten, milden, sommerwarmen Lagen, an steilen Hängen, in Schluchten und an Waldrändern. Trockene, flachgründige Standorte sagen ihr weniger zu. Sie ist etwas klimahärter als die Sommerlinde und von der Ebene bis in mittlere Gebirgslagen sowie in den Alpen in Höhen bis 1500 m anzutreffen. Zudem wird sie auch als Allee- und Parkbaum gepflanzt.

Winterlinde
(Tilia cordata)

Merkmale
■ Der mittelgroße bis große sommergrüne Laubbaum erreicht eine Stammstärke von etwa 2 m und ein Alter von über 1 000 Jahren. Sein Höhenwachstum ist anfangs gering, später auch nur mäßig und mit 150 bis 180 Jahren abgeschlossen, wobei er im Freistand eine Höhe von etwa 20 m und im Bestandsschluß von etwa 25 bis 30 m erreicht. Die Winterlinde hat im Bestandsschluß einen schlanken, langen, walzigen, astfreien Stamm mit hoch angesetzter, schlanker Krone. Im Freistand ist der Stamm deutlich kürzer und dicker mit tief angesetzter, dichter, umfangreicher, etwas unregelmäßiger Krone. Sie wird insgesamt nicht so stattlich wie die Sommerlinde.

■ Die Winterlinde zählt zu den Tiefwurzlern und bildet anfangs eine Pfahlwurzel, später kräftige, tief- und flachstreichende Seitenwurzeln; ihr Ausschlagvermögen ist beträchtlich, und am unteren Stammbereich kommt es häufig zur Maserbildung (→ Maserung). Die Rinde ist bei jungen Bäumen glatt, grau bis graubraun, bei älteren wird sie zu einer braun- bis schwarzgrauen, von flachen Längsfurchen und breiten Rissen durchzogenen, grob gefelderten, eichenähnlichen Borke (→ Tafelborke).

■ Die kräftigen Äste sind steil aufstrebend und dicht verzweigt. Die Zweige sind grünbraun bis graubraun. Die jungen hell- bis rotbraunen oder olivgrünen, häufig nur einseitig geröteten und anfangs behaarten, bald verkahlenden Zweige wachsen → sympodial. Die nicht sehr zahlreichen, kleinen, runden bis ovalen Lentizellen sind schwärzlich oder heller mit dunklem Rand. Die eiförmigen, seitlich etwas zusammengedrückten Endknospen sind 4 bis 6 mm lang und damit nur geringfügig größer als die vom Zweig abstehenden Seitenknospen. Die ungleich großen Knospenschuppen sind kahl, lichtseits rotbraun glänzend, schattenseits olivgrün und häufig rot überlaufen.

■ Die wechselständigen, zweizeilig gestellten Laubblätter sind relativ derb, breit herzförmig, vorne zugespitzt, etwa 4 bis 8 cm lang und ebenso breit, häufig auch etwas breiter. Sie sind oberseits glänzend satt- bis dunkelgrün und kahl, unterseits matt blaugrün, auf den Adern behaart und mit rostbräunlichen Achselbärtchen. Der Blattrand ist regelmäßig fein und scharf gesägt und nach oben gebogen, der Blattstiel ist etwa 2 bis 4 cm lang und kahl.

■ Die Winterlinde erreicht im Freistand mit 20 bis 30 Jahren (im Bestandsschluß mit 30 bis 35 Jahren) die Mannbarkeit und hat dann fast alljährlich Samenjahre. Die Winterlinde blüht im Juni/Juli etwa 10 bis 14 Tage nach der Sommerlinde. Die zwittrigen Blüten bestehen aus fünf eiförmigen, 3 mm langen, gelblich-grünen Kelchblättern, fünf gelblich-weißen, 4 bis 8 mm langen Kronblättern, bis zu 30 Staubblättern (keine Staminodien vorhanden), einem oberständigen, kugeligen, behaarten Fruchtknoten und stabförmigem Griffel mit gelblichen, schwach gespreizten Narbenlappen.

■ Die duftenden Blüten sind (jeweils drei bis zehn bzw. 15 Stück) zu einer meist aufrechten, aber auch hängenden Trugdolde angeordnet, deren Stiel zum Teil mit dem häutigen, gelblich-grünen, flügelartigen, bis 8 cm langen und 1,5 cm breiten Hochblatt verwachsen ist, das nicht bis zum Grund des Blütenstandstieles reicht. Die Früchte, etwa 6 mm große, kaum gerippte, ein- bis zweisamige, dünnschalige (zwischen den Fingern zerdrückbare) Nüßchen reifen im September/Oktober und fallen im Herbst und Winter ab. Sie sind zu ca. 55 Prozent keimfähig; sie keimen erst im auf die Reife folgenden zweiten Jahr. Die gestielten Keimblätter sind handförmig gelappt. Die Erstlingsblätter sind länglich-herzförmig, zugespitzt, gesägt und gestielt.

Waldbau
Forstlich spielt die Winterlinde eine größere Rolle als die Sommerlinde, da sie gegen Spätfröste unempfindlicher ist und geringere Ansprüche hinsichtlich Licht und Wärme stellt. Sie ist gut für den → Nebenbestand bei Kiefer und Eiche geeignet. Von Blattläusen wird sie weniger befallen als die Sommerlinde.

Holz
Das Holz ist biegsamer, dichter, fester und damit hochwertiger als das der Sommerlinde, es schwindet jedoch auch stärker. Das beliebte Schnitzholz findet dieselbe Verwendung wie das Holz der Sommerlinde. Das aus dem fettreichen Samen gewonnene Öl hat etwa die gleiche Qualität wie Olivenöl.

3. Holländische Linde
Tilia x europaea L. = *T. x vulgaris* Hayne, auch Bastardlinde genannt, ist ein natürlich entstandener fruchtbarer → Bastard zwischen Sommerlinde und Winterlinde. Sie wird in Städten, großen Gärten, Parkanlagen und als Straßenbaum angepflanzt, wo sie jedoch wegen ihrer zahlreichen → Wurzelbrut oft Probleme bringt.

Merkmale
Die Holländische Linde wird ein stattlicher Baum mit großer, gewölbter, dicht und stark verzweigter, unregelmäßig aufgebauter Krone, erreicht eine Wuchshöhe von 40 m (in Ausnahmefällen von fast 50 m) und übertrifft damit ihre Eltern. Die meisten Merkmale der Holländische Linde stehen fast genau in der Mitte zwischen den Elternarten. Der Stamm bildet viele dicke, bärtige Maserknollen, die noch intensiver werden, wenn man sie abnimmt. Rund um die Basis bildet sich zahlreiche Wurzelbrut. Die mattgraue und längsrissige Rinde (bei jungen Bäumen ist sie noch glatt) wird von flachen Leisten und Furchen durchzogen. Die jungen, grünen und glatten Zweige weisen nur gelegentlich etwas Behaarung auf. Die ca. 7 mm langen, eiförmigen und meist glatten Winterknospen besitzen rötlich-braune Knospenschuppen. Die symmetrischen, breit-ovalen, am Grunde herzförmigen, vorne kurz zugespitzten, 6 bis 10 cm langen, oberseits mattgrünen und unterseits helleren Laubblätter haben weißlich-bräunliche Haarbüschel in den Achseln der Blattnerven (Achselbärtchen). Der Blattrand ist gezähnt, der 3 bis 5 cm lange Blattstiel glatt und grün. Die Holländische Linde blüht im Juli, die gelblich-weißen Blüten hängen (jeweils fünf bis zehn Stück) in langgstielten Blütenständen. Die gelblichgrünen länglichen Tragblätter (→ Hochblätter) der Blütenstände sind auf der Mittelrippe leicht behaart. Die Kapselfrüchte sind leicht eiförmig bis kugelig, etwa 8 mm lang und fast ebenso breit, leicht gerippt (undeutlich kantig), behaart und vorne grundet. Samen werden selten ausgebildet.

4. Silberlinde
Tilia tomentosa Moench = *T. argentea* DC wird auch Ungarische Silberlinde genannt. Der Name Silberlinde weist auf die silbrig-grüne Blattunterseite hin; der Zusatz „Ungarische" auf ihre Heimat. Die lateinische Bezeichnung *tomentosa* bedeutet dicht, wollig oder filzig und bezieht sich auf die Triebe und die Blattunterseiten.

Verbreitung
Die Silberlinde ist in Asien, in Südosteuropa von der Balkanhalbinsel bis zur Westukraine sowie in Nordungarn verbreitet und dort waldbildend. Bei uns wird sie seit über 200 Jahren als Park-, Zier- und Straßenbaum gepflanzt, wo sie freistehend zu mächtigen Bäumen heranwächst und wegen ihres breit-pyramidenförmigen Wuchses in Alleen in geringeren Abständen als andere Lindenarten gepflanzt werden kann. Während der Wärmezeit, vor ca. 8000 bis 4000 Jahren, reichte ihr Verbreitungsgebiet bis Mittel- und Osteuropa, was durch fossile Funde bewiesen ist.

Standort
Die Silberlinde gedeiht auf mittel- bis tiefgründigen, nährstoff- und basenreichen, oft kalkhaltigen, sandigen oder steinigen Lehmböden, bildet keine reinen Bestände, sondern wächst in unterschiedlich zusammengesetzten Laubmischwäldern, oft vergesellschaftet mit Flaumeiche, Zerreiche, Nuß, Burgenahorn, Kastanie, Roßkastanie, Hainbuche, Hopfenbuche, Esche und Elsbeere. Sie verträgt Sommertrockenheit und kalkhaltigen Boden gut und stellt auch keine hohen Anforderungen an die Luftfeuchtigkeit. Angeblich besitzt sie auch eine höhere Widerstandsfähigkeit gegen Abgase und Rußablagerungen als andere einheimische Lindenarten.

Merkmale
■ Der ansehnliche, mittelgroße bis große sommergrüne Baum ist sehr schnellwüchsig (schnellwüchsiger als die Sommerlinde) und erreicht eine Wuchshöhe bis zu 30 m. Der gerade Stamm trägt eine schöne, kugelig gewölbte oder breit-pyramidenförmige Krone. Die Äste sind ziemlich tief am Stamm angesetzt und nach oben aufsteigend, sehr variabel, meist jedoch ziemlich gerade. Die Rinde ist bei jüngeren Bäumen grünlich-grau und relativ glatt, später wird sie zu einer silbergrauen bis dunkelgrau-grünlichen, von einem Netzwerk feiner, flacher Leisten und Furchen überspannten Borke.

■ Die Triebe sind mehr oder weniger graugrün, schwach hin- und hergebogen, dicht weißfilzig behaart und verkahlen spätestens im dritten Jahr (sie sind dann graubraun). Die Korkwarzen (→ Lentizellen) sind sehr klein. Die 4 bis 7 mm langen Winterknospen sind eiförmig, mit nur zwei braunen bis grünlichen, graubraun flaumig behaarten Knospenschuppen. Die Endknospe fehlt, häufig täuscht jedoch die oberste Seitenknospe diese vor.

■ Die zweizeilig gestellten, wechselständigen Laubblätter sind rundlich, schief-herzförmig, am Grunde deutlich asymmetrisch und vorne zugespitzt (aufgesetzte Spitze). Sie sind ca. 7 bis 12 cm lang und ebenso breit, oberseits dunkelgrün, matt, leicht runzelig, anfangs behaart, später fast kahl, unterseits dicht mit Sternhaaren besetzt, erscheinen dadurch weißfilzig und silbergraugrün (ein Merkmal, das dieser Linde den Namen gab) und haben eine deutliche Aderung ohne Achselbärte. Der gezähnte oder gesägte Blattrand besitzt überwiegend nach vorne weisende Zähne. Der ca. 2 bis 4,5 cm lange Blattstiel weist ebenfalls eine weißlich flaumige Behaarung auf.

■ Die behaarten Blätter schrecken → Blattläuse ab. Im Herbst färben sie sich intensiv goldgelb (→ Blattfarbstoffe). Die Silberlinde blüht im Juli. Die angenehm duftenden, zwittrigen Blüten bestehen aus 7 bis 8 mm langen, eiförmigen, hellgelben → Kronblättern, die nur geringfügig länger als die Kelchblätter sind, sowie aus zahlreichen goldgelben → Staubblättern, von denen stets einige steril sind (Staminodien), und aus einem behaarten → Fruchtknoten.

Silberlinde
(Tilia tomentosa)

Die Blüten stehen (jeweils fünf bis zehn Stück) in hängenden, rispenartigen Blütenständen, deren Achse bis über die Hälfte mit einem silbrig-grünlichweißen, lanzettlichen bis länglich-ovalen, behaarten, bis 9 cm langen Tragblatt verwachsen ist.

■ Der Nektar kann eine für Bienen und Hummeln unverträgliche Zusammensetzung annehmen, was auf Zuckerarten zurückzuführen ist, die in trockenen Jahren in anormal hohen Mengen gebildet werden können. Deshalb findet man gelegentlich eine erhöhte Anzahl taumelnder oder toter Bienen und Hummeln unter blühenden Silberlinden. Diese Vergiftungserscheinungen können auch bei anderen Linden vorkommen. Die Früchte, einsamige Nußfrüchte, die graubraun, eiförmig bis fast kugelig, dickschalig, 6 bis 10 mm lang und 5 bis 6 mm breit, schwach fünfrippig, etwas warzig und filzig-behaart sind, fallen nach der Reife im September/Oktober ab. Die Keimblätter ähneln denen der Winterlinde; die darauf erscheinenden Erstlingsblätter sind jedoch weißfilzig.

Lochpflanzung, die: → Pflanzverfahren.
Lochtaube, die: → Wildtauben 2.
Löcken, die: Unterart der BKie; → Kiefern 1.
locker → Kronenschluß, Beschirmungsgrad.
Lockstoffallen → Pheromonfallen.
Loden, der: alte Bez. für eine → Schonung bzw. für einen → Ausschlagswald.
Loden (Lohden): **1**) Bez. für die Stock- und Wurzelausschläge (Stock-L., Wurzel-L.); → Stockausschlag. **2**) die zwischen 0,31 m bis 1,50 m hohen und kräftigen Laubholzpflanzen, die i. d. R. nach einmaligem Versetzen im Pflanzbeet (→ Verschulpflanze) zur → Nachbesserung bei einer künstlichen oder natürlichen → Verjüngung benötigt werden. 31 bis 50 cm sog. Halb-L., 51 bis 100 cm sog. L., 101 bis 150 cm sog. Stark-L.
Löffelholz-Colberg, Sigmund Friedrich, Freiherr von (27.8.1807 Nürnberg bis 4.10. 1874): L., Revierförster in Lichtenhof, schrieb u. a.: „Forstliche Chrestomathie ... etc." (1866 – 1874), „Praktische Anweisung zum Holzanbau durch Pflanzung ... etc." (1832), „Beitrag zu einer kritischen Nachweisung über die Schüttekrankheit der Föhre oder Kiefer ... etc." (1865).
Loh, der, das: alte Bez. für Buschholz bzw. → Gebüsch, aber auch für ein Waldstück mit gemischtem Besitzrecht; → Lohwald.
Lohden → Loden.
Lohe, die **1**) Bez. für eine Baumrinde zum Gerben; → Lohrinde. **2**) svw. → Lohwald.
Loheiche, die: → Eichen 1.
Loheisen, das (Stoßeisen): ein ähnlich dem → Lohlöffel früher verwendetes großes Schälinstrument zum Entrinden von Eichenaltholz. Das L. hat einen spatenähnlichen Griff, ist etwa gleich lang wie der Spaten und am Ende mit einer meißelähnlichen Spitze versehen. Mit dem L. oder Stoßeisen stieß der Rindenschäler vom Stockende aus einen bis auf das Holz hinabreichenden, möglichst langen Schlitz durch die Rinde, und zwar in Längsrich-

Loheisen

tung des gefällten Stammes. Von diesem Schlitz aus wurde mit Hilfe des L. und der Hände die Rinde in zusammenhängenden breiten Schalen abgelöst. Ein geübter Rindenschäler schälte etwa vier bis fünf starke Ei an einem Tage. Berücksichtigt muß dabei werden, daß knorriges und krumm gewachsenes Astholz vor dem Entrinden immer geklopft werden mußte, damit sich die Rinde in Streifen ablöste.
Lohhecke, die: → Eichenschälwald, Lohheckenwirtschaft.
Lohheckenwirtschaft, die: früher eine besondere Form der Haubergswirtschaft (→ Hauberge) im Rhein- und Moseltal. Sie verband die Holzzucht, besonders zur Lieferung der Weinbergpfähle, mit der Schälrindennutzung (→ Eichenschälwald) und der landwirtschaftlichen Zwischennutzung.
Lohlöffel, der: früher für die Gerbrindengewinnung im → Eichenschälwald verwendetes Schälinstrument. Der L. ist i. a. 20 bis 30 cm lang und zur Spitze hin meißel- bzw. löffelartig ausgeformt. Je nach Gegend war er unterschiedlich konstruiert; z. T. war er krumm, z. T. hatte er am gegenüberliegenden Ende eine Spitze, den sog. „Lohschlitzer", mit dem die → Lohrinde aufgerissen wurde. Die besten L. wurden aus Eibenholz gefertigt; → Loheisen.
Löhne, die: → Ahorne 4.
Lohnformen: In der Forstwirtschaft sind die am häufigsten angewandten L. für Forstwirte (Waldarbeiter) der Zeitlohn und der Leistungslohn (Stücklohn und Prämienlohn). Die Höhe des Lohnes wird in staatlichen Forstbetrieben auf der Grundlage von Lohntarifverträgen (→ Tarifverträge), in der freien Forstwirtschaft i. a. auch in freier Vereinbarung im Arbeitsvertrag festgelegt.
a) **Zeitlohn**: Er errechnet sich aus der Zahl der geleisteten Stunden (Zeiteinheit) multipliziert mit den tariflich (oder betrieblich) festgelegten Geldsatz je Stunde Arbeitszeit (Stundenlohn). Daneben stehen den Forstwirten oft noch bestimmte Zulagen und/oder Zuschläge nach den Tarifverträgen (z. B. Haumeisterzulage) zu. Beim Zeitlohn bleibt die Höhe der Leistung unberücksichtigt.
b) **Leistungslohn** (**Stücklohn**): Unterschieden wird nach **Akkordlohn** und **Prämienlohn**. Ersterer ist ein leistungsbezogener Lohn, der sich an der Normalleistung und am Arbeitsergebnis bemißt. Die Entlohnung erfolgt proportional zu einer Menge (kg, Stück, Fm) oder einer Zeiteinheit (Stunden, Minuten). Bei den Akkordlohnarten wird dabei nach Stückgeldakkord und Stückzeitakkord unterschieden. Beim Prämienlohn soll, wie beim Akkordlohn, der Forstwirtschaft veranlaßt werden, ein bestimmtes Leistungsmaß zu erreichen. Der Prämienlohn errechnet sich aus einem vom Arbeitsergebnis unabhängigen Prämiengrundlohn (vorausgesetzt wird eine Mindestleistung) und einem arbeitsergebnisabhängigen Prämienanteil, der Leistungsprämie. Der Vorteil beim Leistungslohn liegt für den Forstwirt darin, daß er direkten Einfluß auf die Höhe seines Verdienstes hat.
Neuerdings wird auch ein Zeitlohn mit Leistungszulage entwickelt.
Lohrinde, die (Gerbrinde): Früher v. a. im → Eichenschälwald gewonnene Rinde für die Gerbstoffherstellung. Die Händler unterschieden hierbei drei Gütearten: Glanzrinde, Reitelrinde (Raitelrinde) und Grobrinde. Glanzrinde (Spiegelrinde, -gut, Jungrinde) war die Rinde von Stangen bis zu 8 cm Stockdurchmesser (Württemberg bis zu 12 cm), mit der Rinde gemessen; Raitelrinde war sämtliche Rinde von Stangen mit 8 bis 15 cm Durchmesser (Württemberg 12 bis 24 cm); auch die glatte Rinde des Gipfelreisigs dieser Stangen zählte hierzu. Grobrinde (Raihrinde, Altrinde) war die ältere, borkige Rinde, die von Schäften und Ästen stammte, die über 25 cm Durchmesser hatten. Je nach Baumteil wurde bei der Glanzrinde nochmals unterteilt in die unterste Schaftrinde als „Erdgut", in die obere Schaftrinde als „Baumgut" und die Zweigrinde als „Gipfellohe". Die L. wurde überwiegend im Bündel verkauft. Auch hier waren Größe und Gewicht örtlich verschieden. Üblich waren z. B. sog. „Rumpengebunde" von 1 m Länge und 1 m Durchmesser. In Süddtschl. war dieses Maß meist vorgeschrieben, wobei ein solches Bündel waldtrocken etwa 15 kg wog. Was den Veräußerungsmodus anbelangte, so war der meistbietende Verkauf die Regel. Als Käufer traten hierbei die sog. „Lossteigerer" auf. Noch um die Jahrhundertwende wurden in Dtschl. in ca. 450 000 ha Schälwald etwa 2,5 bis 3 Mio. kg L. gewonnen. Neben der Eichenrinde (Eichenlohe) wurde auch die Fichtenrinde genutzt, wenn auch nicht in diesem Ausmaß. Die Fichtenlohe konnte nur zum Vorgerben oder zum Gerben von schwachen Häuten benutzt werden. Fichtenrinde wurde hauptsächlich in Süddtschl. und Österreich gewonnen. Kaum eine Rolle spielte hingegen die Birken-, Edelkastanien- und Erlenrinde. Die Birkenrinde diente nicht zum Gerben selbst, sondern nur als Zusatz zur Schwellbeize, einer Vorbereitung des Sohlleders, die den Zweck hatte, das Leder aufzulockern und es zur Aufnahme der Gerbsäure vorzubereiten. Das mit Weidenrinde gegerbte russische Juchtenleder erhielt seinen eigentümlichen Geruch durch Tränkung des lohgaren Leders mit Birkenöl, einem Destillationsprodukt der oberen weißen Schicht der Birkenrinde. In Norwegen und in vielen östlichen Ländern Europas diente die Birkenrinde zum schindelartigen Eindecken der Hausdächer, das etwa 50 bis 60 Jahre hielt. In Norwegen wurden zudem aus Birkenrinde Gefäße hergestellt, die zum Einsalzen der Fische verwendet wurden. Die Gewinnung der Lärchenrinde hatte in Dtschl. kaum Bedeutung. In Österreich, Ungarn und Rußland wurde sie aber allg. zu Lohzwecken genutzt. In Rußland fand für die Gerberei auch die Weidenlohe Verwendung. Sie diente besonders zur Herstellung des geschmeidigen, wasserdichten und hellen Oberleders, dem die russische Lederfabrikation ihren damaligen Ruhm verdankte. Das dänische Handschuhleder wurde ebenfalls mit Weidenlohe hergestellt. In Dtschl. diente die Rinde mehrerer Weidenarten überwiegend zur Salicin- und Lackfarbenherstellung. Eine hohe wirtschaftliche Bedeutung erhielt die L. erstmals wieder ein Jahr nach dem Zweiten Weltkrieg. Bayern lieferte z. B. rd. 80 % der Fichtenrinde und etwa die Hälfte der Eichenrinde innerhalb der amerikanischen Zone. Nach den damals üblichen Verfahren konnte die L. nur zwischen Mai und August gewonnen werden, wenn der Baum im Saft stand und die Rinde sich leicht und glatt vom Holz lösen ließ. Da in

den unmittelbaren Nachkriegsjahren Gefahr bestand, daß die Ledererzeugung mangels Gerbstoffe zum Erliegen kommt, wurden für die Gewinnung von L. sog. Lederprämien bezahlt. Die Gewinnung von Schälrinde zwischen Mai und August war damals aber nicht der einzige Weg, um brauchbare L. zu erhalten. Die während der übrigen Zeit des Jahres angefallene, durch Abschnitzen vom Holz gewonnene sog. Reppelrinde war genauso gerbstoffreich, nur mußte sie rasch aus dem Wald abgefahren und gewissen einfachen Behandlungen unterworfen werden, die man als Konservierung der Rinde bezeichnen kann. Der Gerbstoffgehalt beträgt bei Fi 10 bis 12 %. Die beste Rinde liefern dabei Durchforstungshölzer im Alter von 50 bis 80 Jahren, die einen Gerbstoffgehalt bis zu 18 % aufweisen kann. Von einem Festmeter Holz können zwischen 55 und 65 kg Rinde (Frischgewicht) gewonnen werden. Der Gerbstoffgehalt der Rinde beträgt bei Kast 9 bis 11 %, bei Ei (StEi und TrEi) sowie bei Hemlock, Bi und Wei ca. 10 %. Bei einem 20jährigen Umtrieb können z. B. von 1 m^3 Eichenholz mit Rinde 500 bis 600 kg frische Rinde oder 250 bis 300 kg lufttrockene L. (15 % Feuchte) gewonnen werden. Die Malettrinde (*Eucalyptus occidentalis*) hat mit 42 % den höchsten Gerbstoffgehalt, gefolgt von Mimosenrinde mit 36 % und Mangrovenrinde mit 24 %.

Lohschlitzer, der: → Lohlöffel.

Lohstange, die: alte Bez. für einen 15 bis 20 Jahre alten Eichenstamm, der früher im → Eichenschälwald der Gerbrindegewinnung diente; → Lohrinde.

Lohwald, der: auch die Loh(e). Das aus dem ahd. und mhd. loh = Gehölz, Wald, Hain, lichter Wald abgeleitete Wort hat im Laufe der Geschichte einen Bedeutungswandel erlebt. Heute versteht man darunter einen artenreichen reinen Laubwald mit einer relativ dichten Kraut-, einer lockeren Strauch- und einer Baumschicht aus Bäumen erster und zweiter Ordnung. Der Wortstamm „loh" steckt in zahlreichen Ortsnamen, z. B. in der Umgebung von München: Lohhof, Allach (im Jahre 774: Ahaloh), Lehel (= kl. Loh), und in der Bez. von Waldresten, wie z. B. Allacher, Aubinger und Echinger Lohe, Angerloh. Nach Troll zog sich ursprünglich auf der Münchner Schotterebene entlang von Dachauer und Erdinger Moos – zwischen den Eichen-Kiefernwäldern auf der trockenen Schotterebene und der Moorlandschaft mit anstehendem Grundwasser im Norden – in einer Breite von 2 bis 3 km ein einheitlicher Laubwaldgürtel, der sog. Lohgürtel. In diesem Bereich ist die auskeilende Schotterdecke bereits so geringmächtig, daß Bäume und Sträucher mit ihren Wurzeln schon das Grundwasser erreichen. Diese Wälder stocken auf flachgründigen Mullrendzinen mit einer Auflage dunkelbraunen, humosen, schwach anlehmigen Sandes, der in 15 bis 40 cm Tiefe schon deutliche Kiesanteile hat und dann in Kies übergeht. Die eigentlichen Lohwälder sind Eichen-Hainbuchenwälder, in denen die → Schatt(en)baumart Bu i. d. R. fehlt. Deshalb kommt relativ viel Licht auf den Boden. Die oberste Baumschicht ist aus Es, StEi, Hbu, BUl, Wildbirne aufgebaut; in einer zweiten Baumschicht findet man die Hbu und die TrKi; in der Strauchschicht sind u. a. Hasel, drei Weißdornarten, Pfaffenhütchen, Hartriegel und Wolliger Schneeball vertreten. In der feuchteren Ausbildung kommt die WiLi und der SpAh dazu. In der ausgeprägten Krautschicht sind zahlreiche Frühlings- →Geophyten, wie z. B. Buschwindröschen, Lerchensporn, Gelbstern, Türkenbund vertreten.

Lohzirneiche, die: → Eichen 1.

Loiseleuria → Alpenheide.

Loiseleurio-Vaccinietalia → Arktisch-alpine Zwergstrauch-Gesellschaften.

Loiseleurio-Vaccinion → Arktisch-alpine Zwergstrauch-Gesellschaften.

Loite, die: auch Luite, Erdgefährte. Eine Rutsche aus Rundstämmen, über die man Holz in schonender Weise zu Tal lassen konnte. Im Ggs. zur → Riese, die zimmermannsmäßig hergestellt wurde, wurde die L. einfachst, ohne Verschneiden oder Verhacken errichtet; → Treiben, Holztransport.

Lokalfrost, der: → Strahlungsfrost.

Lombardische Pappel, die: → Pappeln 3.

Lonchaeidae: Fam. sehr kleiner, gedrungener, etwa 3 bis 4 mm großer → Fliegen von artspezifischer, metallisch schwarzblauer oder grün glänzender, auch hellgrauer und gelblicher Färbung, Flügel meist glashell, oder braungefleckt. Bei L. mit braungefleckten Flügeln ist ein rhythmisches Flügelwippen bei jeder Gangbewegung charakteristisch. Die Larven sind gelblich-weiß, gestreckt-walzig und 6 bis 8 mm groß. Ihre Lebensweise ist sehr unterschiedlich. Einige Arten sind Gallenerzeuger an Gräsern, andere leben phytophag, saprophag, koprophag oder carnivor. Die Art *Botanophila laricicola* befällt z. B. Lärchenzapfen, *Earomyia impossibile* ist ein Samenschädling in Tannenzapfen, wobei sich die Larve in die Zapfen einbohrt, *Lonchaea seitneri* und *Lonchaea chorea* leben unter der Rinde von Nadel- und Laubbäumen, die von Bock- und Borkenkäfern befallen sind, und fressen deren Larven und Puppen, auch die Käfer selbst, und verpuppen sich in deren Puppenwiegen. *Lonchaea seitneri* kann die Borkenkäferpopulation maßgeblich beeinflussen, da die Weibchen eine sehr große Anzahl Eier legen.

Lohwald im Frühling

London-Smog, der: → Smog.

Lonicera → Geißblatt.

Lonicero alpigenae-Fagenion → Alpenheckenkirschen-Tannen-Buchenwälder.

Lonicero alpigenae-Fagetum → Hainlattich-Buchenmischwald.

Löns, Hermann (29.8.1866 Kulm an der Weichsel – gefallen 26.9.1914 Reims): Erzähler und Lyriker, Jäger und Naturfreund, der in vielen Gedichten die Schönheit der → Lüneburger Heide besang. Seine Tier- und Jagdgeschichten, z. B. „Mümmelmann", „Der Wehrwolf", „Grün ist die Heide", „Mein grünes Buch" und „Mein braunes Buch" sind sehr beliebt. L. gilt auch als Wegbereiter des → Naturschutzes. Das Grab von H. L. befindet sich in der Tietlinger Wacholderheide.

◂◂ Hermann Löns

Hermann-Löns-Kreis e. V.: Gegründet 1961, bekanntgeworden als Gesellschaft der Hermann-Löns-Freunde in Dtschl., Österreich und der Schweiz. Andere Vereine mit gleicher Zielrichtung, Vereinigungen von Naturfreunden, Jägerschaften und Hegeringe schlossen sich im Laufe der Jahre an. Die Vereinigung wurde zum „Verband der Hermann-Löns-Kreise e. V." erhoben.

Lophocolea → Kammkelchmoos.

Loranthaceae → Mistelgewächse.

Lorbeerweide, die: → Weiden 11.

Lorchbaum, der: → Lärchen 1.

Lorchel, die (*Helvella*): Gatt. der → Schlauchpilze. Die bekanntesten L. sind:

1. **Frühlorchel**, die (*Gyromitra esculenta*): auch Frühjahrs-, Frühlingslorchel, Stockmorchel. Der Pilz ist ein Massenpilz, der von März bis Mai in Nadelwäldern, hauptsächlich in sandigen Kiefernwäldern, sowie auf Kahlschlägen und alten Brandstellen in dichten Gruppen vorkommt. Im Süden Dtschl. ist er selten. Der 5 bis 8 cm breite, rotbraune Hut hat gehirnartige Windungen. Mit zunehmendem Alter wird der Hut dunkler und von schwärzlichen Flecken durchsetzt. Der 8 bis 13 cm hohe, weißliche bis braunrote Stiel, der manchmal kaum aus

Dr. Tuisko von Lorey

dem Sandboden ragt, ist hohl, unten oft verdickt und rinnenartig gerieft. Das Fleisch ist giftig und ohne besonderen Geruch und Geschmack.

2. **Herbstlorchel**, die (*Helvella crispa*): Der Pilz wächst von September bis November an Laubwaldrändern und an Waldwegen, meidet aber das Waldinnere. Gräser und Kräuter begünstigen seine Ansiedlung. Der 4 bis 6 cm breite Hut ist bizarr geformt. Er ist unregelmäßig lappig verbogen, wellig gefaltet, häufig zurückgeschlagen und sattelförmig. Die weißliche bis gelbliche Oberhaut ist von der sporenerzeugenden Schlauchschicht überzogen. Der weißliche, 6 bis 9 cm hohe Stiel ist tief gefurcht, mit länglichen Kammern durchsetzt und wird nach unten bauchig. Im Innern zeigt er unregelmäßig angeordnete Höhlungen. Die H., deren dünnes, weißliches Fleisch zwar als eßbar gilt, sollte vor der Zubereitung jedoch unbedingt abgebrüht werden.

3. **Bischofsmütze**, die (*Gyromitra (Helvella) infula*): auch Mützenlorchel. Der nicht allzu häufige Pilz wächst von August bis Oktober – überwiegend in bergigen Lagen – in Nadel- und Laubwäldern, bevorzugt an feuchten Stellen. Der bis 15 cm hoch werdende Pilz ähnelt sehr der Frühlorchel und erinnert mit seinem Hut an eine Mitra. Die Oberhaut ist rötlichbraun bis zimtbraun. Der gekammerte oder hohle, blaßbraune bis rosabraune Stiel wird 3 bis 10 cm hoch und 1 bis 3 cm dick. Das dünne Fleisch ist weißlich bis rötlich, schmeckt mild und riecht angenehm. Der Pilz ist jedoch nur bedingt eßbar.

4. **Elastische (Glattstiel-)Lorchel**, die (*Helvella (Leptopodia) elastica*): Der Pilz wächst von August bis Oktober in lichten Laub- und Nadelwäldern, meist in kleinen Gruppen und oft entlang von Waldwegen zwischen den Gräsern. Der bis zu 3 cm breite Hut ist meist in zwei oder drei abstehende, am Rande umgerollte Lappen zerteilt und wirkt durch die vertiefte Mitte sattelartig. Die Hutoberseite ist gelbgrau, hellgrau, auch bräunlichgelb, die Unterseite weißlich, auch fleischrötlich. Der bis zu 6 cm lange Stiel ist ungefurcht, abwärts verdickt und röhrig hohl, bisweilen verbogen oder zusammengedrückt. Er ist weißlich bis blaßgelblich oder schwach fleischrötlich, zuletzt blaßbräunlich und sehr elastisch. Das wachsartige Fleisch des Pilzes ist zäh und geruchlos. Als Speisepilz ist die E. L. geringwertig.

Lorey, Tuisko, Dr. von (2.4.1845 Darmstadt bis 27.12.1901 Tübingen): L. studierte in Gießen und wurde dort 1873 Professor. Im Jahre 1878 wurde er nach Hohenheim berufen und siedelte nach Verlegung des forstlichen Unterrichts an die Universität nach Tübingen über. Von 1878 bis 1896 war er Vorstand der württembergischen forstlichen Versuchsanstalt und ab 1898 Rektor der Universität Tübingen. Er schrieb u. a.: „Über Probestämme ... etc." (1877), „Über Stammanalysen ... etc." (1880), „Über Baummassentafeln ... etc." (1882), „Ertragstafeln für die Fichte ... etc." (1899). Ab 1878 gab er zusammen mit → Lehr die „Allgemeine Forst- und Jagdzeitung" und 1887/88 das „Handbuch der Forstwissenschaft" heraus.

Lörget, das: → Lorietbohren, Terpentin.

Lorietbohren, das: Diese erstmals 1391 im Weistum von Obach erwähnte Nebennutzung der Bäume diente der Gewinnung des „venezianischen Terpentins" oder „Lörgets". Dazu wurden über 80 Jahre alte Stämme im Frühling etwa 30 cm über dem Boden schräg nach oben über die Stammmitte hinaus unter einem Winkel von 15 bis 20 Grad mit einem Hohlbohrer angebohrt. Das Loch wurde verspundet. Im Hohlraum sammelte sich Harz, das im Juni und im September geerntet wurde. Für ein Kilo Harz mußten etwa 10 Bäume angebohrt werden.

Lork, die: → Kröten 1.

Lortzing, A. → Wald in der Musik.

Los-Angeles-Smog, der: → Smog.

Loshieb, der (Anhieb, Anhiebsräumen, Aufhieben, Durchhieben, Umhauungen): Maßnahme beim Altersklassenwald. Beim L. werden mehrere Baumreihen streifenweise geräumt und anschließend verjüngt um Deckungsschutz (Traufschutz; → Waldränder) für einen nachgelagerten Bestand durch die entstehende → Verjüngung zu schaffen; → Freihieb.

Losholz, das: **1)** → Gabholz. **2)** in der Schweiz Bez. für Holzmengen, die den bezugsberechtigten Bürgern zu günstigen Bedingungen von Bürgergemeinden, Korporationen usw. abgegeben werden; vergleichbar mit dem Gabholz.

Löß, der: ein durch Windablagerung entstandenes Sediment. Bei uns wurden in der Eiszeit aus den gefrorenen, trockenen Böden vor den Gletschern feine Bodenbestandteile weggetragen und in größerer Entfernung, z. B. an der Leeseite im Hügelland abgelagert. In China wurde der Staub aus den Trockenwüsten Innerasiens in einer Mächtigkeit von 50 m abgelagert, in Mitteldtschl. beträgt die Mächtigkeit 1 bis 2 m, in Rußland bis 15 m. L.-Ablagerungen entstehen heute noch z. B. in Südgrönland. L. besteht zu 70 bis 80 % aus Schluff (→ Bodenarten) und hat einen geringen Sandanteil; i. d. R. ist er bei der Bildung noch kalkhaltig (10 bis 20 %); es gibt aber auch carbonatfreie L. Bei der von oben beginnenden Verwitterung des L.-Gesteins, die mit einer Entkalkung, Verbraunung, Tonverlagerung und auch pH-Wert-Senkung verbunden ist, entstehen fruchtbare schluffige Lehme oder lehmige Schluffe (L.-Lehm).

Lotgang, der: vom Großen Waldgärtner (→ Borkenkäfer 7.) unter dickborkiger Kiefernrinde gefressener einarmiger Längsgang (→ Muttergang).

Lottbaum, der: früher häufig verwendete Vorrichtung zum Holzschleifen (Holzrücken; → Rücken). Der L. besteht aus einem kurzen, schaufelartigen Brett mit einer Deichsel zum Anspannen von Zugpferden (→ Rückepferde). Auf der Oberfläche des Brettes ist ein etwa handhohes, flaches Holzstück, der Kamm, angebracht, der eine kurze Kette mit kräftigem, eisernem Nagel, dem Lottnagel hält. Der Lottnagel wird bei Holzschleifen in den Stammeinschnitt eingeschlagen und das vordere Stammende auf das Brett gelegt.

Lotus → Hornklee.

Löwenfuß, der: → Frauenmantel.

Löwengelber Dachpilz, der: → Dachpilzartige 3.

LÖWE-Programm (Niedersächsisches Regierungsprogramm zur **L**angfristigen **Ö**kologischen **W**ald-**E**ntwicklung). Zu den 13 Grundsätzen des L. gehören: → Bodenschutz und → standortgemäße → Baumartenwahl, Mehrung des Laub- und Mischwaldes, Anbau von → Exoten nur bei Eingliederung in die heimischen Vegetationsmuster, Bevorzugen der → Naturverjüngung, Vermeidung von → Kahlschlag, Schaffung vielfältiger Waldstrukturen. Dazu kommen noch Elemente des allg. Schutzzieles, wie Schutz alter und toter Bäume (→ Totholz) sowie seltener und bedrohter Tier- und Pflanzenarten (→ Artenschutz), Sicherung der → Waldfunktionen, Schaffung eines Netzes von → Waldschutzgebieten.

Luch, das: → Moor.

Luchs, der (*Lynx lynx* L.): auch Nordluchs, Gewöhnlicher L. Der L. zählt zoologisch zur Fam. der Katzen (*Felidae*) aus der Ordn. der Raubtiere (*Carnivora*). In der Göttersage der alten Germanen spielt er etwa dieselbe Rolle wie die Katze. Wahrscheinlich sind es auch L. – und nicht Katzen –, die den Wagen der germanischen Göttin Freya (Gemahlin Wodans) ziehen.

Aussehen: Der L. hat eine Kopf-Rumpf-Länge von 80 bis 105 cm und eine Schulterhöhe von 60 bis 80 cm (lange Beine). Die Stummelrute

(Schwanz) ist etwa 15 bis 20 cm lang. Er wiegt etwa 20 bis 35 kg. Die weiblichen L. sind etwas kleiner und leichter als die männlichen Tiere. Das Fell des L. ist oberseits rötlichgrau mit vielen dunkleren, oft verwischten Flecken. Die Unterseite, der Vorderhals, die Lippen und die Augenkreise sowie die Innenseite der Beine sind weiß. Das Fell ist im Sommer kurzhaarig und mehr rötlich, im Winter langhaarig und mehr grauweiß gefärbt. Die Luchsin ist i. a. rötlicher gefärbt, und die Fleckung ist undeutlicher. Die Ohren sind relativ lang und zugespitzt und enden in einem pinselförmigen Büschel (Ohrpinsel). Der kurze Schwanz ist dicht behaart und hat eine breite, schwarze Spitze.
Vorkommen: Früher war der L. auf dem ganzen europäischen Festland heimisch. Im Laufe des 19. Jh. wurde er in Mitteleuropa nahezu ausgerottet, breitet sich aber durch Aussetzen und natürliche Zuwanderung wieder aus. Er kommt noch in Teilen Skandinaviens und in Osteuropa als Standwild vor. In Spanien und Griechenland ist die südliche Variante, der **Pardelluchs** (*Lynx lynx pardellus*) vertreten. In Dtschl. kommt der L. wieder als seltener Gast im Bayerischen Wald (Nationalpark) vor. Es gibt heute nur noch wenige autochthone L.-Populationen, z. B. in Tschechien, der Slowakei, in Rumänien, Schweden, Finnland, Spanien und in den Vogesen.
Lebensraum und Lebensweise: Der L. bewohnt große, urwüchsige Waldungen und deckungsreiches Ödland. Er ist sehr scheu, ungesellig, führt ein sehr heimliches Leben und ist überwiegend dämmerungs- und nachtaktiv. Tagsüber hält er sich in Nischen, Höhlen, Dickichten und Dachsbauen verborgen. Sein Jagdgebiet erstreckt sich – je nach Nahrungsangebot – über 30 bis 200 km^2. Er ist i. d. R. ein Einzelgänger. In Gefangenschaft werden Luchse sehr zahm.
Sinne und Lautäußerung: Das Seh-, Riech- und Hörvermögen des L. ist sehr scharf. Selten, häufiger während der Paarungszeit, ist von ihm ein katzenartiges Heulen zu hören.
Fortpflanzung: Die Luchsin ist mit etwa zwei Jahren, der Luchs mit etwa zweieinhalb Jahren geschlechtsreif. Die Ranzzeit (Paarungszeit) ist überwiegend im März. Die Luchsin bringt nach etwa zehn Wochen zwei bis drei Junge, die zehn bis 15 (16 bis 17?) Tage blind sind. Sie werden drei bis vier Monate gesäugt. Schon nach etwa fünf Wochen trägt ihnen die Luchsin Mäuse und andere kleine Tiere zu. Die Jungen bleiben etwa ein Jahr bei der Mutter. Freilebende L. erreichen ein Höchstalter von zehn bis 15 Jahren, in Gefangenschaft von etwa 20 Jahren.
Nahrung: Der L., ein Pirsch- und Lauerjäger, nimmt auf seinen Beutezügen alles, was für ihn erreichbar ist, von der Maus bis zum Rotwildkalb einschließlich Schlangen, Fröschen und Insekten. Er tötet die Beutetiere durch einen Biß in den Hals; kleinere Tiere werden durch Genickbiß getötet. Er benötigt täglich etwa 2 kg Fleisch.
Luchsfliegen → Stilettfliegen.
Lücke, die: größere Schlußunterbrechung im Kronendach.
lückig → Beschirmungsgrad, Lücke.
Luderkrähe, die: → Rabenvögel 6.
Ludern, die: → Erlen 2.
Luft, die: Die L. ist die Voraussetzung für das Leben und das Gasgemisch, das die Atmosphäre der Erde bildet. Sie besteht aus 78 % → Stickstoff, 20,9 % Sauerstoff und Spuren anderer Gase, wie Argon, Helium, Krypton, Wasserstoff und Kohlendioxid. Gewerbebetriebe, Hausbrand und Kraftfahrzeuge verunreinigen unsere Luft; → Luftverunreinigung.
Luftbildinterpretation, die: Verfahren, bei dem Wälder aus Flugzeugen z. B. mit Infrarot-Farbfilmen fotografiert werden. Der Film reagiert auf die abgestrahlte Wärme von Blättern und Nadeln. Auf den Bildern werden gesunde Pflanzen im Ggs. zu kranken oder absterbenden in anderen Farbtönen sichtbar. Gesunde Bäume erscheinen z. B. in Rot-, kranke in Violett-Tönen. Von der Luftbildauswertung werden im Wald markante Weiserbäume ausgewählt, ihr Alter und ihr Grad der Schädigung erfaßt und für die kartenmäßige Auswertung zugrunde gelegt. Unter Berücksichtigung ihrer Merkmale werden die Luftbilder von Fachleuten auf Waldschäden hin ausgewertet. Die L. wurde ursprünglich für den militärischen Bereich zur Erkundung der Erdoberfläche entwickelt und wird seit Anfang der 80er Jahre auch für den Umweltschutz eingesetzt; → Waldschäden.
Luftbildpläne → Forstkarten.
Luftreinhalteplan, der: ein Handlungsplan zur Verbesserung der Luftqualität. Er ist nach dem → Bundes-Immissionsschutzgesetz in Belastungsgebieten aufzustellen, wenn schädliche Umwelteinwirkungen durch Luftverschmutzungen auftreten oder zu erwarten sind. Der L. muß enthalten:
1. Art und Umfang der festgelegten und zu erwartenden → Luftverunreinigungen einschließlich der Umwelteinwirkungen (Sachstandserfassung).
2. Feststellungen über die Ursachen der Luftverunreinigungen (Ursachenanalyse) .
3. Maßnahmen zur Verminderung der Luftverunreinigungen und zur Vorsorge (Maßnahmenplan).
Luftschadstoffe → Luftverunreinigung.
lufttrocken: Als l. wird Holz bezeichnet, wenn es nach längerer, luftiger und vor Feuchtigkeit geschützter Lagerung etwa 30 % seines Wasser durch Verdunstung verloren hat; → lutro.
Luftverschmutzung, die: → Luftverunreinigung.
Luftverunreinigung, die (Luftverschmutzung): die Verunreinigung des natürlichen Luftgemisches (→ Luft) mit Stoffen oder Stoffgemischen in bestimmten Zuständen, die durch menschliche Einflüsse (z. B. Hausbrand, Gewerbebetriebe und Kraftfahrzeuge) oder natürliche Vorgänge (z. B. Vulkanausbrüche) in die Atmosphäre gelangen bzw. dort entstehen und v. a. in Kerngebieten der Ballungsräume oftmals die für Menschen und ihre Umwelt zumutbare Grenze überschreiten. Im Sinne der → TA-Luft ist L. Veränderung der natürlichen Zusammensetzung der Luft, insbesondere durch Rauch, Ruß, Staub, Gase (z. B. → Schwefeldioxid, Stickoxide, Ammoniak, Ozon u. a.), → Aerosole, Dämpfe (z. B. auch Wasserdampf) oder Geruchstoffe. L. wirken auf die Waldökosysteme ein. Insbesondere die Schwefel- und Stickstoffverbindungen werden in Wolken- und Regentropfen aufgenommen und gelangen mit Niederschlägen als → saurer Regen auf Blätter und Nadeln sowie auf den Boden. Ein erheblicher Teil der Luftschadstoffe wird von den Baumkronen ausgefiltert und von den nachfolgenden Niederschlägen in den Boden gewaschen. Durch diesen Auskämmeffekt tragen unsere Wälder zwar zur Luftreinigung bei, belasten aber ihren eigenen Standort (Langzeitschäden im → Waldboden) beträchtlich; → Bodeninformationssystem, Umweltkontrolle im Wald, Waldmeßstationen.

Luchs (*Lynx lynx*)

Luftwurzeln: außerhalb des Bodens gebildete besondere Wurzeln, die die Atmung erleichtern.
Luite, die: → Loite.
Lullerche, die: → Lerchen.
Lumen, das: in der Biologie Bez. für den Hohlraum (lichte Weite) in Zellen oder Organen von Pflanzen und Tieren; z. B. das L. der → Tracheen und → Tracheiden.
Lunaria → Silberblatt.
Lunario-Acerenion pseudoplatani → Linden-Ahorn-Mischwälder.
Lüneburger Heide, die: Zwischen Unterelbe und Aller gelegenes, mit rd. 7350 km^2 größtes deutsches Strauchheidengebiet (heute großteils → Naturpark). Die höchste Erhebung ist der Wilseder Berg (169 m). Die ursprüngliche natürliche Vegetation war ein Eichen-Birkenwald. Bereits zu Beginn des 18. Jh. waren jedoch die Wälder um Lüneburg fast restlos verschwunden; das Holz wurde für die → Saline in Lüneburg benötigt. Große Viehherden, v. a. die Heidschnucken (Schafe) verhinderten dann das Aufkommen neuer Wälder. Das → Heidekraut wurde als Viehstreu (Stallstreu) abgehauen (sog. → Plaggenwirtschaft) oder abgebrannt, um den Boden für den Buchweizenanbau zu düngen. Die ohnehin armen Böden wurden so ausgelaugt. Bei der im 19. Jh. begonnenen Wiederbewaldung mußte man auf die anspruchslose Kie, auf besseren Standorten auf die Fi zurückgreifen. Große

Lüneburger Heide

Kiefernbestände, vereinzelt Fichten- und Buchenbestände, waren die Folge; der ursprüngliche Eichen-Birkenwald ist nur noch sporadisch vorhanden. In dem 150 km^2 großen Naturschutzpark wird auf Teilflächen der Charakter der L. H. erhalten. Auf dem sandigen unfruchtbaren Boden dominieren Heidekraut, → Wacholder, → Birken, → Ginster, → Heidel- und Preiselbeeren sowie die Kie.

Lungen-Enzian, der: → Enzian 2.

Lungenflechte, die (*Lobaria pulmonaria* (L.) Hoffmann): zur Fam. Lungenflechten (*Stictaceae*) aus der Abteilung Flechten zählende L. ist in ganz Europa weit verbreitet, aber nur noch im ozeanischen Gebiet und im Gebirge häufig. Sie wächst an alten Waldbäumen, besonders an Ah und Bu, aber auch an Felsen. Die stattliche Blattflechte bildet bis 20 cm lange und bis 10 cm breite Lager (→ Thallus) mit weichen 1 bis 5 cm breiten, fingerlangen, eckig abgestutzten Lappen und haftet nur locker an der Unterlage. Die Oberseite ist grob netzaderig, grasgrün oder braun und ledrig im feuchten Zustand, hell- oder graugrün in trockenem Zustand. Unterseits ist sie braun- bis schwarzfilzig. Die seltenen, randständigen, ziemlich großen, scheibenförmigen → Apothecien sind rotbraun. Die L. wurde früher als Volksheilmittel bei Lungenleiden verwendet. Verwechslungen mit Arten der Gatt. → *Peltigera* sind möglich.

Lungenkraut, das (*Pulmonaria*): Gatt. der Fam. der → Rauhblattgewächse mit 12 Arten in Europa und Asien. Es sind dies behaarte niedrige Stauden mit in Trugdolden (→ Blütenstand) stehenden, blauen, purpurfarbenen, anfangs auch rötlichen Blüten. Davon sind in Mitteleuropa im Wald anzutreffen:

1. Echtes Lungenkraut, das (*Pulmonaria officinalis* L.): auch Geflecktes L. und im Volksmund Hirschmangold, Himmelsschlüssel, Hundszungen, Anamirl, Boarn (Bayern) und Franzosen, Hansl und Gretl, Fleisch und Bluat, Rote und Blaue Schlüsselblüml.

Das E. L. ist fast über ganze Europa, v. a. aber über Mittel- und Südosteuropa verbreitet. Es wächst in krautreichen Laub- und Laubmischwäldern, Gebüschen, an Waldrändern, auf frischen, meist kalkhaltigen Lehmböden, bis in Höhen von etwa 1800 m.

Die mehrjährige, 15 bis 30 cm hohe, behaarte Pflanze hat einen einen aufrechten, steif behaarten und mit Drüsenhaaren besetzten Stengel. Die Blätter sind weich, trübgrün, oft weiß gefleckt und oberseits rauhhaarig. Die Grundblätter sind rundlich-herzförmig bis eiförmig-herzförmig, die oberen Stengelblätter oval. BZ: März bis April/Mai (vor der Entfaltung des Laubes) in den Wäldern. Die anfangs roten, später blauvioletten Blüten stehen in endständigen, zweiteiligen, mehr oder weniger einseitswendigen Blütenständen. Im gleichen Blütenstand befinden sich verschiedenfarbige Blüten. Die trichterförmige Blütenkrone hat fünf runde Zipfel und fünf Haarbüschel im Schlund unter dem Haarring. Nach der Befruchtung bilden sich in jeder Blüte vier eiförmige, 4 mm lange, glatte, glänzend braune bis schwarze Nüßchen.

Das E. L. ist eine alte → Heilpflanze und galt früher als Lungenheilmittel. Verwendung finden die blühenden Sproßspitzen und die Rosettenblätter (Grundblätter), die Ende des Sommers geerntet, im Schatten und an der Luft getrocknet und dabei schwarz werden. Sie enthalten Gerbstoffe, Schleimstoffe, Kieselsäure und Saponin, wirken adstringierend, erweichend, auswurffördernd, schweiß- und harntreibend und finden innerliche Anwendung bei Bronchitis, Asthma, Husten und Durchfall sowie äußerliche Anwendung bei Hautflechte, Schrunden und Wunden.

2. Berg-Lungenkraut (*Pulmonaria montana* aut.) und **Weiches Lungenkraut** (*Pulmonaria mollis* Wulff): Sie sind hauptsächlich über Mitteleuropa, speziell den Donauländern, verbreitet, relativ selten und wachsen in krautreichen Laubmisch-, Berg- und Auwäldern, Gebüschen, an Waldrändern, auf nährstoffreichen und frischen, meist kalkhaltigen Böden, bis in Höhen von etwa 1900 m.

Die mehrjährige, 15 bis 35 cm hohe Pflanze hat einen oberwärts stark klebrig-drüsigen Stengel. Die Blätter sind frischgrün, ungefleckt, oberseits dicht weich und drüsig behaart, die Grundblätter länglich-eiförmig, die Stengelblätter ei-lanzettlich. BZ: April bis Mai. Der Blütenstand ist reichblütig und oben klebrig-drüsig. Die anfangs roten, dann blauvioletten Blüten sind 15 bis 20 mm lang.

Berg-Lungenkraut und Weiches Lungenkraut gelten heute als zwei Kleinarten. Sie unterscheiden sich anhand weniger Merkmale. Das Berg-Lungenkraut hat grüne, locker behaarte Sprosse und meist schwarzviolette Staubbeutel. Die oberen Stengelblätter sind schwach am Stengel herablaufend. Das Weiche Lungenkraut hat graugrüne samtartig behaarte Sprosse, meist gelbe Staubbeutel, und die oberen Stengelblätter sind mit breitem Grund stengelumfassend und etwas geöhrt. Die → Samenverbreitung erfolgt durch → Ameisen (→ Ameisenpflanzen).

3. Schmalblättriges Lungenkraut, das (*Pulmonaria angustifolia* L. = *Pulmonaria azurea* Besser): Das über Nord- und Mitteleuropa verbreitete, in Dtschl. relativ seltene, hauptsächlich im Osten vorkommende S. L. wächst in Gebüschen, schattigen Eichen- und Kiefernwäldern.

Die 15 bis 20 cm hohe Pflanze hat einen borstigen, mit wenigen Drüsenhaaren besetzten Stengel. Die ungefleckten Grundblätter sind schmal-lanzettlich, 2 bis 3 cm breit, die Stengelblätter 0,5 bis 1,5 cm breit (etwa 8 x länger als breit). BZ: April/Mai. Der glockig-walzenförmige, zehnnervige Kelch und die Blätter sind mit steifen Haaren besetzt. Der Schlund der azurblauen Blüten ist unterhalb des Haarringes kahl.

Lupine, die (*Lupinus*): auch Wolfsbohne. Gatt. der → Schmetterlingsblütengewächse (Ordn.: → Leguminosen) mit rd. 200 Arten besonders in Amerika und einigen Arten im Mittelmeergebiet. Es handelt sich v. a. um vielblütige Kräuter oder Halbsträucher mit meist gefingerten Blättern, mehrfarbigen Blüten, die

▸▸▸ Echtes Lungenkraut (*Pulmonaria officinalis*)

in Trauben (→ Blütenstand) stehen, und oft dicken, ledrigen Hülsen. Einige L.-Arten sind für die Landwirtschaft sehr wichtige Grünfutterpflanzen, die auch der Gründüngung, der Bodenaufschließung und als Stickstofflieferant (führen über die → Knöllchenbakterien dem Boden Stickstoff zu) dienen. Eine im Wald vorkommende Art ist:
Vielblättrige Lupine, die (*Lupinus polyphyllus* Lindley): auch Dauer-, Ausdauernde Staudenlupine. Die ursprünglich aus Nordamerika stammende V. L. wurde bei uns eingebürgert. Sie wird als Zier- und Wildfutterpflanze (Rehe, Fasane), als Pionierpflanze auf Rohböden sowie zur Waldbodenverbesserung angesät. Verwildert kommt sie an lichten Waldstellen, auf Schlägen, an Waldrändern und in Jungwüchsen vor.
Die 80 bis 150 cm hohe Pflanze hat aufrechte, krautige Stengel. Die fingerförmig geteilten Blätter bestehen aus zehn bis 15 strahlenförmig vom Blattstiel ausgehenden lanzettlichen Blättchen. BZ: Juni bis September. Die meist leuchtend blauen, aber auch weißen oder rosaroten Schmetterlingsblüten stehen in einer aufrechten, endständigen, 50- bis 80blütigen Traube. Die Früchte sind bis 7 cm lange Hülsen, die vier bis 12 Samen enthalten.
Lupinus → Lupine.
Lurche (*Amphibia*): niederdeutsch: lork = Kröte. Auch Amphibien. L. sind eine Klasse wechselwarmer, fast weltweit verbreiteter Wirbeltiere mit über 3000 rezenten Arten, deren älteste Formen bereits im Devon (→ Erdzeitalter) lebten. Die Bestände fast aller L.-Arten, die in Dtschl. vorkommen, nehmen ab. Von den 19 L.-Arten sind in der → Roten Liste 11 Arten als bestandsgefährdet eingestuft. L. haben eine meist weiche, nackte, drüsenreiche (Drüsenabscheidungen der europäischen L. sind giftig, für den Menschen, haben jedoch keine ernstlich schädlichen Wirkungen) und oft auch buntgefärbte Haut und zumeist fünfstrahlige, krallenlose Gliedmaßen, deren vordere jedoch oft nur vier Finger tragen. Bei überwiegend im Wasser lebenden Arten sind zudem die Zehen mit Schwimmhäuten verbunden. Der Schädel ist flach und breit. Der Schwanz ist lang bis vollkommen rückgebildet, das Herz ohne Trennwand, und unter der Haut befinden sich große Lymphräume. Die Larven der L. besitzen noch Fischmerkmale (wie z. B. Kiemenatmung, bei Molchen zeitlebens) sowie Flossensaum, bei erwachsenen L. ist ein Lungenkreislauf ausgebildet. Die Larven leben überwiegend in feuchten Biotopen, wobei die Ei- und Larvenentwicklung sowie die Begattung der L. sich fast stets im Wasser vollzieht. Einige Arten leben ausschließlich im Wasser, andere, z. B. der Alpensalamander, sind vom Wasser unabhängig geworden. Zu den L. gehören die Ordn. Blindwühlen, → Froschlurche (→ Frösche und → Kröten) und die → Schwanzlurche (Salamander und Molche).

◂◂◂ Vielblättrige Lupine (*Lupinus polyphyllus*)

Lutein, das: → Xanthophyll.
Lutra lutra → Fischotter.
lutro: Abk. für → lufttrocken. Bei der Mengenberechnung kann das Gewicht von → Rohholz entweder l. oder → atro (= absolut trocken) ermittelt werden, wobei die Art der Trockenheit anzugeben ist. 1 Tonne l. mit Rinde (Nadelholz) = 1,6 Festmeter ohne Rinde; 1 Tonne l. mit Rinde (Laubholz) = 1,2 Festmeter ohne Rinde.
Lutterstrauch, der (Luttern): → Erlen 2.
luxurieren: gesteigert wachsen, z. B. bei → Bastarden häufig.
Luzienholz, das: Holz der Felsenkirsche; → Prunus 3.
Luzula → Hainsimse.
Luzulo-Abietum → Fichten-Tannen-Wälder.
Luzulo-Fagenion → Buchenwälder.
Lycaenidae → Bläulinge.
Lycopodiaceae → Bärlappgewächse.
Lycopodiales → Bärlappflanzen.
Lycopodium → Bärlapp.
Lycopsida → Bärlappe.
Lycopus → Wolfstrapp.
Lycoriidae → Pilzmücken.
Lycosidae → Wolfsspinne.
Lydidae → Gespinstblattwespen.
Lyginopteridatae → Samenfarne.
Lymantriidae → Trägspinner.
Lyme-Borreliose, die: Die L. ist eine Krankheit, deren Ursache und Form erst in den letzten Jahren von der → Frühsommer-Meningoenzephaltis (FSME) abgegrenzt werden konnte. Diese erst seit 1982 bekannte Borrelien-Infektion und nicht die FSME stellt die Hauptgefährdung durch Zeckenbisse dar, da bis zu 40 % der Zecken mit *Borrelia*-Bakterien infiziert sind, jedoch lediglich 1 bis 2 % mit FSME-Viren. Der Nachweis des Erregers, der durch Zeckenbiß übertragen wird, gelang 1982 dem aus der Schweiz gebürtigen Amerikaner Willi Burgsdorfer, dem zu Ehren die *Borrelia*-Bakterie, eine Spirochäte, *Borrelia burgsdorferi* benannt wurde. Besonders in Flußniederungen und feuchten Landstrichen muß mit einer hohen Durchseuchung der Zecken mit diesen → Bakterien gerechnet werden. Ob eine Person jemals Kontakt mit diesem Erreger gehabt hat, läßt sich durch eine Bestimmung der Antikörper im Blut feststellen, die dann auftreten, wenn jemand über eine Zecke mit den Krankheitserregern infiziert worden ist. Dies bedeutet nicht, daß man erkranken muß und irgendwelche Symptome auftreten. Andererseits kann eine Infektion bei einem gewissen Prozentsatz der Betroffenen zu Gesundheitsschäden führen. Warum der eine Infizierte erkrankt, der andere nicht, bleibt noch völlig unklar. Die Gefahr, infiziert zu werden, ist für Waldarbeiter etwa zehnmal so hoch wie für andere Personen. Rund 14 % der Waldarbeiter sind mit *Borrelia*-Bakterien bereits infiziert (Stand 1989), ohne daß die Krankheit zum Ausbruch kommen muß. Die möglichen Erkrankungserscheinungen nach einer Infektion mit *Borrelia burgsdorferi* werden vom berufsgenossenschaftlichen arbeitsmedizinischen Zentrum in Garching bei München wie folgt beschrieben: „Zunächst kann sich typischerweise nach einigen Tagen bis Wochen im Bereich des Zeckenbisses eine Hautrötung ausbilden, die langsam größer wird und in ihrem Zentrum verblaßt, so daß unter Umständen nur ein schwacher roter Ring auf der Haut zu sehen ist. Gelegentlich ist hiermit auch ein Fieber verbunden. Tritt dieses Symptom auf, so sollte auf jeden Fall ein Arzt aufgesucht werden, da eine noch rechtzeitige Behandlung mit Antibiotika (Penicilline, Tetracycline) die Infektion zuverlässig beseitigen kann. Unbehandelt kann diesem Erscheinungsbild, aber auch ohne die betroffene Hautveränderung, nach einigen Wochen und Monaten eine Spätkomplikation folgen, auch wieder unterschiedlichster Form und Ausprägung. So sind Nervenentzündungen möglich, die insbesondere zu nachts auftretenden heftigen Schmerzattacken führen können, gelegentlich auch mit z. B. Ischiasbescherden verwechselt werden. Entzündungen des Nervensystems können sich auch auf das Rückenmark bis hin zum Gehirn und den Hirnhäuten ausdehnen und machen dann die unterschiedlichsten Erscheinungsbilder je nach betroffenen Gebieten. Nicht selten kommt es auch mit oder ohne vorausgegangener Hautsymptomatik zu Gelenkentzündungen, wobei die unterschiedlichsten Gelenke befallen und verschiedene andere Krankheitsbilder, wie z. B. ein Rheuma, vorgetäuscht werden können."
Beim Hund, der auch an L. erkranken kann, fehlen typische Krankheitsbilder. Bei erkrankten Hunden stehen Gelenkentzündungen im Vordergrund, bei etwa der Hälfte kommt es zu Fieber, bei manchen treten Lymphknoten-Schwellungen auf. Ferner kann es zu Nierenfunktionsstörung und zu Herzmuskelentzündung kommen. Bei L.-Erkrankungen von Hunden sind hohe Antibiotika-Gaben über einige (zwei bis drei) Wochen notwendig, um den Gesundheitszustand zu verbessern.
Lymexylonidae → Werftkäfer.
Lynbaum, der: → Ahorne 4.
Lynx lynx → Luchs.
Lyophyllum → Raslinge.
Lysimachia → Gilbweiderich.
Lythrum → Weiderich.
lz: Abk. für „laufender jährlicher → Zuwachs".

M

M: Abk. für → Masten.
m^3(r) → Rohholzäquivalente.
Maaßeler Lindenwald, der: 35 ha großer und einziger Lindenwald (WiLi) Niedersachsens südlich von Gifhorn. Markantester Einzelbaum ist die ca. 300 Jahre alte Burkhardteiche im Nordwesten mit einer Höhe von 26 m und einen Umfang von 6 m.
Macedonische Weißkiefer, die: → Kiefern 7.
Machandel, der: → Wacholder.
Machlholz, das: alte Bez. für Holz, aus dem etwas „gemacht" wird, z. B. Holzdecken, Möbelstücke etc. Bei der Orientierung am sog. → Mondkalender wird M. (wie auch das → Werkzeugholz) geschlagen, wenn der Neumond auf den Skorpion fällt, also meist im November, weil dann das Holz die gewünschten Eigenschaften besitzt; → Wadel.
Macholder, der: → Wacholder.
Madagaskar-Ebenholz, das: → Ebenholz.
Made, die: Bez. für die kopf- und beinlosen → Larven, z. B. bei den Fliegen.
Mädelbaum, der: alte württembergische Bez. für die Waldkiefer; → Kiefern 3.

▸▸ Das Echte Mädesüß ist ein Eschen- und Erlenbegleiter.

Mädesüß, das (*Filipendula*): Gatt. der → Rosengewächse mit zehn Arten in den nördlichen, gemäßigten Zonen. Es handelt sich um Stauden mit weißen oder purpurnen Blüten in spirrenartigen → Blütenständen. Der Name M. kommt vermutlich von „Metsüß", weil es als Würze für Met diente. Die häufigsten Arten sind:
1. Echtes Mädesüß, das (*Filipendula ulmaria* (L.) Maximovicz): auch Wiesengeißbart, Spierstaude. Das E. M. ist fast über ganz Nord- und Mitteleuropa verbreitet; im Süden der Mittelmeerländer fehlt es. Es ist ein SEr- und Es-Begleiter und wächst auf feuchten Standorten in Hartholz-Auenwäldern, gelegentlich auch feuchten Hainbuchenwäldern, auf Wiesen, in Sümpfen, an Ufern, im Röhricht und auf Streuwiesen; Gleybodenzeiger (→ Bodenanzeiger).
Die mehrjährige, 50 bis 150 cm hohe, reich beblätterte, im oberen Teil verzweigte Pflanze hat einen waagerechten, teilweise verholzten und knotig verdickten Wurzelstock und einen aufrechten, kantigen, kahlen Stengel. Die wechselständigen Blätter sind unterbrochen gefiedert, oberseits dunkelgrün, kahl, unterseits hellgrün und weißfilzig. BZ: Juni bis August. Die ziemlich kleinen, stark süßlich duftenden Blüten (enthalten Vanillin) sind gelblich-weiß und stehen in zahlreichen, dichten, vielblütigen, rispigen Teilblütenständen. Die Früchtchen sind bis 2 mm lange, kahle, spiralig gedrehte Balgkapseln.

2. Knolliges Mädesüß, das (*Filipendula vulgaris* Moench = *F. hexapetala* Gilib.): auch Kleines M., Knollen-Spierstaude. Das K. M. ist fast über ganz Europa, im Norden bis Süd-Skandinavien verbreitet und wächst zerstreut in lichten Wäldern, besonders Eichen- und Kiefernwäldern, an Wald- und Gebüschrändern, auf Grasland, Kalkmagerrasen und in der Heide, an trockenen bis feuchten Standorten. In Gärten wird es auch gerne als Zierstaude gepflanzt.
Das K. M. ist dem Echten Mädesüß sehr ähnlich. Die etwa 30 bis 80 cm hohe Pflanze hat knollig verdickte Wurzeln. Die unterbrochen gefiederten Blätter, die fast alle grundständig sind, haben fünf bis 30 Fiederblattpaare. BZ: Mai bis Juli. Die weißen oder blaßrosafarbenen Blüten duften stark. Die geraden, aufrechten (nicht gedrehten) Balgfrüchtchen sind behaart. Die Blätter des K. M. sind im Frühjahr, die Knollen im Herbst als Salat und Gemüse genießbar.
Magel, der: alte österr. Bez. für Holzstoß.
Magerstandorte und Trockenstandorte → geschützte Pflanzenformationen.
Maggipilz, der: → Milchlinge 12.
Magistranz, die: → Haarstrang 3.
Magnesium, das: chemisches Zeichen Mg. Das silberweiße, zweiwertige Erdalkalimetall (Leichtmetall) verbrennt mit weißem Licht, hat seinen Schmelzpunkt bei 650 °C, seinen Siedepunkt bei 1102 °C und eine Dichte von 1,74 g/cm^3. Wie beim → Kalzium weist auch der M.-Gehalt des → Bodens beträchtliche Schwankungen auf. Unter durchschnittlichen Bedingungen liegen sie zwischen 0,1 und 1,5 %. Niedrigere Werte haben silikatarme und saure Sandböden, höhere Werte dagegen die silikatarmen Magma- und Serpentingesteine sowie dolomitische Kalkgesteine. Im Boden ist M. im Kristallgitter der primären Silikate, wie Biotit, Olivin, Serpentin und als Karbonat in Magnesit und Dolomit enthalten sowie in den Tonmineralien als „Gittermagnesium". Die chemische Verwitterung setzt Mg^{++} frei, das durch Sorption austauschbar an Ton-

minerale und Huminstoffe gebunden wird. In der Pflanze wird das M.-Ion zu den → Vegetationspunkten geleitet und kommt darin als M.-Oxalat, als Phytin, als freies Ion und auch in Chelat-Bindung vor. Es ist v. a. Bestandteil des → Chlorophylls. Die gesamte → Photosynthese ist auf M. angewiesen. Die M.-Verluste im Wald betragen bei reiner Holznutzung 0,4 bis 1,3 kg/ha/Jahr; kommt Streunutzung dazu, kann dieser Wert bis auf 9 kg steigen; → Mangelsymptome an Bäumen, Blattverluste.

Magnesiummangel, der: → Mangelsymptome an Bäumen.

Magnoliophytina → Bedecktsamer.

Magnus, A. → forstliches Schrifttum.

Mahagoni, das: Bez. für das Holz von etwa 90 Baumarten der Tropen, die verschiedenen Fam. (→ Systematik) angehören. Nach früherer internationaler Abmachung mußte M. der botanischen Fam. *Meliaceae* angehören.

Mahalebkirsche, die: → Prunus 3.

Mähnehaken, der: eiserne Kette zum Rücken von Stammholz durch → Rückepferde oder Traktor, die den Stamm mit zwei kräftigen, spitzen Haken faßt.

Mähnenflechte, die (*Alectoria jubata* (L.) Acharius): auch Moosbart. Die zur Fam. Bartflechten (*Usneaceae*) aus der Abteilung → Flechten zählende M. ist von der Ebene bis ins Gebirge verbreitet. Sie wächst in den Nadelwäldern Nordeuropas und in nebelreichen Bergwäldern, vorwiegend an Nadelbäumen, aber auch auf altem Holz, auf Felsen und gelegentlich auch auf dem Boden. Der → Thallus bildet schwarzbraune, bart- oder mähnenartig herabhängende Büschel (Name!) aus fein verzweigten Ästchen, besetzt mit hellen → Soralen. In tieferen Lagen ist er kurz; im Gebirge wird er bis 50 cm lang. Die seitenständigen, kleinen, scheibenförmigen → Apothecien haben etwa 1 mm im Durchmesser, einen glatten Rand und sind braun.

Mährisch-Aussee: ehemals Sitz der im Jahre 1852 von den Waldbesitzern Mährens und Schlesiens gegründeten Forstschule M.-A. Die zweijährige Schulausbildung diente der Heranbildung von Revierförstern. Es bestand ein Internat; die Schüler trugen eine eigene Uniform. Ausgestattet war die Schule mit einem Institutsforst und einer Institutsjagd. Sie wurde später nach Eulenburg und schließlich nach Mährisch-Weißkirchen verlegt. 1918 wurde diese Schule eine tschechische Anstalt.

Mähstreu → Bodenstreu.

Mai, der: frisch belaubter Zweig.

Maia, der: → Flieder.

Maianthemum → Schattenblume.

Maibaum, der: **1**) ursprünglich ein junger, frisch belaubter Baum, i. a. eine Bi. **2**) heute Bez. für einen hohen, i. d. R. rindenfreien, kerzengeraden und bis auf den Wipfel entasteten Baum (Fi oder Ta), dessen Fuß tief in der Erde gesichert wird. Das Aufstellen eines M., meist in der Ortsmitte oder vor einem Gasthaus (Wirtshaus), ist eine alte Tradition. Schon im Hochmittelalter wurde der M. urkundlich als traditionell bezeugt, denn in Aachen revoltierte 1225 die Bevölkerung, als Eiferer ihren M. fällten. In Franken läßt sich die Tradition des M.-Aufstellens bis zum Anfang des 16. Jh. zurückverfolgen. Das Setzen des M. ist aber auch in vielen anderen Ländern Europas bekannt, und von Spanien aus wurde der Brauch sogar nach Übersee getragen. Traditionell hat der M. verschiedene Funktionen. Er kann ein Orts-, Rechts-, Tanz- oder Wirtsbaum sein. Der große M. für das ganze Dorf (Ortsbaum) wird meist in feierlichem Zug aus dem Wald geholt, entrindet, geschmückt und im Rahmen eines Festes aufgestellt. V. a. in Oberbayern finden sich viele, reich mit Fahnen, Kränzen, Wappen, Zunftschildern und Inschriften verzierte M. Der grüne Fichten- oder Tannenwipfel, Maibüschel genannt, soll daran erinnern, daß es sich nicht um einen toten Holzstamm, sondern um einen lebenden Baum aus dem grünen, frischen Wald handelt. Vielerorts sind auch Säule, Geißel, Rute, Leiter, Hahn, Säbel, Laterne, Hammer, Zange, Nägel, Würfel, Speer, Schwamm und Krug auf den Querhölzern („Sprisseln") fester Bestandteil eines M. Es handelt sich hierbei um all die Dinge, die mit dem Leiden Christi unmittelbar im Zusammenhang stehen. Auch finden sich an einzelnen M. Kirche und Bauernhaus, Bauer und Bäuerin, die Zeichen der Gewerke und als unterer Abschluß vier Armbrüste, gegen die vier Himmelsrichtungen gespannt, als Symbol bäuerlicher Wehrhaftigkeit gegen jeden Feind. Dies stammt noch aus einer Zeit, als die hergebrachten Waffen der Bauern im Heerbann Pfeil und Bogen waren.

Ein Freitrunk und ein Freitanz belohnen meist die jungen Burschen für ihren Beistand beim Aufrichten des M. Ein alter Nachbarbrauch, v. a. in Bayern, ist auch das Stehlen des M. vor seiner Aufstellung. Ein gestohlener M. kann nur mit Geld oder einer kräftigen Brotzeit ausgelöst werden. Als Maitanz gehört zum M. der Bandltanz, dessen Idee – das Flechten von Bändern um einen Baum – auf einen Vegetationskult zurückgeht. Der M. steht immer mehrere Jahre und wird dann erneuert.

Maiblume, die: → Maiglöckchen.

Maiblume, Kleine, die: → Schattenblume.

◂◂ Das Aufstellen eines Maibaumes ist eine alte Tradition.

Maibüschel, der: der grüne Wipfel eines → Maibaumes.

Maie, die: → Birken 1.

Maiensetzen, das: → Pfingstmaien.

Maiglöckchen, das (*Convallaria*): Gatt. der → Liliengewächse mit der einzigen geschützten, nachstehenden Art:

Das unter Naturschutz stehende Maiglöckchen wird in der Medizin verwendet.

Maiglöckchen, das (*Convallaria majalis* L.): auch Maiblume, in Schlesien Springauf. Das fast über ganz Europa verbreitete, im Süden jedoch nur in den Gebirgen anzutreffende M. wächst verbreitet in trockenen, lichten Laubwäldern, besonders Eichen- und Buchenwäldern (Klassen- →Charakterart der Buchen- und sommergrünen Eichenwälder Europas), in lichten Gebüschen, Kiefernwäldern und im Gebirge auf Matten und Felsschutt, bis in Höhen von etwa 2200 m. Es wächst auf kalkreichen wie kalkarmen Böden und ist ein Mullboden-Keimer mit Wurzelpilz.

Die giftige, 10 bis 25 cm hohe, mehrjährige, kahle Pflanze hat einen kriechenden, verzweigten, mehrere Jahre alt werdenden Wurzelstock (Rhizom). Die beiden grundständigen Blätter (Schattenblätter) sind breit-lanzettlich, 10 bis 20 cm lang, parallelnervig und oberseits glänzend. BZ: Mai/Juni. Der aufrechte Stengel trägt eine Blütentraube (→ Blütenstand), die aus fünf bis zehn Einzelblüten besteht. Die weißen, duftenden, überhängenden, glockigen Blüten bestehen aus sechs 5 bis 7 mm langen Blütenblättern. Die → Bestäubung erfolgt durch Insekten; bleibt sie aus, bestäuben sich die Blüten selbst. Die Früchte, scharlachrote, kugelige Beeren, sind giftig und enthalten blaue Samen.

Das M. ist auch heute noch als → Heilpflanze von Bedeutung. Verwendung finden die Blätter und die Blüten. Sie enthalten Saponine und Glykoside, die mit denen des Roten Fingerhutes verwandt sind. Das M. wurde von diesem wegen des stark schwankenden Gehalts seiner Wirkstoffe etwas verdrängt. Die Wirkstoffe sind brechreizerzeugend, stark abführend, harntreibend, krampflösend und beeinflussen die Herztätigkeit. Das M. eignet sich zur Behandlung von leichter Herzschwäche, von verschiedenen Herzstörungen und von Ödemen, die durch Herzschwäche bedingt sind. Die getrockneten und zerriebenen Blüten des M. reizen zum Niesen. Sie sind einer der Bestandteile des „Schneeberger" Schnupftabaks.

Als Sinnbild der erdgebundenen Schönheit war das M. bei unseren germanischen Vorfahren der Frühlingsgöttin Ostara geweiht, und bei den Frühlingsfesten schmückten sich Jünglinge und Jungfrauen mit den duftenden Blumen.

Maikäfer → Blatthornkäfer 8. und 9.

Maikäferjahre: Bez. für das durch den Entwicklungszyklus (drei bis fünf Jahre je nach geographischer Lage und Klima) bedingte massenhafte Auftreten des Maikäfers (→ Blatthornkäfer 8. und 9.) in verschiedenen Jahren.

Der Maipilz wächst meist in typischen Hexenringen. Der Gattungsname „*Calocybe*" bedeutet „Schönköpfe".

Maikraut, das: → Labkraut 1.

Maipilz, der (*Calocybe gambosa*): auch Mairitterling, früher offiziell Georgsritterling (*Tricholoma georgii*) genannt, weil er häufig schon um den 23. April (Georgstag) vorhanden ist. Der von April bis Juni, hauptsächlich aber im Mai erscheinende Pilz stellt mit ca. 13 Arten eine eigene Gatt. (*Calocybe*) dar und gehört nicht zu den → Ritterlingen. Er wächst meist in typischen → Hexenringen, in Bögen oder in langen Reihen. Der M. ist an keine Baumart gebunden, braucht jedoch Böden mit reichlichem Kalkanteil. Er findet sich an grasigen Stellen im Wald, an Waldrändern, im Gebüsch und auf Bergwiesen und wird durch Pilzfliegen rasch madig. Der Hut kann weißlich, sahnegelb oder gelbgrau sein, wird 7 bis 12 cm breit und ist erst halbkugelig mit eingerolltem Rand, breitet sich aber allmählich fast flach aus. Die glatte und immer trockene Oberhaut ist schwer abziehbar. Die sehr dicht stehenden, dünnen → Lamellen sind weißlich bis rahmgelblich und um den Stiel herum ausgebuchtet. Der fast gleichgefärbte, volle und etwas faserige Stiel wird 5 bis 8 cm hoch. Das Fleisch ist anfangs fest und weiß und wird später weich und blaßgelb. Es riecht und schmeckt nach Mehl und Gurken. Der M. gehört zu den schmackhaften Speisepilzen und kann leicht mit dem Ziegelroten Rißpilz (→ Rißpilze 1.), der etwa zur gleichen Zeit erscheint, verwechselt werden.

Maiporling, der: → Porlinge 1.

Mairißpilz, der: → Rißpilze 1.

Mairitterling, der: → Maipilz.

Mairose, die: → Rosen 12.

Mais(e), der: auch Maiß, Moas. alter, hauptsächlich in Österreich gebräuchlicher, heute noch in Ortsnamen (z. B. Bodenmais) überlieferter Ausdruck für kahlhiebähnlichen, großflächigen → Schlag (Holzschlag), → Gehaue, aber auch für die mit → Jungwuchs bestockte Schlagfläche; → Dickung.

maisen: svw. Holz schlagen.

Maishacke, die: veralteter Ausdruck für die Fällaxt; → Axt.

Maisholz, das: **1**) untere Schicht des → Mittelwaldes. **2**) örtlich auch Bez. für Jungbestände; → Mais(e), Dickung.

Maiß, der: → Maise(e).

Maitrieb, der: österr.: Maiwipfel. junger, hellgrüner Trieb am Nadelbaum; → Vorschläge.

Maivogel, Kleiner, der: → Edelfalter 15.

Maiwipfel, der: → Maitrieb.

Majoran, Wilder, der: → Dost.

Makassar-Ebenholz, das: → Ebenholz.

Makrofauna, die: → Destruenten.

Makronährstoffe: Zu den für das optimale Pflanzenwachstum in größeren Mengen notwendigen M., wegen ihrer zentralen Bedeutung auch Kernnährstoffe genannt, zählen → Stickstoff, → Phosphor, → Kalium, → Kalzium, → Magnesium, → Schwefel, → Kohlenstoff und auch → Natrium und → Chlor.

Malachium → Wasserdarm.

Malaxis → Weichorchis.

Malaxt, die: → Malbarte.

Malbarte, die: alte nordd. Bez. für ein Beil zum → Auszeichnen von Holz. Für den gleichen Zweck diente die Malaxt.

Malbaum, der: **1**) → Lachbaum, → Waldzeichen. **2**) ein Baum, an dem sich Wildschweine nach dem Suhlen abreiben (scheuern), erkennbar durch anhaftenden Schlamm und Erde.

Malmann, der: alte nordd. Bez. für einen Forstaufseher im → Genossenschaftswald.

Maloideae → Apfelgewächse.

Malter, der, das: auch Molt. altes Raummaß für Getreide, aber auch für Holz (Brennholz), das im Jahre 1872 amtlich abgeschafft, aber noch geraume Zeit weiterverwendet wurde. Die Maßeinheit für ein M. war jedoch je nach Land unterschiedlich. In Braunschweig: 1 M. = 80 braunschweigische Kubikfuß = 1,859 m^3; in Hannover: 1 M. = 80 Kubikfuß = 1,9937 m^3.

Malus → Äpfel.

Mammaliophage → Carnivora.

Mammutbäume (*Sequoiadendron*): Gatt. der Fam. Sumpfzypressengewächse (*Taxodiaceae*). Einzig rezente Art:

Riesenmammutbaum, der (*Sequoiadendron giganteum* Lindl. (Buchh.) = *Sequoia gigantea* Lindl. (Decne) = *Sequoia wellingtonia*): auch Wellingtonie. Der R. ist ein immergrüner Nadelbaum. Seine Heimat ist die Ostseite der kalifornischen Sierra Nevada (Höhenlage 1400 und 2300 m). Er wächst auf frischen, schwach sauren Substraten und in windgeschützten Lagen mit hohen, meist als Schnee fallenden Niederschlägen.

Der R. erreicht eine Wuchshöhe von bis zu 100 m (→ Wuchsleistungen), einen Stammdurchmesser bis 12 m und ein Alter von 3200 Jahren. Er ist einer der massenreichsten und ältesten Baumarten der Welt (wird nur noch von der Grannenkiefer übertroffen), erreicht in Mitteleuropa aber nur eine Höhe von etwa 50 m. Bei uns wird er als Parkbaum, im Schwarzwald vereinzelt auch als Waldbaum gepflanzt.

▸▸▸ Der Maitrieb der Nadelbäume hebt sich durch seine hellgrüne Farbe deutlich ab.

Merkmale: Der R. hat gerade, abholzige, im → Freistand tief beastete Schäfte und eine sehr dicke, jedoch weiche, faserige und rotbraune Borke. Die Äste stehen waagerecht ab; die Nadeln sind kurz, die Blüten zweihäusig verteilt. Die Samen (mit zwei Flügeln) werden im zweiten Jahr reif, sind 4 bis 7 cm lang und rotbraun mit rhombischen Schuppenschildern.

Mandelbaum, der: → Spindelstrauch 2.

Mandelblättrige Wolfsmilch, die: → Wolfsmilch 2.

Mannskraft, die: → Johanniskraut 1.

Mandelgewächse: Unter-Fam. aus der Fam. der → Rosengewächse.

Mandelkrähe, die: → Blauracke.

Mandelweide, die: → Weiden 12.

Mangan, das: chemisches Element, Zeichen Mn. Das M., ein Spurenelement, ist in Form von Mn^{2+} Bestandteil mancher Enzyme und bei der → Photosynthese an der Freisetzung von Sauerstoff beteiligt. In Fi-Nadeln schwankt der Anteil zwischen 250 und 5000 ppm; → Mangelsymptome an Bäumen.

Manganmangel, der: → Mangelsymptome an Bäumen.

Mangelbaum, der: → Spindelstrauch 2.

Mangelkrankheiten: durch Mangel an → Nährstoffen hervorgerufene Erkrankungen; → Mangelsymptome an Bäumen.

Mangelsymptome an Bäumen: sie sind auf eine unzureichende Versorgung mit lebensnotwendigen Nähr- oder Spurenelementen zurückzuführen. Häufigste Zeichen von M. sind

▸▸▸ Der aus Kalifornien stammende Mammutbaum wurde in Europa als Zier- und Parkbaum eingeführt.

gelbliche und purpurne Blatt- und Nadelverfärbungen (→ Chlorosen) und → Nekrosen als Folge eines gestörten Stoffwechsels.
→ Stickstoff (N): Der Mangel am Hauptnährelement Stickstoff der Pflanzen führt zu allg. Chlorosen und verkümmerten Nadeln. Beide Symptome nehmen mit dem Mangel zu; in ungünstigsten Fällen sind die Nadeln kurz und steif, gelbgrün bis gelb verfärbt. In einigen Fällen kann es zu einer Purpurverfärbung der Nadelspitzen kommen; gegen Ende der Vegetationszeit folgt dann Nekrose.
→ Phosphor (P): jüngste Nadeln grün oder gelbgrün, ältere Nadeln deutlich purpur verfärbt. Färbung nimmt mit dem Mangel zu. In ganz schweren Mangelfällen können bei Sämlingen alle Nadeln purpurn verfärbt sein. Mangel an Phosphor führt zu geringem Blüten- und Fruchtansatz.
→ Kalium (K): Symptome verschieden, i. d. R. Nadeln kurz und chlorotisch mit etwas Grün an ihrer Basis. In schweren Fällen Purpurverfärbung und Nekrose mit Absterben der Nadelspitzen; manchmal auch nur eine geringe oder keine Chlorose, aber Purpur- oder Braunfärbung oder Nekrose der Nadeln und Blätter (z. B. bei Bu). Mangel an Kalium führt zu mangelnder Verholzung von Trieben, dadurch Anfälligkeit gegen Fröste.
→ Kalzium (Ca): allg. Chlorose, gefolgt von Nekrosen an den Nadeln, besonders an den Zweigspitzen; in extremen Fällen Tod der Terminalknopse und Absterben an der Spitze; → Harzfluß.
→ Magnesium (Mg): Gelbspitzigkeit der jetzigen Nadeln, in extremen Fällen später Nekrose an der Spitze (Goldspitzigkeit).
→ Schwefel (S): allg. Chlorose der Blätter oder der Nadeln; bei starkem Mangel folgt eine Nekrose.
→ Eisen (Fe): mehr oder minder diffuse Chlorose, die bei geringem Mangel auf die neuen Nadeln begrenzt ist; in ernsteren Fällen tritt eine deutliche Gelbverfärbung auf, und eine Entwicklung der Knospen unterbleibt.
→ Mangan (Mn): Die Nadeln, v. a. im Kronenbereich, sind leicht chlorotisch, in ernsteren Fällen Nekrosen an den Nadeln, verbunden mit Kümmerwuchs, auch Verkürzung der Höhentriebe.
→ Bor (B): Absterben der Spitzen in der späten Vegetationszeit, verbunden mit chlorotisch-nekrotischem Laub mit Übergängen zum Absterben des Gipfeltriebes mit charakteristischer Krümmung.
→ Zink (Zn): extremes Verkümmern des Baumes mit Kurzwachstum der Zweige; Nadeln gelb, kurz, an den Zweigen gebüschelt, manchmal an den Spitzen bronzefarbig; ältere Nadeln werden früh abgeworfen, was zur Bildung von Nadelschöpfen an den Zweigenden führt; in schweren Fällen Rosettenbildung an den Bäumen mit Zurücksterben.
→ Kupfer (Cu): Nadeln spiralig verdreht; Gelb- oder Bronzefärbung, Nadeln an der Spitze wie verbrannt aussehend oder Nekrose an der Nadelspitze; in schweren Fällen sind die jungen Triebe verdreht oder verkrümmt, Zweigspitzen sterben ab.
→ Molybdän (Mo): Chlorose der Blätter, gefolgt von einer Nekrose des Gewebes, die an der Spitze beginnt und unter Umständen das ganze Blatt überzieht.

Mangrovenformation, die: typische, an warmen Küsten im Bereich von Ebbe und Flut und in Flußmündungsbereichen auftretende azonale Vegetation. Die namensgebenden Mangroven haben Atemwurzeln (Stelz-, Spargel-, Bandwurzeln, Wurzelkniee), eine hohe Salzverträglichkeit, und Viviparie tritt häufig auf.

Mangut, der: → Marderhund.

Manipulationsholz, das: → Braunbloche.

Man-made-forest: vom Menschen geschaffener Wald.

Mann, Walter (20.9.1898 Hörhausen/Unterfranken bis 21.7.1976 Rosenheim): M. wurde 1939 Leiter des Forstamtes Kösching, aber bereits 1939 als Holzwirtschaftsreferent an die Regierung des Generalgouvernements in Krakau abgestellt. Nach Kriegsende wieder in Kösching verwendet, ging M. 1950 nach Bonn in das neugebildete Bundesministerium für Ernährung, Landwirtschaft und Forsten. Er wurde 1951 Ministerialdirektior und erster Leiter der Abteilung „Forst- und Holzwirtschaft".

Mannaesche, die: → Eschen.

Mannbarkeit, die (Blühbarkeit, Blühreife, Fruchtbarkeit): die Fähigkeit eines Baumes, keimfähigen → Samen in größerer Menge zu produzieren. Die M. tritt bei den einzelnen Baumarten in sehr unterschiedlichem Alter auf. Als Faustregel gilt: zuerst bei den schnellwüchsigen und kurzlebigen sowie den leichtsamigen Baumarten. Bei Bäumen im → Freistand setzt die M. früher ein als bei Bäumen, die im Bestand(e)sschluß heranwachsen; → Pionierbaumarten.

Männerorchis, die: → Fratzenorchis.

Manns-Knabenkraut, das: → Knabenkraut 6.

Mannskraftwurz, die: → Nelkenwurz 1.

Mantel, der: **1)** lokale Bez. (Oberbayern, Oberpfalz, Mittelfranken) für die Waldkiefer; → Kiefern 3. **2)** der → Waldmantel.

Mantel, Josef Nikolaus von (13.10.1800 Langenprozelten bis 7.7.1872 München): M. war Oberforstrat und Referent für Waldbau und Forsteinrichtung im Bayerischen Staatsministerium der Finanzen (Landesforstverwaltung) sowie schließlich Ministerialrat und Leiter der Bayerischen Staatsforstverwaltung. M. hat sich große Verdienste um das bayerische Forstwesen, insbesondere auf den Gebieten der Forsteinrichtung und der Forstorganisation erworben.

Mantel, Kurt, Prof. Dr. oec. publ., Dr. jur., Dr. rer. nat. techn. h. c. (12.6.1905 Hohenberg bis 6.5.1982 Freiburg i. Br.): M. entstammt einer alten Forstfamilie. Er war langjähriger Direktor der ehem. Institute für Forst- und Holzwirtschaftspolitik sowie für Forstgeschichte der Forstwissenschaftlichen Fakultät der Universität Freiburg. M. studierte an der Universität München (1923 bis 1927) Forstwissenschaft und promovierte mit der Dissertation über die Geschichte des Ebersberger Forstes (1929). Ab 1931 studierte M. Rechtswissenschaft an der Universität Würzburg. Nach einer Verwendung am Regierungsforstamt Würzburg (1931 bis 1934) kam M. an die TH Dresden (Tharandt) und erhielt dort einen Lehrauftrag für Forstgeschichte, allg. Nationalökonomie und Finanzwissenschaft. M. stand ein Leben lang im Dienste der deutschen und internationalen Forst- und Holzwirtschaft. Neben Dresden und Freiburg lehrte er noch in Göttingen und Hamburg und erhielt zahlreiche in- und ausländische Ehrungen. Von seinen vielen Buchwerken sind beispielhaft zu nennen: „Einführung in die Holzmarktlehre" (1974), „Deutsche Forstliche Bibliographie" (3 Bde., 1967 bis 1972) und zusammen mit J. Pacher „Forstliche Biographie vom 14. Jh. bis zur Gegenwart" (1976).

Mantel, Sebastian (15.7.1792 Langenprozelten bis 27.7.1860 Wasserlos): M., ein Bruder von M., Josef Nikolaus, war 1818 Kreisforstkontrolleur und ab 1844 Direktor und erster Professor der Forstwissenschaft an der wiedereröffneten Forstlehranstalt Aschaffenburg. Im Jahre 1848 erfolgte seine Ernennung zum Regierungs- und Kreisforstrat bei der Kgl. Regierung der Pfalz.

Mantel, Theodor (12.1.1871 Stadtprozelten/UFr. bis 17.4.1944 Tegernsee): M. studierte an der kgl. Forstlehranstalt in Aschaffenburg und anschließend an der Staatswirtschaftlichen Fakultät München Forstwissenschaft. Nach mehreren Verwendungen wurde M. 1906 Leiter des Forstamtes Fall und 1908 an die Ministerialforstabteilung in München versetzt. M. wurde 1920 Chef der bayerischen Ministerialforstabteilung und trat 1934 als Staatsrat in den Ruhestand.

Mantelblätter (Nischenblätter): Blätter, die der Ansammlung von Wasser und Humus dienen; → Blattform.

Mantelfichte, die: Bez. für eine am Waldrand (Waldmantel) stehende und bis zum Boden beastete Fi.

Mantelgesellschaft, die: eine an Waldrändern (Bestandsmäntel) ausgebildete → Pflanzengesellschaft, die von derjenigen des Bestandsinneren mehr oder minder abweicht. Pflanzengesellschaften, die saumartig die Bestandsmäntel umgeben, werden Saumgesellschaften genannt.

Der Waldmantel enthält oft andere Bäume als das Bestandsinnere.

Mantelkrähe, die: → Rabenvögel 6.
Mantelrisse → Risse 1).
Manteuffel, Hans Ernst, Freiherr von (13.8. 1799 König Niederlausitz bis 21.12. 1872 Kolditz): M. war sächsischer Oberforstmeister und schrieb u. a. „Die Hügelpflanzung der Laub- und Nadelhölzer ... etc." (1855), „Die Eiche" (1869).
Mapa, die: Abk. für Maserpappel. Als M. werden Furniere bezeichnet, die aus den Maserknollen an den Stämmen der SchPa hergestellt werden.
Mappierung, die: alte österr. Bez. für Vermessung und Kartierung.
Marasmius → Schwindlinge.
Marc, F. → Wald in der Malerei.
Marchand, Xaver (1800 Pruntrut bis 1.11.1859 Zürich): M. war 1833 Oberförster des Kreises Pruntrut, 1847 Forstmeister des Kantons Bern und ab 1856 Professor an der Forstschule des Polytechnikums in Zürich. Er schrieb u. a.: „Die Entwaldung der Gebirge ... etc." (1849).
Marchantia → Brunnen-Lebermoos.
Märchenwald, der: als Besucherattraktion mit Märchenszenen ausgestatteter Wald.
Marder (*Mustelidae*): mit rd. 70 Arten weltweit verbreitete Fam. aus der Ordn. der Raubtiere (*Carnivora*). Hierzu zählen auch Fischotter, Dachs, Iltis, die Wiesel und die beiden nachstehenden Arten. Der Pelz der M. ist begehrt und wertvoll.

Der Steinmarder unterscheidet sich vom Baummarder u. a. durch den großen, unten gegabelten weißen Kehlfleck.

1. Baummarder, der (*Martes martes* L.): auch Edel-, Holz-, Gold-, Tannen-, Waldmarder, scherzhaft Gold-, Gelbkelchen.
Aussehen: Der B. hat einen langgestreckten Körper, eine Kopf-Rumpf-Länge von etwa 45 bis 55 cm, eine Schwanzlänge von ca. 24 bis 28 cm und ein Gewicht von etwa 1200 bis 1800 g. Das Weibchen ist etwas kleiner und leichter als der Rüde. Sein Fell hat am Rücken mittel- bis dunkelbraunes Deckhaar mit gelblicher Unterwolle. Bauch und Innenseite der Beine sind heller braun; der Schwanz ist dunkelbraun. Im Winter ist der B. etwa dunkler gefärbt als im Sommer. Die Kehle und der Unterhals (Kehlfleck) sind blaßgelb bis tiefgelb gefärbt. Dieser nach unten abgerundete Kehlfleck ist das markanteste Unterscheidungsmerkmal zum Stein-M.
Vorkommen: Der B. ist, mit Ausnahme Islands, des größten Teils der Iberischen Halbinsel und des gesamten Südostens, mehr oder weniger stark über ganz Europa und Rußland verbreitet.
Lebensraum und Lebensweise: Der Lebensraum des B. sind größere zusammenhängende Waldgebiete. Im Gebirge ist er bis zur Baumgrenze anzutreffen. Sein Lager befindet sich in hohlen Bäumen, Eichhörnchenkobeln, Schwarzspechthöhlen, Greifvogelhorsten oder in Krähen- und Ringeltaubennestern, wo er sich gewöhnlich während des Tages ausruht. Er jagt zwar auch am Tag, geht jedoch am liebsten vor Sonnenuntergang auf Raub aus. Der klettergewandte B. jagt von Baum zu Baum holzend (springend) in den Wipfeln der Bäume. Dort stellt er sogar dem Eichhörnchen nach. Er ist ein Einzelgänger, sehr menschenscheu und meidet – im Ggs. zum Stein-M. – bewohnte Gebiete. Rüde und Weibchen leben – mit Ausnahme der Ranzzeit (Paarungszeit) – getrennt. Das Seh-, Riech- und Hörvermögen des B. ist ausgezeichnet.
Fortpflanzung: Die Ranzzeit des B. ist im Hochsommer (Juli/August). Die Tragzeit wird durch eine Vortragezeit (verzögerte Keimentwicklung) so weit hinausgeschoben, daß die Jungen erst im März/Anfang April zur Welt kommen; sie dauert deshalb etwa neun Monate. Das Weibchen (Fähe) bringt i. d. R. drei bis vier Junge, die hellgrau behaart und bei der Geburt etwa 30 g schwer sind. Sie sind etwa fünf Wochen blind und werden mindestens sechs bis sieben Wochen gesäugt. Wird es gestört oder fühlt es sich nicht mehr sicher, trägt es – ähnlich wie die Katze – seine Jungen am Nacken in einen anderen Unterschlupf. Mit etwa acht Wochen verlassen die Jungen das erste Mal ihr Versteck. Die Familie bleibt bis in den Winter hinein zusammen. B. können ein Alter von über zehn Jahren erreichen.
Nahrung: Der B. nimmt, was er zwingen kann. Zu seiner Beute zählen Rehkitze, Hasen, Wildkaninchen, Eichhörnchen, sämtliche Vögel und deren Gelege, Ratten und Mäuse. Zudem nimmt er auch Obst (Kirschen, Pflaumen), Beeren (z. B. Heidel-, Himbeeren), Bucheckern und größere Insekten. Er dringt seltener als der Stein-M. in Hühnerställe oder Taubenschläge ein. Alle M. töten durch einen Biß in den Nacken, kleinere Beute durch einen Biß direkt in den Kopf.
2. Steinmarder, der (*Martes foina* Erxleben): auch Dach- oder Haus-M., scherzhaft Weißkehlchen.
Aussehen: Der S. hat eine Kopf-Rumpf-Länge von etwa 40 bis 50 cm, ist also geringfügig kleiner und zudem kompakter gebaut als der Baum-M. Er hat eine Schwanzlänge von ca. 24 bis 26 cm und ein Gewicht von 1500 bis 1900 g. Das Weibchen ist meist etwas kleiner und einige wenige Hundert Gramm leichter. Der S. hat einen großen, unten gegabelten, weißen Kehlfleck, der bis auf die Vorderläufe reicht; sonst ähnlich wie Baummarder.
Vorkommen: Der S. kommt in fast ganz Europa vor. Er fehlt nur auf den Mittelmeerinseln, auf England, Island und in Skandinavien.
Lebensraum und Lebensweise: Sein Lebensraum sind offene Heckenlandschaften mit Steinmauern, Feldscheunen etc. sowie Parkanlagen, Steinbrüche und Kleingartenanlagen. Er ist dämmerungs- und nachtaktiv und lebt gerne in der Nähe menschlicher Siedlungen, ja sogar innerhalb von Dörfern und Städten (Kulturfolger!). In den Alpen ist er während der Sommermonate über der Baumgrenze anzutreffen, zieht sich aber im Winter in tiefer gelegene Gegenden zurück. Einzeln stehende Scheunen, Ställe, Gartenhäuser, Steinhaufen, alte Gemäuer oder größere Holzstöße dienen ihm als Unterschlupf. Seine Lebensweise gleicht der des Baum-M., doch jagt er – im Gegensatz zu diesem – fast nie bei Tageslicht. In den letzten Jahren machte der S. als „Automarder" von sich reden. Die Gummiummantelung von Bremsschläuchen und andere Gummiteile am Auto finden aus noch ungeklärten Gründen seine Aufmerksamkeit; er knabbert daran bzw. beißt sie durch. Das Geruchs-, Seh- und Hörvermögen des S. ist hervorragend entwickelt.
Fortpflanzung: wie beim Baum-M.
Nahrung: etwa dieselbe wie beim Baum-M. Da er mehr in der Nähe menschlicher Siedlungen lebt, ist der Anteil an Hühnern, Tauben und Eiern jedoch ungleich höher. Seine Hauptbeutetiere sind jedoch Ratten und Mäuse.
Marderhund, der (*Nyctereutes procyonides* Gray): auch Enok, Mangut, Japanischer Fuchs und Seefuchs. Der M. zählt zur Fam. der Hunde (*Canidae*) aus der Ordn. der Raubtiere (*Carnivora*).
Aussehen: Die Kopf-Rumpf-Länge beträgt 55 bis 65 cm, die Schulterhöhe 20 bis 30 cm und die Schwanzlänge 15 bis 18 cm, das Gewicht i. d. R. 8 bis 9 kg. Er ist etwa fuchsgroß, jedoch gedrungener und langhaariger und dem → Waschbären sehr ähnlich. Er hat einen hundeartigen Kopf und kurze Beine. Sein langhaariges Fell ist dunkelbraun bis dunkelgraubraun mit dichter Unterwolle. Der Kopf hat eine waschbärartige Zeichnung; sein Schwanz hat – im Ggs. zum Waschbären – keine Bänderung.
Vorkommen: Die Heimat des M. ist Ostasien (China, Japan, Korea). In den östlichen Ländern wird er wegen seines wertvollen Felles (Seefuchs) gezüchtet. Von Osten her breitet er sich zunehmend über Polen, Ungarn und Tschechien nach Westen aus. In Dtschl. wurde er bereits in mehreren Bundesländern gesichtet, ist jedoch noch selten.
Lebensraum und Lebensweise: Der M. ist ein Waldbewohner, der die Nähe von Gewässern sucht. Er schätzt deckungsreiches Gelände, stellt aber sonst keine besonderen Ansprüche an den Lebensraum; höhere Lagen (über 300 m) meidet er ebenso wie reine Nadelwaldbestände. Seinen Tagesunterschlupf sucht er in Höhlen, vorwiegend in verlassenen Dachs- und Fuchsbauen sowie in hohlen Baumstämmen u. a. Er ist vorwiegend dämmerungs- und nachtaktiv. Seine Sinne sind ganz auf die Dunkelheit eingestellt. Während der

Fortpflanzungszeit ist er in kleinen Gruppen (Familienverband) anzutreffen. Als einziger aus der Fam. der hundeartigen Raubtiere hält er bei Frost Winterruhe, jedoch keinen echten Winterschlaf.
Fortpflanzung: Die Paarungszeit der M. ist Januar/Februar. Die Tragzeit schwankt je nach Wetterbedingungen und Breitenlage, liegt jedoch i. d. R. zwischen 60 und 64 Tagen. Das Weibchen bringt fünf bis acht Junge, die fast schwarz behaart und etwa zehn (bis 14?) Tage blind sind. Die Jungen wachsen schnell heran, sind nach etwa sechs Monaten ausgewachsen und nach zehn Monaten bereits fortpflanzungsfähig. Die Fam. bleibt bis Ende des Winters zusammen.
Nahrung: Der M. ist ein anpassungsfähiger → Allesfresser, zu dessen Nahrung Mäuse, Vögel, Obst, Beeren, Eier (Gelege von Bodenbrütern), Hasen, andere Jungtiere, Insekten, Frösche und Fische zählen. Nahrungskonkurrenten sind Dachs und Rotfuchs.

Mariabettstroh, das: alte und volkstümliche Bez. für den Waldmeister; → Labkraut 1.

Mariabrunn: kleiner Ort in Niederösterreich. Im Jahre 1813 wurde das in Purkersdorf bestehende Forstinstitut (bis 1807 forstliche Meisterschule) in das Augustinerkloster M. verlegt. Im Jahre 1814 wurde der Anstalt (die erste öffentliche Forstlehranstalt im heutigen Österreich) auch ein Lehrforst zugeteilt. In M. wirkte Johann E. Anton → Schmitt als erster hauptberuflicher forstlicher Lehrer Österreichs. Berühmtester Schüler war Josef → Ressel. Die Forstlehranstalt M. wurde im Jahre 1867 in eine Akademie umgewandelt und 1875 aufgelöst. Der forstliche Unterricht wurde an die Hochschule für Bodenkultur in Wien verlegt. 1875 bezog die forstliche Forschungsanstalt für Österreich (spätere Forstliche Bundesversuchsanstalt) das Kloster M. und verlegt 1957 den Hauptsitz nach Wien-Schönbrunn. In M. verblieben einige Institute der Forstlichen Bundesversuchsanstalt.

Marienkäfer (*Coccinellidae*): im Volksmund auch Herrgotts-, Frauen-, Glücks-, Sonnenkäfer, Gottesschäflein, Sonnenkälbchen. Käfer-Fam. mit weltweit etwa 4000 Arten, davon rd. 70 Arten einheimisch. Die kleinen, zwischen 1 bis 12 mm großen M. haben einen hoch gewölbten, nahezu halbkugeligen Körper und können gut fliegen. Ihre schwarzen, gelben oder rotbraunen Flügeldeckenoberseiten zeigen eine wechselnde Zahl von andersfarbigen Punkten und Flecken, deren Zahl und Anordnung von Art zu Art, aber auch von Individuum zu Individuum verschieden sein können (Beispiel für die → Modifikation und Variabilität). M. und deren Larven ernähren sich von Blattläusen, Schildläusen, Milben und anderen kleinen Insekten. Sie sind daher sehr nützlich und werden erfolgreich bei der → biologischen Schädlingsbekämpfung eingesetzt. Die Käfer schwärmen im Frühling und können bis zu 14 Monate alt werden. Die oft bunt gefärbten, sehr beweglichen Larven sind sechsbeinig und haben auf den Rücken meist Dornen und Zacken. M. stellen sich bei Gefahr tot. Die wichtigsten Arten sind:

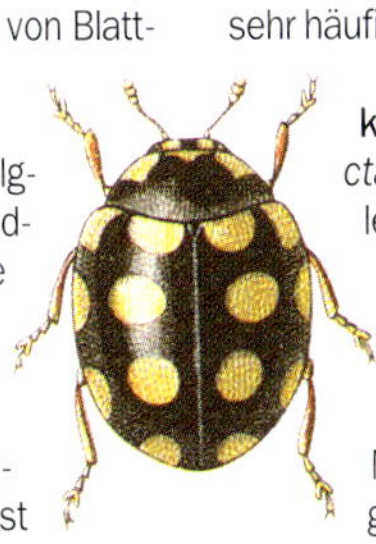

◂◂ Vierzehnpunkt-Marienkäfer (*Propylaea quatuordecim-punctata*)

1. **Siebenpunkt-Marienkäfer**, der (*Coccinella septempunctata*): Der 5 bis 8 mm große Käfer gehört zu den bekanntesten und nützlichsten Arten. Er hat rote und gelbrote Flügeldecken mit sieben schwarzen Punkten. Der Halsschild ist schwarz und weißgelb gefleckt. Der Käfer kommt fast überall vor und überwintert, häufig in größeren Gesellschaften, unter Rinden, Steinen, in Grasbüscheln oder auf Dachböden etc. Das Weibchen legt im Frühjahr bis zu 400 langovale, gelbliche Eier auf die Blattunterseiten ab. Nach etwa einer Woche schlüpfen die graublauen, schwarz und gelb bis orangefarben gefleckten Larven. Sie fressen in Massen Blattläuse, aber auch die Eier von M. der eigenen Art. Die Verpuppung erfolgt meist im Juli/August auf den Blättern, wobei sie mit der Hinterleibsspitze an den Blättern hängen. Auch die Puppe ist bunt, meist schwarz und rot, und erscheint gekerbt. Die Gesamtentwicklung der M. dauert zwischen 30 bis 60 Tagen. Der Jungkäfer gibt zu seiner Verteidigung einen gelblichen, ätzenden und übelriechenden Saft von sich, der aber insektenfressende Vögel nicht abhält; Ameisen hingegen werden damit abgewehrt. Bei einer Massenvermehrung der Blattläuse kommt es auch zur Massenvermehrung des Käfers. Generation meist doppelt. Bei einem Versuch wurde nachgewiesen, daß eine einzige Larve 3100 Schildläuse verzehrt hat.

Marienkäfer in vergrößerter Darstellung: Siebenpunkt-Marienkäfer (*Coccinella septempunctata*)

Unterart *Coccinella v. externepunctata*

2. **Vierzehnpunkt-Marienkäfer**, der (*Propylaea quatuordecim-punctata*): Der bis 4 mm große Käfer hat eine ungemein große Formenvielfalt. Er ist meist gelb mit schwarzen, z. T. miteinander verschmolzenen Flecken, die so stark sein können, daß das Gelb größtenteils verschwindet. Er überwintert in der Bodenstreu oder auch auf Dachböden. Das Weibchen legt etwa 400 Eier. Eine hohe Sterblichkeit der Larve verhindert jedoch eine Massenvermehrung. Der fast über ganz Europa verbreitete Käfer ist überall in den Wäldern und auf den Wiesen, aber auch in Gärten, Parkanlagen und auf Feldern anzutreffen.
3. **Zweipunkt-Marienkäfer**, der (*Adalia bipunctata*): Der etwa 3 bis 5 mm lange Käfer hat schwarze Flügeldecken mit je einem roten Punkt oder rote Flügeldecken mit je einem schwarzen Punkt (Umkehrung). Der Halsschild ist rot mit hellem Rand. Die Käfer überwintern sehr häufig in menschlichen Behausungen.
4. **Zweiundzwanzigpunkt-Marienkäfer**, der (*Psyllobora vigintiduopunctata*): Der 3 bis 4 mm große Käfer hat leuchtendgelbe Flügeldecken und ein gleich gefärbtes Halsschild. Durch die 22 kleinen, schwarzen Punkte auch leicht von anderen Arten zu unterscheiden. Der Käfer ist auf Mehltaupilze spezialisiert. Er ist über ganz Europa verbreitet und bevorzugt warme, sonnenbeschienene Waldränder sowie Ödflächen u. ä. mit geringer Vegetation, von der Ebene bis in Höhen von etwa 1000 m. Fortpflanzung wie beim Siebenpunkt-Marienkäfer.
5. **Augenmarienkäfer**, der (*Anatis occellata*): mit ca. 10 mm Größe unser größter M. Körperform und Fleckenzahl sind sehr veränderlich. Die schwarzen Punkte auf rotbraunem Untergrund sind von einem hellen Hof (Augen; daher Name!) umgeben. Der Halsschild ist jedoch immer schwarz und gelb. Der über Europa und Asien verbreitete Käfer kommt von den Niederungen bis ins Gebirge meist in Nadelwäldern (auch in Gärten und Parkanlagen) vor.

Die graue Larve ist schwarz-gelb gefleckt. Lebensweise und Fortpflanzung der einzelnen Arten wie beim Siebenpunkt-Marienkäfer.

Marienmantel, der: → Frauenmantel.

Marienrose, die: → Rosen 15.

Marien-Prachtkäfer, der: → Prachtkäfer 3.

Marienwurzel, die: → Baldrian 1.

Mark, das: **1)** in der Botanik Bez. für ein gewöhnlich im Zentrum der pflanzlichen → Sprosse gelegenes, von den → Leitbündeln umgebenes Grundgewebe (→ Parenchym). Durch Auseinanderrücken oder Zerreißen kann sich eine M.-Höhle bilden. Bisweilen sterben die Zellen des M. frühzeitig ab, z. B. beim → Holunder. Das M. dient als Reservestoff- und Wasserspeicher und ist durch die →

Das Mark ist besonders beim Holunder deutlich sichtbar und sehr weit.

Markstrahlen mit dem Rindengewebe verbunden. Hinsichtlich der Dicke oder Stärke wird es als sehr eng, eng, normal (1/4 bis 1/2 des Zweigdurchmessers), weit und sehr weit bezeichnet. Das M. entspricht im Umriß meist dem Zweigquerschnitt; es kann also sein: rund, kantig, drei-, vier-, fünfeckig und -kantig, aber auch zweischneidig (flach wie bei den Bi). Die Farbe des M. kann weiß, weißlich, gelblich, grün und braun sein. **2)** → Markgenossenschaft. **3)** auch Holzmark. der durch Grenzen markierte Anteil eines einzelnen Mitgliedes einer Markgenossenschaft an einem → Märkerwald. **4)** In der älteren Sprache war „M." das meistgebrauchte Wort für Grenze und Grenzmal. Hiervon leitet sich der „Marker, „Märker" oder „Marcher" her – nicht zu verwechseln mit dem Begriff „Märker" im Sinne von Markgenosse. „Märker", „Marker", „Markmann" = Steinsetzer.

Markbaum, der: → Lachbaum, Waldzeichen.
Markbuch, das: → Märkerbuch.
Marken: svw. Grenzstein; → Grenzzeichen. auch Bez. für natürliche Felsen oder markante gezeichnete Bäume; → Grenzbäume, Lagersteine, Mark 4).
Märker, der: **1**) auch Mitmärker. alte Bez. für einen Anteilsinhaber an einem → Märkerwald. Er wurde Inmärker genannt, wenn er innerhalb der Märkergesellschaft wohnte und Ausmärker, wenn er außerhalb wohnte. **2**) → Grenzzeichen, Mark 4).
Märkerbuch, das: auch Markbuch. früher geführtes Lagerbuch, in dem alle Mitinhaber eines → Märkerwaldes, die Anzahl ihrer Marken oder Markanteile sowie die davon zu entrichtenden Abgaben verzeichnet waren. Jegliche Änderung an den Besitzverhältnissen wurde ebenfalls im M. vermerkt.
Märkergedinge, das: auch Waldgedinge. Svw. → Förstergedinge.
Märkermeister, der: auch Markmeister, Obermärker. Der früher mit der Aufsicht über einen → Märkerwald Beauftragte.
Märkerordnung, die: auch Markordnung, Markweistum. eine Sammlung von Gesetzen, Verordnungen und Vorschriften in Bezug auf einen → Märkerwald und auf die → Markgenossenschaft.
Märkerschaft, die: → Markgenossenschaft.
Märkerwald, der (Markwald): im Eigentum einer Märkerschaft (→ Markgenossenschaft) stehender Wald. Die Märkerschaften, die sich mit der Bewirtschaftung dörflicher Waldgebiete beschäftigten, entstanden weitgehend im Mittelalter (13. bis 15. Jh.) und lösten sich überwiegend im Verlauf des 19. Jh. auf; sie wurden zum größten Teil → Gemeindewald. Traditionsgemäß pflegten die Märker eine umsichtige und nachhaltige Waldbewirtschaftung. Das Nutzungsrecht am M. unterstand i. a. der Markverfassung, die in der → Märkerordnung festgelegt war. Am Mittelrhein gibt es z. B. noch heute einen 316 ha großen M. im Eigentum der Märkerschaft Feldkirchen im Gebiet der Stadt Neuwied am Rhein. Zu den Mitgliedern der Genossenschaft gehören rd. 350 selbständig wirtschaftende Fam. Das Märkerrecht haben sie alle von ihren bäuerlichen Vorfahren ererbt. Ihre Satzung geht im wesentlichen auf ein Weistum aus dem Jahre 1494 zurück. Der M. war ursprünglich fast ausschließlich mit Bu und Ei bestanden, die auch heute noch vorherrschen. Ein weiterer M. im Eigentum der Waldmärkerschaft Dierdorf, liegt im Westerwald. Seine Wirtschaftswaldfläche beträgt 617 ha; hinzu kommen noch 13 ha Nichtholzboden und Nebenflächen. Auch im M. Dierdorf überwiegen mit ca. 75 % Anteil die Laubbaumarten (davon 42 % Bu und 11 % StEi).

Gebots- und Verbotszeichen, Hinweise und Verhaltensregeln sind zu beachten.

Markeule, Gemeine, die: → Eulen B 9.
Markflecken: auch Braunfleckigkeit. kleine dunkelbraune Flecken bei Er, Bi, Birnbaum, Pa und Wei, die durch die Larven der Kambium-Minierfliege (*Dendromyra betulae*) verursacht werden, v. a. wenn der Fraß über mehrere Jahre hinweg geht. Die Fraßgänge schließt der Baum durch neu gebildetes Zellgewebe. Der Kot der Larven führt dabei zu einer Färbung, die als „Braunfleckigkeit" bezeichnet wird. Da das Wachstum des Baumes weitergeht, tritt kaum eine starke Schädigung ein; nur bei Schäl- und Schleifholz (Bi und Er) führt die Braunfleckigkeit zu Qualitätsverlusten. Bei der nordischen Bi ist sie jedoch charakteristisch; das Holz wird daher gerne für kunstgewerbliche Zwecke verwendet. Die im → Kambium verursachten M. sind auf Querschnitten als rundliche Flecken (M.), auf Längsschnitten strichförmig erkennbar und werden als „Braunketten" oder „Zellgänge" bezeichnet; → Minierfliegen.
Markfriede, der: alte Bez. für die Sicherung einer Holzmark (→ Mark 3) gegen willkürliche Nutzung.
Markgenossenschaft, die: Die ersten Ansiedlungen der Germanen in Dtschl. sind in Form von M. erfolgt, d. h. das eingenommene Gebiet, die Mark (mittellat. *marca* = Grenze), wurde gemeinschaftlich in Besitz genommen, Haus- und Hofstätten gingen sofort, das Ackerland (die geteilte Mark) schon sehr frühzeitig in Privatbesitz über, während der Rest des Gebietes im gemeinsamen Besitz blieb. Letzteres hieß „ungeteilte Mark, Allmende" und bestand aus Wald, Wasser, Weide und Moor usw. Jedem Genossen stand ursprünglich neben dem Anspruch auf ein Los in der Feldmark auch unbeschränktes Nutzungsrecht an der „Allmende" zu. Gegen Ende des 6. Jh. ging das Ackerland, das bis dahin gemeinsam genutzt wurde, allmählich in Privateigentum über und bildete die verteilte Feldmark, während der Gemeinbesitz am übrigen Gelände, dessen Hauptteil meist aus Wald bestand, noch lange fortbestand und sich teilweise, wenn auch in veränderter Form, als Gemeindewald usw. bis in die heutige Zeit erhalten hat. Die dem einzelnen Markgenossen in der Mark zustehenden Rechte wurden als objektive Einheit mit dem Namen „Hufe" (mansus) bezeichnet. Die M. regelte ihre Markangelegenheiten selbst in der Genossenversammlung (dem Märkerding) unter einem selbstgewählten Markenvorsteher, Märkermeister, Obermärker, Holzgrafen, Erbexe. Ihre Blütezeit erreichten die M. vom 12. bis 15. Jh. Gegen Ende des Mittelalters begann der Verfall der M., der mit dem politischen und wirtschaftlichen Niedergang des Bauernstandes eng verbunden ist. Der wichtigste Grund für diesen Niedergang der M. war die stetig fortschreitende Teilung der Marken unter den Genossen, wobei bald größere, bald kleinere Teile der Allmende an die nun meist zu Landesherren aufgestiegenen Markgerichtsherren fielen. Politische Gründe haben ferner im 17. und 18. Jh. die Teilung der Allmenden und ihren Übergang in das Eigentum der Landesherrn enorm gefördert. Nur kümmerliche Reste der alten Marken sind in das 19. Jh. hinübergerettet worden (→ Märkerwald). M. fanden sich nur in den ursprünglich von den Germanen besiedelten Teilen, also hauptsächlich in West- und Süddtschl., der Schweiz und in verschiedenen Gegenden Österreichs.
Markierhammer, der: → Waldhammer.
Markierungen und Vorrichtungen: Die Vielzahl der im Wald vorhandenen M. u. V. dienen der Waldbewirtschaftung, dem Forst- und Jagdbetrieb und zum anderen dem Waldbesucher. Für letzteren sind sie i. d. R. Zeichen (Gebots- und Verbotszeichen) und Hinweise (Verhaltensregeln), die es zu beachten gilt, z. B. Schilder, die auf bestimmte Schutzmaßnahmen ausgerichtet sind, wie Einschränkung des Betretungsrechts wegen Schutz der Wiesenbrüter oder des Auer- und Birkwildbestandes usw., oder Einstufungen nach den Naturschutzgesetzen (Landschaftsschutzgebiet, Naturschutzgebiet, Einzeldenkmal etc.). Nach den Forstschutzrichtlinien der Länder (Forststrafgesetzen) sind Beschädigungen, Zerstörungen oder Entfernungen der M. u. V. eine Ordnungswidrigkeit – oder je nach Schwere des Vergehens – ein (Forst-)Straftat.
1. Amtliche Verkehrszeichen: Verkehrszeichen im oder am Wald, die mit Erlaubnis der Straßenverkehrsbehörde aufgestellt sind.
2. Merk- oder Warnzeichen: Sie dienen zur Abgrenzung, Absperrung oder Vermessung oder als Hinweisschilder (Landschaftsschutzgebiet, Naturschutzgebiet, Naturdenkmal, Wildschutzgebiet). Hierunter fallen Grenzsteine, Grenzpfähle und sonstige Grenzzeichen, Zeichen und Hinweisschilder, die bestimmte Wirtschaftseinheiten (Waldabteilungen) bezeichnen oder voneinander abgrenzen, ferner Warn- und Sperrschilder, die auf → verhängte Waldorte hinweisen, Sperr- bzw. Verbotsschilder an Forstprivatwegen, Wegweiser und Wegmarkierungstafeln, trigonometrische Merkzeichen, Wegeprofilpflöcke u. ä. Übliche Schilder sind z. B. „Waldbrandgefahr", „Tollwutgebiet", „Frei für Forstbetrieb", „Reitweg", „Wanderweg", „Naturlehrpfad", „Vorsicht Fällungsarbeiten".
3. Erkennungszeichen: Hierzu zählen Zeichen, die am stehenden oder gefällten Holz oder an frischen Stöcken mit dem → Waldhammer angebracht werden, auch Kennzeichnungen durch die Wolfsangel, mittels Reißer oder Farbtupfer (Auszeichnen), ferner Festlegung von ausgewählten Auslesebäumen (Z-Stämmen) mit Farbe oder farbigem Band um den Stamm, oder im Rahmen der forstlichen For-

schung hinsichtlich des Wuchsverhaltens und der Ertragsleistung der Bäume (aufgesprühte Zahlen und Symbole auf dem Stamm).
4. Sicherheitsvorrichtungen: Hierzu zählen v. a. Vorrichtungen gegen Sturz- oder Gleitgefahr an Wegen, Stegen, Abhängen, steilen Abstürzen, Steinbrüchen und Kiesgruben, wie z. B. Schutzgeländer, Absperrseile, Haltegriffe, auch Lawinenschutzvorrichtungen im Gebirge, sofern sie nicht ausschließlich waldfremden Zwecken dienen; → Jagdeinrichtungen.
Markmeister, der: → Märkermeister.
Markordnung, die: → Märkerordnung.
Markrichter, der: svw. → Holzgraf 1).
Markröhre, die: auch Kernröhre (selten). die in der Stammitte befindliche, von → Mark erfüllte Röhre (Strang), die oft fälschlicherweise als → Kern bezeichnet wird. Die M. hat bei den meisten Baumarten einen rundlichen, bei einigen (z. B. Ei, Er, Bi) einen strahligen oder eckigen Querschnitt.
Markstrahlen: i. e. S. sind darunter die Zellen zu verstehen, die das Mark mit der primären Rinde verbinden, im neueren Sprachgebrauch auch Strahlen im Holz. M. sind dünnwandige Zellen, die mit organischen und wässrigen Stoffen gefüllt sind und den Stoffaustausch zwischen dem → Mark und der Rinde vermitteln. Im Ggs. zu diesen „primären M." enden die „sekundären M." blind im → Bast und → Holzkörper. M. transportieren die in den Blättern gebildeten und in den Bast gebrachten → Assimilate zu den → Holzparenchymzellen, wo sie gespeichert werden. Auf dem → Querschnitt vieler Hölzer erscheinen die radiär verlaufenden Streifen und Striche in größerer und geringerer Ausprägung. Sie durchziehen die Grundmasse der Holzes strahlenartig vom Mark bis in die Rinde. Bei den Ndh verlaufen die schmalen aneinandergereihten M. quer zu den Fasern; bei Lbh sind sie bei vielen Arten nur wenige Zellen breit oder gar einreihig. Die M. sind meist in allen Schnittlagen (→ Tangential-, Radial- und Querschnitt) zu erkennen. Im Querschnitt (Hirnschnitt) erscheinen sie als unterschiedlich schmale, meist helle Linien, die von der Stammitte (Mark) radial nach außen zur Rinde verlaufen. Im Tangentialschnitt (Fladerschnitt) sind sie mit ihrem Querschnitt als unterschiedlich breite, kurze bis längliche Striche zu erkennen. Die Länge des Striches entspricht dabei der Höhe des M. Form und Größe sind artspezifisch (Ei: lange, breite und dunkle Striche; Bu: kurze, dunkle Strichelchen). Im Radialschnitt nennt man die in ihrer ganzen Länge nach radial angeschnittenen M. → Spiegel. Sie erscheinen je nach Holzart als feine bis große, auffallend seidenglänzende Flächen (z. B. Ei und Kir). Bei manchen Holzarten (z. B. Es) sind keine Spiegel erkennbar. Die Hbu bildet meist sehr breite und hohe, undeutlich abgegrenzte und nie glänzende Flächen, sog. Scheinmarkstrahlen oder Scheinspiegel. Es handelt sich dabei um andere Zellenelemente als bei den echten M.
Markushaarmücke, die: → Haarmücken.
Markverlagerung, die: → Exzenterwuchs.
Markwald, der: → Märkerwald.
Markwart, der: → Rabenvögel 2.
Markweistum, das: → Märkerordnung.
Maron, Ernst Wilhelm (2.8.1793 Graudenz bis 28.3.1882 Mirow/Mecklenburg): M. war von 1845 bis 1863 Oberforstmeister in Oppeln. Er schrieb u. a.: „Der gute Forst-Lehrling und der tüchtige Förster, enthaltend eine deutliche Darstellung von Licht- und Schattenseiten des Förster- und Jägerlebens ... etc." (1842); „Forst-Statistik der sämmtlichen Wälder Dtschl. einschliesslich Preussen. Bearbeitet nach amtlichen Quellen" (1862).
Maronen: Früchte der Eßkastanie; → Kastanien.
Maronenkastanie, die: volkstümliche Bez. für die Eßkastanie; → Kastanien.
Maronenröhrling, der: → Röhrlinge 6.
Marschpappel, die: nordd. Bez. für GPa; → Pappeln 1.
Märzellerling, der: → Schnecklinge 3.
Märzenbecher, der: → Knotenblume.
Märzente, die: → Enten 1.
Märzfrosch, der: → Frösche 1.
Märzglöckchen, das: → Schneeglöckchen.
Märzschneckling, der: → Schnecklinge 3.
Märzveilchen, das: → Veilchen 5.
Märzveilchenfalter, der: → Edelfalter 14.
Märzwurz, die: → Nelkenwurz 1.
Maschinenbauholz, das: frühere Bez. für Böttcher-, Wagner- und Stellmacherhölzer, insbesondere für Holz, das bei der Herstellung der Mahl-, Wind- und Wassermühlen (Pumpen, Öl-, Getreide-, Walk-, Säge-, Loh-, Papier- und Schneidemühlen) sowie der Pochwerke (Stampfwerke mit senkrecht fallenden hölzernen Stempeln zum Zerschlagen der Erze und Schlacken) verwendet wurde, bis es durch Metallteile ersetzt wurde. V. a. die Zähne der Turbinen-Schwungräder (Hbu) und die Riemenscheiben (Bu) wurden lange Zeit aus Holz gefertigt. Die wichtigsten Holzarten waren Ei, Es, Bu und Hbu.
Maschinenpflanzung, die: → Pflanzverfahren.
Masen, der: → Ahorne 3.
Maser, die: → Maserung.
Maserbaum, der: → Ahorne 3.
Maserbirke, die: → Birken 1.
Maserholz, das: Holz von Laub-, seltener von Nadelbäumen, mit einer → Maserung. Hierzu zählen Bi (Maserbirken), Pa, Li, Ah und Nuß. Maserknollen, auch Maserkröpfe genannt, sind äußerlich am Stamm sichtbar werdende knollige Wucherungen. Sie entstehen durch wiederholtes rasches Austreiben (und Absterben) schlafender Augen (→ Adventivknospen) und das damit verbundene verstärkte → Dickenwachstum, sog. Maserwuchs. Neben einer erblichen Anlage (z. B. bei Bi der Flamm-Maser und der Braunmaser) kann diese Erscheinung durch Köpfen eines Stammes und durch Verletzung des → Kambiums ausgelöst werden. M. wird z. B. für Pfeifenköpfe verwendet, v. a. aber zu Maserfurnieren (→ Furniere) verarbeitet.
Maserknollen → Maserholz.
Maserkröpfe → Maserholz.
Maserung, die (Maser, Fladerung, Textur oder Zeichnung, Wurzelmaserung): Bez. für die sich im Holz abzeichnenden, verschlungenen Linien der → Holzfasern. Besonders lebhaft verlaufen diese Linien in Brettern von Bäumen mit Wachstumsstörungen (→ Maserholz). Bei unseren einheimischen Holzarten wird die M. (Zeichnung), so benennt man die im Tangentialschnitt (Fladerschnitt) angeschnittenen → Jahrringe, bei → Furnieren (Schälfurnier) besonders gut sichtbar. Sie prägen das Holzbild durch ihre oft flächigen, spitzbogenförmigen Figuren (z. B. Kie, Lä). Die M. wird auch nachgeahmt, da Maserholz von Edellaubhölzern in der Möbeltischlerei (Furnierholz, Drechselarbeiten) gesucht ist. Die Schönheit der Struktur kann durch Astbildungen, Maserköpfe und Stammzwieselungen etc. noch erhöht werden. Für Möbel, die durch schlichte, glatte Flächen wirken sollen, ist die M. von größter Bedeutung. Je nach Schnittführung spricht der Fachmann von schlichter (Mittelschnitt), gespiegelter (Spiegel- oder → Radialschnitt) und gefladerter M. (Sehnenschnitt); hinsichtlich der Holzart unterscheidet man schlichte (Ah, Li, Pa), gewellte (ungarische Eiche), gestreifte (Sapeli, Zebrano), gefleckte (Vogelaugenahorn, Schlangenholz), flammige (Pyramidenmahagoni) und gewimmerte (Bi) M. Die Wirkung der M. kann durch → Porenrillen (Porenfladerung) bei ringporigem (→ Poren) Lbh verstärkt werden, z. B. bei Ei

Maserknollen sind knollige oder kropfige Verdickungen, die zu einer beträchtlichen Größe anwachsen können.

und Es. Je nach Intensität, Entstehungsursache und Art des Anschnitts sind die Bez. von Maserwuchs an Furnieren unterschiedlich, z. B. Eismaser an Bi, Blumenmaser an verschiedenen Holzarten.
Maserwuchs, der: → Maserholz.
Maskenschnecke, die: → Schnirkelschnecken 6.
Maskierte Distel, die: → Distel 2.
Maß: auch Mäß. frühere und regionale Bez. für einen regelmäßig gesetzten Brennholzhaufen, der in etwa einem → Klafter entsprach.
Maße, die: veraltete und regionale Bez. für eine mit Büschen bewachsene Waldfläche.
Maßeller, die: → Ahorne 3.
Massenberechnung, die: → Volumenermittlung.
Massendichte, die: → Bestand(e)sdichte.
Massenermittlung, die: → Volumenermittlung, Holzmassenermittlung.

Massenfachwerk, das: → Ertragsregelungsmethoden.
Massenkontrolle, die: Vergleich des → Hieb(s)satzes mit dem tatsächlichen → Einschlag, getrennt nach → End-, → Vornutzungen und auch Baumartengruppen und Berechnung des ausgeglichenen Hieb(s)satzes für das kommende → Forstwirtschaftsjahr unter Berücksichtigung von Mehr- und Mindernutzungen.

▸▸▸ Jean Colombe (tätig 1467–1529). Monatsbild „November" (Eichelmast); Buchmalerei (1485) aus dem Stundenbuch des Herzogs von Berry (→ Mastwald)

Massenkurve, die: → Volumenkurve.
Massenleistung, die: das gesamte Volumen eines Bestandes oder einer Flächeneinheit an → Derbholz, bezogen auf einen bestimmten Zeitraum. Die M. gibt Auskunft über die Ertragsfähigkeit der Waldfläche.
Massenlinie, die: Trägt man in einem rechtwinkligen Koordinatensystem über der Grundfläche das Volumen des Baumes auf, erhält man eine Gerade. Diese von Kopetzky entdeckte Ausgleichsgerade nannte er M.
Massentafel, die: → Volumentafel.
Massenteilungsverfahren, das: historisches Forsteinrichtungsverfahren (→ Forsteinrichtung), bei dem der vorhandene → Holzvorrat unter Berücksichtigung des künftigen → Zuwachses auf eine solche Zahl von Jahren verteilt wird, daß nach Ablauf dieses Zeitraumes wieder hiebsreifes Holz nachgewachsen ist.
Massenweiser, der: → Nachhaltsweiser.
Massenzuwachs, der: → Zuwachsarten.
Masserhülsen, der: → Ahorne 3.
Maßholder, der: aus dem Westgermanischen übernommener Name für den Feldahorn (→ Ahorne 3.). Er bedeutet svw. „Mattenholder", weil er v. a. auf den Matten (Bergwiesen) steht, wobei die Endung „-der" Baum (engl. tree) bedeutet.
Maßholder-Eichenwald, der (*Aceri monspessulani-Quercetum petraeae*): pflanzensoziologische → Assoziation des Verbandes → West-submediterrane Flaumeichenwälder der Ordn. → Xerotherme Eichenmischwälder. Diese Assoziation mit dem namensgebenden Burgenahorn tritt auf südexponierten, warmen felsigen Berghängen auf meist kalkarmem, aber basenreichem Untergrund im Weinbaugebiet des Mittelrheins, der Nahe, des Untermaintals und der Mosel auf. Neben TrEi kommen Weichselkirsche, Efeu, Wald-Gamander und Echtes Salomonssiegel vor; → Waldgesellschaften.
Maßholder, Französischer, der: → Ahorne 2.
Maßholder, Großer, der: → Ahorne 1.
Massivholz, das: → Vollholz.
Mast, die (Waldmast, veraltet Fehm): M. i. e. S. sind die Früchte der Ei (→ Eicheln), Bu (→ Bucheckern) und Kast (→ Kastanien); i. w. S. zählen hierzu auch die Früchte der → Wildobstbäume. Die M. ist für viele Tiere eine hochwertige Nahrung, die reich an Fett, verdaulichem Eiweiß und Vitaminen ist. Sie ist für das → Schalenwild wichtig zur Bildung von Energiereserven für die Wintermonate, aber auch eine beliebte und wertvolle Nahrung für Schwarzwild, Dachse, Bilche, Mäuse, Ringeltauben, Stockenten, Eichelhäher, Meisen und Finkenvögel.
Die M. spielte in früheren Zeiten, v. a. im Mittelalter, bis zur Einführung der Kartoffel eine bedeutende Rolle bei der Schweinemästung (→ Schweinemast). Sie war eine der Hauptaufgaben des Waldes und Haupteinnahmequelle seines Besitzers. Das Wort „Waldmast" ist uralt in unserer Sprache. Fast alle Rechtsquellen, in erster Linie Verordnungen Karls des Großen (*Capitulare de villis*) sprechen sehr detailliert über die Regelung des Schweineeintriebes, über die Behandlung herrenlos im Walde sich herumtreibender Schweine und die für den Eintrieb zu entrichtenden Abgaben.
In waldbaulicher Beziehung unterscheidet man:
a) **Vollmast (volle Mast)**: Alle Bäume eines Bestandes tragen reichlich Früchte. Ertrag bei Bu ca. 400 bis 800 kg/ha, bei Ei ca. 600 bis 1200 kg/ha. Eine 120jährige Ei kann in einem M.-Jahr allein 50 kg Eicheln tragen.
b) **Halbmast (halbe Mast)**: Nur annähernd die Hälfte der Bäume trägt Früchte, oder alle Bäume tragen Früchte, die aber insgesamt nur die Hälfte des Ertrages gegenüber einer Vollmast bringen.
Im gleichen Verhältnis spricht man auch von einer „Dreiviertel-M." und „Viertel-M.", letztere früher auch „Vasel-M." genannt.
c) **Sprengmast**: Nur einzelne Bäume, etwa 10 bis 30 % einer Voll-M., tragen Früchte. Meist handelt es sich hier um Randbäume und herrschende Bäume.
d) **Fehlmast**: Kein Baum oder nur einige wenige tragen Früchte.
e) **Vogelmast**: veraltete Bez. für nur einzelne Eicheln oder Bucheckern, die sich auf einigen Bäumen eines Bestandes befanden.
In der Jägesprache bedeuten:
f) **Baummast**: alle Früchte und Samen, die von den Bäumen auf den Boden fallen.
g) **Obermast (Bodenmast)**: die Baummast und alles andere, was auf dem Boden liegt und v. a. dem Schwarzwild, Dachs und dem Rot- und Rehwild als Nahrung dient.
h) **Untermast (Brut-, Erd- und Wuhlmast)**: der Fraß des Schwarzwildes und des Dachses, der sich in der Erde befindet. Hierzu zählen v. a. Wurzeln, Würmer, Insekten, Schnecken, Larven und sonstige Kleintiere; → Mastwald, Nachmast, Waldweide.
Mastbäume: auch Mastholz. Bez. für alle Baumarten, deren Früchte, Samen oder Fruchtfleisch den Tieren als Nahrung dienen. M. i. e. S. sind Ei, Bu und Kast, i. w. S. auch alle → Wildobstbäume; → Mast.
Mastbaumholz, das: → Bemastungsholz.
Mastbuche, die: → Buchen.
Masteiche, die: → Eichen 1.
Masten (M): Güteklasse gemäß der → Gütesortierung. M. sind Nadelstammholz (außer Strobe) der Stärkeklassen (→ Mittendurchmesser) L und HL 1 a bis einschließlich 3 a bzw. H 1 bis 4 (→ Heilbronner Sortierung). Sie müssen gesund sein; leichte einschnürige Krümmung und geringer → Drehwuchs sowie gesunde Äste und Beulen sind zulässig. Die Abmessungen richten sich nach den Ansprüchen des Marktes.
M. finden hauptsächlich als Träger von Fernmelde- und Elektrizitätsleitungen, aber auch als Fahnenmasten und Maibäume Verwendung; → Leitungsmasten.
Mastgeld, das: → Dechelgeld, Mast.
Masthafer, der: früher in manchen Gegenden übliche Abgabe an Hafer, die für das → Mastrecht (→ Mast) zu entrichten war; → Dechelgeld.
Mastholder, der: → Ahorne 3.
Mastholz, das: svw. → Mastbäume.
Masthülser, der: → Ahorne 3.
Mastjahr, das: periodisch in Eichen- und Buchenwäldern (→ Mastwald) eintretendes Samenjahr mit besonders hohem Fruchtertrag (Vollmast).
Mastnutzung, die: → Schweinemast.
Mastrecht, das: früheres Recht zur Ausübung der → Mast im Walde.
Mastschilling, der: → Dechelgeld.
Mastspurlinie, die: → figurierte Hölzer.
Mastwald, der: ein Eichen- und/oder Buchenwald. Der M. genoß v. a. im Mittelalter, als der → Schweinemast große volkswirtschaftliche Bedeutung zukam, besonderen Schutz. Die Anzahl der Schweine, die in einen M. eingetrieben werden durften, richtete sich nach dessen Größe und Ertrag. Die Berechtigten hatten aber hierfür ein Mast- oder Fehmgeld (→ Dechelgeld) bzw. einen → Masthafer zu entrichten. Die → Forstbediensteten hatten die vorgeschriebene Anzahl der in die M. genommenen (eingefehmten) Schweine in ein → Fehmregister einzutragen. Zugleich hatten sie den ordnungsgemäßen Eintrieb auch hinsichtlich Zeitdauer und erlaubtem Waldort zu überwachen. Zu diesem Zweck wurden die Schweine mit einem Brandeisen gekennzeichnet. Auch hierfür erhielten die Forstbediensteten einen Geldbetrag, der das → „Brennholz" genannt wurde; → Mast, Nachmast, Waldweide.
Mastzeit, die: Erntezeit der Baumfrüchte (→ Mast).
Matätsche, die: alte schlesische Bez. für das Gestör; → Flößerei.
Mattensafran, der: → Zeitlose.
Mattenweide, die: → Weiden 27.
Matteuccia → Straußfarn.

Mauerepheu, **-eppig**, **-ewig**, der: → Efeu.
Mauerfuchs, der: → Augenfalter 12.
Mauer-Habichtskraut, das: → Habichtskraut 2.
Mauerlatte, die: alte Handels-Bez. im früheren Ostseehandel (Danzig, Königsberg) für Balken ab einer Länge von 5,5 m und Stärken von 13 bis 29 cm^2.
Mauerlattich, der: → Milchlattich 1.
Mauerpfau, der: → Efeu.
Mauerraute, die: → Streifenfarn 6.
Mauer-Streifenfarn, der: → Streifenfarn 6.
Mauerwinde, die: → Efeu.
Maukenkraut, das: → Wurmfarn 1.
Maulwurfsgrille, die: → Grillen 2.
Maurus, Hrabanus → Forstliches Schrifttum.
Mäuse (*Muridae*): i. e. S. Bez. für die Echten M. oder Langschwanzmäuse im Ggs. zu den → Wühlmäusen. Die Echten M. sind kleinere Arten mit einem schlanken, gestreckten Körper, relativ großen, langen Ohren und großen Augen, verlängerten Hinterfüßen und einem etwa körperlangen Schwanz. I. w. S. können den M. verschiedene Fam., Unter-Fam. oder Gatt. der Mäuseartigen zugeordnet werden. Nicht zu den M. gehören die insektenfressenden und nützlichen → Spitzmäuse; → Pestizide 4. Zu den Echten M. gehören folgende, auch im Wald lebende Arten:
1. Gelbhalsmaus, die (*Apodemus flavicollis*): Körperlänge 9 bis 13 cm, Schwanzlänge 9 bis 14 cm (Schwanz meist länger als der Körper), Gewicht 20 bis 45 g. Die nachtaktive G. und die etwas kleinere Waldmaus sehen einander ähnlich. In Mastjahren (→ Mast) der Waldbäume ernähren sie sich ähnlich wie die Rötelmaus (→ Wühlmäuse 5.) vorzugsweise von Samen und legen große Vorratslager an. Die G. ist an dem gelben Halsband gut zu erkennen. Das übrige Haarkleid ist sandbraun. Die G. ist in unseren Wäldern (Laub- und Mischwäldern) die häufigste Langschwanzmaus. Die Paarungszeit ist von März bis September. Die Jungen werden nach einer Tragzeit von 23 Tagen geboren und öffnen mit 12 bis 14 Tagen die Augen. Ein Wurf enthält vier bis sieben Junge; drei bis fünf Würfe jährlich sind möglich. Die Jungen verlassen ihre unterirdische Nestkammer zum ersten Mal nach etwa 18 Tagen. Da die G. vorwiegend Insekten vertilgt, ist ihr forstwirtschaftlicher Schaden sehr gering.
2. Waldmaus, die (*Apodemus sylvaticus*): Körperlänge 8 bis 11 cm, Schwanzlänge 7 bis 11 cm (Schwanz meist kürzer als der Körper), Gewicht 20 bis 30 g. Das Haarkleid ist oberseits sandfarben, unterseits grauweiß mit einem länglichen gelben Brustfleck. Sie lebt sowohl im Feld als auch im Wald. Bevorzugt werden Waldränder, reine Nadelwälder und stark vergraste Kulturen. In Gebieten, wo W. und Gelbhalsmaus vorkommen, lebt letztere mehr im Waldesinneren. Die W. klettert ausgezeichnet. Sie hat einen stark ausgeprägten Geruchssinn und einen ausgezeichneten Orientierungssinn. Trotz ihrer großen Kugelaugen hat sie nur eine schwache Sehschärfe. Die Paarungszeit ist von März bis September. Nach einer Tragzeit von 23 Tagen kommen in

◂◂ Die dämmerungs- und nachtaktive Waldmaus hat große Augen, große Ohren und einen langen Schwanz.

Die Gelbhalsmaus ist in unseren Wäldern die häufigste Langschwanzmaus.

einer unterirdischen Nestkammer (gelegentlich auch in Baumhöhlen oder in einem Nistkasten) vier bis sieben blinde Junge zur Welt. Erst nach 12 bis 14 Tagen öffnen die Jungen ihre Augen. Die W. hat drei bis fünf Würfe jährlich. Nahrung: kleine Sämereien sowie Insekten und deren Larven, im Herbst auch Eicheln, Bucheckern und Nüsse. In einer einzigen Vorratskammer können sich bis zu 4 kg Eicheln und 150 g Lindensamen befinden. Damit kann die W., die keinen Winterschlaf hält, gut durch die kalte Jahreszeit kommen.
Mäusebekämpfung, die: Auf Kulturflächen sollte, um einer Übervermehrung der → Mäuse vorzubeugen, eine etwa 4 m hohe Stange mit Querholz aufgestellt werden, damit Bussarde und Eulen aufblocken, den Mäusebesatz nutzen und damit niedrig halten können. Bei starkem Mäusebesatz empfiehlt es sich, im Herbst in Tonröhren Giftweizen zu geben, diese Röhren in Nord-Süd-Richtung zu verlegen und mit Gras oder Zweigen abzudecken oder AREX-Köder auszulegen. Für eine Mäuseprognose werden → Probefänge durchgeführt
Mäusebrot, das: Bez. für die Brutknospen des Scharbockskrauts; → Hahnenfuß 5.
Mäusebussard, der: → Bussarde 1.
Mäuseholz, das: → Geißblatt 3.
Mäuseschwanzmoos, das (*Isothecium myurum* (Poll.) Bridel): Das zur Fam. der Gleichbüchsenmoose (*Lembophyllaceae*) aus der Klasse → Laubmoose zählende M. ist häufig, allg. verbreitet und kommt bis zur → Waldgrenze vor. Es wächst auf schattigen Waldböden, Felsen und auf der Borke an der Basis von Laubbäumen, insbesondere von Bu. Es kann ausgedehnte, dichte, bleich- bis gelbgrüne, matt glänzende Rasen bilden und ist sehr empfindlich gegen → Luftverunreinigungen (→ Bioindikatoren). Vom niederliegenden, kriechenden Stengel zweigen liegende oder bogig aufsteigende, unregelmäßig fiederförmig verzweigte Seitenäste ab. Die Stengel sind v. a. trocken dicht anliegend beblättert, so daß sie drehrund sind und zur Spitze hin kätzchen- oder mäuseschwanzartig (Name!) verschmälert wirken. Die 2 bis 3 mm langen Blätter sind ei-länglich, kurz zugespitzt, hohl, nur an der Spitze gesägt. Die Sporen reifen im Herbst und Winter. Die seitenständige, 1 bis 3 cm lang gestielte Sporenkapsel steht aufrecht, ist zylindrisch bis ei-länglich, mit langkegeligem, kurzgeschnäbeltem Deckel.
Mausgrauer Schnellkäfer, der: → Schnellkäfer 5.
Mausohr, das: → Habichtskraut 1. und Fledermäuse 6.

Köderstation zur Mäusebekämpfung

Mauswiesel, das: → Wiesel 2.
Maximovicz-Birke, die: → Birken 5.
Maygericht, das: → Förstergedinge.
Mayr, Heinrich, Rof. Dr. (29.10.1854 Landsberg bis 24.1.1911 München): M., ein Forstbotaniker, lehrte nach Studienreisen durch Nordamerika von 1888 bis 1891 in Tokio. 1893 kam er nach München und legte im Lehrrevier Grafrath (ehemaliges Revier seines Vaters Clemens M.) einen forstlichen Versuchsgarten an. Die Sämereien für ausländische Baumarten brachte er von seinen Reisen mit und versuchte, diese Pflanzen hier heimisch zu machen. Seine bei Robert → Hartig lateinisch geschriebene Dissertation befaßte sich mit zwei Birkenparasiten. Er schrieb u. a.: „Fremdländische Wald- und Parkbäume für Europa" (1906), „Monographie der Abietineen des japanischen Reiches (Tannen, Fichten, Tsugen, Lärchen und Kiefern) in systematischer, geographischer und forstlicher Beziehung" (1890), „Waldbau auf naturgesetzlicher Grundlage. Ein Lehr- und Handbuch" (1909).

Mazzaltra, der (Mazzoltra, Mazzalter, Mazzolter): → Ahorne 3.
mechanische Gras- und Unkrautbekämpfung, die: → Unkrautbekämpfung.
mechanischer Pflanzenschutz, der: → Pflanzenschutz.
mechanische Unkrautbekämpfung, die: → Unkrautbekämpfung, Pflanzenschutz.
Mecklenburgische Schweiz, die: eine von ausgedehnten Buchenwäldern eingenommene Strauchendmoränenlandschaft zwischen Teterow und Malchin im mittleren Mecklenburg (Bezirk Neubrandenburg).
Medio, der, das: kaufmännische, aus dem Italienischen stammende Bez. für „in der Mitte des Monats". In der Schweiz auch gebräuchliche Bez. für Durchmesserfeststellung in der Mitte (→ Mittendurchmesser).
Medum, das: früher ausgedehnte Hochwälder (→ Hochwald) im Eigentum der Landesherren, die → Wildbanne waren und auch der → Schweinemast dienten. In ihnen nutzten die Bauern Schlagflächen zeitweise landwirtschaftlich und mußten hierfür den sechsten Sack der Ernte, das sog. M., abliefern.
Medusenhaupt(-Saumpilz), der: → Faserlinge 6.
Meerzwiebel, Zweiblättrige, die: → Blaustern.
Meesbalkenwieden → Floßwieden.
Megacollybia → Holzrüblinge.
Megafauna, die: → Destruenten.
Mehlbaum, der: → Ebereschen 3. und Schneeball 2.
Mehlbeer, der: → Weißdorn 2.
Mehlbeerbaum, der: → Ebereschen 3.
Mehlbeere, die: → Ebereschen 3., 8. und 9.
Mehlbirne, die: → Ebereschen 3.
Mehldorn, der: → Weißdorn 2.
Mehlfäßchen, das: → Weißdorn 2.
Mehlige Eberesche, die: → Ebereschen 3.
Mehlige Königskerze, die: → Königskerze 3.
Mehlräsling, der: → Rötlinge 1.
Mehltau, der: schimmelartiger weißer Überzug auf Blättern, Stengel und Früchten, der aus dem dichten → Myzel der Mehltaupilze (*Erysiphaceae*) besteht. Durch die Bildung von → Konidien sind die befallenen Blätter und Pflanzenteile wie mit Mehl bestäubt. Der echte M. (*Erysiphales*) wird mit Schwefelpräparaten, der falsche M. (*Peronosporales*) mit Kupferpräparaten bekämpft. Forstlich am bedeutsamsten ist der → Eichenmehltau.
Mehreinschlag, der: → Holzeinschlag innerhalb eines Wirtschaftsjahres (→ Forstwirtschaftsjahr), der den planmäßigen jährlichen → Hiebssatz übersteigt.
Mehrgipfeligkeit, die: Bildung von Ersatzgipfeln nach Verlust des Baumgipfels. Es richten sich dabei die nächstgelegenen Seitentriebe aus ihrer Schräglage auf und wachsen als Ersatzgipfel weiter; → Korbwuchs, Zwiesel.
mehrjährige Pflanzen → ausdauernde Pflanzen.
Mehrschichtenbestand, der: Bestand aus mehreren Bestand(e)sschichten (→ Stufigkeit), bei dem i. d. R. die Baumartenanteile für die einzelnen Bestand(e)sschichten getrennt angegeben werden.
mehrschichtiger Bestockungsaufbau, der: → Stufigkeit.
Mehrschichtpolter, das: → Holzlagerplatz.
mehrstufiger Bestockungsaufbau, der: → Stufigkeit.
Mehrzweckforstwirtschaft, die: forstliche Bewirtschaftung von Wäldern mit dem Ziel, Holz und anderen Forstprodukten bei gleichzeitig optimaler Entwicklung ökologischer und sozialer Wirkungen zu nutzen und zu erzeugen. Die M. berücksichtigt demnach in ihren Wirtschaftszielen Anforderungen des Natur-, Landschafts- und allg. des Umweltschutzes ebenso wie die Erholungsleistungen des Waldes; → Waldfunktionen.
Meigedinge, das: → Förstergedinge.
Meiler, der (Kohlenmeiler): zum Holzkohlenbrennen regelmäßig aufgeschichteter, mit einer luftabschließenden Decke überkleideter Holzhaufen; → Köhlerei.
Meilerholz, das: auch Köhlereiholz, in Österreich Verkohlungsholz oder Kohleholz, in der Schweiz Köhlerholz. Für die → Köhlerei (→ Meiler) verwendetes → Schichtholz einschließlich der Holzreste.
Meilerstatt, die: auch Meilerstätte. Platz, auf dem die Kohlen gebrannt wurden; → Meiler.
Meisen (*Paridae*): Fam. der → Singvögel mit rd. 50 Arten, davon sechs Arten Brutvögel in Mitteleuropa. M. sind meist Höhlenbrüter, die in Baumhöhlen und Nistkästen Moosnester errichten. Sie haben einen kurzen, pfriemförmigen Schnabel und ernähren sich überwiegend von Insekten, besonders von deren Eiern und Larven sowie von ölhaltigen Sämereien. Sie haben umfangreiche Gelege mit fünf bis 12 Eiern, die typisch gezeichnet sind: weiße Grundfarbe mit rötlichbraunen Flecken. M. sind lebhaft, rundlich und gut kletternde Baum- und Strauchvögel. Die langschwänzigen → Schwanzmeisen (weltweit acht Arten) werden wegen einiger Besonderheiten im Körperbau als eigene Unter-Fam. oder als eigene Fam. (*Aegithalidae*) geführt.
1. Kohlmeise, die (*Parus major* L.): auch Finkmeise. Länge 14 cm, Gewicht: um 20 g. Die fast sperlingsgroße K. ist die größte und häufigste M. Europas.
Mit Ausnahme des äußersten Nordens bewohnt die K. ganz Europa. Sie hält sich in Wäldern aller Art sowie in Obstbaumgelände, Gärten und Parkanlagen, aber auch in menschlichen Siedlungen auf. Außerhalb der Brutzeit ist sie auch in Gesellschaft mit anderen Meisenarten anzutreffen und streift mit ihnen umher. Bei uns Standvogel, der im Herbst und Frühjahr um die Durchzügler aus dem Norden vermehrt wird.
Das Nest wird in Baum-, Erd- und Mauerlöchern, Felsspalten und in Nistkästen errichtet. Das Gelege enthält sieben bis 13 weiße Eier (17,3 x 13,5 mm, ca. 1,6 g) mit groben rotbraunen Flecken. Brutdauer: 13 bis 14 Tage. Die Jungen bleiben etwa 15 bis 20 Tage im Nest. Es brütet nur das Weibchen. Die Jungen werden außerhalb des Nestes noch etwa zwei Wochen geführt und gefüttert. K. verfüttern in Befallsgebieten der Kleinen Fichtenblattwespe an ihre Jungen z. B. bevorzugt Larven ab dem Stadium IV dieses Schädlings. Meist zwei Jahresbruten (Mai und Juni).
2. Tannenmeise, die (*Parus ater* L.): auch Holz-, Harz- oder Pechmeise. Länge: 11 cm, Gewicht: 9 bis 10 g. Entfernte Ähnlichkeit mit der größeren Kohlmeise.
Sie ist weit verbreitet und kommt mit Ausnahme des äußersten Nordens in ganz Europa vor. Vorwiegend bewohnt sie Fichten- und Tannenwälder, kommt aber auch in Mischwäldern, reinen Laubwäldern sowie in Park- und größeren Gartenanlagen vor. Im Gebirge ist sie noch am Rande der Baumgrenze anzutreffen. Im Norden und Osten des Verbreitungsgebietes kann es bei Futtermangel zu massenhaftem Auftreten des geselligen Vogels kommen. Bereits Ende Februar oder im März trennen sich die T. von den winterlichen Vogelgesellschaften und schließen sich zu Paaren zusammen. Bei uns Standvogel (Jahresvogel), im Norden Teilzieher.

Die Kohlmeise ist die größte und häufigste Meisenart in Mitteleuropa.

▸▸ Die Tannenmeise ist im Gebirge auch noch am Rande der Baumgrenze anzutreffen.

▸▸▸ Die Haubenmeise ist bei uns an Nadelwälder gebunden.

▸▸▸▸ Die Sumpfmeise ist sehr agil und ständig in Bewegung; sie kommt im Winter ans Futterhaus.

Als Neststandort dienen Höhlen aller Art, Mauerritzen, Felsspalten, auch Mäuselöcher und alte Kaninchenröhren. Das Gelege besteht aus sieben bis zehn, meist neun weißlichen Eiern (14,7 x 11,6 mm, ca. 1,4 g), die mit feinen rotbraunen Flecken und Punkten bedeckt sind. Es brütet nur das Weibchen. Brutdauer und Nestlingszeit wie bei Kohlmeise. Häufig zwei Jahresbruten (April bis Juni).

3. **Haubenmeise**, die (*Parus cristatus* L.): auch Meisenkönig. Länge: 11 bis 12 cm, Gewicht: um 11 g.

Mit Ausnahme des nördlichen Teils Skandinaviens, Italiens und der Britischen Inseln kommt die H. in ganz Europa vor. Sie bewohnt fast nur Nadelwälder aller Höhenlagen und ist nur selten in Mischwäldern zu beobachten. Im Winter durchstreift sie mit anderen Meisenarten die Nadelwälder ihres Verbreitungsgebietes; Standvogel.

Das Nest wird in ausgefaulten Astlöchern und anderen natürlichen Höhlen sowie in Nistkästen errichtet. Sie erweitert vorhandene Baumhöhlen, sofern das Holz vermorscht ist. Das Gelege enthält fünf bis sieben, manchmal auch mehr weißliche Eier (16,0 x 12,4 mm, ca. 1,3 g) mit rotbraunen Flecken. Die H. brütet zeitig im Frühjahr, früher als die anderen M. Brutdauer: 12 bis 13 Tage, Nestlingszeit: etwa 19 Tage. Im Fichtenwald eine Brut (April/Mai) im Kiefernwald zwei Bruten (April/Mai bis Juni).

4. **Sumpfmeise**, die (*Parus palustris* L.): auch Schwarz-, Nonnen-, Mehl- und Murrmeise. Länge: 11,5 cm, Gewicht: um 11 g.

Die S. ist in Mitteleuropa weit verbreitet, bewohnt Laub- und Mischwälder, Parkanlagen und Gärten sowie Auwälder. An Sumpflandschaften ist sie nicht gebunden; der Name „S." ist daher irreführend. Bei uns ist sie Standvogel, der sich im Winter zwar anderen Meisenarten anschließt, aber weder in Schwärmen auftritt noch Fernwanderungen unternimmt.

Das Nest steht in alten Baumstümpfen, in Baumhöhlen, vorzugsweise in Wei oder Er. Das Gelege besteht aus sieben bis zehn Eiern (16,1 x 12,2 mm, 1 g), die denen der Kohlmeise ähneln. Brutdauer: 12 bis 13 (14) Tage. Die Jungen bleiben 17 bis 20 Tage im Nest. Eine Jahresbrut (Ende April bis Mai).

5. **Weidenmeise**, die (*Parus montanus* Baldenstein): Länge: 11,5 cm, Gewicht: um 11 g. Die W. ist in weiten Teilen Mitteleuropas beheimatet und bewohnt mehr als die Sumpfmeise sumpfige Dickungen, Auwälder und Erlenbrüche. Sie ist auch in Nadel- und Mischwäldern anzutreffen. Standvogel, der im Winter umherstreicht.

Im Ggs. zu den anderen M. zimmert sich die W. ihre Nisthöhle selbst. Das birnenförmige Schlupfloch findet sich in morschen Stämmen von Weichhölzern, hauptsächlich in Bi, Er und Wei. Das Gelege besteht aus sechs bis acht weißen, rotbraun gefleckten Eiern (15,6 x 12,2 mm, ca. 1 g). Eine Jahresbrut im Mai. Brutdauer: 14 bis 15 Tage, Nestlingszeit: 17 bis 19 Tage.

6. **Blaumeise**, die (*Parus caeruleus* L.): Länge: 11,5 cm, Gewicht: 11 g.

Mit Ausnahme des äußersten Nordens kommt sie überall in Europa vor. Ihr Lebensraum sind Laubwälder sowie die Gärten und Parkanlagen. Bei uns überwiegend Jahresvogel, im Norden Teilzieher. Im Herbst zieht manchmal ein Teil über die Alpen. Bei Nahrungsmangel streicht sie häufig mit anderen Meisenarten oder mit Kleibern in großen Trupps durch die Wälder.

Als Brutplatz wählt sie, ähnlich wie die Kohlmeise, Baumhöhlen, Mauerritzen, Spechthöhlen, Nistkästen, manchmal auch Briefkästen. Das Gelege besteht aus acht bis 14 weißen Eiern (15,4 x 11,9 mm, ca. 1,2 g), die rotbraun gefleckt sind. Es brütet nur das Weibchen. Brutdauer: 13 bis 16 Tage, Nestlingszeit: 17 bis 20 Tage. Zwei Jahresbruten (April bis Juli).

Meisterschulen, forstliche: erste forstliche Ausbildungsstätten in Dtschl., die die praktische Ausbildung der Forstleute mit theoretischem Schulunterricht verbanden. Als etwa ab Mitte des 18. Jh. der Forstbetrieb gegenüber der Jagd zusehends an Bedeutung gewann, wandelte sich auch das Berufsbild des hirschgerechten Jägers in das des holzgerechten Jägers. Junge Leute, die den Forstberuf ergreifen wollten, konnten ihre Erfahrungen jedoch nicht auf Fachschulen gewinnen, sondern mußten sich einen erfahrenen Lehrherrn suchen. Wirklich tüchtige Forstleute, die das nötige Wissen auch vermitteln konnten, gab es jedoch wenig. Der von diesen Forstleuten erteilte Unterricht nahm aber bald die Gestalt von Schulen an, und es entstanden die M., die reine Privatschulen waren und mit ihren Lehrern standen und fielen. Die Zöglinge waren auch meist im Hause des Lehrherrn untergebracht und wurden von ihm verpflegt. Die M. lösten sich i. d. R. nach dem Tode des Lehrherrn auf. Wurde er versetzt oder wechselte er den Dienstherrn, wanderten die M. mit ihm. Die erste M. hatte H. D. von → Zanthier 1763 in Wernigerode gegründet. Weitere bedeutende M. entstanden auch durch G. L. → Hartig in Hungen (1789 bis 1811), von Uslar in Herzberg (1790 – ?), von Witzleben bei Kassel (1798 bis 1815), H. → Cotta in Zillbach (1785 bis 1795), → Bechstein in Kemnote und Dreißigacker bei Meiningen (1795 bis 1822), Gottlob → König in Ruhla (1806 bis 1830). Die M. entwickelten sich häufig zu staatlichen forstlichen Mittelschulen, diese zur höheren Forstlehranstalt, zur → Forstakademie und zur forstlichen Hochschule. So wurde z. B. die 1806 von Gottlob König in Ruhla betriebene M. 1813 zur forstlichen Mittelschule erhoben und 1830 als staatliche Forstliche Lehranstalt nach Eisenach verlegt. Im Jahre 1905 erfolgte die Erhebung zur Forstakademie (1915 aufgehoben). Die 1785 von Cotta in Zillbach (Jagdschloß) gegründete M. wurde 1795 zur Herzogl. Weimarischen forstlichen Mittelschule erhoben, 1811 von Zillbach nach Tharandt verlegt, 1816 zur staatlichen Forstakademie erhoben und 1923 in eine forstliche Hochschule umgewandelt; → forstliche Ausbildungsstätten, → Forstliche Akademische Ausbildungsstättten.

Meisterwurz, die: → Haarstrang 3.

Meisterwurz, Schwarze, die: → Sterndolde 1.

Melampyrum → Wachtelweizen.

Melandrium → Nachtnelke.

Melanoleuca → Weichritterlinge.

Meles meles → Dachs.

Melica → Perlgras.

Melico-Fagetum lathyretosum → Waldgersten-Buchenwald.

Melioration, die (lat.: Verbesserung): Amelioration. Bez. für alle Maßnahmen zur Urbarmachung ungenutzten Bodens oder zur Steigerung der Bodenfruchtbarkeit. Dazu gehören u. a. das Urbarmachen von → Ödland, die Be- und Entwässerung, die Eindeichung, das Entsteinen, die → Flurbereinigung und alle Schutzmaßnahmen gegen Windabtragung (z. B. Windschutzhecken). Im Wald ist wegen übermäßiger Holznutzungen, → Waldweide und → Waldstreunutzung in der Vergangenheit oft eine M. notwendig. Deswegen wird gedüngt (→ Walddüngung), oder es werden Pflanzen (z. B. Lupine oder Er) eingesät. Gelegentlich werden die Maßnahmen in einem M.-Plan zusammengestellt.

Meliorationsdüngung, die: → Walddüngung.

Meliorationsplan, der: → Melioration.

Melissenblatt, das: → Immenblatt.

Mellitis → Immenblatt.

Meloidae → Ölkäfer.

Melusinidae → Kriebelmücken.

Memelgebiet, das: Das M. verfügte vor Ausbruch des Zweiten Weltkrieges über rd. 37 000 ha Staatswald. Die oberste Leitung der Forstverwaltung war dem Direktorium des M. angegliedert. Vier Forstämter: Klooschen, Dingken, Wischwill, Schwallingken; → Danzig.

Gregor Johann Mendel

Mendel, Gregor Johann (22.7.1822 Heinzendorf, Mähren bis 6.1.1884 Brünn, heute Brno, Tschechien): Biologe. Seit 1843 Mönch (Augustiner), 1854 Lehrer für Naturwissenschaften an der Oberrealschule in Brünn. Im Klostergarten des Augustinerklosters Brünn führte er genaue Kreuzungsversuche mit Erbsen, Bohnen, Habichtskrautarten u. a. durch und entdeckte 1865 die nach ihm bekannten → Mendelschen Regeln. M. war ab 1868 Abt des Augustinerklosters Brünn.

Mendelsche Regeln (Vererbungsgesetze, Vererbungsregeln): die von Gregor → Mendel zuerst entdeckten und 1866 veröffentlichten, für alle geschlechtlichen Fortpflanzungsvorgänge geltenden Vererbungsregeln. Diese Regeln wurden zunächst nicht beachtet, bis sie von den Forschern C. E. Correns, E. Tschermak und H. de Vries 1900 unabhängig voneinander wiederentdeckt wurden. Drei Grundregeln:
1. M. R. (Uniformitätsregel): Bei der Kreuzung zweier reinerbiger Individuen sind die unmittelbaren Nachkommen (1. Tochtergeneration, F1-Generation) alle untereinander gleich (uniform).

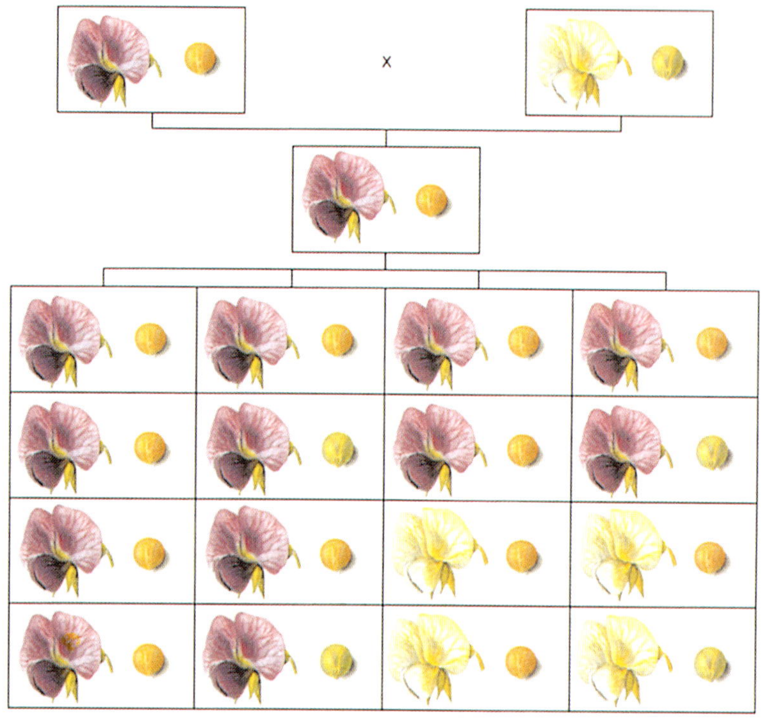

Schema eines dominant-rezessiven Erbgangs mit zwei Merkmalen am Beispiel der Vererbung von Blütenfarbe und Samenschalenfarbe

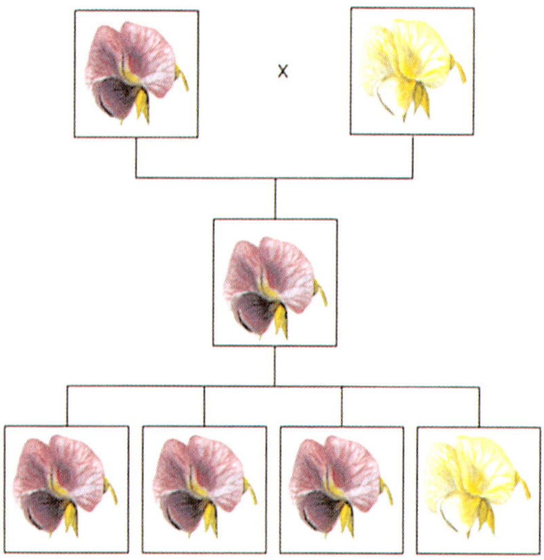

Schema eines dominant-rezessiven Erbgangs mit einem Merkmal am Beispiel der Vererbung der Blütenfarbe bei der Erbse

2. M. R. (Spaltungsregel): Kreuzt man F1-Bastarde, die für ein Allelenpaar (→ Allele) mischerbig (heterozygot) sind, so spaltet die F2-Generation im Verhältnis 1 : 2 : 1 in verschiedene → Genotypen auf. Je 25 % gleichen einem der beiden Großeltern und 50 % den Eltern, z. B. 25 % weiße, 50 % rosa und 25 % rote Blütenfarben (bei Primeln). Bei dominantem Erbgang ergibt sich ein 3 : 1-Verhältnis der → Phänotypen. Alle reinerbigen F2-Organismen vererben sich rein weiter. Die mischerbigen Individuen spalten dagegen bei Kreuzung untereinander wieder im Verhältnis 1 : 2 : 1 auf.
3. M. R. (Unabhängigkeitsregel, Gesetz der freien Kombinierbarkeit der Gene): Unterscheiden sich die zur Kreuzung verwendeten reinerbigen (homozygoten) Eltern in mehr als einem Merkmal, dann wird jede Merkmalanlage unabhängig von der anderen vererbt. Hierdurch kommt es zur Neukombination von Erbanlagen und somit zur Ausbildung neuer, reinerbiger Formen. Die Unabhängigkeitsregel gilt allerdings nur, wenn die beteiligten Gene sich auf verschiedenen Chromosomen (Zellkernschleifen) befinden.
Mendelssohn-Bartholdy, F. → Wald in der Musik.
Menerltre, der: → Ahorne 3.
Mengenberechnung des Holzes, die: Die Menge des Holzes wird entweder nach a) dem Volumen in Kubikmeter (m^3) oder b) dem Gewicht in Tonnen (t) angegeben. Der Kubikmeter festen Holzes wird insbesondere beim → Langholz traditionell → Festmeter (fm), der Kubikmeter geschichteten Holzes, bei dem die Luftzwischenräume mitgemessen werden, traditionell → Raummeter (rm) genannt.
Der Festgehalt des Langholzes wird aus Länge und → Mittendurchmesser ohne Rinde nach Festmeter berechnet. Der Festgehalt unregelmäßig geformter oder in der Güte sehr unterschiedlicher Stämme ist abschnittsweise zu ermitteln.
Wird → Schichtholz in Raummeter mit oder ohne Rinde (gereppelt, geschält, geloht oder weißgeschnitzt) aufgesetzt, so erhalten die Holzstöße oder -bündel beim Aufsetzen ein Übermaß von 4 vom Hundert. Schichtholz wird zweckmäßig 1,04 m hoch aufgesetzt. Das Volumen errechnet sich dann aus der Länge des Holzstückes (1, 2 oder 3 m) und der Breite und Höhe (1 m) des Holzstoßes. Schichtmaß: 1 Raummeter mit Rinde = 0,7 Festmeter ohne Rinde; 1 Raummeter ohne Rinde = 0,8 Festmeter ohne Rinde.
Das Gewicht des → Rohholzes kann entweder lufttrocken (→ lutro) oder absolut trocken (→ atro) ermittelt werden. Die Art der Trockenheit ist anzugeben. Der Gewichtsverkauf (→ Gewichtsvermessung) kommt v. a. für → Industrieholz, hauptsächlich Laubindustrieholz in Frage.
Gewichtsmaß: a) → Nadelholz: 1 Tonne atro mit Rinde = 2,5 Festmeter ohne Rinde; 1 Tonne lutro mit Rinde = 1,6 Festmeter ohne Rinde. b) → Laubholz: 1 Tonne atro mit Rinde = 1,7 Festmeter ohne Rinde; 1 Tonne lutro mit Rinde = 1,2 Festmeter ohne Rinde.
Bei → Stangenholz wird die Menge nach Stückzahl berechnet. 100 Stangen der Handelsklasse P 2.1 (7 bis 9 cm Durchmesser mit Rinde; bei Nadelholz Länge über 6 m) ergeben 2 Festmeter ohne Rinde; → Stangensortierung, Volumenermittlung bei Bäumen, Volumenermittlung bei Beständen.
Mengwald, der: alte Bez. für → Mischwald.
Menno-Linde, die: eine alte Li, die bei Bad Oldesloe die Kate (kleines Bauernhaus) beschattet, in der um 1550 der Gründer der freikirchlichen Mennoniten-Sekte lehrte und starb; → Blutlinde, Kunigundenlinde, Wolframslinde.
Men of the Trees: eine internationale Gesellschaft mit Sitz in England, die sich für den Erhalt von Bäumen und Sträuchern einsetzt. Sie wurde 1922 in Kenia gegründet und war Vorbild für die Gründung zahlreicher Waldschutzorganisationen. Ihr derzeitiger Schirmherr ist Prinz Charles von England.
Mentha → Minze.
Menyanthes → Fieberklee.
Mercurialis → Bingelkraut.
Merginae → Säger.
Merkzeichen im Wald → Markierungen und Vorrichtungen.
Merle, die: → Drosseln 10.
Merlin, der: → Falken 3.

Merulius lacrymans → Hausschwamm.
Mesofauna, die: → Destruenten.
Mesophyll, das: Bez. für das Palisaden- und Schwammgewebe zusammen; → Parenchym.
Mesophyten (griech.: *mesos* = in der Mitte, *phyton* = Pflanze): Pflanzen mit einer Anpassung an einen mittleren Feuchtigkeitsgrad des Standorts. Zu den M. gehören die meisten unserer einheimischen Pflanzen, z. B. die sommergrünen → Holzgewächse, Gemüse- und → Heilpflanzen.
Mesophytische Buchen- und Laubmischwälder (*Fagetalia sylvaticae*): auch Rotbuchenwälder, mesophytische buchen-waldartige Laubwälder Europas. Ordn. der → Europäischen Fallaubwälder. Die Wälder dieser Ordn. stocken auf nährstoffreichen, ausgeglichen mit Feuchtigkeit versorgten Standorten und haben eine große Anzahl von Ordnungs- → Charakterarten. Dabei fehlen ausgesprochene Zeiger für Nässe, Trockenheit, Stickstoffüberversorgung, Nährstoffarmut. Daraus ist die standortliche Mittelstellung der M. B. u. L. erkennbar. Neben der Bu können Hbu, Es, StE oder TrE, WiLi oder SLi, SAh oder BAh, BUl oder FlUl auftreten, auch örtlich dominieren. Die Ordn. umfaßt die Verbände: → Buchenwälder (*Fagion sylvaticae*), → Eichen-Hainbuchenwälder oder Hainbuchen-Eichenwälder (*Carpinion betuli*), → Linden-Ahorn-Wälder oder Steinschutthaldenwälder (*Tilio-Acerion*), → Hartholz-Auenwälder (*Alno-Ulmion*). Die ersten beiden Verbände finden sich auf Standorten mittlerer Güte, die letzteren auf Sonderstandorten, die durch ihre besonderen Grundwasserverhältnisse oder die Geomorphologie gekennzeichnet sind. Die Bu tritt im Osten Europas wegen des kontinentaleren Klimas zurück und wird von der Hbu, der StEi und anderen Baumarten (WiLi, SAh) ersetzt. In Mitteleuropa treten solche Eichen-Hainbuchenwälder nur auf Sonderstandorten auf; → Waldgesellschaften.
mesotroph (meso- vom griech.: *mesos* = mitten, *trophé* = Ernährung): Lebensraum (z. B. Gewässer), dessen Gehalt an gelösten Nährstoffen eine mittlere Produktivität aufweist; → eutroph, oligotroph.
Mespilus → Mispeln.
Meßaltern, der: → Ahorne 3.
Meßbalkenwieden → Floßwieden.
Messerfurniere → Furniere.
Meßgeräte → Vermessungsgeräte.
Meßholz, das: auf dem früheren Mannheimer Markt (Floßholzhandel) bis 1938 übliche Bez. für ein Langholzsortiment von 17 m und mehr Länge; → Kleinholz, Leichtholz.
Meßknecht, der: ein von M. R. → Preßler konstruiertes Meß- und Berechnungs-Brieftascheninstrument, welches auch für forstliche Höhen- und Flächenberechnungen, Winkelmessungen und Nivellierungsarbeiten verwendet werden konnte. Die Vorzüge dieses mit vielem Zahlenmaterial überladenen Instruments schildert → Preßler in seinem, in mehreren überarbeiteten Auflagen erschienenen Buch „Der M. und sein Praktikum ... etc." (1852, 1854, 1862).
Meßring, der: Der M. dient zur Feststellung des Durchmessers ohne Rinde (→ D. m. R.) an berindetem Holz. Dazu wird die Rinde ringförmig in der Stammitte entfernt. Bei Buchenstammholz wird meist zur Verhütung von Wertminderungen (Rißbildung, Verfärbungen, Verstockung u. ä.) auf die Entfernung der Rinde verzichtet und dafür entsprechend der Rindenstärke an der Meßstelle ein Abzug vorgenommen.
Messung des Holzes, die: → Längenmessung, Volumenermittlung.
Meßzahlen (MZ): → Holzverkauf.
Meßzahlprozent, das: → Holzverkauf.
Metabiose, die: Zusammenleben von Organismen, die sich nicht schädigen, von denen aber eine Art die Lebensbedingungen für die andere vorbereitet, d. h. jene unabdingbar auf die andere angewiesen ist. Hohltauben und Spechte mit weichen Schnäbeln sind z. B. auf den Höhlenbau durch andere, z. B. durch den Schwarzspecht, angewiesen.
Metamorphose, die (griech.: Umgestaltung, Gestaltswandel): **1)** in der Zoologie die Umwandlungen, die ein Tier in seiner individuellen Entwicklung durchmacht, ehe es die Gestalt und Lebensweise des voll entwickelten Tieres erreicht. Bei den → Insekten unterscheidet man eine hemimetabole M. (unvollkommene Verwandlung), wobei die Jungtiere während ihrer Entwicklung den Erwachsenen schrittweise ähnlicher werden, jedoch kein Puppenstadium auftritt (z. B. → Heuschrekken, → Wanzen, → Libellen), und eine holometabole M.
Bei der holometabolen M. (vollkommenen Verwandlung) ist zwischen Larven- und Erwachsenenstadium ein Puppenstadium eingeschaltet. Sie kommt bei → Käfern, Flöhen, → Hautflüglern, → Zweiflüglern und → Schmetterlingen vor. Die Larvenstadien unterscheiden sich in Gestalt und Lebensweise vom vollentwickelten Insekt, wobei diesem ein Ruhestadium – die → Puppe – vorausgeht. **2)** in der Botanik bezeichnet man mit M. den Wechsel von Gestalt und Funktion mancher Organe im Verlauf der Stammesentwicklung. Zum Beispiel werden Blätter in Anpassung an Umweltbedingungen zu Ranken, Dornen oder Blütenteilen. **3)** in der Mythologie die Verwandlung von Menschen in Tiere, Steine, Bäche, Bäume u. a. in den Sagen fast aller Kulturkreise.
Meta segmentata → Herbstspinne.
Methanol, das: → Formaldehyd.
Metzlesbaum, der: → Lachbaum.
Meurer, Noe (1527 bis 1583): M. war Jurist, ab 1548 Advokat und Notar am Kaiserlichen Kammergericht in Wetzlar und von 1549 bis zu seinem Tod kurfürstlicher Rat am Hof in Heidelberg. Zeitweise war er gleichzeitig auch als Kammerrat in Diensten des Herzogs von Württemberg. In Heidelberg bearbeitete er die Forstordnungen für die kurbayerische Oberpfalz von 1565 und für die Rheinpfalz von 1576. Seine wichtigsten Schriften: „Von forstlicher Oberherrlichkeit" (1560), „Jagd- und Forstrecht ... etc." (1576); → forstliches Schrifttum.
Meyer, C. F. → Wald in der Dichtung.
Meyer, Johann Christian Friedrich, Dr. (17.1. 1777 Eisenach bis 2.2.1854 Ansbach): M. wurde 1799 Lehrer an → Cottas Forstschule in Zillbach, 1805 an der Akademie Dreißigacker und trat 1808 in bayerische Dienste. Von 1818 bis 1848 war er Regierungs- und Kreisforstrat in Ansbach. Er schrieb u. a. „System einer auf Theorie und Erfahrung gestützten Lehre über die Einwirkung der Naturkräfte auf die Erziehung, das Wachsthum und die Ernährung der Forstgewächse ... etc." (1806), „Forstdirektionslehre nach den Grundsätzen der Regierungspolitik und Forstwissenschaft" (1810), „Der frühere und dermalige Stand der staatswirthschaftlichen, forstlichen und rechtlichen Verhältnisse bei den Waldungen und Jagden in Dtschl. und namentlich bei den dasigen Reichsforsten" (1851).
Michaelis, Kurt (1853 bis 1920): M. war preußischer Forstmeister und Verwalter der Lehroberförsterei Bramwald und Lehrer an der Forstakademie Hann.-Münden. Seine 32jährige Tätigkeit im Bramwald (Weser) war gekennzeichnet durch Vermeidung jedes Kahlschlags, Begünstigung der Ei und → Starkholzzucht. Er führte auch den Begriff „Zukunftsstamm" ein. M. schrieb u. a.: „Gute Bestandspflege mit Starkholzzucht" (1907), „Wie bringt Durchforstung die größere Stärke- und Wertzunahme des Holzes?" (1907).
Michaelizwiefel, die: → Zeitlose.
Microchiroptera → Fledermäuse.
Micrommata rosea → Grasgrüne Huschspinne.
Miesmuschelschildlaus, die: → Schildläuse 6.
Miet(h)-Hafer, der: → Heidemiete.
Migrationsfaktor, der: Flugweite der → Samen (→ Samenverbreitung, → Anflug).
Mikroben (griech.): Bez. für → Mikroorganismen, Organismen (→ Organismus) von mikroskopischen Dimensionen, wie z. B. die → Bakterien.
Mikrobiologie, die: Wissenschaft von den kleinsten Lebewesen (→ Mikroorganismen). Sie befaßt sich seit der zweiten Hälfte des 19. Jh. mit → Bakterien, einzelligen → Algen und → Pilzen, Protozoen und auch mit → Viren und erforscht v. a. deren Bau, ihre Lebensweise, ihre Vererbungsvorgänge und neuerdings ihre Nutzungsmöglichkeiten für medizinische Zwecke (Antibiotika).
Mikrobiotop, der, das: der Lebensraum (→ Biotop) einer besonderen, im → biologischen Gleichgewicht stehenden Lebensgemeinschaft von → Mikroorganismen, der Mikrobiozönose.
Mikrofauna, die (Kleintierwelt): Sie umfaßt alle mikroskopisch kleinen Bodentiere (bis 0,2 mm Größe); → Destruenten.
Mikroklima, das: Bez. für Kleinklima.
Mikronährstoffe: Alle chemischen Elemente, die zwar für das Pflanzenwachstum notwendig sind, aber nur in geringsten Mengen aus dem Boden aufgenommen werden, zählen zu den M. oder Spurenelementen. Dazu gehören u. a. → Eisen, → Mangan, → Bor, → Kupfer, → Zink, → Molybdän.

Mikroorganismen (Mikroben, Kleinlebewesen): Sie sind die kleinsten, mit dem Auge nicht sichtbaren einzelligen Organismen (Lebewesen). Zu ihnen gehören z. B. die → Bakterien, Blaualgen und die mikroskopisch kleinen Arten der → Pilze und → Algen. Die → Viren sind keine M., da sie nicht zellulär organisiert sind.

Mikrosmaten: Bez. für Tiere, deren Geruchssinn nur schwach entwickelt ist.

Milane (*Milvinae*): Unter-Fam. aus der Fam. der Greife (*Accipitridae*), die zur Ordn. der → Greifvögel (*Falconiformes*) gehören. Sie haben einen großen starken Körperbau und sind in der Gestalt den Weihen sehr ähnlich. Der Kopf ist klein und der Schnabel verhältnismäßig schwach, aber mit langem, stark gebogenem Haken und geringer Zahnausbuchtung. Die Kopf- und Nackenfedern sind adlerartig starr und lanzettförmig zugespitzt. Die Schwingen sind lang; der Schwanz ist lang und gegabelt, was sonst bei keinem unserer Greifvögel der Fall ist. Die Zehen sind kurz, die Krallen daran relativ schwach und wenig gekrümmt. M. sind z. T. Nahrungsschmarotzer, die anderen Greifvögel die Beute abjagen, z. T. Aasfresser.

1. Roter Milan, der (*Milvus milvus* L.): auch Rotmilan, Schwalben-, Gabelschwanz, Hühnergeier, Gabel-, Königsweih. Länge: 58 bis 65 cm, Gewicht: Männchen 850 bis 1000 g, Weibchen 1000 bis 1300 g, Flügelspannweite: 150 bis 170 cm.

Der R. M. ist in Mittel-, Ost- und Südeuropa Brutvogel. In Irland, Holland, Belgien und Nordwestfrankreich fehlt er gänzlich. In Dtschl. ist er ein seltener Brutvogel geworden. Zugvogel, der bereits Anfang März in seine Brutgebiete zurückkehrt, gelegentlich auch Standvogel, der in manchen Gegenden regelmäßig überwintert. Sein bevorzugter Lebensraum ist die offene Landschaft mit Waldungen, v. a. Laubwälder, Flußtäler und Seen. Im Ggs. zum Schwarzen M., ist er nicht an das Wasser gebunden; die höheren Gebirge meidet er.

▶ Der Schwarze Milan ist in Europa Sommervogel, der im tropischen und südlichen Afrika überwintert.

Besonders die Jungvögel des Roten Milan bleiben neuerdings auch im Winter bei uns.

Der R. M. baut entweder einen eigenen Horst oder benutzt alte Bussardhorste als Unterlage. Er steht jedoch stets in den Kronen alter und hoher Laubbäume, seltener Nadelbäume, und hat einen Durchmesser von 80 bis 100 cm. Das Gelege ist Ende April vollständig. Es besteht aus zwei bis vier trübweißen, mit einigen rotbraunen Flecken und Kritzeln versehenen Eiern (56,5 x 45 mm, etwa 54 g). Brutdauer: 29 bis 32 Tage. Das Männchen beteiligt sich nicht am Brutgeschäft, versorgt jedoch in dieser Zeit das Weibchen mit Nahrung. Nestlingszeit: 48 bis 52 Tage. Eine Jahresbrut.

<u>Nahrung:</u> hauptsächlich Kleinsäuger und -vögel, Schlangen, Eidechsen, Insekten, Frösche, Weichtiere, Fische, gelegentlich auch Junghasen und Aas.

2. Schwarzer Milan, der (*Milvus migrans* Bodd.): auch Schwarzmilan, Schwarzer Falke, Brauner Gabelweih, Schwarzbrauner Milan, Kleiner Waldgeier, Kleiner Schwalbenschwanz, Schmarotzermilan. Länge: 55 bis 58 cm, Gewicht: 800 bis 1000 g, Flügelspannweite: 140 bis 150 cm (kleiner und schlanker als der Rote Milan); Männchen und Weibchen sind gleich groß.

Der S. M. ist in Mittel-, Süd- und Osteuropa Brutvogel, fehlt jedoch auf den Britischen Inseln, in Skandinavien, Dänemark, Belgien, Holland und Nordwestfrankreich. In Dtschl. kommt er als Brutvogel nur noch gelegentlich vor, z. B. im Bodenseegebiet. Zugvogel, der überwiegend im tropischen Afrika und nur vereinzelt in den mediterranen Ländern überwintert. Sein bevorzugter Lebensraum sind Auwälder sowie Wälder und Baumgruppen an Binnengewässern bis ins Mittelgebirge. Er ist ein gesellig lebender Greifvogel, der stark an Gewässer gebunden ist und häufig bei Reiherkolonien angetroffen wird.

Der S. M. horstet mit Vorliebe auf alten, hohen Bäumen in Wassernähe und nicht selten inmitten von Graureiherkolonien. Gelegentlich horsten auch mehrere Brutpaare in unmittelbarer Nachbarschaft. Seinen Horst baut der S. M. selbst oder er benutzt bereits vorhandene Horste, meist die der Störche, Graureiher und anderer Greifvögel, als Unterlage. Ende April/Anfang Mai ist das Gelege vollständig. Es besteht aus zwei bis drei, seltener aus vier weißlichen, mit nur wenig rötlichbraunen Flecken und Kritzeln versehenen Eiern (56,5 x 45 mm, ca. 55 g). Brutdauer: 28 bis 30 Tage; das Männchen beteiligt sich am Brutgeschäft. Die Jungen sind Nesthocker. Nestlingszeit: 42 bis 45 Tage. Eine Jahresbrut.

<u>Nahrung:</u> kranke und tote Fische, auch Fischreste, die von den Horsten der Graureiher herunterfallen. Die Fische nimmt er im Fluge mit den Fängen (Zehen) von der Wasseroberfläche auf. Daneben zählen auch Frösche, Eidechsen, Ringelnattern, Kleinnager, Insekten und Aas aller Art zu seiner Nahrung.

Milben (zu althochdt. mil(i)wa, eigentlich „mehlmachendes Tier"): mit rd. 10 000 Arten weltweit verbreitete Ordn. (*Acari*) etwa 0,1 bis 30 mm langer → Spinnentiere, deren ursprünglich gegliederter Hinterleib mit dem Kopfbrustabschnitt zu einem jetzt ungegliederten Körper verschmolzen ist. Sie bevölkern alle Lebensräume der Erde, atmen durch Tracheen oder die sehr kleinen Arten durch die Haut. M. haben einen blaßgelblichen oder weißlichen bis bunten Körper, vier (gelegentlich auch zwei) Beinpaare und kauende oder stechend-saugende Mundwerkzeuge. Die getrenntgeschlechtigen Tiere vermehren sich durch Eier, aus denen sich meist sechsbeinige → Larven entwickeln, die etwa vier Entwicklungsstadien mit Häutungen durchlaufen müssen, bis sie das Erwachsenenstadium erreicht haben. Sie ernähren sich als Räuber (z. B. Meeresmilben), als → Pflanzen- und → Allesfresser (z. B. Käfermilben) oder als → Parasiten saftsaugend an → Pflanzen (z. B. Rote Spinne) oder auch blutsaugend an Mensch und Tier (z. B. → Zecken). Manche sind als Hornfresser (z. B. Haarbalgmilbe) oder Gewebefresser und Vorratsschädlinge (Mehlmilbe, Käsemilbe) bekannt.

Milchahorn, Großer → Ahorne 4.

Milchahorn, Kleinblättriger → Ahorne 3.

Milchbaum, der: schlesische Bez. für den FAh (→ Ahorne 3.).

Milchbrätling, der: → Milchlinge 1.

Milchlattich, der (*Cicerbita*): Gatt. mit nur wenigen Arten in Europa und Nordamerika aus der Fam. der → Korbblütler. Es sind dies hohe, milchsaftreiche → Kräuter mit hohlem Stengel und meist blauen Blüten. Bei uns heimisch sind:

1. Mauerlattich, der (*Mycelis muralis* = *Lactua muralis* L.): Der M. ist fast über ganz Europa verbreitet. Er wächst verbreitet in krautreichen Laub- und Nadelwäldern, Nadelforsten, Gebüschen, auf Kahlschlägen, Waldverlichtungen, Geröll, Ödland, gestörten Gesellschaften der Buchen- und sommergrünen Eichenwälder Europas, schattigen feuchten Felsen und alten Mauern, an Ufern, Wegen und Gräben, immer auf lockeren, frischen, nährstoffreichen Böden, gern auf Kalk, von der Ebene bis ins Gebirge. Der M. zeigt mäßige Nitrifizierung an (→ Bodenanzeiger).

Die 30 bis 80 cm (100 cm) hohe, reichlich Milchsaft führende Pflanze hat einen kurzen → Wurzelstock mit langen Wurzeln. Der Stengel ist hohl, grün, meist bläulich bereift, oben rispig verzweigt. Die Blätter sind weich, kahl, oberseits dunkelgrün, unterseits bläulichgrün, oft rot überlaufen, die unteren tief fiederspaltig, nach oben zu einfacher. BZ: Juli bis August. Die kleinen, meist fünfblütigen (Blüten zungenförmig), blaßgelben Blütenköpfchen sind (bei Sonnenschein offen) etwa 15 mm breit und haben eine schmal walzliche, 8 bis 10 mm lange Blütenhülle. Die schwarzbraunen, etwas zusammengedrückten Früchtchen haben einen kurzen hellen Schnabel und eine aus einfachen Borsten gebildete Haarkrone.

2. Alpen-Milchlattich, der (*Cicerbita alpina* (L.) Wallroth = *Mulgedium alpinum* (L.) Less.): Der A. kommt in den Gebirgen Mitteleuropas, in den Alpen, den Pyrenäen, den Karpaten, im Apennin, in Skandinavien sowie im Gebirge der Balkanhalbinsel vor und ist auch eine beliebte Zierpflanze. Er wächst zerstreut in hochstau-

denreichen Bergmischwäldern, subalpinen Hochstaudenfluren, Hochstauden-Buchenwäldern, orealen Bergahorn-Buchenwäldern, auf Schlagflächen und in Grünerlen- und Latschengebüschen, auf sickerfeuchten, humosen, nährstoffreichen, gut durchlüfteten, meist kalkhaltigen Lehm- und Schuttböden. In den Alpen ist er verbreitet in Höhen von 1000 bis 2200 m anzutreffen.

Die ausdauernde, 60 bis 150 cm hohe, reichlich Milchsaft führende Pflanze hat einen walzenförmigen Wurzelstock und einen aufrechten, hohlen, beblätterten, meist einfachen oder ab der Mitte verästelten Stengel. Die dünnen, weichen, fast kahlen Blätter sind unregelmäßig fiederteilig, oberseits dunkelgrün, unterseits bläulichgrün. Die blauen bis blauvioletten Blütenköpfe sind etwa 2 bis 3 cm breit (nur bei Sonnenschein offen), bestehen aus zungenförmigen Blüten und stehen in schmalen, rispigen Trauben (→ Blütenstand). Die länglich-linealischen, ungeschnäbelten, zur Spitze hin etwas verschmälerten Früchtchen tragen eine trübweiße zweireihige Haarkrone.

3. **Französischer Milchlattich**, der (*Cicerbita plumieri* (L.) Kirschl.): auch Plumiers M. Der F. M. ist über die Westalpen, das Zentralplateau, die Pyrenäen, Cevennen, Vogesen, den Schwarzwald und über Mitteleuropa bis Bulgarien verbreitet. Er ist sehr selten und wächst in lichten Hochstauden-Buchenwäldern, orealen Bergahorn-Buchenwäldern, Gebüschen, an Waldrändern, auf meist kalkfreien Böden in Höhen bis zu 1800 m.

Die F. M. ist dem Alpenmilchlattich sehr ähnlich. Die ausdauernde, 60 bis 130 cm hohe Pflanze hat einen kahlen, aufrechten, leicht gerillten Stengel, der im oberen Teil meist verzweigt und reichlich beblättert ist. Die kahlen, graugrünen Blätter sind leierförmig. BZ: Juli bis August. Die zungenförmigen blauen Blüten stehen in Köpfchen mit zweireihiger kahler Hülle, die zu kahlen, lockeren Doldentrauben (Ebensträußen) angeordnet sind. Die elliptischen, an der Spitze deutlich verschmälerten, breit berandeten Früchtchen haben eine zweireihige Haarkrone.

Milchlinge (*Lactarius*): Gatt. der → Blätterpilze mit rund 75 giftigen, ungenießbaren und eßbaren Arten in Mitteleuropa. Viele Arten bilden Mykorrhizen (→ Mykorrhiza). M. haben meist einen trichterförmigen, zentral gestielten Hut, eine weiße Sporenfarbe und einen weißen, auch wässrig klaren oder orangeroten, anfangs mild schmeckenden, dann scharf brennenden Milchsaft. Häufig verfärbt sich der Milchsaft nach dem Austreten. Die wichtigsten Arten sind:

1. **Brätling**, der (*Lactarius volemus*): auch Milchbrätling, Bratling, Birnenmilchling, Brotpilz. Der von Juli bis Oktober erscheinende Pilz ist einer der größten unter den M. Er bevorzugt bodensaure und feuchte Laub-, Misch- und Nadelwälder und kommt noch in Höhen von über 1000 m vor. Sein Hut wird bis 16 cm breit. Er ist anfangs gewölbt mit eingerolltem Rand, dann in der Mitte vertieft. Die fein samtige Haut ist matt und läßt sich nicht abziehen. Die orange Färbung variiert nach Hellgelb wie nach Dunkelfuchsrot. Die ungleich langen, dicklichen → Lamellen stehen dicht gedrängt und sind weißlichgelb. Der bis zu 12 cm hohe und 1,5 bis 3,5 cm starke Stiel ist fest und voll und etwas blasser als der Hut. Das weißliche und feste Fleisch wird von der Basis her im Alter gelblich. Der Geruch ist angenehm. Bricht man Hut-, Lamellen- und Stielfleisch an, tritt reichlich weiße und klebrige Milch aus, die nach einigen Minuten graubräunlich wird. Sie schmeckt mild mit etwas harzigem Nachgeschmack. Der beliebte Speisepilz eignet sich besonders zum Braten (Name!), kann aber auch roh (mit Salz) gegessen werden.

2. **Rotbrauner Milchling**, der (*Lactarius rufus*): auch Fuchsfarbener M., Rotbrauner Reizker. Der mittelgroße Pilz wächst von Juli bis November, meist in großer Anzahl auf sauren Böden in Nadelwäldern (Bergfichtenwäldern), Mischwäldern sowie in Mooren unter Kie. Der 7 bis 10 cm breite Hut ist rotbraun bis purpurbraunrot, anfangs kegelförmig, später flach gewölbt bis trichterförmig mit charakteristischem Spitzbuckel.

Die dichtstehenden Lamellen sind blaßrosa, im Alter ockerbräunlich und weiß bestäubt. Der 5 bis 10 cm hohe Stiel ist 0,5 bis 2 cm dick, jung voll, im Alter hohl. In der Farbe ist er etwas heller rotbraun als der Hut; junge Pilze zeigen auf der Stiel-oberfläche eine weiße Bereifung. Das blaß-rotbräunliche Fleisch hat reichliche, weiß bleibende Milch, die beißend scharf und harzig schmeckt. Der Pilz ist ungenießbar.

3. **Schwarzkopfmilchling**, der (*Lactarius lignyotus*): auch Essenkehrer, Mohrenkopf. Der Pilz fehlt im Flachland und kommt nur in bodensauren Bergfichtenwäldern und Waldmooren von August bis Oktober vor. Sein schwarzbrauner samtiger Hut wird 4 bis 8 cm breit und ist anfangs kegelig bis bucklig gewölbt. Später ausgebreitet, hat er in der Mitte einen spitzen Buckel und ist um diesen eingebuchtet. Die Lamellen sind sahnegelb, der sehr schlanke, bis 12 cm hohe und 0,5 bis 1,5 cm dicke Stiel ist ebenfalls schwarzbraun und oben typisch runzelig gefurcht. Das eßbare Fleisch schmeckt mild, ist weißlich und läuft nur langsam zu Lachsrosa auf, später wird es ockergelb. Die weiße, wässrige Milch verfärbt sich in Verbindung mit Fleisch rötlich.

4. **Pechschwarzer Milchling**, der (*Lactarius picinus*): auch Fichtenrotmilchling. Der ungenießbare Pilz ähnelt dem Schwarzkopfmilchling, hat aber weder einen Buckel noch einen runzeligen Stiel. Auch er wächst im Bergfichtenwald, bevorzugt aber mergelige und tonige Böden. Seine Milch schmeckt erst mild und wird dann brennend scharf.

5. **Echter Reizker**, der (*Lactarius deliciosus*): auch Edel-, Blut-, Kiefernreizker. Der begehrte Speisepilz mit karottenroter bis blutroter Milch wächst von August bis Oktober in Nadelwäldern, v. a. auf grasigen Standorten, und zwar besonders im Wurzelbereich von Kie. Sein bis 12 cm breiter Hut mit nicht abziehbarer Haut ist anfangs flach gewölbt, später trichterförmig vertieft.

Die gelblich-rötliche bis ziegelrote Haut ist bei Feuchtigkeit schmierig und zeigt zunehmend silbrig-graugrünfleckige Zonen. Die verschieden langen und dicht stehenden Lamellen haben die gleiche Farbe wie der Hut. Bei Berührung verfärben sich die angefaßten Stellen grünlich. Der stets hohle Stiel ist 3 bis 7 cm lang und 1 bis 2,5 cm dick, sehr zerbrechlich und wird von austretendem Milchsaft grünfleckig. Das schwach obstartig riechende Fleisch ist weiß, brüchig und hat einen milden Geschmack.

◂◂◂ Der blaublühende Alpen-Milchlattich ist eine Pflanze der Hochstaudenfluren der montanen und subalpinen Zone.

◂◂ Echter Reizker (*Lactarius deliciosus*)

Fichtenreizker (*Lactarius deterrimus*)

◂◂ Grubiger Milchling (*Lactarius scrobiculatus*)

Rotbrauner Milchling (*Lactarius rufus*)

6. Fichtenreizker, der (*Lactarius deterrimus*): Der hauptsächlich in Süddtschl. häufig von August bis Ende Oktober vorkommende Pilz ähnelt stark dem Echten Reizker, ist aber streng an das Vorkommen von Fi gebunden. Sein 3 bis 10 cm breiter Hut ist orangefleischfarben und oft dunkler-orange-rötlich und grünlich gezont. Die orangerote Milch verfärbt sich nach Minuten dunkelblutrot. Der F. kann als Bratpilz verwendet werden, ist aber nicht besonders wohlschmeckend.

7. Grubiger Milchling, der (*Lactarius scrobiculatus*): auch Grubiger Erdschieber. Der giftverdächtige, aber sehr auffällige Pilz wächst von Juli bis Oktober in Nadelwäldern, besonders in Berfichtenwäldern. Er ähnelt sehr dem Echten Reizker. Der große, bis 20 cm breite, später in der Mitte stark trichterförmige Hut erscheint etwas filzig und ist trüb gelb. Die dicht stehenden Lamellen sind weißlich bis rahmgelblich. Das Fleisch ist weißlich und hart; die weißliche, scharf und brennend schmeckende Milch verfärbt sich schnell schwefelgelb.

8. Birkenreizker, der (*Lactarius torminosus*): auch Gezonter Birkenmilchling. Der B. ist ein Mykorrhizenbildner und kommt von Juli bis Oktober in lichten Wäldern unter Bi vor. Der ungenießbare Pilz mit harzartigen Bitterstoffen hat einen bis zu 15 cm breiten Hut, der anfangs gewölbt ist und einen zottig-fransigen eingerollten Rand hat. Der Hut flacht später immer mehr ab, bis er flachtrichterig wird. Die Farbe ist frisch karmin- bis fleischrot, meist mit dunkleren konzentrischen Zonen. Die gedrängt stehenden Lamellen sind anfangs weiß, später rosagelblich und haben eine weiße Milch. Der zylindrische Stiel ist 4 bis 8 cm lang und 1 bis 2 cm dick, blaßrosa, anfangs voll und später hohl. Das Fleisch ist weißlich bis rötlichweiß, schmeckt bitterlich und riecht leicht obst- bis terpentinartig. Die weiße Milch verfärbt sich nicht und brennt scharf auf der Zunge.

9. Tannenreizker, der (*Lactarius necator*): auch Olivbrauner Milchling. Der weit verbreitete, ungenießbare Pilz wächst hauptsächlich unter Fi und Ta, findet sich aber auch unter Kie und Bi. Er geht bis an die → Baumgrenze und ist manchmal vergesellschaftet mit dem Rotbraunen Reizker. Der T. erscheint von Juli bis Oktober. Sein Hut ist gewölbt, hat eine vertiefte Mitte, wird aber später flach trichterförmig. Er ist dunkelolivbraun und kann bis zu 20 cm breit werden. Junge Pilze zeigen einen flaumigfilzigen gelbgrünen Hutrand. Die dichtstehenden Lamellen sind anfangs weißlich, verfärben sich später aber strohgelb. Der gedrungene, kurze Stiel wird 3 bis 8 cm lang und 1 bis 2,5 cm dick. Er ist etwas heller gefärbt als der Hut und hat nach oben zu eine hellere olivgrüngelbliche Gürtelzone. Das Fleisch ist fest und weiß, die weiße Milch brennt scharf.

10. Pfeffermilchling, der (*Lactarius piperatus*): auch Gewöhnlicher P. Der weit verbreitete P. kommt von Juni bis Oktober – oft massenhaft – in Laubwäldern unter Bu, aber auch in Fichten- und Kiefernwäldern vor. Er gehört zu den mittelgroßen M. und hat einen bis zu 16 cm breiten Hut, der in der Jugend weißlich, im Alter aber oft ockerfleckig ist. Bei Trockenheit wird er federig-rissig. Die ungleich langen und dicht stehenden Lamellen sind weißlich bis gelblich. Der 3 bis 9 cm lange Stiel ist schlank, kahl, verjüngt sich oft nach unten, wird 2 bis 4 cm dick und ist wie der Hut gefärbt. Das weiße, brüchige, bedingt eßbare Fleisch hat einen weißen, pfefferartig brennenden Milchsaft. Der Pilz wird bei uns kaum verwendet, gilt aber in Osteuropa mit Zwiebeln und Speck gebraten als Nationalgericht und soll auch gegen Steinleiden helfen.

11. Wolliger Milchling, der (*Lactarius vellereus*): auch Wollschwamm. Der stämmige, sich nur wenig aus dem → Waldboden emporschiebende, ungenießbare M. wächst von August bis November oft scharenweise in Laubwäldern, besonders unter Ei und Bu, aber auch in Nadelwäldern unter Kie. Der besonders dickfleischige, harte und feste Hut kann bis zu 20 cm breit werden. Er hat anfangs einen eingerollten Rand, im ausgebreiteten Zustand bzw. im Alter eine trichter- bzw. schüsselförmige Vertiefung. Der Hut hat eine wollige, filzige oder bereift flaumige Haut. Sie ist cremeweiß und zeigt an verschiedenen Stellen gelbliche Flecken. Beim Hervorwachsen aus dem Boden hebt der Hut häufig Erde mit auf. Die Lamellen stehen jung dicht, später entfernt und sind ebenfalls weißlich. Der Stiel ist kurz, etwa 5 bis 7 cm lang und etwa 2,5 cm dick. Das Fleisch ist ebenfalls weißlich und enthält viel weiße Milch, die auf der Zunge und im Rachen scharf brennt.

12. Maggipilz, der (*Lactarius helvus*): auch Großer M., Bruchreizker. Der Pilz wächst von Juli bis Oktober in feuchten und moorigen Nadelwäldern, meist unter eingestreuten Bi. Der bis zu 15 cm breite Hut ist erst flach gewölbt, dann flach niedergedrückt bis trichterig. Die Huthaut ist jung meist rötlichlocker und fein schuppig-filzig, alt verkahlend und ledergelb ausblassend. Die dünnen Lamellen stehen ziemlich eng und laufen etwas am Stiel herab. Sie sind jung gelblich, später ockergelb bis fleischfarben. Der bis zu 3 cm dicke Stiel ist hutfarben, hat einen hellen, abwaschbaren Reif; er ist an der Basis weißlich-filzig und an der Spitze flockig-rauh. Im Alter wird er hohl. Das Fleisch ist rötlich-ocker und hat einen wässerigen, seltener einen weißlichen Milchsaft. Nach dem Eintrocknen riecht es stark nach Maggiwürze (Name!) bzw. Liebstöckel. Der Genuß des bedingt eßbaren Pilzes kann Übelkeit und Erbrechen auslösen.

13. Kleiner Zichorienmilchling, der (*Lactarius camphoratus*): auch Kampfermilchling. Der sehr häufige und scharenweise anzutreffende Pilz wächst von Juli bis Oktober in allen Waldarten auf saurem Boden. Der bis zu 6 cm breite Hut ist jung dunkel kastanienrotbraun mit meist kleinem Buckel, später trichterförmig und trocken aufhellend. Der Hutrand ist jung oft weißlich und später deutlich gerieft. Die hell ockerrötlichen Lamellen stehen etwas entfernt und sind im Alter von den → Sporen weißlich bestäubt. Der bis zu 6 cm lange, dünne und schlanke Stiel ist wie der Hut gefärbt, hat aber meist einen Stich ins Purpurne. An der Basis spitzt er oft etwas zu. Das Fleisch des genießbaren Pilzes ist rötlichbraun und hat eine milde, weiße Milch. Es riecht stark nach Zichorienwurzeln (Name!) oder Maggi. Der Pilz kann als Mischpilz verwendet werden.

14. Graugrüner Milchling, der (*Lactarius blennius*): Der ungenießbare Pilz wächst oft scharenweise von August bis November in Buchenwäldern. Der bis 8 cm breite, selten größere Hut ist klebrig, jung eingerollt, später trichterförmig und am Rand oft verbogen. Er ist gleichmäßig olvigrau bis graugrün, die konzentrischen, braunvioletten Fleckenringe fehlen selten. Die Lamellen sind jung weiß, später blaß cremefarben und laufen meist am Stiel herab. Bei Verletzung tritt ein weißer, sehr scharf schmeckender Milchsaft heraus, der nach einiger Zeit grauoliv fleckend eintrocknet. Der 6 bis 9 cm lange Stiel ist wie der Hut gefärbt, jung oft schmierig und im Alter hohl werdend. Das weiße Fleisch hat einen äußerst scharfen und reichlich fließenden Milchsaft.

15. Grünender Pfeffermilchling, der (*Lactarius pargamenus*): Der wegen seiner Schärfe nur bedingt eßbare Pilz wächst von Juni bis Oktober im Laub-, seltener im Nadelwald. Sein 7 bis 16 cm breiter und glatter Hut ist weiß und im Ggs. zum Wollschwamm nicht seidigwollig. Am Hutrand können öfters enge, wollige Zonen auftreten. Die sehr dicht stehenden Lamellen schimmern oft etwas blaugrün und laufen nur wenig am Stiel herab. Beim Anbruch quillt eine weißliche Milch heraus, die grünlich eintrocknet. Auch bei Bruch oder Druck fleckt der Pilz langsam grün. Der 8 bis 12 cm lange Stiel ist ebenfalls weiß.

Neben vorgenannten, weitverbreiteten M. gibt es noch zahlreiche seltenere Arten, z. B. **Grubiger Weißtannen-Milchling** (*L. intermedius*), **Schildmilchling** (*L. aspideus*), **Hellgelber Violettmilchling** (*L. flavidus*), **Flaumiger Milchling** (*L. pubescens*), **Lachsreizker** (*L. salmonicolor*), **Blutreizker** (*L. sanguifluus*) usw., die hier nicht alle beschrieben werden können.

Milder Wachstäubling, der: → Täublinge 16.

Militärakademie, die: → Militärpflanzschule.

Militärforsten: in der ehemaligen DDR Bez. für → Volkswald, der dem damaligen Ministerium für Nationale Verteidigung zur Bewirtschaftung übergeben worden ist. Für die M. gab es eine eigene Militärforstverwaltung mit Militärforstbetrieben, Oberförstereien und Revieren. Die M. umfaßten 200 000 ha Wald, d. s. 7 % der Gesamtwaldfläche der ehemaligen DDR; → Waldfläche.

Militärpflanzschule, die: Im Jahre 1770 von Herzog Karl Eugen von Württemberg auf Schloß Solitude bei Stuttgart errichtete Schule (ab 1772 Militärakademie), in die auch forstliche Zöglinge aufgenommen und in besonderen Abteilungen ausgebildet wurden. Die M. (Militärakademie) wurde 1781 von Kaiser Joseph aufgewertet und zur Hohen Karlsschule erhoben. Ersten forstlichen Unterricht hielt Johann Friedrich → Stahl; → Feldjägerkorps.

Milium → Flattergras.

Milvinae → Milane.

Milzfarn, der: → Schriftfarn.

Milzkraut, das (*Chrysosplenium*): Gatt. der → Steinbrechgewächse mit über 50 Arten, v. a. in den gemäßigten Zonen Ostasiens, aber auch in Europa. Es handelt sich um niedrige, rasenbildende → Stauden mit nierenförmigen bis rundlichen Blättern und kleinen, grünlichgelben Blüten. Das M. wurde früher als Heilkraut gegen Milzerkrankungen verwendet.

1. Gegenblättriges Milzkraut, das (*Chrysosplenium oppositifolium* Linné): Das v. a. über Westeuropa verbreitete G. M. wächst zerstreut an feuchten schattigen Stellen in Quellfluren, Schluchtwäldern, an überrieselten Felsen, Bächen und Quellen, hauptsächlich in den Mittelgebirgen auf kalkarmem Grundgestein; in den Alpen fehlt es. Das G. M. ist meist ein Gleybodenzeiger (→ Bodenanzeiger) und → Differentialart im Winkelseggen-Erlen-Eschenwald zum Hartholz-Auenwald.

Die ausdauernde, 5 bis 10 cm hohe Pflanze bildet dichte Rasenpolster und vermehrt sich durch kriechende Sprosse, die Blattrosetten ausbilden. Der Stengel ist vierkantig. Die rundlichen Blätter sind dünn, behaart und schwach gekerbt, die Grundblätter rosettenartig angeordnet. BZ: April bis Mai/Juni (Juli). Die kleinen grüngelben Blüten, eingefaßt von grünlichgelben → Hochblättern, haben vier → Kelchblätter (keine → Kronblätter). Sie stehen in trugdoldigen → Blütenständen. Die Fruchtkapsel öffnet sich durch einen Riß entlang des inneren Randes. Die Blätter wurden früher als Wildgemüse verwendet.

2. Wechselblättriges Milzkraut, das (*Chrysosplenium alternifolium* Linné): auch Gold-M. Das W. M. ist mit Ausnahme von Irland, Portugal, Süditalien und Südosteuropa fast über ganz Europa verbreitet. Es wächst verbreitet bis selten in feuchten schattigen Wäldern, besonders Laub-, Schlucht- und Auwäldern mit Es und Er (Verbands- → Charakterart der Hartholz-Auenwälder), an Quellen, Bachufern, in Sümpfen, Gebüschen, subalpinen Hochstaudenfluren und feuchten Buchenwald-Gesellschaften; Gley- und Mullbodenzeiger.

Die mehrjährige, unscheinbare, 5 bis 10 cm (20 cm) hohe Pflanze mit langen, dünnen, beschuppten, unbeblätterten → Ausläufern bildet lockere Rasen. Der dreikantige Stengel ist oben mehrfach gabelig verästelt. Die Grundblätter sind 2 bis 5 cm breit, rundlich herz-nierenförmig, am Grunde tief herzförmig, tief gekerbt bis gelappt und rosettenartig angeordnet, die zwei bis drei Stengelblätter ähnlich und wechselständig (Name!) angeordnet. BZ: März bis Mai. Die goldgelben Blüten sind umgeben von gelblichen Hochblättern und stehen in kleinen, gedrängten Trugdolden. Sie sind 5 bis 6 mm breit und haben vier grünlichgelbe Kelchblätter (keine Kronblätter). Die becherförmige Fruchtkapsel, die schon vor der völligen Fruchtreife offen ist, enthält etwa 0,6 mm lange, glatte, schwarzglänzende, eiförmige Samen.

Mimese, die (griech.: Nachahmung): Durch die farbliche und gestaltliche Anpassung an die Umgebung, z. B. Teile der Pflanzen, Steine

◂◂ Der dreikantige Stengel des Wechselblättrigen Milzkrautes ist mehrfach gabelig verästelt und leicht zerbrechlich.

des Untergrundes, wird eine verringerte Wahrnehmung durch den Feind erreicht. Die Nachahmung von Tieren ist die Zoo-M., die Nachahmung von Pflanzenteilen die Phyto-M., z. B. Nachbildung von Rinde, von Zweigen und Blättern. Die Nachahmung von unbelebten Umweltgegenständen ist die Allo-M., z. B. Nachbildung von Vogelkot; → Schutzanpassung.

Mimikry, die: Verschiedene, stammesgeschichtlich nicht verwandte Tiere verschaffen sich durch Nachahmung (engl.: mimikry) der Körpermuster von wehrhaften Tieren eine Scheinwarntracht als Warnsignal zur Abschreckung von Feinden. → Schwebfliegen ahmen z. B. das Muster von → Wespen nach. I. w. S. wird jede Nachahmung von Signalen als M. verstanden, so z. B. auch die Nachahmung von weiblichen Insekten durch Orchideenblüten zur besseren Bestäubung (z. B. → Ragwurz); → Tarnung.

Mineralbodenhorizont, der: Ein M. enthält weniger als 300 mg organische Stoffe je Gramm Bodensubstrat; → organischer Auflagehumushorizont.

Mineralbodenkeimer, der: Samen, der auf Mineralboden keimt (z. B. Kie, Ei, Lä).

Mineralisierung, die: der Abbau toter organischer Substanz durch Organismen, die im Stoffkreislauf als Zersetzer wirken, sog. → Destruenten.

Mineralstoffe: M. sind anorganische Verbindungen die in der Natur und auch im → Waldboden vorkommen und für bestimmte Lebensvorgänge notwendig sind. Durch die Verwitterung aus Gesteinen werden z. B. auch im Waldboden Nährelemente wie Phosphate, Karbonate, Chloride und Sulfate von → Natrium, → Kalium, → Magnesium und Spurenelemente usw. in geringen Mengen freigesetzt. Diese werden in Form einfacher Verbindungen im → Bodenwasser gelöst und sind in dieser Form von den Pflanzen aufnehmbar. Die Verwesung organischer Substanz und ihre → Mineralisierung sind Grundvoraussetzung für den Kreislauf von Pflanzen-M. im Wald. Die M. im Holz spielten früher eine sehr große Rolle, als der Bedarf an Kaliumsalzen für Glashütten ausschließlich durch Pottaschebrennen (→ Aschenbrenner) gedeckt wurde. Diese zu Waldverwüstungen führende Holznutzung wurde erst durch die Herstellung künstlichen Sodas (ab 1791) beendet.

Mineralstofftheorie, die: auf Justus Liebig (12.5.1803 bis 18.4.1873) zurückgehende Erkenntnis, daß die Pflanze zu ihrem Aufbau bestimmte Mineralsalze, z. B. Phosphate, Nitrate und Sulfate des → Kaliums, → Kalziums und → Magnesiums benötigt und daß diese, wenn sie nicht in ausreichender Menge vorhanden sind, dem Boden zugeführt werden müssen, um eine Ertragsminderung zu verhindern. Liebig führte deshalb um 1840 die künstliche → Düngung ein; → Walddüngung, Mangelsymptome an Bäumen; Liebigsches Minimumgesetz.

Minierfliegen (*Agromyzidae*): Fam. nur wenige Millimeter großer → Fliegen. Die Larven vieler Arten sind Blattminierer, z. B. *Agromyza alnibetulae* an den Blättern verschiedener Birken- und Erlenarten. Junge Birkenblätter sind bei Befall meist gekrümmt. Einige Arten minieren in den Rindenschichten oder erzeugen → Gallen in dieser Befallsregion. Die sog. Kambium-Minierer bohren im Mai/Juli die noch weichen Triebe verschiedener Holzarten an; die Larven fertigen Gangminen in der Splint- und Kambiumzone und verursachen dadurch die sog. → Markflecken bzw. Braunketten. Pappelstecklinge können bei starkem Befall absterben. Bei starkem Befall der Ruten der Korbweiden werden diese für Korbflechter unbrauchbar. Die Gatt. *Phytobia Liox* (= *Dendromyza*) ist die bekannteste Vertreterin der Kambium-Minierer. Bei Verpuppungsreife bohren sich die Larven durch die Rinde nach außen. Die Verpuppung erfolgt in den oberen Bodenschichten.

Miniergänge (Minen): durch Minierfraß von Tieren, v. a. Insektenlarven, verursachte Gänge im Innern meist lebender Pflanzenteile, z. B. zwischen Ober- und Unterhaut des Blattes ausgefressene Gänge. Form und Verlauf der Gänge (Minen) sowie Anordnung des Kotes sind meist artcharakteristisch; z. B. bei → Bohr- und Borkenkäfer.

Minimumareal, das: Flächengröße, auf der gerade noch alle charakteristischen Arten erfaßt werden. Bei einer Vergrößerung der Fläche nimmt ihre Zahl nicht mehr weiter zu.

Minimumgesetz, Liebigsches, das: → Liebigsches Minimumgesetz.

Minnigerode, August Friedrich Frhr. von (16.12.1687 Sondershausen bis 17.11.1747 Darmstadt): M. war Landgräflicher Hessisch-Darmstädtischer Oberjägermeister (seit 1727), Premierminister des Landgrafen Ludwig VIII. von Hessen-Darmstadt (seit 1746) und ebenfalls seit 1746 Kaiserlicher Reichshofrat. In den Jahren 1720 bis 1730 führte er in den herrschaftlichen Buchenhochwaldungen anstelle des bis dahin üblichen regellosen Plenter- und Femelschlags die sog. „schlagweise Femelwirtschaft" (Schirmschlag) ein. Zur Durchsetzung seines Verfahrens bildete von M. landgräfliche Hofjäger zu sachkundigem Forstpersonal aus und hob damit auch den Ausbildungsstand des Forstpersonals in seinem Land.

Minze, die (*Mentha*): Gatt. der Fam. der → Lippenblütengewächse mit rd. 20 Arten, v. a. im Mittelmeergebiet und Vorderasien. Es sind dies Pflanzen mit vierkantigem Stengel, gegenständigen, gezähnten oder gelappten Blättern sowie kleinen und regelmäßigen Blüten. Stengel und Blätter enthalten ein → ätherisches Öl, das Menthol. Im Wald kommt vor:

Die mehrjährige, nach Pfefferminze duftende Wasserminze bildet mit anderen Minze-Arten Bastarde.

Wasserminze, die (*Mentha aquatica* L.): Die W. ist fast über ganz Europa und fast ganz Asien sowie über Nord- und Südafrika verbreitet. Sie wächst in Sümpfen, an den Ufern von flachen, stehenden oder fließenden Gewässern, auf nassen Wiesen, Moorwiesen, in Auwäldern, Weidengebüschen und Erlenbruchwäldern, auf nassen, nährstoffreichen Ton- und Lehmböden, von der Ebene bis in mittlere Gebirgslagen von etwa 1200 m Höhe.

Die mehrjährige, 20 bis 80 cm hohe, aromatisch duftende (Pfefferminzduft) Pflanze treibt unterirdische und lange oberirdische, beblätterte → Ausläufer. Die gegenständig angeordneten, kurzgestielten, 2 bis 6 cm langen Blätter sind einförmig bis länglich und gesägt. BZ: Juli bis September/Oktober. Die rosa- bis lilafarbenen, gestielten Blüten stehen kopfartig gedrängt in den Achseln der obersten Blätter und am Ende des Stengels in einem kugeligen Köpfchen. Die W. bildet mit anderen Minze-Arten Bastarde.

Mirtenbeere, die: → Heidelbeere 1.

Mischbaumart, die: auch Mischholzart. in den → Bestand eingemischte Baumart, die nach Häufigkeit und Verteilung einen gewichtigen Einfluß auf die Bestandsökologie ausübt. Die M. müssen in ihrem Wuchsverhalten und mit ihrer → Umtriebszeit möglichst zum → Hauptbestand passen.

Mischbestand, der: → Mischwald.

Mischbestockung, die: → Mischwald.

Mischholzart, die: → Mischbaumart.

Mischungsanteil, der: → Mischungsgrad.

Mischungsart, die: → Mischungsform.

▸▸ Mischwälder haben gegenüber Reinbeständen ökologische und ökonomische Vorteile.

Mischungsform, die: die Art (Form) der Verteilung der → Mischbaumarten in einem Mischbestand (→ Mischwald). Die zu wählende M. hängt wesentlich von der zugewiesenen Aufgabe der einzelnen → Baumarten, deren Wachstumsverlauf, der Erholungsfähigkeit sowie von Vitalität und Verträglichkeit ab. Folgende M. werden unterschieden:

1. Einzelmischung: die vollkommene Vermischung im Hauptbestand. Sie ist i. d. R. nur möglich, wenn die verwendeten Baumarten in ihren Lebensansprüchen zusammenpassen; z. B. dienende Arten (→ Hilfsbaumarten) im Lichtholzbestand (z. B. → Hbu, Bu, Li unter Ei oder Kie).

2. Truppmischung: die Beimischung im → Trupp.

3. Gruppenmischung: Konkurrenzschwache Mischbaumarten können sich als → Gruppe gegenüber anderen Baumarten besser behaupten.

4. Horstmischung: Im → Horst haben Mischbaumarten eine selbständige Entwicklungsmöglichkeit.

5. Reihenmischung: Sie kommt hauptsächlich an Weg- und Schneisenrändern zum Tragen; z. B. in Reihen gepflanzte Baumarten wie REi, Ei, Lä, Kir und Tulpenbaum.

6. Streifenmischung: Hier wird nach Saum oder Schmalstreifen (Breite bis zu einer Baumlänge) und nach Breitstreifen (Breite ein bis zwei Baumlängen) unterschieden. Bei Mischungsstreifen werden meist Saumstreifen angelegt. Die Streifenmischung dient als → Waldmantel, als Sicherungsstreifen entlang von Eisenbahnlinien, bei Verwendung sturmfester Baumarten auch zur Unterbrechung großer Fichtenbestände.

Mischungsgrad, der: der Mischungsanteil der → Baumarten in einem → Bestand, angegeben in % (abgestuft von 5 zu 5 %) in Bezug zur überschirmten Fläche. Der M. wird im → Stangen- und → Baumholz berechnet und in Hundertteilen angegeben, z. B. Bu 20, Fi und Ta 40. In Jungbeständen wird der M. nur geschätzt. Eingesprengte Baumarten, deren Vorkommen unter 5 % liegt, werden geklammert ohne Hundertteile angegeben. Der Unterstand wird unter dem Bruchstrich angeführt, z. B.:

Fi 40 Ta 40 Bu 20 (Ei)
―――――――――――
Ta Bu

Mischungspflege, die: → Mischungsregulierung.

Mischungsregulierung, die: In einem Mischbestand (→ Mischwald) unterscheiden sich die angebauten Baumarten hinsichtlich der Wüchsigkeit und der Fähigkeit, Schatten zu ertragen. Durch Läuterungsmaßnahmen soll daher entsprechend dem angestrebten Produktionsziel die Mischungspflege durchgeführt werden durch:

– Förderung und Pflege einer Baumart, die → Hauptbaumart sein soll,

– Erhaltung und Pflege von gruppenweise stehenden Mischbaumarten,

– Erhaltung und (teilweise) Förderung von → Hilfsbaumarten, z. B. Bu, Hbu und Li in Eichenbeständen.

Mischwald, der (Mischbestand): Besteht ein → Bestand aus zwei und mehr → Waldbaumarten, die so gemischt sind, daß die Ökologie des gesamten Bestandes, bzw. Waldes von allen beteiligten Baumarten bestimmt wird, spricht man von M. Die → Forsteinrichtung geht bei ihren Bestandsbeschreibungen von einem Mindestanteil von 5 % an der Fläche aus. M. haben gegenüber → Reinbeständen ökologische und ökonomische Vorteile: Wegen der unterschiedlichen Durchwurzelungsart und -tiefe der beteiligten Baumarten werden verschiedene Bodenschichten, manche überhaupt nur durch bestimmte Baumarten, erschlossen. Daher ist die Durchwurzelungsintensität in einem bestimmten Bodenraum größer. Diese Art der Durchwurzelung bedingt einen besseren Nährstoffkreislauf und Nutzung des Wassers. Da die Streu von Laubbäumen (→ Waldstreu) besser zersetzbar ist, ist jene in Mischbeständen aus Ndh und Lbh auch leichter zersetzbar; es entsteht eine günstigere Humusform; der → pH-Wert des Oberbodens ist höher. Da in M. der Bestandsraum intensiver mit Ästen, Zweigen, Blättern ausgefüllt ist, herrscht im Bestand eine größere Luftruhe; der Boden trocknet weniger aus. Diese Mischung und Stufung führen auch zu einer besseren Ausnutzung des → Lichtes. Die Vorteile des M. spiegeln sich in einer artenreicheren Bodenvegetation mit günstigeren Humuszeigern (→ Boden(an)zeiger) wider. Insgesamt bietet ein M. mehr ökologische Nischen als ein Reinbestand. M. sind widerstandsfähiger gegen Schädlinge, da die großflächigen → Monokulturen günstigere Vermehrungsbedingungen für die baumartenspezifischen Schädlinge bieten. Wegen des strukturierteren Aufbaus (unterschiedliche Höhe, stärkere Betraufung (→ Waldränder) und Standfestigkeit der in Mischung aufgewachsenen Einzelbäume oder Baumgruppen, -trupps) sind M. auch stabiler gegen Sturmschäden. Weitere Vorzüge sind, daß z. B. im Winter an den winterkahlen Laubbäumen oder Lä mehr Schnee auf den Boden gelangt, dadurch dieser besser gegen Bodenfrost geschützt ist, mehr Licht und Wärme an

solchen Stellen zu einer rascheren Aktivierung des Bodenlebens (→ Bodenorganismen) führt. Die wirtschaftlichen Vorzüge des M. liegen in seiner größeren Baumartenvielfalt mit den damit verbundenen Marktchancen, der besseren Holzqualität aus manchen Mischbeständen (Schaftreinigung und -pflege durch Schattmischbaumarten, z. B. in Eichenbeständen) und auch der größeren Zuwachsleistung und Stabilität durch die Wechselwirkungen. M. zeichnen sich durch eine größere Biodiversität aus und sind auch für das → Landschaftsbild vorteilhafter.

Mischwuchsregelung, die: Eingriffe in den → Mischbestand zur Sicherung des Mischungsverhältnisses entsprechend dem vorgesehenen → Bestockungsziel. Als vorbereitende Maßnahmen für eine spätere → Durchforstung dienen hierzu die → Läuterungen.

Miso-Dendrobionten → Dendrobionten.

Mispel, die (*Mespilus*): Gatt. aus der Pflanzen-Fam. der → Rosengewächse (*Rosaceae*) mit nur einer einzigen Art.

Gemeine Mispel, die (*Mespilus germanica* Linné): auch Echte M., Deutsche M.

Verbreitung: Die G. M. stammt ursprünglich aus Südosteuropa, besonders aus dem Schwarzmeergebiet. Bei uns wird sie als Ziergehölz angepflanzt und kommt, vor allem in Weinbaugebieten, gelegentlich im Wald verwildert vor. Sie wächst v. a. in Hecken- und Gebüschen (Schlehen-Gesellschaften), aber auch in Eichen-Hainbuchenwäldern, west- und mitteleuropäischen Eichen-Birkenwäldern, auf frischen, nahrhaften Böden in schattigen Lagen.

Merkmale: Die G. M. ist ein trägwüchsiger, sommergrüner, weit ausladender, bis zu 6 m hoher, dorniger Strauch, der in Kulturen jedoch auch dornlos und als kleiner Baum von 4 bis 6 m Höhe vorkommt. Ihre Äste und Zweige (anfangs filzig behaart) sind aschgrau bis hellbräunlich. Bei älteren Exemplaren ist die Rinde tiefrissig und zerspringt in längliche, rechteckige Platten. Die sehr kurz gestielten (ca. 2 mm langer Blattstiel), wechselständig angeordneten, breit lanzettlichen Laubblätter sind etwa 5 bis 10 cm lang, 2 bis 4 cm breit, kurz zugespitzt, ganzrandig oder fein gezähnt und leicht runzelig. Die Oberseite ist dunkelgrün, kahl oder spärlich kurz behaart, die Unterseite hellgraugrün und weißlich-filzig. Die → Nebenblätter sind breit verkehrt-eiförmig bis rundlich mit aufgesetzter kleiner Stachelspitze. Das Laub färbt sich im Herbst dunkelgelb bis braunrot (→ Blattfarbstoffe). BZ: Mai/Juni. Die großen, weißen, kurzgestielten Blüten haben einen Durchmesser von 3 bis 5 cm und stehen meist einzeln an den Zweigenden. Die Blüten haben fünf → Griffel und zahlreiche purpurrote → Staubbeutel. Die Blütenstiele und die langen schmalen Kelchzipfel sind zottig-filzig. Die etwa 3 cm großen, kugeligen, am Scheitel abgeflachten, apfelförmigen Scheinfrüchte sind gekrönt von den stehengebliebenen Kelchzipfeln, anfangs grün, rötlichgelb, dann braun. Sie enthalten fünf rauhe, rötliche Steinkerne. Das Fruchtfleisch ist erst nach Frosteinwirkung teigig und dann genießbar.

Das rötliche Holz der G.M. ist gleichmäßig dicht, mittelschwer und sehr zäh. Es ist eines der schönsten → Drechslerhölzer für feine Arbeiten.

In der Naturheilkunde finden die teigigen Früchte, die Blätter und die Rinde innerliche und äußerliche Verwendung. Sie enthalten Zucker, Pektine, Gerbstoffe, organische Säuren und Vitamin C und wirken adstringierend und harntreibend. Die teigigen Früchte, die bereits im Mittelalter bei Fieber und Durchfall eingesetzt wurden, lassen sich auch zu Gelee, Marmelade, Sirup, Kompott und Obstwein verarbeiten.

Misperlein, das: → Felsenbirne.

Miß, der: → Flosch.

Mistel, die (*Viscum*): Die über 60 meist tropische Arten umfassenden M. sind epiphytische, halbstrauchartige Sproßparasiten aus der Fam. der → Mistel- und Riemenblumengewächse (*Loranthaceae*). In Mitteleuropa verbreitet sind die Gatt. *Loranthus* und *Viscum*. Bei uns nur nachstehende Art:

Weiße Mistel, die (*Viscum album* L.): früher auch Kenster, Kinster, Kluster, Heil aller Schaden, Assolter genannt. Die W. M. ist eine eurasische Pflanze und über Süd- und Mitteleuropa, im Norden bis Skandinavien und im Osten bis Rußland und Westiran verbreitet.

Standort: Sie ist von der Ebene bis in den Voralpenraum, in der kollinen und montanen → Vegetationsstufe auf verschiedenen Laub- und Nadelbäumen zu finden. Sie weist drei wirtspezifische → Unterarten auf, und zwar die **Laubholzmistel** (*Viscum album ssp. album*), die auf Wei, Pa, Hbu, Li, Kast, Bi, Apfelbäumen, Rob, Ah und gelegentlich auch auf Ei und Es vorkommt, die **Tannenmistel** (*Viscum album ssp. abietis* Wiesb.), die nur auf Ta, überwiegend auf Weißtannen, und JLä gedeiht und die **Föhren**- oder **Kiefernmistel** (*Viscum album ssp. austriacum* (Wiesb.) Vollm. = *Viscum laxum* Boiss. et. Reut.), die auf Kie, hauptsächlich der Waldkiefer, gelegentlich auch auf Fi, vorkommt. Sie ist besonders in Weißmoos-, Schneeheide-Kiefernwäldern und Alpenrosen-Latschengebüschen anzutreffen. Die Laubholzmistel hat stets rundliche weiße oder gelbliche Früchte (Beeren), die Früchte der Tannenmistel sind größer und eiförmig. Die Früchte der Föhrenmistel sind kleiner und gelblicher als die der Tannenmistel.

Merkmale: Die W. M. ist eine Halbschmarotzerpflanze, die die zu ihrer Entwicklung notwendigen organischen Baustoffe mit Hilfe des Blattgrüns (→ Chlorophyll) der Blätter und Zweige bildet und die Wurzeln in die Rinde und das Holz der Wirtspflanze treibt, um sich das lebensnotwendige Wasser und die darin gelösten, organischen Nährsalze zu beschaffen. Den Bäumen wird dadurch zwar nicht sehr geschadet, aber allmählich verkümmern und entlauben die Äste durch Wassermangel, und der von der Wurzel durchdrungene Holzkörper wird technisch entwertet. Die W. M. ist ein kleiner, immergrüner, fast kugeliger Strauch von bis zu 1 m Durchmesser. Sie hat einen sehr kurzen, kräftigen Stamm und kahle, glatte oder querrunzelige, olivfarbene, gabelig verzweigte

Die Gemeine Mispel kommt in Weinbaugebieten gelegentlich im Wald verwildert vor.

Äste, die in den Sproßverzweigungen leicht abbrechen. Die gegenständig angeordneten, sitzenden Blätter sind derb, ledrig, zungenförmig bis lanzettlich, zwei- bis fünfmal so lang wie breit, vorne stumpf und zum Grund hin verschmälert. Sie haben parallel laufende Nerven, sind gelbgrün, kahl und ganzrandig. Je nach Witterung und Lage bleiben sie den Winter über am Strauch oder werden abgestoßen. Die W. M. ist → zweihäusig und blüht von März bis Mai. Die unscheinbaren, ungestielten und → eingeschlechtigen Blüten stehen zu drei bis fünf, angeordnet zu sitzenden oder kurzgestielten Trugdolden (→ Blütenstand), in den Achseln kleiner → Hochblätter. Die männlichen Blüten (ohne Kelch) haben eine gelbgrüne, vierteilige Blütenhülle (Perigon) und vier sitzende → Staubblätter, die mit den Blütenhüllblättern vollständig verwachsen sind. Die

Die immergrüne, holzige und verästelte Mistel ist einer unserer bekanntesten Halbschmarotzer.

männlichen Blüten sind größer und auffälliger als die weiblichen. Letztere haben eine kleine, schmale, drei- bis vierteilige, gelbliche Blütenhülle, einen unterständigen → Fruchtknoten mit kurzem Griffel (oder fehlend) und dicker, polsterförmiger → Narbe. Die anfangs grünlichen, später durchscheinend weißlichen bis gelblichen, erbsengroßen Beeren (Scheinbeere, bei der die Blütenachse an der Fruchtbildung beteiligt ist) reifen im November/Dezember oder auch erst im nächsten Frühjahr. Sie haben ein zähes, schleimiges, klebriges Fruchtfleisch, enthalten ein bis zwei ovale oder kantige Samen und werden gerne von Vögeln gefressen, besonders von der Misteldrossel (Name!), sowie von der Singdrossel, Wacholderdrossel, vom Seidenschwanz und auch der Mönchsgrasmücke. Die Samen werden mit dem Kot abgesetzt oder der Vogel klebt sie bereits beim Säubern des Schnabels an die Äste. Der Samen durchläuft eine Ruhepause bis März und beginnt nur unter bestimmten Temperaturbedingungen (< 10 °C) und bei vollem Lichtgenuß (Lichtkeimer) zu keimen. Bereits der Keimling treibt die Senkwurzel in die Rinde der Wirtspflanze. Im darauffolgenden Jahr entwachsen dieser parallel zur Astachse laufende Rindenwurzeln, die bis ins Holz vordringende Senkwurzeln bilden. Aus den Samen, aber auch aus der ganzen Pflanze wurde früher der Vogelleim gewonnen. Die W. M. ist ein beliebter Weihnachtsschmuck. In England wäre Weihnachten ohne M.-Zweige nicht denkbar.

Die W. M. ist eine alte → Heilpflanze, die schon im Altertum hohes Ansehen genoß. In der Homöopathie finden die jungen Blätter, frisch oder bei schwacher Hitze getrocknet (vor der Fruchtbildung), Verwendung. Die Blätter dürfen jedoch weder gekocht noch abgebrüht werden; die Früchte sind zudem giftig. Die Blätter enthalten u. a. ein Cholin-Acetylcholin-Gemisch , Viscinsäure, Viscisinol, Viscotoxin, Lupeol, Vitamin C und ein aus 17 Aminosäuren aufgebautes Peptid, ferner ein Protein mit tumorhemmender Wirkung. Diese Wirkstoffe haben eine harntreibende, krampflösende, abführende, blutdrucksenkende, gefäßerweiternde und herzstärkende Wirkung. Die W. M. hat auch eine wachstumshemmende bis abtötende Wirkung auf gewisse pflanzliche und tierische Tumore (Krebs), daher werden heute Wirkstoffe aus M. auch in der Krebsbehandlung eingesetzt. Ein Mistelaufguß findet bei Arteriosklerose und bei krampfhaftem Husten Anwendung. Dieser Aufguß hat auch eine günstige Wirkung auf den Blutkreislauf. Mistelwein senkt den Bluthochdruck. Die M. ist eine alte Zauber- und Kultpflanze. Plinius erwähnt z. B., daß die M. in Gallien in sehr hohem Ansehen steht. Bei Vergil öffnet ein M.-Zweig dem Äneus den Zugang in die Unterwelt. Die M., insbesondere die Europäische Eichen-M. (*Loranthus europaeus*), spielt auch bei den Kelten, besonders bei den keltischen Priestern (Druiden), eine besondere Rolle, wie überhaupt die Ei ein geheiligter Baum war. An gewissen Tagen stieg der Oberpriester im weißen Gewand auf die heiligen Ei und schnitt mit goldener Sichel die M. ab, welche die unter dem Baum stehenden Priester auf schneeweißen Kleider auffingen. Zwei weiße Stiere wurden, mit Eichenlaub bekränzt, an diesem Tage geopfert. Die M. war auch, insbesondere im Jugendstil, ein beliebtes Kunstmotiv für Schmuck und Verzierungen aller Art. In der Schweiz und in Frankreich ist sie zudem ein Fruchtbarkeitssymbol.

Misteldrossel, die: → Drosseln 7.

Mistelgewächse (*Loranthaceae*): rund 1400 meist tropische Arten umfassende Pflanzen-Fam. chlorophyllhaltiger, halbstrauchiger Halbparasiten. M. wachsen v. a. auf Bäumen. Eine bekannte Gatt. ist die → Mistel.

mitherrschend → (Baum-) Schichten.

Mitmärker, der: → Märker.

Mitschelesholz, das: alte und lokale Bez. für das Holz vom Pfaffenhütchen; → Spindelstrauch 2.

Mittelblock, der: auch Mittelstamm, Mittelstück. der aus der Mitte eines → Langholzes abgelängte Schneideblock. Der Begriff M. wird hauptsächlich bei der Kie angewandt; → Zopf.

Mittelbretter → Brett.

Mitteleuropäisch-subkontinentale Eichen-Steppenwälder → Osteuropäisch-subkontinentale xerotherme Eichenwälder.

mittelgroße Äste: Äste, die nicht mehr als 4 cm im kleinsten Durchmesser haben.

Mittelhöhe, die: Die M. – oder je nach der verwendeten → Ertragstafel die → Oberhöhe – ist maßgebend für die Bestimmung der → Ertragsklasse. Sie wird hergeleitet, indem mehrere über den → Bestand verteilte Bäume gemessen werden, die in ihrem Durchmesser ungefähr dem Grundflächenmittelstamm (Kreisflächenzentralstamm) entsprechen sollten. Die M. wird in den einzelnen Bundesländern der BR Dtschl. unterschiedlich hergeleitet, z. T. als Grundflächenmittelhöhe oder als Kreisflächenzentralstamm.

Mittelholz, das: **1**) im Floßholzhandel (→ Flößerei) bis 1938 übliche Bez. für ein Langholzsortiment; → Leichtholz, Kleinholz. **2**) veraltete Bez. für einen Bestand mittleren Alters, d. h. vom starken → Stangenholz ab bis zur unteren Grenze des → Altholzes.

Mittelschicht, die: → Bestockungsaufbau, Baum-(Schichten).

Mittelspecht, der: → Spechte 4.

Mittelstamm, der: → Mittelblock.

Mittelstammtarif, der: ein vor dem Zweiten Weltkrieg von Ernst in Potsdam entwickelter Tarif, der eine bessere Lohngerechtigkeit bei der Holzernte ermöglichte. Der M., aufgegliedert in neun Stufen, baute auf Zeitstudien auf und berücksichtigte den unterschiedlichen Zeitbedarf je fm in Abhängigkeit von der Masse des Durchschnittsstammes. Eine Weiterentwicklung des M. war der **Einheits(hauer)lohntarif (EHT)**, bei dem durch Einführung des Stücksatzes neben dem fm-Satz die Mittelstammstufen auf fünf verringert werden konnten. Der EHT wurde nach dem Zweiten Weltkrieg in Niedersachsen, Schleswig-Holstein, Hessen, Nordrhein-Westfalen und Rheinland-Pfalz verbindlich eingeführt. Auf Grund der Änderung von Arbeitsverfahren und -bedingungen und der überholten Vorgabezeiten im EHT, wurde er durch den **Holzerntetarifvertrag (HET)** abgelöst, später durch die → Tarifvertäge EST und HEZ. In Bayern entsprach der M. der in den 40er Jahren von Kaufmann aus eigenen Zeitstudien entwickelte **Bayerische Hochgebirgstarif (BHT)** als M. mit 15 Mittelstammstufen; sog. → Sortentarif. Er wurde aus verschiedenen Regionaltarifen der Oberforstdirektionen sowie nach zusätzlichen Zeitstudien entwickelt und 1952 probeweise und nach Überarbeitung verbindlich angewendet.

Mittelstück, das: → Mittelblock.

Mittelwald, der: veraltet Kompositionswald, Hochwaldschlagholz. in der Forstwirtschaft Bez. für eine Mischform vom → Nieder- und → Hochwald (→ Laubbäume, überwiegend Ei), bei der der Baumbestand teils aus → Samen (Kernwüchse als → Oberholz), teils aus → Stockausschlag (→ Unterholz) entsteht. Der M. ist eine heute kaum noch verbreitete forstliche → Betriebsart. Zur Zeit beträgt sein Anteil am deutschen Wald etwa 1 % der → Waldfläche. Entwickelt hat sich der M. schon im frühen Mittelalter und diente der Sicherung der Brennholzversorgung. Er war auch hervorragend für die → Schweinemast (→ Eicheln) und für die → Viehweide (→ Waldweide) geeignet. Ein erster urkundlicher Hinweis auf den M. stammt aus dem Jahre 1285 aus dem Dortmunder Raum. 1515 wird von einem M. aus Mainzer Besitzung bei Erfurt berichtet, dessen Unterholz als Brennholz an die Erfurter Bäcker zur Selbstwerbung vergeben wurde.

Heutiges Produktionsziel des M. ist die Gewinnung von Brennholz (Unterholz) und → Nutzholz zur gleichen Zeit auf gleicher Fläche. Der Holzeinschlag erfolgt jährlich auf jeweils wechselnden Teilflächen, wobei eine solche Jahreshiebsfläche nur alle 15 bis 30 Jahre genutzt werden kann. Während das Oberholz stets einzelstammweise entnommen wird, erfolgt im Unterholz der Stockhieb auf der gesamten Fläche. Lediglich sog. Laßreitel (→ Laßreiser) bleiben im Unterholz zur Übernahme in das Oberholz stehen. Bleiben diese beim zweiten → Umtrieb nochmals stehen, werden sie als Vorständer und nach dem dritten Umtrieb als → angehender Baum bezeichnet. Dem M. kommt hinsichtlich der dort lebenden Pflanzen- und Tierarten, des Artenspektrums und der Artenvielfalt eine eigenständige, hohe ökologische Bedeutung zu. Von der Gesamtwaldfläche der BR Dtschl. (ohne neue Bundesländer) sind 35 800 ha M. (→ Staatwald 5200 ha, → Körperschaftswald 20 400 ha, → Privatwald 10 200 ha).

Mittendurchmesser, der: Der M. wird in der Stammmitte (halbe Stammlänge) bis zu 19 cm Durchmesser ohne Rinde durch einmaliges waagerechtes Kluppen (→ Kluppe), wie der Stamm im Walde liegt, ermittelt, ab 20 cm Durchmesser ohne Rinde durch zwei zueinander senkrecht stehende Messungen (möglichst des kleinsten und des größten Durchmessers). Fällt die Meßstelle auf einen Astquirl oder auf einen sonst unregelmäßigen Stammteil, so wird der Durchmesser aus dem

◂◂◂ Der → Mittendurchmesser wird in der Stamm-Mitte (ohne Rinde) durch kluppen ermittelt.

Mittel der Messungen gleich weit oberhalb und unterhalb der Meßstelle ermittelt. Wird der Duchmesser mit Rinde gemessen, so ist ein der durchschnittlichen Rindenstärke entsprechender Abzug zu machen und der Abzug zu erwähnen. Beim Messen des Durchmessers und der Berechnung des Mittels wird nach unten auf ganze Zentimeter abgerundet. Beispiel: M. ab 20 cm. 1. Messung: 34 cm (abgerundet). 2. Messung: 29 cm (abgerundet). Summe beider Messungen = 63 cm; 63 : 2 = 31,5 cm, abgerundet 31 cm. Fi, M. 31 cm mit Rinde = 29 cm ohne Rinde; Messung des Zopfdurchmessers → Zopf; → Langholz.

Mittenstärkensortierung, die: → Stammholz (Stämme und Stammteile) wird nach der VO über gesetzliche Handelsklassen für Rohholz auf ganze Meter, halbe Meter oder ganze Zehntelmeter abgelängt (→ Ablängen) und nach dem → Mittendurchmesser ohne Rinde in folgenden Stärkeklassen (mit „L" gekennzeichnet) eingeteilt:

Klasse	Mittendurchmesser ohne Rinde
L 0	unter 10 cm
L 1 a	10 bis 14 cm
L 1 b	15 bis 19 cm
L 2 a	20 bis 24 cm
L 2 b	25 bis 29 cm
L 3 a	30 bis 34 cm
L 3 b	35 bis 39 cm
L 4	40 bis 49 cm
L 5	50 bis 59 cm
L 6	60 cm und mehr.

Über die Klasse L 6 hinaus können unter Fortsetzung derselben Staffelung weitere Klassen gebildet werden (z. B. Hessen). Die Unterteilung in Unterklassen a und b kann entfallen oder auf alle Klassen erweitert werden. In Bayern wird für → Langholz von Fi, Ta und Dgl an Stelle der M. die → Heilbronner Sortierung angewandt.

Mittlere(r/s) ...: siehe unter dem jeweiligen Hauptnamen.

Mnemotaxis, die: Bez. für die gelenkte Fortbewegung eines Tieres, die auf Erinnerung an eine bestimmte Erfahrung beruht, z. B. das Aufsuchen eines Schlafplatzes oder einer Wasserstelle.

Mnium → Sternmoos.

Moas, der: → Mais(e).

Möbelhölzer → Holzarten, die sich besonders für die Herstellung von Möbel eignen, v. a. Ah, Ei, Es, Kie, Kir und Nuss.

Mobile Sägewerke (Österr.: Wandersägen): M. S. dienen dem Einschnitt des Holzes z. B. an der Waldstraße, am Holzlagerplatz. Die Sägevorrichtung besteht aus einer Kreis- oder Bandsäge mit einem oder mehreren Sägeblättern, die mechanisch über eine Gelenkwelle oder durch einen Benzin- oder Dieselmotor angetrieben werden. Die M. S. werden mit horizontaler oder vertikaler Schnittrichtung angeboten, die Schnittstärke ist variabel, die Beschickung erfolgt hydraulisch oder mechanisch. Es wird entweder die Säge oder der Stamm vorgeschoben.

Möblierung des Waldes: Modewort (Schlagwort) für die zeitweise erhebliche Ausstattung des Waldes mit Erholungseinrichtungen (→ Erholungslandschaften), z. B. Schutzhütten, Sitzgruppen, Trimm-Dich-Anlagen.

Modellvorrat, der: → Holzvorrat.

Moder, der: → Humus.

Moder-Buchenwald, der: → Buchenwälder.

Moderfäule, die: durch niedere → Pilze (Ascomyceten oder *Fungi imperfecti*) hervorgerufene Fäule an Holz (→ Holzfäule), das besonders stark der Feuchtigkeit ausgesetzt ist, z. B. das im Freien verbaute Holz, wie Masten, Pfähle, Schwellen und Grubenholz. Die Veränderungen des Holzes sind ähnlich wie bei der → Braunfäule. Das Holz wird weich, schwärzlich und rissig mit raschem Substanzverlust.

Moderholz, das: → Urholz.

Moderholzverjüngung, die: → Rohnenverjüngung.

Moderkäfer: **1**) (*Lathridirdae*). mit rd. 1000 Arten weltweit verbreitete Fam. etwa 1 bis 3 cm großer, überwiegend rostroter bis braunschwarzer Käfer, davon etwa 60 Arten in Mitteleuropa. Die Flügeldecken sind häufig längsgerippt. Zu den M. gehört z. B. der unter Fichtenrinde von Pilzen lebende *Lathridius*. **2**) Käfer-Fam. der → Kurzflügler.

Moderner Waldbau, der: meist mit Reinbeständen (→ Reinbestand) und niedrigen Durchschnittsvorräten arbeitende → Forstwirtschaft, die v. a. schwächere Massensortimente erzeugt und die Nutzung weitgehend mechanisiert hat.

Moderpflanzen → Fäulnispflanzen.

Modifikation, die: in der Biologie die nicht erblichen, durch bestimmte → Umweltfaktoren, z. B. Licht, Temperatur, Ernährungsbedingungen hervorgerufenen Abänderungen (Abwandlungen) des Erscheinungsbildes eines Lebewesens; → Mutation.

◂◂ *Lathridius alternans*. Beide in vergrößerter Darstellung.

modifizierter Buchenhochwald, der: → Lichtungsbetrieb.

Moehringia → Nabelmiere.

Mohngewächse (*Papaveraceae*): → zweikeimblättrige Pflanzen-Fam. mit rd. 700 Arten in über 40 Gatt., v. a. in temperierten und subtropischen Gebieten der nördlichen Halbkugel. Es handelt sich um meist Milchsaft führende → Kräuter, → Stauden oder → Sträucher. Im Wald vorkommende Gatt. sind u. a. → Lerchensporn und → Schöllkraut.

Mohrenhuhn, das: → Rallen 1.

Mohrenkopf, der: → Milchlinge 3.

Mohrensalamander, der: → Schwanzlurche 2.

moiriert: durch Lichtbrechung auftretender Effekt beim Holz, der bei einer Anhäufung von Riegeln (→ Riegelwuchs) wellenförmig schimmert.

Molche → Schwanzlurche.

Molinia → Pfeifengras.

Molinia arundinacea-Pinus sylvestris-Gesellschaft → Alluvialer Pfeifengras-Kiefernwald.

Mollbeere, die: → Rubus 2.

Möller, Alfred, Dr. phil. (1860 bis 1922): Botaniker und Forstmann, Direktor der Forstakademie → Eberswalde. Auf seinen vielen Auslandsreisen widmete er sich dem Studium unberührter Wälder. Er entwickelte den Dauerwaldgedanken (→ Dauerwald) am Beispiel → Bärenthorens und löste damit eine geistige Revolution aus. Seine Auffassung vom Wald als Organismus (Organismusidee) wurde stark kritisiert; → Kalitsch.

Mollmaus, die: → Wühlmäuse 2.

Moderkäfer: *Lathridius angusticollis*

Molluskizide → Pestizide.

Molt, das: → Malter.

Molybdän, das: chemisches Zeichen Mo. Ein hartes, silberweißes Metall, das an der Luft gegen nichtoxidierende Säuren beständig ist. Der gesamte M.-Gehalt schwankt i. d. R. zwischen 0,01 und 220 ppm. M., ein → Mikronährstoff, ist in verschiedenen Enzymen enthalten; es spielt bei der Bindung des molekularen → Stickstoffs aus der Luft durch die → Knöllchenbakterien eine Rolle und fördert die → Photosynthese.

Molybdänmangel, der: → Mangelsymptome an Bäumen.

Monceau, H. L. D. du → forstliches Schrifttum.

Mönch, der: → Eulen B 6.

Mönchsgrasmücke, die: → Grasmücken 14.

Mönchskopf, der: → Trichterlinge 1.

Mondeule, die: → Eulen B 4.

Mondfleck, der: → Zahnspinner 2.

Mondkalender, der: Im M. sind die in Jahrtausenden durch den Menschen gesammelten Erfahrungen über den Naturgesetzen unterworfene und (vermeintlich) auch vom Mond beeinflußte Prozesse, z. B. Pflanzenwachstum, Reife und Haltbarkeit, Dauer verschiedener Krankheiten etc., zusammengetragen.

Der nach dem Lauf des Mondes (und der Sonne) errechnete M. soll die Vorausschau auf Kräfte, die auf die belebte Natur einwirken, regelmäßig wiederkehren und ein zweckmäßiges, erfolgreiches Handeln bestimmen, ermöglichen. Beobachtet und beachtet wurden (werden) dabei die Sternbilder des Tierkreises und die verschiedenen Zustände des Mondes (Neumond, zunehmender Mond, Vollmond, abnehmender Mond), der jeweilige Stand des Mondes in einem Tierkreiszeichen. Aufsteigender Mond und absteigender Mond – nimmt man an – bestimmen diese Kräfte und ihre Wirkungen auf Mensch, Tier und Pflanze sowie den Zeitpunkt des Tuns. Forscher des Züricher Instituts für Technologie stellten z. B. fest, daß Baumstämme in strenger Abhängigkeit vom Mond minimal an- und abschwellen. Auch isolierte Baumstämme ohne Wurzel und Krone zeigen das Phänomen noch, solange in ihnen Zellen am Leben sind; → Wadel, nichtfaulendes, hartes Holz, nichtentflammbares Holz, Mondstempel.

Mondphasenholz, das: → Mondkalender, Mondstempel, Wadel.

Mondphasenschlägerei, die: → Wadel.

Mondraute, die (*Botrychium*): auch Traubenraute. Gatt. der Fam. der → Natternzungengewächse (*Ophioglossaceae*) aus der Klasse der → Farne mit über 30 fast über die ganze Erde verbreitete Arten. M. sind niedrige Farne mit nur einem in einen sterilen und einen fertilen Ast gegabeltem Blatt. Am bekanntesten sind:

1. Gemeine Mondraute, die (*Botrychium lunaria* (L.) Sw.): auch Mond-Rautenfarn, Gewöhnliche M., Echte M. Die G. M. wächst – besonders in Gebirgen – verstreut bis selten auf bodensaurem Magerrasen, Trockenrasen, Bergwiesen, Heiden, in Gebüschen, lichten Wäldern und an grasigen Berghängen.

Die mehrjährige, veränderliche, ausdauernde Farnpflanze ist gelbgrün, wird 2 bis 30 cm hoch und hat nur ein Blatt, das in einen sterilen und einen fertilen Teil gegliedert ist. Der unfruchtbare Blatteil ist gelbgrün, länglich und einfach gefiedert. Die unteren Fiedern (jederseits zwei bis neun) sind halbmondförmig (Name!), die oberen keilförmig. Der fruchtbare, langgestielte Blatteil, der den unfruchtbaren weit überragt, ist doppelt gefiedert, rispig und dicht mit kugeligen Sporenbehältern (Sporangien) bedeckt, die zuletzt gelb bis zimtbraun sind. Die → Sporen reifen von Mai bis August. Die G. M. ist eine sog. Kompaßpflanze, da sie, um sich vor zu starker Mittags-Sonnenbestrahlung zu schützen, die Schmalseiten ihrer Blätter in Nord-Süd-Richtung stellt und so die Breitseiten nach Osten und Westen gewendet sind. Früher galt sie zudem als kräftiges Zauberkraut.

2. Ästige Mondraute, die (*Botrychium matricariaefolium* Braun): Die Ä. M. ist im Osten etwas häufiger, bei uns jedoch sehr selten. Sie wächst auf trockenen Wiesen, Triften, Magerrasen, sandigen Heiden, an steinigen Hängen und in lichten, trockenen Wäldern.

Die Farnpflanze wird 6 bis 20 cm hoch und das einzige Blatt ist in einen sterilen und einen fertilen Blatteil gegliedert. Der unfruchtbare Blatteil ist eiförmig bis länglich, fleischig, dick und doppelt fiederteilig. Die Fiedern sind länglich und stumpf. Der fruchtbare, kurzgestielte Blatteil, der den unfruchtbaren kaum überragt, ist zwei- bis dreifach gefiedert, rispig, mit zweireihig angeordneten kugeligen Sporenkapseln (Sporangien). Die Sporen reifen von Juli bis Juli.

Mond-Rautenfarn, der: → Mondraute 1.

Mondring, der (Mondfäule): heller, splintähnlicher unverkernter Ring oder Halbring im → Kernholz von Ei, Lä, Rob, Ul, Kir und Nuss. Hierbei sind die für die Verkernung des Holzes zuständigen Speicherzellen abgestorben (→ Fehlverkernung). Im folgenden Jahr bilden die Kambiumzellen jedoch wieder normales Holz mit Speicherzellen. M. wird hervorgerufen durch den „Rauhhaarigen Lederschwamm" (*Stereum hirsutum*) und Schädigung des → Splintholzes (vermutlich) infolge starker Winterfröste. Ein M. verursacht erhebliche Wertminderung des Holzes. Bei TrEi kommen häufiger M. vor als bei StEi.

Mondstempel, der: frühere Kennzeichnung der → Christbäume durch die Förster. Von solchen Tä, die unter Beachtung des → Mondkalenders drei Tage vor dem 11. Vollmond des Jahres geschlagen werden (meist im November, manchmal aber auch im Dezember), sagte man, sie behielten ihre Nadeln sehr lange. Bäume mit dem M. waren früher etwas teurer als die außerhalb dieser Zeiten eingeschlagenen Christbäume. Auch von Fi wurde behauptet, sie nadelten nicht, wenn sie zur selben Zeit eingeschlagen und bis Weihnachten kühl gelagert würden; → Wadel.

Mondviole, die: → Silberblatt.

Mondvogel, der: → Zahnspinner 2.

monokormischer Wuchs, der: → axiale Dominanz, im Ggs. zum → polykormischen Wuchs.

Monokotyledonen → Einkeimblättrige.

Monokultur, die: in Land- und Forstwirtschaft der Anbau einer einzigen Pflanzenart (→ Reinbestand) auf einer (großen) Fläche. Die forstwirtschaftliche M., die an die landwirtschaftliche Methode angelehnt ist, entstand bereits vor 200 Jahren und war bei den gegebenen großen Mengenerträgen auf höchstmöglichen Gewinn abgestellt. Inzwischen ist man von diesem Konzept wieder abgekommen. Unsere → Wirtschaftswälder wurden bislang, v. a. unter Einfluß der Sächsischen Reinbestandswirtschaft, häufig als Fichten-M. oder Kiefern-M. angelegt. M. mindern jedoch auf die Dauer die Bodenqualität, führen zu Bodenversauerung, fördern Pflanzenkrankheiten und Schädlinge, v. a. die → Forstschädlinge, und werden empfindlicher für → Windwurf und → Schneebruch. Zugleich kennzeichnet sie eine einseitige, artenarme Tierwelt, und häufig ist das → biologische Gleichgewicht gestört. Von den M. muß man die natürlichen Reinbestände unterscheiden, so z. B. die natürlichen Fichtenwälder in den Gebirgshochlagen; → Mischwald, Bodenreinertragslehre.

monophag: Arten, die nur von einer Art leben, z. B. Schädlinge, die nur eine → Holzart befallen; → polyphag, oligophag.

monopodial (griech.: *mónos* = einzig, *pous, podsi* = Fuß): Zweige wachsen m., wenn der Scheitel des Muttersprosses immer weiter fortwächst und die Seitensprosse sich schwächer entwicklen als ihr Muttersproß; → sympodial.

monosymmetrisch → zygomorph.

Monotropa → Fichtenspargel.

monözisch: wissenschaftlicher Ausdruck für → einhäusig.

Monsunwald, der: überwiegend regengrüner tropischer Wald mit ausgeprägtem Wechsel von Trocken- und Regenzeiten und mit zwei Baumschichten. Das obere Stockwerk (25 bis 35 m hoch) ist in der Trockenzeit völlig, das untere teilweise entlaubt. Der M. enthält jedoch eine immergrüne Strauchschicht, z. T. mit Bambus. Die Verbreitungsgebiete des M. sind hauptsächlich Vorder- und z. T. Hinterindi-

Fichten-Monokultur

en, der Malaiische Archipel, Ostafrika beiderseits des Äquators, Ostbrasilien und Mittelamerika; → Regenwald.

montane Stufe, die: → Vegetationsstufen.

Moor, das: auch Bruch, Ried, Moos, Fenn, Fehn, Luch, Filz, Aue. Bez. für ein ausnahmslos geologisch junges Gebilde, das nach der letzten Eiszeit entstanden und in der reich modellierten Landschaft stehengeblieben ist. Es ist ein von natürlichen → Pflanzengesellschaften besiedeltes, sumpfiges, z. T. baumarmes Gelände mit schwammartig wasserspeichernden Böden aus vertorften Pflanzenresten (→ Torf). Es gibt verschiedene Moorausbildungen. Ausschlaggebend für die Bildung eines bestimmten M.-Typs ist die Herkunft des Wassers. Unterschieden werden topogene M. (Nieder- oder Flach-M.) und ombrogene M. (Hoch-M., Regen-M.).

Topogene Moore sind an das Grundwasser gebunden und vom Klima weitgehend unabhängig. Sie entstehen durch Verlandung von Gewässern (Verlandungs-M., Nieder-M. oder Flach-M.) oder durch Versumpfung von abflußlosen Mulden, die z. B. durch das Auftauen von Toteisblöcken entstehen und zur Bildung von Kesselmooren führen, von quelligen Hängen (Versumpfungs- und Nieder-M.) oder in Küstenniederungen, Bach- und Flußauen durch andauerndes Überfluten (Überflutungs-M.), in Flußtälern durch durchströmendes Wasser (Durchströmungs-M.). Sie werden außer vom Regenwasser auch noch von mineralischem Wasser genährt (Grundwasser, Überrieselungswasser) oder vom Wasser eines verlandenden Sees und treten daher in tief gelegenem Gelände oder auf Verebnungen auf. **Nieder-M.** sind – mit Ausnahme der Hang- und Quell-M. (Hochgebirgs-M.), die an Austritten von gespanntem Grundwasser entstehen – mehr oder weniger flach. Der Nährstoff- und Kalkgehalt der Nieder-M. schwankt von reich bis arm und ist von den Gesteinen der Umgebung, der Art der Pflanzenreste und des Bodenwassers abhängig. Ist das Grundwasser kalkreich, bilden sich artenreiche basibis neutrophile Seggen-Braunmoos-M. Ist es dagegen nährstoffarm und sauer, bilden sich Torfmoos-Seggen-M., die in ihrer Artenzusammensetzung den ombrogenen M. ähneln und später oft auch in diese übergehen. Eine typische Zeigerpflanze (→ Boden(an)zeiger) des Nieder-M. ist die MBi, daneben sind Großseggen-Riede, Kleinseggen-Gesellschaften und Schilfröhricht vorherrschend. Ferner zählen auch die Grauseggen-Sumpfwiesen zu den Nieder-M. Als typische Brutvögel finden sich der Große Brachvogel und die Bekassine ein. Wächst das M. höher, werden vom Grundwasser nur noch Tiefwurzler versorgt, wobei die Flachwurzler auf das Regenwasser angewiesen sind. Das Endstadium der Nieder-M. sind i. d. R. → Bruchwälder, beispielsweise Erlenbruch- und Birkenbruchwälder; nur selten bleiben sie von Natur waldfrei. Ab etwa 1 mg CaO pro Liter Wasser spricht man vom **Zwischen-M.** oder **Übergangs-M.** Dieses wird – wie das Nieder-M. – außer vom Regenwasser auch noch von mineralhaltigem Wasser genährt. Zwischen-M. sind ziemlich bis extrem arm an Nährstoffen und relativ flach bis höchstens leicht gewölbt. Als natürliche Vegetation

◂◂ Das Moor ist ein dauernd feuchter Standort, auf dem ein Abbau von totem Pflanzenmaterial nur unvollständig möglich ist.

herrschen hochmoorartige Schlenken- und Bultengesellschaften mit Mineralbodenanzeigern vor, wie z. B. Blumen- und Waldbinsen, Schnabelsimsen, Wollgras, Faden-, Grau-, Braun-, Wurzel-, Draht- und Torfseggen, Hunds-Straußgras, Kopfwollgras, Kriechweiden, ferner die Moor- oder Rauschbeere. Eine natürliche Zwischen-M.-Vegetation ist auch der Birken-M.-Wald und der Bergkiefern-(Latschen- und Spirken-)M.-Wald. Bei weiterem Höhenwachstum des M. wird die Oberfläche nur noch vom Regenwasser durchtränkt (Regen-M.), das wie von einem Schwamm gesammelt wird. Die Torfbildung liegt dann über dem Grundwasserspiegel. Dieser M.-Typ wird **ombrogenes M.**, **Decken-** oder **Hoch-M.**, in Bayern auch **Filz** oder **Moos** genannt. Ombrogene M. sind extrem nährstoffarm und sauer. Die Torfbildung erfolgt vorwiegend aus → Torfmoosen, wobei dieses Ökosystem Hoch-M. wiederum meist aus drei Teilsystemen besteht, die jedoch nicht genau abgegrenzt werden können. Am Rande des Hoch-M. ist der Randsumpf mit den → Biotopen anmooriger Regionen und des Nieder-M. Hier findet sich eine noch relativ vielseitige Lebensgemeinschaft. Es herrschen dort SEr und MBi vor. Ferner kommen auch noch Ohrweide, Grausegge und Schnabel-Segge, Fieberklee und Breitblättriges Wollgras hinzu. An den Randsumpf schließt sich der M.-Wald an, den es heute nur noch in seltenen Fällen in reiner Form gibt und bildet das Wald-Hoch-M. Typische Pflanzen des M.-Waldes sind BKie, M.-Waldkiefer, Lat und Spir, Sumpf-Wachtelweizen, Rauschbeere und bereits Hoch-M.-Torfmoose der Gatt. *Sphagnum*. Der M.-Wald geht dann in die M.-Weite über, die auch das Endstadium der Hochmoorbildung darstellt, ein Bereich, der durch den höhersteigenden Torf, weitere Abschneidung vom Grundwasser und mit der Verringerung des → pH-Wertes (größerer Säuregrad) entsteht. Die Bäume verkümmern, und Hoch-M.-Torfmoose beherrschen das Feld. Ferner kommen dort außer Moosbeere noch Langblättriger Sonnentau, Scheidiges Wollgras, Sumpf-Weichwurz, Moorglöckchen, Blumenbinse, Weißes Schnabelried und anderes vor. Bei Wachstumsstillstand und zunehmender Trockenheit entstehen M.-Wälder, z. B. Fichtenbruch-, Birkenbruch- oder Kiefernbruch- und Bergkiefernbruchwälder (Latschen- und Spirken-Filze). Durch Anlage von Entwässerungsgräben beginnt das Hoch-M. zu verheiden und zu verbuschen. Es bilden sich ausgedehnte Heidekrautflächen, durchsetzt mit Er, Bi und Faulbaum. In Hoch-M., die durch Torfstich verändert wurden, ist neben Resten der ursprünglichen Hoch-M.-Vegetation dann Sukzessionsvegetation zu finden, wozu u. a. Pfeifengrasbestände, Kiefern-Birken-Brüche und Weidengebüsch zählen. In kultivierten M. ist ein großer Teil von schutzbedürftigen Tier- und Pflanzenarten, wie beispielsweise Birkwild, → Orchideen und → Enziane auf Sekundärstandorte mit extensiver Bewirtschaftung angewiesen.

Europäische M. mit Hochmooranteil sind ferner die in der → Tundra und Waldtundra vorkommenden sog. Torfhügel-M. oder Palsen-M., die zu den ombrogenen M. zählen. Sie sind ca. 3 bis 6 m hoch, haben einen Durchmesser von ca. 100 m und enthalten einen dauernd gefrorenen Kern. Etwas südlicher in der Taigazone (z. B. in Finnland), entstehen auf flachem Gefälle die sog. Strang-M. oder Aapa-M. Sie entwickeln sich über wasserundurchlässigem Substrat und bestehen aus parallel zu den Höhenschichtlinien verlaufenden Strängen, die den ombrogenen M. entsprechen. Für die Bildung der Stränge spielen das Bodeneis und das in den dazwischenliegenden schlammigen Vertiefungen, die mit Seggen, Braunmoos und Wollgräsern, Fieberklee bestockt sind, gebildete Eis eine Rolle. Dadurch entsteht der Eindruck einer Zonierung oder Terrassierung. M. sind oft das letzte Rückzugsgebiet für Pflanzen- und Tierarten, die während der Eiszeit bei uns verbreitet waren (Reliktvorkommen); → Pollenanalyse.

Moorbeere, die: → Heidelbeere 3.

Moor-Bergkiefer, die: Unterart der BKie; → Kiefern 1.

Moorbirke, die: → Birken 2.

Moorbirken-Bruchwälder → Bruchwälder und → Grauweidengebüsche.

Mooreiche, die: → Wassereiche.

Mooreidechse, die: → Eidechsen 1.

Moorenbeer, der: → Rubus 1.

Moorföhre, die: Unterart der BKie; → Kiefern 1.

Moorfrosch, der: → Frösche 3.

Moorheide, die: → Erika 2.

Moor-Klee, der: → Klee 6.

Moor-Kreuzblume, die: → Kreuzblume 3.

Moor-Rosmarin, der: → Porst.

Moorspirke, die: Unterart der BKie; → Kiefern 1.

Moorbirken im Dachauer Moos

Moorwälder (*Vaccinio uliginosi-Mugetum* und *Vaccinio uliginosi-Picetum*): Moor- und Moorrand- → Waldgesellschaften des pflanzensoziologischen Verbandes → Kiefernwälder (*Dicrano-Pinion*) der Ordn. Boreal-alpine → Nadelwälder und subalpin-alpine Zwergstrauch-Gesellschaften (*Piceetalia abietis*). Diese Wälder entwickeln sich in den höheren Lagen der Mittelgebirge auf nährstoffarmen, sauren und nassen Torfen auf Hochmooren (→ Moor) nach deren mit zunehmender Trockenheit verbundenem Wachstumsstillstand. Die Baumschicht besteht aus Kie, Spir bzw. auch Fi und MBi. In der Krautschicht wachsen Zwergsträucher und säurezeigende Moosarten. Charakteristisch sind Moosbeere, Scheidiges Wollgras, Rosmarinheide, Tormoose, Heidelbeere und Preiselbeere. Die extremen thermischen, hygrischen und nährstoffhaushaltlichen Standortverhältnisse des Moores bewirken mehr oder weniger Krüppelwuchs. Typische M. sind Birkenbruch-, Fichtenbruch- oder Sumpfporst-Kiefern-Bruchwälder sowie Bergkiefern-Bruchwälder (Latschen- und Spirken-Filze); → Moorboden, Kiefernwald, Bruchwälder.

Moor-Waldkiefer, die: Standortrasse der Waldkiefer; → Kiefern 3.

Moorweide, die: → Weiden 9. und 13.

Moor-Wollgras, das: → Wollgras 1.

Moos, das: **1**) bayer. Bez. für → Moor. **2**) → Moose.

Moosauge, das: → Wintergrün 5.

Moosbart, der: → Mähnenflechte.

Moosbeerbaum, der: → Ebereschen 1.

Moosbeere, die: → Heidelbeere 3. und 4.

Moose (*Bryophyta*): auch Moospflanzen. Abteilung der Sporenpflanzen (→ Kryptogamen) mit rund 26 000 → Arten, die in zwei Klassen unterteilt sind, und zwar in → Laubmoose (*Musci*) und → Lebermoose (*Hepaticae*). M. sind überwiegend auf dem Land vorkommende, als Polster oder Lager wachsende, nur wenige Zentimeter hohe Pflanzen, die die Fähigkeit besitzen, sich ausschließlich von anorganischen Stoffen zu ernähren. Sie haben wurzelähnliche Organe, die Rhizoiden, mit deren Hilfe sie sich auf ihrer Unterlage, der Baumrinde oder dem Erdboden, verankern. M. sind die primitivste Landpflanzengruppe, bei der ein Generationswechsel stattfindet mit dem ein Kernphasenwechsel gekoppelt ist. Die Sporophyten-Generation ist für die Erzeugung und Verbreitung ungeschlechtlicher → Sporen verantwortlich, die Gametophyten-Generation für die Bildung der Geschlechtszellen. Der Sporophyt wächst aus einer befruchteten Eizelle (Zygote) hervor. Er ist in Fuß, Seta (Stiel) und Kapsel gegliedert (Ausnahme: Gatt. Hornmoose; *Anthoceros*), wobei sein Fuß im Gewebe das Gametophyten verankert ist, von dem er auch mit Nährstoffen versorgt wird (Halbschmarotzer). In der Kapsel des Sporophyten (Sporogon), die sich bei der Reife öffnet, werden unter Reduktionsteilung (Meiose) Tausende von Moossporen gebildet. Diese Sporen kommen auf verschiedene Weise frei, meist aber dadurch, daß die Mooskapsel austrocknet und dabei den Schleudermechanismus in Gang setzt. Bei günstigen Bedingungen keimt die Spore zu einem verzweigten, fädigen Protonema aus, an dem sich → Knospen entwickeln, die zu weiblichen oder männlichen Gametophyten heranwachsen. Diese können sich außer geschlechtlich auch ungeschlechtlich vermehren, da abgelöste Teile der grünen Pflanze auch zu neuen Gametophyten heranwachsen können. Die männlichen, zweigeißeligen Geschlechtszellen (Spermatozoiden) werden in den Antheridien, dünnwandigen Säckchen, gebildet. Die weibliche Geschlechtszelle (Eizelle) entwickelt sich in einem Archegonium, das voll entwickelt die Gestalt einer langhalsigen Flasche hat. Für die Befruchtung und damit die geschlechtliche Fortpflanzung ist Wasser unerläßlich. Das Spermatozoid muß sich schwimmend zu einer Eizelle in einem Archegonium auf einer weiblichen Pflanze bewegen und sich mit dieser vereinigen, was durch einen vom Antheridium abgegebenen Stoff, der die Oberflächenspannung des Wassers verringert, erleichtert wird. Die befruchtete Eizelle entwickelt sich zu einem Embryo, aus dem eine Sporenkapsel hervorgehen kann.

M., speziell die Moosdecke in unseren Wäldern, spielt im Wasserhaushalt einer Landschaft eine wichtige Rolle. M. haben ein großes Wasserbindungsvermögen, wodurch sie ausgleichend auf Regenfälle und auf die Quellschüttung wirken; ferner sind sie die dominierenden Pflanzen in Hochmooren (→ Moor) der niederschlagsreichen Gebiete mittlerer Breiten.

▸▸ Mit ihren Rhizoiden können sich Moose auf einer Baumrinde oder auf dem Erdboden verankern.

Moosesche, die: → Ebereschen 1.

Moosfarne (*Selaginellales*): Ordn. der → Bärlappe mit der Fam. M. (*Selaginellaceae*) und mit der bereits im Erdaltertum vorhandenen Gatt. Moosfarn oder Mooskraut (*Selaginella*). Die Gatt. umfaßt über 700 Arten, hauptsächlich im tropischen Regenwald, von ausdauernden Sporenpflanzen (→ Kryptogamen) mit dünnen, meist gabelig verzweigten → Sprossen und flachgedrückten Zweigen. Die kleinen, schuppenförmigen Blätter bestehen häufig aus kleinen Oberblättern und größeren Unterblättern. Die → Sporangien stehen in Ähren. Drei Arten sind in Europa vertreten, die bekanntesten sind:

1. Gezähnter Moosfarn, der (*Selaginella selaginoides* (L.) Link): auch Dorniger M. Der sonst sehr seltene G. M. ist v. a. in den Quellmooren, in alpinen Magerrasen, auf grasigen Plätzen, an felsigen Abhängen, auf Sumpfhumusböden und rieselnassen Standorten der Alpen, höherer Gebirge und auch einiger Mittelgebirge sowie der Arktis verbreitet.

Die leicht mit Moos (→ Moose) zu verwechselnde → Farnpflanze hat kurze kriechende Stengel und sehr zarte, aufsteigende, etwa 3 bis 7 cm hohe Zweige. Die dunkelgrünen Blätter sind eiförmig-lanzettlich, wimperig gezähnt und spiralig angeordnet. Die → Sporen reifen von Juli bis August. Die Sporangien befinden sich in den Achseln besonderer Blätter, die in einzeln stehenden, endständigen, ährenähnlichen, gelblichen Sporangienständen zusammenstehen, wovon sich im oberen Teil Mikrosporen und im unteren Makrosporen befinden. Die sporentragenden Blätter sind blaßgrün und fast doppelt so groß wie die Stengelblätter.

2. Schweizer Moosfarn, der (*Selaginella helvetica*): Der S. M. wächst auf feuchten, kalkreichen Lehm- und Steinböden, schattigen Felsen, Kalk-Magerrasen sowie auf Mauern im Alpengebiet; nach Norden zu ist er seltener bis ganz fehlend.

Die seltene Sporenpflanze hat bis zu 20 cm weit kriechende, niederliegende, überall wurzelnde Sprosse mit vielen Ästen. Die ganzrandigen Blättchen sind in vier Reihen angeordnet. Sie sind glänzend grasgrün, im Winter oft gerötet. Die Sporen reifen von Juni bis Juli. Die fertilen, stielförmigen, locker beblätterten Äste tragen schräg aufgerichtete Sporangienähren. Die sporentragenden Blätter sind eiförmig und zugespitzt. Im oberen Teil der Ähre befinden sich Mikrosporangien mit winzig kleinen, rötlichen Mikrosporen, im unteren Teil Makrosporangien mit vier großen gelben Makrosporen, die in einer Tetrade angeordnet sind.

Moosfräulein, das: → Holzweibchen.

Moosglöckchen, das (*Linnaea*): auch Erdglöckchen. Gatt. der Fam. der → Geißblattgewächse mit nur einer einzigen Art:

Moosglöckchen, das (*Linnaea borealis* Linné): auch Kriechende und Nordische Linnäe (benannt nach dem großen Naturforscher Linné), Nordisches M. Das M. ist mit großen Lücken im Vorkommen über Nordeuropa, Norddtschl., die Alpen (besonders in den kalkreichen Zentralalpen), in Osteuropa (Karpaten, Sudeten und Kaukasus) und Nordamerika verbreitet. Das M. ist ein ausgesprochener Nadelholzbegleiter und wächst zerstreut in feuchten moosreichen Nadelwäldern, wie z. B. Fichten-, Lärchen- und Zirbenwäldern, Moos-Kiefernwäldern und in den Tundren, auf Felsen und Moospolstern. In den Alpen kommt es bis in Höhen von über 2000 m vor, geht jedoch nicht über die → Waldgrenze hinaus.
Merkmale: Das zierliche, wintergrüne, bis 15 cm hohe Halbsträuchlein ist ein Eiszeitrelikt. Es hat holzige, fadenförmige, kriechende und wurzeltreibende drüsig behaarte Stengel mit aufsteigenden, fein behaarten Zweigen, die Blüten tragen. Die gegenständigen (→ Blattstellung) 7 bis 12 mm langen und bis 8 mm breiten, kurzgestielten Blätter sind ledrig, rundlich bis eiförmig, vorne gekerbt gesägt, oberseits dunkelgrün, unterseits blaugrün, oberseits und am Stiel locker behaart. BZ: Juni bis Juli/August. Die einzelnen, bis 10 cm hohen Blütenstiele tragen jeweils zwei endständige, nickende, weiß bis rosafarbene Blütenglöckchen mit zwei lanzettlichen → Hochblättern. Die vanilleähnlich duftenden Blütchen bestehen aus einer 7 bis 10 mm langen, glockigen, fünflappigen Blumenkrone mit dunkleren roten Streifen oder gelben Saftmalflecken auf der behaarten Innenseite, zwei längeren und zwei kürzeren Staubgefäßen, einem herausragenden, fädlichen → Griffel mit kopfförmiger → Narbe und fünf lineal-lanzettlichen, später abfallenden Kelchzipfeln sowie einem drüsig behaarten, dreifächerigen → Fruchtknoten. Das Früchtchen (→ Schließfrucht) ist eine bis 3 mm lange einsamige → Beere.

Mooshäubling, der: → Häublinge 2.

Moos, Isländisch(es), das: → Isländisches Moos.

Moos-Kiefernwälder → Kiefernwälder.

Mooskraut, das: → Moosfarne.

Moosmiere, die: → Nabelmiere.

Moosmücken (*Cylindrotomidae*): Fam. kleiner → Mücken, deren 10 bis 25 mm lange Larven in der Waldbiozönose, v. a. in Grünerlenfallaub und Moospoltern besonders auffällig sind. Die moosblattähnlichen Körperanhänge der Larven dienen vermutlich als Schutzanpassung.

Moospflanzen → Moose.

Moosschicht, die: → Vegetationsschichten des Waldes.

Moosstreu, die: → Bodenstreu.

Moostundra, die: → Tundra.

Mooswurz, die: → Netzblatt.

Mopsfledermaus, die: → Fledermäuse 17.

Morchel, die (*Morchella*): Gatt. der → Schlauchpilze mit etwa 15 Arten. Sie sind von kegel- oder birnenförmiger Gestalt und haben eine wabenartig gefelderte Oberfläche. Einige von ihnen sind vorzügliche Speisepilze. Als M. werden auch → Pilze der verschiedenen Gatt. bezeichnet, die ähnliche Fruchtkörperformen besitzen, z. B. die Frühlorchel (Lorchelartige; → Lorchel 1.) und die → Stinkmorchel (Stinkmorchelartige). Die bekanntesten M. sind:

1. Spitzmorchel, die (*Morchella conica var. conica*): Der gute Speisepilz wächst von März bis Mai, besonders nach warmem Regen, gesellig in Au- und Fichtenwäldern, Erlenbrüchen und an Holzlagerplätzen, besonders aber in der Nähe von Es. Er bevorzugt kalkhaltige Böden. Der Pilz kann bis 15 cm hoch werden. Sein Hut beträgt etwa 1/2 bis 2/3 der Stiellänge, ist ca. 2 bis 8 cm breit, spitzkegelig, der Rand mehr oder weniger ausgebuchtet angewachsen. Die kräftigen Längsrippen laufen deutlich parallel von oben nach unten und treten stärker hervor als die Querrippen. Die Oberfläche erscheint daher wabenartig. Die Farbe schwankt zwischen graubraun und olivbraun, jüngere Pilze sind etwa heller. Der hohle Stiel ist weiß oder ockerfarben, unten oft aufgeblasen verdickt. Das Fleisch ist geruchlos und mild.

◂◂ Die Speisemorchel (*Morchella esculenta*) ist ein vorzüglicher Speisepilz.

2. Speisemorchel, die (*Morchella esculenta var. esculenta*): auch Rundmorchel. Der weit verbreitete Pilz wächst von April bis Mai gesellig in Auwäldern, unter feuchtem Gebüsch, an grasigen Waldrändern und gerne unter Es. Er liebt kalkhaltigen Boden und stellt sich auch in Parkanlagen und Gärten ein. Die S. wird zwischen 8 und 15 cm hoch und hat einen 4 bis 8 cm breiten, fast runden Hut, der nur selten eine längliche Gestalt annimmt. Die Oberfläche ist in unregelmäßige, wabenartige, am Grunde faltige Gruben gegliedert; sie erscheint wie aus unregelmäßig geformten Bechern zusammengesetzt. Der Hut ist hell bis dunkel ockerfarben oder braungelb. Der hohle, ca. 2 bis 4 cm dicke Stiel ist weißlich bis gelblich, unten oft verdickt und rinnenartig gerieft. Ein sehr geschätzter Speisepilz.

3. Käppchenmorchel, die (*Mitrophora semilibera*): auch Halbfreie M. Der Pilz mit weit über das Stielende heruntergezogenem Hutrand wächst von Mai bis Juni in feuchten Laubwäldern, Flußauen, in Parkanlagen und in Gärten. Der meist spitz kegelige oder käppchenförmige Hut mit abgestumpfter Spitze wird bis zu 3 cm hoch und bis zu 4 cm lang. Er ist gelbbraun bis olivbraun, auch rot- bis graubraun und hat senkrecht verlaufende, stumpfe Rippen mit nur wenigen Querverbindungen. Der bis zu 7 cm lange und bis zu 1,5 cm dicke Stiel ist weiß, hohl, an der Basis etwas knollig, im Alter oben runzelig und insgesamt blaß bis gelb geflockt. Der eßbare Pilz hat ein weißes, wachsartiges, zerbrechliches Fleisch mit schwachem Geruch und Geschmack.

Moosglöckchen (*Linnaea borealis*)

4. Köstliche Morchel, die (*Morchella deliciosa; früher: M. conica var. deliciosa*): Der im Frühjahr meist in Nadelwäldern, auf grasigen Waldlichtungen, an Wegböschungen wachsende ausgezeichnete Speisepilz wird etwa 6 bis 10 cm hoch und ca. 3 bis 5 cm breit. Der Hut ist karamelfarben oder graubräunlich bis rußig grau, alt schwärzend, abgestutzt spitzkegelig bis oval-eiförmig oder rundlich und innen hohl. Die Rippen sind fein behaart, die Längsrippen weniger stark ausgeprägt als bei der ähnlichen Spitzmorchel. Der weißliche, innen hohle, am Grunde etwas verdickte Stiel ist grubig-runzelig und kleiig, das Fleisch weiß oder fleischrötlich (*var. carnea*), brüchig und lederig.

Morchella → Morchel.

Mordraupen: Raupen (z. B. Raupen einiger Eulenfalterarten → Eulen B), die anderen Raupen, auch Blatt- und Schildläusen – abweichend von ihrer Lebensweise – nachstellen, so z. B. die Trapezeule. Auch einige Artgenossen werden bei Nahrungsmangel angefallen. Bei Massenvermehrung des Eichenwicklers und des Frostspanners wurden M. als → Prädatoren beobachtet.

Mordwespen → Grabwespen.

Morgen, der: früher regional unterschiedliches Flächenmaß (Acker und Feld und/oder Wald). Ursprünglich der Teil eines Ackers, der an einem Morgen (Vormittag) umgepflügt werden konnte. Ein M. war in Preußen 2553,2 m^2. Weitere Beispiele: Ein Waldmorgen war in Braunschweig 160 Quadratruten = 3335,44 m^2 Wald, in Frankfurt a. M. 160 Quadrat-Waldruten = 3255,5 m^2, in Hanau 193,6 Quadratruten = 2466,6 m^2 Wald, in Pommern 2910 m^2.

Mörike, E. → Wald in der Dichtung.

Morphologie, die: Die Lehre von der Gestalt der → Organismen. Sie untersucht die äußere Gestalt und den Aufbau (Organisation) v. a. der Tiere und Pflanzen und des Menschen sowie deren Umgestaltung im Verlauf ihrer Entwicklung. Die vergleichende M. untersucht verschiedene Gruppen von Lebewesen, um Gemeinsamkeiten und Unterschiede zu erkennen. Der Begriff M. wurde von J. W. v. Goethe eingeführt.

Mosaik, das: kleinstflächig unter dem Einfluß von Standort(s)faktoren (→ ökologische Faktoren) und von Zufälligkeiten gemischte Anordnung von → Pflanzengesellschaften.

Mosaikkrankheit, die: durch pflanzenpathogene → Viren verursachte Krankheit, die auf Blättern zu mosaikartigen (auch flächen- und streifenförmigen) Verfärbungen führt und späteres Absterben der Blätter zur Folge hat. Die M. verursacht selten nennenswerte Schäden. Befallen werden hauptsächlich die Blätter von Bu, Bi, Ei, Es, Vobe, Ah, Ul, Pa und Rob.

Mosaik-Zyklus, der: Ein naturnahes (→ Natürlichkeitsgrad) → Ökosystem befindet sich nach Remmert weder in einem ständigen Gleichgewicht noch in einer permanenten → Sukzession. Es besteht vielmehr aus einem Mosaik verschiedenster Entwicklungsstadien. Jedes Mosaikstück (patch) befindet sich zu einem gegebenen Zeitpunkt in einer anderen Entwicklungsphase; die Mosaikstücke stellen in ihrer Summe einen kompletten Zyklus dar. Jedes Waldökosystem baut zerstörte Waldzustände wieder auf. Das ist offensichtlich einfacher als die Aufrechterhaltung eines aktuellen Zustandes; → Patchiness.

Moschusbock, der: → Bockkäfer 3.

Wilhelm Gottfried von Moser hat 1757 sein zweibändiges Werk „Grundsätze der Forst-Ökonomie" veröffentlicht.

Moschuskraut, das (*Adoxa*): auch Bisamkraut. einzige Gatt. der zweikeimblättrigen Pflanzen-Fam. der Moschuskraut-oder Bisamkrautgewächse (*Adoxaceae*), mit nur einer Art: **Moschuskraut**, das (*Adoxa moschatellina* Linné): Das M. ist fast über ganz Europa verbreitet, ferner über Asien und Nordamerika. Streckenweise fehlt es. Es ist ziemlich selten und wächst zerstreut in Auwäldern, feuchten Laubmisch- und Schluchtwäldern, Hochstaudenfluren und Gebüschen, mit anderen → Geophyten auch in feuchten Buchenwaldgesellschaften (→ Charakterart der Eichen-Buchenwälder), auf frischen, lockeren, nährstoffreichen, lehmigen Böden, bevorzugt auf Kalk, von den unteren Gebirgslagen bis in Höhen von etwa 1800 m in den Alpen.

Die zarte, ausdauernde, 5 bis 15 cm hohe, unscheinbare Frühlingspflanze mit schwach bisam- oder moschusartigem Geruch (Name!) hat einen kriechenden, weißen, knotigen → Wurzelstock mit fleischigen Schuppen, mit dessen Hilfe sie sich vegetativ ausbreitet, und einen kahlen, aufrecht stehenden Stengel mit zwei gegenständigen oder drei quirlständigen (→ Blattstellung) Blättern, die dreizählig sind. Die zwei Grundblätter sind doppelt dreizählig mit zwei- bis dreispaltigen Blättchen und zweibis dreilappigen oder ganzrandigen Abschnitten. BZ: März bis Mai. Die kleinen gelbgrünen, etwas faulig riechenden Blüten stehen endständig in langgestielten kugeligen bis fast würfelförmigen, meist fünfblütigen (bis neunblütigen) Köpfchen. Die Gipfelblüte des Köpfchens hat einen zweispaltigen Kelch, eine vierspaltige Blumenkrone, vier → Griffel und vier gespaltene → Staubblätter. Die seitenständigen Blüten haben einen dreispaltigen Kelch, eine fünfspaltige Blumenkrone, fünf Griffel und fünf gespaltene Staubblätter, wobei jeweils eine Hälfte der Staubblätter einen → Staubbeutel trägt. Die kleinen, kugeligen, grünlichgelben Beeren sind etwa 4 bis 5 mm dick, von den bleibenden Kelchzähnen umgeben und vom Griffel gekrönt.

Moschusratte, die: → Wühlmäuse 1.

Mösel, der/die: Bez. für alpenländische Spaltaxt, eine schwere → Axt mit breitem Nacken und kurzer Schneide. Er/Sie konnte sowohl zum Einschlagen der Keile als auch zum Spalten des Holzes verwendet werden. Dem M. entspricht heute der Spalthammer.

Moser, Wilhelm Gottfried von (27.11.1729 Tübingen bis 31.1.1793 Ulm): M., ein praktischer → Kameralist studierte in Tübingen und Halle Rechts- und Staatswissenschaften. Er trat 1750 in die Dienste des Grafen Stolberg-Wernigerode und wurde unter Anleitung des Forstmeisters von Langen mit den forstlichen Verhältnissen des → Harzes bekannt. 1757 wurde er herzoglich-württembergischer Expeditionsrat, dann Forstrat beim Erbprinzen von Hessen-Darmstadt, 1772 Geheimer Rat und Jägermeister in darmstädtischen Diensten und zuletzt (ab 1786) Fürstl. Taxisscher Geheimer Rat in Ulm. Er schrieb: „Grundsätze der Forst-Ökonomie" (2 Bde. 1757) und gab 1788 bis 1796 die sehr bekannte Zeitschrift „Forst-Archiv zur Erweiterung der Forst- und Jagd-Wissenschaft und der Forst- und Jagd-Literatur" heraus.

Mostbir, die: → Heidelbeere 1.

Motorsägengeld, das: → Werkzeugvergütung.

Motten (*Tineidae*): mit rd. 2000 Arten weltweit verbreitete Fam.-Gruppe bis 2,5 cm spannender, zarter Kleinschmetterlinge. Sie haben gestreckte, schmale, meist etwas zugespitzte Flügel, die am Rande lange Fransen tragen und in der Ruhe meist dachförmig gehalten werden. Der Kopf ist dicht behaart, der Rüssel kurz und häufig zurückgebildet. Die Raupen sind meist 16füßig, minierende Arten auch fußlos. Nur wenige leben völlig frei, die meisten bespinnen die befressenen Blätter und Nadeln, minieren in ihnen, leben in selbstgesponnenen Säcken im Innern von Samen, Trieben oder Knospen. Zu den Echten M. zählt auch eine Reihe wichtiger Speicher- (Korn-, Mehlmotte, Kohlschabe) und Materialschädlinge (Tapeten-, Fell-, Pelz- und Kleidermotte). Die meisten M. fliegen nur in der Dämmerung und nachts. Von forstlichem Interesse sind:

1. Lärchenminiermotte, die (*Coleophora laricella*): Die kleine, schlechtfliegende M. hat kaum 5 mm lange Flügel. Sie sind grau und langgefranst. Sie fliegt – häufig in großer Zahl – von Mai bis Juni/Juli in Lärchenwäldern, Parkanlagen mit Lä und legt die anfangs dottergelben, später grau werdenden Eier in der Form eines Napfkuchens an der Unterseite der Nadeln ab. Die winzige, rotbraune Raupe miniert in den Nadeln, die weiß werden und vertrocknen. Kurz vor dem Nadelabfall fertigt sie aus einer ausgehöhlten Nadel ein Säckchen, schlüpft hinein und wandert damit in Rindenritzen oder an Kurztriebknospen, wo sie überwintert. Im Frühjahr setzt sie ihren Fraß fort. Die Verpuppung erfolgt nach drei Wochen; Ende Mai schlüpft die Motte. Besonders durch starken Frühjahrsfraß bei Massenauftreten kann es zu Kahlfraß kommen. Große Vertilger der Raupen sind die → Meisen.

2. Lärchentriebmotte, die (*Argyresthia (Blastotere) laevigatella*): Die kleine L. hat glänzend silbergraue Vorderflügel (Flügelspannweite 10 bis 12 mm), die am Rand etwas dunkler sind. Die Hinterflügel sind lang befranst. Die Flugzeit der L. ist Ende Mai, Anfang Juni. Die Eier werden einzeln am unteren Teil diesjähriger Langtriebe der Lä abgelegt. Die ausschlüpfende Raupe ist erst hellgelb, später hell rötlichgrau, mit schwarzem Kopf. Sie frißt im Herbst und im darauffolgenden Frühjahr einen Gang in die Langtriebe, deren größter Teil dadurch abstirbt und im Frühjahr unbenadelt bleibt. Der übrige Teil des Triebes begrünt sich unterhalb der Fraßstellen normal mit Kurztriebbüscheln. Die Verpuppung erfolgt im Mai im Fraßgang kurz hinter einem von der Raupe zuvor genagten und versponnenen Flugloch.

3. Eschenzwieselmotte, die (*Prays curtisellus* = *P. fraxinella*): Die kleine E. mit einer Spannweite von 14 bis 17 mm hat weiße, braungrau gefranste Vorderflügel mit einem graubraunen Dreiecksfleck, dessen Basis dem Vorderrand anliegt. Der Saum zeigt einige dunkle Flecke. Die Hinterflügel sind dunkelgrau. Die E. hat eine doppelte Generation. Ihre erste Flugzeit ist in der zweiten Junihälfte. Die Eier werden an den Blättern der Es – meist an jungen Es – abgelegt. Die ausschlüpfenden Raupen sind anfangs gelb mit braunem Kopf und Nackenschild, später schmutziggrün und auf dem Rücken rotbraun gewässert. Sie minieren anfangs in den Blättern und befressen später die be- und versponnenen Blätter. Die Verpuppung erfolgt meist am Boden. Nach achttägiger Puppenruhe erscheint im August der Falter, der wiederum die Eier an die Blätter der Es legt (zweite Flugzeit). Die dann im September schlüpfenden Larven bohren sich Anfang Oktober nach kurzem Blattminieren in die Terminalknospen der Es ein, überwintern hier und fressen im darauffolgenden Frühjahr die Knospen, oft auch noch den Trieb bis auf 2 cm aus und verpuppen sich, nachdem sie noch einige Zeit an den frisch ausgetriebenen Blättern gefressen haben, in schwachem Gespinst äußerlich an den Zweigen. Nach einer dreiwöchigen Puppenruhe erscheint der neue Falter im Juni. Während der Minierfraß nicht ins Gewicht fällt, kann der Knospenfraß zur unliebsamen Zwieselbildung führen. In Baumschulen kann Zwieselbildung durch einen schrägen, glatten Schnitt, der die befallene Terminalknospe und eine der beiden Seitenknospen fortnimmt, verhindert werden; → Zwiesel

4. **Kiefernnadelmotte**, die (*Ocnerostoma piniariella*): Der Falter hat sehr schmale Flügel mit langen, gelblichgrauen Fransen. Die Vorderflügel sind perlmuttfarbig mit schwachem, grauem Anflug; die Hinterflügel sind grau. Die Eiablage der K. erfolgt einzeln und meist an die Innenseite älterer Kiefernnadeln nahe an der Spitze. Die graugrüne Raupe mit kleinem, schwarzem Kopf höhlt die Nadeln von der Spitze zur Basis aus und überwintert in ihr. Im erwachsenen Zustand geht sie nach außen und verspinnt die minierten Nadeln zu einem Bündel, in dem sie sich dann verpuppt. Der Schaden der K. ist bedeutungslos.

5. **Ahornminiermotte**, die (*Nepticula sericopeza*): Die sehr kleine A. mit schwarzbraunen Vorderflügeln und grauen Hinterflügeln legt die Eier an den Blättern des Ah ab. Die bernsteinfarbene Raupe miniert den Samen, der dadurch abfällt.

6. **Gespinstmotte**, die (*Yponomeuta padella*): Die verhältnismäßig große G. hat weißliche Vorderflügel mit drei unregelmäßigen Längsreihen schwarzer Punkte und gerundete braungraue Hinterflügel. Die Flugzeit ist Ende Juni/Anfang Juli. Die Eier werden haufenweise an die Rinde dünner Zweige, v. a. von Vobe, Schlehe und Weißdorn, abgelegt und mit einem rasch erhärtenden Schleim überdeckt. Die einige Wochen später schlüpfenden Raupen überwintern darunter. Die 16füßigen Raupen sind gelblich- bis graugrün und dunkel punktiert. Im darauffolgenden Frühjahr (ab Mai) fressen sie gesellig unter dem Schutz großer Gespinste die Blätter. Anfang Juli verpuppen sie sich in ihren lockeren, mit Kot gefüllten, spindelförmigen Kokons gedrängt nebeneinander. Ähnlich ist auch die Art *Yponomeuta malinella* auf Weißdorn und TrKi, deren Raupengespinst erst im Juni entsteht.

7. **Eichenminiermotte**, die (*Tischeria complanella* = *T. ekebladella*): Die E. hat eine Spannweite von etwa 12 mm und dottergelbe Vorderflügel. Die Hinterflügel sind grau und lang befranst. Die Flugzeit der E. ist im Mai und Juni. Die Eier werden hauptsächlich an den Blättern der Ei abgelegt. Die gelbe und flachgedrückte Larve miniert während des Sommers in den Blättern, deren Oberhaut sich dann in weißen Blasen abhebt. Die Raupen bleiben über den Winter hinweg in den abgefallenen Blättern und verpuppen sich darin im Frühjahr.

8. **Tannennadelmotte**, die (*Argyresthia fundella*): Die T. mit weißen Vorderflügeln und mit bräunlichen, gegen die Spitze zu gehäuften Querstrichen fliegt von Ende Mai bis Anfang Juni. Die Eier werden einzeln an der Oberseite der Tannennadeln abgelegt. Die schlüpfende Raupe ist mattgrün mit schwarzem Kopf. Sie bohrt sich in die Nadeln ein, miniert sie und überwintert darin. Im darauffolgenden Frühjahr wird der Fraß, auch in anderen Nadeln, fortgesetzt. Die Verpuppung erfolgt im Mai auf der Unterseite einer unversehrten Nadel in einem weißen, spindelförmigen Gespinst. Der Falter schlüpft dann in der Regel drei Wochen später.

9. **Kiefernknospentriebmotte**, die (*Exoteleia dodecella*): Die Vorderflügel der K. sind graubraun mit verwaschenen, hellgrauen Querbinden und sechs paarweisen, übereinanderstehenden, aufgeworfenen, schwarzen Punkten. Sie fliegt Ende Mai bis Juli und legt ihre Eier hauptsächlich an den Nadeln fünf- bis 15jähriger Kie ab. Die rotbraune Raupe mit schwarzem Kopf und Nackenschild miniert ab Mitte Juni in den Nadeln und überwintert in ihnen. Ab April des darauffolgenden Jahres frißt sie sich in die Knospe ein und höhlt sie aus. Vor dem Einbohrloch spinnt sie eine kurze weiße Gespinströhre. Die Verpuppung erfolgt ab Mai.

10. **Erlenknospenmotte**, die (*Coleophora fuscedinella* = *C. serratella*): Die kleine E. hat dunkelbraungraue Vorderflügel (beim Weibchen mehr gelb) und dunkelgraue Hinterflügel. Die E. fliegt im Juni bis Juli und legt ihre Eier in der unmittelbaren Nähe der Knospen oder an den äußersten Blättern vorwiegend der Er ab. Die rotbraune und schwarzköpfige Raupe frißt in die Blätter Minen und lebt auf ihnen als Sackträger.

11. **Eichenknospenmotte**, die (*Coleophora lutipennella*): Die kleine E. mit lehmig ockergelben Vorderflügeln und grauen Hinterflügeln hat helle und dunkelgeringelte Fühler. Sie fliegt im Juli und legt die Eier einzeln an Eichenknospen ab. Die graue Raupe mit schwarzem Kopf frißt anfangs in der Knospe und lebt später als Sackträger an Blättern.

12. **Buchenmotte**, die (*Chimabacche fagella*): Die B. hat eine Flügelspannweite von 18 bis 28 mm. Die Vorderflügel sind weißgrau mit schwärzlichen Querstreifen. Sie sitzt mit dachförmig gehaltenen Flügeln an Buchenstämmen. Die Raupe verspinnt zwei Blätter zu einem Gehäuse; die Jungraupen skelettieren, ältere Raupen befressen die Blätter von den Seiten her. Das leise Zirpen der Raupe, verursacht durch das Kratzen der etwas gebogenen Kralle der verdickten Hinterbeine auf dem Blatt, hat ihr im Volksmund die Bez. „Sängerin" gegeben.

13. **Erlenminiermotte**, die (*Coleophora serratella*): Die außer an Er auch an anderen Lbh lebende E. miniert, anfangs frei, dann in einem aus Blatteilen gefertigten Sack, an Blättern.

14. **Fichtennadelmotte, gelbe** (*Blastotere bergiella*) und **Fichtennadelmotte, braune** (*Blastotere glabratella*): auch Fichtenknospenmotte. Bei ersterer höhlen die Raupen nur die Knospen aus (Flügelspannweite der Motte 11 bis 14 mm), bei letzterer dringen die Raupen außer in die Knospe auch noch mehr oder weniger weit in den Trieb ein (Flügelspannweite der Motte 11 bis 12 mm). Ähnlich auch die **Tannenknospenmotte** (*Blastotere sergiella*) an Weißtanne.

15. **Pappelminiermotte**, die (*Cemiostoma susinella*): eine 8 bis 9 mm spannende, weiße Motte mit Zeichnung auf den Vorderflügeln. Die Raupen fressen in hellgrünen, später schwarzen Platzminen in Pappelblättern. Die Verpuppung erfolgt unter weißem, plattenförmigem Gespinst an den Rändern der Blattunterseiten.

Die Gespinstmotten der Art *Yponomeuta malinella* fressen meist gesellig.

16. **Grüner Langfühler**, der (*Adela viridella*): Der Vorderflügel der Motte ist dunkelgrün, der Hinterflügel dunkel und die Fühler fast dreimal so lang wie die Vorderflügel. Die tagaktive Motte fliegt von Mai bis August – oft in einem dichten Schwarm – in Mückenart um Buschwerk. Die gelblichweißen Raupen mit schwarzem Kopf und Nackenschild minieren zuerst in Buchen- und Eichenblättern und fertigen später aus Blattstücken ein flaches, ovales und an beiden Seiten offenes Säckchen. Sie fallen mit diesem zu Boden und fressen von diesem aus das Laub am Boden. Die Überwinterung erfolgt im Säckchen.

17. **Fliedermotte**, die (*Gracilaria syringella*): Die oft massenweise auftretende F. hat gelblich olivbraune Vorderflügel, die weiß querbindig gefleckt und dunkelbraun bepunktet sind. Die Hinterflügel sind graubraun. Die Eiablage erfolgt auf den Blattunterseiten der zu einer Fam. gehörenden Flieder, Es und Liguster. Die zuerst glashelle, bein- und haarlose, später weiß oder grünliche und beborstete Raupe mit bräunlichem Kopf miniert gesellig in den Blättern.

18. **Roßkastanien-Miniermotte**, die (*Cameraria ohridella*): 1984 entdeckt, erstmals in einem Massenvorkommen 1985 in Mazedonien nachgewiesen und 1986 erstmals beschrieben, hat sich dieser 5 mm lange Falter in den letzten Jahren über Österreich auf weite Teile Mittel- und Osteuropas ausgebreitet. In Bayern wurde die R. erstmals 1993 bei Passau nachgewiesen und hat sich seither dramatisch ausgebreitet. Die Falter schlüpfen im Frühjahr und legen ihre Eier (bis zu 100) auf die Blätter im unteren Bereich der Kronen der Rka. Die schlüpfenden Junglarven fressen zunächst nagelgroße Minen, die im Laufe der Zeit zu länglichen, 5 bis 6 cm langen, zwischen den Blattrippen liegenden Minen anwachsen und bei starkem Befall, der zu vorzeitigem Blattfall führt, ineinander übergehen. Die Larve verpuppt sich in der Blattmine in einem Kokon.

Je nach Witterung zwei bis drei Generationen im Jahr.
Mottenkraut, das: → Porst.
Mottenmücken → Schmetterlingsmücken.
Mougeot's Mehlbeere, die: → Ebereschen 6.
Mountainbike-Fahren, das: → Radfahren in der freien Natur.
Mousseron, der: → Schwindlinge.

Stechmücke (*Culex pipiens*)

Mücken (*Nematocera*): mit rd. 35 000 Arten weltweit verbreitete Unter-Ordn. der → Zweiflügler, meist langbeinige, zart gebaute und oft deutlich behaarte → Insekten mit stark verlängerten Mundwerkzeugen (mit einem Stechborstenbündel) und langen, fadenförmigen und vielgliedrigen Fühlern. Die erwachsenen Insekten ernähren sich teils von Pflanzensäften, teils räuberisch, besonders aber blutsaugend. Sie finden sich überall dort, wo Wasser zur Entwicklung ihrer Larven vorhanden ist. Die Stechmücke lebt tagsüber meistens versteckt und fast immer in der unmittelbaren Umgebung des Menschen, an denen die Weibchen Blut saugen. Die Aëdes-M. lebt an trockenen Plätzen im Wald, ihre Larven entwickeln sich in Waldtümpeln. Die Larven der M. haben eine wirtschaftliche Bedeutung als Fischfutter. Die Bekämpfung bei den vom Wasser abhängigen Arten erfolgte durch Trockenlegung der Feuchtgebiete; heute – falls notwendig – werden hierzu Kontaktinsektizide (→ Pestizide) oder biologische Bekämpfungsmethoden (z. B. *Bacillus thuringensis*) angewendet. Zu den M. gehören u. a. die Fam. der → **Bart-M.** oder **Gnitzen** (*Ceratopogonidae* = *Heleidae*); → **Dung-M.** (*Scatopsidae*); → **Gall-M.** (*Cecidomyiidae* = *Itonididae*); → **Stech-M.** oder **Gelsen** (*Culicidae*); → **Pfriemen-M.** (*Anisopodidae* = *Phryneidae* = *Rhyphidae*); → **Stelz-** oder **Sumpf-M.** (*Limoniidae* = *Limnobiidae*); → **Schmetterlings-** oder **Motten-M.** (*Psychodidae*); → **Zuck-** oder **Schwarm-M.** (*Chironomidae* = *Tendipedidae*); → **Kriebel-M.** (*Simuliidae*); → **Haar-M.** (*Bibionidae*); → **Winter-M.** (*Trichoceridae* = *Petauristidae*); → **Moos-M.** (*Cylindrotomidae*); → **Schnaken** (*Tipulidae*) sowie die Fam.-Reihe der → **Pilz-M.** (*Mycetophiloidea* = *Fungivoroidea*).
Mücken-Händelwurz, die: → Händelwurz 1.
Mückenstendel, der: → Ragwurz 2.
Muffelkäfer → Samenkäfer.
Muffelwild, das (*Ovis ammon musimon* Pall.): auch Europäisches Mufflon, Europäisches Wildschaf. Wildschafart, das zur Fam. der Horntiere (*Bovidae*) aus der Ordn. der Paarhufer (*Artiodactyla*) zählt.

Aussehen: Ein ausgewachsenes Mufflon hat eine Länge von 110 cm (Schafe) bis 130 cm (Widder), eine Schulterhöhe von etwa 70 cm (Schafe) bis 80 cm (Widder) und ein Gewicht von 25 bis 40 kg (Schafe) bzw. 30 bis 50 kg (Widder). Das M. wechselt das Haarkleid zweimal im Jahr und zwar im April/Mai und im Herbst. Die Sommerfärbung des Widderfelles ist rotbraun; Mund, Bauch, Spiegel (Fleck um den After) und die Innenseite des Wedels (Schwanzes), der Beine sowie die gesamte untere Hälfte der Beine sind hell bis fast weiß. Daneben befindet sich ein fast weißer Fleck an den Seiten des Rückens, der sog. Sattelfleck. Schafe und Lämmer sind schlichter gelblichbraun gefärbt. Der Kopfschmuck des M., die sog. Schnecke, sind auf Stirnzapfen sitzende, echte Hörner, die nicht abgeworfen werden. Schafe tragen manchmal kurze Stümpfe, die selten länger als 10 bis 15 cm werden. Den Widdern wachsen im Laufe der Jahre große geschwungene Schnecken.
Vorkommen: Die ursprüngliche Heimat des M. sind die Berge Korsikas und Sardiniens. Ab Ende des vorigen Jh. wurde es in mehreren europäischen Ländern, seit 1902 auch in Dtschl., ausgesetzt.
Lebensraum und Lebensweise: In Mitteleuropa lebt das M. überwiegend im Wald. Der günstigste Lebensraum sind die Mittelgebirge. Auch in Flachlandrevieren mit sandig-steinigem Boden hat es sich gut eingewöhnt. Das M. sucht bevorzugt Deckung in Laub- und Nadelholzdickungen und schätzt Lichtungen innerhalb des Waldes oder lichte Bestände ohne dichtes Unterholz. Das M. ist tagaktiv. Beide Geschlechter und die Jungtiere leben in Rudeln zusammen. Ältere Widder bilden kleine Trupps von wenigen Stücken oder werden zu Einzelgängern.
Fortpflanzung: Die Brunft (Paarungszeit) des M. ist abhängig von Klima und Witterung. Unser heimisches M. brunftet meist ab Mitte Oktober und den ganzen November, z. T. noch im Dezember. Während dieser Zeit finden unter den Widdern oft heftige Kämpfe statt, wobei sie bei gesenkten Köpfen mit den Schnecken aufeinander prallen. Die Tragzeit beträgt 148 bis 159 Tage. Das Schaf bringt Ende April/Mitte Mai ein (selten zwei) etwa 3 kg schweres Lamm zur Welt. M. kann 15 bis 20 Jahre alt werden. Es paart sich auch mit dem Hausschaf, was jedoch unerwünscht ist, da → Bastarde häufiger Flur- und → Schälschäden verursachen.

▸▸ Das genügsame Muffelwild schält an Buchen, aber auch an anderen Waldbäumen.

Nahrung: Das M. ist ein Grasfresser und sehr genügsam. Da seine Oberlippe gespalten ist, kann es auch niedrig stehende Bodenvegetation abgrasen. Die Nahrung besteht aus Gräsern, Kräutern, Laub- und Nadelholztrieben, Wildobst, Ginster, Wildfrüchten, Sträuchern, Brennesseln und auch Getreide. Gelegentlich schält M. auch an Bu u. a.
Mufflon, Europäisches, das: → Muffelwild.
Mühlholz, das: alte Bez. für unter bestimmten Voraussetzungen verbilligt aus dem Staatswald Oberfrankens abzugebenes Fichten-/Tannen → Stammholz. Der Bezug von M. ist mengenmäßig je Betrieb festgelegt und geht nur an bestimmte, wasserbetriebene Sägemühlen des → Frankenwaldes, nicht an Einzelpersonen. Die so begünstigten Sägewerke nennen sich Konzessionsmühlen. Die Verbilligung und die mengenmäßige Festlegung der M.-Bezüge sind eine freiwillige Leistung der Staatsforstverwaltung und rechtlich nicht fundiert. Ihrer Entstehung nach gehen die M.-Bezüge wahrscheinlich bis auf das 15. Jh. zurück. Die Konzessionierung diente früher v. a. der Sicherung des Holzbezuges der Mühlen und damit ihrer Existenz. Voraussetzung für die M.-Abgewährung in Vergangenheit und Gegenwart war und ist das Vorhandensein einer betriebsfähigen Wasserkraft. Wird das M. zehn Jahre nicht abgewährt, weil z. B. auf den Empfang verzichtet wird oder der Betrieb ruht, verfällt der Bezug endgültig. Die Eigentümer der Konzessionsmühlen werden „Interessenten" genannt. Ihre Anteile, sogenannte „Schneidtage" sind frei veräußerlich, vererblich, verpfändbar und teilbar. Die Interessenten einer Mühle wählen alljährlich aus ihrer Mitte einen Vorstand, den Mühlvogt. Er vertritt die Teilhaber und führt die Geschäfte. Die begünstigten Schneidmühlen wurden 1828 auf 81 Empfänger mit einem Jahresbezug von rd. 25 000 fm reduziert. Im Jahre 1978 gab es z. B. nur noch 31 zum Bezug berechtigte Mühlen, von denen aber nur 19 betriebsfähige Anlagen hatten.
Mulchung, die: künstliche Bodenbedeckung mit gemähtem, nichtfruchtendem Gras, Stroh, Laub, Reisig, Torf, Kompost, Stallmist, Häcksel, auch Pappe. M. soll Verdunstung und Bodenabtrag mindern, Unkrautwuchs verhindern sowie organische Substanz für den Aufbau des Humus nachliefern. M. trägt zur Düngung und zur nachhaltigen → Bodenfruchtbarkeit bei.
Müllenkampf, Franz Damian Friedrich (erste Hälfte des 18. Jh. bis 14.12.1791 Mainz): M., auch Muhlenkamp, Müllencamp, war Kurfürstl. Mainzischer Forstrat und Lehrer der Forstwissenschaft der hohen Schule zu Mainz. Er schrieb u. a.: „Praktische Bemerkungen zur Forstwissenschaft, gesammelt und herausgegeben zum Unterrichte Derer, so sich diesem Fache gewidmet haben" (1783 – 1785, 3 Hefte), „Von Commun- und Privatwäldern nebst einem Anhang von der Waldhütung" (1789).
Müller, Udo, Dr. (9.11.1864 Danndorf/Bayern bis 20.10.1923 Freiburg i. Br.): M. studierte in Tharandt Forstwissenschaft. Er war Geheimer Hofrat und Prof. der Forstwissenschaft in

Karlsruhe und Tübingen und schrieb u. a. das dreiteilige „Lehrbuch der Holzmeßkunde" (1899 – 1901).
Müllerkäfer, der: → Blatthornkäfer 10.
Müllers Stendelwurz, die: → Sumpfwurz 1.
Mulmbock, der: → Bockkäfer 7.
multivor → polyphag.
Murbeer, der: → Rubus 1.
Mürbling, Wässriger, der: → Faserlinge 2.
Murgschifferschaft, die: Die um 1400 erstmals urkundlich erwähnte M. war ursprünglich eine Forstbesitzverbindung von Waldbesitzern, Flößern und Sägemühlenbesitzern. Den damaligen Landesherren gehörten zwar überwiegend die Waldungen an den Hängen der Murg, doch konnten sie sich nicht entschließen, auf Grund der schwierigen Bringung die Nutzung in eigener Regie durchzuführen. Sie haben die Waldungen an die sog. Waldschiffer verpachtet. Daraus entwickelte sich schließlich festes Eigentum der M. bis zum heutigen Tag. Etwa 65 Teilhaber besitzen 5000 ha Wald auf den Höhen des → Schwarzwaldes, den sog. Schifferwald, der bis 1930 Reichsspitzenbetrieb der Einheitsbewertung und somit der vorratsreichste Wald des Deutschen Reiches war; → Kast.
Muridae → Mäuse.
Muschelkiefer, die: Bez. für eine Borkenform der → Kiefer mit runden, dünnen, konkaven Schüppchen.
Muschelkrempling, der: → Kremplingsartige 5.
Muschelmoos, das: → Schiefmundmoos.
Muschelpilz, der: → Seitlinge.
Musci → Laubmoose.
Muscicapidae → Fliegenschnäpper.
Musel(holz), das: → Mösselholz.
Mösselholz, das: auch Musel(holz). alte bayer. Bez. für Holz, das aus → Rundlingen von mehr als 14 cm Durchmesser am schwächeren Ende ausgespalten wurde. Im unterfränkischen Weinbaugebiet nennt man solche Rundlinge von jüngerem Eichen-, Kiefern- und Kastanienholz „Pfahl-M." Sie werden ungespalten als Weinbergpfähle verwendet.
Museum, das: → Flößerei-, Forst-, Holzknecht-, Holz- und Waldmuseum.
Mustela → Wiesel.
Mustela putorius → Iltis.
Mustelidae → Marder.
Mutation, die: in der Genetik Abänderungen (Mutieren) der Eigenschaften eines Lebewesens, die im Ggs. zur → Modifikation erblich sind. M. treten sprunghaft spontan auf und sind ungerichtet und zufällig; → Mutationszüchtung.
Mutationszüchtung, die: → Mutationen können künstlich herbeigeführt werden. Die M. ist ein Züchtungsverfahren, das künstlich ausgelöste erbliche Veränderungen der Erbanlagen bei Pflanzen oder Tieren für die Züchtung neuer → Rassen oder → Sorten nutzt. Zur Auslösung von Mutationen haben sich energiereiche Strahlungen (Röntgen-Höhenstrahlung), Kälte- und Hitzeschocks sowie verschiedene Chemikalien bewährt. Beispiele für Mutationen im Pflanzenreich: Trauerweide (→ Weiden 22.), Blutbuche (→ Buchen), viele Zierpflanzen; im Tierreich: Schwarz-Weiß-Scheckung vieler Haustiere, Dackelbeinigkeit der Schafe und Hunde.
Mutinus caninus → Hundsrute.
Mutterbäume → Mutterbestand.
Mutterbestand, der: ein → Bestand, durch dessen Samenabfall eine Fläche ganz oder teilweise natürlich verjüngt (→ Anflug oder → Aufschlag) wird. Die Bäume eines M. werden Mutterbäume genannt; → Verjüngung.
Mutterboden, der (Muttererde, Oberboden, Oberkrume): oberste dunkle, belebte Bodenschicht; → Humus, Boden.
Mutter des Waldes, die: poetische Bez. für die Bu (Rotbuche), weil sie durch ihr Laub und ihre Bewurzelung einen günstigen Einfluß auf den Boden (garer Boden; → Bodengare) ausübt.
Muttererde, die: → Mutterboden.
Muttergänge: die gleichbreiten Brutröhren, die von den weiblichen → Borkenkäfern zur Eiablage unter der Rinde (→ Rindenbrüter) oder im Holz (→ Holzbrüter) angelegt werden. Je nach Verlauf der M., bezogen auf die Faserrichtung des Holzes, wird ein → Lotgang, Längsgang, Waagegang, Quergang, Sterngang oder Platzgang unterschieden.
Mutterquartier, das: Bez. für mit Mutterpflanzen besetzte Fläche, von denen regelmäßig Pflanzenteile für die → vegetative Vermehrung gewonnen werden.
Mutterwurz, die: → Arnika.
Mutualismus, der: die Beziehung zwischen zwei Arten, die lebenserleichternd oder -notwendig ist, wie z. B. die Bestäubung von Blüten (Zoogamie) oder die → Samenverbreitung durch Tiere.
Mützenlorchel, die: → Lorchel 3.
Mycena → Helmlinge.
Mycetophiloidae → Pilzmücken.
Mykophagen → Pflanzenfresser.
Mykoplasmen: die kleinsten, freilebenden → Bakterien die auch bakteriendichte Filter passieren können. M. besitzen keine Zellwand, sind daher ohne feste Gestalt und können verschiedene Zellformen annehmen. Einige Vertreter sind Krankheitserreger bei Mensch, Tier und Pflanze; bei letzterer verursachen sie Blattvergilbungen.
Mykorrhiza, die (Pilzwurzel): eine → Symbiose zwischen den Wurzeln höherer Pflanzen (→ Samenpflanzen) und → Pilzen, die sich bei etwa 80 % aller Pflanzenarten findet. Bei fast allen unseren Waldbäumen sind die Wurzeln (Saugwurzeln) von einem Geflecht weißlicher Pilzfäden (Hyphen; → Pilze) umgeben und bilden als Reaktion darauf keine Wurzelhaare mehr aus. Diese Fäden sind auf unterschiedliche Art mit den jungen zarten Wurzeln verbunden. Bei der **endotrophen** M. dringen die Pilzfäden in die Zellen ein. Bei der **ektotrophen** M., die bei unseren Waldbäumen häufig ist, werden die Feinwurzeln von einem dichten Geflecht von Pilzfäden umhüllt. Bei der **ektendotrophen** M. wird ein Pilzfädenmantel angelegt; einzelne Pilzfäden dringen an alten und geschwächten Fi- und Kie-Arten auch in die Wurzelzellen ein. **Vesikulär-arbuskuläre** M. ist durch blasen- oder bäumchenförmige Pilzfäden in den Rindenzellen gekennzeichnet. Versuche haben ergeben, daß Bäume zwar auch ohne → Myzel leben können, sich jedoch nicht so stark und kräftig entwickeln wie Bäume in pilzhaltiger Erde. Bei einem Versuch in Puerto Rico mit Slash-Pine (*Pinus elliottii*) waren dreijährige Kie mit M. 2,44 m hoch, solche ohne nur 30 cm. Bei der → Aufforstung von Heideböden mit Kie kommt diese erst zu normalem Wachstum, wenn ihr → Standort mit pilzhaltigem → Waldboden geimpft ist. Das Myzel führt dem Baum aus dem Boden Wasser und Nährstoffe (Mineralsalze, v. a. aber schwerlösliche Phosphate und Stickstoffverbindungen) zu, die es selbst vorher gewonnen hat, und erhält im Austausch Kohlenhydrate (v. a. Stärke und Zucker). Es wird vermutet, daß mehr als die Hälfte aller im Boden vorhandenen organischen Stoffe durch Myzele hindurchwandern. Sie zersetzen die Eiweiße und assimilierenden Aminosäuren in den von ihnen durchdrungenen abgestorbenen Tier- und Pflanzenteilen. Die Baumwurzeln nutzen das Fadengeflecht von Pilzen nicht nur als Stickstoff- und Phosphorquelle, es dient ihnen auch als Transportbahn für Nährstoffe. Eine kräftige Bi kann so z. B. eine im Schatten stehende Ta mit Kohlenstoff versorgen. Junge oder schwache Pflanzen werden so über das „wood wide web" von anderen Bäumen miternährt. Verschiedene → Baumarten haben ihre bestimmten Pilze. So stellt sich z. B. bei Fi der Reizker (→ Milchlinge) und Maronenpilz und die Fichtenrotkappe, bei Lä der Rostrote Lärchenröhrling, bei Bi der Birkenpilz, bei Pa die Espenrotkappe, bei Ei die Eichenrotkappe und bei Kie der Sandröhrling (→ Röhrlinge 6. bis 19.) ein. Bei Aufforstungen kann der Anwuchserfolg durch eine Impfung der Forstpflanzen mit ektotropher M. gesteigert werden.
Mykorrhiza-Impfung, die: → Mykorrhiza.
Myosatis → Vergißmeinnicht.
Myosoton → Wasserdarm.
Myrica → Gagelstrauch.
Myricaria → Rispelstrauch.
Myrtillustyp, der: → Waldtypus.
Myrmekochorie, die: → Samenverbreitung durch → Ameisen.
Myrmekophyten → Ameisenpflanzen.
Myrmeleonidae → Ameisenjungfern.
Myrtenweide, die: → Weiden 26. und 27.
Myxomyzeten → Schleimpilze.
Myzel, das (Pilzgeflecht oder Fadengeflecht): Bez. für den Vegetationskörper (→ Thallus) der meisten (mehrzelligen) → Pilze. Das M. besteht aus zahlreichen dünnen, sich reich verzweigenden Pilzfäden, den Hyphen. Im Erdboden (→ Boden) befindet es sich oft in enger Verbindung mit Pflanzen und kann über mehrere Jahre fortbestehen. Das locker vernetzte M. bildet beim Übergang zum Vermehrungsstadium häufig unechte Gewebe (sog. Flechtgewebe oder Plektenchyme), die dem Fleisch der Hutpilze entsprechen. Pilzfäden, die in das pflanzliche Gewebe eindringen, heißen → Haustorien; → Mykorhiza.
Myzetophagen → Pflanzenfresser.
MZ: Abk. für Meßzahlen; → Holzverkauf.

N

Nabelmiere, die (*Moehringia*): auch Moosmiere. Gatt. der → Nelkengewächse mit rd. 20 Arten v. a. in den gemäßigten Zonen der nördlichen Halbkugel. N. sind meist → Kräuter mit zarten weißen Blüten. Eine bekannte einheimische Art ist:

Dreinervige Nabelmiere, die (*Moehringia trinervia* (L.) Clairville): auch Wald-N., Rippen-N. Die fast in ganz Europa, im Süden jedoch nur in den Gebirgen vorkommende D. N. wächst verbreitet auf Mullböden in krautreichen Laub- und Nadelmischwäldern, Gesellschaften der Buchen- und sommergrünen Eichenwälder Europas, Gebüschen, schattigen Hecken, auf Waldschlägen, an Waldwegen und auch an Mauern; → Charakterart der Weidenröschen-Storchschnabel-Gesellschaft. Ihr Vorhandensein weist auf eine gute Stickstoffversorgung des Bodens hin; sie gilt als Nitrifizierungszeiger (→ Bodenanzeiger).

Der Samen der Dreinervigen Nabelmiere wird von Ameisen verbreitet.

Die einjährige, 10 bis 40 cm hohe Pflanze hat niederliegende, aufsteigende oder aufrechte, reich verzweigte, kurz behaarte Stengel. Die gegenständigen (→ Blattstellung) Blätter sind eiförmig, spitz, 0,5 bis 2 cm lang, meist drei-, aber auch fünfnervig, mit behaartem Rand. BZ: Mai bis Juli. Die kleinen Blüten (fünf spitze → Kronblätter) sind 5 bis 6 mm breit, weiß und stehen einzeln blattachselständig oder zu mehreren am Ende der Zweige. Die Früchte sind fast kugelige, sechsklappige Kapseln, die sich mit sechs nach außen zurückrollenden Zähnen öffnen. Sie enthalten rotbraune bis schwarze Samen mit weißem Anhängsel, die durch → Ameisen verbreitet werden (→ Ameisenpflanzen).

Nabeneiche, die: frühere Bez. für eine Ei von 20 → Ellen Länge und 12 → Zoll Durchmesser, die sich besonders für die Herstellung von Radnaben eignete.

Nabenholz, das: frühere Bez. für → Harthölzer, die sich besonders gut für die Herstellung von Radnaben eignet.

Nachanbau, der: → Nachbau.

Nachbarschaft, die: eine Fläche, die so klein ist, daß ein einziger großer Baum alle anderen Bäume in der Nachbarschaft beschatten kann.

Nachbarschaftsschutzwald, der: → Sturmschutzwald.

Nachbau, der: auch Nachanbau. nachträgliche Einbringung von wertschaffenden Baumarten in einen jüngeren Bestand; z. B. unter lückig gewordenen Kiefern- und Lärchenbeständen, älteren → Stangenhölzern oder jüngeren → Baumhölzern wird nach Aushieb aller schlechtwüchsigen oder beschädigten Glieder ein zweiter Nadelholzbestand von Ta, Dgl und Küstentanne für die Nutzholzerzeugung begründet. Der Unterbestand wächst stufig in die unregelmäßigen Lücken des Oberbestandes ein und bildet mit ihm einen zweialtrigen → Mischwald.

Nachbesserung, die: eine wichtige Maßnahme der Jungwuchspflege (→ Jungwuchs). N. ist die Ergänzung einer von Anfang an unvollständigen → Naturverjüngung und von Saaten sowie der Ersatz von Pflanzen auf Verjüngungsflächen, die durch verschiedene Ursachen, wie Trocknis, Wildverbiß, Mäuseschäden, Insektenfraß usw. ausgefallen sind.

Nachhaltigkeit, die: Die Langfristigkeit der forstlichen Produktion mit → Umtriebszeiten von bis zu 350 Jahren (z. B. bei Ei) und nicht direkt sichtbarem jährlichem → Zuwachs bringen für die jährliche Ertragsregelung gewisse Probleme mit sich. In den Bergwerken im Harz und in den → Salinen um Berchtesgaden erkannte man im 15. Jh., daß → Übernutzungen des Waldes zu geringeren oder keinen Erträgen in den nächsten Generationen und zu wirtschaftlichen Nachfolgeproblemen führen. Aus dieser Erkenntnis wurde das Prinzip der N. geboren. Der Begriff wurde 1713 erstmals von Carl von → Carlowitz im forstlichen Sinne geprägt („nachhaltende Nutzung"). Die erste Erwähnung des Wortes N. findet sich im „Forst-, Fisch- und Jagdlexikon" von Johann Friedrich Stahl 1780 unter dem Stichwort „nachhaltig Holz hauen". Er leitet sich aus dem Substantiv „Nachhalt" ab, das im 18. Jh. etwas charakterisierte, das man für Notzeiten zurückbehält, Rückhalt, Reserve. Die entsprechenden Adverbe und Adjektive bedeuteten: lange nachwirkend, ausdauernd, stark. Zunächst war unter N. nur das Streben nach Dauer und Gleichmäßigkeit der jährlichen Holznutzungen zu verstehen. C. G. → Heyer verstand darunter den Eingang alljährlicher Holznutzungen von annähernd gleicher Größe. F. → Judeich sah sie schon erfüllt, wenn für eine Wiederbestockung der abgenutzten Fläche gesorgt wurde. G. L. → Hartig formulierte diesen Grundsatz 1810 so: „Jede weise Forstdirektion muß die Waldungen taxieren lassen und sie so zu benutzen suchen, daß die Nachkommenschaft wenigstens ebensoviel Vorteil daraus ziehen kann, als sich die jetzt lebende Generation zueignet." Später wurde der Gedanke um die Erhaltung der Leistungsfähigkeit hierzu, z. B. die Erhaltung der Waldfläche und Bodenkraft, die Verwendung standortgerechten Saat- und Pflanzgutes, die Regulierung der Wildbestände usw. erweitert. Heute wird der Begriff N. noch umfassender gesehen. Er bezieht sich nicht nur auf die Holzerträge, sondern auch auf die landeskulturellen und ökologischen Leistungen des Waldes, ja sogar auf die Funktionsfähigkeit des Waldökosystems (Wohlfahrtswirkungen, → Waldfunktionen).

Im Ggs. zur **statischen N.**, die auf Erhaltung eines gegenwärtigen Waldzustandes ausgerichtet ist, formulierte Speidel (1984) die **dynamische N.** wie folgt: „Als N. soll die Fähigkeit des Forstbetriebes bezeichnet werden, dauernd und optimal Holznutzungen, Infrastrukturleistungen und sonstige Güter zum Nutzen der gegenwärtigen und künftigen Generationen hervorzubringen. Danach sind diejenigen Handlungen und Leistungen „nachhaltig", die dem Forstbetrieb diese Fähigkeit verschaffen und/oder dauernd erhalten." Im Jahre 1993 hat die „Konferenz der Europäischen Forstminister" in Helsinki (sog. Helsinkiprozess) im Zusammenhang mit der → Zertifizierung folgende Definition für eine nachhaltige Waldwirtschaft beschlossen: „Die Betreuung von Waldflächen und ihre Nutzung in einer Art und Weise, die die biologische Vielfalt, die Produktivität, die Verjüngungsfähigkeit, die Vitalität und die Fähigkeit gegenwärtig und in Zukunft wichtige ökologische, wirtschaftliche und soziale Funktionen auf lokaler, nationaler und globaler Ebene zu erfüllen, erhält und anderen → Ökosystemen keinen Schaden zufügt."

Die Grundsätze einer vorrangig **ökologischen N.** wurden im Anhalt an die Beschlüsse der Forstministerkonferenz in Helsinki 1993 und der Expertenkonferenz in Genf 1994 wie folgt formuliert (Schneider 1995): „Waldökosysteme sollen in der Art und Weise gepflegt und genutzt werden, daß sie als funktionsfähige Ökosysteme bestehen bleiben. Insbesondere sollen folgende Eigenschaften jetzt und in Zukunft erhalten oder verbessert werden:

- Produktivität und CO_2-Bindungsvermögen,
- Vitalität,
- Stabilität,
- Resistenz/Anpassungsfähigkeit gegen Streß (biotische und abiotische Schäden),
- Biodiversität (Naturnähe, Erhaltung gefährdeter Arten, Generhaltung),
- Bodenfruchtbarkeit (Bodenversauerung, Bodensättigungsverhältnis),
- Vermeidung von Schäden an anderen Ökosystemen (Grundwasser, Bachläufe),
- Potential zur Erfüllung wichtiger ökologischer, ökonomischer und sozialer Funktionen."

Vielfach werden die verschiedenen N.-Begriffe nebeneinander verwendet. Nach § 11 BWaldG soll der Wald ordnungsgemäß und nachhaltig bewirtschaftet werden. Das mit dem Begriff N. verbundene Gedankengut ist längst noch nicht auf der ganzen Welt Selbstverständlichkeit. In vielen Länder wird noch Raubbau an den Wäldern betrieben (→ Regenwaldvernichtung). Die N. hat zwei Entstehungswurzeln: die wirtschaftlichen Zwänge aus der Verknappung des Rohstoffes und der Energiequelle Holz, außerdem ethische Motive, nämlich die sittliche Verpflichtung der lebenden Generation gegenüber künftigen Generationen. In diesem Sinne hat der einst forstliche Begriff N. unter der englischen Bez. → „sustainable development" inzwischen Eingang in das allg. verantwortliche Denken im Umgang mit unseren Ressourcen gefunden. Die Weltkommission für Umwelt und Entwicklung formulierte das Prinzip der N. 1987: „Entwicklung, die die Bedürfnisse der Gegenwart befriedigt, ohne zu riskieren, daß künftige Generationen ihre eigenen Bedürfnisse nicht befriedigen können."; → Zertifizierung.

Nachhaltigkeitsprüfung, die: auch Revision, Erfolgskontrolle. Zur Sicherung der → Nachhaltigkeit wird periodisch die Planung der → Forsteinrichtung und deren adäquate Umsetzung im betrieblichen Vollzug überprüft. Die N. wird durch die Forsteinrichtung durchgeführt.

Nachhaltsbetrieb, der: im strengen Sinne des Begriffs ein Forstbetrieb mit jährlicher Endnutzung von Beständen, i. w. S. ein solcher, der die → Nachhaltigkeit beachtet oder anstrebt.

Nachhaltsweiser, der (Hieb(s)satzweiser, Gesamtweiser): N. dienen dazu, den vorläufigen Gesamthiebssatz (→ Hieb(s)satz) dahingehend zu überprüfen, ob er nachhaltig (→ Nachhaltigkeit) ist. Als N. werden praktisch alle im Laufe der Geschichte entwickelten Methoden der Ertragsregelung (→ Waldertragsregelung, → Ertragsregelungsmethoden) verwendet: das → Altersklassenverhältnis (Normalwald, → Idealwald), die **Flächenweiser**, wie z. B. der Vergleich von tatsächlicher und normaler Endnutzungsfläche, die **Massenweiser**, wie z. B. der Vergleich von geplanter und normaler Endnutzungsmasse oder von geplantem und normalem Nutzungsprozent, die **Vorratsweiser** mit dem Vergleich von wirklichem Vorrat und Sollvorrat, die **Zuwachsweiser** mit dem Vergleich von laufendem → Zuwachs (lZ) mit dem durchschnittlichen Gesamtzuwachs für die Umtriebszeit (dGZu) oder der Heranziehung des ertragsgeschichtlichen Zuwachses und die **Formelweiser**, z. B. die Gehrhardtsche Formel (→ Formelhieb(s)satz).

Nachhauen, das: veraltete Bez. für → Nachhieb.

Nachhieb, der: nachträgliche Räumung einzelner Bäume (übriggebliebener Altholzrest) über einer fertigen → Verjüngung; → Nachhiebsrest.

Nachhiebshölzer → Nachhiebsrest.

Nachhiebsrest, der (Nachhiebshölzer): der bei der → Verjüngung übriggebliebene Altholzrest; → Nachhieb.

Nachkommenschaftsprüfung, die: bei forstlichen Züchtungsprogrammen einer der bedeutendsten Nachweise zur Prüfung der genetischen Verankerung von Merkmalen und der Reaktionsnorm ausgewählter Individuen. Es wird zwischen vegetativen (→ Klonprüfungen) und aus Samen entstandenen Nachkommenschaften (Prüfung von Populationen) und Einzelbaumnachkommen unterschieden; Überhälter

Nachkultur, die: Ergänzung einer an sich fertigen → Kultur, bei der nachträglich Mischbaumarten eingebracht werden.

Nachlichtung, die: Entnahme eines Teiles des Schirmbestandes über angekommener → Verjüngung beim → Großschirmschlag.

Nachmast, die: alte Bez. bei der früheren → Schweinemast. Waren die in den Wald eingetriebenen Schweine gemästet, wurden sie ausgetrieben oder ausgeflehmt. Reichte jedoch der Vorrat an → Eicheln und → Bucheckern aus, konnten andere Schweine in die → Mast, die sog. N., geschlagen werden; → Vormast, → Waldweide.

Nachraum, der: alte Bez. für den Schlagabraum (→ Abraum) einschließlich der stehengebliebenen Stöcke.

Nachrecht, das: früheres, gegendweise übliches Recht, das den Forstbediensteten einen gewissen Anteil an eingehenden Strafgebühren zugestand, die auf ihre Anzeigen zurückzuführen waren; → Anzeigegebühr.

Nachtfalter (Nachtschmetterlinge): nachts oder in der Dämmerung fliegende → Schmetterlinge. Streng wissenschaftlich alle Falter ohne die typischen Keulenfühler. Zu den N. gehören z. B. die → Glucken, → Bärenspinner, → Prozessionsspinner, → Trägspinner, → Sichelflügler, → Spanner, → Schwärmer, → Eulen (B) und eine Reihe von Kleinschmetterlingsarten.

Nachtfräulein, das: → Geißblatt 3.

Nachtigall, die: → Drosseln 4.

Nachtkerzengewächse (*Onagraceae, Oenotheraceae*): Pflanzen-Fam. mit rd. 650 Arten hauptsächlich in den subtropischen und wärmeren Gebieten und mit wenigen Arten in den Tropen. Es handelt sich meist um → Stauden oder → Kräuter mit einzeln oder in Trauben oder Ähren (→ Blütenstand) stehenden Blüten. Bekannte Gatt. sind → Hexenkraut und → Weidenröschen.

Die Rote Lichtnelke ist eine zweihäusige Pflanze mit männlichen oder weiblichen Blüten.

Nachtnelke, die (*Melandrium*): Gatt. der → Nelkengewächse mit rd. 80 Arten, v. a. in Eurasien. N. sind → Kräuter mit zweispaltigen → Kronblättern und meist bauchigem Kelch. In Dtschl. kommen vier Arten vor, darunter im Wald:

Rote Lichtnelke, die (*Melandrium rubrum* (Weigel) Garcke = *Silene dioica* (L.) Clairv.):

auch Tag-Lichtnelke, Rote N. Die mit Ausnahme des äußersten Südostens fast über ganz Europa verbreitete R. L. wächst auf feuchten Wiesen, Fettwiesen, an Waldrändern, in lichten Laubwäldern und Auwäldern (Hartholz-Auenwäldern), auf Holzschlägen, Waldlichtungen, in Hochstaudenfluren und an Ufern, auf nährstoff- und basenreichen, feuchten Böden; Nährstoffzeiger.
Die zwei- oder mehrjährige, 30 bis 80 (100) cm hohe, weich behaarte, teilweise drüsige Pflanze hat aufrechte, schlaffe, wenig verzweigte Stengel. Die unteren Blätter sind länglich verkehrt-eiförmig, zugespitzt, die oberen länglich. Die → zweihäusige Pflanze blüht von April bis September. Die 2 bis 3 cm langen, duftlosen, → eingeschlechtigen, am Tag geöffneten Blüten (Name!) stehen in einem wenigblütigen, gabelig verzweigten, lockeren Blütenstand. Sie haben fünf hell purpurrote, breit herzförmige, tief zweilappige, 15 bis 25 mm lange Kronblätter. Die → Bestäubung erfolgt durch Schmetterlinge und Hummeln. Die eiförmige Fruchtkapsel rollt beim Aufspringen die zehn Kapselzähne nach außen um. Sie enthält zahlreiche schwarze → Samen.

Nachtpfauenaugen (*Saturniidae*): auch Augen-, Pfauenspinner. Fam. bis 25 cm spannender, überwiegend nachtaktiver → Schmetterlinge mit weltweit etwa 900 Arten, davon nur wenige Arten in Europa. Flügel häufig bunt gefärbt, viele mit schuppenlosem Augenfleck in der Flügelmitte. Bei den meisten Arten sind die Vorderflügel sichelförmig gestaltet, die Hinterflügel bei einigen Arten langgeschwänzt. Als größter Schmetterling Europas gilt das **Wiener Nachtpfauenauge** (*Saturnia pyri*) mit bis zu 14 cm Flügelspannweite, das gelegentlich auch in Bayern vorkommt (Raupe u. a. an Es und Schlehen). Die Raupen der N. sind mit Ausnahme des Kopfes meist nackt, i. d. R. mit beborsteten Knopfwarzen; die Verpuppung findet in einem birnförmigen Kokon statt. In der Waldbiozönose kommt vor:

Nagelfleck, der (*Aglia tau*): auch Taufalter. Der ockergelbe (Männchen) bis rotbraune (Weibchen) N. mit schwarzer geschwungener Querlinie vor dem schwärzlich bestäubten Saum fliegt Anfang Mai bei Austrieb des Buchenlaubes. Vorder- und Hinterflügel haben blauviolette und schwarzgeringte Augenflecken mit einem weißen Kern in der Mitte, der die Form eines T (Nagelfleck) hat. Flügelspannweite bis 8 cm. Die grüne Raupe mit seitlich gelblich-weißen Schrägstreifen findet sich in Buchenbeständen, aber auch an Ei, Bi, Er und Li und verursacht Randfraß an den Blättern.

Nachtreiben, das: bei der → Trift das Abstoßen der an den Ufern hängengebliebenen Holzscheite.

Nachtrift, die: → Trift.

Nachtschatten, der: → Geißblatt 3.

Nachtschatten, der (*Solanum*): Gatt. der Fam. der → Nachtschattengewächse mit rd. 1500 weltweit verbreiteten, v. a. aber in den Tropen und Subtropen Südamerikas anzutreffenden Arten. Es sind dies Pflanzen mit verschiedenen Wuchsformen. Viele Arten enthalten Solanin, ein stark giftiges → Alkaloid. Zu der Gatt. N. zählen neben den Kulturpflanzen Kartoffeln, Tomate und Aubergine auch die im Wald anzutreffende Art:

Bittersüßer Nachtschatten, der (*Solanum dulcamara* Linné): auch Bittersüß. Der B. N. ist über die gemäßigten Zonen Eurasiens sowie über Nordafrika verbreitet. Er wächst relativ häufig in feuchten Wäldern, besonders Auwäldern und Erlen- und Moorbirken-Bruchwäldern, in feuchten Gebüschen, Weidengebüschen und -wäldern, an Ufern, auf Kahlschlägen, auf frischen, feuchten, nährstoffreichen, zuweilen auch überschwemmten Böden, von der Ebene bis in Höhen von etwa 1700 m; Stickstoffzeiger (→ Boden(an)zeiger).
Der mehrjährige, giftige, etwa 30 bis 200 cm hohe → Halbstrauch trägt zur gleichen Zeit Blüten und Früchte. Der niederliegende oder kletternde, unten verholzende, oben krautige Stengel ist etwas kantig und meist kahl. Die breit-lanzettlichen bis länglich-eiförmigen, zugespitzen, meist ungeteilten Blätter sind am Grund oft herzförmig oder mit ein bis zwei Öhrchen. BZ: Juni bis August. Die in langgestielten Trauben (→ Blütenstand) stehenden Blüten haben eine violette, selten weiße, etwa 1 cm breite Blumenkrone mit fünf lanzettlichen, spitzen, ausgebreiteten, zuletzt zurückgeschlagenen Zipfeln mit je zwei grünen, weißgesäumten Flecken am Grund, einen fünfzipfeligen Kelch, fünf → Staubblätter und einen kegelförmigen, kahlen → Fruchtknoten. Die Frucht ist eine anfangs grüne, reif glänzendrote, eiförmige, hängende Beere, die anfangs bitter, später süßlich schmeckt und linsenförmige Samen enthält. Die Rinde junger Zweige und die Blätter (geerntet im Frühjahr und Herbst und in der Sonne getrocknet) finden in der Naturheilkunde innerliche und äußerliche Verwendung. Sie enthalten Alkaloide, Gerbstoff, Glykoside und Saponine, haben harntreibende, schweißtreibende, abführende, blutreinigende und die Milchsekretion hemmende Wirkung und finden gegen Akne, bei Hautflechte, Herpes etc. Verwendung. Ein Breiumschlag aus frischen, zerstoßenen und erhitzten Blättern hemmt die Milchsekretion.
Andere N.-Arten, z. B. **Gelber N.** (*S. luteum*), **Schwarzer N.** (*S. nigrum*), kommen in Unkrautfluren, gelegentlich auch in Kontakt mit dem Wald vor.

Nachtschattengewächse (*Solanaceae*): eine rd. 2300 Arten umfassende Pflanzen-Fam., die hauptsächlich über Amerika verbreitet ist. N. sind meist Bäume, Sträucher und Kräuter mit schraubig angeordneten Blättern. Die Früchte, meist Kapseln oder Beeren, sind sehr oft alkaloidhaltig (→ Alkaloide). Bekannte Arten bzw. Gatt. sind u. a.: → Blasenkirsche, → Nachtschatten und → Tollkirsche.

Nachtschwalbe, die (*Caprimulgus europaeus* Linné): auch Ziegenmelker, Tagschläfer. Fam.: Nachtschwalben (*Caprimulgidae*). Länge: um 27 cm, Gewicht: ca. 70 bis 80 g. Der Name „Ziegenmelker" wurde von Hirten erfunden, die von dem Verdacht, die Ziegen ihrer Herren gemolken zu haben, ablenken wollten. Die amselgroße N. bewohnt fast ganz Europa und fehlt nur im äußersten Norden. Ihr Lebensraum sind Moore, Heiden mit Baumbestand, lichte Kiefernwälder sowie Waldblößen und Kahlschläge. Sie ist ein ausgesprochener Nacht- und Dämmerungsvogel und ruht tagsüber, häufig der Länge nach auf einen Ast geschmiegt. Zugvogel, der im tropischen Afrika überwintert.
Die N. baut kein Nest. Die zwei weißglänzenden, elliptisch geformten Eier (31,9 x 22,5 mm, 8 g) mit grauen und braunen Flecken werden auf den Waldboden, meist auf eine freie Stelle oder in eine kleine Lichtung gelegt. Beide Geschlechter brüten, sich abwechselnd. Brutdauer: 16 bis 18 Tage. Die Jungen bleiben an der Schlupfstelle bzw. in unmittelbarer Nähe und beginnen mit 15 bis 20 Tagen zu fliegen. Zwei Jahresbruten (Juni/Juli).
Nahrung: Insekten (Nachtschmetterlinge, Fliegen), die im Fluge mit weit aufgerissenem Rachen gefangen werden.

Nachtzeit, die: in den Waldgesetzen der Länder i. a. die Zeit vom Ende der Abenddämmerung bis zum Beginn der Morgendämmerung.

Nachverjüngung, die: die nach → Abtrieb des Erntebestandes eingeleitete Bestandsbegründung (→ Verjüngung).

Nachverkauf, der: Verkaufsart, bei der das → Stammholz – i. d. R. bei normaler Holzmarktlage – im Ggs. zum → Vorverkauf – nach der Fällung und Zurichtung verkauft wird; → Holzverkauf.

Nachwachsende Rohstoffe: Pflanzen, wie Baumwolle, Hanf, Flachs, Raps, Jute und Sisal, die feldmäßig angebaut zur Verwendung als Rohstoffe in Industrie und Handwerk beson-

Raps ist ein nachwachsender Rohstoff, der feldmäßig angebaut wird.

ders geeignet sind, z. B. zur Gewinnung von Zucker, Fasern, Ölen und Bioalkohol (sog. Industriepflanzen). N. R. sollen die nur begrenzt vorkommenden fossilen Rohstoffe ersetzen. Etwa 10 % ihres Rohstoffbedarfs deckt die chemische Industrie bereits mit N. R. Durch die am 1.7.1993 in Kraft getretene Agrarreform wird der Anbau N. R. in der EU finanziell gefördert. 1994 wurde der Anbau von Hanf (in den USA wegen des Rauschmittelwirkstoffes THC seit 1937 verboten) als idealer Rohstoff diskutiert. I. w. S. wird auch → Holz als N. R. betrachtet; → Kurzumtriebsflächen, → Lignikultur, → Energiewälder.

Nacktfarne → Nacktpflanzen.

Nacktpflanzen (Nacktfarne, *Psilophytales*): Die N. zählen zur primitivsten Klasse der → Farnpflanzen. Sie sind eine im Devon (→ Erdzeitalter) ausgestorbene Ordn. der → Urfarne und waren bereits mit → Leitbündel und → Spaltöffnungen ausgestattet. Sie heißen N., weil ihre Stengel keine Blätter oder nur kleine Schuppen trugen.

Nacktsamer (*Gymnospermae*): Abteilung der → Samenpflanzen. Bei N. werden, im Ggs. zu den → Bedecktsamern, die Samenanlagen nie in einen → Fruchtknoten eingeschlossen. Samenanlagen sitzen offen an den Samenschuppen. Die N. werden eingeteilt in „gabel- bzw. nadelblättrige N.", dazu gehören die Ginkgogewächse und die → Nadelbäume (Koniferen), und in „fiederblättrige N." wozu die → Samenfarne, Palmfarne u. a. zählen. Nur in seltenen Fällen entstehen auch bei den N. fruchtähnliche Gebilde wie bei Eib und Wacholder.

Nacktschnabel, der: → Rabenvögel 7.

Nacktschnecken: Landlungenschnecken (Ordn. Landlungenschnecken), die kein Gehäuse tragen. Es können aber noch Schalen rudimentär in Form von äußerlich nicht sichtbaren Kalkeinlagerungen in der Haut vorhanden sein. Bei den N. werden v. a. die Fam. → Wegschnecken (*Arionidae*) und → Egelschnecken (*Limacidae*) unterschieden.

Nadel, die: → Nadeln.

Nadelbäume (Koniferen, *Coniferae, Pinidae*): Die N. bilden eine weltweit verbreitete und die wichtigste Unterklasse der → Nacktsamer. N. sind reich verzweigte, oft harzreiche Bäume, seltener Sträucher mit einem meist starken sekundären Holzmantel. Sie sind stammesgeschichtlich älter als die → Laubbäume. Die vielen kleinen Blätter sind nadel- oder schuppenförmig (→ Nadeln), die → eingeschlechtigen Blüten typische Zapfenblüten. Die weiblichen Blüten entwickeln sich meist zu holzigen, verschiedengestaltigen → Zapfen. Die → Bestäubung erfolgt durch den Wind. Der Anteil der N. am deutschen Wald beträgt rd. 66 %. Am häufigsten sind Kie und Fi vertreten, daneben gehören Ta, Lä, Eib und Wacholder zu den wichtigsten N. Zahlreiche Arten liefern begehrtes → Bau-, Werk- und anderes → Nutzholz (→ Nadelholz). Ihr dichtes Nadelkleid filtert die Luftschadstoffe (→ Luftverunreinigung) besonders wirksam aus der Luft aus. Die mehrere Jahre an dem Baum hängenden Nadeln (→ Nadeljahrgang) sind dabei den → Schad-

Nadelbäume machen 66 % des Waldbestandes in Deutschland aus.

stoffen verhältnismäßig lange ausgesetzt. N., besonders die Ta, waren daher mit die ersten, an denen die bedrohlichen Walderkrankungssymptome festgestellt wurden.

Nadelbaum-Nutzholzborkenkäfer, der: → Borkenkäfer 20.

Nadelblätter → Nadeln.

Nadelbräune, die: → Dothistroma-Nadelbräune.

Nadelholz, das: Holz der → Nadelbäume. Da N. zur Wasserleitung nur englumige → Tracheiden, nicht jedoch → Tracheen mit weitem Querschnitt besitzt, sind bei ihm die Zellelemente in gleichmäßigen Reihen angeordnet. 90 bis 95 % des N. bestehen aus den in der Längsrichtung verlaufenden Tracheiden, die eine Doppelfunktion erfüllen. Sie dienen sowohl der Festigung wie dem Wassertransport. Befähigt sind sie dazu durch ihre jahreszeitlich unterschiedliche Ausbildung. Im Frühjahr entstehen die weitlumigen und dünnwandigen Tracheiden mit zahlreichen großen → Hoftüpfeln, die hauptsächlich der Wasserleitung dienen; im Sommer hingegen werden die englumigen und dickwandigen Tracheiden gebildet, die die mechanische Festigung des Stammes bewirken. Der Stammquerschnitt

Kiefernnadeln

läßt dies in der unterschiedlichen Dichtigkeit von → Frühholz und → Spätholz erkennen. Das N. ist leicht bis mittelschwer (→ Dichte des Holzes); die Gewichtsspanne ist also nicht groß, wesentlich kleiner als beim → Laubholz. Das N. ist daher, insgesamt gesehen, auch homogener. Im Vergleich zu gleichschweren Lbh ist es auch resistenter gegen Witterungseinflüsse und Pilzangriffe, ebenso korrosionsbeständiger gegenüber Chemikalien, im Durchschnitt auch form- und dimensionsstabiler. Es ist auch gut zu bearbeiten und ergibt gutes → Bau- und → Schnittholz.

Nadelholzbohrer, der: → Borkenkäfer 20.

Nadelhölzer: **1)** Mehrzahl von → Nadelholz. **2)** svw. → Nadelbäume und → Nadelwälder.

Nadelholzhäubling, der: → Häublinge 1.

Nadelholzmonokultur, die: → Monokultur.

Nadelholz-Säbelschrecke, die: → Laubheuschrecken 5.

Nadeljahrgang, der: Alle → Nadelbäume (auch die → Laubbäume) bilden jährlich nach außen neue Jahrestriebe aus. Die daran ausgebildeten → Nadeln stellen einen N. dar. Im Ggs. zu Laubbäumen behalten Nadelbäume (Ausnahme Lä) ihre Nadeln für mehrere Jahre. Die Anzahl der N. eines gesunden Baumes hängen von der → Baumart, den Belichtungsverhältnissen und von den Standortbedingungen ab. Die Kie besitzt drei bis vier, die Ta zehn bis zwölf, die Fi sechs bis sieben (im Hochgebirge bis 12) N. Durch Luftschadstoffe (→ Luftverunreinigung) kommt es jedoch derzeit zu beträchtlichen Nadelverlusten (→ Blattverluste) und damit zu den neuartigen → Waldschäden.

Nadelknickende Kiefern-Gallmücke, die: → Gallmücken 3.

Nadelkürzende Kiefern-Gallmücke, die: → Gallmücken 5.

Nadeln (Nadelblätter): mit Ausnahme von Lä und Metasequoia immer mehrjährige, derbe, schmale und linealische, häufig vorne spitz zulaufende Blätter (→ Blatt) der → Nadelbäume. Sie haben artspezifische Querschnitte; → Nadeljahrgang.

Querschnitt durch die Nadel einer Kiefer (*Pinus sylvestris*); im Zentrum 2 Leitbündel, eingebettet in das (helle) Stoffaustauschgewebe. Dieses ist durch einen einreihigen Zellenring gegen das (dunkelrote) Armpalisadengewebe abgegrenzt; an dessen Außenrand einige Harzkanäle (blau), an der Grenzlinie zur Außenhaut eine kleinzellige (intensiv gefärbte) und meist einreihige Trennhülle. In der Außenhaut sind einige eingesenkte Spaltöffnungen (± genau) halbierend (= median) getroffen. Gefärbtes Präparat.

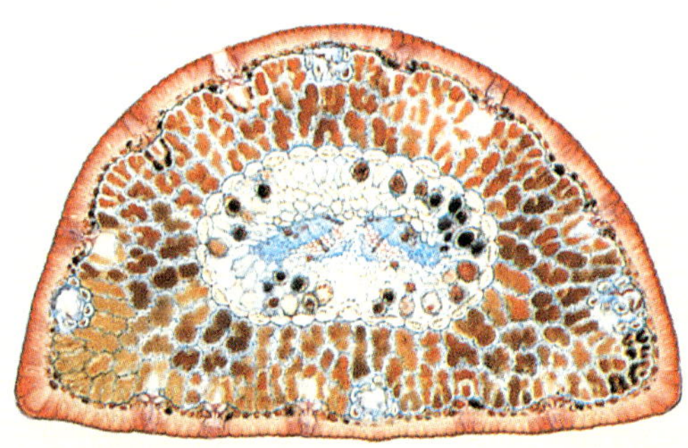

Nadelpilze: → Kiefernschütte und → Douglasienschütte.

Nadelrisse: sehr grobe → Porenrillen, die im → Tangential- und → Radialschnitt (= Flader- und Spiegelschnitt) sichtbar werden. V. a. Porenfladerung und -streifung werden durch die N. auffällig; z. B. bei Ei, Limba und Okume.

Nadelröte, die: allg. Bez. für die rötlich-braunen Verfärbungen der Nadeln, insbesondere von Fi, z. B. durch Wasser- oder Nährstoffmangel, Sonnenbrand etc.

Nadelschnittholz, das: gesägtes Holz von allen Nadelholzarten; → Nadelholz.

Nadelschüttekrankheit, die: allg. Bez. für Nadelverluste (→ Blattverluste) bei Koniferen; z. B. → Kiefernschütte.

Nadelstreu, die: → Bodenstreu.

Nadelverluste → Blattverluste, Kronenzustandserhebung, → Schadstufen.

Nadelwald, der: Wald aus Nadelbäumen, ohne Unterschied, ob er natürlich oder anthropogen bedingt entstanden ist. Natürlichen Ursprungs sind die boreal-alpinen → Nadelwälder. Wegen der Schnellwüchsigkeit, der großen → Massenleistung, der kürzeren → Umtriebszeiten und der hohen Nutzholzausbeute wurden die → Nadelbäume vom wirtschaftenden Menschen, insbesondere nach der Industriealisierung im letzten Jh., sehr stark begünstigt. Ursprünglich gab es Fichtenwälder in Dtschl. nur in den Hochlagen der Alpen und Mittelgebirge. Reiner N., insbesondere Fichtenwald im Dickungs- und Stangenholzalter, ist artenärmer als Laubmischwald. Unter bestimmten Voraussetzungen, z. B. auf armen Böden oder in kühl-feuchten Lagen, kann die reine Nadelstreu schwer zersetzbar sein und Rohhumus bilden; → Waldstreu.

Die immergrünen Nadelwälder sind zu allen Jahreszeiten attraktiv.

Nadelwälder, boreal-alpine, und Zwergstrauch-Gesellschaften (*Vaccinio-Piceetea*): auch boreale und subalpine Nadelwälder, Fichtenwälder und kontinentale Kiefernwälder. Von lat.: borealis = nordisch, nördlich), in Eurasien: Taiga. Die boreale Nadelwaldzone (→ Vegetationszonen) findet sich nur auf der Nordhalbkugel. Sie legt sich als zonale Vegetation in einem fast vollständigen Ring um die Arktis. In mehr als sechs Monaten ist die Tagesmitteltemperatur geringer als 0 °C. In den kurzen Sommern mit weniger als 120 Tagen steigt die Tagestemperatur über 10 °C. In der nördlichen Taiga kann nur an 30 bis 40 Tagen bei Tagestemperaturen von über 12 °C intensive → Photosynthese, in der mittleren an 70 bis 80 Tagen stattfinden. Dabei kommt den Pflanzen die größere Tageslänge im Sommer zugute. Die Taiga ist geprägt durch die stark differierenden Tageslängen in Sommer und Winter, die flache Sonneneinstrahlung und die lange Dämmerung. Die Verdunstung liegt u. U. ganzjährig unter der Niederschlagsmenge. Expositionsunterschiede wirken sich besonders stark aus (Südhänge mit stärkerer Einstrahlung usw.). In der südlichen Taiga Europas und Asiens findet sich – je nach Boden und Wasserhaushalt – eine lockere Baumschicht aus Nadel- und Laubbäumen mit geringer Höhe (ca. 2,5 m bei As und Fi) und größerer Höhe (ca. 15 m bei FlUl, SAh und WiLi). Darunter ist eine dichte Strauchschicht (Ha, Rote Heckenkirsche). In der nördlichen Taiga überwiegen Zwergsträucher. In der sibirischen Taiga unterscheidet man die dunkle Taiga im weniger kontinentalen Osteuropa mit Sibirischer Fichte, Sibirischer Tanne, Sibirischer Lärche, Sibirischer Kiefer und die helle oder lichte Taiga Zentral- und Ostsibiriens mit lichten lockeren Wäldern mit Kie, Sibirischer Fichte und Dahurischer Lärche. Die Artenvielfalt ist in Ostasien und Nordamerika groß, im eurosibirischen Bereich relativ klein; → Vegetationsstufen (oreale Stufe). In Mitteleuropa kommen natürliche Fichtenwälder nur als Vorposten auf Standorten mit kurzer Vegetationszeit in subalpinen Lagen der Alpen und den östlichen Mittelgebirge mit subkontinentalem Charakter vor. Die Kiefernwälder stocken auf nährstoffarmen Sanden im östlichen Mitteleuropa. In der Bodenvegetation treten v. a. Säurezeiger wie Heidelbeere, Preiselbeere, Herz-Zweiblatt, Moosglöckchen, Blaue Heckenkirsche und Moose auf. In diesen → Waldgesellschaften treten Rohhumusanhäufungen auf, weil das Klima für den Abbau der Streu (→ Waldstreu, → Bodenstreu) ungünstig ist. In Europa umfaßt diese Klasse die Ordn. der → arktisch-alpinen Zwergstrauch-Gesellschaften (*Loiseleurio-Vaccinietalia*) und der boreal-alpinen → Nadelwälder und subalpin-alpinen Zwergstrauch-Gesellschaften (*Piceetalia abietis*) mit den beiden Verbänden → Kiefernwälder (*Dicrano Pinion*) und → Fichtenwälder und Fichten-Tannen-Wälder (*Piceion abietis*). Letzterer umfaßt die Unterverbände Tannen-Mischwälder = Zwergstrauchreiche → Fichten-Tannen-Wälder (*Vaccinio-Abietenion*), → Fichtenwälder, natürliche (*Vaccinio-Piceenion*) und → subalpin-alpine Zwergstrauch-Gesellschaften und Lärchen-Zirbenwälder (*Rhododendro-Vaccinienion*). Ferner zählt noch die Ordn. borealsubkontinentaler → Kiefern-Steppenwälder (*Pulsatillo-Pinetalia*) zu dieser Klasse, die von manchen Autoren (z. B. E. Oberdorfer) jedoch einer eigenen Klasse, die der Kiefern-Steppenwälder (*Pulsatillo-Pinetea sylvestris*) zugeordnet wird.

Nadelwälder, boreal-alpine und subalpin-alpine Zwergstrauch-Gesellschaften (*Piceetalia abietis*): pflanzensoziologische Ordn. der Klasse boreal-alpine → Nadelwälder und Zwergstrauch-Gesellschaften (*Vaccinio-Piceetea*). Sie umfaßt die beiden Verbände → Kiefernwälder (*Dicrano Pinion*) sowie → Fichten-Wälder und Fichten-Tannen-Wälder (*Piceion abietis*).

Nadelwälder, boreale und subalpine → Nadelwälder, boreal-alpine, und Zwergstrauch-Gesellschaften.

Nagekäfer → Klopfkäfer.

Nägelchen, das: → Flieder.

nagelfest: Holz ist n., wenn ein eingeschlagener Nagel festsitzt. N. ist ein Qualitätsbegriff für Holz, das von Pilzen (→ Holzpilzen) schon leicht zersetzt, aber für geringwertige Zwecke noch geeignet ist.

Nagelfleck, der: → Nachtpfauenauge.

Nageljungfer, die: → Libellen 1.

Nagelkrebs, der: aus → schlafenden Augen entstandene und bald wieder abgestorbene, daher braune Nageläste (Stiftäste) im Holz der Furniereichen (→ Eichen). Diese Nageläste haben keine Verbindung mehr zum Holz und fallen daher bei der Verarbeitung (→ Furniere) heraus. Sie hinterlassen dabei kleine runde oder ovale Löcher mit meist dunkler Umrandung. Wenn mehrere dieser N.-Stellen kreis- oder sternförmig eng beieinander liegen, spricht man von → Katzenpfötchen.

Naherholungsgebiete: Landschaften in der näheren Umgebung von Ballungsräumen, die der Bevölkerung für die Feierabend- und Wochenenderholung dienen. Zur Ausstattung der N. gehören heute u. a. Wander-, Reit- und Radwege, → Naturlehrpfade, Sportanlagen, Badeseen und Schwimmbäder, Campingplätze und verschiedene kulturelle Einrichtungen; → Wald und Tourismus , → Betreten des Waldes, → Radfahren in freier Natur, → Reiten im Walde, → Skipisten, → Zelten im Wald, Beunruhigung von Wild.

Nährboden, der: festes Substrat, z. B. Agar, Gelatine oder Sand, getränkt mit Nährlösung (meist Fleischwasser; Bouillon) und versehen mit besonderen Zusätzen. Der N. dient als Untergrund für Pilz- und Bakterienkulturen (→ Pilze, → Bakterien) sowie zur Anzucht von Zellgewebe.

Nährelemente → Nährstoffe.

Nährelementeentzug, der: → Nährstoffkreislauf.

Nährsalze → Nährstoffe.

Nährstoffe (Nährsalze, Nährelemente): N. sind für die pflanzliche Ernährung wichtige Mineralsalze. Lebensnotwendige Bestandteile der N. sind → Stickstoff, → Phosphor, →

Schwefel, → Magnesium, → Eisen, → Kalium und → Kalzium. Diese N. können die → Pflanzen nur im Wasser über die Wurzeln aufnehmen. Sie bleiben entweder in gelöster Form im Zellsaft (Mineralstoffwechsel) oder werden bei der → Assimilation in den Pflanzenkörper eingebaut. Verluste an N. treten auf durch Verschlechterung des Bodenwertes durch natürliche oder anthropogene Einflüsse, insbesondere durch → Bodenversauerung, Holzentnahme (→ Kahlschlag) und → Waldstreunutzung. Bei ungenügender Zufuhr kommt es bei den Pflanzen zu Mangelerkrankungen; → Mangelsymptome an Bäumen, Nährstoffkreislauf des Waldes, Brennstoffzusammensetzung des Holzes, Waldschäden.

Nährstoffkreislauf des Waldes, der: Alle → Nährstoffe sind in ständig stattfindendes Wachstum oder in fortlaufenden Abbau einbezogen. Sie befinden sich in einem dauernden Kreislauf, es sei denn, sie sind vorübergehend festgelegt. Im → Wald findet ein ständiger Stoffaustausch zwischen → Vegetation und → Boden, der N., statt. Bei durchschnittlichem Wachstum der Bäume (→ Wuchsleistung) liegt die Nährstoffaufnahme im Wald bei 25 bis 45 kg → Stickstoff, 20 bis 40 kg → Kalzium, 11 bis 33 kg → Kalium, 3 bis 6 kg → Magnesium und 3 bis 6 kg → Phosphor je Jahr und Hektar. Bei besseren Bonitäten ist sie größer. Die Höchstwerte im Wald liegen bei 70 kg Stickstoff, 64 bis 105 kg Kalzium, 60 kg Kalium, 6 kg Phosphor und 9 kg Magnesium. In den langlebigen Waldbäumen bleibt ein Teil der Nährstoffe gespeichert. In einem Hektar eines 115jährigen Fi-Bestandes sind nach Ewald 750 kg Stickstoff, 1000 kg Kalzium, 500 kg Kalium, 100 kg Magnesium und 100 kg Phosphor gespeichert. Auch die Bodenvegetation entzieht dem Boden Nährstoffe; die Werte können beträchtlich sein und die des → Blatt- und Nadelfalls sogar übertreffen. → Süßgräser als Waldbodenpflanzen können so z. B. eine Trockensubstanz von bis zu 3,5 t, eine gemischte kräuterreiche Bodenflora von bis zu 2 t je Hektar und Jahr produzieren. Darin können z. B. bis zu 55 kg Stickstoff, bis zu 60 kg Kalium, bis zu 7 kg Magnesium je Hektar und Jahr enthalten sein. Unter durchschnittlichen Bedingungen, bei einem Auflagehumus von 3 bis 8 cm Stärke, sind dort je Hektar nochmals 300 bis 1000 kg Stickstoff, 100 bis 500 kg Kalzium, 50 bis 200 kg Kalium zusätzlich gebunden. Die Humusauflage kann zwischen 30 und 200 t/ha – und damit auch der Nährstoffvorrat in derselben Relation – schwanken. Die Bestandsstreu auf besseren Böden enthält bis zu 50 kg Stickstoff, 80 kg Kalzium, 45 kg Kalium, 5 kg Magnesium und 4 kg Phosphor je Hektar und Jahr. Die → Wurzelmasse, die abgebaut wird, kann bis 150 kg Stickstoff, 65 kg Kalzium, 50 kg Kalium und 20 kg Phosphor je Hektar enthalten. Ein Teil der Nährstoffe kann im Boden auch fixiert und damit dem Kreislauf entzogen sein. Mit dem Blatt- und Nadelfall, dem Absterben der Bodenpflanzen und der → Wurzeln gelangt ein Teil der Nährstoffe wieder zum Boden zurück und wird über die Zersetzung der → Bodenstreu und den → Humus wieder pflanzenverfügbar. Durch die im Boden ablaufende Gesteinsverwitterung werden zusätzliche Nährstoffe frei und pflanzenverfügbar (nachschaffende Kraft des Bodens); einige gehen durch Sickerwasser (Auswaschung) und → Bodenerosion verloren. Bei der Ernte, insbesondere bei der Voll- oder Ganzbaummethode (→ Vollbäume) gehen ebenfalls Nährstoffe verloren. Bei der Entnahme nur des → Derbholzes gehen je ha und Jahr rund 20 kg Stickstoff, 25 kg Kalzium, 8 kg Kalium und 2 kg Phosphor verloren; bei der Ernte des ganzen Baumes verdoppeln sich diese Werte etwa. Die → Waldstreunutzung entzieht dem → Ökosystem Wald beträchtliche Nährstoffmengen, die normalerweise durch die Streuzersetzung pflanzenverfügbar werden.

Nährstoffmangel, der: → Mangelsymptome an Bäumen.

Nährstoffverfügbarkeit, die: Die Pflanzennährstoffe liegen im → Boden in verschiedenen Formen vor. So können sie z. B. in der Bodenlösung vorhanden sein und von den Pflanzen direkt aufgenommen werden. Sie können aber auch an den Austauschern absorbiert sein, von wo sie in die Bodenlösung gelangen oder auch direkt von den Baumwurzeln oder → Mikroorganismen aufgenommen werden. Die Nährstoffe können aber auch in Tonmineralgittern oder in organischem Material festgelegt sein, das gegen die Zersetzung widerstandsfähig ist. Für die Verfügbarkeit vieler Nährstoffe ist der → pH-Wert von Bedeutung. Die Verfügbarkeit der meisten Makronährstoffe ist zwischen den pH-Werten 6,5 und 7,5 am günstigsten. Metallionen allerdings sind über pH 7 geringer verfügbar.

Nährstoffverluste → Nährstoffe.

Nahrungskette, die: Die N. ist eine Verbindung verschiedener Organismenarten auf der Grundlage der gegenseitigen Abhängigkeit von Ernährungsfaktoren. Beispiel: Pflanze – Raupe – Raubinsekt – Insektenfresser – Greifvogel. Die Abhängigkeit entsteht, weil Tiere aus anorganischen Stoffen und aus der Sonne keine Energie gewinnen können und organische Verbindungen (wie Kohlenhydrate) nicht aufbauen können. Dies kann nur die grüne Pflanze (→ Photosynthese), die somit auch das erste Glied (→ Produzenten) einer N. bildet. Als weitere Glieder (→ Konsumenten) einer N. folgen die → Pflanzenfresser und die Fleischfresser; dazwischen stehen die → Allesfresser. Den Schluß bilden die abbauenden Organismen (→ Destruenten). Innerhalb einer N. spielt heute die Anreicherung von → Schwermetallen, hauptsächlich in den Innereien pflanzenfressender Tiere, die in belasteten Gebieten leben, eine große Rolle.

Nährwald, der: Bez. für den Wald als Lieferant von → Waldfrüchten für die menschliche Ernährung. Der N. diente aber auch indirekt der Ernährung der Menschen (z. B. auf dem Wege über die → Schweinemast, → Waldweide und → Waldfeldbau); → Arbeitsgemeinschaft Ernährung aus dem Wald.

Nanismus, der: insbesondere durch Trockenheit ausgelöster → Zwergwuchs.

Napflaus, Große, die: → Schildläuse 5.

Napfpilze (*Nidulariaceae*): auch Nestpilze. Fam. der → Bauchpilze mit rd. 50 meist saprophytischen Arten. N. haben einen meist fleischigen oder ledrigen → Fruchtkörper, der anfangs kugelig und geschlossen ist, sich bei der Reife dann becher- oder krugförmig öffnet und die Sporenträger freigibt. Eine bekannte Gatt. sind die Teuerlinge (→ Bauchpilze).

Napfschildlaus, Gemeine, die: → Schildlaus 5.

Nappen, das: Unter N. versteht man in Sachsen die unvollständige Entfernung von Rinde durch Rauhbeschlag oder durch Abflächen der Stämme. Ein ähnliches Verfahren, wobei die Stämme an zwei einander gegenüberliegenden Seiten streifenweise entrindet werden, wird in den bayerischen Alpen → „Schößen" genannt; → Rappen.

Narbe, die (*Stigma*): oberster Teil der → Fruchtblätter, an dem die durch Tiere und Wind herangetragenen → Pollen angeheftet werden und der das Keimbett für den Blütenstaub bildet. Die N. ist manchmal etwas verdickt oder lappig verlängert.

Naherholungsgebiete im Wald mit Spielplätzen und Sportanlagen sind besonders für Kinder ein idealer Aufenthaltsort.

Narrenschwamm, der: → Wulstlinge 1.

Naschfraß, der: durch → Forstschädlinge (Käfer und deren Larven) an Bäumen und Sträuchern durch Fraß verursachter Schaden, der aber nur zu geringen Blatt- oder Nadelverlust führt; → Licht-, Kahl-, Ernährungsfraß.

Nasenzwicker: volkstümliche Bez. für die Früchte des Ah, die von Kindern gerne zu einer kleinen Maskerade verwendet und als „Nashörner" auf die Nase geklebt werden.

Nashornkäfer, der: → Blatthornkäfer 7.

naße Deposition, die: → Deposition, → saurer Regen.

Naßfäule, die: durch → Pilze (Gebäudepilze) bei hohem Feuchtigkeitsgehalt hervorgerufene Fäulnis (Destruktionsfäule) des verbauten Holzes, insbesondere des Ndh, in (meist) überdeckten Räumen. Verursacher sind v. a. der braune Kellerschwamm (*Coniophora puteana*), der Porenhausschwamm (*Paria sp.*) und der Echte → Hausschwamm (*Merulius (Serpula) lacrymans*). Bei den ersten beiden Pilzen erfolgt bei Abtrocknen des Holzes keine Ausbreitung; → Moderfäule.

Naßflächen und Feuchtflächen: geschützte, z. T. in den NatSchG. festgeschriebene Lebensräume wie z. B. Verlandungsbereiche von Gewässern mit Röhricht und Großseggenrieden, Kleinseggensümpfe und Großseggenriede außerhalb von Verlandungsbereichen, Flächen mit Schlenkenvegetation, seggen- und binsenreiche Naß- und Feuchtwiesen, Mädesüß-Hochstaudenfluren, offene Hochmoore, Pfeifengrasstreuwiesen, Zwergstrauchheiden, Borstgrasrasen, Hochmoorwälder, Bruchwälder (Erlen-Bruchwald auf organischen Weichböden), von den Auwäldern im wesentlichen die, die regelmäßig einmal jährlich überschwemmt werden; → geschützte Pflanzenformationen.

Die Lebensräume Naß- und Feuchtflächen und ihre Lebenswelt sind von Wasser geprägt.

Naßfrucht, die: einsamige Frucht mit stärker verholzter, nicht fleischiger Fruchtwand (→ Buchecker, → Haselnuß, → Kastanie).

Naßgalle, die: eine Bodensenke mit wasserundurchlässiger Schicht im Untergrund, die deshalb immer Wasserüberschuß aufweist und an ausreichender Durchlüftung leidet. N. oder Rasengalle ist auch jede Stelle, die durch geringen Austritt von Quellwasser ständig feucht und meist mit Sauergräsern (→ Riedgräser) bewachsen ist.

Naßgley, der: Wenn das Grundwasser nahe an der Oberfläche steht, entsteht ein A-Horizont (→ Bodenhorizont) mit weniger als 15 % organischer Substanz. Oft kommt es zu starkem Wasserüberschuß mit kurzfristiger Überstauung des Bodens. Steht das Grundwasser das ganze Jahr über im humusen Oberboden, ist die Zersetzung der Streu gehemmt und es bildet sich eine unzersetzte organische Auflage mit höherem Gehalt an organischen Stoffen (- 30 %), ein → Anmoorgley. Die natürliche Waldgesellschaft des N. ist ein typischer Bruchwald mit Es und SEr. Auf basenarmen N. mit Moderauflage und anmoorigem Rohhumus stocken unter natürlichen Bedingungen Moorbirken-Fichten-Kiefern-Bestände.

Naßholzkonservierung, die: Mit Hilfe einer Berieselung oder durch Einlagerung in oberirdische Gewässer bleiben abgeholzte Nadelbäume (→ Rundhölzer) über Jahre hinweg voll verwendbar (schlagfrisch), d. h. das Holz erleidet keine Qualitätsverluste. N. wird angewandt, wenn Naturereignisse wie Sturmwurf (→ Windwurf), → Schneebruch oder Massenvermehrung von Pilzen und Insekten zu umfangreichen außerplanmäßigen Holzeinschlägen zwingen und die Gefahr besteht, daß das Holz nicht ausreichend schnell vermarktet und verarbeitet werden kann. Mit der N. sollen große Verluste durch Holzentwertung und Massenvermehrung von Schädlingen vermieden werden. Bei einer Berieselung (Beregnung) der Holzpolter reicht zur Erhaltung einer dauerhaften Holzfeuchte von über 100 %, die sicheren Holzschutz bietet, eine tägliche Regenmenge von 40 bis 50 mm aus. Eine Einlagerung von Rundholz in oberirdische Gewässer erfolgt nur bei stehenden Gewässern. Bei Fließgewässern besteht hingegen die Gefahr des Abdriftens; desgleichen kann die Einlagerung eine mögliche Beeinträchtigung des Hochwasserabflusses darstellen. Bei beiden Arten der N. (Berieselung und Einlagerung) sind die jeweils einschlägigen wasserrechtlichen und baurechtlichen Vorschriften sowie die Naturschutzgesetze zu beachten. Nach Meinung von Umweltexperten ist das im Boden versickernde Rieselwasser beim Kontakt mit den Rinden schadstoffbelastet. Sie halten daher die Berieselung und die Einlagerung von Holz in oberirdische Gewässer für sehr bedenklich; → Holzlagerplatz, → Holzschutz.

Naßkern, der: Der N. bildet sich im unteren Stammteil v. a. bei Ta und Pa (gelegentlich auch bei Dgl, Stro und Hemlockstanne) und ist ein dunkler (häufig braunrot gefärbter), nach Katzenkot stinkender und von Fäulnisbakterien besiedelter zentraler Bereich im Baumstamm. Der innerhalb des Reifholzkerns (→ Reifholz) liegende N.-Bereich breitet sich bei vitalitätsgeschwächten Bäumen in Richtung Rinde aus, verhindert dadurch den Wassertransport im Stamm und erstickt den Baum von innen heraus. Dies führt zum Verlust der älteren → Nadeljahrgänge und zur Zerstörung der → Mykorrhiza und der Feinwurzeln. Vitale Ta sind jedoch in der Lage, ihn durch eine helle Trockenzone vom gesunden → Splint abzugrenzen. Bedingt durch die zunehmende → Luftverunreinigung und das damit verbundene → Waldsterben (Tannensterben) tritt verstärkt eine krankhafte N.-Bildung bei den vitalitätsgeschwächten Ta auf; → Fehlverkernung.

▸▸ Eisüberzogener Holzstapel nach Berieselung zur Naßholzkonservierung

Naßriese, die: an Gebirgshängen angelegte Holzriese (→ Riese) zur Holzbeförderung, deren Gleitbahn nur bei ausreichender Befeuchtung funktionsfähig ist.

Nastien (griech.): durch äußere Faktoren ausgelöste Bewegungen der Organe festgewachsener → Pflanzen auf Reize, bei denen die Richtung des auslösenden Reizes keine Rolle spielt. N. kommen entweder durch verstärktes Wachstum der einen Seite eines Organs oder durch Turgorbewegungen (→ Turgor) zustande. Bekannte N. sind das auf einen Berührungsreiz erfolgende schnelle Zusammenfalten der Fieder bzw. das Senken der Blätter von → Samenpflanzen oder das Öffnen und Schließen der Blüten am Morgen bzw. Abend.

Nasturtium → Brunnenkresse.

Nationalparke: N. sind gem. BNatSchG rechtsverbindlich festgesetzte und einheitlich zu schützende Gebiete, die großräumig und von besonderer Eigenart sind. Als N. werden nur solche Schutzgebiete anerkannt, die die gesetzlichen Bestimmungen über den Schutz, die Pflege und die Zweckbestimmung von N. erfüllen: „Landschaftsräume, die wegen ihres ausgeglichenen Naturhaushalts, ihrer Bodengestaltung, ihrer Vielfalt oder ihrer Schönheit überragende Bedeutung besitzen, die eine Mindestfläche (in Bayern z. B. von 10 000 ha) haben sollen und die im übrigen die Voraussetzungen für die Errichtung eines → Naturschutzgebietes erfüllen, können durch Rechtsverordnung zu N. erklärt werden". N.

▸▸▸ Naßkern

dienen vornehmlich der Erhaltung und wissenschaftlichen Beobachtung natürlicher und naturnaher Lebensgemeinschaften (→ Biozönose) sowie eines möglichst artenreichen heimischen Tier- und Pflanzenbestandes. Sie bezwecken keine wirtschaftsbestimmte Nutzung. N. sind der Bevölkerung zu Bildungs- und Erholungszwecken zu erschließen, soweit es der Schutzzweck erlaubt. Die Idee zur Schaffung von N. wurde vor mehr als 100 Jahren in den USA verwirklicht. Dort wurde 1872 der Yellowstone-N. geschaffen. Der älteste N. Europas ist der → Schweizerische N. im Bereich des Ofenpasses im Unterengadin, Kanton Graubünden, in einer Höhe zwischen 1400 und 3174 m (ü.NN). Er wurde am 1.8.1914 gegründet; bis 1961 wurde er auf

168,7 km² erweitert. In Österreich (Land Salzburg und Kärnten) bestehen der „N. Hohe Tauern", „N. Nockberge" und „Kalkalpen", ebenfalls im Bundesland Kärnten gelegen, sowie der 1996 gegründete 11 000 ha große „N. Donau-Auen" bei Wien, im Volksmund auch „tropischer Regenwald Mitteleuropas" genannt; → Naturparke.
In Dtschl. bestehen folgende N.:
Nationalpark Bayerischer Wald: Im → Bayerischen Wald, um die Berggipfel Rachel (1453 m) und Lusen (1373 m), wurde 1969 durch Beschluß des Bayerischen Landtags der über 13 000 ha große N. B. W. errichtet und am 7.10.1970 eröffnet. Er ist somit der älteste N. Dtschl. Er wird von der Nationalparkverwaltung (NPV) mit Hauptsitz in Grafenau betreut, die dem Bayer. Staatsministerium für Ernährung, Landwirtschaft und Forsten direkt untersteht. Der N. besteht zu 95 % aus Wald, besonders aus natürlichen Bergfichtenwäldern, Fichten-Tannen-Buchenwäldern, Fichtenauwäldern in nassen, kalten Talmulden und Latschen-Hochmooren. Diese sind auf großen Flächen sich selbst überlassen. Nach Sturmwürfen im Jahr 1983 entstanden auf großer Fläche Borkenkäferschäden. 1981 wurde der N. B. W. von der UNESCO zum ersten → Biosphärenreservat der BR Dtschl. ernannt und gleichzeitig vom Europarat als „Important Bird Area" klassifiziert. Schon 1972 wurde der N. B. W. vom internationalen Naturschutzverband IUCN anerkannt. Vom Europarat in Straßburg hat der N. B. W. 1986 – und 1991 für weitere fünf Jahre – die höchste europäische Auszeichnung für Schutzgebiete, das → Europadiplom der Kategorie A erhalten. Im Mai 1997 wurde im Ministerrat die Verordnung für die Erweiterung des N. Bayer. Wald zum größten Waldnationalpark in Europa beschlossen (in Kraft getreten am 1.8.1997). Das Gebiet des N. B. W. wurde um rund 11 000 ha erweitert und auf eine Gesamtfläche von über 24 000 ha nahezu verdoppelt. Zugleich entstand zusammen mit dem angrenzenden tschechischen N. Sumava das größte grenzüberschreitende Naturschutzgebiet in Europa. Im Erweiterungsgebiet des N. B. W. sind walderhaltende Maßnahmen wie Pflanzungen vorgesehen, bis sich ein junger Wald entwickelt hat. Aus Privatisierungsmitteln wird u. a. ein neues Informations- und Besucherzentrum, ein Tierfreigelände, ein Familien- und Kindererlebnisbereich, Naturwaldpfade, ein Jugendzentrum und ein N.-Betriebshof errichtet sowie das Wanderwege- und Loipennetz verbessert.
Nationalpark Berchtesgaden: Das Gebiet um den Königssee, seit 1910 Pflanzenschonbezirk und seit 1921 → Naturschutzgebiet, wurde im Jahre 1978 zum N. erklärt. Die Verordnung über den Alpen- und N. B. ist am 1.8.1978 in Kraft getreten. 1990 wurde er Biosphärenreservat. Der N. B. liegt im Südteil des rd. 46 000 ha großen Alpenparks. Mit einer Fläche von rd. 21 000 ha entspricht er ungefähr dem ehemaligen Naturschutzgebiet Königssee. Den tiefsten Punkt im N. B. stellt der Königssee mit 603 m dar, die höchste Erhebung ist die Watzmannmittelspitze mit 2713 m. Die Gesamtwaldfläche beträgt etwa 8000 ha (ca. 40 % der Gesamtfläche) und besteht aus Resten von Laubmischwäldern, Bergmischwäldern und subalpinen Nadelwäldern (Fichte, Zirbe, Lärche). Auf Almflächen entfallen etwa 600 ha (ca. 3 % der Gesamtfläche), auf Gewässerflächen etwa 600 ha (ca. 3 %). Der Rest setzt sich zusammen aus: Felsregion und Schuttflächen (33 %), alpinen Matten (7 %), Grünerlen- und Latschengebüschen (14 %). Auf den waldfreien Flächen oberhalb 2100 m tritt Vegetation nur an begünstigten Standorten auf. Bis zur Errichtung des N. B. war die Bewirtschaftung der Wälder im Rahmen der → Nachhaltigkeit auf höchste Massen- und Wertleistung ausgerichtet. Heute ist das Ziel der Waldbehandlung im Bereich der Pflegezone des N. B. die langfristige Rückführung der Sekundärwälder (Fichtenreinbestände) in naturnahe Mischbestände mit entsprechend naturnahen Strukturen.
In der Reservatszone sind im Grundsatz die Waldbestände sich selbst überlassen. Im Vorfeld des N. B. unterliegt die Waldbehandlung den derzeitigen Grundsätzen der nachhaltigen Sicherung aller Funktionen des Bergwaldes und den Anforderungen der Landeskultur. Der Wald soll im natürlichen Gleichgewicht stehen; → Europadiplom.
Nationalpark Hamburgisches Wattenmeer: im Mündungsgebiet von Weser und Elbe gelegen (gegründet 1990; 11 500 ha), mit den Inseln Neuwerk und Scharhörn und einer imposanten Fisch- und Wasservogelwelt.
Nationalpark Hochharz: Der am 12.9.1990 errichtete N. H. liegt im Bundesland Sachsen-Anhalt und hat sich entwickelt aus einem Naturschutzgebiet am Brocken (→ Harz) sowie umfangreichen Flächenanteilen aus dem Grenzgebiet der ehem. DDR. Infolge der Grenze wurden menschliche Einflüsse über mehr als 30 Jahre weitgehend ausgeschlossen. Der N. H. ist insgesamt 5900 ha groß und umfaßt im wesentlichen das Granitgebiet um den Brocken. Das Gebiet wird in drei Zonen untergliedert. Die Kernzone ist 1400 ha groß und kann als naturnah bezeichnet werden. Hier werden keine forstwirtschaftlichen Bewirtschaftungsmaßnahmen durchgeführt. Die Entwicklungszone ist 2000 ha groß und soll nach Stabilisierung der Fichtenforsten sowie durch gezielte ökologisch ausgerichtete forstliche Maßnahmen mittelfristig der Kernzone angegliedert werden (Stand 1994). Die Sanierungszone ist 2300 ha groß. Hier ist eine nachhaltige Nutzung naturnaher Ökosysteme möglich.
Nationalpark Jasmund: Der N. J. umfaßt den Nordostteil der Halbinsel Jasmund (Stubbenkammer) auf der Insel Rügen, einen 500 m breiten Streifen der strandnahen Ostsee sowie das Naturschutzgebiet Quoltitz (Feuchtwiesen, aufgelassene Kreidebrüche, Trockenrasen und Gewässer). Er liegt im Bundesland Mecklenburg-Vorpommern, wurde 1990 gegründet und umfaßt 3200 ha (Kernzone: 1800 ha), von denen ca. 2000 ha Wald (ca. 80 % reine Buchenwälder, der Rest Mischwälder auf feuchten Standorten, in Uferschluchten und an Steilhängen), 600 ha Ostsee und 600 ha Wiesen, Moore und großartige natürliche Steilufer (8 km langer Naturaufschluß ((Kreidekliff)) an der Ostseeküste) in einem durch Kreide gebildeten Gebiet. Der bekannteste Kreidefelsen ist der 118 m hohe Königsstuhl. Das Hinterland der Kreideküste ist von naturnahen Buchenwäldern (geschützter

Bergfichtenwald im Nationalpark Bayerischer Wald

Buchenwald der Stubnitz) bedeckt. Bemerkenswert sind die Salzvegetation am Blockstrand der Nordküste und die dort vorkommenden seltenen Tier- und Pflanzenarten (z. B. Springfrosch, Schlingnatter, Zwergschnäpper, ca. 20 Orchideenarten). Der N. J. ist Dtschl. kleinster Nationalpark.
Der **Nationalpark Kellerwald** befindet sich im Gebiet des nordhessischen Kellerwaldes (Edersee, Landkreis Waldeck-Frankenberg). Er umfaßt rund 5900 ha, davon über 5800 ha Wald, zu 70 % mit Laubbäumen bestockt, wobei der hohe Buchenanteil (60 %) charakteristisch ist. Der N. K. soll erstmalig in Hessen den → Prozeßschutz, und zwar in einem Buchenwaldökosystem (→ Buchenwald), großflächig ermöglichen (Ausweisungsverfahren soll 1997 abgeschlossen werden).
Nationalpark Müritz: ein Teil der Mecklenburgischen Seenplatte mit dem zweitgrößten Binnensee (Müritz) in Dtschl. (gegründet 1990). Die beiden Teile, der Serrahn-Teil mit 6000 ha (hier stocken einzigartige naturbelassene Buchenwälder) und der Müritz-Teil mit 25 000 ha, umfassen Endmoränen- und Sandergebiete sowie die Niederungslandschaft. Der N. M. wird geprägt von zusammenhängenden Wäldern, Mooren und Seen mit ausgedehnten Schilfgürteln. Lebensraum, für Schwarzstorch, See- und Fischadler sowie für Kranich und viele Zugvögelarten.
Nationalpark Niedersächsiches Wattenmeer (gegründet 1986; 240 000 ha): Den N. kennzeichnen ständig wasserführenden Priele, periodisch trockenfallende Sand- und Schlickwatte, sowie die Salzwiesen des Deichvorlandes und zahlreiche Inseln und Dünen.

Nationalpark Oder: deutsch-polnischer N. im Tal der Unteren Oder zwischen Stettin und der Gemeinde Hohensaaten (gegründet 1991; 30 000 ha). Neben Artenreichtum von Wasservögeln zur Zugzeit Vorkommen von Schwarzstorch und Seeadler.

Uralte Bäume, wie die ca. 1000 jährige Tassilo-Linde bei Wessobrunn, (Oberbayern), sind Naturdenkmale.

Nationalpark Sächsische Schweiz (gegründet 1990; 9300 ha): einzigartige Erosionslandschaft der Kreidezeit mit Tafelbergen, Sandsteinfelsen, Schluchten und Tälern sowie Basaltdurchbrüchen.

Nationalpark Schleswig-Holsteinisches Wattenmeer: Der N. erstreckt sich von der dänischen Grenze bis zur Elbmündung und besteht aus den Wattflächen und Rinnen, den Vorländereien am Festland sowie aus den Inseln Föhr, Pellworm und Nordstrand, den kleinen Halligen, Außensänden, Sandplatten und Strandinseln. Lebensraum für Seehunde und Rast- und Brutplatz für Millionen von Wasservögeln. Daneben Biotop für zahlreiche, nur hier vorkommende Pflanzenarten (gegründet 1985; 285 000 ha).

▸▸▸ Naturdenkmale werden besonders gekennzeichnet.

Mit Wirkung vom 31.12.1997 wurde der **Nationalpark → Thüringer Hainich** geschaffen. Die ca. 7600 ha große Fläche umfaßt das größte zusammenhängende, unbesiedelte Buchenwaldgebiet in Thüringen und im östlichen zentraleuropäischen Mittelgebirgsland. Der N. wird zusammen mit auszuweisenden Naturwaldreservaten und den Landschaftsschutzgebieten großräumig in den Naturpark Eichsfeld-Hainich-Werratal eingebettet.

Nationalpark Vorpommerische Boddenlandschaft: Der N. im Bundesland Mecklenburg-Vorpommern liegt an der Ostseeküste und umfaßt die Halbinsel – Darß – Zingst, die Inseln Werder, Bock, Hiddensee, weitere kleine Inseln und die Westküste der Insel Rügen, mit großen Wasserflächen dazwischen. Er wurde 1990 gegründet und umfaßt 80 500 ha (11 800 ha Land und 68 700 ha Wasser; 14 300 ha Kernzone), davon 40 800 ha Ostsee, 27 900 ha Bodden, 5600 ha Wald, 3900 ha Grasland, Dünen und Salzwiesen. 2300 ha landwirtschaftliche Fläche. Es sind dies waldbestockte Flachküsten mit natürlichen Erlen-, Buchen- und Kiefernwäldern, Sandstrände mit Nehrungshaken, Küstenseen, Salzgrasinseln, Küstenheiden, Steilküsten, Küsten-Überflutungs- und Dünentalmoore. Der Darß umfaßt rd. 6000 ha Wald. Die Fläche ist zur Hälfte mit Ndh, weit überwiegend Kie bestockt, die andere Hälfte mit Lbh. Neben Ei- und Bu-Beständen gibt es zahlreiche Bruchwaldflächen mit Er und Bi. An Darß und Zingst schließt sich die weite, lagunenartig flache Boddenlandschaft an (Bodden: = flache, meist schilfgesäumte Gewässer). Die Vorpommersche Boddenlandschaft ist der größte Kranichrastplatz Nordeuropas und ein → Feuchtgebiet von internationaler Bedeutung.

Natrium, das: chemisches Zeichen „Na", Ordnungszahl 11. N. ist ein chemisches Element, ein weiches, silberglänzendes, mit dem Messer schneidbares Leichtmetall (Alkalimetall). Es verbrennt mit gelber Flamme. N. zählt zu den am häufigsten vorkommenden Metallen. In der Natur ist es nur in Form seiner Verbindungen, besonders in Silikaten, vorhanden und in fast allen Pflanzenaschen enthalten. An feuchter Luft und im Wasser wird es zu Natronlauge umgesetzt. Bekannte Salze sind N.-Chlorid (Kochsalz, NaCl); N.-Sulfat (Na_2SO_4); N.-Karbonat (Na_2CO_3). Eine lebenswichtige Bedeutung des N. für Pflanzen ist umstritten; → Streusalz.

Natrix natrix → Ringelnatter.

Natterbeer, der: → Holunder 3.

Natter(n)farn, der: → Natternzunge.

Natternkraut, das: → Wurmfarn 1.

Natternschneckling, der: → Schnecklinge 4.

Natternstieliger Schleimfuß, der: → Schleierlinge 7.

Natternstieliger Schneckling; der: → Schnecklinge 4.

Natternzunge, die (*Ophioglossum*): auch Natter(n)farn. Gatt. der Fam. der → Natternzungengewächse (*Ophioglossaceae*) aus der Klasse der → Farne. Die Gatt. N. umfaßt fast 50 epiphyte und terrestrische Arten in den wärmeren nördlichen und südlichen Gebieten der Erde. N. sind ausdauernde hellgrüne Farne. Aus ihrem unterirdischem, kurzem Stämmchen wächst jedes Jahr nur ein Blatt hervor, das in einen sterilen und einen fertilen Teil gegliedert ist. Der fertile, sporangientragende obere Blatteil bildet eine Ähre. Bei uns ist nur eine Art heimisch.

Gemeine Natternzunge, die (*Ophioglossum vulgatum* Linné): auch Gewöhnliche N. Sie wächst bei uns zerstreut bis selten auf feuchten, kalkreichen Wiesen, kalkhaltigen Magerwiesen, an grasigen Bergabhängen und Triften, auf Flachmooren, Moorwiesen, in Heiden, an lichten, wechselfeuchten Waldplätzen, Teichen, Flüssen, am Rande von Dünenmooren und Röhrichten.

Die mehrjährige, seltene, veränderliche Farnpflanze wird 10 bis 30 cm hoch, ist gelbgrün und wirkt fleischig und fettig glänzend. Sie besteht aus einem einfachen Stengel und einem Blatt. Der unfruchtbare, ganzrandige, eiförmige bis längliche, stumpfe, netznervige, kahle Blatteil wird vom fruchtbaren Blatteil (Sporenstand), der eine linealische, spitz zulaufende, endständige Ähre bildet, überragt. Diese trägt zu beiden Seiten der Mittelrippe 12 bis 40 miteinander verwachsene Sporenkapseln, die zur Reifezeit gelb sind. Die → Sporen reifen je nach Höhenlage von Juni bis August.

Natternzungengewächse (*Ophioglossaceae*): Fam. aus der Klasse der → Farne mit den Gatt. → Natternzunge (*Ophioglossum*) und → Mondraute (*Botrychium*).

Natterzunge, die: → Natternzunge.

Naturbesamung, die: → Ansamung.

naturbetont → Natürlichkeitsgrad.

Naturdenkmale: rechtsverbindlich festgesetzte Einzelschöpfungen der Natur (nach dem Naturschutzrecht ausgewiesene Kleinobjekte), deren besonderer Schutz

1. aus wissenschaftlichen, naturgeschichtlichen oder landeskundlichen Gründen oder
2. wegen ihrer Seltenheit, Eigenart oder Schönheit erforderlich ist.

Die Festsetzung kann auch die für den Schutz des N. notwendige Umgebung einbeziehen. Die Beseitigung des N. sowie alle Handlungen, die zu einer Zerstörung, Beschädigung, Veränderung oder zur nachhaltigen Störung des N. oder seiner geschützten Umgebung führen können, sind nach Maßgabe näherer Bestimmungen verboten (§ 17 BNatSchG). N. können u. a. sein: alte und seltene Bäume sowie besondere Pflanzenvorkommen, charakteristische Aufschlüsse, Wanderblöcke, Gletscherspuren, Quellen, Wasserläufe, -fälle. Zuständig für die Ausweisung von N. sind die Kreisbehörden. Zur Zeit gibt es im der BR Dtschl. etwa 40 000 N. Ihr Schutzstatus entspricht etwa dem von → Naturschutzgebieten.

Naturerbe, das: → Naturschutzverbände.

naturfern → Natürlichkeitsgrad.

naturgemäße Forstwirtschaft, die: → naturgemäße Waldwirtschaft.

naturgemäßer Wald, der: → Krutzsch (1950) definierte den n. W.: „ein horst-, gruppen- und truppweise (→ Horst, → Gruppe, → Trupp) ungleichaltrig aufgebauter gemischter Wald aus → standortgemäßen Baumarten und -rassen, dessen → Vorrat sich in gütemäßig bester Verfassung auf günstiger Höhe befindet"; → naturgemäße Waldwirtschaft.

naturgemäßer Waldbau, der: → naturgemäße Waldwirtschaft.

naturgemäße Waldwirtschaft, die: Als Alternative zur schlagweisen Wirtschaft propagiert die N. W. einen → naturgemäßen Wald aus gesunden, standortgerechten Mischbestän-

◄◄◄ Ziel einer naturgemäßen Waldwirtschaft sind gesunde, standortgerechte Mischbestände.

den (→ Mischwald) zur bestmöglichen Ausnutzung und gleichzeitigen Pflege des → Standortes. Der Gedanke der → Nachhaltigkeit wird auf die Lebensgemeinschaft Wald angewandt. Burschel/Huss beschreiben N. W. wie folgt: „Die naturgemäße Waldwirtschaft stellt eine waldbauliche Vorgehensweise dar, in die auf unkonventionelle Weise alle Konzepte des → Waldbaus mit Ausnahme des Kahlhiebs (→ Kahlschlag) eingeflossen sind". Dabei wird der → Stabilität des gesamten → Ökosystems und den natürlichen Entwicklungsabläufen stärkeres Augenmerk geschenkt, und sie werden in den Dienst der → Holzproduktion gestellt. Substantielle Elemente n. W. sind: Dauerbestockung mit standortgemäßem Mischwald, Holzproduktion mit hoher Wertschöpfung und reduzierter Arbeitsintensität mit dem Ziel, günstige Betriebsergebnisse zu erreichen. Dabei steht der Wunsch nach Stabilität, nach voller dauernder Ausschöpfung der Produktionskräfte unter Wahrung des → Waldinnenklimas im Vordergrund. Diesen Zielen sollen dienen: Modifizierung der bestandsweisen Wirtschaft zu mehr Ungleichaltrigkeit und Stufigkeit (→ Stufung) des Waldgefüges und an der Wertentwicklung der Einzelbäume orientierte Nutzung über die ganze Fläche. Verzicht auf Kahlschläge und Verschiebung des zeitlichen Nacheinanders von Ernte und Kultur zugunsten eines gleichzeitigen Miteinanders; Verlegung der → Verjüngung unter den Schirm der Altbäume. Förderung des Mischwaldgedankens. Stetigkeit der → Waldpflege durch häufigere Wiederkehr der Pflegeeingriffe." Bei der N. W. schützt der Wald seinen eigenen Standort, hat eine artenreiche Flora und Fauna und ist damit insgesamt widerstandsfähiger gegen Schäden und stabil. Die kleinflächige Mischung und ungleichaltriger Aufbau machen gleichzeitig einzelstammweise Nutzung (vornehmlich in der Oberschicht), Pflege und Verjüngung möglich. Durch n. W. ist eine Kontinuität des Ökosystems Wald einschließlich der Stoffkreisläufe auf kleinster Fläche gewährleistet, werden die Funktionen des Waldes dauernd erfüllt, wird → Naturverjüngung und damit die Erhaltung der → forstlichen Genressourcen gewährleistet.
Um stabile und gesunde Wälder auf Bundesebene bemüht sich schon seit 40 Jahren die → Arbeitsgemeinschaft Naturgemäße Waldwirtschaft (ANW), als europaweite Arbeitsgemeinschaft wurde Pro Silva gegründet; → Dauerwald, Europäische Vereinigung für naturnahe Waldwirtscharft.

Naturgenuß, der: allg. Bez. für die Erholung in der freien Natur. Der N. beinhaltet auch das Recht zum nicht gewerbsmäßigen Sammeln von → Pilzen, → Beeren und → Heilkräutern sowie ggf. wissenschaftliche Studien in freier Natur; → Betreten des Waldes.

naturgesetzliche Wühlkultur, die: Begründer und Hauptvertreter der n. W. in der deutschen Forstwirtschaft war Georg Karl → Spitzenberg. Nach seiner Definition ist die n. W. als Sammelname für den von ihm nach Maßgabe der einschlägigen Naturgesetze und der Wirtschaftlichkeit entwickelten Kulturbetrieb einschließlich der auf den Schutz der Kultur gerichteten Verfahren zu verstehen. Der Begriff umfaßte folglich die Bodenbearbeitung, die Saat mit Pflanzenanzucht, die Pflanzung, den Schutz des gesäten Samens und die Pflege der jungen Pflanzen und des Bodens. Die n. W. trug zur Entwicklung der Forstwirtschaft bei.

Naturgüter → Naturpotential.

Naturhaushalt, der: das Beziehungs- und Wirkungsgefüge von Lebewesen und ihrer unbelebten Umwelt in der → Biosphäre oder Teilen davon.

Naturholz, das: Bez. für → Vollholz und Massivholz. Nicht als N. zählen Holzwerkstoffe, zu deren Herstellung das Holz zerfasert oder zerspant wurde. Demzufolge fallen Spanplatten u. a. nicht unter den Begriff N.

Naturlandschaft, die: Als N. wird die vom Menschen unbeeinflußte → Landschaft bezeichnet. Hier prägen nur die natürlichen Landschaftsfaktoren und → Landschaftselemente Bild, Struktur und Wirkungsgefüge; → Kulturlandschaft.

Naturland-Stiftungen: Stiftungen, die es sich zu Aufgabe gestellt haben, den Schutz und die Pflege ökologisch wertvoller Grundstücke zu fördern. Sie kaufen daher ökologisch wertvolle und bedrohte Grundstücke an oder pachten sie. Auch unterstützen sie vorrangig bereits bestehende Einrichtungen, Stellen oder Behörden mit Finanzmitteln aus dem Ertrag ihres Stiftungsvermögens, aus Zuwendungen Dritter oder aus Erträgen von Ausstellungen, Veranstaltungen, Ausspielungen und Sammlungen. Eine Stiftung des bürgerlichen Rechts ist z. B. die „Stiftung Naturschutz Hamburg", eine privatrechtliche Stiftung die „Wildtier- und Biotopschutzstiftung", und Stiftungen des öffentlichen Rechts sind der „Bayerische Naturschutzfonds", die „Stiftung Naturschutz Rheinland-Pfalz" und der „Naturschutzfonds Baden-Württemberg". Weitere Stiftungen und Organisationen dieser Art sind die „Naturlandstiftung Hessen e. V.", die „Naturlandstiftung Saar", die „Stiftung Naturschutz Berlin", die „Naturland Baden-Württemberg" und die „Wildland GmbH Bayern"; Verband Deutscher Naturland-Stiftungen.

Naturlehrpfad, der: zu Lehr- und Anschauungszwecken und mit Hinweis- und Bildtafeln sowie kurzen Erläuterungen ausgestatteter Weg. Je nach örtlicher Gegebenheit kann der N. ein Wildlehrpfad, Pflanzenlehrpfad, ein geologischer Lehrpfad, landwirtschaftlicher Lehrpfad oder ein Vogelschutzlehrpfad sein.

natürlich → Natürlichkeitsgrad.

natürliche Altersklassen → Altersklassen.

natürliche Altersstufen → Altersphasen des Waldbestandes.

natürliche Änderungen des Waldes → Walddynamik.

natürliche Astreinigung, die: → Astreinigung.

natürliche Bewaldung, die: → Waldgefüge.

natürliche Farbstoffe → Pflanzenfarbstoffe, Färberhölzer.

natürliche Fichtenwälder → Fichtenwälder, natürliche.

natürliche Verjüngung, die: → Naturverjüngung.

Die natürlichen Landschaftsfaktoren und Landschaftselemente prägen Bild, Struktur und Wirkungsgefüge der Naturlandschaft.

natürliche Waldgesellschaften → Waldgesellschaften.

Natürlichkeitsgrad, der: die Abstufung des menschlichen Einflusses auf ein → Ökosystem oder eine → Biozönose. Es werden unterschieden:
natürlich: ohne direkten Einfluß des Menschen entstanden und nicht verändert;
naturnah: ohne direkten menschlichem Einfluß entstanden, bzw. durch menschliche Einflüsse nicht wesentlich verändert;

Naturlehrpfade vermitteln Wissen über die Natur.

halbnatürlich: unter menschlichem Einfluß – ohne Absicht – entstanden und von diesem Einfluß abhängig; z. B. → Streuwiesen, Zwergstrauchheiden etc.;
naturbetont: Zusammenfassung der drei vorausgehenden Kategorien.
naturfern, anthropogen: vom Menschen bewußt geschaffen und auch von ihm abhängig (z. B. Äcker); → Hemerobie, → Hemerobiestufen.

naturnah → Natürlichkeitsgrad.

naturnahe Forstwirtschaft, die: → naturnahe Waldwirtschaft.

naturnaher Waldbau, der: → naturnahe Waldwirtschaft.

naturnahe Waldwirtschaft, die: Der Wald ist in unserer → Kulturlandschaft das naturnächst bewirtschaftete → Ökosystem. N. W. bekennt sich zur Nutzung des Waldes, die unter strikter Beachtung der Naturgesetze und bestmöglicher Ausnutzung natürlicher Kräfte erfolgt. N. W. erfolgt klimaxnah (→ Klimax, → Waldentwicklung). Der im → Naturschutz für den → Natürlichkeitsgrad verwendete Begriff „naturnah" wird sehr unterschiedlich ausgelegt. Alle Nutzungen des Waldes (z. B. Holz, Erholung, Wasser, Jagd) beeinflussen den Grad der erreichbaren Naturnähe. Verschiedentlich wird damit zusammen mit anderen Forderungen die konsequente Anwendung des Femel- und Plenterprinzips, restriktiver Einsatz von Holzerntemaschinen, die Sicherung waldökologisch tragbarer → Wilddichte geknüpft. Der Schweizerische Forstverein weist der n. W. folgende Merkmale zu: möglichst artenreiche, aufeinander abgestimmte, standortgerechte Baumartenmischungen, gestaffelte → Verjüngungen und gleitender Übergang vom Pflege- in den Verjüngungsbetrieb, Schonung von → Bestand und → Boden, aktive → Waldpflege zur Förderung der ökologischen → Stabilität und optimalen Steuerung der Leistungen des Waldes; → Europäische Vereinigung für naturnahe Waldwirtschaft, → naturgemäße Waldwirtschaft, → naturgemäßer Wald.

Die naturnahe Waldwirtschaft bekennt sich zur Nutzung des Waldes, die unter strikter Beachtung der Naturgesetze und bestmöglicher Ausnutzung natürlicher Kräfte erfolgt.

Naturparke: Die Idee der N. stammt von dem 1909 gegründeten „Verein Naturschutzpark (VNP)", der damals schon ursprüngliche und eindrucksvolle Landschaften mit ihrer naturgegebenen Tier- und Pflanzengemeinschaft vor der Zivilisation schützen wollte. Der erste N. ist die → Lüneburger Heide (1911). N. sind einheitlich zu entwickelnde und zu pflegende Gebiete, die
1. großräumig sind;
2. überwiegend → Landschaftsschutzgebiete oder → Naturschutzgebiete sind;
3. sich wegen ihrer landschaftlichen Voraussetzungen für die Erholung besonders eignen und
4. nach den Grundsätzen und Zielen der Raumordnung und Landesplanung für die Erholung oder den Fremdenverkehr vorgesehen sind.

N. sind zugleich Regenerationsräume für die gestörte umgebende Landschaft und sollen ihrem Erholungszweck entsprechend gegliedert und erschlossen werden. Die Länder können für N. abweichende Vorschriften erlassen. I. d. R. haben N. eine Mindestfläche von 20 000 ha. Derzeit gibt es in der BR Dtschl. 85 N. Rechtsträger der einzelnen N. sind entweder ein Zweckverband als Körperschaft des öffentlichen Rechts, ein eingetragener Verein oder eine staatliche Stelle. Bund und Länder, innerhalb eines N. gelegene Kreise und Gemeinden sowie die privaten N.-Träger kommen i. a. für die Kosten auf. Auch in der Schweiz sind N. geplant. In Österreich gibt es derzeit die N. Sparbach und Tormäuer am Ötscher; weitere sollen folgen.

Naturpfad, der: → Waldlehrpfad.

Naturpotential, das: Naturgüter, die in der Natur für den Menschen nutzbar sind, wie Wasser, Luft, Pflanzen, Tiere und Boden. Man unterscheidet zwischen regenerierbarem und nichtregenerierbarem N. Ein regenerierbares Naturgut ist der Wald. Die Leistungsfähigkeit der Naturgüter und die Funktionsfähigkeit des Naturhaushaltes ergeben das N. Die → Luftverunreinigung beeinträchtigt sowohl die Leistungsfähigkeit der Naturgüter wie der Wälder, aber auch die Funktionsfähigkeit des Naturhaushaltes. Das N. wird durch die Luftverschmutzung empfindlich und nachhaltig beeinträchtigt.

Naturraum, der: auch Naturräumliche Einheit. nach ihrem Gesamtcharakter abgegrenzte natürliche Landschaftseinheit; → Wuchsgebiet.

Naturreservat, das: v. a. im englischen und französischen Sprachraum übliche Bez. für → Naturschutzgebiet. In Dtschl. auch weitere Bez. für staatliche oder privat eingerichtete Schutzgebiete, z. B. für → Feuchtgebiete, → Wildschutzgebiete und Laichschongebiete.

Naturschutz, der: alle privaten und staatlichen Aktivitäten zum Schutz der natürlichen Umwelt als Selbstzweck (d. h. der Natur wird insgesamt eine Schutzwürdigkeit als Eigenwert zuerkannt) und mit dem Ziel, die natürlichen Lebensgrundlagen des Menschen (Natur und Landschaft) zu erhalten. Der N.-Gedanke entstand schon früh. Seit Beginn des 20. Jh. bemüht sich der Staat, die schönsten Teile der Landschaft in ihrer Ursprünglichkeit zu erhalten. Mitte 1990 waren in der BR Dtschl. etwa 350 000 ha geschützt. Heute ist N. Bestandteil einer umfassenden → Landschaftspflege geworden, die über die Erhaltung von Reservaten hinaus die Pflege und Gesunderhaltung der Landschaften in ihrer Gesamtheit, die Vermeidung von Landschaftsschäden und die Rekultivierung geschädigter Gebiete zum Ziel hat. Der N. sucht daher auch die technische und industrielle Entwicklung so zu lenken, daß geringstmögliche Schäden in der Natur entstehen. Den allg. N. regelt das BNatSchG vom 20.12.1970. Es erklärt die Ziele und Grundsätze des N. und der Landschaftspflege und widmet sich im zweiten Abschnitt der → Landschaftsplanung, im dritten den allg. Schutz-, Pflege- und Entwicklungsmaßnahmen; der vierte enthält Bestimmungen über den Schutz, die Pflege und Entwicklung bestimmter Teile von Natur und Landschaft (→ Naturschutzgebiete, → Nationalparke, → Landschaftsschutzgebiete, → Naturparke, → Naturdenkmale, geschützte → Landschaftsbestandteile). Der fünfte Abschnitt enthält Vorschriften über Schutz und Pflege wildwachsender Pflanzen und wildlebender Tiere, der sechste widmet sich der Erholung in Natur und Landschaft, während der siebte die Mitwirkung von Verbänden, die Ordnungswidrigkeiten und Befreiungen regelt. Da das BNatSchG nur Rahmenvorschriften über N. und Landschaftspflege nach Art. 75, Ziffer 3 des Grundgesetzes enthält, haben die Länder eigene N.-Gesetze erlassen. Das N.-Gesetz läßt die Vorschriften des → Jagdrechts unberührt. Alle Tiere, die nicht unter das Jagdrecht fallen, unterliegen jedoch dem N.-Recht, das allen Tieren einen gewissen Mindestschutz gewährt. Sie dürfen z. B. nicht ohne „vernünftigen Grund" getötet werden. Ein Großteil dieser Tiere genießt darüber hinaus einen besonderen Schutz (geschützte Arten). Das Naturschutzgesetz verlangt auch die Aufstellung einer Artenschutzliste (→ Artenschutz, → Rote Listen), die fortlaufend zu ergänzen ist. Gesetzliche Grundlagen des N. sind aber nicht nur in Naturschutzgesetzen, sondern auch in zahlreichen anderen Gesetzeswerken, z. B. Waldgesetz (→ Bundeswaldgesetz), Jagdgesetz, Wasser- und Wegerecht, Bauordnungsrecht, Grunderwerbsteuerrecht usw. verankert. Zur Pflege, zum Schutz und zur Förderung des N. wurden u. a. Arbeitsgemeinschaften, Verbände usw. gegründet; → Naturschutzverbände, → Vertragsnaturschutz.

Naturschutzakademie, die: Bildungseinrichtung für → Naturschutz und → Landschaftspflege, die fachspezifische und wissenschaftliche Veranstaltungen durchführt.

Naturschutzbeauftragte: ehrenamtlich tätige Sachverständige, die von den → Naturschutzbehörden als Berater berufen werden. An ihre Stelle treten z. T. hauptamtliche Fachkräfte, die von → Naturschutzbeiräten, die die Naturschutzbehörden fachlich beraten, unterstützt werden.

Naturschutzbehörden: Die aus der Naturschutzgesetzgebung herzuleitenden Maßnahmen obliegen den N. der Länder. Sie gliedern sich in oberste, höhere und untere N.
Die N. werden durch Naturschutzstellen als Beiräte und durch Landes-, Bezirks- oder Kreisbeauftragte für → Naturschutz und → Landschaftspflege beraten. In den einzelnen Ländern wurden Landesämter für Naturschutz und Landschaftspflege (bzw. Umweltschutz) eingerichtet. Dem Bundesministerium für Ernährung, Landwirtschaft und Forsten obliegt die Bearbeitung allg. Naturschutzangelegenheiten sowie die Vorbereitung der Gesetzgebung. Der Vollzug des Gesetzes hingegen ist Aufgabe der Bundesforschungsanstalt für Naturschutz und Landschaftsökologie. Die zum Außendienst verpflichteten Bediensteten der Forstverwaltungen (einschließlich Berufsjäger) haben nach Maßgabe der gesetzlichen Vorschriften und ihrer Dienstanweisungen beim Umwelt-, Natur- und Tierschutz mitzuwirken.

Naturschutzbeiräte: Sie bestehen in einigen Bundesländern auf verschiedenen Verwaltungsebenen (→ Naturschutzbehörden) aus sachverständigen Personen auf dem Gebiet des → Naturschutzes, der → Landschaftspflege und der Erholung in der freien Natur. Sie sollen die Behörden wissenschaftlich und fachlich beraten, sowie das allg. Verständnis für den Naturschutz fördern.

Naturschutzdienst, der: → Naturschutzwacht.

Naturschutzfonds, der: eine Stiftung des öffentlichen Rechts. Die Aufgaben des Fonds umfassen im wesentlichen: die Förderung von Schutz- und Pflegemaßnahmen, die Förderung der Pacht und des Erwerbs von ökologisch wertvollen Grundstücken durch Kommunen und Naturschutzorganisationen sowie die Pacht und den Erwerb ökologisch wertvoller Grundstücke. Die Stiftung soll sich vorrangig bestehender Einrichtungen, Stellen oder Behörden bedienen. Sie erfüllt ihre Aufgaben in erster Linie aus dem Ertrag ihres Vermögens, aus Zuwendungen Dritter sowie aus Erträgen von Ausspielungen, Ausstellungen, Veranstaltungen und Sammlungen (z. B. Bayer. Naturschutzfonds und Naturschutzfonds Baden-Württemberg); → Naturland-Stiftungen.

Naturschutzgebiete: rechtsverbindlich festgesetzte Gebiete, in denen ein besonderer Schutz von Natur und Landschaft in ihrer Ganzheit oder in einzelnen Teilen 1. zur Erhaltung von Lebensgemeinschaften oder -stätten bestimmter wildwachsender Pflanzen- und wildlebender Tierarten, 2. aus wissenschaftlichen, naturgeschichtlichen oder landeskundlichen Gründen oder 3. wegen ihrer Seltenheit, besonderen Eigenart, oder hervorragenden Schönheit erforderlich ist. Alle Handlungen, die zu einer Zerstörung, Beschädigung oder Veränderung des N. oder seiner Bestandteile oder zu einer nachhaltigen Störung führen können, sind nach Maßgabe näherer Bestimmungen verboten. Soweit es der Schutzzweck erlaubt, können N. der Allgemeinheit zugänglich gemacht werden (§ 13 BNatSchG). Sie werden durch Rechtsverordnung (der Bundesländer) festgelegt. In der BR Dtschl. gibt es zur Zeit rd. 1300 N., die aber nur 1,7 % der Gesamtfläche des Bundesgebietes umfassen.

◂◂ Für Naturschutzgebiete gelten besonders strenge Schutzbestimmungen.

Naturschutzgesetz, das: → Naturschutz.

Naturschutzjahr, Europäisches → Europäisches Naturschutzjahr.

Naturschutzrecht, das: → Naturschutz.

Naturschutz-Ring, Deutscher → Naturschutzverbände.

Naturschutztag, Deutscher → Deutscher Naturschutztag.

Naturschutzverbände: Zur Pflege, zum Schutz und zur Förderung des → Naturschutzes wurden u. a. Arbeitsgemeinschaften, Verbände usw. gegründet. Die ersten privaten Naturschutzorganisationen, der „Bund Naturschutz in Bayern", der „Österreichische Naturschutzbund", der „Schweizerische Bund für Naturschutz" entstanden um die gleiche Zeit. Die wichtigsten Arbeitsgemeinschaften, Verbände und Vereine sind:

1. Arbeitsgemeinschaft deutscher Beauftragter für Naturschutz und Landschaftspflege e. V. (ABN): ein Zusammenschluß der auf dem Gebiet des Naturschutzes und der Landschaftspflege tätigen Fachkräfte in amtlicher Tätigkeit (in Behörden, Dienststellen und Wissenschaft) sowie von Trägern privater Initiativen in Behördenbeiräten, im Verbandswesen und in der Publizistik. Die Arbeitsgemeinschaft wurde 1947 von Hans Klose gegründet.

2. Verband zur Förderung des Naturschutzes und der Landschaftspflege (VNL): Der Verband will Naturschutz und Landschaftspflege in Dtschl. und über die Grenzen hinaus fördern. Er will auf einen Ausgleich zwischen der Leistungsfähigkeit des Naturhaushalts, den wirtschaftlichen Erfordernissen und den Bedürfnissen der erholungsuchenden Bevölkerung hinwirken. Mitgliedsverbände sind u. a. → Arbeitsgemeinschaft Deutscher Waldbesitzerverbände, Deutscher Bauernverband, Zentralverband Gartenbau, Verband Deutscher Sportfischer, Verein Naturpark.

3. Deutscher Naturschutz-Ring (DNR) e. V.: Bundesverband für Umweltschutz. Er wurde 1950 in München von zahlreichen Verbänden (z. Zt. 106 angeschlossene Einzelverbände mit insgesamt etwa 2,8 Mio. Mitgliedern) gegründet und ist bemüht, durch Informationshefte und -briefe („Kurier" sechsmal jährlich; „Deutschland-Rundbrief" und „EU-Rundbrief" jeweils monatlich) zum Schutz von Natur und Landschaft der Heimat beizutragen. Er ist die nationale Verbindungsstelle zum Europarat und Mitglied im UNCED, IUCN, EEB. 1986 erklärten der DJV, der BUND und der Verband Deutscher Sportfischer (VDSF) ihren Austritt aus dem DNR.

4. Deutsche Umwelt-Aktion (DUA) e. V.: Sie befaßt sich mit dem Öffentlichkeitsdienst für Umweltschutz und hat ihren Sitz in Krefeld. Die DUA wurde 1958 als Deutsche Naturschutz-Aktion gegründet und arbeitet in neun Bundesländern.

5. Internationale Union für die Erhaltung der Natur und der natürlichen Hilfsquellen (IUCN): Sie entstand im Oktober 1948 in Frankreich und war ursprünglich eine halb private Einrichtung. Heute sind 35 Staaten, 291 nationale Organisationen aus 84 Ländern und 18 internationale Organisationen Mitglieder der IUCN. Die IUCN führt eine ganze Reihe internationaler Aktionen für den Naturschutz durch, wie z. B. das Abkommen für die Begrenzung des Handels mit Fellen seltener Säugetierarten etc. (→ Artenschutzabkommen). Die Herausgabe der → Roten Listen ist ebenfalls auf die Arbeit dieser Organisation zurückzuführen, die auch entscheidenden Verdienst daran hat, daß auf der ganzen Welt immer mehr Schutzgebiete (z. B. Nationalparke und Reservate) ausgeschieden werden. Sie hat ihren Sitz in Morges in der Schweiz.
→ World Wildlife Fund (WWF).

6. Bund für Umwelt und Naturschutz Deutschland e. V. (BUND): gegründet 1975 mit Sitz in Bonn, in den 16 Bundesländern durch Landesverbände (mit Orts- und Kreisverbänden) vertreten, rd. 210 000 Mitglieder (Stand 1994); betreibt die Deutsche → Naturschutz-Akademie. Der BUND wird als staatlich anerkannte Naturschutzorganisation bei allen umweltrelevanten Themen beteiligt.

7. Naturschutzbund Deutschland (NABU): gegründet 1899 mit Sitz in Bonn. Der NABU gliedert sich derzeit in 14 Landesverbände mit ca. 200 000 Mitgliedern. Staatlich anerkannte Naturschutzorganisation. Zu seinen Aufgaben gehören die Durchführung praktischer Naturschutzmaßnahmen, die Erstellung ökologischer Gutachten und die Erarbeitung umweltverträglicher Konzepte sowie Bildungs- und Öffentlichkeitsarbeit. Im NABU ist 1994

der Deutsche Bund für Vogelschutz (DBV) aufgegangen. Der NABU gibt fünfmal jährlich die Zeitschrift „Naturschutz heute" und die Zeitschrift „Naturschutz spezial" heraus.
8. Verein zum Schutz der Bergwelt e. V. (vormals Verein zum Schutze der Alpenpflanzen und Tiere e. V.): Er besteht seit 1900.
9. Stiftung Europäisches Naturerbe – EURONATUR: Die Zielsetzung der 1987 gegründeten Stiftung ist die Förderung des Schutzes von Großlebensräumen in Europa. Sie gibt vierteljährlich die Zeitschrift „euronatur" heraus.

Naturschutzwacht, die: Die N. besteht aus Hilfskräften der unteren → Naturschutzbehörden. Ihre Aufgaben, Befugnisse und Bez.en sind in den einzelnen deutschen Ländern unterschiedlich geregelt. Folgende Aufgaben können ihnen im wesentlichen übertragen werden: Feststellung, Verhütung und Unterbringung von Zuwiderhandlungen gegen Rechtsvorschriften, die den Schutz der Natur, die Pflege der Landschaft und die Erholung in der freien Natur regeln und deren Übertretung mit Strafe oder Geldbuße bedroht ist. Außerdem können sie bei der Verfolgung solcher Zuwiderhandlungen mitwirken. Teilweise können ihnen auch (Bayern, Schleswig-Holstein und in beschränktem Maße auch im Saarland) hoheitliche Befugnisse zur Erfüllung ihrer Aufgaben übertragen werden.

Naturschutzwart, der: → Naturschutzwacht.

Naturtrauf, der: → Waldränder.

Naturverjüngung

Naturverjüngung, die: Bei der N. entsteht – wie im → Urwald – der nachwachsende Wald

durch → Anflug oder → Aufschlag aus dem natürlich reifenden → Samen des Vorbestandes oder von in der Nähe stockenden Samenbäumen oder durch → Stockausschläge, → Wurzelbrut oder → Absenker. Voraussetzungen für eine N. sind geeignete Samenbäume (→ Waldbaumart, → Herkunft), ein günstiges Keimbett mit Mineralbodenanschluß für die → Keimlinge (Humusform), ausreichender Licht- und Wärmegenuß (→ Lichtbaumarten, → Schatt(en)baumarten), keine hemmende Bodenvegetation und ein tragbarer Wildbestand. Die N. über Stockausschläge ist nicht bei allen Baumarten möglich. Die N. gelingt am leichtesten, je mehr die örtlichen Verhältnisse den optimalen Bedürfnissen der zu verjüngenden Baumarten entsprechen. Die N. ist die ursprünglichste Methode der Waldverjüngung. Sie wird schon in mittelalterlichen Forstordnungen erwähnt. Bei der N. sind die verjüngten Baumarten standortgerecht; es entstehen keine → Kulturkosten; der Boden wird durch die Dauerbestockung geschützt. Durch die → Lichtung des Altbestandes entsteht auf der Fläche ein Zuwachsverlust, der durch den Lichtungszuwachs an den verbleibenden Bäumen nicht, wohl aber durch den Wertzuwachs an diesen, ausgeglichen wird. N. ist sowohl aus ökologischer wie auch aus ökonomischer Sicht erstrebenswert. Die junge Waldgeneration genießt den Schutz des Altbestandes gegen Frost, → Wind und Sonneneinstrahlung. Ein weiterer Vorteil ist der geringere Verbiß der N.-Pflanzen gegenüber den gut ernährten und in vollem Licht erwachsenen Baumschulpflanzen. Für die N. werden u. a. folgende Begriffe verwendet: → Ansamung, → Höckling, → Keimling, → Reckling, → Sämling.

Naturwald, der: ein Wald der natürlichen → Waldgesellschaft, der in seinem ursprünglichen Aufbau erhalten geblieben ist (allenfalls mit geringen menschlichen Störeinflüssen); → Schutzwald, Wirtschaftswald, Urwald, Naturwaldreservate, Natürlichkeitsgrad, Idealwald, Kulturwald.

Naturwaldentwicklung, die: → Sukzession.

Naturwaldreservate: in Baden-Württemberg Bannwälder genannt (→ Bannwald). N. sind ausgewählte naturnahe oder natürliche Vegetationsgesellschaften (Waldbestände), deren Schutz die Staatsforstverwaltungen durch Erlasse regeln. Sie dienen v. a. der Erforschung der → Ökosysteme oder zu Anschauungs- und Studienzwecken. Die meisten N. gliedern sich in eine Schutz- und eine Kernzone. Die Kernzone ist der eigentliche Reservatsbereich, der ohne jeglichen forstlichen Eingriff der natürlichen Entwicklung überlassen bleibt. Die Erhaltung der mindestens 5 ha großen N. ist Aufgabe der Landespflege. Hessen hat an Stelle von N. sog. → Altholzinseln ausgewiesen; → Naturwaldzellen, → Waldschutzgebiete.

Naturwaldzellen: N. repräsentieren typische Waldbestände mit annähernd natürlicher Zusammensetzung, die sich ohne menschliche Eingriffe zu → Urwäldern weiterentwickeln sollen und der Forschung und Praxis als Dauerbeobachtungsflächen dienen. Sie sind nach bestimmten Kriterien ausgewählte naturnahe Waldbestände; z. B. Perlgras-Buchenwälder, Eichen-Buchenwälder und Eichen-Hainbuchenwälder. Ihrer Zielsetzung entsprechend sind sie in erster Linie forstliche Weiserflächen, die der wissenschaftlichen Beobachtung der vom Menschen ungestörten Lebensabläufe in naturnahen Waldökosystemen dienen. Sie haben meist eine Größe zwischen 4,2 und 44 ha, mit häufig einer Kernzone von etwa 4 ha, die zur Hälfte wilddicht eingegattert ist.
Die Idee, in naturnahen Wäldern Dtschl. sog. N. anzulegen, stammt von dem Forstwissenschaftler und ehemaligen Leiter des Forstamtes → Kottenforst bei Bonn, H. Hesmer. Seine Ausführungen hierzu wurden im Jahre 1934 in der Fachzeitschrift „Der deutsche Forstwirt" veröffentlicht. In N. ist das Sammeln von Pflanzen, Beeren, Pilzen und Leseholz untersagt; es ruht auch jede forstliche Nutzung; → Naturwaldreservate, Waldschutzgebiete, Natürlichkeitsgrad.

Naumannsfalke, der: → Falken 5.

NB: Kurzzeichen für Nußbaum nach DIN 4076.

Nebelgrauer Trichterling, der: → Rötelritterlinge 2.

Nebelkappe, die: → Rötelritterlinge 2.

Nebelkrähe, die: → Rabenvögel 6.

Nebelniederschlag, der: das Auskämmen von Wassertröpfchen aus dem Nebel. Flüssiger N. wird als Nebeltraufe fester N. als Nebelfrost bezeichnet. Letzterer wird in → Rauhreif, Rauhfrost und Rauheis unterteilt. Die Kammwälder des Erzgebirges haben z. B. einen N. von durchschnittlich 200 bis 300 mm; im Harz liegt er durch die häufigere Wolkenbildung sogar höher. Große Bedeutung hat der N. an den Westküsten der Subtropenzone. Er übertrifft hier den fallenden Niederschlag häufig um ein vielfaches. Durch Aufforstungen kann hier der gesamte Wasserhaushalt der Landschaft verbessert werden. Das nebelreiche Klima entsteht hier infolge kalter Meeresströmungen, kalten Auftriebswassers und niederschlagsfreier Passatwinde (z. B. in Nordchile, Peru und Südwestafrika); → Nebelwald.

▸▸▸ Naturwaldreservate sind die Urwälder von morgen.

Nebelrabe, der: → Rabenvögel 6.
Nebelrapp, der: → Rabenvögel 6.
Nebelrose, die: → Alpenrose 1.
Nebelwald, der: Waldtyp im tropischen Hochgebirge (etwa in 1000 bis 2000 m Höhe) mit reichlichem Wasserangebot aus Nebel. Der N. unterscheidet sich deutlich vom Regenwald der tieferen Lagen und von der niedrigen Vegetation (Páramo, Puna) höherer Lagen. Er weist besonders hohe Zuwachsleistungen auf und ist deswegen forstwirtschaftlich und auch wasserwirtschaftlich sehr günstig zu beurteilen; → Nebelniederschlag.
Nebenbaumart, die: auch Nebenholzart, Beiholzart. → Mischbaumart, die in einem → Bestand nur einen geringen Mischungsanteil hat und für das Bestandsgefüge ohne jegliche Bedeutung ist, z. B. einzelne Lä in einem Eichen-Buchenbestand; → Hauptbaumart.
Nebenbestand, der: die Unter- und Mittelschicht eines → Bestandes, die bei einer Niederdurchforstung (→ Durchforstung) entnommen wird, die aber für die Wertholzerziehung eine wichtige Funktion hat. Zum N. werden alle Bäume gerechnet, die keinen Kontakt zum Kronenraum des → Hauptbestandes haben; → Hauptbestand.
Nebenblätter (Stipeln, *Stipulae*): N. sind bei → zweikeimblättrigen Pflanzen Auswüchse des Blattgrundes, d. h. der Stelle, an der die Blätter dem Sproß ansitzen. Sie sind bei vielen Arten braune, häufige Gebilde, die zeitig abfallen (z. B. bei Ei, Bu, Hbu und Li), oder beständig, wie z. B. bei manchen Weidenarten. Häufig sind sie auch paarig und blattartig entwickelt (z. B. bei den → Rosengewächsen). Bei manchen Fam. und Gatt. fehlen die N. vollständig (wie z. B. bei → Walnußgewächsen, Ah und Es). Aufgabe der N. ist es, junge Triebe gegen Frost und Fraß zu schützen (Schutzblätter). Bei einigen Pflanzenarten, z. B. bei den Rob, sind sie zu Blattdornen umgewandelt. Bei der Bu fallen sie nach der Laubentfaltung ab.
Nebengründe: in Österreich alle im Rahmen eines Forstbetriebes verwalteten Flächen, welche nicht Waldfläche sind. Dazu gehören z. B. Waldwiesen, landwirtschaftliche Pachtflächen, Deputatgründe, Pflanzgärten, Sand- und Schottergruben.
Nebenholzart, die: → Nebenbaumart.
Nebennutzung, die: → Forstnebennutzung.
Neckera crispa → Krausblättriges Neckermoos.
Neckermoos, Krausblättriges, das: → Krausblättriges Neckermoos.
Nectria-Pilze: parasitische, leuchtendrote Pustelpilze (Schlauchpilze), die als Krebserreger den Krebs an Laubbäumen (Stammkrebse, Rindenbrand) verursachen können, z. B. Buchen-, Lärchen- und Weißtannenkrebs; → Baumkrebs.
Negativauslese, die: Syn. für → Auslese mit besonderer Betonung der Entnahme unerwünschter Stämme, um gute Stämme zu fördern.
Nekrophagen → Reduzenten, → Totfresser.
Nekrose, die: örtlich eng begrenzter Zell- oder Gewebetod an Pflanzen als Folge der Abtötung von Protoplasma durch Gifte, Krankheitserreger oder physikalische Einwirkung (biotische und/oder abiotische Einflüsse). Meist erkennbar als braune, etwas eingesunkene Flecken. Je nach Lage der abgestorbenen Gewebeteile am Blatt bzw. Nadel spricht man z. B. von Rand-N. oder Spitzen-N.; hinsichtlich des Orts der Krankheit von Blatt-N., Rinden-N. oder Phloem-N. etc.; → Mangelsymptome an Bäumen.
Nektarien → Honigdrüsen.
Nelke, die (*Dianthus*): umfangreiche Gatt. der → Nelkengewächse mit rd. 300 Arten, ursprünglich heimisch in Europa (v. a. im Mittelmeergebiet), Asien und Afrika. Es handelt sich fast immer um Stauden mit endständigen, roten oder weißen Blüten. Im Wald anzutreffen sind:
1. **Heide-Nelke**, die (*Dianthus deltoides* Linné): auch Deltafleckige N. Die über Nord- und Mitteleuropa, im Süden nur in den Gebirgen verbreitete H. kommt in Dtschl. zerstreut bis selten vor. Sie wächst in Heiden, auf trockenen Wiesen, Silikatmagerrasen, in lichten Wäldern, besonders Kiefernwäldern, an Moor-, Waldrändern und Rainen, meist auf Sandböden, häufig am Ameisenhaufen.
Die mehrjährige, lockerrasig wachsende, 15 bis 30 (40) cm hohe Pflanze hat kurzflaumig behaarte, im oberen Teil verzweigte Stengel, wovon jeder Ast eine Blüte trägt. Die gegenständigen (→ Blattstellung) Blätter sind schmal-lanzettlich, die Grundblätter länglich oder spatelförmig, stumpf, und am Rande rauh. BZ: Juni bis September. Die bis 18 mm breiten, langgestielten Blüten stehen meist einzeln, seltener zu zweit oder in lockeren → Blütenständen auf kürzeren Stielen. Die fünf purpurroten bis lilafarbenen, gezähnten → Kronblätter haben weiße Punkte und einen dunklen Ring. Die Blüten werden vorwiegend von Faltern besucht, da es nur dem langen Rüssel der Schmetterlinge möglich ist, an den am Grunde des → Fruchtknotens ausgeschiedenen Nektar zu gelangen. Die Fruchtkapsel ist so lang oder etwas länger als der Kelch und öffnet sich mit vier Zähnen.
2. **Karthäuser-Nelke**, die (*Dianthus carthusianorum* Linné): auch Echte Steinnelke. Die hauptsächlich über Mitteleuropa, im Süden bis Nordspanien, Norditalien und Österreich verbreitete K. kommt in Dtschl. verbreitet vor, fehlt aber im Nordwesten. Sie ist relativ häufig und wächst in sandigen, sonnigen Wäldern und an sonnigen Waldrändern, an Felshängen, Böschungen, auf Hügeln, Triften, Heiden, trockenen Wiesen, Trockenrasen und Kalkmagerrasen, bevorzugt auf trockenen, warmen Kalkböden, bis in Höhen von etwa 2500 m.
Die mehrjährige, sehr variable, 15 bis 50 cm hohe, kahle Pflanze hat steif aufrechte, nach oben zu vierkantige Stengel und derbe, schmal-lanzettlichen, spitze, etwa 2 bis 4 mm breite, kahle, am Grunde scheidig verwachsene Blätter. BZ: Juni bis August/September. Die drei bis zehn (meist sechs) 20 bis 25 mm breiten und 20 bis 30 mm langen Blüten sind karminrot, sehr selten weiß, und stehen am Ende des Stengels in einem kopfartigen Blütenstand, der von lanzettlichen, lang begrannten Blättern umgeben ist. Die Frucht ist eine längliche, viele Samen enthaltende Kapsel.

Die Heide-Nelke überwintert mit Kriechsprossen, an deren Spitze Blätter gehäuft stehen.

3. **Pracht-Nelke**, die (*Dianthus superbus* Linné): Die über ganz Mitteleuropa, von Dänemark bis Nordspanien, Norditalien und Südjugoslawien verbreitete P. kommt in Dtschl. nur zerstreut vor; im Nordwesten ist sie selten bis ganz fehlend. Sie wächst auf feuchten, sauren Böden auf Wiesen, Flachmooren, Moorwiesen (*D. s. ssp. superbus*), die Unterart *D. s. ssp. sylvestris* in lichten Gebüschen und Wäldern, besonders lichten Eichenwäldern, Eichen-Hainbuchenwäldern, west- und mitteleuropäischen Eichen-Birkenwäldern, ostmitteleuropäisch-subkontinentalen Eichen-Trockenwäldern, die Unterart *D. s. ssp. alpestris* an grasigen Hängen und auf Heiden, im Gebirge bis in Höhen von etwa 2400 m.
Die mehrjährige, 30 bis 60 cm hohe Pflanze hat aufsteigende oder aufrechte, stielrunde, kahle, nach oben zu wenig verzweigte, zwei- oder mehrblütige Stengel. Die grasgrünen, gegenständigen Blätter sind schmal-lanzettlich, bis 8 cm lang, 3 bis 5 mm breit, am Rande rauh, die unteren stumpf. BZ: Juni bis Oktober. Die prächtigen, stark duftenden, bis 7 cm breiten Blüten stehen in einem lockeren, wenigblütigen Blütenstand. Die fünf Kronblätter sind

◄◄ Nectria-Pilze wie der Zinnoberrote Pustelpilz (*Nectria cinnabarina*) und der Weißwollige Kugelpilz (*Lasiosphaeria ovina*) können an Laubbäumen als Krebserreger auftreten.

◄◄ Nekrose an Eichenblättern

bis über die Mitte unregelmäßig fein federartig zerschlitzt, 15 bis 35 mm lang, bleich rosarot bis purpurn, gegen den Schlund zu grünlich mit roten Härchen, allmählich in den weißen Nagel übergehend. Die Fruchtkapsel ist länger als der Kelch.

4. Sand-Nelke, die (*Dianthus arenarius* Linné): Die über ganz Mitteleuropa verbreitete S. ist in Dtschl. selten, in Mecklenburg und Brandenburg gelegentlich anzutreffen. Sie wächst auf trockenen, basen- und humusreichen Sandböden, Sandtrockenrasen, Heide und in trockenen Kiefernwäldern.

Die S. ist der Pracht-Nelke sehr ähnlich, hat jedoch schmalere, nur bis ca. 1 mm breite Blätter. Der Stengel ist meist einblütig und die Blütenkrone ist weiß.

Neben vorgenannten Arten kommen z. B. noch vor:

Die duftende, rosa blühende **Pfingst-N.** (*D. gratianopolitanus*) auf Felsrasen und in Kiefernwäldern (oft auf Kalk), die seltene **Büschel-N.** oder **Rauhe N.** (*D. armeria*) auf kalkarmen Böden in Besenginster-Gebüschen, an Waldrändern und auf trockenen Rasen und die **Busch-N.** (*D. seguiéri*) in Gebüschrändern, auf Waldwiesen und in lichten Laubwäldern.

Nelkengewächse (*Caryphyllaceae*): etwa 2000 Arten umfassende Pflanzen-Fam. der Zentrospermen, die ihre Hauptverbreitung in der nördlichen gemäßigten Zone haben. Es handelt sich meist um → Kräuter oder → Halbsträucher mit ungeteilten, gegenständigen (→ Blattstellung), oft schmalen Blättern und i. d. R. fünfzähligen Blüten in unterschiedlichen Blütenständen. Bekannte Gatt. sind u. a.: → Nabelmiere, → Nachtnelke, → Nelke, → Leimkraut, → Sternmiere, → Taubenkropf und → Wasserdarm.

Nelkenwurz, die (*Geum*): Gatt. der → Rosengewächse mit über 50 Arten, v. a. in der nördlichen gemäßigten Zone. Es handelt sich um ausdauernde → Kräuter oder → Stauden mit gefiederten oder geteilten Blättern und großen, roten, gelben oder weißen einzeln oder in Dolden (→ Blütenstand) stehenden Blüten und kleinen Nußfrüchtchen. In Dtschl. sind fünf Arten heimisch. Die wichtigsten sind:

1. Echte Nelkenwurz, die (*Geum urbanum* Linné): auch Benediktenkraut, Benediktenwurzel, Mannskraft-, Hasen-, Märzwurz. Die E. N. ist über die gemäßigten Gebiete Europas verbreitet und wächst verbreitet an feuchten, schattigen, stickstoffreichen Stellen in lichten Wäldern, besonders Eichen-Hainbuchen- und Auenwäldern, in Hecken und Gebüschen (Schlehen-Gesellschaften), gestörten aber frisch-feuchten mesophytischen Buchen- und Laubmischwäldern, auf Waldlichtungen, Schuttplätzen, an Waldwegen, Waldrändern, Ufern, Mauern und schattigen Zäunen, vorzugsweise in der Ebene und in unteren Gebirgslagen, vereinzelt jedoch bis in Höhen von ca. 1900 m.

Die mehrjährige, 20 bis 60 cm hohe Pflanze hat einen dunkelbraunen, walzlichen, bis 2 cm dicken, nach Nelken riechenden → Wurzelstock und einen aufrechten, ästigen, flaumig behaarten, beblätterten, wenig verzweigten Stengel. Die Grundblätter sind unterbrochen gefiedert mit ungleich großen Blättern. BZ: Mai bis September. Die kleinen, gelben, ausgebreiteten, 1 bis 2 cm breiten Blüten stehen aufrecht auf langen Stielen. Die → Bestäubung erfolgt durch Kerbtiere. Die kleinen behaarten Klettfrüchtchen haben einen bis 1 cm langen, an der Spitze hakig gebogenen Schnabel (Griffelrest), stehen in kugeligen Köpfchen und werden leicht durch Mensch und Tier verbreitet.

Die E. N. ist eine alte → Heilpflanze, die im 12. Jh. schon der Heiligen Hildegard von Bingen bekannt war. Verwendung finden die Blätter (zur BZ) und der bitter schmeckende, aromatisch nach Nelken duftende Wurzelstock (vor der BZ), der früher auch als Ersatz für Gewürznelken verwendet wurde. Sie enthalten Gerbstoff, Harze, Vitamin C, Bitterstoff, das Glykosid Geosid, das nach der Hydrolyse Eugenol liefert, und wirken adstringierend, schweißtreibend, fiebersenkend, tonisch, wundheilend und sind magenwirksam. Ein Wein aus E. N. wirkt, vor den Mahlzeiten getrunken, bei Asthenie und nach den Mahlzeiten getrunken bei schlechter Verdauung. Gegen Durchfall wird ein Aufguß gereicht. Kompressen aus einem Brei von frisch zerstoßenen Blättern auf das Auge wirken heilend bei Augenbindehautentzündung und auf Wunden gelegt entzündungshemmend, adstringierend und wundheilend. Bei Kopfschmerzen wirkt ein Aufguß lindernd.

2. Bach-Nelkenwurz, die (*Geum rivale* Linné): auch Ufernelkenwurz, auf der Schwäbischen Alb auch Himmels- oder Heilandsbrot, da die Kinder gerne die nektarreichen Blüten aussaugen. Die B. ist über Nord- und Mitteleuropa verbreitet, im Westen bis zu den Britischen Inseln. Im Süden ist sie bis Südfrankreich und Montenegro verbreitet und hauptsächlich in den Gebirgen anzutreffen. Sie ist ziemlich verbreitet, meist häufig und wächst in feuchten Wäldern, besonders Bruchwäldern, Berg- und Hartholz-Auenwäldern, auf feuchten Wiesen, Flachmooren, in Hochstaudenfluren und feuchten Gebüschen, an Bachufern, Gräben und Quellen, bis in Höhen von über 2000 m; Nährstoffzeiger.

Die mehrjährige, 20 bis 70 (100) cm hohe Pflanze hat einen kräftigen, walzigen, dunkelbraunen Wurzelstock. Der aufrechte, mehrblütige, wenig verzweigte Stengel ist besonders nach oben zu drüsig behaart. Die in einer Rosette stehenden Grundblätter sind unterbrochen gefiedert mit sehr großer, meist dreiteiliger Endfieder, die oberen Stengelblätter sind gelappt, mit grob ungleich gesägten Abschnitten oder einfach. BZ: April/Mai bis Juli/August. Die glockigen, auf langen, drüsig behaarten Stielen nickenden, relativ großen Blüten stehen einzeln oder zu dritt bis fünft in einem armblütigen Blütenstand. Die Bestäubung erfolgt durch Kerbtiere. Die zahlreichen Früchtchen, kleine Nüßchen, stehen in aufrechten, zottig behaarten Köpfchen. Sie bleiben an Tieren hängen und werden auf diese Weise verbreitet.

Die B. ist ebenfalls eine Heilpflanze. Sie enthält etwa dieselben Wirkstoffe, jedoch weniger Gerbstoff, und findet auch die gleiche Verwendung wie die Echte Nelkenwurz, mit der sie gelegentlich → Bastarde bildet.

Nematocera → Mücken

Nematoden (Nematodes) → Fadenwürmer.

Nematoloma → Schwefelkopf.

Neophyten (griech.: *néos* = neu; *phyteu* = Pflanze): gezielt gepflanzte oder zufällig eingeschleppte Pflanzen aus weit entfernten Lebensräumen oder anderen Kontinenten, die in der Lage sind, sich an natürlichen → Standorten inmitten der einheimischen Pflanzenwelt anzusiedeln und zu etablieren. N. können einheimische Pflanzen auch verdrängen; → Floren(ver)fälschung, ausländische Baumarten.

▶▶▶ Ein immer häufiger vorkommender Neophyt ist das Drüsige Springkraut.

Neottia → Nestwurz.

Nesselblättrige Glockenblume, die: → Glockenblume 2.

Nesselblättriger Ehrenpreis, der: → Ehrenpreis 3.

Nesselfalter, der: → Edelfalter 9.

Nesterbruch, der: → Nesterwurf, → Schneebruch.

Nestersaat, die: → Saatformen.

Nesterpflanzung, die: plätzeweise Konzentration von Bäumen zu „Nestern" von ca. 3 bis 4 x 3 bis 4 m^2 zur Verringerung der Pflegearbeit, Bildung von Kampfgruppen.

Nesterwurf, der (Nesterbruch): größere Gruppen vom Sturm, inbesondere vom Wirbelwind geworfene oder gebrochene Bäume; → Einzelwurf, → Gassenwurf.

Nestorchis, die: → Nestwurz.

Nestpilze → Napfpilze.

Nestwurz, die (*Neottia*): auch Nestorchis. Gatt. der → Orchideen mit rd. zehn Arten saprophytisch lebender Pflanzen (→ Fäulnispflanzen), die von von Europa bis Ostasien verbreitet sind. Eine bekannte einheimische Art ist:

Vogel-Nestwurz, die (*Neottia nidus-avis* (L.) L. C. M. Richard): Vogel-Nestorchis, Nestwurz, Nestorchis. Die mit Ausnahme des hohen Nordens und Teilen des Mittelmeerraumes fast über ganz Europa verbreitete V. kommt in ganz Dtschl. zerstreut vor. Sie wächst in schattigen Laubwäldern, besonders Buchenwäldern

(schwache → Charakterart der Seggen-Buchenwälder), auch in Hainbuchen- und Eichenwäldern, sowie in Kiefernmischwaldgesellschaften, seltener Nadelmischwäldern, auf nährstoffreichen, humosen und basenreichen Böden, bis in Höhen von etwa 2000 m.
Die ausdauernde Moderpflanze hat ein kurzes kriechendes Rhizom, das dicht mit fleischigen, unverzweigten Wurzeln besetzt ist, die vogelnestartig verflochten sind; sie ist ein Mullwurzler mit Wurzelpilz. Der 15 bis 30 (45) cm hohe, gelblichbraune, aufrechte, kahle und gerillte Stengel hat vier bis fünf anliegende, scheidenartige Schuppenblätter. Die nur Spuren von → Chlorophyll enthaltende V. blüht von Mai bis Juni. Die kurzgestielten, gedrehten, süßlich riechenden, gelblichbraunen, etwa 15 mm großen Blüten stehen in einer dichten, nach unten zu aufgelockerten, reichblütigen Traube (→ Blütenstand). Häufig befinden sich auch an der Stengelmitte noch einige Einzelblüten. Die V. vermehrt sich sowohl ungeschlechtlich wie auch geschlechtlich (mitunter erfolgt auch Selbstbestäubung).
Nettoholzproduktion, die: → Produktion
Nettoprimärproduktion, die: → Biomasse.
Netzaderiger Dachpilz, der: → Dachpilzartige 5.
Netzblatt, das (*Goodyera*): auch Mooswurz. Gatt. der → Orchideen mit rd. 20 Arten in Europa, Nordamerika und Asien. Es sind sog. Erdorchideen mit netzartig gezeichneten, grundständigen Laubblättern. Die kleinen Blüten stehen in dichten Trauben (→ Blütenstand).
Kriechstendel, der (*Goodyera repens* Robert Brown): auch Kriechendes N. Die über Nord- und Mitteleuropa verbreitete Pflanze ist ziemlich selten, im Bergland häufiger. Die überregionale Ordnungs- → Charakterart der boreal-alpinen Nadelwälder und subalpin-alpinen Zwergstrauch-Gesellschaften wächst in schattigen Wäldern, besonders trockenen, moosigen Kiefern- und Fichtenwäldern, in Nadelholzforsten, boreal-subkontinentalen Kiefern-Steppenwäldern, Schneeheide-Kiefernwäldern und Alpenrosen-Latschengebüschen, auf trockenen bis feuchten, basenreichen Böden, bis in Höhen von etwa 2000 m.
Die ausdauernde 10 bis 30 cm hohe Pflanze mit langen oberirdischen → Ausläufern hat einen oberwärts drüsig behaarten Stengel mit nach oben zu schmal-lanzettlichen, scheidenartigen Stengelblättern. Die netznervigen, herzförmigen bis länglich-eiförmigen, zuweilen weißscheckigen Laubblätter sind am Blütenstengelgrund rosettenartig gehäuft. BZ: Ende Juni bis August. Die kleinen, nickenden, süßlich duftenden Blüten stehen in einem fünf- bis 15blütigen, undeutlich spiraligen, mit Drüsenhaaren besetzten Blütenstand. Sie sind weißlich bis cremefarben, außen grünlich.
Netzfalter, der: → Edelfalter 18.
Netzstieliger Hexenpilz, der: → Röhrlinge 2.
Netzwerk Wald, das: siehe Seite 522/523
neuartige Waldschäden: die explosionsartige, sowohl geographische als auch biologische Ausbreitung der neuartigen Symptome; → Waldschäden.
Neuaufforstung, die: → Erstaufforstung.
Neubruch, der (Rodeland, Waldrot, Neuland, Neuriß, Novalacker): alte Bez. für in Ackerland umgewandeltes Land, welches früher entweder mit Bäumen bestockt war, oder als Weide bzw. Wiese genutzt wurde. Daher → N.-Zehnt, der Zehnte, der auf neu zu kultivierende Ländereien gelegt wurde.
Neubruchzehnt, der (Rottzehnt, Novalzehnt, *decima novalium*): eine seit der Karolingerzeit (ab Mitte des 7. Jh.) bis in die erste Hälfte des 19. Jh. übliche Abgabe auf Grund des kirchenrechtlichen Zehntgebots an weltliche und geistliche Grundherren. Der N. wurde für alles neu unter den Pflug genommene Land (→ Neubruch) gefordert und trug wesentlich zur Förderung der Waldrodung bei. Zehntherr war meistens der örtliche Pfarrer; aber auch Bischöfe und Köster forderten bzw. erhielten häufig ihre Anteile, die eine bedeutende Einnahmequelle darstellten.

Neunblatt-Zahnwurz, die: → Zahnwurz 1.
Neunblatt-Zahnwurz-(Tannen-)Buchenwald, der: → Quirlblatt-Zahnwurz-Buchenwald.
Neuntöter, der: → Würger 1.
Neustrelitzer Seengebiet, das: Im größtenteils waldbedeckten 80 bis 120 m ü. d. M. hohen Hügelland des N. S. liegen unterschiedlich gerichtete Talrinnen mit kleinen Seen. Heidelandschaften und kiefernbestandene Talsandflächen mit Dünen wechseln mit Laubwald tragenden Endmoränen, die das Gebiet im Norden und Süden begrenzen, ab.

Der wissenschaftliche Gattungsname *Goodyera* des Netzblattes geht auf den englischen Botaniker John Goodyer zurück, der im 17. Jh. lebte.

NGTC: Abk. für → North German Timber Control.
NH: Kurzzeichen für → Nadelhölzer nach DIN 4076.
N_{ha}: in der → Waldmeßlehre Abk. für die Stammzahl je ha.
Nichtderbholz, das: frühere Bez. für alles Holz, das nicht zum → Derbholz zählt. Es wird eingeteilt in → Reisholz (Reisig) und in → Stockholz. Nach der Richtlinie des Rats der EWG zur Angleichung der Rechtsvorschriften der Mitgliedsstaaten für die Sortierung von → Rohholz vom 23.1.1968 wird nur noch → Langholz und → Schichtholz unterschieden.

◂◂ Nesterwurf im Fichtenwald

nichtentflammbares Holz: Nach dem → Mondkalender widersteht am 1. März, besonders nach Sonnenuntergang, geschlagenes Holz dem Feuer, unabhängig vom Mondstand und vom Zeichen, das der Mond gerade durchwandert. Aus diesem Holz wurden früher die halbrunden Pfannenhölzer, die Holzkamine, Ofenbänke, aber auch viele andere Geräte und sogar Hofgebäude und Stadel hergestellt bzw. gebaut, um sie feuersicher zu machen; → Wadel.
nichtfaulendes (hartes) Holz: Nach dem → Mondkalender muß n. H. (z. B. Holz für Unterwasserbauten; Pfahlbauten) während der letzten beiden Tage im März bei abnehmendem Mond im Fisch geschlagen werden. Da diese Tage nicht jedes Jahr vorkommen, achtete man früher besonders auf diese Tage oder wählte die Alternativtage, d. s. der Neujahrstag, der 7., 25. und 31. Januar sowie der 1.

Im → Ökosystem → Wald bestehen vielfältige Wechselbeziehungen zwischen den Mitgliedern nur einer → Art (Intraspezifische Wechselbeziehungen) und verschiedenen Arten (Interspezifische Wechselbeziehungen). Diese können für Überleben oder Vermehrung einer Art jeweils fördernd oder hemmend sein. Jede Art ist zunächst einmal „interessiert“, durch möglichst viele Nachkommen ihr Weiterbestehen zu sichern. Dafür gibt es die verschiedensten Strategien.

Sicherung der eigenen Art

Für die → Befruchtung bei den → Pflanzen hat die Natur verschiedene Wege gewählt: Bei → windblütigen und → insektenblütigen Pflanzen findet die Übertragung der → Pollen durch unterschiedliche Träger statt. Auch bei der → Samenverbreitung gibt es Unterschiede. Die → Pionierbaumarten erzeugen z. B. in der Regel zahlreiche vom Wind verbreitete Samen, um ihnen zusagende → Nischen rasch besiedeln zu können. Die „Fürsorge“ vieler Pflanzen, so z. B. Eiche, Kastanie oder Nußbaum, besteht zunächst darin, daß sie ihren Nachkommen mit energiereichen → Samen beste Startbedingungen bieten. Das führt andererseits wieder dazu, daß viele Tiere die energiereichen Samen fressen oder Vorräte mit solchen Samen im Boden anlegen. Das aber dient der Verbreitung, da nicht mehr alle Samen aufgefunden werden und dann keimen können (z. B. → Hähersaat). Das Fruchtfleisch selbst ist ein Lockmittel für Tiere, um die Samenverbreitung sicherzustellen. Oft bieten die Elternpflanzen den Jungpflanzen Schutz vor Witterungsextremen oder auch vor unliebsamen Konkurrenten, die in ihrem Wachstum gehemmt werden.
Bei den Tieren des Waldes ist zunächst das Zusammenfinden der Geschlechter zur Paarung wichtig. Dafür haben die einzelnen Arten unterschiedliche Strategien entwickelt. Die Balz oder Brunft, in denen sich die Geschlechter mit optischen, akustischen oder olfaktorischen Signalen finden und verständigen, ist eine davon. Im Tierreich folgt dann die gezielte Fürsorge für den Nachwuchs und seine Pflege. Die meisten Tiere übernehmen die Aufgaben wie Brut, Füttern oder Säugen mit Hingabe selbst. Der Kuckuck aber schmuggelt seine Eier in fremde Nester und überläßt diese Aufgaben fremden Arten. Das gehört aber schon zu den interspezifischen Wechselbeziehungen.
Bei der Nahrungssuche sind die Tiere auf eine oder mehrere bestimmte Nahrungspflanzen oder tierische Nahrung angewiesen. Zur besseren Sicherung der eigenen Art werden verschiedene Wege gewählt. Einer davon ist die Bildung von Familien, in denen die Paare die Jungen lange umsorgen. Die Bildung von Herden, Rotten oder Rudeln aus Familienverbänden, in denen es dann deutliche Ranghierarchien und auch schon gewisse Aufgabenverteilungen wie Leiten oder Sichern gibt, ist ein anderer Weg.
Bei wenigen → Insekten, so bei den → Ameisen, → Bienen, → Wespen, kommt es zu einer Bildung von Staaten mit kompliziertem Gemeinschaftssinn, ausgeprägten, da unerläßlichen Verständigungsmöglichkeiten und deutlichen Funktionsteilungen. Die Nachkommen werden z. B. nur durch die Königin erzeugt, ihre Aufzucht obliegt dann den Arbeiterinnen.
Wird nun die Zahl der Individuen einer Art zu hoch und Lebensraum oder Nahrung zu knapp, dann gibt es verschiedene Möglichkeiten, die harte, energiezehrende und artbedrohende intraspezifische → Konkurrenz zu vermeiden. Die überzähligen Individuen können im einfachsten Fall in weniger besiedelte, noch geeignete Gebiete abwandern. Das tun die Nachkommen nach der Aufzucht durch die Eltern oder zu Beginn der nächsten Fortpflanzungsperiode, oder die schwächeren Tiere werden verdrängt.

Konkurrenz und Lebensraum

Eine andere Möglichkeit ist die Bildung von deutlich begrenzten Revieren, die mit Duft oder, weniger dauerhaft, mit akustischen bzw. optischen Signalen markiert und dann auch verteidigt werden. Ersteres wenden z. B. Rehböcke und Füchse, letzteres Singvögel und Insekten an. Die Verteidigung des eigenen Reviers erfolgt durch Angreifen und Verjagen, meist aber nur durch Imponiergehabe und Scheinkämpfe. Dennoch kann es zu einer echten Konkurrenz zwischen den Angehörigen einer Art kommen. Bei den ortsfesten Pflanzen ist dies meist der Fall, bei Tieren dann, wenn freie Lebensräume nicht mehr verfügbar sind und ein Ausweichen deshalb nicht mehr möglich ist. Sind die Lebensansprüche einer Art sehr spezifisch auf eine bestimmte Qualität des Lebensraumes gerichtet, kann das sehr schnell auftreten. Die Nahrung verknappt sich und die Mitglieder der Population kommen förmlich ins Gedränge. Bei den Bäumen ist dies besonders augenfällig, wenn sie in den → Dickungen beginnen, einander Konkurrenz zu machen.
Die Arten reagieren höchst unterschiedlich auf die Konkurrenz. Bei vielen Arten, so z. B. bei Mäusen, löst der Streß durch die zahlreichen Begegnungen mit Artgenossen einen Rückgang der Fortpflanzungsrate und eine erhöhte Sterblichkeit aus. In anderen Fällen geht die Fruchtbarkeit wegen Nahrungsmangels zurück, so z. B. bei unserem einheimischen Schalenwild, bei Füchsen und Wölfen. Auf der anderen Seite kann diese bei reichlichem Nahrungsangebot sofort wieder ansteigen. In extremen Fällen werden auch die Angehörigen der eigenen Art vertilgt, es tritt Kannibalismus ein. Durch diese verschiedenen Regulierungsmechanismen pendelt sich eine Population immer auf einem Niveau ein, das die Existenzgefährdung der Art ausschließt.

Interspezifische Wechselbeziehungen und Mutualismus

Zwischen unterschiedlichen Arten können interspezifische Wechselbeziehungen in unterschiedlichster Ausprägung und Intensität auftreten. Sie können vollkommen neutral sein, d. h. die Arten beeinflussen und beeinträchtigen einander nicht. Es gibt auch Wechselbeziehungen bei denen die beteiligten Arten wechselseitige Vorteile haben (→ Mutualismus). Ohne unbedingt darauf angewiesen zu sein, können die Partner auch gelegentlich kooperieren. Viel enger ist die Zusammenarbeit schon bei einer → Symbiose, z. B. der Bestäubung von Blüten durch Tiere: Eiweißreiche Pollen und Nektar werden als Gegenleistung für die weniger verschwenderische Pollenbildung bei der doch gezielteren Bestäubung durch die Tiere geboten. Beide Partner haben dabei Vorteile, die mögliche Nachteile aufwiegen. Ähnliche Übergänge von gelegentlichem (fakultativem) zu zwingendem (obligatorischem) Mutualismus findet man bei der → Mykorrhiza. Gelegentlich gibt es dort aber auch → Parasitismus, z. B. bei den chlorophyllfreien Orchideen, die alle notwendigen Nährstoffe nur über ihre Pilze erhalten. Auch → Knöllchenbakterien und → Actinomyceten leben in Symbiose mit ihren Wirtspflanzen.
Die höchstentwickelte Form des Mutualismus findet man in den Endosymbiosen. Wirt und Symbiont können getrennt gar nicht mehr existieren. Die Wirte bieten ihren Partnern in bestimmten „Organen“ optimale Lebensbedingungen und geben die symbiotischen Mikroorganismen bei der Vererbung gleich direkt an ihre Nachkommen weiter, wie dies z. B. manche holzfressenden Insekten mit Pilzen (→ Ambrosia) oder Bakterien tun. Ein anderes Beispiele dafür sind die → Flechten, eine eigene Pflanzengruppe, die eigentlich nur eine Symbiose von meist Grün-, seltener Blaualgen mit Pilzen, in der Regel Ascomyceten, sind.

Konkurrenz und Nahrungsbeziehungen

Die Wechselbeziehungen zwischen verschiedenen Arten können auch wenigstens eine Art unbehelligt lassen, schädigen oder vernichten. Bei einer solchen probiotischen Beziehung (→ Probiose), auch → Kommensalismus (im weitesten Sinne) genannt, ist eine Art auf einen Wirt angewiesen, wobei dieser keinen Schaden erleidet. Die Aasfresser verzehren z. B. Beuteabfälle der Raubtiere (→ Parökie). Das nutzt ihnen, schadet aber den Beutegreifern nicht. Manchmal genießt ein Partner den Schutz des anderen, ohne daß dies der Schutzgeber überhaupt beabsichtigt. So brüten z. B. Singvögel gern im Schutz der Nester von Beutegreifern. Ein Sonderfall des Kommensalismus ist es, wenn größere Arten kleinere

Arten unbeabsichtigt transportieren (→ Phoresie) wie z. B. Tiere und Vögel Samen in ihrem Fell oder Federkleid. Benutzt eine Art die andere nur, um sich einen Standortvorteil zu verschaffen, so z. B. die → Epiphyten auf Bäumen, dann wird das → Epökie genannt. Schädigt aber ein Partner den anderen, spricht man von → Amensalismus. Penicillin z. B. hemmt das Wachstum von Pilzen und Bakterien, diese beeinflussen umgekehrt aber den Penicillinpilz überhaupt nicht.
Nutzt eine Art (sogenannte → Prädatoren) eine andere als Beute und benötigt sie sogar für ihre Existenz, spricht man von Räubertum (Prädatismus). Zwischen Räubern (Zoophage, → Carnivora) und Beute entwickelt sich auf lange Sicht ein Gleichgewicht: Einer Beutevermehrung folgt als Reaktion eine Vermehrung der Räuber, dadurch wird wieder die Zahl der Beutetiere gesenkt, was wiederum Auswirkungen auf die Vermehrung des Räubers (Räuber-Beute-Verhältnis) hat. Kann die Beute nicht fliehen oder sich sicher verstecken, kann sie ausgerottet werden.
Die Beziehung der → Pflanzenfresser (Phytophage, Herbivore) zu ihren Nahrungspflanzen sind ähnlich. Unter ungestörten Verhältnissen wird die Population der Pflanzenfresser noch durch Räuber reguliert (→ Nahrungskette).
Dieses komplizierte Netz der Nahrungsbeziehungen begünstigt Parasiten, und Schmarotzer leben wie die Räuber von ihrem Partner. Allerdings vernichten sie ihn kaum, sie nutzen ihn vielmehr dauerhaft als Nahrungsquelle. Weil sie immer wieder neue Wirte brauchen, sind sie → r-Strategen. Nach der Enge des Kontaktes mit dem Wirt unterscheidet man → Ekto- und → Endoparasiten. → Wachtelweizen beispielsweise assimiliert zwar selbst noch, bezieht aber von seinem Wirt Wasser und Nährstoffe; damit ist er ein Hemiparasit. Vollparasiten sind Pflanzen ohne Blattgün, wie z.B. → Schuppwurz oder Kleeseide. Raubparasiten, wie → Schlupfwespen, → Raupenfliegen zehren ihre Wirte aus und töten sie schließlich. Endoparasiten leben im Inneren des Wirtes und sind meist sehr eng mit ihm verbunden. Manche Parasiten verursachen an Pflanzen → Gallen. Sie beeinflussen das Wachstum des Pflanzengewebes zu ihren Gunsten, gleichzeitig sind sie in der Galle abgekapselt, die übrige Pflanze wird von Ihnen verschont. Sehr spezialisiert entwickelt ist der Brutparasitismus beim Kuckuck und bei einigen Insektenarten.
Konkurrenz tritt auf, wenn die verschiedenen Arten gleiche Ansprüche beispielsweise an Boden, Wasser, Licht, Nahrung, Brut- oder Lebensstätte haben. Sind die → Ressourcen begrenzt, kann sich auf Dauer in dieser Nische nur eine Art behaupten bzw. es wird eine Art verdrängt. Der Vorgang „Konkurrenz" ist damit zeitlich endlich. Es ist verblüffend, welche Mittel Pflanzen und Tiere beim Kampf um Licht, Wärme, Wasser und Nahrung einsetzen. Dazu gehören unter anderem Licht- und Wasserentzug (→ Allelopathie). Durch den Wettbewerb forcieren die Bäume z. B. das → Höhenwachstum, um einen höheren Lichtgenuß zu erreichen. Das ist aus forstwirtschaftlicher Sicht durchaus erwünscht (→ vollholzig).
Durch die enge, unweigerlich mit Konkurrenz verbundene Nachbarschaft gleicher oder auch verschiedener Arten können neben ungünstigen also auch günstige Wirkungen entstehen. So stützen und schützen sich Bäume gegenseitig, im Extremfall in → Rotten.
Ist der Einfluß einer Art auf eine andere bedrohend oder gar vernichtend, spricht man von Opponenz, die im Gegensatz zur Konkurrenz schnell tödlich sein kann.
Man hat auch beobachtet, daß unter Altbäumen ein natürlicher Fruchtwechsel, → Metabiose genannt, stattfindet. So samen sich im → Bergmischwald unter Fichten gerne Buchen, umgekehrt unter Buchen gerne Fichten an. Das verschafft offensichtlich beiden Partnern Vorteile für das Überleben der Art.
Die genauen Ursachen sind noch nicht erforscht. Es ist bekannt, daß Pflanzen mit biologischen Wirkstoffen (→ Phytonzide) aufeinander fördernd oder hemmend einwirken. Amerikanische Biologen haben herausgefunden, daß sich weit voneinander entfernte Pflanzen durch gasförmige Ausscheidungen verständigen, d. h. vor Schädlingsbefall warnen können. Nicht befallene Pflanzen produzieren dann vorsorglich Abwehrstoffe; → Walddynamik.

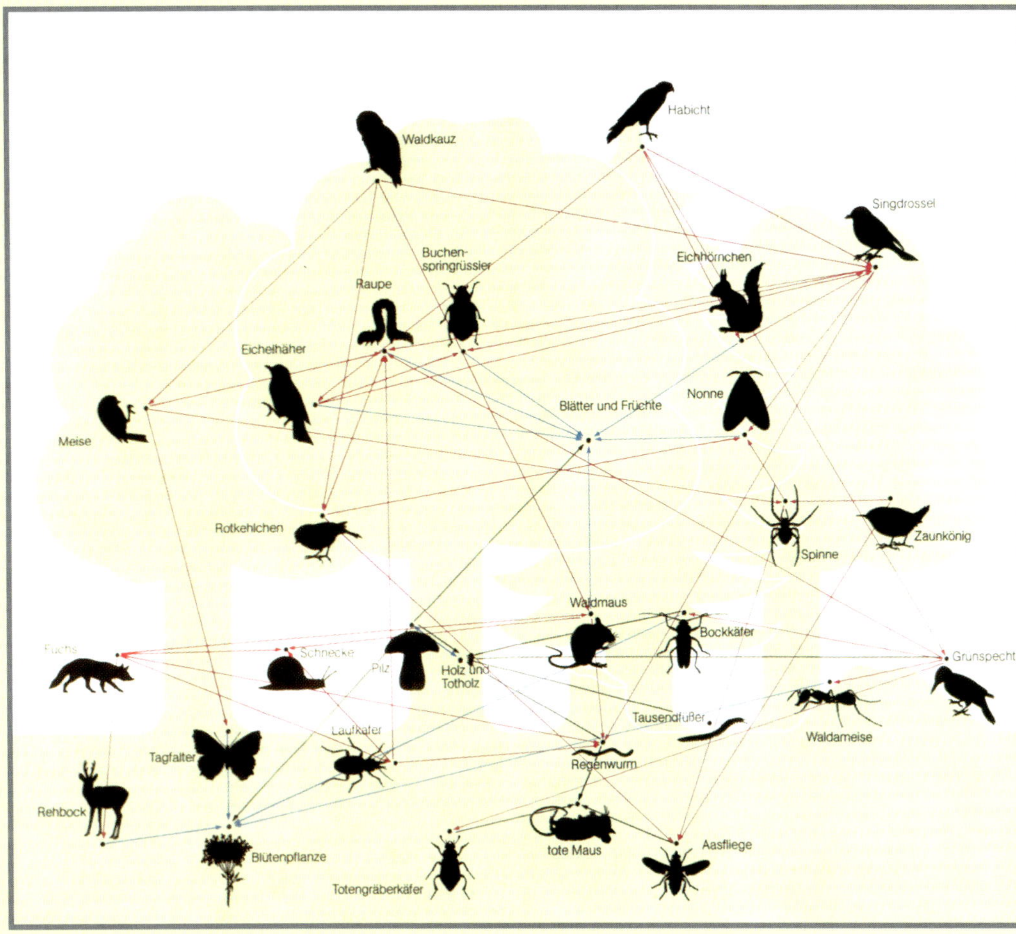

Vielfache Wechselbeziehungen bestimmen und erhalten das Ökosystem Wald.

Niedermoor (Flachmoor) mit Schmalblättrigem Wollgras (*Eriophorum angustifolium*)

und 2. Februar. An diesen Tagen geschlagenes Holz wurmt und fault nicht; → Wadel.

Nichtholzboden, der: auch Nichtholzbodenfläche. in der → Forstwirtschaft Bez. für alle Flächen, die zwar zum Wald gehören, auf denen aber kein Holz produziert wird oder werden kann und auf denen dies auch zukünftig nicht vorgesehen ist; z. B. Steinbrüche, Gräben, Wasserflächen, Moore, Sümpfe, Wege, Äcker, Wiesen und Weiden; → Forstbetriebsfläche. Von der gesamten → Waldfäche der BR Dtschl. (ohne neue Bundesländer) sind ca. 202 000 ha N.-Fläche (→ Staatswald 87 700 ha, → Körperschaftswald 46 400 ha, → Privatwald 67 900 ha).

Nichtstaatswald, der: zur Abgrenzung vom → Staatswald und Bundeswald allg. Bez. für die übrigen Waldeigentumsarten, z. B. → Körperschaftswald und → Privatwald.

Nichtwirtschaftsfläche, die: → Forstbetriebsfläche.

Nichtwirtschaftswald, der: → Forstbetriebsfläche, → Ausschlußwald.

Nickendes Birnmoos, das (*Pohlia nutans* (Hedwig) Lindberg): Das zur Fam. Birnmoose (*Bryaceae*) und zur Klasse → Laubmoose zählende N. B. wächst vom Flachland bis zur Schneegrenze häufig bis verbreitet an lichten bis schattigen Stellen in Wäldern, Heiden und auf Felsen, auf humusreichen Moorböden und Sandböden.

Die grünen bis gelblichgrünen, schwach glänzenden Moospflanzen bilden lockere bis dichte Rasen. Die 1 bis 4 cm hohen, aufrechten Stengel sind ringsum beblättert. Die linealischen bis lanzettlichen Blätter sind lang zugespitzt mit gesägter Spitze. Die → Sporen reifen vom Mai bis zum Herbst. Die nickende bis hängende, leicht abfallende Sporenkapsel ist länglich-birnenförmig, anfangs grünlich, später gelbbraun mit kurz zugespitztem Deckel. Der Kapselstiel ist rot.

Nickendes Leimkraut, das: → Leimkraut 1.

Nickendes Perlgras, das: → Perlgras 1.

Nickendes Wintergrün, das: → Wintergrün 4.

Nidulariaceae → Napfpilze.

Niederblätter (*Kataphylla*): N. sind unscheinbare, farblose und schuppenförmige Blattorgane mit reduzierter Spreite, die an der Basis einer → Sproßachse auftreten. Sie sitzen meist unterirdisch am Erdsproß (Zwiebeln, Kartoffelknollen und Rhizomen).

Niederdurchforstung, die: → Durchforstung.

Niedere Pilze → Algenpilze.

Niederes Labkraut, das: → Labkraut.

Niedergedrückter Rötling, der: → Rötlinge 7.

Niederholder, der: → Holunder 3.

Niederliegende(r/s) ...: siehe unter dem jeweiligen Hauptnamen.

Niedermoor, das: auch Au. Steht das Grundwasser bis an die Oberkante des Mineralbodens, entwickelt sich eine Vegetation, die an diesen ständigen Nässeüberschuß angepaßt ist, z. B. → Torfmoos, → Seggen, → Schilfrohr. Deren abgestorbene Masse zersetzt sich unvollkommen; es entsteht Torf. Der Wasserhaushalt der N. wird durch Grund- oder Hangzugwasser, das den Boden ständig bedeckt, bestimmt. Je nach Charakter des Ausgangsgesteins und des Grundwassers kann ein kalkhaltiges oder saures N. entstehen. N. tragen in der typischen Ausprägung keinen Wald. Ist die oberste Bodenschicht gut mit Luft versorgt, bilden sich auf sauren N. Bruchwälder aus Bi oder Fi (Kie), auf basenreichen N. solche aus SEr, WEi (Pa). Von diesem Bodentyp gibt es Übergangsformen, z. B. → Übergangs-, → Hochmoor. Die Bez. N. wird auch für die Landschaftseinheit verwendet; → Moor.

Niederschlag, der: Wasser, das auf einen konkreten → Standort in Form von Regen, Schnee, Hagel, Nebel, Reif usw. gelangt.

Niederungswälder → Hartholz-Auenwälder.

Niederungs- und Quellwälder → Grauerlen-Galeriewald.

Niederwald, der (Ausschlagswald; nordd.: Stühbusch, Kratt, veraltet: Schlagholz, Schlagwald, Stockwald): Bez. für eine seit dem frühen Mittelalter bekannte Form des → Wirtschaftswaldes. Der N. ist ein gleichaltriger Bestand und setzt sich aus Laubbaumarten zusammen, die nach kurzer → Umtriebszeit (von zehn bis höchstens 40 Jahren) planmäßig (schlagweise) dicht über dem Boden abgehauen werden. Die aus dem Stumpf austreibenden Gerten wachsen rasch, und es steht frühzeitig nutzbares Holz zur Verfügung. Um die Stockausschlagfähigkeit zu erhalten, muß der Hieb pfleglich, so z. B. glatt und schräg ausgeführt werden. Die Bäume können sich aus eigener Kraft durch → Stockausschlag (Stockausschlagswald) oder aber durch Austrieb der Wurzeln selbst (→ Wurzelbrut, Wurzelausschläge) wieder erneuern. Dadurch hat der N. auch ein buschartiges Aussehen. Typische Bäume und Sträucher des N. sind BAh, Bi, Kast, Ei, Es, Faulbaum, Hbu, Ha, Hartriegel, Li, Pa, Rob, SEr, TrKi und Ul, auf nassen Standorten auch Er und Wei. Nicht alle Baumarten besitzen die erforderliche Stockausschlagfähigkeit. Produktionsziel beim N. waren v. a. die Gewinnung von Brennholz, Kohlholz für die Holzkohleherstellung, Rebstecken und → Gerbrinde (→ Eichenschälwald); sog. N.-Betrieb (Stockausschlagbetrieb, N.-Wirtschaft). Heute hat der N. (Buschwald) fast keine wirtschaftliche Bedeutung mehr. Nur 3 % der gesamten → Waldfläche in Dtschl. (alte Länder) – fast die Hälfte davon in Rheinland-Pfalz – sind N. Der kurze Umtrieb mit totaler Kahllegung und die fast vollständige Entnahme der aufstockenden → Biomasse führt zu extremer Beanspruchung der Bodenkraft. Die N. wurden überwiegend in → Mittel- und Hochwald übergeführt; → Kastanienniederwald, Weidenniederwald.

Niederwaldbetrieb, der (Ausschlagbetrieb, Stockschlagbetrieb): → Niederwald.

Niedrige Birke, die: → Birken 3.

Niele, die: → Waldrebe 2.

Nierenfleck, der: → Bläulinge 3.

▸▸▸ Die Christrose blüht oft im Schnee.

Nieswurz, die (*Helleborus*): eine Gatt. der Fam. der → Hahnenfußgewächse (*Ranunculaceae*) mit rund 25 Arten in Europa und Zentralasien. Der Name N. kommt daher, daß die zu Pulver zerriebene Wurzel einen Niesreiz hervorruft und auch zur Niespulverherstellung verwendet wurde. Die Pflanzen der Gatt. N. sind giftig. Bekannte einheimische Arten sind:

1. Christrose, die (*Helleborus niger* Linné): auch Schneerose, Schwarze Nieswurz, Christblume, Christwurz, Weihnachtsrose, Schelmrose, Hain-, Stark-, Schnee- und Güllwurz. Die C. ist über die nördlichen und südlichen Kalkalpen östlich des Inn, bis zum Tessin und die südosteuropäischen Gebirge sowie im Apennin verbreitet. In Dtschl. kommt sie nur in den östlichen bayerischen Alpen noch wild vor. Sie wächst an steinigen, buschigen Abhängen in subalpinen Buchenmischwäldern, Seggen-Buchenwäldern, Schneeheide-Kiefernwäldern und Alpenrosen-Latschengebüschen, west-

Ausschlag im Niederwald. Die Bäume erneuern sich durch Stockausschlag.

submediterranen Flaumeichenwäldern, Bergwäldern, Bergwiesen, nur auf kalkhaltigem Boden von Tallagen bis in Höhen von etwa 1900 m.
Die ausdauernde, kahle Pflanze hat einen schwarzbraunen Wurzelstock und wird 15 bis 30 cm hoch. Der dicke aufrechte Stengel trägt ein bis zwei (drei) eiförmige, blaßgrüne → Hochblätter und meist nur eine Blüte, gelegentlich auch zwei oder gar drei. Die grundständigen Blätter, die überwintern, sind ledrig derb, matt oder glänzend grün, fußförmig sieben- bis neunteilig. BZ: je nach Standort November bis Mai, hauptsächlich Februar bis April, nicht selten mitten im Schnee (Name!). Als Gartenpflanze blüht sie häufig im Dezember. Die Blüte hat etwa 6 bis 10 cm im Durchmesser und hat fünf, anfangs weiße oder zartrosafarbene, im Abblühen grünliche oder rötliche, breit eiförmige, ausgebreitete Blütenhüllblätter (Perigonblätter), deren Ränder sich überlappen. Die bis 3 cm langen → Balgfrüchte sind geschnäbelt und am Grunde verwachsen; → Ameisenpflanzen. Sämtliche Teile der C. sind sehr giftig. Die Vergiftungsmerkmale sind Übelkeit, Erbrechen, Ohrensausen, Atemnot, Sehstörungen und Herzschwäche. Früher wurde sie gegen Schwermut und Gelbsucht verwendet.
2. Grüne Nieswurz, die (*Helleborus viridis* Linné): Die G. N. ist von Westeuropa über Mitteleuropa verbreitet, im Norden bis England, im Süden bis Spanien und Norditalien, im Osten bis Österreich; sie wächst hauptsächlich in den Kalkalpen. Früher wurde sie häufig als → Heilpflanze kultiviert und kommt daher gelegentlich auch aus Gärten verwildert vor. Sie wächst auf feuchten Böden in lichten Wäldern, Bergwäldern, in Gebüschen und auf Sumpfwiesen; Ordnungs- → Charakterart der mesophytischen Buchen- und Laubmischwälder.
Der einfache oder verzweigte Stengel wird 10 bis 50 cm hoch. Die nicht überwinternden, gestielten Blätter, die meist am Wurzelstock entspringen, sind sieben- bis 13teilig. Die stengelständigen Blätter sind kleiner, drei- bis fünfteilig und ungestielt. BZ: Februar bis Mai, hauptsächlich März bis April. Die becherförmigen Blüten, meist zwei oder drei in einem Blütenstand, haben 4 bis 6 cm im Durchmesser und sind nickend. Sie haben fünf grüne, breiteiförmige, ausgebreitete Blütenhüllblätter und kurze Honigblätter. Die Früchte sind etwa 20 bis 25 mm lange Balgfrüchte. Die Wurzel der G. N. wurde früher – wie die der Christrose – als Heilmittel verwendet
3. Stinkende Nieswurz, die (*Helleborus foetidus* Linné): Die S. N. ist hauptsächlich über Südwesteuropa und Westeuropa verbreitet und auch in Süddtschl. anzutreffen. Nach Norden hin wird sie seltener und fehlt schließlich ganz. Sie wächst zerstreut in lichten Laub- und Bergwäldern, warmen Buchen- und Hainbuchen-Waldgesellschaften, Seggen-Buchenwäldern, west-submediterranen Flaumeichenwäldern, an Waldrändern, an steinigen Triften und buschigen Hängen, fast nur auf Kalk.
Die 20 bis 80 cm hohe mehrjährige Pflanze hat einen schwarzbraunen Wurzelstock und überwinternde Stengel und Blätter. Die grundständigen Blätter sind dunkelgrün, ledrig, langgestielt und haben bis zu 11 schmal-lanzettliche, gezähnte Abschnitte. BZ: März bis April, manchmal schon im Februar. Die grünen, oft rot berandeten Blüten sind etwa 2 cm breit und riechen unangenehm (Name!). Sie stehen in verzweigten, einseitswendigen Blütenständen (Rispen), sind nickend und haben fünf sich glockenförmig zusammenneigende grünliche Blütenhüllblätter. Die länglichen, aufgeblasenen Balgfrüchtchen (drei bis fünf) sind bis zu 2 cm lang und enthalten eiförmige schwärzliche Samen (Ameisenpflanze).

Nieteschnitt, der: → Querschnitt des Holzes.

Nineta flava, pallida, vittata → Florfliegen.

Nische, die: Spannweite von Umweltbedingungen unter denen eine → Art bestehen kann. Die Haupt-N. ist dort gegeben, wo die Art ohne → Konkurrenz durch andere Arten existieren kann. Bei der realisierten N. wirkt sich die Konkurrenz anderer Arten aus; → Ökologische Nische.

Nischenblätter → Mantelblätter.

Nitidulidae → Glanzkäfer.

Nitratbildung, die: Unter natürlichen Bedingungen kann der Luftstickstoff unter Mitwirkung energiereicher Höhenstrahlung zu → Ammoniak (NH_3) oder → Stickoxiden (NO_X), bei Funkenentladung zu Stickoxiden umgewandelt werden. Ammoniak kann im Boden unter sauerstoffreichen Bedingungen durch → Bakterien wie z. B. Nitrosomonas zu NO_2- und durch Nitrobacter zu pflanzenverfügbarem NO_3- oxidiert werden (Nitrifikation).

Nitsche, Heinrich, Dr. (14.2.1845 Breslau bis 8.11.1902 Tharandt): Er wurde 1874 außerordentlicher Professor an der Universität Leipzig und 1876 Professor der Zoologie an der Forstakademie → Tharandt. Zusammen mit → Judeich gab er u. a. heraus: „Lehrbuch der mitteleuropäischen Forstinsektenkunde“ mit einem Anhang: Die forstschädlichen Wirbelthiere (1885 – 1895, 2 Bde.).

nivale Stufe, die: → Vegetationsstufen.

NK: Abk. für → Nutzungskoeffizient.

Noctuidae → Eulen B.

Nodernkraut, das: → Wurmfarn 1.

Nomenklatur, die: in der → Biologie Bez. für die Namensgebung für die Vertreter der systematischen Kategorie (→ Systematik). Ausgangspunkt für die heutige N., die Namensgebung, sind → Linnés „Species plantarum“ aus dem Jahre 1753. Die heute gültigen „Internationalen N.-Regeln“ für die Botanik sind niedergelegt im „Internationalen Code der Botanischen N.“. Die Frage der Regelung der wissenschaftlichen Pflanzennamen ist auf vielen internationalen Kongressen geregelt worden, z. B. 1867 in Paris, 1905 in Wien, 1930 in Cambridge, 1938 in Berlin, 1950 in Stockholm, 1952 in Utrecht und London, 1975 in Leningrad und 1981 in Sidney. Die botanischen Namen sind aus der lateinischen oder altgriechischen Sprache sowie aus latinisierten Vernacularnamen, d. h. aus volkstümlichen Bez. der Eingeborenen fremder Länder, zusammengesetzt. Linné schuf auch die heute noch übliche „binäre N.“, das ist die Benennungsweise für Tiere und Pflanzen, die dem Gatt.-Namen die Artbezeichnung im engeren Sinn, das Epitheton, hinzufügt. Ersterer wird mit großen, letzterer mit kleinen Anfangsbuchstaben geschrieben. Die Namensgebung richtet sich nach der ältesten Bez. Aus diesem Grund kommt es immer wieder zu Änderungen der lateinischen Bez.

Nonne, die: → Trägspinner 1.

Nonnen(fraß)holz, das: durch Kahlfraß der Nonne (→ Trägspinner 1.) auf dem Stock abgestorbenes Holz.

Nonnenmeise, die: → Meisen 4.

Nonnenspinner, der: → Trägspinner 1.

Nordfledermaus, die: → Fledermäuse 11.

Nordische Birke, die: → Birken 3.

Nordische Fledermaus, die: → Fledermäuse 11.

Nordische Johannisbeere, die: → Stachelbeere 2.

Nordische Kiefer, die: Handels-Bez. für Kiefernholz, das aus Skandinavien, Polen und aus den GUS-Ländern stammt.

Nordische Linnäe, die: → Moosglöckchen.

Nordischer Streifenfarn, der: → Streifenfarn 3.

Nordisches Labkraut, das: → Labkraut 7.

Nordisches Moosglöckchen, das: → Moosglöckchen.

Nordlicher Streifenfarn, der: → Streifenfarn 3.

Nördlinger, Hermann von, Dr. (13.8.1818 Stuttgart bis 19.1.1897 Ludwigsburg): N. studierte in Hohenheim und Tübingen, war von 1843 bis 1845 Professor an der landwirtschaftlichen Anstalt in Grand-Jouan (Bretagne) und wurde 1845 an die land- und forstwirtschaftliche Akademie in Hohenheim berufen. Nach Aufhebung der forstlichen Abteilung siedelte er 1881 nach Tübingen über. Seine bevorzugten Arbeitsgebiete waren Forstbotanik, Forstbenutzung und Forstschutz. Er schrieb u. a.: „Die technischen Eigenschaften der Hölzer für Forst- und Baubeamte, Technologen und Gewerbetreibende“ (1860), „Der Holzring als Grundlage des Baumkörpers. Eine dendrologische Skizze.“ (1871), „Deutsche Forstbotanik ... etc.“ (1874 u. 1876, 2 Bde.), „Lehrbuch des Forstschutzes ... etc.“ (1884). Von ihm stammen auch „Querschnitte von 100 Holzarten, umfassend die Wald- und Gartenbaumarten“ (1852 – 1888, 11. Bde.).

Dr. Hermann von Nördlinger

Das zum Verkauf bestimmte Holz wird stammweise numeriert.

Nördlinger, Julius Simon von (28.9.1771 Pfullingen bis 28.6.1860 Stuttgart): N., Vater von Hermann N., der sich große Verdienste um das württembergische Forstwesen erworben hat, war Kgl. Württembergischer Oberfinanzrat und Referent für das gesamte Forst- und Bergwesen (1818 – 1840) im Oberfinanzkollegium in Stuttgart. Seine forstliche Tätigkeit begann er mit umfangreichen Forstvermessungen und Taxationen, seine Haupttätigkeit lag später jedoch im Bereich der Forstverwaltung.
Nordluchs, der: → Luchs.
Nordmannstanne, die: → Tannen 3.
Nordwald, der: frühere Bez. für den Frankenwald.
Normalhieb(s)satz, der: → Hieb(s)satz des Normalwaldes (→ Idealwald).
Normalleistung, die: nach dem Manteltarifvertrag für → Waldarbeiter (→ Tarifverträge) bei Stücklohnarbeiten (→ Lohnformen) diejenige Leistung, die von jedem geeigneten, geübten und voll eingearbeiteten Waldarbeiter mit ordnungsgemäßem Werkzeug und im zweckmäßigen Arbeitsablauf unter Wahrung der Betriebssicherheit ohne Gesundheitsschädigung auf die Dauer im Durchschnitt erreicht und erwartet werden kann, wenn die Arbeitszeit und die in den Vorgabezeiten enthaltenen Verteil- und Erholzeiten eingehalten werden.
Normalverband, der: → Standraum.
Normalvorrat, der: → Holzvorrat.
Normalwald, der: → Idealwald.
Normalwelle, die: → Welle 2).
Normalzuwachs, der: → Zuwachs des Normalwaldes (→ Idealwald).
Normung des Holzes, die: → Holznormung.
North German Timber Control (NGTC): von 1945 bis 1947 für die gesamte Holzbewirtschaftung in der damaligen britischen Besatzungszone zuständiger Teil der britischen Militärregierung zur Abwicklung von Reparationsleistungen.
Norwegischer Ahorn, der: → Ahorne 4.
Norwegisches Ruhrkraut, das: → Ruhrkraut 2.
Nosakowitz, Wilhelm (15.2.1896 Neustadtl bei Böhmisch Leipa bis 26.1.1990 Bad Reichenhall): N. absolvierte 1917 die deutschsprachige forstliche Bildungsanstalt in Reichstadt und erhielt anschließend eine Stelle als Forstmeister bei den Prinzen Hohenlohe-Langenburg in Rothenau bei Görkau. N. befaßte sich nach seiner Vertreibung u. a. mit Projekten des Naturschutzes, der Schaffung von Feuchtbiotopen und Baumschulen und errichtete beim Sudetendeutschen Archiv eine nach ihm benannte Stiftung zur finanziellen Unterstützung studierender oder in Ausbildung befindlicher bedürftiger Leute im Bereich des Forstwesens oder der Landwirtschaft, die sudetendeutscher Abstammung sein sollen.
Nößel, der, das: veraltete, früher in verschiedenen Gegenden Sachsens übliche Bez. für den sechzehnten Teil eines → Klafters.
Notholz, das: frühere Bez. beim Weserholzhandel (→ Flößerei) für diejenigen Eichenbretter und -dielen (Notdielen), aus denen die Särge gefertigt wurden, auch Bez. für Bauholz für den (anerkannten) Eigenbedarf.
Notodontidae → Zahnspinner.
Nottrieb, der: → Angsttrieb.
Novalia, die: frühere Bez. für neu gerodetes Land.
Novalzehnt, der: → Neubruchzehnt.
Numerieren, das: Zur Kennzeichnung des für den Verkauf bestimmten Holzes erhält jeder Stamm (Nutzholzstamm), jeder Stangenhaufen und jeder Stoß → Schichtholz der im Wald verkaufsbereit hergerichtet wurde, eine Nummer. Diese wird entweder mit Farbstift oder Spray oder mit → Numerierschlägel angebracht. Beim → Langholz erfolgt dies auf die Stirnseite (Abhieb), bei Stangenhaufen auf einem daneben geschlagenen Pfahl, beim Schichtholz auf ein etwas vorgeschobenes Holzstück. Stück für Stück bzw. Posten für Posten wird dann der Nummernfolge entsprechend in ein → Nummernbuch eingetragen. Bei Stämmen und Stammabschnitten wird meist neben der Nummer auch die Länge und der → Mittendurchmesser mit angegeben; → Holzaufnahme. Zunehmend Anwendung finden Nummernplättchen aus Metall, Holz oder Plastik in verschiedenen Farben bzw. Farbkombinationen und unterschiedlichen Verankerungsmöglichkeiten. Nummernplättchen in „P-Qualität" haben z. B. eine spezielle Kunststoffrezeptur, die ein rückstandsloses Auflösen der Plättchen bei der Papierfertigung ermöglicht.
Numerierschlägel, der: auch Numerierschlegel, -hammer. Ein hammerartiges Anschlaggerät mit beweglichen Ziffern zum → Numerieren von → Rohholz; → Waldhammer.
Nummernbuch, das (Schlagregister, Abpostungsbuch): In das N. werden die Hiebsergebnisse eines Schlages, d.h. das für den Verkauf bestimmte Holz Stück für Stück bzw. Posten um Posten nach der Nummernfolge nach Nummer, → Holzart, Sortiment und Menge eingetragen; → Numerieren.
Nummernplättchen, das → Numerieren.
Nünninger Buche, die: Die N. B. bei Walsrode ist etwa 250 bis 300 Jahre alt. Ihre prächtige Kuppelkrone konnte sich so entwickeln, weil der Baum auf einem freien Acker wächst. Der Stammumfang der Bu beträgt 5,85 m.
Nürnberger Reichswald, der: nördlich und östlich von Nürnberg, im Vorland der Alb liegender berühmter und geschichtsträchtiger Wald, bestehend aus den beiden Wäldern zu beiden Seiten der Pegnitz, dem Laurenzer- und dem Sebalder Wald, der ursprünglich eine Fläche von 32 000 ha umfaßte. Vor der Besiedlung war der N. R. ein → Mischwald in dem die Ei vorherrschten, gemischt mit Bi, Bu, Kie und Fi. Bereits um 800 (zur Zeit Karls des Großen) war er königlicher Bannforst (→ Bannwald), der von königlichen Reichsbeamten verwaltet wurde. Im Jahre 1266 geht das Forstmeisteramt im Laurenzerwald an das Geschlecht der → Waldstromer, 1289 an die der Coler-Forstmeister. 1293 erfolgt die Belehnung der Burggrafen mit dem Sebalder Wald. Im Jahre 1372 gelangte das Forstmeisterlehen des Otto Coler an die Stadt Nürnberg, und 1396 verkauften die Waldstromer ihr Oberforstmeisteramt im Laurenzerwald für 10 000 Gulden an die Stadt. 1427 verkauften die Burggrafen mit kaiserlicher Genehmigung ihre Rechte am Sebalder Wald und Laurenzerwald an die Stadt Nürnberg, behielten sich aber den → Wildbann vor. Die reiche Stadt Nürnberg besaß damit den Reichswald als ein Reichslehen. Ihre Rechte wurden 1476 und 1494 ausdrücklich bestätigt. Der N. R. war eine wesentliche Voraussetzung für den glanzvollen Aufstieg der Stadt Nürnberg im Mittelalter. Er lieferte Holzkohle, Bau-, Werk- und Brennholz, Honig für die Lebkuchen, → Harz und diente als → Waldweide sowie der → Waldstreunutzung. Durch eine große Anzahl von Schmiedehämmern, Bronze- und Messinggießereien aber auch durch große → Waldbrände war der N. R. bereits zu Beginn des 14. Jh. so stark ausgebeutet, daß Holznot herrschte. Im Jahre 1368, zur Osterzeit, ließ deshalb der Nürnberger Handelsherr und Bergwerksunternehmer Peter → Stromer als erster Ndh säen, um den Holzmangel abzuwenden. Diese Methode machte Schule und Nürnberger Fachleute (→ Tannensäer) zogen aus, um die gewonnenen Erkenntnisse und den Ruhm Nürnbergs durch ganz Mitteleuropa zu tragen. Bereits 1340 führte die Übernutzung, besonders durch die Holzverkohlung, zu einem kaiserlichen Verbot der Anlage von Holzkohlenmeilern. Diese und noch weitere kaiserliche Anordnungen konnten die übermäßige Ausbeutung des Waldes nicht verhindern. Bis zur Mitte des 16. Jh. haben reichsstädtische Verordnungen und Organisationen die Forstwirtschaft im N. R. auf ein sehr hohes Niveau gebracht. Die Nürnberger Forstwirtschaft galt seinerzeit als die erfolgreichste weit und breit. Nach Schätzungen betrug um 1500 die Zusammensetzung der → Baumarten im N. R.: 55 % Kie, 12 % Fi, 3 % Ta, 3 % Bu, 20 % Ei und 7 % sonstige Laubbäume wie Bi, Hbu und Li. Sehr bedeutend war auch die → Zeidelweide. In und um den N. R. entstanden Zeideldörfer, weswegen der N. R. damals als „des Reiches Piengarten" bezeichnet wurde. Die erste genaue Vermessung des N. R. und damit die erste exakte Waldvermessung überhaupt ließ der Rat der freien Reichsstadt um 1590 durch den Ratsherrn und berühmten Kartographen Paulus Pfinzing (29.8.1554 bis 1599) vornehmen. Eingezeichnet sind die → Forsthuben (Erbförstereien), Zeidelgüter und

die Städte, Märkte und Dörfer, die Waldrechte besaßen, daneben auch Vogelherde. Der Verfall der reichsstädtischen Macht und der Dreißigjährige Krieg (1618 bis 1648) brachten, bedingt durch die Ausweitung von verschiedenen Nutzungsrechten (Weide-, Bau- und Brennholzrechte, Streunutzungsrechte), durch korrupte Erbförster und durch Eingriffe der Markgrafen von Ansbach einen Niedergang des Forstwesens. Sie zehrten stark an der Substanz des Waldes. Die nachfolgenden Jahrzehnte mit dezimierter Bevölkerung führten aber wieder zu einer Erholung des Waldes. Auch das vermehrte Großraubwild wie die Wölfe sorgten dafür, daß der Bestand an Rot- und Rehwild niedrig blieb und der Wald sich verjüngen und wachsen konnte. Im Jahre 1806, als die reichsstädtische Ära zu Ende und der N. R. an die Krone Bayerns überging, drohte ihm der Niedergang. Überhöhte Wildbestände, hoher Bau- und Brennholzbedarf und nicht zuletzt die Waldstreunutzung ließen große Ödflächen entstehen. Nur ca. 6 % des Baumbestandes waren älter als 60 Jahre. Die Bayerische Forstverwaltung bemühte sich, die jahrhundertealten Forstrechtsbelastungen durch Ablösung zu verringern, wodurch der Wald sich auch gut erholte. Eine Entlastung für den N. R. war auch in Sicht, als die → Steinkohle das Brennholz weitgehend ablöste sowie Eisenbahn und Ludwig-Donau-Main-Kanal den Transport von notwendigem Holz auch aus anderen Landesteilen ermöglichte. Durch eine Massenvermehrung des Kiefernspanners (→ Spanner 6.) wurden zwischen den Jahren 1892 und 1896 10 000 ha Wald (rund ein Drittel des N. R.) vernichtet. Die Aufforstung erfolgte wieder mit Kie, es entstand der sog. „Steckeleswald". Die Kriegs- und Nachkriegsjahre der zwei Weltkriege führten ebenfalls zu einer Übernutzung des Waldes. Nach dem Zweiten Weltkrieg entstanden in Stadtnähe riesige Kahlflächen, insgesamt ca. 4000 ha, die mit Ei, Hbu, Ul, Es, Ah und Kie aufgeforstet wurden, wobei der Schwerpunkt auf Ei und Kie lag. Von den heute noch vorhandenen 24 000 ha Wald – 7000 ha gingen durch Militäranlagen, Stadterweiterung, Industrie und Verkehr verloren – sind inzwischen 80 % als → Erholungswald (Naherholungsgebiet für die Industrieregion Mittelfranken) ausgewiesen; → Waldinformationszentrum Tennenlohe.

Nürnberger Waldplan, der: Der N. W. von 1516, gefertigt durch den Nürnberger Kartographen Erhard Etzlaub, gehörte zur → Waldordnung und gilt als erstes Kartenbild auf verhältnismäßig exakter Flächengrundlage. Er enthält erstmals Teilflächen des Waldes nach forstlichen Gesichtspunkten (v. a. Holzarten).

Nuß, die: → Schließfrucht.

Nußbaum der: → Walnüsse.

Nußbohrer, der: → Rüsselkäfer 18.

Nüßlein, Fritz, Prof. (1.6.1899 Regensburg bis 30.1.1984 Hann.-Münden): N. studierte ab 1918 an der Universität München Forstwissenschaften und legte 1925 die Große Forstliche Staatsprüfung ab. Anschließend fand N. Verwendung im Finanzministerium (Ministerialforstabteilung) und übernahm von 1933 bis 1936 die Forstamtsaußenstelle Hohenaschau. Im Reichsforstministerium wurde N. u. a. mit der Ausarbeitung einer Jagdnutzungsanweiung beauftragt und erhielt nach Kriegsende im Jahre 1946 einen Lehrauftrag der Forstfakultät Hann.-Münden. Ab 1954 wurde er ordentlicher Professor für Jagdkunde und schuf einen losen „Internationalen Ring der Jagdwissenschaftler". Er schrieb u. a. das bekannte Lehrbuch zur Einführung in das Waidwerk „Jagdkunde" (1962). Er begründete auch die „Zeitschrift für Jagdwissenschaft".

Nüsslinsche Tannenjungholzlaus, die: → Blattläuse 11.

Nuß, Türkische, die: → Hasel 2.

Nutzen, der: alte Bez. für einen gefällten Baum (Stamm) der → Nutzholz liefert sowie für die davon abgesägten (abgelängten) Stücke.

Nutzfläche, forstliche, die: → Forstbetriebsfläche.

Nutzfunktion des Waldes, die: → Waldfunktionen.

Nutzholz, das: alles Holz, das weder zum Verbrennen (→ Brennholz) noch zum Verkohlen bestimmt ist.

Nutzholzborkenkäfer, der: → Borkenkäfer 20., 23. und 34.

Nutzholzvorrat, der: nutzbare Holzmenge; → Holzvorrat.

Nutzkloben → Nutzscheite.

Nutzknüppelholz, das: auch Nutzrundlinge, Nutzprügel. frühere Bez. für Rundstücke von 7 bis 14 cm Durchmesser mit Rinde (→ D. m. R.) am schwächeren Ende.

Nutzkrappen: in Bayern Bez. für in Schichtmaß eingelegte Nutzstecken (→ Rundlinge) aller → Holzarten (meist → Nadelhölzer) von 3 bis 7 cm Durchmesser mit Rinde (→ D. m. R.) am schwächeren Ende. Die N. gehörten zum → Nutzreisig und mußten an beiden Enden mit der Säge geschnitten sein.

Nutzprügel → Nutzknüppelholz.

Nutzreisig, das: auch Reisernutzholz. die oberirdische Holzmasse bis einschließlich 7 cm Durchmesser mit Rinde (Gerten, Reiser, Zweige) am stärkeren Ende, die z. B. als Zier- und Deckreisig oder Besenreis dient. N. wird in Schichtmaßen (rm) eingelegt oder in → Wellen eingebunden; → Reisholz.

Nutzrinde, die: → Rinde die zum Gerben (→ Lohrinde) oder zu anderen gewerblichen Zwecken, z. B. für Dach- und Wandbedeckung, dient (Eichenlohrinde und Fichtenrinde).

Nutzrollenholz, das: auch Nutzroller. nach der früheren → Holzmeßanweisung (Homa) zu Nutzzwecken geeignete Rundstücke, meist 1 oder 2 m lang. N. wurde in zwei Stärkeklassen ausgehalten: A mit über 20 cm und B mit über 14 bis 20 cm Durchmesser mit Rinde (→ D. m. R.) am schwächeren Ende. Es wurde in → Raummaß eingelegt.

Nutzrundlinge → Nutzknüppelholz.

Nutzscheite: auch Nutzkloben, Nutzspälter. alte Bez. für meist aufgespaltenes → Nutzholz von → Rundlingen mit mehr als 14 cm Durchmesser mit Rinde am schwächeren Ende. N. wurde in Schichtmaßen eingelegt und von Schäfflern und Wagnern benötigt, aber auch zu → Holzdraht, Span-, → Schindel- und Faßdaubenholz (→ Böttcherholz) verarbeitet.

Nutzspälter → Nutzscheite.

Nutzstangen → Stangen.

Nutzung, die: ein aus früherer Zeit stammender Fachausdruck für das Fällen von Bäumen; z. B. Holznutzung; → Holzeinschlag, → Nebennutzung. Die außerordentliche oder zufällige Nutzung ist eine nicht von der → Forsteinrichtung geplante N.; sie ist z. B. durch Naturereignisse verursacht; steuerlicher → Hieb(s)satz.

Nutzung infolge höherer Gewalt → Scheidholz.

Nutzungsalter, das: → Abtriebsalter.

Nutzungsanfall, der: → Holzeinschlag.

Nutzungsart, die: **1)** Als allg. forstlicher Begriff bezieht sich die N. auf die Form der Holzentnahme, z. B. Einzelstammnutzung, schlag(flächen-)weise Nutzung. **2)** In der → Forsteinrichtung wird hinsichtlich der N. nach → Vornutzung (VN) und → Endnutzung unterschieden.

Nutzungsfläche, die: die konkrete oder ideelle Fläche, auf der Nutzungen während des Einrichtungszeitraumes geplant sind.

Nutzungsgrad, der: Anteil des als tierische Nahrung verfügbaren Pflanzenwuchses.

Nutzungskoeffizient (NK), der: **1)** der tatsächliche → Holzeinschlag in Prozent des → Hieb(s)satzes. **2)** aus einer Formel hergeleiteter Hilfswert für die Rangfolge der Nutzungen in Endnutzungsbeständen. Der N. wird über den laufenden → Zuwachs hergeleitet und ist abhängig von der Baumart, dem Alter, dem Bestockungsgrad, der Bonität.

Nutzungsmenge, die: → Holzeinschlag.

Nutzungsprozent, das: ein → Nachhaltsweiser, Relation zwischen geplantem → Hieb(s)satz und dem tatsächlichen Vorrat als **wirkliches N.**, zwischen normalem Hieb(s)satz und → Normal-(oder Ideal-)Vorrat als **normales N.** Im Normalwald (→ Idealwald) sind → Zuwachsprozent und N. identisch. Das **Jahrzehnt-N.** ist der prozentuelle Abnutzungssatz für das Planungsjahrzehnt bezogen auf den → Holzvorrat zum Stichtag.

Nutzungsrecht, das: → Forstrechte.

Nutzungssatz, der: der steuerliche → Hieb(s)satz.

Nutzungsschaden, der: Schaden im Bestand, v. a. verursacht durch Rückegeräte (→ Rücken); → Rückeschäden.

Nutzwertanalyse, die: Analyse verschiedener Alternativen, z. B. bei der → Forsteinrichtung.

Nyctereutes procyonides → Marderhund.

Nymphalidae → Edelfalter.

Nymphen: in der griechischen Mythologie niedere weibliche und meist gütige Gottheiten. N. gelten als die wohltätigen Geister der Orte, der Berge, Bäume, Wiesen, Grotten usw. In Quellen hausen Najaden, in Bergen Oreaden, in Bäumen → Dryaden, in Wiesen Leimoniaden, in Meeren Nereiden und in Tälern Napäen. Ihr Heiligtum ist das Nymphaion (Nymphäum). Von der Kunst wurden sie als liebliche Mädchengestalten dargestellt. Im übrigen sind N. sterblich wie die Menschen, nur daß ihr Leben ungleich länger währt.

O

Oberboden, der: → Mutterboden.
Obere Baumgrenze, die: → Baumgrenze.
Oberflächenabfluß, der: Teil des → Niederschlags, der an oder nahe der Bodenoberfläche abfließt und nicht ins → Grundwasser geht.
Oberflächenrisse → Risse 1).
Oberförster, der: frühere Dienst-Bez. für einen Beamten des gehobenen technischen Forstdienstes, jetzt Forstoberinspektor.
Oberförsterei, die: Behörden-Bez. in Preußen bis 1934, abgelöst durch die neue Bez. → Forstamt.
Oberförsterbezirk, der: Dienststellen-Bez. in Preußen ab 1934; löste die bis dahin übliche Bez. „Revierförsterei" ab.

Der Oberpfälzer Wald. Blick vom Schloßberg Flossenbürg

Oberforstmeister, der: frühere Dienst-Bez. für einen Beamten des höheren Forstdienstes; Forstmeister (Forstrat), O. (Forstoberrat), Forstdirektor. Der Dienststellung nach ist der Forstoberrat meist Leiter oder stellvertretender Leiter eines → Forstamtes.
Oberhaare → Haare.
Oberheimgereut, das: → Gereut.
Oberhöhe des Bestandes, die (Bestand(e)soberhöhe): → Mittelhöhe einer definierten Anzahl oder eines definierten Anteils der höchsten oder stärksten Bäume eines → Bestandes, z. B. der 100 stärksten (Spitzenhöhe h100) oder der 20 % stärksten (Weisersche Oberhöhe ho). Sie ist leichter als die → Mittelhöhe zu bestimmen und von Niederdurchforstungen nur wenig, von Hochdurchforstungen (→ Durchforstung) hingegen stark beeinflußt.
Oberholz, das: **1**) im Mittelwaldbetrieb (→ Mittelwald) Bez. für aus → Samen gezogene Stämme (Baumholz), die der Oberstufe angehören, meist → Lichtbaumarten. Sie wurden zum Zwecke der Nutzholzproduktion beim ersten → Umtrieb übergehalten. Von diesen übergehaltenen Stämmen läßt man einige auch beim zweiten und dritten Umtrieb stehen, so daß schließlich ein aus verschiedenen, der jeweiligen → Umtriebszeit entsprechenden Altersstufen zusammengesetztes O. entsteht. Diese übergehaltenen Stämme werden vom zweiten Umtrieb an → Laßreiser, vom dritten Umtrieb an Oberständer (→ Überhälter), vom vierten Umtrieb an angehende Bäume und vom fünften Umtrieb an Hauptbäume genannt. **2**) O. wird auch zu Nutzholzzwecken taugliches Astholz bestimmter → Laubbäume genannt, die im → Freistand erwachsen sind. **3**) Im Spessart und Pfälzer Wald wird mit O. Abfallreisig bezeichnet, das aus den schwächeren Ästen besteht und bei den Hieben zugunsten Forstberechtigter auf der Hiebsfläche liegen bleibt.
Oberkrume, die: → Mutterboden.
Oberlandforstmeister, der: → Landforstmeister.
Oberlast, die: svw. → Oblast.
Obermärker, der: → Märkermeister.
Obermast, die: → Mast.
Oberpfälzer Wald, der: bewaldetes Mittelgebirge, das im Süden an den Inneren → Bayerischen Wald angrenzt und nach Nordwesten verläuft. Höchste Erhebungen sind Schwarzkoppe (1039 m) und Entenbühl (936 m). Der O. W. ist wegen seiner Grenzlage zu Böhmen das burgenreichste Gebiet Bayerns, wenn auch die meisten heute nur noch Ruinen sind (z.B. Burgruine Flossenbürg und Leuchtenberg). Etwa zwei Fünftel der Fläche sind mit Wald bedeckt. Seine umfangreichsten Waldgebiete (Nadelwaldgebiete: hauptsächlich Fi, aber auch Ta und Kie) liegen an der Grenze zu Tschechien. Laubbäume wie Bu, Ei, Bi, Er und Es sind seltener, wenngleich auch ein langfristiger Bestockungsumbau vorgesehen ist. Auf nährstoffarmen Böden, z. B. im Waldsassener Gebiet, wird die Kie allerdings auch in Zukunft das Landschaftsbild prägen. 1971 wurde der → Naturpark „Oberpfälzer Wald" und 1975 der Naturpark „Nördlicher Oberpfälzer Wald" gegründet. Sie umfassen zusammen ein Gebiet von 136 500 ha. Der Nördliche O. W. umschließt dabei noch das Landschaftsschutzgebiet Leuchtenberg-Luhetal mit dem 91 ha großen → Naturschutzgebiet Lerautal. In der Nähe von Waidhaus liegt der → Urwald am Pfrentschweiher. In dem aus Fi, Kie, Er und Bi bestehenden Wald haben die Bäume, so scheint es, in der Luft → Wurzeln geschlagen. Durch die Trockenlegung des Pfrentschweihers im vorigen Jh. hat sich der Torfboden gesenkt und die Wurzelstöcke – z. T. bis zu eineinhalb Metern hoch – freigelegt.
Oberschicht, die: → Bestockungsaufbau.
Oberstand, der: → Bestockungsaufbau.
Oberständer, der: → Überhälter.
Oberstärke, die: → Zopfstärkedurchmesser.

Oberwuchs, der: alte Bez. für → Oberholz 3).
Oblast, die (Mz.: Oblasten): die früher auf den Flößen (→ Flößerei) mitgenommene Fracht wie → Brennholz, → Bretter, → Kantholz, → Holzkohle, schwere Eichenhölzer, → Latten, Weinpfähle, → Faßreifen, → Schindelholz, Eisen, Salz u. a. Ware.
Obsthecke, die: Hecke aus Urformen der heutigen im Garten angebauten Obstgehölze, wie z. B. Holzapfel, Holzbirne, Hasel, Holunder und auch Stachel-, Johannis-, Brom- und Himbeere; → Hecken und Gebüsche.
Ochsenauge, das: → Augenfalter 7.
Ochsenaugen: alte Bez. für die ringförmigen → Überwallungen an den Stellen der abgefallenen Äste.
Ochsenblume, die: → Arnika.
Ochsenzunge, die: → Porlinge 10.
Ockerbrauner Trichterling, der: → Trichterlinge 4.
Ockertäubling, der: → Täublinge 13.
Odenwald, der: zwischen Neckar und Main gelegenes waldreiches Mittelgebirge, das im Westen mit seinem z. T. über 400 Meter hohen Steilanstieg das Oberrheinische Tiefland überragt. Der südliche Teil war früher ein ausgesprochenes Laubwaldgebiet mit Bu und TrEi. Heute besteht die Hälfte des Waldes aus Fi, Dgl, Kie und Lä.
Odermennig, der (*Agrimonia*): Gatt. der → Rosengewächse. schon im Pliozän (→ Erdzeitalter) bekannt, mit rd. 20 Arten in der nördlichen gemäßigten Zone, vereinzelt auch in den Anden und Tropen. Es handelt sich um ausdauernde → Kräuter mit gefiederten Blättern und meist gelben, seltener weißen Blüten in aufrechten, ährenförmigen Trauben (→ Blütenstand). Einheimisch sind:
1. Gewöhnlicher Odermennig, der (*Agrimonia eupatoria* Linné): auch Kleiner O., Ackermennig, Leberklette. Der G. O. ist mit Ausnahme von Teilen der Mittelmeerländer fast über ganz Europa verbreitet und wächst relativ häufig in lichten, trockenen Wäldern, an Triften, Weg- und Waldrändern, in Gebüschen und Hecken (Prunetalia-Gesellschaften), Heiden, Klee-Odermennig-Assoziationen (→ Charakterart), auf Mager- und Halbtrockenrasen, bevorzugt auf Kalk und Lehm, bis in Höhen von etwa 1800 m.
Die mehrjährige, 30 bis 100 cm hohe, rauhhaarige, schwach terpentinartig duftende Pflanze hat einen einfachen oder wenig verzweigten Stengel, der rauhhaarig und oben mit Drüsenhaaren bedeckt ist. Die gegenständig angeordneten, unterbrochen gefiederten Blätter sind 10 bis 15 cm lang, unterseits weißfilzig, mit fünf bis neun länglich-lanzettlichen, grob gezähnten Fiederpaaren. BZ: Juli bis September. Die duftenden Blüten stehen in einer sehr langen Ähre. Sie bestehen aus fünf goldgelben Kronblättern, die 4 bis 6 mm lang und eiförmig sind. Die nickenden Früchtchen sind der Länge nach gefurcht und haben hakig gekrümmte Borsten.
Die Heilkraft des G. O. ist seit der Antike bekannt; es wurde damals bei Augenleiden, Schlangenbissen und Gedächtnisschwund angewandt. Der Artname *eupatoria* erinnert an König Mithridates Eupator von Pontus (123 – 63 v. Chr.), der ein Experte der Phytotherapie war und die Heilkräfte der Pflanze entdeckt haben soll. Im 15. und 16. Jh. erreichte der G. O. den Höhepunkt seiner Beliebtheit, geriet aber dann fast in Vergessenheit. Er war früher in den Pharmakopöen verzeichnet und von den Ärzten als Mittel gegen Wechselfieber und Blutungen im Gebrauch; Dioskurides empfahl ihn gegen Leberkrankheiten. Aus den jungen Pflanzen wurde früher ein gelber Farbstoff hergestellt.
Die Pflanze enthält → ätherisches Öl, Gerbstoffe und Nicotinsäureamid. Verwendet werden die Blätter (Juni bis August) und die blühenden Sproßspitzen, getrocknet im Schatten. Ein Absud findet als Gurgelwasser bei Angina und Heiserkeit Verwendung, innerlich als Aufguß bei Diabetes, Durchfall und Fettleibigkeit. Absud-Kompressen wirken lindernd bei Quetschungen und Schrunden sowie ein Breiumschlag von Blättern bei Verstauchungen. G. O. ist auch in vielen Teemischungen enthalten, da er günstig auf die Tätigkeit der Verdauungsorgane und der Leber wirkt.
2. Wohlriechender Odermennig, der (*Agrimonia procera* Wallr.): Er ist über Mittel-, West- und Nordeuropa verbreitet. In Dtschl. kommt er zerstreut

Landschaft im Odenwald mit Streuobstwiese

◄◄◄ Die ringförmigen Überwallungen an den Stellen der abgefallenen Äste werden als Ochsenaugen bezeichnet.

Der Gewöhnliche Odermennig, eine alte Heilpflanze, enthält u. a. Gerbstoffe.

bis selten vor und wächst in Hecken, an Wald- und Wegrändern.
Der W. O. ist der vorgenannten Art sehr ähnlich. Die bis 2 m hohe, aromatisch duftende Pflanze hat unterseits kurzhaarige, mit vielen Drüsen besetzte Blätter und verkehrt-herzförmige Blumenblätter. Die Früchte sind nur im unteren Teil gefurcht, mit z. T. zurückgeschlagenen Hakenstacheln.

Ödland, das: vom Menschen nicht durch Anbau von Kulturpflanzen genutztes Land, im Unterschied zum → Unland. Zum Ö. zählen Heiden, Moorflächen, Sandgruben, Steinbrüche, Abraumhalden usw.; es eignet sich nur teilweise zur → Aufforstung; → Brachflächen, Ruderalpflanzen.

Odonata → Libellen.

Oelhafen von Schöllenbach, K. C. → Forstliches Schrifttum.

Oenotheraceae → Nachtkerzengewächse.

Oettelt, C. C. → Forstliches Schrifttum.

Offene Krebse: durch Pilzbefall, hauptsächlich → Nectria-Pilze verursachte Gewebewucherungen an → Laubbäumen. Das → Myzel der Pilze zerstört dabei das → Kambium, und die → Rinde stirbt an der befallenen Stelle ab. Bedingt durch den hypertrophischen Wachstumsreiz entstehen an den Wundrändern Überwallungswülste (→ Überwallungen), die bei verschiedenen Laubbaumarten (am wenigsten bei der Bu) ausreichen, um die gesamte Krebsstelle zu schließen und knollenartig zu überwuchern; → Baumkrebs.

offener Wald, der: → fähriges Holz, Gehau(e).

offener Zwiesel, der: → Zwiesel.

Sandgruben sind Ödland

Ohnblatt, das: → Widerbart.

Ohnhorn, das: → Fratzenorchis.

Ohnsporn, der: → Fratzenorchis.

Ohre, die (Öhre, Oehre): → Ahorne 1.

Ohrenfledermaus, die: → Fledermäuse 19.

Ohreulen → Eulen A 1 bis A 3.

Ohrkauz, der: → Eulen A 3.

Öhrling, Umbrabrauner, der: → Becherlinge 11.

Ohrlöffel-Leimkraut, das: → Leimkraut 2.

Ohrweide, die: → Weiden 14.

Ohrwurm, der: → Gemeiner Ohrwurm.

Ohrzikade, die: → Zikaden 3.

Ökoaudit, das, der: (unverhofft durchgeführte) Prüfung des Umweltmanagements von Firmen nach Aussagekraft und Glaubwürdigkeit. Die Zielsetzung des Ö. besteht in der freiwilligen und laufenden Verbesserung des Umweltschutzes. Anlaß für das freiwillige Ö. ist neben Gesetzen und Verordnungen auch eine für Umweltprobleme sensibilisierte Öffentlichkeit. Die an diesen freiwilligen Prüfungen teilnehmenden Unternehmen rechnen mit Wettbewerbsvorteilen; → Zertifizierung.

Öko-Kataster-Projekt, das: eine vom Arbeitskreis für Wildbiologie und Jagdwissenschaft der Universität Gießen im Auftrag des Deutschen Jagdschutz-Verbandes durchgeführte Untersuchung über die Existenz- und Gefährdungskriterien einheimischer Wirbeltiere unter besonderer Berücksichtigung der jagdbaren Tierarten (Wild).

Ökoklima, das: → Bestand(e)sklima.

Öko-Landbau, der: → alternativer Landbau.

Ökologie, die (griech.: ökos = Haus, logos = Lehre): Wissenschaft (Umweltlehre), die sich mit den Wechselbeziehungen zwischen den Organismen und der unbelebten (abiotischen Faktoren) bzw. der belebten (biotischen Faktoren) Umwelt befaßt; → ökologische Faktoren. Sie schließt auch die Energieflüsse und Stoffkreisläufe ein, die das Leben auf der Erde möglich machen. Der Begriff Ö. wurde 1866 von E. Haeckel geprägt. Die Ö. ist aus der → Biologie hervorgegangen und kann heute auch als „Umweltbiologie" bezeichnet werden. Die Autökologie hat als Grundeinheit den Einzelorganismus oder die → Art und untersucht die Umwelteinflüsse auf die Individuen einer Art. Die Demökologie (Populationsökologie) untersucht die Umwelteinflüsse auf ganze → Populationen einer bestimmten Tier- und Pflanzenwelt. Die Synökologie erforscht die Wechselbeziehungen zwischen Lebensgemeinschaften (→ Biozönose) und Umwelt. Die Ö. bildet die Grundlage für Aussagen über die Belastbarkeit von → Ökosystemen und kann die Folgen einseitiger Eingriffe in den Naturhaushalt aufzeigen. Sie findet daher in der → Land-, → Forst- und Wasserwirtschaft sowie in der → Landschaftspflege praktische Anwendung.

ökologische Faktoren (Umwelt-, Standortfaktoren): alle erfaßbaren Einwirkungen der → Umwelt, die auf ein Lebewesen oder auf eine ganze → Population Einfluß nehmen können. Sie werden in abiotische (leblose) und biotische Faktoren unterschieden. Zu den ersteren zählen Temperatur, Wasser, Licht, chemische und mechanische Faktoren, zu den letzteren die durch andere Lebewesen ausgelösten Einwirkungen, z. B. für Einflüsse von Mensch und Tier auf die Landschaft oder auf andere Lebewesen, die sich z. T. als → Konkurrenz, → Symbiose oder auch als → Parasitismus äußern. Zwischen den einzelnen Faktoren gibt es enge Wechselbeziehungen.

ökologische Forstwirtschaft, die: → ökologischer Waldbau.

Ökologische Grundkarteneinheiten (GKE): Auf der Basis der in Dtschl. ausgewiesenen → Wuchsgebiete (z. T. auch → Wuchsbezirke) wurden unter Berücksichtigung standörtlicher und geobotanischer Kriterien für die gesamte BR Dtschl. 46 ö. G. ausgewiesen. Aus diesen sind für die einzelnen Baumarten (entsprechend ihrer Verbreitung und Bedeutung sowie an Hand phänotypischer und genetischer Merkmale) unterschiedlich große → Herkunftsgebiete gebildet worden. Ö. G. mit großer vertikaler Gliederung unterteilen sich zusätzlich nach der Höhe. Da sich die Lage gleicher Höhenstufen (klimatisch betrachtet) von Norden nach Süden bzw. von Westen nach Osten nach oben verschiebt, variieren die Höhengrenzen zwischen den G. Deshalb gibt es in Einzelfällen auch innerhalb eines Herkunftsgebietes unterschiedliche Höhengrenzen.

ökologische Nachhaltigkeit, die: → Nachhaltigkeit.

ökologische Nische, die: Der Begriff ö. N. beschreibt das System von Wechselbeziehungen zwischen Individuum und → Umwelt und beinhaltet alle ausschlaggebenden Umweltfaktoren (→ ökologische Faktoren), die einer bestimmten Tier- und Pflanzenart entsprechend ihren Lebensansprüchen das Überleben in ihrem Lebensraum (→ Biotop) ermöglichen. Dadurch, daß eine → Art ein besonderes Umweltangebot ausnutzt, entzieht sie sich der zwischenartlichen Konkurrenz. Man spricht hier auch von der „Einnischung" einer Art. Meist sind ö. N. durch einen Minimumfaktor (z. B. zu geringes Nahrungsangebot, zu starke Kälte) begrenzt; → Nische.

ökologischer Landbau, der: → alternativer Landbau.

ökologischer Umweltschutz, der: → Umweltschutz.

ökologischer Waldbau, der: Das Adjektiv „ökologisch" (→ Ökologie) ist wertneutral und beschreibt die Wechselbeziehungen zwischen Organismen und ihrer physikalisch-chemischen und biologischen Umwelt. Solche Wechselbeziehungen sind immer, selbst bei radikalen Eingriffen, gegeben. Unter ö. W. wird die Bejahung und Ausnutzung der Dynamik der Natur bei der Verwirklichung der waldbaulichen Ziele verstanden. → Nutzung, Sicherung von → Nachhaltigkeit, → Stabilität und Naturnähe im Waldbau erfolgen an den natürlichen Abläufen orientiert. Der Wald wird dabei als → Ökosystem gesehen, Waldbau ist → Ökosystemmanagement oder -steuerung. Die Forderungen der Vertreter eines ö. W. decken sich mit jenen der → naturnahen Waldwirtschaft.

ökologisches Gleichgewicht, das: die langfristige Ausgeglichenheit der → Arten in einem → Ökosystem. Lebensgemeinschaften (→ Biozönose) mit einem großen Artenreichtum haben ein dynamisches, wenig störanfälliges ö. G. Die Artenzusammensetzung verändert sich hier nur geringfügig, da ein Populationsanstieg durch Selbstregulierung abgefangen wird. Das ö. G. umschließt aber nicht nur die Anzahl der Arten und der Individuen, sondern umfaßt auch alle im Ökosystem ablaufenden Prozesse von Energie-, Wärme- und Wasserhaushalt über die → Verjüngung, das Wachstum bis zu den Prozessen der Bodenentwicklung etc.

ökologische Zelle, die: Sie bezeichnet unterschiedlich große, von intensiver und einseitiger wirtschaftlicher Nutzung ausgenommene Flächen in der Landschaft, auf denen sich → Ökosysteme erhalten oder ausbilden können, z. B. → Hecken, → Feldgehölze. Ö. Z. dienen den bedrohten Lebewesen als Rückzugsräume und sind in der Lage, eine große Zahl von Tierarten bleibend anzusiedeln.

Ökonomieholz, das: auch Schirrholz. alte Bez. für → Holz, das in der Landwirtschaft verwendet wurde und auch der Haushaltsversorgung diente; z. B. Hopfen- und Bohnenstangen, Baumpfähle und -stützen, Rechen- und Hakkenstiele, Kehrbesen, Zaunholz, Deichselstangen und Erbsenreisig etc.

Ökosystem, das: Grundeinheit in der Natur, die aus einer Lebensgemeinschaft (→ Biozönose) und deren (begrenzten) Lebensraum (→ Biotop, → Habitat) besteht, in dem jedes einzelne Element besondere Eigenschaften und Funktionen hat. Es ist gekennzeichnet durch eine besondere (gleichbleibende) Zusammensetzung und die Wechselwirkungen zwischen Organismen und Umweltfaktoren (→ ökologische Faktoren). Hauptfunktionen des Ö. sind die Sicherung des Stoffkreislaufes und der Energie. Ö. sind z. B. auch Kartoffelfeld, Fichtenwald, Wiese, Teich, Moor. Zu einem Wald-Ö. gehört z.B. die gesamte Baum- und Strauchschicht (→ Vegetationsschichten des Waldes) und die Bodenflora. Zu ihm gehören die in diesem Raum lebenden Tiere über und im Boden, aber auch der Boden selbst und der zugehörige Luftraum. Ö. sind bis zu einem gewissen Grad zur Selbstregulation befähigt. Bei nicht zu tiefgreifender Störung gelingt es dem Ö. immer wieder, zu einem → ökologischen Gleichgewicht zurückzukehren. Durch enorm hohe Nutzungsansprüche (Sport, Erholung, Verkehr, Bauwesen), belastende Nutzung in Land- und Forstwirtschaft, sowie durch extreme → Luftverunreinigung besteht jedoch die Gefahr, daß v. a. das Ö. Wald aus seinem natürlichen Gleichgewicht gebracht wird; → Umweltkontrolle im Wald, Waldmeßstationen.

Ökosystemmanagement, das (ÖSM): vom US-Forest-Service entwickeltes Planungs- und Handlungskonzept (Ecosystem Management) für ein gezieltes menschliches Eingreifen in das → Ökosystem → Wald zur Befriedigung menschlicher Bedürfnisse. Nach Auffassung des Urhebers sollen damit die Bewirtschafter

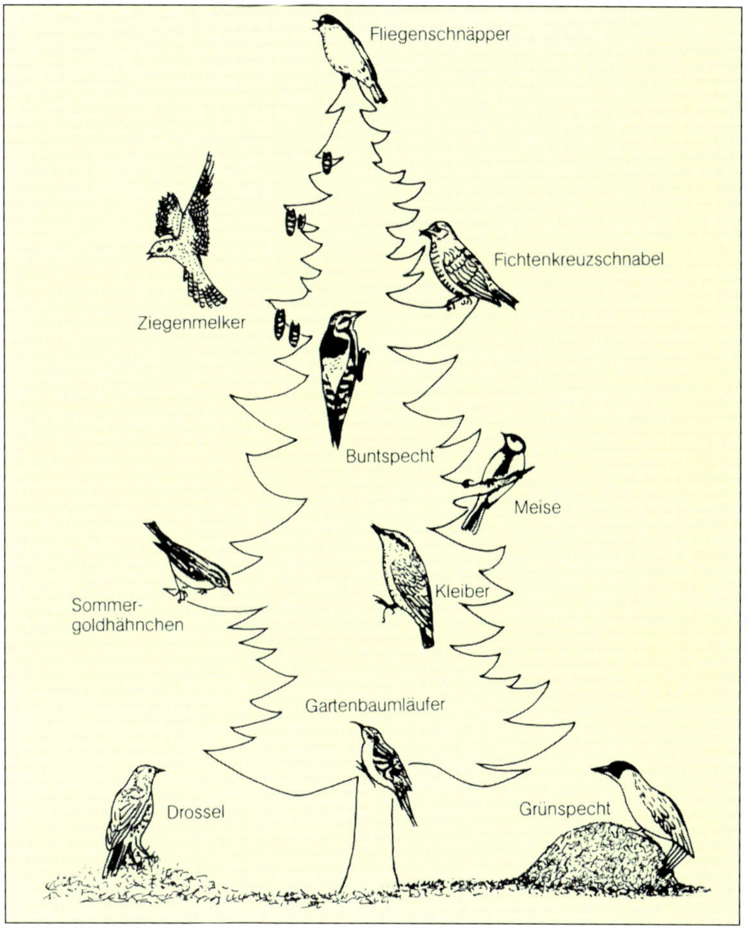

Ökologische Nahrungsnischen einer Fichte

von Freiland und Wald das Ziel nachhaltiger (→ Nachhaltigkeit) Bewirtschaftung innerhalb einer Übergangszeit von fünf Jahren erreichen können; → Waldbau (funktionengerechte Waldwirtschaft), Waldfunktionen, Zertifizierung.

Ökoton, der: Die Übergangszone zwischen benachbarten → Pflanzengesellschaften wird als Ö. bezeichnet. In dieser Spannungszone treten aneinandergrenzende Pflanzengesellschaften in → Konkurrenz. Schon geringe Änderungen der Umweltbedingungen können sich zugunsten einer Pflanzengesellschaft auswirken und die andere zurückdrängen. In Waldgrenz-Ö., den Waldgrenzen, kämpft das → Ökosystem → Wald um seine Existenz (→ Kampfzone des Waldes); an der Wald-Feld-Grenze ist i. d. R. der Wald die stärkere Pflanzengesellschaft. Im Ö. mischen sich Arten (→ Art) und können einander auch verdrängen. Aufgrund ihres Artenreichtums werden Ö., im Wald z. B. die → Waldränder, als besonders wertvolle Landschaftsbestandteile betrachtet. In Übergangszonen zwischen verschiedenen Pflanzengesellschaften erhöht sich die Artdiversität und der Individuenreichtum je Flächeneinheit. Das hat zwei verschiedene Ursachen: Ökosysteme enthalten meist eigene charakteristische Randarten mit hier optimalen Lebensbedingungen, die in den angrenzenden Gesellschaften nicht erfüllt werden können (ökotone Arten), Arten der jeweils angrenzenden Gesellschaften und Arten, deren Ansprüche erst durch das Zusammentreffen der Gesellschaften optimal erfüllt werden. Der Grenz- und Übergangsbereich zwischen zwei Ökosystemen bietet nämlich ein vielfältigeres Angebot an Grunddaseinsrequisiten (Nahrung, Deckung, Kleinklima) als die aneinandergrenzenden Ökosysteme für sich allein. Je stärker die Flächen zerlegt sind und je höher der Grad der Nachbarschaft ist, umso größer ist dieser → Rand(linien)effekt (edge-effect). Dieser Effekt kann auf bestimmte Arten einen Besiedlungsanreiz ausüben. Rehe z. B. bevorzugen Lebensräume mit äsungsreichen Wiesen und deckungsreichen Waldrändern.

ökotone Arten → Ökoton.

Ökotop, der: die kleinste ökologische Einheit einer Landschaft (Standortraum).

Ökotoxikologie, die: Wissenschaft, die den Verbleib, die Umwandlung und die Wirkung von → Schadstoffen untersucht, die vom Menschen in die Umwelt abgegeben werden; → Luftverschmutzung.

Ökotyp(us), der: Pflanzen- oder Tierart, die sich an die Beziehungen eines bestimmten → Biotops (Lebensraum) angepaßt hat und sich von gleichen → Arten sowohl äußerlich als auch in ihren physiologischen Eigenschaften unterscheiden kann.

Ökozentrismus, der: Vorrang der natürlichen Abläufe vor menschlicher Beeinflussung.

Ölbaumgewächse (*Oleaceae*): etwa 600 Arten umfassende Pflanzen-Fam. mit laubabwerfenden oder immergrünen Bäumen und Sträuchern in den Tropen und den gemäßigten Gebieten (im pazifischen Bereich fehlend). Es sind vorwiegend Holzpflanzen mit gegenständigen, einfachen oder gefiederten Blättern und meist kleinen, wohlriechenden, regelmäßigen → Blüten, die in Rispen oder Trauben (→ Blütenstand) angeordnet sind. Die Früchte sind häufig einsamige Kapseln, Beeren, Nüsse oder Steinfrüchte. Die wichtigste Nutzpflanze dieser Fam. ist der im Mittelmeergebiet einheimische Oliven- oder Ölbaum. Zu den Ö. zählen auch die Gatt. → Eschen, → Flieder und → Liguster.

Old Growth: v. a. in Europa verwendeter Begriff für natürlich entstandene Wälder, die zwar vom Menschen bereits verändert wurden, in denen aber eine urwaldähnliche Struktur und Artenzusammensetzung noch oder wieder vorherrschen; → Urwald.

Oleaceae → Ölbaumgewächse.

Oleum Templinum → Zapfenöl.

oligophag: Tierarten, die ein sehr beschränktes Nahrungsspektrum und nur wenige Tier- oder Pflanzenarten als Nahrung haben, werden als o. bezeichnet (von griech. oligo = wenig, phagos = essen); → monophag, polyphag.

oligotroph: (griech.: *oligotrophos* = wenig nähren): nährstoffarm. Bez. für einen Lebensraum, z. B. Gewässer und Boden (humusarm), der aufgrund seines geringen Nährstoffangebots eine relativ geringe organische Produktivität aufweist; → eutroph, mesotroph.

Olivbrauner Milchling, der: → Milchlinge 9.

Olivesche, die: Bez. für → Eschen, die als Besonderheit einen Olivkern (Olivenkern) aufweisen. Diese Kernausbildung ähnelt im Aussehen dem Holz des Öl- oder Olivenbaumes (*Olea europaea*). Der Olivkern ist durch auf dem Querschnitt wellige Zonen von abwechselnd brauner bis olivbrauner und hell bräunlichgelber Färbung gekennzeichnet, die auf Radialflächen eine lebhafte, dekorative Streifenzeichnung hervorrufen. O. sind meist schmalringige Es höheren Alters und wachsen hauptsächlich auf kalkreichen Standorten; → Fehlverkernung, Kalkesche, Wasseresche.

Olivgelber Holzritterling, der: → Holzritterlinge.

Olivkern, der: → Olivesche.

Ölhaare → Haare.

Ölkäfer (*Meloidae*): auch Pflaster- oder Blasenkäfer. eine mit über 2500 Arten (davon 16 Arten einheimisch) weltweit verbreitete Fam. weichhäutiger, meist bunt gefärbter, bis 5 cm langer → Käfer. Bei den meist pflanzenfressenden Käfern sind die Flügeldecken oft hinten klaffend oder erreichen die Hinterleibspitze nicht. In Mitteleuropa ist die Gatt. *Meloe* am bekanntesten. Die Weibchen dieser Gatt. haben vor der Eiablage einen wurmförmig verlängerten Hinterleib und werden deshalb auch als Ölwurm oder Maiwurm bezeichnet (Ö. i. e. S.). Die geschlüpfte Ö.-Larve wird Triungulin genannt, da sie an den Füßen drei Krallen hat. Die → Larve schmarotzt bei Erdbienen. Sie durchläuft – abweichend von der sonst bei anderen Käfern üblichen Entwicklung – einen hochkomplizierten Entwicklungsprozeß. Es entsteht zuerst eine sog. Scheinpuppe (puppenähnliches Ruhestadium). Aus ihr geht eine weitere Larve hervor, die sich wiederum verpuppt. Aus dieser → Puppe schlüpft dann der Käfer. Diese Art der Verwandlung wird Hypermetamorphose oder Überverwandlung genannt. Der Körper der Ö. enthält ein blasenziehendes Gift (Cantharidin). Die nachstehende Art, die auch massenhaft auftreten kann, kommt bei uns auch in warmen Laubwäldern und an den Waldrändern vor:

Spanische Fliege, die (*Lytta vesicatoria*): Die 2 cm großen, gestreckten und smaragdgrünen Käfer sitzen in den ersten Sommermonaten zusammen mit ihren Larven an Es und anderen Laubbäumen. Sie fressen meist die Blätter bis auf die Rippen und können daher durch Kahlfraß an Es schädlich werden. Die in den Blüten sitzenden kleinen Larven, die Dreiklauer (Triungulin), klammern sich in den Pelz blütenbesuchender Erdbienen und werden von diesen in das Bienennest getragen. Nach der zweiten Häutung verlassen sie das Nest und vergraben sich zur Überwinterung im Boden. Dort folgt die Verwandlung in einen puppenähnlichen Zustand, aus welchem im Frühjahr eine weiße Larve (erste Larve schwarzbraun) erscheint. Diese wird nach zwei Wochen zur eigentlichen Puppe. Bis zum Käferstadium nehmen sie keine Nahrung mehr auf. Der Käfer ist hochgiftig, kann aber für Heilzwecke verwendet werden. Bei massenhaftem Auftreten wird er deshalb in den Morgenstunden über Tüchern abgeschüttelt, mit Handschuhen aufgelesen und in Gefäße mit Essigäther gelegt. Die gedörrten Käfer werden von Apotheken angekauft. Von dem Gift Cantharidin sollen bereits 0,03 g einen Menschen töten können.

Ölweidengewächse (*Elaeagnáceae*): etwa 65 Arten umfassende immer- oder sommergrüne Pflanzen-Fam. (Holzgewächse), die v. a. in Nordamerika und Eurasien vorkommt. Es sind → Sträucher mit ganzrandigen Blättern und vierzähligen, oft intensiv duftenden Blüten, die einzeln, in Ähren oder Trauben (→ Blütenstand) stehen. Zu den Ö. zählen die Gatt. Ölweide (wegen ihrer schönen silbrigglänzenden behaarten Blätter als Ziersträucher angepflanzt) und → Sanddorn. Die Früchte mehrerer Arten sind eßbar.

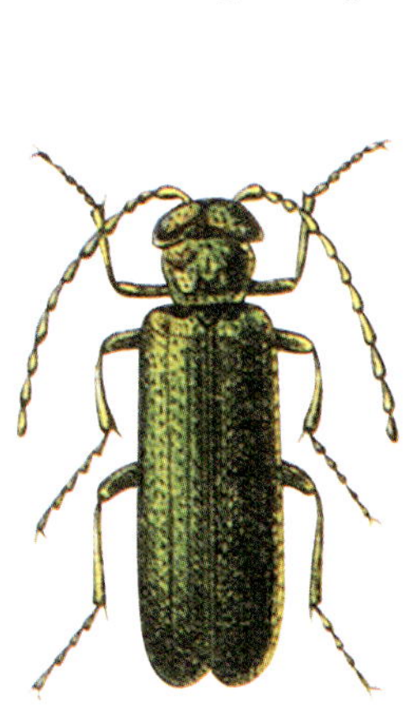

▸▸ Spanische Fliege (*Lytta vesicatoria*) in vergrößerter Darstellung

Olympic-National-Park, der: Der → Regenwald von Olympia wurde 1938 in den Olympic Mountains im Staate Washington, im Nordwesten der USA angelegt und ist der einzige Regenwald der nördlichen Hemisphäre. Die Bäume in diesem Wald (Ah, Weinahorn, Dgl und Hemlock(s)tanne, SFi, Virginische Zeder) sind gigantisch, und die Vegetation ist von unglaublicher Üppigkeit. Die Niederschläge betragen ca. 3650 mm im Jahr. Die Temperatur liegt im Winter stets über dem Gefrierpunkt, übersteigt aber im Sommer selten 29 °C.

Ombrogenes Moor, das: → Moor.

Omorika-Fichte, die: → Fichten 3.

Onagraceae → Nachtkerzengewächse.

Operat, das: → Forsteinrichtungswerk.

Operationalität, die: Bedingung, daß gefaßte Ziele ereichbar und quantifizierbar sind.

Ophioglossaceae → Natternzungengewächse.

Ophioglossum → Natternzunge.

Ophrys → Ragwurz.

Opiliones → Weberknechte.

Opportunisten → Strategen.

Optimalphase, die: Lebensphase im → Urwald nach der → Initial- und vor der → Terminalphase bis zur Kulmination der → Grundfläche, noch ohne → Jungwuchs; → Waldgefügetypen, Sukzession.

orale Stufe, die: → Vegetationsstufen.

Orangebecherling, der: → Becherlinge 3.

Orangefuchsiger Rauhkopf (Schleierling), der: → Schleierlinge 5.

Orangeroter Schwindling, der: → Schwindlinge.

Orangerotes Habichtskraut, das: → Habichtskraut 9.

Orangeschleierling, der: → Schleierlinge 6.

Orangeschneckling, der: → Schnecklinge 6.

Orant, **Bleicher**, der: → Waldvög(e)lein 2.

Orchidaceae → Orchideen.

Orchideen (*Orchidaceae*): auch Knabenkrautgewächse. rund 20 000 Arten in über 600 Gatt. umfassende Pflanzen-Fam., v. a. in den tropischen und subtropischen Gebieten. Es handelt sich um ausdauernde, → einkeimblättrige → Kräuter von verschiedener Gestalt mit hodenförmigen Wurzelknollen. Sie leben in den Tropen meist als → Epiphyten, in Mitteleuropa häufig als Saprophyten (→ Fäulnispflanzen) und haben längliche, oft fleischige oder ledrige Blätter. Die oft prächtig gefärbten und kompliziert gebauten, z. T. auch duftenden Blüten stehen einzeln oder in Ähren oder Trauben (→ Blütenstand). Die Vermehrung der O. erfolgt durch → Samen. Eine Fruchtkapsel enthält mehrere Mio. winzigkleiner Samen ohne Nährgewebe. Diese endospermlosen Embryonen können sich erst dann entwickeln, wenn sie von den in der Mutterpflanze lebenden Mykorrhizapilzen (→

Orchideen oder Knabenkrautgewächse:

1 Helm-Knabenkraut
2 Brand-Knabenkraut
3 Dreizähniges Knabenkraut
4 Purpur-Knabenkraut
5 Blasses Knabenkraut
6 Sumpf-Knabenkraut
7 Affen-Knabenkraut
8 Großes Knabenkraut

Mykorrhiza) durchwuchert werden. Bekannte Gatt. sind: → Knabenkraut, → Korallenwurz, → Widerbart, → Netzblatt, → Vogelnestorchis, → Zweiblatt, → Dingel, → Sumpfwurz, → Waldvög(e)lein, → Frauenschuh, → Waldhyazinthe, → Weichorchis, → Wendelähre, → Händelwurz, → Riemenzunge, → Fratzenorchis, → Hundswurz und → Ragwurz.

Orchideen-Buchenwald, der: → Seggen-Buchenwald.

Orchideen-Buchenwälder (*Cephalanthero-Fagenion*): auch Seggen-Buchenwälder, Kalk-Buchenwälder flachgründiger und/oder warmtrockener Standorte. Pflanzensoziologischer Unterverband des Verbandes der → Buchenwälder (*Fagion sylvaticae*). → Waldgesellschaften dieses Unterverbandes stocken auf warmtrockenen, mehr oder weniger kalkreichen Böden in der kollinen bis montanen → Vegetationsstufe. Die → Charakterarten sind das Weiße und Rote Waldvögelein. Die Wuchsleistung der Bu ist auf diesen flachgründigen Standorten mäßig bis gering (Buchen-Buschwälder); die Strauchschicht ist nicht geschlossen; die artenreiche Krautschicht ist gut ausgebildet. → Assoziationen sind der → Seggen-Buchenwald (*Carici-Fagetum*) und der → Blaugras-Buchenwald (*Seslerio-Fagetum*).

Orchis → Knabenkraut.

Ordenskissen, das: → Weißmoos.

ordentliche Forstwirtschaft, die: im Nieders. Forstgesetz Bez. für → ordnungsgemäße Forstwirtschaft.

Ordinarifloß, das: früher auf der Donau regelmäßig verkehrendes Passagierfloß; → Flößerei.

Ordinär (Ordinair) starke Baumstämme: frühere Bez. für Stämme von 40 bis 46 → Fuß Länge und 10 bis 11 → Zoll Zopfstärke (→ Zopf).

Ordnung, die: → Systematik, Assoziation, räumliche Ordnung.

ordnungsgemäße Forstwirtschaft, die: Die Agrarminister von Bund und Länder einigten sich am 14. November 1988 auf folgende Definition: „Vorbemerkung: Gesetzliche Konkretisierungen zur o. F. fallen in den Regelungsbereich des Forstrechts. Das BWaldG legt fest, daß die Bewirtschaftung des Waldes ‚ordnungsgemäß und nachhaltig' zu erfolgen hat. Die Länder haben den Rahmen des BWaldG ausgefüllt. Gleichwohl wurde der unbestimmte Rechtsbegriff ‚ordnungsgemäß' gesetzlich nicht abschließend definiert. O. F. ist eine Wirtschaftsweise, die nach den gesicherten Erkenntnissen der Wissenschaft und den bewährten Regeln der Praxis den Wald nutzt, verjüngt, pflegt und schützt. Sie sichert zugleich die ökonomische und ökologische Leistungsfähigkeit des Waldes und damit die → Nachhaltigkeit seiner materiellen und immateriellen Funktionen.

Kennzeichen o. F. sind unter anderem: Langfristigkeit der forstlichen Produktion; Sicherung nachhaltiger Holzproduktion und Erhaltung der Waldökosysteme (→ Ökosystem) als Lebensraum einer artenreichen Pflanzen- und Tierwelt durch Hinwirken auf gesunde, stabile und vielfältige Wälder; Vermeidung großflächiger → Kahlschläge; Wahl → standortgemäßer Baumarten unter Verwendung geeigneten → Saatgutes und Pflanzengutes bei Erhaltung der genetischen Vielfalt; bedarfsgerechte → Walderschließung unter größtmöglicher Schonung von → Landschaft, → Boden und → Bestand; pflegliches Vorgehen, insbesondere bei: Verjüngungsmaßnahmen (→ Verjüngung), → Holznutzung und → Holztransport; Anwendung von bestands- und bodenschonenden Techniken; standortangepaßter Einsatz von Pflanzennährstoffen (→ Nährstoffe) zur Erhaltung oder Verbesserung der → Bodenfruchtbarkeit; möglichst weitgehender Verzicht auf → Pflanzenschutzmittel; Nutzung der Möglichkeiten des integrierten → Pflanzenschutzes; Einwirkung auf → Wilddichten, die den Waldbeständen und ihrer Verjüngung angepaßt sind sowie Maßnahmen zur Wildschadensverhütung. Langfristig erfolgreiche

Bewirtschaftung der Wälder ist nur unter Beachtung ökologischer Gesetzmäßigkeiten möglich. Die o. F. im vorgenannten Sinne trägt zugleich den Belangen des → Biotopschutzes und → Artenschutzes sowie des Gewässerschutzes Rechnung. O. F. erfordert sach- und fachgerechtes Handeln. Sie berücksichtigt betriebswirtschaftliche Erfordernisse und muß dem konkreten Waldobjekt angemessen sein. Die Beurteilung, ob eine forstliche Maßnahme ordnungsgemäß ist oder nicht, kann nur unter Berücksichtigung aller maßgebenden Gesichtspunkte des Einzelfalles erfolgen. O. F. wird auf der Grundlage der geltenden Rechtsordnung verwirklicht."; → Pfleglichkeit, → Planmäßigkeit, → Fachgemäßheit.

oreal: hochmontan, d. h. zum Gebirgswald gehörend bzw. im Bereich des Gebirgswaldes vorkommend, z. B. die Fichten-Lärchenwälder.

oreale Stufe, die: → Vegetationsstufen.

Oregon-Pine: Bez. für das Holz der nordamerikanischen → Douglasie. Es ist gegenüber den bei uns gewachsenen Dgl meist viel → feinringiger. Dieses Holz ist daher leichter und besser zu bearbeiten. Es wird für Innenausbau, Möbel und Garagentore verwendet und auch als → Sperrholz importiert.

Oreophyten: charakteristische Gewächse des Gebirgswaldes.

Organik, die: Philosophie der erhaltenden Naturnutzung, d. h. unter Wahrung der → Nachhaltigkeit, begründet von Franz → Heske. Der Pflege, dem Ausbau und der Verbreitung der O. widmet sich seit 1990 eine Gesellschaft für O. mit einer eigenen Schriftenreihe.

organisch-biologischer Landbau, der: → alternativer Landbau.

Organische Böden: Böden, die mindestens 30 % organische Stoffe aufweisen.

Organischer Auflagehumushorizont, der: Bei einem Gehalt von mehr als 300 mg organischer Stoffe je Gramm Bodensubstrat spricht man von einem O. A.; → Mineralbodenhorizont, Humus.

Organisches Bodensubstrat, das: Der nicht oder nur schwer meßbare unterirdische Streufall spielt in vielen Wäldern eine große Rolle. Er entstammt dem Absterben von Feinwurzeln und ihrer → Mykorrhiza. Er kann die Größenordnung des oberirdischen Streufalls erreichen oder sogar überschreiten. Der Streufall stellt eine wichtige Quelle für die Nährstofflieferung dar. Die Streu bildet an der Bodenoberfläche eine organische Auflage, die den Boden gegen Erosion schützt und die Bodenfeuchtigkeit reguliert. Die organische Substanz im Boden begünstigt die Aktivität von Bodentieren, die Entstehung kolloidaler organischer Substanz und dadurch die → Bodenkrümelung und eine vorteilhafte Bodenstruktur und Porösität. Ist die Streu einmal in → Humus zersetzt, trägt die organische Substanz deutlich dazu bei, die Kationenaustauschkapazität zu erhöhen. Die organischen Säuren, die bei der Zersetzung entstehen, tragen dazu bei, die Verwitterung der Bodenmineralien zu begünstigen. Erreicht die Streu einmal die Bodenoberfläche, durchläuft sie physikalische und chemische Veränderungen. In warmem, feuchtem Klima geht das schnell; im Extremfall kann sich dort gar keine organische Auflage ansammeln. In den meisten Wäldern ist die jährliche Streuzufuhr größer, als durch die Verwesung abgebaut wird; es sammelt sich eine Streuauflage. In trockenen Klimaten kann die Zersetzung extrem langsam sein. Dort spielen Waldbrände (→ Waldbrand) für die Mineralisation eine große Rolle; → Waldstreu.

Organismus, der: die Einheit einzelner miteinander und aufeinander wirkender Organe und Organsysteme. Der O. zeigt dabei die Eigenschaften des Lebens (Stoff- und Energiewechsel, Reizbarkeit, Wachstum und Entwicklung).

Ornithophage → Carnivora.

Origanum → Dost.

Oriolus oriolus → Pirol.

Orlin, die: → Erlen 3.

Ort, der: alte Kurz-Bez. für → Forstort.

Ortbäume: frühere regionale Bez. für Bäume, die an einer Grenze oder einzelstehend am Waldsaum standen.

Ortdiele, die: → Schwarte.

Ortowie, die: → Schneeball 2.

Ortowinröhren: frühere Bez. für die biegsamen, festen und geraden → Triebe des Wolligen Schneeballes; → Schneeball 2.

Ortsnamen: Die O. geben wichtige Hinweise über die früher in einem Gebiet vorkommenden → Baumarten und geben auch Aufschluß über die Beschaffenheit einer Landschaft (z.B. Geländeform) zu Beginn des Mittelalters sowie über Ausmaß und Art der Bewaldung. Im Ggs. zu den → Forstortsnamen und Flurortsnamen weisen die O. weiter in die Vergangenheit. Im Laufe der Jh. sind aber auch einige O. so stark verändert worden, daß ihre ursprüngliche Bedeutung nicht mehr erkennbar ist. Auf das (frühere) Vorkommen von Bäumen bzw. Wäldern deuten z. B. hin: Eiche: Aich, Aichstetten, Eichenhain, Eichenried, Eichenau. Buche: Buch, Buchholz, Buchenrod, Buchhausen. Birke: Birken, Birkenau, Birkenfeld, Birkingen, Birkenreut. Erle: Erlangen, Erlach, Erlau, Ellerbach, Ellerbruch. Hasel: Hasel, Haslach, Hasselbach. Linde: Lindach, Lindau, Lindenthal. Fichte: Feuchtwangen, Viechtach. Tanne: Tannenkirch, Tannenhausen. Föhre (Kiefer): Forchheim.

Oryctolagus cuniculus → Wildkaninchen.

Oscines → Singvögel.

Osmose, die: in der Botanik Bez. für eine Diffusion z. B. von Wasser durch feinporige Membranen. Die Kraft, die das durch dünne Häute dringende Wasser ansaugt, ist der Saugwert der Lösung oder der osmotische Wert. Der Saugwert der Lösung ist eine der Kräfte, die das Saftsteigen in den Leitungsbahnen bewirken. Die O. ist für Pflanzenzellen von großer Bedeutung. Sie bewirkt den Stofftransport, reguliert den Wasserhaushalt und erzeugt einen als → Turgor bezeichneten Innendruck, der der Pflanze Form und Stabilität verleiht. In den Pflanzenzellen herrschen osmotische Drucke von 10 bis 40 bar; → Bluten der Bäume.

Osmunda → Rippenfarn.

Ostalpischer Christrosen-Buchenwald, der (*Cardamino trifoliae-Fagetum, Helleboro-Fagetum, Aposidero-Fagetum, Dentario-Fagetum cardaminetosum trifoliae*): auch Kleeblattschaumkraut-(Tannen-)Buchenwald. → Assoziation des Unterverbandes → Alpenheckenkirschen-Tannen-Buchenwälder (*Lonicero alpigenae-Fagenion*) des Verbandes der → Buchenwälder (*Fagion sylvaticae*). Hier treten gegenüber dem → Hainlattich-Buchenmischwald der westlichen Alpen (→ Bergmischwald i. w. S.) neue Arten hinzu, wie z. B. Alpenveilchen, Christrose; andere Arten dagegen fallen aus; → Waldgesellschaften.

Ostamerikanische Lärche, die: → Lärchen 6.

Osterblume, die: → Primel 2., → Leberblümchen und → Kuhschelle 2.

Osterpalmen: veraltete Bez. für die wolligen Blütenkätzchen verschiedener Weidenarten.

Österreichische Bergmehlbeere, die: → Ebereschen 1.

Österreichische Bundesforste: Die von den Ö. B. betreute Gesamtfläche beträgt 846 875 ha, das sind rd. 10 % der österr. Staatsfläche. Vom Besitzstand der Ö. B. entfallen jedoch nur 582 722 ha, das sind 60 % auf → Waldflächen, während es sich bei den restlichen Flächen um zum geringeren Teil produktive Nebengründe (landwirtschaftlich bzw. gartenmäßig genutzte Flächen, hauptsächlich Almen und Hutweiden), zum größeren Teil aber um unproduktive Nebengründe (hauptsächlich Kahlgesteinsflächen der Hochgebirgsregion, aber auch Gewässer, Sümpfe, Moore und Latschenflächen) handelt.

Der → Wirtschaftswald (73 % der Waldfläche) als eigentlicher Ertragswald besteht zu rd. 98 % aus → Hochwald mit der Hauptholzart Fi im vorwiegend 120jährigen → Umtrieb. Der → Niederwald (→ Auwald) mit einer raschwüchsigen Laubholzbestockung (Pa, Wei, Er) umfaßt kaum 2 % und wird im 30- bis 40jährigen Umtrieb bewirtschaftet.

Der Anteil der Waldfläche der Ö. B. an den Waldflächen der einzelnen Bundesländer ist sehr unterschiedlich und beträgt nach dem Ergebnis der österreichischen Forstinventur (Stand 1996): Burgenland 3 %, Kärnten 2 %, Niederösterreich (einschließlich Wien) 10 %, Oberösterreich 28 %, Salzburg 42 %, Steiermark 10 %, Tirol 24 % und Vorarlberg 1 %. Rund 80 % des von den Ö. B. bewirtschafteten Waldes liegen in der Alpenregion. Das Verhältnis zwischen Nadelholzbaumarten (überwiegend Fi) und Laubholzbaumarten (überwiegend Bu) im Wirtschaftswald beträgt bei den Ö. B. 75 : 25 %; im österr. Durchschnitt dagegen 81 : 19 %. Das mittlere Alter des Wirtschaftswaldes liegt bei den Ö. B. bei 65 Jahren, im österr. Durchschnitt dagegen nur bei 55 Jahren, im Kleinwald sogar nur bei 50 Jahren. Der stockende Holzvorrat im Wirtschaftswald beträgt bei den Ö. B. 304 fm/ha, im österr. Durchschnitt dagegen nur 264 fm/ha. Der jährliche → Zuwachs im Wirtschaftswald beträgt bei den Ö. B. im Durchschnitt 6,3 fm/ha, während der österr. Mittelwert bei 6,7 fm/ha liegt. Im Jahre 1984 betrug der Holzeinschlag 2 025 841 fm.

Aufgabe der Ö. B. ist die Erzielung eines bestmöglichen betriebswirtschaftlichen Erfolges bei der Produktion und Verwertung des Rohstoffes Holz und der forstlichen Nebenprodukte, allenfalls deren Weiterverarbeitung sowie die bestmögliche Verwaltung des Betriebsvermögens. Die Ö. B. sind nur im Rahmen der Privatwirtschaftsverwaltung des Bundes tätig und haben keinerlei behördliche Aufgaben. Sie sind ein Bundesbetrieb, der über keine eigene Rechtspersönlichkeit verfügt und dessen gesamter finanzieller Aufwand in das vom Nationalrat jährlich beschlossene Bundesbudget eingebaut ist. An der Spitze der Ö. B. steht die Generaldirektion der Ö. B. in Wien, die über folgende nachgeordnete Dienststellen verfügt: 96 Forstverwaltungen, die in nachstehenden Bundesländern gelegen sind: Burgenland (1), Kärnten (2), Niederösterreich (einschließlich Wien) (14), Oberösterreich(14), Salzburg (19), Steiermark (8), Tirol (11). Daneben bestehen ein Waldbauhof in Wieselburg, sechs Bau- und Maschinenhöfe sowie ein Technischer Stützpunkt in Hopfgarten und fünf größere Sägewerke (die Säge in Amstetten, die Säge Blühnbach in Tenneck sowie die Sägen in Gußwerk bei Mariazell, in Neuberg an der Mürz und in Kramsach in Tirol).

Österreichische Holzhandelsusancen: von der Wiener Börsenkammer herausgegebene Regeln für den Holzverkauf, die (wenn sie abgeschlossen werden) verbindlich sind. Festgelegt in den Verträgen werden u. a. die Verbindllichkeit, die Holzmenge, der Verkaufsort, die Lieferungs- und Zahlungstermine, die Zahlungsarten und die Schadloshaltung des Verkäufers und des Käufers.

Österreichische Schwarzkiefer, die: Unterart der SKie; → Kiefern 2.

Österreichisches Forstgesetz: Das Ö. F. wurde im Jahre 1975 vom Nationalrat als Forstgesetz einstimmig beschlossen. Eine Novellierung des Ö. F. erfolgte im Jahre 1987. Das Forstrecht ist Bundessache; der Vollzug liegt in mittelbarer Verwaltung bei den Landes- und Bezirksbehörden. Das Konzept des Ö. F. besteht in der weitestmöglich gleichzeitigen Sicherstellung der Wirkungen des Waldes. Dies drückt sich durch die Bestimmungen zur Erhaltung der → Nachhaltigkeit der Waldwirkungen, dem Verbot waldschädigenden Verhaltens sowie in den Abschnitten Raumplanung, Schutzwald, Erholung, Forstschutz, Luftverunreinigung, Nutzung der Wälder und Schutz vor Wildbächen und Lawinen aus. Weitere Bestimmungen betreffen die Bringung, das forstliche Ausbildungs- und Forschungswesen, das Forstsaat- und Forstpflanzgut sowie das forstliche Förderungswesen. Nicht mehr von der Forstwesen-Kompetenz des Bundes gedeckt, sondern in der Jagdrechtskompetenz der Bundesländer befindet sich der Schutz des Waldes gegen überhöhte Wildbestände bzw. Wilddichten.

Ostmitteleuropäisch-subkontinentale xerotherme Eichenwälder (*Potentillo albae-Quercion petraeae*): auch Mitteleuropäisch-subkontinentale Eichen-Steppenwälder. Pflanzensoziologischer Verband der Ordn. → Xerotherme Eichenmischwälder. Diese von Ei (StEi, TrEi) geprägte → Waldgesellschaft kommt gelegentlich auf fluviatilen Schottern, Flugsanden, südexponierten Hängen in Süddtschl., vorwiegend Franken vor. Ihr Schwerpunkt liegt im Osten Mitteleuropas. In der Krautschicht treten neben der namensgebenden → Charakterart Weißes Fingerkraut u. a. noch Steinweichsel, Geißklee, Heilziest, Kleines Mädesüß, verschiedene Haarstrang- und Kleearten, Nordisches Labkraut, Waldreitgras, Leberblümchen, Färberscharte, Buntes Perlgras, Schmalblättriges Lungenkraut, Kassubenwicke, Vielblütiger Hahnenfuß auf. Als Begleiter finden sich u. a. Kie, Hbu, Ha, Pfirsichblättrige Glockenblume, Schwarzwerdende Platterbse, Hügelklee, Walderdbeere. Diese Arten sind weniger kälteempfindlich als die der West-submediterranen Flaumeichenwälder und können kalte Winter besser ertragen. Die lokalklimatisch-edaphisch bedingten Vorkommen in der Schwäbischen Alb wurden früher als → „Steppenheide" bezeichnet.

Ost-Myrtenweide, die: → Weiden 26.

Ostrya → Hopfenbuchen.

Otter(n)baum, der: → Erlen 3.

Otterwurzel, die: → Knöterich.

Oudemansiella → Schleimrüblinge.

Ovis ammon musimon → Mufflon.

Oxali-Abietetum → Labkraut-Tannen-(Misch-)Wald.

Oxalis → Sauerklee.

Oxalistyp, der: → Waldtypus.

Oxford-System, das: Dezimal-Klassifikation für Forstwesen (Forst- und Holzwirtschaft). Nach den Haupttiteln (0 – 9) des O. S. wird das → forstliche Schrifttum verwaltet bzw. systematisch eingeordnet (Titelsammlung). Die heute international angewandte Dezimal-Klassifikation wurde auf dem IUFRO-Kongreß von 1932 in Nancy als ausschließliches bibliographisches System dieses Verbandes angenommen und geht auf eine Ausarbeitung des Schweizers Ph. Flury zurück, die dieser auf der Verbandstagung 1903 in Wien erstmals vorgelegt und empfohlen hat.

Oxhoftholz, das: → Böttcherholz.

Ozon, das: unbeständige gasförmige Verbindung aus drei Sauerstoffatomen (O_3), die in höherer Konzentration stark giftig ist und sich u. a. bei elektrischen Entladungen bildet (in der Ozonosphäre, 20 bis 45 km über der Erdoberfläche). O. entsteht auch unter dem Einfluß von Sonnenlicht aus → Stickoxiden und Kohlenwasserstoffen. In der Stratosphäre befindet sich der Hauptanteil der O. (etwa 90 %). O. muß in den beiden Atmosphärenschichten völlig unterschiedlich bewertet werden. In der Stratosphäre wirkt die O.-Schicht als UV-B-Filter und schützt das Leben auf der Erdoberfläche vor kurzwelliger Strahlung. Eine Abnahme der O.-Schicht bedeutet daher, daß ein größerer Anteil der ultravioletten Strahlung im Bereich von 290 bis 310 nm die Erdoberfläche erreicht (Grenzwert 180 nm). Diese Strahlung ist biologisch wirksam und führt zu Schädigungen bei Menschen, Tieren und Pflanzen. In der Troposphäre hat O. dagegen negative Auswirkungen. O. ist giftig für Menschen, Tiere und Pflanzen. Hohe O.-Konzentrationen in der Troposphäre führen zu Schädigungen der → Fauna und → Flora und werden unter anderem für die neuartigen → Waldschäden mitverantwortlich gemacht. O. greift bei Pflanzen die Zellen an und macht sie noch empfindlicher gegen andere Gase. Bei den empfindlichen → Nadelbäumen zeigen die → Nadeln braune Pünktchen und sterben letztlich ab. Zusätzlich trägt das O. der Troposphäre zu einer weiteren Verstärkung des → Treibhauseffektes bei. Die Zunahme des O. in der Troposphäre beträgt auf der Nordhemisphäre seit 1970 jährlich etwa 0,5 bis 1 % und etwa 2 % in stark schadstoffbelasteten Gebieten. In den Wäldern in Dtschl. wurden bereits O.-Konzentrationen zwischen 100 und 200 mg/m^3 (Monatsmittel) gemessen. I. a. beträgt der natürliche O.-Gehalt in den bodennahen Luftschichten im Sommer bis zu 80 $\mu g/m^3$ und im Winter bis zu 30 $\mu g/m^3$. Bei geringfügiger Überschreitung dieses natürlichen O.-Gehalts können bei Pflanzen bereits Schädigungen hervorgerufen werden, wobei zusätzliche andere Luftverunreinigungen die Wirkung noch verstärken können. Bei Versuchen wurde festgestellt, daß an Fi bei fünfwöchiger Einwirkung (bei 300 $\mu g/m^3$ Luft) Nadelvergilbungen auftraten. Es unterscheidet sich von den Spurengasen beträchtlich, da seine Lebensdauer hier so gering ist (Tage bis Wochen), daß seine Konzentration großen räumlichen und zeitlichen Schwankungen unterworfen ist. Die Lebensdauer aller anderen klimawirksamen Spurengase in der Atmosphäre liegt zwischen zehn und mehr als 100 Jahren. Über die Rolle der → Fluorchlorkohlenwasserstoffe als Verursacher der O.-Zerstörung ist sich die Wissenschaft einig; → Photooxidantien.

P

PA: Kurzzeichen für Pappel (Grau-, Schwarz-, Weiß- und Silberpappel) nach DIN 4076.

Paarhölzer: alte Bez. für → Schiffsbauhölzer, von denen immer zwei Hölzer einander gleichen. Dies war insbesondere von Bedeutung bei der Verwendung von Krummhölzern (→ Krummholz 2)), z. B. für den Bugbau oder für Lieger (Trinkwasserbehälter).

Pabst(baum), der: → Schneeball 2.

Pabstweide, -**wiede**, die: → Schneeball 2.

PAG-Holz, das: Bez. für einen Werkstoff, der aus dünnen Holzschichten, die mit Phenolharz durchtränkt und verbunden sind, durch Pressen hergestellt wird. PAG-Holz ist stoßfest und zäh und wird z. B. für geräuscharm laufende Zahnräder verwendet.

PAL: Abk. für → Palettenholz.

Palettenholz (PAL), das: P. ist Laubstammholz, das wegen seiner geringen Stärke und/oder Qualität zu keiner höherwertigen Verwendung als dem Einschnitt zu Palettenware geeignet ist. Es wird i. d. R. aus Buchenstammholz oder stärkerem → Industrieholz lang aussortiert. Anderes Lbh ist ebenfalls zugelassen. Das P. wird nach Länge und → Mittendurchmesser vermessen. Eine Vermessung nach Gewicht ist nicht zulässig.

Papierherstellung – französische Papiermühle: Stampfwerk; Kupferstich von J. P. Schleuen (1766)

Palia, die: Niederwaldbetrieb mit Kast; → Kastanienniederwald.

Palisanderholz, das: auch Jakarandaholz, blaues Ebenholz (*Dalbergia spec.*) Bez. für das Holz verschiedener Bäume der Gatt. *Dalbergia*, die in Brasilien und Südostasien beheimatet sind. Es wird nach den Ausfuhrhäfen auch als Rio- bzw. Bahia-P. bezeichnet. Das Holz ist schokoladenbraun mit violettem Ton, im Längsschnitt tiefschwarz geadert und gebändert, von deutlichen Längsfurchen durchzogen. Das Holz ist sehr hart, läßt sich schwer spalten, aber gut bearbeiten, hat ein gutes Stehvermögen (→ stehen), ist witterungsbeständig und schwindet nur gering. Es dient als Ausstattungsholz, für den Möbel- und Innenausbau, für Bürstenrücken, Messergriffe und für das Kunstgewerbe.

Palm, der: auch Palme, Spanne. beim früheren → Holländer(holz)handel ein Längenmaß von 4 → Zoll, mit dem die Stärke der Rundhölzer, insbesondere die der Schiffsmasten (→ Bemastungsholz), gemessen wurde.

Palmbüschel, der: gebundener und am Palmsonntag geweihter Rutenstrauß mit Blütenkätzchen der Palmweide (Salweide). Die Ruten werden dabei um einen von der Ha geschnittenen Stiel gebunden, in den nach altem Aberglauben niemals der Blitz einschlägt, weil der Haselstrauch der hl. Maria auf der Flucht nach Ägypten Schutz gegen Gewitter geboten haben soll. Nach altem Brauch sollen noch ein Zweig der → Mistel, ggf. ein Zweig des → Buchsbaums und ein Zweig des Sadebaumes (Stinkwacholder oder Sailing) dessen unangenehmer und scharfer Geruch der zerriebenen Zweige alte Hexen vertreibt, miteingebunden werden. Der Haselstiel selbst muß aber geschält sein, denn Hexenspuk vermag sogar zwischen Holz und Rinde zu nisten. Früher wurde für jedes Zimmer eines Hauses ein P. geweiht und das Jahr über wohl verwahrt. Zog ein Gewitter herauf, wurden Teile davon im frisch entzündeten Herdfeuer verbrannt. Die Blitze sollten dann ihren Weg am Hause vorbei nehmen. Der P. ist heute auch ein christlicher Brauch, der an den Einzug Jesu in Jerusalem erinnern soll.

Palmkätzchen → Blütenstände der Salweide und auch anderen frühblühender → Weiden.

Palmkatzelbaum, der: umgangssprachliche Bez. für die Salweide; → Weiden 19.

Palmweide, die: → Weiden 17. und 19.

Palsenmoor, das: → Moor.

Palynologie, die: Pollen- und Sporenkunde. wissenschaftliche Disziplin, die sich mit der Untersuchung von → Pollen und → Sporen befaßt, z. B. → Pollenanalysen.

Pamphiliidae → Blattwespen.

Pan, der: → Faun.

PAN: Abk. für Peroxiacetylnitrat, zu den → Photooxidantien zählendes Gas mit hoher Giftwirkung für → Pflanzen.

Pannewitz, Julius von (21.8.1788 Niederbuchwald/Schlesien bis 19.8.1867 Breslau): P. war von 1842 bis 1861 Oberforstmeister in Breslau. Er schrieb u. a.: „Anleitung zur Anlage lebendiger Hecken oder Grün-Zäune" (1843), „Kurze Anleitung zum künstlichen Holzanbau" (1845).

Pantherpilz, der: → Wulstlinge 3.

Pantophagen → Allesfresser.

Papaveraceae → Mohngewächse.

Papier, das: Schreibmaterial, das vorwiegend durch Eigenverklebung pflanzlicher Fasern, in geringer Menge auch synthetischer Fasern gebildet wird. Das Wort P. leitet sich vom ägyptischen Papyrus ab. Als erster soll der kaiserliche Hofbeamte Tsai Lun um 105 n. Chr. in China aus verfilzten Fasern bestehendes P. hergestellt haben. In Dtschl. errichtete am 24.6.1390 Ulman → Stromer bei Nürnberg die erste P.-Mühle (Gleismühle). P. wurde früher ausschließlich aus Leinen- und Baumwollumpen (Hadern) hergestellt; heute werden diese Stoffe nur noch in kleinen Mengen für die Herstellung hochwertiger Spezialpapiere benötigt. Mit der Erfindung des → Holzschliffs durch Friedrich Gottlob Keller im Jahre 1843 wurde für die P.-Herstellung ein neuer Rohstoff erschlossen, auch wenn damit nur P. minderer Qualität erzeugt werden konnte. Für den Holzschliff selbst dient fast ausschließlich das Holz der Fi, Ta und Kie. Mit der Entwicklung chemischer Aufschlußverfahren (Natron-, Sulfit- und Sulfatverfahren) wurde die Erzeugung ligninarmer (→ Lignin), fester und geschmeidiger Fasern aus verholzten Pflanzenmaterialien ermöglicht. Unterschieden wird heute nach → holzfreiem P. und → holzhaltigem P. Insgesamt besteht P. in seinen Hauptbestandteilen aus Reststoffen: Primärfasern in Form von Holzstoff (Holzschliff) und → Zellstoff aus Holzabfällen der forst- und holzwirtschaftlichen Produktion und Sekundärfasern aus dem Recycling von Alt-P. Auch Alt-P. basiert letztlich weitgehend auf Holz. Die Verwendung von Primärfaser-P. dient dem Umweltschutz durch Vermeidung und Verwertung forst- und holzwirtschaftlicher Reststoffe, v. a. aber, weil dadurch die notwendige → Waldpflege gefördert wird. Umweltfreundlich sind diese P. besonders dann, wenn sie chlor- und elementarchlorfrei gebleicht sind. So hergestellte P. verringern die gravierenden Probleme bei der Produktion von Recycling-P. Die Verwendung umweltfreundlicher Primärfaser-P. ist daher gleichrangig mit der Verwendung von Recycling-P. Die etwa 700 P.-Sorten werden i. a. in folgende Hauptgruppen eingeteilt: Graphische P. (Zeitungsdruck-P., Druck- und Schreib-P.), P. für Verpackungszwecke, Hygiene-P. sowie Technische und Spezial-P.

Papierfabriken, Verband Deutscher → Verband Deutscher Papierfabriken.

Papierholz, das: Bez. für → Holzarten, die sich zur Papierherstellung eignen. Hierzu zählen: Ta, Fi, Kie und As. Auch allg. Bez. für → Faserholz.

Papilionaceae → Schmetterlingsblütengewächse.

Papilionidae → Ritterfalter.

Pappelblattkäfer, der: → Blattkäfer 3.

Pappelblattlaus, die: → Blattläuse 14.

Pappelblattroller, der: → Blattroller 1.

Pappelblattrost, der: durch einen Pilz der Gatt. Rostpilze (*Melampsora*) verursachte Erkrankung an verschiedenen Pappelsorten. Auf der Blattunterseite werden gelbe Sporenlagen sichtbar. Der P. führt zu vorzeitigem Blattfall. Als Zwischenwirt des Pilzes dient die Lä.

Pappelbock, der: → Bockkäfer 14. und 15.

Pappelminiermotte, die: → Motten 15.

P a p p e l n: siehe Seite 538

Pappelglasflügler, der: → Glasflügler 1.

Pappelglasschwärmer, der: → Glasflügler 1.

Pappelkrebs, der: ein durch den Pustelpilz *Nectria galligena* hervorgerufener → Baumkrebs (langlebiger Stammkrebs). P., mit schwarzen, unregelmäßigen Gewebewucherungen an Ästen und Stämmen, entsteht durch das Bakterium *Xanthomonas populi* (Bakterienkrebs; → Bakterien).

Pappelrindentod, der: Der P. wird durch den → Pilz *Dothichiza populea* verursacht, der hauptsächlich junge Bäume, besonders junge Hybridpappeln und Stecklingsheister befällt. Besonders gefährdet sind geschwächte und verletzte Pflanzen. Kräftige Pflanzen bewährter Sorten, die auf passenden → Standorten stehen, sind gegen diese Pilzinfektion jedoch sehr widerstandsfähig. An der Rinde der Zweige und des Schaftes bilden sich dunkle, graue bis braune Flecken; die Rinde sinkt ein und stirbt ab. Bei zweig- bzw. schaftumfassendem Pilzbefall werden die darüber liegenden Pflanzenteile trocken und sterben ab. Bei starkem Befall sind die Pa zurückzuschneiden, am besten noch bis auf den Stock zu kürzen. Die dann erscheinenden neuen, starken Triebe sind gegen den Pilzbefall relativ resistent.

Pappelrost, der: Blattschäden an SchPa und Balsampappeln, verursacht durch → Rostpilze der Gatt. *Melampsora*.

Pappelrotkappe, die: → Röhrlinge 9.

Pappelschwärmer, der: → Schwärmer 4.

Pappelspinner, der: → Trägspinner 3.

Pappelstrauch, der: alte österr. Bez. für den Wolligen → Schneeball 2.

Pappelweide, die: → Pappeln 2. und 4.

Pappus, der: zu einem Flug- oder Kammerorgan umgebildeter, an der Frucht verbleibender haar- oder borstenförmiger Blütenkelch bei → Korbblütlern. Er dient der → Samenverbreitung durch den Wind.

Parabiose, die: bei ihr sind die Partner stärker voneinander abhängig als bei der → Probiose. Hierzu gehört der → Kommensalismus.

Parabraunerde, die: P. sind ebenso wie → Braunerden gekennzeichnet durch Verbraunung und Tonneubildung durch die Silikatverwitterung. Zusätzlich findet in ihnen aber eine Verlagerung von unzerstörten Tonmineralien in tiefere Horizonte statt. Die bis 60 cm mächtigen A-Horizonte (→ Bodenhorizont) sind locker und durch diese Tonverlagerung verarmt, daher schluffreich oder sandig. Im oberen Bereich sind sie durch → Humus dunkelgrau, im unteren Bereich fahl bis gelblichbraun. Der Bt-Horizont ist mit Ton angereichert, hat eine satt- bis rötlichbraune Farbe. In Mitteleuropa kann er eine Mächtigkeit bis zu 4 m erreichen. Bei der charakteristischen P. finden sich unter dem Humushorizont ein hellerer, durch Tonauswaschung charakterisierter Al-Horizont und ein mit vorwiegend unzerstörter humoser Tonsubstanz angereicherter Bt-Horizont. Tschernosem-P., Podsol-P., Pseudogley-P. und Gley-P. stellen die entsprechenden Übergangsformen zu diesen Bodentypen dar. P. sind trotz Toneinschlämmung gut durchlüftet, gut wasserdurchlässig und gut durchwurzelt. Die Nährstoffversorgung der P. ist i. d. R. gut. Wegen des hohen → pH-Wertes ist die Verfügbarkeit von → Eisen und Mangan eingeschränkt, und Phosphor liegt in schwerlöslichen Kalzium-Phosphaten vor. Aus diesem Grund können Fi, Kie, Dgl und REi Eisen- oder Manganmangel (→ Mangelsymptome an Bäumen) zeigen. Die A-Horizonte haben eine neutrale Reaktion. Die Humusform ist Kalkmoder bis -mull. Tiefgründige P. tragen wüchsige, reich gemischte Laubwälder aus Es, Bu, BAh, Li und Ul. Ta, und auch Fi gedeihen ebenfalls gut; bei Fi begünstigt die basische Bodenraktion Wurzelparasiten. Bei flachgründigen P. ist die Wasserversorgung der Bäume unzureichend. Sie tragen schlechtwüchsige Laubbaum- oder Kiefernbestände.

Papierherstellung Ende des 20. Jahrhunderts (MD-Papierfabrik Plattling)

Paraná-Pine, die (*Araucaria angustifolia*): auch Brasilkiefer. Die P.-P. kommt aus Brasilien und Argentinien. Das Holz hat einen breiten, weißlichen bis gelblichen → Splint. Der weiße bis graubraune Kern zeigt eine charakteristische rötliche Tönung. → Holzgewicht, Härte und Festigkeit entsprechen der einheimischen Kie. Das Holz schwindet jedoch weniger als bei dieser, während es an Dauerhaftigkeit der einheimischen Kie nachsteht; → ausländische Baumarten.

Pararendzina, die: Aus carbonat- und gleichzeitig sandkornreichen Ausgangsgesteinen, wie z. B. Löß, Geschiebemergel, Kalksandstein entstehen dort, wo immer wieder Erosion stattfindet, nämlich an Hängen unter landwirtschaftlicher Nutzung, also anthropogen bedingt, Böden mit einem A-C-Profil. An den Unterhängen lagern sich die erodierten Bestandteile zu Auenlehmen oder Hangfußanhäufungen ab. Die A-Horizonte (→ Bodenhorizont) sind insgesamt relativ humusarm und schwach entwickelt, so daß der Pflug immer wieder in den C-Horizont eingreift. Ihr Kalkgehalt entspricht aber fast dem des Unterbodens. Durch den hohen Sandgehalt sind die Böden gut durchlüftet und durchlässig. Die Standorte werden landwirtschaftlich genutzt.

parasitär → Parasiten, Parasitismus.

Pappeln

Gattung

Die Pappeln (*Populus*) zählen zur Familie der → Weidengewächse (*Salicaceae*). Wissenschaftlich wird diese 33 Arten (Europa, Asien, Nord-Amerika, Nord-Afrika) umfassende Gattung in fünf verschiedene Sektionen gegliedert:

- Sektion *Aigeiros* umfaßt fünf Arten von Schwarzpappeln und zahlreiche Hybriden (→ Bastard). Dazu gehören die sogenannten Kanadischen Pappeln, die wichtigsten nutzholzproduzierenden Sorten.
- Sektion *Leuce*, die acht Arten Weiß- und Zitterpappeln umfaßt, weist vielgestaltige Blätter auf. Charakteristisch für sie sind die starke Wurzelbrutbildung und die schlechte oder fehlende Stecklingsbewurzelung.
- Sektion *Leucoides* umfaßt fünf Arten von Großblättrigen Pappeln, die im südwestlichen Nordamerika und in Asien beheimatet sind.
- Sektion *Tacamahaca* umfaßt 14 Arten von sogenannten Balsampappeln und ist in Europa nicht heimisch.
- Sektion *Turanga* hat nur eine einzige Art, die Euphratpappel (mit verschiedenen geograghischen Varianten), die vor allem im Vorderen Orient ihr Verbreitungsgebiet hat.

Pappeln, fossil schon aus der Oberen Kreide (→ Erdzeitalter) bekannt, sind sommergrüne, mittelgroße bis große Bäume. Sie sind unter unseren einheimischen → Baumarten die raschwüchsigsten (→ schnellwachsende Baumarten). Um zu ausgereiften Bäumen heranzuwachsen, benötigen sie nur 30 bis 50 Jahre (zum Vergleich: Buche 120 bis 140 Jahre).
Die ei- bis lanzettförmigen Blätter am langen, oft seitlich zusammengedrückten Stiel sind wechselständig (→ Blattstellung). Die Vermehrung erfolgt durch Samen, → Stecklinge und → Setzstangen und bei einigen Arten durch → Wurzelbrut. Die Blüten erscheinen vor dem Laub und sind → zweihäusig, in herabhängenden Kätzchen (→ Blütenstand). Männliche Blütenstände besitzen zahlreiche Staubgefäße. Im Gegensatz zu den Weiden, die derselben Pflanzenfamilie angehören, sind die Pappeln → windblütig. Die Früchte sind meist zwei-, seltener drei- oder vierklappig aufspringende Kapseln mit vielen kleinen, mit Haarschopf versehenen → Samen. Durch diese Samenhaare haben sie bei geringem Gewicht eine große Oberfläche und können dadurch vom Wind sehr weit getragen werden (→ Samenverbreitung).
Pappeln blühen und fruchten frühzeitig und fast alljährlich massenhaft. Keimfähigkeit und Keimdauer der Samen sind jedoch sehr gering. Sie schätzen lockeren, tiefgründigen, besonders in der Tiefe feuchten Boden und sind sehr lichtbedürftig (→ Lichtbaumarten).

Graupappel (*Populus canescens*)

Holz

Mit Ausnahme der Zitterpappel, die zu den Splintholzbäumen (→ Splintholzarten) gehört, sind alle Pappeln Kernholzbäume (→ Kernholzarten). Das → Holz der Pappeln ist zerstreutporig (→ Poren), → Frühholz und → Spätholz sind kaum zu unterscheiden. Die → Jahrringe sind oft breit. Ohne Mikroskop kann das Holz der Pappel nicht vom Holz der Weiden unterschieden werden. Es ist sehr weich und leicht und neigt kaum zum → Schwinden, → Reißen und → Werfen. Daneben ist es splitterfest und gehört unter unseren Laubbäumen zu den leicht spaltbaren. Auch läßt es sich gut sägen, messern, schälen und beizen, jedoch weniger gut polieren. Der geschätzte jährliche Einschlag an Pappelholz liegt bei etwa 300 000 Kubikmeter, das sind ca. 1 Prozent des Gesamtholzeinschlages der BR Deutschland (alte Bundesländer). Das Holz findet vor allem für → Holzschliff, → Spanplatten, Zündhölzer, Zahnstocher, Zeichenbretter, Spezialholzkohle, Prothesen, → Sperrholz, → Holzwolle, Käseschachteln etc. Verwendung.

1. Graupappel

Die in den nordwestdeutschen Küstengebieten auch Marschpappel genannte Graupappel (*Populus canescens* (Aiton) Smith) wurde früher als eigene Art angesehen. Sie gilt heute als natürlicher Bastard von Silberpappel (*Populus alba*) und Zitterpappel (*Populus tremula*), der in vielen Merkmalen in etwa zwischen den beiden Elternarten steht. Je nachdem, ob ihr Aussehen mehr zur Silberpappel oder zur Zitterpappel tendiert, wird von *alba*-nahen oder *tremula*-nahen Typen gesprochen. Graupappeln, die genau zwischen den Elternteilen stehen, werden als intermediäre Typen bezeichnet. In manchen Gegenden, in denen der Bastard und seine Elternteile vorkommen, sind auch Rückkreuzungen anzutreffen.

Verbreitung

Die Graupappel ist – wie die Silberpappel – in weiten Teilen Europas verbreitet und wird sehr häufig angepflanzt. Da sie als Erosions- und Windschutz sehr gut geeignet und auch besonders windfest ist, dient sie in Küstennähe zur Dünenbefestigung. Zudem eignet sie sich auch als Allee- und Parkbaum.

Standort

Die Graupappel wächst gesellig und häufig an Ufern und auf den Kiesbänken der Flüsse, besonders in Auen, da sie feuchten, lockeren Boden liebt. Sie gedeiht jedoch auch noch auf Moor- und Sandboden, stellt nicht so hohe Ansprüche an den → Standort und ist weniger empfindlich gegen Pilz- und Insektenbefall als die Schwarzpappel und deren Hybriden.

Merkmale

Die Graupappel ist ein mittelgroßer, kräftiger Baum, gelegentlich auch Strauch, mit hohem, dickem Stamm, wenigen, kräftigen, aufwärts strebenden Hauptästen und einer anfangs kegelförmigen, später eher rundlichen, gewölbten und relativ breiten Krone. Sie wird durchschnittlich 50 cm (auch bis 100 cm) stark und erreicht mit etwa 40 Jahren ca. 20 bis 30 m Höhe; mit etwa 80 bis 100 Jahren wird sie oft kernfaul (→ Kernfäule). Sie kann bis zu 150 Jahre alt werden. Die Wuchsleistung der Graupappel ist sehr unterschiedlich und übertrifft häufig die der Elternarten.

- Die Rinde ist ziemlich glatt, grau oder dunkelgrau bis schwärzlich und weist Korkleisten (→ Kork) auf, die mit zunehmendem Alter zu rauhen, schwarzen Wülsten werden. Die ziemlich dünnen und meist hängenden Zweige sind mit weißlichen oder grauen Haaren besetzt; die grünlichen Triebe besitzen eine graue, leicht abreibbare Behaarung.
- Die rotbraunen Knospen der Graupappel sind nur an der Spitze kahl. Die wechselständig angeordneten, langgestielten Blätter unterscheiden sich in Form und Größe sehr. Sie sind an → Langtrieben von dreieckig-ovalem bis herzförmigem Umriß, sonst mehr oval bis kreisrund. Beim Laubaustrieb sind sie beiderseits silbrig behaart, später oberseits dunkelgrün bis graugrün, glänzend, unterseits filzig grauweiß behaart. Der → Blattrand ist gezähnt oder gelappt.
- Weibliche Bäume sind relativ selten, die männlichen nehmen durch das Schwellen der Blütenkätzchen zur Blütezeit im Februar/März (April) einen rötlichen Schimmer an. Die männlichen, etwa 3 bis 4 cm langen, weißlichen Kätzchen haben 8 bis 15 purpur- oder karminrote Staubgefäße in jeder Blüte und braune, dichtzottig gewimperte, vorne etwas eingeschnittene Kätzchenschuppen. Die weiblichen, grünlichen Kätzchen sind zur Blütezeit 3 bis 4 cm lang, zur Reifezeit deutlich verlängert, und haben grünlichgelbe, dicht zottig gewimperte, vorne etwas eingeschnittene Kätzchenschuppen. Die gespaltenen → Narben sind oft rötlich. Die Früchte bestehen aus hellbraunen, kahlen Kapseln, die aufspringen und die Klappen zurückkrümmen. Die winzig kleinen, mit bloßem Auge gerade noch erkennbaren Samen sind länglich-birnenförmig und mit zahlreichen langen Samenhaaren versehen; sie sind größer und heller als die Samen der Zitterpappel.

■ Die Graupappel vermehrt sich auch durch Wurzelbrut. Besonders wüchsige Exemplare mit guten Holzeigenschaften und guten Schaftformen werden häufig durch Stecklinge vermehrt. Diese künstliche Vermehrungsart ist jedoch bei der Graupappel schwierig.

Gefährdung

Die sog. Triebspitzenkrankheit oder Zweigdürre, hervorgerufen durch den Blattpilz *Venturia macularis* mit der Konidienform *Pollaccia radiosa*, tritt auch in manchen Graupappel-Beständen auf und verursacht Zuwachseinbußen (→ Zuwachs) und bei mehrjährigem Befall auch Ausfälle. Vom → Pappel-Rindentod sind Graupappeln bei weitem nicht so gefährdet wie Schwarzpappel-Hybriden.

Holz

Das Holz ist in der Qualität sehr unterschiedlich, deshalb ist die Graupappel forstwirtschaftlich bedeutungslos. Da sie häufig ringschälig (→ Risse 1)) sind, werden sie von Holzkäufern schlechter bezahlt als andere Pappeln.

2. Schwarzpappel

Die Art *Populus nigra* Linné wird auch Gemeine oder Deutsche Pappel, Pappelweide, Felb-, Salben-, Wollenbaum genannt.

Verbreitung

Die Schwarzpappel ist von Europa bis Zentralasien verbreitet. Sie wächst von Südengland, den Pyrenäen, über Frankreich, Deutschland bis nach Rußland und von Italien bis zur Balkanhalbinsel. Die vielerorts angepflanzten und als Allee-, Park- und Zierbaum verwendeten Schwarzpappeln sind meist die aus Kreuzungen einheimischer und nordamerikanischer Schwarzpappel hervorgegangenen Kreuzungen und Rückkreuzungen (Schwarzpappel-Hybriden) und werden landläufig als Kanadische Pappeln oder Bastard-Schwarzpappeln bezeichnet.

Standort

Die relativ anspruchslose, jedoch lichtbedürftige Schwarzpappel wächst in den feuchten Auwäldern und Silberweiden-Gebüschen (→ Charakterart) der großen Flußniederungen, vor allem im Übergang zu den Eichen-Ulmen-Auenwäldern, häufig auch an Bach- und Flußufern, bevorzugt auf feuchten, periodisch überschwemmten, tiefgründigen, lockeren, nährstoff- und basenreichen Lehm- und Sandböden auf lichten Standorten. Sie ist in Gesellschaft von Weiden und anderen Pappelarten anzutreffen und kommt bis in Höhen von etwa 1 400 m vor. Die von der Ausrottung bedrohte Schwarzpappel steht auf der → Roten Liste.

Merkmale

■ Die raschwüchsige Schwarzpappel wird ein stattlicher Baum und erreicht auf guten Standorten im Alter von 40 bis 50 Jahren bereits eine Höhe von 20 bis 25 m. Sie kann insgesamt eine Höhe von etwa 30 m, eine Stärke von etwa 2 m und ein Alter von etwa 300 Jahren erreichen. Die Bewurzelung ist meist flach und weit ausstreichend. Der Baum hat eine tief angesetzte, stark ästige, hohe, gewölbte, oft weit ausladende, bei alten Bäumen unregelmäßig aufgebaute und mehrteilige Krone.

■ Der Stamm der bodenständigen Schwarzpappel ist sehr kräftig, in der Regel gewunden, krumm, spannrückig (→ Spannrückigkeit), ringschälig (Risse entlang von Jahrringen) und weist am Grunde häufig auffallende Verdickungen (Buckel) auf. Er teilt sich bereits in geringer Höhe in kräfige, bogig oder steil schräg aufsteigende Äste. Die Triebe sind relativ dünn, rundlich, lehmgelb bis hellbräunlich, glänzend, zuweilen an der Spitze behaart und wachsen → monopodial; die Langtriebe sind rutenformig. Die gelblich-graue Rinde der älteren Zweige hat große wulstige → Lentizellen, später wird sie grauweiß, dann an kräftigen Ästen und am Stamm zu einer dicken, tief längsrissigen, schwärzlichen → Borke.

■ Die kahlen Knospen sind glänzend, meist klebrig und duften beim Aufbrechen balsamisch. Die schmal kegelförmigen Seitenknospen liegen am Zweig an, mit abstehender Spitze. Die Endknospen, deutlich größer als die Seitenknospen, sind lang zugespitzt und schmal eiförmig. Die zugespitzten, gekielten, rotbraunen Knospenschuppen erweisen sich meist als klebrig. Die wechselständig angeordneten Blätter sind an Langtrieben 5 bis 10 cm lang, rundlich-dreieckig bis rhombisch, lang zugespitzt, am Grunde abgestutzt oder breit-keilförmig, an → Kurztrieben kürzer und schmäler. Sie sind beim Blattaustrieb rötlich-grün, dann oberseits glänzend dunkelgrün, unterseits etwas heller. Der Blattstiel ist 2 bis 6 cm lang, seitlich zusammengedrückt, der Blattrand feingezähnt.

◂◂ Schwarzpappel *(Populus nigra)*

■ Die Blütenstände der zweihäusigen Schwarzpappeln erscheinen im März/April, vor dem Laubaustrieb. Die hängenden, bis zu 8 cm langen, grauweißen männlichen Kätzchen besitzen in jeder Blüte etwa 20 bis 30 → Staubblätter mit anfangs purpurroten Staubgefäßen. Die weiblichen Kätzchen sind grünlich, zur Blütezeit etwa bis 9 cm lang, zur Fruchtzeit bis 14 cm lang. Der → Fruchtknoten ist deutlich gestielt mit zwei gelblichen Narben. Die Früchte, die etwa im Mai reifen, bestehen aus grünlichbraunen, kahlen, rundlichen und zugespitzten, deutlich gestielten, aufspringenden Kapseln, die hellbraune, mit weißem, wolligem Haarschopf versehene Samen enthalten. Die → Keimblätter sind spatenförmig und ähneln denen der Zitterpappel; die Erstlingsblätter sind schmalrautenförmig und gezähnt. Die Schwarzpappel bildet Wurzelbrut und reichlich → Stockausschlag sowie Ausschlag aus den sogenannte Maserkröpfen (→ Maser) am Stamm. Eine Vermehrung durch Stecklinge ist möglich.

Die Schwarzpappel ist relativ anspruchslos, jedoch lichtbedürftig.

Holz

Das Holz der Schwarzpappel ist im → Splint weißlich, im → Kern hellbräunlich, ohne Markflecken, ziemlich grob, sehr leicht, weich, mäßig schwindend und hat eine hohe Abnutzungsfestigkeit. Es ist nicht sehr geschätzt, da die Stämme häufig ringschälig sind und dann beim Einschnitt zerfallen. Unter den heimischen Pappelarten gilt es, besonders das der Schwarzpappel-Hybriden, dennoch als das wertvollste und wird (bei einigermaßen geraden und glatten Stämmen) zu Möbeln, Schnitzereien und wie das Holz anderer Pappelarten verwendet.

Schädlinge
Schwarzpappeln und ihre Hybriden sind sehr empfindlich gegen verschiedene Schädlinge und Krankheiten. Besonders gefährdet sind sie durch den → Pilz *Dothichiza populea* (Pappelrindentod), der bevorzugt junge Pflanzen befällt. Ferner werden sie auch vom Blattpilz *Marssonina*, dem Blattrost, dem Stammkrebs, dem Großen und Kleinen Pappelbock (→ Bockkäfer 14. und 15.), und von gallenerzeugenden Insekten befallen, vor allem von der Laus *Pemphigus spirothecae*, von der am Blattstiel etwa 2 cm lange und 1 cm dicke → Gallen (→ Blattstielgalle) gebildet werden, die sich im September öffnen und Mengen blaugrauer Läuse entlassen; → Blattwespen (Gelbe Pappelblattwespe).

Bedeutung als Heilpflanze
In der Naturheilkunde werden Teile der Schwarzpappel schon lange eingesetzt. Verwendet werden innerlich oder äußerlich die Knospen (März/April), die Rinde zwei- bis dreijähriger Zweige und das Holz. Sie enthalten ätherisches Öl, Flavonoide, Glykoside, Gerbstoff, Harze, Wachs, Benzol- und Zimtsäurederivate, wirken antiseptisch, fiebersenkend, tonisch, auswurffördernd, verdauungsfördernd und wundheilend. Schwarzpappelsalbe ist ein Wundheilmittel.

3. Pyramidenpappel
Populus nigra var. italica Münchhausen = *P. nigra var. pyramidalis* (Roz.) Spach wird auch Italienische oder Lombardische Pappel, Saarbaum, Sandbelle, Säulen-Pappel genannt. Sie ist eine männliche Form der Schwarzpappel und kam etwa Mitte des 18. Jahrhunderts nach Mitteleuropa, war häufig bei Klöstern zu finden, später auch bei Bauernhöfen und Landhäusern (Blitzableiter?). Sie ist noch immer als Allee- und Zierbaum weit verbreitet. Unter Napoleon wurde sie gezielt zur Orientierung angepflanzt. Wild kommt sie nicht vor. Ab Mitte des 19. Jahrhunderts wurden dann auch weibliche Pyramidenpappeln, mit breiteren Kronen und stärkeren Ästen („Giganthea"), in Deutschland angepflanzt. Die Standortansprüche sind ähnlich wie bei der Schwarzpappel.

Merkmale
Die Pyramidenpappel ist ein mittelgroßer bis großer Baum mit abholzigem, drehwüchsigem, häufig spannrückigem Stamm, weit ausstreichenden Wurzeln und starkem, oft brettartig vorspringenden Wurzelanlauf. Er kann über 30 m hoch, ca. 1 m stark und mehrere hundert Jahre alt werden, wird jedoch nicht so alt wie die Schwarzpappel, da → Wipfeldürre dem Wachstum ein Ende setzt und auch baldiges Absterben ankündigt. Charakteristisch für die Pyramidenpappel ist ihre säulenartige Form, der sich bereits kurz über dem Erdboden verzweigende Stamm, die fast senkrecht aufstrebenden Äste und die sehr lange, schlanke Krone. Die Laubblätter gleichen denen der Schwarzpappel, sind jedoch meist etwas kleiner, weniger zugespitzt und relativ breit. Die Pyramidenpappel blüht im März/April, früher als die Schwarzpappel und nur im oberen Bereich der Krone, wobei die Blütenstände wiederum denen der Schwarzpappel ähnlich sind. Die Pyramidenpappel wird durch Stecklinge und Setzstangen vermehrt.

Blätter der Silberpappel (*Populus alba*)

4. Silberpappel
Populus alba Linné wird auch Weißpappel, mundartlich Abelbaum, Abele, Albe, Albe(r)nbaum, Bell- oder Bollweide, Pappelweide, Schneepappel, Weißalber und deutscher Silberbaum genannt.

Verbreitung
Das natürliche Verbreitungsgebiet dieser eurasischen Pflanze ist Süd-, Mittel- und Osteuropa bis Westsibirien, Westasien und Nordafrika. In Mitteleuropa ist sie zerstreut verbreitet, vor allem im Donau-, Oberrhein-, Odergebiet und an anderen Flüssen. In West- und Nordeuropa und Teilen Mitteleuropas wurde sie eingebürgert.

Standort
Die Silberpappel wächst in lichten Auwäldern der großen Flußniederungen (z. B. Donau, Elbe, Rhein), in flußbegleitenden Gehölzen, vor allem im Bereich der → Hartholzaue (nicht regelmäßig überschwemmter Bereich), auf frischen, lockeren, nährstoff- und basenreichen, im Untergrund kiesigen Lehm- und Tonböden mit ganzjähriger Feuchtigkeit. Strauchförmig ist sie auch auf trockenen Anschwemmungen anzutreffen. Sie gedeiht auch noch auf Moor- und trockenen, armen Sandböden, ist eine → Pionierbaumart, gut zur Dünenbefestigung geeignet und in küstennahen Pionierwäldern anzutreffen. In den Alpen kommt sie bis in Höhen von 1 500 m vor.

▸▸ Zitterpappel (*Populus tremula*)

Merkmale
- Die Silberpappel ist ein großer Baum mit vollholzigem, geradem oder etwas gekrümmtem Stamm, am Grunde häufig mit Schößlingen und → Wasserreisern. Die anfangs oval-kegelige, später breite Krone ist lockerästig und oft nach einer Seite überhängend. Die Wurzeln sind weit ausstreichend. Die raschwüchsige Silberpappel erreicht mit 30 bis 40 Jahren eine Höhe von etwa 25 bis 30, auf guten Standorten bis 40 m und eine Stärke bis zu 1 m, im → Freistand auch bis 1,5 m. Sie kann 300 bis 400 Jahre alt werden.
- Die Rinde junger Bäume ist weißlich-grau bis graugrün und noch glatt mit stark gedehnten dunklen Korkwarzenbändern (Lentizellen); im Alter wird sie zunehmend rauher, dunkelgrau, dann zu einer rissig längsgefurchten oder mit Leistenmuster versehenen Borke. Die jungen Zweige, die monopodial wachsen, sind grünlich bis hellbraun und mit weißgrauer, filziger Behaarung versehen, wodurch sie weißlich erscheinen; stellenweise sind sie durch Abrieb auch kahl. Die Langtriebe sind grauweiß behaart, die älteren Zweige graubraun mit großen Korkwarzen. Die spitz-eiförmigen bis kugeligen Endknospen sind geringfügig größer als die Seitenknospen. Diese sind von gleicher Gestalt und vom Zweig abstehend. Die kugeligen, kurz zugespitzten Blütenknospen sind viel größer als

End- und Seitenknospen. Die abgerundeten, hellbraunen Knospenschuppen besitzen dunkelbraune Ränder und teilweise wollige Behaarung.

■ Die wechselständig angeordneten, sehr vielgestaltigen Blätter gliedern sich in drei bis fünf größere Lappen, die Blattspreite ist rundlich bis oval, am Grunde abgerundet oder wie abgeschnitten, an Langtrieben handförmig gelappt. Sie sind etwa 4 bis 10 cm lang, 3 bis 6 cm breit, beim Blattaustrieb beiderseits wollig-filzig behaart, später sind sie etwas derb und ledrig, oberseits dunkelgrün, glänzend und nur noch auf der Unterseite wollig weiß behaart. Durch diese Behaarung erscheinen sie aus der Entfernung silbrig. Der Blattstiel ist etwa 2 bis 5 cm lang, der Blattrand buchtig gezähnt. Die Blätter der Schößlinge sind oft wesentlich größer. Das Laub fällt im Verhältnis zu anderen Laubbäumen relativ früh ab.

■ Die Silberpappel ist zweihäusig und erreicht frühestens mit 10 Jahren die → Mannbarkeit. Die Blütenstände erscheinen im März/April, bereits vor dem Laubaustrieb, und sind denen der Zitterpappel sehr ähnlich.

■ Die Früchte, die Mitte bis Ende Mai reifen, sind hellbraune, kahle Kapseln, die aufspringen und ihre Klappen zurückkrümmen. Die darin enthaltenen, länglich-birnenförmigen Samen tragen einen wolligen Haarschopf. Die Samen (größer und heller als die der Zitterpappel) laufen nach Aussaat innerhalb von acht bis zehn Tagen auf. Die Keimblätter sind, ähnlich denen der Zitterpappel, spatenförmig, die Erstlingsblätter schmal und ganzrandig. Die Silberpappel entwickelt auch reichlich Wurzelbrut.

Holz
Das Holz hat einen breiten Splint und einen gelbbraunen Kern. Es dient zur Herstellung von Papier, Holzwolle und → Holzfaserplatten.

5. Zitterpappel
Populus tremula Linné wird auch Aspe, Espe, Beber-, Flatter-, Flitter-, Klapper-, Zitteresche und Laufespe genannt.

Verbreitung
Die Zitterpappel ist mit Ausnahme von Portugal, Südspanien und Sizilien über ganz Europa, bis Sibirien und Kleinasien verbreitet. In Europa ist sie die am weitesten verbreitete Pappelart.

Standort
Die Zitterpappel ist die Folgeart in Ginster- und Schlehengesellschaften und wächst in lichten Wäldern, auf Kahlschlägen (→ Pionierbaumart), Steinhalden, Brachland, an Wald- und Wegrändern sowie in Hecken, von der Ebene bis in Höhen von 1 000 m im Gebirge. Die Zitterpappel ist sehr anpassungsfähig und hinsichtlich der Bodenqualität nicht sehr anspruchsvoll, gedeiht jedoch am besten auf lichten Standorten und humusreichen, frischen bis feuchten, nährstoff- und basenreichen, kalkhaltigen bis kalkfreien, lockeren Sand-, Lehm- und Lößböden. Die Zitterpappel ist sehr lichtbedürftig, erträgt Winterkälte und Spätfröste, ist jedoch sehr sturmgefährdet. Sie ist ein ideales Pioniergehölz, durch die leicht zersetzliche, nährstoffreiche Laubstreu auch bodenverbessernd und tritt häufig vergesellschaftet mit Salweide, Weißbirke, Eiche und Besenginster auf. Forstlich wird sie als → Vorwald, → Füllholz und → Hilfsbaumart verwendet (→ Zeitmischung) und mancherorts werden Zitterpappel, bzw. verschiedene Sorten derselben, auch bestandsweise zur Holzproduktion angepflanzt.

Merkmale
■ Der mittelgroße bis große Laubbaum hat einen vollholzigen, geraden oder etwas geneigten Stamm und eine anfangs sehr lockere, lichte, später kegelförmige, dann breite, rundliche bis unregelmäßige mehrteilige Krone. Das Wachstum ist in den ersten 30 bis 40 Jahren sehr rasch und mit 60 Jahren etwa abgeschlossen. Der Baum wird etwa 35 m hoch, 1 m stark und erreicht ein Alter von etwa 100 Jahren, wird jedoch meist frühzeitig kernfaul (→ Kernfäule). Er legt primär eine Pfahlwurzel an, später kräftige Hauptseitenwurzeln.

■ Die Rinde des Stammes ist anfangs glatt, gelbgrau, hat markante Korkwarzenstreifen und wird später zu einer dicken, schwarzgrauen, längsrissigen Borke. Die unteren Äste stehen ab, die oberen streben steil aufwärts. Die jungen, kahlen, gelbgrünen bis grauen Zweige wachsen monopodial. Die älteren, olivgrünen bis grauschwarzen Zweige weisen punktförmige bis längliche, hellbraune oder weißliche, später graue Lentizellen auf. Die Laubknospen sind schmal, spitz-kegelig bis spitz-eiförmig, meist rundlich, oft dreikantig, die Seitenknospen am Zweig anliegend und die Spitze diesem zugekehrt. Die kugeligen bis eiförmigen Blütenknospen sind wesentlich dicker als die Laubknospen. Die Seiten-Blütenknospen stehen vom Zweig ab. Die hell- bis dunkelbraunen, oben abgerundeten Knospenschuppen sind häufig etwas eingekerbt; der Wimperrand der äußeren Schuppen ist durch verhärtetes Sekret etwas verklebt.

■ Die wechselständig angeordneten Laubblätter sind eirund bis fast kreisrund, anfangs behaart, später verkahlend, etwa 3 bis 10 cm lang, am Grunde meist herzförmig, mit sehr kurzer, kaum angedeuteter Spitze, oberseits lebhaft grün, glänzend, unterseits hellgrün und matt. Der Blattrand ist unregelmäßig stumpf gezähnt oder seicht gebuchtet, der Blattstiel 4 bis 6 cm lang, seitlich abgeplattet (eine Angriffsfläche für den Wind, daher das Zittern der Blätter beim leisesten Windhauch bzw. der Spruch: „Zittern wie Espenlaub").

■ Die Zitterpappel wird mit etwa 20 bis 25 Jahren mannbar, Stockausschläge früher. Die Blütenstände der zweihäusigen Zitterpappel erscheinen im März/April, vor Laubaustrieb. Die grauweißlichen, 5 bis 10 cm langen, bis 2 cm dicken, hängenden männlichen Kätzchen haben stark zerschlitzte, dicht zottig behaarte, dunkelbraune bis schwarze Tragblätter, vier bis zwölf Staubblätter je Blüte und anfangs purpurne, später entfärbte Staubbeutel. Die weiblichen Kätzchen sind etwa 4 cm lang (zur Fruchtzeit bis etwa 12 cm verlängert), mit zerschlitzten, dicht zottig behaarten Tragblättern, kegelförmigen, lebhaft grünen, sehr kurzgestielten Fruchtknoten mit zwei purpurroten, leicht gelappten Narben.

■ Die Fruchtstände, die Ende Mai reifen, bestehen aus langgestielten, grünlichbraunen, schlanken, zweiklappigen Kapseln, die kleine, gelbliche, runde Samen (Nüßchen) enthalten, die einen weißen wolligen Haarschopf tragen. Diese nur kurze Zeit keimfähigen Samen keimen acht bis zehn Tage nach dem Abfall oder der Aussaat. Die Keimblätter sind spatenförmig, gestielt, die Erstlingsblätter eiförmig und grob gezähnt, die kleinen Stämmchen rötlich.

■ Die Zitterpappel treibt viel Wurzelbrut, läßt sich jedoch kaum durch Stecklinge vermehren. Sie neigt zu Bastardierungen mit anderen Pappeln der Sektion *Leuce*. Diese Hybriden sind zum Teil langlebiger und wüchsiger und finden deshalb auch manchmal in Schutzpflanzungen Verwendung.

◄ Blätter der Zitterpappel

Holz
Das Holz ist schmutzigweiß, ohne gefärbten Kern, sehr weich, leicht, mäßig schwindend und wird zur Herstellung von Zündhölzern und Papier, früher auch zu Holzpantoffeln und Trögen verwendet.

Bedeutung als Heilpflanze
In der Naturheilkunde werden die Blätter und die Rinde genutzt. Sie enthalten Gerbstoff, Glykoside, Mineralsalze, Flavonoide, Zimtsäurederivate, und ihre adstringierende, entzündungshemmende und fiebersenkende Wirkung macht man sich beispielsweise bei Blasenentzündung und Skorbut zunutze.

Parasiten: ungeachtet der Systematischen Zugehörigkeit (→ Systematik) eine → Lebensform der Höheren Pflanzen oder → Sproßpflanzen und der Tiere. Die Pflanzen keimen und wachsen auf anderen Pflanzen und nutzen deren Wasserleitungssystem; → Parasitismus.

Parasitismus, der: Zieht in einer Beziehung zweier Organismen ausschließlich ein Partner Vorteile, spricht man von P. Man unterscheidet permanente, kurzzeitige (temporäre) und periodische → Parasiten. Die parasitäre Beziehung kann sich oft über Generationen erstrecken; sie ist i. d. R. nicht tödlich. Ist der Parasitenbefall mit einem Krankheitsbild verbunden, handelt es sich um Pathogenie. Vom Befallsablauf her unterscheidet man eine frühe, kurzlebige epidemische Phase, die beim → Wirt zu einer gewissen Resistenzbildung führt und die Virulenz des Parasiten verringert. Diese Phase mündet dann in eine endemische Phase mit einer stabilen Beziehung ein. Endemische Parasiten können aber auch wieder epidemisch werden, z. B. bei einer aus Asien in die USA eingeschleppten Erkrankung der Kastanien oder bei der ebenfalls eingeschleppten Ulmenerkrankung in den USA.
Nach der Art des Wirtes unterscheidet man Phyto- und Zooparasiten; zu letzteren gehören die Humanparasiten. Nach der Art des Befalls unterscheidet man Ekto- und Endoparasitismus. Ektoparasiten besiedeln die Oberfläche des Wirts. Bei den Pflanzen sind es entweder grüne Halbparasiten (Semi-, Teil-, Hemiparasiten), die selbst noch assimilieren können, und über die Wurzeln, wie z. B. der → Wachtelweizen, der Augentrost oder der Klappertopf, oder die Sprosse, wie z. B. die → Mistel, Wasser und Nährstoffe von ihren Wirtspflanzen beziehen. Sie können aber auch bleiche Vollparasiten (Holoparasiten) sein, wie z. B. die → Schuppenwurz, die Orobanche-Arten oder die Kleeseide (*Cuscuta*), die ihren Wirten auch Assimilate entziehen. Da sie selbst nicht mehr assimilieren, haben sie keine Blätter mehr, oder diese sind zu Schuppen reduziert. Bei den tierischen Ektoparasiten sind die Mundwerkzeuge, wie bei Zecken, Läusen, Federlingen, zu stechend-saugenden Werkzeugen umgebildet. Damit werden die Gewebe tierischer oder pflanzlicher Wirte angezapft. Die Endoparasiten leben im Inneren des Wirts. Diese innige Verbindung hat zu einer Anpassung geführt: Füße, Augen, Gehör, die freilebende Tiere zur Fortbewegung und Orientierung brauchen, sind verkümmert oder gar nicht mehr vorhanden. Am extremsten haben die → Viren als Zellparasiten ihre Form vereinfacht. Nach der Intensität des P. spricht man von fakultativem P., bei dem der Schmarotzer nicht unbedingt auf einen Wirt angewiesen ist und saprophytische Phasen zwischengeschaltet sind, oder von obligatem P., bei dem die Parasiten auf den Wirt unbedingt, bis hin zur Wirtsspezifität, angewiesen sind. Kommen Parasiten nur auf oder in einem Wirt vor, spricht man von monophagem P., kann er, wie z. B. der → Hallimasch auf oder in mehreren verschiedenen Wirten leben, spricht man von einem oligophagen P. Schwächeparasiten befallen nur geschwächte Organismen. Hyperparasiten befallen Parasiten; → Resistenz, Kommensalismus, Symbiose.

Der Parkwald ist oft ein Relikt ehemaliger herrschaftlicher Parks.

Parasitoid, der: Entomophage Schmarotzer werden als P. oder Raubparasiten bezeichnet, da dabei – im Ggs. zum → Parasitismus – der Wirt langsam abstirbt, z. B. bei → Schlupfwespen. Von solitären P. spricht man, wenn sich im Wirt nur ein Individuum entwickelt, von Gregärparasitoiden, wenn es mehrere sind. Diese können durch Ablegen mehrerer Eier oder durch Teilung eines Eies während der Furchung in mehrere Eier entstehen.

Parasolpilz, der: → Schirmlinge 1.

Pardelluchs, der: → Luchs.

Parenchym, das (Parenchymsystem, Grundgewebe): Im P. laufen die wichtigsten Lebensvorgänge der → Pflanzen ab: Nährstoffbereitung, -weiterleitung und -speicherung sowie die Atmung. Daneben dient es auch der Wasserspeicherung und gibt dadurch die allg. Festigkeit. Beim Blatt (→ Laubblätter) liegt unter der oberen → Epidermis das Palisaden-P., dessen langgestreckte Zellen den größten Teil der → Chloroplasten enthalten und daher das „Assimilationsgewebe" darstellen. An das Palisadengewebe schließt sich „Schwamm-P." (Atmungs- oder Schwammgewebe) an. Dieses besteht aus unregelmäßig geformten, wenige Chloroplasten enthaltenden Zellen, zwischen denen sich große Interzellularräume befinden, die der Wasserdampfabgabe und der Durchlüftung dienen. Die → Spaltöffnungen, durch die → Sauerstoff und → Kohlendioxid mit der → Luft ausgetauscht werden, sind meist nur an der Blattunterseite zu finden.

Paridae → Meisen.

Paris → Einbeere.

Parkettkäfer, der: → Bockkäfer 4.

Parklandschaft, die: offene → Landschaft mit eingesprengten extrazonalen Waldinseln.

Parkwald, der: nach waldbaulichen Erkenntnissen gestaltete Parkanlage mit Waldbäumen, auch fremdländischen, die teilweise gärtnerisch behandelt (beschnitten) wurden. P. entstand früher v. a. um fürstliche Residenzen (Schlösser, Landsitze) und diente vorrangig der Hofgesellschaft und für jagdliche Veranstaltungen.

Parmeliaceae: Fam. hochentwickelter Laub- und Strauchflechten mit allseits berindetem Thallus. Wichtige Gatt. sind *Alectoria* (→ Mähnenflechte), *Byoria, Cetraria* (→ Isländisch (es) Moos), *Cornicularia, Evernia* (→ Pflaumenflechte), *Hypogymnia* (→ Graue Baumflechte), *Letharia, Menegazzia, Parmelia* (→ Felsen-Schüsselflechte), *Parmeliopsis, Platismatia, Pseudevernia, Usnea* (→ Bartflechte).

Parmelia saxatilis → Felsen-Schüsselflechte.

Parnassia → Herzblatt.

Parökie, die: Bei dieser Art von Nutznießung durch Besiedlung zieht eine Art Vorteile, ohne daß die andere geschädigt wird. So nisten z. B. kleinere Singvögel gezielt in Greifvogelhorsten oder in deren Umgebung, um sich so vor Feinden zu schützen.

Parthenogenese, die: → Jungfernzeugung.

Partieführer, der: → Vorarbeiter.

Partien: auch Pässe oder Sägen. Teileinheiten (Untergliederungen) einer Rotte (→ Rotte 1)). Noch vor einigen Jahrzehnten zählte die P. so viele Arbeiter, als zur vollständigen Fällungs- und Aufarbeitungsarbeit nötig waren; nicht weniger als zwei (wegen Handhabung der Säge) und nicht mehr als fünf oder sechs. Die P. arbeitet gemeinschaftlich unter einem Partieführer. Vielerorts ist der Begriff P. syn. mit Rotte.

Pässe → Partien.

Patchiness: kleinräumiges Mosaik im Wald von in Alter, Baumart, Schichtung und Stammzahl unterschiedlichen Beständen; → Mosaik-Zyklus.

Patenforst, der: Bez. für ein Forstrevier, für das sich die Mitglieder einer Horte oder eines Horstes der → Deutschen Waldjugend in besonderem Maße verantwortlich fühlen. Durch Beobachtungen, Pflanzungen und Pflegemaßnahmen über einen längeren Zeitraum wird hier die Möglichkeit zum Verständnis für die Zusammenhänge der Natur geschaffen. An erster Stelle steht hier das Kennenlernen der Lebensgemeinschaft Wald, → Flora und → Fauna.

Pathologie, die: → Forstpathologie, → Holzkrankheiten.

Paulsen, Johann Christian (15.11.1748 Uslar bis 10.1.1825 Gut Nassengrund bei Blomberg). P. war einige Zeit mit Taxationsarbeiten im hannoverschen Forstdienst beschäftigt und war zuletzt Fürstlich Lippescher Oberförster in Biesterfeld. Er schrieb u. a. „Entwurf zur wirthschaftlichen Eintheilung des Holzvorraths sowohl in Eichen- als auch in den Buchenforsten etc." (1787), „Kurze praktische Anleitung zum Forstwesen usw." (1795), „Über die richtigste Art der Berechnung des Zuwachses an ganzen Holzbeständen in den Waldungen." (1800).

Paxillaceae → Krempllingartige.
Pech, das: **1)** braune bis schwarze, zähflüssig-klebrige Masse, die bei der Destillation von Erdöl und Teer als Rückstand bleibt. **2)** → Holzpech. **3)** umgangssprachlich für → Harze.
Pechbaum, der: → Fichte 1.
Pechhauen, das: auch Pöchbrocken, Pöchklauben. Das unter diesen Bez. in den salzburgischen und oberösterreichischen Waldordnungen (z. B. 1592, 1586) erwähnte Gewinnen des Fichtenharzes brachte dem „Pöchklauber" einen guten Nebenverdienst. Es war aber höchst waldschädlich wegen des ungeregelten Abhackens der Bäume und des Pechsiedens im Wald und wurde deshalb später verboten. Unter der Kaiserin Maria Theresia wurde das „Pechhauen" 1752 nur mehr an jenen Fi und Kie erlaubt, die nicht zu Bau- oder Scheiterholz geeignet waren; → Harzgewinnung.
Pechhauer, **-hetzer** → Harzreißer.
Pechhütte, die: → Pechöfen.
Pechkraut, das: → Alpenrose 1.
Pechlarsen → Risse 1).
Pechöfen: auch Pechhütten. besonders konstruierte Öfen zur Pechgewinnung. Neben der Gewinnung von → Pech beim → Teerschwelen wurden früher separate P. errichtet. Das im Wald gewonnene → Harz wurde in sog. Pechtöpfen erhitzt bzw. gekocht. Als Produkt erhielt man schwarzes Schuster- oder Schiffspech zum Kalfatern und gelbes Faß- oder Brauerpech zum Verpichen von Fässern. Wurde Pech mit einem Zusatz von Essig erneut ausgeschmolzen, erhielt man das → Kolophonium.
Pechreißer, **-schaber** → Harzreißer.
Pechscharre, die: → Harzmesser.
Pechschwarzer Milchling, der: → Milchlinge 4.
Pechtanne, die: → Fichten 1.
Pechwälder: eine v. a. früher in Österreich übliche Bez. für Wälder, die überwiegend der Pechgewinnung dienten, wodurch die Holznutzung zweitrangig war.
Pedicia rivosa → Stelzmücken.
Pedicularis → Läusekraut.
Peitschenholz, das: → Ahorne 3.
Peitschenmoos, das (*Bazzania*): nur wenige Arten umfassende Gatt. der → Lebermoose. Es handelt sich um auf feuchten kalkfreien Böden und morschem Holz wachsende, lockere Polster bildende → Moose. Der niederliegende → Thallus ist zweiteilig, beblättert und hat unterseits lange peitschenartige Rhizoiden (Name!). Die häufigste Art in Mitteleuropa ist:
Dreilappiges Peitschenmoos, das (*Bazzania trilobata* (L.) Gray = *Mastigobryum trilobatum*): Das im Flachland seltene, in den Mittelgebirgen und Gebirgen bis in die montane Region häufige D. P. wächst in feuchten, schattigen Wäldern, v. a. in Fichtenwäldern und Bergwäldern, auf Baumstümpfen, morschem Holz und auf Gestein, auf feuchten, sauren Böden.
Die → zweihäusige Pflanze bildet dichte, üppige, gelbgrüne bis dunkelgrüne Rasen. Die niederliegenden bis aufgerichteten, an den Spitzen umgebogenen Stengel sind 5 bis 20 cm lang, gabelig verzweigt und dicht dachziegelig beblättert. Die auf der Stengeloberseite zweizeilig angeordneten Blätter sind 2 bis 4 mm lang, schief eiförmig, am Grunde gewölbt und enden in drei (vier) kurzen Lappen. Auf der Unterseite der Pflänzchen befinden sich 1 bis 2 cm lange in den Boden eingesenkte, stützwurzelähnliche, peitschenartige Sprossen und einige wenige Rhizoiden. Die → Sporen reifen vom Sommer bis zum Herbst. Die 1 bis 3 cm lang gestielte Sporenkapsel ist oval, schwarzbraun und vierklappig.

◂◂ Das Peitschenmoos bildet lockere Polster

Peitschenmoos-Fichtenwald, der (*Bazzanio-Piceetum*): pflanzensoziologische → Assoziation des Unterverbandes natürliche → Fichtenwälder (*Vaccinio-Piceenion*), kommt v. a. in vermoorten Geländeverebnungen, flachen Talgründen, Moorrändern und auf Silikatblockhalden der Mittelgebirge im Abflußbereich von Kaltluft vor. In der Bodenvegetation kommen neben den Arten der anderen Fichtenwälder das namensgebende Dreilappige Peitschenmoos, Torfmoose, Dornfarn und Siebenstern vor; → Waldgesellschaften.
Peitschenstielholz, das: Gerten und Ruten mit einem Durchmesser von 1 bis 3 cm mit Rinde (→ D. m. R.) und einer Länge von 1,5 bis 2 m. Besonders geeignete → Baumarten sind FAh, aber auch die übrigen Ahornarten sowie Bi, Es, Ul, Salweide und Wacholder.
Peitscher, der: im → Stangenholz ein dünnstämmiger hoher Baum, mit i. d. R. kleiner Krone (schmalkronig), der bei Wind die Kronen der Nachbarbäume reibt und peitscht (z. B. Bi). P. werden bei der → Durchforstung des → Stangenholzes herausgenommen.
Pellia → Beckenmoos.
Pelosol, der: Dieser Bodentyp, dessen Name vom griech. *Pelos* = Ton abgeleitet ist, entsteht aus skelettarmem, v. a. tonigen Ausgangsgestein. Die Böden sind relativ jung und deshalb noch nicht sehr entwickelt. Daher entspricht die Farbe des Profils noch der des Ausgangsgesteins. Das sind Tongesteine, Mergel, Schiefertone. Über dem unveränderten C-Horizont entwickelt sich, farblich nicht oder kaum erkennbar, ein hochplastischer kalkfreier P-Horizont, der mit Prismen und Polyedern eine deutliche Sekundärstruktur hat. Die Entwicklungstiefe kann zwischen 20 und 100 cm liegen. Aus kalkhaltigen Tonen können auch kalkhaltige P. entstehen. P. an Hängen neigen häufig zu Rutschungen. P. sind schwere Böden. Sie quellen bei Durchfeuchtung und schrumpfen beim Austrocknen. Wegen des hohen Tongehalts (über 45 %) ist die Wasserspeicherung groß; wegen des hohen Feinporenanteils ist der Anteil des pflanzenverfügbaren Wassers jedoch gering. Bei Ackernutzung sind die carbonatfreien P. nur innerhalb einer kurzen Frist bearbeitbar (Minutenböden). P. werden deshalb gerne als Dauergrünland, für Obst und Weinbau und als Wald genutzt. Hier empfiehlt sich der Anbau tiefwurzelnder Baumarten wie Ta, TrEi, WiLi, Hbu und Kir; → Waldboden.
Peltigera: zur Fam. Schildflechten (*Peltigeraceae*) zählende Gatt. der Abteilung → Flechten. Es handelt sich um großblättrige, locker anliegende Flechten die oberseits berindet sind. Die unberindete Unterseite ist oft filzig und meist mit einem Netz mehr oder weniger deutlicher Adern überzogen. Verwechslungen mit Arten der Gatt. *Lobaria* (→ Lungenflechte) sind möglich. Bekannte Arten der Gatt. P. sind:

Hundsflechte (*Peltigera canina*)

1. Schildflechte, die (*Peltigera horizontalis* (Huds.) Baumgarten): Die weit verbreitete und häufige Flechte wächst besonders in feuchten Wäldern auf bemoostem Erdboden, auf Baumstümpfen und moosigen Felsen.
Das flächig ausgebreitete Lager (→ Thallus) hat lederartige, 5 bis 15 cm lange und bis 2 cm breite, am Rande wellige Lappen, die oberseits unbehaart, in trockenem Zustand glänzend hell- bis dunkelbraun oder auch bläulichgrau und in feuchtem Zustand dunkelgrün sind. Unterseits sind die Lappen heller, mit schwarzbraunen, flachen, breiten, zusammenfließenden Adern. Die kreisrunden, dunkel rotbraunen → Apothecien, die sich an der Spitze schmaler Lappen befinden, sind deutlich horizontal ausgerichtet (Erkennungszeichen!).
2. Hundsflechte, die (*Peltigera canina* (L.) Willd.): Die mancherorts weit verbreitete Blattflechte wächst an Mauern, Felsen, auf Dünen und in Wiesen.
Der große, kräftige, großlappige, graue, muschelförmig anliegende oder aufsteigende Thallus ist oberseits grauweiß behaart, trocken, blaßgrau, feucht dunkel graubraun. Die Unterseite ist weiß und mit einem dicken Netz deutlicher Adern überzogen. Die braunroten Apothecien befinden sich auf schmalen, aufsteigenden Lappen.
Pelzblattwespe, die: → Blattwespen.
Pemphigidae → Blasenläuse.
Penetrometer, der: Der P. dient der allg. bodenkundlichen Untersuchung bis zu einem Meter Tiefe. Mit ihm können Untersuchungen von (erwarteten) Wachstumsbedingungen

von Pflanzen und Bäumen und die Kontrolle künstlicher Verdichtungen durchgeführt werden. Daneben dient der P. auch dem Aufspüren verdichteter Bodenschichten und der Erstellung einfacher Fundierungsgutachten.

Pentatomidae → Baumwanzen.

Penther, J. F. → forstliches Schrifttum.

Perche, die: altfranzösisches Längenmaß. 1 P. Feld = 3 Toisen oder 18 Fuß = 1 Feldrute = 5,84611 m. 1 P. Forst = 3,666 Toisen oder 22 Fuß = 7,14646 m. 1 Schweizer P. = 10 Fuß = 3,0 m.

perennierende Pflanzen → ausdauernde Pflanzen.

Periderm, das: auch Korkgewebe. sekundäres, widerstandsfähiges → Abschlußgewebe, das die Bastschicht der Rinde nach außen begrenzt.

Peridermbäume: auch Rindenbäume. Bäume und Sträucher, bei denen das erste, die → Epidermis des Sproßes ersetzende Korkgewebe dauernd erhalten und aktiv bleibt, z. B. bei Bu, Hbu, Ha, Vobe und Johannisbeere.

Periode, die: veraltete, von den Fachwerksmethoden (→ Ertragsregelungsmethoden) stammende Bez. für 20jährige, von der → Umtriebszeit abweichende Zeitfache. Bestände der ersten P. kommen innerhalb der nächsten 20 Jahre zur Nutzung.

Perlauge, das: → Florfliegen.

Perleule, die: → Eulen A 10.

Perlgras, das (*Melica*): Gatt. der → Süßgräser mit über 30 Arten in der gemäßigten Zone der Nord- und Südhalbkugel. Das ausdauernde Gras hat eiförmige → Ährchen, die in schmalen oder ährenförmigen Rispen (→ Blütenstand) stehen. Die → Samenverbreitung bei den nachfolgend genannten Arten erfolgt durch → Ameisen (→ Ameisenpflanzen). Von den fünf in Dtschl. verbreiteten Arten kommen in unseren Laubwäldern vor:

Von links nach rechts: Nickendes Perlgras; Buntes Perlgras; Gewöhnliches Wimper-Perlgras; Einblütiges Perlgras

1. Nickendes Perlgras, das (*Melica nutans*): Das kalkliebende Gras wächst verbreitet in schattigen Wäldern, Gebüschen, Laub-, Nadelmisch- und Auwäldern, besonders Buchen- und sommergrünen Eichenwäldern, boreal-alpinen Nadelwäldern und Zwergstrauch-Gesellschaften. In Norddtschl. kommt es nur zerstreut vor.

Die 30 bis 60 cm hohe, ausdauernde Pflanze bildet lockere Rasen. Die hellgrünen Blätter sind lang, schmal und oben eingerollt. Das sehr kurze, abgestutzte Blatthäutchen bildet nur einen braunen Saum. Die zweiblütigen, glänzenden, meist violett bis braunpurpur gescheckten, rundlich eiförmigen → Ährchen sind stark nickend und stehen in einer einseitswendigen, höchstens unten etwas rispig verzweigten Traube. Das Gras verschwindet auf abgeholzten Flächen sehr rasch. Dem Forstmann ist es ein Zeiger (→ Boden(an)zeiger) für gute → Waldböden; die Anzeige gilt für mindestens 0,5 m Bodentiefe; soweit reicht nämlich der dünne, unterirdisch kriechende Wurzelstock. BZ: Mai bis Juni.

2. Einblütiges Perlgras, das (*Melica uniflora*): Das Gras wächst in feuchten, schattigen, krautreichen Buchen- und Laubmischwäldern, Buchenwäldern tieferer Lagen, Hainbuchenwäldern, west-submediterranen Flaumeichenwäldern. Es ist die Klassen → Charakterart der Buchen- und sommergrünen Eichenwälder Europas; Lehmzeiger (→ Bodenanzeiger). Das zarte, ausdauernde E. P. wird 30 bis 60 cm hoch und bildet oft lockere Rasen. Es hat einen unterirdisch kriechenden Wurzelstock. Die Blätter sind flach und hellgrün. Die Äste sind etwas abstehend, die unteren mit nur zwei Ährchen, letztere mitunter nur zu drei bis vier, mitunter mehr. Die aufrechten Ährchen sind eiförmig, etwa 6 mm lang, rotbunt, jedes mit nur einer vollkommen bartlosen Blüte. BZ: Mai bis Juni.

3. Buntes Perlgras, das (*Melica picta*): Das B. P. wächst in Mittel- und Süddtschl. zerstreut bis selten, in krautreichen Laubmischwäldern, besonders wärmeliebenden Eichenmischwäldern und Eichengebüschen, und v. a. in ostmitteleuropäisch-subkontinentalen Eichen-Trockenwäldern (Charakterart) und Waldlabkraut-Eichen-Hainbuchenwäldern; Tonzeiger. Diese nordosteuropäische Art ist dem Nickenden Perlgras sehr ähnlich, hat jedoch weiße, bis 2 mm lange Blatthäutchen und graugrüne, starre Blattspreiten.

Perlhuhn-Champignon -Egerling, der: → Champignon 13.

Perlmutterfalter, der: → Edelfalter 11., 12. und 13.

Perlpilz, der: → Wulstlinge 5.

Persistenten → K-Strategen.

Persistenz, die (lat.: *persistent* = beharrlich, hartnäckig, anhaltend): Bez. für große Stabilität bzw. langsame Abbaubarkeit von → Pestiziden und anderen organischen Substanzen.

Personalwagen, der: auch (Arbeiter-)Schutzwagen, Unterkunftswagen, Wetterschutzwagen. Der P. ist ein ein- oder zweiachsiger Wagen für – je nach Größe – zwei bis zehn Personen. Er dient dem Schutz vor Witterungseinflüssen, als Abstellraum und zur Instandhaltung von Forstgeräten und ist mit den hierfür erforderlichen Einrichtungen ausgestattet. Der mit Pkw oder Zugmaschine umsetzbare P. hat die früher in größeren Waldgebieten bzw. im Gebirge errichteten → Waldarbeiterhütten (Holzstuben etc.) ersetzt.

Perücken-Flockenblume, die: → Flockenblume 3.

Pestbeeren: blauschwarze, kugelige → Beeren der → Einbeere, die in der Volksmedizin gegen ansteckende Krankheiten verwendet wurden.

Pestizide: auch Biozide. Sammelbegriff für chemische Schädlingsbekämpfungsmittel, die zur Bekämpfung unerwünschter Pflanzen, Pilze, Tiere und → Mikroorganismen eingesetzt werden. Nicht alle P. sind Giftstoffe. In Dtschl. werden nur P. in den Handel gebracht, die von der → Biologischen Bundesanstalt (BBA) und dem Bundesgesundheitsministerium anerkannt wurden. Manche Mittel bewirken nur eine Abschreckung, z. B. verschiedene Mittel gegen → Wildschäden. Auf Grund ihrer Stabilität lassen sich P. in zwei Gruppen einteilen:

a) in leicht abbaubare Verbindungen und

b) in dauerhafte (persistente) Verbindungen, die in ihrer ursprünglichen oder auch umgewandelten Form lange Zeit im → Ökosystem nachweisbar sind.

Die eingesetzten P. gliedern sich in folgende Pflanzenschutzmittelgruppen:

1. Fungizide: Pilzbehandlungsmittel, z. B. gegen → Kiefernschütte, → Eichenmehltau und Bläuepilze (→ Blaufäule); Wirkstoffe: Schwefel, Fluor, Quecksilber, Maneb u. a. Fungizide wurden erstmals 1890 im Wald eingesetzt.
2. Herbizide: Unkrautbekämpfungsmittel, z. B. Kraut-H., Gras-H. und Total-H.; Wirkstoffe: Mineralöle, Dalapon, Natriumchlorat, 2,4,5-T-Ester, TCA, Amitrol, Simazin.
3. Insektizide: Insektenbekämpfungsmittel; z. B. gegen → Käfer und → Raupen. Wirkstoffe: Hexachlorcyclohexan (HCH, Hexa), organische Phosphorverbindungen, Endosulfan, Carbamote. I. sind teils giftig, teils ungiftig. Übertriebener Einsatz führt zu einer erheblichen Störung des → ökologischen Gleichgewichts. Untersuchungen haben ergeben, daß durch den Einsatz von Insektiziden jedes Jahr in Dtschl. rd. 5000 Bienenvölker verlorengehen. Andererseits entwickeln sich Schädlingsstämme, die gegen Bekämfungsmittel widerstandsfähig sind.
4. Rodentizide: Nagetiergifte, z. B. gegen Feld-, Erd- und Rötelmaus (→ Wühlmäuse 3. bis 5.) sowie gegen Langschwanzmäuse (→ Mäuse); Wirkstoffe: Toxaphen, Zinkphosphid.
5. Bakterizide: Bakterienbekämpfungsmittel (→ Bakterien).
6. Akarizide: Milbenbekämpfungsmittel (→ Milben).
7. Algizide: Algenbekämpfungsmittel (→ Algen).
8. Molluskizide: Schneckenbekämpfungsmittel (→ Schnecken).
9. Mittel gegen → Wildschäden: Sie enthalten

teils Abfallstoffe verschiedenster Industriezweige (z. B. Öle, Teere, Tran), teils mechanische Bestandteile, wie Kalk, Sand, Glassplitter, teils Haft- und Klebstoffe sowie Geruchskomponenten.
Viele P. haben die negative Eigenschaft, nicht nur Schädlinge zu vernichten, sondern gleichzeitig auch Nützlinge. Außerdem reichern sie sich in den → Nahrungsketten an, gefährden auf diese Weise Tiere und Menschen und verursachen z. B. den Artenschwund. Von einem einzigen → Unkraut (Wildkraut) leben im Durchschnitt 12 Tierarten, im Einzelfall sehr viel mehr. Besonders eindringlich wies Rachel Carson in ihrem 1962 erschienenen Buch „Silent Spring" („Der stumme Frühling") auf die mit der chemischen Schädlingsbekämpfung verbundenen Risiken hin. Nicht zuletzt durch ihre eindringliche Darstellung sind inzwischen weltweit Änderungen eingetreten; → Unkrautbekämpfung, → Schädlingsbekämpfung, → Wildschadensverhütung.

Pestwurz, die (*Petasites*): Gatt. der Fam. der → Korbblütler mit rd. 20, v. a. in Nord-Asien vorkommenden Arten. Es sind dies → Stauden mit meist nach der Blüte erscheinenden, grundständigen, sehr großen (bis über 100 cm), häufig herz- oder nierenförmigen, unterseits filzig behaarten Blättern. Die Blütenköpfe sind traubig oder rispig angeordnet. Einheimische Arten sind:
1. Rote Pestwurz, die (*Petasites hybridus* (L.) G. M. Sch. = *P. officinalis* Moench): auch Gewöhnliche oder Gemeine P. Die R. P. ist fast über ganz Mittel- und Südeuropa verbreitet, zudem in West- und Nordasien. Im Süden ist sie nur in den Gebirgen anzutreffen; in Nordeuropa wurde sie eingebürgert. Sie wächst ziemlich häufig auf feuchten Wiesen, in feuchten Wäldern, an Bachufern, Gräben, in Weiden- und Erlengebüschen, als Relikt in Hartholz-Auenwäldern (weist auf ehemalige Siedlung hin), bis in eine Höhe von etwa 1500 m.
Die mehrjährige, stämmige Pflanze hat einen knollig verdickten → Wurzelstock und einen dicken, röhrigen Blütenschaft mit zahlreichen, großen, weichen, lanzettlichen, filzig behaarten bleichen Stengelschuppen. Sie ist zur Blütezeit, von März bis Mai, etwa 20 bis 30 cm hoch. Zur Fruchtzeit erreichen die → Blütenstände mit den weiblichen Blüten eine Höhe von 80 bis 100 cm. Die grundständigen Blätter, die erst gegen Ende der Blütezeit erscheinen, sind sehr groß, bis zu 60 cm breit und 100 cm lang, rundlich-herzförmig, am Grund mit abgerundeten Lappen, oberseits grün und kurzhaarig, unterseits graufilzig, später verkahlend. Der → Blattrand ist fast gleichmäßig flach buchtig gezähnt. Die stark riechenden, röhrenförmigen Blüten sind rötlich, fleischfarbig bis purpurn, selten auch reinweiß, wobei die männlichen Blüten (7 bis 10 mm) deutlich größer sind als die weiblichen (3 bis 5 mm). Die Pflanze ist zweihäusig. Die Blüten stehen in einer dichten eiförmigen Traube mit Staubblüten oder in einer verlängerten Traube mit länger gestielten Stempelblüten. Die 2 bis 3 mm langen Früchte tragen einen weißen, haarigen, bis 1 cm langen Pappus (Haarkrone).
Die R. P. ist ein Bodenbefestiger, Verlandungspionier und eine Rohbodenpflanze. Früher galt sie als → Heilpflanze gegen Fieber, Schafräude und Pest (Name!) und die aufgelegten Blätter als Wundheilmittel. In der Naturheilkunde werden die Blätter, Blüten und der Wurzelstock (süßlicher Geruch) innerlich und äußerlich angewandt. Sie enthalten → ätherisches Öl, Insulin, Gerbstoff, Harze, Schleimstoffe, wirken adstringierend, harn- und schweißtreibend, bei Husten auswurffördernd, die Menstruation regulierend und wundheilend.
2. Weiße Pestwurz, die (*Petasites albus* (L.) Gaertn.): Die W. P. ist fast über ganz Europa, hauptsächlich über die Gebirge verbreitet. In Nordwesteuropa fehlt sie. Sie wächst in krautreichen Buchen- (schwache Verbands-Charakterart), Tannen- Fichtenmisch- und Laubmischwäldern, Schlucht- und Bergwäldern, an steilen Böschungen, an schattigen feuchten Stellen und an Waldbächen; zeigt Sickerwasser an.
Die W. P. ist der Roten Pestwurz sehr ähnlich. Zur Blütezeit, von März bis April, ist sie etwa 15 bis 30 cm, zur Fruchtzeit bis 60 cm hoch. Der Stengel, der mit bleichen Schuppenblättern besetzt ist, trägt eine dichte Blütentraube. Die Blüten sind gelblichweiß. Nach der Blüte erscheinen die rundlich herzförmigen Grundblätter. Sie sind unterseits graufilzig mit engmaschigem Nervennetz. Der Blattrand ist unregelmäßig gezähnt.
3. Alpen-Pestwurz, die (*Petasites paradoxus* (Retz.) Baumg.= *P. niveus* Baumg.): Die A. ist über die Gebirge Mittel- und Südeuropas verbreitet, von den Pyrenäen über die Alpen bis in die Gebirge der Balkanhalbinsel. Sie wächst zerstreut bis häufig in Schluchten, lichten Wäldern, auf Steinschutt, Geröllfluren, Fluß- und Bachgeröll, Mergelrutschungen, auf Kalk, und ist bis in Höhen von über 2000 m anzutreffen. Sie zeigt Kalk und Wasserzügigkeit an.
Die ausdauernde Pflanze hat einen oben verdickten Wurzelstock und ist zur Blütezeit, März bis Juni (selten bis August), etwa 30 cm, zur Fruchtzeit etwa 60 cm hoch. Der Stengel ist einfach, oben drüsig, am Grunde weißfilzig und hat rotbraun oder violett überlaufene Schuppenblätter. Die Grundblätter, die erst nach der Blüte erscheinen, sind dreieckig-herzförmig, zugespitzt, unterseits und auf den Nerven weißfilzig und meist länger als breit (Breite bis 20 cm). Der Blattrand ist fast gleichmäßig scharf gezähnt. Die rötlichen bis rötlichweißen Blütenköpfchen haben etwa 10 mm im Durchmesser, einen nackten Blütenboden und stehen in dichten bis verlängerten Trauben. Die Früchtchen tragen eine etwa 10 mm lange weiße Haarkrone.

Weiße Pestwurz (*Petasites albus*)

Petasites → Pestwurz.
Petauristidae → Wintermücken.
Petersbart, der: → Waldrebe 2.
Peucedanum → Haarstrang.
Peunten: alte lokale Bez. (Sechsämterland) für → Beuten.
Peunthacke, die: alte lokale Bez. (Sechsämterland) für die Axt zum Aushauen wilder Bienenstöcke (→ Beuten).
Pezizaceae → Becherlinge.
Pfaffenbaum, der: → Spindelstrauch.
Pfaffenholz, **-hütchen**, **-käppchen**, **-pfötchen**, **-röschen**, das: → Spindelstrauch 2.
Pfaffensorge, die: → Spindelstrauch 2.
Pfahlholz, das: Bez. für Rammpfähle verschiedener Länge. P. wurde früher in großen Mengen für den Straßen-, Brücken- und Wasserbau benötigt. Als P., das dauernd im Wasser ist, wird hauptsächlich Eichen-, Tannen-, Lärchen-, Douglasien- und Erlenholz (SEr) verwendet; → Wassereichen.
Pfahlmüssel(holz), das: → Müsselholz.

Rote Pestwurz (*Petasites hybridus*)

Pfahlwurzel, die (Hauptwurzel): besonders starke → Wurzel, die sich stärker als alle anderen Wurzeln entwickelt und wie ein Pfahl senkrecht in den Boden dringt.
Bäume, wie Ta, Ei, Kie und Nuss können damit tiefer stehendes Grundwasser erreichen. Bei verschiedenen anderen → Baumarten ist die P. auch in der Jugendphase anzutreffen; → Herzwurzeln, → Tellerwurzel.

Alpen-Pestwurz (*Petasites paradoxus*)

Pfälzer Wald, der: Waldlandschaft westlich der Oberrheinebene, über die sich der P. W. mit der → Hardt erhebt. Höchster Punkt ist der Eschkopf mit 610 m. Eines der größten geschlossenen Waldgebiete Dtschl. Etwa 70 % der Fläche sind mit Wald bedeckt. Der nördliche und südliche Teil setzt sich aus ausgedehnten Buchen-Eichen-Kiefern-Mischwäldern zusammen, die zuweilen mit Dgl, Bi, Li, Fi, Lä, Ul, Ah, Er und Es durchsetzt sind. 1958 wurde der 179 300 ha große → Naturpark P. W. gegründet. Er endet im Osten an der Deutschen Weinstraße, im Süden an der Grenze zu Frankreich. Im Südosten des Naturparkes breitet sich ein Weißtannenge-

◂◂ Pfahlwurzel des Löwenzahns

biet aus, das bereits seit der letzten Eiszeit besteht.

Pfälzerwaldeiche, die: → Eichen 2.

Pfandhausritte: → Holzbeschau.

Pfarma, die: → Wurmfarn 1.

Pfarrerkappl, das: → Spindelstrauch 2.

Pfauenspiegel, das: → Edelfalter 21.

Pfauenspinner, der: → Nachtpfauenauge.

Pfefferholz, das: → Spindelstrauch 2.

Pfefferling, der: → Leistlinge 1.

Pfeffermilchling, der: → Milchlinge 10.

Pfeffer(reisel)holz, das: → Spindelstrauch 2.

Pfefferröhrling, der: → Röhrlinge 13.

Pfefferrübling, der: → Rüblinge 3.

Pfefferstrauch, der: → Seidelbast 1.

Pfefferwurz, die: → Haselwurz.

Pfefferwurzel, die: → Bibernelle 1.

Pfeifenborke, die: alte Bez. für die → Rinde der Zweige älterer Eichen.

Pfeifengras, das (*Molinia*): Gatt. der → Süßgräser mit nur einem Basalknoten des Halmes und dichter Rispe (→ Blütenstand) mit kleinen, spitzen, violetten oder bräunlichen → Ährchen. Auf der Nordhalbkugel sind fünf Arten und zahlreiche Varietäten bekannt. Bei uns heimisch ist:

Blaues Pfeifengras, das (*Molinia caerulea*): auch Besenried, Benthalm. Das Gras wächst auf wechselfeuchten, mäßig saueren Lehm-, Ton- und auch Torfböden verbreitet in lichten, moorigen Wäldern, Sümpfen, Heiden, Gebüschen und auf Moorwiesen, gelegentlich auch in west- und mitteleuropäischen Eichen-Birkenwäldern, von der Ebene bis in Gebirgslagen; Magerkeitszeiger und schwache Verbands-Charakterart der Bentgras-Wiesen (*Molinion caeruleae*).

Die ausdauernde, 50 bis 100 cm hohe und horstbildende Pflanze hat eine tiefe und feste Verwurzelung und bildet nur selten → Ausläufer. Der aufrechte, glatte, knotenlose und steife Halm wurde für das Putzen der damals üblichen langen Pfeifenrohre verwendet (Name!). Die meist grundständigen, 3 bis 5 mm breiten Blätter bilden große Büschel und sind bei feuchtem Wetter offen und bei trockenem Wetter halb eingerollt. Die aufrechten, schmalen und zugespitzten → Ährchen sind ein- bis sechsblütig, meist dreiblütig. Die Kelchspelzen sind kürzer als die Blütenspelzen.

Das **Rohr-Pfeifengras** (*Molinia arundinacea*), auch Besenried, wächst in Streuwiesen, lichten Laub- und Nadelwäldern, in Schneeheide-Kiefernwäldern und Alpenrosen-Latschengebüschen, west- und mitteleuropäischen Eichen-Birkenwäldern, auf wechselfeuchten bis -trockenen Böden.

Pfeifengras-Kiefernwald, Alluvialer, der: → Alluvialer Pfeifengras-Kiefernwald.

Pfeifenholz, Türkisches, das: → Türkisches Pfeifenholz.

Pfeifenräumer, der: → Schlupfwespen 1.

Pfeifenröhrenholz, das: → Geißblatt 4.

Pfeiffer, Johann Friedrich von (vor dem 7.10.1717 Berlin bis 5.3.1787 Mainz): P. war Kgl. Preuß. Kriegs- und Domänenrat und später Professor der Kameral-, Polizei- und Finanzwissenschaften an der Universität Mainz. Er schrieb u. a.: „Grundriss der Forstwissenschaft, zum Gebrauche dirigierender Forst- und Kameral-Bedienten, auch Privatgut-Besitzer" (1781).

Pfeifholz, das: beim früheren → Holländer(holz)handel ein 10 rheinländisches → Fuß langes und von der Wand bis ins Herz 13 → Zoll hohes und gespaltenes Eichenholz.

Pfeif(holz)klotz, der: früher ein Sortiment des Eichen-Klotzholzes für den Schiffsbau mit einer Länge von 12 bis 15 → Fuß und 16 und mehr → Zoll Stärke.

Pfeifholz-Krümmling, der: frühere Bez. im → Holländer(holz)handel für Eichenholz von 10 bis 12 → Fuß Länge und stärker als das gewöhnliche → Pfeifholz.

Pfeifklotz, der: → Pfeif(holz)klotz.

Pfeil, Friedrich Wilhelm Leopold, Dr. (28.3.1783 Rammelsburg im Harz bis 4.9.1859 Warmbrunn in Schlesien): P. war anfangs Oberförster auf den Gütern der Prinzessin von Kurland und ab 1816 Forstmeister in Fürstl. Carolattschen Diensten. 1821 wurde er als Professor der → Forstwissenschaft und Rektor unter gleichzeitiger Ernennung zum Oberforstrat an die am 21. April 1821 gegründeten Königlichen Forstakademien nach Berlin berufen. Im Jahre 1830 wurde er Direktor der Höheren Forstlehranstalt in Neustadt-Eberswalde und ging 1859 als Geheimer Oberforstrat in den Ruhestand. P. war ein bedeutender Lehrer und Schriftsteller sowie ein scharfer Kritiker. Während Georg Ludwig → Hartig Generalregeln, die für alle Verhältnisse anwendbar sein sollten, aufstellte, wies P. immer wieder auf die Notwendigkeit hin, die besonderen Verhältnisse des Einzelfalles zu berücksichtigen. Seine Hauptschriften waren: „Über die Ursachen des schlechten Zustandes der Forste usw." (1816), „Vollständige Anleitung zur Behandlung, Benutzung und Schätzung der Forsten" (1820 u. 1821, 2 Bde.), „Grundsätze der Forstwirthschaft in Bezug auf Nationalökonomie und die Staats-Finanzwissenschaft" (1822 u. 1824, 2 Bde.), „Die Behandlung und Schätzung des Mittelwaldes" (1824), „Anleitung zur Ablösung der Waldservitute ... etc." (1828), „Die Forstwirtschaft nach rein praktischer Ansicht" (1831), „Die Forstpolizeigesetze Deutschlands und Frankreichs ... etc." (1834), „Die Forstgeschichte Preußens bis zum Jahre 1806" (1839), „Die deutsche Holzzucht ... etc." (1860). Von 1822 bis 1859 gab er die „Kritischen Blätter für Forst- und Jagdwissenschaft" heraus.

In Erinnerung an den ehemaligen Direktor der preußischen Forstakademie → Eberswalde wird seit 1963 jährlich der mit 30 000,- DM dotierte „Wilhelm-Leopold-Pfeil-Preis" verliehen. Neben dem Preis, der von der Stiftung FVS Hamburg zur Verfügung gestellt wird, werden traditionsgemäß auch drei Pfeil-Reisestipendien vergeben.

▸▸▸ Friedrich Wilhelm Leopold Pfeil

▸▸ Der glatte Halm des Blauen Pfeifengrases wurde früher zum Putzen der langen Pfeifenrohre verwendet.

Pfeilhöhe, die: → Krummschäftigkeit.

Pfennigkraut, das: → Gilbweiderich 3.

Pferdebremse, die: → Bremsen.

Pferdemücken → Schnaken.

Pfifferling, der: → Leistlinge 1.

Pfifferling, Goldstieliger, der: → Leistlinge 3.

Pfingstmai, der: auch Pfingstmaie. eine junge, zum Schmuck abgeschnittene Bi; → Pfingstmaien, Mai, Birken 1.

Pfingstmaien: In Dtschl. ist das Maiensetzen, d. h. die Sitte, am Pfingsttage frisch belaubte Bi in die Kirche zu bringen bzw. an den Bürgerhäusern aufzustellen, weit verbreitet. Ein Brauch, der wahrscheinlich darauf zurückzuführen ist, daß die ersten christlichen Kirchen, gewissermaßen als Kompromiß zum Heidentum (Götterverehrung in den heiligen → Hainen), den Wald in die Kirche verpflanzten. An manchen Orten wurden die grünen Maien mit Begleitung von Spielleuten aus dem Walde geholt und als Symbol des Sommereinzugs in Markt und Gassen sowie vor und in die Häuser gebracht; → Mai, → Maibaum.

Pfingst-Nelke, die: → Nelken.

Pfirsichblättrige Glockenblume, die: → Glockenblume 3.

Pfitzner, H. → Wald in der Musik.

Pflanzbett, das: Boden im Pflanzloch.

Pflanzen: P. sind seit dem Präkambium nachweisbar und bilden eine formenreiche Organismengruppe, die gemeinsam mit Tieren und Menschen die → Biosphäre besiedelt. Auf der Erde gibt es geschätzt etwa 370 000 P.-Arten. 226 000, davon gehören zu den → Samenpflanzen (800 nacktsamige (→ Nacktsamer), 172 000 → zweikeimblättrige, 54 000 → einkeimblättrige). Es folgen 12 000 Farn-, 26 000 Moos-, 35 000 Algen- und 50 000 Pilzspecies. Bei den P. ist das Wachstum (die Entwicklung) nie abgeschlossen; alle Teile sind selbständig; der Tierkörper hingegen wird von einem Zentralorgan beherrscht. P. sind im allg. autotroph, d. h. sie bauen mit Hilfe des Sonnenlichts (→ Photosynthese) ihre organische Körpersubstanz aus unbelebtem, anorganischem Material auf. Letztlich bezeichnet man als P. → Bakterien (werden heute, wie die → Cyanobakterien aufgrund ihrer prokaryot. Organisation meist abgetrennt), → Algen, → Pilze, → Flechten, → Moose, → Farne und → Samenpflanzen. Farn- und Samenpflanzen sind Höhere Pflanzen oder Kormophyten (→ Sproßpflanzen); → Forstpflanzen.

Pflanzenabstand, der: → Pflanzverband.

Pflanzenanzucht, die: Nachzucht von Forstpflanzen in Forstbaumschulen, durch Eigenanzucht oder Lohnanzucht in gewerblichen Forstbaumschulen.

Pflanzenbehälter, der: auch Pflanz(en)laden. Tragebehälter (Körbe, Eimer oder Taschen, Doppeltragetaschen mit Rucksacktragegestell) für den Pflanzentransport in unterschiedlicher Größe und Form. Die P. werden bei der Pflanzung (Kulturarbeit) von den Arbeitskräften mitgeführt. Die Entnahme der eingelegten, ballenlosen (wurzelnackten) Pflanzen erfolgt unmittelbar vor dem Einsetzen im Boden.

Pflanzendichte, die: Pflanzenzahl pro Hektar; → Pflanzverband.

Pflanzeneinschlag, der: Wenn → Forstpflanzen nach dem Ausheben aus dem Saat- oder Verschulbeet, nach der Wildlingsgewinnung oder nach der Anlieferung nicht sofort verpflanzt werden können, werden sie an einem geeigneten Ort unverzüglich eingeschlagen. Man hebt hierzu – je nach Größe der Pflanzen – entsprechend tiefe Gräben aus, legt in diese die Pflanzen schichtweise schräg ein und bedeckt sie bis zum Wurzelhals mit lockerer Erde, um ein Austrocknen zu verhüten. Die Erde wird etwas festgetreten und anschließend verstärkt. Bei einem Einschlag auf freier Fläche sollen die Triebspitzen nach Süden zeigen. Die Pflanzen werden hierbei durch aufgelegte oder eingesteckte Zweige gegen Wind und Sonne geschützt. Immergrüne Pflanzen leiden beim Einschlag, insbesondere die Dgl; Laubholzpflanzen in Winterruhe überstehen den fachgerechten Einschlag ohne Schäden; → Einkellern.

Pflanzenfarbstoffe: Bis zur industriellen Herstellung synthetischer Farben, v. a. aus den Rohstoffen Erdöl und Steinkohle spielte die Gewinnung natürlicher Farbstoffe aus pflanzlichen und tierischen Produkten eine bedeutende Rolle. Sie wurden v. a. zum Färben, Drucken, Malen, Beizen und für Tinten (z. B. dokumentenechte Eichengallustinte; → Gallen 1)) benötigt. Einige P. sind in Pflanzen bereits vorhanden (→ Färberhölzer), andere werden erst durch Einwirkung von Sauerstoff und/oder Sonnenlicht oder durch Verbindung mit Alkalien oder Ammonium gebildet. P. liefern sowohl Kräuter als auch Holzgewächse. Die wichtigsten sind → Anthocyane, Anthrachinone, Betalaine, Carotinoide, → Chlorophylle und Flavonoide. Manche P. finden sich in Wurzeln, Stengeln, Blättern, in Holz, Rinden, Blüten, Früchten, Samen und Fruchtschalen. Die Blätter haben zur Blüte den meisten Farbstoff, das Holz zur Saftzeit, Rinden beim Öffnen der Knospen. In den Rinden befindet sich in der Mitte der meiste P., weniger enthält der Bast, bei jüngeren Bäumen ist mehr vorhanden als bei älteren. Bei den Früchten hängt die Menge und die Güte des Farbstoffes vom Reifegrad ab. Rote, blaue und violette P., die durch Beizmittel verändert werden können, werden gewonnen von Heidel- und Brombeeren, Kirschen, Schlehen, Holunder-, Liguster- und schwarzen Johannisbeeren, Früchten des Faulbaumes sowie vom Beinwell, Dost, Labkraut, Waldmeister und vielen Flechtenarten. Gelb, Braun, öfters auch Grün, Grau und Schwarz wird aus verschiedenen P. durch Beigabe von Zusätzen und Beizmitteln hergestellt und zwar aus der Rinde des Apfelbaumes, aus Wurzeln, Rinde und Holz des Sauerdorns, Blättern und Rinde der Weißbirke (→ Schüttgelb), Blättern der Zwergbirke, Rinde der Hbu und Es, Knospen, junge Zweigen, Blättern und Rinde der Pa, unreifen Wacholderbeeren, Samenkapseln des Spindelbaumes, Blättern des SAh, des Wolligen Schneeballs, Hartriegels und der Kornelkirsche, Blüten der Ha, den dünnen Zweigen, Blättern und Blüten des Färberginsters, der inneren Rinde der Traubenkirsche und des Faulbaumes und von Heidelbeerblättern, Stengeln und Blüten der Besenheide, Besenpfrieme, dem Wintergrün, Hauhechel, den Beeren des Kreuzdorns (→ Saftgrün, Avignonkörner), ferner von Dost, Goldrute, Bärlapp, den Beeren der Tollkirsche, Einbeere und des Jakobs-Kreuzkrautes usw. Braun wird gewonnen v. a. aus den Blättern und grünen Fruchtschalen der Walnuß, aus der Rinde und den Blättern der Wei, frischen Zweigen mit Blättern und Fruchtschalen der Kast, aus Eichen- und Buchenrinde und aus vielen Flechtenarten. Schwarz und Grau wird gewonnen aus den Blättern der Bärentraube, aus Rinde, Blättern und Holz der Ei sowie aus → Gallen und Knoppern, aus dem Reisig der Elsb, aus der Rinde und den Zapfen der Er, aus der Rinde und den Fruchtschalen der Rka, aus den Wurzeln und Blättern der gelben und weißen Seerose sowie aus dem Lärchenschwamm.

Pflanzenfresser (Phytophagen oder Herbivoren): Sammel-Bez. für alle Tiere, die sich fast ausschließlich von Pflanzen bzw. Pflanzenteilen ernähren (Pflanzenverzehrer), im Ggs. zu den reinen Fleisch- und den → Allesfressern. Besonders geformt ist das Gebiß der P., mit einer großen Lücke (Diastema) zwischen Schneide- und Backenzähnen, wobei die letzteren zum Zermahlen der Nahrung dienen. Das Fleischfressergebiß hingegen hat meist große Eckzähne, die dem Festhalten der Beute dienen, sowie Zähne, die als Brechschere wirken. Pflanzenkost enthält im allg. wenig Nährstoffe, die außerdem noch von festen Zellwänden umschlossen sind. Der verwertbare Eiweißanteil ist gering. Um satt zu werden, müssen die P. große Nahrungsmengen aufnehmen (z. B. benötigt eine etwa 600 kg schwere Milchkuh täglich zwischen 50 bis 60 kg Gras). Der Darm der P. ist daher meist lang und mit besonderen Vorratsräumen, Gärkammern und langen Blinddärmen zur Zelluloseverdauung ausgestattet. Beispiel zum Verhältnis von Körperlänge zu Darmlänge: Pferd 1 : 10, Rind 1 : 20, Schaf 1 : 25 im Ggs. zum Wolf (Fleischfresser) 1 : 4. P. werden in die Gruppen der Wiederkäuer und Nichtwiederkäuer eingeteilt. Hinsichtlich der Fraßsubstanz kann man die in den zentraleuropäischen Wäldern vorkommenden P. wie folgt differenzieren: 1. Bakteriophage (Verzehrer von Bakterien), 2. Cordophage (V. von Bast und Rinde), 3. Gemmophage (V. von Knospen und jungen Trieben), 4. Karpophage (V. von Samen und Früchten), 5. Mykophage (V. von Pilzen), 6. Phyllophage (V. von Blättern), 7. Rhizophage (V. von Wurzeln), 8. Secretophage (V. von Pflanzensäften), 9. Xylophage (V. von Holz), 10. Phycophage (V. von Algen).

Pflanzengallen → Gallen.

Pflanzengeographie, die: → Biogeographie.

Pflanzengesellschaft, die (*Phytozönose*): typisierte standortabhängige Gruppierung von Pflanzen-Arten. Sie ist unter bestimmten Umweltbedingungen durch Abhängigkeiten, → Konkurrenz und mutualistische Beziehungen aus einem historisch gewachsenen Pool von Arten von → Pflanzen entstanden. Die Arten einer (geschlossenen) P. stehen immer im Wettbewerb untereinander. Die Konkurrenzfähigkeit einer → Art ist dabei durch Erbanlagen und Umweltverhältnisse bedingt. Erblich festgelegt sind Vermehrungsfähigkeit, Ausbreitungsfähigkeit und Behauptungsfähigkeit (Umweltfaktoren; → ökologische Faktoren). Vom Menschen nicht direkt beeinflußte P. sind z. B. die Bereiche von Seen, → Urwäldern, → Mooren, Watten und die Urwaldreste und → Naturwaldreservate. Die Halbkulturgesellschaften sind Wald, Forst, Wiese und Weide, die Kulturgesellschaften Acker, Weinberg und Garten. Mit der Untersuchung der P. beschäftigt sich die Pflanzensoziologie. Grundeinheit eines hierarchischen Systems der P. ist die → Assoziation; → Natürlichkeitsgrad, → Waldgesellschaften.

Pflanzenhormone (*Phytohormone*): Wuchsstoffe der höheren Pflanzen (synthetisierte Stoffe) die wie Hormone wirken. Sie steuern physiologische Reaktionen, wie z. B. Wachstum, Blührhythmus, Zellteilung und Samenreifung. Junge Pflanzen bilden P. z. B. in den → Keimblättern, ältere Pflanzen in den Laubblättern. Von dort aus werden sie im → Leitgewebe zu ihren Wirkungsorten transportiert. Die wichtigsten Gruppen der bisher untersuchten P. sind:

a) die Auxine (Wuchsstoffe), die u. a. das Ausmaß der Zellstreckung fördern;

b) die Gibberelline, die das Längenwachstum der → Sprosse bestimmter Pflanzen und Knollen sowie das Austreiben der → Knospen fördern;
c) die Zytokinine, die in Anwesenheit von Auxinen die Zellteilung fördern und zur Zellvergrößerung führen. Sie hemmen zugleich den Chlorophyll- und Eiweißabbau;
d) die Abszisinsäure (Dormin), die den Abwurf der Blätter beschleunigt und die winterliche Knospenruhe bewirkt;
e) das Äthylen, das häufig vom Pflanzengewebe gebildet wird. Es beeinflußt das Längenwachstum und kann auch die Fruchtreife beschleunigen.

Pflanzenkrankheiten: Schäden aller Art an Pflanzen, die durch physiologische Vorgänge gekennzeichnet sind. Hierzu zählen auch mechanische Verletzungen, z. B. Vernichtung der Blätter durch → Insekten. Hinsichtlich der Ursache unterscheidet man:
a) parasitäre P.: Sie entstehen durch tierische und pflanzliche → Parasiten (z. B → Pflanzenläuse oder → Pilze) und andere → Pflanzenschädlinge;
b) abiotische P.: Sie entstehen durch Nährstoffmangel, Wasserüberschuß, Trockenheit, Wind, Hagel, Blitz, Frost, Hitze und → Luftverunreinigung.
c) Viruskrankheiten: Sie werden durch verschiedene → Viren verursacht.

Pflanzenkunde, die: svw. → Botanik.

Pflanz(en)laden, der: → Pflanzenbehälter.

Pflanzenläuse (*Sternorrhyncha*): weltweit mit mehr als 7500 Arten verbreitete Gruppe bis 8 mm langer → Insekten, die zur Ordn. der → Gleichflügler gehören. Sie haben lange Fühler und nur ein- bis zweigliedrige Tarsen (Füße). Zu den P. gehören → Blattläuse, → Schildläuse, Mottenschildläuse und Blattflöhe.

Pflanzenlehrpfad, der: → Naturlehrpfad.

Pflanzenprozent, das: → Saatgutprüfung.

Pflanzenreich, das: Begriff der botanischen → Systematik, der die Gesamtheit der pflanzlichen Organismen umfaßt. Als Grundlage der Einteilung des P. dienen internationale Übereinkünfte und der Internationale Code der Botanischen → Nomenklatur.

Pflanzensauger (*Homoptera*): kleine, durchwegs phytophage Insekten mit gleichartigen und dünnhäutigen Vorder- und Hinterflügeln, die vielfach auch → Gallen erzeugen. Zu den P. gehören die Zikaden (*Cicadaria*), Blattflöhe (*Psyllina*), → Blattläuse (*Aphidina*), Baumläuse (*Lachnidae*), → Blasenläuse (*Pemphigidae*), Fichtengallenläuse (*Adelgidae*) und die Schildläuse (*Coccoidae*).

Pflanzenschädlinge: Sammel-Bez. für verschiedene → Parasiten die an oder in Pflanzen leben und v. a. durch Fraß schädlich werden, z. B. → Insekten, → Milben, Asseln, → Tausendfüßer, → Schnecken, → Vögel, Nagetiere und Nematoden (→ Fadenwürmer); → Bodenschädlinge.

Pflanzenschutz, der: Der P. ist seit jeher Voraussetzung und zugleich fester Bestandteil einer leistungsfähigen Pflanzenerzeugung. Der P. umfaßt Maßnahmen der Vorbeuge gegen Schadorganismen, der Verhütung der Einschleppung von Schadorganismen und der Bekämpfung aufgetretener Schadorganismen auf mechanischem, biologischem und chemischem Wege. Allerdings ist nicht auszuschließen, daß mit dem P., insbesondere der Anwendung chemischer → Pflanzenschutzmittel, Gefahren für die Gesundheit von Mensch und Tier wie auch für den Naturhaushalt entstehen können. Die Fehlanwendung von P.-Mitteln stellen bekanntermaßen eine der bedeutendsten Schwachstellen des chemischen P. dar. Die Bekämpfungsmethoden beim P. sind unterschiedlich, je nach Schadeinfluß:
1. **Mechanischer P.**: Bekämpfung von → Unkräutern und → Gräsern über die Bodenbearbeitung, d. h. durch Schälen, Pflügen, Grubbern oder Fräsen.
2. **Chemischer P.**: Vorherrschend ist der Einsatz von → Pestiziden, die zwar schnell und gründlich wirken, vergleichsweise billig sind und keinen großen Arbeitsaufwand erfordern, jedoch eine Reihe von Problemen mit sich bringen. Darüber hinaus ergibt sich eine steigende Widerstandsfähigkeit (Resistenz) der Schädlinge gegenüber den Pestiziden.
3. **Biologischer P.**: Der biologische P. macht sich die Beziehungen von Pflanzen und Tieren in natürlichen → Ökosystemen zunutze. Er verwendet deshalb lebendige Organismen, um schädliche Tiere oder Pflanzen in ihrer Anzahl zu begrenzen und um den durch sie angerichteten Schaden unter eine wirtschaftlich unbedenkliche Schwelle abzusenken. Eingesetzt werden Viren, → Bakterien, → Pilze und → Insekten. Weiter gehören dazu die Forderung des → Vogel- und Waldameisenschutzes (→ Ameisen), die Züchtung resistenter Pflanzensorten sowie richtige Bodenbearbeitung.
4. **Biotechnischer P.**: Beim biotechnischen P. wird die natürliche Reaktion der Schädlinge auf bestimmte chemische oder physikalische Reize ausgenützt. Wie der biologische P. hat auch der biotechnische P. nicht die Ausrottung der Schädlinge zum Ziel, sondern versucht ebenso die wirtschaftliche Schadensschwelle zu drücken oder nur die Schädlinge fernzuhalten. Geeignete Mittel sind:
a) Pheromone, das sind vom Tier nach außen abgeschiedene Stoffe ähnlich den Hormonen, die nach innen abgegeben werden, und die der Kommunikation innerhalb einer Tierart dienen; z. B. Einsatz von → Pheromonfallen zur Anlockung von → Borkenkäfern.
b) Lockstoffe bei Tieren (z. B. Schweißgeruch bei Blutsaugern), die ihre Nahrungsquelle nach einem bestimmten chemischen Reiz aufsuchen.
c) Vertreibungsstoffe, die für bestimmte Tiere unangenehm wirken und
d) Häutungshormone und Juvenilhormone. Sie verhindern als sog. Wachstumsregulatoren die Weiterentwicklung des Tieres und bringen es so zum Absterben.
5. **Integrierter P.**: Kombination verschiedener Methoden der Schädlingsbekämpfung mit dem Ziel, den Anteil chemischer Mittel so gering wie möglich zu halten. Die bewußte Ausnutzung natürlicher Begrenzungsfaktoren steht dabei im Vordergrund. Chemische P.-Mittel werden nur nach Überschreiten von Schadensschwellen eingesetzt. Sie erfolgt somit nicht vorbeugend nach den Spritzplänen der Herstellerfirmen, sondern ein amtlicher P.-Dienst stellt die tatsächliche Notwendigkeit fest. Beim Integrierten P. kommt der Förderung der natürlichen Feinde ebenfalls große Bedeutung zu. Daneben sollen durch standortgerechten Anbau, geeigneten Fruchtwechsel, Düngung, Zucht und Anbau von resistenten Pflanzensorten die natürlichen Abwehrkräfte der Pflanzen gestärkt werden; → Unkrautbekämpfung.

Pflanzenschutzgebiet, das: → Naturschutzgebiet, das vorrangig dem Pflanzenartenschutz (→ Artenschutz) dient. Der Begriff P. ist zwar im Naturschutzrecht nicht verankert, hat sich aber im Sprachgebrauch allg. eingebürgert.

Pflanzenschutzgesetz, das: Rechtsgrundlage für den Pflanzenschutz in der BR Dtschl. ist das „Gesetz zum Schutz der Kulturpflanzen" (Pflanzenschutzgesetz – PflSchG) vom 14.5. 1998, BgBl I. S. 950. Zweck des P. ist,
1. Pflanzen, insbesondere Kulturpflanzen, vor Schadorganismen und nichtparasitären Beeinträchtigungen zu schützen,
2. Pflanzenerzeugnisse vor Schadorganismen zu schützen,
3. Schäden durch den Bisam (→ Wühlmäuse 1.) abzuwenden,
4. Gefahren abzuwenden, die durch die Anwendung von → Pflanzenschutzmitteln oder durch andere Maßnahmen des Pflanzenschutzes, insbesondere für die Gesundheit von Mensch und Tier und für den Naturhaushalt entstehen können,
5. Rechtsakte von Organen der Europäischen Gemeinschaft im Bereich des Pflanzenschutzrechts durchzuführen.

Pflanzenschutzmittel: auch Pflanzenbehandlungsmittel. Nach dem → Pflanzenschutzgesetz sind P. Stoffe, die dazu bestimmt sind,
a) Pflanzen vor Schadorganismen oder nichtparasitären Beeinträchtigungen zu schützen,
b) Pflanzenerzeugnisse vor Schadorganismen zu schützen,
c) Pflanzen oder Pflanzenerzeugnisse vor Tieren, Pflanzen oder → Mikroorganismen zu schützen, die nicht Schadorganismen sind,
d) die Lebensvorgänge von Pflanzen zu beeinflussen, ohne ihrer Ernährung zu dienen (Wachstumsregler),
e) das Keimen von Pflanzenerzeugnissen zu hemmen,
f) den in den Buchstaben a bis e aufgeführten Stoffen zugesetzt zu werden, um ihre Eigenschaften oder Wirkungen zu verändern; ausgenommen sind Wasser, Düngemittel im Sinne des Düngemittelgegesetzes und Pflanzenstärkungsmittel.
Als P. gelten auch Stoffe, die dazu bestimmt sind, Pflanzen abzutöten oder Flächen von Pflanzenwuchs freizumachen oder freizuhalten, ohne daß diese Stoffe unter die Buchstaben a) oder d) fallen.

Für die Aufbewahrung und Lagerung von P. sind v. a. die Giftigkeit, die Brennbarkeit und die Wassergefährlichkeit von Bedeutung. Sie dürfen nur nach guter fachlicher Praxis unter Berücksichtigung der Grundsätze des integrierten → Pflanzenschutzes angewandt werden. P. dürfen nicht angewandt werden, soweit der Anwender damit rechnen muß, daß ihre Anwendung schädliche Auswirkungen auf die Gesundheit von Mensch oder Tier, auf das Grundwasser oder sonstige erhebliche schädliche Auswirkungen, insbesondere auf den Naturhaushalt, hat. P. dürfen auf Freilandflächen nur angewandt werden, soweit diese landwirtschaftlich, forstwirtschaftlich oder gärtnerisch genutzt werden. Sie dürfen jedoch nicht in oder unmittelbar an oberirdischen Gewässern oder Küstengewässern angewandt werden.

Die derzeit gültige Verordnung über Anwendungsverbote und -beschränkungen für P. (Pflanzenschutzmittel-Anwendungsverordnung) besagt u.a.: „Die Anwendung bestimmter P. oder von P. mit bestimmten Stoffen wird verboten bzw. auf bestimmte Anwendungsgebiete beschränkt."

P. dürfen nur in den Verkehr gebracht oder eingeführt werden, wenn sie von der Biologischen Bundesanstalt zugelassen sind. Ausnahmen hiervon regelt § 11 des Pflanzenschutzgesetzes. Für die Ausbringung von P. in Wälder gilt derzeit das „Pflanzenschutzmittelverzeichnis 1986 – Teil 4 „Forst" – (Forstschutzmittelverzeichnis)"; → Wildverbißschutzmittel, → Wildschadensverhütung.

Pflanzenschwefel, der: → Bärlapp 1.

Pflanzensortierung, die: Sortierung von → Forstpflanzen nach Qualitätsmindestnormen, Größe oder sonstigen Gütemerkmalen (Gewicht, Sproßdurchmesser, Zahl der Seitenzweige, Knospenzahl, Relation Wurzel zu Sproßgewicht).

Pflanzensoziologie, die (Vegetationskunde): Teilgebiet der Pflanzengeographie (→ Biogeographie) und die Lehre von den → Pflanzengesellschaften der Erde. Die P. untersucht die Einflüsse abiotischer und biotischer Faktoren (→ ökologische Faktoren) einschließlich der Konkurrenz auf Pflanzengesellschaften.

Pflanzenteile: nach dem → Gesetz über forstliches Saat- und Pflanzgut Bez. für Stecklinge, Steckhölzer, Ableger, Wurzeln und Pfropfreiser sowie andere Sproß- und Wurzelteile, die zur Pflanzenerzeugung bestimmt sind, mit Ausnahme von Setzstangen.

Pflanzenverfügbare Wasserkapazität, die: Pflanzen in unserem Klima entwickeln mit ihren Wurzeln eine Saugspannung von bis zu pF 4,2 (Welkepunkt). Damit können sie freies Wasser und das Kapillarwasser im Boden (Grundwasser, Sickerwasser) nutzen, nicht dagegen das mit höherer Saugspannung an den Bodenteilchen festgehaltene Adsorptionswasser (totes Wasser).

Ist über längere Zeit nur derart stark gebundenes Wasser im Boden, erleiden die Pflanzen tödliche Trocknisschäden. Böden mit guter Wasserversorgung speichern in einem Kubikmeter Boden 180 bis 350 Liter pflanzenverfügbares Wasser; → Bodenwasser, → Wasserverbrauch.

Pflanzenverzehrer → Pflanzenfresser.

Pflanzenzelle, die: kleinste eigenständig lebensfähige Grundeinheit die über einen eigenen Energie- und Stoffwechsel verfügt. Sie besitzt eine aus vier Schichten bestehende und von → Tüpfeln durchbrochene Zellwand. Diese bildet bei der ausgewachsenen P. ein starres Gebilde. Im Ggs. zur tierischen Zelle enthält das Zellplasma zusätzlich Proplastiden, Plastiden und Vakuolen.

Pflanzgarten, der: → Kamp.

Pflanzgut, das: nach dem → Gesetz über forstliches Saat- und Pflanzgut Bez. für Pflanzen, die aus → Saatgut oder → Pflanzenteilen gezogen sind einschließlich → Setzstangen und → Wildlingen.

Pflanzhaue, die: auch Haue. etwa 1 m langes Arbeitsgerät (Kulturgerät) für die Pflanzung mit schlankem, winkeligem oder gebogenem Blatt. Eingesetzt werden je nach Bodenbeschaffenheit die **Buchenbühler P.** mit Schmalblatt (9 cm), mit Breitblatt (10 cm) oder mit gewölbtem Konkavblatt (Breite 8,5/11 cm) für das sogen. Buchenbühler-Schräg-Pflanzverfahren sowie die **Wiedehopf-** oder **Winkelhaue** mit ovalem oder kantigem Blatt, die je nach Körpergröße des Arbeiters eine Stiellänge von 100 cm, 105 cm oder 110 cm hat und bei der sogen. Winkelpflanzung (→ Pflanzverfahren) eingesetzt wird.

Pflanzkamp, der: → Kamp.

Pflanzladen, der: → Pflanzenbehälter.

Pflanzloch, das: → Pflanzverfahren (Lochpflanzung).

Pflanzschock, der: → Pflanz(ungs)schock.

Pflanzung, die: Die P. ist die übliche Methode der künstlichen Bestandsbegründung (→ Verjüngung) und zur Ergänzung von Naturverjüngungen. Die → Forstpflanzen werden heute fast ausschließlich von spezialisierten → Baumschulen bezogen; nur zum geringen Teil stammen sie aus betriebseigenen Pflanzgärten (→ Kamp) oder werden als → Wildlinge (vornehmlich Bu) gezogen. Gepflanzte Bestände haben einen Alters- und Höhenvorsprung vor der → Saat, da ein- bis vierjährige Pflanzen verwendet werden. Um das Überleben und Anwachsen der Jungpflanzen zu gewährleisten ist zu beachten, daß während des Transports von der Baumschule bis zum Pflanzort keine Austrocknung stattfindet (Schutz vor Sonne und Wind) und die richtige Pflanztechnik angewendet wird, da sonst kein guter Bodenschluß der Wurzel zustande kommt. Die Vorteile der P. liegen u. a. darin, daß mit dem Altersvorsprung ein Höhenvorsprung vor der Konkurrenzvegetation gegeben ist, daß die Pflanzen in kürzerer Zeit dem Wildverbiß entwachsen sind und daß eine standortsgerechte Baumartenwahl und eine optimale Baumartenmischung getroffen werden können, daß die verwendeten Pflanzen nur hochwertige Erbanlagen tragen und der für die einzelnen Baumarten unterschiedliche → Pflanzverband festgelegt werden kann. Das ältere Verfahren für eine Bestandsbegründung ist die Saat. Seit dem Mittelalter ist auch schon die P. von Wildlingen, besonders der Laubbaumarten, bekannt. Bereits im 17. Jh. wurden Pflanzen durch Saat in Saatgärten erzogen. Eine → Forstordnung aus dem Jahre 1651 schrieb z. B. die Anlage von Eichen-, Buchen- und Tannensaatkämpen vor. Mit Beginn der großangelegten Bestandsbegründungen im vorigen Jh. und der damit verbundenen starken Umwandlung vom → Laubzum → Nadelwald gewann die P. immer mehr an Bedeutung und hat die Saat nahezu verdrängt.

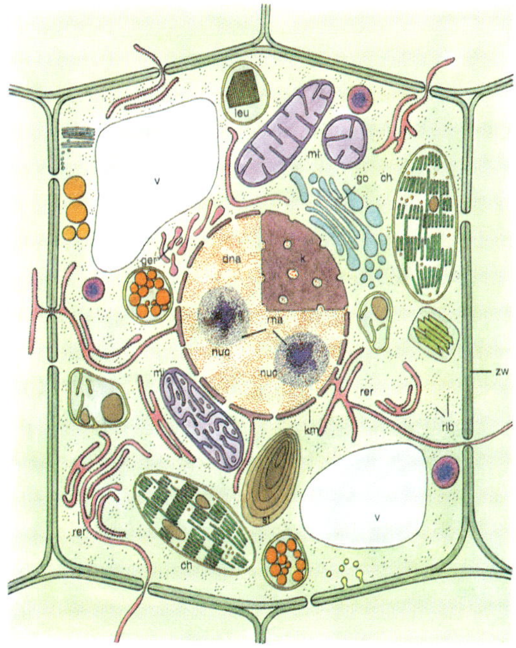

Vereinfachtes Schema einer Pflanzenzelle. *ch* Chloroplast; *dna* DNA der Chromosomen im Kern; *ger* Endoplasmatsiches Reticulum ohne Ribosomen (glattes Endoplasmatisches Reticulum); *go* Golgi-Apparat; *k* Aufsicht auf die Kernmembran, *km* Kernmembran im Schnitt; *leu* Leukoplast (farbloser Plastid) mit Eiweißkristall; *mi* Mitochondrium; *nuc* Nucleolus; *rer* Endoplasmatisches Reticulum mit Ribosomen (rauhes Endoplasmatisches Reticulum); *rib* Ribosomen; *rna* RNA in den Nucleoli; *st* Stärkekörner (in dieser Form wird häufig der in der Photosynthese gebildete Zucker gespeichert); *v* Vakuole; *w* Zellwand

Pflanz(ungs)schock, der: Durch das Verpflanzen erleiden die meisten Pflanzen einen P., der ihre Entwicklung in den folgenden ein bis zwei Jahren hemmt.

Pflanzverband, der: der Abstand der Reihen und der Abstand in der Reihe bei der → Pflanzung von → Forstpflanzen auf einer Kulturfläche. Beim P. ergibt sich für jede Pflanze ein genau bestimmter Standraum (Platzbedarf). Werden die Pflanzen zu eng gesetzt, entstehen unnötig hohe Pflanz- und Pflegekosten. Erhalten sie einen zu großen Standraum, schließen sich die Bestände zu spät und die Bäume werden astig. Der Pflanzenbedarf errechnet sich aus der Gesamtfläche in m^2, geteilt durch den Standraum je Pflanze in m^2. Beispiel: Aufforstungsfläche mit Fi = 0,7 ha; P. für Fi 3 m x 1 m; Bedarf: 7000 m : 3 m^2 = 2333 Fi-Pflanzen. Der erforderliche Standraum einer Forstpflanze hängt u. a. ab von Baumart, Alter, → Standort, Regionalklima, Ausgangsgestein, Bodenbewuchs und → Mischungsform.

Hinsichtlich der Form des P. werden unterschieden:

a) Quadratverband,
b) Dreieckverband,
c) Reihen- oder Rechteckverband.

Während früher hauptsächlich der Quadratverband verwendet wurde, wird heute dem Reihenverband (z. B. 2 m x 0,5 m, d. h. 2 m von Reihe zu Reihe und 0,5 m innerhalb der Reihe) der Vorzug gegeben. Der Reihenverband erleichtert die Pflege zwischen den Reihen und die Astreinigung innerhalb der Reihe und trägt damit zur Kostenersparnis bei.

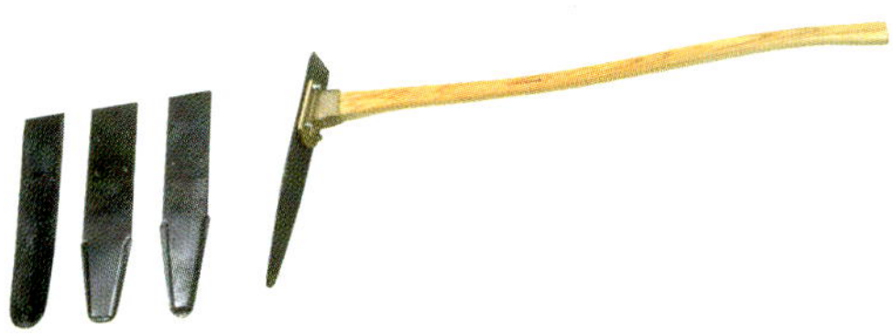

Pflanzgeräte: Buchenbühler Pflanzhaue

Pflanzverfahren, das: Bei der → Pflanzung sind verschiedene Methoden – häufig regional eingebürgert – üblich, v. a. sind sie vom → Standort (Bodenbeschaffenheit) abhängig.

a) Die **Winkelpflanzung** – die bis heute häufigste Methode – die mit der Wiedehopfhaue in Ein-Mann-Arbeit durchgeführt wird. Voraussetzung für die Winkelpflanzung sind bindige, nicht zu steinige Böden und Pflanzengrößen von 25 bis 80 cm.

b) Das **Buchenbühler Schrägpflanzverfahren** wird ebenfalls in Ein-Mann-Arbeit mit einer Hacke ausgeführt und eignet sich bei sehr lockeren Böden und bei Kleinpflanzen.

c) Die **Lochpflanzung** wird angewandt bei sehr steinigen Böden oder auf Flächen mit starkem Graswurzelfilz. Wegen der Barfrostgefährdung im Herbst ist sie jedoch im Frühjahr durchzuführen (Ein-Mann-Arbeit). Bei dieser Methode muß den Pflanzen ein besonderes Pflanzbeet geschaffen werden. Handelt es sich um grundwassernahe oder zeitweise von Überflutung betroffene Standorte, wird die sog. Obenaufpflanzung durchgeführt, d.h. die Pflanzung erfolgt auf dem Boden in einem eigens aufgeschütteten Erdreich (Hügelpflanzung). Ein ähnliches P. war die Rabattenpflanzung, bei der die Pflanzen auf den ausgebreiteten Aushub zwischen zwei parallel verlaufenden Gräben gepflanzt wurden.

d) Die **Stockachselpflanzung** ist eine besondere Form der Lochpflanzung. In Ein-Mann-Arbeit werden die Pflanzen an den Nord- und Nordwestseiten von Stöcken gesetzt.

e) Die **Ballenpflanzung** ist unabhängig von der → Pflanzzeit. Die Ballenpflanzen (→ Wildlinge) werden mit Erdballen, Erd- und Torftöpfen in den gewachsenen Boden oder in aufgeschüttete Hügel gesetzt. Die B. vermeidet den → Pflanzungsschock und wird besonders zum Schließen von Lücken (→ Nachbesserung) angewandt.

f) Bei der **Klemmpflanzung** (oder Spaltpflanzung) werden mit dem Klemmspaten enge Pflanzlöcher in den Boden gestoßen und die Pflanzen gesetzt.

g) Die **Maschinenpflanzung** beschränkt sich auf die → Aufforstung von Großkahlflächen. Die auf Schleppern aufgesattelten Geräte arbeiten wie Rübenpflanzmaschinen. Die Böden müssen aber vorher mit Pflug oder Fräse bearbeitet werden und sollten möglichst stein- und wurzelfrei sein. Die Maschinenpflanzung hat auf geeigneten Standorten die früher übliche Klemmpflanzung weitgehend ersetzt.

Forstpflanzen werden mit Ausnahme der Ballenpflanzen wurzelnackt verpflanzt. Bei der Pflanzung ist zu beachten, daß das Pflanzloch groß genug ist (die Wurzeln müssen vollständig untergebracht werden, gestauchte Wurzeln haben verkrüppelten → Sproß zur Folge), daß bei fahnenartiger Wurzeltracht ein Wurzelschnitt durchgeführt wird und die Pflanzen nach dem Setzen fest angedrückt werden; → Hohlhackenpflanzung.

▸▸ Wiedehopfhaue

Pflanzverband und Pflanzenzahlen der wichtigsten Baumarten (Beispiel Bayern 1995):

Baumart	Pflanzengröße und -alter	Pflanzverband in m	Pflanzenzahl pro ha
Kiefer	2j. (2/0 o. 1/1)	2 x 0,6 – 0,8	6000 – 8000
Fichte	3 – 4j. (1/2 o. 2/2)	3 x 1	2500 – 3500
Tanne	4 – 5j. (1/2, 2/3)	unregelmäßig Ø 2 x 2	2000 – 2500
Douglasie	2 – 3j. (2/0, 1/2)	3,0 x 1,5	2000
Lärche	2 – 3j. (1/1, 1/2 o.2/0)	3 x 2	2000
Eiche	1 – 3j. (2/0, 1/0)	2 x 0,6 – 0,8	6000 – 8000
Buche	1 – 3j	2 x 0,6 – 0,8	6000 – 8000
Ahorn	2j.	2 x 1,5	2000 – 3300
Erle	2j. (2/0, 1/1)	2 x 2	4444
Pappel	2j. Wurzel/ 1j. Sproß	5 x 5	400 – 600

Pflanzzeit, die (Kulturzeit): Während die Pflanzung von jungen Bäumen mit Ballen (z. B. aus Töpfen) unter gewissen Voraussetzungen (frostfreier, nicht vernäßter Boden) vom Frühjahr bis zum Herbst mit Erfolg möglich ist, müssen bei ballenlosen Pflanzen gewisse Regeln beachtet werden. Die Frühjahrspflanzung – nach Schneeschmelze und Erwärmung des Bodens, jedoch vor dem Austreiben der Pflanzen – bietet gute Voraussetzungen für das Anwurzeln. Wegen dieser Einschränkungen ist die Zeit jedoch relativ kurz. Die noch nicht ausgetriebenen Laubbäume und die noch kahle Lä müssen zuerst gepflanzt werden, dann können die noch nicht angetriebenen immergrünen Nadelbaumarten folgen. Für eine Spätsommerpflanzung im August bis Mitte September eignen sich alle immergrünen Nadelbaumarten von dem Zeitpunkt an, zu dem die Triebe schon leicht verholzt sind und die Wurzeln nochmals wachsen. Sie wird besonders im Gebirge angewandt. Die Herbstpflanzung ab Mitte Oktober bis Mitte November ist für die immergrünen Nadelbäume nicht geeignet, da sie dann nicht mehr anwachsen, aber weiter transpirieren. Nur im Flachland, bei gut wasserversorgten Standorten, können immergrüne Nadelbäume auch noch im Herbst ausgepflanzt werden. Für die Lä und alle gut verholzten Laubbaumarten eignet sich als P. auch der Herbst gut, weil hohe Anwuchserfolge im Frühjahr zu erwarten sind.

Pflasterkäfer → Ölkäfer.

Pflaume, die: → Prunus 8. und 9.

Pflaumenbirke, die: → Birken 2.

Pflaumenflechte, die (*Evernia prunastri* (L.) Acharius): Die zur → Fam. Bartflechten (*Usneaceae*) aus der Abteilung → Flechten zählende P. ist vom Tiefland bis in das Hochgebirge verbreitet. Sie findet sich hauptsächlich an freistehenden Laubbäumen, hauptsächlich Obstbäumen (selten auf Gestein) und wird bei vermehrtem Auftreten als „Baumkrätze“ bezeichnet.

Die sehr veränderliche P., von der es auch Kümmerformen gibt, hat ein strauchiges Lager (→ Thallus) mit stark verzweigten, abstehenden, liegenden Lagerästen, die bis 5 cm lang und ca. 5 mm breit sind. Die Oberseite ist grünlichgrau bis gelblich, die Unterseite weißlich. Die Ränder sind mit mehligen → Soralen besetzt. Die selten vorkommenden → Apothecien stehen an den Asträndern, sind klein, erst schüsselförmig, dann flach, mit braunroter Fruchtscheibe. Unter der Handels-Bez. „Mousse de chêne“ wird die P. als Duftstofflieferant für die Parfümherstellung gesammelt.

Pflaumenzipfelfalter, der: → Bläulinge 6.

Pflegeblock, der: Aufteilung der Vornutzungsbestände auf Blöcke, deren Zahl dem der Jahre des → Durchforstungsturnus entspricht.

Pflege des Waldes, die: → Waldpflege.

Pflegeeinheit, die: Pflegephase, die einer der natürlichen Entwicklungsphasen → Jungwuchs, → Dickung, → Junghölzer (oder Stangenort), → Altholz entspricht.

Pflegeheppe, Karlsruher, die: → Heppe.

Pflegehiebe: Im Ggs. zu den Erntehieben (→ Verjüngungsverfahren) stellen die P. Eingriffe

in einen nicht hiebsreifen → Bestand dar. P. dienen der Erziehung (Erziehungshieb) und sind ein Teil des Gesamtertrages (→ Vornutzung). Je nach Altersstufe des → Bestandes werden bei dieser Hiebsart die Hiebsverfahren → Läuterung, Jung- und Altdurchforstung (→ Durchforstung) unterschieden.
Pflegemaßnahmen: alle Maßnahmen der → Waldpflege.
Pflegepfade: i. d. R. 1 m bis 2,5 m breite und im Abstand von 30 m (oder enger) angelegte, holzfreie Pfade in unübersichtlichen Naturverjüngungen (→ Dickungen). Sie dienen der Arbeitserleichterung bei Jungbestandspflegemaßnahmen (→ Durchforstungen) und können im späteren Bestandsalter zu → Rückegassen erweitert werden.
Pflegerückstände: P. sind unterbliebene Jungbestands-Pflegemaßnahmen oder → Durchforstungen. Sie wirken sich auf die Bestandesentwicklung im Hinblick auf Mischbaumartenreichtum, Stabilität und Qualität negativ aus.
Pflegezone, die: → Biosphärenreservate.
Pflegeziel, das: Das P. wird bestandsweise für jeweils eine Pflegephase (→ Jungwuchs, → Dickung, → Jungbestand, → Altholz) festgelegt. Es dient dazu, das → Bestockungsziel zu erreichen und orientiert sich an Ausgangslage, natürlicher Entwicklung und Zielvorgabe des → Bestandes.
Pfleglichkeit, die: Dieser Begriff bezieht sich u. a. darauf, die → Bodenfruchtbarkeit und einen biologisch gesunden Waldzustand zu erhalten, Schutz- und Pflegemaßnahmen durchzuführen, Nutzungen schonend vorzunehmen und die Wälder ausreichend zu erschließen (→ Walderschließung).
Pflichtbetrieb, der: Nach dem Österr. Forstgesetz von 1975 entsteht für die Eigentümer von Wäldern im Ausmaß von mindestens 500 ha ein P., wenn diese eine wirtschaftliche Einheit, auch ohne räumlichen Zusammenhang, bilden. Sie haben für ihren Betrieb leitende → Forstorgane zu bestellen.
Pflöcke: früheres Sortiment des → Böttcherholzes. P. wurden aus 8 bis 10 → Zoll langen Eichen-, Birken- oder Eschenklötzen gefertigt.
Pflugfurche, die: → Pflugstreifen.
Pflugsohle, die: Bei als Acker genutzten Böden bildet sich eine P., die bei der → Aufforstung solcher Böden für das Wachstum der → Wurzeln ein Hindernis sein kann.
Pflugstreifen, der: auch Pflugfurche. durch den → Waldpflug hergestellte Furche mit breiter Sohle.
Pfosten, der: → Brett.
Pfostenzaun, der: → Gatter 1).
Pfriemen, der: → Geißklee 1.
Pfriemenginster, der: → Geißklee 5.
Pfriemenmücken (*Anisopodidae, Phryneidae, Rhyphidae*): mit rd. 70 Arten weltweit verbreitete Fam. bei uns etwa 5 mm großer → Mücken mit kurzem Rüssel, langen Beinen und oft gefleckten Flügeln sowie pfriemenförmig zugespitzten Fühlern. Die Männchen der P. führen Lufttänze aus; tanzende Schwärme meist auf der windgeschützten Seite der Bäume und Sträucher, oft auch unter tief herabhängenden Zweigen. Die weißen, aalartigen und dünnen Larven (ca. 14 mm lang) entwickeln sich in faulender organischer Substanz oder unter Rinde und finden sich auch an Wundstellen verschiedener Laubbäume (z. B. Ei, Ul) sowie in den Bohrgängen der → Borkenkäfer.
Pfriemenstrauch, der: → Geißklee 1.
pfropfen: svw. veredeln, aufsetzen. Ein → Pfropfreis zum Verwachsen auf eine andere Pflanze setzen.
Pfröpfling, der: → Pfropfreis.
Pfropflochpflanzung, die: → Hohlbohrer.
Pfropfreis, das: auch Edelreis, Pfröpfling. Teil einer genetisch wertvollen Pflanze, der auf eine andere, mehrjährige Pflanze aufgepfropft wird.
Pfuhlschnepfe, die: → Schnepfenvögel 3.
Pfund Holz, das: frühere österr. Bez. für eine Menge von 120 Reisigbunden.
pF-Wert, der: → Bodenwasser.
Phallus impudicus → Stinkmorchel.
Phanerogamen → Samenpflanzen.
Phanerophyten (Luftpflanzen): ungeachtet der systematischen Zugehörigkeit (→ Systematik) eine → Lebensform der Höheren Pflanzen oder → Sproßpflanzen. Innerhalb der P. wird zwischen Makro-P. (Bäume) und Nano-P. (→ Sträucher) unterschieden. Die → Überdauerungsorgane, d. h. die mit oder ohne Knospenschuppen versehenen Erneuerungsknospen befinden sich mehr als 25/50 cm über dem Boden. Die Stämme, Äste und Zweige, die die Knospen tragen, sind langlebig und daher verholzt.
Phänologie, die: Wissenschaft von den jahreszeitlich bedingten Erscheinungsformen bei Tieren und Pflanzen.
Phänotyp, der (Erscheinungsbild): in der → Genetik die Gesamtheit aller äußeren und inneren Strukturen und Funktionen, d. h. aller Merkmale eines Lebewesens als das Ergebnis aus dem Zusammenwirken von → Genotyp und Umwelt. Bei gleichem Erbbild können Organismen durch Umwelteinflüsse verschiedene P. aufweisen.
Phasenplan, der: integrierte Planung, die die → räumliche und → zeitliche Ordnung bei langfristigen → Verjüngungsverfahren berücksichtigt.
Phasianinae → Fasan.
Pheromone: P. sind Duftstoffe mit Signalwirkung zwischen Tieren einer Art. Bei → Borkenkäfern werden diese P. von den Tieren abgegeben, die sich in den Baum einbohren. Der Signalstoff wirkt auf beide Geschlechter und dient der gemeinsamen Besiedlung des neuen Brutraumes, außerdem fördert er die Geschlechterfindung. Die synthetischen Buchdrucker-P. werden erfolgreich in den speziell dafür konstruierten Käferfallen eingesetzt; → Pheromonfallen.
Pheromonfallen: Lockstoffallen in verschiedenster Ausführung, die in der Forstwirtschaft zur Kontrolle, weniger zur Bekämpfung, der rindenbrütenden → Borkenkäfer, v. a. des Buchdruckers, des Gestreiften Nutzholzborkenkäfers und des Kupferstechers eingesetzt werden. P. stellen eine Möglichkeit der Schädlingsbekämpfung (biotechnisches Verfahren) im Rahmen eines integrierten Pflanzenschutzes dar. Die P. enthalten ein Lockpräparat (z. B. Pheroprax für Buchdrucker, Linoprax für Gestreiften Nutzholzborkenkäfer und Chalcoprax für Kupferstecher) in einem Folienbeutel. Sie sind besonders zur informativen Kontrolle des Bestandes an Borkenkäfern, seiner Entwicklung und zur zeitlichen Planung von Gegenmaßnahmen geeignet. Die wirksamste Methode zur Bekämpfung der Borkenkäfer bleibt hingegen die sofortige und vollständige Entrindung der Ndh sowie die Beseitigung (Verbrennen) des brutfähigen und daher anlockenden Materials (saubere Wirtschaft). Die P. stellen dabei eine begleitende Maßnahme dar. Sie werden meist in einem Abstand von 20 bis 30 m (auch als Fallengruppen oder Fallensterne) an Bestandsrändern oder in Bestandslücken aufgestellt; → Habitatentzug.
Philipp, Karl (10.7.1865 Gengenbach bis 24.2.1937 Konstanz): P., zuletzt Landforstmeister und Leiter der badischen Forstverwaltung (1924 – 1930) war führender Vertreter der sog. jungen bad. forstlichen Schule; u. a. Douglasienpionier. Er entwickelte im Forstamt Huchenfeld den Keilschirmschlag als Betriebssystem. P. veröffentlichte zahlreiche Schriften zwischen 1893 und 1932.
Phlebotomus → Schmetterlingsmücken.
Phloëm, das: → Siebteil, → Bast 1).
Pholcidae → Zitterspinnen.
Pholiota → Schüpplinge.
Phönizische Königskerze, die: → Königskerze 4.
Phoresie, die: Bei diesem Sonderfall des → Kommensalismus werden größere Tiere von kleineren als Transportmittel benutzt. Dadurch erschließen sich diese neue Brut- oder Futterplätze. So transportieren z. B. Zikaden oder Blattläuse Viren von einer Pflanze zur anderen, Käfer (Scarabaeiden, Silphiden, Caprophagiden, Histeriden) kaprophage Nematoden, Vögel Samen von Pflanzen.

Pheromonfallen dienen in erster Linie zur Kontrolle des Borkenkäferbestandes.

Phosphor, der: Das nichtmetallische Element P. kommt in der Natur immer in Verbindungen vor. Im → Boden kann er anorganisch und organisch gebunden sein. Der P.-Gehalt des

Bodens ist stark vom Ausgangsgestein abhängig. Er liegt zwischen 0,02 und 0,15 %. Dabei sind die phosphorreicheren Böden aus basischen Eruptivgesteinen entstanden. P. ist auch in den aus Pflanzenresten stammenden Ca-Mg-Salzen der Phytinsäure und der Nukleinsäure und in den Huminstoffen enthalten. In Waldböden ist der organisch gebundene P.-Anteil besonders groß (teilweise über 60 %). In sauren Böden ist ein großer Teil des P. in schwerlöslichen Eisen- und Aluminiumsalzen gebunden. P. ist für den Energiestoffwechsel in Tieren und → Pflanzen von Bedeutung. Bei der → Photosynthese ermöglicht die Übertragung von Phosphat-Ionen die Bildung leicht verlagerbarer energiereicher Moleküle. Desoxiribonukleinsäure und Ribonukleinsäure enthalten viel P.

Phosphormangel, der: → Mangelsymptome an Bäumen.

Photooxidantien: Sie gehören zu den sog. sekundären → Luftverunreinigungen. Die → Stickoxide können sich in der → Luft mit → Kohlenwasserstoffen und → Sauerstoff unter dem Einfluß des Sonnenlichts zu P. umsetzen. P. können sich deshalb nur bei sonnenreichem Wetter, hauptsächlich in den Mittagsstunden des Sommers, bilden. Zu den P. gehören → Ozon (O_3), Peroxyazetylnitrat (PAN), Salpetersäure und sonstige Reaktionsprodukte. Die Gefährlichkeit sekundärer Luftverunreinigungen für den Menschen und seine Umwelt ist bekannt, seit es den Amerikanern 1944 gelang, die Wirkstoffe im Los-Angeles-Smog zu analysieren. In Dtschl. wurden Schäden durch P. erstmals 1964 nachgewiesen. → Ozon, das als Leitsubstanz der P. gilt, verursacht bereits in sehr niedrigen Konzentrationen sichtbare Schäden an der Vegetation. Bevor diese eintreten, sind bereits Stoffwechseländerungen zu verzeichnen. Beim Menschen bewirkt photochemischer → Smog Schleimhautreizungen; das erste Symptom ist vielfach Tränenreiz. Auch das Atmungssystem und das Lungengewebe werden geschädigt. Den P. wird eine Mitverantwortung für das Waldsterben zugesprochen.

Photosynthese, die (Kohlensäureassimilation): Die P. ist ein Energieumwandlungsprozeß (biochemischer Prozeß), durch den alle höheren Pflanzen, → Farne, → Moose, Rot-, Grün-, Braun- und Blaualgen sowie einige → Bakterien befähigt sind, Lichtenergie in chemische Energie umzuwandeln. Sie schafft die Voraussetzung für das Leben aller Organismen und stellt den bedeutendsten Vorgang der biologischen Stoffproduktion der Erde dar. Aus → Kohlendioxid und Wasser werden organische Kohlenstoffverbindungen (Glukose) und Sauerstoff hergestellt. Die Überführung körperfremder in körpereigene Substanz wird → Assimilation genannt. Die Bruttogleichung der P. lautet:

$$6\ CO_2 + 6\ H_2O + 2820\ KJ\ P. \rightarrow C_6H_{12}O_6 + 6\ O_2$$

↓ Kohlendioxid ↓ Wasser ↓ Licht ↓ Traubenzucker ↓ Sauerstoff

Die Gleichung zeigt, daß Kohlendioxid (CO_2) und Wasser (H_2O) mit Hilfe von Lichtenergie in Kohlenhydrat überführt wird. P. ist keine Einzelreaktion, sondern die Folge von mehreren Reaktionen; folgende Reaktionen müssen ablaufen: Die chlorophyllabhängigen Licht- oder Primärreaktionen in den Membranen der → Chloroplasten spalten das Wasser (sog. Photolyse) in aktiven Wasserstoff ($NADPH_2$) und O_2, wobei ATP gebildet wird (Photophosphorylierung). Der bei der Wasserspaltung entstehende Sauerstoff wird an die Luft abgegeben. In den Dunkel- oder Sekundärreaktionen, die im Innenraum der → Chloroplasten, dem Stroma, ablaufen, erfolgt die eigentliche Kohlenstoffassimilation. Der Wasserstoff des NADPH und das ATP werden hier zur Reduktion von Kohlenstoffdioxid zu Kohlenhydraten verwendet. In der Pflanzenzelle wird aus dem neu aufgebauten Glukosemolekül vorwiegend Stärke zur Speicherung aufgebaut. Auf die Zufuhr organischer Stoffe, die von den grünen Pflanzen produziert werden, sind Tiere und Menschen angewiesen. Bereits geringe Mengen → Schwefeldioxid stören den Ablauf der P. empfindlich; → C_3-Pflanzen, C_4-Pflanzen.

Abweiserkreuze (Piloten) sind Stammschoner und sollen Rückeschäden verhindern.

Phototropismus, der: → senkelwüchsig.

Phragmites → Schilfrohr.

Phryneidae → Pfriemenmücken.

pH-Wert, der (lat.: *potentia hydrogenii*; Stärke des Wasserstoffes): Meßzahl für die Wasserstoffionenkonzentration und damit die Acidität oder Alkalität, d. h. für die Stärke der sauren oder alkalischen Reaktion einer Lösung. Der pH-Wert ist gleich dem negativen dekadischen Logarithmus der Wasserstoffionenkonzentration; ein Absinken um einen pH-Wert zeigt an, daß die Flüssigkeit um ein Zehnfaches saurer geworden ist. Der Neutralpunkt liegt bei 7, wobei die pH-Wert-Skala von 0 bis 14 reicht. Ein pH-Wert von > 7 bedeutet alkalische, einer von < 7 saure Reaktion einer Lösung. Regenwasser mit pH 4 ist 1000mal saurer als neutrales Wasser.

Phycomycetes → Algenpilze.

Phycophyta → Algen.

Phyllitis → Hirschzunge.

Phyllotaxis, die: → Blattstellung.

Phylloxeridae → Zwergläuse.

Physalis → Blasenkirsche.

physikalische Eigenschaften des Holzes → Anhang Seite 872/873.

physikalische Halbwertszeit, die: → Halbwertszeit.

Phyteuma → Teufelskralle.

Phytohormone → Pflanzenhormone.

Phytonzide: von → Pflanzen gebildete biologische Wirkstoffe unterschiedlichster chemischer Zusammensetzung mit antibiotischen Wirkungen. P. haben in der → Biozönose regelnde und ordnende Funktionen; sie fördern oder hemmen (→ Allelopathie) das Wachstum anderer Mitglieder der Biozönose.

Phytophagen → Pflanzenfresser.

Phytozönose, die: → Pflanzengesellschaft.

Picea: lat. Gatt.-Name der → Fichten. Die Bez. *P. abies* für die Gemeine Fichte ist erst seit dem 19. Jh. üblich. In älteren forstlichen Büchern wurden für die Fi oft unterschiedliche lat. Bez. verwendet, so daß bei der Anwendung des wissenschaftl. Namens häufig unklar war, ob Fi oder Ta gemeint waren. Linné z. B. nannte die Fi *Pinus Abies*, die Weißtanne *Pinus Picea*, d. h. Pechtanne. An dieser Bez. hielten v. a. die Engländer lange Zeit fest. Der Botaniker Johann Philipp du Roi berichtigte diese wissenschaftlichen Namen in seiner Beschreibung (1771 und 1772) der Gehölzsammlung des Parkes von Harbke (bei Helmstedt), tauschte die Bez. aus und nannte die Fi *Pinus Picea*, die Ta *Pinus Abies*. Diese Bez. (auch *Abies Picea* für Fi wurde zeitweise verwendet) fanden v. a. Eingang in die forstl. Literatur, teilweise wurden sie zusätzlich bzw. syn. gebraucht. Später bildeten einige Botaniker den Gatt.-Namen *Abies* und nannten die Fi *Abies excelsa* (d. h. hohe Ta), die Ta *Abies pectinata* (Ta mit kammförmiger Nadelstellung). Auf Grund dieser Begriffsverwirrung schuf eine weitere Gruppe von Botanikern zur besseren systematischen Einteilung den Gatt.-Namen *Picea* für die Fi, so daß nunmehr die Fi mit *Picea abies* (syn.: *Picea excelsa*) und die Ta mit *Abies alba* (syn.: *Abies pectinata*) bezeichnet wird.

Piceetalia abietis → Nadelwälder, boreal-alpine und subalpine Zwergstrauch-Gesellschaften.

Piceion abietis → Fichtenwälder und Fichten-Tannen-Wälder.

Piceo-Abietion → Labkraut-Tannenwälder.

Picidae → Spechte.

Pickharz, das: alte Bez. für das beim → Lachten gewonnene unreine rohe → Harz.

Picktannen: alte regionale Bez. für freistehende, pyramidenförmig gewachsene kleine Ta oder Fi, die hauptsächlich als Baumpfähle und Hopfenstangen verwendet wurden.

Piekstücke → Twillen.

Piepenholz, das: alte nordd. Bez. für Holz, das zum Bau von Wasserleitungen (Wasserrohre) benötigt wurde; → Piepenstäbe.

Piepenstäbe, -holz: frühere, in Brandenburg und Sachsen übliche Bez. für Faßdauben (→ Böttcherholz) aus Eichenholz, die auf der Elbe nach Hamburg transportiert wurden.

Pieridae → Weißlinge.

Pillen-Segge, die: → Seggen 9.

Piloten: **1**) in der → Forstwirtschaft Bez. für die an der Einmündung von Rückeschneisen (→ Rückegasse) in die Holzabfuhrwege neben den Randbäumen eingeschlagenen Pfähle etc., die die Stammfüße der Bäume schützen. Die P. mindern den → Rückeschaden. Bereits beschädigte Bäume läßt man als „Abweiser" stehen. Als Stammschoner finden auch verstrebte, mit einem Gewebegummischlauch überzogene Stahlrohrkreuze (Abweiserkreuze) Verwendung. **2)** Bez. der bis zu 40 cm starken und bis 20 m langen → Rundhölzer, die für Wasserbauten (Ufer- und Hafenbauten) benötigt werden. Verwendet werden fast ausschließlich die Stämme (Pfähle) von Ei und Ndh.

Pilze (*Fungi*): Abteilung des Pflanzenreiches mit über 55 000 heute bekannten Arten. P. sind chlorophyllfreie (blattgrünfreie) → Lagerpflanzen, deren Vegetationskörper meist feinfädig, unverzweigt oder verzweigt ist. Der einzelne Zellfaden (Pilzfaden), der das Substrat durchzieht, heißt → Hyphe und deren Gesamtheit → Myzel. Das ausdauernde, unterirdische Myzel bildet den → Fruchtkörper (umgangssprachlich ebenfalls Pilz genannt) aus. P. ernähren sich nicht von anorganischen Verbindungen (→ autotroph), sondern → heterotroph oder saprophytisch (→ Saprophyten). Sie sind Fäulnisbewohner, Schmarotzer oder Symbionten. Die meisten P. sind Landbewohner; nur wenige leben im Süßwasser (Algen-P.). Die Pilzzellen sind gewöhnlich von einer Membrane umgeben, die im Ggs. zur Zellulosenmembrane höherer Pflanzen (→ Samenpflanzen) aus → Chitin besteht. Nur bei wenigen Arten (z. B. bei den Schleim-P.) kommt → Zellulose vor. Als Reservestoffe werden von den P. Glykogen und Fett gespeichert. Die Vermehrung erfolgt ungeschlechtlich durch → Sporen (Endosporen, Konidien). Bei der geschlechtlichen Fortpflanzung verschmelzen Geschlechtszellen (Gameten) oder Gameten enthaltende Behälter (Gametangien). Feuchtigkeit und Wärme beschleunigen die Entwicklung der P. Sie gliedern sich in Algen-P. (Niedere P.; *Phycomycetes*) und in → höhere P. (*Eumycetes*). Letztere unterteilen sich in drei große Klassen: → Schlauch-P. (*Ascomycetes*), → Ständer-P. (*Basidiomycetes*) und → Schleim-P. (*Myxomycetes*). Von einigen Wissenschaftlern werden allerdings die Schleim-P. nicht mehr zu den P., sondern zu den Pilztierchen (*Mycetozoa*) gezählt, weil sie keine Sporen, sondern erst Schwärmsporen (nackte, durch Geißeln bewegliche Zellen) bilden, die später Schwärmzellen werden. Die Sporen entstehen erst durch Plasmateilung in Verbindung mit den Zellkernen. Zu den Echten P. gehören etwa 99 % aller Pilzarten; viele von ihnen leben mit dem Wurzelsystem verschiedener Waldbäume in → Symbiose (→ Mykorrhiza). Die Bildung einer solchen Lebensgemeinschaft ist für diese Pilzarten, z. B. für alle → Röhrlinge und sämtliche → Schleierlinge, lebensnotwendig, und die → Samen unserer heimischen → Orchideen können ohne die P. wiederum nicht keimen. Die Fruchtkörper zahlreicher P. sind eßbar, manche aber wegen ihres Geschmackes ungenießbar und einige giftig (→ Giftpilze). P. kommt sowohl als Speise-P., als nützliche Bodenmikroorganismen sowie auch als Krankheitserreger, besonders bei Pflanzen, große Bedeutung zu. Große wirtschaftliche Schäden entstehen durch Rost- und Brand-P., die jährlich einen erheblichen Teil der Weltgetreideernte vernichten. Für den Forstbetrieb wichtig sind v. a. Stamm- (→ Holzfäule) oder → Kernfäule verursachende P., wie z. B. der → Hallimasch. Besonders gefährdet sind die Nadelbäume. Die Wissenschaft, die sich mit der Erforschung der P. befaßt, ist die Mykologie.

◂◂ Der Dünnfleischige Anisegerling, ein ausgezeichneter Speisepilz, kann von Pilzsammlern kaum vom Anischampignon unterschieden werden.

Die wichtigsten, und auffälligsten P., die im Wald vorkommen, wurden unter den nachstehend aufgeführten Fam., Gatt., auch Artnamen, abgehandelt: → Bauchpilze, Becherlinge, Blutroter Borstenscheibling, Champignon, Dachpilzartige, Faserling, Flämmlinge, Hallimasch, Häublinge, Helmlinge, Keulenpilze, Kremplingsartige, Lacktrichterlinge, Leberpilz, Leistlinge, Lorchel, Maipilz, Milchlinge, Morchel, Porlinge, Rißpilze, Ritterlinge, Röhrlinge, Rötelritterlinge, Rötlinge, Rüblinge, Samtfußrübling, Schirmlinge, Schleierlinge, Schmierlinge, Schnecklinge, Schuppenröhrlinge, Schüpplinge, Schwefelkopf, Seitlinge, Stachelpilze, Steinpilz, Stinkmorchel, Stockschwämmchen, Täublinge, Tintenfischpilz, Tintling, Träuschlinge, Trichterlinge, Wulstlinge, Weichritterlinge, Zitterlinge.

Pilzesammeln, das (südd.: „Schwammerlsuchen"): Das P. bedarf nur für den eigenen Gebrauch, d. h. in kleinen Mengen, keiner Genehmigung. Das Sammeln für den Verkauf auf dem Markt, an Hotels und Gaststätten ist nicht genehmigungsfrei. In manchen → Naturschutzgebieten ist das P., wie auch jegliche Entnahme von Tieren und Pflanzen, i. d. R. nicht zulässig und wird als Ordnungswidrigkeit mit Bußgeld belegt. Auch vermeintlich unterstellte Gewohnheitsrechte ändern daran nichts.

Nach dem Österr. Forstgesetz von 1975 war das P. zu Erwerbszwecken verboten. Nach der Novelle 1987 wurde die Menge an Pilzen, die pro Person und Tag dem Wald entnommen werden darf, wenn seitens der Waldeigentümer keine gegenteilige Verfügung getroffen wurde, auf zwei Kilogramm beschränkt.

In selbstgesammelten oder gekauften Wildpilzen können erheblich größere Mengen der Schadstoffe Cadmium und Quecksilber enthalten sein als in allen anderen pflanzlichen Lebensmitteln (bis zu 15 mg/kg Cadmium und bis zu 9 mg/kg Quecksilber). Ein Übermaß dieser Schwermetalle im menschlichen Körper kann zur Beeinträchtigung der Nieren-, Leber- und Nervenfunktion führen.

Beim P. gibt es folgende Grundsätze und Regeln zu beachten:

a) Nur Pilze für Speisezwecke sammeln, die man einwandfrei bestimmen und tatsächlich verwenden kann; Giftpilze oder vermeintliche Giftpilze sowie ungenießbare Pilze nicht zerstören, sondern unbeschädigt stehen lassen.

b) Pilze sorgfältig herausdrehen oder abschneiden. Die dabei entstehenden Bodenwunden müssen wieder mit Humus, Laub oder Bodenstreu zugedeckt werden, da sonst das → Myzel an dieser Stelle austrocknet und Schaden nehmen kann.

c) Die Pilze müssen luftdurchlässig (Spankorb etc.) transportiert werden. Bei luftundurchlässigen Behältern, z. B. Plastiktüten werden Pilze gedrückt, Wärme- und Feuchtigkeitsstau sind die Folge, wobei der Zersetzungsprozeß erheblich beschleunigt wird. Zuhause sind die Pilze sofort auszubreiten und luftig zu lagern. Gesammelte Pilze müssen daneben innerhalb 24 Stunden geputzt und zubereitet werden.

Pilzfresser: Bez. für → Schnecken, → Pilzmücken und → Kurzflügler, die → Pilze verzehren. Durch das Weitertragen der → Sporen (Sporenmehl) tragen sie zur Verbreitung der Pilze bei.

Pilzgeflecht, das: → Myzel.

Pilzkrankheiten: in der Forstwirtschaft spielen P. (Mykosen) v. a. als Schädlinge auf bereits erkrankten Waldbäumen eine bedeutende Rolle. Im Zusammenhang mit dem Waldsterben treten Schüttepilze (*Rhizosphaera kalkhoffii*, *Lophodermium*-Arten; → Kiefernschütte), Blasenrostpilze (→ Kiefernblasenrost) sowie Blattbräunepilze (→ Blattbräune) vermehrt auf. Nadelabfall und Nadelvergilbungen und dadurch bedingt Kronenverlichtungen sind die Folge bei Schütte und Blasenrost, die Blattbräune fördert den vorzeitigen Blattfall bei Laubbäumen. Die holzzerstörenden Pilze, z. B. → Hallimasch und Rotfäule (→ Wurzelschwamm), nehmen ebenfalls stark zu und führen außerdem zu wirtschaftlichen Einbußen; → Holzfäule, → Ulmensterben.

Pilzkropf, der: durch → Pilze bewirkte maserartige Anschwellung an Stämmen und Ästen von Holzpflanzen.

Pilzmücken (*Mycetophiloidea; Fungivoroidea*): Fam.-Reihe der → Mücken mit rd. 2000 v. a. paläarktisch verbreiteten Arten, mit bei uns acht vertretenen Fam. Die bis zu 5 mm langen Insekten leben meist an schattigen, feuchten Orten und sind nicht stechend. Die Larven entwickeln sich in Pilzen, v. a. → Hutpilzen. Zu den P. zählt auch die Fam. der kleinen und dunklen **Trauermücken** (*Lycoriidae; Sciaridae*), deren wurmförmige, schmutzigweiße Larven 10 bis 12 mm lang werden. Bekannteste Art ist die kleine schwarze **Heerwurm-Trauermücke** (*Lycoria militaris*), die die Eier haufenweise auf den Waldboden legt. Die Larven sind glasig-weiß und schwarzköpfig und ernähren sich von modernden Nadeln und Buchenblättern. Ihre Larven-Wanderzüge („Heerwurm“; bis 15 m Länge, meist aber unter 4 m und bis zu 15 cm breit) können gelegentlich zwischen Ende Juni bis Mitte August beobachtet werden.

Pilzrückgang, der: In den letzten Jahrzehnten haben → Pilze wie die gesamte Pflanzenwelt erheblich unter den Umweltbelastungen gelitten. Etwa ein Viertel der Großpilze (im Bundesgebiet sind über 4000 sog. Großpilze, d. s. Pilze mit gut sichtbarem Fruchtkörper, bekannt) ist in der → Roten Liste als in ihrem Bestand gefährdet eingestuft. Ursachen für das P. sind v. a. die moderne Wald- und Bodenbewirtschaftung, die → Luftverunreinigung und neuerdings auch die Erwärmung der Erdatmosphäre. Nach Untersuchungen sind folgende Phasen der Umweltschädigung für das P. verantwortlich: Vor 1968 kam es zu Biotopveränderungen durch → Kahlschlag, Umwandlung von naturnahen Laubwäldern in Nadelholzforste, Vernichtung von Waldsäumen und Hecken, Entwässerung, Gewässerbegradigung und Grundwasserabsenkungen. Die Wald- und Grünlandbewirtschaftung wurde intensiviert, Gülle und Kunstdünger wurden verstärkt eingesetzt; dazu kam die oftmals unsachgemäße Anwendung von Pestiziden. Pilzarten, wie der Falsche Königsröhrling oder der Satanspilz verschwanden. In den Jahren 1968 bis 1980 sollen der Einsatz von Großmaschinen und die immer stärkere Luftverschmutzung die Ursache für das Waldsterben (und Bodensterben) sein. Kurzfristig nehmen daher die Baumparasiten zu, die an sterbenden Bäumen leben, v. a. aber werden die Pilzarten zurückgedrängt, die mit bestimmten Bäumen in einer Symbiose (Mykorrhiza) leben. Dazu gehören Pfifferling (→ Leistlinge 1.), → Täublinge und → Milchlinge sowie die meisten → Röhrlinge, zu denen auch der → Steinpilz gehört. Kalken der Wälder drängte die Pilze zusätzlich zurück. Seit 1980 setzen sich die ungünstigen Phänomene fort, allerdings von einem weiteren Faktor überlagert: der Erwärmung der Erdatmosphäre, besonders in Mitteleuropa. Sichtbares Symptom für den Treibhauseffekt ist es, daß immer mehr montane oder nordische Pilzarten, die in kühlfeuchter Umgebung leben, auf den Sterbelisten auftauchen. Dagegen breiten sich wärmeliebende oder südeuropäische Arten, z. B. kleinere → Schirmlinge, aus. Eine Gefährdung einzelner Arten ist auch auf das → Pilzesammeln zurückzuführen, weil die Fruchtkörper vor dem Sporenflug entnommen werden.

Die Blüten der Pimpernuß sind gelblichweiß und an der Spitze gelblich überlaufen.

Pilzschicht, die: eine → Vegetationsschicht des Waldes, die meist allg. auch als „Moosschicht“ bezeichnet wird.

Pilzwurzel, die: → Mykorrhiza.

Pimpernell, die: → Bibernelle.

Pimpernuß, die (*Staphylea*): auch Klappernuß. Gatt. aus der Pflanzen-Fam. der Pimpernußgewächse (*Staphyleaceae*). Die bekannteste → Art ist:

Pimpernuß, die (*Staphylea pinnata* Linné): auch Gewöhnliche oder Gefiederte P., Klappernuß, im Volksmund Bemmanüßl, Glücksnüßchen, Rosenkranzstaude.

<u>Verbreitung:</u> Die P., ist seit dem Tertiär (→ Erdzeitalter) bekannt und von den Karpaten über die Balkanhalbinsel, die Südost- und Nordalpen und Süddtschl. bis zum Schweizer Jura, zur Oberrheinischen Tiefebene und zum Elsaß verbreitet. Zudem kommt sie auch noch in Vorderasien und vereinzelt im Apennin vor.

<u>Standort:</u> Sie wächst vereinzelt in lichten Laub- und Mischwäldern, Bergwäldern, krautreichen Linden-Ahorn-Wäldern, Seggen-Buchenwäldern, xerothermen submediterranen Flaumeichen-Wäldern und subkontinentalen Eichen-Steppenwäldern, in Gebüschen (v. a. Berberitzengebüschen), an Waldrändern, an steinigen Hängen, Ufern und in Hecken. Meist ist sie auf sonnigen, trockenen, kalkhaltigen, nahrhaften Böden vom Flachland bis in eine Höhe von 600 m in den Alpen zu finden. Mitunter wird sie auch in Gärten und Parkanlagen als Zierstrauch angepflanzt.

<u>Merkmale:</u> Der schöne, schwach verzweigte Strauch oder kleine Baum erreicht eine Höhe von 1,50 bis 5 m und hat kahle, anfangs grüne, später glänzend braune Zweige, zudem ein hohes → Ausschlagvermögen. Die gegenständig angeordneten Laubblätter (→ Blattstellung) sind lang gestielt, unpaarig gefiedert mit meist fünf bis sieben Fiedern. Die Blattoberseite ist lebhaft, die Unterseite bläulichgraugrün und am Grunde behaart. Der lange Blattstiel ist oberseits rinnig. BZ: Mai/Juni. Die beim Aufblühen kugeligen → Blüten haben fünf → Kelch- und fünf → Kronblätter und hängen in langgestielten, gegliederten, trugdoldig verästelten Trauben (→ Blütenstand). Sie sind gelblich weiß und an der Spitze rosa überlaufen. Die Frucht ist eine kugelige bis birnenförmige, 3 bis 4 cm lange, dünnhäutige, blaßgrüne, aufgeblasene, zuletzt runzelige zwei- bis dreifächerige Kapsel, die in jedem Fach ein bis zwei glänzend gelbbraune, erbsengroße, sehr harte, ölreiche, eßbare Samen, die Pimpernüsse, enthält. Die Samen wirken abführend und wurden früher auch zur Ölgewinnung verwendet. Abergläubischen Menschen dienten die zwei bis sechs Samen in einer Frucht auch als Orakel. Je mehr einer davon in einer Fruchtkapsel fand, desto mehr Glück sollte er haben. Manche Menschen trugen solche Glücksnüßchen bei sich, um das Glück an sich zu fesseln. Das Holz der P. ist gelblichweiß, hart und eignet sich besonders zu Drechslerarbeiten (→ Drechslerholz). Die lateinische Bez. *Staphyléa* ist abgeleitet vom griechischen Wort *Staphylé* = Taube. Der Name P. (und Klappernuß) kommt vom pimpernden (klappernden) Geräusch der Nüsse in der Fruchtkapsel, wenn diese geschüttelt wird.

Pimpinella → Bibernelle.

Pinaceae → Kieferngewächse.

Pinetum → Arboretum.

Pinienspinner, der: → Prozessionsspinner 3.

Pinion medioeuropaeum → Kiefernwälder.

Pinselkäfer, der: → Blatthornkäfer 16.

Pinus → Kiefern.

Pionierart, die: Pflanzenart, die in frühen Sukzessionsstadien (→ Sukzession) als Erstbesiedler auf einem besiedlungsreifen → Standort auftritt; → Pionierbaumarten.

Pionierbaumarten: anspruchslose Baumarten, die auf Grund ihrer Eigenschaften (z. B. alljährliche Erzeugung großer Samenmengen, leichte → Samenverbreitung durch → Wind, ein schnelles Jugendwachstum, frühe Kulmination des → Zuwachses, geringe Nährstoffansprüche, Fähigkeit zur intensiven Wurzelbildung, Frostunempfindlichkeit, Anpassung an Klimaextreme der Freifläche (→ Frost, → Trockenheit)) in der Lage sind, auch unter ungünstigen Klima- und Bodenbedingungen baumlose Flächen v. a. nach Brand, Kahlschlag oder Windwurf als → Vorwald zu besiedeln. Zu den P. gehören z. B. Bi, Rob, SKie, As, Er, Vobe, verschiedene Weidenarten und auch die Lä. Diese P. bilden sog. Anfangswälder und eignen sich daher auch zur Ödlandverbesserung und zum Anbau an Straßenrändern und Müllkippen. Normalerweise erfolgt eine Weiterentwicklung mit einem Artenwechsel zu einem Zweischichtübergangswald (→ Bestockungsaufbau) mit P. in der Oberschicht und schattenertragenden Baumarten in der Unter- und Zwischenschicht. Als Baumarten kommen Zir, Fi, Ta, Bu, BAh, SAh sowie Ei in Frage. Nach dem zweischichtigen Übergangswald folgt ein gemischter Übergangswald mit den vorerwähnten Baumarten in der Oberschicht. Nach Ausscheiden der P. bildet sich der klimabedingte → Schlußwald; → Sukzession, → Waldgefügetypen.

Pionierkäfer: Bez. für männliche → Borkenkäfer, die physiologisch geschwächte Bäume (→ Nadelbäume) aufsuchen und diese durch Abgabe erster Aggregationspheromone als geeignete Brut- und Fraßbäume markieren (Stehendbefall).

Pippau, der (*Crepis*): rund 200 Arten in der gemäßigten und subtropischen Zone Europas und Asiens und im tropischen Afrika umfassende Gatt. der → Korbblütler. In Dtschl. kommen rd. 20 Arten vor, davon im Wald:

Sumpf-Pippau, der (*Crepis paludosa*): Der in ganz Europa, in Dtschl. verbreitet vorkommende S. wächst bis zur Waldgrenze auf Naßwiesen, an Ufern, in Quellfluren und Quellmooren des Gebirges, in vernäßten Auwäldern, Weißerlen-Wäldern und Erlenbrüchen auf sickernassen, staunassen, nährstoff- und basenreichen (Nahrstoffzeiger) Böden.
Die 40 bis 80 cm hohe Staude ist fast kahl und hat einen beblätterten Stengel. Die Pflanze führt Milchsaft. Die lanzettlichen, buchtig gezähnten Blätter sind im oberen Teil stengelumfassend. BZ: Juni bis September. Die zu wenigen in einer Rispe stehenden orangegelben Korbblüten haben 25 bis 35 mm im Durchmesser. Der Samen trägt einen bräunlich-weißen → Pappus.
Piratenspinne, die: → Raubspinnen 2.
Pirol, der (*Oriolus oriolus* L.): auch Pfingstvogel, Goldamsel, Golddrossel, Vogel Bülow.

Länge: 24 cm, Gewicht: um 22 g. Fam. der Pirole (*Oriolidae*); → Vogel des Jahres 1990.
Der P. bewohnt Auwälder, Laub- und Kiefernwälder, Parkanlagen und Obstgärten mit alten Bäumen. Zugvogel, der bereits im August in die afrikanischen Winterquartiere zieht und erst im Mai (um Pfingsten, daher „Pfingstvogel") zu uns zurückkehrt.
Das Nest wird kunstvoll in eine waagerechte Astgabel geflochten und mit Speichel festgeklebt, so daß es wie ein Körbchen frei hängt. Das Gelege enthält drei bis fünf weiße, manchmal rosa angehauchte Eier (30,8 x 21,3 mm, ca. 7 g), die spärlich purpurbraun bis schwarz gefleckt sind. Beide Partner brüten abwechselnd. Die Brutdauer beträgt 14 bis 15 Tage, ebenso die Nestlingszeit. Eine Jahresbrut (Juni). Nachgelege.
Nahrung: Insekten, v. a. Raupen und Schmetterlinge, aber auch Früchte (Kirschen und Beeren).
Pirus → Birnen.
Pisauridae → Raubspinnen.
Pitch pine → Southern Pine.
Pitzelholz, das: in Altbayern Bez. für hartes Holz, das die → Holzbitzler zur Anfertigung von Schaufeln, Rechen, Gabeln und Holzschuhen verwendeten.
Pitzler, der: → Holzbitzler.
Placons, die: → Balkenholz.
Plagge, die: auch Bülte. Ein (viereckig) ausgestochenes Teil des Moor- oder Heidebodens. Als Plaggengrund oder Plaggenmatt werden Moor- oder Heideflächen (→ Moor, → Heide) bezeichnet, die zum Ausstechen von P. vorgesehen sind. Bei der Plaggenwirtschaft werden die P. mit Dünger, Jauche und Kalk kompostiert und auf den meist sandigen Boden wieder ausgebracht; sie dient der Verbesserung der Bodenkultur.
Plaggenhieb, der: → Heidehieb
Plagiochila → Schiefmundmoos.
Plagiothecium → Wurmmoos.
Plan, der: auch die Pläne. Alte Bez. für eine mit Bäumen bestandene ebene Fläche.
planare Stufe, die: → Vegetationsstufen.
Pläne, die: → Plan.
Planmäßigkeit, die: Im öffentlichen Wald und im größeren → Privatwald werden die Maßnahmen zur Sicherung der → Nachhaltigkeit in periodischen → Forstwirtschaftsplänen oder → Forstbetriebsgutachten und in jährlichen → (Jahres-)Betriebsplänen festgelegt. Im kleineren Waldbesitz ist eine konsequente Nachhaltigkeit der → Nutzung nicht möglich; deshalb entfallen dort auch die vorgenannten Pläne.
Plantage, die: → Holz(zucht)plantage, Energiewälder, Kurzumtriebsflächen, Samenplantage.
pläntern → plentern.
Planung, die: Auch die forstliche P. baut auf einer Zustandserfassung und einer Analyse auf. Sowohl die → Bestand(e)splanung als auch die Gesamt-P. bauen auf den Vorgaben der → Forstlichen Rahmen-P. auf. Die → Forsteinrichtung erstellt langfristige P. mit Fernzielen (wie z. B. → (Forst-)Betriebsziel, → Bestockungsziele) und mittelfristige P. für den Betriebsablauf (z. B. Einrichtungspläne für zehn bis 20 Jahre). Die jährlichen Wirtschafts-P. sind kurzfristige P.
Planung, bestand(e)sweise, die: → Bestand(e)splanung.
Planungseinheit, die: P. ist die Unterabteilung (→ Waldeinteilung), bzw. der → Bestand.
Planung, taxatorische, die: → Bestand(e)splanung.
Planungszeitraum, der: svw. Forsteinrichtungszeitraum; → Forsteinrichtung.
Plärre, die: → Rallen 1.
Plastiden (der Plastid): P. sind Zellorganellen der autotroph lebenden Pflanzen. Sie sind von zwei biologischen Membranen umgeben und vermehren sich durch Teilung. Nach der Art der Farbstoffe werden P. in drei Gruppen eingeteilt: Leukoplasten, Chromoplasten und Chloroplasten.
plastisches Holz, das: → Holzzement.
Plastosol, der: in Dtschl. fossiler plastischer Boden, der in feuchtwarmem Klima aus Silikatgestein entstanden ist. Dazu gehören die Grau-, Braun- und Rotlehme. Sind diese P. mächtig, entwässert der Untergrund nicht mehr, es kommt im Untergrund zur Bildung von → Pseudogley. Im verkarsteten Jura sind solche P. daran erkennbar, daß dort Schwarz- und Rotwild Suhlen anlegen.
Platanaceae → Platanengewächse.
Platane, falsche, die: → Ahorne 4.

Die vermutlich älteste Platane Europas steht in dem nach ihr benannten Ort Platano (Monte Baldo/Gardasee). Sie ist 20 m hoch und ca. 400 Jahre alt.

◀◀◀ Als klassische Pionierbaumarten produzieren Birken große Mengen an Samen, die vom Wind verbreitet werden.

Platanen (*Platanus*): einzige Gatt. der Fam. der Platanengewächse (*Platanaceae*) mit etwa sieben rezenten Arten in Nord- und Mittelamerika (bis Mexiko), in Südeuropa sowie in Asien bis zum Himalaja. P. sind seit der Kreidezeit (→ Erdzeitalter) bekannt. Es sind 30 bis 40 m hohe, sommergrüne Bäume mit in Platten sich ablösender → Borke, unscheinbaren → einhäusigen Blüten in kugeligen Köpfchen und wechselständigen (→ Blattstellung) ahornähnlichen Blättern. Die kugeligen Früchte der P. hängen einzeln oder zu mehreren an einem langen Stiel vom Zweig herab. Die aus dem südlichen Nordamerika stammende Westliche, Abendländische oder Amerikanische Platane (*Platanus occidentalis*) ist in Dtschl. nur sehr selten anzutreffen. Die Morgenländische Platane (*Platanus orientalis*) ist in Südosteuropa und Kleinasien beheimatet. Die Ahornblättrige, Gewöhnliche oder Bastardplatane (*Platanus acerifolia*) wird häufig als Park-, Allee- oder Straßenbaum angepflanzt.
Der Name P. ist abgeleitet vom griechischen Wort *platys* was svw. breit, flach oder platt bedeutet.
Gewöhnliche Platane, die (*Platanus acerifolia* (Ait.) Willd. = *Platanus X hybrida* Brotero = *P. occidentalis X P. orientalis*):
auch Ahornblättrige P., Bastard-P., Gemeine P., Kleiderbaum.
Verbreitung: Die G. P. ist in Mitteleuropa ein häufig angepflanzter Straßen-, Allee- und Parkbaum. Da sie relativ robust, sehr widerstandsfähig gegen Wind und → Luftverunreinigungen ist, zudem auch regelmäßigen, kräf-

tigen Rückschnitt gut verträgt, wird sie gerne in Parkanlagen und auf Plätzen in Städten angepflanzt.

Standort: Die G. P. schätzt helle bis vollsonnige → Standorte auf mittel- bis tiefgründigen, humusreichen, feuchten Böden in geschützten Lagen.

Merkmale: Die Herkunft der G. P. ist umstritten, ihre Heimat also unbekannt. Sie gilt entweder als Bastard zwischen Morgenländischer P. (*Platanus orientalis* L.) und der Westlichen, Amerikanischen oder Abendländischen P. (*Platanus occidentalis*) oder als Kulturvarietät der Morgenländischen P.

Die G. P. ist ein ziemlich raschwüchsiger, stattlicher, Laubbaum, der eine Wuchshöhe von über 30 m, auf günstigen Standorten sogar über 40 m erreicht. Sie kann zudem ein hohes Alter und riesenhafte Dimensionen erreichen. Der hohe, meist ziemlich gerade Stamm trägt eine hochgewölbte, sehr breite, lockere, oft auch mehrteilige Krone mit kräftigen, abstehenden Ästen und überhängenden Zweigen, die bei alten Bäumen einen gewaltigen Umfang erreichen kann. Die Rinde ist anfangs graubraun oder gelbbraun; später löst sie sich in dünnen, relativ großen, unregelmäßigen Platten ab und verleiht dem Stamm und den Ästen ein auffallend scheckiges Aussehen. Der Baum hat eine tiefgehende, weitstreichende Bewurzelung und ein hohes → Ausschlagvermögen. Die jungen Zweige sind schattenseits oliv- bis gelbgrün, lichtseits rotbraun überlaufen; später werden sie grau oder braun. Sie wachsen → sympodial und wirken zick-zack-geknickt. Die zahlreichen knopfförmigen → Lentizellen sind braunrot bis hellocker gefärbt. Die 5 bis 8 mm langen End- oder Seitenknospen sind länglich-kreiselförmig mit leicht verbogener Spitze, längs gefurcht und von einer einzigen, haubenförmigen, schattenseits grünlichen, lichtseits rötlichbraunen Knospenschuppe umschlossen. Die → Knospen entwickeln sich innerhalb der trichterförmig erweiterten Blattstielbasis und werden erst nach dem Abfall der Laubblätter sichtbar. Die – im Ggs. zu den Ahornarten – wechselständig angeordneten, in der Form sehr variablen, ahornähnlichen Laubblätter sind etwa 15 bis 25 cm lang und fast eben so breit, gelegentlich auch etwas breiter als lang. Sie haben drei Hauptnerven und sind handförmig in drei bis fünf (selten sieben) verschieden große, breit-dreieckige, grob gezähnte Lappen geteilt, die etwa ein Drittel, höchstens bis zur Spreitenmitte eingeschnitten sind. Die Laubblätter sind ledrig, oberseits glänzend grün und völlig verkahlend, unterseits heller, in den Achseln und auf den Adern behaart bleibend. Der 5 bis 10 cm lange Blattstiel ist am Grunde tief ausgehöhlt. Die → Nebenblätter sind kragenförmig verwachsen und umschließen die → Sproßachse. Die G. P., die → windblütig ist, blüht im Mai/Juni. Sie ist → einhäusig und hat → eingeschlechtliche Blüten, die zur gleichen Zeit wie die Blätter erscheinen. Die männlichen Blüten haben eine zurückgebildete Blütenhülle, drei bis vier freie → Staubblätter, kurze Staubfäden und lang gestreckte → Staubbeutel. Die weiblichen Blüten haben meist drei bis vier Staminodien (unfruchtbare Staubblätter), fünf bis neun oberständige, freie → Fruchtblätter und lange → Griffel (mit auf der Innenseite herablaufenden → Narben), die sich zu etwa 8 mm langen, keulenförmigen, vierkantigen, am Grunde lang behaarten Nüßchen entwickeln. Sowohl die männlichen als auch die weiblichen Blüten sind zu kugeligen → Blütenständen, langgestielten hängenden Köpfchen, angeordnet, wobei die männlichen Blüten in zwei bis sechs gelblichen, die weiblichen in ein bis zwei gelblichen und karminroten Blütenköpfen hängen. Die an den Zweigen oben stehenden Blütenstände sind weiblich, die etwas tiefer liegenden männlich. Die Früchte, kleine Nüßchen, angeordnet zu braunen, kugeligen, 3 bis 4 cm dicken Fruchtständen, reifen im September/Oktober und hängen einzeln oder zu zweit an langen Stielen am Baum, wo sie den Winter über bleiben. Im Spätwinter oder Vorfrühling lösen sich die Fruchtkugeln am Baum auf oder zerfallen, vom Wind gelöst, am Boden, und die mit einem Faserschopf versehenen Nüßchen werden vom Wind verbreitet.

Obwohl die G. P. relativ resistent gegen Schädlinge ist, wird sie doch in letzter Zeit vom Pilz (*Gloeosporium nervisequum*) befallen. Dieser Pilz schädigt die austreibenden Blätter, so daß sie absterben. Eingetrocknet hängen sie dann oft das ganze Jahr über am Baum.

Das → Holz der G. P. hat einen hellen, rötlichweißen → Splint, einen rötlich-braunen bis bräunlichen Kern, einen matten Glanz und ist relativ hart. Die zahlreichen, deutlichen und breiten → Markstrahlen bilden im → Radialschnitt glänzende Spiegel. Das Holz läßt sich gut bearbeiten und findet als → Drechslerholz und für hochwertige Möbel (Kernholz), aber auch als → Furnier für Intarsienarbeiten (Splintholz) Verwendung. Rinde und Blätter werden zur Herstellung von Adstringenzien verwendet.

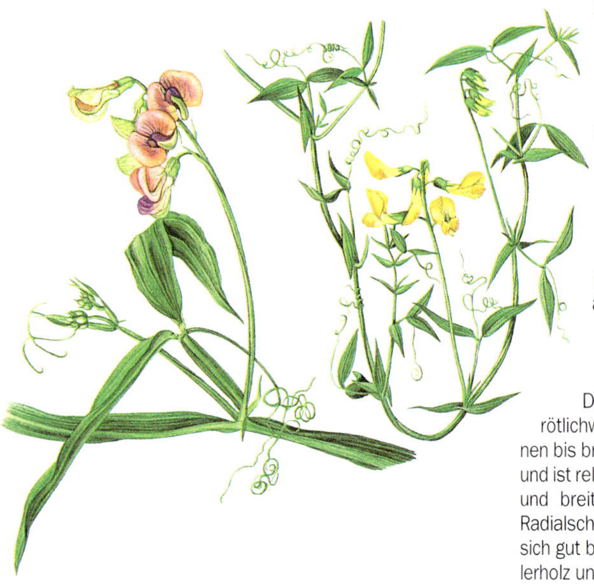

Links: Wald-Platterbse (*Lathyrus sylvestris*); rechts: Wiesen-Platterbse (*Lathyrus pratensis*)

Platanenblättriger Hahnenfuß, der: → Hahnenfuß 8.

Platanthera → Waldhyazinthe.

Platanus → Platanen.

Platenigen, die: → Primel 2.

Plattbauch, der: → Libellen 5.

Plattbengel, der: auch zweispältiges → Holz. alte Bez. für einen 14 bis 20 cm starken → Rundling (Brennholzrundling), der mittels Keil und Spaltaxt einmal gespalten wird (→ Scheitholz). Jeder abgespaltene Teil wird Spälter genannt.

Platte, die: → Platz.

Plätten, das: → Berappen.

Plattenfichte, die: natürlicher → Verzweigungstyp der Fi mit kurzen, stark verzweigten, horizontal, tannenartig-flach ausgebreiteten Ästen und Zweigen zweiter und höherer Ordnung (Astwinkel 180°); → Bürstenfichte, → Kammfichte.

Plattenkiefer, die: Bez. für eine Kie, deren → Borke nach Abfallen der äußeren Borkenschuppen in höherem Baumalter die Form von flachen Platten annimmt. Durch die Borkenrisse erscheinen die Platten krokodillederartig gefeldert; → Tafelborke, → Schuppenborke, → Ringelborke.

Plattensaat, die: → Saatformen.

Plattenwurzel, die: → Tellerwurzel.

Platterbse, die (*Lathyrus*): Gatt. der → Schmetterlingsblütengewächse mit über 150 Arten in der nördlichen, gemäßigten Zone, in den Subtropen und in den tropischen Gebirgen. Es handelt sich um ein- oder mehrjährige, meist kletternde → Kräuter mit paarig gefiederten Blättern und oft mit Blattstielranken. In Dtschl. kommen 15 Arten vor; die interessantesten im Wald anzutreffenden sind:

1. Frühlings-Platterbse, die (*Lathyrus vernus* (L.) Bernhardi): auch Frühlingswicke. Die fast in ganz Europa vorkommende (im Süden nur in den Gebirgen) F. wächst verbreitet in schattigen, feuchten, krautreichen Buchen- und Nadelmischwäldern, besonders Buchen-, Buchen-Tannen-, Eichen-Hainbuchen- und Eichenmischwäldern, in Gebüschen und auf Holzschlägen, auf lockeren, nährstoffreichen, kalkhaltigen Böden; Mullboden- und Kalkzeiger.

Die mehrjährige, fast kahle, 10 bis 40 cm hohe Pflanze hat einen aufrechten, vierkantigen, ungeflügelten, meist unverzweigten Stengel. Die zwei- bis vierpaarig gefiederten Blätter sind eiförmig bis breit-eiförmig, lang zugespitzt, bewimpert, grasgrün, unterseits glänzend und ohne Ranken. BZ: April bis Mai. Die 1,5 bis 2 cm langen, nickenden Schmetterlingsblüten stehen in drei- bis achtblütiger (meist vierblütiger) langgestielter Traube (→ Blütenstand). Sie sind anfangs rot, dann violett, später blau oder fahlblau, gelegentlich auch blaugrün, selten auch weiß oder rosa. Die aufrecht abstehende, 4 bis 6 cm lange und 5 bis 6 mm breite, abgeflachte, zweiklappig aufspringende und sich dann schraubig zusammendrehende, kahle Hülse enthält acht bis 14 kugelige bis linsenförmige, 3 bis 4 mm große gelbbraune oder dunkel marmorierte Samen.

2. Berg-Platterbse, die (*Lathyrus montanus* Bernhardi = L. *linifolius* (Reich.) Bässler): Die mit Ausnahme des Südostens fast über ganz Europa verbreitete B. wächst ziemlich häufig in lichten, trockenen Wäldern, besonders lichten Laubwäldern, lichten sauren Eichen- und Eichen-Buchen-Wäldern, Eichen-Birkenwäldern (Ordnungs-Charakterart), sauren Hainbuchen-Waldgesellschaften, in Hecken, Gebüschen, Heiden, Saumgesellschaften und auf Magerrasen, fast nur auf kalkarmen Böden, von der Ebene bis in mittlere Gebirgslagen; Verhagerungs- und Säurezeiger.

Die mehrjährige, kahle Pflanze hat eine dünne, knotige Grundachse mit knollig verdickten, unterirdischen Bodenausläufern und einen niederliegend-aufsteigenden bis aufrechten, 15 bis 30 cm langen, deutlich schmal geflügelten, nicht rankenden Stengel. Die meist zwei- oder dreipaarig gefiederten Blätter haben länglich-elliptische bis lanzettliche, glanzlose, unterseits blaugrüne Fiedern. BZ: April bis Juni. Die Schmetterlingsblüten stehen zu dritt bis sechst in einer lockeren Traube. Die Blüten sind anfangs hell-purpurrot, später beim Verblühen hell- bis trübblau. Die stielrunde, etwa 3 bis 4 cm lange Hülse enthält sechs bis zehn kugelige Samen.

3. Wald-Platterbse, die (*Lathyrus sylvestris* Linné): auch Wilde P. Die W. ist fast über ganz Europa verbreitet, im Norden bis Südskandinavien. Sie ist ziemlich häufig und wächst verbreitet in lichten Wäldern, an Waldwegen, Gebüsch- und Waldrändern, an sonnigen Hecken und buschigen Bergabhängen, an Bahn-, Straßen- und Wegböschungen, in Waldlichtungen und auf trockenen Schutthalden (guter Bodenbereiter und Bodenbefestiger), bevorzugt auf nährstoffreichen, kalkhaltigen Böden, von der Ebene bis in mittlere Gebirgslagen.

Die mehrjährige, sehr kräftige Pflanze hat eine tiefgehende → Pfahlwurzel mit weitkriechenden Bodenausläufern und einem niederliegenden, aufsteigenden oder kletternden, geflügelten Stengel. Die einpaarig gefiederten Blätter haben eine endständige, verzweigte Ranke. BZ: Juni bis August. Die drei bis sechs Blüten stehen in einer Traube. Die Schmetterlingsblüten sind gelblichgrün und rot überlaufen. Die 5 bis 7 cm lange, abgeflachte Hülse enthält sechs bis 12 (14) bräunliche Samen mit hellem Nabel, die genießbar sind. Die W. ist auch eine Wildfutterpflanze.

4. Schwarze Platterbse, die (*Lathyrus niger* (L.) Bernhardi): auch Schwarzwerdende P. Die S. P. ist über Süd- und Mitteleuropa, im Norden bis Südskandinavien verbreitet. Sie ist ziemlich selten, wärmeliebend und wächst verbreitet bis zerstreut in lichten, trockenen Wäldern, besonders lichten Eichen-Kiefern-Mischwäldern, xerothermen submediterranen Flaumeichen-Wäldern und subkontinentalen Eichen-Steppenwäldern (Ordnungs-Charakterart), warmen Hainbuchen-Waldgesellschaften, in Gebüschen, an sonnigen Gebüschsäumen, an Südhängen, bevorzugt in wärmeren Gegenden.

Die mehrjährige, aufrechte, verzweigte, 30 bis 80 cm hohe, nicht rankende, beim Trocknen schwarz (Name!) werdende Pflanze hat einen meist nicht oder nur selten nach oben zu schmal geflügelten, kantigen, ziemlich dünnen und weichen Stengel. Die vier- bis sechspaarig (achtpaarig) gefiederten Blätter haben einen in eine grannenartige Spitze auslaufenden Blattstiel. BZ: Juni bis Juli. Die drei bis zehn Schmetterlingsblüten stehen in einer langgestielten Traube. Die abgeflachten, linealischen, kahlen Hülsen, die reif schwarz sind, enthalten acht bis 14 Samen.

5. Wiesen-Platterbse, die (*Lathyrus pratensis* Linné): Die fast über ganz Europa verbreitete W. wächst an Wald- und Wegrändern, an Ufern, auf feuchten Wiesen, Fett- und Moorwiesen und an lichten Waldplätzen, bevorzugt auf humusreichen, lehmigen Böden. Sie ist in Mitteleuropa die häufigste Platterbsenart und dient auch als Futterpflanze.

Die mehrjährige Pflanze hat einen unterirdische → Ausläufer bildenden Wurzelstock und einen quadratisch-kantigen, kurz anliegend weich behaarten, kletternden Stengel. Die Blätter sind meist nur einpaarig gefiedert, mit einer Endranke. BZ: Juni bis Juli/August. Die lebhaft gelben, schwach duftenden Schmetterlingsblüten stehen in den Achseln kleiner pfriemlicher Tragblätter in einer drei- bis 12blütigen Traube. Die reif meist kahle, lineallanzettliche, schwärzliche, etwas abgeflachte Hülse ist etwa 2,5 bis 3,5 cm lang, etwa 0,5 cm breit, springt in zwei Klappen auf, rollt sich dann schraubenartig ein und schleudert dabei die Samen fort. Diese sind ein Wildvogelfutter und werden gerne von → Fasanen und Rebhühnern genommen.

6. Verschiedenblättrige Platterbse, die (*Lathyrus heterophyllus*): Die über West-, Mittel- und Nordeuropa verbreitete V. P. kommt in Dtschl. selten vor. Sie wächst in sonnigen Waldverlichtungen, Schneeheide-Kiefernwäldern und Alpenrosen-Latschengebüschen.

Sie ist der Wald-Platterbse sehr ähnlich; die Blüten sind jedoch etwas größer.

Platypodidae → Kernkäfer.

Platz, der: auch Platte. → Bodenbearbeitung in Form von 40 bis 80 cm breiten und verschieden langen Streifen.

Plätzesaat, die: → Saatformen.

plätzige Haue (Gehaue), die: alte Bez. für einen Waldteil, in dem Bäume unterschiedlichsten Alters und Wuchses stehen.

Plenterbetrieb, der: → Plenterwald.

Plenterdurchforstung, die: **1)** eine Art Zielstärkennutzung, falls in der Nähe des zu entnehmenden Baumes ein gleich guter oder besserer schwächerer Baum steht. **2)** → Durchforstung zur → Überführung eines → gleichaltrigen Hochwaldes in → Plenterwald.

Plenterhieb, der: → Verjüngungsverfahren.

plentern: auch blendern; veraltet auch pläntern. Die Entnahme von einzelnen Stämmen im → Plenterwald. Die Herleitung des Wortes ist unbekannt und auch umstritten. So soll z. B. die ältere Schreibweise „pläntern" ursprünglich „plündern" bedeutet haben.

Heute: Nutzungen weniger Stämme auf einer Fläche, die jährlich oder in kurzen Abständen erfolgt. Dabei werden wenige großkronige Bäume entnommen; → Femeln, → Durchplenterung.

Plenterphase, die: Lebensphase im → Urwald, die sich einstellt, wenn der Bestand nicht großflächig verlichtet wie in der → Verjüngungsphase, sich der Jungwuchs nur trupp- bis gruppenweise entwickeln kann und sich dadurch ein relativ stabiler Dauerzustand einstellt.

Plenterung, die: Kombination der → Schlagform Lücke mit dem Plenterhieb (→ Hiebsart); → Verjüngungsverfahren.

Plenterwald, der (Blenderwald): P. ist eine Betriebsform des → Hochwaldes mit Bäumen einer oder mehrerer Arten und aller → Wuchs- bzw. → Altersklassen und Entwicklungsstufen, die auf kleinster Fläche gemischt und mehrstufig sind. Kennzeichnend für einen P. ist die Dauerhaftigkeit der einzel- bis gruppenweisen Mischung (→ Mischungsform) und die starke horizontale und vertikale Gliederung. Voraussetzung für die dauerhafte Mehrschichtigkeit sind frische → Standorte und eine mindestens mittlere Nährstoffversorgung. Die Erhaltung der Struktur erfordert immer wieder Eingriffe durch den Menschen (nahezu ausschließlich einzelstammweise → Nutzung von Bäumen mit starkem Zieldurchmesser) oder durch die Natur (einzelbaumweises Absterben infolge Wind-, Blitz-, Insekten- oder Pilzeinwirkungen). Unterbleiben diese Eingriffe, entwickelt sich der P. von seiner letztlich künstlich aufrecht erhaltenen Übergangsphase zu einem Hauptwald. Im P. gibt es keine → Umtriebszeit; es zählt nur der Entwicklungszustand der Einzelbäume. Die Stammzahlkurve im P. ist eine Kurve, bei der mit zunehmendem Durchmesser die jeweilige Stammzahl geringer wird. Im P. finden gleichzeitig → Verjüngung, → Auslese, Pflege (→ Waldpflege), Erziehung, → Forstschutz und Ernte statt. Die Nutzung erfolgt kontinuierlich und überwiegend in der Oberschicht durch Entnahme einzelner, i. d. R. stärkerer Bäume. Es wird der Baum genutzt, dessen Entnahme den höchsten Nutzen bei den vorgenannten gleichzeitigen Maßnahmen bringt. Die jungen Bäume können dabei mehrere Jahre, ja Jahrzehnte im Wartestand stehen. Bekommen sie genügend Licht, durchwachsen sie die Mittelschicht relativ rasch. Nach Erreichen der Oberschicht berühren sich die Kronen der Bäume nicht mehr. P. ist nur mit Bäumen möglich, die Halbschatten ertragen, wie Ta, Fi, Bu und Zir. Auch in Laubwäldern ist unter bestimmten Voraussetzungen ein P. möglich, jedoch werden die Bäume recht kurzschaftig. Nach der Größe der Entnahme kann nach Einzelplenterung (mit der Entnahme von Einzelstämmen), wodurch die Ta, und nach Gruppenplenterung (mit der Entnahme mehrerer Stämme), wodurch Fi und Bu gefördert werden, unterschieden werden. Wegen der → Nachhaltigkeit auf kleinster Fläche, der geringen

Ansprüche an die → räumliche Ordnung und der relativ hohen Betriebssicherheit wird der seit dem Mittelalter bekannte P. v. a. im bäuerlichen Wald seit Generationen als ideal angewandt. Wichtig ist aber eine gute Bringbarkeit und → Walderschließung. Bei Übernutzungen wird der P. ausgeplündert. Die Überwachung der Nachhaltigkeit erfolgt über die → Kontrollmethode. Geographische Schwerpunkte des P. in Mitteleuropa sind die Schweiz (Plenterwaldanteil am Gesamtwald fast 15 %), Dtschl. (1 % Anteil am Gesamtwald) und Österreich; → Waldgefügetypen, Mittelwald, Femelwald.

Pleurospermum → Rippensamen.

Pleurotus → Seitlinge.

Pleurozium schreberi → Rotstengelmoos.

Ploceidae → Webervögel.

Ploße, die: → Riese.

PLT: Kurzzeichen für Platane nach DIN 4076.

Plumiers Milchlattich, der: → Milchlattich 3.

Plünderwald, der: durch sehr starke Vorratsverringerung oder durch gezielte Entnahme von Zuwachsträgern ausgeplünderter Wald.

Plusbaum, der: → Auslesebaum.

Plusbaumplantage, die: → Samenplantage.

Pluteaceae → Dachpilzartige.

Poa → Rispengras.

Poaceae → Süßgräser.

Pocci, Graf F. von → Wald in der Malerei.

Pöchbrocken, das: → Pechhauen.

Pochkäfer, der: → Klopfkäfer.

Pöchklauben, das: → Pechhauen.

Pöchklauber, der: → Pechhauen.

Pockholz, das: auch Franzosenholz, Guajakholz. Das → Holz zweier Baumarten (*Guajacum officinale* und *Guajacum sanctum*) aus der Gatt. der Jochblattgewächse. Sie wachsen in Mittel- und im nördlichen Südamerika und liefern das sehr harte und dichte P., das außerordentlich widerstandsfähig gegen jede Abnutzung ist. Das Holz ist wasserabweisend und witterungsbeständig und wird wegen seiner außerordentlichen Härte zu Kegelkugeln, Hobelsohlen, Seilrollen, Führungen, Lagerschalen und im Schiffsbau verwendet.

Podicipedidae → Lappentaucher.

Podsol, der: Typisches Merkmal des P. ist der durch Eisenoxidverarmung gebleichte untere Teil des A-Horizontes (→ Bodenhorizont). Diese Eigenschaft kommt auch in der Bez. zum Ausdruck: Der Name stammt aus dem Russischen und ist aus den Wörtern pod = unter und sola = Asche zusammengesetzt. Der B-Horizont ist mehr oder minder stark verfestigt, im Extremfall sogar durch Ortsteinbildung. Tiefe P. reichen bis in 40 cm Tiefe. Der normale Eisenhumus-P. hat die typische Horizontenfolge O-A_{he}-A_e-B_{hs}-C.
Beim Eisen-P. findet sich ein mit Sesquioxiden, beim Humus-P. ein mit Humusstoffen angereicherter B-Horizont. Im Extremfall kann hier Orterde oder Ortstein entstehen; letzterer ist ein erhebliches Hindernis für die Wurzeln der Kulturpflanzen. Die Übergangsformen Braunerde-P., Parabraunerde-P., Pseudogley-P., Gley-P. und Hochmoor-P. benennen auch jene Bodentypen, die podsolieren können. P. entstehen auf silikat-, calcium- und magnesiumarmen, von Haus aus lockeren und gut wasserdurchlässigen oder durch Verwitterungsprozesse so gewordenen Gesteinen. Auch eine Vegetation, die – v. a. auf armen Böden – eine schwer zersetzliche Streu liefert, wie z. B. Fi- und Kie-Wälder, → Heidekraut, → Heidelbeere und kühle, niederschlagsreiche Klimate begünstigen die Podsolierung. Auch → Waldstreunutzung fördert den Prozeß. Die genannten Begünstigungsfaktoren summieren sich. Durch den Anbau von Laubbaumarten kann leichte P.-Bildung auf der anderen Seite gestoppt und teilweise wieder rückgängig gemacht werden, da eine solche Bestockung wieder Basen und Phosphor aus dem Unterboden aufnimmt und über den Streufall in den Oberboden und damit den Humus bringt. Nur bei sehr sauren, schwach gepufferten Böden führt aber Nadelholzreinanbau zu einer Abnahme der Bodenfruchtbarkeit. Böden, in denen ein Podsolierungsprozeß abläuft, haben Rohhumus oder sauren Moder als Auflage. In diesen ungünstigen Humusformen bilden sich durch die Tätigkeiten der Mikroorganismen laufend Säuren, die wegen des Basenmangels nicht neutralisiert werden können. Der dadurch entstehende Säureüberschuß und die für alle P. typische Bindung des Aluminium- und des Eisenhydroxids führen zu einer beschleunigten Verwitterung, Tonmineralzerstörung und Ausfällung bei wieder höherem → pH-Wert im B-Horizont. Das → C/N-Verhältnis der P. ist sehr weit. Der Stickstoff wird von Mikroorganismen für den Humusabbau benötigt, reicht aber nicht für die Versorgung der höheren Pflanzen aus. Diese versorgen sich deshalb mittels → Mykorrhizen mit Stickstoff. Auf P. führen Nährstoffmangel und auch Wassermangel auf den lockeren und durchlässigen Böden, auch in Wechselwirkung, zu geringen Wuchsleistungen. Landwirtschaftliche Nutzpflanzen brauchen auf P. eine starke Düngung.

Pogonatum → Filzhaubenmoos.

Pohlia → Nickendes Birnmoos.

Polder, der: → Polter.

Polderplatz, der (Polterplatz):
→ Holzlagerplatz.

Polei-Rosmarin, der: → Rosmarinheide.

Poll(e), der: alte nieders. Bez. für Baumkrone; P.-Holz = Holz aus dem Astwerk der Baumkrone (Kronenholz).

Pollen, der (lat.: Staubmehl, Staub): auch Blütenstaub. Bez. für den männlichen Geschlechtskörper aller → Samenpflanzen. Der P. zeigt sich als mikroskopisch kleine, meistens kugelige Körnchen, die in den → Staubbeuteln gebildet werden. Er ist meist gelb, orange, braun oder schwarz und sieht für das bloße Auge fast immer gleich aus. Windblütler haben trockene, Insektenblütler klebrige P. Eine große Zahl von Blütenpflanzen, zu denen auch die → Nadelbäume gehören, sind auf den Wind angewiesen, der ihren P. verträgt. Einige werden durch Regen bestäubt; die meisten sind aber auf die Hilfe von Insekten und anderen Tieren angewiesen. Die P.-Körner besitzen eine doppelte Wandung. Die äußere derbe Schicht wird als Exine bezeichnet und trägt meist warzenförmige Erhebungen oder Leisten. Die innere und schwächere Schicht wird Intine genannt und besteht fast ausschließlich aus reiner → Zellulose. Die Schichten umschließen zwei nackte Zellen, und zwar eine größere vegetative und eine kleinere generative Zelle. Gelangt das P.-Korn auf eine → Narbe, wächst die Exine durch einen Keimporus zu einem langen P.-Schlauch aus, der den → Griffel durchwächst und schließlich im → Fruchtknoten die → Samenanlage erreicht. Die generative Zelle wandert in den P.-Schlauch, teilt sich; dabei entstehen zwei Spermazellen.

Pollenallergie, die: Gelangen → Pollen in den Körper von Menschen, z. B. durch Inhalation, können sie bei Pollenallergikern, von denen es in Dtschl. ca. 2 Mio. gibt, → Allergien auslösen. Die wichtigsten Pflanzen, deren Pollen häufig Allergien auslösen, sind: Glatthafer, Goldhafer, Ha, Holunder, Kammgras, Mais, Pa, Roggen, Ruchgras, Wei, Weizen; → Pollenflugzeiten, → Pollenwarndienst.

Pollenanalyse, die: Methode der Paläobotanik zur Bestimmung der → Flora erdgeschichtlich jüngerer Vegetationsperioden aus Pollenkörnern (→ Pollen). Die Widerstandsfähigkeit der Pollenkörner gegen äußere Einflüsse, aber auch die für jede Pflanzenart bzw. -gatt. charakteristische Formen der Pollenkörner ermöglichen noch nach tausenden von Jahren Rückschlüsse z. B. auf die Zusammensetzung der Vegetation und indirekt auch auf das Klima. Die Pollen sind v. a. in Seeablagerungen und Torfen (→ Torf, → Moor) gut erhalten. Die P. gewinnt für die vegetations- und waldgeschichtliche Forschung zunehmende Bedeutung. Pollenkörner der → windblütigen Waldbäume werden in so großen Mengen fast jährlich erzeugt und in Ablagerungen eingebettet, daß sich aus den Mengenverhältnissen auf die wechselnde Zusammensetzung der Wälder schließen läßt. Mit Hilfe des P. konnte man deshalb die Geschichte der Waldentwicklung in der Nacheiszeit klären (→ Vegetationsgeschichte, Waldgeschichte) und auch Funde in Mooren datieren.

Pollenflugzeiten: Viele Blütenpflanzen (→ Samenpflanzen) müssen wegen der Windbefruchtung eine Menge → Pollen produzieren (ein Birkenkätzchen z. B. mehrere Mio. Pollenkörner), damit wenigstens ein Teil eine Narbe erreicht.
Auf dem Höhepunkt der Baumblüte sind manchmal Wege und Gewässer mit einer gelben Pollenschicht überzogen (→ „Schwefelregen"). Die wichtigsten P.: Glatthafer: Juni bis August; Goldhafer: Mai bis Juni; Ha: Februar bis April; Holunder und Kammgras: Juni bis Juli; Mais: Juli; Pa: März bis April; Roggen: Mai bis Juni; Ruchgras: Mai bis Juni; Wei: März bis April; Weizen: Juni; → Pollenallergie, → Aerobiologie.

Pollenkorn, das: → Pollen.

Pollenwarndienst, der: Seit 1981 besteht in verschiedenen Bundesländern ein Warndienst, der vor Flugzeiten bestimmter → Pollen (→ Pollenflugzeiten) warnt.

Pollerplatz, der: → Holzlagerplatz.

Pollholz, das: → Poll(e).

Pollination, die: → Bestäubung.
pollsoor: frühere und veraltete Bez. für einen wipfeldürren Baum; → Wipfeldürre.
Polnischer Ahorn, der: → Ahorne 4.
Polsterspiere, Weiße, die: → Spiersträucher 1.
Polter, der, das: ein Teillager auf dem Rundholzplatz; → Holzlagerplatz.
Polterplatz, der: → Holzlagerplatz.
Polygala → Kreuzblume.
Polygonaceae → Knöterichgewächse.
Polygonatum → Weißwurz.
Polygonum → Knöterich.
polykormischer Wuchs, der: Tendenz der Pflanze zur Aufteilung des Stammes in mehrere Schaftachsen; Ggs. → axiale Dominanz.
polyphag: Arten, die von vielen Arten leben, werden als p. (von griech. poly = viel, phagos = essen) oder multivor bezeichnet, sie sind euryök, da sie die unterschiedlichsten Umweltbedingungen akzeptieren; → monophag, → oligophag.
Polypodiaceae → Tüpfelfarngewächse.
Polypodium → Tüpfelfarn.
Polyporaceae → Löcherpilze.
polysymmetrisch → aktinomorph.
Polytrichaceae → Haarmützenmoose.
Polytrichum → Bürstenmoos.
Pommeraner, der: → Würger 3.
Pomoideae → Apfelgewächse.
Population: Gesamtheit der in einem bestimmten Raum (z. B. Teich, Wiese) vorkommenden Individuen einer Tier- oder Pflanzenart, die über mehrere Generationen genetisch verbunden sind. P. im Sinne des BNatSchG ist die sich selbst erhaltende Gemeinschaft wildlebender Tiere oder Pflanzen einer bestimmten → Art innerhalb eines bestimmten Raumes.
Populationsdynamik, die: alle Veränderungen einer → Population.
Populus → Pappeln.
Poren: Die → Tracheen der Lbh bilden durch Auflösung der Querwände bis auf einen ringförmigen Rest Röhren, die bei vielen → Holzarten im Querschnitt (Hirnschnitt) als sog. P. (Gefäße) mit bloßem Auge erkennbar sind. Die P. versorgen den Baum in Faserrichtung mit flüssigen Nährstoffen. Bei Es, Kast, Ei, Ul, Rob sind die P. des → Frühholzes auffallend groß (Durchmesser von 0,25 mm und mehr) und bilden einen mehrreihigen, im Stammquerschnitt deutlich sichtbaren Ring; sie sind ringporig (Ringporer). Das Frühholz unterscheidet sich hier besonders scharf vom festeren und dichteren → Spätholz. Durch die in Faserrichtung aufgeschnittenen Gefäße erscheinen die P. im → Tangentialschnitt (Fladerschnitt) als Porenfladerung, im → Radialschnitt (Spiegelschnitt) als Porenstreifung (→ Porenrillen), z. B. Ei, Es, Ul (Rüster). P. können das Erscheinungsbild des Holzes prägen und je nach Größe der P.-Durchmesser als feine bis grobe, offene oder gefüllte (verthyllte, → Tyllen) Rillen erscheinen, z. B. Es, Ul, Teak. Bei den sog. zerstreutporigen Hölzern, z. B. Ah, Bi, Birnbaum, Bu, Er, Pa, Pla und Wei sind die P. von annähernd gleicher Weite über den ganzen → Jahrring verteilt (zerstreut). Die Jahrringgrenze wird dadurch häufig undeutlich und ist gelegentlich schwieriger zu erkennen. Letztere Hölzer nennt man auch feinporige Hölzer, die sich besonders gut polieren lassen; die ringporigen Hölzer werden auch grobporige Hölzer genannt. Einige Hölzer können auch halbringporig/halbzerstreutporig sein, wie z. B. einige Kirschbaumarten, Nuß, Teak. Sie bilden eine Zwischenstufe von schwach ringporig im Frühholz und leicht zerstreutporig im Spätholz. Je nach Holzart überwiegt entweder die ringporige oder die zerstreutporige Anordnung. Die P. werden je nach P.-Größe wie folgt unterteilt:
grob = größer als 0,21 mm Durchmesser;
mittel = 0,14 bis 0,21 mm Durchmesser;
klein = 0,07 bis 0,14 mm Durchmesser;
fein = kleiner als 0,07 mm Durchmesser.
Mit zunehmendem Alter können diese Gefäße Thyllen aufweisen; → Lentizellen.
Porenanteil, der: → Anhang Seite 873.
Porenfladerung, die: → Porenrillen.
Porenpilze → Porlinge.
Porenraum, der: Die Summe der Zellhohlräume aller → Poren im Holz bezeichnet man als P. Die Masse des Holzes in wasserfreiem Zustand (→ Dichte des Holzes) richtet sich somit nach den Anteilen von Wandraum und P.
Porenrillen: Bez. für die in Längsrichtung aufgeschnittenen → Poren (Gefäße).
Porenschwämme → Porlinge.
Porenstreifung, die: → Poren.
Porenvolumen, das: das nicht von festen Bestandteilen eingenommene Volumen in einem→ Boden. Das P. ist von der → Bodenart abhängig. Das Gesamt-P. liegt bei Sandböden bei 32 %, bei Lehmböden bei 34 %, bei schweren Tonböden bei 52 %, bei Moorböden bis 80 %, im Auflagehumus bis über 90 %. Lehm- und Tonböden haben porenreichere Gefügeformen. Dicht geschlämmte Tonböden haben u. U. ein geringeres P. Auch der Bodentyp hat Einfluß auf das P. Gleybildung reduziert das P. z. B. bei tonig-lehmigen Böden von bis zu 45 % auf bis zu 30 %. Von Bedeutung ist auch der Aggregatzustand des Bodens. Ein Krümelgefüge erhöht das P. Es werden grobe oder selbstdränende Poren (> 10 (m) mit Sickerwasserbewegung, mittlere Poren, in denen das Wasser gegen die Schwerkraft festgehalten wird, aber pflanzenverfügbar (→ pflanzenverfügbare Wasserkapazität) ist 10 – 0,2 (µm) und feine Poren, in denen das Wasser wegen der hohen Saugspannung nicht mehr pflanzenverfügbar ist, unterschieden. Porengrößenverteilung spielt für Durchlüftung und Wasserversorgung eine Rolle und ist von der Bodenart abhängig. Bei Sand überwiegen die groben, bei Tonboden die feinen Poren beim Anteil des Volumens.
Porlinge: auch Löcher-, Porenpilze, Porenschwämme. eine systematisch einheitliche Sammelgruppe von saprophytischen und parasitischen → Pilzen, deren → Fruchtkörper oft zähfleischig, lederartig und konsolenförmig sind. Die P. gehören z. T. zur Fam. *Polyporaceae* (z. B. Mai-P., Winter-P., Schuppiger P.), z. T. zu verschiedenen Fam. der Ordn. Poriales (*Aphyllophorales*). Bekannte Gatt. bzw. Arten sind Eichhase, Schmetterlingstramete und Fichten-P. Einige Arten, wie z. B. Schuppiger P., Schaf-P. und Schwefel-P. sind jung eßbar. Viele der P. verursachen die → Braunfäule (z. B. Fichten-P., Birken-P. und Schwefel-P.) oder die → Weißfäule (z. B. Zunderschwamm, Zinnobertramete, Austernseitling) bzw. die Rotfäule (→ Wurzelschwamm); → Holzfäule. Die wichtigsten P. sind:

Die jungen Fruchtkörper des Schuppigen Porlings sind eßbar.

1. **Maiporling** , der (*Polyporus lepideus*): Der Pilz wächst von April bis Juli auf liegenden Stämmen, Stümpfen und Ästen von Lbh. Der bis zu 10 cm breite Hut ist in der Mitte oft genabelt eingedrückt, der Rand lang eingerollt. Er ist heller bis dunkler gelbbraun oder graubraun, jung feinsamtig und sieht oft wie bereift aus. Die anfangs kaum sichtbaren, nadelstichfeinen Poren sind erst hellgrau, dann weißlich und im Alter gilbend. Sie laufen am Stiel herab. Der bis zu 12 cm lange und bis zu 1,2 cm dicke Stiel ist braunfaserig oder fein geschuppt. Das Fleisch des ungenießbaren Pilzes ist trocken, korkig-zäh und fast holzig.

Der ungenießbare Zunder- oder Feuerschwamm findet sich häufig auf Buchen im Bergland.

2. **Winterporling**, der (*Polyporus brumalis*): Der Pilz wächst von November bis April an verschiedenen toten Lbh. Der anfangs gewölbte, später ausgebreitete oder trichterförmige bis zu 7 cm breite Hut ist im Herbst braunrußig, im Frühjahr gelblichbraun und filzigschuppig, im Alter verkahlend. Die weißgelblichen, sehr kurzen und dünnen Poren laufen am Stiel herab. Im Ggs. zum sehr ähnlichen Maiporling sind die Röhren schon am jungen Pilz deutlich sichtbar und weitlöcherig. Der bis zu 6 cm lange Stiel ist grau bis graugelblich und etwas marmo-

riert. Das weiße Fleisch des ungenießbaren Pilzes ist elastisch und sehr zäh.

3. Schuppiger Porling, der (*Polyporus squamosus*): Der Pilz erscheint von Mai bis Oktober dachziegelartig an lebenden oder abgestorbenen Stämmen und Strünken der Lbh. Der bis zu 30 cm breite Hut ist jung leicht niedergedrückt mit eingerolltem Rand, alt trichterförmig. Er ist blaß- bis ockergelb und mit konzentrischen braunen Schuppen bedeckt. Die nicht ablösbaren, weißlichen Poren sind weitlöcherig. Der jung zentrale, später seitliche Stiel wird bis zu 8 cm lang und bis zu 3 cm dick. Er ist jung blaßgelb, später abwärts dunkelbraun bis schwarz. Das anfangs weiße und weiche Fleisch ist genießbar, später zäh bis holzig und ungenießbar, riecht nach Mehl (Abb. S. 559).

Der Fichtenporling ist ein mehrjähriger Pilz, der die sog. Würfelfäule hervorruft.

4. Schafporling, der (*Albatrellus ovinus*): auch Schafeuter. Der Pilz wächst von Juli bis Oktober in Nadelwäldern (Fichtenbegleiter) der bergigen Lagen auf lehm- und kalkhaltigen Böden. Der bis zu 12 cm breite Hut hat bei gedrängt wachsenden Pilzen eine verbogene und gelappte Form, bei einzeln wachsenden meist eine kreisrunde. Die Haut ist jung grauweiß, bald mit gelblichen oder hell semmelfarbigen Tönen. Bei jungen Exemplaren ist der Hut glatt; bei älteren wird er rissig oder erscheint gefeldert. Die 1 bis 3 mm langen, sehr englöcherigen Poren laufen am Stiel herab. Sie sind anfangs weiß, dann gelblich mit einem grünlichen Schimmer. Der weiße, nur bis zu 5 cm lange aber bis zu 3 cm dicke Stiel ist glatt, voll, ziemlich brüchig und geht allmählich in den Hut über. Das Fleisch des eßbaren Pilzes ist weiß und verfärbt sich bei Druck gelblich. Es ist jung weich, wird aber bald zäh und hat einen angenehmen Geruch und Geschmack.

5. Schwefelporling, der, (*Laetiporus sulphureus*): Der Pilz wächst von Mai bis September an lebenden Laubbäumen, v. a. an Ei, Wei und an verschiedenen Obstbäumen. Der bis zu 30 (50) cm breite Hut ist ziemlich flach, fächerartig ausgebreitet, konsolenartig abstehend, dachziegelartig übereinander angeordnet und hinten am Stamm miteinander verwachsen. Die Oberseite ist etwas wellig und kahl. Der Pilz kann am Stamm meterhohe Reihen bilden. Der Hut ist jung leuchtend schwefelgelb mit heller Randzone, später verblassend und schmutzig weiß. Die 2 bis 4 mm langen, englöcherigen Poren sind schwefelgelb und scheiden jung gelbliche Wassertropfen aus. Die 2 bis 4 mm langen Röhren sind ebenfalls schwefelgelb; die Röhrenschicht ist relativ dünn. Das junge Fleisch ist lebhaft gelb, weich und sehr saftig, nach dem Absterben des Pilzes verblassend, mürbe und zerbröckelnd mit säuerlichem bis bitterem Geschmack. Junge Pilze sind eßbar und eignen sich für Pilzschnitzel. Der S. ist ein Holzzerstörer, dessen Pilzgeflecht (Myzel) das Kernholz des Stammes zersetzt und es in eine bröckelige, braune Masse (→ Braunfäule) verwandelt. Der Stamm wird dabei von unten her ausgehöhlt und bricht früher oder später ab. Wird ein befallener Baum gefällt, bilden sich am verbleibenden Stumpf nur selten weitere Fruchtkörper.

6. Birkenporling, der (*Piptoporus betulinus*): auch Birkenschwamm, Birkensaft-, Birkenzungen-P. Der streng an die Bi gebundene Pilz wächst von (April) August bis September an älteren oder geschwächten Bäumen, auch auf bereits umgefallenen Stämmen. Der Pilz dringt meist durch Aststummel in den Stamm ein und bildet seine Fruchtkörper erst nach Absterben des Baumes. Im Holz entsteht eine sehr starke Braunfäule. Der Hut ist meist halbkreis- oder nierenförmig und stielartig am Holz festgewachsen. Die Oberseite ist kissenförmig gewölbt. Die Haut ist jung weiß, dann haselbraun und abziehbar. Bisweilen entstehen auch hängende, gurken- oder glockenförmige Fruchtkörper, die meist bis zu 25 cm breit sind. Sie stehen zwischen 7 bis 15 cm vom Stamm ab und werden 2 bis 5 cm dick. Die weiße Röhrenschicht ist vom dicken Hutfleisch scharf getrennt und läßt sich von ihr abziehen. Die englöcherigen und rundlichen Poren sind weißgrau. Das ungenießbare weiße Fleisch ist jung weich und safthaltig, alt zäh und korkig-leicht.

7. Eichhase, der (*Polyporus (Dendropolyporus)umbellatus*): auch Ästiger Büschel-P. Der eßbare Pilz wächst von Juli bis Oktober auf den Wurzeln alter Laubbäume, meist Ei und Bu, oft mehrere Meter vom Stamm entfernt. Der ganze Pilz entspringt einem im Humus des Waldbodens verborgenen, unregelmäßigen und knollig verzweigten Gebilde, dem Sklerotium. Das kopfgroße Gebilde besteht aus mehrfach verzweigten Ästen, die fast regelmäßig bis zu 5 cm breite, tiefgenabelte, braune und fein schuppige Hüte tragen. Der manchmal aus mehreren hundert Hüten bestehende, auf einem Baumstumpf aufsitzende, weißgraue Strunk kann bis zu 50 cm breit und mehrere Kilo schwer werden. Die Unterseite der Hüte trägt kurze, 1 bis 2 mm lange Röhren. Die sehr kurzen, weißen Poren sind englöcherig und laufen z. T. herab. Die Fruchtkörper sind weichfleischig und saftig, später derb und zäh. Der Geschmack ist mild, der Geruch zuletzt unangenehm.

8. Schmetterlingstramete, die (*Trametes versicolor = Coriolus versicolor*): auch Bunte Tramete, Schmetterlings-P. Der weit verbreitete und häufig vorkommende, holzabbauende Pilz wächst das ganze Jahr über in Laubwäldern, v. a. an Buchenstümpfen, seltener an Nadelbäumen. Der Pilz wächst flach, fächerförmig in Gruppen neben- und übereinander und ist ungestielt am Holz angewachsen. Die Hüte (Einzelfruchtkörper 3 bis 9 cm breit) sind in der Farbe sehr veränderlich; weißgrau, gelb, im Spätherbst reif oft schwarz, meist mit schönen braunen oder grünlichen Zonen (gebändert), oft auch recht bunt gefärbt. Die Zonen sind seidig glänzend, die Oberfläche des Pilzes abwechselnd feinsamtig, striegelhaarig oder kahl. Die rundlich-eckigen, kleinen Poren sind ziemlich weitlöcherig und weiß bis gelblich. Das weiße, dünne Fleisch ist von Anfang an lederig-zäh und ungenießbar. Der Pilz wird gern für Trockenblumengebinde und Kränze verwendet.

9. Zinnobertramete, die (*Pycnoporus cinnabarinus*): auch Zinnoberschwamm. Der meist nur einjährige, selten auch zweijährige Pilz wächst weit verbreitet und häufig an Stümpfen und toten Ästen verschiedener Lbh, vorwiegend an Bi, Bu, Vobe, Wei, Kir und Ei, seltener an Ndh (v. a. Ta). Der bis 10 cm breite Hut ist halbkreisförmig, ziemlich flach und etwa 2 bis 8 cm vom Holz abstehend. Die leuchtend zinnoberroten, bei überwinterten Fruchtkörpern am Rande braunroten Hüte sind meist dicht dachziegelartig übereinanderstehend und mit den Nachbarhüten zusammenfließend. Die gleich gefärbten, ziemlich englöcherigen Poren sind rundlich, die Röhren ziemlich lang und untrennbar in das Hutfleisch eingelassen. Das zinnoberrote bis blaß gelb-orange Fleisch des ungenießbaren Pilzes wird später zäh und korkig.

10. Leberpilz der (*Fistulina hepatica*): auch Leberreischling, Ochsenzunge. Der weit verbreitete L. wächst von August bis Oktober an alten Ei, seltener an Bu und Kast. Der bis zu 30 cm breite und 3 bis 6 cm dicke Hut ist zungen-, konsolen- oder spatelförmig, jung orange, bald blutrot, dann braunrot-lederfarbig und schließlich dunkelbraun. Die abziehbare Haut ist feucht dickschleimig, trocken etwas klebrig. Die Röhren sind seitlich nicht miteinander verwachsen. Die Poren sind gelblich-weiß und werden an Druckstellen und später rötlich; die jungen Poren sondern rote Tropfen ab. Das rote, zarte und saftige Fleisch, im Schnitt mit dunkleren Streifen, ist radialfaserig durchzogen und leicht zu zerreißen. Beim Anbrechen tritt ein blutroter Saft aus. Der junge Pilz ist eßbar; der Geruch ist obstartig, der Geschmack säuerlich.

11. Striegeliger Schichtpilz, der (*Stereum hirsutum*): auch Zottiger Schichtpilz, Haariger Schichtpilz. Der überall sehr häufige Pilz wächst das ganze Jahr über an frisch gefällten Lbh (Erstbesiedler), an lagernden Stämmen, an abgestorbenen, aber noch stehenden Bäumen sowie an Baumstümpfen, Vorwiegend an Ei, seltener an Nadelbäumen. Die unregelmäßigen, wellig verbogenen und dachziegelartigen Hüte sind am Holz breit angewachsen und fließen oft mit den Nachbarhüten zusammen. Sie sind jung leuchtend orangegelb und mit dickem Haarfilz bedeckt, alt grauweiß verblassend. Die Fruchtschicht ohne Poren ist glatt, hellorangegelb und aus mehreren, unter dem Mikroskop sichtbaren Schichten aufgebaut. Das ungenießbare Fleisch ist dünn und ledrig zäh. Der Pilz ist ein Weißfäuleerreger (→ Fliegenholz).

12. Fichtenporling, der (*Fomitopsis pinicola*): auch Rotrandiger P., Rotrandiger Baumschwamm. Der Pilz wächst das ganze Jahr über an schwachen Ndh (Fi, Ta), seltener an Laubbäumen und ist hauptsächlich im Bergland anzutreffen. Lebende Bäume befällt er an Verletzungsstellen; totes Holz zerlegt er als Braunfäuleerreger (→ Braunfäule) in würfelige Bruchteile. Die mehrjährigen Fruchtkörper sind in polsterartigen, später hufförmigen und bis zu 30 cm breiten Konsolen flächig am Baum angewachsen. Die Fruchtkörper sind oft dreifarbig gezont. Die Oberfläche hat jung eine glänzend gelbbraune, später matt rotbraune und alt eine schwärzlich bis dunkelgraue Kruste. Der weiterwachsende Rand sieht stets weiß aus. Frisch wachsende Fruchtkörper scheiden am Hutrand und an den überaus engen Poren große Wassertropfen aus. Beim Zerschneiden des Pilzes werden die übereinandergeschichteten strohfarbenen Röhren in Schichten von 5 bis 10 mm Dicke deutlich sichtbar. Das hell gelbbräunliche Fleisch hat jung einen säuerlichen, essigartigen Geruch und ist ungenießbar.

13. Zaunblättling, der (*Gloephyllum sepiarium*): Der das ganze Jahr über wachsende Z. verursacht die Lagerfäule (→ Holzfäule) des → Bauholzes und kommt an entrindeten Ndh (Fi, Kie), v. a. an Zaunpfosten, Brettern, Geländern und Holzbänken häufig vor. Der halbkreisförmige Hut kann bis zu 10 cm breit werden. Er ist sehr rauh und schwach kreisförmig gezont, anfangs rostgelb, dann allmählich dunkelbraun werdend. Die Zuwachskante (Randzone) ist gelbbraun. Die Poren sind sehr weitlöcherig und dickwandig, meist lamellenartig auseinandergezogen. Sie sind jung gelb und alt rostbraun. Das sehr harte und zähe Fleisch ist rotbraun und ungenießbar. Der Pilz verträgt starke Austrocknung.

14. Zunderschwamm, der (*Fomes fomentarius*): auch Echter Zunder-, Feuerschwamm. Der mehrjährige Z. mit oft hutförmigem Fruchtkörper befällt geschwächte und verwundete Laubbäume (v. a. Bu, auch Bi, seltener andere Laubbäume). Als Erreger der → Weißfäule zerlegt er deren Holz ziemlich rasch. Der Hut kann bis zu 35 (50) cm breit werden. Er ist jung knollig, bald breit hutförmig, sehr hart und bis zu 15 (25) cm dick. Die Oberfläche wird von einer 1 bis 3 mm dicken, gezonten und glanzlosen Kruste bedeckt. Diese ist jung meist rotbraun, dann haselnußbraun und hat dunklere, wellenförmige Bänder. Alte Pilze sind hell- bis dunkelgrau. Die Unterseite ist abgespaltet-flach und grau bis graubraun bereift. Die Poren sind weißgrau, am frischen Fruchtkörper bei Druck etwas fleckend, im Schnitt rotbraun. Sie sind sehr englöcherig und rundlich, bei älteren Pilzen sehr dick und mehrschichtig übereinanderstehend. Die Röhrenschichten und auch die Ringfurchen der Kruste entsprechen den – mehrmals im Jahr auftretenden – Wachstumsschüben. Der über den Röhren liegende, krümelig-brüchige, braun-weiß marmorierte Kern stellt den früher begehrten Zunder dar. Der Kern wurde in Scheiben geschnitten, gekocht, mit Salpeter getränkt und weichgeklopft. Er ergab den leicht brennenden Feuerschwamm und wurde

auch als blutstillendes Mittel benutzt. Der ungenießbare Z. wird allerdings immer seltener, weil entsprechende Baumveteranen fehlen (Abb. S. 559).

15. Kiefern-Braunporling, der (*Phaeolus spadiceus*): Der die → Braunfäule verursachende Pilz wächst von Juni bis November im Nadelwald, besonders am Grund von Kie, Fi und Lä. Die einjährigen, ungenießbaren Fruchtkörper erscheinen auch nach dem Absterben des Baumes noch einige Jahre lang. Der bis zu 20 (30) cm breite Hut ist sehr verschieden gestaltet. Aus einem zunächst unförmigen Klumpen entstehend, wird er kreisel- oder flach trichterförmig, auch halbkreisförmig, in der Mitte oft niedergedrückt, anfangs striegelig-filzig, dann höckerig-grubig, sich häufig dachziegelartig überdeckend. Die Poren sind jung gelboliv, dann olivgrün, bei Druck fleckend, zuerst geschlitzt und dann lamellenartig zerrissen. Sie laufen am Stiel herab. Das ungenießbare, weiche und schwammige Fleisch ist jung saftig und gelbbraun, später rostbraun. Nach dem Absterben des Pilzes trocknet es ein und wird leicht korkig.

16. Fenchelporling, der (*Gloeophyllum odoratum*): auch Fencheltramete. ein gelegentlich an alten, wuchtigen Fichtenstubben (in feuchten und schattigen Lagen) auftretender Braunfäuleerreger. Der bis 30 cm breite Fruchtkörper erscheint an der Schnittfläche des Holzes und hat ein schwarzbraunes, aufgewölbtes Zentrum. An senkrechten Stellen bilden sich korkig-feste Konsolen. Der Pilz ist mehrjährig und riecht frisch nach Fenchel (Name!).

Neben den vorgenannten, weit verbreiteten P., gibt es noch zahlreiche seltener Arten, wie z. B. **Löwengelber P.** (*Polyporus varius*), **Kastanienbrauner Schwarzfuß-P.** (*Polyporus badius*), **Ziegenfuß-P.** (*Albatrellus pes-caprae*), **Grüner Kamm-P.** (*Albatrellus cristatus*) und **Violetter Schichtpilz** (*Stereum purpureum*), die hier nicht alle beschrieben werden können.

Porphyrröhrling, der: → Schuppenröhrlinge 2.

Porst, der (*Ledum*): fünf Arten in Eurasien und Nordamerika umfassende Gatt. der → Heidekrautgewächse und seit dem Oligozän (→ Erdzeitalter) bekannt. Es sind immergrüne Sträucher mit unterseits filzigen oder drüsigen, stark aromatischen Blättern, deren Rand sich bei Lufttrockenheit einrollt, um die Verdunstung einzuschränken. Sie haben kleine, fünfteilige, weiße bis rötliche Blüten. Die bekannteste Art ist:

◂◂ Die Blätter des Sumpfporstes enthalten ätherische Öle, die widerlich riechen, u. a. Ledol und Palustrol. Beide sind giftig.

Sumpfporst, der (*Ledum palustre*): auch Kien- oder Tannenporst, Wilder oder Moor-Rosmarin, Motten- oder Wanzenkraut (Mottenmittel), Brauerkraut. Der oft massenhaft auftretende Strauch kommt in moorigen Weißmoos-Kiefernwäldern, Kiefernmooren, Moorwäldern, auf nassen basenarmen Torfböden, moorigen Sand- und Heideboden von der Ebene bis ins Gebirge vor.

Merkmale: Der S. ist ein immergrüner, aufrechter oder aufsteigender, sehr verzweigter, dicht beblätterter Strauch bis 1,50 m Höhe mit starkem, aromatischem und fast betäubendem Geruch. Die ledrigen, wechselständigen, kurzgestielten Blätter sind lineal, oberseits dunkelgrün und unterseits samt den jungen Trieben rostrot filzig. Die kleinen Blüten sind weiß oder rosa und stehen in endständigen, reichblütigen Doldenrispen (sog. Ebenstrauß; → Blütenstand). Die bis 25 mm langen Blütenstiele haben am Grunde braunrote Knospenhüllen. BZ: Mai bis Juli.

Porzellantintling, der: → Tintling 5.

Poschen, das: **1)** veraltete, regionale Bez. für ein nicht all zu dichtes, etwa 10 bis 15 → Fuß hohes Nadelholzdickicht. **2)** in Niederbayern Bez. für junge Forstpflanzen.

Posseneule, die: → Eulen A 2.

Posthörnchen, das: → Kieferndrehrost.

Posthornwickler, der: → Wickler 2.

Posthornwuchs, der: bogenförmige Stammkrümmung, die wie bei der → Bajonettbildung durch Verlust oder Beschädigung des Wipfeltriebes in der Jugend des Baumes entstanden ist. Strebt der Ersatzwipfel in die Richtung der Stammachse zurück, so daß sich eine hornbogenförmige Krümmung ergibt, entsteht der sog. P. Bei der Kie ist P. meist durch den Kieferntriebwickler (→ Wickler 2.) verursacht.

Potentielle natürliche Vegetation, die: → Vegetation.

Potentilla → Fingerhut.

Potentillo albae-Quercion petraeae → Ostmitteleuropäisch-subkontinentale xerotherme Eichenwälder.

Potscherpenbaum, der: → Schneeball 2.

Pottasche, die: regionale altpreußische Bez.: Waid-, Weld- oder Weidasche. Kaliumkarbonat (K_2CO_3), kohlensaures Kalium. P. wurde früher von → Aschenbrennern aus → Holzasche gewonnen. Die Lauge wurde in eisernen Pfannen eingedampft, kristallisierte beim Erkalten und wurde dann durch Erhitzen (Kalzinieren) entwässert. Heute wird sie aus Kalilauge und Kohlensäure gewonnen. P. aus Holzasche fand als Treibmittel, z. B. bei der Herstellung von Lebkuchen, zu Bleichzwecken, zum Färben, bei der Seifen- und Glasherstellung (Flußmittel für die Glasmasse), bei der Töpferei und für pharmazeutische Produkte Verwendung. Aus einer Tonne Ndh oder Lbh konnten ca. 1 bis 2 kg P. gewonnen werden.

Pottaschensieder → Aschenbrenner.

Potte, die: alte nieders. Bez. für → Heister (Setzling).

Pottschatholz, das: auch Knoppenholz. alte bayer. Bez. für verkrüppelte Waldbäume, die durch Wild und Weidevieh verbissen wurden.

Prachtbecherling, Zinnoberroter, der: → Becherlinge 9.

Prachtkäfer (*Buprestidae*): mit rund 15 000 Arten (davon etwa 90 in Europa) weltweit verbreitete Fam. 3 bis 80 mm langer, metallisch grün-, rot-, oder blau-kupfrig glänzender und wärmeliebender polyphager Käfer, die den → Schnellkäfern sehr ähneln. P. treten nach trockenen Sommern vermehrt auf. Die Larven sind weich, weiß, fußlos und blind. Bei vielen Arten ist der erste Brustring stark verbreitert. Die Käfer sind Blütenbesucher oder fressen an Blättern; die Larven fressen lange Gänge mit schlängelndem, unregelmäßigem Verlauf (Zick-Zack-Wurm) in die Stengel sowie in die Stämme und Äste. Die Käfer fliegen bei Berührung davon oder lassen sich mit angezogenen Beinen zu Boden fallen. Sie leben an lichten Hängen und Waldrändern und sind an Holzstößen und Baumstämmen sowie an Blüten anzutreffen. Die Larven leben hinter der Rinde gesunder oder kränkelnder Bäume, besonders in Laubholzheistern (→ Heister); die Verpuppung findet im → Splint statt. Der Jungkäfer nagt sich durch die Rinde ein häufig schrägliegendes, ovales Flugloch. Die Entwicklung erfolgt in meist zwei- bis dreijähriger Generation. Die wichtigsten Arten sind:

In vergrößerter Darstellung:

Blauer Kiefernprachtkäfer (*Phaenops cyanea*)

1. Blauer Kiefernprachtkäfer, der (*Phaenops cyanea*): Der im Juni und Juli schwärmende, 8 bis 11 mm lange Käfer ist blau oder blaugrün und umfliegt besonders besonnte, durch Raupenfraß geschwächte, ältere Stämme. Die Raupen fressen im Bast der Kie (Zick-Zack-Gänge) und verpuppen sich in einer aus der Rinde genagten Wiege.

2. Buchenprachtkäfer, der (*Agrilus viridis*): auch Grüner Pracht-, Laubholzprachtkäfer. Der 6 bis 9 mm große, grün, blau oder kupferfarben schillernde B, mit schwarzer Unterseite fliegt im Juni/Juli. Er befällt vorzugsweise Buchenheister, kommt aber auch an anderen Laubbäumen vor. Die Eiablage auf der Rinde erfolgt häufchenweise. Die im August erscheinenden Larven fressen bis 75 cm lange Gänge in den → Bast und in den → Splint. Die darüberliegende Rinde wölbt sich und platzt auf. Bei starkem Befall sterben die Zweige bzw. Jungpflanzen ab. Als Gegenmaßnahme ist nur der Aushieb der befallenen Bäume möglich. Die Verpuppung erfolgt in der Fraßpflanze im April/Mai des dritten Jahres.

►► Buchenprachtkäfer (*Agrilus viridis*)

3. Großer Kiefernprachtkäfer, der (*Chalcophora mariana*): auch Marien-Prachtkäfer. Der 25 bis 30 mm lange, leicht gewölbte Käfer ist oberseits erzbraun und unterseits kupferglänzend. Die Flügeldecken sind längsgerippt mit flachen Eindrücken. Der Käfer lebt von Mitte Juli bis Mitte August in Kiefernwäldern, v. a. in den sandigen Ebenen Norddtschl. Die Larve frißt in den Kiefernstöcken und in den abgestorbenen Bäumen.

4. Vierpunktprachtkäfer, der (*Anthaxia quadripunctata*): auch Grubenhals-Prachtkäfer. Der kleine 4 bis 8 mm lange, meist dunkelmetallisch gefärbte Käfer hat auf dem Halsschild vier Grübchen. Der gesellig lebende Käfer fliegt im Juni/Juli und befällt junge Fi und Kie, aber auch schon aufbereitetes Material. Seine längliche Larve mit sehr breitem erstem Brustring bohrt unregelmäßige, 5 bis 8 cm lange Gänge zwischen Bast und Rinde. Die Verpuppung erfolgt tief im Holz im Mai/Juni des dritten Jahres.

5. Lindenprachtkäfer, der (*Poecilonota rutilans*): Der 12 bis 15 mm lange und hübsche, inzwischen jedoch selten gewordene Käfer ist überwiegend smaragdgrün und schillernd. Seine grobgestreiften Flügeldecken sind mit kleinen schwarzen unregelmäßigen Flecken besät. Der Ende Mai bis Juni fliegende Käfer kommt in Lindenalleen und Mischwäldern vor; seine Larve, die in Rinde und Splint frißt, braucht alte, morsche Li, in denen sie flache, geschlängelte und von hinten nach vorn breiter werdende Gänge anlegt. Bevorzugt werden die südseitigen Äste der Bäume. Vor der Verpuppung (mindestens zweijährige Generation) nagt die Larve das Ausschlupfloch für den Käfer.

6. Goldgrubenprachtkäfer, der (*Chrysobothris affinis*): Der 12 bis 14 mm lange Käfer ist metallisch kupferbraun und hat auf den Flügeldecken je drei Goldgrübchen. Er ist wärmeliebend, fliegt im Juni/Juli und legt die Eier unter die Rinde oder in Ritzen, meist knapp über dem Wurzelanlauf junger Ei. Die Larve frißt im Bast flache, unregelmäßige Gänge; der Käfer verläßt den Stamm durch ein häufig etwas schräg gestelltes Flugloch.

7. Zweibindiger Eichenprachtkäfer, der (*Coraebus bifasciatus*): Der bis zu 12 mm große und oberseits glänzend erzgrüne Käfer fliegt im Juni/Juli. Das stark verschmälerte letzte Drittel der Flügeldecken ist blau und mit zwei schwach messingfarbenen, feinbehaarten Querbinden versehen. Der Käfer legt seine Eier einzeln an die Spitzen (Triebe) jüngerer Ei. Die Larve frißt lange, absteigende und ringelförmige Gänge im Bast, ohne je die Rinde zu durchbrechen. Damit wird die Saftzufuhr unterbrochen und über den Ringstellen sterben die Stamm- bzw. Astpartien ab.

►►► Zweipunktiger Eichenprachtkäfer (*Agrilus biguttatus*)

8. Zweipunktiger Eichenprachtkäfer, der (*Agrilus biguttatus*): Der Z. E. ist an zwei weißen Haarflecken auf den Flügeldecken zu erkennen. Es ist ein schmaler, langgestreckter Käfer von mattgrüner oder blaugrüner Farbe, der stärkere Ei bevorzugt und dessen Larven unter der Borke alter Ei fressen.

Prachtnelke, die: → Nelken 3.

Prädatoren: P. (Episiten, Räuber) töten ihre Beute und verzehren sie. Sie kommen sowohl im Tier- als auch im Pflanzenreich vor. Je nach Nahrungsspektrum werden Carnivore, Herbivore oder Omnivore unterschieden. Eine funktionale Einteilung unterscheidet:

a) die echten Räuber, die ihre Beute sofort nach dem Angriff töten, wie z. B. → Luchs, → Marienkäfer, fleischfressende Pflanzen, → Ameisen;

b) die Weidegänger, die meist nur einen Teil der Beute ohne tödliche Folgen für diese konsumieren, wie z. B. das Schalenwild;

c) die → Parasitoiden und

d) die → Parasiten.

Geht die Zahl der Beutetiere zurück, reagiert die P.-Population ebenfalls durch eine zahlenmäßige Verringerung. Echte Räuber haben eine wichtige Rolle im Naturhaushalt: sie erlegen die kranken und schwachen Beutetiere, tragen damit zur Gesundhaltung der Population bei und regulieren die Bestandszahl unterhalb der Tragfähigkeit des → Ökosystems; → Raubwild.

Prädisposition, die: Krankheitsbereitschaft (Begriff aus der pflanzlichen Infektionslehre). Aktuelles Reaktionsvermögen einer Wirtspflanze auf Angriffe von Krankheitserregern, Schädlingen oder abiotischen Schadeinflüssen in Abhängigkeit von Umweltbedingungen (z. B. Witterung, Standorteigenschaften) und ihrem Entwicklungsstadium; sie ist nur wirksam in den Grenzen der allg., genetisch festgelegten Reaktionsnorm (→ Disposition) der Rasse, Art, Gatt. oder Fam., zu der die betroffene Einzelpflanze gehört.

Prämienlohn, der: → Lohnformen.

Prasselwied, die: → Weiden 4.

Preiselbeere, die: → Heidelbeere 2.

Preiselbeer-Fichten-Tannenwald, der: → Fichten-Tannenwälder.

Prekarien → Forstvergünstigungen.

Prenanthes → Hasenlattich.

Prane, die: → Brahme.

Preschener Mühlbusch: Hinter dem Ort Preschen (Niederlausitz) liegt das Naturreservat P. M. Anfangs des 20. Jh. konnte zweifelsfrei nachgewiesen werden, daß das isolierte Vorkommen der Ta natürlichen Ursprungs ist. Der P. M. ist daher der Wald mit dem nördlichsten natürlichen Vorkommen der Ta in Dtschl.; → Sergener Luch.

Preßholz, das: ein unter hohem Druck (300 bis 330 kp/cm^2) auf dampfbeheizten, hydraulischen Pressen senkrecht zur → Faser und auch in Faserrichtung gepreßte, astreine, geradfaserige Rotbuchenkantel. Bei dieser Art der Holzbehandlung werden die Zellhohlräume weitgehend geschlossen. P. wird u. a. beim Eisenbahnoberbau als Zwischenlage – zwischen Schwelle und Schiene – sowie für Dübel verwendet.

Preßler, Max Robert, Dr. (17.1.1815 Dresden-Friedrichstadt bis 30.9.1886 Tharandt): P. studierte Ingenieurwissenschaften. Im Jahre 1840 wurde er als Prof. des land- und forstwirtschaftlichen Ingenieurwesens nach → Tharandt berufen. Er konstruierte u. a. den → Zuwachsbohrer. Von seinen Schriften sind hervorzuheben: „Der Meßknecht ... etc." (1852), „Neue holzwirthschaftliche Tafeln ... etc." (1857), „Der Rationelle Waldwirth und sein Waldbau des höchsten Ertrags ... etc." (2 Bde. 1858/85), „Forstliches Hülfsbuch für Schule und Praxis ... etc." (1869), „Holzwirthschaftliche Tafeln nach metrischem Maaß" (1873).

Preßschichtholz, das: Schichtstoff aus phenolharzgetränkten Holzfurnieren, die unter hohem Druck verdichtet werden. Die Einlagerung des Kunstharzes in die Zellhohlräume verleiht den P.-Platten eine große Festigkeit und Oberflächenhärte. P. zeichnet sich durch gute Isolierfähigkeit und Wasserbeständigkeit aus; → Sperrholz.

Preßsperrholz, das: ein → Lignofol, jedoch mit dem Unterschied, daß die Furnierlagen eine abwechselnd um 90° versetzte Faserrichtung zeigen.

Preusch, das: alte Bez. für knorriges, astiges Holz welches nicht gut zu spalten ist. In verschiedenen Gegenden verstand man darunter auch anbrüchiges Holz; → Anbruch.

Primärschädlinge: Tiere, die völlig gesunde Wirtspflanzen befallen und sie beschädigen oder gar zerstören; z. B. verschiedene Mäusearten, die die Rinde junger Bäume annagen oder Schalenwild, das die Bäume durch Verbiß- und → Schälschäden in ihrem Wachstum beeinträchtigt. Bei Massenvermehrung der P. (z. B. Mäusejahre) können beträchtliche → Waldschäden, hauptsächlich in den → Kulturen, entstehen; → Sekundärschädlinge, → Schädlinge.

Primärwald, der: vom Menschen noch unbeeinflußter Wald (→ Urwald); Ggs.: → Sekundärwald.

Primel, die (*Primula*): auch Himmelsschlüssel, Schlüsselblume. Gatt. der → Primelgewächse mit etwa 500 Arten in Europa und in den gemäßigten Zonen Asiens, davon etwa 40 Arten in Europa und etwa 15 in Mitteleuropa. Es handelt sich meist um ausdauernde → Kräuter mit röhrigem, trichterförmigem oder glockigem Kelch und teller- oder trichterförmiger Blütenkrone. Die bekanntesten, auch im Wald anzutreffenden Arten sind:

1. Hohe Schlüsselblume, die (*Primula elatior*) (L.) Hill): auch Gewöhnliche, Große Schlüsselblume, Wald-Primel, Wald-Schlüsselblume. Die H. S. ist über ganz Mitteleuropa verbreitet. Sie wächst auf feuchten Wiesen und in feuchten Wäldern, besonders krautreichen Eichen-Hainbuchenwäldern, Auen- und Schluchtwäldern, in Gebüschen und auf Bergwiesen, in Tieflagen in Hartholz-Auenwäldern, leicht feuchten Hainbuchen- und Buchen-Waldgesellschaften; Ordnungs- → Differentialart der mesophytischen Buchen- und Laubwälder. Die H. S. ist ein Lehm- und Nährstoffzeiger und wächst bevorzugt auf frischen bis feuchten Standorten, von der Ebene bis in Höhen von etwa 2400 m.

Die mehrjährige, 10 bis 20 cm hohe Pflanze hat grundständige, bis 20 cm lange, rosettenartig stehende Blätter. Diese sind runzelig, unterseits kurzhaarig, ausgewachsen eiförmig, allmählich in einen geflügelten Blattstiel verschmälert. Der Blattrand ist unregelmäßig gezähnt, bei jungen Blättern nach rückwärts eingerollt. BZ: März bis Mai. Die bis 2 cm langen, schwefelgelben, nicht oder nur ganz schwach duftenden Blüten stehen in langgestielten, vielblütigen, einseitswendigen Dolden (→ Blütenstand) und sind größer als die der Duftenden Schlüsselblume. Die → zwittrigen Blüten werden von Insekten bestäubt. Die H. S. hat zwei Formen von Blüten; bei einer Form ist der → Griffel kurz und die → Staubblätter sitzen weiter oben in der Kronröhre, bei der anderen ist der Griffel lang und die Staubblätter sitzen weiter unten in der Kronröhre. Durch diese Verschiedengriffeligkeit (Heterostylie) wird eine Selbstbestäubung vermieden. Die vielsamige Fruchtkapsel überragt bei der Reife den Kelch. Der → Wurzelstock findet, ebenso wie der der Duftenden Schlüsselblume, in der Heilkunde Verwendung.

2. Duftende Schlüsselblume, die (*Primula veris* L. = *Primula officinalis* L.): auch Echte, Wohlriechende Schlüsselblume, Frühlings-, Wiesen-, Frauen- und Arznei-Schlüsselblume, und im Volksmund Gichtblume, Burgerschlüssel, Osterblume und in Tirol Platenigen. Die D. S. ist fast über ganz Europa verbreitet; lediglich im äußersten Norden und im Süden der Mittelmeerländer kommt sie nicht vor. *P. v. ssp. vernis* wächst auf Wiesen und Kalkmagerrasen, *P. v. ssp. canescens* an sonnigen, lichten Stellen in Wäldern, besonders krautreichen Eichenwäldern, in mitteleuropäischen Flaumeichenmischwäldern und verwandten Gesellschaften, west-submediterranen Flaumeichenwäldern, Hainbuchenwäldern und Seggen-Buchenwäldern, Gebüschen sowie an Waldrändern, von der Ebene bis in Höhenlagen von etwa 1700 m.

Die mehrjährige, 10 bis 30 cm hohe Pflanze hat einen ausdauernden, unterirdischen Wurzelstock und grundständige, rosettenartig stehende Blätter. Diese sind bis 20 cm lang, länglich eiförmig, runzelig, oberseits dunkelgrün, unterseits hellgrün, plötzlich in den geflügelten Blattstiel verschmälert (Blattspreite vom geflügelten Stiel scharf abgegrenzt). Der wellige Blattrand ist unregelmäßig gezähnt, bei jungen Blättern nach rückwärts eingerollt. BZ: April bis Mai. Die dottergelben, wohlriechenden, zwittrigen, nickenden Blüten stehen in fünf- bis 20blütiger, einseitswendiger Dolde auf blattlosem, behaartem Blütenstengel. Die Blüten werden von Insekten bestäubt. Die D. S. hat, ebenso wie die Hohe Schlüsselblume, zwei Formen von Blüten. Die Frucht ist eine vielsamige, 5 bis 10 mm lange, eiförmige Kapsel, die sich oben mit zehn Zähnen öffnet, im Kelch versteckt.

Die Echte Schlüsselblume mit ihren dottergelben Blüten wächst auf trockenen Wiesen und in sonnigen, lichten Laubwäldern.

Die D. S. ist eine alte → Heilpflanze. Im Winter ausgegraben findet ihr getrockneter Wurzelstock, ebenso wie ihre Blüten (mit Kelch) und Blätter, in der Naturheilkunde Verwendung. Sie enthalten → ätherisches Öl, Flavonoide, Glykoside, Mineralsalze und Saponine, wirken auswurffördernd, harntreibend, abführend, krampflösend, fiebersenkend, sedativ und werden innerlich und äußerlich angewendet. Aus den Blüten kann ein aromatischer Tee gegen Husten, Bronchitis, Keuchhusten,

Gattung
Die Gattung *Prunus* (Kirschen, Pflaumen etc.) aus der Pflanzenfamilie der → Rosengewächse (*Rosaceae*) ist fossil mindestens seit dem Oligozän (→ Erdzeitalter) nachweisbar und umfaßt ca. 200 Arten in den gemäßigten Breiten. Es sind dies meist raschwüchsige, sommergrüne oder immergrüne Bäume und Sträucher. Sie haben gestielte, wechselständige einfache Blätter mit rundlichen oder spitzen Zähnchen. Die schmalen → Nebenblätter stehen frei und fallen oft frühzeitig ab. Die Blüten besitzen fünf → Blütenblätter, sind weiß oder rosa und stehen einzeln, in Büscheln, Rispen oder Trauben (→ Blütenstand). Die → Kronblätter sind mit den Kelchblättern am Grunde verbunden und zu einer Röhre verwachsen. Jede Blüte bildet nur eine Samenanlage und daher nur einen Samen aus. Die Früchte sind sogenannte → Steinfrüchte. Die Vermehrung erfolgt durch Samen. Auch → Wurzelbrut kommt häufig vor. Viele Arten werden als Obst- und Zierbäume angepflanzt, wobei ihre Neigung zur Bastardierung für die Entwicklung kultivierter Formen von großer Bedeutung ist. Ebenso werden viele Arten schon so lange kultiviert, daß die ursprüngliche Wildpflanze und das Ursprungsgebiet unklar sind.

1. Vogelkirsche
Prunus avium Linné = *Cerasus avium* (L.) Moench wird auch Wild-, Süß-, Wald-, Hafer-, Holzkirsche, Zwiesel genannt. Die lateinische Bezeichnung *avium* ist abgeleitet vom lateinischen Wort *avis* = Vogel.

Verbreitung
Die Vogelkirsche ist mit Ausnahme des äußersten Nordens und Nordostens in Europa weit verbreitet. An prähistorischen Stätten gefundene Kerne beweisen, daß es sie schon damals in der Schweiz und in Schweden gab.

Standort
Die Vogelkirsche wächst an lichten Waldstellen, in Gebüschen, Hecken und an Waldrändern sowie an Bachufern. Relativ häufig ist sie in thermophilen (wärmeliebenden) Mischwäldern, in unseren Breiten vor allem in Eichen-Buchenwäldern, Eichen-Eschenwäldern, Eschen-Hainbuchenwäldern, Eichen-Hainbuchenwäldern (Verbands- → Charakterart), Kiefern-Stieleichenwäldern, Erlen-Edellaub-Auenwäldern, tiefgelegenen, reicheren Buchenwaldgesellschaften und artenreichen Mischwäldern, in höheren Lagen nur an Waldrändern in Schlehengesellschaften anzutreffen. Die Vogelkirsche liebt frische, lehmige, nährstoffreiche, kalkhaltige Böden, wächst jedoch auch noch auf kalkarmen, mäßig sauren Standorten und Trockenstandorten; bodenfeuchte und nährstoffarme Standorte mit stockendem Humusumsatz (Rohhumus) meidet sie. Sie bevorzugt sonnige Lagen und wächst von der Ebene bis ins Gebirge und kommt in den Alpen noch bis in Höhen von 1 200 (Nordalpen) bzw. 1 700 m (Zentralalpen) vor. Die Vogelkirsche erträgt stärkere Überschirmung nur begrenzte Zeit, und auch in Femellücken oder Lichtschächten braucht sie mehr Licht als beispielsweise der Bergahorn; sie wird sonst von → Schatt(en)baumarten bald überwachsen.

Blätter und Früchte der Vogelkirsche

Merkmale
Der mittelgroße, sommergrüne, laubwerfende Baum erreicht eine Wuchshöhe von etwa 25 m und ein Alter von 80 bis 90 Jahren. In den ersten 40 Jahren wächst er ausgesprochen rasch (wird hierin nur noch vom Bergahorn und Spitzahorn erreicht bzw. übertroffen) und beendet mit 50 bis 60 Jahren sein Höhenwachstum. Im Alter von 80 bis 90 Jahren kann dann Stammfäule (→ Holzfäule) auftreten. Die Vogelkirsche hat im Freistand eine kugelförmige Krone, die bei jüngeren Bäumen eher noch in einer schlanken Spitze endet. Bei Bestandsschluß hat sie eine hoch angesetzte, dichtästige, unregelmäßige, locker beblätterte Krone.

■ Der Stamm ist gerade, vollholzig, wird etwa 50 bis 60 cm stark und hat steif aufstrebende, locker verzweigte Äste. Die Rinde ist glatt, graubraun, leicht glänzend, mit großen rostfarbenen, quergestellten Lentizellen, die unter der sich abhebenden → Epidermis hervorbrechen. Im hohen Alter trägt der Baum eine flachrissige, dunkle Borke. Der Baum hat ein kräftiges, weitreichendes, flach angelegtes Herzwurzelsystem mit ausgeprägten Seitenwurzeln und relativ geringer Feinwurzelausbildung. Die Wurzeln reichen bei lockerem Boden (z. B. Sandboden) häufig bis 3 m, bei dichtem Boden (z. B. Lehmboden) etwa 70 cm tief. Die Vogelkirsche bildet kräftigen → Stockausschlag, jedoch keine Wurzelbrut.

▸▸ Blühende Wildkirsche

■ Die jungen Zweige sind graugrün und kahl, die älteren durch die abblätternde Epidermis hellgrau mit braunem Untergrund. Die eiförmigen Knospen sind stumpf oder lang zugespitzt mit mehr oder weniger gleichmäßig rotbraun glänzenden Knospenschuppen, wobei der Schuppenrand oft leicht gewellt ist.
■ Die wechselständig angeordneten, 6 bis 15 cm langen und 4 bis 8 cm breiten Laubblätter sind länglich-oval bis verkehrt-eiförmig, ziemlich dünn und schlaff, am Grunde keilig oder abgerundet, vorne zugespitzt. Die glatte, dunkelgrüne und meist etwas runzelige Oberseite ist kahl, die hellgrüne Unterseite hingegen fein behaart, mit deutlich hervortretendem Mittelnerv. In den Achseln der größeren Blattnerven befinden sich kleine Achselbärtchen (→ Domatien). Der Blattrand ist grob gesägt, mit unregelmäßigen, nach vorne weisenden Zähnen, die Spitze ist meist ganzrandig. Am 2 bis 4 cm langen Blattstiel befinden sich kurz unterhalb der Blattspreite große, meist kräftig rote Nektardrüsen, die auch bis zum Blattrand hinaufrutschen können. Die Laubblätter färben sich im Herbst meist gelb und rot (→ Blattfarbstoffe, Blattfall).
■ Die Vogelkirsche wird mit 20 bis 25 Jahren mannbar (→ Mannbarkeit) und blüht im April/Mai. Kurz danach erfolgt der Laubaustrieb; die jungen Blätter sind bronzefarben. Die durchscheinenden, weißen Blüten haben 2,5 bis 3 cm im Durchmesser, bis zu 20 → Staubblätter und sind auf 3 bis 5 cm langen Stielen (zu zwei bis vier) in abstehenden oder nickenden Büscheln an vorjährigen → Kurztrieben angeordnet. Die Büschel sind am Grunde von Knospenschuppen umhüllt.
■ Die Steinfrüchte, die im Juli reifen, kleine kugelige Kirschen von 10 bis 15 mm Durchmesser, sind zunächst rot (seltener gelblich), dann dunkel- bis schwarzrot, glänzend. Sie schmecken bittersüß und enthalten einen glatten, hellen, rundlichen Steinkern (Kirschkern), den Samen, der bereits im Frühling nach der Reife keimt. Die fleischigen, verkehrt-eiförmigen Keimblätter sind nach außen gewölbt, mit breiter Vertiefung längs der Mitte, und denen der Felsenkirsche sehr ähnlich. Die Erstlingsblätter weisen Basal- und Randdrüsen auf und sind in der Form den normalen Blättern gleich.

Aus den Früchten kann z. B. Saft, Süßmost, Likör, Gelee, Mus, Kompott und einiges mehr bereitet werden. Die Vogelkirsche ist die Stammform der in Kultur angepflanzten Süßkirschensorten.

Waldbau

Bei entsprechender Erziehung auf geeigneten Standorten ist die Produktion von → Wertholz innerhalb kurzer Zeiträume möglich. Ein Schutz (i. d. R. Zaunschutz) gegen Wildverbiß und Fegen ist meist nicht zu umgehen. Auf graswüchsigen Standorten und feldnahen Lagen ist auch mit Mäuseschäden zu rechnen. Bis zu 10 cm starke Stammanläufe können total geringelt werden.
Die Vogelkirsche ist auch ein Vogelschutzgehölz (→ Vogelschutzhecke), das den Vögeln Nahrung bietet, die wiederum zur Verbreitung der Art beitragen. Aus landschaftspflegerischen Gründen wird sie auch gerne an Wald- und Bestandsrändern angepflanzt.

Holz

Das schwach duftende und feinfaserige Holz hat einen rötlichweißen bis gelblichen, schmalen Splint und einen rötlich-goldbraunen Kern, ist sehr hart, schwer spaltbar, glänzend, gut polierbar, ziemlich wertvoll und für Drechsel- und Tischlerarbeiten, Furniere, hochwertige Möbel, Instrumente, Ziergegenstände und ähnliches sehr gesucht.

Bedeutung als Heilpflanze

In der Naturheilkunde finden die Früchte, der Saft und die Fruchtstiele (im Schatten getrocknet) innerliche Anwendung. Sie enthalten Gerbstoff, organische Säuren, Enzyme, Zucker, das Provitamin A und wirken erfrischend, abführend, harntreibend und bei fieberhaften Erkrankungen seh wohltuend.

2. Sauerkirsche

Prunus cerasus Linné = *Cerasus vulgaris* Mill. wird auch Weichsel und Echter Weichselbaum genannt.

Verbreitung

Die Sauerkirsche kommt ursprünglich aus Südwestasien und Südosteuropa. In Mitteleuropa wird sie in Gärten angepflanzt und ist aus diesen verwildert.

Standort

Die frostharte und anspruchslose Sauerkirsche liebt nährstoff- und basenreiche, leichte, lockere, sandige Lehmböden.

Merkmale

■ Die Sauerkirsche, ein Flachwurzler, ist ein buschiger, großer Strauch oder kleiner Baum von 6 bis 10 m Höhe mit einer sehr breiten, runden, häufig unregelmäßigen Krone. Die abstehenden, dünnen, aufrechten, manchmal überhängenden Zweige sind glatt und kahl. Die rötlich-braune Rinde glänzt nur wenig. Die elliptisch bis eiförmigen, 3 bis 8 cm langen und 2 bis 5 cm breiten Laubblätter sind am Grunde keilförmig, vorne zugespitzt, etwas ledrig, oberseits glatt und glänzend, dunkelgrün, unterseits matt hellgrün und auf den Blattnerven schwach behaart. Der Blattrand ist bis an die Spitze gezähnt. Der 2 bis 4 cm lange Blattstiel, der meist keine Nektardrüsen aufweist, hat am Grunde Knospenschuppen.
■ Die Blüten (Blütezeit: April/Mai) mit den zahlreichen Staubblättern erscheinen mit dem Laubaustrieb und stehen auf bis 4 cm langen Blütenstielen, zu zwei bis sechs in lockeren Scheindolden. Sie sind fast kreisrund und reinweiß; die → Kelchblätter sind purpurgrünlich. Die fast kugelige, am Scheitel abgeflachte Steinfrucht hat etwa 1,5 cm im Durchmesser, ist hell- bis dunkelrot, selten schwarz, schmeckt sauer und enthält einen Steinkern (Kirschkern). Die Sauerkirsche wurde in vielen Sorten kultiviert und ist u. a. die Stammform der Schattenmorelle.

Bedeutung als Heilpflanze

In der Naturheilkunde werden Sauerkirsch-Sirups als Aromatisierungsmittel für zahlreiche pharmazeutische Präparate verwendet. Die getrockneten Stiele der Früchte sind reich an Gerbstoff und werden wegen ihres Gehaltes an Flavonoiden und Kaliumsalzen als harntreibendes und adstringierendes Mittel verwendet.

3. Felsenkirsche

Prunus mahaleb Linné = *Cerasus mahaleb* (L.) Mill. wird auch Steinweichsel, Türkische Weichsel, Weichselrohr, Weichsel-, Mahalebkirsche und Luzienholz genannt.

Blüten, Blätter und Früchte der Felsenkirsche

Verbreitung

Die Felsenkirsche hat ihr natürliches Verbreitungsgebiet in der Südhälfte Europas und ist auch in Süddeutschland und Österreich anzutreffen. Sie wird auch als Ziergehölz angepflanzt.

◄◄ Früchte der Wildkirsche

Standort

Die Felsenkirsche ist relativ selten und wächst in Buschwäldern, Felsenkirschen-Gebüschen (→ Charakterart), Flaumeichenwäldern, sonnigen Buchenwäldern, felsigen Hängen und Hecken. Sie liebt viel Licht, mildes Klima, bevorzugt kalkhaltigen Boden (vor allem Lehm- und Tonböden) und ist sogar an trockenen und steinigen Orten des Hügellandes und niedriger Gebirge anzutreffen.

Blüten, Blätter und Früchte der Sauerkirsche

Merkmale

■ Der mittelgroße bis große, sperrige Strauch oder kleine Baum hat eine Wuchshöhe von bis zu 8 m und zuletzt überhängende Zweige. Er bildet reichlichen Stockausschlag. Die Rinde ist anfangs dunkelbraun und glatt, später wird sie zu einer längsrissigen, schwarzbraunen Borke. Die wechselständig angeordneten, eiförmigen, 4 bis 8 cm langen, kumarinhaltigen Blätter sind am Grunde abgerundet oder schwach herzförmig, vorne zugespitzt, kahl, oberseits glänzend dunkelgrün, unterseits blaßgrün mit behaarter Mittelrippe. Der Blattrand ist gekerbtgesägt, der Blattstiel mit oder ohne Drüsen.
■ Die Felsenkirsche blüht im April/Mai. Die wohlriechenden weißen Blüten sind (zu vier bis zehn Stück) in zahlreichen, am Grunde beblätterten, aufrechten oder etwas abstehenden Schirmtrauben angeordnet. Die etwa erbsengroßen, eirunden, ziemlich saftarmen Steinfrüchte sind anfangs gelb, dann rot, reif schwarz, schmecken sehr herb und enthalten einen glatten Steinkern.

Holz

Das schwer spaltbare Holz (Luzienholz) hat einen rötlichgelben, schmalen Splint, einen hellbraunen, gestreiften Kern, ist sehr hart und schwer und riecht frisch angenehm aromatisch. Es wird u. a. zu Pfeifenrohren, Spazierstöcken und Reitgerten verarbeitet.

Katarrh etc., aus den Blüten und Blättern ein harntreibendes und abführendes Mittel bereitet werden. Ein Aufguß von Blüten und Wurzeln, vermischt mit Blüten des Klatschmohns, soll bei Koliken des Dickdarms Linderung bringen. Er lindert Kopfschmerzen; Kompressen davon sind gut auf Quetschungen. Bei rheumatischen Schmerzanfällen bringt eine Kur, drei Wochen lang drei Tassen täglich getrunken, Linderung. Die Blätter können auch als Gemüse gegessen werden. Ein Auszug aus in wenig Wasser getränkten Blüten, versetzt mit Zucker, gekocht bis zu entsprechender Konsistenz, ergibt die Schlüsselblumen-Bonbons.

3. **Stengellose Schlüsselblume**, die (*Primula vulgaris*): Die S. S. ist fast über ganz West- und Mitteleuropa verbreitet, zudem über Teile Südeuropas. Sie wächst in feuchten, lichten Laubwäldern, besonders krautreichen Buchen-, Tannen- und Eichen-Hainbuchenwäldern, in Gebüschen und auf Wiesen; Ordnungs-Charakterart der mesophytischen Buchen- und Laubmischwälder.

Die mehrjährige, 5 bis 15 cm hohe Pflanze hat grundständige, rosettig angeordnete Blätter. Sie sind verkehrt-eiförmig, zum Grund hin allmählich verschmälert (ohne erkennbaren Blattstiel), oberseits hellgrün und kahl, unterseits graugrün behaart. Der Blattrand ist fein gezähnt, bei jungen Blättern nach rückwärts umgerollt. BZ: Februar bis Mai, mitunter auch noch im Herbst. Der blattlose Blütenschaft, der die Blütendolde trägt, fehlt oder ist sehr kurz; deshalb stehen die Blüten auf langen, zottig behaarten Stielen, die direkt der Blattrosette entspringen. Die Frucht ist eine 5 bis 10 mm lange, eiförmige bis längliche Kapsel, die viele braune, warzige Samen enthält. Diese Samen haben ein Anhängsel, das Ameisen anlockt; → Ameisenpflanzen. Da sich die Blütenstiele bis zur Samenreife auf den Boden niederlegen, ist der Samen dann für die Ameisen erreichbar.

Die Blüten der stengellosen Schlüsselblume stehen einzeln auf langen, aus der Blattrosette hervorragenden Stielen.

Primelgewächse (*Primulaceae*): auch Schlüsselblumengewächse. Pflanzen-Fam. mit rd. 800 Arten in 40 Gatt. in den gemäßigten und wärmeren Gebieten der nördlichen Halbkugel. Es handelt sich v. a. um → Kräuter, z. T. Rosettenstauden, Polster- und Knollenpflanzen mit meist schraubig angeordneten, einfachen Blättern und einzeln oder in Dolden, Rispen oder Trauben (→ Blütenstand) stehenden Blüten. Bekannte Gatt. sind u. a. → Alpenveilchen, → Gilbweiderich, → Primel, → Siebenstern und → Troddelblume.

Primula → Primel.

Primulaceae → Primelgewächse.

Prisensaat, die: Saat mit kleinsten Samenmengen, z. B. in Stockachseln.

Privatwald, der: Bis zu Beginn des 19. Jh. gehörte der Wald zumeist dem König, seinen Landesfürsten, adeligen Standesherren, geistlichen Würdenträgern und Klöstern. Erst dann entwickelten sich die heutigen drei Eigentumsarten → Staatswald, → Körperschaftswald und P. Beim letzteren unterscheidet man zwischen

a) Großprivatwald, oft ehemals gebundenes Eigentum, Stammgut, → Fideikomiß, → Schutzforst;

b) Kleinprivatwald, meist → Bauernwald unter 100 ha; er ist das jüngste Glied des Waldeigentums.

Der Anteil des P. ist nach dem Stande von 1987 besonders hoch in Nordrhein-Westfalen (67 %), Niedersachsen (56 %), Schleswig-Holstein (54 %) und Bayern (51 %). Geringen Anteil haben die Stadtstaaten (7 %), Saarland (17 %), Rheinland-Pfalz (18 %) und Hessen (24 %). Insgesamt befinden sich rd. 46 % (= 3 527 900 ha) der Gesamtwaldfläche (→ Waldfläche) in Privatbesitz; → Betriebsgrößen.

Für Europa ergeben sich etwa gleich starke Anteile des privaten und des öffentlichen Waldes. Die Besitzstruktur ist von Land zu Land jedoch sehr unterschiedlich. Der Anteil des P. übersteigt in Österreich, Dänemark, Frankreich, Norwegen und Portugal 70 %. In Osteuropa werden seit 1990 durch Privatisierungen die Verstaatlichungen der kommunistischen Regime rückgängig gemacht; → Treuhandwald.

Probefänge: Fang von → Mäusen für eine Mäuseprognose. P. geben genaueren Aufschluß über zu erwartende Schäden der gefährdeten Kulturen, v. a. in vergrasten Laubholz-, Dgl-, Lä- und SKie-Jungwüchsen bis zum Dickungsschluß. Gefangen wird im August, spätestens Anfang September. Hierbei wird für jede Mäuseart der sog. „Index je 100 Fallen-Nächte" ermittelt. Starker Fraß ist zu erwarten bei einem Erdmaus-Index etwa ab 10 oder einem Rötelmaus-Index etwa ab 5 bzw. einem Gesamtindex ab 10 Kurzschwanzmäusen (Erd- + Rötel- + Feldmaus).

Probefläche, die: → Weiserbestand.

Probekreiserhebung, die: Probeflächen, i. d. R. kreisförmige, sind die ältesten Stichprobenelemente der Forstwirtschaft. Der Grundgedanke ist, durch die Aufnahme eines fest umgrenzten Waldteils auf die Gesamtfläche zu schließen.

Probemorgen, der: frühere Bez. für eine → Probekreiserhebung, wobei die abgegrenzte Probefläche einen → Morgen betrug.

Probesammeln, das: → Probesuchen.

Probesuchen, das (Probesammeln): Um die Anzahl der zur Massenvermehrung neigenden → Forstschädlinge in ihrem Vorkommen überwachen zu können, werden neben anderen Kontrollmaßnahmen auch die Puppen des Kiefernspanners (→ Spanner 8.), der Forleule (→ Eulen B 1.) sowie die Raupen des Kiefernspinners (→ Spinner 10.) ermittelt. Hierzu wird im Spätherbst der Boden bzw. die Bodenstreu unter einer Anzahl planmäßig im ganzen → Bestand verteilter Stämme abgesucht. Wird die festgelegte → kritische Zahl erreicht oder überschritten, ist ohne Bekämpfungsmaßnahmen mit einer → Kalamität zu rechnen.

Probiose, die (Karpose): Bei dieser Wechselbeziehung hat eine Art Vorteile, ohne die andere zu schädigen. Hierzu gehören → Parökie, → Epökie, → Synökie, → Phoresie.

Procyon lotor → Waschbär.

Produktion, die: **1**) in der forstlichen Ertragskunde die erzeugte Holzmenge. Die **Nettoholzproduktion** ergibt sich durch Abzug des nicht nutzbaren Anteils der Nettoproduktion an Biomasse (Rinde, Blätter usw.). Für die Berechnung der nutzbaren Holzproduktion werden davon noch die nicht erntbaren Teile, etwa die Wurzelmasse, abgezogen. Dieser Wert ist der nutzbare → Holzvorrat. **2**) in der forstlichen Betriebswirtschaft die Menge an erzeugten Gütern und Infrastrukturleistungen. **3**) Biomassezuwachs (Nettophotosynthese).

Produktionsautomatisierung, die: → Biologische Automation.

Produktionsregelung, die: bestandsweise Detailplanung, die dafür sorgt, daß im Rahmen der → Nachhaltigkeit zielgerecht, ausreichend und im erforderlichen Umfang Holz und auch landeskulturelle und soziale Leistungen des Waldes erzeugt werden.

Produktionsregelungsmethoden: Die P. sorgen dafür, daß die Produktion von Holz und auch infrastruktureller Leistungen des → Waldes im erforderlichen Umfang, bzw. funktionengerecht, erfolgt. Die Produktionsregelung prüft, auf welchen Teilflächen, mit welchen Baumarten, mit welcher Verjüngungsart, mit welcher Einschlagsmenge, mit welchem Bestockungsziel und zu welchem Zeitpunkt die Waldverjüngung oder → Waldpflege erfolgen soll.

Produktionstyp, der: Zusammenfassung von Beständen mit der gleichen Hauptwirtschaftsbaumart.

Produktionswert des Holzes, der: → Holzproduktion.

Produktionszeitraum, der: → Umtriebszeit.

Produktionsziel, das: langfristig für einen → Bestand oder eine andere Planungseinheit festgelegtes Planungsziel.

Produktökobilanz, die: erfaßt und bewertet die mit einem Produkt entlang seines Lebensweges verbundenen Stoff- und Energieflüsse sowie Wirkungen auf die Umwelt (engl.: „Life Cycle Assessment" LCA). Die Summierung und Bewertung beginnt bei der Erschließung des Rohstoffes, setzt sich über seinen Transport und seine Aufarbeitung fort und erfaßt die Be- und Verarbeitung, den Vertrieb, die Wiederverwertung oder die Entsorgung. Die angewandten Methoden orientieren sich am 1993 von der Society of Environmental Toxicology and Chemistry veröffentlichten Leitfaden. Inzwischen gibt es auch Bemühungen um eine

Normierung (ISO). Diese Methode des Umweltmanagements berücksichtigt nur ökologische, nicht dagegen wirtschaftliche und soziale Aspekte.

Produzenten: Bez. für die grünen Pflanzen (autotrophe Organismen, zu denen auch verschiedene → Algen gehören), die das erste Glied (Basisebene) einer → Nahrungskette bilden. Sie sind die primären Erzeuger von → Biomasse, indem sie mit Hilfe des Lichts (→ Photosynthese) aus anorganischen Substanzen sämtliche organischen Stoffe produzieren, die im Verlauf der Nahrungskette von → Konsumenten umgesetzt werden; → Destruenten.

Prolepsis, die: → Johannistrieb.

proleptischer Trieb, der: → Johannistrieb.

PRONATUR: Initiative des Landesjagdverbandes Schleswig-Holstein, deren Ziel die Wiederherstellung und der Schutz möglichst natürlicher Lebensräume ist. Es werden Flächen von Grundeigentümern gekauft oder angepachtet und möglichst natürlich gestaltet.

Prone, die: → Brahme.

PRO SILVA → Europäische Vereinigung für naturnahe Waldwirtschaft; → „Naturgemäße Waldwirtschaft", „Arbeitsgemeinschaft Naturgemäße Waldwirtschaft".

Prospektierung, die:
→ (Bio-)Prospektierung.

Proßholz, das: → Verbißgehölze.

Proßholzfläche, die: → Verbißgarten.

Protz, der: → Vorwuchs.

Provenienz, die: svw. → Herkunft.

Proventivtrieb, der: → Angsttrieb.

Prozessionsspinner (*Thaumetopoeidae*): eine v. a. in Europa, Nordafrika und Westasien verbreitete Fam. mit ca. 100 Arten. P. sind relativ kleine, plumpe und meist grau gefärbte Falter mit gedrungenem, abstehend wollig beharrtem Thorax. Die Falter der P. nehmen keine Nahrung auf. Die gesellig in gemeinsamen Gespinsten lebenden Raupen sind gleichmäßig kurz behaart mit büschelweise gestellten, langen brüchigen Borsten auf den Knopfwarzen. Sie wandern jeden Abend in langen, ein- oder mehrreihigen Zügen von den großen Gespinstnestern zum Fraßplatz, wobei eine Raupe stets der anderen dicht folgt (Prozession, Gänsemarsch). Als Forstschädlinge treten auf:

1. Eichenprozessionsspinner, der (*Thaumetopoea* (*Cnethocampa*) *processionea*): Der Falter ist klein und plump, die Vorderflügel grau mit dunklen Querbinden, die Hinterflügel gelblichweiß mit dunklerer Binde. Die Raupe ist lang und dunkelköpfig, graugelb behaart mit einem Samtspiegel auf den Hinterleibsringen. Der im August/September in den Abendstunden und nachts schwärmende Falter legt seine Eier plattenweise an die Rinde von Ei. Sie werden mit grauer Afterwolle überzogen. Im darauffolgenden Mai schlüpfen die Raupen aus und spinnen im Gezweig ein lockeres Nest, in dem sie tagsüber gesellig und zusammengeballt leben. Sie fressen nachts und wandern dabei – Fäden spinnend – an einer langen Kette (Prozession) in den Baumkronen umher. Am früheren Morgen kehren sie in derselben Weise in ihr Nest zurück. Die Spindelhaare auf den Spiegeln sind giftig und verursachen bei Menschen und Säugetieren an empfindlichen Hautstellen (besonders Bindehaut des Auges und auf den Schleimhäuten von Nase, Mund und Schlund) Entzündungen. Im Juli/August verpuppen sie sich in bienenwabenähnlichen Kokons. Die → Puppe ist rotbraun und gedrungen und hat am Hinterleib zwei Häkchen. Den Raupen und Puppen stellt besonders der → Kuckuck nach. Die Generation ist einfach.

2. Kiefernprozessionsspinner, der (*Thaumetopoea* (*Cnethocampa*) *pinivora*): Der K. ähnelt in Aussehen und Lebensweise dem Eichenprozessionsspinner und kommt hauptsächlich in Norddtschl. und im Ostseegebiet vor. Der Falter schwärmt im Mai/Juni. Die Eier werden in 3 bis 4 mm starken und bis 4 cm langen Kolben spiralig um die Nadeln gelegt. Die gesellig lebenden Raupen halten sich ohne Nest klumpenweise in Astgabeln zusammen. Sie wandern täglich in langen Prozessionen zu den Fraßplätzen und ebenso wieder zu den Ruheplätzen zurück. Sie verpuppen sich im August/September dicht gedrängt in einem Gespinst im Boden. Die Gifthaare der Raupen rufen die gleichen Entzündungen wie die des Eichenprozessionsspinners hervor.

3. Fichtenprozessionsspinner, der (*Thaumetopoea* (*Cnethocampa*) *pityocampa*): auch Pinienspinner. Falter größer als Eichenprozessionsspinner. Die Vorderflügel sind weißgrau mit dunklem Mittelstrich und drei solchen Querlinien. Hinterflügel weiß mit schwarzem Fleck am Hinterrand. Flugzeit: Mai/Juli. Die Raupen sind blauschwarz mit schwarzen Spiegelflecken mit rötlichem Rand. Die Kopfkapsel ist schwarz. Sie überwintern in kegelförmigen, mit der Spitze nach unten gerichteten Gespinsten in der Krone. Der F. kommt gelegentlich in Baden an Fi und Ta vor.

Prozeßkostenrechnung, die: → Kosten werden durch Produkte bedingt, die der → Forstbetrieb erzeugt. Wegen der Transparenz sollten sie den Produkten direkt zugerechnet werden. Die P. untergliedert deshalb das Betriebsgeschehen in Prozeßbereiche, Haupt- und Teilprozesse, wie z. B. Holzernte, → Waldpflege, Schutz und Erholung. Ziel der P. ist die Herleitung von genauen Stückkosten, die neben den direkt zurechenbaren auch die anteiligen Kosten für die Verwaltung enthalten.

Prozessoren (Aufarbeitungsmaschinen): Maschinen für die mechanisierte Holzernte, die mehrere Teilarbeiten der Holzernte ausführen können. Der P. führt folgende Arbeiten aus: Entasten, Einschneiden, Vermessen (zwei bis drei Sortimente) und Holzablegen. Wie bei den → Harvestern (Vollernter) wird zwischen P. und Anbau-P. bzw. Aufbau-P. unterschieden. Beim Anbau-P. wird das Prozessoraggregat am Dreipunkt-Kraftheber eines → Schleppers montiert. Die Zuführung der Bäume erfolgt mit Kran, Kran- oder Seilwinde. Beim Aufbau-P. (Kompakt-P.) ist das Prozessoraggregat auf dem Trägerfahrzeug montiert. Der Baum wird mit dem Kran dem Prozessoraggregat zugeführt und entastet, vermessen, eingeschnitten, gezopft und abgelegt. Als ergänzende technische Einrichtung stehen wahlweise zur Verfügung: kontinuierlicher oder schubweiser Einzug, Art der Einzugswalzen, Zahl der festen und beweglichen Entastungsmesser und Art der Meßeinrichtung. P. werden v. a. zum Aufarbeiten von schwachem bis mittelstarkem Holz (Schichtholz, Industrieholz-Kranlängen, Stammholzabschnitten) von der → Rückegasse oder der Waldstraße aus eingesetzt.

Raupen des Prozessionsspinners

Prozeßschutz, der: Schutz der natürlichen Abläufe als solche, im Wald also der → Sukzession. Mit diesem von Sturm 1994 geprägten Begriff wird der Schwerpunkt des Naturschutzes vom → Arten- und → Biotopschutz zum P. hin verlagert. Damit wird zwar der Dynamik der Waldentwicklung Rechnung getragen, doch ist damit ein schwer definierbarer Begriff geschaffen worden.

Prüfung des Saatgutes, die: → Saatgutprüfung.

Prügelholz, das: auch Knüppelholz; veraltet: Bengelholz, Klöppelholz, Knüttelholz. Nach der früheren → Holzmeßanweisung Bez. für → Derbholz (→ Rundlinge) von mehr als 7 cm bis einschließlich 14 cm am schwächeren Ende, mit → Rinde gemessen. P. konnte sowohl → Nutz- oder → Brennholz sein und wurde fast immer ungespalten ins → Schichtmaß gesetzt.

Prügelrost, der: → Knüppeldamm.

Mit dem Anbau-Prozessor sind mehrere Teilarbeiten der Holzernte möglich.

Prunus II

4. Zwergkirsche

Prunus fruticosa (Pallas) Woronow = *P. chamaecerasus* Jacq.wird auch Zwergweichsel genannt.

Verbreitung

Die Zwergkirsche ist über ganz Mittel- und Osteuropa verbreitet, vom Ostalpenrand und vom Rhein über den Norden der Balkanhalbinsel, den Kaukasus bis Sibirien. Stellenweise kommt sie auch noch in Mitteldeutschland vor.

Standort

Die Zwergkirsche ist relativ selten und wächst in lichten Wäldern, lichten Bergwäldern, an trockenen, sonnigen Hängen, in trockenen Gebüschen, Zwergkirschen-Gebüschen (Charakterart), an Wegrändern, auf Trockenwiesen, mit Vorliebe auf Kalk- und Lehmböden.

Merkmale

■ Der Ausläufer treibende, sperrige, kleine Strauch hat kurze Zweige, oft niederliegende Stämmchen und erreicht eine Höhe von 50 bis 100 cm. Die Knospen sind ei-rundlich mit großen Knospenschuppen, die Zweige kahl.

■ Die wechselständig angeordneten, derben, 3 bis 5 cm langen Laubblätter sind an Kurztrieben länglich verkehrt-eiförmig und stumpf, an → Langtrieben länglich lanzettlich und zugespitzt. Die Blattoberseite ist glänzend dunkelgrün, die Unterseite blaßgrün, der Blattrand gesägt bis gekerbt, der Blattstiel drüsenlos. Der Rand der Nebenblätter ist ebenfalls gesägt.

■ Die Blütezeit der Zwergkirsche ist im April/Mai, ihre kleinen, reinweißen, langgestielten Blüten haben 1 bis 1,5 cm im Durchmesser und stehen (zu zwei bis fünf) in meist ungestielten Dolden oder Trauben und sind an den Enden der spärlich beblätterten Kurztriebe angeordnet. Die kugelige, etwas abgeflachte, glänzende Steinfrucht mißt höchstens 1 cm im Durchmesser, ist korallenrot, später auch schwarzrot, hat sehr saures Fruchtfleisch, enthält einen rundlichen, etwas zugespitzten Steinkern, der zwei deutliche Kanten aufweist.

Blätter und Früchte der Gemeinen Traubenkirsche

5. Gemeine Traubenkirsche

Prunus padus Linné = *Padus avium* Mill. wird auch Gewöhnliche Traubenkirsche, Ahlkirsche, Faulbaum, Knitsch(el)beer-, Spießbeerholz, Stink-, Hau-, Kiritschelbeere und Kitschbaum genannt.

Verbreitung

Die Gemeine Traubenkirsche ist in Europa und Asien weit verbreitet. Zunehmend wird sie als Ziergehölz, Straßenbaum und auch an Hochwasserdämmen nahe der Dammkrone angepflanzt.

Standort

Sie ist relativ häufig und wächst an Waldrändern, in feuchten Ebenen, Auwäldern und -gebüschen, besonders Erlen-Ulmen-Auwäldern (Verbands-Charakterart), feuchten Gebüschen, in Alpentälern, Schluchten, auf Flachmooren und im Gebirge bis in Höhen von 1 800 m. Die Gemeine Traubenkirsche ist sehr anspruchsvoll und bevorzugt frische bis feuchte, humose, tiefgründige, nährstoff- und basenreiche, oft kiesig-sandige Lehm- und Tonböden, Mullböden; Grundwasserzeiger. Die Subspezies *Prunus padus ssp. borealis* wächst in Moorbirken-Bruchwald-Gesellschaften.

Merkmale

■ Der sommergrüne Laubbaum (seltener Strauch) wächst bis zu 20 oder 30 Jahren sehr rasch und erreicht eine Wuchshöhe zwischen 10 und 16 m sowie ein Alter von 60, höchstens 80 Jahren. Er hat eine tiefangesetzte, dichtbelaubte, schlanke, kegelförmige, später mehr säulenförmige und gewölbte Krone. Der schlanke Stamm ist ziemlich gerade, oft spannrückig (→ Spannrückigkeit) und wird etwa 60 cm stark.

■ Die Rinde ist glatt, dunkel braungrau bis fast schwarz und erst im hohen Alter bildet sich eine dünne, längsrissige Borke. Die bogig aufsteigenden Äste sind locker verzweigt. Die Zweige sind kahl, rutenförmig, oft überhängend, die jungen Zweige lichtseits braunrot, schattenseits grünocker. Die glänzend braunen Triebe sind glatt und unbehaart, die Knospen schlank und spitz. Der Stock und die Wurzeln der Gemeinen Traubenkirsche haben ein großes → Ausschlagvermögen.

■ Die wechselständig angeordneten, verkehrt-eiförmigen bis breit-lanzettlichen Blätter sind am Grunde abgerundet, vorne zugespitzt. Sie sind etwa 5 bis 10 cm lang, 3 bis 6 cm breit, oberseits matt, lebhaft grün, unterseits bläulichgrün, gelegentlich sehr zerstreut behaart. Sie weisen bogenförmige Seitenrippen auf und ihr Blattrand ist fein gezähnt. Die jungen Blätter, und noch mehr die Rinde, strömen einen starken Bittermandel-Duft aus, wenn sie zwischen den Fingern zerrieben werden. Im Herbst färben sich die Blätter rötlich oder gelb. Der etwa 2 cm lange Blattstiel hat ein bis drei, meist zwei grünliche Nektardrüsen.

■ Die Blütezeit ist im Mai/Juni. Die reinweißen, fünfzähligen Blüten haben etwa 1 bis 2 cm im Durchmesser, stehen an 10 bis 15 mm langen Blütenstielen zu 10 bis 30 in 8 bis 12 cm langen, aufrecht bogig stehenden, dann überhängenden Trauben am Ende beblätterter Kurztriebe und verströmen einen eigenartigen, aufdringlichen Duft, der Bienen und Fliegen anlockt und dem die Gemeine Traubenkirsche auch den Namen Faulbaum verdankt. Der Rand der Kronblätter ist fein gezähnt. Die Kelchblätter sind gefranst und drüsig.

■ Die etwa erbsengroßen, kugeligen Steinfrüchte, die im Juli/August reifen, sind schwarz, etwas glänzend, von bittersüßem Geschmack und enthalten einen rundlich bis eiförmigen oder zugespitzten gefurchten Steinkern. Sie werden gern von Vögeln verzehrt, wodurch die Art auch verbreitet wird. Die bittersüßen Früchte können, eingekocht mit Zucker, als Beimischung zu anderen Früchten verwendet werden.

Holz

Das Holz hat einen breiten, gelbweißen Splint, einen braungelben Kern, ist etwas glänzend und riecht frisch etwas unangenehm.

Bedeutung als Heilpflanze

In der Homöopathie wird der aus der Rinde gewonnene Extrakt als schmerzstillendes und stärkendes Mittel hauptsächlich bei Kopfschmerzen, Herz- und Magenstörungen angewendet. Die Rinde, die im April/Mai geerntet wird, enthält das Glykosid Isoamygdalin.

6. Spätblühende Traubenkirsche

Prunus serotina Ehrhart wird auch Späte Trauben- und Herbstkirsche genannt. Die lateinische Bez. *serotina* kommt vom lateinischen Wort *sero* = spät.

Verbreitung

Die Spätblühende Traubenkirsche, die aus Nordamerika stammt, ist bei uns häufig als Ziergehölz und verwildert zu finden. Sie wurde gelegentlich zur Verbesserung armer Standorte eingebracht und entwickelte sich auf manchen Böden zu einem lästigen Unkraut.

Standort

Sie benötigt volles Licht und ist meist an Waldrändern anzutreffen. Gegenüber Winter- und Spätfrösten ist sie relativ unempfindlich; sie gedeiht gut auf frischen, kräftigen, humosen Böden und wächst auch noch auf armen Standorten. Bodennässe verträgt sie allerdings nicht.

Merkmale

■ Die raschwüchsige Spätblühende Traubenkirsche wird ein großer Strauch oder Baum mit länglicher Krone, dichter Belaubung, kurzen, waagerechten Ästen und dunkelbrauner Rinde. In ihrer Heimat erreicht sie eine Höhe von 30 m und mehr.

■ Die wechselständig angeordneten, etwas ledrigen Blätter sind länglich-lanzettlich, zugespitzt, oberseits glänzend dunkelgrün, unterseits hellgrün und längs der Mittelrippe gelblich behaart. Der Blattrand ist fein kerbig gesägt. Im Herbst färben sich die Blätter lebhaft gelb und sollen angeblich für das Weidevieh giftig sein, nicht jedoch das grüne Laub.
■ Die Blütezeit der Spätblühenden Traubenkirsche ist im Juni (Juli). Die Blüten, die denen der Gemeinen Traubenkirsche sehr gleichen, sind auf 3 bis 6 mm langen Blütenstielen zu aufrechten, zuletzt überhängenden Trauben angeordnet, die kürzer und gedrungener sind als die der Gemeinen Traubenkirsche.
■ Die im September reifende Frucht, an der der Blütenkelch noch vorhanden ist, ist eine etwa erbsengroße, schwach glänzende, anfangs rote, dann schwarzrote Steinfrucht mit wenig Fruchtfleisch. Sie enthält einen flachen Steinkern. Der frische, im Herbst gesäte Samen keimt im darauffolgenden Frühjahr, und zwar – im Gegensatz zu den übrigen *Prunus*-Arten – unterirdisch. Die Verwendung der Früchte als Wildobst lohnt sich nicht. In den USA werden sie jedoch zum Aromatisieren von Rum und Brandy verwendet.
■ Die Spätblühende Traubenkirsche ist Wirtspflanze für eine Blattlaus (*Myzodes persicae*), die eine Viruskrankheit der Zuckerrübe überträgt.

Holz
Das Holz der Spätblühenden Traubenkirsche ist schön rot, wertvoll und in der Kunsttischlerei sehr gesucht.

7. Schlehdorn
Prunus spinosa Linné wird auch Schlehe, Schwarzdorn und Dornschlehe genannt.

Verbreitung
Der Schlehdorn ist fast in ganz Europa beheimatet, nur im äußersten Norden und auf Island fehlt er.

Standort
Er wächst in lichten Laubwäldern, Hainbuchenwäldern, Erlen-Edellaub-Auwäldern, an Feld-, Wald- und Wegrändern (Vogelschutzgehölz), in feuchten Hecken und Gebüschen, Schlehengesellschaften, Feldgehölzen, an steinigen Waldplätzen, Fels- und Schutthängen, zwischen Weinbergen, auf Magerweiden (Pioniergebüsch) und in trockenen Flußauen. Lockere nährstoffreiche, humose oder trockene, steinige, kalkhaltige Böden in sonnigen Lagen bevorzugt er und ist häufig in Begleitung von Wacholder, Hasel, Wildrosen, Weißdornarten und der Berberitze zu finden, auf den Dünen an der Ostsee besonders in Gesellschaft von Weiden. Der Schlehdorn ist vom Tief- und Hügelland bis in die subalpine Region (ca. 1 400 m) anzutreffen. Er gehört dem eurasischen Florenelement an und scheint spätestens in der jüngeren Steinzeit (3000 – 2000 v. Chr.) nach Mitteleuropa eingewandert zu sein, da in zahlreichen Pfahlbauten der Neolithiker Schlehdorn-Steinkerne gefunden wurden.

Merkmale
■ Der sparrige, stark verzweigte, ausgebreitete, sommergrüne, mittelgroße Strauch (selten kleine, bis 6 m hohe, mehrstämmige Baum), dessen kleine Äste in einem spitzen Dorn- enden, wird 1 bis 3 m hoch und bis zu 40 Jahre alt. Er ist trägwüchsig und bereits mit 20 Jahren voll entwickelt. An manchen Orten, wie z. B. in den Eichengebüschen der Nordseeküste oder auf den Hängen des Oberrheintales, entstehen durch starke, beständige Winde oder durch Viehverbiß stark verzweigte Krüppelformen.
■ Der Schlehdorn breitet sich mit seinem weitreichenden Wurzelwerk durch Wurzelschößlinge und Kriechwurzeln rasch aus und wird deshalb häufig zur Befestigung von Hängen angepflanzt. Die Stämmchen und Äste haben eine rußig schwarzbraune Rinde, die im Alter in schmale Streifen zerreißt. Die Zweige sind kantig-rundlich, anfangs samtig behaart, rötlichbraun und mit zahlreichen, in Dornen endenden Kurztrieben besetzt.
■ Kugelige Blütenknospen flankieren häufig die eiförmigen, halbkugeligen oder kugeligen Laubknospen. Die Knospenschuppen sind hell-rotbraun bis dunkelbraun, häufig behaart oder bewimpert und meist zugespitzt. Die wechselständig, oft büschelig angeordneten, ziemlich weichen Blätter sind ei-lanzettlich, am Grunde keilförmig verschmälert, an der Spitze spitz bis stumpf. Sie sind etwa 2 bis 5 cm lang, 1 bis 2 cm breit, anfangs behaart, später kahl, oberseits dunkelgrün und etwas runzelig, unterseits blaßgrün. Der Blattstiel ist 2 bis 10 mm lang, kahl oder spärlich behaart, der Blattrand fein gesägt bis gekerbt. Die Nebenblätter sind linealisch, am Rande gezähnt und meist etwas länger als der Blattstiel.
■ Der Schlehdorn blüht normalerweise vor Laubaustrieb, je nach Standort von März bis Mai. Die reinweißen, fünfzähligen Blüten stehen einzeln oder zu zweit, aber dicht gedrängt an den Kurztrieben. Sie sind kurzgestielt, haben etwa 1 bis 1,5 cm im Durchmesser und duften nach Mandeln. Die fünf dreieickigen bis eiförmigen Kelchblätter sind am Rande drüsig fein gezähnt und etwa 1,5 bis 2 mm

Schlehdornstrauch mit den schwarz-blauen, blau bereiften Beeren

lang. Die Schlehdorn-Blüte enthält etwa 20 (4 bis 5 mm lange) Staubblätter mit gelben oder roten → Staubbeuteln und einen → Griffel. Da die Innenseite des Kelchbechers reichlich Nektar absondert, stellt der Schlehdorn im zeitigen Frühjahr die erste → Bienenweide dar.
■ Die aufrechten, kugeligen, schwarzblauen, blau bereiften Steinfrüchte (Schlehen) haben etwa 1,0 bis 1,5 cm Durchmesser, reifen im September/Oktober und bleiben den Winter über am Strauch. Das grüne Fruchtfleisch schmeckt sehr herb. Der darin enthaltene kugel- bis linsenförmige, 8 bis 10 mm lange und 6 bis 7 mm breite, leicht runzelige Steinkern löst sich nicht vom Fruchtfleisch. Dieses Fruchtfleisch, das erst nach Frosteinwirkung genießbar ist, enthält viel Vitamin C, läßt sich zu Mus, Säften, Kompott und Marmelade verarbeiten, ferner dient es auch zur Herstellung von Schnäpsen und Likören.

Holz
Das Holz hat einen rötlichen Splint, einen braunroten Kern, ist etwas glänzend, sehr hart und wurde früher zu Tischler- und Drechslerarbeiten verwendet. Aus den Ästen stellte man auch Spazierstöcke her. Im Auenmittelwald diente der Schlehdorn bei kurzem → Umtrieb als Gradierholz für → Salinen.
Gerade, dünne Triebe werden zu Spazier- und dickere zu Knotenstöcken verarbeitet. Stärkere Stücke eignen sich auch für Drechslerarbeiten. Das schwächere Reisig wird auch heute noch gelegentlich bei der Salzgewinnung in Gradierwerken verwendet. Dort wird die Salzsole über das Astwerk gesprüht, damit Wasser verdunstet

und das salzhaltige Wasser eingedickt wird. In der Salzsiedepfanne braucht man dann weniger Energie für die Salzgewinnung. Früher wurden junge, verbißempfindliche Forstpflanzen auch mit Schlehenästen geschützt.

Bedeutung als Heilpflanze

In der Naturheilkunde finden die Blütenknospen, Blätter, Früchte und die Rinde Verwendung. Sie enthalten Gerbstoff, Flavonoide, Blausäureglykoside und Vitamin C. Die Blüten enthalten das Glykosid Amygdalin, das beim Trocknen verschwindet. Sie wirken harntreibend, schwach abführend und blutreinigend. Zudem wirken Schlehdorn-Produkte adstringierend, schweißtreibend, tonisch und finden bei Akne, Müdigkeit und als Frühjahrskur Anwendung. Früher wurde aus der Rinde von Schlehenzweigen die sog. rotbraune Dornentinte gewonnen. Solche Tinte wurde u. a. von den Mönchen benutzt. Sie war lichtecht und wasserfest. Aus dem Jahre 1100 wird das Herstellverfahren beschrieben: Die Dornen wurden demnach vor dem Ausschlagen geschnitten und mit Wein verkocht.

Blühender Zweig der Schlehenpflaume

8. Schlehenpflaume

Prunus domestica ssp. insititia Linné wird auch Haferschlehe, Krieche, Kriechenbaum, Kriechen-, Haferpflaume und Ziparte genannt.

Verbreitung

Die Schlehenpflaume, deren Heimat der Orient ist, wurde ursprünglich (seit der jüngeren Steinzeit) im südlichen und südöstlichen Mitteleuropa eingebürgert und kommt daher vereinzelt bei uns auch wild vor.

Standort

Sie wächst in Vorhölzern, Hecken, Gebüschen und an Waldrändern, bevorzugt guten, nährstoffreichen Boden und sonnige Standorte.

►► Früchte und Blätter der Schlehenpflaume

Merkmale

■ Der Strauch oder auch kleine Baum mit ausgebreiteter, lockerer Krone hat dornige Seitenzweige (Wildform) mit grünen, samtartig filzigen Trieben. Die End- und Seitenknospen erscheinen schmal kegelförmig bis spitz-eiförmig. Die rotbraunen bis braunschwarzen Knospenschuppen haben einen deutlich gefransten Rand und sind meist eingekerbt. Die wechselständig angeordneten, elliptischen bis rundlichen Blätter (mit 1 bis 2 cm langem Stiel) sind beiderseits flaumig behaart.

■ Die Schlehenpflaume blüht im April/Mai, ihre fünfzähligen Blüten sind größer als beim Schlehdorn, reinweiß (die Kronblätter rundlich) und stehen meist zu zweit an behaarten Stielen.

■ Die hängenden Früchte, die im September (mit dem Hafer und früher als die Pflaume) reifen, sind kugelig, selten eiförmig, gelb gefärbt und von Wachsausscheidungen weißlich bereift, mit goldgelbem, würzigem, sehr süßem und festem Fruchtfleisch, das etwas am Stein haftet. Die Schlehenpflaume gibt es auch mit schwarzblauer Färbung (*Prunus insititia var. nigra*), die blau bereift ist und deren gelbgrünes Fruchtfleisch ebenso wohlschmeckend ist; sie wird auch Pflaume genannt. Die Früchte haben etwa 3 cm Durchmesser (doppelt so groß wie Schlehdornfrüchte). Der Steinkern ist ziemlich glatt, kürzer und weniger zusammengedrückt als bei der Pflaume.

Blätter, Blüten und Frucht der Pflaume

■ Die Schlehenpflaume ist die Stammpflanze aller rundlichen Pflaumensorten, wie z. B. der **Mirabelle** (*Prunus insititia var. syriaca*) und der **Reineclaude** (*Prunus insititia var. italica*).

Holz

Das Holz der Schlehenpflaume ist rötlichbraun; es ist heller und weicher als das der Pflaume.

9. Pflaume

Prunus domestica Linné ist auch als Zwetsch(g)e oder Hauspflaume bekannt.

Verbreitung

Die Pflaume, deren Ursprung in Kleinasien ist und die seit der Römerzeit nach Europa gelangte, ist wahrscheinlich das Ergebnis zahlreicher Kreuzungen. Sie ist vermutlich aus der Kreuzung der Schlehe (*P. spinosa*) mit der Kirschpflaume (*P. cerasifera var. vivaricata*) hervorgegangen. Künstlich erzeugte Kreuzungen beider Arten sind von der Pflaume nicht zu unterscheiden. Sie ist schon seit langer Zeit in Kultur und wird in zahlreichen Sorten angebaut.

Standort

Verwildert ist die Pflaume in Wäldern und an Waldrändern anzutreffen.

Merkmale

■ Der sommergrüne, laubwerfende Strauch oder kleine Baum hat in verwilderter und wilder Form Dornen. Der Baum, der 10 bis 15 m hoch wird, hat eine gewölbte, unregelmäßige, häufig offene Krone und einen geraden, schlanken Stamm. Die Äste sind ziemlich gerade und weit abstehend, die Triebe und die jüngeren Zweige glatt, lichtseits oliv bis rötlichbraun, schattenseits grün, nur anfangs etwas behaart und gelegentlich (besonders bei verwilderter und wilder Form) mit Kurztriebdornen besetzt. Die Seitenknospen sind vom Zweig abstehend und kegelförmig. Die Endknospen sind schmal-eiförmig, kegelförmig oder zugespitzt. Die Knospenschuppen sind hellbraun (unten) bis braunschwarz (oben) und oft leicht behaart.

■ Die Rinde ist anfangs glatt, später graubraun und längs und quer rissig gefeldert. Die wechselständig an Kurztrieben angeordneten Blätter sind elliptisch bis verkehrt-eiförmig, dünn, oberseits dunkelgrün, unterseits hellgrün, behaart und mit hervortretendem Adernetz. Sie sind 3 bis 8 cm lang, 2 bis 5 cm breit, an der Basis abgerundet oder keilförmig verschmälert und vorne kurz zugespitzt, nach dem Blattaustrieb noch auf beiden Seiten fein behaart, später nur noch auf der Unterseite. Der Blattrand ist fein gekerbt oder gesägt, der Blattstiel 1,5 bis 2 cm lang.

■ Die Pflaume blüht von März bis April. Die grünlich-weißen, kurzgestielten Blüten, die mit oder kurz vor dem Laubaustrieb erscheinen, haben etwa 2 bis 4 cm im Durchmesser und stehen in der Regel zu zweit oder dritt.

■ Die länglichrunden Steinfrüchte, die im September/Oktober reifen, sind etwa 3 bis 6 cm lang, schwarzblau, hellblau bereift oder rotviolett. Ihr gelblich-grünes Fruchtfleisch ist saftig, süß, zuckerreich und umschließt einen runzeligen, seitlich flach zusammengedrückten, zugespitzten Steinkern, der auf einer Seite scharfkantig, auf der anderen gefurcht ist und sich in der Regel leicht vom Fruchtfleisch löst.

Prügelschuh, der: ein in den bayer. Alpen früher häufig benutztes Gerät beim Holzschleifen. Der P. besteht aus einem schaufelförmigen, etwa 30 cm langen Stück Buchenholz, das unten mit Eisenblech beschlagen ist und auf der Oberfläche zwei kräftige, eiserne Dornen trägt, die sich in das aufgelegte hintere, am Boden schleifende Stammende eindrücken. Mit einer Schnur wird ein Haken befestigt und oben in das Stammende eingeschlagen, damit der P. bei der Arbeit nicht verlorengeht. Der P. diente sowohl der Schonung des → Rundholzes als auch des Waldbodens.
Prügelwelle, die: → Welle 2).
Prunella → Braunelle.
Prunella modularis → Heckenbraunelle.
Prunetalia spinosa → Hecken und Gebüsche.
Prunion fruticosae → Hecken und Gebüsche.
Pruno-Fraxinetum → Traubenkirschen-Eschen-Auenwald.
Pruno-Rubion fruticosi → Hecken und Gebüsche.
P r u n u s: siehe Seite 564 ff.
Psathyrella → Faserlinge.
Pselaphidae → Zwergkäfer.
Pseudocyphellen: bei → Flechten kleine punkt-, strich- oder fleckförmige Durchbrechungen oder Auflockerungen der Rindenschicht. Sie lassen häufig das helle, freiliegende Mark erkennen und dienen vermutlich der Förderung des Gasaustausches.
Pseudogley, der: Diese Bodenart ist durch einen gesteins- oder entwicklungsbedingten wasserstauenden Untergrund, der → Staunässe bewirkt, gekennzeichnet. Bei den durch das Ausgangsgestein bedingten primären oder Zweischichten-P. liegt eine durch die Geologie oder die fossile Bodenentwicklung verursachte Stauschicht, z. B. aus Zweischichtenböden oder → Pelosolen, vor. Bei den durch die Bodenentwicklung bedingten sekundären P. liegt ein durch Toneinschlämmung verdichteter und deswegen stauender Unterboden vor. Diese Toneinschlämmung kann der Parabraunerdentwicklung aus ungeschichtetem Ausgangsmaterial entstammen mit ihrem typischen dichten Tonanreicherungshorizont Bt. Dieser wirkt ebenfalls wasserstauend. Über den primär oder sekundär entstandenen Stauhorizonten liegt eine Zone, in der sich das Wasser staut und die deshalb zeitweise sauerstoffarm ist. Dieser Horizont führt bis zu bohnengroße schwarze Konkretionen und Rostflecken. Typisch für die P. ist eine Rost-Grau-Marmorierung. Es gibt folgende Übergangsformen des P.: Braunerde-, Parabraunerde-, Podsol-, Pelosol-, Gley- und Übergangsmoor-P. Durch die zeitweise Vernässung ist die Wurzelaktivität beeinträchtigt. Nur wenige Baumarten, wie z. B. die SEr, As, Ta und StEi können den P. tief durchwurzeln. Andere Baum- arten, wie z. B. die Fi, bilden nur flache Wurzelteller und sind auf P. stark windwurfgefährdet.
Pseudotsuga → Douglasien.
Psilophytales → Nacktpflanzen.
Psilophytatae → Urfarne.
Psocoptera → Rindenläuse.
Psychoda phalaenoides → Schmetterlingsmücken.
Psychodidae → Schmetterlingsmücken.
Psyllina → Blattflöhe.
Pteridium → Adlerfarn.
Pteridophyta → Farnpflanzen.
Pteridospermae → Samenfarne.
Ptilium → Federmoos.
Pufferung, die: Bez. für den Vorgang des Konstanthaltens des → pH-Wertes in einer Lösung, aber auch in einem System wie das des → Bodens, trotz Zufuhr von Säuren oder Basen, d. h. von H- oder OH-Ionen. Das Verhandensein solcher Puffersysteme (meist Gemische von schwachen Säuren mit ihren Salzen), die die basischen oder sauren Ionen entweder neutralisieren oder teilweise binden und damit z. B. starke Säuren in schwache umwandeln, ist hierbei Voraussetzung. Im Boden sind die Ton- und Humuskolloide, Phosphate und Karbonate die Puffer. Diese Wirkung beruht auf dem Austausch zwischen H-Ionen und den austauschbaren Metallkationen. Das P. ist umso größer, je höher die → Austauschkapazität ist (Kationenaustausch, Basenaustausch). In Waldböden gibt es z. B. verschiedene Puffersysteme, wobei das Puffervermögen vom Ionenbelag an den Austauschern (Tonminerale und Huminstoffe) und vom Ausgangs-pH-Wert abhängig ist.
Die Fähigkeit der Waldböden zur P. von Schadeinflüssen geht durch die zunehmende Belastung der Wälder verloren. Sie können kaum mehr die großen Mengen von H-Ionen abpuffern, die durch → Luftschadstoffe eingetragen werden bzw. die bei der Zersetzung von → Biomasse entstehen; → Bodenversauerung.
Puffervermögen, das: → Pufferung.
Pulmonaria → Lungenkraut.
Pulsatilla → Kuhschelle.
Pulsatillo-Pinetalia (sylvestris) → Kiefern-Steppenwälder.
Pulsatillo-Pinetea sylvestris → Kiefern-Steppenwälder.
Pulverholz, das: der Faulbaum; → Kreuzdorn 3. Das Holz des Faulbaumes liefert eine zur Herstellung des Schießpulvers (Schwarzpulver) begehrte Kohle.
Pumbl, die: → Heidelbeere 2.
Punktiertes Sternmoos, das: → Sternmoos 2.
Punktsaat, die: → Saatformen.
Puppe, die: Das nach der → Larve kommende (vorletzte) Entwicklungsstadium bestimmter Insektengruppen (z. B. → Fliegen, → Hautflügler, → Käfer, → Schmetterlinge). Das → Insekt ist hier in eine stark chitinisierte Hülle eingebettet und durchläuft je nach Art ein unterschiedlich langes Entwicklungsstadium. Während des Ruhestadiums, in dem auch keine Nahrungsaufnahme erfolgt, findet die Umwandlung von larvalen Organen in Organe des voll ausgebildeten Insekts statt. Es werden drei Puppentypen unterschieden:
1. Mumienpuppen: Bei ihnen liegen durch eine erhärtende Häutungsflüssigkeit die Flügel, Beine und Fühler fest am Rumpf, z. B. bei → Marienkäfern, → Mücken und bei → Schmetterlingen. Eine Sonderform sind die Gürtelpuppen. Sie sind mit einigen Gespinstfäden um die Körpermitte (Gürtel) an steilen, bzw. senkrechten Gegenständen befestigt. Ihr Kopf ist immer nach oben gerichtet; z. B. Kohlweißling, Schwalbenschwanz. Eine weitere Sonderform sind die Stürz-P. Sie sind nur an einem kurzen Hinterleibsstiel befestigt und hängen von einer horizontalen Fläche fast senkrecht – mit dem Kopf nach unten – herab, z. B. Fleckenfalter (→ Edelfalter) und → Augenfalter.
2. Freie Puppen: Sie kommen bei den Käfern und → Hautflüglern vor. Bei ihnen sind zwar Flügel, Beine und Fühler unbeweglich, liegen aber frei auf der Körperoberfläche. Eine Sonderform der freien Puppe sind die sog. „Tönnchenpuppen", die bei den meisten Fliegen vorkommen. Sie haben einen Kutikularkokon.

◂◂ Puppe

Puppenorchis, die: → Fratzenorchis.
Purgier(kreuz)dorn, der: → Kreuzdorn 2.
Purgierstrauch, der: → Kreuzdorn 2.
Purpurbrauner Champignon, der: → Champignon 10.
Purpur-Klee, der: → Klee 2.
Purpur-Knabenkraut, das: → Knabenkraut 7.
Purpurorchis, die: → Knabenkraut 7.
Purpurweide, die: → Weiden 15.
Purpurzahnmoos, das: → Hornzahnmoos.
Purpur-Zwergchampignon, der: → Champingnon 12.
Puselk(l)e: auch Puzelküh. alte bayer. Bez. für die Samengehäuse (→ Zapfen; mundartlich auch Zutschen oder Kienäpfel) der → Nadelbäume.
Putzen, das: alte Bez. für das natürliche Abstoßen der unteren dünnen Äste der Nadelbäume; natürliche → Astreinigung.
Puzelküh → Puselke.
Pycnidien: auch Piknidien. Die P. der höheren → Pilze sind meist in den → Thallus eingesenkte, kleine, meist kugelige bis birnförmige, gelegentlich auch unterteilte oder mit sackförmigen Ausstülpungen versehene Behälter, in denen Pycnosporen gebildet werden. Sie öffnen sich mit einem Porus.
Pyralidae → Zünsler.
Pyramideneiche, die: Variation der StEi; → Eichen 1.
Pyramidenorchis, die: → Hundswurz.
Pyramidenpappel, die: → Pappeln 3.
Pyrenäen-Schwarzkiefer, die: Unterart der SKie; → Kiefern 2.
Pyrochroidae → Feuerkäfer.
Pyrographie, die: → Holzbrandmalerei.
Pyrola → Wintergrün.
Pyrolaceae → Wintergrüngewächse.
Pyrus → Birnen.

Q

Quadratverband, der: → Pflanzverband.

Qualitätsansprache, die: Die Qualität eines → Baumes wird wie folgt ausgedrückt:

a) → Schaft: lang-, kurz-, gerad-, krummschäftig; zwieselig, drehwüchsig usw.

b) Äste (→ Ast) grob-, feinästig; geastet; Ansprache der Astnarben; Wasserreiser.

c) → Krone: schwach, tief, groß etc., bekront.

d) Fehler und Krankheit: → Wildschäden, Rotfäule (→ Wurzelschwamm), → Krebs, → Rücke- und → Fällungsschäden, → Schnee- und Sturmschäden (→ Windbruch, → Windwurf); → Holzfehler.

Qualitätsklasse, die: → Wertklasse.

Quandel, der: ein in der Mitte des Kohlenmeilers (→ Köhlerei) errichteter Feuerschacht. Der Q. besteht aus drei bis vier senkrecht in den Boden geschlagenen Stangen, die so lang sein müssen, wie der Meiler hoch wird. Die Stangen werden häufig mit Wei umflochten, so daß sie einen hohlen, mit leicht brennbaren Stoffen anzufüllenden Schacht (Q.-Schacht) bilden.

Quandelbeere, **Quantelbeere**, die: → Felsenbirne.

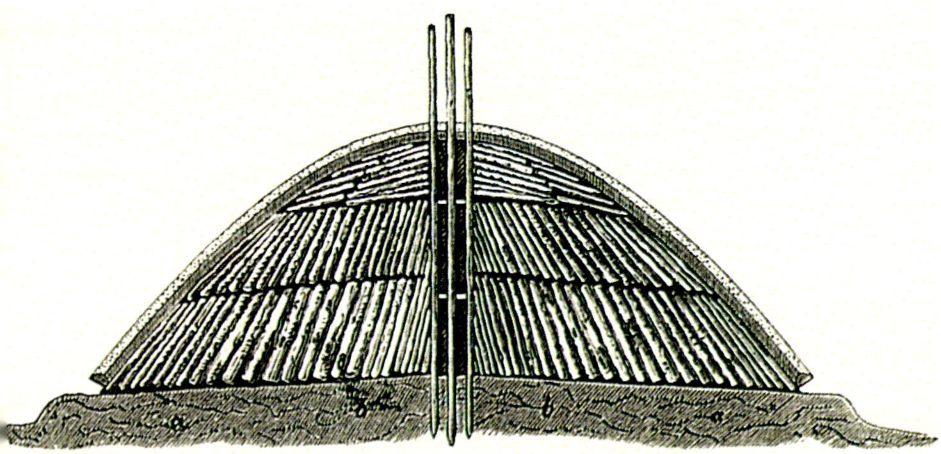

Der Aufbau eines Kohlenmeilers beginnt mit der Errichtung des Quandels.

Quebecken → Holunder 2.

Queckbeere, die: → Ebereschen 1.

Quecke, die (*Agropyron*): Gatt. der → Süßgräser mit rd. 100 Arten auf der nördlichen Halbkugel und im südlichen Südamerika. Eine bekannte Art ist die Gemeine Q. oder Acker-Q. (*Elymus repens* (L.) Gould), eines der lästigsten Ackerunkräuter. Nachstehende Art wächst auch im Wald.

Hunds-Quecke, die (*Elymus caninus* (L.) L. = *Agropyron caninum* (L.) Beauv.): Das mehrjährige Waldgras wächst in lockeren, grasgrünen Horsten häufig bis verbreitet in Laubwäldern, Auwäldern und Gebüschen, an Wegrändern und in Unkrautgesellschaften von der Ebene bis in mittlere Gebirgslagen. Im Norden und Nordwesten Dtschl. ist es selten.

Der Wurzelstock der H. bildet keine Ausläufer. Die bis 12 mm breiten Blätter sind schlaff und am Grunde mit spitzen Öhrchen versehen, die den Halm umfassen. Sie sind oberseits matt graugrün, unterseits glänzend dunkelgrün. Die schlanke Ähre (→ Blütenstand) ist schlaff, etwa 20 mm lang und meist überhängend. Die → Ährchen sind 1 bis 2 cm lang, meist fünfblütig und hellgrün. Die lange Granne der Deckspelze ist etwas geschlängelt. BZ: Juni/Juli.

Quellbäume → Brunnenbäume.

Quellen und Schwinden des Holzes, das: Bei Änderung des Feuchtegehaltes unterhalb des Fasersättigungspunktes quillt das Holz bei Wasseraufnahme und schwindet bei Wasserabgabe, d. h. die Abmessungen des Holzes vermindern sich. Durch Spannungen bei diesem Vorgang parallel zur Faserrichtung entstandene → Risse sind Schwindrisse; sie treten v. a. bei Sommerfällung auf. Das gebundene Wasser, das in die submikroskopischen Zwischenräume der Zellwände aufgenommen wird, drückt die Feinbausteine (Fasern und Faserbündel) der Zellwand auseinander. Dieser Vorgang überträgt sich auf das gesamte Holzstück; das Holzvolumen vergrößert sich, das Holz quillt. Q. u. S. des Holzes werden auch als „Arbeiten" bezeichnet. Die Maßänderungen sind am geringsten in Längsrichtung des Holzes (etwa zehnmal geringer als quer zur Faser), am größten in tangentialer Richtung; die radialen Maßänderungen liegen in der Mitte. Alle linearen Maßänderungen zusammen wirken sich in einer entsprechenden Volumenänderung aus. Das Längenschwindmaß beträgt nur 5 bis 10 % der Querschwindmaße, die Radialschwindung nur etwa 50 % der Tangentialschwindung. Die Längenschwindmaße liegen bei einheimischen Holzarten i. d. R. unter 1 %, die radialen je nach Holzart bei 3 bis 7 %, die tangentialen bei 6 bis 12 % und die Volumenschwindmaße zwischen 8 bis 19 %. Leichtere Nadelbaumarten wie Fi, Ta, Stro haben geringere Quell- und Schwindmaße als schwerere wie Kie und Lä; leichtere Laubbaumarten wie Pa und Li schwinden weniger als Bu oder Hbu; → Werfen (Verziehen) des Holzes, Anhang Seite 872/873.

Schwindmaße einiger Holzarten in %:

Holzart	radial	tangential	Volumen
Fi	3,6	7,8	11,9
Kie	4,0	7,7	12,1
Lä	3,3	7,8	11,4
Bi	5,3	7,8	13,7
Ei	4,0	7,8	12,2
Es	5,0	8,0	13,2
Li	5,5	9,1	14,9
Bu	5,8	11,8	17,8

Quellmoor, das: → Moor.
Quell-Sternmiere, die: → Sternmiere 4.
Quell- und Niederungswälder → Grauerlen-Galeriewald.
Quendel, der: → Thymian.
Quendel-Ameisenbläuling, der: → Bläulinge 9.
Quendelblättrige Gletscherweide, die: → Weiden 16.
Quentser → Eberschen 1.
Quercetalia pubescenti-petraeae → Xerotherme Eichenmischwälder.
Quercetalia pubescentis → Xerotherme Eichenmischwälder.
Quercetalia robori-petraeae → Bodensaure Fallaubwälder.
Quercetea robori-petraeae → Eichen-Birkenwälder.
Quercetum, das: → Arboretum.
Quercetum pubescenti-petraeae → Elsbeer-Flaumeichenwald.
Quercion pubescenti-petraeae → Westsubmediterrane Flaumeichenwälder.
Quercion robori-petraeae → Bodensaure Eichenwälder.
Quercion roboris → Eichen-Birkenwälder.
Querco-Carpinetum medioeuropaeum → Sternmieren-Eichen-Hainbuchenwald.
Querco-Carpinetum mogontiacense → Sternmieren-Eichen-Hainbuchenwald.
Querco-Carpinetum planare → Sternmieren-Eichen-Hainbuchenwald.
Querco-Fagetea → Europäische Falllaubwälder.
Querco petraeae-Tilietum platyphylli → Spitzahorn-Sommerlinden-(Steinschutt)Wald.
Querco-Ulmetum (minoris) → Eichen-Ulmen-Auenwald.
Quercus → Eichen.
Quergestell, das: → Feuergestell.
Querparenchymzellen: Zellen, aus denen die → Markstrahlen bestehen.
Querschnitt des Holzes, der (Hirnschnitt, Nieteschnitt): ein senkrecht zur Stammachse geführter Schnitt (durch → Rinde, → Kambium und → Holzzuwachs). Mit dem Mikroskop kann man auf dem Q. den anatomischen Feinbau des → Holzes bis hin zur kleinsten Einzelzelle erkennen. An der Q.-Fläche eines gefällten → Stammes tritt auch die Färbung des Holzes (→ Holzfarbe) zutage, die je nach → Holzart verschieden ist. Desgleichen kann das Ausmaß einer Verkernung und einer Reaktionsholzbildung, d. h. besonders des Druckholzes (→ Reaktionsholz) und die Zahl der → Jahrringe für die → Altersbestimmung am besten auf der Q.-Fläche festgestellt werden; → Radialschnitt, Tangentialschnitt.
Querschnittszuwachs, der: → Zuwachsarten.
Quetschholz, das: Holzeinlage in jeglicher Art von Grubenausbau, besonders bei Steinmauerung. Es soll ein gewisses elastisches Nachgeben des Ausbaumaterials bewirken und damit dessen Haltbarkeit erhöhen.
Quickholder, der: → Wacholder 1.
Quirl, der: **1)** → Blütenstand. **2)** → Blattstellung.
Quirlblättrige Weißwurz, die: → Weißwurz 3.
Quirlblättrige Zahnwurz, die: → Zahnwurz 1.
Quirlblatt-Zahnwurz-Buchenwald, der (*Dentario ennaephylli-Fagetum*): auch Neunblatt-Zahnwurz-(Tannen-)Buchenwald. Assoziation des Unterverbandes Drüsenzahnwurz-(Tannen-)Buchenwald (*Dentario glandulosae-Fagenion*) des Verbandes der → Buchenwälder. Sie tritt gewissermaßen als Vorposten osteuropäisch-karpatischer Buchenwälder örtlich auf und reicht über das böhmisch-mährische Stufenland, den Böhmer-, Bayerischen und Oberpfälzer Wald bis in die Fränkische Alb und den Schwäbisch Fränkischen Wald. Die vorherrschende Baumart ist die Bu, der regelmäßig Ta, Fi und BAh beigemischt sind, die jedoch in tieferen Lagen zurücktreten oder ganz ausfallen. Es sind straucharme bis strauchlose → Hallenbestände mit gut ausgebildeter Krautschicht. Die → Charakterart dieser Assoziation ist die Quirlblättrige (Neunblatt-)Zahnwurz, die zusätzlich zu den Arten des → Waldmeister-Buchenwaldes auftritt; → Waldgesellschaften.

Hunds-Quecke (*Elymus caninus*)

quirlständige Blätter → Blattstellung.
Quitschbeerbaum, der: → Ebereschen 1.
Quitschen → Holunder 2.
Quittenbeere, die: → Ebereschen 1.
Quittenvogel, der: → Spinner.
Quittschbeere, die: → Ebereschen 1.

R

R: Abk. für → Rammpfähle.

Rabattenpflanzung, die: → Pflanzverfahren.

Rabenkrähe, die: → Rabenvögel 5.

Rabenvögel (*Corvidae*): Vogel-Fam. der Über-Fam. Singvögel (*Oscines*) aus der Ordn. der Sperlingsvögel (*Passeriformes*). R. sind mittelgroße, kräftig gebaute Vögel mit außergewöhnlich scharfen Sinnen und überraschender Klugheit. Sie haben meist lange, spitze Flügel, der mittellange Schwanz ist gerade oder abgerundet; ihre Füße sind sehr kräftig. Der mittellange Schnabel ist mehr oder weniger gerade und auffallend kräftig und spitz. R. leben gesellig; viele Arten brüten in Kolonien. Die umfangreichen Reisignester werden immer weich ausgepolstert und auf Bäumen, an Felsenwänden oder in Höhlen errichtet. Die R. sind → Allesfresser, bevorzugen jedoch animalische Nahrung, die überwiegend am Boden gesucht wird. Zur Fam. der R. gehören:

1. Elster, die (*Pica pica* L.): auch Alster, Azel, Gräckelster, Holster, Schalaster. Länge: 46 cm, wovon 24 cm auf den Schwanz entfallen, Gewicht um 210 g, Flügelspannweite: 60 cm.

Die E. ist in ganz Europa bis hinauf nach Lappland und in großen Teilen Asiens heimisch. Standvogel, der als Lebensraum die offene → Kulturlandschaft mit Bäumen und Feldgehölzen bevorzugt. Die E. bewohnt auch den Auwald und lebt als anpassungsfähiger → Kulturfolger auch in der Nähe der Menschen (Parkanlagen, Obstgärten). Im Gebirge ist sie noch in einer Höhe von 1900 m anzutreffen. Größere, zusammenhängende Waldungen meidet sie. Sie ist standorttreu. Im Winter finden sich die E. zu größeren Schlafgemeinschaften zusammen, die sich im Frühjahr zu Beginn des Brutgeschäftes wieder auflösen. Ihre Gewohnheit, glänzende Gegenstände aufzunehmen und im Horst zu verstecken, führte zu der Bez. „diebische E." und macht auch jung aufgezogene E., die sehr anhänglich werden, sehr unbeliebt.

E. leben in Dauerehe. Ihr Nest errichten sie in den äußersten Wipfeln hoher Bäume oder versteckt in niedrigen Heckenbüschen. Bei Störung, manchmal auch nur zur Ablenkung, werden mehrere Nester zugleich errichtet. I. d. R. bauen sie alljährlich ein neues haubenförmig überdachtes Nest aus Reisern. Das Einflugloch ist seitlich. Das Gelege besteht im April aus fünf bis sieben grünlichblauen oder grünlichgrauen, dicht graubraun gefleckten Eiern (34 x 24 mm, etwa 8 bis 10 g). Es brütet nur das Weibchen. Brutdauer: 16 bis 18 Tage, Nestlingszeit: 24 bis 27 Tage. Eine Jahresbrut, Nachgelege möglich.

Die E. ist ein → Allesfresser und arger Nesträuber. Sie verzehrt v. a. Eier und Jungvögel, daneben auch Insekten, Würmer, Schnecken, Larven, Mäuse, Samen sowie Aas.

2. Eichelhäher, der (*Garrulus glandarius* L.): auch Holzhäher, Holzschreier, Markwart, Nuß-, Waldhäher. Länge: 34 cm, Gewicht: um 160 g.

Der E. kommt mit Ausnahme des äußersten Nordens in ganz Europa vor und ist Stand- und Strichvogel. In der Ebene und auch im Gebirge bewohnt er die Misch- und Laubwälder, ferner Feldgehölze, Parkanlagen und Gärten mit Baumbestand. Im Spätherbst und Winter zieht der E. häufig in größeren Scharen umher. Sein Warnlaut macht auch andere Tiere auf eine Gefahr oder auf die Anwesenheit z. B. des Menschen aufmerksam.

Ende April/Anfang Mai errichten beide Partner das Nest, meist im unterholzreichen Wald in verschiedener Höhe (2 bis 5 m) und in Stammnähe. Das Gelege besteht aus fünf bis sechs, seltener sieben graugrünlichen oder olivbräunlichen Eiern (32 x 23 mm, etwa 8 g), die dicht mit graubraunen Flecken und am stumpfen Ende gelegentlich auch mit schwarzen Haarlinien versehen sind. Brutdauer: 16 bis 17 Tage, Nestlingszeit: 19 bis 20 Tage. Eine Jahresbrut.

Der E. ist ein Allesfresser und arger Nesträuber, der Jungvögel und Eier nimmt, daneben auch Insekten, Würmer, Beeren, Bucheckern, Eicheln und Haselnüsse. Überzählige Nahrung, wie z. B. Bucheckern und Eicheln, vergräbt er unter Moos oder im Boden; → Hähersaat.

3. Tannenhäher, der (*Nucifraga caryocatactes* L.): auch schwarzer Markwart, Spechtrabe, Nußhäher, -knacker, -picker, Nuß- und Bergjäck, Schwager, Zirbelkrähe. Länge: etwa 32 cm, Gewicht: um 190 g.

Vorwiegend Standvogel, der die Nadel- und Mischwälder der Mittelgebirge und Gebirge sowohl im Norden als auch im Süden Europas, und die Taiga bewohnt. Im Gebirge hält er sich bevorzugt in Zirbenbeständen bis hinauf zur → Waldgrenze auf. Im Winter zieht er aber auch in die tiefer gelegenen Laubwaldregionen. Außerhalb der Brutzeit, v. a. im Spätherbst und Winter, lebt er in kleinen Gesellschaften, vermehrt um die sibirische Rasse (Dünnschnäbeliger Tannenhäher), die in manchen Wintern invasionsartig bei uns auftritt.

Das Nest wird gut versteckt auf Nadelbäumen und meist in Stammnähe, in 5 bis 7 m Höhe, aus dürren Fichtenreisern errichtet. Das Gelege besteht aus drei bis vier blaß-blaugrünen Eiern (34 x 25 mm, ca. 11 g), die gleichmäßig oliv und graubraun gefleckt sind. Brutdauer: 16 bis 18 Tage, Nestlingszeit: 21 bis 25 Tage. Eine Jahresbrut März/April).

Die Nahrung besteht hauptsächlich aus Hasel-, Zirbelnüssen (Hähersaat), Beeren und Obst, ferner aus allerlei Gewürm und Insekten. Die Nüsse, Bucheckern und Eicheln klemmt er unter die Füße und meißelt sie mit dem starken Schnabel auf. Der T. nimmt auch Eier und Jungvögel, jedoch in wesentlich geringerem Umfang als der Eichelhäher.

4. Kolkrabe, der (*Corvus corax* L.): auch Aasrabe, Galgenvogel, Großer Rabe, Edel-, Kohl-, Steinrabe, Rapp, Edler Rank, im germanischen Mythos Wotansvogel genannt. Länge: 64 cm (etwa bussardgroß, größter R.), Gewicht: um 1200 g, Flügelspannweite: etwa 120 cm.
Der K. war u. a. in ganz Europa verbreitet, ist aber in vielen Gebieten Mitteleuropas ausgerottet worden. Als Standvogel ist er bei uns noch in den Alpen, im Alpenvorland, in Niedersachsen und Schleswig-Holstein in wenigen Exemplaren heimisch. Sein Verbreitungsgebiet reicht vom Nordkap bis zur Sahara. Sein Lebensraum ist sehr unterschiedlich. Er bewohnt offene Laub- und Nadelwälder, von Feldgehölzen unterbrochenes Gelände, Gebirge, Buschland, Steppe, die arktische Tundra und die felsige Meeresküste. Als ausgesprochener Jahresvogel ist er sehr standorttreu und streicht nur wenig in kleineren Trupps umher. Der K. wird sehr alt und galt in der germanischen Mythologie als „der Geheimnis erforschende Vogel Odins (Wotans)" und wird deshalb auch Wotansvogel genannt. Zahme K. sind sehr gelehrig und können einige Wörter oder sogar kurze Sätze verständlich nachsprechen.
K. werden mit zwei Jahren geschlechtsreif und leben in Dauerehe. Sie beginnen vereinzelt bereits Ende Februar mit dem Brutgeschäft. Der Horst wird auf hohen alten Bäumen oder im Gebirge an Felswänden und in Höhlen errichtet und oft mehrere Jahre hindurch benutzt. Er wird sehr stabil aus Zweigen und Reisern gebaut und hat etwa 40 bis 60 cm Durchmesser.
Das Gelege besteht aus drei bis sechs rauhen, bläulich-grünen Eiern (50 x 33 mm, etwa 33 g), die olivgrün und schwarzbraun, zuweilen aschgrau gefleckt sind. Brutdauer: ca. 20 bis 21 Tage. Brutzeit: Ende Februar bis April. Die Jungen verlassen nach etwa 40 Tagen das Nest, bleiben aber mit den Altvögeln noch mehrere Monate zusammen.
K. sind Allesfresser, nehmen aber v. a. Insekten, Würmer, Schnecken, Mäuse und Tiere, die sie selbst überwältigen können (z. B. Junghasen), ferner Vögel und deren Gelege, Körner, Früchte und Aas aller Art. Unverdauliche Nahrungsreste werden durch den Schnabel als Gewölle (Speiballen) wieder ausgeworfen.
5. Rabenkrähe, die (*Corvus corone corone* L.): auch Aaskrähe, Schwarzkrähe, Feld-, Krähen-, Mittelrabe. Länge: 47 cm; wesentlich kleiner als der Kolkrabe, Gewicht: um 500 g, Flügelspannweite: etwa 95 cm.
Die R. ist Standvogel und bewohnt mit Ausnahme Irlands fast ganz Westeuropa (östliche Grenze ist die Elbe). Ihr bevorzugter Lebensraum sind Kulturlandschaften, Moore, baumbestandene Wiesen, kleinere Waldungen und Feldgehölze. Oftmals dringt sie bis in Dörfer, Städte und Parkanlagen vor. Im Gebirge brütet sie stellenweise noch in einer Höhe von 2000 m. Im Winter ist sie in Scharen auf den Abfallhalden am Rande der Städte anzutreffen. Sie lebt, v. a. im Herbst und Winter, sehr gesellig mit ihresgleichen, horstet aber stets abgesondert. Zum Schlafen sucht sie bei Einbruch der Nacht gemeinsam mit Artgenossen hohe Bäume auf; → Schlafbäume.
R. sind mit zwei Jahren geschlechtsreif, brüten jedoch i. d. R. erst im dritten Jahr. Balzzeit: März/April. Verpaarte R. leben fast immer in Einehe. Sie bleiben meist im gleichen Brutrevier, das gegen Artgenossen verteidigt wird. Ihre Horste werden – soweit sie nicht den alten Horst ausbessern – auf hohen Bäumen und im Gebirge an Felswänden errichtet. R. sind ausgesprochene Einzelbrüter. Das Gelege enthält vier bis sechs blaugrüne, mit dunkelbraunen oder olivfarbenen Flecken versehene Eier (44 x 30 mm, ca. 19 g), die im April/Mai nur vom Weibchen bebrütet werden. Brutdauer: 18 bis 20 Tage, Nestlingszeit: 31 bis 34 Tage. Die Jungvögel bleiben anschließend noch einige Wochen mit den Altvögeln zusammen. Eine Jahresbrut.
R. sind Allesfresser. Sie nehmen v. a. Vögel, Eier, Mäuse und sonstige Kleinnager, Insekten, Schnecken, Würmer, Körner, Obst, Beeren und auch Aas. Arge Nestplünderer.
6. Nebelkrähe, die (*Corvus corone cornix* L.): auch Mehl-, Nebelrabe, Nebelrapp, Graue Krähe, Luder-, Mantel-, Schildkrähe.
Länge: 47 cm, Gewicht: um 500 g (gleiche Größe wie die Rabenkrähe), Flügelspannweite: um 100 cm.
Die Rabenkrähe wird östlich der Elbe von der N. ersetzt. Im Grenzgebiet vermischen sich die beiden Arten. Zur Winterzeit dringt die N. weit nach Westen, ungefähr bis Mittelfrankreich, vor. Zugvogel, der in Westdtschl. nur als Wintergast anzutreffen ist.
Lebensraum, Lebensweise, Fortpflanzung und Nahrung wie Rabenkrähe.

1 Eichelhäher (*Garrulus glandarius*)
2 Tannenhäher (*Nucifraga caryocatactes*)
3 Elster (*Pica pica*)
4 Alpendohle (*Pyrrhocorax graculus*)
5 Dohle (*Corvus monedula*)
6 Alpenkrähe (*Pyrrhocorax pyrrhocorax*)

7. Saatkrähe, die (*Corvus frugilegus* L.): auch Acker-, Feld-, Gesellschafts-, Haferkrähe, Saatrabe, Grind-, Nacktschnabel. Länge: 46 cm, Gewicht: um 240 g (schlanker als Raben- und Nebelkrähe), Flügelspannweite: um 90 cm → Vogel des Jahres 1986.
Die S. ist Stand- oder Strichvogel und bis auf wenige Gebiete in ganz Mitteleuropa und großen Teilen Asiens Brutvogel. Sie überwintert als Teilzieher in Süd- und Westeuropa. Der Rückflug osteuropäischer S. in ihre Heimatgebiete erfolgt jeweils in großen Scharen. Ihr bevorzugter Lebensraum sind Laub- und Nadelwälder am Rande offener Flächen, offenes Gelände mit Baumgruppen, Kulturland mit Gehölzen, Wiesen, Weiden, Äcker, und Parkanlagen. Auf felsigem Boden und in den Gebirgslagen fehlt sie. Sie ist ein sehr geselliger Vogel, der überwiegend kolonieweise auf Baumgruppen mit freiem Umfeld zu finden ist.
Die S. ist mit zwei Jahren geschlechtsreif und lebt i. d. R. in Einehe. Sie brütet immer in Kolonien (Brutkolonien). Die Horste werden aus Reisig und Zweigen in den Kronen hoher Bäume errichtet und stehen auf engstem Raum zusammen, wobei zehn oder mehr Horste auf einem Baum keine Seltenheit sind. Das Gelege besteht im April aus vier bis fünf hellblaugrünlichen, dunkelbraun gefleckten Eiern (41 x 21 mm, etwa 16 g). Brutdauer: 17 bis 19 Tage, Nestlingszeit: etwa 32 Tage. Da das Weibchen bereits von der Ablage des ersten Eies an brütet, sind die Nestlinge oft verschieden alt und unterschiedlich groß. Eine Jahresbrut.
Die S. ist ein Allesfresser, frißt hauptsächlich Insekten, Larven, Käfer und Würmer, die sie

mit dem Schnabel aus dem Boden stochert, nimmt aber auch Mäuse, gelegentlich Aas, Getreidekörner und keimende Saat. Der Schaden, den sie auf frisch eingesäten Feldern anrichtet, wird durch die Aufnahme schädlicher Insekten meist wieder ausgeglichen.

8. Dohle, die (*Corvus monedula* L.): auch Klee-, Aas-, Turmkrähe. Länge: 33 cm, Gewicht: um 230 g (kleinster R., etwa taubengroß), Flügelspannweite: etwa 66 cm.

Die D. ist Stand- und Strichvogel und ist in ganz Europa verbreitet. Als Felsenbrüter sind ihr bevorzugter Lebensraum Schluchten mit steilen Wänden. Sie lebt auch in parkartigen Wäldern und in der Nähe menschlicher Siedlungen, sofern ihr hohe Türme, Ruinen und ähnliches entsprechend Unterschlupf bieten. Oft wird sie in Gesellschaft mit Saatkrähen und Staren angetroffen, in deren Schwärmen sie sich offensichtlich wohl fühlt. Sie verträgt sich auch gut mit dem Turmfalken (→ Falken 4.), nistet sogar neben ihm, fürchtet und meidet aber alle anderen größeren → Greifvögel.

D. verloben sich im Herbst des ersten Lebensjahres, brüten aber erst im dritten Jahr. Sie nisten überwiegend kolonieweise. Das einfache Nest wird meist in Felsnischen, in Mauerlöchern von Türmen, Ruinen und sonstigen hohen Gebäuden sowie in Baumhöhlen errichtet. Das Gelege besteht im April/Mai aus drei bis sechs blaß-blaugrünlichen Eiern (34 x 25 mm, etwa 12 g), die graubraun gefleckt sind. Brutdauer: 17 bis 19 Tage, Nestlingszeit: 28 bis 32 Tage. Eine Jahresbrut.

Die D. ist ein Allesfresser, ernährt sich überwiegend von Insekten, Schnecken, Würmern, Mäusen, Getreide, Obst, Abfällen und Aas, gelegentlich auch von Jungvögeln und Eiern.

Zu den Rabenvögeln zählen ferner die **Alpenkrähe** und die **Alpendohle**, die hier nicht näher behandelt werden können.

Rachenblütler (*Scrophulariaceae*): auch Braunwurzgewächse. Über die ganze Erde verteilte, zweikeimblättrige Pflanzen-Fam. mit etwa 3000 Arten, der etwa 200 Gatt. zugeordnet sind. R. sind meist → Kräuter, → Stauden, auch → Sträucher und → Lianen. Sie sind durch eine große Formenvielfalt ihrer Blüten und verschiedenen Arten ihrer Lebensweise ausgezeichnet. Von strahligen bis zu zweiseitig symmetrischen Blüten kommen die verschiedensten Formen vor, und neben Pflanzen mit autotropher Ernährung gibt es auch Halb- und Vollparasiten. Der oberständige → Fruchtknoten bildet → Kapselfrüchte. Bekannte Gatt. sind: Gnadenkraut, Löwenmaul, → Läusekraut, → Augentrost, → Schuppenwurz, → Wachtelweizen, → Fingerhut, → Ehrenpreis, → Braunwurz, → Königskerze, → Leinkraut.

Rackelhuhn, das: → Rauhfußhühner 3.

Racken (*Coraciidae*): auch Raken. zur Ordn. der → Rackenvögel zählende, mit kräftigem Körper auf verhältnismäßig schwachen Füßen ausgestattete Vögel. Sie sind gute Flieger, die Insekten im Fluge jagen; → Blauracke.

Rackenvögel (*Coraciiformes*): Ordn. der → Vögel von sehr verschiedenem Habitus. Gemeinsame Merkmale der R. sind drei längs verwachsene Vorderzehen an auffallend kleinen Füßen, 10 bis 11 Handschwingen und zwölf Schwanzfedern. Zu ihnen zählen die → Racken im engeren Sinne, die Hopfe (z. B. → Wiedehopf), → Eisvögel, Bienenfresser, Nashornvögel. Die R. sind meist sehr bunt gefiedert und vorwiegend Höhlenbrüter.

Radebuche, die: alte nieders. Bez. für eine Bu, die für den Wagenbau geeignet war.

Rädertannen: Bez. für Ta mit Krebswucherungen um den Stamm; → Tannen-, Baumkrebs.

▸▸ Eich(en)blatt-Radnetzspinne (*Aculapeira ceropegius*)

Radfahren in der freien Natur: Nach den Naturschutzgesetzen der Länder ist das R. auf Privatwegen – dazu zählen z. B. neben land- und forstwirtschaftlichen Wegen auch die forstwirtschaftlichen Wege der Staatsforsten – erlaubt, soweit sich die Wege dazu eignen. Die jeweils als geeignet anzusehende Wegebreite hängt von den Umständen des Einzelfalles ab, wie z. B. Häufigkeit der Benutzung durch Radfahrer und Wanderer, Fahrbahnbelag, Steigung, Kurven, Übersichtlichkeit. Bei Wegen, die auch von Wanderern benutzt werden, wird z. B. in Bayern allg. eine Mindestbreite von 2 m als erforderlich angesehen. Auf Privatwegen, die tatsächlich allg. genutzt werden gilt die Straßenverkehrsordnung. Radfahrer dürfen Wege in der → freien Natur jedoch nicht benutzen, wenn es sich um Gehwege handelt. Auch das Querfeldeinfahren (z. B. Mountainbike-Fahren) ist verboten, wenn nicht ausnahmsweise der Grundstückseigentümer ausdrücklich zugestimmt hat. § 14 Abs. 1 des BWaldG stellt überdies klar, daß im Wald abseits von Straßen und Wegen nicht radgefahren werden darf. Daneben kann das R. auf an sich geeigneten Wegen in der freien Natur (z. B. in Naturschutzgebieten) durch Schutzverordnungen beschränkt werden; → Betreten des Waldes, → Reiten im Walde, Schisport, → Zelten im Wald.

Radheister, der: alte nieders. Bez. für einen samt Wurzel ausgegrabenen Baum.

Radholz, das: alte nieders. Bez. für → Wagnerholz, insbesondere für das Holz für den Räderbau.

Radialschnitt, der (Spiegel-, Rift- oder Spaltschnitt): ein Längsschnitt, der senkrecht (parallel) zur Stammachse verläuft. Bei dieser Schnittart werden die → Markstrahlen parallel angeschnitten, so daß bei einigen → Holzarten das Holz glänzt (→ Spiegel 2.). Der jährliche Holzzuwachs (→ Zuwachs) mit seinem helleren → Frühholz und dunkleren → Spätholz ist im R. als typische parallele Streifung zu erkennen; → Querschnitt des Holzes, → Tangentialschnitt.

Radiokarbonmethode, die: → C14-Methode.

Radnetzspinnen (*Araneidae*): auch Kreuzspinnen. fast weltweit verbreitete Fam. der → Webspinnen mit über 2500 Arten. Es handelt sich um kleine bis mittelgroße Spinnen mit in zwei Querreihen stehenden Augen nahe dem Körpervorderrand. Sie legen große, senkrecht stehende, meist sehr regelmäßig gebaute, radnetzförmige Netze mit Klebfäden an. Auf einem Hektar Laubwald leben bis zu einer halben Mio. R., die im Laufe einer Saison über 100 kg Insekten fangen. Die bekanntesten Arten sind:

1. Gemeine Kreuzspinne, die (*Araneus diadematus* Clerck): auch Garten-Kreuzspinne, Gartenspinne. Die über ganz Europa und Sibirien verbreitete, regelmäßig und häufig, örtlich sogar sehr häufig vorkommende G. K. ist auf Sträuchern, Bäumen und in Gärten anzutreffen. Die kleine, bis 17 mm (Weibchen) große Spinne ist deutlich an ihrer hellen kreuzartigen Zeichnung auf der Oberseite des Hinterleibes zu erkennen. Sie hat vier Beinpaare am Kopf-Brust-Stück. Der stets beinlose Hinterleib ist – besonders bei den Weibchen durch die Eier – meist dick aufgetrieben. Sie errichtet radnetzförmige Spinnennetze mit trapezförmigem Rahmen, in deren Mitte sie kopfabwärts auf Beute (Fluginsekten) lauert. Die Eiablage erfolgt im Herbst in gelbliche Kokons; danach stirbt das Weibchen. Die Jungspinnen schlüpfen im Frühjahr. Der Biß der G. K. ist nicht gefährlich, er verursacht beim Menschen höchstens eine Hautrötung und lokale Anschwellung. Die Spinnfäden der G. K. sind dehnbarer und tragfähiger als die Fäden der Seidenraupen. Im 18. und 19. Jh. wurden daraus Gebrauchsgegenstände wie z. B. Seidenhandschuhe und Seidenstümpfe gefertigt; heute finden sie noch in der optischen Industrie Verwendung (z. B. für Fadenkreuze bei Zielfernrohren).

2. Vierfleck-Radnetzspinne, die (*Araneus quadratus*): Die über die meisten Gebiete Europas und Nordasiens verbreitete, mäßig häufig bis stellenweise häufig vorkommende V. ist auf Lichtungen, in Gebüschen, Gärten, Parkanlagen, an Waldrändern und im Laubwald anzutreffen. Die etwa bis zu 10 mm große Spinne (die Männchen sind viel kleiner als die Weibchen) hat einen kugeligen Hinterleib mit vier hellen Flecken auf rostrotem Grund. Ihre Fangnetze von etwa 60 cm Durchmesser errichtet sie zwischen hohen Gräsern. Die Paarung erfolgt vorwiegend im September.

3. Schatten-Kreuzspinne, die (*Nuctenea umbratica*): auch Spalten-, Schattenspinne. Die fast über ganz Europa verbreitete S. kommt regelmäßig bis häufig vor und ist in schattigen Wäldern und zwischen gefälltem Holz anzutreffen. Die 8 bis 14 mm große Spinne ist mittelbraun mit dunkler, hell umrandeter Zeichnung auf dem Hinterleib. Sie errichtet Netze wie die Gemeine Kreuzspinne. Die Eier

werden in kleine feste Kokons verpackt, um sie zu schützen.
4. Eich(en)blatt-Radnetzspinne, die (*Aculaepeira ceropegius*): Die fast über ganz Europa verbreitete E. kommt relativ häufig vor und ist in buschigem Gelände, auf Äckern und in Gärten anzutreffen. Sie ist bis etwa 7 mm (Männchen) bzw. 17 mm (Weibchen) groß. Die helldunkelbraun gemusterte Spinne hat ein deutlich eichenblattförmiges, helles Muster auf dunklem Grund auf dem Rücken. Sie errichtet ihre Fangnetze zwischen Büschen und Getreidepflanzen in freiem Gelände. Sie hängt am obersten Rand ihres Netzes unter einem eigens dafür errichteten Baldachin, der sie vor Regen und Sonne schützt.
Nahrung: Kleinschmetterlinge, Wiesenschnaken, kleine Heuschrecken. Die Paarung und die Eiablage erfolgen im Herbst. Die Eier, eingesponnen in Kokons, überwintern versteckt unter der Rinde und in Ritzen.
5. Kürbisspinne, die (*Araniella cucurbitinus* = *Araneus cucurbitinus*): Die über die gemäßigten Zonen Europas und Asiens verbreitete, häufig vorkommende K. ist ab Mai hauptsächlich in Mischwäldern, Gebüschen, an Waldrändern, in Parkanlagen und Gärten anzutreffen. Die bis zu 7 mm große, leuchtend grüne K. hat vier bis fünf dunkle Punktpaare auf dem leuchtend grünen oder gelblichen Hinterleib. Meist sitzt sie inmitten ihres Radnetzes und lauert dort auf Beute.
6. Wespenspinne, die (*Argiope bruennichi*): auch Zebra-, Tigerspinne. Die über Mittel- und Südeuropa verbreitete W. kommt in Süddtschl. regelmäßig vor und ist stellenweise auch häufig. Sie ist in feuchten, warmen Tälern, besonders in Auwäldern anzutreffen. Die bis 20 mm (Weibchen) große Spinne (die Männchen sind klein und unscheinbar) hat auf der Oberseite des Hinterleibes eine auffallend gelb-schwarze, wespenartige (Name!) Querbänderung. Sie baut kräftige Netze mit stark verdickten Fäden, die zickzackförmig verlaufen. Nach der Paarung legt das Weibchen in wenigen Minuten 300 bis 400 Eier ab, die es in einen braunen Kokon verpackt, der aus mehreren Schichten zusammengesponnen wird, und hängt ihn zwischen die Gräser in Bodennähe. Die Eier überwintern.
Raesfeldt, Ludwig Reinhard, Frhr. von (5.1.1800 Tervoort bei Meurs, Regierungsbezirk Cleve bis 11.7.1864 Bad Kissingen): R. erwarb sich besondere Verdienste um die Ordnung des Salinenforstwesens. Nach verschiedenen forstlichen Verwendungen war R. ab 1847 in München als Oberberg- und Salinenforstrat tätig, kam 1857 als Oberforstrat ins Staatsministerium der Finanzen und wurde 1859 zum Ministerialrat befördert. Im Jahre 1862 wurde er Vorstand der General-Bergwerks- und Salinen-Administration. Dieser unterstand unter der Bez. „Salinenbezirk" in Oberbayern für die königlichen Salinen Berchtesgaden, Traunstein, Reichenhall und Rosenheim sowie für das königliche Bergwerk ausgeschiedene 104 445 ha Waldungen sowie 18 360 ha Gebirgswaldungen, die sog. „Saalforste".
Raff, J. → Wald in der Musik.
Raff, das: svw. Treibholz, auch Holzfloß.
Raffholz, das: frühere, lokale Bez. für → Leseholz.
Ragwurz, die (*Ophrys*): Gatt. der → Orchideen mit rd. 20 Arten in Mitteleuropa und Vorderasien. Bekannte, auch in Wäldern wachsende Arten sind:
1. Bienen-Ragwurz, die (*Ophrys apifera* Huds.): Die hauptsächlich über Südeuropa, aber auch zerstreut über ganz Mitteleuropa verbreitete B. ist in Dtschl. selten. Sie wächst in lichten Wäldern, besonders lichten Eichen-Kiefernwäldern, Schneeheide-Kiefernwäldern und Alpenrosen-Latschengebüschen, westsubmediterranen Flaumeichenwäldern, in lichten Gebüschen, auf Kalkmager- und Trockenrasen, auf grasigen, sonnigen Hügeln, bevorzugt auf Kalk.
Die ausdauernde, 15 bis 40 (50) cm hohe Pflanze hat zwei kugelig-eiförmige Knollen und einen aufrechten Stengel mit ein bis zwei Schuppenblättern am Grund. Die Blätter sind grün. Zwei bis vier stehen in einer Grundrosette, vier bis sieben weiter oben. Die großen, eiförmig-lanzettlichen Blätter sind etwa 6 bis 13 cm lang und 1,5 bis 3 cm breit. BZ: Mai bis Juli. Die etwa 3 cm großen Blüten, die an Bienen (Name!) erinnern, stehen in einem lockeren, langgestreckten, zwei- bis achtblütigen (bis 16blütigen) → Blütenstand. Die Tragblätter sind kürzer bis länger als die Blüten. Die → Kelchblätter sind hellrosa bis rosaviolett, eiförmig-lanzettlich, mit hellgrünem Mittelnerv und rückwärts gerichtet. Die beiden seitlichen → Kronblätter sind dreieckig, rosa bis grünlich und weißlich behaart.
2. Fliegen-Ragwurz, die (*Ophrys insectifera* L. = *O. muscifera* Huds.): auch Fliegenorchis, Mückenstendel. Die fast über ganz Europa verbreitete, im Norden bis Irland und Schottland, im Süden bis Nordspanien und Mittelitalien vorkommende F. ist in Dtschl. ziemlich selten und wächst in lichten, trockenen Wäldern, besonders Kiefern-Trockenwäldern, Schneeheide-Kiefernwäldern und Alpenrosen-Latschengebüschen, auf Trockenrasen, Flachmooren, auf mäßig trockenen bis wechselfeuchten, kalkreichen Böden bis in Höhen von 1700 m.
Die 20 bis 40 (60) cm hohe Pflanze hat zwei kugelige Knollen und einen dünnen, aufrechten Stengel mit ein bis zwei Schuppenblättern am Grund und zwei bis fünf Laubblättern in der unteren Hälfte. BZ: Mai bis Juli. Die an Fliegen (Name!) erinnernden Blüten stehen in einer lockeren, langgestreckten, vier- bis zehnblütigen (20blütigen) Ähre. Die grünen Kelchblätter sind 6 bis 9 mm lang, 3 bis 4 mm breit, stehen aufrecht oder sind etwas nach vorne geneigt. Die seitlichen → Kronblätter sind schmal-linealisch, 4,5 bis 6,5 mm lang, dunkel und behaart. Die Bestäubung der Sexual-Täuschblume erfolgt v. a. durch Grabwespenmännchen.
3. Hummel-Ragwurz, die (*Ophrys fuciflora* (Crantz) Sw. = *O. arachnites* Lam. = *O. holosericea* (Burm.) Greut.): Die über Mittel- und Südeuropa verbreitete, in Dtschl. seltene H. wächst in lichten Kiefernwäldern, auf Waldverlichtungen, sonnigen Hügeln, Trockenrasen, Kalkmagerrasen und an trockenen Gebüschsäumen auf kalkhaltigen Böden.
Die 15 bis 35 cm hohe Pflanze hat eine kugelige Knolle, einen kräftigen Stengel und drei bis sieben grundständige, bläulichgrüne, eiförmig-längliche bis lanzettliche Laubblätter. BZ: Mai bis Juli. Die Blüten, die an eine dicke Hummel (Name!) erinnern, stehen in einer lockeren, bis zehnblütigen Blütenähre. Die rosaroten, selten weißen oder grünlichen Kelchblätter sind eiförmig, 10 bis 14 mm lang und 5,5 bis 8 mm breit. Die beiden Kronblätter sind klein, dreieckig, rosa bis rot, 3 bis 6 mm lang und behaart. Die Bestäubung erfolgt hauptsächlich von Langhornbienen-Männchen (*Eucera*-Männchen), oder durch Selbstbestäubung.
4. Spinnen-Ragwurz, die (*Ophrys sphegodes* Miller = *O. araneifera* Huds.): auch Spinnenstendel. Die über das südliche Mitteleuropa und Südeuropa verbreitete S. kommt in Dtschl. nur im Süden vor. Sie ist selten und wächst in lichten Wäldern, in Gebüschen und Waldlichtungen mit Kie oder Fi, Kalkmagerrasen, auf sonnigen Hügeln, Heidewiesen, in Macchien und zwischen Wacholdergebüschen.
Die 15 bis 30 (45) cm hohe Pflanze hat eine kugelige Knolle und einen aufrechten, hellgrünen, kräftigen Stengel, unten mit breit-lanzettlichen, spitzen Laubblättern, die ihn nach oben hin scheidenartig umfassen. BZ: April bis Mai/Anfang Juni. Die 1,5 bis 2 cm großen Blüten stehen in einem acht- bis zehnblütigen, lockeren, ährigen Blütenstand. Die Kelchblätter sind hellgrün oder weißlich bis rosa, oval und 8 bis 12 mm lang. Die seitlichen Kronblätter sind gelbgrün, schmal-lanzettlich, kahl und oft wellig. Die Bestäubung erfolgt v. a. durch Sandbienen-Männchen (*Andrena*-Männchen).
Rahmholz, das: → Glaserholz.
Rahmenholz, das: **1)** → Säulenholz.
2) → Glaserholz.
Rahmenplanung, Forstliche, die: → Forstliche Rahmenplanung.
Rahmschenkel, der: → Säulenholz.
Rahne, die: alte Bez. für → Windbruch.
Ra(h)nen → Rohnen.
Rainfarn, der: → Wucherblume 2.
Rain-Hahnenfuß, der: → Hahnenfuß 7.
Rainkohl, der (*Lapsana*): Gatt. der → Korbblütler mit ca. neun Arten, verbreitet in Europa,

Ludwig Reinhard Freiherr von Raesfeldt

dem gemäßigten Asien und Nordafrika. In Mitteleuropa nur eine Art:

Gemeiner Rainkohl, der (*Lapsana communis*): Der in Mitteleuropa verbreitet vorkommende R. gedeiht als Pionierpflanze an Wegrändern, in Gärten, Unkrautfluren, auf Äckern, Ödland, Schuttplätzen, Kahlschlägen und Lichtungen, an Waldrändern und im schattigen Saum von Hecken, bis in Höhen von etwa 1500 m.

Die aufrechte, bis über 1 m hohe Pflanze hat einen verzweigten Stengel mit einfachen eiförmig-lanzettlichen, buchtig gezähnten oder gelappten Blättern. Die größeren Grundblätter haben einen großen dreieckig-eiförmigen Endlappen und kleine Seitenlappen. Die hellgelben Zungenblüten (BZ: Mai bis September) stehen in endständigen Körbchen (Korbblüten) mit etwa 2 cm Durchmesser und bilden eine lockere Rispe. Sie öffnen sich nur morgens bei Sonnenschein und schließen sich bereits am Mittag wieder; bei trübem Wetter bleiben sie geschlossen. Die Früchtchen haben 20 Längsrippen.

Rainweide, die: → Liguster.

Raitamt, das: → Forstbereitungen.

Raitel → Reitel.

Raitelrinde, die: → Lohrinde.

Rallen (*Rallidae*): mit Ausnahme der Polargebiete weltweit verbreitete Fam. sperlings- bis hühnergroßer Vögel. R. sind sehr scheue, versteckt lebende Vögel mit seitlich zusammengedrücktem Körper, abgerundeten Flügeln, kurzem Schwanz und langzehigen Füßen, die sie zum Laufen auf Schwimmblättern befähigen. Sie sind mit Ausnahme des Wachtelkönigs an Wasser und Sumpf gebunden und haben meist umfangreiche Gelege sowie ein bis zwei Bruten im Jahr. Im Winter bleiben sie im Brutgebiet oder fliegen meist nachts und in niedriger Höhe südwärts. Zur Fam. der R. zählt die Gatt. der Sumpfhühner und die Gatt. der echten R., zu der das Bläßhuhn, das Grünfüßige Teichhuhn und die Wasserralle gehören.

Das Grünfüßige Teichhuhn trägt ein rotes Stirnschild, das bis auf den Schnabel reicht.

1. Bläßhuhn, das (*Fulica atra* L.): auch Bleßhuhn, Bleß-, Bläßralle, Belche, Lietze, Blasse, Gemeines oder Schwarzes Wasserhuhn, Mohrenhuhn, Weißblässe, Seeteufel, Pfaffe, Plärre. Länge: etwa 38 cm, Gewicht: 500 bis 900 g.

Das B. ist fast überall in Europa verbreitet und bewohnt ziemlich häufig die Binnengewässer mit reicher Unterwasser- und Ufervegetation sowie Sumpflandschaften mit offenen Wasserflächen. Außerhalb der Brutzeit, v. a. im Winter, lebt es gesellig und ist meist in größeren Scharen, oft zusammen mit Wildenten, anzutreffen. Es taucht mit einem kleinen Sprung kopfüber und erscheint dann fast wieder an derselben Stelle. Das B. ist der häufigste Schwimmvogel Mitteleuropas und z. T. Zugvogel, der in Südeuropa und Afrika überwintert, z. T. Stand- und Strichvogel, der bei uns auf den eisfreien Gewässern, vermehrt um nördliche Wintergäste, überwintert.

Das Nest wird auf einer Unterlage aus Schilf- und Rohrhalmen gebaut und im lichten Schilf, gelegentlich am Boden im Ufergebüsch, jedoch seltener frei schwimmend errichtet. In Nestnähe stehende Halme werden häufig zu einer Haube über dem Nest zusammengezogen. Das Gelege besteht aus sechs bis neun hellgraubraunen Eiern (52 x 36 mm, etwa 38 g), die dicht mit feinen rötlichbraunen und schwarzen Punkten besetzt sind. Brutzeit: ca. 21 bis 23 Tage. Die Jungen sind Nestflüchter, gehen sofort nach dem Abtrocknen ins Wasser und werden noch etwa sechs Wochen geführt. Teilweise zwei Bruten im Jahr: im April und im Juni/Juli.

Das B. nimmt die Nahrung tauchend aus dem Wasser auf. Sie besteht aus Wasserpflanzen, Schilfsprossen, Insekten, Fischlaich, Würmern, Kaulquappen, kleinen Muscheln und kleinen Fischen, ferner aus Sämereien und Getreide.

2. Grünfüßiges Teichhuhn, das (*Gallinula chloropus* L.): auch Teichralle, Teichhuhn, Grünfüßiges Rohrhuhn, Gemeines Teich-, rotes Bläß-, Rotblässiges Wasserhuhn, Rotbläßchen, Großes Rotstirniges Wasserhuhn. Länge: ca. 33 cm, Gewicht: um 250 g.

Das G. T. ist fast in ganz Europa beheimatet. Sein Lebensraum sind Gewässer aller Art mit dichter Ufervegetation und üppig wachsenden Wasserpflanzen. Es bewohnt auch kleine Bäche, Wassergräben und Sümpfe. Das G. T. ist in den nördlichen Ländern ein Zugvogel, der in Süd- und Westeuropa überwintert, bei uns Stand- und Strichvogel.

G. T. sind streng territoriale Vögel, die während der Brutzeit keine Artgenossen in ihrem Brutgebiet dulden. Das Nest wird im dichten Unterwuchs auf Riedgrasstöcken über dem Wasser errichtet; gelegentlich befindet es sich auch im niedrigen Gezweig, wobei manchmal sogar verlassene Vogelnester benützt werden. Das Gelege besteht aus sechs bis zehn gelblichbraunen, mit feinen braunen und schwarzen Punkten versehenen Eiern (43 x 31 mm, etwa 23 g). Brutdauer: 19 bis 22 Tage. Die Jungen sind Nestflüchter, werden etwa 12 bis 15 Tage von den Altvögeln geführt und sind mit fünf bis sechs Wochen ausgewachsen. Zwei Jahresbruten (Ende April bis Juni), manchmal auch drei (Juli).

Nahrung: Würmer, Wasserinsekten, Fisch- und Froschlaich, Muscheln, kleine Amphibien, grüne Pflanzenteile, Beeren und Sämereien.

3. Wasserralle, die (*Rallus aquaticus* L.): auch Gemeine, Schwarze Ralle, Schwarzer Kasper, Schwarzer Wassertreter, Samthühnchen. Länge: 28 cm, Gewicht: um 115 g.

Die W. kommt fast in ganz Europa vor und fehlt nur im hohen Norden. Ihr Lebensraum sind Moore, Sumpfgebiete und Binnengewässer aller Art mit üppiger Ufervegetation, Pflanzendickichte, überschwemmte Bruchwälder mit Wasserlöchern, Verlandungszonen, Röhricht, kleine überwucherte Bäche, Wassergräben und Altwässer. Teilzieher, überwintert in Westeuropa und im mediterranen Raum.

Das Nest wird gut versteckt im dichten Röhricht oder Schilf, an schwer zugänglichen Stellen, meist über dem flachen Wasser oder im niedrigen Ufergestrüpp errichtet. Die in unmittelbarer Nähe stehenden Halme werden zu einer Haube über dem Nest zusammengezogen. Das Gelege besteht aus sechs bis 11 glänzenden, rahmfarbenen und nur spärlich rotbraun oder aschgrau gefleckten Eiern (36 x 26 mm, etwa 14 g). Brutdauer: ca. 19 bis 20 Tage. Die Jungen sind Nestflüchter und nach etwa 45 Tagen erwachsen und selbständig. Ein bis zwei Bruten im Jahr (Ende April/Anfang Mai bis Ende August).

Nahrung: Überwiegend Würmer, Insekten und deren Larven, kleine Frösche, Kleinkrebse, Molche und Fische, ferner kleine grüne Pflanzenteile und Sämereien.

Rallidae → Rallen.

Ramalina pollinaria → Astflechte.

Ramann, Emil, Prof. Dr. (30.4.1851 Arnstadt/Thüringen bis 19.1.1926 München): Er studierte zunächst Pharmazie, übernahm später die Leitung des bodenkundlichen Laboratoriums der Forstlichen Versuchsanstalt München und war ab 1.4.1900 bis 1925 an der Universität München (Lehrstuhl für Bodenkunde und Agrikulturchemie) tätig. R. gilt als Begründer der neuzeitlichen, forstlichen → Bodenkunde und Schöpfer einer wissenschaftlichen forstlichen Standortslehre. Sein Hauptwerk: „Forstliche Bodenkunde" (2 Auflagen, 1905 und 1911).

Rambla, der: Überwiegen wegen der großen Transportkraft eines Flusses oder Baches in einer Au Sedimentation und Erosion gegenüber der Bodenentwicklung, kann sich kein Boden mit einem entwickelten A-Horizont (→ Bodenhorizont) bilden. Die deshalb entstehenden Rohböden bestehen aus groben → Bodenarten, wie Schotter, Sand, teilweise mit Schluffanteil. Wegen des hohen Grobporenvolumens sind sie gut sauerstoffversorgt, es bildet sich kein Reduktionshorizont wie bei anderen → Auenböden. In den Vorgebirgstälern sind diese Rohböden von Pionierbestockungen aus Wei besiedelt.

Rammelbäume: Bez. für alte Ei, die den Hirschkäfern (→ Blatthornkäfer 1.) als Paarungsplätze dienen.

Rammpfähle (R): Güteklasse gemäß der → Gütesortierung. R. sind Kie-, Fi-, Ta-, Lä-, Dgl- und Ei-Stammholz. Sie sollen gerade und frei von schädlichem → Drehwuchs sein und bei nicht zu starker → Abholzigkeit eine möglichst gleichmäßige Verjüngung vom Stamm- zum Zopfende aufweisen.

Zulässig sind Bläue und nagelfeste braune oder rote Streifen bis 1/4 des Durchmessers. Blitzrisse, Frostrisse (→ Risse), Insektenfraß (Bohrlöcher), Mistelbefall, Ringschäle, Rotfäu-

le (→ Wurzelschwamm) und → Weißfäule schließen die Eignung als R. aus. Die Abmessungen richten sich nach den Anforderungen des Marktes.
Nach den Bestimmungen der DIN 4026, Ziffer 6.1.2, Satz 1 und 2 hingegen sollen R. aus gesundem Holz bestehen. Sie sollen gerade (Pfeilhöhe = 1/300 der Pfahllänge), frei von schädlichem Drehwuchs sein und eine gleichmäßige Verjüngung vom Stamm- zum Zopfende haben, wobei der Durchmesser höchstens 1,5 cm je Meter, möglichst jedoch nur 1 cm je Meter kleiner werden darf.
In Österreich sind R. ein Nadelrundholzsortiment, über 10 m lang und über 25 cm Zopfdurchmesser.
Ramsar-Konvention, die: Das „Übereinkommen über → Feuchtgebiete, insbesondere als Lebensraum für Wasser- und Watvögel von internationaler Bedeutung" wurde am 2.2.1971 in Ramsar (Iran) unterzeichnet und trat Ende 1975 völkerrechtlich in Kraft. Die BR Dtschl. trat 1976 bei. Der R. sind inzwischen 93 Staaten beigetreten. Der Internationalen Naturschutzunion sind über 800 Gebiete (mit über 55 Mio Hektar) gemeldet, darunter 29 deutsche (Stand 1996).
Randalpischer Gras-Kiefernwald, der (*Calamagrostio variae-Pinetum*): Diese Assoziation des Verbandes der Alpischen Kalk-Kiefernwälder (*Erico-Pinion*), der Ordn. → Schneeheide-Kiefernwälder u. Alpenrosen-Latschengebüsche (*Erico-Pinetalia*), der Klasse Alpische Kalk-Kiefernwälder (*Erico-Pinetea*) kommt am Nordrand der Alpen an südorientierten Kalk-Steilhängen, Schutthalden, Alluvionen und Bergstürzen vor, so z. B. auch an Isar und Lech. Sie genießt höhere Niederschläge als der trockenere → Zentralalpische Schneeheide-Kiefernwald. Deshalb treten in der Bodenvegetation Frischezeiger (→ Bodenanzeiger), wie Pfeifengras, Wiesen-Platterbse, Blaugraue Segge und Hufeisenklee auf. → Charakterarten sind Schwarze Akelei, Amethystschwingel und Geschnäbeltes Leinkraut. Nach dem Vorkommen weiterer Arten werden Subassoziationen mit Aurikel, Berggamander und mit Hochgräsern unterschieden. Auf den Kiesanschwemmungen in den Flußtälern kommt eine Subassoziation mit Silberwurz vor. Auch der R. G. erfuhr durch die menschliche Tätigkeit eine Ausweitung.
Randbäume: Bäume, die am Rande eines → Bestandes stehen. Infolge höheren Lichtgenusses und → Freistandes sind sie → Solitären ähnlich, stärker entwickelt und zumindest auf der Waldrandseite tiefer beastet als die im Bestand stehenden Bäume. Auch ihr Wurzelsystem ist infolge der Gewöhnung an Sturm von Jugend auf stärker entwickelt. R. schützen den dahinterliegenden Bestand gegen Austrocknung durch Sonne und Wind sowie gegen Sturmschäden; → Waldmantel.
Rändelhieb, der: v. a. beim → Femelschlag ring- oder sichelförmige Erweiterung von Verjüngungsgruppen oder -horsten durch → Auflichtung; → Gruppen; → Horste.
Rand(linien)effekt, der: auch Grenzlinienwirkung, Randzonenwirkung. Viele Tierarten, wie z. B. Rehe, bevorzugen natürliche oder durch die Landnutzung entstandene Randlinien, wie z. B. → Waldränder oder → Hecken, als Lebensraum. Im engl. Sprachgebrauch und in der ökologischen Fachliteratur wird dieser R. als „edge effect" bezeichnet; → Ökoton.
Randstellung, die: beim Saumschlagverfahren (→ Verjüngungsverfahren), der Übergangsbereich zwischen Innen- und Außensaum bei einem Saumschlag (→ Saum).
Randzonenwirkung, die: → Rand(linien)-effekt.
Ranen → Rohnen.
Ranidae → Frösche.
Ranker, der: Beim R. handelt es sich um einen → Bodentyp, der i. d. R. aus carbonatfreien, aber auch -armen Silikatgesteinen entsteht. Verbreitet ist dieser Bodentyp z. B. in den Alpen, wo steile Hänge, Schurf durch Schnee und die kühle Witterung mit kurzer Vegetationszeit die Bodenentwicklung hemmen. In Mittelgebirgen ist dieser Bodentyp auf Kuppen, an Oberhängen, an Geländerippen und an Steilhängen verbreitet. Behindern lange Trockenzeiten die Bodenentwicklung, wie z. B. in semiariden Klimaten, dann entsteht auch R.; er hat nur einen A- und einen C-Horizont (→ Bodenhorizont). Der Normaltyp hat – wie auch seine Vorstufe, der Proto-R. – noch keine Andeutung eines verwitterten B-Horizonts; bei den reiferen Stadien, wie z. B. beim Braunerde-R. ist dagegen schon ein B_v-Horizont vorhanden und es handelt sich schon um eine Übergangsform zur → Braunerde. Beim Podsol-R. ist bereits eine Podsolierung im A_e-Horizont erkennbar, Anreicherungshorizonte fehlen noch. Nach der Humusform werden Moder-R., R. mit Rohhumusauflage und Mullartige R. unterschieden. Hat die Entwicklungstiefe mehr als 20 cm, spricht man von einem tiefgründigen R. Der Bodentyp R. ist sehr stark von seinem Ausgangsgestein geprägt. Im Extremfall sind es flachgründige Böden mit Nährstoffarmut. Außerhalb des Hochgebirges sind auf basenarmem Ausgangsgestein Traubeneichen-Kiefern-Birken-Wälder anzutreffen; auf basenreichen Gesteinen stocken Flaumeichen-, in Schattlagen wüchsige Eschen-Linden-Wälder mit etwas Ei. Die Bez. lehnt sich an die südd.-österr. Bez. für einen steilen Hang, Ranken, an und beschreibt damit auch das häufigste Vorkommen dieses Bodentyps; → Podsol.
Rannen → Rohnen.
Ranunculaceae → Hahnenfußgewächse.
Ranunculus → Hahnenfuß.

Randbäume sind tiefer beastet als im Bestand stehende Bäume.

Ranzen: alte Bez. für gespaltenes → Schiffsbauholz von Ei von 6 → Fuß Länge, 14 → Zoll Stärke und 24 Zoll Breite.
Rappelten: auch Rappelthou; → Ahorne 3.
Rappen, das: alte sächsische Bez. für die teilweise Entfernung der → Rinde gefällter Bäume; → Berappen, Schößen, Nappen.
Rapunzel, die: → Teufelskralle.
Rapunzel-Glockenblume, die: → Glockenblume 9.
raschwüchsige Baumarten → schnellwachsende Baumarten.
Rasenfichten: frühere Bez. für einzelne, auf Rasen oder anderen Plätzen freistehende Fi von nicht hohem Wuchs und mit tiefer, starker Beastung; → Freistand.
Rasengalle, die: → Naßgalle.
Rasenlärchen → Wiesenlärchen.
Rasenschmiele, die: → Schmiele 1.
Rasiger Purpurschneckling der: → Schnecklinge 10.
Raslinge (*Lyophyllum*): Gatt. der → Pilze aus der Fam. der Ritterlingsartigen (*Tricholomataceae*). Einzige im Wald vorkommende Art ist:
Weißer Rasling, der (*Lyophyllum connatum*): auch Weißer Büschelrasling. Der eßbare Pilz wächst von August bis Ende Oktober entlang von Waldfahrwegen in Laub- und Nadelwäldern, in Parkanlagen, an Bachrändern und auf frisch geschotterten Straßenrändern. Der bis zu 10 cm breite Hut ist jung konvex mit eingerolltem, wellig gekerbtem und bereiftem Rand, später unregelmäßig gewölbt und flatterig verbogen. Er ist trocken reinweiß und feucht bleigrau, oft völlig durchwässert. Die schmalen → Lamellen sind am Stiel aufgebogen, breit angewachsen oder laufen herab. Sie sind jung reinweiß, später rahmfarben bis leicht gelblich. Der bis zu 12 cm lange Stiel ist verbogen, anfangs reinweiß, später leicht gelblich gefärbt. Er wird im Alter oft hohl. Das glasig-knorpelige Fleisch ist weiß, schmeckt mild und

◂◂ Der Weiße Rasling wächst oft in dichten Büscheln.

riecht schwach nach Mehl. Speisepilz! Er steht gelegentlich in dichten Knäueln (Büscheln). Wird das Fleisch mit Eisensulfatkristallen berieben, nimmt es langsam eine blauviolette Färbung an.
Neben der vorgenannten weit verbreiteten Art gibt es noch zahlreiche seltenere Arten, wie z. B. **Blauender Rasling** (*L. transforme*), **Frostrasling, Buchele** oder **Geselliger Ritterling** (*L. decastes*; früher: *L. fumosum*) und **Knorpeliger Knäuelrasling** oder **Panzer-Rasling** (*L. decastes var. loricatum*; früher: *L. loricatum*), die hier nicht alle beschrieben werden können.

Rasse, die: svw. → Unterart. In der Tier- und Pflanzensystematik (→ Systematik) unterscheidet man die geographischen R., die infolge weiträumiger Trennung entstehen, von den ökologischen R., die sich aufgrund verschiedener Lebensbedingungen innerhalb eines geographischen Gebietes (z. B. Tiefland, Gebirge) bilden. R. sind auch durch künstliche Auslese entstandene → Abarten. Man spricht auch von „Sorten", „Linien" und „Schlägen".

Rastbäume: **1**) Bäume, auf denen sich v. a. die Vögel auf dem Zug (Vogelzug), aber auch alles andere → Federwild zur Rast oder zur Nachtruhe (→ Schlafbäume) niederlassen. **2**) Bäume, die Raststätten an vielbegangenen Wegen oder an Handels- und Poststraßen kennzeichneten.

Unter „Rastbäumen" schöpfen Wanderer und Spaziergänger neue Kraft.

Ratz, der: → Iltis.

Ratzeburg, Julius Theodor Christian, Dr. (16.2.1801 bis 14.10.1871 Berlin): R. studierte Medizin und war kurze Zeit Privatdozent in Berlin. Von 1831 bis 1869 war er Prof. der Naturwissenschaften an der Forstakademie in → Eberswalde. R. war ein hervorragender Forstzoologe. Von seinen Werken sind hervorzuheben: „Die Ichneumonen der Forstinsecten in forstlicher und entomologischer Beziehung ... etc." (3 Bde., 1844, 1848, 1852), „Die Waldverderber und ihre Feinde ... etc." (1841), „Die Waldverderbniss ... etc." (2 Bde., 1866, 1868), „Forstwissenschaftliches Schriftsteller-Lexikon" (1872).

Raubameise, Blutrote, die: → Ameisen 2.

Räuber: alte Bez. für → Wasserreiser.

Räuberische Schildwanze, die: → Wanzen 4.

Raubfliegen (*Asilidae*): in mehrere Unter-Fam., z. B. Mordfliegen (*Laphriinae*), Wolfsfliegen (*Dasypogoninae*), aufgeteilte Fam. der → Fliegen mit zahlreichen, vielgestaltigen kleinen bis großen Arten. Kennzeichnend sind die hervorquellenden Augen, die starken Krallen und die meist sparrigen Borstenhaare an den Beinen. R. sind robuste Fliegen, sitzen meist an Bäumen oder auf Stöcken in Lauerstellung und ergreifen ihre Beute im Flug, u. a. wehrhafte Immen und selbst gepanzerte Käfer, auch Motten und Spanner. Auffallend ist die pelzig behaarte *Laphria gibbose* L. mit schwarzem Hinterleib und fahlgelben Stellen am Kopf. Die → Larven der R. sind vorwiegend in den Bodenschichten der Laubwälder, aber auch in den Bodenschichten der Fichtenwälder sowie unter der Rinde von Stöcken zu finden. Sie sind weiß bis weißgelblich, von zylindrischer Form und haben lange Seitenborsten an den Brustringen. Die Körperhaltung ist stets gerade.

Raubparasiten → Parasitoid.

Raubspinnen (*Pisauridae*): auch Jagdspinnen. rund 400 Arten umfassende Fam. der → Webspinnen. R. weben keine Netze, sondern erjagen ihre Beute. Die Weibchen tragen den großen, runden Eikokon zwischen den Mundwerkzeugen mit umher. Die zwei einheimischen Arten sind:

1. Raubspinne, die (*Pisaura mirabilis*): auch Große R. Die über Europa und das nördliche Asien verbreitete R. ist auf Wiesen, Sträuchern, Kräutern, in Wäldern, Waldsteppen, Parkanlagen und Gärten, v. a. aber in Niederungen und an sonnigen Orten anzutreffen. Die 11 bis 13 mm lange R. hat auf dem länglichen, hellbraun gefärbten Hinterleib ein doppeltes Zackenband, das aus einer Reihe heller und dunkler Punkte besteht. Sie errichtet kein Netz. Ihre Nahrung besteht aus kleineren Insekten, die sie erjagt. Das Weibchen legt seine Eier in einen blaugrünen, kugelförmigen Kokon ab, den es anfangs zwischen den Mundwerkzeugen umherträgt. Später spinnt es dann ein Dach zwischen Blättern, heftet den Kokon darunter und bewacht ihn bis zum Schlüpfen der Spinnen. Nach dem Schlüpfen halten sich die Jungspinnen – bewacht von der Mutter – noch etwa acht bis zehn Tage in einer Spinnglocke auf, die die Mutter um den Kokon unter dem Blattdach errichtet.

2. Listspinne, die (*Dolomedes fimbriatus*): auch Piratenspinne. Die über weite Teile Europas verbreitete, aber nicht häufige L. ist sehr feuchtigkeitsliebend und daher in Au- und Bruchwäldern, auf der Oberfläche von pflanzenreichen stehenden und fließenden Gewässern sowie an deren Ufern anzutreffen. Sie läuft bei Gefahr übers Wasser davon oder taucht weg. Sie ist mit über 20 mm Länge eine der größten Spinnen Dtschl. Ihr rotbrauner bis dunkelbrauner Körper weist eine helle Zeichnung auf. Auf der Unterseite des Hinterleibes verlaufen vier helle Längsstreifen, woran sie von der ähnlichen Raubspinne zu unterscheiden ist. Die L. errichtet kein Fangnetz, sondern erjagt ihre Beute, meist kleinere Tierchen. Die Weibchen tragen den Eikokon anfangs zwischen den Mundwerkzeugen. Kurz vor dem Schlüpfen der Jungspinnen hängen sie ihn an eine Pflanze und bewachen ihn, bis die Jungen geschlüpft sind. Diese steigen dann auf den Rücken der Mutter, die sie noch geraume Zeit mit sich herumträgt.

Raubwild, das: Wild, das andere Tiere, darunter auch Nutzwild, raubt (fängt und tötet; sog. Beutegreifer), um es zu fressen. Es sind dies die freilebenden Raubtiere (→ *Carnivora*) wie → Fuchs, Baum- und Steinmarder (→ Marder), → Fischotter, → Dachs, → Iltis, Hermelin und Mauswiesel (→ Wiesel), → Luchs, → Wildkatze und Seehund, wozu auch jene Arten zählen, die nicht mehr oder nur in einigen Bundesländern dem → Jagdrecht unterliegen (z. B. Braunbär, → Wolf, → Marderhund, → Waschbär), und i. w. S. die → Greifvögel; → Raubzeug, → Prädatoren.

Raubwürger, der: → Würger 4.

Raubzeug, das: in der Jägersprache Sammelbegriff für alle freilebenden Tiere, die meist nicht dem → Jagdrecht unterliegen und die u. U. Nutzwild töten bzw. dessen Bestand beeinträchtigen. Hierzu zählen Elster, Rabenkrähe, Eichelhäher (→ Rabenvögel 1., 2. und 5.) und Wanderratte. Daneben fallen auch Hamster, Bisamratte, Schermaus (→ Wühlmäuse 1. und 2.) und i. w. S. auch wildernde Hunde und Katzen unter den Begriff R. Soweit nicht dem Jagdrecht unterstellt – sonst zum → Raubwild zählend –, gehören auch → Waschbär und → Marderhund zum R.

Rauchbäume: alte Bez. – besonders in Österreich – für die früher zur Uferbefestigung (Triftstraßen) verwendeten, unentasteten Bäume (meist Fi, Ta, Kie, seltener Bu, Ei, Er und Pa); → Rauchholz.

Rauchblättriger Schwefelkopf, der: → Schwefelkopf 2.

Rauchblöße, die: frühere Bez. für eine durch die schädigenden Einwirkungen von Luftverunreinigungen entstandene waldfreie Zone.

Rauchbuche, die: → Hainbuche.

Rauchen im Wald: Das R. i. W. ist in Dtschl. in der Zeit vom 1.3. bis 31.10. gesetzlich verboten.

Räuchern des Holzes: früheres Verfahren, um eingeschlagenes Holz vor Wurmbefall zu schützen. Gleichzeitig sollte damit auch ein Aufreißen verhindert werden. Die frisch gefällten Stämme wurden dicht aufgereiht auf eine fußhohe Unterlage gelegt und darunter das Rauchfeuer (aus feuchtem Holz oder Rinden) angezündet. Die Hölzer wurden dabei so lange gewendet, bis sie gleichmäßig vom Rauch geschwärzt waren. Kleinere Nutzhölzer wurden hierzu in eine besonders eingerichtete Rauchkammer gebracht.

Rauchgasentschwefelung, die: → Abgasentschwefelung.

Rauchhärte, die: Widerstandsfähigkeit von Baumarten gegenüber den klassischen → Luftverunreinigungen (Rauchgase); → Rauchschäden.

Rauchholz, das: alte, lokale Bez. für Lbh; sowohl für stehende, belaubte Bäume, als

◂◂◂ Auerhahn

◂◂ Haselhuhn

Birkhahn

auch für gefällte und entastete Laubholzstämme; → Rauchbäume.
Rauchhühner → Forsthühner.
Rauchriegel, der: ein ca. 100 m breiter Randstreifen aus Laubbaumarten auf der Luvseite von Beständen mit gegen Rauch unempfindlichen Baumarten (→ Rauchhärte). Der R. soll die dahinter wachsenden empfindlichen Baumarten vor direkten Immissionseinwirkungen (→ Rauchschäden) schützen.
Rauchschäden (Immissionsschäden): Schäden, die durch → Luftverunreinigungen verursacht werden und die die Gesundheit des Menschen beeinträchtigen sowie die → Umwelt belasten. Die R. im Wald (→ neuartige Waldschäden) werden hauptsächlich durch → Gase in der → Luft bewirkt. Der verbreitetste → Schadstoff ist das → Schwefeldioxid. R. entstehen auch durch Fluorverbindungen (→ Fluorwasserstoff), → Chlor, → Stickoxide und andere toxische Verbindungen. R. im Wald wurden bereits im 18. Jh. festgestellt. Die Bäume sind gegenüber den genannten Gasen unterschiedlich empfindlich; zudem ist die Resistenz auch von den Umweltbedingungen abhängig. Resistenzreihen (empfindlich > unempfindlich): Es, Bu, Li, Vobe, Ei, Pa, FAh, Pla, Fi, Kie, Ta, SeFi, SKie, Stro, Blaufichte, JLä.
Rauchtanne, die: alte und lokale Bez. für die Weißtanne; → Tannen 1.
Rauchwerk, das: alte Bez. für die belaubten Äste und Zweige der Bäume. Die Gewinnung dieser Äste und Zweige wurde „rauchwerken" genannt.
Rauharmige Fledermaus, die: → Fledermäuse 14.
Rauhbäume: Nadelholzbäume, die bei der früher ausgeübten → Trift und → Flößerei an den Prallhängen ins Wasser gehängt wurden, um Uferzerstörungen möglichst zu vermeiden.
Rauhbeige, die: auch Rauhbeuge. Mundartliche Bez. für abgelegtes Kurzholz (1 bis 3 m) im Krangreiferbereich der → Rückegasse; → Beige.
Rauhbeuge, die: → Rauhbeige.
Rauhbirke, die: → Birken 1.
Rauhblattgewächse (*Boraginaceae*): auch Rauhblättrige Gewächse, Bor(r)etschgewächse. Fam. → zweikeimblättriger Pflanzen, die weltweit mit etwa 2000 Arten in rd. 100 Gatt. v. a. in der nördlich gemäßigten Zone verbreitet ist. Es handelt sich vorwiegend um Kräuter, Sträucher oder Bäume, die an allen Pflanzenteilen eine dichte rauhborstige Behaarung aufweisen. Die Blätter sind schraubig angeordnet und ungeteilt. Die regelmäßig fünfzähligen Blüten stehen in typischen Wickeln (→ Blütenstand). Bekannte einheimische Arten sind u. a. → Beinwell, → Lungenkraut, → Vergißmeinnicht und → Steinsame.
Rauhblättrige Gewächse → Rauhblattgewächse.
Rauhblättrige Rose, die: → Rosen 13.
Rauhdachen, das: alte Bez. der Köhler für die Tätigkeit, den Kohlenmeiler zunächst über dem Holz mit Moos, Laub und Rasen zu belegen. Der Meiler erhielt einen Überzug, das sog. Rauhdach oder die Rauhdecke; → Köhlerei.
Rauhe(r/s) ... siehe unter dem jeweiligen Hauptnamen.
Rauhfrost, der: → Rauhreif.
Rauhfußbussard, der: → Bussarde 2.
Rauhfußhühner (*Tetraoninae*): Unter-Fam. aus der Fam. der fasanartigen → Hühnervögel (*Phasianidae*) aus der Ordn. der Hühnervögel (*Galliformes*). Die R. werden in Wald- (Auer-, Birk- und Haselwild) und in Schneehühner (Alpenschnee-, Moorschneehuhn) eingeteilt. Alle R. sind Standvögel. Als → Bastarde zwischen Auer- und Birkwild kommt das Rackelwild (*Lyrurus tetrix* x *Tetrao urogallus*) vor. R. sind mehr oder weniger plumpe Bodenvögel mit einem kleinen Kopf, kurzem oder mittellangem Hals und kräftigen Laufbeinen zum Scharren. Bei den meisten Arten sind die Beine und Zehen befiedert. Hahn und Henne sind bei allen Arten unterschiedlich gefärbt. Bei manchen Arten tragen die Hähne ein sehr prächtiges Gefieder. R. sind Bodenbrüter und legen ihre Nester versteckt am Boden im Schutz von Felsen, Bäumen oder Sträuchern an. Als Nest dient ihnen eine einfache, flache Bodenmulde, die mit nur wenig Nistmaterial (trockene Blätter, Moos, Halme) ausgepolstert ist. Die Gelege der R. sind sehr umfangreich und umfassen meist sechs bis zehn Eier. Beim Verlassen des Nestes decken sie das Gelege mit Nistmaterial ab. R. haben eine Jahresbrut. Sie sind → Kulturflüchter. Ihr Bestand ist stark zurückgegangen und sie sind äußerst gefährdet, da die geeigneten Biotope stark abgenommen haben.
1. Auerwild, das (*Tetrao urogallus* L.): auch Auer-, Urgeflügel. Das männliche A. wird auch Auer-, Urhahn, Großer Hahn genannt, das weibliche Auer-, Urhenne. Hahn: Länge: etwa 82 bis 110 cm, Gewicht: 3,5 bis 6 kg, Flügelspannweite: 112 bis 140 cm. Henne: Länge: etwa 49 bis 65 cm, Gewicht: 1,5 bis 3 kg, Flügelspannweite: etwa 92 bis 105 cm.
Das A. ist ein ausgesprochener Standvogel und kommt „noch" im gesamten Alpengebiet, im Bayerischen Wald, Schwarzwald, Spessart, Sauerland und in Mittelhessen vor. Häufiger ist es noch in Österreich, den Pyrenäen, Polen, Rußland, Schottland und in den nordischen Ländern anzutreffen. Da es ein Kulturflüchter ist, bevorzugt es als Lebensraum große, ruhige Waldgebiete (Misch- und Nadelwälder), die viel Unterwuchs und beerenreiche Vegetation aufweisen.
Das A. ist mit zwei Jahren fortpflanzungsfähig. Die Balzzeit ist im April/Mai. Es lebt polygam; auf einen Hahn kommen etwa vier bis sechs Hennen. Das Nest wird häufig an Waldhängen, gerne am Fuß eines Nadelbaumes oder unter Wacholdergebüsch und Beerensträuchern errichtet. Das Gelege besteht i. d. R. aus sechs bis zehn gelblichgrauen, mit vielen rotbraunen Flecken versehenen Eiern (58 x 42 mm, etwa 50 g). Brutzeit: 26 bis 28 Tage. Die Küken sind Ende Juli/Anfang August flugfähig, werden aber noch bis in den Spätherbst von der Henne geführt. Eine Jahresbrut.
Nahrung: Sämereien, Knospen, Triebe, Beeren, Kiefern- und Tannennadeln, Gräser, Flechten, Würmer, Schnecken, Raupen, Insekten, Puppen und Ameisen. Die Jungen nehmen in den ersten Wochen überwiegend Insekten, Ameisenpuppen und Würmer auf. Damit die Nahrung im Magen zerrieben wird, nehmen sie kleine Steinchen, sog. Magensteine, auf, die rundgerieben werden.
2. Birkwild, das (*Lyrurus tetrix* L.): Das Weibchen wird Birkhenne genannt, das Männchen Birkhahn, ferner Kleiner Hahn, Kleiner Auerhahn, Spiel-, Heide-, Brenn-, Laub-, Moos-, Schildhahn. Hahn: Länge: 53 bis 64 cm, Gewicht: um 2000 g (etwa haushuhngroß). Henne: Länge: 40 bis 50 cm, Gewicht: um 1300 g; → Vogel des Jahres 1980.
Das B. kommt auf den Britischen Inseln, in Mitteleuropa nur noch lokal, in Nordosteuropa hingegen noch zahlreicher vor. Der Lebensraum des B. sind Heiden, Moore mit niedrigem Gestrüpp sowie lichte Birken- und Mischwälder mit Bi, Pa und Wei. Im Gebirge lebt es an der oberen Waldgrenze und etwas tiefer, wenn sich aufgelockerte Waldbestände mit größeren Lichtungen ergänzen. Das B. ist zwar nicht so scheu wie das Auerwild, verschwindet aber fast immer aus Gebieten, in denen der Mensch regulierend und zerstörend (Entwässerung, Straßenbau etc.) eingreift. B. lebt sehr gesellig und findet sich v. a. im Winter zu größeren Flügen zusammen.
B. ist mit zwei Jahren fortpflanzungsfähig. Die Balz beginnt etwa ab Mitte März und dauert im Gebirge mitunter bis in den Juni hinein. Als Balzplätze werden in der Ebene und im Hügelland kleinere Moor-, Heide- und Wiesen-

▸▸ Rauhreif an Bäumen

flächen, im Gebirge freie Plätze ohne Baumwuchs und gelegentlich auch Schneefelder gewählt. Die Henne scharrt an geschützter Stelle, unter Heidegestrüpp, Beeren- und Wacholdersträuchern, eine flache Mulde. Das Gelege besteht i. d. R. aus sechs bis zehn ockergelben, mit vielen rotbraunen Punkten und dunkelbraunen Flecken versehenen Eiern (50 x 36 mm, um 35 g). Brutdauer: 25 bis 27 Tage. Die Jungen sind nach etwa 14 Tagen flugfähig, werden aber von der Henne noch bis in den Herbst geführt. Im September/Oktober mausern sie, und die jungen Hähne tragen dann das prachtvolle Hahngefieder mit den leierförmigen Schwanzfedern (Spiel; daher „Spielhahn") und den weißen Unterstoßfedern. Eine Jahresbrut (Mai/Juni).

Nahrung: Sie richtet sich nach dem Biotop und besteht überwiegend aus Beeren, Blüten- und Blattknospen, Sämereien und im Winter hauptsächlich aus Wacholderbeeren, einjährigen Knospen und Koniferennadeln, ferner auch aus Hafer und anderen Körnerfrüchten. Die Jungen benötigen in den ersten Wochen Insekten, Würmer und kleine Schnecken.

3. **Rackelwild**, das (*Lyrurus tetrix* x *Tetrao urogallus*): R. sind → Bastarde von Auer- und Birkwild, die gelegentlich dort auftreten, wo beide Arten vorkommen. Mit dem Rückgang von Auer- und Birkwild ist das R. äußerst selten geworden. Im Aussehen hält es etwa die Mitte zwischen Auer- und Birkwild. Über die Rackelhenne und über die Fortpflanzungsfähigkeit werden in der Fachliteratur unterschiedliche Auffassungen vertreten. So wird das R. teilweise als fortpflanzungsfähig (jedoch nicht mehr die erste Tochtergeneration aus dem Kreuzungsprodukt) bezeichnet, teilweise wird es als nur mit Auer- und Birkwild fortpflanzungsfähig angesehen. In einigen Schriften werden sowohl Hahn als auch Henne als unfruchtbar bezeichnet, obwohl der Hahn balzt.

4. **Haselwild**, das (*Tetrastes bonasia* L.): Länge: etwa 34 (Henne) bis 36 cm (Hahn), Gewicht etwa 300 bis 370 g, Flügelspannweite: um 60 cm.

Das H. ist sehr selten geworden. Es kommt heute nur noch in den Alpen, lokal in einigen Mittelgebirgen Mitteleuropas, in Osteuropa und in Skandinavien vor. In Dtschl. ist es noch im Bayerischen Wald, Harz, Taunus, Schwarzwald, im Siegerland und in der Eifel heimisch. In Österreich kommt es häufiger vor. Der bevorzugte Lebensraum des H. sind dichte Laub- und Mischwälder mit viel Unterwuchs, Beerensträuchern, Lichtungen, Schonungen und Nadelholzdickicht, ferner Eichenniederwälder mit feuchten Stellen, wo Wasser fließt. Es lebt sehr gesellig und gut verborgen im Gebüsch und im Unterwuchs der Wälder.

H. lebt monogam und führt ein ausgesprochenes Eheleben. Bereits im September/Oktober finden sich während der Vorbalz die Paare zusammen. Die eigentliche Balz findet im März/April statt. Das Nest wird gut versteckt mit Sichtschutz, auch von oben, unter Gestrüpp, Heide- und Farnkraut, Brombeergerank und anderem dichten Pflanzenwuchs errichtet. Das Gelege besteht aus acht bis elf

rötlichgelben, mit wenigen braunen Flecken versehenen Eiern (41 x 29 mm, etwa 20 g). Brutdauer: 21 bis 25 Tage. Nach zwei bis drei Wochen sind sie bereits flügge und können aufbaumen. Die Fam. bleibt noch bis zum September/Oktober zusammen, dann löst sie sich in einzelne Paare auf. Eine Jahresbrut (April/Mai bis Juni).

Nahrung: im Frühjahr überwiegend Blütenkätzchen von Ha, Bi, Er, Wei und Pa. Im Sommer Insekten, Würmer, Schnecken, Ameisenpuppen, feine Blättchen, Sämereien, Knospen und Gräser, im Winter hauptsächlich Beeren, Bucheckern und Knospen. Zur Verdauung werden Magensteine aufgenommen.

5. **Alpenschneehuhn**, das (*Lagopus mutus* Montin): Länge: etwa 35 cm, Gewicht: 350 bis 450 g.

Das A. lebt bei uns in der Alpenregion über der Baumgrenze im Latschengürtel (2000 bis 3400 m), besonders in der Nähe von Schneeresten. Ferner kommt es noch in den Pyrenäen, in Island, Nordschottland, Grönland und im nördlichen Skandinavien vor. Im Winter zieht es in größeren Verbänden bis zur Baumgrenze herab.

Das A. ist im zweiten Jahr geschlechtsreif. Der Hahn balzt bereits im März und verteidigt sein Revier fest gegen die Artgenossen. Zur Brutzeit leben die A. paarweise zusammen. Das Nest wird an sonnigen Hängen unter Felsen, Geröll oder Wacholdergestrüpp gescharrt angelegt. Das Gelege besteht aus sechs bis 11 ockergelben, mit mehr oder weniger großen schwarzen und bräunlichen Flecken versehenen Eiern (41 x 30 mm, um 20 g). Brutdauer: 21 bis 24 Tage. Die Jungen werden bis in den Herbst geführt. Eine Jahresbrut (Mai bis Juni).

Nahrung: Insekten, Flechten, Knospen und Blattspitzen von Alpenkräutern, Sämereien, Preisel-, Heidel-, Rausch- und anderen Beeren; im Winter überwiegend Kiefern- und Fichtennadeln.

Rauhfußkauz, der: → Eulen A 7.

Rauhhaariger Kälberkropf, der: → Kälberkropf 1.

Rauhhaariger Lederschwamm, der: → Mondring.

Rauhhaariges Veilchen, das: → Veilchen 4.

Rauhhautfledermaus, die: → Fledermäuse 16.

Rauhigkeit, die (Rauheit): i. e. S. Bez. für die Unebenheit einer Oberfläche. Im Bezug auf den Wald bildet dieser – im dynamischen Sinne – eine sehr rauhe, großflächige Grenzschicht zur Atmosphäre. Die R. des Waldes ist im Ggs. zu einem Werkstück nicht direkt meßbar, sondern muß vielmehr hergeleitet werden aus dem Strömungsverhalten der Luft über der gegebenen Oberfläche, was durch den Rauhigkeitsparameter (Wasser: 0,1, Sand: 0,2, Grünland: 5, Getreide: 10, Wald: 300) ausgedrückt wird. Damit bildet der Wald die rauheste natürliche Oberfläche. Über dem Wald verursacht die R. andauernde Luftturbulenzen, die an Löchern im Wald (umgestürzte oder gefällte Bäume) besonders stark einwirken und diese zusätzlich vergrößern können.

Rauhreif, der (Rauhfrost, Haarfrost, Duft, Reif- oder Eisanhang, Eisbehang, Anhang): R. entsteht durch überkälteten (unterkühlten) Nebel (→ Nebelniederschlag), der beim Auftreffen an Ästen, Zweigen, Gerten und Rispen zu Eis erstarrt, oder wenn aus zuströmender warmer Luft sich ausscheidender Nebel auf den unter 0 °C kalten Zweigen gefriert. Am stärksten kann sich der R. in der Nähe von Flüssen ausbilden. Wegen der ständigen Wasserbewegung und der im Wasser enthaltenen Salze (Industrieabwässer) liegt der Gefrierpunkt beträchtlich unter 0 °C (Gefrierpunktserniedrigung). Streichen nun unterkühlte Nebel aus den Flüssen, Bächen und Seen an kalten Gegenständen vorbei, so bilden sich auf diesen Eiskristalle. Je dichter und feiner der Filter der Gegenstände ist (z. B. Äste, Drahtzäune, Telefonleitungen), um so stärker ist die Beanspruchung durch den Behang der R.-Kristalle (Duft). Eis und R. besitzen eine wesentlich größere Dichte als Schnee. Ein geringer Belag (Anhang) genügt deshalb schon, um die vom → Schneebruch her bekannten Schäden zu verursachen, die als „Duftbruch" oder „Eisbruch" bezeichnet werden. Besonders gefährdet sind Fi, Kie, Ei, Bu und Bi, wobei der Schaden meist in Form von Nester-, Ast- und → Gipfelbruch auftritt. Der Schaden durch R. kann sich verstärken, wenn sich zusätzlich auf den bereiften Bäumen Schnee, v. a. nasser Schnee, ablagert.

Rauhrinde, die: auch Grobrinde. Bez. für die äußere, nicht mehr lebende → Rinde (→ Borke), insbesondere Eichengerbrinde; → Lohrinde.

Rauhweide, die: früherer, in Süddtschl. und in der Pfalz gebrauchter Ausdruck für → Waldweide.

Rauhwipfel, die: Baumwipfel (z. B. von Fi), die als Fegeschutz um junge Forstpflanzen in den Boden gesteckt werden. Sie dienen der → Wildschadensverhütung.

Rauhwurf, der: von den Waldarbeitern am Fällort eingeschnittenes und von Hand zur → Rückegasse gebrachtes, unsystematisch aufgeschichtetes (aufgeworfenes) Kurzholz.

Raukenblättriges Greiskraut, das: → Greiskraut 7.

Räumaxt, die: Durchforstungs-R., Schwedische R. Ein ähnlich der → Heppe verwendetes Kulturpflegegerät, welches in der Jungwuchspflege und in der Läuterung eingesetzt wird. Das Werkzeug (Länge ca. 70 cm, Gewicht um 1000 g) mit auswechselbarer Klinge eignet sich besonders gut für Trenndurchmesser zwischen 2 und 7 cm.

Räumde, die: **1)** alte nordd. Bez. für eine dauernd oder vorübergehend unvollkommen (unter 0,5 des Vollbestandes, meist Bestockungsgrad zwischen 0,1 und 0,3) bestockte Fläche (Holzbodenfläche); → Blöße, stocken. **2)** früher auch allg. Bez. für eine lichte Stelle im Wald, für welche die vorhandenen → Samenbäume zur Besamung der Gesamtfläche nicht ausreichten.

Raumdichte des Holzes, die: → Dichte des Holzes, → Anhang Seite 872/873.

räumdig → Beschirmungsgrad.

Räume: auch Register, Zuglöcher. Bei einem Meiler (→ Köhlerei) Bez. für die eingestochenen Löcher zur Steigerung des Luftzutrittes.

räumen: **1)** Einschlag des Restbestandes beim Schirmschlag (Räumungshieb). **2)** Beseitigen des → Abraumes. **3)** die Almlichte von aufkommenden Sträuchern und Waldbewuchs befreien.

Raumeichen: Bez. für zerstreut stehende Ei.

Raumholz, das (Fegeholz): frühere Bez. für alle nicht schälbaren Stämmchen in einem → Eichenschälwald oder Edelkastanienschälwald. Als R. wurden auch solche Stämmchen bezeichnet, die zu Boden gesunken waren (Flatterreiser oder Schlenker) oder wegen sonstiger Fehler (z. B. vernarbte Hagelwunden; → Hagelschäden) nicht geschält werden konnten, sowie die Stämmchen anderer Baumarten. Das R. wurde frühzeitig im Rahmen einer → Durchforstung entfernt, um Raum zu schaffen (Name!) für den sog. Schälhieb.

räumig → Beschirmungsgrad.

räumliche Ordnung, die: System, den schlagweisen Hochwald (→ Altersklassenwald) horizontal und vertikal räumlich so zu gliedern und zu verteilen, daß eine nachhaltige Bewirtschaftung mit optimaler Betriebssicherheit gegen abiotische Schäden entsteht, ein vorratspfleglicher, einfacher und überwachbarer Betriebsvollzug mit günstigen ökologischen Bedingungen möglich ist und hochqualitatives Holz erzeugt werden kann, wird r. O. genannt. Ihr dienen → Waldeinteilung, → Walderschließung und Waldaufbau. Im schlagweisen Hochwald werden deshalb die → Hiebe so angeordnet, daß die → Bestände möglichst gegen Sonne, Wind und Sturm geschützt sind; die Anordnung der Bestände erfolgt in → Schlagreihen gegen die Hauptwindrichtung (Hiebszug, → Loshieb, → Freihieb, → Gliederungshieb). Die r. O. soll auch die Schäden beim Fällen und → Rücken der Stämme während der → Verjüngung möglichst vermeiden helfen; → Verjüngungsverfahren.

Raummaß, das: das heute für → Schichtholz übliche Einheitsmaß (→ Raummeter). R. waren früher auch → Klafter, → Schanze und → Welle.

Raummeter, der/das: Abk. rm; auch Kubikmeter, Ster. Das Stapelvolumen in einem würfelförmigen Körper, dessen Kante 1 m ist ohne Rücksicht auf Hohlräume, im Unterschied zum → Festmeter. Der R. ist ein forstlich übliches Maß (Verkaufseinheit) für geschichtetes Holz: 1 m^3 Holz einschließlich der holzleeren Zwischenräume; 1 rm → Scheitholz enthält etwa 0,7 Festmeter, 1 rm → Stockholz nur 0,45 Festmeter. Der Begriff R. ist seit 1.1.1978 amtlich nicht mehr zulässig; → Schüttraummeter.

Raumstruktur, die: → Struktur.

Räumung, die: Bez. für das Nutzen der restlichen Altbäume in einem verjüngten → Bestand oder nur in einem Bestandsteil. Die R. erfolgt meist mit mehreren Hiebseingriffen; → Räumungshieb.

Räumungshieb, der (Räumungsschlag, Endhieb, Abräumungshieb, Abräumungsschlag, Abtriebsschlag): in der Forstwirtschaft Bez. für den letzten → Hieb (Verjüngungshieb) bei der Schirmschlagmethode, der das restliche → Altholz beseitigt und damit den → Jungwuchs freistellt; → Verjüngungsverfahren, Räumung.

Räumungsschlag, der: → Räumungshieb.

Raupen → Larven der → Schmetterlinge und gewisser → Blattwespen. Sie besitzen eine Kopfkapsel aus Chitin, kleine Fühler, mehrere Punktaugen, kauende Mundwerkzeuge, drei Paar Brustbeine, i. d. R. vier Paar Bauchfüße und ein Paar Nachschieber am letzten (zehnten) Körpersegment. Verschiedene R. leben gesellig, z. T. auch in R.-Nestern. Sie ernähren sich meist von pflanzlicher Substanz, manche sind → Parasiten; → Afterraupen.

Raupenfliegen (*Trachinidae*; *Larvaevoridae*): artenreiche Unter-Fam. der → Fliegen (Insektenparasiten), zu der auch die Aas- oder Fleischfliegen (*Sarcophagidae*) sowie die Schmeißfliegen (*Calliphoridae*) gehören. R. sind Fliegen von unterschiedlicher Größe, erinnern teilweise an die Stubenfliegen und haben i. d. R. lange, starre und schwarze Borsten.

Viele Arten treten bei toten Wirbeltieren oder bei Fallwild auf. Da die → Larven der meisten Arten endoparasitisch in → Raupen (v. a. Schmetterlingsraupen) und anderen Entwicklungsstadien von Insekten leben, sind sie Forstnützlinge und tragen zur Erhaltung des ökologischen Gleichgewichts bei. Als Imagines trifft man sie auch häufig auf Blüten oder auf Blättern mit Honigtau an. Die Eiablage erfolgt entweder a) auf die Körperoberfläche des Wirts oder in der Nähe des Wirts, b) auf die Fraßpflanzen des Wirts oder wird diesem während seiner Fraßtätigkeit zwischen die Mundteile geschoben, z. B. dem Kiefernnadel-Rüsselkäfer (*Brachyderes incanus*), c) mittels eines besonderen Legeapparates in das Wirtsinnere. Die Larven durchlaufen drei Entwicklungsstadien; die Entwicklungsdauer beträgt zwei bis drei Wochen; die Verpuppung erfolgt meist im Boden. I. d. R. eine Generation, je nach Art auch mehrjährige Generation möglich. Viele R. bevorzugen nur ein Wirtstier, z. B. *Ernestia rudis* die Forleule, *Phorocera agilis* die Nonne.

Raupe des Mittleren Weinschwärmers

Raupenkot, der: für ein geschultes Auge ein wichtiges Erkennungsmerkmal der in den Baumkronen fressenden oder im Holz lebenden → Raupen. Der Kot der Blätter fressenden Raupen ist schwarzgrün, später schwarz, jener der Fichtennadeln fressenden grün oder rot. Oft bräunt sich der anfangs grüne Kot; der Kiefernnadelkot ist grün, selten braun, der Kot der Holzfresser ist holzfarben. Der Kot der an den Kie fressenden Insekten ist wie folgt beschaffen:

a) walzig, sechsmal gefurcht; Kiefernschwärmer: 4 mm lang, dreiteilig, grün; Kiefernspinner: 3 mm lang, grobfaserig, zweiteilig, grün; Eulen: 3 mm lang, feinfaserig, dreiteilig, an beiden Enden gerundet, grün; Blattwespen: jenen der Eule gleich in Gespinsten, nur jener der Kotsackblattwespe ist braun.

b) Spanner: sehr kleine, grüne unregelmäßige Kotstücke.

c) Buschhornblattwespe: rhombisch, 2 bis 3 mm lang und grün.

Die Graue Fleischfliege *(Sarcophaga carnarina)* gehört zur Unterfamilie der Raupenfliegen.

Raupenzwinger, der: eine frühere, wenn auch z. T. umstrittene Forstschutzmaßnahme, bei der die Vermehrung der nützlichen → Schlupfwespen als Raupen-, Larven- und Puppenparasiten (z. B. beim Kiefernspanner, Nonne, Forleule, Lärchenblattwespe) durch Anlage eines R. gefördert wurde. Der R. war eine in einem von Schadinsekten befallenen Wald besonders hergerichtete, d. h. gepflügte Bodenfläche im Ausmaß von ca. 10 bis 20 Quadratruten (→ Rute), wobei in einem Distrikt mehrere R. angelegt wurden. In diese Fläche wurden die eingesammelten → Raupen der Schadinsekten gelegt und mit ca. 7 → Zoll hohem Moos bedeckt. Die Fläche wurde mit einem 1,5 bis 2 → Fuß tiefen und ebenso breiten Graben umgeben, dessen äußerer Rand senkrecht und glatt abgestochen wurde, der innere Rand hingegen wurde schräg abgegraben. Damit sollte den in den Graben fallenden Raupen das Zurückkriechen in den R. ermöglicht, das Hinauskriechen jedoch verwehrt werden. Im Frühjahr erhielten die Raupen frische, eingesteckte Kiefernzweige als

Nahrung, die bis zur Verpuppung ständig nachgesteckt wurden. Auf diesen mehr oder weniger künstlich angelegten Zuchtflächen für die Raupen der Schadinsekten fanden sich nach und nach die Schlupfwespen ein und konnten sich reichlich vermehren. Nicht parasitierte Raupen wurden als Konkon aufgelesen und in eine acht Zoll tiefe Erdgrube gelegt und mit einem feinen Maschennetz zugedeckt, welches zwar den Schlupfwespen, nicht aber den ausschlüpfenden Schadfaltern einen Durchschlupf ermöglichte. Diese Förderung der Schlupfwespen sollten zur Dezimierung der forstschädlichen Insekten beitragen.

Rauschbeere, die: → Heidelbeere 3.

Rauschen → Flatterbusch.

Rauschgranaten → Bärentraube 1.

Raygras, Französisches, das: → Glatthafer.

Reaktionsholz, das: ein Richtgewebe des Baumes, das nach mechanischen Einwirkungen entsteht. Es wird bei Nadelbäumen als Druckholz (auch Buchs, Buchsholz, Buchsigkeit, Rotholz, Rothärte) und bei Läubbäumen als Zugholz gebildet. Druckholz entsteht auf der Seite, die der Beanspruchung entgegengesetzt ist, Zugholz auf der Belastungsseite. Die Bäume können damit durch Schwerkraft oder durch äußere mechanische Kräfte hervorgerufene Schiefstellungen (z. B. durch ständigen Winddruck, einseitig ausgebildete Kronen an Bestandesrändern, Hanglage, Schneedruck) ausgleichen. Der Baum reagiert mit Bildung von ligninreichem R. mit erhöhtem Spätholzanteil auf der Druckseite und mit gedehnten Holzfasern auf der Zugseite. Dadurch kommt es mitunter zu einem ovalen Stammquerschnitt und zu einer Kernverlagerung. Druckholz hat einen höheren, Zugholz einen niedrigeren Ligninanteil. Druckholz nimmt eine rotbraune Färbung an, schwindet und wirft sich stark, wird sehr hart, reißt aber leicht. Auf Grund seiner Härte läßt es sich nur schwer bearbeiten (sog. Rothärte). Zur Zugholzbildung neigen v. a. Bu, Pa, Ei und Ul.

Realgemeinde, die: Eine R. wird durch einen Teil der Anwesenbesitzer einer Gemeinde gebildet, die gemeinsam ein Nutzungsrecht an einem Wald haben. Solche Waldungen sind → Körperschaftswaldungen, wenn die R. eine juristische Person ist. Ist sie das nicht, ist der Wald → Privatwald (→ Realgemeindewälder) oder Gemeidewald, je nachdem, in wessen Eigentum der Wald steht.

Realgemeindewälder: in Niedersachsen Wälder (11 % der Waldfläche), die einst Markgenossenschaftswälder waren, die als Gemeinschaftswald im gemeinsamen Eigentum der Alteingesessenen (→ Realgemeinde) verblieben und nach der Französischen Revolution nicht in das Eigentum der politischen Gemeinde überführt wurden.

▸▸ „Rebelgruppen" (→ Rebel)

Reallasten: R. sind nach dem BGB (§§ 1105 – 1112) dingliche Belastungen eines Grundstückes. Ihr Inhalt besteht darin, daß dem Berechtigten wiederkehrende Leistungen aus dem belasteten Grundstück zu entrichten sind. Bei der Grundgerechtigkeit (Waldgrundgerechtigkeit) muß der Besitzer des belasteten Waldes etwas dulden oder unterlassen (er duldet z. B. die Streuentnahme durch den Berechtigten); bei der Reallast hat der Besitzer etwas zu tun oder zu geben, z. B. Hand- und Spanndienste zu leisten oder jedes Jahr 10 rm Scheite zu geben. Diese R. waren besonders im Nordwesten und Süden Dtschl. weit verbreitet. Die R. wurden Mitte des 19. Jh. in feste Geldrenten umgewandelt und diese durch einmalige Zahlung der kapitalisierten Summe abgelöst, zu einem kleinen Teil auch ohne Entschädigung aufgehoben. Im wesentlichen war die Revolution von 1848 der Auslöser für die Aufhebung der R.

Reaumur, R. F. de → Forstliches Schrifttum.

Rebel, Karl Dr. Dr. h. c. (15.11.1863 Augsburg bis 4.7.1939 Memmingen): R. war von 1915 bis 1930 Referent für Waldbau und Forsteinrichtung an der Bayerischen Ministerialforstabteilung. Er versuchte durch gruppenweise Laubholzeinbringung eine gute Ausgangslage für künftige Mischbestände zu schaffen. Bekannt wurde er durch seine frühen Einsichten zur Problematik der Wildstände und die Auswirkungen auf den Wald sowie zur Vereinbarkeit von Forstwirtschaft und Naturschutz. Von seinen rund 50 Schriften sind hervorzuheben: „Gegen die Streunutzung, besonders im bayerischen Staatswald" (1920), „Waldbauliches aus Bayern", 2 Bd. (1922). R. gilt als Vordenker der → naturgemäßen Waldwirtschaft.

Rebelgruppen → Rebel.

Rebenstecher, der: → Blattroller 5.

Reber, Peter (1.1.1780 Forsting bis 14.3.1859 München): R. war von 1817 bis 1846 in herzoglich Leuchtenbergischen Diensten in Eichstädt. Seine Schriften sind u. a.: „Grundsätze der Wald-Taxation, Wirtschafts-Einrichtung und Waldwerths-Berechnung (1827), „Handbuch des Waldbaues und der Waldbenutzung" (1831), „Der Waldschutz und die Forstdirection" (1842).

Rebhuhnfäule, die: durch Rindenpilze ausgelöste → Bienenrosigkeit; → Rebhuhnholz, → Holzpilze.

Rebhuhnholz, das: Stammfäule (Form der → Weißlochfäule) des Eichenkernholzes, die durch einen Pilz (*stereum frustulosum* = *xylobolus frustulatus*) hervorgerufen wird. Das kranke Holz erscheint tiefrotbraun und ist mosaikartig durchsetzt mit weißen, kugeligen, mit → Myzel angefüllten Partien, die schließlich die Hohlkugeln werden; → Bienenrosigkeit, Fliegenholz, Rotstreifigkeit.

Rechholder, der: → Holunder 2.

Rechstreu, die: → Bodenstreu.

Recht des vierten Pfennigs, das: In Unterösterreich waren früher alle privaten Waldbesitzer, die im Wienerwald Waldungen besaßen, zur Abgabe des vierten Pfennigs verpflichtet. Dieses Recht des Staates stammt aus uralten Zeiten und bestand darin, daß von allem zum Verkauf bestimmten Holz der vierte Pfennig dem Landesherrn (dem landesherrlichen Oberwaldamt) entrichtet werden mußte.

Rechteckverband, der: → Pflanzverband.

Reckling, der: bei der → Naturverjüngung ein etabliertes, sich über die Vegetationsschicht erhebendes, über 20 cm großes Bäumchen; im Kollektiv → Aufwuchs.

Recycling, das: Wiederzuführung von Stoffen (z. B. Abfällen) zur Nutzung.

Red pine → Southern Pine.

Reduktionszahl, die: → Formzahl.

Reduzenten: R. oder Mineralisierer sind Organismen, die zusammen mit den → Destruenten tote organische Substanzen abbauen. Zu den R. gehören v. a. → Bakterien, → Pilze (*Ascomycetes, Basidiomycetes, Phycomycetes*) und → Algen; → Dendrobionten.

Redwood, das (*Sequoia sempervirens*): Der R. (Rotholz) ist ein Nadelbaum und gehört zur Fam. der *Taxodiaceae*. Er wächst in Kalifornien in Küstennähe bis 1000 m Höhe und kann 1300 Jahre alt und ca. 115 m hoch werden. Das Holz ist sehr feinringig und völlig astfrei. Der gelblichweiße Splint ist schmal, der Kern bräunlichrot. Das schmale → Spätholz ist als → Flader deutlich. Das Holz des R. wird bevorzugt in der Möbelschreinerei und zu Vertäfelungen verwendet. Auch → Furniere mit hübscher → Maserung werden gewonnen. Im Freien ist es sehr dauerhaft. Der R.-Baum ist eng verwandt mit dem → Mammutbaum.

Reep, das: altes Raummaß für langes → Brennholz in Bremen. 1 R. = 2,45 rm; → Raummeter.

Refugialgebiet, das: Rückzugsgebiet der Baumarten in der Eiszeit, von wo aus die Wiederbesiedlung nach der Eiszeit erfolgte; → Waldgeschichte.

Regenbremse, die: → Bremsen.

Regenerationsfraß, der: → Ernährungsfraß.

Regenerationszone, die: → Biosphärenreservate.

regenerative Energien → Alternativenergien.

Regenmolch, der: → Schwanzlurche 1.

Regensburger Geißklee, der: → Geißklee 4.

Regensburger Zwergginster, der: → Geißklee 4.

Regenwald, der: immergrüner Wald mit üppiger Vegetation in Gebieten, die das ganze Jahr hindurch beständig feucht und warm sind. Der tropische R., der die Erde auf Äquatorhöhe umspannt, geht in den kühleren, nebelreichen, tropischen Gebirgen und in den Subtropen in den montanen oder subtropischen R. über. Der einzige R. der nördlichen Erdhälfte ist der → Olympic-Nationalpark. Die Fläche der geschlossenen tropischen R. wurde für das Jahr 1980 auf weltweit 11 Mio. km^2 geschätzt. Zusammen mit den offenen tropischen Wäldern betrug die gesamte tropische Waldfläche 17,5 Mio. km^2, das entspricht

40 % der → Waldfläche der Erde. Den größten zusammenhängenden R. besitzt Südamerika im Amazonasbecken. Kein anderes Biotop der Erde weist eine ähnlich verschwenderische Artenfülle auf wie der R. Nahezu die Hälfte aller bislang bekannten Tier- und Pflanzenarten leben hier. Nicht selten findet man 100, 150 → Baumarten, manchmal sogar 275 auf einem Hektar → Urwald und ein Mehrfaches an anderen, oft noch unbekannten Lebewesen. Wissenschaftler rechnen noch mit 5 bis 10 Mio. unentdeckten Arten. Davon soll die Hälfte im R. leben. Vorherrschend für den R. sind die immergrünen Bäume der verschiedensten Fam., meist mit hochaufstrebenden, auf Brettwurzeln stehenden Stämmen, wenig verzweigten Kronen und ledrigen, glänzenden, elliptisch geformten Blättern. Der Lebensraum der Pflanzen im tropischen R. reicht bis in Höhen von 50 bis 70 m und wird in mehreren Etagen genutzt von Sträuchern, Bäumen, Lianen und – besonders charakteristisch – von → Epiphyten; dies sind nicht im Erdboden wurzelnde Pflanzen, die sich des Lichtes wegen in den Kronen von Bäumen usw. angesiedelt haben, z. B. → Orchideen und Bromelien. Der äquatornahe, immergrüne, montane R. (Waldformation über 1500 m) ist im Vergleich zum tropischen R. weniger hoch und weniger artenreich, hat aber dafür einen höheren Anteil an Sträuchern und Kräutern. Viele der Tiere im R. sind nachtaktiv; die Zahl der Bodensäugetiere ist gering, doch im Kronendach wimmelt es von Vögeln. Die Wipfel sind auch der Ort, wo ganze Trupps behender Affen ihren Lebensbereich haben. → Regenwaldvernichtung, Monsunwald.

Regenwaldvernichtung, die: Auf der ganzen Erdoberfläche nimmt der Wald etwa 33 % der Festlandsfläche ein. Diese Waldfläche schwindet jedoch in rasendem Tempo. Die tropischen → Regenwälder, die entscheidend das Weltklima regulieren, werden jährlich um 11 bis 12 Mio. Hektar abgeholzt (gerodet bzw. abgebrannt), das entspricht knapp der halben Fläche der BR Dtschl. oder in etwa der Fläche Österreichs. Satellitenphotos dokumentieren u. a. die Zerstörungen. Die → Rodung des tropischen R. führt u. a. zu einer erheblichen Veränderung des lokalen und regionalen Klimas. Beispielsweise wurde im zentralen Südamerika ein Rückgang der Niederschläge von 10 bis 15 % beobachtet. Der größere Anteil dieser Niederschläge stammt aus der Verdunstung des tropischen R. im Amazonasgebiet, und zwar wird er auf seinem Weg bis zu sechsmal vom R.-Atmosphärensystem umgewälzt. Nach Meinung maßgeblicher Klimaforscher führt ein Rückgang der Waldflächen über die Änderung des hydrologischen Zyklus des R. zwangsläufig zu einer Niederschlagsverminderung in der gesamten Region. Kahlschläge gigantischen Ausmaßes zeigen die graubraune Wüstenfarbe entblößten Urwaldbodens; länderweite Rauchwolken der Brandrodung verdunkeln z. B. zeitweise weite Teile des Amazonasbeckens. Die nach der → Rodung betriebene Landwirtschaft ist – abgesehen von einigen südostasiatischen Vulkanböden – mangels Humusboden und Nährstoffen nach hinreichend gewonnenen Erfahrungen innerhalb weniger Jahre zum Scheitern verurteilt. Nährstoffe kreisen im Regenwald in der → Biomasse; der Boden ist nahezu steril. 26 Mrd. Tonnen fruchtbaren Bodens gehen in jedem Jahr verloren, Grundwasser wird schneller ausgeschöpft, als es nachsickern kann, Versalzung mindert den Ertrag auf der Hälfte der Weltgetreidefläche. Die Vernichtung der tropischen Regenwälder verursacht auch das größte Artensterben, das die Erde in ihrer 4,7 Mrd. Jahre währenden Geschichte je erlebt hat. Aufgrund der gegenwärtig vorherrschenden Tendenzen in tropischen Regenwaldgebieten ist innerhalb der nächsten 20 Jahre mit einem Aussterben von 25 % aller Arten zu rechnen. Wenn das Tropenwald-Ökosystem weiterhin wie bisher vermindert wird, sind schätzungsweise 17 000 Arten vom Aussterben bedroht.

Regenwürmer: Bodenbewohnende, → zwittrige Ringelwürmer (→ Bodenorganismen) aus der Ordn. der Wenigborster (*Oligochaeta*). In Dtschl. sind mehr als 30 Arten (Fam. *Lumbricidae*) bekannt, die zwischen 2 cm (Kompostwurm, *Eisenia foetida*) und ca. 30 cm (Gemeiner R., auch Tauwurm, *Lumbricus terrestris*) lang werden. R. sind Dunkeltiere, leben vorwiegend in feuchten Böden, unter Laub oder im Moder. Längere Einwirkung von Tageslicht, besonders seines UV-Anteils, bedeuten den Lichttod; auch können sie nicht länger als 24 Stunden im stehenden Wasser leben. R. graben bis 2 m, ausnahmsweise bis 10 m tiefe Gänge in den Boden. Im Ggs. zu anderen Bodenbewohnern sind die R. nicht auf vorhandene Hohlräume im Boden angewiesen, sondern bohren sich aktiv durch den Boden hindurch. Die Wände der Röhren, die sie dabei bilden, sind durch Schleimabsonderungen der Haut befestigt und sehr haltbar. Durch das Bohren von Gängen wird der Boden belüftet und gelockert sowie der Wasseraustausch günstig beeinflußt. R. ernähren sich von zersetzendem organischen Material, wozu sie nachts abgefallene Blätter in ihre Gänge ziehen und damit zugleich die Humufizierung des Materials erleichtern. Die Begattung der R. erfolgt wechselseitig. Sie legen sich aneinander, bilden mit Hilfe des Clitellums (gürtelartiger Wulst, der Schleim zur Bildung des Eikokons ausscheidet) einen Schleimgürtel und tauschen die Geschlechtsprodukte aus. Bei der Eiablage bildet das Clitellum eine Schleimhülle (Kokon) um jedes einzelne Ei. Die Jungwürmer schlüpfen nach drei bis vier Wochen. Die meisten R. kommen nur in schwach sauren bis alkalischen Böden vor; in sauren, humusarmen, trockenen Sandböden fehlen die äußerst nützlichen Tiere ganz. Der bekannteste Vertreter der R., der Gemeine R. (*Lumbricus terrestris*), wird 90 bis 300 mm lang und 6 bis 9 mm dick. Sein Körper ist oberseits schmutzig rot, unterseits heller und besteht aus 110 bis 180 Gliedern. Das Clitellum befindet sich zwischen dem 31. und 37. Glied.

Reget, die: alte nieders. Bez. für Feldhecke bzw. niedriges Feldrandgebüsch; → Feldgehölz.

Rehbock

Register → Räume.

Rehwild, das (*Capreolus capreolus* L.): Das R. zählt zoologisch wie Elch und Ren zu den sog. Trughirschen und ist der kleinste einheimische Vertreter der Fam. der Hirsche (*Cervidae*) aus der Ordn. der Paarhufer (*Artiodactyla*). Das R. ist ein Wiederkäuer.

Aussehen: Das europäische R. hat eine Kopf-Rumpf-Länge von 100 bis 130 cm und eine Schulterhöhe von 60 bis 75 cm. Der Wedel (Schwanz) ist nur ein kurzer Stummel, kaum 2 cm lang und nicht sichtbar. Ein gesunder, ausgewachsener Rehbock wiegt je nach Lebensraum zwischen 15 und 28 kg, eine Rehgeiß etwa zwischen 14 und 18 kg. Das R. Asiens, das sog. Sibirische R., ist dem europäischen R. an Größe und Gewicht deutlich überlegen; es erreicht ein Gewicht von etwa 50 kg. Das R. wechselt zweimal im Jahr, und zwar im Frühjahr (etwa Mai) und im Herbst (Ende September/Anfang Oktober) die Haarfärbung. Das Sommerhaar ist überwiegend brandrot, im Winter überwiegend braungrau. Der „Spiegel" (helle Haare um den After) ist gelblichweiß, im Winter weiß und größer; beim Bock nierenförmig, bei der Geiß herzförmig. Die neugeborenen Kitze haben kleine, weiße, rundliche Flecken (sog. Kitzflecke), die auf rötlichem Grund in Reihen angeordnet sind und sich nach ca. sechs Wochen verlieren. Als Farbabweichung kommt auch schwarzes R. (im Raum Hannover und in der Lüneburger Heide) vor. Als Farbvarianten gibt es, wenn auch selten, auch weißes R. (Albinos) und geschecktes R. Das männliche R. trägt einen Kopfschmuck, ein Geweih (fälschlicherweise auch „Gehörn" genannt), das aus Knochensubstanz besteht. Das Geweih wird jährlich abgeworfen und erneuert. Das Geweihwachstum beim Rehbock fällt in die Wintermonate (November bis März), eine nahrungsarme, kalte Zeit; es kann daher von Jahr zu Jahr sehr unterschiedlich ausgebildet sein.

Vorkommen: Mit Ausnahme Irlands, Islands, Korsikas und Sardiniens kommt das R. heute in ganz West-, Mittel- und Südeuropa vor. In Nordeuropa ist es bis zum 65. Grad nördlicher Breite anzutreffen. Die Ostgrenze verläuft etwa vom Ladogasee bis zum Schwarzen

Meer. Gebiete östlich dieser Grenze und Teile Asiens werden vom R. Asiens, dem sog. Sibirischen R. besiedelt.

Lebensraum und Lebensweise: Der bevorzugte Lebensraum des R. sind Mischwaldbestände mit reicher Strauchflora, abwechselnd mit Lichtungen, Wiesen und Feldern. In dichten geschlossenen Wäldern ist R. selten oder fehlt ganz, obwohl es sehr anpassungsfähig ist und in den unterschiedlichsten Lebensräumen überleben kann. In Gegenden ohne oder mit wenig Wald leben die sog. Feldrehe. Ihr Lebensraum und Einstand ist das offene Feld. R. lebt auch in Auwäldern, Flußsümpfen, Dünengelände und im Gebirge bis zur → Baumgrenze. Rehe sind keine Nachttiere, obwohl sie an vielen Orten aufgrund von Störungen dämmerungs- und nachtaktiv geworden sind. Mit Ausnahme der Feldrehe verbringen sie den Tag meist im Wald oder am Waldrand, auf Lichtungen und Kahlschlägen und, wenn die Feldfrüchte hoch genug stehen, um Deckung zu bieten, auch auf dem Feld. Die Geiß lebt mit ihren Kitzen, mit Ausnahme der Brunft- und Setzzeit, etwa 14 Monate zusammen, Bock und Geiß hingegen nur in der

Mechanische Schäden an Bäumen durch Reiben

Brunftzeit. Im Winter lebt es in Gruppen, sog. „Sprüngen“. Ein Sprung besteht i. d. R. aus einer Geiß mit ihren Kitzen der letzten beiden Jahre und einem Bock (insgesamt etwa fünf bis acht Stück). Das R. riecht sehr gut, hört gut, sieht aber nicht besonders, v. a., wenn der Gegenstand sich nicht bewegt.

Fortpflanzung: Die Brunftzeit des R. ist Ende Juli bis Mitte August. Die Brunft wird durch einen speziellen Duftstoff ausgelöst, den das weibliche R. absondert. Die Geiß ist etwa drei bis vier Tage brunftig. Die Tragzeit beträgt neuneinhalb Monate, einschließlich der viereinhalb Monate Vortragezeit (Keimruhe). Im Mai/Juni werden i. d. R. ein bis zwei, seltener drei Kitze geboren. In den ersten Wochen nach der Geburt legt die Geiß ihre Kitze an getrennten Plätzen ab. Die Geiß säugt die Kitze ungefähr ein halbes Jahr. Ab der dritten Lebenswoche nehmen die Kitze auch Grünäsung auf. Sie bleiben bis zum erneuten Setzen bei der Mutter und werden kurz vorher von dieser vertrieben. R. kann bis zu 16 Jahre alt werden.

Nahrung: Die Äsung des R. ist jahreszeitlich verschieden. Im Winter nimmt es an aperen Stellen Grünäsung auf oder nimmt Himbeer- und Brombeerblätter. Knospen, Triebe, Flechten und Rinde von Weichhölzern zählen ebenfalls zu seiner Nahrung; zudem schlägt es überwinterndes Getreide, Eicheln und Kastanien aus dem Schnee, wenn der Schnee nicht zu hoch liegt. Im Frühjahr und Sommer äst es Gräser, Kräuter, Blüten, Samen, Heidekraut, Klee, Luzerne, Seradella, heranwachsendes Getreide und Raps. Zudem nimmt es auch junge Triebe, Knospen, Blätter von Bäumen und Sträuchern, was bei zu hohem R.-Bestand oft zu erheblichen Verbißschäden an → Forstpflanzen führt. Im Sommer und Herbst kommen noch Pilze, Beeren, Wildobst, Eicheln, Bucheckern und Kastanien hinzu. Der Nahrungsbedarf eines ausgewachsenen R. beträgt zwischen 4 und 5 kg pro Tag. Den Wasserbedarf deckt es weitgehend durch die Aufnahme von Grünäsung.

Rehbrauner Dachpilz, der: → Dachpilzartige 1.

Reherl, das: → Leistlinge 1.

Rehkäfer → Hungermännchen.

Rehkraut, das: → Geißklee 1.

Rehpilz, der: → Stachelpilze 1.

Rehschröter, der: → Blatthornkäfer 4.

Reiber, der: ein Stamm, der entweder mit dem → Schaft oder mit den Ästen so eng an anderen anliegt, daß er, durch Wind bewegt, die Rinde eines anderen Baumstammes abreibt. R. werden bei → Durchforstungen oder durch → Aufastung beseitigt; → Peitscher.

Reicher, der: bei der früheren → Flößerei im Donaugebiet Bez. für ein längeres Rundholz mit Eisenspitze und Seil zum Länden des Floßes; ins Ufer gerammt verlangsamte und stoppte der R. die Fahrt eines Floßes.

Reichs-Arbeitsgemeinschaft Ernährung aus dem Wald → Arbeitsgemeinschaft Ernährung aus dem Wald.

Reichsausschuß für die Forstwirtschaft → Reichsforstwirtschaftsrat.

Reichsforstamt: Das R. wurde 1934 im Rang eines Reichsministeriums errichtet und mit Weisungsbefugnissen gegenüber den Länderforstverwaltungen ausgestattet. Mit der damaligen Errichtung des R. wurde die Preußische Landesforstverwaltung dem R. eingegliedert und führte die Bez. „Reichsforstamt und Preußisches Landesforstamt“. An der Spitze standen der Reichsforstmeister (Ministerpräsident Hermann Göring, zugleich Reichsjägermeister) und der Landesforstmeister. Der ständige Vertreter des Reichsforstmeisters und des preußischen Landesforstmeisters war der Generalforstmeister. Die holzwirtschaftspolitischen Angelegenheiten verblieben bis 1935 weiterhin beim Reichs- und Preußischen Ministerium für Ernährung und Landwirtschaft unter Führung des Reichsministers und Reichsbauernführer Darré und wurden dann (einschließlich des Wildbrethandels und der Ein- und Ausfuhr von lebendem Wild) auch vom R. übernommen. Das R. bestand bis zum Kriegsende im Mai 1945. Oberstes Ziel des R. war die Zusammenfassung der deutschen Landesforstgesetze in einem umfassenden Reichsforstgesetz, welches aber nicht zustande kam. Damit blieben zumindest die Vorschriften der Landesgesetze über den Umfang und die Art der Staatsaufsicht unberührt. Doch im Rahmen der Forstpolizeigesetzgebung (die organisatorische Regelung der Reichsforstpolizei wurde durch das Gesetz zur Überleitung des Forst- und Jagdwesens auf das Reich – Forstorganisationsgesetz vom 3.7.1934 – festgelegt) wurde zumindest eine Reihe von Forstgesetzen für das gesamte Reich erlassen. Als erstes Forstgesetz des Dritten Reiches trat das Reichsforstgesetz gegen → Waldverwüstung (Waldverwüstungsgesetz vom 18.1.1934) in Kraft, gefolgt von dem für den deutschen Wald bedeutsamen → Forstlichen Artgesetz vom 13.12.1934, dem Reichsnaturschutzgesetz vom 26.6.1935, der VO zur Förderung der Nutzholzgewinnung vom 30.7.1937, die zunächst die Verwendung nutzholztauglichen Holzes zu Brennholz verbot, hauptsächlich aber die Umwandlung und Ablösung von Holznutzungsrechten vorschrieb, der VO zum Schutz der Wälder, Moore und Heiden gegen Brände vom 25.6.1938 und der VO über den marktmäßigen Absatz von Holz vor und nach dem Einschlag vom 30.4.1938; → Forstamt, Reichsnährstand.

Reichsforstmeister, der: → Reichsforstamt.

Reichsforstverband: Dachorganisation der in den einzelnen deutschen Ländern im Jahre 1919 gegründeten Vereinigungen der Forstverwaltungsbeamten. Der R. wurde 1933 aufgelöst und ging wie alle übrigen Standesvertretungen im Reichsbund der Deutschen Beamten (Fachschaft Forstverwaltung) auf; → Deutscher Försterbund.

Reichsforstwirtschaftsrat: Durch die staatliche Umwälzung im Jahre 1919 wurde der im Jahre 1899 als Ausschuß des → Deutschen Forstvereins gegründete (behördlicherseits nicht anerkannte) Forstwirtschaftsrat am 29./30.10.1919 in R. umbenannt, dessen Mitglieder (ca. 75) z. T. von den Staatsforstverwaltungen der Länder abgeordnet, z. T. von Vereinen und Verbänden benannt oder vom Plenum gewählt wurden (Hochschulvertreter). Der R. unterhielt in Berlin seine Geschäftsstelle, das Schwergewicht seines Wirkens lag auf der Arbeit seiner Ausschüsse (Holzhandel-, Steuer-, Rechtsausschuß). Im national-sozialistischen Deutschen Reich wurde der R. durch den Reichsausschuß für die Forstwirtschaft ersetzt. Nachfolgeorganisation des R. ist der → Deutsche Forstwirtschaftsrat.

Reichsgemeinschaft der Forst- und Holzforschung: gegründet 1934 im Rahmen der Deutschen Forschungsgemeinschaft. Letztere ist hervorgegangen aus der Notgemeinschaft der Deutschen Wissenschaft, die im Jahre 1920 entstand, um die der deutschen wissenschaftlichen Forschung durch die damalige wirtschaftliche Notlage drohende Gefahr völligen Zusammenbruchs abzuwenden. Die R. hatte neben der Förderung einzelner Forscher eine Gemeinschaftsarbeit auf dem Gebiet der Baumrassenforschung und Forstpflanzenzüchtung ins Leben gerufen; daneben betrieb sie Harzforschung, Walder-

tragsforschung, forstbetriebswirtschaftliche Forschung etc.
Reichsnährstand: Zur Beseitigung der Agrarkrise wurde vom nationalsozialistischen Staat 1933 bis 1945 der R. eingerichtet. Der Reichsminister für Ernährung und Landwirtschaft wurde ermächtigt, die gesamte deutsche Landwirtschaft samt ihren Nebenzweigen, sowie die landwirtschaftlichen Genossenschaften, den Landhandel und die Be- und Verarbeiter landwirtschaftlicher Erzeugnisse (zwangsweise) im R. zusammenzuschließen: „Gesetz über den vorläufigen Aufbau des R. und Maßnahmen zur Markt- und Preisregelung für landwirtschaftliche Erzeugnisse" vom 13.9.1933 (Reichsnährstandsgesetz). Aufgabe des R. war es, alle ihm angehörenden Stellen zu einer kräftigen Stützung der deutschen Volksgemeinschaft zusammenzufassen. Führer und gesetzlicher Vertreter des R. war der Reichsbauernführer. Zu seiner Unterstützung standen das Stabsamt des Reichsbauernführers und das Reichsverwaltungsamt zur Verfügung. Die dem Reichsverwaltungsamt unterstellte bäuerliche Selbstverwaltung gliederte sich in vier Reichshauptabteilungen. Weiter gliederte sich der R. örtlich in Landesbauernschaften, Kreisbauernschaften und nach Bedarf in Ortsbauernschaften. Die Reichshauptabteilung II F bildete die Forstabteilung. Die Aufgabe ihres Leiters bestand im wesentlichen darin, Verbindungen zu den Privatwaldbesitzern, insbesondere auch zu den bäuerlichen Waldbesitzern zu pflegen. Dieser Abteilung angeschlossen waren das Hauptberufsamt für Privatförster und der Reichsverband der Forstpflanzenzüchter und Klenganstalten. Dieses Gesetz ordnete auch den ständischen Aufbau der Forstwirtschaft. Mit Ausnahme der Beamten waren alle Arbeitnehmer und -geber im R. vereint. Dem R. oblag die besondere Berufspflege und Fortbildung der in der Waldwirtschaft Beschäftigten. Insbesondere die Förderung der nichtstaatlichen Waldungen lag weitgehend in den Händen des R. Der R. wurde in seiner Gesamtheit bei Kriegsausbruch dem Reichsminister für Ernährung und Landwirtschaft unterstellt. 1948 ging aus dem R. der Deutsche Bauernverband hervor.
Reichstadt: Ort in Böhmen; ehemals Sitz der staatlichen deutschen höheren Forstschule; → Weißwasser.
Reichsverband deutscher Waldbesitzerverbände: Der erste Zusammenschluß des deutschen Waldbesitzes erfolgte mit der Gründung des → Deutschen Forstvereins, in dessen Forstwirtschaftsrat die großen Waldbesitzer (mit über 30 000 ha Wald) Sitz und Stimme erhielten. Von Schlesien ausgehend, wo stets der große Privatwaldbesitz eine maßgebende Rolle spielte und auch von Westfalen her bildeten sich Waldbesitzerverbände und -vereine. Diesen folgten Baden (1917), Bayern, Hannover, Württemberg (1918) und die übrigen Länder überwiegend 1919. Mit der Bewegung über die Umgestaltung des Deutschen Forstvereins im Jahre 1919 schieden sie aus diesem aus und gründeten am 4.6.1919 den R. Die Vertretung des Waldbesitzes erfolgte ab 1933 in den Organisationen des → Reichsnährstandes.
Reichswald, der: **1**) der → Nürnberger Reichswald. **2**) eine 5000 ha große, staatliche Waldfläche in Nordrhein-Westfalen, begrenzt durch die Städte Kleve, Goch und Kranenburg. Der R. war einer der beliebtesten Jagdgebiete Kaiser Karls des Großen und ist heute wegen der großen Dam- und Rotwildvorkommen eingezäunt (→ Wildgatter).
Reifanhang, der: → Rauhreif.
Reifefraß, der: → Ernährungsfraß.
Reifholz, das: **1**) Bez. für das Holz, wenn es in seinem zentralen Teil (→ Kernholz) im frischen Zustand wesentlich wasserärmer als das → Splintholz ist und keinen Farbkern hat, höchstens etwas dunkler ist. Bei der Ul (→ Reifkernholzbaum) bildet R. den Übergang zum → Splint. Verschiedene Bäume, z. B. Bu und Birne, können eine abnorme Färbung des Holzkörpers aufweisen. Da sie zu den nichtverkernenden → Holzarten zählen, wird diese Erscheinung der „falsche Kern" genannt. R. haben auch Fi, FAh, Ta und Li. Nach neuerer Terminologie ist ein R.-Baum ein Baum mit hellem → Kernholz. **2**) im Handel Bez. für Holz zu Faßreifen; → Reifstange. **3**) alte nieders. Bez. für → Brennholz einer bestimmten Länge.
Reifkernholzbaum, der: Der R. weist drei Zonen auf. Er besteht aus einem dunklen → Kern, der vom hellen Reifholzring (→ Reifholz) umschlossen ist. Beide sind fast gleich hart. Das ebenfalls helle, saftführende → Splintholz dagegen ist weich. Alle drei Zonen folgen den → Jahrringen. Ein R. ist z. B. die Ul.
Reifpilz, der (*Rozites caperata*): auch Runzelschüppling, Zigeuner. Der vorzügliche Speisepilz aus der Gatt. *Rozites* ist in Europa nur mit einer Art vertreten. Er wächst von August bis Oktober gesellig in Wäldern, besonders in Kiefernwäldern und bevorzugt Sandböden und Gebirgslagen bis etwa 2000 m Höhe. Zwischen Heidel- und Preiselbeeren sowie zwischen Heidekraut ist er häufig anzutreffen. Der junge Pilz hat einen kugeligen bis eiförmigen Hut und ist in seiner Gesamtheit häufig lila gefärbt. Der bis zu 12 cm breit werdende Hut wird dann glockig, schirmt immer mehr auf und ist später flach ausgebreitet bis aufgebogen mit einem leichten Buckel. Beim Aufschirmen wird der lehmgelbe Hut am Rand oft eingerissen. Die radialrunzelige, glänzende Oberhaut läßt sich leicht abziehen und ist mit einem silbrigen Reif, der bis ins Alter erhalten bleibt, überzogen. Die dichtstehenden, anfangs lehmgelben, später bräunlichen → Lamellen sind an der Schneide weißlich und gekerbt. Der feinfaseriggestreifte und schmutzigweiße Stiel wird bis zu 12 cm hoch und bis zu 2,5 cm dick. Er trägt unter dem Hut einen schmalen, nicht beweglichen, häutigen Ring mit leichter Riefung. Das blaß holzfarbene Fleisch ist fest und saftig, riecht schwach und schmeckt mild.
Reifstange, die: Bez. für einen Schößling, der sich zum Faßreifen eignet.
Reifweide, die: → Weiden 17.
Reiheholz, das: alte nieders. Bez. für Holz, das früher einzelnen Hof- oder Hausstellen eines Ortes zustand und einer bestimmten Reihenfolge nach zugeteilt wurde.
Reihendurchforstung, die: → Durchforstung.
Reihenmischung, die: → Mischform.
Reihensaat, die: → Saatformen.
Reihen- oder Rechteckverband, der: → Pflanzverband.
Reiher (*Ardeidae*): Fam. aus der Ordn. der Schreitvögel (*Ciconiiformes*). R. sind storchenähnliche Sumpfvögel mit mittellangem, starkem und spitzem Schnabel, langem Hals und langen Beinen. Sie teilen sich in zwei Gruppen, in die Dünn- oder Langhalsigen oder Echten R. (Grau-, Purpur-, Seiden-, Silber-, Nacht- und Rallenreiher) und in die Dickhalsigen R. (Große Rohrdommel und Zwergdommel oder Kleine Rohrdommel). R. und Rohrdommeln fliegen mit S-förmig eingezogenem Hals, suchen sich ihre Nahrung meist im Wasser watend, nehmen nur tierische Kost auf und leben paarweise. Die wichtigsten, auch im Wald oder am Waldrand vorkommenden Arten sind:
1. Graureiher, der (*Ardea cinerea* L.): auch Fischreiher. Länge: 90 bis 95 cm, Gewicht: um 1800 g, Flügelspannweite: etwa 160 cm. → Vogel des Jahres 1970.
Der sehr anpassungsfähige G. kommt fast in ganz Europa vor, in Südwesteuropa nur sporadisch. Bei uns ist sein Bestand durch starke Verfolgung sehr zurückgegangen. Der G. lebt an fischreichen, seichten Gewässern mit Baumgruppen, an Flüssen, Altwässern, moorigen Seen und Sümpfen mit ausgedehnten Röhrichtflächen. Der G. ist ein äußerst vorsichtiger und scheuer Vogel, der nachts fast immer

Reiher (von links nach rechts): Graureiher (*Ardea cinerea*); Große Rohrdommel (*Botaurus stellaris*); Zwergdommel (*Ixobrychus minutus*)

aufbaumt, gelegentlich auch tagsüber. Die von ihm gewählten → Schlafbäume werden regelmäßig aufgesucht. Der G. ist bei uns Stand-, Strich- oder Zugvogel, der im mediterranen Raum sowie in Südwesteuropa, z. T. auch in Afrika überwintert. Bei uns überwinternde G. fallen bei starker Kälte und Vereisung der Gewässer häufig dem Nahrungsmangel zum Opfer. Die Sinne des G. sind hervorragend entwickelt.

G. werden im dritten Jahr geschlechtsreif und leben in Jahresehe. Sie horsten meist kolonieweise hoch auf Laubbäumen in der Nähe der Gewässer, seltener im Schilf. Der relativ flache Horst hat etwa einen Durchmesser von 80 bis 110 cm. Unter den Horstbäumen bildet sich durch den dauernd herunterrieselnden weißgrauen Kot eine große wie gekalkt aussehende Fläche, die manchmal bis zu 2 m Durchmesser hat und auf der der Pflanzenwuchs vorübergehend abgestorben ist. Das Gelege besteht aus drei bis sechs blaugrünen, glanzlosen Eiern (60 x 42,5 mm, etwa 60 g). Brutdauer: 25 bis 27 Tage. Mit etwa 30 bis 40 Tagen fliegen die jungen G. aus. Sie sind nach acht bis neun Wochen voll flugfähig und selbständig und verlassen dann die Kolonie. Eine Jahresbrut (Ende März bis Mai).

Nahrung: Fische, ferner Frösche, Eidechsen, Schlangen, Würmer, Insekten, Käfer, Muscheln, Krebstiere und Kleinsäuger.

2. Große Rohrdommel, die (*Botaurus stellaris* L.): auch Wasser-, Moorochse, Rindsreiher, Erdbull, Rohrbrüller, Dickhalsiger Rohrdommelreiher. Länge: um 75 cm, Gewicht: 1000 bis 1200 g, Flügelspannweite: etwa 110 cm.

Die G. R. ist fast überall in Europa beheimatet, überwintert aber als Teilzieher in Westeuropa, hauptsächlich im mediterranen Raum, einige auch im tropischen Afrika. Ihr Lebensraum sind ausgedehnte, nicht zu dichte Röhricht- und Schilfbestände an Seen und in Sümpfen. Außerhalb der Brutzeit trifft man sie gelegentlich auch an Wassergräben, Tümpeln und kleinen Teichen an. Die G. R. führt tagsüber ein sehr verborgenes Dasein, ist ein ausgesprochener Dämmerungsvogel und geht nur nachts auf Nahrungssuche. Der Ruf der G. R. erinnert an das Gebrüll eines Ochsen, weswegen die G. R. auch „Moorochse" genannt wird. Die G. R. wird meist im zweiten Jahr geschlechtsreif. Das Männchen verpaart sich

Buchenreinbestand

zur Balzzeit gelegentlich mit mehreren Weibchen. Das Nest ist ein loser, flacher Bau und wird immer am Boden, häufig schwimmend auf umgeknickten Rohrstengeln dicht über knietiefem Wasser in ausgedehnten Rohr- und Schilfbeständen von Sümpfen, Mooren und Seen errichtet. Das Gelege besteht aus fünf bis sechs olivbräunlichen Eiern (52 x 39 mm, etwa 40 g). Brutdauer: 25 bis 26 Tage. Die Jungen verlassen nach etwa 15 Tagen das Nest und erforschen die nähere Umgebung, kehren aber am Abend wieder ins Nest zurück. Im Alter von vier bis fünf Wochen löst sich der Verband endgültig auf, nach insgesamt acht Wochen sind die Jungen voll flugfähig. Eine Jahresbrut (Mitte April bis Mai).

Nahrung: Fische, Frösche, Molche, Krebstiere, Eidechsen, Würmer, Schlangen, Egel, Wasserinsekten, Mäuse und Kleinvögel. Die G. R. erbeutet ihre Nahrung teils im Wasser stehend und lauernd, teils langsam schleichend, wobei sie auf kurze Distanz zielsicher nach der Beute stößt.

3. Zwergdommel, die (*Ixobrychus minutus* L.): auch Kleine Rohrdommel, Zwergreiher. Länge: etwa 36 cm, Gewicht: um 140 g, Flügelspannweite: ca. 50 cm; kleinster europäischer Reiher.

Die taubengroße Z. ist u. a. in ganz Europa verbreitet. Sommervogel, der im tropischen Afrika überwintert. Ihr Lebensraum sind Binnengewässer aller Art mit Rohr- und Schilfbeständen. Sie braucht Schilf, kommt jedoch auch mit kleinen Lebensräumen aus, z. B. verlassenen Kiesgruben, stillen Altwassern. In Mitteleuropa ist ihr Bestand stark zurückgegangen.

Die Z. ist meist mit zwei Jahren geschlechtsreif. Das Nest ist ein einfacher, trichterförmiger Bau aus dürren Rohrstengeln, trockenen Reisern und Wasserpflanzen der Umgebung, mit einer sehr flachen, 2 bis 3 cm tiefen Mulde. Es wird häufig im Röhricht, auf umgebrochenen Schilf- oder Rohrstengeln, etwa 20 bis 50 cm über dem Wasser oder dem sumpfigen Boden oder am Rande des Schilfs, aber nur selten im Gebüsch, errichtet. Die Z. ist i. d. R. ein Einzelbrüter, doch manchmal befinden sich mehrere Nester auf engstem Raum. Das Gelege besteht meist aus fünf bis sechs kalkweißen, glanzlosen Eiern (35 x 26 mm, etwa 14 g). Sie werden 17 bis 19 Tage bebrütet. Nestlingszeit: 25 bis 27 Tage. Eine Jahresbrut (Ende Mai bis Anfang Juli).

Nahrung: kleine Fische, Frösche, Molche, Würmer, Insekten, Kaulquappen, Schnecken und Muscheln.

Reinbestand, der: → Bestand, der zu mindestens 90 % aus einer → Baumart besteht. Die restlichen eingemischten Baumarten üben keinen gewichtigen ökologischen Einfluß aus. Unter natürlichen Voraussetzungen gibt es R. nur unter extremen Bedingungen: z. B. der subalpine Fichtenwald, alpine Lärchenzone, Latschenzone, Kie auf Dünensand. Bei unseren R. (Fi und Kie) handelt es sich i. d. R. um künstlich begründete Bestände. Die Probleme v. a. des künstlichen R. sind sehr hohe Anfälligkeit gegen Krankheiten und Schädlinge, verminderte Stabilität gegen Sturm und Schnee, Bodenverschlechterung (Humusform, Nährstoffumlauf); → Mischwald, → Monokultur.

Reindichte des Holzes → Dichte des Holzes.

Reinertrag, der: → Reingewinn, Waldreinertrag.

Reinertragsstufen → Intensitätsstufen.

Reingewinn, der (Reinertrag): Der Unterschied zwischen → Ertrag und → Aufwand ist der R. oder Reinverlust.

Reinhardswald, der: vorwiegend aus Ei bestehendes Waldgebiet (Buntsandstein-Höhenzug) zwischen Kassel und Karlshofen mit wechselvoller jagd- und forsthistorischer Vergangenheit. Der R. gehört zu den größten geschlossenen Waldgebieten Hessens. Seine Nord-Süd-Ausdehnung beträgt rd. 30 km, die Breite schwankt zwischen 7 und 15 km. Die Angaben über die Waldflächen des R. schwanken zwischen 20 000 und 25 000 ha. Die territoriale Entwicklung des R., bei der fränkischen Landnahme Reichsforst geworden, ergab sich aus Schenkungen Kaiser Heinrich II. (1002 – 1024) an Kirchen und Klöster. Der heutige R. bestand am Ende der Rodungsperiode (13. Jh.) aus zwei getrennten Teilen. Zwischen dem „Forst Siburg" im Norden und dem wesentlich größeren südlichen Teil lag ein breiter, besiedelter Streifen. Während des Mittelalters wurden im R. bis zu 10 000 Schweine gemästet (→ Schweinemast). Die Ei lieferten z. B. in Vollmastjahren (→ Mast) bis zu 5 t/ha, Buchenbestände bis zu 1 t/ha hochwertiges Schweinefutter. Das Mastgeld (Gebühr) betrug das Hundertfache vom Holzerlös im gleichen Zeitraum. Der R. ist heute ein → Wildschutzgebiet (9900 ha großes Gatter) und wildbiologisches Forschungsprojekt. Im R. liegt auch die sagenumwobene Sababurg, das „Dornröschenschloß".

Reinheitsprüfung, die: → Saatgutprüfung.

Reinigung der Bäume, die: Unter R. versteht man das Absterben der unteren Äste sowie ganzer unterdrückter Stämme im → Bestand infolge des Kronenschlusses und des damit verbundenen Lichtentzuges. Die abgestorbenen Äste fallen allmählich ab, und zwar um so vollständiger und rascher, je dünner sie sind, bei den → Lichtbaumarten besser als bei den → Schatt(en)baumarten. Die R. ist die Voraussetzung für die Erziehung astreiner Nutzholzschäfte. Auf den Reinigungsprozeß haben Maßnahmen der → Bestand(e)spflege, die Durchforstungshiebe (→ Durchforstung) sowie der Unterbau Einfluß; → Läuterung.

Reinigungshieb, der: → Läuterung.

Reinverlust, der: → Reingewinn.

Reis, das: **1)** → Pfropfreis. **2)** alte Bez. für einen jungen schlanken Zweig eines Baumes sowie für die junge Baumpflanze.

Reis, der: veraltete Bez. für → Hiebsfläche, → Schlag.

Reiserholz, das: → Reisholz.

Reiserknüppel → Reisernutzknüppel.

Reisernutzholz, das: → Nutzreisig.

Reisernutzknüppel: auch Reiserknüppel, Knüppelreisig. ein Holzsortiment nach der früheren → Holzmeßanweisung. I. a. Bez. für → Rundlinge aller → Holzarten, meist Ndh, von 3 bis 7 cm Durchmesser mit Rinde am schwachen Ende, gerade oder ziemlich gerade, an beiden Enden mit der Säge geschnitten, ohne Äste und Spitzen; → Prügelholz.

Reisholz, das (Reiserholz, Reisig, Reisigholz): Bez. für die oberirdische Holzmasse, v. a. Zweige mit Rinde bis zu einem Durchmesser von 7 cm. R. zählt zu den sog. → Holznebensorten. Es findet hauptsächlich als → Brennholz (→ Brennreisig), aber auch als → Nutzreisig (Zier- und Deckreisig; → Schmuckreisig) Verwendung. Reisigbündel (→ Reisigbunde) werden als → Faschinen, → Wasen oder Wellen (→ Welle 2)) bezeichnet; → Stockholz, Nichtderbholz, Prügelholz, Restholz, Abfallholz.

Reisig, das: → Reisholz.

Reisigbunde: zusammengeschnürte Bündel aus → Reisholz, auch als → Faschinen, → Wasen oder Wellen (→ Welle 2)) bezeichnet.

Reisigdeckung, die: Als Maßnahme der Bodenpflege bei → Pflegehieben wird das anfallende → Reisholz, v. a. das Feinreisig, in den Beständen ausgebreitet, um Laubverwehungen zu verhindern, die Luftruhe zu fördern, die Zersetzung der → Waldstreu zu fördern und eine Anreicherung mit → Humus zu erreichen.

reisiger Förster, der: → Förster.

Reisigholz, das: → Reisholz.

Reisigpackung, die: Durch das Einlegen von Feinreisig (oder Kartoffelkraut) zwischen die Kulturstreifen sollen auf trockenen Standorten die Bodenfeuchtigkeit besonders im durchwurzelten Oberboden erhöht oder erhalten bleiben und die Nährstoffversorgung verbessert werden; → Mulchung.

Reisigwelle, die: Früher wurde ein Bündel von Reisern bis zu 7 cm Stärke (→ Reisholz) auf 1 m Länge abgehauen und mit Bindwieden zu einem Gebund von 1 m Umfang zusammengebunden. Die R. wurden meist zu 100 Stück verkauft.

Reißen, das: → Rücken.

Reißen des Holzes, das: Durch Austrocknen (Wasserabgabe) geht das Holz auf einen kleineren Raumgehalt zurück; es schwindet(→ Quellen und Schwinden des Holzes), und zwar nach verschiedenen Richtungen in unterschiedlichem Maße, und erhält dabei → Risse. Das R. kann durch Aufnageln von Holzleisten, Einschlagen von eisernen S-Klammern in die Hirnfläche und durch sehr langsames Trocknen weitgehend verhindert werden. Auch das Auftragen von Stearin und Öl auf die Schnittfläche verhütet großklüftiges Platzen und Aufreißen. Sommerholz (→ Spätholz) reißt mehr als Winterholz.

Reißer, der: → Baumreißer.

Reißhaken, der: → Baumreißer.

Reißinger, Gottfried, Dr. (29.10.1908 Neustadt/Aisch bis 31.3.1980 St. Heinrich): R., zuletzt Forstdirektor und Leiter des Forstamtes Seeshaupt, war Erfinder und Verbesserer zahlreicher forstlicher Kleingeräte und -werkzeuge wie z. B. Iltisaxt, Pflanzhäckchen, Schränkstab und Duralkeil. Daneben entwickelte er einen Splitrechen und ein Wegepflegegerät sowie ein Schneematschgerät und Drehwalzenpflügegerät. Berühmt geworden ist seine im Forstwesen allg. angewandte Reißingersche Winkelpflanzung mit der Wiedehopfhaue. Seit 1949 gehörte R. dem Forstlichen Prüfungsausschuß der Technischen Zentralstelle für Forstwirtschaft an. Im Kuratorium für Waldarbeit und Forsttechnik war er als Fachmann in mehreren Arbeitsgruppen vertreten. Er promovierte mit der Arbeit: „Die Konstruktionsgrundlagen der Axt. Untersuchungen an neuen und alten Arbeitsäxten" (1959).

Reisholz

Reißlatten: frühere Bez. für aufgespaltene, junge Nadelholzstämme mit einem Durchmesser von 5 → Zoll.

Reißmeter, der: auch Ablängmeßstab. ein → Vermessungsgerät zur → Längenmessung des gefällten und entasteten Stammes. Eine Seite ist Anlegerspitze, die andere Seite besitzt einen zweischneidigen, winkelförmigen Reißer, mit dem je lfd. Meter ein Anriß am Stamm durchgeführt wird. Zur Erleichterung bei der Ermittlung der Gesamtlänge wird der Anriß alle 5 m durchgekreuzt. Der R. wurde weitgehend durch das automatisch aufrollbare Bandmaß ersetzt; → Kluppstock.

Reisstangen → Derbstangen.

Reisstreuhauen, das: → Aststreu.

Reiste, die: alte bayer. Bez. für Holzriese; → Riese.

Reisten, das: → Fällern.

Reiswelle, die: → Welle 2).

Reitel (veraltet: Raitel): Bez. für stärkere Laubholzstangen, die insbesondere beim Mittelwaldbetrieb (→ Mittelwald) übergehalten werden; → Laßreitel.

Reitelholz, das: veraltete Bez. für einen Baumbestand, in dem die Bäume der ersten Baumklasse einen Durchmesser von 12 → Zoll erreicht hatten.

Reitelrinde, die (Raitelrinde): die bereits etwas borkige (→ Borke) → Lohrinde stärkerer Eichenstangen.

reitendes Feldjägerkorps, das: → Feldjägerkorps.

reitender Förster, der: → Förster.

Reiten im Walde, das: Der deutsche Bundesgesetzgeber hat die Befugnis zum R. i. W. in § 14 BWaldG nur rahmenrechtlich geregelt, d. h. von einer ins Detail gehenden Regelung abgesehen. Die Bundesländer sind deshalb berechtigt, unter Beachtung des in § 14 BWaldG verankerten Grundgedankens besondere Vorschriften über das R. i. W. zu erlassen. Insoweit sind auch landesgesetzliche Regelungen des Inhalts, daß das R. i. W. auf privaten Straßen und Wegen verboten sei, soweit es nicht durch gestattende Verkehrszeichen erlaubt werde, mit § 14 BWaldG vereinbar. Das → Betretungsrecht des Waldes, das auch die Befugnis zum R. i. W. beinhaltet, kann daher durch die Vorschriften des Naturschutz- und Landschaftspflegerechts, des Forstrechts und durch die allg. Gesetze, insbesondere des Wasser-, Straßen- und Straßenverkehrsrechtes eingeschränkt werden. Den Behörden steht daher z. B. das Recht zu, das R. i. W. nur auf besonders dafür ausgewiesenen Wegen und Flächen oder zu bestimmten Zeiten zu gestatten. Sie können u. a. auch eine Kennzeichnung der Reitpferde vorschreiben und die Zahlung einer Reitabgabe verlangen.

Reitgras, das (*Calamagrostis*): 200 Arten umfassende Gatt. bis 1 m (und mehr) hoher Rispengräser aus der Fam. der → Süßgräser. Die ausdauernden Pflanzen haben reichblütige, verzweigte Rispen (→ Blütenstand). In Dtschl. neun Arten heimisch, davon im Wald:

Das Wollige Reitgras blüht von Juli bis August.

1. **Landreitgras**, das (*Calamagrostis epigeios*): auch Waldschilf. Das häufig, oft massenhaft und sehr dicht auftretende Gras wächst vorwiegend auf Kahlschlagflächen, an Waldrändern, an sandigen Flußufern, auf Dünen und trockenen Hügeln. Das lichtbedürftige, hartnäckige → Forstunkraut (verjüngungshemmend) verdrängt auf Kahlflächen alle anderen Pflanzen, wird aber dann – nach etwa zwei Jahren – durch die hinzukommenden Himbeer- und Brombeersträucher verdrängt. Das 60 bis 150 cm hohe und ausdauernde Gras besitzt 1 bis 2 m tiefreichende Wurzeln, die den Boden als dichter Filz durchziehen. Die bis 70 cm langen und 8 bis 20 mm breiten Blätter sind hart und scheiden ein Wachs aus. Die kleinen, kurzgestielten, blaßgrünen, oft violett überlaufenen → Ährchen sind einblütig. Die blaßgrünen, stark zusammengezogenen, doch mächtigen Rispen sind 15 bis 30 cm lang und steil aufrecht. Die Rispen erscheinen erst im Hochsommer, doch bis ins nächste Frühjahr hinein stehen die braunen, vergilbten Halme aufrecht. Die Ährchen sitzen in Knäueln. BZ: Juli bis August.

2. **Lanzettliches Reitgras**, das (*Calamagrostis canescens*): auch Sumpf-R. Das zerstreut bis selten vorkommende Gras wächst auf feuchten Wiesen, in Gebüschen, auf schattigen Waldstellen, in Erlenbruchwäldern (Charakterart) und Niedermoor-Gesellschaften sowie in

Grauweiden-Gebüschen, Erlen- und Moorbirkenwäldern (schwache Ordnungs-Charakterart); Staunässezeiger.
Das ausdauernde, 60 bis 120 cm hohe Gras hat einen ausläuferartig kriechenden → Wurzelstock. Die langen, schmalen (2 bis 3 mm breiten) Blätter sind grasgrün, die abstehende, 15 bis 20 cm lange Rispe ist schlaff, meist etwas überhängend und violett überlaufen, während der Blüte ausgebreitet. Die Ährchen sind bleichgrün oder violett. BZ: Juni bis August.
3. **Waldreitgras**, das (*Calamagrostis arundinacea*): auch Rohr-R. Das ausdauernde Gras wächst in lockeren Horsten in lichten Bergmischwäldern, Eichen-, Hainbuchen- und Buchenwäldern, besonders Hainsimsen-Buchenwäldern, subalpinen Hochgrasfluren, west- und mitteleuropäischen Eichen-Birkenwäldern, Auwäldern und Erlenbrüchen sowie in Bestandeslücken und auf Kahlschlägen auf kalkarmen, aber mineralstoffreichen Böden. Das W. ist auch an feuchten Stellen im Flachland anzutreffen.
Das 50 bis 120 cm hohe Gras, das kurze unterirdische → Ausläufer treibt, hat lange und schmale Blätter. Diese sind oberseits mattgrün und fein behaart, unterseits glänzend dunkelgrün. Die aufrechte, schmale Rispe ist blaßgrün, etwa 20 cm lang und zur Blütezeit (Juni bis August) geöffnet, nach der Blüte zusammengezogen. Die einblütigen, grünlichen oder bleichgelben Ährchen sind violett gescheckt.
4. **Wolliges Reitgras**, das (*Calamagrostis villosa* Gmelin): Das hauptsächlich über die Gebirge Mittel- und Südeuropas verbreitete W. R. wächst auf lichten, sandigen, steinigen Waldplätzen, besonders in Fichten-Tannen- und Fichtenwäldern (Verbands-Charakterart), Fichtenmooren und in bodensauren Eichenwäldern, in Gebüschen und auf Torfwiesen; in Rasen ist es verjüngungshemmend.
Das dem Landreitgras sehr ähnliche, 60 bis 120 cm hohe, ausdauernde W. R. hat knickend aufsteigende, grasgrüne, 4 bis 5 mm breite, schlaff hängende Blätter, oft mit deutlichen Haarbüscheln beiderseits der Blattscheide. BZ: Juli bis August. Die schlaffe, ausgebreitete, oft etwas nickende Rispe hat eine rauhe Achse und rauhe Ästchen. Die 4 bis 5 mm langen Ährchen sind blaßgrün bis rötlichviolett.

Johann Daniel von Reitter

5. **Bergreitgras**, das (*Calamagrostis varia* (Schrad.) Host): auch Buntes R. Das über die Gebirge Mittel- und Südeuropas verbreitete, in den Mittelgebirgen seltene, bis in die Latschenregion vorkommende B. wächst zerstreut auf steinigen Böden in lichten Bergwäldern, hochmontanen und praealpinen Kiefernwäldern, Schneeheide-Kiefernwäldern und Alpenrosen-Latschengebüschen (Verbands-Charakterart bzw. Differentialart), Seggen-Buchenwäldern und an steinigen Hängen. Es ist auf Rutschflächen ein Bodenbefestiger.
Das ausdauernde, horstbildende B., das dem Landreitgras sehr ähnlich ist, hat 60 bis 120 cm hohe Halme, die glatt und nur dicht unter der Rispe rauh sind. Die 3 bis 8 mm breiten Blätter sind beiderseits graugrün bis dunkelgrün und rauh. Das bis 4 mm lange Blatthäutchen ist stumpf. BZ: je nach Höhenlage, Juli bis September. Die schmale Rispe besteht aus gelblichgrünen, violett gescheckten Ährchen.
Reitgras-Fichtenwald, der (*Calamagrostio villosae-Piceetum*): pflanzensoziologische → Assoziation des Unterverbandes natürliche → Fichtenwälder (*Vaccinio-Piceenion*). Zu den Arten des → Peitschenmoos-Fichtenwaldes (*Bazzanio-Piceetum*) tritt in den Kristallingebirgen Bayerischer Wald, Böhmerwald, Fichtel-, Erz-, Riesengebirge und Harz noch das Wollige → Reitgras. Dieses breitet sich besonders stark aus, wenn die beschattenden Bäume als → Konkurrenz wegfallen und wird zur Konkurrenz für die Baumverjüngung; → Waldgesellschaften.
Reitgras-Fichten-Buchenwald, der: → Fichten-Tannen-Wälder.
Reitkröte, die: → Grillen 2.
Reitter, Johann Daniel von (21.10.1759 Böblingen bis 6.2.1811 Stuttgart): R. wurde in Solitude an der → Militärpflanzschule ausgebildet und leistete vielfach am Hofe des Herzogs Karl Dienst. Zuletzt war er Rat beim Forstdepartement in Stuttgart und erteilte bis 1807 Privatforstunterricht. Von 1782 bis 1793 war er Lehrer der Forstwissenschaft in Hohenheim. Er redigierte das „Journal für das Forst- und Jagdwesen" (5 Bde., 1790 – 1799) und gab zusammen mit Gottlieb Friedrich Abel die „Abbildung der hundert deutschen wilden Holzarten nach dem Nummernverzeichnis im Forsthandbuch von Friedrich August Ludwig von Burgsdorf als Beilage zu diesem Werke" (1803) heraus.
Reitvogt, der: frühere Bez. für einen berittenen Forstaufsichtsbeamten; → Heidevogt, Überreiter.
Reizker → Milchlinge.
Rekultivierung, die: Wiederherstellung eines durch menschliche Eingriffe gestörten Gebietes, bei dem die gewachsene Bodenstruktur, Waldflächen und Erholungsflächen weitgehend zerstört wurden. Solche Landschaftsteile werden heute i. d. R. zurückverwandelt in Acker- oder Grünland, aufgeforstet oder als Badeseen oder Fischteiche angelegt.
Relikt, das: Arealreste einer einst größeren Verbreitung.
Reliktföhrenwälder: Föhrenwälder (*Pinus*-Gesellschaften), die sich während der postglazialen Wiederbewaldung wegen der → Konkurrenz nur auf Spezialstandorten halten konnten und dort überdauerten, z. B. → Außeralpischer Kalk-Kiefernwald.
Remel, das: auch Remmel, Tremel. Veraltete, lokale Bez. für ein dickes, knorriges und unförmiges Stück Brennholz.
Remizidae → Beutelmeisen.
Remmel, das: → Remel.
Renaturierung, die: Im Ggs. zur → Rekultivierung von Abbauflächen versteht man unter R. die gezielte Gestaltung von Sand- oder Kiesgruben zu ökologisch wertvollen Lebensräumen für die wildwachsende Pflanzenwelt.
Rendzina, die: Der Name R. stammt aus dem Polnischen und leitet sich vom Rauschen der vielen Steine am Pflug ab. Die R. entsteht aus Kalk- und Gipsgestein, bzw. Dolomit und ist ein humus- und skelettreicher → Bodentyp wechselnder Mächtigkeit mit einem skelettreichen, unter Wald sehr humusreichen A- und einem C-Horizont. Durch die starke Tätigkeit der Bodentiere ist der A-Horizont gut durchlüftet und gekrümelt. Die Humusform ist i. d. R. Mull. Durch die chemische Verwitterung werden Carbonate aus dem Ausgangsgestein gelöst und z. T. wieder an den Humus gekoppelt. Ein Teil der Carbonate geht auch ins Grundwasser. Durch diese Verwitterung werden Silikate und Oxide frei, die den meist tonreichen A-Horizont bilden. Der → pH-Wert liegt im basischen Bereich. Ist der Boden sehr flachgründig, kann wegen der begrenzten Speicherkapazität Wassermangel auftreten. Wegen des hohen Gehaltes an organischer Substanz sollte der Boden dauernd beschattet sein, weil sonst Humusabbau eintreten kann. Für den Ackerbau eignen sich nur tiefgründige R. Als Abweichungen von der normalen Mull-R. gibt es die Proto-R. mit einer beginnenden Bodenbildung unter Pionierpflanzen mit einem oft nur wenige cm mächtigen A-Horizont, die flachgründige skelettreiche mullartige R., die sub- oder hochalpine Polster-R. unter alpinen Polsterpflanzen in carbonatreicher grauer und hochgewölbter oder carbonatarmer, schwarzer und dann flacher Ausbildung, die mächtige, stets feuchte, aber niemals durchnäßte sub- oder hochalpine, an Schatthängen der Kalkalpen verbreitete Pech-R. mit tiefschwarzer Humusauflage, die Tangel-R. unter alpinen Zwergsträuchern der Schneeheide-Kiefernwälder mit OF- und OH-Horizonten von je bis zu 0,4 m Mächtigkeit. Als Übergangsform gibt es die Braunerde-R.
Renkform, die: bizarre, krummschäftige Bäume mit zudem sperrigen Ästen.
Rennfliegen → Buckelfliegen.
Rentierflechte, die: → Becherflechte 1.
Rentwurm, der: → Grillen 2.
Reparationshiebe: Nach dem I. und nach dem II. Weltkrieg tätigten die Alliierten (nach 1945 in ihren Zonen) Einschläge in den deutschen Wäldern, überproportional im Staatswald, die als Reparationsleistungen gedacht waren (→ Franzosenhiebe). Dabei wurden die Grundsätze der → Nachhaltigkeit nicht beachtet. Der erkennbare Raubbau führte – nach 1945 zusammen mit den UNRRA-Hieben

(Brennholzhiebe u. a. zur Versorgung der über 1 Mio. „Displaced Persons" und anderer notleidender Personenkreise in Dtschl. durch die United Nations Reconstruction and Rehabilitation Administration) – zu Bürgerprotesten und schließlich auch zur Gründung der → Schutzgemeinschaft Deutscher Wald; → Bois de Tabre.

Reppeleisen, das: Stoßeisen mit Stiel zum Entrinden des Ndh.

Reppeln, das: → Anschalmen.

reproduktive Phase, die: → generative Phase.

Reptilia → Reptilien.

Reptilien (*Reptilia*): auch Kriechtiere. seit dem Oberkarbon (→ Erdzeitalter) bekannte und heute mit über 6000 Arten weltweit verbreitete Klasse wechselwarmer Wirbeltiere mit drüsenarmer, beschuppter oder beschildeter Haut. R. sind lungenatmende Landbewohner. Ihre meist vier Gliedmaßen sind voll ausgebildet oder, wie bei den → Schlangen, völlig rückgebildet. Die meisten R. entwickeln sich (ohne → Metamorphose) aus Eiern, die eine lederartige, mit Kalkeinlagerungen verstärkte Schale haben; einige sind auch lebendgebärend wie z. B. die Waldeidechse und die → Kreuzotter. Wegen unvollständiger Trennung der Herzkammern im Blutkreislauf noch keine einwandfreie Trennung von arteriellem und venösem Blut. Von den Sinnesorganen sind Gesichts- und Geruchssinn hoch entwickelt. Höhepunkt der Entwicklung waren Trias und Jura (Saurier). In der Kreidezeit starb ein großer Teil der R. aus. Das Hauptverbreitungsgebiet der heute lebenden R. sind die Tropen und Subtropen. Sie sind in vier Ordn. aufgeteilt: Schildkröten, Brückenechsen, Krokodile und Schuppenkriechtiere (mit Echsen und Schlangen). In Mitteleuropa kommen insgesamt nur 12 Arten vor: vier Echte Eidechsen, eine Schleiche, sechs Schlangen und eine Schildkrötenart (Sumpfschildkröte). In unseren Wäldern sind davon fünf Arten anzutreffen: → Blindschleiche, → Ringelnatter, → Kreuzotter, Wald- oder Bergeidechse, Zauneidechse (→ Eidechsen).

Reservefonds, der: → Forstreservefonds.

Resholz, das: alte nieders. Bez. für → Reisholz.

Resistenz, die: Durch die Bildung einer Widerstandskraft können Pflanzen und Tiere eine Infektion oder Ausbreitung parasitischer Erreger verhindern. Das kann durch spezielle Freßzellen, die den Erreger vernichten, oder durch Abkapselungen erfolgen. Eine hochspezialisierte Möglichkeit ist das Immunsystem, das sich gezielt gegen bestimmte Parasiten wendet; → Parasitismus.

Resistenzzüchtung, die: Die R. von Waldbäumen in der Forstwirtschaft zur Erhöhung ihrer Widerstandskraft gegen → Immissionen ist wegen des langsamen Wachstums und des späten Fruktifizierens der Bäume sehr langwierig. Erfolge wie in der Landwirtschaft sind deshalb in diesem Umfang auf die Forstwirtschaft nicht übertragbar. Relativ immissionsresistente → Genotypen zur Weitervermehrung für bekannte Nahimmissionsgebiete wurden bisher für wenige Nadelbaumarten genutzt. Unabhängig von der Tatsache, daß die Ursachenbeseitigung Vorrang haben muß, käme sie als Mittel gegen das → Waldsterben daher sicherlich zu spät. Bis eine neue Baumsorte erfolgreich getestet wurde und gepflanzt werden kann, vergehen Jahrzehnte.

Resistograph, der: ein Diagnosegerät zum Erkennen von Schäden und Veränderungen im Holz. Der Bohrwiderstand einer 3 mm dicken Nadel wird beim Eindringen in das Holz gemessen, wobei das Holz weitgehend unverletzt bleibt. Fäule, Hohlräume, Risse und andere Defekte können anhand typischer Verläufe der Meßkurven erkannt werden. Der R. eignet sich besonders für Meßprotokolle bei Kontrollen im Rahmen der Verkehrssicherungspflicht. Je nach Ausführung sind Eindringtiefen bis 1000 mm möglich. Das Meßprofil wird simultan auf eine Papierrolle im Maßstab 1 : 1 ausgedruckt, so daß eine sofortige Auswertung möglich ist; → Impulshammer.

Resken → Holunder 2.

Resonanzholz, das (Klangholz): gleichmäßiges, feinfaseriges und astfreies Fichtenholz (→ Haselfichte), auch Ahornholz, das für die Herstellung von Resonanzböden der Saiteninstrumente dient (Tonholz). Das beste R. wird von Fichtenholz gewonnen, das eine durchschnittliche Jahrringbreite (→ Jahrringe) von 1,5 bis 2 mm hat und dessen → Spätholz nur 1/4 bis 1/5 der Jahrringbreite mißt. Fi, die diese Eigenschaften aufweisen, wachsen in den Bergregionen zwischen 800 bis 1500 m Höhe, i. d. R. an der → Waldgrenze der Mittelgebirge. R. wird oft am stehenden Stamm ausgewählt. Dabei wird aus dem Wurzelanlauf ein kleines Stück Holz herausgehauen, um die Gleichmäßigkeit und Feinjährigkeit beurteilen zu können. Spezialisten erkennen R. auch am Klopfton. Die Töne der Saiten werden erst dann kräftig hörbar, wenn die Saiten über einen hölzernen Resonanzboden oder -kasten gespannt sind. Die elastischen Fasern des Holzes sowie die in dem Kasten enthaltene Luft verstärken durch ihr Mitklingen den an sich nur leisen Ton der Saiten. Der Wert eines Saiteninstruments ist daher wesentlich von der Güte des Resonanzbodens abhängig; → Akustische Holzeigenschaften, Holzton, Stammwerkholz.

Ressel, Joseph (29.6.1793 Chrudim/Böhmen bis 10.10.1857 Laibach): Österr. Marine-Forstintendant. R. absolvierte von 1814 bis 1816 seine forstliche Ausbildung in Mariabrunn und war 1817 Revierförster in Krain. R. war Verfechter der → Nachhaltigkeit und gab Anregungen für die Karstaufforstung. Karriere machte R. bei der österr. Kriegsmarine und wurde als Erfinder der Schiffsschraube berühmt. Er nannte sich selbst „Förster ohne Wald" und dürfte wohl der berühmteste deutsch-böhmische Forstmann sein.

Ressmast, die: alte Bez. für Sprengmast; → Mast.

Ressourcen: Sammelbegriff für alle Hilfsquellen, die der Mensch zum Wirtschaften benötigt, z. B. alle Rohstoffe. I. w. S. des → Umweltschutzes umfaßt der Begriff auch die natürlichen Lebensgrundlagen Luft-Wasser-Boden.

Restgehölz, das: Waldrest inmitten landwirtschaftlicher Umgebung, der weitgehend vom Feldklima beeinflußt ist; → Flurgehölz.

Restholz, das: R. ist der Anteil des Rohstoffes Holz, der zwangsläufig in unterschiedlicher Art und Form bei jedem seiner Be- und Verarbeitungsschritte, vom stehenden Baum im Wald bis zur Fertigstellung des Endproduktes anfällt. Der R.-Anteil ist abhängig von der Baumart. Bei Lbh ist er höher als beim wipfelschäftigen Ndh; → Abfallholz, Waldholz, Waldrestholz, Sägerestholz, Industrierestholz.

Die Zauneidechse (*Lacerta agilis*) gehört zur Klasse der Reptilien.

Rettichhelmling, der: → Helmlinge 3.

Reum, Johann Adam, Dr. (16.5.1780 Altenbreitungen bis 26.7.1839 Tharandt): R. war Professor der Naturwissenschaften an der Kgl. Sächsischen Forstakademie zu Tharandt. Er schrieb u. a.: „Grundriß der deutschen Forstbotanik" (1814 und 1819, zwei Teile), „Übersicht der Benutzung der Waldprodukte. Eine Zugabe zu der Lehre der Forstbenutzung" (1827), „Von der Zucht einiger Laubholz-Arten durch Saat und Pflanzung" (1833).

Reutbergwirtschaft, die: → Hauberge.

reuten: svw. roden.

Reuthaber, der: → Rodebüsche.

Reutmaus, die: → Wühlmäuse 2.

Revier, das: → Forstreviere.

Revierbuch, das: → Bestand(e)slagerbuch.

Revierchronik, die: → Betriebschronik.

Reviereinrichtungen → Jagdeinrichtungen.

Revierförsterei, die (Försterei): → Forstdienststelle.

Revierhammer, der: → Waldhammer.

Revierleiter, der: Dienst-Bez. für einen Forstbeamten, der einen Dienstbezirk (Forstbezirk, Revier), verwaltet (Diplom-Forstwirt, Forstingenieur).

Revierpreis, der: → Tarifpreis, Taxverkauf.

Reviertaschenbuch, das: textlicher und ziffernmäßiger Auszug der Planungen aus dem → Bestand(e)slagerbuch.

Revierverhalten, das: → Territorialverhalten.

Revision, die: → Nachhaltigkeitsprüfung.

Reywieden → Floßwieden.

Rhamnus → Kreuzdorn.

Rhaphidia notata → Kamelhalsfliege.

Rhinanthus → Klappertopf.

Rhizocarpon geographicum → Landkartenflechte.

Rhizolith, der: Bez. für versteinerte Baumwurzel.

Rhizom, das: → Wurzelstock.
Rhizomorphen: Myzelstränge des → Hallimasch.
Rhizophagen → Pflanzenfresser.
Rhizophore: „Wurzelträger"; Baum mit Luftwurzeln.
Rhizopogon, der (Wurzeltrüffel): an Fi, Ta und Kie lebender Mykorrhizapilz.
Rhododendro-Mugetum → Latschengebüsch.
Rhododendron → Alpenrose.
Rhododendro-Vaccinienion → Subalpin-alpine Zwergstrauch-Gesellschaften und Lärchen-Zirbenwälder.
Rhododendro-Vaccinietum → Rostblatt-Alpenrosen-Gebüsch.
Rhön, die: mitteldeutsches Mittelgebirge. im Südwesten Übergang zum Vogelsberg durch einen Landrücken. Ihre höchste Erhebung ist mit 950 m die Wasserkuppe. Die R. gliedert sich in Hohe, Lange, Kuppen- und Vorder-R. Eine Seltenheit in Dtschl. stellen die Hochmoore der R. dar, das Schwarze und das Rote Moor. 1962 wurde der 38 400 ha große → Naturpark Hessische R. gegründet und 1967 der 109 000 ha große Naturpark Bayerische R. Im Ggs. zur Hessischen R., die nur zu einem Drittel bewaldet ist, ist die Bayerische R. zu 60 % bewaldet. Die Bu prägen das Bild der Wälder; daneben findet man Ah, Ul, BAh, Ei, Es, Hbu, Bi und Salweiden. Auf den Weideflächen der Höhenzüge und Täler stehen vereinzelt knorrige Wetterbuchen. Die Lange R. besitzt eine große Anzahl naturnaher und natürlicher Laubmischwälder von außerordentlicher Formenvielfalt, so als Seltenheit die Karpatenbirkenwälder, Erlensumpfwälder, Hainmieren-Erlenwälder, feuchte Ahorn-Eschenwälder, Linden-Ulmen-Blockschuttwälder und Zahnwurz-Buchenwälder.
Rhynchota → Schnabelkerfe.
Rhyphidae → Pfriemenmücken.
Rhytidiadelphus: Gatt. der Fam. Hainmoose (*Hylocomiaceae*) aus der Klasse → Laubmoose mit nachfolgenden Arten:
1. Sparriges Hainmoos, das (*Rhytidiadelphus squarrosus* (Hedw.) Warnstorf): Das vom Flachland bis ins Hochgebirge verbreitete und sehr häufige S. H. wächst an lichten, sonnigen bis leicht schattigen, meist etwas vernäßten → Standorten auf Sumpfwiesen, an Wegsäumen, in lichten Wäldern und auch in Parkanlagen und Gärten. Die 5 bis 15 cm hohen, aufrechten, fast unverzweigten Pflanzen bilden lockere, weiche, hell- bis gelbgrüne, schwach glänzende Rasen. Die unregelmäßig ästig, z. T. büschelig verzweigte Pflanze hat allseits sparrig abstehende, etwa 3 bis 5 mm lange Blätter mit zwei schwachen kurzen Nerven. Diese aus breit-eiförmigem Grund länglich ovalen Blätter sind in eine lange, schmal-lanzettliche, fein gesägte Spitze ausgezogen, die etwa ab der Blattmitte zurückgebogen ist. Die → Sporen reifen im Frühjahr. Die seitenständige, 2 bis 4 cm lang gestielte, geneigte bis waagerechte Sporenkapsel ist braun, eiförmig und hochrückig, mit spitzkegeligem Deckel.
2. Großes Kranzmoos, das (*Rhytidiadelphus triquetrus* (Hedw.) Warnstorf): auch Dreieckblättriges Kranzmoos. Das G. K. wurde, worauf der Name hinweist, als Unterfüllung für Kränze oder auch zu deren Zierde, häufig für Osternester und zuweilen auch als Verpackungs- und Polstermaterial verwendet. Es wächst vom Flachland bis über 2000 m im Gebirge und ist verbreitet bis zerstreut auf frischen, nährstoffreichen Böden in lichten Wäldern, besonders Eichen-Hainbuchenwäldern, an Waldrändern, auf Heiden, Wiesen und im Hochgebirge sowie in Zwergstrauchheiden. Es bildet lockere bis dichte, ausgedehnte, meist etwas starre, hell- bis gelblichgrüne Rasen. Die 10 bis 15 cm langen, aufsteigenden, braunroten Stengel sind büschelig, gabelig oder unregelmäßig verzweigt. Die struppig abstehenden bis leicht zurückgebogenen Blätter sind breit-oval, 4 bis 6 mm lang, stark längsgefaltet, mit zwei langen, dünnen Nerven, kurzer Spitze und ringsum gesägt. Die Sporen reifen – wenn auch selten – vom Winter bis zum Frühjahr. Die 3 bis 6 cm lang gestielte, seitenständige Sporenkapsel steht waagerecht, ist eiförmig und hochrückig, mit zugespitztem Deckel.
3. Riemenmoos, das (*Rhytidiadelphus loreus* (Hedw.) Warnstorf): Das im Flachland sehr seltene, in Höhen von 400 m bis zur → Waldgrenze zerstreut bis verbreitet vorkommende, kräftige R. wächst auf morschem Holz, Baumstümpfen, auf dauernd feuchten, sauren Waldböden, besonders in den Fichtenwäldern der Mittelgebirge oder auf Gestein auf feuchten, schattigen, kalkfreien Standorten in Bergwäldern und bildet lockere, häufig ausgedehnte, dunkel- bis olivgrüne Rasen. Die niederliegende bis aufsteigende, 10 bis 25 cm lange Pflanze hat rote Stengel und ist einfach oder gabelig, unregelmäßig fiedrig verzweigt mit hakig gekrümmten Sproßenden. Die spiralig gestellten, allseits abstehenden Blätter sind eiförmig, leicht sichelförmig und einseitswendig, stark gefaltet, mit langer, schmaler, scharf gezähnter Spitze. Die Blattrippe fehlt oder ist nur sehr undeutlich, kurz und doppelt. Die Sporen reifen im Winter. Die 2 bis 4 cm lange, gestielte, seitenständige Sporenkapsel steht waagerecht und ist dick-eiförmig, braun, mit zugespitztem Deckel.
Ribes → Stachelbeere.
Ribesiaceae → Stachelbeergewächse.
Ribeso sylvestris-Fraxinetum → Traubenkirschen-Eschen-Auenwald.
Richter, A. L. → Wald in der Malerei.
Richtmai, der: Der R. galt als Lebens- und Wachstumszeichen beim Hausbau. Nach Aufrichten des Dachstuhls und der Maienaufsteckung sollte der gute Hausgeist einziehen und das Haus behüten. Das Aufstecken des R. zum Richtfest ist heute noch üblich. Der R. ist entweder ein kleiner Fichten- bzw. Tannenbaum oder ein Kranz, geschmückt mit bunten Bändern. An Stelle der früheren festlichen Weihe ist heute nur noch eine Ansprache (Kranzrede) des Zimmermannes üblich.
Ricke, die: → Geiß.
Rickettsien: Mikroorganismen der Gatt. *Rickettsia* und der nahe verwandten Gatt. *Rochalimaea* und *Coxiella*, deren Größe außerhalb der Auflösungsmöglichkeit des Lichtmikroskops liegt. Sie sind nach dem amerikanischen Pathologen H. I. Ricketts (1871–1910) benannt, der sie 1909 entdeckte. R. sind gramnegative, unbewegliche Stäbchen, rd. 800 nm groß, können nur in lebenden Wirtszellen (Zellparasiten) existieren und sind gewöhnlich Parasiten in Glieder- und Wirbeltieren. Von forstpathologischer Bedeutung ist *Rickettsiella melolonthae* (Krieg) Philip. Dieser Erreger verursacht bei Maikäfern und verwandten Arten die Lorscher Krankheit. Die infizierten Tiere kommen bei Temperaturstürzen an die Bodenoberfläche, anstatt in die Tiefe zu gehen, und überleben meist die nächste Häutung nicht. Die Krankheit kann auch über das Ei auf die Nachkommen übertragen werden.
R.-ähnliche Organismen gelten als pflanzenpathogene Erreger einer Anzahl von Pflanzenkrankheiten, die u. a. Vergilbungen, Störungen des Triebwachstums und Degenerationserscheinungen hervorrufen. Für die Lä wurden bereits Hexenbesenbildung (→ Hexenbesen), Wurzelverkrüppelungen und ein Absterben der Seitenäste beschrieben. Die Infektion erfolgt vermutlich über die Wurzeln, da die Krankheit nesterweise auftritt.
Riechender Holler, der: → Flieder.
Riechgras, das: → Ruchgras.
Riecke, Friedrich Joseph Pythagoras, Dr. (1.6.1794 Brünn bis 13.4.1876 Stuttgart): R. war Oberstudienrat und von 1823 bis 1864 Professor an der land- und forstwirtschaftlichen Akademie Hohenheim. Er erwarb sich große Verdienste um die Weiterentwicklung der Waldwertberechnung und der Holzkubierung. Er schrieb u. a.: „Über die Berechnung des Geldwertes der Waldungen" (1829), „Über die Berechnung des körperlichen Inhalts unbeschlagener Baumstämme ... etc." (1849).
Rieckher, G. C. → forstliches Schrifttum.
Ried, das: → Moor.
Riedgräser (*Cyperaceae*): auch Rietgräser, Riedgrasgewächse, Sauergräser, Halbgräser. Fam. aus der Klasse der → einkeimblättrigen → Bedecktsamer mit rd. 3700 Arten in etwa 70 Gatt. auf der Erde. R. sind grasartige Pflanzen mit meist deutlich dreikantigen und festen, kaum knotig gegliederten Stengeln (Unterschied zu den → Süßgräsern). Die Blätter sind schmal, überwiegend mit geschlossenen Scheiden. Die wichtigsten der in Dtschl. vorkommenden rund 150 Arten sind die Vertreter der Gatt. → Wollgras, → Segge, Schuppenried, Sumpfried und → Simsen.
Riedgrasgewächse → Riedgräser.
Riefen: Bez. für etwa handbreite, fortlaufende Saatstreifen; noch schmälere werden „Rillen" genannt.
Riegel: **1**) auch Köpfel. in den Alpengebieten Bez. für → Baumgruppen auf und um Felspartien, die der Abhaltung rauher oder ausblasender Winde dienen. **2**) bei der früheren → Flößerei im Illergebiet Bez. für ein aus Brettern gefügtes Floß.
Riegelahorn, der: → Riegelwuchs.
Riegelwuchs, der: ein meist regelmäßig welliger Faserverlauf bei Holz. Die hierdurch her-

vorgerufene Lichtbrechung erweckt den Anschein einer Hell-Dunkel-Zeichnung quer zur Faser. Diese Störung im sonst geraden Faserverlauf tritt – je nach Ursache und Holzart – vereinzelt oder gruppenweise auf Längsschnitten quer zur Längsrichtung zutage. Typisch bei Ah (Riegelahorn) und Nußbaum.

Riehl, W. H. → Wald in der Dichtung.

Riemenmoos, das: → Rhytidiadelphus 3.

Riemenschnecke, die: → Schnirkelschnecken 8.

Riemenzunge, die (*Himantoglossum*) : auch Bocksorchis. Gatt. der → Orchideen mit sechs Arten in Mitteleuropa und im Mittelmeergebiet. In den Wäldern Mitteleuropas ist nur die nachstehende Art anzutreffen:

Riemenzunge, die (*Himantoglossum hircinum* (L.) Spreng.): auch Bocksorchis, Bocks-R. Die über das westliche Südeuropa, nordwärts bis West- und Mitteleuropa verbreitete R. ist auch in Mittel- und Süddtschl. anzutreffen. Sie ist selten und wächst an sonnigen Gebüschsäumen, in lichten Gebüschen und Wäldern, an Waldrändern und auf Kalkmager- und Steppenrasen sowie auf Sanddünen, auf kalkhaltigen, mäßig trockenen Böden, bis in Höhen von etwa 1800 m.

Die ausdauernde Pflanze hat einen 30 bis 80 cm (bis 120 cm) hohen Stengel mit zwei bis drei Schuppenblättern am Grund und zahlreichen Laubblättern, die von unten nach oben kleiner werden. Die Blätter sind 5 bis 15 cm lang, 3 bis 5 cm breit, blaugrün, den Stengel scheidig umfassend, die unteren eiförmig bis breit-lanzettlich, die oberen lanzettlich. Sie beginnen während der Blütezeit (Mai bis Juli) bereits zu welken. Die Blüten stehen in einem lockeren, 10 bis 20 cm langen, reichhaltigen (20 bis über 100 Blüten) → Blütenstand. Die fadenförmigen, häutigen Tragblätter sind gelblich und ein- bis zweimal so lang wie der → Fruchtknoten. Die Blüten sind grünlichweiß, oberseits mit braunroten Nerven und unangenehmem Ziegenbockgeruch. Die Blütenhüllblätter neigen sich zu einem halbkugeligen, lockeren Helm zusammen.

Riemzweige: veraltete, lokale Bez. für junge aufgeschossene Fichten- und Kiefernbäumchen von etwa 3 → Fuß Höhe und von der Dicke eines Fingers.

Riese, die (Rutsche, Laaße, Gleitbahn, Holzriese, Holzgeleiter, Holzrutsche, Ploße, Swende): eine aus Holz errichtete oder in die Erde gegrabene, mehr oder weniger geneigte Rinne, in der → Langholz durch seine Eigenschwere hinabgleitet. Sie dient zur Holzbeförderung im Gebirge und kann etwa sieben bis zehn Jahre benutzt werden. Man unterscheidet Holz-R., Erd-R. und Weg-R.

1. Die Holz-R. wird ganz aus Holz gebaut. Es werden hierzu Stämme oder Stangen benutzt (Stamm- oder Stangen-R. für schwere Stammhölzer und → Brennholz) oder Bretter (Brett-R. für Brennholz). Je nach Art der Benutzung trennt man die Holz-R. in Trocken-R., Wasser-R. (Flume), Schnee-R. und Eis-R. Bei der ersteren kann das Gefälle bis zu 30 und 40 % betragen, bei der Eis-R. liegt es zwischen 3 und 6 %.

2. Die Erd-R. (in der Schweiz Erdrieser, Erdgefähr) sind flache Rinnen an den Hängen, die sich teils schon vorfinden, teils künstlich angelegt oder verbessert werden. In Erd-R. wird nur → Stammholz abgeriest.

3. Die vollkommenste Form der Erd-R. war die im → Schwarzwald übliche Weg-R. auf besonders gebauten Wegen mit 9 bis 15 % Gefälle. Als Weg-R. wird eine Erd-R. bezeichnet, bei der als Rieselinie die nicht zur Schlittenbringung gebrauchten Wege benutzt werden. Sie wird mit festgezapften Rund- oder Vorlegestämmen versehen, um das Ausgleiten des zu riesenden Holzes zu vermeiden.

Die letzte R. wurde in Oberbayern 1952 gebaut; → Loite.

Riesel, das: früheres, lokal verwendetes Maß zum Messen der Meilerkohle.

Riesenameise, die: → Ameisen 4.

Riesenbärenklau, der: → Bärenklau 2.

Riesenbastkäfer, der: → Borkenkäfer 11.

Riesenbäume → Wuchsleistungen.

Riesenbock, der: → Bockkäfer 1.

Riesen-Champignon, der: → Champignon 7. und 9.

Riesen-Egerling, der: → Champignon 7.

Riesenfledermaus, die: → Fledermäuse 6.

Riesenflöße → Flößerei.

Riesenholzwespe, die: → Holzwespen 1.

Riesenlebensbaum, der: → Lebensbäume.

Riesenmammutbaum, der: → Mammutbäume.

Riesenrötling, der: → Rötlinge 2.

Riesen-Schachtelhalm, der: → Schachtelhalm 2.

Riesen-Schachtelhalm-Eschenwald, der: → Bach-Eschenwald.

Riesenschierlingstanne, die: → Hemlock(s)tannen 2.

Riesenschirmpilz, der: → Schirmlinge 1.

Riesenschnaken → Schnaken.

Riesen-Schwingel, der: → Schwingel 1.

Riesentanne, die: → Tannen 2.

Rieshirte, der: frühere Bez. für einen Arbeiter, der für die Ergänzung und Erhaltung der → Riesen zuständig war.

Riesmund, der: auch Einkehr. Bez. für den Beginn eines Riesweges; → Riese.

Rietgräser → Riedgräser.

Riftboden, der: ein Fußboden aus radial geschnittenen Brettern (Kern- oder Riftbrettern).

Riftschnitt, der: → Radialschnitt.

Rillen → Riefen.

Rillensaat, die: → Saatformen.

Rinde, die (zu althochdeutsch rinta, eigentl. „Abgerissenes"): bei → Pflanzen Bez. für die äußeren Gewebeschichten (Gewebemantel) von → Sproßachse und → Wurzel. Sie schützt den Stamm vor Austrocknung, mechanischen Beschädigungen, Witterungseinflüssen und vor dem Angriff holzzerstörender Pilze. Bei jugendlichen → Sprossen wird die R. von der Außenhaut (Epidermis) und vom Leitbündelring begrenzt (primäre R.). Bei älteren Sprossen bildet alles Gewebe außerhalb des → Kambiums die sekundäre R. (→ Bast). Die ursprüngliche Außenhaut ist hier meist durch ein sekundäres → Abschlußgewebe (Periderm), ein Korkgewebe mit Korkkambium, ersetzt. Dieses produziert innerhalb der R. ständig neue Korkschichten. Die äußeren Gewebeschichten sterben ab und bilden dann die → Borke. Auch bei der Wurzel wird die R. ebenfalls von der Oberhaut (Rhizodermis) und vom Zentralzylinder begrenzt. In älteren Wurzeln ist die ursprüngliche Oberhaut meist vernichtet. Ähnlich wie beim Sproß bildet ein Korkgewebe (Exodermis) den Abschluß; → Rindenverwendung; → Abb. S. 771.

Rinden (von oben nach unten): Kiefernrinde, Eichenrinde, Birkenrinde, Kirschenrinde

Rindenasche, die: → Holzasche.

Rindenbäume → Peridermbäume.

Rindenbrand, der: **1)** R. entsteht durch Hitzeeinwirkung bei starker Sonnenbestrahlung. Er tritt daher nur auf der Sonnenseite auf, wobei besonders glatt- und dünnrindige Bäume (Fi, Ta, Bu, Ah, Pa) davon betroffen werden. R. geht über einen Teil der Stammrundung. Die → Rinde wird streifen- oder platzweise trocken, reißt auf und fällt schließlich ab. Als Folgeschaden tritt Pilzbefall auf. R. läßt sich durch starken Trauf (→ Waldmantel) vermeiden. **2)** auf biotische Ursachen zurückzuführende Rindenbeschädigung, z. B. → Buchenrindennekrose.

Rindenbrand

Rindenbrüter: Bez. für → Borkenkäfer, deren Weibchen ihre Fraßgänge in die → Rinde legen; → Holzbrüter.

Rindenfalten: Bei manchen → Baumarten (Bu, Bi) mit steil nach oben gerichteten Ästen entstehen R. im Astwinkel beim → Dickenwachstum von Stamm und Ast; → Chinesenbärte.

◂◂ Holzriese beim Holzknechtmuseum Ruhpolding; Rekonstruktion

Rindenglanzkäfer, Vierpunktiger, der: → Glanzkäfer.

Rindenkäfer (*Colydiidae*): Fam. polyphager Käfer (Vorratsschädlinge), die mit rd. 1400 Arten v. a. in warmen Ländern verbreitet ist. In Dtschl. kommen davon rund 37 (1,3 bis 7 mm lange) Arten vor. Sie leben meist in Gesellschaften und hauptsächlich an und in alten, morschen Baumstämmen sowie unter der Rinde. Ihre Nahrung besteht auch aus kleinen Insektenlarven. R. haben einen langgestreckten, walzenförmigen Körper und sind überwiegend dunkel oder bunt gefärbt. Bei uns ist der bis 3,5 mm lange *Ditoma crenata* mit rotschwarzer Kreuzzeichnung häufig. Er lebt unter der Rinde von Lbh und ernährt sich von anderen Insekten.

Rindenkompostierung, die: ein Verfahren zur → Kompostierung von → Rinde zur Erzeugung eines vielseitig einsetzbaren Bodenverbesserungsmittels. Um eine gut ablaufende → Rotte zu erzielen, kann Stickstoff in Form von Harnstoff, Klärschlamm u. a. beigemengt werden; → Holzabfälle, Laubkompostierung.

Rindenkratzer, der: Zum Vorbeugen gegen → Schälschäden wird mit dem R. (Schwarzwälder R. mit 6 mm Zahnlänge) die Rinde der Nadelbäume gezielt verletzt (zwei Drittel der Rindenstärke, ohne Kambiumverletzung) und der Bast zur Wundkorkbildung angeregt (mechanisch-biologischer Schälschutz). Der Harzaustritt schützt im Jahr der Maßnahme meist vor Schäden. Der R. wird bei etwa 2 m Baumhöhe beginnend mit leichtem Andruck und im Winkel von ca. 30° senkrecht von oben nach unten bewegt.

Rindenläuse (*Psocoptera*): auch Holz-, Staubläuse, Flechtlinge. Etwa 1 bis 9 mm große, mit über 1000 Arten weltweit verbreitete Ordn. der Insekten. Die braunen bis schwarzen R. besitzen kauende Mundwerkzeuge und lange, fadenförmige Fühler; viele Arten besitzen Spinndrüsen. In Ruhestellung überdecken die beiden Flügelpaare den Körper dachförmig; v. a. bei den Männchen sind oft die Flügel stark rückgebildet. R. leben vom Frühsommer bis Herbst auf Ästen, Blättern und Baumrinde und fressen den Flechtenbewuchs ab.

Rindenmarkt, der: früher in Kreuznach, Eberbach, Kaiserslautern, Bingen, Rüdesheim, Hirschhorn und anderen Orten abgehaltener Markt, auf dem die → Rinde noch stehender, im nächsten Frühjahr zur Nutzung bestimmter Eichenschälwaldbestände (→ Eichenschälwald) nach Mustern (Proben) verkauft wurde. Die Proben bestanden meist aus einem 15 bis 20 cm langen Holzspan mit unverletzter Rinde, der dem Stamm 1 m über dem Boden entnommen wurde. Jede Probe wurde mit einem Etikett versehen, das Angaben über den Waldeigentümer, Walddistrikt, Alter des Bestandes etc. enthielt.

Rindensterben

Rindennekrose, die: → Bakterien, Rindenschildkrankheit.

Rindennutzung, die: → Rinde.

Rindenpilze: Bez. für holzbewohnende Ständerpilze (Gatt.: *Corticium*) mit krustenförmigem (rindenartigen), flachem → Fruchtkörper, dessen Ober- und Unterseite eine einfache, ungegliederte Fruchtschicht besitzt. R. wachsen an Baumstämmen, Stubben und Ästen und zwar auf → Kernholz oder → Rinde, jedoch kaum auf dem Boden. Die bekanntesten und häufigsten Arten sind:

1. **Rindensprenger**, der (*Corticium comedens*): Er wächst unter der → Rinde abgestorbener Laubgehölze. Zwischen der aufgeplatzten Rinde erscheint der → Fruchtkörper als dünne, gelbgraue Kruste.

2. **Eichenrindenpilz**, der (*Corticium quercinum*): Er wächst auf berindeten, abgestorbenen Laufholzzweigen, hauptsächlich bei Ei. Der → Fruchtkörper ist warzig und grauviolett. Zu den R. zählt auch der epiphytische Pilz *Athelia epiphylla* auf der Rinde von Bu und Hbu, seltener auf Ah, Li und Pa, der handtellergroße, weißliche Krusten bildet und auf Algen und Flechten parasitiert.

Rindenporen → Lentizellen.

Rindenpulver, das: → Rinde.

Rindenschäler, der: → Schäleisen.

Rindenschildkrankheit, die: eine Krankheit, die hauptsächlich an Dgl und Lä (JLä) auftritt und durch den Erregerpilz *Potebniamyces coniferarum* mit der Nebenfruchtform *Phacidiopycnis* = *Phomopsis pseudotsugae* verursacht wird. Die Krankheit führt zur Einschnürung (Einschnürkrankheit) oder zum Absterben von Ästen und Leittrieben sehr junger Pflanzen. An alten Bäumen kommt es zur Rindenschildbildung (Rindennekrose). Die → Rinde stirbt hierbei plätzeweise und fällt ab. Die R. tritt besonders nach mechanischen Verletzungen, aber auch nach → Frost und → Wildschäden sowie durch Wundreiben der Zweige durch den Wind auf.

Rindenschlag, der: alte Bez. für einen → Eichenschälwald (Eichenniederwald), in dem → Lohrinde gewonnen wurde.

Rindensprenger, der: → Rindenpilze 1.

Rindensterben, das: eine Krankheit von Laubbäumen, besonders Bu. Nach anfänglich braunen oder schwärzlichen, pfennig- bis handtellergroßen Flecken auf der → Rinde, unter der sich der → Bast verfärbt und auch das → Kambium abgestorben ist, kommt es zu Schleimfluß (→ Buchen-Rindennekrose) und letztlich zur → Weißfäule.

Rindentaschen: bei der Bu: → Steingallen. kleine oder größere Rindenteile, die partiell in das Holz eingewachsen sind. Solche Rindeneinschlüsse entstehen durch Rindenverletzungen des lebenden Baumes (→ Überwallungen), v. a. bei Bäumen mit dünner Rinde, z. B. Bu. Häufigste Ursachen sind → Hagelschäden; → Borkentasche.

Rindenverwendung, die: Die → Rinde ist ligninhaltiger (→ Lignin) als → Holz. Aschegehalt und der Anteil der akzessorischen Bestandteile (→ Begleitstoffe) sind bei der Rinde höher als beim Holz. Für die Gerberei findet die sog. → Lohrinde Verwendung. Die Borke der Kie diente früher als Brennrinde für die Feuerung der Bügeleisen. Dicke Borkenstücke der SWei und SchPa dienen gelegentlich als Ersatz für → Kork bei der Herstellung von Schwimmern an Fischnetzen. Die Rinde wurde (auch in Mischung mit Holzabfällen) zu Platten verwendet. Sie kann auch zur Bodenverbesserung für Kulturerden (→ Rindenkompostierung) und durch Verbrennung zur Energieerzeugung verwendet werden. Aus der Rinde tropischer Baumarten werden auch Drogen und Gewürze gewonnen. Wie das Institut für Holzchemie der Bundesforschungsanstalt für Forst- und Holzwirtschaft Reinbeck-Hamburg bei Versuchen festgestellt hat, kann trockenes Rindenpulver beträchtliche Mengen an Öl durch → Adsorption aufnehmen. Um auch emulgiertes Öl zu entfernen, muß die Emulsion durch Zugabe eines Elektrolyten gebrochen werden. Für die Versuche wurde Kiefern-, Fichten- und Buchenrinde verwendet, die zerkleinert und in verschiedenen Siebfraktionen zwischen 0,1 und 1,2 mm aufgetrennt wurde. Je nach Korngröße wurden bis zu 400 % des Rindengewichts an Öl aufgenommen, wobei die Ölmenge mit abnehmender Korngröße zunahm. Das mit Öl beladene Rindenpulver schwimmt an der Oberfläche und kann leicht abgefiltert werden. Die besten Ergebnisse wurden mit Kiefernrinde erzielt. Die → Biologische Bundesanstalt für Land- und Forstwirtschaft (BBA) hat im Einvernehmen mit dem Bundesgesundheitsamt eine zusätzliche Kennzeichnungsauflage für lindanhaltige Mittel zur Bekämpfung von → Borkenkäfern erteilt. Danach darf die R. lindanbehandelter Bäume nicht zur Herstellung von Rindenprodukten für den Gartenbau (Nahrungsmittelerzeugung) verwendet werden. Um eine entsprechende Verwendung zu verhindern, sind behandelte Baumstämme in geeigneter Weise zu kennzeichnen. Mit lindanhaltigen Mitteln behandelte Rindenabfälle dürfen nicht mehr abgegeben werden.

Rindenwanzen (*Aradidae*): mit über 400 Arten weltweit verbreitete Fam. der Landwanzen mit 22 einheimischen Arten. Die unscheinbaren, 3 bis 10 mm langen R. haben einen schwarzen bis braunen flachgedrückten Körper, einen verbreiterten Hinterleib und oft verkürzte Flügel. Sie leben überwiegend in Rinden- und Holzspalten und in Baumschwämmen und saugen Pilzmyzele aus. Forstlich bemerkenswert ist die Kiefernrindenwanze; → Wanzen 1.

Rinden-Widderbock, der: → Bockkäfer 4.

Rinderbremse, die: → Bremsen.

rindfällig: Als r. wurden früher vom → Krebs befallene Bäume bezeichnet, wenn die Rinde bereits stückweise abfiel.
Rindkante, die: → Baumkante.
rindschälig: veraltete Bez. für kranke Bäume, bei denen sich die Rinde vom Stamm ablöst.
Rindsreiher, der: → Reiher 2.
Ring, der: **1)** → Jahrringe. **2)** veraltete forstliche Maßeinheit: Ein R. Kohlen war z. B. in verschiedenen Gegenden Sachsens eine bestimmte Kohlenmenge, die aus 10 → Klafter Holz gebrannt wurde. Ein R. Stabholz (→ Böttcherholz) bestand aus 120 Würfen; → Wurf.
Ringdrossel, die: → Drosseln 8.
Ringelbaum, der: → Wanzenbaum.
Ringelborke, die: eine → Borke, bei der die inneren Korkschichten mantelförmig um den → Sproß herumgreifen. Die Borke löst sich hierbei in Fetzen ab, z. B. bei Heckenkirsche und Bi sowie bei einigen anderen Ziergehölzen; → Schuppenborke, Streifenborke, Tafelborke.
Ringelfuß, der: → Trägspinner 3.
Ringelkette, die: Werkzeug zum → Ringeln. Die R. besteht aus einer ca. 80 cm langen, mit Sägezähnen versehenen Kette mit an den Enden angebrachten Griffen.
Ringeln, das: **1)** auch Ringelung. Läuterungsmaßnahme (→ Läuterung), bei der die → Rinde eines Baumes ringförmig und bis zu 20 cm hoch um den Stamm entfernt wird. Das R. wird in der Vegetationszeit von Mitte April bis Mitte August durchgeführt. Beim Lbh kann bei Protzen (→ Vorwuchs) der Saftstrom durch Entfernen der Rinde unterbrochen werden, so daß der Baum i. d. R. in drei Jahren allmählich abstirbt. R. verhindert, daß der Nachbarbaum sich zu einem Protz entwickelt. Durch das Anbringen von vier bis sechs Kerben im geschälten Ring rund um den Stamm kann das R. verstärkt werden. Dadurch wird zusätzlich der Wasserzug teilweise unterbrochen. Im Einsatz sind auch sog. „Läuterungsmesser", mit denen die Rinde eines Baumes in Brusthöhe ringförmig abgeschält wird (senkrechtes Abziehen von Rindenbahnen um den Stamm). Da dabei das Kambium erhalten bleibt und sich daher neue Rindenzellen bilden können, wird in einem zweiten Arbeitsgang mit dem Bürstenteil des Läuterungsmessers das Kambium zerstört. Besonders geeignet zum R. sind Bu, Hbu, Bi, weniger die Ei, weil bei dieser sehr rasch die Wurzel abstirbt, so daß der Baum umkippt. Durch das R. entsteht ökologisch wertvolles → Totholz. **2)** Ringeln der Schweine. Beim früheren Schweineeintrieb in den Wald (→ Schweinemast) wurden die Schweine, um sie als zugelassen zu kennzeichnen, entweder geringelt, d. h. man legte ihnen Weidenringe um den Hals oder man brachte ein Brandzeichen (→ Fehmmal) an. Das R. der Schweine durch Anbringen von eisernen Rüsselringen sollte hingegen zu tiefes Wühlen im Waldboden verhindern.
Ringelnatter, die (*Natrix natrix*): auch Wassernatter, Hausschlange, Onk, Schnake. Die R. gehört zur Fam. der Nattern (*Colubridae*) und kommt in fast ganz Europa sowie in Nordwestafrika und Westasien vor. Ihr Lebensraum sind dicht bewachsene Gewässerränder, feuchte oder nasse Niederungs- und Sumpfwälder sowie Moore. Im Gebirge ist sie noch in 2200 m Höhe anzutreffen. In ihrem Verbreitungsgebiet tritt sie in neun Unterarten auf, die sich v. a. in der Färbung voneinander unterscheiden.
Die R. hat eine Gesamtlänge von 70 bis 75 cm (Männchen) und 85 bis 90 cm, gelegentlich bis 150 cm (Weibchen). Sie hat einen deutlich vom Hals abgesetzten, ovalen Kopf und große Augen mit runden Pupillen. Hauptmerkmal sind aber die großen, annähernd halbmondförmigen, gelben oder weißen Flecke, die unmittelbar an zwei fast ebenso große, tiefschwarze Flecke beiderseits des Hinterkopfes anschließen. Der Bauch ist weißlich oder gelblich und schwarz gewürfelt.
Die tagaktive R. zieht sich abends in ein Versteck zurück und ruht dort in zusammengezogener Lage. Sie schwimmt und taucht ausgezeichnet. Wird sie ergriffen, entleert sie meist aus ihren Analdrüsen eine kalkweiße, übelriechende Flüssigkeit. Der unangenehme Geruch haftet lange an Händen und Kleidung. Sie beißt (auch angegriffen) nur selten zu. Die Winterruhe beginnt Ende Oktober; sie zieht sich hierzu in unterirdische Tierbaue, natürliche Hohlräume, in Gesteinsspalten oder unter Baumstümpfe zurück. Oft verbringen viele R. gemeinsam den Winter. Die Winterruhe dauert bis spätestens Anfang April. Unmittelbar nach der ersten Häutung folgt ab Anfang Mai die Paarung, und im Juli oder August werden etwa 30 Eier abgelegt, aber auch Gelege mit über 100 Eiern sind nachgewiesen. Nachgewiesen ist auch, daß mehrere R. an einer geeigneten Stelle die Eier gemeinsam ablegen können. Die Eier brauchen zur Entwicklung einen hohen Grad an Wärme und Feuchtigkeit, z. B. verrottende Abfälle, feuchtes Sägemehl, jahrelang gestapelte Schilf- und Strohmieten, Komposthaufen usw. Nach etwa 60 bis 75 Tagen schlüpfen die 15 bis 22 cm langen Jungen. Die Nahrung der R. besteht v. a. aus Gras- und Moorfröschen, aber auch aus Laubfröschen, Kröten und Schwanzlurchen sowie kleinen Fischen. Die Beute wird lebend verschlungen. Die natürlichen Feinde der R. sind Igel und Marder, Störche, Reiher, Rabenvögel, Weihen und Taucher.
Ringelspinner, der: → Glucken 2.
Ringeltaube, die: → Wildtauben 1.
Ringelung, die: → Ringeln.
Ringfäule, die: → Bienenrosigkeit.
ringporige Hölzer → Poren.
Ringrisse → Risse 1).
Ringschäle → Risse 1).
Rippenfarn, der (*Blechnum*): Gatt. der Fam. der → Tüpfelfarngewächse (*Polypodiaceae*) aus der Klasse der → Farne mit rd. 200 Arten, v. a. in den Tropen und Subtropen der Südhalbkugel. R. hat meist ein kräftiges, kriechendes, gelegentlich auch aufsteigendes, bis etwa 1 m langes Rhizom und fast immer gefiederte Blätter. Der R. ist seit dem Tertiär (→ Erdzeitalter) bekannt. In Europa kommt nur nachstehende Art vor:
Rippenfarn, der (*Blechnum spicant* (L.) Roth): Der R. ist in den gemäßigten Gebieten der Nordhalbkugel weit verbreitet und relativ häufig. Er wächst im Bergland häufiger, in der Ebene zerstreut bis selten, auf sauer-humosen, steinigen, lehmigen oder sandigen Waldböden in Hang-, Bruch- und Nadelwäldern sowie in Eichen-Birken-Wäldern, v. a. im Bergland und in Gebirgen mit regelmäßiger Schneebedeckung (Austrocknungsschutz) sowie in Gebieten mit wintermildem, ozeanischem Klima.
Die mehrjährige, kalkmeidende Farnpflanze wird etwa 15 bis 50 cm hoch. Der kurze Blattstiel ist rotbraun überlaufen. Die Blätter sind – im Unterschied zum → Tüpfelfarn verschieden gestaltet. Die sterilen (unfruchtbaren) Wedel sind wintergrün, im Umriß länglich-lanzettlich, nach beiden Enden verschmälert (vorne mit sichelförmigem Zipfel), etwas ledrig, kahl, einfach und tief kammartig gefiedert, oberseits sattgrün, leicht glänzend und stehen in Rosetten, flach liegend oder schräg aufsteigend. Die Fiedern sind linealisch, ganzrandig, kurz zugespitzt und sitzen mit breitem Grund an der Spindel an. Die fruchtbaren, sporangientragenden Wedel sind viel länger, som-

geringelte Buche; → Ringeln.

mergrün und stehen inmitten der sterilen, in einer Rosette angeordneten Blätter, steil aufrecht. Sie sind fiederteilig bis gefiedert, mit schmalen, linealischen, rippenartigen Zipfeln oder Fiedern, insgesamt schmäler und entfernter gefiedert, anfangs grün, dann auffallend braunschwarz werdend. Auf der Unterseite der Fiedern befinden sich je zwei strichförmige, nahe beieinanderliegende bis fast verschmolzene braune Sori mit langem, am Außenrand befestigtem, nach innen geschlagenem Schleier. Die → Sporen reifen von Juli bis September.
Rippen-Nabelmiere, die: → Nabelmiere.
Rippensame, der (*Pleurospermum*): Gatt. der → Doldengewächse mit rd. 25 Arten in Europa und Asien. In den Gebirgen Europas wächst:
Österreichischer Rippensame, der (*Pleurospermum austriacum* (L.) Hoffmann): Der Ö. R. ist über Mittel- und Osteuropa, nördlich bis Südschweden, südlich bis Dalmatien, Bulgarien, Rumänien, hauptsächlich aber über die Alpen bis in die südwestlichen Alpen, das Alpenvorland, den Jura, die Rhön und das Riesengebirge verbreitet. Er wächst zerstreut

in feuchten, strauchreichen Wäldern, in Auwäldern, Hochstaudenfluren, in Schluchten, Tälern sowie an den Ufern von Bächen und Gebirgsflüssen, in der Ebene, besonders aber in den Gebirgen, bis in Höhen von über 2000 m.
Die zwei- bis mehrjährige, 60 bis 150 (200) cm hohe Pflanze hat einen aufrechten, kräftigen, bis zu 3 cm dicken, hohlen, gefurchten Stengel, der gegenständig verzweigt ist und kurz-rauh-behaarte Kanten aufweist. Die großen, dunkelgrünen, glänzenden Blätter sind im Umriß dreieckig-eiförmig, die unteren

Königsfarn
(Osmunda regalis)

zwei- bis dreifach gefiedert, die oberen kleiner und weniger zerteilt. BZ: Juni bis August/September. Die kleinen Blüten stehen in zehn- bis 20strahligen oder gar bis zu 40strahligen Dolden (→ Blütenstand), wobei die Enddolde der Pflanze sehr groß ist.

rischdrähtig: Als r. wurde früher Holz bezeichnet, dessen Längsfasern gerade auslaufen ohne sich zur Seite zu neigen.

Risiko, das: Wahrscheinlichkeit des Eintretens eines Ereignisses, z. B. → biotische oder → abiotische Forstschäden.

Rispe, die: → Blütenstand.

Rispelstrauch, der (*Myricaria*): etwa zehn Arten umfassende Gatt. aus der Pflanzen-Fam. der Tamariskengewächse (*Tamaricaceae*), die in Südeuropa, Mittel-Asien, China und Sibirien verbreitet ist. Es sind → Halbsträucher oder Sträucher mit kleinen, schuppenartigen (dachziegelartig anliegenden) Blättern. In Dtschl. eine Art:

Deutscher Rispelstrauch, der (*Myricaria germanica* (L.) Desvaux = *Tamarix germanica* L.): auch Deutsche Tamariske. Der D. R. ist über Mitteleuropa, Skandinavien, Kleinasien und Persien verbreitet.

Standort: Der D. R. wächst in kleinen, dichten Beständen auf Kies- und Sandbänken alpenbürtiger Flüsse, in Weiden-Tamariskenfluren (→ Charakterart) und Lavendelweiden-Gebüschen, an Wegrändern und in Kiesgruben. Er bevorzugt sand- und schlickhaltige Böden.

Merkmale: Der zierliche, etwa 0,50 bis 2 m hohe Strauch hat aufrechte, rutenförmige, gelbgrün bis rotbraun berindete Äste. Die kleinen, schuppenförmigen Laubblätter sind lineal-lanzettlich, etwas fleischig, etwa 2 bis 5 mm lang und etwa 1 mm breit. Sie sind mehr oder weniger wechselständig angeordnet, blaugrün, meist kahl, mit zahlreichen vertieften Drüsen besetzt und überdecken sich an jungen → Trieben dachziegelartig; die älteren stehen ab. BZ: Mai bis September, hauptsächlich Juni/Juli. Die Blüten sind weiß bis blaßrosa, kurzgestielt und fünfzählig und haben etwa 7 bis 9 mm Durchmesser. Sie sitzen einzeln in den Achseln 6 bis 10 mm langer lanzettlicher Tragblätter und sind zu 5 bis 12 (25) cm langen, gelegentlich in der unteren Hälfte verzweigten endständigen Trauben (→ Blütenstand) angeordnet. Die Frucht ist eine 8 bis 12 mm lange, schlanke, kegelförmige, dreiklappige Kapsel, die zahlreiche, etwa 1 mm kleine, mit zierlicher Federkrone versehene, flugfähige Samen enthält.

Rispenfarn, der (*Osmunda*): Gatt. der Fam. der Rispenfarn- oder Königsfarngewächse (*Osmundaceae*) aus der Klasse der → Farne mit 14 Arten in den gemäßigten und tropischen Gebieten. Der R. ist seit dem Paläozän (→ Erdzeitalter) bekannt. Er hat unterirdische, kurze Stämmchen und ein- oder zweifach gefiederte Blätter in dichter Krone. Als einzige europäische Art dieser Gatt. und auch der Fam. kommt vor:

Königsfarn, der (*Osmunda regalis* L.): auch Königs-Rispenfarn. Der K. ist v. a. im atlantischen Gebiet, bis Südskandinavien zerstreut verbreitet; sonst ist er selten anzutreffen. Im Hochgebirge fehlt er. Er wächst in schattigen, feuchten bis nassen Wäldern, besonders in Torfmoos-Erlenbruchwäldern (→ Charakterart), Weiden-Bruchwald-Gebüschen, Waldquellmooren, an Waldsäumen und auch in Heiden und Sumpfgebüschen auf sumpfigem, torfigem Boden.
Der mehrjährige, stattliche Farn hat sehr große, bis zu 50 bis 200 cm hoch werdende, aufrecht stehende oder ausgebreitete, langgestielte (Stiel hellgrün), sommergrüne, fast gegenständige Blätter (Farnwedel). Diese sind hellgrün und doppelt gefiedert. Die fertilen Blätter enden in reichverzweigten Rispen (→ Blütenstand). Die zahlreichen Sporangien sind rostrot, zuletzt braun und stehen gehäuft in einer langen, reichverzweigten Rispe am Ende des unfruchtbaren Teils des fertilen Blattes. Die → Sporen reifen von Juni bis August.

Rispengras, das (*Poa*): eine artenreiche Gatt. der → Süßgräser mit rund 300 Arten in den gemäßigten Zonen der Nord- und Südhalbkugel sowie in den Gebirgen der Tropen und Subtropen. Die einheimischen Arten dieser Gatt. sind einjährig oder ausdauernd und besitzen breite, rispige → Blüten- und Fruchtstände mit zwei- bis sechsblütigen → Ährchen. Einige Arten sind wichtige Futter- und Rasenpflanzen, andere sind nur in den Alpen heimisch. Die auch im Wald vorkommenden Arten sind:

1. Wald-Rispengras, das (*Poa chaixii*): Das Gras wächst in Laubmisch-, Buchen- und lichten Bergwäldern, Hainsimsen-Buchenwäldern, submontanen Waldlabkraut-Eichen-Hainbuchen-Wäldern; Lehm- und Verhagerungszeiger.
Die ausdauernde, 50 bis 120 cm hohe Pflanze hat einen zweischneidig zusammengedrückten Halm. Die lineal lanzettlichen Blätter sind 5 bis 10 mm breit. Die Rispe (→ Blütenstand) ist locker, zur Blütezeit ausgebreitet und einseitig überhängend. Die Rispenäste sind rauh: die unteren stehen meist zu viert oder fünft zusammen. BZ: Juni bis Juli.

2. Hain-Rispengras, das (*Poa nemoralis*): Das verbreitete Gras wächst in lichten Laubmischwäldern, Buchen- und sommergrünen Eichenwäldern (schwache Klassen- → Charakterart), Hecken, Gebüschen und Bestandeslücken sowie an Waldsäumen in der Ebene und im Gebirge; Verhagerungszeiger.
Die ausdauernde, 30 bis 90 cm hohe Pflanze treibt kurze Ausläufer und wächst in lockeren Horsten oder schwachem Rasen. Der Halm ist aufrecht und glatt; die schmalen, nur 1 bis 2 mm breiten Blätter sind schlaff; das oberste Stengelblatt steht waagerecht ab („Wegweisergras"). Die Blattscheiden sind kürzer als ihr Blatt; der Halmknoten ist frei, die Blatthäutchen sehr kurz, fast fehlend. Die Rispe ist anfangs zusammengezogen und einseitig überhängend, dann allseitig ausgebreitet. Untere Rispenäste zu fünft (selten zu zweit bis dritt) im Quirl, abstehend, rauh, mit zwei bis fünf grünen Ährchen. BZ: Juni bis Juli.
Neben den vorgenannten, weit verbreiteten R.-Arten, gibt es noch das **Gemeine** oder **Gewöhnliche R.** (*P. trivialis*), das auf Wirtschaftswiesen und Weiden, aber auch an Waldrändern wächst, und das **Wiesen-R.** (*P. poatensis*) in lichten Wäldern. Das **Entferntblütige R.** (*P. remota*) wächst in Schluchtwäldern und Hartholz-Auenwäldern (Verbands-Charakterart), das **Bastard-R.** (*P. hybrida*) in Grünerlen-Gebüschen und mit Legföhren.

Rispiger Eisenhut, der: → Eisenhut 3.

Risse: **1**) R. im → Holz können durch unterschiedliche Ursachen, z. B. durch unsachgemäßes Fällen, durch Hitze, Frosteinwirkungen, Trockenspannungen (→ Reißen des Holzes), Wuchs- oder Biegespannungen, entstehen. Letztlich können sie auch Ausgangspunkt für Pilzbefall sein. Folgende R. lassen sich unterscheiden:

1. Kern- oder Herzrisse, auch Waldrisse, die strahlenförmig von der → Markröhre ausgehen und durch Austrocknung, Wind, Schneedruck, Hangneigung, einseitige Krone (Biegebeanspruchung) verursacht werden. Dabei steht das Außenholz unter Zugspannung, das Innenholz unter Druckspannung (→ Reaktionsholz). Die R. befinden sich meist am Stammfuß und werden nach der Fällung am Fällschnitt sichtbar. Durch letzteren werden Stammteile, die sich gegenseitig in Wachstumsspannung hielten, entspannt. Die Trennflächen wölben sich dabei etwas auf und vergrößern sich leicht. Dadurch entstehen Querspannungen, die bald nach der Fällung (oder nach dem Trennschnitt) bereits vorhandene R. vergrößern oder auch die Bildung neuer R. verursachen. Besonders rasch schreitet die Rißbildung im Frühjahr voran, wenn bei geringer Luftfeuchtigkeit und starker Besonnung der Trocknungsvorgang sehr schnell verläuft. Besonders anfällig sind untere, astarme Stammabschnitte der Bu.

2. Harzrisse (Pechlarsen); mit Harz (→ Harze) gefüllte Kernrisse, die bei der Lä häufig im unteren Stammteil auftreten.

3. **Spaltrisse**; Kernrisse, die zu klaffenden Spalten erweitert sind (z. B. bei Bu).
4. **Ringrisse (Ringschäle, Kernschäle, Schälrisse)**; sie verlaufen in der Richtung der → Jahrringe und stehen oft im Zusammenhang mit einer ungleichmäßigen Jahrringbreite. Häufig schließen sich die Enden der R. zu einem Ring zusammen. R. treten meist bei alten Ta und Ei, aber auch bei Pa, Fi und Wei auf und sind eine Folge von Biegebelastungen. In der ehemaligen DDR wurden in sog. Standards die oben syn. aufgeführten Begriffe wie folgt definiert bzw. beschrieben:
a) Ringrisse sind nur eine teilweise Ablösung eines Jahrrings (weniger als 50 % der Jahrringlänge). Untereinander durch Radial-R. verbundene Ring-R. werden auch als „Spinne" bezeichnet.
b) Ringschäle sind R. mit einer Ausdehnung über die Hälfte der Querschnittsfläche.
c) Kernschäle ist die vollständige Ablösung innerhalb eines Jahrrings vom inneren Kern.
d) Der Begriff Ringschäle wird auch als Bez. für eine ringartige Ablösung von Jahrringen durch Befall von holzzerstörenden Pilzen gebraucht. Um eine Verwechslung zu vermeiden, sollte den Standards zufolge der Begriff „Ringschäle" deshalb nur auf solche pathologische Rißbildung angewendet werden. Andere Jahrringablösungen gelten mit den Begriffen „Ringriß" und „Kernschäle" als ausreichend beschrieben.
5. **Schilferrisse (Kernschilfer, Schilfer)**; bei Ndh (meist bei alten Kie und Lä) oft im Zusammenhang mit → Drehwuchs auftretende R., die radial verlaufen und sich immer wieder neu ansetzen. Sie sind auf das trockenere Innenholz begrenzt. Der schräge Verlauf der angeschnittenen R. führt auf der Bretterbreite zu schuppenförmigen Faserablösungen; sie werden als „Schilfern" oder „Schilbern" bezeichnet.

◄◄◄ Kernrisse

6. **Frostrisse (Eisklüfte)**; mehr oder weniger tiefe und radial verlaufende R. (Längsrisse), die sich überwiegend an den unteren Stammteilen älterer, freistehender Bäume (→ Freistand), besonders bei Ei, Ta, Ul, Ah, Kir und Rka nach plötzlichem Temperaturabfall bilden. Innere Schwindvorgänge und die dadurch entstehenden Spannungen lösen diese R. aus. Durch wiederholtes Aufreißen mit nachfolgender → Überwallung entstehen eigentümliche Ausbauchungen, die als „Frostleisten" bezeichnet werden. Der Name „Eisklüfte" für diese R. ist auf die frühere Frostrißtheorie zurückzuführen, wonach Eis in Zellen und Hohlräumen zwischen den Zellen die R. verursachen. Man nahm an, daß das bildende Eis, das sich beim Erstarren um 9 % seines Volumens ausdehnt, das Holzgewebe auseinanderreißt.
7. **Blitzrisse**; tief ins Innere reichende R., die radial verlaufen und sich durch Überwallung (ohne Leistenbildung) wieder schließen. Die R. sind oft von holzzerstörenden Pilzen und Insekten befallen; → Blitzrinne.
8. **Rällrisse**; sie verlaufen überwiegend tangential oder unregelmäßig radial in unterschiedlicher Länge.
9. **Mantelrisse, Trocken- oder Luftrisse (Oberflächenrisse)**; sie verlaufen radial und entstehen durch Trocknung meist an den Stirnflächen des entrindeten Holzes. Bei sehr starker Trocknung gehen sie tief in das Innere. M. lassen evtl. vorhandenen → Drehwuchs erkennen.
10. **Hitzerisse**. Aufreißen des Stammes in radialer Richtung durch Schwinden des Holzes beim lebenden Baum, vorwiegend Nadelbaum. Betroffen sind meist jüngere Bäume. Bei langanhaltender, außergewöhnlicher Trockenheit und hoher Sommertemperatur kann der Waldboden so stark austrocknen, daß dadurch die Wasserversorgung der Bäume gestört wird. Die H. folgen dem Faserverlauf. Sie beginnen meist 1 m über dem Boden am Stammantel und können bis in den Kronenraum reichen. Mit nachfolgender Stammfäule muß gerechnet werden.
11. **Schwindungsrisse**. Die Verminderung der Abmessungen des Holzes bei Feuchteabgabe wird als Schwinden bezeichnet. Durch Spannungen bei diesem Vorgang parallel zur Faserrichtung entstandene R. sind Schwindungs-R. (→ Quellen und Schwinden des Holzes).
Je nach Stärke können R. die Verwendung des Holzes ausschließen; eine große Wertminderung zumindest stellen alle R. dar. I. w. S. gelten auch die → Mondringe als R.
2) → Lachen.

Risser, der: → Baumreißer.

Rißpilze (*Inocybe*): umfangreiche Gatt. der → Blätterpilze mit ca. 150 ungenießbaren bis hochgiftigen Arten, die schwer zu unterscheiden sind. Die wichtigsten Arten sind:
1. **Ziegelroter Rißpilz**, der (*Inocybe patouillardii*): auch Ziegelroter Faserkopf, Mairißpilz. Der mitunter tödlich wirkende Giftpilz wächst von Mai bis Juni (Juli) gesellig in Mischwäldern mit kalkhaltigen Böden, in Parkanlagen und Gärten. Er kann mit dem Maipilz verwechselt werden. Sein Hut wird 3 bis 7 cm breit, ist jung kegelig-glockig und wird im Laufe der Zeit ziemlich flach, wobei der Kegel in der Hutmitte bestehen bleibt. Der Rand des Hutes reißt meist bis zur Mitte ein. Die trockene Oberhaut ist anfangs weiß, wird dann strohgelb bis ockerbräunlich. Bei Berührung, Bruch oder im Alter wird sie rötlich. Die breiten, unregelmäßig gewachsenen → Lamellen sind anfangs rötlich-weiß und werden später erd- bis olivbraun. Der Stiel hat eine zylindrische Form, kann aber an der Basis knollig verdickt sein und wird bis zu 10 cm lang. Er ist jung weiß und später rötlich. Das Fleisch ist weiß und rötlich anlaufend, der Geruch anfangs fruchtartig, später modrig.
2. **Kegeliger Rißpilz**, der (*Inocybe fastigiata*): Der hochgiftige Pilz wächst von Juni bis Oktober fast überall, besonders aber an Wegrändern und in Laub- und Nadelwäldern. Der Hut erscheint anfangs als kleiner Kegel, flacht später aber ab und kann bis zu 7 cm breit werden. Der sich nach oben biegende Rand reißt bald an vielen Stellen ein. Beim aufgeschirmten Pilz bleibt in der Hutmitte immer der Kegel bestehen. Die Oberhaut ist meist strohgelb oder ockerbraun. Die ungleich langen, dichtgedrängt stehenden Lamellen sind anfangs gräulich-oliv und werden blaßgelb bis bräunlich. Der bis 8 cm hohe und 0,5 bis 1 cm dicke Stiel ist zur Basis hin leicht verdickt. Er ist fest und innen gefüllt, anfangs weißlich, später gelb werdend. Der Genuß des Pilzes kann zu schweren Kreislauf- und Nervenerkrankungen führen.
3. **Erdblättriger Rißpilz**, der (*Inocybe geophylla*): auch Erdfaserkopf, Seidenrißpilz. Der äußerst giftige Pilz wächst gesellig von August bis November in Wäldern aller Art, in Gebüschen, offenem Rasen und Parkanlagen. Sein Hut ist 2 bis 4 (5) cm breit, stets gebuckelt und nur wenig eingerissen. Die Huthaut ist weißlich, auch gelblich und hat jung am Rande einen Schleier,der den Hutrand mit dem Stiel verbindet. Die Lamellen sind anfangs grauweißlich, später erdgrau bis olivbraun. Der weiße Stiel ist 4 bis 6 cm hoch, etwas gebogen und schlank. Das Fleisch hat einen widerlichen Geschmack und Geruch und ist unveränderlich weiß.
Neben den vorgenannten, weit verbreiteten R., gibt es noch zahlreiche seltenere Arten, wie z. B. **Bittersüßer R.** (*I. dulcamara*), **Gefleckter R.** (*I. maculata*), **Duftender R.** (*I. longardii*), **Fliederweißer R.** (*I. sambucina*) und **Birnen-R.** (*I. pyriodora*), die hier nicht alle beschrieben werden können.

Ritterfalter (*Papilionidae*): mit über 550 Arten weltweit verbreitete Fam. meist großer, bis 23 cm spannender → Tagfalter. In Europa sind 11, davon sechs Arten in Mitteleuropa beheimatet. R. sind farbenprächtige, schnellfliegende → Schmetterlinge mit schlankem Körperbau und geschwänzten Hinterflügeln. Die Männchen unterscheiden sich im Farbmuster kaum von den Weibchen. Die 16beinigen → Raupen der R. haben dicht hinter dem Kopf eine weiche, ausstülpbare Nackengabel. Im und am Wald kommen vor:

Schwalbenschwanz (*Papilio machaon*)

1. Schwalbenschwanz, der (*Papilio machaon*): Länge der Vorderflügel 3,4 bis 4 cm. Der kräftig gelbschwarz gezeichnete S. hat auf den Hinterflügeln eine bläuliche Binde und einen leuchtend roten Augenfleck. Der Falter fliegt von April bis August, in der dritten Generation auch noch im September/Oktober. Er ist an Waldrändern, Bergwiesen bis in eine Höhe von 2000 m, auch in Gärten mit Mohrrübenanbau sowie an Feldwegen anzutreffen. Fliegt mit Vorliebe die höchsten Erhebungen, z. B. Kuppen, an. Die farbenfrohe Raupe lebt auf Schirmblütlern. Sie ist im Jugendstadium schwarz und rotbedornt mit weißem Rückenfleck, später grün mit schwarzen und orangen Querbinden und einer ausstülpbaren orangefarbenen Nackengabel. Die gelblichgrüne bis braune → Puppe überwintert. Im Norden Europas eine, im Süden zwei bis drei Generationen. Die Futterpflanzen der Raupen sind Wilde Möhre, Fenchel, Kümmel, Gelbe Rüben, Dill und Petersilie (Doldengewächse).

2. Segelfalter, der (*Iphiclides podalirius*): Länge der Vorderflügel etwa 4 cm. Der in Dtschl. geschützte S. fliegt vom Frühling bis in den September an Waldrändern, auf Felder und in Obstgärten mit blühenden Bäumen. Kommt im Gebirge noch bis 1800 m vor. Seine strohgelben Flügel sind schwarz gestreift. Die langgeschwänzten Hinterflügel sind am ausgezackten Saum auf schwarzem Grund mit blauen Monden, am geraden Innenrand mit ein paar breiteren Streifen, an die ein roter Fleck stößt, verziert. Die grüne Raupe mit gelben Schrägstreifen auf den Seiten lebt hauptsächlich an Schlehen, Weißdorn, Kir und TrKi. Die überwinternde Puppe ist braun oder gelb. Jährlich eine, im Süden zwei Generationen.

Segelfalter (*Iphiclides podalirius*)

3. Schwarzer Apollo, der (*Parnassius mnemosyne*): Länge der Vorderflügel 2,6 bis 3 cm. Der bei uns geschützte Falter ist einfach schwarzweiß gezeichnet. Es gibt zahlreiche Rassen und Formen. Er fliegt von Ende April bis Juli und liebt feuchte Waldwiesen und Gebirgshänge in der Laubwaldzone. Ist im Gebirge noch in einer Höhe von 1800 m anzutreffen. Die fein behaarte, schwarze Raupe mit gelben Fleckenreihen auf den Seiten hat den → Lerchensporn als Futterpflanze. Die Raupe überwintert. Die mattgelbe und weißlich bereifte Puppe entwickelt sich auf dem Boden. Eine Generation.

Ritterlinge (*Tricholoma*): Echte R. Umfangreiche Gatt. der → Blätterpilze aus der Fam. der → Ritterlingsartigen mit etwa 64 Arten, darunter viele gute Speisepilze. Die wichtigsten R. sind:

1. Grünling, der (*Tricholoma flavovirens*): auch Echter R. Der wohlschmeckende Pilz, der von September bis November (Anfang Dezember) erscheint, wächst hauptsächlich in sandigen Nadelwäldern gesellig unter Kie. Der fleischige Hut erreicht einen Durchmesser von 5 bis 9 cm. Er ist jung flachgewölbt und buckelig, später ausgebreitet, der Rand etwas eingebogen. Die Oberhaut ist gelbgrün, leicht abziehbar und klebrig. Sie hat mehr oder weniger feine, bräunlichgelbe Schuppen und ist häufig etwas mit Sandkörnchen und Nadeln bedeckt. Die ungleich langen, schwefelgelben und dichtstehenden → Lamellen sind am Stiel tief ausgebuchtet. Der bis 8 cm hohe gelbe Stiel ist etwa 1 bis 2 cm dick und steckt tief in der Erde. Der Pilz erhebt sich deshalb kaum über die Nadelstreu. Am Stiel, der unten knollig verdickt ist, sitzen verstreut grüngelbe Schüppchen. Das blassere Fleisch des G. ist fest, hat einen schwachen, mehlartigen Geruch und schmeckt mild.

2. Schwefelritterling, der (*Tricholoma sulphureum*): Der zwischen Sommer und Herbst hauptsächlich in Laubwäldern auf kalkigen Böden erscheinende Pilz ist verhältnismäßig klein. Sein schwefelgelber Hut erreicht nur einen Durchmesser von etwa 7 cm. Auch beim voll aufgeschirmten Hut bleibt in der Mitte immer ein kleiner Buckel. Der Hutrand ist deutlich eingerollt. Die etwas entfernt stehenden, ebenfalls schwefelgelben Lamellen sind mit einem Häkchen an dem gleichfarbenen, bis 8 cm hoch werdenden Stiel angewachsen. Das schwefelgelbe Fleisch hat einen intensiven Geruch und soll giftig sein.

3. Seifenritterling, der (*Tricholoma saponaceum*): Der sehr veränderliche, ungenießbare Pilz wächst von August bis Oktober, meist gesellig im Laub- und Nadelwald, bevorzugt auf sauren Böden. Sein Hut wird 7 bis 10 cm breit und ist nicht sehr fleischig. Der anfangs gewölbte Hut wird allmählich abgeflacht; der Rand bleibt aber lange eingerollt. Die Hutfarbe kann schwarzgrün, heller graugrün, ganz weiß bis rötlich, bräunlich oder braungrau sein. Er ist deshalb schwer zu bestimmen, riecht aber intensiv nach Seife. Die blaß gefärbten, oft rostbraun gefleckten Lamellen stehen weit entfernt voneinander und sind am Stiel ausgebuchtet angewachsen. Der bis 10 cm hohe und 1,5 bis 3 cm dicke Stiel kann unterschiedlich geformt sein; zylindrisch, gerade, krumm gewachsen oder bauchig. Seine Farbe entspricht der des Hutes. Das weiße Fleisch mit dem typischen Waschküchengeruch zeigt im Anschnitt rötliche Flecken.

4. Gelblicher Ritterling, der (*Tricholoma sejunctum*): Der ungenießbare Pilz wächst vom Sommer bis in den Herbst im Nadel- und Laubwald, bevorzugt auf kalkreichen Boden. Sein Hut, der in der Mitte immer einen kleinen Buckel trägt, kann bis zu 12 cm breit werden. Die Oberhaut ist im Grunde gelblich-grün, glanzlos und mit feinen, braunen, olivbraunen oder schwarzen Radialfasern versehen. Die mäßig gedrängt stehenden weißen bis gelblichen Lamellen sind am Stiel ausgebuchtet angewachsen. Der zylindrische, volle und weiße Stiel wird bis zu 8 cm hoch. Das bitter schmeckende Fleisch ist weiß und riecht mehlartig.

5. Bärtiger Ritterling, der (*Tricholoma vaccinum*): auch Wolliger R. Der ungenießbare Pilz wächst truppweise oder in Reihen von August bis Oktober in Nadelwäldern, hauptsächlich unter Jungfichten. Der bis 10 cm breite Hut ist kupferrotbraun oder fleischrotbraun und stumpfkegelig gewölbt bis ausgebreitet und anfangs stark eingerollt. Die trockene Oberfläche ist häufig stark schuppig und besonders am Rand wolligfransig behangen. Die ausgebuchteten und angewachsenen Lamellen sind unterschiedlich lang, erst weiß, später fleischbräunlich. Der 7 bis 10 cm hohe und hohle Stiel ist etwa 1 bis 2 cm dick, blaßrotbraun und mit zarten Schüppchen bedeckt. Das weißliche Fleisch läuft rötlich an und riecht etwas erdartig. Einen etwas höheren Wuchs und die gleiche Hutfarbe hat der **Feinschuppige Ritterling** (*T. imbricatum*), der ein reiner Kiefernbegleiter ist. Seine Lamellen werden bei Berührung rotbraun. Die kleinen Hutschuppen sind manchmal kaum sichtbar.

6. Tigerritterling, der (*Tricholoma pardalotum; früher: T. pardinum*): Der hauptsächlich im Süden Dtschl. gesellig auf Kalkböden der Laub- und Nadelwälder vorkommende Pilz ist giftig und kann Magen- und Darmbeschwerden hervorrufen. Der mittelgroße Pilz von kräftigem Wuchs hat einen bis zu 12 cm breiten Hut. Der Hutrand ist anfangs stark eingebogen; die Hutmitte weist immer einen kleinen Buckel auf. Die trockene Oberfläche ist silbergrau bis mausgrau und besteht aus mehr oder weniger breiten und faserigen Schuppen, die dachziegelartig angeordnet sind. Der Pilz wirkt wie getigert (Name!). Die nicht sehr eng stehenden Lamellen sind ungleich lang, trübweiß mit grüngelblicher Tönung, abgerundet oder bauchig am Stiel angeheftet. Dieser wird 10 cm hoch, 2,5 bis 3,5 cm dick und ist keulig verdickt. Er ist weißlich bis blaßgrau oder bräunlich. An seiner Spitze sitzen, wie an den Lamellen auch, wasserklare Tröpfchen, die ein typisches Erkennungszeichen sind. Das Fleisch ist weißlich bis gräulich und riecht stark mehlartig.

7. Gilbender Erdritterling, der (*Tricholoma argyraceum; früher: T. scalpturatum*): Der hauptsächlich vom Sommer bis in den Herbst an grasigen Stellen der Bergwälder, aber auch in Parkanlagen und Gärten vorkommende eßbare Pilz hat einen bis zu 8 cm breiten Hut. Dieser ist anfangs kugelförmig und flacht allmählich ab; in der Hutmitte bleibt ein leichter Buckel bestehen. Die Oberfläche ist silbergraubraun, später oft zitronenfleckig und wird von Radialfasern oder sehr feinen Schuppen bedeckt. Die dicht stehenden Lamellen sind weiß und vergilben später. Der Stiel ist 6 bis 8 cm hoch, weiß, seidig faserig und häufig mit einer ringartigen Cortina behangen. Das weiße Fleisch riecht mehlartig. Ihm ziemlich ähnlich sieht der **Erdritterling** (*T. terreum*), der von Juli bis Oktober meist häufig unter Kie, aber auch

im Laubwald anzutreffen ist. Seine anfangs weißen Lamellen werden später grau, das weiße bis grauweißliche Fleisch ist ohne besonderen Geruch.
Neben den vorgenannten, weit verbreiteten R., gibt es noch zahlreiche seltenere Arten, wie z. B. **Seidiger R.** (*T. columbetta*), **Strohblasser R.** (*T. stiparophyllum*), **Rißpilzähnlicher R.** (*T. inocyboides*), **Schärflicher R.** (*T. sciodes*) und **Gegürtelter Erdritterling** (*T. cingulatum*), die hier nicht alle beschrieben werden können.
Ritterlingsartige (*Tricholomataceae*): umfangreiche Fam. der Pilze von unterschiedlichster Form und Größe. Sie haben weißes, creme- oder rosafarbenes Sporenpulver und ausgebuchtete oder herablaufende → Lamellen. Die Fam. der R. umfaßt sowohl giftige und ungenießbare Pilze als auch zahlreiche gute Speisepilze. Zu den R. gehören u. a. die Gatt. → Hallimasch, → Helmlinge, → Holzrüblinge, → Lacktrichterlinge, → Maipilz, → Raslinge, → Ritterlinge, → Rötelritterlinge, → Rüblinge, → Samtfußrüblinge, → Schleimrüblinge, → Schwindlinge, → Weichritterlinge und → Zapfenrüblinge.
Rittersporn, der (*Delphinium*): Gatt. der → Hahnenfußgewächse mit rd. 400 Arten in der nördlichen gemäßigten Zone, in Vorder- und Mittelasien und in den Gebirgen des tropischen Afrika. Es handelt sich um → Stauden oder einjährige und ausdauernde → Kräuter mit dreiteiligen bis handförmig gelappten Blättern und → zygomorphen, gespornten, in Rispen (→ Blütenstand) stehenden blauen, roten, weißen oder gelben Blüten, deren → Kronblätter einen Sporn tragen. Der Kelch ist blumenblattartig gefärbt. Eine einheimische, auch im Wald anzutreffende Art ist:
Hoher Rittersporn, der (*Delphinium elatum* Linné): Der in verschiedenen Unterarten über die Ostalpen, das Riesengebirge, die Karpaten und den Balkan verbreitete H. R. wächst zerstreut in lichten Bergwäldern, in Triften, Hochstaudenfluren und Grünerlengebüschen, vorwiegend in der subalpinen → Vegetationsstufe, bis in Höhen von etwa 2000 m. Er ist häufig auch als Zierpflanze in Gärten anzutreffen.
Die ausdauernde, 60 bis 150 cm (200 cm) hohe Staude hat einen einfachen, aufrechten, zerstreut behaarten Stengel. Die Blätter, die alle stengelständig sind, sind handförmig geteilt, mit bis über die Mitte drei- bis siebenteiligen, eingeschnitten gesägten Abschnitten. BZ: Juni bis Juli/August. Die blauen bis violetten Blüten stehen in einer großen, endständigen, lockeren bis dichten Blütentraube mit geteilten bis lanzettlichen Tragblättern. Von den fünf → Blütenblättern sind die unteren vier eiförmig, das oberste mit langem, dickem, stumpfem, runzeligem Sporn. Die beiden oberen der vier freien, dunkelbraunen, innen weiß behaarten Nektarblätter sind gespornt und ragen in den Hohlraum des großen Sporns. Die drei bis fünf → Fruchtknoten sind aufrecht. Die Früchte sind meist drei kahle, bis 15 mm lange → Balgfrüchte. Die Samen enthalten giftige → Alkaloide.
rm: Abk. für → Raummeter.
Roafling, der: → Wucherblume 2.
ROB: Kurzzeichen für Robinie nach DIN 4076.
Robinia → Robinien.
R o b i n i e n: siehe Seite 600/601
Robin Wood: Umweltschutzorganisation, die sich Ende 1982 von der Organisation → Greenpeace abgespalten hat. Die Mitglieder von R. W. agieren kämpferisch; d. h. durch öffentliche Protestaktionen und Demonstrationen wollen sie auf die Verschmutzung und Zerstörung der Umwelt hinweisen. Ihre Aktivitäten richten sich v. a. gegen den Bau und Betrieb von Atomkraftwerken und das Ablassen ungefilterter Industrieabwässer und -gase in Flüsse bzw. in die Luft. Der von dem englischen Volkshelden Robin Hood abgeleitete Name „Wood" (englisch: Wald) soll die Bemühungen der Organisation gegen das → Waldsterben ausdrücken. Die bereits häufig durch spektakuläre Aktionen (z. B. symbolische Besetzungen von Fabrikanlagen, Stromabrechnungsblockade – Aktion Giroblau –) hervorgetretene Organisation hat ihren Sitz in Bremen.
Rode, die, der: alte nieders. Bez. für eine Rute zum Korbflechten.
Rodebrake, die: alte nieders. Bez. für einen Ast der bei der Baumrodung anfällt.
Rodebüsche: in verschiedenen westdeutschen → Weistümern des Spätmittelalters angeführte Bez. für Holzbestände, die in einer kurzen → Umtriebszeit von sieben bis neun Jahren genutzt wurden und Brennreisig und Prügel (Krüppelholz) lieferten (besondere Form der → Hackwaldwirtschaft). Entsprechend der Umtriebszeit waren die R. in sieben bis neun Jahresschläge eingeteilt und den Bauern zur Nutzung überlassen. Diese mußten für das Recht, R. anlegen und nutzen zu dürfen, nach der Ernte das „Holzkorn", „Haubergskorn" bzw. den „Reut- oder Buschhaber" an die Grundherren abgeben, meist die sechste oder siebte Garbe.
Rodeland, das: → Neubruch.
Roden, das: das Entfernen von Bäumen einschließlich der Wurzeln aus dem Boden. Bei der sog. Baumrodung (Waldrodung, veraltet: Waldausstockung) wird gleichzeitig – in einem Arbeitsgang – mit dem Baum auch der → Wurzelstock entfernt; bei der Stockrodung (Wurzelrodung) wird erst nach der → Fällung des Baumes (Schaftes) der Wurzelstock ausgehoben. Herkömmliche Arbeitsgeräte bei der Stockrodung sind Rodehaue (Rodehacke), Rodeaxt, Säge, Keil und Brechstange. Wichtigste Arbeit bei der Baum- und Stockrodung ist das → Anroden. Große Flächen (→ Kahlschlag) werden heute teilweise mit Rodemaschinen (z. B. Raupenschlepper mit Hebelgerät, tiefgreifender Motorpflug) oder durch Flachsprengung (Springrodung) gerodet; → Rodung, Auskesseln.
Rodentizide → Pestizide.
Röderbetrieb, der (Röderlandbetrieb): Bez. für einen noch anfangs dieses Jh. üblichen → Waldfeldbau auf gebranntem Boden (Brandfruchtbau). Der Waldbestand wurde abgetrieben, der Boden durch Roden vom Wurzelholz befreit, der Bodenüberzug eingeäschert, die Asche in den Boden gebracht und dieser ein oder mehrere Jahre zum landwirtschaftlichen Fruchtbau (Winterkorn, Buchweizen, Hafer, Kartoffeln) genutzt. Dann wurde er wieder für die Holzzucht (Röderwald) verwendet. Üblich war der R. im Odenwald und im Taunus. Ein ähnliches Verfahren waren die Haubergwirtschaft (→ Hauberge), die → Hackwaldwirtschaft und die → Birkenberge im → Bayer. Wald.
Röderlandbetrieb, der: → Röderbetrieb.
Rödern, das: → Hainen, → Hackwaldwirtschaft.
Röderwald, der: → Röderbetrieb.
Rodstock, der: → Stockholz.
Rodung, die: Beseitigung des gesamten Baumbestandes einer Waldfläche. Nach der gesetzlichen Definition ist unter R. die Beseitigung von Wald zugunsten einer anderen Bodennutzungsart zu verstehen. R. ist demnach die Abholzung eines Grundstücks, wenn mit der Abholzung der Zweck verfolgt wird, das Grundstück z. B. als Acker, Wiese, Bauplatz oder Skiabfahrt zu nutzen. Das Wesen der R. liegt also nicht in der Entfernung der Baumstöcke (Stock-R.: → roden), obwohl mit der Wald-R. i. a. die Stock-R. verbunden ist. Man kann einen Wald auch roden, ohne die Baumstöcke zu entfernen; beispielsweise werden im Hochgebirge bei der Umwandlung von Waldboden in Weideland die Baumstöcke häufig im Boden belassen. Gleichwohl handelt es sich auch in diesem Fall um R. Das Kriterium liegt in der Absicht, den abgeholzten Waldboden in eine andere Nutzung zu nehmen.

Die Samen des Hohen Rittersporns enthalten giftige Alkaloide

Rodungsfläche

Robinien

Gattung

Die Gattung *Robinia* aus der Familie der → Schmetterlingsblütengewächse (*Fabaceae, Papilionaceae*) umfaßt 20 Arten in Nordamerika (bis einschließlich Mexiko). Robinien sind sommergrüne Sträucher oder Bäume mit wechselständigen, unpaarig gefiederten Blättern (→ Blattstellung). Die → Nebenblätter sind häufig als kräftige Dornen (→ Blattdornen) ausgebildet. Die ansehnlichen, meist duftenden, weiß bis lila oder hell-purpurfarbenen Blüten hängen in dichten Trauben (→ Blütenstand).

Robinie

Die Art *Robinia pseudoacacia* Linné wird auch Falsche Akazie, Scheinakazie, Gemeine Robinie, Silberregen, Schotendorn genannt. Der Gattungsname *Robinia* ist abgeleitet von Jean Robin, der Artname *pseudoacacia* deutet auf ihre Ähnlichkeit mit den subtropischen Akazien hin (die echten Akazien aus Australien heißen bei uns Mimosen).

Robinien-Blätter und Blüten

Verbreitung

Die Robinie stammt aus dem Osten Nordamerikas (Appalachen). Bereits Anfang des 17. Jahrhunderts wurde sie von Jean Robin (1550 bis 1629), dem Hofgärtner Heinrich IV und Ludwig XIII, von Virginia nach Paris gebracht. Als Park- und Zierbaum wurde die genügsame Robinie schnell beliebt. Etwa um die Mitte des 18. Jahrhunderts fand sie auch in Deutschland Verbreitung. Heute kommt sie außer in großen Teilen Nordamerikas fast überall in Europa verwildert vor (→ Gastbaumart). Sie wird zudem in Parkanlagen und Gärten in mehreren Sorten angepflanzt.

Standort

Die sehr lichtbedürftige Robinie bevorzugt kräftige, mäßig frische, mittel- bis tiefgründige, lockere Sand- und Lehmböden. Da sie geringe Ansprüche stellt, gedeiht sie jedoch auch noch auf armen Heide- und Kiefernböden sowie Geröllhalden. Nasse und moorige Standorte meidet sie. Sie wächst gut in milden, geschützten Lagen, verträgt Hitze und Dürre gut, ist jedoch spät- und frühfrostempfindlich. Die Robinie ist in lichten Wäldern, an Waldrändern, auf Geröllhalden, Dämmen und Schuttplätzen anzutreffen. Der wurzelkräftige Baum mit seinen stickstoffbindenden → Knöllchenbakterien wird als → Pionierbaumart und Erosionsschutz angepflanzt.

Merkmale

Der sommergrüne Laubbaum ist in der Jugend ausgesprochen raschwüchsig und beendet mit 30 bis 40 Jahren und etwa 20 bis 25 m Höhe sein → Höhenwachstum. Er wird meist etwa 80 cm stark und etwa 60 bis 100 Jahre alt, kann aber bis 120 cm stark und über 200 Jahre alt werden. Er hat eine unsymmetrische, lockere, im Umriß ovale, relativ dünn belaubte Krone, die kurz unterhalb des Gipfels am breitesten ist und worin häufig abgestorbene Äste zu finden sind. Der schlanke, oft krumme, relativ kurze Stamm teilt sich meist bald in mehrere, etwa gleich starke Äste; überhaupt neigt die Robinie zum Zwieselwuchs (→ Zwiesel).

■ Die steil aufstrebenden Äste sind häufig gekrümmt oder gewunden, die jüngeren abstehend oder leicht überhängend; insgesamt wirkt die Verzweigungsart der Robinie oft ausgesprochen pittoresk. Die Robinie hat anfangs eine → Pfahlwurzel, später starke, flach- und weitstreichende Seitenwurzeln, die, wie bei → Ginster und → Lupine, mit zahlreichen Wurzelknöllchen besetzt sind, deren Bakterien den Boden mit Stickstoff anreichern und damit verbessern. Die Robinie bildet reichlich → Stockausschlag und → Wurzelbrut.

■ Die Rinde junger Bäumchen ist graubräunlich und glatt. Sie wird jedoch schon bald rissig und im Alter zu einer grauen bis dunkelbraunen, netzartig rissigen, tiefgefurchten → Borke. Die jungen, grün bis rotbraunen, bis einjährigen Zweige zeigen dunkelbraune bis schwarze Flächen und wachsen → sympodial. Sie sind kahl, oft mit kantigen Leisten und haben meist zwei Nebenblatt-Dornen unterhalb der → Blattnarben. Die zahlreichen → Lentizellen sind anfangs rötlich, später grau und warzig. Die ziemlich kleinen Knospen (ohne Knospenschuppen) sind unter der Blattnarbe verborgen und daher kaum sichtbar.

■ Die wechselständig angeordneten Laubblätter entfalten sich relativ spät, sind unpaarig gefiedert (neun bis 21 Fiederblätter) und etwa 15 bis 20 cm lang. Der Blattstiel ist etwa 3 bis 4 cm lang, am Grunde knotig verdickt. Am Blattgrund stehen jeweils zwei schlanke, spitze, gekrümmte, rotbraune, 5 bis 15 mm lange Dornen (verdornte Nebenblätter), von mehrjähriger Lebensdauer. Die einzelnen, sehr kurz gestielten Fiederblätter sind länglich-eiförmig bis elliptisch, stumpf, 2 bis 6 cm lang, 1 bis 3 cm breit, oberseits frischgrün bis sattgrün, unterseits etwas heller oder graugrünlich und ganzrandig. Die anfangs beiderseits fein behaarten Blättchen verkahlen oberseits. Bei greller Sonne neigen sie sich aufwärts, bei abnehmender Helligkeit abwärts zusammen. Die Blätter an blühenden Trieben haben oft nur drei bis fünf Fiederblätter. Im Herbst, vor dem relativ späten → Blattfall, verfärben sich die Laubblätter hellgelb (→ Blattfarbstoffe). Die Blätter, auch als Heu, sind wie die Rinde eine hervorragende und vitaminreiche Äsung für Schalenwild und Hase.

■ Die Robinie erreicht mit etwa 20 bis 25 Jahren die → Mannbarkeit, blüht und fruchtet dann alle ein bis zwei Jahre. Die Blütezeit ist im Mai/Juni. Ihre weißen Schmetterlingsblüten sind in blattwinkelständigen, 15- bis 30blütigen, 10 bis 20 cm langen, lockeren, zuerst aufgerichteten, dann hängenden Trauben an beblätterten → Kurztrieben angeordnet. Die stark duftenden Einzelblüten haben einen gelblichgrünen, glockigen, schwach behaarten Kelch und eine 1,5 bis 2 cm lange, weiße Krone mit gelblicher Zeichnung

▶▶ Robinien-Blätter und Blüten

Robinien

auf der Fahne, 10 → Staubblätter und einen oberständigen → Fruchtknoten. Die Blüten werden durch Insekten bestäubt. Sie sind eine wertvolle → Bienenweide und zählen zu den zucker- und nektarreichsten Bienentrachtpflanzen; Robinien-Blütenhonig (Akazienhonig) ist sehr hell.

■ Die Früchte, die im Oktober/November reifen, sind 5 bis 10 cm lange, flache, kahle, rot- bis dunkelbraune, abgeflachte Hülsen, die zu mehreren in traubigen Büscheln ziemlich lange (bis zu einem Jahr) am Baum hängenbleiben. Sie sind innen weißlich, seidig glänzend und enthalten etwa sechs bis zehn nierenförmige, 5 bis 7 mm lange, glatte, braune bis schwarzbraune Samen, die ab Februar aus den Hülsen fallen. Sie sind bis zu 75 Prozent keimfähig, bleiben es ein bis drei Jahre und keimen dann etwa 14 Tage nach der Frühjahrsaussaat. Die fast sitzenden → Keimblätter sind fleischig, oval und am Grunde asymmetrisch. Die Erstlingsblätter sind langgestielt, rund und einfach; die folgenden Blätter sind dreizählig, dann mehrzählig gefiedert.

Schädling
An der Robinie tritt neuerdings die aus Nordamerika stammende Robinien-Miniermotte (*Phyllonorycter robiniella*) als Schädling auf.

Holz
Das Holz hat einen schmalen, gelblichweißen → Splint, einen gelbbraunen bis dunkelbraunen, oft rötlich geflammten → Kern, ist sehr biegsam (zäh wie Eschenholz), dauerhaft, sehr fest (hart wie Hainbuchenholz), glänzend und ringporig (→ Poren). Es wird zu Werkzeugschäften, Griffen, Sportgeräten etc. verarbeitet. Auch als → Gruben- und → Schwellenholz, im Schiffsbau, zu Speichen, Pfählen, Ruderstangen, Parkett und in französischen Weinbaugebieten zu Rebpfählen (halten 50 Jahre) wird es gebraucht. Wegen seiner schönen Färbung findet es zuweilen auch als → Möbelholz Verwendung.

Bedeutung als Heilpflanze
Die Rinde, Samen und die Wurzeln der Robinie sind giftig und können Krämpfe und Koliken hervorrufen, ihre Verwendung in der Naturheilkunde darf nur nach ärztlicher Verordnung erfolgen. Die Blüten und Blätter enthalten → ätherisches Öl mit vielen intensiv duftenden Verbindungen, Flavonoide, Glykoside und Gerbstoff, wirken galletreibend, krampflösend, tonisch und finden in der Naturheilkunde bei Magenverstimmung, Kopfschmerzen, Anämie und anderem innerliche Anwendung.

Nach § 9 Abs. 1 des BWaldG (Erhaltung des Waldes) darf Wald nur mit Genehmigung der nach Landesrecht zuständigen Behörde gerodet und in eine andere Nutzungsart umgewandelt werden (Umwandlung = R.). Bei der Entscheidung über einen Umwandlungsantrag sind die Rechte, Pflichten und wirtschaftlichen Interessen des Waldbesitzers sowie die Belange der Allgemeinheit gegeneinander und untereinander abzuwägen. Die Genehmigung soll versagt werden, wenn die Erhaltung des Waldes überwiegend im öffentlichen Interesse liegt, insbesondere, wenn der Wald für die Leistungsfähigkeit des Naturhaushalts, die forstwirtschaftliche Erzeugung oder die Erholung der Bevölkerung von wesentlicher Bedeutung ist.
Als → Rodungsinseln bezeichnet man isoliert gelegene waldfreie Flächen, als R.-Gassen R. an Flüssen oder anderen Leitlinien. Großflächige R. gab es im Mittelalter, wobei verschiedene R.-Perioden zu unterscheiden sind. Die erste (Karolingerzeit) war von etwa 500 bis 800, die zweite von etwa 800 bis 1300 mit dem Schwerpunkt zwischen 1100 und 1300. Gegen Ende des Mittelalters entstand eine → Kulturlandschaft mit ihrem für die einzelnen Gebiete charakteristischen Wechsel von Wald und Land, wie er auch heute noch das Bild der Landschaften in Dtschl. bestimmt. Die damaligen R.-Siedler und R.-Bauern bekamen vom König oder Landesherren sog. R. zugeteilt, auf denen sie anpflanzen, anbauen und ernten konnten und nur geringe Abgaben bezahlen mußten. Gerodet wurde hauptsächlich mit der Axt; im Hochmittelalter kam das Feuer (Brand-R.) dazu. Zahlreiche → Ortsnamen weisen noch heute auf die Brand-R. hin, insbesondere solche, die mit -brand, -sang, -schwand und -schwend zusammengesetzt sind (auch Bernau, Braunlage, Braunschweig u. a.). Auch andere Ortsnamen in Zusammensetzung mit -reut, -ried, -rode, -wald etc. lassen auf die Zeit der großen R. schließen. Gegen Ende der R.-Perioden im Mittelalter, etwa um 1300, gab es ungefähr 170 000 ländliche Siedlungen (R.-Siedlungen), von denen jedoch jede vierte im späten Mittelalter wieder eingegangen ist; → Neubruchzehnt, → Forstgeschichte.

Rodungsgassen → Rodung.

Rodungsinsel, die: durch → Rodung zum Zwecke argrarischer Nutzung abgeholzte Stelle im Wald. Eine R. stellt häufig den Beginn einer flächenhaften Kultivierung dar.

Rohdichte des Holzes → Dichte des Holzes.

Rohholz, das: das unbearbeitete (aber gefällte, entwipfelte und entastete) Holz, wie es aus dem Wald als → Rund- oder → Schichtholz gewonnen wird. Es kann demnach auch entrindet, abgelängt oder gespalten sein.

Rohholzäquivalente (Rundholzäquivalente; $m^3(r)$): Die Menge (m^3) an → Rohholz, die zur Herstellung von Holzprodukten (z. B. Parkett, Möbel, Papier) benötigt wird. Der Wert ist z. B. für die Verbrauchs-, Export- und Importstatistik von Bedeutung.

Rohholzessig, der: → Holzessig.

Rohholzfestmeter, das: → Rohholzäquivalent.

Rohholzsortierung, die: → Holzsortierung.

Rohholzsortiment, das: → Holzsortiment.

Rohmeder, Ernst, Prof. Dr. (13.3.1903 München bis 11.7.1972 München): R. studierte in München Forstwissenschaft und legte 1929 die Forstliche Staatsprüfung ab. Ab 1934 war R. an der Forstlichen Versuchsanstalt in München tätig. 1936 wurde für ihn die Forschungs- und Prüfstelle für forstliches Saatgut geschaffen. R. verankerte die Forstgenetik in Forschung und Lehre und war Inhaber des Lehrstuhls. Er schrieb u. a.: „Die Stammfäule (Wurzelfäule und Wundfäule) der Fichtenbestockung“ (1937) und zusammen mit Hans Schönbach: „Genetik und Züchtung der Waldbäume“ (1959).

Rohnen: auch Rahnen, Ranen. alte Bez. für die Reste liegender, faulender Bäume (→ Urholz); → Rahne.

Urholz

Rohnenverjüngung, die: auch Ranen-, Moderholz-Verjüngung. Standortbegünstigtes Aufwachsen von Waldbäumen auf Moderholz (→ Urholz) verrottender Bäume.

Rohrbeerstrauch, der: → Hartriegel 1.

Rohrdommel, die: → Reiher 2. und 3.

Röhrenläuse → Blattläuse.

Röhrenspinne, die (*Eresus niger* Petagna): Die R. aus der Fam. der R. ist inselartig über

Rohholz

Europa (im Norden bis Dänemark und Großbritannien), v. a. aber in den Mittelmeerländern verbreitet. In Dtschl. kommt sie hauptsächlich in Süddtschl. vor. Die wärmeliebende Spinne (→ Webspinnen) ist stellenweise häufig, lebt oft sogar gesellig in „Kolonien" und ist auf heißen, trockenen, vegetationsarmen Sandböden anzutreffen. Das 8 bis 11 mm große Männchen ist schwarz, und auf der roten Rückseite des Hinterleibes befinden sich vier große und zwei kleine schwarze Punkte. Das Kopf-Brust-Stück und die beiden vorderen Beinpaare sind schwarz-weiß. Das 9 bis 16 mm große, schwarzbraune Weibchen hat ein ockergelbes Kopf-Brust-Stück. Die R. bauen keine Netze. Sie leben in selbstgegrabenen Röhren, die Weibchen oft gemeinschaftlich, und warten auf vorbeikommende kleine Insekten, die sie dann mit ihren Fangarmen packen. Die Paarung findet in der Röhre statt; die Männchen werden nach der Paarung nie gefressen.

Röhrholz, das: → Teuchel.

Rohrhuhn, Grünfüßiges, das: → Rallen 2.

Röhrl, Anton Dr. (9.2.1891 Passau bis 8.5.1944 Freiburg i. Br.): R. studierte in München Forstwissenschaft und leitete von 1927 bis 1930 das bekannte Lehrrevier Grafrath bei Fürstenfeldbruck. Nach seiner Tätigkeit am Forstamt Kelheim-Nord (ab 1930) wurde R. Professor in Tharandt. Von 1940 bis 1944 war er Professor für Ertragskunde, Forstbenutzung und Forstschutz an der Universität Freiburg. Er veröffentlichte zwischen 1924 und 1943 mehrere Schriften.

Röhrlinge (*Boletaceae*): Fam. der → Pilze aus der Ordn. der Röhrenpilze (*Boletales*) mit zehn Gatt. und 45 Arten in Dtschl., deren Fruchtschicht aus einer weichen, ablösbaren Röhrenschicht besteht. Das Sporenpulver ist meist braun bis oliv. R. sind überwiegend dickfleischig. Viele R. leben in Gemeinschaft mit Waldbäumen (→ Mykorrhiza). Unter den R. befinden sich die meisten guten Speisepilze, z. B. Maronenröhrling, Butterpilz, die Rotkappen und die → Steinpilze. Nur wenige Arten sind ungenießbar (z. B. Gallenröhrling) oder giftig (z. B. Satansröhrling). Typisch für viele R. ist die Blaufärbung des Fleisches bei Anschnitt, Druck oder Berührung. Die wichtigsten Arten sind:

1. **Satansröhrling**, der (*Boletus satanas*): auch Satanspilz. Der giftige, jedoch schützenswerte Pilz kommt in Buchenwäldern auf Kalkböden, aber auch in Eichenwäldern vor. Er wächst gesellig von Juli bis September und erreicht einen bis 25 (30) cm breiten, polsterförmig gewölbten, grauweißen Hut, der im Alter olivgrau, auch ockerlich (mit grünem Schimmer) werden kann. Der Hut ist im trockenen Zustand feinsamtig bis filzig-ledrig, bei Feuchtigkeit schwach klebrig. Die Röhren sind erst blaßgelb, werden aber später grüngelb und schwach blaugrün. Die Poren sind bei jungen Pilzen gelblich, bei älteren blutrot. Der berührungsempfindliche, dickbauchige, nur 5 bis 12 cm hohe, aber bis 10 cm dicke Stiel zeigt eine schöne Färbung. Er ist oben intensiv gelb und wird nach unten zu leuchtend blutrosa. Der gelbe Teil ist von einem feinen, engmaschigen und roten Adernetz überzogen. Das gelblichweiße Fleisch wird im Anschnitt bläulich. Der Geruch ist jung schwach und unangenehm, später strömt der Pilz einen widerlichen Aasgeruch aus. Der Genuß kann schwere Magen- und Darmbeschwerden hervorrufen. Verwechslung ist mit dem Schönfuß-Röhrling, dem Flockenstieligen Hexenpilz und mit dem Netzstieligen Hexenröhrling möglich.

2. **Netzstieliger Hexenpilz**, der (*Boletus luridus*): Der meist gesellig von Mai bis Oktober wachsende, in Form und Farbe sehr veränderliche Pilz bevorzugt mergelige und kalkreiche Böden. Er ist im Laub- und Nadelwald anzutreffen, aber auch unter einzeln stehenden Bi und Kie. Sein → Myzel bildet Mykorrhizen mit den Laub- und Nadelbäumen. Der Hut wird 10 bis 15 (20) cm breit. Er ist jung halbkugelig, von oliver Farbe und filzig, später polsterförmig-konvex, braun mit gelben bis ziegelroten Tönen. Die matte, trockene Oberhaut wird bei Feuchtigkeit etwas schmierig. Die Röhren sind blaßolivgelb, später auch gelbgrün. Bei Verletzung oder Anschnitt werden sie blau. Die Abgrenzungsfläche von Röhrenschicht und Hutfleisch ist rot. Die anfangs gelben Poren werden bald lebhaft rot; bei Berührung werden sie sofort schwarzblau. Der Stiel wird 14 bis 24 cm hoch und 2 bis 5 cm dick. Er hat auf gelbem Grund ein rotes, oben eng-, nach unten aber langmaschiges Adernetz. Das harte Fleisch ist blaßgelb, wird aber je nach Alter und Witterung rasch blau. Es riecht schwach, schmeckt mild und ist roh giftig. In Verbindung mit Alkohol ist er auch gekocht unverträglich.

3. **Flockenstieliger Hexenpilz**, der (*Boletus luridiformis;* früher: *B. erythropus*): auch Flockenstieliger Hexenröhrling, Schuster- oder Donnerpilz. Der vereinzelt schon Ende Mai erscheinende Pilz ist bis in den Oktober hinein zu finden. Er wächst im Nadel- und Laubwald mit Vorliebe auf saurem oder sauer werdendem, kalkarmem Boden. Sein Myzel lebt mit den Saugwurzeln der Waldbäume (besonders der Fi, Bu und Ei) in Symbiose. Der 8 bis 15 (20) cm breite Hut ist anfangs halbkugelig, später polsterförmig gewölbt. Die Oberhaut ist einheitlich dunkelbraun, aber auch oliv- bis schwarzbraun und nicht abziehbar. Die Röhren sind gelbgrünlich, die Poren erst goldgelb, dann mehr oder weniger einheitlich rot. Röhren und Poren werden bei Berührung sofort blau. Der 4 bis 15 cm lange und 2 bis 6 cm dicke und gelbe Stiel ist bauchig bis keulig gestreckt und purpurflockig punktiert. An Druckstellen wird er ebenfalls blau. Das Fleisch ist gelb bis sattgelb und läuft im Schnitt sofort blau an. Es riecht schwach und schmeckt mild. Roh ist der Pilz unverträglich, gekocht hingegen ein vorzüglicher Speisepilz .

4. **Schönfußröhrling** der (*Boletus calopus*): auch Dickfußröhrling. Der von Juli bis Oktober meist gesellig im Laub- und Nadelwald erscheinende Pilz bevorzugt nährstoffarme, saure und mehr oder weniger trockene Böden. In den bergigen Lagen ist er am häufigsten anzutreffen. Er ähnelt dem Steinpilz. Der bis zu 20 cm breite und dickfleischige Hut ist anfangs halbkugelig und wird allmählich polsterförmig flach. Die samtig-filzige und matte Oberfläche des Hutes ist meist hellolivgrau, aber auch hellgrau bis graubräunlich und trocken. Die schwer ablösbaren Röhren und die Poren sind im Jugendstadium hellgelb und werden später olivgrün. Der Stiel wird 6 bis 10 cm hoch und 4 bis 6 cm dick. Er ist fest,

▸▸ Maronenröhrling (*Xerocomus badius*)

Gallenröhrling (*Tylopilus felleus*)

▸▸ Birkenpilz (*Leccinum scabrum*)

Rotfußröhrling (*Xerocomus chrysenteron*)

knollig-bauchig bis gestreckt walzlich und von der Stielspitze weg etwa bis zur Hälfte gelb; der untere Teil ist karmin- oder dunkelrot, das Stielende meist braun. Die Oberfläche ist von einem erhobenen, den Grundfarben angepaßten Adernetz überzogen. Das weißgelbe, unangenehm riechende Fleisch wird bei Druck blau. Der Geschmack ist erst süßlich, dann bitter, der Geruch ist säuerlich. Der ungenießbare Pilz gilt auch als giftverdächtig.

5. **Gallenröhrling**, der (*Tylopilus felleus*): Der ungenießbare Pilz wächst von Juli bis Oktober gesellig in lichten Nadelwäldern, seltener in Laubwäldern. Er bevorzugt saure, nährstoffarme Böden. Der 6 bis 16 cm breite Hut ist anfangs halbkugelig, dann polsterförmig gewölbt oder abgeflacht und von graubrauner bis rotbrauner Farbe. Die feinsamtige, trockene Huthaut ist schwer vom Fleisch abzulösen. Die Röhren sind erst rosa, im Alter schmutzigrosa. Der keulige Stiel wird 4 bis 12 cm hoch und 1 bis 4 cm dick. Er ist braun, etwas heller als der Hut und hat ein erhabenes, grobes und bräunliches Adernetz. Das Fleisch ist weiß, im Bruch oder Schnitt rosafarben und hat einen sehr bitteren (gallenbitteren) Geschmack. Bei Verwechslung mit einem jungen Steinpilz kann ein G. bereits das gesamte Pilzgericht verderben. Der Geruch des Fleisches ist unauffällig.

6. **Maronenröhrling**, der (*Xerocomus badius*): Der neben dem Steinpilz wohl bekannteste Pilz wächst einzeln oder gesellig im Nadelwald, besonders im älteren Fichtenwald, kommt aber auch im Laubwald vor. Er benötigt saure Böden (Säurezeiger) und erscheint von Juni bis November. Er ähnelt dem Steinpilz, ist jedoch meist kleiner und schlanker. Der 5 bis 10 (15) cm breite Hut ist erst halbkugelig, später polsterförmig bis flach, kastanienbraun oder auch fuchsrot, manchmal auch olivbraun. Die Oberhaut ist jung feinsamtig-filzig, alt hingegen kahl, bei feuchtem Wetter schmierig und glänzend, sonst trocken. Die Röhren und ihre Mündungen sind anfangs blaßgelblich, später gelbgrün. Bei Berührung werden sie blau.

Der 5 bis 12 cm lange und 1 bis 4 cm dicke Stiel ist schlank bis bauchig verdickt, heller als der Hut, oben etwas längs geadert, jedoch immer ohne Adernetz. Das weiße Fleisch ist jung kernig fest, älter – v. a. im Hut – weich. Die Stielrinde ist meist faserig hart. Im Anschnitt blaut das Fleisch leicht. Der ausgezeichnete Speisepilz schmeckt angenehm mild und hat einen obstartigen Geruch.

7. **Rotfußröhrling**, der (*Xerocomus chrysenteron*): Der hauptsächlich im Flachland verbreitete und häufig vorkommende Pilz wächst von Juni bis November in Laub- und Nadelwäldern sowie in Parkanlagen. Er verträgt fast alle Böden und meidet nur Moorböden und Wälder auf Kalkverwitterungslehm. Der 3 bis 8 cm breite Hut ist erst halbkugelig, verflacht später und erhält gelegentlich eine leicht niedergedrückte Mitte. Der zunächst dunkelolivbraune, dann hellgraubraun bis ockergrau werdende Hut hat eine trockene, matte, feinfilzige Haut, die bei Trockenheit felderig aufreißt und in den Rissen – ebenso an Fraßstellen – kirschrot wird. Die anfangs hellgelben, später grüngelben bis olivgrünen Röhren laufen bei Druck manchmal blau an. Die Porenfarbe entspricht meist der Röhrenfarbe oder ist etwas schmutziger. Der häufig kirschrote, manchmal auch gelbe Stiel wird 3 bis 10 cm lang und 0,5 bis 2 cm dick. Er ist glatt oder etwas längsgestreift, meist zylindrisch, zur Basis hin verjüngt und häufig etwas verbogen. Das hellgelbe, nicht selten blauende Fleisch ist saftig, im Hut weich, jedoch rasch faulend. Nur der junge Pilz im frischen Zustand ist ein guter Speisepilz; alte Pilze hingegen sind geschmacklos.

8. **Ziegenlippe**, die (*Xerocomus subtomentosus*): auch Brauner Filzröhrling. Der in den Farben sehr veränderliche Pilz wächst meist von August bis Oktober in Laub- und Nadelwäldern sowie an moosigen Waldrändern. Der 3 bis 12 cm breite Hut ist anfangs halbkugelig, später flach. Die Huthaut ist feinfilzig, niemals schmierig und von oliver bis olivbrauner Farbe. Sie bekommt im trockenen Zustand oder im Alter Risse, die aber keine Verfärbungen zeigen. Die chromgelben und zuletzt grünlichgelben Röhren färben sich bei Druck nur gelegentlich blau. Die weitlöchrigen Poren haben die gleiche Farbe wie die Röhren. Der Stiel wird 6 bis 10 cm lang und 1,5 bis 2,5 cm dick, ist oft gekrümmt und am Grund leicht zugespitzt. Er ist gelblich bis bräunlich, feinfilzig oder gerillt bis fast genetzt. Das Fleisch ist gelblich, riecht schwach obstartig und schmeckt mild. Der junge Pilz ist ein guter Speisepilz. Bei feuchtem Wetter wird die Z. allerdings gerne von einem anfangs weißen, später goldgelben Pilz, dem Goldschimmel, befallen, der die Z. bevorzugt, aber auch andere Röhrlinge befällt.

9. **Espenrotkappe**, die (*Leccinum rufum; früher: L. aurantiacum*): auch Pappelrotkappe. Der weit verbreitete Pilz wächst meist gruppenweise von Juli (August) bis weit in den Oktober hinein unter As, mit denen er als Mykorrhizenbildner eine Lebensgemeinschaft bildet. Häufig findet er sich an Waldrändern und an grasig-moosigen Standorten. Der bis 25 cm breite Hut hat eine auffallend orangerote Farbe. Er ist jung halbkugelig, später polsterförmig und verflacht dann im Alter. Die Haut ist meist feinfilzig und nur bei feuchtem Wetter etwas schmierig. Die Röhren sind erst weiß, später gräulich und leicht schwammig. Die Röhrenschicht läßt sich leicht abtrennen. Die engen Poren sind wie die Röhren gefärbt. Der Stiel ist 15 bis 30 cm lang und zwischen 1 bis 5 cm dick und fester als der Hut. Zur Spitze hin verjüngt er sich etwas und ist meist bananenartig gebogen. Insgesamt ist er auf weißem Grund schuppig rauh; die Schuppen werden im Alter braun. Der angeschnittene Stiel verfärbt sich lilagrau bis violettfarben. Das Fleisch ist weiß, wird aber schnell schwarz und muß deshalb in kochendes Wasser geschnitten werden, wie bei allen Rotkappen. Die E. ist ein ausgezeichneter und begehrter Speisepilz. Zur Gatt. der Rotkappen gehören u.a. noch folgende ähnliche Arten: die **Eichenrotkappe** (*L. quercinum*) unter Ei, die **Fichtenrotkappe** (*L. piceinum*) unter Fi, die **Kiefernrotkappe** (*L. vulpinum*) unter Kie, die **Schwarzschuppige Rotkappe** (*L. atrostipitatum*) unter Bi.

10. **Birkenpilz**, der (*Leccinum scabrum*): auch Birkenröhrling, Graugrüner Birkenpilz. Der nur unter Bi wachsende Pilz ist weit verbreitet und kommt sowohl innerhalb als auch außerhalb des Waldes vor. Sein Fruchtkörper erscheint von Juni bis Oktober. Der bis 15 cm breite Hut ist jung halbkugelig, später polsterförmig und gelegentlich in der Mitte verflacht. Die Hutfarbe ist blaßgrau bis graubraun, dann rötlichbraun, glatt, feinfilzig und trocken, bei feuchtem Wetter jedoch ziemlich schmierig. Die langen Röhren sind vom Stiel abgesetzt, nach unten gewölbt, leicht vom Hutfleisch lösbar und anfangs weißlich, später grau. Die gleichgefärbten Poren sind eng und verändern sich auf Druck nicht. Der weißgraue, dicht mit hellgrauen Schüppchen bedeckte Stiel wird bis 20 cm lang und bis 3,5 cm dick. Er ist schlank und verjüngt sich nach oben. Das anfangs weißliche Fleisch wird später grauweiß und getrocknet bräunlich. Im Anschnitt ist es gelegentlich rosa. Der Speisepilz ist geruchlos und hat einen milden Geschmack. Beim Kochen wird das Fleisch grauschwarz und schleimig.

11. **Hainbuchenröhrling**, der (*Leccinum griseum*): auch Hainbuchen-Rauhfußröhrling. Der Pilz wächst, wie der Name schon ausdrückt, von Juli bis Oktober hauptsächlich unter Hbu, kommt aber auch unter Pa, Bi und Ha vor. Er ist weit verbreitet und wächst gesellig in kleinen Gruppen. Sein Hut wird bis 15 cm breit und hat eine meist graubraune, aber auch hell- oder olivbraune Farbe. Typisch für ihn ist das Aufreißen der filzig-flockigen Hutbedeckung in kleine Felder. Der Hut ist anfangs halbkugelig, dann polsterförmig und später manchmal etwas abgeflacht. Die erst weißlichen, dann gelblich-grauen Röhren sind sehr lang. Die gleichgefärbten Poren sind eng, aber auch eckig-rund. Der Stiel wird 5 bis 16 cm lang und etwa 1 bis 3 cm dick. Er ist auf weißlichem bis gelblich-grauem Grund rippig längsfaserig und mit anfangs grauen, später tiefbraunen, fast schwärzlichen Schüppchen punktiert. Der ganze Pilz wird bei Berührung und im Alter schwärzlich, und auch das zunächst weiße Fleisch verfärbt sich über Grauviolett nach Schwarz. Der junge Pilz ist sehr schmackhaft.

12. **Hohlfußröhrling**, der (*Boletinus cavipes*): Der nur unter Lä zu findende Pilz (Mykorrhizapilz) wächst gesellig, vorzugsweise auf kalkarmen Böden von Juli bis Oktober. Im Gebirge ist er häufiger anzutreffen als im Flachland. Der bis zu 15 cm breite Hut ist jung konvex, später flach und hat oft einen kleinen Buckel. Die Hutfarbe ist rot- bis dunkelbraun, seltener gelbbraun; der Hut reißt bald in Schüppchen auf. Die weitlöcherigen Röhren sind jung gelb, später hell olivgrün, lamellig angeordnet und nur schwer vom Hutrand zu trennen. Die Röhrenschicht ist am Stiel herabgezogen. Die gleichgefärbten Poren sind eckig und radial verlängert. Der bis 9 cm lange und 1,5 bis 2,5 cm dicke Stiel mit Hautring ist an der Spitze gelb und abwärts wie der Hut bräunlich schuppig. Er ist von Anfang an hohl. Das Fleisch ist blaßgelb, fast geruchlos und

schmeckt mild. Der Pilz hat nur mäßigen Speisewert.

13. **Pfefferröhrling**, der (*Boletus piperatus; früher: Chalciporus piperatus*): ein in Mitteleuropa weit verbreiteter, wenn auch nicht überall gleich häufig vorkommender Pilz, der vom Sommer bis in den Herbst im Nadelwald, besonders im Sandstein-Nadelwald, vom Flachland bis ins Gebirge wächst. Der nur bis zu 6 cm breit werdende Hut ist anfangs halbkugelig gewölbt, später etwas flach und von kupferrotbrauner bis gelblichbrauner Farbe. Die Huthaut wird bei Feuchtigkeit etwas klebrig. Die weitlöcherigen, gleichgefärbten Röhren sind am Stiel angewachsen und anfangs schwer vom Hutfleisch abzutrennen. Die jungen Röhren sind eng, im Alter aber weit und haben ebenfalls, wie der Stiel auch, die Farbe des Hutes. Der bis 8 cm lange und nur 0,5 bis 1 cm dicke Stiel hat eine glatte, kahle und trockene Oberfläche. Das Fleisch ist gelblich, im Hut blaß rötlichbraun und im Stiel fast schwefelgelb. Er hat einen pfefferscharfen Geschmack und ist deshalb ungenießbar. Der getrocknete Pilz kann allerdings als Würzpilz verwendet werden.

14. **Butterpilz**, der (*Suillus luteus*): auch Butterröhrling. Der B. gehört zu den sog. Schmierröhrlingen und wächst von Juli/August bis weit in den Oktober hinein, meist in Trupps und besonders im Wurzelbereich von Kie. Er ist deshalb v. a. in den Heidewäldern des Flachlandes anzutreffen. Der 4 bis 12 cm breit werdende Hut ist erst halbkugelig, später flach gewölbt. Die Haut ist besonders anfangs feucht und stark schmierig, später trocken glänzend. Sie läßt sich leicht abziehen und ist von dunkel- bis schokoladenbrauner Farbe. Die Röhren sind jung blaßgelblich, später grüngelblich und englöcherig. Sie sind am Stiel gerade angewachsen bis schwach herablaufend. Die Poren sind gleichgefärbt und scheiden gelegentlich eine weiße Flüssigkeit aus. Der Stiel wird 6 bis 11 cm lang und 1 bis 2,5 cm dick. Der Stielring wird braunviolett und verschwindet später fast völlig. Die Stielspitze ist gelblich mit dunklen Punkten; der Stielteil unter dem Ring hat einen braunen, schleimigen Überzug. Das Fleisch ist jung weiß, alt gelblich, im Hut sehr weich und wässrig. Es ist leicht säuerlich und riecht angenehm fruchtartig. Der Pilz kann allerdings bei einigen Menschen allergische Erscheinungen hervorrufen.

15. **Goldröhrling**, der (*Suillus arevillei*): auch Goldgelber Lärchenröhrling. Der G. ist ein lärchenbegleitender Pilz und kommt auf allen Bodenarten vor. Er wächst häufig und gesellig von Juni bis Oktober in jeder Meereshöhe. Der 5 bis 15 cm breite Hut ist jung halbkugelig, später ausgebreitet und alt auch flach. Die Hutfarbe ist leuchtend orange- oder rotbraun, seltener gelb. Die Huthaut ist kahl, bei feuchtem Wetter schleimig-schmierig und läßt sich leicht abziehen; sonst trocken glänzend und glatt. Die anfangs blaßgelben, später olivgelb werdenden Röhren sind englöcherig und am Stiel gerade angewachsen. Der weißliche Hautschleier, der die Röhren anfangs bedeckt, löst sich vom Hutrand und bildet einen gelben, später verschwindenden Ring am Stiel. Die rundlichen engen Poren haben die gleiche Farbe wie die Röhren. Der gelbliche Stiel wird 6 bis 10 cm lang und 1 bis 2,5 cm dick. Er ist über dem Ring feinpunktiert, im unteren Teil braunfaserig bis flockig. Das Fleisch ist hell bis goldgelb und läuft beim Durchschneiden schwach rotlila an. Es riecht angenehm und hat einen milden Geschmack. Der G. ist ein wohlschmeckender Speisepilz und kann leicht mit den beiden nachfolgenden Arten verwechselt werden.

16. **Grauer Lärchenröhrling**, der (*Suillus aeruginascens*): Der gegenüber dem Goldröhrling wesentlich seltener anzutreffende Pilz ähnelt diesem in der Gestalt, hat jedoch einen grauen bis braunen Hut und graue Poren. Er besiedelt Kalkböden und wächst ebenfalls bei Lä. Sein Fleisch ist weißgrau, im Stiel auch gelblich. Es hat einen milden Geschmack.

17. **Rostroter Lärchenröhrling**, der (*Suillus tridentinus*): Der seltene Pilz wächst v. a. im Gebirge auf Kalkböden und nur bei Lä. Er hat gleiche Formen wie der Goldröhrling, aber einen orange-rostbraunen, seltener gelben Hut. Die Röhrenschicht ist ebenfalls orange-rostbraun gefärbt. Das zitronengelbe Fleisch hat einen milden Geschmack.

18. **Körnchenröhrling**, der (*Suillus granulatus*): auch Schmerling. Der in Gruppen und Halbringen auftretende Speisepilz wächst von Juni bis Oktober in verschiedenen Schüben unter Kie bzw. in Kiefernnähe sowie auf Waldwiesen und Weiden. Der 5 bis 10 cm breite Hut ist anfangs halbkugelig, dann konvex oder flach und hat eine gelbe bis goldbraune Farbe. Die Haut ist stark schleimig und läßt sich vom Rand her abziehen. Die Röhren sind erst weißlich, dann olivgelb oder bräunlich und englöcherig und am Stiel meist gerade angewachsen oder leicht herablaufend. Die gleichgefärbten engen Poren sondern milchige Tropfen ab. Der 4 bis 10 cm lange und 1 bis 2 cm dicke und ringlose Stiel ist im oberen Drittel blaßgelb mit dunkleren Körnchen und zeigt jung ebenfalls milchige Tröpfchen. Das gelblichweiße Fleisch verfärbt sich nicht, ist sehr weich und hat einen milden Geruch und einen angenehmen, säuerlichen Geschmack.

19. **Sandröhrling**, der (*Suillus variegatus*): Der dem Körnchenröhrling sehr ähnliche Pilz wächst von Juli/August bis Oktober oft scharenweise in sandigen Kiefernwäldern. Der gelbbraune Hut wird 10 bis 16 cm breit, ist anfangs konvex und später flach. Er sieht wie mit Sandkörnchen bestreut aus. Die olivbraunen Röhren sind relativ kurz, die Poren dunkel olivbraun und englöcherig. Letztere werden auf Druck etwas blau. Der stämmige, glatte und ringlose Stiel wird 7 bis 10 cm lang und 1,5 bis 2,5 cm dick. Er hat eine ockergelbe bis orangegelbe Farbe und ist feinfilzig überzogen. Das Fleisch ist gelblich, im Anschnitt leicht blauend und hat einen milden Geschmack. Der Pilz ist kein besonderer Speisepilz, wird jung aber gerne als Mischpilz verwendet.

20. **Kuhröhrling**, der (*Suillus bovinus*): Der weit verbreitete, oft scharenweise vorkommende Pilz wächst von August bis Oktober unter Kie. Der bis zu 10 cm breite Hut ist anfangs konvex mit leicht eingebogenem Rand, dann flach und häufig unregelmäßig verbogen, gelegentlich auch etwas trichterförmig. Die Huthaut ist glatt, karamel- bis orangebraun und feucht stark schmierig. Sie läßt sich schwer abziehen. Die kurzen, jung graugelben, alt olivgelben Röhren sind auffallend weit und haben eckige Mündungen. Sie sind am Stiel gerade angewachsen oder etwas herablaufend. Die gleichgefärbten Poren sind eckig und meist zahnartig vorgezogen. Der ringlose Stiel ist wie der Hut gefärbt; er wird 3 bis 6 cm lang und 0,5 bis 1,5 cm dick. Er ist anfangs sehr fein flockig, später kahl. Das Fleisch ist blaßgelb bis bräunlich; beim Anschnitt oder Eintrocknen läuft es etwas rötlich an. Der Pilz ist nur als Mischpilz geeignet.

21. **Elfenbeinröhrling**, der (*Suillus placidus*): Der selten vorkommende Pilz wächst von August bis Oktober unter Zir in den Alpen und unter Stro auch im Flachland und dürfte vermutlich mit diesen aus Amerika eingeschleppt worden sein. Der bis 10 (13) cm breite Hut ist jung halbkugelig und später konvex mit stumpfem Buckel oder leicht vertiefter Mitte. Die Hutfarbe ist elfenbeinweiß; die abziehbare Haut ist feucht stark schleimig-schmierig. Die gleichgefärbten Röhren mit milchweißen Tropfen werden zur Reife zitronengelb und sind am Stiel gerade angewachsen. Die ebenfalls elfenbeinweißen Poren sind klein, etwas verzogen und später eckig. Der schlanke, ringlose Stiel wird 5 bis 15 cm lang und 0,5 bis 3 cm dick. Er ist auf weißem Grund bis zur Basis mit braunroten Pusteln bedeckt. Das gelblichweiße Fleisch hat einen milden Geschmack und einen unauffälligen Geruch. Der E. ist ein guter Speisepilz, sollte aber wegen seiner Seltenheit geschont werden.

Neben den vorgenannten, weit verbreiteten R., gibt es noch zahlreiche seltenere Arten, wie z. B. **Dupains Hexenröhrling** (*Boletus dupainii*), **Rosahütiger R.** (*Boletus rhodoxanthus*), **Fahler R.** (*Boletus impolitus*), **Königsröhrling** (*Boletus regius*), **Mährischer Filzröhrling** (*Xerocomus moravicus*), **Blutroter R.** (*Xerocomus rubellus*), **Aprikosenfarbiger Filzröhrling** (*Xerocomus armeniacus*), **Vielfärbender Birkenpilz** (*Leccinum variicolor*), **Gelbporiger Rauhfußröhrling** (*Leccinum nigrescens*) und **Blaßgelber R.** oder **Moorröhrling** (*Suillus flavidus*), die hier nicht alle beschrieben werden können.

Rohr-Pfeifengras, das: → Pfeifengras.

Rohr-Reitgras, das: → Reitgras 3.

Rohrsänger → Grasmücken.

Rohschäfte: bei der Holzernte (→ Rücken des Holzes) Bez. für Bäume, die unmittelbar am Fällort entastet (oder nur grob entastet) und bis zum geringstmöglichen, noch wirtschaftlichen → Zopfdurchmesser ausgehalten werden. R. werden dann einzeln oder zu mehreren zur Lkw-befahrbaren Straße geschleift.

Rolle, die: → Huppe.

Rollen → Rundlinge.

Rollenschröter, der: → Bockkäfer 10.

Roller → Blattroller, Rundlinge.
Rollfarn, der (*Cryptogramma*): auch Roßfarn, Kryptogramma. Gatt. aus der Klasse der → Farne mit nur einer europäischen Art.
Krauser Rollfarn, der (*Cryptogramma crispa* (L.) R. Br. ex Hooker): Der K. R. ist eine arktisch-alpine Art und kommt relativ selten vor. Anzutreffen ist er auf kalkarmem Urgestein (Silikatgestein), u. a. in den Zentralalpen, auf Grobschutthalden, zwischen Steinblöcken, in dichten Rasen. In Nordwesteuropa ist er etwas häufiger.
Die mehrjährige Farnpflanze wird 15 bis 30 cm hoch. Die sterilen Blätter sind gelbgrün, zwei- bis vierfach gefiedert, im Umriß dreieckig-eiförmig. Die Fiedern und Fiederchen sind verkehrt-eiförmig und fiederteilig. Die meist aufrecht stehenden sporangientragenden Wedel (Blätter), die größer als die sterilen sind, haben einen länglich-ovalen Umriß und schmal-linealische Fiederchen. Die Fiedern sind walzenförmig eingerollt; der Fiederrand überdeckt so die Sori (Sporangienhäufchen). Die → Sporen reifen von August bis in den September hinein.
Rollholz, das: frühere Bez. für ungespaltenes → Nutz- oder → Brennholz von meist 1 m Länge und etwa 14 bis 20 cm Durchmesser.
Rosa → Rosen.
Rosablättriger Helmling, der: → Helmlinge 6.
Rosaceae → Rosengewächse.
Rosa Helmling, der: → Helmlinge 4
Rosastieliger Dachpilz, der: → Dachpilzartige 2.
Rosegger, Peter → Wald in der Dichtung.
Rosen: die überwallten Rindennarben der Ei und Lä. R. stellen einen Fehler in der Holzstruktur dar.
Rosen (*Rosa*): Gatt. aus der Pflanzen-Fam. der → Rosengewächse (*Rosaceae*) mit über 250 sehr formenreichen Arten und zahllosen Gartenformen. Die Wildarten der Gatt. *Rosa* kommen v. a. in den gemäßigten und subtropischen Gebieten der nördlichen Halbkugel, in Nordafrika, in Asien bis zum Himalaja und zu den Philippinen vor. R. sind meist sommergrüne, aufrechte oder kletternde → Sträucher mit unpaarig gefiederten Blättern an meist stacheligen Zweigen.
Die Blüten sind weiß bis rot, gelegentlich auch gelb und stehen an den Enden kurzer Seitenzweige, einzeln oder in → Blütenständen. Der → Stempel ist eingeschlossen in die kugelförmige Blütenachse, die zu einer Frucht, der Butte oder Hagebutte, heranreift. Aus den → Blütenblättern bestimmter Arten wird das R.-Öl gewonnen, das zur Herstellung von Parfüm verwendet wird.
Die R. war der germanischen Göttin Freya geweiht, daher auch der Name Frickdorn für die Hundsrose. Um die Wildrosen ranken sich zahlreiche Sagen, Märchen und Aberglauben. Der meiste Aberglaube haftet aber an den filzigen Gallen der Rosengallwespe; → Schlafapfel.
1. **Ackerrose**, die (*Rosa agrestis* Savi.): Die A. ist von Spanien und dem Atlasgebirge nordwärts bis Irland, Südschweden und Mittel-

◀◀
Alpenrose
(Rosa pendulina)

Rotblättrige Rose
(Rosa glauca)

◀◀
Apfelrose
(Rosa villosa)

Hundsrose
(Rosa canina)

dtschl. verbreitet. Sie kommt auch im Mittelmeergebiet, in Italien und den nördlichen Balkanländern vor.
Standort: Die A. wächst in Hecken und Gebüschen, besonders Weidengebüschen, Weinberghecken, Berberitzengebüschen, Schlehengesellschaften, Eichenwäldern und an den Rainen der Äcker, bevorzugt in halbschattigen, warmen Lagen. Meist wächst sie auf tiefgründigen, kalkreichen, frischen Böden und ist bis in eine Höhe von 1000 m anzutreffen.
Merkmale: Der etwa 1 bis 2 m hohe Strauch hat rutenförmig verlängerte Zweige. Die Stacheln sind i. d. R. kräftig, hakig gekrümmt und haben eine 5 bis 15 mm lange und 3 bis 5 mm breite Ansatzfläche. Die Laubblätter sind fünf- oder siebenzählig gefiedert, oberseits frischgrün, glänzend und meist kahl; die Unterseite weist zahlreiche, hellbraune Drüsen auf, die einen apfelähnlichen Duft verströmen. Die einzelnen Fiederblätter sind länglich-elliptisch bis verkehrt-eiförmig, 2 bis 5 cm lang, 1 bis 2 cm breit und haben einen feingezähnten Rand (→ Blattrand). Die → Nebenblätter sind schmal. Der Blattstiel ist schwach behaart und weist zahlreiche Stieldrüsen und feine Stacheln auf. BZ: Juni bis Juli. Die Blüten, die einzeln oder zu zweit bis zehnt trugdoldig gehäuft stehen, sind blaßrosa oder weiß, haben zahlreiche → Staubblätter und etwa 3 bis 4 cm im Durchmesser. Der Blütenstiel (ohne Stieldrüsen) ist 1 bis 2 cm lang. Die (gefiederten) → Kelchblätter sind nach der Blüte zurückgeschlagen. Die Frucht, die sog. Hagebutte, ist 10 bis 16 mm lang, eiförmig oder kugelig, ledrig und orangerot. Die A. ist der Kleinblättrigen Rose sehr ähnlich.
2. **Alpenrose**, die (*Rosa pendulina* L.): auch Alpenheckenrose. Die A. ist über die Gebirge Süd- und Mitteleuropas verbreitet.
Standort: Sie wächst in Bergmischwäldern, Hochstaudenfluren, Grünerlengebüschen, Linden-Ahorn-Wäldern, Schneeheide-Kiefernwäldern und Alpenrosen-Latschengebüschen, auf alpinen Grasmatten, Zwergstrauchheiden. Sehr häufig ist sie im Bereich der → Baumgrenze anzutreffen und wächst auch noch in Höhenlagen über 2000 m.
Merkmale: Der gedrungene, etwa 0,5 bis 2 m hohe Strauch weist nur wenige Stacheln auf (Stamm und Schößlinge) oder ist stachellos. Die geraden Stacheln sind nur 2 bis 6 mm lang und haben eine schmale Ansatzfläche. Die sieben- bis 11zählig gefiederten Laubblätter sind dünn, oberseits matt dunkelgrün, unterseits hellgrün und leicht behaart. Die einzelnen Fiederblätter sind 2 bis 4 cm lang, 0,5 bis 2,5 cm breit, länglich-elliptisch und haben einen scharfen, doppelt gesägten Blattrand. BZ: Juni bis Juli, gelegentlich auch bis August. Die Blüten sind rosa bis purpurrot oder leuchtend rot, haben zahlreiche Staubblätter, 4 bis 5 cm im Durchmesser und stehen i. d. R. einzeln, seltener in zwei- bis fünfblütigen Dolden. Der 1,5 bis 3 cm lange Blütenstiel ist meist mit Stieldrüsen und Stachelborsten besetzt; nach der Blüte krümmt er sich bogig. Die ganzrandigen Kelchblätter, die sich nach der Blüte aufrichten, bleiben auch an der Hagebutte. Diese ist flaschenförmig bis kugelig, orange bis rot, nur wenig fleischig, mit Drüsenhaaren und Stachelborsten besetzt und meist hängend. Sie schließt zahlreiche Nüsse ein.

Rauhblättrige Rose
(Rosa jundzillii)

3. **Apfelrose**, die (*Rosa villosa* L.): Die A. ist fast über ganz Europa verbreitet, im Norden bis Skandinavien und im Süden bis in den mittleren Apennin.
Standort: Sie wächst in lichten Eichenwäldern, Schneeheide-Kiefernwäldern und Alpenro-

sen-Latschengebüschen, sowie west-submediterranen Flaumeichenwäldern, auf felsigen Hängen, in Hecken, vorwiegend in Gebirgsgegenden auf kalkhaltigen Böden
Merkmale: Der 1,5 bis 2 m hohe, gedrungene, dicht verzweigte Strauch bildet oft unterirdische Ausläufer. Die jüngeren Zweige sind rötlich, etwas bereift und meist weich behaart, die Äste sind dunkelbraun und glatt. Die meist geraden Stacheln haben eine 1 bis 4 mm lange, rundliche Ansatzfläche. Die fünf- bis siebenzählig gefiederten Laubblätter sind meist beidseitig anliegend weich behaart, seidig glänzend, i. d. R. unterseits dicht drüsig und etwas harzig. Die einzelnen Fiederblätter sind 1 bis 4 cm lang, 0,5 bis 2 cm breit, länglichelliptisch mit scharfem, fast immer doppelt gesägtem Blattrand. BZ: Juni/Juli. Die Blüten sind rosa bis karminrot, haben etwa 5 cm Durchmesser, zahlreiche Staubblätter und sind zu ein bis drei Stück doldenartig angeordnet. Der 0,6 bis 1,4 cm lange Blütenstiel ist dicht mit Stachelborsten und Stieldrüsen besetzt. Die ungeteilten Kelchblätter richten sich nach der Blüte auf. Die kugelige bis eiförmige, zahlreiche Nüsse enthaltende Hagebutte ist etwa 2 cm lang, weichstachelig, lebhaft rot, hat breiiges Fruchtfleisch und schmeckt angenehm säuerlich.
Die A. wird in zwei Unterarten gegliedert (*ssp. pomifera* und *ssp. mollis*), die auch verschiedene Verbreitungsschwerpunkte haben. In England wird die A. seit dem 18. Jh. kultiviert. *Rosa villosa ssp. mollis* = *Rosa mollis*, **Weiche Rose**, gilt als eigene Art.

4. Bibernellrose, die (*Rosa pimpinellifolia* L.= *R. spinosissima*): auch Dünenrose. Die B. wächst an den Nordseeküsten und ist von der Nordsee über Mittel- und Süddtschl. bis zu den Pyrenäen und den Südalpen verbreitet, zudem ist sie in den nördlichen Balkanländern beheimatet.
Standort: Sie gedeiht auf den Dünen an der Nordsee und auf den Kalkbergen der Mittelgebirge. Im östlichen Verbreitungsgebiet ist sie meist in trockenen Hecken und Gebüschen, Berberitzengebüschen, Schlehengesellschaften, Trockenwäldern und dichten Wäldern anzutreffen. In den Alpen kommt sie selten vor, ist jedoch stellenweise bis in Höhen von 2000 m zu finden.
Merkmale: Der nur 30 bis 120 cm hohe Zwergstrauch, der sich durch unterirdische Ausläufer ausbreitet, hat dunkelbraune, aufrechte oder aufsteigende, stark verzweigte Äste. Die geraden (selten gekrümmten), 5 bis 8 mm langen Stacheln sind sehr zahlreich an den Zweigen und mit derben, spitzen Borsten untermischt. Die fünf- bis 11zählig gefiederten Laubblätter sind oberseits mattgrün, teilweise auch rötlich überlaufen, unterseits kahl, mit kaum sichtbaren Nerven. Die einzelnen Fiederblätter sind 5 bis 25 mm lang, breit-elliptisch bis fast kreisrund; der Blattrand ist doppelt drüsig gesägt. Die Nebenblätter haben spitze Öhrchen und sind nur selten drüsig gezähnt. BZ: Mai/Juni (Juli). Die stets einzeln stehenden Blüten sitzen zahlreich an den kurzen Seitentrieben, haben 3 bis 4,5 cm im Durchmesser, sind gelblichweiß, am Grunde etwas gelblich, selten rosa und haben zahlreiche Staubblätter. Die Kelchblätter sind ungeteilt, lanzettlich, etwa 1 cm lang, nach der Blüte zurückgeschlagen und ausgebreitet. Der Blütenstiel ist 1,5 bis 2,5 cm lang und i. d. R. ohne Stieldrüsen. Die Butte ist kugelig oder leicht abgeflacht, fast einen 1 cm groß, anfangs dunkelrot, später braunschwarz, glatt, mit fleischig verdicktem Fruchtstiel. Sie schließt zahlreiche Nüsse ein. Aufgrund der Ausläuferbildung eignet sich die B. sehr gut zur Bodenbefestigung.

5. Essigrose, die (*Rosa gallica* L.): auch Zuckerrose, Apothekerrose, Französische R. Die E. ist in Mittel- und Südeuropa, im Osten bis Polen, Mittelrußland und bis Kleinasien verbreitet.
Standort: Sie wächst in lichten Laubgehölzen, Eichenwäldern, Hainbuchen-Waldgesellschaften, an Wald- und Wegrändern und auf sonnigen Magerwiesen. In den nördlichen Alpen ist sie bis in eine Höhe von etwa 800 m anzutreffen, während sie am Alpensüdrand bis 1500 m aufsteigt.
Merkmale: Der aufrechte, 50 bis 150 cm hohe Strauch treibt weit kriechende, unterirdische Ausläufer. Seine jungen, rutenförmigen, verzweigten Triebe sind grün bis rötlich. Die Stacheln, die sehr unterschiedlich sein können, sind meist gekrümmt (seltener gerade), etwa 5 bis 6 mm lang und mit dicht stehenden, steifen, rötlichen Borsten untermischt. Die Laubblätter (z. T. wintergrün) sind drei- bis fünfzählig gefiedert, ledrig-derb, oberseits glänzend dunkelgrün, unterseits fast weißlich, mit deutlich hervortretendem Adernetz, oft leicht anliegend behaart. Die einzelnen Fiederblätter sind breit-elliptisch bis rundlich, 3 bis 6 cm lang, 1,5 bis 3,5 cm breit, am Grund herzförmig, vorne stumpf oder kurz zugespitzt. Der Blattrand ist einfach oder doppelt gesägt. Die Nebenblätter sind weit mit dem Blattstiel verwachsen, am Rand drüsig gesägt. BZ: Juni/Juli. Die rosa bis dunkelpurpurnen Blüten haben zahlreiche Staubblätter, 4 bis 6 cm im Durchmesser und stehen meist einzeln, seltener zu zweit oder zu dritt. Der 2 bis 3 cm lange Blütenstiel ist dicht mit Stieldrüsen und nur vereinzelt mit nadelförmigen Stacheln besetzt. Die äußeren Kelchblätter haben zahlreiche lanzettliche Fiedern und sind nach der Blüte zurückgeschlagen. Die birnenförmige bis kugelige, zahlreiche Nüsse einschließende Butte ist 10 bis 15 mm lang, ziegel- bis braunrot, ledrig, wenig fleischig, mit Drüsen und mit Borsten (selten) besetzt. Die E. ist eine der Stammpflanzen unserer Garten-Rosensorten.

6. Feldrose, die (*Rosa arvensis* Huds.): auch Kriechrose, Schlangenrose, Waldrose. Die F. ist in West- und Mitteleuropa häufig verbreitet, zudem in Südeuropa (Spanien und Italien) und bis über die Balkanhalbinsel. Im Norden reicht ihr Verbreitungsgebiet bis Irland, im Osten, wobei sie immer seltener wird, bis Polen.
Standort: Sie wächst meist in Gebüschen, lichten Laubmischwäldern, Seggen-Buchen- und Eichenwäldern, Eichen-Hainbuchenwäldern, Spitzahorn-Sommerlinden-Steinschutt-Wäldern, in Hecken, an Wald- und Wegrändern. Meist ist sie auf tiefgründigen, kalkreichen Lehmböden anzutreffen. Sie bevorzugt wärmeres, ausgeglichenes Klima und meidet Gebiete mit sehr rauhen Wintern. In den Südalpen ist sie noch in Höhen von 1500 m anzutreffen. Sie ist stellenweise so häufig wie die Hundsrose, reicht aber nicht so weit nach Norden.
Merkmale: Der niederliegende, kriechende oder kletternde, 0,5 bis 2 m hohe Strauch hat lange, schlanke, gebogene, grüne Zweige, die rutenförmig sind und häufig niederliegen. Die sehr zahlreichen Stacheln sind 3 bis 6 mm lang, hakenförmig, mit 2 bis 4 mm langer Ansatzfläche. Die fünf bis siebenzählig gefiederten Laubblätter sind auf der Oberseite matt-, auf der Unterseite bleichgrün und weich behaart. Die einzelnen Fiederblätter sind länglich-elliptisch bis eiförmig, 1 bis 3 cm lang, 1 bis 2 cm breit, vorne leicht zugespitzt, mit fünf bis sieben Paar deutlichen Seitennerven. BZ: Juni/Juli. Ihre weißen Blüten haben zahlreiche Staubblätter, 3 bis 5 cm im Durchmesser, stehen einzeln und nur sehr selten zu mehreren angeordnet in Doldentrauben. Der 2 bis 4 cm lange Blütenstiel ist mit vielen Drüsen besetzt. Die eiförmig-lanzettlichen Kelchblätter sind ganzrandig, selten gefiedert und fallen vor der Fruchtreife ab. Die Griffel sind zu einer dünnen Griffelsäule verwachsen. Die eiförmige bis kugelige Butte ist 10 bis 18 mm lang, hell- bis dunkelrot, saftlos und schließt zahlreiche Nüsse ein.

7. Filzrose, die (*Rosa tomentosa* Smith): auch Filzige Rose, Haarrose, Waldrose. Die F. kommt fast in ganz Europa – in Mitteleuropa seltener, in Südeuropa häufiger – vor. Sie ist bis zu den Britischen Inseln, im Norden bis Südskandinavien und im Süden von Italien bis zum Schwarzen Meer anzutreffen.
Standort: Sie wächst in trockenen Wäldern, Hecken, Gebüschen, besonders Berberitzengebüschen und Schlehengesellschaften, an Wald- und Wegrändern, bevorzugt auf Sand- und Kalkböden. In den Gebirgen ist sie vereinzelt bis in 1500 m Höhe anzutreffen.
Merkmale: Der 70 bis 200 cm hohe, kräftige Strauch hat lange, ausgebreitete, meist bogig überhängende Äste. Die jungen Triebe sind haufig bläulich bereift. Die mehr oder weniger gekrümmten Stacheln haben eine etwa 5 bis 6 mm lange und 1,5 bis 3 mm breite Ansatzfläche. Die fünf- bis siebenzählig gefiederten Laubblätter sind oberseits dunkelgrün, anliegend behaart, unterseits weichhaarig filzig. Der Blattrand ist doppelt gesägt und weist meist große und breite Zähne auf. Die einzelnen Fiederblätter sind elliptisch bis breitoval, 2 bis 4 cm lang und 1,5 bis 2,8 cm breit. Der filzige Blattstiel ist mit fast sitzenden Stieldrüsen und wenigen hakenförmigen Stacheln besetzt. Die relativ breiten Nebenblätter haben kurze, dreieckig abstehende Öhrchen. BZ: Juni/Juli. Die intensiv rosafarbenen, bisweilen auch blaßrosa bis weißen, schwach duftenden Blüten haben 3 bis 5 cm im Durchmesser und stehen meist einzeln oder zu zweit bis viert doldig gehäuft. Die birnenförmige bis kugelige,

rote Butte ist 6 bis 16 mm lang, fleischig und enthält zahlreiche Nüßchen.

8. Griffelrose, die (*Rosa stylosa* Desv.): Die G. ist über Westeuropa verbreitet, von Nordspanien über die Westalpen, Savoyen bis ins Rheingebiet.

Standort: Sie wächst in Gebüschen, besonders Berberitzengebüschen, Schlehengesellschaften, lichten Wäldern und Hecken, meist auf tiefgründigen, kalkreichen, feuchten Böden und ist von der Ebene bis ins Bergland anzutreffen.

Merkmale: Der aufrechte, kräftige, bis 2,5 m hohe Strauch hat bogig überhängende Äste, besetzt mit wenigen kurz zugespitzten, leicht gebogenen bis hakigen Stacheln mit sehr breiter Ansatzfläche. Die fünf- bis siebenzählig gefiederten Laubblätter sind oberseits meist glänzend dunkelgrün, unterseits auf den Nerven oder auf der ganzen Blattfläche dicht behaart. Die einzelnen Fiederblätter sind länglich-elliptisch bis oval, 2 bis 5 cm lang. Der Blattrand ist einfach gesägt (schmale, scharf zugespitzte Zähne). Der meist rundliche Blattstiel ist behaart. BZ: Juni/Juli. Die hellrosa oder weißen Blüten haben 4 bis 5 cm im Durchmesser und sind einzeln bis zu acht (oder mehr) in Doldentrauben angeordnet. Der relativ lange Blütenstiel trägt an der Basis lanzettliche Hochblätter. Die äußeren Kelchblätter haben zahlreiche, schmale, drüsig gezähnte Fiederlappen. Die Griffel sind zu einer dicklichen Griffelsäule mit eiförmigem Köpfchen verwachsen. Die rote Butte ist eiförmig, glatt und enthält zahlreiche Nüsse. Die G. ist nahe verwandt mit der Feldrose.

9. Heckenrose, die (*Rosa corymbifera* = *R. dumetorum*): Die H. ist fast über ganz Europa zerstreut verbreitet. Sie ist nicht so häufig wie die Hundsrose.

Standort: wie Hundsrose.

Merkmale: Die H., die früher als Unterart der Hundsrose angesehen wurde, gilt heute als eigene Art, obwohl sie sich nur durch wenige Merkmale von der Hundsrose unterscheidet. Bei der H. sind die Fiederblätter wenigstens auf den Nerven behaart; der Blattstiel ist flaumig behaart.

10. Hundsrose, die (*Rosa canina* Linné): auch Wilde Rose, Wild-, Heiderose, Hetschepetsch, Liebfrauen-, Frisch-, Frickdorn. Die H. ist mit Ausnahme des hohen Nordens fast über ganz Europa verbreitet. In Dtschl. kommt sie meist sehr häufig und auch in höheren Lagen vor; zudem ist sie in Nordafrika und im westlichen Asien beheimatet.

Standort: Sie wächst in Laubwäldern, Gebüschen, besonders Berberitzengebüschen, Feldgehölzen, Hecken, Schlehengesellschaften, an trockenen Hängen, Wald- und Wegrändern, sowie auf mageren Weiden. Sie ist bevorzugt auf lockeren, tiefgründigen, kalkhaltigen, nährstoffreichen Böden zu finden und von der Ebene bis in Höhen von 1500 m im Gebirge anzutreffen.

Merkmale: Diese Art ist sehr formenreich und umfaßt etwa 60 Varietäten. Der kräftige, bis 4 m hohe, sehr stachlige Strauch hat aufrechte oder bogig überhängende, teilweise stark verzweigte Äste, bis zu einem Meter tief gehende Wurzeln und bildet zahlreiche Ausläufer. Die Stacheln sind schlank, schwach bis stark gekrümmt (selten gerade) mit einer 4 bis 10 mm langen und 2 bis 3 mm breiten Ansatzfläche. Die wechselständig angeordneten, fünf- bis siebenzählig gefiederten Laubblätter sind relativ dünn, oberseits matt- bis dunkelgrün, unterseits heller bläulichgrün, meist kahl oder fein seidig behaart. Die einzelnen Fiederblätter sind eiförmig bis elliptisch, 2 bis 4 cm lang, 1 bis 2,5 cm breit, leicht zugespitzt, seltener stumpf. Der Blattrand ist einfach oder doppelt scharf gezähnt. Der Blattstiel ist an der Basis verbreitert, mit schmalen Nebenblattzipfeln. BZ: Juni. Die schwach oder nicht wahrnehmbar duftenden Blüten sind rosafarben bis blaßrosa, seltener weiß, haben 4 bis 6 cm im Durchmesser und stehen einzeln bis zu dritt oder viert auf 5 bis 20 mm langen Stielen in den Blattachseln. Die Staubblätter sind zahlreich. Die eiförmige bis kugelige, 1,5 bis 3 cm lange, säuerlich schmeckende Hagebutte reift ab September, ist glatt, fleischig, zuerst orangerot, dann kräftig scharlachrot und schließt zahlreiche behaarte, einsamige Nüßchen ein. Die Hagebutten enthalten u. a. Fruchtsäuren, Zucker, Mineralstoffe, Gerbstoffe, Flavone, Nicotinsäureamid, Carotin, Vitamin B_1, B_2 und v. a. viel Vitamin C. Sie werden im Oktober und November geerntet. Zu medizinischen Zwecken werden die Blütenknospen, Blätter (im Frühling an schattiger Stelle getrocknet), die Schale und die Kerne der Hagebutte verwendet. Aus der bei schwacher Hitze getrockneten Schale und den zerstoßenen Kernen kann ein schmackhafter Tee bereitet werden. Die Hagebuttenprodukte wirken adstringierend, abführend, harntreibend, narbenbildend und sind gut gegen Skorbut. Der Tee findet deshalb bei Katarrhen der Blase und des Darmes und bei Nierenleiden Anwendung. Aus der frischen, fleischigen Schale (Hagebuttenmark) lassen sich beispielsweise Sirup, Wein, eine vorzügliche Marmelade und auch ein schmackhafter Brotaufstrich bereiten.

11. Kleinblütige Rose, die (*Rosa micrantha* Borr.): Die K. R. ist im Mittelmeergebiet, über West- und Mitteleuropa verbreitet. Im Osten ist sie bis Polen, auf dem Balkan, im Kaukasus und bis Kleinasien anzutreffen.

Standort: Sie wächst in lichten Gebüschen, an sonnigen Hängen und Waldrändern, meist auf steinigen, kalkhaltigen Böden und kommt im Gebirge bis in Höhen von 1400 m vor.

Merkmale: Der aufrechte, bis etwa 150 cm hohe Strauch hat bogig überhängende, dicht verzweigte Äste. Die sehr zahlreichen, kräftigen, hakig gekrümmten Stacheln haben eine 6 bis 12 mm lange und 2 bis 5 mm breite Ansatzfläche. Die jungen Triebe und Blätter (Blatt) sind häufig rötlich überlaufen. Die meist fünf- bis siebenzählig gefiederten Laubblätter sind meist ziemlich derb, beiderseits fast kahl und verströmen einen zarten Apfelduft. Die einzelnen Fiederblätter sind elliptisch bis eiförmig, 2 bis 3 cm lang, 1 bis 2 cm breit, und der Blattrand ist doppelt gesägt, mit zahlreichen Drüsen. BZ: Mai/Juni. Die Blüten stehen einzeln, zusammengefaßt zu zweit bis viert in doldenähnlichen Blütenständen, sind blaßrosa oder weiß und haben 2 bis 3 cm im Durchmesser. Der 1 bis 2 cm lange Blütenstiel ist mit vielen Stieldrüsen besetzt und deutlich länger als die Hochblätter. Die Kelchblätter sind nach der Blüte zurückgeschlagen. Die Butte ist eiförmig bis kugelig, 1 bis 2 cm lang, ledrig und scharlachrot. Die K. R. ist der Ackerrose sehr ähnlich.

12. Mairose, die (*Rosa majalis* Herrm. = *R. cinnamomea* L.): auch Zimtrose, Zimmetrose. Die M. ist über Nord- und Mitteleuropa verbreitet, im Norden bis Südskandinavien, im Osten bis Polen und den nördlichen Balkangebieten.

Standort: Sie wächst in den Auengebüschen und -wäldern der Alpenflüsse Mitteleuropas, besonders in Silberweiden-Gebüschen und Hartholz-Auenwäldern, an Bächen, am oberen Donaulauf, an Felshängen und in Hecken, teilweise auch verwildert auf Burghügeln und in der Nähe von Ruinen. Die M. ist relativ selten.

Merkmale: Der 0,5 bis 2 m hohe, Ausläufer treibende Strauch hat dünne, rutenförmige glänzend rotbraune Zweige die mit gleichartigen, schwachen, meist paarweise angeordneten, hakig gekrümmten Stacheln besetzt sind. Die unteren Äste und die Stämmchen sind zusätzlich zu den zahlreichen kräftigen Stacheln noch mit vielen nadelförmigen Stachelborsten versehen. Die fünf- bis siebenzählig gefiederten Laubblätter sind dünn, oberseits dunkelgrün bis bläulichgrün, anliegend kurzbehaart, unterseits blaß graugrün, dicht flaumig bis filzig anliegend behaart. Die einzelnen Fiederblätter sind elliptisch bis eiförmig, 2 bis 3 cm lang und 1 bis 1,5 cm breit; der Blattrand ist einfach gesägt. Der Blütenstiel ist behaart; die Nebenblätter sind meist ziemlich breit, am Rand teilweise eingerollt, mit auseinanderspreizenden Öhrchen. BZ: Mai/Juni. Die rosa bis karminroten Blüten haben 5 bis 6 cm im Durchmesser und stehen einzeln, seltener zu zweit bis fünft in Doldentrauben angeordnet. Der etwa 1 cm lange Blütenstiel ist von großen Hochblättern umgeben. Die kugelige, häufig auch zusammengedrückte Butte hat etwa 1,5 cm im Durchmesser, ist orange- bis dunkelrot, kahl und wenig fleischig. Die M. ist etwa seit dem 17. Jh. in Kultur.

13. Rauhblättrige Rose, die (*Rosa jundzillii* Besser.): Die R. R. ist über Mittel- und Südeuropa verbreitet, zudem auf der Balkanhalbinsel und in den Karpaten.

Standort: Sie wächst in Eichen- und Kiefernwäldern, Hecken und Gebüschen, an Waldrändern und steinigen Hängen, meist auf kalkhaltigen Böden. Im Gebirge ist sie bis in eine Höhe von etwa 1000 m anzutreffen.

Merkmale: Der aufrechte, 0,5 bis 3 m hohe Strauch hat bogig überhängende, häufig bereifte Zweige. Die kräftigen, nur leicht gebogenen oder geraden, schlanken Stacheln haben eine 5 bis 3 mm lange Ansatzfläche. Zwischen ihnen finden sich bisweilen auch nadelförmige Borsten. Die fünf- bis siebenzählig gefiederten Laubblätter sind oberseits dunkelgrün, leicht glänzend oder auch matt, kahl;

unterseits weisen sie ein stark ausgeprägtes Adernetz auf und sind etwas behaart. Die einzelnen Fiederblättchen sind etwa 3 bis 4,5 cm lang, 1,5 bis 3 cm breit und von elliptischer Form. Der Blattrand ist einfach scharf gesägt. Der Blattstiel ist kurz behaart und mit Stieldrüsen besetzt. BZ: Juni. Die Blüten, die einzeln stehen oder zu zweit bis viert in doldenartigen Blütenständen angeordnet sind, sind rosa- bis dunkelrot, haben etwa 5 cm im Durchmesser, Griffel mit großem Narbenköpfchen (→ Narbe) und zahlreiche Staubblätter. Der etwa 15 bis 20 mm lange Blütenstiel ist mit Borsten und Stieldrüsen besetzt. Die eirunde bis fast kugelige Butte ist ledrig, scharlachrot und etwa 1,5 cm lang.

14. Rotblättrige Rose, die (*Rosa glauca* Pourr.): auch Hechtrose. Die R. R. ist über die Gebirge Süd- und Mitteleuropas verbreitet.

Standort: Sie wächst in den Gebüschen der Gebirge, besonders Felsenbirnen-Gebüschen (Charakterart), auf Schlagflächen, Geröll und in Felsspalten, meist auf kalkreichen Böden. In den Kalkalpen ist sie bis in Höhen von 2000 m anzutreffen.

Merkmale: Der aufrechte, 1 bis 3 m hohe Strauch hat glänzend kastanienbraune Äste und schlanke, hechtblau bereifte oder rötlich überlaufene Zweige. Aufgrund dieser bläulich bereiften Zweige ist sie von der ebenfalls in den Gebirgen vorkommenden Alpenrose zu unterscheiden. Die (wenigen) Stacheln sind gerade oder leicht (selten stärker) gekrümmt, haben eine 2 bis 6 mm lange Ansatzfläche und sind an den blütentragenden Zweigen oft sehr klein und spärlich vorhanden. Die meist sieben- bis neunzählig, an den Blütenzweigen teilweise nur fünfzählig gefiederten Laubblätter sind oberseits blaugrün, unterseits bleichgrün, mit fünf bis zehn stark hervortretenden Nerven und fast immer kahl. Die einzelnen Fiederblättchen sind länglich-oval bis elliptisch, 2 bis 4,5 cm lang und 1 bis 2,5 cm breit. Der Blattrand ist einfach scharf gezähnt, im unteren Teil meist ganzrandig. BZ: Juni/Juli. Die roten, schwach duftenden Blüten haben etwa 3 cm im Durchmesser. Der 5 bis 15 mm lange Blütenstiel ist von breiten rötlich überlaufenen Hochblättern umhüllt und mit Stieldrüsen und wenigen Stacheln besetzt. Die eirunde bis kugelige, ledrige Butte ist orange- bis kirschrot.

15. Weinrose, die (*Rosa rubiginosa* L.): auch Schottische Zaunrose, Duft-, Marienrose. Die W. ist von Spanien über Frankreich bis Großbritannien und Südskandinavien verbreitet, zudem von Italien über den Alpenraum, die Balkanländer bis Westasien.

Standort: Sie wächst in Berberitzengebüschen, Hecken, Schlehengesellschaften, auf Heiden und an felsigen Hängen, bevorzugt auf trockenen, sandigen bis steinigen, kalkreichen Böden. Sie ist von der Ebene bis in 1500 m Höhe in den Alpen anzutreffen.

Merkmale: Der gedrungene bis 2 m hohe Strauch hat kurze, sparrige Äste und Zweige. Die verschiedenartigen, kräftigen Stacheln, von denen die größeren hakig gekrümmt sind und eine 6 bis 12 mm lange und 1 bis 4 mm breite Ansatzfläche haben, sind oft mit Borsten untermischt. Die fünf- bis siebenzählig gefiederten Laubblätter sind oberseits dunkelgrün, kahl, unterseits mit zahlreichen dunklen Drüsen besetzt, die einen wein- oder apfelartigen Duft verströmen.

Die einzelnen Fiederblättchen sind 1,5 bis 2,5 cm lang, 1 bis 2 cm breit und am Grunde abgerundet. Der Blattrand ist gezähnt (kurze breite Zähne). Die Nebenblätter sind breit mit kleinen Öhrchen. BZ: Juni/Juli. Die rosafarbenen (seltener weißen) Blüten haben zahlreiche Staubblätter, 3 bis 4 cm im Durchmesser und sind einzeln bis zu dritt in doldenartigen Blütenständen angeordnet. Der etwa 1 cm lange Blütenstiel ist mit zahlreichen Stieldrüsen und Stachelborsten besetzt. Diese eiförmige bis kugelige, 1 bis 2 cm lange Butte ist orange- bis blutrot, ledrig, glatt und nur an der Basis drüsig-borstig. Die W. wird bereits seit Ende des 16. Jh. in Kultur angepflanzt und wurde häufig zu Kreuzungen und Züchtungen weiterer Rassen herangezogen.

Rosenapfel, der: → Schlafapfel.

Rosenauer, Josef (1735 Kalsching, Südböhmen bis 1805 Krumau): R. erhielt seine Ausbildung als Jäger, durfte aber wegen seiner außerordentlichen Begabung für Bringungstechnik auf Kosten seines Dienstherrn in Wien an der k. k. Ingenieur-Akademie studieren. R. war der geniale Projektant des → „Schwarzenbergschen Schwemmkanals" und weiterer wichtiger Projekte für Walderschließung und Holzabsatz aus dem Böhmerwald nach Wien und Prag. Er war Ehrenbürger der Stadt Prag und zuletzt Schwemmdirektor.

Rosengallwespe, die: → Gallwespen 3., → Schlafapfel.

Rosengewächse (*Rosaceae*): sehr große, formenreiche Pflanzen-Fam. aus der Unterklasse Freiblumenblättrige der → zweikeimblättrigen → Bedecktsamer mit etwa 3000 Arten in etwa 100 Gatt., die fast weltweit verbreitet ist. Es sind dies teils krautige, teils verholzte Arten in Form von Bäumen, Sträuchern und Stauden. In Dtschl. sind etwa 200 Arten in etwa 25 Gatt. heimisch. Die einfach gestalteten → zwittrigen Blüten haben meist fünf → Kelchblätter und fünf → Kronblätter sowie zahlreiche → Staubblätter. Die Vermehrung erfolgt durch → Samen oder Pfropfung. Die sehr formenreiche Fam. der R., in der es zahlreiche Kultur- und Zierpflanzen gibt, läßt sich

▸▸ Rosmarinheide (*Andromeda polifolia*)

u. a. nach der unterschiedlichen Gestaltung ihrer Früchte in folgende Unter-Fam. gliedern:

1. Apfelgewächse: Gewächse mit Scheinfrüchten (→ Schließfrucht) mit den Gatt. → Äpfel, → Birnen, → Ebereschen (und Mehlbeeren), → Felsenbirnen, → Mispel, → Steinmispeln, → Weißdorne.
2. Mandelgewächse: Gewächse mit einsamigen Steinfrüchten (→ Schließfrucht) mit der Gatt. → *Prunus* mit Kirschen, Pflaumen, Mandeln, Pfirsiche etc.
3. *Rosoidae*: Gewächse mit einsamigen Nüßchen oder Steinfrüchten, die häufig zu Sammelfrüchten vereinigt sind, wie z. B. bei den → Erdbeeren, bei den → Rosen und bei der Gatt. → *Rubus* mit Brom- und Himbeere.
4. Spiräengewächse: Gewächse meist mit vielsamigen → Balgfrüchten, mit den Gatt. → Spiersträucher und → Geißbart.

Zu den R. zählen ferner auch die Gatt. → Fingerkraut, → Odermennig, → Nelkenwurz, → Mädesüß und → Frauenmantel.

Rosenholz, das: Sammel-Bez. für verschiedene → Baumarten der Tropen und Subtropen aufgrund bestimmter Eigenschaften. Charakteristisch für die verschiedenen Gatt. angehörenden Hölzer ist v. a. die hell- bis dunkelrote Farbe; der Rosenduft hingegen ist nicht immer vorhanden. Das brasilianische R. hat die gleiche Holzstruktur wie das Palisanderholz, besitzt aber eine rosenrote, ziemlich farbechte Streifung auf hellem Untergrund. Fast ebenso schön wie das brasilianische ist das australische R. (*Dysoxylon lessertianum*), das aber stärker nachdunkelt, sehr viel leichter zu bearbeiten ist und in frischem Zustand nach Rosen duftet. Das von den Kanarischen Inseln stammende R. (*Convolvulus scoparius*), das stark nach Rosen duftet, findet hauptsächlich in der Parfümindustrie Verwendung. Von Bedeutung sind auch noch *Anyris balsamifera*, ein Rautengewächs aus dem tropischen Amerika, und *Physoca lymma scaberrimum*, ein Weiderichgewächs aus dem tropischen Südamerika. Holzarten der → Rosengewächse zählen nicht zum R.

Rosenkäfer, der: → Blatthornkäfer 13. und 14.

Rosenkönig, der: → Schlafapfel.

Rosenkranzstaude, die: → Pimpernuß.

Rosenroter Gelbfuß, **Schmierling**, der: → Schmierlinge 5.

Rosenschwamm, der: → Schlafapfel.

Rosenweide, die: → Weiden 20.

Rosettenbaum, der: → Baum.

Rosmarinheide, die (*Andromeda*): auch Lavendelheide, Gränke, Sumpfrosmarin. eine nur zwei Arten umfassende Gatt. der → Heidekrautgewächse, bekannt seit der Oberen Kreide (→ Erdzeitalter). Die bekannteste Art ist:

Rosmarinheide, die (*Andromeda polifolia*): auch Echte R., Lavendelheide, Gränke, Polei-Rosmarin, Torf-Rosmarin. Die R. wächst auf Hochmooren und in Torfsümpfen und kommt im Gebirge noch in 1400 m Höhe vor.

Merkmale: Der → immergrüne, 15 bis 40 cm hohe Strauch mit dünnen, weitkriechenden und wenig verästelten Stämmchen hat kurzgestielte, wechselständig angeordnete, lederartige Blätter. Sie sind schmal-länglich, ganzrandig und am Rande stark eingerollt; oberseits dunkelgrün glänzend, unterseits hell blaugrün mit stark hervortretendem Mittelnerv. BZ: Mai/Juni.Die Blüten sind glockig-eiförmig, fünfzählig und hellrosa. Sie sitzen nickend in den oberen Blattwinkeln in kurzen, doldenähnlichen, endständigen Trauben (→ Blütenstand). Stiel und Kelch sind rötlich.

Rosmarin-Seidelbast, der: → Seidelbast 3.

Rosmarinweide, die: → Weiden 18.

Rosmarin, Wilder, der: → Porst.

Rosoidae: Unter-Fam. aus der Fam. der → Rosengewächse (*Rosaceae*).

Roßameise, die: → Ameisen 4.

Roßbeere, die: → Heidelbeere 1.

Rosseger, P. → Wald in der Dichtung.

Roßfarn, der: → Rollfarn.

Roßgras, das: → Glatthafer.

Roßkastanien: siehe Seite 610/611

Roßkastanienmaikäfer, der: → Blatthornkäfer 8.

Roßmann, Georg, Wilhelm, Julius, Dr. (9.12.1831 Worms bis 21.1.1866 Worms): R. war von 1854 bis 1865 Dozent an der Universität Gießen. Er schrieb: „Über den Bau des Holzes der in Dtschl. wildwachsenden und häufiger cultivirten Bäume und Sträucher ... etc." (1865).

Roßmäßler, Emil Adolf (3.3.1806 bis 8.4. 1867 Leipzig): R. war von 1830 bis 1850 Lehrer der Zoologie und Botanik an der Forstakademie in → Tharandt. Er schrieb u. a.: „Der Wald. Den Freunden und Pflegern des Waldes geschildert." (1863) und zusammen mit Brehm „Die Thiere des Waldes" (2 Bde., 1864 und 1867).

Roßveilchen, das: → Veilchen 3.

Rostalpenrosen-Zwergstrauchheide, die: → Latschengebüsch.

Rostbinde, die: → Augenfalter 14.

Rostblatt-Alpenrosen-Gebüsch, das (*Vaccinio-Rhododendretum ferruginei= Rhododendro-Vaccinietum*): pflanzensoziologische → Assoziation des Unterverbandes → Subalpinalpine Zwergstrauch-Gesellschaften und Lärchen-Zirbenwälder (*Rhododendro-Vaccinienion*). Diese Assoziation tritt in der subalpinen und unteren alpinen → Vegetationsstufe über der → Waldgrenze auf. Sie ist an bodensaure Standorte gebunden und kommt daher v. a. auf den kristallinen Gesteinen der Zentralalpen vor. Durch Almweide und Abholzung der Lärchen-Zirbenwälder und Fichtenwälder hat sich das A. in tiefere Lagen ausgebreitet; → Waldgesellschaften.

Rostblättrige Alpenrose, die: → Alpenrose 2.

Rostbraunes Ochsenauge, das: → Augenfalter 9.

Röster → Ahorne 4.

Rostige Douglasienschütte, die: → Douglasienschütte.

Rostiger Helmling, der: → Helmlinge 5.

Rostpilze (*Uredinales*): Die R. gehören zur Ordn. der → Ständerpilze und sind weltweit mit mehr als 5000 Arten vertreten. Sie leben ausschließlich parasitisch auf Pflanzen, viele auch auf Waldbäumen. R. sind die Erreger der Rostkrankheiten, z. B. → Kieferndrehrost; → Kiefernblasenrost, → Fichtenblasenrost, → Fichtennadelrost, → Strobenblasenrost, daneben verursachen sie auch → Krebse an Bäumen (→ offene Krebse, → Tannenkrebs), Rindenerkrankungen und → Hexenbesen. R. haben besondere Bedeutung in der Landwirtschaft als Getreideschädlinge (z. B. Gelb- und Schwarzrost durch *Puccinia*-Arten). R. entwickeln keine Fruchtkörper, sondern bilden verschiedene Sporenformen: Teleuto-, Uredo-, Äzidio- und Basidiosporen und Pyknosporen. Viele R. besitzen in ihrem Entwicklungsgang mit Kernphasen- und Generationswechsel zwischen der haploiden und der Paarkernphase: Haploide Basidiosporen infizieren im Frühjahr die Blätter der ersten Wirtspflanze und bilden Pyknidien (pustelartiger oder krugförmiger Myzelkörper unter der → Epidermis der Blattoberfläche), die Pyknosporen abgliedern. An anderer Stelle, vielfach auf der Blattunterseite, brechen bald darauf mehr oder weniger becher- oder blasenförmige Äzidien hervor, in denen einzellige mit gelbem oder orangegelbem Öl angefüllte → Sporen, die Äzidiosporen, reihenweise auf kurzen Trägern in Form gelben Pulvers erzeugt werden (Paarkernphase). Die Äzidiensporen werden durch den Wind verbreitet und infizieren dabei den zweiten Wirt über die Spaltöffnungen. Hier entstehen die einzelligen Sommersporen (Uredosporen), die die weitere Ausbreitung des R. bewirken.

Gegen Ende der pflanzlichen Vegetationsperiode werden in besonderen Lagern (→ Thallus) zweizellige, dickwandige Wintersporen (Teleutosporen) gebildet, aus denen sich nach der Winterruhe unter Reduktionsteilung zweimal vier Basidiosporen entwickeln. Biologisch unterscheiden sich die R. dadurch, daß sich bei manchen Arten der Entwicklungszyklus auf der gleichen Nährpflanze (autözische R.), bei anderen auf Wirtspflanzen ganz verschiedener Art (heterözische R.; z. B. Strobenblasenrost) abspielt.

Rostroter Wimperfarn, der: → Wimperfarn 1.

Rotbeer, die: → Erdbeeren 1.

Rotbein, das: → Rüsselkäfer 1.

Rotbeinholz, das: → Hartriegel 2.

Rotbeinige Baumwanze, die: → Wanzen 3.

Rotbirke, die: → Birken 1.

Rotbläßchen, das: → Rallen 2.

Rotblättrige Rose, die: → Rosen 14.

Rotblühende (-blütige) Roßkastanie, die: → Roßkastanien 2.

Rotbraune(r/s) ... siehe unter dem jeweiligen Hauptnamen.

rotbrüchig → rotfaul.

Rotbuche, die: → Buchen.

Rotbuchenwälder → Mesophytische Buchen- und Laubmischwälder, → Buchenwälder.

Rotdrossel, die: → Drosseln 9.

Rote(r/s) ... siehe unter dem jeweiligen Hauptnamen.

Roteiche, Amerikanische, die: → Eichen 5.

Rötel, der: → Falke 4.

Rötelfalke, der: → Falken 5.

Rote Listen: die nach dem Vorbild der „Red Data Books" der Internationalen Union zum Schutze der Natur und der natürlichen Hilfsquellen (International Union for Conservation for Nature and Natural Resources IUCN) erstellten Übersichten der gefährdeten Tier- und Pflanzenarten mit der Kennzeichnung ihres Gefährdungsgrades (ausgestorben, ausgerottet, verschollen, stark gefährdet, gefährdet). Die erste R. L. für die BR Dtschl. hat die Bundesforschungsanstalt für Naturschutz und Landschaftsökologie im Jahre 1977 herausgebracht. Sie wird stets auf dem neuesten Stand gehalten, jedoch nur alle fünf bis zehn Jahre veröffentlicht. R. L. gibt es für die BR Dtschl. und die einzelnen Bundesländer, aber auch international. Das Material zu den Listen tragen in erster Linie Wissenschaftler zusammen, Spezialisten meist für eine bestimmte Tier- oder Pflanzengruppe, daneben aber auch erfahrene Mitglieder entsprechender Verbände (z. B. Ornithologische Gesellschaften, Fischereiverbände, Entomologische Vereinigungen). Die R. L. enthalten vielerlei Informationen für die praktische Naturschutzarbeit. Sie werden in vielen Fällen der Rechtssprechung herangezogen (Artenschutz-, Jagdzeiten-, Import- und Exportverordnung sowie verschiedene internationale Naturschutzübereinkommen) und dienen auch bei der Unterschutzstellung bestimmter Gebiete als Lebensraum (→ Biotopschutz) bedrohter Arten zur Entscheidungshilfe; somit sind sie ein wesentlicher Bestandteil des Artenschutzprogramms (→ Artenschutz). Die R. L. weisen nicht auf die Gefährdung einzelner Individuen hin, sondern zeigen auf, daß vielfach die für den natürlichen Fortbestand der jeweiligen → Population notwendige minimale Zahl der Populationsglieder (nahezu) erreicht oder unterschritten ist. Für die Existenzsicherung der Art sind Hilfsmaßnahmen des Menschen dann unerläßlich. Zum Schutz der Individuen muß der Schutz ihrer Nahrungs- und Reproduktionsräume hinzukommen; → Naturschutz.

Roteller, die: → Erlen 3.

Rötelmaus, die: → Wühlmäuse 5.

Rötelritterlinge (*Lepista*): aus wenigen Arten bestehende Gatt. der → Blätterpilze aus der Fam. der → Ritterlingsartigen. Die wichtigsten Arten sind:

1. Violetter Rötelritterling, der (*Lepista nuda*): Der schöne Pilz wächst von April bis Dezember in humusreichen Laub- und Nadelwäldern, auf Komposthaufen und auf modernden Stroh- und Heuresten. Es ist ein reiner Humuszehrer (Saprophyt). Der 6 bis 14 cm breite Hut ist anfangs gewölbt mit lang eingerolltem dünnem Rand und dann verflacht bis niedergedrückt. Die sehr dünne Huthaut ist violett und wird im Alter von der Mitte aus etwas rötlichbraun. Die dichtgedrängt stehenden → Lamellen sind ebenfalls violett, später lila-bräunlich und am Stiel abgerundet. Der oft knollig angeschwollene Stiel wird 7 bis 11 cm hoch und 2 bis 2,5 cm dick. Die violette Oberfläche ist faserig streifig oder schuppig. Das junge weiche Fleisch ist violett, im Alter besonders

Roßkastanien

Gattung

Die Gattung *Aesculus* aus der zweikeimblättrigen Familie der Roßkastaniengewächse (*Hippocastanaceae*) ist mit etwa 25 Arten in Südosteuropa, Nordamerika und Ostasien beheimatet und seit dem Tertiär (→ Erdzeitalter) nachweisbar. Es sind → sommergrüne Bäume oder Sträucher mit gegenständigen, handförmig geteilten Blättern. Die Blüten sind in endständigen aufrecht stehenden Rispen („Kerzen") angeordnet. Die Früchte sind ledrige Kapseln, die ein bis drei → Samen mit breitem Nabelfleck enthalten. Die Vermehrung erfolgt durch Samen und durch Pfropfung.

1. Roßkastanie

Aesculus hippocastanum Linné = *Hippocastanum vulgare* Gaertn. ist die bekannteste Art der Gattung. Sie wird auch Weiße oder Gemeine Roßkastanie und Köst'n genannt. Der Name Roßkastanie soll auf die einem Pferdefuß ähnelnden Narben der abfallenden Blätter zurückzuführen sein. Andere Quellen führen ihn darauf zurück, daß die Türken mit den Früchten den Husten der Pferde heilten.

Roßkastanie: Blätter, Blüten und Frucht

Verbreitung

Die ursprüngliche Heimat der Roßkastanie sind die Berg- und Schluchtwälder des Balkans. Bereits im 16. Jahrhundert gelangte sie über Konstantinopel und das nördliche Griechenland nach Mitteleuropa und im 17. Jahrhundert nach Frankreich, England und in die Niederlande. Wegen der ansehnlichen Blüten wird sie in Europa vielerorts als Zier-, Park- und Straßenbaum angepflanzt. Im hohen Norden fehlt sie.

Standort

Sie wächst in der kollinen, seltener montanen → Vegetationsstufe, auf frischen, tiefgründigen, nährstoffreichen, lockeren Sand- und Lehmböden, eingestreut in Laub- und Mischwälder. Zu sauere und zu trockene → Standorte meidet sie. Sie stellt geringe Wärmeansprüche und ist schattenertragend.

Merkmale

■ Die Roßkastanie ist ein mittelgroßer, sommergrüner Laubbaum, der in der Jugend rasch wächst. Er kann eine Höhe von 25 m, eine Stammstärke von etwa 1 m und ein Alter von etwa 200 Jahren erreichen. Die im Kurzentrum von Hitzacker (bei Dannenberg) und nahe dem Elbufer stehende Roßkastanie mit bizarrer Wuchsform (Stammgabelung nach 1 m Höhe) wurde im Jahre 1610 gepflanzt und ist eine der ältesten Roßkastanien Europas.

■ Der kurze, starke, → vollholzige, nach rechts drehwüchsige Stamm (→ Drehwuchs) trägt eine breite, reich belaubte, rundliche, sehr hoch gewölbte Krone. Die Wurzeln sind flach- und weitstreichend. Die kräftigen (bruchgefährdeten) Äste stehen ab oder sind steil aufwärts gerichtet und haben unregelmäßig abgehende, überhängende Zweige.

■ Die Rinde ist bei jungen Bäumen hellbraun bis braun und glatt, später wird sie manchmal etwas rötlich und dann zu einer graubraunen, in grobrissige Platten gefelderten → Borke, die sich aufbiegen und in Schuppen abblättern. Die sehr dicken und kräftigen jungen Zweige sind kahl, oliv, grau, graubraun oder ockerbraun, besetzt mit zahlreichen helleren, rundlichen → Lentizellen und wachsen → monopodial. Die Endknospen sind sehr groß, bis zu 30 mm lang und 15 mm dick, breit-kegelförmig und deutlich größer als die spitz-eiförmigen, vom Zweig abstehenden oder diesem anliegenden Seitenknospen. Die zahlreichen Knospenschuppen sind olivbraun (mit hell- oder dunkelbraunem Saum) bis rotbraun und kahl. Im Frühjahr, unmittelbar vor dem Laubaustrieb sind sie vom Knospenleim stark klebrig.

■ Die gegenständigen (→ Blattstellung), sehr großen, fingerförmig gefiederten Laubblätter sind oberseits sattgrün, kahl, schwach glänzend, unterseits hellgrün mit filzigen Adern und Aderwinkeln. Der kräftige Blattstiel ist bis zu 20 cm lang und rinnig. Die fünf bis sieben sitzenden Fiedern sind unterschiedlich groß, die seitlichen Blätter meist kleiner. Das einzelne Fiederblatt ist von breit keilförmigem bis breit-eiförmigem Umriß, vorne zugespitzt, am Grunde keilig, etwa 10 bis 25 cm lang und bis zu 10 cm breit, im oberen Drittel an breitesten. Der → Blattrand ist doppelt gezähnt. Die im Herbst leuchtend goldgelben (→ Blattfarbstoffe) Blätter hinterlassen nach dem Abfallen (→ Blattfall) große, hufeisenförmige Narben an den Zweigen.

■ Die Roßkastanie wird mit 10 bis 15 Jahren mannbar (→ Mannbarkeit), blüht und fruchtet dann alljährlich. Die Blütezeit ist im Mai/Juni. Ihre weißen Blüten stehen sehr zahlreich in großen, bis 30 cm hohen, aufrechten, endständigen, pyramidenförmigen Rispensträußen (→ Blütenstand), sogenannten „Kerzen". Die Blüten sind durch Reduktion eines Geschlechtes oft → eingeschlechtig. Die einzelnen Blüten bestehen aus einem fünflappigen Blütenkelch, fünf (gelegentlich vier) am Rande gewimperten und zurückgebogenen, 10 bis 15 mm langen, weißen → Kronblättern, wovon die beiden oberen am ersten Tag ein gelbliches, am zweiten ein ziegelrotes, am dritten und vierten Tag ein karminrotes Saftmal am Grunde aufweisen. Ferner haben sie noch sieben gekrümmte → Staubblätter mit rötlichen → Staubbeuteln, die die Kronblätter weit überragen, am Grunde zwischen den Kron- und Staubblättern Nektarien, die reichlich Nektar absondern, und einen oberständigen,

▸▸ Blühende Roßkastanie

fein behaarten, dreifächerigen, eingriffeligen → Fruchtknoten. Die meisten Blüten sind männlich, wenig → zwittrig und einzelne weiblich. Sie werden von Bienen und Hummeln bestäubt.

■ Die Früchte entwickeln sich nur am Grunde des Blütenstandes und sind im September/Oktober reif. Die grüne, kugelige, stachelige, 5 bis 6 cm große zwei- bis dreifächerige Kapselfrucht fällt ab, platzt auf und gibt ein bis drei (vier) rundliche oder abgeflachte, rotbraune, glänzende Samen (Kastanien) frei, die einen großen, weißlichen Nabelfleck aufweisen. Sie keimen unterirdisch, und zwar bereits im darauf folgenden Frühjahr.

Roßkastanien

■ Die Kastanien sind ein vielseitiger und wertvoller Rohstoff. Im Ersten Weltkrieg und unmittelbar nach dem Zweiten Weltkrieg dienten sie der menschlichen Ernährung (Stärke, Öl, Mehl), als Futter für Tiere und letzten Endes auch als technischer Grundstoff (Saponin als Schaum- und Reinigungsmittel, Alkohol, Gerbstoff, Leinfarben). Im Jahre 1946 erging z. B. vom Bayerischen Landesverband für Heilpflanzenbeschaffung ein Aufruf an die gesamte Bevölkerung, sich an einer Kastanienaktion zu beteiligen. Aus 100 kg Frischkastanien wurden durch industrielle Verfahren rd. 30 kg entbittertes Kastaniennährmehl gewonnen. In diesem sind 60 bis 70 Prozent Stärke nachgewiesen, die die Weizenstärke an Steifkraft erheblich übertrifft. Öl ist zwischen 5 und 8 Prozent enthalten. Allerdings sind Kastanien mit den Bitterstoffen ungenießbar und sogar schwach giftig. Ihr Genuß würde Erbrechen und Angstgefühl hervorrufen.

Holz

Das Holz der R. ist gelblichweiß, kernlos, weich, leicht zu bearbeiten, gut polierbar, schwindet stark und ist wenig dauerhaft; zudem zeigen die Stämme meist → Drehwüchsigkeit. Es hat als → Werk- und → Brennholz nur geringen Wert.

Bedeutung als Heilpflanze

In der Naturheilkunde finden die reifen Samen (gesammelt im Oktober) und die Rinde (an der Sonne getrocknet) innerliche und äußerliche Verwendung. Die Rinde enthält Saponine, das fluoreszierende Glykosid Aesculin, → Harze, fettes Öl, Gerbsäure und Stärke. Samen und Rinde wirken entzündungshemmend, adstringierend, blutstillend und gefäßverengend. Kastanienrindenextrakt kräftigt Venen, beschleunigt die Blutströmung und beseitigt so Blutstauungen. Es wird deshalb bei Cuperose, Venenentzündung, Venenerweiterung (Krampfadern), Blutstauungen, Hämorrhoiden, auch Frostbeulen etc. verwendet. Als Rindenabsud, dreimal täglich getrunken, hilft es bei Beschwerden in den Wechseljahren.

◄ Rotblütige Roßkastanie

2. Rotblütige Roßkastanie

Aesculus X carnea Hayne wird auch Rotblühende oder Rote Roßkastanie genannt. Die Rotblütige Roßkastanie ist ein fruchtbarer → Bastard zwischen der Gemeinen Roßkastanie (*Aesculus hippocastanum*) und der in Nordamerika beheimateten Roten Kastanie (*Aesculus pavia*). Sie wird wegen ihrer schönen rosa Blüten gerne als Park- und Straßenbaum gepflanzt.

Merkmale

Der sommergrüne Laubbaum erreicht eine Wuchshöhe von etwa 15 m. Er ist insgesamt der Gemeinen Roßkastanie sehr ähnlich, lediglich in allen Teilen etwas kleiner als diese. Die Krone ist kugelig gewölbt und nicht so breit und hochgewölbt wie die der Gemeinen Roßkastanie. Die anfangs bräunlichgraue Rinde mit Streifenmuster wird an älteren Exemplaren braunrot. Häufig sind jedoch Rotblütige Roßkastanien auf Stämme der normalen Roßkastanie gepfropft. Ihre Triebe sind graugrün oder graurötlich, heller als bei der normalen Roßkastanie, mit helleren Lentizellen. Die Knospen sind etwa 2 cm lang, 1 cm dick, grünlichgrau und matt.

■ Die Blätter, die denen der normalen Roßkastanie gleichen, sind runzelig rauh, oberseits matt dunkelgrün. Die durch Pfropfung vermehrte Form *Briotii* hat jedoch glänzende Blätter und auch reinrote Blüten. Die einzelnen Fiederblätter sind breit keilförmig, ca. 8 bis 12 cm lang und in der Mitte am breitesten. Im Herbst verfärben sie sich nicht, sondern fallen bleichgrün oder bräunlich vertrocknend ab.

■ Die Blüten sind in verschiedenen Farbtönen hellrot mit gelblichem oder rötlichem Saftmal und stehen in langen aufrechten Rispen, sogenannten „Kerzen“. Die Frucht ist eine glatte oder mit wenigen Stacheln besetzte, grünliche Kapsel, die ein bis drei glatte, hellbräunliche Samen (Kastanien) enthält.

im Hut verblassend. Der Geschmack ist mild, der Geruch leicht parfümiert. Der junge Pilz ist ein guter Speisepilz und besonders als Mischpilz geeignet. Er bildet am Waldboden zum Teil große → Hexenringe.

2. Nebelkappe, die (*Lepista nebularis*): auch Nebelgrauer Trichterling, Nebelgrauer Röteltrichterling, Graukappe. Der Pilz wird von einigen Autoren den → Trichterlingen der Gatt. *Clitocybe*, von anderen den R. der Gatt. *Lepista* zugeordnet.

Die N. wächst von September bis November gesellig in Gruppen in Wäldern, v. a. in Nadelwälder. Der bis zu 15 cm breite Hut ist anfangs polsterförmig gewölbt mit eingerolltem Rand, dann ausgebreitet bis schwach schüsselförmig vertieft, in der Mitte dickfleischig. Der glatte Hut hat eine abziehbare Haut von aschgrauer bis blaß graubrauner Farbe. Er kann bei Nässe durch austreibende Myzelflöckchen wie verschimmelt aussehen. Die dichtgedrängt stehenden gelblichen Lamellen laufen weit am Stiel herab. Der Stiel ist 8 bis 10 cm hoch, 1,5 bis 4 cm dick und am Grunde keulig verdickt und weißfilzig. Das Fleisch des Pilzes ist weiß und riecht leicht gasartig. Es sollte nur jung genossen werden; ältere Pilze können Darmbeschwerden hervorrufen.

Neben den vorgenannten, weit verbreiteten R., gibt es noch zahlreiche seltenere Arten, wie z. B. **Graubräunlicher R.** (*L. paneola*), **Veilchen-R.** (*L. irina*) und **Lilastieliger R.** oder **Maskenritterling** (*L. saeva*), die hier nicht alle beschrieben werden können.

Rötelweih, der: → Falken 4.

Röten, das: das Entfernen der dicken rissigen → Borke der Kie – meist in Brusthöhe und ringförmig – mit einem Messer, so daß die tiefen Risse verschwinden (Glätten). Die abgeschabten Stellen sind dann rötlich. Das R. geschieht zum besseren Anbringen von Markierungszeichen, früher auch zum Anlegen von Leimringen als Schutz gegen schädliche Insekten (→ Forstschädlinge).

Rötender Schirmling, der: → Schirmlinge 2.

Rötender Wulstling, der: → Wulstlinge 5.

Roterle, die: → Erlen 3.

Rote Stangen: lokale Bez. (Hopfenanbaugebiete) für → Stangen die bei → Durchforstungen in geschlossenen Beständen anfallen. Die hingegen aus lichten Beständen stammenden Stangen, die meist einen weißlichen Flechtenansatz zeigen, werden „weiße Stangen“ genannt. Als → Hopfenstangen werden die weißen Stangen bevorzugt. Sie sollen eine größere Elastizität besitzen.

Rotfalke, der: → Falken 4.

rotfaul: veraltet rotbrüchig, rotseitig. Bez. für Holz, das von der Rotfäule (→ Wurzelschwamm) befallen wurde.

Rotfäule, die: → Wurzelschwamm.

Rotfichte, die: → Fichten 1.

Rotfrüchtige Becherflechte, die: → Becherflechten 4.

Rotfuchs, der (*Vulpes vulpes* L.): auch Fuchs, Holzfuchs, scherzhaft auch Rotrock, Rotvoß, Reinecke, roter Schelm, Frau Ermeline genannt.

Der R. zählt zoologisch zur Unter-Fam. der echten Hunde, zur Fam. der hundeartigen Raubtiere (*Canidae*) und zur Ordn. der Raubtiere (*Carnivora*). Von keinem Tier gibt es so viele bezeichnende Sprichwörter und Fabeln wie vom Fuchs. Er ist ein schlauer Gesell und überlistet alle Tiere. Im indischen Mythos ist er die

Hauptnahrung des Rotfuchses sind Mäuse.

Verkörperung des Abenddämmerungshimmels, sowohl seiner Farbe als auch seiner Schlauheit wegen; die Stunde des Zwielichts ist die Zeit der Ungewißheiten und Täuschungen. Auch Griechen und Römer ergehen sich in unzähligen Betrachtungen über die Schlauheit und Falschheit des Fuchses. In deutschen Sagen, Gedichten, Sprichwörtern und Kinderliedern hat er Berühmtheit erlangt.
Aussehen: Neben dem vereinzelt vorkommenden → Luchs ist der R. das größte Raubtier (→ Beutegreifer) unserer Wälder. Er ist zierlicher als seine Verwandten, der → Wolf und der → Marderhund und anmutiger in den Bewegungen. Er hat eine Länge (Kopf- und Rumpflänge) von etwa 60 bis 75 cm, eine Schulterhöhe von etwa 38 cm und eine Schwanzlänge von 30 bis 45 cm. Sein Gewicht beträgt 6 bis 10 kg. Die Weibchen sind i. d. R. etwas leichter als die Rüden (Männchen). Die Färbung des R. variiert stark, sie geht von gelbrot bis brandrot. Dominierend ist jedoch das bekannte Fuchsrot. Der R. wechselt im Frühjahr und Herbst sein Haar. Das Sommerhaar des R. ist kurz und stumpf. Das Winterhaar besteht aus dichten Wollhaaren und den langen Grannen, die dann dem Balg einen wie bereift aussehenden Anflug geben.
Vorkommen: Der R. ist in ganz Europa, mit Ausnahme von Island, Spitzbergen, Malta, Kreta und den Balearen beheimatet. Auch in Nordafrika und Asien ist er heimisch; in Australien wurde er eingeführt.
Lebensraum und Lebensweise: Er bevorzugt dünn besiedelte Landschaften mit größeren Waldungen und angrenzenden Wiesen und Feldern. Im Gebirge ist er bis zu einer Höhe von 3000 m anzutreffen. Sein Wohnraum ist der Wald; sein Jagdrevier sind Wiesen und Felder. Er ist vorwiegend dämmerungs- und nachtaktiv. Mit Einbruch der Dämmerung beginnt er dann mit seinen Raubzügen und schleicht sehr vorsichtig dahin. Bei schönem Wetter legt er sich zusammengerollt auf einen Baumstamm oder Stein, um sich zu sonnen, bevorzugt hält er sich sonst tagsüber in Nadelholzdickungen, Laubholzverjüngungen, Hecken oder Feldgehölzen auf. Bei Regen, Nebel oder nach dem ersten Schneefall steckt er i. d. R. im Bau. Zur Begattungszeit und später im Frühjahr zur Aufzucht der Jungen ist der R. auch tagsüber unterwegs. Die Behausungen (Baue), legt er in Waldungen mit dichtem Unterwuchs, in Dickungen und dichten Stangengehölzen, bevorzugt in leicht hügeligem Gelände an. Im Gebirge bewohnt er natürliche Felsenbaue. Wenn es irgendwie möglich ist, gräbt er sich die Baue nicht selbst, sondern bezieht alte verlassene Dachsbaue. Bei großen Bauanlagen mit mehreren Kesseln bewohnt er diese zusammen mit dem → Dachs, gelegentlich auch mit der → Wildkatze. Er legt Wohn-, Wurf- und Notbaue an.
Sinne und Lautäußerung: Der R. sieht, riecht und hört außerordentlich gut. Die Lautäußerung des R. ist ein heiseres Bellen. Bei Erregung und bei Kämpfen untereinander oder mit dem Hund läßt er ein „Keckern" hören.
Fortpflanzung: Der R. ist mit etwa zehn Monaten geschlechtsreif. Die Ranzzeit (Begattungszeit) beginnt Ende Dezember und endet im Februar. Eine Füchsin wird häufig von mehreren Rüden gedeckt; die Jungen eines Wurfes können daher von mehreren Vätern stammen. In Ausnahmefällen nimmt sich ein Rüde auch verwaister Jungen an. Nach einer Tragzeit von etwa 53 bis 55 Tagen bringt die Füchsin im März/April i. d. R. drei bis sechs Junge. Diese kommen blind und behaart zur Welt und wiegen etwa 80 bis 100 g. Sie sind meist 12 Tage blind. Ab der sechsten Woche sind sie in der Lage, sich teilweise selbst zu ernähren. Bereits fünf Wochen nach der Geburt erscheinen die Jungen zum ersten Mal vor dem Bau. Wird die Füchsin im Bau gestört oder erscheint er ihr zu unsicher, zieht sie häufig mit ihren Jungen in einen anderen Bau oder Unterschlupf um. Im Alter von neun bis zehn Wochen verlassen die Jungen endgültig den Bau und leben im Freien (Hecken, Getreidefelder o. ä.). Im Alter von 11 bis 12 Wochen gehen die jungen R. mit der Mutter auf Beutefang. Sie lernen sehr schnell, selbst zu jagen und werden auch bald selbständig. Im Herbst (September) löst sich dann die Fam. auf. R. können über zehn Jahre alt werden.
Nahrung: Der R. ist ein Fleischfresser. Seine Hauptnahrung besteht vorwiegend aus Mäusen, daneben auch aus Würmern, Schnecken, Käfern, Insekten, Larven, Eidechsen, Maulwürfen und Jungtieren (z. B. Junghasen, Rehkitze), Federwild und v. a. kranken und schwachen Tieren bis zur Größe eines Rehs. Er nimmt auch pflanzliche Nahrung, Beeren und Obst, und in Notzeiten auch Aas; → Fuchsbandwurm.

Rotfußfalke, der: → Falken 6.

Rotfußröhrling, der: → Röhrlinge 7.

Rothaarbock, der: → Bockkäfer 19.

Rothaargebirge, das: höchster Teil des Rheinischen Schiefergebirges; seine größte Höhe (Langenberg 843 m) erreicht es im Willinger Bergland. Das R. ist fast zu 90 % mit Wald bedeckt und erstreckt sich über 60 km Länge und zwischen 20 km und 30 km Breite. Man zählt es zu den schönsten deutschen Waldlandschaften (Schwarzwald des nordd. Raumes). Charakteristischer Baum dieser Landschaft ist die Fi; im Wittgensteiner Land trifft man auch auf ausgedehnte Buchenwälder mit Zwiebeltragender Zahnwurz und Goldnessel. Im Jahre 1963 entstand der 113 255 ha große → Naturpark R.

Rothaariger Kiefernbastkäfer, der: → Borkenkäfer 9.

Rothalsbock, der: → Bockkäfer 11.

Rothalsiger Weidenbock, der: → Bockkäfer 23.

Rothalsige Silphe, die: → Aaskäfer 4.

Rothänfling, der: → Finkenvögel 3.

Rothärte, die: → Reaktionsholz.

Rotheider, der: → Weidenröschen 1.

Rotholz, das: **1**) Druckholz; → Reaktionsholz. **2**) frühere Bez. für das Kiefernholz im Unterschied zum Weißholz (Fi). **3**) → Hartriegel 2.

Rot(h)schlinge, die: → Schneeball 2.

Rothütiger Steinpilz, der: → Steinpilz.

Rothwald-Urwald, der: Der aus zwei Teilflächen (Großer → Urwald 240 ha und Kleiner Urwald 56 ha) bestehenden R. befindet sich in den Lassing-Alpen, an der niederösterreichisch-steiermärkischen Grenze in Höhen von 940 bis 1500 m. Im niederschlagsreichen, kühlen, subatlantisch getönten Klima mit Schnee (bis zu 3 m) von November bis April gedeiht der Karbonat-Fichten-Tannen-Buchenwald, mit Waldmeister-Fichten-Tannen-Buchen-Waldgesellschaften und Alpendost-Fichten-Tannen-Buchenwald-Gesellschaften. Lokal sind im R. auch die Bergsturz-Block-Fichtenwald-Gesellschaften und Blaugras-Fichtenwald-Gesellschaften anzutreffen.

Rotkehlchen, das: → Drosseln 2.

Rotkern, der: → Fehlverkernung.

Rot-Klee, der: → Klee 7.

Rotkopfwürger, der: → Würger 3.

Rötliche(r/s) ... siehe unter dem jeweiligen Hauptnamen.

Rötlinge (*Entolomataceae*): artenreiche Fam. der Pilze aus der Ordn. der → Blätterpilze mit den Gatt. Tellerling (*Rhodocybe*), Mehlräsling (*Clitopilus*) und Rötling (*Entoloma*). R. sind Pilze von unterschiedlicher Größe mit rötlichen bis lachsfarbenen → Lamellen und eckigen, rosafarbenen → Sporen. Viele Arten der R. sind giftig. Die wichtigsten Arten sind:
1. Mehlräsling, der (*Clitopilus prunulus*): Der häufig in kleinen Trupps vorkommende Pilz erscheint von August bis Oktober besonders im Laub-, aber auch im Nadelwald; er bevorzugt schwach saure Böden. Der bis zu 12 cm breite und dickfleischige Hut ist jung halbkugelig, später konvex bis flach, am Rande oft wellig. Die Hutoberfläche ist schmutzigweiß bereift und fühlt sich mehlig an. Bei Feuchtigkeit wird sie leicht schmierig. Die dünnen Lamellen sind anfangs hell cremerosa, später fleischrosa bis bräunlich und laufen weit am Stiel herab. Der ausfallende Sporenstaub ist ebenfalls rosa. Der kurze, nur 2 bis 5 cm lange

Stiel ist weich und schmutzigweiß und hat eine filzige Basis. Das weiße Fleisch hat einen starken Mehl- oder Gurkengeruch. Der M. ist eßbar und ein guter Mischpilz, kann aber beim Sammeln leicht mit dem giftigen Weißen Trichterling verwechselt werden, der jedoch nie rosa Lamellen hat.

2. **Riesenrötling**, der (*Entoloma sinuatum*): Der in vielen Gegenden Dtschl. seltene oder gar fehlende Pilz erscheint truppweise von Juli bis September im Laubwald auf lehmigen und kalkhaltigen Böden, auf Waldwiesen und an Feldrainen. Der große, bis zu 18 cm breite und fleischige Hut ist jung konvex, bald flach, meist mit breitem, stumpfen Buckel. Der Hutrand ist stark eingerollt. Die Hutoberfläche ist elfenbeinweiß bis lederockerfarben und seidig glänzend, im Alter auch graubraun und gelegentlich gefleckt bis getropft. Die eingewachsen-gefaserte Huthaut reißt bei Trockenheit und im Alter netzartig auf. Die schmalen und dicht gedrängt stehenden Lamellen sind anfangs gelblich, dann fleischrosa und queraderig. Der schlanke, bis zu 12 cm lange Stiel ist weißgrau und etwas glänzend, hat eine bereifte Spitze und ist an der oft verdickten Basis weißfilzig. Der giftige Pilz, der Erbrechen und Durchfall hervorrufen kann, hat weißes Fleisch, einen deutlichen Mehlgeruch und schmeckt mild. Er kann leicht mit der Nebelkappe (→ Rötelritterlinge 2.) verwechselt werden.

3. **Alkalischer Rötling**, der (*Entoloma nidorosum*): Der von August bis Oktober hauptsächlich im Laubwald, selten im Nadelwald vorkommende Pilz wächst ziemlich häufig und bildet oft → Hexenringe. Der 3 bis 9 cm breite Hut ist konvex oder niedergedrückt bis genabelt. Die Huthaut ist im trockenen Zustand weißgrau oder graubraun und glänzend, im feuchten Zustand olivgrau bis graubraun und etwas gerieft, der Hutrand durchscheinend. Die dicklichen und ungleich langen Lamellen stehen entfernt, am Stiel etwas herablaufend oder abgestutzt angeheftet. Sie sind anfangs weißlich, dann rosabraun. Der bis zu 10 cm lange Stiel ist jung weißlich, später etwas grauseidig und erreicht einen Durchmesser von 0,3 bis 0,6 cm. Das Fleisch ist weißlich und mehr oder weniger durchfeuchtet. Es hat einen starken, an Amoniak erinnernden Geruch. Der Pilz ist schwach giftig und kann Magen-Darm-Beschwerden auslösen.

4. **Stahlblauer Rötling**, der (*Entoloma nitidum*): Der von Juli bis Oktober erscheinende Pilz wächst hauptsächlich im südd. Bergland in moosigen Nadelwäldern auf versauerten Böden. Der 2 bis 5 cm breite Hut ist glockig, dann gewölbt-gebuckelt, kahl, glatt, feucht und dünnfleischig. Die Hutfarbe ist dunkelblau bis stahlblau, zuletzt grau ausblassend. Die gegen den Stiel hin schmäler werdenden Lamellen stehen gedrängt und sind bauchig. Sie sind erst weißlich und werden dann rosa. Der bis zu 8 cm lange Stiel ist hutfarben, an der Basis weiß und faserig-streifig. Das weiße Fleisch ist geruchlos und mild. Der Pilz ist vermutlich eßbar, ist aber dennoch als Speisepilz nicht zu empfehlen.

5. **Bernsteinbrauner Rötling**, der (*Entoloma cetratum*): auch Scherbengelber Glöckling. Der ziemlich häufige Pilz erscheint von April/Mai bis November besonders an moosigen Stellen im Nadelwald. Der 2 bis 4 cm breite Hut ist gewölbt-glockig, kahl und dünnfleischig. Die Huthaut ist hell bernsteinbraun oder gelbbraun. Die bauchigen Lamellen sind ausgebuchtet angewachsen und lachsrosa, jung auch weißlich. Der bis 8 cm lange Stiel ist hutfarben oder heller und seidig längsfaserig. Das sehr brüchige und ungenießbare Fleisch ist wäßrig-blaß mit kaum wahrnehmbarem, mehlartigem Geruch.

6. **Gebrechlicher Glöckling**, der (*Entoloma hirtipes*): Der Pilz wächst ab April im Nadelwald mit Vorliebe zwischen Reisig. Der bis zu 8 cm breite Hut ist glockig-kegelig und hat eine graubraune, auch rußig-braune Haut. Sie ist bei Trockenheit seidig glänzend, feucht etwas gerieft. Der Hutrand ist anfangs eingerollt. Die sehr breiten und bauchigen Lamellen sind anfangs angewachsen, dann frei und von grauweißer, später schmutzigrosa Farbe. Der bis zu 16 cm lange und röhrige Stiel ist hutfarben, glänzend und fein gerieft. Die Spitze ist mehlig bereift, an der Basis weißfilzig. Das Fleisch des ungenießbaren Pilzes ist blaß, im Stiel faserig und hat einen tranigen Geruch.

7. **Niedergedrückter Rötling**, der (*Entoloma rhodopolium*): Der Pilz wächst von August bis Oktober im Laubwald, besonders bei Bu. Der 5 bis 10 cm breite Hut ist gewölbt und leicht gebuckelt, dann oft verbogen und niedergedrückt. Die seidig glänzende Huthaut ist grau, graugelblich oder hell olivgrau, bei Trockenheit auch weißlichgrau. Die Lamellen sind unterschiedlich angeheftet, anfangs weiß, dann rosa bis fleischrot. Der bis 12 cm lange und bis 1,5 cm dicke Stiel ist seidig-gerieft und weißlich oder leicht graulich. Das fast geruchlose, ungenießbare Fleisch ist wäßrig-weiß.

8. **Frühlingsgiftrötling**, der (*Entoloma vernum*): Der Pilz erscheint im Frühjahr und wächst zwischen Moos im Nadelwald. Der bis 5 cm breite Hut ist anfangs halbkugelig-glockig, dann ausgebreitet, gebuckelt oder mit Papille. Die seidig glänzende Huthaut ist bräunlicholiv, auch umbrabraun, und blaßt im trockenen Zustand stark aus. Die breiten und entfernt stehenden Lamellen sind anfangs graublaß, dann graurötlich. Der bis 8 cm lange, brüchige und hohle Stiel ist länglich gestreift, etwas blasser hutfarben, oft gedreht oder flachgedrückt, an der Basis weiß-filzig. Das gelegentlich etwas rettichartig riechende Fleisch des giftigen Pilzes ist weißlich.

Neben den vorgenannten, weit verbreiteten R., gibt es noch zahlreiche seltenere Arten, wie z. B. **Porphyrbrauner R.** (*Etloma porphyrophaeum*), **Ganzrandiger R.** (*E. turbidum*), **Violetter R.** (*E. euchroum*), **Kreuzsporiger R.** (*E. conferendum*) und **Weißer Glöckling** (*E. sericellum*), die hier nicht alle beschrieben werden können.

Rotmilan, der: → Milane 1.

Rotöl, das: → Harzöl, → Johanniskraut 1.

Rotpustelkrankheit, die: Die R. wird durch den Zinnoberroten Pustelpilz (*Nectria cinnabarina*) verursacht, der i. d. R. tote Zweige von Lbh befällt. Die befallenen Zweige werden dabei mit leuchtend fleischroten Pusteln (→ Fruchtkörpern) überzogen.

Rotrandiger Porling, der: → Porlinge 12.

Rotrückenwürger, der: → Würger 1.

Rotrüster, der: → Ulmen 2.

Rotschwanz, der: → Trägspinner 4.

rotseitig → rotfaul.

Rotspecht, der: → Spechte 6.

Rotstengelmoos, das (*Pleurozium schreberi* (Willd.) Mitten = *Entodon schreberi*): Das zur Fam. Zwischenzahnmoose (*Entodontaceae*) aus der Klasse → Laubmoose zählende R. ist ziemlich häufig, weit verbreitet und wächst vom Flachland bis über die → Baumgrenze im Gebirge, auf zumindest oberflächlich versauerten (→ Bodenanzeiger), feuchten bis längere Zeit trockenen → Standorten in Nadelwäldern, besonders Fichtenwäldern, in Laubmischwäldern sowie in Heiden und Mooren. Es bildet gelbgrüne bis bräunlichgrüne, etwas glänzende Rasen, oft auch große Matten. Die niederliegenden bis aufsteigenden, rötlichbraun-rindigen Stengel (Name!) sind etwa 6 bis 15 cm (20 cm) lang und meist locker, teils unregelmäßig fiederförmig verzweigt mit spitzen, oft gekrümmten Enden. Die glänzenden, dachziegelartig anliegenden Blätter sind 2 bis 3 mm lang, konkav, breit-oval mit abgerundeter Spitze und zwei kurzen, oft ungleichen Nerven. Die unteren Ecken der Blätter sind goldgelb oder orangefarben. Die Sporenkapseln erscheinen im Herbst; die → Sporen reifen im Winter. Die 2 bis 8 cm lang gestielte, seitenständige Sporenkapsel ist waagerecht bis geneigt, länglich-eiförmig, hochrückig, mit kegeligem, zugespitztem Deckel.

Rotstieliger Ledertäubling, der: → Täublinge 17.

Rotstreifigkeit, die: durch Pilzbefall (→ *Stereum*-Arten, insbesondere *Stereum sanguinolentum*) an gefälltem Ndh, v. a. Fi auftretende, streifen- oder bandförmige, braunrote bis violette Verfärbung. R. tritt entweder als Ausläufer einer Stammfäule (→ Weißlochfäule) oder als Frühstadium einer Lagerfäule (→

Rotpustelkrankheit, verursacht durch den Zinnoberroten Pustelpilz

Holzfäule, → Lenzites-Pilze) auf. Sie geht später in → Braunfäule über; → Rebhuhnholz, Fliegenholz.

Rottanne, die: → Fichten 1.

Rotte, die: **1**) auch Kompanie. In der Forstwirtschaft Bez. für einen oder mehrere in enger Verbindung miteinander arbeitende → Waldarbeiter, die mit der → Fällung und → Aufarbeitung des Holzes beauftragt sind. Je nach Auftrag bzw. Zusammensetzung spricht man von Ein- oder Zweimann-R. etc., oder, wenn es

Zweimann-Rotte bei Fällungsarbeiten

sich um mehrere Waldarbeiter handelt, allg. von einer R. (Vielmann-R.). Eine größere Zahl von Waldarbeitern an einem Hiebsort, z. B. bei einem Unternehmereinsatz, ist eine sog. Arbeitskolonne, die sich aus mehreren Zweimann-R. zusammensetzt. Die häufigste Form ist die Zweimann-R., die, gut eingespielt, v. a. im starkem Holz eine rationelle und wirtschaftliche Fällung gewährleistet. Im → Schwachholz (→ Durchforstung) hingegen werden die Arbeiten von Einmann-R. ausgeführt. Die Begriffsbestimmung R. ist allerdings nicht einheitlich. Mancherorts versteht man darunter eine größere Mannschaft an Waldarbeitern, während man die kleine Gruppe (von zwei bis vier Mann) mit → Partie oder Säge bezeichnet. Umgekehrt versteht man in einigen Gegenden unter Partie die ganze Arbeitskolonne, unter R. dagegen die kleine Gruppe (Säge). **2**) in der Jägersprache Bez. für eine Gemeinschaft von Wildscheinen. **3**) (Verrottung): der Abbau organischer Stoffe durch → Mikroorganismen unter Anwesenheit von → Sauerstoff. Unterschieden wird nach natürlicher R. in Mieten (ca. vier bis sieben Monate) und künstlicher R. in Gärtrommeln, R.-Zellen oder R.-Türmen (ca. 1 Tag bis drei Wochen); → Kompostierung. **4**) zu einer Kampfgemeinschaft verbundener → Trupp oder verbundene → Gruppe von in der Höhe unterschiedlich entwickelten Bäumen mit 7 bis 20 m Durchmesser, eigenem Trauf (→ Waldränder) und deshalb kollektiver Stabilität; → Bestand, Horst, Kleinbestand, Rottenstruktur.

Rottenstruktur, die: aus → Rotten bestehende → Struktur eines → Bestandes.

Rottmeister, der: alte Bez. für den Führer (Vorarbeiter) einer → Rotte 1).

Rottwirtschaft, die: in der Pfalz Bez. für einen buschartigen Laubniederwald, der noch in den Nachkriegsjahren als → Niederwald bewirtschaftet wurde. Die Bäume und Büsche wurden dabei immer wieder kahl geschlagen um Brennholz und Rinde für die Gerberei (→ Lohrinde) zu gewinnen.

Rottzehnt, der: → Neubruchzehnt.

Rotulme, die: → Ulmen 2.

Rotwild, das (*Cervus elaphus* L): auch Edelwild. Das R. zählt zoologisch zur Unter-Fam. der Echten Hirsche (*Cervinae*), zur Fam. der Hirsche (*Cervidae*) und zur Ordn. der Paarhufer (*Artiodactyla*).

Aussehen: Ein ausgewachsenes Stück R. erreicht eine Länge von 1,65 m bis zu 2,45 m und eine Schulterhöhe von etwa 1,20 m bis 1,40 m. Der Wedel (Schwanz) ist kegelförmig und etwa 12 bis 15 cm lang. Das Gewicht ist innerhalb des Verbreitungsgebietes unterschiedlich. Ein ausgewachsener Hirsch wiegt je nach Standort 70 bis 280 kg. Weibliche Tiere wiegen 95 bis 160 kg und Kälber im August bereits um 30 kg. Der Körper des R. ist kräftig und ausgeglichen gestaltet; seine Haltung und seine Bewegungen wirken stolz und edel („Edelwild"), was dem Hirsch die Bez. „König der Wälder" einbrachte. Das R. wechselt zweimal im Jahr (im Mai und im September/Oktober) das Haar. Das Winterhaar des R. ist dunkelbraun bis grau und länger und dichter als das Sommerhaar. Letzteres ist auf der Rumpfoberseite rot bis rotbraun, unterseits fahlrot bis gelblichweiß. Die neugeborenen Kälber haben sog. Kälberflecke; das sind weiße Flecke auf rötlichem Grund, die nach einigen Wochen vom nachwachsenden Haar überdeckt werden. Die Hirsche tragen je nach Alter und körperlicher Verfassung ein kräftig ausgebildetes, verzweigtes Stangengeweih. Das auf kurzen walzenförmigen Stirnbeinfortsätzen (Rosenstöcken) sitzende Geweih ist ein Knochengebilde, das jährlich abgeworfen wird und danach erneut wächst. Das Geweih nimmt mit fortschreitendem Alter, etwa bis zum 12. Lebensjahr, an Stärke zu. Mit der Zunahme der Geweihstärke ist meist auch eine Vermehrung der Endenzahl im Kronenbereich (oberer Stangenbereich) verbunden. Etwa ab dem 12. Lebensjahr wird es dann zurückgesetzt, d. h. wieder schwächer. Das erste Geweih (Spieße) wirft der Hirsch im April/Mai des darauffolgenden Jahres wieder ab und beginnt sofort mit dem Aufbau eines neuen. Die Geweihe der folgenden Jahre werden überwiegend im August verfegt und im Februar wieder abgeworfen.

Vorkommen: In Europa kommt heute das R. im wesentlichen überall dort vor, wo große Waldungen die Landschaft prägen. Es ist v. a. im östlichen Mitteleuropa, im Alpengebiet, auf den Britischen Inseln und im Norden bis Westnorwegen verbreitet.

Lebensraum und Lebensweise: Der bevorzugte Lebensraum des R. sind große Waldflächen mit hohem Laubholzanteil, Laub- und Mischwälder mit offenen Flächen (Wiesen) und die Auwälder entlang von Flüssen sowie Wälder der Mittelgebirge und der Gebirge, wobei es hier im Winter in tiefere Lagen zieht. Dichte Waldteile und zusammenhängende Dickungen dienen dem R. als Einstände. Dort hält er sich i. d. R. tagsüber auf, äst auch im Einstand oder in unmittelbarer Nähe. Erst gegen Abend zieht es zur Äsung auf Wiesen, Lichtungen, Kahlschläge, Felder und Kulturen aus und frühmorgens wieder in die Tageseinstände zurück. Obwohl tag- und nachtaktiv, ist das scheue, störungsempfindliche R. vielerorts aufgrund häufiger Störungen zum Nachttier geworden. Zu seinem allg. Wohlbefinden, zum Abkühlen (besonders in der Brunftzeit)

▸▸ Rothirsche mit Geweihen im Bast

und zum Schutz vor Parasiten und Insekten suhlt das R. gern im Schlamm. Das R. lebt überwiegend nach Geschlechtern getrennt gesellig in Rudeln (Kahlwild-, Feisthirsch- und Brunftrudel), die manchmal kilometerweit voneinander getrennt stehen. Die großen Rudel bestehen aus Muttertieren mit ihren Kälbern beiderlei Geschlechts und jungen Hirschen bis zum vierten Lebensjahr. Sie werden von einem weiblichen Leittier angeführt. Die kleineren Hirschrudel bestehen aus Hirschen ab dem vierten, gelegentlich auch schon ab dem dritten Lebensjahr. Alte Hirsche werden zu Einsiedlern und meiden dann die Rudel.
Das R. sieht sehr gut; es riecht und hört auch außerordentlich gut. Die Lautäußerungen sind vielseitig und je nach Geschlecht und Anlaß verschieden. Die häufigsten Lautäußerungen während der Brunft sind das Knören und Röhren (Schreien) der Hirsche.
Fortpflanzung: Die Brunft (Begattungszeit) wird von einer besonderen Ausdünstung der weiblichen Tiere ausgelöst, die nur wenige Tage brunftig sind. Dieser spezifische Geschlechtsgeruch löst den Brunfttrieb der Hirsche aus und lockt sie zum Kahlwild. Die Brunft beginnt Mitte September und geht bis Mitte Oktober. Jüngere Hirsche brunften früher, ältere später. Die Brunft wird zudem von klimatischen Verhältnissen, Höhenlagen usw. beeinflußt. Unter etwa gleich starken Hirschen werden heftige Kämpfe auf dem Brunftplatz ausgetragen; gelegentlich treten daher entsprechende Verletzungen auf, die durch das sog. „Forkeln“ sogar tödlich verlaufen können. Nach einer Tragzeit von 34 Wochen (ca. neun Monaten), wird i. d. R. Ende Mai/Anfang Juni ein Kalb gesetzt, selten zwei. Das Kalb wird in den ersten vier bis sechs Lebenswochen abgelegt, nur zum Säugen aufgesucht; es drückt sich bei drohender Gefahr an den Boden. Bereits nach etwa acht Tagen nimmt es erste Grünäsung auf. Es wird bis in den Februar hinein gesäugt. Mit etwa einem Jahr ist es selbständig und mit eineinhalb bis zweieinhalb Jahren geschlechtsreif. R. kann über 20 Jahre alt werden.
Nahrung: Ein ausgewachsenes Stück R. benötigt etwa 10 bis 12 kg Grünäsung pro Tag. Die sehr reichhaltige Äsung besteht v. a. aus Gräsern, Kräutern (Heide und Heidelbeerkraut), jungen Trieben, Knospen, Laub, Mast der Bäume sowie aus Pilzen und Obst, auch aus Feldfrüchten, wobei halbreifer Hafer, Mais und Hackfrüchte bevorzugt werden. In Zeiten hohen Nährstoffbedarfes (z. B. während der Geweihentwicklung) und in Notzeiten richtet das R. oft erhebliche → Schälschäden an. Schlagschäden werden verursacht durch Markierungsverhalten der Hirsche in ihrem Einstandsgebiet, indem sie mit ihrem Geweih an junge Bäume und Sträucher schlagen. Es entstehen dadurch Schäden an Rinde und Holz. Fegeschäden treten auf, wenn der Hirsch sein Geweih vom Bast befreit und dabei gegen Bäume und Sträucher schlägt bzw. an ihnen reibt. Zugleich wird das Geweih durch die Pflanzensäfte eingefärbt. Der Grad der Färbung (hell oder dunkel) hängt von der beim Fegen bevorzugten Baumart ab. Verbißschäden treten v. a. in Naturverjüngungen auf. Bevorzugt werden Saaten und Keimlinge sowie in der Vegetationsruhe die Knospen und Zweige von As, Bu, Ei, Es und Ah. Bei den Ndh werden insbesondere Ta und Fi verbissen.

Rozites caperata → Reifpilz.

r-Strategen: Pflanzen oder Tiere, die aufgrund ihrer hohen Nachkommenszahl und ihrer raschen Generationenfolge in der Lage sind, Lebensräume mit kurzfristig änderbaren Umweltbedingungen rasch zu besiedeln, werden r. oder Opportunisten genannt. Sie nutzen oft ein ökologisches Vakuum und sind zu plötzlichen Massenvermehrungen befähigt. Sie sind einem geringen Wettbewerb mit anderen Organismen ausgesetzt. r. haben eine endogene Wachstumsrate. Es sind kleine Lebewesen mit einer Lebensdauer des Individuums von unter einem Jahr und haben nur einmal Nachkommen. Umweltveränderungen sind sie relativ schlecht angepaßt; es können auch Massensterben auftreten. Zur Arterhaltung brauchen sie eine hohe Nachkommenszahl, damit wenigstens einige Individuen überleben. Oft ist auch parthogenetische Vermehrung möglich. Selten gelingt es diesen Organismen, die Kapazitätsgrenze des Lebensraumes und darin einen Gleichgewichtszustand zu erreichen. Im Wald gehören dazu z. B. die → Blattläuse, einjährige → Unkräuter; → K-Strategen.

RU: Kurzzeichen für Rüster (Feldulme) nach DIN 4076.

Rüben-Kälberkropf, der: → Kälberkropf 4.

Rübezahl, der (ahd. rhio, „rauh“; zahl, „zagel“, „Schwanz“; „Rauhschwanz“): ein Lokaldämon des Riesengebirges, der im Bergwald wohnt und als Berggeist in vielerlei Gestalt erscheint. Der Name R. ist nicht sicher erklärt; nach einigen bedeutet er „Rübenschwanz“, d. h. das auslaufende untere Ende der Rübe (Zahl, svw. Zagel), ein den Elfen angehöriger Name, dann Spottname. Die Kräutersucher nannten ihn auch „Herr Johannes“. R.-Sagen sind im 15. Jh. im Riesengrund des Isergebirges aufgetaucht. R. ist dabei der „Wetterherr“ des Riesengebirges und berührt sich deshalb auch mit dem Wilden Jäger. Gegen gute Menschen ist er freundlich, lehrt sie Heilmittel und beschenkt sie; wenn man ihn aber verspottet, rächt er sich schwer. Der Sage nach führt R. auch Wanderer irre, hütet Bergschätze und beschenkt Arme. R.-Sagen wurden von dem Leipziger Joh. Prätorius gesammelt (1662 bis 1672).

Rüblinge (*Collybia*): Gatt. der → Blätterpilze aus der Fam. der → Ritterlingsartigen (*Tricholomatacea*) mit über 30 einheimischen Arten. R. sind kleine bis mittelgroße, kahlhütige, meist braune, zähe und dünnfleischige Pilze. Alle sind Boden- oder Holzbewohner. Die überwiegende Zahl ist ungenießbar, einige auch leicht giftig. Die wichtigsten Arten sind:

1. Waldfreundrübling, der (*Collybia dryophila*): Der häufige und weit verbreitete Pilz erscheint bereits nach den ersten warmen Mairegen und ist bis in den November hinein im Laub- und Nadelwald anzutreffen. Der 3 bis 6 cm breite Hut ist anfangs gewölbt, dann flach. Die glatte kahle Huthaut ist kastanien-, gelbbraun, auch tonfarben oder fleischblaß. Die schmalen → Lamellen stehen dichtgedrängt und sind mit Häkchen am Stiel angewachsen. Sie sind weißlich, auch tonblaß oder gelblich. Der wie der Hut gefärbte Stiel wird 3 bis 8 cm lang. Er ist glatt, kahl, zäh und röhrig. Das dünne Fleisch ist blaß und wässig. Der säuerliche Geruch erinnert an frisch gesägtes Holz. Der Pilz ist zwar eßbar, wegen des röhrig hohlen und zähfaserigen Stieles jedoch wertlos.

2. Knopfstieliger Rübling der (*Collybia confluens*): Der stets in Büscheln stehende Pilz ist weit verbreitet im Laub- und Nadelwald und wächst, → Hexenringe oder Reihen bildend, von Juli bis Oktober auf Laub- und Nadelstreu. Der dünnfleischige Hut wird 2 bis 4 cm breit und ist anfangs kegelig, dann glockig oder ausgebreitet, der Rand leicht gerieft. Die Huthaut ist feucht fleischbräunlich, trocken weißgelblich ausblassend. Die anfangs weißlichen, später fleischbräunlichen Lamellen sind sehr schmal und sehr dicht stehend. Der 5 bis 11 cm lange, rotbräunliche oder blaß lederfarbene Stiel ist fein filzig. Er hat eine zylindrische Form, ist aber oft breitgedrückt und an der Spitze knopfartig erweitert. Das Fleisch des eßbaren Pilzes ist weißlich und zäh und riecht bisweilen nach Bittermandelöl.

3. Brennender Rübling, der (*Collybia peronata*): auch Pfeffer-R. Der meist in Scharen oder büschelig wachsende Pilz erscheint von Juli bis November sehr häufig auf feuchtem Laub, auch auf Nadelstreu. Der dünnfleischig-lederige Hut wird 2 bis 5 cm breit. Er ist jung gewölbt und flacht dann immer weiter ab. Die Huthaut ist blaßrötlichbraun bis blaßgelbbraun. Die auffallend dicken und entfernt stehenden, queraderigen Lamellen sind gelblich und zuletzt zimtbräunlich mit lilarotem Schein. Der fast hutfarbene Stiel wird 3 bis 7 cm lang und hat eine zylindrische Form; nur am Hutansatz und an der Basis ist er leicht verdickt. Das sehr zähe und auf der Zunge brennende Fleisch ist holzfarben und geruchlos. Der Pilz gilt daher als ungenießbar.

4. Spindeliger Rübling, der (*Collybia fusipes*): auch Spindelfüßiger R. Der meist büschelig wachsende Pilz erscheint von Juni bis Oktober an der Basis von Eichenstämmen oder an den Eichenwurzeln, selten an anderen Laubbäumen. Der dunkelrotbraune auch kastanienbraune und fleischige Hut wird 7 bis 9 cm breit. Jung ist er glockig-gewölbt, dann ausgebreitet, häufig auch stumpfgebuckelt und trocken. Die breiten, ungleich langen und entfernt stehenden Lamellen sind am Stiel ringförmig angeheftet. Sie sind fleischrötlich, oft rotfleckig, häufig etwas wellig und aderig miteinander verbunden. Der später hohlwerdende Stiel wird 8 bis 12 cm lang, hat eine spindelförmige Form und eine dunkelrotbraune, zur Spitze hin heller werdende Farbe. Der Stiel ist grob gefurcht und oft gedreht. Das blasse Fleisch ist sehr zäh und fast ohne Geruch. Der Pilz ist minderwertig. Ein ähnlich gefärbter und ebenfalls büschelig wachsender Rübling ist der **Rotbraunstielige Büschelrübling** (*Collybia acervata*): der von Juni bis Oktober am Grunde von Nadelholzstämmen und -holzstümpfen vorkommt. Er ist sehr selten und hauptsächlich im → Schwarzwald anzutreffen.

5. Gefleckter Rübling, der (*Collybia maculata*): Der ungenießbare Pilz wächst gesellig und Hexenringe bildend von September bis Oktober im Nadelwald und bevorzugt am Grunde der Stämme. Der 5 bis 12 cm breite und fleischige Hut ist anfangs flach gewölbt bis flach und schirmt auch später kaum auf. Die Huthaut ist weißlich und bekommt allmählich roströtliche Flecken. Die abgerundeten und angehefteten weißlichen Lamellen sind schmal und stehen sehr gedrängt. Sie enthalten wie der Hut roströtliche Flecken. Der Stiel

Früchte der Gemeinen Brombeere (*Rubus fruticosus*)

ist ebenfalls weiß und wird rostfleckig. Er ist bauchig oder gleichdick, knorpelig zäh, oft verdreht und nach unten verjüngt. Der Stiel wird 6 bis 10 cm lang und ist röhrig hohl. Das weiße, feste Fleisch hat einen stark bitteren Geschmack und riecht nach frischem Holz.

6. Butterrübling, der (*Collybia butyracea*): auch Kastanienroter R. Der Pilz kann oft in Massen auftreten und wächst von Juli bis Dezember im Laub- und Nadelwald auf versauerten Böden. Der meist rotbraune, auch dunkler oder blasser gefärbte Hut wird 4 bis 8 cm breit, ist anfangs leicht gewölbt und flacht später ab. Reife Pilze haben einen welligen, fast nach innen gedrückten Rand. Die Haut ist glatt, kahl und fettig glänzend. Die weißlichen Lamellen sind breit und stehen dichtgedrängt. Sie sind abgerundet angeheftet und gelegentlich sogar frei vom Stiel. Der hutfarbene Stiel wird 4 bis 8 cm lang und bis 2 cm dick. Er läßt sich elastisch biegen und verjüngt sich nach oben; an der Basis ist er weißfilzig. Das weiße, zähe Fleisch ist fast geruchlos. Eine Varietät des B., der **Horngraue Rübling** (*Collybia butyracea var. asema*), hat einen horngrauen Hut, einen graubraunen Stiel und kommt auch häufiger vor. Sie ist aber sonst vom B. kaum zu unterscheiden.

Neben den vorgenannten, weit verbreiteten R., gibt es noch zahlreiche seltenere Arten, wie z. B., **Glänzender R.** (*C. tergina*), **Dunkelstieliger R.** (*C. alkalivirens*), **Rotstieliger R.** (*C. marasmioides*) und **Drehstieliger R.** (*C. distorta*), die hier nicht alle beschrieben werden können.

Rubner, Konrad, Prof. Dr. (9.3.1886 Nürnberg bis 20.10.1974 Regensburg): R., ein Waldbauprofessor, leitete u. a. vier Jahre die Außenstelle im Versuchsrevier Grafrath bei Fürstenfeldbruck. 1928 berief die Forstakademie Tharandt R. auf den Lehrstuhl für Waldbau und Forstbenutzung. 1929 gründete er die intereuropäische „Arbeitsgemeinschaft für forstliche Vegetationskunde". Nach dem Krieg leitete R. kommissarisch das Regierungsforstamt Augsburg und übernahm vorübergehend dort auch das Personalreferat. Ab 1948 war R. Waldbaureferent an der Ministerialforstabteilung in München. Er schrieb u. a.: „Die pflanzengeographischen Grundlagen des Waldbaues" (1924), „Das ursprüngliche Areal der Fichte in Europa" (1932) und zusammen mit Fritz Reinhold: „Das natürliche Waldbild Europas als Grundlage für einen europäischen Waldbau" (1953).

Rubus: Die Gatt. R. aus der Fam. der → Rosengewächse (*Rosaceae*) mit ihren Unter-Gatt. *Rubus* (Brombeeren) und *Idaeobactus* (Himbeeren) umfaßt weltweit rund 700 Arten, die selbst von Fachleuten nur schwer auseinandergehalten werden können. Neben den zahlreichen Arten, insbesondere in der Gatt. *Rubus*, gibt es auch in unseren Breiten noch viele lokale Sippen. Wegen dieser durch Kreuzungen, Polyploidie und Apomixis verursachten Artenvielfalt und der zahlreichen Zwischenformen ist eine Gliederung der Gatt. sehr schwierig. Im landläufigen Sinne werden die Himbeeren mit roten Beeren und wenig Stacheln und die Brombeeren mit vielen Stacheln und schwarzen oder rot-schwarzen Beeren unterschieden. Dazu kommen noch die zweihäusige Moltebeere mit ihren hellorangegelben Früchten und die Steinbeere mit ihrem Blütendimorphismus. Innerhalb der Brombeeren werden zwei Gruppen (Sektionen) unterschieden: Die Echten Brombeeren (*R. fruticosus*-Gruppe oder Sektion *Rubus*) und die Haselblatt-Brombeeren (*R. corylifolius*-Gruppe oder Sektion *Corylifolii*). Von der letzten Gruppe nimmt man an, daß sie Kreuzungen, auch unter Beteiligung von Kratzbeere und Himbeere, entstammt. Man teilt diese Gruppe dann weiter in Himbeerverwandte Haselblatt-Brombeeren (Subsektion *Subidaei*) und in Heckenbrombeeren (Subsektion *Sepincoli*) ein. Die Gruppe der Echten Brombeeren wird in die Gruppen der Aufrechten Brombeeren (Subsektion *Rubus*) und die der Wintergrünen Brombeeren (Subsektion *Hiemalis*) eingeteilt. Letztere wird in die zehn Serien Waldbrombeeren (Serie *Sylvatici*) Sprengels Brombeeren (Serie *Sprengeliani*), Kreuzdornblättrige Brombeeren (Serie *Rhamnifolii*), Zweifarbige Brombeeren (Serie *Discolores*), Filzbrombeeren (Serie *Canescentes*), Drüsenarme Brombeeren (Serie *Micantes*), Unregelmäßig bestachelte Brombeeren (Serie *Anisacanthi*), Raspelbrombeeren (Serie *Radulae*), Stachelschwein-Brombeeren (Serie *Hystrices*) und Drüsenreiche Brombeeren (Serie *Glandulosi*) untergliedert. Die ökologischen Standortansprüche und die pflanzensoziologischen Einordnungen sind – wohl auch wegen der schweren Abgrenzbarkeit der Arten – noch unzureichend untersucht. Die Hauptvorkommen sind in Gebüschen, Waldrändern und Waldgesellschaften wie in Stieleichenwäldern, Buchenwäldern, Fichtengesellschaften. Einige Arten kommen in entwässerten Hochmooren und Weidengebüschen vor. Brombeeren bevorzugen v. a. wintermilde Gebiete. In den letzten Jahrzehnten konnten sich infolge des Stickstoffeintrages aus der Luft und wohl auch mit der Bodenversauerung bestimmte Arten, z. B. in verlichteten Fichtenbeständen, stärker ausbreiten.

▸▸▸ Blüte und Früchte der Kratzbeere (*Rubus caesius*)

1. Gemeine Brombeere, die (*Rubus fruticosus* Linné): auch Echte Brombeere, Braunbeere, Schwarzbeere, Murbeer, Moorenbeer.
Verbreitung: Die G. B. ist fast über ganz Europa verbreitet, fehlt jedoch im äußersten Norden.
Standort: Sie wächst in Wäldern, Heiden, Gebüschen, auf Lichtungen, Kahlschlägen, an Feld-, Wald- und Wegrändern. Sie kann undurchdringliche Hecken bilden und liebt humusreichen, kräftigen, nicht zu trockenen, kalkhaltigen Boden. Sie kommt in der Ebene, im Hügelland und in den Gebirgen bis in eine Höhe von etwa 2000 m vor.
Merkmale: Der vielgestaltige, stachelige, buschige, bis 2 m hohe Strauch ist sommer-, manchmal wintergrün und hat verholzte Stengel, teils unfruchtbare, bogenartige, oft mehrere Meter lange, niederliegende oder kriechende, wurzelziehende (→ Absenker bildende) → Langtriebe, teils blühende und aufrechte, mit Hilfe der Stacheln kletternde Schößlinge (Spreizklimmer). Die meist stumpfkantigen, gefurchten → Triebe sind an der Lichtseite gerötet und mit starken, meist etwas gebogenen und seitlich abgeflachten Stacheln besetzt. Die wechselständig angeordneten (→ Blattstellung), drei- bis fünfzähligen, handförmig gefiederten, leicht gefalteten Blätter sind oberseits dunkelgrün, kahl, manchmal glänzend, unterseits graugrün und weißgraufilzig. Sie haben stachelige Stiele und Mittelnerven. Die Fiederblätter sind sehr ungleich. Die seitlichen Blätter sind schmal-eiförmig und nur kurzgestielt. Das Endblatt ist breit-eiförmig, vorne spitz zulaufend, am Grunde herzförmig und länger gestielt. BZ: Juni bis August. Die weißen oder rötlich überlaufenen Blüten haben 2 cm im Durchmesser, fünf große, breite, eiförmige → Kronblätter, zahlreiche → Staubblätter, kurze, grüne → Griffel und sind in lockeren, ausgebreiteten Doldentrauben (→ Blütenstand) angeordnet. Die saftigen, eßbaren → Sammelfrüchte, die von August

bis Oktober reifen, sind erst rot, dann schwarz, glänzend, bestehen aus 20 bis 50 kleinen Einzelfrüchtchen und gehen mit dem Blütenboden ab.
In der Naturheilkunde finden die Blütenknospen, Blätter (vor der Blütezeit), Früchte und jungen Schößlinge (sämtliche gebündelt im Dunkeln getrocknet) innerliche und äußerliche Verwendung. Sie enthalten u.a. Gerbstoff, organische Säuren (Oxal-, Salicyl-, Zitronen- und Apfelsäure) und wirken adstringierend, blutreinigend, harntreibend, blutzuckersenkend und wundreinigend. Eingesetzt werden Produkte der G. B. bei Heiserkeit, Angina, Mundschleimhautentzündung und Diabetes, Durchfall und Zahnfleischerkrankungen.
Die reifen Früchte werden gern gesammelt und daraus Kompott, Saft, Sirup, Marmelade, Gelee, Milch-Shakes, Wein, Likör und Schnaps (Brombeerwasser) hergestellt. Die abgebrühten Blätter eignen sich neben ihrer blutreinigenden Wirkung auch als Ersatz für chinesischen Tee.
2. Gemeine Himbeere, die (*Rubus idaeus* Linné): auch Hohl-, Moll-, Hindel-, Honig-, Rote Brombeere, Korn-, Schnitter-, Hofl-, Hoangbeer.
Verbreitung: Die G. H. ist fast über ganz Europa verbreitet; lediglich auf Island, im äußersten Norden und in Portugal fehlt sie.
Standort: Sie wächst in trockenen Niederwäldern, Hochstaudenfluren, an Waldrändern, in Gebüschen, auf Kahlschlägen, Schutthalden und an Zäunen. Sie liebt lockere, nähr- und stickstoffreiche, nicht zu trockene Böden und kommt von der Ebene bis in Höhen von etwa 1800 m im Gebirge vor.
Merkmale: Der 0,5 bis 1,8 m hohe Halbstrauch hat zahlreiche verholzende Stengel, die einjährig meist aufrecht stehen oder rutenförmig bogig überhängen (zweijährig) und i. d. R. feine Stacheln aufweisen. Die Schößlinge sind rund und im unteren Teil mit zahlreichen kurzen, dunkelroten Stacheln besetzt. Die G. H. hat einen sehr ausdauernden Wurzelstock und vermehrt sich rasch und stark durch → Wurzelbrut. Die wechselständig angeordneten, drei- bis fünfzählig (seltener bis siebenzählig) gefiederten Laubblätter sind oberseits frischgrün, kahl und runzelig, unterseits weißfilzig behaart. Der → Blattrand ist scharf gesägt. Die Schößlinge blühen im zweiten Jahr im Mai/Juni. Die weißen, meist nickenden Blüten sind fünfzählig und in lockeren Trauben oder Rispen angeordnet. Die Himbeeren, die im Juli/August reifen, sind rote Sammelfrüchte, die aus vielen samtig behaarten Steinfrüchtchen, den eigentlichen Beeren bestehen und sich leicht vom kegelförmigen Blütenboden ablösen lassen. Sie sind saftig und wohlschmeckend. Nach der Fruchtreife sterben diese Schößlinge ab. Die Himbeeren werden gesammelt und daraus Saft, Sirup, Gelee, Marmelade, Wein, Likör, Schnaps (Himbeergeist) und Kuchen bereitet.
In der Naturheilkunde werden die Blüten, die Früchte und die Blätter (im August/September gesammelt, an schattiger Stelle getrocknet) verwendet. Sie enthalten u. a. Zucker, Zitronensäure, Vitamin C, Mineralsalze und wirken adstringierend, abführend, blutreinigend, appetitanregend, harntreibend, erfrischend, schweißtreibend und gegen Skorbut; sie finden innerliche und äußerliche Anwendung. Die Früchte dienen zudem auch zur Geschmacksverbesserung bei pharmazeutischen Präparaten für Kinder. Aus den Blüten und Blättern läßt sich ein wohlschmeckender, heilkräftiger Tee bereiten (früher als Ersatz für chinesischen Tee).
Die Bez. Himbeere ist abgeleitet vom mittelhochdeutschen Wort „hintber", vom althochdeutschen „hintberi" und vom angelsächsischen „hindberi", von Hinde, Hinte = Hirschkuh, d. h. Beere der Hirschkuh. Gemeint ist damit der Dornstrauch in dem sich die Hinde gerne verbirgt. Eine alte Bez. für Himbeere ist heute noch Hindelbeere.
Die Himbeere wird seit dem Mittelalter kultiviert; es gibt heute auch viele ertragreiche, großfrüchtige → Sorten.
3. Kratzbeere, die (*Rubus caesius* Linné): auch Bereifte Brombeere, Blaufrüchtige Brombeere, Ackerbeere, Acker-Brombeere, Bockbeere.
Verbreitung: Die K. ist fast in ganz Europa verbreitet. Im Norden kommt sie bis Irland, Schottland und Skandinavien vor. Sie ist in ganz Dtschl. verbreitet und kommt mancherorts häufig vor.
Standort: Sie wächst in Wäldern, Gebüschen, an Waldrändern, Fluß- und Bachufern, auf Lichtungen, Kahlschlägen, Äckern, in Hecken und Gärten. Da sie Staunässe und längere Überschwemmungsperioden ausgezeichnet übersteht, ist sie häufig in Auwäldern zu finden, wo sie gelegentlich regelrechte Dickichte bildet. Bevorzugt wächst sie auf kalkhaltigem Boden und kommt von der Ebene bis in eine Höhe von etwa 1500 m im Gebirge vor.
Merkmale: Der niederliegende oder kletternde, bis etwa 1 m hohe Strauch, hat Schößlinge, die anfangs aufrecht stehen, später bogig überhängen und dort, wo sie den Boden berühren, wieder einwurzeln. Die Blütenäste sind rundlich, blaugrau, bläulich bereift, mit kurzen, fast geraden Stacheln und Stieldrüsen. Die Laubblätter sind dünn, i. d. R. dreizählig, bis 9 cm lang und 6 cm breit, grob und ungleich gezähnt. Das Endblättchen ist breit eiförmig bis rautenförmig; die Seitenblättchen sind fast sitzend. Die Nebenblätter sind lanzettlich. BZ: Mai/Juni. Die fünfzähligen, weißen Blüten haben etwa 3 cm im Durchmesser und sind in Doldentrauben angeordnet. Ihre langen dünnen Blütenstiele sind mit feinen Stacheln besetzt. Die glanzlose, blau bereifte Frucht besteht aus fünf bis 20 großen Teilfrüchtchen, ist saftreich und schmeckt säuerlich. Die Beeren werden gerne von Krähenvögeln verzehrt. Die K. sind jedoch weniger schmackhaft als die Brombeeren. Die aus K. und Brombeere häufig entstehenden Bastarde sind sehr anpassungsfähig und bilden ebenfalls oft größere Dickichte.
4. Steinbeere die (*Rubus saxatilis* L.): auch Felsenbirne, Stein-Brombeere, Felsen-Himbeere.
Verbreitung: Die St. ist fast über ganz Europa verbreitet, im Süden jedoch nur in den Gebirgen anzutreffen. In Dtschl. kommt sie sehr zerstreut vor, fehlt in vielen Gegenden und wächst fast nur in den Kalkgebieten.
Standort: Sie ist ziemlich selten und wächst meist gruppenweise in feuchten Wäldern, besonders Mischwäldern, in Gebüschen und Dickichten, in Laubwäldern, seltener Nadelwäldern, an steinigen Hängen, in den Alpen bis in Höhen von 2000, ja sogar 2400 m, bevorzugt auf kalk- und humusreichen Böden an felsigen Stellen.
Merkmale: Die mehrjährige, niederliegende, 10 bis 30 (50) cm hohe Pflanze hat einjährige nicht verholzende, aufrechte Blütenstengel und nichtblühende Triebe, die in Bögen wachsen und dort, wo sie mit der Spitze den Boden berühren, einwurzeln. Die langgestielten Blätter sind beiderseits grün, dreizählig, mit verkehrt-eiförmigen Teilblättchen, deren Rand grob doppelt gezähnt ist. Die Nebenblätter sind eiförmig-elliptisch. BZ: Mai bis Juni. Jeweils zwei bis zehn weiße Blüten stehen in endständigen, lockeren, doldenförmigen, etwas gedrungenen Blütenständen. Die Kelchblätter sind stumpf und i. d. R. etwas länger als die schmalen, aufrechten, weißen, etwa 5 mm langen Kronblätter. Die Sammelfrucht setzt sich aus wenigen, hell- oder scharlachroten, kaum zusammenhängenden Steinfrüchtchen (→ Schließfrucht) zusammen. Sie schmecken ähnlich wie Johannisbeeren (→ Stachelbeere), werden aber kaum gesammelt, da sie ziemlich selten sind.

◂◂ Früchte der Steinbeere (*Rubus saxatilis*)

Rubus gratus-Assoziation → Weidenröschen-Schlaggesellschaften 8.
Rubus silvaticus-Rubus sulcatus-Assoziation → Weidenröschen-Schlaggesellschaften 8.
Rubus vestitus-Assoziation → Weidenröschen-Schlaggesellschaften 10.
Ruchbirke, die: → Birken 2.
Ruchgras, das (*Anthoxanthum*): auch Geruch-, Riechgras. Gatt. wohlriechender → Süßgräser mit rund 20 Arten in Eurasien und im Mittelmeergebiet. Das R. hat einblütige → Ährchen mit nur zwei Staubgefäßen in einer Rispe (→ Blütenstand). Die nachstehende, bekannte Art kommt auch in Wäldern vor.
Gemeines Ruchgras, das (*Anthoxanthum odoratum*): Das ausdauernde Gras wächst in lichten Laubwäldern, bodensauren Honiggras-Eichenwäldern, west- und mitteleuropäischen

Eichen-Birkenwäldern, auf Wiesen, Triften, Rainen und an Wegrändern; Magerkeitszeiger. Es wird 20 bis 50 cm hoch und bildet dichte Horste. Die 3 bis 6 mm breiten Blätter sind mittelbereift, gerieft, nach dem Blattgrund verjüngt, mit kleinen Blattöhrchen und etwa 2 mm langen Blatthäutchen, am Blattgrund gewimpert. Das mittelgroße 2 bis 4 cm lange Ährchen ist dreiblütig, mittlere Blüte unbegrannt, zwittrig, zwei Narben, die seitlich verkümmerten männlichen Blüten mit begrannten Spelzen (eigentlich einblütig mit vier Hüllspelzen). BZ: April bis Juni. Den deutschen Namen hat es von seinem intensiven Kumaringeruch (nach Waldmeister duftend).

Ruchgras- und Sauerklee-Kiefernwald, der: → Kiefernwald.

Ruchweide, die: → Weiden 28.

Rückeaggregat, das: serienmäßige Ausstattung eines Forstspezialschleppers (→ Schlepper), der diesen zum Ausrücken von Lang- und Kurzholz (Schichtholz) befähigt. Es besteht aus einer Vorrichtung zum Anheben und Tragen der Stämme, einem Schutz gegen anlaufende Stämme, einer Eintrommel- oder Doppeltrommel-Seilwinde, einer Bergstütze für den Seilzug und einer Steuereinrichtung; → Forstausrüstung.

Rückegasse, die: auch Rückeschneise, Rück(e)linie, Anrücklinie, Rückeweg. unbefestigter Weg im Bestand, der dem Rücken des geernteten Holzes dient. Eine R. wird i. a. beim ersten Anfall nutzbarer Holzsortimente angelegt und ist eine Feinerschließung des → Bestandes (→ Walderschließung). Im → Stangenholz soll i. d. R. der Abstand von R. zu R. 30 bis 40 m, in Baumbeständen bei 70 m, in der Breite jeweils 4 m betragen. Die R. mündet in den Holzabfuhrweg (Waldweg). Das → Rücken von → Stammholz, das sog. → Schleifen, Ziehen oder Streifen, führte zu den Bez. → Schleifweg, bzw. Ziehweg. R. erleichtern auch die Pflegemaßnahmen in den → Beständen.

Rückehaube, die: → Rück(e)pfanne.

Rückewege dienen der besseren Holzbringung.

Rückelinie, die: → Rückegasse.

Rücken, das (Holzrücken, Bringung): der Transport (Zwischentransport) des Stammes bzw. Baumes vom Fällort bis zur nächsten Lkw-befahrbaren Waldstraße (Lkw-Vorladeplatz, Polterplatz). Das R. ist zeit- und kostenaufwendig. I. a. werden bei einer Holzernte die verkaufsfertig entasteten, vermessenen und eingeteilten Stämme zur Straße gerückt. Das R. geschieht mit Hilfe von Rückeschleppern bzw. Forstspezialschleppern (→ Schlepper), → Harvestern, Seilanlagen, selten auch durch Hubschrauber und neuerdings auch wieder verstärkt mit Pferden (→ Rückepferde). Die menschliche Arbeitskraft ist beim R. nicht nur teuer und unwirtschaftlich, sie ist in der heutigen Zeit bei den zur Verfügung stehenden technischen Hilfsmitteln auch nicht mehr zumutbar. Sie wird nur noch beim R. in schwachen Beständen und nur über kurze Strecken beansprucht (→ Vorliefern), z. B. vom Fällort zur nächsten → Rückegasse (→ Transportgrenze). Eine Art der Holzbringung ist das Schleifen (Holzschleifen, Reißen, Streifen, Ziehen), bei der die Baumstämme, ggf. starke Stangen, entweder von den Waldarbeitern mit der → Sappie (z. B. im Gebirge) oder mit Hilfe von Pferden oder Maschinen aus dem → Schlag bzw. → Bestand gezogen werden. Der Stamm schleift in seiner ganzen Länge auf dem Boden. Fast allen Schleifverfahren ist gemeinsam, daß das vorausgehende Stammende für das Holz selbst wie für Boden und Bestand der gefährlichste Teil ist. Es wirkt, zumal wenn es nicht abgekantet (gespranzt) ist, geradezu pflügend. Bei allen Verfahren kann aber der Schaden durch Abwarten einer genügenden Schneelage auf ein Mindestmaß beschränkt werden; → Schleifwege. Das häufigste Rückemittel ist der Schlepper. Zum Einsatz kommen spezielle Forstschlepper mit Knicklenkung oder umgerüstete, herkömmliche Allradschlepper, z. B. Landwirtschaftsschlepper, die sich allerdings nur bedingt zum R. eignen. Die Rückezüge (Kombinationsrückezüge) mit Knicklenkung dienen zum Ausrücken von Schwachholz in Kranlänge. Sie bestehen aus einem schweren Allradschlepper mit einer Hydraulikanlage, einem geländegängigen Spezialrückewagen sowie einem hydraulischen Ladekran. In schwierigem Gelände, v. a. im Hochgebirge, wird zum R. auch eine Seilanlage verwendet. Dabei sind drei Verfahren üblich: das Kopfhochverfahren bei dem das Stammholz meist hangaufwärts gezogen wird. Beim sog. Freischweb-Verfahren schweben die Stämme etwa parallel zum Tragseil. Es dient hauptsächlich dem Transport des Holzes von Berg zu Tal. In steilem Gelände läßt man unter Ausnutzung der Schwerkraft → Rundholz auf dem Boden oder in aus Holz, Metall oder Kunststoff konstruierten Rinnen (→ Riesen) zu Tal gleiten (→ Treiben). Ein relativ einfaches Verfahren ist das Am-Boden-Schleifen des Holzes mit der Seilwinde, an die das Zugseil angehängt wird. Allerdings besteht bei diesem Verfahren, das bei allen Geländeformen möglich ist, Gefahr der Stammverletzung stehender Bäume sowie des Aufreißens des Bodens. Um → Rückeschäden zu vermeiden, gewinnen die früher häufig verwendeten Rückepferde zum R. von Schwachholz wieder mehr Bedeutung. Sie werden hauptsächlich für Rückearbeiten auf kürzerer Entfernung (bis ca. 100 m) eingesetzt. Unter „Vorrücken im Bestand" versteht man den Transport des Holzes vom Fällort zur Rückegasse oder zum schlepperbefahrbaren Rückeweg mit Pferden oder Seilwinden. Zweck des Vorrückens ist das Vorkonzentrieren von Rückelasten für den anschließenden Großmaschineneinsatz; → Vorliefern.

Rück(e)pfanne, die: auch Rückehaube. eine pfannenförmige Gleitunterlage zum Schleifen (→ Rücken) starker Stämme. Mit der R. sollen → Rückeschäden möglichst vermieden werden.

Rückepferde: Zugpferde für die Holzbringung (→ Rücken). Gegenüber der Bringung mit Maschinen bewegen sich R. bestands- und bodenschonend, auch in engstehenden Beständen oder im schwierigen Gelände (Mittelgebirge; tiefgründige, feuchte Böden). Besonders geeignet sind R. bei der Bringung von Einzelstämmen (→ Überhälter, Stämme bei einzelstammweisem → Windwurf), in Läuterungsbeständen, aus denen das Holz bündelweise gerückt wird (z. B. Brennholz), bei → Durchforstungen in Beständen mit weit auseinanderliegenden → Rückegassen (100 m), wodurch → Rückeschäden deutlich vermindert werden usw. Als Pferderassen (ausschließlich Kaltblut), deren Wahl vom Gelände, Boden und Schwere des Holzes abhängt, kommen in Betracht: Haflinger: Gebirgspferd für die Rückearbeiten im Durchforstungsbereich bei leichtem Stangenholz; Süddeutsches Kaltblut: Einsatz beim Rücken schweren Holzes; Schwarzwälder Fuchs: Einsatz bei leichteren bis mittleren Rückearbeiten; Rheinisch-Deutsches Kaltblutpferd: Die Pferde sind von ihrer Zugfähigkeit her befähigt, auch Stammholz von größerem Umfang zu rücken. Daneben werden zum Rücken eingesetzt: Das Schleswigsche Kaltblut und in Norddtschl. das aus Norwegen stammende Fjordpferd, in Österreich der Pinzgauer. Das Einlernalter der Pferde für die Waldarbeit liegt zwischen vier bis sechs Jahren, die Einarbeitungszeit bei 12 bis 14 Wochen. Zur Auslastung eines R. sind pro Jahr 400 bis 600 Einsatzstunden notwendig. Das bedeutet bei einer durchschnittlichen Leistung von 3,5 fm/Std. ein Arbeitsvolumen von jährlich 1400 bis 2000 fm. Die Arbeit mit R. bietet v. a. Nebenerwerbslandwirten eine zusätzliche Einnahmequelle. Für den Einsatz in Forstbetrieben wird unter gewissen Voraussetzungen das Halten von R. staatlich gefördert. Das sog. „Eiserne Pferd" (raupengetriebener Kleinschlepper) bietet ohne den Aspekt der Umweltfreundlichkeit ähnliche Vorteile wie das R. Es kann in einem Arbeitsgang sowohl als Fällhilfe, Arbeitsbock und Vorliefergerät eingesetzt werden. Bevorzugt dient es bei der Aufarbeitung von Kranlängen.

Rückerichtung, die: Richtung, in die das Holz gerückt wird, Bestandteil der → räumlichen Ordnung.

Rückert, Friedrich → Waldmärchen.
Rückeschäden: auch Bringungsschäden. Bez. für alle Schäden, die beim → Rücken des Holzes v. a. an den stehenden Bäumen, an den Wurzeln und am Waldboden – meist durch Rückefahrzeuge – entstehen. Rindenverletzungen der stehenden Bäume verschaffen z. B. Pilzen Eingang in das Stamminnere. Stammfäule (→ Holzfäule), die das wertvollste untere Stammteil des Baumes zerstört, ist häufig auf R. zurückzuführen. R. können aber auch beim unsachgemäßen Transport an den gefällten Bäumen entstehen. Zur Vermeidung größerer R. werden an den → Rückegassen → Piloten eingeschlagen. R. können reduziert werden, wenn der Holzeinschlag während der Vegetationsruhe erfolgt, die → Rückegassen verbreitert und die Bestände besser erschlossen werden.
Rückeschneise, die: → Rückegasse.
Rückeschlepper, der: → Schlepper.
Rückewagen, der: Der R. wird an einen landwirtschaftlichen → Schlepper angehängt und erfüllt im wesentlichen ähnliche Aufgaben wie das → Rückeaggregat. Beim → Rücken von Stammholz wird der R. durch eine Seilwinde, eine Hebevorrichtung, die das Ende des zu rückenden Stammes hochhält, eine Stützvorrichtung und durch ein Schutzschild ergänzt.
Rückeweg, der: → Rückegasse.
Rückezangen: Sie werden direkt vom → Schlepper aus bedient und dienen dem Greifen und Hochheben des Holzes. Man unterscheidet Anbau-R. (an landwirtschaftlichen Schleppern) und Aufbau-R. (fest montiert auf Forstspezialschleppern). Letztere sind drehbar und besitzen einen teleskopierbaren Ausleger.
Rückezug, der: auch Kombinationsrückezug; → Rücken.
Rücklaß, der: in Österreich bei der Aushaltung von → Stammholz Bez. für den unverwertbaren Teil am → Zopf.
Rücklinie, die: → Rückegasse.
Rückpfanne, die: → Rück(e)pfanne.
Ruderalpflanzen: Pflanzen, die sich auf → Ruderalplätzen (Schuttboden; mehr oder weniger aus Gesteinsmassen, Mauerwerk aus Hausabtrag, auch aus Abfall und Müll) ansiedeln. R. sind → Kulturfolger wie viele Arten von Kreuz-, Korb- und Lippenblütlern, Nachtschattengewächse sowie von Knöterich- und Gänsefußgewächsen; → Brachland, Ödland.
Ruderalplatz, der: auch Ruderalstandort. Bez. für eine unkultivierte, öde Stelle, z. B. ein Schuttplatz, Wegrand oder Steinbruch; → Ruderalpflanzen.
Ruderstreiche, die: → Flößerei.
Rugel: alte württembergische Bez. für → Rundlinge, die über 14 cm stark sind. Die 7 bis 14 cm starken Nutzprügel werden dort auch als Roller bezeichnet.
Rügetag, der: auch Forsttag. Früher der Tag, an dem das → Forstgericht tagte.
Ruhrbirne, die: → Ebereschen 2.
Ruhrkraut, das (*Gnaphalium*): rund 150 → Arten umfassende, weltweit verbreitete Gatt. der Fam. der → Korbblütler. Es sind dies wollig oder weißgraufilzig behaarte Kräuter mit

◂◂ Rückeschaden an Buche

ganzrandigen, wechselständigen Blättern und vielblütigen Blütenköpfchen mit → zwittrigen Scheibenblüten und weiblichen Randblüten, die von Hüllblättern umgeben sind. Einheimische, im Wald vorkommende Arten sind:
1. **Wald-Ruhrkraut**, das (*Gnaphalium sylvaticum* Linné): Das W. ist fast über ganz Europa verbreitet. Es wächst verbreitet in trockenen Wäldern, Gebüschen, auf Kahlschlägen, Waldverlichtungen, Heiden, Magerrasen, Magerwiesen, Mooren, Triften und an Waldwegen, bevorzugt auf nährstoffreichen und kalkarmen Böden (Nitrifizierungszeiger) und sandig-lehmigen Böden, von der Ebene bis in Höhen von bis zu 2000 m.
Die mehrjährige, aufrechte, 20 bis 50 (80) cm hohe Pflanze ist kaum verzweigt, im Ggs. zu dem auf Wiesen und in Ackerrinnen wachsenden **Sumpf-Ruhrkraut** (*Gnaphalium uliginosum*) jedoch reichlich beblättert. Die lineal-lanzettlichen Blätter sind meist einnervig, oberseits fast oder ganz kahl, unterseits weißfilzig behaart; die oberen kürzer als die unteren. BZ:

◂◂ Rundholz auf dem Holzlagerplatz

Juli bis September. Die kleinen, gelblichweißen Blütenköpfchen stehen zu dritt bis siebt in den Achseln der oberen Blätter und bilden so eine verlängerte, endständige, beblätterte Ähre (→ Blütenstand). Die ellipsoiden Früchtchen tragen eine Krone aus dünnen Haaren.
2. **Norwegisches Ruhrkraut**, das (*Gnaphalium norvegicum* Gunn.): Das N. R. ist über Nord- und Mitteleuropa sowie über Eurosibirien verbreitet. In Dtschl. ist es hauptsächlich in den Mittelgebirgen und den Alpen anzutreffen. Es wächst in lichten Wäldern, auf Magerrasen, an Grashängen, Wegrändern, in kalkarmen, feuchten Lagen von etwa 1000 bis 2800 m Höhe. Es ist kalkmeidend.
Die ausdauernde, 10 bis 40 cm hohe Pflanze hat einen einfachen beblätterten Stengel und schmal-lanzettliche, dreinervige, grüne, oberseits locker seidig, unterseits dicht graufilzig behaarte Blätter. BZ: Juli bis September. Die kleinen, hellbräunlichen Blütenköpfchen stehen zu mehreren in den Achseln der Blätter in einer endständigen, gedrungenen Ähre.
Rührmichnichtan, das: → Springkraut 1.
Ruhrwurz, die: → Fingerkraut 1.
Rumelische Kiefer, die: → Kiefern 7.
Rumex → Ampfer.
Rummel, der: veraltete, regionale Bez. für einen Sägeblock.
Rumpe, die: → Huppe.
Rumpenholz, das: umgangssprachliche Bez. für unspaltbares (knorriges) Brennholz.
Rundaugen-Mohrenfalter, der: → Augenfalter 13.
Rundblättrige (r/s) ... siehe unter dem jeweiligen Hauptnamen.
Rundholz, das: die unbearbeiteten Stämme, Masten und → Stangen (→ Langholz), wie sie beim → Abtrieb anfallen und die bereits zum Verkauf sortiert sind. Beim R. ist also der Schaft nur quer zur Längsachse geteilt; der Schaft ist abgelängt. Der jährliche Anfall an R. beträgt in der BR Dtschl. durchschnittlich 30 Mio. fm; → Scheitholz, → Schichtholz.
Rundholzäquivalente → Rohholzäquivalente.
Rundlinge (Drehlinge, Trumme, Himpel, Rollen, Roller, Walzen): rundes, abgelängtes Holz, meist → Brennholz, das mittels Keil und Spaltaxt zu → Scheitholz aufgespalten wird; → Klotzholz.

Zu Scheitholz aufgespaltene Rundlinge

Rundmorchel, die: → Morchel 2.
Rundschälfurnier, das: → Furnier.
Runen: auf Buchenstäbchen geritzte germanische Schriftzeichen. Unsere Worte „Buchstabe" und „Buch" sind vom Namen dieses Baumes abgeleitet.
Runge, Philipp Otto → Wald in der Malerei.
Runzelbock, der: → Bockkäfer 2.
Runzelschüppling, der: → Reifpilz.
Rupicapra rupicapra → Gamswild.
Ruppiner Schweiz, die: eng begrenzter Teil der Ruppiner Seenrinne im Bezirk Potsdam. In die hügelige, von Buchen-Kiefern-Mischwäldern bedeckte Endmoräne der letzten Vereisung haben die Wasserläufe tiefe und steilwandige Täler gesägt. An ihren Rändern treten Quellen hervor. In den Wäldern stößt man auf viele kleine Seen, auf Quellmoore und lichte Wiesen. Bekannte Seen in der R. S. sind Zermützelsee, Tietzensee, Melchowsee, Kolksee und Tornowsee.
Rupprechts-Storchschnabel, der: → Storchschnabel 2.
Ruprechtsfarn, der: → Eichenfarn 2.
Ruprechtskraut, das → Storchschnabel 2.
Rüsche, die: auch Rusche; → Ulmen 2. mancherorts auch allg. übliche Bez. für Ul.
Rußbrauner Schneckling, der: → Schnecklinge 8.
Rußbrenner, der: früherer Waldberuf und wichtiger Handwerkszweig. Ruß, der aus unvollständiger Verbrennung von Holz entsteht, indem man Harzreste und → Kienholz schwelen läßt, wurde früher für Stiefelwichse und Anstrichfarbe benötigt. Der Ruß, ein Kohlenstoff in feinstverteilter Form, wurde in steinernen Öfen, in den sog. „Rußhütten", gewonnen. Der feine Ruß fand Verwendung zu Druckerschwärze, schwarzem Firnis, Tusche, Schuhcreme und zum Färben von Leder etc. Der Beruf der R. wurde bis weit in das 19. Jh. hinein ausgeübt.
Rüsselkäfer (*Curculionidae*): auch Rüßler. überaus artenreiche (ca. 50 000) und weltweit verbreitete Fam. der → Käfer. Etwa 1200 Arten kommen davon in Mitteleuropa vor. Der Kopf ist vorne rüsselartig verlängert und besitzt am Ende kurze, kauende Mundwerkzeuge. Hinsichtlich der unterschiedlichen Verlängerung des Kopfes unterscheidet man sog. Kurz- und Langrüßler. Zu den ersteren zählen der Große schwarze R. und der Graue Kiefernadelrüßler, deren → Larven im Boden leben. Diese durchbeißen die feinen Seitenwurzeln und benagen die Hauptwurzeln ein- bis dreijähriger Pflanzen. Zu den Langrüßlern zählen der Kiefernkulturrüßler, der Weißtannenrüßler, der Erlenrüßler, der Buchenspringrüßler u. a. Der Körper der mittelgroßen bis kleinen Käfer (0,3 bis 7 cm) ist hart chitinisiert, der Fühler bei den meisten Arten gewinkelt. R. sind meist langsam und träge und fliegen nur gelegentlich. Manchen Arten fehlt sogar jegliches Flugvermögen. Bei Gefahr stellen sich viele Arten tot. R. versenken ihre Eier im allg. in Pflanzengewebe, wozu sie mit dem Rüssel Löcher bohren; andere Arten legen die Eier in die Erde oder in kunstvoll gerollte Blattwinkel (z. B. der Birkenstecher) ab. Käfer und Larven sind Pflanzenfresser und als solche meistens ausgeprägte Futterspezialisten. Die weißen, madenförmigen, augen- und beinlosen, bauchwärts gekrümmten Larven fressen im Innern von Pflanzen (z. B. Stengel, Knospen, Früchte, Holz); die Larven anderer Arten sind Blattminierer oder Gallenerzeuger; andere wiederum leben an Wurzeln in der Erde. Die Jungkäfer schlüpfen im Herbst und überwintern. Nach einem Reifefraß im Frühjahr findet die Begattung statt. Generation meist einjährig. Verschiedene Arten der R. gehören zu den bedeutendsten → Forstschädlingen. Die wichtigsten Arten sind:
1. Großer Schwarzer Rüsselkäfer, der (*Otiorrhynchus niger*): auch Rotbein. Der 8 bis 12 mm große, schwarz glänzende und nachtaktive Käfer mit roten Beinen ist flugunfähig und kommt mehr in Gebirgswaldungen als in der Ebene vor. Er lebt in frisch gelockertem Boden von Kulturen und Pflanzgärten, in den das Weibchen ab Mai und auch während des ganzen Sommers die Eier ablegt. Die Verpuppung der Larven erfolgt Anfang August unter der Erde; die Jungkäfer schlüpfen Ende August und im September und überwintern im Boden. Die Käfer erscheinen schließlich im folgenden Frühjahr. Der ca. zwei Jahre alt werdende Käfer schadet durch platzweisen Rindenfraß an drei- bis sechsjährigen Fi, befällt aber auch Lbh, besonders Bi und Er. Schädlicher als der Käferfraß ist der Fraß der sich im Boden entwickelnden beinlosen Larven an den Wurzeln junger Forstpflanzen in Nadelholzkulturen. Befallene Pflanzen erschlaffen, welken und sterben oft ab.
2. Kleiner Schwarzer Rüsselkäfer, der (*Otiorrhynchus ovatus*): Der nur 0,5 cm große Käfer kommt in der Ebene vor und ähnelt dem Großen Schwarzen Rüsselkäfer im Aussehen und in der Lebensweise. Gelegentlich kommt er auch in Gemeinschaft mit diesem vor.
3. Grauer Kiefernnadelrüßler, der (*Brachyderes incanus*): auch Graurüßler. Der etwa 6 bis 10 mm große, flugunfähige Käfer ist grauschwarz, grau und kupferbraun beschuppt mit etwas kupfrigem Glanz. Bei Gefahr läßt er sich fallen. Er befrißt von Mai bis September die Nadeln junger (sechs- bis 12jähriger) Kie im typischen Schartenfraß, d. h. die Nadeln gleichen einer schartigen Säge. Das Harz tritt dabei in feinen Perlen aus, und die Nadeln wirken wie mit Kalk bespritzt. Während der Käferfraß den Kie großen Schaden zufügt, halten ältere Pflanzen den Larvenfraß im Wurzelbereich aus. Jüngere, hauptsächlich die bis zweijährigen Kie, sterben jedoch bei starkem Larvenfraß ab. Der Käfer überwintert im Boden. Generation einjährig.
4. Großer Brauner Rüsselkäfer, der (*Hylobius abietis*): Der 8 bis 14 mm große, kräftig gebaute, dunkelbraune Käfer hat auf den Flügeldecken zwei bis drei gelblich-ockerfarbige Querbinden und bewohnt Nadelwälder im Stangenholzalter. Nach seiner Überwinterung in der Bodenstreu erscheint der Käfer im April/Mai und als Jungkäfer Ende Juli, Anfang August. Der nachtaktive Käfer wird bis drei Jahre alt und ist flugfähig. Die Eiablage erfolgt an die Wurzeln der im Winter zuvor geschlagenen Kiefern- und Fichtenstöcke. Meist massenweise befällt er drei- bis sechsjährige Fichten- und Kiefernpflanzen und befrißt platzweise die Rinde an den Stämmchen und Ästen. Er beginnt dabei am Stammfuß. Stammumfassender Fraß führt zum Absterben der Pflanze. Bei Mangel an jungen Ndh frißt der Käfer in gleicher Weise an der Rinde der jungen Zweige älterer Bäume, hauptsächlich im Kronenbereich. Während der Larvenfraß forstlich unschädlich ist, können die Käfer bei starkem Befall ganze Kulturen vernichten. Die Generation ist meist zweijährig, seltener einjährig, z. B. bei günstigen Temperaturverhältnissen. Etwa 14 Tage nach der Eiablage schlüpft die Larve. Die Verpuppung findet in Höhlen im → Splint der Wurzeln statt.
5. Großer Weißer Rüsselkäfer, der (*Cleonus glaucus*): Der 10 bis 12 mm große dicht weißgrau und fleckig behaarte Käfer kommt oft massenweise zusammen mit dem Großen Braunen R. auf Kiefernschlägen vor. Weder Käfer noch Larve werden jedoch den Forstpflanzen schädlich.
6. Kiefernkulturrüßler, der (*Pissodes notatus*): auch Weißpunktrüsselkäfer. Der 5 bis 7 mm große Käfer ähnelt dem Großen Braunen R., ist jedoch kleiner. Der rötlichbraune K. hat zwei hellbeschuppte Querbinden auf den Flügeldecken; die erste weiß, an der Naht unterbrochen, die hintere breit, außen gelb, innen weiß, fast durchgehend. Auf dem Halsschild einige weißliche Punkte. Der Käfer legt die Eier meist an junge (vier- bis zwölfjährige) Kie, meist an kränkelnde, schlechtwüchsige, aber auch an ganz gesunde. Er gilt als gefährlicher Folgeschädling nach Feuer, Dürre, Schütte, Verbiß, Triebwickler- und Graurüßlerfraß. Die Larven, die etwa drei bis vier Wochen nach der Eiablage schlüpfen, befressen den → Bast und Splint von den untersten Astquirlen abwärts. Die Larvengänge unter der Rinde verlaufen fast immer nach unten und werden immer breiter. Die Verpuppung erfolgt im Splint. Während der Käferfraß kaum Schäden verursacht, führt der Larvenfraß nicht selten zum Absterben der Bäumchen.
7. Kiefernstangenrüßler, der (*Pissodes piniphilus*): Der 4 bis 5 mm große rostbraune K. hat auf jeder Flügeldecke einen rostgelben Fleck. Er ist ein gefährlicher Feind 30- bis 40jähriger Stangenhölzer. Bei der Eiablage werden dünnrindige, glatte Kiefernstämme bevorzugt, aber auch die Spiegelrinde im Kronenteil älterer Bäume. Die meist in Längsrichtung des Stammes verlaufenden Fraßgänge sind leicht geschlängelt und etwa 10 bis 15 cm lang. Die Verpuppung erfolgt in einer in das Holz genagten Puppenwiege mit besonders feiner Späne. Starker Befall in Stangenhölzern kann zum Absterben der Bäume führen.
8. Kiefernbestandsrüßler, der (*Pissodes pini*): Der rot- bis schwarzbraune K. mit zwei schwachen, gelblichen Querbinden auf den Flügeldecken befällt hauptsächlich ältere Kie, hauptsächlich in der Kronenregion. Die Larven machen anfangs einen deutlichen Strahlen-

fraß, schlagen dann aber eine Längsrichtung ein, wobei der etwa 20 cm lang werdende Larvengang in einer meist in den Splint reichenden Puppenwiege endet. Der Schaden des Käfers ist unbedeutend.

9. Harzrüßler, der (*Pissodes harcyniae*): auch Fichtenrüsselkäfer. Der schwärzliche, sehr schädlich werdende H. mit zwei unterbrochenen gelblichweißen Schuppenbinden auf den Flügeldecken befällt hauptsächlich 50 bis 100 Jahre alte Fi in bergigen Gegenden. Die Eiablage des flugfähigen Käfers erfolgt von Mai bis September, v. a. im Kronenbereich der durch Rauchschäden, Wind- und Schneebruch oder durch andere Insekten geschädigter Bäume. Die im Bast fressenden Larven verursachen unregelmäßige, sich verbreiternde und bis zu 80 cm lange Gänge die in einer Puppenwiege enden. Der ausschlüpfende Jungkäfer überwintert im Boden. Da die Fraßgänge die Saftzufuhr stören, können die Larven sehr schädlich werden. Durch das in Tröpfchen austretende Harz erscheinen die Stämme wie mit Kalkmilch besprengt. Bei starkem Befall vertrocknet die Krone, schließlich fällt die Rinde ab, und der Baum geht ein.

10. Tannenrüßler, der (*Pissodes piceae*): auch Weißtannenrüßler. Der braune, 7 bis 10 mm große T. hat oberseits kleine gelbe Flecken und auf den Flügeldecken hinter der Mitte eine gelbe Querbinde, die sich nach außen verbreitert. Der von April bis September schwärmende Käfer legt im Frühjahr und Sommer in Baum- und Althölzern seine Eier in Häufchen zu 20 bis 30 Stück besonders an schorfige Rindenteile der Äste und an Krebswunden schlechtwüchsiger oder kranker Ta ab. Auch Windfallholz, Scheitholz und Stöcke werden befallen. Die aus den Eigruben ausschlüpfenden Larven fressen im Bast vielstrahlige Gangbilder, die oft bis zu 60 cm lang werden können. Die Gänge enden meist in der Rinde, seltener im Splint und bilden dort die Spanpolsterwiege in der die Verpuppung stattfindet. Die von einer Brutstelle ausgehenden langen Larvengänge können durch die verursachte Rindenbeschädigung bereits schwache Stämme so schädigen, daß sie eingehen. Auf den äußerlich nicht erkennbaren Fraß weisen die aus den Einbohrstellen austretenden Harztröpfchen sowie die Spechteinhiebe hin.

11. Kiefernzapfenrüßler, der (*Pissodes validirostris*): Der K. ähnelt dem Kiefernkulturrüßler und befällt Kiefern- und Schwarzkiefernzapfen in denen die Eiablage erfolgt. Die ausschlüpfenden Larven leben und verpuppen sich im Zapfen. Im Herbst bohrt sich der Jungkäfer durch ein kreisrundes Flugloch aus dem Zapfen, der oft etwas verkümmert oder gekrümmt ist und aus dem gelegentlich Harz austritt. Auch bleiben die Zapfen stets geschlossen und fallen bereits im August/September bei starkem Wind zu Boden.

12. Erlenwürger, der (*Cryptorrhynchus lapathi*): auch Erlenrüßler. Bei dem 7 bis 9 mm großen, pechbraunen bis schwarzen E. ist das hintere Drittel der Flügeldecken weiß, bei jüngeren Käfern rosa. Der in der Bodendecke überwinternde Käfer befällt von Mai bis Oktober junge, hauptsächlich zwei- bis vierjährige Er aber auch Wei, Pa und Bi. Die Eier werden einzeln in der Rinde der unteren Stammteile abgelegt. Die im März des folgenden Jahres ausschlüpfende Larve (weißlich mit braunem Kopf) frißt zunächst einen unregelmäßigen rundlichen Platz in der Bastschicht über der die Rinde eintrocknet und später abbröckelt. Anschließend dringt sie dann in den Holzkörper ein, fertigt einen bis zu 10 cm langen Gang, den sie hinter sich mit Genagsel füllt und verpuppt sich Ende Juli des auf die Eiablage folgenden Jahres gestürzt am oberen Ende. Zwei bis drei Wochen später nagt sich in der Nähe des äußerlich durch austretende Nagespäne gekennzeichneten Fraßanfangs der Jungkäfer ein kreisrunde Flugloch. Während der Käferfraß meist gering ist, kann der Larvenfraß v. a. an zwei- bis achtjährigen Er und in Weidenhegern großen Schaden anrichten und die Bäumchen vernichten. An den Fraßstellen werden die Er leicht vom Wind gebrochen. Bei Pflanzen, die den Fraß überstehen, entstehen an den Wundstellen Einschnürungen, Verdickungen oder krebsartige Wucherungen.

13. Grünrüßler, der (*Phyllobius psittacinus*): Der längliche, metallisch grün beschuppte und flugfähige Käfer ist ein Laubholzschädling und befrißt die Blätter, wobei nur die stärksten Rippen überbleiben. Während i. a. der Käferfraß bzw. dessen Folgen unbedeutend sind, kann der Larvenfraß in Pflanzgärten (Rindenfraß an den Wurzeln) schädlich sein.

14. Großer Grüner Fichtenrüßler, der (*Polydrosus mollis*): Der flugfähige metallisch grüne Käfer ähnelt in Aussehen und Lebensweise dem Grünrüßler. Er kann in Fichtenkulturen und Stangenhölzern durch Rundumfraß an den jungen Trieben, die dann umknicken und absterben, schädlich werden. Die gleichen Schäden verursacht auch der **Kleine Grüne Fichtenrüßler** (*Polydrosus atomarius*).

15. Buchenspringrüßler, der (*Orchestes fagi*): Der sehr kleine, nur 2 bis 3 mm große pechschwarze B. mit verdickten Springhinterbeinen tritt im April/Mai oft massenhaft auf. Die Eiablage erfolgt einzeln an der Unterseite junger Buchenblätter. Die Larven minieren in Blättern und verursachen später Platzfraß. Nach der Verpuppung erscheint im Juni der Jungkäfer der die Blätter, Blattstiele und Fruchtansätze der Bu befrißt. Käfer und Larve können zu einem Zuwachsverlust der Bäume führen. Der Käfer überwintert in der Bodendecke.

16. Eschenrüßler, der (*Cionus fraxini*): Der sehr kleine und braungrau beschuppte E. frißt Löcher in die Blätter der Es, seine Larven fressen die Blattsubstanz platzweise. Der Käfer hat eine doppelte Generation und kann zusammen mit den Larven den Zuwachs der Es beeinträchtigen.

17. Kiefernscheidenrüßler, der (*Brachonyx pineti*): Der sehr kleine, kaum 3 mm große K. ist gelbbraun und hat rotgelbe Beine. Seine Larve ist zitronengelb, der Kopf schwarz. Der Käfer belegt im Frühjahr je ein Nadelpaar der Kie mit einem Ei. Die Larve frißt (miniert) innerhalb der Nadelscheide zwischen beiden Nadeln und verpuppt sich hier am unteren Ende. Der Käfer fliegt im August durch ein seitliches Flugloch aus. Er befrißt die Maitriebe und überwintert im Boden. Die von der Larve befallenen Nadelpaare bleiben kurz und fallen im Herbst ab, die vom Käfer befressen werden gelbfleckig.

18. Nußbohrer, der (*Curculio (Balaninus) nucum*): auch Haselnußbohrer, und **Eichelbohrer** (*Curculio (Balaninus) glandium*); auch Eichelrüßler. Beide Käfer sind grau oder braun scheckig beschuppt und etwa 5 bis 7 mm groß und schwer voneinander zu unterscheiden. Der Rüssel, vor allem bei den Weibchen ist sehr lang, fadendünn und stark gebogen. Zur Eiablage werden im Mai/Juni die noch grünen Haselnüsse oder Eicheln angebohrt. Die Larve lebt von den Samenlappen und nagt sich im Herbst aus der vorzeitig abgefallenen Frucht durch ein kreisrundes Flugloch heraus. Sie überwintert im Boden und verpuppt sich im folgenden Frühling. Im Mai/Juni schlüpft dann der Jungkäfer. Der Larvenfraß beeinträchtigt die Samenernte.

Rußhütte, die: → Kienhütte.

Rußige Douglasienschütte, die: → Douglasienschütte.

Russula → Täublinge.

Rüster, die: → Ulmen 2.

Rustikalwald, der: alte Bez. für bäuerlichen Wald (→ Bauernwald); → Dominalwald.

Rute, die: früher gebräuchliches Längen- und Flächenmaß. Man unterschied die Dezimal- oder geometrische R., welche in 10 Teile oder geometrische → Fuß á 10 Zoll geteilt wurde und die Duodezimal- oder gewöhnliche R., von gleicher Länge, aber in 12 Fuß á 12 Zoll geteilt. Vor Einführung des metrischen Systems war in Dtschl. überall die rheinländische R. (= 3,766 m) als Normalmaß für öffentliche Arbeiten angenommen. 1 R. ist in Baden 10 Fuß = 3,0 m; Bayern 10 Fuß = 2,9185 m; Braunschweig 16 Fuß = 4,565 m. In Frankfurt a. M. 1 Feldrute = 10 Feldschuh = 3,5576 m; 1 Waldrute = 10 Waldschuh = 4,511 m; 1 Hanauer R. = 3,569 m; 1 Hanauer Quadratrute Feldmaß = 12,7413 m^2. 1 R. ist in Hannover 16 Fuß = 4,672 m; Hessen-Kassel 14 Fuß = 3,989 m; Holstein 14 Fuß = 4,012 m; Homburg = 3,4519 m; Meisenheim = 5,0 m; Württemberg 10 Fuß = 2,865 m. Die frühere bayer. Quadratrute = 10 Quadratfuß = 8,5182 m^2; die frühere bayer. Kubikrute = 1000 Kubikfuß = 24,8611 m^3.

Rüteholzwirtschaft, die: alte schweizerische Bez. (Kantone Luzern und Wallis) für das Abbrennen des nichtverwertbaren Holzes, des Strauchwuchses und der Bodendecke, um die Brandfläche zum Ackerbau oder als Weidefläche zu nutzen. Ähnliche Verfahren waren in Dtschl. der → Röderbetrieb, die → Birkenberge, die Haubergswirtschaft und die → Hackwaldwirtschaft (→ Hauberge).

Ruten → Fangbäume 2).

Rutenbäume → Schlangenbäume.

Rutenginster, der: → Ginster 6.

Rutsch, die: → Ulmen 3.

Rutsche, die: → Riese.

S

Saalforstämter: → Salinenkonvention.
Saarbaum, der: → Pappeln 3.
Saat, die: Verfahren der künstlichen → Verjüngung, bei dem die Begründung von Waldbeständen durch Aussaat (Freisaat) von Waldsamen erfolgt. I. a. erfolgt die S. im Frühjahr (ab Ende April), wenn der Boden durchwärmt, aber noch winterfeucht ist, da der Samen im Boden durch Witterungseinflüsse stark gefährdet ist. Für die S. auf offenen Boden eignen sich die → Samen von Ei, Bi, Kie und Ta besonders gut. Der Samen mancher → Baumarten benötigt allerdings zum Keimen einige Frosttage (→ Frostkeimer); er wird deshalb im Herbst ausgebracht. Bei Bi und Er erfolgt die S. meist auf Schnee (Schneesaat); bei Es, WiLi und Hbu ist ab Mitte August → Grünsaat üblich. Der Samen darf nur aus hochwertigen und geprüften Beständen stammen und wird entweder an Altbäumen geerntet oder in → Samenplantagen gewonnen (→ Zapfenpflücker). Wegen hoher Verluste ist das direkte Ausstreuen des sehr teuren Waldsamens recht selten geworden. Wo die Freisaat noch zum Tragen kommt, wird entweder eine Handsaat (auf kleinen Flächen) durchgeführt oder mit Sämaschinen gearbeitet, z. B. auf Kahlflächen. Für die Maschinensaat eignet sich besonders Ei und Kie. Auf Streifen werden z. B. je Hektar folgende Samenmengen benötigt: ca. 400 bis 500 kg bei Ei und 100 bis 200 kg bei Bu. Die S. ist die älteste Kulturart und wurde bis zum ersten Drittel des vorigen Jh. weitgehendst angewandt (→ Stromer), dann aber immer mehr durch die → Pflanzung, besonders bei Fi und Kie verdrängt. Heute ist es üblich, den Waldsamen in → Baumschulen auszusäen und daraus Forstpflanzen heranzuziehen; → Saatformen.
Saatarten: Ausbringungsart für die → Saat (Handsaat, Handsaat mit Hilfsgeräten, Maschinensaat); → Saatformen.
Saatbeet, das: im Ggs. zum Pflanzbeet (Anzuchtbeet, Pflanzgartenbeet) ein in den → Baumschulen oder → Forstgärten angelegtes Beet, in dem aus → Samen → Sämlinge gezogen werden; → Anzucht, Verschulpflanze.
Saatformen: Für das Gelingen einer → Kultur ist das gleichmäßige Verteilen des → Samens Grundvoraussetzung. Zu dichte → Saat hat Mangel an Wasser, Licht und Nährstoffen und ein forciertes Höhenwachstum zur Folge. Es werden folgende S. unterschieden:
a) Vollsaat (Flächensaat, Breitsaat): breitwürfige Aussaat auf großer Fläche mit der Hand. Wegen des hohen, teuren Saatgutbedarfs und der schwierigen Pflege kaum mehr üblich; Ausnahme: Bi und Er als „Schneesaat" (Aussaat auf Schnee; bessere Kontrolle der Verteilung des Samens); auch hier besser Streifenbreitsaat.
b) Streifenbreitsaat (Bandsaat, Streifensaat): Die Samen werden gleichmäßig, je nach Standortverhältnissen und Eigenheit der Baumarten, auf 30 bis 80 cm breiten, vorbereiteten Streifen in einem Abstand von 2 bis 3 m verteilt. Früher bei Kiefernsaaten üblich; heute dient sie gelegentlich zur Ergänzung der Buchen-Naturverjüngung.
c) Rillensaat (Reihensaat): am häufigsten angewandte S. Die Saat erfolgt in schmalen Reihen (Rillen) und ist besonders pflegegünstig. Sie wird hauptsächlich bei langsamwüchsigen, vom Graswuchs bedrohten Baumarten angewandt. Eine besondere Form der R. ist die „Leitersaat". Sie soll → Eicheln vor Verlust durch Mäuse und Schwarzwild schützen. Hierbei werden noch Querrillen in einem Abstand von 40 bis 50 cm gezogen und je fünf bis acht Eicheln eingelegt. Auch die „Schlammsaat" ist eine Form der R. Eicheln und Roteicheln werden in eine feuchte Mischung aus Lehm und Torfmull gedrückt und als kugelige Klumpen in die gezogenen Rillen gelegt.
d) Plätzesaat: auch Nestersaat, Dippelsaat, Plattensaat. Hier werden auf bearbeiteten Kleinstflächen (quadratische oder rechteckige Flächen von 20 bis 100 cm Seitenlänge) in regelmäßigen oder unregelmäßigen Abständen (z. B. in schwierigem Gelände) mehrere Samen dicht zusammen auf einer Stelle gestreut. Die P. dient der Bestandsbegründung mit → Pionierbaumarten (Vorholzgründung) oder zur Ergänzung von Naturverjüngung mit Bu und Lä.
e) Punktsaat (Einzelsaat): Meist vor → Räumung des → Altholzes werden auf größeren Bestandsflächen für bodenpflegliche Zwecke im Abstand von ca. 1 1/2 m je ein bis drei Eicheln oder Roteicheln (in Kiefernstangengehölzen auch Bucheckern) in den Boden (→ Saatstock) gesteckt; → Einstufen.
Saatgut, das: auch Forstsaatgut. Zapfen, Fruchtstände, Früchte und → Samen, die zur Pflanzenerzeugung bestimmt sind. Da an das S. bestimmte Anforderungen an die erbliche Veranlagung sowie an äußere Werteigenschaften gestellt werden, die sich innerhalb der einzelnen → Baumarten unterschiedlich entwickelt haben, unterliegt das S. (ebenso das → Pflanzgut) verschiedener Baumarten dem → Gesetz über forstliches Saat- und Pflanzgut; → Vermehrungsgut, Wuchsgebiet, Herkunftsgebiet.
Saatgutaufbereitung, die: → Klenge.
Saatgutbedarf, der: auch Saatgutmenge. Bedarf an → Saatgut bei → Saat auf Freifläche oder im Pflanzgarten (→ Saatarten, → Saatformen).
Saatgut-Erntetechniken: Das forstliche → Saatgut kann entweder am stehenden oder am liegenden Stamm, durch Sammeln von Hand oder maschinell gewonnen werden. Hierzu werden je nach Baumart unterschiedliche Techniken angewandt:

a) stehender Baum: Verwendung von → Baumsteigegeräten (v. a. bei Ah, Li, Ta, Fi, Lä), Schütteln auf Planen oder in Netze (Ei und Bu), Einsatz von Hebebühnen in → Samenplantagen (Ah, Er, Fi, Lä).
b) liegender Baum: durch Pflücken (v. a. Fi und Lä).
c) Sammeln am Boden: Auflesen von Hand (Ei und Bu), Einsatz von Sauggeräten (Bu). Bei Er kommt auch das Sammeln im Wasser (Siebtechnik) in Betracht.

Saatgutmenge, die: → Saatgutbedarf.

Saatgutprüfung, die: Forstsaatgutprüfung. Forstsamen, die verwendet werden, müssen gesund, frisch und unbeschädigt sein. Es wird deshalb auf Reinheit und Keimkraft untersucht. Die Reinheitsprüfung ist dabei Bestandteil der S. nach den Vorschriften der International Seed Testing Association (ISTA) und gibt Auskunft über die Qualität von Forstsaatgut. Zur Untersuchung der Reinheit werden aus einer Mischprobe des zur Aussaat (oder zum Verkauf) bestimmten Saatgutes alle Verunreinigungen (Schuppen, Steine, Erde, Flügelreste, Rindenteilchen etc.) entfernt und das Gewicht der gereinigten Probe im Verhältnis zum Gesamtgewicht (100 %) errechnet. Zur Feststellung der Keimkraft wird bei leichten → Samen eine Keimprobe vorgenommen. Die abgezählten Körner werden in einen Behälter mit nassem Sand oder Zellstoff etc. eingefüllt. Nach der Zahl der gekeimten Körner am siebten, 14. und 21. Tag wird die Keimenergie (Keimkraft, Keimschnelligkeit) festgestellt. Dieser Anteil an der Gesamtzahl der eingefüllten Samenkörner ergibt das Keimprozent. Da nur ein Teil des keimfähigen Samens zu lebensfähigen → Keimlingen heranwächst, kann erst nach einem Jahr das Pflanzenprozent festgestellt werden, das u. a. von den Wuchsbedingungen abhängt. Um bei schwerfrüchtigen Samen (Eicheln und Bucheckern) die Keimkraft festzustellen, werden sie (100 Stück) einer Schnittprobe unterzogen. Die Zahl gesunder Samen mit frischer Schnittfläche im Verhältnis zur Gesamtzahl ergibt das Schnittprozent. Bei Eicheln wird durch kurzes Wässern in Behältern die Schwimmprobe (Aussondern von Hohlsamen) durchgeführt. Gesunde, vollwertige Eicheln sinken nach unten, hohle steigen auf. In verschiedenen Samenpreislisten wird sowohl die Reinheit des S. (R) als auch die Keimfähigkeit (K) angegeben; z. B. Fichte 99 % R. und 90 % K. Keim- oder Schnittprozent der wichtigsten → Baumarten (Durchschnitt):
BAh 75, Bi 25, Bu 80, Es 70, Fi 93, Kie 95, Hbu 70, Rob 90, REi 60, SEr 35, StEi 75, Ta 60, TrEi 65; → Triebkraftprüfung, → Anhang.

Saatgutvorbehandlung, die: Um die → Keimung zu beschleunigen und ein gleichmäßiges Auflaufen zu gewährleisten, werden die Samen vorbehandelt (Vorquellen, Warm-Naß-Vorbehandlung (→ Anmalzen)); → Keimhemmung, → Stratifikation.

Saatkamp, der: → Kamp.

Saatkrähe, -rabe, der: → Rabenvögel 7.

Saatschnellkäfer, der: → Schnellkäfer 1.

Saatschule, die: svw. → Saatbeet, → Kamp.

Saatstock, der: Hilfsgerät für die Handsaat, d. h. für das → Einstufen von → Eicheln (Punktsaat; → Saatformen) in den gewachsenen Boden. Der S. besteht aus einem unten angespitztem Rohr (auch mit schnabelförmiger Öffnung). Er wird in den Boden gerammt; die Frucht läßt man durch das Rohr in den Boden fallen.

Saatzeit, die: → Saat.

Säbeldornschrecke, die: → Feldheuschrecken 2.

Säbelhölzer: frühere Bez. für die zum Schiffsbau benötigten Planken, die aus gekrümmten Baumstämmen (→ Krummholz 2) geschnitten werden; → Schiffsbauholz.

◂◂ Säbelwuchs kann verschiedene Ursachen haben.

Säbelwuchs, der: säbelförmige Wuchsform bei Bäumen, meist im unteren Stammteil. Bekannt ist der S. an Lä, die in der Jugend durch den Wind geschoben wurden. Bei Laubbäumen, besonders Bu, findet sich S. häufig an Steilhängen. Gründe hierfür sind Erdrutsch und große Schneemassen, die den jungen Stamm für längere Zeit nach unten drücken. S. kann aber auch genetisch bedingt sein. S. stellt einen Holzfehler dar; → schnürig.

Säbenbaum, der: → Wacholder 2.

Sabine, der: → Wacholder 2.

sachgemäße Forstwirtschaft, die: Als s. F. gilt die Befolgung der in Wissenschaft und Praxis anerkannten Grundregeln. Liegen solche Grundregeln nicht vor, hat der Waldeigentümer die Möglichkeit der eigenen Ausgestaltung. Die sachgemäße Bewirtschaftung umfaßt alle Maßnahmen zur Erhaltung und Gestaltung des Waldes, wie Verjüngung, Pflege und Nutzung. Die sachgemäße Waldbewirtschaftung ist ordnungsgemäß und nachhaltig; → Nachhaltigkeit.

Sachsenwald, der: mit 70 ha Mischwald (Hauptbaumart Bu, daneben Fi, JLä und Ei) das größte Waldgebiet Schleswig-Holsteins. Der S. liegt im Osten Hamburgs. Reichskanzler Otto von Bismarck erhielt den S. im Jahre 1871 von Kaiser Wilhelm I. als Geschenk; der S. ist noch heute Familienbesitz der Bismarcks.

Sächsische Schweiz, die: seit der Romantik Bez. für den rd. 360 km^2 umfassenden sächsischen Teil des Elbsandsteingebirges, eines stark zerschnittenen, im Mittel 400 m hohen Tafelberglandes. Die verschiedenartigen Landschaftsbilder, der Wechsel von Verebnungen und Felsenbergen, von Fluß und Gebirge, von Waldland und offenem Land, von natürlicher und durch den Menschen gestalteter Landschaft mit Siedlungen und Verkehrswegen sind für Touristen besonders attraktiv.

Sackmaß, das: → Schwindmaß.

Sackspinnen (*Clubionidae*): weit verbreitete Fam. nachtaktiver → Webspinnen mit rd. 1500 Arten, davon etwa 70 z. T. schwer bestimmbare Arten in Mitteleuropa. Sie fertigen zwischen Blättern, Grasbüscheln und dgl. sackförmige Unterschlupfe und sackförmige Nester zur Eiablage. Die bekanntesten Arten sind:

1. Feenlämpchenspinne, die (*Agroeca brunnea*): Die über ganz Europa verbreitete F. kommt regelmäßig bis häufig vor und ist auf Wiesen, an Waldrändern, auf Lichtungen, in Feldgehölzen und Auwäldern anzutreffen. Die 5 bis 9 mm große, verborgen lebende F. baut kein Fangnetz, sondern jagt in der Dämmerung nach kleinen Tieren, z. B. nach kleinen Spinnen, Mücken und Fliegen. Sie fertigt auffallende, an feinen Spinnfäden hängende Eikokons, die sog. „Feenlämpchen", die zwei Kammern enthalten. In der oberen Kammer liegen die Eier, in der unteren halten sich die geschlüpften Spinnen die erste Zeit auf, ehe sie das Nest verlassen.

2. Dornfingerspinne, die (*Ch(e)iracanthium punctorium*): auch Dornfinger. Die nur über wärmere Gegenden Dtschl. (z. B. Rheinland, Kaiserstuhlgebiet) verbreitete, vom → Aussterben bedrohte D. hat ihr Hauptverbreitungsgebiet im Mittelmeerraum und kommt auf spärlich bewachsenen Sand- und Steinböden vor. Die bis zu 15 mm große D. hat einen leuchtend gelbbraun gefärbten Hinterleib. Am ersten Beinpaar hat sie fingerähnliche Dornen (Name!), womit sie ihre Beute festhält. Die dämmerungsaktive D. hält sich tagsüber unter ihrer aus Gräsern oder Blättern errichteten Glocke auf. Das Weibchen bewacht und betreut sowohl die Eier als auch die Jungen in seinem Versteck. Ihr Biß verursacht beim Menschen Schwellungen und heftige, stundenlang anhaltende Schmerzen, zuweilen auch Ohnmacht und Kreislaufkollaps.

3. Sackspinne, die (*Clubiona trivialis*): Die über weite Teile Europas verbreitete S. kommt regelmäßig bis häufig vor und ist in Laubmischwäldern und Gärten anzutreffen. Die bis 7 mm große, braune Spinne mit hellbraunen Beinen erjagt nachts ihre Beute (kleinere Insekten) durch Anschleichen.

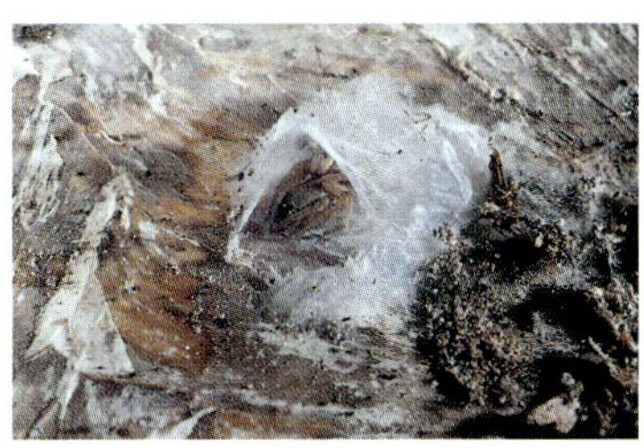

Sackspinnen

Sackträgermotten (Sackmotten, Futteralmotten, *Colephoridae*): Fam. schmalflügeliger Kleinschmetterlinge mit zahlreichen Arten, v. a. in Eurasien, davon etwa 100 Arten in Dtschl. Die → Raupen der S. leben in kleinen, unter Verwendung von Nahrungsteilchen gesponnenen Gespinsten, die sackförmig sind und ein offenes Hinterende haben. Das Vorderende ist auf der Futterpflanze festgesponnen. Zu den S. gehört u. a. die Lärchenminiermotte (→ Motten 1.).

Sadebaum, der: → Wacholder 2.

Safranschirmling, der: → Schirmlinge 2.

Saftdruck, der: → Turgor.

Saftfällen, das: → Einschlag des Holzes während der Zeit, in der die Bäume im Saft stehen. Das S. erleichtert das Lösen der Rinde, die für Gerbzwecke (Gerbrinde; → Lohrinde) gewonnen wird; → Fällungszeiten.

Gänsesäger (*Mergus merganser*; ♂ und ♀)

saftfrisch → waldfrisch.

Saftgrün, das: aus den reifen Beeren des Alpenkreuzdorns und des Echten Kreuzdorns (→ Kreuzdorn 1. und 2.) gewonnener Farbstoff, der früher in der Malerei häufig verwendet wurde. Die unreifen Beeren liefern einen gelben, die überreifen Beeren einen braunroten Farbstoff. Zur Farbstoffgewinnung werden die Beeren gepreßt, der gewonnene Saft mit Alaun versetzt und bei leichter Hitze abgedampft; → Schüttgelb, Färberhölzer, Pflanzenfarbstoffe.

Saftholz, das: → Splintholz.

Saftmale: auffällige Blütenzeichnungen und Farbflecke, die die Insekten (Bestäuber) anlocken. Farbflecke (z. B. Schlundflecke bei Rka), Farbtüpfel (z. B. → Fingerhut) oder Strichmuster (z. B. → Storchschnabel) führen die angeflogenen Insekten zum Nektar.

Saftruhe, die: im Ggs. zur → Saftzeit die Zeit, in der keine Saftbewegungen in den Bäumen stattfinden (Vegetationsruhe; vom Herbst bis zum Frühjahr). Während der S. werden die empfindlichen → Werthölzer eingeschlagen; → Einschlagszeiten, → Wadel.

Saftzeit, die: umgangssprachliche Bez. für den beginnenden Saftkreislauf in den Bäumen und Sträuchern mit Beginn der → Vegetationsperiode.

Sägebock, der: → Bockkäfer 8.

Sägefurnier, das: → Furnier von etwa 2 mm Dicke, das von einer Horizontalgattersäge erzeugt wird.

sägegestreift: s. sind → Balken, die allseitig baumkantig sind, deren vier Längsseiten jedoch zumindest von der Säge gestreift sein müssen; → fehlkantig, scharfkantig, vollkantig.

Sägeholz, das (Sägerundholz, Schneideholz, in der Schweiz: Sagholz): allg. Bez. für Hölzer bestimmter, dem → Schnittholz entsprechender Stärkemaße, für die größere Längen nicht gefordert sind, die aber meist eine Länge von mindestens 3 m einnehmen.

Sägemehl, das: → Sägespäne.

Sägemeister, der: frühere, lokale Bez. für einen Aufseher über die sog. – im Wald arbeitenden – Lohnsäger (Holzfäller, die im Akkordlohn arbeiteten).

Sägemühle, die: → Sägewerk.

Sägen: **1)** → Fällungswerkzeuge. **2)** alte Bez. für → Partien.

Säger (*Merginae*): Wasservögel aus der Ordn. der gänse- und entenartigen Vögel (*Anseriformes*). Der Schnabel der S. ist lang gestreckt und schmal; an der Schnabelspitze sitzt ein scharfkantiger, rückwärts gekrümmter Nagel. Die äußere Lamellenreihe an Unter- und Oberschnabel ist durch spitze Hornzähne ersetzt, die zum Festhalten der Beute (Fische) dienen. Die S. sind echte Unterwasserjäger, die fast ausschließlich auf Fischnahrung angewiesen sind. Die Nahrungssuche erfolgt i. d. R. gesellig in einer Schar von Artgenossen, wobei sie sich die Fische, meist in einer Tiefe von 2 bis 4 m, systematisch zutreiben. S. leben in Einehe. Charakteristisch für sie ist das Flugbild, wobei sie Körper, Hals, Kopf und Schnabel absolut waagerecht halten. In Europa kommt u. a. der Gänsesäger vor.

Gänsesäger, der (*Mergus merganser* L.): auch großer Säger, Ganstaucher, Stech-, Biberente, Tauchgans, rotköpfige Tauchergans. Länge: ca. 70 cm, Gewicht: 1300 bis 2000 g, Flügelspannweite: ca. 100 cm (größte Sägerart).

Die Brutgebiete der G. liegen überwiegend in Nordeuropa und an der deutschen Ostseeküste, vereinzelt auch in Bayern. G. sind in erster Linie Stand- und Strichvögel und erhalten im Winter starken Zuzug aus nördlicher gelegenen Brutgebieten. Der Lebensraum des G. sind Flüsse, Seen und Teiche mit klarem Wasser und baumbestandenen Ufern.

Ab Februar balzen die Erpel (Männchen) intensiv und nach Entenart mit Ausdrucksbewegungen (wildes Zickzackschwimmen, Schnabelhochrecken); und bereits im März ist das Weibchen auf Nistplatzsuche. G. sind Höhlenbrüter (natürliche Höhlen in alten Bäumen,

▶▶ Klebriger Salbei (*Salvia glutinosa*)

Schwarzspechthöhlen, Felsspalten und Mauerlöcher, manchmal auch weitab von Gewässern). Das Gelege besteht aus acht bis zwölf rahmfarbenen glanzlosen Eiern (66,5 x 46 mm, ca. 83 bis 84 g). Brutdauer: um 33 Tage. Die Jungen sind Nestflüchter und springen kurze Zeit nach dem Schlüpfen aus der Höhle auf den Boden oder werden, wenn der Niststand zu hoch liegt, einzeln vom Weibchen hinuntergetragen und dann zum nächsten Wasser geführt. Die Jungen können bereits nach einer Woche tauchen und sind mit acht Wochen flügge. Eine Jahresbrut (Mitte April bis Mai).

Nahrung: v. a. Fische, daneben Käfer, Krebse, Würmer usw.

Sägerestholz, das: die Holzabfälle der Holzindustrie (→ Sägewerke). S. sind v. a. Spreißel, → Schwarten, → Sägespäne und → Hackschnitzel; → Restholz.

Sägerundholz, das: → Sägeholz.

Sägespäne (Frässpäne, Sägemehl): Abfallprodukt, das beim Einschnitt des Holzes in den Sägewerken entsteht. Die S. nehmen etwa das dreifache Volumen ein wie die Holzmasse, aus der sie entstanden ist. S. dienen heute als Rohstoff für die Spanplatten- oder Zellstoffproduktion und für die Ziegelherstellung (Poren), früher auch als Einstreu für Viehställe, als Packmaterial, Isoliermittel und zur Feuerung von Dampfkesseln etc.

Sägewerk, das (Sägemühle): wirtschaftlicher Betrieb, der das → Rundholz seinen Abmessungen und seiner Güte entsprechend sortiert, ablängt und bearbeitet. Die durch spanende Bearbeitung aus Rundholz gewonnenen Halbfertigungserzeugnisse werden als Schnittholz (Schnittware) bezeichnet. Der Einschnitt des Holzes erfolgt überwiegend auf vertikalen Vollgattern, kaum mehr an Blockbandsägen oder Horizontalgattern; → Gatter 2). Gelegentlich wird schwächeres Rundholz auf sog. Bauholzkreissägen eingeschnitten. Ein heute übliches Verfahren ist die Bearbeitung des Rundholzes auf Profilzerspanern. Dieses Gerät erzeugt entweder in zwei Arbeitsgängen ein an allen Seiten abgefrästes → Kantholz oder in einem Arbeitsgang einen Model, der anschließend an einer Mehrblattkreissäge zu Brettern oder Kantholz aufgetrennt wird. I. a. wird den S. Ndh unentrindet angeliefert. Schwachborkiges Lbh wird fast immer mit Rinde, starkborkiges ohne Rinde eingeschnitten. Nach dem Einschnitt wird das Holz gestapelt und getrocknet (→ Holztrocknung). Der beim Einschnitt entstehende Abfall neben Rinde und Schnitzel wird als Frässpäne oder → Sägespäne, Sägemehl bezeichnet.

Sagholz, das: → Sägeholz.

Salamander, der: → Schwanzlurche.

Salatbaum, Deutscher, der: → Ahorne 4.

Salatmoos, das: → Beckenmoos.

Salbei, der (*Salvia*): Gatt. der Fam. der → Lippenblütengewächse mit rd. 500 Arten in den gemäßigten Gebieten, v. a. aber in den Subtropen und Tropen. Es sind dies → Kräuter, → Halbsträucher oder → Sträucher mit zweilippigen Blüten mit einer bei uns im Wald vorkommenden Art:

Klebriger Salbei, der (*Salvia glutinosa* L.): Der K. S. ist über die Gebirge Mittel- und Südeuropas, von Nordspanien bis Mittelrußland, verbreitet. Er wächst zerstreut in Bergmischwäldern, Hochstaudenfluren, Gebüschen, Kahlschlägen, an Hängen, auf lockeren sickerfeuchten, meist kalkhaltigen Böden, bis in Höhen von 1800 m.
Die ausdauernde, 50 bis 120 cm hohe Pflanze hat einen vierkantigen, aufrechten im unteren Teil behaarten, oben drüsig-klebrigen Stengel. Die langgestielten Blätter sind eiförmig bis eilänglich, flaumhaarig, mit herz- oder spießförmigem Grund und gezähntem oder gekerbtem Rand (→ Blattrand). BZ: Juni/Juli bis September/Oktober. Die Blüten, die in übereinanderstehenden zwei- bis sechsblütigen Quirlen in den Achseln kleiner Tragblätter angeordnet sind, haben einen röhrig-glockigen, zweilippigen Blütenkelch mit dreizähniger Oberlippe und zweizähniger Unterlippe (Zähne ungleich), der stark klebrig-drüsig behaart ist. Die schwefelgelbe, rotbraun gezeichnete, bis 4 cm lange Blütenkrone hat eine sichelförmig gekrümmte, seitlich zusammengedrückte, ausgerandete Oberlippe und eine gerade, dreispaltige Unterlippe mit herabgebogenem Mittellappen.
Salbeigamander, der: → Gamander 1.
Salbeiblättriger Gamander → Gamander 1.
Salbeiweide, die: → Weide 14.
Salicaceae → Weidengewächse.
Salicetalia purpureae → Weichholzaue.
Salicetea purpurea → Weichholzaue.
Salicetum, das: → Arboretum.
Salicion albae → Weichholzaue.
Salicion cinereae → Grauweidengebüsche.
Salicion elaeagni → Weichholzaue.
Salientia → Froschlurche.
Salinen: Anlagen zur Salzgewinnung durch Verdampfung der Lösung (Sole). S. sind uns bereits aus der Keltenzeit (Hallstattzeit) bekannt. Neben Großgewerbe, Berg- und Hüttenwerken, Glashütten, → Köhlereien und Eisenhämmern usw. wurden auch von den S., dem sog. „holzfressendem Gewerbe", in früherer Zeit ungeheure Holzmengen verbraucht. S. benötigten das Holz zur Feuerung der Sudpfannen, für die Kufen oder Fässer zur Verpackung des Salzes (sog. „weißes Gold"), für die Salzschiffe aber auch für die umfangreichen Trift- und Riesbauten (→ Trift, Riesen) zur Herbeischaffung des Holzes für die Soleleitungen. Die S. befanden sich früher meist im Besitz der Landesherren (landesherrliche Regiebetriebe), z. B. die Reichenhaller S. (788 erstmals schriftlich erwähnt) im Besitz der bayer. Herzöge, die zu Hall im Salzkammergut im Besitz der Habsburger, die Salzburger S. im Besitz der Erzbischöfe von Salzburg und die Lüneburger im Besitz der welfischen Herzöge. Auch Genossenschaften, z. B. die Pfännerschaft von Sooden an der Werra, waren Besitzer von S. Auf dem Höhepunkt der Salzgewinnung im 16. und 17. Jh. konnten die Wälder (→ Sudwälder) im Bereich der S. den enormen Holzbedarf aber meist nicht mehr decken. Die Lüneburger S. verbrauchte jährlich etwa 200 000 Raummeter (rm) Holz, die bayer. S. durchschnittlich 70 000 Klafter (rd. 190 000 rm), wobei alten Aufzeichnungen zufolge, die Reichenhaller S. im Jahre 1611 336 000 rm Holz verbrannt hat. Im Jahre 1867 hingegen wurden durch den Einsatz anderer Feuerungsmittel nur noch 30 000 rm verbraucht. Um dem drohenden Holzmangel zu begegnen, wurden große technische Anstrengungen unternommen, um die Holzvorräte sicherzustellen. Die Lüneburger S. legte Kanäle an, auf denen das Holz aus Mecklenburg herangeflößt wurde (→ Flößerei). In Bayern ging man den umgekehrten Weg. In langen Holzrohrleitungen, den sog. „Soleleitungen", die alle 30 Jahre erneuert werden mußten, brachte man im Jahre 1618 die Salzlösung über eine Strecke von 30 km von Reichenhall nach Traunstein. Als auch dort die Holzvorräte versiegten, wurde 1810 eine Soleleitung bis nach Rosenheim gelegt. Erst als die Kohle allg. als Brennmaterial eingeführt war, konnte auch bei den S. auf den Rohstoff Holz, dessen Nutzung vielerorts zu Waldverwüstungen führte, (→ Lüneburger Heide) verzichtet werden.
Sal(inen)forsten → Sudwälder, Salinen.
Salinenkonvention, die: Mit der S. von 1829 wurde den österr. Salzbergwerken gestattet, im Dürnberg auf bayer. Staatsgebiet unterirdisch Salz abzubauen. Bayern durfte weiterhin Holz im Saalachtal (→ Sudwälder) auf österr. Grund und Boden nutzen, was schon zur Zeit der mittelalterlichen Sudherrschaft üblich war. Die S. wurde 1957 erneuert und ist zugleich der älteste europäische Staatsvertrag. Als Folge der Konvention unterhält die Bayer. Staatsforstverwaltung heute noch im salzburgischen Pinzgau die „Saalforstverwaltung" in St. Martin/Salzburg. Der salinarische Waldbesitz der damaligen Salinenforstinspektion Reichenhall wurde bereits im Jahre 1867 auf die Bayer. Staatsforstverwaltung übertragen.
Salix → Weiden.
Salizit, der: Weidenblattstein. Stein mit Abdrücken von Weidenblättern.
Sallet, F. von → Wald in der Musik.
Salomonssiegel, das: → Weißwurz 1.
Salpeterer → Hotzen.
Salpeterpflanzen → Boden(an)zeiger.
Saltatoria → Heuschrecken.
Saltenbaum, der: → Pappeln 2.
Salticidae → Springspinnen.
Salvia → Salbei.
Salweide, die: → Weiden 19.
Salzpflanzen (*Halophyten*): Pflanzen, die zum Gedeihen einen hohen Salzgehalt des Bodens oder des Wassers ertragen. S. wachsen außer im Meer auch im Brackwasser, an Meeresküsten, im Binnenland an Salzquellen und in Trockengebieten mit hoher Verdunstung. Der Salzgehalt dieser Standorte wird meist durch Natriumchlorid bedingt, seltener durch Karbonate oder Sulfate. S. haben dabei verschiedene Anpassungen entwickelt: a) Pflanzen, die im Zellsaft hohe Salzkonzentrationen ertragen, b) Pflanzen, die hohe Salzkonzentrationen durch hohen Wassergehalt ausgleichen. c) Pflanzen, die durch Ultrafilterung in den Wurzeln die Salzaufnahme verhindern bzw. einschränken. d) Pflanzen, die überschüssiges Salz durch Blattabwurf eleminieren oder über Salzdrüsen ausscheiden.
Salzschäden → Streusalz.
Salztonnenholz, das: → Böttcherholz.
Sambucus → Holunder.
Sambucus racemosa-Rubus rudis-Assoziation → Weidenröschen-Schlaggesellschaften 11.
Samen, der (lat.: *Semen*): in der Botanik Bez. für das Verbreitungsorgan der → Samenpflanzen. Es entsteht nach der → Befruchtung im Verlauf der S.-Entwicklung aus einer → S.-Anlage. Bei den → Nacktsamern (z. B. → Nadelbäume) liegt der S. einzeln oder in Mehrzahl frei (nackt) auf der → S.-Schuppe der → Zapfen, bei den → Bedecktsamern (z. B. → Laubbäume) ist er im → Fruchtknoten eingeschlossen. Der S. enthält in einer schützenden Hülle (der S.-Schale; Testa) den → Embryo und einen Nährstoffvorrat. Die → Samenverbreitung erfolgt durch Wind, Wasser, Vögel, Insekten und Säugetiere.
Samenanlage, die (lat.: *Ovulum*): Aus den S. entwickeln sich nach der → Befruchtung die → Samen. Die S. ist ein etwa 1 mm bis 10 mm großes, eiförmiges Organ der → Samenpflanzen, das mit einem, von einem Gefäßbündel durchzogenem Stielchen (*Funiculus*) an

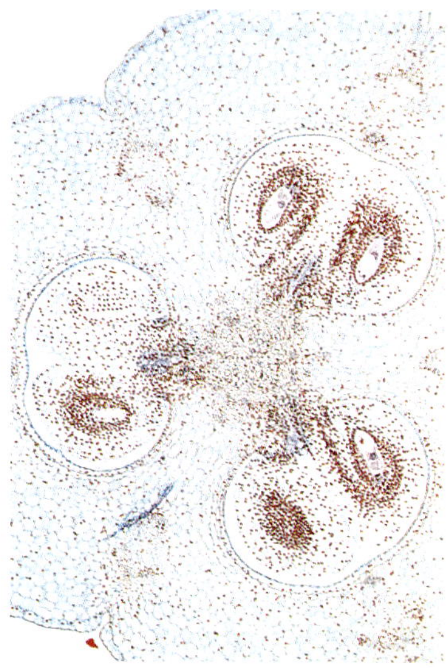

Samenanlage

bestimmten Stellen (*Plazenta*) befestigt ist. Eine S. besteht aus einem zentralen Gewebekern (diploides Grundgewebe), dem *Nucellus*. Dieser ist von ein oder zwei Schutzschichten, den Integumenten bedeckt, aus denen sich schließlich die Samenschale entwickelt. Die Integumenten lassen am Scheitel einen engen Gang, die *Mikropyle*, für den Eintritt des Pollenschlauches frei. Innerhalb des *Nucellus* liegt eine große ovale Zelle, der Embryosack, der sich zum weiblichen Gametophyten entwickelt, an dem sich schließlich die Eizelle bzw. der Eiapparat bildet.
Samenaufbereitung, die: → Klenge.
Samenausbeute, die: bei → Nadelbäumen (Koniferen) Bez. für den Anteil keimfähiger Samen aus 50 kg Zapfen in Gramm. Er errech-

net sich aus dem Reinheitsprozent (R), dem Vollkorngewichtsanteil (V) und aus dem Samengewicht (G) nach der Formel: $S_{50} = G \cdot R \cdot V/100 \cdot 100$; → Saatgutprüfung, → Anhang, Seite 870/871.

Samenbaum, der: Bez. für einen Baum (Mutterbaum; → Mutterbestand), der nach einem → Besamungshieb auf der Fläche belassen wird.

Samendarre, die: → Klenge.

Samenernte, die: → Saatgut-Erntetechniken, Klenge.

Samenfall, der: Zeitpunkt, zu dem ein Baum – meist nach der Vollreife (→ Samenreife) – seinen → Samen abwirft; → Samenjahr.

Samenfarne (*Pteridospermae, Lyginopteridatae*): Sie sind eine Klasse der Fiederblättrigen → Nacktsamer, deren Hauptvorkommen in den Erdzeitaltern Karbon und Perm (→ Erdzeitalter) lagen und die bereits im Jura wieder ausstarben. Die S., die schon ein sekundäres → Dickenwachstum zeigten, hatten mehrfach gefiederte, wie Farnwedel aussehende Blätter, jedoch sind sie durch den Bau ihrer Stämme (z. T. wuchsen sie auch lianenartig) und die Ausbildung von → Pollen und → Samenanlagen eindeutig zu den → Samenpflanzen zu rechnen.

Samengewinnung, die: → Saatgut-Erntetechniken.

Samenhieb, der: → Besamungshieb.

Samenholzung, die: → Hochwald.

Samenjahr, das: Unsere Baumarten blühen und fruchten nicht alljährlich, sondern in größeren oder kleineren Intervallen. Je kälter das Klima ist, um so seltener treten S. auf (an der → Baumgrenze z. B. nur alle 30 bis 40 Jahre). Ertragreiche S. werden bei Ei und Bu → Mastjahre genannt. Die → Pionierbaumarten blühen jedes Jahr. Die durchschnittlichen Abstände der Samenjahre betragen: As 1, BAh 1 – 3, BKie 1, BUl 2, Bi 2 – 3, Bu 5 – 15, Dgl 3 – 4, ELä 3 – 10, Elsb 1, Es 2 – 3, FAh 1 – 2, FUl 2, Fi 3 – 8, FlUl 2, GEr 1, Hbu 1, JLä 3 – 5, Kast 2 – 3, Kie 2 – 6, Rob 1 – 2, Rka 1, REi 2, SEr 1, SchPa 1, SPa 1, SFi 2 – 3, SLi 1, SAh 1 – 3, Sp 1, StEi 2 – 7, Stro 2 – 3, Ta 2 – 6, TrEi 2 – 7, Vobe 1, Wei 1, WEr 1, WiLi 1, Zir 6 – 10; → Anhang, Seite 870/871.

Samenkäfer (*Bruchidae*): auch Muffelkäfer. Eine weltweit verbreitete Fam. kleiner (0,15 bis 0,5 cm), gedrungener Käfer mit rd. 1200 Arten, davon ca. 25 einheimisch. Die Flügeldecken sind meist graubraun mit weißen Flecken. Die → Larven entwickeln sich ausschließlich in → Samen von Schotengewächsen. S. sind äußerst geschwind und fliegen sehr schnell auf; z. T. sind sie Vorratsschädlinge. Von forstlichem Interesse ist nur:

Besenginster-Samenkäfer, der (*Bruchus cisti*): Der 0,3 cm lange, schwarze Käfer ist fein grau behaart und hat einen 11gliedrigen, gegen die Spitze hin allmählich stärker werdenden Fühler. Die Flügeldecken sind kurz und breit. Der überwinternde Käfer ist im Sommer auf Besenginster anzutreffen, in dessen Samen sich die winzigen Larven einbohren und entwickeln. Nicht selten kommen die Larven auch im Samen der Rob vor. Nennenswerte Schäden verursachen weder Käfer noch Larve.

Samenklenge, die: → Klenge.

Samenlappen → Keimblätter.

Samenloden, der: alte Bez. für aus Samen erwachsene junge Bäume, die später den → Hochwald bilden.

Samenmantel, der (*Arillus*): Gewebewucherung unterschiedlicher Herkunft, Form und Färbung, die den eigentlichen → Samen umschließt (z. B. bei den Eib), eine Frucht vortäuscht und häufig der → Samenverbreitung dient.

Samenpflanzen (Blütenpflanzen, Spermatophyten, Anthophyten, Phanerogamen): mit etwa 250 000 Arten die höchstentwickelte Abteilung des Pflanzenreichs. Sie zählen zu den → Sproßpflanzen und sind vollständig an das Landleben angepaßte → Pflanzen, für die die Ausbildung besonderer → Sprosse oder Sproßabschnitte, der → Blüten, kennzeichnend ist. Sie werden in → Bedecktsamer und → Nacktsamer eingeteilt.

Samenplantage mit Ahorn

Samenplantage, die: mit (meist) Pfropfungen von Plusbäumen (→ Auslesebaum) ausgestattete Plantage zur bedarfsgerechten Erzeugung von genetisch hochwertigem forstlichen → Saatgut. Der Saatgutbedarf und die Samenproduktion der jeweiligen Baumarten bestimmen die Größe der S. Um eine Bestäubung von außerhalb zu vermeiden, wird ein Sicherheitsabstand von mindestens 300 bis 400 m eingehalten. S. werden derzeit eingerichtet für Ah, Bi, Bu, Dgl, Er, Es, Fi, Kie, Lä, Li, Ta, TrEi, StEi und Ul. Man unterscheidet folgende Arten:

a) Ausleseplantagen (Plusbaumplantagen): Sie enthalten vegetative Nachkommenschaften von → Auslese-(Plus-)Bäumen, die nach den Richtlinien der Landesforstverwaltungen aus regional bewährten Beständen nach phänotypischen Merkmalen ausgelesen sind.

b) Hochzuchtplantagen: Sie umfassen → Klone, die durch Nachkommenschaftsprüfungen aus einer größeren Anzahl von Bäumen selektioniert worden sind und deren Nachkommenschaften deutliche Vorzüge gegenüber den anderen Mitgliedern der Rassen oder Populationen aufweisen.

c) Erhaltungsplantagen: Sie dienen in erster Linie der Erhaltung von Baumrassen oder Populationen, die selten, aber erhaltungswürdig sind, an ihren natürlichen Standorten nicht ausreichend fruktifizieren oder dort wegen der Kleinheit des Vorkommens und der Nachbarschaft fremder Populationen nicht rein erhalten bleiben.

d) Hybrid-Plantagen: Sie dienen der Erzeugung von Hybriden von ausgesuchten Bäumen zweier verschiedener Baumarten (z. B. *Larix decidua* und *L. leptolepsis*).

Samenreife, die: Zeitpunkt, zu dem die → Samen reif sind. Der genaue Zeitpunkt der S. wird anhand von Form, Farbe und Wassergehalt bestimmt. Sie wird beeinflußt durch das gebietsspezifische Großklima und von der jeweiligen Jahreswitterung. S. der wichtigsten einheimischen Baumarten; siehe Tabelle Anhang, Seite 870/871.

Samenruhe, die (Keimruhe): Bez. für das Stadium zwischen der → Samenreife und der Befähigung des → Samens zur → Keimung.

Samenschädlinge: Bez. für tierische (Nagetiere, Insekten, Vögel) und pflanzliche (Pilze) Schädlinge an Forstsaatgut, z. B. Mäuse, Finken und Häher an Ndh und Lbh, Eichhörnchen an Ndh, Bu und Ei, Spechte an Ndh, verschiedene Laufkäfer an Bu, Ei, Fi, Kie, Lä und Ta, Erzwespen an Fi, Ta, Lä, Schmetterlinge an Lbh und Fi und Schimmelpilze an Lbh und Ndh. Bei starken Befall durch tierische Schädlinge, v. a. wenn die gesamte Samenausbeute einer Holzart gefährdet ist, werden Abwehrmaßnahmen erforderlich.

Samenschlag, der: → Besamungshieb.

Samenschuppe, die (Fruchtschuppe): bei Ndh eine schuppenförmige Bildung in der Achsel der Deckschuppe. Bei der Zapfenbildung vergrößert sich die S. und bildet mit der Deckschuppe zusammen die charakteristische Zapfenschuppe der → Zapfen der Ndh.

Samenträger, der: → Samen tragender Baum.

Samenverbreitung, die: Die Verbreitung von → Samen kann auf verschiedene Art erfolgen:
Anemochorie: Die S. erfolgt mit Hilfe von Flugeinrichtungen, z. B. Haarkränzen oder Schöpfen, wie z. B. bei Pa, Wei und der Hainanemone, Flügeln, wie z. B. bei den → Nadelbäumen, Hochblättern, wie z. B. bei Hbu und Li oder aufgrund der kleinen Samengröße, wie z. B. bei den staubfeinen Samen der Glockenblumen und den Sporen der → Farne. Bei Es, Ah, Ul und Bi läuft die Fruchthülle in Flugorgane aus.
Anthropochorie: gezielte und auch ungezielte Verbreitung von Samen, ggf. auch → Sporen, durch den Menschen.
Hydrochorie: die S. durch das Wasser, wenn durch lufthaltige Räume in den Samen oder Früchte diese schwimmfähig sind, z. B. Er.
Zoochorie: S. durch Tiere. Die Samen können sich mit Widerhaken oder Schleim bei den Tieren anhaften (z. B. Wilde → Karde und → Mistel), von diesen vertragen werden (z. B. → Eicheln und → Bucheckern durch Eichelhäher (→ Hähersaat) oder Eichhörnchen) oder als Nahrung aufgenommen und ohne Schädigung des Keimes wieder ausgeschieden werden (Endozoochorie, z. B. bei der Eibe). Ein Sonderfall der Zoochorie ist die Myrmekochorie: S. durch → Ameisen. Wegen eines fett-, eiweiß- und vitaminreichen Anhängsels (Elaiosom), das den Ameisen als Nahrung dient, wird der Samen verschleppt, z. B. beim Wohlriechenden Veilchen, beim Bär-Lauch und dem Gelben Lerchensporn (→ Ameisenpflanzen); → Allochorie, Autochorie.
Samenwald, der: → Hochwald.
Sämling, der: eine aus → Samen enstandene (und unverschulte) ein- bis dreijährige Pflanze, die im Endverband des Saatbeetes steht, bis sie entweder in das Verschulbeet (→ Verschulpflanze), oder auf die Kulturfläche kommt. In Pflanzenpreislisten wird der Sämling mit „S." abgekürzt; z. B. 1j. S., 2j. S., d. h. einjähriger S., zweijähriger S. oder 1 + 0, 2 + 0, wenn er ein oder zwei Jahre (unverschult) im Saatbeet gestanden hat; → Naturverjüngung.
Sämlingsband, das: Plastikband mit Torfschicht und eingelegten Nadelbaumsämlingen.
Sammelbalgfrüchte → Sammelfrüchte.
Sammelfrüchte: aus → Einzelfrüchten zusammengesetzte pflanzliche Früchte. Mehrere Früchte sind durch ihre Fruchtwände oder durch Gewebe der Blütenachse untereinander verwachsen und bilden bei der Reife einen einheitlichen Verband (Fruchtverband) der eine Einzelfrucht vortäuscht (Scheinfrucht). Die S. lösen sich in ihrer Gesamtheit ab. Nach der Ausbildung der Früchte werden folgende Fruchtformen unterschieden:
a) Sammelnußfrüchte: Die entwickelten Nüßchen sind durch andere Blütenteile wie Blütenboden (Erdbeere) oder Blütenachse (Hagebutte), verbunden und werden gemeinsam verbreitet.
b) Sammelsteinfrüchte: Die Steinfrüchte sind z. T. durch andere Blütenteile miteinander verwachsen und bilden eine Verbreitungseinheit (Himbeere, Brombeere).
c) Sammelbalgfrüchte: Früchte, die außer den Carpellen noch andere Teile der Blütenregion in ihren Aufbau miteinbeziehen, z. B. verwachsen einige mit der Blütenachse (Apfel, Birne, Mispel); → Fruchtstand.
Sammelhiebe: Bez. für mindestens einmal im Jahr durchgeführte Hiebe zur Entfernung kranker und abgestorbener Bäume (→ zufällige Nutzung) aus waldhygienischen Gründen; → Totalitätshieb.
Sammelnußfrüchte → Sammelfrüchte.
Sammelsteinfrüchte → Sammelfrüchte.
Sammelunterabteilung, die: räumlich voneinander getrennte gleichartige, betriebstechnisch zusammengehörende Teile einer Abteilung (→ Waldeinteilung).
Sammelunterfläche, die: räumlich voneinander getrennte, jedoch gleichartige Teile einer Unterabteilung (→ Waldeinteilung).
Samtfußkrempling, der: → Krempling-artige 3.
Samtfußrüblinge (*Flammulina*): Gatt. der → Blätterpilze aus der Fam. der → Ritterlingsartigen (*Tricholomataceae*). Neben einer kleineren Varietät (→ Abart) kommt bei uns nur nachstehende Art vor:
Samtfußrübling, der (*Flammulina velutipes*): auch Winterrübling. Der weitverbreitete und meist büschelig auftretende Pilz wächst von September bis April an den Stümpfen toter, noch stehender Laubbäume, aber auch an liegenden Stämmen. Der abgeflachte bis leicht gewölbte Hut wird 2 bis 10 cm breit und hat eine gelbe bis rostgelbe, auch honiggelbe, glatt oder auch fein bereifte Oberfläche. Die verschieden langen, etwas entfernt stehenden → Lamellen sind am Stiel angewachsen. Sie sind weiß, später ockergelb und haben eine leicht gebauchte Form. Der Stiel wird 7 bis 11 cm lang, fühlt sich samtig an und ist von braunschwarzer bis olivschwarzer Farbe. Er ist anfangs voll, später röhrig und hat eine meist verjüngte, fest wurzelnde Basis. Das angenehm riechende Fleisch ist weiß oder blaßgelblich und hat einen milden Geschmack. Der S. ist ein ausgezeichneter Speisepilz und dient auch als Zuchtpilz.
Samthühnchen, das: → Rallen 2.
Samtiger Leistling, der: → Leistlinge 2.
Samt-Kegelmoos, das: → Brachythecium 2.
Samtpfifferling, der: → Leistlinge 2.
Sandbelle, die: → Pappeln 3.
Sandbirke, die: → Birken 1.
Sandbräune, die: An Kie, Fi, und Lä findet sich bei Feuchtlagerung (untere Lagen in Poltern ohne Unterlage) häufig S. als Lagerschaden. Erreger ist *Discola brunnea tingens* H. Meier. Der befallene → Splint wird hellbraun bis kaffeebraun.
Sanddorn, der (*Hippophae*): auch Haff-, Seedorn. Gatt. der → Ölweidengewächse (*Elaeagnaceae*) mit je einer Art in Europa und Asien. Es sind sommergrüne Bäume oder Sträucher mit dornigen Kurztrieben, schmalen Blättern und → zweihäusigen Blüten. Der Gatt.-Name *Hippophae* ist abgeleitet vom griech. *hippos* = Pferd und *phéos* = Distel.

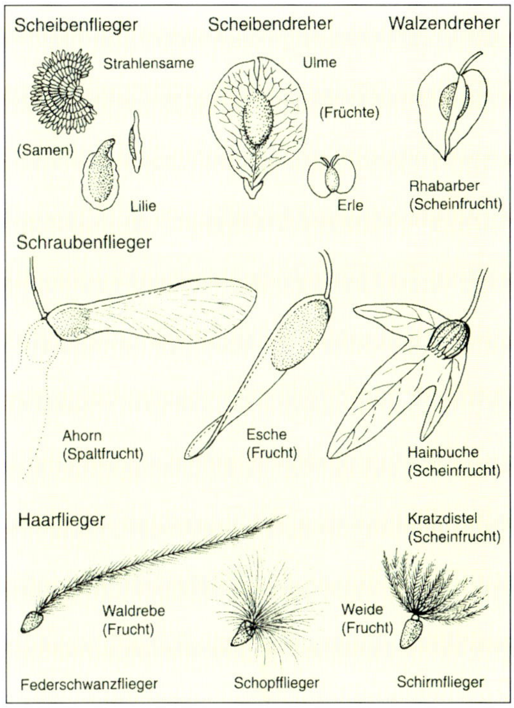

Flugeinrichtungen für die Samenverbreitung

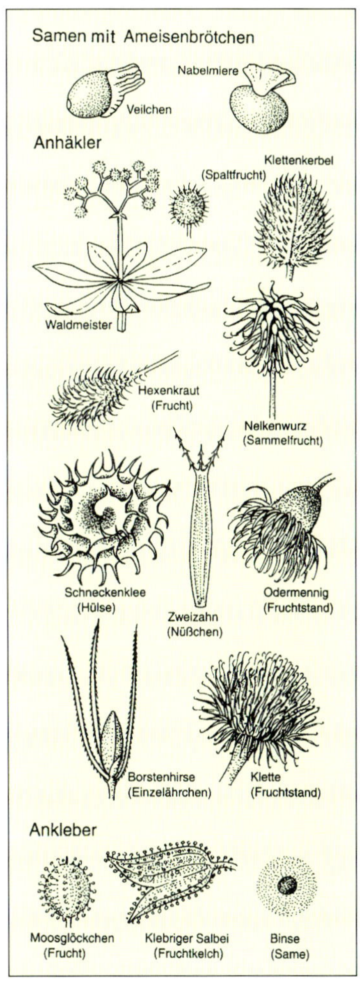

◄ Einrichtungen für die Samenverbreitung durch Tiere

Gemeiner Sanddorn, der (*Hippophae rhamnoides* L.): auch Echter S., Strand-, See-, Seekreuz-, Au-, Haff-, Stech- und Weidendorn, Griesbeer, in Österreich auch Fasanenbeere, was auch auf den Standort bzw. auf die bevorzugte Aufnahme der Früchte durch Fasanen hinweist.

Verbreitung: Der G. S. zählt zum eurasischen Florenelement und ist über Mitteleuropa, von den Pyrenäen über die Alpen und das Alpenvorland bis zum Kaukasus, im Nordwesten Europas und im Norden bis Norwegen hauptsächlich jedoch in West- und Ostasien, verbreitet. In Europa kommen vier Unterarten vor.

Standort: Pionier-Gebüsch, das in lichten Kiefernwäldern, Verlichtungen von Kiefern-Trockenwäldern, Sanddorn- und Berberitzengebüschen, Schneeheide-Kiefernwäldern und Alpenrosen-Latschengebüschen, auf rohen Sand- und Kiesböden, in trockenen Flußläufen, an Flußufern, in Schotterfluren der Hochgebirge, auf felsigen Hängen und an den Meeresküsten auf festgelegten Dünen (bodenfestigendes, tiefwurzelndes Pioniergehölz), an Seen und Flußufern und sekundär in Kiesgruben und an Straßenböschungen wächst. Er liebt nährstoffreiche, sand- und kieshaltige Böden (Sandzeiger) in sonnigen Lagen und kommt vom Tiefland bis ins Gebirge, in Höhen von etwa 1800 m vor.

Merkmale: Der dornige, aufrecht wachsende, sperrige, dicht verzweigte Strauch oder kleine Baum wird bis 6 m, höchstens 10 m hoch, hat rutenförmige Zweige, kriechende, weitreichende Wurzeln mit stickstoffbindenden Knöllchen und treibt reichlich Wurzelbrut. Die sparrig abstehenden Zweige sind dornspitzig, tragen in Dornen umgewandelte → Kurztriebe, sind in der Jugend drüsig behaart, dunkelrotbraun bis grau, später glatt, dunkelbraun, dann graubraun berindet, später bildet sich eine abschuppende → Borke. Bei den Zweigen im Winterzustand sind die Seitenknospen an den männlichen Pflanzen kugelig bis eiförmig (breiter als der Zweig) und zwei- bis mehrköpfig; bei den weiblichen Pflanzen sind sie schlanker. Die Knospenschuppen sind goldkupferfarbig und kurzbehaart. Die wechselständig angeordneten, einfachen, kurzgestielten, lineal-lanzettlichen Laubblätter sind ganzrandig, am Grund keilförmig, am oberen Ende spitz bis stumpf. Je nach Unterart sind sie etwa 40 bis 70 mm lang, 3 bis 8 mm breit, oberseits graugrün, silbrig glänzend, mit sternförmigen → Haaren, unterseits silbrigweiß, matt, mit Schildhaaren besetzt. Der → Blattrand ist leicht eingerollt. Die Vermehrung erfolgt durch Samen und Wurzelstecklinge. Wegen der Fruchtbildung sollte er in Gruppen mit verschiedengeschlechtlichen Exemplaren gepflanzt werden. BZ: (März) Mai/Juni, vor Laubausbruch. Die kleinen unscheinbaren eingeschlechtigen, etwa 3 mm breiten, gelblichen Blüten befinden sich an der Basis vorjähriger Triebe. Die männlichen, nahezu sitzenden Blüten haben vier → Staubblätter; ihre Kelchröhre ist kürzer als die Zipfel. Die weiblichen, gelbgrünen, etwas länger gestielten Blüten haben eine lange Kelchröhre, kürzere Kelchzipfel und riechen nach Essig. Die zahlreichen, beerenähnlichen, ei- bis kugelförmigen Scheinfrüchte (→ Schließfrucht), die im September/Oktober reifen, entwickeln sich (ausnahmsweise) aus dem Blütenkelch, sind anfangs hellorange, später fast weiß, haben etwa 8 mm im Durchmesser, schmecken säuerlich und befinden sich den Winter über an den Sträuchern. Der in der Frucht enthaltene länglich-runde steinartige, außen braune Samen hat einen weißen Kern und ist zwischen 2,8 und 5,3 mm lang und zwischen 1,4 und 2,7 mm breit. Von den Früchten ernähren sich v. a. Rabenvögel, insbesondere Krähen und Dohlen, Drossel, Stare und Fasane; auch Fuchs und Wildschwein nehmen sie auf.

Das → Holz des G. S. hat einen schmalen gelben → Splint und einen lebhaft braunen → Kern, ist feinfasrig, mittelschwer und glänzend und dient als → Drechslerholz. Es enthält Quercitin und kann ebenso wie die Laubblätter zum Gelb- und Braunfärben verwendet werden.

Aus den herb-sauren Früchten können Drinks, Marmelade, Milchshakes, Eis, Quarkspeisen, Obstsalate und Gebäck bereitet werden. Sie enthalten fünfmal mehr Vitamin C als die Zitrusfrüchte, außerdem Glykoside, Kalzium, Flavonoide, organische Säuren (z. B. Apfelsäure), Öle, das Provitamin A und die Vitamine B_1, B_2, B_6, E. Die Früchte finden auch in der Naturheilkunde Verwendung, wirken adstringierend, antiseptisch, tonisch, sind kreislauffördernd, galletreibend, abführend und stoffwechselanregend, verbessern die Herz- und Nierenfunktion und sind gut gegen Grippe, Asthenie, Skorbut u. a.

Durch das tiefgehende Wurzelsystem und durch die Bildung zahlreicher → Ausläufer eignet sich der G. S. gut als → Pionierbaumart zur Befestigung von Geröllschutt und Dünen. In Auwaldgebieten ist er gut zur Waldrandgestaltung geeignet. Durch die stickstoffbindenden → Bakterien in seinen Wurzelknöllchen (→ Knöllchenbakterien) wird außerdem der Boden mit Stickstoff angereichert. Zudem wird er häufig als Straßenrandbepflanzung und zur Schaffung natürlicher Hecken auf Sandböden verwendet. In Dtschl. tritt der G. S. in zwei nahe verwandten → Unterarten auf. Die Unterart *fluviatilis* ist ein relativ spärlich bedornter Strauch mit langen, etwas überhängenden Ästen, lockeren Blütenständen und kommt in den Alpen, im Alpenvorland bis zur Donau, im südlichen Rheintal und am Bodensee vor. Die Unterart *rhamnoides* ist ein stark bedornter Strauch mit kurzen, steifen, aufrecht stehenden Ästen, dichten → Blütenständen und kommt hauptsächlich an den sandigen Küsten der Ost- und Nordsee, auf den Binnendünen und in den Dünentälern vor.

Sandginster, der: → Ginster 1.

Sandglöckchen, das (*Jasione*): Gatt. der Fam. der → Glockenblumengewächse mit rd. zehn Arten in Europa und im Mittelmeergebiet. Es sind dies zweijährige oder ausdauernde → Kräuter mit ungeteilten wechselständigen Blättern (im Ggs. zu den → Skabiosen) und meist blauen Blüten, die in endständigen Köpfchen (→ Blütenstand) stehen, welche von Hüllblättern umgeben sind. Bei uns heimisch sind zwei Arten:

1. Berg-Sandglöckchen, das (*Jasione montana* L.): auch Berg-Jasione, Schafrapunzel, Berg-Heilkraut. Das B. ist fast über ganz Mitteleuropa verbreitet, lediglich in Teilen der Alpen fehlt es. Im Süden ist es in Italien, im Norden bis Südskandinavien anzutreffen. Es ist kalkmeidend und wächst zerstreut bis verbreitet auf kalkarmen oder kalkfreien Böden in trockenen Kiefernwäldern, auf Brachland, Dünen, Dämmen, Felshängen, Sand-Magerrasen sowie sandigen Triften und Heiden.

Die ein- bis zweijährige, niederliegende oder aufsteigende, 15 bis 50 cm hohe Pflanze hat bis zu 100 cm tief ins Erdreich dringende Wurzeln, die sie auch noch auf kargen Böden und in Trockenzeiten mit Wasser versorgen. Sie treibt, im Ggs. zum ausdauernden Sandglöckchen, keine → Ausläufer. Der reich verzweigte, kantige Stengel ist im oberen Teil kahl und unbeblättert, im unteren Teil rauhhaarig und trägt wechselständig angeordnete, kleine, schmal-eiförmige bis lanzettliche, rauhhaarige, am Rande wellige Blätter. BZ: Juni bis September. Die endständigen, 1,5 bis 3 cm breiten rundlichen Blütenköpfchen sind meist blau, selten weiß oder rötlich. Sie bestehen aus zahlreichen Blütchen, deren Krone 6 bis 15 mm lang und bis zum Grunde in fünf lineale Kronzipfel geteilt ist. Die eiförmige Fruchtkapsel entläßt ihre → Samen durch eine Öffnung zwischen den Kelchzipfeln.

2. Ausdauerndes Sandglöckchen, das (*Jasione laevis* Lam. = *J. perennis* L.): auch Ausdauernde Sandrapunzel. Das A. S. ist über Südwesteuropa und auch Süddtschl. verbreitet. Es wird auch gerne als Zierpflanze in Stein- und Heidegärten verwendet. Es ist ziemlich selten und wächst in lichten Wäldern, an Wegrändern und auf Silikatmagerrasen.

Die 20 bis 50 cm hohe Pflanze ist dem Berg-Sandglöckchen sehr ähnlich. Sie treibt jedoch → Ausläufer und hat einen meist einfachen Stengel sowie schmal-eiförmige, ganzrandige oder stumpf gezähnte, nicht wellige Blätter. Die Blütenköpfe gleichen denen des Berg-Sandglöckchens.

Sandhüter, der: frühere nieders. Bez. für einen Forstbediensteten, der die Sandbewegungen beobachtete und die zu ihrer Eindämmung angelegten Kiefernpflanzungen betreute.

Sandkiefer, die: → Kiefern 3.

Sand-Kriech-Weide, die: → Weiden 20.

Sand-Labkraut, das: → Labkraut.

Sandläufer (*Cicindelidae*): auch Sandlaufkäfer. mit 1400 Arten weltweit verbreitete Fam. mittelgroßer (ca. 0,8 bis 7 cm) → Käfer, die überwiegend in sandigen Landschaften mit sonnigen Lagen vorkommt. Die gestreckten, meist schlankbeinigen Käfer haben einen Kopf mit vorquellenden Augen. Ihre nur flach gewölbten Flügeldecken haben eine überwiegend grün, grau oder kupferrot schimmernde Färbung, häufig weiß gefleckt. Die → Larven sind großköpfig und flachstirnig; auf der

Rückenseite des fünften Hinterleibsringes befinden sich zwei kräftige, bewegliche Dornen. Sie graben in sandigem Boden, mit Vorliebe an den Böschungen der Wege, federkieldicke und bis 15 cm tiefe Röhren. Am Eingang lauern sie auf ihre Beute, die mit den Kiefern ergriffen und in die Röhre gezogen wird. Der Beute wird der Kopf abgebissen und das Innere ausgesaugt. Die Hülle werfen sie zur Seite. Auch die Käfer leben räuberisch von Insekten. Sie sind sehr munter, laufen auch behende, fliegen bei Störung schnell auf, lassen sich aber nach kurzer Flugstrecke wieder nieder. Die wichtigsten Arten sind:

1. **Waldsandläufer**, der (*Cicindela sylvatica*): auch Waldsandlaufkäfer. Der 1,5 bis 2 cm große, oberseits bronzeschwarze Käfer mit schwarzer, gekielter Oberlippe hat auf den Flügeldecken einen halbmondförmigen Schulterfleck, einen rundlichen Fleck an der Deckenspitze und kurz hinter der Mitte eine quergestellte Zackenbinde. Er bevorzugt sandige Nadelwälder und trockene, warme Magerrasen. Zur Eiablage bohrt das Weibchen ein Loch in den Sand, legt die Eier ab und verschließt es wieder.

2. **Kupferbrauner Sandläufer**, der (*Cicindela hybrida*): Der 1,2 bis 1,6 cm große lebhafte Käfer ist oberseits kupferbraun und hat eine weiße Oberlippe. Auf den Flügeldecken hat er an der Schulter und an der Deckenspitze einen halbmondförmigen Fleck und kurz hinter der Mitte eine weißliche und wellige Querbinde. Auf sandigen Orten kommt er überall vor.

3. **Feldsandläufer**, der (*Cicindela campestris*): auch Feldsandlaufkäfer, Tigerlaufkäfer. Der nur 1,5 cm lange Käfer kommt auf trockenen, sandigen Böden, Heidegebieten und an warmen Waldrändern mit einzelnen Sandstellen vor. Er hat eine leuchtend grasgrüne Oberseite und auf den Flügeldecken meist fünf weißliche Flecken. Die Zacken- bzw. Querbinden der beiden vorstehenden Arten fehlen ihm.

Sandläufer, Kupferbrauner, der: → Sandläufer 2.

Sand-Nelke, die: → Nelken 4.

Sandrapunzel, Ausdauernde, die: → Sandglöckchen 2.

Sandröhrling, der: → Röhrlinge 19.

Sand-Segge, die: → Seggen 6.

Sandstaubkäfer, der: → Schwarzkäfer.

Sandthymian, der: → Thymian.

Sandweide, die: → Weiden 20.

Sandwespen → Grabwespen, Schlupfwespen 4.

Sängerin, die: → Motten 12.

Sanicula → Sanikel.

Sanierungsflächen, -gebiete → Schutzwaldsanierung.

Sanikel, die (*Sanicula*): Gatt. der → Doldengewächse mit rd. 40 Arten, die weltweit verbreitet sind. Es handelt sich um ausdauernde → Kräuter mit kleinen Blüten, die in unregelmäßigen Dolden (→ Blütenstand) stehen, und stacheligen Früchten. Der Name S. leitet sich vom lateinischen *sanara* (heilen) ab. Bei uns heimisch ist:

Europäische Sanikel, die (*Sanicula europaea* Linné): auch Gewöhnliche Sanikel, Waldsanikel, Heildolde, Scharnikel, Bruchkraut, Scharnigl, Saunigl. Die E. S. ist fast über ganz Europa und Westasien verbreitet. In Dtschl. kommt sie zerstreut vor. Sie wächst in schattigen Laubmischwäldern, Gebüschen, Laubwäldern, v. a. krautreichen Eichen- und Auwäldern, Buchenwäldern (Ordnungs- →Charakterart), aber auch Nadelmischwäldern, auf frischen bis feuchten, nährstoffreichen, oft kalkhaltigen Böden, bis in mittlere Gebirgslagen, in Höhen bis zu etwa 1700 m; Lehm- und Basenzeiger. Die mehrjährige, aufrechte, kahle, 20 bis 50 cm hohe Pflanze hat einen aufrechten, schwach verzweigten Stengel. Die langgestielten, grundständigen, immergrünen Blätter sind im Umriß fünfeckig, 5 bis 8 cm breit, bis zum Grund handförmig fünfteilig mit grob gezähnten dreispaltigen, eingeschnittenen Abschnitten. Die wenigen Stengelblätter sind weniger geteilt, kleiner und fast sitzend. BZ: Mai bis Juli. Die Blüten stehen in zusammengesetzten, endständigen, drei- bis fünfstrahligen, die seitenständigen meist in dreiteiligen → Blütenständen. Die kopfigen, armblütigen Döldchen bestehen aus weißen, hellrosafarbenen oder gelblichen, sehr kleinen Blüten, wenige sitzende, anfangs weibliche, dann → zwittrige Blüten innen, zahlreiche gestielte männliche Blüten außen. Die kleinen Früchtchen (Doppel-Achäne) sind kugelig, 4 bis 5 mm breit und dicht mit hakenförmigen Stacheln besetzt, wodurch sie im Fell vorbeistreifender Tiere hängen bleiben und auf diese Weise weit verbreitet werden können.

Die E. S. ist ein altes Heil- und Zauberkraut, das im Mittelalter ein wichtiges Wundheilmittel war und früher oft in Gärten gepflanzt wurde. Verwendung findet der → Wurzelstock (Herbst) und die Blätter, die vor der Blüte oder im Herbst gesammelt und an der Luft und im Schatten getrocknet werden. Sie enthalten → ätherisches Öl, Bitterstoff, Gerbstoff und Saponine und wirken adstringierend, narbenbildend, wundreinigend und wundheilend. Der Aufguß der Blätter wird zu Umschlägen bei Quetschungen und Knochenbrüchen, zur Waschung von Wunden, und bei Durchfall als Tee sowie bei Entzündungen der Mundschleimhaut als Gurgelwasser verwendet. Frische zerdrückte Blätter wirken aufgelegt auf Blutergüsse und Quetschungen lindernd und heilend. In Milch oder Wasser gekocht, gesüßt mit Honig, sind die Blätter bei Verschleimung, Erkrankung der Luftwege (Angina, Bronchitis), bei Magen- und anderen Blutungen ein gutes Hausmittel.

Sanitärhieb, der: → Totalitätshieb.

Sankt Antonien-Kraut, das: → Weidenröschen 1.

Sapin, der: → Sappie.

Saponine: giftige, ubiquitär vorkommende Pflanzenstoffe (Glycoside) mit haemolytischer Wirkung die sich im Wasser seifenartig lösen. Reich an S. sind z. B. Efeublätter und die Samen der Rka, des Ah und der Bu. Als Digitalisglycosid sind sie im Fingerhut enthalten.

Sappie, der (Sapie, Sapin(e), Sappel, Sapy, Krempe(l), Zappel, Zapin; österr.: Sappe): in den Alpenländern zur Waldarbeit verwendetes → Aufarbeitungsgerät (Kombination aus Spitzhacke und Axt), mit dem die Stämme bewegt und vom Berg herabgezogen (→ Rücken) bzw. im Winter auf den Holzschlitten gezogen werden; → Schleifen.

Der Sappie – eine Kombination aus Spitzhacke und Axt

Saprophage → Totfresser.

Saprophyten → Fäulnispflanzen.

Sapy, der: → Sappie.

Satansröhrling, -pilz, der: → Röhrlinge 1.

Satinholz, das: auch Seidenholz, Atlasholz, Zitronenholz. Bez. für zwei nahe verwandte ost- und westindische Hölzer, die auf den Schnittflächen einen feinen, seidenartigen Glanz zeigen. Sie werden zur Möbelherstellung und zu Einlegearbeiten (→ Intarsia) und Drechslerarbeiten (→ Drechslerholz) verwendet.

Sattelbäume → Abwehrhölzer.

Sattelbretter → Brett.

Sattelschrecke, die: → Laubheuschrecken 4.

Saturniidae → Nachtpfauenauge.

Satyridae → Augenfalter.

Säuberungshieb, der: → Läuterung, Totalitätshieb.

Saudrine, die: alte und lokale Bez. für die Lat, Unterart der BKie; → Kiefern 1.

Sauerampfer, der: → Ampfer.

Sauerampfer, Kleiner, der: → Ampfer 1.

Sauerbirla, die: schwäbische Bez. für die Elsb; → Ebereschen 2.

Sauerdorn, der (*Berberis*): auch Berberitze. etwa 500 Arten umfassende Gatt. aus der Pflanzen-Fam. der Sauerdorn- oder Berberitzengewächse (*Berberidaceae*), die in Eurasien, Nord- bis Südostafrika und Amerika heimisch ist. Es sind immergrüne oder sommergrüne → Sträucher mit einfachen Blättern, die an den → Langtrieben meist zu Dornen (→ Blattdorne) umgewandelt sind. Die gelben Blüten stehen einzeln und haben sechs kronblattartige → Honigblätter. Die Frucht ist eine ein- bis mehrsamige, rote bis schwarze, säuerlich schmeckende Beere. Der Name S. leitet sich von den sauren Früchten und den dornigen Zweigen ab. Der Name Berberitze kommt vom arabischen Wort berberi, was Muschel heißt und auf die Form der Blütenblätter Bezug nimmt. Die bekannteste Art:

Berberitze, die (*Berberis vulgaris* Linné): auch Gemeiner Sauerdorn, Hecken-B., im Volksmund Essigbeer, Essigdorn, Weinscharl, Erbisch, Versich, Saurach, Zizerl, Boaßbeer.

Verbreitung: Die B., bekannt seit dem Oligozän (→ Erdzeitalter), ist vorwiegend in Südeuropa, aber auch in West- und Mitteleuropa beheimatet. Im Osten kommt sie bis zum Kaukasus vor. In Irland, Schottland und Skandinavien fehlt sie.

Standort: Sie ist häufig in Gebüschen, Hecken und Holzschlägen, an Waldrändern, in Auwäldern, lichten Laub- und Kiefernwäldern und steinigen Abhängen zu finden. Sie bevorzugt trockene sonnige Kalkböden, von der Ebene bis in eine Höhe von 2400 m im Hochgebirge.

Berberitzen-Früchte schmecken sauer.

Merkmale: Die B. ist ein bis 3 m hoher, astiger, sehr stacheliger, mittelgroßer bis großer Strauch mit schlanken, rutenförmigen, hängenden, gelblichgrauen Zweigen. Die Rinde der älteren Stämmchen ist hellbraun, längsgefurcht. Die wechselständig angeordneten (→ Blattstellung), kurzgestielten (1 cm langer Blattstiel) Blätter sind elliptisch bis eiförmig, am Grunde verschmälert, 2 bis 6 cm lang, derb und am Rand scharf dornig gewimpert. Sie sind oberseits dunkelgrün, unterseits hellgrün und stehen in Büscheln an → Kurztrieben in den Achseln von ein- bis siebenteiligen, meist jedoch dreiteiligen Dornen. Diese Dornen sind umgewandelte Blätter der Langtriebe. Die B. blüht von April bis Juni meist überreich. Die kleinen goldgelben sechszähligen (2 x 3), halbkugeligen (muschelförmige Blätter), intensiv riechenden Blüten befinden sich in einfachen, hängenden vielblütigen Trauben, endständig an Kurztrieben in den Achseln der Dornen. Die Staubfäden der Blüten sind reizbar, d. h. bei mechanischer Reizung der Staubfäden-Innenseite durch einen Insektenrüssel schlagen die → Staubbeutel plötzlich nach innen und stäuben den Kopf des Besuchers mit Blütenstaub ein. Die Früchte, die im September/Oktober reifen, bleiben oft den Winter über an den entlaubten Zweigen hängen. Es sind hochrote, längliche, 5 bis 15 mm lange Beeren, die zwei bis drei längliche → Samen enthalten. Das Fruchtfleisch der fast durchscheinenden Beeren ist ausgesprochen sauer; es enthält größere Mengen an Apfel- und Fruchtsäuren und zahlreiche Vitamine, besonders Vitamin C. Aus den Beeren können säuerlich schmeckendes Gelee, Sirup, Mus, Saft, Berberitzenessig und andere Lebensmittel hergestellt werden. Sie werden auch gern von Vögeln verzehrt, die dadurch wesentlich zur Verbreitung der Samen beitragen.

Das Holz der Wurzeln und der Stämme ist gelb, sehr hart, regelmäßig und fein strukturiert. Es wird für Intarsienarbeiten (→ Intarsia) und zur Herstellung von Zahnstochern verwendet. In der Naturheilkunde finden die Beeren zur Erhöhung der Widerstandskraft des Körpers bei Erkältungskrankheiten Verwendung; die Blätter (Mai bis Juni) und die frische Rinde der Wurzeln (Herbst), die → Alkaloide (u. a. Berberin) enthalten, haben eine abführende, appetitanregende, harntreibende und gallentreibende Funktion. Die Rinde und die Wurzeln enthalten einen gelben Farbstoff, das Berberin. Es wurde früher zum Färben von Textilien, Leder und Holz verwendet, wird heute jedoch durch synthetische Farbstoffe ersetzt.

Die B. wurde in Dtschl., v. a. in landwirtschaftlichen Gebieten, nahezu ausgerottet, da sie als Zwischenwirt des Getreiderostes (*Puccina graminis*), einer gefährlichen Pilzkrankheit des Getreides, dient. Auf der Unterseite der B.-Blätter kann man im Sommer orangegelbe bis rostbraune Flecken sehen, woraus Sporenketten hervorbrechen, deren → Sporen durch den Wind verbreitet werden. Gelangt eine Pilzspore auf Getreide, so keimt sie aus und bildet im Blattgewebe ein Pilzgeflecht, in dessen strichförmigen rostfarbenen Pusteln Millionen neuer Sporen gebildet werden, die sofort neue Pflanzen befallen. Auf diese Weise kann in kurzer Zeit der Ertrag eines ganzen Ackers vernichtet werden.

Sauergräser → Riedgräser.

Sauerkirsche, die: → Prunus 2.

Sauerklee, der (*Oxalis*): Gatt. der Sauerkleegewächse (*Oxalidaceae*) mit rd. 850 vielgestaltigen und weitverbreiteten Arten, hauptsächlich in Südamerika (Anden, Brasilien) und Südafrika. Es handelt sich meist um ausdauernde → Kräuter oder → Stauden mit oxalsäurehaltigen, drei- oder mehrzählig gefingerten Blättern, die Schlafbewegungen ausführen, und weißen, gelben oder roten, einzeln oder in Trugdolden (→ Blütenstand) stehenden Blüten. Bei uns heimisch ist:

Wald-Sauerklee, der (*Oxalis acetosella*): Die zarte, 8 bis 15 cm hohe, mehrjährige Pflanze wächst an ausgesprochen schattigen und etwas feuchten Stellen der Laub-, Nadel- und Mischwälder, Buchen- und Eichenmischwälder, besonders montaner Buchenwald-Gesellschaften und Labkraut-Tannenwälder, subalpiner Hochstaudenfluren und krautreicher

▶▶ Säulenform des Gemeinen Wacholders

boreal-alpiner Nadelwälder, subalpin-alpiner Zwergstrauchgesellschaften und Buchen-Fichten-Forste. Er benötigt mäßig sauren, aber in Zersetzung begriffenen → Humus (Moderhumuszeiger); im Mull und Rohhumus tritt er zurück. Die kleeartigen Blätter sind grundständig an langen Stielchen und verkehrt-herzförmig. Sie enthalten oxalsaures Kalium (Kaliumhydrogenoxalat), ein Salz der Oxalsäure, auch Kleesäure genannt, eine giftige organische Säure, die farblose Kristalle bildet, die sich in Wasser und Alkohol lösen. Die fünfblättrigen Blüten sind weiß und rötlich geadert. BZ: April/Mai. Der W. diente früher zur Herstellung von → Kleesalz (Sauerkleesalz).

Sauerkleesalz, das: → Kleesalz.

Sauerstoff, der: S. ist ein chemisches Element, Abk. „O" (Oxygenium) mit dem spezifischen Gewicht 1,14; farb-, geruch- und geschmacklos. Er ist zu ca. 21 % frei in der → Luft enthalten und mit ca. 48 % am Aufbau der Erdkruste beteiligt. Die Atmosphäre besteht aus 78 % Stickstoff, 21 % S. 0,94 % Argon und Edelgasen und 0,03 % Kohlensäure.

▶▶▶ Wald-Sauerklee (*Oxalis acetosella*)

Durch die übermittelten Ergebnisse der auf dem Mond zurückgelassenen Ultraviolettkameras wurde festgestellt, daß die von der Sonne kommende UV-Strahlung in der oberen Grenzschicht der Atmosphäre kontinuierlich Wasserdampf dissoziiert. Dabei sinkt der S. in die tieferen Schichten ab, während sich der leichtere Wasserstoff im Weltall verliert. Ein großer Teil des S. der Erde stammt daher aus diesem Vorgang. Das heutige Gleichgewicht zwischen S.-Gehalt (20,9 Volumprozent) und Kohlendioxidgehalt (0,03 Volumprozent) besteht schon seit etwa 200 Mio. Jahren.

Sauerstoffproduktion, die: Bäume und Pflanzen tragen zur S. bei und verbessern so die Luftqualität durch ihre Stoffwechselprozesse. Eine ausgewachsene Bu z. B. produziert stündlich etwa 1,7 kg S. Eine Tagesproduktion entspricht etwa dem Sauerstoffbedarf von 64 Menschen. Eine Blattfläche von 150 m^2 kann den jährlichen Sauerstoffbedarf für einen Menschen produzieren. Pflanzen veratmen aber in der Nacht → Sauerstoff.

Saughaare → Haare.

Saugorgane (Saugwurzeln): → Haustorien.

Säuleneibe, die: Unterart der → Eibe.

Säulenform, die: durch Mutation entstandene Verzweigungsvariante bei verschiedenen Waldbäumen, insbesondere bei Pappelarten

(z. B. bei SchPa, SPa und As), Eib, Wacholder und Ul.
Säulenholz, das: auch Rahmen-, Staffel- oder Stollenholz, Kantel, Rahmschenkel, Eckholz. Bez. für → Schnittholz in Form von → Kantholz. Es ist 2,5 bis 6 m lang und im allgemeinen zwischen 5 und 15 cm stark (5 auf 5 cm, 6 auf 6 cm, 7 auf 7 cm, 7 auf 10 cm, 7 auf 12 cm, 10 auf 10 cm, 10 auf 12 cm, 12 auf 12 cm, 14 auf 15 cm). S. entsteht durch Längsteilung stärkerer Stämme und Stammstücke oder durch Zerschneiden der → Bohlen; → Hammerwerkholz.
Säulenpappel, die: → Pappeln 3.
Säuling, der: alte Tiroler Bez. für Sadebaum; → Wacholder 2.
Saum, der: **1)** Bez. für die Schmal- oder Breitstreifen am Rande eines trauflosen Altbestandes (→ Bestand), der zur waldbaulichen, schutz- und erntetechnischen Ausnutzung der → Randstellung dient. Es werden unterschieden:
1. Außensaum: der fast geräumte bzw. kahle, am Bestandsrand liegende Streifen. Er endet etwa dort, wo das sommerliche mittägliche Schattenband verläuft.
2. Innensaum: Er ist unterschiedlich stark aufgelichtet und stellt den Übergang zum geschlossenen Bestand dar. Somit der Bereich, soweit die Einflüsse des Seitenlichts in die Bestandestiefe reichen, i. a. 1/2 bis 1 Altbaumlänge; → Verjüngungsverfahren.
2) früheres Kohlenmaß im → Harz. Zwei S. bildeten die Menge, die ein Pferd tragen konnte.
Säumauge, das: → Kugelknospe.
Säumen, das: das Behauen oder Absägen von Holzklötzen für Bretter auf zwei entgegengesetzten Seiten.
Saumfemelschlag, der: Kombination der → Schlagform → Saum mit dem Femelhieb (→ Hiebsart); → Verjüngungsverfahren.
Saumgesellschaften → Mantelgesellschaften.
Saumhieb, der: → Verjüngungsverfahren.
Saumkahlschlag, der: auch Streifenkahlschlag. Kombination der → Schlagform → Saum mit dem → Kahlschlag (→ Hiebsart); → Verjüngungsverfahren.
Saumpilz, Tränender, der: → Faserlinge 5.
Saumpilz, Wässriger, der: → Faserlinge 2.
Saumrand, der: Grenzlinie zwischen dem in Verjüngung liegenden Altbestand und der verjüngten und geräumten Fläche.
Saumrandstellung, die: → Absäumen.
Saumschirmschlag, der: → Saumschirmstellung.
Saumschirmstellung, die: Saumschirmschlag. Kombination der → Schlagform → Saum mit dem Schirmhieb (→ Hiebsart); → Verjüngungsverfahren.
Saumschlag, der: → Verjüngungsverfahren.
Saumschlagbetrieb, der: → Verjüngungsverfahren.
Saumschlagverfahren, das: → Verjüngungsverfahren unter Anwendung der → Hiebsart Schirmhieb und der → Schlagform → Saum, z. B. → Saumschirmstellung, Blendersaumschlag.
Saunigl, die: → Sanikel, → Sterndolde 1.
Saurach, der: → Sauerdorn.
Saurebe, die: → Geißblatt 3.
saurer Nebel, der: → saurer Regen.
saurer Regen, der: chemische Verbindung von → Schwefeldioxiden (SO_2), hauptsächlich Emissionen aus Kraftwerken, Industrieanlagen und → Stickoxiden (NO_X), hauptsächlich aus Kraftfahrzeugabgasen, mit Luftsauerstoff und Regenwasser. Hierbei entstehen Schwefel- und Salpetersäuren, die zu einer starken Senkung des → pH-Wertes des Regenwassers führen. Regenwasser sollte bei Berücksichtigung des atmosphärischen Kohlendioxidgehaltes in der → Luft einen pH-Wert von etwa 5 bis 6,5 haben (biologischer Neutralpunkt). In Dtschl. (alte Bundesländer) liegt jedoch der mittlere pH-Wert des Niederschlagswassers bei etwa 4 bis 4,6. Der weltweit sauerste Regen fiel in den Vereinigten Staaten (pH-Wert 1,9). Im Bayer. Wald wurde bereits im August 1981 ein pH-Wert von 3,3 gemessen. S. R. hat bereits Anfang der 70er Jahre zum Fischsterben in den skandinavischen Seen geführt; er wird in Mitteleuropa für die neuartigen → Waldschäden mitverantwortlich gemacht. Er zerstört die äußersten Blattschichten (Kutikular), leitet damit einen frühzeitigen → Blattverlust (Nadelverlust) ein und trägt auch zur → Bodenversauerung bei. Gefährlicher als s. R. ist saurer Nebel. Während der Wintermonate, der Zeit der höchsten Schwefeldioxidbelastungen (durch Hausbrand etc.), können sich die sauren Niederschläge in der Schneedecke anreichern und mit der Schneeschmelze zu einer plötzlichen Boden- und Gewässerversauerung führen. Für viele Fischarten ist ein pH-Wert von 4,5 bis 5 bereits tödlich. Als Gegenmaßnahmen wurden in Dtschl. eingeleitet: die gesetzlich verordnete Entschwefelung der Kraftwerksemissionen und die Verminderung der Stickoxidabgabe bei Kraftfahrzeugen durch Einführung des bleifreien Benzins. Um wirkungsvoll zu sein, müßten diese Maßnahmen jedoch in ganz Europa eingeführt werden.
Säurezeiger: Pflanzen, die nur auf saurem Boden wachsen; → Bodenanzeiger.
Savanne, die: → Feuchtsavanne, Trockensavanne.
Savannenwälder → tropischer und subtropischer Trocken- und Dornwald.
Savery, R. → Wald in der Malerei.
Savoyer Habichtskraut, das: → Habichtskraut 6.
Saxifraga → Steinbrech
Saxifragaceae → Steinbrechgewächse.
Scabiosa → Skabiose.
Scatopsidae → Dungmücken.
Schaben (*Blattaria, Blattodea, Blattariae*): weltweit, v. a. in den Tropen verbreitete Ordn. der Insekten mit rd. 3500 Arten, die zur Über-Ordn. der → Schabenartigen zählen. S. sind je nach Art, 0,2 bis 11 cm lange, abgeplattete Tiere mit kräftigen Laufbeinen und langen Fühlern. Nur 20 Arten sind einheimisch, einige davon eingeschleppt. Die meist bräunlichen bis dunkelbraunen Insekten sind dämmerungsaktiv und wärmeliebend, ernähren sich von tierischen und pflanzlichen Stoffen und bewohnen Ritzen und Spalträume. Einige Arten gelten als Vorratsschädlinge und sind als Krankheitsüberträger bekannt. Insgesamt werden bei den S. 14 Fam. unterschieden. Einige Arten kommen auch im Wald vor.
1. Kleine Waldschabe, die (*Ectobius lapponicus*): Kleinschabe aus der Fam. der S. (*Ectobiidae*). Die bis 1 cm lange Schabe ist sehr flink und in den Wäldern sehr häufig anzutreffen. Sie lebt auf niederen Pflanzen und Buschwerk und kann ausgezeichnet fliegen. Die Flügeldecken sind braungelb, beim Männchen etwas länger als der Hinterleib, beim Weibchen etwas kürzer. Im Ggs. zu den meisten S. sind sie tagaktiv. Die Weibchen bauen einen etwa 3 mm langen quergestreiften Kokon und legen darin die etwa 20 Eier ab.

Kleine Waldschabe (*Ectobius lapponicus*)

2. Gemeine Küchenschabe, die (*Blatta orientalis*): Die 1,8 bis 3 cm lange S. ist dämmerungsaktiv und lebt in Wäldern und Feldgehölzen als → Kulturfolger auch in menschlichen Behausungen. Sie hat bedornte Beine; das Männchen hat zwar beide Flügelpaare; sie sind jedoch kürzer als der Hinterleib; beim Weibchen sind nur Flügelstummel entwickelt. Das Weibchen legt seine 20 bis 50 Eier in einen 7 bis 12 mm langen Kokon (Oothek) ab. Nach etwa zehn Entwicklungsstufen ist die Schabe fertig entwickelt und lebt etwa ein Jahr. Da sie Nahrungsmittel verunreinigen und Krankheitserreger übertragen können, sind sie nicht ungefährlich.
Schabenartige (*Blattoidea*): verschiedene Insekten-Ordn. (Über-Ordn.) mit ursprünglichen Merkmalen, die ihre Eimengen mit erhärtendem Drüsensekret umgeben und in Paketen ablegen. Sie werden deshalb auch Eipaketler (*Oothecaria*) genannt. Die S. umfassen die Tangheuschrecken, die → Schaben und die Termiten.
Schachbrett, das: → Augenfalter 1.
Schachen, der: alte südd., österr. und schweizerische (mundartliche) Bez. für ein kleines (meist) zungenförmiges Gehölz (Waldrest).
Schachtelhalm, der (*Equisetum*): einzig rezente Gatt. der → Schachtelhalmgewächse, die mit rd. 30 Arten (davon zehn einheimisch) von den Tropen bis in die kühlen Gebiete verbreitet ist und vorwiegend auf feuchten Standorten wächst. Der S. ist eine ausdauernde Pflanze mit aufrechten, meist nur einjährigen, einfachen oder verzweigten Halmen. Die Stengel sind in den meisten Fällen hohl, nur an den Knoten nicht, wo auch die kleinen, zähn-

chenartigen Blätter sitzen. Die → Photosynthese findet in den grünen Trieben der Pflanze statt. Einige Arten tragen an den Spitzen der grünen Stengel kegelige Sporophyllstände, andere entwickeln diese Sporenbehälter an bleichen, unverzweigten Trieben. Diese sterben ab, sobald sie die → Sporen ausgestreut haben. Da beim S., speziell beim Acker-S., die Zellwände mit Kieselsäure imprägniert sind, wurde das Kraut zum Putzen von Zinn- und Kupfergefäßen oder zum Polieren von Holz (Schleifarbeiten bei Musikinstrumenten) verwendet. Die wichtigsten, bei uns vorkommenden Arten sind:

1. Wald-Schachtelhalm, der (*Equisetum sylvaticum* Linné): Die kalkmeidende Pflanze wächst in schattigen, sumpfigen Wäldern, feuchten und moorigen Fichtenwäldern oder Erlen-Auenwäldern, Hartholz-Auenwäldern (Verbands- → Charakterart), feuchten Labkraut-Tannenwäldern und artenreichen Tannenwäldern, hauptsächlich im Gebirge, in Quellsümpfen und an sickerfeuchten Stellen verbreitet und häufig, bis ins Polargebiet.

Die schleierartige Pflanze treibt im April/Mai anfangs bleiche, später hellgrüne, unverzweigte Sprosse aus, die zwischen 15 und 50 cm hoch werden und zehn bis 18 abgeflachte Rippen haben. Sie hat, besonders im oberen Drittel, zahlreiche quirlig stehende, dünne, vier- bis fünfkantige, bogig überhängende, verzweigte Äste. Die Sporen reifen im Mai/Juni. Die → Sporangien stehen in endständigen, ährigen Ständen, vergehen schnell und sind dann als herabhängende Äste zu sehen.

Wald-Schachtelhalm (*Equisetum sylvaticum*)

2. Riesen-Schachtelhalm, der (*Equisetum telmateja* Ehrhart): Der bis Südskandinavien verbreitete, aber nicht häufige R. wächst zerstreut in Quellmooren, von Wald beschatteten Quellfluren, an Bachufern, in schattigen, sumpfigen Wäldern, Riesen-Schachtelhalm-Eschenwäldern (Charakterart), bevorzugt auf kalkreichen Böden.

Der größte einheimische S. hat fingerdicke bis zu 120 cm hohe Stengel. Die grünen sterilen Sprosse sind jung noch unverzweigt, später im unteren Teil astlos, im oberen Teil dicht mit quirlig stehenden, meist unverzweigten, grünen, etwa achtkantigen Ästen besetzt. Die fertilen, elfenbeinfarbenen, astlosen Sprosse haben bis 4 cm lange, 20- bis 30zähnige, am Grund helle, sonst bräunliche Scheiden und sterben nach der Sporenreife April/Mai bis Juni, rasch ab. Die Sporangien stehen in einem 4 bis 8 cm langen, endständigen, ährigen Sporangienstand. Der R. wird gelegentlich als Zinn-Putzmittel verwendet.

3. Wiesen-Schachtelhalm, der (*Equisetum pratense* Ehrhart): Der hauptsächlich im Norden und in den Alpen vorkommende, aber nicht häufige W. wächst zerstreut in feuchten, schattigen Eichen-Hainbuchen-Wäldern, Auwäldern, besonders Hartholz-Auenwäldern (Verbands- → Charakterart) und Erlen-Bruchwäldern, in feuchten Fichten-Tannen- und Fichtenwäldern sowie Labkraut-Tannenwäldern; er zeigt Säure und Vernässung an.

Er erscheint im April/Mai, hat graugrüne, 10 bis 30 cm hohe, gewölbt geriefte Stengel mit dreikantigen, meist nicht verzweigten, abstehenden oder etwas überhängenden Ästen. Die Stengelscheiden sind acht- bis 15zähnig und bis 8 mm lang. Die fertilen Sprosse sind anfangs bleich, astlos und tragen eine endständige Sporangienähre; später ergrünen sie und werden beastet. Die Sporen reifen von Mai bis Juni.

4. Winter-Schachtelhalm, der (*Equisetum hyemale* Linné): Der zerstreut bis selten vorkommende W. wächst – stellenweise häufig – an feuchten Waldplätzen, v. a. in Auwäldern, besonders Hartholz-Auenwäldern (Verbands-Charakterart), aber auch in Laubwäldern, Gebüschen, auf → Schlägen, an Waldsäumen und an schattigen Hängen, gelegentlich auch in feuchten Hainbuchen-Waldgesellschaften; er zeigt Wasserzug an.

Die mehrjährige, meist dunkelgrün bis graugrün überwinternde (Name!) Sporenpflanze (→ Kryptogamen) hat 30 bis 100 cm hohe, rauhe, meist astlose Stengel mit sieben bis 20 zweikantigen Rippen. Die Sproßscheiden sind eng anliegend mit 14 bis 20 Zähnen, die frühzeitig abfallen und dann an jedem Knoten eine obere und untere dunkle Querbinde zurücklassen. Sterile und fertile Sprosse sind gleichgestaltet. Die überwinternden Stengel fruchten im Mai/Juni, diesjährige, neu austreibende im Juli/August. Die Sporangienähre hat meist ein spitzes Ende. Der W. ist, wie der Sumpf-Schachtelhalm, im Viehfutter schädlich.

5. Sumpf-Schachtelhalm, der (*Equisetum palustre* Linné): Der weit verbreitete, aber nur stellenweise häufige S. wächst auf nassen Wiesen, Moorwiesen, an Gräben, Ufern, in Sümpfen und in Moorwäldern.

Die mehrjährige Sporenpflanze hat 15 bis 50 cm hohe Sprosse. Die fertilen und sterilen Sprosse sind gleichgestaltet und erscheinen im Mai/Juni. Sie sind etwa 3 bis 6 mm dick, vier- bis 12furchig, rauh und haben meist unverzweigte, fünfrippige, aufrecht abstehende Äste. Die locker anliegenden, bis 12 mm langen Sproßscheiden sind grün, oberwärts mit sechs bis zehn schwarzbraunen, breit weißhäutig berandeten Zähnen. Die Sporen reifen von Juni bis September. Die Sporangien stehen in einer endständigen stumpfen Ähre. Der S. ist wegen seines Alkaloidgehaltes (→ Alkaloide) ein gefürchtetes, giftiges Wiesenunkraut und für das Vieh eine gefährliche → Giftpflanze.

6. Acker-Schachtelhalm, der (*Equisetum arvense* Linné): Auch Zinn-, Scheuer- und Kannenkraut, Katzenschwanz. Der A. wächst auf Äckern, aber auch auf Wiesen, in Wäldern, bevorzugt auf frischen, sandigen, lehmigen, nicht stickstoffarmen Böden. Er wurzelt bis 1,6 m Tiefe und zeigt Lehmboden oder Feuchte im Unterboden an.

Der A. hat einen bis zu 2 m tief in den Boden eindringenden, knotigen Wurzelstock der stärkehaltig und auch eßbar ist. Die sterilen Stengel, die erst im Sommer erscheinen, sind bis 40 cm hoch, lebhaft grün, mit sechs bis 19 Furchen und vier- bis fünfkantigen, meist aufrecht abstehenden, unverzweigten Ästen. Die Sproßscheiden sind grünbraun mit schwärzlichen, weiß-hautrandigen Zähnen. Die fertilen Sprosse, die im März/April erscheinen, sind blaß, 10 bis 30 cm hoch, gelb- oder rötlichbraun und astlos. Die Sproßscheiden sind bauchig, mit fünf bis 16 schwarzbraunen Zähnen. Die Sporangien stehen in einer bis 3,5 cm langen Ähre. Der A., der leicht mit dem Wiesen-Schachtelhalm zu verwechseln ist, wird als Putzkraut für Zinn- und Kochgeschirr verwendet. Er ist ein nur schwer auszurottendes Unkraut.

Bis auf die Wurzeln findet die ganze Pflanze des A. auch in der Naturheilkunde (→ Heilpflanzen) Verwendung. Sie enthält Mineralsalze (Kieselsäure), Bitterstoff, Gerbstoff, Glykoside, Saponin und wirkt mineralsalzzuführend, narbenbildend, adstringierend, blutstillend und harntreibend. Ein Aufguß des A. ist hilfreich bei Blasenentzündung, bei Mineralsalzmangel, da er auch Eisen, Kalzium, Magnesium, Natrium, Phosphor und Silicium enthält, ferner bei Nasenbluten, bei Nierensteinen, Geschwüren der Mundschleimhaut. Äußerlich dienen getränkte Kompressen gegen Schwangerschaftsstreifen. Rohe, zerstoßene Blätter auf Wunden aufgelegt, fördern deren Heilung.

7. Ästiger Schachtelhalm, der (*Equisetum ramosissimum* Desf.): Der in Mitteleuropa im Gebiet großer Flüsse selten bis zerstreut vorkommende Ä. S. wächst in Weidengebüschen, auf Kiesbänken an Ufern und in Auen-Halbtrockenrasen.

Die ausdauernde sommergrüne Pflanze hat am Grunde verzweigte, bis 80 cm hohe Stengel. Die aufrechten oder liegenden gleich gestalteten fertilen und sterilen Sprosse sind grau- oder blaugrün und erscheinen gleichzeitig. Die Äste sind meist unverzweigt und markgefüllt.

Schachtelhalmartige (*Equisetales*): Ordn. der Klasse → Schachtelhalme mit der Fam. der → Schachtelhalmgewächse.

Schachtelhalme (*Equisetinae*, *Sphenopsidae*): Klasse der → Farnpflanzen mit überwiegend fossilen Arten, deren Entwicklung bereits im Devon (→ Erdzeitalter) begann. Charakteristisch für die S. ist die wirtelige Stellung der Äste und Blätter. Von Bedeutung ist die Ordn. der → Schachtelhalmartigen.

Schachtelhalmgewächse (*Equisetaceae*): Fam. der → Schachtelhalmartigen (Ordn. der Klasse → Schachtelhalme), die besonders in der Zeit des Karbon (→ Erdzeitalter) mit mehreren Gatt. von baumförmigen Pflanzen mit Höhen von bis zu 30 m vorkam (fossile Gatt.), wie z. B. die Gatt. der Kalamiten (*Calamites*).

Die einzige rezente Gatt. ist die Gatt. → Schachtelhalm.
Schachtelholz, das: alte Bez. für geradspaltiges Ndh, insbesondere für Tannenholz, aus dem Schachtel- und Siebränder gefertigt wurden.
Schachten, der: regionale Bez. (Bayer. Wald) für hochgelegene Sommerweiden. Charakteristisch für die S. sind die bei der Rodung als Schattenspender belassenen Ah und Bu (→ Hutbäume), die z. T. uralt und bizarr gewachsen sind; → Hutewald.
Schachtholz, das: → Aufbruchholz, Grubenholz.
Schäckente, die: → Enten 3.
Schacker, der: → Drosseln 5.
Schadensinventur, die: → Waldschadenserhebung.
Schaden(s)klasse, die: in einigen Bundesländern zur Klassifizierung von Bestand(e)sschäden mit Kennziffern verwendeter Begriff, der Schadensart und -grad beinhaltet.
Schadfraß, der: Fraß tierischer → Schädlinge an Pflanzen. Häufig kann man aufgrund des Schadbildes (Platz-, Loch- oder Skelettierfraß) auf den verursachenden Schädling schließen. An den Pflanzen unterscheidet man → Kahl-, → Licht- und → Naschfraß; → Fraßformen.
Schadholz, das: allg. Bez. für Holz, das durch abiotische oder biotische Schäden, wie z. B. durch Wind, Schnee, Hagel, Feuer, Insekten, Pilze oder Schadstoffimmissionen anfällt; → Scheidholz.
Schadholznutzung, die: → Scheidholz.
Schädlinge: umfassende Bez. für alle Tiere und Pflanzen, die andere Tiere und Pflanzen (Nutztiere und -pflanzen) und für den Menschen nützliche Produkte (hauptsächlich Nahrungsmittel) aller Art verzehren oder verändern (Pflanzen-S., Vorrats-S., Gesundheits-S.) und zwar direkt, z. B. durch Fraß (→ Schadfraß), als → Parasiten (→ Parasitismus) usw., oder indirekt, z. B. als Krankheitsüberträger, als Zwischenwirte u. ä. Tierische S. sind z. B. zahlreiche → Insekten, Einzeller, → Spinnentiere (v. a. → Milben), Schlauchwürmer (v. a. → Fadenwürmer) sowie einige Weichtiere, verschiedene → Vögel; von den Säugetieren v. a. verschiedene Nagetiere; pflanzliche S. sind z. B. Viren, Pilze, höhere Pflanzen (→ Unkräuter).
Schadspinner → Trägspinner.
Schadstoffausgleichsabgabe, die: → Waldpfennig.
Schadstoffkonzentration, die: der Anteil von Schadstoffen in der → Luft. Die S. wird in Gramm pro Kubikmeter Luft (g/m^3) angegeben. Maßeinheiten sind:
1 mg = 0,001 g (Milligramm)
1 µg = 0,001 mg = 0,000001 g (Mikrogramm)
1 ppm = 1 millionstel Teil einer Einheit (part per million), z. B. ein Mikrogramm pro Gramm
1 pb = 1 milliardstel Teil (part per billion) einer Einheit
1 ppt = 1 billiardstel Teil (part per trillion) einer Einheit.
Schadstoff-Zertifikat, das: → Waldpfennig.

Schachten mit Hutbäumen

Schadstufen: Bei der im Jahre 1984 durchgeführten dritten → Waldschadenserhebung wurden die → Waldschäden in S. eingeteilt. Die Einstufung erfolgte nach dem Nadel- bzw. Blattverlust und Vergilbung.

Schadstufe	Nadel-/Blattverlust
0 = ohne Schadensmerkmale	0 – 10 %
1 = schwach geschädigt	11 – 25 %
2 = mittelstark geschädigt	26 – 60 %
3 = stark geschädigt	61 % und mehr
4 = abgestorben	abgestorben

Die durchschnittliche normale Anzahl der Nadeljahrgänge bei Fi beträgt z. B. sechs bis sieben. Die Vergilbung wird in drei Stufen angesprochen: bis 25 %, bis 60 % und über 60 %. Aus der Einstufung aufgrund der Nadel-/Blattverluste und der Vergilbungsstufe wird eine S. festgestellt: 0: nicht geschädigt, 1: leicht geschädigt, 2: mittelstark geschädigt, 3: stark geschädigt; → Waldsterben.
Schafchampignon, **-egerling**, der: → Champignon 5.
Schafeuter, das: → Porlinge 4.
Schäfflerware, die: Holzgefäße aller Art, die v. a. für nichtalkoholische Getränke von Faßbindern (Böttchern, → Böttcherholz) gefertigt werden. Hierzu zählen v. a. Käsezarchen, Milchgeschirre, Wassereimer, Salzfässer, Ölfässer, Bier- und sonstige Trinkgefäße. S. wird hauptsächlich aus Ndh, v. a. von Fi, gefertigt.
Schaflinse, die: → Blasenstrauch.
Schafporling, der: → Porlinge 4.
Schafrapunzel, die: → Sandglöckchen 1.
Schaf-Schwingel, der: → Schwingel 3.
Schaft, der: **1)** der entastete → Stamm des Baumes bis zum Gipfel. **2)** der meist aus Holz gefertigte, hintere Teil des Gewehres, der die einzelnen Bauteile der Waffe verbindet. Bei Jagdgewehren besteht der S. meist aus Nußbaumholz. **3)** in der Botanik Bez. für den blattlosen Blütenstiel, z. B. bei Zwiebelpflanzen.
Schaft-Derbholz, das: → Derbholz.
Schaft-Derbholzvolumen, das: → Holzvolumen.
Schaftholz, das: das Holz des durchgehenden liegenden oder stehenden Stammes bis zum äußersten Wipfel; → Schaft.
Schaftholzmasse, die: Begriff nach österr. Waldinventur. Masse des durchlaufenden Schaftes ohne Astmasse aller Stämme mit einem → Bruthöhendurchmesser von 5 cm aufwärts.
Schaftreinigung, die: auch Stamm-, Astreinigung. Bei Waldbäumen, die im dichten Bestandsschluß (→ Schluß) heranwachsen, wird die Entwicklung der unteren Krone durch Licht- und Raummangel stark gehemmt. Die zunehmend stärker beschatteten unteren Äste kümmern und sterben im Laufe der Zeit ab. Das Absterben der Äste von unten nach oben setzt sich mit fortschreitendem Höhenwachstum der Bäume, bei dem die Krone immer höher hinauf geschoben wird, fort. Die toten Äste trocknen früher oder später ab. Dieser Vorgang wird in der Forstwirtschaft als S. bezeichnet. Er ist für die Erzeugung von → Nutzholz wegen der geringen Astigkeit entscheidend; → Wertastung.
schaftweises Rücken, das: kaum mehr angewandtes Verfahren v. a. im starken Laubwald. Da der gefällte Stamm nach Trennung von Schaft und Krone unaufgearbeitet zum Aufarbeitungsplatz gerückt und aufgearbeitet wurde, entstanden bei diesem Rückeverfahren große Rückeschäden und starke Holzverschmutzung. Daneben war auch ein großer Platzbedarf zum Aufarbeiten und Lagern erforderlich; → Rücken.
Schafwellen: alte Bez. für die mit den Blättern abgehauenen → Reiser. Die belaubten Reiser wurden getrocknet und dienten als Winterfutter für die Schafe.
Schafzecke, die: → Zecken.
Schafzunge, die: → Knöterich.
Schalaster, die: → Rabenvögel 1. und → Holunder 1.
Schalbretter → Brett.
Schale, die: → Schwarte.
Schäleisen, das: auch Rindenschäler; südd./österr.: Schöpser. Gerät zur Handentrindung, mit dem die Rinde der Ndh stoßend abgelöst wird. Das etwa dreieckige Eisenteil mit der Fassung für den Griff besteht aus Stahlblech. Die Schneide darf nicht zu scharf

Schälschaden an Fichte

sein, da das Eisen sonst ins Holz geht. Die Gesamtlänge von Eisen und Stiel soll etwa 1,3 m betragen; → Schälen 1).

Schälen, das: **1**) das Entrinden von → Roh- bzw. → Nutzholz (Ndh). Das → Langholz (Baumstämme), v. a. von Nadelbaumarten, wird zum Zwecke des schnelleren Trocknens, des leichteren Transports und zur Vermeidung von Insektenschäden (v. a. → Rindenbrütern) geschält. Verwendet wird hierzu ein → Schäleisen mit dem auch schwächere Äste abgestoßen werden können. **2**) das Abnagen oder Abbeißen von Baumrinde durch → Rot-, → Dam-, → Muffel→ Sika- und Elchwild, → Bibern und → Hasen. Das S. ist ein Teil der Nahrungsaufnahme. Betroffen vom S. sind besonders Fi, Kie und Bu und die → Edellaubhölzer soweit deren → Rinde noch jung ist. Bäume mit stark verborkter Rinde bleiben meistens verschont; → Schälschaden.

Schalenobst, das: Handels-Bez. für genießbare Früchte, deren Kern von einer harten, trockenen und ungenießbaren Schale umgeben ist, z. B. Ha, Nuß, Kast.

Schalenwild, das: waidmännische Bez. für die dem → Jagdrecht unterliegenden huftragenden Wildarten (Wisente, Elch-, → Rot-, → Dam-, → Sika-, → Reh-, → Gams-, Stein-, → Muffel- und → Schwarzwild). Die Bez. S. ist darauf zurückzuführen, daß die Hufe oder Klauen auch „Schalen" genannt werden.

Schälfurnier, das: → Furnier, das durch Schälen eines rotierenden Schälfurnierblockes hergestellt wird.

Schälfurnierholz, das: → Schälholz.

Schalholz, das: **1**) im Bergbau Bez. für ein in der Längsachse halbiertes → Rundholz. **2**) → Fachholz.

Schälholz, das: auch Schälrundholz, Schälfurnierholz. → Stammholz, das zur Gewinnung von Schälfurnieren (→ Furniere) dient; → Schneide- und Schälholz.

Schalkante, die: → Baumkante.

Schallgeschwindigkeit im Holz, die: → akustische Holzeigenschaften, Impulshammer.

Schalm, der: Bez. für einen Einhieb in die Rinde, i. d. R. zur Kennzeichnung der Stämme, die eingeschlagen werden sollen; → anschalmen.

Schalmschneise, die: alte Bez. für einen durch einen Bestand geschlagenen, schmalen Steig.

Schälrisse → Risse 1).

Schälrundholz, das: → Schälholz.

Schälschaden, der: Wildschaden, der durch das → Schälen an Bäumen entsteht. Man unterscheidet Wurzelschäle, bei der die Wurzelanläufe, v. a. bei Fi und Bu benagt werden, Sommerschäle, bei der die Rinde und der → Bast abgerissen werden, so daß flächige Schäden entstehen, und Winterschäle, bei der durch Benagen kleinere Wunden entstehen. Der wirtschaftliche Schaden v. a. an den wertvollen Baumarten ist bedeutend und geht in die Millionen. Die Folgen des Schälens sind Zuwachsverluste, Mißbildungen, Infektionen (Fäulnispilze, z. B. Rotfäulepilz an der Fi; → Wurzelschwamm) und damit Verminderung und Entwertung des → Nutzholzes im unteren Stammteil. Die größten S. verursacht dabei das → Rotwild. Der durch das → Schalenwild verursachte S. ist nach dem BJagdG schadenersatzpflichtig. Der Schaden durch → Wildkaninchen, hauptsächlich an Kiefern- und Laubholzkulturen dagegen ist nicht ersatzpflichtig. Die wichtigste Schutzmaßnahme ist eine ausgewogene Regulierung des Rotwildbestandes; daneben sollten → Verbißgehölze eingerichtet und ggf. gefährdete Stämme mechanisch oder chemisch geschützt werden.

Schälschnitt, der (Spiralschnitt): eine Schnittführung, die mit der Furnierschälmaschine entsteht und durch spiraliges Abschälen des → Stammes zustande kommt. Der S. ruft eine besonders lebhafte Zeichnung hervor (Schälfurnier; → Furniere).

Schälwald, der: ein aus → Stockausschlag entstandener → Eichen- oder Edelkastanienwald (→ Niederwald). Der S., v. a. zur Gewinnung von Gerbrinde (→ Lohrinde), war früher weit verbreitet; → Eichenschälwald.

Schanze, die (Wellengebund, Wellenholz, Borzen): ein altes Verkaufsmaß. Die S. war eine durch Menschenkraft leicht zu bewältigende Menge → Reisholz, das durch Wieden oder Draht zusammengehalten wurde. Für das Brennreisig hatte die S. meist einen Umfang und eine Länge von je 1 m; → Welle 2).

Scharbockskraut, das: → Hahnenfuß 5.

Schare, die (*Scara*): früheres Recht in den → Markwaldungen, das von zwei Höfen ausgeübt wurde. Während die Markgenossen ihr Holz unter sich nach gewissen Regeln zu teilen hatten und an bestimmte Quantitäten gebunden waren, durften sich die beiden Hofbesitzer nach Belieben bedienen. Zuweilen wurden unter S. auch zwei Karren Holz, das zu einer bestimmten Zeit gefällt werden mußte, verstanden.

Schäre, die: → Schere.

Scharen: auch Scheiden. alte österr. Bez. für hölzerne oder eiserne Fällkeile; → Fällungswerkzeuge.

Scharfes Beruf(s)kraut, das: → Beruf(s)kraut 3.

Scharfgezähnter Kiefernborkenkäfer, der: → Borkenkäfer 31.

scharfkantig: s. sind → Balken, bei denen sämtliche Kanten scharf ausgebildet sind, → Baumkanten also ausgeschlossen sind. Das Holz ist viereckig geschnitten oder winkelrecht behauen; → fehlkantig, sägegestreift, vollkantig.

Scharlachroter Feuerkäfer, der: → Feuerkäfer.

Scharnigl, die: → Sanikel.

Scharnikel, die: → Sanikel.

Scharrharz, das: Harz (→ Harze), das aus Schälwunden (→ Schälschäden) und sonstigen Stammverletzungen ausgetreten ist. Das bei Fi auftretende S. ist auf den Stamm aufgetrocknet und meist mehr oder weniger stark verunreinigt; → Flußharz.

Scharte, die (*Serratula*): rd. 70 Arten umfassende, über Eurasien und Nordafrika verbreitete Gatt. der → Korbblütler. Es sind ausdauernde krautige Pflanzen mit ungeteilten bis fiederspaltigen Blättern und aus Röhrenblüten bestehenden Blütenköpfchen (→ Blütenstand). Einzige heimische Art:

Färberscharte, die (*Serratula tinctoria* L.): Die fast über ganz Europa verbreitete F. kommt in Dtschl. selten bis verbreitet vor. Sie wächst auf Moorwiesen, an Graben- und Waldrändern, in Staudenfluren, lichten Wäldern, besonders Laubwäldern, Eichen-Elsbeerwäldern, Hainbuchen- und Flaumeichenwäldern.

Die 30 bis 100 cm hohe, mehr oder weniger kahle, im oberen Teil verzweigte Staude hat im unteren Teil einfache, eiförmige oder elliptische, fein gezähnte, im mittleren und oberen Teil tief fiederteilige Blätter, deren Lappen scharf gesägt sind. BZ: Juli bis August (September). Die purpurroten, oben fünfteiligen Blüten mit purpurroten Hüllschuppen (Hülle 1,5 cm) bilden Köpfchen, die in endständigen Trauben angeordnet sind. Die kleinen, etwa 5 mm langen Früchtchen tragen einen schmutzigweißen bis gelblichen → Pappus.

Schartenfraß, der: der Fraß des Grauen Kiefernnadelrüßlers (→ Rüsselkäfer 3.) an den Nadeln der Kie. Die Nadeln werden von der Spitze weg und von der Kante her so befressen, daß sie einer schartigen Säge gleichen.

Scharwerk, das: → Waldzins 2).

Schattbaumarten → Schatt(en)baumarten.

Schattenäste: noch grüne Äste an der Basis der Baumkrone, die aber wegen zunehmender Beschattung (Lichtmangel) kümmern. S. werden später zu → Trockenästen.

Schatt(en)baumarten (Schattenholzarten): Im Ggs. zu den → Lichtbaumarten zählen hierzu → Baumarten, die zum Gedeihen in der Jugend nur 1/10 bis 1/100 des Außenlichts benötigen und sich daher im Schatten der älteren Bäume, unter dem Schirm des Altholzbestandes, verjüngen können. Bei den S. handelt es sich um langsam wachsende Arten wie Bu, Eib, Li und Ta. Die Schattentoleranz ist stark von Umweltfaktoren abhängig und nimmt mit sinkendem Nährstoffangebot und steigendem Alter ab; → Schattenpflanzen, Halbschatt(en)baumarten.

Schattenblätter: eine Anpassungsform der → Laubblätter verschiedener Pflanzen (besonders Bäume) an schattige → Standorte. S. sind dünne, großflächige Blätter mit schwächerer Entwicklung von → Kutikula, → Festigungsgewebe und → Mesophyll als bei

→ Lichtblättern derselben Pflanze; → Schattennadeln.

Schattenblume, die (*Maianthemum*): Gatt. der → Liliengewächse mit nur drei Arten in der gemäßigten Zone der nördlichen Halbkugel. In unseren Wäldern nur eine Art:

Schattenblume, die (*Maianthemum bifolium* (L.) F. W. Schmidt): auch Zweiblatt, Zweiblättrige S., Kleine Maiblume. Die fast über ganz Europa verbreitete S. wächst zerstreut in schattigen, artenarmen Laub- und Nadelwäldern, besonders boreal-alpinen Nadelwäldern und subalpin-alpinen Zwergstrauch-Gesellschaften, west- und mitteleuropäischen Eichen-Birkenwäldern, auch in Hainsimsen-Buchenwäldern und mesophytischen Buchen- und Laubmischwäldern.

Die bis zu 20 cm hohe Pflanze hat einen oben feinborstig behaarten Stengel und meist nur zwei kurzgestielte, 4 bis 8 cm lange Stengelblätter, die am Grunde herzförmig ausgeschnitten sind und die sie waagerecht ausgespannt trägt. Das 3 bis 6 cm lange, herz-eiförmige und spitze Grundblatt ist zur Blütezeit (April bis Juli) meist schon verwelkt. Die steil aufragende endständige Blütentraube trägt zwischen acht und 15 vierzählige, weiße Blütensterne (vier eiförmige, freie, weiße → Blütenblätter), die einzeln in den Achseln schuppenförmiger Tragblätter stehen. Aus den Fruchtböden entwickeln sich kugelige, glänzendrote, etwa 6 mm breite, meist einsamige Beeren. Diese sind – wie die ganze Pflanze – leicht giftig.

Schattengare, die: → Bodengare.

Schattenhabitus, der: geringem Lichtgenuß angepaßte Ausprägung von Pflanzen mit → Schattennadeln oder → Schattenblättern; → Lichthabitus.

Schatt(en)holzarten → Schatt(en)-baumarten.

schattenintolerant: eine Pflanze, die im Schatten nur sehr schwach, im vollen Licht dagegen sehr gut wächst, ist s.; → Lichtbaumarten, Lichtpflanzen.

Schattenkäfer → Schwarzkäfer und Splintholzkäfer 2.

Schatten-Kreuzspinne, die: → Radnetzspinnen 3.

Schattenkrone, die: → Kronenmantel.

Schattennadeln → Nadeln eines Baumes, die in der unteren Schicht des Waldes oder im Innenbereich der → Krone wachsen und nur wenig Licht erhalten. Diese besonderen dünneren und längeren Nadeln können mit der verfügbaren Lichtmenge gerade noch überleben; → Schattenblätter, Lichtblätter.

Schattenpflanzen: Pflanzen schattiger → Standorte mit geringem Lichtanspruch, z. B. → Sauerklee. S. sind meist hygrophil, d. h. feuchtigkeitsliebend, besitzen große, dünne Blätter (→ Schatt(en)blätter) mit lockerem, chlorophyllreichem Gewebe. Auch viele Waldbäume, besonders die → Schattenbaumarten, können in der Jugend mit geringem Lichtanspruch (Halbschatten) unter dem Altholzschirm (→ Verjüngungsverfahren) gedeihen. Sie sind feinastiger und schlanker als die → Lichtbaumarten.

Schattenspinne, die: → Radnetzspinnen 3.

schattentolerant: Eine Pflanze, die in der Lage ist im Schatten zu wachsen, ist s.; → Schattenpflanzen.

Schatthangwälder → Linden-Ahorn-Wälder.

Schatullforste, -waldungen → Kronwaldungen.

Schatullgut, das: → Kammergut.

Schätzhilfen → Volumenermittlung bei Bäumen, bei Beständen.

◂◂ Schattenblume (*Maianthemum bifolium*)

Schaubaum, der: alte nordd. Bez. für einen Baum, auf den ein Forstbediensteter Anrecht hatte.

Schaufelholz, das: alte Bez. für → Spaltholz, welches zur Herstellung der Mühlradschaufeln benötigt wurde.

Schaumkraut, das (*Cardamine*): Gatt. der → Kreuzblütengewächse mit ca. 160 weltweit verbreiteten Arten, ein-, zwei- oder mehrjährige → Kräuter auf feuchten Standorten in den gemäßigten und kühleren Gebieten der Erde und den Gebirgen der Tropen. Sie haben einfache oder fiederteilige Blätter und weiße, rötliche oder violette Blüten. In Dtschl. sind neun Arten heimisch, davon nachfolgende auch im Wald:

1. Wiesenschaumkraut, das (*Cardamine pratensis* Linné): auch Gauchblume, Wilde Kresse, im Volksmund Gugelschecken, Alte Weiber und Grießbleaml. Die fast über ganz Europa verbreitete Artengruppe wächst verbreitet auf feuchten Wiesen, auf Flachmooren, an Ufern, auf feuchten Böden in Laubmischwäldern und Gebüschen sowie in Auwäldern, einige Kleinarten auch in mesophytischen Buchen- und Laubmischwäldern (z. B. *C. p. ssp. nemorosa*), oder Hartholz-Auenwäldern (z. B. *C. p. ssp. pratensis*).

Die mehrjährige, 10 bis 40 cm hohe Pflanze, die einige Unterarten aufweist, hat einen runden, hohlen Stengel. Die rosettig angeordneten, gestielten Grundblätter sind gefiedert. BZ: April bis Juni. Die weißen oder rosaroten bis blaßlilafarbenen, vierzähligen Kreuzblüten haben gelbe Staubbeutel und stehen in einer tragblattlosen Traube (→ Blütenstand). Die 2 bis 4 cm langen und 1 bis 1,5 cm breiten Schoten befinden sich an aufrecht abstehenden Stielen und enthalten bräunliche, ei-längliche Samen. Die jungen Blätter des W. können als Salat (Ersatz für Kresse) gegessen werden.

2. Klee-Schaumkraut, das (*Cardamine trifolia* Linné): auch Kleeblättriges S. Das über die Gebirge Mitteleuropas und des östlichen Südeuropa verbreitete K. wächst zerstreut aber gesellig in montanen bis hochmontanen, krautreichen Buchen- und Fichten-Mischwäldern, feuchten, schattigen Bergwäldern, und Kleeblatt-Schaumkraut-Buchenwäldern und -Tannen-Buchenwäldern (→ Charakterart).

Die ausdauernde, 10 bis 20 cm hohe Pflanze hat einen einblättrigen oder blattlosen Stengel. Die langgestielten, wintergrünen Grundblätter sind dreizählig, etwas kleeblattähnlich (Name!), mit rautenförmig-rundlichen, ausgeschweiften oder buchtigen bis gekerbten Einzelblättchen. Das Stengelblättchen ist klein. BZ: April bis Juni. Die kleinen, weißen Blüten haben gelbe Staubbeutel und stehen in Trugdolden. Die Schoten sind 15 bis 25 mm lang und etwa 2 mm breit.

3. Bitteres Schaumkraut, das (*Cardamine amara* Linné): auch Bitterkresse. Das fast über ganz Europa, im Süden jedoch nur in den Gebirgen, verbreitete B. S. wächst zerstreut bis verbreitet in Erlenbruchwäldern, Quellfluren, an beschatteten Bachufern, Gräben und anderen sumpfigen Waldstellen in Erlenbruchwäldern und Hartholz-Auenwäldern, auf humosen, nährstoffreichen Böden.

Die mehrjährige, 10 bis 45 cm (60 cm) hohe, etwas bitter (Name!) schmeckende Pflanze hat einen waagerecht kriechenden Wurzelstock, der wurzelnde → Ausläufer treibt, und einen kantigen, markigen, niederliegend-aufsteigenden, meist einfachen Stengel. Die gestielten Grundblätter sind fiederteilig mit jederseits vier bis zehn ovalen kurzgestielten Fiederblättern und einer größeren Endfieder (Unterscheidungsmerkmal zu der sehr ähnlichen Echten Brunnenkresse, deren Blätter nur drei Fiederpaare haben). Die zahlreichen, sehr kurz gestielten Stengelblätter sind fieder-

Wiesenschaumkraut (*Cardamine pratensis*)

schnittig mit fünf bis 11 breiten, eckig gezähnten Abschnitten. BZ: April bis Juni/Juli. Die weißen, selten rötlichen Blüten haben purpurrote Staubbeutel und stehen in zehn- bis 20blütigen trugdoldigen Blütenständen. Die 20 bis 40 mm langen und 1 bis 2 mm breiten Schoten mit langem, dünnem Griffelrest enthalten hellbraune, bis 1,5 mm lange Samen. Das B. S. ist eine alte Heilpflanze (gegen Skorbut); die jungen Blätter des B. S. können im Spätwinter und Frühjahr gesammelt und als Salat gegessen werden.

4. **Wald-Schaumkraut**, das (*Cardamine flexuosa*): Das fast über ganz Europa verbreitete W. wächst in Quellfluren, feuchten schattigen Wäldern, besonders Bach-Eschenwäldern, an Ufern und Gräben; Gleyzeiger.
Die ein- bis mehrjährige, bis 50 cm hohe Pflanze hat einen verzweigten, reich beblätterten Stengel. Die gefiederten Blätter haben ganzrandige oder gezähnte, an der Oberseite und am Rand spärlich behaarte Fiedern. BZ: April bis Juni. Die weißen Blüten haben ca. 3 mm lange Kron- und Kelchblätter sowie sechs Staubblätter.
Schaumzikaden → Zikaden.
Schlecht, der: alte nordd. Bez. für eine Holzstange.
Scheckenfalter, der: → Edelfalter 16. und 17.
Schedelbaum, der: → Lachbaum.
Scheibenbock, Blauer, der: → Bockkäfer 5.
Scheibenpilze (*Discomycetales*, Diskomyzeten): S. sind zu den → Schlauchpilzen gehörende → Pilze mit becher- bis schüsselförmigen → Fruchtkörpern (Apothecien). Sie leben meist in oder auf toten Pflanzenteilen, z. T. aber auch im Humus. Zu den S. gehören u. a. die → Morchel, → Lorchel und die → Napfpilze.
Scheibenschlagen, das: alter Volksbrauch, bei dem große Holzscheiben durchbohrt, zum Glühen gebracht und herumgewirbelt oder bergab gerollt werden. Das S. ist üblich am Funkensonntag (Jahresfeuer zu Beginn der Fastenzeit in Südwestdtschl., der Schweiz und Tirol am Sonntag Invocavit oder Laetare) und in der Johannisnacht (23. auf 24. Juni).
Scheibenwurzel, die: → Tellerwurzel.
Scheibenzüngler (*Discoglossidae*): über Eurasien und Nordwestafrika verbreitete Fam. der → Froschlurche. Es sind Tiere mit breiter scheibenförmiger Zunge, die am Mundboden angewachsen ist und nicht aus dem Mund geklappt werden kann. Die Fam. S. umfaßt vier Gatt., darunter die → Unken.
Scheidebaum, der: alte nordd. Bez. für → Grenzbaum.
Sche(i)delbaum, der: → Lachbaum.
Scheiden: **1**) → Spitzen. **2**) → Scharen.
Scheiden-Gelbstern, der: → Gelbstern 2.
Scheiden-Kronwicke, die: → Kronwicke 1.
Scheidenstreifling, der: → Wulstlinge 9.

Scheitholz

▸▸ Dr. Carl Alwin Schenck

Scheidholz, das: württembergische Bez. für Holz, das außerhalb des planmäßigen jährlichen → Holzeinschlags zufällig im Forstrevier durch → Wind- und → Schneebruch, Stammtrocknis und andere außergewöhnliche Einwirkungen (z. B. Borkenkäferbefall, Wurzel- und Nadelpilze oder Emission von Luftschadstoffen) anfällt. In Bayern Zufällige Ergebnisse (ZE), in Norddtschl. Totalitätsholz genannt; → Schadholz.
In Österreich sind hierfür die Bez. Kalamitätsnutzung, Schadholznutzung, Nutzung infolge höherer Gewalt oder Zufallsnutzung üblich. Die hierzu notwendigen Einschläge werden → Zwangseinschläge genannt.
Scheidiger Gelbstern, der: → Gelbstern 2.
Scheidiges Wollgras, das: → Wollgras 1.
Scheinakazie, die: → Robinien.
Scheindolde, die: → Blütenstand.
Scheinfrüchte → Schließfrucht.
Scheinholzstrahlen: auch falsche Holzstrahlen, falsche → Markstrahlen. eine Vielzahl feiner Einzelholzstrahlen in streifenförmiger Anordnung, aber ohne unmittelbare Berührung untereinander in andere Holzfasern eingebettet (Hbu und in geringem Umfang auch bei Er, sowie im Wurzelholz der Ei).
Scheinjahrringe → Doppelringe.
Scheinkern, der: → Fehlverkernung.
Scheinmarkstrahlen → Markstrahlen.
Scheinspiegel → Markstrahlen.
Scheit, das: ein größeres Stück abgespaltenes, abgesplittertes Holz; Scheiter = Holzstoß.
Scheitelzelle, die: eine Einzelzelle an der Spitze der Vegetationskörper der → Lagerpflanzen sowie an den Spitzen der → Sproßachsen und → Wurzeln der meisten → Farne, die allein teilungsfähig bleibt und den → Vegetationspunkt bildet.
Scheiterhüte: auch Schetterhüte. Bez. für Holzhüte, die früher in Österreich aus feinem und reinem, in dünnen Streifen gehobeltem Holz der As gefertigt wurden.
Scheithauer, der: → Scheitschläger.
Scheitholz, das: in Scheitern (→ Holzstößen) aufgeschichtetes Holz; → Schichtholz, Klafterholz, Kloben, Rundholz, Scheit.
Scheitholztrift, die: → Trift.
Scheitmeiler, der: aus Holzscheiten (→ Scheit, → Kloben) errichteter Meiler; → Köhlerei.
Scheitschläger: auch Scheithauer, Klafterschläger. frühere Bez. für Holzfäller, die → Scheitholz (Brennholz) machten und das Holz in → Klaftern setzten.
Schellente, die: → Enten 4.
Schellharz, das: frühere, lokale Bez. für das → Harz, welches unmittelbar durch Anreißen der Harzbäume gewonnen wurde; → Harzgewinnung, → Flußharz, → Scharrharz.
Schellkraut, das: → Schöllkraut.
Schelmrose, die: → Nieswurz 1.
schematische Durchforstung, die: → Durchforstung.
Schenck, Carl Alwin, Dr. (25.3.1868 Darmstadt bis 16.5.1955 Lindenfels): Nach forstwirtschaftlichem Studium in Tübingen und Gießen ging S. nach den USA und übernahm die Leitung des damals 50 000 ha großen Waldbesitzes des amerikanischen „Eisenbahnkönigs" G. W. Vanderbilt in Biltmore (North Carolina). Am 1.9.1898 gründete er die erste Forstlehranstalt Nordamerikas, die Biltmore Forest School. Nach Auflösung dieser Forstlehranstalt im Jahre 1913 (S. bildete 350 amerikanische Forstleute aus) kehrte er nach Dtschl. zurück. Zwischen den beiden Weltkriegen war S. als Gastprofessor Pendler zwischen Dtschl. und Amerika. Den Zweiten Weltkrieg selbst verbrachte er in Lindenfels im Odenwald. Im Jahre 1945 wurde er mit dem Rang eines Oberlandforstmeisters der erste Leiter der „Groß-Hessischen" Landesforstverwaltung (entlassen auf Druck der US-Militärregierung am 1.7.1946). Er verfaßte 18 Bücher (fast ausschließlich in englischer Sprache) und 75 Zeitschriftenartikel. Sein wichtigstes Werk: „Fremdländische Wald- und Parkbäume" (1939, 3 Bde.).
schepsen → entrinden.
Scherbengelber Rötling, der: → Rötlinge 5.
Schere, die: auch Schäre, Bogen. größere Menge schwimmenden Holzes, das von zusammengehängten Stämmen eng umfaßt und zusammengehalten wird. Eine S. wurde immer dann gebildet, wenn bei der früher üblichen → Trift ein See zu überqueren war. Das in S. zusammengefaßte Holz wurde mit Schraubendampfern über den See bis zu der Stelle gezogen, an der die Triftstraße wieder den See verließ. Dort wurde dann die S. wieder geöffnet und das Holz flußabwärts weitergeführt. Das z. B. in Oberbayern auf der Weißach getriftete Holz schwamm bei Rottach-Egern in den Tegernsee und wurde in S. gefaßt bis in die Seemitte gezogen. Es trieb dann durch den Bergwind nach Gmund und wurde dort auf der wegfließenden Mangfall bis Thalhamm getriftet. Ebenso wurde auf dem Ammersee/Bayern auf dem Weg zum Holzgarten in Dachau über die Amper verfahren. Eine derartige S. umfaßte z. B. ca. 2000 → Klafter Holz und war mit Masten, Segeln und Rudern (acht Steuer- und 52 Zugruder) ausgestattet.
Schergenpabst, der: → Schneeball 2.
Schermaus, die: → Wühlmäuse 2.
Schetterhüte → Scheiterhüte.
Scheuerkraut, das: → Schachtelhalm.
Schibicke, die: auch Schibbeke, Schibbike. mundartliche Bez. für die → Beere des

chwarzen Holunders, bzw. für den gesamten trauch; → Holunder 2.
chichten → (Baum-)Schichten, Vegetatinsschichten des Waldes.
chichtholz, das: **1)** S. ist → Rohholz (→ aser- oder → Brennholz), dessen Masse blicherweise in → Raummeter (rm) angegeen und das in Stücke von 1 bis 2 m Länge eschnitten wird. In der Forstwirtschaft erhält . bei jedem Aufsetzen (schichtweise in tößen aufgearbeitet) ein Höhenübermaß von nindestens drei Prozent. Es wird nach dem urchmesser mit → Rinde am schwächeren nde in Klassen eingeteilt:

Schichtholz

Klasse		Durchmesser mit Rinde cm
S 1	Rundlinge	3–6
S 2	Rundlinge	7–13
S 2.1	Rundlinge	7–9
S 2.2	Rundlinge	10–13
S 3	Rundlinge sowie Spaltstücke daraus	14 u. mehr
S 3.1	Rundlinge sowie Spaltstücke daraus	14–19
S 3.2	Rundlinge sowie Spaltstücke daraus	20 u. mehr

ei S. ohne Rinde (o. R.) vermindern sich die enannten Durchmesser um 1 cm. Die Untereilung der Klassen S 2 und S 3 in Unterklasen kann unterbleiben. **2)** → Sperrholz.
chichtmaß, das (Raummaß, Füllmaß): Bez. ir das Maß, das für das schichtweise in tößen aufgearbeitete Holz (→ Schichtholz) erwendet wird. Heute üblicherweise → aummeter (rm), früher auch → Ster und → lafter.
chichtnutzholz, das: frühere Bez. für → lutzholz, das in einem Raummaß (→ Raumneter) aufgesetzt wird; → Schichtholz.
chichtpilze → Schichtrindenpilze.
chichtrindenpilze: auch Schichtpilze, Leerpilze, Lederschwämme (*Stereum*). → Pilze Gatt. der → Ständerpilze), deren Vertreter neist auf abgestorbenem Laub leben. Die S. ind mit rund 70 Arten, darunter wichtige Holzerstörer (→ Holzfäule, → Braunfäule, → Veißfäule), vertreten. Sie bilden krustenförmie, auch konsolartige bis lappige → Fruchtörper; → Porlinge.
chichtung, die: → Vegetationsschichten es Waldes.
chicksalsbäume: Bäume spielen in der age oft eine bedeutende Rolle. So werden äume S. genannt, von denen Krankheiten usgehen und in die sie durch das Zuschlagen ines Astloches wieder gebannt werden könen. Die Sage kennt aber auch mit Personen erknüpfte S., wie z. B. die letzten Bu auf dem roßen Winterberge in der Sächsischen chweiz, die mit dem Aussterben des Hauses Vettin in Verbindung gebracht wurden. Auch er prophetische Birnenbaum auf dem Intersberg bei Berchtesgaden, der, seit 1814 nit dem Untergang Napoleons im Wuchs zurückgeblieben, im Jahre 1847 plötzlich wieder zu treiben begann, oder die mächtige Li am Bötzberge im Kanton Aargau, die sogar mit dem Untergang der Welt in Verbindung gebracht wurde; → Baumkult.
Schiebeckenbaum, der: auch Schibbeken-, Schibbikebaum, Schiebickenbeerstrauch. mundartliche Bez. für den Schwarzen → Holunder 2.
Schiebepolter, das: → Holzlagerplatz.
Schiefknolliger Anischampignon, Egerling, der: → Champignon 3.
Schiefmundmoos, das (*Plagiochila*): Gatt. der Fam. Geldbeutelmoose (*Marsupellaceae*), der Klasse → Lebermoose mit nachfolgend beschriebener Art:
Muschelmoos, das (*Plagiochila asplenioides* (L. EM. Tayl.) Dumortier): auch Schiefmundmoos. Das weit verbreitete M. wächst auf Steinen in Bächen, an feuchten schattigen Orten, auf Felsen, auf dem Waldboden, seltener auf Faulholz und Stöcken, von der Ebene bis ins Hochgebirge. Es ist ein Feuchtigkeitsindikator (→ Boden(an)zeiger) und empfindlich gegen SO_2-Belastung (→ Schwefeldioxid) der Luft; → Bioindikatoren.
Das → zweihäusige, beblätterte Lebermoos ist gelbgrün bis dunkelgrün und bildet große, lockere, aufrechte Polster. Aus einer blattlosen, kriechenden, bis 20 cm langen → Sproßachse wachsen aufsteigende bis aufrechte, 5 bis 20 cm lange, beblätterte Äste hervor, die einfach oder gegabelt und beblättert sind. Die zweizeilig angeordneten, schräggestellten Blätter sind 3 bis 5 mm lang, eiförmig, muschelförmig und ohne Rippe, mit gezähntem Rand. Die → Sporen reifen vom Frühjahr bis zum Sommer. Die braune, 1 bis 2 cm lang gestielte Sporenkapsel ist vierklappig.
Schierbäume: alte Bez. für → Samenbäume.
Schieres Holz, das: alte Bez. für geradfaseriges, ast- und knorrenfreies Holz.
Schierlingstanne, die: → Hemlock(s)-tannen 1.
Schießbeer(holz), der (das): → Kreuzdorn 3.
Schießbeerstrauch, der: → Schneeball 2.
schießen: svw. schnelles wachsen.
Schießen der Stämme, das: auch Holzen der Stämme. in den Alpenländern noch vor wenigen Jahrzehnten gebräuchliche Art der Stammholzbringung. Läßt man die Stämme in einem flachen Graben derart hinabgleiten, daß sie in einigermaßen geordneter Lagerung einen Gleitboden bilden, können die nachfolgenden abgeschossenen (auch abgerieften) Stämme über diesen Gleitboden, auch „Tafelwerk" genannt, hinwegrutschen. Man nennt diese Art der Bringung auch „Holzlassen über Tafelwerk"; → Treiben.
Schießscheibenkrebs, der: → Eschenkrebs.
Schiffel, Adalbert (9.2.1851 Keresztfalu bis 1.3.1914 Wien): Er absolvierte seine Fachstudien an der ungarischen Forstakademie in Schemnitz sowie im österr. Mariabrunn und trat 1874 in den österr. Staatsforstdienst. Im Jahre 1889 wurde er als Forstingenieur an das

Schichtholz wird in Klassen eingeteilt.

Ackerbauministerium berufen und 1891 zum inspizierenden Forstingenieur in Czernowitz befördert. 1896 kam er an die forstliche Versuchsanstalt und wurde 1897 Forstrat, 1907 Oberforstrat und 1910 Hofrat. Er schrieb u. a. in den Heften der Mitteilungen aus dem forstlichen Versuchswesen Österreichs: „Form und Inhalt der Fichte" (1899), „Die Lärche" (1905), „Die Weißbuche" (1907), „Die Tanne" (1908).
Schiffeln, das: alter, besonders im → Schwarzwald gebräuchlicher Ausdruck für → Hainen.
Schiffelwirtschaft, die: → Hauberge.
Schifferwald, der: → Murgschifferschaft.
Schiffsbauholz, das: Holz für den Schiffsbau. Es wurde früher viel benötigt. So waren z. B. im 16. Jh. (Kampf um die Weltmeere) für ein mittleres Kriegsschiff etwa 800 große Eichen (das sind fast 3 ha) notwendig. In einigen Ländern führte der große Bedarf an S. zu Waldvernichtungen (Venedig, Großbritannien). Das S. teilte man hinsichtlich Verwendung in → Bemastungsholz und → Konstruktionsholz ein; → Klamaie, Krummholz 2), Paarhölzer, Pfeif(holz)klotz.
Schiffswerftkäfer, der: → Werftkäfer 2.
Schilbern, das: → Risse 1).
Schilcher, Franz Sales (28.1.1766 Pflugsdorf bei Landsberg bis 20.7.1843 München): S. war Kurfürstl. Bayerischer Forsttaxator, später Staatsrat und von 1823 bis 1843 Präsident des Obersten Rechnungshofes in München. S. hat sich während seiner Zeit als Forsttaxator der Kurfürstlichen Hofkammer in München große Verdienste um die Entwicklung der Forsteinrichtung erworben. Er schrieb: „Über die zweckmäßigste Methode den Ertrag der Waldungen zu bestimmen" (1796).
Schilcher, Mathias Egydius von (24.2.1764 Pflugsdorf bei Landsberg bis 7.3.1826 Dietramszell): S., Bruder von Franz Sales, war von 1790 bis 1795 Lehrer an der neugegründeten Forstschule in München, später Forsttaxator, Kgl. Bayerischer Oberforst- und Direktionsrat in der bayerischen Landesforstverwaltung. Er erwarb sich wie sein Bruder Verdienste um die Forsteinrichtung. Im Jahre 1790 fertigte S. einen Plan des Hofoldinger Forstes an, der das erste Forsteinrichtungswerk der kurbayerischen Forstverwaltung darstellt. Daneben richtete er in den Jahren 1796 bis 1798 die Grünwalder, Höhenkirchner, Anzinger und Forstenrieder Forste ein. S. war auch beim Verkauf von Staatswaldungen tätig, nachdem sich bei der durch den Reichsdeputationshauptschluß (1803) erfolgten Säkularisierung der Klöster der landesherrliche Wald-

besitz in Bayern verdoppelt hatte. S. oblag die Erfassung und Schätzung dieser neuen zum Verkauf vorgesehenen Waldflächen, die weitgehend mit Berechtigungen und Schulden belastet waren.

Schildaaskäfer, der: → Aaskäfer 3.

Schild-Ehrenpreis, der: → Ehrenpreis 10.

Schilder → Markierungen und Vorrichtungen.

Schildfarn, der (*Aspidium*): Gatt. aus der Fam. der → Tüpfelfarngewächse (*Polypodiaceae*). Sie ist weltweit verbreitet und umfaßt mehr als 200 terrestrische → Arten. S. sind kräftige → Farnpflanzen mit kriechendem oder kurzem aufrechten Rhizom, gefiederten Blättern mit dornig gezähnten Fiedern und Sori mit zentral angewachsenen, schildförmigen Schleiern. Bei uns heimisch sind vier Arten:

1. Lanzen-Schildfarn, der (*Polystichum lonchitis* (L.) Roth): Der L. ist eine arktisch-alpine Art und kommt in den Alpen häufiger, in den Mittelgebirgen weniger und in der Ebene seltener vor. Er wächst verbreitet bis zerstreut auf alpinen Steinschuttfluren, Kalkschuttböden, Blockhalden, in lichten Steinschuttwäldern, an steinigen Hängen, in Felsspalten, meist auf kalkhaltigem Boden, und auch in lose gefugten oder verfallenen Mauern.

Die etwa 10 bis 50 cm langen, wintergrünen, derben, ledrigzähen Wedel (Blätter) stehen in Rosetten. Der kurze Blattstiel und die Blattspindel tragen unterseits Spreuschuppen. Die im Umriß lanzettlichen Blätter (Name!) sind einfach gefiedert. Die ungeteilten Fiedern sind sichelförmig aufwärts gekrümmt, fast dornig gezähnt, am Grunde spitz geöhrt und stehen nahe zusammen. Die rundlichen Sori befinden sich in Reihen auf den Fiedernerven der Fiederunterseite. Die → Sporen reifen von Juli bis September.

2. Borstiger Schildfarn, der (*Polystichum setiferum* (Forsk.) Moore et Woynar): auch Grannen-S. Der B. S. ist ziemlich selten und kommt vom Mittelmeergebiet bis ins südwestliche Mitteleuropa und bis Südwestengland vor. In Dtschl. ist er fast nur im Bereich des Rheintals und seiner großen Nebentäler anzutreffen. Er wächst vereinzelt, hauptsächlich in Berg- und Schluchtwäldern wintermilder Lagen und in anspruchsvollen, schattigen Buchenmischwäldern, feuchten Eichen-Hainbuchenwäldern, Waldmeister-Tannen-Buchenwäldern, mesophytischen Buchen- und Laubmischwäldern (Ordnungs- →Charakterart).

Die mehrjährige, sommergrüne Farnpflanze hat in Rosetten stehende, 60 bis 100 cm lange Wedel. Der Blattstiel und die Blattspindel sind dicht grauschuppig behaart. Die Wedel sind im Umriß länglichoval, am Grund nur wenig verschmälert, meist zweifach (bis dreifach) gefiedert, oberseits matt und weniger derb als bei den anderen Schildfarnarten. Die Fiedern und Fiederchen stehen fast senkrecht ab. Die Fiederchen sind kurz gestielt, bis 1 cm lang, am Grunde geöhrt, dornig gezähnt, wobei die Spitze in eine kurze Borste (oder Grann; Name!) ausläuft. Die Sporen reifen von Juli bis September. Der B. S. kann leicht mit dem Stacheligen und dem Weichen S. verwechselt werden und bildet auch häufig → Bastarde.

3. Stacheliger Schildfarn, der (*Polystichum aculeatum* (L.) Roth = *Polystichum lobatum* Chevallier): auch Dorniger S., Gelappter S. Der S. S. ist in ganz Europa verbreitet. Er ist kalkliebend und wächst zerstreut bis selten in schattigen, feuchten Bergwäldern, Schluchtwäldern und an steinigen, schattigen Waldeinhängen (gern mit BAh), Eschen-Ahorn-Steinschutt-Schatthangwäldern (Charakterart) und auch in Buchenwäldern. In der Ebene ist er nur selten anzutreffen.

Der mehrjährige Farn, der gelegentlich auch als Zierpflanze angepflanzt wird, wird etwa 60 bis 100 cm hoch. Die Wedel (Blätter), die in Rosetten aufrecht stehen oder bogig überhängen, sind im Umriß lanzettlich, gegen die Basis auffallend schmäler, meist dunkelgrün, oberseits glänzend, derb, zweifach gefiedert und überwintern. Die Fiederchen sind nach vorne gerichtet und sitzend oder sehr kurz und breit gestielt. Die Fiederchenzähne verschmälern sich allmählich in eine kurze Dornspitze. Die Sporen reifen von Juli bis August (September). Der S. S. ist leicht mit dem Borstigen und dem Weichen S. zu verwechseln und bildet auch häufig Bastarde.

4. Weicher Schildfarn, der (*Polystichum braunii* (Spenn.) Fee): auch Zarter S. Der seltene W. S. wächst an schattigen, frischen Waldeinhängen, feuchten Standorten in der montanen Buchen-Tannen-Stufe, in Eschen-Ahorn-Steinschutt-Schatthangwäldern (Charakterart), farnreichen Waldmeister-Buchenwäldern und -Tannen-Buchenwäldern.

Der W. hat bis 100 cm lange, in Rosetten stehende, nicht überwinternde, hellgrüne, fettig glänzende Wedel (Blätter), die sich ab der Mitte zur Basis hin stark verschmälern. Sie sind auffallend weich (Name!) und zwei- bis dreifach gefiedert. Die Ober- und Unterseite der Fiedern ist, ebenso wie der Stiel, weiß behaart. Die ungestielten Fiederchen sind stachelzähnig.

Schildflechte, die: → Peltigera 1.

Schildhahn, der: das männliche Birkwild; → Rauhfußhühner 2.

Schildkraut, das: → Helmkraut 1.

Schildläuse (*Coccina*): Unter-Ordn. der → Gleichflügler mit rd. 4000 fast weltweit verbreiteten, winzig kleinen (0,8 bis 6 mm großen) Arten (→ Schnabelkerfe). Die Weibchen sind größer als die Männchen, mit Mundwerkzeugen (Pflanzensaftsauger) ausgestattet und flügellos. Sie bilden Schutzhüllen aus, die aus Wachs, einer Lackschicht (Schellack) oder einem von erstarrendem → Honigtau getränkten Gespinstnetz bestehen oder als Bildung der Rückenkutikula einen harten Rückenschild darstellen. Der Schild dient – oft noch nach dem Tod des Weibchens – dem Schutz der Eier. Die Männchen haben fast immer große, entwickelte Vorderflügel, in denen ein bis zwei Längsadern erhalten sind, und kleine, zu Schwingkölbchen umgebildete Hinterflügel; die Mundwerkzeuge fehlen. Die S. leben an Blättern, Früchten und Stammteilen vieler Holzgewächse, sind oft gefürchtete Schädlinge und verursachen teilweise Gallenbildungen (→ Gallen), Rindenwucherungen und -risse. Die aus dem Ei schlüpfenden „Wanderlarven“ sorgen für die Verbreitung der oft in großen Massen vorkommenden S. Für die Forstwirtschaft von Bedeutung sind folgende Arten:

1. Kommaschildlaus, die (*Lepidosaphes ulmi*): Die etwa 2 bis 3,5 mm große K. hat einen braunen, schmalen und kommaförmigen Schild (Name!) und hält sich an zahlreichen Laubgehölzen, hauptsächlich Obstbäumen, aber auch an Ndh auf. Sie ist nicht, wie der lat. Name vermuten läßt, an Ul gebunden. Bei starkem Befall erscheinen Zweige und Äste wie von einer Kruste bedeckt; die zuckerhaltigen Ausscheidungen der K. führen zu Rußbildung.

2. Buchenwollaus, die (*Cryptococcus fagi*): auch Buchen(woll)schildlaus. Die etwa 0,6 mm große, gelbliche bis orange und beinlose S. lebt unter dichter, weißer Wolle, in der auch die Eier liegen. Sie befällt Bu von Heisterstärke bis zum Altholz und zwar meist den unteren Teil (Flächen-, Reihen- oder Punktbefall). Bei starkem Befall platzt die bräunlich gefärbte Rinde ähnlich wie beim → Rindenbrand auf, und fällt in Platten ab. Starker Befall kann den Baum absterben lassen. Ähnliche Symptome zeigt auch der → Rindenpilz *Athelia epiphylla,* unter den handtellergroßen weißen Flecken sind jedoch keine Läuse.

3. Eichenpockenschildlaus, die (*Asterolecanium variolosum*): Die 1,5 bis 2 mm lange E. (Männchen gelb, Weibchen braun) befällt oft in großen Mengen jüngere Stämme und Zweige der Ei. Sie werden auf der Rinde von einem von der Pflanze gebildeten Ringwall umgeben, so daß napfartige Vertiefungen entstehen. Nach Abfall der Läuse erhält die Rinde dadurch ein pockenartiges Aussehen. Bei starkem Befall springt die Rinde auf; jüngere Pflanzen und Triebe sterben häufig ab.

4. Fichtenquirlschildlaus, die (*Physokermes piceae*): Die winzig kleine F. befällt im Mai/Juni junge Fi, aber auch schlechtwüchsige ältere Fi. Die erbsen- bis kirschkerngroßen braunen Weibchen sitzen an der Basis der vorjährigen Triebe dicht gedrängt, unter ihnen die zahllosen, rötlichen Eier. Im Juli/August verlassen die → Larven den schützenden Schild der Weibchen und setzen sich an der Unterseite der Nadeln (Weibchen) und an den Deckschuppen der diesjährigen Triebknospen (Männchen) fest. Die saugenden Weibchen scheiden große Mengen Honigtau aus, der von einem schwärzlichen Rußtaupilz bedeckt wird.

5. Gemeine Napfschildlaus, die (*Eulecanium corni*): auch Akazien-Schildlaus, Große Napflaus. Die oft massenhaft auftretende G. N. kann Jungpflanzen und Zweige absterben lassen. Besonders betroffen vom Befall sind junge Lbh wie Bu, Es, Rob, Ha, Hbu und die Ribes-Arten (→ Stachelbeere). Die Larve der N. ist bleichgelb; die Junglaus saugt anfangs an den Blattunterseiten, später an den glattrindigen Trieben.

6. Weidenschildlaus, die (*Chionaspis salicis*): auch Miesmuschelschildlaus. Sie lebt polyphag an der Rinde von zahlreichen Lbh, v. a. an

◂◂ Schilfgürtel *(Phragmites)*

Ei, Er, Es Li, Pa, Ul und Wei. An schwachen Hölzern hebt sich bei dichtem Besatz die Rinde blasenartig ab; junge Stämmchen können durch Vertrocknung der Rinde geschädigt werden.

Schildwanze, Räuberische, die: → Wanzen 4.

Schilfern, das: → Risse 1).

Schilfer(risse) → Risse 1).

Schilflilie, die: → Schwertlilie.

Schilfrohr, das *(Phragmites)*: in ganz Europa vorkommende Gatt. 100 bis 400 cm hoher → Gräser (Sumpfgräser) aus der Fam. der → Süßgräser *(Gramineae)*. Von besonderer Bedeutung ist:

Gemeines Schilfrohr, das *(Phragmites communis = Phragmites australis)*: Das G. S. wächst an stehenden oder langsam fließenden Gewässern, in Erlenbruch- und Weiden-Auenwäldern, Quellmooren, Moor- und Sumpfwiesen; Grundwasserzeiger.

Das mehrjährige S. hat einen dicken, meterweit kriechenden und reich verzweigten → Wurzelstock, von dem lange → Ausläufer in den sumpfigen Untergrund abgehen. Der aufrechte, rohrartige Stengel wird bis zu 2 cm dick. Die graugrünen Blattspreiten sind flach, lanzettlich, lang zugespitzt und bis zu 3 cm breit. Der Blattrand ist schneidend scharf. Anstelle eines Blatthäutchens besitzt das S. einen Haarkranz. Die sehr große, meist fünfblütige und schwach überhängende, bläuliche Rispe (→ Blütenstand) ist 15 bis 40 cm lang und hat dunkelviolette, 6 bis 9 mm lange → Ährchen. Das S. ist eine typische Verlandungspflanze (Uferschutzpflanze). BZ: Juli bis September. Es ist unser größtes Gras und bildet oft große Bestände, „Schilfwälder" die zahlreichen Tieren Unterschlupf gewähren.

Das S. hat auch eine wirtschaftliche Bedeutung. Es wird u. a. als Streu und als Rohr für Matten, zum Dachdecken und früher auch als Unterlage für Mörtelputz beim Hausbau verwendet.

Das G. S. ist nahe verwandt mit Pfahlrohr, Riesenschilf und Pampasgras.

Schilling, Rudolf, Dr. phil. h.c. (15.5.1861 Bucha bis 30.10.1928 Eberswalde): S. studierte in → Eberswalde Forstwissenschaften und übernahm 1888 die Stelle eines Stadtoberförsters in Bunzlau. Von 1897 bis 1907 verwaltete er die Staatsoberförsterei Papuschienen im litauischen Lehmgebiet. 1907 wurde ihm zunächst kommissarisch und ab 1. April 1908 endgültig die Professur für Nationalökonomie und → Forsteinrichtung in Eberswalde übertragen. 1919 wurde er Oberforstmeister und Direktor der Forstakademie Hann. Münden. 1923 kehrte er als Direktor der forstlichen Versuchsanstalt und Professor für Forsteinrichtung nach Eberswalde zurück. S. war auch im Reichsforstwirtschaftsrat tätig. Er schrieb u. a.: „Geschichte des Bunzlauer Stadtwaldes von 1594 bis 1894" (1895), „Betriebs- und Ertragsregelung im Hoch- und Niederwald" (1893).

Schimmelweide, die: → Weiden 17.

Schindelholz, das: Holz für Dachschindeln. Hierzu wird gut spaltbares, faserreines Fichten-, Tannen-, Lärchen- und Kiefernholz, ausländisches Holz (z. B. das der *Cryptomeria*-Zedern), seltener Eichenholz verwendet. Man unterscheidet Scharschindeln (40 bis 60 cm lang, 8 bis 25 cm breit), Legschindeln (75 bis 100 cm und mehr lang, 10 bis 30 cm breit) und Dachspäne (30 bis 35 cm lang, 5 bis 7 cm breit und möglichst dünn).

Schindelstamm, der: alte Bez. für einen Baum, aus dem Holzschindeln (→ Schindelholz) gefertigt werden.

Schindeltanne, die: → Haselfichte.

schinden → entrinden.

Schinder, der: alte Bez. in den bayer. Alpen für einen speziellen Rindenschäler.

Schinderlatschn, die: → Alpenrose 1.

Schindler, E. J. → Wald in der Malerei.

Schipisten (Skipisten): → Schisport.

Schirm, der: belassene Bäume zum Schutz nachwachsender Baumarten oder Kulturpflanzen (z. B. Kulturheidelbeere); → Überhalt, Vorwald.

Schirmästen, das: auch Schirmdruckästen. Ästung zur Verminderung des → Schirmdrucks von → Vorwüchsen, Vorhölzern oder Gliedern der Oberschicht (Ta, Lä) zu erträglicherem → Schirm für den → Jungwuchs oder → Unterstand.

Schirmbäume: Bäume, die bei einem Schirmhieb (→ Verjüngungsverfahren) im → Bestand verbleiben (aufgelockerter Bestand) und mit ihren Kronen, dem → Schirm, die nachwachsende Generation (→ Jungwuchs) vor Frost und Hitze etc, schützen. Wenn der Nachwuchs etwa Mannshöhe erreicht hat, werden die S. gefällt.

Schirmdruck, der: Von einer dem Entwicklungsstand der → Verjüngung angepaßten Überschirmung gehen zahlreiche Vorteile aus (→ Bestand(e)sklima). Wird der Schirm zu lange gehalten, verringert sich die Trockensubstanzproduktion der überschirmten Verjüngung zu stark; sie beginnt zu kümmern und stirbt ab; → Vorwald.

Schirmdruckästen, das: → Schirmästen.

Schirmfläche, die: → Kronenschirmfläche, Beschirmungsgrad.

Schirmflächenleistung, die: → Zuwachs je m^2 → Kronenschirmfläche.

Schirmstand, der: durch Schirmschlag (→ Verjüngungsverfahren) entstandene Bestand(e)ssituation.

Schirm-Habichtskraut, das: → Habichtskraut 5.

Schirmhieb, der: → Verjüngungsverfahren.

Schirmkeilschlag, der: Schirmschlagverjüngung; → Verjüngungsverfahren.

Schirmlinge *(Lepiota)*: auch Schirmpilze. in Mitteleuropa und Nordamerika mit rd. 50 Arten vorkommende Gatt. der Schirmlingsartigen Pilze *(Lepiotaceae)* mit weißen → Sporen und freistehenden, nicht am Stiel angewachsenen → Lamellen. Einige der S. sind gute Speisepilze, z. B. der Riesenschirmpilz. Bei allen S. gleicht der Fruchtkörper in erwachsenem Zustand einem aufgespannten Schirm. Die wichtigsten Arten sind:

1. Riesenschirmpilz, der *(Lepiota procera)*: auch Parasolpilz. Der größte aller europäischen → Blätterpilze (Lamellenpilze) kann bis zu 40 cm hoch und breit werden. Er wächst einzeln oder truppweise von Juli bis Oktober auf Lichtungen, an Wald- und Wegrändern, bevorzugt an grasigen Stellen und gerne in der Nähe von Ameisenhaufen. Der Pilz ist jung kugelig-eiförmig geschlossen und wird später oft völlig flach mit einem kleinen Buckel. Die Haut des Hutes ist bräunlich bis graubraun und reißt später zu großen, unregelmäßigen Schuppen auf (bräunliche Flecken auf hellem Untergrund); nur der Buckel bleibt einheitlich braun. Die weißen, breiten und bauchigen Lamellen stehen dicht und sind frei; sie berühren den Stiel nicht. Der bräunliche Stiel, der sich leicht aus dem Hut herausdrehen läßt, ist sehr schlank, röhrig hohl und auf hellem Grund braun quergebändert. Zur Basis hin verdickt er zu einer auffälligen Knolle, die von weißem → Myzel überwachsen ist. Am Stiel verbleibt über der Mitte ein kräftiger Ring, den man auf und ab schieben kann. Das unveränderliche weiße Hutfleisch ist weich und zart, das des Stiels allerdings holzig. Der haselnußartige Geschmack des Pilzes macht ihn zum begehrten Speisepilz. Er kann mit dem Safranschirmling verwechselt werden.

2. Safranschirmling, der *(Lepiota rhacodes)*: auch Rötender S., Rötender Riesenschirmling. Der Pilz wächst von August bis Oktober (November) gesellig in Nadel- und Laubwäldern, häufig zusammen mit dem Waldegerling (→ Champignon 1.), ist aber auch an Waldrän-

Safranschirmling (*Lepiota rhacodes*)

dern sowie in Parkanlagen zu finden. Im Ggs. zum ähnlichen Riesenschirmpilz erreicht er nur eine Hutbreite von etwa 15 cm. Die Haut ist auf hellerem Grund ringförmig faserig braunschuppig. Die Hutmitte ist braun und glatt. Die weißen unregelmäßigen Lamellen stehen dichtgedrängt und haben im Alter oft eine dunklere Schneide. Bei Berührung färben sie sich rötlich. Der weiße Stiel wird bis 15 cm hoch und 1 bis 2 cm dick. Er ist glatt, hohl und nicht gebändert. An der Basis hat er eine derbe Knolle und über der Mitte einen weißen, fransigen Ring, der sich auf und ab schieben läßt. Das weiße, weiche Fleisch läuft bei Verletzung sofort safranrot (Name!) an. Der Geruch des guten Speisepilzes ist angenehm, der Geschmack mild.

3. Spitzschuppiger Schirmling, der (*Lepiota aspera*): Der weit verbreitete, jedoch nicht überall häufige Pilz wächst von August bis Oktober im Nadel- und Laubwald und besonders an Wegrändern, aber auch in Parkanlagen und Gärten. Der junge Hut ist kegelig bis glockig und flacht dann stark ab. Der bis zu 15 cm breite Hut ist rost-lehm-bräunlich und mit deutlichen gelben bis dunkelbraunen, kurzkegeligen Hutschuppen bedeckt. Diese stehen sparrig ab oder liegen flach auf. Die ziemlich schmalen, engstehenden und weißen Lamellen sind an der Schneide unregelmäßig fein gekerbt und frei. In Stielnähe oder zum Hutrand hin sind sie oft gegabelt. Der weiße Stiel wird bis 14 cm hoch und 1 bis 2 cm dick. Unterhalb der flockigen Ringzone am Stiel setzen sich die sparrigen Schuppen fort. Der Stielgrund ist meist schwach knollig. Das weiße Fleisch schmeckt und riecht unangenehm.

4. Stinkschirmling, der (*Lepiota cristata*): Der von August bis Oktober erscheinende ungenießbare Pilz wächst entlang grasiger Waldwege, in Lichtungen unter Buschwerk, in Gärten, kommt in allen Waldtypen vor, meidet aber geschlossene Bestände. Der braune, nur 3 bis 4 cm breite Hut drückt sich zunächst als geschlossener Kegel aus dem Boden und entwickelt sich dann zu einem ausgebreiteten Hut mit einer buckeligen, dunkleren Mitte. Die Huthaut reißt bald zu vielen konzentrisch angeordneten Schüppchen auf, wobei der Buckel geschlossen bleibt. Der weiße Untergrund wird dabei mehr und mehr sichtbar. Die weißen Lamellen stehen dichtgedrängt und berühren den Stiel nicht; sie sind frei. Der nur 5 bis 8 cm hohe und etwa 0,8 cm dicke Stiel ist überwiegend weißlich und im Alter etwas braunrötlich überfasert. Er kann an einer Trennfläche leicht aus dem Hut herausgedreht werden. Das weiße Fleisch riecht widerlich und erinnert an den Geruch des Leuchtgases. Bei jüngeren Pilzen kann man unter dem Hut einen vergänglichen, häutigen und aufwärtsgerichteten Ring entdecken.

Neben den vorgenannten, weit verbreiteten S., gibt es noch zahlreiche seltenere Arten, wie z. B. **Feinschuppiger S.** (*Lepiota gracilenta*), **Spitzbuckeliger Riesenschirmling** (*L. mastoidea*), **Braunbuckeliger S.** (*L. ignivolvata*) und **Kastanienbrauner S.** (*L. castanea*), die hier nicht alle beschrieben werden können.

Schirmpilze → Schirmlinge.

Schirmrispe, die: → Blütenstand.

Schirmschlag, der: → Verjüngungsverfahren.

Schirmschlagbetrieb, der: Schirmschlagverjüngung; → Verjüngungsverfahren.

Schirmtraube, die: → Blütenstand.

Schirrholz, das: → Ökonomieholz.

Schisport, der (Skisport): Das Laufen auf Schiern (Skiern) über Schneeflächen zum Zwecke der → Erholung, der Gesunderhaltung und des sportlichen Wettkampfes. Das heute als Massensport ausgeübte Schifahren (Langlauf und alpin) kann im Wald – außerhalb der ausgewiesenen Pisten und Loipen – zu ökologischen Schäden führen. V. a. beim Tiefschneefahren im Wald treten Schäden an Forstkulturen auf; daneben führt das Befahren des Waldes mit Alpinschiern oft zu einer massiven → Beunruhigung des Wildes und zieht sog. Sekundärschäden, nämlich zusätzliche Wildschäden, nach sich.

Nach dem österr. Forstgesetz ist das Abfahren mit Schiern im Wald im Bereich von Aufstiegshilfen nur auf markierten Pisten oder Schirouten gestattet. Schilanglaufen ohne Loipen ist unter Anwendung der nötigen Vorsicht gestattet; eine darüber hinausgehende Benützung des Waldes, wie das Anlegen und die Benützung von Loipen, ist jedoch nur mit Zustimmung des Waldeigentümers gestattet; → Betreten des Waldes.

Schizophyten → Spaltpflanzen.

Schlächtiges Holz, das: veraltete Bez. für gut spaltbares Holz.

Schlafapfel, der: auch Rosenapfel, -könig, -schwamm, Schlafkonrad, -kunze. Bez. für die filzigen → Gallen der Rosengallwespe (→ Gallwespen 3.). Noch im 18. Jh. wurden diese Gebilde in den Apotheken gehalten, weil das Volk sie gegen Krämpfe der Kinder, aber auch gegen Verhexung verlangte.

Schlafbäume: Bäume, auf denen viele Vögel regelmäßig und z. T. gesellig (Schlafgesellschaften) die Nacht verbringen. So haben außerhalb der Brutzeit beispielsweise → Greifvögel, Ringeltauben (Wildtauben 1.), → Reiher, → Fasane, Haselwild und Auerwild (→ Rauhfußhühner 1. und 4.) ihre festen S. Schlafgesellschaften (Schlafkolonien) auf ausgewählten Bäumen bilden z. B. Raben- und Saatkrähen (→ Rabenvögel); → Rastbäume.

Schlafbewegungen: Bewegungen von → Pflanzen, die z. T. durch Licht- und Wärmeunterschiede hervorgerufen werden und sich etwa im 12stündigen Rhythmus wiederholen. Verschiedene Pflanzen neigen am Abend die Blätter in ihren Gelenken abwärts und erheben sie am Morgen wieder, z. B. die Rob.

schlafende Augen → Knospen, die sich im jugendlichen Alter eines Baumes bilden und über Jahre oder Jahrzehnte hinweg ruhen (schlafen) und bei besonderer Reizwirkung noch austreiben können; z. B. nach dem Fällen eines Baumes aus dem Stock heraus (→ Stockausschlag). Sie können u. U. auch die sog. → Wasserreiser bewirken; → Knospensucht.

Schläfer → Bilche.

Schlafkonrad, -kunze, der: → Schlafapfel.

Schlafmäuse → Bilche.

Schlafmoos, das (*Hypnum*): Gatt. der Fam. Astmoose oder Schlafmoose (*Hypnaceae*) aus der Klasse → Laubmoose. Eine bekannte einheimische Art ist:

Zypressenschlafmoos, das (*Hypnum cupressiforme* Linné): auch Zöpfchenmoos. Das ziemlich häufige und überall weit verbreitete, vom Tiefland bis ins Hochgebirge vorkommende Z. tritt in verschiedenen → Unterarten auf. Es wächst auf der Erde, auf morschem Holz, Gestein, auf den Wurzelanläufen der Bäume und bildet dichte, flache, häufig ausgebreitete, kräftig grüne oder gelblich- bis olivgrüne, glänzende Rasen. Das Z. ist sehr empfindlich gegen den SO_2-Gehalt (→ Schwefeldioxid) der Luft (→ Bioindikatoren). Die 5 bis 10 cm langen, schlanken, niederliegenden oder herabhängenden Stengel des sehr formenreichen Z. sind meist unregelmäßig verzweigt mit parallel gerichteten Ästchen und fast zweizeilig dachziegelig angeordneten Blättern, wodurch die Sprosse zypressen- oder zöpfchenartig (Name!) erscheinen. Die Blätter sind breit-oval, sichelförmig hohl, 2 bis 3 mm lang, mit kurzer doppelter oder auch fehlender Blattrippe, scharfer, langer Spitze und am Grund umgebogenem Rand. Die → Sporen reifen vom Winter bis zum Frühling. Die etwas geneigt stehende Sporenkapsel ist braun, länglich-zylindrisch, leicht gekrümmt, mit kurz geschnäbeltem Deckel. Der rote, seitenständige Kapselstiel ist 1 bis 3 cm lang.

▸▸▸ Schlafapfel an Wildrose

Schlag, der (Schlag-, Einschlags-, Abtriebs-, Hiebsfläche; veraltet auch Hau): Fläche, auf der sich die Holzernte (→ Hieb) vollzieht, aber auch für das Fällen von Bäumen allg., wo aber im Ggs. zu → Rodungen die Baumstümpfe belassen werden. I. w. S. wird auch eine Jungwuchsfläche (→ Jungwuchs) solange als S. bezeichnet, bis sie zur → Dickung wird; → Abnutzungsfläche.
Schlagabnahme, die: → Holzabnahme.
Schlagabraum, der: → Abraum.
Schlagaufnahme, die: → Holzaufnahme.
schlagbar: Svw. hiebsreif; → Hiebsreife.
schlagbares Holz, das: → haubares Holz.
Schlageinteilung, die: → Ertragsregelungsmethoden, Forsteinrichtung.
Schlägerung, die: svw. → Abtrieb, Einschlag.
Schlägerungsart, die: → Hiebsart.
Schlägerungsreife, die: → Hiebsreife.
Schlagfläche, die: → Schlag.
Schlagflora, die: Auf Kahlflächen entwickelt sich rasch eine üppige Flora aus meist eiweißreichen Pflanzen, überwiegend Lichtpflanzen. V. a. → Gräser, Sauergräser (→ Riedgräser), → Kräuter, → Zwergsträucher und → Sträucher, auch → Pionierbaumarten, stellen sich bald ein. Eine S. kann nützlich sein für den Aufschluß des Bodens, Umwandlung ungünstiger Rohhumusauflagen in bessere Humusformen und Schutz empfindlicher Baumarten gegen Frost, austrocknende Winde und Hitze. Eine S. kann aber auch schaden, z. B. durch → Konkurrenz um Licht, Wasser und Nährstoffe, durch starke Durchwurzelung des Bodens und Unterdrückung. Dann wird eine → Verjüngung verhindert oder erschwert. V. a. Waldreitgras (→ Reitgras), Drahtschmiele (→ Schmiele 2.) und Seegras (→ Seggen 1.) stellen eine waldverjüngungsfeindliche S. dar. Die Schlagpflanzen haben sich z. T. im Boden unter Bestandsschluß als → Samen jahrzehntelang keimfähig gehalten und kommen bei erhöhtem Lichteinfall zur Entwicklung, z. T. entstehen sie auch durch leichten, flugfähigen, vom Wind herbeigeführten Samen. Mit dem allmählichen → Schluß des → Bestandes verschwindet die S. wieder (→ Sukzession). Die → Weidenröschen-Schlaggesellschaften (*Epilobietea angustifolii*) bilden besondere → Pflanzengesellschaften.
Schlagfolge, die: auch Hieb(s)folge. zeitliche und räumliche Folge der → Hiebe; → räumliche Ordnung.
Schlagform, die: Bez. für den Eingriff auf der Hiebsfläche. Folgende S. werden – je nach Größe des Eingriffes – unterschieden: baum-, trupp-, gruppen-, horst- oder flächenweise S. Die flächenweisen S. können noch nach der Größe und Form nach Saum, Lücke, Zone und Großfläche differenziert werden; → Verjüngungsverfahren.
Schlagholz, das: **1)** alte Bez. für das → Unterholz im → Mittelwald. **2)** alte Bez. für das aus dem → Niederwaldbetrieb stammende → Brennholz. **3)** alte, v. a. nordd. Bez. für → Niederwald.
Schlaghüter, der: **1)** Am Rhein bestellte früher der Waldeigentümer für jeden → Schlag oder mehrere benachbarte Schläge einen sog. S., dem die Hut und Bewachung der Schläge übertragen wurde. Der S. wurde deshalb auch vereidigt. Für jeden Stoß Holz, jeden → Stamm, jedes Hundert → Wellen usw. war eine bestimmte Hutgebühr festgesetzt, die bei der Abfuhr an den S. bezahlt wurde. Die Bestellung der S. wurde als ein stillschweigendes Übereinkommen aller Käufer betrachtet. Gewöhnlich war der Holzsetzer auch S. **2)** veraltete Bez. für einen → Samenbaum.
Schlagmethode, die: → Hiebsart.
Schlagordnung, die: Die S. regelt die Arbeitsweise des → Rückens des Holzes vom Stock bis zur → Rückegasse bzw. bis zum Rückeweg. Sie soll dazu beitragen, daß keine Schäden am verbleibenden Baumbestand, am Boden, an zu schützenden Teilen der Vegetation und am zu rückenden Holz auftreten. Die S. wird dabei vom Gelände, vom angewandten Arbeitsverfahren, vom Bestand, von der Hauptwindrichtung und von der Witterung maßgeblich beeinflußt. Sie wird in einer Schlagskizze festgelegt und ist Teil des schriftlichen Arbeitsauftrags für die geplante Holzerntemaßnahme. Aus der Schlagskizze kann der → Forstwirt die grob festgelegte Fällrichtung entnehmen und vor Ort genau umsetzen. Je nach Gelände und Arbeitsverfahren werden unterschieden: S. in der Ebene, S. am Hang, S. bei kombinierten, seilgestützten Holzernteverfahren.
Schlagreihe, die: Waldbestände werden – wegen der → räumlichen Ordnung – gegen die Hauptwindrichtung so geordnet, daß sie nach Alter und Höhe stetig abnehmen (Altersklassengefälle). Mehrere S. zusammen bilden einen „Hiebszug". Dieser soll außen durch

◄◄ Die Schlagflora besteht überwiegend aus Lichtpflanzen.

einen sturmfesten Trauf, d. h. durch einen aus → Randbäumen und → Hecken gebildeten Mantel (→ Waldmantel), gegen Wind und Sonne gesichert sein.
Schlagreinigung, die: die Beseitigung aller unerwünschten → Baumarten auf einem → Schlag, meist → Weichhölzer wie As, Bi, Salweide, ungünstig geformte Bäume (→ Zwiesel, → Vorwüchse) sowie waldverjüngungsfeindlicher Pflanzen, die die → Verjüngung hemmen, z. B. Seegras (→ Seggen 1.), → Farne, Him- und Brombeere (→ Rubus) etc.
Schlagreisig (Abfallreisig), das: das nach dem Fällen und Ausformen der Bäume anfallende nicht verwertbare → Reisholz (Kronenteile und Äste).
Schlagruhe, die: früher übliches Verfahren, bei dem die Schlagfläche (→ Schlag) ein bis

Schlagfläche im Winter

drei Jahre unberührt liegen blieb (ruhte), bis man wieder eine → Kultur begründete. Man wollte zwar damit eine Gefährdung der Kulturen durch → Rüsselkäfer und → Engerlinge vermeiden, nahm aber damit eine starke Verunkrautung und Bodenverwilderung in Kauf. Durch wirksame Schädlingsbekämpfungsmittel ist heute die S. überholt.
Schlagschwirl, der: → Grasmücken 8.
Schlagtaube, die: → Wildtauben 1.
Schlagwald, der: → Niederwald.
schlagweiser Hochwald, der: → Altersklassenwald.
Schlagwirtschaft, die: → Verjüngungsverfahren im Wald, das sich des → Schlages bedient, im Ggs. zur Wirtschaft im Femel- oder → Plenterwald.
Schlammsaat, die: → Saatformen.
Schlängelschmiele, die: → Schmiele 2.
Schlangen (*Serpentes, Ophidia*): S. sind eine Unter-Ordn. der Schuppenkriechtiere mit rd. 2500 Arten 15 cm bis 10 m langer Tiere. Sie haben einen langgestreckten Körper mit fast immer vollständig rückgebildeten Gliedmaßen; lediglich die Riesenschlangen haben im Inneren noch verkümmerte Hinterbeinreste. S. haben keinen Schultergürtel, kein Brustbein, aber zahlreiche (180 bis über 400) Wirbel und bis über 400 bewegliche, freiendende Rippenpaare. Die trockene, mit hornigen Schuppen und Schilden bedeckte Haut wird bei der Häutung als Ganzes abgestreift. Die lange, gespaltene Zunge ist am Grunde in eine Scheide zurückziehbar. Mit dem Züngeln nimmt die S. Riechstoffe auf. S. haben kein Trommelfell und zurückgebildete äußere Ohren. Die Augenlider sind unbeweglich verwachsen, die Nickhaut fehlt und das Sehvermögen ist gering. Die Knochen des Oberkiefers und die Unterkieferhälften sind nur locker miteinander verbunden, was die S. dazu befähigt, relativ große Beutetiere ganz zu verschlingen. Ihre Nahrung besteht aus tierischer Nahrung, hauptsächlich aus Wirbeltieren. Die meisten inneren Organe der S. sind extrem langgestreckt, so z. B. Herz, Magen, Nieren, Leber udgl. Der linke Lungenflügel ist zurückgebildet und sehr viel kleiner als der rechte. Von dem paarigen Begattungsorgan wird

bei der Kopulation nur eines in die Geschlechtsöffnung des Weibchens eingeführt. Fast alle S. legen Eier, nur wenige sind lebend gebärend. Die Gift-S. töten ihre Beute mit Gift, das in einer Drüse im Oberkiefer gebildet wird, von der ein Kanal zu den hohlen oder gefurchten Giftzähnen führt. Bei geschlossenem Maul sind sie nach hinten umgeklappt; wird es geöffnet, richten sie sich auf. S. ohne Giftzähne erwürgen ihre Beute. Die wichtigsten auch in unseren Wäldern vorkommenden Arten sind: → Äskulapnatter, → Glattnatter, → Kreuzotter. Die → Blindschleiche zählt zur Fam. der Echsen.

Schlangenbader Natter, die: → Äskulapnatter.

Schlangenbäume (Rutenbäume): eine Spielart der → Nadelbäume, hauptsächlich der Fi, aber auch der Ta, Kie und Lä. S. haben eine ungewöhnlich spärliche Verzweigung des Stammes und der Äste, wobei letztere meist waagerecht oder wenig geneigt verlaufen. S. haben ein unschönes Aussehen, aber häufig eine besonders kräftige Benadelung.

Schlangenbeer, der: → Seidelbast 1.

Schlangenbeere, die: → Tollkirsche.

Schlangenholz, das: → Seidelbast 1.

Schlangen-Knöterich, der: → Knöterich.

Schlangenkraut, das: → Drachenwurz.

Schlangenmoos, das: → Bärlapp 2.

Schlangenrose, die: → Rosen 6.

Schlangenwurz, die: → Drachenwurz, → Knöterich.

Schlanke Karde, die: → Karde 2.

Schlankheitsgrad, der: → H/D-Wert, Bekronungsgrad.

Schlauch, der: die sporenbildende Zelle bei → Pilzen, z. B. bei → Becherlingen und → Morcheln; → Schlauchpilze.

Schlauchflechten: Bez. für alle → Flechten, bei denen die → Schlauchpilze die Partner bei der → Symbiose bilden. Von den rd. 16 000 bekannten Flechtenarten gehört der überwiegende Teil zu den S.

Schlauchpilze (*Askomyzeten, Ascomycetes*): die größte Klasse der höheren → Pilze mit weltweit etwa 20 000 Arten, die ihre ungeschlechtlichen → Sporen zumeist in als Schläuche (Askusschläuche) bezeichneten Gebilden entwickeln. Zu den S. gehören die echten Mehltaupilze (z. B. → Eichenmehltau), die Schimmelpilze, Kernpilze, → Scheibenpilze, → Trüffel, → Napfpilze und der Erreger der Hexenbesenkrankheit; → Hexenbesen.

Schlaue, die: ein langgestreckter schmaler und niedriger Haufen aus → Brennreisig. Der Raumgehalt einer S. wird bei der Verwertung geschätzt. Die Bez. ist hauptsächlich in Bayern üblich.

Schlaufdielen: veraltete, lokale Bez. für Bretter mit einer Stärke von 1 1/2 → Zoll.

Schlegknie, das: ein → Schiffsbauholz; → figurierte Hölzer.

Schlehdorn, der: → Prunus 7.

Schlehe, die: → Prunus 7. und 8.

Schlehenpflaume, die: → Prunus 8.

Schleichwirtschaft, die: frühere Bez. für einen Femelschlag (→ Verjüngungsverfahren); → femeln.

Schleier, der (Kleiner Schirm): Bez. für → Sträucher, → Stockausschläge und Einzelvorwüchse (→ Vorwuchs), die sich nach → Abtrieb alter Laubholzbestände (Räumungshieb) locker und schleierartig über den → Jungwuchs oder über die künstliche → Kultur ausbreiten. Der S. erleichtert den frostempfindlichen Jungpflanzen den Übergang vom ausgeglichenen Bestandsklima zum Freiflächenklima, schützt anfangs die Kulturpflanzen empfindlicher Mischbaumarten (z. B. Bu, Dgl und Ta) vor extremer Ein- und Ausstrahlung und drängt letztlich den Graswuchs etwas zurück. Der S. wird, wenn er überflüssig geworden ist, entfernt.

Schleiereule, die: → Eulen A 10.

Schleierlinge (*Cortinarius*): in Mitteleuropa mit ca. 400 Arten vertretene Gatt. der Pilze aus der Fam. der Tintlingsartigen (*Coprinaceae*), die zur Ordn. der → Blätterpilze gehört. S. haben einen in der Jugend zwischen Hut und Stiel ausgespannten, spinnwebartigen Haarschleier (*Cortina*). Bei allen S. nehmen die → Lamellen die rostgelbe bis rostbraune Farbe der → Sporen an. Die Gatt. S. wird in sieben Unter-Gatt. aufgeteilt. Die interessantesten Arten sind:

1. Lila Dickfuß, der (*Cortinarius traganus*): Der Pilz wächst von Juli bis Oktober einzeln oder gesellig in Laub- und Nadelwäldern auf saurem Boden. Der bis zu 10 cm breite Hut ist erst kugelig und sitzt dem dicken Stiel knopfartig auf, dann halbkugelig bis gewölbt mit fransig-filzigem Rand. Die Hutfarbe ist lila-violett, sie blaßt allmählich aus und wird silbrig-weißlich. Der seidig-schuppige Hut kann Trockenrisse aufweisen. Die breiten, ausgebuchteten und mäßig dicht stehenden Lamellen sind anfangs safran- bis ockerbraun, später dunkel rostbraun. Der bis 10 cm lange Stiel ist dick keulig, die Basis etwas knollig. Er ist blaßlila, am Grunde bräunend und wird mit zunehmender Reife blaß ockerfarben. Der gesamte Stiel ist mit schleierartigen, bläulichen Velumzonen (→ Velum) mehr oder weniger überzogen. Das safrangelbliche Fleisch des ungenießbaren Pilzes hat einen unangenehmen, stechenden Geruch.

2. Erdigriechender Schleimkopf, der (*Cortinarius variecolor*): auch Erdigriechender Schleierling. Der Pilz wächst meist gesellig von Juli bis Oktober im Nadelwald. Der bis zu 15 cm breite Hut ist erst halbkugelig gewölbt, dann verflacht. Die Huthaut ist anfangs lebhaft lilaviolett, bald fuchsig- bis rotbraun verfärbend, am Rande jedoch noch lange lilaviolett bleibend. Die dünnen, dicht stehenden Lamellen mit glatter oder etwas gekerbter Schneide sind ausgerandet angewachsen. Sie sind jung violett, später rostbraun. Der bis zu 12 cm lange und bis zu 2,5 cm dicke Stiel ist mehr oder weniger keulig, jung violett angedrückt-zottig, aber bald kahl und fuchsig. Der Haarschleier ist blaßlila und seidig. Das Fleisch des minderwertigen Pilzes ist jung blaßlila, später bräunend und riecht stark nach Erde oder Staub.

3. Semmelgelber Schleimkopf, der (*Cortinarius varius*): auch Ziegelgelber Schleimkopf. Der meist gesellig wachsende Pilz erscheint von Juli bis Oktober scharenweise in Nadelwäldern auf Kalkböden. Der bis zu 10 cm breite Hut ist erst halbkugelig und flacht dann immer mehr ab. Der junge Hut ist semmelbraun und später vom Scheitel her rotbraun bis fuchsig, alt auch gelbbraun. Die Haut ist feucht stark schmierig und oft mit abgefallenen Nadeln, Blattresten und Schmutz bedeckt. Die breiten Lamellen stehen mäßig gedrängt und sind um den Stiel ausgebuchtet angewachsen. Sie sind jung blauviolett, alt zimtbraun. Der bis zu 7 cm lange und bis zu 1,5 cm dicke Stiel ist röhrig, kahl, mitunter auch wollig-flockig und hat eine gleichmäßig runde, breite, keulige oder zwiebelige Knolle. Er ist anfangs weiß, später blaß ockerbräunlich. Das weiße Fleisch des eßbaren Pilzes ist geruchlos und mild.

4. Blaustiel-Schleimfuß, der (*Cortinarius collinitus*): Der hauptsächlich im Fichtenwald, gelegentlich auch im Laubwald wachsende Pilz erscheint von September bis Oktober. Der bis zu 12 cm breite Hut ist anfangs glockiggewölbt, dann breit gewölbt und hat oft einen

Lila Dickfuß (*Cortinarius traganus*)

▸ Erdigriechender Schleimkopf (*Cortinarius variecolor*)

▸▸ Semmelgelber Schleimkopf (*Cortinarius varius*)

▸▸▸ Blaustiel-Schleimfuß (*Cortinarius collinitus*)

flachen, undeutlichen Buckel und einen ungerieften Rand. Die Hutfarbe ist hell ockergelbbraun bis dunkel rost- oder orangebraun. Sie ist feucht schleimig und trocken glänzend. Die ziemlich eng stehenden Lamellen sind ausgebuchtet angewachsen, bläulich und zuletzt zimtfarben. Der bis zu 11 cm lange und bis zu 1,2 cm dicke Stiel ist an der Basis oft zugespitzt. Er ist blau, violett oder bläulich, einfarbig oder später natterig gebändert, aufreißend und mit klebrigem Schleim überzogen. Das weißliche, wässerige Fleisch des eßbaren Pilzes ist geruchlos und hat einen milden Geschmack.

5. **Orangefuchsiger Rauhkopf**, der (*Cortinarius orellanus*): auch Orangefuchsiger Schleierling. Der Pilz wächst in den Laubwäldern der tieferen Lagen und der Mittelgebirge besonders unter Ei und Hbu und erscheint von August bis Oktober. Der bis zu 8 cm breite Hut ist erst gewölbt, dann flach mit einem breiten Buckel. Die Haut ist jung feinschuppig, später auch kahl und leuchtend orangebraun bis fuchsig. Die sehr breiten, dicken und entfernt stehenden Lamellen sind gerade oder ausgebuchtet angewachsen. Der bis zu 9 cm lange und bis zu 2 cm dicke Stiel ist hell messinggelb, zylindrisch, etwas faserig, an der Basis sich verjüngend. Das feste, gelbliche Fleisch des giftigen Pilzes hat einen milden Geschmack und riecht im Anschnitt rettichartig. Der Pilz enthält das Gift Orellanin und kann schwere Magen-Darmbeschwerden verursachen.

6. **Spitzbuckliger Rauhkopf**, der (*Cortinarius speciosissimus*): auch Orangeschleierling. Der giftige Pilz wächst von Juli bis September in den sauren Nadelwäldern der Alpen- und Voralpengebiete, im Bayerischen Wald, Schwarzwald und im Schwäbischen Wald. Der bis zu 8 cm breite Hut ist erst kegelig-glockig, später ausgebreitet mit stets einem deutlichen, spitzen Buckel. Der Hut ist lebhaft orange- bis fuchsbraun und feinschuppig. Die dicklichen, sehr breiten und entfernt stehenden Lamellen sind gerade angewachsen bis abgerundet angeheftet. Der bis zu 14 cm lange und bis zu 2 cm dicke Stiel ist hutfarben, steckt meist tief im Moos und ist an der Basis leicht verdickt. Er ist mit einer zitronengelben Velumschicht umgeben (gegürtelt). Das rötlich-quittengelbe Fleisch hat einen schwachen rettichartigen Geruch.

7. **Natternstieliger Schleimfuß**, der (*Cortinarius trivialis*): Der Pilz wächst gesellig von September bis November in Laubwäldern, bevorzugt auf tonigen Böden. Der bis zu 10 cm breite Hut ist erst halbkugelig, dann stumpf gewölbt, jung mit eingerolltem Rand. Der schleimige Hut ist glänzend honigbraun, cremeoliv bis goldgelb; der Rand reißt bei Trockenheit ein. Die Lamellen, oft mit Zähnchen herablaufend, stehen wenig gedrängt und sind jung bläulich oder violett, später rostbräunlich. Der bis zu 10 cm lange und bis zu 1,5 cm dicke Stiel ist im oberen Teil mit den seidigen Resten des Schleiers bedeckt, der anfangs zwischen Hut und Stiel gespannt war. Der fast zylindrische Stiel verjüngt sich zur Basis hin; die Cortina ist auf der Innenseite weißlich, außen schleimig. Die Farbe schwankt von Braun, Gelb, Ocker bis zu verschiedenen Olivtönen, oft auch Violett. Die Oberfläche des Stieles ist oft natternartig aufgerissen-schuppig. Das ockerweißliche, in der Stielbasis dunklere Fleisch des ungenießbaren Pilzes ist fest, mild und geruchlos.

8. **Geschmückter Gürtelfuß**, der (*Cortinarius armillatus*): Der Pilz wächst von Juli bis Oktober in feuchten Wäldern, besonders unter Bi und in Moorgebieten. Der bis zu 12 cm breite Hut ist anfangs glockig, dann ausgebreitet und feinfilzig-schuppig. Die Hutfarbe ist lebhaft rostbraun bis fuchsig und nur wenig ausblassend. Die sehr breiten und entfernt stehenden Lamellen sind ausgebuchtet angewachsen, jung leicht ockerbräunlich, später dunkel zimtrostig. Der bis zu 14 cm lange und bis zu 3 cm dicke Stiel ist mehr oder weniger zylindrisch und an der Basis oft keulig-knollig. Er ist anfangs oben lilafleischrötlich, abwärts fleischfarbenbräunlich, auch graubräunlich, später ockerbraun, rot- oder graubraun. Das Velum bildet an der Oberfläche zinnoberrote Gürtel. Das gelbrötlichweiße bis blaßbräunliche Fleisch des eßbaren Pilzes ist geruchlos und schmeckt mild.

9. **Weißvioletter Dickfuß**, der (*Cortinarius alboviolaceus*): Der ungenießbare Pilz wächst von August bis Oktober in bodensauren Buchenwäldern, kommt aber auch in Nadelwäldern vor. Der bis zu 8 cm breite Hut ist blausilbrig, in der Mitte und am Rand haften Schleierreste an. Die anfangs graulilafarbenen Lamellen werden bald rostbraun. Der bis zu 10 cm lange Stiel ist hutfarben und hat eine weiße, gürtelförmige Überkleidung. Das Fleisch ist blauviolett.

Neben den vorgenannten, weit verbreiteten S., gibt es noch zahlreiche seltenere Arten, wie z. B. **Zinnoberroter Hautkopf** (*C. cinnabarinus*), **Braunnetziger Rauhkopf** (*C. melanotus*), **Orangefuchsiger Hautkopf** (*C. orellanus*), **Löwengelber Haarschleierling** (*C. limonius*), **Weißgestiefelter Schleimkopf** (*C. claricolor*) und **Seidiger Schleimkopf** (*C. sebaceus*), die hier nicht beschrieben werden können.

Schleif(e), der, (die): veraltete Bez. für Holzrutsche; → Schleifwege, Riese.

Schleifdielen → Brett.

Schleifen, das: → Rücken.

Schleifholz, das: alte, hauptsächlich in Österreich übliche Bez. für → Industrieholz (→ Faserholz), z. B. für Fi, Ta, As, das zur Herstellung von → Holzschliff dient. Das beste S. liefert gesundes, astreines und stärkeres → Stangenholz aus → Durchforstungen. In Österreich wird S. unterteilt in Langes Holz (von 2 bis 6 m Länge, in vollen Meterlängen, ab 7 cm → Zopfdurchmesser, in fm berechnet), → Schichtholz (1 oder 2 m Länge ab 7 cm Zopfdurchmesser; in rm berechnet) und in → Dünnholz (langes oder Schichtholz; von 4 bis 6 cm Zopfdurchmesser).

Schleifwege: auch Ziehwege. festgelegte und besonders hergerichtete Wege, auf denen das Holz (→ Stammholz) aus dem → Bestand (→ Schlag) gezogen (geschleift) wird; → Rücken, Rückegasse.

Schleimflußkrankheit, die: → Buchen-Rindennekrose.

Schleimpilze (*Myxomyzeten*): Klasse der Pilze mit rd. 500 bekannten Arten, die sich die meiste Zeit ihres Lebens fast wie Tiere verhalten. Sie bestehen aus nackten, amöboid beweglichen und vielkernigen Plasmamassen (Plasmodien) und konnen einen Durchmesser von mehreren Zentimetern erreichen. Sie kriechen wie riesige Amöben vorwärts und ernähren sich von Kleinstlebewesen und verrottenden Pflanzenteilen. Zu den S. gehören die bekannte „Lohblüte" (*Fuligo septica*) auf Gerberhölzern.

Schleimrüblinge (*Oudemansiella*): nur wenige Arten umfassende Gatt. der Pilze aus der Fam. der → Ritterlingsartigen. Der wichtigste Vertreter ist:

Beringter Schleimrübling, der (*Oudemansiella mucida*): Der stellenweise häufig vorkommende Pilz wächst von August bis November bevorzugt an den erkrankten Stämmen und Ästen von Bu, vom Stockbereich bis in die Kronenschicht. Er ist aber auch schon an Ei und anderen Laubbäumen beobachtet worden. Der dünnfleischige, bis zu 10 cm breite Hut ist zunächst kugelig, dann gleichmäßig konvex und von weißer bis eierschalener bzw. gräulicher Farbe. Feuchte Pilzhüte sind etwas runzelig und mit dickem und glasigem Schleim überzogen. Der Hutrand ist gerieft. Die weißen → Lamellen sind dick und stehen weit entfernt. Der dünne Stiel wird 7 bis 12 cm lang und ist sehr zerbrechlich. Er ist weiß oder hellgrau und trägt oberseits einen breiten gerieften Ring. Die Stielbasis ist oft zwiebelartig verdickt. Der genießbare Pilz mit weißem, geruchlosen Fleisch kann als Mischpilz verwendet werden, ist aber nicht besonders ergiebig und wertvoll.

Schleiße, die: auch Schleise. alte Bez. für einen → Kienspan.

Schleiß(en)holz, das: auch Schleiß(en)kiefer, Schleiß(en)stamm. frühere Bez. für eine Kie, aus der die Schleißen (→ Kienspan) gefertigt wurden. Der Kiefernstamm war als S. am besten geeignet, wenn er so lang lag, bis die Rinde abgegangen und der → Splint bis auf den Kern grau geworden war. Zum Herstellen der Schleißen wurde das Schleißenmesser verwendet, welches an der Spitze gekrümmt war und einen dicken Rücken hatte. Die Person, die Schleißen herstellte, wurde Schleißenschnitzer genannt.

Schleißenmesser, das: → Schleiß(en)holz.

Schleißenschnitzer, der: → Schleiß(en)holz.

Schleißföhre, die: → Kiefern 3.

Schleitgerten → Fachgerten.

Schlengen → Faschinen.

Schlenker → Raumholz.

Schleppbusch, der: auch Strauchegge. Früher im Forstbetrieb aus sperrigen Reisern hergestelltes, besenartiges Werkzeug, mit dem der Samen auf der Kulturfläche mit Erde leicht überdeckt wurde.

Schlepper: In der Forstwirtschaft eingesetzte S. dienen vorrangig dem Holzrücken (→ Rücken). Bewährt für die Rückearbeit haben

sich dabei Allrad-S. (Rücke-S.) herkömmlicher Bauart und Forstspezial-S. mit Knicklenkung.
a) Rücke-S.: Als Rücke-S. werden landwirtschaftliche S. oder Universal-S. mit → Forstausrüstung eingesetzt. Sie haben u. a. eine Motorleistung von 40 kW bis 65 kW, verstärkte Achsen, hydraulische Lenkhilfe, zuschaltbaren Vorderradantrieb, breite Reifen und eine Schlepperseilwinde.
b) Forstspezial-S.: leistungsstarke, speziell zum Rücken von Lang- und Kurzholz konstruierte S. mit hoher Motorleistung (ab 50 bis 150 kW) u. a. mit Allradantrieb, Knicklenkung, Forstspezialbereifung, Astabweiser, Schutzgitter, Panzerschild, Bergstütze und Doppeltrommelseilwinde (Seil-S.) und einem Rückeaggregat. Unterschieden werden dabei „Zangen-S.", „Seil-S.", „Trag-S." (6- Rad oder 8-Rad-Trag-S. und Raupen-Trag-S.) sowie „Klemmbank-S." Die am S. angebrachten Seilwinden dienen dabei dem Heranziehen des Holzes vom Fällort zum S.-Standplatz sowie dem Anheben der Last für die Lastfahrt. Daneben haben sie die Aufgabe, im Notfall den S. zu bergen. In der Forstwirtschaft wird unterschieden nach Anbauwinden für landwirtschaftliche S. (Montage am Dreipunktkraftheber mit Forstausrüstung) und Anbauwinden als Festmontage an Universal- bzw. Forstspezial-S.; → Rückewagen, Rückezangen.

Schlichten, das: → Ausstumpeln.

Schließfrucht, die: eine aus einem oder mehreren → Fruchtblättern gebildete pflanzliche Einzelfrucht, deren Wand sich bei der Reife bzw. Verbreitung nicht sofort öffnet, sondern erst nach ihrer Verrottung den → Samen freigibt. Man unterscheidet:
I. trockene S.:
a) Nuß: Sie ist einsamig und fällt als Ganzes ab. Sie ist umgeben von einem verholzenden, teils mit Schuppen oder Stacheln versehenen → Fruchtbecher, der Cupula; z. B. Bu, Ei, Ha, Kast. Bei der Grasfrucht oder Karyopse ist die Samen- und Fruchtwand miteinander verwachsen (Getreide, → Gräser). Die ähnlichen Früchte der → Korbblütler heißen Achäen.
b) Spaltfrüchte: Sie sind mehrsamig und zerfallen bei der Reife in meist einsamige Teilfrüchtchen, die den einzelnen Fruchtblättern entsprechen, z. B. Ah.
c) Bruchfrüchte: Sie sind mehrsamig, zerfallen aber in meist einsamige Bruchstücke, Klausen, die nur Teilen von Fruchtblättern entsprechen, z. B. bei Serradella und Hederich.
II. ganz oder teilweise fleischige S.:
a) Beeren: Sie sind mehrsamig und haben eine in allen Teilen bis auf die Samen fleischige oder saftige, sich nicht selbst öffnende Frucht, z. B. Heidelbeere, Johannisbeere, → Stachelbeere.
b) Steinfrüchte: Sie haben außen eine fleischig-saftige (z. B. → Kirschen und Pflaumen) oder ledrig-fasrige Fruchtwand (z. B. Mandel und → Walnüsse), mit Samen (Kern) die in einer stark verholzten Schale eingeschlossen sind, z. B. Steinobst, → Mispel, → Holunder.
III. Scheinfrüchte oder unechte Früchte: Sie entstehen aus dem → Fruchtknoten und der fleischigen Blütenachse; z. B. bei Apfel und Birne. Vereinigen sich mehrere Fruchtknoten mit einem Blütenboden zu einer unechten Frucht, so bezeichnet man sie als → Sammelfrucht, z. B. Himbeere, Brombeere (→ Rubus), Hagebutte (→ Rosen).

Schließmundschnecken (*Clausiliidae*): bei uns mit 28 Arten vertretene Fam. der → Schnecken mit meist linksgewundenem, schlankem und turmförmigen Gehäuse. Die wichtigsten Vertreter sind:
1. Feingefältelte Schließmundschnecke, die (*Iphigena plicatula*): Die von Norditalien bis Südskandinavien verbreitete, jedoch in einigen Gebieten der Nordd. Tiefebene fehlende Schnecke kommt von den Niederungen bis in Gebirgslagen in Wäldern in altem Laub, auf Baumstümpfen und -stämmen, an Felsen und Wänden vor. Das Gehäuse ist ca. 1 bis 1,5 cm hoch und etwa 0,4 cm breit. Über das schlanke Gehäuse verlaufen außer den Rippen auch feine Spiralen.
2. Zweizähnige Schließmundschnecke, die (*Lacinaria biplicata*): Die wohl häufigste S. kommt fast überall an feuchten Gemäuern und Felsen sowie an Baumstümpfen und am Boden vor. Das Gehäuse ist 1,8 cm hoch und 0,4 cm breit. Wie alle S. kriecht sie nach Regen gern an Bäumen empor, läßt sich bei Trockenheit wieder fallen und verkriecht sich im Boden. Beim Zurückweichen des Tieres verschließt ein federndes Plättchen (*Clausilium*) das Gehäuse. Die Z. S. frißt gern moderndes Pflanzenmaterial und Pilze. Sie bringt meist lebende Junge zur Welt.
3. Gracillaria filograna: Die über über die Südalpen, die Gebirge Thüringens, Sachsens und den Ostharz verbreitete Schnecke bewohnt feuchte Laub- und Mischwälder. Das 0,7 bis 0,9 cm hohe und ca. 0,2 cm breite Gehäuse hat neun bis zehn Windungen, die Rippen liegen relativ weit voneinander entfernt; → Bernsteinschnecken, Egelschnekken, Buschschnecken, Schnirkelschnecken, Wegschnecken.

Schluchtwald – kleinflächige Waldgesellschaft

Schlimpfenschläglein, das: → Spindelstrauch 2.

Schlingbaum, der: → Schneeball 2.

Schlinge, die: → Schneeball 2.

Schlingnatter, die: → Glattnatter.

Schlingpflanzen (Windepflanzen): in der Botanik Bez. für → Pflanzen, die Sprosse mit sehr langen Internodien haben und sich durch Windebewegungen zum Licht emporwinden, z. B. → Geißblatt, → Hopfen, Zaunwinde, Gemeine → Waldrebe. Zu den S. i. e. S. gehören weder Weinrebe und Zaunrübe, die ranken, noch der → Efeu, der klettert. S. können durch ihren den Stamm umwindenden Wuchs zu Einschnürungen führen, die den Gebrauchswert des Holzes mindern. Bei starkem Wuchs von S. kann zudem eine verdämmende Wirkung eintreten.

Schlingstrauch, der: → Schneeball 2.

Schlitteln, das: die Holzbringung (→ Rücken) mit Schlitten (Waldschlitten) auf dem → Schlittweg. Früher hatte hierzu jede Gegend ihre eigentümliche Schlittenform (Schlitten der Main-Rheingegend, Mährischer Waldschlitten, Alpenländischer Schlitten, Schwarzwälder Schlitten). Das heute kaum mehr ausgeübte S. fand zwar gewöhnlich auf der Schnee- oder Winterbahn statt, manchmal aber auch auf der Sommerbahn, auf gespaltenen Stämmen, die mit der runden Seite nach oben auf den Boden gelegt wurden. Das S. ist anstrengend und gefährlich, zumal im Gebirge. Um hier den Schlitten zu hemmen und in der Gewalt zu behalten, bediente sich der Holzhauer verschiedener Hilfen; er hängte Schlepplasten an, umwickelte die Kufen mit Ketten, Wiedringen, oder er ließ (wie an den alpinen Schlitten) die Sperrtatze wirken, während er selbst, mit Fußeisen versehen, sich gegen den Schlitten stemmte. Mittels Handschlitten gerückt wurde sämtliches Brennholz und an verschiedenen Orten auch das Blochholz (→ Abschnitte), letzteres meist in einer Länge von 3 bis 4 m.

Schlittenbäume, -hölzer: alte Bez. für gerade gewachsene, jedoch an einem Ende gekrümmte Hölzer, die für den Schlittenbau benötigt werden.

Schlittweg, der: früher im Gebirge zur Benutzung mit Holzschlitten besonders eingerichteter Weg (Ziehweg). Der S. wurde meist durch eingelegte, glatte Querhölzer so hergerichtet, daß er auch im Sommer zum → Schlitteln benutzt werden konnte. Das Gefälle des S. sollte möglichst gleichmäßig und je nach Art der Benutzung (Sommer-, Winterbahn) nicht unter 7 % und nicht über 18 % betragen.

Schlitzblättrige Buche, die: Mutation der Rotbuche; → Buchen.

Schlitzblättrige Karde, die: → Karde 3.

Schlitzblättriger Wald-Hahnenfuß, der: → Hahnenfuß 7.

Schluchtwald, der: kleinflächige → Waldgesellschaft, die sich an feuchten und schattigen Gebirgsschluchten der submontanen bis montanen → Vegetationsstufe gebildet hat; z. B. → Eschen-Ahorn-Steinschutthangwald. Der S. hat eine bunte Baumartenmischung. Kennzeichnend für die Bodenflora sind → Farne, → Moose und → Kräuter sowie Hochstauden (z. B. Waldgeißbart); → Hangwald.

Schluchtweide, die: → Weiden 5.

Schlupfloch-Gallmücke, die: → Gallmücken 16.

Schlupfwespen (*Ichneumonoidea*): mit über 30 000 Arten, davon etwa 3000 Arten in Mitteleuropa, weltweit verbreitete Fam. der → Hautflügler. S. sind rotgelb bis schwarz gefärbte, schlanke und langbeinige → Wespen, deren Larven als Innen- oder Außenparasiten ausschließlich bei anderen Gliederfüßern, v. a. Schmetterlingsraupen, Blattwespenlarven sowie bei Spinnen und deren Eiern leben. Besonderes Merkmal sind der stets mehr als 16gliedrige und niemals „gekniete" Fühler. Viele Arten sind als Vertilger land- und forstwirtschaftlicher Schadinsekten außerordentlich nützlich. Die Weibchen der S. haben einen langen, auf der Hinterleibsunterseite entspringenden Legebohrer, mit dem sie bei der Eiablage gleichzeitig ein Gifttröpfchen abscheiden, das den Wirt (die Wirtslarve) vorübergehend oder dauernd lähmt. Die Eier entwickeln sich entweder außen am Wirt oder in ihm. Die Larven sind weich und weißlich sowie augen- und beinlos. Die wichtigsten Arten sind:

1. Holzschlupfwespe, die (*Rhyssa persuasoria*): auch Pfeifenräumer. Die ca. 1,8 bis 3,5 cm lange, schwarze und vorwiegend in Laubmischwäldern lebende S. hat auf dem langen Hinterleib weiße Flecken. Die Weibchen können mit dem langen roßhaarähnlichen und körperlangen Legebohrer bei der Verteidigung schmerzhaft stechen. Mit dem Legebohrer dringen sie durch das Holz gefällter Bäume bis zur Larve einer Pflanzenwespe (Holzwespe) vor und legen ein Ei in ihrem Körper ab. Im kommenden Frühjahr schlüpft dann die Wespe kurz nach der Verpuppung. Der H. nicht unähnlich ist die etwas kleinere und schwer bestimmbare *Ephialtes manifestor*, die auf gefällten und umgestürzten Bäumen die Larven der → Bockkäfer sucht.

2. Sichelwespe, die (*Exochilum circumflexum*): Die kleine Wespe mit sichelartig gekrümmtem Hinterleib hat bräunliche Flügel. Der Legebohrer des Weibchens ist sehr kurz. Sie kommt in Kiefernwäldern regelmäßig vor und befällt zur Eiablage hauptsächlich die Larven der Forleule (→ Eulen B 1.) und des Kiefernspinners (→ Spinner 10.).

3. Fichtensamenwespe, die (*Megastigmus strobilobius*): Die sehr kleine schwarze S. hat auf der Vorderbrust einen schmalen gelben Hinterrand. Der Legebohrer des Weibchens ist aufwärtsgebogen. Sie belegt damit junge Fichtenzapfen mit Eiern. Die schlüpfenden Larven leben vom Fichtensamen und überwintern einbis zweimal.

4. Sandwespen, die (*Sphegidae* = *Sphecidae*): Es gibt zahlreiche, untereinander nur schwer bestimmbare S.-Arten. Die mittelgroßen, vorherrschend schwarzen S. kommen fast ausschließlich in warmen, sandigen Gegenden vor. Sie jagen → Raupen (hauptsächlich von Eulen und Blattwespen), lähmen sie mit einem Stich, tragen sie rückwärts kriechend in selbstgegrabene Erdhöhlen und legen ein Ei daran ab. Die ausschlüpfende Larve ernährt sich von der Raupe. S. sind forstnützlich.

5. Schwarze Schlupfwespe, die (*Pimpla instigator*): Die etwa 1 bis 2,4 cm große S. kommt häufig vor und fliegt wippend. Sie ist schwarz, hat einen kräftigen Hinterleib; der Legebohrer des Weibchens beträgt knapp die Hälfte des Hinterleibes. Die Larven und auch die vieler

◂◂ Holzschlupfwespe (*Rhyssa persuasoria*)

verwandter Arten entwickeln sich in den Puppen des Kiefernspanners, der Nonne, Forleule, des Schwammspinners, Eichenwicklers, Kieferntriebwicklers, Eichenprozessionsspinners, Bärenspinners und in anderen Schädlingen.

Schluß, der (Bestand(e)sschluß): Im Dickungsalter (→ Dickung) treten die jungen Bäume in den S., d. h. sie berühren sich mit den Ästen und treten in → Konkurrenz; es beginnt die natürliche → Schaftreinigung. Bäume die im S. heranwachsen, werden langschäftiger und vollholziger als solche, die im → Freistand aufwachsen. Bei richtiger Pflege und → Auslese (Auslesedurchforstung; → Durchforstung) und bedingt durch die Schaftreinigung, die geringe Astigkeit des Holzes mit sich bringt, werden diese Bäume wertholzhaltiger. Sie liefern deshalb – im Ggs. zu Bäumen im Freistand – bestes astfreies → Nutzholz; → Beschirmungsgrad, Kronenschluß.

Schlußbaumart, die: Baumart der → Klimaxgesellschaft.

Schlußbegang, der: auch Schlußbereisung. Abnahme der fertigen → Forsteinrichtung durch den Waldbesitzer oder seinen Beauftragten.

Schlußbereisung, die: → Schlußbegang.

Schlüsselblume, die: → Primel.

Schlüsselblumengewächse → Primelgewächse.

Schlüsselblüml, rote und blaue, das: → Lungenkraut 1.

Schlußgesellschaft, die: → Sukzession, Waldgefügetypen, Klimaxgesellschaft.

Schlußgrad, der: → Beschirmungsgrad, Schluß.

Schlußverhandlung, die: schriftliches Ergebnis des → Schlußbegangs.

Schlußwald, der: Ein S. entsteht durch allmähliches Einschieben des Unterstandes (→ Unterschicht) und Zwischenstandes in den Oberstand; → Waldgefügetypen.

Schlußwaldgesellschaft, die: → Sukzession, Waldgefügetypen, Klimaxgesellschaft.

Schmalblättrige(r/s) ... siehe unter dem jeweiligen Hauptnamen.

Schmalbock, Roter, der: → Bockkäfer 11.

Schmallippige Stendelwurz, die: → Sumpfwurz 1.

Schmalzblattl, das: → Hahnenfuß 5.

Schmalzblume, die: → Trollblume.

Schmalzweide, die: frühere südd. Bez. für die → Schweinemast; → Rauhweide.

Schmarotzermilan, der: → Milane 2.

Schmarotzerpflanzen: → Pflanzen, die als → Parasiten in andere Pflanzen eindringen und ihnen Nährstoffe entziehen. Unter → Samenpflanzen kommen S. selten vor. Man unterscheidet Halb-S. und Voll-S. Zu den ersteren gehören Pflanzen, die mit ihren Saugwurzeln (→ Haustorien) dem Wirt nur Wasser und Nährsalze entziehen, aber eigene Kohlenhydrate bilden, z. B. die auf den Bäumen lebende → Mistel sowie der → Wachtelweizen. Zu den Voll-S., die weder Wurzeln besitzen noch → Chlorophyll um Sonnenlicht in Nahrung umzuwandeln, gehören Teufelszwirn, → Fichtenspargel und → Schuppwurz.

Schmatze, die: → Schmatzen.

Schmatzen, das: Bei hoch über dem → Stock abgeschnittenen Bäumen eines → Schlages wurden später die am Stock verbliebenen Stammteile dicht über dem Erdboden abgesägt. Die dabei angefallenen kurzen Scheite wurden dann in → Klaftern gesetzt. Diese Tätigkeit nannten früher die Holzfäller das S.; der am Stock verbliebene Stammteil wurde als „Schmatze" bezeichnet.

Schmeckader Holler, der: → Flieder.

Schmeerhude, die: alte regionale Bez. für die → Schweinemast im Walde.

Schmeerlinde, die: → Linden 2.

Schmeerofen, der: auch Schmierofen. frühere Bez. für einen Ofen, in dem aus → Harz das Pech gewonnen wurde.

Schme(i)le, die: → Schmiele.

Schmeißfliegen → Raupenfliegen.

Schmerbirne, die: → Ebereschen 4.

Schmerkraut, das: → Schmerwurz.

Schmerling, der: → Röhrlinge 18.

Schmerwurz, die (*Tamus*): auch Schmerkraut, Stinkwurz. Gatt. der Jamswurzgewächse (*Dioscoreaceae*) mit vier Arten auf den Azoren, den Kanarischen und Kapverdischen Inseln, auf Madeira und im Mittelmeerraum. In Dtschl. ist nachstehende Art anzutreffen:

Gemeine Schmerwurz, die (*Tamus communis* L.): Die mit Ausnahme des Nordens fast über ganz Europa verbreitete G. S. ist wärmeliebend, selten und wächst in schattigen Wäldern, besonders Eichenwäldern, in Gebüschen, Hecken, an Zäunen und Waldrändern, bis in Höhen von etwa 1500 m.

Die mehrjährige Kletterpflanze hat einen großen, unterirdischen, fleischigen, innen schleimig-schmierigen → Wurzelstock und bis 4 m lange, rechtswindende, krautige, dünne Stengel. Die wechselständigen, langgestielten Blätter sind tief herzförmig, langgespitzt, ganzrandig, bis 10 cm lang, oberseits glänzend dunkelgrün mit drei bis neun gebogenen Nerven. BZ: Mai bis Juni. Die kleinen, unscheinbaren, gelblichgrünen Blüten der → zweihäusigen G. S. sind → eingeschlechtig. Die männlichen Blüten haben eine glockenförmige Röhre und stehen zu mehreren in Büscheln. Die weiblichen Blüten haben sechs freie Kronblätter, → Fruchtblätter und stehen in lockeren, blattachselständigen, hängenden Trauben (→ Blütenstand) oder einzeln. Die Frucht ist eine kugelige, rote, glänzende Beere, die zwei bis fünf kugelige → Samen enthält. Sie schmeckt säuerlich, scharf und enthält einen sehr giftigen, tödlich wirkenden Stoff.

In der Naturheilkunde findet der roh sehr giftige, scharf und bitter schmeckende Wurzelstock, ausgegraben im Dezember, zur Konservierung in Sand eingegraben oder in Scheiben geschnitten und im Backofen getrocknet, Verwendung. Er enthält Kalziumoxalat, Kohlenhydrate, Leucanthocyane und Schleim, was hämolytisch wirkt. Bei Quetschungen und Arthritis wird aus dem zerstoßenen, gekochten Wurzelstock ein Umschlag bereitet. In der Homöopathie wird eine Essenz, gewonnen aus dem frischen Wurzelstock, gegen Leberflecken und bei Sonnenbrand verwendet.

Schmetterlinge (*Lepidoptera*): auch Schuppenflügler, Falter. eine mit ca. 150 000 Arten weltweit verbreitete Ordn. etwa 0,3 bis 30 cm spannender → Insekten, davon rund 4000 Arten in Europa. S. bilden die drittgrößte Insekten-Ordn. und werden in Groß-S. und Klein-S. eingeteilt. Die ersteren besitzen Klammerfüße, die letzteren Kranzfüße. Weiter werden unterschieden: echte Tagfalter (*Rhopalocera*), unechte Tagfalter (*Grypocera*) und Nachtfalter (*Heterocera*). Die echten Tagfalter haben kolbenförmige Fühler (z. B. Schwalbenschwanz, Zitronenfalter), die unechten Tagfalter sind die Dickköpfe. Die Tagfalter klappen in Ruhe die Flügel senkrecht nach oben. Die Nachtfalter, von denen es unzählige Arten gibt, haben faden- oder kammförmige Fühler und legen die Flügel dachartig zusammen. Zu den Nachtfaltern zählen auch die → Spinner, → Schwärmer, → Eulen und → Spanner. Alle S. haben dachziegelartig überlappende, feine Schuppen auf beiden Flügelpaaren und einen aus Maxillen gebildeten, in Ruhestellung nach unten eingerollten Saugrüssel, am Kopf ein Paar große halbkugelige Augen (Facettenaugen), deren Formenwahrnehmung auf nur einige Meter beschränkt ist, während das Farbunterscheidungsvermögen gut entwickelt ist. Zwischen den Augen befindet sich ein Paar unterschiedlich geformter, meist fadenförmiger Fühler als Träger des hochentwickelten Geruchssinns sowie des Tast- und Erschütterungssinnes. Die Flügel sind in der Form sehr verschieden. Die Vorderflügel und Hinterflügel sind meist durch Bindevorrichtungen gekoppelt, wobei die Hinterflügel kleiner sind. Bei den Weibchen verschiedener Arten sind die Flügel sogar zurückgebildet, z. B. Frostspanner. Die artcharakteristischen Zeichnungs- und Farbmuster kommen durch spezifische Anordnung farbiger Flügelschuppen zustande. Die → Metamorphose ist vollkommen. Aus dem Ei schlüpft eine → Raupe, die sich nach mehrmaliger Häutung verpuppt (→ Puppen). Die in harten Kokons ruhenden Falter sondern zuerst ein spezielles Drüsensekret ab, das den Kokon aufweicht, worauf sie sich aus der entstandenen Öffnung ins Freie zwängen. In die noch schlaffen Flügel wird Blutflüssigkeit und Luft eingepreßt, wobei die Flügelentfaltung etwa 20 bis 30 Minuten dauert. Etwa zwei bis drei Stunden nach dem Schlüpfen sind die Flügel genügend stabil und soweit erhärtet, daß der S. flugfähig ist. Die meisten mit Saugrüssel versehenen S. saugen nur flüssige Nahrung auf (Nektar); einige Arten fressen als → Imago überhaupt nichts mehr. Die Überwinterung ist in unterschiedlichen Entwicklungsphasen (Ei, Larve oder Falterstadium) möglich.

Die Legende erzählt, daß Hexen in Gestalt von S. den Bauern Rahm von der Milch stahlen. Davon dürfte sich auch der englische Name „Butterfly" ableiten. Die alten Griechen glaubten, S. seien die irrenden Seelen von Verstorbenen.

Schmetterlingsblütengewächse (*Fabaceae, Papilionaceae*): auch Schmetterlingsblütler, Hülsenfrüchtler. weltweit verbreitete, sehr artenreiche Pflanzen-Fam. aus der Ordn. der Hülsenfrüchtler (→ Leguminosen) mit rd. 9000 Arten in etwa 400 Gatt. Es sind dies in den Tropen meist holzige, in den außertropischen Gebieten überwiegend krautige Pflanzen, die alle mit stickstoffbindenden → Bakterien in → Symbiose leben und deshalb auch auf stickstoffarmen Böden gedeihen. S. haben unpaarig gefiederte Blätter oder vergrößerte → Nebenblätter und stark dorsiventrale, meist in Trauben (→ Blütenstand) stehende Schmetterlingsblüten. Diese bestehen aus einem fünfblättrigem, verwachsenen Kelch und fünf verschieden gestalteten Blumenblättern. Das größte Blatt wird als „Fahne", die beiden vorderen als „Schiffchen", die beiden seitlichen Blätter als „Flügel" bezeichnet. Die Frucht ist eine Hülse, die in zwei Hälften aufspringt, oder eine in einsamige Teilstücke zerfallende Gliederhülse. Der → Same hat eine harte Schale und mächtig entwickelte → Keimblätter. Er ist meist stärke-, eiweiß- und fettreich. Zu den S. zählen wichtige Nahrungsmittelpflanzen, wie z. B. Erbse, Linse, Sojabohne, Gartenbohne und Erdnuß oder Futterpflanzen wie → Klee, Luzerne, Serradella, Esparsette, → Lupine. → Heilpflanzen sind Bockshornklee, Besenginster, Hauhechel usw. Ziersträucher und auch im Wald vorkommende Gehölze sind → Blasenstrauch, → Geißklee, → Ginster, → Goldregen, → Robinie, → Stechginster. Bekannt sind auch die Gatt. → Platterbse, → Tragant, → Kronwicke, → Wicke, → Hufeisen- und → Hornklee.

▸▸ Rasenschmiele (*Deschampsia caespitosa*)

Schmetterlingsblütler → Schmetterlingsblütengewächse.

Schmetterlingshecke, die: eine → Hecke, die durch ihre Blüten und Blätter viele Arten von → Schmetterlingen und ihre → Raupen ernährt. Hierzu eignen sich besonders Brombeere (*Rubus fruticosus*), Färberginster (*Genista tinctoria*), Faulbaum (*Rhamnus frangula*), Grauweide (*Salix cinerea*), Haselnuß (*Corylus avellana*), Roter Hartriegel (*Cornus sanguinea*), Roter Holunder (*Sambucus racemosa*), Schlehe (*Prunus spinosa*), Weißdorn (*Crataegus monogyna*); → Vogelschutzhecke.

Schmetterlingsmücken (*Psychodidae*): auch Mottenmücken. Mit rd. 450 Arten weltweit verbreitete Fam. etwa 1 bis 4 mm langer und düstergefärbter → Mücken. Körper und Flügel sind stark behaart. In Ruhestellung werden die Flügel dachartig über dem Körper getragen. Sie wirken dadurch schmetterlingsbzw. mottenähnlich. S. fliegen schlecht, sind jedoch flinke Läufer. Die Weibchen der Gatt. *Phlebotomus* sind Blutsauger und Überträger von Krankheiten. S. der Art *Psychoda phalaenoides* finden sich zahlreich an den Blüten des Gefleckten → Aronstabes in feuchten Laubwäldern. Die um 4 mm großen Larven mit zahlreichen Borstenquerreihen entwickeln sich meist im Wasser, auch in den Ablaufröhren von Küchen und Aborten sowie in amorphen Stöcken und in → Pilzen.

Schmetterlingsporling, der: → Porlinge 8.

Schmetterlingstramete, die: → Porlinge 8.

Schmiede: volkstümliche Bez. für die → Schnellkäfer.

Schmiele, die (*Deschampsia*): auch Schmele, Schmeile. ausdauernde Gatt. der Rispengräser aus der Fam. der → Süßgräser. In den gemäßigten Gebieten der Nordhalbkugel kommen rund 50 Arten vor. Die S. haben einen schlanken Stengel und wellig gerillte Blätter mit meist waagerecht abstehenden Rispenästen. Die meist zweiblütigen → Ährchen sind klein. Die Blätter sind am Rand durch Kieselsäureeinlagerungen schneidend scharf und können beim Abreißen den Fingern tiefe Schnittwunden zufügen (Schneidegras). Die beiden bedeutendsten Arten sind:

1. **Rasenschmiele**, die (*Deschampsia caespitosa*): Das Gras wächst verbreitet auf feuchten bis nassen Wiesen (Feucht-, Naß-, und Streuwiesen) und Wäldern, besonders in feuchten Buchen- und sommergrünen Eichen-

wäldern sowie in Flachmooren, von der Ebene bis in die Hochalpen; Quell- und Grundwasserzeiger. Auf feuchtem Grünland ist es ein → Unkraut und wird vom Vieh verschmäht.
Das wintergrüne, ausdauernde, horstbildende 40 bis 100 cm und höher werdende Gras hat tiefe Wurzeln, bildet aber keine → Ausläufer. Die Blätter sind etwas steif, flach und auf der Oberfläche sehr rauh; die Unterseite ist scharf gerippt. Die bis über 20 cm lange, breit pyramidenförmige Rispe (→ Blütenstand) ist oft leicht überhängend. Die Rispenäste sind rauh, zuletzt waagerecht abstehend. Die Ährchen sind zahlreich, glänzend dunkelviolett, seltener gelblichgrün oder weißlich. BZ: Juni bis August.
2. Drahtschmiele, die (*Deschampsia flexuosa*): auch Geschlängelte S., Schlängel-, Waldschmiele. Das Gras kommt hauptsächlich auf Waldblößen, in mageren, artenarmen Laub- und Nadelwäldern, besonders west- und mitteleuropäischen Eichen-Birkenwäldern, Hainsimsen-Buchenwäldern, aber auch in boreal-alpinen Nadelwäldern und Zwergstrauch-Gesellschaften, Borstengras-Rasen und Ginsterheiden vor. Es liebt kalk- und nährstoffärmere Böden von der Ebene bis in Gebirgslagen; Säure- und Magerkeitszeiger.
Die ausdauernde, lockere Horste bildende S. ist schlanker und zierlicher als die Rasenschmiele. Sie durchwurzelt ohne Ausläufer tief den Boden und wird 30 bis 50 cm hoch. Die sehr schmalen, borstigen Blätter sind dunkelgrün. Die deutlichen, 2 bis 3 mm langen Blatthäutchen sind gestutzt und gekerbt. Die glänzenden, oft violett überlaufenen Ährchen sind zweiblütig. Die Deckspelzen sind kürzer als die Hüllspelzen und begrannt. Der Blütenstand ist eine Rispe mit geschlängelten Ästen, Ährchenansatz mit langen Stielen, unten zwei Abästungen. BZ: Mai bis August.
Schmierbaum, der: frühere Bez. für eine Kie, aus welcher viel → Harz ausfloß.
Schmierlinge (*Gomphidiaceae*): Fam. fleischiger und eßbarer → Blätterpilze mit entfernten, herablaufenden → Lamellen und olivschwarzen → Sporen. Zu den S. gehören die Gatt. Schmierling (*Gomphidius*) und Gelbfuß (*Chroogomphus*). Die nachstehend genannten, wichtigsten Arten kommen ausschließlich im Nadelwald vor.
1. Großer Gelbfuß, der (*Gomphidius glutinosus*): auch Großer S., Kuhmaul. Der überall anzutreffende gute Speisepilz wächst von Juli bis Oktober im Nadelwald, hauptsächlich im Fichtenwald. Der 5 bis 10 cm breite Hut ist anfangs konvex, dann flach und in der Jugend von einem auch die Lamellen überspannenden schleimig-glasigen Schleier überzogen. Der fleischige Hut ist anfangs hell graubraun und alt schwarz fleckend. Die weißlichen, dicken, weit auseinanderstehenden Lamellen gabeln sich und laufen weit am Stiel herab. Sie werden später durch die Sporen zunehmend grau. Der 5 bis 9 cm lange und 1 bis 2,5 cm dicke Stiel ist jung weiß, vom Grund her gelb verfärbend, alt fleckend, dann schmutzig grau oder bräunlich und wie der Hut mit einer dicken Schleimschicht überzogen. Am Ende der Lamellen ist er eingeschnürt und hat einen schleimigen Ringansatz. Er verdickt sich meist an der zitronengelben Basis. Das weiße Fleisch ist ziemlich weich, zart und geruchlos.
2. Kupferroter Gelbfuß, der (*Gomphidius rutilus*): auch Kupferroter S. Der eßbare Pilz wächst von Juli bis November unter Kie. Der 4 bis 12 cm breite Hut ist jung konvex mit eingerolltem Rand, alt verflachend. Die kupferrote Farbe des Hutes verblaßt mit der Zeit. Die fast kahle Haut ist trocken glatt und glänzend, feucht deutlich schmierig. Die sehr dicken und entfernt stehenden Lamellen sind purpurrosa und später durch die Sporen schwarz bestäubt. Sie laufen weit am Stiel herab. Der bis 10 cm lange Stiel ist festfleischig, an der Basis safrangelb, sonst wie der Hut gefärbt. Zwischen Hut und Stiel ist ein Schleier vorhanden. Bei Berührung oder Verletzung verfärbt sich das orangegelbe Fleisch karminrot. Es ist geruchlos und hat einen milden Geschmack.
3. Filziger Gelbfuß, der (*Gomphidius helveticus*): auch Helvetischer Gelbfuß. Der eßbare Pilz kommt im Alpenvorland und in der Schweiz vor und wächst von (Juli) August bis Oktober unter Fi und Zir. Der dickfleischige Hut wird nur 4 bis 7 cm breit, ist schön orange, trocken, etwas faserig-filzig bis schuppig. Bei Feuchtigkeit verschleimt er stark. Die orangebraunen, später von den Sporen olivschwärzlich getönten Lamellen laufen am Stiel herab. Der bis 8 cm lange Stiel ist wie der Hut gefärbt und verjüngt sich an der Basis. Das orangerote Fleisch verfärbt sich beim Anschneiden bzw. bei Verletzung karminrot. Es hat einen milden Geschmack.
4. Fleckender Gelbfuß, der (*Gomphidius maculatus*): auch Fleckender S. Der Pilz ist ein Lärchenbegleiter und wächst von August bis Oktober in bergigen und subalpinen Lagen. Der 3 bis 8 cm breite Hut wirkt rundlich, flacht bald ab und ist zuletzt etwas trichterförmig. Der Rand ist dünn, höckerig und wellig verbogen. Die nicht abziehbare Haut ist schmierig, leicht graurosa bis bräunlich, manchmal fleischfarben und oft schwarz-fleckig. Die dicken, entfernt stehenden Lamellen laufen am Stiel herab und gabeln sich. Sie sind bald grau und dann schwärzlich; an Druckstellen werden sie weinrot. Der 6 bis 7 cm lange und nur bis 1 cm dicke Stiel ist braunrot-schuppig punktiert und an der Basis weinrötlich anlaufend. Das Fleisch ist weich und weiß, im Stiel faserig und etwas rötend. Es hat einen milden Geschmack und ist geruchlos.
5. Rosenroter Gelbfuß, der (*Gomphidius roseus*): auch Rosenroter S. Der Pilz kommt meist zusammen mit dem Kuhröhrling (→ Röhrlinge 20.) vor und wächst von Juli bis Oktober unter oder in der Nähe von Kie. Er hat einen rötlichen, im Alter schwarzbraunen und schwarzfleckigen, 3 bis 6 cm breiten Hut. Die dicken, entfernt stehenden Lamellen sind erst weißlich, dann schwärzlich und laufen bogig am Stiel herab. Der nur 3 bis 4 cm lange Stiel ist durch einen weißfaserigen Schleier fast beringt. Er ist weißrosa angehaucht und wird an der Basis gelblich. Das Fleisch ist zart und saftig, weiß und unter der Huthaut sowie im Stielgrund gelblichrosa. Es ist geruchlos und hat einen milden Geschmack.
Schmierofen, der: → Schmeerofen.
Schmierwege: auf den früheren Schlittenbahnen für den Holztransport wurden die mit Knüppeln ausgelegten Holzwege mit Talg, Speckschwarten oder anderen Gleitmitteln geschmiert, um ein besseres Gleiten der Holzschlitten zu erreichen; → Schlitteln.
Schminkwurz, die: → Schöllkraut.
Schmitt, Johann Anton (24.7.1775 Igersheim bis 9.12.1841 Wien): S. war von 1807 bis 1812 Lehrer am Purkersdorfer Forstinstitut und von 1813 bis 1837 an der Akademie → Mariabrunn. Er schrieb u. a. „Die Lehre der künstlichen Holzzucht durch die Anpflanzung" (1800), „Grundsätze zum Entwurf einer zweckmäßigen Schlagordnung ... etc." (1810), „Anleitung zur Erziehung der Waldungen" (1821).
Schmoden, das: auch Schmoren. alte Bez. für das früher bei der → Hackwaldwirtschaft übliche Verbrennen des abgeplaggten (abgehainten) und dann trockengewordenen Bodenüberzugs in kleinen Haufen. Die Asche wurde auf die holzleeren Stellen ausgestreut und untergehackt.
Schmuck-Esche, die: → Eschen.
Schmuckgrün, das: → Schmuckreisig.
Schmuckreisig, das: auch Zierreisig. übliche Bez. für → Weihnachtsbäume und Grünzweige der Ndh (Schnitt-, Schmuckgrün; z. B. Dgl, Ta, Küsten- und Nordmannstanne, Fi). Großer Bedarf an S. besteht zu Allerheiligen, im Advent und zu Weihnachten (Schmuckgrün). Als Deckmaterial für Grabstätten und empfindliche Pflanzen (z. B. Rosen) wird es ebenfalls sehr geschätzt (Deckgrün). S. gehört zu den forstlichen → Nebennutzungen und wird meist bei Kulturpflegemaßnahmen (z. B. Grünastung der Dgl) oder bei Erntehieben gewonnen.
Schmutzbecherling, der: → Becherlinge 5.
Schnabelkerfe (*Rhynchota*): Sammel-Bez. für → Wanzen, → Zikaden und → Pflanzenläuse (Halbflügler). S. sind → Insekten mit unvollständiger Verwandlung und mit in einem Schnabel (herabgezogene Saugröhre) vereinigten stechend-saugenden Mundwerkzeugen.
Schnabelkraut, das: → Storchschnabel.
Schnack, F. → Wald in der Dichtung.
schnaiteln → schneideln.
Schnaken (*Tipulidae*): auch Erd-, Riesenschnaken, Schnauzen-, Bach-, Pferdemücken. eine mit rd. 12 000 Arten weltweit verbreitete Fam. mittelgroßer bis großer → Mücken mit auffallend langen und zerbrechlichen Beinen (ähnlich den → Weberknechten) und schmalen Flügeln (bis 10 cm spannend), schnauzenförmigem Kopf und langen dünnen Fühlern. Ihre → Larven entwickeln sich im oder am Wasser (Sumpf-S.). S. können nicht stechen oder Blut saugen und ernähren sich von Blütensäften; im Volksmund werden aber z. T. auch Stechmücken als S. bezeichnet. Die grauen oder graubraunen, derbhäutigen und walzigen Larven (meist um 20 mm) leben überwiegend im Boden, können aber durch

Wurzelfraß und Benagen der Rinde in Pflanzgärten und → Weidenhegern sowie auf landwirtschaftlichen Nutzflächen schädlich werden. Die wichtigsten Gatt. sind **Wiesenschnaken** (*Tipula*), zu der die meisten großen S.-Arten gehören und deren Larven in Tannen- und Lärchenpflanzungen schädlich werden können, und die **Krähenschnaken** (*Nephrotoma*) mit gelbem Kopf und gelber Brust; Larven fressen an jungen Nadelholzpflanzen, finden sich aber auch in der H-Schicht von Hainbuchenbeständen. Die Unter-Fam. der **Kammschnaken** (*Ctenophorinae*) umfaßt meist bunte Formen; die Larven leben häufig in weißfaulem Buchenholz oder unter Moos an Stöcken und an der Stammbasis.

Die Riesenschnake zählt zur Gattung der Wiesenschnaken (*Tipula*).

Schnarrschrecke, die: → Laubheuschrecken 3.

Schnätel, das: aus Weidenrinde geschnitztes Pfeifchen.

Schnatten, das: → Aststreu.

Schnauzenmücken → Schnaken.

Schnecken (*Gastropoda*): Die S. bilden eine weltweit verbreitete Klasse der Weichtiere (*Mollusca*) und sind seit dem Kambrium (→ Erdzeitalter) bekannt. Sie leben mit etwa 95 000 zwischen 1 mm und 60 cm großen und formenreichen Arten in Meeren, Süßgewässern und auf dem Land. Manche bilden ein Kalkgehäuse aus (→ Gehäuseschnecken), andere nicht (→ Nacktschnecken). Nach der Beschaffenheit der Atmungsorgane werden Kiemen- und Lungenschnecken unterschieden. Die Hauptteile des S.-Körpers sind der Kopf mit den zwei oder vier Fühlern, auf oder an denen die Augen sitzen, der Fuß als der eigentliche Körper, in dem sich auch wichtige Organe, Nerven u. a. befinden, und der Eingeweidesack mit der oft großen Mantelfalte, deren Rand die gehäusebildenden Kalkdrüsen enthält. Der Eingeweidesack ist spiralig aufgerollt. S. sind Zwitter (alle Lungen-S. und Hinterkiemer) mit komplizierten Geschlechtsorganen. Von den landbewohnenden Arten werden viele an Kulturpflanzen schädlich; andere in Süßgewässern lebende S. sind Zwischenwirte für viele Eingeweidewürmer (besonders Bandwürmer und Leberegel) der Wirbeltiere. In Dtschl. gibt es ca. 270 landbewohnende Arten; darunter sind ca. 110 Arten vorwiegend Waldbewohner (hauptsächlich in Laub- und v. a. in Auwäldern), von denen ca. 64 % als gefährdet gelten. S. sind abhängig von Feuchtigkeit, Kalkgehalt und → pH-Wert des Bodens; wegen ihrer geringen Mobilität und des geringen Neubesiedlungsvermögens sind die für die Charakterisierung von Waldökosystemen geeignet und Weiserarten für naturnahe Wälder.

Schneckenaaskäfer, der: → Aaskäfer 2.

Schnecklinge (*Hygrophoraceae*): artenreiche Fam. der Pilze aus der Ordn. der → Blätterpilze. S. haben meist einen schleimig-schmierigen Hut und Stiel, die Stielbasis ist überwiegend mehlig oder schuppig. Die → Lamellen sind i. d. R. weiß, dicklich, wachsartig, entfernt stehend und am Stiel herablaufend. Die sporenbildenden → Basidien sind ziemlich lang. S. sind zum größten Teil gute Speisepilze. Die bemerkenswertesten im Wald vorkommenden Arten sind:

1. Elfenbeinschneckling, der (*Hygrophorus eburneus*): Der häufige und meist gruppenweise auftretende eßbare Pilz erscheint von Ende August bis November im Laubwald unter Bu. Der bis 8 cm breite Hut ist jung konvex, alt flach und hat einen lang eingerollten und etwas flaumig gekerbten Rand. Die dünne Huthaut ist weiß, im Alter schwach elfenbeinweiß und feucht stark schmierig. Die dicken, entfernt stehenden Lamellen sind weiß und am Grund quer aderig. Sie laufen am Stiel herab. Der bis 12 cm lange, später hohl werdende Stiel ist weiß, am Grund zugespitzt und tief im Boden wurzelnd; die Spitze ist etwas weißflockig. Er ist bei feuchtem Wetter wie der Hut von Schleim überzogen. Das weiße, weiche Fleisch riecht schwach und hat einen milden Geschmack.

▸▸ Weinbergschnecken (*Helix pomatia*) zählen zur Familie der → Schnirkelschnecken.

2. Goldzahnschneckling, der (*Hygrophorus chrysodon*): Der kalkliebende, eßbare Pilz erscheint von August bis November im Laub- und Nadelwald. Der bis 7 cm breite Hut ist anfangs gewölbt, leicht gebuckelt, dann flach oder niedergedrückt. Der Rand hat lebhaft zitronengelbe und überhängende Flöckchen. Der weiße Hut ist feucht schmierig. Die dicklichen und weißen, an der Lamellenschneide oft gelbflockigen Lamellen sind angewachsen bis herablaufend. Der bis zu 6 cm lange und bis zu 1,5 cm dicke Stiel ist ebenfalls weiß und hat an der Spitze gelbe Flöckchen. Das saftige Fleisch ist weiß, mild und geruchlos.

3. Märzschneckling, der (*Hygrophorus marzuolus*): auch Märzellerling, Schneepilz. Der ausgezeichnete Speisepilz erscheint schon unmittelbar nach der Schneeschmelze und wächst bis Mai meist gesellig im Laub- und Nadelwald, besonders bei Weißtannen. Er bevorzugt v. a. Mittelgebirgslagen und benötigt lehmige, kalkhaltige Böden. Der bis 10 cm breite Hut ist anfangs gewölbt, dann gebuckelt flach. Die Huthaut ist weißgrau, später grau, glatt und schwach klebrig. Die dicken, entfernt stehenden Lamellen laufen leicht am Stiel herab und sind öfter gegabelt und am Grund aderig verbunden. Sie sind jung weiß, dann grau und wachsartig. Der trockene, bis 8 cm lange Stiel ist weiß, dann grau, seidenfaserig und an der Spitze etwas schuppig. Das feste, aber zarte und saftige Fleisch ist weiß, hat einen milden Geschmack und riecht etwas süßlich.

4. Natternschneckling, der (*Hygrophorus olivaceoalbus*): auch Natternstieliger S. Der eßbare Pilz wächst von September bis November in moosigen, feuchten Nadelwäldern auf sauren Böden und ist ein Charakterpilz des Bergfichtenwaldes. Der bis 6 cm breite Hut ist kegelig-glockig, dann gebuckelt-ausgebreitet und hat einen anfangs eingerollten, dann wellig-geschweiften Rand. Die Huthaut ist graubraun bis schmutzig olivgrau und mit dickem Schleim bedeckt. Trocken ist sie etwas heller und glänzend. Die dicken, weißen Lamellen stehen entfernt, laufen kurz am Stiel herab und sind am Grund queraderig verbunden. Der bis zu 10 cm lange und ca. 1 cm dicke Stiel ist weiß und graubraun bis olivgrau genattert. Die abgegrenzte Stielspitze ist etwas flockig, die Basis bisweilen zugespitzt. Das weiße Fleisch ist weich, geruchlos und hat einen milden Geschmack.

5. Waldschneckling, der (*Hygrophorus nemoreus*): Der nicht allzu häufige, eßbare Pilz wächst von September bis Oktober im Laubwald auf kalkhaltigen Böden. Er bricht mit halbkugelig-gewölbtem Hut aus dem Boden. Der Hut wird rasch ausgebreitet und hat einen schwachen Buckel. Später ist er niedergedrückt, mit angedrückten oder eingewachsenen feinen Härchen. Der Rand des bis zu 10 cm breiten Hutes ist dünn und eingerollt. Die Huthaut ist fuchsig-bräunlichorange, gelegentlich fast silbrig bereift und fühlt sich etwas schmierig an. Die dicken, breiten und wachsartigen Lamellen stehen weit auseinander und sind breit angewachsen bis herablaufend. Sie sind cremefarben bis rötlichocker. Der bis 8 cm lange und bis zu 1,5 cm dicke Stiel ist blaß bis ocker, an der Spitze weißlich und kleiig bis feinkörnig und verjüngt sich etwas zur Basis hin. Das sehr dünne und weiße Fleisch schmeckt und riecht schwach mehlig; unter der Huthaut kann es leicht gelbrötlich sein.

6. Orangeschneckling, der (*Hygrophorus pudorinus*): Der an die Weißtanne gebundene ungenießbare Pilz wächst in Süddtschl. auf kalkhaltigen Böden und erscheint von August bis November meist in Berglagen. Der fleischige, anfangs halbkugelig, dann fast flach und stumpfgebuckelte Hut kann bis zu 20 cm breit werden. Er hat einen lang eingerollten, gekerbten und fein filzigen Rand. Die Huthaut ist kräftig orange, im Scheitel dunkel-orangefuchsig.

Die dicken und entfernt stehenden Lamellen sind blaß cremerosa und am Stiel gerade angewachsen oder etwas herablaufend. Der bis zu 12 cm lange und bis zu 3 cm dicke Stiel ist feucht leicht schleimig und hutfarben, an der Basis gelb und ausspitzend. Das Fleisch ist im Hut orange, im Stiel weiß, in der Basis gelb und schmeckt nach → Terpentin.

7. Wohlriechender Schneckling, der (*Hygrophorus agathosmus*): auch Duftender S. Der im südd. Bergland weit verbreitete, eßbare Pilz wächst gesellig bis dicht gedrängt in jungen Nadelholzbeständen auf kalkhaltigen Böden. Er erscheint von September bis Oktober und bevorzugt moosige und grasige Stellen, häufig auch entlang von Waldwegen. Der bis zu 8 cm breite Hut ist anfangs gewölbt, dann gebuckelt flach. Die Huthaut ist grau, oliv-grau, gelblichgrau und in Ausnahmefällen auch weiß. Der Rand ist stets heller und bleibt lange eingerollt. Die Haut ist glatt und nackt sowie pustelig-schmierig. Die dicklichen, weichen Lamellen stehen entfernt und laufen leicht am Stiel herab. Sie sind jung weiß, dann blaßgraulich. Der feste, trockene Stiel wird bis 7 cm lang und ist mitunter an der Basis etwas verdickt. Er ist weiß und mit weißen oder gelblichen Flöckchen besetzt. Das zarte, wässrige und weißliche Fleisch riecht nach Bittermandeln (marzipanartig).

8. Graubrauner Schneckling, der (*Hygrophorus camarophyllus*): auch Rußbrauner S., Ziegenellerling. Der Pilz wächst von September bis Oktober in moorigen Bergnadelwäldern, meist in tiefem Moos (Bleichmoospolstern). Der bis zu 15 cm breite Hut ist erst gewölbt, dann abgeflacht, niedergedrückt und verbogen, der Rand eingerollt. Die Huthaut ist dunkelbraun bis olivbraun oder rußigbraun. Die sehr dicken, entfernt stehenden, weißen Lamellen sind angewachsen, im Alter leicht herablaufend und aderig verbunden. Der bis zu 8 cm lange und bis zu 2,5 cm dicke Stiel ist hutfarben, teilweise hohl und an der Spitze spindelig. Der eßbare Pilz hat ein weißes Fleisch und riecht eigenartig modrig-süßlich.

9. Braunscheibiger Schneckling, der (*Hygrophorus discoideus*): auch Dunkelscheibiger S. Der Pilz erscheint von September bis November und wächst sehr gesellig auf kalkreichen Böden der Nadelwälder, besonders auf Nadelstreu. Der bis 6 cm breite Hut ist erst glockig-gewölbt, dann flach, niedergedrückt mit schwachem Buckel. Die schleimige Huthaut ist fuchsig-, ocker- bis kastanienbraun, in der Mitte dunkel rotbraun. Der Hutrand ist zuerst eingerollt und mit dem Stiel durch einen schleimig-glasigen Schleier verbunden. Die anfangs weißen, dann gelblich oder bräunlich werdenden Lamellen sind dick, stehen etwas entfernt und sind angewachsen bis strichförmig herablaufend. Der bis zu 6 cm lange und 1 cm dicke Stiel ist cremeweiß, an der Spitze feinflockig und an der Basis weißfilzig. Der eßbare Pilz hat ein weißes, unter der Oberhaut bräunliches Fleisch mit mildem Geschmack und ohne Geruch.

10. Rasiger Purpurschneckling, der (*Hygrophorus erubescens*): Der Pilz wächst von August bis Oktober sehr gesellig im Nadelwald auf kalkreichen Böden. Der bis zu 10 cm breite Hut ist erst gewölbt-gebuckelt, dann flach, zuletzt vertieft und meist unregelmäßig verbogen. Der junge Pilz ist fast weiß, bald mit wein- bis purpurroten Schüppchen oder Einfaserungen bedeckt, stellenweise auch gelbfleckig. Die dicklichen, fast entfernt stehenden Lamellen sind angewachsen und deutlich am Stiel herablaufend. Sie sind jung weiß, bald mit rosa oder weinroten Flecken versehen. Der bis zu 12 cm lange und 1,8 cm dicke Stiel ist weiß und häufig am Hutansatz purpurrot gekörnt. Das weiße Fleisch des ungenießbaren Pilzes wird bei Druck langsam gelb. Es hat einen bitteren Geschmack und ist geruchlos.

11. Frostschneckling, der (*Hygrophorus hypothejus*): Der kleine, eßbare Pilz wächst von Frostbeginn bis weit in den Dezember hinein in größeren Gruppen in Nadelwäldern, v. a. in Kiefernwäldern, aber auch auf Waldwiesen. Der bis 5 cm breite Hut ist erst gewölbt, dann vertieft und meist gebuckelt. Der dünnfleischige Hut ist anfangs olivbraun, nach dem Abfließen der dicken, schleimigen und olivbraunen Schicht fuchsig-zitronengelb. Die dicklichen, entfernt stehenden und am Stiel herablaufenden Lamellen sind erst weißlich, dann gelb bis orangegelb und bisweilen orangerot gefleckt. Der bis zu 10 cm lange Stiel ist glatt hell gelbbraun und flüchtig beringt durch Reste eines flockigen → Velums, darüber trocken, darunter schmierig-schleimig. Das feste, weißgelbliche Fleisch hat einen süßlichen Geschmack.

Neben den vorgenannten, weit verbreiteten S., gibt es noch zahlreiche seltenere Arten, wie z. B. **Trockener S.** (*H. penarius*), **Fichten-S.** (*H. piceae*), **Schleimberingter S.** (*H. gliocyclus*), **Gefleckblättriger Purpur-S.** (*H. russula*) und **Schwarzpunktierter S.** (*H. pustulatus*), die hier nicht alle beschrieben werden können.

Schneeaar, der: → Bussarde 2.

Schneeball, der (*Viburnum*): etwa 120 Arten in den gemäßigten Gebieten der Nordhalbkugel umfassende Gatt. aus der Pflanzen-Fam. der → Geißblattgewächse (*Caprifoliaceae*). Es sind meist → sommer- oder → immergrüne → Sträucher, selten kleine Bäume, mit gegenständigen Blättern. Die Blüten (mit oder ohne sterile, auffällige Randblüten) sind weiß oder rosafarben und in Rispen oder Doldentrauben (→ Blütenstand) angeordnet. Die Blütenkrone ist radförmig und fünfspaltig. Die Frucht ist eine trockene oder saftige → Steinfrucht. Einheimische Arten sind:

1. Gemeiner Schneeball, der (*Viburnum opulus* Linné): auch Gewöhnlicher S., Drossel-, Gichtbeere, Wasserschneeball, Wasserholder, Kalinkebeerstrauch, Wasserahorn.

Verbreitung: Der G. S. ist mit Ausnahme des äußersten Nordens fast über ganz Europa verbreitet.

Standort: Er wächst meist auf feuchten, humosen und kalkreichen Böden in schattigen Lagen, Hecken und Gebüschen, Laub- und Auwäldern, Auengebüschen, Hartholz-Auenwäldern, mäßig nassen Grauweiden-Gebüschen, Wasserschneeball-Gebüschen (Charakterart), an Fluß- und Bachufern, Waldrändern, auf feuchten Wiesen, in der Ebene, im Hügelland und in den Alpen bis zu einer Höhe von 1000 m.

Merkmale: Der G. S. ist ein 2 bis 5 m hoher großer Strauch oder kleiner Baum mit flacher Bewurzelung, die zahlreiche Wurzelsprosse treibt. Die Rinde ist gelblichgrau und längsrissig. Die jungen Zweige sind kahl und mehr oder weniger kantig. Die → Knospen sind durch Schuppen geschützt. Die ahornblattähnlichen, am Grunde abgerundeten oder leicht herzförmigen Blätter haben drei bis fünf zugespitzte Lappen und sind gegenständig angeordnet. Sie sind oberseits kahl und lichtgrün, unterseits flaumig behaart und graugrün. Der → Blattrand ist unregelmäßig gezähnt; der lange kahle Blattstiel ist oberseits rinnig und hat am Grund borstenförmige → Nebenblätter und an der Ansatzstelle große napfförmige Drüsen. BZ: Mai/Juni. Die weißen, fünflappigen Blüten stehen in lockeren, schirmförmigen, bis 12 cm breiten, endständigen Trugdolden oder Ebensträußen. Die weithin leuchtenden Randblüten sind groß (bis 25 mm breit), flach und unfruchtbar. Die inneren, leicht gelblichen Blüten sind klein, kurzglockig und zwittrig, haben einen eigentümlichen Geruch und werden häufig von Fliegen besucht. Die Frucht, die bis zum Spätsommer oder Herbst reift, ist eine länglichrunde, bis 10 mm große, glänzend scharlachrote Steinfrucht, die an der Spitze noch den Griffelrest trägt und einen roten, flach herzförmigen, einsamigen Steinkern enthält. Das rote, saftige Fruchtfleisch hat einen eigentümlichen Geruch, ist ungenießbar und wird sogar von den Vögeln verschmäht. Die Früchte sind für den Menschen gefährlich. Sie sind roh giftig, rufen Magen- und Darmentzündungen hervor und können zu tödlichen Vergiftungen führen. Gekocht hingegen sollen sie ungiftig sein und werden in manchen osteuropäischen Ländern als Kompott gegessen.

Früchte des Gemeinen Schneeballs (*Viburnum opulus*)

Das Holz des G. S. hat einen rötlichen → Splint und einen gelbbraunen → Kern. Es wird zu Spazierstöcken und Pfeifenrohren verarbeitet.

In der Naturheilkunde finden v. a. die getrockneten Blüten und die getrocknete Rinde Verwendung. Sie werden innerlich angewandt und sind harntreibend und krampflösend.

Eine Kulturform des G. S. ist der Gartenschneeball, bei dem jedoch alle Blüten, wie die Randblüten des G. S., groß und unfruchtbar sind.

▸▸ **2. Wolliger Schneeball**, der (*Viburnum lantana* Linné): auch Bergschneeball, Bügelholz, Hau-, Kandel-, Kaulbeere, Lederwide, Ortowie, Pabst(-baum), -weide, -wiede, Rot(h)schlinge, Schergenpabst, Schießbeerstrauch, Schlinge, Schlingbaum, -strauch, Mehl-, Potscherpen-, Schwelken-, Schwindelbeer-, Weisschlingen-, Widebaum, in Österreich früher auch Pappelstrauch.

Verbreitung: Der W. S. wächst hauptsächlich im Mittelmeergebiet und in wärmebegünstigten Gebieten Mitteleuropas. Zudem ist er in England und auf der Balkanhalbinsel anzutreffen.

Standort: Er wächst bevorzugt auf kalkreichen Böden und in sonnigen Lagen an Waldrändern, in lichten Eichen- und Kiefernwäldern, Berberitzengebüschen (Charakterart), west-submediterranen Flaumeichenwäldern, Schneeheide-Kiefernwäldern und Alpenrosen-Latschengebüschen, Labkraut-Tannenwäldern, gelegentlich auch in lichten mesophytischen Buchen- und Laubmischwäldern, des Hügellandes und in den Alpen bis zu einer Höhe von 1400 m.

Merkmale: Der W. S. ist ein aufrechter, raschwüchsiger, buschiger bis 4 m hoher, mittelgroßer bis großer Strauch mit weitreichenden Wurzeln und zahlreichen → Stockausschlägen. Die → Knospen sind gelbgrau, filzig und nicht von Schuppen geschützt. Die biegsamen jungen Zweige sind gelbgrau und filzig.

Blüten des Wolligen Schneeballs (*Viburnum lantana*)

Die Rinde ist anfangs rauh, dann graubraun, längsrissig und korkig. Die innere Rinde ist scharf und zieht Blasen, weshalb man sie früher zu Haarseilen bei Haustieren benutzte. Die kurzgestielten, gegenständig angeordneten Blätter sind weich, dicklich und fühlen sich rauh an. Sie sind von ovaler, breit-elliptischer Form, stumpf und am Grund abgerundet oder herzförmig. Ferner sind sie netzrunzelig, anfangs graugrün, später oberseits dunkelgrün, unterseits und am Blattstiel graufilzig. Der Blattrand ist scharf gekerbt-gesägt (fein gezähnt). BZ: April/Mai bis Juni. Die kleinen, schmutzigweißen, wohlriechenden, 6 bis 8 mm breiten Blüten sind in der Knospe oft rötlich überhaucht. Sie sind fünfzählig, zwittrig und stehen in dichten, halbkugelig gewölbten, 5 bis 10 cm breiten, endständigen Trugdolden (Doldenrispen); Strahlen und Blütenstiele sind filzig behaart. Die fast nektarlosen Blüten werden von pollensuchenden Insekten besucht. Die Früchte sind flachgedrückt eiförmige, 7 bis 9 mm lange, vom Kelchrand gekrönte Steinfrüchte, die anfangs grün, später hochrot und zuletzt glänzend schwarz sind. Auffallend ist, daß eine Trugdolde Früchte verschiedener Farben enthält. Sie enthalten je einen fast flachen Stein, schmecken herbsüßlich und sind kaum genießbar.

Die biegsamen jungen Zweige wurden früher zum Binden von Garben und allerlei Flechtarbeiten gebraucht, daher auch der volkstümliche Name Lederwide, Schlinge, Widebaum. Ferner wurden die Zweige zu Faßreifen und zu Pfeifenröhren (sog. Türkisches Pfeifenholz) und Dohnen verwendet. Das Holz des W. S., mit weitem Mark, ist im → Kern gelbbraun.

In der Naturheilkunde finden Beeren und Blätter Verwendung. Die Blätter werden in Form eines Absuds für Mund- und Gurgelwasser, bei Zahnfleisch- und Rachenerkrankungen verwendet.

Schneeball-Ahorn, der: → Ahorne 5.

Schneeballblättriger Ahorn, der: → Ahorne 5.

Schneebruch, der: das Abbrechen von Stämmen (Schäften), Wipfeln und Ästen der Bäume durch die Last des Schnees (Schaft-, Wipfel- oder Astbruch). Dichte Waldbestände sind gefährdeter als solche mit wenigen großkronigen Bäumen. Am stärksten sind immergrüne Nadelbäume, insbesondere die Kie (weniger BKie und Stro) durch S. gefährdet. Laubbäume schützen sich durch den herbstlichen → Blattfall weitgehend vor S. Doch besonders brüchig, v. a. wenn viel Naßschnee fällt, der 3,3 mal schwerer als trockener sein kann, sind As, Bi, Er und Li. Der Schnee bedeutet für den Baum eine ungeheure Belastung; so drückt z. B. 1 m^3 trockener Neuschnee auf 1 m^2 mit ca. 60 kg, wobei bei einer Belastung von rd. 50 kg/m^2 (im Ndh) bzw. bei 25 kg/m^2 (im Lbh) ein Schaden eintritt. Durch den Gewichtsdruck des Schnees (Schneedruck) können schwächere Bäume (Jungpflanzen und → Stangenhölzer) niedergebogen bzw. niedergedrückt werden, ohne daß ein Bruch erfolgt. Flachwurzelnde, junge Baumarten (→ Tellerwurzel) können dabei ganz aus dem Boden herausgedrückt werden, so daß die Wurzeln frei liegen. Hinsichtlich des Ausmaßes (Ausdehnung) eines Schadens unterscheidet man Einzel-, Nester-, Gassen- und Flächenbruch. Zur Verhinderung von S. wurden auch Hubschrauber eingesetzt, die mit Hilfe der Luftwirbel ihrer Rotorblätter den Schnee von den Bäumen fegten. S. zählt zu den → abiotischen Forstschäden; → h/d-Wert, Windbruch.

Schneelast kann zu Schaft-, Wipfel- oder Astbruch (→ Schneebruch) führen.

Schneedruck, der: → Schneebruch.

Schneefluchtrecht, das: Das S. nach dem bayer. Forstrechtegesetz beinhaltet die Befugnis, bei Schneefall während der Almweidezeit in tiefergelegenen, geschützten → Waldweiden Zuflucht vor dem Schnee zu suchen und die dort vorhandene Weidemöglichkeit auf drei bis fünf Tage auszunutzen. Eine ähnliche Bestimmung enthält das österr. Forstgesetz, das jeden Waldeigentümer verpflichtet, im Falle drohender Elementargefahren und für die Dauer des Anhaltens dieser Gefahren fremdes Weidevieh zur Bergung in seinen Wald eintreiben zu lassen.

Schneegeier, der: → Bussarde 2.

Schneeglöckchen, das (*Galanthus*): Gatt. der → Amaryllisgewächse mit zehn Arten in Europa und Westasien. Es handelt sich um zwiebelbildende → Stauden mit linealischen oder lanzettlichen Blättern und meist einzeln stehenden, nickenden Blüten. Eine bekannte, wild nur selten vorkommende Art ist:

Echtes Schneeglöckchen, das (*Galanthus nivalis* L.): auch Schneetröpfchen, Märzglöckchen. Das in Mitteleuropa an natürlichen Standorten nur noch selten anzutreffende E. S. kommt in Süd- und Südosteuropa noch häufiger vor. In Dtschl. ist es nur im Süden, im Alpenvorland und im oberen Rhein- sowie im Donaugebiet noch wild und verwildert anzutreffen. Es wächst zerstreut in feuchten Laubwäldern, Hartholz-Auenwäldern, frischen mesophytischen Buchen- und Laubmischwäldern, Buchen- und sommergrünen Eichenwäldern (Klassen- → Charakterart), besonders xerothermen submediterranen Flaumeichenwäldern und subkontinentalen Eichen-Steppenwäldern, in feuchten Gebüschen, auf feuchten Wiesen und an Ufern.

Die 8 bis 20 cm große, kahle Staude hat eine braunhäutige, etwa 2 cm dicke Zwiebel und runde, aufrechte, aber gebogene Stengel mit nur einer Blüte. Die blaugrünen, bereiften Blätter sind grasartig, fleischig, linealisch und 4 bis 8 mm breit. BZ: Februar bis März (April), oft schon bei Schnee. Die einzeln stehenden, nickenden Blüten sind blendend weiß, glockig und werden von einer Scheide gestützt. Die äußeren drei Blütenblätter sind eiförmig, reinweiß und 14 bis 20 mm lang, die inneren drei halb so lang, vorne ausgerandet, an der Spitze mit halbmondförmigem grünem Fleck. Die Frucht ist eine gelblichgrüne, beerenartige, dreiklappige Kapsel (→ Ameisenpflanzen). Die Zwiebeln des E. S. sind nicht ungefährlich; ihr Genuß verursacht Erbrechen und Durchfall. Das E. S. ähnelt sehr der Frühlingsknotenblume (→ Knotenblume), ist aber etwas kleiner.

Schnee-Hainsimse, die: → Hainsimse 6.

Schneehase, der: → Hasen 2.

Schneeheide, die: → Erika 1.

Schneeheide-Alpenrosen-Latschengebüsch, das: → Latschengebüsch.

Schneeheide-Kiefernwald, Zentralalpischer, der: → Zentralalpischer Schneeheide-Kiefernwald.

Schneeheide-Kiefernwälder und Alpenrosen-Latschengebüsche (*Erico-Pinetalia*): die (einzige) Ordn. der Klasse → Alpische Kalk-Kiefernwälder oder Schneeheide-Kiefernwälder und Alpenrosen-Latschengebüsche (*Erico-Pinetea*) mit dem pflanzensoziologischen Verband der Alpischen Kalk-Kiefernwälder oder Schneeheide-Kiefernwälder und Alpenrosen-Latschengebüsche (*Erico-Pinion*). Es sind dies artenreiche, lichte → Kiefernwälder in der montanen bis subalpinen → Vegetationsstufe der Alpen und des Voralpenlandes (alpisch/präalpin), an Spezialstandorten des Schweizer Jura (→ Außeralpischer Kalk-Kieferntrockenwald), nördlich bis zur Schwäbischen und Fränkischen Alb (→ Reliktföhrenwälder). Die nördlichen Vorkommen sind weniger typische Ausbildungen, in denen die alpischen Pflanzenarten ab- und kontinental verbreitete Arten zunehmen und Übergänge zu den → Kiefern-Steppenwäldern bilden. Die S. stocken auf nährstoffarmen, trockenen Karbonatböden, meist felsiger, flachgründiger Kalk- und Dolomithänge,

aber auch an Mergelhängen und auf Flußschotter. Die Hauptbaumart des Verbandes ist die Waldkiefer (Gemeine Kiefer), in den Südostalpen auch die SKie. Die Nebenbaumarten sind Fi, Bu, BAh, GEr, Es und Mebe. Ferner sind im S. noch Schneeheide (→ Charakterart), Felsenkreuzdorn, Zwergbuchs, Schwarzviolette Akelei, Amethyst-Schwingel und Geschnäbeltes Vermeinkraut anzutreffen. Die natürlichen Kiefernwälder haben, besonders in den Westalpen (im Gebiet des Schweizer Nationalparks) aufgrund der Zerstörung der ursprünglichen Lärchen-Arvenwälder (→ Subalpin-alpine Zwergstrauchgesellschaften) durch den Menschen, erhebliche Ausdehnung erfahren. Neben aufrecht wachsenden BKie wachsen oberhalb der → Waldgrenze, aber auch an anderen, durch langanhaltende Schneebedeckung, starken Wind, Kaltluftstau, Bergrutsche, Lawinen und geringe Bodenentwicklung, baumfeindlichen Standorten Legföhrenbestände, die zusammen mit der Schneeheide die Assoziation der Schneeheide-Alpenrosen-Latschengebüsche (Assoziation: *Erico-Rhododendretum hirsuti;* → Latschengebüsch) bilden, in der gelegentlich auch noch Zirbelkiefer und Spirke anzutreffen sind. Im wärmeren sonnigen Hanglagen der Alpen und Voralpen, auf trockenen kalkhaltigen Kies- und Schotterböden kalkoligotropher Alpenflüsse (bis ins Alpenvorland) und in inneralpinen Föhntälern wächst der lichte, zwergstrauchreiche → Zentralalpische Schneeheide-Kiefernwald (Assoziation: *Erico-Pinetum (sylvestris)*). Auf den wechseltrockenen kalkhaltigen Standorten alluvialer Flußterrassen im Alpenvorland stockt der sehr lichte, strauch- und grasreiche Pfeifengras-Kalk-Kiefernwald oder → Alluviale Pfeifengras-Kiefernwald (Assoziation: *Molinio-Pinetum = Molinia arundinacea-Pinus sylvestris*) mit Faulbaum, Felszwenke, Rohr-Pfeifengras (Charakterart), Bunt- und Bergreitgras. Zu den vorgenannten Arten gesellen sich an den feuchten tonigen Mergelhängen des Jura (Schwäbische Alb) noch Kronwicke und Breitblättriges Laserkraut hinzu sowie das Bergreitgras (Charakterart). Die Scheidenkronwicke und der Geißklee sind charakteristisch für andere Assoziationen; → Randalpischer Gras-Kiefernwald (*Calamagrostio variae-Pinetum*), Außeralpischer Kalk-Kieferntrockenwald (*Sesleria albicans-Pinus sylvestris*), Latschengebüsch, Kiefernwälder.

Schneemeise, die: → Schwanzmeise.

Schneepappel, die: → Pappeln 4.

Schneepilz, der: → Schnecklinge 3.

Schneeriese, die: → Riese.

Schneerose, die: → Nieswurz I.

Schneerösl, das: → Alpenrose 1.

Schneeschäden: Anhaltender, nasser, großflockiger Schnee gefährdet eng stehende → Dickungen, v. a. Ndh und Lb, insbesondere wenn der Schneefall zeitig im Winter eintritt, ehe das dürre Laub abgefallen ist und sich deshalb die Auffangfläche entsprechend vergrößert (z. B. bei Bu und Ei). Die Folgen sind Druck- und Bruchschäden (→ Schneebruch), die gruppen- und horstweise, aber auch flächig auftreten können. Ältere Bestände sind hauptsächlich durch Kronenbrüche bedroht. Bruchschäden der Ndh erhöhen zudem die Gefahr einer Massenvermehrung der → Borkenkäfer; auch Pilzbefall stellt sich ein. Vorbeugende Maßnahmen sind regelmäßige → Durchforstungen (Auflockerung) und Anbau standortgerechter schneefester (spitzkroniger) Baumarten, z. B. Lä, Spitzfichte und Höhenkiefer. Das → Schadholz ist möglichst rasch aufzuarbeiten.

Schneeschmelze, die: Die S. und damit auch die Freisetzung des im Schnee gespeicherten Wassers erfolgen im Walde wesentlich langsamer als auf dem freien Feld, weil die Schneedecke eine andere Struktur hat und weitgehend vor stärkerer Besonnung und Wärmezufuhr aus der Umgebung sowie vor Wind geschützt ist. Die verzögerte S. im Schutz des Waldes mindert die Hochwassergefahr im Frühjahr und bedeutet unter Umständen einen Vorteil für den Wintersportler (→ Schisport). Am längsten hält sich der Schnee auf nicht zu schmalen Waldwegen, an Nord- und Westrändern und auf nicht zu großen waldumgebenden Freiflächen. In Laubwäldern gelangt mehr Schnee auf den Boden als in Nadelwäldern.

Schneeschütte, die: durch den Pilz *Phacidium infestans* (Karst) verursachte Nadelerkrankung an der Zir des Alpengebietes, in Skandinavien auch an der Kie nachgewiesen. Die Infektion der Nadeln erfolgt durch Anflug der → Sporen oder oberirdisch unter Schnee wachsendes → Myzel. Die Nadeln sind nach der → Schneeschmelze fahl verfärbt, werden in der Folge braunrot und bleichen ab August aus. Die meisten abgestorbenen Nadeln bleiben an den Trieben hängen und fallen erst im folgendem Sommer langsam ab.

Schneestufe, die: → Vegetationsstufen.

◂◂ Das Echte Schneeglöckchen blüht bereits Februar/März im Schnee.

Schneetröpfchen, das: → Schneeglöckchen.
Schneewürmer: Bez. für die → Larven des Gemeinen Weichkäfers; → Weichkäfer 1.
Schneewurz, die: → Nieswurz 1.
Schnegel → Egelschnecken.
Schneideholz, das: → Sägeholz.
Schneide- und Schälholz (SS), das: Güteklasse gemäß der → Gütesortierung. Schneide- und Schälholz muß, von geringen Fehlern im Stammzentrum abgesehen, gesund, ast- und beulenfrei oder fast ast- und beulenfrei sowie i. d. R. geradschaftig sein. Es darf nur gering drehwüchsig sein.
Bei den einzelnen Holzarten sind folgende Abmessungen und zusätzlichen Gütemerkmale üblich:
Fi, Ta: Mindestmittendurchmesser 35 cm o. R., Mindestlänge 2,40 m; frei von Druckholz und ausgedehnten Kernrissen.
Kie: Mindestmittendurchmesser 25 cm o. R., Mindestlänge 2,40 m; gleichmäßiger, im Stammzentrum nicht grobringiger Jahrringbau, außer bei nachweisbar rechtzeitiger Ästung, einschnürige Krümmung bis 2 cm/m ist zulässig.
Lä, Dgl: Mindestmittendurchmesser 25 cm o. R., Mindestlänge 2,40 m; grobringiger und ungleichmäßiger Jahrringbau sowie einschnürige Krümmung bis 3 cm/m – bei Lä auch exzentrischer Kern – sind zulässig.
Stro: Mindestmittendurchmesser 25 cm o. R., Mindestlänge 2,40 m; gleichmäßiger Jahrringbau, gesunde Äste sind zulässig.
Ei, Bu: Mindestmittendurchmesser 30 cm o. R., Mindestlänge 2,40 m; bei Buchen-Schälholz ist ein gesunder, zentraler Kern (Rotkern, nicht Spritz- oder Graukern) bis 12 cm Durchmesser zulässig.
Sonstiges Lbh: Mindestmittendurchmesser i. a. 25 cm o. R., Mindestlänge 2,40 m.
Schneidehölzer: im früheren Preußen ein Nadelholzabschnitt, der lediglich durch Qualitätseigenschaften bestimmt wurde. Man verstand darunter einwandfreie → Abschnitte, die als solche eine Sondergruppe des Stammholzsortiments bildeten.
Schneidel, das: auch Schniedel. frühere Bez. der Köhler für die zweite aufgerichtete Holzreihe eines → Meilers.
Schneidelbetrieb, der: → Kopfholzbetrieb.
schneideln: auch schneiteln, schnaiteln. früher in den → Niederwäldern übliches regelmäßiges Abschneiden junger Äste, um so die Bäume zu verstärktem neuem Austreiben anzuregen. Auch die Gewinnung von Futterlaub bzw. Laubstreu durch Abschneiden junger belaubter Zweige wird als s. bezeichnet; → Aststreu, → Kopfholzbetrieb.
Schneidelstreu, die: → Aststreu.
Schneider, der: → Weichkäfer 1.
Schneider, Friedrich Wilhelm (12.2.1801 Rothensee bei Magdeburg bis 4.11.1879 Eberswalde): S. wurde nach der forstlichen Staatsprüfung und den darauffolgenden mathematischen Studien im Jahre 1825 Lehrer für Mathematik am Forstinstitut in Berlin und nach Verlegung des Instituts nach → Eberswalde (1830) Lehrer der gesamten Mathematik. S. wurde durch seine Zuwachsformel bekannt. Im Jahre 1843 gab er „Erfahrungstafeln über Massengehalt der in Dtschl. in reinen Beständen vorkommenden Holzarten in verschiedenem Alter für Hoch- und Niederwald mit Angabe des Nutzungsprozents, Durchschnittszuwachses und Wertnutzungsprozent … etc." heraus, daneben: „Bibliothek der Forst- und Jagd-Literatur … etc." (1856) und „Forstkalender für Preußen bzw. das Deutsche Reich" (1852 – 1875).

▸▸▸ Saatschnellkäfer (*Agriotes lineatus*)

Schneidtage → Mühlholz.
Schneise, die (Gestell, Waldschneise, Wirtschaftsstreifen): eine freigeschnittene (oder unbestockte), unbefestigte Linie, die vorrangig der → Waldeinteilung (Abteilungsgrenze) oder dem → Holztransport, der Waldbrandbekämpfung (→ Waldbrandverhütung) oder dem Jagdbetrieb dient. Im Mittelalter dienten die S. dem Vogelfang mit Dohnen, sie wurden auch als Vogel-S., Dohnensteige, -stiege, bezeichnet; → Geräumt.
Schneitelbetrieb, der: → Kopfholzbetrieb.
schneiteln → schneideln.
Schneitelstreu, die: → Aststreu.
Schneizen, das: → Aststreu.
Schnellkäfer (*Elateridae*): im Volksmund auch als Schmiede-, Schuster- oder Knipskäfer bezeichnet. Die mit rd. 8500 Arten (davon mehr als 100 Arten in Dtschl.) weltweit verbreitete kurzbeinige Käfer-Fam. mit flachem, langgestrecktem Körper hat große Ähnlichkeit mit den → Prachtkäfern. Sie sind je nach Art 0,2 bis 7 cm lang, meist einfarbig dunkel gefärbt, seltener gelb oder rot. Der Halsschild ist stark gewölbt, die Flügeldecken gestreckt und sich gleichmäßig nach hinten verjüngend. Mit Hilfe eines in eine Höhlung der Mittelbrust einrastenden Dornes der Vorderbrust können sie sich aus der Rückenlage emporschnellen (Name!). Hält man einen Käfer zwischen den Fingern, fühlt und sieht man die heftigen Bewegungen des hin- und herschnellenden Halsschildes, auch hört man das dadurch entstehende knipsende Geräusch. Die Käfer halten sich vom Frühjahr bis zum Herbst auf Wiesen, Feldern und in Wäldern auf und klettern auf Blumen oder unter Rinden und Steinen umher. Sie leben von pflanzlicher und tierischer Kost; einige Arten benagen die Rinde junger Triebe, besonders die der Ei und Fi. Die sehr langen, meist bräunlichgelben und sechsbeinigen → Larven erinnern an die Mehlwürmer, haben aber einen flachgedrückten, an seinem Vorderrand gezähnten Kopf. Wegen ihrer glatten Oberfläche und dem harten Chitinpanzer werden sie auch Drahtwürmer genannt.

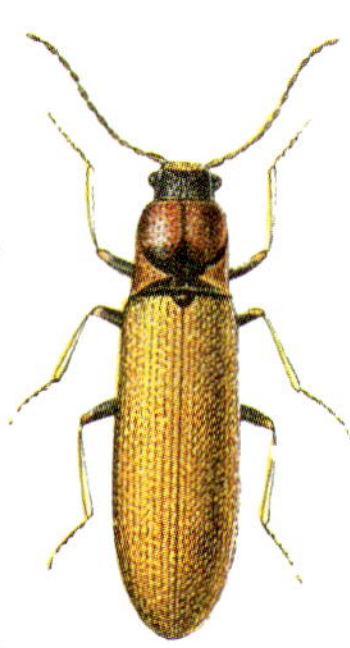

▸▸ *Denticollis linearis*

Die Larven leben von zerfallenen Pflanzenstoffen im Boden, z. T. auch räuberisch von Insektenlarven. Einige Arten werden jedoch durch das Benagen der Wurzeln junger Laub- und Nadelholzpflanzen sowie der Sämereien (z. B. → Bucheckern und → Eicheln) schädlich. Größere Schäden können in Saatbeeten auftreten. Die wichtigsten Arten sind:
1. Saatschnellkäfer, der (*Agriotes lineatus*): Der etwa 1 cm große, braunschwarze bis rötlichgelbbraune S. ist dicht, jedoch kurz behaart und lebt hauptsächlich in Getreidefeldern und Wiesen, aber auch an Waldrändern. Die bräunliche Larve benagt die Saateicheln, wird aber hauptsächlich durch Wurzelfraß (Getreide- und Graswurzeln) schädlich.
2. Denticollis linearis: Bei einer Länge von 1 bis 1,2 cm ist dieser braune Käfer nur geringfügig größer als der Saatschnellkäfer. Der bucklige Halsschild ist etwas schmäler als die Flügeldecken. Er lebt in Eichenwäldern und unter Weidengebüsch und ist im Gebirge bis in eine Höhe von 1200 m anzutreffen. Die Eier werden vom Weibchen in die obersten Bodenschichten gelegt; die schlüpfenden Larven graben sich tief in den Boden ein.

▸▸▸ Schwarzer Schnellkäfer (*Athous niger*)

3. Schwarzer Schnellkäfer, der (*Athous niger*): Der 1 bis 1,4 cm lange, glänzend schwarze und schlanke Käfer ist in den Laubwäldern und Wiesentälern der Vorgebirge beheimatet und findet sich häufig auf Blüten. Die Larven fressen Wurzeln.
4. Blutroter Schnellkäfer, der (*Ampedus sanguineus*): auch Schnellkäfer. Der 1,2 bis 1,8 cm große Käfer hat einfarbig rote Flügeldecken und ein schwarzes Halsschild. Er lebt auf Waldlichtungen, auf Wiesen und ist in den mittleren Höhen der Mittelgebirge regelmäßig anzutreffen. Die Larven leben in moderndem Holz von Ei, Bu und Kie, die größeren von ihnen ernähren sich von den Larven verschiedener Holzschädlinge.
5. Grauer Schmied, der (*Adelocera murina*): auch Mausgrauer Schnellkäfer. Der dunkelbraune Käfer mit ovalem Körper ist mit grauen, rostbraunen Haarschuppen scheckig bedeckt. Er ist auf Feldern und in Wäldern vom Frühling bis in den Spätherbst anzutreffen. Die bis zu 2,7 cm lange Larve befällt die unterirdischen Teile der Kulturpflanzen und kann in Baumschulen beträchtlichen Schaden anrichten. Auch kann sie durch Aushöhlen der Sämereien, speziell der Nadelholzsamen schädlich werden. Der Käfer beißt die → Knospen von Fi und Bu, aber auch von verschiedenen anderen Lbh ab, Schäden werden jedoch nur bei Massenvermehrung spürbar.
Schnelläufer, der: → Laufkäfer 9.

schnellwachsende Baumarten (raschwüchsige Baumarten): Bez. für → Baumarten mit raschem Wachstum und damit einer sehr kurzen → Umtriebszeit. Hierzu zählen u. a.: Pa, Bi, Er, Vobe, Rob, SKie und Wei; → Energiewälder, Holz(zucht)plantage, Kurzumtriebsflächen, Pionierbaumarten, Lignikultur 2).

Schnellwuchsbetrieb, der: Mit sehr frühen und immer wieder starken → Durchforstungen (→ Schnellwuchsdurchforstung) kann die Zielstärke durch → Wuchsbeschleunigung in kürzeren Zeiträumen erreicht und damit der Produktionszeitraum verkürzt werden. Allerdings führt das forcierte Wachstum zu einer Verringerung der Holzqualität (Vergrößerung der Jahrringbreite, geringerer Zellulosegehalt).

Schnellwuchsdurchforstung, die: überstarke Niederdurchforstung (→ Durchforstung), durch die die verbleibenden Bäume dauerhaft günstige Entfaltungsmöglichkeiten haben.

Schnellwuchsplantage, die: → Holz(zucht)-plantage.

Schnepfenvögel (*Scolopacidae*): Fam. aus der Ordn. der Watvögel und möwenartigen Vögel (*Charadriiformes*), zu der auch die Brachvögel, Wasser-, Strandläufer und Uferschnepfen gehören. Bei diesen Vögeln ist der Schnabel meist länger als der Kopf, biegsam, mit teils weicher und stumpfer, teils harter und zugespitzter Spitze. Der Schwanz ist meist kurz, die Beine (Renn- und Stelzbeine) sind meist lang. Beide Geschlechter sind gleichgefärbt. Die Nester sind gut getarnt. Das Gelege besteht meist aus vier Eiern. Eine Jahresbrut, Waldschnepfe jedoch zwei.

1. **Waldschnepfe**, die (*Scolopax rusticola* L.): auch Berg-, Busch-, Dorn-, Holz-, Steinschnepfe, Schneppe, Schnibbe, Blaufuß, Eulen-, Spitzkopf, Vogel mit dem langen Gesicht. Länge: etwa 34 cm, Gewicht: 280 bis 320 g , Flügelspannweite: um 55 cm.

Die W. kommt in ganz Europa vor, fehlt jedoch auf der Iberischen Halbinsel und in den nördlichen Teilen Skandinaviens. Sie ist überwiegend Zugvogel und überwintert im Mittelmeerraum. Bei der Rückkehr in ihre Brutgebiete richtet sie sich nach der Witterung und v. a. nach dem Wind. Bei einer sehr zeitig im Frühjahr streichenden Schnepfe handelt es sich meist um eine, die in ihrem Brutgebiet überwintert hat, eine sog. Lagerschnepfe, während die Zugschnepfen noch auf sich warten lassen. Die W. bewohnt lichte Wälder mit feuchter Fallaubschicht bis zur → Baumgrenze. Der Wald ist auch fast ausschließlich ihr Brutplatz. Sie ist gerne im Laub- und Mischwald; im reinen Nadelwald seltener. Ihr bevorzugter Aufenthaltsort sind feuchte Auwälder, in deren sumpfigem Boden sie ausgiebig nach Würmern stechen kann. Die W. lebt sehr heimlich; sie baumt nicht auf, sondern liegt sehr gut getarnt an geschützter Stelle auf dem Waldboden. Als Dämmerungsvogel ist sie vorwiegend am Morgen und am Abend auf Nahrungssuche.

Als Nest dient eine einfache Bodenmulde im Fallaub unter einem Busch oder dicht am Fuß des Baumes. Die W. brütet bevorzugt in buschreichem Unterholz und dichtem Bodenbewuchs. Das Gelege besteht i. a. aus vier kurz-ovalen hellbraunen bis rahmgelben, dunkelgefleckten Eiern (44 x 34 mm, um 20 g). Brutdauer: 20 bis 22 Tage. Die Jungen sind Nestflüchter und nach etwa 20 Tagen flugfähig. Das Männchen kümmert sich nicht um das Gelege und die Aufzucht der Jungen. Zwei Jahresbruten (Ende März bis Ende Juni).

Nahrung: hauptsächlich Würmer, die mit dem langen Schnabel (Stecher) stochernd aus dem Boden geholt werden. Daneben auch kleine Weichtiere wie Insekten, Schnecken, Larven und Spinnen, ferner (besonders im Herbst und Winter) auch Beeren, Sämereien und andere Pflanzenteile.

2. **Bekassine**, die (*Gallinago gallinago* L.): Auch Haberbock, Himmelsziege, Heer-, Herd-, Kätsch- und Sumpfschnepfe. Länge: etwa 25 cm, Gewicht: um 105 g (wesentlich kleiner als die Waldschnepfe, Flügelspannweite: etwa 44 cm.

Die B. ist in ganz Europa beheimatet, kommt jedoch im Mittelmeergebiet seltener vor. Sie bevorzugt sumpfige Gebiete und Hochmoore des Binnenlandes, die mit dichtem Schilf und Röhricht bewachsen sind. Überwiegend Zugvogel, der zum Überwintern ins westliche Mitteleuropa und in die mediterranen Länder zieht. In milden Wintern überwintert sie auch bei uns. Kennzeichnend für die B. ist der rätschende Ton beim Auffliegen und ihr Zickzackflug auf den ersten dreißig Metern. Der Frühjahrsstrich beginnt bereits in den ersten Märztagen. Beim Balzflug im Frühjahr ist in der Abenddämmerung das „Meckern" der B. deutlich, jedoch höchstens zwei Sekunden zu vernehmen. Es klingt wie „wäwäwä" und entsteht vermutlich durch die Vibration der weitgespreizten Schwanzfedern beim steilen Abwärtsflug. Deshalb wird sie auch scherzhaft „Himmelsziege" genannt.

Das einfache Nest wird auf Sumpfwiesen, Quellwiesen oder im Moor auf erhöhten Stellen, wo überhängende Gras- oder Seggenhalme es gegen Sicht schützen, errichtet und mit einigen trockenen Halmen ausgelegt. Ende April/Anfang Mai ist das Gelege vollständig. Es besteht meist aus vier kreiselförmigen, olivfarbenen Eiern (39 x 28 mm, ca. 18 g), die graubraun und dunkelbraun gefleckt sind. Brutzeit: 20 bis 21 Tage, die Jungen sind Nestflüchter. Eine Jahresbrut.

Nahrung: Hauptsächlich Würmer, Schnecken und Insekten, aber auch einzelne Beeren.

3. **Grünschenkel**, der (*Tringa nebularia* Gunnerus): auch Strandwasserläufer, heller Wasserläufer, Pfeif-, Pfuhl-, Regen- und Uferschnepfe. Länge: etwa 30 cm, Gewicht: um 180 g.

Die Heimat des G. sind die nordischen Länder und große Teile Asiens. Zugvogel, der im mediterranen Gebiet und im tropischen Afrika überwintert. Sein Lebensraum sind die freien, schlammigen Ufer der Seen, baumlose Sümpfe und Moore, Heiden und flechtenbewachsene Hochlagen. Zur Brutzeit bevorzugt er mooriges Gelände mit eingestreuten Bäumen. Zur Zugzeit (April/Mai und Juli/September) ist er gelegentlich bei uns zu Gast und an Rieselfeldern und Binnengewässern anzutreffen.

Der G. ist mit einem Jahr geschlechtsreif. Das Nest – eine einfache Mulde – wird im Pflanzenwuchs der Moore, Sümpfe und baumlosen Tundren – gut verborgen – errichtet. Das Gelege besteht i. d. R. aus vier gelblichbraunen, mit dunklen Flecken versehenen Eiern (51 x 35 mm, ca. 30,5 g), die von beiden Partnern bebrütet werden. Brutdauer: 24 bis 25 Tage. Die Jungen sind Nestflüchter, nach etwa 30 Tagen flugfähig und nach etwa fünf Wochen selbständig. Eine Jahresbrut (Mai/Juni).

Nahrung: Insekten und deren Larven, Krebstiere, Mollusken und Würmer, auch Fisch- und Froschlaich.

4. **Waldwasserläufer**, der (*Tringa ochropus* L.): auch Bachwasser-, punktierter Strand-, getüpfelter Wasser-, punktierter Wasser-, grünfüßiger Strand-, großer schwarzer Sandläufer, Wasserbekassine, Schwalbenschnepfe, geschecktes Motthühnchen, Weißsteiß, Grünfüßl. Länge: etwa 23 cm, Gewicht: um 80 g.

Der W. ist in Skandinavien, Osteuropa und in großen Teilen Asiens Brutvogel, vereinzelt noch in Ostpreußen und Pommern. Vor nicht allzu langer Zeit war er noch in Unterfranken Brutvogel. Sein Lebensraum sind feuchte Wälder mit Sümpfen und Mooren sowie schlammige Ufer von Seen, Teichen, Flüssen und Bächen. Zugvogel, der bereits im August/September in die Mittelmeerländer und ins tropische Afrika zieht und im April/Mai wieder in seine Brutgebiete zurückkehrt. Bei uns ist er

◂◂ Bekassine (*Gallinago gallinago*)

Waldwasserläufer (*Tringa ochropus*)

gelegentlich als Wintergast anzutreffen. Der W. ist sehr scheu und lebt ungesellig.
Der W. ist mit einem Jahr geschlechtsreif. Der Nistplatz liegt in feuchten Wäldern, an Waldbächen, Teichen und Seen mit sumpfigen Ufern. Er nimmt meist verlassene Nester von Amseln, Mistel- oder Singdrosseln, Krähen, Eichelhähern und Tauben als Unterlage. Das Gelege besteht aus vier kreiselförmigen, graugrünlichen bis rötlichgelben oder hell-sandfarbenen, schwach glänzenden Eiern (39 x 28 mm, ca. 16 g), die mit feinen rotbraunen und aschgrauen Flecken versehen sind. Sie werden von beiden Partnern 20 bis 22 Tage bebrütet. Die Jungen springen bereits im Alter von zwei Tagen aus dem Nest. Eine Jahresbrut (Ende April bis Juni).
Nahrung: Insekten und deren Larven, Würmer, Spinnen und Schnecken.
5. Dunkler Wasserläufer, der (*Tringa erythropus* L.): auch Gefleckte, Gewölkte, Graue, Dunkelbraune, Große rotfüßige Schnepfe, Schwimmender Wasserläufer, Gefleckte Strandschnepfe, Rotbeinige Pfuhlschnepfe, Schwimmende Uferschnepfe. Länge: ca. 30 cm, Gewicht: um 140 g.
Die Brutheimat des D. W. ist der hohe Norden (Nordskandinavien), Nordosteuropa und Sibirien. Zugvogel, der im Mittelmeerraum und am Schwarzen Meer überwintert. Sein Lebensraum sind Sümpfe in Waldgebieten, lichte Sumpfwälder, Heiden und Moore. Auf dem Zuge berührt er Mitteleuropa und ist auf Rieselfeldern und an Gewässern mit Schlammbänken anzutreffen.
Als Nest dient eine flache Bodenmulde. Das Gelege besteht i. d. R. aus vier olivgrünen Eiern, die dunkel gefleckt sind. Sie werden vom Männchen etwa drei Wochen bebrütet. Die Jungen sind Nestflüchter und mit etwa fünf Wochen selbständig. Eine Jahresbrut (Mai/Juni).
Nahrung: Wasserinsekten und deren Larven, Kleinkrebse, Würmer, Schnecken sowie Laich und Larven von Amphibien.
Schnettel, der: alte nordd. Bez. für → Abschnitte.
Schniedel, das: → Schneidel.

▸▸ Garten-Bänderschnecke (*Cepaea hortensis*)

Baumschnecken (*Arianta arbustorum*) unterschiedlicher Färbung

Schnirkelschnecken (*Helicidae*): auch Hainschnecken. mit weltweit rd. 800 Arten die artenreichste Fam. der Landschnecken (→ Schnecken) mit unterschiedlichen Gehäuseformen. S. haben Liebespfeile im Genitalsystem. Die wichtigsten, auch im Wald vorkommenden Arten sind:

1. Weinbergschnecke, die (*Helix pomatia*): Die bekannteste S. ist hauptsächlich in Mittel- und Südosteuropa beheimatet. In Norddtschl. wurde sie durch den Menschen angesiedelt. Sie war früher häufig in Weinbergen (Name!) anzutreffen und lebt heute mehr in lichten Waldrändern (meidet meist das Waldinnere), in Büschen, Garten- und Parkanlagen. Die Überwinterung erfolgt in der Erde und dauert von Oktober bis April. Sie überwintert dabei immer am gleichen Ruheplatz und bildet je nach Härte des Winters verschieden dicke Kalkdeckel aus. Das 4 cm hohe und ebenso breite Gehäuse ist meist schmutzig strohgelb, zuweilen unscharf braun gebändert. Die Paarungszeit der zwittrigen Tiere ist von Mai bis August. Interessant sind die Liebesspiele dieser Tiere, bei denen sich die Schnecken gegenseitig kalkige Liebespfeile in die Körper stoßen. Bis zu 60, etwa 5,5 mm messende Eier mit Kalkschale werden in eine selbstgegrabene Erdmulde gelegt. Die Jungschnecken, die mit Gehäuse geboren werden, schlüpfen nach einigen Wochen aus. Die W. wird etwa im dritten bzw. vierten Jahr geschlechtsreif. Bei Trockenheit wird das Gehäuse durch eine Schleimhaut (im Winter durch einen Kalkdeckel) verschlossen. Die W. ist wohlschmeckend und wurde besonders früher gerne gegessen (z. B. als Fastenspeise) und daher in vielen Gegenden fast oder ganz ausgerottet. Sie steht aus diesem Grund in einigen Ländern unter Naturschutz. Die kalkhaltigen Boden liebende W. ernährt sich hauptsächlich von verschiedenen Kräutern.

2. Baumschnecke, die (*Arianta arbustorum*): auch Gefleckte Schnirkelschnecke. Die etwa fünf Jahre alt werdende B. ist über ganz Mitteleuropa verbreitet und kommt in vielen Lebensräumen vor, wenn nur ein Mindestmaß an Feuchtigkeit gegeben ist, z. B. in Wäldern, Wiesen, Büschen, im Gebirge bis über 2000 m Höhe. Das hell- oder dunkelbraun gefärbte Gehäuse hat gelbe Flecken und einen dunklen Streifen. Die Mündung ist rundlich und hat einen weißen Rand. Die B. ernährt sich hauptsächlich von höheren Pflanzen, aber auch von Früchten.
3. Steinpicker, der (*Helicigona lapicida*): Die in fast ganz Europa beheimatete Schnecke wird um 1,7 cm breit und 0,8 cm hoch. Sie ist vorwiegend in Hügellandschaften, in Laubwäldern (besonders auf Buchenstämmen), an alten Mauern und auf Felsen anzutreffen. Das linsenförmige, graubraune Gehäuse ist rotbraun gefleckt; der letzte Umgang ist scharf gekielt. Sie ernährt sich von verwelkten Pflanzenteilen.
4. Hain-Bänderschnecke, die (*Cepaea nemoralis*): auch Hainschnirkelschnecke. Die H. ist in ganz West- und Mitteleuropa verbreitet und lebt vorwiegend in Gärten und Parkanlagen, auch in lichten Wäldern. Bei feuchtem Wetter ist sie auf Blättern, Früchten und an Baumstämmen zu finden. Das Gehäuse ist einfarbig gelb bis fleischfarben oder mit ein bis fünf braunen Längsbändern. Zwitter, dessen Vermehrung durch Eier erfolgt. Die Nahrung besteht v. a. aus verschiedenen frischen Kräutern. Gelegentlich Schädling an Nutzpflanzen (Grünblattfresser).
5. Garten-Bänderschnecke die (*Cepaea hortensis*): Die in Mitteleuropa verbreitete Schnecke bevorzugt lichte Wälder, Büsche, Hecken, Felsen und Mauern und ist nicht an Kulturlandschaften gebunden. Das fast kugelige Gehäuse der G. ist ca. 1,4 cm hoch und 1,9 cm breit. Die Gehäusefärbung variiert von dunkelbraun, rotbraun, braun mit gelben Streifen bis gelb mit braunen oder weißen Streifen, hellgelb oder cremefarben. Die G. ernährt sich von Pflanzen. Zwitter, dessen Vermehrung durch Eier erfolgt.
6. Maskenschnecke, die (*Isognomostoma isognomostoma*): auch Ungenabelte Maskenschnecke. Die über die Alpen, Karpaten, die Mittelgebirge und isoliert in Ostpreußen vorkommende M. bewohnt Berg- und Vorgebirgswälder und lebt unter Steinen, Laub sowie im Holzmulm. Das mit braunem, ziemlich flachem und von relativ langen Haaren überzogene braune Gehäuse ist ca. 0,6 cm hoch und ca. 1 cm breit. Die dreibuchtige Mündung ist das Kennzeichen der M.; Nabel meist vollständig bedeckt. Über die Biologie der Schnecke ist kaum etwas bekannt.
7. Rötliche Laubschnecke, die (*Monachoides incarnatus*): auch Inkarnatschnecke. Die in West- und Mitteleuropa (mit Ausnahme Großbritanniens) verbreitete Schnecke lebt ziemlich häufig in feuchten Wäldern und Gebüschen. Das ca. 1 cm hohe und 1,3 bis 1,6 cm breite Gehäuse ist graugelb bis rötlichbraun mit feinkörniger Oberfläche. Sie ist außen durchscheinend und hat an der Mündung einen braunroten Saum. Die R. L. ernährt sich von höheren Pflanzen (z. B. Brennesseln).
8. Eingerollte Zahnschnecke, die (*Helicodonta obvoluta*): auch Riemenschnecke. Die in West- und Mitteleuropa beheimatete E. Z. lebt hauptsächlich in Wäldern hügeliger oder gebirgiger Gebiete unter Laub, morschem Holz und Steinen etc. Das haarbestandene Gehäuse ist flach, in der Mitte etwas eingesenkt, riemenartig gewunden, etwa 0,5 cm hoch und 1,1 cm breit. Es ist festschalig und hat eine dreigelappte Mündung, die im Winterschlaf und in den Ruhepausen mit einem kalkweißen Epiphragma verschlossen wird. Die Schnecke ernährt sich wahrscheinlich von Teilen höherer Pflanzen.
9. Behaarte Laubschnecke, die (*Pseudotrichia rubiginosa*): Die fast überall in Europa vorkommende Schnecke liebt feuchte Standorte und lebt daher vorwiegend in niederen

Lagen in erlenbestanden Tälern, auf Auwiesen, in Sümpfen und Gärten. Sie steckt meist unter Steinen, Holz, Laub, Moos und in altem Mauerwerk. Das kugelige Gehäuse ist etwa 0,6 cm hoch und 0,7 bis 0,8 cm breit. Es besteht aus fünf bis sechs Windungen, ist graubraun bis rotbraun, von Härchen, die bis zu 0,3 mm lang werden, überzogen und meist mit Schlamm verkrustet. Sie ernährt sich von verrottenden Pflanzenstoffen und von Pilzen; → Buschschnecken, → Schließmundschnecken,→ Bernsteinschnecken.

Schnitterbeer, der: → Rubus 2.

Schnittgrün, das: → Schmuckreisig.

Schnittholz, das: auch Schnittware. Bez. für geschnittenes → Rundholz, das nach Art der Verwendung (Handelsform) in → Bauholz und → Werkholz eingeteilt wird (Balken, Bohlen, Bretter, Kanthölzer und Latten). Nach der Holzart unterscheidet man Nadel- und Laub-S. In Dtschl. betrug die S.-Produktion 1995 26,87 Mio. m^3 (14,02 Mio. m^3 Nadel-S., 12,85 Mio. m^3 Laub-S.). Die Erzeugung der vielfältigen S.-Sorten erfolgt in den Sägewerken. Auch die durch spanende Bearbeitung aus Rundholz gewonnenen → Halbfertigerzeugnisse werden allg. als S. (Schnittware) bezeichnet. S. wird in Raummeter (rm) aufgesetzt. Für das S. galten früher die Holzhandelsusancen verschiedener Gebiete (Nordostdeutsches Kieferngebiet, Süddeutsches Fichtengebiet).

Schnittprozent, das: → Saatgutprüfung.

Schnittrichtung des Holzes: → Querschnitt des Holzes, Radialschnitt, Tangentialschnitt.

Schnittware, die: → Schnittholz.

Schnitzel → Hackschnitzel.

Schnitzwaren: aus Holz geschnitzte Waren. Für die Herstellung von Löffeln, Holzschuhen, Hackbrettern usw. wird meist Ah-, Bu-, Bi-, Zir-, Er- und Pa-Holz verwendet. Für Kinderspielzeug eignet sich Ndh und vom Lbh Li und As. Für Kunstschnitzarbeiten werden die fein und gleichmäßig gebauten und mäßig harten → Holzarten, besonder Li, Es, Ah, Nuß und Zir verwendet.

schnürig: Ein Stamm wird als s. bezeichnet, wenn seiner ganzen Länge nach eine gerade gespannte Schnur in Berührung mit seiner Oberfläche gebracht werden kann. Ist das nicht möglich, wird er „unschnürig" genannt; ist es nur in einer durch die Stammachse gehenden Ebene möglich, so heißt er „einschnürig", wenn in zwei solchen aufeinander rechtwinkelig stehenden Ebenen, „zweischnürig"; → Säbelwuchs.

Schock, das: → Schockholz.

Schockholz, das: frühere Bez. für → Reisholz, das gebunden oder ungebunden in Haufen gesetzt wurde. Jeder Haufen enthielt ein Schock (altes Maß; = 60 Bunde).

In Österreich wurde früher auch Bau- und Werkholz im Walde schock- oder schillingsweise (60 oder 30 Stück) abgegeben; → Bürtl.

Schokoladenbrauner Faserling, der: → Faserlinge 3.

Scholander-Bombe, die: Gerät zum Messen des Wasserpotentials und zum Ermitteln der Pflanzenfrische für → Sämlinge und → Verschulpflanzen.

Schöllkraut, das (*Chelidonium*): auch Schellkraut, Schminkwurz. eine Gatt. der → Mohngewächse mit einer einzigen Art:

Großes Schöllkraut, das (*Chelidonium majus*): auch Warzenkraut. Das über Süd- und Mitteleuropa bis Südskandinavien verbreitete G. S. ist in Dtschl. überall anzutreffen und wächst verbreitet an schattigen, steinigen Stellen in lichten Wäldern, an Mauern, Wegen und Waldrändern, in Hecken, Gebüschen, Parkanlagen, Unkrautfluren, auf Schutt und Kiesplätzen, bis in Höhen von bis zu 900 m. Es braucht frische, nährstoffreiche Böden, wie z. B. in Auen-, Robinien- und Schluchtwäldern; Stickstoffzeiger.

Die mehrjährige, 30 bis 70 cm hohe, unangenehm riechende Pflanze führt in allen Teilen einen orangenen Milchsaft. Sie treibt aus einem innen orangenen Wurzelstock einen aufrechten, verzweigten, zerstreut borstig behaarten Stengel. Die oberseits grünen, unterseits blaugrünen, schwach behaarten Blätter sind fiederteilig mit ovalen, stumpf gezähnten Abschnitten. BZ: April/Mai bis September. Die 1 bis 2 cm breiten Blüten stehen in kleinen langgestielten, zwei- bis achtblütigen Dolden (→ Blütenstand). Eine Einzelblüte besteht aus zwei bald abfallenden → Kelchblättern, vier goldgelben, eiförmigen → Kronblättern, zahlreichen → Staubblättern und einem oberständigen → Fruchtknoten mit zweilappiger → Narbe. Die Frucht ist eine schlanke, 2 bis 5 cm lange Schote, die zweiklappig von unten nach oben aufspringt und kleine schwarze → Samen mit weißlichem, ölhaltigem Anhängsel enthält; → Ameisenpflanzen.

Die giftige, bitter schmeckende Pflanze findet auch in der Naturheilkunde Verwendung, darf jedoch ohne ärztliche Verordnung nicht innerlich angewendet werden. Der orangene Milchsaft, den die Pflanze in allen Teilen führt, enthält eine Reihe von → Alkaloiden. Betupft man damit Warzen, können diese allmählich zum Verschwinden gebracht werden. Man verwendet den Wurzelstock und die Wurzeln (werden beim Trocknen schwarz), die Blätter und den Milchsaft (vor der Blüte). Sie enthalten Alkaloide (bisher 14 nachgewiesene), → ätherisches Öl, Farbstoff und Saponine, die krampflösend, schmerzlindernd, blutdrucksenkend, gallensekretionsfördernd und abführend wirken. Sie finden äußerliche Anwendung bei Warzen, Schwielen und Hühneraugen. Innerlich wurde die Pflanze früher bei Erkrankungen von Galle und Leber angewandt; auch war sie wegen ihrer schmerzlindernden Wirkung sehr geschätzt, die jedoch von den Produkten aus Schlafmohn (Opium, Morphium) weit übertroffen wird.

Schönbaum, der: → Lärchen 1.

Schönbuch, der: im Jahre 1974 gegründeter, 15 564 ha großer → Naturpark in Baden-Württemberg, 15 km südlich von Stuttgart zwischen den Städten Tübingen und Böblingen. Fast neun Zehntel dieses Naturparks sind mit Wald bedeckt. Zur Hälfte besteht er aus Nadelbäumen (Fi, Kie, Lä, Ta und Dgl). Die Waldlandschaft wird durch ein weitverzweigtes Netz von Bächen gegliedert; die zahlreichen Waldwiesen bilden einen reizvollen Kon-

Großes Schöllkraut (*Chelidonium majus*), eine giftige und heilkräftige Pflanze

trast zu den bewaldeten Hängen. Seine Flora ist vielfältig, z. B. mit Aronstab, Rotem Fingerhut, Teufelskralle, Tollkirsche, Weißem und Rotem Waldvögelein, Waldhyazinthe, Einbeere. Das Gelände des ehemaligen Zisterzienserklosters Bebenhausen (Hölderlin-Archiv) ist zugleich das einzige größere bebaute Gebiet im Naturpark S.

Schöne Koralle, die: → Keulenpilze 9.

Schönes Johanniskraut, das: → Johanniskraut 6.

Schönes Widertonmoos, das: → Bürstenmoos 2.

Schönfußröhrling, der: → Röhrlinge 4.

Schönheitswaldungen: veraltete Bez. für Wälder, die zur Verschönerung der Gegend und wegen ihres Erholungswertes bewirtschaftet werden.

Schönhorn, Klebriges, das: → Keulenpilze 12.

Schönschnabelmoos, das (*Eurhynchium striatum* (Hedw.) Schimper): Das zur Fam. Kurzbüchsenmoose (*Brachytheciaceae*) aus der Klasse → Laubmoose zählende S. kommt vom Tiefland bis in Höhen von etwa 1000 m vor. Es wächst auf frischen, nährstoffreichen Waldböden, Baumstubben und Gestein, wo es, v. a. in Laubwäldern, lockere, hell- bis gelbgrüne Rasen bildet. Die liegenden, ausgebreiteten oder aufsteigenden Stengel sind 5 bis 15 cm lang, unregelmäßig fiederförmig oder büschelig, oft fast bäumchenartig verzweigt. Die aufsteigenden Ästchen sind zur Spitze hin ziemlich schlank, die jüngeren knospenförmig stumpf und etwas überbogen. Die dicht stehenden, unregelmäßig, an der Spitze struppig abstehenden Blättchen sind längsfaltig, oval bis herzförmig (Astblätter länglich-lanzettlich) mit breitem, kurz zugespitztem Ende und scharf gesägtem Rand. Die schmale Blattrippe reicht bis in die Blattspitze. Die → Sporen reifen vom Winter bis zum Frühjahr. Die seitenständige, 2 bis 4 cm lang gestielte Sporenkapsel steht fast waagerecht und ist länglicheiförmig, schwach hochrückig, mit langgeschnäbeltem Deckel; entleert ist sie stark gekrümmt.

Schonung, die: frühere Bez. – hauptsächlich in Norddtschl. (→ Sparholz) – für einen jungen Baumbestand, der gegen Betreten, Weidevieh und Grasnutzung geschützt (geschont) war. Die S. wurde früher durch Warntafeln und Strohwische (→ Hegezeichen) oder durch Strohseile an den → Grenzbäumen gekennzeichnet. Der Begriff S. hat sich bis heute für junge Bestände erhalten. Um S. vor Wildverbiß, aber auch vor menschlichen Eingriffen zu schützen werden sie häufig vollkommen eingezäunt. Das Betreten ist gesetzlich verboten.

Schonwälder: in Baden-Württemberg nach dem Landeswaldgesetz ausgewiesene Schutzwaldkategorie (→ Schutzwald). In den S. sollen bestimmte, wertvolle → Pflanzengesellschaften oder ein bestimmter Bestandsaufbau (→ Bestand) erhalten oder erneuert werden. Gezielte forstliche Maßnahmen sind in den S. erlaubt oder vorgeschrieben.

Schopfbaum, der: → Baum.

Schopf-Hufeisenklee, der: → Hufeisenklee.

Schopfiger Hufeisenklee, der: → Hufeisenklee.

Schopftintling, der: → Tintling 5.

Schöpser, der: → Schäleisen.

Schorfheide, die: großes Waldgebiet in der Mark Brandenburg nördlich von Berlin zwischen Oder und Havel. Das Hauptgebiet der zwischen 56 bis 113 m über NN liegenden S. gehört zu den Kreisen Bernau und Eberswalde. 17 Seen (darunter Grimnitzsee, Werbellinsee, Großer und Kleiner Pinnowsee, Großer und Kleiner Döllnsee), viele Moore und Bruchwälder bestimmen über weite Strecken das Landschaftsbild. Einst „Große Heide Werbellin" (magna merica werbellin) genannt, entstand der Name S. erst im 18. Jh., als die Bauern der Uckermark ihre Schafe (Schoofe = Schafe) zur Eichelmast (→ Mast, → Waldweide) in die damals königlichen Wälder trieben. Die einstmals 60 000 ha große und eingegatterte S. umfaßt heute nur noch ca. 21 000 ha. Vorherrschend ist die Kie; daneben lockern Ei, Bi, Bu und Wei die Bestände auf. Die S. war bis Ende des Zweiten Weltkrieges eine der artenreichsten und wildreichsten Gebiete Dtschl. Seit 1945 sind Elche und Wisente und seit 1947 auch die Wildpferde ausgerottet. Die S. war wegen ihres Wildreichtums auch über 700 Jahre hinweg fürstliches Jagdrevier. Mitte des 16. Jh. wurden große Teile der S. mit einem sog. „Großem Wildzaun" umgeben. Rund 80 km lang war damals der 2 m hohe Wildzaun, mit dem das Jagdrevier eingezäunt wurde. Im Dritten Reich ließ Reichsjägermeister Göring diesen Zaun erneuern. Rund 40 000 ha wurden damals eingegattert. Heute umgibt das frühere Staatsjagdrevier ein 3 m hoher Wildzaun (Drahtzaun). Zahlreiche Jagdschlösser wurden im Laufe der Jahrhunderte errichtet. Das bekannteste ist das Jagdschloß Hubertusstock am Werbellinsee, das im Jahre 1849 im oberbayerischen Landhausstil errichtet wurde und später der SED-Führung als Gästehaus diente, sowie das Jagdschloß in Groß Schönbeck. Gedenksteine erinnern heute noch an die privilegierten Jagdgesellschaften, an Görings Jagdschloß Karinhall allerdings nur noch die Überreste des Eingangstores. Durch die extrem überhöhten Wildbestände der Vergangenheit weist der Waldbestand der S. große Wildschäden auf. Die S. wurde noch durch Beschluß der ehemaligen DDR-Regierung am 12. September 1990 neben anderen Gebieten als „Biosphärenreservat Schorfheide-Chorin" unter Schutz gestellt und als solches auch später von der UNESCO anerkannt.

Schorfichte, die: alte Bez. für eine einzeln stehende Fi mit vielen Ästen, entsprechend auch Schortanne, Schorkiefer.

Schornsteinfeger, der: → Augenfalter 6.

Schoß, der: → Trieb.

Schößen, das: Bez. für die früher in den bayer. Alpen übliche Methode, die gefällten Bäume an einer gegenüberstehenden Seite streifenweise zu entrinden; → Nappen, Berappen, Rappen.

Schößling, der: → Trieb.

Schotendorn, der: → Robinien.

Schottische Zaunrose, die: → Rosen 15.

Schradl → Stechpalmen.

Schragen, der: ein früheres Scheitholzmaß. Der S. war neun Ellen breit und drei Ellen hoch und hatte Scheitholzlänge. Dem Inhalt nach entsprach der S. in Sachsen 3 → Klaftern; → Raummeter, → Stoß, → Beige.

Schrägpflanzung, die: → Pflanzverfahren.

Schrank, Franz von Paula, Dr. theol. (1747 Vornbach am Inn bis 1835 München): Katholischer Priester, Botaniker und Universitätsprofessor. S. studierte bei den Jesuiten in Passau und wurde 1776 Professor für Mathematik und Physik am Lyzeum zu Amberg, dann für Rhetorik in Burghausen, seit 1784 war S. Professor der Landwirtschaft (einschließlich Berg- und Forstwissenschaft, Botanik und Zoologie) in Ingolstadt, später in Landshut. S. leitete nach Studienreisen in Norditalien den neu angelegeten Botanischen Garten in München. S. gilt als Bayerns größter Botaniker. Er schrieb über 40 selbständige Werke.

Schraubel, der: → Blütenstand.

Schraubenstendel, der: → Wendelähre.

schraubig → wechselständig.

Schrecken → Heuschrecken.

Schreiberholz, das: → Ahorne 3.

Schreibgeld, das: früher übliche Gebühr für die Registrierung des Holzeinschlages oder der zur → Mast eingetriebenen Schweine; → Schweinemast.

Schreiblaub, das: → Ahorne 3.

Schreibtag, der: terminlich festgelegter Tag, an dem Ansprüche auf Holzzuweisungen angemeldet werden mußten.

Schreibwitt, der: alte nordd. Bez. für Gebühr für die Registrierung der Mastschweine; → Dechelgeld.

Schreiheister, der: → Spechte 1.

Schreiner, der: → Bockkäfer 9.

Schriftfarn, der (*Ceterach*): auch Milz-, Schuppenfarn. Gatt. der Fam. der → Tüpfelfarngewächse (*Polypodiaceae*) aus der Klasse der → Farne mit nur vier Arten in den wärmeren Gebieten Europas, Asiens und Afrikas. S. sind Farne mit dicken, lanzettförmigen, fiederspaltigen bis gefiederten oberseits dunkelgrünen und kahlen, unterseits dicht mit breiten, graubraunen Spreuschuppen besetzten Wedeln (Blättern). Die bekannteste Art:

Schriftfarn, der (*Ceterach officinarum* DC.): auch Milz-, Schuppenfarn. Der S. ist hauptsächlich im Mittelmeergebiet verbreitet, kommt aber auch im Nordwesten und in Mitteleuropa vor, dort jedoch nur in wintermilden Lagen (Rheintal, Weinbaugebiete). Er wächst an trockenen, warmen Standorten, in Felsspalten und an alten Mauern.

Die mehrjährige, zierliche Farnpflanze hat in Rosetten stehende, gestielte, 5 bis 20 cm lange, wintergrüne, ledrige, im Umriß schmal-lanzettliche, fiederteilige Wedel (Blätter). Die Fiederteile sind rundlich und meist ganzrandig. Die Farnwedel sind oberseits graugrün, unterseits dicht mit hellen, glänzenden, später hellbraunen Spreuschuppen besetzt, die am Blattrand etwas vorstehen und so dem Wedel einen silbrigen Saum geben. Bei Trockenheit rollen sich die Blätter zusammen, so daß dann die spreuschuppige Seite einen Verdunstungsschutz bietet. Die länglichen Sori werden von den Schuppen überdeckt. Diese erscheinen dann über den reifen, dunklen Sporangien braun. Die → Sporen reifen von Juni bis August.

Schriftflechte, die (*Graphis scripta* (L.) Acharius): Die zur Fam. Schriftflechten (*Graphidaceae*) aus der Abteilung → Flechten zählende Art ist im gemäßigten Europa weit verbreitet und kommt in der Ebene und auf niederen Bergen häufig vor. Sie wächst hauptsächlich auf der glatten Rinde der Laubbäume.

Diese Krustenflechte hat sehr dünne glatte, weißlichgraue Lager (→ Thallus) in der Rinde. Die → Apothecien sind schwarz, etwa 1 bis 3 mm lang, rillig, sehr vielgestaltig und häufig an Schriftzeichen (Name!) erinnernd. Die Fruchtkörper bestehen nur aus einer Längsfurche, im Ggs. zur Art *Graphis elegans*, deren Fruchtkörper mehrfach längsfurchig sind und deren Thallus oberrindig und runzelig ist.

Schrödl → Stechpalmen.

Schrot, der: **1)** alte Bez. für den → Fallkerb, der früher mit der Axt (Schrotaxt) gehauen wurde; → Umschroten, → Stämmen der Bäume. **2)** ein walzenförmiger Baumabschnitt; → Schrotbaum.

Schrotbaum, der: ein rundes Holz zum Schroten von Lasten, d. h., Lasten auf untergeschobenen runden Hölzern wälzend fortbewegen.

Schrotbock, der: → Bockkäfer 12.

Schrote → Klöppel 2).

Schrotsäge, die: auch Abkürz-, Abläng-, Wald-, Zug-, Zweimannsäge. Eine Fällsäge (Handsäge) mit konvexem Verlauf der Sägezahnreihen. Sie wird von zwei Personen bedient und eignet sich auch zum Querschneiden.

Schuberg, Karl (16.7.1827 Karlsruhe bis 17.4.1899 Karlsruhe): S. studierte am Polytechnikum in Karlsruhe und wurde im Jahre 1855 städtischer Bezirksförster in Heidelberg und 1859 staatlicher Bezirksförster in Rheinbischofsheim, 1863 in Oberweiler. 1867 wurde S. als Professor an das Polytechnikum in Karlsruhe berufen. 1870 wurde er dort Mitglied der neu gegründeten Versuchsanstalt. Er schrieb u. a.: „Der Waldwegebau und seine Vorarbeiten" (2 Bde.; 1873 u. 1875), „Formzahlen und Massentafeln für die Weißtanne" (1891), „Zur Betriebsstatistik im Mittelwalde. Untersuchungen und Erfahrungen." (1898).

Schubert, F. → Wald in der Musik.

Schuh, der: → Fuß.

Schultze, Christian Albert von (23.3.1781 Harskirchen, ehem. Fürstentum Nassau-Saarbrücken bis 20.7.1851 Wildbad/Schwarzwald): S. gilt als eines der verdienstvollsten Mitglieder der bayer. Staatsforstverwaltung in der ersten Hälfte des 19. Jh. S. erhielt seine erste forstliche Anstellung in St. Ingbert (Saarland). 1803 wurde er zum Oberförster und 1805 zum Forstinspektor befördert. Seine Tüchtigkeit brachte ihm 1807 eine Berufung nach Kassel, um hier im westfälischen Dienst, 1808 zum Generalinspekteur der Forste ernannt, am Aufbau der Forstorganisation des neu entstandenen Königreichs Westfalen mitzuarbeiten. Im Jahre 1811 erhielt er zusätzlich das Amt des Administrators der Kronjagden. Nach Auflösung des Königreichs Westfalen wurde S. 1814 Kurfürstlich Hessischer Kammer- und Forstrat in Hanau; bald darauf wurde ihm vom provisorischen Generalgouvernement des Mittelrheins die Leitung und Organisation der Fostverwaltung in diesem Gebiet übertragen. Als der Regierungsbezirk Pfalz 1816 zu Bayern kam, trat S. als Oberforstmeister in königlich bayer. Dienste und wurde 1818 zum Regierungsrat und Kreisforstreferenten bei der königlichen Regierung in Speyer ernannt. 1826 erfolgte seine Berufung zum Oberinspektor der Forste und Ministerialrat beim Staatsministerium der Finanzen in München. Hier leitete S. zunächst die technische Seite, u. a. das Forsteinrichtungsbüro und nach dem Tode des Geheimen Oberforstrats v. Thoma 1849 bis 1851 die gesamte bayer. Forstverwaltung. Bayern verdankt S. im Rahmen seiner Tätigkeit als Chef der Forstverwaltung die Durchführung der Forsteinrichtung in den Staatswaldungen und die Aufstellung von auf genauer Kenntnis lokaler Verhältnisse basierender Wirtschaftsgrundsätze. Auf S. geht auch die Aufstellung der bayer. Massentafeln zurück, die auf der Grundlage von Formzahlermittlungen an rd. 40 000 Stämmen erfolgte, außerdem organisierte er u. a. das gesamte Etats- und Rechnungswesen.

Schultze, Friedrich Albert von (10.6.1808 Mainz bis 9.4.1875 München): Als Sohn von Christian Albert S. hat sich S. ebenso große Verdienste um die Förderung des Forstwesens in Bayern erworben. Er studierte Forst- und Kameralwissenschaften an der Universität München und ging anschließend (1829) als Forstpraktikant an die Forstämter Ebrach und 1831 Frankenstein (Pfalz). 1832 legte er in München das Staatsexamen ab und durchlief verschiedene Stellungen (1833 Forstamtsaktuar in Ebersberg, 1834 Revierförster in Walchensee, 1836 Revier Eglharting, Forstamt Ebersberg). 1838 wurde S. Forstkommissär bei der Kreisregierung von Oberbayern, 1840 Forstmeister in Partenkirchen, 1847 Regierungs- und Forstrat bei der Kreisregierung von Schwaben in Augsburg und 1858 Regierungs- und Kreisforstrat für den Regierungsbezirk Oberbayern in München. 1872 trat S. die Nachfolge von Dr. Josef Nikolaus von Mantel als Leiter der Staatsforstverwaltung an. Seine Verdienste lagen v. a. auf dem Gebiet der forstlichen Ausbildung. Er befaßte sich auch intensiv mit Vorarbeiten für ein Waldschutzgesetz und mit Fragen der Forstrechtsablösung, insbesondere der Streunutzung.

Schulwald, der: Der S. geht auf die Anregung der → Schutzgemeinschaft Deutscher Wald zurück. In einem vom Waldbesitzer für eine Schule zur Verfügung gestellten Waldteil (Lehrwald) wird lebensnaher Biologieunterricht mit praktischen Arbeiten durchgeführt. Der erste S. der BR Dtschl. wurde im Jahre 1949 in Sehestedt (Schleswig-Holstein) gegründet.

Schumann, R. → Wald in der Musik.

Schüpfer, Vinzenz, Prof. Dr. oec. publ. (4.4.1868 Retzbach bei Karlstadt bis 9.10.1955 München): S., Forstmann und Forstwissenschaftler, seit 1903 Privatdozent, übernahm im Jahre 1906 (bis 1935) den Lehrstuhl für Forsteinrichtung der Universität München und war 1927/28 deren Rektor. Er erhielt den Titel eines Ehrenbürgers der Universität München, zu dem die volkstümliche Benennung „Studentenvater" kam. Zusammen mit Ludwig → Fabricius redigierte er von 1915 bis 1940 das „Forstwissenschaftliche Centralblatt". S. schrieb u. a.: „Grundriß der Forstwissenschaft für Landwirte, Waldbesitzer und Forstleute" (1912), „Die Entwicklung des Durchforstungsbetriebes in Theorie und Praxis seit der 2. Hälfte des 18. Jahrhunderts, dargestellt unter besonderer Berücksichtigung der bayerischen Verhältnisse" (1903).

Schupp, der: → Waschbär.

Schuppenbäume (*Lepidodendrales*): Ordn. aus der Klasse der → Bärlappe mit baumförmigen → Pflanzen, die v. a. im Oberkarbon (→ Erdzeitalter) sehr häufig vorkamen und auf Grund ihrer großen Stoffproduktion die Hauptmasse der im Karbon entstandenen → Steinkohle gebildet haben. Nach dem Abfallen der Blätter am Stamm erscheinen schuppen- und siegelartige Narben; danach werden die Fam. der → Schuppenbaumgewächse und der → Siegelbaumgewächse unterschieden.

Schuppenbaumgewächse (*Lepidodendraceae*): eine längst ausgestorbene Fam. der → Schuppenbäume, die v. a. im Karbon (→ Erdzeitalter) vorkam, mit der nachfolgend genannten Gatt.:

Schuppenbaum, der (*Lepidodendron*): ausgestorbene, im Devon, Karbon und Perm (→ Erdzeitalter) lebende Bärlappbäume die an der Steinkohlebildung (→ Steinkohlenwälder, → Steinkohle) beteiligt waren. Die S. hatten einen bis zu 30 m hohen und über 2 m dicken Stamm. Die spiralig angeordneten Blätter saßen auf schuppenartigen Blattpolstern und hinterließen nach dem Abfallen ein fischschuppenähnliches Rindenmuster.

Schuppenblätter: Manche Nadelbäume, wie z. B. die Lebensbaum-Arten, haben stark zurückgebildete, meist nur schuppenförmig entwickelte Blätter, sog. S.

Schuppenborke, die: Bez. für eine → Borke, die in Schuppen abgeworfen wird. Eine S. haben z. B. Pla, Ei und die Nadelbäume; → Ringelborke, → Streifenborke, → Tafelborke.

Schuppenborke

Schuppenfarn, der: → Schriftfarn.

Schuppenflügler → Schmetterlinge.

Schuppenhaare → Haare.

Schuppenpilz, der: → Stockschwämmchen.

Schuppenröhrlinge (*Strobilomycetaceae*): Fam. der Ordn. der Röhrenpilze (*Boletales*) mit zwei Gatt. (*Strobilomyces* und *Porphyrellus*). S. unterscheiden sich von der Fam. der → Röhrlinge hauptsächlich durch abweichende Sporenformen und Farbstoffe. Die beiden vorkommenden Arten, zugleich die einzigen Vertreter ihrer Gatt., sind:

1. Strubbelkopfröhrling, der (*Strobilomyces floccopus*): auch Schwarzer Schuppenröhrling. Der ziemlich seltene und meist nur einzeln wachsende, genießbare Pilz kommt bei uns in Misch- und Nadelwäldern vor und erscheint von August bis Oktober. Der 6 bis 12 (15) cm breite Hut ist anfangs konvex, später flach. Die Haut ist dunkel graubraun bis fast schwarz; bei jungen Pilzen ist der Hutrand flockig-fetzig behangen. Die Huthaut zerreißt im Laufe des Wachstums und löst sich in dicke, gegen den Rand oft dachziegelartig übereinanderliegende Schuppen auf. Die anfangs weißgrauen Röhren sind weitlöcherig und verfärben sich bei Druck dunkel. Sie sind am Stiel angewachsen und laufen an diesem etwas herab. Die Röhren werden später dunkelbraun. Das gesamte Röhrenlager ist bei älteren Pilzen etwas vorgewölbt. Der Stiel wird 8 bis 15 cm lang und 1 bis 3 cm dick. Er ist unter dem Hut weißlichgrau und nach unten zu graubraun. Bei Berührung läuft er schwarzgrau an. Das weißgraue Fleisch wird beim Aufbrechen erst rötlich, dann schwarzbraun und zuletzt schwarz. Es hat einen eigenartigen Geruch und einen schlichten Geschmack.

2. Düsterer Röhrling, der (*Porphyrellus pseudoscaber*): auch Porphyrröhrling. Der hauptsächlich in der Bergregion in Laub- und Nadelwäldern meist in kleineren Gruppen, aber auch einzeln erscheinende Pilz wächst von Juli bis Oktober auf nährstoffreichen Böden. Der 8 bis 14 cm breite Hut ist jung halbkugelig, alt polsterartig ausgebreitet. Die Hutfarbe ist anfangs hellgrau, später tabakbraun. Die Oberfläche ist fein samtig, später glatt und nie schmierig. Die jungen Röhren sind kurz und graugelb, später etwas länger und graubraun. Bei Berührung flecken sie. Die Röhren sind am Stiel ausgebuchtet oder angewachsen. Der wie der Hut gefärbte Stiel ist ziemlich schlank und dünn. Das Fleisch ist weiß und wird beim Anschnitt rötlich, über den Röhren auch leicht grünblau. Es hat nach dem Kochen einen bitteren Geschmack, ist geruchlos und ungenießbar.

Schuppenwurz, die: → Schuppwurz.

Schuppiger Porling, der: → Porlinge 3.

Schuppiger Wurmfarn, der: → Wurmfarn 2.

Schüpplinge (*Pholiota*): eine mit ca. 30 Arten vertretene Gatt. holzbewohnender → Pilze aus der Fam. der Tintlingsartigen (*Coprinaceae*), die zur Ordn. der → Blätterpilze gehört. S. haben einen mehr oder weniger schuppigen Hut mit fleischigem, beringtem Stiel und braunen Sporenstaub (Braunsporer). Als Speisepilze sind die meisten S. nicht geeignet. Die wichtigsten Arten sind:

Sparriger Schüppling (*Pholiota squarrosa*)

1. Sparriger Schüppling, der (*Pholiota squarrosa*): Der Pilz wächst von September bis November meist büschelig auf Lbh und Ndh, am Grunde der Stämme. Der bis zu 15 cm breite Hut ist anfangs glockig-gewölbt, dann ausgebreitet und gelegentlich flach. Die Huthaut ist hell strohgelb, blaßocker bis rostgelb und mit sparrigen Schuppen dicht besetzt. Der Hutrand ist lange eingebogen. Die schmalen → Lamellen sind dicht stehend und um den Stiel ausgebuchtet, später auch herablaufend. Sie sind jung wachsgelb, später rostbraun. Der bis zu 12 cm lange und bis zu 1,5 cm dicke Stiel ist hutfarben und unterhalb der zerfetzten Ringzone dicht mit aufgerichteten dunkleren Schuppen besetzt. Das schmutziggelbe Fleisch des ungenießbaren Pilzes hat einen rettichartigen Geruch und einen etwas bitteren Geschmack.

2. Feuerschüppling, der (*Pholiota flammans*): Der Pilz wächst von Juli bis Oktober einzeln oder büschelig auf Nadelholzstrünken, meist an feuchten und schattigen Stellen. Der bis zu 7 cm breite Hut ist jung gewölbt mit kleinem Buckel, später flach, der Rand eingebogen. Die Huthaut ist leuchtend zitronengelb bis feuerorange und dicht mit gleichfarbigen, spitz aufgerichteten Schuppen bedeckt. Bei Regen schwach klebrig. Die dicht stehenden Lamellen sind ausgerandet-angeheftet, anfangs gelb bis olivgelb, dann rostgelb. Der anfangs volle, dann hohle Stiel wird bis zu 8 cm lang. Er ist gelb, unter dem Ring mit chromgolben, sparrigen Schüppchen bedeckt. Das gelbe Fleisch des ungenießbaren Pilzes läuft etwas bräunlich an. Es hat einen schwachen rettichartigen Geruch und schmeckt meist bitter.

▸▸ Goldfellschüppling (*Pholiota cerifera*)

3. Goldfellschüppling, der (*Pholiota cerifera; früher: P. aurivella*): auch Gold oder Glimmerschüppling, Hochthronender S. Der Pilz wächst meist büschelig von Oktober bis November an Strünken und Wundstellen lebender Bäume, vorwiegend an Laubbäumen (Bu, Apfelbäume). Gelegentlich erscheint er auch schon im April/Mai. Der bis zu 12 (15) cm breite Hut ist jung glockig, dann gewölbt und zuletzt flach. Die Huthaut ist leuchtend orangegelb mit fuchsigbraunem Scheitel. Der Rand bleibt lange eingerollt. Die Huthaut ist mit dunkleren Schüppchen bedeckt und jung stark schleimig-schmierig. Die breit ausgebuchteten oder abgerundet angehefteten Lamellen stehen dicht und sind erst hellgelb, später braun und häufig mit Olivtönen. Der bis zu 8 cm lange und bis zu 1,5 cm dicke Stiel ist hell gelbbraun, etwas faserig-flockig, nicht schleimig und unberingt. Gelegentlich hat er eine undeutliche Ringzone.
Das minderwertige, aber genießbare Fleisch ist gelblichweiß, in der Stielbasis rostbraun und hat bisweilen einen schwachen, rettichartigen Geruch.

4. Blasser Schüppling, der (*Pholiota gummosa*): Der Pilz wächst von August bis November an Laubholzstrünken und an (auch verborgenen) Holzabfällen. Der bis zu 5 (8) cm breite Hut ist flockig, dann gewölbt, schließlich verflacht bis niedergedrückt. Die Huthaut ist zitronengrünlich, im Schleim des Hutes sind weiße Schüppchen eingebettet, die leicht vom Regen abgewaschen werden. Die dünnen, engstehenden Lamellen sind fast gekerbt und buchtig angewachsen. Sie sind anfangs strohgelblich-weiß, dann bräunlich-gelb. Der bis 9 cm lange, mehr oder weniger hutfarbene Stiel ist an der Basis dunkler, schuppig-faserig und hat einen schwach entwickelten Ring. Der Stiel ist häufig verbogen. Das Fleisch des genießbaren Pilzes ist weißlichblaß, wird dann gelblich bis fast zitronengelblich und ist geruchlos.

Neben den vorgenannten, weit verbreiteten S., gibt es noch zahlreiche seltenere Arten, wie z. B. **Pappel-S.** (*P. populnea*), **Schleimiger S.** (*P. adiposa*), **Kohlen-S.** (*P. carbonaria*), **Nadel-S.** (*P. spumosa*) und **Erlen-S.** (*P. alnicola*), die hier nicht alle beschrieben werden können.

Schuppwurz, die (*Lathraea*): Gatt. der → Rachenblütler mit der Art:

Schupp(en)wurz, die (*Lathraea squamaria* L.): Die S. ist fast über ganz Europa verbreitet; gegen Norden zu nimmt sie ab. Sie wächst zerstreut in feuchten Wäldern, besonders Schlucht- und Auwäldern, Hartholz-Auenwäldern, Buchen- und sommergrünen Eichenwäldern (Klassen-Charakterart), feuchten mesophytischen Buchen- und Laubmischwäldern sowie in Gebüschen, auf feuchten, nährstoffreichen, meist auch kalkreichen Böden, bis in 1600 m Höhe.
Die bis 25 cm hohe, chlorophyllfreie, Voll- → Schmarotzerpflanze schmarotzt mit Hilfe speziell ausgebildeter Saugorgane auf Laubbäumen (Ul, Er, Ha, Bu, Pa), wo sie im Frühjahr von den Wurzeln den aufsteigenden Blutungssaft der Bäume anzapft und auf diese Weise Wasser, organische Nährstoffe und Salze erhält. BZ: April bis Mai. Die meist truppweise stehende S. hat einen anfangs niederliegenden, später aufgerichteten, mit bleichen blatt-ähnlichen, fleischigen, unten kahlen, oberwärts flaumhaarigen, bleichvioletten bis rosaroten, selten weißen Schuppen besetzten Stengel. Sie hat einen großen ästigen, mit fleischigen Niederschuppen dicht besetzten, oft metertief reichenden → Wurzelstock, der mehrere Kilo schwer werden kann. Die 1 bis 1,5 cm langen bleich-rosafarbenen Rachenblüten stehen in den Achseln weißlicher oder rosaroter, schuppenförmiger Deckblätter, in dichter, einseitswendiger, reichblütiger, anfangs nickender Traube (→ Blütenstand). Die einfächerige Fruchtkapsel enthält zahlreiche kurz-eiförmige bis fast kugelige, 1 mm große, braunschwarze → Samen, die im Sommer ausgestreut werden; → Ameisenpflanzen. Die Samen keimen nur aus, wenn sie durch Stoffe, die von den Wurzeln einer Wirtspflanze ausgehen, dazu angeregt werden.

Schur, die: frühere und auch veraltete Bez. für den → Abtrieb eines Waldes bzw. für das gewonnene Holz.

Schürbäume: **1**) frühere, in verschiedenen Gegenden übliche Bez. für alte → Samenbäume der Ndh, die auf den Schlägen stehen blieben. **2**) Bez. für die dicken Stangen, die früher beim Kohlenbrennen zum Anschüren des brennenden Meilers gebraucht wurden.

Schurzholz, das: Bez. für das früher im Krieg zum Ausbau der Schützengräben und Unterstände benötigte Holz, dessen Abmaße genau vorgeschrieben war. Noch im Ersten Weltkrieg setzte sich die Holzverkleidung eines Schützengrabens aus Rahmen zusammen, die 120 cm breit, 180 cm hoch und eine Brettstärke von 8 cm hatten. Für einen 100 m langen Schützengraben benötigte man 50 fm zugerichtetes S., dem entspricht etwa 75 fm → Rundholz.

Schuß, der: → Trieb.
Schusserbaum, der: → Geweihbaum.
Schuster: volkstümliche Bez. für die → Schnellkäfer.
Schusterbock, der: → Bockkäfer 13.
Schusterholz, das: → Hartriegel 2.
Schusterpilz, der: → Röhrlinge 3.
Schütte(krankheit), die: allg. Bez. für jegliche Krankheit (Pilzkrankheit) die einen unnatürlichen und unzeitgemäßen Blattfall, v. a. an Nadelbäumen, zur Folge hat; → Douglasienschütte, Fichtenschütte, Kiefernschütte, Lärchenschütte, Strobenschütte, Tannenschütte.
Schüttgelb, das: früher wichtiges Mittel zum Gelbfärben von Leinen und Wolle. Das S. wurde aus dem Laub der Bi gewonnen. Hierzu kochte man das junge Laub etwa eine Stunde lang in einem Kessel. Der Extrakt erhielt dann einen Zusatz von geschlämmter Kreide und etwas Alaun, worauf sich nach wiederholtem Aufkochen das S. auf dem Kesselboden niederschlägt. Läßt man z. B. das Alaun weg, erhält man das sog. Schüttgrün. Um Leinen und Wolle unmittelbar gelb zu färben, wurde Herbstlaub mit der Lauge von Holzasche und Alaun gekocht, der Extrakt filtriert und das zu färbende Zeug in dem klaren Absud gekocht; → Saftgrün, Pflanzenfarbstoffe, Färberhölzer.
Schüttgrün, das: → Schüttgelb.
Schüttraummeter (Srm), der: ein Raummeter geschüttetes Gut für grob oder fein gehacktes Hackgut (→ Hackschnitzel) oder auch für lose geschüttetes (ofenfertiges) → Stückholz.
Schutz, der: bei der früheren → Flößerei im Frankenwald gebräuchliche Bez. für eine zum Flößen benötigte bestimmte Menge künstlich angestauten Wassers; Schützen: svw. Flößen mit Hilfe des S.-Wassers.
Schutzanpassung, die: Tiere und Pflanzen entwickeln verschiedene Schutzvorrichtungen gegen Feinde und Witterungsextreme. Pflanzen schützen sich passiv durch Stacheln und Dornen, Drüsenhaare, eine dicke → Kuticula, abstoßende chemische Inhaltsstoffe oder Einlagerungen, Resistenz. Tiere kennen als passive S. auch Resistenz und Immunität, weiter → Tarnung, → Mimese, → Mimikry, Sichtotstellen, Schutzvorrichtungen (Fell, Fettschicht, Gehäuse, Schutzschild, Panzer, Stacheln, Aromastoffe), Warnlaute. Als aktive S. ist die Verteidigung durch Angriff oder Drohverhalten bekannt. Hierzu sind viele Arten mit eigenen Waffen (Gehörn, Geweih, Stoßzähne, Gifte, Sekrete) ausgestattet oder benutzen Gebiß, Hufe, Krallen usw. zur Abwehr.
Schutzbestand, der: → Schutzholz.
Schutzforst, der: Waldbesitzform, hervorgegangen aus ehemaligem fideikommissarisch gebundenem Waldbesitz (→ Fideikommiß). Die Überführung der ehemaligen Fideikommisse in S. (Gesetz vom 6.7.1938, S.-VO vom 21.12.1939) sollte den Großprivatwald (→ Privatwald) vor Zersplitterung schützen.
Schutzfunktionen des Waldes → Waldfunktionen.
Schutzgemeinschaft Deutscher Wald (SDW): am 5.12.1947 in Bad Honnef gegründete gemeinnützige, unabhängige, nichtstaatliche, auf überwiegend ehrenamtliche Tätigkeit gestützte Organisation, bestehend aus einem Bundesverband, den Landesverbänden, den Kreis- und Ortsgruppen und den Gruppen der → Deutschen Waldjugend sowie verschiedenen Arbeitskreisen. Sie hat bundesweit ca. 24 000 Mitglieder (Stand 1996). Im Deutschen Naturschutzring (DNR), der Dachorganisation aller → Naturschutzverbände, vertritt die SDW die Interessen des Waldes in seiner Bedeutung für eine gesunde Landschaft, für Natur- und Umweltschutz, für Freizeit und Erholung und als wichtige Rohstoffquelle. Sie ist Mitglied der Internationalen Naturschutzunion (IUCN) und der Europa Nostra. Die SDW wurde gegründet, um in der Nachkriegszeit dem Raubbau am deutschen Wald entgegenzuwirken und die bereits zerstörten Wälder wieder aufzubauen, was in Zusammenarbeit mit den Forstverwaltungen der Länder gelang. Auf Veranlassung der SDW hin wurden Gruppen der Waldwacht und Waldjugend gegründet. Auch heute noch ist ihre Aufgabe der Schutz des Waldes und der Landschaft durch umfassende Öffentlichkeitsarbeit (Zeitschriften, Pressedienst, Ausstellungen, Akademie und Arbeitstagungen, Schulungskurse, Jugendwaldheimaufenthalte für Schüler), Anlage und Pflege von Schulwaldungen (→ Schulwald) und durch enge Zusammenarbeit mit den Forst- und Naturschutzbehörden sowie Naturschutzorganisationen, insbesondere durch Mitwirkung an Raumordnungs- und Planfeststellungsverfahren und bei der Bundes- und Landesgesetzgebung. Seit 1952 ruft die SDW jährlich zum → „Tag des Baumes“ auf, der am 25. April bundesweit begangen wird, und in dessen Folge vielfach Waldjugendspiele durchgeführt werden. Außerdem arbeitet die SDW im Kuratorium → „Baum des Jahres“ mit, das eine besondere Baumart in den Mittelpunkt der Öffentlichkeitsarbeit stellt. Die SDW gibt die Monatszeitschrift „Unser Wald“ heraus und hat 1992 einen → „Grünen Runden Tisch“ ins Leben gerufen.
Schutzholz, das: auch Schutzbestand, Schutzmantel. Ndh sind durch Sturm, Feuer und Frost besonders gefährdet. Durch Zwischenbau von Lbh bzw. breiten Laubholzstreifen, dem sog. S., sollen Nadelbaumbestände gegen diese Gefahren etwas geschützt werden.
Schutzholzkern, der: → Fehlverkernung.
Schutzhütten → Forsthütten.

Schutzpatron, der: **1**) der Waldarbeiter: Hl. Vinzenz (22. Januar). **2**) der Almbauern, Zimmerleute und Waldarbeiter: Hl. Jakobus d. Ä. (25. Juli). **3**) der Flößer und Schiffer: Hl. Nikolaus (6. Dezember).

Schutzpflanzung

Schutzpflanzung, die: der Anbau von Bäumen und Sträuchern die nicht vorrangig der Holzerzeugung dienen, sondern dem Schutz eines anderen → Bestandes, des Bodens (z. B. gegen Bodenerosion oder als Windschutzpflanzung), oder dem Sicht-, Lärm- und Lawinenschutz; → Schutzwald, → Schutzholz.
Schutzteich, der: ein früher für die → Flößerei angelegter Stauweiher; → Schutz.
Schutzwagen, der → Personalwagen.
Schutzwald, der: Nach § 12 BWaldG kann Wald zu S. erklärt werden, wenn es zur Abwehr oder Verhütung von Gefahren, erheblichen Nachteilen oder erheblichen Belästigungen für die Allgemeinheit notwendig ist, bestimmte forstliche Maßnahmen durchzuführen oder zu unterlassen. Eine Erklärung zu S. kommt nach dieser Bestimmung insbesondere in Betracht zum Schutz gegen schädliche Umwelteinwirkungen im Sinne des → Bundes-Immissionsschutzgesetzes, Erosion (→ Bodenerosion) durch Wasser und Wind, Austrockung, schädliches Abfließen von Niederschlagswasser und Lawinen. Einer Erklärung zu S. bedarf es nicht, wenn die S.-Eigenschaft unmittelbar auf Grund landesrechtlicher Vorschriften gegeben ist. Nach dem BWaldG bedarf ein → Kahlschlag oder eine diesem in der Wirkung gleichkommende → Lichthauung der Genehmigung der nach Landesrecht zuständigen Behörde. Die Genehmigung kann mit Auflagen verbunden werden, soweit dies zur Erhaltung der Funktionen des Waldes erforderlich ist. Das Nähere regeln die Länder.
Das Waldgesetz für Bayern unterscheidet zwischen unbedingtem S., dem seine Eigenschaft allein schon aufgrund seiner Lage im Gelände (z. B. in den Hoch- und Kammlagen der Alpen und der Mittelgebirge) dauernd zukommt, sowie bedingtem S., der dauernd dazu dient, bestimmte konkrete Gefahren zu verhindern (z. B. auf Standorten, die zur → Verkarstung neigen oder stark erosionsgefährdet sind oder Wald, der dazu dient, Lawinen, Felsstürzen, Steinschlägen, Erdabrutschungen, Hochwasser, Überflutungen, Bodenverwehungen oder ähnlichen Gefahren vorzubeugen oder die

◂◂ Emblem der Schutzgemeinschaft Deutscher Wald

Flußufer zu erhalten), bzw. vorübergehend dem Schutz benachbarter Waldbestände vor Sturmschäden (→ Windbruch, → Wundwurf) dient. Diese Landesregelung ist enger als die des Bundes gefaßt, da der Schutz vor schädlichen Umwelteinwirkungen nicht hier, wohl aber im bayerischen → Bannwald einbezogen ist.
S. mit S.-Eigenschaft von steter oder längerer Dauer, d. h. die unbedingten und bedingten S. mit Dauercharakter, nicht die temporären Sturm-S., sind in Bayern in einem Schutzwaldverzeichnis (Schutzwaldkataster) eingetragen. Dieses Verzeichnis hat nur deklaratorischen Charakter.
Österreich hat eine ähnliche Regelung wie Bayern. S. nach § 21 des österr. Forstgesetzes sind Wälder, deren Standort durch die abtragenden Kräfte von Wind, Wasser und Schwerkraft gefährdet ist und die eine besondere Behandlung zum Schutze des Bodens und des Bewuchses sowie zur Sicherung der Wiederbewaldung erfordern. Unterschieden wird nach S. im Ertrag: S., der eine Bodennutzung zuläßt, und S. außer Ertrag: S. in schwer oder nicht begehbaren Lagen, in denen keine oder nur unbedeutende Holznutzung erfolgt sowie Bestände auf dürftigsten Standorten ohne Holzertrag. Dazu zählen auch Krummholzkiefern-, Legbuchen- und Grünerlenflächen.
Schweiz: Nach dem Bundesgesetz über den Wald von 1993 soll dafür Sorge getragen werden, daß der Wald seine Schutz-, Wohlfahrts- und Nutzfunktion (→ Waldfunktionen, → Vafor) erfüllt. So sollen Menschen und erhebliche Sachwerte vor Lawinen, Rutschungen, Erosion und Steinschlag (Naturereignisse) geschützt werden (Art. 1, Abs. 1 und 2). Nach Art. 42 der Verordnung über den Wald (WaV) des Bundes von 1993 muß ein Wald mit besonderer Schutzfunktion folgende Kriterien erfüllen:
Er muß auf Hängen stocken, von denen eine direkte Lawinen-, Rutsch-, Erosions-, Übermurungs- oder Steinschlaggefahr ausgehen kann (Gefahrenpotential). Es muß ein direkter Bezug vom Hang (Wald) zum gefährdeten Objekt bestehen. Die gefährdeten Objekte müssen Menschenleben oder erhebliche Sachwerte sein (Schadenspotential). Ausdrücklich davon ausgenommen sind touristische Anlagen wie Bahnen, Skilifte, Skipisten und Loipen. Der Wald muß gegenüber den verschiedenen Naturgefahren eine Schutzleistung erbringen können.

Weiße Schwalbenwurz (*Cynanchum vincetoxicum*)

Schutzwaldkataster, das: → Schutzwald.
Schutzwaldsanierung, die: In enger Zusammenarbeit mit der Wasserwirtschaftsverwaltung hat die Bayer. Staatsforstverwaltung 1986 ein S.-Programm eingeleitet. 8 % (11 800 ha) des gesamten → Schutzwaldes in Bayern müssen danach saniert werden. Die 11 147 Sanierungsflächen sind zu 195 Sanierungsgebieten zusammengefaßt, in denen die Sanierungsvorhaben großräumig mit den flankierenden Maßnahmen (Weiderechte, Wildbestandsregulierung) abgestimmt werden. Konkrete forstliche S.-Maßnahmen sind Pflanzungen, temporäre Gleitschnee- und Lawinenverbauung aus Holz zum Schutz der → Verjüngung. Permanente Lawinenverbauungen zum Schutz von akuten Gefahren für Siedlungen und andere Objekte werden von der Wasserwirtschaftsverwaltung errichtet.
Schutzwaldsanierungsprogramm, das: → Schutzwaldsanierung.
Schutzwaldverzeichnis, das: → Schutzwald.
Schutzwirkungen des Waldes: erstmals im Jahre 1825 wissenschaftlich beschrieben von dem Franzosen Moreau de Jonnes in seinem Buch „Untersuchungen über die Veränderungen, die durch die Ausrottung der Wälder in dem phyischen Zustand der Länder entstehen"; → Waldfunktionen.
Schutzzaun, der: → Gatter.
Schwachbeborstete Gebirgsameise, die: → Ameisen 1.
Schwächeparasiten → Sekundärschädlinge.
Schwachholz, das: auch Dünnholz. Bez. für → Rohholz (→ Langholz und → Schichtholz), das bei → Durchforstungen und → Kalamitäten anfällt und überwiegend industriell (hauptsächlich zur Herstellung von → Holzschliff und → Zellstoff) verwertet wird. Das S. hat hierbei seinen Zieldurchmesser (→ Brusthöhendurchmesser unter 20 cm) noch nicht erreicht.
Schwachnutzholz, das: in Österreich → Nutzholz überwiegend schwacher Dimensionen (ausgenommen Sägerundholz), das ist Faserholz (inklusive Schichtnutzholz), Holz zur Span- und Faserplattenerzeugung, Grubenholz, → Waldstangen und Behauholz, Betonstützen.
Schwaden, der: eine längere, mindestens 2 m breite Reihe zusammengeschobener Schlagabfälle.
Schwalbenschwanz, der: → Ritterfalter 1.
Schwalbenschwanz-Enzian, der: → Enzian 1.
Schwalbenwurz, die (*Cynanchum*): auch Schwalbwurz, Hundswürger. Gatt. der Fam. der Schwalbenwurz- oder Seidenpflanzengewächse (*Asclepiadaceae*) mit über 150 Arten in gemäßigten und wärmeren Gebieten, aber nur einer einzigen Art in Dtschl.:
Weiße Schwalbenwurz, die (*Cynanchum vincetoxicum* (L.) Persoon = *Vincetoxicum hirundinaria* Med. = *Vincetoxicum officinale* Moench): auch Hundswürger. Die W. S. ist hauptsächlich über Mittel- und Südeuropa verbreitet. Sie wächst truppweise an trockenen sonnigen Stellen, in lichten Wäldern, v. a. Eichen- und Kiefernwäldern, west-submediterranen Flaumeichenwäldern, Seggen-Buchenwäldern, Eichen-Hainbuchenwäldern, Schneeheide-Kiefernwäldern und Alpenrosen-Latschengebüschen, sonnigen Hecken und Gebüschen, Waldrändern und Saumgesellschaften, auf Weiden und Steinschuttfluren, bevorzugt auf Kalk, bis in Höhen von 1700 m.
Die mehrjährige, 30 bis 100 cm hohe, schlanke Staude hat einen hohlen, runden, zweizeilig flaumig behaarten, im oberen Teil oft windenden Stengel. Die kreuzweise gegenständigen (→ Blattstellung), oberseits dunkelgrünen, unterseits bläulichgrünen Blätter sind herzeiförmig, lang zugespitzt, 8 bis 12 cm lang, gestielt und ganzrandig, die unteren und mittleren am Grunde herzförmig, die oberen länglich-lanzettlich. BZ: Mai bis August. Die kleinen, gelblich-weißen Blüten stehen knäuelig gehäuft in gestielten, blattachselständigen Trugdolden (→ Blütenstand). Die Frucht ist eine 5 bis 7 cm lange, kahle, schotenartige Balgkapsel, die 6 bis 7 mm lange, eiförmige, flachgedrückte → Samen mit seidigem, weißen Haarschopf enthält.
Die S. enthält Vincetoxin und ist giftig. Die Wurzel ist schweißtreibend und verursacht Brechreiz. Sie wurde früher als Gegenmittel bei Vergiftungen verwendet (*Vincetoxicum* = Giftbezwinger, -besieger). Im Altertum glaubte man, die Pflanze töte Hunde, Füchse und Wölfe.
Schwalbwurz, die: → Schwalbenwurz.
Schwallungen → Klausen.
Schwämme: in Bayern auch Schwammerl. volkstümliche Bez. für im Wald und auf Wiesen wachsende → Ständerpilze (*Basidiomycetes*).
Schwammgewebe, das: → Parenchym.
Schwammparenchym, das: → Parenchym.
Schwammspinner, der: → Trägspinner 4.
Schwandrecht, das: Unter S. versteht man in Bayern die Befugnis, Almlichtungen von → Unkräutern mit holzigem Stengel, Gesträuch und → Anflug von Lbh und Ndh bis zu einer Stärke von 7 cm am Stockabschnitt („Hiefelstärke") oder einer gewissen Höhe zu säubern („schwenden"); → Schwenden.
Schwanzlurche (*Caudata, Urodelen*): Ordn. der Klasse der → Lurche mit langgestrecktem Körper und gut entwickeltem Schwanz, stets mit vorderem und fast immer mit hinterem Gliedmaßenpaar. Der Kopf ist vom Rumpf abgesetzt, die Haut ist nackt und drüsenreich, und ihre äußere Hornschicht wird mehrmals im Jahr, meist in einzelnen Fetzen, abgestreift und erneuert. Der Rachen ist bezahnt. Im Wasser schwimmen sie mit schlängelnden Bewegungen. Zur Fortpflanzung suchen auch fast alle landbewohnenden Formen das Wasser auf. Die → Larven mit äußeren Kiemen ähneln den erwachsenen Tieren. Die erwachsen meist an Land lebenden S. halten sich in feuchten Lebensräumen, z. B. auf der Laub- und Moosschicht des Waldbodens auf. Die S. sind vorwiegend dämmerungs- und nachtaktiv und ernähren sich von kleineren Lebewesen (v. a. von Gliederfüßern, Nacktschnecken und

Würmern). Die Bez. „Salamander" und „Molche" haben keine systematische (→ Systematik) Bedeutung. Folgende S. sind in unserer Heimat anzutreffen:

1. Feuersalamander, der (*Salamandra salamandra*): auch Feuer-, Regenmolch. Der F. wird in Mitteleuropa bis 20 cm, in Südeuropa bis ca. 28 cm lang und kommt in zwei → Rassen vor. Sein Körper ist ziemlich plump, der Kopf breit mit beiderseits großer Ohrdrüse. Die glatte Haut ist oberseits glänzend schwarz mit sehr variabler, zitronen- bis orangegelber, unregelmäßiger oder in Längsreihen angeordneter Fleckenzeichnung. Die beiden Rassen, die gebänderte (westliche) und die gefleckte gehen im Grenzgebiet (Thüringer Wald, Harz usw.) ineinander über. Der F. bewohnt bevorzugt hügeliges Gelände und das Mittelgebirge mit Laubwäldern und hält sich gerne an feuchten Orten und in Gewässernähe auf. Am Tage verbirgt er sich unter Moos, Baumwurzeln, Steinen, Felsspalten und Laub und hält von Oktober bis April einen Winterschlaf. Die Paarung findet im Frühjahr oder Sommer statt. Das Weibchen setzt dann im flachen Wasser 30 bis 70 voll bewegliche, 25 bis 30 mm lange Larven ab. Die Umwandlung (→ Metamorphose) zum landlebenden F. findet etwa vier bis fünf Monate später statt. Ein milchweißes giftiges Sekret, das v. a. Mund und Augen reizen kann, schützt ihn vor vielen Feinden.

2. Alpensalamander, der (*Salamandra atra*): auch Mohrensalamander. Der bis zu 16 cm lange (meist 10 bis 13 cm) einfarbig schwarz glänzende A. trägt beiderseits am Körper eine Reihe stark hervortretender Warzen. Der Kopf hat große Ohrdrüsen, die Haut ist ansonsten glatt. Der A. lebt in den Alpen überwiegend in einer Höhenlage von 700 bis 3000 m bevorzugt in feuchten Wäldern, kommt aber auch oberhalb der Waldgrenze im Krummholzbereich vor. Sein Aufenthaltsort sind feuchte, schattige Stellen, Verstecke unter Moos, Steinen, Alpenrosen und Gestrüpp etc. Er lebt häufig gesellig. Die Tragzeit beträgt je nach Höhenlage zwei bis drei Jahre. Das Weibchen bringt an Land zwei fertig entwickelte Junge zur Welt, die etwa 4 cm lang sind und keine Kiemen besitzen. Sie sind von anfang an selbständig.

3. Kammolch, der (*Triturus cristatus*): auch Großer Wassermolch. Beim K. wird das Weibchen selten bis 18 cm lang; das kleinere Männchen kann bis zu 13,5 cm lang werden. Der robuste Molch hat eine grobkörnige Haut, einen krötenartigen Kopf und einen etwa körperlangen Schwanz. Die Finger sind lang, schwarz und gelb geringelt. Die Oberseite ist dunkelbraun oder schwärzlich, die Unterseite gelb bis dottergelb oder orange mit großen ungleichen und schwärzlichen Flecken. Der Kopf, die Halsseiten und die Flanken sind mit kleinen, weißen Pünktchen übersät. Das Männchen hat zur Fortpflanzungszeit einen hohen, gezackten Kamm. Der K. bevorzugt klare, dicht mit Pflanzen bewachsene Tümpel und Teiche und hält sich meistens nur zum Laichen im Wasser auf. Die übrige Zeit verbringt der gewandte Schwimmer in der Ufervegetation und verbirgt sich unter faulem Holz oder unter Steinen. Die Laichzeit ist von Mitte März bis Mitte Mai. Die 2,5 mm langen Eier sind

braun mit einer gallertartigen Hülle und werden einzeln zwischen Wasserpflanzenblättern abgelegt. Etwa 200 bis 300 Eier werden dabei in einem Zeitraum von mehreren Wochen gelegt. Die Larven schlüpfen etwa nach 14 Tagen; sie sind dann etwa 10 mm lang und brauchen ca. acht bis zehn Wochen zur vollen Entwicklung.

4. Bergmolch, der (*Triturus alpestris*): auch Alpenmolch. Das Weibchen wird bis zu 12 cm lang, das kleinere Männchen bis zu 10 cm. Der B. hat eine gedrungene Körperform und einen ziemlich breiten Kopf. Das Männchen ist oberseits grau bis bläulich mit dunkler Marmorierung, unterseits gelborange bis feuerrot. Im Hochzeitskleid hat das Männchen einen ungezackten Rückenkamm. Das Weibchen ist oberseits auf bräunlichem Grund dunkel marmoriert, unterseits jedoch wie das Männchen gefärbt. Sein Lebensraum erstreckt sich hauptsächlich auf stehende und fließende Gewässer der Berg- und Hügellandschaft, in den Alpen ist er noch bis 3000 m Höhe anzutreffen. Er lebt tagsüber versteckt unter Steinen oder Moospolstern aber auch unter verrottendem Wurzelwerk. Zur Fortpflanzung begibt sich der B. ins Wasser, wo Paarung, Eiablage und Entwicklung der Larven erfolgen. Die beim Schlüpfen ca. 8 mm langen Larven brauchen etwa drei Monate bis zur Metamorphose. Die Überwinterung des B. erfolgt im Erdboden, unter Baumstümpfen oder größeren Steinen, oft in Gesellschaft mit Artgenossen oder anderen Amphibienarten.

5. Teich- oder Streifenmolch, der (*Triturus vulgaris*): Das Männchen wird bis zu 11 cm lang, das Weibchen bis zu 9 cm. Der T. ist unser häufigster einheimischer Molch. In Südeuropa wird er durch die verwandte Rasse *T. vulgaris meridionalis* vertreten. Der schlanke Molch hat an den Kopfseiten dunkle Längsstreifen. Das Männchen ist oberseits olivgrün mit dunkler, meist rundlicher Fleckenzeichnung. Der Kamm ist beim Hochzeitskleid gewellt. Unterseits mit orangefarbener bis gelber Mittelzone und mit dunklen Tupfen und Flecken. Der Schwanz, etwas länger als der Körper, ist an der unteren Kante auffallend orangerot und blau gefärbt. Das Weibchen ist oberseits olivbraun bis lehmfarben, häufig mit kleinen dunklen Flecken, unterseits (Bauchseiten) oft leicht goldglänzend, in der Bauchmitte gelblich bis rötlich. Der Rückenkamm fehlt; der Schwanzsaum ist dafür deutlich verbreitert. Er bevorzugt kleine, stehende Gewässer, wie Wassergräben, Kiesgruben, Teiche, Tümpel und sogar Pfützen. Der T. erscheint im März, gelegentlich auch schon im Februar, begibt sich in das Wasser und laicht dort bis zum Mai. Die anfangs etwa 3 cm langen Larven benötigen eine Entwicklungszeit von ca. drei Monaten. Sie gehen dann an Land.

◂◂ Feuersalamander (*Salamandra salamandra*)

◂◂ Alpensalamander (*Salamandra atra*)

6. Fadenmolch, der (*Triturus helveticus*): auch Leistenmolch. Beim F. wird das Männchen kaum 8 cm, das Weibchen hingegen etwas über 9 cm lang. Der Körper des F. ist ziemlich schlank, der Kopf länglich, der Schwanz seitlich zusammengedrückt, ähnelt etwas dem Teichmolch. Die Kopfseiten haben dunkle, durch das Auge laufende Streifen. Das Männchen ist oberseits olivbraun, die Kehle rosa und durchscheinend, unterseits ist es weißlich mit strohgelbem Mittelbereich. Das spatelförmige Schwanzende trägt beim Männchen im Hochzeitskleid einen 5 bis 6 mm langen Schwanzfaden sowie zwei deutliche Seitenwülste (Längsleisten). Der seltene Molch bevorzugt Teiche, Gräben, Tümpel und kommt v. a. im bewaldeten Hügelland und in den Alpen bis etwa 1000 m Höhe vor. Die Eier werden im Frühjahr einzeln an Wasserpflanzen abgelegt. Nach der Eiablage verbirgt er sich in der Ufervegetation. Die Larven tragen keinen Schwanzfaden.

Schwanzmeisen (*Aegithalidae*): Wegen einiger Besonderheiten im Körperbau werden die langschwänzigen S. (weltweit acht Arten) als eigene Unter-Fam. oder als eigene Fam. geführt:

Schwanzmeise, die (*Aegithalos caudatus* L.): auch Schnee-, Moor-, Spiegelmeise, Pfannenstiel, Teufelsbolzen. Sie gehört zur Fam. der S. (*Aegithalida*). Länge: 14 cm (davon 5 cm Schwanz), Gewicht: um 9 g.

Mit Ausnahme des äußersten Nordens kommt sie in ganz Europa vor, ist jedoch örtlich selten oder fehlt ganz. Sie bewohnt lichtungsreiche Laub- und Mischwälder vorzugsweise an Waldrändern, Parkanlagen, Obstgärten, Feldgehölzen und Auwäldern. Der lebhafte Vogel hält sich außerhalb der Brutzeit oft in Trupps auf. Die S. ist bei uns Stand- und Strichvogel.

Das S.-Pärchen baut sein Nest (eiförmig mit seitlichem Flugloch) oft dicht am Stamm oder in einer Astgabel von Laubbäumen, oder in Dornenbüschen, dichten Hecken und in den Zweigen von Fichten oder Wacholder. Das

Nest wird in einer Höhe von 1 bis 12 m errichtet. Das Gelege besteht aus sieben bis 12 fast weißen Eiern (13,6 x 10,9 mm, ca. 0,94 g), die spärlich mit rostroten Flecken bedeckt sind. Brutdauer: 12 bis 13 Tage, Nestlingszeit: 15 bis 16 Tage. Es brütet nur das Weibchen. Zwei Jahresbruten (April bis Juni); Nachgelege. Nahrung: kleinere Insekten und Webspinnen, im Winter meist Insekteneier und -puppen.

Schwappach, Adam Friedrich, Dr. Dr. h. c. (2.11.1851 Bamberg bis 9.2.1932 Eberswalde): Forstmann und Geheimer Regierungsrat. S. studierte in Aschaffenburg und München, 1876 wurde er Assistent am chemischen Laboratorium und Dozent für Nationalökonomie in Aschaffenburg, 1878 Assistent am Königlichen Forstbureau in Würzburg, 1881 Professor in Gießen, 1886 Dirigent der forstlichen Abteilung des Versuchswesens an der Forstakademie in → Eberswalde. Veröffentlichungen u. a.: „Grundriß der Forst- und Jagdgeschichte Deutschlands" (1883), „Handbuch der Forst- und Jagdgeschichte Deutschlands" (2 Bde.; 1886-1888), „Forstpolitik, Jagd- und Fischereipolitik" (1894); → Massentafel.

ten-, hauptsächlich Kiefernwäldern. Die Vorderflügel sind unscheinbar graubraun gefärbt, die kleineren Hinterflügel dunkel-braungrau. Die Flügelaußenränder sind schwarzweiß gefleckt, der Hinterleib hell-dunkel geringelt. Die Raupe ist sehr bunt gezeichnet, mit rotbrauner Rückenlinie. Der dämmerungsaktive K. besucht gerne die Blüten von Geißblatt, Seifenkraut und Li. Das Weibchen legt die grünlichen Eier in Gruppen oder einzeln an die Nadeln der Kie. Die Raupenzeit ist von Juli bis September. Da der K. selten in Massen auftritt, ist der Fraßschaden (Kiefernnadeln) bedeutungslos. Die große schwarzbraune → Puppe überwintert.

2. Ligusterschwärmer, der (*Sphinx ligustri*): Der L. ähnelt im Aussehen dem Kiefernschwärmer, ist jedoch etwas größer. Die Hinterflügel sind leuchtend rot mit zwei breiten, schwarzen Bändern. Der L. schwärmt von Ende Mai bis Juli, besonders in lichten Laubwäldern, Auen und offenen Landschaften mit Feldgehölzen. Die besonders an Liguster, Flieder und Es lebenden Raupen fressen von Juli bis September. Sie sind wie die Eier hellgrün und zeigen violette und blaue Schrägstreifen.

langen Vorderflügeln schwärmt von Mai bis August vorwiegend in Mischwäldern, in denen Li stehen, und in alten Lindenalleen. Die Vorderflügel sind rosa und grün überflogen und haben ein breites, schwarzes Band, das in der Mitte unterbrochen ist. Die grün gefärbten Raupen, mit hellen Schrägstreifen und roten Ringen um die Atemöffnungen, fressen von Juni bis August an Li, seltener Bi, Ei, Ul oder Er.

6. Mittlerer Weinschwärmer, der (*Deilephila elpenor*): Der Falter mit auffallend großen Augen und 2,7 bis 3,6 cm langen Vorderflügeln schwärmt von Mitte Juni bis August in der Dämmerung. Seine Grundfärbung ist rot; auf der Oberseite der Vorderflügel verläuft eine gerade Linie in die nach außen gebogene Spitze. Auf dem Hinterkörper verlaufen parallel zueinander zwei braune Bänder. Das Weibchen legt etwa 100 glänzend grüne Eier einzeln an die Unterseite der Nahrungspflanzen ab. Die dämmerungs- und nachtaktiven Raupen sind hellgrün bis braun, manchmal fast schwarz. Auffallend sind die vier großen Augenflecke am Vorderkörper der Raupe und je ein schwarzer Punkt auf jeder Seite eines jeden Abschnittes. Am Hinterende befindet

▸▸▸ Abendpfauenauge (*Smerinthus ocellata*)

▸▸ Ligusterschwärmer (*Sphinx ligustri*)

Kiefernschwärmer (*Hyloicus pinastri*)

Schwärmer (*Sphingidae*): Fam. meist sehr großer → Schmetterlinge (Falter) mit weltweit (v. a. in den Tropen) rd. 1000 Arten, davon ca. 30 Arten in Europa. S. haben einen langen Saugrüssel und einen kräftigen, kegelförmig zugespitzten Hinterleib. Die Vorderflügel sind schmal, kräftig und in der Ruhe dachförmig über dem kegelförmig zugespitzten Hinterleib zusammengelegt. Die Hinterflügel sind auffallend kleiner. S. sind kräftige, pfeilschnelle, schwirrende Flieger und meist dämmerungs- und nachtaktiv. Als ausdauernde Flieger können sie mit einer Geschwindigkeit von bis zu 54 km/h große Strecken zurücklegen. Sie saugen schwebend (Rüttelflug) an den Blüten und haben deshalb einen extrem langen Rüssel. Die oft sehr bunten → Raupen sind walzenförmig, glatt, 16beinig und haben meist ein spitzes, gekrümmtes Horn auf dem vorletzten Hinterleibsring. Die Verpuppung erfolgt überwiegend in einer Erdhöhle. Die wichtigsten, auch in Wäldern lebende Arten sind:

1. Kiefernschwärmer, der (*Hyloicus (Sphinx) pinastri*): auch Tannenpfeil. Der große schlanke Falter (Flügelspannung 6 bis 7 cm) fliegt von Mai bis Juli und ist ein Bewohner von Fich-

3. Abendpfauenauge, das (*Smerinthus ocellata*): Der häufige Falter mit 4 bis 4,5 cm langen Vorderflügeln ist überall verbreitet und fliegt von Mai bis Juli in warmen Nächten. Die Vorderflügel sind rötlichgrau mit helleren und dunkleren Querlinien. Auf dem Hinterflügel befindet sich ein auffälliger großer blauer, dunkel gekernter und schwarz gesäumter Augenfleck. Dieser dient durch plötzliches Vorzeigen als Schrecktracht. Die großen Raupen sind bläulichgrün, haben schräg gestellte, parallel verlaufende, weiße Linien und ein bläuliches Horn. Sie fressen von Juli bis September an Obst- (Apfel) und Waldbäumen Pa und Wei.

4. Pappelschwärmer, der (*Laothoe (Amorpha) populi*): Der Anfang Mai bis Anfang August nachts schwärmende Falter hat ca. 4,5 cm lange Vorderflügel und ähnelt dem Abendpfauenauge. Anstelle des Augenflecks trägt er jedoch einen großen orangeroten bis rotbraunen Fleck und ist auch insgesamt blasser gefärbt. In Auwäldern ist er häufig anzutreffen. Die Raupen fressen von Juni bis Oktober an Pa, Wie und Apfel.

5. Lindenschwärmer, der (*Mimas tiliae*): Der dämmerungsaktive Falter mit 3,8 bis 4 cm

sich ein kleiner dunkler Dorn. Sie fressen von Mitte Juni bis August vorwiegend an Weidenröschen, aber auch an Lab- und Springkraut, und sind zuletzt 7 bis 8 cm lang. Der schöne Falter ist in Auwäldern, Waldlichtungen, Flußniederungen sowie in Gärten und Parkanlagen anzutreffen.

7. Kleiner Weinschwärmer, der (*Deilephila porcellus*): Der Falter ähnelt im Aussehen dem Mittleren Weinschwärmer, ist jedoch kleiner (Vorderflügel 2,2 bis 2,4 cm lang) und nicht so rot gefärbt wie dieser. Über die Vorder- und Hinterflügel verläuft ein breites, gelbbraunes und gezacktes Band; der Hinterkörper ist gebändert. Er schwärmt von Mitte Mai bis Anfang Juli in der Dämmerung, mit Vorliebe in feuchten Auwäldern, Flußniederungen und in Gärten. Die Raupen fressen von Juli bis August, hauptsächlich an Weidenröschen, Lab- und Springkraut.

Schwarmmücken → Zuckmücken.

Schwärmzeit, die: die artspezifische Flugzeit (Fortpflanzungszeit) der verschiedenen Insektenarten. Je nach Auftreten unterscheidet man Früh- und Spätschwärmer. Bei Schädlingen ist die Kenntnis von der S. Voraussetzung für eine wirkungsvolle Bekämpfung. Die S. hängt u. a. von den klimatischen Verhältnissen ab und schwankt für ein und dieselbe Art nach geographischer Lage und Höhenlage.

Schwartbretter: auch Endbretter; → Brett, → Schwarte.

Schwarte, die: auch Schwartling, Schwärtling, Schale, Ortdiele. beim Zersägen eines → Stammes zu Brettern entstehende Seitenbretter, bei denen eine Breitseite von der Stammaußenfläche gebildet wird und die noch die Baumrundung zeigen. S. bilden bei Brettern die schlechteste Qualität.

Schwartling, der (Schwärtling): → Schwarte.

Schwarzäste → Trockenäste.

Schwarzbeere, die: → Heidelbeere 1. und → Rubus 1.

Schwarzbirke, die: → Birken 2.

Schwarzbuche, die: → Hopfenbuche.

Schwarzdorn, der: → Prunus 7.

Schwarzdrossel, die: → Drosseln 10.

Schwarze(r/s) ... siehe unter dem jeweiligen Hauptnamen.

Schwarze Fliegen → Kriebelmücken.

Schwarzeller, die: → Erlen 3.

Schwarzenbergscher Schwemmkanal, der: 44 km langer Triftkanal im Böhmerwald zur Erschließung der Fürstlich-Schwarzenbergschen Waldungen im Norden des Dreisessels, Plöckensteins und Hochfichts. Diese bedeutendste forstliche Bringungsanlage ihrer Zeit wurde ab 1789 durch Joseph Rosenauer im Auftrag des Fürsten Schwarzenberg errichtet. 1930 wurde letztmals auf dem Kanal getriftet. Die → Trift erforderte 1200 Arbeiter. Der Kanal überwindet die Wasserscheide Elbe/Donau und ermöglichte damit die Lieferung von Triftholz aus dem Einzugsgebiet der Elbe zur Donau. Zur Abkürzung wurde der Kanal 400 m durch den ersten Tunnel Mitteleuropas geführt. Während der Hochzeit der Trift wurden rd. 14 Mio. Raummeter Brennholz über die Trift, auf der Donau dann auf Kelheim-Plätten, geliefert. Teile des S. sind in der Euregio Bayer. Wald/Böhmerwald wiederbelebt worden.

Schwarzer Fichtennadelpilz, der: → Schwarzer Schneeschimmel.

Schwarzerle, die: → Erlen 3.

Schwarzerlen-Bruchwald, der (*Alnion glutinosae*): pflanzensoziologischer Verband der Ordn. → Bruchwälder und Bruchweiden-Gebüsche (*Alnetalia glutinosae*). Die oft waldartigen Gesellschaften dieses Verbandes stocken auf meso- bis eutrophen, meist organogenen Naßböden (Reichmoortorfe) mit v. a. im Winter und Frühjahr hochanstehendem, wenig schwankendem, zeitweise austretendem, langsam sickerndem oder stagnierendem Boden- oder Grundwasser in Geländesenken oder auch Verebnungen. Die herangeführten Basen neutralisieren die Säuren, die von anaerob lebenden Bodenorganismen erzeugt werden und ermöglichen dadurch eine weitgehende Zersetzung der organischen Pflanzenreste durch Bakterien und Regenwürmer. Der aus Holz und Pflanzenresten entstehende Bruchwaldtorf (Bruchwaldfehn) ist etwa

Schwarten gebündelt

10 bis 20 cm stark. Der periodischen Überschwemmung oder länger anhaltenden Vernässung (meist Frühjahr) muß eine zumindest oberflächliche Abtrocknung des Bodens folgen. Diese ist wegen der Sauerstoffversorgung und der Stickstoffmineralisation wesentliche Voraussetzung für die Ansiedlung der SEr, die die → Hauptbaumart bildet. Nebenbaumarten sind MBi, seltener Es und Vobe oder FlUl. → Charakterart ist der Sumpf-Lappenfarn. Der Dauernässe sind nur SEr, MBi und einige Wei gewachsen. In der Bodenvegetation finden sich die Nässezeiger (→ Boden(an)zeiger) Gelbe Schwertlilie, Bittersüßer Nachtschatten, Sumpf- und Steife Segge und das Rohrglanzglas. Ferner wachsen dort Schwarze Johannisbeere, Sumpfreitgras, Kamm- und Sumpffarn. Entstand der S. im Verlandungsbereich von Seen, auf ehemaligen Niedermoorstandorten, befinden sich im Unterholz Sumpfpflanzenarten, die in Röhrichten und auf Naßwiesen vorkommen. In der Fauna des S. finden sich auch Arten des Auwaldes, der Verlandungsbereiche und anderer mooriger oder sumpfiger Standorte in einer ganz spezifischen Kombination, wie z. B. Bruch-Tauschnecke, Sumpf-Kreiselschnecke, Moorfrosch, Gelbbauchunke, Ringelnatter, Waldschnepfe, Erlenzeisig und Zwergmaus. Diese in Westdtschl. regional selten gewordene oder völlig verschwundene → Waldgesellschaft ist von Änderungen des Wasserregimes betroffen und auch künftig bedroht. Die S. werden häufig entwässert. Dadurch werden nährstoffreiche humose Böden gewonnen, aber wertvolle Feuchtbiotope (→ Feuchtgebiete) gehen verloren. → Assoziationen dieses Verbandes sind der → Walzenseggen-Erlenbruchwald (*Carici elongatae-Alnetum glutinosae*) und der Torfmoos-Erlenbruchwald (*Sphagno-Alnetum glutinosae*) mit der Waldgesellschaft → Sumpfdotterblumen-Erlenwald (*Caltha palustris-Alnus glutinosa*). Die S. stehen in direktem Kontakt mit dem Verband der → Grauweiden-Gebüsche und Moorbirken-Bruchwälder (*Salicion cinereae*), welcher ihre Mantelgesellschaft bildet, und der Assoziation → Hainmieren-Schwarzerlenwald.

Schwarzerlen-Bruchwälder und Grauweidengebüsche (*Alnetea glutinosae*): auch Bruchwälder. pflanzensoziologische Klasse der → Waldgesellschaften. Als typische azonale Vegetationseinheit stocken S. auf organischen Naßböden (→ Niedermoor) in flachem Gelände oder in Mulden mit nahezu ganzjähriger Vernässung. Die Begleitflora unterscheidet sich deutlich von den klimatisch geprägten → Europäischen Fallaubwäldern. Diese Klasse umfaßt nur eine Ordn., die der → Bruchwälder und Bruchweiden-Gebüsche (*Alnetalia glutinosae*). Die Ordn. ihrerseits umfaßt zwei Verbände, den Verband des → Schwarzerlen-Bruchwaldes und den der → Grauweiden-Gebüsche. Früher wurden solche Wälder als → Niederwald betrieben. Sie sind in ihrem Bestand durch → Drainage gefährdet; → geschützte Pflanzenformationen (6d-Flächen).

Schwarzerlen-Eschen-Auenwald, der: → Traubenkirschen-Eschen-Auenwald.

Schwarzerlen-Galeriewald, der: → Hainmieren-Schwarzerlenwald.

Schwarzerlenwald, der: → Schwarzerlen-Bruchwald, → Hainmieren-Schwarzerlenwald.

Schwarzer Schneeschimmel, der (*Herpotrichia nigra*): auch Schwarzer Fichtennadelpilz. Der Pilz mit schwarzbraunem → Myzel befällt die vom Schnee niedergedrückten und bedeckten Äste von Ndh, insbesondere von Fi, BKie und Wacholder, wobei letzterer der Zwischenwirt für diesen Pilz ist. Der S. S. bewirkt vorzeitigen Nadelabfall.

schwarzer Tod, der: → Baumtrocknis.

Schwarzer Wurm, der: umgangssprachliche Bez. für pilzzüchtende Holzkäferarten, v. a. für → Borkenkäfer. Großer S. W. = Großer Eichenbock; → Borkenkäfer 1. Kleiner S. W. = Eichenholzbohrer; → Borkenkäfer 23.

Schwarzfleckigkeit, die: grau- bis tiefschwarz erscheinende Flecken auf der Stammoberfläche entrindeter Fi, die im Sommer gefällt wurden. Die S. wird teils von →

Bläuepilzen und teils von Schimmelpilzen hervorgerufen. Durch die vielen austretenden Harztröpfchen, auf und unter denen sich die Pilze nicht ansiedeln können, wirkt die Oberfläche der Stämme nach Befall wie getupft; die Tröpfchen erscheinen dabei als helle Tupfen.

Schwarzföhre, die: → Kiefern 2.

Schwarzforche, die: → Kiefern 2.

Schwarzgefleckter Bläuling, der: → Bläulinge 9.

Schwarz-Harzholz, das: veraltete Bez. für → Nadelholz.

Schwarzholz, das: **1**) frühere Bez. für das → Nadelholz. **2**) Bez. für → Blackwood und → Ebenholz. **3**) volkstümliche Bez. für den Faulbaum; → Kreuzdorn 3.

Schwarzhütiger Steinpilz, der: → Steinpilz.

Schwarzkäfer (*Tenebrionidae*): auch Dunkel-, Schattenkäfer, eine mit ca. 20 000 Arten weltweit verbreitete, meist versteckt oder unterirdisch lebende Käfer-Fam. von brauner bis schwarzer Färbung. Sie haben unbewegliche Flügeldecken und sind nachtaktiv. Viele Arten sind Bewohner heißer und trockener Gebiete (Wüstenkäfer). Die sechsbeinigen Larven sind langgestreckt, walzenförmig und schmal, meist von gelbbrauner Farbe und ähneln den Drahtwürmern. S. leben von Pflanzenstoffen, auch faulenden Substanzen. Tagsüber verstecken sie sich unter Steinen, Laub und dgl. Einige Arten können durch Fraß an Kulturpflanzen (z. B. jungen Kie) und Lebensmitteln schädlich werden. An Waldrändern, aber auch an sandigen, trockenen Orten (z. B. Dünen) findet man:

Staubkäfer, der (*Opatrum sabulosum*): auch Sandstaubkäfer. Der 1 cm große Käfer ist oberseits schwarz oder grauschwarz, dichtkörnig behaart mit mehreren Rippen auf den Flügeldecken. Die Eier legt das Weibchen in den Boden. Die schlüpfenden Larven ernähren sich von den Pflanzen der Umgebung. Der S. tritt gelegentlich schädigend in einjährigen Kieferkulturen auf. Die Larve überwintert zweimal; zweijährige Entwicklungszeit; → Düsterkäfer.

Schwarzkiefer, die: → Kiefern 2.

Schwarzkiefer, Dalmatinische, Kalabrische, Korsische, Österreichische, Spanische, die: Unterarten der SKie; → Kiefern 2.

Schwarzkieferntriebsterben, das: Das S. wird durch den Triebpilz *Brunchorstia pinea* verursacht. Befallen werden verschiedene Kiefernarten. Ernsthafte Schäden treten in jüngeren Altersklassen auf, v. a. wenn die Kie auf naßkalten → Standorten wachsen oder dicht im → Bestand stehen. Nach Infektion im Vorjahr breitet sich das → Myzel in den Trieben aus; die → Fruchtkörper bilden sich auf der Rinde. Im Frühjahr erfolgt ein Absterben der Nadeln von der Triebspitze her; die Nadeln werden von der Basis zur Spitze hin braun. Befallen werden i. d. R. die letzten Jahrestriebe.

Schwarzkopfmilchling, der: → Milchlinge 3.

Schwarzmeeresche, die: → Eschen.

Schwarzpappel, die: → Pappeln 2.

Schwarzspecht, der: → Spechte 3.

Schwarzstieliger Streifenfarn, der: → Streifenfarn 5.

Schwarzstirnwürger, der: → Würger 2.

Schwarzstorch, der: → Störche 2.

Schwarztanne, die: → Fichten 1.

Schwarztäubling, Dickblättriger, der: → Täublinge 15.

Schwarzviolette Akelei, die: → Akelei 2.

Schwarzwald, der: Die Kinzig teilt das besterschlossene Mittelgebirge Europas in den Nord-S. und in den Süd-S. Im Nord-S. herrschen große Buntsandsteinareale vor. Sie überragen mit einer durchschnittlich 200 m hohen Schichtstufe (Hornisgrinde, 1164 m) die tiefer gelegenen Grundgebirgsstockwerke der westlichen Täler. An Seen sind zu nennen der Mummelsee und der Wilchsee, an Flüssen die durch die früher ausgeübte → Flößerei bekannte Murg (→ Murgschifferschaft), Enz und Nagold. Kennzeichnend für die ausgedehnten Hochflächen des Nord-S. sind die großen, nur durch Rodungsinseln mit kleinen Dörfern unterbrochenen Nadelwälder. Charakteristisch für den Süd-S. sind die runden Berggipfel mit teils breiten Wiesentälern und teils engen Schluchten. Vorherrschend ist das Urgestein Gneis und Granit. Höchste Erhebungen sind Feldberg (1493 m) und Belchen (1414 m). Reizvoll eingebettet liegen Titi-, Schluch- und Feldsee. Der Baum des S. ist die Ta, die ursprünglich weite Teile des S. bedeckte. Der große Bedarf an → Bauholz für die schiffsbauenden Holländer (→ Holländer(holz)handel, Holländerstämme) sowie die weit verbreitete Glasindustrie führten zu einem Raubbau, der so stark war, daß Ende des 17. und zu Anfang des 18. Jh. weite Teile des Landes weitgehend abgeholzt waren. Dies betraf v. a. den mittleren und nördlichen S. Erst im 19. und 20 Jh. erfolgten wieder große Aufforstungen, doch nun drängte die Fi die bis dahin dominierende Ta, die hauptsächlich in 700 bis 900 m Höhe wächst, zurück. Der S. wurde, im Ggs. zu anderen deutschen Gebieten, erst spät besiedelt. Im 12. und 13. Jh. drangen allmählich die Menschen in den dunklen S. ein und gründeten die typischen → Waldhufendörfer. Neben einer äußerst artenreichen Fauna und Flora prägen das Landschaftsbild des S. auch zahlreiche Moore. V. a. in den Hochregionen (ab 900 m) sind die → Waldschäden besonders ausgeprägt.

Nord-Schwarzwald

Schwarzwälder Nutzholzwirtschaft, die: → Verjüngungsverfahren.

Schwarzwaldtanne, die: → Tannen 1.

Schwarzweide, die: → Weiden 21.

Schwarz werden: veraltete Bez. für eine verlichtete Stelle (Blöße) im Wald, die auf natürliche Weise wieder mit Holzpflanzen zuwächst.

Schwarzwerdende Platterbse, die: → Platterbse 4.

Schwarzwerdender Ginster, der: → Geißklee 3.

Schwarzwild, das (*Sus scrofa* L.): auch Wildschwein, Wildsau.

Das S. zählt zoologisch zur Fam. der Schweine (*Suidae*) aus der Unter-Ordn. der nichtwiederkauenden Paarhufer (*Artiodactyla*).

<u>Aussehen:</u> Der Körper des S. ist kürzer und gedrungener und die Beine sind länger und kräftiger als beim Hausschwein. Der Kopf ist lang und spitz, die Augen sind klein und liegen tief im Schädel. Die Ohren stehen aufgerichtet, sind relativ klein, dreieckig und behaart. Der Körper eines ausgewachsenen Keilers (Männchen) wird 1,5 bis 1,8 m (2 m) lang. Die Schulterhöhe beträgt durchschnittlich zwischen 0,8 und 1,1 m. Der Bürzel (Schwanz) ist etwa 20 bis 25 cm lang und hängt im Ggs. zum Hausschwein glatt herab. Ein ausgewachsener Keiler kann bis zu 160 kg, in Ausnahmefällen bis zu 200 kg wiegen. Die Bachen (Weibchen) sind kleiner und wiegen je nach Alter zwischen 80 und 120 kg. Der Haarwechsel findet in Frühjahr und Herbst statt. Die Haarfärbung ist im Sommer bräunlich bis silbriggrau; die Färbung des Winterhaares ist dunkelgrau bis fast schwarz auf der Oberseite, auf der Unterseite etwas heller. Das Winterhaar ist länger und hat eine dichte Unterwolle. Nur im Winter hat der Keiler den Saubart (lange Borsten auf der vorderen Rückenpartie), der eine beliebte Trophäe des Jägers ist. Junges S. hat eine rötlichbraune Grundfarbe mit hellen, gelblichen bis fast weißen Streifen. Im Alter von etwa drei

Monaten verlieren sich diese Streifen. Gelegentlich sind auch gescheckte oder fast weiße Stücke anzutreffen die durch Kreuzung mit Hausschweinen entstehen (Blendlinge). Die Eckzähne des S. sind stark entwickelt und beim Keiler deutlich verlängert. Diese sog. Waffen haben sehr scharfe Kanten und stellen auch gefährliche Angriffswaffen dar.
Vorkommen: In Dtschl. kommt es heute überall dort vor, wo die klimatischen Bedingungen günstig sind, Wald-Feld-Landschaft vorhanden ist. Ferner kommt S. auch in Ost- und Südosteuropa sowie in Nordafrika vor. In Großbritannien ist es ausgerottet, und in Skandinavien fehlt es.

◄◄◄ Wildschwein *(Sus scrofa)*

Lebensraum und Lebensweise: S. stellt an seinen Lebensraum keine besonderen Ansprüche; nur offenes Gelände ohne jegliche Deckung und die Hochlagen der Gebirge meidet es. Es bevorzugt größere Laubwälder mit Buchel- und Eichelmast, feuchte und sumpfige Gegenden, besonders Auwälder. Das S. benötigt Wasser um zu trinken, und kleine Tümpel, um sich zu suhlen, d. h. ein Schlammbad zu nehmen. Danach scheuert es sich gern an in der Nähe stehenden Bäumen (sog. Malbäumen); da immer die gleichen Bäume aufgesucht werden, wird bei diesen im Laufe der Zeit die Rinde völlig abgerieben. Bachen mit gleichalten Jungen schließen sich zu einer Rotte zusammen; die Jungen bleiben in der Rotte bis zur nächsten Begattungszeit. Einjähriges S., zwei- bis dreijährige Keiler und Bachen ohne Junge bilden eigene Rotten. S. lebt meist sehr unstet, steckt tagsüber mit Vorliebe faul und still im Dickicht, Farn, Röhricht, unter tiefbeästeten Bäumen, in dichten Gras- und Krautbeständen, wo es Mulden, sog. Kessel, scharrt. S. ist hauptsächlich dämmerungs- und nachtaktiv und unternimmt auf der Suche nach Fraß häufig Wanderungen von 20 km und mehr.
Sinne: S. hört sehr gut, sieht jedoch schlecht, Bewegungen werden aber wahrgenommen. Ausgezeichnet sind Riechvermögen und Geschmackssinn. Die scheibenförmige Nasenplatte ermöglicht es ihnen, im Boden nach Fraß zu wühlen und gleichzeitig das Geruchsorgan einzusetzen.
Fortpflanzung: S. ist i. d. R. im zweiten Lebensjahr geschlechtsreif. Die Paarungszeit, vom Jäger „Rauschzeit" genannt, ist von Anfang November bis Ende Januar, in Ausnahmefällen bis Ende Februar. Bachen können jedoch auch zu anderen Jahreszeiten „rauschen". Nach einer Tragzeit von 16 bis 18 Wochen bringt die Bache im März/April bis Mitte Mai (aber auch zu anderen Jahreszeiten) ihre Jungen (Frischlinge), zur Welt. Junge Bachen haben etwa drei bis fünf, alte sieben bis acht, manchmal auch mehr Junge. Die Augen der Jungen sind offen, und nach dem Abtrocknen können sie bereits der Mutter folgen. Sie werden etwa drei Monate gesäugt und sind mit ca. sechs Monaten selbständig; sie bleiben jedoch noch bis zur nächsten Rauschzeit im Familienverband. In freier Wildbahn kann S. etwa 20 Jahre alt werden.
Nahrung: Das Wildschwein ist ein → Allesfresser. Im Wald, auf Wiesen und Feldern durchwühlt es den Boden nach Fraß. Dieser besteht aus Eicheln und Bucheckern sowie Mais, Hafer, Roggen, Kartoffeln. Auf der Suche nach tierischer Nahrung, u. a. nach Raupen, Puppen, Engerlingen, Würmern, Larven, Mäusen und den Wurzeln des Adlerfarns, durchwühlt es das Erdreich. Zudem nimmt es auch Gelege von Bodenbrütern, Pilze, Kleearten (hauptsächlich Weißklee) und Reste von Wild (Aas). Besonders Bachen mit Jungen haben eine Vorliebe für Kitze, Jungkaninchen und junge Hasen. Für die Forstwirtschaft ist S. überwiegend nützlich, da es auf der Suche nach Fraß auch die → Forstschädlinge vertilgt und zudem durch die Bodenverwundung das Keimbett vorbereitet. In der Landwirtschaft kann es erhebliche Schäden auf den Feldern anrichten; → Schweinemast.

Schwarzwurz, die: → Beinwell 1.

Schwebfliegen (*Syrphidae*): auch Schwirrfliegen. Fam. der → Fliegen aus der Unterordn. der Deckelschlüpfer mit weltweit rd. 4500 Arten, davon etwa 300 Arten einheimisch. Sie haben meist ein wespen-, hummel-, hornissen- oder bienenartiges Aussehen und schützen sich dadurch wirksam vor Freßfeinden (Mimikry). Die Bestimmung der einzelnen S., die bei uns zwischen 0,7 und 2 cm groß werden und die sich z. T. sehr stark ähneln, ist äußerst schwierig. Zahlreiche Arten leben ausschließlich von Läusen, hauptsächlich → Blattläusen, und haben mehrere Generationen im Jahr. Sie sind ausgezeichnete Flieger und können in der Luft nach schnellem Flug plötzlich an einer Stelle verharren und schweben (Name!). Von einigen Arten leben die → Larven in Hummelnestern (→ Hummeln) und ernähren sich dort meist von Abfällen und von toten Hummeln, z. B. die Hummelschwebfliege (*Volucella bombylans*). Andere Arten, hauptsächlich der Gatt. *Syrphus F.* und *S. tricinctus*, verzehren auch Blattwespen-, Nonnen- und Spannerlarven. S. sind als Blütenbestäuber, besonders bei → Doldenblütlern, äußerst nützlich.

Schwedische Birke, die: Form der Hängebirke; → Birken 1.

Schwedische Mehlbeere, die: → Ebereschen 9.

Schwedische Räumaxt, die: → Räumaxt.

Schwedische Schütte, die: → Kiefernschütte.

Schwefel, der: S. (chemisches Zeichen S, von lat. sulfur) ist ein gelber, geruch- und geschmackloser Stoff. Seine Dichte beträgt 2,07 g/cm^3, der Schmelzpunkt liegt bei 112,8 °C, der Siedepunkt bei 444,6 °C. S. ist in vielen Erzen, wie z. B. den Blenden, Glanzen und Kiesen enthalten. Im → Boden kommt der S. natürlich in Sulfiden (z. B. Pyrit FeS_2, Schwefeleisen FeS, Bleiglanz PbS, Zinkblende ZnS, Zinnober HgS), Sulfaten (Gips $CaSO_4 \cdot 2 H_2O$, bzw. Anhydrit $CaSO_4$) und auch in organischen Substanzen gebunden vor. Der Gesamtgehalt von Mineralböden liegt zwischen 0,01 und 0,1 %. Der Anteil des organisch gebundenen S. nimmt mit dem Gehalt an organischer Substanz zu und liegt etwa bei 60 bis 90 %. Bei der Mineralisation wird dieser S. frei und unter aeroben Bedingungen zu Sulfat oxidiert. Unter anaeroben Bedingungen, z. B. in Stauwasserhorizonten, kommt er als Sulfid vor. Unter humiden Klimabedingungen kommt S. nur als Gips vor und unterliegt der Auswaschung. In trockenen Klimagebieten kann sich Bittersalz ($MgSO_4 \cdot 7 H_2O$) ansammeln. Durch die → Luftverunreinigung wird dem Boden S. zugeführt. Die Pflanzen nehmen S. als Sulfat-Ion (SO_4^-) auf. Über die → Stomata kann er auch in Form von → Schwefeldioxid (SO_2) aufgenommen werden. S. ist für die Pflanzen lebenswichtig. Eine zu starke S.-Versorgung kann zu Schäden führen. In folgenden Verbindungen in Pflanzen ist er als Baustein enthalten: Aminosäuren, Lauchöle, Vitamin H und B 1. S.-Mangel tritt kaum auf.

Schwefeldioxid, das (SO_2): ein farbloses, stechend riechendes und nicht brennbares Gas, das überwiegend beim Verbrennen → fossiler Brennstoffe (schwefelhaltige Energieträger) entsteht. Diese fossilen Brennstoffe (z. B. → Stein- und → Braunkohle, schweres Heizöl) haben zwischen 1 und 10 % Schwefelanteil, der zu SO_2 verbrennt und in die Luft geht. Für die überwiegende Menge des derzeit ausgestoßenen S. ist der → Ferntransport die Regel (84 %). Hiervon beträgt der Gesamtauswurf aus Kraftwerken und Fernheizwerken 56 %, und 28 % aus der übrigen Industrie. S. wird in der Atmosphäre bis zu 500 km und mehr transportiert, teilweise zu Schwefelsäure oxidiert und ist an der Versauerung des Regens (→ saurer Regen) beteiligt. Damit ist S. der in der Luft der Industrieländer am meisten verbreitete Schadstoff. Die Auswirkungen des S. sind bisher am besten untersucht; es wird ihm unter den Luftschadstoffen eine Leitfunktion zugeschrieben. → Pflanzen und damit auch unsere Waldbäume reagieren nach SO_2-Einwirkung mit Veränderungen der Enzymtätigkeit, der Strukturänderung der → Chloroplasten und einer Störung der Regulationsfähigkeit der → Spaltöffnungen. Dadurch bedingt treten ein:
– Zuwachsverluste und Ertragseinbußen (geringere Jahrringbreiten);
– Einschränkung der Photosyntheseleistung;
– allg. verminderte physiologische Aktivitäten.
Beim Menschen führt S. in höherer Konzentration zu Atembeschwerden. Da Nadelbäume die Schwefelverbindungen in sehr großen Mengen als trockene → Deposition aus der Luft herausfiltern, unterliegen sie einer weitaus größeren Belastung als die Laubbäume; z. B. Fi, Ta, gefolgt von Kie.

Die Meßergebnisse zeigten im Jahre 1988 einen deutlichen Rückgang der Konzentrationen an S. gegenüber den Werten der Vorjahre. Die Abnahmen reichen von 28 % im Osten bis hin zu 70 % im Westen und betragen im Durchschnitt für die BR Dtschl. 54 %. Der Rückgang ist auf die fortschreitende Entschwefelung von Kraftwerken und auf die Herabsetzung des Schwefelgehaltes im Heizöl zurückzuführen.

Schwefelkopf, der, (*Hypholoma*, früher: *Nematoloma*): Gatt. der → Blätterpilze die in Mitteleuropa mit rund zehn Arten vertreten ist. Die wichtigsten, im Wald vorkommenden Arten sind:

1. Grünblättriger Schwefelkopf, der (*Hypholoma fasciculare*): Der giftige Pilz mit bis zu 7 cm breiten schwefelgelben Hut wächst von April bis in den Dezember hinein in dichten Büscheln an Nadel- und Laubholzstöcken und deren Wurzeln. Der anfangs kugelige, später flach werdende Hut hat eine deutlich braunere Mitte. Der sehr schlanke Stiel wird 5 bis 10 cm hoch, ist meist gekrümmt und hohl. Die gelbliche Haut des Stiels trägt häufig noch sehr weit oben eine undeutliche faserige Ringzone. Die Sporenpulverfarbe ist grauviolett. Das schwefelgelbe Fleisch schmeckt gallenbitter.

2. Rauchblättriger Schwefelkopf, der (*Hypholoma capnoides*): Der kleine, büschelig wachsende Pilz wächst fast das ganze Jahr über und ist hauptsächlich auf Ndh (Nadelholzstümpfen) beschränkt. Der bis zu 8 cm breite Hut und der sehr schlanke, 5 bis 8 cm hohe Stiel sind blaßgelb. Bei trockenem Wetter und im Alter bestimmen Ockertöne sein Aussehen. Die blassen → Lamellen werden lilagrau und zuletzt rauchgrau (Name!). Im Herbst kommt der Pilz oft massenhaft vor. Er ist auf Nadelholzstümpfen der häufigste Pilz und trägt stark zur raschen Vermorschung des Stumpfholzes bei. Ein sehr guter Speisepilz, der hauptsächlich in den Notzeiten der Nachkriegsjahre gesammelt wurde.

Neben den vorgenannten, weit verbreiteten S. gibt es noch zahlreiche seltenere Arten, wie z. B. **Ziegelroter S.** (*H. sublateritium*), **Riechender S.** (*H. epixanthum*), **Wurzelnder S.** (*H. radicosum*) und **Geselliger S.** (*H. marginatum*), die hier nicht alle beschrieben werden können.

Schwefelmangel, der: → Mangelsymptome an Bäumen.

Schwefeloxide: Bez. für Gase, die hauptsächlich bei der Reaktion von in fossilen Brennstoffen (Kohlen und Ölen) enthaltenem → Schwefel mit dem → Sauerstoff der → Luft entstehen. Bei dieser Verbrennung entstehen überwiegend → Schwefeldioxid (SO_2) und geringe Mengen Schwefeltrioxid (SO_3). Beide Gase werden mit dem Begriff S. (SO_x) zusammengefaßt.

Schwefelporling, der: → Porlinge 5.

Schwefelregen, der: im Volksmund Bez. für Blütenstaub (→ Pollen), der zur Zeit der Nadelbaumblüte so stark niederfallen kann, daß sich auf der Oberfläche der Gewässer manchmal ein gelber Überzug bildet.

Schwefelritterling, der: → Ritterlinge 2.

Schwegstockholz, das: → Ahorne 3.

Schweinemast, die: Die S. war in historischer Zeit ein Sonderfall der → Waldweide und wurde bis zum Anfang des 19. Jh. in einem heute kaum mehr vorstellbarem Umfang in unseren Wäldern ausgeübt. Während der Vieheintrieb (→ Viehweide im Walde) im Herbst beendet wurde, wurden die Schweine wegen der → Mast, hauptsächlich der → Eichelmast, erst ab diesem Zeitpunkt in den Laubwald eingetrieben. Schweine waren bis zum Ausgang des Mittelalters fast der alleinige Fleischlieferant. Insofern kam der Schweinehaltung bzw. der S. eine bedeutende Rolle zu. Der Wald war damit lebenswichtige Grundlage der Bevölkerung, weil er die Erzeugung von Fleisch und Fett durch die Schweine ermöglichte. I. a. wurden die Schweine der Bauern gegen einen Zehnten (der zehnte Teil der eingetriebenen Schweine galt als Schweinezins) zur Mast zugelassen. Das Gesetz der Westgoten (*Lex Visigothorum*) verlieh z. B. dem Waldeigentümer das Recht, beim ersten Eintrieb einer fremden Herde in seinen Wald ein Pfand zu nehmen, den Besitzer zu dessen Einlösung aufzufordern und sich mit ihm wegen der weiteren Nutzung und Zehntung zu verständigen. Tat jener das nicht und wurde die Herde zum zweitenmal in den Wald eingetrieben, so durfte der Waldeigentümer, je nach Zahl der eingetriebenen Tiere, eins oder zwei wegnehmen, beim drittenmal aber den zehnten Teil der Herde. Eine besondere Stellung nahm auch der Schweinehirte ein. Er war durch ein höheres Wehrgeld (Sühne für Totschlag oder Körperverletzung) geschützt als die sonstigen Hörigen. Die Mastnutzung, wie die S. auch genannt wurde, brachte mehr Geld ein als der Verkauf von Holz. Die Schweine ernährten sich im Wald neben den Eicheln auch von Bucheckern, Kastanien, Nüssen, Wildobst, Hagebutten, Schlehen, daneben auch von im Waldboden überwinternden Schadinsekten, Engerlingen, Raupen, Puppen, Würmern und Mäusen; → Ziegenweide.

Schweinsohr, das: → Leistlinge 5.

Schweißbeerstaude, die: → Kreuzdorn 3.

Schweizer Femelschlag, der: → Verjüngungsverfahren.

Schweizer Gertl, die: → Heppe.

Schweizer Femelschlag, der: → Verjüngungsverfahren, dem Auslese- und Veredelungsbetrieb eingegliedert sind; damit eigentlich eine → Betriebsart und nicht nur ein Verjüngungsverfahren. Im Ggs. zum → Plenterwald sind hier Schwankungen des → Holzvorrates auf größerer Fläche möglich.

Schweizerischer Nationalpark, der: Ab 1909 versuchten Privatleute auf einem Teilgebiet der Gemeinde Zernez ein großes Naturschutzgebiet zu errichten. Am 1. August 1914 wurde dann der S. N. offiziell auf Pachtbasis (langfristige Pachtverträge) gegründet und zählt damit zu den ältesten → Nationalparks in Europa. Er ist Tier- und Pflanzenschutzgebiet von 16 870 ha Fläche und liegt in einer Hochgebirgslandschaft (1400 – 3174 ü. NN) in den Unterengadiner Dolomiten im Kanton Graubünden, dem Quellgebiet des Rheins. Er umfaßt Wald, alpine Matten, Felsregionen und Schuttströme und ist Lebensraum für zahlreiche selten gewordene alpine Tierarten (z. B. Steinbock). Träger ist eine öffentlich-rechtliche Stiftung. Sie vertritt die Rechte und Pflichten gegenuber den vier grundbesitzenden Gemeinden. Die Finanzierung erfolgt durch den Bund und den Schweizerischen Bund für Naturschutz. Bezüglich der Forschung kann der S. N. auf eine lange Tradition zurückblicken. So befinden sich dort z. B. die ältesten vegetationskundlichen Dauerbeobachtungsflächen.

Schweizer Moosfarn, der: → Moosfarne 2.

Schweizer Wald, der: Von der Gesamtfläche der Schweiz (4,1 Mio. ha) sind rund 1,2 Mio. ha oder 28,7 % mit Wald bedeckt. Etwa 60 % des S. W. sind → Hochwald; der Rest sind plenterartige Wälder (→ Plenterwald) sowie → Mittel- und → Niederwald. Das Verhältnis zwischen Nadelbaumarten und Laubbaumarten beträgt 60 : 40 %. Den rund 3700 öffentlichen Forstbetrieben stehen rund 252 000 private Waldeigentümer gegenüber. Beide zusammen bewirtschaften mit 1,04 Mio. ha fast die Gesamtwaldfläche der Schweiz. Mehr als die Hälfte der öffentlichen Waldfläche gehört Eigentümern, die über mehr als 200 ha Wald verfügen. Die durchschnittliche Holznutzung pro Jahr betrug in den letzten Jahren 4 Mio. m^3. Zwei Drittel davon stammen aus dem öffentlichen Wald, ein Drittel aus dem → Privatwald.

Waldarme, bzw. schwach bewaldete Kantone (10 bis 20 %) sind z. B. Gent, Uri, Thurgau und Wallis; durchschnittlich bis gut bewaldet (20 bis 30 %) Luzern, Schwyz, Glarus, Zug, Freiburg, Appenzell, St. Gallen, Graubünden, Zürich, Bern, Nidwalden, Basel-Stadt, Waadt; stark bis sehr gut bewaldet (30 % und mehr) Obwalden, Basel-Land, Aargau, Tessin, Neuenburg, Solothurn und Schaffhausen; → Waldeigentum, Waldfläche.

Schweizer Waldgesetz: Das Waldgesetz der Schweiz vom 4. Oktober 1991 (Bundesgesetz über den Wald, WaG) und die neue Waldverordnung (Verordnung über den Wald, WaV) sind am 1. Januar 1993 in Kraft getreten. Sie ersetzen das Forstpolizeigesetz aus dem Jahre 1902 sowie sieben damit zusammenhängende Verordnungen. Das S. W. ist ein Rahmengesetz, das den Kantonen einige Freiheit beim Vollzug überläßt. Der neuen Gesetzgebung entsprechend werden künftig die Schutz-, Wohlfahrts- und Nutzfunktionen (→ Waldfunktionen) des Waldes gleichwertig gewichtet; → Bundeswaldgesetz, Österreichisches Forstgesetz.

Schweizer Weide, die: → Weiden 30.

Schwelholz, das: alte Bez. für das harzige Reisig sowie für die Stöcke der Kie.

Schwelkenbaum, der: → Schneeball 2.

Schwelle, die: → Klausen.

Schwelleichen: frühere Bez. für 24 → Fuß lange Eichenstämme mit einem Durchmesser von 9 bis 10 → Zoll.

Schwellenholz, das: Nach der Anlage zur Verordnung über gesetzliche Handesklassen für Rohholz (Sortierung nach besonderem Verwendungszweck) ist S. gesundes, auch asti-

ges, mindestens einschnüriges → Rohholz zur Herstellung von Eisenbahnschwellen. Bei der Aushaltung sind Stammteile mit Graukern, Spritzkern und Weißfäule sowie Fauläste auszuschneiden. Bei Bu ist Rotkern bis höchstens ein Drittel des Rundholzdurchmessers ohne Rinde zulässig. S. ist mit einem Längenübermaß von 2 v. H., mindestens jedoch von 10 cm, auszuhalten. Der Zopfdurchmesser ist an der schmalen Seite zu messen. Die Krümmung darf bei der Klasse SW 4 (Weichenschwellen) höchstens 1 cm je volle Meter Schwellenlänge betragen, bei den übrigen Klassen höchstens 6 cm je einfache Schwellenlänge. S. wird aufgrund der Länge und des Mindestzopfdurchmessers in vier Klassen (SW 1 mit SW 4) eingeteilt, wobei es hierzu Zusatzbestimmungen der Bundesländer zur Schwellensortierung gibt.
SW 1: Stämme von 2,5 m Länge oder einem Vielfachen davon und 22 cm Mindestzopfdurchmesser ohne Rinde.
SW 2: Stämme von 2,6 m Länge oder einem Vielfachen davon und 25 cm Mindestzopfdurchmesser ohne Rinde.
SW 3: Stämme von 2,6 m Länge oder einem Vielfachen davon und 27 cm Mindestzopfdurchmesser ohne Rinde.
SW 4: Stämme von 3,0 bis 7,2 m Länge in Abstufungen von 20 cm zu 20 cm oder einem Vielfachen dieser Länge und 29 cm Mindestzopfdurchmesser ohne Rinde.
S. ist in die Forst-HKS aufgenommen, jedoch nach der EU (EWG)-Richtlinie nicht vorgesehen. S. darf daher nicht als EU-sortiert bezeichnet werden. Das Sortiment hat durch den weitgehenden Ersatz der Holzschwellen durch Beton an Bedeutung verloren.

Schwellholz, das: alte Bez. für geschnittenes → Bauholz von 10 → Zoll Breite und 8 Zoll Stärke.

Schwellungen → Klausen.

Schwellwerke → Klausen.

Schwemme, die: → Trift.

Schwemmkanal, der: → Triftkanal.

Schwemmteiche → Trift.

Schwenden, das: österr./bayer. Bez. für das Säubern der Almweideflächen vom natürlichen → Anflug und → Aufschlag; → Abschwendung, Schwandrecht.

Schwendtage: svw. Rodungstage; → Abschwendung.

Schwerholz, das: eine früher im Main- und Rheinfloßhandel (→ Flößerei) bis 1938 übliche Bez. für bestimmte Abmessungen von → Langholz.

Schwermetalle: Bez. für Metalle mit einem spezifischen Gewicht von mehr als 5 (z. B. → Kupfer, Chrom, → Cadmium, → Blei, → Quecksilber, → Eisen, → Zink, → Mangan etc.). Alle Böden und ihre Ausgangsgesteine enthalten von Natur aus S. in mehr oder weniger hohen Konzentrationen. Zu diesem natürlichen (geogenen) S.-Gehalt kommt durch den Menschen bewirkter Eintrag hinzu. S. gelangen bei Verbrennungsprozessen (z. B. Hausbrand, Kraftwerke) in die Umwelt und sind in der Luft im wesentlichen an Staub gebunden. Einige von ihnen, z. B. Zink, Mangan, sind in geringen Mengen als Spurenelemente für das Pflanzenwachstum notwendig, andere wie Blei, Cadmium und Quecksilber wirken auf Mensch, Tier und Pflanze toxisch (giftig). S. können sich über die → Nahrungskette in Organismen anreichern. Als gelöste Salze können S. auch durch die Blattoberfläche oder durch die Feinwurzeln eindringen und pflanzenschädlich wirken. Da die Pflanzenverfügbarkeit der S. von ihrer Löslichkeit abhängt, die mit der Abnahme des → pH-Wertes steigt, fördern niedrige pH-Werte des Regenwassers auf Blättern die Toxizität. Die durch den → Ferntransport in feinster Staubfraktien verteilten S. besitzen ein sehr gutes Lösungsvermögen. Eine besondere Gefahr liegt in der Fähigkeit des B., S. zu binden und damit bei weiterer Zufuhr zu akkumulieren. Uber die Deponie von S. liegen Daten aus dem Solling (Fichtenwald) vor. Jährlich wurden dort 2,1 kg Eisen, 1,7 kg Zink, 730 g Blei und 660 g Kupfer pro Hektar abgelagert. S. können sich auch in den → Jahrringen von Bäumen anreichern.

Schwertblättriges Waldvög(e)lein, das: → Waldvögelein 3.

Schwertlilie, die (*Iris*): auch Schilflilie. Gatt. der → Schwertliliengewächse, bekannt seit dem Miozän (→ Erdzeitalter), mit rd. 200 Arten in der nördlichen gemäßigten Zone. Es handelt sich um ausdauernde Pflanzen mit Knollen, Zwiebeln und Rhizomen, stielrunden, grasähnlichen oder schwertförmigen Blättern und großen, einzeln oder in wenigblütigen → Blütenständen stehenden Blüten mit zweiteiliger Blütenhülle. Von den wenigen auch in Dtschl. wachsenden Arten sind nachstehende Arten auch in Wäldern anzutreffen:

1. Sumpf-Schwertlilie, die (*Iris pseudacorus* Linné): auch Gelbe S., Wasser-S. Die mit Ausnahme der Hochgebirge fast über ganz Europa verbreitete S. kommt in Dtschl. zerstreut bis verbreitet vor. Sie wächst an den Ufern und im Verlandungsbereich stehender und langsam fließender Gewässer, im Röhricht, in Sümpfen, auf nassen Wiesen und in nassen Wäldern, besonders Hartholz-Auenwäldern und Erlenbruchwäldern, auf schlammigen, nährstoffreichen, dauernd oder zeitweise überfluteten Böden, bis in Höhen von etwa 1200 m.
Die mehrjährige, 50 bis 100 (120) cm hohe, kahle Pflanze hat einen ausdauernden, dicken, stark verzweigten, im Schlamm kriechenden Wurzelstock. Die zweizeilig angeordneten, schwertförmigen, parallel geaderten Blätter sind bis 3 cm breit, bis 1 m lang, hellgrün, und die unteren umfassen einander halbscheidig. BZ: Mai bis Juni/Juli. Der zusammengedrückte bis stielrunde Stengel trägt mehrere, jeweils von einem → Hochblatt umschlossene Blüten. Diese sind hellgelb, geruchlos und bestehen aus drei großen äußeren und drei kleineren inneren Hüllblättern. Die Früchte, die meist zu zweit oder dritt stehen, sind bis 5 cm lange, zylindrische, stumpf dreikantige Kapseln, die bei der Reife aufreißen und gelblichbraune, glatte, plattgedrückte, schwimmfähige Samen freigeben.
Die ganze Pflanze enthält einen schwach giftigen Gerbstoff. Der frische Wurzelstock, der sich in trockenem Zustand rot färbt, findet, ausgegraben im Herbst, in der Naturheilkunde Verwendung (→ Heilpflanzen). Er enthält neben Gerbstoff auch Eiweiß, Kohlenhydrate, Fette und wirkt brechreizerregend, stark abführend, haut- und nießreizend. Wegen der beiden erstgenannten Wirkungen darf der frische Wurzelstock nur auf ärztliche Verordnung verwendet werden.

Sibirische Schwertlilie (*Iris sibirica*)

2. Sibirische Schwertlilie, die (*Iris sibirica*): Die über West- und Mitteleuropa verbreitete, in Dtschl. seltene S. S. wächst vereinzelt, oft auch bestandsbildend auf Moor- und Sumpfwiesen, Flachmooren, bevorzugt auf basen- und kalkreichen, stickstoffsalzarmen, wechselnassen Böden.
Die bis 80 cm hohe Pflanze hat einen runden Stengel, 2 bis 6 mm breite, lange Grundblätter und meist drei kleine Stengelblätter. BZ: Mai bis Juni. Die ein bis drei Blüten bestehen aus ca. 6 cm langen blauvioletten Blütenblättern, die am Grunde weiß und blauviolett geadert sind.

Schwertliliengewächse (*Iridaceae*): Fam. der → Einkeimblättrigen mit rd. 1500 Arten in etwa 70 Gatt., v. a. in den Tropen und Subtropen. Es handelt sich um → Kräuter, seltener niedrige → Halbsträucher, überwiegend mit Knollen, Rhizomen, seltener mit Zwiebeln, ungestielten, schmalen Blättern und Blüten mit sechs in zwei Kreisen stehenden, blumenblattartigen Hüllblättern und unterständigen → Fruchtknoten. Bekannte Gatt. sind u. a. → Schwertlilie und → Siegwurz.

Schwimmer, der: → Falken 4.

Schwind, M. von → Wald in der Malerei.

Schwindelbeerbaum, der: → Schneeball 2.

Schwindelbeere, die: → Heidelbeere 3., Schneeball 2., Tollkirsche.

Schwinden des Holzes, das: → Quellen und Schwinden des Holzes.

Schwindlinge (*Marasmius*): artenreiche Gatt. der → Blätterpilze aus der Fam. der → Ritterlingsartigen. Bei Sonnenschein trocknen alle S. rasch ein; sie schwinden (Name!). Fast alle S., die einen weißen Sporenstaub haben, sind geschätzte Würzpilze. Die bedeutendsten Arten sind:

Knoblauchschwindling, der (*Marasmius scorodonius*): auch Küchenschwindling, Mousseron. Der sehr kleine und dünne → Pilz wächst oft scharenweise von August bis Oktober auf der Fichtennadelstreu. Der kleine, höchstens 1 bis 2 cm breite Hut ist glockig, später konvex und meist verbogen. Die Huthaut ist glatt, zäh und lederblaß, feucht ockerbraun bis fleischrötlich. Die weißen → Lamellen sind wellig, dick, ungleich lang und stehen weit auseinander. Der sehr dünne Stiel wird nur 4 bis 6 cm lang. Er ist kahl und glatt, zäh und von fuchsroter bis dunkelbrauner Farbe. Der Pilz hat einen intensiven Knoblauchgeruch und wird daher als Gewürzpilz verwendet. Im Buchenenwald findet sich der sehr ähnliche **Saitenstielige Knoblauchschwindling** (*M. alliaceus*). Dieser unterscheidet sich nur durch den breiteren Hut (bis 6 cm), den längeren (fast doppelt so langen) Stiel, der zudem fast schwarz ist. Im Spätherbst ist im Eichenwald auf den Eichenblättern der **Große Knoblauchschwindling** (*M. prasiosmus*) mit einem 3 cm breiten Hut und etwa 4 cm langem Stiel anzutreffen. Mit Ausnahme einer etwas blasseren Stielspitze ist er einheitlich braun und schmeckt brennend scharf. Der **Astschwindling** (*M. ramealis*) hat einen ca. 1 cm breiten cremebeigen Hut und wächst an morschen Ästen. Der **Orangerötliche Schwindling** (*M. graminum*) wächst an Wurzeln, ist rehbraun mit dunkelbrauner Mitte und hat einen 5 bis 6 mm breiten, wie ein Fallschirm gefalteten Hut. Ab Mai ist auch der übelriechende **Nadelschwindling** (*M. perforans = Micromphale perforans*) anzutreffen, bei dem jeder der Pilze auf seiner eigenen Fichtennadel sitzt.

Riesen-Schwingel (*Festuca gigantea*)

Schwindmaß, das: **1**) auch Übermaß, Zumaß; veraltet: Sackmaß, Darrscheit, Überlage. Eine Zugabe (1 %) beim Aufsetzen der Holzstöße, weil das feuchte Holz beim Austrocknen schwindet. Wird → Schichtholz mit oder ohne Rinde aufgesetzt, so erhalten die Holzstöße beim Aufsetzen ein Übermaß von mindestens 3 % (in der Höhe). In Deutschland wird bei Mittenstärken- und → Heilbronner Sortierung ein Längenübermaß von 1 % gegeben. In Österreich erhält z. B. Ndh für Sägeverschnitt ein Übermaß von 1 % der Länge, mindestens 6 cm und höchstens 15 cm. **2**) → Quellen und Schwinden des Holzes, → Anhang Seite 872/873.

Schwindungsrisse → Risse.

Schwingel, der (*Festuca*): artenreiche Gatt. meist ausdauernder Rispengräser aus der Fam. der → Süßgräser. Von den 200 Arten auf der ganzen Erde kommen in Dtschl. rund 20 sehr formenreiche und schwer bestimmbare Arten vor, weshalb man die Gatt. schon als das „Kreuz der Botaniker“ (*crux botanicorum*) bezeichnet hat. Die einzelnen Arten sind wertvolle Futterpflanzen. S. haben flache oder zusammengerollte Blätter und i. d. R. mehrblütige → Ährchen in lockeren Rispen (→ Blütenstand). Die wichtigsten, auch im Wald vorkommenden Arten sind:

1. Riesen-Schwingel, der (*Festuca gigantea*): Der R. ist ein Eschenbegleiter und wächst in schattigen Wäldern, vorzugsweise Laubwäldern, Erlen- und Eschen-Auenwäldern, Hartholz-Auenwäldern (Verbands- → Charakterart) und an Waldquellen; er zeigt im Wald die grundwassernahen, nährstoffreichen und sehr schweren, zähdichten Tonböden (Gleyböden) an (→ Boden(an)zeiger).

Das 60 bis 120 cm hohe, ausdauernde Gras bildet lockere Gruppen einzelner Horste. Der glatte Stengel ist meist bogig aufsteigend, die bis 15 mm breiten Blätter sind breit-linealisch, flach und kahl; die Rispe ist weit abstehend. Letztere ist bis 40 cm lang, locker, weit ausgebreitet und reif überhängend. Die lanzettlichen Ährchen haben lange, meist geschlängelte Grannen. BZ: Juli bis August.

2. Roter Schwingel, der (*Festuca rubra*): Der R. S. ist eine Gruppe mit zahlreichen Unterarten. Er wächst gemein auf trockenen Wiesen, in Wäldern, auf Waldverlichtungen (*ssp. rubra*), an Ufern (*ssp. juncea*), in Küstenwiesen (*ssp. litoralis*) sowie auf sandigen Plätzen und Küstendünen (*ssp. arenaria*). Er ist ein Wiesen- und Weidenfuttergras.

Die ausdauernde, lockere Horste bildende, 20 bis 60 cm (bis 1 m) hohe Pflanze hat einen → Ausläufer treibenden Wurzelstock. Die grundständigen Blätter – ohne Blattöhrchen – sind unten borstlich, oben flach und insgesamt gerieft, die Blattscheidewände sind öhrchenartig hochgezogen. Der Blütenstand ist eine Traube mit unten ein bis zwei Abästungen. Die Ährchen sind lanzettlich, vier- bis sechsblütig, oft rötlich überlaufen. Die Deckspelze hat eine Spitzengranne. BZ: Juni bis Juli.

3. (Echter) Schaf-Schwingel, der (*Festuca ovina = F. vulgaris*): Das äußerst formenreiche Weide- und Kulturgras, das im Wald nicht erwünscht ist, wächst genügsam auf Wegen, Triften, in lichten Eichenmisch-, Eichen- und Kiefernwäldern, Steppenheidewäldern, Borstgras-Gesellschaften sowie auf Heiden, Wiesen und steinigen Abhängen; es zeigt Verhagerung und Degradation an. Die Varietät *turfosa* wächst auf ausgetrockneten Torfböden.

Das 15 bis 40 cm hohe, sehr veränderliche und ausdauernde Gras ist von horstartigem, borstigen Wuchs. Die graugrünen, schmalen und borstigen Blätter sind ohne Blattöhrchen und ohne sichtbare Blatthäutchen. Die kleinen, 5 bis 7 mm langen, vier- bis achtblütigen Ährchen haben lanzettliche Deckspelzen, die länger als die Hüllspelzen sind. Der Blütenstand ist eine Traube mit unten je einer Abästung. BZ: Mai bis Juli.

4. Wald-Schwingel, der (*Festuca altissima*): Der W. wächst in schattigen Wäldern, v. a. submontanen bis montanen Buchen- und Buchen-Tannen-Wäldern, artenarmen Waldmeister-Tannen-Buchenwäldern (Charakterart); im Norden fehlt er weitgehend.

Das ausdauernde Gras wird 60 bis 130 cm hoch und bildet dichte Horste. Der Wurzelstock treibt keine Ausläufer. Die flachen, breitlinealischen, 20 bis 60 cm langen und 6 bis 14 mm breiten Blätter sind oberseits blaugrün, unterseits hellgrün, am Rande rauh. Die 12 bis 18 cm lange Rispe ist aufrecht, zur Blütezeit ausgebreitet, blaßgrün (selten violett) und sehr ästig. Die dünnen Äste sind rauh; die unteren stehen zu zwei bis vier zusammen. Die unteren Spelzen sind verschmälert, sehr spitz, grannenlos, rauh, mit drei hervortretenden Nerven. Der Fruchtknoten ist an der Spitze behaart. BZ: Juni bis Juli.

Neben vorgenannten Arten wächst noch der **Amethyst-Schwingel** (*F. amethystina*) in sonnigen Kiefern-Steppenwäldern, Kieferngebüschen, Schneeheide-Kiefernwäldern und Alpenrosen-Latschengebüschen (Verbands-Charakterart) und an Waldrändern. Der **Harte Schwingel** (*F. questfalica*) ist in boreal-subkontinentalen Kiefern-Steppenwäldern anzutreffen.

Schwirrfliegen → Schwebfliegen.

Schwurer, der: → Grenzzeichen.

Sciaridae → Pilzmücken.

Scilla → Blaustern.

Scirpus → Simsen.

Sciurus vulgaris → Eichhörnchen.

Scleropodium → Grünstengelmoos.

Scolopacidae → Schnepfenvögel.

Scolytidae → Borkenkäfer.

Scrophularia → Braunwurz.

Scrophulariaceae → Rachenblütler.

Scutellaria → Helmkraut.

Sebenbaum, der: → Wacholder 2.

Sechszähniger Kiefernborkenkäfer, der: → Borkenkäfer 31.

Secretophagen → Pflanzenfresser.

Seebach, Christian, Frhr. von (18.10.1793 Forsthaus Reisenmoor, Bezirk Lüneburg bis 31.10.1865 Uslar im Solling): Nach Studium der Forstwissenschaft war S. ab 1821 Leiter der Forstinspektion Uslar im Solling. Mit seiner Ernennung zum hannoverschen Oberforstmeister (1846) wurde seine Inspektion zum Oberforstamt aufgewertet; zugleich wurde ihm die Forstinspektion Dassel übertragen. Sein besonderer Verdienst lag darin, daß er bei der Buchenwirtschaft zu einer neuen Betriebsart kam, die er „modifizierter Buchenhochwaldbetrieb“ nannte. Sie erfuhr später verschiedene Abänderungen und ist unter diesem Namen (auch „Seebacher Lichtungsbetrieb“, „Seebachbetrieb“) in die Literatur und Waldbaugeschichte eingegangen. S. gehörte zu den bedeutendsten Forstleuten des 19. Jh.; → forstliches Schrifttum.

Seedorn, der: → Sanddorn.

Seedrache, der: → Lappentaucher 1.

Seefuchs, der: → Marderhund.

Seegras-Segge, die: → Seggen 1.

Seegrasnutzung, die: Das Seegras (→ Seggen 1.) diente als Ersatz für Roßhaar und fand hauptsächlich als Polstermaterial und zum Binden von Getreide Verwendung. Das meist platzweise und oft in großen Massen vorkommende Seegras (Waldhaar) wurde ab Juli bis etwa Mitte Oktober durch Rupfen gewonnen, gut getrocknet und in Zöpfe geflochten in den Handel gebracht; → Grasnutzung, → Waldwolle.

Seekreuzdorn, der: → Sanddorn.

Segbaum, der: alte lokale Bez. (Sechsämterland) für mit der Säge zugerichtetes → Werkholz.

Segelfalter, der: → Ritterfalter 2.

Segetalpflanzen → Unkräuter.

Seggen (*Carex*): artenreiche Gatt. der → Riedgräser mit rd. 1100 Arten. Die etwa 100 in Dtschl. vorkommenden Arten sind schwer zu unterscheiden. Die S. sind meist ausdauernde Pflanzen und wachsen in Sümpfen, auf feuchten Wiesen und in Wäldern, in Verlandungsgesellschaften, in Gräben und auch im Gebirge. Sie haben Rhizome (Wurzelstöcke), dreikantige Halme und nackte, meist einhäusige Blüten. Die wichtigsten, auch im Wald anzutreffenden Arten sind:

1. Seegras-Segge, die (*Carex brizoides*): auch Zittergrasartige S., Zittergras-S., Waldhaar. Die S. wächst oft massenhaft an feuchten Stellen in Laubwäldern und auf Waldwiesen, besonders zwischen mäßig beschattenden Stockausschlägen. Sie ist die Verbands- → Charakterart der Hartholz-Auenwäldern, die → Differentialart in grundfeuchten Hainbuchen- und Buchen-Waldgesellschaften. Im Norden Dtschl. ist sie selten oder fehlend.
Die ausdauernde S. ist 30 bis 60 cm hoch; die Halme sind dünn, dreikantig, fast nackt und bilden einen hohen, einseitig überhängenden Graswuchs. Die Blätter sind sehr schmal (bis 3 mm breit), die → Ährchen länglich-lanzettlich, gekrümmt, glänzend, weißlich bis strohgelb. Die Fruchtschläuche sind lanzettlich, glatt, geschnabelt, vom Grund an am Rand fein wimperig gesägt. BZ: Mai bis Juni. Sie dient als Ersatz für das Echte Seegras (*Zostera*) und Roßhaar zum Polstern etc.; → Seegrasnutzung.

2. Stachel-Segge, die (*Carex muricata*): auch Weichstachelige Segge. Die S. wächst zerstreut in Wäldern (in Schlägen) und auf nassen Wiesen.
Das ausdauernde, 20 bis 80 cm hohe Gras hat einen dreikantigen, oben rauhen Stengel. Die Blätter sind 2 bis 4 mm breit mit kurzem Blatthäutchen. Die Ährchen sind oben männlich, unten weiblich, eine längliche, zusammengesetzte Ähre bildend. Die Fruchtschläuche sind fast waagerecht sparrig, die unteren lanzettlich eiförmig, nervenlos oder schwach dreibis fünfrippig, Schnabelränder rauh. BZ: Mai bis Juni.

3. Hasenpfoten-Segge, die (*Carex ovalis = C. leporina*): auch Hasenfuß-S. Die H. kommt ziemlich häufig auf feuchten Wiesen, Waldwiesen, Waldschlägen und auf sandigen Triften vor.
Das ausdauernde, 20 bis 50 cm hohe Gras hat einen steifen Stengel. Die Blätter sind 2 bis 3 mm breit und kürzer als der Stengel. Ährchen am Grund männlich, rundlich, zu viert bis sechst genähert, eine fast zweizeilige Ähre von 10 bis 20 cm bildend. Die Spelzen sind gelb, graubraun, weißlich oder strohgelb, mit grünem Rückenstreifen. Die Fruchtschläuche sind aufrecht, stark gewölbt, eiförmig, ringsum nervig gerillt, mit einem geflügelten, zweizähnigen, rauhen Schnabel. BZ: Mai bis Juli.

4. Frühe Segge, die (*Carex praecox*): Die gebietsweise fehlende und auch sonst nur stellenweise vorkommende F. S. wächst auf Sandrasen, trockenen Hügeln sowie an trockenen Waldrändern und -plätzen.
Die ausdauernde F. S. mit 7 bis 30 cm hohem, dreikantigem, oben rauhem Stengel hat etwa 1 mm breite, fast borstenförmige und aufrechte Blätter. Die braunen Ährchen sind am Grunde männlich und bilden meist zu fünft (zu dritt bis sechst) eine einfache Ähre. Die Fruchtschläuche sind länglich eiförmig, aufrecht, so lang wie die Spelzen, fast vom Grunde an mit einem fein wimperig gesägten Flügel umgeben, mit zweispaltigem, geradem Schnabel. BZ: April bis Juni.

◂◂ Seegras-Segge (*Carex brizoides*)

5. Fuchs-Segge, die (*Carex vulpina*): Die F. wächst ziemlich häufig an nassen Waldstellen, an Gräben, Teichen und sonstigen nassen Stellen.
Das ausdauernde Gras wird 30 bis 90 cm hoch und bildet keine Ausläufer. Der Stengel ist kräftig, scharf dreikantig mit vertieften Seitenflächen. Die Blätter sind 4 bis 10 mm breit, bleichgrün, rinnenförmig und schneidend scharf. Die Ährchen sind oben männlich, unten weiblich, eine eiförmig-längliche oder am Grund doppelt zusammengesetzte Ähre bildend; oft mit grünen, kurzen Hüllblättern am Grunde. Die fuchsroten (Name!) Spelzen sind stachelspitzig und kürzer als die Früchte. Die Fruchtschläuche sind eiförmig, flach gewölbt, fünf- bis siebennervig und sparrig abstehend. BZ: Mai bis Juni.
Der F. sehr ähnlich ist die in Erlen-Eschen-Auenwäldern wachsende **Falsche Fuchs-Segge** (*Carex obtrubae*). Sie unterscheidet sich lediglich durch die ebenen oder nur wenig vertieften Seitenflächen der höchstens undeutlich geflügelten Stengel, den kaum fasernden, hellbraunen Blattscheiden und den längeren, oft schlaffen Hüllblättern.

6. Sand-Segge, die (*Carex arenaria*): Die hauptsächlich in Norddtschl. vorkommende S. wächst auf trockenen Sandböden in der Nähe der Meeresküste in offenen Dünenrasen und in Kiefernheiden. Im Süden Dtschl. fehlt sie.
Die ausdauernde S. hat einen dreikantigen, 15 bis 30 cm hohen Stengel. Der Wurzelstock treibt lange, schnurgerade Ausläufer. Die Ähre ist doppelt zusammengesetzt, 1 bis 6 cm lang, unterbrochen, traubig gelappt und hellbraun. Die oberen Ährchen sind männlich, die unteren weiblich, die mittleren an der Spitze männlich. Die Fruchtschläuche sind eiförmig, gelbbraun, sieben- bis neunnervig, von der Mitte an mit einem breiten Flügel umgeben. Der Wurzelstock galt früher als Arzneimittel. Die S. dient zur Flugsandbefestigung. BZ: Mai bis Juni und

7. Winkel-Segge, die (*Carex remota*): Die häufige Pflanze wächst auf nassen Böden in schattigen, krautreichen Eschen- und Erlenwäldern, Hartholz-Auenwäldern, feuchten Buchen- und Hainbuchen-Waldgesellschaften sowie Winkel-Seggen-Erlen-Eschenwäldern (Charakterart) und bildet dichte, hellgrüne Rasen; Gley- und Pseudogley-Zeiger.
Die ausdauernde W. hat einen schlanken, 30 bis 50 cm langen, schlaffen, bogig überhängend und unter den Ähren rauhen Stengel. Die schmalen 2 bis 3 mm breiten Blätter sind länger als der Stengel. Die sechs bis neun Ährchen sind am Grund männlich, sehr klein, bleichgrün oder strohgelb, sämtliche, oder zumindest die drei bis vier unteren, entfernt gestellt. Die Fruchtschläuche sind aufrecht, länglich, stumpf gekielt, flach zusammengedrückt, mit zweizähnigem Schnabel und länger als die blassen Spelzen. BZ: Mai bis Juli.

8. Berg-Segge, die (*Carex montana*): Die kalkliebende B. wächst – besonders in Süddtschl. – in schattigen, trockenen, lichten Laubwaldgesellschaften und ist ziemlich häufig anzutreffen. Sie ist die → Differentialart in Seggen-Buchenwäldern, Wald-Labkraut-Eichen-Hainbuchen-Wäldern und west-submediterranen Flaumeichenwäldern. Im Norden ist sie selten oder fehlend; Lehmzeiger.
Die ausdauernde B. bildet hellgrüne Horste und Rasen und wird nur 10 bis 25 cm hoch. Der Stengel ist dünn und viel länger als die bis zu 2 mm breiten Blätter. Die Deckblätter sind häufig stengelumfassend, aber nicht scheidig, stachelspitzig. Männliche Ährchen einzeln, weibliche ein bis zwei, genähert, eiförmig, ein gelapptes Köpfchen bildend. Die schwarzbraunen sind stumpf oder gestutzt und stachelspitzig. Die Fruchtschläuche sind länglich, verkehrt-eiförmig, dreiseitig, kurz geschnabelt. BZ: April bis Mai; → Ameisenpflanzen.

9. Pillen-Segge, die (*Carex pilulifera*): Die P. wächst auf trockenen, sandigen Waldplätzen, Waldschlägen, Heiden, sauren Magerrasen, an Waldrändern, im Bereich bodensaurer Eichen- und Buchenwälder sowie Hainsimsen-Buchenwäldern (Differentialart) und bildet dichte Rasen.
Die ausdauernde P. wird 10 bis 30 cm hoch. Der dreikantige, im oberen Teil rauhe Stengel ist beim Fruchttragen abwärts gekrümmt. Die etwa 2 mm breiten Blätter sind nicht scheidig, das unterste lineal-pfriemlich, aufrecht abstehend. Die männliche Ähre einzeln und endständig; die weiblichen Ähren (meist drei, selten vier bis fünf) sind kugelig-eiförmig und sitzend. Die Fruchtschläuche sind eiförmig kugelig, dreikantig, flaumhaarig und schnabellos. Die braune Deckspelze ist ei-lanzettförmig

und sehr spitz. BZ: April bis Mai; Ameisenpflanze.

10. **Wald-Segge**, die (*Carex sylvatica*): Die W., eine ausdauernde S. ohne Ausläufer, wächst in krautreichen Laub- und Nadelmischwäldern, besonders mesophytischen Buchen- und Laubmischwäldern (Ordnungs-Charakterart, v. a. in den feuchten Ausbildungsformen), auf feuchten, humosen Böden; oft Wasserzug- oder Bodenverdichtungsanzeiger. Im Süden Dtschl. ist sie häufig, im Norden zerstreut.
Der 30 bis 60 cm hohe Stengel ist dreikantig, glatt, schlaff und oft überhängend. Die bis 8 mm breiten Blätter sind linealisch und oberwärts am Rand rauh. Die männlichen Ährchen sind einzeln, bis 3 cm lang, die weiblichen (meist vier) sind linealisch, 2 bis 4 cm lang, lockerblütig, bleichgrün, sehr lang gestielt, entfernt und zuletzt hängend. Die Fruchtschläuche sind dreikantig, glatt, kahl und grünbräunlich, zu einem linealen, zweizähnigen Schnabel zugespitzt. BZ: April bis Juni.

11. **Bleiche Segge**, die (*Carex pallescens*): Die ausdauernde S. wächst auf feuchten, mageren Wiesen, Magerrasen, in schattigen Laubwäldern und Waldverlichtungen. Sie ist in Dtschl. überall häufig.
Die hell gelbgrüne, rasig wachsende B. S. ohne Ausläufer hat einen 20 bis 30 cm hohen, scharf dreikantigen Stengel, der länger als die Blätter ist. Die unteren Blattscheiden sind behaart. Die männlichen Ähren sind einzeln und keulenförmig, die weiblichen (zwei bis drei) sind genähert, gestielt, nickend und gedrungenblütig. Die Fruchtschläuche sind länglichrund, stumpf, schnabellos, beiderseits gewölbt und schwachnervig.

12. **Wimper-Segge**, die (*Carex pilosa*): Die Segge wächst hauptsächlich in den Eichen- und Buchenwäldern, Hainbuchen-Waldgesellschaften (schwache Verbands-Charakterart), häufig auch in den artenreichen Waldmeister-Tannen-Buchenwäldern der südd. Bergregionen.
Die ausdauernde Segge mit kriechenden Ausläufern hat einen dreikantigen, 20 bis 40 cm hohen und am Grund meist blattlosen Stengel. Die bis 1 cm breiten Blätter sind länger als der Stengel, breit lineal und haarig gewimpert. Die männlichen Ähren sind einzeln, gestielt, die weiblichen (zwei bis vier) entfernt, aufrecht und hervortretend gestielt. Die Fruchtschläuche sind verkehrt-eiförmig, fast kahl und dreikantig. BZ: April bis Mai.

13. **Finger-Segge**, die (*Carex digitata*): Die F. kommt in schattigen Laubwäldern der Mittelgebirge vor und ist stellenweise häufig. Sie wächst in krautreichen Laub- und Nadelmischwäldern, Buchen- und sommergrünen Eichenwäldern (schwache Klassen-Charakterart), v. a. in Seggen-Buchenwäldern, und tritt auch in boreal-alpinen Nadelwäldern und Zwergstrauch-Gesellschaften auf.
Die ausdauernde S. hat einen 10 bis 30 cm hohen Stengel. Die 3 bis 4 mm breiten und dunkelgrünen Blätter sind am Rand rauh, die männlichen Ähren einzeln und sitzend, die weiblichen (meist drei) linealisch, etwas entfernt, traubig, fruchtragend lockerblütig. Die eiförmigen Fruchtschläuche sind dreikantig, flaumig und glänzend braun; Ameisenpflanze.

14. **Hänge-Segge**, die (*Carex pendula*): auch Große S. Die mehrjährige Pflanze wächst zerstreut in Laubmischwäldern, Quellfluren und an Gräben, in quelligen Winkelseggen-Erlen- und Eschenwäldern (Charakterart), Hartholz-Auenwäldern, gelegentlich auch in feuchten Buchenwaldgesellschaften. Sie kommt hauptsächlich in Gebirgs- und Hügellandschaften vor. Im Norden ist sie sehr selten.
Die ansehnliche, 50 bis 150 cm hohe H. hat einen scharf dreikantigen, aufrechten Stengel, der die Grundblätter weit überragt. Die Blattspreiten sind derb, 1 bis 2 cm breit, oberseits dunkel-, unterseits blaugrün, flach, gekielt und am Rand oft rauh. Der Blütenstand ist einseitswendig mit einem männlichen Ährchen und vier bis sieben weiblichen Ährchen, etwa 7 bis 10 cm lang. Die Spelzen und Schläuche sind grünlich, letztere mit kurzem Schnabel. BZ: Mai bis Juni.

15. **Blaugrüne Segge**, die (*Carex flacca* = *Carex glauca*): auch Blau-S. Die ausdauernde, kalkliebende S. wächst verbreitet bis häufig in lichten Laubwäldern, in Kalk-Flachmooren, warmen mesophytischen Buchen- und Laubmischwäldern (z. B. Seggen-Buchenwäldern), xerothermen submediterranen Flaumeichenwäldern und subkontinentalen Eichen-Steppenwäldern sowie auf Wiesen; Wechselfeuchtezeiger.
Die 10 bis 60 cm hohe Pflanze hat einen meist aufrechten, stumpf dreikantigen und häufig glatten Stengel. Die grundständigen Blattscheiden sind braun oder rötlich, die 2 bis 6 mm breiten Blattspreiten blaugrün (Name!). Der Blütenstand besteht aus meist zwei männlichen Ährchen an der Spitze des Stengels und aus zwei bis drei etwas entfernt gestielten, walzlich-kugeligen weiblichen Ährchen, oft darunter sitzend. Die Fruchtschläuche sind anfangs gelblich, später schwarz, die Spelzen braunrot mit grünem Nerv. BZ: Mai bis Juni.

16. **Weiße Segge**, die (*Carex alba*): Die W. S. ist über Süddtschl., die Alpen, Karpaten, Pyrenäen und die Gebirge der nördlichen Balkanhalbinsel verbreitet. Sie wächst zerstreut im Alpenvorland und in den Alpen ziemlich häufig, auf kalkhaltigen, etwas trockenen Böden in lichten Wäldern, besonders in Laubwäldern mit Bu, in warmen Buchen- und Eichenwäldern und in Schneeheide-Kiefernwäldern und Alpenrosen-Latschengebüschen (Verbands-Charakterart), in wärmeliegenden Buchenwaldgesellschaften (Differentialart), besonders Seggen-Buchenwäldern sowie in Hainbuchenwaldgesellschaften (Weißseggen-Eichen-Lindern-Wäldern).
Die ausdauernde, lange unterirdische Ausläufer treibende W. S. bildet häufig Rasen. Die 10 bis 30 cm hohen Stengel sind dünn und stumpf-dreikantig. Die grundständigen Blattscheiden sind braun. Die 1 bis 1,5 mm breiten Blätter sind viel kürzer als der Stengel, steif und kahl. BZ: April bis Juni. Die eine männliche Ähre ist schmal-lanzettlich und endständig. Die zwei (bis vier) weiblichen Ähren sind armblütig und lockerfrüchtig, 5 bis 10 mm lang, auf aufrechten, 0,5 bis 3 cm langen Stielen. Die oberste weibliche Ähre überragt häufig die männliche Ähre. Die scheidenartigen Hüllblätter (→ Hochblätter) sind spreitenlos. Die Deckspelzen sind weißhäutig, glänzend, mit grünem Mittelnerv und viel kürzer als die fast kugeligen, 3 bis 4 mm langen, gerillten, gelblichen, zuletzt glänzend braunen Fruchtschläuche; drei Narben.

17. **Vogelfuß-Segge**, die (*Carex ornithopoda*): Die fast über ganz Europa verbreitete V. wächst zerstreut in wärmeliebenden Kiefernwäldern, Eichenwäldern, v. a. Schneeheide-Kiefernwäldern und Alpenrosen-Latschengebüschen, Seggen-Buchenwäldern, Hartholz-Auenwäldern, west-submediterranen Flaumeichenwäldern, Berberitzengebüschen und in Halbtrockenrasen.
Die V. ist der Finger-S. sehr ähnlich, wird jedoch nur 5 bis 15 cm hoch und hat heller grüne Blätter. BZ: April bis Mai. Alle Ähren entspringen fast einem Punkt. Die weiblichen Ähren sind 6 bis 10 mm lang, zwei- bis sechsblütig, zuletzt zurückgekrümmt und erinnern deshalb an einen Vogelfuß (Name!). Die Deckspelzen sind viel kürzer als die Fruchtschläuche; Ameisenpflanze.

18. **Blasen-Segge**, die (*Carex vesicaria*): Die fast über ganz Europa und das gemäßigte Asien verbreitete B. wächst zerstreut auf nassen Erlen- und Birkenbrüchern, an Ufern, Gräben, Sümpfen und Mooren.
Die ausdauernde, 30 bis 120 cm hohe, Ausläufer bildende B. hat einen scharf dreikantigen, aufrechten Stengel. Die unteren Blattscheiden sind graubraun bis purpurn und netzfaserig. Die 3 bis 8 mm breiten Blattspreiten sind steif, rauh und grasgrün. Der bis über 20 cm lange Blütenstand besteht aus drei bis sieben sitzenden bis kurz gestielten, aufrechten Ähren. BZ: Mai bis Juni.

19. **Walzen-Segge**, die (*Carex elongatae*): Die über Nord-, West- und Mitteleuropa verbreitete W. kommt in Dtschl. zerstreut bis häufg vor. Sie wächst in der planaren bis montanen Vegetationsstufe (Alpen bis 1000 m) in Walzen-Seggen-Erlenbruchwäldern (Charakterart) und anderen Erlenbruchwäldern oder an moorigen Hartholz-Auenwäldern, in Weidengebüschen, Waldsümpfen, nassen Wiesen, an Waldbächen, Gräben und sumpfigen Waldstellen, auf staunassen, mäßig nährstoff- und basenreichen, sandig-tonigen Bruchtorfböden; Staunässezeiger.
Die ausdauernde, in dichten Horsten stehende Halbschatten- bis Schattenpflanze hat bis 1 mm dicke, scharf dreikantige, schlaff bogig überhängende, nur am Grunde beblätterte Stengel. Die 2 bis 6 mm breiten, gelblichgrünen, an den Rändern rauhen Blätter sind etwa so lang wie der Stengel. BZ: Mai/Juni. Die länglich-eiförmigen Ähren sind 5 bis 12 mm lang, etwa 5 mm breit. Die männlichen Blüten befinden sich am Grunde, die weiblichen an der Spitze.

20. **Igel-Segge**, die (*Carex divulsa* = *C. polyphylla*): auch Mittlere Stachel-S. Die fast über ganz Europa, in Dtschl. zerstreut bis selten

vorkommende I. wächst in Weidenröschen-Schlaggesellschaften, Kahlschlägen, Laubwäldern, Hecken und Gebüschen, Gebüschsäumen und an Wegrändern, in der planaren bis montanen Vegetationsstufe auf mäßig frischen, nährstoffreichen, kalkarmen bis kalkreichen, milden bis mäßig sauren Böden.
Die ausdauernde, in dichten Horsten wachsende Licht- und Halbschattenpflanze hat aufrechte, zur Fruchtzeit etwas übergebogene, stumpf-dreikantige Stengel und lange, schmale, 3 bis 4 mm breite, flache oder etwas rinnige, hellgrüne Blätter. BZ: Mai/Juni. Der 4 bis 8 cm lange Blütenstand besteht aus vier bis sechs kugeligen bis eiförmigen Ähren.

Seggen-Buchenwald, der (*Carici-Fagetum*): auch Kalk-Buchenwald, Orchideen-Buchenwald. Pflanzensoziologische → Assoziation des Unterverbandes → Orchideen-Buchenwälder (*Cephalanthero-Fagenion*) des Verbandes der → Buchenwälder (*Fagion sylvaticae*). Der S. stockt auf den flachgründigeren, trockeneren und wärmeren Standorten auf Kalk- und Dolomitgestein und ist deshalb auf südexponierten Hangoberkanten, Kuppen usw. zu finden. Die Bu ist zwar noch die konkurrenzstärkste Baumart, doch ist sie relativ schwachwüchsig, teilweise krüppelig. In den lückigen Beständen wachsen lichtliebende Bäume, wie Elsb, Mebe, zahlreiche Sträucher, wie Liguster, Kriechende Rose, Wolliger Schneeball, Rote Heckenkirsche sowie kalkzeigende Bodenpflanzen. Frischezeiger fehlen. In dieser Assoziation gedeihen auch verschiedene Orchideen, so die → Charakterart Weißes Waldvögelein, Vogelnestorchis, Rotes Waldvögelein und Waldhyazinthe. Als Begleiter treten u. a. Echte Schlüsselblume, Mandelblättrige Wolfsmilch, die Berg- und die Finger-Segge auf. Diese → Waldgesellschaft ist in den Kalkgebirgen zu finden. Dieser Assoziation steht der Eiben-Steilhang-Buchenwald sehr nahe. Dort bildet aber die schattenertragende Eib noch eine zweite Baumschicht.

Seggen-Buchenwälder → Orchideen-Buchenwälder.

Seidel, Ina → Wald in der Dichtung.

Seidelbast, der (*Daphne*): etwa 70 Arten umfassende Gatt. aus der Pflanzen-Fam. der Seidelbastgewächse (*Thymelaeaceae*), die in Europa, Nordafrika, den gemäßigten und subtropischen Gebieten Asiens und in Australien beheimatet ist. Es sind → sommer- und → immergrüne Sträucher mit ganzrandigen, kurzgestielten Blättern und weißen, gelben oder roten, trichterförmigen Blüten, die stark duften.

1. **Gemeiner Seidelbast**, der (*Daphne mezereum* Linné): im Volksmund auch Kellerhals, -kraut, Brennwurz, Läuskraut, Wolfsbast, Schlangenbeer, -holz, Zeiland, Elendsblut(h), Pfefferstrauch genannt.

Verbreitung: Der G. S. kommt fast in ganz Europa, von den Pyrenäen, Süditalien und dem Balkan bis nach Norwegen vor. Im Osten ist er bis Sibirien, im Kaukasus und in Kleinasien verbreitet.

Standort: Der G. S. ist ein typischer Buchenbegleiter und wächst gerne auf kalkhaltigen Böden, in Buchen-, Eichen-Hainbuchen-Waldgesellschaften, Nadelmisch- und Bergwäldern, in Hartholz-Auenwäldern, mesophytischen Buchen- und Laubmischwäldern (Ordnungs- → Charakterart), bis in 2000 m Höhe.

Merkmale: Der kleine, 50 bis 120 cm hohe, aufrechte Strauch blüht überwiegend im März/April, mitunter schon im Februar. Die rosaroten Blüten haben einen starken, angenehmen fliederähnlichen Duft. Sie stehen meist zu dritt in den Achseln der vorjährigen, im Herbst abgefallenen Laubblättern unterhalb einer Gipfelknospe, die sich nach dem Abblühen zu einem langen Laubtrieb entwickelt. Die lanzettlichen, bis 8 cm langen und hellgrünen Blätter entfalten sich erst nach der Blütezeit. Die giftigen, erbsengroßen, scharlachroten fleischigen Früchte, die einen schwarzen Steinkern umschließen, reifen im Juni bis Juli und werden von Drosseln, Hänflingen und Bachstelzen gefressen. Der Name S. (Zeidelbast, Zeiland) ist auf den germanischen Gott „Ziu" zurückzuführen, dem die Pflanze geweiht war. Die Germanen nannten den Strauch „Ziulinta", in Oberösterreich wird er heute noch „Zwilinde", in der Schweiz „Zilande" genannt. In Süddtschl. ist auch der Name „Kellerhals", im Schweizerdeutsch „Chellerhals" üblich; er kommt von dem Althochdeutschen „chellen" quälen, plagen. Die getrockneten Früchte wurden früher in der Volksmedizin als „*Sémen Cocognidii*" gegen Halsschmerzen eingenommen. Sie erzeugen auf der Zunge und im Rachen ein stark brennendes, würgendes, also quälendes Gefühl. Die Pflanze ist in allen Teilen sehr giftig, sie enthält Daphnetoxin und Mezerein. Linné meinte, daß sechs Beeren einen Wolf umbringen. Fest steht, daß die Aufnahme des Giftes durch den Menschen das Zentralnervensystem, die Nieren und den Kreislauf schädigen. Der Genuß der Beeren kann für Kinder tödlich sein. Bei empfindlichen Menschen können sich schon bei Berührung von Pflanzenteilen Blasen auf der Haut bilden. Der S. ist streng geschützt.

2. **Gestreifter Seidelbast**, der (*Daphne striata* Trattinick): auch Gestreifter Kellerhals, Steinröschen, Steinrös(e)l, Alpenflieder, Bergnägeli, Bergspieke, Almenrausch.

Verbreitung: Der G. S. ist von den Westalpen über die Schweiz, den Südalpenraum bis in die Steiermark und nach Kärnten sowie in Bayern verbreitet.

Gestreifter Seidelbast (*Daphne striata*)

Standort: Er wächst an trockenen steinigen Stellen, im Schutt, an Felshängen, in lichten sonnigen Nadelwäldern, Schneeheide-Alpenrosengebüschen (Charakterart), Zwergstrauchheiden, Trockenrasen und gelegentlich alpinen Legföhrengebüschen. Er ist v. a. in der obersten Nadelwald- und Krummholzzone zu finden; am häufigsten in den Ostalpen zwischen 1700 und 2700 m Höhe. Der G. S. ist selten und wächst meist auf Kalk oder Dolomit, seltener auf Urgestein.

Merkmale: Der immergrüne, niedrige, etwa 5 bis 35 cm hohe, buschige → Zwergstrauch hat zahlreiche, meist stark gabelig verzweigte Äste. Die Rinde ist graubraun. Die rosettig gehäuften schmalen Laubblätter sind verkehrt-eiförmig bis linealisch-keilförmig, an der Spitze abgerundet mit aufgesetztem Stachelspitzchen. Sie sind dünn, kahl und ledrig, auf der Oberseite frischgrün gefärbt und auf der Unterseite etwas heller. BZ: Mai bis Juli. Die hellroten bis fast weißen kurzgestielten Blüten sind außen fein gestreift, haben einen langen Blütenbecher und vier kleine zugespitzte → Kelchblätter (Alpenrosen fünf). Die Blüten sind zu acht bis 12, seltener bis 15, in endständigen, ungestielten Köpfchen (→ Blütenstand) angeordnet und duften intensiv nach Flieder. Die Früchte sind kleine, ovale, tief orangegelbe, zuletzt bräunliche Beeren. Der G. S., dessen Aussehen an die Alpenrosen erinnert, ist giftig; wegen seines scharfen Geschmacks wird er von Weidevieh nicht gefressen. Seine Rinde enthält hautschädigende Substanzen.

◂◂ Gemeiner Seidelbast (*Daphne mezereum*)

3. **Rosmarin-Seidelbast**, der (*Daphne cneorum* L.): auch Steinröserl, Wohlriechender oder Flaumiger S. und im Volksmund Stoannagerl, Fuchsnagerl, Heideröschen, Fluhröschen, Röckhölderle.

Verbreitung: Der R. ist von Nordspanien über Frankreich und Mitteldtschl. bis Polen verbreitet, zudem auch in Italien und auf der Balkanhalbinsel.

Standort: Er wächst auf trockenen, kalkhaltigen Böden, an sonnigen Hängen, auf Bergmatten und in lichten Kiefernwäldern, an Waldrändern, in Schneeheide-Kiefernwäldern und Alpenrosen-Latschengebüschen (Ordnungs-Charakterart), von der Ebene bis in die Gebirge Mittel- und Südeuropas; in den Alpen bis in eine Höhe von 1300 m.

Merkmale: Der 10 bis 35 cm hohe immergrüne Zwergstrauch hat lange schlanke graubraun berindete, flaumig behaarte Äste. Er tritt gern in Polstern auf. Die verkehrt-eiförmig bis spatelförmigen dunkelgrünen, ledrigen Laubblätter sitzen gleichmäßig verteilt an den Zweigen; an der Astspitze stehen sie oft gedrängt. Der untere Astteil ist blattlos, da die Blätter nach drei bis fünf Jahren abfallen. Die 1 bis 2 cm langen und 3 bis 5 mm breiten Laubblätter sind kahl und steif mit aufgesetzter kleiner Spitze. Ihre Oberseite ist dunkelgrün, ihre Unterseite blaugrün. BZ: Mai bis August. Die leuchtend rosaroten Blüten sind etwa 1 bis 1,2 cm lang, haben eine dicht kurzfilzig behaarte Kelchröhre und sitzen in Gruppen von fünf bis zehn Stück als gedrungene Köpfchen am Ende der Zweige. Sie verströmen einen schwachen Nelkenduft. Die eiförmigen Früchte sind ledrig-trocken und orangegelb bis rötlichbraun gefärbt und werden durch Vögel und Ameisen verbreitet. Der R. ist – wie die anderen Seidelbastarten – giftig.

4. Lorbeer-Seidelbast, der (*Daphne laureola* Linné):

Verbreitung: Der L. ist über ganz West- und Südeuropa verbreitet, im Norden bis Schottland, im Süden bis Sizilien und im Osten bis Rumänien und Bulgarien. In Dtschl. kommt er selten im Rheingebiet vor.

Standort: Er wächst in mäßig feuchten, steinigen, lichten Buchen- und sommergrünen Eichenwäldern (Klassen-Charakterart), sonnigen Eichengebüschen, Buchsbaum-Flaumeichenwäldern (Charakterart), Buchen- und Hainbuchen-Waldgesellschaften.

Rosmarin-Seidelbast (*Daphne cneorum*)

Merkmale: Der immergrüne, aufrechte, 40 bis über 100 cm hohe, wenig verzweigte Strauch hat wechselständige, ledrige, lanzettlich bis länglich-ovale, ganzrandige, oberseits mattglänzende, dunkelgrüne, unterseits hellere Laubblätter, die 3 bis 12 cm lang und 1 bis 3,5 cm breit sind. BZ: März/April. Die gelblichgrünen, schwach duftenden Blüten sind 6 bis 12 mm lang und stehen in meist fünfblütigen (bis zehn), blattachselständigen, sitzenden oder kurz gestielten Trauben. Die blauschwarzen Früchte sind eiförmig und leicht zugespitzt.

Seidenhaar-Geißklee, der: → Geißklee 4.

Seidenholz, das: → Satinholz.

Seidenrißpilz, der: → Rißpilze 3.

Seidenschwanz, der (*Bombycilla garrulus*): auch Seidenschweif, Kreuz-, Sterbe- oder Pestvogel, Winterdrossel. Fam.: Seidenschwänze (*Bombycillidae*). Länge: 18 cm, Gewicht: um 60 g.

▶▶ Seidenschwanz (*Bombycilla garrulus*)

Der gesellig lebende S. bewohnt als Brutvogel Nordskandinavien und Nordosteuropa; bei uns in Mitteleuropa nur Wintergast, der in manchen Jahren scharenweise erscheint und sich mit Vorliebe in offenem Gelände – mit Ebereschen und Beerensträuchern – aufhält. In seiner nordischen Heimat bewohnt er ausgedehnte Nadel-, Misch- und Laubwälder, besonders Lärchenwälder. Der S. galt früher als Vorbote von Landplagen; deshalb auch Sterbe-, Pestvogel.

In seiner Brutheimat brütet der S. häufig in kleinen Kolonien. Das Nest wird meist in einer Höhe von 4 bis 5 m auf Bäumen (Fi oder Ta) errichtet. Die vier bis sechs Eier (24,0 x 17,3 mm, 4,3 g) sind hellblau oder bläulichgrau mit dunklen Flecken und Punkten. Brutdauer: 13 bis 14 Tage, Nestlingszeit: wahrscheinlich 14 bis 16 Tage. Die Brutbiologie des S. ist noch wenig erforscht. Eine Jahresbrut im Juni.

Nahrung: Hauptsächlich Insekten, im Winter Beeren und hängengebliebene Äpfel und Birnen.

Seidenweide, die: → Weiden 29.

Seidiger Dachpilz, der: → Dachpilzartige 7.

Seif, der: → Flosch.

Seifenritterling, der: → Ritterlinge 3.

Seilbahn, die: Einrichtung, die das auf einem Tragseil beförderte Holz an einer fixen oder improvisierten Beladestelle zum Transport übernimmt; das von der Trasse gequerte Gelände wird also lediglich überspannt; → Holztransport, Seilbringung.

Seilbringung, die: Transport des Holzes aus dem → Schlag bzw. → Bestand unter Verwendung von Drahtseilen und Motorseilwinden bzw. mit auf → Schlepper montierten Seilwinden oder mit Seilkränen. S. wird v. a. im bergigen und unwegsamen Gelände angewandt. Der → Holztransport wird auf diese Weise bis zur nächstgelegenen Waldstraße bzw. zum Holzlagerplatz durchgeführt. Eine besondere Art der S. ist das → Kopfhochverfahren; → Rücken.

Seilkran, der: Der S. kann an jedem beliebigen Trassenpunkt Lasten aufnehmen und absenken. Er besorgt Zuzug, Hub, Längsförderung und, wenn nötig, auch Absenken der Last in einem Arbeitsgang. Im Forstbetrieb wird der (motorbetriebene) S. hauptsächlich in unwegsamen Gelände im Gebirge, teilweise über weite Strecken, zum → Rücken von Holz eingesetzt. S. gibt es in Zweiseil-, Dreiseil- oder Vierseilbetrieb; S. können mit Funkfernsteuerung eingesetzt werden.

Seiltrassen: im Bergland und im Gebirge in schwierigem Gelände zur Holzbringung angelegte holzfreie Trassen, welche die sonst üblichen → Rückegassen bzw. Rückewege ersetzen. Die Bringung des Holzes erfolgt mit dem → Seilkran.

Seilwinde, die: Die S. dient sowohl zum → Rücken als auch zum Betrieb von → Seilkränen und einspurigen → Seilbahnen mit offenem Zugseil.

Seilzug, der: technisches Hilfsmittel bei der Holzernte. Er wird als Fällhilfe, beim Zu-Fall-bringen von hängengebliebenen Bäumen (Hängern) und zum Drehen von Stämmen verwendet. Ein Komplett-Set besteht – je nach Ausführung – aus einem S. mit vier Verankerungsgurten (Endlosschlingen), zwei Zugseilen, zwei Umlenkrollen, einer Seilverbindungsklemme und einem Wartungs- und Pflegegerät.

Seitenanflug, der: auch Seitenverjüngung. → Naturverjüngung im Außensaum des Saumschlages (→ Verjüngungsverfahren), wo keine Überschirmung (→ Schirm) mehr vorhanden ist.

Seitenbrett, das: Brett vom äußeren Teil des → Stammes mit erheblichem Splintanteil; → Splint.

Seitenverjüngung, die: → Seitenanflug.

Seitlinge (*Pleurotus*): in Europa mit acht Arten vertretene Gatt. fast ausschließlich auf Holz lebender → Pilze aus der Fam. *Polyporaceae*, die zur Ordn. der Lamellenartigen Pilze (*Polyporales*) gehört. Die wichtigste Art ist:

Austernseitling, der (*Pleurotus ostreatus*): auch Drehling, Eichhennchen, Muschelpilz. Der weit verbreitete Pilz wächst von September bis Dezember, auch von März bis April parasitisch und dicht büschelig an Lbh, seltener an Ndh. Der A. bewirkt die → Weißfäule des Holzes. Der bis zu 15 cm breite Hut ist einseitig muschelförmig, mit lang eingerolltem Rand, glatt, kahl und dickfleischig. Die Huthaut ist jung dunkelgrau bis stahlblau, alt aufhellend bis hell lederbraun. Die anfangs cremeweißlichen, später elfenbeinweißlichen → Lamellen stehen mehr oder weniger gedrängt und sind am Grund oft gabelig verzweigt und am Stiel herablaufend. Der weiße, kurze und dicke Stiel ist an der Basis haarig-zottig und meist mit

anderen Stielen knollig oder ästig verwachsen. Das weiße und geruchlose Fleisch ist jung zart, später zäh und faserig. Es hat einen milden Geschmack. Der eßbare Pilz wird weltweit in großen Mengen gezüchtet. Er wächst sehr gut auf Buchen- und Pappelholz, Stroh und anderen pflanzlichen Substraten, ist aber kein Trockenpilz. Im Handel wird er häufig auch als „Kalbfleischpilz" bezeichnet.
Sekantenschnitt, der: → Tangentialschnitt.
Sekretionshaare → Haare.
Sektion für Forstwesen, die: oberste österr. Forstbehörde; → Forstorganisation.
sekundäres Dickenwachstum, das: → Dickenwachstum.
Sekundärschädlinge (Sekundär- oder Schwächeparasiten): Bez. für → Schädlinge, die nur bereits geschwächte Bäume (Pflanzen) befallen. Zu den S. gehören z. B. eine Vielzahl von Pilzen (z. B. verschiedene Arten von Nadel-, Blatt- und Wurzelpilzen) und Käfern bzw. Insekten (z. B. → Borkenkäfer). Bäume können durch immissionsbedingte Schwächung des Waldes, Trockenheit und Frost, aber auch durch verschiedene tierische und pflanzliche → Parasiten oder durch mechanische Einwirkung vorgeschädigt und damit geschwächt sein; sie sind dann dem verstärkten Angriff der S. ausgesetzt. V. a. → Luftschadstoffe wie → Schwefeldioxid (SO_2) fördern eine solche Vermehrung der S.; → Primärschädlinge.
Sekundärwald, der: Wald, der nach Störung der ursprünglichen → Vegetation durch den Menschen durch → Rodung oder Holznutzung oder durch natürliche Katastrophen entsteht und nicht geregelt bewirtschaftet wird; Ggs.: → Primärwald.
Selaginellales → Moosfarne.
Selbstbestäubung, die: → Bestäubung.
Selbstdifferenzierung, die: svw. natürliche → Auslese.
Selbstwerbung, die: Gewinnung (Werbung) der Waldprodukte, v. a. des Holzes, durch den Käufer, Berechtigten oder Empfänger im Ggs. zur Aufarbeitung (Bereitstellung) durch die Forstverwaltung.
Selchholz, das: → Zelchholz.
Selektion, die: → Auslese.
Selektionshieb, der: Auslesenutzung, z. B. Nutzung bestimmter Dimensionen, Baumarten (→ Dimensionshieb).
Sellenholz, das: → Geißblatt 4.
Selve, die: Edelkastanien- oder Nußbaum-Wiesenwälder, aber auch Nußbaumbestockungen, die gleichzeitig der Holz- und Fruchtnutzung, der Heugewinnung und als Weide dienen. S. sind v. a. auf der Alpensüdseite verbreitet. In der Schweiz sind die S. der Waldgesetzgebung unterstellt.
Selwort, die: alte nordd. Bez. für einen Ort, an dem Mastschweine zur Nachtzeit im Wald eingegattert wurden, auch die Berechtigung, eine bestimmte Anzahl Schweine in die → Mast treiben zu dürfen; → Schweinemast.
Semele, das: → Augenfalter 14.
Semiparasiten → Parasitismus.
Semmelgelber Schleimkopf, der: → Schleierlinge 3.
Senecio → Greiskraut.
Senecioni fuchsii-Sambucetum racemosi → Weidenröschen-Schlaggesellschaften 9.
Senfweißling, der: → Weißling 3.
Sengen, das: → Hackwaldwirtschaft.
senkelwüchsig: Waldbäume sind s., wenn sie sich an der Schwerkraft orientieren und unbeirrt durch Seitenlichteinflüsse grundsätzlich im Senkel (d. h. senkrecht) in die Höhe wachsen (Geotropismus, Gravitropismus). Reagieren sie hingegen auf jeden Seitenlichteinfluß – sie werden dabei oft krumm – sind sie „lichtwüchsig" (Phototropismus, Heliotropismus).
Senkerwurzel, die: → Tellerwurzel.
Senkholz, das: auch Sinkholz. Nicht schwimmfähiges Holz, das bei der → Trift sank und bei der Nachtrift mit dem → Floßhaken aus dem Triftwasser gezogen wurde. Der Verlust durch S. (i. d. R. um 2 %) hing außer von der Beschaffenheit des Holzes auch von der des Gewässers und von der Länge der Triftstraße ab.
Senkwasser, das (Sickerwasser): der Teil der Niederschläge, der nicht von den Baumkronen oder vom Boden zurückgehalten wird und verdunstet, sondern ins Grundwasser versickert; → Bodenwasser.
Sequoiadendron → Mammutbäume.
Sequoia sempervirens → Redwood.
Serbische Fichte, die: → Fichte 3.
Sergener Luch: das 40 ha große Naturschutzgebiet in der Niederlausitz, nördlich des → Preschener Mühlbusch gelegen, mit dem nördlichsten natürlichen Vorkommen der Fichte in Dtschl.
Serpe, die: alte und lokale Bez. für die Lat, Unterart der BKie; → Kiefern 1.
Serpula lacrymans → Hausschwamm.
Serratula → Scharte.
Serropalpidae → Düsterkäfer.
Sersch, der: → Ebereschen 2.
Serse(birlein)baum, der: → Ebereschen 2.
Servitut, das: → Dienstbarkeit.
Sesel, der: → Bergfenchel.
Seseli → Bergfenchel.
Sesiidae → Glasflügler.
Sesleria → Blaugras.
Sesleria albicans-Pinus sylvestris-Gesellschaft → Außeralpischer Kalk-Kiefernttrokkenwald.
Sesleria-Fagus-Gesellschaft → Blaugras-Buchenwald.
Seslerio-Fagetum → Blaugras-Buchenwald.
Setzen, das: **1)** → Holzsetzen. **2)** Setzen von Pflanzen.
Setzling, der: → Steckling.
Setzreiser, das: → Steckling.
Setzstange, die: i. d. R. 3 m lange, gerade, 3 bis 5 cm starke Stange aus → Stockausschlägen, die etwa im Alter von vier bis sechs Jahren geschnitten wird. Das Pflanzen von S. war im früheren → Kopfholzbetrieb allg. üblich; → Pflanzung.
Seulingswald, der: auch Sillingswald. Teil des Hessischen Berglandes, gutbewaldete, wildreiche Sandsteinhochfläche mit ausgedehnten Laub- und Nadelwäldern. Die höchste Erhebung ist das Nadelöhr (483 m). Ein ausgedehntes Mischwaldgebiet mit uralten Ei befindet sich nördlich der Straße zwischen Bebra und Wildeck.
Seutter, Johann Georg, Freiherr von (13.6.1769 in Altheim bei Ulm bis 24.9.1833 in Ludwigsburg): Nach seinem Studium an der Karlsschule in Stuttgart übernahm S. im Jahre 1795 das Ulmische Oberforstamt Altheim und wurde 1810 Oberforstmeister des Oberforstamts Ulm, 1817 Direktor des Forstrates in Stuttgart und 1824 Direktor der Finanzkammer in Ludwigsburg. Er schrieb u. a.: „Über Wachsthum, Bewirtschafthung und Behandlung der Buchwaldungen" (1799), „Vollständiges Handbuch der Forstwissenschaft" (2 Tl. 1808 u. 1810), „Grundsätze der Werths-Bestimmung der Waldungen ... etc." (1814), „Über die Einführung der Hack-Wald-Wirthschaft in einigen Gegenden des Königreichs Württemberg... etc." (1820).
S-Hölzer → Krummholz 2).
Sibber, die: → Heidelbeere 1.
Sibirische Arve, die: Unterart der Zir; → Kiefern 5.
Sibirische Lärche, die → Lärchen 4.
Sibirische Zirbelkiefer, die: Unterart der Zir; → Kiefern 5.
Sichel, die: **1)** auch Kultursichel. Dient neben der Sense (Freistellungssense), die in Kulturen mit weitem Pflanzverband verwendet wird, zum Freischneiden der Forstpflanzen (Kulturpflegegerät). Wegen der bei der Arbeit ergonomisch ungünstigen Beugehaltung werden heute überwiegend motorgetriebene → Freischneidegeräte eingesetzt. Ihrer Form nach werden S. in Rund-S. und Sensen-S. eingeteilt; → Heppe. **2)** → Blütenstand.
Sichelblättriges Hasenohr, das: → Hasenohr 2.
Sichelflügler (*Drepanidae*): auch Sichelspanner. mit Ausnahme Amerikas eine weltweit verbreitete, ca. 400 Arten umfassende Fam. der → Schmetterlinge mit sieben einheimischen Arten. S. haben einen zarten Körper mit relativ breiten, 2 bis 2,5 cm spannenden Flügeln und erinnern in der Flügelform und im sonstigen Habitus an die → Spanner. Die Vorderflügelspitze ist sichelartig vorgezogen. Flügelspannweite bis 40 mm. S. sind dämmerungsaktiv und fliegen in den Sommermonaten. Die → Raupen haben eine aufgerichtete Spitze am Hinterende (umgewandeltes letztes Bauchfußpaar). S. können gelegentlich an Laubbäumen schädlich werden. Charakterarten sind der **Buchensichler** (*Drepana cultraria*). Die hellbraune Raupe mit rötlichem Dorsalfleck findet sich im Juni/August an Bu; der **Lindensichler** (*Sabra harpagula*) – gelbliche Raupe mit violett-bräunlichen Flanken – bis September an Bi, Ei und Li; **Birkensichler** (*Drepana falcataria*), die oberseits bräunliche, die oberseits bräunliche, unterseits grünliche Raupe ist im Juni und September auf Bi und Er.
Sichelmoos, das: → Gabelzahnmoos 1.
Sichelspanner → Sichelflügler.
Sichelwespe, die: → Schlupfwespen 2.
Sichelzins, der: früher übliche Abgabe, die zum Grasmähen im Walde berechtigte.
Sicherheit, die: Teil des → Wirtschaftszieles, gewährleistet durch → standortgemäße

Waldwirtschft, → räumliche Ordnung, → Waldpflege und → Waldhygiene.

Sicherheitsvorrichtungen im Wald → Markierungen und Vorrichtungen.

Sicherungslinie, die: zur Sicherung gegen Feuer und Sturm ständig freigehaltene Streifen von mindestens 12 m Breite.

Sickerwasser, das: → Senkwasser, Bodenwasser.

Siebener, der: → Grenzzeichen.

Siebenergeheimnis, das: → Grenzzeichen.

Siebenerzeichen, das: → Grenzzeichen.

Der Europäische Siebenstern *(Trientalis europaea)* ist das Symbol des Fichtelgebirgsvereins.

Siebengebirge, das: rechtsrheinisches Bergland mit sieben vulkanischen Bergkuppen: Großer Ölberg (464 m), Löwenburg (455 m), Lohrberg (435 m), Nonnenstromberg (336 m), Petersberg (331 m), Wolkenburg (324 m), Drachenfels (321 m). Vom Großen Ölberg hat man einen herrlichen Blick auf das „Land der 40 Hügel" wie das S. auch genannt wird. 1958 wurde der 4280 ha große → Naturpark S. gegründet. Er grenzt unmittelbar an den Naturpark Rhein- → Westerwald an. Mit ca. 91 % Wald ist er neben dem Harz der waldreichste Naturpark in Dtschl. Er wurde bereits 1836 unter Naturschutz gestellt und ist damit auch das älteste der waldreichen deutschen → Naturschutzgebiete.

Siebenlist, Theodor (13.9.1878 Ziegelanger bei Zeil/Unterfranken bis 31.1.1945 Kusel): 1908 bis 1911 war S. im Dienste des Reichskolonialamtes im damaligen Schutzgebiet Deutsch-Ostafrika tätig. Er machte sich bei der Erforschung der Dendroflora Ostafrikas einen Namen. Mit 60 Baumarten wurden unter seiner Leitung im Forstgarten bei Wilhelmstal Anbauversuchen angelegt. In den Urwäldern Ostafrikas entdeckte er bis dahin unbekannte Baumarten. Zu seinen Ehren wurden einige für die Wissenschaft neue Baumarten nach ihm benannt, wie z. B. *Nuxia siebenlistii* und *Plectronia siebenlistii*. Von 1917 bis 1923 war er Leiter des Forstamtes Fischbach bei Dahn/Pfalz. Von den Franzosen aus der Pfalz ausgewiesen, fand er im Forstamt Kronach/Oberfranken Aufnahme. 1926 wurde er Leiter des Forstamtes Kusel in der Pfalz, das er über das Pensionsalter (1943) hinaus weiterführte. 1944 als Wehrkraftzersetzer denunziert, schied er kurz vor seiner Inhaftierung freiwillig aus dem Leben. S. schrieb eines der ersten Forstbücher Afrikas: „Forstwirtschaft in Deutsch-Ostafrika" (1914).

Siebenpunkt-Marienkäfer, der: → Marienkäfer 1.

Siebenschläfer, der: → Bilche 4.

Siebenstern, der (*Trientalis*): Gatt. der → Primelgewächse mit drei Arten in den gemäßigten und kälteren Gebieten der nördlichen Halbkugel. Es handelt sich um Stauden mit einzelnen, langgestielten Blüten mit sieben → Kronblättern. In Mitteleuropa auch in Wäldern anzutreffen ist:

Europäischer Siebenstern, der (*Trientalis europaea* Linné): Der E. S. ist über Nordeuropa und Teile Mitteleuropas verbreitet. In Nord- und Mitteldtschl. wächst er zerstreut bis selten in Heiden, Mooren, Birkenmooren, Hochmoorrändern, Nadelwäldern, besonders humosen, moosigen Kiefern- und Fichtenwäldern, artenarmen Eichen-Kiefern-Wäldern, Reitgras-Fichtenwäldern, boreal-alpinen Nadelwäldern und subalpin-alpinen Zwergstrauch-Gesellschaften (überregionale Ordnungs-Charakterart), west- und mitteleuropäischen Eichen-Birkenwäldern, Hainsimsen-Buchenwäldern, in bodensauren Laubwäldern, auf Magerrasen, moorigen Naßwiesen, auf kalkarmen Böden, bis in Höhen von etwa 1700 m.

Die zierliche, kahle, mehrjährige, 5 bis 25 cm hohe Pflanze hat dünne aufrechte Stengel. Die unteren und mittleren Stengelblätter (bis zu drei) sind eiförmig bis lanzettlich, sehr klein, die oberen stehen an der Spitze des Stengels, sind größer und stehen in Gruppen von fünf bis 12 in einer lockeren Rosette. BZ: Mai bis Juli. Die einzeln stehenden, weißen Blüten stehen einzeln bis zu dritt in den Achseln der oberen Blätter auf langen, fädlichen Stielen. Die Blütenkrone ist flach ausgebreitet oder weit trichterförmig, bis zu 15 mm breit und fast bis zum Grund in sechs bis sieben Kronzipfel geteilt. Der S. ist das Symbol des Fichtelgebirgsvereins.

Siebröhren: dünnwandige, langgestreckte und kernlose Zellen, die sich im → Siebteil (*Phloem*) der → Leitbündel befinden und dem Transport organischer Substanzen (Kohlenhydrate, Fette) dienen. Sie sind in langen Reihen angeordnet. Die oft schräg gestellten Querwände, die Siebplatten, weisen siebartige → Poren auf, durch die Zellplasmastränge hindurchziehen. Bei den → Samenpflanzen liegen den S. oft Geleitzellen an. S. überdauern meist nur eine Vegetationsperiode.

Siebteil, der (*Phloem*, Bastteil): Teil der Leitbündel der → Pflanzen, der dem Transport der in den Blättern gebildeten organischen Stoffe zu den Zentren des Verbrauchs dient. Der Transport der Stoffe erfolgt in den lebenden, dünnwandigen → Siebröhren. Neben den Siebröhren befinden sich plasmareiche Zellen mit großen Zellkernen (kurze Geleitzellen). Im S. treten verstreut auch → Parenchymzellen auf. Der S., der im → Leitbündel nach außen gekehrt ist, wird von Sklerenchymfasern schützend umhüllt.

Siegelbaum, der: → Siegelbaumgewächse.

Siegelbaumgewächse (*Sigillariaceae*): längst ausgestorbene Fam. der → Schuppenbaumgewächse, die v. a. im Karbon (→ Erdzeitalter) verbreitet war und später ausgestorben ist, mit der nachfolgenden Gatt.:

Siegelbaum, der (*Sigillaria*): ausgestorbene Bärlappbäume die im Devon, Karbon und Perm (→ Erdzeitalter) vorkamen. Die Stämme der S. wurden bis zu 30 m hoch, über 2 m dick, waren unverzweigt oder oben bis zu zweimal gegabelt. Sie hatten bandförmige Blätter mit nur einer Mittelader und in Längsreihen angeordnete sechseckige Blattpolster, die nach dem Abfallen bienenwabenartig aussehende Narben hinterließen. Die S. waren hauptsächlich in den → Steinkohlewäldern verbreitet und somit ein wichtiges Ausgangsmaterial für die Bildung der → Steinkohle.

Siegwurz, die (*Gladiolus*): auch Gladiole. Gatt. der → Schwertliliengewächse mit rd. 250 Arten in Mitteleuropa, im Mittelmeergebiet und in Afrika. Eine einheimische, auch in Wäldern wachsende Art ist:

Sumpf-Siegwurz, die (*Gladiolus palustris* Gaud.): auch Sumpfgladiole. Die über Mittel- und Südeuropa verbreitete S. kommt in Dtschl. in den Alpen zerstreut, vereinzelt auch im Alpenvorland, im Süden und Osten vor. Sie wächst auf Mooren, Moor-, Sumpfwiesen und in Moorwäldern.

Die mehrjährige, 30 bis 60 cm hohe Pflanze wächst aus einer Knolle mit netzartig faserigem Überzug. Die zwei oder drei, selten mehr, schwertartigen, deutlich längsnervigen Stengelblätter sind linealisch und etwa 5 bis 9 mm breit. BZ: Juni bis Juli. Die Blüten sitzen zu zweit bis sechst einseitswendig am Ende eines Stengels. Sie bestehen aus sechs gleichen, purpurroten, eiförmigen, etwas zugespitzten Blütenhüllblättern und drei → Staubblättern. Die Frucht ist eine etwa 15 mm lange, längliche, verkehrt-eiförmige Kapsel die geflügelte Samen enthält.

Die S. ist eine alte Zauberpflanze, die Unheil abwenden sollte. Im Mittelalter steckten sie sich die Ritter und Landsknechte unter das Wams, bevor sie in den Kampf zogen, daher der Name „Siegwurz".

Sigillariaceae → Siegelbaumgewächse.

Sikawild, das (*Cervus nippon* Temm.): auch Japanhirsch. Das S. zählt zoologisch zur Fam. der Hirsche (*Cervidae*) und zur Ordn. der Paarhufer (*Artiodactyla*).

Aussehen: Das ausgewachsene S. hat eine Körperlänge von etwa 120 cm, eine Schwanzlänge von etwa 12 cm und eine Schulterhöhe von 80 bis 90 cm. Das Gewicht eines ausgewachsenen Hirsches liegt im Durchschnitt bei 50 bis 60 kg, das der weiblichen Tiere bei 30 bis 40 kg. Das S. steht auf kurzen Beinen und hat einen gedrungenen Körper. Es ist etwas

kleiner als das → Damwild; lediglich die Unterart Dybowski- oder Festlands-Sika übertrifft es teilweise an Stärke. Die Haarfärbung des S. ist im Sommer kastanienbraun mit bis zum Halsansatz reichender, auffallend heller Fleckung; beim Hirsch etwas weniger als beim weiblichen Tier. Im Winter ist das Haar dunkel bis fast schwarz gefärbt. Der Spiegel (Bereich um den After) ist groß und weiß. Der Hirsch trägt eine starke Brunftmähne (lange Haare am Hals), außerdem ein Geweih mit relativ wenig Enden (selten mehr als acht), das jährlich abgeworfen und neu gebildet wird.
Vorkommen: Das S. kam ursprünglich in freier Wildbahn nur in Japan und Nordchina in 13 Unterarten vor, von denen viele in ihrer Existenz bedroht sind. Heute ist diese Wildart durch Einbürgerung inselartig fast weltweit verbreitet. Auch in Europa wurde es eingebürgert. Die ersten Ansiedlungen fanden 1870 in Schottland statt. Heute ist es in fast allen europäischen Ländern in kleinen Beständen heimisch. In Dtschl. wurde es zunächst in Gehegen gehalten. 1893 erfolgte die Ansiedlung weniger Stück in einem Gehege des Grafen Donner auf dessen Besitzungen im Arnsberger Wald. Um die Jahrhundertwende wurde S. in den oberschlesischen Wäldern des Fürsten Pleß ausgesetzt und gelangte von dort in die freie Wildbahn. Den höchsten S.-Bestand hat Nordrhein-Westfalen. Das mit Abstand bedeutendste S.-Vorkommen in Dtschl. befindet sich um den Möhnsee im Arnsberger Wald. Kleinere Bestände haben Schleswig-Holstein, Bayern, Hessen, Baden-Württemberg, das Weserbergland und das Saarland. Einen kleinen Bestand gibt es in der Schweiz; auch Österreich verfügt über mehrere kleine und isolierte Bestände.
Lebensraum und Lebensweise: Der bevorzugte Lebensraum des S. sind lichte Laubwälder, Mischwälder, parkähnliche Landschaften in der Ebene und im Mittelgebirge. Es schätzt hügeliges, bewaldetes Gelände, ist jedoch in der Lage, sich sehr unterschiedlichen Biotopen anzupassen. Das S. ist äußerst klimahart und sehr genügsam und verträgt sich gut mit → Reh- und mit → Rotwild. Es ist eher tag- als dämmerungs- und nachtaktiv, sehr neugierig, gilt als verspielt und rudelt sich bei Gefahr. Die Einstände des S. sind im Wald, besonders in Stangenhölzern. Bald nach dem Setzen des Kalbes bilden sich Fam.-Gruppen, die aus dem Muttertier und ihren Kälbern dieses Jahres und letzten Jahres bestehen. Die jungen und mittelalten Hirsche bilden getrennte Rudel; die alten bilden kleine Trupps von wenigen Stück und führen ein sehr zurückgezogenes Leben. Früher wurden → Schäl- und Verbißschäden kaum beobachtet; in den letzten Jahren jedoch verursacht S. vermehrt Schälschäden, was vermutlich auf wirtschaftsbedingte Veränderungen der Biotope und auf das Anschwellen der Waldbesucherzahl zurückzuführen ist.
Fortpflanzung: Ende August/Anfang September, spätestens im Oktober, ziehen die Hirsche in ihre vorjährigen Brunfteinstände, die zugleich die Haupteinstände des weiblichen Wildes sind. Die eigentliche Brunft, die von den alten Hirschen eröffnet wird, ist Mitte bis Ende Oktober und kann sich bis in den November hinein hinziehen. Nach einer Tragzeit von etwa siebeneinhalb Monaten wird im Juni/Juli ein Kalb (selten zwei) gesetzt. Dieses wird drei bis vier Monate gesäugt. Das S. kann in freier Wildbahn ein Alter von 14 bis 16 (20) Jahren erreichen. Kreuzungen zwischen S. und Rotwild kommen vor.
Nahrung: Die sehr genügsame Wildart stellt an die Äsung nur geringe Ansprüche. Sie besteht überwiegend aus Gräsern und Kräutern.

Silberbaum, der: → Ebereschen 4.

Silberbaum, deutscher, der: → Pappeln 4.

Silberblatt, das (*Lunaria*): auch Mondviole. Eine Gatt. der → Kreuzblütengewächse mit nur drei in Mittel- und Südeuropa verbreiteten Arten. Es sind dies ein-, zwei- oder mehrjährige → Kräuter mit gestielten, herzförmigen Blättern und weißen oder violetten (bei Züchtungen auch roten), in Trauben (→ Blütenstand) stehenden Blüten. Die Früchte sind flache Schoten, von denen die beiden Fruchtklappen abfallen und nur die papierdünnen, durchscheinenden, silbrigen Scheidewände stehen bleiben (Name!). Eine im Wald anzutreffende Art ist:

Wildes Silberblatt, das (*Lunaria rediviva* Linné): auch Ausdauerndes S., Mondviole. Das über weite Teile Europas verbreitete W. S. ist ziemlich selten und wächst zerstreut in feuchten, schattigen Laubwäldern, in Schlucht- und Bergwäldern (meist mit BUl), besonders in Sommerlinden-Bergulmen-Bergahorn-Wäldern (→ Charakterart).
Die mehrjährige, 30 bis 140 cm hohe Pflanze hat einen aufrechten oder aufsteigenden, kantigen, oben ästigen Stengel der mit kurzen, weißlichen, abwärts gerichteten Haaren besetzt ist. Die großen, gestielten Blätter sind dünn, herzförmig, lang zugespitzt, stachelspitzig gezähnt, unterseits glänzend bläulichgrün. BZ: Mai bis Juli. Die wohlriechenden, hellvioletten, lilafarbenen, selten weißen Kreuzblüten befinden sich auf senkrecht stehenden Stielen, angeordnet zu lockeren Doldentrauben. Die etwa 2 cm lang gestielten Schoten sind 4 bis 9 cm lang, 1,5 bis 3 cm breit, elliptisch bis breit-lanzettlich, flach, an beiden Enden zugespitzt. Sie haben feine grünlichweiße Fruchtklappen und eine silberglänzende Scheidewand sowie nierenförmige, 7 bis 10 mm breite und 4 bis 6 mm lange, geflügelte → Samen.

Silberdistel, die: → Eberwurz 2.

Silbergras, das (*Corynephorus*): auch Keulenschmiele. ein horstförmig wachsendes und ausdauerndes → Rispengras aus der Fam. der → Süßgräser mit nur wenigen Arten in Europa und im Mittelmeergebiet. Die bekannteste, auch im Wald vorkommende Art ist:

Silbergras, das (*Corynephorus canescens*): Das kalkmeidende Gras wächst auf Sandböden, Heiden und in Kiefernwäldern.
Das ausdauernde S. bildet dichte, graugrüne, auch im Winter igelartig starr aufrecht bleibende Rasenbüschel. Die 15 bis 50 cm hohe Pionierpflanze hat ein feines und dichtes Wurzelwerk und dient zur Befestigung (Erstberasung) lockerer und bewegter Flugsandböden. Die ganze Pflanze ist silbergrau (Name!), oft mit rötlichem Schimmer. Die Kelchspelzen sind zugespitzt, die Blüten völlig einschließend. Die Blütenspelzen tragen eine Granne, welche in der Mitte gekniet, mit einem Haarbüschel versehen und nach oben etwas keulenförmig verdickt ist, die Kelchspelzen aber nicht überragt. BZ: Juni bis Juli.

Silberlinde, die: → Linden 4.

Silberpappel, die: → Pappeln 4.

Silberregen, der: → Robinien.

Silberstrich, der: → Edelfalter 10.

Silbertanne, die: → Tannen 1.

Silberweide, die: → Weiden 22.

Silcher, F. → Wald in der Musik.

Silene → Leimkraut.

Silikat-Tannenwald, artenreicher, der: → Labkraut-Tannen-(Misch-)Wald.

Sillingswald, der: → Seulingswald.

Silphidae → Aaskäfer.

Silva: in forstgeschichtlichen Quellen angeführte lateinische Bez. für Wald, Forst, Park, z.B. s. *communis* = Allmendwald, s. *alienus* = Privatwald. Weitere gleichbedeutende lat. Bez.: *lucus* (entspricht dem althochdeutschen loh = lichter kleiner Wald, wird aber auch für „heiliger Wald" und „dichter Wald" gebraucht), *nemus* (= Wald mit Weidegang im Unterschied zu *silva* = Wald ohne Weidegang, aber auch Bez. für dichten Wald oder Hain = Wald einer Gottheit), *saltus* (= Waldgebirge).

Silve, die: auch Sylve. stehender → Vorratsfestmeter bei der Vorratsberechnung im → Plenterwald (Einheitstarif).

Silvinsäure, die: → Abietinsäure.

Silvius: Pseudonym für → Ganghofer.

Simaroubaceae → Bittereschengewächse.

Simsen (*Scirpus*): auch Binsen. weltweit verbreitete Gatt. meist ausdauernder Graspflanzen (→ Riedgräser) mit 250 Arten. S. haben ein binsenähnliches Aussehen, sind aber nicht zu verwechseln mit den eigentlichen → Binsen der Gatt. *Juncus*. Fast alle S. wachsen an feuchten oder sumpfigen Standorten, überwiegend an Binnengewässern. Die nachstehende Art ist auch in feuchten Wäldern anzutreffen.

Waldsimse, die (*Scirpus silvaticus*): Die W. wächst verbreitet auf nassen Wiesen, in sumpfigen Wäldern, besonders quelligen Auwäldern und Hartholz-Auenwäldern (zeigt Erlen- und Eschenstandorte an), an Gräben und feuchten Gebüschen.

Wildes Silberblatt
(Lunaria rediviva)

Waldsimse *(Scirpus silvaticus)*

Die ausdauernde, 40 bis 100 cm hohe Pflanze mit stielrundem Halm treibt unterirdische → Ausläufer. Die flachen, 8 bis 12 mm breiten Blätter haben eine tiefe Mittelrinne und sind am Kiel und Rand rauh. Die Hüllborsten sind so lang wie die Frucht; die stumpfen Spelzen laufen in feinen Spitzen aus. Die gestielten Blütenährchen stehen zu dritt bis sechst zusammen. Der → Blütenstand ist eine reichährige Spirre mit am Ende der Äste sitzenden schwärzlichgrünen → Ährchen. BZ: Mai bis Juli.

Simsenlilie, die (*Tofieldia*): auch Kelchlilie. Gatt. der → Liliengewächse mit 20 Arten in der nördlichen gemäßigten und arktischen Zone. Es handelt sich um ausdauernde → Stauden mit grasartigen Blättern und un-

Kelch-Simsenlilie *(Tofieldia calyculata)*

scheinbaren, in traubigen → Blütenständen stehenden, grünlichen oder gelblichen → Blüten. Eine einheimische, auch in Wäldern wachsende Art ist:

Kelch-Simsenlilie, die (*Tofieldia calyculata* (L.) Wahlenberg): auch Gewöhnliche S. Die über Südskandinavien und die Gebirge Mitteleuropas, die Alpen und die Pyrenäen verbreitete K. ist kalkliebend und wächst zerstreut auf Flach- und Quellmooren, auf Moorwiesen, in lichten Wäldern, Gebüschen, in höheren Lagen auch auf Gras- und Ödland; Kalk- und Feuchtigkeitszeiger.

Die ausdauernde, kahle Pflanze hat einen kurzen → Wurzelstock. Die unteren, ungestielten Blätter stehen gehäuft, sind grasähnlich, 2 bis 4 mm breit, fünf- bis zehnnervig, flach, linealisch und schwertförmig, allmählich zugespitzt; die Stengelblätter sind klein und tragblattähnlich. BZ: Mai/Juni bis August (Oktober). Der 10 bis 30 cm hohe, aufrechte oder etwas geschlängelte Stengel trägt eine etwa 4 bis 10 cm lange, bis zu 30blütige, zylindrische, unten lockere, oben dichtere Blütentraube. Die gelblichen bis weißlichen Blüten stehen in den Achseln lanzettlicher Tragblätter. Sie bestehen aus sechs 3 bis 3,5 mm langen, lanzettlichen Blütenblättern, sechs → Staubblättern und drei → Griffeln. Die Frucht ist eine breit-eiförmige Kapsel.

Die **Sumpf-S.** oder **Kleine S.** (*Tofieldia pulsilla*) ist ein Eiszeitrelikt und kommt in Gebirgen und Tundren, in Dtschl. in den Alpen, in Quellmooren und auf Torfböden vor. Sie ist vorgenannter Art ähnlich, jedoch nur 5 bis 15 cm groß und die weißlichgelben Blüten stehen in einer kurzen Traube.

Simuliidae → Kriebelmücken.

Simulium reptans → Kriebelmücken.

Sinau, der: → Frauenmantel.

Singdrossel, die: → Drosseln 6.

Singrün, das: → Immergrün.

Singvögel (*Oscines*): mit ca. 4000 Arten in rund 45 Fam. die weitaus umfangreichste, weltweit verbreitete Unter-Ordn. der Sperlingsvögel. Sie zeichnen sich durch meist sieben bis neun Paar Singmuskeln aus. Die S. sind i. a. klein, haben einen Schnabel ohne → Wachshaut und erreichen je nach Art ein Lebensalter von zehn bis 20 Jahren. Sie leben i. d. R. auf Bäumen und in Sträuchern und bauen kleine, meist kunstvolle Nester. Zu den S. zählen u. a. die Schwalben, → Lerchen, → Würger, → Seidenschwanz, → Wasseramsel, → Finkenvögel, → Webervögel, → Prachtfinken, → Rabenvögel, → Stare, → Stelzen, → Honigfresser, → Baumläufer, → Kleiber, → Drosseln, → Meisen, → Grasmücken, → Fliegenschnäpper, → Braunellen, → Zaunkönig, → Spottdrosseln.

Singwürzer, der: → Würger 1.

Sinkholz, das: → Senkholz.

Sinneshaare → Haare.

Sinterasche, die: auch Zunderasche. alte Bez. in Schlesien (Oberlausitz) für eine Asche, die aus dem Verbrennen von morschem Holz (Bu, Es, Ta und As) zur Herstellung von Kalilauge gewonnen wurde.

Siricidae → Holzwespen.

Sitkafichte, die: → Fichten 2.

Sitkalaus, die: → Blattläuse 15.

Sitta europaea → Kleiber.

sitzend: Blätter, Blüten usw. werden als s. bezeichnet, wenn sie keinen Stiel haben.

Skabiose, die (*Scabiosa*): auch Grindkraut, Krätzkraut. Rund 80 Arten umfassende Gatt. der Fam. der → Kardengewächse, die besonders im mediterranen Gebiet verbreitet ist. Es sind dies einjährige oder ausdauernde, meist behaarte → Kräuter oder → Halbsträucher mit in Köpfchen stehenden Blüten. Von der Gatt. → Knautie sind die S. durch ungleichmäßig fünflappige Blütenkronen und Früchte mit deutlichem, trockenhäutigem Außenkelch sowie kräftigen Kelchborsten zu unterscheiden. Eine einheimische und im Wald wachsende Art ist:

Tauben-Skabiose, die (*Scabiosa columbaria* L.): auch Taubengrindkraut. Die T. ist über die Gebirge Süd- und Mitteleuropas verbreitet. In Dtschl. ist sie selten, auf Kalk verbreitet, anzutreffen. Sie wächst auf trockenen Waldplätzen, in lichten Kiefernwäldern, an buschigen, sonnigen Stellen, Rainen, Wegrändern, auf Wiesen, Triften, Moorwiesen, Kalkmagerrasen, Dämmen, Öd- und Heideland, von der Ebene bis ins Gebirge.

Die zwei- bis mehrjährige 30 bis 60 cm hohe Pflanze hat einen meist ästigen und mehrköpfigen, unten kahlen, oben anliegend behaarten und beblätterten Stengel. Die Blätter sind meist fein behaart, die Grundblätter ganzrandig oder fiederspaltig, die gegenständigen Stengelblätter ein- oder zweifach gefiedert, mit 1 bis 3 mm breiten Abschnitten. BZ: Juli bis November. Die 2 bis 3 cm breiten halbkugeligen Blütenköpfe bestehen aus zahlreichen Einzelblüten. Der Blütenboden hat Spreublätter (Deckblätter) und die Blütenstiele sind anliegend behaart. Die kleinen rötlichlila bis blauvioletten, selten weißen Blüten haben eine fünfzipfelige Blütenkrone (Unterscheidungsmerkmal zu den Gatt. → Knautie und → Abbiß), wobei die Randblüten größer sind und unregelmäßige Kronzipfel haben. Aus den befruchteten Blüten entwickeln sich etwa 3 mm lange, achtfurchige und behaarte, einsamige Früchtchen die von einem häutigen, becherförmigen Außenkelch und von fünf schwarzbraunen grannenartigen, glänzenden Kelchzipfeln gekrönt sind. Diese werden durch den Wind verbreitet. Die T. wurde früher als Heilmittel gegen Grind (Krätze) gebraucht.

Skabiosen-Flockenblume, die: → Flockenblume 4.

Skisport, der: → Schisport.

Sklerenchym, das (griechisch: *skleros* = hart, *enchyme* = das Eingegossene): das → Festigungsgewebe der ausgewachsenen Pflanzenteile; → Pflanze.

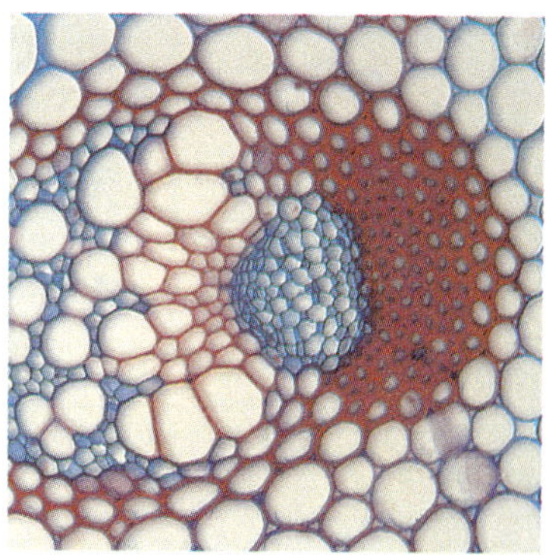

▶▶▶ Sklerenchym aus dem Sproß des Kriechenden Hahnenfußes *(Ranunculus repens)*; gefärbtes Präparat

Sklerenchymfaser, die: → Libriformfaser.
Sklerenchymzellen: Zellen des → Festigungsgewebe mit abgestorbenen Zellinhalt. S. haben verdickte und verholzte Zellwände und verleihen den nicht mehr wachsenden Pflanzenteilen die Festigkeit; Ggs. → Kollenchym.
Sleeper: beim früheren Ostseeholzhandel übliche Bez. für Eisenbahnschwellen aus Eichenholz mit quadratischem, scharfkantigem Querschnitt.
Smalian, Heinrich Ludwig (13.6.1785 Lohra bis 25.3.1848 Stralsund): S. machte sich besonders um die Holzmeßkunst verdient. Er schrieb u. a.: „Beitrag zur Holzmeßkunst" (1837), „Baumhöhenmesser und einfaches Verfahren der Baummessung und Holzberechnung für Forstmänner" (1840), „Durchmesser-, Halbmesser- und Umfangs-Tafeln" (1841), „Beiträge zur Forstwissenschaft" (1842 und 1845).
Smaragdlibelle, Gefleckte, die: → Libellen 3.
Smerbäume: alte Bez. für fruchttragende Bäume, die bei der früheren → Schweinemast die sog. Obermast (→ Mast) bildeten.
Smog, der: eine Wortkombination aus den englichen Wörtern „smoke" (Rauch) und „fog" (Dunst, Nebel). Als S. wird die sichtbare Verunreinigung der Luft in Bodennähe über städtischen und industriellen Ballungsgebieten bezeichnet. Dazu kann es unter bestimmten meteorologischen Bedingungen kommen, wenn längere Zeit wenig Wind herrscht und aufgrund von physikalischen Prozessen bodennahe Kaltluft von einer Sperrschicht aus wärmerer Luft, einer sog. Inversion, überlagert wird. Dies bewirkt, daß Schadstoffe wie Abgase und Rauch nicht abziehen können. Die Kronen der Bäume sind dem S. oft tagelang ausgesetzt, wobei verschieden starke Schädigungen auftreten. Besonders hohe Konzentrationen von → Schwefeldioxid und Staub führen hauptsächlich im Winter zum sog. „Londoner S." im Sommer hingegen kommt es durch Sonneneinstahlung zur Bildung von → Ozon aus Luftsauerstoff, → Stickoxiden und Kohlenwasserstoffen und durch die Konzentration von → Photooxidantien zum photochemischen „Los Angeles-S.". Das → Bundesimmissionsschutzgesetz ermächtigt die Landesregierungen, S.-Verordnungen zu erlassen; → Dunstglocke.
Smoler, Franz Xaver (3.8.1802 Goldegg-Niederösterreich bis 9.3.1865 Prag): S. war von 1822 bis 1826 Lehrer an der Forstlehranstalt Datschitz, ab 1827 Revierförster und Forstkontrollor im Dienste des Fürsten Auersperg, ab 1837 gräflich Thunscher Forstmeister in Benatek. 1849 trat S. in den Staatsdienst (Finanzdirektion Prag) ein. Er schrieb: „Historische Blicke auf das Forst- und Jagdwesen ... etc." (1847). Von 1848 bis 1865 redigierte er die vom böhmischen Forstverein, dessen Vizepräsident er war, herausgegebene Vereinsschrift für Forst-, Jagd- und Naturkunde.
Societät für Forst- und Jagdkunde → Bechstein, Johannes Matthäus.
Söhlbusch, der: alte nordd. Bez. für Salweide; → Weiden 19.
Sohlweide, die: → Weiden 19.
Solanaceae → Nachtschattengewächse.
Solanum → Nachtschatten.
Soldanella → Troddelblume.
Soldatenpetersilie, die: → Gundermann.
Soleleitungen → Salinen.
Solidago → Goldrute.
Solitär, der: einzeln, im → Freistand, d. h. ohne → Konkurrenz und daher ohne forciertes Höhenwachstum aufgewachsener Baum. S. wachsen dadurch mehr in die Breite, sind tiefer beastet, astiger, abholziger und früher fruktifizierend als Bäume in Beständen; → H/D-Wert.
Solleinschlag, der: → Einschlag, Hiebssatz.
Sollvorrat, der: → Zielvorrat.
Sollzuwachs, der: → Normalzuwachs einer normalen Betriebsklasse, ausgedrückt durch dGZU.
Sommerannuelle → Einjahrsblumen.
Sommereiche, die: → Eichen 1.
Sommerfällung, die: auch Sommerhieb; in Österr.: Sommerschlägerung. Der Einschlag des Ndh im Sommer wird hauptsächlich in schneereichen Hochgebirgslagen, die eine → Winterfällung nicht zulassen, durchgeführt. Mit der → Fällung wird unmittelbar nach der Schneeschmelze begonnen; sie dauert bis zum Herbst. Üblicherweise wird Holz, v. a. stärkeres wertvolles Holz zur Vermeidung von Entwertungen, z. B. durch Pilzbefall, möglichst nicht im Saft gehauen. Bei der S. ist die Gefahr groß, daß durch unsachgemäßes Fällen v. a. → Rückeschäden am verbleibendem → Bestand entstehen. Das ganze Jahr über vorgenommen werden können → Läuterungen und → Durchforstungen im → Stangenholz; → Wadel, Winterfällung.
Sommergoldhähnchen, das: → Grasmücken 2.
sommergrün: s. sind Lbh, deren grüne Laubblätter nur während einer Vegetationsperiode an der Pflanze verbleiben; die Pflanzen sind → laub(ab)werfend.
Sommergrüner Laubwald, der: In der gemäßigten Zone herrscht eine Vegetationszeit (→ Vegetationsperiode) von vier bis sechs Monaten. Die Sommer sind mäßig warm, die Winter verhältnismäßig mild; die Niederschläge sind über das ganze Jahr verteilt. Unterschiede ergeben sich aus dem kontinentalen oder ozeanischen Klimacharakter. Die prägende und typische Pflanzenformation ist der Sommergrüne Laub- bzw. Laubmischwald (Laubwaldgürtel, Laubwaldzone). In Mitteleuropa sind dies die → Europäischen Falllaubwälder auf mittleren Standorten, mit ihren drei Ordn. → Mesophytische Buchen- und Laubmischwälder, → Bodensaure Fallaubwälder (Buchen- und Birken-Eichenwälder) und → Xerothermen Eichenmischwälder. Auf ärmeren Sandböden in dieser Zone treten → Kiefernwälder, in den Mittel- und Hochgebirgen → Bergmischwälder und auch → Nadelwälder auf. In Nordamerika sind die Mischwälder dieser Zone wegen des anderen Verlaufs der → Waldgeschichte während und nach den Eiszeiten artenreicher. Die S. L. der Südkontinente unterscheiden sich wegen der Trennung der Kontinente seit dem Miozän grundlegend in der Artenzusammensetzung (Nothofagus-Wälder).
Sommergrüne Laubwälder Europas → Europäische Fallaubwälder.
Sommerhieb, der: → Sommerfällung.
Sommerholz, das: → Spätholz.
Sommerlatte, die: frühere Bez. für den einjährigen → Stockausschlag. Zur Vermeidung von Tritt und Freßschäden durfte in die S. kein Vieh eingetrieben werden.
Sommerlinde, die: → Linden 3.
Sommerlinden-Bergulmen-Bergahorn-Wald, der: → Eschen-Ahorn-Steinschutthangwald.
sömmern: Große starke Laubbäume mit breiter, ausladender Krone und weitverzweigtem Wurzelwerk lassen unter sich mangels Lichts, Wassers und ausreichender Nährstoffversorgung kaum Jungbäume und Sträucher aufkommen, früher sagte man, „sie s.". Zu den Bäumen, die s., zählen hauptsächlich Ei, Bu, Li und Es.
Sommerschäle, die: → Schälschaden.
Sommerschlägerung, die: → Sommerfällung.
Sommer-Steinpilz, der: → Steinpilz.
Sommertrieb, der: → Johannistrieb.
Sonderkarten → Forstkarten.
Sonderstandorte: Waldstandorte, auf denen die → Bestände aufgrund des → Bodens nur einen geringen → Zuwachs leisten, oder die wegen extremer Geländeausformungen eine betriebswirtschaftlich sinnvolle forstliche Nutzung nicht zulassen, werden im Rahmen der → Forsteinrichtung aus der regelmäßigen forstlichen Bewirtschaftung herausgenommen. Aufgrund ihres i. d. R. hohen ökologischen Wertes bieten sie seltenen Pflanzen- und Tiergesellschaften einen Lebensraum; → Sonderwirtschaftswald.
Sonderwaldreservat, das: → Kulturwaldreservat.
Sonderwirtschaftswald, der: in einigen Ländern der BR Dtschl. Bez. für bestockte und unbestockte Waldflächen, die aus landes- und kulturpflegerischen Gründen nicht regelmäßig bewirtschaftet, sondern ähnlich wie der → Schutzwald behandelt werden. Hierzu zählen i. d. R. auch Wallhecken (→ Knicks) und Windschutzstreifen; → Wirtschaftswald außer regelmäßigem Betrieb.
Sonnenbäume: andere Bez. für → Lichtbaumarten.
Sonnenberg, der: ein bis zu 120 m hohes Endmoränenareal bei Parchim (Mittleres Elbetal) mit Europas ältestem Douglasienbestand. Die mehreren hundert Exemplare wurden im Jahre 1880 gepflanzt und haben derzeit eine Höhe von mehr als 50 m erreicht.
Sonnenblätter → Lichtblätter.
Sonnenbrand, der: → Rindenbrand.
Sonnendarre, die: → Samen gewinnt man immer noch auch durch Ausklengen (→ Klenge) der → Zapfen unter Ausnutzung der Sonnenwärme (S.). Dieses naturgemäße Verfahren wird schon in Döbels „Jägerpraktika" (1756) beschrieben, in der sich der Ausdruck „Buberte" für S. findet.

Sonnenkäfer, der: → Marienkäfer.
Sonnenkälbchen, das: → Marienkäfer.
Sonnennadeln → Lichtblätter.
Sonnenröschen, das (*Helianthemum*): Gatt. der → Zistrosengewächse (*Cistaceae*) mit über 80 Arten, v. a. im Mittelmeergebiet. Es handelt sich um einjährige → Kräuter, → Halbsträucher oder → Stauden mit gegenständig angeordneten Blättern (→ Blattstellung) und Blüten verschiedenster Färbung, die in traubenartigen Wickeln (→ Blütenstand) stehen. Einige Arten sind Zierpflanzen. In Dtschl. heimisch und auch in Wäldern anzutreffen ist:
Gemeines Sonnenröschen, das (*Helianthemum nummularium* (L.) Mill.): auch Gewöhnliches S. Das G. S. ist in zahlreichen Unterarten fast über ganz Mitteleuropa und Südeuropa verbreitet, ferner über Nordafrika und Kleinasien. Es ist ziemlich häufig und wächst verbreitet in lichten Wäldern, besonders Kiefern-Trockenwäldern, Gebüschen, auf Kalkmagerrasen, Trockenrasen, Heiden, an Wald- und Wegrändern, auf trockenen Wiesen und sonnigen, felsigen Anhöhen, von der Ebene bis in die Hochalpen.

Gemeines Sonnenröschen (*Helianthemum nummularium*)

Die 10 bis 30 cm hohe Pflanze hat niederliegende bis aufsteigende, drüsig behaarte, am Grunde holzige, 20 bis 50 cm lange Stengel. Die ledrigen Blätter sind schmalelliptisch bis 5 cm lang, mit gewimpertem, umgerolltem Rand. Die stets vorhandenen → Nebenblätter sind lanzettlich und länger als die Blattstiele. BZ: Mai/Juni bis September. Die 15 bis 30 mm breiten, bei Sonnenschein ausgebreiteten Blüten haben fünf zitronengelbe, rundlich verkehrt-eiförmige → Kronblätter, oft mit orangenem Fleck am Grund. Die Frucht ist eine vielsamige, einfächerige, dreiklappige Kapsel.
Sonn(en)wendfeier, die: alter Volksbrauch, bei dem mit brennenden Holzstößen (Sonnwendfeuer) oder brennenden hölzernen strohumflochtenen Sonnenrädern und -scheiben (Julräder) etc. die Mittwinterzeit und die Sonnenwende gefeiert werden. Zweck dieses heute noch an vielen Orten lebendigen Brauches ist neben der Feier des Wiederansteigens der Sonne die Bitte an die Sonne, die Fruchtbarkeit der Pflanzen zu fördern; → Weihnachtsblock.
Sonnwendkäfer, der: → Blatthornkäfer 11.
Sonnwendskraut, das: → Johanniskraut 1.
Sonstige Sortimente → Sortimente.
Sorale: S. sind scharf umschriebene Stellen des → Thallus von → Flechten, an denen die → Soredien stehen.
Sorbapfel, der: → Ebereschen 3.
Sorbus → Ebereschen.
Soredien: S. sind kleine, unberindete, rundliche bis elliptische Verbreitungseinheiten von → Flechten, die aus meist in der Mitte zusammengedrängten → Algen und einer Hyphenhülle bestehen.
Soricidae → Spitzmäuse.
Sorte, die (Cultivar, Kulturvarietät = cv.): In Anlehnung an den Internationalen Code der Botanischen → Nomenklatur der Kulturpflanzen wird im Sortenschutzgesetz unter einer S. eine Gesamtheit von Pflanzen verstanden, die derselben botanischen → Art (oder einer kleineren taxonomischen Einheit) angehört und sich gegenüber natürlichen Populationen dadurch auszeichnet, daß deren Pflanzen in ihren morphologischen und physiologischen Merkmalen dieselbe oder zumindest nahezu dieselbe Ausprägung zeigen und dies bei → vegetativer Vermehrung beibehalten. Jede S. muß sich von jeder anderen durch mindestens ein morphologisches oder physiologisches Merkmal deutlich unterscheiden. S. von forstlichen Baumarten (→ Waldbaumarten) könnten geschaffen werden, wenn es gelingt, Pflanzen vegetativ zu vermehren. Bei einer Reihe von Baumarten ist das mit Hilfe verschiedener Methoden schon heute möglich. Diese durch vegetative Vermehrung erzeugten Nachkommen von Einzelpflanzen sind alle erbgleich (→ Klon). Die Pflanzen eines Klones sind homogen in ihrer Merkmalausprägung; sie sind genau beschreibbar und somit auch jederzeit identifizierbar; sie sind S. Für den Wald wird aber eine große Genvielfalt angestrebt.
Sortenschutz für forstliches Vermehrungsgut: S. kann für → Sorten jener botanischen → Arten oder Gatt. erteilt werden, die im Artenverzeichnis zum S.-Gesetz aufgeführt sind. Eine am 5. August 1988 in Kraft getretene Verordnung stellt nicht mehr auf Arten oder Gatt. ab, sondern auf Fam.. Damit sind nunmehr alle für Dtschl. in Frage kommenden forstlichen → Baumarten (→ Waldbaumarten) in das S.-Recht einbezogen. S. für eine Sorte kann durch das Bundessortenamt in Hannover erteilt werden, wenn die Sorte unterscheidbar, homogen, beständig und neu sowie durch eine eintragbare Sorten-Bez. bezeichnet ist.
Sortentarif, der: Im Unterschied zum → Mittelstammtarif wurden in den südd. Ländern für die Entlohnung der Waldarbeiter bei der Holzernte wegen der unterschiedlichen Arbeitsbedingungen S. (z. B. Bayerischer Hauerlohntarif (BHT); heute: Tarifvertrag für Holzerntearbeiten im Hochgebirge (HGT)) eingeführt, bei denen die Vorgabezeiten für einen fm oder rm einer Sorte des Stammholzes oder Klasse des Schichtholzes ausgeworfen wurde. Der Massenmittelstamm eines Hiebes wurde bei der Entlohnung nicht benötigt; → Tarifverträge.
Sortierung des Holzes, die: → Holzsortierung.
Sortimente: Eingeschlagenes Holz wird zum Zwecke des Verkaufs in → Handelsklassen zusammengefaßt. Kriterien dieser → Holzsortierung sind u. a. Länge, Durchmesser und Güte. Die Anwendung dieser Sortierungsbestimmungen ist grundsätzlich freigestellt, muß aber erfolgen, wenn → Rohholz mit den Bez. der gesetzlichen Handelsklassen auf den Markt gebracht wird. Sonstige S. ist Holz, welches auf Grund seines Aufarbeitungszustandes keiner Handelsklasse zugeordnet werden kann.
Sortimentshieb, der: → Dimensionshieb.
Sozialbilanz des Waldes, die: Bilanz aller Leistungen, welche der Wald für die Gesellschaft erbringt (→ Waldfunktionen). Er berücksichtigt im wesentlichen betriebswirtschaftliche, bioökologische, physikalische und humanökologische Aspekte. Die S. d. W. wird in Geldwert ausgedrückt.
Sozialbrache, die: Landwirtschaftliche Flächen, die aus mangelndem Interesse des Eigentümers oder wegen der Wirtschaftlichkeit nicht mehr bewirtschaftet werden und von anderen landwirtschaftlichen Betrieben nicht genutzt werden können; → Sukzessionswald.
Sozialfunktionen des Waldes → Waldfunktionen.
Sozialleistungen des Waldes → Waldfunktionen.
Spach(el)gerten → Fachgerten.
Späherprobe, die: eine Ausarbeitung für die → Deutsche Waldjugend, in der die → Waldläufer ihre Fähigkeit und ihr Wissen beweisen. Eine S.-Ordnung gibt hierzu nähere Erläuterungen.
Spaltaxt, die: → Fällungswerkzeuge.
Spaltbarkeit des Holzes, die: die Eigenschaft des → Holzes, sich durch einen eingetriebenen Keil in Richtung des Faserverlaufes in Teile trennen zu lassen. Sie ist bedingt durch den Bau des Holzes, insbesondere durch Astreinheit und durch den Bau der → Markstrahlen. Hölzer mit starken und zahlreichen Markstrahlen sind leichter spaltbar als andere.
Im frischen Zustand sind die meisten Holzarten leichter spaltbar als im lufttrockenen; eine Ausnahme bilden die sehr zähen Hölzer. Zu den leicht spaltbaren Holzarten gehören alle Ndh mit Ausnahme der SKie, die Ei, Er, Li, Bu, Pa und Kast, zu den schwer spaltbaren Holzarten Ah, Bi, Es, Ul und Hbu; Anhang, Seite 872/873.
Spaltenholz, das: veraltete, lokale Bez. für → Scheitholz.
Spaltenspinne, die: → Radnetzspinnen 3.
Spaltfrucht, die: → Schließfrucht.
Spaltholz, das: auch Kluftholz. Nutzholzsorten, die durch Zerteilung der Stämme nach der Längsrichtung, also genau nach dem Lauf der Holzfasern, durch Aufspalten (Kloben, Klöben, Klieben, Reißen etc.) hergestellt werden. Zum S. zählen z. B. Daubhölzer (→ Böttcherholz), Weinbergpfähle, Spaltlatten, Legschindeln (→ Schindelholz), Dachspalten und gespaltene Zaunhölzer.
Spaltöffnungen (*Stomata*): Die S. befinden sich in den oberirdischen Epidermen (→ Epidermis) grüner Teile, Blätter, Zweige, aber auch in Blüten und Früchten von höherentwickelten → Pflanzen. Sie vermitteln den Gasaustausch und regulieren die → Transpiration. Die S. liegen meistens auf der Blattunterseite (etwa 100 bis 700 auf 1 cm^2), bei

schwimmenden Blättern auf der Blattoberseite, bei Blättern ohne Ober- und Unterseite, wie z. B. Iris (→ Schwertlilie), liegen sie auf beiden Blattseiten. Die S. werden von besonders gestalteten Zellen, den chlorophyllhaltigen Schließzellen, umgeben, die den Spalt (Zentralspalt), der die Atemhöhle mit der Außenluft verbindet, öffnen und schließen können. In der Oberhaut von Wurzeln kommen keine S. vor. Bei den verschiedenen Spaltöffnungstypen laufen die Differenzierungsprozesse in verschiedener Weise ab. Es werden unterschieden: Amaryllideentyp (häufigster Typ, bei vielen Mono- und Dikotylen), Gramineentyp (bei → Gräsern verbreitet), Mniumtyp (→ Farne und → Moose).

Spaltpflanzen (*Schizophyten*): zusammenfassende Bez. für → Bakterien und Blaualgen die sich durch einfache Zellteilung vermehren.

Spaltpflanzung, die: → Pflanzverfahren.

Spaltrichtung des Holzes, die: die Richtung, in welcher das Holz spaltet. Die Hauptspaltrichtung ist die radiale Richtung, also jene des Verlaufs der → Markstrahlen; → Spaltbarkeit des Holzes.

Spaltrisse → Risse 1).

Spaltschnitt, der: → Radialschnitt.

Spaltungsregel, die: → Mendelsche Regel.

Spaltware: **1**) ein → Werkholz (Handelsform des → Schnittholzes) und zwar Bretter unter 16 mm Dicke, die durch 1 bis 4 Spaltschnitte aus einem → Brett gewonnen werden. So gewinnt man aus einem Originalbrett von 26 mm Dicke bei einem Spaltschnitt zwei Spaltbretter von je 12 mm und bei zwei Spaltschnitten drei Spaltbretter von je 7 mm Dicke. **2**) Bez. für alle Erzeugnisse, die auf dem Spaltwege hergestellt werden, z. B. → Resonanzholz für Geigen und Celli aus Fi und Ta, Holznägel aus Bi, Ah usw. für Fenster und Schuhmacherei, Zähne für Eggen und Rechen aus Sauerdorn, Ah und Stechpalme, Ruder aus Es, Bi usw., Radspeichen aus Es, Ul, Hickory usw.; Turngeräte aus Es.

Spaltzahnmoos, das (*Fissidens*): Gatt. der Fam. Spaltzahnmoose (*Fissidentaceae*), der Klasse → Laubmoose. Die bekannteste Art ist:

Eibenblättriges Spaltzahnmoos, das (*Fissidens taxifolius* (L.) Hedwig): Das zerstreut bis verbreitet wachsende E. S. besiedelt schattige, feuchte, lehmige, mäßig saure Waldböden, vorzugsweise in nährstoffreichen Laubwäldern, und feuchte Felsen.

Das Laubmoos bildet dunkelgrüne bis gelblichgrüne, sehr lockere, lückige Lager. Die 5 bis 10 cm langen, aufrechten, unverzweigten Stengel sind dicht zweizeilig beblättert. Die breit zungenförmigen Blätter sind flach, halb stengelumfassend, am Rücken geflügelt, gegen die Spitze leicht gezähnt, mit kräftiger, durchlaufender Mittelrippe die vorne als kurze Stachelspitze austritt. Die → Sporen reifen vom Herbst bis zum Frühjahr. Die meist stark geneigte Sporenkapsel ist bräunlichrot mit schief geschnäbeltem Deckel. Der 3 bis 6 cm lange Kapselstiel entspringt am Stengelgrund.

Span, der: **1**) ein kleiner Holzsplitter (kleines Holzteilchen). Die beim Holzhauen mit der Axt anfallenden Späne werden Hackspäne oder Hauspäne, die beim Hobeln abfallenden Späne Hobelspäne und die beim Sägen entstehenden Späne Sägespäne genannt. **2**) → Kienspan. **3**) → Sparterieware. **4**) Holzspäne für Bastelarbeiten, wie z. B. Weihnachtssterne. **5**) → Splitten.

Spanfudel, das: → Fudel.

Spangroschen, der: frühere Bez. für einen bestimmten Geldbetrag der zu entrichten war, wenn auf einer Schlagfläche der → Abraum (Späne, Reisig etc.) eingesammelt wurde.

Spanholz, das: **1**) lokale Bez. für → Industrieholz, das für die Herstellung von Spanplatten dient. **2**) → Kiefern 3.

Spanische Fliege, die: → Ölkäfer.

Spanische Heidelbeere, die: → Bärentraube 1.

Spanischer Flieder, der: → Flieder.

Spanischer Ginster, der: → Geißklee 5.

Spanische Schwarzkiefer, die: Unterart der SKie; → Kiefern 2.

Spann, der: **1**) alte nordd. Bez. für Maß des Umfangs von Rundholz. **2**) eine Wagenladung (z. B. Holz), die ein Pferdegespann ziehen kann.

Spanne, der: → Palm.

Spanne, die: **1**) altes Längenmaß vom ausgestreckten Daumen bis zum kleinen Finger gehend. Das Maß bildete i. d. R. ca. 9, im Harz 10 → Zoll. **2**) früher verwendete Kette, die als → Kluppe diente. Diese sog. Spannkette war eine nach S. abgeteilte Kette, mit der der Stammumfang gemessen wurde; → Baummeßkette.

Spanner (*Geometridae*): den Tagfaltern ähnliche Schmetterlings-Fam. mit weltweit rd. 15 000 Arten, davon rd. 400 Arten einheimisch. S. sind kleine bis mittelgroße, meist schmächtige, überwiegend dämmerungs- und nachtaktive → Schmetterlinge. In Färbung und Zeichnung sind sie häufig sehr gut an die Umgebung angepaßt. Sie haben verhältnismäßig große und zarte, in der Ruhestellung flach ausgebreitete Flügel. Die S.-Raupen sind dünn und unbehaart und meist nur zehnbeinig. Durch das Fehlen der dritten Bauchbeinpaare bewegen sie sich „spannend" fort (buckelndes Hochkrümmen des Körpers beim Heranziehen des Hinterendes an die Brustregion und anschließendes ruckartiges Strecken des Körpers nach vorn). In der Ruhestellung halten einige → Raupen sich nur mit den Hinterfüßen fest und strecken den Körper steif in die Luft, so daß sie wie ein blattloses Zweiglein erscheinen. Die wichtigsten Arten sind:

1. Gemeiner Frostspanner, der (*Operophtera brumata*): Das Männchen mit einer Flügelspannweite von 22 bis 30 mm ist gelbbraun und hat dunkle, verwaschene Wellenlinien; das Weibchen ist graubraun und weißlich gesprenkelt. Die Raupe ist gelbgrün, hat einen dunklen Rückenstreif und beiderseits drei hellgelbe Längsstreifen. Der Kopf ist grün. Der häufige Schmetterling erscheint nach den ersten Frösten etwa ab Oktober in Laubwäldern an Bi, Ha, Ei, Weißdorn, Schlehe Heidekraut und Obstgärten (besonders an Apfelbäumen). Das Männchen schwärmt in der Abenddämmerung; das flugunfähige Weibchen, das nur 2 bis 3 mm lange Flügelstummel besitzt, klettert aus der Bodenstreu an Bäumen empor und legt die überwinternden, erst gelbgrünen, später rotgelb werdenden Eier an der Rinde im Stammbereich oder in den Ästen ab. Dort fressen die Ende April oder im Mai schlüpfenden Raupen an aufbrechenden Blatt- und Blütenknospen, spinnen lebhaft und verursachen später Löcherfraß. Oft werden die Blätter zusammengesponnen, bei starkem Vorkommen kann Kahlfraß eintreten, v. a. werden → Mast und → Zuwachs vermindert. Bevorzugte Laubbaumarten sind Ei, Hbu und Bu. Im Juni lassen sich die Raupen an einem Faden auf den Boden herab und verpuppen sich einige Zentimeter tief im Boden. Die → Puppen sind 8 bis 9 mm lang. Ab Oktober schlüpfen dann die Falter, die sehr stark zu Massenvermehrungen neigen. Die Generation ist einfach.

2. Buchenfrostspanner, der (*Operophtera fagata; früher: O. boreata*): Der 28 bis 30 mm

◂◂ Raupe des Großen Frostspanners (*Erannis defoliaria*)

Gemeiner Frostspanner (*Operophtera brumata*)

◂◂ Großer Frostspanner (*Erannis defoliaria*)

Raupe des Großen Birkenspanners (*Amphidasis betularia*)

große Falter ähnelt in Lebensweise und Aussehen dem Gemeinen Frostspanner; das Weibchen hat jedoch längere Flügelstummel und die Raupe einen schwarzen Kopf. Die Raupen fressen an Bu, Bi, Apfelbaum und Weißdorn. Durch Raupenfraß kann ein Buchenbestand völlig vernichtet werden.

3. **Großer Frostspanner**, der (*Erannis defoliaria*): Der 22 bis 30 mm spannende Falter (Männchen) hat gelbbraune Vorderflügel mit zwei dunkelbraunen Querbinden. Die Hinterflügel sind blaßgelb und haben braune Punkte. Das flügellose Weibchen ist gelb und schwarz gefleckt.

Die Eier sind gelblich und haben eine keilförmige Form. Der 35 mm lange Raupe ist lichtgelb mit rotbraunem Kopf und rotbraunen Rückenstreifen, der schwarz eingefaßt ist. Bei Beunruhigung nimmt sie eine Schreckstellung ein, indem sie sich mit dem Oberkörper vom Blatt abspreizt und so das Aussehen eines trockenen Aststückchens nachahmt. Sie frißt an Bi, Ha, Ei, Weißdorn, Schlehe, Geißblatt u. a. Laubbäumen und -sträuchern. Die 14 mm lange Puppe ist dunkelbraun. Der Falter fliegt bereits ab Ende September bis November. Er wird vielfach an Ei schädlich.

4. **Eichenspanner**, der (*Ennomos quercinaria*): Der bräunlichgelbe E. hat auf den Vorderflügeln zwei braune, beschattete Querlinien. Die schlanke Raupe ist rotbraun. Der Falter fliegt nachts in der Zeit von Juli bis Oktober. Er legt seine Eier vorwiegend auf Bu, Ei, Bi, Li, Weißdorn und anderen Laubbäumen und -sträuchern.

5. **Birkenspanner**, der (*Amphidasis betularia*): Der 44 bis 52 mm große, spinnenartige B. ist einer unserer größten Spanner (Weibchen viel größer als Männchen). Er ist kreideweiß und voll mit schwarzen Punkten und Flecken übersät. Es kommen auch zahlreiche Übergänge bis zur schwarzen Abart vor. Die Raupe ist braun, grün oder grau. Der B. kommt häufig in Birken- und allen anderen Laubwäldern vor und fliegt von Mai bis Juli. Die Puppe überwintert.

6. **Kiefernspanner**, der (*Bupalus piniarius*): Der K., einer der wichtigsten Kiefernschädlinge, der auch zur Massenvermehrung neigt, erreicht eine Spannweite von 30 bis 38 mm (Männchen) bzw. 32 bis 40 mm (Weibchen). Er schwärmt im taumelnden Flug an windstillen Schönwettertagen, hauptsächlich im Mai/Juni, aber auch vereinzelt bis August, im Inneren der Bestände. Das Männchen ist gelblichweiß; die Ränder der Flügel sowie die Spitze der Vorderflügel sind sepiabraun; das Weibchen ist rostgelb. Die Raupe ist nackt und gelblichgrün; die drei weißen Rückenstreifen ziehen sich über den grünen Kopf; die beiden Seitenstreifen sind gelb. Frisch geschlüpft ist sie nur 3 mm lang; als Altraupe kann sie etwa 30 mm lang sein. Generation einfach. Das Weibchen legt die etwa 100 bis 150 ovalen, hell- bis blaugrünen Eier perlschnurartig zu zwei bis sieben Stück, höchstens 32 Stück, an der Unterseite vorjähriger Nadeln ab, vorwiegend in 20- bis 70jährigen Kiefernbeständen, und zwar immer in den höheren Kronenteilen. Die Raupen erscheinen ab Juli, spinnen lebhaft und fressen meist nachts bis Oktober/November an den Nadelrändern vorjähriger Kiefernnadeln, bei Not auch an Fichten- und Tannennadeln, wobei die Mittelrinne stehen bleibt. Die Kronen bekommen ein bräunlichgraues Aussehen. Der Schaden ist kaum vor September erkennbar. Da bei diesem Fraß die Knospen erhalten bleiben, überlebt bei einmaligem Kahlfraß der befallene Baum; bei mehrfachem Kahlfraß geht er jedoch ein. Zur Verpuppung im Boden oder in der Bodendecke innerhalb des Kronenbereiches spinnen sich die Raupen ab. Die 11 bis 15 mm große Puppe überwintert, ist erst grün, dann grünbraun mit einspitzigem, kurzem Aftergriffel. Die Bekämpfung des K. erfolgt mit Insektiziden (→ Pestizide). Werden beim → Probesuchen sechs oder mehr Puppen je m^2 gefunden, droht Kahlfraß. Früher wurden zur Bekämpfung Schweine und Hühner eingetrieben.

Die beiden nachfolgenden Arten haben nur Bedeutung in Gemeinschaft mit dem Kiefernspanner.

7. **Veilgrauer Kiefernspanner**, der (*Semiothisa liturata*): Falter 25 bis 33 mm groß, veilgrau (Name!) und dunkel gesprenkelt. Raupe gelbgrün mit rotem Kopf.

8. **Gebänderter Kiefernspanner**, der (*Ellopia prosapiaria*): Falter 31 bis 38 mm groß, rötlich oder lauchgrün mit weißlichen Querstreifen. Raupe 12beinig, rotbraun, weißlich gemischt mit dunklen Flecken und Linien, Kopf dunkelbraun.

9. **Stachelbeerspanner**, der (*Abraxas grossulariata*): auch Harlekin. Falter um 40 mm groß), Flügel weiß mit schwarzen Fleckenreihen, die gelbe Querbänder umfassen. Körper gelb-schwarz. Die Larve ist weiß mit gelbschwarzer Zeichnung. Der jetzt seltene S. lebt an Stachel- und Johannisbeeren, aber auch an Schlehen, Heidekraut und anderen Gehölzen. Eine Generation.

spännig: Ein Baum wurde früher als s. bezeichnet, wenn er nach Spannen (→ Spanne) gemessen und verkauft wurde.

Spannkette die: → Spanne 2).

Spannmaß, das: → Baummeßkette, Spanne 2).

Spannrückigkeit, die: Sie liegt bei Stämmen vor, die keinen kreisförmigen, sondern einen unregelmäßigen Querschnitt mit tiefgehenden Furchen bzw. vorspringenden Wülsten haben. S. tritt bei vielen älteren Bäumen im Wurzelanlauf auf. Verläuft die S. weit den → Stamm hinauf, gilt sie als → Holzfehler. Sie kommt besonders bei Hbu, Eib, Wacholder und in geringerem Maße bei der WEr vor. S. entsteht durch eine Unregelmäßigkeit im → Dickenwachstum, bedingt durch mangelnde Ernährung des → Kambiums bei zunehmender Dicke.

Spannwurzeln: miteinander verwachsene Wurzeln (Wurzelfusion). Sie entstehen bei Fi oft an Wurzelanläufen durch Überkreuzen zweier Wurzeln, die beim sekundären → Dickenwachstum enger aneinander rücken und dabei Zugspannungen und Druckkräften ausgesetzt sind. Als Folge entstehen häufig Harzverkrustungen, auch anatomische Veränderungen im → Periderm.

Spanplatten → Holzspanplatten.

Spanreißer, der: → Baumreißer.

Spanten: Form der C-Hölzer (→ S-Hölzer), die beim Innenausbau der Schiffe Verwendung finden; → Schiffsbauholz.

Spargelpilz, der: → Tintling 5.

Sparholz, das: alte nordd. Bez. für → Schonung.

Sparkassenfunktion, die: Die Holzvorräte des Waldes (Rohstoff Holz) bilden für den Waldbesitzer eine wertvolle Einkommensreserve. Diese wird umgangssprachlich und bildhaft als S. (Reservefunktion) bezeichnet. Sie kann den Waldbesitzer wirtschaftlich absichern.

Sparreiser: früher in der Bayreuther Gegend Bez. für Bauholzstämme, die 40 bis 45 → Fuß lang waren und einen Zopfdurchmesser von 10 bis 11 → Zoll hatten.

Sparrholz, das: frühere Bez. für besonders ausgesuchte Bäume die der Herstellung von Sparren (Bauteile der Dachkonstruktion eines Hauses) dienen.

Sparriger Schüppling, der: → Schüpplinge 1.

Sparriges Hainmoos, das: → Rhytidiadelphus 1.

Sparriges Torfmoos, das: → Torfmoos 2.

Sparterieware, die: alte Bez. für Flechtwerk (Decken, Damenhüte u. a.) aus feinen Holzstreifen. Verwendet wird hierfür Holz von großer → Spaltbarkeit und Biegsamkeit (meist Zitterpappelholz), daß sich zu dünnen bandartigen Spänen spalten läßt. Das Gewerbe, das S. herstellte, wurde „Sparterie“ genannt.

Spätblühende, Späte Traubenkirsche, die: → Prunus 6.

Späte Goldrute, die: → Goldrute 3.

Späteiche, die: → Eichen 2.

Spatelblättriges Greiskraut, das: → Greiskraut 13.

Spätfliegende Fledermaus, die: → Fledermäuse 12.

Spätfrost, der: spät (im Frühjahr) auftretender → Frost. Er führt zum Absterben junger, frischer Triebe, Keimlinge, Blätter und Blüten. Gefährdet sind v. a. Es, Bu, Ei, Fi, Ta, Dgl, Rob und Kast. Vorbeugungsmaßnahmen: In Baumschulen Beregnung und Folientunnel, im Freiland späte Aussaat; → Frostschäden.

Späth, Johann Leonhard, Dr. (11.11.1759 Augsburg bis 31.3.1842 München): S. war kurze Zeit Professor der Forstwissenschaft an der Universität Altdorf. Er schrieb u. a. „Über die örtliche progressive Wachsthumszunahme der Waldbäume usw.“ (1796), „Anleitung, die Mathematik und physikalische Chemie auf das Forstwesen anzuwenden und forstliche Camerale nützlich anzuwenden.“ (1797), „Abhandlung über den forstlichen Zuwachs und Gehaubestimmung usw.“ (1798), „Handbuch der Forstwissenschaft ... etc.“ (1801 – 1805), „Abhandlung über die periodischen Durchforstungen usw.“ (1802).

Spätholz, das: (Eng-, Herbst-, Sommerholz): Es besteht aus dichten (engen) dickwandigen

◂◂ Grünspecht (*Picus viridis*)

Grauspecht (*Picus canus*)

◂◂ Schwarzspecht (*Dryocopus martius*)

Buntspecht (*Dendrocopos major*)

Zellen, die nach dem → Frühholz entstehen. Mit der vorrückenden Jahreszeit bis zum Ende der Vegetationsperiode entstehen immer engere Holzzellen die dem Holz seine hohe Festigkeit geben. An das S. schließt sich im Frühjahr wieder das weitlumige Frühholz an. Dieser Unterschied der Zellen ist äußerlich an den → Jahrringen sichtbar. Die Unterschiede zwischen S. und Frühholz sind jedoch bei den Lbh weniger ausgeprägt als bei den Ndh.

Spätsommerpflanzung, die: → Pflanzzeit.

Spättreiber, der: der Spätfrostgefährdung angepaßte → Biotypen einer (Baum-)Population.

Spazierstockverfahren, das: Umgangssprachliche Bez. für das Verfahren nach Vorkampf-Laue (Messung der Baumhöhe nach dem geometrischen Prinzip), bei dem als Hilfsmittel ein Spazierstock oder ein einfacher Stab verwendet wird; → Höhenmessung der Bäume.

Spechte: Innerhalb der Ordn. Spechtvögel (*Piciformes*) sind die bei uns heimischen S. mit einer eigenen Fam. der Echten S. (*Picidae*) vertreten, wobei Grün-, Grau-, Schwarz-, Mittel-, Klein, Blut-, Bunt- und Weißrückenspecht die Unter-Fam. der Eigentlichen S. (*Picinae*) bilden, der Wendehals hingegen der Unter-Fam. Wendehälse (*Jyginae*) angehört. S. sind meist lebhafte, farbenfrohe Vögel des Waldes und echte Baumtiere, die sich überwiegend von in Holz bzw. unter der Rinde lebenden Insekten und deren Larven sowie von Ameisen ernähren. Zahlreiche Anpassungen sind sowohl für den Lebensraum wie für die besonderen Lebens- und Ernährungsgewohnheiten entwickelt, so z. B. der kräftige Meißelschnabel zum Aufspalten von Holz und Rinde, eine sehnige Halsmuskulatur, die wohlgezielte Schnabelhiebe ermöglicht, krallenbewehrte Kletterzehen am kurzen Bein (zweite und dritte Zehe nach vorne und erste und vierte Zehe nach hinten gerichtet), wobei, wie bei den → Singvögeln, die Krallen schon beim Abknicken des Fersengelenks durch das Körpergewicht selbsttätig zugreifen und sich der Vogel so beliebig lang ohne Anstrengung an die Rinde hängen kann, ein Stützschwanz, dessen besonders steife, schnell regenerationsfähigen Federkiele – an der Rinde angedrückt – den Körper am senkrechten Baumstamm abstemmen, eine lange, klebrige und/oder mit Wiederhäkchen versehene, wurmförmige Zunge, die tief in die Larven- oder Wurmröhren eindringen kann und die Larven oder Würmer mit der Zungenspitze aufspießt oder daran festklebt. Die S. sind Höhlenbrüter, die sich – mit Ausnahme des Wendehalses – ihre Höhlen in stammfaulen Bäumen selbst zimmern. Ihr Gelege besteht i. d. R. aus fünf bis sechs rein weißen Eiern. Die Eltern brüten und füttern auch die Jungen gemeinsam. Bei der Fütterung erfaßt der Jungvogel den Schnabel des Altvogels und dieser würgt dann die Nahrung aus dem Kehlsack. Zu ihrer Ernährung benötigen die S. ein großes Revier; daraus vertreiben sie alle Artgenossen, was häufig mit turbulenten Kämpfen verbunden ist. Ihren Hoheitsbereich markieren sie mit arttypischen Trommelsignalen, wobei stets das richtige Klangholz ausgewählt wird. In Mitteleuropa brüten zehn Arten dieser Unter-Fam.

1. Grünspecht, der (*Picus viridis* L.): auch Immenwolf, Schreiheister, Wieherspecht, Jägervogel, Erdspecht. Länge: 32 cm, Gewicht: um 200 g.

Der G. ist Stand- und Strichvogel und kommt in ganz Europa vor. Sein bevorzugter Lebensraum sind lichte Wälder, besonders Laub- und Auwälder sowie Feldgehölze, Parklandschaften und Obstgärten. Im Gebirge ist er noch über 1700 m Höhe anzutreffen. Er trommelt i. d. R. weniger als die übrigen S.-Arten und hält sich häufig am Boden auf (Erdspecht).

Der G. zimmert sich seine Nisthöhle überwiegend in Laubbäumen (Ei, Bu, Er, Pa). Das kreisrunde Flugloch hat etwa 6,5 cm Durchmesser. Die Nisthöhle ist mit feinen Holzspänen und Mulm ausgelegt. Das Gelege besteht aus fünf bis sieben, seltener acht reinweißen Eiern (31 x 23 mm, 7,9 bis 8,1 g). Brutdauer: ca. 15 bis 16 Tage, Nestlingszeit: etwa 27 Tage. Normalerweise eine Jahresbrut (April/Mai).

Nahrung: v. a. Ameisen, deren Haufen er zerhackt. Daneben Käfer und deren Larven, Wespen und Hummeln, gelegentlich, v. a. im Winter, auch Beeren und Eicheln.

2. Grauspecht, der (*Picus canus* Gmel.): Länge: 25 bis 26 cm, Gewicht: um 130 g.

Der G. ist Stand- und Strichvogel und kommt in Mittel- und Osteuropa und im südlichen Skandinavien vor. In Dtschl. fehlt er gebietsweise nur in Norddtschl. Wie der Grünspecht bewohnt auch er bevorzugt lichte Laub- und Mischwälder und Parklandschaften, hauptsächlich im Berg- und Hügelland. Er hält sich auch gerne auf dem Erdboden auf. Mitunter sitzt er auch an Stall- und Hausmauern.

Nistplatz und -höhle wie beim Grünspecht; das kreisrunde Flugloch hat jedoch nur einen Durchmesser von 6 cm. Das Gelege besteht aus sechs bis sieben reinweiß glänzenden Eiern (28 x 20 mm, ca. 6,5 g). Brutdauer: 14 bis 16 Tage, Nestlingszeit: etwa 26 bis 28 Tage. Eine Jahresbrut (Mai/Juni).

Nahrung: wie Grünspecht; überwiegend Ameisen, -puppen und holzbewohnenden Insektenlarven. Im Winter auch Samen und Früchte und sehr gerne ungesalzenes Fett.

3. Schwarzspecht, der (*Dryocopus martius* L.): auch Baumroller, Waldteufel, Holzkrähe. Länge: etwa 45 cm, Gewicht: um 300 g (größter europäischer Specht). → Vogel des Jahres 1981.

Der S. ist in Mittel-, Nord- und Osteuropa beheimatet und kommt in Süd- und Westeuropa nur in hohen Gebirgen vor. Er ist Standvogel und bewohnt mit Vorliebe große, ruhige Nadelwälder (Altholzbestände), hält sich jedoch auch in Misch- und reinen Buchenwäldern auf. Der scheueste unserer europäischen S. hält sich häufig am Boden auf, klettert gut, fliegt aber schwerfällig. Beide Geschlechter trommeln kräftig. Da der S. fast Jahr für Jahr mehrere Höhlen baut (neben der Bruthöhle auch noch Schlafhöhlen), stehen den höhlenbewohnenden Vögeln, die aus eigener Kraft keine Höhlen bauen können (z. B. Hohltauben, Kleiber, Rotschwänzchen), die verlassenen Höhlen zur Verfügung.

Die Nisthöhle befindet sich 8 bis 15 m hoch in alten Kie oder Bu, seltener in Fi oder Ei. Das Flugloch ist oval, etwa 10 cm breit und 12 cm hoch. Das Gelege besteht aus drei bis vier (fünf) reinweiß glänzenden Eiern (35 x 26 mm, ca. 11,5 bis 12,3 g). Brutdauer: ca. 12 bis 14 Tage, Nestlingszeit: etwa 26 bis 28 Tage. Eine Jahresbrut (April/Mai).

Nahrung: hauptsächlich Riesenameisen (→ Ameisen 4.), Insekten und deren Larven, die er vom Boden aufliest, von Baumstümpfen abliest oder aus Baumstämmen herausmeißelt. Auf der Suche nach den Nestern der Holzameise schlägt er große Löcher in die befallenen Stämme. Für die Nahrungssuche bevorzugt der S. Nadelwälder. Die Größe seines Revieres beträgt dabei mindestens 150 ha, meistens jedoch um 400 ha.

4. Mittelspecht, der (*Dendrocopos medius* L.): auch Mittlerer Buntspecht. Länge: etwa 21 cm, Gewicht: um 60 g.

Der M. kommt überwiegend in Mitteleuropa bis etwa zum 55. Breitengrad und im Osten etwa bis zum Ural vor. Ferner ist er von Südfrankreich bis ins östliche Südeuropa und im Nordwesten Spaniens beheimatet. Er ist Stand- und Strichvogel. Sein bevorzugter Lebensraum sind lichte Laub- und Auwälder, Parklandschaften und Obstgärten. Er meidet reine Nadelwälder und ist auch im Hochgebirge nicht anzutreffen. Er trommelt selten, ist aber dafür ein Stocherer und Sucher.

Der M. nistet überwiegend in selbstgezimmerten Nisthöhlen und mit Vorliebe in hohen, kernfaulen Ei, Pa und Kir. Das Flugloch seiner Nisthöhle ist kreisrund und hat nur einen Durchmesser von 4 cm. Das Gelege besteht aus fünf bis sechs reinweiß glänzenden Eiern (23 x 18 mm, etwa 4,3 g). Brutzeit: 11 bis 12 Tage, Nestlingszeit: 20 bis 21 Tage. Eine Jahresbrut (April/ Mai).

Nahrung: Kleinere Insekten aller Art und deren Larven. Gelegentlich auch Obst und Nüsse, im Winter Sämereien.

5. Kleinspecht, der (*Dendrocopos minor* L.): auch Kleiner Buntspecht, Zwergspecht. Länge: 15 cm, Gewicht: um 22 g (etwa sperlingsgroß, kleinster europäischer Specht).

Der K. ist mit Ausnahme des äußersten Nordens in ganz Europa heimisch. Er ist Stand- und Strichvogel. Sein bevorzugter Lebensraum sind lichte Laub- und Mischwälder, Parkanlagen, Auwälder und Obstgärten mit vielen morschen Ästen. Nicht selten ist er auch in den Friedhöfen und Alleen der Städte anzutreffen und lebt meist recht verborgen im Kronenbereich der Bäume. Beide Geschlechter trommeln häufig und schnell (ca. 30 Schläge in einer Sekunde), so daß meist nur ein Summton zu vernehmen ist.

Der K. nistet meist sehr hoch in der selbstgezimmerten Nisthöhle in morschen Laubbäumen. Das kreisrunde Flugloch hat etwa 3,2 cm Durchmesser. Das Gelege besteht aus fünf bis sechs glänzendweißen Eiern (19 x 14 mm, 3 g). Brutdauer: etwa 12 bis 14 Tage, Nestlingszeit: etwa 18 bis 19 Tage. Eine Jahresbrut (April/Mai/Juni).

Nahrung: wie Mittelspecht, insbesondere liest er Blatt- und Rindenläuse auf. Er nimmt nur selten Sämereien und Obst.

6. Buntspecht, der (*Dendrocopos major* L.): auch Großer Buntspecht, Rotspecht. Länge: 23 cm, Gewicht: um 80 g (etwa amselgroß).

Der B. ist v. a. Stand-, aber auch Strichvogel. Er ist mit Ausnahme Skandinaviens in ganz Europa heimisch. Der Lebensraum dieses bei uns am häufigsten vorkommenden Spechtes erstreckt sich bis zur Baumgrenze im Gebirge. Er bewohnt Wälder (Hochwälder) jeder Art, mit Vorliebe Kiefernwälder, ferner Park- und Gartenanlagen. Während der Balzzeit trommeln beide Geschlechter intensiv und schnell an dürren Ästen.

Fortpflanzung: Die selbstgezimmerte Nisthöhle des B. befindet sich in unterschiedlicher Höhe (meist zwischen 2 und 5 m) in morschen Laub- und Nadelbäumen, häufig in Pa und Wei. Das kreisrunde Flugloch hat einen Durchmesser von etwa 4,6 cm. In verlassenen B.-Höhlen brütet gerne der Sperlingskauz. Das Gelege besteht aus fünf bis sechs, seltener bis acht glänzendweißen Eiern (26 x 19 mm, etwa 5,4 g). Brutdauer: 12 bis 13 Tage, Nestlingszeit: etwa 20 bis 22 Tage. Eine Jahresbrut (April/Mai/Juni).

Nahrung: wie beim Mittelspecht. Der B. nimmt aber besonders → Borkenkäfer, die er auch der Rinde herausklopft. Im Winter ernährt er sich auch von Fichten- und Kiefernsamen.

7. Blutspecht, der (*Dendrocopos syriacus*): größer als Buntspecht, dem er doppelgängerhaft ähnelt. Unterscheidungsmerkmale sind v. a. die fehlende Fortsetzung des schwarzen Wangenstreifens beim B.; auch wirkt er im gesamten Kopfbereich heller als der Buntspecht.

Der B. ist eine aus Südosteuropa eingewanderte Spechtart. Er lebte noch im letzten Jh. weitgehend im Mittelmeergebiet und bewohnt inzwischen weite Teile Osteuropas. Bereits in den 50er Jahren wurde er in Österreich (Neusiedler See) festgestellt. Brutvorkommen sind auch aus der Umgebung von Linz (Oberösterreich) bekannt. In Bayern wurde der B. in den letzten Jahren in den Landkreisen Straubing und Bogen beobachtet. Im Ggs. zum Buntspecht meidet der B. geschlossene Waldungen. Ihm liegt v. a. die vom Menschen kultivierte Landschaft. Sein Lebensraum sind Niederungen, v. a. Streuobstwiesen, große Gärten mit Gehölzbestand, Parks, Alleen, Weingärten und flußbegleitenden Baumbestände. Er hält sich gerne in der Nähe von Steinobstbäumen (Kirschen, Pflaumen, Aprikosen), auf. Die Kerne der Früchte stellen für den B. eine wichtige Nahrungsquelle dar.

Die Fortpflanzung ist ähnlich wie beim Buntspecht. Die Nisthöhle mit einem Schlupflochdurchmesser von 4,5 cm liegt meist in 2 bis 3 m Höhe. Die Brutzeit ist im Mai/Juni. Brutdauer: 14 bis 15 Tage, Nestlingszeit: 17 bis 21 Tage.

Nahrung: wie Buntspecht; die Jungen werden auch mit Beeren gefüttert.

8. Weißrückenspecht, der (*Dendrocopos leucotos* Bechst.): Länge: 26 cm, Gewicht: 90 g.

Der W. ist hauptsächlich in Nordeuropa und gebietsweise in den Alpen beheimatet. Der bei uns selten gewordene Vogel bewohnt hauptsächlich alte Laub- und Mischwälder mit abgestorbenen Bäumen, v. a. Bergmischwälder aus Fi, Ta und Bu.

Seine selbstgezimmerte Nisthöhle befindet sich vorwiegend in kernfaulen und morschen Laubbäumen, hauptsächlich in Ul, Bu und Bi. Das Flugloch ist oval, etwa 6 cm hoch und 5 cm breit. Das Gelege besteht aus drei bis fünf glänzendweißen Eiern (28 x 20 mm, etwa 6,7 g). Brutdauer: etwa 13 bis 15 Tage, Nestlingszeit: etwa 26 bis 28 Tage. Eine Jahresbrut (April/Mai).

Nahrung: überwiegend Käfer, Raupen, Schnecken, Bockkäferlarven und Riesenameisen.

9. Dreizehenspecht, der (*Picoides tridactylus*): Länge: 22 cm, Gewicht: 65 g.

Der D. ist Stand- und Strichvogel und v. a. in Skandinavien beheimatet; in Mitteleuropa ist er hauptsächlich in den Alpen anzutreffen. Sein Lebensraum sind ausgedehnte Bergwälder, vor allem Fichten- und Kiefernwälder mit viel → Totholz, vorzugsweise im Gebirge zwischen 800 und 1700 m. Im Norden Europas bewohnt er auch Birkenwälder.

Der D. legt seine Nisthöhle in morschen Bäumen, vor allem Fi, Ta, Bi, der Gebirgswälder und der Wälder des hohen Nordens an. Das Flugloch ist kreisrund und hat einen Durchmesser von etwa 5 cm. Das Gelege enthält vier bis fünf glänzendweiße Eier (25 x 18 mm, ca. 4,5 g). Brutdauer: 13 bis 14 Tage, Nestlingszeit: 24 bis 25 Tage. Eine Jahresbrut (Mai/Juni).

Nahrung: hauptsächlich aus in Holz und unter der Rinde lebenden Insekten und deren Larven. Daneben auch Sämereien, im Herbst auch Beeren.

10. Wendehals, der (*Jynx torquilla* L.): auch Natternhals, Otternwindel. Länge: etwa 16 cm, Gewicht: um 35 g. → Vogel des Jahres 1988.

Mit Ausnahme von Ost- und Südspanien und des äußersten Nordens bewohnt er fast ganz Europa. Sein Lebensraum sind lichte Laub- und Mischwälder, Parkanlagen, Alleen und Obstbaumkulturen. Die Kletterfähigkeit dieses Vogels ist bei weitem nicht so ausgeprägt wie bei den eigentlichen Spechten. Im Laubwerk und Geäst bewegt er sich nach Singvogelart fort. Seinen Namen hat er von der geradezu schlangenartigen Beweglichkeit. Bei vermeintlicher Gefahr sträubt er die Federn, dreht den Kopf hin und her, spreizt Flügel und Schwanz und zischt nach Art einer Viper. Zugvogel, der hauptsächlich in Afrika, aber auch in Indien und Persien überwintert. Er kommt erst Mitte

April/Anfang Mai wieder in die Brutgebiete zurück.
Fortpflanzung: Der W. nistet in natürlichen Baumhöhlen, Spechthöhlen, gelegentlich auch in Nistkästen und Mauerlöchern, seltener in Erdhöhlen. Er zimmert keine Bruthöhle und fertigt kein Nest. Die Eier werden ohne Unterlage auf den Boden der Nisthöhle gelegt. Das Gelege besteht aus sieben bis zehn (12) rein weißglänzenden Eiern (21 x 15 mm, ca. 2 g). Brutdauer: 13 bis 14 Tage, Nestlingszeit: 23 bis 24 Tage. Eine Jahresbrut (Mai/Juni), gelegentlich auch zwei.
Nahrung: vorwiegend Ameisen und -puppen, die er mit seiner lagen klebrigen Zunge aus den Gängen holt, daneben auch andere Insekten.

Spechtlöcher: Einhiebe des Schwarzspechtes (→ Spechte 3.) in Baumstämmen. S. finden sich hauptsächlich an von Roßameisen bewohnten Bäumen, überwiegend an Fi. Die S. führen häufig bis zu den Nestanlagen der → Ameisen im → Reifholz. Daneben zeigen sie dem Forstmann auch den Befall durch → Borkenkäfer an.

Spechtmeise, die: → Kleiber.

Spechtringe → Wanzenbäume.

Spechttintling, der: → Tintling 4.

Species, die: → Art.

Specke, die: alte nordd. Bez. für einen Knüppel, auch für Reisigbündel oder Faschine.

Speckkien, der: Bez. für eine starke Harzansammlung in den Stubben (Stöcken) der Kiefern. S. entsteht dadurch, daß nach der Fällung und bei Beginn der Moderung das in den Außenteilen des Wurzelstockes befindliche → Harz nach innen drückt und zu einer völligen Verkienung des Stockinnern führt; → Kienholz.

Speckmaus, die: → Fledermäuse 13.

Speer, Julius, Prof. Dr. Dr. h. c. (3.12.1905 Talheim/Württemberg bis 8.6.1984 Schliersee): Forstwissenschaftler und Hochschullehrer. S. war nach Studium der Forstwirtschaft von 1929 bis 1934 in der Württembergischen Staatsforstverwaltung tätig und begann anschließend seine Hochschullehrertätigkeit. Als Ordinarius für Forstpolitik war er erst an der Universität Freiburg, dann an der Universität München (Rektor von 1960 bis 1963). S. war auch von 1953 bis 1965 Präsident des → Deutschen Forstwirtschaftsrates (DFWR), 1961 bis 1967 Präsident des → Internationalen Verbandes Forstlicher Forschungsanstalten (IUFRO) und von 1962 bis 1971 Präsident der Deutschen Forschungsgemeinschaft.

Speichergewebe, das: Das S. der → Pflanzen ist eine Gewebeart des Grundgewebes (→ Parenchym), das der Speicherung von Wasser, hauptsächlich aber von Reservestoffen dient. S. ist in den → Sproßachsen, → Wurzeln und Blättern vieler Pflanzen, besonders aber in den → Speicherorganen sowie im → Samen enthalten; → Speicherzellen.

Speicherorgane: Die S. der → Pflanzen sind umgewandelte Blätter, → Sprosse oder → Wurzeln, die der Speicherung von Nährstoffen oder Wasser dienen; → Speichergewebe.

Speicherzellen: Die S. befinden sich überwiegend in der Umgebung von → Poren (Gefäße). Sie haben die Aufgabe, die für den Baum notwendigen Stoffwechselprodukte (Stärke) zu speichern. Mit einer Lupe können sie – je nach Holzart – im → Querschnitt des Holzes (Hirnschnitt) unterschiedlich deutlich erkannt werden. Die S. umschließen die Poren in unterschiedlicher Abtönung flächig oder bandförmig (Ei und Ul). Bei Mahagoni begrenzen sie als feine Linien die Zuwachszonen. Auf Längsschnitten sind sie allerdings i. d. R. nicht zu erkennen.

Speierling, der: → Ebereschen 4.

Speisemorchel, die: → Morchel 2.

Speisetäubling, der: → Täublinge 2.

◂◂ Spechtlöcher (Einhiebe des Schwarzspechtes)

Speitäubling, der: → Täublinge 9.

Spelzen → Hochblätter.

Sperbe, die: → Ebereschen 4.

Sperber, der (*Accipiter nisus*): auch Kleiner Habicht, Kleiner Stößer, Kleiner Stoßfalke, Blaubäckchen, Zwerg-, Finkenhabicht, Sperberfalke und in der Falknersprache Spätzler. Greifvogel der Unter-Fam. der Adler und Bussarde (*Accipitrinae*) aus der Fam. der Greife (*Accipitridae*), die zur Ordn. der Greifvögel (*Falconiformes, Accipitres*) zählt. Länge: Männchen um 28 cm, Weibchen um 38 cm, Gewicht: Männchen etwa 150 g, Weibchen etwa 280 g, Flügelspannweite: 63 bis 80 cm. Der S. ist mit Ausnahme Islands, des äußersten Norden und Nordostens fast in ganz Europa verbreitet, daneben auch in weiten Teilen Asiens und Nordafrika. Er ist Stand- oder Strichvogel und überwintert vorwiegend im Mittelmeerraum, aber auch in Mitteleuropa. Sein bevorzugter Lebensraum sind größere Wälder, sowohl in der Ebene als auch im Gebirge. Im offenen Gelände und kleineren Wäldern jagt er dagegen nach Beute. Als ausgesprochener Pirschflugjäger greift er sehr überraschend an und schlägt die Beute im Sturzflug. Der S. ist, wie → Bussard, Rohrweihe und → Habicht ein Grifftöter. Er tötet seine Beute durch Kopf- und Halsgriff.
Der S. ist meist erst im zweiten Lebensjahr geschlechtsreif. Der Horst wird vorwiegend auf mittelalten Fi und Kie, dicht am Stamm errichtet. Gelegentlich werden auch alte Nester von Wildtauben, Eichelhäher oder Krähen als Unterlage benutzt. Das Gelege besteht aus vier bis sechs kurzovalen, bläulichweißen Eiern (40 x 32 mm, ca. 21 g), die mit vielen violett-grauen und dunkelbraunen Flecken bedeckt sind. Während der Brut mausert das Weibchen so stark, daß der Horst und die Umgebung mit Mauserfedern bestreut sind. Beim Männchen vollzieht sich die Mauser hingegen sehr langsam. Während der Aufzucht der Jungen versorgt deshalb das Männchen das Weibchen am Horst mit Nahrung. Dieses zerkleinert die Beutetiere und verfüttert sie auch an die Jungen. Brutdauer: etwa 32 Tage, Nestlingszeit: 28 bis 32 Tage. Eine Jahresbrut (Mai/Juni).
Nahrung: Das S.-Weibchen schlägt Vögel bis zur Taubengröße, das kleinere Männchen kleinere Vögel bis zur Drosselgröße. Gelegentlich zählen auch Mäuse, Fledermäuse und Insekten zu seiner Beute. Er rupft die Beutevögel auf Bodenerhebungen oder Baumstümpfen, wobei häufig die Schnäbel, Schwingen und Füße zurückgelassen werden. Da der S. am Ende einer Nahrungskette steht, reichert sich sein Körper (und die Eier) mit manchen → Pestiziden an, die die Erhaltung seiner Art bedrohen.

Sperberbaum, der: → Ebereschen 1. bis 4.

Sperbergrasmücke, die: → Grasmücken 12.

Sperlingskauz, der: → Eulen A 5.

Sperrdistel, die: → Kratzdistel 2.

Sperrholz, das: **1**) aus unter Druck zusammengeleimten dünnen Holzplatten (→ Furnieren) hergestellt, wobei die Platten abwechselnd so gelagert sind, daß sie in ihrer Faserung kreuzweise aufeinanderliegen. S. schwindet und quillt nicht und wird für den Innenausbau, Möbel- und Karosseriebau verwendet. Dicke S.-Tafeln bestehen aus
a) einer größeren Anzahl dünner Furniere und besitzen meist eine Dicke von mehr als 10 mm. Gegeneinander um 45 Grad versetzte Furniere ergeben Sternholz bzw. Preß-Stirnholz,
b) beiderseitig mit Furnieren abgesperrtem Blindholz (zusammengeleimte Leisten bzw. Mittellagen; Tischlerplatten, 10 bis 45 mm dick). **2**) Holz, das früher die Fleischer beim Schlachten benötigten, um die Hinterbeine des getöteten und abgebrühten Tieres aus-

Sperber (*Accipiter nisus*)

einander zu sperren. Daraus entwickelte sich das gebogene und gekerbte Krummholz (Schlachterwerkzeug).

Sperrwüchse: vorwüchsige (→ Vorwuchs), daher grobastige Bäume. Sie werden bei Nadelbäumen Protzen, bei Laubbäumen Wölfe genannt; → Kollerbusch, Solitär.

Spessart, der: südwestdeutsches Mittelgebirge aus Buntsandstein zwischen Odenwald und Rhön, auf drei Seiten vom Main, im Norden von der Kinzig umflossen. Der S. umfaßt 211 000 ha (Bayer. S.: 135 000 ha, Hessischer S. 76 000 ha), davon sind 70 % (= 147 750 ha) bewaldet. Der Name „S." (Spechts-Hardt = Spechtwald) wird 839 zum ersten Mal urkundlich (Spehteshart) erwähnt. Specteshart hieß der Wald um das Jahr 1000, und mit der beginnenden Neuzeit taucht sein Name in Speßhardt abgewandelt auf. Der S. war früher in seinem Innern ein laubholzreicher → Urwald, der nur sehr spärlich besiedelt war. Während einer Wärmeperiode vor Christi Geburt herrschte in diesen Wäldern die wärmeliebende Ei vor, die aber in der Folgezeit, klimatisch bedingt, von der Bu verdrängt wurde. Bei der Besiedelung bestand der gesamte S. aus subatlantischen Buchenwäldern, die mit TrEi durchsetzt waren. Zur Zeit der Karolinger (751 bis 987) war der S. königlicher bzw. kaiserlicher Jagd- und → Bannforst. Otto I. gab den S. an das Kollegiatstift in Aschaffenburg und bereits im Jahr 982 ging dieses Waldgebiet an das Erzbistum und spätere Kurfürstentum Mainz über. Nach 800 Jahren Kurmainzer Regentschaft kam das Gebiet 1814 an die Krone Bayerns. Der S. wird eingeteilt in den Hoch-S. und in den Vor- bzw. Nord-S. Während im Hoch-S. Laub- und Mischwälder, in denen Ei und Bu dominieren, das Bild der Landschaft prägen, sind v. a. im Nord-S. Kie und Fi in der Überzahl. Auch hier wuchsen zwar früher die Laubwälder, doch fielen sie im 15. und 16. Jh. den vielen Holzfeuern der Glashütten zum Opfer. Als es nichts mehr zum Abholzen gab und die Glashütten ihren Betrieb einstellen mußten, dienten die Wälder im 17. und 18. Jh. weiterhin als Streulieferanten. Der Hoch-S. stand hingegen jahrhundertelang unter dem Jagd- und Forstbann der Kurfürsten von Mainz. Geringe Besiedelung, schlechte Erschließung sowie straffe → Forstordnungen seit dem 16. Jh. haben dazu beigetragen, das ursprüngliche Waldbild weitgehend bis zur Gegenwart zu erhalten. So wuchsen z. B. in der Umgebung von Rohrbrunn prachtvolle mehrhundertjährige Ei heran, nachdem man zu Beginn des 17. Jh. für den Bau des Schlosses Aschaffenburg (1605 bis 1614) größere Flächen hatte abholzen lassen. Die Alteichenbestände (Heisterblöcke; → Heister) von Rohrbrunn betragen ca. 400 ha. Im S. liegen auch zwei → Naturparke. Der Naturpark Bayerischer S. wurde 1961 als erster Naturpark Bayerns gegründet; der Hessische S. folgte 1962. Mit insgesamt über 200 000 ha Fläche ist der S. eines der größten Naturparkgebiete in Dtschl.

Spessarteiche, die: die TrEi des Hochspessarts (→ Spessart), die als Furniereiche Spitzengüte aufweist. Sie zeichnet sich durch Engringigkeit (bis zu 20 → Jahrringe auf 1 cm des Stammhalbmessers), schöne Farbe und → Maserung sowie durch schlanken Wuchs aus. Die besondere Güte der S. ist u. a. auf → Standort und Erziehung zurückzuführen.

spezifisches Gewicht des Holzes → Dichte des Holzes.

spezifische Wärmekapazität des Holzes → Thermische Holzeigenschaften.

Sphagnum → Torfmoos.

Sphäroblast, das: → Kugelknospe.

Sphecidae → Grabwespen.

Sphegidae → Grabwespen.

Sphenopsidae → Schachtelhalme.

Sphingidae → Schwärmer.

Spiegel, der: **1**) Bez. für ein Knäuel frisch geschlüpfter → Raupen der Nonne (→ Trägspinner 1.), die einige Tage eng beieinander bleiben; die Raupen bilden einen S. **2**) Im → Radialschnitt nennt man die in ihrer ganzen Höhe und teilweis der Länge nach radial angeschnittenen → Markstrahlen S., weil sie als glänzende, kurze Bänder oder Spiegel auf der Schnittfläche erscheinen. Diese Schnittart wird deshalb auch als S.-Schnitt bezeichnet.

Spiegelgut, das: → Lohrinde.

Spiegelholz, das: für Faßholz- oder Spaltschindelgewinnung (→ Faßholz, → Schindelholz) hergestelltes Holz, das in der Markstrahlrichtung eingeschnitten oder radial gespalten wird. Das Holz läßt dann auf beiden Schnittflächen den Spiegel (→ Spiegel 2)) erkennen.

Spiegeln, das: alte Bez. für das Töten der → Raupen der Nonne (→ Trägspinner 1.) während sie noch den sog. → Spiegel bilden.

Spiegelrinde, die: → Lohrinde.

Spiegelrelaskop, das: Das S. nach Prof. Dr. → Bitterlich wird seit 1955 ohne Veränderung der Grundkonstruktion gebaut. Es beruht auf der → Winkelzählprobe.

Spiegelschnitt, der: → Radialschnitt.

Spielart, die: → Abart.

Spiere, die: → Spiersträucher 2.

Spieren: auch Spirren. alte Bez. für gerade Kiefern-Rundhölzer die zum Schiffsbau verwendet wurden. S. waren i. d. R. 40 → Fuß lang und 8 → Zoll dick; → Schiffsbauholz.

Spierlingsbaum, der: → Ebereschen 1.

Spierling, Wilder, der: → Ebereschen 1.

Spierstaude, die → Mädesüß 1.

Spiersträucher (*Spiraea*): Gatt. aus der Pflanzen-Fam. der → Rosengewächse (*Rosaceae*) mit über 90 Arten in der nördlichen gemäßigten Zone. Es sind → sommergrüne Sträucher mit einfachen, meist gesägten Blättern. Die kleinen Blüten haben vier bis fünf Blütenblätter, zahlreiche → Staubblätter und meist fünf freie → Fruchtblätter, die zu mehrsamigen → Balgfrüchten in Form von Trauben oder Dolden (→ Blütenstand) auswachsen. Das Wort *Spiraea* ist abgeleitet vom griechischen Wort *speira* = Winde, Windung; was sich auf die gedrehten Fruchtkapseln bezieht.

1. Kärntener Spierstrauch, der (*Spiraea decumbens* Koch): auch Niederliegender S., Weiße Posterspiere.

Verbreitung: Der K. S. ist in den Südostalpen, und dort nur in einem sehr begrenzten Gebiet, das von Südtirol bis Udine, Kärnten und Krain reicht, heimisch.

Standort: Er wächst zerstreut auf Felsen, Felsschutt und an sonnigen Hängen und ist nur in der Bergstufe, besonders auf Kalkboden, anzutreffen.

Merkmale: Der kaum 40 cm hohe → Zwergstrauch hat niederliegende Äste und aufsteigende, rundliche, kahle, gelbbraune Zweige. Die eiförmigen bis elliptischen Laubblätter sind bis zu 3 cm lang, am Grunde keilförmig, vorne abgerundet (selten zugespitzt), kurzgestielt. Der → Blattrand ist etwa von der Mitte an einfach oder doppelt gesägt. Die Oberseite der Blätter ist graugrün, die Unterseite bläulichgrün und kahl. BZ: Juni/Juli; vereinzelt kommt es im Oktober noch zu einer Nachblüte. Die kleinen, weißen Blüten stehen angeordnet zu reichblütigen, 3 bis 5 cm breiten Doldenrispen an den Enden beblätterter Zweige. Die Blüten stehen auf 1,5 cm langen dünnen Stielen und sind teilweise → zweihäusig. Die Balgfrüchte sind glänzend, kahl und sitzen zu zweit bis fünft auf dem trichterförmigen Blütenboden.

Der **Tiroler Spierstrauch** wird von manchen als eigene Sippe vom K. S. abgetrennt. Diese → Unterart (*Spiraea decumbens ssp. tomentosa*) hat immer behaarte Zweige, lanzettliche Blätter, deren Rand nur zur Spitze hin gezähnt ist und fein behaarte Blütenstände.

Diese Zwergsträucher werden auch gerne in Steingärten gepflanzt, da sie sehr reich blühen und das Laub erst spät abfällt.

2. Weidenblättriger Spierstrauch, der (*Spiraea salicifolia* L.): auch Spiere.

Verbreitung: Der W. S. ist von Böhmen über die Ostalpen bis Ungarn und dem südlichen Rußland verbreitet, zudem im Osten bis Sibirien, Nordostasien und Japan.

Standort: Er wächst auf feuchten Wiesen, an Fluß- und Bachufern, in Erlenbrüchen, Torfmooren, an Zäunen, Wald- und Wegrändern, von der Ebene bis in die Bergstufe.

Merkmale: Der bis zu 2 m hohe, Ausläufer bildende Strauch hat hellgelbe bis rötlichbraune, fein behaarte Triebe und kahle, gelb- oder graubraune, aufrechte, undeutlich kantige Zweige. Die Rinde löst sich faserig. Die sehr kurz gestielten, lanzettlichen, oberseits lebhaft grünen, unterseits helleren bis bläulichgrünen Laubblätter sind bis 7 cm lang, am Grund keilförmig und vorne zugespitzt. Der Blattrand ist ungleich gesägt, die Blattunterseite ist kahl (oder nur auf dem Mittelnerv spärlich behaart) mit deutlich hervortretenden gelblichen Nerven. BZ: Juni/Juli, teilweise auch noch im September/Oktober. Die weißen oder hellrosa Blüten sind sehr zahlreich in schmalen, 10 bis 12 cm langen, pyramidenförmigen Rispen an den Zweigenden angeordnet. Er ist sehr blühfreudig; die Blüten stehen auf etwa 5 mm langen, kurz behaarten Blütenstielen und verströmen einen zarten Duft, der etwas an den → Weißdorn erinnert. Sowohl der Strauch als auch die Absonderung von Nektar an einem ringförmigen Wulst an der Innenseite des Kelches dienen der Anlockung von Insekten. Die kleinen Balgfrüchte sind gelblich und

an der Bauchnaht etwas bewimpert. Ihre spindelförmigen Samen sind etwa 2 mm lang.
In Südost- und Osteuropa kommt noch der **Karpaten-S.** oder **Mittlere S.** (*S. media*) vor. Der aufrecht wachsende, bis 1,5 m hohe K. hat gelbbraune Triebe und bis 5 cm lange Blätter. Die weißen Blüten (BZ: Mai) stehen in endständigen Doldentrauben. In Ost- und Südosteuropa, bis Nordostasien, in den Ostalpen, westlich bis in die Steiermark wächst der **Gamanderblättrige S.** (*S. chamaedryfolia*). Der aufrechte, bis 1,5 m hohe Stauch hat rotbraune Zweige, bis 6 cm lange eiförmige, oberseits lebhaft grüne Blätter. BZ: Mai.
In Gärten werden – neben vorgenannten Arten – auch verschiedene S. aus Nordamerika und Asien angepflanzt, die gelegentlich, insbesonderere in Flußauengebüschen, verwildert anzutreffen sind, so z. B. **Blasen-S.** (*Physocarpus opulifolius*), **Flieder-S.** (*Sorbaria sortifolia*).

Spießbeerholz, das: → Prunus 5., Geißblatt 4.
Spießblättrige Weide, die: → Weiden 23.
Spießbock, der: → Bockkäfer 1.
Spießförster, der: → Waldförster.
Spieß-Torfmoos, das: → Torfmoos 4.
Spießweide, die: → Weide 23.
Spil(l)baum, der: → Spindelstrauch 2.
Spillholz, das: → Spindelstrauch.
spillig: Als s. wurde früher ein dünn und spitz aufgewachsener Baum bezeichnet.
Spindelbaum, der: → Spindelstrauch 2.
Spindelbuche, die: alte, volkstümliche Bez. für die → Hainbuche.
Spindelfüßiger Rübling, der: → Rüblinge 4.
Spindelholz, das: → Spindelstrauch.
Spindeliger Rübling, der: → Rüblinge 4.
Spindelstrauch, der (*Euonymus*): auch Pfaffenbaum. über 200 Arten umfassende Gatt. aus der Fam. der Spindelbaumgewächse (*Celastraceae*) in den gemäßigten, subtropischen und tropischen Zonen, mit dem Hauptverbreitungsgebiet Südostasien. Es sind → sommer- oder → immergrüne, häufig niederliegende oder kletternde Sträucher mit meist vierkantigen Zweigen und überwiegend gegenständigen Blättern (→ Blattstellung). Die meist unscheinbaren Blüten sind vier- bis fünfzählig, eingeschlechtig oder zwittrig. Die Frucht ist eine Kapsel mit drei bis fünf Fächern; in jedem Fach befinden sich ein bis zwei, von einem fleischigen, roten oder gelben → Samenmantel umhüllte Samen. Bei uns heimisch ist das Pfaffenhütchen; ferner werden zahlreiche Arten und Sorten als Ziersträucher angepflanzt. Das Holz (Spindel-, Sillholz) des Breitblättrigen S. und des Pfaffenhütchens ist ziemlich hart und fand früher zur Herstellung von Garnspindeln Verwendung (Name!).

1. Breitblättriger Spindelstrauch, der (*Euonymus latifolia* (L.) Mill.): auch Voralpen-S., Breitblättriges Pfaffenhütchen.
Verbreitung: Der B. S. ist von den Pyrenäen, über die Alpen bis in die Ostkarpaten verbreitet; zudem auch auf dem Balkan, im Kaukasus und in Kleinasien.
Standort: Der B. S. wächst in lichten Laub- und Mischwäldern, besonders krautreichen Buchen-Nadel-Mischwäldern wie Alpenheckenkirschen-Buchen-Tannenwäldern, wärmeexponierten Linden- Bergwäldern, Spitzahorn-Sommerlinden-(Steinschutt-)Wäldern, Seggen-Buchenwäldern sowie auf Kahlschlägen und an Waldrändern. Er bevorzugt humose Böden in schattigen Lagen und ist im Flachland, Hügelland und in den Alpen bis zu einer Höhe von 1500 m anzutreffen.
Merkmale: Der große, sommergrüne, etwa bis 5 m hohe Strauch hat rutenförmige Zweige, die leicht abgeflacht, anfangs olivgrün, später aschfarben mit feinrissiger Rinde und mit feinen Korkwarzen (→ Lentizellen) besetzt sind. Die großen Laubblätter sind etwa 12 cm lang und 5 cm breit, verkehrt-eiförmig bis länglich-elliptisch und nach vorne kurz zugespitzt. Sie sind kahl, oberseits sattgrün und unterseits hellgrün; der → Blattrand ist sehr fein gesägt. Die Blätter sind gekreuzt gegenständig an einem rinnigen Blattstiel am Zweig angewachsen. BZ: Mai/Juni. Die bräunlichgrünen, meist fünfzähligen Blüten sitzen in Form von bis zu 15 cm langen Trugdolden (→ Blütenstand) in den Blattachseln. Die Früchte, die etwa von August bis Oktober reifen, sind vier- bis fünfklappige, karmin- bis purpurrote, kantige Kapseln von etwa 2 cm Durchmesser, die an bis zu 1,5 cm langen Stielen hängen. Sie enthalten etwa 7 mm lange, von einem orangefarbenen Samenmantel (*Arillus*) ganz umhüllte weißliche Samen, die nach Aufspringen der Kapseln an deren äußersten Zipfeln angeheftet bleiben. Die ganze Pflanze, insbesondere aber die Früchte, enthalten hochwirksame Giftstoffe.

2. Pfaffenhütchen, das (*Euonymus europaea* Linné): auch Pfaffenkäppchen, -pfötchen, -röschen, -sorge, -holz, Gemeiner S., Eierbrettholz, Gemeiner Spindelbaum, Kleinrüster, Spill-, Mangel-, Mandel-, Spulbaum, Anisholz, Haneklöschen, Pfeffer(reisel)holz, Zweck(en)-holz, Hahnhoden, Pfarrerkapperl, Schlipfenschläglein, Bischofskappl.
Verbreitung: Das P. ist über fast ganz Europa verbreitet. Im Westen ist es bis zum Atlantik, im Norden bis Irland, Schottland und Südschweden, im Osten bis Sibirien, im Süden von Spanien, über den Balkan, bis zum Kaukasus anzutreffen. Zahlreiche Fossilfunde zeigen, daß es schon vor mehreren Mio. Jahren in Europa heimisch war.
Standort: Das P. ist von der Ebene bis ins Gebirge (bis 1200 m Höhe) anzutreffen. Es wächst häufig in Laub- und Auwäldern, besonders Hartholz-Auenwäldern, feuchten Hainbuchen- und Buchen-Waldgesellschaften, auf Weiden, an Ufern, Waldrändern, Felsen, Mauern, in Hecken und Gebüschen sowie Schlehengesellschaften (Ordnungs- →Charakterart). Es bevorzugt nährstoffreiche, frische, kalkhaltige, tiefgründige und gut feuchte Lehmböden (Lehmzeiger). In Mitteleuropa kommt es häufig in Begleitung von Schlehdorn, Er, Hundsrose, Hartriegel und Liguster vor.
Merkmale: Der sommergrüne, aufrecht stehende, 2 bis 3 m hohe Strauch oder kleine Baum (bis 6 m) mit breit gewölbter Krone, hat vierkantige, sperrig abstehende, grau- oder rotbraun berindete Äste; die jüngeren Zweige sind grünlich braun. Über den ganzen Stamm und die älteren Zweige sind kleine, helle Korkwarzen verteilt. Die gekreuzt gegenständigen, lanzettlichen Blätter sind etwa 3 bis 10 cm lang und 2 bis 3 cm breit, mit feingesägtem Rand. Sie sind kahl, oberseits blaugrün, unterseits heller, mit etwa 6 bis 10 mm langem rinnigen Blattstiel. Im Herbst verfärben sie sich erst gelblich, dann leuchtend rot (→ Blattfärbung, → Blattfall). BZ: Mai/Juni. Die unscheinbaren, grünlichweißen Blüten haben vier → Kronblätter und sind zwittrig, mitunter auch eingeschlechtig, haben einen Durchmesser von 8 bis 10 mm und stehen zu dritt bis neunt in Form nickender Trugdolden in den Blattachseln. Die Frucht ist eine langgestielte, rosen- bis karminrote vierklappige Kapsel mit stumpfen oder gekielten Kanten, die an die Kopfbedeckung katholischer Geistlicher erinnert. Die eiförmigen harten Samen sind etwa 6 bis 7 mm lang und von einem orangefarbenen, fleischigen Samenmantel (*Arillus*) umgeben. Sie hängen nach dem Aufspringen der Kapsel an einem zähen Schleimfaden aus dieser heraus. Die Samen riechen unangenehm, schmecken scharf, sind für Menschen giftig und verursachen Erbrechen und Durchfall. Durch Auspressen liefern sie ein dickes Brennöl. Da sie viele Vögel (z. B. Drosseln, Elstern und Rotkehlchen) mit Vorliebe fressen, wird das P. auch auf diese Weise weiter verbreitet. Bemerkenswert ist, daß Rotkehlchen und P. das gleiche Verbreitungsgebiet haben. Die Samen keimen erst nach etwa vier bis fünf Jahren und müssen mehrmals einer Frostperi-

Blühender Pfaffenhütchen-Strauch

◂◂ Pfaffenhütchen-Früchte

ode ausgesetzt sein (→ Frostkeimer). Das P. vermehrt sich meist vegetativ durch die Ausbildung zahlreicher Wurzelknospen (hohes → Ausschlagvermögen).

Forstwirtschaftlich kommt dem P. keine Bedeutung zu, nur gelegentlich wird es zur Befestigung von Böschungen und Dünen angepflanzt. Das gelblichweiße, kernlose, sehr feinporige, harte Holz von dickeren Stämmen wird zum Instrumentenbau, zu Schnitz- und Drechselarbeiten verwendet. Da sich in allen Teilen der Pflanze giftige Substanzen befinden, können die Holzspäne bei Drechslern, die das Holz bearbeiten, Erkrankungen hervorrufen. Die aus dem Holz hergestellte Holzkohle ist sehr weich, von gleichmäßiger Beschaffenheit und wird deshalb v. a. als Zeichenkohle verwendet.

Da alle Pflanzenteile giftig sind, finden in der Naturheilkunde die Samen und Blätter nur äußerliche Anwendung. Sie enthalten → Alkaloide, Bitterstoff, Farbstoffe, Gerbstoff, fettes Öl, organische Säuren, Vitamin C, wirken wundreinigend und werden bei Hautgeschwüren und Krätze angewandt. Früher diente der P.-Absud auch als Insektizid und wurde bei Läusebefall zur Haarwäsche verwendet.

3. Warzen-Spindelstrauch, der (*Euonymus verrucosa* (L.) Scopoli): auch Warziger S., Warziges Pfaffenhütchen.

Verbreitung: Der W. ist in ganz Europa zerstreut verbreitet. Er kommt v. a. in Schlesien, Böhmen, Steiermark, Kärnten, Tirol, Istrien, Dalmatien und in Teilen Rumäniens vor.

Standort: Der W. wächst bevorzugt in Laub- und Nadelwäldern, auf bebuschten Hügeln, an Waldrändern und auf Fels, meist auf kalkhaltigen, tiefgründigen, feuchten Böden von der Ebene bis ins Gebirge.

Merkmale: Der sommergrüne 0,5 bis 2,5 m hohe Strauch hat lockere, sperrig abstehende Äste und eine meist graue, feinrissige Rinde. Die Wurzelrinde enthält größere Mengen von Guttapercha, einem Stoff, der dem Kautschuk chemisch ähnlich ist und daher in der Kabelindustrie als Isolationsmaterial verwendet wurde. Die Zweige sind stielrund oder stumpfkantig und dicht mit dunklen Korkwarzen besetzt. Die kleinen, gegenständigen, bis 6 cm langen und 3,5 cm breiten Laubblätter sind länglichelliptisch bis verkehrt-eiförmig, rauh und oberseits sattgrün, unterseits hellgrün gefärbt. Sie sind auf dem Mittelnerv, an der Spreitenbasis sowie am Rand mit Haaren besetzt. Der Blattrand ist feingesägt und der oberseits rinnige Blattstiel ist etwa 2 bis 3 mm lang. BZ: Mai/Juni. Die kleinen braunen Blüten stehen in Form von ein- bis dreiblütigen, 3 bis 4 cm lang gestielten, Trugdolden in den Blattachseln. Sie haben vier rundliche, 2 bis 3 mm lange, am Rand leicht fransige Kronblätter. Die Früchte, die von August bis Oktober reifen, sind langgestielte rosenrote bis gelbrote Kapseln mit abgerundeten Kanten. Sie enthalten kugelige, schwarze Samen, die von einem roten Samenmantel (Arillus) nur zur Hälfte umhüllt sind und nach dem Aufspringen der Kapsel an einem dünnen Faden lang aus dieser heraushängen. Der W. ist sehr anpassungsfähig und erträgt frostige Winterkälte ebenso gut wie heiße trockene Sommer.

Spindelwuchs, der: Pflanzen, die im gedrängten → Schluß stehend unverhältnismäßig schlank in die Höhe wachsen, d. h. bei denen das Längenwachstum zum Dickenwachstum in einem Mißverhältnis steht, nennt man spindelwüchsig. Pflanzen mit S. sind stark durch → Schneedruck und -bruch gefährdet; → H/D-Wert.

Spinnen → Webspinnen.

Spinnen-Ragwurz, die: → Ragwurz 4.

Spinnenstendel, der: → Ragwurz 4.

Spinnentiere (*Arachnida*): weltweit verbreitete Klasse der Gliederfüßer mit rd. 45 000 etwa 1 mm bis 18 cm langen, hauptsächlich landbewohnenden Arten. Es handelt sich um Tiere, deren Körper in Kopf-Brust-Stück und Hinterleib gegliedert ist. Eine Ausnahme bilden lediglich die Milben, bei denen beide Teile miteinander verschmolzen sind. S. haben meist vier Beinpaare, einen Kopf mit Kieferfühler und Kiefertaster und atmen durch Röhrentracheen oder Tracheenlungen. Sie leben vorwiegend räuberisch oder als Parasiten an Tieren und Pflanzen. Zu ihnen zählen u. a. → Weberknechte, → Webspinnen und → Milben.

Spinner: **1**) Fam. der → Schmetterlinge (*Bombycidae*) deren bekanntester Vertreter der v. a. zur Seidengewinnung gezüchtete **Seidenspinner** (*bombyx mori*) ist. **2**) veraltete Sammel-Bez. für verschiedene Schmetterlings-Fam. Es handelt sich um verschiedene plumpe, häufig dicht behaarte Schmetterlinge, deren Fühler als Träger des hochentwickelten Geruchssinnes sowie des Tast- und Erschütterungssinnes oft stark gekämmt (besonders bei den Männchen) sind. Die Weibchen sind allg. größer als die Männchen. Beide Geschlechter nehmen keine Nahrung auf und fliegen hauptsächlich bei Dämmerung, bei Nacht oder in den Morgenstunden. Die → Raupen spinnen (Name!) und tragen meist einzeln oder in Büscheln stehende Borsten. Die wichtigsten Fam. sind: → Bärenspinner, → Glucken, → Nachtpfauenaugen, → Prozessionsspinner, → Sichelflügler, → Trägspinner und → Zahnspinner.

Spinnereule, die: → Eulen B 8.

Spiraea → Spiersträucher.

Spiräengewächse (*Spiraeoideae*): Unter-Fam. aus der Fam. der → Rosengewächse (*Rosaceae*).

Spiralgallenlaus, die: → Blattläuse 14.

Spiralschnitt, der: → Schälschnitt.

Spiralwuchs, der: → Drehwuchs.

Spiranthes → Wendelähre.

Spirke, die: Unterart der BKie; → Kiefern 1.

Spirre, die: → Blütenstand.

Spirren → Spieren.

Spitzahorn, der: → Ahorne 4.

Spitzahorn-Sommerlinden-(Steinschutt-) Wald, der (*Aceri-Tilietum platyphylli myrtilletosum* = *Querco petraeae-Tilietum platyphylli*): auch Drahtschmielen-Sommerlinden-Wald auf Silikat-Blockhalden und -Steinschutthalden. Pflanzensoziologische → Assoziation des Unterverbandes Drahtschmielen-Edellaubholzwälder (*Deschampsio flexuosae-Acerenion pseudoplatani*) des Verbandes → Linden-Ahorn-Wälder oder Steinschutthaldenwälder (*Tilio-Acerion*) der → Mesophytischen Buchen- und Laubmischwälder oder Rotbuchenwälder (*Fagetalia sylvaticae*).

Der S. tritt in warmen, trockenen, tieferen submontanen bis unteren montanen Lagen, in kühleren Gebieten nur auf südexponierten Standorten auf. In der Baumschicht sind viele Arten zu finden, wie SLi und WiLi, Hbu, Es, BUl, TrEi, FAh, Mebe und Elsb. Letztere zeigen Wärme an. Die Bu fehlt. In der Krautschicht ist die Straußblütige Wucherblume anzutreffen; → Waldgesellschaften.

Spitzbirke, die: → Birken 1.

Spitzblättriger Ahorn, der: → Ahorne 4.

Spitzblättriges Torfmoos, das: → Torfmoos 5.

Spitzbuckliger Rauhkopf, der: → Schleierlinge 6.

Spitzeiche, Amerikanische, die: → Eichen 5.

Spitzel, Anton von (6.11.1807 Traunstein bis 27.3.1853 München): Ab 1836 im Ministerialbüro in München, 1843 Forstkommissär, 1847 geheimer Sekretär und 1849 Regierungs- und Forstrat. S. war besonders im Forsteinrichtungswesen tätig und arbeitete bei der Erstellung der Massentafeln mit. Er entdeckte auch eine Orchidee, die seinen Namen trägt (Spitzels Knabenkraut, *Orchis spitzelii*), und hinterließ eine reichhaltige botanische Sammlung.

Spitzels Knabenkraut, das: → Knabenkraut 11.

Spitzen: auch Scheiden. Bez. im Bergbau für schwache Grubenstangen. Man versteht darunter schwache → Halbhölzer (längs geschnittene oder gespaltene Stangen), die zum Schutz gegen das Abbröckeln von Gestein den Firsten und Stößen (Wänden) der Strecke entlang hinter den Stempeln (→ Grubenholz) und Türstöcken bzw. über den Kappen durchgezogen werden. Statt S. können auch → Schwarten (Grubenschwarten) verwendet werden; → Balkenschleten.

Spitzenberg, Georg Karl (5.7.1860 Martinfeld bis 25.1.1944 Martinfeld), Hegemeister. S. war Begründer und Hauptvertreter der → „naturgesetzlichen Wühlkultur" in der Deutschen Forstwirtschaft. Er konstruierte eine Vielzahl von patentierten forstlichen Geräten und Maschinen und gab zahlreiche Schriften heraus, u. a.: „Versuch zur Einteilung und Bez. der Waldbodendecke und der Bodenschichten" (1905), „Die Wühlkultur" (1924).

Spitzfichte, die: Fi mit einer schmalen, locker beasteten und tief herabreichenden Krone und kurzen Hauptästen mit einer schlanken hochkegelig-walzenförmige Gestalt (Spitzkronigkeit). S. finden sich hauptsächlich in den Alpen nahe der → Baumgrenze in schneereichen Lagen. Sie sind eine dem dortigen Klima angepaßte Baumform, die mit ihrer schmalen Krone und der dadurch bedingten geringen Auflagenfläche wenig Schnee auffängt und daher ziemlich schnee- und eisbruchsicher ist.

Spitzfrüchtige Esche, die: → Eschen.

Spitzhütiger Knollenblätterpilz, der: → Wulstlinge 7.
Spitzköte, die: hauptsächlich im Harz und Sauerland übliche Schutzhütte, die früher den Köhlern, → Holzknechten, Jägern und Hirten als Unterkunft diente. Die S. wird überwiegend aus Fichtenstangen, das Gerüst aus schlanken Fichtenstämmchen errichtet; → Koben.
Spitzkronigkeit, die: → Spitzfichte.

◄◄◄ Zwergspitzmaus *(Sorex minutus)*

Spitzmäuse (*Soricidae*): Sie gehören neben → Igel und Maulwurf zur Ordn. der → Insektenfresser. In Europa kann ihr Vorkommen seit der ersten Eiszeit nachgewiesen werden. Weltweit (mit Ausnahme Australiens) sind die meist nachtaktiven, etwa 3 bis 18 cm langen und mäuseähnlichen S. mit über 250 Arten vertreten. Kennzeichnend sind die stark verlängerte, zugespitzte und rüsselförmige Schnauze, das kurze, sehr dichte und samtartige Fell und das einfach gebaute Gebiß mit scharfspitzigen Zähnen (Gatt. Weißzahn-S., 28 Zähne, Gatt. Wasser-S., 30 Zähne, Gatt. S., 32 Zähne). S. sind oberseits meist einfarbig braun bis schwarz, unterseits hell. An jeder Körperseite befinden sich dunkel behaarte Drüsenstellen, deren Absonderung, überwiegend zur Paarungszeit stark nach Moschus riecht. Einige Arten erzeugen Ultraschalltöne zur Peilorientierung.
Die Nahrung der S. besteht überwiegend aus Insekten, aber auch aus Regenwürmern, Webspinnen, Schnecken, Eidechsen, Fröschen, Mäusen, kleinen Vögeln sowie aus kleinen Fischen (Wasser-S.). Sie sind sehr gefräßig, z. T. beträgt ihr Tagesbedarf das eigene Körpergewicht, während der Stillzeit z. T. auch das Eineinhalbfache. Bei der Nahrungssuche zwitschern sie häufig leise vor sich hin. Natürliche Feinde der S. sind Waldkauz (→ Eulen A 8), → Wiesel und → Rotfuchs, Hunde und Katzen, die die S. zwar greifen und töten, sie aber wegen des starken Moschusgeruches verschmähen. Außerhalb der Paarungszeit leben S. äußerst ungesellig. Ihre Lebenserwartung beträgt durchschnittlich 1 1/2 Jahre. Einige S.-Arten sind geschützt, einige Arten sind bereits stark gefährdet. Ursache hierfür ist der durch Gifteinsatz bedingte Rückgang der Insekten, die die Hauptnahrung der S. bilden.
A. Gatt. **Spitzmäuse** (*Sorex* L.).
1. **Waldspitzmaus**, die (*Sorex araneus* L.): Länge: etwa 11 bis 12 cm, davon 3,8 bis 5 cm langer Schwanz. Häufigste S.-Art. Oberseits schwarzbraun, manchmal rostbraun überflogen, Körperseiten gelblichbraun, unterseits weißlichgrau. Zahnspitzen leuchtend dunkelrot. Sie hält sich tagsüber in Mäuse- und Maulwurfslöchern verborgen und bewohnt feuchte Waldgebiete, sumpfiges Gelände, aber auch trockenes Gebüsch. Die fünf bis sieben Jungen werden nackt und blind in einem nestartigen Lager geboren. Sie werden drei Wochen gesäugt und sind mit etwa drei bis vier Monaten geschlechtsreif. Droht bei Ausflügen Gefahr, beißt sich ein Junges an der Schwanzwurzel oder im Rückenfell der Mutter fest, genauso verbeißt sich das zweite Junge im Fell oder am Schwanz des ersten usw. Diese sog. „Karawanenbildung" ist eine reine Instinkthandlung. Die W. hat zwei bis vier Würfe im Jahr. Sie ist durch das Vertilgen von → Forstschädlingen äußerst nützlich.
2. **Alpenspitzmaus**, die (*Sorex alpinus* Schinz.): Sie ersetzt die Waldspitzmaus im Gebirge, ähnelt dieser stark, hat aber einen längeren Schwanz. Gesamtlänge etwa 14 cm, davon Schwanz 7 cm. Sie ist oberseits dunkel-

◄◄ Gartenspitzmäuse *(Crocidura suaveolens)*

grau, unterseits dunkelgraubraun. Die Ohren liegen im Fell versteckt. Sie ist tag- und nachtaktiv und bewohnt neben Gebirgswäldern (hauptsächlich Nadelwälder) auch feuchtes Gelände.
3. **Zwergspitzmaus**, die (*Sorex minutus* L.): kleinste Art und zugleich kleinstes Säugetier Europas. Körperlänge: um 6 cm, Schwanz: etwa um 4 cm. Sie ähnelt der Waldspitzmaus, ist oberseits und an den Flanken braun (etwas heller als Waldspitzmaus), unterseits grau. Die Ohren ragen deutlich aus dem Fell hervor. Sie bewohnt hauptsächlich feuchtes Gelände und meidet den geschlossenen Wald. Sie hat mehrere Würfe im Jahr mit durchschnittlich vier bis sieben Jungen.
B. Gatt. **Weißzahnspitzmäuse** (*Crocidura*): auch Wimperspitzmäuse.
4. **Gartenspitzmaus**, die (*Crocidura suaveolens* Mill.): Körperlänge: um 8 cm, Schwanzlänge: um 4,5 cm. Oberseits braun, unterseits ockerfarben. Sie bewohnt Wald, Gärten und Siedlungen. Zwei bis vier Würfe im Jahr mit ein bis sechs Jungen.
5. **Feldspitzmaus**, die (*Crocidura leucodon*): Körperlänge: um 8,5 cm, Schwanzlänge: um 3,5 cm. Zwei bis drei Würfe im Jahr mit drei bis neun Jungen.
6. **Hausspitzmaus**, die (*Crocidura russula* Herm.): Körperlänge: um 9,5 cm, Schwanzlänge: um 4,5 cm. Hält sich an Waldrändern, Gärten und offenem Gelände auf und ist im Winter auch in Gebäuden anzutreffen. Zwei bis vier Würfe im Jahr mit drei bis neun Jungen.
C. Gatt. **Wasserspitzmäuse** (*Neomys*).
7. **Wasserspitzmaus**, die (*Neomys fodiens* Pall.): Körperlänge: um 9,5 cm, Schwanzlänge: um 7,5 cm. Körperfarbe sehr verschieden. Oberseits meist glänzend schwarz oder bei jüngeren Tieren schwarzbraun, unterseits sil-

Waldspitzmaus *(Sorex araneus)*

berweiß; alle Übergänge bis schwarzbraun mit mehr oder weniger großen dunklen Flecken. Hinterfüße relativ groß, zum besseren Schwimmen am Außenrand mit einem Schwimmborstensaum versehen. Sie bewohnt die Gänge von Mäusen und Maulwürfen, gräbt aber auch selbst Gänge an den Ufern der Gewässer. Ein Ausgang mündet stets unter Wasser. Pro Jahr zwei bis drei Würfe mit vier bis acht Jungen.
8. **Sumpfspitzmaus**, die (*Neomys anomalus*): etwas kleiner als Wasserspitzmaus und fast ebenso gefärbt. Sie ist nicht an die Nähe des Wassers gebunden und im Gebirge auch auf feuchten Almwiesen anzutreffen. Lebensweise und Fortpflanzung wie Wasserspitzmaus; → Mäuse, → Wühlmäuse.
Spitzmorchel, die: → Morchel 1.
Spitzorchis, die: → Hundswurz.
Spitzschuppiger Schirmling, der: → Schirmlinge 3.
Spitzwarziger Tintling, der: → Tintling 3.
Spitzweg, K. → Wald in der Malerei.
Spließen: durch Spalten oder Reißen hergestellte sehr schwache Holzstücke verschiedener Länge. Dach-S. (Dachspäne) werden bei der Eindeckung der Ziegeldächer unter die Fugen von je zwei aufeinanderstoßende Ziegeln gelegt.
Spliete, die: alte nordd. Bez. für ein Holzscheit.
Splint, der: der junge, zur Rinde hin liegende Holzteil; → Splintholz.
Splintbäume → Splintholzarten.
Splinthieb, der: → Fallkerb.
Splintholz, das: auch Saftholz. die weiche, äußere Holzschicht (Zuwachs der letzten Jahre) des → Stammes. Das S. ist junges Holz und besteht aus lebenden, wasserleitenden und speichernden Holzzellen. Gleichzeitig mit der Bildung neuer S.-Ringe sterben die Zellen des älteren, inneren Stammteiles ab und verwandeln sich in das dunklere → Kernholz. Bei → Kernholzarten (Kernholzbäumen) ist das S. heller und weicher als der innere, ältere Holz-

teil (→ Kern), bei Reifholzbäumen (→ Reifholz) jedoch in der Farbe dem inneren gleich, während es bei → Splintholzarten den gesamten Holzteil ausfüllt.

Splintholzarten (Splintholzer, Splintholzbäume): Bäume, bei denen der ganze Holzkörper aus → Splintholz besteht, das technisch minderwertiger als das → Kernholz ist. Die S. sind im gesamten Querschnitt von gleicher Farbe, Härte und Feuchtigkeit. Solche Bäume werden aber im Alter leicht hohl. Zu den S. zählen: BAh, SAh, Bi, Er, Hbu (Weißbuche), Li und As; → Kernholzarten.

Splintholzkäfer: **1)** → Laubholzborkenkäfer **2)** auch Schattenkäfer, Holzmehlkäfer. Käfer-Fam. (*Lyctidae*) aus der Verwandtschaft der Bohr- und Klopfkäfer mit engerlingsförmigen, weißlichen und kurzbeinigen Larven. Die 2 bis 5 mm großen Käfer haben fadenförmige Fühler. Die S. bohren v. a. im trockenen Holz (Holzlagern und Schreinereien), z. B. der Braune S. (*Lyctus brunneus*).

Splintkäfer → Laubholzborkenkäfer, Borkenkäfer.

Splintschnitt, der: → Fallkerb.

Splitten: auch Späne (→ Span). alte Bez. für dünne Brettchen, hergestellt aus Ndh. S. waren i. d. R. 12 bis 14 → Zoll lang, 2 bis 2 1/2 Zoll breit und wurden zu Hunderten in Bündel gebunden.

Splitterholz, das: Bez. für → Rohholz, das durch Einschlüsse, z. B. Bomben- oder Granatsplitter u. ä. in seinem Wert gemindert ist.

Spölterbaum, der: → Ahorne 1.

Spon, der: alte nordd. Bez. für → Span.

Sponeck, Karl Friedrich Christian Wilhelm Graf von, Dr. (19.7.1762 Ludwigsburg bis 4.10.1827 Heidelberg): S., württembergischer Oberforstmeister, war Professor der Forstwissenschaft in Heidelberg (1805 bis 1827) und schrieb u. a.: „Forstliche Aufsätze und Bemerkungen" (1810), „Über den Schwarzwald ... etc." (1817), „Beiträge zu dem Forst- und Jagdwesen" (1819).

Sporangienhäufchen eines Farnes (→ Sporangium)

Sporangium, das (Mz.: Sporangien): ein vielgestaltiger, einzelliger (bei den meisten → Algen und → Pilzen) oder mehrzelliger (→ Farne, → Moose) Behälter, in dem die → Sporen (Sporangiosporen) gebildet werden. Das S. tritt häufig gruppenweise (z. B. im Fruchtkörper der Pilze und im Sorus der Farne) auf. Die Sporen werden bei der Fruchtreife aus dem S. durch ein Loch oder einem Riß in der Wand entlassen.

Sporen: Die S. sind einzellige, ungeschlechtliche Zellen ohne Embryo- oder Nährgewebe, die der ungeschlechtigen Vermehrung niederer Pflanzen und der → Pilze dienen. Sie werden von den Sporenpflanzen (→ Kryptogamen) gebildet. Werden sie innerlich im → Sporangium (endogen) angelegt, spricht man von Endo- oder Sporangio-S., werden sie äußerlich (exogen) abgeschnürt, von Exo- oder Konidien-S. (→ Konidien). Die im Anschluß an eine Reduktionsteilung gebildeten, stets haploiden S. heißen Gono-S. Die durch Geißel- oder Wimperbesitz im Wasser aktiv beweglichen S. werden als Schwärm- oder Zoo-S. bezeichnet. Speziell bei Pilzen tritt der Sporenstaub in zahlreichen Formen und Farben auf. Sie bringen i. a. ungeheure Mengen von S. hervor. Ein einziger → Champignon kann Mrd. S. verstreuen, und auch der Fliegenpilz bringt es, wie viele andere auch, auf ca. 2 Mrd. Die Verbreitung der S. erfolgt überwiegend durch Wind, auch durch Regenwasser und bei wenigen, z. B. der → Stinkmorchel, durch Insekten.

Sporenpflanzen → Kryptogamen.

Sprackholz, das: → Leseholz.

Sprackweide, die: alte nordd. Bez. für die Bruchweide; → Weiden 4.

Spranz, der: → Spranzen.

Spranzen, das: auch Spronzen, Absprانzen, Abkanten, Abkoppen. ein v. a. im Gebirge übliches Abstumpfen (Abrunden) der scharfen Kanten an der Schnittfläche des Baumstammes, damit dieser bei der → Bringung am Boden (beim Schleifen; → Rücken) besser abwärts rutscht. Die schief abgekantete Fläche am Querschnitt wird sinngemäß Spranz oder Spronz genannt.

Spreewald, der: Der S. (sorbisch Blota = Sumpf) liegt rund 100 km südöstlich von Berlin, eine reizvolle, etwa 75 km lange und maximal 15 km breite, in Mitteleuropa einzigartige Niederungslandschaft. Der S., dessen Schönheit bereits Theodor Fontane beschrieb, gliedert sich in Ober-S. und Unter-S. Den Ober-S., der bei dem Städtchen Burg beginnt und von zahlreichen Wasserläufen (sog. Fließen) durchzogen wird, prägen lange Baumreihen (Wei und Pa) entlang dieser Fließen sowie weite offene Wiesen und kleine Acker- und Gartenflächen die dem Obst- und Gemüsebau dienen. Kennzeichnend für den Unter-S. sind hingegen Dauergrünlandflächen, Bruchwälder und Äcker.

Spreisel → Besäumen.

Spreißhaken, der: früher von den Köhlern verwendetes Werkzeug, mit dem die Fußscheite aus dem → Meiler gezogen und die gebrannten Kohlen ausgestoßen wurden.

Sprengecker: eine vereinzelte Eichel (Sprengmast); → Mast.

Sprengmast, die: → Mast.

Sprengsel, der: auch Springsel. volkstümliche Bez. für einige Arten der → Feldheuschrecke; → Grashüpfer.

Spreufleckigkeit, die: bei feucht lagerndem Ahornholz auftretende flecken- oder tupfenförmige grüngelbe Verfärbung, die durch von Zellinhaltsstoffen lebenden → Pilze verursacht wird. Die S. tritt zuerst an der Oberfläche des Holzes auf, dringt aber bei längerer Feuchtlagerung tiefer ein. Eine Zersetzung des Holzes erfolgt jedoch nicht.

Spreuschuppiger Wurmfarn, der: → Wurmfarn 2.

Sprick, das: auch Spruck. alte nordd. Bez. für einen dürren, abgefallenen Zweig.

Springauf, das: → Maiglöckchen.

Springfrosch, der: → Frösche 2.

Springkraut, das (*Impatiens*): auch Balsamine. Gatt. der Springkraut- oder Balsaminengewächse (*Balsaminaceae*) mit über 400 Arten meist im subtropischen und tropischen Asien (viele Arten in den Bergen Indiens und Sri Lankas) sowie im tropischen Afrika, lediglich acht Arten in den gemäßigten Zonen der Nordhalbkugel. Es handelt sich um einjährige oder ausdauernde → Kräuter oder → Halbsträucher, deren charakteristisches Merkmal die Fruchtkapsel ist. Zur Reifezeit erhöht sich durch Wasseraufnahme der Druck in der Kapselwand. Wird dann ein bestimmter Grenzwert überschritten oder die Kapsel leicht berührt, springt sie fünfklappig, auf und die → Samen werden explosionsartig fortgeschleudert (→ Autochorie). Bekannte Arten sind das in unseren Gärten häufig angepflanzte und aus Afrika stammende **Fleißige Lieschen** (*Impatiens walleriana*) und die in unseren Wäldern wachsenden Arten:

1. Echtes Springkraut, das (*Impatiens noli-tangere* L.): auch Rührmichnichtan, Wald-S., Großes, Gemeines S., Franzosenkraut. Das Verbreitungsgebiet des E. S. reicht fast über ganz Europa, im Süden bis Mittelitalien. Es ist ziemlich häufig und wächst verbreitet in Wäldern mit hoher Luft- und Bodenfeuchtigkeit, besonders in feuchten, schattigen Laubwäldern, in Au- und Schluchtwäldern, in Gebüschen und auch in humusreichen, feuchten Nadelwäldern, an Bächen und Quellen, auf lockeren, nährstoffreichen Böden.

Die einjährige, 30 bis 80 (100) cm hohe Pflanze hat einen aufrechten, glasig durchscheinenden, ästigen Stengel. Die wechselständigen (→ Blattstellung), gestielten Blätter sind länglich-eiförmig, 3 bis 10 cm lang und grob stumpf gezähnt. BZ: Juli bis August/September. Die Blüten hängen einzeln oder bis zu viert in Trauben (→ Blütenstand) an dünnen Stielen in den Blattachseln. Sie haben eine zitronen- bis goldgelbe, 2 bis 3 cm lange Krone mit roten Punkten und gleichgefärbtem Sporn, der von einem Kelchblatt gebildet wird. Die beiden übrigen → Kelchblätter sind klein und unscheinbar, von den → Kronblättern sind vier paarweise verwachsen, eines frei. Die Früchte, die etwa ab Mitte September reifen,

▸▸▸ Echtes Springkraut (*Impatiens noli-tangere*)

sind kahle, glasige, 2 bis 3 cm lange, spindelförmige Kapseln.

2. Kleinblütiges Springkraut, das (*Impatiens parviflora* De Candolle): Die ursprüngliche Heimat des K. S. ist Nordost- und Zentralasien. Seit Mitte des vorigen Jh. ist es aus botanischen Gärten verwildert und nunmehr in fast ganz Mittel- und Nordeuropa, sowie auch in Italien eingebürgert. In Dtschl. ist es weit verbreitet, ziemlich häufig und wächst in Gärten, Parkanlagen, Hecken, in Laub- und Nadelwäldern, auf nährstoffreichen Böden.

Die 30 bis 60 cm hohe Pflanze ist dem Echten Springkraut sehr ähnlich, jedoch in allen Teilen kleiner. Die wechselständigen Blätter sind eiförmig, zugespitzt, in den geflügelten Blattstiel verschmälert und der → Blattrand scharf gezähnt. BZ: April bis September/Oktober. Die blaßgelben, etwa 8 bis 10 mm langen Blüten haben einen geraden Sporn und stehen zu viert bis zehnt in einer aufrechten Traube. Die Frucht ist eine keulenförmige, 10 bis 20 mm lange Kapsel.

3. Drüsiges Springkraut, das (*Impatiens glandulifera* Royle): Das D. S. wurde im 19. Jh. aus dem Himalajagebiet nach Europa gebracht und in Gärten angepflanzt. Seit etwa 50 Jahren ist es daraus verwildert oder wird ausgesät und kommt heute an vielen Stellen, besonders an Bächen, Flüssen und in Auwäldern vor, wo es oft ausgedehnte Bestände bildet.

Die etwa 50 bis 200 cm hohe Pflanze hat gegenständige oder in Dreierwirteln wachsende Blätter. Sie sind ei-lanzettlich, und scharf gezähnt. Blattstiel und Blattzähne weisen gestielte Drüsen auf. BZ: Juli bis September. Die schönen, großen, 2 bis 4 cm langen, hell rosafarbenen bis weinroten Blüten stehen in lang gestielten, zwei- bis 15blütigen Trauben. Das untere Kelchblatt der Blüte hat einen kurzen, dünnen, gekrümmten Sporn. Die Blüten werden besonders von Hummeln besucht und bestäubt. Die Frucht ist eine grüne, keulenförmige Kapsel, die kleine, 2 bis 3 mm lange, zweirippige Samen enthält.

Springläuse → Blattflöhe.

Springspinnen (*Salticidae*): auch Hüpfspinnen, die weltweit verbreitete, größte Fam. der → Webspinnen, mit rd. 3000 Arten, davon 70 Arten einheimisch. Es sind 2 bis 12 mm lange Spinnen mit gedrungenem, oft sehr bunt gefärbtem Körper, wobei das Männchen meist prächtiger gefärbt ist als das Weibchen. Sie sehen ausgezeichnet, weben keine Netze, sondern beschleichen ihre Beute (Insekten) und packen sie dann im Sprung. Die bekannteste Art ist:

Zebra-Springspinne, die (*Salticus scenicus*): Die über ganz Europa, über Sibirien, Nordamerika und Nordafrika verbreitete Z. kommt regelmäßig bis sehr häufig vor und ist wärmeliebend und deshalb auf Trockenrasen, an sonnenbeschienenen Hauswänden, Felsen oder Holzhütten anzutreffen. Die bis 4 mm (Männchen) bzw. bis 8 mm (Weibchen) große Spinne ist gut an der auffallenden Musterung des Kopf-Brust-Stückes und des Hinterleibes, die an ein Zebra (Name!) erinnert, zu erkennen. Sie bauen keine Netze, sondern erjagen, an einem Faden hängend, ihre Beute, die aus Kleinsttieren besteht.

Springwurz, die: → Weißwurz 1.

Spritzkern, der: → Graukern, Fehlverkernung.

Spro(c)k, der: alte Bez. für dürres Holz, → Afterschlag.

sprock (brausch): alte Bez. für schwer biegsames Holz; das Holz ist s.; Syn. auch für brüchig.

Spro(c)kholz, das: svw. → Leseholz, → Afterschlag.

Spröckel, der: → Kreuzdorn 3.

Spro(c)kware: svw. → Leseholz, → Afterschlag.

Spröckweide, die: → Weiden 4.

Spronz, der: → Spranzen.

Spronzen, das: → Spranzen.

Sproß, der (Trieb, Sprößling): der meist oberirdische Teil der höheren → Pflanzen, der aus den Grundorganen → Sproßachse, → Blatt und → Blüten gebildet wird; sog. Luft-S. Entwickelt sich der S. untergetaucht, z. B. bei Wasserpflanzen, wird er Wasser-S., entwickelt er sich teilweise oder ganz unterirdisch, wird er S.-Knolle (Rhizom, Zwiebel) genannt.

Sproßachse, die (Stengel): Sie ist die meistens zylindrische, stabförmige Achse der → Sproßpflanzen und neben → Blatt und → Wurzel eines der Grundorgane der Sproßpflanzen. Die S. entwickelt sich von einem an ihrer Spitze gelegenen → Vegetationspunkt (Vegetationskegel) und ist Trägersystem für die assimilierenden (→ Assimilation) Blätter bzw. Fortpflanzungsorgane. Sie wird durch die Blattansätze in Knoten, d. s. die Stellen, an denen die Blätter entspringen, und in Zwischenknotenstücke (Internodien) – die zwischen zwei aufeinanderfolgenden Knoten liegenden Teile der S. – gegliedert. Bei den kurzlebigen Pflanzen bleibt die S. mehr oder weniger saftig; bei den jahrelang lebenden Bäumen und Sträuchern verholzt sie. Der Gestalt nach ist die S. entweder gefurcht (mit längsverlaufenden Rinnen); kantig (im Querschnitt eckig); geflügelt (mit stark verzweigten, längsverlaufenden Leisten); zweischneidig oder zweiseitig (mit zwei längsverlaufenden Kanten) oder stielrund (im Querschnitt kreisförmig).

Sprossender Bärlapp, der: → Bärlapp 2.

Sproßpflanzen (Gefäßpflanzen, Höhere Pflanzen, Kormophyten; *Cormophyta*): Sammel-Bez. für Pflanzen, deren an das Landleben angepaßter Vegetationskörper (Kormus) eine Gliederung in Organe (→ Sproß, → Blatt und → Wurzel) aufweist. Die S. besitzen Gefäßbündel, die dem Stofftransport dienen, und gliedern sich in → Farn- und → Samenpflanzen; → Lagerpflanzen.

Sproßschnitt, der: Beschneiden von → Forstpflanzen vor dem Auspflanzen (→ Stummelpflanzen).

Spruck, das: → Sprick.

Sprühmittel: in Flüssigkeit gelöste → Biozide (Forstschutzmittel) mit einem Tröpfchendurchmesser bis zu 0,15 mm. Der Wasserverbrauch pro Hektar beträgt durchschnittlich 30 bis 60 l (bis 200 l). Die Ausbringung erfolgt durch Feldspritzgeräte oder durch motorgetriebene Gebläse. S. gewährleisten einen vollständigen Belag des Mittels auf der Blattoberfläche. Ein Nachteil der S. ist die rasche Verdunstung; auch besteht Gefahr des Abdriftens bei feinsten Tröpfchengrößen. S. werden auch durch speziell hierfür ausgerüstete Hubschrauber ausgebracht; → Stäuben.

Sprunkholz, das: alte Bez. für → Leseholz.

Spulbaum, der: → Spindelstauch 2.

Spulenholz, das: Als S. wird nur Holz der Bi verwendet, weil es das einzige Holz ist, in welchem die Kerbe zum Einklemmen des Fadens (Nähmaschinenfaden) nicht abspringt. Verwendet werden Nutzrundlinge (→ Nutzknüppelholz) von 7 cm und mehr Durchmesser.

Spündebretter → Brett.

Spundfutter, das: ein Hilfswerkzeug aus hartem Holz (oder Metall) für die Drehbank, um verschieden starke Arbeitsstücke einspannen zu können. Das Spundloch verläuft senkrecht zu den → Spiegeln, um ein Spalten zu verhindern.

Spundholz, das: ein → Schnittholz zum Abdichten, z. B. Faßverschluß.

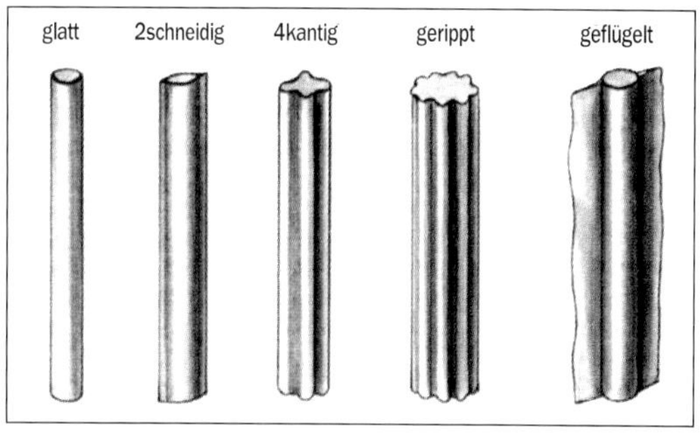

Formen der Sproßachse

Spürender Zangenbock, der: → Bockkäfer 12.

Spurkel, die: alte bayer. Bez. für das Pulverholz; → Kreuzdorn 3.

Spurtführe, die: alte und lokale Bez. (Tirol) für die Lat, Unterart der BKie; → Kiefern 1.

Srm: Abk. für → Schüttraummeter.

SS: Abk. für → Schneide- und Schälholz.

Staatliche Forstwirtschaftsbetriebe (StFB): In der DDR oblag die Bewirtschaftung des Waldes seit 1952 den StFB, die als juristische Person und wirtschaftende Unternehmen mit eigener wirtschaftlicher Rechnungsführung arbeiteten. Zuletzt existierten 77 StFB mit Durchschnittsgrößen von 300 000 ha und durchschnittlich 700 Beschäftigten. Das finanzielle Bruttoergebnis lag bei etwa 10 Mio. Mark. Der StFB hatte den Status eines volkseigenen Betriebes (VEB) und war verpflichtet, Jahres- und Fünfjahrespläne aufzustellen, die der Zustimmung der vorgesetzten Behörde bedurften und die auf staatlichen Planauflagen basierten; → Volkswald.

Staatsanteilwald, der (Kompossessoratswald, ungeteilte Waldung): frühere Bez. für einen Wald, hauptsächlich in Bayern, Elsaß und im ehemaligen Preußen, der im gemeinsamen Besitz des Staates und einzelner Gemeinden war.

Staatsforst, der: → Staatswald.

Staatsforst Kloster Barthe: Mit 520 ha Ostfrieslands größtes Waldgebiet, durchsetzt mit Flugsanddünen. Der S. K. B., östlich von Hesel gelegen, war ehemals Klosterareal und wurde im 19. Jh. aufgeforstet.

Staatswald, der: auch Staatsforst. Der Anteil des deutschen Waldes, der im Eigentum des Staates (Bund oder Länder) steht. Etwa 34 % der Gesamtwaldfläche von 10,7 Mio ha der BR Dtschl. sind S.; davon gehören 31 % den Bundesländern und Stadtstaaten und 3 % der BR Dtschl. Obwohl die Wohlfahrtswirkungen dort einen höheren Stellenwert haben, ist im S. die durchschnittliche Holzproduktion je Flächeneinheit am höchsten.

Die → Österreichischen Bundesforste umfassen ca. 846 875 ha; davon sind 582 722 ha → Waldfläche.

In der Schweiz (→ Schweizer Wald) sind von der Gesamtwaldfläche von 1,2 Mio. ha rd. 822 000 ha S. (68,5 %); → Privatwald, Körperschaftswald, Besitzstandsarten.

Stabholz, das: → Böttcherholz.

stabiler Standort, der: → Standort.

Stabilisierungsbaumart, die: Baumart, die für die Sicherung des Bestandes von Bedeutung ist, z. B. Ta und Bu in Fichtenbeständen.

Stabilität, die: Fähigkeit von → Ökosystemen, sich gegenüber inneren und äußeren Belastungen zu erhalten und sich nach Störungen wiederherzustellen. Die interne S. ist durch eine Konstanz der Arten- und Individuenzahl und durch einen eingeschränkten Wechsel mit der Zeit gekennzeichnet. Die Externe S. ist die Fähigkeit, äußeren Einflüssen zu widerstehen durch schnelle Erholung und Rückkehr zum ursprünglichen Zustand.

Die S. von Einzelbäumen hängt zunächst von ihrem Gesundheitszustand ab, die S. gegen mechanische Beanspruchungen vom → H/D-Wert. In Lagen mit Schneebruch- und Schneedruckgefahr soll das H/D-Verhältnis den Wert 80 z. B. nicht übersteigen. Lange Kronen führen zu einer tieferen Schwerpunktbildung, fördern die Stammbasis und sind auch regenerationsfähiger.

Die S. von Beständen hängt von einer Vielzahl von Faktoren ab. Zunächst ist dafür der → Standort verantwortlich. Großes Windwurfrisiko besteht z. B. für Fi auf → Pseudogley, große Rotfäulegefahr (→ Rotfäule) besteht auf Ackeraufforstungen (→ Ackersterbe) und Böden mit einem hohen → pH-Wert. Die S. ist von den → Baumarten und von deren → Herkunft beeinflußt. Standort- und herkunftsgerechte Baumarten sind weniger anfällig gegen → biotische und → abiotische Forstschäden. Weiter sind → Struktur und → Waldpflege entscheidend. Bei der Pflege wird die Stammzahl, der → Standraum und die Ausbildung der → Kronen der Einzelbäume reguliert. Weiter kann durch sie ein plenterartiger Aufbau mit einer gruppenweisen Stabilisierung, im Gebirge eine → Rottenstruktur (→ Rotte), gefördert werden.

Stabreißer, der: auch Stabschläger. frühere Bez. für einen Arbeiter, der im Wald das Stabholz (→ Böttcherholz) spaltete.

Stabschläger, der: → Stabreißer.

Stachelbeere (*Ribes*): Gatt. der → Stachelbeergewächse, der Fam. der → Steinbrechgewächse (*Saxifragaceae*), mit rd. 150 Arten in der nördlichen gemäßigten Zone und den Gebirgen Südamerikas. Es handelt sich um Sträucher mit wechselständigen (→ Blattstellung) Blättern, mit meist kleinen, vier- oder fünfzähligen Blüten und Beeren-Früchten. Die wichtigsten wildwachsenden Arten sind:

1. Alpen-Johannisbeere, die (*Ribes alpinum* L.): auch Berg-Johannisbeere.

Verbreitung: Die A. kommt von der Iberischen Halbinsel über ganz Mitteleuropa, besonders in den Alpen und Mittelgebirgen, bis Südskandinavien, im Süden in den Gebirgen Italiens und der Balkanhalbinsel, im Kaukasus bis nach Sibirien vor.

Standort: Sie wächst zerstreut und vereinzelt in Hochstaudenfluren, Gebüschen, Schlucht- und Bergahorn-Linden-Wäldern (schwache → Charakterart), lichten Bergwäldern, Kiefern-Trockenwäldern, Schneeheide-Kiefernwäldern und Alpenrosen-Latschengebüschen (Verbands-Charakterart *R. a. ssp. pallidogemmum*), krautreichen Bergmischwäldern und in montanen Buchenwäldern, an steinigen Hängen, in Gebirgssäumen, zwischen Felsen, auf sickerfrischen bis mäßig trockenen, nährstoff- und basenreichen, meist kalkhaltigen Böden, bevorzugt Lehmböden, der montanen und subalpinen → Vegetationsstufe bis in Höhen von etwa 1900 m.

Merkmale: Der 1 bis 1,5 (2) m hoch werdende buschige, stark verästelte Strauch ist eine Halbschattpflanze. Die jungen → sympodial wachsenden Zweige sind gelblichgrau bis hellbraun, kahl, ältere grau bis dunkelbraun. Die Knospen sind schmal-eiförmig, vorne zugespitzt; die Knospenschuppen sind im unteren Teil hellbraun, zur Spitze hin gelb- bis rotbraun, meist schwach gekielt mit oft schwärzlicher Spitze. Die kleinen, im Umriß rundlichen bis eiförmigen Laubblätter sind etwa 3 bis 5 cm breit, am Grunde breit keilförmig oder schwach herzförmig mit drei, seltener fünf stumpf- oder spitzgezähnten Lappen. Der Blattstiel, der nur halb so lang ist wie das Blatt, ist mit langen Drüsenhaaren bewimpert. Die Blätter färben sich im Herbst gelblich. BZ: April/Mai. Die unscheinbaren, grünlichgelben → Blüten stehen in aufrechten, 3 bis 6 cm langen Trauben (→ Blütenstand). Sie sind teilweise unvollkommen → zweihäusig; in diesem Fall sind die weiblichen Blütenstände zwei- bis fünfblütig, die männlichen zehn- bis 30blütig. Die Blüten bestehen aus gelblichen → Kronblättern die viel kürzer sind als der becherförmige, kahle Kelch mit den ausgebreiteten stumpfen Zipfeln. Ferner haben sie fünf → Staubblätter und einen unterständigen → Fruchtknoten mit kahlem → Griffel, der im oberen Teil geteilt ist und zwei Narbenköpfchen (→ Narbe) hat. Die → Bestäubung erfolgt durch Insekten. Die scharlachroten, kugeligen Beeren (Johannisbeeren) schmecken fade. Die Vermehrung erfolgt durch Samen; auch vegetative Vermehrung mit → Stecklingen (im Juni mit Seitenzweigen) ist möglich.

Die A., die gegen → Luftverunreinigungen relativ unempfindlich ist, wird in Industriegebieten gerne als → Heckenpflanze verwendet. Im Handel gibt es zahlreiche Varietäten und Zuchtsorten.

2. Rote Johannisbeere, die (*Ribes spicatum* Robson = *Ribes rubrum var. sylvestre*): auch Rote Wald-Johannisbeere, Nordische Johannisbeere.

Verbreitung: Das natürliche Verbreitungsgebiet der R. J. reicht von Skandinavien über Nordasien bis in die Mandschurei, wobei die südliche Grenze über Norddtschl. und Polen verläuft. Die übrigen Vorkommen sind synanthrop (→ Synanthropen).

Standort: Sie wächst an Waldrändern, auf Kahlschlägen, in Hecken und im Unterholz von Mischwäldern, feuchten Buchen- und Hainbuchen-Gesellschaften, Hartholz-Auenwäldern (Charakterart), gelegentlich auch in Grauerlen-Auwäldern, häufig vergesellschaftet mit Es und SEr, bevorzugt auf sickerfeuchtem, nährstoffreichem Boden. Gegen längere Trockenheit und → Staunässe ist sie sehr empfindlich.

Merkmale: Der aufrechte, buschige, bis 2,5 m hohe Strauch hat graubraune oder rötliche, kahle Zweige. Die kleinen Knospen sind braun mit leicht abstehenden Schuppen. Die bis 10 cm breiten, im Umriß rundlichen Laubblätter sind drei- bis fünflappig, am Grunde leicht herzförmig oder gestutzt, oberseits kahl, unterseits leicht behaart. BZ: April/Mai. Die hellgrünen, manchmal braunrot überlaufenen Blüten stehen in anfangs aufrechten, später etwas überhängenden, reichblütigen Trauben. Die Blütenstiele sind fein drüsig behaart, der Kelchbecher schalenförmig mit radförmig ausgebreiteten → Kelchblättern und kurzen Staubblättern. Die → Bestäubung erfolgt durch → Hautflügler. Die Früchte, rote durchscheinende Johannisbeeren, schmecken sehr säuerlich. Sie enthalten viel Vitamin C, Fruchtsäure und Fruchtzucker und können zu

Rote Johannisbeere (*Ribes rubrum*)

Säften, Wein, Gelee, Marmelade und dgl. verarbeitet werden.
Die R. J. ist schon seit langem in Kultur und wird als Busch oder in Hochstammform angepflanzt, jedoch weit weniger als die **Garten-Johannisbeere** (*Ribes rubrum* (*var. rubrum*)), deren Früchte wohlschmeckender sind.
3. Schwarze Johannisbeere, die (*Ribes nigrum* L.): Auch Aal-, Ahl-, Wanzenbeere.
Verbreitung: Die S. J. ist von Großbritannien über Nordfrankreich bis zum Kaukasus und bis Zentralsibirien verbreitet. In vielen Gebieten kommt sie synanthrop vor, und in Südeuropa ist sie nur in Kultur anzutreffen.
Standort: Diese nordisch-eurasische Art ist eine Schatt- und Halbschattpflanze und wächst in Auengebüschen, Auwäldern, besonders Hartholz-Auenwäldern, Walzenseggen-Roterlen-Buchenwäldern (Charakterart), Erlenbrüchen, Grauweiden-Gebüschen und Moorbirken-Bruchwäldern, Ufergebüschen, lichten Laubwäldern und auf Flachmooren, bevorzugt auf nassen, nährstoff- und basenreichen, mäßig sauren Ton- und Gleiböden.
Merkmale: Der wehrlose, kräftige, bis zu 2 m hohe, eigenartig riechende Strauch hat hell berindete, behaarte Jahrestriebe. Die 5 bis 10 cm breiten, im Umriß rundlichen Laubblätter sind am Grunde herzförmig und drei- bis fünflappig. Lappen sind dreieckig, spitz und gesägt. Die Blätter sind oberseits kahl, unterseits behaart und mit gelblichen Harzdrüsen besetzt. BZ: April/Mai. Die unscheinbaren, grünlichen, bisweilen innen blaßrötlichen Blüten stehen in achselständigen, lockeren, hängenden, zwei- bis zehnblütigen Trauben. Die behaarten, lanzettlichen Tragblätter (→ Hochblätter) sind kürzer als der Blütenstiel. Die Bestäubung erfolgt durch Insekten. Auch Selbstbestäubung ist möglich. Die schwarzen, kugeligen Beeren (schwarze Johannisbeeren) sind hell drüsig punktiert und haben einen charakteristischen Duft, der auch dem Holz und besonders den drüsigen Blättern anhaftet, und einen säuerlichen Geschmack.
Die S. J. wird etwa seit dem 16. Jh. kultiviert. Die Beeren enthalten viel Vitamin C und sind gut gegen Skorbut. Die Inhaltstoffe der Beeren und Blätter wirken u. a. adstringierend, blutstillend, harntreibend, erfrischend und stimulierend. Aus den Blättern, die bei der Wärmebehandlung und Trocknung ihren eigenartigen Geruch verlieren, kann ein wohlschmeckender Tee bereitet werden. Der Aufguß ist gut gegen Arteriosklerose, arteriellen Bluthochdruck, bei schmerzhaftem Anschwellen der Brust vor der Menstruation, bei Cellulitis, Fettleibigkeit, Gicht, bei ungenügender Nierenfunktion, bei Schmerzanfällen, bei Rheumatismus und äußerlich angewandt gegen entzündete Augenlider.
4. Felsen-Johannisbeere, die (*Ribes petraeum*): Die über West- , Süd- und Mitteleuropa verbreitete, in Gebirgsgegenden vorkommende F. ist ein Eiszeitrelikt, kommt in Dtschl. selten vor und ist gefährdet. Sie wächst v. a. im Bergland, besonders im Schwarzwald, dem Riesengebirge, der Schwäbischen Alb und anderen Mittelgebirgen.
Standort: Die F. ist in lichten, hochstaudenreichen Bergmischwäldern, in Bergschluchten, Hochstaudenfluren, Hochstauden-Buchenwäldern und borealen Bergahorn-Buchenwäldern (lokale Charakterart), an steinigen Hängen, an schattigen, quelligen, nährstoffreichen und kalkhaltigen Standorten in Höhen zwischen 800 bis 2000 m anzutreffen.
Merkmale: Die F. ist der Roten Johannisbeere sehr ähnlich, hat jedoch im Ggs. zu dieser einen glocken- bis kegelförmigen Kelchbecher, gewimperte Kelchblätter und einen am Grunde kegelförmigen Griffel.
5. Stachelbeere, die (*Ribes uva-crispa*): Die S. ist mit Ausnahme des nördlichen Skandinavien fast über ganz Europa verbreitet.
Standort: Sie wächst in lichten Wäldern, Linden-Ahorn-Wäldern, Hartholz-Auenwald-Gesellschaften, Schluchtwäldern, Waldsäumen, Hecken und Gebüschen und Schlehen-Gesellschaften (Ordnungs-Charakterart), an Hängen, bevorzugt auf stickstoffreichen Böden, bis in Höhen von 1400 m.
Merkmale: Der buschige, 50 bis 150 cm hohe Strauch hat lange, dünne, graubraune Zweige. Die behaarten, im Umriß rundlichen oder herzförmigen, 2 bis 6 cm breiten, drei bis fünflappigen Blätter stehen in den Achseln von zwei- oder dreiteiligen (bis fünfteiligen) ca. 1 cm langen, spitzen Stacheln. BZ: April bis Mai. Die kurz gestielten, zwittrigen, unscheinbaren, einzeln bis zu dritt büschelig angeordneten Blüten sind grünlichgelb, bisweilen rötlich überlaufen. Der glockige Kelch hat verkehrt-eiförmige, stumpfe, meist zurückgeschlagene Kelchzipfel und nach außen gebogenen weißliche Kronblätter. Der zweispaltige Griffel, der kürzer als die Staubblätter ist, und der Fruchtknoten sind zottig behaart. Die großen, rundlichen oder eiförmigen, hängenden Früchte sind grün bis gelb, gelegentlich auch rötlich überlaufen, und leicht behaart bis borstig.
Stachelbeergewächse (*Ribesiaceae*): auch Johannisbeergewächse. meist als Unter-Fam. (*Ribesioidae*) der → Steinbrechgewächse (*Saxifragaceae*) angesehene Gruppe von Sträuchern, zusammengefaßt in der Gatt. → Stachelbeere.
Stachelbeerspanner, der: → Spanner 9.
Stachelbeertäubling, der: → Täublinge 10.
Stachelginster, der: → Stechginster.
Stacheliger Schildfarn, der: → Schildfarn 3.
Stachelinge → Stachelpilze.
Stachelpilze (*Hydnaceae*): auch Stachelschwämme, Stachelinge. Fam. der → Ständerpilze mit mehreren einheimischen Gatt. Als S. werden alle → Pilze bezeichnet, die die Fruchtschicht auf der Oberfläche von freistehenden Stacheln, Warzen oder Zähnen, meist auf der Unterseite eines mehr oder weniger regelmäßig geformten, gestielten Huts, tragen. Die wichtigsten, eßbaren Arten sind:
1. Habichtspilz, der (*Sarcodon imbricatum*): auch Rehpilz. Der Pilz wächst von August bis Oktober meist reihenweise in Nadelwäldern, v. a. im Bergland, seltener im Laubwald. Der bis zu 25 cm breite Hut ist erst halbkugelig bis flach, dann gewölbt mit leicht vertiefter Mitte und häufig gelapptem Rand. Die grob feldrige, schuppige Hutoberfläche erinnert an das Gefieder eines Habichts (Name!). Die sparrig abstehenden Schuppen können blaßgraubraun bis dunkelbraun, auch violettfarben getönt sein. Die Tönungen werden zu den Schuppenspitzen hin immer dunkler. Die weißen, 6 bis 12 mm langen Stacheln stehen dicht gedrängt und sind bei Reife graubraun. Der graubraune Stiel wird bis zu 8 cm lang und bis zu 2,5 cm dick. Er ist sehr hart und fest. Das Fleisch ist anfangs weiß und wird bald graubräunlich. Es ist eßbar, schmeckt frisch zubereitet sehr scharf, gibt aber getrocknet und zerrieben eine ausgezeichnete Würze.
2. Semmelstoppelpilz, der (*Hydnum refescens;* früher: *H. repandum*): Der häufig vorkommende Pilz wächst von Juni bis Oktober in Laub- und Nadelwäldern, meist in langen Reihen. Der bis zu 15 cm breite Hut ist gewölbt, dickfleischig und meist unregelmäßig verbogen, jung mit eingerolltem Rand. Die Huthaut ist semmelfarben bis hell orangerot und wird bei Trockenheit leicht grau. Die ungleichmäßig langen, blaßgelben und brüchigen Stoppeln stehen dicht beieinander und laufen etwas am Stiel herab. Der bis zu 8 cm lange und bis zu 3 cm dicke Stiel ist cremeweiß, sitzt meist seitlich dem Hut an und verjüngt sich abwärts. Die Basis ist filzig. Das Fleisch ist weiß oder blaßgelb, läuft etwas rostig an und schmeckt alt bitter. Das junge Fleisch des eßbaren Pilzes hingegen hat einen milden Geschmack und einen leicht fruchtigen Geruch.
Stachel-Segge, die: → Seggen 2.
Stachel-Segge, Mittlere, die: → Seggen 20.
Stachelwanze, die: → Wanzen 6.
Stachelwespen: auch Stechwespen (*Aculeata*). Unter-Ordn. der → Hautflügler, zu denen auch die → Ameisen und Faltenwespen gehören, letztere mit den Fam. Goldwespen

Schwarze Johannisbeere (*Ribes nigrum*)

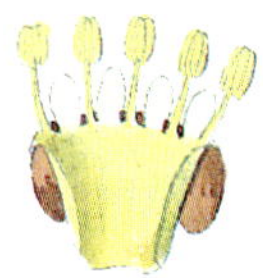
Blüte der Stachelbeere (*Ribes uva-crispa*)

(*Chrysididae*), Rollwespen (*Tiphiidae*), Dolchwespen (*Scoliidae*) und Wegwespen (*Pompilidae*). S. sind überwiegend mittelgroße bis große Insekten mit Wespentaille. Die Weibchen besitzen einen Giftstachel zur Verteidigung oder zur Lähmung der Beutetiere. Das Ei tritt an der Basis der Giftstachel aus; → Wespen.

Stachys → Ziest.

Staden, S. T. → Wald in der Musik.

Städteschreiber, der: → Borkenkäfer 12.

Stadtforst Halle, der: → Dölauer Heide.

Stadtwald, der (Städtischer Waldbesitz): S. entstand früher auf unterschiedliche Weise.

a) Eine Stadt hatte von alters her einen → Gemeindewald, der mit der Erhebung zur Stadt zum S. wurde, oder

b) eine Stadt war vor Verleihung der Stadtrechte ein gleichberechtigtes Mitglied einer → Markgenossenschaft und hatte somit wie andere Dörfer auch ein Nutzungsrecht am → Markwald. Aus der Teilung entstand der S.

c) S. konnte auch durch Schenkung, z. B. Wald aus Königsgut oder herrschaftlichen Besitz, entstehen.

d) S. entstand bzw. entsteht durch Ankauf oder Eingemeindungen.

S. hat heute meist die Aufgaben eines → Erholungswaldes und nimmt auch die Funktionen eines ökologischen Ausgleichsraumes bzw. eines Ergänzungsnutzungsraumes wahr.

Staffelholz, das: → Säulenholz.

Staffholz, das: → Böttcherholz.

stagnierende Nässe, die: → Staunässe.

Stagnogley, der: Bodentyp, der gekennzeichnet ist durch langanhaltende → Staunässe, verbunden mit Luftarmut im → Boden. Der Boden hat einen niederen → pH-Wert und ist stark entbast. Als Übergangsform gibt es den Moor-S. Dieser Bodentyp kommt nur im kühlfeuchten Klima der höheren Lagen der Mittelgebirge auf basenarmen Ausgangsgesteinen, z. B. als Missenböden im östlichen Schwarzwald, als Molkenböden im Reinhardswald, vor. Durch Staunässe, das kühle Klima und die niedrigen pH-Werte des Bodens entsteht eine starke torfähnliche Rohhumusschicht. Durch den Wasserverbrauch der Bäume wird viel Wasser verbraucht, was der S.-Bildung entgegenwirkt. Bei größeren Kahlflächen, z. B. durch das Baumsterben im Erzgebirge, nimmt die S.-Bildung zu. Auf S. sollte deshalb eine → Dauerbestockung erhalten bleiben. In der starken nassen Rohhumusschicht herrscht ein sehr weites → C/N-Verhältnis und geringe biologische Aktivität. S. sind fast immer absolute Waldböden, da zu den nachteiligen Nährstoffverhältnissen auch ungünstige Temperaturverhältnisse und Wasserüberschuß kommen. → Entwässerungen der S. sind teuer und bringen – wegen des Ursachenkomplexes – nur geringfügige Erfolge.

Stahl, Heinrich Friedrich Wilhelm (7.8.1798 Schwarzensee/Uckermark bis 19.1.1867 Rüdersdorf b. Berlin): S. studierte nach 17jähriger Militärzeit in → Eberswalde. Bekannt wurde S. durch seine Kluppenkonstruktion und seine schriftstellerische Tätigkeit auf dem Gebiete der Holzmeßkunde. Er schrieb u. a.: „Massentafeln zur Bestimmung des Holzgehalts stehender Bäume" (1852), „Beiträge zur Holzertragskunde ... etc." (1865).

Stahl, Johann Friedrich (26.9.1718 Heinsheim bis 28.1.1790 Stuttgart): S., der ein Theologiestudium abgeschlossen hatte, stand über drei Jahrzehnte dem württembergischen Forstwesen vor. Er wurde 1755 Bergrat, 1758 Rentkammer-Expeditionsrat und hielt von 1770 an forstlichen Unterricht sowohl an der → Militärpflanzschule auf Schloß Solitude bzw. an der Karlsakademie in Stuttgart. Er schrieb u. a.: „Onomatologia Forestalis-Piscatorio-Venatoria oder vollständiges Forst-, Fisch- und Jagdlexikon, in welchem alle bey dem Forst-, Fisch- und Jagdwesen vorkommenden Kunstwörter erkläret ..." (1780). 1763 gab er mit seinem „Forst-Magazin" die erste forstliche Fachzeitschrift heraus; → Forstliches Schrifttum.

Stahlblaue Kiefern(schonungs)gespinstblattwespe, die: → Blattwespen 2.

Stahlblauer Rötling, der: → Rötlinge 4.

Stahlspinner, der: → Bärenspinner 1.

Stakholz, das: → Fachholz.

Stamm, der: in der Botanik Bez. für den das Astwerk tragenden Holzkörper (Hauptholzkörper) eines Baumes, entstanden durch sekundäres → Dickenwachstum. Er bildet die Hauptachse, verbindet → Wurzel und → Krone und ist auch der wirtschaftlich interessanteste Teil des Baumes. Aufgaben und Funktionen des S.: Transport von Wasser, Nährsalzen und Assimilaten; Speicherung von Reservestoffen; mechanische Festigung. Verschiedene Bäume können neben dem Hauptstamm auch einen oder mehrere Nebenstämme besitzen, die an der Basis des Hauptstammes entspringen. Ziel des Forstmannes (Wirtschafters) ist es aber, möglichst gerade, → vollholzige und astfreie Stämme (Schäfte) zu erziehen; → Systematik.

Stammablauf, der: Niederschlagswasser, das von den → Kronen aufgefangen wird und am → Stamm abläuft.

Stammabschnitte → Abschnitte.

Stammanalyse, die: auch Baumanalyse. In der Forstwirtschaft (Forstwissenschaft) die Ermittlung von → Zuwachs und Wachstumsablauf eines → Baumes, insbesondere des Höhen- und Durchmesserzuwachses für das gesamte Baumleben durch Erhebung der Meßdaten durch sektionsweise Messung am Stamm.

Stammanlauf, der (Wurzelanlauf): Bez. für die Übergangsstelle zwischen → Stamm und → Wurzeln. Die Übergangsstelle ist verdickt und auch die Seitenwurzeln sind am S. am stärksten. Die Form des S. ermöglicht die Übertragung der Spannungen, die bei Biegungen des Stammes auftreten, auf die Seitenwurzeln, die somit als Stützen wirken können.

Stammblock, der: → Erdstamm.

stammbürtiges Holz, das: lokale Bez. für Holz, das aus dem unteren nicht beasteten Stammteil (Schaftteil; → Stamm) des Baumes stammt; → kronenbürtiges Holz.

Stämme: nach der früheren → Holzmeßanweisung (Homa) Bez. für Langnutzhölzer, die 1 m oberhalb des stärkeren Endes über 14 cm → D. m. R. haben. S. werden in → Langholz und → Abschnitte eingeteilt.

Stämmeln, das: → Abastung.

Stammende, das: singgemäße Bez. für den → Erdstamm.

Stämmen der Bäume, das: alte Bez. für die → Fällung ausschließlich mit der Axt; → Umschroten.

Stammfäule, die: Abbau des Stammholzes von Laub- und Nadelbäumen durch holzzerstörende Pilze; → Holzfäule, Holzpilze.

Stammfeuer, das: → Waldbrand.

Stammform, die: Die Form des → Stammes ergibt sich aus Schnürigkeit (schnürig), Abholzigkeit (abholzig) und Form des Querschnitts.

Stammgeld, das: auch *Stammiete*. alte Bez. für die Holzanweisungsgebühr.

Stammholz, das: gefällte Bäume (Stämme und Stammteile), die im Ggs. zum → Schichtholz nicht in kurze Stücke zersägt werden, sondern in einer bestimmten Länge belassen werden, wie sie vom Lastkraftwagen noch aus dem Wald gefahren werden können. Die Holz-

Die verschiedenen Schichten eines Stammes

masse des S. wird nach der Länge und dem Mittendurchmesser o. R. berechnet und in Festmetern gemessen (→ Mittenstärkesortierung oder → Heilbronner Sortierung). Je nach der aussortierten (ausgehaltenen) Länge wird es in → Langholz und → Abschnitte (Bloch- und Sägeholz) eingeteilt.

Stammholzbläue, die: → Waldbläue, Blaufäule.

Stammkerb, der: → Fallkerb.

Stammklasse, die: **1**) in der Forstwirtschaft Bez. eines Baumes nach seiner Stellung im → Bestand, z. B. vorherrschend, unterständig; → Stufigkeit. **2**) Bez. eines für den Verkauf gefällten, entasteten und vermessenen Baumstammes nach Durchmesserstufen, z. B. 3 b = 35 bis 39 cm; → Mittenstärkesortierung.

Stammkrümmung, die: → Krummschäftigkeit.

Stammantel, der: die Außenfläche (Mantelfläche) eines → Stammes.

Stammiete, die: → Stammgeld.

Stammpflege, die: → Einzelstammpflege.

Stammpresse, die: Gerät, das zur Vermeidung von Rissen (Wertholzsicherung) vor der Fällung um Bäume gespannt wird. Die S. besteht aus einem Stahlseil oder Gurt und wird mit einer Klemmvorrichtung gehalten.

Stammquerfläche, die: → Grundfläche.

Stammraum, der: Raum unterhalb der → Kronen von herrschenden, mit- und vorherrschenden Bäumen.

Stammreinigung, die: → Schaftreinigung.

Stammreiser → Wasserreiser.

Stammwase, die: alte Bez. für den Stammausschlag, der als → Brennholz verwendet wurde.

Stammwerkholz (W), das: Güteklasse gemäß der → Gütesortierung. Fichten- und Tannenstammholz mit einem Mindestmittendurchmesser von 35 cm ohne o. R., das zum Musikinstrumentenbau (Tonholz; → Resonanzholz) und für die Herstellung von Holzwaren (z. B. → Holzdraht) geeignet ist. S. ist geradschaftig, ohne Druckholz, ohne Wurzelanlauf, äußerlich astrein oder fast astrein sowie beulenfrei oder fast beulenfrei, gut spaltbar. Es hat gleichmäßigen, nicht grobringigen Jahrringbau. Geringer bis mäßiger → Drehwuchs ist zulässig, außer bei Tonholz,. Kernfäule sowie Kernrisse oder Ringschäligkeit im Innern der unteren Stammabschnittsfläche schließen bei sonstiger Eignung die S.-Tauglichkeit nicht aus.

Klasse 1: 75 % bis 100 % der Masse stammwerkholztauglich

Klasse 2: 50 % bis 75 % der Masse stammwerkholztauglich

Klasse 3: bis zur Hälfte der Masse stammwerkholztauglich.

Stampfen, der: auch Stempel, Docken. früheres Mühlen- und Maschinenbauholzsortiment. S. mußten fest und zäh sein und wurden meist von Hbu, seltener von Bu und nur gelegentlich von Ah, Es, Ul und Ei gewonnen. Sie hatten i. d. R. eine Länge von 10 bis 12 Schuh (→ Fuß) und eine Stärke von 6 bis 8 → Zoll und fanden v. a. in Papier-, Pulver-, Öl- und Lohmühlen sowie in Pochwerken Verwendung.

Stammzahlreduktion, die: Stammzahlverminderung, i. d. R. durch → Geometrische Durchforstung oder Pflegemaßnahmen (→ Waldpflege).

Standard, das: altes Raummaß für Holz im früheren → Ostseehandel. Ein Petersburger S. für Rundholz = 120 engl. Kubikfuß = 3,398 m^3; Ein S. für behauenes Holz = 150 engl. Kubikfuß = 4,247 m^3; Ein S. für Sägeware = 165 engl. Kubikfuß = 4,672 m^3.

Ständerpilze (*Basidiomycetes*): weltweit verbreitete Klasse der höheren → Pilze mit rd. 15 000 Arten die zusammen mit den → Schlauchpilzen, niederen Pilzen (z. B. Algenpilze) und → Bakterien maßgeblich an der Mineralisation beteiligt sind, die den Stoffkreislauf in der → Biosphäre in Gang hält. Zu den S. gehören → Rostpilze und Brandpilze. S. haben meistens gut ausgebildete, durch Scheidewände geteilte (septierte) → Hyphen. Eine ungeschlechtliche Vermehrung kommt nur bei den Rostpilzen vor, die mehrere Arten von → Konidien ausbilden können. Die → Basidiosporen der S. werden i. d. R. nach außen in charakteristischen → Fruchtkörpern auf Ständern (Basidien) gebildet; → Basidienpilze.

standfest → sturmfest.

Standfestigkeit des Einzelbaumes, die: → H/D-Wert, Solitär, Bestand.

Standfläche, die: → Standraum.

Standort, der: **1**) Der S. des → Forstbetriebes ist durch alle S.-Faktoren gekennzeichnet, die Ablauf und Gestaltung des Betriebes beeinflussen. Der natürliche S. ist durch Boden, Relief und Klima bedingt, der sozialökonomische S. durch Verkehrslage, Infrastruktur, Märkte in der Umgebung, Bevölkerungsverhältnisse, Arbeitsverhältnisse usw. **2**) in der → Ökologie der Wuchsort der Pflanze und alle dort auf sie einwirkenden Faktoren, den sog. S.-Faktoren (→ ökologische Faktoren), ohne jene, die durch den Wettbewerb (→ Konkurrenz) der Pflanzen bedingt sind. Ob eine bestimmte Pflanze auf einen bestimmten S. gedeihen kann, hängt von Klima, Wärme- und Wasserhaushalt, Höhenlage, Geländeform, Licht, Wind-, Eis- und Schneebelastung, Nährstoffversorgung, Bodenqualität und letztlich auch von den vorhandenen Wildarten und -dichten (→ Wilddichte), sonstigen Schädlingen, Konkurrenzpflanzen und menschlichem Einfluß ab. Der forstliche S. umfaßt die Gesamtheit aller für das Baumwachstum wichtigen Eigenschaften eines konkreten Geländebereiches – ebenfalls ohne den Wettbewerb der Bäume untereinander. Dabei ist es gleichgültig, wie der S. zu einem bestimmten Zeitpunkt gerade genutzt wird. Er bezeichnet somit nicht nur den Ort, auf dem eine Pflanze steht oder zu stehen vermag, sondern zugleich dessen Eigenschaften, Pflanzen zu tragen und ihnen bestimmte Wachstumsbedingungen zu gewähren. Die äußeren Wachstumsfaktoren wie Wärme, Wasser, Licht, physikalische und chemische Faktoren können im Gelände nicht direkt erfaßt werden. Labile Standorte lassen infolge geringer Basenversorgung, Neigung zu Versauerung, Wasserüberschuß oder -mangel, starker Wechselfeuchte nur eine eingeschränkte Baumartenwahl zu, bzw. verlangen zum Erhalt ihrer Standortqualität Mischbestände. Stabile Standorte sind → Waldböden die wegen ihrer guten Nährsstoff-, Basen- und Wasserversorgung, → Pufferung und Bodendurchlüftung bei der → Baumartenwahl eine größere Freiheit, z. B. auch eine Generation Fichtenreinbestände, erlauben. In der → Forstwirtschaft werden daher zur standortsgerechten Baumartenwahl Standortserkundungen durchgeführt. Dabei werden die direkt beobachtbaren Faktoren wie Lage, Klima, Boden und Vegetation erfaßt. Die Ergebnisse wurden in einer → S.-Karte erfaßt (→ Standortskartierung).

standortgemäß (standortgerecht): s. ist eine Baumart (bzw. ein Baumbestand), wenn sie nach den gesicherten Erkenntnissen der Forstwirtschaft und den generationenlangen Erfahrungen der forstlichen Praxis an die standörtlichen Verhältnisse eines Wuchsraumes sowie deren Abwandlungen angepaßt ist, die Standortkraft der Waldböden mit gesundem Wachstum ausnutzt und folglich wenig krankheitsanfällig ist, die jeweiligen Böden mit ihrem Wurzelwerk erschließt, die Bodenkraft erhält bzw. verbessert und den übrigen Gliedern der am nämlichen → Standort vorkommenden Lebensgemeinschaften ein Gedeihen ermöglicht. Innerhalb der Baumarten gibt es eine Standortsgebundenheit verschiedener Herkünfte (Lokalrassen). Soweit sie bekannt und erforscht sind, gelten sie als s., und nur sie sind beim Anbau zu verwenden (Definition der Nieders. Forstverwaltung).

standortgerecht → standortgemäß.

standortheimisch → standortgemäß und → autochthon, → heimisch.

Standortpfleglichkeit, die: die Eigenschaft von verschiedenen Baumarten, die Fruchtbarkeit ihres eigenen Standortes (Boden) zu erhalten bzw. zu verbessern (z. B. durch eine leicht zersetzbare, nährstoffreiche Laub/Nadelstreu wie von Es und Ta); Gegenbeispiele sind Lä und Kie.

Standort(s)ansprüche: Ansprüche einer → Baumart an den → Standort, bzw. die einzelnen Standortsfaktoren (→ ökologische Faktoren). Dabei haben die einzelnen Baumarten i. d. R. eine Standortsamplitude. Standortsvage Baumarten haben keine spezialsierten Ansprüche; → Standort(s)kartierung.

Standort(s)bonität, die: → Ertragsklasse.

Standort(s)erkundung, die: → Standort, Standort(s)kartierung.

Standort(s)faktoren: → ökologische Faktoren.

Standort(s)güte, die: → Ertragsklasse.

Standort(s)karte, die: In der S. (Maßstab 1 : 10 000 oder 1 : 25 000) werden die gesamten Umwelteinflüsse eines bestimmten Waldortes festgehalten (→ Standort(s)kartierung). Sie ist wesentliches Kriterium der Baumarten- und Betriebszieltypenplanung; → Forstkarten.

Standort(s)kartierung, die: systematische Methode, bei der alle für das Waldwachstum wichtigen natürlichen und ökologischen Bedin-

Die nordostbayerische Höhenkiefer ist eine wertvolle → Standortrasse und als eigene → Herkunft ausgewiesen.

gungen als Grundlage für eine standortgerechte leistungsfähige Forstwirtschaft erhoben werden. Dazu gehören alle wesentlichen Merkmale des → Standorts. Darauf aufbauend wird eine Beschreibung und kartenmäßige Darstellung von → Standortstypen bzw. Standortseinheiten angefertigt. Das sind forstökologische Grundeinheiten mit annähernd gleichen waldbaulichen Möglichkeiten und Gefährdungen sowie mit einer annähernd gleichen Ertragsfähigkeit. Die S. dient in erster Linie als Grundlage für die → Baumartenwahl und die Bestimmung des Bestandsaufbaus. Sie gibt ferner Hinweise für Pflege- und Verjüngungsverfahren sowie für bodenverbessernde Maßnahmen. Die forstliche S. untergliedert den Standort in die beiden Teilkomplexe Boden und Klima, welche beide aus schwer beeinflußbaren (stabilen) und leicht beeinflußbaren (labilen) Komponenten bestehen; → Vegetationsaufnahme.

Standort(s)kraft, die: → Standort(s)-leistungsfähigkeit.

Standort(s)kunde, die (Standort(s)lehre): die Lehre über die Abhängigkeit der Wuchsbedingungen der forstlichen Vegetation, v. a. von Boden, Klima und Relief.

Standort(s)lehre, die: → Standort(s)kunde.

Standort(s)leistungsfähigkeit, die: auch Standort(s)kraft. → Ertragsfähigkeit eines → Standorts für bestimmte Baumarten. Die S. ist durch standortgerechte Waldwirtschaft und entsprechende → Wald- und Bodenpflege zu erhalten.

Standort(s)melioration, die: die Verbesserung eines Standortes durch mechanische, biologische oder chemische Maßnahmen.

Standort(s)pflege, die: Pflege der von der Natur vorgegebenen Standortkräfte (Bodenpflege).

Standort(s)rassen: Mit S. bezeichnete man früher in der → Forstbotanik lokale → Rassen, deren Anpassung an den → Standort durch die äußeren Formen (morphologische S.) zum Ausdruck kommen oder auf innere, physiologische Eigenschaften (physiologische S.) beschränkt ist. Somit werden als S. räumlich enger begrenzte → Populationen von Waldbäumen bezeichnet, deren phänotypische Ausprägungen (→ Phänotyp) klar abgesetzte, forstlich relevante Unterschiede aufweisen; → Standort(s)typ.

Standort(s)tauglichkeit, die: Eignung einer Baumart für einen bestimmten → Standort.

Standort(s)toleranz, die: Anpassungsfähigkeit der Pflanzen an den örtlichen → Standort.

Standort(s)typ, der: alle Einzelstandorte (→ Standort), die unabhängig von ihrer Lage gleiche oder ähnliche Standortsverhältnisse aufweisen, dementsprechend auch dieselbe → Ertragsfähigkeit besitzen und auf waldbauliche Eingriffe in etwa gleicher Weise reagieren. Der S. wird durch folgende Kategorien beschrieben: → Wuchsgebiet, Wuchsbezirk, → Wuchszone, Klimafeuchte, Wasserhaushalt, → Trophie; → Standort(s)rassen.

Standort(s)wahl, die: Wahl des geeigneten → Standorts für die Baumarten (→ Standort(s)ansprüche).

standort(s)widrig: wegen anderer → Standort(s)ansprüche für einen bestimmten → Standort nicht geeignete Baumart; → standortgemäß.

Standraum, der: auch Standfläche. Die Fläche, die ein Baum oder eine Pflanze tatsächlich oder rechnerisch einnimmt. Bei künstlicher → Verjüngung ist der S. beim Reihen- oder Quadratverband gleich dem Produkt aus Reihen- (b) und Pflanzenabstand (a), beim Dreiecksverband 0,866 x a x a. Je nach Größe des S. einer Pflanze werden Eng- (< 1 m^2), Normal- (1 bis 2 m^2) und Weitverbände (> 2 m^2) unterschieden; → Pflanzverband.

Standraumregulierung, die: auch Abstandsdurchforstung. Die Herstellung notwendiger Baumabstände (→ Standraum) durch → Pflegehiebe. Ziel der S. ist die Erziehung stabiler und leistungsfähiger Bestände.

Stange, die: **1**) Bez. für → Langnutzholz, das 1 m über dem stärkeren Ende höchstens 14 cm Durchmesser hat; → Stangensortierung. **2**) rechter und linker Teil des → Geweihs.

Stangenholz, das: auch Gestänge. in der Forstwirtschaft Bez. für eine natürliche Altersklasse, d. h. einen jüngeren → Bestand (Hochwald), dessen Bäume einen → Brusthöhendurchmesser von 7 bis 20 cm (→ Derbholz) haben.
In Österreich wird unterschieden: schwaches S.: bis 10 cm, starkes S.: 10 bis 20 cm Brusthöhendurchmesser.
Der vorhergehende Entwicklungsabschnitt wird → Dickung, der folgende → Baumholz genannt. Pflegemaßnahme im S. ist die → Durchforstung.

Stangenort, der → Junghölzer, → Durchforstung (Jungdurchforstung), → Waldpflege.

Stangensortierung, die: Das → Langholz wird nach dem Durchmesser mit → Rinde 1 m über dem stärkeren Ende, Ndh ab 7 cm Durchmesser mit Rinde zusätzlich nach der Länge bis zu einer Zopfstärke (→ Zopf) von 2 cm mit Rinde, in folgende Stärkeklassen eingeteilt:

Stangensortierung

Klasse	Durchmesser mit Rinde	Länge (bei Ndh)	Festmeter ohne Rinde je 100 St. Ndh	Lbh
P 1	6 cm und weniger		1,0	0,5
P 2	7 bis 13 cm		6,0	3,0
P 2.1	7 bis 9 cm	über 6 m	2,0	
P 2.11	7 bis 9 cm	über 6 bis 9 m	2,0	
P 2.12	7 bis 9 cm	über 9 m		
P 2.2	10 bis 11 cm	über 9 m	5,0	
P 2.3	12 bis 13 cm	über 9 m	8,0	
P 2.31	12 bis 13 cm	über 9 bis 12 m	7,0	
P 2.32	12 bis 13 cm	über 12 bis 15 m	9,0	
P 2.33	12 bis 13 cm	über 15 m	11,0	
P 3	14 cm und mehr		16,0	7,0

Bei entrindeten Stangen ermäßigen sich die angegebenen Durchmesser um 1 cm. Die Unterteilung der Klasse P 2 in Unterklassen sowie die weitere Unterteilung der Unterklassen können entfallen. Ndh-Stangen, welche die erforderliche Länge nicht haben, fallen in die nächstniedere Klasse oder Unterklasse.
Die Klasse P 3 wird nur bis zu einem Durchmesser von 16 cm m. R. 1 m über dem stärkeren Ende ausgehalten!

Stapel, der: → Ganter.

Staphylea → Pimpernuß.

Staphyleaceae → Pimpernußgewächse.

Staphylinidae → Kurzflügler.

Starkbeborstete Gebirgsameise, die: → Ameisen 1.

Stärke, die: in der Forst- und Holzwirtschaft allg. üblicher Begriff für Dicke. Der Begriff bezieht sich sowohl auf → Rundholz als auch auf → Schnittholz, wobei man allg. von → Starkholz spricht.

Stärke und Fette: Die wichtigsten Speicherstoffe (→ Begleitstoffe) der Bäume finden sich im lebenden Speichergewebe des → Holzes, d. h. im → Parenchym, in der Rinde und in den Ästen. Die Bäume benötigen sie, damit die Holzbildung vor Beginn der → Assimilation und die Samenbildung möglich sind. Die Stärke kann durch das Ferment Diastase in Traubenzucker umgewandelt werden. Die Fette sind überwiegend Ester des Glyzerols mit höheren Fettsäuren. Beide Speicherstoffe sind jahreszeitlichen Schwankungen unterworfen. Diese entsprechen den wechselnden Ansprüchen der Bäume. In der ersten Jahreshälfte erreichen die Anteile bedingt durch den starken Bedarf nur Minimalwert; in der zweiten Jahreshälfte nehmen sie wieder zu. Wegen ihres hohen Fettgehaltes werden Li und Kie auch als → Fettbäume bezeichnet. BAh und die Ul sowie die Rka haben einen hohen Stärkegehalt.

Stärkebäume → Fettbäume.

Stärkeklassen: → Mittenstärkesortierung, → Heilbronner Sortierung, → Stangensortierung, → Schichtholz.

Stärkeklassenübersicht, die: Übersicht über die → Stärkeklassen einer → Betriebsklasse oder eines Betriebes, i. d. R. getrennt nach → Baumarten, → Altersklassen.

Stärkesortierung des Holzes, die: → Mittenstärkesortierung, → Heilbronner Sortierung; → Stangensortierung, → Schichtholz.

Stärkezuwachs, der: → Zuwachs.

Starkheister, der: → Heister.

Starkholz, das: allg. Bez. für stehendes oder liegendes Holz mit einem Durchmesser von 40 cm und mehr; → Schwachholz; in Österreich ein Bestand in Stammstärken von über 35 cm Brusthöhendurchmesser.

Starkholzzucht, die: auch Wertholzzucht. Die S. bedingt einen längeren Produktionszeitraum (Hinausschiebung des → Abtriebsalters). Sie ist forstbetrieblich gesehen nur dort wirtschaftlich, wo der zu erwartende Massenzuwachs auch eine entsprechende Wertsteigerung verspricht. Daneben beeinflußt auch die Marktnachfrage die S. Geeignete Bäume sind beim Ndh die Fi, Ta, Dgl, Kie und Lä, beim Lbh Ah, Bu, Ei, Es, Ul, Nuss und Kir. Es sind dies v. a. die Bäume, die sich für eine Furniererzeugung (→ Furniere) eignen.

Starkmaste: in Österreich Bez. für → Rundholz mit einer Länge ab 9 m (in vollen Meterlängen) und einem Zopfdurchmesser von 17 bis 21 cm.

Starknutzholz, das: in Österreich Bez. für Schäl- und Furnierholz, Rundholz für den Sägeverschnitt, für Rammpfähle, Starkmaste, Maste, Schwellenrundholz, Zeugholz, Instrumentholz.

Starkriechender Körnchenschirmling, der: → Körnchenschirmlinge.

Starkwurz, die: → Nieswurz 1.

Starrer Wurmfarn, der: → Wurmfarn 4.

Startdüngung, die: Pflanzlochdüngung mit Thomasmehl auf mittleren bis schlechten Böden, damit die Pflanzen rascher „vom Boden wegkommen" (→ Frost, → Verbiß durch Wild, → Unkräuter); → Walddüngung.

Stattliches Knabenkraut, das: → Knabenkraut 6.

Staub, der: feste, in der → Luft verteilte Teilchen, die je nach Größe in Grob- und Feinstäube unterschieden werden. Ein Hektar → Waldfläche vermag etwa 68 t S. pro Jahr abzufiltern und festzulegen. Damit verbunden ist eine Akkumulation in → Waldböden. Die Waldluft enthält dementsprechend 200 bis 1000 mal weniger S. und Ruß als die Luft über Industriestädten; → Emission.

Staubbeutel, der (*Anthere*): der obere beutelförmige Teil des → Staubblattes. Er besteht meist aus zwei miteinander verbundene Hälften mit je zwei Pollensäckchen, in deren innerem Gewebe der Blütenstaub (→ Pollen) gebildet wird.

Staubblätter (Staubgefäße, *Stamen*): die zu einem männlichen Geschlechtsorgan umgewandelten Blätter in der → Blüte der → Samenpflanzen. Die S. der → Nacktsamer sind meist schuppenförmig, die der → Bedecktsamer sind in den Staubfaden (*Filament*) und in den von ihm getragenen → Staubbeutel (*Anthere*) gegliedert. Die Staubfäden können frei oder miteinander zu zweien oder zu mehreren in Bündelchen verwachsen sein (ein-, zwei- oder mehrbrüderig).

Stäuben, das: bis zum Ende des Zweiten Weltkrieges durchgeführtes Verfahren des chemischen → Forstschutzes (Pflanzenschutzes), bei dem die Biozide in staubförmiger Form ausgebracht wurden. Wegen der damit verbunden Nachteile und Nebenwirkungen (z. B. Abwaschen durch Regen oder Abtriften bei Wind) wurde das S. durch das Sprühverfahren abgelöst; → Sprühmittel.

Staubfaden, der: → Staubblätter.

Staubgefäße → Staubblätter.

Staubkäfer, der: → Schwarzkäfer.

Staubläuse → Rindenläuse.

Stäublinge → Bauchpilze.

Staudelbeere, die: → Heidelbeere 1.

Stauden (*Perennen*): ausdauernde (perennierende) krautige und wiederholt blühende und fruchtende → Pflanzen, die in ihrem oberirdischen Gewebe relativ wenig Holzgewebe erzeugen und häufig unter der Erde stärker entwickelte Achsenorgane hervorbringen. Die sich über die Erde erhebenden → Sprosse sterben alljährlich ab. Die neuen Sprosse bilden sich alljährlich dicht über dem Boden; → Sträucher, Gebüsch.

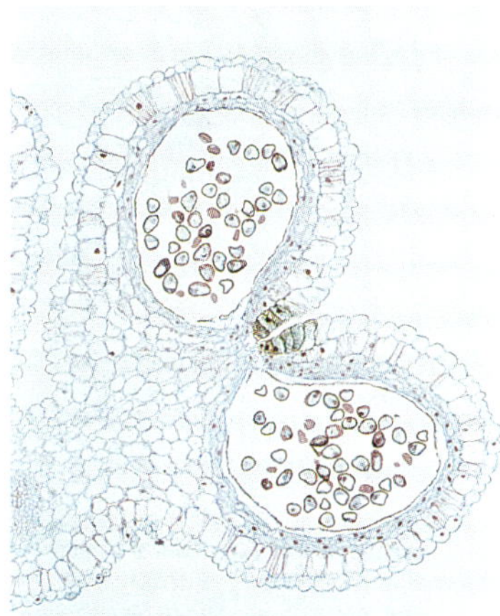

Staubbeutel einer Lilie im Stadium der Pollenkornreife; gefärbtes Präparat

Staudenlupine, die: → Lupine.

Staudenwald, der: mundartliche Bez. für Wald von geringer Höhe und buschartigem Wuchs, der aus Sträuchern und überwiegend Weichhölzern (Bi, Er, Wei, Ha) besteht. S.-Charakter kann auch der → Niederwald in jüngeren Entwicklungsstadien aufweisen.

Staunässe, die: auch stagnierende Nässe. Anreicherung nicht fließenden Wassers im Wurzelbereich, die zur Behinderung der Sauerstoffversorgung führt. Manche Bäume, z. B. Fichte, neigen auf Standorten mit S. zur Bildung von Flachwurzeln. Meist ausgelöst durch relativ flach verlaufende Schichten feinkörnigen und wasserundurchlässigen Substrats (Lehm, Ton, Schluff), die ein Versickern des Niederschlagswassers erschweren; → Wasserüberschuß, Stagnogley, Pseudogley.

Starkholz

Stauwasserboden, der: → Gley.

Stechdorn, der: → Sanddorn.

Stechender Hohlzahn, der: → Hohlzahn 1.

Stechente, die: → Säger.

Stechfichte, die: → Fichten 4.

Stechginster, der (*Ulex*): auch Stachelginster, Gaspeldorn. etwa 15 Arten in Westeuropa umfassende Gatt. aus der Pflanzen-Fam.

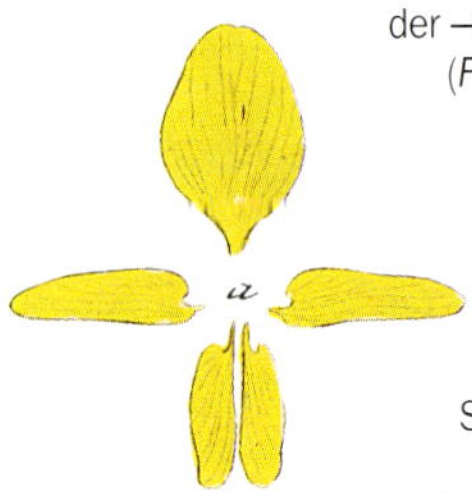

der → Schmetterlingsblütengewächse (*Fabaceae, Papilionaceae*). Es sind Sträucher mit Zweigen, die in einer scharfen Dornspitze enden, und mit Blättern, die bis auf den zu einem Dorn gewordenen Blattstiel oder eine kleine Schuppe reduziert sind. Die Blüten sind gelb und die Hülsenfrüchte zweiklappig. Die einzige Art in Dtschl. ist: **Europäischer Stechginster**, der (*Ulex europaeus* L.): auch Hecksame.

Verbreitung: Der E. S. ist an den Küsten Westeuropas verbreitet und zwar von der Iberischen Halbinsel bis zu den Britischen Inseln und Südskandinavien. Als Wildäsungspflanze wurde er auch in Dtschl. eingebürgert und kommt deshalb in Norddtschl. vor. An der Mittelmeerküste ist er ebenfalls verwildert. Eingeschleppt wurde er in Neuseeland, Indien, Australien und muß dort teilweise bekämpft werden.

Blüten des Europäischen Stechginsters (*Ulex europaeus*)

Standort: Er wächst auf trockenen Heiden, Brachland, in lichten Eichen- und Kiefernwäldern, an Wald- und Wegrändern, wobei er trockene, kalkarme Lehm- und Sandböden mit wintermildem Klima bevorzugt. Der E. S. kommt vom Flachland bis ins Hügelland vor.

Merkmale: Der sehr dornige Strauch hat dicht verzweigte aufrechte bis aufsteigende Äste. Er wird bis zu 5 m hoch; in Windlagen bleibt er kriechend. Er liebt wintermilde Lagen und ist sehr frostempfindlich. Erfriert er in kalten Wintern bis zum Boden, so schlägt der Stock wieder aus (→ Ausschlagvermögen). Er treibt häufig → Stock- und Wurzelausschläge, kann dichte Bestände bilden und ist dann ein Kulturhindernis. Die Zweige des E. S. sind sparrig abstehend, fein gefurcht, abstehend behaart bis kahl, mit zahlreichen verzweigten, 1,5 bis 2,5 cm langen in Dornen umgewandelten Kurztrieben. Die Blätter sind wechselständig angeordnet. Nur die Laubbätter an den Keimpflanzen sind dreizähnig gefiedert; die folgenden Blätter sind lineal-pfriemlich und bestehen nur noch aus dem 5 bis 10 mm langen verdornten Blattstiel (= *Phyllocladien*), oder sind zu kleinen Schuppen verkümmert. BZ: April bis Juli, in milden Lagen fast das ganze Jahr. Die goldgelben, süßlich duftenden Schmetterlingsblüten haben 15 bis 20 mm im Durchmesser und einen 6 bis 8 mm langen dichtbehaarten Blütenstiel mit zwei eiförmigen behaarten Vorblättern. Sie stehen einzeln bis zu dritt in den Achseln von Dornen oder 2 bis 7 mm langen Schuppenblättern an seitenständigen → Kurztrieben und bilden zusammen dolden- oder traubenförmige → Blütenstände. Die eiförmige, schwarzbraune, dicht behaarte Hülsenfrucht ist 1,5 bis 2 cm lang, etwa 0,5 cm breit und enthält zwei bis sechs braune, eiförmige → Samen mit Anhängsel (→ Ameisenpflanzen).

Blüten und Früchte der Stechpalme (*Ilex aquifolium*)

Das Holz ist gelblichweiß und hart. Der E. S. verträgt den Schnitt gut und wird auch in Hecken angepflanzt. Häufig findet er auch zur Dünenfestlegung und zur Auflockerung → immergrüner Gehölzgruppen Verwendung.

Stechhülse, die: → Stechpalmen.

Stechmücken (*Culicidae*): auch Gelsen. weltweit verbreitete Fam. mittelgroßer, schlanker (2 bis 10 mm lang), langbeiniger → Mücken mit ca. 2500 Arten. Zu den S. gehören auch die in den Tropen vorkommenden Moskitos. Die schmalen Fühler der S. sind behaart (bei den Männchen wesentlich stärker), das zweite Fühlerglied weist ein Hörorgan auf, das auf Schallwellen fliegender Weibchen anspricht. Die Flügel sind beschuppt. Die Weibchen sind mit einem langen Saugrüssel ausgestattet. Verschiedene Arten sind Blutsauger und Überträger von Krankheiten. Beim Einstich wird ein Speicheldrüsensekret zur Verhinderung der Blutgerinnung in die Wunde abgegeben. Das Blut wird in den Mitteldarm der S. gepumpt, wobei der Hinterleib anschwillt und sich rötlich verfärbt. Die Männchen ernähren sich nur von Wasser und Pflanzensäften. Eine bei uns häufig vorkommende Gatt. sind die Aedesmücken, und in der Waldbiozönose vorkommend, die Gatt. *Culex* mit der Art **Gemeine Stechmücke**, auch Hausmücke (*Culex pipiens*). Sie wird bis 10 mm lang und ist überwiegend braun und weiß geringelt.

Stechpalmen (*Ilex*): Gatt. aus der Pflanzen-Fam. der Stechpalmengewächse (*Aquifoliaceae*); sie haben wechselständige, einfache, ganzrandige oder gesägte, oft dornig gezähnte Blätter. Die Blüten sind meist → zweihäusig und stehen einzeln oder in kleinen Büscheln. Die Frucht ist eine beerenartige → Steinfrucht.

Stechpalme, die (*Ilex aquifolium* Linné): auch Hülse(n), Hüls(en)-, Christdorn, Gemeine S., Stechhülse; im Volksmund auch Waxlaub, Waaxlaab, Donnerschmiß, Schradl oder Schrödl genannt.

Verbreitung: Die S. ist in Mittel- und Südeuropa, im Norden im Bereich des atlantischen Klimas bis Irland und Norwegen, im Osten bis zum Schwarzen Meer verbreitet; zudem in Kleinasien, Persien bis China. In Dtschl. ist sie vereinzelt an den nordd. Küstenstrichen, in der Rheingegend und im Alpenraum anzutreffen. Bis zu 4 m hohe S. wachsen z. B. im Naturschutzgebiet Ahrenshooper Holz nordöstlich des Ostseebades Ahrenshoop.

Standort: Die S. ist in lichten Laub- und Mischwäldern und an Waldrändern zu finden. Sie ist ein bekannter Buchenbegleiter, der besonders in Buchen- und Buchen-Tannen-Wäldern, in frischen Eichen-Hainbuchen-Wäldern, Sternmieren-Eichen-Hainbuchen-Wäldern und in anderen Buchenwald-Gesellschaften, aber auch in frischen west- und mitteleuropäischen Eichen-Birkenwäldern wächst. Sie ist die → Charakterart der Buchen- und sommergrünen Eichenwälder Europas und bevorzugt halbschattige Stellen auf den verschiedensten Böden, namentlich feuchte, nährstoffreiche, sandige Lehmböden oder Kalkböden. Besonders schätzt sie mildes Seeklima und luftfeuchtes Gebirgsklima, ist jedoch etwas frostempfindlich. In den Alpen kommt sie bis in eine Höhe von 1400 m vor.

Merkmale: Die immergrüne S. ist ein autochthones Gehölz, das sowohl strauch- als auch baumartig wächst. Die langsam aufrecht wachsenden, dicht verzweigten Sträucher oder Bäume können eine Höhe von bis zu 10 m und ein Alter von etwa 100 Jahren erreichen; die Bäume entwickeln eine schmalkegelförmige Krone. In Südeuropa und im Orient können S. eine Höhe von 15 bis 20 m und eine Stammdicke von 1,50 m erreichen. Die Rinde ist anfangs silbergrau und glatt, später dann graubraun gepunktet oder gestreift, rauh und rissig. Die ledrigen, 3 bis 10 cm langen und 1,5 bis 3,5 cm breiten eiförmigen bis länglich elliptischen Laubblätter sind am Rand gewellt mit mehreren gelbgrünen Blattdornen besetzt. Wellung und Stachelung der Blätter sind sehr unterschiedlich; so sind beispielsweise die Blätter an den oberen Zweigen und an alten Pflanzen häufig ungewellt, ganzrandig und ohne Blattdornen. Die Blätter sind an einem etwa 1 cm langen Stiel wechselständig am Zweig angeordnet und oberseits dunkelgrün glänzend, unterseits hellgrün und matt. Die unscheinbaren, vierzipfeligen, grünlichweißen bis hell-rötlichen Blüten sind unvollkommen, zweihäusig, meist eingeschlechtig, schwach duftend und erscheinen im Mai/Juni. Die männlichen Blüten stehen zu dritt in kleinen Trugdolden (→ Blütenstand), die weiblichen einzeln in den Blattachseln vorjähriger → Triebe und gelten als gute → Bienenweide. Die erbsengroßen, scharlachroten Steinfrüchte (→ Schließfrucht) reifen im Frühherbst heran, enthalten vier bis fünf einsamige Steinkerne und verbleiben vom September bis in der März des nächsten Jahres an der Pflanze. Sie sind ungenießbar, wirken darmreizend und sind besonders für Kinder giftig. Sie werden gerne von Vögeln gefressen, die dadurch für Verbreitung der S. sorgen. Die Samen keimen jedoch frühestens nach zwei Jahren.

Das Holz der S. hat eine matte grünlichweiße Färbung, ist sehr hart und findet als → Drechslerholz und für Einlegearbeiten (→ Intarsia) Verwendung.

In der Naturheilkunde wird der durch Abkochen der jungen Blätter (Erntezeit: Juni bis August) gewonnene Tee gegen Gicht, Rheumatismus und Durchfall angewandt.

Die S. wird gerne als Ziergehölz und als Hecke angepflanzt. Sie verträgt den Schnitt gut und ist gegen Rauch und Abgase relativ unempfindlich (häufiges Auftreten inmitten des Ruhrgebietes). In England werden S.-Zweige während der Weihnachtszeit gerne als Zimmerschmuck verwendet. Im Handel werden zahlreiche Kultursorten mit unterschiedlichen Wuchsformen und verschieden geformten und gefärbten Blättern angeboten.

Stechwespen → Stachelwespen.

Steckby-Lödderitzer Forst, der: ca. 2000 ha großes geschlossenes Waldgebiet (Naturschutzgebiet) an der mittleren Elbaue in Sachsen-Anhalt. Der S. ist die Keimzelle des im Jahre 1980 von der UNESCO bestätigten → Biosphärenreservat „Mittlere Elbe" (Gesamtfläche 43 000 ha, davon 12 000 ha Wald). Er gilt als größter zusammenhängender → Auwald in Mitteleuropa. Entsprechend den warm-trockenen Klimaverhältnissen der Elbaue weist die Flora in diesem Gebiet subkontinental-mittelmeerische Beziehungen auf. Beherrschende Waldgesellschaft der holozänen Niederungen ist der Eschen-Ulmen-Auenwald. In der Baumschicht herrscht die von Menschen begünstigte StEi vor, gefolgt von Es, FAh und FlUl. Wärmeliebende Gehölze wie WiLi, FAh und Roter Hartriegel sind verbreitet. Nur in kleinflächigen Beständen ist die Weiden-Pappeln-Weichholzaue im Uferbereich der Elbe erhalten geblieben. Im S. brüten insgesamt rund 115 Vogelarten.

Stecken, der: früheres regional unterschiedliches Raummaß (auch für Holz). 1 S. war im Großherzogtum Hessen 1,56 m^3; in Darmstadt 100 Kubikfuß = 1,5625 m^3; Frankfurt a. M. 0,8736 m^3 und in Mainz 4,33 Kameralschuh hoch und breit, bei 4, 3,5 oder 3 Kameralschuh (á 28,75 cm) Seitenlänge; → Gilbert.

Steckförster, der: frühere, in der Nürnberger Gegend übliche Bez. für einen Förster, der an Stelle des Erbförsters (→ Forst- oder Wildhuben) die Aufsicht im Wald hatte.

Steckling, der (Steckreiser, Setzling, Steckholz, Satzreiser): ein Zweigstück, das von der Mutterpflanze abgetrennt und zur Bewurzelung in den Boden gepflanzt wird. Die meisten Holzpflanzen besitzen diese Eigenschaft der → vegetativen Vermehrung. In der → Forstwirtschaft spielen S. jedoch nur bei Pa und Wei – mit Ausnahme der Salweide und der As – eine Rolle. V. a. S. von Wei finden zunehmend als → „lebende Baustoffe" im Landschaftsbau Verwendung. Sie lassen sich einfach gewinnen, haben ein großes → Ausschlagvermögen, bewurzeln sich schnell und sind gegen Verschüttung widerstandsfähig. Besonders geeignet hierfür sind die S. von Purpurweide, aber auch von Asch-, Reif-, Bruch-, Korb-, Mandel-, Grau- und Schwarzweide. Ungeeignet hingegen ist die Salweide. Die verwendeten S. können bleistift- bis armstark sein und sollen mindestens 30 cm tief gesteckt werden. Je nach Verwendungszweck werden sie entweder 50 cm lang (Einzel-S.) oder als Buschwerk (ganze Äste mit Verzweigungen) in einer Länge von 75 bis 120 cm abgeschnitten. Die günstigste Pflanzzeit ist der Herbst. Frühjahrspflanzung hingegen ist nur bei sofortiger Pflanzung der gewonnenen S. und für die niederen Tallagen zu empfehlen.

Steckreiser, der: → Steckling.

Steffte → Teuchel.

stehen: Das Holz „steht" gut bedeutet, daß aus massivem Holz hergestellte Flächen sich nicht → werfen und nicht → reißen. Da die speziell aus → Edelhölzern hergestellten Flächen für Massivmöbel sich gerne werfen und reißen und die Möbel zudem auch schwer sind, werden diese Nachteile durch → Furniere, die aus Edelhölzern hergestellt werden, beseitigt.

stehender Ort: alte Bez. für einen hiebsreifen (haubaren) Bestand, der aber noch nicht angehauen wurde.

Steife(r/s) ... siehe unter dem jeweiligen Hauptnamen.

Steigerwald, der: waldreiches Mittelgebirge südlich des Mains. Der Nord-S. (280 bis 490 m hoch) besteht aus tonig-mergeligen Schichten und Sandstein, die teilweise von Löß oder Flugsand überlagert sind. Im Süd-S. (300 bis 499 m hoch), den breite Täler beherrschen, sind die Bergkuppen bis zum Schilfsandstein (mit zahlreichen Pflanzenversteinerungen) abgetragen. Naturnahe Laubwälder mit dem stärksten Buchenbestand Mitteleuropas in seinem Zentrum prägen das Landschaftsbild des Nord-S. Mit Laubwäldern sind auch die Bergrücken des südlichen S. bedeckt. Nadelwälder, v. a. Kie, finden sich im Osten zum Regnitzbecken hin; ein schöner Eschenwald stockt in der Windsheimer Bucht. 1971 wurde der 128 000 ha große → Naturpark S. gegründet.

Steigerwaldkiefer, die: Herkunftsbezeichnung für die Kie aus dem Steigerwald; → Bamberger Kiefer.

Steigtanne, die: → Baumsteigegeräte.

Steilrand, der: → Waldränder.

Steinadler, der: → Adler 1.

Steinahorn, der: → Ahorne 4.

Steinahren, der: → Ahorne 1. und 4.

Steinasche, die: → Esche.

Steinbaldrian, der: → Baldrian 4.

Steinbeere, die: → Rubus 4., Bärentraube 1.

Steinbibernell, die: → Bibernelle 1.

Steinbirke, die: → Birken 1.

Steinborke, die: Bez. für eine → Borke, die infolge von reichlicher Einlagerung dickwandiger Sklerenchymzellen (→ Sklerenchym) sehr hart ist, z. B. bei alten Bu, die dann als → Steinbuche bezeichnet werden.

Steinbrech, der (*Saxifraga*): Gatt. der → Steinbrechgewächse mit über 300 Arten, überwiegend in der Arktis und den Gebirgen der nördlichen und südlichen gemäßigten Zone, den Anden, einige auch in Wäldern, der Tundra und in Feuchtgebieten. Es handelt sich meist um ausdauernde, häufig rosetten- oder rasenbildende → Kräuter mit ledrigen oder fleischigen Blättern und weißen, gelben oder roten Blüten. Die Frucht ist eine Beere oder Kapsel. Im Wald anzutreffen sind:

1. Rundblättriger Steinbrech, der (*Saxifraga rotundifolia* Linné): Der R. S. ist über die Gebirge Mittel- und Südeuropas verbreitet und wächst verbreitet an feuchten schattigen Stellen in Bergmischwäldern, hochmontanen Buchenwaldgesellschaften, Hochstaudenfluren, in Gebüschen, an Bachufern, in den Alpen bis in Höhen von etwa 2200 m.

Die ausdauernde, 10 bis 60 (70) cm hohe Gebirgspflanze hat einen aufrechten, beblätterten Stengel, der oben drüsenhaarig und unten weichhaarig ist. Die langgestielten Grundblätter sind hellgrün, behaart, rundlich herz- bis nierenförmig, grob gekerbt. BZ: Juni bis September. Die kleinen Blüten stehen in einer lockeren, reichblütigen Rispe (→ Blütenstand). Die fünf sternförmig abstehenden → Kronblätter sind lanzettlich, weiß, am Grunde rot punktiert und oft etwas gelblich.

2. Knöllchen-Steinbrech, der (*Saxifraga granulata* Linné): auch Körner-Steinbrech, Körners Steinbrech. Der außer im Südosten, den arktischen Gebieten und in den Alpen fast über ganz Europa verbreitete K. wächst häufig auf mageren Wiesen, Trockenrasen, grasigen Hügeln, Dämmen, an Wald- und Wegrändern sowie in krautreichen Eichen-Hainbuchen-Wäldern, auf sauren und auch auf kalkigen Böden, von der Ebene bis in Höhen von etwa 1000 m in den Mittelgebirgen.

Die mehrjährige 15 bis 50 cm hohe Pflanze hat kleine braune Brutzwiebeln (→ Brutknospen) an der Basis des aufrechten, unterwärts spärlich, oberwärts drüsig klebrigen, oben verzweigten Stengels. Die in lockerer Rosette stehenden, lang gestielten Grundblätter sind rundlich-nierenförmig, tief lappig gekerbt und zur Blütezeit (April/Mai bis Juni) meist schon vertrocknet. Die wenigen Stengelblätter sind drei- bis fünfspaltig mit keiligem Grund. Die weißen Blüten stehen in einer lockeren Rispe. Die Blüten bestehen aus fünf weißen, am Grunde gelblichen, sternförmig ausgebreiteten, 10 bis 15 mm langen, eiförmigen Kronblättern, fünf Kelchblättern, zehn Staubblättern und einem nektarausscheidenden → Fruchtknoten mit zwei spreizenden → Griffeln. Sie werden hauptsächlich von → Schwebfliegen bestäubt; eine Selbstbestäubung ist i. d. R. nicht möglich. Die Frucht ist zweihörnig, reißt bei der Reife zwischen den Griffeln auf und gibt die Samen frei. Die Vermehrung erfolgt sowohl durch Samen als auch durch Brutknöllchen.

Von der herb und bitter schmeckenden Pflanze finden die Blüten, die frischen Blätter und die Wurzeln in der Naturheilkunde Verwendung. Sie enthalten Vitamin C und wirken adstringierend, appetitanregend, harn- und gallentreibend. Ein Absud wirkt harntreibend und gallentreibend. Er hat auch eine günstige Wirkung auf die Leber.

Knöllchen-Steinbrech (*Saxifraga granulata*)

Steinbrechgewächse (*Saxifragaceae*): Fam. der → Zweikeimblättrigen mit rd. 1200 Arten in ca. 80 Gatt., vorwiegend in den gemäßigten Gebieten. Es handelt sich hauptsächlich um ausdauernde → Sträucher oder → Kräuter mit meist wechselständigen Blättern (→ Blattstellung) und regelmäßig fünfzähligen Blüten in verschiedenartigen → Blütenständen. Die Früchte sind meist Kapseln. Die wichtigsten Gatt. sind → Herzblatt, → Milzkraut und → Steinbrech sowie die Gatt. → Stachelbeere.

Stein-Brombeere, die: → Rubus 4.

Steinbuche, die: **1**) Bu, die an der unteren Stammbasis eine gefelderte → Steinborke und in den äußeren Holzschichten ein sehr hartes (steinhartes) Holz mit → Wimmerwuchs aufweist. **2**) → Hainbuche.

Steineiche, die: → Eichen 2.

Steinfarn, der: → Tüpfelfarn.

Steinfichte, die: lokale Bez. für → Haselfichte.

Steinfrucht, die → Schließfrucht.

Steingallen: dunkelbraune und schwarze Flecken im Buchenholz, die durch → Hagelschäden an der Rinde entstanden sind. Sie bilden sich, wenn bei der → Überwallung der meist zahlreichen kleineren Verletzungen Teile der Rinde eingeschlossen werden. S. stellen einen → Holzfehler dar und mindern den Gebrauchswert des Holzes; → Rindentaschen.

Steinholz, das: ein aus Sorelmörtel (gemahlenem, gebranntem Magnesit unter Beigabe einer Lösung von Anregersalzen) und Sägespänen hergestellter Fußbodenbelag. S. widersteht neben erheblichen Druck- und Zugbeanspruchungen der Einwirkung von Feuer und ist wärmedämmend. Es wird als Industrie- und Stampfböden einschichtig, in Wohn- und Geschäftsräumen zweischichtig verlegt.

Steinhummel, die: → Hummeln 3.

Steinkauz, der: → Eulen A 6.

Steinklause, die: → Klausen.

Steinkohle, die: tiefschwarze Kohle, die durch → Inkohlung von → Schachtelhalmen, → Farnen und → Bärlappgewächsen in den Formationen Jura, Perm und Karbon (→ Erdzeitalter) entstanden ist. Die S. stellt ein kompliziertes Gemisch aus chemischen Verbindungen dar, die hauptsächlich → Kohlenstoff, Wasserstoff und → Sauerstoff, daneben auch geringe Mengen an → Schwefel und → Stickstoff enthalten. Außerdem finden sich in der S. noch mineralische Bestandteile und etwa 10 % freier Kohlenstoff; → Braunkohle.

Steinkohlenwälder (Karbonwälder): Im Karbon (Beginn vor etwa 345 Mio. Jahren; → Erdzeitalter) erreichten höher entwickelte Sporenpflanzen (→ Kryptogamen, → Farne, → Bärlappgewächse, → Schachtelhalme) Baumhöhe. Sie bildeten mächtige Sumpfwälder, die nach dem Absterben zur Bildung der → Steinkohle führten. Das Ruhrgebiet besitzt einen versteinerten Wald, dessen bis zu sieben Meter langen Stämme um fast 45° in die Schräge gekippt sind. Diese bärlappverwandten Siegel- und → Schuppenbäume eines rund 300 Mio. Jahre alten Steinkohlenwaldes befinden sich am südlichen Stadtrand von Essen; → Inkohlung.

Noch im Jahre 1693 hielt Johann Philipp Bünting in einem Gutachten für die brandenburgische Regierung fest, daß Kohle ein → nachwachsender Rohstoff sei, und setzte in dieser Hinsicht Holz und Kohle gleich, wobei letztere als „Sylva subterra", d.h. als unterirdischer Wald der Steinkohlen verstanden wurde; → Braunkohle.

Steinlärchen: Bez. für Lä mit gleichmäßig gebautem, schmalringigem Holz aus Gebirgslagen, im Ggs. zu den → Wiesenlärchen; → Jochlärchen.

Steinlinde, die: → Linden 2.

Steinmaie, die: → Birken 1.

Steinmarder, der: → Marder 2.

Steinmispeln (*Cotoneaster*): auch Zwerg-, Quittenmispeln, Steinquitten. Gatt. aus der Pflanzen-Fam. der → Rosengewächse (*Rosaceae*) mit knapp 100 Arten im gemäßigten Asien, in Europa und Nordamerika. Es sind → sommer- und → immergrüne → Sträucher mit ganzrandigen Blättern und schmalen → Nebenblättern. Die kleinen Blüten sind meist rötlich oder weiß. Von den → Weißdornen unterscheiden sie sich durch die ganzrandigen Blätter und das Fehlen von Dornen. In Mitteleuropa kommen von Natur aus nur einige wenige Arten vor. Die bekanntesten sind:

1. Gemeine Zwergmispel, die (*Cotoneaster integerrima* Medicus = *C. vulgaris* Lindl.): auch Gemeine Stein-, Gemeine Berg-, Gewöhnliche Zwergmispel.

Verbreitung: Die G. Z. ist fast über ganz Europa, hauptsächlich über Mittel- und Südeuropa verbreitet; im Norden bis England und Südskandinavien, im Süden von der Iberischen Halbinsel über Italien, die Balkanländer bis zum Kaukasus. Sie kommt von der Ebene bis in eine Höhenlage von 2400 m im Gebirge vor, ist jedoch ziemlich selten.

Standort: Sie wächst in trockenen Eichen-Kiefern-Trockenwäldern, Schneeheide-Kiefernwäldern, Alpenrosen-Latschengebüschen, west-submediterranen Flaumeichenwäldern, Hochstaudenfluren, Berberitzen- und Felsenbirnen-Gebüschen (→ Charakterart), auf bebuschten Hügeln, Felsschutt, in Felsspalten, Felsgebüschen und an Felshängen, meist an sonnigen, trockenen Standorten, auf Kalk oder auch auf Urgestein.

Merkmale: Der buschige, 0,5 bis 2 m hohe, selten niederliegende, sparrige, ausgebreitete Strauch hat anfangs gelbgrün-filzige, später glatte, braunrote Zweige. Seine Laubblätter sind rundlich-eiförmig, 2 bis 4 cm lang, 1 bis 2,5 cm breit, vorne stumpf mit aufgesetzter kleiner Stachelspitze und kurzgestielt. Sie sind ganzrandig, oberseits dunkelgrün, kahl, unterseits graufilzig mit deutlich hervortretendem Adernetz. BZ: April/Mai. Die kleinen, fünfzähligen Blüten sind weiß bis rötlich, haben meist zwei → Griffel, sind in zwei- bis vierblütigen überhängenden Trugdolden (→ Blütenstand) angeordnet und werden häufig von Wespen aufgesucht. Der Blütenstiel ist 4 bis 8 mm lang, locker filzig behaart, am Grunde mit zwei lanzettlichen, am Rande gewimperten Vorblättern. Die hängende rundliche Scheinfrucht (→ Schließfrucht) hat etwa 6 bis 8 mm im Durchmesser, ist scharlach- oder purpurrot und enthält zwei bis drei Kerne. Die G. Z. wird gelegentlich auch als Ziergehölz angepflanzt.

2. Filzige Zwergmispel, die (*Cotoneaster tomentosa* (Ait.) Lindley): auch Filzzwerg-, Filzige Bergmispel.

Verbreitung: Die F. Z. ist in den Gebirgen Mittel-, Süd- und Südosteuropas verbreitet, von Nordspanien und Südfrankreich über die Alpen bis Mittelitalien, Süddtschl. und über die Balkanhalbinsel.

Standort: Sie wächst in trockenen Wäldern, besonders Eichen- und Kiefern-Trockenwäldern, west-submediterranen Flaumeichenwäldern, Schneeheide-Kiefernwäldern und Alpenrosen-Latschengebüschen, Berberitzen-Gebüschen (Verbands-Charakterart) und besonders in Felsenbirnen-Gebüschen, in Schluchten, Kalkfelsspalten, an steinigen, sonnigen Abhängen und auf Felsschutt, meist auf kalkreichen Böden, aber auch auf Sandstein, Granit und Porphyr. Die F. Z. ist im Hochgebirge noch in Höhen von 2400 m anzutreffen.

Merkmale: Der etwa bis 2 m hohe, ästige, meist aufrechte Strauch hat anfangs gelblichgrün, filzig behaarte, später dunkelbraun, glattberindete Zweige. Die kurzgestielten ovalen bis breit-eiförmigen Laubblätter sind 2 bis 6,5 cm lang, 2 bis 4,5 cm breit, an der Spitze abgerundet mit kleiner aufgesetzter Stachelspitze und ganzrandig. Die Blattoberseite ist dunkelgrün, anfangs weißfilzig, später zerstreut behaart; die Unterseite und der Rand sind gelbgrau- bis fast weißfilzig. BZ: April/Mai. Die behaarten, fünfzähligen Blüten sind hellrosa bis fast weiß und zu zwei- bis zehnblütigen (meist fünfblütigen), schief aufrecht stehenden oder hängenden Doldentrauben angeordnet. Sie stehen auf 8 bis 10 mm langen, dichtfilzig behaarten Stielen und haben meist drei (seltener vier oder fünf) Griffel. Die etwa erbsengroßen rundlichen Scheinfrüchte haben 6 bis 8 mm im Durchmesser, stehen aufrecht, sind blutrot und dicht weißfilzig behaart.

Die Filzige und die Gemeine Zwergmispel bilden auch → Bastarde (*Cotoneaster intermedia*).

Steinnelke, Echte, die: → Nelke 2.

Steinohren, der: → Ahorne 1. und 4.

Steinpicker, der: → Schnirkelschnecken 3.

Steinpilze: Röhrenpilze der Gatt. Dickfußröhrlinge (*Boletus*) aus der Fam. → Röhrlinge

▸▸ Steinpilz (*Boletus edulis*)

(*Boletaceae*) aus der Ordn. der Röhrenpilze (*Boletales*):

Steinpilz, der (*Boletus edulis*): auch Herren- oder Fichtensteinpilz, Edelpilz. der neben den Pfifferlingen (→ Leistlinge 1.) wohl bekannteste und begehrteste Speise- und Marktpilz. Er läßt sich nicht kultivieren und bevorzugt nährstoffarme, saure Sand- und Silikatböden sowohl im Flachland als auch in den Gebirgslagen.

Als Mykorrhizabildner (→ Mykorrhiza) wächst er von Mai bis Oktober in Lebensgemeinschaft mit der Fi, häufig auch vergesellschaftet mit dem Fliegenpilz (→ Wulstlinge 1.). Der S. kann einen bis zu 25 cm breiten Hut haben. Dieser ist erst halbkugelig, dann flach gewölbt bis ausgebreitet. Die Oberhaut ist kahl bis feinfilzig, schwer abziehbar, bei Regen etwas schmierig. Sie ist steingrau bis hellbraun, auch leder-, rot- oder dunkelbraun, die Randzonen sind manchmal etwas heller. Die ziemlich langen 1 bis 3 cm dicken Röhren sind anfangs weißlich, werden später gelblich und gelbolivgrün. Die Poren sind jung sehr eng, später erweitert und haben die gleiche Farbe wie die Röhren. Der 8 bis 18 cm lange Stiel ist 3 bis 7 (10) cm dick. Er ist kräftig und fest, jung bauchig-knollig, später keulig bis gestreckt walzig. Die Oberfläche ist weißlich bis hellbraun, etwas blasser als der Hut, gegen die Basis immer weißlich. Sie ist mit einem erhabenem Netzwerk (Adernetz) überzogen. Das weiße Fleisch ist nur unter der Oberhaut etwas rötlich und verfärbt sich nie. Er hat einen milden, nußartigen Geschmack. Sein Geruch ist obstartig. Der S., der zu den → Röhrlingen gehört, ist mit mehreren Unterarten vertreten, die nur schwer unterscheidbar sind. Hierzu gehört auch der hauptsächlich in den Alpen vorkommende **Rothütige S.** oder **Kiefern-S.** (*B. pinophilus;* früher: *B. pinicola*), der noch in Höhen von über 2000 m vorkommt und braunrot bis kastanienbraun gefärbt ist.

Er ist ein typischer → Kiefernbegleiter, findet sich aber gelegentlich auch unter Fi und Bu. Der **Schwarzhütige S.** oder **Weiße Bronzeröhrling** (*B. aereus*) kommt besonders unter Eichen und Edelkastanien vor und hat einen nußartigen Geschmack. Ebenfalls nußartig schmeckt der **Sommer-S.** oder **Eichen-S.** (*B. reticulatus*), der schon frühzeitig im Laubwald anzutreffen ist. Auffallend ist das markante Netz auf der ganzen Stiellänge. Der unter Birken wachsende **Birken-S.** (*B. edulis var. betulicola*; früher: *B. betulicolus*) kommt in Dtschl. selten vor, ist jedoch in Sibirien, Finnland Schweden, Polen und Frankreich häufiger.

Steinröschen, das: → Seidelbast 2.

Steinrose, die: → Alpenrose 1.

Steinrös(e)l, das (Steinröserl): → Seidelbast 2. und 3.

Steinsame, der (*Lithospermum*): Gatt. der Fam. der → Rauhblattgewächse mit rd. 50 Arten in Eurasien und Amerika. Es sind dies → Kräuter, → Halbsträucher und → Sträucher mit trichter- oder glockenförmigen Blüten mit unterschiedlicher Färbung und Nüßchenfrüchten. Im Wald anzutreffen sind:

1. Echter Steinsame, der (*Lithospermum officinale* L.): Der E. S. ist in ganz Europa beheimatet. Im Süden Dtschl. kommt er verbreitet bis zerstreut vor; nach Norden zu wird er seltener. Er wächst in lichten Laubwäldern, sommerwarmen Auwäldern, besonders Weiden- und Erlenauen, Hartholz-Auenwäldern, lichten Eichen-Ulmen-Auwäldern, Gebüschsäumen, Waldrändern, an Waldwegen, auf sonnigen Hügeln, an Ufern, auf Ödland, bevorzugt auf nährstoffreichen, feuchten bis relativ trockenen Böden.

Die mehrjährige, rauhhaarige, 30 bis 100 cm hohe Pflanze treibt – im Ggs. zum Blauen Steinsame – keine → Ausläufer. Der reich verzweigte, aufrechte Stengel ist dicht beblättert und anliegend behaart. Die weichhaarigen Blätter sind lanzettlich und 4 bis 8 cm lang. BZ: Mai bis Juli. Die kleinen gelblichen bis grünlichweißen Blüten, die in beblätterten Blütenständen stehen, sind fünfspaltig, 6 bis 8 mm breit. Die Früchte sind kleine, harte, glänzend weiße, glatte Nüßchen.

Der E. S. ist eine alte Heilpflanze von der die Blätter, Früchte und blühenden Sproßspitzen Verwendung finden. Sie enthalten Farbstoffe, Schleimstoffe und Mineralsalze (Kieselsäure), wirken harntreibend und finden Anwendung als Absud bei Gicht und zur Förderung der Harnausscheidung.

2. Blauer Steinsame, der (*Lithospermum purpureo coeruleum* L. = *L. purpurocaeruleum*): auch Blauroter S. Der B. S. ist über Mittel- und Südeuropa sowie den Britischen Inseln verbreitet. In Dtschl. ist er an einigen Stellen in Rheinland-Pfalz, Baden-Württemberg, Westfalen, im Weserbergland und in der Eifel anzutreffen. Die ziemlich seltene Pflanze wächst in lichten, trockenen Laubwäldern, sonnigen Eichengebüschen, lichten Eichen-Hainbuchen- und Buchen-Mischwäldern, Steppenheidewäldern, in west-submediterranen Flaumeichenwäldern, bevorzugt auf Kalk. Der B. S. ist die überregionale Ordnungs- → Charakterart der xerothermen submediterranen Flaumeichen-Wälder und subkontinentalen Eichen-Steppenwälder.

Die mehrjährige, dicht behaarte, 30 bis 60 cm hohe Pflanze hat einen aufrechten, oben ästigen Stengel. Sie treibt bogenförmige Ausläufer, die Wurzeln schlagen, wenn sie die Erde berühren. Die Blätter sind schmal-lanzettlich, bis zu 7 cm lang. Die Blütenkrone besteht aus einer 15 bis 20 mm langen Röhre, ist 10 bis 15 mm breit, mit fünfzipfeligem Saum. Sie ist anfangs rotviolett und wird beim Verblühen blau. Die kleinen reifen Früchtchen sind glänzend weiße, glatte Nüßchen.

Steinschutthaldenwälder → Linden-Ahorn-Wälder.

Steinwald, der: Teil des Fichtelgebirges mit langgezogenen und dichtbewaldeten Hängen südlich von Marktredwitz. Der S. ist überall mit riesigen Felsgruppen durchsetzt, die dieser Waldlandschaft den Namen gaben. Der 25 000 ha große → Naturpark S. wurde 1970 gegründet.

Steinweichsel, die: → Prunus 3.

Steinwurzel, die: → Tüpfelfarn.

Steißfüße, die: → Lappentaucher.

Stellaria → Sternmiere.

Stellario-Carpinetum stachyetosum → Sternmieren-Eichen-Hainbuchenwald.

Stellario-Carpinetum typicum → Sternmieren-Eichen-Hainbuchenwald.

Stellario (holosteae)-Carpinetum (betuli) → Sternmieren-Eichen-Hainbuchenwald.

Stellario nemorum-Alnetum glutinosae → Hainmieren-Schwarzerlenwald.

Stellmacherholz, das: → Wagnerholz.

Stellplatz, der: → Holzlagerplatz.

Der Stamm der Stelzenfichte ruht auf starken Seitenwurzeln über dem Boden.

Stelzenfichten: Fi, deren Stamm auf starken Seitenwurzeln über dem Boden ruht. S. sind entweder aus Samen entstanden, die auf den Stöcken abgetriebener Bäume keimten und ihre Wurzeln durch den allmählich vermodernden Mulm der inzwischen längst verschwundenen Stöcke abwärts richteten, oder sie stehen auf Moorboden, der sich nachträglich, z. B. durch Entwässerung, gesetzt hat.

Stelzmücken (*Limoniidae*; früher *Limnobiidae*): auch Sumpfmücken. Fam. der → Mücken mit zahlreichen schlanken, langbeinigen Arten v. a. in der Nähe von Gewässern. S. ernähren sich ausschließlich von Pflanzensäften und treten oft in Schwärmen auf. Manche Arten fliegen bereits an milden Wintertagen und werden landläufig als „Wintermücken" bezeichnet.

◂◂ Blauer Steinsame (*Lithospermum purpureo coeruleum*)

Die größte einheimische Art, *Pedicia rivosa*, wird bis 25 mm groß und hat eine kräftige, lebhaft braune und weiße Flügelzeichnung. Sie ist in Laubholzbeständen in der Nähe von Bächen und Quellen anzutreffen. Von vielen Arten

leben die Larven in Pilzen und sind beim Stockabbau oder bei den Zersetzungsvorgängen des Bestandesabfall beteiligt.
Stempel, der: 1) (*Pistillum*): das aus einem oder mehreren → Fruchtblättern gebildete, in → Fruchtknoten, → Griffel und → Narbe gegliederte weibliche Geschlechtsorgan in der → Blüte der → Samenpflanzen. 2) → Stampfen.
Stempelholz, das: → Grubenholz.
Stendelwurz, die: → Sumpfwurz.
Stengel, der: → Sproßachse.
Stengellose Eberwurz, die: → Eberwurz 2.
Stengellose Kratzdistel, die: → Kratzdistel 4.
Stengellose Schlüsselblume, die: → Primel 3.
stenök → monophag.
Steppe, die: natürliches, durch Winterkälte und Trockenheit geprägtes, mit Ausnahme der → Wald-S. baumloses Grasland in der gemäßigten und der semiariden Zone im Innern der Kontinente. Im Übergangsbereich von der Waldzone zur S. tritt die Wald-S. auf, in der sich Baumbestände und Grasflächen abwechseln; daran schließt sich die Busch- oder Strauch-S. an, und es folgt die Gras-S., z. T. mit → Tschermosem (heute oft Ackerland). Die sich anschließende Wüsten-S. (mehr als 50 % nackter Boden; häufig Weidewirtschaft) geht bei einer Jahresniederschlagsmenge unter 300 mm in Halbwüste, die Übergangszone zur Wüste, über. Eine Sonderform der S. ist die Kälte-S. (→ Tundra) der subpolaren Gebiete.
Steppen-Bergfenchel, der: → Bergfenchel 1.
Steppenfenchel, der: → Bergfenchel 1.
Steppen-Greiskraut, das: → Greiskraut 12.
Steppenheide, die: ein von Rudolf Gradmann geprägter Begriff für Pflanzen an Waldgrenzstandorten der Schwäbischen Alb; Vegetationskomplex aus verschiedenen Strukturelementen (z. B. Buschwald, Staudensaum, Trockenrasen) und aus verschiedenen pflanzengeographischen Komponenten; → Ostmitteleuropäisch-subkontinentale xerotherme Eichenwälder.
Steppenschwarzerde, die: → Tschernosem.
Ster, das: eine in Südtschl. gebräuchliche Bez. für → Raummeter.
Stereum-Arten: Bez. für verschiedene holzzerstörende → Pilze (Schichtpilze; → Porlinge), die vorwiegend am liegenden oder im Freien verbauten Holz vorkommen. Sie verursachen u. a.: → Fliegenholz, Rebhuhnholz, Rotstreifigkeit.

Große Sterndolde (*Astrantia major*)

Sternblume, die: → Sterndolde.
Sterndolde, die (*Astrantia*): auch Sternblume, Strenze. Gatt. der → Doldengewächse mit neun Arten in Europa und Westasien. Es handelt sich um robuste, ausdauernde → Kräuter oder → Stauden mit aufrechtem Stengel, eingeschnittenen oder handförmig gelappten, haarlosen Blättern, in Dolden (→ Blütenstand) stehenden Blüten und oft dunklen, aromatischen Wurzeln. In Mitteleuropa in Wäldern und Gebüschen anzutreffen:
1. Große Sterndolde, die (*Astrantia major* Linné): auch Große Strenze, Großer Talstern, Astrenze, Kaiserwurz, Schwarze Meisterwurz, Saunigl. Die G. S. ist über die Gebirge und Mittelgebirge Mittel- und Südeuropas verbreitet. Sie wächst in Schlucht- und Auenwäldern, in tieferen Lagen in Hartholz-Auenwäldern sowie Nadelmischwäldern, Hochstaudenfluren und Gebüschen, an Waldrändern und auf Bergwiesen, in den Alpen bis über 2000 m Höhe.
Die ausdauernde, 30 bis 100 cm hohe, kahle Pflanze hat einen dicken, walzenförmigen, holzigen Wurzelstock mit langen schwarzen Fasern daran. Der aufrechte oder aufsteigende Stengel ist meist nur an der Spitze schwach verzweigt mit gegenständigen Ästen. Die langgestielten, grundständigen Blätter sind 10 bis 20 cm breit, im Umriß fünf bis siebeneckig, tief handförmig, drei- bis siebenteilig mit grob gezähnten, eingeschnittenen Abschnitten, die seitlichen teilweise verwachsen. BZ: Mai/Juni bis August/September. Die unscheinbaren Blüten stehen in drei- bis fünfstrahligen Trugdolden. Die kopfigen Dolden enthalten zwittrige und männliche Blüten und sind umgeben von zahlreichen, sternförmig angeordneten, großen, derben Hüllblättern, die lanzettlich, weiß oder rötlich sind, häufig mit grünlicher Spitze. Die Einzelblüten sind klein mit fünf weißen oder rötlichen Kronblättern und fünf weit hervorragenden Staubblättern mit roten Staubbeuteln. Die länglichen, walzlichen, 4 bis 6 mm langen Früchtchen bestehen aus zwei Teilfrüchtchen. Jede Teilfrucht weist fünf Rippen auf, die von blasenartigen Anhängen besetzt sind.

▸▸ Große Sternmiere (*Stellaria holostea*)

Der Wurzelstock der G. S. findet in der Naturheilkunde Verwendung. Ein Absud wirkt gegen Magenschmerzen und Fieber. Mit Branntwein angesetzt ergibt sie ein gutes magenstärkendes Mittel, das in manchen Gegenden auf vielen Bauernhöfen vorrätig gehalten wird.
2. Bayerische Sterndolde, die (*Astrantia bavarica* F. W. Schultz): Die B. S. ist über das Alpenvorland und die Nord-, Ost- und Südalpen verbreitet. Sie ist relativ selten und wächst im Krummholz, in Latschengebüschen, subalpinen Hochstaudenfluren und auf steinigen Rasen.
Die B. S. ist der Großen Sterndolde (siehe Nr. 1) sehr ähnlich, jedoch nur etwa 20 bis 50 cm hoch. Die Grundblätter sind bis zu fünfteilig, die seitlichen Blattabschnitte der Blätter bis zum Grunde frei. Die 10 bis 15 mm langen Hüllblätter sind dünn und fast durchscheinend.
Sternhaare → Haare.
Sternhyazinthe, die: → Blaustern.
Sternkraut, das: → Sternmiere.
Stern-Kuhschelle, die: → Kuhschelle 3.
Sternmiere, die (*Stellaria*): auch Sternkraut. Gatt. der → Nelkengewächse mit rd. 100 weltweit verbreiteten Arten, bekannt seit dem Pliozän (→ Erdzeitalter). Es handelt sich um meist ausdauernde Pflanzen mit niederliegenden, aufsteigenden oder auch kletternden Stengeln, schmalen Blättern und kleinen Blüten. In Dtschl. kommen acht Arten vor, davon auch im Wald:
1. Hain-Sternmiere, die (*Stellaria nemorum* L.): auch Wald-S. Die fast über ganze Europa verbreitete H. ist häufig und wächst in feuchten, krautreichen, schattigen Wäldern, besonders Laub- und Mischwäldern, in Gebüschen, subalpinen Knieholzgebüschen, Hartholz-Auenwäldern, bachbegleitenden Erlenwäldern, Hainmieren-Schwarzerlenwäldern (→ Charakterart), feuchten Hainbuchen-Waldgesellschaften, staudenreichen Bergwäldern, Hochstauden-Buchenwäldern und borealen Bergahorn-Buchenwäldern (→ Differentialart) sowie in Hochstaudenfluren, auf nährstoffreichen Böden, in den Alpen bis in Höhen von bis zu 2200 m.
Die mehrjährige, 20 bis 50 cm hohe Pflanze treibt weit kriechende, zerbrechliche → Ausläufer. Die liegenden bis aufrechten Stengel sind zerbrechlich, stielrund und oberwärts ringsum drüsig-weichhaarig. Die gegenständigen (→ Blattstellung) Blätter sind herz-eiförmig. BZ: Mai bis Juli (September). Die Blüten haben weiße, fast bis zum Grunde zweiteilige → Kronblätter. Die länglichen Fruchtkapseln öffnen sich mit sechs Klappen und enthalten rundliche, warzige Samen.
Die H. ist der Zwischenwirt des Rostpilzes *Melampsorella caryophyllacearum*, der an der Weißtanne den → Tannenkrebs verursacht und dadurch → Hexenbesen hervorruft.
2. Große Sternmiere, die (*Stellaria holostea* L.): auch Großblütige S. Die fast über ganz Europa im Norden bis Südskandinavien verbreitete G. S. ist ziemlich häufig und wächst in krautreichen Eichen-Hainbuchen-, Buchen-Mischwäldern, Hainbuchenwäldern (Verbands-Charakterart), in tieferen Lagen in Buchenwaldgesellschaften, seltener in Nadelwäldern, in Hecken, Brombeer-Gebüschen und Gebüschsäumen, bevorzugt auf etwas sandigen und lehmigen Böden, von der Ebene bis in mittlere Gebirgslagen.
Die mehrjährige, 10 bis 30 cm hohe Pflanze hat vierkantige, aufstrebende, von Grunde an verzweigte Stengel mit angeschwollenen Gelenken. Die sitzenden, schmal-lanzettli-

chen, 3 bis 8 cm langen Blätter sind lang zugespitzt, auf dem Kiel und am Rande rauh. BZ: April bis Juni. Die langgestielten Blüten haben fünf weiße, bis zur Mitte gespaltene Kronblätter. Die Frucht ist eine kugelige Kapsel auf langem aufrechten Stiel, die sich mit sechs Klappen öffnet und rundliche, höckerige Samen enthält.

3. Langblättrige Sternmiere, die (*Stellaria longifolia*): Die L. S. ist über die östlichen Zentralalpen bis ins Engadin in Höhen von 1000 bis 1800 m, örtlich auch im Alpenvorland, im Bayerischen Wald, in Schlesien und in Polen verbreitet. Sie ist ein Eiszeitrelikt und wächst in moorigen Fichten- und Kiefernwäldern, Moorwäldern, in boreal-alpinen Nadelwäldern und subalpin-alpinen Zwergstrauch-Gesellschaften und an Waldblößen auf sauren, nährstoffarmen, rohhumusreichen und etwas moorigen Waldböden.

Die 10 bis 25 cm hohe Pflanze hat einen aufsteigenden oder klimmenden, im unteren Teil vierkantigen Stengel. Die gegenständigen Stegelblätter sind gelbgrün, schmal-lanzettlich, 1 bis 3 mm lang und 2 bis 4 mm breit, am Rande und unterseits auf dem Mittelnerv etwas rauh. BZ: Juni bis August. Die typischen Sternmieren-Blüten haben bis zum Grunde zweiteilige Blütenblätter, 5 bis 8 mm im Durchmesser und stehen in einem drei- bis neunblütigen, gabeligverzweigten Blütenstand.

4. Quell-Sternmiere, die (*Stellaria alsine*): Die über Mitteleuropa verbreitete, in Dtschl. nur zerstreut vorkommende Q. wächst in Hartholz-Auenwäldern und Winkelseggen-Erlen-Eschenwäldern, in Quellfluren, schattigen Waldgräben und an feuchten Waldwegen auf kalkarmen, eher schwach sauren, sickernassen, etwas humusartigen Lehmböden, in den Mittelgebirgen bis in Höhen von 1500 m und in den Alpen bis über 2000 m.

Die 10 bis 30 cm hohe Halbschatten-Pflanze hat einen kahlen, im unteren Teil niederliegenden, an den Knoten wurzelnden, dann aufsteigenden Stengel. Die gegenständigen Stengelblätter sind einnervig, ca. 5 mm breit, bis 25 mm lang, oval, spitz und am Grunde verschmälert. BZ: Mai bis Juli. Die unscheinbaren, weißen, ca. 2 mm langen, fast bis zum Grunde zweiteiligen Blüten sind deutlich kürzer als die Kelchblätter und stehen in einem drei- bis neunblütigen, gabelig verzweigten Blütenstand.

Neben vorgenannten Arten wächst in Moor- und Seggenwäldern, auf Flachmooren und Feuchtwiesen, im Schilfgürtel an See- und Flußfern die **Sumpf-S.** (*S. palustris*). Die mehrjährige, ca. 30 cm hohe Pflanze hat deutlich kleinere Blüten als die ähnliche Große Sternmiere. Die selten bis sehr selten vorkommende, bis 15 cm hohe **Dickblättrige S.** (*S. crassifolia*) wächst in Flach- und Zwischenmooren und auf offenem Sand an Heideseen.

Sternmieren-Eichen-Hainbuchenwald, der (*Stellario (holosteae)-Carpinetum (betuli)* = *Querco-Carpinetum medioeuropaeum* = *Querco-Carpinetum mogontiacense* = *Querco-Carpinetum planare*). Diese pflanzensoziologische → Assoziation des Unterverbandes Atlantische und subatlantische Eichen-Hainbuchen-Wälder (*Pulmonario-Carpinenion betuli*) des Verbandes → Eichen-Hainbuchenwälder (*Carpinion betuli*) tritt v. a. im ozeanisch getönten Klima Nordwestdtschl. auf frischen Talböden auf. Sie ersetzt in entsprechenden Lagen Dtschl. auf Grund- und Stauwasserböden die Buchenwälder. In der Baumschicht treten auch StEi, TrKi, Er, Es auf. In Strauch- und Krautschicht treten zahlreiche Frischezeiger (→ Bodenanzeiger) auf, wie Gemeiner Schneeball, Waldziest, Hexenkraut und Seegras. Auch Märzenbecher und Aronstab finden hier zusagende Lebensbedingungen. Je nach Standort werden noch weitere Ausprägungen unterschieden, so der typische S. (*Stellario-Carpinetum typicum*) auf mittleren Standorten, Eichen-Hainbuchenwald mit Wald-Geißblatt (*Carpinetum periclymenetosum*) auf den nährstoffärmsten Standorten und Eichen-Hainbuchenwälder mit Wald-Ziest (*Stellario-Carpinetum stachyetosum*) auf sehr nährstoff- und basenreichen, feuchten Lehm- und Tonböden; → Waldgesellschaften.

Sternmoos, das (*Mnium*): Gatt. der → Fam. Sternmoose (*Mniaceae*) aus der Klasse → Laubmoose. Die bekanntesten Arten sind:

1. Breitblättriges Sternmoos, das (*Mnium affine* Blandow): Das allg. verbreitete bis häufige, → zweihäusige Moos wächst an schattigen, feuchten, meist kalkfreien Standorten an Mauern, Wegrändern, Böschungen, Quellen, auf feuchten bis trockenen Waldböden und in feuchtem Grasland. Die sehr formenreiche Art bildet häufig lockere Rasen. Die 4 bis 10 cm langen, meist grünen Stengel sind teils aufrecht, teils herabgekrümmt, am Grunde rotfilzig, stellenweise wurzelnd und wieder aufsteigend. Die Blätter an flach liegenden, sterilen → Sprossen stehen zweizeilig, sind nur wenig am Stengel herablaufend und rund. Die Blätter an fertilen Sprossen stehen rosettig, sind breit-eiförmig, mit grüner, am Grunde sehr breiter Blattrippe, die bis in die Spitze reicht, und aufgesetzter Spitze. Der → Blattrand ist bräunlich gesäumt mit einer Zahnreihe oder auch zahnlos. Die → Sporen reifen im Mai. Die 2 bis 3 cm lang gestielten, hängenden Sporenkapseln, die zu mehreren einem Schopf entspringen, sind eiförmig mit gewölbtem Deckel, der kurz zugespitzt oder bewarzt ist.

2. Punktiertes Sternmoos, das (*Mnium punctatum* Hedwig): Das vom Tiefland bis zur → Waldgrenze im Hochgebirge verbreitete Laubmoos wächst auf frischen bis nassen, mäßig sauren, schattigen Waldböden, auf Felsen, morschem Holz und in Quellsümpfen, wo es, v. a. an quelligen Orten, sattgrüne bis schwärzlichgrüne, lockere Rasen bildet. Die 2 bis 10 cm hohen Stengel sind weit hinauf braunfilzig. Die verkehrt-eiförmigen bis zungenförmigen, 5 bis 12 mm langen Blätter sind durchscheinend punktiert, ganzrandig, mit abgerundetem Ende oder kleinem aufgesetztem Spitzchen. Der Rand ist wulstig gesäumt; der Blattnerv ist rotbraun. Die Blätter sind feucht glatt, trocken faltig. Die Sporen reifen im Frühjahr. Der 2 bis 4 cm lange, gelbrote Kapselstiel entspringt meist einzeln einer schopfigen Stengelspitze und trägt eine waagerecht stehende bis nickende, lang-eiförmige Sporenkapsel mit kegeligem, geschnäbeltem Deckel.

3. Wellenblättriges Sternmoos, das (*Mnium undulatum* Hedwig): Das allg. verbreitete und häufige, zweihäusige Laubmoos wächst in schattigen, feuchten Wäldern, besonders in Schluchtwäldern, Laubwäldern oder Erlenbrüchen, an Bachufern, auf schattigen, feuchten Stellen mit guter Humuszersetzung, auf morschem Holz und in feuchten Wiesen. Dort bildet es häufig ausgedehnte, lockere, sattgrüne, am Grund graubraun-filzige Rasen. Die Pflanzen sind 5 bis 15 cm hoch, die sterilen einseitswendig, niedergekrümmt, die fertilen aufrecht und bäumchenartig verzweigt. Die nach oben allmählich größer werdenden Blätter sind lang zungenförmig (etwa zehnmal so lang wie breit), querwellig, an der Spitze flach abgerundet oder mit kurzer aufgesetzter Spitze. Die Sporen reifen von Mai bis Juni. Die 2 bis 4 cm langen Kapselstiele entspringen zu mehreren einem Schopf. Sie tragen jeweils eine waagerecht stehende bis hängende, eiförmige bis längliche, grüngelbe oder braune Sporenkapsel mit spitz gewölbtem Deckel.

4. Gewöhnliches Sternmoos, das (*Mnium hornum* Linné): Das weit verbreitete und ziemlich häufige zweihäusige Laubmoos kommt vom Flachland bis in Höhen von etwa 1700 m im Gebirge vor. Es wächst in feuchten Wäldern, auf kalkfreien Böden, feuchten Felsen sowie Baumwurzeln und bildet dunkelgrüne, kräftige Rasen. Die 2 bis 8 cm hohen, aufrechten oder ausgebreiteten Stengel sind im unteren Teil dicht braun- oder rostfilzig. Die dicht stehenden, kaum am Stengel herablaufenden Blätter sind kräftig grün, schmal lanzettlich, etwas zugespitzt, braunrot gesäumt, und bis unter die Blattmitte zweireihig gezähnt. Die deutliche, rotbraune Blattrippe endet vor der Blattspitze und ist auf dem Blattrücken gesägt. Trocken sind die Blätter leicht wellig. An den Stengelspitzen umgeben die Blätter den Antheridienstand rosetten- oder sternförmig (Name!). Die Sporogone stehen einzeln an der Spitze der Pflanzen. Die Sporen reifen im Frühjahr. Die meist nickende, länglich-eiförmige Sporenkapsel hat einen ungeschnäbelten Deckel und steht auf einem bis 5 cm langen, einzeln stehenden, gelblichen Stiel.

Sternorrhyncha → Pflanzenläuse.

Sternriß, der: Bez. für mehrere vom → Mark ausgehende Radialrisse in Sternform. Je nach Ausmaß der → Risse spricht man von Haar- oder Spaltrissen.

Sterzbaum, der: alte Bez. für einen starken, krummgewachsenen Baum, der als Bauholz für Windmühlen (um die Mühle zu drehen) geeignet war.

Stete Begleiter: in der Pflanzensoziologie Bez. für meist weit verbreitete Arten, deren Weiserwert wegen ihrer großen Standortsamplitude gering ist.

Steuerlicher Hieb(s)satz, der: → Hieb(s)satz.

StFB: Abk. für → Staatliche Forstwirtschaftsbetriebe.

Stichel, der: alte bayer. Bez. für → Floßhaken.

Stichkraut, das: → Arnika.

Stickoxide: Bez. für Stickstoffmonoxid und Stickstoffdioxid, kurz mit „NO" bezeichnet. S. zählen wie die → Schwefeldioxide zu den Luftschadstoffen. Die NO-Gesamtemission erhöht sich ständig. Jährlich (Stand 1996) gelangen in der BR Dtschl. ca. 2,2 Mio. t S. in die → Umwelt; davon aus Kraftfahrzeugen 1,3 Mio t, Fernheiz- und Kraftwerken 0,5 Mio. t, Industriefeuerungen 0,27 Mio. t., Haushalte 0,16 Mio. t. Sie entstehen bei Verbrennungsprozessen über 900 °C, teils weil bei den im Brennraum herrschenden hohen Temperaturen der → Stickstoff und der → Sauerstoff der → Luft miteinander zu S. reagieren, teils weil die im Brennstoff enthaltenen Stickstoffverbindungen zu S. umgesetzt werden. Bei diesen Prozessen wird in erster Linie Stickstoffmonoxid (NO) gebildet, das in der Atmosphäre relativ schnell zu dem gesundheitsschädlicheren Stickstoffdioxid (NO_2) umgesetzt wird. In der Luft hat dieses Stickstoffdioxid eine Verweilzeit von 2 bis 20 Tagen und kann in dieser Zeit über weite Entfernungen transportiert werden (→ Ferntransport). In experimentellen Untersuchungen erwies sich Stickstoffdioxid als die pflanzenschädlichste Verbindung. Stickstoffmonoxid ist hingegen weniger pflanzenschädlich. Aus Stickstoffdioxid kann sich weiterhin Salpetersäure bilden, die eine der wesentlichsten Ursachen für die Entstehung des → sauren Regens darstellt. In der Atmosphäre werden sie zu Stickstoffdioxid oxidiert und weiter zu Nitraten, bzw. Salpetersäure umgebildet. Die S. spielen in der Luft bei der Bildung von → Photooxydantien eine Rolle. Die zulässigen Grenzwerte (Jahresmittelwerte) liegen für Stickstoffdioxid (NO_2) bei 80 $\mu g/m^3$ Luft (Langzeitwert) und 300 $\mu g/m^3$ Luft (Kurzzeitwert). Die derzeitige Immissionsbelastung liegt in ländlichen Gebieten bei 10 bis 20 $\mu g/m^3$ Luft und bei 50 bis 100 $\mu g/m^3$ Luft in Ballungsgebieten. Alle Werte haben derzeit steigende Tendenz. Die VDI-Richtlinie 2310 gibt als Grenzwerte für empfindliche Pflanzen während der Vegetationszeit (ca. 7 Monate) eine Langzeitbelastung von 350 $\mu g/m^3$ Luft an. Bei einer Einwirkungszeit von einer halben Stunde können Spitzenkonzentrationen bei 600 $\mu g/m^3$ Luft liegen bevor es zu einer starken Pflanzengefährdung und Schädigung kommt. Bei sehr empfindlichen Pflanzen gegenüber NO_2 (z. B. Bi, ELä und JLä) liegt der Langzeitwert einer Immissionsbelastung etwa bei 250 bis 300 $\mu g/m^3$. Luftuntersuchungen haben aber auch ergeben, daß die S. durch die Umwandlung in der Atmosphäre zu Nitraten eine Düngewirkung für die Wälder haben; → Emission.

Stickstoff, der: S., chemisches Zeichen N, ist ein nichtmetallisches Element und ein farb-, geschmack- und geruchloses, reaktionsträges, nicht brennbares Gas. Das Litergewicht liegt bei 1,25 g. Die Luft enthält im Trockenzustand 78,09 Volumen- bzw. 75,53 Gewichtsprozente molekularen S. (N_2). Unter – 196 °C ist S. eine farblose Flüssigkeit. Der molekulare S. reagiert erst bei höheren Temperaturen mit anderen Elementen, z. B. mit Wasserstoff zu → Ammoniak, mit Metallen zu Nitriden. In magnetischen Gesteinen kommt S. nur in Spuren vor. Organische Böden können aber bis zu 5 % Gesamtstickstoff enthalten. In der Oberpfalz stellte Zöttl in armen Waldböden S.-Vorräte von nur 100 kg je ha fest; in fruchtbaren Moränenböden wurde dagegen die 150fache Menge festgestellt. Damit S. in den S.-Kreislauf gelangt, sind hohe Energiemengen notwendig. S. ist wesentlicher Bestandteil der Eiweiße und Aminosäuren, der Ribonukleinsäure, der Desoxyribonukleinsäure und zahlreicher weiterer organischer Verbindungen und ist von zentraler biologischer Bedeutung. Die → Nadeln unserer Koniferen enthalten 1,1 bis 1,8 (Dgl. 2,5) % S., die Blätter der Laubbäume 1,2 bis 3,5 %. Im Plasma der Zellen steht S. hinsichtlich der Menge nach Kohlenstoff, Wasserstoff und → Sauerstoff an vierter Stelle. Holz enthält etwa 1 % S. S.-Mangel (→ Mangelsymptome an Bäumen) hemmt die Bildung von → Chloroplasten und damit die → Photosynthese. S. existiert in der Atmosphäre als zweiatomiges Molekül (N_2), als Ammoniak (NH_3) und als Nitrat (NO_3^-) oder Ammonium (NH_4^+). Es kann in allen vier Formen in biochemische Kreisläufe eingebaut werden. Bis auf wenige Ausnahmen (→ Knöllchenbakterien, Blaualgen, → Azotobacter, → Actinomyceten) können Lebewesen den molekularen Luft-S. nicht direkt nutzen, so daß S. im Boden zum wachstumsbegrenzenden Faktor wird. Ammoniak kann aber von Pflanzen direkt über die Blätter aufgenommen werden. Der Boden erhält seinen S.-Nachschub ausschließlich aus organischer Substanz. Pflanzen können den S. ohne erkennbare Bevorzugung als Ammonium oder Nitration aufnehmen, im Normalfall wird er als Nitrat (NO_3) aufgenommen, da es überwiegend angeboten wird; → Stickstofffixierung.

Stickstoffanzeiger → Boden(an)zeiger.

Stickstoffeintrag, der: Durch die Verbrennungsprozesse, die v. a. durch den Kraftfahrzeugverkehr, aber auch privaten und industriellen Verbrauch, in geringer Menge auch durch natürliche Vorgänge verursacht werden, werden → Stickoxide (NO_X) freigesetzt und gelangen in die Atmosphäre. Ein Teil dieser Stickstoffverbindungen gelangt in den → Boden. Der Freilufteintrag schwankt in Mitteleuropa von 5 bis 30 kg → Stickstoff je Hektar und Jahr. In Gebieten mit konzentrierter Massentierhaltung ist er unter Umständen sogar höher.

Wegen der Filterwirkung des Waldes ist der Niederschlag in Beständen mit bis zu 100 kg deutlich höher. Die in den Boden gelangten Stickstoffverbindungen werden – unter Umständen erst nach Umwandlungsprozessen – teilweise adsorbiert, von Pflanzen oder Tieren aufgenommen, an die Bodenlösung abgegeben oder durch Reduktionsvorgänge als NO_x oder N_2 verflüchtigt.

Stickstoffixierung, biologische, die: → Pflanzen sind nicht in der Lage, den molekularen → Stickstoff als für sie wichtigen Nährstoff direkt aus der Luft aufzunehmen. Im Laufe der Evolution ergaben sich aber verschiedene Wege der b. S. Die engsten symbiotischen Verbindungen (→ Symbiose) ergeben sich in Wurzelknöllchen mit → Knöllchenbakterien oder → Actinomyceten. Knöllchenbakterien sind im Wald z. B. an Klee, Ginster, Rob, Lupine zu finden. Auch Nichtleguminosen können in Wurzelknöllchen stickstoffbindende Bakterien oder Actinomyceten enthalten, z. B. die Er, Immergrüne Bärentraube, Beifuß, Silberwurz, Ölweiden, Sanddorn, Ginkgo. An Palmfarnen (*Cycadales*) in den Tropen kommen Wurzelknöllchen mit stickstoffbindenden Blaugrünen Algen vor. Einige Pflanzen, meist in den Tropen, besitzen Blattknötchen oder -drüsen, in denen in Symbiose stickstoffbindende Bakterien oder Blaualgen, bzw. Blaugrüne Algen (→ Cyanobakterien) leben. Dazu gehört die auch bei uns als Zierpflanze bekannte Gunera. Weniger enge symbiotische Beziehungen gehen ebenfalls stickstoffbindende Bakterien und Blaugrüne Algen ein, die in den Tropen und auch in der gemäßigten Zone an der Blattoberfläche von Bäumen leben oder mit Farnen, Leberblümchen oder Pilzen verbunden sind. Zu den freilebenden Organismen, die Stickstoff aus der Luft binden, gehören neben Actinomyceten, Knöllchenbakterien, Blaugrüne Algen, Pilze und Hefen mit sowohl aerobischer, anaerobischer, als auch in dieser Hinsicht fakultativer Lebensweise, z. B. Azotobacter, Clostridium und das photosynthetisch tätige Rhodospirillium. Von dieser Stickstoffaufnahme profitieren nicht nur die direkten Wirtspflanzen. Über deren stickstoffreiche Streu verbessert sich auch die Stickstoffversorgung anderer Pflanzen.

Stickstoffmangel, der: → Mangelsymptome an Bäumen.

Stickstoffsperre, die: Wenn → Mikroorganismen schwerzersetzliche → Waldstreu, deren → C/N-Verhältnis weit über 20 : 1 liegt, abbauen, benötigen sie → Stickstoff in Form von Ammonium- und Nitrat-Ionen. Sie nehmen diesen auch aus den Vorräten des Bodens auf und entziehen ihn dann (vorübergehend) den höheren Pflanzen. Sterben die Mikroorganismen ab, wird ihr körpereigenes Eiweiß nach Abbau für die Pflanzen verfügbar.

Stickstoffzeiger → Boden(an)zeiger.

Stiefel, der: alte Bez. für einen abgeschnittenen Trieb bzw. für eine dünne Stange; → Kopfholzbetrieb.

Stiefelbaum, der: alte Bez. für einen Baum (Kopfbaum), dem jährlich die jungen Asttriebe beschnitten werden; auch das Recht auf Baum oder Abschnitt; → Kopfholzbetrieb.

Stiefelholz, das: **1**) alte Bez. für → Schichtholz, das zu Weinbergpfählen verarbeitet wird. **2**) auch L-Holz. Bez. für ein mehr oder weniger im rechten Winkel gebogenes → Krummholz, welches früher beim Schiffsbau Verwendung fand; → Schiffsbauholz.

Stiefelwelle, die: alte Bez. für ein Astbündel aus abgeschnittenen Kronentrieben.

Stieglitz, der: → Finkenvögel 6.
Stieleiche, die: → Eichen 1.
Stifter, A. → Wald in der Dichtung.
Stiftung Europäisches Naturerbe (EURONATUR) → Naturschutzverbände.
Stiftung Wald in Not → Wald in Not.
Stilettfliegen (*Therevidae*): auch Luchsfliegen. Kleine, den → Raubfliegen ähnliche Fam. der → Fliegen. Viele Arten schweben bei Sonnenschein an Hecken und Waldrändern, häufig auch in sandigen Regionen. Die dünnen, bis 30 mm langen Larven sind wurmförmig und weiß (weiße Drahtwürmer) mit gelbbraunem Kopf; die Bewegungsweise ist schlangenförmig. Sie finden sich in Laub- und Nadelstreu, unter Moos und in moderndem Holz. Die meisten Arten leben räuberisch von anderen Insekten, vorwiegend von forstlichen Schadinsekten. Die Art *Thereva annulata* soll jedoch durch Befressen der Wurzeln in Kiefernschonungen schädlich werden.
Stinkbeere, die: → Prunus 5.
Stink-Champignon, der: → Champignon 6.
Stinkende(r/s) ... siehe unter dem jeweiligen Hauptnamen.
Stinkmorchel, die (*Phallus impudicus*): Die weit verbreitete S. gehört wie der → Tintenfischpilz und die → Hundsrute zu den → Bauchpilzen. Sie wächst von Juni bis Oktober meist gesellig in humusreichen Laub- und Nadelwäldern, aber auch in Gärten und auf Friedhöfen (Leichenfinger). Aus dem anfangs runden, weißlichen und dicken Hexenei, das halb im Boden eingesenkt ist, entwickelt sich in wenigen Stunden (meist nachts aufbrechend) der 10 bis 15 (20) cm hohe und am Stiel 2 bis 4 cm dicke Pilz. Dieser besteht aus einem 3 bis 5 cm breiten, glockenförmigen Hut oder Köpfchen, der von einer schwarzgrünlichen, übelriechenden Gleba überzogen ist. Diese stinkende und sporenbildende Masse wird von Fliegen und anderen Insekten abgetragen, die den Pilz dadurch verbreiten. Der Hut erscheint dann weißlich und hat eine wabenartige Struktur, die an eine Morchel erinnert. Der weißliche, sehr lockere Stiel verjüngt sich nach oben und ist innen hohl aufgebaut. Die Basis des Stiels steckt in den lappigen Resten der Eihülle. Das Junge Hexenei ist eßbar, der erwachsene Pilz jedoch nicht.
Stinkrebe, die: → Geißblatt 3.
Stinksalat, der: → Hainsalat.
Stinkschirmling, der: → Schirmlinge 4.
Stinktäubling, der: → Täublinge 4.
Stinkwanze, Grüne, die: → Wanzen
Stinkwurz, die: → Schmerwurz.
Stisser, Friederich Ulrich (24.7.1689 Quedlinburg bis 25. oder 26.11.1739 Stettin): S. studierte Jura und Kameralwissenschaften (→ Kameralisten) und war der erste, der an einer Universität (Jena, 1734/35) Vorlesungen über Forst- und Jagdwesen hielt. 1737 veröffentlichte er die erste deutsche Forstgeschichte: „Forst- und Jagd-Historie der Teutschen".
Stoannagerl, das: lokale Bez. für den Rosmarin-Seidelbast; → Seidelbast 3.
Stock, der: auch Stubben. der bei der → Fällung zurückbleibende Teil des Baumes (Baumstumpf); → Auf den S. setzen, Stockholz, Bestockung.
Stockabhieb, der: auch Abhieb. die Fläche, an der der gefällte Stamm vom → Stock getrennt wird.
Stockach, das: auch Gestocket, Gestockicht. alte bayer. Bez. für eine Schlagfläche; → Schlag.
Stockachsel, die: Raum zwischen den Wurzelanläufen.
Stockachselpflanzung, die: → Pflanzverfahren.
Stockausschlag, der (Stocklode, -lohde, -trieb, -sprosse, Ausschlag): Bez. für die nach Abhieb des Stammes aus dem → Stock wachsenden Adventivsprossen (→ Adventivknospen). Die S. haben anfangs ein größeres Längenwachstum als → Kernwüchse und meist üppigere, häufig auch in der Formbildung abweichende Blätter. Auf dem S., der nur bei unseren Lbh vorkommt, gründet sich der Niederwaldbetrieb (→ Niederwald) und z. T. auch der Mittelwaldbetrieb (→ Mittelwald); → Ausschlagvermögen, Wurzelbrut.
Stockausschlagbestand, der: ein Waldbestand, der nach → Abtrieb des Vorbestandes aus den im Boden verbliebenen Stammteilen

◂◂ Stinkmorchel (*Phallus impudicus*)

hervorgegangen ist. Die Fähigkeit zum → Stockausschlag besitzen fast ausschließlich → Laubbäume; → Ausschlagsvermögen, Stockausschlagswald.
Stockausschlagbetrieb, der: → Niederwald.
Stockausschlagswald, der: Bez. für einen → Niederwald (Ausschlagswald); → Eichenschälwald, Kastanienniederwald, Weidenniederwald, Stockausschlagbestand.
Stockbrand, der: → Brand 3).
Stockdurchmesser, der: Der S. bezeichnet die Stärke des → Wurzelstockes am Stockabschnitt.
stocken → Bestockung.
Stockende, das: im Ggs. zum Zopfende (→ Zopf) das untere, dickere Ende eines Stammes.
Stockente, die: → Enten 1.
Stockfäule, die: durch holzzersetzende → Pilze (→ Holzpilze) verursachte → Kernfäule (→ Braunfäule) des → Wurzelstockes und des unteren Teils eines Baumstammes. S. kommt häufig bei der Kie und bei Dgl vor, z. B. verursacht durch die Krause Glucke (*Sparassis crispa*) und durch den Kiefernbraunporling (*Phaeolus schweinitzii*); → Holzfäule.
Stockförster: auch Gangförster. mittelalterliche Bez. für Forstbedienstete. Sie wurden im Unterschied zum Inhaber einer → Forsthube, dem Erbförster, so genannt, weil sie anstatt des Erbförsters „den Gang auf den Wald" verrichteten. Von den zehn Erbförstern des Sebalder Waldes (→ Nürnberger Reichswald) übten z. B. nur vier selbst den Dienst aus; die anderen hatten S. oder G. angestellt.
Stockgüter: frühere Bez. für Rodungsflächen, die nicht mehr aufgeforstet, sondern als Wiesen oder Felder genutzt wurden.

Niederwald entsteht aus Stockausschlag.

Stockhieb, der: das → auf den Stock setzen; → Niederwald.
Stockholz, das (Wurzelholz, Stuken, Stucken, Stuppe, Stubbe, Baumstumpf, Stumpen, Haus- oder Rodstock, Stock): S. gehört zum → Nichtderbholz und ist die unterirdische Holzmasse (→ Wurzeln) samt dem daran verbleibenden Teil des Baumschaftes (Wurzelstock); sog. → Holznebensorte. S. findet als → Brennholz und → Maserholz Verwendung. Ein Fichtenbaumstumpf auf feuchteren Boden kann z. B. innerhalb eines guten Jahrzehnts nahezu vollständig abgebaut werden und bildet dabei ein Mikrobiotop (→ Biotop), wobei sich die vorhandenen Lebensgemeinschaften von Jahr zu Jahr in ihrer Zusammensetzung ändern. Im ersten Jahr finden sich → Bock- und → Borkenkäfer ein; zugleich durchdringt in den ersten drei Jahren Pilzmyzel (→ Myzel) den Stumpf, z. B. von → Hallimasch und → Schwefelkopf. Im dritten bis sechsten Jahr bilden sich von allen Seiten → Risse in die → Algen, → Flechten, → Moose, → Milben, Spinnen, Asseln und → Käfer eindringen. In den folgenden Jahren werden die Risse und Spalten größer und bei Regenfällen saugt sich der Stock schwammartig voll, und letztlich zerfällt er zu Mulm. In diesem finden sich dann → Regenwürmer und in den Restteilen von Lbh auch große Käferlarven, z. B. Hirschkäfer (→ Blatthornkäfer 1.) und Mulmbock (→ Bockkäfer 7.) die zusammen mit vielen → Mikroorganismen den endgültigen Zerfall einleiten; → Derbholz, Reisholz.
Stockkohlen: alte Bez. für kleine Kohlen aus verkohltem Buschholz, insbesondere aber für

die aus Stöcken geschwelten Kohlen; → Holzkohle.
Stocklaubung, die: alte regionale Bez. für den Preis eines abgegebenen Baumes.
Stocklo(h)de, die: → Stockausschlag.
Stocklosung, die: → Waldzins 1).
Stockmorchel, die: → Lorchel 1.
Stockpilz, der: → Stockschwämmchen.
Stockpreis, der: → Waldpreis.
Stockraum, der: alte Bez. für einen → Schlag, auf dem die Stöcke noch nicht gerodet waren, auch für den Abnutzungszeitraum (meist zehn Jahre) beim → Stockverkauf.
Stockrecht, das: Bez. für die früher übliche Abgabe bei einer Rodung; → Holzzehent.
Stockrodung, die: → Roden.
Stockscheite: alte Bez. für → Scheitholz (Scheite), das aus gerodeten Stöcken gewonnen wird; → Roden.
Stockschlag, der: → Wurzelschlag.
Stockschlagbetrieb, der: → Niederwald.
Stockschwämmchen (*Kuehneromyces*): Gatt. der Fam. Träuschlingsartige Pilze (*Strophariaceae*) der → Blätterpilze mit zwei Arten auf der nördlichen Halbkugel. Das bekannteste:

Weißstörche (*Ciconia ciconia*)

Stockschwämmchen, das (*Kuehneromyces mutabilis*): auch Stockpilz, Schuppenpilz. Der wohlschmeckende Blätterpilz wächst von April bis Dezember in großen Büscheln an Stämmen und vermodernden Holzstümpfen von Laubbäumen, besonders Bu. An Nadelholzstümpfen findet er sich selten. Der glatte, sich feucht anfühlende Hut wird 4 bis 7 cm, auch bis 10 cm breit und ist bei Feuchtigkeit schmutzig-gelbbraun, bei Trockenheit blaß honiggelb bis lederbräunlich. Die dicht gedrängt stehenden → Lamellen laufen etwas am Stiel herab. Sie sind anfangs gelblich, später rotbraun. Der 5 bis 8 (10) cm hoch werdende Stiel ist sehr dünn, zäh, im Jugendstadium voll und im Alter hohl. Er trägt einen Ring, der sehr früh vergeht. Unter diesem Ring ist er dunkel rostbraun gefärbt und etwas schuppig, darüber heller (blaß hellbraun) und leicht gerieft. Der Sporenstaub ist rostbraun. Der Pilz dient hauptsächlich als Suppenpilz und kann leicht mit dem ähnlichen Gifthäubling (→ Häublinge 1.) verwechselt werden.
Stocksprosse → Stockausschlag.
Stocktage: frühere Benennung der Tage, an denen das → Roden der Stöcke erlaubt wurde.
Stocktrieb, der: → Stockausschlag.
Stockverkauf, der: der Verkauf des Holzes vor der → Fällung, d. h. im noch stehenden Zustand; → Vorverkauf.
Stockwald, der: → Niederwald.
Stockwerk-Becherflechte, die: → Becherflechte 5.
Stockwerkmoos, das: → Etagenmoos.
Stockzins, der: → Waldpreis.
Stoffkreislauf, der: → Nährstoffkreislauf.
Stoffliche Zusammensetzung des Holzes → Brennstoffzusammensetzung des Holzes.
Stollen: alte Bez. für vierkantige, an allen Seiten gleich starke, drei- bis vierzöllige Hölzer (Latten).
Stollenholz, das: 1) → Säulenholz. 2) → Grubenholz.
Stolon, der: → Ausläufer.
Stomata → Spaltöffnungen.
Stoppelwälder: umgangssprachliche Bez. für Waldteile, die keine Bäume (→ Baum) aufweisen, sondern nur niedriges Gestrüpp.
Störche (*Ciconia*): Gatt. aus der Ordn. der Schreitvögel (*Ciconiiformes*) und der Fam. der S. (*Ciconiidae*). S. sind langbeinige Schreitvögel mit langem geraden, am Ende scharf zugespitztem Schnabel. In Dtschl. kommen zwei Arten, der Schwarz- und der Weißstorch, vor. Beide Arten sind Zugvögel, die sehr bald im Frühjahr aus ihren afrikanischen Winterquartieren zurückkehren. Die S. sind ausgesprochen ortstreue Vögel, die alljährlich ihre alten Nistplätze aufsuchen. Interessant ist auch ihre Flugroute: Die westlich der Weser brütenden S. ziehen über Frankreich und Spanien, die östlich der Weser brütenden über Kleinasien und Ägypten nach Afrika. Im Fluge sind sie – ähnlich den → Kranichen – an dem langgestreckten, leicht abwärts geneigten Hals und an den nach hinten ausgestreckten, weit über den Schwanz hinausragenden Beinen erkenntlich. Die Geschlechter sind gleich gefärbt und brüten gleichzeitig.
1. Weißstorch, der (*Ciconia ciconia* L.): auch Klapper-, Hausstorch, Adebar. Länge: um 102 cm, Gewicht: 3 bis 4 kg, Flügelspannweite: 200 bis 210 cm (etwas größer als der Schwarzstorch). → Vogel des Jahres 1984.
Der W. kommt in Südwest- und Osteuropa noch häufiger vor; in Mitteleuropa ist er als Brutvogel seltener geworden. Er bewohnt freies Gelände mit Baumgruppen oder Einzelbäumen, feuchte Wiesen und Sümpfe, ist aber auch im Hügelland und in Mittelgebirgen zu finden. Als → Kulturfolger hält er sich gerne in der Nähe menschlicher Siedlungen auf und nistet, vielerorts gesellig, häufig auf Dächern von Bauernhäusern. Das Klappern des W. ist ein Aufeinanderschlagen der Schnabelhälften, mit in den Nacken zurückgelegtem Kopf, der langsam nach vorne genommen wird, und keine Stimmäußerung.
W. leben in Einehe. Der Horst wird oft auf hohen Dächern und Schornsteinen, aber auch auf niedrigeren Scheunen errichtet, wenn z. B. ein altes Wagenrad als Unterlage angebracht wird. Gelegentlich errichtet er seinen Horst auch auf Ei, Er, Ul und Pa. Er ist ein umfangreicher Bau, der durch ständige Ausbesserung und wiederholte Benutzung einen Durchmesser von 2 m und eine Höhe von über 1,40 m erreichen kann. Als Horstmaterial nimmt der S. mehr oder weniger starke Knüppel, die er mit einer Reiserschicht umgibt und mit Erdklumpen vermischt. Das Gelege besteht aus drei bis fünf, i. d. R. jedoch aus vier kalkweißen, schwach grünlichgelb durchschimmernden Eiern (71 x 51,5 mm, ca. 115 g). Brutdauer: 31 bis 32 Tage, Nestlingszeit: etwa 55 bis 60 Tage. Eine Jahresbrut (Mitte April/Anfang Mai).
Nahrung: Frösche, Schlangen, Nacktschnecken, Mäuse, Maulwürfe und anderen Kleinsäuger, Fische, Würmer, größere Insekten, Jungvögel und Eier von Bodenbrütern. Die unverdaulichen Teile der Nahrung werden als → Gewölle ausgewürgt.
2. Schwarzstorch, der (*Ciconia nigra* L.): auch Waldstorch. Länge: etwa 95 cm, Gewicht: etwa 3 kg, Flügelspannweite: knapp 200 cm (etwas kleiner als der Weißstorch).
Der S. kommt in Südwesteuropa und Osteuropa vor. In Mitteleuropa ist er sehr selten geworden und bewohnt große, ruhige, urwüchsige Wälder mit nahegelegenen, flachgründigen, fischreichen Gewässern und feuchten Wiesen. Das Flugbild gleicht dem des Weißstorches. Am Boden bewegt sich der äußerst scheue Vogel langsam schreitend vorwärts. Er watet gerne in seichten Gewässern.
Der Horst wird auf hohen, alten Waldbäumen (Ei, Kie, Bu) in Stammnähe, meist 10 bis 15 m hoch, errichtet. In Südeuropa brütet er überwiegend auf Felsvorsprüngen. Der umfangreiche Bau wird aus dem gleichen Material errichtet wie der Weißstorchhorst, doch ist er nicht so groß wie dieser. Das Gelege besteht aus drei bis fünf weißen, grüngelb durchschimmernden Eiern (65 x 49 mm, um 86 g). Brutdauer: 30 bis 33 Tage, Nestlingszeit: durchschnittlich 65 Tage. Eine Jahresbrut (Mai).
Nahrung: Fische, Molche und Frösche, daneben auch Wasserinsekten aller Art und kleine Tiere. Gelegentlich nimmt er auch Wasserpflanzen auf.

▸▸ Schwarzstorch (*Ciconia nigra*)

Storchennest, das (Adlerhorst): Bez. für den waagerecht abgeflachten obersten Kronenteil (Verlichtung der → Krone) der Ta. Das S. kommt dadurch zustande, daß in hohem Alter oder infolge von Erkrankung (→ Tannensterben) der Gipfeltrieb im Wachstum nachläßt, während die oberen Äste schräg aufwärts weiterwachsen.

Storchschnabel, der (*Geranium*): auch Schnabelkraut. Gatt. der Storchschnabelgewächse (*Geraniaceae*) mit rd. 300 weltweit verbreiteten Arten, überwiegend jedoch in den gemäßigten Gebieten. Es handelt sich um einjährige oder ausdauernde → Kräuter oder → Stauden mit gezähnten, geschlitzten oder gelappten Blättern, meist mit → Nebenblättern, und Blüten mit fünfblättriger → Krone. Die Teilfrüchte des S. haben einen verlängerten Fortsatz (Granne), der sich bei der Reife spiralig zusammenrollt und dabei den → Samen ausschleudert. Von 15 einheimischen Arten sind in unseren Wäldern anzutreffen:

1. Blut-Storchschnabel, der (*Geranium sanguineum* Linné): Der B. ist über Süd- und Mitteleuropa bis Südskandinavien verbreitet. In Dtschl. wächst er verbreitet bis zerstreut, im Norden seltener. Er ist wärmeliebend und wächst in lichten Eichen- und Kiefernwäldern, boreal-subkontinentalen Kiefern-Steppenwäldern, Schneeheide-Kiefernwäldern und Alpenrosen-Latschengebüschen, seltener in xerothermen submediterranen Flaumeichen-Wäldern und subkontinentalen Eichen-Steppenwäldern, in sonnigen Trockenengebüschen, an sonnigen Waldrändern, auf Waldwiesen, an buschigen, steinigen Hängen, vorwiegend auf trockenen, kalkreichen Böden.

Die mehrjährige, 10 bis 60 cm hohe, abstehend behaarte Pflanze hat einen dicken, knorrigen, innen roten → Wurzelstock. Die aufrechten, aufsteigenden oder niederliegenden Stengel sind meist schon vom Grund an gabelig verzweigt. Die gegenständigen (→ Blattstellung), im Umriß runden bis nierenförmigen Blätter haben etwa 5 cm Durchmesser und sind fast bis zum Grund in fünf bis sieben längliche bis linealische, meist dreispaltige Blättchen mit linealischen, zugespitzten Zipfeln geteilt. Die Blätter des B. haben rote Herbstfärbung. BZ: Juni bis August. Die einzeln an langen blattachselständigen Stielen stehenden Blüten haben purpurrote bis blutrote (Name!), 13 bis 20 mm lange, verkehrt-eiförmige → Kronblätter und zottig behaarte, 8 bis 12 mm lange → Kelchblätter mit rötlichen Grannen. Blütenstiele und Kelchblätter sind drüsenhaarig. Die 3 bis 4 cm lange, storchschnabelähnliche Frucht ist an den Klappen und am Schnabel behaart und enthält fein punktierte Samen.

2. Ruprechts-Storchschnabel, der (*Geranium robertianum* Linné): auch Ruprechtskraut, Stinkender S. Der R. ist fast über ganz Europa verbreitet; in Dtschl. ist er überall verbreitet und ziemlich häufig. Er wächst in krautreichen Wäldern, besonders Schluchtwäldern, Linden-Ahorn-Wäldern und gelegentlich auch in Hartholz-Auenwäldern und gestörten buchenwaldartigen Laubwäldern, in Gebüschen, Hecken, Waldrändern, auf Waldplätzen, Schuttplätzen, Schlagfluren und an Mauern, an schattigen, feuchten, steinigen Orten, besonders im Bergland.

Die einjährige, 15 bis 50 cm hohe Pflanze, die wegen des Gehalts an → ätherischem Öl, besonders beim Zerreiben unangenehm

riecht, ist zerstreut behaart und hat einen aufrechten, sparrig verzweigten, rötlichen Stengel, der mit abstehenden roten Drüsenhaaren besetzt ist. Die im Umriß drei- bis fünfeckigen Blätter bestehen aus drei bis fünf fast bis zum Mittelnerv fiederteiligen Blättchen, die beiderseits abstehend behaart sind. Im Herbst und auf besonders trockenen Standorten färben sich Stengel und Blätter leuchtend rot. BZ: Mai bis Oktober. Die kurz gestielten, meist paarweise stehenden Blüten haben fünf rosaroter 9 bis 12 mm lange, verkehrt eiförmige, vorne abgerundete Kronblätter mit drei weißlichen Streifen und weißlichem, kahlem Nagel. Die 15 bis 25 mm lange Frucht ist storchschnabelähnlich und enthält glatte, fein punktierte Samen.

In der Naturheilkunde findet die ganze Pflanze (ohne Wurzel), geerntet von Mai bis August, frisch oder in Bündeln aufgehängt getrocknet, Verwendung. Sie enthält ätherisches Öl, Bitterstoff, Geraniin, Gerbstoff, Vitamin C und → Harze und wirkt antidiabetisch, blutstillend, harntreibend, krampflösend, wundheilend, tonisch und stopfend. Sie findet innerliche und äußerliche Anwendung. Ein Aufguß wirkt bei Angina, Blutungen der Gebärmutter, bei Durchfall, Diabetes, Hautflechte, Nierenentzündung; rohe, zerstoßene Blätter werden als Auflage auf Wunden verwendet.

3. Sumpf-Storchschnabel, der (*Geranium palustre* Torner): Der S. ist hauptsächlich über Mittel- und Osteuropa, bis Südskandinavien, im Süden bis Norditalien verbreitet und fehlt auf den Britischen Inseln. Er wächst zerstreut in feuchten Laubwäldern und Gebüschen (Auengebüschen), Staudenfluren, an Gräben und Ufern, im Röhricht und auf sumpfigen Wiesen, vorzugsweise auf lehmigen Böden und fast nur im Flachland.

Die mehrjährige, 20 bis 80 (100) cm hohe Staude hat einen aufsteigenden, gabelig verzweigten Stengel, der rauh mit rückwärts gerichteten, drüsenlosen Haaren besetzt ist. Die gegenständigen fünf- bis siebenteiligen Stengelblätter (obere Stengelblätter oft nur dreiteilig) haben bis zur Mitte grob und unregelmäßig gezähnte, zugespitzte Lappen. BZ: Juni bis September. Die fast immer zu zweit stehenden Blüten haben anliegend behaarte, drüsenlose (im Unterschied zum Wald-Storchschnabel) Blütenstiele. Die fünf Kronblätter sind hell purpurrot, dunkel geadert, verkehrt eiförmig, ca. 12 bis 15 mm lang, doppelt so lang. Die 20 bis 25 mm lange Frucht hat behaarte Fruchtklappen und einen Schnabel.

◂◂ Brauner Storchschnabel (*Geranium phaeum*)

4. Wald-Storchschnabel, der (*Geranium sylvaticum* Linné): Der W. ist mit Ausnahme von weiten Teilen des Südens fast über ganz Europa verbreitet. Er wächst zerstreut in frischen Bergwäldern, auf feuchten Bergwiesen, in Hochstaudenfluren, Buschsäumen, Laub-, Misch- und Hartholz-Auenwäldern, Grauerlenwäldern sowie an Bachrändern, auf frischen, nährstoffreichen Böden, seltener in der Ebene, häufiger im Bergland und höheren Gebirgen.

Die mehrjährige, 30 bis 60 cm hohe, behaarte Pflanze hat einen aufrechten, nach oben gabelig verzweigten und drüsenhaarigen Stengel. Die gegenständigen Blätter sind handförmig, fünf- bis siebenlappig, die oberen kleiner und nur dreilappig, mit bis über die Mitte grob und unregelmäßig eingeschnitten gezähnten, breit-rhombischen Abschnitten. BZ: Juni bis Juli. Die Blüten stehen jeweils zu zweit an aufrechten, drüsig behaarten Blütenstielen, die nach dem Verblühen aufrecht bleiben (wichtiges Unterscheidungsmerkmal zum ähnlichen Wiesen-Storchschnabel). Die i. d. R. fünf lebhaft rotvioletten Kronblätter sind 15 bis 20 mm lang, verkehrt eiförmig, am Grunde und am Nagel bärtig. Die storchschnabelähnlichen Früchte sind an Schnabel und Klappen drüsig behaart. Zur Reifezeit springen sie auf und schleudern glatte, punktierte Samen aus; → Autochorie.

5. Glänzender Storchschnabel, der (*Geranium lucidum* Linné): Der G. S. ist über Mittel- und Südeuropa, vereinzelt bis Südskandinavien verbreitet. Er ist selten und wächst auf Waldlichtungen, in Gebüschen, Lagerflora und an schattigen Mauern; Stickstoffzeiger (→ Bodenanzeiger).

Die einjährige, 10 bis 30 cm hohe, kahle Pflanze hat einen aufrechten, zerbrechlichen, rot überlaufenen Stengel. Die fast fleischigen, glänzenden Blätter sind im Umriß rundlich und bis zur Mitte in breite, stumpfzähnige Abschnitte geteilt und unterseits oft rot überlaufen. BZ: Mai bis August. Die meist paarweise stehenden Blüten haben fünf rosarote, 7 bis 9 mm lange, vorne ausgerandete Kronblätter.

6. Brauner Storchschnabel, der (*Geranium phaeum*): Der über West- und Mitteleuropa verbreitete, in Dtschl. seltene B. S. wächst in krautreichen Wäldern, lichten Auwäldern, besonders Hartholz-Auenwäldern, an Waldrändern und auf Wiesen.

Die Staude hat tief-geteilte Blätter. BZ: Mai bis Juni. Die kleinen, früh nickenden Blüten haben fünf braun-violette Kronblätter mit welligem Rand.

Störl, das: auch Strümmel, Strummel. veraltete Bez. für den noch stehenden Stammteil eines in der Mitte (oder auch unterhalb) abgebrochenen Baumes, z. B. nach einem Windbruch.

Storm, T. → Wald in der Dichtung.

▸▸ Straußfarn *(Matteuccia struthiopteris)*

Storren: **1**) alter Tannennachwuchs, der eine engquirlige → Krone auf einem glatten, oft astfreien Stämmchen trägt und nach dem Tag seiner Abdeckung eine normale Kegelkrone aufsetzt. Man kann aus ihnen gute Stämme erziehen, wenn man den meist nur bis zu 1 m langen S.-Teil sofort nach dem Dürrwerden der Äste trocken ästet. **2**) svw. Baumstümpfe; → Stockholz.

Stoß, der: **1**) auch Gamme. ein altes Verkaufsmaß für → Schichtholz. Gewöhnlich bestand ein S. aus mehreren → Raummetern (rm) und wurde für sich und getrennt von anderen Schichtholz-S. aufgesetzt. Die Zahl der zu einem S. vereinigten Raummeter richtete sich nach der Ladekapazität des Holzfuhrwerkes und lag i. d. R. bei drei Raummetern. Die beiderseits des S. in den Boden eingeschlagenen Pfähle, zwischen denen das Schichtholz aufgeschichtet wird, nennt man S.- oder Klafterpfähle, auch Klafterstöcke; → Arke, Klafter, Klaftermaß, Beige, Schragen. **2**) altes österr. Raummaß für → Brennholz. 1 S. = 72 bzw. 90 bzw. 108 österr. Kubikfuß = 2,27 bzw. 2,84 bzw. 3,41 m^3.

Stoßeisen, das: → Loheisen.

Stoßpfahl, der: → Klaftermaß.

Strahlenpilze → Actinomyceten.

strahlig → aktinomorph.

Strahlungsbilanz, die: Für jede Stelle in der Atmosphäre kann eine S. (Differenz aus Ein- und Abstrahlung) erstellt werden. Einstrahlung = Reflexion + Zerstreuung + Umsatz + Weitergabe an andere Schichten. Im Wald erfolgt der Energieumsatz in den → (Baum-)Schichten von oben nach unten auf einem immer niedrigeren Energieniveau (→ Licht, Wärme).

Strahlungsfrost, der: Bez. für einen Lokalfrost, der im Ggs. zum → Advektivfrost (Landfrost) durch Wärmeabstrahlung entsteht; → Frost.

Stranddorn, der: → Sanddorn.

Strandvanille, die: → Sumpfwurz 3.

Strangmoor, das: → Moor.

Strangmoos, das: → Bärlapp 1.

Straßburger Terpentin, der: → Terpentin.

Stratifikation, die: **1**) auch das Stratifizieren. Der Begriff S. ist wegen der früher üblichen Art der Saatgutlagerung für die S. von dem frz. Verb „stratifier" = schichtförmig lagern, abgeleitet. Bei vielen Pflanzen entwickeln sich die Embryonen erst nach der Ablösung des Samens von der Mutterpflanze weiter. Eine sofortige Keimung ist nicht möglich. Solche Samen dürfen niemals trocken werden, da sonst der Keimling abstirbt. Die erforderliche S. läuft in der Natur nach Samenfall (→ Samenreife) ab. Zur künstlichen S. wird daher das Saatgut bei 2 bis 8 °C (und nicht bei Frosttemperaturen!, insofern ist die Bez. „Frostkeimer" falsch) in Torf und Sand, nur Sand oder Komposterde eingelagert, früher nur schichtweise im Wechsel mit dem Substrat, heute auch innig mit dem Substrat vermischt. Zeigen sich die ersten Wurzelspitzen, wird das Saatgut ausgesät; → Keimhemmung, Warmstratifikation. **2**) die Gliederung des Waldes in Schichten nach der Höhe der

Vegetation (z. B. Moos-, Kraut-, Strauchschicht; → Vegetationsschichten des Waldes) nach streng objektiven meßbaren Kriterien. Diese statische Erfassung wird der Lebensgemeinschaft → Wald in ihrer Dynamik (→ Walddynamik) nicht gerecht.

Stratifizieren, das: → Stratifikation.

Strauch, der: → Sträucher, Gebüsch.

Strauchahorn, der: → Ahorne 3.

Strauchbirke, die: → Birken 3.

Strauchbuche, die: → Hainbuche.

Strauchegge, die: → Schleppbusch.

Strauchen, das: veraltete Bez. für das Herausnehmen der Büsche aus einem → Bestand.

Sträucher (Büsche): ausdauernde Holzgewächse (mit verholzten → Sprossen) ohne Stammbildung – im Ggs. zu den Bäumen-, deren Verzweigung unmittelbar über dem Boden beginnt. Die meisten S. sind lichtbedürftig und meiden den Waldschatten. In Mitteleuropa sind → sommergrüne S. mit großen Blättern vorherrschend. Unterschieden wird nach Ruten-S. (z. B. Ginsterarten; → Ginster), → immergrüne Dorn-S. (z. B. Berberitze und Schwarzdorn; → Sauerdorn und Prunus 7.), Nadel-S. (z. B. → Wacholder), Zwerg-S. (z. B. Zwergbirke und verschiedene kleine Weiden); → Halbsträucher.

Strauchfläche, die: ein Flächenmerkmal der Österr. Forstinventur: Wald- und Nichtwaldflächen ab 500 m^2, die überwiegend einen Bewuchs von → Sträuchern und nur einen geringen Anteil (unter 0,3) an bestandesbildenden, entwicklungsfähigen und vitalen Baumarten aufweisen.

Strauchgarten, der: → Verbißgarten.

Strauch-Kronwicke, die: → Kronwicke 2.

Strauchlinge → Kurztriebe.

Strauchschicht, die: → Vegetationsschichten des Waldes.

Strauchschnecken → Buschschnecken.

Strauchsteppe, die: → Steppe.

Strauchweide, die: **1**) eine nicht baumförmige → Weide; → Buschweide.
2) → Weiden 20.

Strauchwerk, das: svw. → Buschwerk.

Strauchwicke, die: → Kronwicke 2.

Strauß, der: → Blütenstand.

Strauß, R. → Wald in der Musik.

Straußblütige Wucherblume, die: → Wucherblume 1.

Straußfarn, der (*Matteuccia*): auch Trichterfarn. Gatt. der Fam. der → Tüpfelfarngewächse (*Polypodiaceae*) aus der Klasse der → Farne mit nur wenigen Arten in der nördlichen gemäßigten Zone. Die Wedel (Blätter) sind gefiedert, die Fiedern der sterilen Blätter gelappt, die der fertilen (sporangientragenden) Blätter ganzrandig und an der Spitze eingerollt. Als einzige europäische Art kommt vor:

Deutscher Straußfarn, der (*Matteuccia struthiopteris* (L.) Todardo): Der D. S. ist in Süd-, Mittel- und Osteuropa und im Norden bis Schweden zerstreut verbreitet. Er wächst vorzugsweise im Bergland, in Auenwäldern, Auengebüschen, Quellmulden, meist mit Es oder Er, in Linden-Ahorn-Wäldern, auf feuchtem, saurem Boden, an schattigen Waldbächen und anderen feuchten Waldstellen sowie auf Wiesen. Der D. S. ist die lokale → Charakterart des Hainmieren-Schwarzerlenwaldes und die überregionale Verbands-Charakterart der Hartholz-Auenwälder.

Die seltene, unter Naturschutz stehende → Farnpflanze wird 50 bis 150 cm hoch und hat eine senkrecht im Boden sitzende → Sproßachse, auf der → sommergrüne, einen Trichter bildende, sterile Wedel wachsen, die zum Grunde hin stark verschmälert sind. Die fertilen, gefiederten Blätter, die aufrecht im Innern des Trichters stehen, sind anfangs grün, später braun. Die Sori befinden sich auf der Unterseite der Fiedern. Diese sind stark zusammengerollt, walzlich und erinnern im Aussehen dadurch an Straußenfedern (Name!). Die → Sporen reifen von Juni bis August. Wegen des schönen Aussehens wird der D. S. auch gerne als Zierpflanze kultiviert.

Strauß-Gilbweiderich, der: → Gilbweiderich 4.

Straußgras, das (*Agrostis*): Gatt. ausdauernder Rispengräser aus der Fam. der → Süßgräser mit rund 200 Arten, v. a. im gemäßigten Bereich der Nordhalbkugel und in den Gebirgen der Tropen. S. haben meist lockere, zarte und ausgebreitete Rispen (→ Blütenstand): die Blätter sind flach oder borstenförmig. In Dtschl. kommen sechs Arten vor, darunter zwei im Wald:

1. Rotes Straußgras, das (*Agrostis capillaris*): Das Gras wächst in verlichteten Eichen- und Kiefern-Wäldern, auf Äckern und Wiesen sowie auf Triften, Kahlschlägen und an Rainen; Verhagerungs- und Verlichtungszeiger.

Das 30 bis 90 cm hohe und ausdauernde Gras treibt kurze und unterirdische → Ausläufer. Die flachen, 2 bis 4 mm breiten und gerieften Blätter sind ohne Öhrchen und mit kurzem, gestutztem Blatthäutchen.

Das kleine, einblütige → Ährchen ist meist violett überlaufen. Die Hüllspelzen sind länger als die unbegrannten Deckspelze. Der Blütenstand ist eine echte und eiförmige Rispe, zur Blütezeit ausgebreitet, dann zusammengezogen. Das R. S. ist in höheren Gebirgslagen eine wertvolle Futterpflanze. BZ: Juni bis Anfang August.

2. Weißes Straußgras, das (*Agrostis stolonifera*): Das Gras wächst verbreitet auf Wiesen, an Gräben, auf Äckern und gelegentlich auf

feuchten Waldplätzen. Die Subspezies *A. s. ssp. prorepens* ist eine Pionierpflanze.
Das W. S. sieht dem Roten Straußgras sehr ähnlich. Es wird zwischen 20 bis 80 cm hoch und treibt lange, oberirdische, an den Knoten wurzelnde Ausläufer. Die flachen gerieften Blätter – ohne Blattöhrchen – sind mit langem, spitzem oft geschlitzten Blatthäutchen versehen. Das einblütige Ährchen ist bleichgrün. Die Hüllspelze ist länger als die Deckspelze, begrannt oder unbegrannt. Der Blütenstand ist eine Rispe, zur Blütezeit (Juni bis Juli) ausgebreitet, dann zusammengezogen, unten mit vielen Abästungen. Das W. S. ist ein Wildfuttergras, aber auch ein Pioniergras zur Begrünung frischer Rohböden.
Streb(e)holz, das: → Bugholz.
Streb(e)pfosten → Bugholz.
Streckerspinnen (*Tetragnathidae*): auch Kieferspinnen. eine fast weltweit verbreitete Fam. der → Webspinnen mit über 450 Arten. Es handelt sich um Spinnen mit auffallend langgezogener Körperform. Bei Gefahr nehmen sie eine sog. Streckstellung ein. Sie richten dabei zwei Beinpaare nach vorne und zwei nach hinten. Das Netzbauverhalten der S. ist sehr unterschiedlich. Von den zehn einheimischen Arten ist die bekannteste:
Langgestreckte Streckerspinne, die (*Tetragnatha extensa* Linné): Die fast weltweit verbreitete L. S. kommt regelmäßig bis häufig vor, ist feuchtigkeitsliebend und in der Nähe von Gewässern, an Bach-, Fluß- und Seeufern, an Tümpeln, auf sumpfigem Gelände und in Auwäldern anzutreffen. Die 8 bis 12 mm lange Spinne hält sich bevorzugt auf Blättern von Wasserpflanzen auf. Zwischen Schilf und Kräutern errichtet sie ein senkrecht stehendes, loses Radnetz mit weiten Speichen, einer weiten Fangspirale und offener Nabe. Darin fangen sich dann Insekten, die ihr als Nahrung dienen.
Streckfuß, der: → Trägspinner 4.
Streckholz, das: frühere Bez. für einen (Laub-) Baum, der bei einer beträchtlichen Höhe einen geraden Wuchs aufwies.
Streiche: Bez. für die leichten (schwachen) Ruder, die früher bei der → Flößerei auf dem Rhein verwendet wurden.
Streichpalme, die: → Weiden 19.
Streichversatz, der: → Trift.
Streifen, das: **1)** → Anschalmen. **2)** svw. Schleifen; → Rücken.
Streifen, der: waldbauliche Flächengröße (schmale Verjüngungsfläche am Waldrand) bis zu einer Breite von zwei Altbaumlängen (ca. 60 m); → Zone.
Streifenborke, die: eine → Borke, die in Streifen abgestoßen wird. Eine S. haben Wein, Heckenkirsche (→ Geißblatt) und → Waldrebe; → Ringel-, Schuppen-, Stein-, Tafelborke.
Streifenbreitsaat, die: → Saatformen.
Streifenfarn, der (*Asplenium*): große, weltweit verbreitete Gatt. der Fam. der → Tüpfelfarngewächse (*Polypodiaceae*) aus der Klasse der → Farne, bekannt seit dem Tertiär (→ Erdzeitalter). Sie umfaßt rd. 700 teilweise epiphyt lebende Arten und zahlreiche → Bastarde, von denen viele auch als Zierpflanzen kultiviert werden. S. sind kleine → Farnpflanzen und haben einfache, geteilte oder gefiederte Wedel (Blätter). Charakteristisch sind die langgestreckten Sori und Schleier. Von den 11 einheimischen Arten sind am bekanntesten:

◂◂ Grüner Streifenfarn (*Asplenium viride*)

1. Brauner Streifenfarn, der (*Asplenium trichomanes* L.): auch Braunstieliger S. Der B. S. ist in ganz Europa verbreitet und kommt bei uns zerstreut, im Süden häufiger vor. Er wächst auf frischen, schattigen Standorten, auf und an trockenen, beschatteten Felsen, alten Mauern, in Felsspalten und auf Baumwurzeln. Gelegentlich ist er in Gesellschaft der Mauerraute anzutreffen.
Die mehrjährige, aromatisch duftende Farnpflanze hat ein gestauchtes Rhizom und in Büscheln stehende 10 bis 30 cm lange, wintergrüne Blätter. Der Blattstiel, der kürzer als die Wedelspreite ist, ist, wie die Blattspindel auch, hornartig elastisch, glänzend rot- bis schwarzbraun und beiderseits sehr schmal häutig geflügelt. Die im Umriß lineal-lanzettlichen Wedel (Blätter) sind einfach gefiedert. Die rundlichen bis eiförmigen, sehr kurz gestielten Fiedern sind am Rande nur wenig gekerbt. Sie fallen einzeln von der Spindel ab, die dann noch lange als struppige Haare erhalten bleibt. Die länglichen, fast strichförmigen Sori sind anfangs von einem zarten, schmalen, seitlichem Schleier bedeckt und befinden sich auf der Unterseite der Fiedern. Die → Sporen reifen von Juli bis August (September).
2. Grüner Streifenfarn, der (*Asplenium viride* Huds.): auch Grünstieliger S. Der G. S. ist in Europa weit verbreitet, jedoch ziemlich selten, im Alpenvorland und in den Alpen etwas häufiger. Er wächst auf kalkhaltigen, schattigen, feuchten Standorten in steinigen Linden-Ahorn-Wäldern, Fichten-Tannen- und Fichten-Wäldern, an Felsen und Mauern.
Die 5 bis 25 cm langen, ausgebreiteten oder hängenden Blätter des mehrjährigen Farnes stehen in dichten Büscheln. Der Blattstiel ist nur an der Basis an der Unterseite bräunlich, sonst ist er wie die Blattspindel grün, weich, biegsam und nicht geflügelt. Die im Umriß lineal-lanzettlichen Wedel sind einfach gefiedert. Die deutlich gestielten Fiedern sind rundlich, am Rande gekerbt, welken an der Spindel und fallen mit dieser ab. Die anfangs streifenförmigen Sori haben einen Schleier, der später verschwindet. Die Sori breiten sich dann aus und bilden auf der Unterseite der Fiedern fast eine geschlossene Schicht. Die Sporen reifen von Juli bis August.
3. Nördlicher Streifenfarn, der (*Asplenium septentrionale* (L.) Hoffm.): auch Nordischer S. Der N. S. ist weit verbreitet, kommt aber nur zerstreut bis selten vor. Er meidet Kalk und wächst an Felsen, Mauern, in Felsspalten und anderen trockenen, sonnigen Lagen.
Der kleine, mehrjährige Farn hat büschelig stehende, ausgebreitete oder überhängende, etwa 5 bis 15 cm lange Wedel (Blätter). Der Blattstiel ist nur am Grunde braun. Die Blattspindel ist meist grün. Die grasartigen wintergrünen Blätter sind schmal linealisch, ungleich gabelteilig und bestehen nur aus zwei bis vier schmal-lanzettlichen, dunkelgrünen, kahlen und ledrigen Fiedern. Diese sind sehr schmal, am Grunde keilförmig, an der Spitze etwas gekrümmt und zwei- bis vierzähnig meist ungleich eingeschnitten oder ganzrandig. Die anfangs langgestreckten Sori mit schmalem seitlichem Schleier fließen später ineinander über und bedecken zuletzt die ganze Fiederunterseite. Die Sporen reifen von Juli bis August.
4. Deutscher Streifenfarn, der (*Asplenium x alternifolium* Wulf): Der D. S. wächst auf trockenen Felsen und Mauern. Er ist ein → Bastard aus den beiden Arten Brauner Streifenfarn und Nördlicher Streifenfarn. Seine Blätter sind ein- bis zweifach gefiedert und vereinigen die Merkmale beider Elternteile.
5. Schwarzer Streifenfarn, der (*Asplenium adiantum-nigrum* L.): auch Schwarzstieliger S. Der S. S. ist sehr selten und kommt in wärmeren wintermilden Gebieten zerstreut in felsigen artenarmen Eichenwäldern, an halbschattigen Felsen und Mauern, bevorzugt auf kalkarmen Unterlagen vor.
Die mehrjährige Farnpflanze hat in Rosetten stehende, aufrechte, ausgebreitete oder herabhängende, 10 bis 40 cm lange, überwinternde Wedel. Der Blattstiel ist ziemlich derb, dick, rinnig, im unteren Teil schwarzbraun und bis weit in den Spindelbereich glänzend dunkelbraun. Die im Umriß dreieckigen bis lanzettlichen, lang zugespitzten Fiedern sind ledrig, oberseits dunkelgrün glänzend, unterseits oft silberglänzend, und zwei- bis dreifach gefiedert. Die Fiedern sind meist aufwärts gebogen und überwiegend wechselständig angeordnet; die unteren sind gestielt. Die Fiederchen sind länglich-oval bis keilförmig, mit ganzrandigem Grund und stumpfem, häufig scharf gesägtem bis fiederteiligem Oberteil. Die länglichen Sori haben einen ganzrandigen, anfangs weißlichen, später graubraunem Schleier und sind auf der Fiederunterseite entlang der Nerven angeordnet. Die Sporen reifen von Juli bis August.
6. Mauerraute, die (*Asplenium ruta-muraria* L.): auch Mauerstreifenfarn. Die M. ist besonders in Mittel- und Süddtschl. sehr verbreitet, im Norden und Nordwesten nur zerstreut. Sie wächst auf oder an trockenen Kalkfelsen, besonders aber in den Mörtelfugen von Mauern, an mäßig trockenen, lichten Standorten. Gelegentlich ist sie in Gesellschaft des Braunen Streifenfarns anzutreffen.

Die mehrjährige Farnpflanze hat in Büscheln stehende, ausgebreitete oder herabhängende, 5 bis 15 cm lange Wedel. Diese sind im Umriß breit-dreieckig, mattgrün bis graugrün, ziemlich derb, biegsam, noch bis weit in den Winter hinein grün und zwei- bis dreifach gefiedert. Der grüne Blattstiel ist ebenso lang wie das Blatt oder länger. Die vielgestaltigen, rundlichen, rautenförmigen bis umgedreht keilförmigen Fiedern haben meist einen verschmälerten Grund und sind vorne feingekerbt oder gezähnt. Die anfangs länglichen Sori fließen später zusammen und nehmen zuletzt die gesamte Unterseite der Fiedern ein. Die Sporen reifen von Juli bis September. Die M. ist leicht zu erkennen. Es gibt jedoch einige seltene Arten der Gatt. S., mit denen sie verwechselt werden kann.

Streifenkahlschlag, der: → Saumkahlschlag.

Streifenkultur, die: Bodenbearbeitung in Streifen von 0,4 bis 1 m Breite.

Streifenmischung, die: → Mischungsform.

Streifenmolch, der: → Schwanzlurche 5.

Streifensaat, die: → Saatformen.

Streifung, die: Bez. für das Erscheinungsbild der → Jahrringe im → Radialschnitt (Spiegelschnitt). Die Jahrringe erkennt man als parallel laufende Streifen, je nach Holzzuwachs (→ Zuwachs) von unterschiedlicher Breite. Die Deutlichkeit der S. kann durch die Porenrillen (Porenstreifung) im → Frühholz (ringporige Hölzer; → Poren) verstärkt sein. Eine besonders deutliche Poren-S. haben Ei und Es.

Strenze, die: → Sterndolde.

Streptopus → Knotenfuß.

Streß, der: die Belastung eines Organismus durch äußere oder innere Reize, die das normale Maß übersteigen. S.-Faktoren, die z. B. auf ein Waldökosystem (→ Ökosystem) einwirken, entfernen es von seinem stabilen Zustand (→ ökologisches Gleichgewicht) und führen zu einer Destabilisierung des Systems, d. h. das System kann erkranken oder gar zusammenbrechen. Es werden folgende Streßfaktoren unterschieden:

1. Disponierende S.-Faktoren: z. B. Klima und Klimaänderungen, → Luftverunreinigungen, Standorteigenschaften (→ Standort, → Wasserstreß).
2. Auslösende S.-Faktoren: z. B. Trockenheit, Sturm, → Frost, Säurebelastung, → Ozon, → Schwefeldioxid oder andere Schadstoffe.
3. Begleitende S.-Faktoren: z. B. Pilzkrankheiten, Insektenbefall (→ Sekundärschädlinge) oder Nährstoffmangel. Die neuartigen → Waldschäden (Waldsterben) werden auf einen von Menschen verursachten Umweltstreß (anthropogene → Luftverschmutzung) zurückgeführt.

Streßtrieb, der: svw. → Angsttrieb.

Streu, die: → Waldstreu, Bodenstreu.

Streuabbau, der: natürlicher Abbau von → Wald- und → Bodenstreu durch Bildung von → Humus und → Mineralisierung.

Streuharken, das: früher ein Hilfsmittel um Spanner- und Eulenpuppen (→ Eulen B und → Spanner) zu vernichten. Die Waldstreu wurde zusammengeharkt und im Wald belassen. Die freigelegten Puppen – soweit sie nicht von insektenfressenden Vögeln gefressen wurden – vertrockneten; die in dem Streuhaufen liegenden wurden infolge der Erhitzung des Haufens vernichtet, oder die aus ihnen schlüpfenden Falter konnten sich nicht rechtzeitig ans Licht emporarbeiten, um die Flügel zu entfalten; sie blieben flugunfähig.

Streulage, die: auch Zerstreulage. Aufgliederung einer Wirtschaftseinheit in Teile, die voneinander entfernt liegen.

Streunutzung, die: → Waldstreunutzung.

Streunutzungsplan, der: → Waldstreunutzung.

Streureißen, das → Aststreu.

Streusalz, das: als Auftaumittel verwendetes Natriumchlorid (Kochsalz), bei tieferen Temperaturen auch Calciumchlorid und Magnesiumchlorid, das vor allem die innerstädtischen Bereiche sowie ca. 5 bis 20 m breite Streifen und Mittelstreifen mehrspuriger Straßen belastet. S. ist gut wasserlöslich und beeinträchtigt daher die Grundwasserqualität. Der Salzgehalt des Wassers (als Spritz- oder Sickerwasser) beeinflußt Pflanzen und Kleinstlebewesen im Boden. Die unerwünschten Nebenwirkungen des S. sind Verringerung des Porenvolumens, verminderte Durchwurzelbarkeit und Hemmung der Wurzelfunktionen, hauptsächlich nach Ende der Frostperiode. Durch eine bestimmte Salzkonzentration im Baum wird normalerweise Wasser aus dem Erdreich angezogen. Ist die Salzkonzentration im Erdreich aber höher als im Baum, kehrt sich der Prozeß um. Dem Baum wird Wasser entzogen. Er verdurstet. Auch Gasaustausch und Wasserleitfähigkeit werden beeinträchtigt. Die Wasserversorgung bis in die Blattspitzen wird gestört. Die Blätter bekommen braune Ränder und fallen ab, meist schon im Sommer. Sauerstoffmangel und Chlorid-Anreicherungen (→ Chloridschäden) im Wurzelraum führen zu weiteren Störungen von Wurzelfunktionen und Wurzelwachstum sowie zu wesentlichen Veränderungen von Artenspektrum und Zahl der → Mikroorganismen im Boden. Durch die Wirkung von Salz verliert der Baum auch an Wuchsfähigkeit. Die Blätter werden kleiner. V. a. die Breite der → Jahrringe sinkt drastisch. Die Wasserversorgung verschlechtert sich, und die Bäume vergreisen schon in jungen Jahren. Empfindlich gegenüber S. sind v. a. Dgl, Fi und Hbu. Weniger empfindlich Ah, Bu, Kie, Pa und Pla.

Streuwiesen: S. gehören zu den → Feuchtgebieten und sind auf → Niedermooren und feuchten Mineralböden durch menschliche Nutzung entstanden. Sie werden nur einmal im Jahr (Herbst) gemäht. Diese Nutzungsweise ist ausschlaggebend für die Entwicklung einer artenreichen → Flora. Die getrockneten Pflanzen wurden früher als Strohersatz zum Einstreuen in den Ställen verwendet (→ Waldstreunutzung). S. sind → Standorte für charakteristische → Pflanzengesellschaften, die nur durch die bisherige Nutzungsweise erhalten werden können. So sind sie z. B. eine Zufluchtstätte für → Enzian und → Orchideen. Besonders die Pfeifengras-S. beherbergen über 30 vom → Aussterben bedrohte Pflanzenarten. Darüber hinaus sind sie auch Lebens- und Nahrungsraum für viele gefährdete Tierarten und beherbergen 250 bis 300 Tag- und Nachtfalterarten. Werden S. umgewandelt, öfter gemäht oder gar gedüngt, so gibt es für einen wesentlichen Teil der heimischen Pflanzen und Tiere keine Ausweichmöglichkeiten mehr. S. beliefern unsere Gewässer mit sauberem, gefiltertem Wasser und schützen das Grundwasser und somit auch unseren Trinkwasservorrat.

Strichfarn-Fichtenwald, der: → Kalkblock-Fichtenwald.

Stricken, das: alte Bez. für das Zusammenbinden der Flöße; → Flößerei.

Striegeliger Schichtpilz, der: → Porlinge 11.

Strigidae → Eulen A.

Strigiformes → Eulen A.

Strobe, die: → Kiefern 4.

Stroben(blasen)rost, der: von einem Rostpilz (*Cronartium ribicola*) hervorgerufene Pilzkrankheit. Ursprünglich kam dieser Blasenrost nur auf der Sibirischen Zirbelkiefer (→ Kiefern 5.) vor, ohne jedoch deren Bestände zu gefährden. Als das Verbreitungsgebiet der Weymouthkiefer (→ Kiefern 4.) das der Sibirischen Zirbelkiefer erreichte, griff der Pilz auf erstere und auch andere fünfnadlige Kiefern in allen Altersklassen über. Die Weymouthkiefer (Strobe) ist sehr empfindlich gegen den S.; einmal sichtbar befallene Bäume sind unrettbar verloren. Anfangs entstehen gelbliche Rindenverfärbungen, verdickte Zweigpartien und Harzfluß; später werden an der Stamm- und Zweigrinde Anschwellungen und blasig aufgetriebene Wucherungen sichtbar, und zwar besonders in den Astquirlen, aus welchen gelbe und rötliche → Sporen hervorbrechen. Diese befallen dann im Frühsommer Johannisbeerarten, die als Zwischenwirte dienen. Dort bildet der Pilz neue Sporen (Uredosporen; Uredoform), wodurch weitere Johannisbeer- und Stachelbeerarten infiziert werden. Es werden dann sog. → Basidiosporen gebildet, die wiederum die Weymouthkiefer und andere Kiefernarten befallen und dort wieder S. hervorrufen. Stark geschädigte Bäume sind zur Vermeidung von Wertverlusten rechtzeitig einzuschlagen und zu vermarkten.

Strobenritzenschorf, der: → Strobenschütte.

Strobenrost, der: → Stroben(blasen)rost.

Strobenschütte, die: durch den Pilz *Hypoderma brachysporum* (Strobenritzenschorf) verursachte Nadelkrankheit in Strobenbeständen aller Altersstufen, bei der sich im Sommer die Nadeln von der Spitze her bräunen. An den abgestorbenen Nadeln bilden sich perlschnurartig kurze schwarze Apothecien. Bei mehrjähriger Wiederholung können hexenbesenartige Gebilde entstehen; → Douglasienschütte, Fichtenschütte, Lärchenschütte, Kiefernschütte, Tannenschütte.

Strobenwollaus, die: → Blattläuse 12. und → Afterblattläuse.

Strobilomycetaceae → Schuppenröhrlinge.

Strobilurus → Zapfenrüblinge.

Stromer, Peter d. Ä. (ca. 1315 bis 3.12. 1388): auch Peter d. Ä. Stromeir, „Vater der Forstkultur“. Er war Nürnberger Rats- und Handelsherr sowie Montanunternehmer. Auf Grund der herrschenden Holznot und der großen Ödflächen, die durch Übernutzung und Brand im → Nürnberger Reichswald entstanden sind, unternahm P. S. von Ostern 1368 (9. April) an großzügige (erfolgreiche) Versuche einer planmäßigen Forstkultur im Gebiet der Nürnberger Reichswälder (auf mehreren hundert Morgen des Laurenzer Waldes) durch Aussaat von Tannen-, vermutlich auch Fichten- und Lbh-Samen, v. a. Föhrensamen. Ihm gelang, worum sich seit einem Mandat Kaiser Heinrichs VII. von 1309 zwei Generationen vergeblich bemüht hatten. Diese erfolgreichen Versuche erwähnt S. Halbbruder Ulman S. (1329 – 1407), der am 24. Juni 1390 die erste deutsche Papiermühle in Nürnberg gründete, in seiner um 1390/1400 verfaßten Schrift: „Püchel von meim geslecht und von abenteur“. Dieses Verfahren war damals nicht nur neu, sondern auch so erfolgreich, daß es durch den Rat der Stadt gefördert und in den kommenden Jh. weiter angewandt und verbessert wurde. Städte und Grundherren des In- und Auslandes begannen sich für diese Art des → Waldbaues zu interessieren, und → Tannensäer, durch die forstlichen Verwalter des Reichswaldes ausgebildet, zogen aus, um die gewonnenen Erkenntnisse und den Ruhm Nürnbergs durch Europa zu tragen; → Waldstromer, Waldinformationszentrum Tennenlohe.

Stropharia → Träuschling.

Strubbelkopfröhrling, der: → Schuppenröhrlinge 1.

Stru(c)k, der: alte (v. a. nordd.) Bez. für **1)** einen abgeschnittenen Trieb. **2)** einen Strauch. **3)** Baumstumpf bzw. Wurzelstock.

Struckenmalterer, der: alte Bez. für einen Waldarbeiter (Holzknecht) der die Stümpfe der Bäume zu → Maltern schichtete.

Strudde, die: alte Bez. für **1)** einen Baumstumpf des → Unterholzes. **2)** einen knorrig krumm gewachsenen Baum.

Struktur, die (Bestand(e)s-, Raum- und Waldstruktur): Die vertikale und horizontale Verteilung der → Waldbäume bedingen die innere S. von Beständen. Sie ist abhängig von → Baumalter, → Baumarten, Individuenzahl, Höhe, → Mischungsgrad, → Mischungsform, Durchmesserdifferenzierung, Schichtung und horizontalem Wechsel der → Bestand(e)sdichte. Sie ist im → Wirtschaftswald das Ergebnis der → Waldpflege. Die S. hat Einfluß auf Licht- und Wärmeverhältnisse, Windeinwirkung (→ Wind), → Stabilität, → Wasserhaushalt und Nachbarschaftswirkungen. Von einer Rotten-S. spricht man bei einer gruppenweisen Ausformung eines Stützgefüges um den stabilisierenden Funktionsträger, z. B. bei Fi im subalpinen Fichtenwald. Für die Wald-S. ist die räumliche Verteilung, S., Abgrenzung und Größe der Bestände von Bedeutung. Bestand(e)s- und Waldstruktur prägen → Landschaftsbild und → Landschaftshaushalt; → Durchforstung, Trupp, Horst, Rotte.

◂◂ Peter d. Ä. Stromer

Strukturdurchforstung, die: **1)** Pflegemaßnahme (→ Waldpflege), mit der schon in jüngeren Beständen eine → Stufigkeit erreicht werden soll durch Entnahme herrschender Bäume. Sie ist Voraussetzung für spätere → Zielstärkennutzungen. **2)** Auslese von → Zukunftsbäumen mit unterschiedlichen Durchmessern und Höhen und deren Begünstigung durch die → Durchforstung.

Strukturholz, das: österr. Bez. für → Vollholz (Massivholz).

Strunkameise, die: → Ameisen 1.

Strut: eine in Verbindung mit Lbh vorkommende historische Bez. für einen von einem Wasserlauf durchflossenen, feuchten Waldort.

Stubbe, die: → Stock, Stockholz.

Stucke, die: → Stockholz.

Stückholz, das: **1)** → Wagenschoße. Zum S. kann auch das sog. Kreuzholz (Viertelholz, Quartier) gerechnet werden; eine besonders in Frankreich für Harthölzer (→ Hartholz) übliche Form, die durch zwei im → Mark sich rechtwinklig kreuzende Schnitte erhalten wird. **2)** für die weitere Verwendung zerkleinertes → Brennholz. Ausgehend von 1 m langem Scheit wird am häufigsten 33 cm langes (zwei Schnitte) und 25 cm langes (drei Schnitte) „ofenfertiges“ Holz erzeugt.

Stücklohn, der: → Lohnformen.

Stückmaß, das: im Forstbetrieb Begriff für Messung und Inhaltsermittlung Stück für Stück. Es wird als Regel bei → Stämmen und → Abschnitten usw. zur Unterscheidung vom → Zählmaß angewandt.

Stück-Masse-Verhältnis, das: für die Holznutzung und insbesondere die Bringung ist die Anzahl der Stämme je Festmeter von Bedeutung. Zahlreiche schwache Stämme verursachen höhere Kosten als wenige starke.

Studentenröschen, das: → Herzblatt.

Stufenschluß, der: Staffelung der Baumkronen in verschiedenen Schichten; → Stufigkeit.

stufig: **1)** der Wuchs einer Pflanze, wenn Stärke und Höhe in richtigem Verhältnis stehen und die Pflanze insbesondere auch seitlich genügend beastet ist und sich nicht umlegt oder umbiegt. **2)** → Stufigkeit.

Stufigkeit, die: auch Stufung. Waldaufbau wird unterschieden nach:

1. Einschichtig (einstufig): In erster Linie ergeben sich einschichtige Bestände aus künstlich und natürlich eingebrachten, gleichhohen Bäumen, i. d. R. nur einer Baumart. Im Extremfall entstehen im Alter aus → Schatt(en)-baumarten Hallenbestände (Buchen- →Hallenbestand). Einen einschichtigen Aufbau in der Optimalphase findet man also auch unter Urwaldbedingungen. In der Aufbau- und Zerfallsphase allerdings entwickelt sich auch dort ein mehrschichtiger Aufbau.
2. Zweischichtig (zweistufig): Hier findet sich eine Oberschicht aus → Lichtbaumarten und eine Unterschicht aus Schatt(en)baumarten. Dadurch wird das Licht besser ausgenützt, mehr Windruhe im Bestandsinneren (Innenklima) erreicht. Zugleich ergibt sich u. a. eine Schaftpflege des Oberstandes, eine Standortspflege und eine Verhinderung von Vergrasung.
3. Mehrschichtig (mehr- oder vielstufig): Mehrschichtige Bestände werden mit Licht- und Schatt(en)baumarten gebildet. Im Schlaghochwald finden wir Mehrschichtigkeit bei langen → Verjüngungszeiträumen, v. a. bei femelartigen → Verjüngungen und im → Plenterwald. Ein solcher mehrschichtiger Bestand ist nicht mit allen Baumarten zu erreichen; bei Bu z. B. versucht jedes Individuum, die Oberschicht zu erreichen. Verhindert wird er auch bei Wassermangel und bei schlechter Nährstoffversorgung. Grundsätzlich unterscheidet man Ober-, Mittel- und Unterschicht; → (Baum-)Schichten. In der Oberschicht finden sich die wuchskräftigsten, die Leistungs- und Wertträger (z.B. Furniereichen). Hier wird das Wertholz erzeugt. In der Mittelschicht sind die Bestandsglieder angesiedelt, die versuchen, in die Oberschicht nachzustoßen bzw. abgesunkene Bestandsglieder aus der Oberschicht (umgesetzte Bestandsglieder). Die Unterschicht letztlich wird gebildet aus den Nachzüglern, Krüppeln, eventuell aus Naturverjüngung und Sträuchern. Die Vorteile der Unter- und Zwischenschicht sind Verhinderung der Vergrasung und Verhagerung, Erschließung der Bodenschichten (verschiedene Baumarten), Wertholzproduktion, Betriebssicherheit und Flexibilität. Im Wirtschaftswald sollen die Bäume der Oberschicht den Wertzuwachs liefern; die anderen Schichten haben dienende Funktion.

Zweischichtiger Bestand (→ Stufigkeit)

Auf Dauer läßt sich ein geschichteter Bestandsaufbau nur im Plenterwald und bei langfristigen Verjüngungsverfahren mit Vorausverjüngung schattenertragender Baumarten oder Nacheinbringung raschwachsender Lichtbaumarten nach → Räumung erhalten.

stufiger Waldaufbau → Stufigkeit, (Baum-) Schichten.

Stufung, die: → Stufigkeit.

Stühbusch, der: nordd. Bez. für → Niederwald bzw. → Eichenkratts.

Stuken, der (Stukenholz): → Stockholz.

Stummel, das: **1**) svw. → Störl. **2**) frühere Bez. für ein nur teilweise (meist an den Enden) verbranntes Fußscheit eines → Meilers.

Stümmel, das/der: → Dielenfloß.

Stummeln, das: Einkürzen der Sproßteile von → Forstpflanzen; → Sproßschnitt.

Stummelpflanze, die: auch Stutzpflanze. alte Bez. für Laubholzpflanzen, deren oberirdischer Teil dicht über den Wurzelknoten abgeschnitten wird. Die Wurzeln bleiben dabei vollständig. Solches Pflanzenmaterial wurde hauptsächlich zur Nachbesserung der → Eichenschälwälder sowie bei der Pflanzung von Rob verwendet. Häufig wurde das → Stummeln erst ein Jahr, bei Rob einige Jahre nach der Verpflanzung durchgeführt, wenn die Pflanzen bereits angewachsen waren. Die → Stockausschläge der gestummelten Pflanzen sind kräftiger als die Triebe der Kernwüchse; die nachgebesserten Pflanzen konnten daher von den benachbarten Pflanzen nicht überwachsen werden; → Vollpflanze.

Stümmelstück, das: → Dielenfloß.

Stummer Frosch, der: → Frösche 1.

Stumpen, der: → Stockholz.

Stumpf, Josef Carl, Dr. oec. publ. h. c. (2.12.1805 Würzburg bis 12.2.1877 Würzburg): S. war nach verschiedenen Verwendungen von 1841 bis 1847 Forstkommissar bei der Regierung in Würzburg, 1847 Forstmeister in Hammelburg und ab 1848 Professor und Direktor der Forstschule in Aschaffenburg. Von ihm stammt das Lehrbuch „Anleitung zum Waldbau“ (1849).

Stumpfblättrige(r/s) ... siehe unter dem jeweiligen Hauptnamen.

Stuppe, die: → Stockholz.

sturmfest: auch standfest, windfest. Bäume oder Bestände sind s., wenn sie starken Stürmen ohne großen Schaden widerstehen können.

Sturmholz, das: Das aus Sturmkatastrophen (→ Windbruch, → Windwurf) anfallende → Rohholz. Die Orkane des Jahres 1990 erreichten z. B. Ausmaße, wie es sie in der Forstgeschichte belegbar bislang nicht gegeben hat. Insgesamt fielen in den Wäldern rd. 72 Mio. m^3 S. an, davon 70 Mio. m^3 im bisherigen Gebiet der BR Dtschl. und 2 Mio. m^3 im Gebiet der neuen Bundesländer. Am meisten betroffen waren die Bundesländer Saarland (542 % des Normaleinschlages), Rheinland-Pfalz (390 %), Hessen (373 %), Bayern (258 %) und Baden-Württemberg (183 %).

Sturmhut, der: → Eisenhut 1.

Sturmriegel, der: quer zur Hauptgefahrenrichtung angelegter stabiler Bestandsstreifen aus Tiefwurzlern oder mit bestimmter → Struktur; → Sturmschutzwald.

Sturmschaden, der: → Windbruch, → Windwurf.

Sturmschutzwald, der (Nachbarschaftsschutzwald, temporärer → Schutzwald): Nach dem Bayerischen Waldgesetz (BayWaldG) ist S. jener Wald (Schutzwald), der benachbarte Waldbestände vor Sturmschäden schützt; → Sturmriegel, Windbruch, Windwurf.

Sturmwurf, der: → Windwurf.

Stürzen, das: Als S. bezeichnete man früher das waagerechte Durchsägen eines dicken, liegenden Stammes, um ihn besser transportieren zu können.

Stürzende, das: alte Bez. für das abgehauene Ende bei Reisigbunden.

Stürzpuppe, die: → Puppe.

Stützblätter → Hochblätter.

Stutzblatt-Weide, die: → Weiden 24.

Stützenzaun, der: → Gatter 1).

Stützsystem, das: Fähigkeit der Bäume in einem → Bestand, einer → Gruppe, einem → Trupp, einer → Rotte usw. sich gegenseitig zu stützen und ein Ausbiegen von Bäumen mit einem ungünstigen → H/D-Wert möglichst zu verhindern.

Stutzweide, die: → Weiden 24.

Subalpin-alpine Zwergstrauch-Gesellschaften und boreal-alpine Nadelwälder → Nadelwälder, boreal-alpine und subalpin-alpine Zwergstrauch-Gesellschaften.

Subalpin-alpine Zwergstrauch-Gesellschaften und Lärchen-Zirbenwälder (*Rhododendro-Vaccinienion*): pflanzensoziologischer Unterverband des Verbandes der → Fichtenwälder und Fichten-Tannenwälder (*Piceion abietis*) der Ordn. Boreal-alpine → Nadelwälder und Subalpin-alpine Zwergstrauch-Gesellschaften (*Piceetalia abietis*) aus der Klasse Boreal-alpiner → Nadelwälder und Zwergstrauch-Gesellschaften (*Vaccinio-Piceetea*). Er umfaßt die Subalpinen Lärchen-Zirbenwälder und die Alpenrosen-Gesellschaften. Die → Assoziation → Lärchen-Zirbenwald oder Zirbelkiefernwald (*Vaccinio-Pinetum cembrae = Larici-Pinetum cembrae = Larici-Cembretum*) kommt bis in Höhen von etwa 2400 m vor, ebenso die Assoziation → Rostblatt-Alpenrosen-Gebüsch (*Vaccinio-Rhododendretum ferruginei*); → Waldgesellschaften.

subalpine Stufe, die: → Vegetationsstufen.

Subarktisch-alpine Zwergstrauch-Gesellschaften → Arktisch-alpine Zwergstrauch-Gesellschaften.

Subatlantische brombeerreiche Gebüsche → Hecken und Gebüsche.

Suberin, das: ein Korkstoff, der sich den Zellwänden des Holzes anlagert und dadurch die Zellen schützt und festigt.

Subkontinentale Eichen-Steppenwälder → Flaumeichenwälder.

Subkontinentale Küchenschellen-Kiefernwälder → Kiefern-Steppenwälder.

Submediterrane Flaumeichenwälder → Flaumeichenwälder.

Submission, die: Verkaufsverfahren beim → Holzverkauf. Die S. wird i. d. R. in Fachzeitschriften oder in der Tagespresse bekanntgemacht. Die Gebotsabgabe erfolgt in schriftlicher und geheimer Form. Den Zuschlag erhält in einem öffentlichen Termin das höchste Angebot. Die S. wird im wesentlichen für die gleichen Holzarten und -sorten wie die → Versteigerung durchgeführt. Die Durchführung einer S. war während des Dritten Reiches verboten das Verbot wurde erst 1953 mit Bundesverordnung vom 23.9.1953 aufgehoben; → Freihandverkauf.

Submontaner Bach-Eschen-Erlen-Auenwald, der: → Hainmieren-Schwarzerlenwald.

submontane Stufe, die: → Vegetationsstufen.

subnivale Stufe, die: → Vegetationsstufen.

Subspezies, die: → Unterart.

Subtropischer Feuchtwald, der: In der Übergangsstufe zwischen den → tropischen Regenwäldern und den → Sommergrünen Laubwäldern treten Wälder mit Bäumen aus tropischen Fam. (z. B. Lorbeer- und Teegewächse) und aus den gemäßigten Breiten (z. B. Ei, Magnolien, Kast) auf. S. F. finden sich z. B. auf den Azoren, Kanaren, am Schwarzen Meer, in Ostasien, in Florida und auf Neuseeland; → Feuchtwälder.

Succisa → Abbiß.

Suckow, Laurenz Johann Daniel, Dr. (19.2.1722 Schwerin bis 26.8.1801 Jena): S. wurde 1756 in Jena zum Professor der Physik und Mathematik, später auch der Kameralwissenschaften (→ Kameralisten) ernannt. Er schrieb u. a.: „Einleitung in die Forstwissenschaft zu akademischen Gebrauche entworfen“ (1776).

Sudeten-Zwergmispel, die: → Ebereschen 7.

Südlicher Tüpfelfarn, der: → Tüpfelfarn.

Südlicher Wimperfarn, der: → Wimperfarn 1.

Sudwälder: Bez. für die früheren Wälder, deren Holz ausschließlich für die Bewirtschaftung der → Salinen verwendet wurde. Zum Betrieb der Salinen war Holz unentbehrlich. Die benötigten großen Holzmengen über Jahrhunderte hinweg haben auf die Nutzung und den Zustand der S. einen entscheidenden Einfluß ausgeübt und die forstwirtschaftliche Entwicklung maßgeblich bestimmt. Dies gilt insbesondere für die österr. und bayer. Salinengebiete. Für die Reichenhaller Saline wurde das Holz aus dem Gebiet des Tegern- und Schliersees auf der Mangfall und Schlierach herbeigetriftet (→ Trift). Der gesamte Bergwald im Einzugsbereich der Salinen unterstand einer Salinenverwaltung. Hinzu kamen noch Holzmengen aus den S. des österr. Pinzgaues. Über ausreichende Holzlieferungen, die für die Existenz der Salinenbetriebe lebensnotwendig waren, stellte man schon früh Überlegungen an, wie deren → Nachhaltigkeit gesichert werden konnte. Die eingeleiteten Maßnahmen führten letztlich dazu, daß der Zustand der S. stets besser war als der aller übrigen Wälder. In Reichenhall wurde bereits 1509 eine Wald- und Sudordnung erlassen, die für lange Zeit richtungsweisend war und auch die Grundlage für viele später erlassene Ordnungen bildete. Besonders nahm man sich der Fi an, deren leichtes Holz für die Trift am geeignetsten war. Durch den Forstsalineninspektor Franz Huber (1769 bis 1842) in Reichenhall wurde erstmals eine genaue Kartierung der salinarisch genutzten Wälder anfangs des 19. Jh. durchgeführt. Die Auswertung ergab eine Fläche von 106 000 ha, wovon 55 000 ha nutzbar waren. Die Gesamtfläche erhöhte sich nach Betrieb der Saline Rosenheim im Jahre 1810 auf insgesamt 180 000 ha; → Salinenkonvention.

Südwestdeutsche Tieflandskiefer, die: Standortrasse der Waldkiefer; → Kiefern 3.

Suhle, die: natürliches oder künstlich angelegtes schlammiges Wasserloch bzw. Tümpel, in dem sich → Rot- und → Schwarzwild suhlen (baden).

Sukzession, die: siehe Seite 712

Sukzessionswald, der: Die Wiederbewaldung von Brach- und Ödland im Zuge natürlicher → Sukzession führt zur Entstehung des S. Er bildet sich in Gebieten mit → Brachflächen.

Sumpf, der: meist grundwassernahe ständig feuchte Erdstelle mit eigener, dem nassen Standort angepaßter Pflanzenwelt. S. ist auch eines der Endstadien verlandender Seen; → Moor.

Sumpfbaldrian, der: → Baldrian 2.

Sumpf-Brennessel, die: → Brennessel 2.

Sumpf-Calla, die: → Drachenwurz.

Sumpf-Dotterblume, die: → Dotterblume.

Sumpfdotterblumen-Erlenwald, der (*Caltha palustris-Alnus glutinosa = Urtico-Alnetum*): auch Trockener Erlenbruch. pflanzensoziologische Gesellschaft der → Assoziation Torfmoos-Erlenbruchwald (*Sphagno-Alnetum glutinosae*) des Verbandes → Schwarzerlen-Bruchwälder (*Alnion glutinosae*) der Ordn. → Bruchwälder und Bruchweiden-Gebüsche (*Alnetalia glutinosae*). Diese → Waldgesellschaft tritt gelegentlich im Grenzbereich des → Walzenseggen-Erlenbruchwaldes (*Carici elongatae-Alnetum*) auf. Dort sind weder → Charakterarten des Verbandes der Schwarzerlen-Bruchwälder noch solche der → Hartholz-Auenwälder anzutreffen. Die Er und die beigemischten Es sind sehr wüchsig. Die Böden sind i. d. R. nicht mehr torfig, sondern humos-mineralisch. Die Sumpfdotterblume tritt regelmäßig auf.

Sumpffarn, der: → Lappenfarn 2.

Sumpf-Fieberklee, der: → Fieberklee.

Sumpffrosch, der: → Frösche 3.

Sumpfgas, das: → Biogas.

Sumpf-Gladiole, die: → Siegwurz.

Sumpf-Greiskraut, das: → Greiskraut 4.

Sumpf-Haarstrang, der: → Haarstrang 1.

Sumpfheide, die: → Erika 2.

Sumpfheidelbeere, die: → Heidelbeere 3.

Sumpf-Helmkraut, das: → Helmkraut 1.

Sumpf-Herzblatt, das: → Herzblatt.

Sumpf-Knabenkraut, das: → Knabenkraut 9.

Sumpf-Kratzdistel, die: → Kratzdistel 5

Sumpfkresse, Wilde, die: → Brunnenkresse.

Sumpf-Kreuzblume, die: → Kreuzblume 3.

Sumpf-Kreuzkraut, das: → Greiskraut 4.

Sumpf-Labkraut, das: → Labkraut 8.

Sumpf-Lappenfarn, der: → Lappenfarn 2.

Sumpfmeise, die: → Meisen 4.

Sumpfmoos, das: → Torfmoos.

Sumpfmoosbeere, die: → Heidelbeere 4.

Sumpfmücken → Stelzmücken.

Sumpfohreule, die: → Eulen A 4.

Sumpf-Pippau, der: → Pippau.

Sumpfporst, der: → Porst.

Sumpfreitgras, das: → Reitgras 2.

Sumpfrosmarin, der: → Rosmarinheide.

Sumpf-Schachtelhalm, der: → Schachtelhalm 5.

Sumpfschnepfe, die: → Schnepfenvögel 2.

Sumpf-Schwertlilie, die: → Schwertlilie.

Sumpf-Siegwurz, die: → Siegwurz.

Sumpf-Simsenlilie, die: → Simsenlilie.

Sumpfspirke, die: Unterart der BKie; → Kiefern 1.

Sumpfspitzmaus, die: → Spitzmäuse 8.

Sumpf-Sternmiere, die: → Sternmiere.

Sumpf-Storchschnabel, der: → Storchschnabel 3.

Sumpf-Streifenmoos, das (*Aulacomnium palustre* (Hedw.) Schwaegrichen): Das zur Fam. Sternmoose (*Mniaceae*) aus der Klasse → Laubmoose zählende S. ist vom Flachland bis in Höhen von etwa 3000 m verbreitet. Es wächst zerstreut bis selten auf sumpfigen Waldböden, in schwach bis stark sauren Heide- und Torfmooren, auf kalkfreien Sumpfwiesen und Naßwiesen sowie trockenen Torfmoosbulten, wo es kräftige, lockere, gelbgrüne Rasen bildet. Das S. ist durch den Rückgang geeigneter Standorte im Bestand bedroht. Die gelblich- bis olivgrünen, 5 bis 15 cm hohen Pflanzen haben einen starken rotbraunen Wurzelfilz. Die Stengel sind gabelig oder büschelig verzweigt. Die lanzettlichen, spitz zulaufenden Blätter sind 4 bis 5 mm lang, mit umgebogenem Blattrand und gezähnter Spitze. Das → zweihäusige Moos vermehrt sich durch → Sporen, die im Sommer reifen, und auch ungeschlechtlich durch reif abfallende Brutblättchen, die sich am farblosen Stengelende befinden. Die 3 bis 5 cm lang gestielte Sporenkapsel steht geneigt, ist eilänglich, gekrümmt, hochrückig, mit schief geschnäbeltem Deckel.

Sumpf-Torfmoos, das: → Torfmoos 1.

Sumpfveilchen, das: → Veilchen 7.

Sumpf-Vergißmeinnicht, das: → Vergißmeinnicht 2.

Sumpfwälder: allg. Bez. für Wälder, die auf Böden mit hoch anstehendem, langsam abfließendem Grundwasser stocken und kurzzeitig oder für längere Zeit (bis zu einigen Jahren) überschwemmt werden. Das anschließende oberflächliche Abtrocken des Bodens ist dabei bedeutend für die Sauerstoffversorgung, Stickstoffmineralisation und Samenkeimung. Typische S. sind die Erlenbruchwälder.

Sumpf-Weidenröschen, das: → Weidenröschen 3.

Sumpfwurz, die: → Drachenwurz.

Sumpfwurz, die (*Epipactis*): auch Stendelwurz. Gatt. der → Orchideen mit rd. 20 Arten in den gemäßigten Gebieten der nördlichen Halbkugel. Die bekanntesten einheimischen, auch in Wäldern wachsenden Arten sind:

1. Breitblättrige Stendelwurz, die (*Epipactis helleborine* (L.) Crantz = *E. latifolia* All.): auch Breitblättriger Waldstendel. Diese fast über ganz Europa verbreitete Gruppe ist ziemlich häufig und wächst verbreitet in Wäldern, besonders in krautreichen Eichen- und Buchenwäldern, in Nadelmisch und Auenwäldern, in Gebüschen, gelegentlich auch in westsubmediterranen Flaumeichenwäldern, auf frischen, nährstoffreichen, tiefgründigen, meist kalkhaltigen und auch lehmigen Böden; sie ist ein Lehmzeiger, v. a. in Buchen-Waldgesellschaften, aber auch in Hainbuchenwald- und Hartholz-Auenwald-Gesellschaften. Sie ist die Ordnungs- → Charakterart der mesophyti-

◂◂ Breitblättrige Stendelwurz (*Epipactis helleborine*)

Sumpfwald

Sukzession

Unter Sukzession versteht man die nicht saisonale Abfolge verschiedener → Pflanzengesellschaften auf ein und demselben → Standort als Reaktion auf die Veränderung von Standortfaktoren (→ ökologische Faktoren). Im → Wald vollziehen sich diese Veränderungen der Waldzusammensetzung langfristig nach einer von Standort und Ausgangslage bestimmten Abfolge in Stufen. Die verschiedenen Stadien, die dabei durchlaufen werden, sind durch bestimmte Strukturen und Waldzusammensetzungen gekennzeichnet. Der schließlich erreichte Waldzustand, die → Klimaxgesellschaft, ist verhältnismäßig stabil.
Die Besiedlung von bisher unbesiedeltem Substrat, z. B. vulkanisch, sedimentär oder durch Erosion entstandener Rohböden, nennt man primäre Sukzession. Sie beginnt mit einjährigen Pflanzen, setzt sich mit mehrjährigen Kräutern fort und endet in → Waldgesellschaften. Eine solche lief auch während der Wiederbewaldung nach der Eiszeit (→ Waldgeschichte) ab.
Unter sekundärer Sukzession versteht man die Entwicklung auf schon bewachsenem Substrat, so beispielsweise nach Waldbränden, → Kalamitäten. Dabei entsteht unter natürlichen Bedingungen langfristig wieder der alte Zustand.
Eine durch äußere Faktoren (z. B. Klimaänderung) bedingte Sukzession wird allogen genannt; wird sie durch das → Ökosystem selbst verursacht (z. B. durch die Boden- und Vegetationsentwicklung), nennt man sie autogen.
Ist die Sukzession auf eine Änderung der natürlichen Bedingungen zurückzuführen, nennt man sie natürliche, ist sie dagegen durch den Menschen verursacht, nennt man sie anthropogene Sukzession. Eine progressive Sukzession verläuft zu Gesellschaften mit höherer Komplexität und beginnt mit dem Initialstadium mit einer Zuführung oder Zuwanderung von relativ wenigen Pionierpflanzen oder sogenannten → r-Strategen. In deren Schutz entwickelt sich der Boden; weitere Arten wandern zu. Dabei kann es vorkommen, daß die vorhandenen Arten die einwandernden behindern oder aber fördern (→ Interferenz). Schließlich entsteht ein Wettbewerb zwischen den Arten. Die mutualistische Regulation (→ Konkurrenz, → Symbiose) führt dazu, daß am Ende der Entwicklung nur noch die passenden Arten vorhanden sind. Das über verschiedene Sukzessionsstadien erreichte Endergebnis, der Klimax, ist vom Standort abhängig.
Eine regressive Sukzession läuft zu weniger strukturierten und weniger hoch organisierten Vegetationseinheiten, so z. B. bei Klimaverschlechterungen. Durch menschliche Eingriffe können bestimmte Sukzessionsstadien festgehalten werden. So wird durch das Mähen von Wiesen verhindert, daß wieder Wald entsteht, und durch die → Durchforstung kann die Entwicklung verlangsamt oder beschleunigt werden (→ Waldbrand, Waldgefügetypen).

▸▸ Wald besiedelt einen Trockenrasen.

schen buchenwaldartigen Laubwälder Europas und wächst v. a. in den unteren bis mittleren Gebirgslagen, ist jedoch bis in Höhen von etwa 2000 m anzutreffen.
Die **Schmallippige S.** (*E. h. ssp. leptochila*) wächst in wärmeren Buchenwäldern, besonders im Waldgersten-Buchenwald und Kalk-Buchenwald auf frischen Standorten.
Müllers S. (*E. h. ssp. muelleri* = *E. muelleri*) wächst in xerothermen submediterranen Flaumeichen-Wäldern und subkontinentalen Eichen-Steppenwäldern , auch in Seggen-Buchenwäldern (Differentialart) und ist ein Mergelbodenzeiger.
Die B. S. ist eine sehr vielgestaltige Artengruppe. Die ausdauernde, 20 bis 50 (100) cm hohe Pflanze hat einen runden, oft kurvig gebogenen und rötlich überlaufenen Stengel, am Grund mit zwei bis vier hellbräunlichen Schuppenblättern und vier bis 12 Laubblättern. Diese stengelumfassenden, lanzettlichen bis breit-eiförmigen Laubblätter sind dunkelgrün, 7 bis 17 cm lang, 3 bis 10 cm breit, auf den Nerven rauh, die mittleren groß und länger als die Stengelglieder. Sie werden nach oben zu immer lanzettlicher, und die oberen sind tragblattartig. BZ: Juni bis September. Die grünlichen, oft rötlich überlaufenen, rosaroten oder rötlichen Blüten stehen in einer lockeren, reichblütigen, fast einseitswendigen Traube (→ Blütenstand). Sie sind vor dem Aufblühen nickend, glockenförmig, zuletzt weit geöffnet, etwas nach → Baldrian riechend. Die Deckblätter sind länger als die Blüten. Die eiförmigen → Kelchblätter sind 8 bis 12 mm lang und 4 bis 8 mm breit; die seitlichen → Kronblätter etwa 7 bis 11 mm lang.
2. Violette Stendelwurz, die (*Epipactis purpurata* Sm. = *E. sessilifolia* Peterm.= *E. violacea* (Dur.) Boreau): auch Violettrote Sumpf- oder Stendelwurz. Die über West- und Mitteleuropa verbreitete V. S. kommt in Dtschl. nur sehr zerstreut vor und ist ziemlich selten. Sie wächst in schattigen Laub-, Laubmisch- und Nadelwäldern, v. a. in Buchen-Waldgesellschaften wie z. B. im Waldmeister-Tannen-Buchenwald, auf tiefgründigen, frischen bis mäßig feuchten Böden, bis in Höhen von etwa 1000 m.
Die mehrjährige, etwa 30 bis 80 cm hohe V. S. ist der Breitblättrigen Stendelwurz sehr ähnlich. Ihre lanzettlichen, unterseits purpurnen Laubblätter sind jedoch kleiner, etwa 5 bis 8 cm lang und 1 bis 2,5 cm breit, die mittleren Stengelblätter kaum länger als die Stengelglieder. Die grünlichgelben Blüten mit der weißen Lippe, in deren Vertiefung viel Nektar ist, sind oft rosa überlaufen und stehen in einer dichtblütigen, langen Ähre.
3. Braunrote Stendelwurz, die (*Epipactis atrorubens* (Hoffm.) Schultes = *E. rubiginosa* (Crantz) Gaudin = *E. atropurpurea* Raf.): auch Braune S., Rotbrauner Waldstendel, Strandvanille. Die zerstreut fast über ganz Europa verbreitete B. S. wächst in lichten Wäldern, besonders Eichen-Kiefernwäldern, boreal-subkontinentalen Kiefern-Steppenwäldern, Schneeheide-Kiefernwäldern und Alpenrosen-Latschengebüschen (Verbands-Charakterart), Seggen-Buchenwäldern, an Waldrändern, auf Halbtrocken- und Magerrasen sowie auf Sanddünen, auf trockenen, sandigen, meist kalkhaltigen Böden, bis in eine Höhe von etwa 2200 m.
Die ausdauernde, 20 bis 80 cm hohe Pflanze hat einen runden, oft kurvig gewachsenen, rötlich überlaufenen, oben flaumig-weichhaarigen Stengel mit zwei bis drei Schuppenblättern und fünf bis 11 steif abstehenden,

großen, breit-lanzettlichen und spitzen, fast stengelumfassenden, oft zweizeilig angeordneten Laubblättern, die meist über 5 cm lang, länger als die Stengelglieder und 1 bis 4,5 cm breit sind. BZ: Juni bis August. Die Blüten stehen in einem dicht kurzhaarigen, acht- bis 18blütigen, einseitswendigen, lockeren, ährigen Blütenstand, der stark nickt, solange die Blüten noch geschlossen sind. Die unteren Deckblätter sind länger als die Blüten. Die nickenden, braunroten bis purpurroten, nach Vanille duftenden Blüten haben drei äußere, lanzettliche, 6 bis 8 mm lange Blütenblätter und zwei innere hellere Blütenblätter. Der Fruchtknoten ist flaumig.

4. Kleinblättrige Stendelwurz, die (*Epipactis microphylla* (Ehrh.) Schwartz): auch Kleinblättrige S. Die über Teile Nord-, West- und Mitteleuropas verbreitete K. S. ist selten und wächst in schattigen Laubwäldern, krautreichen Laubmischwäldern, Seggen-Buchenwäldern (Charakterart), Hainbuchen- und west-submediterranen Flaumeichenwäldern, in Gebüschen und gelegentlich auch in Nadelwäldern, auf frischen, nährstoffreichen, meist kalkhaltigen Böden, bis in Höhen von etwa 1700 m.

Die K. S. ist der Braunroten Stendelwurz sehr ähnlich. Der 15 bis 50 cm hohe Stengel hat zwei bis drei Schuppenblätter am Grund und drei bis 12 lanzettliche, graugrüne, violett überlaufene Laubblätter, die schmal-lanzettlich bis breit-eiförmig, meist kürzer als 4 cm und manchmal alle scheidig stengelumfassend sind. BZ: Mai bis August. Die nickenden, duftenden, grünlichen und violett überlaufenen Blüten stehen in einem dicht kurzhaarigen, 5 bis 20 cm langen, vier- bis 25blütigen Blütenstand. Der gestielte Fruchtknoten ist dichthaarig. Die fünf Blütenblätter neigen sich glockenförmig zusammen.

Süntelbuche, die: Spielart der Bu mit stark gedrehten und verkrüppelten Wuchsformen, die v. a. im Süntel, einem nieders. Bergland nördlich von Hameln, zwischen Weser und Deister, anzutreffen ist. Ähnliche Wuchsformen sind auch aus dem Jura, aus Hessen, Rheinland-Westfalen und anderen Gegenden bekannt; → Krüppelbuchen, Krausenbuchen.

Susannl, das: → Ehrenpreis 2.

Sus scrofa → Wildschwein.

Süße(r/s) ... siehe unter dem jeweiligen Hauptnamen.

Süßfarn, der: → Tüpfelfarn.

Süßgräser (Gramineen, *Gramineae, Poaceae*): systematische Bez. für eine weltweit verbreitete Fam. aus der Klasse der → einkeimblättrigen → Bedecktsamer. Es handelt sich um schlanke, krautige → Samenpflanzen mit rd. 8000 Arten in rd. 700 Gatt., davon über 200 Arten in Dtschl. Bei den einjährigen oder ausdauernden Pflanzen sind die Halme in Knoten und Internodien gegliedert; die unscheinbaren Blüten stehen in Ähren (→ Blütenstand) und → Ährchen. In der Umgangssprache werden die S. auch kurz → Gräser genannt; → Riedgräser, → Waldgräser. Bekannte einheimische Gatt. der Fam. S. sind u. a. → Blaugras, → Reitgras, → Rispengras, → Perlgras, → Trespe, → Flattergras, → Schmiele, → Schwingel, → Straußgras, → Zwenke.

Süßholz, Wildes, das: → Tragant 1.

Süßkirsche, die: → Prunus 1.

Süßwurzel, die: → Tüpfelfarn.

Sustainable development: Seit der Rio-Konferenz 1992 für die internationale Völkergemeinschaft verbindliche, umfassende politische Zielbestimmung, die in den 27 Grundsätzen der Rio-Deklaration 12mal enthalten ist (Leitfaden für die → Agenda 21). Der Begriff wird unterschiedlich übersetzt: nachhaltige Entwicklung, dauerhafte Entwicklung, dauerhafte und umweltgerechte Entwicklung, nachhaltig zukunftsverträgliche Entwicklung; → Nachhaltigkeit.

Swende, die: → Riese.

Sylvander: Pseudonym von Heinrich Christian von Brocke; → Forstliches Schrifttum.

Sylva subterra → Steinkohlenwälder.

Sylve, die: → Silve.

Sylviidae → Grasmücken.

Sylvikultur, die: in Anlehnung an Agrikultur geprägtes Wort für die Waldwirtschaft, meist im Sinne von Waldkultur auf traditioneller und ökologischer Grundlage verwendet; im Ggs. zu → Lignikultur, der Plantagenwirtschaft.

Symbiose, die (griechisch: *Syn, sym* = zusammen, gemeinschaftlich, *bios* = Leben): Ziehen beide Partner (Symbionten) Vorteile aus der Beziehung, spricht man von S. Diese unterteilt man in → Allianz, → Mutualismus und S. im engeren Sinne. Bei einer S. i. e. S. sind beide Partner voneinander abhängig, z. B. bei den → Flechten, der → Mykorrhiza oder den Wurzelknöllchen. Weitere S. sind: S. zwischen → Bakterien und → Samenpflanzen (Wurzelknöllchen der → Leguminosen); S. zwischen chlorophyllhaltigen → Algen und niederen Tieren; S. zwischen Bakterien bzw. Geißeltierchen und → Insekten; S. zwischen Samenpflanzen und Tieren, die für die Blütenbestäubung sorgen; S. zwischen verschiedenen Tieren, z. B. Termiten (Wohnung) und → Ameisen (Schutz) und → Blattläusen (Honigtau), Einsiedlerkrebsen (Nahrungserwerb) und Seerosen; → Symphilie. Einzeln können diese Lebewesen kaum existieren; → Kommensalismus, Parasitismus.

Symphilie, die: Form des → Mutualismus, bei dem ein Partner dem anderen Wohnung, Nahrung oder Schutz gewährt und von ihm dafür Leistungen, wie Drüsensekrete oder Säfte erhält. S. besteht z. B. zwischen → Ameisen und → Blattläusen und zwischen → Insekten und → Pflanzen (z. B. → Ameisenpflanzen); → Symbiose.

Symphyla → Zwergfüßer.

Symphytum → Beinwell.

sympodial: Zweige wachsen s., wenn der Scheitel des Muttersprosses nach gewisser Zeit sein Wachstum einstellt und die jeweils obersten, sich kräftig entwickelnden Seitensprosse ihren Muttersproß übergipfeln, wobei jedoch meist nur ein Seitensproß zur Entwicklung kommt und sich in die Richtung der Muttersproß-Achse einstellt und so das System der Verzweigung fortsetzt; → monopodial.

Synanthropen: S. sind → Pflanzen, die durch den Menschen in ein Gebiet gelangt sind; → Hemerobien.

Syndrom, das: ein Krankheitsbild, das sich aus dem Zusammentreffen verschiedener charakteristischer → Symptome ergibt.

Synergismus, der: i. w. S. das Zusammenwirken verschiedener Stoffe oder Faktoren in der Weise, daß die Gesamtwirkung größer ist als die Summe der Wirkung der Einzelkomponenten. Im Zusammenhang mit der Wirkung von Schadeinflüssen wird unter S. somit eine vervielfachte Gesamtschadwirkung verstanden. → Luftverunreinigungen, z. B. → Schwefeldioxid und → Ozon können auf Pflanzen eine synergetische Schadwirkung haben. Es wird angenommen, daß durch Ozon die Wachsschicht sowie die Zellmembranen von Blättern und Nadeln so angegriffen werden, daß sie Schwefeldioxid in sehr aggressiver Weise zu schädigen vermag.

Synökie, die: Bei dieser Art der Vorteilsnahme besiedelt eine Art die Wohn- oder Nistbauten einer anderen Art (Einmietung), ohne daß dieser ein Schaden entsteht. Kaninchenbauten dienen so z. B. Eiderenten als Nistgelegenheit.

Synökologie, die: → Ökologie.

Synusie, die: → Vegetationseinheit, deren Arten einer → Lebensform angehören und unter einheitlichen Standortbedingungen eine einheitliche Physiognomie aufweisen, z. B. Zwergstrauch- oder Baumschicht im Nadelwald.

syringa → Flieder.

Syringa, der: → Flieder.

Syrosem, der: Rohboden aus verschiedenen Ausgangsgesteinen mit erst gering entwickeltem Humushorizont, dessen Eigenschaften noch weitestgehend mit jenen des Muttergesteines identisch sind. Bei der weiteren Bodenentwicklung können daraus – je nach Muttergestein – verschiedene Böden entstehen, z. B. → Rendzinen, → Paradendzinen, → Braunerden, → Podsol.

Syrphidae → Schwebfliegen.

Systematik, die (griech.): ein Teilgebiet der speziellen Zoologie (Tier-S.) und Botanik (Pflanzen-S.), das sich mit den verwandtschaftlichen Beziehungen der Organismen (Abstammungslehre) und ihrer hierarchischen Gliederung beschäftigt. Diese übersichtliche Erfassung der Organismen in einem Ordnungsgefüge (System) beginnt bei der → Art als systematische Grundeinheit. Als jeweils nächsthöhere Einheiten folgen Gatt., Fam., Ordn., Klasse und Abteilung (Zoologie: Stamm). Zur Benennung der Tiere und Pflanzen bedient sich die S. der → Nomenklatur. Begründer der S. ist Carl von → Linné.

systemische Mittel: Bez. für verschiedene → Pflanzenschutzmittel, die gegen saugende und fressende Schädlinge sowie gegen → Bakterien, → Milben und → Pilze eingesetzt werden. Diese Mittel werden über Wurzel, Blätter oder Stengel im Gefäßsystem der Pflanze transportiert. Sie diffundieren von Zelle zu Zelle, ohne die Pflanze selbst zu schädigen. Nichtsaugende Insekten sind kaum gefährdet; → Unkrautbekämpfung.

Szilla, die: → Blaustern.

T

TA: Kurzzeichen für Tanne nach DIN 4076.
Tabanidae → Bremsen.
Tachinidae → Raupenfliegen.
Tafelborke, die: → Borke, die sich im Ggs. zur üblichen → Schuppenborke in breiten Platten ablöst und abgeworfen wird, z. B. von Pla und Eib.
Tafelente, die: → Enten 5.
Tafelwerk, das: → Schießen der Stämme.
Tag der Umwelt → Internationaler Umwelttag.
Tag des Baumes: Die Forstorganisation der UNO beschloß Ende November 1951, ihren 68 Mitgliedsstaaten zu empfehlen, einen „Weltfeiertag des Baumes" zu begehen. Diese Anregung wurde auch von der → Schutzgemeinschaft Deutscher Wald aufgenommen. In Gemeinschaft mit anderen Verbänden und Vereinigungen beging sie in der BR Dtschl. im April 1952 zum ersten Mal den „T. d. B.". Der erste Bundespräsident der BR Dtschl., Prof. Dr. Theodor Heuß, pflanzte am 25. April im Hofgarten zu Bonn einen Ahornbaum. Er nahm in den folgenden Jahren mehrmals an den Feierstunden zum T. d. B. teil. Er bekundete damit als erster Repräsentant des Staates die lebenswichtige Bedeutung des Waldes. Als Sinnbild des Lebens und der Walderhaltung werden seitdem alljährlich am 25. April in Stadt und Land Bäume gepflanzt; → Arbor Day, → Waldtag (Internationaler), → Baum des Jahres.

Das Tagpfauenauge, ein Tagfalter, zählt zur Familie der → Edelfalter.

Tag(e)werk, das: → Tagwerk.
Tagfalter (*Diurna*): auch Tagschmetterlinge. zusammenfassende Bez. für die am Tage, meist bei Sonnenschein fliegenden → Schmetterlinge. T. sind in den meisten Fällen an den am Ende keulen- oder knopfartig verdickten Fühlern zu erkennen. Fast alle T. sind prächtig gefärbt und haben in der Ruhe aufgerichtete Flügel. Sie sind eifrige Blütenbesucher. Die → Raupen besitzen 16 Beine, sind überwiegend auffallend bunt gefärbt; ihre → Puppen sind Stürz-, bei einigen Arten auch Gürtelpuppen. Die T. werden in Echte T. (weltweit über 13 000 Arten, in Mitteleuropa 200), hierzu gehören die Fam. → Ritterfalter, → Weißlinge, → Augenfalter, → Edelfalter und → Bläulinge, und in Unechte T., mit der Fam. → Dickkopffalter eingeteilt. Bis auf die Weißlinge stehen bei uns alle T. unter Naturschutz; → Nachtfalter.
Tag-Lichtnelke, die: → Nachtnelke.
Tagpfauenauge, das: → Edelfalter 21.
Tagschmetterlinge → Tagfalter.
Tagwerk, das (Tagewerk): altes Flächenmaß im südd. Raum (Bayern, Baden) statt → Morgen; 3407,27 m^2 (ca. 0,34 ha), unterteilt in Dezimal = 1/100 T.
Taiga, die: → Borealer Nadelwald.
Tälle, die: auch Thäle, Dale. alte schweizerische Bez. für die Waldkiefer; → Kiefern 3.
Tallöl, das: bei der Herstellung von → Zellstoff aus Kiefernholz, in geringem Maße aus Fichtenholz, anfallendes Nebenprodukt, hauptsächlich aus Harzsäuren (rd. 30 %) und Fettsäuren (rd. 55 %) bestehend. Es wurde früher zum Leimen einfacher Papierarten benutzt und wird heute u. a. in der Lackfabrikation verwendet.
Talstern, der: → Sterndolde 1.
TA-Luft, die: „Technische Anleitung zur Reinhaltung der Luft (TA-Luft)", enthält Vorschriften, die die zuständigen Behörden bei der Genehmigung und bei der Überwachung von Anlagen zu beachten haben. Sie ist eine Ausführungsverordnung des → Bundesimmissionsschutzgesetzes. Die TA-Luft gibt Definitionen, schreibt die Genehmigungsverfahren vor, setzt die Grenzwerte von → Immissionen im Nahbereich von Neuanlagen fest und bestimmt die Meßverfahren, Meßstellendichte und Meßhäufigkeit sowie Schornsteinhöhen und die laufende Überwachung. Die Grenzwerte sollen dem Stand der Technik entsprechen und müssen deshalb regelmäßig fortgeschrieben werden.
Tamariske, Deutsche, die: → Rispelstrauch.
Tamus → Schmerwurz.
Tanacetum → Wucherblume.
Tangel: alte, mundartliche Bez. für die → Nadeln der Ta, Fi, Kie und Lä; tangeln = Nadeln verlieren; Tangelholz = Ndh.
Tangelbaum, der: auch Tanger. alte mundartliche Bez. für die Waldkiefer (→ Kiefern 3.); → Tangel.
Tangelholz, das: → Tangel.
Tangelhumus, der: eine bis 1 m hohe und saure Rohhumusauflage im Bereich der alpinen Zwergstrauchregion (→ Krummholzzone) und der subalpinen Wälder. Die schwerzersetzliche Nadelstreu reichert sich unter den kühlfeuchten Klimabedingungen an.
Tangentialschnitt, der (Bretter-, Flader-, Sekantenschnitt): ein neben dem → Querschnitt und → Radialschnitt geführter Schnitt (Sehnenschnitt) bei der Zerkleinerung eines Baumstammes. Während der Radialschnitt ein Längsschnitt durch die Stammachse ist, wird der T. senkrecht dazu geführt. Ein T. und zwei Radialschnitte bilden deshalb ein Dreieck. Er wird am häufigsten in der holzverarbeitenden

Industrie, z. B. bei der Erzeugung von Brettware oder → Furnieren, angewendet. Der an einem → Brett oder Furnier sichtbare Holzaufbau der Ndh und der ringporigen Lbh, insbesondere der Jahrringbau erscheint beim T. als „Fladerung" bzw. als „Streifen" (→ Maserung). Die Textur des T. spielt in der Möbelindustrie für dekorative Zwecke eine große Rolle.

Tankholz, das: zum Betrieb von Holzgas-Generatoren (Fahrzeugmotoren) benötigtes Holz. Je nach Bauart des Holzvergasers und nach Holzart werden hierzu Holzschnitzel von ca. 20 x 20 x 20 bzw. bis zu 40 x 50 x 50 mm benötigt. Benzin, Diesel- und Schweröl haben das T. jedoch verdrängt.

Tann, der: mundartliche Bez. für einen großen Wald (Forst).

Tanne, die: seit dem Mittelalter bekannte Bez. (Sammelname) für alle → Nadelbäume. Hiervon abgeleitet sind die Bez. Rottanne für Fi und Tannenbaum für den Weihnachtsbaum, bei dem es sich meist um eine Fi handelt; → Picea.

T a n n e n: siehe Seite 716 ff.

Tannenaffe, der: → Eichhörnchen.

Tannenbärlapp, der: → Bärlapp 3.

Tannenblättling, der: → Lenzites-Pilze.

Tannenborkenkäfer, der: → Borkenkäfer 17. und 18.

Tannen-Buchenwälder → Buchenwälder, → Bergmischwald.

Tannendüsterkäfer, der: → Düsterkäfer.

Tannen-Feuerschwamm, der: → Feuerschwämme 5.

Tannenflämmling, der: → Flämmlinge 3.

Tannengall(en)läuse → Blattläuse.

Tannen-Glucke, die: → Keulenpilze.

Tannenhäher, der: → Rabenvögel 3.

Tannenhexenbesen, der: → Tannenkrebs, → Hexenbesen, → Rädertannen.

Tannenknospe, die: Bez. für die als Arzneimittel verwendete → Knospe der Waldkiefer (→ Kiefern 3.).

Tannenknospenwickler, der: → Wickler 7.

Tannenkrebs, der: durch den Rostpilz *Melampsorella caryophyllacearum* hervorgerufene Erkrankung bei Ta (T.: *Pucciniastraceae*). Sind austreibende → Knospen mit Pilzsporen infiziert, entwickeln sie sich nicht normal, sondern wachsen zu mehrjährigen (bis über 20 Jahre) → Hexenbesen (Tannenhexenbesen) aus. An deren → Nadeln entstehen → Sporen, die dann einen Zwischenwirt (verschiedene Nelkengewächse wie Hornkräuter und → Sternmieren) befallen. Der dort entstandene Pilz bildet erneut → Sporen, die wiederum Ta infizieren; schließlich bilden sich an Stamm und Ästen der Ta krebsartige Wucherungen; → Rädertannen, Baumkrebs.

Tannenkrebsglasflügler, der: → Glasflügler.

Tannenkropf, der: Bez. für die Krebsbildung an der Ta; → Tannenkrebs.

Tannenlaus, die: → Blattläuse 10.

Tannenläuse → Blattläuse.

Tannenmarder, der: → Marder 1.

Tannenmeise, die: → Meisen 2.

Tannen-Mischwälder → Fichten-Tannen-Wälder, zwergstrauchreiche.

Tannen-(Misch-)Wälder, artenreiche → Labkraut-Tannenwälder.

Tannenmoos, das (*Abietinella abietina* Carl Müller): häufiges und bis über die → Waldgrenze verbreitetes → Laubmoos, wächst auf trockenen, sonnigen Kalk- und Sandböden, und bildet lockere, gelbgrüne bis braungrüne Rasen. Die niederliegenden, 5 bis 12 cm langen Stengel sind tannenähnlich (Name!), regelmäßig einfach gefiedert, mit blattähnlichen Auswüchsen. Die etwa 1 mm langen, eiförmigen bis lanzettlichen, kurz zugespitzten Blätter sind im oberen Teil sehr fein gezähnt, im unteren Teil mit einer eingeschlagenen Blattseite und zwei bis vier Längsfalten am Grunde. Die kräftige Blattrippe endet vor der Blattspitze. Die → Sporen des selten fruchtenden T. reifen im Frühjahr. Die seitenständige, 1 bis 3 cm lang gestielte Sporenkapsel steht fast aufrecht, ist braun und zylindrisch, mit kegeligem Deckel.

Tannennadelbräunepilz, der (*Trichosphaeria parasitica* = *Herpotrichia parasitica*): Durch den Befall des Pilzes (Blattparasit) verfärben sich ältere und jüngere → Nadeln der Ta im unteren Kronenbereich hellbraun. Viele tote Nadeln hängen an einzelnen Myzelfäden von den Zweigen herunter. Das weiße → Myzel ist auf der Zweigachse und der Nadelunterseite erkennbar. Befallen werden Ta im Dickungs- und Stangenholzalter, v. a. unterdrückte Jungwüchse.

Tannennadelmotte, die: → Motten 8.

Tannenpfeil, der: → Schwärmer 1.

Tannenporst, der: → Porst.

Tannenreizker, der: → Milchlinge 9.

Tannenritzenschorf, der: → Tannenschütte.

Tannenrüßler, der: → Rüsselkäfer 10.

Tannensäer (Dannensäer): frühere Bez. für besonders ausgebildete Fachleute, die die Kunst des „Tannensäens" beherrschten und von Nürnberg aus durch fast ganz Mitteleuropa zogen. Das Tannensäen geht auf den Nürnberger Peter → Stromer zurück. Die T., ein neu entstandener Berufszweig, waren gehobene Angestellte der Nürnberger Forstverwaltung, die das bis dahin völlig unbekannte Pflanzgeschäft zum Wohle der Stadt Nürnberg bis zum Dreißigjährigen Krieg ausführten. Einige von ihnen, wie Hans Schaller und Kunz Hülpühel, brachten es dabei zu hohem Ansehen. Die T. reisten mit Gefolge, führten das Saatgut (v. a. Kiefernsaat, aber auch Fichten- und Weißtannensaat) mit und überwachten bzw. leiteten die Arbeiten. Erstmals 1426 wurde Nürnberger Saatgut im Frankfurter Stadtwald gesät, 1457 – auf Kaiser Maximilians Befehl – im Wienerwald, 1468 im Rheinland, 1483 im badischen Schwarzwald, 1485 in Ungarn, 1496 in Sachsen, 1514 in Holland, 1540 in Böhmen, 1547 bei Jülich und 1570 in den österr. Alpen.

Tannensamen-Gallmücke, die: → Gallmücken 7.

Tannenschütte, die: durch den Pilz *Lophodermium nervisequium* = *Hypodermella nervisequia* (Tannenritzenschorf) aus der Fam. *Hypodermataceae* verursachte Nadelkrankheit (Braunfärbung) an den älteren Nadeln der Tannen. Die Nadeln färben sich im Mai/Juni gelb und fallen allmählich ab. Die T. ist ohne wirtschaftliche Bedeutung; betroffen sind v. a. Jungwüchse; → Fichtenschütte, Lärchenschütte, Douglasienschütte, Kiefernschütte, Strobenschütte.

Tannensterben, das: Erkrankung der Ta (Weißtanne), die diese Baumart bereits ge-

Jungtannen

bietsweise vernichtet hat. Die in den natürlichen Verbreitungsgebieten der Ta bereits seit Jh. bekannte Erscheinung dürfte früher durch besonders ungünstige Witterungsereignisse ausgelöst worden sein. Stärker wurde sie dann etwa ab 1860 in Sachsen beobachtet. Seit Beginn der 70er Jahre dieses Jh., besonders ab 1976, hat sich das T. besorgniserregend verstärkt, wobei offensichtlich nicht Witterungseinflüsse, sondern → Immissionen verantwortlich sind. Befallen werden v. a. ältere Bestände. Typische Symptome sind das Verkahlen der Zweige und Verlichten der Krone, Storchennestbildung (→ Storchennest), das Ausbilden einer Sekundärkrone durch → Wasserreiser (Klebäste), die schließlich ebenfalls absterben, und der Verlust des Mykorrhizabesatzes (→ Mykorrhiza). Im unteren Stammteil zeigen sich zudem häufig nasse, übelriechende Flecken im Holz (pathologischer → Naßkern). Schließlich stirbt der ganze Baum, oft nachdem sich auch die Stammrinde abgelöst hat. Dem Absterben geht meist ein langjähriges Kränkeln mit stark herabgesetztem Stärkezuwachs voraus; → Waldschäden, Waldschadenserhebung.

Tannen-Teufelsklaue, die: → Bärlapp 3.

Tannentrieblaus, die: → Blattläuse 11.

Tannentriebwickler, der: → Wickler 6.

Tannenwälder: Die größten zusammenhängenden weitgehend aus Ta bestehenden Wälder finden sich im → Schwarzwald, im → Bayerischen Wald und in Thüringen sowie in den Schweizer Alpen. Meist handelt es sich hierbei nicht um reine T., sondern um → Tannen-Mischwälder. Reine T. mit alten, mächtigen, bis zu 50 m hohen Ta sind noch bei Kälberbronn im Nordschwarzwald, bei Gersbach im Südschwarzwald und bei Zwiesel im Bayer.

Tannen

Gattung

Die Tannen gehören zu der etwa 40 Arten umfassenden Gattung *Abies* der Koniferen (→ Nadelbäume) aus der Familie der → Kieferngewächse (*Pinaceae*). Sie sind seit dem Tertiär (→ Erdzeitalter) bekannt und über die gemäßigten Gebiete, vor allem die Gebirge der Nordhalbkugel verbreitet. Der Aufbau der Tanne ist sehr symmetrisch; sie haben durchgehende gerade Stämme, in Scheinquirlen stehende Äste, wachsen meist pyramidenförmig und werden bis zu 65 m hoch. Die schmallineal- bis nadelförmigen Blätter (→ Nadeln) sind ledrig, relativ groß, stehen zerstreut, schraubig oder zweizeilig und haben unterseits zwei weißliche Wachsstreifen (Spaltöffnungsstreifen). Da sie keine Nadelkissen haben, hinterlassen sie beim Abfall glatte → Blattnarben. Tannen sind → einhäusig, ihre Blüten → eingeschlechtig und der → Pollen besitzt zwei Luftsäcke. Die Zapfen stehen aufrecht und weisen häufig lange schmale Deck- und breite holzige Samenschuppen (mit je zwei Samenanlagen) auf. Sie reifen im ersten Jahr und zerfallen bei Reife. Die → Samen sind einseitig geflügelt und haben stets eine Harzkammer. Der lateinische Name *Abies*, der erstmals bei Plinius (23 – 79 n. Chr.) in der „Naturalis historia" auftaucht, geht vermutlich auf das indogermanische Wort „abh" zurück, was „strotzend" bedeutet und sich auf die stolze Wuchsform der Tanne beziehen dürfte; → Picea. Der Name „Tanne" kommt vom mittelhochdeutschen Wort „tanne", dem althochdeutschen „tanna", dem altsächsischen „danna", und führt vermutlich auf das germanische Wort „danwō" zurück, wobei bemerkenswert ist, daß das mittelhochdeutsche und althochdeutsche Wort „tan(n)" gleichbedeutend mit Wald ist.

Weißtanne
(Abies alba)

1. Weißtanne

Abies alba Miller = *A. pectinata* (Lam.) De Candolle wird auch Edeltanne, Tanne, Silber-, Schwarzwaldtanne, lokal auch Taxenbaum, Tax-, Kreuz-, Rauchtanne genannt. Der Name Weißtanne nimmt auf die weißgraue Färbung der Rinde der Zweige, der → Borke und des Holzes Bezug, ebenfalls das lateinische Epitheton *alba* = weiß.

Verbreitung

Die Weißtanne ist eine mittel- und südeuropäische, vor allem in den Gebirgen und Mittelgebirgen Mittel-, Süd- und Osteuropas, aber auch Frankreichs, der Balkanhalbinsel, der Karpaten und Polens verbreitete Pflanze. In Mitteleuropa kommt sie vor allem in den geschützten Lagen des Bayerischen Waldes, Schwarzwaldes, Frankenwaldes, Juras, der Vogesen und der Alpen vor.

Standort

Die Weißtanne, die ursprünglich in der montanen (besonders zwischen 700 und 1000 m), seltener in der subalpinen → Vegetationsstufe wuchs. ist in den Mittelgebirgen und Gebirgen nun bis in Höhenlagen von 1400 m, im Apennin bis 1800 m, in den Zwischenalpen bis 1900 m und in den Französischen Seealpen sogar bis 2000 m Höhe anzutreffen, bildet aber nirgens die → Waldgrenze. Sie wächst in spätfrostgeschützten, luftfeuchten, niederschlagsreichen, sommerwarmen Klimalagen, besonders in schattigen Lagen (an West- und Nordhängen). Die Weißtanne gedeiht auf frischen, kühlen, mittel- bis tiefgründigen, nährstoffreichen, humosen, lockeren, gut durchlüfteten und drainierten, lehmigen und tonigen Böden, aber auch auf basischen bis mäßig sauren steinigen Böden; vernäßte, saure und trockene Böden sind ungeeignet. Sie vermag mit ihrer Pfahlwurzel dicht gelagerte wechselfeuchte Böden zu durchdringen und trägt dadurch zur Stabilisierung von auf solchen Böden labilen Fichtenbeständen bei. Sie ist eine ausgesprochene → Schatt(en)baumart, zählt zu unseren anspruchsvollsten Waldbäumen, bildet Reinbestände (vor allem in Höhen von 400 bis 900 m) oder wächst vergesellschaftet mit Fichte, gelegentlich auch mit Waldkiefer, Eiche oder Lärche. Sie wächst in montanen Buchenwald-Gesellschaften, ist die vorherrschende Baumart in den Labkraut-Tannenwäldern und, mit der Fichte, in den zwergstrauchreichen Fichten-Tannen-Wäldern. Sie gedeiht auch gut in Hainsimsen-Buchenwäldern und luftfeuchten west- und mitteleuropäischen Eichen-Birkenwäldern. Da die Weißtanne gutes Holz liefert, wird sie auch forstlich angepflanzt.

Merkmale

■ Die Weißtanne ist ein immergrüner Nadelbaum mit kräftigem, meist geradem Stamm. Die junge Tanne bildet je nach Standort im vierten bis achten Lebensjahr ihren ersten Astquirl. Sie wächst bis zum 15. Lebensjahr sehr langsam, verträgt längere Zeit auch starke Überschirmung; ihr Wachstum ist dann rascher, läßt dann mit ca. 100 Jahren wieder nach. Im → Wirtschaftswald erreicht sie eine Höhe von 30 bis 40 m, eine Stammstärke von etwa 1 m, sowie ein Alter von 180 bis 200 Jahren. Die → Umtriebszeit beträgt 100 bis 150 Jahre. Im → Urwald kann sie eine Höhe von 50 bis 65 m (eine der höchsten einheimischen Baumarten), eine Stammstärke von bis zu 2 m oder sogar 3 m, und ein natürliches Höchstalter von 600 Jahren erreichen.

■ Im → Bestand wird die Tanne sehr langschäftig mit hochangesetzter → Krone, während sie im → Freistand fast bis zum Grunde beastet ist und auch → Abholzigkeit auftreten kann. Die Krone ist bei jüngeren Bäumen ziemlich gleichmäßig und kegelförmig, im Alter wird sie dann abgeflachter und zu einer sogenannten Storchennestkrone (→ Storchennest), wobei die Seitenäste den Gipfeltrieb überragen. Durch die dichte, schattenspendende Krone schützt sie den Boden vor Austrocknung durch Sonne und Wind. Die Weißtanne bildet ein tiefes, herzförmiges Wurzelsystem (→ Herzwurzeln) und auf günstigen Standorten eine typische → Pfahlwurzel aus. Durch ihre ausgesprochene Wurzelintensität und deren bodenaufschließende Wirkung ist sie der waldbaulich wertvollste Nadelbaum und von großem ökologischem Wert. Das tiefgehende Wurzelwerk macht sie auch relativ sturmfest und vergleichsweise sturmfester als die Fichte.

■ Die Rinde der Weißtanne ist bei jungen Bäumen glatt, graubraun bis dunkelgrau und mit Harzblasen versehen. Bei älteren wird sie dann zu einer relativ dünnen, silbergrauen bis weißgrauen (Name: Silbertanne, Weißtanne), in eckige Schuppen zerreißenden → Tafelborke. Die Äste, die in Scheinquirlen etagenartig stehen, gehen im unteren Stammbereich waagerecht ab oder stehen hängend, im oberen Bereich sind sie schräg aufwärts gerichtet. Die Spitzen der Äste sind etwas nach oben gebogen. Die graubraunen bis hellbraunen Zweige sind dunkel, dicht und kurz behaart, die älteren Zweige dann kahl. Die zu mehreren am Ende der Zweige stehenden Winterknospen sind harzlos, eiförmig, vorne leicht abgerundet, etwa 3 bis 5 mm lang und hell rotbraun; sie fallen später nicht ab.

■ Die nadelförmigen Blätter sind biegsam, 15 bis 30 mm lang (sproßunterseits länger als oberseits), 2 bis 3 mm breit und abgeflacht, oberseits glänzend dunkelgrün, mit schwach eingesenkter Mittelrippe. Die ebenfalls dunkelgrüne Unterseite weist zwei bläulichweiße Spaltöffnungsstreifen auf und eine erhabene Mittelrippe. Tannennadeln sind an der Spitze deutlich ausgerandet, meist jedoch eingekerbt, nicht stechend, am Grunde leicht stielartig verschmälert mit scheibenförmig verbreiterter, grüner Basis, und dem Zweig aufsitzend. Sie stehen etwas gedreht und sind schraubig am Zweig angeordnet; sie sind v- oder kammförmig aufgerichtet, an den Schattenzweigen gescheitelt. Nach einer Lebensdauer von sieben bis elf Jahren fallen sie dann einzeln ab und hinterlassen kreisrunde bis breit-elliptische, flache Narben am Zweig, weshalb sich dann die kahlen Zweige glatt anfühlen.

■ Die Weißtanne ist → einhäusig und erreicht im Freistand mit 30 bis 40, im Bestandsschluß (→ Schluß) mit 60 bis 70 Jahren die → Mannbarkeit und trägt dann je nach Klima alle zwei bis sechs Jahre reichlich Samen. Die Blütezeit ist im Mai/Juni; ihre eingeschlechtigen Blüten befinden sich im Spitzenbereich der Krone. Die männlichen Blüten stehen in zylindrischen, etwa 20 mm langen und 6 mm breiten, häufig etwas gebogenen, gelben bis gelbbraunen, am Grunde mit zahlreichen, bräunlichen Schuppen versehenen Kätzchen (→ Blütenstand). Diese stehen dicht gedrängt, jedes in einer Nadelachsel an der Unterseite vorjähriger Triebe, meist schräg abwärts gerichtet. Die zahlreichen → Pollen haben je zwei Luftsäcke. Die weiblichen Blütenstände, bleichgrüne, aufrecht stehende, etwa 2 bis 5 cm lange, ca. 1 cm breite Zäpfchen, sind am Grunde von zahlreichen bräunlichen Schuppen umgeben und befinden sich vereinzelt (nicht endständig), fast nur in der Wipfelregion, auf der Oberseite vorjähriger Triebe. Die → Bestäubung erfolgt durch den Wind.

■ Die im ersten Jahr (Ende September/Anfang Oktober) reifenden → Zapfen sind anfangs grünlich, später orangebraun, schließlich hell- bis rötlichbraun, walzenförmig, etwa 10 bis 16 cm lang, 3 bis 4 cm breit, an beiden Enden etwas verschmälert, und stehen aufrecht. Sie haben spatelförmige, im oberen Teil gezähnte Deckschuppen mit einem grannenartigen, zurückgebogenen Fortsatz, der die Samenschuppen überragt. Kurz nach der Reife lösen sich Schuppen und Samen von der verholzten Zapfenspindel, die noch lange, oft noch Jahre, stehen bleibt, und fallen ab. Der relativ große, terpentinreiche Samen ist ca. 6 bis 10 mm lang, dreieckig, dunkelbraun, glänzend, weich, mit deutlichen Harztaschen. Er ist mit dem asymmetrischen, dreieckigen, 8 bis 10 mm langen und ca. 6 mm breiten, brüchigen Samenflügel fest verwachsen. 1 kg Samen enthält ca. 21 300 Samenkörner. Ein Hektoliter Zapfen wiegt grün etwa 25 bis 30 kg und liefert 2 bis 3 kg reinen Samen. Beim Abfall wirkt der Samenflügel wie ein Propeller und rotiert um den als Schwerpunkt fungierenden Samen. Diese sogenannten Schraubenflieger gleiten dann, fortgetragen von seitlichen Luftströmungen, zur Erde. Soll von bestimmten → Samenbäumen ausgewähltes → Saatgut für den forstlichen Anbau gewonnen werden, müssen die Zapfen vor dem Zerfall von Hand geerntet werden (→ Zapfenpflücker, → Gesetz über forstliches Saat- und Pflanzgut, → Klenge). Der Samen ist etwa zu 40 bis 50 Prozent keimfähig und bleibt es etwa sechs Monate. Gesät im Frühjahr läuft er nach ca. vier bis sechs Wochen auf.

■ Die flachen → Keimblätter haben oberseits je zwei weiße Streifen, stehen waagrecht ab und zu vier bis acht, meist zu fünf Stück, im Quirl. Die kleinen hellgrünen Erstlingsnadeln weisen unterseits zwei helle Streifen auf.

Waldbau

Außerhalb ihres natürlichen Verbreitungsgebietes wird die Weißtanne häufig forstlich angepflanzt. Ihr Anteil am deutschen Wald geht jedoch immer mehr zurück und beträgt nur noch ca. 2 Prozent; in Österreich beträgt ihr Anteil ca. 5 Prozent und in der Schweiz noch ca. 20 Prozent. Da die Weißtanne ein Schatten- und Humuskeimer ist, kann auch im Bestand, wo nur wenig Licht bis zum Boden gelangt, eine → Naturverjüngung erfolgen; meist erfolgt sie im Schutz des Mutterbestandes, im Plenter- oder Femelschlagbetrieb (→ Plenterwald, → Femelwald), auch → Saat und → Pflanzung werden angewandt. Die Weißtanne ist sehr empfindlich gegen Dürre und Frost, vor allem Spätfrost, ferner ist sie durch → Tannenkrebs, Wildverbiß (→ Verbiß) und durch das → Tannensterben, das in den letzten Jahren zu katastrophalen Verlusten führte, gefährdet. Die Weißtanne ist gegen Luftschadstoffe (→ Luftverunreinigung, → saurer Regen) hochempfindlich. Sie wird von Tannenborkenkäfern (→ Borkenkäfer 17. und 18.), dem Tannentriebwickler und Tannenknospenwickler (→ Wickler 6. und 7.), der Tannenwurzellaus und Tannentrieblaus (→ Blattläuse 7. und 10.) sowie dem Tannenrüßler (→ Rüsselkäfer 10.) heimgesucht.

Holz

Die Weißtanne ist ein → Reifholzbaum. Das Holz (ohne Kernfärbung) ist gelblichweiß bis grauweiß oder etwas rötlich, leicht, weich, elastisch, trocknet schnell, schwindet wenig und arbeitet gering. Es ist harzfrei, hat eine relativ gleichmäßige Struktur, ist aber weniger gut bearbeitbar, besonders weniger hobelfähig und auch nicht so beliebt wie das der Gemeinen Fichte. Weißtannenholz findet als Werk- oder → Bauholz, für Dielen, Schindeln (→ Schindelholz), Kisten und Schachteln, zudem in der Möbel- und Papierherstellung, und als Resonanzholz für Musikinstrumente (z. B. Orgeln und Geigen) Verwendung.

Wirtschaftliche Nutzung und Bedeutung als Heilpflanze

Als → Weihnachtsbaum und für → Schmuckreisig ist die Tanne sehr geschätzt. In den Vogesen wurde früher durch Anschneiden der Stammrinde eine Mischung aus Harz (→ Harze) und → ätherischen Ölen gewonnen, die als „Straßburger Terpentin" gehandelt wurde. Aus den Nadeln der Weißtanne wird ein Extrakt (sogenanntes Fichtennadelextrakt) und Öl (sogenanntes → Fichtennadelöl) gewonnen, das für die Herstellung von Farben eine Rolle spielt und in der Naturheilkunde verwendet wird. Das Einatmen von Tannen-

Weißtannen

nadelöl und auch des aus den Zapfen gewonnenen Tannenzapfenöles schafft bei Asthma, Husten und Katharren der Atmungsorgane und der Rachenhöhle Erleichterung. Auch für Einreibungen bei Gicht, Ischias, Hexenschuß und Rheumatismus leistet das Tannenzapfenöl gute Dienste. Eine Abkochung junger Tannennadeln dient als wassertreibendes und blutreinigendes Mittel.

2. Küstentanne
Abies grandis (D. Douglas) Lindley wird auch Riesentanne und Große Küstentanne genannt.

Verbreitung
Die Heimat der Küstentanne sind die Gebirgswälder des westlichen Nordamerika, besonders von Vancouver Island bis Nord-Kalifornien, ostwärts bis Idaho und West-Montana. Sie wurde vom schottischen Botaniker David Douglas (1799 – 1834) an der Mündung des Columbia River entdeckt und 1830 nach England gebracht. In Mittel- und Nordeuropa wird sie stellenweise forstlich angepflanzt und ist auch in Parkanlagen und Arboreten (→ Arboretum) anzutreffen.

Standort
Sie ist eine Halbschatt(en)baumart und wächst häufig am Ufer der Ströme auf feuchten, tiefgründigen, nährstoffreichen, gut drainierten Böden. Im übrigen wird sie bei genügender Frische fast mit jedem Bodentyp fertig. Sie ist auch kalkverträglich und von Meereshöhe bis in Höhenlagen von 1600 m, meist jedoch zwischen 900 und 1500 m anzutreffen.

Die Nordmannstanne wird gerne als Zierbaum in Gärten angepflanzt.

Merkmale
■ Der große, immergrüne Nadelbaum von anfangs schlank säulenförmigem Wuchs, hat eine schlanke, kegelförmige Krone, die später etwas breiter wird. Er ist raschwüchsig, besonders im Alter zwischen 10 und 25 Jahren, und erreicht in Europa eine Wuchshöhe von 40 m, in seiner Heimat über 70 m; in Montana soll er sogar fast 100 m erreichen. Die Küstentanne ist somit eine der höchsten Tannenarten und zählt auch zu den höchsten Nadelbäumen der Welt.
■ Der kräftige Stamm wird 1,20 bis 1,50 m, in Nordamerika auch über 2,00 m stark. Das Wurzelsystem ist tiefgreifend. Die an jungen Bäumen braungraue, glatte, häufig mit zahlreichen Harzblasen versehene Rinde wird dann an älteren Bäumen zu einer bis 5 cm dicken, dunkelgrauen, tiefgefurchten und kleinschuppigen → Borke. Die in regelmäßigen Scheinquirlen stehenden Äste stehen zunächst waagrecht ab, sind später dann hängend, häufig an den Enden wieder aufsteigend. Die älteren Zweige sind grau- bis rotbraun, die glatten, olivgrünen jungen Triebe kahl oder zerstreut mit feinen kurzen Haaren besetzt. Die eiförmigen bis kurz-zylindrischen Knospen (im Spätherbst an jungen Pflanzen violett) sind 2 bis 6 mm lang, mit dichtschließenden, sehr harzigen, rotbraunen Knospenschuppen.
■ Die schraubig angeordneten, nadelförmigen Blätter stehen streng horizontal zweizeilig gescheitelt, wobei die oberen kürzer sind als die auf der Sproßunterseite. Sie erweisen sich als sehr dünn (dünner als bei anderen Tannen) und weich, sind vorne etwas ausgerandet, oberseits glänzend, mittel- bis dunkelgrün, unterseits mit zwei silbrigen Wachsstreifen, am Rande nach unten eingerollt, 3 bis 6 cm lang, 2 bis 3 mm breit und duften beim Zerreiben aromatisch nach Mandarinen.
■ Die Küstentanne ist einhäusig, erreicht mit ca. 50 Jahren die Mannbarkeit und blüht dann von April bis Mai. Die eingeschlechtigen Blüten befinden sich nur im oberen Kronenbereich. Die gelben männlichen Blütenstände sind etwa 1,2 bis 1,8 cm lang, die gelbgrünen weiblichen 2 bis 3 cm lang. Die Zapfen, die bereits im August/September zerfallen, sind, gemessen an der Größe des Baumes, relativ klein. Sie sind rötlichbraun, zylindrisch, zur Spitze hin etwas verschmälert, etwa 6 bis 10 cm lang, 3 bis 4 cm breit und haben völlig von den rundlichen Samenschuppen verdeckte Deckschuppen. Der Samen ist etwa 1 cm lang und 1 bis 1,5 cm lang geflügelt.

Waldbau
Da die Küstentanne in Mitteleuropa winterhart und raschwüchsig, unter günstigen Verhältnissen sogar außerordentlich raschwüchsig ist, ist sie als Waldbaum interessant. Sie treibt spät aus, ist genügsam und verträgt in der Jugend mehr Licht und mehr Trockenheit als andere Tannenarten, jedoch weniger Beschattung als die Weißtanne. Außer durch Spätfröste, hohe Anfälligkeit gegen Hallimasch und Wildverbiß (→ Verbiß) ist sie kaum gefährdet. Sie kann vergesellschaftet mit Buche, Fichte, Sitkafichte und Douglasie gepflanzt werden.

Holz
Das weiche, wenig dauerhafte Holz findet in der Tischlerei, als → Bauholz, Spanholz, → Faserholz und als Massenware Verwendung.

3. Nordmannstanne
Abies nordmanniana wird auch Kaukasus-Tanne genannt. Sie ist im westlichen Kaukasus und im armenischen Hochland verbreitet und wächst besonders auf tiefgründigen, humosen, nährstoffreichen, gut drainierten Lehmböden in Höhenlagen zwischen etwa 1000 bis 1500 m (bis 2200 m ansteigend). Die Nordmannstanne erreicht Baumhöhen zwischen 40 bis 50 m und → Brusthöhendurchmesser von 1 m und darüber. Die Krone ist anfangs schmal und wird später breit kegelförmig. Der Stamm hat eine graubraune bis schwarzgraue Plattenborke. Die Äste stehen in regelmäßigen Scheinquirlen waagerecht ausgebreitet. Die jungen Zweige sind gerieft, olivgrün bis graubraun, dunkel behaart und verkahlen später. Die etwa 2 bis 3 cm langen Nadeln sind vorne leicht ausgerandet, linealisch, deutlich gefurcht, oberseits dunkelgrün glänzend, unterseits mit zwei weißen Stomabändern, sehr dick, zweizeilig angebracht und etwas nach vorne gerichtet. Die fast kugeligen, 1 cm großen, zahlreichen männnlichen Blüten befinden sich blattachselständig an den Zweigunterseiten. Die weiblichen Blütenstände sind gelbgrün und ca. 3 cm lang. Die zylindrischen Zapfen finden sich nur in der Gipfelregion älterer Bäume. Sie sind oben etwas zugespitzt, 12 bis 20 cm lang, 4 bis 5 cm breit, mit Harztropfen. Die Zapfen bleiben lange grün und sind zuletzt bräunlich. Die Blütezeit ist April bis Mai, die Samenreife September/Oktober. Die in Europa auch forstlich kultivierte oder als Parkbaum angepflanzte Nordmannstanne bleibt in ihrer Heimat bis zu einem Lebensalter von 400 Jahren völlig gesund. Das Holz ist dem der Weißtanne sehr ähnlich und findet die gleiche Verwendung. Sie verträgt strenge Winter schlecht und leidet unter Wildverbiß und Tannentriebläusen (→ Blattläuse 11.). Die Nordmannstanne ist nicht nur ein großer, prächtiger Zierbaum, sondern wegen ihrer kräftigen, dichten Zweige, schönen Nadeln, vor allem aber wegen deren Haltbarkeit, ein zunehmend beliebter Weihnachtsbaum.

▶▶ Zweige der Nordmannstanne (*Abies nordmanniana*)

◂◂ Grüngefelderter Täubling *(Russula virescens)*

Speisetäubling *(Russula vesca)*

◂◂ Stinktäubling *(Russula foetens)*

Speitäubling *(Russula emetica)*

Wald anzutreffen. Die Tier- und Pflanzenwelt der T. deckt sich in etwa mit der der → Fichtenwälder.

Tannenwurzellaus, die: → Blattläuse 7.

Tannicht, das: auch Tännicht. alte mundartliche Bez. für ein Tannenwäldchen; → Tannenwald.

Tännling, der: alte mundartliche Bez. für eine junge Tanne.

Tariffestmeter, der: schweizerische Bez. für → Vorratsfestmeter.

Tarifmeßwinkel, der: → Bitterlichscher Visiermeßwinkel.

Tarifpreis, der: → Taxverkauf.

Tarifstunden: Stunden, für die der Lohn gemäß Manteltarifvertrag für Waldarbeiter (→ Tarifverträge) gezahlt bzw. fortgezahlt wird. Unter gewissen, im Tarifvertrag näher bezeichneten Voraussetzungen können auch andere ausgefallene Arbeitsstunden, soweit für sie nicht der Lohn gezahlt bzw. fortgezahlt wird, als T. anerkannt werden. Zur Berechnung der Tariftage wird die Summe der T. eines Kalenderjahres durch 7,7 geteilt.

Tarifverträge: Forstliche T. für Waldarbeiter der Länder werden zwischen der Tarifgemeinschaft deutscher Länder (TdL), der Vereinigung kommunaler Arbeitgeberverbände und der Land- und Forstwirtschaftlichen Arbeitgebervereinigung einerseits sowie der Großen Tarifkommission der Industriegewerkschaft Bauen, Agrar, Umwelt (früher GGLF) andererseits abgeschlossen. T., die die Waldarbeiter der Kommunen betreffen, werden zwischen dem Verband kommunaler Arbeitgeberverbände und der Industriegewerkschaft Bauen, Agrar, Umwelt ausgehandelt, falls diese nicht die öffentlichen T. übernehmen. T. für die Waldarbeiter des Privatwaldes werden länderweise zwischen den Land- und Forstwirtschaftlichen Arbeitgebervereinigungen und der Industriegewerkschaft Bauen, Agrar, Umwelt abgeschlossen. In der staatlichen Forstverwaltung sind für den Abschluß von Arbeitsverträgen folgende T. von Bedeutung:

1. MTW: Manteltarifvertrag für Waldarbeiter der Länder und der Mitglieder der Kommunalen Arbeitgeberverbände Baden-Württemberg, Rheinland-Pfalz, Saarland und Schleswig-Holstein.
2. LTW: Lohntarifvertrag für Waldarbeiter der Länder.
3. ZusTV-W: Tarifvertrag über eine Zuwendung für Waldarbeiter.
4. VersTV-W: Tarifvertrag über die Versorgung der Waldarbeiter der Länder.
5. Urlaubsgeld TV-W: Tarifvertrag über ein Urlaubsgeld für Waldarbeiter und Auszubildende.
6. Zeitnehmer TV-W: Tarifvertrag über die zusätzliche Regelung von Arbeitsbedingungen für Waldarbeiter bei Zeitaufnahmen.
7. EST: Tarifvertrag über die Entlohnung von Holzerntearbeiten nach dem → Erweiterten Sortentarif.
8. HEZ: Tarifvertrag über die Entlohnung von Holzerntearbeiten im Zeitlohn.
9. HGT: Tarifvertrag für Holzerntearbeiten im Hochgebirge (Hochgebirgstarif); gilt für die Waldarbeiter verschiedener Hochgebirgsforstämter im Bereich der bayer. Forstdirektionen Schwaben und Oberbayern für die Entlohnung von im Stücklohn auszuführenden Holzerntearbeiten; → Lohnformen.

Tarnung, die: Täuschung von Räubern durch Farbwechsel, Farbanpassung und Gestaltauflösung, z. B. Birkenspanner, Rohrdommel; → Mimikry.

Tasthaare → Haare.

Taubecherl, das: → Frauenmantel.

Taubeere, die: → Heidelbeere 1.

Tauben-Grindkraut, das: → Skabiose.

Taubenkropf, der (*Cucubalus*): auch Beerennelke, Hühnerbiß. Gatt. der → Nelkengewächse mit einer Art in den gemäßigten Zonen Eurasiens.

Taubenkropf, der (*Cucubalus baccifer* L.): auch Hühnerbiß, Beeren-T., Gemeiner T. Der über Mittel- und Südeuropa verbreitete T. ist in Dtschl. ziemlich selten. Nicht zu verwechseln mit dem Taubenkropf-Leimkraut (*Silene vulgaris*), das in Dtschl. teilweise recht häufig ist. Der T. wächst in Gebüschen, Auwäldern, Hecken und in Flußtälern auf nährstoffreichen Schlickböden.

Die mehrjährige Pflanze hat bis 200 cm lange, sparrig verzweigte, dünne, zerbrechliche, dicht-kurzhaarige, klimmende Stengel. Die kurzgestielten, gegenständigen (→ Blattstellung), hellgrünen Blätter sind eiförmig bis länglich und zugespitzt. BZ: Juli bis September. Die Blüten, die end- und blattwinkelständig in lockeren → Blütenständen stehen, haben fünf tief zweiteilige, grünlichweiße, 15 bis 17 mm lange → Kronblätter und einen später kropfartig aufgeblasenen Kelch. Die Frucht ist eine anfangs rote, später schwarz glänzende, 6 bis 8 mm lange Scheinbeere.

Taubenschnäbel → Gundermann.

Tauben-Skabiose, die: → Skabiose.

Täublinge (*Russula*): mit rund 250 Arten weltweit verbreitete Gatt. der → Ständerpilze. Sie zählen zu unseren auffälligsten und häufigsten Pilzen (→ Blätterpilze). Die meisten einheimischen T. sind Speisepilze. Allen T. gemeinsam sind das mürbe, bröckelige, trockene Fleisch ohne Milchsaft und die weißen bis dunkelgelben, spröden und bei leichtem Druck bereits splitternden → Lamellen. T. sind Mykorrhizapilze und wachsen daher nur in Wäldern, Parkanlagen, Zwergstrauchtundren und Mooren. Verschiedene Arten sind an bestimmte Baumarten (z. B. an Bi, Er, Bu, Hbu, Ei, Fi, Kie) gebunden. Die wichtigsten sind:

1. **Grüngefelderter Täubling**, der (*Russula virescens*): auch Gefelderter Grüntäubling. Sommerpilz, der von Juli bis August (auch im September) in kalkarmen Laubwäldern, besonders unter Bu, Bi und Ei vorkommt. Der Speisepilz, der roh und gebacken schmackhaft ist, kann leicht mit dem Grünen Knollenblätterpilz (→ Wulstlinge 6.) verwechselt werden. Die Bekleidung des 6 bis 15 cm breiten, erst kugeligen, später verflachenden Hutes reißt frühzeitig auf und zerlegt sich in kleine Felder. Der Hut ist anfangs grünspanfarben, später oft gelblich bis weißlich verblassend. Der 2 bis 3 cm dicke und bis 10 cm hohe Stiel ist etwas längsgerunzelt, nach oben erweitert und nach unten häufig verjüngt. Der Pilz schmeckt roh nußartig und ist sehr mild.

2. **Speisetäubling**, der (*Russula vesca*): auch Fleischroter Speisetäubling. Der S. ist einer unserer häufigsten Täublingsarten und wächst ab Mai bis Oktober in sandigen Laub- und Nadelwäldern, besonders unter Ei und Bu. Der bis 10 cm breite Hut ist jung kugelig, dann flach gewölbt bis ausgebreitet mit vertiefter Mitte. Neben dunkelfleischroten gibt es flache Formen mit nur schwacher Rottönung. Die Oberhaut ist bis zur Hälfte vom Hut abziehbar. Der ca. 1,5 bis 2,5 cm dicke und 4 bis 7 cm hohe Stiel hat eine weißliche Oberfläche, an der Basis ist er meist rostfleckig. Das Fleisch ist weiß, fast geruchslos, häufig aber madig. Die Sporenpulverfarbe ist weiß. Der S. ist ein guter Speisepilz.

3. Wieseltäubling, der (*Russula mustelina*): Der oft ab Juli massenhaft auftretende Pilz wächst in bodensauren Bergnadelwäldern mit Fi und Ta. Der 7 bis 16 cm breite Hut ist anfangs kugelig, später breitet er sich flach aus oder ist trichterförmig vertieft. Vom dunkelnußbraunen Hut kann man die Haut nur am Rande abziehen. Der 5 bis 12 cm lange Stiel weist Höhlungen auf und färbt sich, wie die Lamellen, sahnefarben. Der gute Speisepilz kann bis Oktober gesammelt werden.

4. Stinktäubling, der (*Russula foetens*): Der widerlich riechende S. wächst von Juli bis Oktober gesellig in Laub- und Nadelwäldern. Er hat einen 7 bis 15 cm breiten Hut, der anfangs fast kugelförmig ist und im Alter verflacht. Die Riefen des alten Hutes reichen vom Rand bis zur Hutmitte. Die hellgelbbraune bis ockerbraune Haut ist anfangs und bei feuchtem Wetter sehr schmierig, sonst trocken glänzend. Die dünne Haut läßt sich abziehen. Die Schneide der gelblichen Lamellen ist dicht mit klaren Wasserperlen besetzt, die später eintrocknen und dunkle Flecken bilden. Der walzenförmige oder bauchige Stiel ist ca. 6 bis 11 cm hoch und 2 bis 3,5 cm dick. Er ist hart, hat eine weiße Oberfläche und wird bald hohl. Das Fleisch ist weißlich bis blaßbräunlich, schmeckt sehr scharf und kann bei Genuß Erbrechen hervorrufen.

5. Brauner Ledertäubling, der (*Russula integra*): Der gesellig von Juli bis Oktober vorkommende, ausgezeichnete Speisepilz ist in Nadelwäldern besonders unter Fi, Ta und Kie anzutreffen und liebt kalkhaltige Böden. Beim Hervorbrechen aus der Erde stemmt der Pilz Erde und Nadeln hoch. Er hat einen 6 bis 12 cm breiten Hut, erst kugelig bis gewölbt, später ausgebreitet und verflacht mit einer etwas tieferen Mitte. Die Hutfarbe ist mehr oder weniger braun (braunrot bis gelbbraun), kann aber auch schwärzlich oder violettbraun sein. Bei Feuchtigkeit ist sie schmierig klebrig. Sein innen schwammiger Stiel wird etwa 10 cm hoch, ist weiß und etwas längsrunzelig. Das geruchlose Fleisch ist hart, weiß und mild mit süßlichem Mandelgeschmack.

6. Goldtäubling, der (*Russula aurea; früher R. aurata*): ein allg. verbreiteter, eßbarer Sommerpilz, der von Juni bis September (Oktober) in Laub und Nadelwäldern, besonders unter Bu wächst. Der etwa 7 bis 10 cm breite Hut kann ganz korallenrot sein. Er ist anfangs halbkugelförmig, später ein gewölbt-verflachter und anschließend scheibenförmiger Hut. Die Lamellen sind, wie die → Sporen, dottergelb. Der bis zu 9 cm hohe Stiel wird bis zu 2,5 cm dick. Er ist walzenförmig und weiß. Das Fleisch ist weiß, geruchlos und mild.

7. Frauentäubling, der (*Russula cyanoxantha*): Der F. wächst von Juni bis Oktober im Laubwald, besonders unter Bu, seltener im Nadelwald. Der Hut kann bis zu 15 cm breit werden. Die Farbe der Oberhaut reicht von Dunkelviolett bis zu Dunkelgrün; häufig kommen Violett und Grün gemeinsam vor. Die Haut läßt sich leicht abziehen. Die dicht gedrängt stehenden Lamellen sind dünn und weiß, der Stiel etwa 10 cm hoch und bis zu 2,5 cm dick. Er ist ebenfalls weiß, häufig aber rötlich überhaucht. Das Fleisch ist eßbar, geruchlos, weiß und mild.

8. Grasgrüner Täubling, der (*Russula aeruginea*): Der mittelgroße Pilz wächst von Juni bis Oktober unter Bi und in Waldmooren, in reinen Nadelwäldern nur selten. Er hat einen 5 bis 10 cm breiten Hut, der gras-, hell- und graugrün sein kann; oft ist er auch sehr ausgeblaßt. Die Lamellen sind erst weiß und werden später cremegelblich. Der weiße Stiel ist 5 bis 9 cm hoch, walzlich und 1 bis 3 cm dick. Das Fleisch ist mild, fast geruchlos und weiß. Ein guter Speisepilz, der aber oft mit dem Grünen Knollenblätterpilz (→ Wulstlinge 6.) und mit dem Grünen Frauentäubling verwechselt wird.

9. Speitäubling, der (*Russula emetica*): Der giftige Pilz wächst von Juli bis November an feuchten, moorigen Stellen unter Fi. Der anfangs ausgeprägte glockige Hut wird bis 11 cm breit. Die Oberhaut ist leuchtend hellrot, kirschrot oder purpurrot, im Alter in blasseren Tönen. Sie ist bei Feuchtigkeit klebrig, glänzend und gut abziehbar. Die dünnen Lamellen sind weiß. Der 5 bis 8 cm hohe walzenförmige Stiel ist 1 bis 2 cm dick, weiß und leicht rötlich überhaucht. Das weiße Fleisch hat einen angenehmen Geruch und schmeckt sehr scharf.

10. Stachelbeertäubling, der (*Russula queletii*): Der nach Stachelbeeren riechende Pilz wächst von Juli bis Oktober unter Fi auf kalkreichen Böden. Der Hut ist 5 bis 8 cm breit. Die Hutfarbe schwankt von Dunkelviolett über Lila bis zum Zitronengrün. Die glänzende und klebrige Haut läßt sich fast bis zur Mitte abziehen. Die Lamellen sind weißlich und werden mit der Sporenreife wachsgelb. Der bis zu 7 cm lange Stiel ist glatt und zylindrisch; er wird 1,5 bis 2 cm dick. Er ist immer violettfarben oder lilarosa überhaucht. Das süßlich riechende, grauliche Fleisch schmeckt sehr scharf und ist ungenießbar.

11. Gedrungener Täubling, der (*Russula torulosa*): Der unter Kie auf Kalk wachsende Pilz ähnelt sehr dem Stachelbeertäubling, hat aber einen nur schwach lilafarbenen Stiel. Er riecht apfelähnlich und schmeckt weniger scharf.

12. Roter Heringstäubling, der (*Russula xerampelina*): Der gute Speisepilz wächst von August bis Oktober unter Nadelbäumen, besonders unter Fi und Kie. Sein Hut wird 5 bis 11 cm breit, ist jung kugelig; später verbreitert er sich und verflacht. Der R. H. ist eine Art aus einer Gruppe ähnlicher Heringstäublinge, die in den Farben stark variieren. Diese Nadelwaldform hat einen dunkelpurpurroten Hut und einen 6 bis 9 cm hohen hellpurpurnen Stiel, der bis zu 3 cm dick werden kann. Das weiße Fleisch riecht beim Trocknen und im Alter nach Hering; beim Erhitzen nimmt der Geruch jedoch ab.

13. Zitronentäubling, der (*Russula ochroleuca*): auch Ocker-T., Gelbweißer T. Der weit verbreitete und häufige Pilz wächst von (Juli) August bis November in Laub- und Nadelwäldern, meidet aber kalkhaltige Böden. Der bis zu 12 cm breite Hut ist jung flach, dann ausgebreitet und trichterförmig. Die Haut ist hell zitronengelb bis schmutzig olivocker, feucht etwas klebend und läßt sich bis etwa zur Hälfte des Hutes abziehen. Die leicht brechenden, weißen Lamellen stehen dicht und sind aderig verbunden. Der kompakte, bis zu 8 cm lange und bis zu 2,5 cm dicke Stiel ist weiß bis ockerlich und wird im Alter schwach grau. Das weiße Fleisch des eßbaren Pilzes riecht obstartig und hat einen etwas scharfen Geschmack.

14. Apfeltäubling, der (*Russula paludosa*): Der Pilz wächst gruppenweise von Juni bis September in moorigen und sauren Nadelwäldern, meist unter Kie zusammen mit Blaubeeren. Der bis zu 15 cm breite Hut ist jung glockig, dann gewölbt, bisweilen leicht gebuckelt, später flach niedergedrückt. Der Hutrand ist etwas gerieft. Die Haut ist feucht etwas klebrig und von goldgelb bis leuchtend blutrot (oft auch zweifarbig) gefärbt. Sie ist in der Mitte manchmal fast schwarz, am Rand oder am Scheitel bisweilen auch gelb. Die gedrängt stehenden, gegabelten Lamellen sind verschmälert angewachsen bis frei, erst cremefarben, dann buttergelb. Der festfleischige Stiel wird bis zu 10 cm lang und bis zu 4 cm dick. Er ist weiß oder rötlich geflammt, an der Basis vom → Myzel bedeckt. Das weiße Fleisch des eßbaren Pilzes ist weitgehend geruchlos und hat einen milden Geschmack.

15. Dickblättriger Schwarztäubling, der (*Russula nigricans*): Der sehr häufige Pilz wächst ab Ende Juli bis Oktober im Nadel- und Laubwald auf mäßig sauren bis neutralen Böden. Der bis zu 12 cm breite Hut ist jung flach mit eingerolltem Rand, alt trichterförmig. Die Huthaut ist weißlich und wird bald grauschwarz. Die sehr brüchigen Lamellen stehen weit entfernt und sind hell strohfarben. Die Schneide wird alt vom Rand her schwarz. Der Stiel wird bis zu 8 cm lang und bis zu 2,5 cm dick. Er ist anfangs weiß, auf Druck rötend, später bräunlich und zuletzt schwärzlichbraun. Der ungenießbare Pilz hat ein sehr hartes, weißes, bei Druck zuerst rot anlaufendes, dann schwarz werdendes Fleisch. Es ist geruchlos und mild.

16. Milder Wachstäubling, der (*Russula puellaris*): Der ziemlich häufig vorkommende Pilz wächst gesellig von Juli bis Oktober im Nadel-, seltener im Laubwald. Der bis zu 7 cm breite Hut ist erst etwas gewölbt, dann flach niedergedrückt. Der Rand ist bald deutlich langhöckerig-gerippt. Die Huthaut ist fleischfarben bis violettpurpurn, in der etwas vertieften Mitte fast schwarz, alt durchscheinend gelb. Sie ist lange schmierig und glänzend und bis zur Hälfte abziehbar. Die sehr weichen und brüchigen Lamellen sind jung wässerig cremefarben, später ockergelb. Sie stehen mäßig dicht beieinander und sind rundlich oder verschmälert am Stiel angeheftet oder frei. Der bis zu 7 cm lange und bis zu 1,5 cm dicke Stiel ist sehr zerbrechlich, anfangs weiß, bald ockerfleckig und zur Basis hin häufig leicht keulig verdickt. Der eßbare Pilz hat ein weißes, sich langsam gelb verfärbendes Fleisch mit obstartigem Geruch und mildem Geschmack.

17. Rotstieliger Ledertäubling, der (*Russula olivacea*): Der Pilz ist einer der größten unter den T. und wächst von Ende Juni bis Oktober, meist gruppenweise, in hochstämmigen Laub- und Nadelwäldern, v. a. unter Bu und Fi. Der bis zu 20 cm breite Hut ist jung konvex, bald flach und kaum trichterförmig. Er kommt olivgrün, purpurn, lila und mischfarbig mit allen möglichen Rot- und Gelbtönen vor. Die Huthaut ist glanzlos, und der feine Hutfilz bildet konzentrische Flockenringe. Die Randzone ist oft wellig gemustert. Die Lamellen sind cremefarben, alt dunkelgelb, dicht stehend und ziemlich brüchig. Am Lamellenansatz beginnt eine hellpurpurn gefärbte Zone die bis zur Stielbasis reichen kann. Der 8 bis 13 cm lange Stiel ist zartrosa überhaucht, zumindest ganz oben rot mit etwas flockiger Spitze. Er ist kräftig, festfleischig und gleich dick. Das weiße Fleisch des genießbaren Pilzes ist ziemlich hart und fest, hat einen milden Geschmack und einen schwachen, angenehmen Geruch.

18. Jodoformtäubling, der (*Russula turci*): Der ziemlich häufige Pilz wächst unter Kie und Fi auf sandigen und lehmigen Böden. Der bis 8 cm breite Hut ist jung flach, später etwas trichterförmig. Er ist von dunkel amethystvioletter bis braunrosaroter Farbe und weist eine hellere Randzone auf. Die Huthaut ist stark weißlich bereift. Der weiße Stiel ist gleich dick. Das weiße Fleisch des ungenießbaren Pilzes riecht deutlich nach Jodoform.

Neben den vorgenannten, weit verbreiteten T., gibt es noch zahlreiche seltenere Arten, wie z. B. **Rußgrauer T.** (*R. consobrina*), **Mehlstiel-T.** (*R. farinipes*), **Dottertäubling** (*R. lutea*) und **Buckel-T.** (*R. coerulea*), die hier nicht alle beschrieben werden können.

Taubnessel, die (*Lamium*): Gatt. der Fam. der → Lippenblütengewächse mit rd. 40 Arten in Europa, Nordafrika und im gemäßigten und subtropischen Asien. Es sind dies → Kräuter oder → Stauden mit herzförmigen, gesägten Blättern und weißen, gelben oder purpurroten Blüten, die in achselständigen Quirlen stehen. Bekannte einheimische, auch im Wald wachsende Arten sind:

1. Goldnessel, die (*Lamium galeobdolon* L. = *Galeobdolon luteum* Huds.): auch Gelbe T. Die G. wird neuerdings der Gatt. *Lamiastrum* zugeordnet. Sie wächst in feuchten Wäldern, krautreichen Laub- und Nadelmischwäldern, mesophytischen buchenwaldartigen Laubwäldern Europas (→ Charakterart), Auenwäldern, Hecken und Gebüschen, auf nährstoffreichen Böden, von der Ebene bis in die Gebirge. Die Unterart *L. g. ssp. montanum* wächst in Hartholz-Auenwäldern, frischen Hainbuchen-Buchen-Waldgesellschaften, auch in Hecken und Gebüschen und Schlehen-Gesellschaften. Die Unterart *L. g. ssp. galeobdolon* wächst in mesophytischen buchenwaldartigen Laubwäldern Europas und die Unterart *L. g. flavidum* in Buchenwäldern und Hartholz-Auenwäldern.

Die ausdauernde 15 bis 50 cm hohe, wintergrüne, aufrechte oder liegende Pflanze hat einen vierkantigen Stengel und treibt oberirdische, an den Knoten wurzelnde → Ausläufer mit aufrechten, 15 bis 50 cm hohen Blütensprossen. Die gestielten, 3 bis 8 cm langen Blätter sind herz-eiförmig, nesselblattartig, oft weißfleckig. Die Hochblätter der Blütenstiele sind meist kürzer gestielt. BZ: April bis Juli. Die Lippenblüten stehen in zwei bis drei übereinanderliegenden, meist zwei- bis sechsblütigen Scheinquirlen in den Achseln der oberen Blätter. Bei der *ssp. galeobdolon* ist der Stengelgrund nur an den Kanten behaart; die obersten Blätter sind eiförmig und gekerbt. Die Blütenquirle sind zwei- bis dreiblütig. Bei der *ssp. montanum* (Pers.) Hayek ist der Stengelgrund ringsum behaart, die obersten Blätter sind lanzettlich und scharf gezähnt. Die Blütenquirle sind vier bis achtblütig. Die Früchte der G. sind schwarze, 3 mm lange Nüßchen; → Ameisenpflanzen.

2. Gefleckte Taubnessel, die (*Lamium maculatum* L.): Die G. T. ist über Mittel- und Südeuropa verbreitet, zudem über West- und Kleinasien. Sie ist relativ häufig und wächst in feuchten, schattigen Wäldern, Auwäldern, Gebüschen, Unkrautfluren, Hecken, auf Ödland, an Waldrändern, Mauern und Straßengräben, auf frischen, stickstoff- und nährstoffreichen Böden (Nährstoffzeiger), von der Ebene bis in Gebirgslagen von etwa 2000 m Höhe.

Die mehrjährige, sehr variable, 20 bis 70 cm hohe Pflanze hat einen einfachen, oft rot überlaufenen, am Grunde verzweigten Stengel und treibt unterirdische, gelegentlich auch oberirdische Ausläufer, die Wurzeln schlagen. Die kreuzweise gegenständig angeordneten Blätter sind ei-herzförmig bis dreieckig, zugespitzt, 3 bis 8 cm lang, meist ungleich gezähnt und gelegentlich, besonders im Winter, weiß gefleckt. BZ: April bis September. Die purpurnen, selten weißen, 2 bis 3 cm langen Lippenblüten stehen in Scheinquirlen in den Achseln der obersten Blattpaare. Die Staubbeutel sind bärtig behaart, der Blütenstaub (→ Pollen) rot; Ameisenpflanze.

◂◂ Gefleckte Taubnessel (*Lamium maculatum*)

Der G. T. sehr ähnlich ist die **Rote T.** (*L. purpureum*) und die **Stengelumfassende T.** (*L. amplexicaule*). Diese haben jedoch kleinere Blüten und kommen außerhalb des Waldes vor.

Die G. T. ist – wie auch die Weiße Taubnessel (*L. album* L.) – eine alte → Heilpflanze. Verwendet werden (innerlich und äußerlich) die im Schatten getrockneten Blüten, blühenden Sproßspitzen und die Blätter. Sie enthalten u. a. → ätherisches Öl, Aminosäuren, Glykoside, Gerbstoffe, Saponine und Schleimstoffe,

Goldnessel (*Lamium galeobdolon*)

wirken adstringierend, auswurffördernd, entzündungshemmend, blutreinigend und wundheilend. Sie werden u. a. bei Anämie, Blasenentzündung, Hämorrhoiden und Blutungen angewandt.

Täuchel (Täuchelholz): → Teuchel.

Taucher → Lappentaucher 1. und 2.

Taufalter, der: → Nachtpfauenauge.

Taufrosch, der: → Frösche 1.

Taukraut, das: → Frauenmantel.

Taumantel, der: → Frauenmantel.

Taumel-Kälberkropf, der: → Kälberkropf 3.

Taumelkerbel, der: → Kälberkropf 3.

Taunus, der: Mittelgebirge und Teil des Rheinischen Schiefergebirges zwischen Rhein und Lahn. Das Wort T. kommt von althochdeutsch „duna" oder von keltisch „dunos", das die Römer später latinisierten. Beides heißt „Höhe", obwohl z. B. der Große und Kleine Feldberg nur eine Höhe von 878 und 826 m aufweisen. Bemerkenswert sind der 1968 gegründete 68 400 ha große → Naturpark Rhein-Taunus und der 1962 gegründete 127 485 ha große Naturpark Hochtaunus. Im ersteren gehen in den Hochflächen die Weinhänge in ausgedehnte Mischwälder über, in denen neben der am häufigsten vertretenen Bu auch Ah, Lä und Es wachsen. An warmen Stellen gedeihen TrEi und SLi sowie Kast, Besenginster, Wolliger Schneeball, Roter Fingerhut, Tausendgüldenkraut und Salbeigamander. Eine landschaftliche Besonderheit im Rheingauer Wald ist das Gebück (→ Wehrhecken), eine in früherer Zeit 50 bis 100 m breite Wehranlage. Reste eines Gebücks kann man heute noch nördlich des Berges Kalte Herberge (Mapper Schanze) sehen. Im nördlichen Teil des Naturparks Hochtaunus dominieren weite, geschlossene Laubmisch- und Buchenwälder. 60 verschiedene Baum- und Straucharten aus vielen Teilen der Welt wurden dort angepflanzt. Bemerkenswert ist noch die Heidelandschaft mit Wacholder, Ginster, Kie, Bi und Heidekraut auf den Felsen in der Umgebung der Eschenbacher Klippen, etwa sechs Kilometer nördlich von Usingen, sowie die 1000jährige Li in Niederems.

Tauschüsselchen, das: → Frauenmantel.

Tausendfüßer: auch Vielfüßer. seit dem Silur (→ Erdzeitalter) bekannte, heute mit über 10 000 Arten weltweit verbreitete Klasse des Unterstammes Gliederfüßer. Die T. sind landbewohnende Tiere, deren Chitinkutikula keine vor Verdunstung schützende Wachsschicht enthält. Sie zeichnen sich durch eine gleichmäßige Gliederung ihres Körpers in Segmente aus, daneben deutlich abgesetzter Kopf und ein paar Fühler. Die Segmente des Körpers tragen ausgebildete Laufbeine (bis zu 340 Beinpaare). T. sind häufig in feuchten → Biotopen anzutreffen, verkriechen sich gerne im welken Laub und ernähren sich von pflanzlichen (auch tierischen) Abfällen, die sie zerkleinern.

Tausendgüldenkraut, das (*Centaurium*): Gatt. der → Enziangewächse mit rd. 40 Arten auf der nördlichen Halbkugel, in Australien und Südamerika. Es handelt sich um meist einjährige → Kräuter mit einfachen, ganzrandigen Blättern und gelben, weißen oder rosafarbenen Blüten, deren Kronröhre auffallend lang ist. Die bekannteste im Wald anzutreffende einheimische Art ist:

Echtes Tausendgüldenkraut (*Centaurium minus*)

Echtes Tausendgüldenkraut, das (*Centaurium minus* Moench = *C. umbellatum* Gilib. = *C. erythraea* Rafn = *Erythraea centaurium*): auch Gottesgnadenkraut, Biber-, Gall- oder Fieberkraut, Erdgalle. Das T. ist über Südskandinavien, Mittel- und Südeuropa verbreitet. Es wächst auf Trocken- und Halbtrockenrasen, Schlagflächen, Waldlichtungen, an Waldrändern, in Gebüschen, auf Triften, an Böschungen, Waldwegen, auf nährstoffreichen, kalkarmen bis kalkreichen, sandigen, lehmigen und moorigen Böden, von der Ebene bis in mittlere Gebirgslagen von etwa 1400 m Höhe.

Die ein- bis zweijährige, 10 bis 30 (50) cm hohe, kahle Pflanze hat einen aufrechten, vierkantigen, beblätterten und im oberen Teil verzweigten Stengel. Die Blätter der grundständigen Blattrosette sind eiförmig-elliptisch und fünfnervig. Die kreuzgegenständigen, kurzgestielten Stengelblätter sind schmaler, eiförmig-lanzettlich bis länglich-eiförmig und ganzrandig. BZ: Juli bis September. Die kleinen rosaroten bis fleischfarbigen, fast sitzenden Blüten stehen in endständigen, lockeren, Trugdolden (→ Blütenstand). Die Blüten öffnen sich bei Licht und schließen sich im Schatten. Die zylindrische, zweiklappige, 7 bis 10 mm lange Fruchtkapsel enthält Samen mit netzaderiger Schale.

Das E. T. ist eine alte → Heilpflanze, die früher wegen ihrer Heilkraft sehr geschätzt wurde. Die blühende Pflanze wird von Juli bis August geerntet und gebündelt in Papiertüten getrocknet. Sie enthält Bitterstoffglykoside und Harze, wirkt appetitanregend, tonisch, blutreinigend, galletreibend, fiebersenkend, wurmtreibend und ist magenwirksam. Das E. T. findet innerliche bzw. äußerliche Anwendung zur Appetitanregung, bei Fieber, Durchfall, in der Rekonvaleszenz, und die zerstoßenen Blätter als Wundauflage zur besseren Heilung.

Tausendkorngewicht, das (TKG): Gewicht von 1000 Körnern eines bestimmten → Saatgutes. Das T. schwankt bei Saatgut derselben Baumart nach Herkunft, Witterung im Reifejahr, Wassergehalt und Hohlkornanteil. Es wird für die Bedarfsschätzung benötigt. Das T. unserer einheimischen Baumarten liegt zwischen 0,14 g (Sandbirke) und 3030 g (Stieleiche). T. der wichtigsten Baumarten → Anhang Seite 871.

Taxaceae → Eibengewächse.

Taxator, der: frühere Bez. für → Forsteinrichter.

Taxation, die: → Forsteinrichtung.

taxatorische Planung, die: → Bestand(e)splanung.

Tax(baum), der: alte Bez. für → Eibe.

Taxe, die: → Tarifpreis, → Taxverkauf, → Holzpreise.

Taxen, die: auch Daxen. lokale Bez. für Fi; → Fichten 1.

Taxenbaum, der: auch Taxtanne. lokale Bez. für Ta; → Tannen 1.

Taxgebiet, das: frühere Bez. für die Bezirke, in welchen die Taxpreise Gültigkeit hatten; → Taxverkauf.

Taxholz, das: frühere Bez. für Holz, welches zum Taxpreis verkauft wurde; → Taxverkauf.

Taxin, das: toxisches → Alkaloid, das in den → Nadeln und Zweigen der Eib enthalten ist. Während die Samenkerne ebenfalls T. enthalten, sind die beerenähnlichen roten Samenmäntel (→ Arillus) nicht giftig. Das Gift kann bei Menschen Tod durch Atemlähmung hervorrufen.

Taxklasse, die: frühere Bez. für den in einem bestimmten → Taxgebiet bestehenden Taxpreis eines bestimmten Holzsortimentes im Vergleich zum Taxpreis desselben Sortiments in einem anderen Taxgebiet; → Taxverkauf.

Taxpreis, der: → Taxverkauf.

Taxstreu, die: → Aststreu.

Taxus → Eiben.

Taxverkauf, der: frühere Bez. für den Verkauf von Holz für einen vom Waldeigentümer festgesetzten Preis. Diesen Preis nannte man Taxe, Tax-, Revier- oder Tarifpreis. Er wurde aus den Durchschnittserlösen eines bestimmten Holzsortiments desselben Bezirks innerhalb eines festgelegten zurückliegenden Verkaufszeitraumes ermittelt. Um den jeweiligen Verkaufswert festlegen zu können, wurden die Taxen jährlich neu ermittelt. Die örtliche Verschiedenheit der Preishöhe kam in der Taxe zum Ausdruck durch entsprechende Ausscheidung von Taxgebieten, Preiszonen oder Absatzlagen, indem alle Orte gleicher Preishöhe zusammengefaßt wurden. Der T. bildet die Ausnahme. Diese Methode wurde v. a. angewandt in Notfällen, bei seltenen oder auch geringen Mengen von Sortimenten, auch bei Holzsorten die durch Meistgebot nicht absetzbar waren oder dort, wo Berechtigungsforderungen vorlagen. Die jährliche Ermittlung der Taxen war jedoch eine wertvolle Hilfe und zugleich Maßstab für die Beurteilung der Angebote bei einem freihändigen Verkauf und bei Versteigerungen.

technischer Umweltschutz → Umweltschutz.

Technische Zentralstelle der deutschen Forstwirtschaft → Kuratorium für Waldarbeit und Forsttechnik.

Teer, der: → Holzteer, → Teerschwelen.

Teerfleckenkrankheit, die: → Ahornrunzelschorf.

Teerschwelen, das: bis in die Mitte des 19. Jh. ausgeübtes Waldgewerbe zur Gewinnung von Holzteerprodukten (→ Holzteer) durch Verschwelung oder trockene Destillation (→ Holzdestillation). Zum T. wurden eine besondere Form von → Meilern (Teeröfen; im württembergischen Schwarzwald Salbe- oder Schmieröfen genannt) in den Nadelwäldern, insbesondere Kiefernwäldern, errichtet. Zum Verschwelen benötigte man v. a. das harzhaltige Wurzel- und Stockholz, aber auch kieniges Stamm- und Astholz der Kie. Während des Schwelens entstanden die einzelnen Destillate, die voneinander getrennt wurden. Als erstes Destillat entstand das Teerwasser (Teergalle, → Holzessig), es folgten die Produkte → Holzteer mit → Kienöl und zuletzt das Pech (→ Pechöfen). Wurden die Destillate nicht getrennt, erhielt man ein Gemisch, das als Wagenschmiere (Karrensalbe) Verwendung fand; → Kienruß.

Tegernseer Gebräuche → Holzhandelsgebräuche.

Teichel → Teuchel.

Teichfledermaus, die: → Fledermäuse 8.

Teichhuhn, das: → Rallen 2.

Teichmolch, der: → Schwanzlurche 5.

Teilfläche des Holzbodens, die: auch Unterfläche. durch deutliche Bestockungsunterschiede abgrenzbare, vorübergehende Wirtschaftseinheit innerhalb einer Unterabteilung (→ Waldeinteilung). Sie dient v. a. Inventur-, Planungs-, Vollzugs- und Kontrollzwecken.

Teilfurnierholz (TF), das: Güteklasse gemäß der → Gütesortierung. T. ist Holz, das mindestens zu einem Drittel seines Volumens für Furnierzwecke (→ Furniere) geeignete Teilstücke enthält. Diese müssen mind. 1,6 m lang sein.

Teilnutzholz, das: nach der früheren → Holzmeßanweisung (Homa) in Bayern, Baden-Württemberg und in der Pfalz Bez. für Stammabschnitte aller Holzarten mit u. a. beliebigen Längen, i. a. jedoch nicht unter 1,5 m Länge.

Teilparasiten → Parasitismus.

Teilschälholz, das: → Teilschneide- und Teilschälholz.

Teilschneide- und Teilschälholz (TS), das: Güteklasse gemäß der → Gütesortierung. T. u. T. ist Holz, das mind. zu einem Drittel seiner Länge Teilstücke von Schneide- oder Schälholz enthält, die bei Lbh mindestens 1,6 m, bei Ndh mindestens 2,4 m lang sein müssen.
Bei Kie, Lä und Dgl sind auch Mittendurchmesser ab 15 cm o. R. zulässig.
Bei Bu ist ein über 12 cm starker gesunder Kern zulässig, soweit die Verwendung als Schälholz nicht beeinträchtigt wird. Der nicht wertholzhaltige Teil darf Holz der Güteklasse C oder D nicht enthalten.

Teilwald, der: in Österreich ein Gemeinde- oder Agrargemeinschaftswald, in dem Holzbezugsrechte auf gewissen Teilflächen nur bestimmten Berechtigten zustehen.

Teil- und Zinswald, der: Als T. u. Z. werden Waldungen in den bayer. Hochgebirgsforstämtern Benediktbeuern, Fall, Jachenau und Walchensee bezeichnet, die im Eigentum des Freistaates Bayern stehen oder standen und derart mit Holznutzungsbefugnissen Dritter belastet sind, daß dem Waldeigentümer kein Anteil am Holzertrag verbleibt. Die T. u. Z. (11 000 ha) standen ehemals im Eigentum zweier geistlicher Grundherrschaften, nämlich teils des Klosters Benediktbeuern und des Hochstifts Freising (ehemals Grafschaft Werdenfels); im Zuge der Säkularisation gingen sie in das Eigentum des Bayer. Staates über. Die Bez. Teilwald rührt davon her, daß im 18. Jh. die Grundherren, um die bis dahin räumlich ungeregelte Holzentnahme durch die „Grundholden" zu ordnen, die belasteten Waldungen in Parzellen aufteilten, auf denen jeweils nur ein „Berechtigter" Holz nutzen durfte. Die Bez. Zinswald geht auf den „Forstzins" zurück. Diesen mußten die Berechtigten in unterschiedlicher Höhe als Gegenreichnis für bestimmte widerrufliche Holzgenüsse leisten. Die Nutzungsbefugnisse der Berechtigten an den Teilwaldungen bestehen aus den sog. Hausnotdurftrechten, das sind echte → Forstrechte mit dem Rechtscharakter von Grunddienstbarkeiten, die dem Berechtigten einen Rechtsanspruch auf bestimmte Holznutzungen gewähren und teils aus widerruflichen Vergünstigungen (Verwilligungen). Die Zinswaldungen sind nur mit Verwilligungen belastet. Der Bereinigung der ungesunden Rechtsverhältnisse in den T. u. Z. dient das Gesetz über die Teil- und Zinswaldungen (TZiWG vom 27.11.1964). Das Gesetz sieht u. a. eine Abfindung der Berechtigten mit Grundstücken (Übereignung), oder auch eine Ablösung durch Geldentschädigung vor.

Telerelaskop, das: → Spiegelrelaskop.

Telge, der: alte nordd. Bez. für → Ast, → Heister oder → Steckling.

Teller, der: kreisförmiges Ausbleiben der → Verjüngung, bzw. verringertes Wachstum des → Jungwuchses im Wurzelbereich und im Kronenprojektionsbereich von Bäumen, bes. → Überhältern v. a. bei Flachwurzlern (→ Überhaltbetrieb). Ursachen für diese Erscheinung sind Wurzelkonkurrenz, austrocknende Windströmungen um den Stammfuß und dadurch bedingte vermehrte Transpiration der jungen Pflanzen; → Druckteller.

Tellerwurzel, die (Flachwurzel, Scheibenwurzel, Plattenwurzel, Senkerwurzel): → Wurzel, die sich im Bodenraum eines Baumes flach seitwärts entwickelt und kaum in den Boden eindringt. Bäume mit T., wie z. B. Fi und Es auf bestimmten Böden, sind wegen ihrer geringen Standfestigkeit bei starken Stürmen sehr gefährdet; v. a. bei der Fi sind die typischen Bilder des umgeworfenen Baumes mit dem daranhängenden Wurzelteller bekannt; → Herzwurzeln, → Pfahlwurzel.

temporärer Schutzwald, der: → Sturmschutzwald.

Tendenz, die: Beschreibung der gesellschaftlichen Stellung eines Baumes im Verhältnis zu seinen Nachbarbäumen aufgrund des Vergleichs des Höhenwachstums, der Kronenausdehnungstendenz und der → Vitalität. Man unterscheidet: tot, aufsteigend, gleichbleibend, absteigend.

Tendipedidae → Zuckmücken.

Tenebrionidae → Schwarzkäfer.

Tenthredinidae → Blattwespen.

Teppichweide, die: → Weiden 24.

Terminalia superba → Limba.

Terminalknospe, die: → Gipfelknospe.

Terminalphase, die: auch Alters-, Endphase. Lebensphase im → Urwald nach der → Optimalphase und vor der → Verjüngungsphase. Die T. ist durch dauerhafte Unterbrechung des → Kronendachs und durch einen Rückgang der → Grundfläche gekennzeichnet.

Terpene: umfangreiche Gruppe von Naturstoffen. Sie können als ungesättigte Kohlenwasserstoffe, Alkohole, Äther, Aldehyde oder Ketone auftreten. Sie sind im Tier- und Pflanzenreich weit verbreitet. In ihrer Vielfalt und als Hauptbestandteile sind sie v. a. in ätherischen Pflanzenölen (→ ätherische Öle), aber auch in → Harzen und Balsamen enthalten. Für die Bäume sind sie von großer Bedeutung, weil sie Pilzbefall entgegenwirken können und damit eine Schutzfunktion erfüllen. T. finden v. a. als Arzneimittel und Riechstoffe sowie als Rohstoffe für die Industrie Verwendung.

Terpentin, das: Lösungen von dickflüssigen → Harzen in → ätherischen Ölen, die auch feste Harzanteile (74 bis 77 %) und das pinenhaltige → Terpentinöl (16 bis 21 %) enthält. Es wird aus verschiedenen Nadelholzarten (*Pinus*-Arten) gewonnen. T. ist ein Harzbalsam (→ Balsam), der bei Verletzungen (z. B. durch künstliche V-förmige Einschnitte) als pathologischer Harzfluß aus den Stämmen austritt. Pro Baum und Jahr können 1,5 bis 4 kg gewonnen werden. Man unterschied früher das „Venetianische T.", das sog. „Lörget", gewonnen aus der Lä durch Anbohren der Stämme, das „Straßburger T.", gewonnen aus der Ta durch Anbohren der Stämme, das „Ungarische T.", auch „Ungarischer Balsam" oder „Krummholzöl", gewonnen aus den abgeschnittenen Zweigen der Legföhre (Unterart der BKie), wobei man den abtropfenden Saft einsammelte und das „Karpatische T.", auch „Alpenbalsam" genannt, das man aus den Zweigen der Zir gewann; → Kolophonium.

Bäume mit Tellerwurzeln sind windwurfgefährdet.

Terpentinbaum, der: alte und lokale Bez. für die ELä; → Lärchen 1.

Terpentinöl, das: → ätherisches Öl, das durch Wasserdampfdestillation aus dem → Terpentin, einem → Balsam verschiedener Nadelholzarten (*Pinus*-Arten) gewonnen wird. Hauptinhaltsstoff ist Pinen. T. dient hauptsächlich zur Lösungsmittelherstellung, zur Herstellung von Insektiziden und Fungiziden. Es wird auch in der Kautschukindustrie, zum Inhalieren und für Einreibungen (z. B. Salben) verwendet; → Kienöl.

Terra fusca: durch wasserarme Eisenhydroxidverbindungen leuchtend braunroter, toniger Boden, unter früheren, wärmeren Klimabedingungen aus Carbonatgestein entstanden, aber carbonatfrei geworden. Tiefentwickelte T. f. reichen bis in über ein Meter Tiefe. Die normale T. f. hat ein A_h-B_v-C-Profil. Braunerde-T. f., Parabraunerde-T. f. und Pseudogley-T. f. sind entsprechende Übergangsformen.

Terra rossa: Bodentyp, unter früher wärmeren Klimabedingungen aus Carbonatgesteinen entstanden, durch wasserarme Eisenhydroxydverbindungen rotgefärbt, humusarm tonig, in Dtschl. reliktisch oder fossil.

Territorialverhalten, das (Revierverhalten): Verhalten eines Tieres innerhalb eines begrenzten Gebietes, das es als seinen eigenen Lebensraum (Territorium, Revier) betrachtet. Die biologische Bedeutung des T. liegt in der Sicherung des Lebensraumes für die Besetzer und ihre Jungen sowie in der Ausbreitung der → Art über einen größeren Raum. Die Territorien werden meist durch Duftstoffe aus Duftdrüsen oder durch Absetzen von Losung (→ Markierverhalten) markiert und gegen Artgenossen, v. a. gleichgeschlechtliche, verteidigt.

Tetragnathidae → Streckerspinnen.

Tetraoninae → Rauhfußhühner.

Tetrapodili → Gallmilben.

Tettigoniidae → Laubheuschrecken.

Teuchel (Teuchelholz, Täuchel(holz), Teichel, Steffte, Röhrholz): hölzerne Wasserleitungsröhren, die früher häufig v. a. im Gebirge im Gebrauch waren. Die T. wurden mit langen Bohrern grun (saftfrisch) ausgebohrt und grün verlegt und mußten kerzengerade sein. T. sind meist 3 bis 4 m lang und haben einen Durchmesser von etwa 15 bis 20 (40) cm. Als T.-Holz eignet sich besonders harzreiches Holz, z. B. Holz von Kie und Lä, aber auch Ta, Fi und Er werden verwendet. Die Lagerung erfolgte unter fließendem Wasser, weil sich sonst Risse bildeten. Die Lebensdauer der verlegten T. beträgt je nach Bodentiefe und -beschaffenheit acht bis zehn Jahre.

Teucrium → Gamander.

Teuerling, Gestreifter, der: → Bauchpilze 6.

Teufelsabbiß, der: → Abbiß.

Teufelsauge, das: → Adonisröschen.

Teufelsbeer(e), der (die): → Geißblatt 4., Hartriegel 2.

Teufelsbrot, das: → Zeitlose.

Teufelsfluch, der: → Johanniskraut 1.

Teufelsgeldbeutel, der: → Zeitlose.

Teufelskirsche, die: → Tollkirsche, Geißblatt 4.

Teufelskralle, die (*Phyteuma*): auch Rapunzel. Gatt. der Fam. der → Glockenblumengewächse, die etwa 30 Arten umfaßt und auch in Europa heimisch ist. Es sind dies → Stauden mit in Köpfchen oder Ähren (→ Blütenstand) stehenden blauen, purpurfarbenen, weißen oder gelben Blüten. Bei uns heimisch und im Wald anzutreffen sind:

1. Ährige Teufelskralle, die (*Phyteuma spicatum* L.): auch Ährige Rapunzel. Die Ä. T. ist über weite Teile Mitteleuropas verbreitet, von den Pyrenäen bis Mittelrußland. In Skandinavien wurde sie eingebürgert. In Portugal, auf den Britischen Inseln und im äußersten Südosten Europas fehlt sie. In Dtschl. ist sie weit verbreitet, wird nach Nordwesten zu jedoch seltener und fehlt stellenweise. Sie wächst in lichten krautreichen Laub- und Nadelmischwäldern, besonders mesophytischen Buchen- und Laubmischwäldern (Ordnungs- → Charakterart), auf feuchten Bergwiesen sowie lockeren, feuchten, humus- und nährstoffreichen Böden.

Die mehrjährige, 20 bis 60 cm hohe Pflanze hat einen rübenförmigen Wurzelstock und einen einfachen kahlen Stengel. Die Blätter

▸▸ Teuchel-Bohren (Holzknechtmuseum Ruhpolding)

sind unregelmäßig doppelt gekerbt-gesägt. Die langgestielten Grundblätter sind herzeiförmig, ein- bis zweimal so lang wie breit, oft mit dunklen Flecken, die Stengelblätter linealisch-lanzettlich. BZ: Mai bis Juli. Die gelblichen oder grünlichweißen, selten hellblau überlaufenen Einzelblüten stehen in einer 4 bis 10 cm langen, anfangs eiförmigen, dann walzigen Blütenähre. Die gelbliche Blumenkrone ist an der Spitze grünlich, und vor dem Aufblühen bildet sie eine leicht aufwärts gekrümmte, krallenartig gebogene Röhre (Name!) mit an der Spitze noch verwachsenen Zipfeln; Wildgemüsepflanze; → Ameisenpflanzen.

2. Schwarze Teufelskralle, die (*Phyteuma nigrum* F. W. Schmidt): auch Schwarze Rapunzel. Die S. T. ist über Mitteleuropa verbreitet, in Dtschl. v. a. in den Mittelgebirgen und auf Hochebenen. Sie wächst zerstreut bis verbreitet auf feuchten, nährstoff- und humusreichen, aber kalkfreien Böden (Lehmzeiger) in lichten Laub- und Laubmischwäldern tieferer Lagen sowie auf Holzschlägen und häufig auf Bergwiesen, bis in Höhen von 1200 m. In tieferen Lagen ist sie Verbands-Differentialart in Hainbuchen-Waldgesellschaften. In der Ebene ist sie sehr selten anzutreffen oder fehlt ganz; auch im Alpenraum fehlt sie.

Die ausdauernde, 20 bis 25 cm hohe Pflanze hat eine rübenförmige Wurzel und einen einfachen kahlen Stengel. Die langgestielten Grundblätter sind herzförmig bis rundlich, etwa doppelt so lang wie breit, gelegentlich schwarz gefleckt; der Blattrand ist gekerbt-gesägt. Die mittleren Stengelblätter sind am Grunde keilförmig verschmälert, die oberen lanzettlich bis linealisch, sitzend und der Rand fein gesägt. BZ: Mai bis Juli. Die zahlreichen Einzelblüten sind dunkelviolett, selten weißlich und stehen in einer erst eiförmigen, später walzigen Ähre mit linealen spitzen Hüllblättern. Die fünfzähligen Einzelblüten sind vor dem Aufblühen krallenartig nach oben gekrümmt (Name!); Ameisenpflanze.

3. Kopfige Teufelskralle, die (*Phyteuma orbiculare* L.): auch Kugelige T., Kugel-Rapunzel. Die K. T. ist über Mittel- und Südeuropa verbreitet. In Mittel- und Süddtschl. kommt sie zerstreut vor; gegen Norden nimmt sie ab. Sie wächst zerstreut auf warmen, meist kalkreichen Standorten, an lichten grasigen Waldstellen, auf Wiesen, steinigen Matten, an Felsen und auf Moorwiesen, in Höhen von 200 bis 2600 m in den Alpen.

Die K. T. ist eine sehr formenreiche Art (zwei Unterarten) mit mehreren Kleinarten. Die aus-

▸▸▸ Kopfige Teufelskralle (*Phyteuma orbiculare*)

dauernde, 10 bis 40 cm hohe Pflanze hat einen aufrechten, zerstreut beblätterten Stengel. Die Blätter haben unterseits ein schwach hervortretendes Adernetz; die Grundblätter sind länglich bis ei- und herzförmig und kerbig gezähnt, die Stengelblätter ei-lanzettlich, gesägt oder ganzrandig. BZ: Mai bis September. Die zahlreichen dunkel violettblauen Blüten stehen in einem endständigen kugeligen Köpfchen und sind vor dem Aufblühen stark zur Kopfspitze hin gekrümmt.

Teufelszwirn, der: → Waldrebe 2.

Teutoburger Wald, der: waldreicher Höhenzug, an dem die Bundesländer Nordrhein-Westfalen und Niedersachsen Anteil haben. In der Längsausdehnung erstreckt er sich über 120 km weit, verläuft in nordwestlicher Rich-

Ährige Teufelskralle (*Phyteuma spicatum*)

▸▸ Schwarze Teufelskralle (*Phyteuma nigrum*)

tung und trennt die Westfälische Bucht vom Weserbergwald. Er ist 3 bis 15 km breit, besteht meist aus drei durch Längstäler getrennte Ketten (Kalke und Sandsteine). Sein südöstlicher Teil heißt Lippischer Wald, der mittlere Osning (Bielefelder Osning mit der Sparrenburg und dem Bielefelder Paß) und Iburger Osning. 1962 wurde der 111 200 ha große → Naturpark Nördlicher Teutoburger Wald-Wichengebirge und im Jahr 1965 der 60 618 ha große Naturpark Eggegebirge-Südlicher Teutoburger Wald gegründet.

Textur des Holzes, die: → Maserung.

TF: Abk. für → Teilfurnierholz.

Thäle, die: → Tälle.

Thalictrum → Wiesenraute.

Thallophyten → Lagerpflanzen.

Thallus, der (Mz.: Thalli): auch Lager. Bez. für den Vegetationskörper der → Lagerpflanzen. Er ist vielzellig und äußerlich sehr verschiedenartig gestaltet, z. B. von einfachen Zellfäden über verzweigte und flächige, jeweils mittels einer Scheitelzelle wachsende Formen (Grünalgen) bis zu dem aus gewebeähnlichen Zellverbänden bestehenden T. der Rotalgen bzw. dem Fruchtkörper vieler → Pilze, → Flechten etc. Der T. hat aber keine Organe (wie Wurzel, Sproß, Blatt) und keine → Leitbündel.

Thalluspflanzen → Lagerpflanzen.

Tharandt: Stadt im Bezirk Dresden (Sachsen) mit ca. 3600 Einwohnern, bekannt durch ihre Forsthochschule; jetzt Fakultät der Forstwissenschaften der Technischen Hochschule Dresden. Die ehemalige forstliche Mittelschule T. wurde 1816 zur staatlichen → Forstakademie erhoben und 1923 in eine Forstliche Hochschule umgewandelt. 1928 wurde der Hochschule das Promotionsrecht verliehen und 1929 wurde sie als Forstliche Abteilung der Technischen Hochschule angegliedert. Im Jahre 1811 wurde durch Heinrich → Cotta und dem Botaniker Adam Reuter in T. ein forstbotanischer Garten angelegt. Dieser Garten ist einer der ältesten dendrologischen Gärten der Welt. Er dient der Lehre, Forschung und Erholung, ist ca. 20 ha groß und umfaßt über 2000 Arten und Varietäten von Gehölzen. Einige Bäume sind fast 200 Jahre alt. Am 9.2.1995 wurde der Förderverein „Forstbotanischer Garten zu Tharandt e. V." gegründet.

Tharandter Wald, der: ein ca. 6000 ha großes und unter → Landschaftsschutz stehendes Waldgebiet südwestlich von Dresden am nördlichen Rand des unteren Osterzgebirges zwischen Wilder Weißeritz im Osten und Colmnitzbach im Südwesten. Von Natur aus wachsen im T. W. überwiegend Nadelbäume. Früher war er Forst- und Jagdrevier der Markgrafen von Meißen und der Kurfürsten von Sachsen. Der Baumbestand wurde beeinflußt durch die im Jahre 1811 von Heinrich → Cotta in → Tharandt gegründete Forstlehranstalt, der späteren Forstakademie und heutigen Sektion Forstwirtschaft der Technischen Universität Dresden. Besonders der Forstbotanische Garten und die Ränder des Waldgebietes weisen als interessante und sehenswerte Bereicherung des natürlichen Bestandes artenreiche Laubmischwälder mit auffallend vielfältiger Bodenvegetation auf. Darüber hinaus leben im T. W. Tiere der verschiedensten Arten und von ungewöhnlicher Vielfalt.

Thaumetopoeidae → Prozessionsspinner.

Theerbaum, der: → Kiefern 3.

Thelypteris → Lappenfarn.

Therevidae → Stilettfliegen.

Theriak deutscher, der: → Bibernelle 1.

Theridiidae → Kugelspinnen.

Thermische Holzeigenschaften: Die Verwendung von Holz wird in hohem Maße von seinem Verhalten gegenüber Temperatureinwirkungen bestimmt. Dies gilt insbesondere für Wärmeentwicklung und Wärmeleitung. Die thermische Zersetzung des Holzes (Pyrolyse) beginnt bei Temperaturen über 100 °C. Abhängig von der Temperaturführung und der Menge des vorhandenen Sauerstoffes tritt Verbrennung oder Verkohlung ein. Zugleich nehmen die Festigungseigenschaften des Holzes ab. Bei Einwirkung einer Fremdflamme und bei ausreichendem Sauerstoff entflammen die Holzgase bei etwa 230 °C (Flammpunkt); ohne äußere Wärmezuführung brennt Holz oberhalb 260 °C weiter, und ab ungefähr 400 °C entzünden sich die Holzgase ohne Fremdflamme von selbst (Zündpunkt). Die genannten Temperaturgrenzwerte liegen aber wesentlich tiefer, wenn das Holz über einen längeren Zeitraum hinweg Temperaturen um 100 °C ausgesetzt war. Dieses Verhalten ist bei der Ermittlung von Brandursachen (Langzeitwirkung von Wärme auf Holz durch Wärmestau hinter Öfen, Heizkörpern usw.) von großer Bedeutung.

a) **spezifische Wärmekapazität**: Die spezifische Wärmekapazität eines Stoffes ist die Wärmemenge in Joule oder Kilojoule, die erforderlich ist, um 1 kg dieses Stoffes um 1 °C zu erwärmen.

Für lufttrockenes Holz liegt der mittlere spezifische Wärmewert bei 1,71 KJ/kg; zum Vergleich: Wasser 4,19 KJ/kg, Eisen 0,42 KJ/kg, Kupfer 0,38 KJ/kg. Die spezifische Wärme des Holzes ist ca. viermal so groß wie die des Eisens, d. h. zur Erwärmung von 1 kg Holz um 1 °C ist die vierfache Wärmemenge im Vergleich zu Eisen erforderlich. Die Wärmekapazität wird auch beeinflußt durch die Holzart (bei harten und schweren Hölzern liegt sie bis zu 10 % höher als bei weichen Hölzern) sowie v. a. durch die Holzfeuchte. Hohe spezifische Wärme und geringes Wärmeleitvermögen des Holzes sind z. B. die Vorteile des Holzes bei der Verwendung als Griffe an Koch- und Heizgeräten.

b) **Wärmeleitung**: Holz ist auf Grund seines porigen Gefüges ein schlechter Wärmeleiter (schlechtester Wärmeleiter aller Baustoffe). Es hat eine geringe Wärmeleitzahl, die abhängig ist von der Rohdichte (→ Dichte des Holzes), vom Feuchtegehalt und von der Faserrichtung. Mittelwert der Wärmeleitzahl bei Ndh von 12 % Feuchte parallel zur Faser = 0,097; zum Vergleich: Aluminium 159,6, Eisen 70,0, Glas 0,784, Wasser 0,588, Kork 0,056. Dieses schlechte Wärmeleitvermögen bewirkt die guten wärmeschutztechnischen Eigenschaften des Holzes. Die gute Wärmeisolierung spricht deshalb insbesondere für den Holzhausbau.

c) **Wärmedehnung**: Zunahme der Längen- oder Volumeneinheit eines Körpers bei Erwärmung. Sie wird an 1 m langen Körpern vor und nach einer Temperaturerhöhung gemessen und auf eine Differenz von 1 °C bezogen. Feste Körper dehnen sich bei Erwärmung aus und ziehen sich bei Abkühlung zusammen. Holz hat eine geringe Wärmeausdehnung und ist daher ein guter und bevorzugter Werkstoff; → Elektrische Holzeigenschaften, → Akustische Holzeigenschaften.

Thermophile Eichen-Trockenwälder → Xerotherme Eichenmischwälder.

Thermophile Linden-Hangschuttwälder → Linden-Ahorn-Mischwälder.

Thermophile Sommerlinden-Mischwälder → Linden-Ahorn-Mischwälder.

Therophyten: ungeachtet der systematischen Zugehörigkeit (→ Systematik) eine → Lebensform der Höheren Pflanzen, bei der ungünstige Perioden (z. B. Kälte, Trockenheit) mit widerstandsfähigen Früchten und Samen (→ Überdauerungsorgane) überdauert werden. Zu Beginn der für die Assimilation und Samenproduktion günstigen Periode entwickeln sich die Pflanzen rasch und bilden viele widerstandsfähige Samen aus. Die Pflanze stirbt ab; die Samen können jedoch ungünstige Perioden jahrelang überdauern. T. kommen besonders in Trockengebieten vor, in Mitteleuropa nur auf wenigen Trockenstandorten.

Thesium → Leinblatt.

Thillspitze, die: → Dielenfloß.

Thoma, Hans → Wald in der Malerei.

Thomisidae → Krabbenspinnen.

Thuidium tamariscinum → Thujamoos.

Thuja → Lebensbäume.

Thujamoos, das (*Thuidium tamariscinum* (Hedw.) *Bryologia europaea*): Zur Fam. der Thujamoose (*Thuidaceae*) aus der Klasse → Laubmoose zählend, kommt es vom Flachland bis über 2000 m Höhe vor und wächst auf feuchten, schattigen Waldböden, besonders in Erlenbrüchen, Schluchtwäldern und unter Nadelbäumen, wo es ausgedehnte, lockere, lückige, dunkel- bis bräunlichgrüne, glanzlose Rasen bildet. Die bis etwa 10 cm langen, bogig wachsenden, am Ende oft wieder mit braunem Wurzelfilz am Boden haftenden Stengel sind ziemlich regelmäßig dreifach gefiedert und an der Spitze mit fädigen, ausläuferartigen Auswüchsen besetzt. Die spiralig gestellten Blätter liegen an oder stehen etwas ab. Die etwa 1,5 mm langen Stengelblätter sind aus breit dreieckig-herzförmigem Grund schmal-lanzettlich zugespitzt, mit vier Längsfalten und gezähnter Spitze. Die kräftige Rippe geht nicht bis zum Blattende. Die etwa 0,5 mm langen Astblätter sind oval, kürzer zugespitzt, flach und glatt. Die → Sporen des selten fruchtenden Mooses reifen im Winter. Die seitenständige, 3 bis 5 cm lang und rot gestielte Sporenkapsel ist braunrot, zylindrisch, leicht bogig gekrümmt, mit geschnäbeltem Deckel.

Thüringer Hainich, der: mit 200 km^2 Dtschls. größter Buchenwald; → Nationalpark T. H., → Kellerwald.

Thüringer Natter, die: → Glattnatter.

Thüringer Wald, der: deutsches Mittelgebirge in Thüringen, etwa 120 km langer, bis 35 km breiter Kamm (Rennsteig, Rennstieg) zwischen der Werra (bei Eisenach) und den Schwarzaquellen. Der Hauptkamm des T. W. scheidet die Thüringer Ebene von der Fränkischen Platte; höchste Erhebung: Großer Beerberg (982 m). Der T. W. ist dicht bewaldet

Thüringer Wald

(v. a. Fi, Ta und Bu). Lediglich ein Viertel der Fläche wird von Wiesen und Äckern eingenommen. Der Rennsteig, ein uralter Pfad, kann in seiner gesamten Länge – vorbei an prächtigen Laub- und Nadelwäldern – durchwandert werden.

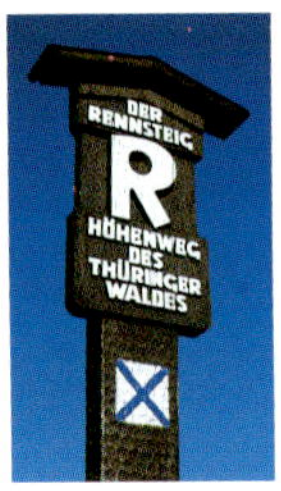

Der Rennsteig – uralter Pfad, jetzt Wanderweg

Thurn-und-Taxis-Förderpreis, der: Der von Johannes von Thurn und Taxis gestiftete und 1978 erstmals vergebene Förderpreis soll an junge Akademiker verliehen werden, die sich während oder nach dem Studium durch hervorragende Leistungen auf dem Gebiet der Forstwissenschaft ausgezeichnet haben.

Thyllen (Füllzellen): im → Kernholz verschiedener → Laubbäume auftretende blasenartige Ausstülpungen von Zellen des Holzparenchyms (→ Parenchym), die in das → Lumen benachbarter, funktionslos gewordener Gefäße eindringen und diese mehr oder weniger vollständig verschließen. Die gewöhnlich dünnwandigen T. dienen aber auch der Reservestoffspeicherung oder als Gefäßverschluß nach Verletzung. Manche Baumarten, wie Kir, Ah und Bi führen nie T.

Thymian, der (*Thymus*): Gatt. der Fam. der → Lippenblütengewächse mit über 30 Arten in Europa und Nordafrika. Es sind Zwerg- oder → Halbsträucher die durch den Gehalt an → ätherischen Ölen aromatisch duften. Sie haben kleine, ganzrandige Blätter und blattachselständige oder endständige Blüten. In unseren Wäldern ist anzutreffen:

Feldthymian, der (*Thymus serpyllum* Linné): auch Wilder T., Feldkümmel, Quendel, Feldquendel, Acker- und Sandthymian und im Volksmund Kranzl-, Kronl-, Kutterl-, Kundlkraut, Demut, Hafnerköl. Der F. ist über weite Teile Europas verbreitet. Er wächst auf sonnigen Heiden, Triften, Sandtrockenrasen, in lichten, trockenen Wäldern, besonders Kiefernwäldern und boreal-subkontinentalen Kiefern-Steppenwäldern, Gebüschen, an Wegrändern und Böschungen, an trockenen Stellen, bevorzugt auf kalkhaltigen Lehm- und Steinböden. Der F. ist eine sehr formenreiche Art mit vielen Kleinarten. Der mehrjährige, 5 bis 50 cm lange, würzig duftende, oft dichte Rasen bildende Halbstrauch hat kriechende, niederliegende oder bogig aufsteigende undeutlich vierkantige oder stielrunde, ungleich behaarte Stengel, die nach unten Wurzeln und nach oben blühende Äste treiben. Die kleinen, bis 1 cm langen Blätter sind schmal-lanzettlich bis oval, ganzrandig, in einen kurzen Stiel verschmälert, unterseits drüsig punktiert und am Grund gewimpert. BZ: April bis Oktober. Die Blüten stehen in kugelig-kopfigen Scheinquirlen. Die hell- bis dunkelpurpurrote Krone ist 3 bis 6 mm lang.

Der F. war früher ein Weihe- und Zauberkraut zum Schutz vor Hexen und dem Teufel; er ist auch eine alte → Heilpflanze. Verwendung finden die blühenden Sproßspitzen, getrocknet in Sträußen. Sie enthalten → ätherisches Öl, → Harze und Gerbstoff, wirken antiseptisch, auswurffördernd, blutstillend, krampflösend, tonisch, harn-, wind- und wurmtreibend. In Form von Tees und Extrakten findet der F. Anwendung bei Husten, Bronchitis, Schlafstörungen, Nervenschwäche, Asthma, Magen- und Darmbeschwerden, zum Einreiben bei Rheumatismus, Verstauchungen, Arthritis und Quetschungen etc. F. wird auch als Gewürz, ähnlich wie der Gartenthymian und das Bohnenkraut, sowie als Zusatz für Seifen und Bäder verwendet.

Thymus → Thymian.

Tieck, L. → Wald in der Dichtung.

Tiefebene, die: → Vegetationsstufen.

Tieflandskiefer, südwestdeutsche, die: Standortrasse der Waldkiefer; → Kiefern 3.

Tiefwurzler: → Baumarten, die mit ihren → Wurzeln in tiefere Bodenschichten vordringen können und dort Wasser und Nährstoffe aufnehmen. Die Wurzelausbildung hängt weitgehend vom → Boden ab. T. sind auch Baumarten, die wie Kie, Ei und Ta eine → Pfahlwurzel ausbilden, sowie z. B. die Bu, die bis zum dritten Jahr eine Pfahlwurzel ausbildet und dann eine → Herzwurzel entwickelt; → Tellerwurzel.

Tierfresser → Carnivora.

Tierleichenfresser → Totfresser.

Tierlibaum, der: → Hartriegel 1.

Tigerlaufkäfer, der: → Sandläufer 3.

Tigerritterling, der: → Ritterlinge 6.

Tigerschnegel, der: → Egelschnecken 1.

Tigerspinne, die: → Radnetzspinnen 6.

▸▸ Feldthymian (*Thymus serpyllum*)

Tilia → Linden.

Tiliaceae → Lindengewächse.

Tilienion platyphylli → Linden-Ahorn-Wälder.

Tilio-Acerion → Linden-Ahorn-Wälder.

Tilio platyphylli-Acerion pseudoplatani → Linden-Ahorn-Wälder.

Tilio platyphylli-Ulmetum glabrae → Eschen-Ahorn-Steinschutthangwald.

Timber (engl.: Holz): frühere Bez. für sog. „Englische Balken", Balken aus Kiefern- oder Tannenholz, die 30 x 30 cm stark, vollkantig und mindestens 5,4 m lang sein mußten.

timber cropping: englische Bez. für geregelte → Forstwirtschaft im Ggs. zu „timber mining", welches Raubbau am Wald bezeichnet.

timber mining → timber cropping.

Tineidae → Motten.

Tintenbeer, der: → Liguster.

Tintenfischpilz, der (*Anthurus (Clathrus) archeri*): ein zu den → Bauchpilzen gehörender, ungenießbarer Pilz, der aus Australien in Europa eingeschleppt und erstmals 1914 in den Vogesen entdeckt wurde. Der T. kommt in allen Waldtypen vor und kann in warmen Laub- und Mischwäldern mit guter Laubstreuzersetzung massenhaft auftreten. Er wächst von Juli bis November, wird 10 bis 15 cm breit und 5 bis 8 cm hoch. Der T. entsteht aus einem erst kugeligen und rosa-weißlichen, braungefleckten, halb unterirdisch wachsenden Fruchtkörper, dem sog. Hexenei. Aus diesem entwickeln sich vier bis sieben (auch mehr) zunächst an der Spitze zusammenhängende, schwammige Arme, die sich voneinander lösen, rückwärts biegen und dann bis 12 cm lang sternförmig auf dem Boden liegen und tintenfischartig (Name!) wirken. Die Oberfläche ist rot oder orange-rötlich und von einer dunkelgrünlich gefärbten Schleimmasse, der Gleba, überzogen. Diese riecht nach Aas, noch übler als die → Stinkmorchel, und hat die Aufgabe, Fliegen und Insekten anzulocken, die dann die in der Schleimmasse schwimmenden graugrünen → Sporen wegtragen und so den Pilz verbreiten.

Tintenpilz, der: → Tintling 5.

Tintling, der (*Coprinus*): Gatt. der Fam. → Tintlingsartige Pilze (*Coprinaceae*) mit rund 80 Arten. Einige Arten können – zusammen mit Alkohol genossen – unangenehme Vergiftungserscheinungen hervorrufen. Die wichtigsten, auch im Wald vorkommenden Arten sind:

1. Gesäter Tintling, der (*Coprinus disseminatus*): Der in dichten rasigen Büscheln (wie gesät) oft zu Hunderten vorkommende G. T. wächst auf Laubholzstümpfen, deren Abbau schon durch andere Pilze vorbereitet wurde. Der Pilz ist von Mai bis November anzutreffen und hat einen 1 bis 2 cm breiten, anfangs abgerundeten, später glockenförmig aufschirmenden Hut. Dieser ist faltig gerieft, in der Jugend gelb, später grau, in der Mitte stets dunkler. Die zarten → Lamellen sind breit und am Stiel angewachsen. Sie sind anfangs weißlich, später grauviolett und werden, wenn die schwarzen → Sporen abgestreut sind, wieder blaß. Der 4 bis 6 cm hohe Stiel ist weißlich und wirkt glasig. Kein Speisepilz!

2. Glimmertintling, der (*Coprinus micaceus*): Der G. wächst von April bis Oktober in kleineren und größeren Büscheln auf Baumstümpfen, in Laubwäldern, aber auch in Gärten und Parkanlagen. Der 2 bis 4 cm breite rostgelbe Hut trägt glimmerige, lichtbrechende Körnchen, die im Sonnenlicht glänzen. Der Hut ist zudem faltig längsgerieft. Die Lamellen sind anfangs weißlich, werden später graubraun und zerfließen in schwarze Tinte, die dann heruntertropft. Bei feuchter Witterung ist der Pilz in wenigen Stunden zerlaufen. Sein Stiel kann bis zu 10 cm hoch werden; meist ist er jedoch nur 5 bis 8 cm hoch und 0,5 bis 1,5 cm dick. Der Pilz ist eßbar (ohne Alkohol).

◄◄◄ Schopftintling (*Coprinus comatus*)

3. Spitzwarziger Tintling, der (*Coprinus radians*): Der Pilz ist ockergelb und findet sich auf abgefallenen Laubholzästen, besonders im Auwald. Im Ggs. zum Glimmertintling trägt er keine Glimmerkörnchen sondern braune, kegelige Warzen. Auf dem → Totholz befindet sich ein rostgelbes, wie Plüsch aussehendes Luftmyzel, das sog. Ozonium.
4. Spechttintling, der (*Coprinus picaceus*): Der vom Sommer bis in den Spätherbst hinein erscheinende Pilz bevorzugt humusreiche Laubwälder auf Kalk. Der Hut wird 5 bis 10 cm breit und ist dicht mit weißem, flockigem → Velum besetzt. Wenn sich der Hut streckt und ausbreitet, reißt diese Schicht in kleine einzelne Flöckchen auf und die dunkelbraune Huthaut wird dann sichtbar. Der Hutrand zerfließt später mit den Lamellen. Beim S. kann der Stiel bis 25 cm hoch werden. Das Fleisch ist weißlich, unter der Huthaut braun.
5. Schopftintling, der (*Coprinus comatus*): auch Spargelpilz, Porzellantintling, Tintenpilz. Der S. wächst von Mai bis Oktober einzeln oder gesellig in Gärten, auf Feldern, an Wegrändern und in Wäldern. Er kann über Nacht heranwachsen. Die Form des jungen weißen Pilzes ist fast zylindrisch. Wenn sich der 4 bis 8 cm breite Hut öffnet, nimmt er die Form einer Glocke an. Diese franst an den Rändern schnell auf und der gesamte Fruchtkörper zerfließt in einer schmierigen, tintenschwarzen Masse. Die unterschiedlich langen Lamellen stehen dichtgedrängt; sie werden von unten nach oben erst rosa, bald darauf schwarz. Übrig bleibt letztlich der 11 bis 18 cm hohe Stiel, der röhrig hohl ist. Er trägt einen beweglichen, oft herabfallenden weißen Ring. Der Pilz gehört zu den guten Speisepilzen, solange er noch jung ist, muß aber nach dem Einsammeln sofort zubereitet werden.
6. Überzuckerter Tintling (*Coprinus saccarinus*): Der auf Baumstümpfen oder im Boden befindlichem Holz wachsende Ü. T. wird 3 bis 9 cm hoch, ist rotocker bis fuchsbräunlich, zum Rand hin gelblich. Der glockenförmige Hut ist hoch hinauf deutlich gerieft und mit feinen weißen Flöcken (wie Zucker) bedeckt, die Ränder ausgefranst. Die Lamellen sind cremeweißlich mit weißbewimperten Schneiden und zerfließen später schwarzbraun. Der 6 bis 8 cm lange, cremeweiße Stiel ist flaumig-seidenfaserig, das Fleisch blaß-ocker.
Tipulidae → Schnaken.
Tiroler Spierstrauch, der: → Spiersträucher 1.
Tiroler Steigtanne, die: → Baumsteigegeräte.
Tjederina gracilis → Florfliegen.
Tobel, der, das: alte Bez. für einen bewaldeten Geländeeinschnitt.
Tochtergeneration, die: → F_1, F_2, F_3 usw.
Tofieldia → Simsenlilie.
Tollbeere, die: → Tollkirsche, Heidelbeere 3.
Tollkirsche, die (*Atropa*): Gatt. der Fam. der → Nachtschattengewächse mit fünf Arten im gemäßigten Eurasien. Die bekannteste Art ist: **Schwarze Tollkirsche**, die (*Atropa belladonna* Linné): auch Belladonna, im Volksmund auch Wolfs-, Schlangen-, Schwindel- und Tollbeere, Teufelskirsche, Wolfsauge. Die S. T. ist über Mittel- und Südeuropa verbreitet. Die stark verzweigte, mehrjährige → Staude wird 50 bis 150 cm hoch. Die bis 15 cm langen, eiförmigen, zugespitzten Blätter laufen in den kurzen Blattstiel herab. Die Blüten stehen meist einzeln in den Blattachseln. Sie sind etwa 3 cm lang, außen braunviolett und innen gelbgrün. Die Frucht ist eine kirschgroße, glänzend schwarze Beere. Die T. wächst, oft in großen Mengen, an lichten Bergwaldstellen, in Kahlschlaggesellschaften, an Waldwegen, besonders gern auf Kalkböden bis 1700 m Höhe und ist meist unter den ersten Pflanzen, die frische Waldschläge wieder besiedeln; → Charakterart der Tollkirschen-Schlaggesellschaft. BZ: Juni bis August. Sie ist in allen Teilen sehr giftig. Der lateinische Name *Atropa* geht auf

◄◄ Die Schwarze Tollkirsche ist giftig; ihr Saft bewirkt eine Erweiterung der Pupillen.

Atropos zurück und spielt auf die Gifthaltigkeit der Pflanze an. Atropos war von den drei griechischen Schicksalsgöttinnen diejenige, die den Lebensfaden zerschnitt, den Clotho und Lachesis gesponnen haben. Der Genuß der Beeren kann bei Kindern den Tod zur Folge haben, während Drosseln und Feldhühner sie ohne jeden Nachteil verdauen. Den zweiten Teil ihres Namens (*belladonna* = schöne Frau) verliehen die Italienerinnen dem sonst so gefürchteten Gewächs. Durch die Anwendung des violetten Beerensaftes gaben sie ihren Augen einen verführerischen Glanz und eine erweiterte Pupille. Die T. ist eine wertvolle → Heil- und → Giftpflanze. Die Vergiftungserscheinungen sind: große Trockenheit im Schlund und in der Haut; Unvermögen, schwitzen zu können; die Pupille ist sehr erweitert; Herzschlag und Atmung beschleunigt; Kopfschmerz, Schwindel, große Erregtheit, die sich bis zu Tobsuchtsanfällen steigern kann. Gegenmittel: Schwarzer Tee oder Brechmittel. In der Hand des Arztes wird das Gift zum segensreichen Heilmittel. Es dient außerdem als Gegengift bei Morphiumvergiftungen. Seine Eigenschaft, die Pupille zu erweitern, ermöglicht es dem Arzt, durch Einspritzen geeigneter Lösungen die Sehöffnung so zu vergrößern (→ Atropin), daß er auch das Innere des Auges untersuchen kann. Diese Eigenschaft war schon allen Völkern Mittel- und Südeuropas, Kleinasiens, Persiens und Vorderindiens bekannt.
Tollkirschen-Schlaggesellschaft, die → Weidenröschen-Schlaggesellschaften 5.

Warnschild, das auf Auftreten von Tollwut hinweist

Tollwut, die: absolut tödlich verlaufende Infektionskrankheit, die durch sehr kleine Viren hervorgerufen wird. Sie kann von Tier zu Tier, aber auch vom Tier auf den Menschen übertragen werden. Überträger sind meist Füchse (ca. 74 %), Hunde und Katzen, seltener Rinder und Pferde. Wutkranke Wildtiere infizieren gelegentlich Haustiere, die dann den Menschen gefährden können. Aus diesem

Grunde ist es wichtig, Haustiere wie Hund und Katze mit einer T.-Schutzimpfung zu schützen, damit sie die Krankheit nicht auf den Menschen übertragen können. Die Ansteckung erfolgt i. d. R. durch Bisse, Kratzverletzungen und Belecken verletzter Hautstellen durch tollwutinfizierte Tiere. Durch kleinste Hautverletzungen und auch durch die Schleimhäute (Reiben mit verschmutzten Fingern in den Augen) kann das Virus eindringen, weshalb in freier Wildbahn aufgefundene tote Tiere nicht oder nur mit Wegwerf-Handschuhen angefaßt werden dürfen. Die Inkubationszeit ist sehr unterschiedlich; sie kann beim Menschen acht Tage bis zu einem Jahr betragen, i. d. R. dauert sie jedoch einen bis drei Monate, beim Hund drei bis acht Wochen. Sie ist davon abhängig, welche Virusmenge aufgenommen wurde und wie weit die Aufnahmestelle vom Gehirn entfernt ist, da der Erreger entlang der Nervenbahnen zum Gehirn wandert oder mit Blut oder Lymphe zum zentralen Nervensystem transportiert wird. Die Krankheit beginnt beim Menschen mit Jucken und Brennen der Infektionsstelle, Kopfschmerzen, Unruhe und Schlafstörungen. Dann folgt Reizbarkeit, Schluckbeschwerden, Atemstörungen (Krämpfe der Atem- und Schluckmuskulatur), Wasserscheue, Speichelfluß und schließlich Wutausbrüche. Zuletzt kommt es zu einer Lähmung der Schluckmuskulatur, der Glieder und des Rumpfes. Etwa 3 bis 5 Tage nach den ersten Krankheitssymptomen tritt der Tod ein. Hatte eine Person Kontakt mit einem tollwütigen oder tollwutverdächtigen Tier, muß in jedem Fall geimpft werden, wobei die Impfung aus mehreren Injektionen besteht. Ein T.-Immunglobulin muß zusätzlich bei schweren und kopfnahen Bißverletzungen verabreicht werden.

Torf findet vielfältige Verwendung.

Wird bei wildlebenden Tieren die Tollwut festgestellt, oder besteht der Verdacht, daß bei wildlebenden Tieren die T. ausbricht, muß nach der T.-Verordnung die zuständige Behörde (i. d. R. die Veterinärbehörde) die Umgebung der Abschuß-, Tötungs- oder Fundstelle des Tieres bis zu einer Entfernung von etwa 10 km zum gefährdeten Bezirk erklären und dies öffentlich bekannt geben. An den Zugängen zum gefährdeten Bezirk, an den Ausgängen der Ortschaften innerhalb des gefährdeten Bezirks und an anderen geeigneten Stellen werden Schilder (Warnschilder) angebracht mit der Aufschrift: „Wildtollwut! Gefährdeter Bezirk". Füchse und anderes Raubwild, die innerhalb eines gefährdeten Bezirkes erlegt werden, dürfen nach dem Tierseuchengesetz nicht abgebalgt werden. Sie müssen zur Untersuchung eingesandt oder unschädlich beseitigt werden. Besondere Vorschriften gelten nach der T.-Verordnung auch für das Laufenlassen von Hunden (Anleinpflicht; Impfschutz) und Katzen in einem gefährdeten Bezirk.

Tonholz, das: → Resonanzholz, → Stammwerkholz.

Ton-Humus-Komplex, der: enge Verbindung anorganischer und organischer Substanz, entsteht anfangs im Darmtrakt der → Regenwürmer.

Tönnchenpuppe, die: → Puppe.

Tönnchenwickler, der: → Blattroller 4.

Tonnenholz, das: → Böttcherholz.

Topfpflanzen → Containerpflanzen.

Topogenes Moor, das: → Moor.

Torf, der: Produkt, das durch Zersetzung pflanzlicher Stoffe unter stauender Nässe und Luftabschluß entstand. Der T. ist eine Übergangsstufe zur → Braunkohle. Fundort sind die → Moore. Die T.-Fläche in Dtschl. beträgt etwa 2,5 Mio. ha. Die obere T.-Schicht ist weniger zersetzt und von heller Farbe (Faser- oder Weiß-T.). Sie besteht meist aus noch deutlich erkennbaren → Moosen, → Ried- und → Wollgräsern, mit einem Heizwert von 3000 bis 4000 kcal/kg. Die darunter liegende Schicht ist älter und deshalb weiter zersetzt. Sie ist auch dunkler gefärbt (Schwarz- oder Speck-T.) und hat einen Heizwert von 4000 bis 5000 kcal/kg. T. muß nach dem Stechen mittels Hand (Soden, Wasen, Ziegel, Käse) oder mit Maschine (Maschinen-T.) durch Liegen an der Luft oder Pressen wasserärmer gemacht werden, nachdem frisch gestochener T. einen Wassergehalt von 80 bis 95 % hat. Getrockneter T. dient als Isolier- oder Streumaterial bzw. zum Heizen. Zur Einstreu wird nur der T. von möglichst lockerer Beschaffenheit verwendet, wie er sich in den oberen Schichten der Hochmoore und in den Wiesenmooren und Mösern findet. In Gärtnereien wird T. (T.-Mull) immer noch zur Humusanreicherung verwendet.

Torfhügelmoor, das: → Moor.

Torfkeil, der: bei der Lochpflanzung (→ Pflanzverfahren) gelegentlich zur besseren Wasserversorgung der Pflanzen am Lochgrund eingebrachter Torfkörper.

Torfmoos, das (*Sphagnum*): auch Sumpf-, Bleichmoos. ca. 350 Arten umfassende Gatt. der Fam. Torfmoose (*Sphagnaceae*), die innerhalb der → Laubmoose eine besondere Gruppe bilden, die gegen die anderen gut abgetrennt ist. Sie kommt in den gemäßigten und kalten Zonen der Nord- und Südhalbkugel sowie in den Gebirgen der Tropen vor. Das T. wächst auf sauren, sumpfigen Böden in Wäldern und v. a. in Mooren. Es bildet große Polster, die an ihrer Oberfläche ständig weiterwachsen, während sich aus den unteren abgestorbenen Schichten schließlich → Torf bildet. T. sind rhizoidlose, bleichgrüne oder bräunliche Pflanzen mit spiralig um das Stämmchen angeordneten, zu drei bis fünf zusammengefaßten Seitenästen, die mit dachziegelartig angeordneten Blättchen besetzt sind. Mittels Blatt und Stengel können sie bis zum 40fachen ihres Eigengewichts an Wasser aufnehmen. Bekannte Arten, die jedoch fast alle nur mit mikroskopischen Merkmalen unterschieden werden können, sind u. a.:

1. Kahnblättriges Torfmoos, das (*Sphagnum palustre* Linné = *S. cymbifolium*): auch Sumpf-Torfmoos. Das allg. verbreitete und häufigste aller einheimischen Torfmoosarten wächst auf sauren, vernäßten bis relativ trockenen Böden in feuchten Wäldern, besonders feuchten Fichtenwäldern und Bruchwäldern, in nassen Gräben und Mooren.

Das sehr kräftige, ansehnliche Moos bildet schwammigweiche, blaßgrüne bis bläulichgrüne, selten bräunlich überlaufene Polster. Der aufrechte, 10 bis 30 cm lange, grüne bis gelbbraune Stengel hat am oberen Ende schopfige, köpfchenförmige Verzweigungen und kleine, quirlig stehende, spitz zulaufende Seitenzweige. Die matt graugrünen bis blaugrünen, nicht glänzenden, breit-ovalen, stumpf-spitzigen Blättchen sind dachziegelig oder etwas abstehend angeordnet. Die Blättchen der Gipfeläste sind breit, kahnförmig gehöhlt (Name!), mit stumpfer Spitze. Die → Sporen reifen von Juli bis August. Die endständige, etwa 1 cm lang gestielte Sporenkapsel ist schwarzbraun und kugelig.

2. Sparriges Torfmoos, das (*Sphagnum squarrosum* Crome): Das Hauptverbreitungsgebiet des S. T. liegt in Höhen zwischen 500 bis 1500 m. Es wächst in sauren Quellsümpfen der Bergwälder, in Flach- und Zwischenmooren, auf relativ nährstoffreichen Sumpfböden.

Die grüne bis blaugrüne Pflanze hat schwärzliche, 10 bis 25 cm lange, gabelig verästelte Stengel. Die Stengelblätter sind dreieckig-zungenförmig. Die Astblätter sind eilänglich mit sparrig abstehender Spitze.

3. Mittleres Torfmoos, das (*Sphagnum magellanicum* Bridel): Das ziemlich zerstreut vorkommende Moos wächst vom Flachland bis zur Waldgrenze, in Heidemooren, Flach- und Zwischenmooren, in äußerst nährstoffarmen Bulten der Hochmoore, gelegentlich auch

▸▸▸ Torfmoos (*Sphagnum*) bildet große Polster.

in Schlenken. Das M. T. ist besonders in West- und Mitteleuropa der wichtigste Hochmoortorfbildner.
Es ist dem Kahnblättrigen Torfmoos sehr ähnlich und kommt gelegentlich auch zusammen mit diesem vor. Die kräftigen Pflanzen stehen dicht gedrängt in Polstern, die meist rot oder weinrot überlaufen sind.
4. Spieß-Torfmoos, das (*Sphagnum cuspidatum* Ehrhart): Das S. wächst zerstreut an sehr nassen, sonnigen, mäßig bis äußerst nährstoffarmen, immer kalkfreien Standorten an und in Moor- und Heidetümpeln sowie Torfmoorschlenken. Durch die Entwässerung der Moore ist es sehr stark zurückgegangen.
Das S. bildet lockere, weiche, gelbgrüne bis bläulichgrüne, oft im Wasser flutende oder untergetauchte Rasen. Die Stengel der hell- bis dunkelgrünen Pflanzen sind etwa 10 cm lang, unten regelmäßig und oben schopfig verzweigt. Die kurzen und sehr schlaffen Ästchen sind meist pinselartig zusammengeschlossen. Die Blättchen der Seitenäste sind sehr lang und schmal-lanzettlich (trocken wellig), meist viele nach einer Seite umgebogen, an der Spitze röhrenförmig eingerollt.
5. Spitzblättriges Torfmoos, das (*Sphagnum nemoreum* Scopoli): Das S. T. wächst auf sauren Böden in feuchten Wäldern, Heiden, Mooren, an Waldrändern und auf Sumpfwiesen.
Das steife, zierliche, glanzlose Moos bildet weißgrüne, oft rötlich überlaufene, im Schatten meist grüne Polster. Der aufrechte 5 bis 15 cm lange, oft rötliche Stiel hat spitze, in Bündeln stehende Seitenäste. Das Stengelende ist durch die schopfförmig angeordneten, gestutzten, meist rötlichen Äste halbkugelig. Die Blättchen sind länglich-eiförmig, mit schwach abstehender Spitze.
Torfmoos-Erlenbruchwald, der: → Glattseggen-Erlenbruchwald.
Torf-Rosmarin, der: → Rosmarinheide.
Torftopf, der: Torfcontainer zur Anzucht von → Verschulpflanzen; → Containerpflanzen.
Torilis → Klettenkerbel.
Tormentill(a), das: → Fingerkraut 1.
Tortella → Kräuselmoos.
Tortricidae → Wickler.
Totalitätshieb, der: auch → Sammelhieb, Säuberungshieb, Sanitärhieb, Dürrholzhieb, Zufallsnutzung. Herausnahme von absterbenden und toten Bäumen aus einem Bestand, in dem keine planmäßigen Nutzungen vorgesehen sind (Ausnahme: durch Kalamitäten verursachte Schadhölzer); → Läuterung.
Totalitätsholz, das: → Scheidholz.
Totastbereich, der: am Baum der Übergangsbereich zwischen Schaft und Krone, der abgestorbene Äste und Aststummel aufweist.
Totasterhalter, der: Baum, der seine Äste spät verliert (→ Astreinigung) und daher lange Zeit dürre Aststummel am Stamm aufweist (Fi, Kie, Ta, Dgl, Kir, REi, Pa); → Totastverlierer.
Totästung, die: auch Trockenästung; → Wertästung.
Totastverlierer, der: Baum, bei dem die → Astreinigung realtiv gut auf natürliche Weise erfolgt und der die Aststummel früh verliert (Lä, Ah, Bu, Ei, Es, Li und die meisten anderen Laubbäume); → Totasterhalter.
Totenbäume → Baumsärge.
Totenfreund, der: → Aaskäfer 3.
Totengräber → Aaskäfer 1.
Totenkraut, das: → Heidelbeere 2.
Totentrompete, die: → Leistlinge 4.
Totenuhr, die: Bez. für verschiedene → Klopfkäfer. Die wichtigste Art ist die in trockenen Hölzern – meist in Gebäuden – lebende *Anobium punctatum*. Die → Larve bohrt besonders im Dachgebälk und in Möbeln. Der bis 4 mm lange rotbraune Käfer mit feinen Punktstreifen auf den Flügeldecken klopft überwiegend nachts laut und beharrlich im Holz. Im Volksglauben deutet man dieses klopfende Geräusch als Anzeichen eines bevorstehenden Todesfalles; → Holzbohrer.
Totfresser (Saprophagen): auch Totsubstanzfresser. Tiere, die von verwesender oder faulender organischer Substanz (Leichen, Exkrementen, Exkreten, Detritus) leben. Sie sind die bedeutendste Tiergruppe in unseren Wäldern. Sie leisten durch Zerkleinern und Vorverdauen bedeutsame Vorarbeit für abbauende Pilze und Bakterien. Zu den T. zählen Nekrophage (Tierleichenfresser), Koprophage (Kotfresser), Detritophage (Detritusfresser).
Totholz, das: Bez. für stehende und liegende Bäume (→ Rohnen) oder Teile davon, die abgestorben sind. T. entsteht v. a. in überreifen → Naturwäldern (aus Altersgründen abgestorbene Bäume), aber auch durch Krankheit (z. B. Insekten- und Pilzbefall), → Wind- und → Schneebruch und Feuer (→ Waldbrand) etc. In geringen Mengen fällt T. bereits im Jugendstadium eines Bestandes an, wurde aber bisher aus waldpflegerischen Gründen (Waldhygiene) aus dem Bestand entfernt. Sich zersetzendes Holz wird von einer großen Menge von Pilzen (darunter viele gefährdete Großpilze), Käfern (für mehr als die Hälfte aller Arten ist Holz die Lebensgrundlage), Holzwespen, Wildbienen und Ameisen bewohnt, die letztlich wieder Nahrung für eine Vielzahl von Vögeln (z. B. Spechten, Meisen, Baumläufern und Kleibern) sind. Es sollten daher Stümpfe und Strünke von Sturm und Schnee geworfener und zerbrochener Bäume sowie Dürrlinge, wenn sie durch Pilz- und Insektenbefall als Nutzholz bereits entwertet sind, im Wald verbleiben. Ebenso sollten die Wurzelteller sturmgeworfener Bäume (v. a. die der Fi) nicht beseitigt werden. Sie sind Brutstätten für Rotkehlchen, Zaunkönig und Auerhühner, in Wassernähe auch für Wasseramsel und Gebirgsstelze, wobei überhaupt viele Vogelarten, die meisten in ihrem Bestand gefährdet, auf T. angewiesen sind. In krankes und faules Holz legen die auf Holzbearbeitung spezialisierten Spechte ihre Brut- und Schlafhöhlen an. Als Nachbenutzer der großen Schwarzspechtnester, erkennbar am großen ovalen Flugloch, ziehen bedrohte Arten wie Hohltaube, Wald- und Rauhfußkauz ein, ebenso dienen sie den Fledermäusen als Sommer- und Winterquartier. Auch Bilche und Baummarder ziehen ihre Jungen in Baumhöhlen auf. T. trägt somit dazu bei, daß die Artenvielfalt im Wald erhalten bleibt; → Zersetzungsgrad.
Toxine: Gifte, bzw. giftige Substanzen, die von Gifttieren, → Giftpflanzen, → Giftpilzen oder → Bakterien ausgeschieden bzw. aus diesen freigesetzt werden. Ekto-T. sind Gifte, die nach außen abgegeben werden und Endo-T. sind Gifte, die erst nach dem Tode durch Auflösung der Zellen frei werden. T. sind meist Proteine oder Lipopolysaccharide, die als Antigene wirken und deren chemische Struktur noch nicht vollständig aufgeklärt ist. Sie können schon in kleinen Mengen andere Organismen schädigen oder töten.
Toxizität, die: die Giftigkeit einer Substanz. Die T. wird unterteilt nach akuter T. (bei einmaliger Aufnahme), nach subchronischer T. (bei wiederholter Aufnahme in relativ kurzer Zeit) und nach chronischer T. (bei wiederholter Aufnahme über längere Zeit); → Toxine.
Tracheen: **1)** bei → Pflanzen wasserleitende Elemente (→ Gefäße) des → Leitgewebes. Sie sind verhältnismäßig weite, langgestreckte Röhren, die aus vielen aufeinanderfolgenden Zellen entstanden sind. Zusammen mit den → Tracheiden im Gefäßteil der → Leitbündel der → Bedecktsamer und einiger → Farne durchzieht dieses Röhrensystem

Totholz trägt zur Artenvielfalt des Waldes bei ...

... und wird dann im natürlichen Kreislauf wieder zu Humus und Mineralstoffen.

die gesamte Pflanze. Entsprechend der Verstärkung ihrer Zellwände werden Ring-, Schrauben- (Spiral-), Netz-, Treppen- und Tüpfelgefäße unterschieden. T. sind i. a. nur für einige Vegetationsperioden funktionsfähig; ältere sind luftgefüllt oder dienen der Reservestoffspeicherung. **2)** bei Tieren (→ Insekten, → Tausendfüßern und manchen → Webspinnen) die Atmungsorgane.

Tracheiden (griechisch *tracheia* = Luftröhre, eidos = ähnlich wie): Die T. sind enge, längsgestreckte und tote Zellen im Gefäßteil der → Leitbündel bei Farngewächsen und → Samenpflanzen (bei → Bedecktsamern zusammen mit → Tracheen). In die Zellwände ist Holzstoff eingelagert. Die T. dienen dem Transport von Wasser und Nährsalzen, bei Ndh auch der Festigung der Sproßachse. Nach der Form der Wandverdickungen unterscheidet man Ring-, Schrauben-, Netz- und Tüpfel-T.; → Gefäße.

Trachtpflanzen: auch Waldtracht. die Nahrungspflanzen der → Bienen (→ Bienenweide).

Trafte, die: ostpreußische Bez. für das Gestör; → Flößerei.

Tragant, der (*Astragalus*): mit rund 1600 Arten überwiegend in den trockenen Gebieten der Nordhalbkugel verbreitete Gatt. der → Schmetterlingsblütengewächse. In Dtschl. kommen zehn T.-Arten vor. Im Wald anzutreffen sind:

1. Bärenschote, die (*Astragulus glycyphyllos*): auch Süßer T., Wildes Süßholz, Wolfsschote. Die häufigste einheimische Tragantart. Die B. wächst häufig in lichten Wäldern, auf Kahlhieben und an Waldrändern sowie auf Steppenrasen und an warmen Stellen (z. B. Steinschutt) und bevorzugt kalkreiche Böden. Im Nordwesten Dtschl. kommt sie sehr selten vor.

Diese mehrjährige Pflanze mit niederliegenden ausgebreiteten, an den Enden meist aufsteigenden bis über 1 m langen, kahlen Stengeln hat bis 20 cm lange, unpaarig gefiederte Blätter mit acht bis 14 eiförmigen Blättchen, jedes einzelne 2 bis 4 cm lang. BZ: Mai bis Juni. Die gelbgrünen Schmetterlingsblüten stehen in seitlichen kurzen, walzenförmigen Trauben (→ Blütenstand). Die 3 bis 4 cm lange Hülsenfrucht ist gekrümmt bis leicht spiralig gebogen. Der Samen – mindestens zu zehnt in jedem Fach – ist rotbraun und am Rücken tief gefurcht. Die B. wird von Tieren gerne gefressen (Wildfutter) und wurde früher v. a. bei Ekzemen und als harntreibendes Mittel verwendet.

2. Kicher-Tragant der: (*Astragalus cicer* L.): Der über Mitteleuropa bis Spanien und Italien verbreitete K. kommt zerstreut bis selten vor. Er wächst auf grasigen Plätzen, Waldverlichtungen, Magerrasen, Ödland, an Acker-, Wald- und Wegrändern, in Gebüschen, Buschsäumen und Wäldern, besonders Schneeheide-Kiefernwäldern und Alpenrosen-Latschengebüschen, bevorzugt an warmen Stellen und auf trockenen, kalkhaltigen Böden.

Die mehrjährige, 20 bis 60 (80) cm hohe Pflanze hat weich anliegende behaarte Stengel und Blätter. Die unpaarig gefiederten Blätter haben 17 bis 25 Fiederblättchen. Diese sind elliptisch bis länglich-lanzettlich und etwa bis 3 cm lang. Die hellgelben Schmetterlingsblüten (BZ: Juni bis August) stehen zu acht bis 25 Stück in langgestielten, dichten Trauben. Die Frucht ist eine fast sitzende, kugelig-eiförmige, reif aufgeblasene Hülse, die langgeschnäbelt und dunkel zottig behaart ist.

Tragblätter → Hochblätter.

Tragholz, das: frühere Bez. für diejenige Menge Holz, die ein Mensch tragen konnte bzw. wegtragen durfte.

Trägspinner (*Lymantriidae*): auch Woll-, Nonnen-Schadspinner. Fam. meist mittelgroßer → Schmetterlinge (Nachtfalter) mit breiten Flügeln, die mit rd. 3000 Arten, davon 17 einheimisch, weltweit verbreitet und mit den → Eulen nahe verwandt ist. Die Vorderflügel sind oft mit dunklen Zackenstreifen (weiß-grau) versehen, Hinterflügel bleicher, ohne Zeichnung. Die Rüssel der überwiegend nachtaktiven T. sind meist rückgebildet (keine Nahrungsaufnahme). Weibchen haben häufig eine starke Behaarung am Hinterleibsende (→ Afterwolle) und sind stummelflügelig. Die Eiablage erfolgt in ganzen Gelegen („Spiegeln"). Die → Raupen sind oft bunt gefärbt; teilweise besitzen sie bürstenartige Haarbüschel auf der Rückenmitte und seitliche Haarpinsel (Bürstenraupen). Viele der T. sind gefürchtete Wald- oder Gartenschädlinge. Die wichtigsten sind:

1. Nonne, die (*Lymantria monacha*): auch Nonnenspinner. Der Falter hat weißgraue Vorderflügel mit schwarzen Zickzackstreifen; die Hinterflügel sind bräunlichgrau. Flügelspannweite 35 bis 60 mm. Der Hinterleib, besonders der des Weibchens, hat einen rosa Anflug. Das Männchen hat stark gekämmte, das Weibchen schwach gekämmte Fühler. Die Flügel des Männchens sind in der Ruhe mehr ausgebreitet als beim Weibchen. Sie schwärmen im Juli bis August in den Abendstunden und nachts. Tagsüber sitzen sie ruhig am Stamm, mit flachen, dachartig zusammengelegten Flügeln. Bei Beunruhigung fliegen sie leicht hoch. Die Generation ist einfach. Die 1 mm großen, seitlich zusammengedrückten Eier sind anfangs fleischfarben, dann dunkelbraun, später perlmutterweiß. Sie werden im Juli in Platten von zehn bis 200 Stück unter den Borkenschuppen abgelegt. Im April/Mai des darauffolgenden Jahres schlüpfen die grünlichgrauen bis schwärzlichen Raupen, die auf dem Rücken einen dunklen Längsstreifen tragen. An den Seiten befinden sich schwarz behaarte Warzen und am Hinterende gelbliche Haare. Sie bleiben etwa eine Woche gesellig an einem Fleck, dem sog. → Spiegel, wandern dann Fäden spinnend zur Krone, spinnen sich bei Beunruhigung ab und werden dabei oft ein Stück vom Wind verweht. Nach einer ca. achtwöchigen Fraßzeit erfolgt im Juni/Juli die Verpuppung am Stamm, wobei die glänzend kupferbraune, ca. 15 bis 25 mm große Puppe mit Gespinstfäden befestigt wird. Die Raupen fressen im Mai/Juni in erster Linie die Nadeln der Fi und Kie (wichtigster Fichtenschädling), aber auch die Nadeln und Blätter aller anderen Baumarten. Ältere Raupen fressen dabei häufig sehr verschwenderisch; sie beißen die obere Hälfte der Nadeln ab, der Rest fällt ungenutzt zu Boden. Fi gehen bei Kahlfraß ein. Natürliche Feinde der Nonne sind verschiedene Vogelarten, Raupenfliegen, → Schlupfwespen, Raubinsekten und eine seuchenartige Erkrankung nach N.-Kalamitäten, bei der die Raupen in die Wipfelregion drängen (→ Wipfeln), freßunlustig werden und absterben (→ Wipfelkrankheit). Die Bekämpfung der N. erfolgt mit Insektiziden (→ Pestizide). Früher tötete man die Falter und Raupen durch Erdrücken am Stamm bzw. durch Abfangen unter Leimringen.

2. Goldafter, der (*Euproctis chrysorrhoea*): auch Eichengoldafterspinner. Der glänzend weiße Falter hat ein goldbraunes und wolliges Hinterleibsende (Name!); die Flügelspannweite beträgt 30 bis 35 mm. Die dunkelgraubraune Raupe hat zwei rote Rückenstreifen und ist an der Seite weiß gefleckt; die Kopfwarzenhaare sind gelblich. Abgebrochene Raupenhaare erzeugen auf der menschlichen Haut einen Juckreiz. Die Generation ist einfach. Der im Juni/Juli in den Abendstunden fliegende Falter kann zuweilen auch in Massen auftreten. Die Eier werden an der Unterseite der Blätter von Ei, Wei, auch anderen Lbh und Laubsträuchern, insbesondere von Obstbäumen in länglichen Haufen abgelegt und mit goldgelber Afterwolle bedeckt. Die im August erscheinenden Raupen skelettieren die Blätter, spinnen sie zu großen Raupennestern zusammen, in denen sie auch überwintern, um dann ihren Fraß, der oft sehr schädlich sein kann, im Frühjahr fortzusetzen. Die Bekämpfung erfolgt durch Entfernen und Verbrennen der Nester bzw. durch Einsatz von Kontaktinsektiziden.

3. Weidenspinner, der (*Leucoma (Stilpnotia) salicis*): auch Pappelspinner, Ringelfuß. Der glänzend weiße Falter ist etwas größer als der Goldafter. Flügelspannweite: Männchen 40 mm, Weibchen 55 mm. Die bunte Raupe des häufig in Massen auftretenden Falters hat auf dem Rücken eine Kette auffallender gelbweißer Flecken. Der Falter schwärmt in den warmen Juni-Juli-Nächten, legt seine Eier haufenweise an die Rinde von Wei und Pa und überzieht sie mit einem weißen, sich schnell

▸▸ Schwammspinner-Raupen fressen verschwenderisch an Blättern fast aller Laubbaumarten.

erhärtenden Schaum. Die Verpuppung erfolgt einzeln in lockerem Gespinst zwischen den Zweigen. Generation einfach. Die Raupen können bei verstärktem Auftreten Kahlfraß an Wei und Pa verursachen.

◂◂◂ Schwammspinner ♂ *(Lymantria dispar)*

4. **Buchenspinner**, der (*Calliteara (Dasychiera) pudibunda*): auch (Buchen-)Rotschwanz, Streckfuß. Der Falter ist graubraun mit welligen Querstreifen auf den Vorderflügeln. Die Hinterflügel sind heller mit undeutlichen Querstreifen. Die Flügelspannweite beträgt 40 bis 50 mm. Die gelbliche Raupe hat schwarze Querstreifen, vier weißgelbe Haarbürsten und einen rötlichen Haarbüschel am Hinterende. Der Falter fliegt im Mai/Juni in Buchenwäldern. Die Raupen fressen an den Blättern der Bu, aber auch der Bi, Ei und Ul, vom Rande her bogenförmig, sehr verschwenderisch und lassen Blattstücke fallen. Bei Erschütterung fallen sie zusammengerollt herab. Die Verpuppung erfolgt in der Bodendecke. Der Schaden nimmt erst im Spätsommer nennenswerte Ausmaße an, so daß bei einem Kahlfraß nur Zuwachs- und Massenverlust auftreten und die befallenen Bäume im Frühjahr wieder neu austreiben können.
5. **Schwammspinner**, der (*Lymantria dispar*): Bei dem manchmal massenhaft auftretenden Falter ist das Männchen braungrau mit dunklen Querstreifen auf den Vorderflügeln, das größere, auffallend plumpe Weibchen ist schmutzigweiß mit dunklen gezonten Querstreifen auf den Vorderflügeln. Bei der etwa 40 mm großen Raupe ist die vordere Hälfte mit der mittleren Kopfwarze blau, die hintere rot. Auf dem Rücken hat sie drei feine gelbliche Längslinien. Die Falter, v. a. die männlichen, schwärmen von August bis September sowohl am Tage als auch in den Abendstunden. Die Eier werden in einem flachen, rundlichen Haufen (feuerschwammähnliche Ablage, daher Name!) an der Rinde des Stammes oder an Zweigen usw. abgelegt. Die Raupen erscheinen im darauffolgenden April und fressen verschwenderisch die Blätter fast aller Laubbaumarten, besonders die der Ei. Im Nadelholz finden sie sich häufig in Gesellschaft mit der Nonne. Der Falter kann an Wald- und Obstbäumen gefährlich werden. 1869 wurde der Falter nach Nordamerika eingeschleppt und entwickelte sich dort zu einem gefährlichen Schadinsekt; → Wipfelkrankheit.

Tragtanne, die: bei der früheren → Flößerei Bez. für Nadelbaumstämme, die mit dem spezifisch schwereren Lbh (z. B. Ei) zusammengebunden wurden, um das Floß schwimmfähig zu machen.

Tralte, die: alte nordd. Bez. für → Zweig.

Trämel: schweizerische Bez. für Nadelholz-Klötze (→ Abschnitte, Bloch, Block) mit i. d. R. 4 bis 6 m Länge und einem → Mittendurchmesser von 23 cm aufwärts.

Tramen → Balken 2); → Tramholz.

Tramholz, das: alte Bez. für → Nutzholz, das zu → Balken verarbeitet wird; → Balkenholz.

Tränender Hausschwamm, der: → Hausschwamm.

Tränender Saumpilz, der: → Faserlinge 5.

Tränenschwamm, der: → Hausschwamm.

Transformation, die: → Umwandlung.

Transpiration, die: → Verdunstung.

Transpirationsmethode, die: → Aufreißen der Stämme.

Transportgrenze, die: Linie, von der aus das Holz zur nächstgelegenen Bringungs- oder Rückelinie (→ Rückegasse) gebracht wird. In ebenem Gelände verläuft sie in der Mitte zwischen Weg und Rückegasse oder einen anderem Weg, im Gebirge auf der Kammlinie oder auf Köpfen, bzw. 40 bis 50 m unterhalb von Wegen, soweit das Holz eben aufgeseilt werden kann. Die T. zwischen zwei Rückegassen wird auch Abrückscheide genannt. Bei den → Verjüngungsverfahren wird i. d. R. an der T. mit der Verjüngung begonnen, und die Bäume werden von dort aus zur Rückegasse oder zum Weg gefällt.

◂◂ Nonne ♂ *(Lymantria monacha)*

Trapezeule, die: → Eulen B 12.

Tratten, die: → Hutewald.

Traube, die: → Blütenstand.

Traubeneiche, die: → Eichen 2.

Traubenholunder, Roter, der: → Holunder 1.

Traubenholunder-Vorwald-Gesellschaft, die: → Weidenröschen-Schlaggesellschaften 11.

Traubenkirsche, die: → Prunus 5. und 6.

Traubenkirschen-Eschen-Auenwald, der (*Pruno-Fraxinetum = Alno-Fraxinetum*): auch Schwarzerlen-Eschen-Auenwald. pflanzensoziologische → Assoziation des Unterverbandes → Erlen-Eschen-Auenwald (*Alnenion glutinoso-incanae*). In Auenlandschaften, Moränenlandschaften und Seengebieten stockt diese → Waldgesellschaft auf langsam durchsickerten Gley- bis Anmoorböden mit hoch anstehendem Grundwasser von Terrassen und Schuttkegeln. In der Baumschicht herrschen mit jeweils kleinstandörtlichen Schwerpunkten die charakteristischen Baumarten Es und SEr, wobei die Es auf basen- und nährstoffreicheren, die SEr dagegen auf den ärmeren Standorten auftritt. Stellenweise treten FlUl, FUl und StEi hinzu. Begleitet wird diese Assoziation in der Strauchschicht von der namensgebenden → Charakterart TrKi als Baum zweiter Ordnung. Ferner sind dort noch Him- und Brombeere, Hopfen, Zittergras-Segge, Rasenschmiele und Echtes Springkraut vorhanden. Dem Standort entsprechend treten zahlreiche Pflanzen in der Bodenvegetation auf, die Nässe und Feuchtigkeit anzeigen, wie z. B. Springkraut, Scharbockskraut, Echte Nelkenwurz, Riesenschwingel. Diese in Westdtschl. regional selten gewordene oder völlig verschwundene Waldgesellschaft ist durch Änderungen des Wasserregimes betroffen und auch künftig bedroht. Im Westen Dtschl. (Kraichgau, Oberrheinebene, Neckar-, Main-, Taubergebiet) kommt zu den Arten des T. die Rote Wald-Johannisbeere (*Ribes rubrum var. sylvestris*) hinzu und bildet die Assoziation Johannisbeer-Eschen-Auenwald (*Ribeso sylvestris-Fraxinetum*); → Auwälder.

Traubenraute, die: → Mondraute.

Traubenziegenbart, der: → Keulenpilze 8.

traubige Blütenstände → Blütenstand.

Traubige(r/s) ... siehe unter dem jeweiligen Hauptnamen.

Trauerbirke, die: → Birken 1.

Trauerbuche, die: → Hängebuche, → Buchen.

Trauereibe, die : Unterart der → Eibe.

Traueresche, die: Variation der Gemeinen → Esche.

Trauerfliegenschnäpper, der: → Fliegenschnäpper 2.

Trauermantel, der: → Edelfalter 6.

Trauermücken → Pilzmücken.

Trauerschnäpper, der: → Fliegenschnäpper 2.

Trauerweide, die: → Weiden 22.

Trauf, der: → Waldränder.

Traufbaum, der: Baum am Waldrand (→ Waldränder), wegen des unterschiedlichen Lichtgenusses ist sein Astansatz am Außenrand stärker – oft bis zum Boden – ausgebildet. Solche Bäume haben einen asymmetrischen Längsschnitt; → Randbäume.

Traufpflege, die: → Waldränder.

Traunsteiners Knabenkraut, das: → Knabenkraut 11.

Träuschlinge (*Stropharia*): Gatt. der → Blätterpilze mit über zehn einheimischen Arten. Sie wachsen auf Erde, Mist oder Holz. Der bekannteste ist:
Grünspanträuschling, der (*Stropharia aeruginosa*): Der vom Spätsommer bis Spätherbst recht häufig in lichten Laub- und Nadelwäldern, v. a. unter Bu vorkommende Pilz wächst mit Vorliebe an Holzresten und Baumstümpfen. Er hat einen 3 bis 7, auch 10 cm breiten, grünen oder blaugrünen Hut mit im Hutschleim eingesenkten weißen und regelmäßig verteilten Flecken. Die schleimige und glänzende Haut läßt sich leicht abziehen. Der schlanke Stiel wird 5 bis 8 cm lang und ist unterhalb des vergänglichen Rings weißflockig bekleidet. Das weiße und weiche Fleisch des eßbaren Pilzes hat einen rettichartigen Geruch und

Geschmack. Er wird hauptsächlich als Suppenpilz verwendet.
Neben vorgenanntem, weit verbreitetem G., gibt es noch zahlreiche seltenere Arten, wie z. B. **Schuppiger T.** (*S. squamosa*), **Üppiger T.** (*S. hornemannii*), **Rotbrauner Riesenträuschling** (*S. rugosoannulata*) und **Halbkugeliger T.** (*S. semiglobata*), die hier nicht alle beschrieben werden können.

Tree of Liberty → Freiheitsbaum.

Treiben, das: Zutalbringen von → Stammholz an Hängen unter Ausnutzung der Schwerkraft. Das Holz wird dabei von den Waldarbeitern in Bewegung gebracht. Auf glattem, hartem Boden, auf → Loiten, läuft das Holz gut. Liegt im Hang Geröll, viel Schlagabraum, ist der Hang mit Mulden durchsetzt, läuft das Holz schlecht (→ Holztransport); → Bocken, → Fällern, → Holzstürzen, → Schießen der Stämme.

Treibhauseffekt, der: Effekt der Erwärmung der bodennahen Luftschicht durch die Absorption der langwelligen Ausstrahlung (infrarote Wärmestrahlung) in der Atmosphäre und Reflektion zum Erdboden. Diese Wärmerückstrahlung durch klimawirksame Spurengase (→ Kohlendioxid, Methan sowie Distickstoffoxid, → Fluorchlorkohlenwasserstoffe und v. a. in der unteren Atmosphäre auch → Ozon) heizt die Erde um etwa 30 °C auf durchschnittlich 15 °C auf. Diese Erwärmung wird als natürlicher T. bezeichnet. Er macht das Leben auf der Erde erst möglich, da sie ansonsten weitgehend vereist wäre. Die klimawirksamen Spurengase isolieren gewissermaßen die Erdoberfläche und die unteren Bereiche der Atmosphäre von den höheren Atmosphärenschichten oberhalb von etwa 6 km Höhe. Seit Beginn der Industrialisierung werden in immer größerem Umfang klimawirksame Spurengase anthropogenen Ursprungs in die Atmosphäre emittiert; ihre Konzentrationen erhöht sich hier ständig. Dadurch wird auch die Rückstrahlung der infraroten Wärmestrahlung der Erdoberfläche stärker. Klimatologen rechnen damit, daß ein weiterer Konzentrationsanstieg dieser sogenannten Treibhausgase in der Atmosphäre (klimawirksame Spurengase, die den T. verstärken), die → Luft in Bodennähe im Verlauf des nächsten Jh. um 6 ± 3 °C erwärmen wird. Dabei gilt bereits eine Temperaturerhöhung von etwa 2 °C als ein Wert, der voraussichtlich katastrophale Auswirkungen auf die Menschheit und ihre Ernährungssituation und auf die → Ökosysteme haben würde. Amerikanische Forscher vertreten die Auffassung, daß sich Hemlockstanne, Bi, Bu und Zuckerahorn bei einer Klimaänderung in den angestammten Lebensräumen auf Dauer nicht halten können. Wenn die Berechnungen von Klimaforschern richtig sind, verlagert sich z. B. die Umgebung, die den Bu behagt, innerhalb des nächsten Jh. um 700 bis 900 Kilometer nach Norden.
Die einzelnen Spurengase tragen nach neuesten Schätzungen mit folgenden Anteilen zum zusätzlichen T. durch den derzeitigen Anstieg ihrer atmosphärischen Konzentration in den achtziger Jahren dieses Jahrhunderts bei:
– Kohlendioxid (CO_2) mit derzeit etwa 50 %, im wesentlichen bedingt durch die Verbrennung fossiler Energieträger und der verbreiteten Brandrodung in den tropischen Regenwäldern;
– Methan (CH_4), mit derzeit etwa 19 %, das u. a. aus dem Reisanbau, Verlusten bei der Gewinnung und Nutzung fossiler Energien, der Rinderhaltung und Mülldeponien stammt;
– die Fluorchlorkohlenwasserstoffe (FCKW) mit derzeit etwa 17 %;
– in geringerem Umfang das → Ozon in der Troposphäre mit 8 %;
– das Distickstoffoxid (N_2O) mit 4 % und letztlich
– Wasserdampf in der Stratosphäre mit 2 %.

Treibholz, das: **1**) → Füllholz. **2**) alte Bez. für Stangenholz, welches früher zur Befeuerung eines Treibofens (der Silber und Blei schied) benötigt wurde.

Treibseen → Klausen.

Tremel, das: → Remel.

Tremellaceae → Zitterlinge.

Trennart, die: → Differentialart.

Trennung von Wald und Weide → Waldweide.

Trespe, die (*Bromus*): artenreiche Gatt. einjähriger oder ausdauernder → Rispengräser aus der Fam. der → Süßgräser mit langen Rispenästen und vielblütigen → Ährchen. Von den rund 100 Arten in den gemäßigten Gebieten der Nord- und Südhalbkugel kommen 14 in Dtschl. vor. Die wichtigste, auch im Wald anzutreffende Art ist:
Waldtrespe, die (*Bromus ramosus*): Die W. wächst überwiegend in schattigen, krautreichen Laub- und Nadelwäldern in Horsten. Die Unterart *B. r. ssp. benekenii* ist die Ordnungs-→ Charakterart der mesophytischen Buchen- und Laubmischwälder und wächst bevorzugt in Hainbuchen-Waldgesellschaften und Linden-Ahorn-Wäldern.
Die ausdauernde Pflanze, deren Wurzelstock keine → Ausläufer bildet, wird 60 bis 150 cm hoch. Der aufrechte, behaarte Halm ist oberwärts rauh, die Blätter sind 6 bis 13 mm breit und am Rand scharf. Die unteren Blätter sind samt den geschlossenen Blattscheiden rauhhaarig; das oberste hält von der Rispe (→ Blütenstand) Abstand. Die 15 bis 30 cm lange Rispe ist locker, schlaff und überhängend. Die lanzettlichen Ährchen sind sieben- bis neunblütig und mit Granne bis 4 cm, ohne Granne bis 3 cm lang. BZ: Juni/Juli (August).

▸▸ Mönchskopf (*Clitocybe geotropa*)

Treuhandwald, der: Wald in der ehemaligen DDR, der im Zuge der Bodenreform enteignet und in Volkseigentum überführt worden war und jetzt rückübertragen werden soll. Auftrag der Treuhandanstalt im Bereich der Forstwirtschaft ist der Verkauf bzw. die Restitution dieser Waldflächen. Bis zur Umsetzung des Auftrages werden die forstlichen Arbeiten auf den entsprechenden Waldflächen durch die Landesforstverwaltungen ausgeführt. Die Bewirtschaftung unterliegt dabei bestimmten, von der Treuhandanstalt festgelegten Prämissen. Insgesamt waren der Treuhandanstalt rd. 2 Mio. ha ehemals volkseigener Waldflächen zur Verwaltung und Verwertung übertragen worden. Die Bundesanstalt für vereinigungsbedingte Sonderaufgaben hat bis zum 31. Oktober 1995 bereits folgenden Rückübertragungen zugestimmt: 359 765 ha oder 65,4 % des ehemaligen Landeswaldes, 218 184 ha oder 83,3 % des ehemaligen Kommunalwaldes. Rund 700 000 ha Wald, die im wesentlichen aus Enteignungen zwischen 1945 und 1949 stammen, sind nach dem Treuhandgesetz zu privatisieren.

Trias, die: → Erdzeitalter.

Trichocera hiemalis → Wintermücken.

Trichoceridae → Wintermücken.

Tricholoma → Ritterlinge.

Tricholomaceae → Blätterpilze.

Tricholomataceae → Ritterlingsartige.

Tricholomopsis → Holzritterlinge.

Trichosphaera parasitica → Tannennadelbräunepilz.

Trichterfarn, der: → Straußfarn.

Trichterlinge (*Clitocybe*): in Mitteleuropa mit ca. 70 Arten vertretene Gatt. aus der Fam. der → Ritterlingsartigen (*Tricholomataceae*), die zur Ordn. der → Blätterpilze gehört. T. haben einen anfangs flachen, später meist trichterförmig nach oben gerichteten Hut und weit herablaufende sichelige → Lamellen. Das Sporenpulver ist weiß bis creme oder rosa. Viele Arten sehen sich sehr ähnlich und sind nur sehr schwer zu unterscheiden. Mind. zehn Arten der T. sind giftig (z. B. durch Muscarin). Die meisten Arten wachsen scharenweise oder in → Hexenringen; sie sind Streuzersetzer. Die wichtigsten Arten sind:
1. Mönchskopf, der (*Clitocybe geotropa*): Der Pilz wächst von September bis November auf Waldwiesen und Waldweiden der Laub- und Nadelwälder in Reihen oder Hexenringen. Der dickfleischige bis zu 25 (30) cm breite Hut ist anfangs gewölbt mit lang eingerolltem Rand, flacht dann immer mehr ab und bildet in der Mitte eine Vertiefung mit einem leichten Buckel. Der Hut ist jung blaß lederfarben, auch ockergelb und blaßt im Alter etwas aus. Die Haut ist seidig bereift, zart schuppig und schließlich kahl. Sie fühlt sich feucht und glatt an. Die dicklichen Lamellen stehen ziemlich dicht und laufen weit am Stiel herab. Sie sind anfangs weiß und werden später gelblich. Der bis zu 15 cm lange und bis zu 3 cm dicke Stiel ist hutfarben, häufig etwas faserig, an der Basis leicht keulig verdickt und stark weißfilzig. Das im Hut blasse, sonst weißliche Fleisch des

eßbaren Pilzes ist zäh-elastisch und hat einen süßlichen, bittermandelartigen Geruch.

2. Anistrichterling, der (*Clitocybe odora*): Der ziemlich häufig vorkommende Pilz wächst von August bis November, meist in Gruppen oder Hexenringen in Laub- und Nadelwäldern, mit Vorliebe in Buchen-Mischwäldern auf kalkhaltigen Böden. Der bis zu 7 cm breite Hut ist anfangs glockig gewölbt, dann abgeflacht und niedergedrückt. Jung mit eingerolltem Rand, später aufgebogen. Die Huthaut ist blaugrün

bis blaß blaugrau oder grüngrau. Die breiten, wenig gedrängt stehenden Lamellen sind am Stiel angewachsen und laufen ein wenig an ihm herab. Sie sind weiß-grünlich, im Alter auch graugelblich. Der bis zu 7 cm lange und bis zu 1 cm dicke Stiel ist meist gleich dick, an der Basis weißfilzig und von weißer bis blaß graugrüner Farbe. Das Fleisch des eßbaren Pilzes hat eine leicht grünliche Färbung, einen milden Geschmack und riecht stark nach Anis.

3. Keulenfußtrichterling, der (*Clitocybe clavipes*): auch Keulenfüßiger T. Der häufige Pilz wächst von Juli bis November gesellig bis zerstreut und oft in Hexenringen in feuchten, moorigen Nadelwäldern. Der bis zu 6 cm breite Hut ist anfangs mehr oder weniger gebuckelt und verflacht bald. Er vertieft sich nicht zur Trichterform. Die feuchte Haut ist glatt, braun, graubraun oder schwarzbraun. Die weißen oder cremeweißen Lamellen stehen wenig gedrängt und laufen weit am Stiel herab. Der bis zu 9 cm lange und bis zu 4 cm dicke Stiel ist hutfarben und hat einen gleichmäßig angeschwollenen, derb keuligen Grund. Das stark durchwässerte, weißliche Fleisch des eßbaren Pilzes hat einen milden Geschmack und riecht angenehm süßlich, etwas an Zimt erinnernd.

4. Ockerbrauner Trichterling, der (*Clitocybe gibba*): auch Gebuckelter T., Gelbbrauner T., Vielgestaltiger T. Der sehr häufige Pilz wächst von Juni bis November gesellig in Laub- und Nadelwäldern sowie in Grünanlagen, an Alleen und auf Rasenflächen. Der bis zu 8 cm breite Hut ist sehr fleischig und gewölbt mit einem Buckel in der Mitte. Mit zunehmender Reife nimmt er immer mehr eine Trichterform an. Die Haut fühlt sich seidig-filzig an und ist feucht hell, ockerbraun, trocken blaß ledergelb. Die cremeweißen, dicht gedrängt stehenden Lamellen laufen weit am Stiel herab. Der lange und schlanke Stiel ist hutfarben und verdickt sich zur Basis hin. Bei feuchtem Wetter bildet

sich an der Stielbasis ein weißer Myzelfilz. Der gelegentlich als Mischpilz verwendete O. T. hat ein weißliches und zähes Fleisch und riecht süßlich-mandelähnlich.

5. Kohlentrichterling, der (*Clitocybe sinopica*): Der Pilz besiedelt von Mai bis August (September) Brandstellen im Wald und auch außerhalb des Waldes. Der bis zu 8 cm breite Hut ist erst flach, dann mehr oder weniger niedergedrückt, etwas trichterig mit wellig gekerbtem Rand. Die Huthaut ist fuchsrot bis rotbraun. Die weißlichen Lamellen stehen sehr gedrängt und laufen bogig am Stiel herab. Der bis zu 6 cm lange Stiel ist hutfarben, von den Lamellen an fein liniert und oft verbogen. Das feste, weißliche Fleisch des eßbaren Pilzes hat einen starken mehl- bis gurkenartigen Geruch. Neben den vorgenannten, weit verbreiteten T., gibt es noch zahlreiche seltenere Arten, wie z. B. **Laubfreund-T.** (*C. phyllophila*), **Graublättriger T.** (*C. inorata*), **Mehl-T.** (*C. ditopa*) und **Kerbrandiger T.** (*C. costata*), die hier nicht alle beschrieben werden können.

Trichterwickler, der: → Blattroller 2.

Trieb, der: am Ende von Ästen (→ Ast) und → Zweigen der jährlich zuwachsende Teil, d. h. der unverholzte, krautige → Sproß.

Triebkraftprüfung, die: Keimlingsprüfung, bei der ein Keimling eine 1 cm dicke Quarzsandschicht, abgefüllt in einem Zinkgefäß, durchbrechen muß; → Saatgutprüfung.

Triebspitzendürre, die (*Venturiaceae*): durch den Schlauchpilz *Venturia saliciperda* verursachte Blatt- und Triebkrankheit, v. a. bei Kulturweiden-Sorten.

Triebspitzenkrankheit, die: auch Zweigdürre. durch den Schlauchpilz *Venturia macularis* verursachte Krankheit an Weißpappeln. Wiederholter Befall hat eine Verbuschung und ein Absterben der Krone zur Folge. Ähnliche Symptome verursacht der Schlauchpilz *Venturia populina* an SchPa.

Triebverzögerung, die: beabsichtigte Verzögerung des Austreibens durch Kühlhauslagerung, um in tieferen Lagen gezogene Pflanzen nach Schneeabgang noch in Hochlagen pflanzen zu können.

Trientalis → Siebenstern.

Trifolium → Klee.

Trift, die: **1**) auch Wildflößerei, Holzschwemme, Schwemme, Einzelflößerei. frühere Transportweise des Holzes, bei der es in Bäche und kleinere Flüsse (T.-Staßen, T.-Wasser) gebracht und von diesen bis an seinen Bestimmungsort fortgetragen wurde. Im Ggs. zur → Flößerei erfolgte der Transport i. d. R. nur über kürzere Strecken (10 bis 20 km). Das Holz wurde während des Winters und zu Frühjahrsbeginn durch → Riesen, durch Schießenlassen am Hang, durch Schleifen auf Prügelwegen oder mit Schlitten an die T.-Straße gebracht und am Ufer aufgeschichtet. Dort wurde es von den Floßknechten einzeln mit der Hand eingeworfen; bei → Brennholz geschah dies auch durch Umdrücken der hart am Ufer aufgeschichteten Holzhaufen. Getriftet wurden gut getrocknete, zersägte Holzklötze (→ Trumme) geringer Länge (Trummflößerei) sowie → Scheitholz (→ Brennholz) bei der Scheitholztrift, und bei günstigen Wasserverhältnissen auch Langholz. Der T.-Betrieb war meist nur in den niederschlagsreichen Monaten oder nach der Schneeschmelze möglich. Die T.-Straßen wurden aber auch künstlich mit Wasser verstärkt, indem → Klausen (Schwallungen) am Oberlauf der T.-Straße angelegt wurden. Durch Öffnen der Schleusen wurde das angesammelte Holz zu Tal befördert. Im Verlauf der T.-Straße befanden sich häufig noch seitlich angelegte Schwemmteiche (Schutzteiche, Woogen), deren Wasser bei Bedarf in die T.-Straße abgelassen wurde. Mußte die Richtung einer T.-Straße verändert werden oder sollte das Holz aus einem Fluß in einen anderen übergeführt werden, legte man künstliche T.-Kanäle an. Die T., insbesondere der T.-Kopf, wurde von T.-Knechten begleitet. Ihre Aufgabe bestand darin, festgesetztes und angelandetes Holz mit dem Floßhaken wieder in die Flut zu bringen. Dies war eine äußerst gefahrenträchtige Arbeit, bei der viele T.-Knechte töd-

lich verunglückten. Bei einem geregelten T.-Betrieb hatte die T.-Straße auf ihrer gesamten Länge – zumindest auf einer Seite – einen unmittelbar am Ufer angelegten T.-Pfad. Dieser konnte aber, wenn das Wasser z. B. durch Felsschluchten floß, nicht immer durchgehend sein. Ihr Bau erforderte auch großen techni-

◄◄ Keulenfußtrichterling (*Clitocybe clavipes*)

◄◄◄ Anistrichterling (*Clitocybe odora*)

Kieferntriebe, jährlich zuwachsende krautige Sprosse

schen Aufwand und zudem hohe Kosten. Daneben mußten auch seitliche Verzweigungen eines T.-Wassers abgesperrt werden. Man nannte solche Vorrichtungen einen „Streichversatz" und unterschied dabei schwimmende und feste Versätze und Abweisrechen. Wenn eine T.-Straße einen See passieren mußte, wurde das Holz an der Mündung mit sog. „Schwimmketten" aufgefangen. Diese bestanden aus leichten Nadelholzstämmen, die wie Glieder einer Kette durch eiserne Ringe oder → Floßwieden aneinandergehängt waren. Sie bildeten ein langes, schwimmendes Band, womit das T.-Holz umrahmt und zusammengehalten wurde. Die Schwimmketten wurden dazu bogenförmig um die Flußmündung gelegt. War der Bogen voll Holz, vereinigte man die beiden Enden der Kette. Diese mit T.-Holz gefüllten Rahmen wurden als → „Schere" oder „Bogen" bezeichnet. Auf größeren Seen wurden diese Scheren mit Schraubendampfern bis zu der Stelle gezogen an der die T.-Straße wieder den See verließ. Dort wurde die Schere wieder geöffnet. Am Bestimmungsort des Holzes wurden wuchtige Fanggebäude (Sperrbauten, Holzrechen, Fangrechen) errichtet, die das Holz aufhielten. Ungeachtet der Mithilfe durch die T.-Knechte blieb bei einer T. viel Holz an Felsen, am Uferbewuchs und an hohlen, unterwaschenen Ufern etc. hängen. Es wurde deshalb immer eine „Nach-T." durchgeführt, bei der alles festgesessene, eingezwängte und aus dem Stromstrich gewichene Holz freigemacht und so gerichtet wurde, daß es entweder vom gerade vorhandenen natürlichen Wasser oder vom nächsten Klausenwasser erfaßt wurde. Diese Arbeiten bezeichnete man als das „Einkehren" oder „Beirichten". Begonnen wurde jeweils an der Einwurfstelle. Wurde mit dem Einkehren aber am Ende der T.-Straße begonnen und arbeitete man dabei stromaufwärts, so nannte man diese Tätigkeit das „Abbrechen der T.". Zur Nach-T. gehörte auch das Senkholzfischen. Rundholzstücke ergaben gewöhnlich mehr Senker als aufgespaltenes Holz. Wegen der größeren Schwere entstanden aber die meisten Senker bei Fichten- und Tannenastholz. Die Senker wurden mit dem Floßhaken angespießt und an Land gezogen. Der T.-Verlust konnte je nach Holzart, nach Beschaffenheit und Länge der T.-Straße zwischen 2 % und 15 % des Einwurfs liegen. Ein sicherer Nachweis in alten Urkunden des Mittelalters, ob es sich um T. oder → Flößerei handelt, ist oft schwierig, weil allg. von „Wildflößerei" oder Flößerei gesprochen wird und die wilde und die gebundene Flößerei nicht auseinandergehalten wurden. Beide Formen dürften sich jedoch gleichzeitig, aber getrennt, je nach Wasserverhältnissen und Landschaft (z. B. Gebirgs-T.) entwickelt haben. Die T. war früher ein landesherrliches Regal und vom Mittelalter bis zum 19. Jh. der wichtigste Träger der regionalen Holzversorgung; → Schwarzenbergscher Schwemmkanal.
2) Bez. für den Weg des Viehs zur Weide, auch für die Weide selbst sowie für das Treiben des Viehes.

Triftgeld, das: frühere Gebühr, die der Förster für die Ausübung der → Waldweide erhielt.
Triftkanal, der: auch Schwemmkanal, früher künstlich für die → Trift angelegter Kanal, der teilweise von der natürlichen Triftstraße (Wasserstraße) abwich, z. B. wenn das Triftholz aus dem Hauptwasser in eine andere Verbringungsrichtung gelenkt werden sollte (Holzgarteneinrichtung). T. dienten aber auch als Ergänzung der natürlichen Wasserstraße bzw. ersetzten fehlende; → Schwarzenbergscher Schwemmkanal.
Triftknecht, der: → Trift.
Triftpfad, der: auch Triftsteig, früher entlang des Triftwasserufers führender und für die Triftknechte angelegter Pfad, der die Leitung und Überwachung sowie die Nachhilfe bei Stockungen des Triftganges ermöglichte.
Triftsteig, der: → Triftpfad.
Triftstraße, die: → Trift.
Trimm-Pfad, der: → Waldsportpfad.
Trockenäste: auch Dürräste, tote Äste am unteren Stammteil eines lebenden Baumes, die je nach Baumart, → Standort und → Standraum mehr oder weniger langsam vermorschen. Gelegentlich, v. a. bei Fi, wachsen T. als sog. Schwarzäste ein. Bei der Zellstoffherstellung führen Schwarzäste zu Verunreinigungen; → Fauläste, Hornäste, Totasterhalter, Totastverlierer.
Trockenastung (-ästung), die: → Wertästung.
Trockenbaum, der: → Dürrständer.
Trockenbiotop, das: von Wassermangel geprägte Lebensstätte einer → Biozönose; → Biotop.
trockene Deposition, die: → Deposition.
Trockener Erlenbruch, der: → Sumpfdotterblumen-Erlenwald.
Trockenfäule, die: frühere und auch unbegründete Bez. für jene Zerstörung verbauten Holzes, die äußerlich keine Myzelien oder Fruchtkörper eines Pilzes erkennen ließ.
Trockengewicht, das: → Holzfeuchtigkeit.
Trockenheit, die: T., Trocknis oder Dürre entsteht durch akuten Wassermangel für die → Pflanzen, der verschiedene Ursachen haben kann, wie z. B. physiologischer oder chronischer → Wassermangel. Die Folgen sind u. a. vorzeitiger Blattfall (Hitzelaubfall), Wipfeldürre, Trockenrisse (Hitzerisse), das Auftreten von Sekundärschädlingen und letztlich das Absterben des Baumes.
Trockenheitszeiger → Bodenanzeiger.
Trockenriese, die: eine Holzriese; → Riese.
Trockenschäden → Frosttrocknis.
Trockensavanne, die: Diese Übergangszone zwischen immergrünem, feuchtem tropischem → Regenwald und tropischen-subtropischen Trockengebieten ist auf den südlichen Kontinenten verbreitet. Die T. ist durch zerstreut stehende Bäume und Sträucher in einer Grasschicht (meist aus → C_4-Pflanzen) gekennzeichnet. Sie wird durch den Wechsel zwischen Regen- und Trockenzeit, die Konkurrenz zwischen Bäumen, Sträuchern und Gräsern um das verfügbare Wasser im Boden, den Nährstoffmangel und die Einwirkung der → Pflanzenfresser geprägt. Nach dem → Beschirmungsgrad werden die → Waldsavanne, bei der die Bäume und Sträucher ein lichtes Kronendach bilden, die Baumsavanne mit ihren zerstreut stehenden Bäumen und Sträuchern, die Buschsavanne mit ausschließlich Sträuchern und die Grassavanne nur mit Gräsern, bzw. auch mit holzigen Pflanzen, die aber nicht über die Grasschicht reichen, unterschieden. Diese Unterschiede können auf die natürliche Ausgangslage (v. a. die Niederschlagshöhe, Feuer) oder menschliche Eingriffe zurückzuführen sein. An feuchten Stellen und an Flußläufen tritt Wald auf (→ Galeriewald), bildet anders geartete Biotope (z. B. → Parklandschaften) und durchsetzt mosaikartig die Savanne; → Feuchtsavanne.
Trockenwald, der: → Tropischer und subtropischer Trocken- und Dornwald.
Trockenwälder: naturnahe → Waldgesellschaften, die auf extremen (mäßig trockenen und trockenen) → Standorten unterschiedlicher Nährstoffversorgung stocken. T. können äußerst artenreich (z. B. Orchideen-Buchenwälder) oder artenarm (z. B. saure Kiefernwälder) sein. Das Vorkommen von T. ist in Dtschl. äußerst gering. Sie wurden früher als → Niederwald genutzt oder in Weideland umgewandelt. Sie stocken auf forstlichen Grenzertragsstandorten und erfüllen dort häufig Bodenschutzfunktionen. Erwähnenswert sind folgende Formen von T.:
a) Trockenbuchenwälder auf Hängen mit flachgründigen kalk- oder basenreichen Böden. Die Orchideen-Buchenwälder (Seggen-Trockenhang-Buchenwälder) zeichnen sich besonders durch das Vorkommen verschiedener Orchideenarten (→ Orchideen) aus und sind auch reich an Sträuchern und jungen Bäumen. Der Blaugras-Steilhang-Buchenwald hingegen beherbergt keine Straucharten. Der geringe Anteil an Feinerde auf Hängen aus festem Kalk- oder Dolomitgestein reicht für das Gedeihen der Sträucher nicht aus; dagegen sind auf Grund der lichten Kronenschicht viele Saum- und Trockenrasenarten anzutreffen. Eine geringe Kraut- und Strauchflora hat wegen starker Beschattung am Boden der Eiben-Steilhang-Buchenwald.
b) Trockenheitsertragende Eichenmischwälder, die eine große Artenvielfalt aufweisen, z. B. der Flaumeichenwald auf extrem trockenen Standorten, der Elsbeeren-Eichenmischwald auf mehr oder weniger baumreichen Sonnhängen und der Fingerkraut-Eichenmischwald auf relativ basenarmen, trockenen, meist ebenen Böden im subkontinentalen Klimabereich.
c) Saure Kiefernwälder stocken auf grobkörnigen und nährstoffarmen sowie überwiegend trockenen Sandböden aus basenarmen, quarzreichen Gesteinen (Moos-Kiefernwald, Flechten-Moos-Kiefernwald).
d) Saure Eichenmischwälder trockener Ausprägung gedeihen auf skelettreichen, flachgründigen und kalkarmen Böden (Traubeneichen-Trockenwald) oder auf silikatarmen Sandböden (Trockener-Birken-Eichenwald).
e) Dünenwälder sind relativ artenarm und an der nordd. Küste und in der Oberrheinischen

Tiefebene anzutreffen (→ Eichenwälder, Eichen-Buchenwälder). An der Ostseeküste tritt mehr die Kie in Erscheinung; → Feuchtwälder.

Trocknis, die: **1)** Bez. für stehend abgestorbene (auf dem Stock trocken gewordene) Bäume. Mit T. werden auch tote Baumteile bezeichnet; → Trockenheit. **2)** → Frosttrocknis.

Trocknung des Holzes, die: → Holztrocknung.

Troddelblume, die (*Soldanella*): Gatt. der → Primelgewächse mit sechs Arten in den Alpen. Es handelt sich um kleine Stauden mit grundständigen, nieren- oder herzförmigen Blättern und rosafarbenen oder blauvioletten, nickenden Blüten mit geschlitzten → Kronblättern. Im Wald anzutreffende Arten sind:

Echtes Alpenglöckchen, das (*Soldanella alpina* L.): auch Gemeines A., Troddelblume. Das E. A. ist über die Gebirge Mittel- und Südeuropas verbreitet. In Dtschl. ist es in den Alpen und auf dem Feldberg im Schwarzwald anzutreffen. Es wächst relativ häufig in Schneemulden, auf Alpenweiden, Rieselfluren, feuchten Mulden, Hochstaudengesellschaften, unter Legföhren, Alpenrosen, Alpenerlen und in lichten Wäldern, auf feuchten, kalkhaltigen Böden von etwa 1000 bis 3000 m Höhe.

Die ausdauernde, zierliche, 5 bis 15 cm hohe Pflanze ist meist kahl; lediglich die jungen Blatt- und Blütenstiele sind spärlich mit sitzenden Drüsen besetzt. Die grundständigen, langgestielten Blätter sind immergrün, rundlich nierenförmig, dicklich, etwas ledrig, oberseits mit hervortretenden Nerven, mehr oder weniger ganzrandig. BZ: je nach Höhenlage April bis Juli/August. Der aufrechte, blattlose Blütenstengel trägt zwei bis drei kurzgestielte, schief aufrechte oder meist nickende Blütenglöckchen. Die 8 bis 15 mm lange, blauviolette, selten weißliche, trichterförmige Krone ist bis zur Mitte oder tiefer zerschlitzt.

Dem E. A. sehr ähnlich ist das **Berg-Alpenglöckchen** oder die **Berg-Troddelblume** (*Soldanella montana* Willdenow). Es kommt in Dtschl. selten bis zerstreut, im Bayer. Wald lokal vor und wächst auf Bergwiesen, in Bergwäldern, Fichten-Tannen- und Fichtenwäldern (Verbands- → Charakterart), besonders Reitgras-Fichtenwäldern (Charakterart). Seine jungen Blatt- und Blütenstiele sind dicht drüsenhaarig. Die dünnen Blätter, die größer als die des E. A. sind, haben einen entfernt undeutlich gekerbten Rand. Der lange Blütenschaft trägt drei bis sechs fünfteilige troddelförmige blauviolette Blüten.

Troglodytidae → Zaunkönig.

Trollblume, die (*Trollius*): Gatt. der → Hahnenfußgewächse mit rd. 20 Arten in den gemäßigten und kalten Gebieten der nördlichen Halbkugel. Eine einheimische, auch in Wäldern anzutreffende Art ist:

Trollblume, die (*Trollius europaeus* Linné): auch Goldranunkel, Schmalzblume, Kugelranunkel. Die über Nord- und Mitteleuropa sowie die Gebirge Südeuropas verbreitete, gebietsweise fehlende T. wächst zerstreut auf feuchten Wiesen, Sumpf- und Bergwiesen, auf Flachmooren, an moorigen Waldplätzen, Bachrändern, Hochstaudenfluren, besonders im Bergland und in den Gebirgen, bis in Höhen von etwa 2400 m.

Die ausdauernde, schwach giftige, 10 bis 50 (70) cm hohe, kahle Pflanze hat einen aufrechten, unverzweigten Stengel. Die gestielten Grundblätter sind handförmig geteilt, die Abschnitte haben ungleiche Zipfel, die eingeschnitten und gezähnt sind. Die sitzenden Stengelblätter sind einfacher, meist dreiteilig. BZ: Mai bis Juni (im Gebirge auch bis August). Die einzelne, endständige 3 bis 5 cm breite Blüte hat fünf bis 15, meist jedoch zehn leuchtend goldgelbe bis hellgelbe oder grünlichgelbe, ganzrandige, breit-eiförmige bis rundliche Blütenhüllblätter die sich kugelig zusammenneigen, sich bei trübem Wetter schließen, bei sonnigem öffnen. Die hellgelben, schmalen, kleinen, leicht keulenförmigen Nektarien (Nektarblätter) sind so lang wie die zahlreichen → Staubblätter. Die zahlreichen → Fruchtknoten sind frei und die 10 bis 12 mm langen Früchtchen kurz geschnäbelt.

Europäische Trollblume (*Trollius europaeus*)

◂◂ Berg-Troddelblume (*Soldanella montana*)

Trollius → Trollblume.

Tromflöße: frühere Sägeklotzflöße aus kurzen Stücken (Blöchern), i. d. R. 16 bis 18 → Fuß lang. Sie bestanden meist aus 60 bis 100 Sägeklötzen; → Trumme.

Trommeldarre, die: → Klenge.

Trompetenpfifferling, der: → Leistlinge 3.

Tropenhölzer: auch Exoten. ausländische Laubbaumarten die, von wenigen Ausnahmen abgesehen, aus den tropischen und subtropischen Gebieten, v. a. aus Afrika, in geringerem Umfang aus Südamerika und Asien stammen. T. wurden fast ausschließlich als Rundhölzer oder in Form grob zugerichteter Blöcke, sog. Flitches importiert. Seit einigen Jahren nimmt jedoch der Anteil an Schnittware (→ Schnittholz), → Sperrholz und → Furnieren ständig zu. Derzeit beträgt die Einfuhr aller T. etwa 1 Mio. m^3. T. haben i. a. einen gleichmäßigen Holzaufbau und hohe Astreinheit. Bei einigen Holzarten kommen häufig noch weitere günstige Eigenschaften wie gutes Stehvermögen (→ stehen), hohe Festigkeit, Witterungsbeständigkeit, gute Schälfähigkeit und dekorative Wirkung hinzu; → Gastbaumarten.

Tropenwald, der: Wald (1756 Mio. ha Waldfläche = 37 %) der Tropen (4778 Mio. ha Landfläche zwischen 23°27' nördlicher Breite und 23°27' südlicher Breite). Wie der Wald gemäßigter Breiten hat auch der T. keine einheitliche Vegetationsform. Klima-, Höhen- und Bodenunterschiede führen zu außerordentlicher Vielfalt von nach Aufbau und Baumartenzusammensetzung unterschiedlichen Waldtypen, wobei die Übergänge zwischen den Waldformationen fließend sind. Zu den wichtigsten Waldformationen gehören die um den Äquator konzentrierten immergrünen Feuchtwälder, die allg. als Regenwälder bezeichnet werden, die periodisch laubwerfenden regengrünen Feuchtwälder und regengrünen Trockenwälder. Mit ihrem hohen Biomassevorrat stellen die T. einen für die Stabilität des Weltklimas bedeutenden CO_2-Speicher (→ Kohlenstoffbindung) dar.

Trophie, die: Begriff für die Nährstoffverhältnisse des → Bodens. Sie kennzeichnet das Nährstoffangebot nach Art und Mannigfaltigkeit, d. h. nach qualitativen Kriterien, die sich in der biologischen Aktivität des Bodens, der Intensität des Stoffumsatzes, dem Vorkommen von mehr oder weniger anspruchsvollen Pflanzen und der Artenvielfalt auswerten. Unterschieden werden die vier T.-Stufen: → eutroph, → mesotroph, → oligotroph, → dystroph. Hierbei kennzeichnet die eutrophe Stufe die besten Nährstoffverhältnisse.

Trophobiose, die: Sonderfall einer → Symbiose (Ernährungssymbiose), bei der eine Tierart einer anderen Nahrung bietet und dafür von dieser geschützt wird, z. B. T. zwischen bestimmten → Ameisen und → Blattläusen.

Tropischer und subtropischer Trocken- und Dornwald, der: trockene → regengrüne Wälder, in die auch → Trockensavannen eingesprengt sind. Sie werden deshalb auch als „Savannenwälder" bezeichnet. Die Abgrenzung von solchem Trocken- und Dornwald zur

▸▸ Savanne ist wegen der Artengleichheit relativ schwierig.

Trufeiche, die: → Eichen 2.

Trüffel: allg. Bez. für knollenförmige, meist unterirdisch wachsende Fruchtkörper von → Pilzen aus verschiedenen Gruppen. Zu ihnen zählen u. a. Hirsch-T. (*Elaphomyces*), Schleim-T. (*Melanogaster*) und Echte T. (*Tuberales*). Die Echten T., eine etwa 200 Arten (in 27 Gatt.) umfassende Ordn. der → Schlauchpilze, umfaßt u. a. die Gatt. *Terfeziaceae* und *Tuberaceae*. Einige von ihnen sind wertvolle Speisepilze. Viele Arten (v. a. der Gatt. *Tuberaceae*) wachsen in enger → Symbiose mit Waldbäumen (besonders Buchen); → Mykorrhiza. Einige von ihnen sind wertvolle Speisepilze. Andere Arten wachsen parasitisch (z. B. einige *Terfeziaceae*-Arten). Trüffelreiche Wälder waren bis zur Mitte des 19. Jh. die Hartholz-Auenwälder der großen Stromtäler. Die berühmtesten T.-Reviere der preußischen Staatsforsten waren Peisterwitz bei Ohlau (an der Ober) und Lödderitz bei Aken (an der Elbe). Die bekanntesten, zur Gatt. *Tuberaceae* zähenlenden T. sind die kugelige, bis 10 cm große, schwarzbräunliche, mit großen, eckigen Warzen versehene, eßbare **Sommer-T.** (*T. aestivum* Vitt.), die unregelmäßig kugelig-höckerige, eßbare **Weißliche T.** (*T. borchii* Vitt. = *T. albidum* Pico), die fast schwarze, mit kleinen Warzen bedeckte, sehr wohlschmeckende **Winter-T.** (*T. brumale* Vitt.), die schwarzbraune, knollige, eßbare (guter Gewürzpilz) **Perigord-T.** (*T. melanosporum* Vitt.) und die unregelmäßig geformte, ockergelbliche, eßbare (sehr guter Gewürzpilz) **Magnaten-T.** (*T. magnatum* Pico).

Wilde Tulpe (*Tulipa sylvestris*)

Trugdolde, die: → Blütenstand.

trugdoldige Blütenstände → Blütenstand.

Trumme: **1**) auch Drumme, Trümmel, Himpel, Simpel. alte Bez. (v. a. bei der früheren Scheitholztrift; Trummflößerei) für 1 m lange → Rundlinge (Rollen), aus denen das → Brennholz (Scheite) gespalten wird; → Abtrummen. **2**) In Österreich verwendete Bez. für → Abschnitte.

Trümmel → Trumme.

Trummflößerei, die: → Trift.

Trumpfholz, das: → Klotzholz.

Trunk, Johann Jacob, Dr. (21.2.1745 Hernsheim bei Worms bis 30.3.1816 Alsheim bei Worms): T. studierte Rechtswissenschaft und war von 1777 bis 1782 kurmainzischer Oberbeamter in Amorbach (→ Odenwald). Hier beschäftigte er sich auch näher mit dem Forstwesen. 1782 ging er als Advokat an das kaiserliche Reichskammergericht in Wetzlar. Auf Grund seiner Erfahrungen in Amorbach erhielt er 1787 die öffentlich ausgeschriebene Stelle eines K. K. Oberforstmeisters für die vorderösterr. Lande und in diesem Zusammenhang auch eine Professur für Forstwissenschaft an der Universität Freiburg (1787 bis 1792). Die vorderösterr. → Forstordnung von 1786 hatte für die im Forstdienst Tätigen aber auch für die Neueinzustellenden den Besuch forstlicher Vorlesungen und eine Prüfung verlangt. 1793 ging T. bereits als Professor der Kameralwissenschaften (→ Kameralisten) nach Bonn, 1800 in den Ruhestand. Er schrieb u. a.: „Neues vollständiges Forstlehrbuch der systematischen Grundsätze des Forstrechts, der Forstpolizei und Forstökonomie ... etc." (1788), „Die vorteilhafteste Art die Laubwaldungen anzubauen und zu bewirthschaften" (1802), „Systematisch-praktischer Forstkatechismus oder die wesentlichen Lehren und Anfangsgründe der Forstwirthschaft" (1799), „Neuer Plan der allgemeinen Revolution in der bisherigen Forstökonomie-Verwaltung oder letztes Mittel, die mißlichen Wald- und Wildnutzungen besser zu sichern ... etc." (1802); → forstliches Schrifttum.

Friedrich August von Tscherning

Trunkelbeere, die: → Heidelbeere 3.

Trupp, der: waldbauliche Flächengröße, die die Größe von Verjüngungskernen oder die Fläche der Mischbaumarten beschreibt und noch keine → Gruppe bildet; Durchmesser < 1/2 Altbaumlänge, ca. < 15 m; → Horst, → Bestand, → Kleinbestand, → Rotte.

Truppmischung, die: → Mischungsform.

Trutteln: in der Rheinpfalz übliche Bez. von Reisstangen (→ Derbstangen) aus Ndh. T. sind unentwipfelte Zaunstangen von 3 bis 4 cm Durchmesser und mit einer Länge von 3 bis 6 m.

TS: Abk. für → Teilschneide- und Teilschälholz.

Tscherning, Friedrich August von, Dr. (18.7.1819 Tübingen bis 22.6.1900 Tübingen): T. wurde 1845 Revierförster in Bebenhausen, 1851 Professor in Hohenheim und 1854 Forstmeister in Bebenhausen. Bei seiner Ruhestandsversetzung im Jahre 1892 wurde ihm der Titel eines Oberforstrats verliehen und von der staatswissenschaftlichen und der naturwissenschaftlichen Fakultät in Tübingen wurde er zum Dr. h. c. ernannt. Er schrieb u. a. „Beiträge zur Forstgeschichte Württembergs ..." (1854).

Tschernosem, der: Der T. oder die Steppenschwarzerde entsteht aus feinbodenreichen, carbonathaltigen Lockergesteinen, wie z. B. Löß oder feinsandigem Mergel unter einer Steppengrasvegetation. Eigentlich handelt es sich um eine Sonderform der → Pararendzina. Beim Normaltyp liegt ein 0,5 bis 0,8 m carbonatfreier A_h-Horizont vor; der daraus entstammende Kalk ist im oberen Teil des C-Horizontes wieder abgelagert worden. Kennzeichen des typischen T. ist eine durch Winterkälte und Sommertrockenheit stark gehemmte Verwitterung. Dadurch fehlen auch die sichtbare Braunfärbung des Bodens, Verlehmung mit Tonmineralneubildung und Kieselsäureablagerungen. Bei Abweichungen vom Normaltyp kommt auch ein carbonathaltiger A_h-Horizont vor. Mitteldeutsche T. enthalten 2 bis 3 % → Humus; dieser hat im A-Horizont ein → C/N-Verhältnis von 8 bis 9:1. Übergänge stellen der Prarabraunerde-, Gley- und Pseudogley-T. dar. Die Hauptverbreitung dieses Bodentyps liegt in Mitteldtschl. und im Rheintal, jeweils mit unterschiedlichen Ausprägungen. Bei diesen stickstoffreichen Böden handelt es sich um die produktivsten landwirtschaftlichen Böden, die unter Steppenbedingungen entstanden sind, vom Menschen frühzeitig kultiviert wurden und daher heute nur selten Wald tragen.

Tsuga → Hemlock(s)tannen.

tTS: Abk. für Tonne absolut trockene Holzmasse; → atro.

Tuch, H. → Wald in der Dichtung.

Tulipa → Tulpe.

Tulpe, die (*Tulipa*): Gatt. der → Liliengewächse mit rd. 60 Arten in Südeuropa, Nordafrika, Vorder- und Zentralasien. Es sind Zwiebelpflanzen mit meist einblütigen Stengeln und großen, glockigen bis trichterförmigen, meist aufrechten → Blüten mit sechs Blütenhüllblättern, sechs → Staubbeuteln und einem dreiteiligen → Stempel. In Mitteleuropa ist nachstehende, wildwachsende Art in Wäldern anzutreffen:

Wilde Tulpe, die (*Tulipa sylvestris* L.): auch Wald-T. Die fast über ganz Europa verbreitete, aber seltene W. T. wächst in feuchten Wäldern, auf grasigen Waldplätzen, in feuchten Gebüschen, Hecken und Weinbergen.

Die mehrjährige, 20 bis 40 (60) cm hohe Pflanze hat meist drei (selten vier) schmal-lanzettliche oder linealische, 1 bis 2 cm breite, 15 bis 30 cm lange, bläulich-grüne, grundständige Blätter. BZ: April bis Mai. Die 4 bis 6 cm lange, endständige, duftende Blüte ist vor dem Aufblühen nickend, später aufrecht und bei Sonnenschein weit geöffnet. Sie besteht aus sechs ungleich langen Blütenblättern, die innen leuchtend gelb und am Grunde behaart, außen oft grünlich oder rötlich sind, aus sechs → Staubblättern und einem → Fruchtknoten, der dann zu einer Fruchtkapsel wird.

Tundra, die (vom finnischen tunturi = baumlose flache Höhe): In dieser nur um den Nordpol gelagerten Zone nördlich der polaren → Waldgrenze liegt die Tagesmitteltemperatur nur an wenigstens 55 Tagen und maximal 120

Tundra – baumlose Ebene

Tagen über 0 °C. Der Schnee bleibt 200 bis 280 Tage liegen. Oberhalb der Schneedecke werden Pflanzenteile durch das Eiskorngebläse geschädigt. Bei einer nur von Juni bis September dauernden Vegetationszeit (→ Vegetationsperiode) haben Bäume in dieser → Vegetationszone nur Chancen, wenn diese länger als drei Monate ist. Deshalb entstehen je nach Wärmegenuß von Norden nach Süden: die baum- und strauchlose arktische T. mit über der Hälfte nacktem Permafrostboden, die typische (mittlere) T. mit ihrer mosaikartigen Vegetation aus Zwergweiden, Silberwurz, Seggen und Moosen (Moos-T.) und die südliche Busch-T. mit ihrer artenarmen, aber geschlossenen Vegetationsdecke aus Zwergweiden und -birken, Seggen, Wollgräsern und Moosen. Die Wald-T. als → Ökoton zwischen → Borealem Nadelwald (Taiga) und T. entsteht nur dort, wo sich an mehr als 30 Tagen eine Tagesmitteltemperatur von mehr als 10 °C entwickeln kann. Diese Übergangszone hat unterschiedliche Breiten. In manchen Gebieten ist sie nur ein schmaler Saum, in anderen ein mehrere hundert Kilometer breiter Gürtel. Wegen der extremen Klimabedingungen herrschen in der T. → Hemikryptophyten und → Chamaephyten vor. Eine ähnliche Vegetation findet sich auch in nördlichen Gebirgen oberhalb der Waldstufe (→ Vegetationsstufen), die Gebirgs-T. Die Fauna der T. ist relativ artenarm, nur wenige Arten sind auf sie beschränkt (z. B. Moschusochse) und häufige Schwankungen der Populationsdichte sind typisch; → Baumgrenze, → Waldgeschichte.

Tüpfel: T. sind v. a. dem Stoffaustausch dienende Aussparungen in der Wandverdickung pflanzlicher Zellen. Die T. benachbarter Zellen stoßen paarweise aneinander und sind durch Schließhäute getrennt. Mit zunehmender Dicke der Zellwand werden die ursprünglich muldenförmigen T. röhrenförmig (T.-Kanäle). Die T.-Kanäle können sich auch verzweigen, z. B. in den Steinzellen der Birne und der Walnußschale. Neben den einfachen T. gibt es sog. → Hoftüpfel, die verschlossen werden können, so daß der Flüssigkeitsdurchtritt gesperrt oder gebremst wird.

Tüpfelfarn, der (*Polypodium*): Gatt. der Fam. der → Tüpfelfarngewächse aus der Klasse der → Farne. Diese Gatt. enthält in Europa drei Kleinarten, deren genaue Bestimmung jedoch nur mit mikroskopischer Untersuchung möglich ist. Die drei Arten sind der **Südliche Tüpfelfarn** (*P. australe* Fée), der **Gesägte Tüpfelfarn** (*P. interjectum* Shiras), der auch in Nordwest-Dtschl. zerstreut vorkommt, und der **Gemeine Tüpfelfarn** (*P. vulgare* Linné). Der wichtigste ist:

Gemeiner Tüpfelfarn, der (*Polypodium vulgare* Linné): wegen der zuckerhaltigen, süß schmeckenden Wurzel, die nach dem Volksglauben von Engeln den Menschen gezeigt wurde, auch „Engelsüß" genannt. Ihr Extrakt wurde früher gegen Husten und Heiserkeit verwendet. Im Volksmund ferner auch Süßwurzel, Süßfarn, Steinfarn, Steinwurzel und Bergwurzel genannt. Der G. T. ist über ganz Europa verbreitet und relativ häufig. Er meidet Kalk und wächst in kalkfreien Felsspalten, auf Moospolstern, an schattigen Mauern, Felsen und Hängen, auf alten Baumstöcken, bemoosten Baumwurzeln und gelegentlich sogar auf bemoosten Bäumen, in halbschattigen Wäldern, besonders bodensauren Eichenwäldern und Eichen-Ulmen-Auenwäldern.

Der mehrjährige Farn ist ein Tertiärrelikt und wird etwa 10 bis 50 cm hoch. Die wintergrünen Farnwedel (Blätter), die einzeln am unterirdisch kriechenden Rhizom stehen, sind im Umriß schmal-dreieckig und lang zugespitzt. Sie sind tief-fiederteilig, etwas ledrig und kahl. Fruchtbare und unfruchtbare Wedel sind gleich gestaltet. Die einzelnen Fiederteile sind linealisch-länglich, mit verbreitertem Grund, ganzrandig oder schwach gesägt und im oberen Wedelteil gegenständig. Die sehr großen, erst goldgelben, später braunen, rundlichen bis ovalen Sori (Sporangienhäufchen) haben keinen Schleier und befinden sich nur im oberen Wedelteil, auf der etwas helleren Wedelunterseite und zwar jeweils eine Reihe zwischen Mittelrippe und Rand. Die → Sporen reifen von (Juli) August bis September.

Tüpfelfarngewächse (*Polypodiaceae*): Fam. aus der Klasse der → Farne mit den Gatt. → Adler-, → Tüpfel-, → Frauen-, → Blasen-, → Wimpern-, → Rippen-, → Schild-, → Wurm-, → Eichen-, → Streifen-, → Schrift-, → Lappen-, → Straußfarn und → Hirschzunge.

Tüpfelgefäße → Tracheen.

Turdidae → Drosseln.

Turgor, der (Turgordruck, Safedruck, Zelldruck): in der Botanik Bez. für den durch → Osmose bedingten Innendruck einer pflanzlichen Zelle. Der T. dient der Erhaltung der Pflanzengestalt durch Prallheit der Zellen, der Verteilung des Wassers und damit auch der Nährstoffe an alle Zellen und dem Wachstum der → Pflanze. → Wassermangel und Transpiration (→ Verdunstung) führen zur Herabsetzung des Zelldrucks und schließlich zum Erschlaffen und Welken der Pflanzenteile.

Turgorbewegungen → Variationsbewegungen.

Türkenbund(-Lilie), der (die): → Lilie 2.

Türkentaube, die: → Wildtauben 4.

Türkische Nuß, die: → Hasel 2.

Türkischer Flieder, Holunder, der: → Flieder.

Türkisches Pfeifenholz, das: alte Bez. für die Zweige des Wolligen Schneeballs (→ Schneeball 2.), die zu Pfeifenröhren verwendet werden.

Türkische Weichsel, die: → Prunus 3.

Turmfalke, der → Falken 4.

Turmfalke, italienischer, der → Falken 5.

Turm-Gänsekresse, die: → Gänsekresse 2.

Turnkraut, Kahles, das: → Gänsekresse.

turnover: sukzessiver Artenwechsel in einer Lebensgemeinschaft infolge Änderung der Standortverhältnisse (z. B. Nährstoffe, Struktur, Konkurrenz, Mikroklima).

Turteltaube, die: → Wildtauben 3.

Twillen: auch Piekstücke. frühere Bez. für starke, gabelförmig gewachsene Hölzer, die für den Schiffsbau benötigt wurden; → Schiffsbauholz.

Tytonidae → Eulen A.

TZF: Abk. für „Technische Zentralstelle der deutschen Forstwirtschaft"; → Kuratorium für Waldarbeit und Forsttechnik.

U

Überalthölzer: veraltete Bez. für Bestände (→ Bestand), die die → Umtriebszeit schon überschritten haben; → Altholz.
Überbejagung, die: → Überjagung.
überbestockt → Kronenschluß.
Überdauerungsorgane: Organe (Innovationsorgane, Erneuerungsknospen, Winterknospen), die den → Pflanzen das Überdauern ungünstiger Perioden (z. B. Kälte, Trockenheit, Lichtmangel) ermöglichen. Es sind dies z. B. Knospen (→ Chamaephyten, → Phanerophyten), Zwiebeln, Knollen, Rhizome (→ Geophyten), Früchte bzw. Samen (→ Therophyten) und die sog. Hibernakeln oder Turionen (→ Hydrophyten).

Nur bestimmte Baumarten sind für den → Überhalt geeignet.

Überdüngung, die (Eutrophierung): übermäßige Belastung von Gewässern und Böden mit Pflanzennährstoffen. Phosphor- und stickstoffhaltige Haus- und Industrieabwässer führen zur Ü. von Gewässern, übermäßiges Ausbringen von Kunst- und Naturdünger (mehr als die Pflanzen aufnehmen können) zur Ü. des Bodens. Bei Ü. der Gewässer kommt es zu einer Vermehrung von kurzlebigem pflanzlichem Plankton, das abgestorben beim Zerfallen viel Sauerstoff verbraucht. Ü. des Bodens (z. B. bei Massentierhaltung) führt zu einer starken Belastung des Grundwassers und zu einer Anreicherung der Pflanzen mit Nitraten, die als Nutzpflanzen wiederum die menschliche Gesundheit gefährden.
Überflutungsmoor, das: → Moor.
Überführung, die: **1**) Wechsel der Betriebsart eines Waldbestandes (→ Bestand) in eine andere; z. B. Ü. von → Nieder- und → Mittelwald in → Hochwald durch waldbauliche Erziehungskonzepte mit der vorhandenen Bestockung. **2**) im Waldbau die → Verjüngung des kurzlebigeren → Nebenbestandes eines in langer → Umtriebszeit bewirtschafteten Bestandes; z. B. Verjüngung eines Buchennebenbestandes in einen Eichenwertholzbestand; → Umwandlung.
Überführungsdurchforstung, die: Form der → Durchforstung, mit der die Überführung (→ Überführung 1)) eines Waldbestandes eingeleitet wird.

Übergangsmoor, das: Wächst der Moorkörper von → Niedermooren über den mittleren Grundwasserstand hinaus, entstehen Ü. oder Waldmoore. Ihr Torf besteht aus den unzureichend zersetzten Streuabfällen von Torfmoosen, Heidel- und Rauschbeeren sowie Bäumen und Sträuchern. Von diesem Bodentyp gibt es Übergangsformen zu anderen Bodentypen, z. B. Hochmoor-, Niedermoor-Ü. Die Bez. Ü. wird auch für die Landschaftseinheit verwendet; → Moor.
Übergangswald, der: ehemaliger → Mittel- oder → Niederwald, der in einen → Hochwald überführt wird; → Überführung 1).
übergriffig: Ein Baumstamm wurde früher als ü. bezeichnet, wenn er einen stärkeren Umfang hatte, als ein Mann mit beiden Armen umfassen konnte.
Überhalt, der: Belassen einzelner Bäume (→ Überhälter) nach dem → Abtrieb des Altholzes, um zusätzliche → Naturverjüngung oder/und → Stark- und → Wertholz zu erzielen.
Überhaltbetrieb, der: Erzeugung von starkem Wertholz mit → Überhältern.
Überhälter, der: auch Oberständer, veraltet Überständer, Waldrechter. ein einzelstehender, erwachsener Baum oder eine → Baumgruppe, der (die) nach Abschluß der → Verjüngung, d. h. nach → Abtrieb eines Waldbestandes, belassen wird und zur Starkholzzucht (bzw. zur Wertholzzucht starker, wertvoller Nutzholzstämme) dient. Ü. sollen aber auch die nachwachsenden Jungpflanzen schützen. Auf ärmeren → Standorten kann jedoch durch die Wurzelkonkurrenz die Verjüngung leiden. Als Ü. sind besonders die sturmfesten → Lichtbaumarten wie Ei, Kie und Lä geeignet. Wenn der nachwachsende Bestand eingeschlagen wird, können Ü. bereits doppelt so alt, Ei sogar dreifach so alt sein. Ü. bleiben oft auch aus landschaftspflegerischen Gründen (→ Landschaftsbild) stehen. Die entsprechende waldbauliche Betriebsform wird als Überhaltbetrieb bezeichnet.
Überlage, die: → Schwindmaß.

Überlandbrennen, das: → Hackwaldwirtschaft.
Überliegen, das: Viele Samenarten keimen erst im übernächsten Frühjahr nach der Reife, sie ü.; z. B. Li, Hbu, Vobe, Wacholder. Andere Samen sind sofort bei der Reife keimfähig (Kie, Fi, Ei, Ul, Bi, Wei, Pa). Auch verschiedene Larven und Puppen ü., d. h. sie haben einen Entwicklungsverzug.
Übermaß, das: → Schwindmaß.
Übernutzung, die: die den Nachhaltshiebsatz (→ Hiebsatz) überschreitende Nutzung.
Überreiter, der: Früher gliederten sich die Inhaber des unteren Forstdienstes in reitende und gehende (laufende) Förster oder → Forstknechte. Der berittene Förster wurde in Bayern „Ü.“, in Preußen „Wildnisbereiter“ und in Brandenburg „Heidereiter“ genannt; → Förster.
Überschirmungsgrad, der: → Beschirmungsgrad.
Übersichtskarte, die: → Forstkarten.

Überwallungen an Baumstämmen entstehen durch Vernarbung von Wundstellen.

◂◂ Uferschutzpflanzungen festigen das Ufer und bilden einen Erosionsschutz.

Überständer, der: veraltete Bez. für → Überhälter.
Überwallungen: Ü. an Holzgewächsen, insbesondere an Baumstämmen, entstehen durch die Vernarbung von Wundstellen (→ Kallus), die durch → Rückeschäden, Blitzschlag, Einschneiden, → Schälschäden des → Wildes usw. entstanden sind. Nach Lufteintritt und nach Unterbrechung der Wasserleitung kommt es im Holz zu Reaktionen, welche zur Bildung von → Wundholz (Schutzholz) führen. Dabei bildet das an die Wundstelle angrenzende Kambium verstärkt Holz. Die Folge verspäteter Ü. kann → Wundfäule sein, die das Holz für technische Zwecke wertlos macht; → Borkentasche, Wundperiderm, Rindentaschen.
Überwallungsholz, das: → Wundholz.
Überwallungsleisten → Frostleisten.
Überweisung des Holzes, die: → Holzüberweisung.
Überwinterung, die: physiologischer Zustand von → Pflanzen in Wechselklimaten mit i. d. R. stark verminderter Aktivität und eingestelltem Wachstum (Ruhen der → Photosynthese, Einschränkung der Atmung). Im Ggs. zu immergrünen Pflanzen leiten z. B. laubabwerfende Bäume und Sträucher die Ü.-Phase mit dem → Blattfall ein. Der Neuaustrieb erfolgt über die → Knospen. Bei vielen anderen Pflanzen sterben gegen Ende der Vegetationsperiode die oberirdischen Pflanzenteile ab. Diese Pflanzen erneuern sich im Frühjahr durch Austreiben der unterirdischen Speicherorgane oder aus → Samen. Ausgelöst wird die Ü. i. a. durch Kälte und/oder Kurztagbedingungen. Die Wachstumsphase wird angeregt durch Wärme und Langtag.
Überzuckerter Tintling, der: → Tintling 6.
Ufernelkenwurz, die: → Nelkenwurz 2.
Uferschutzpflanzungen: Gehölzpflanzen (Flußufergehölze) für den Erosionsschutz an den Ufern von Fließgewässern. An großen stehenden Gewässern kann Wellenschlag zu Ufererosion führen. Als U. sind insbesondere Pflanzen mit → Stockausschlag und → Wurzelbrut sowie Sträucher geeignet. Sie erzielen ein elastisches Auffangen und Zerteilen der Angriffskraft des fließenden Wassers und festigen mit ihren reichlichen Wurzeln das Ufer. Besonders für erosionsgefährdete Prallufer ist die Anpflanzung von Er (REr und WEr), Es, Pa und Wei, im Hügel- und Mittelgebirgswald auch Kir und Ah, besonders BAh, empfehlenswert.
Ufer-Wolfstrapp, der: → Wolfstrapp.
Uhland, L. → Wald in der Dichtung.
Uhu, der: → Eulen A 1.
Ulex → Stechginster.
Ulmaceae → Ulmengewächse.
Ulmen: siehe Seite 740 ff.
Ulmen-Ahorn-Wald, der: → Hochstauden-Bergahorn-Wald.
Ulmenbastkäfer, Bunter, der: → Borkenkäfer 24.
Ulmenbeutelgallenlaus, die: → Blattläuse 4.
Ulmenblattgallenlaus, die: → Blattläuse 6.
Ulmenblattrollenlaus, die: → Blattläuse 5.
Ulmenbock, Grüner, der: → Bockkäfer 25.
Ulmeneule, die: → Eulen B 12.
Ulmenhaargallenblattlaus, die: → Blattläuse 4.
Ulmenion → Eichen-Eschen-Auenwald.
Ulmensplintkäfer → Borkenkäfer 1. und 2.
Ulmensterben, das: Das U., eine Welkekrankheit, trat erstmals 1918 in Frankreich und später in Holland (deshalb auch „Holländische Ulmenkrankheit“ genannt) auf. Das U. wird durch den Pilz *Ceratocystis ulmi* verursacht, dessen → Sporen vom Großen und Kleinen Ulmensplintkäfer (→ Borkenkäfer 1. und 2.) übertragen werden. Der Erreger-Pilz (vermutlich aus China eingeschleppt) verbreitete sich in den 20er Jahren rasch über ganz Mitteleuropa und vernichtete den Großteil der Ul. Nach Abklingen dieser Epidemie kam es in den 60er Jahren zu einer zweiten Krankheitswelle. In Holland sind bereits mehr als 85 % der Ul vernichtet. Der Pilz lebt in den Gefäßen des Holzes und breitet sich durch die sog. → Tüpfel (Holztüpfel, d. s. kleine Öffnungen in der Gefäßwand) im Baum aus, indem sich die Pilzsporen über die Saftbahnen im ganzen Baum verteilen. Der Pilz setzt sich in der wasserleitenden Schicht des Baumes fest, schädigt die Gefäße, verstopft sie dadurch, was zu einer Unterbrechung des Wassertransportes führt. Das Krankheitsbild ist gekennzeichnet durch rasches Welken und Braunfärbung der Blätter mit Einkrümmen der Triebspitzen ab Juni. Der

Die Ulmensplintkäfer übertragen den Pilz *Ceratocystis ulmi*, der das Ulmensterben verursacht.

Ulmen

Gattung

Die zur Familie der Ulmengewächse (*Ulmaceae*) zählende Gattung der Ulmen (*Ulmus*) ist mit rund 25 Arten in der nördlichen gemäßigten Zone und den Gebirgen des tropischen Asiens beheimatet. Sie ist seit dem Oligozän (→ Erdzeitalter) nachweisbar. Der Name „Ulme" ist abgeleitet vom mittel- und althochdeutschen „ilm(e)", „ilmboum", „elm(o)", „elmboum"; die alten Namen sind heute noch in → Ortsnamen wie z. B. Elm, Elmendorf, Elmau oder Ilmendorf und Ilmmünster erhalten. *Ulmus* wurde die Ulme bereits von Vergil (Publius Vergilius Maro, 70 – 19 v. Chr.) genannt. Nach der germanischen anthropologischen Vorstellung entstammt der Mann der Esche, die Frau hingegen der Ulme.

Ulmen sind sommergrüne, seltener halb-immergrüne Bäume und Sträucher. Die Blätter sind eiförmig, häufig doppelt gesägt, fiedernervig, an der Basis meist asymmetrisch und wechselständig (→ Blattstellung), zweizeilig gestellt. Die unscheinbaren Blüten erscheinen meist vor den Blättern; einige Arten blühen auch im Herbst. Die → zwittrigen Blüten sind in Büscheln angeordnet. Die Früchte sind von einem Flügelrand allseits umgebene, zusammengedrückte Nüßchen. Die Ulmen, besonders die Feldulmen, sind in vielen Ländern von einer gefährlichen Pilzkrankheit (→ Ulmensterben) bedroht. Im Sommer und Frühherbst fallen an den Blättern zahlreiche Veränderungen und → Gallen auf, die von verschiedenen Insekten hervorgerufen werden, u. a. von der Ulmen-Beutelgallenlaus, der Ulmen-Blattrollenlaus und der Ulmen-Blattgallenlaus (→ Blattläuse 4., 5. und 6.), jedoch den Ulmen relativ wenig Schaden zufügen. Gegen → Luftverunreinigungen, besonders Rauch und Ruß, sind die Ulmen, besonders die Feldulme, recht widerstandsfähig.

Feldulme (*Ulmus minor*) auf einer Wiese

Bedeutung als Heilpflanze

Die Ulmenrinde wurde früher in kleine Stücke geschnitten und angefeuchtet. Der danach entstehende durchsichtige Schleim galt als gutes Heilmittel. Er wurde auf Wunden, besonders Brandwunden, aufgetragen. Die Blätter der Ulme, die ein ausgezeichnetes Laubheu ergeben, sollen auch der Gesundheit des Viehs dienlich sein.

1. Bergulme

Ulmus glabra Hudson = *U. scabra* Mill. = *U. montana* With. wird auch Berg-, Weißrüster, Weiß- und Haselulme genannt. Trauerformen der Bergulme sind die **Lauben-Ulme** (*U. glabra Camperdownii*), die beim englischen Schloß Camperdown gefunden wurde, und die **Trauer-Ulme** (*U. glabra Pendula*). Daneben gibt es Formen mit gelben Blättern, straffem aufrechtem Wuchs und horizontalen Ästen.

Verbreitung

Die Bergulme ist fast über ganz Europa verbreitet, von Mittelspanien, Italien und Südosteuropa, bis Mittelskandinavien und Südfinnland, von den Britischen Inseln bis zum Ural.

Standort

Die → Halbschatt(en)baumart wächst in der kollinen und montanen → Vegetationsstufe in schattigen Hangwäldern und Schluchtwäldern der mittleren Gebirgslagen, am Rande von Auwäldern, in Hochstaudenfluren und an Waldrändern. Sie ist die → Charakterart der Sommerlinden-Bergulmen-Bergahorn-Wälder und Hochstauden-Bergahorn-Wälder (Ulmen-Ahorn-Wälder). Sie stellt hinsichtlich des Bodens hohe Anforderungen und gedeiht auf sickerfeuchten, lockeren sandigen bis lehmigen, nährstoff- und basenreichen, mild- bis mäßigsauren, humosen, kalkhaltigen Stein-, Ton- und Lehmböden. Sie ist vom Tiefland (dort selten oder ganz fehlend) bis in Höhenlagen von 1300 m anzutreffen. Gelegentlich wird sie auch als Zier- und Parkbaum gepflanzt.

Merkmale

- Die Bergulme ist ein großer, stattlicher, sommergrüner, bis 40 m hoher Laubbaum, kann einen Stammdurchmesser von bis zu 2 m (in Ausnahmefällen bis zu 3 m) erreichen und bis etwa 400 Jahre alt werden. Der Stamm eines freistehenden Baumes teilt sich häufig schon in geringer Höhe in kräftige, häufig gedrehte, zunächst aufsteigende, dann bogig überhängende Äste. Die reich verzweigte, vom Umriß verkehrt-eiförmige, dichtbelaubte → Krone ist sehr breit entwickelt. Im Bestandsschluß (→ Schluß) wächst die Bergulme langschäftiger. Die → Rinde junger und mittelalter Bäume ist glatt und silbergrau bis silberbraun oder mittelgrau, später wird sie dann zu einer seicht längsrissigen mattgrauen bis dunkelgrauen → Borke.
- Die Bergulme bildet keine → Wurzelbrut, jedoch → Stockausschläge. Sie ist ein Tiefwurzler und bildet zunächst ein Pfahlwurzelsystem (→ Pfahlwurzel) und dann im Laufe der Zeit zahlreiche tiefgehende → Herz- und flachstreichende Seitenwurzeln. Die jungen Zweige sind olivgrün, bräunlich oder rotbraun, anfangs fein abstehend behaart, dann kahl und wachsen → sympodial. Die → Lentizellen sind spindelförmig bis rundlich und hellocker oder braun. Die Endknospen erscheinen schmal-eiförmig und zugespitzt, ebenso die vom Zweig abstehenden Seitenknospen. Die Blütenknospen sind als End- und Seitenknospen deutlich kugelig. Die Knospenschuppen sind dunkelbraun bis schwärzlich, bei Blattknospen oft mit gefransten Rändern und oben leicht eingekerbt, bei Blütenknospen eben abgerundet und kräftig eingekerbt. Bei der Bergulme kommt es vereinzelt zur Bildung von Korkstreifen oder Korkleisten (bei jungen Bergulmen besonders markant) an den Zweigen.
- Die wechselständigen, zweizeilig gestellten Laubblätter sind dünn, vom Umriß breit verkehrt-eiförmig, breit-elliptisch oder rundlich (im oberen Drittel am breitesten), am Grunde asymmetrisch, vorne zugespitzt, oft auch dreizipfelig, etwa 10 bis 16 cm lang und 5 bis 9 cm breit (manchmal fast ebenso breit wie lang). Die Blätter weisen beiderseits 10 bis 20 meist gegabelte Seitennerven auf. Sie sind oberseits mattdunkelgrün, fühlen sich rauh an; unterseits sind sie heller grün und auf den größeren Nerven fein weißlich behaart mit Achselbärtchen (→ Domatien). Der → Blattrand ist ungleichmäßig doppelt gesägt (Zähne nach vorne weisend), der Blattstiel ist 3 bis 5 mm lang, kräftig und dicht behaart. Die Blätter ähneln nicht selten denen der Hasel, weshalb die Bergulme auch Haselulme genannt wird. Die Streu zersetzt sich leicht und ist damit pfleglich für den Boden.
- Die Bergulme erreicht im → Freistand mit 20 bis 30, im Bestandsschluß (→ Schluß) mit etwa 40 Jahren die → Mannbarkeit und blüht dann alle zwei Jahre von Februar bis März (April). Die zwittrigen Blüten, die geraume Zeit vor den Blättern erscheinen, sind 3 bis 6 mm lang, kurz gestielt (fast sitzend), zu kugeligen Büscheln (Trugdolden; → Blütenstand) vereinigt, entspringen der

Verfall breitet sich zunächst von einzelnen Ästen, an denen sämtliche Blätter welk werden, auf ganze Kronenteile und schließlich – bei akutem Verlauf u. U. innerhalb einer Vegetationsperiode – auf die gesamte Ul aus und bringt sie zum Absterben. Kein Symptom der Ulmenkrankheit ist das Vergilben bzw. Verfärben einzelner Blätter bzw. Zweige (verteilt über die ganze Krone) sowie – ab Ende August – eine vorzeitige Herbstverfärbung (→ Blattfarbstoffe) mit vorzeitigem (teilweisem) → Blattfall. An befallenen dünnen Zweigen finden sich konzentrisch angeordnet punktförmig verfärbte Leitbündelstränge (v. a. im → Frühholz des zuletzt gebildeten → Jahrrings), welche sich bei stärkeren Zweigen und Ästen (etwa ab Daumenstärke) spater zu einem dunklen Ring schließen. Entfernt man die Rinde dünner Zweige, zeichnen sich braune Streifen ab. Deutlich befallene Bäume werden spätestens bis zum Frühjahr (erste Flugwelle des Ulmensplintkäfers im Mai) entnommen. Nicht verwertbares, aber bruttaugliches Material (stärkere Äste) wird verbrannt oder zerhächselt. Bei Bäumen, bei denen die Krankheit im Anfangsstadium steht, kann, v. a. wenn es sich um isoliert stehende Bäume handelt, durch Entfernung einzelner befallener Äste einschließlich des noch gesund erscheinenden Astholzes, möglicherweise eine Ausbreitung der Krankheit örtlich verhindert werden. Grundsätzlich ist das U. heute nicht wirksam mit injizierten Fungiziden (→ Pestizide) zu bekämpfen. In Erprobung sind neuerdings Kreuzungen mit asiatischen Ulmenarten (Resista-Ulme), die als besonders resistent gegenüber dem Pilz gelten, und → vegetative Vermehrung resistener → Klone. Eine verringerte Anfälligkeit soll auch bei der FlUl gegeben sein.

Ulmenzipfelfalter, der: → Bläulinge 5.

Ulmo-Aceretum → Hochstauden-Bergahornwald.

Ulmo glabrae-Aceretum pseudoplatani → Hochstauden-Bergahorn-Wald.

Ulmus → Ulmen.

Umbau, der: im → Waldbau Bez. für die erforderliche → Verjüngung eines nicht hiebsreifen → Bestandes infolge starker → Waldschäden (z. B. Luftschadstoffe, Krankheiten, Naturereignisse) oder für die Bereinigung eines großen Mißverhältnisses zwischen standörtlicher Leistungskraft und vorhandener → Bestockung (Beseitigung einer ertragsschwachen und nicht standortgerechten Bestockung). Bei einem U. kann häufig auch die Ausgangsbestockung z. T. übernommen werden.

Umbelliferae → Doldengewächse.

Umberfledermaus, die: → Fledermäuse 11.

Umbrabrauner Öhrling, der: → Becherlinge 11.

Umfallkrankheit, die: → Keimlingsfäule.

Umfang, der: senkrecht zur Baumachse gemessener U. des Baumes.

Umfütterung, die: auch Umhüllung. Ummantelung der hauptständigen Schäfte von → Wertholz durch einen → Unter- und Zwischenstand aus → Schatt(en)baumarten zur Vermeidung von → Wasserreisern und → Fällungsschäden.

Umhüllung, die: → Umfütterung.

Umlaufzeit, die: Abstand von periodischen Hieben im → Plenterwald, im → Hochwald von Pflegeeingriffen.

Umrändeln, das: → Gruppensaumschlag.

Umrechnungszahlen: U. von Raummeter in Festmeter, von Stückzahl in Festmeter und von Tonne (Kilogramm) in Festmeter sind in erster Linie für die Mengenberechnung zu Zwecken der Ertragskontrolle bestimmt. Sie dienen insbesondere dem internen forstlichen Gebrauch, haben aber auch für den Holzkäufer Bedeutung. Die U. für → Rohholz hat das Bundesministerium für Ernährung, Landwirtschaft und Forsten mit einer Anlage zum Schreiben vom 20.9.83 – 613-7164/4 mitgeteilt. Die Bundesländer haben jedoch die Anwendung der U. z. T. unterschiedlich geregelt.

Umschroten, das: auch Abschroten. alte Bez. für eine Baumfällung, die ausschließlich mit der Axt erfolgt; → Stämmen der Bäume.

Umsetzen, das: Wechsel eines Baumes in eine andere → Baumklasse.

Umtriebsklasse, die: innerhalb von → Betriebsklassen können Flächen mit gleichen → Baumarten oder Baumartengruppen mit fester oder gestaffelter → Umtriebszeit zu U. zusammengefaßt werden.

Umtriebszeit, die: für eine Baumart, Baumartengruppe oder einen bestimmten Bestandstyp innerhalb der → Betriebsklasse für das Erreichen des → (Forst-)Betriebsziels erforderliche und geplante – in Jahren ausgedrückte – Produktionsdauer, d. h. der Zeitraum zwischen Begründung der → Kultur und → Endnutzung. Die U. gilt für die ganze Betriebsklasse, der Nutzungszeitpunkt eines Einzelbestandes kann von diesem Wert abweichen. Man unterscheidet nach den Bestimmungskriterien: die **technische U.**, die sich nach den Höchstanteilen bestimmter Sorten (aus den Sortenertragstafeln) errechnet. Die **physische U.**, die sich an der – schwer bestimmbaren – natürlichen Reife des Holzes, ersatzweise an der Fähigkeit zur → Naturverjüngung oder der Verkernung des Holzes orientiert. Aus der Kulmination des durchschnittlichen Gesamtzuwachses (→ dGZ) ergibt sich die **U. des höchsten Massenertrags**. Diese U. ist z. B. dann von Bedeutung, wenn größtmögliche Holzmengen, z. B. als nachwachsender Rohstoff für die Nutzung als → Brennholz, als → Faserholz usw., angestrebt werden. Wird der höchstmögliche → Reingewinn angestrebt, dann ist jene U. zu suchen, bei der die Differenz zwischen → Ertrag und → Aufwand am größten ist. Dieser entspricht – je nach Ansatz als Wald- oder Bodenreinertrag – der höchstmöglichen Verzinsung des eingesetzten Kapitals (ohne oder mit Boden). Die **U. des höchsten Bodenreinertrags** wird auch als **finanzielle U.** bezeichnet. Jene des höchsten Waldreinertrags wird auch **U. der höchsten Rentabilität** genannt. Bei Berücksichtigung des höchstmöglichen sozioökonomischen Nutzens ergibt sich eine **volkswirtschaftliche U.**, bei der der höchstmöglichen Infrastrukturleistungen (→ Waldfunktionen) die **landeskulturelle** oder **ökologische U.** Die **U. der höchsten Wertschöpfung** orientiert sich am maximalen Beitrag zum Bruttosozialprodukt; wird sie auf die Betriebsfläche bezogen, ergibt sich die **U. der höchsten Flächenproduktivität**. Gelegentlich wird auch die **U. der höchsten Arbeitsproduktivität**, d. i. die der höchsten Wertschöpfung je Arbeitsstunde, errechnet. Die Festlegung der U. hat Auswirkungen auf fast alle Bereiche des Forstbetriebes. Sie ist v. a. Grundlage für die Berechnung der Werte des Normalwaldes. Mit steigenden U. nehmen bei gleicher Betriebsfläche z. B. die jährliche Verjüngungsfläche und die Fläche in den einzelnen Altersklassen ab (Holzbodenfläche (→ Forstbetriebsfläche) : U.). Mit der Verkürzung der U. nimmt der Kapitalumschlag zu. Die tatsächlichen U. für verschiedene Baumarten liegen im Durchschnitt bei Furniereichen bei 300 bis 400 Jahren, sonst bei einheimischen Ei bei 140 bis 240 Jahren, Bu bei 120 bis 150 Jahren, Fi bei 80 bis 140 Jahren, Pa bei 40 bis 80 Jahren, → Niederwald bei 20 bis 30 Jahren.

Umwandlung, die: auch Transformation. in der Forstwirtschaft Bez. für die Änderung einer unbefriedigenden Bestockung durch Begründung eines neuen Bestandes mit anderen → Baumarten oder Übergang zu einer anderen → Betriebsform auch unter Beibehaltung derselben Baumart nach Beseitigung der Vorbestockung und künstlicher Neubegründung. U. oder → Überführungen fanden schon vor Jh. statt. Gegen Ende des Mittelalters wurde z. B. Laubholzhochwald in → Mittelwald und → Niederwald umgewandelt oder überführt. Seit Mitte des 19. Jh. wurden wiederum viele Nieder- und Mittelwälder in → Hochwald umgewandelt oder überführt. Das BWaldG (§ 9 Abs. 2) setzt den Begriff U. mit → Rodung gleich; → Umbau.

Umwelt, die: **1**) i. a. Sinn (Zivilisations-U.) ist unter dem Begriff U. der vom Menschen an seine Lebensbedürfnisse angepaßte Lebensraum zu verstehen, der u. a. durch die Technik künstlich verändert und geprägt wird. 1972 wurde der 5. Juni von der 27. Vollversammlung der Vereinten Nationen zum internationalen „Tag der U." erklärt. **2**) im biologischen Sinn ist U. die lebenswichtige Umgebung einer Tierart, d. h. die Gesamtheit aller Faktoren (→ ökologische Faktoren), die das Leben ein Organismus beeinflussen und sich mit ihm Wechselwirkung befinden; → Biotop.

Umweltagentur, die: → EU-Umweltagen

Umweltbehörden: Behörden, denen sp el-le Aufgaben, z. B. in der Abfallbeseitigung uft-reinhaltung, im Lärmschutz und im → tur-schutz übertragen wurden. U. sind a die Bezirksregierungen, Landratsämter u Kreis-freien Städte. Erstes Umweltminis um in Europa war 1970 das Bayerische S atsministerium für Landesentwicklung und nweltfragen. 1974 wurde als selbstän Bundesoberbehörde im Geschäftsber des Bundesministers des Innern d → Umweltbundesamt gegründet.

Umweltbelastung, die: durch menschliche Eingriffe in die Natur entstehende negative Beeinflussung, Veränderung und z. T. Zerstörung der → Umwelt, v. a. durch Verunreinigungen (Staub, Chemikalien, Strahlen usw.) und Lärm. U. lassen sich nicht nur durch den Einsatz von Minderungstechnologien verringern oder verhindern, sondern auch durch den Einsatz umweltschonender Stoffe, Produktionsverfahren u. a., z. B. Anwendung arsenfreier Holzschutzmittel, Lacke ohne → Cadmium, → Blei und Chromat, formaldehydarme Bindemittel usw.

Umweltbundesamt, das: selbständige Bundesoberbehörde, die die Bundesregierung in Fragen der Luftreinhaltung, Lärmbekämpfung, Abfall- und Wasserwirtschaft berät. Daneben werden dort umweltrelevante Daten für Planungen und Maßnahmen der Umweltpolitik des Bundes gesammelt, gespeichert und für den unmittelbaren Zugriff verfügbar gemacht. Zu den Aufgaben des U. gehören u. a.: Messungen zur Untersuchung großräumiger, grenzüberschreitender Transporte von → Luftverunreinigungen; Ermittlung von Grenzwerten für luftverunreinigende Stoffe; Bearbeitung von Fragen des Problemkreises „Umwelt und Energie"; Bewertung von Chemikalien im Rahmen des Chemikaliengesetzes; Führung des Informations- und Dokumentationssystems Umwelt (UMPLIS), sowie Aufklärung der Öffentlichkeit in Umweltfragen. Das U. hat seinen Sitz in Berlin und wurde 1974 gegründet. Es untersteht dem Bundesministerium für Umwelt, Naturschutz und Reaktorsicherheit und hat keine Weisungs- und Kontrollbefugnis; → Umweltbehörden.

Umweltfaktoren → ökologische Faktoren.

Ölunfall (→ Umweltbelastung)

Umweltforschung, die: Untersuchung und Erforschung der durch menschliche Eingriffe auftretenden Veränderungen der → Umwelt und der komplexen Wechselwirkungen zwischen dieser künstlichen Umwelt und dem natürlichen → Ökosystem. Die Ergebnisse der U. finden ihren Niederschlag im praktischen → Umweltschutz.

Umweltkontrolle im Wald, die: Die neuartigen → Waldschäden, ausgelöst überwiegend durch anthropogen erzeugte Schadstoffe der Luft, lassen eine nachhaltige Gefährdung von Stabilität und Gesundheit des Waldes befürchten. Zur Früherkennung solcher Gefährdungen werden U. i. W. durchgeführt. Basierend auf der „Konvention über den grenzüberschreitenden Ferntransport von Luftschadstoffen" (Genfer Luftreinhaltekonvention) und einer entsprechenden Rahmengesetzgebung der EU von 1986 wurde in Durchführungsbestimmungen 1992 und 1994 die Einrichtung und der Betrieb eines europäischen Flächennetzes zur intensiven Überwachung und Untersuchung von Waldökosystemen (→ Ökosystem) auf Dauerbeobachtungsflächen (sog. Level II-Flächen) für die EU-Länder rechtsverbindlich geregelt. Die 15 EU-Mitgliedsländer führen auf insgesamt 440 Level II-Flächen dieses langfristige Umweltmonitoring durch. Zusätzlich haben sich bereits 11 weitere europäische Länder, die nicht der EU angehören, mit 220 Flächen für eine Beteiligung am Level II-Programm angemeldet. Monitoringbereiche sind Vegetation, Wasserhaushalt der Waldbestände einschließlich Bodenfeuchte, Qualität des Bodenwassers, Waldernährung und Waldwachstum sowie Deposition von Schad- und Nährstoffen. Schwerpunktthema ist das Waldklima (→ Bestand(e)sklima) und dessen Erfassung vor Ort; → Waldmeßstationen.

Umweltmonitoring, das: → Umweltkontrolle im Wald.

Umweltordnungswidrigkeiten: Eine große Zahl gesetzlicher Bestimmungen, für deren Vollzug der Bund oder die einzelnen Bundesländer zuständig sind, bezwecken den Schutz unserer Umwelt. Allg. gilt: wer einen Umweltschaden verursacht, muß ihn auch beseitigen (→ Verursacherprinzip). Verstöße gegen Umweltgesetze sind meist Ordnungswidrigkeiten, die mit Geldbußen bestraft werden können. Besonders schwere Verstöße, bei denen die Umweltgesetze absichtlich mißachtet werden und der Umwelt schwerer Schaden zugefügt wird (z. B. Ablassen von Altöl in der freien Natur) sind Umweltstraftaten, die mit Gefängnis bestraft werden können.

Umweltpreis, Deutscher, der: → Deutsche Bundesstiftung Umwelt.

Umweltschutz, der: alle Maßnahmen, einschließlich der Bestrebungen, auf der Grundlage der → Umweltforschung und des Umweltrechts → Umweltbelastungen zu beseitigen (Erhalten der natürlichen Lebensgrundlagen von Pflanze, Tier und Mensch) sowie das → ökologische Gleichgewicht – soweit es gestört ist – wieder herzustellen. Zu einem wirksamen U. gehört auch die Aufklärung der Bevölkerung (Förderung umweltbewußten Verhaltens) und deren Mitwirkung. Jeder einzelne kann durch sein persönliches Verhalten Umweltverschmutzungen verhindern oder vermeiden. Man unterscheidet zwischen „ökologischem U." (→ Naturschutz, → Landschaftspflege) und „technischem U." (Reinhaltung von Luft und Wasser, Lärmschutz, Abfallbeseitigung, Strahlenschutz). Eine gezielte Umweltpolitik gibt es erst seit Beginn der 1970er Jahre mit dem Erlaß wichtiger Rechtsvorschriften; z. B. → Bundes-Immissionsschutzgesetz vom 14.5.1990, Wasserhaushaltungsgesetz vom 26.4.1976, Waschmittelgesetz vom 20.8.1975, → Bundeswaldgesetz vom 2.5.1975 usw., die durch Rechtsverordnungen und Verwaltungsvorschriften der Länder näher geregelt wurden. → Umweltordnungswidrigkeiten.

Umweltstiftung, die: → Deutsche Bundesstiftung Umwelt.

Umwelttelefon, das: auch Umweltnotruf, Grünes Telefon. in vielen Bundesländern eine öffentliche Einrichtung bei einzelnen Gemeinden, z. T. auch bei den Länderministerien oder Regierungspräsidenten, bei denen Bürger, die z. B. von Schmutz, Lärm etc. belästigt werden, Auskunft erhalten und Beschwerde einlegen können.

Umweltverbände: Zusammenschlüsse von Bürgern, die an Umweltfragen interessiert sind. Die U. haben das Ziel, an der Planung umweltrelevanter Maßnahmen öffentlicher und privater Institutionen mitzuwirken oder diese, soweit sie ihren Interessen entgegenwirken, zu verhindern. Das → Umweltbundesamt in Berlin gibt ein Verzeichnis der regionalen und überregionalen U. („Bürger im Umweltschutz") kostenlos heraus.

Umweltverträglichkeitsprüfung (UVP), die: Prüfung, ob technische Anlagen beziehungsweise (chemische) Produkte durch ihre Inbetriebnahme bzw. durch ihre Herstellung oder ihre Eigenschaften schädliche Auswirkungen auf die Umwelt haben und wie sie vermieden, ausgeglichen oder vermindert werden können. Die Prüfung erfolgt durch staatliche Institutionen. Bei raumbedeutsamen Vorhaben erfolgt die U. im Rahmen von → Raumordnungsverfahren. Obwohl von der Bundesregierung 1975 beschlossen, wird die U. bei uns kaum praktiziert.

Umweltwirkungen des Waldes → Waldfunktionen.

Unabhängigkeitsregel, die: → Mendelsche Regel.

UNCED → UN-Konferenz über Umwelt und Entwicklung in Rio de Janeiro.

unechte Früchte → Schließfrucht.

Unfallverhütung, die: → Unfallverhütungsvorschriften.

Unfallverhütungsvorschriften (UVV): Für die gefährliche und schwere → Waldarbeit wurden von den landwirtschaftlichen Berufsgenossenschaften rechtsverbindliche U. erlassen. Da die zunehmende Mechanisierung und Motorisierung der Waldarbeiter die Unfallgefahren beträchtlich erhöht (jeder vierte Waldarbeiter hat laut Statistik einen Unfall), muß jeder Waldarbeiter mit den verschiedensten Gefahren vertrautgemacht und sich bewußt sein, daß selbst kleinste Nachlässigkeit, Unachtsamkeit und mangelnde Kenntnisse beim Umgang mit Maschinen, Geräten und Werkzeugen etc. das Unfallrisiko erhöhen. Mit Sorgfalt ist daher von den jeweiligen Bestimmungen Kenntnis zu nehmen. Die U. enthalten u. a.:

– Allg. Vorschriften
– Erste Hilfe und Verhalten bei Unfällen
– Allg. Bestimmungen für Maschinen, Geräte, Werkzeuge, technische Anlagen und Fahrzeuge
– Besondere Bestimmungen für Maschinen, Geräte, Werkzeuge, technische Anlagen und Fahrzeuge für den Forst, U. Forsten (4.3) und
– Umgang mit Arbeitsstoffen in der Land- und Forstwirtschaft.

Daneben sollen nach dem Arbeitssicherheitsgesetz des Bundes Fachkräfte für Arbeitssicherheit bestellt werden, die z. B. in Zusammenarbeit mit den Waldarbeitsschulen, der Staatlichen Ausführungsbehörde für Unfallversicherung und dem → Kuratorium für Waldarbeit und Forsttechnik die für den Arbeitsschutz verantwortlichen Beschäftigten in sicherheitstechnischer Hinsicht beraten.

Ungarischer Balsam, der: → Terpentin.

Ungarische Silberlinde, die: → Linden 4.

Ungarisches Terpentin, das: → Terpentin.

Ungenabelte Maskenschnecke, die: → Schnirkelschnecken 6.

ungeschlechtliche Fortpflanzung, die: → vegetative Vermehrung.

Ungleicher Holzbohr-Borkenkäfer, der: → Borkenkäfer 22.

Ungleicher Holzbohrer, der: → Borkenkäfer 22.

Unholz, das: alte Bez. für Strauch- und Baumarten, die keine besondere wirtschaftliche Bedeutung haben, aber durch ihr massenhaftes Auftreten die Wirtschaftsbaumarten so bedrängen, daß in der Forstwirtschaft eine mechanische oder chemische Bekämpfung oftmals notwendig wird. Das Wort U. wird bereits in alten Urkunden erwähnt, hauptsächlich in Bezug auf Forstberechtigungen (→ Forstrechte).

Uniformitätsregel, die: → Mendelsche Regel.

univor → monophag.

Unken (*Bombina*): auch Feuerkröten. Gatt. der Fam. → Scheibenzüngler (*Discoglossidae*) aus der Ordn. der → Froschlurche mit fünf etwa 3 bis 7 cm großen Arten in Eurasien. Die Tiere haben einen plumpen Körper, eine schwarzgraue bis olivgrünliche Oberseite mit warziger Rückenhaut, eine dicke und fleischige Zunge, eine graue bis blauschwarze, grellfarbig gefleckte Bauchseite, die sie bei Gefahr zeigen, indem sie sich auf den Rücken werfen (Unkenreflex). In Mitteleuropa kommen die **Rotbauchunke** (*Bombina bombina*) und nachstehend beschriebene Art vor:

Gelbbauchunke, die (*Bombina variegata* Linné): auch Bergunke.
Die G. ist über Mittel- und Südeuropa, von Frankreich bis zum Schwarzen Meer verbreitet und fehlt in Südwest- und Nordeuropa. Sie kommt in ihrem Verbreitungsgebiet in vier Unterarten vor. Die Unterart *Bombina variegata variegata* kommt von Frankreich über West- und Süddtschl., den Alpenraum (dort auch Bergunke genannt), über Tschechien und die Slowakei ins nördliche Balkangebiet vor. Die Unterart *B. v. pachypus* kommt in Italien südlich des Po vor. Die Unterart *B. v. scabra*, die im Balkangebiet heimisch ist, hat stärker ausgebildete stachelige Hautwarzen und mehr Gelb auf der Bauchseite. Die sehr ähnliche Unterart *B. v. kolombatovici* hat eine fast fleckenlose gelbe Bauchseite und kommt in Dalmatien vor. Die ausgewachsene, etwa 4 bis 5 cm lange G. hat einen plumpen, abgeflachten Körper mit flachem, halbkreisförmigem Kopf und weit seitlich angesetzten Beinen. Die Haut ist auf der Körperoberseite bräunlich, grau oder olivgrünlich und warzig, wobei jede Warze eine Pore und – besonders bei den Männchen – einen kleinen Stachel hat. Aus diesem Grunde fühlen sich G. relativ rauh an. Die Unterseite der G. ist weitgehen glatt, gelb bis gelborange gefärbt, mit großen, bei machen Unterarten nur wenigen kleinen, grauen, graublauen oder schwärzlichen Flecken, manchmal mit wenigen weißen Pünktchen. Die nahe beieinander stehenden Augen haben eine rötliche Iris und eine herzförmige oder dreieckige Pupille. Die Hinterbeine sind lang und dick mit bis zu den Zehenspitzen reichenden Schwimmhäuten. Die Männchen haben keine Schallblase; zur Fortpflanzungszeit haben sie jedoch hornartige, dunkle Hautwucherungen auf der Innenseite der Unterarme, an den ersten, zweiten und dritten Fingern sowie den zweiten, dritten und vierten Zehen.

◂◂ Die Bauchseite der ansonsten unscheinbaren Gelbbauchunke ist auffallend gefärbt.

Der Lebensraum der G. reicht von der Ebene bis in die Mittelgebirge und bis in Höhen von etwa 1800 m in den Alpen. Sie überwintern ab Oktober in Erdlöchern oder im Bodenschlamm von Gewässern und kommen Ende März oder im April wieder zum Vorschein. Sie bewohnen stehende Kleingewässer aller Art wie Tümpel und Teiche, Waldtümpel und Waldteiche, große Pfützen, Abzugsgräben, Moorgräben und sogar mit Wasser gefüllte Radspuren. Die G. leben gesellig und werden meist in den Abendstunden aktiv. Sie lauern auf Spinnen (→ Webspinnen) oder Insekten, die ins Wasser fallen, von denen sie – neben Würmern – leben. Geraten G. in Angst, sondern sie ein nach Lauch riechendes Hautsekret ab, das die Schleimhäute stark reizt. Ihre Rufe sind auch tagsüber zu hören, am häufigsten jedoch am Abend und in den frühen Morgenstunden.
G. sind mit zwei Jahren fortpflanzungsfähig. Zwischen April und August findet zwei- bis dreimal eine Paarung statt. Die Eier (bis zu 100) sind graubraun und werden in kleinen Klumpen im Wasser an senkrecht stehende Pflanzenstengel, Steinen und Ästen abgelegt und vom Männchen besamt. Nach etwa acht Tagen schlüpfen die Kaulquappen. Die Larve der G. hat einen langen, breit gesäumten Schwanz. Bei einer Größe von 3 bis 5 mm setzt die Umwandlung zur Unke ein. Die Überwinterung erfolgt als Unke und bei der Spätbrut als Kaulquappe. Die frisch verwandelten jungen Unken sind ca. 15 mm lang und ähneln im Aussehen den Eltern.

UN-Konferenz über Umwelt und Entwicklung in Rio de Janeiro (UNCED): Bei der U. (kurz Erdgipfel genannt) vom 3. bis 14.6.1992 war die weltweite Walderhaltung eines der zentralen Themen. Die Einbeziehung der Tropenwaldländer in die internationalen Verhandlungen war dabei ein wichtiger Schritt auf dem Wege zur Verbesserung der Situation in den dortigen Wäldern. Um den Blick aber nicht einseitig auf die Tropenwälder zu richten, wurden ausdrücklich alle Wälder der Erde miteinbezogen. Man erzielte Einigung über eine Grundsatzerklärung zu weltweit gültigen Prinzipien der Bewirtschaftung, Erhaltung und nachhaltigen Entwicklung von Wäldern. Damit liegt zum ersten Mal eine solche Erklärung vor. Sie wird ergänzt durch das Waldkapitel der sog. → AGENDA 21, dem Programm zur Durchführung der Beschlüsse von UNCED. Auf dieser Grundlage gewann die zweite Europäische Ministerkonferenz zum Schutz der Wälder in Europa im Juni 1993 in Helsinki (Treffen der europ. Forstminister) zusätzlich an Bedeutung. Sie stellte die Folgekonferenz der gleichnamigen Straßburger Konferenz von 1990 dar. Es wurden folgende vier Resolutionen (H1 mit H4) erarbeitet.
– Allg. Leitlinien für die nachhaltige Bewirtschaftung der Wälder Europas
– Allg. Leitlinien für die Erhaltung der biologischen Vielfalt der europäischen Wälder
– Forstliche Zusammenarbeit mit den Reformstaaten
– Strategien für den Prozess der langfristigen Anpassung der Wälder Europas an eine Klimaänderung.

Europa hatte somit binnen Jahresfrist und als erste Region der Welt konkrete Nachfolgemaßnahmen der U. zum Thema Wald grenzüberschreitend vereinbart; → Zertifizierung.

Unkrautbekämpfung, die: U. im Wald ist → Jungwuchspflege, durch welche die Forstpflanzen gegenüber ihrer → Konkurrenz so gefördert werden, daß das Bestockungsziel erreicht wird. Sie ist auf stark unkrautwüchsigen Standorten notwendig, auf weniger unkrautwüchsigen Standorten sollte sie – im Hinblick auf einen ausgewogenen → Biotopschutz im Wald – eingeschränkt werden. Hilfestellung gibt dabei die Verwendung von Großpflanzen.
Die Forstwirtschaft unterscheidet hierbei nach a) Mechanischer Gras- und U. und b) Chemischer U.

Freistellungssense

Zu a): Damit die jungen Forstpflanzen während der Vegetationszeit (→ Vegetationsperiode) den vollen Lichtgenuß erhalten, ist unmittelbar nach der Kulturbegründung mit dem Freischneiden zu beginnen. Der Waldarbeiter bedient sich dabei der Handgeräte zum Freischneiden (Freistellungssense, Kultursichel, Kulturheppe) oder eines motorbetriebenen → Freischneidegerätes. Damit wird in nur unbedingt notwendigem Umfang die Konkurrenz der → Unkräuter, → Weichhölzer und gegebenenfalls der stark nachdrängenden → Stockausschläge vermindert.
Zu b): Bei der Chemischen U. werden zur Eindämmung des Pflanzenwuchses Herbizide (→ Pestizide) verwendet. Aus Gründen des Umweltschutzes sollte auf chemische Mittel weitgehend verzichtet werden; in Wasserschutzgebieten ist ihre Anwendung verboten. Zur Anwendung kommen:
1. Kontaktherbizide, die nur einmalig und ohne nachhaltige Hemmung wirken (chemische Sense) und deren Wirkstoff bei Bodenberührung inaktiviert wird. Sie wirken auf grasartige und auf breitblättrige Pflanzen.
2. Systemische Herbizide: Sie haben eine selektive und nachhaltige Wirkung, wobei ihr Wirkstoff über Blätter, Wurzeln und Rinde in die Pflanze eindringt. Je nach Grad der Konzentration wird die Pflanze so geschwächt, daß sie verkümmert oder eingeht.
Alle Mittel werden, entsprechend den jeweiligen Anwendungshinweisen, entweder gesprüht, gespritzt oder gestreut. Als Geräte stehen hierfür z. B. Motorrückensprühgeräte, ggf. auf Granulatausbringung umgerüstet, zur Verfügung; → Pflanzenschutz.
Unkräuter (Segetalpflanzen): nicht fest umrissene Bez. für → Pflanzen (→ Stauden oder ein- bzw. zweijährige → Kräuter), die auf einem Standort wachsen (z. B. Kulturpflanzenbestand), an dem sie für Menschen unerwünscht sind. Daraus ergibt sich, daß eine Pflanze einmal in der freien Natur eine gern gesehene Wildpflanze, zum andern aber in einer Kultur ein Unkraut sein kann, das mit den Kulturpflanzen um Bodenraum, Licht, Wasser und Nährstoffe konkurriert. U. besitzen gegenüber den Kulturpflanzen meist eine kürzere Entwicklungszeit, höhere Widerstandsfähigkeit sowie hohe Regenerations- und Ausbreitungsfähigkeit. Nach der Art ihres Vorkommens teilt man die U. ein in Acker-, Wiesen- und → Forst-U., nach ihrer Lebensdauer in ein- oder mehrjährige; → Unkrautbekämpfung.

Ertragsloser Moorbirkenwald wird oft als Unland betrachtet.

Unkräuterstreu, die: → Bodenstreu.
Unland, das: im Unterschied zum → Ödland nicht aufforstungsfähiges, ständig unproduktiv bleibendes Land (ertragsloses Land). Zum U. gehören z. B. unbewirtschaftete Flächen, Moore, Felsen usw.
Unnutz, die: alte lokale Bez. (Sechsämterland) für ungenutztes, mit Gestrüpp bewachsenes Gelände.
UNRRA-Hiebe → Reparationshiebe.
Unrundigkeit, die: → Exzenterwuchs.
unschnürig → schnürig.
Unsegenkraut, das: → Goldrute 1.
Unser Wald: Monatszeitschrift (Verbandszeitschrift) der → Schutzgemeinschaft Deutscher Wald. Die Zeitschrift U. W. gibt es seit 1950. Bis dahin nannte sie sich Grünes Blatt; dieses erschien erstmals im Herbst 1948 und wurde von Oberforstmeister Hiersekorn und Rudolf Borath gestaltet. Herausgeber war der Landesverband Nordrhein-Westfalen. Ab Nr. 5/1949 wurde das Grüne Blatt als Zeitschrift des Bundesverbandes der Schutzgemeinschaft Deutscher Wald allg. ausgegeben; → Waldjugenddienst.
Unterabteilung, die **1)** → Waldeinteilung. **2)** in der biologischen Klassifikation eine Zwischenkategorie mit standardisierten Namen (Endungen *-phytina*, bei Pilzen *-mycotina*).
Unterart, die (Rasse, Subspezies): systematische Einheit, in der innerhalb einer Tier- oder Pflanzenart Individuen mit auffallend ähnlichen Merkmalen zusammengefaßt werden; → Art, Systematik, Rasse, Nomenklatur.
Unterbau, der: Einbringung einer zweiten Bestand(e)sschicht aus → Schatt(en)baumarten unter einem älteren → Schirm zwecks → Bodenschutz und Stammpflege. So kann z. B. ein gleichmäßiger Eichen- oder Kiefernbestand ein zweites Stockwerk unter seinem heraufgewachsenen Kronendach dadurch erhalten, daß man die Bu, eine Schatt(en)baumart, anpflanzt. Der U. dient nicht einer späteren → Verjüngung; das wirtschaftliche Schwergewicht liegt vielmehr auf dem alten Bestand.
unterdrückt: auch verdämmt, verdrängt. Jüngere und ältere Holzpflanzen nennt man u., wenn sie durch nebenstehende Holzpflanzen oder auch durch krautartige Gewächse überwachsen und in ihrer Entwicklung gehemmt werden. Der ungünstige Einfluß kann sowohl im Entzug von Licht und Wärme als auch in der Beeinträchtigung der Ernährungsmöglichkeit, v. a. des Wasserbedarfs infolge Wurzelkonkurrenz, bestehen; öfters wirken mehrere Ursachen zusammen. Starke Unterdrückung kann ein Absterben zur Folge haben.
Unterfläche, die: → Teilfläche einer Abteilung oder Unterabteilung (→ Forstbetriebsfläche, → Waldeinteilung).
Unterförster, der: frühere Bez. für einen Forstschutzbediensteten (i. d. R. ohne forstliche Ausbildung), regional auch als „gehender Förster" bezeichnet. Der U. war meist einem Oberförster unterstellt; → Förster.
Unterhaare → Haare.
Unterklasse, die: in der biologischen Klassifikation eine Zwischenkategorie. Sie steht zwischen der Ordn. (bzw. Über-Ordn.) und der Klasse.
Unterholz, das: **1)** niedrig bleibendes Holz, das unter dem → Baumholz steht. U. wird i. d. R. aus schattenertragenden Lbh (→ Schatt(en)baumarten) wie Bu, Hbu und Li etc. bestehen. **2)** auch Schlagholz. u. dem → Oberholz stehender Teil des → Mittelwaldes, der aus → Stockausschlag und → Wurzelbrut besteht und in etwa 20jährigem Umtrieb (→ Umtriebszeit) wie → Niederwald bewirtschaftet wird.
Unterknecht, der: → Forstknecht.
Unterkunftswagen, der → Personalwagen.
Untermast, die: → Mast.
Unternehmerhieb, der: → Hieb, bei dem der Waldbesitzer die gesamten Fällungs- und Aufarbeitungsarbeiten einem Einschlagsunternehmer überträgt. Die Einzelheiten der Ausführung etc. werden in einem Werkvertrag festgelegt. Ein U. ist hauptsächlich bei → Durchforstungen und bei der → Aufarbeitung von → Katastrophenholz üblich; → Käuferhieb.
Unterordnung, die: in der biologischen Klassifikation eine Zwischenkategorie. Sie steht zwischen der Fam. (bzw. Über-Fam.) und der Ordn. In der Botanik sind die Endungen standardisiert auf *-ineae*, in der Zoologie auf *-miae*.
Unterpflanzung, die: → Anbau.
Unterscheidungsart, die: → Differentialart.
Unterschicht, die: → (Baum-) Schichten, Bestockungsaufbau, Vegetationsschichten, Unterholz.
Unterschirmpflanzung, die: → Anbau.
Unterschlagholz, das: alte nordd. Bez. für das schlagbare Brennholz im → Mittelwald; → Unterholz 2).
Untersonnung, die: Durch die bei einem fehlenden Waldrand bedingte vermehrte Sonneneinstrahlung kann es in diesen Bereichen zu einer Austrocknung des Bodens kommen. Unter Umständen treten auch Überhitzungsschäden an der Rinde der Randbäume auf, z. B. bei Bu und Fi; → Hitzeschäden.
Unterstand, der: auch Unterwuchs. U. kann aus der durch unterschiedliches Jugendwachstum bedingten Differenzierung von gleichzeitig verjüngten → Licht- und → Schatt(en)baumarten oder durch späteren → Unterbau, bzw. Untersaat entstehen. Der U. kann sich mit der langfristigen Bestandsentwicklung, v. a. nach gezielter Pflege durchaus in die Kronenschicht hineinschieben und dann zur Mittel- oder Oberschicht gehören; → (Baum-)Schichten.
unterständig: u. sind ca. 3 bis 10 m hohe Bäume unter höheren und hauptsächlich auch älteren Bäumen; → Stufigkeit.
Unterstärke, die: der Durchmesser eines Stammes am Stockabschnitt oder des Teils

eines zerlegten Stammes am unteren Ende. Ggs. Oberstärke; → Zopfdurchmesser.

Unterwuchs, der: unter dem Altholzschirm heranwachsende jüngere Bäume und Sträucher; → Unterstand.

Upupa epops → Wiedehopf.

Uredinales → Rostpilze.

Uredosporen → Rostpilze.

Urfarne (*Psilophytatae*): die niederste Klasse der → Farnpflanzen mit der einzigen Ordn. → Nacktpflanzen. Die gabelig verzweigten blatt- und wurzellosen U. sind die ältesten Landpflanzen. Die Nacktfarne wurden im Verlauf der Devonzeit (410 bis 330 Mio. Jahre; → Erdzeitalter) von Gefäßsporenpflanzen (→ Farne, → Schachtelhalme und → Bärlappe) abgelöst.

Urgeflügel, das: → Rauhfußhühner 1.

Urholz, das: auch Lagerholz, Moderholz. Bez. für alte, starke Baumstämme, die durch Sturm, hohes Alter oder durch Krankheit umstürzen und ungenutzt im Wald verfaulen. U. fiel auch früher nur dort an, wo die Bringung des Holzes, z. B. in schwer zugänglichen Gebirgswaldungen (→ Bergwald) nicht möglich war oder zu kostspielig gewesen wäre. Durch die günstige → Walderschließung gibt es heute kein U. mehr, es sei denn, daß in besonders ausgewiesenen Gebieten der urwaldartige Charakter erhalten bzw. hergestellt werden soll, wie z. B. in einigen Teilen des → Nationalparkes Bayer. Wald; → Rohnen, Totholz, Urwald, Naturwald, Naturwaldreservate.

Urle, die: → Ahorne 1., Erlen 3.

Urodelen → Schwanzlurche.

Ursprung, der: Ort, an dem sich ein → autochthoner Bestand befindet, oder der Ort, von dem ein nicht autochthoner Bestand ursprünglich abstammt.

Urte, die: → Ahorne 1.

Urtica → Brennessel.

Urtico-Alnetum → Sumpfdotterblumen-Erlenwald.

Urwald, der: großflächiger, zusammenhängender → Wald, in den der Mensch noch nie nutzend eingegriffen hat, im Ggs. zum → Wirtschaftswald. Reinen U. gibt es in Mitteleuropa bis auf kleine Reste (z. B. → Bialowieza-, → Kubány-Urwald, → Rothwald) nicht mehr. Durch Schaffung von Reservaten (→ Naturwaldreservate) wird versucht, vorhandene urwaldähnliche Restbestände zu erhalten, zu schützen bzw. geeignete Wälder durch Selbstüberlassung sich wieder in einen U. zurückentwickeln zu lassen, z. B. im → Nationalpark Bayer. Wald. Im U. findet sich ein hoher Anteil an stehenden und liegenden toten Bäumen (→ Totholz, → Urholz). Im Fichten-Tannen-Buchen-U. kann ihr Anteil bis zu 25 % der → Biomasse ausmachen. Der reife U. ist auch durch einen relativ hohen Holzvorrat gekennzeichnet, der i. d. R. über 600 → Erntefestmeter liegen kann, sowie durch einen hohen Anteil an knorrigen, verwachsenen und krummen Bäumen, die im Wirtschaftswald bereits bei der Auslesedurchforstung (→ Durchforstung) entnommen werden. An Pflanzen herrschen im U. schattenertragende Arten vor, insbesondere blütenlose Pflanzen und eine Vielzahl von Pilzen. Im Ggs. zum Wirtschaftswald kommen im U. locker, aber ungleichmäßig verteilt, im → Bestand großkronige, oft auffallend wuchskräftige Bäume vor, die mehrhundertjährig sein können; → Natürlichkeitsgrad, Vegetationsgeschichte.

◂◂ Urholz

Urwechselwirtschaft, die: eine Art → Waldfeldbau, bei der nach der Nutzung des → Niederwaldes alle 20 bis 30 Jahre der Boden gelockert und landwirtschaftlich durch den Anbau anspruchsloser Getreide wie Hafer oder Buchweizen genutzt wurde. Nach zwei bis drei Jahren war der Boden erschöpft; zudem kamen die beschattenden Stockausschläge auf. Nach vorübergehendem Vieheintrieb konnte sich der Niederwald wieder entwickeln. Die U. erschöpfte insgesamt den Boden; → Hackwaldwirtschaft.

Usedom, die: eine 445 km^2 große Insel im Mündungsgebiet der Oder. 354 km^2 gehören zur BR Dtschl., das übrige Gebiet zu Polen. U., deren höchste Erhebung der Streckelsberg mit 56 m Ü. d. M. darstellt, weist an seinen Steilküsten Laub- und Mischwald auf; die anschließenden Flachküstenabschnitte mit Dünen sind reich an Misch- oder Nadelwaldgebieten.

Uslar, Julius Heinrich von (23.8.1752 Clausthal bis 2.9.1829 auf dem Harzforsthause bei Herzberg): U., seit 1782 Oberförster, unterrichtete von 1790 an junge Leute im praktischen Forstdienst. Er schrieb u. a. „Forstwirthschaftliche Bemerkungen auf einer Reise in Deutschland gesamlet" (1792), „Ist es vortheilhafter, gemischte Buchwaldungen als Baum- oder Schlagholz zu bewirthschaften?" (1794).

Usnea → Bartflechte.

Utzschneider, Josef (2.3.1763 Rieden am Staffelsee/Oberbayern bis 31.1.1840 München): Techniker und Volkswirtschaftler. U., bereits mit 15 Jahren Schreiber in der Geheimkanzlei der Herzogin Maria Anna, später Professor der Kameralwissenschaften an der Marianischen Akademie in München, war u. a. Verwalter des Gutes Schwaiganger bei Murnau. Von 1784 bis 1786 war U. Hofkammerrat bei der Forstdeputation, von 1786 bis 1791 bei der Forstkammer und 1795 General-Salinen-Administrator. Unter seiner Leitung und zusammen mit dem königlichen Salinenrat Georg von Reichenbach wurde der Bau der Saline in Rosenheim und die Soleleitung von Reichenhall nach Rosenheim ausgeführt. U. verließ 1814 den Staatsdienst und errichtete eine große Brauerei und eine Tuchmanufaktur. Von 1818 bis 1823 war er Zweiter Bürgermeister von München.

UVV: Abk. für → Unfallverhütungsvorschriften.

Usedom

V

V: in der → Waldmeßlehre Abk. für Volumen (früher Masse) pro Baum; → Holzvolumen.

V_{ha}: in der → Waldmeßlehre Abk. für Volumen je ha.

V_7: in der → Waldmeßlehre Abk. für Derbholzvolumen; → Holzvolumen.

Vaccinio-Abietenion
→ Fichten-Tannen-Wälder.

Vaccinio-Abietum
→ Fichten-Tannen-Wälder.

Vaccinio-Piceenion → Fichtenwälder, natürliche.

Vaccinio-Piceetea → Nadelwälder, boreale und subalpine.

Vaccinio-Piceion → Fichtenwälder und Fichten-Tannen-Wälder.

Prof. Dr. Karl Vanselow

Vaccinio-Pinetum cembrae → Lärchen-Zirbenwald.

Vaccinio-Rhododendretum ferruginei → Rostblatt-Alpenrosen-Gebüsch.

Vaccinio uliginosi-Mugetum → Moorwälder.

Vaccinio uliginosi-Pinetum → Moorwälder.

Vaccinium → Heidelbeere.

Vafor: Mit dem Projekt V. (**Va**lorisation des **for**êts) will die Eidgenössische Forstdirektion der Schweiz den Versuch unternehmen, die Schutz- und Erholungsfunktionen des Waldes (→ Waldfunktionen), für die die eigentlichen Nutznießer dem Waldbesitzer nichts vergüten, als Einnahmequelle für den Waldbesitzer nutzbar zu machen.

Valeriana → Baldrian.

Vanselow, Karl Prof. Dr. (17.10.1879 Berching/OPf. bis 7.6.1969 München): Nach kurzer Tätigkeit an der Forstkammer in Würzburg wurde V. von Karl → Rebel 1911 an die Ministerialforstabteilung in München berufen. 1913 wurde er „exponierter Forstassessor" in Bug bei Bamberg. Nach Kriegsdienst übernahm V. um 1920 das Forstamt Rothenbuch, ging später an die Universität Gießen und wurde 1932 zum Rektor gewählt. 1935 wurde V. Professor für Waldbau in Freiburg, folgte aber bereits 1937 einem Ruf nach München und übernahm den Lehrstuhl „Biologische Ertragslehre und Forsteinrichtung". Er schrieb u. a.: „Die Waldbautechnik im Spessart. Eine historisch-kritische Untersuchung ihrer Epochen" (1926), „Einführung in die forstliche Zuwachs- und Ertragslehre" (1941), „Der bayerische Femelschlag und seine Fortbildung" (1949).

Variabilität, die (Veränderlichkeit): in der → Biologie die Veränderlichkeit von Lebewesen, durch die → Variationen entstehen können.

Variation, die: in der → Biologie die bei einem Lebewesen im Erscheinungsbild (→ Phänotyp) zutage tretende Abweichung von der Norm, die den Individuen einer → Art eigen ist. Die individuelle V. beruht auf Unterschieden im genetischen Material (→ Mutation) oder wird durch Umwelteinflüsse (→ Modifikation) bewirkt. Abweichende Individuen werden als Varianten bezeichnet.

Variationsbewegungen (Turgorbewegungen): V. sind (meist ungerichtete) Pflanzenbewegungen, bei denen Teile festgewachsener Pflanzen durch Änderung des → Turgors (Spannung und Erschlaffung dafür eingerichteter Gewebe, z. B. in Blattgelenken) umkehrbar bewegt werden.

Varietät, die: → Abart.

Vaselmast, die: veraltete Bez. für Viertelmast; → Mast.

Vater der Forstkultur → Stromer.

VDP: Abk. für → Verband Deutscher Papierfabriken.

Vegetation, die: die Gesamtheit der → Pflanzengesellschaften, die ein Gebiet bzw. die Erdoberfläche mehr oder weniger geschlossen bedecken (Pflanzendecke). Die V. bedingt ein bestimmtes Tierleben, das auf die V. als Nahrung und Deckung und insgesamt als Lebensraum (→ Biotop) angewiesen ist. Die V. der Erde bzw. eines Teilgebietes kann nach verschiedenen Kriterien gegliedert werden:
1. pflanzengeographisch-systematisch nach Florenreichen;
2. pflanzensoziologisch nach Pflanzengesellschaften und
3. physiognomisch-ökologisch nach Pflanzenformationen.

Ferner ist zu unterscheiden:

Ursprüngliche V.: Vegetation, die vor jeglicher Einflußnahme des Menschen herrschte.

Heutige natürliche V.: Darunter wird – hypothetisch – die Pflanzendecke verstanden, die ohne den menschlichen Einfluß jetzt vorhanden wäre. In Mitteleuropa wären das innerhalb der natürlichen → Waldgrenzen verschiedene → Waldgesellschaften.

Heutige potentielle natürliche V.: Darunter wird die Pflanzendecke verstanden, die sich heute einstellen würde, wenn die menschlichen Eingriffe aufhörten. In Mitteleuropa wäre das innerhalb der Waldgrenzen Wald; einige

◂◂ Heutige reale Vegetation

Sonderstandorte könnten sich u. U. nicht mehr mit Wald besiedeln. Die Veränderungen durch den Menschen in der Vergangenheit werden dabei als Standortfaktoren (→ ökologische Faktoren) akzeptiert. Sie wird in pflanzensoziologischen → Assoziationen ausgedrückt. Die direkten menschlichen Eingriffe, wie Mähen, Düngen, Ackern werden außer acht gelassen. Die potentielle natürliche V. ist ein Maß für das Leistungspotential der Natur unter den heute gegebenen Umweltbedingungen.
In beiden Fällen wird eine V.-Gliederung konstruiert, die nur von Klima- und Bodenfaktoren ausgeht. Unsere → Kulturlandschaft ist seit Jahrtausenden vom Menschen geprägt und hat wegen der menschlichen Einflüsse, u. a. durch Nutzung und Bewirtschaftung eine ganz andere **„heutige reale (aktuelle) Vegetation"**; → Vegetationszonen, Versteppung.

Vegetationsaufnahme, die: Aufstellung aller auf einer homogenen Probefläche vorkommenden Pflanzenarten, ergänzt durch Angaben über den → Standort; erfaßt werden alle Arten, ihre Menge, die Schichtung. Werden die einzelnen V. in Tabellen sortiert und typisiert, kann mit diesem Schlüssel die → Vegetation eines Gebietes kartiert werden (Vegetationskartierung). Die V. ergänzt gelegentlich die → Standort(s)kartierung; → Abundanz, Pflanzensoziologie.

Vegetationsgebiete → Vegetationszonen.

Vegetationsgeschichte, die: siehe Seite 750/751 und Anhang Seite 874 ff.

Vegetationsgürtel → Vegetationszonen.

Vegetationskartierung, die: → Vegetationsaufnahme.

Vegetationskegel, der: → Vegetationspunkt.

Vegetationskunde, die: Teilgebiet der → Geobotanik. Sie ermittelt die natürlichen → Pflanzen- und → Waldgesellschaften, deren Zusammensetzung und Entwicklung.

Vegetationsperiode, die (Vegetationszeit, Wachstumsperiode): der Zeitraum eines Jahres, in dem das Wachstum, Blühen und Fruchten der → Pflanzen stattfindet. Es ist dies die Zeit mit einer Tagesmitteltemperatur von über 5 °C. Die Pflanzen sind in dieser Zeit photosynthetisch (→ Photosynthese) aktiv (vom Blattaustrieb bis zum → Blattfall). Die Länge der V. nimmt nach Norden zu und im Gebirge mit der Meereshöhe ab. Je 100 m Höhenzunahme ist die V. um sechs bis sieben Tage kürzer. Dieses Phänomen ist für die Höhenstufung der → Vegetation verantwortlich. Als „Vegetationsruhe" wird die Zeitspanne bezeichnet, in der die Pflanzen wegen Trockenheit oder Kälte nicht wachsen. Während der Vegetationsruhe sind sie auch gegen bestimmte Schadstoffe weniger empfindlich.

Vegetationsprofil, das: Verteilung der → Pflanzengesellschaften auf einer durch ein Untersuchungsgebiet gelegten Linie.

Vegetationspunkt, der (Vegetationskegel): die kegel- oder kuppenförmige Spitzenregion von → Sproß und → Wurzel bei → Farn- und → Samenpflanzen, in der die Neubildung von Zellen durch das Bildungsgewebe stattfindet. Die jungen Blätter umschließen als schützende Hülle den V. und die noch jüngeren Blattanlagen und bilden so eine → Knospe. Der „Wurzel-V." wird von der kappenförmigen, sich ständig erneuernden → Wurzelhaube schützend umhüllt. Der V. ist Grundlage und Ausgangspunkt für das lebenslang anhaltende Wachstum der → Pflanze.

Vegetationsringe → Jahrringe.

Vegetationsruhe, die: → Vegetationsperiode.

Vegetationsschichten des Waldes (Waldaufbau): Die Gliederung des Waldes läßt von unten nach oben mehrere Schichten der Waldgemeinschaft erkennen. Die unterste Schicht ist die „Moosschicht" (Bodenschicht), die hauptsächlich von → Moosen und → Pilzen gebildet wird. Zu dieser Schicht zählen auch niedrige Blütenpflanzen (→ Samenpflanzen), wie z. B. → Haselwurz und → Sauerklee. Auch die Keimlinge der Bäume befinden sich anfangs in der Moosschicht. Die Moosschicht dient v. a. Kriech- (→ Reptilien) und Weichtieren sowie zahlreichen Insekten und Spinnen als Unterschlupf und Nahrungsquelle. Die folgende „Krautschicht" ist besonders in Wäldern mit → Lichtbaumarten stark ausgeprägt. Sie setzt sich bis 1 m Höhe aus Blütenpflanzen, → Gräsern, → Farnen und Jungpflanzen von Bäumen zusammen. Die Krautschicht bietet v. a. dem Wild Äsung. Die anschließende „Strauchschicht" oder das „Unterholz" geht etwa bis 3 m Höhe. Zu dieser Schicht gehört auch der Nachwuchs der bestandsbildenden Waldbäume. Sie ist am stärksten am → Waldrand (→ Waldmantel) und auf Waldlichtungen ausgebildet und besitzt das reichhaltigste Tierleben im Wald. Hier leben z. B. die Zwergspitzmaus, die Haselmaus und viele Vogelarten. Die Strauchschicht bietet einer großen Zahl von Tieren Nahrung, Zuflucht und Wohnung. Gefährdet ist die Strauchschicht durch das Wild, das bei zu hoher → Wilddichte argen Schaden anrichten kann (→ Wildschaden). Ab etwa 3 m Höhe folgt die „Baumschicht" mit dem Kronenbezirk. Sie bestimmt mit dem mehr oder weniger dichten Laubwerk den Lichteinfall und damit das Gedeihen bzw. die Artzusammensetzung der unteren Schichten. Sie ist Lebensraum für viele → Vögel, aber auch für → Eichhörnchen und → Marder. Auch zahlreiche Insekten leben in der Baumschicht, viele von ihnen allerdings als schädliche Blattfresser, z. B. Maikäfer, Buchenspinner, Schwammspinner, Eichenwickler u. a.

Vegetationsstrukturen: Verzahnung und räumliche Verteilung unterschiedlich hoher → Vegetation. Die V. sind für Beutegreifer und ihre Beute von großer Bedeutung.

Vegetationsstufen (Höhenstufen): Höhenstufen, die durch Temperatur und Niederschlag beeinflußt werden bzw. entstehen und in einem Gebirgshang schichtweise und aufsteigend (vertikal) folgen. Die V. sind mehr oder weniger scharf gegeneinander abgrenzbar. Als unterste Stufe gilt in den gemäßigten Breiten die **Tiefebene** (die **planare Stufe**). Ihr folgt die **Hügellandstufe** (**kolline Stufe**, **colline**

Eschen in der Bergstufe (→ Vegetationsstufen)

Die Pflanzen sind der Ursprung allen Lebens auf dem Festland. Die ersten Pflanzen vermehrten sich durch → Sporen, die Vereinigung von Ei- und Samenzellen war jedoch nur im Wasser möglich. Die Abhängigkeit vom Wasser machte es den damaligen Landpflanzen unmöglich, die feuchten Niederungen zu verlassen und trockene Gegenden zu erobern. Dies war erst mit der Entwicklung echter → Samenpflanzen (Gymnospermen oder → Nacktsamer) möglich, die dann die weiten Ebenen und die Berghänge besiedelten. Den Pflanzen folgend, gingen auch die ersten Tiere an Land.
Im Obersilur und Unterdevon (vor rund 400 Millionen Jahren; → Erdzeitalter) lebten die ersten echten Landpflanzen (Sproßpflanzen), die die dafür erforderlichen Veränderungen im Bau der Pflanzen aufwiesen: Wurzeln (zur Verankerung sowie zur Wasser- und Nährstoffaufnahme), → Kutikula (Verdunstungsschutz), Stamm mit Stütz- und → Leitgeweben, Sporangien (Vermehrungsorgane) und Spaltöffnung (Gasaustausch). Diese Nacktpflanzen (Psilophyten) sind die einfachsten und ältesten bekannten Sproßpflanzen, denen allerdings die Blätter noch fehlten. Die nur einige Dezimeter hohen Pflänzchen der Cooksonia und Thynia wurden vor allem durch den Zellsaftdruck ihrer prallen Gewebe aufrechtgehalten.

Entstehung der ersten Bäume

Bereits im mittleren Devon, vor etwa 365 Millionen Jahren, nahmen Pflanzen, wie → Farne, → Schachtelhalme und → Bärlappgewächse, die sich noch durch Sporen vermehrten, baumähnliche Gestalt an. Sie wuchsen in einer gleichmäßig warmen bis heißen, feuchten und jahreszeitlosen Epoche. Zu den frühen Nacktsamern (*Progymnospermae*) im Oberdevon, nur 10 Millionen Jahre später, gehört auch Archaeopteris, der wohl erste Baum, der bereits die stattliche Höhe von 22 m und einen Stammdurchmesser bis 1,5 m

Versteinerungen (beide Jungtertiär):
▸▸ Blätter einer Pappel (*Populus latior*)
Ginkgoblatt (*Ginkgo adiantoides*)

erreichte. Die später im Karbon (vor rund 340 Millionen Jahren) erscheinenden → Schuppenbäume (*Lepidodendrales*) waren bis 50 m hohe Bäume, die an der Stammbasis (Rindenstamm) einen Durchmesser von 2 m erreichen konnten. Etwas kleiner waren die Siegelbäume (*Sigillaria*). Die Schachtelhalmbäume im Karbon erreichten immerhin noch eine Höhe von 15 bis 20 m.

Entstehung neuer Pflanzen

Unsere → Steinkohle stammt von üppigen Wäldern (→ Steinkohlenwälder), die überwiegend in der Karbonzeit im Sumpf versanken. Im Perm, vor etwa 270 Millionen Jahren, das die Epoche des Karbon ablöste, entstanden neue Pflanzen, die sich aber bereits durch Samen vermehrten (Farnsamer; *Pteridospermae*). Typische Kennzeichen waren der kurze Stamm und die palmähnlichen Blätter. Den neuen Bedingungen des Perm, trockene und noch wärmere Verhältnisse, konnten sich die bis über 30 m hohen Pflanzen der Karbonzeit nicht mehr anpassen. Sie erreichten nur noch die Größe der heutigen tropischen und subtropischen Baumfarne und zogen sich in feuchte Gebiete zurück. Die Wälder des Unterperm waren ärmer als die des Karbon. Zu den ersten Nadelbäumen gehören Walchien mit nadel- oder schuppenförmigen Blättern.
Zwischen Perm und Unterkreide durchlaufen die Nacktsamer (*Gymnospermae*) eine vielfältige Entwicklung. Es werden groß- und kleinblättrige Formen unterschieden. In diesem Zeitraum bilden sie den höchsten Anteil an der Vegetation. Dieser Abschnitt der Erdgeschichte wird auch Gymnospermenzeit (oder Mesophytikum) genannt und umfaßt den Zeitraum Trias, Jura und Kreide (vor 230 Millionen Jahren bis vor 65 Millionen Jahren).

Entstehung von Blütenpflanzen

Eine bedeutende Entwicklung in der Evolution der Pflanzen vollzog sich mit dem Erscheinen der Blütenpflanzen (*Angiospermae* oder → Bedecktsamer) in der Kreidezeit, die sich schnell weltweit ausbreiteten.

Die Braunkohlenzeit

Über die Abstammung der Bedecktsamer gibt es noch keine sicheren Beweise, es wird aber vermutet, daß sie sich aus den Nacktsamern entwickelten. Mit dem Auftreten der ersten Bedecktsamer im Tertiär beginnt das Känophytikum, das heißt die Erdneuzeit. Im Verlauf von 65 Millionen Jahren nähert sich die Verteilung von Land und Meer durch Bewegungen der Kontinente und durch damit in Zusammenhang stehenden Gebirgsbildungen den Verhältnissen der Gegenwart. Neben dem Karbon (Steinkohle) ist das Tertiär das Zeitalter mächtiger Kohlenbildungen. Es ist hauptsächlich → Braunkohle, so daß das Tertiär auch Braunkohlenzeit genannt wird. Voraussetzung für die Kohlenbildung ist das Bestehen ausgedehnter Moorgebiete (mit Sumpfwäldern) unter günstigen klimatischen und geologischen Bedingungen. Aus den → Pflanzengesell-

Vegetationsgeschichte

schaften dieser → Moore entstanden die Braunkohlen. Im Alttertiär besitzt Europa den Charakter eines Archipels, der von warmen Meeren umgeben ist. Unter feucht-warmem Klima herrschen immergrüne → Regenwälder und Lorbeerwälder vor. In ihrer Zusammensetzung sind sie keinem heutigen Wald vergleichbar. Für diese Zeit nimmt man eine Verschiebung der polaren → Waldgrenze um 20 bis 30 Breitengrade gegenüber heute nach Norden an *(Quelle: 350 Millionen Jahre Wald; herausgegeben vom Naturhistorischen Museum, Wien 1986).*

Bildung heutiger Baumarten
Das Zurückweichen der ausgedehnten Flachmeere bewirkte die Vergrößerung der Landmassen am Ende des Alttertiärs. Warm-gemäßigt feuchtes Klima war die Folge. Viele Arten wanderten von Norden und Nordosten nach Europa. Neben Sumpf- und Auwäldern herrschten Mischwälder aus immergrünen (z. B. Palmen) und laubwerfenden Arten vor.
Die uns heute noch bekannten Baumgattungen dürften in einem Zeitraum von 200 Millionen und 100 000 Jahren erstmals aufgetreten sein. Wohl eine der ältesten Gattungen scheint die Eibe (*Taxus*) zu sein, die vor etwa 200 Millionen Jahren in der Trias (Rhät) auftrat. In der Kreidezeit, also etwa 70 Millionen Jahre jünger, folgten Kiefern (*Pinus*), Weiden (*Salix*), Pappeln (*Populus*), Linden (*Tilia*) und Eschen (*Fraxinus*). Im Miozän, etwa vor 26 Millionen Jahren, erschienen die Silberpappel (*Populus alba*) und die Schwarzkiefer (*Pinus nigra*), im Pliozän, vor ca. 7. Millionen Jahren, die Sommerlinde (*Tilia platyphyllos*) und relativ spät, in der Riß-Würm-Zwischeneiszeit (vor 100 000 Jahren) die Gemeine Esche (*Fraxinus excelsior*). Aus dem Eozän (vor 64 Millionen Jahren) haben sich viele Gattungen herübergerettet: Fichte (*Picea*), Buche (*Fagus*), Hainbuche (*Carpinus*), Birke (*Betula*), Erle (*Alnus*), Hasel (*Corylus*), Ahorn (*Acer*) und Eiche (*Quercus*).
Erst vor 15 Millionen Jahren bis 100 000 Jahre v. Chr. treten die uns heute bekannten Arten in Erscheinung. Vor etwa 800 000 Jahren waren Birken, Buchen, Eichen, Tannen, Fichten, Walnuß, Sumpfzypressen, Zedern, Tulpen- und Zimtbäume, aber auch Palmen und Mammutbäume die am häufigsten vertretenen → Baumarten. Mit Beginn der Klimaverbesserung im Holozän begann schließlich die eigentliche Waldentwicklung (→ Waldgeschichte und Anhang Seite 874 bis 876).

Stufe, **Hügelstufe**). Sie reicht bis etwa 600 m (Mittelland), bzw. 700 m (Alpenvorland) und 800 bis 900 m (Zentral- und Südalpen). Kennzeichen der Hügellandstufe sind die Laubmischwälder, und zwar in tieferen Lagen Eichen-Hainbuchenmischwälder, in wärmeren Gebieten auf kalkhaltigem Boden Flaumeichenwälder, in Trockengebieten Kiefernwälder, in höheren Lagen Buchenmischwälder und am Alpensüdfuß auf kalkarmen Böden Eichenmischwälder, die heute meist durch Kastanienwälder ersetzt sind. In sehr trockenen Lagen erfolgt auch die Ausbildung von Steppenheidenvegetation. Der Hügellandstufe folgt die **Bergwaldstufe** (**submontane Stufe**), die im Gebirge durchschnittlich zwischen 500 und 1000 m über NN liegt, von Natur aus mit Buchen- und Mischwäldern bestockt ist und die Obergrenze des Ackerbaus bildet. Ihr folgt die **Bergstufe** (**montane Stufe**); in den herzynischen Mittelgebirgen zwischen 450 und 800 m, auf der Alpennordseite bis auf eine Höhe von 1200 und 1300 m, in den Zentralalpen bis 1300 und 1500 m und in den Südalpen bis 1500 und 1700 m. Typisch für diese Stufe sind die Buchen-, Buchen-Tannenwälder und Tannenwälder sowie die Kiefernwälder in den Zentralalpen. In den mehr kontinentalen Gebieten bildet die Fi natürliche Wälder. Die obere montane (**hochmontane** oder auch **altomontane**) Stufe mit ihren Nadelwäldern (in den Alpen und unseren Mittelgebirgen die Fi) ist die letzte Stufe, in der noch Wald anzutreffen ist. Sie wird verschiedentlich als eigene **oreale Stufe** abgetrennt. Dort herrschen ähnliche klimatische Bedingungenen und auch Vegetationsformen wie in der borealen Nadelwaldzone. Kennzeichnend ist die langsame Streuzersetzung, verbunden mit einer mehr oder weniger deutlichen Rohhumusauflage. Ihr schließt sich die **Gebirgsstufe** (**subalpine Stufe**) an. In den Nordalpen bis auf eine Höhe von 1700 und 1900 m, in den Zentralalpen von 1900 und 2400 m und in den Südalpen von 1800 und 2000 m. Diese Übergangszone von Wald zur alpinen Zone ist noch von aufgelichteten Wäldern, letzten einzelnen, oft verkrüppelten Bäumen, → Krummholz, Hochstaudenfluren und Alpenwiesen geprägt (→ Waldgrenze, → Baumgrenze). Am Übergang zur alpinen Stufe erscheinen Zwergstrauchgebüsche mit z. B. → Alpenrose, → Wacholder und Grünerlen an feuchten Standorten. Auf Kalkböden stocken Bergföhrenwälder und Legföhrenbestände. Die sich anschließende **alpine Stufe** umfaßt die baumlosen oberen Lagen der Alpen (→ alpine Vegetation). Ihr folgt die **subnivale Stufe** mit aufgelockerter und nur polsterartiger Vegetation. Die Gebiete oberhalb der Schneegrenze werden oft als **nivale Stufe** oder **Schneestufe** abgegrenzt, wobei die klimatische Schneegrenze zwischen 2400 und 3200 m liegt. Gekennzeichnet sind diese Stufen durch zuunterst v. a. Zwergstrauchbestände und oberhalb der → Zwergsträucher v. a. Rasen. Vereinzelt oder in Gruppen wachsen in der nivalen Stufe hauptsächlich → Moose und → Flechten.

Vegetationszeit, die: → Vegetationsperiode.

Vegetationszonen: auch Vegetationsgebiete, Vegetationsgürtel. Gebiete der Erde, die durch charakteristische Pflanzenformationen gekennzeichnet sind. Sie entstehen durch das Zusammenwirken von Temperatur und Niederschlag, die beide abhängig von der geographischen Breite und der Verteilung von Land und Meer, den Windsystemen und Meeresströmungen und der Höhenlage (→ Vegetationsstufen) sind. Sie sind damit vorrangig großklimatisch bedingt und im Grundsatz breitenparallel verlaufend. In allen V. gibt es v. a. in den Gebirgen eine azonale Vegetation (Höhenstufen; → Vegetationsstufen), die von den Klimabedingungen der Tieflagen unabhängig sind. Die nachstehende ungestörte Abfolge von den Polen zum Äquator ist heute durch menschliche Einwirkungen (Vegetationsveränderungen) teilweise verwischt. Polare Eiswüste, → Tundra, → alpine Vegetation und Hochlandvegetation, → Borealer Nadelwald (Taiga), → Sommergrüner Laubwald, → Subtropischer Feuchtwald, → Hartlaubvegetation, → Steppe, Halbwüste, Wüste, → Trockensavanne, → Feuchtsavanne, → Tropischer und subtropischer Trocken- und Dornwald, → Tropischer Regenwald und Monsunwald, → Mangrovenformation.

vegetativ: ungeschlechtlich, d. h. nicht mit der geschlechtlichen Fortpflanzung in Zusammenhang stehend. Ggs.: → generativ; → vegetative Vermehrung.

vegetative Phase, die: ein je nach Pflanzenart wenige Wochen bis mehrere Jahre dauernder Entwicklungs- und Wachstumsabschnitt, in

Schneeschmelze – Beginn der Vegetationsperiode

dem nur vegetative Organe (→ Sproß, → Blatt, → Wurzel) gebildet werden. Die v. P. geht der → generativen Phase voraus.

vegetative Vermehrung, die (ungeschlechtliche Fortpflanzung): Art der Fortpflanzung, bei der der neue Organismus seinen Ausgang aus Teilstücken eines alten Organismus nimmt. An seiner Entstehung ist nur ein Elternteil beteiligt. Die v. V. erfolgt bei Tieren durch Teilung des Muttertieres (z. B. bei Strudelwürmern), durch Knospung (z. B. bei verschiedenen Ringelwürmer) und durch Bildung vielzelliger Dauerzustände (z. B. Moostierchen). Bei → Pflanzen kann die v. V. durch Abtrennung mehrzelliger Brutkörper, Ausläufer oder durch besondere Keimzellen (→ Sporen) erfolgen (Abtrennung von Pflanzenteilen, z. B. → Stecklinge). Sporenbildung findet sich z. B. bei → Pilzen und → Algen. Viele → Moose bilden Brutkörper; → Brutknospen oder -zwiebeln sind von Blütenpflanzen (→ Samenpflanzen) bekannt. Die Zwiebeln und Knollen vieler Pflanzen (z. B. Kartoffel) sowie die ober- und unterirdischen → Ausläufer (z. B. → Maiglöckchen und → Erdbeere) dienen ebenfalls der v. V., die v. a. im Pflanzenreich in mannigfachen Formen vorhanden und sehr weit verbreitet ist. Das Erbgut des neuen Organismus entspricht dabei immer dem des mütterlichen Organismus.

Veilchen, das (*Viola*): Gatt. der Veilchengewächse (*Violaceae*) mit rd. 450 Arten in der nördlichen gemäßigten Zone und in den Gebirgen der Subtropen und Tropen. Es handelt sich um → Stauden oder → Halbsträucher mit wechsel- oder gegenständigen (→ Blattstellung), häufig ei- oder herzförmigen Blättern mit → Nebenblättern.

Die meist einzeln stehenden Blüten sind zweiseitig-symmetrisch (zygomorph), mit Sporn. Sie sind meist blau bis violett, gelegentlich auch gelb. In Mitteleuropa kommen über 20 Arten und zahlreiche Kreuzungen vor, was es selbst für Spezialisten schwer macht, sie genau zu bestimmen. Die im Wald vorkommenden Arten sind:

1. Waldveilchen, das (*Viola silvestris* Lamarck = *Viola reichenbachiana* Jord.): Das W. ist über Mittel- und Südeuropa verbreitet, im Norden bis Südschweden. Es wächst zerstreut bis verbreitet in krautreichen Laub- und Nadelmischwäldern, mesophytischen Buchen- und Laubmischwäldern (Ordnungs- →Charakterart), in Gebüschen, auf humushaltigen, lockeren Böden, v. a. in Gebirgslagen, bis in Höhen von etwa 1600 m

Die mehrjährige, 5 bis 20 cm hohe Pflanze hat einen aufsteigenden bis aufrechten, seltener liegenden, am Grunde oft ästigen Stengel. Die grundständigen und die stengelständigen Blätter sind herzförmig bis länglich-eiförmig, zugespitzt, meist über 2 cm lang, oberseits zerstreut behaart, unterseits häufig violett. Die 5 bis 10 mm langen Nebenblätter sind schmal-lanzettlich und stets lang gefranst-gesägt. BZ: März/April bis Mai/Juni, oft auch nochmals im Sommer und Herbst. Die bis zu 20 mm großen, geruchlosen Blüten sind violett, zur Mitte hin dunkler und haben fünf sich nicht überdeckende, schmal-eiförmige → Kronblätter, wobei das untere Kronblatt am Grunde weiß und dunkelviolett gestreift ist. Der ebenfalls dunkelviolette Sporn ist 5 bis 6 mm lang, schlank, mit gerundeter Spitze, kaum gefurcht und meist abwärts gebogen. Die spitzen → Kelchblätter haben 1 bis 2 mm lange Anhängsel. Die Frucht ist eine länglich-zugespitzte, aufspringende Kapsel, die gelblichweiße → Samen (→ Ameisenpflanzen) enthält.

2. Hainveilchen, das (*Viola riviniana* Reichenbach): Das fast über ganz Europa verbreitete H. kommt in Dtschl. verbreitet, mancherorts häufig vor. Es ist oft zusammen mit dem relativ häufig vorkommenden Waldveilchen anzutreffen, das ihm sehr ähnlich, aber meist etwas kleiner ist. Das H. ist die Klassen-Charakterart der Buchen- und sommergrünen Eichenwälder Europas und wächst verbreitet in Laub- und Mischwäldern, besonders lichtwarmen Eichen- und Berglindenwäldern, Buchenmischwäldern, Eichen- und Hartholz-Auenwäldern, west-submediterranen Flaumeichen-Wäldern, Eichen-Hainbuchen-, Linden-Ahorn-Wäldern, in Hecken und Heiden, meist auf kalkarmen Böden.

Die mehrjährige, 10 bis 30 cm hohe, kahle oder nur schwach behaarte Pflanze hat einen aufrechten, beblätterten Stengel und eine grundständige Blattrosette. Die langgestielten Blätter sind breit-herzförmig bis fast nierenförmig, dunkelgrün, 3 bis 5 cm lang und am Rande gekerbt. Die lanzettlichen Nebenblätter sind nur kammartig gefranst. BZ: April/Mai bis Juni. Die Blüten, die in den Achseln der Stengelblätter stehen, sind hellviolett, 14 bis 22 mm lang, mit fünf sich meist überdeckenden Kronblättern, einem dicken, weißlichen oder gelblichweißen, 3 mm langen, auf der Unterseite gefurchten Sporn. Die spitzen Kelchblätter haben 2 bis 3 mm lange, oft ausgerandete, in der Form quadratische Anhängsel. Die dreikantigen Samenkapseln öffnen sich, ehe sie von der Pflanze abfallen.

3. Hundsveilchen, das (*Viola canina* Linné): auch Roßveilchen. Das H. ist mit Ausnahme des äußersten Südostens fast über ganz Europa verbreitet. Es wächst in lichten Eichen-Hainbuchenwäldern (*ssp. montana*), Laub- und Mischwäldern, besonders Kiefernwäldern, in Heiden und Magerrasen (*ssp. canina*), in Mooren auf torfigen Böden (*ssp. schultzii*), an Waldrändern und auf Wiesen, bevorzugt auf sandigen Lehmböden und mageren, kalkarmen Böden; Versauerungs- und Magerkeitszeiger.

Die mehrjährige, sehr formenreiche Pflanze hat aufsteigende bis aufrechte oder fast niederliegende, 5 bis 15 cm lange, schwach behaarte oder kahle Stengel. Die grundständige Blattrosette fehlt. Die langgestielten Stengelblätter sind dunkelgrün, derb, 2 bis 4 cm lang, schmal bis breit-eiförmig, mit herzförmigem Grund. Die 5 bis 10 mm langen Nebenblätter sind schmal-lanzettlich und entfernt gezähnt bis gefranst. BZ: April bis Juni. Die blauvioletten, im Umriß quadratischen Blüten stehen einzeln auf langen Stielen in den Achseln der Stengelblätter und haben fünf blauviolette Kronblätter mit weißlichem Grund und weißlichem oder gelblichem, 4 bis 7 mm langem, meist geradem Sporn. Die eiförmige, stumpfe Fruchtkapsel steht auf aufrechtem Stiel.

4. Rauhes Veilchen, das (*Viola hirta* Linné): auch Rauhhaariges V. Das fast über ganz Europa verbreitete R. V. ist in den kalkreichen Mittelgebirgen ziemlich häufig, sonst zerstreut bis selten und wächst in lichten Wäldern, besonders lichten Eichen- und Kiefern-Trockenwäldern, Schneeheide-Kiefernwäldern und Alpenrosen-Latschengebüschen, submediterranen Flaumeichen-Wäldern und subkontinentalen Eichen-Steppenwäldern, an Waldrändern, im Saum sonniger Gebüsche und auf Magerrasen; Basenzeiger.

Die mehrjährige, 5 bis 15 cm hohe Pflanze hat eine grundständige Blattrosette. Die langgestielten Blätter sind bis zu 8 cm lang, dreieckig bis länglich-eiförmig, am Grunde herzförmig und wie Blatt- und Blütenstiele kurz abstehend behaart. Die etwa 10 mm langen Nebenblätter sind breit lanzettlich, kahl und nicht oder nur kurz gefranst. BZ: März bis Mai. Die geruchlosen Blüten stehen auf 3 bis 12 cm langen Stielen in den Achseln der Grundblätter. Sie haben fünf hell blauviolette, gelegentlich auch dunklere oder weiße, vorne ausgerandete Kronblätter, einen rötlichvioletten, an der Spitze aufwärtsgebogenen Sporn und stumpfe Kelchblätter. Die Fruchtkapsel ist flaumig behaart.

5. Märzveilchen, das (*Viola odorata* Linné): auch Wohlriechendes V. Das ursprünglich nur in Südeuropa beheimatete M. ist mittlerweile durch Einbürgerung und Verwilderung aus Gärten fast über ganz Europa verbreitet. Es wächst in lichten trockenen Wäldern, besonders lichten Laubwäldern, an Weg- und Waldrändern, in Hecken, frischen Gebüschen und auf Grasland, auf nicht zu trockenen Böden,

▸▸ Hundsveilchen (*Viola canina*)

Hainveilchen (*Viola riviniana*)

von der Ebene bis in mittlere Gebirgslagen von etwa 1400 m Höhe; Nährstoffzeiger. Das M. ist eine sehr beliebte Gartenpflanze und dient auch zur Bereitung von Veilchenöl.
Die mehrjährige, 5 bis 10 cm hohe, spärlich behaarte oder kahle Pflanze treibt 10 bis 20 cm lange, oberirdische, wurzelnde → Ausläufer. Die 1 bis 5 cm lang gestielten Blätter, die in grundständiger Blattrosette stehen, sind bis zu 6 cm lang, rundlich-nierenförmig bis breit-eiförmig, mit herzförmigem Grund, fein behaart, gekerbt, dunkelgrün und unterseits oft glänzend. Die schmal-eiförmigen Nebenblätter sind etwa 3 bis 5 mm breit, zugespitzt. BZ: März bis April. Die duftenden Blüten befinden sich auf langen, aus der Blattrosette entspringenden Blütenstielen. Die fünf Kronblätter sind dunkelviolett, selten rosa oder weiß, der gerade, 5 bis 7 mm lange Sporn ist gleich gefärbt. Die Kelchblätter sind eiförmig und stumpf. Die Blüten werden von Insekten besucht und von diesen auch bestäubt, vorwiegend erfolgt jedoch Selbstbestäubung. Die Frucht ist eine etwa 7 mm große, behaarte Kapsel, die erst am Boden dreiklappig aufspringt und die Samen freigibt, die häufig von → Ameisen (Ameisenpflanze) über weite Strecken verschleppt werden.
Das M. ist eine alte → Heilpflanze. In der Naturheilkunde finden die Blätter, Blüten, der Wurzelstock und die Samen (Juli bis September), getrocknet im Schatten, Verwendung. Sie enthalten Methylsalicylat, Saponine und Schleimstoffe, wirken auswurffördernd, brechreizerzeugend, stark abführend, sedativ, schweiß- und harntreibend, erweichend, schleimlösend und finden äußerliche und innerliche Anwendung. M.-Absud wirkt brechreizerregend und kann bei Magenverstimmung und Vergiftungen gereicht werden. Der Absud von einer Mischung getrockneter Wurzel des M. und des Echten → Alants ist lindernd bei Bronchitis. M.-Absud ist auswurffördernd und wird bei Husten angewandt.
6. **Wunderveilchen**, das (*Viola mirabilis* Linné): Das fast über ganz Europa verbreitete W. ist die Klassen-Charakterart der Buchen- und sommergrünen Eichenwälder Europas und wächst zerstreut in warmen Eichen- und Berglindenwäldern, Buchenmischwäldern, Eichen- und Hartholz-Auenwäldern, warmen, frischen, west-submediterranen Flaumeichen-Wäldern, Linden-Ahorn-, Eichen-Hainbuchenwäldern, Buchenwäldern und Gebüschen, bevorzugt auf Kalk und in wärmeren Gebirgszügen, so auch im Alpenraum.
Die mehrjährige, 10 bis 25 cm hohe, durch Verschiedenblütigkeit auffallende Pflanze hat eine grundständige Blattrosette. Die Blätter sind breit-herzförmig (oberen) bis fast nierenförmig (unteren), 5 bis 10 cm breit, mit herzförmigem Grund und 10 bis 18 cm langem, einreihig behaartem Blattstiel. Die Frühlingsblätter sind langgestielt, mit großen Nebenblättern, die Herbstblätter kurzgestielt, mit kleinen Nebenblättern. Die grundständigen Frühlingsblüten, die im April/Mai vorhanden sind, sind groß, duftend, blaßviolett und meist unfruchtbar. Die stengelständigen Sommerblüten, die später erscheinen, sind verkümmert, kronenlos und unscheinbar, aber fruchtbar.

◂◂ Märzveilchen (*Viola odorata*)

Gelbes Bergveilchen (*Viola biflora*)

7. **Sumpfveilchen**, das (*Viola palustris* Linné): Das mit Ausnahme des Südostens fast in ganz Europa vorkommende S. wächst verbreitet in Sumpf- und Bruchwäldern, auf Moorwiesen, Hoch- und sauren, nährstoffarmen Flachmooren, in Sümpfen, Quellfluren, Riedgrasbeständen und an Gräben, von der Ebene bis in Höhen von etwa 2600 m.
Die mehrjährige, 5 bis 15 cm hohe, kahle Pflanze treibt weißliche, unterirdische Ausläufer. Die zwei bis sechs (meist vier) Blätter, die eine grundständige Blattrosette bilden, messen 2 bis 6 cm und sind glänzend-gelbgrün, kahl, rundlich, breit-herzförmig oder nierenförmig, meist stumpf und breiter als lang. BZ: Juni bis Juli. Die Blütenstiele, die einzeln in den Achseln der grundständigen Blätter dem Wurzelstock entspringen, tragen etwas oberhalb der Mitte zwei Vorblätter und eine endständige Blüte. Diese ist 1,5 cm groß, hell-rötlichlila, blaßviolett oder weiß, wobei das unterste der fünf Kronblätter dunkel-violett geadert und der Sporn gerade und violett ist. Die Kelchblätter sind stumpf.
8. **Gelbes Bergveilchen**, das (*Viola biflora* Linné): auch Zweiblütiges V., Gelbes V. Das G. B. ist über die Gebirge Mittel- und Südeuropas und auch über die Arktis verbreitet. In den Alpen und im Alpenvorland ist es relativ häufig, sonst selten bis ganz fehlend. Es wächst in subalpinen Hochstaudenfluren (Klassen-Charakterart), lichten Bergwäldern, hochmontanen Buchenwäldern, Erlengebüschen, Grauerlen- und Hartholz-Auenwäldern, Schutt- und Karfluren, in luftfeuchten Lagen an feuchten, schattigen, durch Fels geschützten Stellen, die im Winter schneebedeckt sind, von den Tälern bis in Höhen von etwa 3000 m; unter 1000 m ist es nur vereinzelt anzutreffen.
Die ausdauernde, 5 bis 15 (20) cm hohe Pflanze hat einen aufrechten, kahlen Stengel mit zwei (bis vier) gestielten, hellgrünen, breit-nierenförmigen, gekerbten, kleineren Blättern und ein bis zwei gelben Blüten. Die frischgrünen, gestielten Grundblätter sind bis 4 cm breit, breit-nierenförmig, zerstreut behaart und ringsum gekerbt. Die kleinen Nebenblätter sind grün, eiförmig bis lanzettlich und meist ganzrandig. BZ: je nach Standort, Mai bis August. Die 15 mm langen, duftlosen, goldgelben Blüten haben fünf Kronblätter, von denen die oberen vier aufwärts gerichtet sind und das untere abwärts gerichtet braun gestreift ist, und einen 2 bis 3 mm langen, geraden Sporn. Die 4 bis 6 mm langen Kelchblätter sind lanzettlich, mit kurzem Anhängsel.
Veilchen-Perlmutterfalter, der: → Edelfalter 12.
Veilgrauer Kiefernspanner, der: → Spanner 7.
Veldensteiner Forst, der: Bayerns zweitgrößtes zusammenhängendes Waldgebiet südlich von Pegnitz, mit ca. 70 km^2, im Südteil des 1968 gegründeten, 174 650 ha großen → Naturparks Fränkische Schweiz-V. F. Auf dem leicht sandigen Boden treffen zwei unterschiedliche → Waldgesellschaften (großflächige Kiefern- und Fichtenwälder) zusammen; eingestreut findet man auch Buchenbestände und Areale mit Steppenvegetation. Typisch für den V. F. sind die mit Bu bestockten Dolomitkuppen.
Velum, das (Hülle): bei → Pilzen die den jungen → Fruchtkörper ganz (*Velum universale*) oder teilweise (*Velum partiale*) umgebende, häufig schleimige Hülle. Bei der Entfaltung des Hutes reißt das *Velum universale* auf und kann in Resten auf dem Hut (z. B. Fliegenpilz), am Stiel als nach oben abziehbarer Ring und am Grunde des Stiels als Knolle (z. B. Knollenblätterpilz) erhalten bleiben. Das *Velum partiale* reißt am Hutrand ab und bleibt am Stiel als nach unten abziehbarer Ring erhalten.
Venezianisches Terpentin, das: → Lorietbohren, Terpentin.
Veränderliche Krabbenspinne, die: → Krabbenspinnen 2.
verangert: auch berast, beschwühlt. Veraltete Bez. für eine mit hohem Gras, Unkraut, Moos und niederen Sträuchern so stark bewachsene Holzbodenfläche, daß keine natürliche → Verjüngung aufkommen kann.
Veratrum → Germer.
Verbalahornung, die: von dem bekannten Pflanzensoziologen Prof. Tüxen scherzhaft gebrauchte Bez. für die bevorzugte Verwendung des SAh als Alleebaum an deutschen Straßen.
Verband, der: → Systematik, Assoziation.
Verband Deutscher Naturlandstiftungen e. V. (DNL): Dachorganisation der Lebensraum- und Naturlandstiftungen der BR Dtschl., gegründet 1991 in Lich, mit folgenden wesentlichen Aufgaben:
Förderung des Tier-, Natur- und Landschaftsschutzes; Erhaltung, Entwicklung, Sicherung und Vernetzung der Lebensräume von Tieren und Pflanzen; Konzeption, Planung und Ausführung von Biotop- und Artenschutzprojekten

und Förderung wissenschaftlicher Forschung in diesem Bereich. Diese Ziele sollen grundsätzlich unter Einbindung aller Interessenvertretungen, der Grundeigentümer, der Land- und Forstwirtschaft sowie der → Naturschutzverbände verwirklicht werden.
Für seine Mitglieder erbringt der V. gesellschaftspolitische Leistungen (z. B. Zusammenarbeit mit Dachverbänden der deutschen und europäischen Naturschutz- und Landschaftspflegeorganisationen; Unterstützung bei der Gründung von Natur- und Lebensraumstiftungen, insbesondere in den neuen Ländern etc.) und naturschutzfachliche Leistungen (z. B. Koordinationen länderübergreifender Naturschutzprojekte, Planung und Durchführung von Fachtagungen, Publikationen etc.).

Verband Deutscher Naturparke e. V.: Zusammenschluß der Trägerorganisationen der deutschen → Naturparke.

Verband Deutscher Papierfabriken (VDP): Spitzenverband der Papier-, Pappen-, Zellstoff- und Holzindustrie in Dtschl. mit Sitz in Bonn. Der VDP repräsentiert die größte Papierindustrie Europas. Wesentliche Aufgabe des VDP ist die Vertretung der wirtschafts- und handelspolitischen sowie der fachlichen Interessen der deutschen Zellstoff- und Papierindustrie im In- und Ausland gegenüber staatlichen Institutionen und der Öffentlichkeit. Diesem Ziel dient unter anderem die Mitwirkung im Bundesverband der Deutschen Industrie (BDI), in der Dachorganisation der Zellstoff- und Papierindustrie der Europäischen Gemeinschaft (CEPAC) und der Landwirtschaftsorganisation der Vereinten Nationen (FAO).

Verbänderung, die: → Faszination.

Verband Forstlicher Forschungsanstalten → Deutscher Verband Forstlicher Forschungsanstalten.

Verband zur Förderung des Naturschutzes und der Landschaftspflege (VNL) → Naturschutzverbände.

Verbascum → Königskerze.

Verbißschutz (Einzelschutz)

Verbiß, der (Wildverbiß): der vom Wild (Schalen-, Auerwild, Hasen, Wildkaninchen) durch Äsung (Abbiß) verursachte Schaden an Bäumen und Büschen. Da hauptsächlich junge Triebe, Knospen und Blätter abgefressen werden, können starke Schäden das Wachstum der Pflanzen und ihre Wuchsrelation und damit die → Verjüngung eines Waldbestandes beeinträchtigen. Forstmann und Jäger schützen daher v. a. die jungen Waldbestände durch Einzäunung, Drahthosen, durch Ausbringen von → Wildverbißschutzmitteln usw., durch Pflanzung von → V.-Gehölzen und Anlage von → V.-Gärten, und → Wildäckern; → Viehweide im Walde.

Verbißgarten, der (Strauchgarten): kleine, mit → Weichhölzern bestockte Fläche (etwa 0,5 ha groß), die dem Sommer über gezäunt wird und im Winter dem Wild zum → Verbiß gezielt freigegeben oder als Proßholz genutzt wird. Der V. hat den Zweck, das Wild vom Verbiß der wertvollen Forstkulturen abzulenken und eine artgerechte Äsung zu bieten; → Verbißgehölze.

Verbißgehölze: Bez. für Strauch- und → Baumarten die sich für einen → Verbißgarten eignen und deren Knospen und Triebe mit Vorliebe vom → Schalenwild, → Hase und → Wildkaninchen geäst oder geschält werden (Proßholz). V. haben alle ein großes, jährliches → Ausschlagvermögen. Hierzu gehören u. a.: As, Vobe, Holunder, Rob, Hbu und verschiedene Weidenarten. Je nach Standort eignen sich auch Ah, Ei sowie Brombeere, Himbeere, Wildbirne und Wildapfel. Rehböcke nehmen die elastischen Gerten von TrKi, Vobe und Holunder gerne zum → Fegen und Schlagen an (→ Fegeschäden).

Verbißresistenz, die: Fähigkeit der Pflanzen, → Verbiß zu überstehen und auszuheilen.

Verbißschaden, der: durch → Verbiß verursachter Schaden an der Vegetation.

▸▸ Verbißschaden an Fichte

Verbißschutz, der: → Wildschadensverhütung, Wildverbißschutzmittel.

Verblauung, die: durch Bläuepilze (→ Blaufäule) verursachte Verfärbung des → Splintholzes der Kie. Holz, das durch völlige V. seinen natürlichen Holzcharakter verloren hat, wird „verdorben" genannt.

Verbleibender Bestand, der: bei einer → Durchforstung stehen bleibender Bestand; → Ausscheidender Bestand.

verbuttet: alte Bez. für einen jungen, aber krüppelhaften Baumbestand.

verdämmen → unterdrückt.

Verdämmung, die: Bedrängung der Kulturpflanzen durch Konkurrenten (→ Konkurrenz), wie Brombeere, Sträucher oder Kletterpflanzen.

▸▸▸ Verdämmung von Fichtenpflanzen durch Unkraut

Verdauungshaare → Haare.

verdorbenes Holz, das: → Verblauung.

verdrängen → unterdrückt.

Verdrängungszüchtung, die: Züchtung von Forstpflanzen durch wiederholte Rückkreuzung zwischen Kultursorten und Wildformen. Ziel der V. ist es, die speziellen Eigenschaften eines Partners zu fixieren und die negativen Eigenschaften des anderen zu verdrängen.

Verdunstung, die: Die V., gewöhnlich als Transpiration bezeichnet, ist die ständige Abgabe von Wasserdampf aus dem Blattinnenraum nach außen. Das Ausmaß der V. ist abhängig von → Baumarten, → Standort, Jahreszeit, Luftbewegung und Luftfeuchtigkeit. Sie hat für die Pflanze eine doppelte Bedeutung: Zusammen mit dem kapillaren Aufstieg (Haarröhrchenwirkung), dem osmotischen Druck durch die Zellwand und dem → Wurzeldruck sorgt sie dafür, daß das Wasser und die mineralischen Nährstoffe laufend aus dem Boden nachgesaugt werden und in die Blätter und Nadeln gelangen; weiter verhindert die Kühlwirkung eine Überhitzung stark sonnenbestrahlter Blattflächen. Bei der Blatt-V. ist die V. aus den → Spaltöffnungen (Stomata) und die V. aus den von einer → Kuticula lückenlos überzogenen Epidermiszellen zu unterscheiden. Auffällig ist die hohe Verdunstungsleistung der Stomata. Obwohl die Porenfläche nur 1 bis 2 % der Blattfläche darstellt, erreicht die V.-Leistung eines Blattes 50 bis 70 % der V. einer gleichgroßen freien Wasserfläche. Die kuticuläre V. ist i. a. viel geringer als die stomatäre. Wachsausscheidungen, Haare, Verdickungen der → Epidermis u. a. setzen hier die V. herab.
Je Baum werden an einem Sommertag durchschnittlich verdunstet (in Liter): Fi (10), Bi (65), Ei (43), Lä (35), Bu (34), Kie (15), Dgl (12), Es (86); → Wasserbedarf der Waldbäume. Je 100 g Blätter oder Nadeln verdunsten innerhalb eines Sommers (in Liter): Ta (7), Kie (9), Fi (13), Ei (55) Ah (59), Bu (75), 4 Bi (81); → Guttation, Wasserhaushalt des Waldes.

Vererbungslehre, die: → Genetik, Mendelsche Regeln.

Verfichtung, die: Bez. für die Anlage von Fichten-Reinbeständen, besonders als → Ausfluß der → Bodenreinertragslehre, v. a. auf Böden, die vorher mit Laubbäumen bzw. mit Mischwald bestockt waren. Ähnlich verhält es sich mit der Kie, man spricht dann von einer Verkienung.

Verfügbarkeit von Nährstoffen, die: → Nährstoffverfügbarkeit.

Verfügungsbestände: hiebsmögliche Bestände, die in der → Forsteinrichtung zur evtl. → Nutzung vorgesehen sind. Werden sie genutzt, bezeichnet man die Hiebsmaßnahme als → Vorgriffshiebe.

Vergällen, das: das Einpudern oder Benetzen von → Saatgut und Pflanzen mit Stoffen zum Schutze z. B. gegen → Verbiß und Vogelfraß.

Vergeilen, das: auch Verspillern. Von Pflanzen: durch Lichtmangel aufschießen. Als Folge stellen sich Kümmern der Blätter unter gleichzeitiger Bleichung und eine Überverlängerung der Sproßachse ein.

Vergesellschaftung, die: das Zusammenleben verschiedener Individuen einer Art oder verschiedener Arten (interspezifische Beziehungen) auf einem Gebiet (→ Biozönose), z. B. → Pflanzengesellschaften, das gewisse Gesetzmäßigkeiten zeigt. Bei Tieren reicht die Beziehung vom neutralen Nebeneinanderwohnen bis zum → Räuber-Beute-Verhältnis und zum → Parasitismus.

Vergilbung von Nadeln und Blättern, die: → Kronenzustandserhebung, Mangelsymptome an Bäumen, Schadstufen.

Vergißmeinnicht, das (*Myosotis*): Gatt. der Fam. der → Rauhblattgewächse mit rd. 80 Arten im gemäßigten Eurasien, in Afrika, Australien, Neuseeland und auf Neuguinea. Es handelt sich um ein-, zwei- oder mehrjährige → Kräuter mit rauhhaarigen Blättern und blauen, rosafarbenen oder weißen Blüten, die in ähren- bis traubenförmigen Wickeln (→ Blütenstand) stehen. In Mitteleuropa gibt es 11 formenreiche Arten. Bei den Germanen galt das V. als Symbol der Freundschaft und der Erinnerung. In der Volkspoesie ist es heute das Sinnbild der Treue. Die wichtigsten, auch im Wald anzutreffenden Arten sind:

1. Wald-Vergißmeinnicht, das (*Myosotis sylvatica* (Ehrh.) Hoffm.): Das W. ist fast über ganz Europa verbreitet, im Norden bis Südschweden, im Süden bis zum Apennin und zur Balkanhalbinsel. Es wächst zerstreut in krautreichen, lichten Laubwäldern, auf Waldschlägen, an Waldrändern, in Hochstaudenfluren, auf Wiesen, Bergwiesen, an feuchten Stellen; Nährstoffzeiger.

Die ein- bis mehrjährige, 15 bis 45 cm hohe Pflanze ist dicht rauh behaart und wirkt dadurch graugrün. Der Stengel ist beblättert. Die Blätter sind ganzrandig, ei-lanzettlich, die oberen länglich-lanzettlich. BZ: Mai bis Juli. Die fünfzipfelige Krone hat einen flach ausgebreiteten Kronensaum, ist etwa 6 bis 10 mm breit, himmelblau mit aus gelben Schlundschuppen gebildetem Mittelstern, selten rosa oder weiß; → Ameisenpflanzen. Vom W. leiten sich zahlreiche zweijährige Gartenformen des Vergißmeinnichts ab.

2. Sumpf-Vergißmeinnicht, das (*Myosotis palustris* (L.) Nathorst = *Myosotis scorpioides*): Das S. ist fast über ganz Europa verbreitet. Es ist häufig und wächst verbreitet in

◂◂ Sumpf-Vergißmeinnicht (*Myosotis palustris*)

feuchten Wäldern, Au- und Bruchwäldern, besonders Erlenbruchwäldern, auf Naßwiesen, an Gräben, Ufern, in Verlandungszonen stehender Gewässer, in Quellfluren und in Sümpfen, bis in Höhen von etwa 2000 m.

Die mehrjährige, 20 bis 30 cm hohe, sehr formenreiche Pflanze hat aufsteigende oder aufrechte, stumpfkantige, einfache oder ästige, beblätterte Stengel, die etwas schief aufwärts stehend oder waagerecht abstehend behaart sind. Die länglich-eiförmigen bis lineal-lanzettlichen Blätter sind 2 bis 10 cm lang, 5 bis 20 mm breit, weich und behaart, die unteren gestielt, die oberen sitzend. BZ: Mai bis Oktober. Die Blüten stehen in einem blattlosen, traubenähnlichen, an der Spitze eingerollten Blütenstand. Die Blumenkrone mit flach ausgebreitetem fünflappigen Kronensaum und kurzer Röhre ist 4 bis 8 mm breit, himmelblau, selten rosa oder weiß, mit gelben Schlundschuppen. Bei der Fruchtreife umhüllt der offene Kelch dann vier 1 bis 2 mm lange, etwas abgeflachte, eiförmige, schwarze, glänzende, schwimmfähige Nüßchen.

Das S. ist auch eine → Heilpflanze. Verwendung finden die blühenden Sproßspitzen, die in Sträußen zum Trocknen aufgehängt werden. Sie enthalten → Alkaloid und Kalium, wirken tonisch, entzündungshemmend, beruhigend, schmerzstillend und finden innerliche Verwendung als Aufguß bei Schwächezuständen, und äußerliche als Aufguß zur Stärkung müder, geröteter Augen und bei Augenbindehautentzündung sowie als Breiumschlag bei schmerzenden Ohren.

3. Alpen-Vergißmeinnicht, das (*Myosotis alpestris* Schmidt): Das A. ist über die Gebirge Mittel- und Südeuropas verbreitet. Es wächst verbreitet auf Bergwiesen, steinigen Weiden, Steinrasen, Schneetälchen, Geröllfluren, in Wäldern, auf feuchten Böden, in Höhen von 1600 bis 3000 m.

Die ausdauernde, rasenförmig wachsende, je nach Höhenlage 5 bis 20 cm hohe, rauhhaarige Pflanze hat meist mehrere, aufrechte, beblätterte, am Grunde rauhhaarige Stengel. Die Rosettenblätter sind eiländlich, die Stengelblätter oval bis lineal-lanzettlich. BZ: je nach Höhenlage, Mai/Juni bis September. Die Blüten stehen in kurzen wickeligen, dichtblütigen Blütenständen. Die Krone ist hell- bis himmelblau, selten weiß, bis 9 mm breit, fünfzipfelig und duftend, mit fünf dottergelben Schlundschuppen. Die Früchte sind kleine schwarze Nüßchen.

Neben vorgenannten Arten wächst noch das **Acker-V.** (*M. arvensis*) in Waldschlägen, das **Bunte V.** (*M. discolor*) im Saum von Ginstergebüschen und in Kiefernbeständen. Das **Lockerblütige V.** (*M. sparsiflora*) ist ein Nährstoffzeiger und in Auen-Gebüschen, Eichen-Auenwäldern anzutreffen.

Vergrauung des Holzes, die: → Zersetzungsformen des Holzes.

Verhagerung, die: Verarmung des Waldbodens an Humusstoffen und Feinbestandteilen, entsteht durch starke Sonnen- und Windeinwirkung; → Aushagerung.

Verhängen, das: → Einhegen.

verhängte Waldorte: Flächen im Wald, auf denen bei ansonsten befugter → Waldweide diese i. d. R. nur unter Aufsicht eines Hirten ausgeübt werden darf. Der Waldbesitzer kann sie „verhängen", d. h. für Unbefugte sperren. Hierzu zählen Naturverjüngungen, Forstkulturen, Unterbauflächen und in Verjüngung stehende Altholzbestände; → offener Wald, Gehau(e), verschlossene Zeit.

Verhaue → Zuschläge.

Künstliche → Verjüngung durch Pflanzung

Verhauen, das: Als V. wurde früher ein Hieb (Schlag) bezeichnet, der entgegen den Waldbauregeln vorgenommen wurde.

Verholzung, die: auch Lignifizierung. Sie beruht auf der Einlagerung von Holzstoff (→ Lignin) in die Zellulosemembranen und führt zu einer Verfestigung und zugleich Verdickung der Zellwände im → Festigungs- und → Leitgewebe der → Sproßachsen und → Wurzeln mehrjähriger Pflanzen. Durch Phlorogluzin und Salzsäure lassen sich verholzte pflanzliche Membranen rot färben.

Verjüngung, die (Bestandsbegründung): Begründung eines neuen → Bestandes (Wiederbegründung) durch → Natur- oder Kunst-V. Bei der Natur-V. (natürliche V.) sorgt der Bestand selbst durch Samenausstreuung in der Nähe stehender Mutterbäume (→ Anflug oder → Aufschlag) oder durch → vegetative Vermehrung (→ Stockausschlag, → Wurzelbrut, → Absenker) für den Nachwuchs. Licht- und Wärmemangel, vergraste, verunkrautete oder mit saurem Humus bedeckte → Waldböden können aber die Keimung und Entwicklung der Jungpflanzen verhindern. Solche Standorte müssen durch Auflichtung, u. U. leichte Bodenbearbeitung vorbereitet werden. Natur-V. spart Arbeit und Kosten. Bei der Kunst-V. (künstliche V.) werden auf einer bestimmten Fläche die gewünschten, d. h. geeigneten Baumarten durch → Saat oder → Pflanzung nachgezogen. Die Saat auf grasfreiem, offenem Boden eignet sich besonders für Bi, Ei, Kie und Ta. Die Pflanzung erfolgt meist im Frühjahr (März/April). Zur Ausnützung der Winterfeuchtigkeit werden jedoch Fi, Ta, Lä auch im Herbst gepflanzt. Beide → Verjüngungsarten (Natur- und Kunst-V.) werden in der Forstwirtschaft angewandt. Eine Bestandsbegründung auf bisher unbestockter Fläche (Neuanlage) wird als → Erstaufforstung bezeichnet.

Der Saumschlag ist eines der Verjüngungsverfahren.

Verjüngungsart, die: Es werden folgende V. unterschieden: → Naturverjüngung und Kunstverjüngung (→ Verjüngung); zu letzterer gehören → Saat und → Pflanzung. Zur Naturverjüngung zählen → Stockausschlag, → Wurzelbrut und → Absenker. Für die einzelnen → Betriebsarten:

a) → Niederwald: Naturverjüngung (Stockausschlag, Wurzelbrut);

b) → Mittelwald: Naturverjüngung, Pflanzung;

c) Schlagweiser Hochwald (→ Altersklassenwald): Naturverjüngung, Pflanzung, Saat;

d) → Plenterwald: Naturverjüngung; → Verjüngungstechnik, Verjüngungsverfahren.

Verjüngungsfortschritt, der: räumliches Fortschreiten der → Verjüngung bei den verschiedenen → Verjüngungsverfahren; → Hiebsfortschritt.

Verjüngungsgangzahl, die: Mit der dreiziffrigen V. bezeichnet man die Stärke der Eingriffe (Hiebe) in einen → Bestand in den kommenden Dekaden. Es bedeutet z. B. 3/3/4 : 30 % Entnahme im ersten Jahrzehnt, 30 % im zweiten Jahrzehnt und 40 % im dritten oder späteren Jahrzehnt. Die Quersumme ist jeweils 100.

Verjüngungshieb, der (Naturverjüngungshieb): Hieb zur gezielten Herbeiführung von → Naturverjüngung. Die meisten V. werden in vier Abschnitte eingeteilt: Vorbereitungshieb, Besamungshieb, Lichtungshieb, Räumungshieb; → Verjüngungsverfahren.

Verjüngungsperiode, die: → Verjüngungszeitraum.

Verjüngungsphase, die: Lebensphase im → Urwald, die sich nach großflächigen Verlichtungen einstellt. Hier fassen mit zunehmendem Lichtgenuß Ansamungen gruppen- bis horstweise Fuß.

Verjüngungstechnik, die: Technik der → Verjüngung. Sie wird bestimmt durch die → Verjüngungsart, die → Schlagform, die → Hiebsart, die → Hiebsrichtung und den räumlichen und zeitlichen → Hiebsfortschritt.

Verjüngungsverfahren: V. sollen den jungen Bäumen das Aufkommen ermöglichen. Das erfordert geeignete, standortgerechte Samenbäume im Altbestand, den richtigen Zustand des Waldbodens (Bodengare) mit Mineralbodenanschluß für die Keimlinge, keine zu starke Unkrautkonkurrenz, Schutz der Keimlinge vor Witterungsextremen. Die verschiedenen Natur-V. werden dem in unterschiedlicher Weise gerecht. Die forstliche Praxis hat eine Vielzahl von Methoden zur Waldverjüngung entwickelt und zur Auswahl. Es handelt sich hierbei um gezielte Eingriffe in zu verjüngende Bestände (→ Bestand). Folgende Grundformen werden unterschieden:

1. → **Kahlschlag:** (Kahlhieb, Kahlschlagbetrieb, Abtrieb). Im Zuge einer Hiebsmaßnahme wird der gesamte Erntebestand auf einer bestimmten Fläche auf einmal geschlagen. K. ist auch dann gegeben, wenn auf der Fläche noch einige → Überhälter verbleiben. Die K.-Fläche dient fast ausschließlich der künstlichen → Verjüngung durch → Pflanzung (in Einzelfällen durch → Saat). Nachteil des K. ist meist ein starker Gras- und Krautwuchs (→ Schlagflora), der durch den plötzlichen Humusabbau (Mineralisierung) verursacht wird.

2. **Saumschlag** (Saumhieb, Saumschlagbetrieb): Verjüngung in der Randstellung, am Saum, meist Nord- bis Ostsaum. Eine Reihe von Bäumen wird am Bestandsrand (Saum) des Erntebestandes zur Auflockerung in einem unterschiedlich (1 bis 1,5 Baumlängen) breiten Streifen entnommen. Der S. ermöglicht die natürliche Verjüngung oder Pflanzung.

3. **Schirmschlag** (Schirmhieb): ein Verfahren, bei dem auf ganzer Fläche eine gleichmäßige Entnahme von Stämmen erfolgt (Auflockerung des Altbestandes), so daß eine gleichmäßige Auflichtung des → Kronendaches und damit gleichmäßige Naturverjüngung auf der ganzen Fläche unter Schirm ermöglicht wird. Das Verfahren eignet sich besonders für Bu, Ta und Fi und erfolgt in mehreren Hieben.

Der **Vorbereitungshieb** dient der Blühwilligkeit und stärkeren Samenbildung. Er ergibt sich zwanglos aus der Lichtwuchsdurchforstung oder Vorratspflege. Auch werden Samenbäume durch → Freihieb gezielt herausgearbeitet; auf die Herstellung eines günstigen Lichtgrades für die → Bodengare wird geachtet. Beim V. werden auch alle für die Verjüngung nicht erwünschten Baumarten (z. B. Bi) entfernt.

Der **Besamungshieb** soll nach dem Samenfall zur Kräftigung der Verjüngung beitragen. Auf der gesamten Fläche werden deshalb vorrangig breitkronige Bäume gefällt, die bei einem späteren Einschlag große Schäden auf der Verjüngungsfläche verursachen würden.

Der **Lichtungshieb**, der frühestens im zweiten Winter nach erfolgter Ansamung stattfindet, hängt u. a. vom Schutzbedürfnis und Wachstum des Jungwuchses (Lichtbedürfnis) ab. Er dient somit vorrangig der Kräftigung des Jungwuchses.

Beim **Räumungshieb** werden über der Verjüngung die letzten verbliebenen Bäume des Erntebestandes (Altbestandes) entnommen.

Eine Sonderform des Schirmschlags ist der **Großschirmschlag**. Er ist das älteste V., bei dem die ganze Fläche in Verjüngung gestellt wird. Er war um die Wende vom 18. zum 19. Jh. in Dtschl. das vorherrschende V. und wird heute fast nur noch für die Verjüngung wertvoller Buchenbestände (ausnahmsweise Eichen- und Kiefernbestände) angewandt. Im Ggs. zum Kahlschlag wird beim Großschirmschlag der neue Bestand unter dem Schutz des Mutterbestandes begründet. Viele der heutigen großflächigen Laubholzaltbestände gehen auf einen Großschirmschlag des letzten Jh. zurück; → Dunkelschlag.

4. **Femelschlag** (Femelhieb, Femelschlagbetrieb): ein V., bei dem gruppen- oder horstwei-

se über eine größere Fläche unregelmäßig verteilt, Bäume zur Auflockerung des Bestandes (des Kronendaches) herausgenommen werden. Diese unregelmäßigen Schirm- und Löcherhiebe führen eine ungleichförmige, ungleichartige Ansamung herbei (natürliche oder künstliche Verjüngung). Der F. ist hauptsächlich ein in den → Bergmischwäldern, die aus Fi, Bu und Ta bestehen, angewandtes V. Die Einhaltung der → räumlichen Ordnung ist jedoch sehr schwierig. Abgewandelte Formen des F. sind:

Badischer Femelschlag: Dieses Verfahren steht systematisch zwischen Plenter- und Schimschlagbetrieb. Es wird zur Erzielung kleinflächig ungleichaltriger Bestände aus Fi, Ta und Bu, vereinzelt auch BAh und Kie verwendet. Durch die Ausnutzung des Lichtungszuwachses an den besten Bäumen wird auch Starkholz erzeugt. Das Verfahren wurde daher auch **„Schwarzwälder Nutzholzwirtschaft"** genannt.

Bayerischer Femelschlag: Zur gruppenweisen und ungleichaltrigen Mischung von Fi, Ta und Bu werden bei diesem Verfahren im Bestandsinneren Gruppenschirmstellungen angelegt. Die dort entstehenden Verjüngungskerne werden durch Lichtungshiebe ausgeformt. Durch „Rändelhiebe" in Form von Randstellungen werden die Gruppen erweitert. Durch ständige Erweiterungen fließen die Verjüngungskerne zusammen.

Künstlicher Femelschlag: Bei der Umwandlung von Reinbeständen in Mischbestände kann der erforderliche Jungwuchs auch gepflanzt werden.

5. Plenterhieb: Hier werden zur Auflockerung des Kronendaches i. d. R. nur Einzelstämme, die meist hiebsreif sind, entnommen. Gelegentlich kann diese Entnahme auch trupp- bis gruppenweise erfolgen.

Jede der geschilderten Grundform weist bei der Verjüngung verschiedene Nachteile auf, begüngstigt z. B. bestimmte Baumarten, hat verschiedene Risiken.

Die Grundformen können – den örtlichen Erfordernissen und Zielsetzungen angepaßt – zeitlich und räumlich miteinander kombiniert werden. Dadurch entstehen vielfältigere ökologische Bedingungen und Verjüngungsmöglichkeiten für eine größere Baumartenvielfalt. Solche kombinierte Verfahren sind:

Saumfemelschlag: Neben dem Femelschlag im Inneren (2 – 3 Baumhöhen vom Bestandsrand) zur Verjüngung der schutzbedürftigen und in der Jugend langsamwüchsigen Baumarten Bu und Ta wird von außen eine Saumrandstellung, v. a. zur Verjüngung der Fi benutzt. Der Saum wird gebuchtet und bietet damit eine größere Länge und vielfältigere Verjüngungsmöglichkeiten.

Bayerisch kombiniertes Verfahren: Das Verfahren ähnelt dem vorgenannten. Das Arbeitsfeld wird aber auf drei bis fünf Baumlängen ins Bestandsinnere ausgedehnt. Hier werden Femelschlag und Saumschirmstellung verbunden.

Schirmkeilschlag: Zunächst wird auf ganzer Bestandsfläche oder -zone eine Schirmstellung zur Verjüngung von Ta und Bu hergestellt. Ist die Verjüngung der → Schatt(en)baumarten gesichert, wird der Altbestand keilförmig über der Verjüngung geräumt. Die dadurch entstehende beiderseitige Randstellung wird zur Verjüngung von Fi und Kie genutzt.

Keilschirmschlag: Dieses Verfahren ist dem vorgenannten ähnlich, arbeitet aber mit i. d. R. längeren Verjüngungszeiträumen und mit einer strafferen → räumlichen Ordnung.

Schweizer Femelschlag: Dieses Verfahren basiert auf den Erfahrungen des Plenterprinzips und der Kontrollmethode und betont die räumliche Ordnung. Im Anschluß an eine Lichtwuchsdurchforstung werden wie im Femelschlagverfahren gruppen- bis horstweise Verjüngungskerne geschaffen. Daneben werden Schirmschlag und Gruppenplenterung und auch kleinflächige Kahlschläge in Kombination verwendet. Dadurch entstehen vielfältige ökologische Bedingungen zur Ansamung gemischter Bestände. Die Eingriffe in den Bestand dienen gleichzeitig der Pflege. Erforderlichenfalls erfolgt auch ergänzende Pflanzung; → Pflegehiebe, Verjüngungstechnik.

Verjüngungszeitpunkt, der: Beginn der → Verjüngung.

Verjüngungszeitraum, der: auch Verjüngungsperiode. Zeitraum von der Einleitung der → Verjüngung bis zu deren vollständigem Abschluß (einschließlich → Nachbesserungen und Ergänzungen). Der V. kann unterschiedliche Länge haben, z. B. beim → Femelschlag 20 bis 80 Jahre, beim → Kahlschlag bis fünf Jahre; → Plenterwald hat keinen V.

Verjüngungsziel, das: erwünschter Zustand der gesicherten → Verjüngung eines → Bestandes nach Mischung (Baumartenanteile) und → Struktur (Baumarten in Haupt- und Nebenbestand). Das V. richtet sich nach dem → Bestockungsziel, muß also die Dynamik des Bestandes, bzw. die unterschiedliche Konkurrenzkraft der Baumarten, berücksichtigen. Das allg. V. bezieht sich auf einen Betrieb oder eine Betriebsklasse. Es gibt an, welche Baumarten ein Betrieb innerhalb eines Zeitraumes verjüngen soll. Es errechnet sich aus der Summe der Ziele für die geplanten Verjüngungsflächen; → Pflegeziel.

Verkarstung, die: entsteht durch chemische Verwitterung, wobei Kalziumkarbonat (Kalkstein) durch das CO_2 (Kohlendioxid) der → Luft und das Niederschlags- bzw. Sickerwasser zum wasserlöslichen Kalziumbikarbonat umgewandelt wird.

Die Folge dieser Umwandlung sind zerklüftete Felslandschaften, in denen Niederschläge rasch abfließen oder versickern und sich so sehr schlechte Lebensbedingungen für die Vegetation bieten. Man unterscheidet zwischen „bedecktem Karst", wo eine dünne Oberbodenschicht noch verhanden ist, so daß eine dürftige Beweidung erfolgen kann, und „nacktem Karst", ein Gebiet mit freiliegender Gesteinsoberfläche, das wirtschaftlich völlig bedeutungslos ist. Häufig wird V. durch menschliche Einflüsse verstärkt oder verursacht, da durch Rodung oder Überweidung die Oberbodenschicht erodiert und das Gestein ohne Schutz der Verwitterung ausgesetzt ist.

Verkauf auf dem Stock: in verschiedenen Ländern übliche Verkaufsart für Holz, wobei die geschätzte Holzmenge die Grundlage für die Kaufpreisberechnung bildet. Die finanzielle Abwicklung erfolgt allerdings erst nach → Holzeinschlag und → Holzaufnahme; → Nachverkauf, Holzverkauf, Vorverkauf.

Karstgebiet Macedoniens (→ Verkarstung)

Verkaufsmaße → Raummaß, Stückmaß, Zählmaß.

Verkaufsverfahren: Verkauf der Rohholzsortimente mit Ausgebot. Üblich sind die V. → Freihandverkauf, → Submission und → Versteigerung; → Holzverkauf.

Verkernung, die: Umwandlung von → Splintholz in → Kernholz. Das Alter, in dem die V.

Verlandung eines Sees durch Sumpf- und Wasserpflanzen

des Holzes beginnt, ist je nach Baumart verschieden und liegt zwischen 20 und 40 Jahren. Dabei haben sowohl auf den Beginn der V. als auch auf das Ausmaß der V. die Standortsverhältnisse großen Einfluß. Die V. beginnt mit einer Unterbrechung der Wasserleitung im inneren Stammteil durch Gefäßembolien und/oder Thyllenbildung, gefolgt vom späteren Imprägnieren der Zellwände durch Oxidation von Gerbstoffen zu Phlobaphenen, Einlagerung von kohlensaurem Kalk (z. B. bei Bu und Ul) sowie Verharzung und Verkleben der Hoftüpfel-Tori (bei Ndh). Die V. führt zu einem höheren Gewicht und zu einer größeren → Dauerhaftigkeit des Holzes; → Kern, Kernholzbäume, Splint, Farbe des Holzes.

Verkienung, die: → Verfichtung.

Verkienung des Holzes, die: Bez. für eine krankhafte (abnorme) Harzbildung an lebenden Nadelbäumen, v. a. an den Kie. Verursacht wird die V. u. a. durch den → Kiefernblasenrost (Pilzbefall) sowie durch ausgedehnte mechanische Verletzungen des → Kambiums. In stark verkientem Holz ist das → Holzgewebe völlig mit Harz (→ Harze) durchtränkt; das Holz hat auch ein höheres Gewicht und eine intensive braune Farbe. Stark verkientes Holz schließt eine Verwendung als → Nutzholz aus, wird aber als → Kienholz verwendet.

Verkohlungsholz, das: österr. Bez. für → Meilerholz. Heute wird für die nur noch vereinzelt ausgeübte Meilerverkohlung (→ Meiler, Köhlerei) fast nur mehr das Holz der Bu verwendet.

verla(c)ken: durch Grenzsteine (→ Grenzzeichen) kennzeichnen; → Lachbaum.

Verlandung, die: Verringerung der freien Wasserflächen bei Seen oder Tümpeln durch das Wachstum von Sumpf- und Wasserpflanzen. Die V. erfolgt über einen langen Zeitraum hinweg und vollzieht sich i. a. über eine Flachmoorbildung; → Moor.

Verlandungsgesellschaften: → Pflanzengesellschaften, die bei der → Verlandung von Gewässern auftreten und häufig in der Reihenfolge Schwimmblatt-, Röhricht-, Großseggen-, Erlenbruchgesellschaften entstehen.

Verlandungsmoor, das: → Moor.

Verleer, das: das Ende eines Riesweges; → Riese, Riesmund.

Verleer, der: → Rotfuchs.

Verlichtung, die: Die V. eines → Bestandes ist ein natürlicher Vorgang, bei dem einzelne oder mehrere Waldbäume absterben, so daß durch die Auflockerung immer mehr Licht, Wärme und Niederschläge auf den → Waldboden gelangen; der Wald verlichtet. Die V. führt auch zur Änderung der Bodenvegetation. Durch das → Waldsterben nehmen heute V. der Wälder zu. Im Ggs. zur V. steht die → Lichtung. Hierbei handelt es sich um menschliche Eingriffe, z. B. im Zuge von Verjüngungsmaßnahmen; → Verjüngungsverfahren.

Vermainkraut, das: → Leinblatt.

Vermauern, das: Einwachsen von Altholzresten (→ Laternen) in nachwachsende Bestände, so daß sie ohne Schaden am jüngeren Bestand nicht mehr genutzt werden können.

Vermehrungsgut, das: Das → „Gesetz über forstliches Saat- und Pflanzgut" unterscheidet beim V. (→ Saatgut, → Pflanzenteile, → Pflanzgut) zwischen einem sog. ausgewählten V., das von zugelassenem Ausgangsmaterial gewonnen wird, das wegen seiner Güte für die Nachzucht geeignet erscheint und keine für die Forstwirtschaft nachteiligen Folgen erwarten läßt, und einem geprüften V., bei dem die genetische Überlegenheit in Vergleichsprüfungen nachgewiesen wurde.

Vermehrungshölzer: Bez. für die → Stecklinge, die sich ungeschlechtlich auf vegetativem Wege vermehren (→ vegetative Vermehrung).

Vermeinkraut, das: → Leinblatt.

Vermessung des Holzes, die: → Längenmessung, Volumenermittlung.

Vermessungsgeräte: Sammel-Bez. für verschiedene im Forstbetrieb eingesetzte Geräte, z. B. Bussole, → Reißmeter, das automatisch aufrollbare Bandmaß zur Längenmessung sowie die → Kluppe zur Ermittlung des Durchmessers des Rundholzes. Zu den V. zählen auch die → Dendrometer (moderne Laserdendrometer, Dendrometer für die Zuwachsmessung, einfache und elektronische Baumhöhenmesser, Relaskope, Gefällmesser).

Vermessungstabelle, die: → Flächenveränderungsnachweis.

Vermoderung des Holzes, die: → Zersetzungsformen des Holzes.

Vermucken, das: → Ersticken.

Vernadelung, die: umgangssprachlich großflächige Aufforstung mit → Nadelbäumen.

Vernalisation, die: in osteuropäischen Ländern auch Jarowisation. Bei manchen → Pflanzen setzt der Übergang von der vegetativen zur generativen Phase, d. h. die Bildung der Blütenanlagen, erst nach einer Kälteperiode ein, z. B. bei der zweijährigen Zuckerrübe, die erst im zweiten Jahr blühen kann, oder auch bei Wintergetreide, das Samen nur bilden kann, wenn es nach der → Keimung im Herbst eine Kälteeinwirkung erfährt und eine Tageslänge von über 12 Stunden gegeben ist.

Vernichtung des Regenwaldes, die: → Regenwaldvernichtung.

Veronica → Ehrenpreis.

Verordnung zum Schutz wildlebender Tier- und Pflanzenarten → Artenschutzabkommen.

Verpflanzungsschock, der: → Pflanz(ungs)-schock.

Verpletzen, das: alte lokale Bez. (Sechsämterland) für Vermarken durch Einkerben an Bäumen.

Verrasung, die: → Benarbung 1.

Verrottung, die: → Rotte 3).

Versammlungsbaum, der: besonders hervorstechender Flur- oder Waldbaum, bei dem früher traditionell Holzverlosungen oder Nutzungsvergaben stattfanden; → Gedenkbäume, Gerichtsbäume.

Versauerung des Bodens, die: → Bodenversauerung.

Verschiedenblättrige Platterbse, die: → Platterbse 6.

Verschleimung des Holzes, die: → Zersetzungsformen des Holzes.

verschlossene Zeit, die: alte Bez. für den Zeitraum, in dem in einen → Jungwuchs weder Vieh eingetrieben (→ Waldweide) noch durchgetrieben werden durfte; → verhängte Waldorte, offener Wald, Gehau(e).

Verschulbeet, das: → Verschulpflanze.

Verschulen, das: → Pflanzgarten.

Verschulpflanze, die: Bez. für die in den → Baumschulen herangezogenen Forstpflanzen, die als ein- oder zweijährige → Sämlinge aus dem → Saatbeet genommen und in ein anderes Beet, sog. „Verschulbeet", versetzt werden. Im Verschulbeet stehen die Pflanzen mit größerem Abstand (→ Standraum). Sie können dort stärkere → Wurzeln und oberirdische → Triebe entwickeln und sind auch widerstandsfähiger für den Wechsel von der Baumschule in den Wald. Verschulte Pflanzen werden wie folgt bezeichnet und von den Baumschulen entsprechend angeboten: Säm-

ling, der nach einem Jahr in das Verschulbeet kommt und ein Jahr verbleibt, mit 1 + 1, verbleibt er zwei Jahre mit 1 + 2 usw.
Versich, die: → Sauerdorn.
Verspillern, das: → Vergeilen.
Versporen, das: → Ersticken.
Versteigerung, die: auch Holzversteigerung, (Holz-)Auktion. → Verkaufsverfahren beim → Holzverkauf. Bei V. werden vom Verkäufer die Lose mit einem Aufwurfpreis (auch Ausgebotspreis = Preisvorstellung des Verkäufers) in öffentlicher mündlicher Verhandlung ausgeboten und die anwesenden Käufer zur Gebotsabgabe aufgerufen. Der Meistbietende erhält den Zuschlag. Zur V. gelangt i. d. R. Stammholz aller Baumarten, insbesondere solches mit Wertholzanteil. Die V. von Brennholz war im 18. Jh. ein weitverbreitetes Verfahren; für alles andere Holz wurde sie erst ab dem 19. Jh. üblich; → Freihandverkauf, Submission.
Versteppung, die: durch direkte und indirekte menschliche Eingriffe (z. B. → Rodung, → Monokulturen, Überweidung oder Klimaänderung, Schadstoffeintrag, Grundwassersenkungen) verursachte Verwandlung des Waldes in eine Kultursteppe, die durch → Gräser, → Kräuter, verholzte (→ Verholzung) → Stauden etc. geprägt ist. In den Hochlagen des → Erz- und Riesengebirges entstanden dadurch und auch bedingt durch die dortigen klimatischen Verhältnisse teilweise steppenähnliche → Pflanzengesellschaften.
Verstockung des Holzes, die: zungenförmig von der Hirnfläche aus in das Stamminnere vordringende rötlich-braune Holzverfärbung (→ Ersticken); geht nach Pilzbefall meist bald in weißlichgraue Verfärbung, später in → Weißfäule über. Festigkeitsminderung i. a. erst bei beginnender Weißfleckigkeit; die Tränkbarkeit des Holzes ist dann behindert. V. kommt nur an Lbh, v. a. bei Bu, Hbu, Ah, Bi und Li vor; → Fehlverkernung.
Verstopseln, das: Verschließen (Einleimen) der aus einem Brett gebohrten Äste mit einer runden, dicken Scheibe (Stopsel) aus dem gleichen Holz.
verstreuter Hiebsanfall, der: → Hiebsanfall, verstreuter.
Versuchsfläche, die: → Weiserbestand.
Versumpfungsmoor, das: → Moor.
Vertorfung des Holzes, die: → Zersetzungsformen des Holzes.
Vertragsnaturschutz, der: → Naturschutz auf freiwilliger Basis durch Honorierung von Maßnahmen oder Unterlassungen. Durch freiwillige Mitwirkung der Grundstückseigentümer können bestimmte naturschutzfachliche Maßnahmen und Ziele schneller und nachhaltiger verwirklicht werden. Als erstes Bundesland hat Bayern mit dem Bayer. Vertragsnaturschutzprogramm (in Kraft getreten am 10.4.95) diesen neuen Weg (bezahlter Naturschutz) beschritten.
Verwachsungszwiesel, der: → Zwiesel.
Verwaltungskameralistik, die: Die V. erfaßt nur die → Ausgaben und → Einnahmen. Der Vergleich ergibt den Einnahme- oder Ausgabeüberschuß; → Betriebskameralistik.

◂◂ Absterbende Bäume: beginnende Versteppung (Hochlagen des Erzgebirges)

Verziehen des Holzes, das: → Werfen des Holzes.
Verzweigungstypen: aufgrund der unterschiedlichen Verzweigung sich herausbildende Wuchsformen, z. B. K-Typ (Kammfichten-Typ; → Kammfichte) und B-Typ (Bürstenfichten-Typ; → Bürstenfichte). Die Wuchsformen bedingen z. B. bei der Fi unterschiedliche Schadensanfälligkeiten. Die unterschiedliche Wuchsform erlaubt eine Früherkennung gefährdeter Bäume und deren Entnahme bei der Pflege.
Vesikulär-arbuskuläre Mykorrhiza, die: → Mykorrhiza.
Vespidae → Wespen.
VFm: Abk. für → Vorratsfestmeter.
VFmB: Abk. für → Vorratsfestmeter → Baumholz.
VFmD: Abk. für → Vorratsfestmeter → Derbholz.
Viburnum → Schneeball.
Vicia → Wicke.
Viehbremsen → Bremsen.
Viehweide im Walde, die: Bei der über Jh. hinweg ausgeübten V. i. W. unterschied man je nach Art des eingetriebenen Viehes Schweineweide (→ Schweinemast), Großviehweide und die Weide mit Ziegen (→ Ziegenweide) und Schafen; → Waldweide.
Viehwermat, der: → Wucherblume 2.
Vielblättrige Lupine, die: → Lupine.
Vielblütiger Hahnenfuß, der: → Hahnenfuß 7.
Vielblütige Hainsimse, die: → Hainsimse 4.
Vielblütige Weißwurz, die: → Weißwurz 2.
Vielfachnutzung, die (auch: multiple use): geichzeitiges Erbringen mehrerer Leistungen des Waldes, i. d. R. Rohstoffunktion und zusätzliche landeskulturelle und soziale Leistungen; → Waldfunktionen.
Vielfalt, die: → Diversität.
Vielfüßer → Tausendfüßer.
Vielgestaltige Holzkeule, Kernkeule, die: → Holzkeulenverwandte 1.
Vielgestaltiger Trichterling, der: → Trichterlinge 4.
Vielschreiber, der: → Borkenkäfer 12.
Vielzähliger Kiefernborkenkäfer, der: → Borkenkäfer 32.
Vierblättrige Einbeere, die: → Einbeere.
Viereiche, die: → Eichen 1.
Viereichenfalterchen, das: → Bläulinge 1.
Vierenklee, J. E. → forstliches Schrifttum.
Vierer, der: → Grenzzeichen.
Vierfleck-Radnetzspinne, die: → Radnetzspinnen 2.
Vierpunkt-Flechtenbär, der: → Bärenspinner 1.
Vierpunktiger Rindenglanzkäfer, der: → Glanzkäfer.
Vierpunktmotte, die: → Bärenspinner 1.
Vierpunktprachtkäfer, der: → Prachtkäfer 4.
Viertelholz, das: auch Kreuzholz. Wird ein → Stamm oder Stammabschnitt der Länge nach durchs Mark in vier Stücke aufgeteilt, so entsteht V. oder Kreuzholz. Es wird dort bevorzugt, wo es auf höchste Festigkeit ankommt.
Vierzehnpunkt-Marienkäfer, der: → Marienkäfer 2.
Vinca → Immergrün.

Die Bürstenfichte ist ein → Verzweigungstyp.

Viola → Veilchen.
Violette Königskerze, die: → Königskerze 5.
Violetter Dingel, der: → Dingel.

Viehweide im Wald

Violetter Lackpilz, der: → Lacktrichterlinge 1.
Violetter Rötelritterling, der: → Rötelritterlinge 1.
Violett(rot)e Stendelwurz, die: auch Violettrote Sumpfwurz → Sumpfwurz 2.
Vipera berus → Kreuzotter.
Viren: besonders kleine Krankheitserreger (20 bis 300 nm) von unterschiedlicher Gestalt, die sich nicht selbständig vermehren können, sondern auf Wirtszellen angewiesen sind. V. können nur mit dem Elektronenmikroskop sichtbar gemacht werden und bestehen nur aus dem genetischen Material Eiweiß und Nukleinsäure (DNS oder RNS), das bei vielen V. von einer Hülle umgeben ist. Pflanzenschädliche V. werden meist durch Insekten übertragen. Neben krautigen Pflanzen befallen sie (selten) auch verschiedene Gehölzpflanzen (z. B. Bi, Bu, Pa, Rob, Ul). Viruserkrankungen (Virosen) an den Pflanzen sind meist an gelblichen und weißlichen, fleckenartigen Blattverfärbungen erkennbar. V. sind auch die Erreger von z. B. → Tollwut, Schweinepest u. a. Insektenpathogene V. können in der Forstwirtschaft zur Bekämpfung der Nonne, des Tannentriebwicklers, des Schwammspinners und der Roten Kiefern-Buschhornblattwespe eingesetzt werden. Von Bedeutung sind hierbei die Granulose- und Kernpolyeder-V. (→ Wipfelkrankheit); → Mosaikkrankheit.

Feldlerche ♂ auf Singwarte → Vogel des Jahres 1998

Virgils Aster, die: → Aster 1.
Viscum → Mistel.
Vitalität, die: beschreibt die physische Lebenstüchtigkeit, den Gesundheitszustand, das Wuchsvermögen eines Baumes. Man unterscheidet: tot, üppig, normal, kümmernd.
Vita-Parcours, der: → Waldsportpfad.
VNL: Abk. für Verband zur Förderung des Naturschutzes und der Landschaftspflege; → Naturschutz.
Vögel: mit etwa 8600 Arten weltweit verbreitete Klasse der → Wirbeltiere. V. gehören zu den → Warmblütern, die sich durch den Besitz von Federn, durch die Umbildung der Vordergliedmaßen zu Flügeln (fast alle sind flugfähig; nicht flugfähig sind z. B. Pinguine) und durch ein teilweise lufthaltiges Skelett auszeichnen. V. besitzen zwei getrennte Herzhälften mit je einer Vorkammer und Herzkammer; der Körperkreislauf ist vom Lungenkreislauf vollkommen getrennt. Das Gehirn und auch das Kleingehirn ist gut entwickelt. Sie haben außerdem hornbekleidete Schnäbel; Zähne und eine Harnblase (es wird Harnsäure ausgesondert) fehlen. Unverdauliche Nahrungsreste (z. B. kleine Federn, Fellstücke, z. T. auch Knochen) werden besonders von → Greifvögeln und → Eulen (A) als Gewölle (Speiballen) ausgeschieden. Die Entwicklung des Jungvogels erfolgt außerhalb des Körpers im Ei, das meist in einem Nest bebrütet wird. Es wird nach Nestflüchtern und Nesthockern unterschieden. Bezüglich ihrer Zuggewohnheiten unterscheidet man Stand-, Strich- und Zugvögel sowie Teilzieher.
Vogelaugenahorn, der: Maserholz des BAh; → Ahorne 1.
Vogelbeerbaum, der: → Ebereschen 1.
Vogelbeere, die: → Ebereschen 1.
Vogel Bülow, der: → Pirol.
Vogel des Jahres, der: Der Deutsche Bund für Vogelschutz (DBV), nunmehr Naturschutzbund Deutschland (NABU), wirbt mit vielen Aktionen ein Jahr lang für eine gefährdete Vogelart, die jeweils zum „Vogel des Jahres" gewählt wird. Er will mit diesen Aktionen nicht nur auf Lebensweise und Schutzbedürftigkeit der Vogelart des Jahres aufmerksam machen, sondern auch die Bedrohung des Lebensraumes dieser Art darstellen. Der jeweilige V. d. J. ist daher immer als Stellvertreter eines bestimmten Lebensraumes (→ Biotop) zu sehen. Folgende Arten waren V. d. J.: 1970 Graureiher, 1971 Wanderfalke, 1972 Steinkauz, 1973 Eisvogel, 1974 Mehlschwalben, 1975 Goldregenpfeifer, 1976 Wiedehopf, 1977 Schleiereule, 1978 Kranich, 1979 Rauchschwalbe, 1980 Birkhuhn, 1981 Schwarzspecht, 1982 Großer Brachvogel, 1983 Uferschwalbe, 1984 Weißstorch, 1985 Neuntöter, 1986 Saatkrähe, 1987 Braunkehlchen, 1988 Wendehals, 1989 Teichrohrsänger, 1990 Pirol, 1991 Kormoran, 1992 Rotkehlchen, 1993 Flußregenpfeifer, 1994 Weißstorch, 1995 Nachtigall, 1996 Kiebitz, 1997 Buntspecht, 1998 Feldlerche.
Vogelesche, die: → Ebereschen 1.
Vogelfuß-Segge, die: → Seggen 17.
Vogelkien, der: übliche Bez. für die im oberen Gipfel von Kie durch den → Kiefernblasenrost verursachte → Verkienung des Holzes.
Vogelkirsche, die: → Prunus 1.

▸▸ Kunsthöhlen (Nistkästen) → Vogelschutz im Wald

Vogelmast, die: → Mast.
Vogel-Nestorchis, -wurz, die: → Nestwurz.
Vogelschutzhecke, die: → Hecke, die sich auf Grund ihrer Artenzusammensetzung (insbesondere dornige Wildsträucher) besonders gut als Nist- und Schutzgehölz für → Vögel eignet. V. dienen der Überwinterung, fördern den Artenreichtum, tragen zur biologischen Schädlingsbekämpfung bei und sind auch Zufluchtstätte des Niederwildes. Zu den Sträuchern und Bäumen einer V. zählen u. a. Berberitze (*Berberis vulgaris*), Hundsrose (*Rosa canina*), Kreuzdorn (*Rhamnus catharticus*), Sanddorn (*Hippophae rhamnoides*), Schlehe (*Prunus spinosa*), Vogelkirsche (*Prunus avium*), Weißdorn (*Crataegus monogyna*), Wildapfel (*Malus communis*), Wildbirne (*Pyrus pyraster*), Wildrose (*Rosa spc.*); → Schmetterlingshecke.
Vogelschutz im Wald, der: Ziel des V. ist es, den Wald als Lebensraum (→ Biotop) für die etwa 150 bei uns im Wald brütenden Vogelarten zu erhalten. Hierzu sind die Erkenntnisse und Ziele des → Arten- und → Biotopschutzes weitgehend in die Praxis umzusetzen. Je mehr → Vegetationsschichten ein Wald bietet, desto mehr Vogelarten können in ihm gleichzeitig leben. Das höchste Angebot findet sich in reifen Wäldern der Öffnungs- und Zerfallsphase. Der V. ist somit am besten durch naturnahe Gestaltung der Vegetation (Biotopschutz i. w. S.) zu erreichen. Hierzu müßten u. a. folgende Forderungen erfüllt werden:
- Erhaltung von → Altholzinseln;
- Ausscheidung von → Naturwaldreservaten in wichtigen → Waldgesellschaften;
- Totholz- und Spechthöhlenschutz,
- Erhöhung der → Umtriebszeit (Erzielung sog. „dicker Bäume");
- Forstliche Ruhezeiten während der Brutzeit;
- Minimierung des Chemieeinsatzes,
- Förderung naturnaher Strukturen.

Während die Maßnahmen für den Artenschutz die Techniken wie Wiederansiedlung und Aufstockung, Fütterung und Nahrungsgebietsförderung, Fernhalten von Störern, Feinden und Konkurrenten sowie Parasitenbekämpfung umfassen, erstrecken sich die Maßnahmen für den Biotopschutz über die Gestaltung und Erhaltung von Ruhe-, Rast-, Balz-, Brut-, Aufzuchts-, Nahrungs-, Sand- und Sonnenbadeplätze etc. Dort wo die Wälder gut aufgebaut sind, aber zu wenig Bruthöhlen vorhanden sind, erfolgt V. durch Kunsthöhlen (Nistkästen).
Der V. ist der älteste Zweig bzw. der Vorreiter des modernen → Naturschutzes. Heute umfaßt der V. neben den o. a. Maßnahmen auch die Verminderung des Zugvogelfangs und die Bekämpfung streunender Katzen und solcher wildlebender Tierarten im Rahmen der geltenden Jagdgesetze, die nicht mehr wie früher durch natürliche Feinde kurzgehalten werden. V. ist heute eine internationale Arbeit geworden, z. B. Programme des Internationalen Rates für V. mit den nationalen Sektionen.
Vogelschutzlehrpfad, der: → Naturlehrpfad.
Vogelzungenbaum, der: → Esche.

Volksglaube, der: Unter Bewohnern von Waldlandschaften, v. a. unter → Holzknechten und Köhlern war der Aberglaube besonders ausgeprägt. Das undurchsichtige Schweigen des Waldes erscheint als heilig und geheimnisvoll in Dichtung (→ Wald in der Dichtung), Märchen (→ Waldmärchen) und Lied (→ Wald in der Musik). In den religiösen Vorstellungen und im Aberglauben fast aller Völker kommen Waldgötter, → Waldgeister (Walddämonen) unter verschiedenen Namen (Holz-, Moosleute oder selige Fräulein; → Holzweibchen) vor. Die verschiedenen Bäume und Sträucher sind gleichbedeutend mit Göttinnen, die über magische oder auch praktische Kräfte verfügen, wie z. B. die Eibe, der Todesbaum in allen europäischen Kulturen, aus dem auch die Bogen gefertigt wurden. Auch den Mondphasen (→ Mondkalender) hat man zu allen Zeiten große Bedeutung zugeschrieben. Die Meinungen über die besten Fällungszeiten (→ Wadel) fanden sogar Eingang in die früheren → Forstordnungen. Auch → Heilpflanzen sollten nur bei Neumond gesammelt werden; → Baumkult; Mythologie → Beschreibungen der einzelnen Bäume und Sträucher.

Volkswald, der: In der ehemaligen DDR gehörten zum V. der vormalige → Staatswald (soweit er nicht in die Bodenreform einbezogen worden ist) und – lt. Verordnung vom 15.6.1949 – der Gemeinde- und Körperschaftswald sowie der Teil des vormaligen Privat- und Genossenschaftswaldes, der im Zuge der Bodenreform zur Enteignung kam und in gesellschaftlichen Waldbesitz überging. Von der Gesamtwaldfläche der früheren DDR (2 980 000 ha) entfallen 1 860 000 ha (64 %) auf V. Der V. unterstand dem Ministerium für Land-, Forst- und Nahrungsgüterschaft (MLFN) als Oberster Forstbehörde und war entsprechend der territorialen Untergliederung 15 Bezirken zugeordnet, deren zuständige Räte den Charakter von Forstbehörden der mittleren Ebene trugen; → Militärforsten, Staatliche Forstwirtschaftsbetriebe.

Vollaufnahme, die: auch Vollkluppung. Dabei werden alle Bäume eines Bestandes über der Kluppschwelle (i. d. R. 7 cm → Derbholz) in Brusthöhe gekluppt. Eine V. ist sehr teuer und liefert trotz des hohen Aufwandes ein mit einem relativ hohen Fehler behaftetes Ergebnis. Aus diesem Grund wird sie heute nur noch bei Kleinbeständen, Endnutzungsbeständen, im Plenterwald, in sehr unregelmäßig aufgebauten Beständen und zu Waldbewertungs-, Forschungs- und Übungszwecken angewandt. An ihrer Stelle verwendet man die Schätzung oder moderne Stichprobenverfahren; → Volumenermittlung.

Vollbäume → Ganzbäume, Vollbaumnutzung.

Vollbaumernte, die: → Ganzbäume, Vollbaumnutzung.

Vollbaumnutzung, die: Bei der V., als modernem maschinellem Holzernteverfahren werden die Bäume mitsamt der Äste, der Rinde und der Nadeln entnommen. Eine → Aushaltung von Vollbäumen ist v. a. dann üblich, wenn das Holz in Holzhöfen zentral aufgearbeitet wird. In den Holzhöfen erfolgt in stationären Anlagen die vollmechanische Entrindung (und ggf. Entastung) des Stammes. Bei der Ganzbaumernte kommen dazu noch die → Wurzeln und Stöcke. In der so entnommenen organischen Substanz, insbesondere in den Kronenteilen, stecken große Nährstoffmengen, die bei diesen Erntemethoden dem natürlichen Kreislauf entzogen werden. Bei der konventionellen Nutzung nur des → Derbholzes werden weitaus weniger Nährstoffe entnommen und zwar bei → Phosphor und → Stickstoff nur 10 bis 16 %, bei → Kalium, → Kalzium und → Magnesium 20 bis 33 % im Vergleich zur Vollbaumnutzung. Beim Verbrennen des → Schlagabraums entstehen die gleichen Nährstoffverluste wie bei einem → Waldbrand. Die Nährstoffverluste steigen mit der Wuchsleistung (→ Ertragsklasse) und mit der Zahl der Wiederholungen in einer Zeiteinheit. Besonders hohe Verluste treten deshalb bei kurzumtriebigem Niederwaldbetrieb (→ Niederwald) auf.

Vollbestand, der: auch Vollbestockung. Ein → Bestand mit einem → Bestockungsgrad um 1,0.

Vollernter, der: → Harvester.

vollformig → vollholzig.

Vollgatter, das: → Gatter 2).

Vollheister, der: → Heister.

Vollholz, das: auch Massivholz, in Österreich Strukturholz. Im Ggs. zu → Sperrholz, → Holzfaser- und → Holzspanplatten u. ä. Bez. für Holz, das in natürlichem Zustand belassen ist, also nicht mechanisch oder mechanisch-chemisch in seinem Gefüge verändert ist.

vollholzig: auch vollformig. Ein Baum ist v., wenn er vom → Stock zur → Krone hin fast gleich dick ist, d. h. kaum an Durchmesser (weniger als 1 cm je lfd. m) verliert. V. Bäume stehen in dichten Waldbeständen, im Ggs. zu → abholzigen Bäumen.

vollkantig: V. ist ein Balken, bei dem → Baumkanten bis zu 1/8 der Balkenhöhe vorhanden sein dürfen. Eine in den → Gütebedingungen (DIN 4074) gestellte Anforderung (Schnittklasse); → fehlkantig, scharfkantig, sägegestreift.

Vollkernigkeit, die: Die Bez. ist üblich bei → Kernholzarten, die einen breiten → Kern und einen schmalen → Splint haben. Der Begriff V. bezieht sich dabei auf die Größe (Anteil) des verkernten Stammquerschnitts, die nach Baumarten ebenso von Baum zu Baum verschieden sein kann; → Verkernung.

Vollkluppung, die: → Vollaufnahme.

Vollmast, die: → Mast.

Vollpflanze, die: vollständige Pflanze mit → Sproß und → Wurzeln; → Stummelpflanze.

Vollsaat, die: → Saatformen.

Vollumbruch, der: ganzflächige → Bodenbearbeitung, bei der der Boden tief (bis 0,5 m) bearbeitet wird.

Volumendichte, die: → Bestand(e)sdichte.

Volumenermittlung bei Bäumen, die: Die V. b. B., in der Forstwirtschaft sogar in Beständen, ist wegen der schweren Zugänglichkeit der Meßmerkmale Höhe und → Mittendurchmesser schwierig. Es bieten sich – nach der Arbeitsintensität geordnet – folgende Methoden an:

Die → Volumenermittlung bei Bäumen ist schwierig. Hier eine Alttanne, ca. 10 Festmeter.

1. Mit viel Erfahrung kann bei der Schätzung der Baumhöhe eine Genauigkeit von ± 1 bis 2 m erreicht werden. Bei der Schätzung der Masse kann eine Genauigkeit von ± 10 bis 15 % erreicht werden.

2. Überschlägige Berechnung mit Faustformeln, gestützt auf den leichter meß- oder schätzbaren → Brusthöhendurchmesser, z. B. mit der Formel von Denzin: Derbholzvolumen (m^3) = $d_{1,3}^2$(cm) : 1 000. Diese Formel gibt bei etwa 25 m Höhe für alle Baumarten relativ genaue Werte. Für jeden Meter mehr oder weniger an Höhe ist ein Zu- oder Abschlag von 3,6 – 4 % notwendig. Denzin hat eine baumartenweise Korrekturtabelle veröffentlicht, die zu genaueren Werten führt.
Beispiel: Fi, $d_{1,3}$ = 35 cm, Höhe = 35 m: 35 x 35 : 1 000 = 1,23 m^3 + 10 x 3,6 % = 36 %, also 1,23 m^3 + 0,44 m^3 = 1,67 m^3.
Beim liegenden Einzelstamm kann mit der Formel d^2 x L x 0,00008 näherungsweise das Volumen errechnet werden. Als Merkwort wird verwendet: d-Quadrat lacht. Dabei sind d = Mittendurchmesser in cm, L = Länge in m. In Kanada werden die Länge L in m und die Radien an Stammfuß r_1 und Zopfende r_2, in cm gemessen oder geschätzt. Aus der Formel ($r_1^2 + r_2^2$) x L x 0,00016 errechnet sich dann das Volumen.

3. Ermittlung mit Hilfe mathematischer Gleichungen unter Berücksichtigung der Baumhöhe, des Brusthöhendurchmessers und weiterer Durchmesser. Durch die Messung von Durchmesserpaaren, z. B. $d_{1,3}$ und $d_{0,5}$, $d_{0,9}$ und $d_{0,5}$ können für die Massenberechnung zusätzliche Eingangsgrößen ermittelt werden, die eine größere Genauigkeit bei einer formelmäßigen Berechnung gewährleisten.

Volumen = Grundfläche x Höhe x Formzahl. Diese → Formzahl wird aus Durchmesservergleichen mit einer Formel berechnet.
4. V. wie bei liegenden Stämmen – ganz oder sektionsweise vermessen – und Aufaddierung der Abschnittsvolumen.
Trotz fehlerfreier Messung der Eingangsgrößen Höhe und Durchmesser entsteht bei der Berechnung ein Fehler von bis zu 15 %. Dieser ist auf die Verwendung der Tabellenwerte für die Formzahl zurückzuführen. Werden in einem Bestand mehrere Bäume zur Ermittlung des Holzvorrates gemessen, nimmt der Fehler ab, da er nach den Fehlergesetzen proportional zu $\sqrt{n}$ sinkt (n = Zahl der Messungen); → Holzmassenermittlung.

Volumenermittlung bei Beständen, die: Bei Bäumen, wie auch bei Beständen, sind nur die → Brusthöhendurchmesser bequem und einfach mit der → Kluppe meßbar. Nach einer Vollkluppung (→ Vollaufnahme) des Bestandes wird bei der Massenberechnung nach v. Laer/Spiecker der Durchmesser des Mittelstammes ermittelt. Näherungsweise erhält man diesen, wenn man vom stärksten Stamm her 30 % der Stämme abzählt. Rechnerisch erhält man ihn als Kreisflächenzentralstamm (Grundfläche : 2), bzw. Massenzentralstamm (Volumen : 2). Danach sind mehrere Höhen von Bäumen zu messen, deren Brusthöhendurchmesser in der Nähe des Zentralstam-

Buschwindröschen

▸▸ Scharbockskraut

mes liegt, und daraus ist der Mittelstamm zu errechnen.
Mit Hilfe des so ermittelten mittleren Durchmessers und der Höhe des Mittelstammes

Hohe Schlüsselblume

kann für die Baumarten Fi, Kie, Lä, Ta, Bu, Ei, Es, Erl, Bi aus speziellen Tabellen die Nummer einer Massenreihe entnommen werden. Für andere Baumarten können die Tafeln hilfsweise verwendet werden, und zwar für Dgl die Tafel der Fi, für sonstige Lbh die der Ei. Ist diese Nummer ermittelt, wird der Wert der Reihe 100 aus einer Tabelle „Massenreihen 100" der Baumart mit dem Faktor (Nummer der Massenreihe : 100) multipliziert und so das Volumen des Durchschnittsstammes dieser Durchmesserstufe ermittelt. Mit der Stammzahl der entsprechenden Durchmesserstufe multipliziert, ergibt dieser Wert die Masse der entsprechenden Durchmesserstufe. Die Summe der einzelnen Durchmesserstufen ergibt die Gesamtmasse des Bestandes.
Beispiel: Für einen Mittelstamm mit 26 cm Durchmesser ergibt sich bei Bu eine Höhe von 25 m. Der dazugehörige Wert der Massenreihe ist 73. Der Durchschnittsstamm dieser Durchmesserstufe hat also 0,73 Erntefestmeter (Efm) o. R. Sind in dieser Durchmesserklasse 11 solcher Stämme, dann beträgt ihr Gesamtvolumen 8,03 Efm o. R. Analog wird für die anderen Durchmesserklassen verfahren.
Der Vorrat eines Bestandes kann aus dem Volumen (V) des Mittelstammes, das z. B. nach dem Denzinschen Verfahren ermittelt wurde und aus der aus dem mittleren Stammabstand a errechneten Stammzahl
$N = 10\,000\ m^2 : a\ (m)^2$
geschätzt werden. Das auf ein Hektar bezogene Volumen ist dann N x V. Ein weiteres Schätzverfahren besteht darin, den eigenen Daumen für eine → Winkelzählprobe zu eichen, um damit die Grundfläche stehender Bestände in m^2 dadurch zu ermitteln, daß man feststellt, wieviel Bäume N in einem Zählkreis stärker als der Daumen sind. N. muß dann mit einem bei der Eichung ermittelten Faktor f multipliziert werden; → Höhenmessung.

Volumenkurve, die (Massenkurve): Trägt man über dem → Brusthöhendurchmesser das Volumen der Bäume auf, erhält man nach einem mathematischen Ausgleich die V.

Volumentafel, die: Um die Volumenermittlung an stehenden Bäumen und → Beständen zu vereinfachen, wurden V., früher Massentafeln genannt, geschaffen, aus denen baumartenweise aus der einfach meßbaren → Baumhöhe und dem → Brusthöhendurchmesser der Kubikinhalt der stehenden Bäume abgelesen werden kann. Dabei wird für jede Baumart eine mittlere → Formzahl unterstellt; der so ermittelte Inhalt stellt deshalb eine durchschnittliche Masse dar, von der der Einzelstamm mehr oder minder abweichen kann.
Die ersten Massentafeln wurden 1846 in Bayern errechnet, 1875 auf metrische Maße umgestellt. Sie sind praktisch heute noch in Gebrauch.

Volumenzuwachs, der: → Zuwachs.

Voralpen-Spindelstrauch, der: → Spindelstrauch 1.

Vor(an)bau, der: **1**) Anlage einer → Kultur unter dem Schutz eines alten Bestandes. **2**) künstliche Einbringung bestimmter Baumarten vor der Verjüngung der → Hauptbaumart, damit diese einen Wuchsvorsprung erhalten (→ Vorausverjüngung); → Vorpflanzung.

Vorarbeiter, der: Nach dem Manteltarifvertrag für Waldarbeiter (→ Tarifverträge) ist Vorarbeiter (Partieführer) der Waldarbeiter, der für ein bestimmtes Arbeitsvorhaben im Zeitlohn, im Stücklohn oder im Prämienlohn (→ Lohnformen) durch ausdrückliche Anordnung als solcher für eine Gruppe von Waldarbeitern bestellt ist. Die Gruppe muß aus mindestens zwei Waldarbeitern, den Vorarbeiter/Partieführer eingeschlossen, bestehen. Der Vorarbeiter/Partieführer ist zur Mitarbeit verpflichtet. Er ist Aufsichtsführender im Sinne der Unfallverhütungsvorschriften.

Vorästung, die: erste Ästungsstufe bis 3 m oder nur bis Reichhöhe in Nadelholz-Dickungen. Sie ist meist als → Schirmästung an Ta oder als Einleitung an weitständigen Dgl und ELä üblich. Sie wird entweder mit der Bäumsäge (bis Reichhöhe) oder mit einer schmalen Bügelsäge auf kurzer Stange durchgeführt; → Ästungssäge.

Vorausverjüngung, die: Langsamwüchsige Baumarten müssen bei der Kulturbegründung einen entsprechenden Höhenvorsprung haben, z. B. Bu und Ta vor Fi, Lä vor Kie und Laubschattenbäumen. Dieser Vorsprung wird bei → Schatt(en)baumarten durch eine rechtzeitige sog. V. erreicht. Man versteht hierunter sowohl → Naturverjüngungen als auch Voranbauten unter dem vor Witterungsextremata schützenden Schirm zu verjüngender Bestände.

Vorbau, der: → Vor(an)bau; → Verjüngung.

Vorbereitungshieb, der: → Verjüngungsverfahren.

Vorbericht, der: → Einleitungsbericht.

Vorboten: veraltete lokale Bez. für die Stöcke der vom Wind umgeworfenen Bäume; → Windwurf, Worboten.

Vorfrühlingsblumen (Frühblüher): Blumenarten, die die Lichtnot des Waldes dadurch überwinden, daß sie schon vor der Belaubung der Bäume ihre Lebensaufgaben erfüllen. Die schnelle Entwicklung im zeitigen Frühjahr wird durch die unterirdischen Gebilde (Knolle, Zwiebel, Wurzelstock) bewirkt, in denen das Leben fortbesteht (→ Geophyten). Durch diese Vorratskammern erhalten die V. den nötigen Vorsprung zu ihrer Entfaltung gegenüber den ein- und zweijährigen Gewächsen. Zu den V. zählen u. a.: Schlüsselblume, Märzenbecher, Echtes Schneeglöckchen, Buschwindröschen, Scharbockskraut, Leberblümchen, Haselwurz, Lungenkraut, Lerchensporn, Immergrün und Bär-Lauch; → Frühlingsblumen, Sommerblumen.

Vorgriffshieb, der: → Endnutzung in einem noch nicht zur Endnutzung vorgesehenen, aber hiebsmöglichen Bestand; → Verfügungsbestände.

Vorhau, der: alte Bez. für die letzte → Durchforstung in einem → Hochwald.

Vorhege, die: Bestände, in denen früher eine → Streunutzung durchgeführt wurde, verschonte man in den letzten fünf bis zehn Jahren vor ihrer → Verjüngung mit dieser Nutzung, damit sich wieder ein der Verjüngung günstiger Bodenzustand entwickeln konnte. Man legte den Bestand in V.

vorherrschend → Stammklasse 1).

Vorholz, das: **1**) → Vorwald. **2**) bei der früheren Flößerei eine Zugabe bei den Holzstämmen über die bestimmte Länge hinaus (vergleichbar mit → Draufholz) als Ausgleich dafür, daß die Stammenden i. d. R. durch die Bohrlöcher für die → Floßwieden als Nutzholz unbrauchbar waren; → Vormaß. **3**) alte lokale Bez. (Sechsämterland) für den äußeren Teil eines Waldes, der aus Gebüsch und Unterholz besteht; → Waldränder.

Vorliefern, das: Transport von → Kurzholz und schwachem → Langholz (z. B. Stangen) vom Fällort bis zur → Rückegasse durch den Waldarbeiter (Forstwirt) unter Verwendung verschiedener Hilfsmittel, wie → Hebehaken, → Hebezange, → Sappi etc.

Vormaß, das: veraltete Bez. im Forstbetrieb für die Längenzugabe (Längenübermaß) bei der Stammholzmessung; → Vorholz 2), Schwindmaß.

Vormast, die: im Ggs. zur → Nachmast die eigentliche → Mast (Hauptmast); → Waldweide.

Vornutzung, die: auch Zwischennutzung. Alle Holznutzungen im Laufe der Bestandsentwicklung mittels → Durchforstung, die also nicht zur → Endnutzung gehören. Das V.-Prozent gibt den Anteil der gesamten Holzmasse an, welcher bei Durchforstungen entnommen wurde.

Vornutzungshieb(s)satz, der: → Hieb(s)satz.

Vornutzungsprozent, das: → Vornutzung.

Vorpflanzung, die: zeitlich vorgezogene → Pflanzung zur Sicherung eines Wachstumsvorsprungs; → Voranbau.

Vorquellen, das: → Saatgutvorbehandlung.

Vorrangfunktion, die: → Vorrangwälder, Waldfunktionen.

Vorrangwälder: Bez. für Wälder (Spezialwälder), die im → Waldfunktionsplan bzw. auf -karten mit entsprechender Vorrangfunktion ausgewiesen wurden; z. B. Wälder mit besonderen Aufgaben für den Wasserhaushalt (→ Waldfunktionen). Die sich im Staatsbesitz befindlichen Wälder werden durch → Waldpflege und standortgemäßen → Waldbau so verbreitet, daß sie die jeweilige Vorrangfunktion voll erfüllen können.

Vorrat, der: → Holzvorrat.

Vorratsfestmeter, der (VFm): Maßeinheit für den stehenden Holzvorrat (Holzmasse) an → Derbholz mit Rinde; → Erntefestmeter, Tariffestmeter.

Vorratshaltung, die: Bewahrung eines bestimmten → Holzvorrates, z. B. zur Sicherung von → Nachhaltigkeit, → Stabilität, Qualität und optimaler Wertleistung.

Vorratspflege, die: Verbesserung des vorhandenen → Holzvorrates durch laufende Entnahme unerwünschter, minderwertiger, kranker oder abgängiger Bestandsmitglieder. Heger entwickelte in → Tharant aufgrund seiner Erfahrungen mit labilen Fichtenbeständen in den → Hochlagen des Erzgebirges im Stadtforstamt Komotau ein Konzept zur Erhöhung der → Stabilität solcher Bestände. Dabei ist die positive → Waldpflege stammweise orientiert und hat die Erziehung von Bäumen mit stabilen, zuwachskräftigen → Kronen und bruchfesten Stämmen zum Ziel. Dabei entsteht gelegentlich auch eine plenterartige Struktur (→ Plenterwald) der Bestände. Im Interesse der verbesserten Stabilität wurde eine gewisse → Abholzigkeit und eine stärkere → Astigkeit der Stämme in Kauf genommen; → Bestand, Fichte, Formzahl.

Vorratsübersicht, die: Die V. wird im Rahmen der → Forsteinrichtung erstellt und stellt den → Holzvorrat in den einzelnen → Altersklassen nach Baumarten oder Baumartengruppen getrennt dar.

Vorratsweiser, der: → Nachhaltsweiser.

Vorratswirtschaft, die: auch Zuwachswirtschaft. Im → Forstbetrieb eine Bewirtschaftungsmethode, die unter besonderer Betonung der → Vorratspflege und Zuwachspflege die → Verjüngung zu wenig oder gar nicht beachtet.

Vorsaat, die: → Saat vor der Einleitung der → Naturverjüngung der → Hauptbaumart des Bestandes.

Vorschläge: die jungen, eben hervorgebrochenen → Triebe der Fi; → Maitriebe.

Vorschuß, der: alte nordd. Bez. für den Austrieb der Bäume.

Vorsorgeprinzip, das: in den Umweltgesetzen (z. B. → Bundesimmissionsschutzgesetz) der BR Dtschl. enthaltenes Grundprinzip, wonach → Umweltbelastungen grundsätzlich zu vermeiden oder auf ein nach dem Stand der Technik erreichbares Mindestmaß zu beschränken sind.

Vorspitz-Wieden → Floßwieden.

Vorstand, der: → Wand.

Vorständer, der: → Mittelwald.

Vorverkauf, der: Verkaufsart, bei der das → Stammholz vor der → Fällung und Zurichtung verkauft wird; → Nachverkauf, Holzverkauf.

Vorwachs, das (Stopfwachs): der klebrige Überzug mancher Blattknospen, z. B. der Pa etc., welchen die Bienen eintragen, um damit das Innere ihres Stockes zu glätten und die Waben an den Stockwänden zu befestigen.

Vorwald, der: ein zunächst aus raschwüchsigen und anspruchslosen → Pionierbaumarten (z. B. Bi, Er) entstandener oder angelegter lichter → Wald (Bestand(e)sschutzwald), der die Pflanzen der → Hauptbaumarten, die später den eigentlichen Wald bilden, schützt. Er verbessert den Frost- und Strahlenschutz und läßt damit empfindlichere Baumarten gedeihen. Zugleich dient der V. der Regeneration des → Bodens. Kleinflächiger V. wird gelegentlich als Vorholz bezeichnet; → Waldgefügetypen.

Vorwald bildet sich aus raschwüchsigen, anspruchslosen Pionierbaumarten.

Vorwuchs, der: **1**) auch Protz, Wolf. Bez. für einen starkastigen Baum, der sich durch seine größere Höhe von den übrigen Bäumen des Bestandes abhebt. Durch sein schnelleres Wachstum und seine große → Krone unterdrückt der V. seine wertvollen Nachbarn und liefert meist nur Brennholz. Grobastige V. werden bei Nadelbäumen als „Protz", bei → Laubbäumen als „Wolf" bezeichnet. Soweit ein Stutzen und Asten nicht in Frage kommt, sind sie rechtzeitig bei der → Bestandspflege zu entfernen. **2**) aus natürlicher Besamung entstandene junge Holzpflanzen, die in einem haubaren Bestand schon vor Einleitung seiner → Verjüngung vorhanden sind. Meist → Schatt(en)baumarten, die auch die Rolle des Bodenschutzholzes spielen.

Vulpes vulpes → Rotfuchs.

V-Wert, der: → Basensättigungsverhältnis.

W

W: Abk. für → Stammwerkholz.
Waaxlaab, das: → Stechpalme.
Wabenfäule, die: → Weißlochfäule.
Wacholder, der *(Juniperus)*: über die ganze Nordhalbkugel verbreitete, etwa 60 Arten umfassende Gatt. aus der Fam. der → Zypressengewächse. W. sind immergrüne Strauch- und Baumarten. Die Schuppen der → Samen verwachsen, werden fleischig und dadurch einer → Beere ähnlich (→ Beerenzapfen). W. sind → ein- oder → zweihäusig; die Vermehrung erfolgt durch Samen und → Stecklinge.

Der Gemeine Wacholder ist in manchen Gegenden landschaftsprägend.

Der Name W. geht auf die althochdeutschen Bez. „wëchalter", „wëchaltar", „wecholter" und „wachalter" zurück. Aus den beiden letztgenannten Bez. entwickelte sich das Wort „Wacholder".
Der W. spielte auch im → Volksglauben und im Brauchtum eine wichtige Rolle. In manchen Gegenden war er heilig und durfte nicht geschlagen werden. Seine Zweige sollten Krankheiten und sogar den Teufel vertreiben und bei den Tieren die Fruchtbarkeit fördern. „Die alten Hexen und Wettermacherinnen üben damit viel Zauberey und Abenthewer" klagt Matthiolus in seinem Kräuterbuch. In der Volksmedizin wurden die aromatischen Früchte, auf glühende Kohlen gestreut, als Räuchermittel gegen „üble und schädliche Dünste" benutzt. Der W. wurde auch von dem 1914 gefallenen Dichter der Heide, Hermann → Löns, besungen.
1. Gemeiner Wacholder, der *(Juniperus communis* Linné): in Norddtschl. auch Machandel, Machangel(baum), Macholder, in Bayern und Tirol Kronawit, Kramvetstrauch, Kranabit, Kranewit(t), Granawitter, Krammets(beer)baum (-strauch), ferner Quickholder, Quackelbeere, Weckholder, Klupers, Kadig (v. a. in Ost- und Westpreußen).
Verbreitung: Der G. W. ist über Europa und Asien verbreitet, im Norden bis Mittelskandinavien, im Süden bis Nordafrika. Er ist auch in Nordamerika weit verbreitet. Von allen Gehölzarten hat er das größte natürliche Verbreitungsgebiet.
Standort: Der G. W. ist eine → Lichtbaumart und in der kollinen und montanen, seltener subalpinen → Vegetationsstufe, auf Magerweiden, in Heiden, lichten Wäldern, besonders Schneeheide-, Moos-Kiefernwäldern und west-submediterranen Flaumeichen-Wäldern, auf Muschelkalkhängen und Felshängen anzutreffen. Er bildet meist nur sehr lockere Bestände. In manchen Gegenden ist er, wie z. B. in der Lüneburger Heide, eine charakteristische Pflanzenart. Der G. W. ist sehr genügsam, stellt an den → Boden keine besonderen Ansprüche und wächst auf flach- bis mittelgründigen, wechselfeuchten oder mäßig trockenen, meist nährstoffarmen, basischen bis mäßig sauren Lehm-, Ton- oder Felsböden, aber auch auf Sand- und Torfböden in sonnigen Lagen. Er erträgt enorme Winterkälte und auch Sommerdürre. Die Schafbeweidung hat sehr stark zur Ausbreitung des G. W. beigetragen, weil das Vieh den G. W. nicht frißt, jedoch andere → Baumarten kurz hält. Die heutigen W.-Bestände können in vielen Fällen als Zeiger ehemaliger Weidewirtschaft angesehen werden. Der G. W. ist von der Ebene bis in Höhen von 1900 m im Gebirge, in Unterarten sogar bis in Höhen über 3000 m im Hochgebirge anzutreffen. Auch in Parkanlagen und Gärten (häufig in Zierformen) wird er oft angepflanzt.
Merkmale: Der G. W. ist ein sehr langsam wachsendes, sehr vielgestaltiges, meist schon vom Grunde an reichverzweigtes oder auch mehrstämmiges Gehölz. Er ist ein säulenförmiger Strauch von bis zu 6 m Höhe, gelegentlich auch ein kleiner Baum von bis zu 6 m, in seltenen Fällen bis zu 12 m Höhe oder auch von niedrigem, ausgebreitetem Wuchs. Er kann ein sehr hohes Alter erreichen; die Säulenform kann bis 2000 Jahre alt werden. Der Baum hat eine tief angesetzte, zylindrische, kugelförmige, breit gerundete oder auch abgeflachte Krone. Sein Pfahlwurzelsystem (→ Pfahlwurzel) ist sehr anpassungsfähig. Der meist spannrückige → Stamm (→ Spannrückigkeit) ist etwa 10 bis 30 cm dick und selten über 2 m lang. Seine → Rinde ist anfangs glatt, rotbraun, wird später graubraun und zu einer schuppigen und längsrissigen, tief gefurchten → Borke, die sich in kleinen dünnen Fetzen ablöst. Die meist nur kurzen Äste gehen in spitzem Winkel ab oder steigen nahezu senkrecht auf. Die jungen Zweige sind mehr oder weniger vierkantig, mit deutlichen Längsleisten, hellgrün bis graugrün,

später braun. Die 3 bis 6 mm langen Winterknospen sind länglich eiförmig, vorn zugespitzt und von schuppenartigen Nadeln umhüllt. Die nadelförmigen Blätter sind linealisch bis lanzettlich, gerade, ca. 0,8 bis 2 cm lang, 1 bis 2 mm breit, steif, stachelspitzig und stechend oder auch stumpf. Sie sitzen den Zweigen mit breitem Grund an, stehen fast rechtwinkelig ab (nicht am → Sproß herablaufend), sind glänzend blaugrün, oberseits rinnig mit breitem, bläulichweißem Mittelstand, unterseits gekielt. Die Nadelblätter stehen in dreigliedrigen (selten viergliedrigen), weit auseinander stehenden Quirlen. Beim Zerreiben duften sie aromatisch, etwas nach Apfel. Ihre Lebensdauer beträgt drei bis vier Jahre. Sie fallen dann einzeln oder auch mit den Zweigen ab. Die Pflanze ist zweihäusig, selten auch einhäusig und blüht, je nach → Standort, im April/Mai oder auch erst im Juni. Nach Beginn der → Mannbarkeit trägt sie jährlich Früchte. Die → Blüten sind → eingeschlechtig, sehr selten kommen auch → zwittrige vor. Sie erscheinen bereits im Herbst des Vorjahres in der Mitte der Zweige in den Achseln vorjähriger Nadelquirle. Die männlichen, 4 bis 5 mm langen Blüten stehen einzeln, meist schräg abwärts gerichtet, sind eiförmig bis kugelig, gelb und bestehen aus mehreren Quirlen von je drei schuppenförmigen → Staubblättern. Jedes Staubblatt hat drei bis sieben, meist vier → Staubbeutel; die → Pollen sind häufig weißlich. Die weiblichen Blüten, die einzeln stehen, sind laubknospenähnliche, 2 mm lange, kleine, grüne, unscheinbare, aufrecht stehende Zäpfchen und bestehen aus mehreren (drei bis vier) dreigliedrigen Quirlen länglich-spitzer Schuppenblätter. Bei den drei obersten Schuppenblättern (→ Fruchtblättern) stehen die drei Samenanlagen, die nach der → Bestäubung zu einem fleischigen, kugeligen, die drei Samen umschließenden Beerenzapfen (Scheinbeere) heranwachsen. Die unreifen Beeren sind kurzgestielt, anfangs grün, später graugrün, oft bläulich bereift, erbsengroß, saftlos und schmecken unangenehm. Sie reifen erst im Spätherbst des zweiten oder dritten Jahres und sind dann etwa 5 bis 9 mm groß, schwarzbraun, bläulich bereift und enthalten jeweils ein bis drei längliche, bräunliche, schwach dreikantige, hartschalige, 2 bis 3 mm lange Samen. Im Herbst gesät, keimen die Samen im darauffolgenden Frühjahr; im Frühjahr gesät, keimen sie erst nach ein bis zwei Jahren. Der G. W. weist neben zahlreichen Gartenformen, von denen der **Irische Säulenwacholder** (*„Hibernica"*) und der **Schwedische Wacholder** (*„Pyramidalis" X*; früher: *„Suecia"*) die bekanntesten sind, auch einige Unterarten auf, wobei der vorstehend beschriebene der sog. **Heidewacholder** (*J. sibirica;* früher: *communis ssp. communis*) ist. In Mitteleuropa kommt noch der **Zwergwacholder** oder **Bergwacholder** (*J. communis* L. *ssp. nana* Gray = J. c. *var. montana* Ait. = *J. nana* Willd.) vor. Er ist in Europa über die subarktische Region und die Hochgebirge verbreitet, ferner über Kleinasien, den Himalaya, über Nordsibirien, Japan, das westliche Nordamerika und Südgrönland. In den Alpen kommt er hauptsächlich in Höhen (über der Waldgrenze) von 1700 bis 2500 m, in der subalpinen und alpinen Vegetationsstufe vor, ist aber auch bis über 3500 m Höhe anzutreffen. Er ist somit das am höchsten aufsteigende Holzgewächs überhaupt und kommt hauptsächlich auf Silikatgestein an trockenen, sonnigen Felshängen, aber auch auf flachgründigen, steinigen, modrig-humosen, frischen, lehmigen und tonigen Böden vor. In tieferen Lagen wächst er in Lärchen- und Kiefernbeständen (besonders Zirbelkiefernbeständen), in höheren Lagen in Alpenrosen-Bergkiefern-Gebüschen. Er wächst in Zwergstrauch-Gesellschaften vergesellschaftet mit Krähenbeere, Alpenrose, Bärentraube, bildet als Pioniergehölz bald dichte Bestände und ist → Charakterart der Zwergwacholdergesellschaft (*Juniperionnanae*) und überregionale Ordnungs-Charakterart der boreal-alpinen Nadelwälder und subalpin-alpinen Zwergstrauchgesellschaften. Der Zwergwacholder ist ein kriechender, niederliegender, häufig dichte Teppiche bildender, meist bis zu 50 cm (selten bis 1 m) hoher → Zwergstrauch. Er hat schwarzbraun berindete Äste und aufrechtstehende, dicke, kurze Zweige. Die Nadeln sind 1 bis 1,5 cm lang und ca. 2 mm breit, weich, stumpf oder zugespitzt, nicht stechend, sichelförmig gekrümmt, stehen ziemlich dicht und liegen deshalb fast dachziegelartig übereinander. Im Winter haben sie eine bronzefarbene Tönung. Die Beerenzapfen gleichen denen des sog. Heidewacholders; die Samen sind etwas gedrungener.

Das sehr dauerhafte Holz des W. – verwendbar ist nur das des stärkeren G. W. – hat einen schmalen, gelblichen → Splint, einen gelblichoder rötlichbraunen → Kern, ist weich, fein, zäh, haltbar, schön dunkel geadert und besitzt einen aromatischen Duft. Es ist für Drechslerund Schnitzarbeiten, insbesondere für feine Holzarbeiten, wie z. B. Pfeifenröhren, Zigarrenspitzen und für Spazierstöcke sehr gesucht. Die verbrennenden Späne dienen zum Räuchern von Fisch und Fleisch (Schinken). Die reifen Beerenzapfen des G. W. werden gerne von Vögeln, wie z. B. Birkwild, Schneehuhn, Alpenkrähe und Drosseln gefressen, die, da der Samen den Darm unversehrt passiert, dadurch auch zur Verbreitung beitragen. Sie enthalten → ätherische Öle, Harze, Kohlenhydrate, organische Säuren, Mineralsalze, Spurenelemente, Bitter- und Gerbstoffe. Wegen des hohen Zuckergehaltes (ca. 30 %) können sie vergoren werden. Das ätherische Öl in den Beerenzapfen, das beim Brennen in das Destillat übergeht, verleiht diesem seinen charakteristischen Geschmack, wie z. B. dem Genièvre, Kranawitter, Gin, Steinhäger, Borovička und Doornkaat. Ferner werden die Wacholderbeeren auch zum Würzen des Sauerkrauts und vieler Fleischspeisen, v. a. Wild, sowie zum Räuchern von Fleisch und Fisch verwendet. Wacholderharz (Deutscher Sandarak) ergibt einen Weihrauchersatz.

In der Naturheilkunde finden die Zweige und die Früchte Verwendung. Bereits im Mittelalter wurden ihnen Heilkräfte zugeschrieben (Antiseptica gegen Pest) und im 16. Jh. galten sie fast als Allheilmittel. Sie sind harntreibend, blutreinigend,

Der Gemeine Wacholder hat eingeschlechtige, sehr selten zwittrige Blüten. Seine blauschwarzen Beeren werden zum Würzen verwendet.

hautreizend, appetitanregend, windtreibend und finden bei Blasenentzündung, Bronchitis, Gelenkschwellungen, Migräne, gichtigrheumatischen Zuständen und bei durch Kreislaufschwäche bedingten Wasseransammlungen (Ödeme) etc. Verwendung. Wacholderspiritus, die 0,3 %-Lösung des bitterschmeckenden Wacholderöls, ist ein Hautreizmittel. Das aus dem Holz verschiedener Wacholderarten gewonnene Wacholderöl oder Cadeöl wird äußerlich gegen Rheumatismus, Gelenk- und Hauterkrankungen angewandt. Die Beeren wurden auch als Tierarznei gegen Eingeweidewürmer verwendet. Sie sind jedoch mit Vorsicht zu verwenden, da ein übermäßiger Genuß zu einer Reizung der Harnwege und der Nieren führt und zudem Harndrang sowie beschleunigte Atem- und Herztätigkeit hervorruft. Bei Nierenkranken können schon geringe Mengen zu Nierenreizung führen. Auch schwangere Frauen sollten die Beeren nicht essen.

2. Sadebaum, der (*Juniperus sabina*): auch Säbenbaum, Sabine, Säuling, Sebenbaum, Segensbaum, Sevenbaum, Stinkwacholder.

Alle Teile des Sadebaumes (*Juniperus sabina*) sind sehr giftig.

Niedriger, bis 2 m, selten bis 4 m hoher Strauch in den höheren Gebirgslagen Mittel- und Südeuropas, des Kaukasus und Altai-Gebirges. Der S. ist gelegentlich unter Kie anzutreffen. Er hat Nadel- und Schuppenblätter; letztere sind mit einer Oldrüse versehen. Die Blüten sind monoezisch oder dioezisch verteilt. Die großen schwarzblauen Beerenzapfen sind endständig, bis 7 mm groß und enthalten zwei bis drei Samen. Der S. wird als Zierstrauch auch in Gärten gepflanzt. Alle Teile des Strauches sind sehr giftig und enthalten ein stark reizendes Öl. Der S. ist der Zwischenwirt des Birnengitterrostes. Die Spitzen der Zweige wurden früher arzneilich, im Mittelalter als Abortivum, verwendet.

Wacholder-Bürstenmoos, das: → Bürstenmoos 4.

Wacholderdrossel, die: → Drosseln 5.

Wachsmyrte, die: → Gagelstrauch.

Wachstäubling, Milder, der: → Täublinge 16.

Wachstum des Holzes, das: → Dickenwachstum, Höhenwachstum.

Wachstumsbewegungen → Nastien, Turgor.

Wachstumsfaktoren: alle äußeren Einflüsse, die auf das Leben der Bäume (Pflanzen) einwirken, wie Licht, Feuchtigkeit, Temperatur, Luftbewegung, Zusammensetzung und Nährstoffgehalt sowie Wasserhaltefähigkeit des → Bodens.

Wachstumsgeschwindigkeit, die: → Zuwachs.

Wachstumskalender, der: → Jahrringchronologie.

Wachstumskurve, die: Trägt man über dem jeweiligen Alter die erreichte Höhe oder das Volumen eines Baumes oder eines Bestandes auf, dann erhält man die W. Diese sind für jede Baumart und für jeden Standort spezifisch. Allen gemeinsam ist, daß sie asymmetrische S-Kurven sind, die einen Wendepunkt haben, der i. d. R. schon erreicht wird, wenn ein Drittel des biologischen Alters erreicht ist. Der Wendepunkt markiert den höchsten laufenden → Zuwachs (lZ). Dieser nimmt nach Beginn des Wachstums rasch zu und nach der Kulmination langsam ab. Die Zuwachskurve stellt praktisch die Geschwindigkeit der Volumenzunahme dar. Mathematisch gesehen ist sie die erste Ableitung der W. Sie ist ebenfalls asymmetrisch, hat nach der Kulmination immer, vor ihr oft, einen Wendepunkt. Baumarten mit schnellem Wachstum, wie Bi und Pa, kulminieren schnell, langsamwachsende Baumarten, wie z. B. die Bu und die Ta, spät. Die W. nähern sich asymptotisch einem Höchstwert, weil mit zunehmender Höhe und wachsendem Vorrat des Bestandes der „Umweltwiderstand" zunimmt. Der Zuwachs wird durch die natürlichen → Wachstumsfaktoren und durch die Bestandsbehandlung beeinflußt; → dGz.

Wachstumsleistung, die: → Wuchsleistung.

Wachstumspunkt, der: → Vegetationspunkt.

Wachstumsringe → Jahrringe.

Wachstumsschicht, die: → Kambium.

Wachstumszeit, die: → Vegetationsperiode.

Wachtelweizen, der *(Melampyrum)*: rund 25 Arten in der nördlichen gemäßigten Zone umfassende Gatt. der Fam. der → Rachenblütler. Es sind dies einjährige Halbschmarotzerpflanzen (→ Halbschmarotzer). Der Name W. bezieht sich auf die → Samen, die bei manchen Arten Weizenkörnern ähneln und auch in Notzeiten zu Mehl vermahlen werden können. Einheimische, in Wäldern anzutreffende Arten sind:

▸▸ Hain-Wachtelweizen *(Melampyrum nemorosum)*

1. Hain-Wachtelweizen, der *(Melampyrum nemorosum* L.*)*: Der H. ist über Mittel- und Nordeuropa (ohne Großbritannien, Arktis und Subarktis) verbreitet. Er wächst ziemlich selten in Wäldern, besonders Laubwäldern, Eichen-Hainbuchenwäldern (schwache Verbands- → Charakterart), Gebüschen, Ulmen-Auenwäldern, Verlichtungen, auf Holzschlägen, an Waldrändern, gelegentlich auch in Buchenwäldern, auf frischen, nährstoffreichen, aber kalkarmen Böden, im wärmeren Hügelland und in Gebirgsgegenden.
Der einjährige, 10 bis 50 cm hohe H. hat einen vierkantigen Stengel, der auf zwei gegenüberliegenden Seiten kurzhaarig ist. Die gegenständig angeordneten Blätter sind eiförmig bis lanzettlich, langspitzig. Die Hochblätter sind breit herzförmig bis spießförmig, blauviolett, behaart, mit jederseits 1 bis 5 mm langen Zähnen. BZ: Juni bis September. Die Blüten stehen in einer lockeren einseitswendigen Ähre (→ Blütenstand). Die etwa 16 bis 20 mm lange Blütenkrone ist goldgelb, später orange, unten mit rotbrauner gerader Kronröhre. Der Kelch ist zottig oder zerstreut behaart.

2. Wald-Wachtelweizen, der *(Melampyrum silvaticum* L.*)*: Der W. ist über weite Teile Europas verbreitet. In Dtschl. ist er im Süden und in den höheren Lagen der Mittelgebirge zerstreut anzutreffen; ansonsten ist er selten zu finden und gegen Norden zu nimmt er ab. Er ist die Ordnungs-Charakterart der boreal-alpinen Nadelwälder und subalpin-alpinen Zwergstrauch-Gesellschaften. Er wächst in Mischwäldern und besonders in Fichten- und Fichten-Tannen-Wäldern, Fichtenforsten und Labkraut-Tannenwäldern der Gebirge mit Humusboden, an Waldrändern, in Gebüschen, Heiden, auf Bergwiesen, bevorzugt auf frischen, nicht zu armen und sauren Böden, bis in Höhen von über 2000 m.
Die einjährige, schwachgiftige Halbschmarotzerpflanze auf Fi oder Heidelbeere kommt als Bergform (*ssp. laricetorum*), Sommerform (*ssp. aestivale*) und Hochsommerform (*ssp. sylvaticum* und *ssp. intermedium*) vor. Sie wird 15 bis 25 cm hoch und hat einen aufrechten oder aufsteigenden, einfachen oder ästigen, zweizeilig kurzhaarigen Stengel. Die ganzrandigen Blätter sind ei-lanzettlich bis linealisch-lanzettlich. Die → Hoch- und Deckblätter sind grün, ganzrandig, oder die oberen haben am Grunde kleine Zähne. BZ: Mai/Juni bis August. Die blattachselständigen, goldgelben Rachenblüten stehen in einer einseitswendigen, lockeren, beblätterten Ähre. Die zugespitzte, eiförmige Fruchtkapsel ist 10 bis 12 mm lang; → Ameisenpflanzen.

3. Wiesen-Wachtelweizen, der *(Melampyrum pratense* L.*)*: Der W. ist, mit Ausnahme des Südostens, fast über ganz Europa verbreitet. Er wächst verbreitet bis häufig in Heiden, lichten Hainen, an Waldrändern, in Gebüschen, lichten Laub-, Misch- und Nadelwäldern, bodensauren, mesophytischen Buchen- und Laubmischwäldern (oft mit Habichtskraut-Arten), Borstengras-Rasen, Ginsterheiden, Zwergstrauch-Gesellschaften, *ssp. pratense* und *ssp. commutatum* in lichten Eichen-Birken-Wäldern, *ssp. angustifrons* in rheinischen Birken-Traubeneichen-Wäldern, *ssp. oligodaclum* (Bergform) = in zwergstrauchreichen Tannen- und Eichenwäldern und *ssp. paludosum* in Hochmooren, aber so gut wie nie auf Wiesen (Name daher irreführend), bevorzugt auf sandigen und lehmigen, kalkarmen, sauren Böden (zeigt Verhagerung und Säure an), aber auch auf torfigem Grund, von der Ebene bis in Höhen von über 2000 m im Gebirge.
Die schwach giftige, sehr formenreiche, einjährige, wenig behaarte Pflanze zieht ihre Nährstoffe z. T. aus → Wurzeln anderer Pflanzen, z. B. aus denen der Waldbäume, der Heidelbeere und anderer → Zwergsträucher, die sie mit ihren Wurzeln anzapft. Da ihre Blätter → Chlorophyll enthalten, kann sie die lebensnotwendigen Nährstoffe z. T. auch selbst aufbauen. Der W. wird 15 bis 40 cm hoch und hat einen aufrechten, vierkantigen, reich verzweigten Stengel. Die gegenständig angeordneten Blätter sind linealisch-lanzettlich bis eilanzettlich und ganzrandig. Die Tragblätter (Deckblätter) sind grün, lanzettlich, die oberen meist jederseits mit ein bis drei langen Zähnen, seltener alle ganzrandig. BZ: Juni bis August. Die blaßgelben oder weißlichen Rachenblüten stehen in einer endständigen, lockeren, einseitswendigen Ähre. Die abgeflachte, eiförmige, deutlich geschnäbelte Frucht enthält vier elliptische Samen mit einem kleinen Anhängsel an einem Ende; sie gleichen Weizenkörnern.

4. Kamm-Wachtelweizen, der *(Melampyrum cristatum* L.*)*: Der K. ist fast über ganz Europa verbreitet; lediglich in Teilen Westeuropas fehlt er. Im Norden Dtschl. und in den Alpen ist er selten, sonst zerstreut anzutreffen. Er wächst in lichten trockenen Wäldern, besonders verlichteten Eichen- und Kiefern-Trockenwäldern, Eichen-Ulmen-Auenwäldern, lichten west-submediterranen Flaumeichen-Wäldern, an Waldrändern, in sonnigen

Gebüschsäumen (Berberitzengebüschen), an buschigen Abhängen und seltener auf Wiesen; er zeigt Tonboden an.
Die einjährige, 15 bis 50 cm hohe, schwach giftige, kurzhaarige Pflanze hat einen einfachen Stengel oder einen mit weit abspreizenden Ästen. Die sitzenden, lineal-lanzettlichen Blätter sind ganzrandig, die obersten am Grund gezähnt. Die in vier Reihen angeordneten, rötlichen oder weißlichen Tragblätter sind längsgefaltet, rundlich-herzförmig und im unteren Teil kammartig gezähnt. BZ: Mai bis September. Die zweilippigen Rachenblüten sind gelblichweiß und rot oder purpur überlaufen, selten bleich und stehen in einer gedrungenen, allseitswendig vierkantigen Ähre.

Wachtelweizen-Scheckenfalter, der: → Edelfalter 17.

Wadel, der (vom althochdeutschen „wajan" = bewegen, wehen): auch Wedel, Wädel. im Mittelalter übliche Bez. für die Fällungszeit (Dezember, Januar, Februar). Man nannte diese drei Monate (sog. → Hartmonate) die „rechte W.-Zeit" oder den „W.". Der Begriff „W." für die übliche beste Fällungszeit (→ Einschlagszeiten) ist allerdings ein Ausdruck für Neumond und Vollmond. Da aber seit alters her verschiedene Mondphasen die richtige Zeit für bestimmte Geschäfte sein sollten, z. B. der zunehmende Mond für Geschäfte der Vermehrung und des Wachsens, so wurde in alter Zeit auch die → Fällung des → Holzes nach den Mondphasen geordnet (→ Mondkalender). Viele vertraten auch die Ansicht, daß bei Nacht gefälltes Holz dauerhafter sei, weil die Nährstoffe dann in die Blätter ausgeströmt sind. Mancherorts wird heute noch das Holz im W. (sog. Mondphasenschlägerei) gefällt. Nach Überzeugung vieler Förster und Tischler etc. ist solches Holz nicht nur dauerhafter, sondern auch besser zu bearbeiten und benötigt auch keine Behandlung mit Holzschutzmitteln, weil es nie von Holzwürmern befallen wird. Hinsichtlich der besten Fällungszeit sagt eine alte Bauernregel: „Wer sein Holz um Christmett fällt, dem sein Haus wohl zehnfach hält; um Fabian, Sebastian fängt schon der Saft zu fließen an."
Holzeinschlag außerhalb der gesetzlich vorgeschriebenen Zeit bezeichnete man als „im bösen Wedel hauen" (Wadel-, Wedelhauen).

Wädel, der: → Wadel.

Wädelhauen, das: → Wadel.

Wadelholz, das: frühere Bez. für das zur rechten Zeit geschlagene Holz; → Wadel.

Wagenladung, die: altes Raummaß für Holz in Sachsen; 1 W. = 10,4 m^3.

Wagenschoße: auch Wagenschuße, Stück-, Halbhölzer. Um bei wertvollen Eichenabschnitten, die zu hochwertigem Schreinerholz bestimmt waren, einen vollkommenen Einblick ins Stamminnere zu gewähren, wurden sie früher bisweilen schon im Wald einmal der Länge nach durchs → Mark gespalten (W.). Die W. des früheren Ostseehandels (Danziger W.) waren 4 m lang, 31 cm breit und 26 cm hoch. W. wurden hauptsächlich für den englischen und französischen Markt erzeugt.

Wagner, Christoph (1.10.1869 Michelbach bis 24.5.1936 Stuttgart): Nach Studium der Forstwissenschaft in Tübingen (1888 bis 1892) war W. Gräflich Pückler-Limpurgischer Oberförster in Gaildorf. W. war dann Professor der Forstwissenschaften an der Universität Tübingen (1903 bis 1920); Präsident der württembergischen Forstdirektion in Stuttgart (1920 bis 1924); Professor für forstliche Betriebslehre an der Universität Freiburg (1924 bis 1935). Er schuf das Blendersaumschlagsystem und prägte den Begriff „räumliche Ordnung". Er schrieb u. a.: „Die Grundlagen der räumlichen Ordnung im Walde" (1907), „Der Blendersaumschlag und sein System" (1912), „Lehrbuch des Forstschutzes" (1930).

Wagner, Franz (21.1.1821 St. Trudpert bei Freiburg bis 16.6.1883 Karlsruhe): Oberförster W. war Mitbegründer der badischen Femel- und Femelschlagwirtschaft.

Wagner, Richard → Wald in der Musik.

Wagnerholz, das: auch Stellmacherholz. Bez. für alles → Holz, das in der Wagnerei Verwendung findet. Es handelt sich dabei hauptsächlich um zähes und elastisches, gesundes und astreines Holz von Laubbäumen (Ei, Ul, Ah, Es, Bu, Hbu, Bi, Elsb und Rob), aber auch Fi und Lä werden verwendet; → Radholz.

Wahlhölzer: frühere Bez. für Hölzer verschiedenster Abmessung und Beschaffenheit, die für bestimmte Verwendungszwecke (z. B. Mühlwellen) im Wald besonders ausgesucht wurden.

Wahnkante, die: → Baumkante.

Wahrschauer,der: bei der früheren → Flößerei fuhr der W. dem Floß mit einem Nachen (kleines Boot) etwa 2 bis 4 km voraus, um vor dem herankommenden Floß zu warnen.

Waidasche, die: → Pottasche.

W a l d, der: siehe Seite 768

Waldabgabe, die: eine seit dem Jahre 1985 im Schweizer Kanton Uri von jedem Autobesitzer erhobene Abgabe von 20 Schweizer Franken. Der sich dadurch ergebende Gesamtbetrag von ca. 300 000 Schweizer Franken soll zum Schutz der durch das → Waldsterben besonders gefährdeten alpinen Wälder des Kantons verwendet werden.

Waldabschwendung, die: auch Devastation des Waldes, Waldzerstörung. eine nach Art. 41 des früheren bayer. Forstgesetzes jede den Wald ganz oder einen Teil seiner Fläche verwüstende, sein Fortbestehen unmittelbar gefährdende Handlung. Unter W. wird jedoch weder ein Kahlschlag noch eine Rodung verstanden. W. kann daher nur eine Handlung sein, die die Existenzgrundlage des Waldes, nämlich den → Waldboden, zustört, ohne sich als → Rodung darzustellen (z. B. Humusabtrag, Einbringung schädlicher Chemikalien, Stocksprengung auf Böden mit Kiesuntergrund).

◂◂◂ Kamm-Wachtelweizen *(Melampyrum cristatum)*

Waldahorn, der: → Ahorne 1.

Waldameisen: nach der BArtSchV besonders geschützte und einander sehr ähnliche Arten der Gatt. *Formica*; → Ameisen 1. Die W. sind u. a. Vertilger von Schadinsekten und werden

Christoph Wagner prägte den Begriff → räumliche Ordnung.

in der Forstwirtschaft in besonders bedrohten Waldgebieten zur → biologischen Schädlingsbekämpfung eingesetzt.

Waldanteil, der: der Anteil des Waldes eines bestimmten Landes im Verhältnis zur Gesamtfläche. Der W. der Erde beträgt rund 33 %, der der EU-Länder rund 22 % (= ca. 49,426 Mio. ha),
BR Dtschl. rund 28,6 % (= 10,19 Mio. ha), Österreich rund 46,2 % (= 3,878 Mio. ha), Schweiz rund 28,7 % (= 1,186 Mio. ha); → Waldfläche, Anhang Seite 878/879.

Waldapfel, der: → Äpfel.

Waldarbeit, die: W. ist eine Facharbeit, die vielseitiges Können und Erfahrung erfordert. Sie umfaßt die Ausführung sämtlicher anfallenden Arbeiten im Forstbetrieb. Der → Forstwirt (→ Waldarbeiter) führt alle Forstarbeiten vom → Holzeinschlag und Holzrücken (→ Rücken) bis hin zu den Forstschutz-, Kultur- und Wegebauarbeiten nach Einweisung durch den Revierleiter selbständig durch. Axt und Motorsäge sind für den Waldarbeiter die wichtigsten Handwerkszeuge. In modernen Forstbetrieben werden zur Minderung der körperlichen Belastungen der Waldarbeiter zahlreiche Hilfsgeräte wie Seilwinden, landwirtschaftliche Schlepper mit Zusatzgeräten und Entrindungsmaschinen etc. eingesetzt. Diese Maschinen und Hilfsgeräte haben auch zu einer wesentlichen Leistungssteigerung und einer beachtlichen Kostensenkung geführt.

Begriff

Unter Wald verstand man ursprünglich ein der Kultur nicht unterworfenes Land. Der Begriff leitet sich aus dem urgermanischen „waltus" oder „walpus", im übertragenen Sinne „Wildnis" ab. Sprachgeschichtlich ist das Wort Wald mit dem Wort „wild" als Adjektiv im Sinne des Wilden und Ursprünglichen verwandt. Es geht nach dem Germanisten Jost Trier (1963) auf den gleichen Wortstamm zurück, ohne daß das eine Wort vom anderen abgeleitet werden kann. Diese etymologische Ableitung des Wortes Wald zeigt als Waldform den lichten, mit Laubholz (Wald-Laub) bestockten Wald, von kleinerem Umfang und in Siedlungsnähe gelegen. Er ist ein Nieder- und Mittelwald oder Kopfholzbetrieb. Im Laufe der Jahrhunderte haben sich für Wald auch andere, zum Teil lokale Bezeichnungen eingebürgert, die heute noch – überwiegend in Verbindung mit Orts- und Flurnamen – erhalten sind. Für den kleinen, ortsnahen Wald sind z. B. üblich: → Hain, Wäldchen, auch Loh (bewachsene Lichtung, Gebüsch, niederes Holz; nicht verwandt mit Lohe = Flamme oder Gerberlohe), Horst (in Norddtschl. auch Bezeichnung für großen Wald), Hag, Hagen, Hecke. Für den großen Wald, meist siedlungsfernen Wald sind üblich: Hart (bedeutet ursprünglich Wald-Gebirge, daraus wurde Harz, Spessart oder Haard, Haardt, Hard, Hart, z. B. in der Rheinpfalz), daneben auch → Strut und z. T. → Forst. Unabhängig von der Größe und Bedeutung des Waldes wurden auch die Begriffe Holz, Holzung und Gehölz, örtlich (z. B. Niederdtschl.) auch → Heide verwandt. Manchmal wurden die Wälder oder Wäldchen auch nach ihrer Zusammensetzung benannt, z. B. Eichet, Birket. Der Begriff Wald wird heute in Zusammensetzung auch für die Bezeichnung von Landschaften verwendet. In Niederbayern z.B. spricht man, wenn man den Bayerischen Wald meint, nur vom „Wald"; → Urwald.

▸▸ **Der Wald ist eine Vegetationsform und mehr als nur eine Ansammlung von Bäumen.**

Der Wald besitzt die Fähigkeit zur Selbstregulierung; er steht in einem dynamischen Gleichgewicht.

Ökologische Definition

Der Wald ist eine Vegetationsform und mehr als nur eine Ansammlung von vorherrschenden, geschlossen auftretenden stammförmigen Bäumen. Diese allein unterliegen im Wald schon besonderen Lebensgesetzen. Wald ist darüber hinaus ein vernetztes (→ Netzwerk Wald) Sozialgebilde und Wirkungsgefüge seiner sich gegenseitig beeinflussenden und oft voneinander abhängigen biotischen, physikalischen und chemischen Bestandteile, das praktisch von der obersten Krone bis hinunter zu den äußersten Wurzelspitzen reicht. Kennzeichnend ist die konkurrenzbedingte Vorherrschaft der Bäume. Dadurch entsteht auch ein Waldbinnenklima (→ Bestand(e)sklima), das sich wesentlich von dem des Freilandes unterscheidet. Dieses kann sich nur bei einer Mindesthöhe, Mindestfläche und Mindestdichte der Bäume entwickeln.

Das Ökosystem Wald

Der biotische Teil des Waldes hat die Dynamik, sich durch die ständige Produktion neuer Substanz immerwährend selbst zu erhalten. Er besitzt im kybernetischen Sinne die Fähigkeit zu einer gewissen Selbstregulierung, er steht in einem dynamischen Gleichgewicht. Das → Ökosystem Wald ist damit eine komplexe Verbindung

- von Bäumen, die organische Substanzen produzieren,
- des Substrates → Boden, von dem er wegen des → Standraumes, der Ernährung und der Wasserversorgung abhängig ist,
- von Begleitpflanzen, die ebenfalls organische Substanzen produzieren und mit denen die Bäume zum wechselseitigen Schutz, in Wettbewerb (→ Konkurrenz), zum gegenseitigen Nutzen oder antagonistisch zusammenwirken,
- von Tieren, die sich von Pflanzen oder anderen Tieren ernähren, durch sie Schutz finden oder ihnen nutzen,
- von → Mikroorganismen, die direkte oder indirekte Vorteile für die Bäume bringen oder antagonistische Wirkungen auf die Bäume oder andere lebende Organismen ausüben oder zersetzend wirken und am Abbau der organischen Substanz beteiligt sind,
- des Bodens und des Klimas der Atmosphäre, einschließlich von Feuer und Feuchtigkeit, die für Verteilung und Menge aller Organismen im Wald verantwortlich sind.

Der Wald ist eine Dauervergesellschaftung seiner Bestandteile, die durch Stoff- und Energiewechsel miteinander verbunden sind. Dabei treten Wechselwirkungen zwischen den Pflanzen, dem Boden und der Atmosphäre einerseits und zwischen den Bäumen selbst, den übrigen Pflanzen, den Tieren und den Mikroorganismen andererseits auf. Diese reichen vom → Kommensalismus und der → Symbiose bis hin zur → Konkurrenz und zum → Parasitismus. Das Waldklima unterscheidet sich von dem des Freilandes durch seine Strahlungsverhältnisse, die Temperaturen der Luft und des Bodens, die Frosttiefe, die relative Luftfeuchtigkeit, die Windverhältnisse und den Anteil der auf den Boden gelangenden Niederschläge. Wegen der großen Verflechtungen, Wechselwirkungen und wechselseitigen Abhängigkeit sind die Abläufe oder Bedingungen in einem Wald durch zahlreiche Faktoren beeinflußt. In der Natur tritt Wald dort auf, wo alle zu seiner Ausbildung erforderlichen Faktoren wie Feuchtigkeit, Nährstoffe und Wärme in ausreichendem Maße vorhanden sind. Innerhalb der → Waldgrenzen ist das in Mitteleuropa fast überall der Fall. Für Forstinventuren und -erhebungen werden in den verschiedenen Staaten sehr unterschiedliche Definitionen für „Wald" angewandt. In einigen Fällen wird von einer Mindestfläche (z. B. von 0,1 ha) oder -breite (z. B. 10 m) ausgegangen, in anderen Fällen von einer Mindestkronendichte (z. B. 10 Prozent), Mindeststammzahl je Hektar (z. B. 500) oder auch von einer potentiellen Mindestzuwachsleistung (z. B. 1 fm).

Definitionen in Gesetzen

■ Bundesrepublik Deutschland: Nach § 2 → Bundeswaldgesetz ist Wald jede mit Forstpflanzen bestockte Grundfläche. Als Wald gelten auch kahlgeschlagene und verlichtete Grundflächen, Waldwege, Waldeinteilungs- und Sicherungsstreifen, Waldblößen und Lichtungen, Waldwiesen, Wildäsungsplätze, Holzlagerplätze sowie weitere mit dem Wald verbundene und ihm dienende Flächen. In der Flur oder am bebauten Gebiet gelegene kleinere Flächen, die mit einzelnen Baumgruppen, Baumreihen oder mit → Hecken bestockt sind oder als Baumschulen verwendet werden, sind nicht Wald im Sinne dieses Gesetzes.
Die Länder der Bundesrepublik Deutschland können diesen Waldbegriff in ihren Landeswaldgesetzen enger oder weiter definieren. So können z. B. Weihnachtsbaum- und Schmuckreisigkulturen sowie zum Wohnbereich gehörende Parkanlagen ausgenommen werden. Diese Definition zielt letztendlich auf die Erhaltung der Waldfläche – unabhängig von ihrem gegenwärtigen Zustand – ab. Deshalb sind auch unbestockte, nach den Vorschriften des Waldgesetzes wieder aufzuforstende Flächen im juristischen Sinne als Wald zu verstehen. Ein Vergleich zeigt, daß der Begriff Wald in den einzelnen Ländern höchst unterschiedlich definiert wird. Als Kriterien werden Mindestbreite, -größe, -produktion und → Deckungsgrad verwendet. Entsprechend differenziert sind die Statistiken der Länder zu interpretieren.

■ Republik Österreich: Nach dem österreichischen Forstgesetz von 1975 (novelliert 1987) sind Wald alle Flächen, die mit forstlichen Baumarten (sind im Forstgesetz aufgezählt) bestockt und größer als 1 000 m² bei einer durchschnittlichen Breite von 10 m sind. Ebenso als Waldflächen gelten Windschutzstreifen sowie die → Kampfzone des Waldes; Grundflächen, die bisher nicht Wald waren und aufgeforstet werden, gelten nach 10 Jahren als Wald; handelt es sich um einen natürlichen Anflug, nach Erreichen einer Überschirmung von 50 Prozent ihrer Fläche. Nicht als Wald gelten sogenannte → Kurzumtriebsflächen.

■ Schweiz: Das Schweizerische Bundesgesetz über den Wald (Waldgesetz, WaG) vom 4.10.1991 nennt drei Elemente, die für die Bestimmung des Waldcharakters maßgebend sind: Es muß sich um eine Fläche handeln, sie muß mit Waldbäumen oder -sträuchern bestockt sein, und sie muß Waldfunktionen erfüllen.

■ In Finnland, Schweden und Norwegen müssen eine Mindestproduktion von 1 m³ und eine Mindestfläche von 0,25 bzw. 0,1 ha vorliegen, in Spanien neben einer Mindestbreite von 20 m, einer Mindestfläche von 0,2 ha ein Deckungsgrad von mehr als 5 %. In Großbritannien gelten erst Flächen ab 2 ha als Wald.

■ Die FAO wendet für entwickelte Länder und für Entwicklungsländer in ihren Statistiken unterschiedliche Definitionen an:
Entwickelte Länder: Land, zu mehr als 20 Prozent mit Bäumen bestockt, die in der Regel höher als 7 m werden und in der Lage sind, Holz zu produzieren.
Entwicklungsländer: Land, das wenigstens zu 10 Prozent mit Bäumen und/oder Bambus bestockt ist. Offenes Waldland: Land, das zu 5 bis 20 Prozent mit Bäumen bestockt ist.

Definitionen nach Übereinkunft

Gemäß Übereinkunft ist Wald eine Vergesellschaftung von Bäumen, die stammförmig eine Mindesthöhe von 3 bis 5 m haben und eine physiognomische Einheit bilden. Nach Ellenberg/Müller-Dombois spricht man bei der Abgrenzung an der Waldgrenze noch von Wald, wenn bei gleichmäßiger Durchwurzelung der Zwischenflächen ein Kronenschluß von 30 bis 40 Prozent erreicht wird. Bei der Definition der Waldgrenze wird auch von der Übereinkunft ausgegangen, daß stammförmige Bäume mit einer Krone und einer Mindesthöhe von 3 bzw. 5 m vorhanden sein müssen. Die Mindestfläche errechnet man aus der Baumhöhe. Man geht dabei davon aus, daß die durchschnittliche Baumhöhe (h) bei Vollbestockung auch Mindestradius der Fläche ist (→ Beschirmungsgrad). Ist diese geringer überschirmt, muß die Fläche größer sein (Mindestfläche $\frac{\pi \times h^2}{ü}$).

Gemäß Übereinkunft ist Wald eine Vergesellschaftung von Bäumen, die stammförmig eine Mindesthöhe von 3 bis 5 Metern haben und eine physiognomische Einheit bilden.

Waldarbeiter (1925)

Waldarbeiter (Forstarbeiter): Bez. für Arbeitskräfte in der Forstwirtschaft, die für alle Forstarbeiten (→ Waldarbeit) eingesetzt werden. Der Beruf des W. bedingte früher eine dreijährige Lehrzeit. Bei geregelter Ausbildung waren folgende Stufen zu durchlaufen: W.-Gehilfe, Waldfacharbeiter. Geeignete Waldfacharbeiter konnten zum Haumeister bestellt werden, aber auch zum → Forstwart (Laufbahn des mittleren Forstbetriebsdienstes) aufsteigen. Durch die zunehmende Mechanisierung der Waldarbeit ist heute der W. ein hochqualifizierter und gutbezahlter Facharbeiter. Nach dem Berufsbildungsgesetz tritt heute der → Forstwirt an die Stelle des Waldfacharbeiters. Männliche W. arbeiten im Durchschnitt 40 bis 45 % ihrer Arbeitszeit im Zeitlohn, die übrige Zeit im Stücklohn (Akkord), nämlich in der Holzernte und in einem wesentlichen Teil der Forstpflegearbeiten. Die Tariflöhne für die W. der Länder werden seit 1952 zentral durch die Tarifgemeinschaft deutscher Länder vereinbart. Nach dem Manteltarifvertrag für W. (→ Tarifverträge) werden W. in Stammarbeiter und sonstige W. eingeteilt. Stammarbeiter sind W., die in den drei vorangegangenen Kalenderjahren im Arbeitsverhältnis zu demselben Arbeitgeber gestanden und insgesamt mindestens 720 Tariftage erreicht haben; → Forstfacharbeiter, → Holzknecht.

Waldarbeiterhütten, die → Forsthütten.

Waldarbeitsschulen: Aus- und Fortbildungsstätten für → Forstwirte und → Waldbauern mit angegliederten Lehrwerkstätten. W. gibt es in Hachenburg (→ Westerwald), Eppelborn (Saar), Münchehof über Seesen (→ Harz), Lampertheim, Weilburg (Lahn), Diemelstadt-Rhoden, Bad Segeburg, Neheim-Hüsten, Kelheim (Goldberg), Höllhof über Gengenbach, Itzelberg über Heidenheim (Brenz), Ruhpolding (Laubau), Nürnberg-Buchenbühl sowie in Bernau, Kunsterspring und Templin in Lychen (Brandenburg) und Gehren (Thüringen). Die erste W. Dtschl. wurde 1934 von H. H. → Hilf gegründet; → Waldbauernschule.

W. in Österreich: → Forstfacharbeiter.

Waldarl, das: auch Walderl. mundartliche Bez. für kleinen Wald, Wäldchen.

Waldasche, die: → Esche.

Waldästhetik, die: → Forstästhetik.

Waldaufbau, der: → Vegetationsschichten des Waldes.

Waldaufbauformen: Der Aufbau des Waldes (→ Bestockungsaufbau) hat je nach → Betriebsart unterschiedliche Formen. Der → Niederwald ist gleichaltrig, einschichtig und gemischt. Der → Mittelwald ist ungleichaltrig, mehrschichtig und einzel- bis gruppenweise gemischt. Der schlagweise Hochwald (→ Altersklassenwald) ist gleichaltrig bis ungleichaltrig, ein-, zwei- oder mehrschichtig und stufig aufgebaut, als Reinbestand oder einzel- bis gruppenweise gemischt. Der → Plenterwald ist sehr ungleichaltrig, mehrschichtig und stufig aufgebaut, einzel- bis gruppenweise gemischt; → Struktur.

Waldaufnahmeheft, das: meist in Formblattform an- und für die EDV ausgelegte Erhebungsböden für die Zustandserfassung und die waldbauliche Einzelplanung (→ Bestand(e)splanung) durch die → Forsteinrichtung.

Waldaufnahmen → Forstbereitungen.

Waldaufseher → Forstschutzpersonal.

Waldausbränden, das: auch Ausbränden. früher in der Steiermark eine übliche Bodenverbesserungsmaßnahme beim → Waldfeldbau. Zu diesem Zweck wurde der Brandplatz im Mai oder Juni abgeräumt, und das junge Holz knapp über dem Boden abgeschlagen. Die anfallenden Stangen fanden für den Zaunbau Verwendung; stärkeres Holz wurde zu → Scheitholz aufgearbeitet. Die anfallenden Äste und Zweige wurden gleichmäßig über den Brandplatz ausgelegt. Bei guter Witterung im Juli/August, wenn Astwerk und Laub weitgehend trocken waren, wurde es am oberen Rand angezündet und das Feuer von Arbeitern mit brennenden, an einem langen Stiel befestigten Fackeln in einer Linie nach unten gezogen. Dadurch wurde ein gleichmäßiges und vollständiges Verbrennen des Materials erreicht. Ende August/Anfang September wurde auf diesen Flächen Winterkorn ausgesät und untergeharkt. Die Ausbeute an Winterkorn auf den Holzaschenflächen hat bei gutem humosen Boden die Erträge des Feldbaues übertroffen. Ähnlich war auch das Verfahren bei der früheren → Hackwaldwirtschaft; → Waldbrandwirtschaft.

Waldaußenränder → Waldränder.

Waldausstockung, die: alte Bez. für Waldrodung; → Roden, Rodung.

Waldbahn, die: → Waldeisenbahnen.

Waldbart, der: auch Waldhieb, Waldspan, Kamm, Grat. die beim Fällen eines Baumes aus dem Stock gerissenen Holzteile. Der W. ragt aus dem unteren Stammende hervor.

Waldbau, der: zentrale Tätigkeit der → Forstwirtschaft, die die Pflege, Erneuerung und Neubegründung von Wäldern zur Aufgabe hat. W. hat zum Ziel, Wachstum und → Stabilität der Bestände zu sichern und zu verbessern, sowie die → Nachhaltigkeit zu sichern; → adaptiver Waldbau, Waldpflege, Verjüngung, naturgemäße Waldwirtschaft.

Waldbauer, der: **1**) bäuerlicher Waldbesitzer. **2**) schwerpunktmäßig mit Aufgaben des → Waldbaus befaßter Forstmann.

Waldbauernschule, die: Die Bayer. W. in Goldberg bei Kelheim ist derzeit (1998) die einzige Schule dieser Art in der BR Dtschl. Sie dient in besonderem Maße der Aus- und Fortbildung meist bäuerlicher Waldbesitzer. Das Lehrgangsangebot reicht vom eintägigen Informationsseminar bis zum vierwöchigen Grundkurs „Waldwirtschaft". Für die praktische Ausbildung stehen in der Nähe liegende Privat- und Staatswaldungen zur Verfügung. Die W. ermöglicht auch die Ausbildung zum → Forstwirt (früher: Waldfacharbeiter) im nichtstaatlichen Bereich mit entsprechenden Abschlußprüfungen. Der Schule angeschlossen ist ein Internat. Das gesamte Lehrpersonal wird von der Bayer. Staatsforstverwaltung gestellt. Sachkostenträger ist ein eingetragener Verein, dem u. a. der Bayer. Bauernverband und der Bayer. → Waldbesitzerverband angehören; → Waldarbeitsschulen.

Waldbaugrundsätze: W. stellen eine allg. gehaltene waldbauliche Grundsatzerklärung für einen konkreten Zuständigkeitsbereich (z. B. den Staatswald eines Bundeslandes) dar. W. werden auf objektiver Grundlage erstellt. Sie berücksichtigen die natürlichen, wirtschaftlichen und gesellschaftlichen Rahmenbedingungen der Forstwirtschaft und enthalten mehr programmatische Aussagen, wie z. B. Erhöhung des Laubholzanteils, funktionengerechte Waldpflege; → Waldbaurichtlinien.

Waldbaukunde, die: → Waldbaulehre.

Waldbaulehre, die: auch Waldbaukunde. die Wissenschaft vom → Waldbau, also den Grundlagen von Anbau und Pflege von Waldbeständen.

Waldbauliche Einzelplanung, die: → Bestand(e)splanung.

waldbaulicher Hieb(s)satz, der: → Hieb(s)satz.

Waldbaumarten: Etwa 50 W. finden sich in den mitteleuropäischen Wäldern (→ Wald);

ca. 30 Arten sind in deutschen Wäldern anzutreffen, wobei fast 90 % Anteile auf die → Baumarten Fi, Bu, Kie und Ei entfallen. Diese genannten W. werden deshalb u. a. auch als die wichtigsten Wirtschaftsbaumarten angesehen. Das unterschiedliche Wuchsverhalten der einzelnen W. in jedem Alter entscheidet über die Zusammensetzung vom Menschen unbeeinflußter Wälder; → Hauptbaumarten.
Waldbäume: In → Waldgesetzen ist → Wald u. a. als mit W. bestockte Fläche definiert. W. sind praktisch alle – auch fremdländische – Bäume, die Wald bilden. Nicht dazu gehören z. B. kultivierte Obstbäume, Ziergehölze. Nur mit solchen Bäumen bestockte Flächen sind demnach kein Wald im rechtlichen Sinne.
Waldbaumläufer, der: → Baumläufer 1.
Waldbauregel, die: frühere waldbauliche Vorschriften für den nächsten Planungszeitraum.
Waldbaurichtlinien: W. werden für ein begrenztes Gebiet, z. B. für einen Wuchsbezirk, ein Forstamt, eine Forstämtergruppe aufgestellt. Sie beruhen auf den standörtlichen, forstgeschichtlichen und wirtschaftlichen Gegebenheiten und sind konkreter als die → Waldbaugrundsätze.
Waldbautechnik, die: Lehre von den Waldbaumaßnahmen und ihrem zeitlichen und räumlichen Nebeneinander zur Erreichung der Pflege- und Verjüngungsziele.
Waldbeere, die: i. e. S. → Erdbeeren 1. und → Heidelbeere 1. I. w. S. alle im Wald geernteten Beeren.
Waldbereiter, der: → Forstbereitungen.
Waldbereitungen → Forstbereitungen.
Waldbeschreibungen → Forstbereitungen.
Waldbesitzart, die: → Waldeigentum.
Waldbesitzer, der: W. im Sinne des BWaldG (§ 4) sind der Waldeigentümer und der Nutzungsberechtigte, sofern dieser unmittelbarer Besitzer des Waldes ist. In Bayern ist z. B. der Waldeigentümer nur dann W., wenn er unmittelbarer Besitzer des Waldes ist. Aus diesem Grunde richten sich die Vorschriften des Bayer. Waldgesetzes z. T. nur an die W., z. T. aber auch an die Eigentümer und die Nutzungsberechtigten, die nicht unmittelbare Besitzer sind.
Waldbesitzerverbände: Berufsvertretung der → Waldbesitzer und der → forstwirtschaftlichen Zusammenschlüsse auf Länderebene. Sie wirken z. B. beratend und unterstützend mit bei allen Fragen der Besteuerung, der Buchführung, des Boden-, Vereins-, Arbeits- und Versicherungsrechts, der Beteiligung an übergeordneten Planungen und allen Problemen der → Forstpolitik. Auf Bundesebene vertritt die im Jahre 1947 gegründete „Arbeitsgemeinschaft Deutscher Waldbesitzerverbände (AGDW)" mit Sitz in Bonn die forstpolitischen Belange des privaten und körperschaftlichen Waldbesitzes. Die AGDW ist auch aktives Mitglied des im Jahre 1959 gegründeten „Zentralausschusses der Waldbesitzerverbände der Europäischen Union" (Comité Centrale des Propriétaires Forestiers; C.C.P.F). Der C.C.P.F. umfaßt seit 1995 die W. der EU-Länder und hat in Brüssel ein ständiges Sekretariat eingerichtet. Sie vertritt die forstpolitischen Interessen der Mitglieder im Europäischen Parlament und in der Europäischen Kommission. Rund 64 % der Gesamtwaldfläche (Stand 1995: 104,7 Mio ha) der Europäischen Union sind Privatwald. Die AGDW ist auch Mitträger des Deutschen Forstwirtschaftsrates und kooperatives Mitglied im Deutschen Bauernverband. Sie vertritt derzeit (1998) 200 000 Mitglieder mit 53 % der Gesamtfläche des Privatwaldes in Dtschl.
Die deutschen W. entstanden teilweise zu Beginn des 20. Jh., bzw. nach dem 1. Weltkrieg. Am 21. Januar 1919 bildete sich in Nürnberg als Spitzenorganisation der W. der „Reichsverband Deutscher Waldbesitzerverbände". Die preußischen W. schlossen sich am 22. April 1919 zum „Landesverband preußischer Waldbesitzervereinigungen" zusammen.
Waldbestand, der: → Bestand.
Waldbestockung, die: → Bestockung.
Waldbesuche: Einer Untersuchung zufolge finden in der BR Dtschl. jährlich etwa 1,2 Mrd. W. statt; das sind pro Hektar (→ Waldfläche) 168 Besucher; → Waldfunktionen, Betreten des Waldes, Reiten im Walde, Radfahren in der freien Natur, Schisport.

◂◂ Rinden verschiedener → Waldbaumarten (von links nach rechts): Bergarhorn; Spitzahorn; Sommerlinde
Gemeine Esche; Gemeine Eibe; Gemeine Fichte
Europäische Lärche; Gemeine Kiefer; Schwarzkiefer
Zitterpappel; Hainbuche; Gemeine Birke
Schwarzerle; Rotbuche; Stieleiche

Waldbetretungsrecht, das: → Betreten des Waldes.
Waldbewertung, die: → Waldwert(be)rechnung.
Waldbiene, die: Bez. für die wilde → Biene.
Waldbienenzucht, die: → Zeidelweide.
Waldbildung, die: → Waldgefüge.
Wald-Bingelkraut, das: → Bingelkraut 2.
Waldbiotopkartierung, die: Kartierung von schutzwürdigen Waldbiotopen (→ Biotop), wie z. B. Beständen (→ Bestand) mit seltenen einheimischen Tier- oder Pflanzenarten, Lebensgemeinschaften, ehemaligen → Hutewäldern, Naturwaldrelikten (→ Naturwald), besonderen Naturgebilden und Bodendenkmalen, aber auch Bruch-, Schlucht-, Moorrand- und Trockenwäldern sowie Sukzessionsflächen (→ Sukzession). Ziel einer W. ist die naturraumbezogene Erfassung und Beurteilung des ökologischen Zustandes und des Naturschutzwertes von Biotopen in Waldgebieten, um damit die Grundlage für eine Abstimmung zwischen den ökologischen Bedingungen der Wälder und den vielfältigen Zielen einer nachhaltigen Forstwirtschaft zu schaffen. Bei der W. sind zwei Vorgehensweisen möglich: die flächendeckende und die selektive Kartierung. Beide Arten der W. beurteilen den gesamten Wald eines Untersuchungsgebietes.
a) Flächendeckende W.: Bei der f. W. wird die gesamte Waldfläche eines betrachteten Raumes begutachtet. Im Unterschied zur selektiven Kartierung werden alle Flächen kartographisch und textlich beschrieben, unabhängig davon, wie hoch die jeweilige Biotopbewertung ausfällt. Sämtliche Einzelflächen werden hinsichtlich ihrer „Naturnähe" und „Vielfalt" sowie ggf. unter den Aspekten „Seltenheit" und „Gefährdung" beurteilt; → Leit-Biotoptyp.
b) Selektive W.: Bei der s. W. wird die gesamte Waldfläche eines betrachteten Raumes begutachtet; es kommen aber nur solche Biotope zur Darstellung (kartographisch und textlich), die als selten und damit schutzwürdig gelten. Die Bez. „selektiv" bezieht sich auf die Auswahl der dargestellten und beschriebenen Bereiche (Biotoptypen).
Waldbiozönose, die: der → Wald als → Biozönose mit eigenen Charakteristiken und damit als Bestandteil eines → Ökosystems.
Waldbirne, die: → Birnen.
Waldbläue, die: auch Stammholzbläue. eine hauptsächlich bei Kie auftretende → Verblauung von lagerndem → Stammholz mit oder ohne Rinde. Erreger der W. sind Bläuepilze (→ Blaufäule) und v. a. die Arten, deren → Sporen durch Wind und Luftbewegungen verbreitet werden.
Waldblöße, die: → Blöße.
Waldbock, der: → Bockkäfer 10.
Waldboden, der: Im Wald finden nur in Ausnahmesituationen → Bodenbearbeitungen statt. Wegen des Wechsels der Bodennutzung (Rodung, landwirtschaftliche Nutzung, Wiederaufforstung, landwirtschaftliche Zwischennutzungen) sind aber frühere, heute noch nachwirkende menschliche Beeinflussungen, z. B. durch → Waldstreunutzung oder durch Bo-

denbearbeitung häufig. Bei dauernden oder durch langjährigen W. konnte eine ungestörte, nur der natürlichen Dynamik folgende Bodenentwicklung ablaufen. Durch das bestandstypische Waldklima (→ Bestand(c)sklima) mit ausgeglichenerem Temperaturverlauf, teilweise ganzjähriger Beschattung, unter Umständen verringerter Wärmezufuhr usw., den besonderen → Wasserhaushalt, das Verbleiben der Streu, die Schutzwirkung von → Kronendach und Bodenvegetation und -auflage, die erhöhte Versickerung, die geringere Frosttiefe und -dauer, die Pumpwirkung der Bäume, die im → Boden verbleibenden → Wurzeln und das besondere Bodenleben sind waldspezifische Besonderheiten gegeben. Im Unterschied zu landwirtschaftlich genutzten Böden schafft sich der Wald seinen Boden selbst. Der Nährstoffbedarf der Waldbäume ist relativ gering. Durch die Nutzung des → Holzes kann keine Erschöpfung der Bodennährstoffe auftreten, wenn Zweige und Äste im Wald verbleiben. Die Auswaschung von Nährstoffen durch Sickerwasser wird im Wald durch den hohen Humusgehalt, die Krümelstruktur der W., die Pumpleistung der tiefwurzelnden Bäume und den damit verbundenen Nährstoffkreislauf und die weitere Verwitterung im Boden aufgehoben bzw. verlangsamt. Im Wald hat auch das hohe Gewicht der aufstockenden Bäume, insbesondere des Altbestandes, Auswirkungen auf den darunterliegenden Boden; er wird mit mehreren hundert bis zu weit über 1000 t je ha belastet. Bei flachwurzelnden Bäumen kann es bei starken Luftbewegungen zu Stampfwirkungen und → Bodenverdichtungen kommen. Das Auskämmen von → Immissionen durch das Kronendach, Düngung (→ Walddüngung), Schädlingsbekämpfungsmaßnahmen können zu Einflüssen von außen führen, die sich auch auf den Boden auswirken. Durch die Forstwirtschaft selbst wird der Boden auch beeinflußt: durch die Baumartenwahl (unterschiedliche Nährstoffansprüche, Durchwurzelungstiefe, Wasseransprüche, Bestandsklima usw.), durch die Art der → Durchforstung, durch die → Betriebsart, den → Holztransport, den Entzug von Material und Energie durch die Nutzung des Holzes. Der W. ist meist stark und tief durchwurzelt. Die Wurzeln dringen tief in den Boden ein, nehmen Nährstoffe auf, die durch den Blatt- oder Nadelfall – zunächst als Streu – wieder auf den Boden gelangen. Dieser Anfall liegt in unseren Breiten bei 1 bis 4 t je ha. Unter günstigen Bedingungen stellt sich ein Gleichgewicht zwischen Anlieferung und Abbau ein, so daß die Streu des Vorjahres bis zum Neuanfall im Herbst in → Humus umgewandelt ist. Unter ungünstigen Verhältnissen dagegen häufen sich die Blätter und Nadeln zu Rohhumus. Auf einem W. in unseren Breiten sind drei Humuslagen erkennbar: Die nahezu unzersetzten Blätter, Nadeln, Holzstücke, Rindenteile, Samen in der obenliegenden Streu- oder L-Lage (vom engl. litter – die Streu), die halbzerfallenen organischen Reste, Kleintierkot in der F-(Fermentations-) oder O_f-Lage (dem Vermoderungshorizont) und die überwiegend schon Feinhumus enthaltende H-(Humifizierungs-) oder O_h-Lage. In der F-Lage sind größtenteils → Pilze an der Zersetzung des organischen Materials beteiligt und bilden zusammen mit Feinwurzeln ein sichtbares Geflecht aus weißen oder farbigen Fäden, das die im Zerfall begriffene Streu zusammenhält. Die F-Lage ist feuchter und dunkler als die L-Lage. Die H-Lage ist normalerweise fester, dunkler und feuchter. In Schottland fand man in einem Kubikzentimeter des Humushorizontes 5,6 m Pilz-Hyphen, im mineralischen B-Horizont nur 0,4 m. Manche Baumarten können in luftarme oder dichte Bodenschichten eindringen. Sterben Wurzeln ab, entstehen mit organischer Masse gefüllte Gänge, durch die Luft und Wasser in den Boden gelangt. In unseren Breiten stecken 20 bis 40 % der gesamten → Biomasse eines Baumes im Boden; entsprechend viel davon gelangt so in die Bodenschichten. Die Hälfte, oft bis zwei Drittel des Volumens eines lockeren Waldbodens besteht aus Hohlräumen (→ Bodenluft). Besonders in Ton- und Schluffböden ist dies ein Vorteil für die nachwachsenden Bäume, die diese Kanäle mit ihren Wurzeln nutzen können. Der oft verwendete Begriff „absoluter Waldboden" besagt, daß auf diesem Boden eine landwirtschaftliche Nutzung wegen der Bodenbeschaffenheit, der Nährstoffarmut, des rauhen Klimas oder der steilen Lage nicht möglich ist. Durch die Fortschritte in der Technik (z. B. Bodenbearbeitung, Drainage), Forschung (Ausgleichsdüngung), Pflanzenzüchtung usw. hat sich diese Abgrenzung relativiert; → Grenzertragsboden, → Pufferung.

Ein Waldbrand führt Umweltveränderungen schnell und radikal herbei.

Waldbodenbericht, Deutscher → Bundesweite Bodenzustandserhebung.

Waldboden-Dauerbeobachtungsflächen: Im Konzept der Bayer. Staatsforstverwaltung zum Schutz der → Waldböden werden W. angelegt. Auf diesen soll die Art und die Intensität eventueller Veränderungen untersucht werden (Monitoring). Über die reine Erfassung von Bodenkenndaten hinaus wird besonderes Gewicht darauf gelegt, diese Daten in Beziehung zu den anderen Teilen des Ökosystems Wald zu sehen. Um die vielfältigen Wechselwirkungen in der Lebensgemeinschaft Wald besser zu verstehen, werden auf einigen ausgewählten Flächen zusätzliche Untersuchungen (Tonmineralanalysen, Humusuntersuchungen, Springschwanz- und Regenwurmaufnahmen) durchgeführt. Die bei der Erstuntersuchung entnommen Bodenproben werden in einer Probenbank archiviert.

Waldbodeninventur, die: → Bundesweite Bodenzustandserhebung im Wald (BZE).

Waldbrache, die: → Forstbrache.

Waldbrand, der: Nur in nassen, kalten und ariden → Ökosystemen hat Feuer nie eine bedeutende Rolle gespielt. Unter natürlichen Bedingungen entsteht W. durch Blitzschlag, vulkanische Aktivitäten und Selbstentzündung. Unter solchen Bedingungen ist der W. ein seltener, doch gewaltiger Faktor, der Umweltänderungen schnell und radikal herbeiführt. Zum Erhalt bestimmter Ökosysteme reicht es aus, wenn alle 300 Jahre ein W. auftritt, wie z. B. bei den Eukalyptus-Wäldern in Australien.

Es werden verschiedene Typen von W. unterschieden, die auch unterschiedliche ökologische Auswirkungen haben.

a) Bei Erdfeuern handelt es sich um unterirdische Schwelbrände in angehäuften organischen Substanzen, wie z. B. in Torf. Sie können sich auch entlang abgestorbener Wurzeln ausbreiten. Da sie unterirdische Organe, auch der Bäume, und Samen zerstören, sind sie in ihren Auswirkungen am schlimmsten.

b) Boden- oder Lauffeuer zehren die Streu und die oberirdischen Teile der Bodenvegetation auf; unterirdische, perennierende Organe bleiben dagegen unbeschädigt. Ob auch Bäume getötet werden, hängt von deren Rindenstärke ab.

c) Bei Kronen- oder Wipfelfeuern (Vollfeuer) haben die – evtl. durch Bodenfeuer ausgetrockneten – Kronen Feuer gefangen. Bei starkem Wind kann ein Großteil der Stämme und des → Waldbodens unversehrt bleiben.
d) Stammfeuer betreffen i. d. R. nur einzelne Stämme.
Die genannten Typen können in beliebiger Kombination auftreten. Das Schadensausmaß ist auch von der Jahreszeit abhängig. Feuer im Frühjahr werden während der nachfolgenden Vegetationszeit schneller ausgeheilt.
Die Eigenschaften eines Waldbodens sind stark von der lebenden Vegetation und der angehäuften organischen Substanz geprägt. Beide können – abhängig von der Art des Feuers – ganz oder teilweise zerstört werden, was entsprechende Auswirkungen auf den Boden hat. Feuer verkürzt den natürlichen, Jahre dauernden Prozeß der Mineralisation auf wenige Minuten. Tiefe Bodenlagen sind oft zu feucht oder es fehlt dort zur Aufrechterhaltung des Feuers der Sauerstoff. In trockenen Jahren kann das anders sein als in feuchten Jahren. Organische Bestandteile im Mineralboden bleiben i. d. R. vom Feuer unberührt; es kann sich aber entlang abgestorbener Wurzeln fortbewegen. Wird die gesamte organische Substanz zerstört, hat dies Auswirkungen auf den Waldboden. Er ist dann z. B. dem Wetter und insbesondere Starkregen ausgesetzt. Das kann zu Verdichtungen und Erosionen führen. Bei Erdfeuern können auch Bodenkolloide und in der Folge die Bodenstruktur und Porosität zerstört werden. Wird die gesamte → Vegetation vernichtet, gehen Transpiration und → Interzeption der → Pflanzen verloren. Der Boden kann nun vernässen. Werden Makroporen durch Asche verschlossen, kann die Versickerung zurückgehen; eine verkohlte Kruste kann eine wasserabstoßende Schicht bilden. Wird die beschattende Bodenschicht zerstört oder aufgelichtet, kommt mehr Wärme auf den Boden. Wird die Mächtigkeit der Bodenauflage verringert und die Bodenoberfläche durch das Feuer geschwärzt, erwärmt sich der Boden schneller. Beides kann das Bodenleben fördern. Bei einem Waldbrand können Temperaturen von bis zu 1000 °C entstehen, was negative Auswirkungen auf das Bodenleben hat. Die Mikro- und Mesofauna hat nur eine geringe Mobilität und fällt deshalb dem Feuer zum Opfer. Die Wiederbesiedlung geht dann von Überlebenden in tieferen Bodenschichten oder unzerstörten Inseln aus. Viele Pflanzen können als Individuum den W. durch besondere Strategien überstehen oder ausheilen. Das geschieht u. a. durch dicke, feuerfeste Rinden, wie z. B. bei Kie und Alteichen, einen hohen Feuchtigkeitsgehalt der Blätter, wie bei den Laubbäumen, geschützte Knospen, ein unter- oder oberirdisches → Ausschlagvermögen, unterirdische Speicherorgane. Der → Adlerfarn z. B. hat schwer zersetz-, aber leicht entflammbare Streu und Rhizome. Er selbst überlebt W. leicht; durch seine brennende Streu werden jedoch Konkurrenten ausgeschaltet. Der Arterhaltung dient eine frühe → Mannbarkeit, da eine späte Blühreife bei häufigen W. nachteilig ist und solche Arten diskriminiert werden. Manche Arten brauchen sogar Feuer, damit ihre Samenverbreitung gesichert wird. Rauch enthält Äthylen. Dieses Gas fördert die Blühwilligkeit bestimmter Pflanzen. Manche → Samen keimen am besten im Mineralboden, der nach W. entstehen kann. Sie haben dann eine bessere Wasserversorgung, günstigere Temperaturverhältnisse und evtl. fehlen auch allelopathische Stoffe. Die Änderungen der Vegetation nach W. spiegeln auch die Änderungen im Boden wider. Wenn die organischen Komponenten im Boden zerstört werden, gehen Anionenbildner wie Stickstoff und Phosphat weitaus leichter verloren als Kationenbildner, wie Kalzium, Kalium und Magnesium. Die Asche besteht zum größten Teil aus löslichen Oxiden dieser Elemente. Auf einem Hektar wurden in den USA nach einem W. 2900 kg Asche festgestellt. Sie enthielt 314 kg Kalzium, 54 kg Magnesium, 70 kg Kalium, 22 kg Natrium, und 23 kg Stickstoff. Die Verluste waren je Hektar 855 kg Stickstoff, 75 kg Kalzium, 33 kg Magnesium, 282 kg Kalium und 698 kg Natrium. Sie werden rasch zu Carbonaten, die eine alkalische Reaktion haben. Deshalb steigt nach einem W. der → pH-Wert im Boden um 1 bis 3 Werte und fällt dann in den nächsten 50 Jahren wieder auf das ursprüngliche Niveau ab. Das allein beeinflußt schon die Verfügbarkeit der Nährstoffe (→ Nährstoffverfügbarkeit). Dazu kommen aber auch noch chemische Änderungen im Boden. Beim Verbrennen der organischen Substanz wird → Kohlendioxid (CO_2) freigesetzt, Stickstoff geht bei Temperaturen über 300 °C ebenfalls verloren. Bei über 500 °C gehen auch Schwefel und Phosphor verloren. Auch das Verwehen der Asche führt zu einem Nährstoffverlust. Bei niedrigen Temperaturen werden Ca und Mg relativ angereichert. Aus der Asche können einige Elemente ausgewaschen werden. Der Haupteffekt eines W. besteht – ökologisch gesehen – darin, in unzersetzter organischer Substanz festgelegte, nicht pflanzenverfügbare Nährstoffe in eine pflanzenverfügbare gelöste Form zu überführen. Insgesamt wird die Nährstoffversorgung verbessert, was sich im frischen Grün der jungen Vegetation auf Brandflächen widerspiegelt. Gravierender sind die Stickstoffverluste, wenn die gesamte organische Substanz verbrennt. Gehen nur die L- und ein Teil der F-Lage verloren, dann nimmt die Stickstoffversorgung sogar zu. Durch stickstoffsammelnde Pioniere kann ein Verlust auch wieder teilweise ausgeglichen werden. Auf die Tierwelt haben W. direkte und indirekte Auswirkungen. Schon beim ersten Rauchgeruch fliehen die Tiere. Dem Feuer zum Opfer fallen Gelege, junge und wenig mobile Tiere. Durch den W. wird v. a. das Habitat zerstört. Diese indirekte Auswirkung kann lang anhalten. Mit der → Sukzession bei der Wiederbesiedlung entwickelt sich die gesamte Lebensgemeinschaft weiter.

Waldbrandschutz, der: → Waldbrandverhütung.

Waldbrandschutzschneise, die: → Schneise, → Waldbrandverhütung.

Waldbrandursachen: 1996 waren in Dtschl. von 1748 Waldbränden ca. 19 % auf Brandstiftung, ca. 32 % auf Fahrlässigkeit, ca. 7 % auf sonstige handlungsbedingte Einwirkungen zurückzuführen. Ca. 1 % hatten natürliche und ca. 41 % unbekannte Ursachen. Waldbrände, die nicht auf Brandstiftung zurückzuführen sind, entstehen meist in den Mittags- und Nachmittagsstunden. Ndh sind stärker gefährdet als Lbh. Bei Ndh sind v. a. Kie und SKie, gefolgt von Fi, Ta, Lä gefährdet, bei Lbh Ei und Bu. → Lichtbaumarten sind mehr gefährdet als → Schatt(en)baumarten.

Waldbrandverhütung, die: Neben der relativ seltenen Auslösung eines → Waldbrandes durch Blitzschlag geht die größte Feuergefahr von einer fahrlässigen Brandstiftung (z. B. durch Rauchen, Grillen, Anlage eines Lagerfeuers) aus. Die Forst- und Waldgesetze der Länder enthalten daher weitgehend identische Erlaubnisvorbehalte und Verbote samt Ausnahmen hiervon. So bedarf z. B. in Bayern der Erlaubnis, wer in einem Wald oder in einer Entfernung von weniger als 100 m davon
– eine offene Feuerstätte errichten oder betreiben,

Waldbrandbekämpfung

– ein unverwahrtes Feuer anzünden,
– einen Kohlenmeiler errichten oder betreiben,
– Bodendecken abbrennen oder Pflanzen bzw. Pflanzenreste flächenweise absengen will.
Daneben dürfen in einem Wald oder in einer Entfernung von weniger als 100 m nicht
– offenes Licht angezündet oder verwendet werden,
– brennende oder glimmende Sachen weggeworfen oder sonst unvorsichtig gehandhabt werden etc.
Bestimmte Verbote (z. B. Rauchverbot in der Zeit vom 1. März bis 31. Oktober, das Verbot, eine offene Feuerstätte zu errichten oder zu betreiben, unverwahrtes Feuer anzuzünden) gelten z. B. nicht für den → Waldbesitzer und für Personen, die er in seinem Wald beschäftigt, für Personen, die behördlich angeordnete oder genehmigte Arbeiten durchführen, für die

zur Jagdausübung Berechtigten und für die Holznutzungsberechtigten bei der Ausübung des Rechtes. Das Verbot, offenes Licht anzuzünden oder zu verwenden, gilt z. B. nicht bei Maßnahmen zur Rettung von Menschen oder von bedeutsamen Sachwerten aus Gemeingefahr oder bei Rettungsübungen.
Vorbeugender Waldbrandschutz ist i. a. Aufgabe der Forstbehörde (organisatorische Leitung), die Brandbekämpfung (technische Leitung) Aufgabe der Feuerwehr. Die umfassende Zusammenarbeit von Feuerwehr, Polizei, Gemeinden, Waldbesitzervereinigungen und Forstverwaltung in den vorbeugenden Maßnahmen ist die beste Voraussetzung für ein koordiniertes Eingreifen im Ernstfall. Die gemeinsamen, vorbereitenden Maßnahmen aller Stellen umfassen: Beschaffung von Kartenmaterial, Streifendienst bei Großbrandwetterlage, Feuermeldeweg, Alarmierung der Löschkräfte und der Bevölkerung (Alarmplan), Nachrichtenmittel (Melder, Feldfernsprecher, Funkgeräte), Transportmittel, Treibstoffversorgung, Versorgung der Löschkräfte, Wasserbeförderung über lange Schlauchstrecken (Zufahrten, Wasserentnahmestellen-Einsatzplan!), Waldbegehungen, Abhalten von Planübungen sowie die Bereitstellung von Waldbrandausrüstung. Bei der Eindämmung großer Waldbrände werden auch Wasserwerfer der Polizei sowie militärische Räumfahrzeuge (z. B. Bergepanzer der Pioniertruppen der Bundeswehr) eingesetzt. Zur W. dienen die Überwachungsflüge und in größeren Waldgebieten die Errichtung von Feuerwachtürmen. Darüber hinaus ist die Zugänglichkeit der Wälder entscheidend. Die Forstverwaltungen legen deshalb auch Waldbrandschutzschneisen (Feuerschutzstreifen) an. Sie dienen der Sicherung und räumlichen Gliederung waldbrandgefährdeter Bestände. In mediterranen Gebieten sind dies verwundete Kahlstreifen, in Mitteleuropa mehrstufige Laubwaldstreifen von geringerer Feuergefährdung. Sie sollen u. a. Abwehrfronten ermöglichen und die Ausbreitung des Feuers stoppen. Die ideale Breite liegt etwa bei 6 m; hier ist bei den Tanklösch- und anderen Feuerwehrfahrzeugen ein ungehinderter Gegenverkehr möglich. Der Zugang zum Wald darf nie mit Kraftfahrzeugen verstellt werden. Wer einen Waldbrand entdeckt, sollte sofort die Polizei, Feuerwehr oder die nächste Forstddienststelle verständigen.

Waldbrandverordnung der EG (EG-Waldbrandverordnung): Im Jahre 1994 ist die Verordnung (EG) Nr. 804/94 der Kommission über Waldbrandinformationssysteme in Kraft getreten. Mit diesem Informationssystem sollen in den einzelnen Mitgliedsstaaten eine Reihe von vergleichbaren Daten erhoben werden, die sich v. a. auf Beginn und Verlauf der einzelnen → Waldbrände erstrecken. Die Waldflächen der Gemeinschaft werden dabei je nach dem Waldbrandrisiko in verschiedene Gebiete eingeteilt. Die Gebietseinteilung in Dtschl. ist abgeschlossen. Demnach liegen 16 % der Waldfläche im Gebiet mit hohem Waldbrandrisiko, 8 % im Gebiet mit mittlerem und 76 % im Gebiet mit geringem Waldbrandrisiko. Die Gebiete mit hohem Waldbrandrisiko liegen überwiegend in den neuen Bundesländern. Die Erfassung der Daten kann auf Gebiete mit mittlerem und hohem Waldbrandrisiko beschrankt werden. Die Daten in Dtschl. sollen zentral zusammengestellt und jährlich der Kommission zur Verfügung gestellt werden. Voraussetzung für eine EU-Förderung von prophylaktischen Maßnahmen zum Waldbrandschutz ist, daß für die Gebiete mit hohem oder mittlerem Waldbrandrisiko Pläne zum Schutz des Waldes erstellt und der Kommission übermittelt werden. Die finanzielle Beteiligung der EU richtet sich nach der Waldbrandstufe; → Waldbrandverhütung.

Waldbrandversicherung, die: Zweig der Feuerversicherung, der Brand- und Blitzschäden an stehendem und wachsendem Baumbestand und Schäden an geschlagenem Holz (Holzschlagversicherung) deckt.

Waldbrandwirtschaft, die: früher häufig kombinierte forst- und landwirtschaftliche Nutzung, die in geordneter Wechselform die Holznutzung mit vorübergehendem Kornanbau und mit → Waldweide verband. Regional kamen unterschiedliche Formen unter verschiedenen Bezeichnungen vor, z. B. → Hackwaldwirtschaft, Haubergswirtschaft (→ Hauberge), Schiffelwirtschaft (Eifel und Preußen), → Rodebüsche, Röderberge, Rodeflur, Wildfelder (z. B. Spessart), Reitberge oder Reutund Weidefelder (Schwarzwald), → Birkenberge (Bayer. Wald), wüste Felder oder Außenfelder (Rheinpfalz), Heideland (Niedersachsen); → Waldausbränden.

Waldbrettspiel, das: → Augenfalter 5.

Waldbruder, der: alte Bez. für einen im Wald lebenden Einsiedler.

Waldbrustwurz, die: → Engelwurz 1.

Wald-Bürstenmoos, das: → Bürstenmoos 2.

Waldbußtag, der: frühere, regional übliche Bez. für den Tag, an dem das → Forstgericht tagte.

Waldchampignon, der: → Champignon 1. und 14.

Walddämone → Waldgeister.

Walddichte, die: eine aus der Statistik stammende Bez. für den Bewaldungsanteil eines Landes; → Waldanteil, → Waldfläche.

Walddienstbarkeiten → Forstrechte.

Walddüngung, die: In der Forstwirtschaft unterscheidet man drei Arten von W. Entsprechend unterscheiden sich auch die Zusammensetzungen der Düngergaben.

a) Meliorationsdüngung: Sie ist auf langfristige Standortsverbesserung ausgerichtet und ist am wirkungsvollsten vor der Bestandsgründung vorzunehmen, weil dann in Verbindung mit Bodenbearbeitung große Nähstoffmengen in den Boden eingebracht werden können und alle Risiken der Obenaufdüngung entfallen.

b) Kulturdüngung: Sie soll in erster Linie das Anwachsen der Pflanzen bewirken (Startdüngung).

c) Kompensationsdüngung: Sie dient z. B. der Kompensation des → sauren Regens (→ Immissionen). Als Obenaufdüngung können nur relativ geringe Düngermengen verarbeitet werden. Solche Düngungen müssen aber wiederholt werden, um den ständigen Säureeintrag immer wieder zu kompensieren und die damit verbundenen Vorgänge im Boden auszugleichen.

Während in der Landwirtschaft die Düngung dem Ausgleich der durch Bodennutzung entstehenden Verluste und Veränderungen sowie zur Verbesserung der Nährstoffversorgung landwirtschaftlich genutzter Böden dient, braucht → Waldboden unter normalen Verhältnissen nicht gedüngt zu werden. Eine W. (Forstdüngung, forstliche Düngung) ist i. d. R. nur eine Ergänzung fehlender Nährstoffe und wird i. a. nur auf nährstoffarmen oder auf den durch die übermäßige → Streunutzung und durch die → Waldweide der früheren Jh. verarmten Waldböden durchgeführt. Kalk, Magnesium, Phosphat und Kali sind hierbei die häufigsten Mangelnährstoffe im Wald. Weiser für Nährstoffmangel ist eine trotz ausreichenden Lichtgenüssen kaum vorhandene oder auch artenarme und einseitige Vegetation, mit z. B. Drahtschmiele, Heidelbeere, Heidekraut, Peitschenmoos, Weißmoos und Rentierflechte. Daneben weisen auch verminderte Nadellängen und Nadelgewichte, Kleinblättrigkeit, kurze Triebe sowie → Blatt- bzw. bestimmte Nadelverfärbungen auf Nährstoffmangel hin (→ Mangelsymtome an Bäumen), wobei nicht alle Farbveränderungen an den Blättern und Nadeln unbedingt auf Nährstoffmangel zurückzuführen sind. Sie können z. B. auch auf Immissionswirkungen und Frösten beruhen.

Das Holz der Bäume ist relativ nährstoffarm. Durch die reine Holznutzung werden daher dem Wald kaum Nährstoffe entzogen. In höherem Maße gehen jedoch bei der Anwendung moderner Ernteverfahren Nährstoffe verloren, v. a., wenn die Entrindung zentral an Waldwegen oder auf → Holzlagerplätzen oder in den Sägewerken etc. (Werksentrindung) stattfindet. Große Verluste treten auf, wenn eine Vollbaumernte, bei der die Bäume mit Ästen und Laub entnommen werden, durchgeführt wird.

Durch gezielte W. mit den fehlenden Nährstoffen kann der → Standort verbessert, die Ernährung der Bäume gesichert, ihre Vitalität gestärkt und die Widerstandskraft gegenüber Schadeinflüssen erhöht werden. Der günstigste Zeitpunkt für eine W. ist das Frühjahr. Nicht gedüngt werden sollen Bestände, deren → Abtrieb bevorsteht, sowie Wertholzbestände, bei denen die speziellen Eigenschaften, z. B. gleichmäßige → Jahrringe, durch eine Düngung gefährdet würden.

Vor und Nachteile einer W.:

Vorteile: Entsauerung von Boden und Wasser, Minderung der Mobilität von toxischen Species von Aluminium und Schwermetallen, Verbesserung der Versorgung mit Magnesium und Kalzium, Verbesserung der Humusqualität.

Nachteile: Zunahme der Nitratkonzentration im Sickerwasser, Abnahme des Humusvorrates, Mobilisierung von Kupfer und Blei als organische Komplexe, Induzierung von Bor-Mangel, Verflachung des Wurzelwerkes, Verstärkung der Wurzelfäule.

Bekannte, anorganische Düngemittel, die für eine W. in Frage kommen können, sind z. B. folgende Produkte:

1. Kohlensaurer Kalk: ein Dünger zur Regulierung des → pH-Wertes.
2. Kohlensaurer Magnesiumkalk mit Phosphat: ein spezieller Dünger für Meliorationsmaßnahmen (→ Melioration) auf Rohhumusstandorten, mit dem neben der Regulierung des pH-Wertes die Magnesium- und Phosphatversorgung verbessert wird.
3. Kohlensaurer Magnesiumkalk: ein Dünger zur pH-Wert-Regulierung und zur grundlegenden Verbesserung der Magnesiumversorgung des Bodens.
4. TETRABON PK-Dünger mit Magnesium: ein Spezialdünger für den Wald; für sehr nährstoffarme Standorte, die vom Baumsterben bedroht sind, und zur grundlegenden Verbesserung der gesamten Nährstoffversorgung an Phosphat, Kali, Magnesium und Kalk.

Eine Kalkung wurde in vergleichsweise großem Umfang auf Waldböden in Dtschl. durchgeführt. Sie diente v. a. dazu, die in den meist dicht aufgewachsenen Wäldern, besonders in Nadelholzbeständen, angesammelte Streu (Rohhumusanhäufung) abzubauen und die darin enthaltenen Nährstoffe wieder in den Kreislauf zu bringen. Durch die Kalkung wird die Bodenlebewelt aktiviert und die Humuszersetzung (Mineralisierung) angeregt.

Die Frage, ob Düngungsmaßnahmen das Waldsterben verzögern können, muß jedoch verneint werden. Auch die Kalkdüngung ist ein erheblicher Eingriff in das → Ökosystem Wald mit im Regelfall sauren Böden. Zudem haben Bodenuntersuchungen in gekalkten Wäldern ergeben, daß eine übertriebene Kalkung mit hohen Gaben von über 10 t Kalziumoxid je ha durch die Beschleunigung des Streu- bzw. Humusabbaus mehr Stickstoff freisetzt, als die Bäume aufnehmen können. Es wurden Stickstoffverluste bis 800 kg je Hektar oder bis zu 75 % des mineralisierbaren Stickstoffs ermittelt. Auch das zugeführte Kalzium wird ausgewaschen, wobei bis zu 60 % Verluste nach zehn bis 25 Jahren genannt werden. Ferner ist u. a. die Gefahr einer Erhöhung des Nitratgehaltes im Grund- und Bodenwasser gegeben. Zusammenfassend ist festzustellen, daß Düngungsmaßnahmen in bereits erkrankten Beständen wegen der im Regelfall nicht mehr möglichen Nährstoffaufnahme zwecklos und umweltbelastend sind und der prophylaktische Wert von Düngungsmaßnahmen in noch nicht erkrankten Beständen umstritten und hinsichtlich seiner Umweltauswirkungen problematisch ist.

Die Ausbringung gemahlener Düngemittel erfolgt i. d. R. mit Verblasegeräten. Für kleinere (befahrbare) Waldflächen eignen sich auch landwirtschaftliche Düngestreuer. Ein Einarbeiten in den Boden ist aus technischen Gründen im Wald nicht möglich, v. a., weil die Wurzeln der Bäume verletzt würden. Bei Großflächen kann der Dünger auch mit dem Flugzeug ausgebracht werden. Nicht verwendet werden sollen alle chloridischen Düngemittel, die verätzend wirken, sowie in Wasserschutzwäldern nitrathaltige Düngemittel; → Bodenschutzkalkung.

W a l d d y n a m i k, die: siehe Seite 776

Waldegerling, der: → Champignon 1.

Wald-Ehrenpreis, der: → Ehrenpreis 1.

Waldeidechse, die: → Eidechsen 1.

Waldeigentum, das: Etwa 46 % der Gesamtwaldfläche (→ Waldfläche) der BR Dtschl. von rd. 10,7 Mio. ha befinden sich in Privatbesitz (→ Privatwald); auf den → Staatswald entfallen 34 %, und 20 % sind im Besitz von Körperschaften (→ Körperschaftswald) des öffentlichen Rechts, davon entfallen 23 % auf Gemeinden.

In den Ländern weicht die Verteilung des W. – historisch bedingt – erheblich vom Bundesdurchschnitt ab. In den Ländern Schleswig-Holstein, Niedersachsen, Nordrhein-Westfalen und Bayern überwiegt der Privatwald, in Rheinland-Pfalz und Baden-Württemberg der Körperschaftswald, im Saarland und den Stadtstaaten der Staatswald.

In Österreich sind 79,5 % der Waldfläche Privatwald, 9,8 % sind Gemeinschaftswald. Der Anteil des öffentlichen Waldes beträgt 20,4 %, davon → Österreichische Bundesforste und sonstige 17 %, Gemeindewald 2,2 %, Landeswald 2,2 %.

In der Schweiz sind 1,2 Mio. ha mit Wald bedeckt (→ Schweizer Wald). 74 % des Waldes ist im Eigentum von öffentlichen Körperschaften. Eigentümer des öffentlichen Waldes sind: Bürgergemeinden (44 %), Politische Gemeinden (40 %), Korporationen und Genossenschaften (8 %), Staatswald (Bund und Kantone; 7 %), Übrige (1 %). Nach der Eidgenössischen Betriebszählung 1985 hat sich beim Privatwald der Anteil des Bauernwaldes auf ca. 6 % zurückgebildet; → Baumartenverteilung, Betriebsgrößen.

Waldeigentümer, der: → Waldbesitzer.

Waldeinteilung, die: auch Forsteinteilung. In der forstbetrieblichen Planung und Betriebsführung bezeichnet W. die dauerhafte Gliederung eines Betriebes, z. T. unter Berücksichtigung des Geländes, in Distrikte (römische Zahlen und Name), Abteilungen, in Preußen „Jagen" genannt (arabische Zahlen und Name), Unterabteilungen (Buchstaben) und ggf. in Unterflächen, sofern in einer Unterabteilung mehrere Bestandsverschiedenheiten zusammengefaßt sind (Hinzufügung einer hochgestellten arabischen Zahl), z. B. „II Pechreisser Forst; 3. Forsthütte; „b^2". Die Unterabteilung ist eine zusammenhängende Fläche von durchschnittlich 5 ha (minimum 3 ha, maximal 20 ha). Sie ist die forstliche Wirtschaftseinteilung für die Planung, den Vollzug und die Vollzugskontrolle im Forstbetrieb. Alle Flächeneinheiten werden dauerhaft und eindeutig im Gelände gekennzeichnet.

Waldeinteilungsstreifen: künstliche, von Baumbewuchs freigehaltene Flächen, die entweder in größeren zusammenhängenden Wäldern der Unterteilung in Abteilungen oder in Distrikte, also in forsteinrichtungstechnische Einheiten, oder der besseren Kenntlichmachung von Waldgrenzen dienen. Solche Flächen werden rechtlich dem Wald gleichgestellt, z. B. in Bayern; → Waldsicherungsstreifen.

Waldeisen, das: → Waldhammer.

Waldeinteilung – drei Streifen kennzeichnen zum Beispiel eine Abteilungsgrenze.

Walddynamik

Der Prozeß des Wandels

→ Ökosysteme wie der → Wald verharren nicht immer in einem bleibenden Zustand; sie stellen vielmehr ein dynamisches System dar, entwickeln sich weiter und sind immer dem Wandel unterworfen. So wie Einzellebewesen altern, ändern sich auch Ökosysteme mit der Zeit. Beim Wald kommt dazu, daß er sich auch durch die verschiedenen → Altersphasen ändert. In einer Lebensgemeinschaft (→ Biozönose) kann sich der Anteil von Tieren oder Pflanzen, die an eine bestimmte Jahreszeit gebunden sind, auch innerhalb eines Jahres ändern. Das ist z. B. bei kurzlebigen → Insekten der Fall. Diese Fluktuation wird sich im nächsten Jahr evtl. mit einer anderen Amplitude wiederholen. Das aber bedeutet keine dauerhafte Änderung des Ökosystems.

Dauerhafte Veränderungen

Bei dauerhaften Veränderungen sind verschiedene Ursachen zu unterscheiden. Zum einen kann sich die physische Umwelt ändern, ein See kann verlanden, Gletscher können (wie nach den Eiszeiten) zurückweichen (→ Waldgeschichte), durch Vulkanausbrüche können neue Böden entstehen, die langfristig vom Wald besiedelt werden. Durch eine → Evolution können sich aber auch die Tiere und Pflanzen des Ökosystems ändern und in der Regel diesem noch besser anpassen. Eine solche natürliche → Auslese läuft langfristig ab. Es kann sich aber auch die Artenzusammensetzung auf einer neu besiedelten Fläche allmählich ändern. Mit ihr gehen Änderungen von → Boden und Mikroklima einher, wobei zwischen diesen Änderungen und jenen der Artenzusammensetzung Wechselwirkungen bestehen. Diese Art des Wandels ist am bekanntesten.

Neuer Wald entsteht beispielsweise nach Windwurf oder Brand.

Die Sukzession

Hört man auf, ein Feld zu bestellen und → Unkräuter zu bekämpfen, werden sich zunächst zahlreiche einjährige → Kräuter einstellen. Im Lauf der Jahre wird der Anteil mehrjähriger Kräuter immer größer. Schließlich werden auch → Sträucher und Bäume in der → Pflanzengesellschaft auftreten und sich schließlich durchsetzen. Wird eine Wiese nicht mehr gemäht, läuft ein ähnlicher Vorgang ab. Dieses Phänomen ist letztlich der Grund dafür, daß in Garten und Feld Bodenbearbeitung und → Unkrautbekämpfung notwendig sind und auf Schlägen (→ Schlag) den jungen → Forstpflanzen durch Unkrautbekämfung geholfen werden muß. Auch die Dickungspflege (→ Läuterung) im höheren Alter kann noch das Ziel haben, die → Sukzession zu lenken und im Endbestand unerwünschte Bäume zu beseitigen. Es wird ökologische Sukzession oder nur Sukzession genannt. Während der gesamten Sukzession findet eine → Konkurrenz zwischen den verschiedenen Arten statt.

Das Phänomen wurde schon von Theophrastus um 300 n. Chr. beschrieben. Die Vegetationsentwicklung auf → Mooren in Irland wurde schon 1685 dokumentiert. Gegen Ende des 18. Jahrhunderts stellte Buffon Sukzessionen in französischen Wäldern dar. Die eigentliche Sukzessionsforschung wurde aber erst zu Beginn des 20. Jahrhunderts von Clemens entwickelt. Weck hat sie dann in seiner Lehre von den → Waldgefügetypen forstlich interpretiert (→ Netzwerk Wald).

Waldeisenbahnen: Sie dienten dem Transport großer Holzmengen und kamen in zwei Formen vor:
a) als ständige (Stammbahnen) und
b) als bewegliche (fliegende, wandernde) W.
Die ersteren zeigten keine grundsätzlichen Verschiedenheiten gegenüber den damals üblichen Neben- und Industriebahnen. Die beweglichen W. kamen dort zur Anwendung, wo die Plätze, von und zu denen der Transport geschah, oft wechselten; sie vermittelten die Beförderung der → Walderzeugnisse innerhalb der → Schläge, wo sie nach Bedarf und Gelände an jeden Stamm herangeführt werden konnten, bis zu den ständigen Strecken, Ablagen, Sägemühlen usw. W. wurden durch Menschen- oder Tierkraft oder Lokomotiven betrieben. Die Wagen (Trucks) waren leicht, aber fest gebaut. Sie sollten bei Verwendung in den Schlägen trotz solider Bauart nicht mehr als 150 bis 200 kg wiegen und eine Tragfähigkeit von etwa 1200 kg besitzen, damit auch die schwersten Stämme auf zwei miteinander verbundenen Wagen transportiert werden konnten. Alle W., hauptsächlich aber die ständigen Anlagen, setzten zu ihrer Rentabilität voraus, daß größere Holzmassen nach Möglichkeit für längere Zeit befördert werden konnten; → Walderschließung.

Wald-Engelwurz, die: → Engelwurz 1.

Waldentwicklungstyp, der: Waldbestände mit vergleichbaren Ausgangslagen und Zielsetzungen werden in verschiedenen Ländern, z. B. in Baden-Württemberg, zu W. zusammengefaßt. Dabei wird – im Ggs. zu den meisten → Betriebszieltypen – die vorhandene Bestockung in das Verjüngungskonzept einbezogen, was auf einen hohen Anteil an → Naturverjüngung hinausläuft. Der Vorteil von W. liegt in der übersichtlichen Gliederung von natürlicher Ausgangslage und waldbaulichen Zielen von Forstbetrieben. W. dienen auch als betriebswirtschaftliche Auswertungseinheiten und der gesamten Betriebssteuerung.

Walderdbeere, die: → Erdbeeren 1.

Walderdbeer-Schlaggesellschaften → Weidenröschen-Schlaggesellschaften b).

Walderholungsstätten: frühere, auf Anregung der Ärzte Wolff-Becher und Lennhoff 1900 geschaffene Einrichtungen der Tuberkulosefürsorge. Die erste W. wurde von G. Pannwitz in der Jungfernheide bei Berlin errichtet. Im Jahre 1929 bestanden bereits 200 W. Sie mußten in der Nähe von Großstädten in trockenem Waldgebiet angelegt werden und leicht erreichbar sein. W. enthielten gewöhnlich Baracken mit Personal-, Wohn- und Wirtschaftsräumen sowie Liegehallen. Manche W. hatten auch Schlaf- und Unterrichtsräume für Kinder, die zu Hause nur ungesunde und unzureichende Schlafstellen hatten; → Waldschule.

Walderl, das: → Waldarl.

Walderle, die: im Holzhandel übliche Bez. für im Wald gewachsenen Er mit weitgehend astfreien Stämmen im Ggs. zur → Bacherle.

Wäldermoor, das: auch Holzmoor. Als W. wird ein Torfmoor bezeichnet, das größere Mengen mehr oder weniger gut erhaltener Baumschäfte in sich eingebettet hat (z. B. im Bayer. Wald). Es kommen → Moore vor, in denen mehrere Stockwerke von teils aufrechtstehenden Stöcken, teils niederliegenden ganzen Stämmen übereinander enthalten sind.

Langholztransport mit der Waldeisenbahn im Ebersberger Forst (Oberbayern)

Waldernährungslehre, die: Teilgebiet der Forstwissenschaft. Die W. befaßt sich mit theoretischen und praktischen Aspekten der Ernährungsphysiologie von Bäumen, d. h. mit der Stoff- und Energiezufuhr und dem Stoffumsatz in Pflanzen. Daneben erarbeitet sie Methoden zur Verbesserung der Ernährungsgrundlagen der Forstpflanzen, z. B. durch Düngemaßnahmen (→ Walddüngung).

Waldersatzgesellschaft, die: durch direkte oder indirekte menschliche Eingriffe veränderte natürliche → Waldgesellschaft (→ Forstgesellschaft).

Walderneuerung, die: → Verjüngung.

Wälderpest, die: → Baumtrocknis.

Walderschließung, die: in Österreich Forstaufschließung. Angemessene Erschließung des Waldes mit einem Netz forstlicher Wirtschaftswege (→ Wirtschaftswegebau) ist Grundvoraussetzung für den Forstbetrieb, hauptsächlich den Maschineneinsatz, aber auch für die arbeitsintensive → naturnahe Waldwirtschaft. Zur W. gehören somit alle Anlagen, die dem Transport von Holz (→ Holztransport) und aller übrigen Forsterzeugnisse, Material, Maschinen sowie Personen dienen. Waldwege erschließen und gliedern den Wald für den Forstbetrieb, binden ihn an das öffentliche Straßennetz an, stehen dem Wanderer zur Verfügung und ermöglichen eine wirksame Waldbrandbekämpfung sowie den Katastrophenschutz. Die forstliche Klassifikation für das Waldwegenetz wird in den einzelnen Bundesländern nicht einheitlich gehandhabt. Es werden u. a. folgende Wegekategorien ausgeschieden: a) Hauptabfuhrwege, b) Neben- oder Seitenwege, c) → Schleif-, → Schlitt-, Zieh-, Rücke- und Kieswege, d) Fußwege, Pfade, e) Sonderwege (Radwege, Reitwege). Die unter b) mit e) genannten Wege gehören zur Feinerschließung des Waldes. Die angestrebte optimale Wegedichte hängt u. a. von den angewandten Bringungsmethoden (→ Rücken) ab und beträgt 30 lfm/ha im Flachland und 15 bis 20 lfm/ha im Gebirge. In unwegsamen Gelände des Gebirges unterstützen mobile Seilanlagen (Seilbahnen) die W. Die forstlichen Wirtschaftswege entstehen fast ausschließlich in Einfachbauweise, d. h. sie sind ohne feste Fahrbahndecke (kein Teer, kein Beton). Als Aufhiebsbreite einer Wegtrasse im ebenen Gelände haben sich etwa 9 m

Walderschließung mit einem angemessenen Wegenetz ist Voraussetzung für die Waldpflege.

als zweckmäßig erwiesen. Hauptabfuhrwege sollten mindestens 3 bis 3,5 m (mit jeweils 0,5 m Bankett) breit sein.
Für die Bestandsfeinerschließung werden schlepperbefahrbare, unbefestigte → Rückegassen angelegt.

Waldertragskunde, die: → Ertragskunde.

Waldertragslehre, die: → Ertragskunde.

Waldertragsregelung, die: auch Ertragsregelung. Die W. bestimmt für eine → Betriebsklasse für den nächsten Einrichtungszeitraum den → Hiebssatz. Sie zeigt damit gleichzeitig – als Höchstsatz – den nachhaltig möglichen Holzertrag und – als Mindestmaß – die waldbaulichen Erfordernisse zur Verbesserung des Waldzustandes auf. Sie erkundet, was zum Erreichen von → Wirtschaftsziel und → Nachhaltigkeit erforderlich ist und was im Forsteinrichtungszeitraum realisierbar ist. Die W. wird durch die → Forsteinrichtung vorgenommen; sie bedient sich bestimmter → Ertragsregelungsmethoden und → Produktionsregelungsmethoden.

Walderzeugnisse: pflanzliche Erzeugnisse, die entweder ausschließlich oder überwiegend vom Wald hervorgebracht werden. Hierzu zählen: Forstpflanzen, Bäume, Sträucher oder Teile davon sowie Samen von Bäumen, Nadelholzzapfen, Harz, Streu, Moos, Gras, Schilf, Farn- und Heilkräuter. Nicht dazu gehören Blumen, soweit sie keine Heilkräuter sind, Waldpilze, Samen von Sträuchern, nichtpflanzliche Waldprodukte wie Ameiseneier, Wildabwurfstangen oder wilder Honig.

Waldesche, die: → Esche 2.,
Ahorne 1. und 4.

Waldexploitation, die: → Exploitation.

Waldfacharbeiter, der: → Forstwirt, → Waldarbeiter.

Waldfachplan, der: Nach dem Österr. Forstgesetz von 1975 ist der W. ein vom Waldeigentümer oder von hierfür in Betracht kommenden Stellen erstellter forstlicher Plan, der Darstellungen und Planungen für den Interessentenbereich des Planungsträgers enthält.

Waldfarne: Bez. für → Farne mit → sommergrünen Gatt. wie → Frauenfarn oder mit → immergrünen Gatt. wie → Rippenfarn, die im Wald wachsen.

Waldfaut, der: im Mittelalter lokale Bez. für einen Forstbediensteten, der die Aufsicht über die Waldförster (Waldknechte) hatte (faut = Vogt); → Waldgrafen, Forstknecht.

Waldfeldbau, der (Agroforstwirtschaft, Waldfeldfruchtbau, Feldwaldbau, Mitfruchtbau): veraltete landwirtschaftliche Zwischennutzung von → Waldböden oder Kahlschlagflächen. W. diente auch der Bodenverbesserung zur Anpflanzung anspruchsvollerer Baumarten und wurde v. a. in wirtschaftlichen Notzeiten betrieben; → Baumfeldwirtschaft, Brandkultur, Haubergwirtschaft, Haine, Urwechselwirtschaft, Röderbetrieb.

Waldfeldfruchtbau, der: → Waldfeldbau.

waldfeuchtes Holz: fälschlicherweise auch als „waldtrockenes Holz" bezeichnet. Der Wassergehalt von w. H. hängt u. a. von der Fällungszeit (→ Einschlagszeiten), Entrindung, Lagerart, Lagerdauer und nicht zuletzt von der Witterung ab. Insoweit können Zahlen, die das Gewicht von w. H. betreffen, nur unter Vorbehalt verwendet werden.

Waldfibel, die: eine erstmals von Oberforstmeister Karl Heinz → Dauster bearbeitete und 1949 für den Schulgebrauch herausgegebene Schrift mit Wissenswertem über den Wald, inzwischen mit zahlreichen Nachahmungen; → Waldläuferbrief.

Wald-Fingerkraut, das: → Fingerkraut 1.

Waldfläche, die: Nach den Erhebungen der CEE im Jahre 1990 (→ Europäische Forstkommission) bedecken Wald und „anderes bewaldetes Land" (sog. Forstressourcen) gegenwärtig rund 4,1 Mrd. ha, d. h. fast ein Drittel der Landfläche der Erde. Der Wald, der dabei als Fläche mit Bäumen mit einem Bestockungsgrad von über 10 % definiert wurde, macht rund 3,4 Mrd. ha aus. Ein großer Teil der ursprünglichen W. der Welt ist in andere Landnutzung überführt worden, degradierte zu Restwaldflächen oder Buschvegetation. Die Entwaldung dauert weltweit an, insbesondere in den dichtbesiedelten agrarischen Entwicklungsländern. Der jährliche Waldrückgang wird weltweit auf 15,4 Mio. ha geschätzt.
EU (Stand 1996): 129,8 Mio. ha Wald und sonstige bewaldete Flächen (das entspricht 41,5 % der Landesfläche). Davon sind 97,7 Mio. ha als Wald definiert.
Privateigentum sind 66,1 %, aufgeteilt auf 10,3 Mio. Eigentümer. Im bäuerlichen Besitz befindliche Wälder umfassen 46,9 Mio. ha.; 68,7 % aller Wälder sind Nadelwälder.
Anteil der forstwirtschaftlichen Erzeugung am Bruttoinlandsprodukt: 1 %.
W. und → Waldanteil in EU-Ländern:

Belgien	602 000 ha (20 %),
Dänemark	445 000 ha (10 %),
Finnland	20 032 000 ha (68 %),
Frankreich	14 581 000 ha (27 %),
Großbritannien	2 156 000 ha (9 %),
Griechenland (ohne Macchia)	2 034 000 ha (15 %),
Irland	370 000 ha (5 %),
Italien (ohne Sardinien)	8 675 000 ha (29 %),
Luxemburg	89 000 ha (34 %),
Niederlande	329 000 ha (9 %),
Österreich	3 878 000 ha (46 %),
Portugal	3 370 000 ha (38 %),
Schweden	21 800 000 ha (53 %)
Spanien	11 792 000 ha (23 %).

In Dtschl. sind rd. 28 % der Gesamtfläche bewaldet; die Gesamt-W. beträgt (Stand 1996) 10,19 Mio ha. Sie teilt sich auf die Bundesländer wie folgt auf (in Klammer jeweils der Prozentsatz zur Gesamtfläche):

Baden-Württemberg	1 266 900 ha (37 %),
Bayern	2 375 500 ha (34 %),
Berlin	7 700 ha (16 %),
Brandenburg	1 040 000 ha (36,5 %),
Bremen	700 ha (2 %),
Hessen	823 400 ha (40 %),
Hamburg	3 200 ha (4 %),
Mecklenburg	570 000 ha (21,3 %),
Niedersachsen	975 900 ha (21 %),
Nordrhein-Westfalen	767 900 ha (25 %),
Rheinland-Pfalz	718 100 ha (39 %),
Saarland	792 000 ha (33 %),
Sachsen	420 000 ha (23,9 %),
Sachsen-Anhalt	450 000 ha (22,2 %),
Schleswig-Holstein	134 400 ha (9 %),
Thüringen	500 000 ha (32,9 %).

Von der Gesamtfläche Österreichs von 8 385 000 ha entfallen 3 878 000 ha (Stand 1996), d. s. 46,2 %, auf Wald (waldreichstes Land Mitteleuropas).
Die Gesamt-W. verteilt sich auf die einzelnen Bundesländer wie folgt:

Burgenland	127 000 ha (3 %),
Kärnten	572 000 ha (15 %),
Niederösterreich (einschließlich Wien)	758 000 ha (19 %),
Oberösterreich	487 000 ha (13 %),
Salzburg	356 000 ha (9 %),
Steiermark	989 000 ha (26 %),
Tirol	500 000 ha (13 %),
Vorarlberg	90 000 ha (2 %).

19,1 % des Waldes sind → Schutzwald.
In der Schweiz beträgt die W. 1 186 000 ha (28,7 % der Landesfläche); → Weltwald-Ressourcen-Schätzung, Landverbrauch, Besitzstandsarten, Österreichische Bundesforste, Schweizer Wald, Waldeigentum, Baumartenverteilung; Anhang Seite 878/879.

Waldflattergras, das: → Flattergras.

Waldflurbereinigung, die: Ein Großteil des → Privatwaldes, aber auch Teile des → Körperschafts- und → Staatswaldes weisen starke Besitzersplitterung, geringe Besitzgrößen, unwirtschaftliche Grundstücksformen, mangelnde Erschließung, fehlende Holzlagerungs- und -aufbereitungsflächen und teilweise belastende Rechtsverhältnisse auf. Durch die W. können die Nachteile einer solch unbefriedigenden Besitz- und Bewirtschaftungsstruktur teilweise behoben werden. Ihre Ziele sind die Sicherung und Verbesserung der Produktions- und Arbeitsbedingungen in der Forstwirtschaft, der → Nachhaltigkeit der Holzerzeugung und der → Waldfunktionen; → Flurbereinigung.

Waldföhre, die: → Kiefern 3.

Waldformen: W. sind → Nadelwald, → Laubwälder und → Mischwald.

Waldförster, der: gegendweise frühere Bez. für einen „holzgerechten Forstverständigen". Die W. übten u. a. zusammen mit den Holzmeistern das Obermärkerrecht in den Markwaldungen (→ Märkerwald) aus. Den W. zur Seite standen sog. ehrenamtliche Spießförster, später Waldhüter genannt; → Waldfaut.

Wald-Frauenfarn, der: → Frauenfarn 1.

Waldfräulein, das: → Holzweibchen.

Waldfreundrübling, der: → Rüblinge 1.

Waldfrevel, der: die vorsätzliche Beschädigung von Waldbäumen; → Forstfrevel.

Waldfronden → Waldzins 2).

waldfrisch: auch saftfrisch, grünfeucht. Bez. für das → Rundholz unmittelbar nach dem Einschlag.

Waldfrüchte: Sammel-Bez. für alle zum menschlichen Genuß geeigneten Waldprodukte wie Pilze, Beeren, Nüsse, Bucheckern,

◂◂ Waldfrüchte waren einst ein wichtiger Beitrag zur Volksernährung.

Edelkastanien, Tee- und Heilkräuter. Nicht zu den W. zählen tierische Produkte, wie z. B. Vogeleier; → Aneignungsrecht, → Walderzeugnisse.

Waldfunktionen: siehe Seite 780

Waldfunktionenkartierung, die (Waldfunktionskartierung): Sie ist eine kartenmäßige Darstellung der ggw. Schutz- und Erholungsfunktionen des Waldes (→ Waldfunktionen). In einigen Bundesländern wird sie als eigenständige Kartierung, in anderen in Verbindung mit dem → Waldfunktionsplan durchgeführt.

Waldfunktionskarte, die: Karte mit den → Waldfunktionen, meist noch mit Schutzgebieten nach dem Naturschutz- und Wasserrecht. Ergebnis der Waldfunktions- oder → Waldfunktionenkartierung.

Waldfunktionskartierung, die: → Waldfunktionenkartierung.

Waldfunktionsplan, der: Der W. ist nach Art. 6 des Waldgesetzes für Bayern (BayWaldG) Fachplan im Sinne des Art. 15 Bayerisches Landesplanungsgesetzes (BayLPlG) und gilt als → Forstliche Rahmenplanung im Sinne des § 7 BWaldG. Das Verfahren der Aufstellung des W. richtet sich nach Art. 16 BayLPlG. Der W. wird gem. Art. 13 Abs. 2 Nr. 6 BayLPlG in Verbindung mit dem Ziel B III 5 des Landesentwicklungsprogrammes (LEP) von den Forstdirektionen im Einvernehmen mit den Regierungen für jede Region aufgestellt. Er soll die Ziele des Landesentwicklungsprogramms für die Forstwirtschaft vertiefen. Der W. als Forstliche Rahmenplanung gewährleistet, daß die → Waldfunktionen bei allen Planungen und Maßnahmen der öffentlichen Planungsträger beachtet werden (§ 8 BWaldG). Es liegt eine Anpassungspflicht i. S. des BayLPlG vor. Nur raumbedeutsame Ziele des W. können im Verhältnis zu Vorhaben anderer Planungsträger verbindlich sein. Dies gilt v. a. für die Programme und Pläne der Raumordnung und → Landesplanung, für die → Bauleitplanung und für Maßnahmen anderer Fachverwaltungen, die den Wald mittelbar oder unmittelbar berühren, wie z. B. agrarstrukturelle Planungen, → Landschaftsplanungen, Erholungsplanung, wasserwirtschaftliche Planung und Verkehrsplanung. Der Textteil des W. besteht aus einem Zielkatalog, einem Begründungsteil und einem Anhang. Der W. trifft Aussagen über die Erhaltung und Mehrung der Waldfläche, die Sicherung und Verbesserung der Nutz-, Schutz-, Erholungs- und Sonderfunktionen des Waldes sowie über den Schutz und die Regulierung der freilebenden Tierwelt. Der W. enthält für alle Waldbesitzarten (→ Besitzstandsarten) regions- und landkreisweise Daten über die Zu- und Abnahme der Waldfläche, die → Betriebsarten, Baumartenanteile, die jährliche Nutzung, Waldflächen in nach dem Naturschutzrecht geschützten Gebieten, den jeweiligen Flächenumfang der einzelnen Waldfunktionen. Ziele des W. sind, die Öffentlichkeit über die wirtschaftlichen und landeskulturellen Leistungen des Waldes zu informieren und eine funktionengerechte Walderhaltung und -behandlung (Pflege) zu gewährleisten.

Waldfuß, der: früheres Längenmaß für Holz aller Art in Gotha.
1 W. = 28,265 cm; → Fuß.

Waldgamander, der: → Gamander 1.

Waldgärtner → Bastkäfer, → Borkenkäfer 7. und 8.

Waldgebiet, das: → Wuchsgebiet.

Waldgedinge, das: → Märkergedinge.

Waldgefügetypen: Nach Weck entwickelt sich auf Kahl- oder Freiflächen in einer → Sukzession über die noch unreifen, ökologisch niederrangigeren Waldstufen → Vor-, → Zwischen- und Hauptwald ein reifer, höherrangigerer → Schlußwald: Vorwald mit → Pionierbaumarten, mit raschem Jugendwachstum, geringen Nährstoffansprüchen, Frostunempfindlichkeit und hohem Lichtbedarf (→ Licht), aber geringer Gesamtwuchsleistung und frühzeitiger Kulmination des → Zuwachses. Zwischenwald mit Baumarten des Vorwaldes in der Oberschicht und schattenertragenden → Baumarten des Haupt- und Schlußwaldes in der Unterschicht. Hauptwald, der sich unter natürlichen Bedingungen oder bei Aufhören der Plenterung aus einem Zwischenwald entwickelt, der durch langanhaltendes Wachstum der im Halbschatten unter dem Vorwald aufgewachsenen Bäume gekennzeichnet ist und eine hohe Gesamtwuchsleistung erbringt. Nach Ausscheiden der Pionierbaumarten bildet sich der klimabedingte Schlußwald, in dem die Oberschicht und Zwischenschicht eng zusammenrücken und der schon einen geringeren Zuwachs hat. Wird dieser z. B. durch Feuer (→ Waldbrand) zerstört, wiederholt sich der ganze Vorgang der natürlichen Bewaldung.

Waldgeißbart, der: → Geißbart.

Wald-Geißblatt, das: → Geißblatt 6.

Waldgeister (Walddämonen, Gnomen): Geister, die unter verschiedenen Namen im → Volksglauben vieler Völker bekannt sind, z. B. bei den Griechen Pan (→ Faun), Satyrn, → Dryaden, bei den Deutschen → Wilde Männer, → Holzweibchen.

Wald-Gelbstern, der: → Gelbstern 1.

Waldgelbweiderich, der: → Gilbweiderich 2.

Waldgemieth, das: → Waldzins 1).

Waldgerste, die *(Hordelymus europaeus)*: auch Haargerste, Wald-Haargerste. Die mehrjährige Pflanze aus der Fam. der → Süßgräser wächst zerstreut bis selten in kalkreichen Laub- und Mischwäldern, v. a. in Buchenwäldern.
Das 60 bis 120 cm hohe, horstbildende Gras ohne → Ausläufer hat einen aufrechten Halm, der an den Knoten zottig behaart ist. Die unteren Blattscheiden sind ebenfalls zottig behaart; die grasgrünen Blätter sind rauh und ziemlich breit, angedrückt haarig auf der Oberseite und mit auffallendem, weißlichem Mittelnerv auf der Unterseite. Das Blatthäutchen ist kaum 1 mm lang. Die hellgrüne Ähre (→ Blütenstand) ist aufrecht, dick und dicht sowie lang begrannt. Die → Ährchen sind über 2 cm lang, einblütig, schmal und meist hellgrün. Die beiden seitlichen Ährchen sind immer → zwittrig; das mittlere kann zwittrig oder männlich sein. BZ: Juni bis August.

Waldgerste *(Hordelymus europaeus)*

Waldfunktionen

Begriff
Der Begriff Waldfunktion trennt nicht zwischen den Wirkungen des Waldes und den Leistungen der → Forstwirtschaft (→ externe Effekte).
Der → Wald spielte in der Geschichte der Menschheit immer eine wichtige Rolle, auch wenn sich die an ihn gestellten Ansprüche gewandelt haben. Er übt auf die ihn umgebende Landschaft, auf → Boden, Wasser und → Luft sowie auf Tier- und Pflanzenwelt bedeutende Wirkungen aus. Diese Waldfunktionen stehen zueinander in enger, teilweise untrennbarer Beziehung. Das Erholungserlebnis im Wald z. B. wird entscheidend mitbeeinflußt durch das günstige Waldinnenklima (→ Bestand(e)sklima), die Wirkung des Waldes auf den → Wasserhaushalt ist untrennbar verbunden mit der Wirkung des Waldes auf den Boden. Bereits in früheren Jahrhunderten hatte die → Forstwirtschaft erkannt, daß der Wald neben der Holzerzeugung Bedeutsames für Landeskultur und Volksgesundheit leistet. Dafür wurde der Begriff der „Wohlfahrtsfunktionen" geprägt. Der Forstwissenschaftler Viktor → Dieterich hat erstmals in den 30er Jahren des 20. Jahrhunderts alle Wirkungen, die von den Wäldern ausgehen, und alle Nutzungen, die aus den Wäldern zu ziehen sind, in der „Funktionenlehre des Waldes" zusammengefaßt.
Erst in den letzten Jahrzehnten entwickelte sich ein verstärktes Bewußtsein für diese wichtige Rolle des Waldes. Gründe dafür waren unter anderem:
- knapper werdende Flächenreserve,
- vermehrter Bedarf an sauberem Trinkwasser,
- erhöhte Umweltbelastungen,
- steigendes Erholungsbedürfnis bei zunehmender Mobilität des Menschen,
- zusätzlicher Verbrauch des Rohstoffes Holz.

Bedingt durch die neuartigen → Waldschäden ist heute die Erbringung aller Waldfunktionen gefährdet; vor allem im Gebirge sind optimaler Bodenschutz (→ Erosion) und Wasserlieferung, aber auch Erholung und Holznutzung in Frage gestellt.

Die vier Hauptfunktionen (oft gleichzeitig zu erfüllen)

1. Nutzfunktionen (Ertragsfunktionen)
Holz ist ein Rohstoff, der umweltfreundlich erzeugt wird und ständig nachwächst; im Bundesgebiet wird nachhaltig (→ Nachhaltigkeit) eine Menge von jährlich ca. 57 000 000 → Festmeter erzeugt. Mit einer jährlichen Holznutzung von derzeit ca. 40 000 000 Festmeter Holz deckt unser Wald nicht einmal die Hälfte unseres jährlichen Holzbedarfes (91 Millionen Kubikmeter). Schließlich wird angesichts der zunehmenden Verknappung der fossilen Rohstoffe das Holz in Zukunft als Chemiegrundstoff und Energielieferant an Bedeutung gewinnen. Darüber hinaus ist der Rohstoff Holz die Grundlage für die Sicherung von ca. 50 000 Vollarbeitsplätzen und bietet ca. 650 000 Personen eine Teilzeitbeschäftigung (etwa 470 000 landwirtschaftliche Betriebe besitzen Wald), wobei pro ha Wald ca. 18 Arbeitsstunden/Jahr geleistet werden (Arbeits- und Einkommensfunktion des Waldes). Zur Nutzfunktion gehört auch der Ertrag an → Beeren, → Pilzen, → Kräutern etc. (→ Walderzeugnisse).

2. Schutzfunktionen
Hierzu zählen die Erhaltung der Naturgüter und des Naturhaushaltes bei Bodenfruchtbarkeit, Wasserhaushalt, Luft und Klima, Pflanzen- und Tierwelt sowie die Abwehr von Gefahren und Beeinträchtigungen zum Beispiel von Lärm- und Sichtbelästigungen, Hochwasser und → Immissionen.
■ **Bodenschutz (Erhaltung der Bodenfruchtbarkeit)**: Wald verhindert Bodenabtrag durch Wasser und Wind. Das Wasserhalte- und Wasserspeicherungsvermögen unterbindet Bodenerosion im Wald und mindert die Abschwemmung fruchtbaren Bodens in den Hanglagen benachbarter Äcker. Die starke Durchwurzelung des Waldbodens verhindert in Hanglagen Steinschlag und Bodenrutschungen. Die Gefahr des Bodenabtrags durch Wasser ist abhängig von der Geländeneigung, von der Bodenart und der Niederschlagshöhe. Alle Wälder in Steilhängen erfüllen daher Bodenschutzfunktionen. Überall in der Welt, wo großflächige Waldzerstörungen durchgeführt wurden (z. B. in den Mittelmeerländern), sind ganze Landesteile verwüstet. Sie können gar nicht mehr oder nur noch mit großem Aufwand in eine land- oder forstwirtschaftliche Nutzung zurückgeführt werden.
■ **Lawinenschutz**: Der Lawinenschutzwald ist eine besondere Form des Bodenschutzwaldes. Er kann die Entstehung von Lawinen verhindern oder kleine Lawinen bremsen. Die Lawinenhäufigkeit in den Alpen ist auch auf Waldrodungen (Weidelandgewinnung), Kahlschläge oder auf Brandflächen zurückzuführen.
■ **Wasserschutz**: Der Wald leistet einen entscheidenden Beitrag zur Sicherung eines ungestörten Wasserhaushalts. Er gleicht Wasserabfluß aus, erhöht das erfaßbare Grundwasserangebot, verlängert die Schneeschmelze und liefert reines, also biologisch einwandfreies, Trinkwasser. Bäume an den Ufern der Bäche und Flüsse bewirken durch ihren Schatten eine Kühlung des Wassers, erhöhen dessen Selbstreinigungskraft und verhindern eine übermäßige Algenbildung. Die positive Wirkung des Waldes für den Wasserhaushalt wird bereits durch die vielen Wasserschutz- und Wasserschongebiete im Walde deutlich. Auf kahlem Boden läuft das Wasser (Oberflächenwasser) sofort ab, der → Waldboden hingegen ist locker, trocknet durch den Schatten der Bäume nicht aus und gewährleistet dadurch eine gute Versickerung des Wassers. Das Sickerwasser wird gefiltert und wie mit einem Schwamm aufgesaugt bzw. gespeichert (sog. Haftwasser). Sind die Speichermöglichkeiten des Waldbodens erschöpft, fließt es sauber in das Grundwasser ab. Untersuchungen haben ergeben, daß man aus landwirtschaftlich genutzten Gebieten nach Niederschlägen mehr Wasser (67 Prozent des Jahresniederschlages) erhält als aus dem Wald (57 Prozent). In trockenen Zeitabschnitten spenden Waldquellen aber länger Wasser. Der Wald wirkt damit regulierend auf den Wasserhaushalt der Landschaft.
■ **Klimaschutz**: Der Wald gleicht tägliche und jährliche Temperaturschwankungen aus, bewirkt eine größere Luftruhe, verhindert die Entstehung und das Abfließen von Kaltluft, mindert die Verdunstung, steigert die Taubildung und erhöht die Luftfeuchtigkeit. Da das Waldklima von der verringerten Sonneneinstrahlung und der höheren Luftfeuchte geprägt ist, sind die Lufttemperaturen im Sommer dort meistens niedriger als im Freien. Es können Temperaturunterschiede von 3 bis 6 °C gegenüber dem Freien und um 4 bis 8 °C gegenüber dem Stadtinneren eintreten. Große zusammenhängende Waldflächen in der Nähe von Städten können daher das Klima günstig beeinflussen. Die Temperaturunterschiede zwischen Stadt und Wald bewirken zudem einen ständigen Luftaustausch. Auf der Luvseite vermischt sich das Freilandklima mit dem Waldklima innerhalb einer Distanz, die etwa dem Fünffachen der Bestandshöhe entspricht (100 bis 150 m). Auf der Leeseite von Wäldern wird die Luftströmung erst in einer Entfernung der etwa fünfzigfachen Baumhöhe (1 bis 2 km) an die neue Oberfläche angegliedert. Für den Wind sind die Baumkronen die rauhesten Teile der Erdoberfläche. Sie haben eine Rauhigkeit, die dem Dreißigfachen eines Getreidefeldes, dem Sechzigfachen eines Grünlandes oder dem Dreihundertfachen einer Rasenfläche entspricht. Selbst bei sehr schneller Luftbewegung im Freiland herrschen im Innern des Waldes nur Luftgeschwindigkeiten von 0,5 bis 1 m/sec. Die thermische und die durch Druckunterschiede bedingte Luftbewegung macht den Wald für Siedlungsgebiete lufthygienisch besonders wichtig. Mehrere bioklimatische Gutachten konnten nachweisen, daß durch solche Luftbewegungen reine und qualitativ bessere Waldluft in die Siedlungsgebiete gelangt. Der Luftaustausch mit dem Wald ist insbesondere in größeren Städten, die infolge verschiedener Faktoren als Wärmeinseln gelten, von Bedeutung.
■ **Immissionsschutz**: Der Wald filtert Staub, Gase und radioaktiven Stoffe aus der Luft. Die Filterwirkung des Waldes ist beachtlich.

In den industriellen Ballungsräumen enthält 1 Kubikmeter Luft etwa 100 000 bis 500 000 Staubteilchen, in Waldgebieten sind es dagegen nur 500. Die Filterwirkung hängt aber auch von der Beschaffenheit des Waldes, insbesondere von seiner Blattoberfläche ab. So kann 1 Hektar Fichtenwald etwa 420 kg Schmutzteilchen ausfiltern, ein im Winter kahler Buchenwald nur bis 240 kg je Hektar. Gase werden vom Wald hauptsächlich dann gebunden, wenn die Baumkronen regenfeucht sind und sich die Gase im zurückgehaltenen Niederschlagswasser lösen können (→ saurer Regen). Auf jeden Hektar der BR Deutschland gehen jährlich durchschnittlich etwa 61 kg Schwefel nieder. Im Wald ist die Menge aber meist zwei- bis dreimal so hoch. So haben Untersuchungen am Rande des Ruhrgebietes folgende Werte für Schwefelablagerungen erbracht: Freiland 28,5 kg, unter Fichten 119,2 kg und unter Buchen 51,4 kg. Waldbestände haben aber auch eine hohe Filterwirkung für → Schwermetalle. 50 m von einer stark befahrenen Straße entfernt wurde in einem Fichtenbestand eine viermal geringere Bleiablagerung gemessen als auf einer Wiese.
Durch die rasch ansteigenden technischen Verbrennungsprozesse in den letzten Jahren übersteigt der Sauerstoffverzehr bereits das laufende Produktionsvolumen der Pflanzen. Schwerpunkte des Sauerstoffverzehrs liegen in den Ballungszentren der hochindustrialisierten Gebiete. Auch aus diesem Grunde sind besonders der stadtnahe Wald sowie die mit Bäumen durchsetzten Grünflächen der Städte in Ballungsräumen lebensnotwendig.

◂◂ Kulturdenkmal: Keltenschanze

- **Lärmschutz**: Die Lärmreduzierung durch Waldbestände hängt vom Waldaufbau ab. Eine gute Lärmdämmung haben dichte Jungbestände, besonders wenn sie aus Laubbäumen mit großen Blättern bestehen. Bei Laubbäumen mit kleinen Blättern oder bei Nadelbäumen ist der Lärmschutz weniger wirksam. Bei Laubbäumen geht jedoch nach Laubabfall (→ Blattfall) die Lärmdämmung um ca. zwei Drittel zurück. Dichte Jungbestände können den Lärm auf 50 m im Durchschnitt um 50 Prozent gegenüber dem Freilandslärm mindern. Anders sind die Verhältnisse jedoch in einem → Altbestand. Infolge des Temperatur- und Luftfeuchtesprungs wird dort der Schall von der Unterseite der Baumkronen zum Boden hin gebrochen und kann sich nicht wie im Freiland nach allen Seiten ausbreiten. Geräusche, z. B. solche von Kraftfahrzeugen, die auf Waldstraßen fahren, sind deshalb in einem Altbestand viel weiter zu hören als im Freiland.
- **Sichtschutz**: Der Wald verdeckt störende Bauten und Wunden in der Landschaft.
- **Straßenschutz**: Der Wald schützt Straßen und Bahnen vor Schneeverwehungen, Steinschlag, Seitenwind; er gestaltet die Straßenumgebung und kann die Straßenführung optisch unterstreichen.

3. Erholungsfunktionen
Der Wald bietet durch das Naturerlebnis und die ausgeglichenen kleinklimatischen Verhältnisse Ruhe, innere Sammlung und ein günstiges Erholungsklima. Dies alles trägt zur physischen und psychischen Erholung des Menschen bei. Er befriedigt bei vermehrter Freizeit die Bedürfnisse der Nah-, Wochenend- und Urlaubserholung. Durch Bereitstellung von Erholungswald leistet die Forstwirtschaft einen bedeutenden Beitrag zur Erhaltung einer gesunden, lebenswerten → Umwelt. Die Menschen von Industriegesellschaften werden in der verstädterten naturarmen Umwelt durch den hohen Technisierungsgrad, durch Arbeitsteilung, Leistungsstreß, Zeitdruck, einseitige körperliche Belastung usw. physisch und psychisch belastet. Zum Ausgleich von der Hektik des Alltags benötigen sie Entspannung in naturnaher, gesunder Umwelt. Der Wald wird daher von den Erholungssuchenden am stärksten als ursprüngliche Natur empfunden.

4. Sonderfunktionen
Neben den vorbeschriebenen Funktionen erfüllt der Wald noch folgende Funktionen, die als Sonderfunktionen bezeichnet werden:
- **Landschaftsschutz**: Der Wald gestaltet das → Landschaftsbild und prägt den Landschaftscharakter entscheidend mit.
- **Naturschutz**: Der Wald ist oft prägendes Element von → Nationalparken, Landschaftsschutzgebieten und → Naturparken; viele einzelne → Naturdenkmale und Naturschutzobjekte stehen im Wald.
- **Denkmalschutz**: Der Wald bewahrt viele einzigartige prähistorische und historische Kulturzeugnisse, so z. B. Hügelgräber, Ringwälle, Reste des Limes, Römerstraßen, Burgställe und -ruinen.
- **Objekt für Forschung und Lehre**: Waldgebiete und -flächen dienen als Versuchsobjekte biologischen, ökologischen, forstlichen und anderen Forschungs- und Lehrzwecken.

Bewertung der Wohlfahrtswirkungen

Die vom Wald neben dem Holzerlös erbrachten Wohlfahrtswirkungen, Infrastrukturleistungen oder Schutz- und Erholungsfunktionen werden dem Waldbesitzer derzeit nicht eigens vergütet. Die durch ihre Erbringung verursachten Mehraufwendungen und Mindererlöse (social costs) sind beträchtlich. Kroth erhob und berechnete hierfür 1984 durchschnittlich 50 DM pro Jahr und Hektar. Andere Wege der Bewertung dieser Leistungen sind z. B. der Versuch, den Nutzen der Leistungen (z. B. sauberes Wasser oder Erholung) über den Aufwand der Nutzer (z. B. fiktive Reinigungs- oder die Anreisekosten) zu errechnen, oder der Ansatz, einen waldfreien Zustand anzunehmen und die Kosten für die Gratisleistungen des Waldes durch angenommene Ersatzbauten (z. B. für Erosionsschutz, Lawinenschutz, Wasserreinigung usw.) zu errechnen.

Die Erholungsfunktion des Waldes wird im 21. Jahrhundert eine nie gekannte Bedeutung bekommen.

Waldgersten-Buchenwald, der (*Hordelymo-Fagetum = Lathyro-Fagetum = Melico-Fagetum = Fagetum lathyretosum*): auch Kalk-Buchenwald frischer Standorte. → Assoziation des Unterverbandes der → Waldmeister-Buchenwälder (*Galio odorati-Fagenion*) des Verbandes der → Buchenwälder (*Fagion sylvaticae*). Diese Assoziation ist auf mittel bis gut mit Wasser versorgten, nährstoff- und basen- bzw. kalkreichen Böden, wie → Parabraunerden, basenreichen → Braunerden, mittel- bis tiefgründigen → Rendzinen, zu finden. Sie ist in Dtschl. weit verbreitet. Das Hauptverbreitungsgebiet ist jedoch auf der Fränkischen und Schwäbischen Alb, wo die → Charakterart → Waldgerste an den Hängen sporadisch oder gar nicht vorkommt, auf den Hochflächen jedoch häufig und reichlich vorhanden ist. In der Bodenvegetation finden sich zahlreiche Basenzeiger (→ Boden(an)zeiger). Es gibt verschiedene Subassoziationen und Höhenformen; → Waldgesellschaften.

waldgeschält: Holz, das von der → Borke, aber nicht vom → Bast befreit ist.

Waldgeschichte: siehe Seite 784 und Anhang Seite 875.

Waldgesellschaften, natürliche: Je nach → Standort haben sich – ohne die Einwirkung des Menschen – unterschiedliche natürliche W. ausgebildet, d. h. Waldtypen, die an Klima und Boden angepaßt sind. Die verschiedenen n. W. werden aufgrund ihrer sehr ähnlichen Kombination der → Charakterarten ausgeschieden. Unter bestimmten Standortbedingungen kann sich nur eine bestimmte Kombination von Pflanzenarten, d. h. n. W. mit sehr ähnlichen ökologischen Ansprüchen ihrer Mitglieder, ansiedeln und halten. Die beteiligten Arten stehen in vielfältigen Wechselbeziehungen (z. B. → Konkurrenz) zueinander. Die so entstandenen Gesellschaften sind stabil, solange die Standortfaktoren identisch sind. Diese können sich durch äußere Einflüsse (z. B. Klimaänderung, Immissionen, menschliche Eingriffe, Einbürgerung neuer Arten) oder – was im Wald mit dem Wachsen der Bäume der Normalfall ist – durch Eigendynamik ändern. Im letzten Fall entsteht eine → Sukzession. Die Grundeinheit bei der Ausscheidung von → Pflanzengesellschaften ist die → Assoziation. Die natürlichen Wälder in Mitteleuropa lassen sich in sechs Vegetationsklassen (s. u.) einteilen, die aufgrund ihres Standortcharakters unterschiedlich große Flächen einnehmen. Für die Bildung der n. W. spielt sowohl die horizontale als auch die vertikale Verbreitung der Bäume eine Rolle. Mitteleuropa liegt im Bereich der kühlgemäßigten Zone und hier im Bereich der sommergrünen Laubwälder. Innerhalb dieser Zone werden folgende Höhenstufen mit spezifischen vorherrschenden Baumarten unterschieden: In der planaren bis kollinen → Vegetationsstufe finden sich in Gebieten mit relativ hohen Durchschnittstemperaturen, jedoch geringen Niederschlägen, Ei, dazu noch Hbu, WiLi, die Bi, FAh, FUl und FlUl, Kir, SAh und Elsb. Diese Baumarten bilden vorwiegend → Eichenwälder; die Stufe wird deshalb auch Eichenmischwaldstufe genannt. Im kontinentaleren Klima tritt die Kie auf. In der submontanen Übergangsstufe zwischen kollinem und montanem Bereich werden die n. W. von Bu, Es, SLi und vorwiegend der TrEi geprägt und wegen der daraus entstehenden Wälder auch Submontane Eichen- und Buchenwaldstufe genannt. Die darüber anschließende montane Stufe ist im unteren Bereich vorwiegend von der Bu, mit beigemischter Ei und Eib geprägt; im mittleren Bereich treten die Ta, die BUl, der BAh, gelegentlich auch die WEr hinzu. Der obere Bereich wird von Ta, Bu, Fi, BAh beherrscht (→ Bergmischwald). Nach den vorkommenden Baumarten und daraus gebildeten n. W. wird sie auch Montane Buchen-stufe oder Montane Tannen-Buchenstufe genannt. Im subalpinen Bereich, bis zur → Waldgrenze, tritt als letzte Waldstufe die Subalpine Nadelwaldstufe mit dominierender Fi, bzw. im höheren Bereich mit Lä und Zir, auch BKie, auf.

Der Verbreitungsschwerpunkt von extrazonalen W. liegt in benachbarten Vegetationsgebieten, i. d. R. an Sonderstandorten.

Azonale W. befinden sich meist innerhalb großflächiger W., besonders an wassergeprägten Standorten, z. B. Auen- und Niederungswälder, Bruchwälder, Schlucht-, Blockhalden- und Hangschuttwälder.

In der Pflanzensoziologie unterscheidet man folgende sechs Klassen: → Europäische Falllaubwälder (*Querco-Fagetea*), boreale und subalpine → Nadelwälder (*Vaccinio-piceetea*), → Steppen-Kiefernwälder (*Pulsatillo-Pinetea sylvestris*), → Alpische Kalk-Kiefernwälder (*Erico-Pinetea*), → Ufer-Weidenwälder und -gebüsche oder Weichholzaue (*Salicetea purpureae*), → Schwarzerlen-Bruchwälder (*Alnetea glutinosae*). Die letztgenannten vier Klassen sind auf Sonderstandorten vorkommende Gesellschaften, die eng begrenzt im größeren Areal der erstgenannten Klassen auftreten können.

Der Waldhammer, ein altes Markierungsgerät

Waldgesetze → Bundeswaldgesetz, Österreichisches Forstgesetz, Schweizer Waldgesetz.

Waldgesinnung, die: Einstellung zu Wald und Forstwirtschaft.

Waldgewicht, das: → Biomasse.

Wald-Gilbweiderich, der: → Gilbweiderich 2.

Wald-Goldstern, der: → Gelbstern 1.

Waldgrafen: im Mittelalter Bez. für Forstmeister, meist aus hohem adeligen Stande, die vom König oder anderen hohen Herrschaftsträgern Hoheitsrechte verliehen bekamen (Grafenamt) und daneben meist Nutzungsrechte in den größeren Forsten erhielten. Die Inhaber dieser Ämter wurden auch Waldvögte genannt; → Waldfaut, Waldförster, Waldherr.

Waldgräser: allg. Bez. für verschiedene → Gräser, die vorwiegend im Wald vorkommen; z. B. Nickendes und Einblütiges → Perlgras, Waldtrespe (→ Trespe), Waldflattergras (→ Flattergras), Waldschmiele (→ Schmiele 2.), Waldzwecke (→ Zwecke 1.); → Riedgräser und → Simsen.

Wald-Greiskraut, das: → Greiskraut 5.

Waldgrenze, die: Die W. ist klimatisch, edaphisch oder orographisch bedingt. Sie beschreibt die Linie, bis zu der geschlossener → Wald vorkommt. Dabei wird Wald nach Übereinkunft definiert. Die potentielle W. stellt die W. dar, die sich unter dem Zusammenwirken der natürlichen Faktoren einstellt. Die aktuelle W. ist unter Einwirkung des Menschen, z. B. durch Almrodungen, entstanden. Die polaren und alpinen W. werden als Kältegrenzen von zu niedrigen Temperaturen, bzw. der zu kurzen → Vegetationszeit, die W. zu Steppen und Wüsten als Wärmegrenzen durch zu hohe Temperaturen, bzw. Trockenheit, die zu Mooren, Sümpfen, Gewässern als Naßgrenze durch Wasserüberschuß, die zu Meeren als maritime Windgrenzen durch ständige Windeinwirkung bestimmt. Edaphische W. bilden sich auf nacktem Fels, Geröll in Verbindung mit der dadurch bedingten Trockenheit, auf Salz- oder Schwermetallböden, durch Wanderdünen, Lawinenbahnen oder Bodenrutsche aus. Orographische W. sind z. B. steile Felswände. Biotische Grenzen ergeben sich aus dem Fehlen z. B. von Symbionten wie der → Mykorrhizen. In Nordskandinavien fallen polare und alpine W., am Meer auch mit der maritimen, zusammen. Die alpine W. schwankt je nach Nähe zum Meer und Lage zum Zentrum des Gebirges zwischen 1600 m in den meeresnahen Westalpen und 2000 m in den Zentralalpen. In den Mittelgebirgen liegt die W. im windexponierten und relativ meeresnahen Harz bei rund 1000 m, im Riesengebirge bei 1300 m, im Altvatergebirge bei 1350 m, im Böhmerwald und im Südschwarzwald bei 1400 m, im östlichen Kaukasus bei 2400 m, im östlichen Himalaja bei 4200 m ; → Ökoton, → Baumgrenze.

Waldgrenzstandort, der: Standorte, an denen Wald natürlicherweise in eine waldfreie Vegetation übergeht; → Ökoton, → Waldgrenze, → Kampfzone des Waldes.

Waldgrille, die: → Grillen 1.

Waldgrundgerechtigkeit, die: → Forstrechte.

Waldhaar, das: → Seggen 1., → Seegrasnutzung.

Wald-Haargerste, die: → Waldgerste.

Wald-Habichtskraut, das: → Habichtskraut 2.

Waldhackschnitzel → Hackschnitzel.

Waldhäher, der: → Rabenvögel 2.

Wald-Hahnenfuß, der: → Hahnenfuß 4., 6., 7. und 9.

Waldhainsimse, die: → Hainsimse 2.

Waldhammer, der: auch Anschlaghammer, Forsthammer, -schlegel, Waldeisen, Revierhammer, Markierhammer, Zeichenschlegel, Holzhammer. ein eiserner Hammer mit Zeichen (Symbol, Wappen) zum Einprägen durch

Schlag auf stehendes oder gefälltes Holz. Das stehende Holz wird damit zur Fällung angewiesen, das gefällte Holz als aus dem betreffenden Waldbesitz stammend kenntlich gemacht (Eigentumskennzeichnung). Der W. war früher zugleich Symbol der → Forsthoheit. War er nur mit dem Anfangsbuchstaben des Forstrevieres versehen, nannte man ihn Interimshammer oder -stempel. In dieser Form durfte er nur bei Abwesenheit des Forstherrn, d. h. in Vertretung verwendet werden. Auch Holzhändler versehen z. T. noch das von ihnen gekaufte Holz mit ihrem Hammerzeichen. Anstelle des W. werden heute hauptsächlich Farbsprays verwendet; → Numerierschlägel.

Waldhaselnuß, die: → Hasel 1.

Wald-Hasenohr, das: → Hasenohr 1.

Waldhauer: historische Bez. für gelernte Zimmerleute, die den Förstern unterstellt und für den → Einschlag des → Bauholzes verantwortlich waren. Nach Genehmigung des Waldamtmannes und nach Anweisung durch den Förster „hauten" (schlugen) sie mit ihren Knechten auf Kosten der Berechtigten das Bauholz. Sie waren auch zur Überwachung der sachgemäßen Verwendung des an die Eingeforsteten für deren Eigenbedarf abgegebenen Bauholzes eidlich verpflichtet. Auch in der Schifferordnung (1488) für die → Murgschifferschaft werden die Flößer und Knechte, die den Holzeinschlag durchführten, als W. bezeichnet; → Holzhauer 1).

Wald-Heckenkirsche, die: → Geißblatt 6.

Waldheinze, die: alte und mundartliche Bez. für die → Biene.

Waldherr, der: frühere Bez. für einen Waldeigentümer. Als W. wurde aber auch die Person genannt, die die Aufsicht über einen → Gemeindewald hatte; lebt fort als Familienname.

Waldheu, das: → Laubheu.

Waldheuschrecke, die: → Laubheuschrecken 5.

Waldhieb, der: → Waldbart.

Waldhirse, die: → Flattergras.

Waldhochmoor, das: Moortyp der subkontinentalen Gebiete Europas (z. B. Alpenvorland), der durch längere und stärker ausgeprägte Trockenperioden eine bessere Durchlüftung des Torfes bewirkt. Dies ermöglicht die Ansiedlung von Wald- und Bergkiefer. Unter dem lichten Baumschirm wachsen insbesondere Torfmoose, auch Heidekraut und Sumpf-Porst; → Moor.

Waldholz, das: Bez. für Holz, das unmittelbar aus dem Wald der Be- oder Verarbeitung zugeführt wird; Ggs.: → Industrierestholz.

Waldhufe, die: im Mittelalter freie Erbleihe im Gebiet der ostdeutschen Kolonisation, bei der der Beliehene durch → Rodung die ihm überlassene W. in Nutzland verwandelte; → Neubruch.

Waldhufendorf, das: Reihendorf in einem Rodungsgebiet, bei dem sich der Landbesitz des Eigentums in gereihten Streifen an den Hof anschließt. Ältere Formen befinden sich im Odenwald und im Schwarzwald. Verbreitet sind W. auch besonders am Niederrhein, in Nordwest- und Südwestdtschl., im Erzgebirge und in den Sudeten; → Waldhufe.

Waldhühner → Rauhfußhühner.

Waldhummel, die: → Hummeln 2.

Waldhut, die: **1**) svw. → Waldweide. **2**) svw. → Forstschutz.

Waldhüter, der: → Waldförster.

Waldhyazinthe, die *(Platanthera)*: Gatt. der → Orchideen. Bekannte, in Mitteleuropa wachsende → Arten sind:

1. Weiße Waldhyazinthe, die *(Platanthera bifolia* (L.) Rich.): auch Zweiblättrige W., Kuckucksstendel. Die fast über ganz Europa verbreitete W. W. kommt in Dtschl. zerstreut vor. Sie wächst in lichten Laub- und Nadelwäldern, besonders Eichen-Kiefernwäldern, Hartholz-Auenwäldern, boreal-subkontinentalen Kiefern-Steppenwäldern, Schneeheide-Kiefernwäldern und Alpenrosen-Latschengebüschen, Seggen-Buchenwäldern, Labkraut-Tannenwäldern, west- und mitteleuropäischen Eichen-Birkenwäldern, auf Heiden, feuchten, buschigen Wiesen, Magerrasen und an Waldrändern, auf trockenen bis feuchten Böden, bis in Höhen von etwa 2300 m; zeigt oft Wechselfrische an.

Die 20 bis 40 cm (bis 60 cm) hohe Pflanze hat einen frischgrünen, kantigen Stengel mit zwei glänzenden, ovalen bis eiförmigen, längsnervigen, 5 bis 15 cm langen, 2 bis 5 cm breiten Laubblättern am Grunde und einigen kleinen lanzettlichen Blättern darüber. BZ: Mai bis Juli. Die weißlichen, stark duftenden Blüten stehen in einer vielblütigen, lockeren, fast zylindrischen, 5 bis 15 cm langen Blütenähre (→ Blütenstand). Sie sind 11 bis 18 mm breit. Die äußeren seitlichen Hüllblätter stehen weit ab und das obere wölbt sich helmartig. Die 6 bis 10 mm lange, bandförmige Lippe ist ungeteilt. Die Staubbeutelfächer sind parallel gestellt. Der fadenförmige, grünliche Sporn ist spitz und 15 bis 22 mm lang.

2. Berg-Waldhyazinthe, die *(Platanthera chlorantha* (Gust.) Rchb.): auch Grünliche, Grüne W., Berg-Kuckucksblume. Die fast über ganz Europa verbreitete B. ist ziemlich selten und wächst zerstreut in Nadelmischwäldern, Labkraut-Tannenwäldern, boreal-subkontinentalen Kiefern-Steppenwäldern, Gebüschen, auf Bergwiesen, Trockenrasen, feuchten, quelligen und moorigen Wiesen; sie zeigt Lehm, Feuchtigkeit oder Wechselfeuchtigkeit an.

Die mehrjährige, 25 bis 60 cm hohe Pflanze hat am Grund zwei große eiförmige Blätter. Die Blüten (BZ: Mai bis Juni) sind etwas größer als die der sehr ähnlichen Weißen Waldhyazinthe; sie stehen in einer lockeren, reichblütigen Traube, sind grünlichweiß und fast geruchlos. Sie haben nicht parallele, sondern nach unten auseinanderspreizende Staubbeutelfächer (sicheres Unterscheidungsmerkmal). Der Sporn ist nach der Spitze zu keulig verdickt, stumpf und 20 bis 40 mm lang.

Waldhydrologie, die: Teilgebiet der allg. Hydrologie (Wissenschaft von den Gewässern und vom Wasserkreislauf), die die Einflüsse des Waldes und die forstlicher Bewirtschaftungsmaßnahmen auf die Wasserhaushaltskomponenten untersucht.

Waldhygiene, die: Gesamtheit aller Maßnahmen, welche der Erhaltung und Erhöhung der Resistenz und Gesundheit der Lebensgemeinschaft Wald dienen.

Wald-i: ein vom Landesverband Baden-Württemberg der → Schutzgemeinschaft Deutscher Wald eingesetzter und umgebauter Kleinbus, der verschiedenstes Anschauungsmaterial, einfache Untersuchungsgeräte, Spiele und Bastelmaterial mitführt (rollender Waldlehrpfad). Das Projekt richtet sich im wesentlichen an Schulklassen, kann aber auch von jeder interessierten Personengruppe eingeladen werden.

Waldiltis, der: → Iltis.

Wald in der Dichtung: siehe Seite 786

Wald in der Malerei: siehe Seite 790

Wald in der Musik: siehe Seite 794

Waldinformationszentrum Tennenlohe: Anläßlich des 20jährigen Jubiläums des Waldmuseums Tennenlohe wurde im März 1996 das W. T. eröffnet. Es bietet den Bürgern Information zum Thema Wald und informiert über die wechselvolle Geschichte des → Nürnberger Reichswaldes (im Peter Stromeir-Haus).

Wald in Not: vom ehemals rheinland-pfälzischen Ministerpräsidenten Bernhard Vogel angeregte und 1984 ins Leben gerufene Stiftung. Sie hat es sich zur Aufgabe gestellt, privates Engagement anzuregen und zu nutzen, um unsere heimischen Wälder zu erhalten. Dabei will die Stiftung insbesondere Maßnahmen in folgenden Bereichen unterstützen:

1. Aufklärung der Öffentlichkeit über die Gefährdung des Waldes, aber auch die Möglichkeiten seiner Rettung, v. a. über wirkungsvolle Maßnahmen zur Schadensverringerung und Luftreinhaltung;
2. Aktionen zur Erhaltung und Schonung der natürlichen Lebensgemeinschaft des Waldes;
3. Forschungs-, Entwicklungs- und Modellvorhaben;
4. Zusammenarbeit der Staaten Europas zum Schutze der Wälder.

Waldinnenklima, das: → Bestand(e)sklima.

Waldinnenränder → Waldränder.

Waldinsekten: umfassende Bez. für alle überwiegend im Wald lebenden → Insekten, z. B. waldschädliche → Käfer, → Holzwespen u. a.; → Borkenkäfer, → Bockkäfer.

Weiße Waldhyazinthe *(Platanthera bifolia)*

Berg-Waldhyazinthe *(Platanthera chlorantha)*

Waldgeschichte

Definition
Darstellung der vom Menschen unbeeinflußten Entwicklung des Waldes. Sie umfaßt im wesentlichen die Zeitperiode des Holozän (Späteiszeit und Nacheiszeit) und schließt sich an die Entwicklung der Pflanzenbestände (→ Vegetationsgeschichte) an.

Eiszeitliche Epoche
Das Quartär (Eiszeitalter), das etwa 1,6 Millionen Jahre lang dauerte, endete ca. 8000 v. Chr. In unseren Breiten sank die Jahresmitteltemperatur in dieser Periode um etwa 10 °C bis 13 °C und ließ die Schneegrenze um 1100 m sinken. Die Gletscher drangen aus dem Norden und aus dem Alpenraum tief in das Flachland vor. Dem kalten Klima fielen als erstes die tropischen bzw. wärmeliebenden Pflanzen (z. B. Rhododendron) zum Opfer. Sie konnten keine Samen mehr ausreifen und gingen letztlich selbst an der Kälte zugrunde. Auch die härteren Bäume, die sich zwar teilweise

Urwälder – vom Menschen unbeeinflußte Wälder; hier der Urwald im Nationalpark Bayerischer Wald

während der wärmeren Perioden, den Zwischeneiszeiten, erholten, wurden in ihrer Artenvielfalt stark dezimiert. Nur die ganz winterharten Arten überlebten oder solche, die durch Winde oder in Vogelmägen das Mittelmeer überqueren konnten. Die Alpen stellten ein fast unüberwindbares Hindernis dar und verstellten den Pflanzen den einzigen Fluchtweg. Anders war es in Nordamerika, das von dieser Naturkatastrophe größten Ausmaßes ebenfalls betroffen war. Durch den Verlauf der Gebirge in Nord-Süd-Richtung konnten sich die meisten Baumarten ungehindert in wärmere Gegenden zurückziehen. Dadurch überlebten wesentlich mehr Baumarten als in Europa.

Am Ende der Eiszeit
Es gab nur wenige geschützte Stellen, an denen kleine Gruppen über Jahrtausende hinweg die Möglichkeit zum Überwintern hatten. Hierzu zählen Buchen, Eichen, Kiefern, Fichten, Birken und Weiden, die Urväter unserer heutigen wichtigsten Baumarten, die sich, als die Gletscher sich zurückzogen und der Boden sich mit neuem Grün überzog, langsam wieder ihre alten Plätze zurückeroberten. Mit dem Ende der Eiszeit beginnt auch die eigentliche Geschichte unserer Wälder. Die Vegetation in Mitteleuropa bestand noch überwiegend aus → Flechten, Sanddornbüschen, Strauchweiden und Zwergbirken (Kraut- und Zwergstrauch-Vegetation), also Pflanzen, die an das kalte Klima gewöhnt waren. Auch die Silberwurz war stark verbreitet. Es waren dann die widerstandsfähigen und anspruchslosen (Pionier-)Baumarten, nämlich die Birken und die Kiefern, die Aspen und Weiden, die sich am stärksten verbreiteten. Vor allem die Berg- oder Krummholzkiefer, auch Latsche genannt, war es seit der Gletscherzeit gewohnt, in langen strengen Wintern unter der Schneelast begraben zu sein. Aber selbst die früh reifende Waldkiefer mit rasch folgenden Samenjahren benötigte mindestens 1000 Jahre, bis sie eine Strecke von etwas mehr als 100 Kilometern überwunden hatte.

Postglaziale Waldgeschichte
Die Geschichte der Waldentwicklung und der Wanderung der Baumarten ist die Epoche vom Spätglazial (ca. 8000 v. Chr.) bis zur Gegenwart. Den Zeitabschnitt der ausgedehnten Kiefern- und Birkenwälder nennt man „Kiefern-Birken-Zeit“ (8000 bis 6600 v. Chr.). Man darf sich aber darunter keine Wälder im heutigen Sinne vorstellen; es waren vielmehr inselartig verstreute Baumgruppen bzw. vereinzelt stehende Bäume, wie wir sie heute noch in vielen schwedischen Landschaften antreffen.
Bei der darauffolgenden stärkeren Erwärmung im Mesolithikum (Mittlere Steinzeit: seit etwa 6000 v. Chr.) breitete sich die Haselnuß stark aus, die in den offenen Kiefernbeständen dank der großen Samenerzeugung mit Leichtigkeit Fuß fassen konnte. Sie wurde schnell zur vorherrschenden Art (Haselstrauch) in vielen Teilen Mitteleuropas (haselreiche Kiefern- und Eichenmischwälder). Kiefer und Birke wanderten weiter nach Norden und Osten.
Auf die Haselzeit (Hasel-Kiefern-Zeit) folgte dann die Zeit des Eichenmischwaldes (etwa ab 5400 v. Chr.). Dabei handelt es sich um einen Eichenwald, der ein wenig mit Linden und Ulmen (gelegentlich auch mit Eschen, in den Gebirgen zum Teil mit Fichten) durchsetzt war. Alle diese Baumarten kehrten aus ihren westeuropäischen Refugien zurück, wohin sie sich während der Eiszeit zurückgezogen hatten. Der Eichenmischwald prägte noch unser Waldbild bis zum Ende der Bronzezeit (etwa 2000 – 600 v. Chr.), in der auch bereits die ersten Rodungen erfolgten. Der Haselstrauch spielte damals nur noch die Rolle des Unterholzes. Ihm folgten aus den südosteuropäischen Gebieten die Fichte und die Tanne; als letzte Art gesellte sich die Buche dazu. Sie waren durch die Eiszeit am weitesten abgedrängt worden und hatten von allen Bäumen die längsten Strecken zurückzulegen. Im Gegensatz zu ihren Vorläufern stellten Fichten, Tannen und Buchen mehr Anforderungen an Klima und Feuchtigkeit.
Vor allem die Klimaverschlechterung (sinkende Temperaturen, höhere Niederschläge) in der Eisenzeit, die etwa 800 v. Chr. begann, ließ die Buche (die nach Forschungsergebnissen eine Wandergeschwindigkeit von 3 bis 4 km pro Jahr hatte) zur dominierenden Baumart werden (Buchenwälder und buchenreiche Mischwälder; Buchenzeit). Die Fichte hingegen besiedelte die Hochlagen der Mittelgebirge und den Alpenraum.
So mußten also Jahrtausende vergehen, bevor die ersten Waldpioniere allerorts wieder ansässig waren. Unser Wissen über nacheiszeitliche Wälder, ihre Zusammensetzung, Dichte und Entwicklung verdanken wir der pollenanalytischen Forschung (mengenmäßige Pollenbestimmung), die erst zu Beginn des 20. Jahrhunderts einsetzte (→ Pollenanalyse). Inzwischen war auch der Mensch aufgetreten, und die Beziehungen zwischen ihm und dem Wald waren sehr eng geworden. Die Waldentwicklung geschah nunmehr unter seinem Einfluß (→ Forstgeschichte, Anhang Seite 875/876).

Waldinsel, die: → Feldgehölz.

Waldinventur, die: auch Holzvorratsinventur. Bestandsaufnahme des Waldes, bei der die Anteile der → Baumarten, die Altersstruktur (→ Altersklassen), Wachstumsverhältnisse (Bonität; → Ertragsklasse), Bestockungsdichte und die Holzvorräte ermittelt werden. Die W. dient auch als Entscheidungshilfe bei forstpolitischen Maßnahmen, z. B. der Beurteilung von Förderungsmaßnahmen, der Erstellung von Holzmarktprognosen und Stellungnahmen zu landeskulturell bedeutsamen Entwicklungen. Bayern hat 1970/71 als ersten Bundesland eine W. durchgeführt. Der Vollzug und die Auswertung oblag der damaligen Bayer. Forstlichen Versuchs- und Forschungsanstalt in München. Bei der W. werden die erforderlichen Aufnahmedaten in ausgesuchten Probekreisen ermittelt. Die Probekreise liegen in einem das gesamte Meßgebiet überziehenden Gauß-Krüger-Koordinatennetz mit einem Abstand von 1000 m, wobei die Kreisfläche etwa 30 bis 500 m^2 beträgt. Zur Erfassung der → Waldschäden werden in der BR Dtschl. seit 1984 auch Schadensinventuren durchgeführt; → Waldschadenserhebung.

In Österreich erfolgt die W. (bis 1990 Österr. Forstinventur genannt) als bundesweite Erhebung nach ähnlichem Verfahren.

Wald-Johannisbeere, Rote, die: → Stachelbeere 2.

Waldjugend, Deutsche → Deutsche Waldjugend.

Waldjugenddienst, der: 1953 bis 1968 erschienene pädagogische Vierteljahresschrift des Arbeitskreises „Wald und Erziehung" der → Schutzgemeinschaft Deutscher Wald.

Waldjugendheime → Jugendwaldheime.

Waldjugendspiele: im Jahre 1970 im Forstamt Allersberg bei Nürnberg erstmals und seitdem v. a. in Bayern, aber auch in den meisten anderen Bundesländern und in den Nachbarstaaten mit großem Erfolg durchgeführter Mannschaftswettbewerb für Kinder und Jugendliche. Die Veranstaltungen, deren Trägerin die → Schutzgemeinschaft Deutscher Wald ist, finden meist zum → Tag des Baumes statt und werden von Forstleuten ausgerichtet und betreut. Die W. sind Waldgänge, die die Kinder gruppenweise und nacheinander startend antreten und die von Stationen unterbrochen sind. An den Stationen können die Gruppen bei Späherspiel, Biologielotto, Zeichenthemen, Geschicklichkeitsübungen, Kreativspielen und bei Diskussionsaufgaben Punkte sammeln. Schwerpunkt der Aufgaben sind Fragen auf dem Gebiete des Natur- und Umweltschutzes; → Jugendwaldheime.

Waldkante, die: → Baumkante.

Waldkater, -katze, der/die: → Wildkatze.

Waldkauz, der: → Eulen A 8.

Waldkiefer, die: → Kiefern 3.

Waldkirsche, die: → Prunus 1.

Waldklafter, der: → Klafter.

Waldklee, der: → Klee 3.

Waldkletten-Schlaggesellschaft, die: → Weidenröschen-Schlaggesellschaften 6.

Waldklima, das: → Bestand(e)sklima.

Waldklimastationen → Waldmeßstationen.

Wald-Knautie, die: → Knautie 1.

Waldknecht, der: → Forstknecht.

Waldknigge, der: Verhaltensregeln für Waldbesucher. Durch die Zunahme der erholungssuchenden Bevölkerung – v. a. in der Umgebung der Ballungsräume – steigen auch die → Gefährdungen des Waldes, auf die mit dem W. aufmerksam gemacht wird. Einen W. hat erstmals 1980 die → Schutzgemeinschaft Deutscher Wald zusammengestellt. In ähnlicher Form und z. T. mit anderen Titeln werden auch von den einzelnen Landesforstverwaltungen Faltblätter mit Hinweisen für Waldbesucher herausgegeben. Mit den z. T. bebilderten Veröffentlichungen wurden z. B. die Bitten verbunden, die Wälder sauber zu halten, die Autos auf Parkplätzen abzustellen, das Wild nicht zu beunruhigen, Forstkulturen nicht zu betreten, kein Feuer zu machen, keinen Müll abzulagern, keinen unnötigen Lärm zu verursachen und Erholungs- und Jagdeinrichtungen nicht zweckzuentfremden usw.; → Betreten des Waldes, → Beunruhigung von Wild.

Waldknoblauch, der: → Lauch 1.

Waldköhlerei, die: → Köhlerei.

Waldkönigin, die: in Anlehnung an ähnliche Institutionen in der Landwirtschaft (Milch-, Hopfen-, Spargel-, Weinkönigin) im Februar 1995 im bayerischen Wildbad Kreuth von Vertretern des privaten Waldbesitzes und Forstbetriebsgemeinschaften angeregte und 1995 geschaffene Repräsentation für den Waldbesitz in Bayern.

Erste bayer. und damit erste W. in Dtschl. war Cornelia von Crailsheim.

Waldkosten → Forstbetriebskosten.

Waldkrankheiten: Sammelbegriff für alle Abweichungen von normalen Lebensabläufen eines Waldes, z. B. die neuartigen → Waldschäden, auch als → Waldsterben bezeichnet. Jede Waldpflanze kann von Krankheiten befallen werden. Häufig sind W. epidemisch, verursachen biologische und wirtschaftliche Schäden und können auch in eine Kalamität ausarten. W. werden durch Vorbeugung, waldbauliche Maßnahmen und Pflanzenschutz verhütet und bekämpft; → abiotische und → biotische Forstschäden, → Forstschädlinge, Holzschädlinge, Forstschutz, Forstpathologie.

Waldkresse, die: → Brunnenkresse.

Wald-Kreuzkraut, das: → Greiskraut 5.

Waldkult, der: die Verehrung von heiligen → Hainen und Bäumen bzw. des Waldes überhaupt, so z. T. bei den Germanen; → Eichen.

Waldkunde, die: → Waldbau.

Wald-Labkraut, das: → Labkraut 2.

Waldlabkraut-Eichen-Hainbuchenwald, der: (*Galio (sylvatici)-Carpinetum (betuli)*): pflanzensoziologische → Assoziation des Unterverbandes Mitteleuropäisch-gemäßigt kontinentale Eichen-Hainbuchen-Wälder (*Galio sylvatici-Carpinenion betuli*) des Verbandes → Eichen-Hainbuchenwälder (*Carpinion betuli*). Diese → Waldgesellschaft tritt im schwach subkontinentalen Süddtschl. auf schweren, die Hbu begünstigenden (physiologisch trockenen) Pelosolen auf. Im subatlantischen Nordwesten Dtschl. gibt es diese Gesellschaft von Natur aus nicht. Kennarten sind Wald-Labkraut, Buntes Perlgras, Verschiedenblättriger Schwingel. Im wärmeren Klima kommen Elsbeere, Bergsegge und Schwalbenwurz dazu. Der W.-E.H. deckt eine breite Spanne verschiedener Standorte ab.

Waldlaubsänger, der: → Grasmücken 6.

Waldlauf, der: eine Form des Geländelaufs in freier Natur über 6 bis 12 km mit natürlichen Hindernissen. In Dtschl. wurde der W. 1908 – 1909 von C. Diem eingeführt. Seit 1921 finden in jedem Frühjahr Deutsche W.-Meisterschaften über verschieden lange Mittel- und Langstrecken statt; seit 1974 unter der Bez. „Cross-Country".

Waldläufer: Bez. für die Mitglieder der → Deutschen Waldjugend (DWJ); → Waldläuferbrief.

Waldläuferbrief, der: von Karl-Heinz → Dauster ab 1953 für die Jugend geschaffenes Tagebuch, das Klaus → Gundelach 1957 für die Mitglieder der → Deutschen Waldjugend (→ Waldläufer) zur Pflicht machte. Der W. umfaßt 16 Seiten, in denen nicht nur die Grundregeln für den Umgang mit dem Wald stehen, sondern in denen auch durch Zeichnungen ein Überblick über die wichtigsten Bäume und Sträucher geboten wird. Das Versprechen, dem Wald zu dienen, muß durch den Inhaber im W. unterschrieben werden. Auf einer weiteren Anzahl freier Blätter können besondere Leistungen und gute Taten im Wald durch Förster, Waldbesitzer oder Erzieher bescheinigt werden. Der W. kann von jedem Jugendlichen erworben werden.

Wald-Läusekraut, das: → Läusekraut 1.

Waldlehen → Forstlehen.

Waldlehrpfade: Wanderpfade mit Lehrtafeln; dort werden u. a. die wirtschaftliche Bedeutung wie auch die → Waldfunktionen und neuerdings die → Waldschäden dargestellt. Daneben werden die in diesem Bereich lebenden Pflanzen oder Tiere erklärt. Die W. dienen auch der Lenkung des Besucherstromes im Wald.

Waldleistung, die: alle Leistungen des Waldes für den Menschen; → Holz, Forstnebennutzungen, Pilze, Waldbeeren, Waldfunktionen.

Waldler, der: auch Wäldler, Waldner. Volkstümliche Bez. für Bewohner einer Waldlandschaft.

Waldlichtung, die: → Lichtung.

Waldluft, die: → Bestand(e)sklima, → Luft, → Waldfunktionen.

Waldmaikäfer, der: → Blatthornkäfer 8.

Waldmann, Johann Baptist von (27.9.1797 Neustadt a. d. Weinstraße bis 16.11.1857 München): Nach dem Studium der Forstwissenschaften und der Kameralistik war W. nach einem Amerikaaufenthalt ab 1824 als Kreisforstoffiziant bei der Königlichen Regierung des Isarkreises tätig. Seine Berufung als Ministerialreferent in Forstsachen an das Finanzministerium erfolgte 1838. Von 1851 bis 1857 war W. Leiter der Bayer. Forstverwaltung. Er war der maßgebliche Schöpfer des Bayer. Forstgesetzes, welches inhaltlich 120 Jahre lang gültig war. Unter seiner Feder-

Das Mittelalter

Erst spät wurde der Wald Gegenstand der deutschen Dichtung. Trotz der großen Verehrung unserer Vorfahren für Baum und Wald gibt es nur wenig Zeugnisse einer Walddichtung aus früher Zeit. Hierzu gehört der „Parzival" von **Wolfram von Eschenbach** (um 1170 bis nach 1220). Dieser Epiker der höfischen Dichtung schildert in seinem Hauptwerk die Figur Parzival, die sich im Wald auf seine Lebensaufgabe als Gralsritter vorbereit. Auch Siegfried, die Sagengestalt aus dem Nibelungenlied (ein um 1200 entstandenes mittelhochdeutsches Heldenepos), lebt in einem einsamen Wald, bevor er in die Welt hinauszieht. Im Wald erleidet er auch seinen tragischen Tod. In beiden Werken ist allerdings der Wald nicht Mittelpunkt der Erzählung, sondern lediglich Schauplatz bzw. Kulisse der Handlung.

Das 18. Jahrhundert und die Klassik

Die vielfältigen Erscheinungsformen von Landschaften und Wäldern fanden erst seit dem 18. Jahrhundert Eingang in die Dichtung, wobei die kritische und belehrende Dichtung im Vordergrund stand. Mit **Barthold Hinrich Brockes** (1680 – 1747), der die Barocklyrik vom Manierismus befreite, findet sich der erste Dichter, der sich einer religiös-philosophischen Naturdichtung zuwandte. **Friedrich Gottlieb Klopstock** (1724 – 1803), ehemals Theologiestudent, feiert in den Erscheinungen der Natur ausschließlich Gott und bedient sich dabei einer wortkühnen Sprache. Seine Dichtung führt zur Sturm-und-Drang-Periode. Der Wald wird nun nicht mehr in der heiter-idyllischen Art dargestellt, sondern erscheint meist düster, unheimlich und feindlich.

Aus einem starken Naturgefühl heraus entstanden die Werke der großen deutschen Klassiker. Die Dichtung aus einem ordnenden Geist heraus war hierbei nicht der bestimmende Faktor. Neben **Friedrich Hölderlin** (1770 – 1843), von dem z. B. „Die Eichbäume" stammen, ist vor allem **Johann Wolfgang von Goethe** (1749 – 1832) zu nennen. Goethe war aber nicht nur Dichter und Schriftsteller, er war auch ein ernsthafter Naturforscher. Er darf als geistiger Vater der botanischen → Morphologie angesehen werden, weil er in die Betrachtung (Analyse) der Pflanze die Entwicklung (Metamorphose), also das Lebendige, mit einbezogen hat. Seine Ehrfurcht vor der Natur hat er in vielen Werken zum Ausdruck gebracht. Zu nennen sind: „Eine wunderbare Heiterkeit", „Die schöne Nacht", „Im Frühling", „Ausflug nach Zinnwalde und Altenberg", „Das innere Heiligtum" und „Heiliges Leben der Natur" (aus „Die Leiden des jungen Werthers"); „Erlkönig", „Wenn der Sturm im Walde braust" (aus „Faust I") sowie die Gedichte „Frühzeitiger Frühling" und „Gefunden". Am bekanntesten sind wohl die Verse von „Wanderers Nachtlied":

Über allen Gipfeln
ist Ruh,
In allen Wipfeln
Spürest du
Kaum einen Hauch;
Die Vögelein schweigen im Walde.
Warte nur, balde
Ruhest du auch.

E. T. A. Hoffmann (24.1.1776 bis 25.6.1822); Kupferstich, 1821, von Johann Passini (1798 bis 1874), neu koloriert

Die Romantik

Der gewandteste Dichter der Frühromantik, der dem sogenannten Jenaer Kreis angehörte, war **Ludwig Tieck** (1773 – 1853). Er war nicht nur der erste, der in ganz neuen Weisen dem Wald huldigte, er prägte auch den Begriff der „Waldeinsamkeit". Von ihm stammt das Kunstmärchen „Der blonde Eckbert" und „Die Sommernacht", „Blumen", „Leise rauschet der Hain" (aus: „Wunderbare Liebesgeschichte der schönen Magelone") sowie „Die Wanderung zum Ochsenkopf". Allen Romantikern voran aber war es **Joseph Freiherr von → Eichendorff** (1788 – 1857) gegeben, das Hohe Lied vom Wald anzustimmen. Der Zauber, der von seinen Dichtungen ausgeht, zeugt von volkstümlicher Frömmigkeit und beruht auf der Echtheit und Innigkeit des Gefühls. Von ihm stammen: „Der Jäger Abschied", „Morgenlied" „Waldlied", „Der Wanderer", „Mondnacht", „Die Nacht", „Abschied", „Jagdlied" und „O Täler weit, o Höhen, O schöner, Grüner Wald, Du meiner Lust und Wehen, Andächt'ger Aufenthalt".

Eichendorffs sehnsüchtiger und ordnungsschwerer Lyrik und seiner Freude am märchenhaft Wunderbaren stehen die phantastischen Erzählungen **E. T. A. Hoffmanns** (1776 – 1822) gegenüber („Der Kampf der Sänger"). Sein Zeitgenosse **Ernst Moritz Arndt** (1769 – 1860) hat dem Wald Streit- und Kampfschriften gewidmet. In wohlfundierter Polemik trat er mit erstaunlich fachlichen Kenntnissen für den Wald ein. Aus der Feder von **Achim von Arnim** (1781 – 1831), einem Vertreter der Hochromantik, stammt „Das Hausmärchen". Er gab zusammen mit **Clemens Brentano** (1778 – 1842), der die Gedichte „O kühler Wald" und „Abendlied" schrieb, die Volksliedersammlung „Des Knaben Wunderhorn" heraus.

Die Dichter der Spät- und Nachromantik

Zu den Spät- und Nachromantikern, die so manches volkstümliche Gedicht und zahlreiche Balladen zum Lobe von Baum und Wald geschrieben haben, gehören u. a. **Ludwig Uhland** (1787 – 1862), **Nikolaus Lenau** (1802 – 1850), der in klangbeseelten Versen und Liedern Landschaftsstimmungen ausdrückt („Der Eichwald", „Stimme des Waldes", „Merlin"); **Justinus Kerner** (1786 – 1862), der volksliednahe Gedichte schrieb; **Eduard Mörike** (1804 – 1875), ein Lyriker mit klangreichen romantischen Gedichten („Elfenlied", „Schön-Rotraut", „Die schöne Buche", „Waldrast", „Fußreise", „Er ist's" und „Waldplage"). Außerdem sind zu nennen **Wilhelm Hauff** (1802 – 1827), der Verfasser des Märchens „Das kalte Herz" (→ Waldmärchen) und von „Das Wirtshaus im Spessart", das den Wald als Welt des Wunderbaren zeigt, und die Brüder **Jacob** (1785 – 1863) und **Wilhelm** (1786 – 1859) **Grimm**.

Mit **Adalbert Stifter** (1805 – 1868), dem unermüdlichen Anwalt des Waldes, seiner Schönheit und Nützlichkeit, der auch als Landschaftsmaler tätig war, erscheint ein Dichter, der in vielen Erzählungen und Romanen einprägsame Naturschilderungen geschrieben hat. Von ihm stammen u. a. „Der Hochwald", „Aus dem Bayerischen

Walde", „Schwerer Winter", „Und dennoch wie ahnungsreich...", „Ruhender Wald", „Jungfräulicher Wald", „Die Espe", „Bäume", „Waldwanderung". Stifter gilt für viele als der „Klassiker des Waldes". Er hat den Begriff der → Nachhaltigkeit zeitlos umfassend als Auftrag zur Bewahrung und Vollendung der Schöpfung gedeutet.
In der Lyrik von **Annette Freiin von Droste-Hülshoff** (1797 – 1848) drücken sich wirklichkeitsnahes Naturempfinden und tiefe Religiosität aus. Mit kraftvoll-herber Sprache beschreibt sie die Heide- und Moorlandschaft ihrer westfälischen Heimat: „Waldfrevel", „Die Jagd", „Im Moose" und „Die Judenbuche". Dem Wald verbunden fühlten sich auch **Theodor Storm** (1817 – 1888), in dessen Gedichten „Tannkönig", „Waldweg" und „Im Walde" sich die Stimmungen der Natur und des eigenen Herzens spiegeln, sowie **Gottfried Keller** (1819 – 1890), ein Schweizer Dichter, der zuerst Landschaftsmaler in München war und später zu einem großen Vertreter der realistischen Dichtung wurde. Von seinen Werken sind hervorzuheben: „Die Buche", „Der Waldhüter", „Baumstudien" und „Der redende Totenkopf".

Theodor Fontane (1819 – 1898), der im Alter ein Meister des realistischen Romans wurde, bringt seine Waldverbundenheit besonders in „Die Menzer Forst", „Mittag" und „Mord im Bergwald" zum Ausdruck. Auch **Conrad Ferdinand Meyer** (1825 – 1898), ein frühexpressionistischer Lyriker, schrieb witzige und formgewandte Gedichte und Novellen wie „Jetzt rede Du!". **Marie von Ebner-Eschenbach** (1830 – 1916) war mit Wald, Waidwerk und Jagdhunden bestens vertraut. In den Forstleuten sah sie eher Gefährten als Bedienstete der adeligen Waldbesitzer, und stets erwähnte sie voller Achtung deren gut gelungene Forstkulturen, wenn diese als jagdliche Gehilfen und Begleiter ihrer Dienstherren in Erscheinung traten. **Peter Rosegger** (1843 – 1918), ein Waldbauernsohn aus der Steiermark, der in seinen Werken die unberührte Natur verherrlicht und den Wald besonders liebenswert schildert, ist ein direkter Nachfolger Adalbert Stifters. Seine wohl wichtigsten Werke sind: „Waldheimat", „Als ich noch der Waldbauernbub war", „Urwaldfrieden", „Nächtliches Waldabenteuer", „Winternacht", „Die Schriften des Waldschulmeisters". Einzureihen in die große Zahl der Vertreter der deutschsprachigen Walddichter dieser Zeit sind auch **Wilhelm Heinrich von Riehl** (1823 – 1897), ein Kulturhistoriker, Journalist und Erzähler, der zuletzt Direktor des Bayerischen Nationalmuseums war, **Detlev von Liliencron** (1844 – 1909), ein ehemals preußischer Offizier und führender deutscher Lyriker des Impressionismus, dessen Freund **Peter Hille** (1854 – 1904), ein mystischer Träumer, mit seinem Gedicht „Waldesstimme", und **Richard Dehmel** (1863 – 1920), ein rauschhafter und leidenschaftlicher Lyriker, der auch den sozialen und nationalen Gefühlswallungen seiner Zeit wirkungsvollen Ausdruck gab („Die Harfe"). **Hermann → Löns** (1866 – 1914), war es schließlich, der – geprägt von der Liebe zu seiner Heimat – in seine Gedichte auch die Tiergeschichte in die deutsche Dichtung einführte. An Waldgedichten schrieb er u. a. „Der unbekannte Wald", „Der Wald der großen Vögel" und „Im grünen Maienwald". Das Urerlebnis Wald wurde auch bestimmend für **Ernst Wiechert** (1887 – 1950), den ostpreußischen Erzähler, der in einem einsamen Forsthaus im Wald der Johannesburger Heide aufwuchs. Seine erzählenden Werke sind meist von einer schwermütigen Sprachmelodie geprägt („Holzfäller"). Zu seiner Generation gehört auch der Lyriker und Erzähler **Friedrich Schnack** (1888 – 1977). Er schrieb neben Romanen und vielen Gedichten auch stimmungserfüllte Landschaftsromane. „Er sieht", schrieb Ferdinand Oppenberg, „die Natur, die Welt des Kleinen und Großen, bewegt von einer zentralen göttlichen Schöpfungsmacht". Von seinen vielen Werken seien genannt „Der Wald des Vaters", „Sebastian im Wald" und „Das Waldkind". Den Wald und insbesondere die Waldtiere hat auch trefflich **Waldemar Bonsels** (1881 – 1952) beschrieben. Dichterisch überzeugend und mit hoher Ausdruckskraft beschreibt **Johannes Linke** (1900 – 1945) Wälder und die mit ihnen verbundenen Menschen, z. B. in seiner Gedichtsammlung „Der Baum". Erwähnenswert sind auch „Weite Reime" (aus: „Ein Jahr rollt übers Gebirg"). Der westfälische Mundartdichter und katholische Pfarrer **Augustin Wibbelt** (1862 – 1947) hat in seinen Büchern oft seine romantische Liebe zum Wald einfließen lassen.

◂◂ Adalbert Stifter (23.10.1805 bis 28.1.1868); Photographie, um 1863 (L. Angerer, Wien)

Die Zeit der Moderne

Nach dem Ersten Weltkrieg wich die Romantik der nüchternen Realität von Maschine und Technik. Arbeiterdichter, die sich mit den Spannungen, Sorgen und Problemen des maschinendurchtobten Alltags befaßten, fanden aber bald wieder zurück zur Natur. Aus ihren Werken ist die Sehnsucht nach der unberührten und unverfälschten Gottesnatur und der Wunsch nach Abkehr vom Materialismus nicht nur spürbar, sondern auch ein Mittel schöpferischer Ausdruckskraft. Vertreter dieser Arbeiterdichter sind insbesondere **Max Barthel** (1893 – 1975) mit „Der Wald", **Karl Bröger** (1886 – 1944) mit „Hymne an einen Baum", **Gerrit Engelke** (1890 – 1918), **Heinrich Lersch** (1889 – 1936) und **Christoph Wieprecht**.
Die Probleme des Waldes haben allerdings nur wenige Dichter in ihre Romane, Gedichte und Erzählungen aufgenommen. Zu erwähnen sind hier **Heino Landrock** (geb. 1899) und **Hannes Tuch** (geb.1906), die in ihren Werken nicht nur die Liebe zum Walde in der Liebe zur Heimat und ihrer Landschaft wurzeln lassen, sondern auch seinen vielfältigen Wert, den wir heute auch mit dem Begriff „Wohlfahrtswirkungen" oder „Waldfunktionen" bezeichnen, erkennen und beschreiben.

Theodor Fontane (30.12.1819 bis 20.9.1898); Photographie, 1879 (Loescher und Petsch, Berlin)

Eine große Zahl von Dichtern des 20. Jahrhunderts knüpft an die Fülle vorhandener unvergleichlicher Walddichtungen an und sorgt dafür, daß die Verbundenheit mit dem Wald auch im Schrifttum erhalten bleibt. Stellvertretend für alle diese Dichter sind zu nennen: Otto Boris, Ina Seidel, Erich Bockemühl, Herbert Wendt, Agnes Miegel, Wilhelm Peter, Hans Leithelm, Max Dauthendey, Josef Weinheber, Otto Koke, Hugo Kocher, Hans Wilhelm Smolik, Erich Kloss und Hermann Hesse.

Johann Baptist von Waldmann

führung wurde in ganz Bayern der Waldbau durch die Erstellung von Wirtschaftsregeln (Waldbaurichtlinien) koordiniert.

Waldmännchenstag, der: der zweite Tag im Hartung (Januar), der wohl für die 12 heiligen Nächte zwischen Weihnachten und Dreikönigstag steht, in denen es nach Grimm auch kein Jäger wagte, die Wildbahn zu betreten aus Furcht vor der Waldfrau oder dem Wilden Mann (→ Wilde Männer). In dieser Zeit wagten es die Bewohner des früheren östlichen Kurhessens nicht, in den Wald zu gehen, weil sie ein Unheil getroffen hätte, da das Waldmännchen umging. Man blieb deshalb lieber zu Hause und schlachtete altdeutscher Sitte gemäß ein Schwein.

Waldmantel, der: → Waldränder.

Waldmantelgebüsche → Hecken.

Waldmärchen: siehe Seite 797

Waldmast, die: die Früchte der Ei und Bu; → Bucheckern, Eicheln, Mast, Mastwald.

Waldmaus, die: → Mäuse 2.

Waldmeister, der: **1)** frühere Bez. für einen → Oberforstmeister. **2)** → Labkraut 1.

Waldmeister-Buchenwald, der (*Galio odorati-Fagetum = Asperulo-Fagetum*): auch Waldmeister-Tannen-Buchenwald. Diese → Assoziation mit vorherrschender wüchsiger Bu innerhalb des Unterverbandes der → Waldmeister-Buchenwälder (*Galio odorati-Fagenion*) des Verbandes der → Buchenwälder (*Fagion sylvaticae*) stockt auf mittel- bis tiefgründigen → Braunerden, oder → Parabraunerden. Die Humusform ist i. d. R. Mull. Die Bodenvegetation enthält keine ausgesprochene Kalk- oder Säurezeiger; sie zeigt mittlere Nährstoff- und Feuchtigkeitsbedingungen an. Regelmäßig tritt der Waldmeister (→ Labkraut 1.) auf. Es sind keine eigenen Assoziations- → Charakterarten vorhanden. Die Assoziation wird vielmehr durch das Fehlen der Charakterarten des Verbandes der Waldmeister-Buchenwälder gekennzeichnet. Diese → Waldgesellschaft ist vom Hügelland bis in die Alpen sehr weit verbreitet. In Abhängigkeit von Boden und Klima gibt es mehrere Subassoziationen, bzw. Formen mit unterschiedlichen Arten.

Waldmeister-Buchenwälder (*Galio odorati Fagenion = Fagion medio-europaeum*): auch Waldmeister-Tannen-Buchenwälder. Innerhalb dieses Unterverbandes des Verbandes der → Buchenwälder (*Fagion sylvaticae*) der Ordn. → Mesophytische Buchen- und Laubmischwälder oder Rotbuchenwälder (*Fagetalia sylvaticae*) werden Wälder mit Vorherrschaft der Bu (mit Ta) auf frischen, mehr oder weniger nährstoff- und basenreichen Standorten der planearen bis (hoch-)montanen → Vegetationsstufe zusammengefaßt. Die Bu ist dabei aber keine → Charakterart des Verbandes. Diese häufig landschaftsbeherrschenden Waldtypen finden sich z. B. im Böhmerwald, Schwarzwald und in den Schweizer Alpen. Die Bu ist dort gut- bis bestwüchsig und bildet ausgeprägte → Hallenbestände fast ohne Strauchschicht und ohne Jungwuchs, dafür aber mit einer Krautschicht mit anspruchsvollen Gräsern, Kräutern und Farnen, so z. B. Einblütiges Perlgras, Waldmeister, Goldnessel, Ährige Teufelskralle und Vielblütige Weißwurz. Man unterscheidet folgende Assoziationen: → Waldmeister-Buchenwald, → Waldgersten-Buchenwald, → Seggen-Buchenwald, → Hainlattich-Buchenmischwald, bzw. Alpenheckenkirschen-Buchenmischwald, → Ostalpischer Christrosen-Buchenwald, → Fiederzahnwurz-Buchenwald, → Quirlblattzahnwurz-Buchenwald, Blaugras-, bzw. Felshang-Buchenwald, Bergahorn-, bzw. Hochstauden-Buchenwald, → Labkraut-Tannenmischwald; → Waldgesellschaften.

Waldmeister-Tannen-Buchenwald, der: → Waldmeister-Buchenwald.

Waldmeister-Tannen-Buchenwälder → Waldmeister-Buchenwälder.

Waldmelisse, die: → Immenblatt.

Waldmeßlehre, die (Dendrometrie): früher auch Holzmeßkunde, Holztaxation, Holzmeßkunst, Baum- und Bestand(e)sschätzung. In der Forstwirtschaft die Lehre von der → Altersbestimmung, Zuwachs- und → Holzmassenermittlung (Inhaltsberechnung) des einzelnen (stehenden und liegenden) Waldbaumes und auch ganzer Bestände. Die H. entwickelte sich etwa ab der Mitte des 18. Jh. In früherer Zeit, als die Methoden der H. noch unbekannt waren, wurde das Nutzholz flächen- oder stammweise, später nach dem Verwendungszweck oder nur geschätzt verkauft, → Brennholz hingegen nach Wagenladungen, später nach Klaftergröße (→ Klafter).

Waldmeßstationen: auch Waldklimastationen. Meßstationen auf Dauerbeobachtungsflächen (sog. Level-II-Flächen) zur intensiven Beobachtung, Untersuchung und Dokumentation der komplexen physikalisch-chemischen und biologischen Abläufe in Waldökosystemen (→ Ökosystem) unter den heutigen und in Zukunft zu erwartenden Umweltbedingungen. W. sind Bestandteil des europaweiten Meßnetzes zur → Umweltkontrolle im Wald.

Waldmist, der: → Holzmist.

Waldmistkäfer, der: → Blatthornkäfer 6.

Waldmoor, das: → Moor.

Waldmorgen, der: → Morgen.

Waldmüller, F. G. → Wald in der Malerei.

Waldmuseum, das: Sammlungen mit Lehr- und Anschauungsmaterial, die den Besucher v. a. mit dem Wald sowie der einheimischen Tier- und Pflanzenwelt vertraut machen. Viele W. enthalten daneben auch Werkzeuge zur Waldbearbeitung und zeigen auf Karten und in Dioramen Informationen über Wald und Waldwirtschaft etc. Die interessantesten sind: W. in Wingst, Wassermühle; W. Burg/Dittmarschen; W. Neuhaus, Holzminden-Neuhaus (Wildpark sowie Flora und Fauna des Waldes); Museum Altenau (Holzgarten und -formen); Museum Bad Harzburg (Wald und Wild); W. beim Gasthof Rinderstall in Münden (örtliche Geologie, Zoologie, Botanik und Holzverwendung); W. beim Freizeitpark Bayreuther Haus (zwischen Fichtelberg und Mehlmeisel; präparierte Pflanzen und Tiere); W. Watterbacher Haus in Preunschen, Gemeinde Kirchzell/Odenwald (forstgeschichtliche Entwicklung, Waldnutzungsarten); W. in Zwiesel (Fauna, Flora, Holz und Glas); W. in Furth im Wald (präparierte Pflanzen und Tiere, Mineralien, Holzbearbeitung); Waldgeschichtliches Museum St. Oswald, Lkr. Freyung-Grafenau (Geschichte der Landschaft des Bayer. Waldes, deren Nutzung und Veränderung durch den Menschen); W. Stendenitz am Zermützelsee und Waldarbeitsmuseum Elmstein im Naturpark Pfälzerwald (Schwerpunkte Waldarbeit früher und heute, unser Wald und wie Menschen früher den Wald nutzten); Museum Wald und Umwelt Ebersberg b. München; W. → Göhrde; W. und Moormuseum Großheide-Berumerfehn (Niedersachsen); W. Herschberg (Rheinland-Pfalz); W. und Forstmuseum Kalletal (Niedersachsen); W. Dr. Kanngießer, Braunfels; W. Münstertal; W. Reichental, Gernsbach-Reichental; W. Tennenlohe, ausgebaut zum → Waldinformationszentrum Tennenlohe-Erlangen; Waldbauernmuseum Alte Hofmühle, Gutenstein (Niederösterreich); Mühlviertler Waldhaus, Windhaag bei Freistadt (Oberösterreich); → Flößerei-, Forst-, Holz-, Holzknechtmuseum.

Wald-Nabelmiere, die: → Nabelmiere.

Waldner, der: → Waldler.

Waldnessel, die: → Ziest 2.

Waldnutzungsrecht, das: → Forstrechte.

Waldnymphen → Dryaden.

Waldohreule, die: → Eulen A 3.

Waldökologie, die: Die W. wendet die ökologische Forschung auf das → Ökosystem Wald an und untersucht dessen Elemente, Strukturen, Verhaltensweisen, Vernetzungen, Entwicklungsabläufe und Stabilität.

Waldökosystem, das: → Ökosystem.

Waldökosystemtypen und Forstökosystemtypen: weitgehend homogene, flächenmäßig voneinander abgrenzbare ökologische Einheiten im → Wald oder → Forst, in denen über zeitliche und räumliche Wirkungszusammenhänge von Bio- und Geosystem bestimmte Prozesse gleich ablaufen. Die Einheitlichkeit ergibt sich aus Merkmalen der → Struktur, des → Standortes, der → Konkurrenz, der Nettoprimärproduktion (→ Photosynthese), der Stoffflüsse sowie einer gleichen Entstehungsgeschichte. In Dtschl. werden so 37 Ökosystemtypen-Gruppen, so z. B. Sommergrüne Laubwald-W. u. -F., Laubbaum-Forst-W. u. -F., natürliche Nadelwald-W. u. -F. oder Nadelbaum-Reinforst-W. u. -F. mit 206 Ökosystemtypen unterschieden. Von diesen sind nur 15 % häufiger, 2 % sehr verbreitet anzutreffen; → Ökosystem, → Pflanzen-, → Waldgesellschaften.

Waldordnungen: frühere, zwischen 1250 und 1600 entstandene Ordnungen zur Regelung der Waldwirtschaft für bestimmte (begrenzte) Waldgebiete. Sie entstanden später als die → Weistümer und wurden jeweils von der örtlichen (weltlichen oder geistlichen) Herrschaft erlassen und unterscheiden sich deshalb von den späteren → Forstordnungen. Die meisten W. entstanden allerdings erst um 1600 und zwar vorwiegend in Baden-Württemberg und Bayern. Die älteste bekannte W. ist die des Klosters Maursmünster im Elsaß aus dem Jahre 1144: „Membrana Meinhardi abbatis de jure Maurimonasterii ac Ministerialium ejusdem circ, an. 1144". Sie befaßte sich hauptsächlich mit dem Schutz und der Nutzung des Waldes und stellte eine Instruktion für die Waldhüter dar. Die älteste deutsche W. mit geschlossenem waldwirtschaftlichen Inhalt ist die in der ersten Hälfte des 13. Jh. im Kloster Ebersberg (Bayern) entstandene W. Zu den ältesten W. gehören auch mehrere kaiserliche Anordnungen über den → Nürnberger Reichswald (1309 bis 1360), in welcher z. B. die Wiederaufforstung geroderter Teile des Reichswaldes angeordnet wird. Weiter sind zu nennen: die W. für den Heiligen Forst bei Hagenau im Elsaß von 1361 bis 1515, das Spessarter Försterweistum von 1457, die Ordnung des Klosters St. Blasien für Todtnau von 1464, die Ordnung für die Waldförster auf der Hardt (Baden) von 1495. Die W. hatten z. T. recht unterschiedlichen Inhalt. Die von den geistlichen Herrschaften erlassenen W. enthalten wertvolle waldwirtschaftliche Regeln, andere befaßten sich wiederum ausführlich mit Instruktionen für das Forstpersonal; → Forstgeschichte.

Waldort, der: → Waldeinteilung.

Waldpädagogik, die: in verschiedenen Ländern gesetzlich festgeschriebener Bildungsauftrag. Die W. ist Teildisziplin des Faches Umwelterziehung. Ziel der W. ist, einen wesentlichen Beitrag zu mehr Verständnis für den Wald selbst und darüber hinaus für die Natur und Umwelt im Ganzen zu leisten. In der Dienstanweisung der Landesforstverwaltung Brandenburg heißt es z. B.: „W. hat ein positives Mensch-Natur-Verhältnis zum Ziel, trägt zur Wertebildung des Menschen bei und kommt dem großen Bedarf nach Naturinterpretation und Naturerleben nach".
Waldpädagogische Einrichtungen sind z. B. das Märkische Haus des Waldes Frauensee in Gräbendorf und das Walderlebniszentrum in Grünwald bei München; → Jugendwaldheime.

Waldpech, das: alte Bez. für das → Harz der Nadelbäume; → Pech.

Waldpfennig, der: ein von der nordrhein-westfälischen Landesregierung im April 1984 im Rahmen einer Gesetzesvorlage im Bundesrat eingebrachter, aber nicht realisierter Vorschlag zur Finanzierung der Umrüstung von veralteten Kraftwerksanlagen mit schadstoffmindernden Techniken.

Waldpferd, das *(Equus caballus robustus)*: eine vom Ende des Pleistozäns bis zum Anfang des Holozäns (→ Erdzeitalter) verbreitete → Unterart großer, schwerer, vorwiegend waldbewohnender Pferde; → Rückepferde.

Waldpflanze, die: im Unterschied zur Wiesen-, Wasser-, Gartenpflanze im Wald wachsende Pflanze.

Waldpflege, die: W. umfaßt mit Ausnahme der → Verjüngung des Waldes alle waldbaulichen Maßnahmen, also die gesamte Pflege des → Ökosystems → Wald, so z. B. die Pflege des → Bodens und des → Bestandes sowie des → Bestand(e)sklimas auf biologisch-ökologischer und genetischer Grundlage unter Beachtung ertragskundlicher und wirtschaftlicher Erkenntnisse und Ziele. Unabhängig von Alter und Aufbau des Bestandes sind darunter folgende Aufgaben zu verstehen: Verhütung von Schäden, Erziehung der Bestände zu → Stabilität und höchster Wertleistung. Daneben sind als W.-Maßnahmen → Wertästung, Waldrandanlage und -pflege, → Walddüngung möglich. Folgende konkrete Pflegemaßnahmen orientieren sich an der Entwicklung des Bestandes: → Jungwuchspflege, Dickungspflege (→ Läuterung), → Durchforstung.

Waldpflug, der: auch Forst-, Forstkultur-, Waldstreifenpflug. ein doppelschariger Wendepflug. Der sog. Spezial-W. ist mit zweirädrigen Vorderkarren ausgerüstet. Für stark verwilderte oder noch stubbenbesetzte Flächen benutzt man den schweren Walzenforstpflug mit keilförmig ausgebildetem Schar. Der W. eignet sich für das streifenweise Abheben und seitliche Abheben der Bodendecke, Stubben (Baumstümpfe) werden dabei überrollt.

Waldpförtner, der: → Augenfalter 2.

Waldpieper, der: → Baumpieper.

Wald-Platterbse, die: → Platterbse 3.

Waldpolizei, die: allg. Bez. für Tiere, die die sog. → Waldverderber kurz halten. Diese Tiere unterstützen dabei die Bestrebungen des Forstmannes, einen möglichst gesunden und stabilen Wald zu erhalten. Sie tragen auch dazu bei, daß Seuchen unter den Wildtieren weitgehendst vermieden werden. V. a. die insektenfressenden Singvögel unterstützen den Menschen im Kampf gegen die vielen Waldschädlinge (→ Forstschädlinge). Neben den sog. Schadinsekten gibt es auch eine Reihe nützlicher → Insekten, die ebenfalls als W. tätig werden. An erster Stelle ist hier die Rote Waldameise (→ Ameisen) zu nennen, aber auch → Schlupfwespen, → Raupenfliegen, → Schnellkäfer und viele andere reihen sich hier ein. Raubtiere, → Eulen (A) und → Greifvögel fressen eine große Zahl schädlicher → Mäuse (→ Wühlmäuse), und als Seuchenverhinderer nimmt der → Rotfuchs als Aasfresser eine führende Stellung ein.

Walzenforstpflug mit keilförmig ausgebildetem Schar

Waldportier, der: → Augenfalter 2., 3. und 4.

Waldpreis, der: frühere Bez. für den Preis des aufgearbeiteten Holzes im Walde, im Ggs. zum Preis am Verbrauchsort und zum Preis des stehend (unaufgearbeitet) verkauften Holzes, dessen Werbung durch den Käufer erfolgt (Stockpreis; Stockzins in Österreich); → Holzverkauf, → Vorverkauf, → Nachverkauf.

Wald-Primel, die: → Primel 1.

Waldränder: als Übergangszonen von geschlossenen Wäldern zu offenen Flächen erfüllen W. vielfältige Aufgaben in der → Kulturlandschaft. Sie erhöhen u. a. die → Stabilität der Wälder (z. B. gegen Sturm, Feuer, Sonneneinstrahlung, Immissionen, Wind, Duftanhang). S. sind wichtige Lebensräume für viele heimische Pflanzen- und Tierarten und auch

Waldränder – Übergangszonen und wichtige Lebensräume

Wald in der Malerei

Frühe Darstellungen des Mittelalters

Die Vielfalt, Schönheit und Wildheit des → Waldes haben zu allen Zeiten Maler in Bildern festgehalten. Die ersten Baumbilder schmücken mönchische Evangeliare aus romanischer Zeit bzw. finden sich auf Wandmalereien und Teppichen. Ihnen folgten Darstellungen von Arbeiten im Walde sowie von hierzu benötigten Gerätschaften. Von hohem künstlerischen Wert sind z. B. die um 1415 entstandenen Illustrationen zum Stundenbuch des Herzogs von Berry, die die Brüder von Limburg fertigten. Sie stellten hierin Bäume im Ablauf der Jahreszeiten dar. Weiden und andere Laubbaumarten sind dabei gut zu erkennen. Daneben geben sie Szenen aus der Holzhauerei (im Monatsbild Februar), der → Schweinemast im Wald (Novemberbild), der Jagd (Dezemberbild) und andere Wald-

Caspar David Friedrich (1774 bis 1840): „Der Chasseur im Walde“, 1814; Öl auf Leinwand, Privatbesitz

bilder wieder. Mitte des 15. Jahrhunderts (noch gotische Stilepoche) nahm durch die damalige Ausbreitung des Buchdrucks die Zahl der illustrierenden Kupferstiche sowie der → Holzschnitte zu, während Ölgemälde aus jener Zeit selten sind. Viele Bilder zeigen den Wald aber nur am Rande, Mittelpunkt und Inhalt des Bildes sind meist jagdliche Darstellungen. Daneben war der Wald noch im Frühmittelalter dem Menschen fremd und unheimlich; es war kein besonderes Bedürfnis vorhanden, den Wald zu malen. Erst die Renaissance bringt uns die ersten deutschen Maler, die Baum, Strauch und Wald detailliert darstellen.

Frühe Neuzeit

Albrecht Dürer (1471 – 1528), eine der beherrschenden Gestalten der deutschen Kunst, der uns etwa 900 Handzeichnungen hinterlassen hat, durchdringt das neue Gebiet der Malerei mit der ganzen Schärfe seiner Naturbeobachtung. Von ihm stammen u. a. die Federzeichnungen „Quelle im Walde“ und „Der Weiher“; von **Albrecht Altdorfer** (um 1480 – 1538), Maler, Kupferstecher, Holzschneider und Baumeister (Hauptmeister der Donauschule), verdanken wir das erste reine Landschaftsgemälde „Donaulandschaft“. Seine künstlerische Bedeutung liegt hauptsächlich in der stimmungshaften Erfassung der Landschaft, die er als erster europäischer Künstler auch im völlig figurenfreien Gemälde darstellt; oft sind sie auch mit biblischer Staffage versehen, z. B. bei dem 1510 geschaffenen „Laubwald mit dem Heiligen Georg“ sowie „St. Hieronimus“. Er hat uns viele interessante Waldbilder des bayerischen Voralpengebietes hinterlassen. Neben Altdorfer versuchen auch **Wolf(gang) Huber** (um 1485 – 1553), ebenfalls ein Hauptmeister der Donauschule, sowie **Augustin Hirschvogel** (1503 – 1553) den Wald auf die Leinwand zu bannen. Die Landschaftsmalerei wird nunmehr zu einem festen Bestandteil deutscher Bildnerei. Weitere Künstler der sogenannten Donauschule, die sich in ihren Bildern der Baumwelt widmen, sind u. a. **R. Frueauf**, **H. S. Lautensack** und **H. Leu**. Ein Maler des Frühbarock, **Adam Elsheimer** (1578 – 1610), ist dabei ein Mitbegründer der idealen Landschaftsmalerei, der den Wald frei und ungezwungen gestaltet. Ausdrucksvoll ist auch die Federzeichnung „Baumgruppe in einem Wald“ von **Hendrick Goltzius** (1558 – 1617).

Die Meister der Landschaftsmalerei

Nach den Verwüstungen des Dreißigjährigen Krieges vermag sich die deutsche Eigenart nur schwer gegen andersartige Einflüsse zu behaupten, während in den Nachbarländern Niederlande und Frankreich die Landschaftsmalerei erblüht. Vor allem in der niederländischen Kunst des 17. Jahrhunderts erreicht die bildnerische Gestaltung des Waldes einen neuen Höhepunkt. Ihre Vorbildwir-

▸▸ Caspar David Friedrich (1744 bis 1840): „Frühschnee“, um 1828; Öl auf Leinwand. Hamburg, Kunsthalle

kung strahlt bis weit ins 19 Jahrhunderts aus. Für die Zeit des Dreißigjährigen Krieges und die Jahre danach sind an bedeutenden Landschaftsmalern anzuführen: **Jan Hackaert** (1628 – um 1700), „Buchenwald mit Jagdgesellschaft“, **Roland Savery** (1576 – 1639),

„Waldlandschaft mit Eremit", sowie **Albert Cuyp** (1620 – 1691), „Baumstudie" (Kreidezeichnung). Die Romantik (Baumdarstellungen finden sich bevorzugt in der Graphik und in der Tafelmalerei) leitet ein neues, reiches Gestalten der Landschaftsmalerei ein. **Caspar David Friedrich** (1774 – 1840), der Hauptmeister der deutschen Romantik, malt Bilder, die von schwermütig-einsamer Empfindsamkeit erfüllt sind. Bei ihm wird der Baum zum Träger von Stimmungen. Von seinen zahlreichen Werken sind zu nennen: „Frühlingsschnee", „Der Chasseur im Walde", „Der Mittag", „Der Nachmittag", „Frühling", „Einsamer Baum", „Winter", „Winterlandschaft mit Kirche". Sein 1812 entstandenes Gemälde „Tannenwald mit französischem Dragoner" ist in gewisser Weise das romantische Gegenstück zu Altdorfers „Laubwald mit dem Heiligen Georg". Auch andere bedeutende Maler prägen das Gesicht einer wiedererstandenen deutschen Auffassung von Kunst und Leben, sie malten die innigsten Waldbilder, z. B. der norddeutsche Frühromantiker **Philipp Otto Runge** (1777 – 1810), „Die Quelle und der Dichter", **Ferdinand Georg Waldmüller** (1793 – 1865), „Vorfrühling im Wiener Wald" und „Alte Ulmen im Prater", sowie der Berliner Landschaftsmaler **Karl Blechen** (1798 – 1840), der seine phantastischen Landschaften mit eigenwilliger Thematik und Darstellungsform schuf, zuweilen mit origineller, bisweilen dämonischer und grotesker Staffage. Seine Bilder vom Walde akzentuierten die Epoche des bürgerlichen Realismus in der deutschen Malerei nachhaltig. Von ihm stammen u. a. „Waldweg bei Spandau" und „Waldesinnere mit Ästen". Bei **Adrian Ludwig Richter** (1803 – 1884), ausgebildet in Italien, ist die Darstellung des Waldes inhaltlich bedingt durch die Themen aus alten und neuen Sagen und Märchen. Daneben schuf er: „Genoveva in der Waldeinsamkeit", „Baumstudie", „Waldbrüder", „Die Abendandacht". Ihm gleichzustellen ist **Moritz von Schwind** (1804 – 1871), ebenfalls ein Malerpoet. Zu nennen sind aber auch **Hans Thoma** (1839 – 1924), „Landschaft am Oberrhein", **Karl Spitzweg** (1808 – 1885), für den Baum und Wald häufig zentrales Thema waren und der auf äußerste Formtreue achtete, sowie **Wilhelm von Kobell** (1766 – 1855), der maßvolle Realist in der deutschen Malerei mit seiner kühlen, verhaltenen Farbgebung: „Baumlandschaft im Sturm". **Franz Graf von Pocci** (1807 – 1876), ein spätromantischer Zeichner und bayerischer Hofbeamter, ist als Mitarbeiter der „Fliegenden Blätter" in Erinnerung. Von ihm stammt u. a. „Die Hütte im Wald". **Karl Friedrich Lessing** (1808 – 1880), der seine Landschaften und Historienbilder in genrehaft romantisierender Auffassung schuf, hinterließ uns „Die tausendjährige Eiche". Eine besondere Bedeutung erhalten die Bäume bei dem Schweizer **Arnold Böcklin** (1827 – 1901), dem Hauptvertreter des Idealismus in der Malerei des 19. Jahrhunderts. Er bringt in seinen Bildern eine große Kraft zum Ausdruck. Nach dunkelfarbigen Landschaften fand Böcklin zu einem monumental-pathetischen Stil mit hellerer Farbgebung und mythologischen Themen. Beispielhaft sind zu nennen: „Vita somnium breve" sowie „Der Tod reitet durch den Herbstwald". Auch **Emil Jacob Schindler** (1842 – 1892) verdient mit seinem Bild „Teich im Wald" Bewunderung, ebenso **Lovis Corinth** (1858 – 1925), einer der Hauptmeister des Impressionismus, mit seinem Bild „Waldbach bei St. Heinrich am Starnberger See". Corinth schuf in der Spätzeit die „Walchensee-Bilder".

◄◄ **Lovis Corinth (1858 bis 1925): „Ostern am Walchensee". Augsburg, Privatbesitz**

Die Moderne

Im Zeitalter des Jugendstils traten zwei Künstler besonders hervor, der Schweizer **Ferdinand Hodler** (1853 – 1918), der die Bäume seiner Schweizer Heimat malte, und der Österreicher **Gustav Klimt** (1862 – 1918), der als Hauptmeister der Wiener Jugenstilmalerei gilt. Beide malten mit klaren Formen und dekorativer Farbenpracht.

Lovis Corinth (1858 bis 1925): „Walchensee mit Springbrunnen", 1923. Bielefeld, Kunsthalle

Bei **Franz Marc** (1880 – 1916), dem Mitbegründer der Künstlergemeinschaft „Der blaue Reiter" in München, der im Ersten Weltkrieg fiel, ist das Hauptthema seiner Werke das Tier, und zwar in der zu ihm gehörenden Umwelt, z. B. „Rehe im Wald", „Hirsche im Wald". Mit **Ernst Ludwig Kirchner** (1880 – 1938), dem Mitbegründer der Künstlervereinigung „Die Brücke", begegnet uns ein bedeutender Maler und Graphiker des deutschen Expressionismus mit großflächiger, starkfarbiger Ausdrucksmalerei, z. B. „Kühe im Wald".

Zahlreiche Bilder, die im 20. Jahrhundert von bekannten und unbekannten Malern angefertigt wurden, belegen, daß der Wald in seiner ganzen Mannigfaltigkeit seinen Platz in der Kunst gefunden und behauptet hat (→ Holzbildhauerei, → Holzschnitt, → Holzstich).

Rückzugsräume für aus intensiv bewirtschafteten Flächen verdrängte Pflanzen und Tiere (die Brutdichte und Artenvielfalt der Singvögel ist z. B. an den W. höher als im Innern strukturarmer Bestände). Die ästhetische und optische Wirkung der W. dienen in besonderem Maße der → Landschaftspflege und einem entsprechenden → Landschaftsbild. W. können in Waldaußenränder im Grenzbereich zur offenen → Landschaft (Feldflur, Gewässer, Straßen, Siedlungen, Verkehrsanlagen usw.) und in Waldinnenränder zu kleineren offenen Flächen innerhalb des geschlossenen Waldes (z. B. Kahlflächen, Waldwegen, Wildwiesen, Holzlagerplätzen, kleineren Gewässern, Mooren) eingeteilt werden. Ideale Waldaußenränder sind stufig aufgebaut und beginnen von außen her mit Saum (→ Waldsaum), Mantel und Trauf. Während der Saum aus Wildkräutern, → Stauden und → Gräsern zusammengesetzt sein soll, der Waldmantel hingegen aus blüten- und beerenreichen Sträuchern, setzt sich der Trauf über niedrige Waldbäume hinweg (Bäume II. Ordnung) aus kräftigen, tiefwurzelnden und großkronigen Randbäumen zusammen; ihm folgt der geschlossene Bestand. Die Tiefe der W. sollte etwa 30 m betragen. Der Forstmann bezeichnet einen Trauf als „Naturtrauf", wenn er von den Baumarten des Bestandes gebildet wird. Besteht er hingegen aus besonders angebauten und ausgewählten Baumarten und Sträuchern, so wird er „Kunsttrauf" genannt. Entsteht durch Beweidung bzw. Verbiß der unteren Äste der Traufbäume (→ Traufbaum) eine Hohlkehle am Waldrand, wird dies als „Hohltrauf" oder „Hohlmantel" bezeichnet. Ein „Steilrand" entsteht durch das Freistellen älterer, im unteren Stammbereich unbeasteter Bäume bei Kahlschlag oder für Infrastrukturmaßnahmen. Waldinnenränder sind weniger tief gestaffelt. Bei ihnen dominiert der Trauf; Saum und Mantel hingegen sind weniger deutlich ausgeprägt.

Waldrandgestaltung, die: funktionengerechte Gestaltung der → Waldränder.

▸▸ Alpen(wald)rebe *(Clematis alpina)*

Waldrapp, der (*Geronticus eremita*): ein ca. 75 cm großer, ibisartiger Vogel mit Federschopf auf dem Kopf. Noch im 16. Jh. soll er am Mönchsberg in Salzburg, Graz, Passau und in der Schweiz gebrütet haben. 1555 wurde er vom Schweizer Naturforscher K. Gesner aus den Alpenländern beschrieben. Er ist bei uns vermutlich durch Klimaveränderungen und durch Verfolgung durch den Menschen ausgestorben. Er galt für lange Zeit auch in anderen Ländern als ausgestorben, bis er später in Nordafrika wieder entdeckt wurde. Der W. wird dort Schopfibis (*Geronticus*) genannt.

Waldrauch, der: alte Bez. für das Harz (→ Harze) der Nadelbäume, das als Weihrauch verwendet wird.

Waldrebe, die *(Clematis)*: Gatt. der → Hahnenfußgewächse *(Ranunculaceae)* mit rund 300 weltweit verbreiteten Arten. W. sind giftige → sommer- oder → immergrüne kletternde → Stauden, → Halbsträucher oder → Sträucher. Die W. ist bekannt seit dem Oligozän (→ Erdzeitalter). Der lateinische Gatt.-Name *Clematis* ist abgeleitet vom griechischen Wort *Kléma* = Ranke.

1. Alpen(wald)rebe, die *(Clematis alpina (L.) Miller)*: Die A., eine Gebirgspflanze, ist über die Gebirge Mittel- und Südeuropas, von Skandinavien und Finnland bis zum Apennin, von den Alpen bis zu den Karpaten, bis Nordrußland, Sibirien und Nordchina verbreitet. Die Halbschatt-Lichtpflanze wächst in der subalpinen, seltener in der montanen und alpinen → Vegetationsstufe in Höhen von etwa 1000 bis 2400 m auf Schutthalden, in Schneeheide-Kiefernwäldern und Alpenrosen-Latschengebüschen, Lärchen-Zirbenwäldern (→ Charakterart), auf Felsen, in Schluchten und strauchreichen Berg- und Nadelwäldern.

Die 0,30 bis 3 m lange, kletternde, raschwüchsige, sommergrüne Schlingpflanze hat einen kräftigen, knotigen → Wurzelstock. Die lang gestielten, wechselständig angeordneten Blätter sind dreizählig gefiedert. Die fast sitzenden, unterseits schwach behaarten Fiederblättchen sind jeweils schmal eiförmig bis lanzettlich, 2 bis 5 cm lang und 1 bis 2,5 cm breit, am Grunde keilförmig verschmälert und vorne zugespitzt. Der → Blattrand ist grob gesägt. BZ: Mai bis Juli. Die einzeln an blattachselständigen → Kurztrieben stehenden, 4 bis 12 cm langgestielten, → zwittrigen, nickenden Blüten sind hellblau oder violett, gelegentlich auch gelblichweiß. Die kleinen, nußartigen Einzelfrüchte sind eiförmig, abgeflacht, mit Randwulst, kurz flaumig behaart und tragen am oberen Ende den bis zu 3 cm verlängerten, behaarten fedrigen Griffel, der dem reifen → Samen als Flugorgan dient. Die A. ist die einzige Schlingpflanze (Liane) der Alpen.

Es gibt sie in zwei Unterarten, der → Unterart *alpina*, die in den Bergen Mittel- und Südeuropas beheimatet ist und violette, nur selten weißliche Blüten hat, und die Unterart *sibirica*, die in Nordosteuropa, Nordrußland und in Norwegen vorkommt, einen stark unregelmäßig gesägten Blattrand und gelblich-weiße, selten blaß-blaue Blüten hat.

2. Gemeine Waldrebe, die *(Clematis vitalba Linné)*: auch Gewöhnliche W., Niele, Liele, im Volksmund Teufels- oder Hexenzwirn, Federbaum, Frauenhaar, Hergottsbart, Petersbart, Waldstrick und Wind genannt. Die G. W. ist über Mitteleuropa, von Irland und Großbritannien über den ganzen Alpenraum, über Italien, die gesamte Balkanhalbinsel bis Kleinasien verbreitet. Sie ist ebenfalls eine Halbschatt-Lichtpflanze, benötigt viel Licht und wächst in der kollinen, montanen, seltener subalpinen → Vegetationsstufe in feuchten Wäldern, Auenwäldern, besonders Eichen-Ulmen-Auenwäldern, Hecken und Gebüschen, auf Waldschlägen, an Waldrändern, auf frischen, nahrstoffreichen, meist kalkhaltigen Böden. Sie ist ein Stickstoffzeiger (→ Boden(an)zeiger) und von der Ebene bis in Höhen von 1500 m anzutreffen.

Die linkswindende, verholzte Schlingpflanze, die sich mit Hilfe ihrer Blattstiele festrankt, klettert über 10 m empor. Sie überwuchert oft Sträucher und große Bäume bis hoch in die Kronen. Die in Abständen knotig verdickten Stämmchen können 2 bis 3 cm dick, manchmal sogar armdick, werden. Die graue → Rinde schält sich unregelmäßig ab. Die gegenständigen Blätter sind unpaarig gefiedert mit drei bis (meist) fünf Fiederblättern. Die einzelnen Fiederblättchen sind etwa 4 bis 10 cm lang, 3 bis 6 cm breit, eiförmig bis lanzettlich, ganzrandig oder grob gezähnt, oberseits dunkelgrün, unterseits etwas heller. BZ: Juli bis August (September). Die schwach duftenden, langgestielten, kronblattlosen Blüten stehen in reichblütigen, seiten- oder endständigen Rispen oder Trugdolden. Die Früchte, die den Winter über an der Pflanze verbleiben, sind kleine, braune, längliche Nüßchen, mit dicht fedrig behaarten, etwa 3 cm langen Griffeln (Flugeinrichtung) und stehen in weißgrauen Köpfchen. Die Pflanze ist giftig; ihr Saft kann Hautreizungen verursachen.

In der Naturheilkunde finden die Blätter, Stengel und Blüten, geerntet im Sommer, Verwendung. Sie enthalten Protoanemonin, Saponine und → Alkaloide, wirken ätzend und hautreizend. Eine aus den Blättern, Blüten und den Stengeln bereitete Tinktur wird in der Homöopathie bei Lymphknotenentzündungen, Neuralgie, Hautgeschwüren, pustulösen Hautausschlägen und gewissen rheumatischen Erkrankungen verwendet.

Die G. W. wird auch als Ziergewächs zur Verkleidung von Mauern oder Lauben angepflanzt. Gärtner verwenden sie auch als Veredelungsunterlage für großblütige Kultursorten.

3. Aufrechte Waldrebe, die *(Clematis recta L.)*: Die A. W. ist über Süddtschl., Thüringen, das Elbegebiet, die Südalpen, die Pyrenäen sowie über Süd- und Osteuropa verbreitet. Die seltene, wärmeliebende Pflanze wächst in Buschwäldern, in Gebüschrändern, Berberitzengebüschen und west-submediterranen Flaumeichen-Wäldern, an trockenen, steinigen Hängen.

Diese 50 bis 150 cm hohe, aufrecht stehende Pflanze klettert und windet nicht wie die beiden vorgenannten Arten. Ihre Blätter sind fünf-, sieben- oder neunzählig gefiedert. Die Fiederblätter sind eiförmig, vorne zugespitzt und ganzrandig. BZ: Mai bis Juli. Die Blüten stehen in endständigen Rispen; die weißen Blütenblätter sind lediglich am Rand dicht filzig behaart.

Auch das Garten-Geißblatt wird W. genannt; → Geißblatt 3.

Waldrecht, das: **1**) ein in den früheren → Forstordnungen enthaltenes Gesetz. Es bestimmte, daß bei der Abholzung von Laubbäumen eine bestimmte Anzahl von → Laßreisern stehen bleiben mußten. **2)** svw. → Forstrecht. **3)** alte Bez. für die → Dienstbarkeiten (Gerechtsame) eines Waldeigentümers. **4)** frühere lokale Bez. für den Gemeindeausschuß, dem die Geschäftsangelegenheiten im Gemeindewald oblagen.

Waldrechter, der: frühere und veraltete Bez. für → Überhälter, hauptsächlich für alte Eichen-Überhälter.

Waldrechtsgüter → Forstlehen.

Waldreinertrag, der: auch Waldrente. Die Differenz zwischen → Ertrag und → Aufwand ist der W. Dieser Wert entspricht der Verzinsung des aus → Waldboden und aufstockendem → Bestand bestehenden Vermögens. Die → Umtriebszeit, bei der diese Differenz am größten ist, ist die Umtriebszeit des höchsten W. Der höchste monetäre W. kann Wirtschaftsziel sein.

Waldreinertragslehre, die: für die W. ist der höchste → Waldreinertrag → Wirtschaftsziel. → Umtriebszeit und Baumarten werden entsprechend gewählt; → Bodenreinertragslehre.

Waldreiter, der: frühere Bez. für einen berittenen Forstbeamten; → Hegereiter.

Waldreitgras, das: → Reitgras.

Waldreitgras-Schlaggesellschaft, die: → Weidenröschen-Schlaggesellschaften 4.

Waldrente, die: → Waldreinertrag

Waldreservat, das: zusammenfassende Bez. für → Schutzwald und → Naturwaldreservat.

Waldrestholz, das: Bez. für das als Schlagabraum (→ Abraum) im Walde verbleibende Holz. W. ist eine wertvolle → Biomasse, die dem Wald dient; allerdings kann das Material auch Brutstätte für → Forstschädlinge werden; → Altholz, Industrierestholz, Restholz.

Wald-Rispengras, das: → Rispengras 1.

Waldriß, der: → Risse 1).

Waldrod, der: → Neubruch.

Waldrodung, die: → Rodung.

Waldrohr, das: → Engelwurz 1.

Waldrose, die: → Rosen 6. und 7.

Waldröserl, das: → Alpenrose 1.

Wald-Ruhrkraut, das: → Ruhrkraut 1.

Waldrute, die: → Rute.

Waldsäge, die: → Schrotsäge.

Waldsandläufer, der: → Sandläufer 1.

Waldsandlaufkäfer, der: → Sandläufer 1.

Waldsanikel, die: → Sanikel.

Wald-Sauerklee, der: → Sauerklee.

Waldsaum, der: → Waldrand.

Waldsavanne, die: → Trockensavanne.

Waldschabe, Kleine, die: → Schaben 1.

Wald-Schachtelhalm, der: → Schachtelhalm 1.

Waldschäden: **1)** natürliche W.: Zu den natürlichen biotischen und abiotischen Schadfaktoren im Wald gehören → Windwurf und Windbruch, extreme Trockenheit, Eis- und Duftanhang, Feuer, Wild (Abäsen von Knospen junger Bäume und Rinde), → Mäuse (Abfressen der Knospen und Rinde von jungen Forstpflanzen), Insekten (insbesondere → Borkenkäfer an Nadelbäumen) sowie → Pilze, → Bakterien und → Viren. Von diesen Schäden konnte sich bisher der Wald immer erholen. **2)** neuartige W.: Die mit „neuartigen W." oder früher „Waldsterben" bezeichneten Erkrankungen der Nadel- und Laubbäume sind überwiegend auf → anthropogene → Luftverunreinigungen zurückzuführen. Für das plötzliche Auftreten dieser komplexen Walderkrankungen (vorzeitiger Verlust von Nadeln und Blättern (→ Blattverluste), Schädigung des Feinwurzelsystems, Wuchsstörungen und Rindenschäden, Beeinträchtigung der Aufnahme von Wasser und Nährstoffen, erhöhte Anfälligkeit für Schädlinge und extreme klimatische Einflüsse) werden sowohl → Schwefeldioxid (SO_2) sowie der starke Anstieg von → Stickoxiden (NO_X) durch Zunahme des Straßenverkehrs und die höheren Verbrennungstemperaturen in Feuerungsanlagen als Hauptverursacher verantwortlich gemacht. Daneben wird auch die langfristige → Akkumulation von deponierten Luftverunreinigungen in Waldökosystemen (→ Ökosystem) als Schadensursache angesehen. Inwieweit bisher nicht identifizierte Schadstoffe, z. B. durch neuere technische Entwicklungen, zu den W. beitragen, ist bisher nicht bekannt. Zu den Hauptursachen wie Luftverunreinigung zählen auch der → saure Regen und → Ozon. Mit rascher Geschwindigkeit haben in den Jahren 1981 bis 1985 die W. dort zugenommen, wo die Wälder durch ihre Lage am Hang besonders stark exponiert sind gegen die mit dem Wind herantransportierten (→ Ferntransport) gasförmigen Luftverunreinigungen, gegen Staubeintrag und → Deposition durch Regen, Schnee, Nebel und wo die Wälder auf armen Böden stehen. Im Flachland sind sie weniger stark ausgeprägt. Die W. in Dtschl. zeigen derzeit ein ausgeprägtes Süd-Nord-Gefälle. Nach wie vor sind die Wälder Bayerns und Baden-Württembergs (Stand 1989 und 1990) mit einem Anteil der geschädigten Fläche von 60 bzw. 63 % am stärksten betroffen. Auf diese beiden Länder entfallen – bei einem Anteil von 50 % an der Bundeswaldfläche – zwei Drittel der gesamten W. Insgesamt sind im Jahre 1989 in Dtschl. die Bäume auf rund 4 Mio. ha oder 52,9 % der gesamten → Waldfläche in ihrer Vitalität geschwächt oder geschädigt. Bei den einzelnen Baumarten ist die Entwicklung durch eine Trendumkehr bei den Nadelbäumen und eine erhebliche Zunahme der Schäden bei den Laubbäumen gekennzeichnet. Bei der Fi, unserer bedeutendsten Baumart, betrug z. B. 1986 die Schadensfläche 1 560 000 ha, das sind 54 % des gesamten

Neuartige Waldschäden – Keilberg (Erzgebirge)

Wald in der Musik

In der Musik hat das Erlebnis des Waldes und das Leben mit dem Walde vielfältigen Ausdruck gefunden. Aus der Zeit des Dreißigjährigen Krieges stammt ein Gedicht des Arztes Paul Fleming (1609 – 1640), das die Waldlieder des Musikmeisters Johann Hermann Schein (1586 – 1630) nennt. Der Nürnberger Begründer des Ordens der Pegnitzeiden Georg Philipp Harsdörffer (1607 – 1658) schrieb zusammen mit dem Komponisten Sigmund Theophil Staden(1607 – 1655) das Geistliche Waldgedicht „Seelewig“ (ewige Seele); es wird gelegentlich als die erste erhaltene deutsche Oper bezeichnet. Von dem Komponisten der Wiener Klassik erwähnen unter anderm Joseph Haydn (1732 – 1809) den Wald in „Die Jahreszeiten“ und Ludwig van Beethoven (1770 – 1827) in der „Pastorale“ (6. Sinfonie). Von Wolfgang Amadeus Mozart (1756 – 1791) stammt das „Jagdquartett“. Vom Lehrersohn aus Österreich, Franz Schubert (1797 – 1828), ist neben gemischten Chören, Männerchören und über 600 Liedern hier sein „Jägerchor“ besonders hervorzuheben. Zu seiner Generation gehören auch andere bedeutende Komponisten: Carl Maria von Weber (1786 – 1826), der im Alter von 11 Jahren sein erstes Werk, „Das stumme Waldmädchen“, geschaffen hat, war dem Wald sichtlich eng verbunden. Sein „Freischütz“ macht den Wald, im Gegensatz dazu, zum Schauplatz höllischer Gewalten, seine Oper „Rübezahl“ blieb unvollendet. Albert Lortzing (1801 – 1851) hat in seiner Oper „Der Wildschütz“ diese Thematik behandelt. Auch Felix Mendelssohn-Bartholdy (1809 – 1847) schuf das Chorlied „Wer hat dich, du schöner Wald“ und „Waldabschied“ nach einem Gedicht von Joseph Freiherr von → Eichendorff. Es reihen sich an Robert Schumann (1810 – 1856) mit den „Waldszenen“ für Klavier (1848/49) und Franz Liszt (1811 – 1886) mit seiner Konzert-Etüde „Waldesrauschen“. Friedrich von Sallet (1812 – 1843), ein schlesischer Dichterphilosph, hinterließ uns das Herbstlied „Durch die Wälder schreit ich munter“. Richard Wagner (1813 – 1883), ein Naturfreund und stilbildender Dichterkomponist, gab in seinem „Waldweben“ des Musikdramas „Siegfried“ eine musikalische Naturschilderung und, wie Hermann Unger schrieb, wie er es vorher schon in der malerischen Tönung des „Tannhäuser“ mit dem Waldgebiet um die Wartburg geleistet hatte und es später in der Nachtszene des „Tristan“ wiederholen sollte. Zur gleichen Zeit wie Wagner war auch Joachim Raff (1822 – 1882), ein Liszt-Assistent und Autodidakt, mit Orchesterwerken und Klaviermusik schöpferisch tätig. Er schrieb eine ganze „Waldsinfonie“ mit einem Mittelsatz „Tanz der Dryaden“ und einer musikalischen Schilderung der „wilden Jagd“ mit Frau Holda und Wotan. Der Komponist Engelbert Humperdinck (1854 – 1921), ein Assistent von Richard Wagner, führt uns mit seinen Opern „Hänsel und Gretel“und „Dornröschen“ schließlich in das Reich der Märchen und Hans Pfitzner (1869 – 1949) in das Reich der Hexen und Geister. In seiner Spieloper „Christ-Elflein“ erscheint z. B. der Waldgeist Knecht Ruprecht. Von ihm stammen auch „Waldwanderung“, eine Bühnenmusik zu Kleists „Käthchen von Heilbronn“ und zahlreiche Liederzyklen nach Gedichten von Heinrich Heine und Joseph Freiherr von → Eichendorff. Zu letzterem ist das Herbstlied „Der Wald wird falb, die Blätter fallen“ anzuführen. Richard Strauß (1864 – 1949) schrieb einschlägige Klavierstücke, u. a. „Auf stillen Waldespfaden“. Carl Orff (1895 – 1982) hat in seine „Carmina Burana“ mit dem Chorsatz „Silva, Silva“ den Wald miteinbezogen. Für viele deutsche Komponisten, bekannte und unbekannte, die sich besondere Verdienste um das Volkslied erworben haben, ist der Wald in der Musik Herzensangelegenheit. Viele gerngesungene Lieder wären hier noch zu nennen, nur einige können beispielhaft angeführt werden: „Das Waldhorn“ von P. Friedrich Silcher (1789 – 1860); „Leb wohl, du schöner Wald“, Text von Hoffmann von Fallersleben (1798 – 1874); „Ich ging im Walde so für mich hin“, Text Johann Wolfgang von Goethe (1749 – 1832); „Morgen im Walde“, Melodie Franz Abt (1819 – 1885) sowie die Volksweise „Waldeslust“ und viele andere mehr; → Wald in der Malerei, → Wald in der Dichtung, → Waldmärchen.

▶▶ Richard Wagner (22.5.1813 bis 13.2.1883); Photographie, 1871 (F. Hanfstaengl, München)

▶ Carl Maria von Weber (18.(19.)11.1786 bis 5.6.1826); Gemälde von C. C. Vogel von Vogelstein (1788 bis 1868), Öl auf Leinwand; Berlin, Deutsches Historisches Museum

Franz Schubert (31.1.1797 bis 19.11.1828); Gemälde von Jozef Wäller, um 1827. Wien, Gesellschaft der Musikfreunde

▶▶ Richard Strauß (11.6.1864 bis 8.9.1949); Photographie, um 1906. E. Bieber, Berlin

Fichtenbestandes; von den über 60jährigen Fichtenbeständen sind etwa 82 % geschädigt. Ähnlich verhält es sich bei der Kie. Hier beträgt die Schadfläche ca. 793 800 ha bzw. ebenfalls 54 %. Am stärksten bedroht ist jedoch die Ta (→ Tannensterben), die hauptsächlich in Süddtschl. vorkommt und bei der das Baumsterben erstmals beobachtet wurde. Etwa 83 % der Tannenflächen, d. s. rund 145 250 ha, sind inzwischen geschädigt, wobei hiervon 45 % der → Schadstufe 2 (mittelstark geschädigt) zuzuordnen sind. Extrem hoch sind die Schadflächen auch bei den Laubbäumen. Bei der Bu liegt der Anteil der geschädigten Fläche mit 60 % inzwischen höher als bei der Fi; bei der Ei beträgt sie fast 61 %. Auch bei allen anderen Baumarten zeigen sich bereits Schädigungen. Durch die Luftverunreinigungen werden die Wälder direkt über die oberirdischen Pflanzenteile sowie indirekt über die Wurzeln geschädigt. Der Eintrag von Luftverunreinigungen in die Wälder erfolgt dabei gasförmig oder in Wasser gelöst (Deposition). Gasförmige Schadstoffe, wie Schwefeldioxid, → Fluorwasserstoff, Stickoxide und Ozon gelangen hauptsächlich durch die → Spaltöffnungen der Blätter, aber auch durch die → Lentizellen der → Rinde sowie in geringem Maße durch die übrige Oberfläche in die Pflanze. Der Forschungsbeirat der deutschen Bundesregierung gelangte am 13.3.1985 zu der Aussage, daß die Luftschadstoffe und ihre Umwandlungsprodukte „mit an Sicherheit grenzender Wahrscheinlichkeit" die W. (das Waldsterben) bewirken. Der Forschungsbeirat stellt in seinem Bericht außerdem ausdrücklich fest, daß waldbauliche Fehler, Infektionen, Klimastreß oder Strahlen aller Art für eine Ursachenerklärung nicht in Betracht kommen. Danach wird für die meisten → Standorte angenommen, daß die W. durch ein Zusammenwirken mehrerer Luftschadstoffe und deren Umwandlungsprodukte verursacht werden. Von einer überwiegenden Mehrheit der Wissenschaftler werde das Konzept einer Komplexerkrankung akzeptiert, das davon ausgehe, daß an den Schäden außer Luftverunreinigungen auch natürliche Faktoren beteiligt seien. Derzeit wird den Ursachen der W. in etwa dreihundert Forschungsprojekten mit etwa 115 Mio. DM nachgespürt. Die W. traten fast gleichzeitig in ganz Mittel- und Osteuropa auf und haben sich in den letzten drei bis vier Jahren rapide ausgebreitet. In Europa ist derzeit eine Waldfläche von rund 10,5 Mio. ha von Immissionsschäden betroffen. Als Gegenmaßnahmen sind geplant bzw. werden durchgeführt: drastische Verringerung des Anteils an Schadstoffen in der Luft (gesetzliche Verschärfung der zulässigen Emissions- und Abgaswerte, Verordnung von Entschwefelungsverfahren bei Großfeuerungsanlagen, Einführung umweltfreundlicher Autos mit → Katalysatoren und → bleifreiem Benzin, gezielte Schädlingsbekämpfung, Düngung des Waldbodens (→ Walddüngung) und Anpflanzung widerstandsfähiger Mischwälder; → Umweltkontrolle im Wald, Waldzustandserhebung.

Waldschadenserhebung, die: → Waldzustandserhebung.

Waldschädlinge → Forstschädlinge, → Holzschädlinge, → Waldkrankheiten, → Forstschutz, → Waldverderber.

Waldschaft, die: nicht mehr übliche Bez. für Waldlandschaft.

Wald-Schaumkraut, das: → Schaumkraut 4.

Waldschiffer → Murgschifferschaft.

Waldschilf, das: → Reitgras 1.

Waldschilf-Schlagflur, die: → Weidenröschen-Schlaggesellschaften 7.

Waldschluß, der: früher jene Zeit, während der das Sammeln von → Leseholz (wie auch jede Tätigkeit im Wald) im Interesse der → Jagd untersagt war. Der W. umfaßte meist die Monate Mai und Juni als Setzzeit der meisten Arten des → Haarwildes und Brutzeit des Auer- und Birkwildes (→ Rauhfußhühner 1. und 2.) usw.

Wald-Schlüsselblume, die: → Primel 1.

Waldschmiele, die: → Schmiele 2.

Waldschneckling, der: → Schnecklinge 5.

Waldschneise, die: → Schneise.

Waldschnepfe, die: → Schnepfenvögel 1.

Waldschönheitspflege, die: → Forstästhetik.

Waldschrate → Wilde Männer.

Waldschritt, der: früheres Längenmaß in Bern. 1 W. = 3 Fuß = 87,98 cm.

Waldschuh, der: → Rute.

Waldschule, die: auch Freiluftschule, früher vorhandene Schule im Freien für kränkelnde Kinder mit beschränkter Unterrichtszeit und verringerter Schülerzahl. Die W. war eine Verbindung von → Walderholungsstätte und Schule. Sie wurde im Jahre 1904 zuerst in Charlottenburg durch Neuffert geschaffen. Durch die heutigen W. sollen v. a. Einstellungen und Verhaltensweisen der Waldbesucher im Sinne des Schutzes und der Erhaltung des Waldes positiv beeinflußt werden. Insbesondere Kindern und Jugendlichen wird in den W. nicht nur reines Sachwissen vermittelt, sondern ihnen auch ermöglicht, die Natur spielerisch zu erlernen. Mit wechselnden Ausstellungen, Führungen, Vorträgen und Bürgerberatungen sowie Sonderveranstaltungen wird auf die unterschiedlichen Anforderungen und Bedürfnisse der Besucher eingegangen. Die W.-Idee geht auf den amerikanischen Pädagogen Cornell und die in Zürich gegründete Sihlwaldschule zurück.

Waldschutz, der: → Forstschutz.

Waldschütz, der: auch Gemeindewaldschütz, lokale Bez. für einen (häufig nicht forstlich ausgebildeten) Waldaufseher, der im Körperschaftswald den Revierdienst versah; → Forstschutzpersonal.

Waldschutzgebiete: Bez. für → Naturwaldreservate und → Naturwaldzellen. Es handelt sich dabei um Wälder, die weitgehend aus der forstlichen Nutzung entlassen wurden. Sie werden in → Bannwälder (Totalreservate) und → Schonwälder untergliedert. Sie unterliegen nicht den Naturschutzgesetzen, sondern ausnahmslos den internen Verwaltungsbestimmungen der Staatsforstverwaltungen der Länder.

Waldschutzgerichte: im Jahre 1875 auf Grund des preußischen Gesetzes betreffend Schutzwaldungen und Waldgenossenschaft geschaffene Einrichtungen. Die W. bestanden aus dem Kreisausschuß (in Hohenzollern Amtsausschuß) und setzten sich aus dem Landrat und sechs von der Kreisversammlung gewählten Kreisgenossen zusammen. Sie hatten bei allen strittigen Fällen bezüglich der Schutzwaldungen und bei der Bildung der Waldgenossenschaften zu entscheiden.

Wald-Schwingel, der: → Schwingel 4.

Wald-Segge, die: → Seggen 10.

Waldservituten → Forstrechte.

Waldsicherungsstreifen, der: ein teilweise sogar bewuchsfrei gehaltener Streifen im Wald zur Gefahrenabwehr, z. B. in der Umgebung von bewohnten Gebäuden oder entlang und parallel zu nicht elektrifizierten Eisenbahnlinien, um das Entstehen von Waldbränden durch Funkenflug zu verhindern; → Waldeinteilungsstreifen.

Waldsimse, die: → Simsen.

Wald-Skabiose, die: → Knautie 1.

Waldspan, der: → Waldbart.

Waldspitzmaus, die: → Spitzmäuse 1.

Waldsportpfad, der: auch Trimm-Pfad, Fitness-Bahn, Schweißtropfen-Bahn, Vita-Parcours, eine Trainingsanlage in Form eines natürlichen oder künstlich angelegten federnden Waldweges mit einzelnen Stationen, wo sich unterschiedlich konstruierte und verwendbare Trainingsgeräte befinden. W. sind nach skandinavischem Vorbild in der Schweiz entstanden und haben verstärkt auch in Dtschl., v. a. in Naherholungsgebieten, Eingang und Anklang gefunden.

Waldspringkraut, das: → Springkraut 1.

Waldstangen: auch Behauholz, in Österreich Bez. für Rundholz ab 4 m Länge, in vollen Meterlängen; ein geringer Anteil von 3 m mitgehend, von 7 cm → Zopfdurchmesser bis 19 cm → Mittendurchmesser.

Waldsteins Weide, die: → Weiden 32.

Waldstendel, der: → Sumpfwurz 1. und 3.

Waldsteppe, die: im kontinentalen Klimabereich mit heißeren Sommern, kälteren Wintern und geringeren Jahresniederschlägen ein Übergangsgebiet zwischen Laubwald und Grassteppe mit inselförmiger Steppenbildung und dadurch bedingter Entstehung kleiner Waldinseln. Der Laubwald löst sich dabei in ein Mosaik von Wald und → Steppe auf; → Steppenheide, → Waldsteppen-Arten.

Waldsteppen-Arten: Bez. für Pflanzen- und Tierarten mit Ursprung im räumig-lückigen Wald der innerkontinentalen → Waldsteppe (→ Steppe) bzw. dem lichten → borealen Nadelwald (z. B. StEi, FAh, Wildapfel und Wildbirne, Wendehals, Auerhuhn und Wiedehopf).

Waldsterben, das: früher übliche Bez. für die neuartigen → Waldschäden.

Wald-Sternmiere, die: → Sternmiere 1.

Waldstorch, der: → Störche 2.

Wald-Storchschnabel, der: → Storchschnabel 4.

Wald-Strauchflechte, die: → Becherflechte 2.

Waldstreifenpflug, der: → Waldpflug.

Waldstreu, die: Sammelbegriff für alle organischen Abfallstoffe, die den → Waldboden bedecken. In erster Linie Nadeln und Laubblätter sowie abgestorbene Bodenpflanzen, daneben in geringer Menge auch Zweige, Zapfen, Knospenschuppen, Borke- und Holzstücke sowie Tierkadaver. Der Begriff W. wird von der früher weit verbreiteten Nutzung der W. als Einstreu in Ställen abgeleitet; → Waldstreunutzung. Die assimilierenden und atmenden Blätter und Nadeln in einem geschlossene Bestand haben nach ihrem Absterben die Funktion, W., bzw. → Humus zu bilden. Die W. erhöht die Aufnahmefähigkeit des Bodens für Niederschlags- und Schmelzwasser, schützt den Boden vor Verdunstung, bricht die Wucht aufschlagender Regentropfen, mildert die Temperaturgegensätze und spielt im Nährstoffkreislauf eine unersetzliche Rolle. Die vorhandene W.-Menge ist von der Differenz Zugang durch Abfall und → Biomasseabbau abhängig. Beide Eingangsgrößen sind vom Bestand (Baumartenzusammensetzung, Alter, Dichte), der Wuchsleistung (Boden, Klima) abhängig. Dicht belaubte Baumarten, → Schatt(en)baumarten geben mehr Streu als → Lichtbaumarten mit lichter Krone. Am meisten Streu produzieren Ta, Fi, Bu, Hbu, am wenigsten Lä, Bi, As. Ein 90jähriger Buchenbestand liefert z. B. jährlich bis zu 4000 kg lufttrockene Streu, der Vorrat liegt bei rd. 11 000 kg/ha. In wüchsigen Kiefernbeständen wurden 14 000 kg/ha Vorrat gemessen; der jährliche Streufall beträgt rd. 3200 kg/ha. Die W. wird im Laufe des folgenden Jahres i. d. R. abgebaut. Geht der Abbau langsamer als die jährliche Nachlieferung, häuft sich W. und Rohhumus; → C/N-Verhältnis, → Aststreu, → Streuabbau.

Waldtümpel – Lebensraum zahlreicher Tier- und Pflanzenarten

Waldstreunutzung, die: früher übliche Nutzung der Waldbodendecke (→ Laub, → Nadeln, → Moose, → Gräser, → Kräuter etc.) sowie der grünen jungen → Zweige der Nadelbäume zur Einstreu in die Ställe anstatt des Strohes. Die W. hat – von örtlichen Ausnahmen abgesehen – heutzutage keinen wesentlichen Umfang mehr. Die Entnahme der obersten, noch nicht zersetzten Bodenschicht und die Ausübung der → Waldweide hatten damals in vielen Waldungen zur Verarmung der → Waldböden geführt. Art und Umfang der W. richteten sich nach der Waldzusammensetzung und nach dem Alter des Waldes. In vielen Gegenden war es üblich, die Ausübung der W. durch Streunutzungspläne zu regeln. Den Forstbediensteten wurden hierin für einen gewissen Zeitraum alle jene Bestände vorgegeben, die sie zu bestimmten Zeiten für eine Streunutzung öffnen durften. I. a. waren Jungbestände – schon technisch bedingt – von jeglicher W. ausgenommen. Der Turnus der Streunutzung war innerhalb der verschiedenen deutschen Staaten unterschiedlich geregelt. Bei der W. wurde generell nach → Bodenstreu und → Aststreu unterschieden. Die Entnahme des Auflagehumus von Waldböden stellt in jedem Fall einen Nährstoffentzug und damit eine Schwächung der Produktionskraft dar. Mit jedem Raummeter (rm) genutzter Streu (= rd. 110 kg Trockengewicht) werden dem Wald etwa 1,2 kg → Stickstoff, 0,1 kg → Phosphor, 0,4 kg → Kalium, 0,6 kg → Kalzium und 0,1 kg → Magnesium entnommen. Nadelstreu auf den Acker gebracht ist nachteilig, da sie sauren → Humus bildet und da bei Kie der Terpentingehalt den Boden „einfettet" und dadurch die Wasseraufnahme erschwert.

In Österreich ist die W. im Forstgesetz von 1975 geregelt. Danach darf Bodenstreu, wie Laub- oder Nadelstreu und dergleichen nur unter Schonung des Waldbodens gewonnen werden. Die Gewinnung von Rechstreu ist nur mit Holzrechen und auf derselben Stelle höchstens jedes vierte Jahr zulässig. In Wäldern, deren Böden zur Verarmung neigen, in Schutzwäldern sowie auf Waldflächen, auf denen die Streunutzung die Wiederbewaldung gefährden würde, ist die Gewinnung von Bodenstreu gänzlich untersagt.

Waldstrick, der: → Waldrebe 2.

Waldstromer, der (Waldstromeir, Waldstromair, Waldstromeyr): frühere Amts-Bez. für einen Oberforstmeister im → Nürnberger Reichswald, der mit einem erblichen Lehen ausgestattet war. Während des Interregnums 1266 bestätigt Pfalzgraf Ludwig dem Konrad W. das oberste Forstmeisteramt im Lorenzer Reichswald „für alle Zeit". Die W. – oder nach der älteren Schreibweise Waldstromeir etc. – sind eines Stammes mit der Nürnberger Patrizierfamilie → Stromer und stammen wie diese von den staufischen Dienstmannen ab. Der Stro(h)meir war der Aufseher über die Strohwirtschaft, i. w. S. der Guts- und Forstverwalter. Das Wort „Wald" wurde später angefügt zur Unterscheidung von den Rats- und Handelsherren → Stromer. Die W. waren Oberforstmeister, denn sie hatten einen Forstmeister unter sich, und blieben das auch, als der Reichswald als Lehen auf die Reichsstadt Nürnberg überging. In der Nürnberger Chronik ist über das Geschlecht der W. vermerkt: „Anfang des 13. Jh. waren die W. in der Reichsstadt ansässig, aber nicht mit Bürgerrecht. Als Reichsdienstmannen verwalteten sie das Forstmeisteramt im Wald bei Nürnberg. Sie hießen Stromair und führten den Zusatz von ihrem Amte." Am 1. Mai 1396 verkauften die W. an die Nürnberger Bürger ihr Forstamt auf dem Walde „ex parte St. Laurenzii" mit allen Rechten und Gerechtsamen. Im Jahre 1397 ebenso 200 Morgen der Fürreut (= gerodetes, zum Ackerbau benutztes Waldgrundstück), welches sie als Reichslehen besaßen, nachdem das Reichslehen über den Laurenzer Wald 1396 mittels Lehensbrief von Kaiser Wenzel den Bürgern des Rats zu Nürnberg gegen Zahlung von 10 000 Gulden übertragen wurde; → Forsthuben, Forstlehen, Waldinformationszentrum Tennenlohe.

Waldstruktur, die: → Struktur.

Wald-Sumpfkresse, die: → Brunnenkresse.

Waldtag, Internationaler, der: Die Welternährungsorganisation der Vereinten Nationen in Rom (FAO) hat im Jahre 1978 den Tag des Frühlingsanfangs zum „Internationalen Waldtag" erklärt. Zusätzlich zum → Tag des Baumes und einigen ähnlichen Veranstaltungen (z. B. → Arbor-day) soll damit in der Öffentlichkeit weltweit auf die Bedeutung der Wälder hingewiesen werden.

Waldteufel, der: **1**) eines der ältesten Geräte für die Stockrodung (→ roden). Der W. wird in verschiedenen Abwandlungen und Größen hergestellt und arbeitet mit Zugwirkung durch Ketten und Hebel. **2**) der Schwarzspecht; → Spechte 3.

Waldtextur, die: horizontale Verteilung der Entwicklungsphasen.

Waldtracht, die: → Trachtpflanzen, → Bienenweide.

Waldtrauf, der: → Waldmantel.

Waldtrespe, die: → Trespe.

waldtrockenes Holz → waldfeuchtes Holz.

Wald-Tulpe, die: → Tulpe.

Waldtümpel, der: Tümpel im Wald, der auch in Trockenperioden selten völlig austrocknet. W. dienen dem → Wild als Tränke und → Suhle und sind Lebensraum (→ Biotop) für zahlreiche Tier- und Pflanzenarten die ein kühles, schattiges Milieu bevorzugen, wie z. B. Gras- und Springfrosch (→ Frösche), Erdkröte (→ Kröten 1.), Feuersalamander, Berg-, Kamm- und Teichmolch (→ Schwanzlurche).

Waldtundra, die: → Tundra.

Waldtypus, der: Waldform, deren Vegetation bei geschlossener Baumschicht eine ähnliche Artenzusammensetzung hat und gleichartige ökologische Verhältnisse zeigt. Ein Wald mit viel → Sauerklee ist ein Oxalistyp, mit viel → Heidelbeere ein Myrtillustyp, mit viel → Heidekraut ein Callunatyp.

Der finnische Forst- und Staatsmann A. K. Cajander versuchte in seiner Waldtypenlehre eine systematische Gliederung der W.; → Waldgesellschaften.

Waldmärchen

Viele klassische Volksmärchen spielen im Wald, bzw. der Wald ist ein wichtiger, wenn nicht sogar unverzichtbarer Hintergrund. Der große und geheimnisvolle, oft undurchdringliche, wild und dunkel dargestellte Wald ist meist auch die Heimstätte der Riesen, Zwerge, Elfen, Feen, Hexen, Waldgeister, Walddämonen, Waldgötter und Räuber. Nicht nur Förster, Holzhauer, Köhler und Jäger spielen im Märchenwald eine wichtige Rolle, sondern auch die Tiere des Waldes, die dem Menschen darin gleichberechtigt begegnen, seine Sprache verstehen und beherrschen. Sie sind neben den zentralen Märchenfiguren, den zahlreichen Helden und Heldinnen die beherrschenden Gestalten im Volksmärchen.
Wir verdanken vor allem den Brüdern **Jacob** (1785 – 1863) und **Wilhelm** (1786 – 1859) **Grimm**, die in ihren Sammlungen (Deutscher Märchenschatz) auch viele deutsche Volksmärchen zusammengefaßt haben, die Überlieferung alter Volksmärchen: „Das Waldhaus", „Dornröschen", „Schneewittchen", „Rotkäppchen", „Rumpelstilzchen", „Hänsel und Gretel", „Des Teufels rußiger Bruder", „Brüderchen und Schwesterchen", „Schneeweißchen und Rosenrot", „Die Alte im Wald", „Die drei Männlein im Walde", „Das Wasser des Lebens" und „Die zwei Brüder".
Großer Beliebtheit erfreuen sich auch das Märchen „Das Wirtshaus im Spessart" von **Wilhelm Hauff** (1802 – 1827) und die vielgelesenen Märchen- und Sagensammlungen von **Ludwig Bechstein** (1801 – 1860). Von ihm stammt auch „Jägerstücklein". Zu erwähnen ist ferner **Friedrich Rückert** (1788 – 1866), der mit Gedichten im Märchen-Kinderton begann: Er schrieb „Vom Bäumlein, das andere Blätter hat gewollt".
Weitere bekannte und beliebte Waldmärchen sind „Die Seidenspinnerin", „Vom Mann ohne Herz", „Rinroth", „Der Esel", „Das graue Männchen" und „Der weiße Wolf". Für alle diese Dichtungen gelten die Dichterworte: „Was sich nie und nirgends hat begeben, das allein veraltet nie" (→ Wald in der Dichtung).

Jacob (4.1.1785 bis 20.9.1863) und Wilhelm (24.2.1786 bis 16.12.1859) Grimm; Gemälde von Elisabeth Jerichau-Baumann (1819 bis 1881), 1855, Öl auf Leinwand. Berlin, Nationalgalerie

Waldumbau, adaptiver, der: → Adaptiver Waldumbau.
Waldumwandlung, die: svw. → Rodung. Die Umwandlung von Wald in eine andere Bodennutzungsart (z. B. Bebauung, Landwirtschaft, Verkehr).
Wald und Tourismus → Tourismus.
Wald und Wild → Wild und Wald.
Waldung, die: svw. → Wald.
Waldvegetationsprofil, das: Höhengliederung der → Waldgesellschaften in einem bestimmten Gebiet.
Waldveilchen, das: → Veilchen 1.
Waldverderber: frühere Sammel-Bez. für alle Tiere und Pflanzen, die dem Wald mehr oder weniger schaden. Hierzu zählen v. a. in Massen auftretende → Käfer, → Raupen und → Mäuse sowie das → Schalenwild bei hohem Wildstand und die → Wildkaninchen. Von den Pflanzen sind hauptsächlich die sog. → Forstunkräuter und verschiedene Pilzarten zu nennen. Zu den W. zählte man auch das → Eichhörnchen (Verzehren von Sämereien, Abbeißen von → Knospen und → Trieben), die → Finkenvögel (Verzehren von Samen und Abfressen der Keimlinge) und das auf der → Roten Liste stehende Auerwild (Verbeißen junger Nadelbäume, besonders in Forstgärten); → Forstschädlinge.
Wald-Vergißmeinnicht, das: → Vergißmeinnicht 1.
Waldverteilung, die: → Waldeigentum.

Waldverwüstung, die: Das frühere Reichsgesetz gegen Waldverwüstung vom 18.1.1934 (erlassen vom → Reichsforstamt) richtete sich zum Zwecke der „Erhaltung des Waldes" und der „Sicherung der Erzeugung des für die deutsche Volkswirtschaft alljährlich notwendigen Holzes" gegen waldschädliche Devastations-Eingriffe; insbesondere sollten spekulative Geschäfte von Waldgüterhändlern ausgeschaltet werden. Das Gesetz stellte zwei Verbote auf:
a) die Abholzung hiebsunreifer (Anmerkung: unter 50 Jahre) Nadelhochwaldbestände,
b) in Waldungen von über 10 ha bis 50 ha die Abholzung von mehr als 1/20, in solchen von über 50 ha bis 100 ha die Abholzung von mehr als 1/30 und in solchen von über 100 ha die Abholzung von mehr als 1/40 der zu einer Betriebseinheit gehörenden Hochwaldfläche.

Das Gesetz gegen W. von 1934, dessen Vorschriften für alle nichtstaatlichen Waldungen galt, ist mit dem Inkrafttreten des → Bundeswaldgesetzes außer Kraft getreten.
Nach dem Österr. Forstgesetz von 1975 ist jede W. verboten. Dieses Verbot richtet sich gegen jedermann. Eine W. liegt vor, wenn durch Handlungen oder Unterlassungen
a) die Produktionskraft des Waldbodens wesentlich geschwächt oder gänzlich vernichtet,
b) der Waldboden einer offenbaren Rutsch- oder Abtragungsgefahr ausgesetzt,
c) die rechtzeitige Wiederbewaldung unmöglich gemacht oder
d) der Bewuchs offenbar einer flächenhaften Gefährdung, insbesondere durch Wind, Schnee, wildlebende Tiere mit Ausnahme der jagdbaren, unsachgemäße Düngung, Immissionen aller Art, ausgenommen forstschädliche Luftverunreinigungen im Sinne des Forstgesetzes (Luftverunreinigung, die meßbare Schäden an Waldboden oder Bewuchs (Gefährdung der Waldkultur) verursachen), ausgesetzt wird oder Abfall (wie Müll, Gerümpel, Klärschlamm) abgelagert wird.
Der Begriff W. im Sinne des Österr. Forstgesetzes deckt sich in etwa mit dem Begriff Waldzerstörung.
Waldvogel, Brauner, der: → Augenfalter 6.
Waldvög(e)lein, das *(Cephalanthera)*: Gatt. der → Orchideen mit 14 Arten im gemäßigten Europa und Asien und in Nordamerika. Die

◂◂ Rotes Waldvög(e)lein *(Cephalanthera rubra)*

sog. Erdorchideen haben einen beblätterten Stengel und in lockeren Ähren (→ Blütenstand) stehende Blüten. Drei Arten sind einheimisch:

1. Rotes Waldvög(e)lein, das *(Cephalanthera rubra (L.) L. C. M. Richard)*: Das über Mittel- und Osteuropa, nördlich bis Skandinavien und teilweise auch über Südeuropa verbreitete R. W. wächst zerstreut in halbschattigen bis schattigen Wäldern, besonders in Buchen- und sommergrünen Eichenwäldern Europas (schwache Klassen- → Charakterart), Kiefern-, Hainbuchen- und auch Fichtenmisch- und Fichten-Tannen-Wäldern, west-submediterranen Flaumeichenwäldern und boreal-subkontinentalen Kiefern-Steppenwäldern, Seggen-Buchenwäldern (→ Differentialart), sowie auf buschigen Hügeln, auf basenreichen, bevorzugt kalkhaltigen Böden, bis in Höhen von etwa 2000 m.

Die ausdauernde, prächtige, 20 bis 60 cm hohe Pflanze hat ein verlängertes abwärtsgerichtetes → Rhizom und einen etwas kurvig gewachsenen, im oberen Teil dicht drüsig behaarten Stengel mit mehreren Schuppenblättern am Grund und zwei bis sechs Laubblättern. Diese sind ei-lanzettlich bis lineal-lanzettlich, spitz, 6 bis 14 cm lang und bis 3 cm breit. BZ: Mai/Juni bis Juli. Die Blüten stehen zu vier bis 12 (bis 15) in einer lockeren Ähre. Die drüsigen Tragblätter sind länger als oder so lange wie der behaarte → Fruchtknoten, von unten nach oben kleiner werdend. Die rosaroten bis purpurnen, sich weit öffnenden Blüten haben eiförmig-lanzettliche, zugespitzte, außen flaumig behaarte → Kelchblätter und kahle, seitliche → Kronblätter. Die helle Lippe ist 17 bis 23 mm lang, ohne Sporn und zweigliedrig, wobei das vordere Glied einen rotvioletten Rand, eine violette Spitze und gekräuselte, gelbliche Längsseiten aufweist. Die Blüten werden von → Bienen bestäubt; die Vermehrung erfolgt durch → Samen.

Weißes Waldvög(e)lein *(Cephalanthera damasonium)*

2. Weißes Waldvög(e)lein, das *(Cephalanthera damasonium* (Miller) Druce = *C. alba* (Crantz) Simonkai = *C. grandiflora* S. F. Gray*)*: auch Bleiches W., Großblütiges W., Bleicher Orant.

Das über Süd- und Mitteleuropa, im Norden bis England, Dänemark und Südschweden verbreitete W. W. wächst im mittleren und südlichen Dtschl. zerstreut; im Norden Dtschl. ist es selten. Es wächst in schattigen bis halbschattigen Wäldern, besonders Buchen- und Buchen-Tannenwäldern, Seggen-Buchenwäldern (Charakterart) und gelegentlich auch in anderen Buchenwald-Gesellschaften, seltener in Eichen- und Kiefernwäldern, aber auch in Fichten-Tannenwäldern, gern auf basenreichen, nährstoffreichen Böden, bis in Höhen von etwa 1300 m.

Die ausdauernde, 20 bis 60 cm hohe Pflanze hat ein kurzes kriechendes Rhizom und einen kräftigen, kurvig gewachsenen, kahlen Stengel mit zwei bis drei Schuppenblättern am Grund und zwei bis fünf hellgrünen Laubblättern. Die unteren Laubblätter sind kurz und eiförmig, die oberen größer, 4 bis 10 cm lang, 2 bis 3,5 cm breit, elliptisch bis ei-lanzettlich, fünf- bis zehnnervig, längsgefaltet bis flach, schräg bis waagerecht abstehend. BZ: Mai bis Juni. Die Tragblätter, besonders die der untersten Blüten, sind groß, laubblattähnlich und meist länger

▸▸ Waldwege dienen neben der → Walderschließung auch dem Erholungssuchenden.

als der kahle Fruchtknoten. Die gelblichweißen Blüten stehen in einem sehr lockeren, drei- bis sechsblütigen, gelegentlich bis zehnblütigen Blütenstand. Die Lippe ist zweigliedrig, spornlos und innen rötlichgelb. Da die Blüten fast immer geschlossen sind, erfolgt meist Selbstbestäubung. Die Vermehrung erfolgt durch Samen.

3. Langblättriges Waldvög(e)lein, das *(Cephalanthera longifolia (L.) Fritsch)*: auch Schwertblättriges W. Das hauptsächlich über Süd- und Mitteleuropa, im Norden bis Südskandinavien verbreitete L. W. ist wärmeliebend, ziemlich selten und wächst zerstreut in lichten Gebüschen, Buchen- und sommergrünen Eichenwäldern Europas (Klassen-Charakterart), besonders Buchen-, Eichen-, Hainbuchen- und Kiefernmischwäldern, Seggen-Buchenwäldern (Differentialart) sowie mitteleuropäischen Flaumeichen-Wäldern, bevorzugt auf Kalk, bis in Höhen von etwa 1400 m.

Das L. W., das dem Weißen W. sehr ähnlich ist, ist eine ausdauernde, 20 bis 50 cm hohe Pflanze mit kahlem, rundem, schlankem, meist bis zur Blütenähre beblätterten Stengel. Die vier bis 12 zweizeilig angeordneten Laubblätter sind gefaltet, lineal-lanzettlich bis lanzettlich (die oberen schmäler), bis 18 cm lang und 4 cm breit, spitz und schwertförmig (Name!). BZ: Mai bis Juni. Die kleinen, eiförmigen bis eilanzettlichen, bis 5 mm langen Tragblätter sind – mit Ausnahme der unteren – kürzer als der kahle Fruchtknoten. Die reinweißen, sich halb öffnenden Blüten stehen in einem lockeren, ährigen, zehn- bis 20blütigen Blütenstand. Die spitzen Blütenblätter sind 14 bis 18 mm lang und 4 bis 6 mm breit. Die Vermehrung erfolgt i. d. R. durch Fremdbestäubung (durch Kerbtiere) und Samen.

Waldvögte, die: → Waldgrafen.

Waldwachstum, das: Das W. hängt ab von den äußeren Umweltbedingungen und den inneren Voraussetzungen, wie genetische Eigenschaften, → Baumarten und Alter der Bäume. Je schlechter der → Standort, desto später erreicht der → Zuwachs seinen Höhepunkt. In unseren Breiten schwankt der Holzzuwachs zwischen 3 und 20 m^3/ha. Einige Baumarten, die → Licht- und → Pionierbaumarten, kulminieren ihr Wachstum früh, Baumarten des → Schlußwaldes, wie die Ta, sind auch in hohem Alter noch zu sehr hohem Zuwachs fähig. Zuwachsverluste durch → Immissionen betragen bei schwachgeschädigten Bäumen 10 bis 30 %, bei stark geschädigten etwa 70 bis 90 %.

Waldwachstumskunde, die: → Waldbau.

Wald-Wachtelweizen, der: → Wachtelweizen 2.

Waldwärter → Forstschutzpersonal.

Waldwasserläufer, der: → Schnepfenvögel 4.

Waldwege: Wesentliche Funktion der W. ist es, die Holzabfuhr, zu ermöglichen; → Walderschließung, Forststraße, Rückegasse.

Wald-Wegschnecke, die: → Wegschnecke 3.

Waldweide, die (Viehweide im Wald, Hutung, Hut): Noch in Mittelalter war der Wald eine notwendige Ergänzung für die Acker- und Wiesennahrung. Da die Landwirtschaft damals noch wenig Futtermittel produzierte, war man viele Jh. auf die W. angewiesen; der Wald diente als Nährwald. Die meisten → Forstrechte waren deshalb auch Weiderechte. I. e. S. umfaßt die W. nur die Grasweide und die Laubweide mit Rindern, Pferden, Schafen und Ziegen. I. w. S. umfaßte die W. auch die → Schweinemast. Zusammen mit der → Streunutzung und dem fortschreitenden Holzraubbau führte die W. zu großen Waldverwüstungen, deren Folgen in manchen Gegenden noch heute wahrnehmbar sind. Verheerende Überschwemmungen und Lawinenabgänge in den dreißiger Jahren des 19. Jh. in der Schweiz wurden auf die vorangegangene Ausdehnung der W. im Gebirge zurückgeführt. Zu den gefährlichsten Schädlin-

▸▸▸ Waldweide, besonders Schaf- und Ziegenweide, führte zu großen Waldverwüstungen.

gen gehörten Ziegen und Schafe (→ Ziegenweide); v. a. die Ziegen verbissen auch bei ausreichendem Gras- und Kräuterwuchs die Holzpflanzen. Bei starkem Eintrieb genügte oft schon ein Sommer, um ganze Waldteile zu vernichten. Die W. galt als erlaubter Brauch und bedurfte keiner Genehmigung. Großvieh (→ Viehweide) wurde durch Tritt und Verbiß schädlich und verhinderte zusammen mit übermäßigen Beständen an Rot-, Reh- und Gamswild weitgehend die natürliche → Verjüngung des Waldes. Die durch die W. verursachten Schäden wurden schon früh erkannt, und vielerorts wurde der Eintrieb auf eine bestimmte Anzahl oder Gatt. von Vieh oder auf ein bestimmtes Waldgebiet – wenn auch meist ohne Erfolg – beschränkt. Viele → Weistümer und → Forstordnungen verboten daher die W. ganz oder gestatteten sie nur mit großen Einschränkungen (Hüteregelungen). Für Übertretungen waren z. T. hohe Strafen vorgesehen. Bereits in der Karolingerzeit erhoben die Eigentümer Abgaben für den Weidebetrieb, i. a. in Form von „Weidekorn" oder „Weidehafer". Die Märker durften früher ihr Vieh in den Markwald unentgeltlich eintreiben. Im grundherrlichen Wald mußte dafür ein Naturalzins gezahlt werden, meist Weidekorn, Forsthühner, Hafer; später wurden Geldzahlungen üblich. Die Nutzung selbst hieß Blu(e)mbesuch, Blum(en)besuch oder Wonne. Bei der W. wurde unterschieden in Bodenweide (→ Gräser, → Kräuter), Holzweide (→ Knospen, → Blatt) und in Erdweide (→ Insekten).

Erst im Laufe des 18. Jh., als durch den Anbau von → Klee und Luzerne und die Einführung der Kartoffel allmählich ein Übergang zur Stallfütterung stattfand, verlor die W. an Bedeutung und wurde letztlich entbehrlich. Gehalten hat sie sich nur noch im → Bayerischen Wald und im Hochgebirge. In den bayer. Alpen sind die alten Weiderechte (Vorschriften zur Beschränkung wurden schon im 15. und 16. Jh. erlassen) noch heute ein beachtlicher Bestandteil der Almwirtschaft. Bei 278 von 728 Almen ist z. B. in Oberbayern das Recht verbunden, Vieh in die angrenzenden Wälder zu treiben.

Daher wird eine „Trennung von Wald und Weide" d. h. eine Ablösung der alten bäuerlichen Weiderechte durch Geld oder Grundeigentum angestrebt, d. h. eine Aussperrung des Weideviehs aus dem Wald und ggf. zum Ausgleich Vergrößerung der Lichtweidefläche außerhalb des Waldes. Intensive Bemühungen um eine Trennung von Wald und Weide sind bisher ohne großen Erfolg geblieben, weil ein Mangel an Ersatzflächen in den Tälern besteht und die vom Staat angebotenen Ablösesummen den Weiderechtsinhabern zu gering erscheinen; → Kuhbuchen.

Wald-Weidenröschen, das: → Weidenröschen 1.

Waldweihrauch, der: → Harzgewinnung.

Waldwert(be)rechnung, die: auch Waldbewertung, Waldwertermittlung und -schätzung. Aufgabe der W. ist es, den Verkehrswert von einzelnen Beständen (→ Bestand) oder ganzen → Forstbetrieben zu ermitteln oder Grundlagen für Schadensersatzzahlungen herzuleiten. Sie bedient sich dabei verschiedener Verfahren. Für Bestände werden Einzelwerte errechnet. Dabei werden die Werte für den Boden und für den aufstockenden Waldbestand getrennt ermittelt. Der Waldbodenverkehrswert wird i. d. R. aus Verkäufen vergleichbarer Waldflächen und auch landwirtschaftlicher Flächen hergeleitet. Für den aufstockenden Bestand gibt es verschiedene Bewertungsverfahren: Der Abtriebswert errechnet sich aus dem regionalen → Holzpreis für alle in einem bestimmten Bestandsalter anfallenden Holzsorten abzüglich der jeweiligen → Erntekosten. Dieses Bewertungsverfahren wird i. d. R. für → hiebsreife Bestände angewandt. Der Bestandserwartungswert wird bei mittelalten Beständen angewandt, die den Abtriebswert noch nicht erreicht haben. Zur genauen Berechnung gibt es Alterswertfaktortabellen, mit deren Hilfe aus dem Abtriebswert zum vorgesehenen Erntealter (→ Umtriebszeit) der (geringere) gegenwärtige Wert errechnet werden kann. Der Bestandskostenwert wird für Bestände angewandt, die erst vor kurzem begründet worden sind. Dabei werden die nachgewiesenen → Kulturkosten auf den Bewertungsstichtag i. d. R. mit 4 % prolongiert. Ganze Forstbetriebe, bei denen eine nachhaltige Bewirtschaftung (→ Nachhaltigkeit, → Hieb(s)satz) möglich ist, werden zusätzlich nach dem Waldrentierungswert bewertet. Das ist der Ertragswert eines gesamten Forstbetriebes oder größerer Teile davon, der aus dem jährlichen → Reingewinn mit einem bestimmten Zinsfuß, z. B. 3 oder 4 % kapitalisiert wird. Der Verkehrswert eines ganzen Forstbetriebes ergibt sich dann aus der gutachterlichen Gewichtung aus Einzel- und Waldrentierungswert.

Waldwertschätzung, die: → Waldwert(be)rechnung.

Waldwicke, die: → Wicke 1.

Waldwiesen: Die W. als besonders schützenswerte Lebensräume (→ Biotop) waren einst Bestandteil der bäuerlichen → Landwirtschaft. Sie haben einen großen Artenreichtum und dienen neben der Rauhfuttergewinnung auch als Nahrungsquelle für viele wildlebenden Tiere. Die W., von Menschenhand geschaffen, sind heute durch Umbruch, Freizeitnutzung, Aufforstung aber auch durch natürlichen Gehölzaufwuchs sowie durch Vernässung und Versumpfung bedroht. Die Erhaltung der W. ist meist nur dann möglich, wenn mit der bäuerlichen Landwirtschaft ein entsprechendes Nutzungs- und Pflegeprogramm vereinbart wird. Der Schutz der W. muß aber beim → Bodenschutz und der Bodenpflege beginnen als Voraussetzung für eine Belebung der Artenhäufigkeit der → Pflanzengesellschaften und Tierwelt der Wiese.

Waldwindröschen, das: → Anemone 2.

Waldwirtschaft, die: → Forstwirtschaft.

Waldwirtschaftsverband, der: 1921 gegründete Dachorganisation der schweizerischen Waldwirtschaft.

Wald-Witwenblume, die: → Knautie 1.

Waldwolle, die: ein 1840 von J. Weiß in Ziegenhals bei Neisse/Schlesien entwickeltes und hauptsächlich in Schlesien, Thüringen und Österreich hergestelltes Produkt aus den Sklerenchymfasern der Fichten- und Kiefernnadeln. Die Nadeln von im Winter frisch gefällten Fi und Kie (v. a. Wald- und SKie) wurden gekocht, zerfasert und in weiteren Verfahren (u. a. gebleicht) zu einem wollähnlichen, mehr oder weniger weißen, lockeren Filz verarbeitet. Diese W. wurde früher als Material für die Fütterung von Bettdecken, Kissen, Matratzen und andere Polsterungen verwendet. Es wurden Teppiche daraus hergestellt und ein Spinnstoff zur Herstellung eines Gesundheitsflanells (W. Baumwoll-Gemisch). Beim Kochen der Fichten- und Kiefernnadeln fielen als Nebenprodukte z. B. Fichten- und Kiefernnadelextrakt (Badezusatz) und Fichten- und Kiefernnadelöl (Waldwollöl) an; → Seegrasnutzung, Zellstoff.

Waldwühlmaus, die: → Wühlmäuse 5.

Waldzecke, die: → Zecken.

Waldzeichen: Über Jh. hinweg wurden Bäume zur Kennzeichnung von Eigentums-, Jagd-, Weide- und Wegegrenzen benutzt. Hierzu wurden sie mit Marken oder Zeichen versehen, die in der betreffenden Gegend allg. bekannt und nicht von dritten Personen gebraucht werden durften. Man benutzte hauptsächlich Kreuze, Andreaskreuze, Halbmonde, Hirschgeweihe, Schwerter, Lanzen, Tierköpfe und im Erzgebirge sogar Figuren, wie z. B. einen Reiter zu Pferde, der einen sog. Kroatenweg bezeichnete. Die mit W. versehenen Bäume hießen Mark-, Loch- oder Malbäume (Mahlbäume), weil Mark Grenze und Mal Zeichen bedeutet, Loch, weil Zeichen auch aus einem oder mehreren eingehauenen Löchern bestanden. Diese Bäume waren durch die ältesten Gesetze besonders geschützt. Die Strafe für Beschädigung oder Beseitigung der Zeichen konnte der

Waldwiesen sind schützenswerte Lebensräume.

Königsbann, im späten Mittelalter eine Leibstrafe sein. W. waren noch im 19. Jh. üblich. An manchen Orten wurden sie in sog. „Zeichenbüchern" zusammengestellt und der Gebrauch der Waldhämmer, -eisen, Ma(h)lbarten dürften hier ihren Ursprung haben. In Sachsen übten amtliche Personen als „Zeichenschneider" das Einschneiden der Zeichen in den königlichen Wäldern aus; → Malbaum, → Grenzzeichen.

Waldzerstörung, die: → Waldabschwendung, → Waldverwüstung.

Waldziest, der: → Ziest 2.

Waldzins, der: **1**) auch Waldgemieth, Stocklosung. früher übliche Bez. für den Betrag, den die Untertanen dem Landesherrn etc. für das bezogene → Holz zu entrichten hatten. Der W. konnte in Geld oder in Naturalien entrichtet werden. In verschiedenen Gegenden durften bei Entrichtung des W. auch Streu oder → Eicheln eingesammelt werden. **2**) W., Scharwerk oder Waldfronden nannte man früher auch die bäuerlichen Zwangsarbeiten in den landesherrlichen Wäldern, die sie im Rahmen der allg. Arbeits- und Leistungspflichten für den Herrenhof (Fronhof, Maierhof) zu entrichten hatten. Das Flößereischarwerk bezog sich auf die Bereitstellung von Brennholz zum Triften.

Waldzinsfuß, der: → Waldwertrechnung.

Waldzulänglichkeitsziffer, die: Die W. gibt die Waldfläche in Hektar pro Einwohner an; z. B. entfallen auf jeden Bürger der BR Dtschl. 0,13 ha Wald = die W. Die W. beträgt z. B. für Nordrhein-Westfalen 0,05 ha, für Bayern 0,21 ha.

Waldzustandsaufnahme, die: Bei der W. werden die → Bestände in Leistungsklassen (→ Ertragsklassen) und in → Wertklassen eingruppiert. Nach den Ergebnissen der W. werden die Waldbestände in → Betriebsklassen, Bestandstypenklassen und ähnlichen zusammengefaßt; diese bilden die Grundlage zur Beurteilung der waldbaulichen und ertragsmäßigen Verhältnisse des → Forstbetriebs.

Waldzustandsbericht, der: → Waldzustandserhebung.

Waldzustandserhebung, die (bis 1989: Waldschadenserhebung): in Dtschl. wurde 1982 erstmals eine Waldschadenserhebung zur Erfassung der → Waldschäden durchgeführt. Im Jahre 1983 hat Bayern ein wissenschaftlich abgesichertes Stichprobenverfahren entwickelt und angewandt. Baden-Württemberg hat sich diesem Verfahren noch im selben Jahr angeschlossen; die übrigen Bundesländer folgten ein Jahr später. Die Auswahl der dauerhaft markierten Probebäume in den Inventurbeständen (meist 24 Bäume) erfolgte nach einheitlichen Kriterien. Die Waldflächen selbst werden alle drei Jahre über alle Besitzarten hinweg in einem Stichprobennetz von 4 x 4 km erfaßt. Einzelne Länder verdichten bei Bedarf dieses Netz der Probeflächen, bzw. haben zusätzliche Dauerbeobachtungsflächen angelegt, in denen die Entwicklung für ausgewählte Bestände beobachtet wird (→ Waldmeßstationen). Die Einstufung eines Probebaumes erfolgte nach dem Grad der Entnadelung bzw. Entlaubung (→ Blattverlust) und dem Grad der Vergilbung der Nadeln bzw. Blätter (→ Schadstufen). Die Aufnahme der Stichprobenbestände wird durch eigens geschultes Fachpersonal der Länder vorgenommen. Die Mitgliedsstaaten der EU führen mittlerweile alljährlich nach einem einheitlichen Verfahren in einem EU-einheitlichen Stichprobenraster von 16 x 16 km eine Erhebung des Kronenzustandes der Waldbäume durch, um so die Vitalität der Bäume und Wälder einzuschätzen. An dieser Erhebung beteiligen sich nahezu alle anderen europäischen Länder. Die Kronenzustandserhebungen geben vergleichbar die Entwicklung des Kronenzustandes des Waldes wieder. Die Ergebnisse der K. sind zusammen mit weiteren ergänzenden Berichten, z. B. über die Emissionen, die biotischen Schäden Grundlage einer umfassenden W., bzw. des Waldzustandsberichtes.

▸▸ Walnuß-Blätter und -Schalen finden in der Naturheilkunde Verwendung.

Waldzwenke, die: → Zwenke 1.

Walker, der: → Blatthornkäfer 10.

Wallhecken → Knicks.

Wallwurz, die: → Beinwell 1.

Walnuß, die: → Walnüsse.

Walnußbaum, Echter, Edler, Gemeiner, der: → Walnüsse 1.

Walnüsse (*Juglans* = Nuß des Jupiter): zur Fam. der → Walnußgewächse (*Juglandaceae*) zählende, rund 15 Arten (Europa, gemäßigtes Asien, Nord- und Südamerika) umfassende Gatt. W. sind → sommergrüne Bäume mit großen, unpaarig gefiederten Blättern und einhäusigen → Blüten. Die männlichen Blüten sind in hängenden Kätzchen (→ Blütenstand) angeordnet; die weiblichen Blüten stehen einzeln oder in Knäueln oder Ähren. Die Steinfrucht (→ Schließfrucht) besteht aus einer dicken fasrigen Außenschale und aus einer holzigen Innenschale mit einem sehr fetthaltigen, eßbaren → Samen. Walnußbäume sind wegen ihrer Früchte und wegen ihres wertvollen → Holzes sehr geschätzt. Sie benötigen fruchtbaren, tiefgründigen, frischen Boden in geschützter, warmer, sonniger Lage. Die Jungbäume sind früh- und spätfrostgefährdet. Die Vermehrung erfolgt durch Samen, bei einigen kultivierten Arten durch Pfropfung. Die bekannteste Art ist der Walnußbaum, daneben wird auch die Schwarze W. angebaut.

1. Walnuß, die (*Juglans regia Linné*): auch Echte W., Gemeiner, Edler und Echter Walnußbaum, Edelnuß, Welsche Nuß, Welschnuß, Nußbaum.

Verbreitung: Die W. wurde während der letzten Quartiäreiszeit aus Westeuropa verdrängt. Ihr natürliches Verbreitungsgebiet erstreckt sich daher nur noch über die Balkanländer, quer durch Zentralasien bis an die nördlichen Grenzen Chinas. Schon vor Jh. wurden sie aber in vielen Regionen Europas eingeführt. Sie wird häufig als Nutz- und Zierbaum angepflanzt und kommt verwildert auch im Wald vor.

Standort: Die sehr anspruchsvolle W. wächst in Gegenden mit wintermilden Klima, in geschützten Lagen und bevorzugt nährstoff- und kalkreiche, lockere, tiefgründige, kalkreiche, humose Böden mit gleichmäßiger Wasserversorgung, gelegentlich in Eichen-Ulmen-Auenwäldern, Spitzahorn-Sommerlinden-Steinschutt-Wäldern, von der Ebene bis in mittlere Gebirgslagen. Sie ist sehr lichtbedürftig und verträgt keinen Waldschluß. Als Waldbaum ist sie daher nur bedingt geeignet. Auch leidet sie stark durch → Spätfrost. Zudem entsteht nach dem Blattfall aus dem ungiftigen Hydrooxyl-Juglone im Boden das als Herbizid wirkende Juglone, das das Aufkommen anderer Pflanzen beeinträchtigt (→ Allelopathie).

Merkmale: Der stattliche, kleine bis mittelgroße, sommergrüne, weit ausladende, ziemlich raschwüchsige Baum erreicht eine Wuchshöhe von bis zu 25 m und ein Alter von ca. 200 Jahren. Der kurze, starke Stamm, der in hohem Alter bis über 1 m stark werden kann, teilt sich meist schon in geringer Höhe in etwa gleichstarke Äste, die sich bogig aufwärts strecken und sich wiederum in zahlreiche, häufig gedrehte und gekrümmte Äste teilen. Seine → Krone ist breit, kugelig, gewölbt und reich belaubt; die → Pfahlwurzel ist kräftig. Die → Triebe des W.-Baumes sind dick, kahl und glänzend olivgrün; ihr → Mark ist quer gefächert. Die Rinde der jungen Zweige ist kahl, glänzend, hellgrau, dann aschgrau und glatt. Später wird daraus eine braungraue, tiefrissige und gefurchte → Borke. Im Winter sind die Endknospen an den Zweigen halbkugelig bis eiförmig, grünbraun bis graugrün, umhüllt von zwei bis vier Schuppen, filzhhaarig und größer als die Seitenknospen. Letztere sind klein, kahl, kugelig und spiralig angeordnet, über großen wappenförmigen, drei Leitbündelspuren zeigenden Blattnarben. Die wechselständig angeordneten (→ Blattstellung), unpaarig gefiederten Laubblätter sind etwa 20 bis 40 cm lang, erscheinen relativ spät, sind anfangs rotbraun und verlieren diese Farbe erst allmählich. Beim Zerreiben duften sie stark aromatisch. Die fünf bis 13 (meist sieben) Fiederblätter sind länglich-elliptisch, gestielt, matt, kahl, meist ganzrandig oder nur undeutlich gezähnt, etwas derb und ledrig. Sie haben eine Länge von bis zu 15 cm, wobei das Endfiederblatt am größten ist und die seitlichen zur Basis hin an Größe abnehmen. Die W. erreicht etwa mit 20 Jahren die → Mannbarkeit und hat ab diesem Zeitpunkt alle zwei bis drei Jahre ein Samenjahr. Sie ist eine → einhäusige Pflanze. Die männlichen Blüten stehen in langen, dichtblütigen, hängenden, walzenförmigen, gelbgrünen Staubkätzchen am Ende vorjähriger Triebe. Die unauffälligen weiblichen Blüten stehen zu zweit bis fünft am Ende diesjähriger Triebe und haben je zwei fleischige, sitzende, zurückgekrümmte, gelbe oder rötliche → Narben. Die Früchte, die im September reifen, sind länglich-kugelige, einsamige, etwa 4 bis 5 cm lange Steinfrüchte. Die grüne oder gelbgrüne, fein drüsig punktierte Fruchthülle ist glatt, fleischig und enthält einen stark braunfärbenden Saft (Nußbeize).

Bei Reife springt sie auf und gibt eine holzige, grubig gefurchte, hellbraune Nußschale frei, die dünne Scheidewände und den öligen, wohlschmeckenden Nußkern umschließt. Die Nüsse (botanisch korrekt: Kerne von Steinfrüchten) bleiben etwa ein halbes Jahr keimfähig und keimen unterirdisch.
Das Holz ist hart, zäh, biegsam, fein, etwas glänzend, leicht spaltbar, im Trockenen sehr dauerhaft, im → Kern variabel dunkelbraun bis schwarzbraun, schön gemasert, oft streifig („gewässert"), marmoriert; der → Splint ist schmutzig-weiß. Es ist unser schönstes und wertvollstes Nutzholz und wird für Möbel, Gewehrschäfte, → Furniere, Drechsler- und Schnitzarbeiten u. a. verwendet.
W.-Extrakt (aus der Fruchtschale hergestellt) dient für braune Haare als Tönungsmittel, ist aber auch als Färbemittel (Nußbeize) für Holz verwendbar. Die W.-Kerne enthalten viel Eiweißstoffe, Kohlenhydrate, Mineralsalze, Vitamin A, B_1, B_2, B_5, PP und zählen zu den nahrhaftesten unter den Trockenfrüchten. Sie enthalten auch ein fettes Öl, das nach Pressung als Maleröl und auch als Speiseöl verwendbar ist. Blätter und grüne Fruchtschalen werden in der Naturheilkunde ebenfalls zu therapeutischen Zwecken eingesetzt. W.-Extrakte sind adstringierend, antiseptisch, wurmtreibend, antidiabetisch, tonisch, narbenbildend, blutreinigend und wirken äußerlich oder innerlich angewandt bei Anämie, Asthenie, Diabetes, Durchfall, Ödemen, Rachitis, Darmparasiten, Frostbeulen, Hautgeschwüren, Wunden und anderem. Gegendweise wird die W. als Alleebaum gepflanzt. Wird sie zur Nutzholzerzeugung im Hochwald gezogen, bringt sie allerdings keinen Fruchtertrag. Bemerkenswert ist, daß sie in Kultur gepflanzt, zahlreiche → Varietäten gebildet hat, die sich in Wuchs, Blattform und Gestalt der Früchte voneinander unterscheiden.
2. Schwarznuß, die (*Juglans nigra*): auch Schwarze Walnuß. Die im Osten Nordamerikas beheimatete S. ist seit 1629 in Dtschl. eingebürgert. Sie findet sich in Mitteleuropa als Park-, gelegentlich auch als Waldbaum. Sie wächst auf mineralischen, kräftigen, tiefgründigen, frischen und lockeren Böden. Auf guten Eschenstandorten, in milder Klimalage und auf milden humosen Aueböden erzielt sie bessere Wuchs- und Wertleistung als die Ei. Sie liefert hochwertiges Holz (Kern meist einheitlich dunkel- bis schwarzbraun; Schreiner- und Furnierholz), das dem der Walnuß ähnlich ist. Die S. ist eine → Lichtbaumart und durch Früh- und Spätfrost gefährdet. Sie wird maximal 45 m hoch, treibt eine tiefe Pfahlwurzel, ist sehr raschwüchsig und hat einen langen, astfreien Schaft. Sie ist als Waldbaum besser geeignet als die Walnuß und zweckmäßig zum gruppenweisen Voranbau im Buchenhochwald oder als Oberholz im → Mittelwald. Die Begründung erfolgt meist durch Pflanzung.
Walnußgewächse (*Juglandaceae*): hauptsächlich in der nördlichen gemäßigten Zone (v. a. östl. Nordamerika und Ostasien) wachsende, acht Gatt. und rund 60 → Arten umfassende Fam. der → Zweikeimblättrigen. W. sind meist Bäume (→ Baum) mit großen, unpaarig gefiederten Blättern (→ Blatt) und unscheinbaren eingeschlechtigen → Blüten (z. T. in kätzchenartigen → Blütenständen). Die wichtigsten Gatt. sind die → Walnüsse und die Hickorynüsse (→ Hickory).
Walperzug, der: früheres altes Recht (Gerechtsame) in Erfurt, das jeweils am 1. Mai ausgeübt wurde. Der W. ging zu Fuß, Roß und Wagen am Walpurgistag in das kurfürstliche Holz, die „Wagweth". Die Bürger durften dann vier Ei fällen, die im festlichen Zuge in die Stadt gebracht wurden.
Walpurgismai, die: → Geißblatt 4.
Walther, Friedrich Ludwig, Dr. (3.7.1759 Schwaningen bei Ansbach bis 30.3.1824 Gießen): W. befaßte sich neben theologischen Studien auch mit Naturwissenschaft und wurde 1789 zum Professor ernannt. Er schrieb u. a.: „Handbuch der Forstwissenschaft" (1787), „Grundsätze der Forstwissenschaft für Forstbediente, Landwirthe ... etc." (1790), „Lehrbuch der Forstwissenschaft" (1795), „Handbuch der Forsttechnologie" (1802), „Grundlinie der teutschen Forstgeschichte und der Geschichte der Jagd, des Vogelfanges, der wilden Fischerei und der Waldbienenzucht" (1816).
Walzen → Rundlinge, → Klöppel 2).
Walzenbock, der: → Bockkäfer 14.
Walzen-Segge, die: → Seggen 19.
Walzenseggen-Erlenbrauchwald, der (*Carici elongatae-Alnetum glutinosae*): auch Walzenseggen-Roterlen-Bruchwald. pflanzensoziologische → Assoziation des Verbandes → Schwarzerlen-Bruchwald (*Alnion glutinosae*) der Ordn. → Bruchwälder und Bruchweiden-Gebüsche (*Alnetalia glutinosae*). Sie kommt in Mittel- und Osteuropa in dauervernäßten, zeitweilig überstauten Verebnungen an stehenden oder langsam fließenden nährstoffreichen Gewässern vor. → Charakterart ist die Verlängerte Segge oder Walzensegge mit ihren Horsten. Begleitarten sind u. a. Große Brennessel, Faulbaum, Sumpf-Veilchen, Dornfarn. Es werden mehrere Subassoziationen unterschieden, so z. B. eine mit Moorbirke und Torfmoosen bei fast stagnierendem Wasser und saurem Boden, eine auf nährstoffreichem Substrat mit Beinwell und eine weitere mit Kriechendem Hahnenfuß auf mittleren Böden; → Waldgesellschaften.
Walzenseggen-Roterlen-Bruchwald, der: → Walzenseggen-Erlenbruchwald.
Wand, die: auch Vorstand. ein noch unberührter (hiebsreifer) Waldteil, an den junge Schläge (→ Schlag) anschließen.
Wandbäume → Halbbäume.
wandelbares Holz: alte, lokale Bez. für anbrüchiges (fehlerhaftes) → Rundholz.
Wanderfalke, der: → Falken 1.
Wandergeschwindigkeit, die: Die W. einer Pflanze bei ihrer Ausbreitung wird aus der Entfernung zweier Orte mit unterschiedlichem zeitlichen Auftreten der Pflanze (z. B. Baumart) und der dafür benötigten Zeit (Zeitdifferenz) errechnet. Die W. ist abhängig vom Blühreifealter (je früher, desto schneller), von der Blühhäufigkeit (je öfter, desto schneller), der Art der → Samenverbreitung (anemochor, zoochor), der → Konkurrenz und den Standortsbedingungen, auf die die Pflanze während ihrer Wanderung trifft (z. B. → Lichtbaum- auf → Schatt(en)baumarten, Schatt(en)baum- auf Lichtbaumarten, → Pionierbaumarten auf Rohboden). Von Interesse ist die W. bei der nacheiszeitlichen → Waldgeschichte. Später trug auch der Mensch direkt (z. B. bei der Hasel) oder indirekt (z. B. durch Rodungen, Waldnutzung) zur Verbreitung bestimmter Arten bei; → Forstgeschichte.
Wanderkamp, der: → Kamp.
Wandersägen: österr. Bez. für → Mobile Sägewerke.
Wangenheim, Friedrich Adam Julius von (8.2.1749 Sonneborn bei Gotha bis 25.3. 1800 Gumbinnen/ Ostpreußen): W. war Führer eines deutschen Hilfskorps in Nordamerika und um die Einführung nordamerikanischer Baumarten bemüht (→ ausländische Holzarten). Nach der Herausgabe seiner Bücher: „Beschreibung einiger nordamerikanischer Holz- und Buscharten mit Anwendung auf teutsche Forsten etc." (1781); „Beytrag zur teutschen holzgerechten Forstwissenschaft, die Anpflanzung nordamerikanischer Holzarten mit Anwendung auf teutsche Forsten betreffend" (1787), wurde er zum Oberforstmeister der Litauischen Kriegs- und Domänenkammern in Gumbinnen ernannt.

Gemeine Feuerwanze (*Pyrrhocoris apterus*)

Wanzen (Halbflügler, *Heteroptera*): seit dem → Erdzeitalter Perm bekannte, heute mit etwa 40 000 → Arten (davon rd. 800 einheimisch) weltweit verbreitete Ordn. land- und wasserbewohnender → Insekten. Man unterscheidet zwei Unter-Ordn.: Land- und Wasser-W. Die zwischen 1 mm und 12 cm langen W. haben einen meist abgeflachten Körper und einen mit stechend-saugenden Mundwerkzeugen versehenen Kopf. Die Vorderflügel sind an der Spitze häufig durchscheinend, an der Basis derb chitinisiert, undurchsichtig. Die Verschiedenartigkeit der Flügel täuscht bei einigen Arten ein käferartiges Aussehen vor. Die Fühler der Land-W. sind lang, die der Wasser-W. kurz. Zwischen den letzten Beinpaaren münden bei vielen Arten zwei Stinkdrüsen, die bei Gefahr als sog. „Wehrdrüsen" entleert werden und einen widerlichen Geruch (W.-Geruch) verbreiten. Die Fortpflanzung erfolgt überwiegend durch Eiablage, selten sind W. lebendgebärend. Die → Larven ähneln dem Vollkerf und machen i. a. fünf Entwicklungsstadien durch. Die meisten Arten sind Pflanzensauger, einige Räuber, die von Körpersäften erbeuteter Insekten leben, andere Blutsauger bei Mensch, Säugetieren und Vögeln (zugleich manchmal Überträger ansteckender Krankheiten). Die bekanntesten Arten gehören zu den Fam. Rinden-W. (*Aradidae*), Erd- oder Lang-W. (*Lygaeidae*), Schild- oder Baum-W. (*Pentatomidae*)

1. **Kiefernrindenwanze**, die *(Aradus cinnamomeus)*: Die kleine rindenbraune bis rostbraune K. kann bei massenhaftem Auftreten durch das Saugen im → Bast die jüngeren → Triebe zehn- bis 20jähriger Kie zum Absterben bringen, v. a. wenn es sich um schlechtwüchsige Bäume handelt. Erkenntlich ist der Befall u. a. an den knollenförmigen, von Harz (→ Harze) triefenden Anschwellungen. In Lbh treten die Charakterarten *Aradus crenatus* (Bu) und *A. corticalis* (Ei) auf. Sie ernähren sich v. a. vom Saft des faulen Holzes bzw. besaugen das Pilzmycel unter der Rinde von Stöcken.

2. **Birkenwanze**, die *(Elasmucha grisea)*: Die knapp 1 cm große braune B. lebt vom Saft der Bi und Er und kommt örtlich sehr häufig vor. Auf der Blattoberseite legt das Weibchen durchschnittlich 30 bis 40 Eier ab, die bis zum Schlüpfen der Larven mit dem Körper geschützt werden.

3. **Rotbeinige Baumwanze**, die *(Pentatoma rufipes)*: Die dunkelbraune 1,5 cm lange R. B. ist rotbeinig (Name!) und kommt an Waldrändern, in Parkanlagen und Gärten vor. Sie befällt hauptsächlich Laubbäume und Sträucher. Sie saugt an Früchten, lebt aber auch räuberisch und saugt tote Insekten aus.

4. **Räuberische Schildwanze**, die *(Picromerus bidens)*: Die hauptsächlich in Laub- und Mischwäldern, aber auch in Gärten vorkommende, 1 bis 1,5 cm große, bräunliche W. hat auf dem Rückenschild zwei deutlich sichtbare rote Punkte. Vollkerf und Larven leben räuberisch und saugen Insektenlarven, Raupen, aber auch Blattläuse aus.

5. **Beerenwanze**, die *(Dolycoris baccarum)*: Die etwa 1 cm lange B. ist olivbraun, die Hinterleibsseiten und die Fühler sind schwarz und gelb geringelt. Sie ist in Laubmischwäldern, an Waldrändern und Lichtungen, auch in Gärten sehr häufig anzutreffen, v. a. auf Kirschbäumen, Himbeer- und Stachelbeersträuchern. Sie saugt an Beeren und hinterläßt dabei einen penetranten Geruch auf den Beeren, so daß diese für den Menschen ungenießbar werden.

6. **Stachelwanze**, die *(Acanthosoma haemorrhoidale)*: Die schön gezeichnete, etwa 1 cm große S. findet sich bevorzugt an Ebereschen und Weißdorn. Der Kopf ist auffallend schwarzgelb gestreift; die Flügeldecken und der Rand des Halsschildes sind blutrot. Der übrige Körper ist grün und mit dunklen Punkten übersät. Die S. überwintert am Boden unter Laub und ernährt sich ausschließlich von Pflanzensäften.

7. **Gemeine Feuerwanze**, die *(Pyrrhocoris apterus)*: Die ca. 1 cm lange G. F. ist auffallend schwarz und rot gezeichnet; zwischen Schild und Flügel verläuft eine Trennlinie. Sie lebt gesellig, häufig in großer Zahl, am Fuß alter Li, Ul, Rob und Kastanien und lebt von Pflanzensäften (Saft der Lindensamen) und von den Säften toter Insekten.

8. **Fichtenwanze**, die *(Gastrodes abietum)*: auch Zapfenwanze. Die 0,7 cm lange F. ist hauptsächlich in den Fichtenwäldern der Mittelgebirge und im Bergwald anzutreffen. Die flinke F. ist bräunlich, der Halsschild meist schwarz. Sie lebt vom Saft der Fichtenzapfen, in denen sie auch überwintert.

9. **Ameisenwanze**, die *(Myrmecoris gracilis)*: Die 0,4 bis 0,6 cm lange A. lebt in Laubmischwäldern, ernährt sich ausschließlich von Blattläusen. Sie sieht einer Ameise täuschend ähnlich und ahmt auch deren Bewegungsweise nach. Die W. findet sich auch stets in Gesellschaft von → Ameisen.

10. **Blumenwanze**, die *(Anthocoris nemorum)*: Die ca. 0,5 cm lange, hell und dunkel gefärbte B. gehört zu unseren häufigsten W.-Arten und ist fast überall anzutreffen. Sie hat zwei bis drei Generationen. Die B. ernährt sich meist von Insekten und anderen Wirbellosen, z. B. von der in Obstkulturen schädlich werdenden „Roten Spinne" und ist daher als überaus nützlich anzusehen.

11. **Grüne Stinkwanze**, die *(Palomena prasina)*: auch Faule Grete. Die 1 bis 1,4 cm lange, grüne, während der Überwinterung braune oder rotbraune Wanze kommt in Laub- und Mischwäldern vor und lebt auf Sträuchern, Bäumen und Doldengewächsen. Sie ernährt sich von Pflanzensäften und sondert bei Gefahr mit ihren Stinkdrüsen ein übelriechendes Sekret ab, das bei einigen Menschen allergische Reaktionen hervorrufen kann.

12. **Raubwanze**, die *(Troilus luridus)*: die etwa 1 bis 1,3 cm große W. ist graubräunlich; der Kopf, Seiten des Vorderrückens sind bronzegrün. Die Larven sind in allen fünf Stadien gelb und schwarz gezeichnet mit bronzegrünem Glanz. Sie kommt hauptsächlich im Laubwald vor, aber auch an feuchten Sumpf- und Wiesenrändern. Sie lebt von Pflanzensäften, auch räuberisch von Raupen, Larven und Käfern.

Wanzenbaum, der (Ringelbaum): von → Spechten geringelter Baum. Durch dicht aneinandergereihte, meist bis auf das → Kambium reichende Schnabelhiebe wird hierbei der Baum geringelt. Z. T. überwallen (→ Überwallungen) die Ringel.

Wanzenbeere, die: → Stachelbeere 3.

Wanzenkraut, das: → Porst.

Wappes, Lorenz, Dr. Dr. h. c. (13.1.1860 Limbach b. Eltmann bis 10.4.1952 Aschaffenburg): W., Geheimrat und zuletzt Ministerialdirektor im Bayer. Außenministerium, war einer der bedeutendsten Forstmänner seiner Zeit. Nach abwechslungsreicher Verwaltungslaufbahn, Lehrauftrag an der Forstlichen Hochschule Aschaffenburg und kurzzeitiger Berufung in die Ministerialforstabteilung in München kam W. schließlich als Regierungsdirektor in das linksseitige Bayern (Forstkammer Speyer) und 1922 in das Amt des Staatskommissars für die Pfalz in München. Auf seinen Einfluß ist auch die Entstehung der Münchener Holzforschungsstelle, der Vorläuferin des Lehrstuhles für Holzforschung an der TH München, zurückzuführen. Von seinen vielen literarischen Abhandlungen und Büchern ist stellvertretend zu nennen das zweibändige Nachschlagewerk „Wald und Holz" (1931).

War, die: alte nordd. Bez. für ein Forstrevier bzw. Holzmark.

Warbaum, der: auch Wartbaum. alte nordd. Bez. für einen Baum, den ein Forstbediensteteter (Forstaufseher) als Aufwandsentschädigung (Naturalentlohnung) erhielt.

Wargeld, das: alte nordd. Bez. für eine Waldnutzungsgebühr.

Wärmebedürftige Eichen-Trockenwälder → Xerotherme Eichenmischwälder.

Wärmedehnung, -leitung des Holzes, die: → Thermische Holzeigenschaften.

Wärmeliebende Eichenmischwälder → West-submediterrane Flaumeichenwälder.

Wärmeliebende Gesträuche → Hecken und Gebüsche.

Warmstratifikation, die: Um die → Keimhemmung von → Samen mit dicker, wasserundurchlässiger Schale abzubauen, kann man die Samen mit Kompost oder Erde, die nicht steril ist, mischen und acht bis 15 Wochen auf 25 bis 30 °C erwärmen. Dadurch wird der biologische Abbauprozess gefördert; → Stratifikation.

Warnfähigkeit des Holzes, die: neben den Festigungseigenschaften des → Holzes im Bergbau sehr geschätzte Fähigkeit aller unserer einheimischen Ndh, mit Ausnahme der Stro, die nicht warnfähig ist, sowie einiger Lbh. Das Ächzen oder Stöhnen des → Grubenholzes bei Überdruck bzw. außergewöhnlicher Belastung zeigt den Bergmännern eine drohende Einsturzgefahr an. Die Warnfähigkeit → luftrockenen Holzes ist erheblich günstiger als bei feuchtem Holz. Reihenfolge der Holzarten nach ihrer W.: Fi, Lä, Kie, Bu, Hbu, Bi, Ei und Rob.

Warnzeichen → Markierungen und Vorrichtungen.

Wartbaum, der: → Warbaum.

Warzenbeißer, der: → Laubheuschrecken 2.

Warzenbirke, die: → Birken 1.

Warzenkäfer, der: → Weichkäfer 1.

Warzenkraut, das: → Schöllkraut.

Warzenspindelstrauch, der: → Spindelstrauch 3.

Warziger Spindelstrauch, der: → Spindelstrauch 3.

Warziges Pfaffenhütchen, das: → Spindelstrauch 3.

Waschbär, der *(Procyon lotor L.)*: auch Schupp. Der W. zählt zur Fam. der Kleinbären *(Procyonidae)* und zur Ordn. der Raubtiere *(Carnivora)*.

Der W. hat eine Kopf-Rumpf-Länge von etwa 50 bis 56 cm, eine Schwanzlänge von ca. 20 bis 25 cm und eine Schulterhöhe von 30 bis 35 cm. Sein Gewicht beträgt 5 bis 7 kg. Die Färbung seines langhaarigen Pelzes ist überwiegend gelbbraun mit Schwarz gemischt, gelegentlich auch braun oder dunkelbraun, mit helleren Haarspitzen. Charakteristisch für den W. sind der buschige, schwarzgeringelte Schwanz und die zwei fast schwarzen Streifen, von denen sich einer über die Augen zieht und einer von der Nase bis zur Stirn führt, die bei dem breiten Kopf mit der zugespitzten Schnauze wie eine schwarze Maske auf weißem Gesicht wirken.

Die Heimat des W. ist Nordamerika. 1920 wurde er zu Zuchtzwecken in Pelztierfarmen eingeführt. 1934 wurden im nordhessischen Ederseegebiet mit Genehmigung des damaligen preußischen Landesamtes zwei W.-Paare ausgesetzt, die sich gut eingewöhnten und rasch vermehrten. Sie breiteten sich nach allen Richtungen aus, und 1980 war mit Ausnahme der küstennahen Landstriche und der Alpen der größte Teil der BR Dtschl. besiedelt. Sein derzeitiger Bestand wird auf etwa 50 000 Stück geschätzt.
Der W. bevorzugt Laub- und Mischwälder mit alten Bäumen, Unterwuchs und Unterschlupfmöglichkeiten, v. a. in Wassernähe. Er ist überwiegend dämmerungs- und nachtaktiv und – außer zur Ranzzeit (Begattungszeit) – ein Einzelgänger. Den Tag verbringt er in Baumhöhlen, Felsspalten oder selbst angelegten Erdbauen; auch bereits vorhandene Dachs- und Fuchsbaue werden von ihm benutzt. Den Winter verbringt er in warmen Erdbauen; er hält nur eine kurze Winterruhe (ab 4 °C). Der W. ist ein munterer und sehr beweglicher Geselle, der sehr geschickt klettern und auch gut schwimmen kann. Bei der Nahrungsuche spielt der Tastsinn eine wichtige Rolle, wobei die Vorderpfoten wie Hände gebraucht werden. Geschieht dies bei der Nahrungssuche im Wasser oder taucht er seine erlegte Beute vor dem Fressen ins Wasser, vermittelt dies den Eindruck, als wasche er seine Beute. Diesem Verhalten verdankt er auch seinen Namen. Sein Hör- und Riechvermögen ist gut; sein Sehvermögen jedoch nicht besonders.
Der W. ist mit etwa einem Jahr geschlechtsreif. Die Paarungszeit ist von Januar bis März. Nach einer Tragzeit von 63 bis 64 Tagen bringt die Bärin i. d. R. vier (drei bis sechs) Jungbären. Diese sind behaart und blind; sie öffnen nach etwa drei Wochen die Augen. Mit etwa fünf bis sechs Monaten sind sie selbständig. W. können über zehn Jahre alt werden; in freier Wildbahn werden sie allerdimgs meist nur sechs bis acht Jahre alt.
Der W. ist ein → Allesfresser. Etwa die Hälfte seiner Nahrung ist pflanzlicher Natur. Zu seiner Nahrung zählen: Bisamratten, (→ Wühlmäuse 1.), Ratten, Mäuse, Hasen, Vögel, auch deren Eier, Jungtiere aller Art, Fische, Obst, Beeren, Bucheckern, Eicheln, Feldfrüchte (Kartoffeln, Mais) und sogar Abfall. Eine besondere Vorliebe hat er für Süßes; auf der Suche danach räumt er z. B. gerne Papierkörbe aus.

Wasen, die: alte Bez. für in Wellenbunden (→ Welle 2) aufgearbeitetes (gebundenes) → Reisholz, auch svw. → Faschine; → Bürt(e)l.

Washingtoner Artenschutzabkommen, das: → Artenschutzabkommen.

Wasser, das: → Wasserhaushalt.

Wasserahorn, der: → Schneeball 1.

Wasseralben, der: → Ahorne 3.

Wasseramsel, die *(Cinclus cinclus L.)*: auch Wasserschmätzer. Länge: etwa 18 cm, Gewicht: um 60 g.
Die W. ist fast in ganz Europa beheimatet. Sie lebt an sauberen und klaren kalten Gewässern mit kiesigem Grund und bewaldeten Ufern. Besonders Gebirgsbäche mit eingestreuten Felsbrocken bevorzugt sie. In Nordeuropa und im Gebirge ist sie bis über die Baumgrenze hinaus anzutreffen. Die W. ist der einzige → Singvogel, der auch taucht und auf dem Grund der Gewässer nach Nahrung sucht.
Das Nest, ein kugeliger Bau mit seitlichem Einschlupf, legt sie immer in Wassernähe, am liebsten hinter Wasserfällen, unter Brücken, unter Baumwurzeln und in Nischen und Höhlen der Bachufer an. Das Gelege besteht aus vier bis sechs reinweißen Eiern (25 x 19 mm, ca. 5 g). Brutdauer: 15 bis 17 Tage, Nestlingszeit: ca. 20 Tage. Zwei Jahresbruten (April bis Juni/Juli).
Nahrung: überwiegend Larven von Wasserinsekten, kleine Krebse und Weichtiere. Gelegentlich auch aus Kleinstfischen.

Wasserbecher: Kallusringe, die Stammfäule (→ Holzfäule) verursachen und sich um tote Aststummel an → Laubbäumen (Bu, Kir u. a.) bilden. Die nicht allzu häufig vorkommenden W. entstehen dadurch, daß ein verstärktes Wachstum des Wundgewebes um den Aststummel herum Kallusringe bildet, die bis zu 8 cm weit über die Stammbasis hinausragen. Nach Vermorschung der Aststummel bleiben sie als W. zurück; → Wassertopf.

Wasserbedarf der Waldbäume: Die einzelnen → Waldbaumarten haben zur Aufrechterhaltung ihrer Lebensvorgänge einen recht unterschiedlichen Wasserbedarf. Er liegt z. B. pro 100 g Blatt-Trockenmasse und Vegetationszeit bei der Es bei 85 l, Bu 74 l, Hbu 72 l, Ul 66 l, BAh 58 l, SAh 53 l, StEi 54 l und bei der Fi bei nur 20 l; → Verdunstung, Wasserhaushalt, Wassermangel, Wasserstreß, Wasserüberschuß, Auwälder, Hochwasserschäden.

Wasserdarm, der *(Myosoton, Malachium)*: Gatt. der → Nelkengewächse mit nur der nachstehenden, im Wald wachsenden Art:

Wasserdarm, der *(Myosoton aquaticum (L.) Moench = Malachium aquaticum (L.) Fries)*: auch Wassermiere. Der fast über ganz Europa verbreitete W. kommt in Dtschl. verbreitet bis häufig vor und wächst an feuchten, schattigen Orten in Auwäldern, an Ufern, Gräben, auf feuchten Lehm- und Schlammböden, besonders in Kalkgebieten der Ebene, in höheren Lagen seltener.
Die ein- bis mehrjährige, 15 bis 60 cm (100 cm) hohe Pflanze hat liegende, aufsteigende oder klimmende, schlaffe, oberwärts drüsig-flaumige Stengel, die häufig an den Knoten wurzeln. Sie ist der Hain-Sternmiere (→ Sternmiere 1.) sehr ähnlich. Die gekreuztgegenständigen Blätter (→ Blattstellung) sind 3 bis 8 cm lang, weich, zart, herz-eiförmig bis ei-lanzettlich, spitz, mit herzförmigem Grund, sitzend. BZ: Juni bis September/Oktober. Die etwa 15 bis 20 mm breiten Blüten haben fünf weiße, fast bis zum Grunde geteilte → Kronblätter, fünf stumpfe → Kelchblätter, zehn → Staubblätter und fünf → Griffel (Gatt. *Stellaria* drei). Die Frucht ist eine fünfklappig aufspringende Kapsel.

◂◂◂ Der Waschbär *(Procyon lotor)*, ein „Neubürger" aus Nordamerika

Wasserdost, der *(Eupatorium)*: eine rund 600 Arten in Europa, Asien und Amerika umfassende Gatt. aus der Fam. der → Korbblütler. Es sind meist → Stauden oder → Sträucher mit roten, purpurnen, blauen oder weißen, ausschließlich röhrenförmigen Blüten. Sie stehen in Köpfchen, die meist zu Trauben oder Doldentrauben (→ Blütenstand) angeordnet sind. Als einzige einheimische Art kommt vor:

Gemeiner Wasserdost, der *(Eupatorium cannabinum)*: auch Wasserhanf, Kunigundenkraut. Der G. W. ist über ganz Europa verbreitet. Er wächst verbreitet in feuchten Wäldern, Auwäldern, Gebüschen, Kahlschlägen, Waldlichtungen, Wiesen, an den Ufern von Bächen und Gräben, an Wegrändern, auf nährstoffrei-

Wasserbecher, Beginn der Stammfäule

chen, bevorzugt kalkhaltigen, lockeren Ton- und Lehmböden (Nitrifizierungs- und Feuchtezeiger) und ist von der Ebene bis in Höhen von etwa 1700 m anzutreffen.

Gemeiner Wasserdost *(Eupatorium cannabinum)*

Die 50 bis 150 cm (175 cm) hohe Pflanze hat einen reich beblätterten, oft rötlichen Stiel. Die gegenständig angeordneten, gestielten Blätter (→ Blattstellung) sind handförmig gelappt mit drei bis fünf lanzettlichen, vorne zugespitzten, am Rand ungleich grob gesägten Lappen. Sie ähneln denen des Hanf, deshalb der Name „Wasserhanf". Die Blätter schmecken bitter und werden deshalb – außer von Ziegen – von den meisten Tieren verschmäht. BZ: Juli bis September/Oktober. Die Blüten sind rosa, selten weiß, röhrig-trichterförmig, fünfzählig mit weit aus der Blütenkrone herausschauenden → Narben. Sie sind zu vier- bis sechsblütigen, bis 1 cm langen Blütenköpfchen angeordnet, mit 2- bis 3reihig dachziegelartig stehenden Hüllschuppen. Die Blütenköpfe stehen in vielköpfigen, dichten, schirmförmigen Doldenrispen. Die Blüten werden ständig von vielen verschiedenen Kerbtieren und → Schwebfliegen besucht. Die Früchte sind walzenförmige, gerippte Schließfrüchtchen mit einer trübweißen Haarkrone.

Der G. W. war früher eine beliebte → Heilpflanze. Er wird in der Naturheilkunde innerlich und äußerlich angewandt. Es werden die Blätter (vor der Blüte) und Wurzeln (im Frühjahr und Herbst) verwendet. Sie wirken stimulierend, wundheilend, appetitanregend, abführend, blutreinigend, galletreibend und finden bei Couperose, in der Rekonvaleszenz, bei Verstopfung, zur Wundheilung und als Wasserdostwein zur Senkung des Cholesteringehaltes im Blut Verwendung.

Wasserdrüsenhaare → Haare.

Wassereiche, die (Mooreiche): Bez. für Eichenholz, das lange im Wasser liegt, wobei die Gerbstoffe der Ei, bedingt durch den Eisengehalt des Wasser, eine schwarzgrau gefärbte Verbindung eingehen. Der → Splint, der wesentlich gerbstoffreicher ist, färbt sich dabei stärker als der → Kern. Die W. wird von Möbeltischlern sehr geschätzt.

Im Volksmund wird auch das Holz der Bu und Er (REr) – das ebenfalls unter Wasser Jh. überdauert – als W. bezeichnet. V. a. Pfahlbauten wurden früher aus Eichen-, Buchen- und Erlenholz errichtet.

Wassererle, die: frühere Bez. für die aus Polen und Rußland stammenden SEr, die auf dem Wasserweg (→ Flößerei) befördert wurden und daher längere Zeit im Wasser lagen.

Wassererosion, die: → Bodenerosion.

Wassereschen: auch Aueschen. Bez. für jene Es, die, im Ggs. zu den → Kalkeschen, auf frischen bis feuchten Auwaldböden, in Schluchtwäldern, an Bachufern und dergleichen wachsen.

Wasserfledermaus, die: → Fledermäuse 7.

Wasser-Greiskraut, das: → Greiskraut 6.

Wasserhanf, der: → Wasserdost.

Wasserhaushalt, der: Die Wasserbilanz des Waldes errechnet sich nach der Formel Niederschlag (N) = Verdunstung (V) + Abfluß (A) und hängt von unterschiedlichen Faktoren ab. Der Anteil des Kronendurchlasses, d. h. das Wasser, das direkt durch das Blätter- oder Nadeldach auf den → Waldboden fällt, ist abhängig vom → Baumalter, der → Baumart und der Waldstruktur; z. B. Laubbäume 57 bis 78 %; Nadelbäume 70 bis 80 % bei starkem Regen, 15 bis 20 % bei schwachem Regen. Die → Interzeption ist der Teil des Niederschlages, der von Blättern, Nadeln und Ästen zunächst zurückgehalten wird. Er beträgt je nach Baumart und Jahreszeit 10 bis 40 %. Davon verdunstet ein Teil, ein Teil tropft ab, ein Teil fließt am Stamm zu Boden. Der Niederschlag versickert schließlich im Boden, wird dort gefiltert, teilweise von den Bäumen aufgenommen oder fließt unterirdisch hangabwärts bzw. ins Grundwasser. Nur ein geringer Teil verdunstet gleich wieder, und nur dort, wo der Mensch den Boden zerstört, auf Wegen, Holzschleifspuren und dergleichen, fließt das Regenwasser direkt auf der Oberfläche ab. Je Hektar → Waldfläche können in der durchwurzelten Bodenschicht allein bis ein Meter Tiefe rund 2 Mio. Liter Wasser gespeichert werden. Durch seine hohe Interzeption und Speicherfähigkeit verhindert der Wald weitgehend Hochwasser; er dämpft zumindest die Hochwasserwellen. Umgekehrt hat der Wald auch bei Trockenheit und Niedrigwasserständen eine positive Wirkung. Er hat somit eine ausgleichende, regulierende und reinigende Wirkung. Auch auf den Auf- und Abbau der Schneedecke übt er Einfluß aus. Allerdings bedroht die Vernichtung der Wälder durch → Immissionen die aus Waldgebieten stammenden Grundwasservorräte hoher Qualität. Auch übermäßige Grundwassernutzung in Verbindung mit trockenen Sommerhalbjahren und niederschlagsarmen Wintern führen zu großen Schäden an den Wäldern (→ Wassermangel); besonders gefährdet sind dabei die → Auwälder.

Wasserhaushaltsstufen: Für forstliche → Standorte ohne → Wasserüberschuß können bei Beachtung der folgenden waldökologischen Gegebenheiten (zur Vegetationszeit) W. abgegrenzt werden, die jedoch relativ sind:

Sehr trocken: Schon kurze Zeit nach den Niederschlägen kommt es auf Grund äußerst geringer nutzbarer Wasserspeicherkapazität des → Bodens (skelettreich, flachgründig oder stark durchlässig) rasch zu deutlichem → Wassermangel;

trocken: regelmäßig länger anhaltender deutlicher Wassermangel, geringe → Wuchsleistung aller Baumarten;

mäßig trocken: vorübergehend deutlicher Wassermangel und dadurch mäßige Wuchsleistung der meisten Baumarten, geringe Wuchsleistung der Fi, die zudem durch Trocknis und Käfer/Borkenkäfer stark gefährdet ist;

mäßig frisch: nur kurzzeitig auftretender Wassermangel, mittlere bis gute Wuchsleistung der Fi, auf basenreicheren und wärmeren Standorten auch der Bu;

frisch: durch hohe Niederschläge und hoher nutzbarer Wasserspeicherkapazität ganzjährig mit Wasser versorgt, Wassermangel nur bei ausgeprägten Trockenperioden; auch bei Wassersättigung bis nutzbarer Wasserspeicherkapazität auf Grund des hohen Anteils an Grobporen im Boden kein Luftmangel; gute bis sehr gute Wuchsleistung aller Baumarten;

sehr frisch: immer ausreichend Bodenwasser für die Baumvegetation vorhanden (auch bei längeren Trockenperioden); bei hohem Niederschlag ist in den tieferen Bodenschichten

▸▸ Der Wald ist für den Wasserhaushalt einer Landschaft von Bedeutung.

kurzzeitig Mangel an → Bodenluft möglich, häufig bei Pseudogleyflecken im Unterboden (tiefer als 60 cm unter Geländeoberfläche) besonders der lehmig/tonigen Böden. Bezüglich des Lufthaushalts anspruchsvolle Baumarten (Fi, Dgl) durchwurzeln diesen Bodenbereich nur unzureichend und sind auf solchen Standorten windwurfgefährdet.
Wasserholder, der: → Schneeball 1.
Wasserholz, das: alte Bez. für → Rundholz, das länger als sechs Wochen im Wasser lag; Ggs.: → Borkholz.
Wasserhülsen, der: → Ahorne 3.
Wässeriger Zärtling, der: → Faserlinge 2.
Wasserkapazität, die: → Pflanzenverfügbare Wasserkapaziät.
Wasser-Kreuzkraut, das: → Greiskraut 6.
Wasserläufer, der:
→ Schnepfenvögel 3. bis 5.
Wasserlinde, die: → Linden 1.
Wassermangel, der: Zu W. können starke Sonnen- oder Windeinwirkung, Mangel an Regen und Senkung des → Grundwassers führen. Durch W. kommt es zu einer Störung des Gleichgewichts von Wasseraufnahme und → Verdunstung. Der Saftdruck (→ Turgor) sinkt. Durch Schließen der → Spaltöffnungen können die → Pflanzen die Verdunstung verringern. Wachsüberzüge oder → Behaarungen dienen ebenfalls dem Schutz vor Verdunstung. Mit dem Schließen der Spaltöffnungen wird auch die → Assimilation eingestellt. Sind auch die Reserven in Wurzeln und Stamm verbraucht, kann langanhaltender W. von der Pflanze nicht mehr kompensiert werden; sie welkt, kümmert und stirbt schließlich ab; → Wasserbedarf der Waldbäume, → Wasserstreß, → Hochwasserschäden.
Wassermarder, der: → Fischotter.
Wassermaß, das: → Kettenmaß, Fittenmaß.
Wassermiere, die: → Wasserdarm.
Wasserminze, die: → Minze.
Wassermolch, der: → Schwanzlurche 3.
Wasserralle, die: → Rallen 3.
Wasserratte, die: → Wühlmäuse 2.
Wasserreiser: (Wasserschoße, Klebäste, Räuber, Stammreiser): schwache Zweige, die aus → schlafenden Augen (→ Adventivknospen) am Stamm oder Ast entstehen. Sie bilden sich hauptsächlich, wenn Bäume durch Freistellung (z. B. → Durchforstung) plötzlich Licht bekommen. Der Forstmann verhindert z. B. die Bildung von W. bei Ei durch eine Unterstufung mit einer schattenertragenden → Baumart, die nach einer Durchforstung die schaftreinigende Wirkung (Schaftreinigung) übernimmt. Auch Hbu, Ah, Pa, Ul und Es bilden W., in geringerem Maße auch Bu und Bi. Bei Ei sind W. besonders wertmindernd. Jüngere W. werden als Klebäste bezeichnet, weil sie zunächst nur lose in der Rinde sitzen.
Wasserriese, die: auch Fluder. weitgehend wasserdichte Riesrinne, die ähnlich den Holzriesen (→ Riesen) dem → Holztransport diente. Die aus → Rundholz oder aus → Bohlen konstruierte W. wurde in oder auf die Erde verlegt, die Fugen mit Moos, Spänen (→ Span) und anderen geeigneten Materialien abgedichtet. In den früher üblichen W. wurde das Holz in der Riesrinne durch fließendes Wasser fortgetragen.
wasserschlinkig: Als w. wurden früher beim Holz die verstockten Stellen bezeichnet, die das Wasser tief und schnell einzogen.
Wasserschneeball, der: → Schneeball 1.
Wasserschoße → Wasserreiser.
Wasserschutzfunktion des Waldes, die: → Waldfunktionen, → Wasserhaushalt.
Wasser-Schwertlilie, die: → Schwertlilie.
Wasserspannung, die: → Bodenwasser.
Wasserspitzmaus, die: → Spitzmäuse 7.
Wasserstreß, der: Unter Streß versteht man in der Physiologie die Belastung eines Organismus durch äußere oder innere Reize, die das normale Maß übersteigen. Im Falle des W. ist es der meist vorübergehende → Wassermangel, der bei Fi als Schutzreaktion den Abwurf eines Teils der Nadeln auslöst; → Hochwasserschäden.
Wasserstube, die: → Floßstube.
Wassertopf, der: Bez. für die muldenförmige Vertiefung in der Vergabelung (→ Zwiesel) von Bäumen. Durch das Ansammeln von Wasser bildet sich häufig ein Fäulnisherd; → Wasserbecher.
Wassertransport, der: → Flößerei, Trift.
Wasserüberschuß, der: Überschuß an Wasser infolge eines Ungleichgewichts zwischen Wasserangebot (Sickerwasser aus Niederschlag, seitlichem Zufluß und/oder Grundwasser), Wasserspeicherkapazität und Wasserleitfähigkeit des → Bodens. Der Einfluß des Niederschlags auf Umfang und Dauer des W. ist abhängig von der Lage des → Standorts (wie z. B. Hanglage (Entschärfung) oder Muldenlage (Verschärfung), dem Grundwasserstand bzw. der Tiefenlage und Stauwirkung des stauenden Horizonts, der Wasserspeicherkapazität in den durchwurzelbaren → Bodenhorizonten oberhalb des Staukörpers und der aktuellen Vegetation; → Wasserstreß, Wasserbedarf der Waldbäume, Wassermangel, Wasserhaushaltsstufen.
Wasserzeichenkrankheit, die: → Bakterien.
Wässriger Saumpilz, Mürbling, Zärtling, der: → Faserlinge 2.
Waxlaub, das: → Stechpalmen.
Weber, C. M. von → Wald in der Musik.
Weber, Rudolf, Dr. (16.05.1842 Memmingen bis 12.9.1905 München): W. studierte in Aschaffenburg und München; er war von 1876 bis 1878 Dozent an der Forstlehranstalt Aschaffenburg und von 1878 ab Verwalter des Lehrforstreviers Kleinostheim unter gleichzeitiger Ernennung zum Oberförster. 1883 wurde er an der Universität München Professor für Forstpolitik und ab Herbst 1884 für → Forsteinrichtung. W. befaßte sich jahrelang mit den Untersuchungen über den Aschen- und Stickstoffgehalt der Waldbäume und Waldstreu. Er veröffentlichte u. a.: „Lehrbuch der Forsteinrichtung mit besonderer Berücksichtigung der Zuwachsgesetze der Waldbäume" (1891).
Weberkarde, die: → Karde.
Weberknechte (*Opiliones*): auch Kanker, Afterspinnen. weltweit verbreitete Ordn. der → Spinnentiere mit rund 3000 Arten, darunter etwa 35 Arten einheimisch. Es handelt sich um bis über 2 cm lange, landbewohnende Tiere mit einem Augenpaar, oft mit extrem langen (bis 16 cm), dünnen Beinen, die leicht an einer vorgebildeten Stelle abbrechen und dann durch Eigenbewegungen einen Angreifer ablenken. W. haben einen kaum gegliederten Hinterleib, der in voller Breite dem Vorderkörper ansitzt. Spinn- und Giftdrüsen fehlen. Die W. ernähren sich von kleinen Tierchen und Pflanzenstoffen. Am bekanntesten ist die Fam. der Eigentlichen Weberknechte (*Phalangiidae*) mit 23 in Mitteleuropa lebenden Arten, die jedoch schwer zu bestimmen sind. Die bekannteste Art ist:
Weberknecht, der (*Phalangium opilio*): Der über ganz Europa, südlich bis Nordafrika verbreitete und relativ häufig vorkommende W. lebt im Sommer und Herbst auf Gräsern, Büschen, Sträuchern und Bäumen, unter Baumrinde, Steinen und Laub sowie an Hauswänden.
Der 6 bis 9 mm große W. hat einen grauen bis rostbraunen Rücken mit einem dunkleren, zweimal eingeschnürten Längsstreifen. Die langen dünnen Beine brechen leicht an einer vorgebildeten Stelle ab , wenn sie zu stark angefaßt werden. Die Nahrung der W. besteht aus Pflanzengewebe sowie lebenden und toten Lebewesen. Junge W. sind von Mai bis November anzutreffen. Nach der Begattung frißt das Weibchen oft das Männchen auf. Dann legt es die Eier in den Boden, in vermodernde Baumstümpfe und in Mauerspalten ab. Die Eier oder die geschlüpften jungen W. überwintern.
Webers, F. W. → Wald in der Dichtung.
Webervögel (*Ploceidae*): Fam. von 10 bis 20 cm langen Vögeln aus der Ordn. der → Singvögel, zu der auch die Unter-Fam. der Sperlinge (*Passerinae*) gehört. W. sind meist gesellig lebende Vögel, deren Männchen im Brutkleid oft prächtig gefärbt sind. Die Sperlingsnester sind immer an der überaus großen Federauspolsterung zu erkennen. In Mitteleuropa sind vier Arten Brutvögel, darunter auch der u. a. im Wald lebende und brütende
Feldsperling, der (*Passer montanus L.*): auch Feldspatz. Länge: 14 cm, Gewicht: 23 g.
Mit Ausnahme des südlichen Griechenland und des Nordostens ist er in Europa weit verbreitet. Er bewohnt die offene Landschaft mit Feldgehölzen, alte Kopfweidenbestände, Parkanlagen, Obstbaumplantagen und Laubwälder mit alten Bäumen. Im Ggs. zum Haussperling fehlt ihm die Anpassungsfähigkeit an

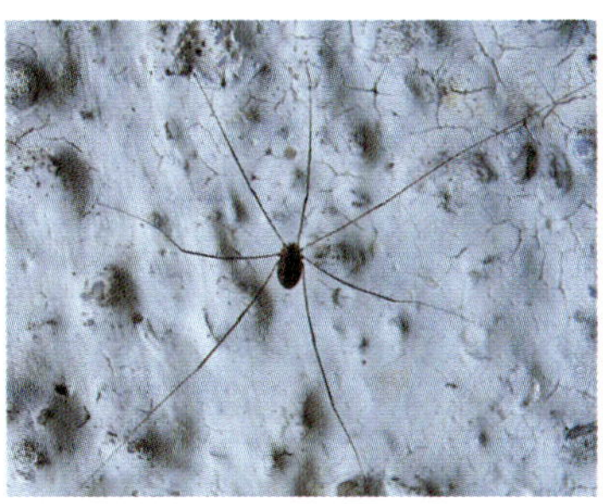
Weberknecht (*Phalangium opilio*)

den Menschen, obwohl auch er in oder nahe der Ortschaften lebt. Er zuckt häufig mit dem Schwanz aufwärts, fliegt schnell und über weitere Strecken in einer Bogenlinie. Stand- und Strichvogel, der im Winter häufig unter Goldammern anzutreffen ist.
Der F. brütet in Baumhöhlen, Mauerlöchern, Nistkästen, Erdlöchern sowie unter Dächern und im Unterbau großer Greifvogel- und Reiherhorste. Das Gelege enthält fünf bis sieben weißliche Eier (19,3 x 14,0 mm, ca. 2 g), die meist dicht braun gepunktet und gefleckt sind; sie variieren farblich stark. Die Eier werden von beiden Partnern bebrütet. Brutdauer: 13 bis 14 Tage, Nestlingszeit: 16 bis 17 Tage. Zwei Jahresbruten (April bis Juli), manchmal auch drei; Nachgelege!
Nahrung: Sämereien und Getreide, zur Brutzeit Insekten und deren Larven.

Webspinnen-Netz

Webspinnen (*Araneae*): kurz auch Spinnen. Seit dem Devon (→ Erdzeitalter) bekannte, weltweit verbreitete Ordn. der → Spinnentiere mit über 20 000 rezenten Arten. Es handelt sich um etwa 1 bis 90 mm lange, getrenntgeschlechtliche Spinnentiere. Ihr Körper ist von einem Außenskelett aus Chitin umgeben, das bei wachsenden Tieren öfters durch Häutung gewechselt wird. Vom Kopf-Brust-Stück ist ein weichhäutiger, ungegliederter Hinterleib deutlich durch einen tiefen Einschnitt abgesetzt. In der Brustregion entspringen vier Laufbeinpaare, die jeweils aus sieben Gliedern bestehen, deren letztes zwei oder drei kammzähnige Klauen hat. In der Kopfregion befindet sich ein Paar Kieferfühler mit eingeschlagener, durchbohrter Klaue am Grundglied, in die eine schlauchförmige Giftdrüse mündet, ein Paar Kiefertaster und ein bis vier Augenpaare, mit denen die Spinnen, besonders die freijagenden Arten, relativ gut sehen. Kurz vor dem After stehen die Spinnwarzen (ein bis vier Paar) des Spinnapparates, worin die Spinndrüsen münden, deren Sekret an der Luft zu feinen Spinnfäden erhärtet. Die männlichen Spinnen sind meist kleiner als die weiblichen. Die Paarung erfolgt häufig mit einleitendem Vorspiel, bei dem das Männchen versucht, den Beutetrieb des Weibchens auszuschalten. Trotzdem wird das Männchen mitunter nach der Begattung vom Weibchen gefressen. Das Weibchen legt dann die Eier in Kokons ab, die sie an den Spinnwarzen oder zwischen den Kieferfühlern befestigt und herumträgt oder aber in einem Gespinst aufhängt. Spinnen leben räuberisch von Insekten und anderen Kleintieren, die sie oft mit Hilfe ihrer unterschiedlich angelegten Spinnennetze fangen oder die Beute beschleichen und dann im Sprung fassen. Sie lähmen sie mit ihrem Gift und saugen sie dann aus. Bei einigen wenigen Spinnenarten kann das Gift eines Bisses auch einem Menschen gefährlich werden. Obwohl manche Spinnen bis zehn Jahre alt werden können, sind die meisten einheimischen Arten nur einjährig. Bekannte Fam. dieser Ordn. sind u. a. → Baldachinspinnen, → Krabbenspinnen, → Kreuzspinnen, → Kugelspinnen, → Raubspinnen, → Springspinnen, → Streckerspinnen, → Wolfsspinnen, → Zitterspinnen, → Sackspinnen, → Röhrenspinnen. Weitere, interessante Spinnen sind: → Kellerspinne, → Kreisspinne, → Herbstspinne und die → Grasgrüne Huschspinne.

Wechselbeziehungen → Netzwerk Wald.

Wechselblättriges Milzkraut, das: → Milzkraut 2.

Wechseldrehwuchs, der: Der W. entsteht durch das besondere Wachstum bestimmter exotischer Laubbäume mit wechselnder Drehrichtung (Faserverlauf). Je nach Dickenzuwachs (1 bis 8 cm) entstehen Schichten aus unterschiedlich zueinander gerichteten Fasern, die im → Tangential- oder → Radialschnitt als → widerspänig bezeichnet werden.

wechselfeuchte Wiesen: Die w. W. gehören zu den → Feuchtgebieten und sind feuchte und nasse, an Mulden und Senken reiche Wiesen in den Auen (→ Auwald) von Bächen und Flüssen. Sie sind durch Überschwemmungen und zeitweilig anstehendes → Grundwasser entstanden. Wie die → Streuwiesen sind auch die w. W. Lebensraum für viele gefährdete Tierarten wie z. B. Großer Brachvogel, Rotschenkel und Uferschnepfe, für die sie aber bereits Ausweich- und Ersatzbiotope sind.

Wechselklötze: Bez. für diejenigen Hölzer, die früher rund um den Fuß eines fertigen und geschlichteten → Meilers gesetzt wurden.

Wechselkröte: → Kröten 3.

wechselständig → Blattstellung.

Wechselwirtschaft, die: die wechselweise Nutzung einer Fläche als Acker, Grünland oder Wald; z. B. Feld-Wald-W.

Weck, Johannes, Prof. Dr. (1905 Lunzenau/Sachsen bis 1965 Reinbek bei Hamburg): Der Forstwissenschaftler und Hochschullehrer W. studierte an der Forstlichen Hochschule → Tharandt bei Dresden und übernahm im Jahre 1936 die Leitung des Hochschullehrforstamtes → Eberswalde und des Instituts für → Forsteinrichtung und Ertragslehre der Forstl. Hochschule Eberswalde. 1947 kam W. zur Bundesforschungsanstalt für Forst- und Holzwirtschaft Reinbek. Er wurde 1950 außerplanmäßiger Professor und 1956 ordentlicher Professor für Weltforstwirtschaft, Forstwirtschaftsgeographie und Tropische Walderschließung. Im Jahre 1962 wurde er Dekan der Mathematisch-Naturwissenschaftlichen Fakultät der Universität Hamburg. Von ihm stammt der Begriff → „Waldgefügetypen". W. gab an Schriften u. a. heraus: „Der naturgemäße Wirtschaftswald" (1935), „Ödland-aufforstung" (1952), „Forstliche Zuwachs- und Ertragskunde" (1955), „Die Wälder der Erde" (1957). Zusammen mit C. Wiebecke verfaßte er: „Weltforstwirtschaft und Deutschlands Forst- und Holzwirtschaft" (1961).

Wedekind, Georg Wilhelm, Freiherr von (28.7.1796 Straßburg bis 22.1 1856 Darmstadt): W. studierte in Göttingen und Dreißigacker und wurde 1813 Assessor am Oberforstkollegium in Darmstadt. Er schrieb u. a.: „Versuch einer Forstverfassung im Geiste der Zeit" (1821), „Umriß der Forstwissenschaft für Staatsbürger und Staatsgelehrte" (1838), „Encyklopädie der Forstwissenschaft" (1848). Von 1828 bis 1856 (Pensionierung) gab er die „Neuen Jahrbücher der Forstkunde" und 1847 bis 1856 die „Allgemeine Forst- und Jagdzeitung" heraus.

Wedel, der: **1**) alte lokale Bez. für das letzte Gestör eines Langholzfloßes; → Flößerei. **2**) → Wadel.

Wedel hauen, das: → Wadel.

Wedell, Gottlob Magnus Leopold von (vor 1750 bis 4.11.1799 Breslau): W. war seit 1790 Landjägermeister des Breslauer und Glogauer Departements und seit 1796 Landjägermeister für Schlesien und die Grafschaft Glatz. Damit war er technischer Leiter der Forstverwaltung der preußischen Provinz Schlesien. Sein besonderer Verdienst liegt in der Einrichtung v. a. des schlesischen Staatswaldes, mit der er wesentliche Grundlagen für eine geregelte Bewirtschaftung der schlesischen Forsten gelegt hat. Er schrieb: „Beurtheilung der Preisschrift des Herrn von Brocke von Vermehrung des Wachsthums der Bäume in den Forsten" (1776).

Wegameise, Schwarze, die: → Ameisen 3.

Weg(e)dorn, der: → Kreuzdorn 2. und 3.

Wegegeld, das: Im Mittelalter waren die Gemeinden und die Grundbesitzer verpflichtet, die Wege (Reisewege) und Brücken auf ihrem Gebiet zu unterhalten. Für die Erlaubnis, diese Reisewege benützen zu dürfen, war ein Zoll (Reisezoll) zu zahlen. Für die wenigen Wege, die damals durch die Wälder führten, mußten Wagengespanne ebenfalls Zoll, das sog. W., zahlen.

Wegerich-Scheckenfalter, der: → Edelfalter 16.

Wegriese, die: → Riese.

Wegscheider, Leopold (6.8.1827 Rothenhaus/Böhmen bis 13.2.1865 Aussee/Mähren): W. war nach seinem Studium in Tharandt und forstlichen Tätigkeiten in Rothenhaus, Preßnitz und Frauenburg seit 1858 Professor für Forstwirtschaft in Aussee und Verwalter des dortigen Lehrforstes.

Wegschnecken: Fam. der → Nacktschnecken ohne Gehäuse mit gedrungenem runzeligem Körper. Der Rücken ist gerundet. Die wichtigsten Arten der Gatt. *Arion* sind:

1. Rote Wegschnecke, die *(Arion rufus)*: Die über Mittel- und Westeuropa verbreitete R. W. bevorzugt feuchtes Gelände und hält sich mit Vorliebe auf dem Erdboden auf. Sie ist in Wäldern zwischen Büschen und auf Wiesen heimisch und v. a. nach Regen auf Wegen zu beobachten. Beim Berühren zieht sie sich in Längsrichtung zusammen. Die Färbung des Körpers ist sehr variabel: schwarz, ziegelrot oder braun, aber fast immer mit rotem Fußsaum. Das Atemloch befindet sich vor der Mitte des Mantelschildes. Die Jungtiere sind grünlichweiß und haben einen dunklen Kopf. Ausgewachsen ist die R. W. 12 bis 15 cm lang. Die Tiere sind Zwitter, die sich auch selbst befruchten können. Die bis zu 500 Eier haben eine Kalkschale und werden auf dem Erdboden unter Steinen oder Moos abgelegt. Mit dem Schleim, der früher auch zu medizinischen Zwecken (z. B. gegen Schwindsucht) verwendet wurde, ist auch eine Übertragung von Wurmeiern auf Gemüse möglich. Die Nahrung der R. W. besteht aus frischem und welkem Laub, aus Pilzen und auch aus Aas (→ Allesfresser).

2. Braune Wegschnecke, die *(Arion subfuscus)*: Die Schnecke mit einer Länge von 6 bis 7 cm ist ein typischer Waldbewohner (besonders häufig in Kiefernwäldern) und kriecht gerne unter die Rinde alter Stämme und sucht dort nach Schimmelpilzen. Die B. W. ist bräunlich, ockergelb bis rotgelb. Auf ihrem Schild sitzt eine dunkle Zeichnung in Form einer Lyra. Die Sohle ist grauweiß bis gelbweiß. Der Rückenschleim ist orangefarben. Sie ernährt sich neben Pilzen (z. B. Steinpilze und andere *Boletus*-Arten) und Früchten auch von sonstigen Pflanzen.

3. Wald-Wegschnecke, die (*Arion silvaticus*): Die über Nord-, West- und Mitteleuropa verbreitete W. kommt in feuchten, laubreichen Wäldern des Hügel- und Berglandes sowie in Heide- und Moorwäldern vor. Sie ist gestreckt 3 bis 4 cm lang; der graubraune Rücken ist durch dunkle Binden von den weißlichen Flanken abgegrenzt. Die W. ernährt sich von welkem Laub, wodurch sie eine bedeutende Rolle beim Abbau der Laubstreu spielt.

4. Graue Wegschnecke, die (*Arion circumscriptus*): Die über Nordwest- und Mitteleuropa verbreitete, nicht sehr häufige G. W. bewohnt kühle, feuchte Laubwälder. Sie ist gestreckt etwa 3 bis 4 cm lang mit bläulich- bis dunkelgrauem Rücken und ebensolchen Flanken. Die Binden sind dunkelgrau bis fast schwarz; die Sohle ist weißlich. Die bevorzugte Nahrung der G. W. sind Pilzmyzelien.

5. Alpen-Wegschnecke, die (*Arion alpinus*): Die über die Nord-, Ost- und Südalpen sowie deren Vorberge verbreitete A. ist hauptsächlich in naturnahen Bergwäldern anzutreffen. Sie ist gestreckt 2 bis 3 cm lang, gelbbraun mit schmalen, meist verwaschenen Binden und gelber Sohle. Die A. ernährt sich hauptsächlich von Laub und Pilzen.

6. Igel-Wegschnecke, die (*Arion intermedius*): Die I. ist über West- und Mitteleuropa verbreitet und in der Laubstreu bodensaurer Buchen- und Eichenmischwälder, auch Schwarzerlenbrüche, anzutreffen. Die gestreckt etwa 2,5 cm lange I. ist graugelb bis gelblichweiß, seltener hellgrau mit verschwommenen Binden. Sohle und Schleim sind gelb. In der Ruhestellung, halbkugelig zusammengezogen, sind die stachelig erscheinenden Rückenrunzeln (Name!) deutlich erkennbar. Trockenzeiten übersteht die I. eingerollt mit der Fußsohle nach außen in kleinen Erdnestern, die sie aus mit Schleim verklebten Erdteilchen bildet.

◂◂ Braune Wegschnecke *(Arion subfuscus)*

Wehrbaum, der: → Fachbaum.

Wehrbäume → Abwehrhölzer.

Wehrbusch, der: → Wehrhecken.

Wehrhecken (Gebück, Wehrholz, Wehrbusch, Lands- und Langhecke, Landheeg): schutzbietende, undurchdringliche Wehr aus Bäumen, die durch Dornenbüsche verstärkt wurden; sie diente der Landesverteidigung. W. fanden sich früher hauptsächlich im Fränkischen und im rheinischen Schiefergebirge. Eine bekannte W. war das sog. „Rheingauer Gebück", über das noch ein Bereitungsprotokoll vom 25./27.2.1619 erhalten ist. Es umgab, von Niederwalluf aus in weitem Bogen das Gebirge umfassend und bei Lorchhausen endigend, den gesamten Rheingau und sicherte zugleich die alte Kaufmannstraße, die das Binger Loch umging. Auf einem 50 Schritt, stellenweise sogar 100 m breiten Streifen im Walde wurden die Bäume in verschiedenen Höhen abgehauen. Die daraufhin frisch ausschlagenden Triebe bog oder „bückte" man zur Erde nieder und befestigte sie am Boden. Aus den Bruchstellen in und über der Erde sprossen neue Triebe hervor, die man dann noch dicht miteinander verflocht. Durch Dornenbüsche verstärkt, entstand dadurch eine für lange Zeit undurchdringliche Wehr, die erst im Dreißigjährigen Krieg durch Verrat in Feindeshand fiel. Dieses Gebück stand sicher schon im 14. Jh., wenn seine Anlage nicht sogar bis ins 12. oder 11. Jh. zurückreicht. Das für die Landesverteidigung wichtige Gebück wurde von den Gaugenossen gemeinsam unterhalten. W. dürften sich hauptsächlich aus Hbu (z.T. auch aus Bu) zusammengesetzt haben, die sich für eine solche Behandlung besonders gut eignen.

Wehrholz, das: → Wehrhecken.

Weiber, alte → Schaumkraut 1.

Weiche(r/s) ... siehe unter dem jeweiligen Hauptnamen.

Weichfaserplatten → Holzfaserplatten.

Weichhaarige Birke, die: → Birken 2.

Weichhaariger Hohlzahn, der: → Hohlzahn 3.

Weichholzanflug, der: ein jugendlicher → Bestand, der aus flugfähigen Samen von → Weichhölzern (z. B. Pa, Bi, Er, Wei) entstanden ist. W. stellt eine Naturverjüngung (→ Verjüngung) dar; → Anflug.

Weichholzaue, die (*Salicetalia purpureae*): auch Weichholz-Auenwälder. pflanzensoziologische Ordn. der Klasse Weichholzaue oder Weidengebüsche und -wälder (*Salicetea purpureae*) der → Pflanzengesellschaft mit zwei Verbänden. Die W. liegt im Hochwasserbereich von Flüssen. Charakteristisch für sie sind periodische oder episodische Überschwemmungen und damit verbundene verringerte Sauerstoffversorgung, Düngung durch Schwebstoffe und Beanspruchung durch die Strömung des Flußwassers und mitgeführtem Material. Der pflanzensoziologische Verband Lavendelweiden-Aue(n)wald, Grauweidengebüsche oder Gebirgs-Weidenauen (*Salicion elaeagni*) kommt hauptsächlich am Oberlauf der Alpenflüsse bis hinunter ins Alpenvorland vor. Charakteristisch für ihn sind die niedrigen Weidengebüsche an den kiesig-grobsandigen, strömungsstarken Stellen, in denen Reif-, Lavendel-, Purpurweide, Deutscher Rispelstrauch, Schwarzweide und Grauerle, in wärmeren Gebieten auch Sanddorn vorherrschen. In tieferen Lagen, am Unterlauf der Flüsse, auf Sand-, Ton- oder Schluffböden stockt der Verband der mitteleuropäischen Weiden- und Pappelgesellschaft (*Salicion albae*). Die vorherrschenden Arten sind hier SWei, Bruchweide, Mandelweide und SchPa. Die auf periodisch überfluteten, kalk- und nährstoffreichen Aueböden stockenden, bis 20 m hohen Silberweiden sind typisch für die Assoziation der Silberweiden-Aue (*Salicetum albae*). Die Weidengebüsche und -wälder entwickeln sich zu anderen Auwaldgesellschaften weiter, und es entstehen nach längerer Übergangszeit schließlich Gesellschaften wie z. B. die Assoziation → Grauerlen-Galeriewald (*Alnetum incanae*), die dem Verband *Alno-Ulmion = Alno Padion* (→ Hartholz-Auenwälder) zuzuordnen sind; → Waldgesellschaften.

Weichholz-Auenwälder → Weichholzaue.

Weichhölzer: Bez. für Hölzer (Baum- und Straucharten), die leicht durchdringbares → Holz haben. Im Sinne der Holznutzung zählen alle Ndh sowie die Lbh Er, Li, Pa und Wei zu den W., im waldbaulichen Sinne nur die genannten Lbh (→ Weichlaubhölzer) und zusätzlich auch die Bi. Zolltechnisch gehören zu den W. alle Ndh bis zu 0,55 g/m^3 Raumgewicht gedarrt

(→ Darre). Alle übrigen Hölzer gehören zum → Hartholz.

Weichkäfer (*Cantharidae*, Kanthariden): mit über 4000 Arten weltweit verbreitete Fam. mittelgroßer, langgestreckter, vornehmlich blütenbesuchender → Käfer mit lederartig weichen und schmalen Flügeldecken. Etwa 80 Arten dieser häufig bunten, meist schwarz und rotgelb gezeichneten Käfer mit langen Flügeln sind einheimisch. W. leben räuberisch von → Blattläusen, → Raupen und → Schnecken. Die länglichen, großenteils behaarten → Larven sind sechsbeinig; einige Arten zählen zu den Nützlingen, weil sie holzzerstörende Insekten fressen. Manche W. können jedoch durch Fraß an Baumblüten oder -trieben schädlich werden. In verschiedener einschlägiger Literatur sind auch die → Leuchtkäfer der Fam. der W. zugeordnet. Die wichtigsten Arten der stellenweise sehr häufigen Käfer sind:

1. **Gemeiner Weichkäfer**, der *(Cantharis fusca)*: auch Schneider, Warzenkäfer. Der etwa 1 bis 1,5 cm große Käfer mit schwarzen Flügeldecken und gelbrotem Halsschild mit einem meist schwarzen Mittelfleck ist von Mai bis Juli auf bunten Blumenwiesen und an sonnigen Waldrändern auf blühenden Sträuchern häufig anzutreffen. Mit Vorliebe sitzt er auf den Blütenköpfen der Doldengewächse und ernährt sich von den sich dort gleichfalls einfindenden kleinen Insekten. Die schwarze Larve lebt ebenfalls räuberisch, hauptsächlich von Schnecken, und überwintert unter Moos und Wurzeln. An warmen Wintertagen kommen sie hervor und sind manchmal in großer Zahl, wie die Larven des **Soldatenkäfers** *(Cantharis rustica)*, denen sie ähneln, auf dem Schnee anzutreffen. Im Volksmund werden diese Larven „Schneewürmer" genannt.

In vergrößerter Darstellung:

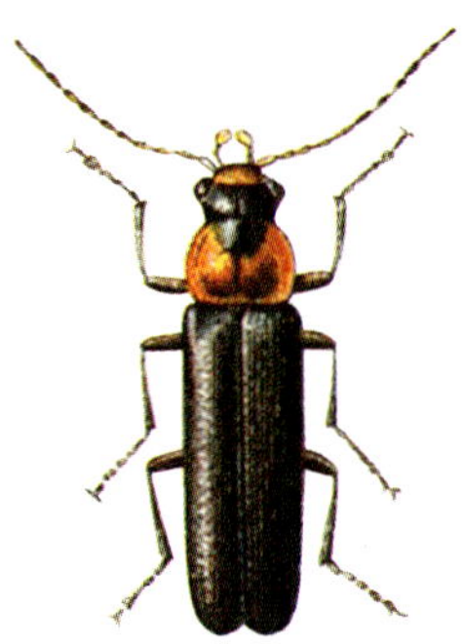

Gemeiner Weichkäfer *(Cantharis fusca)*

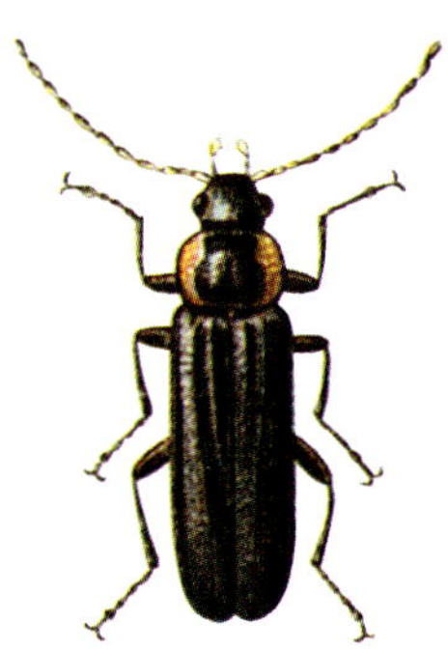

▸▸ Soldatenkäfer *(Cantharis rustica)*

2. **Eichenweichkäfer**, der *(Cantharis obscura)*: Der 1 bis 1,2 cm große E. ähnelt dem Gemeinen Weichkäfer, ist jedoch fast schwarz, nur der Rand des Halsschildes ist gelb. Er lebt an Waldrändern und auf Lichtungen und ist häufig in Eichenwäldern anzutreffen und befrißt junge Eichentriebe, die sich dann schwarz färben und umknicken. Der verursachte Schaden ist jedoch meist unerheblich. Die dichtbehaarte Larve hingegen lebt räuberisch von Schnecken und verbringt den Winter im Boden.

Weichlaubhölzer: Sammelbegriff für sich v. a. auf Kahlflächen rasch einstellende → Pionierbaumarten (z. B. Bi, Wei, As und Vobe). Bei gehäuftem Auftreten und Bedrängen der Wirtschaftsbaumarten können sie lästig werden und durch notwendige Jungwuchspflegemaßnahmen viel Kosten und Arbeit verursachen. Die W. haben einen geringen Holzwert, sind aber mit Ausnahme der Bi bevorzugte Äsungspflanzen für Rot- und Rehwild und spielen im Naturhaushalt eine wichtige Rolle (Humusbildung); → Vorwald, → Schutz-, → Füllholz, → Weichhölzer.

Weichorchis die (*Malaxis*): Gatt. der → Orchideen mit nachstehender, auch in unseren Wäldern wachsenden Art:

Einblatt, das *(Malaxis monophyllos* (L.) Swartz = *Microstylis monophyllos* (L.) Lindb.): auch Kleingriffel. Das E. ist hauptsächlich über Nord- und Mitteleuropa verbreitet. In Dtschl. kommt es in den Alpen, im Alpenvorland und im → Schwarzwald vor. Es ist selten und wächst in feuchten Wäldern, besonders montanen Au- und Bruchwäldern (Verbands- → Charakterart der Hartholz-Auenwälder) sowie feuchten, steinigen Buchenwaldgesellschaften, an Waldbächen, nassen moosigen Felsen, in Dünentälern, auf schattigen moorigen Wald- und Bergwiesen, auf basenreichen Böden und im Gebirge bis in Höhen von etwa 1600 m. Die ausdauernde, 10 bis 30 cm (50 cm) hohe Pflanze hat ein vertikales Rhizom. Der Stengel ist oben dreikantig und hat am Grund eine von den Blattscheiden umhüllte Scheinknolle

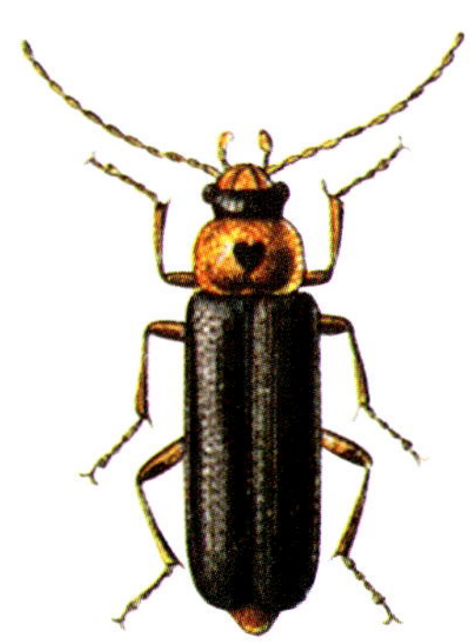

Eichenweichkäfer *(Cantharis obscura)*

(über der des Vorjahres), mit einem Schuppenblatt und einem Laubblatt (selten zwei). BZ: Juni bis Juli. Die kleinen, grünlichgelben Blüten stehen in einer vielblütigen, ziemlich lockeren, 3 bis 15 cm (25 cm) langen Traube (→ Blütenstand).

Weichritterlinge (*Melanoleuca*): ca. 30 Arten umfassende Gatt. der → Blätterpilze aus der Fam. der Ritterlingsartigen (→ Ritterlinge). Das Bestimmen der sich sehr ähnlich sehenden Arten ist schwierig. Sie haben alle einen weichfleischigen, flachgebuckelten Hut und einen langen, schlanken und stark längsgefaserten Stiel. Die Hutfarbe ist weißlich, ocker- bis graubraun. Die weißlichen → Lamellen sind ausgebuchtet angewachsen. Der Sporenstaub ist weiß. Einige Arten wachsen schon im zeitigen Frühjahr, die überwiegende Zahl jedoch im Herbst. Bevorzugt werden grasige Wälder, Waldränder (Nadelwald) und Waldstraßenränder. Der wichtigste Vertreter ist:

Gemeiner Weichritterling , der *(Melanoleuca melaleuca)*: Der genießbare → Pilz wächst gesellig von August bis November in Nadelwäldern, bevorzugt an Wegrändern (Straßen- und Wegrandpilz) und auf Schlagflächen. Der 4 bis 9 cm breite Hut ist jung konvex, später flach oder etwas trichterförmig. Die Hutfarbe ist sehr variabel und reicht von Dunkelbraun, Braungrau bis fast Weiß. Der weichfleischige Hut ist glatt und kahl. Die weißen – manchmal auch hellgrauen – Lamellen sind schmal und stehen sehr dicht; sie sind um den Stiel ausgebuchtet. Der 6 bis 9 cm hohe Stiel ist heller braun (braungrau) und an der Basis oft etwas keulig. Das geruchlose Fleisch ist weiß und hat einen milden Geschmack. Der G. W. hat zahlreiche, nahestehende Varietäten bzw. Arten, die auch von Kennern nur schwer zu unterscheiden sind. Hierzu gehören z. B. der **Rillstielige W.** *(M. grammopodia)*, eine etwas größere Art mit gerieftem Stiel und unangenehmem Geruch, sowie der **Frühlings-W.** *(M. cognata)*, der bereits im April erscheint und dessen Hutfärbung auffallend ocker bis gelblichocker ist. Daneben hat er jung weißliche, später gelblichocker werdende Lamellen.

Neben den vorgenannten W., gibt es noch zahlreiche seltenere Arten, wie z. B. **Steifstieliger W.** (*M. strictipes*), der **Almen-W.** (*M. subalpina*), **Gelbsporiger W.** (*M. luteolosperma*) und der **Frühlings-W.** (*M. cognata*), die hier nicht alle beschrieben werden können.

Weichsel, die: → Prunus 2.

Weichselbaum, Echter, der: → Prunus 2.

Weichselkirsche, die: → Prunus 3.

Weichselrohr, das: → Prunus 3.

Weichsel, stinkender, der: → Kreuzdorn 2.

Weichsel, Türkische, die: → Prunus 3.

Weichstachelige Segge, die: → Seggen 2.

Weidasche, die: → Pottasche.

Weidbuchen → Kuhbuchen.

Weidebann, der (Hegezeit): Als es Holz noch im Überfluß gab und das Waldnutzungsrecht nicht geregelt war, galt die → Waldweide als erlaubter Brauch, dessen Ausübung die Besitzer der Wälder ohne Einspruch geschehen ließen. Als sie zur → Waldverwüstung führte, wurden entweder ganze Waldungen mit dem W. belegt, d. h. es durfte keinerlei Weidevieh eingetrieben werden, oder der Eintrieb durfte nur zu bestimmten Jahreszeiten und in hierfür vorgesehene Waldteile erfolgen; → verhängte Waldorte, → Einheben.

Weidegerechtigkeit, die: eine alte Grunddienstbarkeit (Hutrecht); das Recht, auf einem fremden oder gemeindeeigenen Grundstück (Allmende; → Markgenossenschaft) Vieh weiden zu lassen; → Waldweide.

W e i d e n (Gattung): siehe Seite 810

Weiden (*Salix*):

1. Aschweide, die (*Salix cinerea* Linné): auch Graue W., Aschgraue W., Grau-, Werftweide.

Verbreitung: Die A. ist fast über ganz Europa in der kollinen und montanen → Vegetationsstufe verbreitet. Im Westen und im Mittelmeergebiet ist sie sehr selten. Die A. zählt zum eurasischen Florenelement.

Standort: Sie wächst besonders in Sümpfen des Flachlandes, an Tümpeln und Gräben, auf nassen Wiesen, in Moorwiesen, Moorrändern, Pionier-Weidengebüschen, Grauweidengebüschen und Moorbirken-Bruchwäldern (schwache → Charakterart) sowie in großen Flußauen. Sie zeigt Staunässe und schwachen Wasserdurchfluß an (→ Bodenanzeiger) und ist auf sicker- und staunassen, kalkfreien, mäßig nährstoff- und basenreichen, neutral bis sauren, humosen oder torfigen Sand- und Tonböden (Gleyböden) anzutreffen. Zudem wächst sie in der Hügel- und Bergstufe in Quellsümpfen, lichten Erlenbrüchen und Mooren.

Merkmale: Der etwa mittelgroße, sperrige (breitwüchsige), bis 6 m hohe Strauch (seltener Baum) mit typisch abgeflachtem Umriß, ist dichtverzweigt und reich belaubt. Seine Zweige sind kräftig. Die jungen ein- bis zweijährigen Zweige sind grauoliv oder graubraun, dicht kraus behaart und wachsen → sympodial. Das geschälte Holz (Rinde abheben) von zwei- bis vierjährigen, frischen Zweigen weist 1 bis 2 cm lange und etwa 0,2 bis 0,5 mm hohe Längsrippen auf. Die Rinde der Stämme ist grau. Im Winter sind die Knospen hellbraun; die Endknospen sind spitz-eiförmig bis eiförmig und deutlich kleiner als die Blütenknospen. Die Seitenknospen, die am Zweig anliegen, sind spitz-eiförmig, wobei die Laubblattknospen etwa 3 bis 4 mm, die Blütenknospen etwa 8 mm lang sind. Die Knospenschuppen haben einen grauoliven Untergrund und sind dicht graufilzig behaart. Die wechselständig angeordneten Blätter sind verkehrt-eiförmig oder elliptisch, kurz zugespitzt, bis 10 cm lang und 4,5 cm breit und oberhalb der Mitte am breitesten. Sie sind oberseits graugrün bis aschgrau, unterseits grau- bis blaugrün mit hervortretenden Nerven. Beide Seiten sind anfangs kurz graufilzig behaart, später verkahlend. Der → Blattrand ist nach unten gebogen, wellig und unregelmäßig fein gesägt oder glatt; der Blattstiel ist etwa 1 cm lang. Die → Nebenblätter sind bis 5 mm lang und nierenförmig. Die A. gleicht sehr der Salweide, läßt sich jedoch von dieser durch die schmalen Blätter und durch die dichte graue Behaarung der Triebe sowie durch die deutlichen Nebenblätter am Blattstiel unterscheiden. BZ: März/April (Mai). Die aufrechten Blütenstände erscheinen vor Laubaustrieb. Die männlichen Kätzchen sind eiförmig, bis 5 cm lang und 2 cm breit, mit stumpfen bis abgerundeten, dunkelbraunen bis schwarzen, am Grund hellen, zerstreut mit langen, weißen Haaren besetzten Tragblättern, je zwei freien Staubblättern, weißen Staubfäden, ellipsoiden, anfangs orangeroten, dann gelben Staubbeuteln und gelblichen Drüsen. Die weiblichen Kätzchen sind bis 8 cm lang und 1,5 cm breit. Die dichtstehenden, langgestielten Fruchtknoten sind bis 1 cm lang und filzig behaart. Die sehr kurzen oder fehlenden Griffel haben zweiteilige, spreizende → Narben. Die Nektardrüse ist eiförmig. Die Früchte der A. sind silbergrau filzige Kapseln, die aufspringen, ihre beiden Klappen zurückkrümmen und die mit einem Haarschopf versehenen Samen freigeben. Die A. ist, wie die Salweide, im Ggs. zu den anderen Weiden, kaum durch Stecklinge vermehrbar.

2. Blauweide, die (*Salix caesia* Vill.): auch Blaue W., Blaugrüne W.

Verbreitung: Die B. ist ein → Endemit der Alpen und von der Dauphiné bis Vorarlberg, Tirol und Norditalien verbreitet.

Standort: Sie wächst in der subalpinen Vegetationsstufe an sumpfigen Stellen, Seen, Tümpeln und auf ständig durchfeuchteten, sandig-kiesigen Anschwemmungen der Alpenbäche und -flüsse. Sie bildet oft dichte Bestände.

Merkmale: Die B. ist ein niederer, je nach Standort 30 bis 150 cm hoher Kleinstrauch. Seine jungen Zweige sind lichtseits braunrot, schattenseits gelbgrün bis grün und kahl. Die einjährigen Zweige weisen Risse und Knoten auf. Die Knospen sind eiförmig, vorn leicht zugespitzt oder abgerundet. Die Knospenschuppen sind rötlich bis rotbraun. Die elliptischen bis eiförmigen Blätter sind 1 bis 4 cm, an → Langtrieben bis 6 cm lang, 0,5 bis 2 cm breit und oberhalb der Mitte am breitesten. Am Grunde sind sie abgerundet oder leicht herzförmig. Sie sind kahl, oberseits blaßgrün, unterseits blaugrün mit einem etwa 3 mm langen Blattstiel. Der Blattrand ist glatt und häufig nach unten gebogen. Die gelegentlich vorhandenen Nebenblätter sind länglich und bis 2 mm lang. Die Blütenstände erscheinen im Juni/Juli, gleichzeitig mit den Blättern. Die männlichen, eiförmigen Kätzchen sind 1 bis 1,5 cm lang, etwa 1 cm breit und haben rotbraune, bis 1,5 mm lange Tragblätter, freie oder verwachsene Staubfäden, Nektardrüsen und kugelige, vor dem Aufblühen purpurrote, nachher violette Staubbeutel. Die schlanken weiblichen Kätzchen sind 1 bis 1,5 cm lang, etwa 5 mm breit, dichtblütig, mit behaarten Fruchtknoten, bis 1 mm langen Griffeln, Nektardrüsen und rötlichen, ausgerandeten oder zweispaltigen Narben.

3. Bleiche Weide, die (*Salix starkeana* Willd.):

Verbreitung: Die B. W., eine eurosibirische Pflanze, ist von Skandinavien und der Oder bis zum nördlichen Ural und der Mongolei verbreitet. Im Alpenvorland gibt es kleine isolierte Vorkommen (Glazialrelikte).

Standort: Sie wächst auf Sumpfwiesen, feuchten Waldlichtungen und an Waldrändern, in Weiden-Gebüschen, anderen lichten moorigen Gebüschen sowie in Zwergstrauchgesellschaften auf moorigen Standorten, auf mäßig feuchten, nährstoffarmen, mehr oder weniger basenreichen, sauren, humosen Ton- und Lehmböden und – im Ggs. zu den meisten anderen Wei – auch an schattigen Standorten.

Merkmale: Die B. W. ist ein niedriger, kaum 100 cm hoher Strauch mit dünnen Ästen, langen, dünnen, gelben oder braunen Zweigen, die kahl, meist glänzend und selten schwach behaart sind. Die eiförmigen Laubblätter sind etwa 3 bis 6 cm lang, 1,5 bis 2,5 cm breit (oberhalb der Mitte am breitesten), oberseits dunkelgrün, glänzend, zerstreut behaart, unterseits blaugrün bis mattgrün und kahl. Der Blattstiel ist bis 5 mm lang, der Blattrand unregelmäßig gezähnt und nach unten gebogen. Die Nebenblätter sind etwa 5 mm lang und grob gezähnt. Die Blütenstände erscheinen im April/Mai vor den Blättern. Die männlichen, lockerblütigen, bis 1 cm lang gestielten Kätzchen sind bis zu 2,5 cm lang, 1 cm breit und haben hellbraune, elliptische, behaarte Tragblätter, am Grunde behaarte Staubfäden, gelbe, ellipsoide Staubbeutel und Nektardrüsen. Die weiblichen, lockerblütigen, etwa 2 cm lang gestielten Kätzchen sind bis 3 cm lang, etwa 8 mm breit mit lang gestielten, dicht, kurz und weiß behaarten Fruchtknoten, kurzen Griffeln und ausgerandeten oder geteilten Narben.

4. Bruchweide, die (*Salix fragilis* Linné): auch Zerbrechliche W., Krackweide und Knack(er)-weide (wegen der an der Basis brüchigen Zweige und des knackenden Geräusches beim Brechen), im Volksmund Glas-, Spröckweide, Brastelfelber, Knack-, Prasselwied genannt. Sie ist forstlich eine der wichtigsten einheimischen Weidenarten und wird zur Gewinnung von Flecht- und Bindematerial (Kopfweiden) kultiviert.

Verbreitung: Das ursprüngliche, natürliche Verbreitungsgebiet der B. ist schwer festzu-

Bleiche Weide
(Salix starkeana)

Gattung
Die auf der Nordhalbkugel bis nach Südamerika und auch in Südafrika weit verbreitete Gattung der Weiden (*Salix*) zählt zur Familie der → Weidengewächse (*Salicaceae*) und umfaßt insgesamt ca. 500 Arten sowie viele, zum Teil schwer bestimmbare → Bastarde. Etwa 30 Arten und zahlreiche Bastarde sind bei uns heimisch. Die Gattung Weide ist seit der Oberen Kreide (→ Erdzeitalter) bekannt. Die Bezeichnung für diese Gattung ist sehr alt und abgeleitet vom althochdeutschen „wida" bzw. dem mittelhochdeutschen, mittelniederdeutschen „wide". In manchen Gegenden Bayerns ist die mundartliche Bezeichnung heute noch „Wiede". Die Gattungs-Bezeichnung *Salix* ist ein lateinischer Pflanzenname und leitet sich

Silberweide (*Salix alba*)

vom keltischen „sal" (= nahe) und „lis" (= Wasser) ab. Nur wenige Weidenarten werden hohe Bäume, die meisten sind Großsträucher, einige sogar nur niederliegende → Zwergsträucher (Alpen).

▸▸ Silberweiden am Donauufer

Merkmale
■ Die Weiden sind schnellwachsende, sommergrüne und Pfahlwurzeln bildende → Pionierbaumarten mit hohem Lichtbedarf (→ Lichtbaumarten). Die kurzgestielten Blätter sind meist wechselständig (→ Blattstellung), lanzettförmig, lang und zugespitzt. Sie bieten die besten Unterscheidungsmerkmale zur Bestimmung der einzelnen Weidenarten.

■ Die Weiden sind → zweihäusig (diözisch). Ihre → Blütenstände bilden meist aufrecht stehende, vor dem Aufblühen schwer zu unterscheidende Kätzchen. Aufgeblüht sind die weiblichen Blütenkätzchen unscheinbar, meist silbrig-grün. Sie besitzen einen aus zwei → Fruchtblättern bestehenden, einfächerigen → Fruchtknoten und an dessen Grund ein oder zwei Nektardrüsen. Die männlichen Blütenkätzchen sind gelb bis rötlich (durch die → Staubbeutel) und bestehen aus Einzelblüten, diese wiederum aus dem an der Spitze bärtigen Tragblatt (→ Hochblätter), aus zwei (selten drei, fünf oder mehr, bis 24) → Staubblättern mit Staubbeuteln sowie ein oder zwei Nektardrüsen am Grund.

■ Alle Weidenkätzchen werden durch → Insekten bestäubt, die durch Honig angelockt werden. Sie sind erste Bienennahrung (→ Bienenweide), besonders die Blütenstände der Asch-, Korb-, Lavendel-, Lorbeer-, Mandel-, Purpur-, Reif-, Sal-, Schwarz- und Silberweide.

■ Die Knospen sind nur von einer Schuppe kapuzenartig umhüllt. Die Früchte, die etwa 30 Tage nach der → Bestäubung reifen, sind zweiklappig aufspringende Kapseln. Die mit weißen Samenhaaren versehenen, sehr kleinen und leichten → Samen fliegen bei günstiger Witterung rasch ab. Sie enthalten kein → Endosperm (Nährgewebe), sind daher sehr kurzlebig, nur wenige Tage (oft nur wenige Stunden) keimfähig und benötigen dazu Feuchtigkeit.

■ Die Vermehrung erfolgt meist durch Samen. Die Keimpflänzchen sind sehr klein und weisen ovale, kurzgestielte → Keimblätter auf. Die meisten Weiden sind durch → Stecklinge gut vermehrbar. Die Bildung von → Wurzeln und → Trieben am Steckling (und damit der Anwuchserfolg) sind am besten, wenn die Stecklinge im Frühjahr bis zum Verblühen der Kätzchen oder im Herbst (ab Mitte August) nach der Blattverfärbung geschnitten werden.

Holz und Rinde
Das Holz der Weiden (→ Kernholzarten) ist weich, leicht, mattglänzend, gut zu spalten und zu bearbeiten. Das helle, meist rötlich gefärbte, zerstreutporige (→ Poren) → Laubholz mit feinen Gefäßen und → Markstrahlen sowie mehr oder weniger deutlich markierten, oft breiten → Jahrringen, gleicht dem Holz der Pappeln so sehr, daß eine makroskopische Unterscheidung zwischen diesen Hölzern kaum möglich ist. Die Weide wird als Bodenfestiger (z. B. an Wildbächen, Dämmen und Hängen) und für den Anbau in Holzplantagen (→ schnellwachsende Baumarten) verwendet. Die → Rinde mehrerer Weiden-Arten diente zum Gerben feinen Leders. Aus der Rinde wurde früher auch das arzneilich verwendete Salicin gewonnen.

stellen, da sie häufig angepflanzt wurde. Sie ist nun vom → Schwarzwald ostwärts bis Rußland und nordwärts bis Mittelschweden verbreitet. Zudem gibt es vereinzelte Vorkommen im nördlichen Apennin, auf dem Balkan, in den Pyrenäen und auch im französischen Zentralmassiv.
Standort: Die B. ist in der Ebene und in den Mittelgebirgen an den Ufern von Bächen und Flüssen, häufig in Weiden- und Erlengesellschaften, besonders Bruchweiden-Gesellschaften (Charakterart) und Hainmieren-Schwarzerlenwäldern anzutreffen. Sie wächst bevorzugt auf sehr feuchten, tiefgründigen Böden und auf sickernassen, periodisch überfluteten, meist kalkarmen, sicker- und nährstoffreichen Kies-, Sand-, Lehm-, Rohaue- und Schwemmböden.
Merkmale: Die mittelgroße, bis 15 m hohe und bis 1 m dicke Baumweide (seltener Strauch) hat aufsteigende Äste, eine umfangreiche, nach oben verschmälerte → Krone und einen geraden oder krummschäftigen → Stamm. Die Knospen sind spitz, kegelig, gelb, braun oder blaßgrün; die Triebe sind kahl. Die gelben oder hellbraunen glänzenden, vollständig kahlen Zweige sind oft sehr lang; die jungen brechen leicht an der Ansatzstelle, die älteren stehen mehr oder weniger rechtwinkelig ab. Die anfangs glatte, graugelbe Rinde wird später hellgrün, längsrissig, an den Stämmen dann zu einer graubraunen, von kreuzförmigen Leisten gelegter Borke, die zum Abblättern neigt. Die wechselständig angeordneten, bis 2 cm lang gestielten, völlig kahlen Blätter sind lanzettlich, lang zugespitzt, manchmal etwas gedreht, etwa 8 bis 16 cm lang und 2 bis 4 cm breit. In der Mitte oder unterhalb der Mitte sind sie am breitesten. Sie sind oberseits glänzend, dunkelgrün, unterseits bläulichgrün bis graugrün, matt, mit nur schwach hervortretenden Seitennerven und stark hervortretendem Mittelnerv, sowie mit undeutlich sichtbarem dazwischen liegendem Nervennetz. Der Blattrand ist gezähnt, mit Drüsen in den Ausbuchtungen. Der Blattstiel weist unterhalb der Spreitenbasis mehrere Drüsen auf. Die herz- bis nierenförmigen Nebenblätter haben etwa 1 cm Durchmesser und sind grob gezähnt. Bis zum Erscheinen der Blüten und Laubblätter, März bis Mai, färben sich die Triebe mehr und mehr rotbraun. Die männlichen Kätzchen, die vor der Blüte in den weiß-glänzenden Haarpelz der Tragblätter gehüllt sind, sind 2 bis 5 cm lang, etwa 1 cm breit, gelb, bis 3 cm lang gestielt (Stiel grau behaart) und dichtblütig, mit dünnen, häutigen, verkehrt-eiförmigen, gelben, hell behaarten Tragblättern, Nektardrüsen, am Grunde behaarten Staubfäden und ellipsoiden, gelben Staubbeuteln. Die weiblichen Kätzchen sind grün, bis 7 cm lang, 8 mm breit, zylindrisch und lockerblütig. Der kurzgestielte Fruchtknoten ist kahl, der Griffel kurz und dick, die Narbe bis zur Mitte zweiteilig, die vordere Nektardrüse sehr kurz, die hintere breit-eiförmig.
Nutzung der B. wie bei der SWei. Das blaßrötliche Holz ist zäh, leicht und gegen Reibung sehr widerstandsfähig.

5. Großblättrige Weide, die (*Salix appendiculata* Vill. = *Salix grandifolia*): auch Gebirgs-, Schluchtweide.
Verbreitung: Die G. W. ist über das Alpenvorland, die Alpen von der Dauphiné bis Niederösterreich und Kroatien, im Schwarzwald, dem Jura, dem Apennin und im Bergland des Balkan verbreitet.
Standort: Die G. W., ein Pioniergebüsch, wächst meist in Nordlagen, an felsigen Hängen, in Hochstaudengebüschen, Lawinenrusen und Hochstaudenwäldern, Schluchtweidengebüschen (Charakterart), häufig vergesellschaftet mit GEr und BAh, von der Bergstufe bis knapp über die → Waldgrenze (ca. 2000 m) hinaus auf feuchten, meist kalkhaltigen, nährstoff- und basenreichen, meist humosen, steinigen Lehmböden.
Merkmale: Der große, bis 6 m hohe Strauch (selten kleine Baum) hat kurze, sparrig, fast rechtwinklig abstehende, graue Äste und ist der Salweide sehr ähnlich. Die jungen Triebe sind meist kahl, seltener flaumhaarig, die Zweige gelblich bis rotbraun. Das geschälte Holz (Rinde abheben) zeigt undeutliche Leisten- oder Linienmuster. Die in der Form sehr variablen Blätter sind lanzettlich bis verkehrteiförmig, etwa dreimal so lang wie breit, etwa 3 bis 14 cm lang, 1,5 bis 3 cm breit (in oder oberhalb der Mitte am breitesten), oberseits dunkelgrün, kahl oder schwach behaart, unterseits graugrün bis bläulichgrün, mit stark hervortretenden behaarten Blattnerven. Der Blattrand ist unregelmäßig gezähnt oder auch glatt und wellig. Der Blattstiel wird bis 1 cm lang. Die Nebenblätter sind auffallend groß, herz- bis nierenförmig, grob gezähnt und haben 1 bis 2 cm im Durchmesser. BZ: je nach Standort im April/Mai oder Juni, kurz vor oder gleichzeitig mit dem Laubaustrieb. Die fast sitzenden oder etwa 2 cm lang gestielten, aufrechten männlichen Kätzchen sind bis 3 cm lang und etwa 1 cm breit. Die am Grunde lang behaarten Staubfäden sind mehr als doppelt so lang wie die hellbraunen, behaarten Tragblätter. Die Staubbeutel sind länglich-elliptisch, die Nektardrüsen schmal-eiförmig. Die ebenfalls aufrechten und bis 2 cm lang gestielten weiblichen Kätzchen sind 1 cm breit, bis 3 cm lang, anfangs dichtblütig, später sehr lockerblütig. Der bis 1 cm lange Fruchtknoten ist dicht und kurz behaart, die Griffel sehr kurz. Die G. W. bastardiert gelegentlich mit anderen Weidenarten.

6. Kahle Weide, die (*Salix glabra* Scop.): auch Glanzweide.
Verbreitung: Die K. W. ist in den nördlichen und südlichen Kalkalpen, westwärts bis Piemont und im Tessin verbreitet. Außerdem von den Allgäuer und Bayer. Alpen bis nach Niederösterreich und Kroatien.
Standort: Als typische Gebirgspflanze wächst die K. W. fast nur auf feuchten, durchsickerten, kalkreichen Stein- und Lehmböden (gern auf Dolomit), in Hochstaudenfluren und Glanzweidengebüschen (Charakterart), an steinigen Abhängen, an Bächen, Quellen, im Geröll und zwischen Legföhren in Höhen von 1400 bis 2300 m.

Bruchweide (*Salix fragilis*)

Merkmale: Der niederliegende, 40 bis 150 cm hohe Strauch hat kurze Äste und braune, kahle, bogig aufwärts gerichtete Zweige. Die jungen Triebe sind kahl, lichtseits rotbraun, schattenseits grün und wachsen sympodial. Die Knospen sind länglich, vorne abgerundet, mit deutlich hervortretenden Mittelrippen, wobei die Seitenknospen am Zweig anliegen. Die Knospenschuppen sind rot- bis dunkelbraun und völlig kahl. Die lanzettlichen bis eiförmigen Blätter sind etwa 3 bis 8 cm lang, 2 bis 3 cm breit und in der Mitte

Korbweide (*Salix viminalis*)

Krautweide
(Salix herbacea)

oder oberhalb dieser am breitesten. Sie sind beiderseits kahl, oberseits dunkelgrün, lackartig glänzend, unterseits bläulichweiß und matt. Der Blattstiel ist etwa 5 mm lang, der Blattrand dicht und fein gezähnt. Die nicht immer vorhandenen Nebenblätter sind eiförmig und gezähnt. Die Blütenstände erscheinen im Mai/Juni, meist gleichzeitig mit den Blättern. Die aufrechten, dichtblütigen, männlichen Kätzchen sind bis zu 5 cm lang, etwa 1 cm breit und haben schmal-elliptische gelbe oder braune Tragblätter, etwa viermal so lange Staubfäden, elliptische, vor dem Aufblühen purpurne, nachher gelbe Staubbeutel sowie Nektardrüsen. Die meist aufrechten weiblichen, bis 2 cm lang gestielten Kätzchen sind zylindrisch, bis 7 cm lang, 1 cm breit, mit kahlen, gestielten Fruchtknoten und Griffeln.

Kriechweide
(Salix repens)

7. Korbweide, die (*Salix viminalis* Linné): auch Band-, Hanfweide.

Verbreitung: Die K. ist fast über ganz Europa verbreitet, in Mitteleuropa jedoch nur in den Tieflandweichauen der großen Flüsse.

Standort: Die K. wächst in der Ebene und in tieferen Lagen der Hügel- und Bergstufe (bis ca. 400 m), zudem in Flußauen und an den Ufern der Bäche und Flüsse, in Pionier- und Mandelweidengebüschen (Charakterart). Sie bevorzugt frische, sickernasse oder periodisch überschwemmte, nährstoff- und basenreiche, meist kalkhaltige, tiefgründige, vorwiegend tonige, aufgeschwemmte Schlamm- und Sandböden (Rohaueböden), nimmt aber auch mit armem Sandboden vorlieb. Auf Moorboden gedeiht sie jedoch nicht.

Merkmale: Der große, lichtbedürftige Strauch (seltener schlanke Baum) erreicht eine Höhe von 3 bis 5 m (bis 10 m), ist sehr frostempfindlich und hat aufrechte Äste sowie rutenförmige, biegsame, dicke, oft über 1 m lange Zweige, die gelbgrün bis blaugrün oder grau- bis rotbraun, gelegentlich auch purpurn, cremefarben oder fast schwarz sind. Die jungen Triebe sind dicht, grau flaumig behaart, später kahl. Die Knospen sind eiförmig, verschmälert oder zugespitzt, die Knospenschuppen braun und flaumig behaart. Die wechselständig angeordneten Laubblätter sind schmal-lanzettlich bis linealisch, 5 bis 15 cm lang, etwa 1,6 cm breit, oberseits runzelig, matt, dunkelgrün, zerstreut und kurz behaart, unterseits silbrig dicht-seidenhaarig glänzend mit einer gelben vortretenden Mittelrippe und 20 bis 35 Paar Seitennerven. Der Blattrand ist gewellt und oft umgerollt, ganzrandig oder sehr flach geschwungen. Der Blattstiel ist etwa 1 cm lang und kurz grauhaarig. Die Nebenblätter sind länglich-lanzettlich, sehr klein und fallen meist früh ab. Die roten Kugeln, die oft in den Blättern anzutreffen sind, stammen von einer Gallmücke. Die zweihäusige K. blüht im März/April. Die Blütenstände, die meist vor den Blättern erscheinen, sind, bevor sie aufblühen, auffallend dicht, seidig glänzend, zottig behaart. Die fast sitzenden männlichen Kätzchen sind aufrecht, bis 3,5 cm lang, etwa 1 cm breit, zylindrisch, dichtblütig und stehen in den Achseln sehr kleiner, schmaler, lang behaarter Blätter. Die Tragblätter sind lang und weißgrau behaart, die doppelt so langen, kahlen Staubblätter tragen länglich-ellipsoide, hellgelbe, nach dem Aufblühen braunrote Staubbeutel. Die aufrechten, weiblichen Kätzchen sind zylindrisch, etwa bis 3 cm (Reife: 6 cm) lang und 0,6 bis 1 cm breit. Der fast sitzende Fruchtknoten ist eiförmig und beinahe 6 mm lang. Der dünne, bleichgelbe Griffel ist fast ebensolang und hat linealische, bis zur Hälfte zwei- bis vierteilige Narben.

Das Holz ist nicht reinweiß und hat weites Mark.

Die K. und auch eine ganze Reihe von Bastarden werden ausschließlich zur Gewinnung von Weidenruten (Flecht- und Bindematerial) für die Korbwarenherstellung angepflanzt (verbreitetste Kulturweide). Die Ausschläge werden jährlich geschnitten und entrindet (Kopfweiden) oder auch unentrindet zur Herstellung von Körben, Fischreusen, Korbmöbeln u. a. verwendet.

8. Krautweide, die (*Salix herbacea* Linné): auch Krautige Zwergweide, Krautige Gletscherweide.

Verbreitung: Die arktisch-alpine Pflanze wächst in der Arktis, in Skandinavien, Schottland, auf Island, Spitzbergen, in den Alpen, dem Apennin, den Pyrenäen, den Karpaten, dem Altaigebirge, dem Ural, in Ostsibirien und auch im Riesengebirge.

Standort: Sie ist in arktischen Gegenden und im Hochgebirge oberhalb der Waldgrenze bis über 3000 m Höhe auf feuchten, mehr oder weniger nährstoffreichen, kalkarmen bis -freien, meist sauren, humosen, steinigen Lehmböden mit langer Schneebedeckung anzutreffen; Charakterart der Krautweidengesellschaft.

Merkmale: Der niederliegende, bis 10 cm hohe Zwergstrauch hat größtenteils unterirdische Stämmchen, und nur die jüngsten beblätterten Zweige sind auf der Bodenoberfläche. Die Triebe sind häufig zerstreut behaart; die Rinde der Zweige ist kahl, matt und braun. Die Laubblätter sind etwa 5 bis 35 mm lang, 5 bis 20 mm breit, eiförmig bis fast kreisrund, am Grunde abgerundet oder schwach herzförmig, mit stark hervortretendem Nervennetz. Sie sind beiderseits grün, glänzend, oberseits kahl, unterseits häufig spärlich behaart. Der Blattstiel ist 3 bis 5 cm lang, die Nebenblätter sehr klein (fehlen meist). Die Blütenstände erscheinen gleichzeitig mit oder erst nach den Blättern, das ist je nach Standort von Juni bis August. Die männlichen Kätzchen sind köpfchenförmig, etwa 5 bis 6 mm lang, 4 bis 5 mm breit, die Tragblätter grünlich oder blaßrosa. Die etwa doppelt so langen, kahlen Staubfäden tragen ellipsoide, vor dem Aufblühen rote bis violette, dann gelbe Staubbeutel. Die Nektardrüsen sind verschieden lang. Die weiblichen Kätzchen sind köpfchenförmig, etwa 1 cm lang, 1 cm breit und wenigblütig mit Nektardrüsen. Der kahle, kurz gestielte Fruchtknoten ist etwa 5 mm lang; der Griffel kurz, die Narbe bis auf 1/4 geteilt und rötlich. Die K. vermehrt sich vegetativ.

9. Kriechweide, die (*Salix repens* Linné): auch Moorweide.

Verbreitung: Die K. ist fast über ganz Europa verbreitet, im Norden jedoch nur bis Südskandinavien und auf der Iberischen Halbinsel nur im nördlichen Teil.

Standort: Sie wächst von der Hügelstufe bis an die Waldgrenze auf Streuwiesen, Magerweiden, Flach- und Hochmooren, in Zwergbirken-Kriechweiden-Gestrüppen (Charakterart) und bevorzugt nasse, moorig-torfige Böden.

Merkmale: Die K. ist ein niederliegender, 10 bis 50 cm (150 cm) hoher Zwergstrauch mit unterirdisch kriechendem Hauptstamm und aufgerichteten, schlanken Zweigen. Die jungen Triebe sind braun, die jüngsten seidig behaart, die Zweige grau- bis rotbraun. Die kurzgestielten, wechselständig angeordneten Laubblätter variieren stark, sind etwa 5 cm lang, etwa 2 cm breit, elliptisch-lanzettlich bis

eiförmig, in der Mitte am breitesten. Sie sind oberseits sattgrün bis graugrün, etwas glänzend, unterseits blaß graugrün und matt. Die jungen Blätter sind beiderseits dicht seidig-filzig behaart; später verkahlen sie oberseits, unterseits nur selten ganz. Die Blätter sind ganzrandig, der Rand nach unten eingerollt; die Nebenblätter fehlen meist. BZ: April/Mai. Die Blütenstände erscheinen i. d. R. kurz vor Laubaustrieb, seltener mit diesem. Die männlichen Kätzchen stehen aufrecht, sind bis 15 mm lang und etwa 5 mm breit, haben rundliche bis eiförmige, lang bärtig behaarte Tragblätter, etwa drei- bis viermal so lange Staubfäden mit ellipsoiden, vor dem Aufblühen purpurnen, nachher gelben, zuletzt schwärzlich werdenden Staubbeuteln und schmal-eiförmigen Nektardrüsen. Die weiblichen Kätzchen sind bis 2,5 mm lang, etwa 15 mm breit, haben 20 bis 25 mm lange Tragblätter, einen 25 bis 35 mm langen, rotbraunen, deutlich gestielten Fruchtknoten und sehr kurze Griffel (die häufig auch fehlen) mit gelben bis roten Narben.
Die K. bildet zahlreiche Bastarde mit anderen Wei.

10. Lavendelweide, die (*Salix elaeagnos* Scopoli = *S. incana* Schrank): auch Grauweide, Weißgraue W., Schmalblättrige W.
Verbreitung: Die L. ist eine mittel- und südeuropäische Gebirgspflanze und von Spanien bis zu den Gebirgen der Balkanhalbinsel verbreitet.
Standort: Die L. wächst in der kollinen, montanen, seltener subalpinen Vegetationsstufe, in Schneeheide-Kiefernwäldern, Alpenrosen-Latschen- und Lavendelweiden-Gebüschen (Charakterart), häufig an den Ufern, an Böschungen und Dämmen der Bäche und Flüsse sowie in Bachbetten des Alpengebietes auf periodisch überschwemmten, durchfeuchteten, basenreichen, sandigen und kiesigen, meist kalkhaltigen Böden (Schotter-, Kies- und Sandböden). Sie tritt dort häufig zusammen mit Sanddorn und Berberitze (Berberitzengesellschaften) auf und ist ein wichtiger Bodenbefestiger.
Merkmale: Der stattliche, bis 6 m hohe Strauch, seltener bis 16 m hohe Baum mit besenförmiger Krone hat aufrechte Äste mit schlanken, rutenförmigen, oft überhängenden gelbgrünen bis rot- oder dunkelbraunen Zweigen. Die jungen Triebe sind kantig und zerstreut hell behaart, schattenseits grün, lichtseits dunkelrotbraun und wachsen sympodial. Die Knospen sind abgeflacht, länglich, oben zugespitzt oder abgerundet, die Endknospen deutlich gekrümmt, die Seitenknospen meist am Zweig anliegend. Die Knospenschuppen sind behaart, grünlich, später dunkel-rotbraun. Die wechselständig angeordneten, bis 5 mm lang gestielten Blätter sind schmal-lanzettlich bis linealisch, 6 bis 15 cm lang und nur bis 1,5 cm breit, oberseits stumpf dunkelgrün, unterseits weißgrau. Die anfangs beiderseits dicht weißfilzig behaarten Blätter verkahlen später oberseits; unterseits bleibt die dichte krause Behaarung bestehen. Auf der Blattoberseite sind die Blattnerven eingedrückt; auf der Unterseite stehen sie deutlich vor, sind jedoch wegen der starken Behaarung häufig nicht sichtbar. Der Blattrand ist umgerollt oder zurückgeschlagen und – besonders im vorderen Teil – fein drüsig gezähnt. Die Nebenblätter fallen frühzeitig ab. Die L. ist zweihäusig. BZ: April/Mai, vor oder gleichzeitig mit dem Laubaustrieb. Die gekrümmten, 1 cm lang gestielten, männlichen Kätzchen sind bis 3 cm lang, etwa 5 mm breit und dichtblütig; sie haben eiförmige Nektardrüsen. Die am Grunde behaarten, am Grunde oder bis zur Mitte verwachsenen Staubfäden tragen gelbe, kugelige Staubbeutel und sind etwa doppelt so lang wie die grünlichen, spatelig bis verkehrt-eiförmigen, stark gewölbten, behaarten Tragblätter. Die ebenfalls 1 cm lang gestielten, weiblichen Kätzchen sind bis 6 cm lang, etwa 1 cm breit, mit lang-kegeligem, 4 bis 5 mm langem, kahlen Fruchtknoten, dünnen Griffeln, länglichen, geteilten Narben und grünlichen Drüsen.

11. Lorbeerweide, die (*Salix pentandra* Linné):
Verbreitung: Die L., eine eurasische Pflanze, ist über Nord-, Mittel- und Osteuropa bis Westsibirien verbreitet, südlich bis in die Pyrenäen, den Apennin, auf der Balkanhalbinsel und im Kaukasus.
Standort: Sie wächst von der Hügelstufe bis hinauf über die Waldgrenze, in Mooren, Hartholz-Auenwäldern, Bruchwäldern, Silberweiden- und Lorbeerweiden-Gebüschen (Charakterart), auf sandig-kiesigen, ständig durchfeuchteten Anschwemmungen der Bäche und Flüsse, in Erlenbrüchen und Weidensümpfen. Sie liebt mehr oder weniger nährstoff- und basenreiche, neutrale bis mäßig saure, modrig-torfige humose oder sandig-kiesige Tonböden. Da die L. eine der schönsten Weidenarten ist, wird sie auch häufig als Zierstrauch an Ufern und auf feuchten Wiesen angepflanzt.
Merkmale: Der mittelgroße bis große, reichbelaubte, vielzweigige Strauch (seltener Baum mit breiter, rundlicher Krone) wird bis 12 m hoch. Die jungen kahlen Triebe sind im Frühling klebrig und duften, die olivgrünen bis rotbraunen Zweige kahl und lackartig glänzend. Der Stamm der L. trägt im Alter eine graubraune → Borke mit schmalen blassen Längsrissen. Die blaßbraunen Knospen sind etwa 5 mm lang und kegelförmig. Die wechselständig angeordneten, länglich-elliptischen Laubblätter sind etwa 5 bis 12 cm lang, 2,5 cm breit, kurz zugespitzt, am Grunde rundlich oder keilförmig, etwas ledrig und beiderseits kahl; sie sind lorbeerblattähnlich (Name!). Der Rand der oberseits tiefgrünen, stark glänzenden, unterseits matt blaßgrünen Blätter ist drüsig gezähnt; die Drüsen sind gelb. In der Jugend sind die Blätter klebrig mit balsamischem Geruch. Der Blattstiel ist etwa 8 mm lang und ebenso wie der untere Teil des Blattrandes mit kleinen, roten, kugeligen Drüsen besetzt. Die länglich-eiförmigen Nebenblätter, die selten und nur an den Langtrieben vorhanden sind, fallen frühzeitig ab. BZ: Mai/Juni. Die Blütenstände erscheinen mit, häufig auch erst nach den Laubblättern. Die männlichen Kätzchen stehen – ebenso wie die weiblichen – an bis 6 cm langen, beblätterten Trieben. Sie sind bis 5 cm lang, 1 cm breit, zylindrisch, hellgelb, dichtblütig, stehen aufrecht oder hängen bogig über und bestehen aus gelben, häutigen, länglich-elliptischen, an der Spitze abgerundeten Tragblättern, drei bis 12, i. d. R. fünf Staubblättern, gelben, fast kugeligen Staubbeuteln und Nektardrüsen. Die weiblichen, lockerblütigen Kätzchen sind etwa 4 cm lang, 0,5 cm breit, zylindrisch, mit kahlen, kurzgestielten 1,2 cm langen Fruchtknoten und ebenso langen Griffeln sowie zwei Nektardrüsen. Die Früchte sind grüne, relativ große,

Lorbeerweide (*Salix pentandra*)

Mandelweide (*Salix triandra*)

Ohrweide
(*Salix aurita*)

eikegelförmige, kahle Kapseln, die aufspringen und ihre Klappen zurückkrümmen.

12. Mandelweide, die (*Salix triandra* Linné = *S. amygdalina* L.): auch Dreistaubblättrige W. (einzige Wei mit drei Staubblättern).

Verbreitung: Die M., eine eurasische Pflanze, ist fast über ganz Europa verbreitet; lediglich in Schottland, dem nördlichen Irland, in Nordskandinavien, auf Sizilien und in Südspanien fehlt sie.

Standort: Sie ist sehr anpassungsfähig und wächst von der Hügelstufe bis zur Waldgrenze zerstreut in Auengebüschen (Charakterart der Mandelweidengebüsche), vergesellschaftet mit Korb- und Purpurweide, an den Ufern von Flüssen und Bächen, auf periodisch überfluteten kiesig sandigen Anschwemmungen und in Auen. Sie kommt in den Alpen bis 1500 m Höhe vor. Die M. eignet sich besonders zum Anbau auf Torfböden. Sie ist ein Bodenbefestiger; gegen Spätfröste ist sie empfindlich.

Purpurweide
(*Salix purpurea*)

Merkmale: Der mittelgroße bis große, 2 bis 5 m hohe Strauch, seltener bis 7 m hohe Baum, hat rutenförmige, biegsame, gelbgrüne bis rotbraune, meist kahle Zweige. Die Rinde löst sich an älteren Zweigen – wie bei Platanen – in Fetzen ab. Die Triebe sind ziemlich brüchig, kahl, olivbraun bis rötlichbraun. Die Knospen sind braun, kahl und eiförmig. Die Rinde an jungen Stämmchen ist rot und wird bei älteren zu einer graubraunen Borke. Die wechselständig angeordneten, ziemlich derben, dem Mandelblatt ähnlichen (Name!) Laubblätter sind lanzettlich bis elliptisch, etwa 5 bis 12 cm lang, etwa 2 bis 3 cm breit (in der Mitte am breitesten), vorne verschmälert oder zugespitzt, am Grunde abgerundet, oberseits dunkelgrün, etwas glänzend, unterseits etwas heller grün oder grau- bis blaugrün und matt. Die jüngeren Blätter sind zuweilen dünn seidig, wenigstens am Grunde des Mittelnervs behaart, die älteren meist kahl. Der Blattrand ist fein und regelmäßig gesägt, der Blattstiel bis 1,5 cm lang, kahl, mit zwei Drüsen. Die nierenförmigen Nebenblätter sind 5 bis 10 mm lang, kahl und am Rand gesägt. Die M. ist zweihäusig; die Blütenstände erscheinen im April/Mai, vor oder gleichzeitig mit dem Laubaustrieb. Die anfangs aufrechten männlichen, zylindrischen, 2 cm lang gestielten Kätzchen sind 4 bis 6 cm lang, 1 cm breit, mit häutigen, verkehrt-eiförmigen, gelbgrünen Tragblättern, je drei Staubblättern, gelben, kugeligen Staubbeuteln und Nektardrüsen. Die weiblichen, bis 4 cm lang gestielten, am Grund lockerblütigen Kätzchen sind bis 5 cm lang, 8 mm breit, mit gestielten, kahlen Fruchtknoten und sehr kurzen Griffeln.

Das Holz der M. ist hellrot und geht allmählich in den weißen → Splint über.

Die M. bildet häufig → Bastarde mit der Bruchweide (= *Salix x speciosa*), der Purpurweide (= *Salix X leiophylla*) und der Korbweide (= *Salix x mollissima*), die alle an ähnlichen Standorten vorkommen und daher leicht mit der M. zu verwechseln sind.

13. Moorweide, die (*Salix myrtilloides* Linné): auch Heidelbeerblättrige W., Heidelbeerweide.

Verbreitung: Die M. ist eine eurosibirische Pflanze und über Nord- und Osteuropa verbreitet. Zerstreut und sehr selten kommt sie auch in Mitteleuropa, besonders in Böhmen und Bayern vor; sie ist vom → Aussterben bedroht.

Standort: Sie ist auf Torf- und Hochmooren und sumpfigen Wiesen, selten in Zwischenmooren, Zwergbirken-Kriechweiden-Gestrüppen (Charakterart) und Weiden-Birken-Gebüschen anzutreffen und gedeiht auf nassen, mäßig nährstoff- und basenreichen, mäßig sauren, mesotrophen Torfböden. Durch die Entwässerung der Torfmoore ist sie von vielen ihrer ursprünglichen Standorte verschwunden oder wurde auch von anderen Weidenarten verdrängt.

Merkmale: Der kleine, 30 bis 50 cm hohe Strauch hat einen unterirdisch kriechenden Stamm und dünne, niederliegende, an der Spitze bogig aufsteigende Äste. Die jungen Triebe sind kurz behaart, die einjährigen bereits völlig kahl. Die kleinen, elliptischen bis rundlichen Blätter sind 10 bis 30 mm lang, 8 bis 14 mm breit, anfangs schwach seidenhaarig, später kahl, und weisen sechs bis acht Seitennerven auf. Sie sind ganzrandig, oberseits sattgrün und unterseits blaugrün. Der Blattstiel ist etwa 4 mm lang. Die Blütenstände der zweihäusigen Pflanze erscheinen von Mai bis Juli, kurz vor oder mit den Blättern. Die aufrechten, bis 8 mm lang gestielten (Stiel hinter kleinen Blättchen), männlichen Kätzchen sind 10 bis 25 mm lang, etwa 8 mm breit und haben breit-eiförmige, am Grunde helle, an der Spitze rotbraune Tragblätter, kahle Staubblätter, anfangs rötliche, später gelbe, zuletzt schwärzliche, fast kugelige Staubbeutel und Nektardrüsen. Die aufrechten, am Grunde lockerblütigen, bis 2 cm lang gestielten weiblichen Kätzchen sind bis 3 cm lang, 1 cm breit mit kahlen, dunkelgrünen, langgestielten Fruchtknoten, seitwärts-aufwärts gerichteten Narbenästen und grünlichen Drüsen.

14. Ohrweide, die (*Salix aurita* Linné): auch Salbeiweide.

Verbreitung: Die O. kommt mit Ausnahme des Mittelmeergebietes und des hohen Nordens in fast ganz Europa vor.

Standort: Sie wächst häufig in Pionier-Weidengebüschen (Charakterart der Ohrweidengebüsche) im Bereich von Flach- und Quellmooren, an Hochmoorrändern, auf Moorwiesen, in Sümpfen, an Wassergräben und Seeufern, feuchten Waldstellen und in lichten Bruchwäldern, von der Ebene bis zur Waldgrenze und bis 1600 m Höhe in den Alpen. Sie bevorzugt kalkfreie, feuchte, stau- oder sickernasse, mäßig nährstoff- und basenreiche, mäßig saure, humose oder torfige Moor- und Lehmböden mit nur wenig bewegtem Grundwasser. Die O. ist ein zuverlässiger Anzeiger (→ Bodenanzeiger) für Staunässe und sauren Boden.

Merkmale: Der aufrechte, sperrige, etwa 2 bis 5 m hohe Strauch hat kurze Äste und dünne, fein verästelte Zweige, die rotbraun, oft glänzend und kahl sind. Das Holz von zwei- bis vierjährigen Zweigen ist durch etwa 1,5 cm lange und bis 5 mm hohe scharfe Längsrippen gestriemt. Die jüngsten Triebe sind grau und kraus behaart. Die Größe und Form der Blätter und der Kätzchen variiert stark. Die wechselständig angeordneten Laubblätter sind verkehrt-eiförmig bis rundlich, etwa 2 bis 4 cm lang, 1 bis 2 cm breit und oberhalb der Mitte am breitesten. Sie sind oberseits dunkelgrün, zerstreut behaart, durch vertieftes Adernetz runzelig, unterseits graugrün und dicht behaart mit stark hervortretendem Adernetz. Der Blattrand ist unregelmäßig grob gezähnt, der

Blattstiel bis 1 cm lang. Die meist vorhandenen Nebenblätter sind ohrförmig. Die Blütenstände erscheinen je nach Standort von März bis Mai, vor dem Laubaustrieb. Die männlichen Kätzchen sind relativ klein, zylindrisch, bis 2 cm lang, 1 cm breit, mit hell behaarten, verkehrt-eiförmigen Tragblättern, am Grunde dicht behaarten Staubfäden und gelben Staubbeuteln. Die weiblichen Kätzchen sind etwa 3 cm lang, 1,5 cm breit, mit langgestielten, filzig behaarten Fruchtknoten und sehr kurzen Griffeln (die auch fehlen können). Die Früchte sind walzig-kegelförmige, silbergrau filzig behaarte Kapseln, deren Klappen sich nach dem Aufspringen stark zurückrollen.

15. Purpurweide, die (*Salix purpurea* Linné): auch Krebsweide.

Verbreitung: Die P. ist eine eurasische Pflanze. Ihr natürliches Verbreitungsgebiet ist mit Ausnahme von Skandinavien (dort eingeführt) fast ganz Europa.

Standort: Sie wächst vorwiegend an den Ufern von Wasserläufen, in feuchten Berberitzengebüschen, Auwäldern, auf nassen, zeitweise überschwemmten, nährtoffreichen, meist kalkhaltigen Kies- und Sandbänken der Alpenflüsse und -bäche und bildet an deren Ufern mitunter dichte Buschwälder; Ordnungs-Charakterart der Weidengebüsche und Weidenwälder. Sie bevorzugt frische, lockere und auch moorige Böden, zudem Schlick und nasse Schwemmböden. Gelegentlich kommt sie auch noch auf trockenen Böden, z. B. im Saum lichter Kiefernwälder vor. Sie scheint eine Pionierweide zu sein und ist häufig auf Rohböden anzutreffen.

Merkmale: Die P. wird ein bis zu 6 m hoher Strauch, selten bis 10 m hoher Baum mit besenförmiger Krone und walzigem Stamm mit glatter grauer Rinde. Die langen, jungen Triebe sind glänzend, lichtseits dunkelrot bis rotbraun, schattenseits bräunlich bis gelbgrün; die jüngsten sind gelegentlich zerstreut behaart. Die Knospen sind länglich, zugespitzt oder etwas abgerundet, mit der Spitze leicht auswärts gerichtet, die Seitenknospen am Zweig anliegend mit ebenfalls deutlich auswärts gerichteter Spitze. Die Knospenschuppen sind meist dunkelrot, aber auch gelbgrünlich. Die dünnen, biegsamen, zähen und kahlen Zweige sind lichtseits rotbraun und schattenseits gelblich. Die wechselständig, oft auch gegenständig angeordneten Blätter, die ausschließlich bei der P. und manchmal auch bei Bastarden derselben zu finden sind, sind lineal-lanzettlich bis lanzettlich, kahl, etwa 4 bis 12 cm lang, etwa 1,5 cm breit (oberhalb der Mitte am breitesten), mit zur Spitze hin fein gesägtem Rand. Sie sind oberseits matt, dunkelgrün, unterseits blaugrün, mit v. a. auf der Unterseite deutlich hervortretendem, gelbem Mittelnerv. Der Blattstiel ist etwa 5 mm lang. Die Nebenblätter fehlen i. d. R. Die Blütenstände der zweihäusigen P. erscheinen je nach Standort von März bis Mai vor dem Laubaustrieb. Die sitzenden, dichtblütigen männlichen Kätzchen sind etwa 5 cm lang, 1 cm breit, mit lang behaarten, schwarzbraunen Tragblättern, auf ganzer Länge verwachsenen Staubfäden, kugeligen, vor der Blüte purpurnen, während des Stäubens gelben, danach schwarzbraunen Staubbeuteln und Nektardrüsen. Die aufrechten oder etwas gebogenen, sitzenden weiblichen Kätzchen sind zylindrisch, bis 6 cm lang, 6 bis 10 mm breit, dichtblütig, mit sitzenden, eiförmigen, filzig behaarten Fruchtknoten, sehr kurzen Griffeln (oder fehlend) und kurzen, auffällige Köpfchen bildenden Narben. Die Früchte sind sehr dicht stehende, kleine, grünlichweiße, filzige Kapseln, deren Klappen aufspringen und dann auseinanderstehen. Die Zweige werden als Flecht- und Bindematerial genutzt.

16. Quendelblättrige Weide, die (*Salix serpyllifolia* Scop.): auch Quendelblättrige Gletscherweide.

Verbreitung: Die Q. W. ist ein Endemit der Alpen und im ganzen Alpenraum verbreitet.

Standort: Sie wächst im Hochgebirge als Pionierpflanze in Rasen auf basenreichen, frischen, humusarmen Rohböden, Felsblöcken, Schutthalden etc., nur auf Kalkgestein. In Europa zählt die Q. W. zu den im Gebirge am höchsten aufsteigenden Wei; sie geht bis etwa 3400 m.

Merkmale: Der flach an den Untergrund gedrückte, reich verzweigte Spalierstrauch hat braun glänzende, dicht beblätterte Zweige. Die kleinen, verkehrt-eiförmigen bis breit-eiförmigen Blätter sind 3 bis 10 mm lang, 2 bis 4 mm breit (in der Mitte oder oberhalb dieser am breitesten), an der Spitze stumpf oder etwas ausgerandet. Sie sind etwa 1 mm lang gestielt, kahl (höchstens in der Jugend schwach behaart), ledrig, oberseits glänzend, dunkelgrün, unterseits etwas heller und fast matt. Die Blätter sind meist ganzrandig, selten sehr fein gezähnt. Die Blütenstände erscheinen im Juli/August, nach dem Laubaustrieb. Die männlichen, kugelförmigen Kätzchen sind bis 5 mm lang und haben höchstens sieben Blüten mit gelbbraunen, häutigen Tragblättern, kahlen Staubfäden, vor dem Aufblühen gelben, nachher braunen ellipsoiden Staubbeuteln, und Nektardrüsen. Die wenigblütigen, kugeligen weiblichen Kätzchen sind bis 5 mm lang, mit kahlen, gestielten Fruchtknoten und Nektardrüsen. Die Q. W. ähnelt sehr der Stumpfblättrigen W., hat jedoch einen dichteren Wuchs, kleinere und schmalere Blätter und armblütigere Kätzchen als diese. Sie ist nahe mit ihr verwandt und wurde früher als eine Unterart von ihr angesehen (*Salix retusa ssp. serpyllifolia*). Beide Arten wachsen auch oft vergesellschaftet.

17. Reifweide, die (*Salix daphnoides* Villars): auch Schimmel-, Palmweide.

Verbreitung: Die R. ist in Europa weit verbreitet. Im Westen bis Ostfrankreich, im Norden bis Skandinavien, im Süden bis Oberitalien und der nördlichen Balkanhalbinsel, im Osten bis Westrußland. Sie ist nirgends besonders häufig anzutreffen und in Dtschl. stark gefährdet.

Standort: Die R. wächst hauptsächlich in Auengebüschen an den Ufern der Flüsse und Bäche der Alpentäler, auf sickernassen, kiesigen oder sandig-lehmigen, nährstoff- und basenreichen Anschwemmungen, in der oberen Gebirgsstufe in nassen Hochstaudengebüschen. Sie ist die Charakterart der Lavendel- oder Grauweidengebüsche und an den Bächen oft Erstbesiedler und Bodenbefestiger. Die R. ist die Dünenweide der Ostsee und wird auch gerne als Ziergehölz angepflanzt.

Quendelblättrige Weide (*Salix serpyllifolia*)

Rosmarinweide (*Salix rosmarinifolia*)

Salweide
(*Salix caprea*)

Sandweide
(*Salix arenaria*)

Merkmale: Der kleine, bis 10 m hohe Baum (selten Strauch) ist sehr raschwüchsig, hat einen geraden, schlanken Stamm und schlanke Äste. Die Rinde ist glatt, die Bastschicht zitronengelb. Die braunen bis dunkelroten Zweige sind im ersten Jahr mit einer bläulichen, leicht abwischbaren Wachsschicht (Reif) überzogen, oft kurz und grau behaart; später verkahlen sie. Die jungen, relativ dicken Triebe sind glänzend, dunkelpurpur und im ersten Jahr deutlich blauweiß bereift. Die Knospen sind schmal-kegelig und schwärzlich-purpurn. Die wechselständig angeordneten länglich-lanzettlichen oder länglich-eiförmigen Laubblätter sind etwa 5 bis 10 cm lang, etwa 2 bis 2,5 cm breit (oberhalb der Mitte am breitesten), kurz zugespitzt oder stumpf, anfangs hellgrau behaart, später kahl. Sie sind ledrig, oberseits dunkelgrün glänzend, unterseits graugrün und matt, mit beiderseits deutlich hervortretender heller Mittelrippe und acht bis 12 Paar Seitennerven. Der Blattrand ist drüsig gesägt, der Blattstiel etwa 4 bis 8 mm lang und oberseits karminrot. Die früh abfallenden, halb-herzförmigen Nebenblätter sind etwa 5 mm lang, ihr Rand gezähnt. Die auffallend großen Blütenstände der zweihäusigen R. erscheinen im März/April vor dem Laubaustrieb. Sie ist die am frühesten blühende Weidenart (→ Bienenweide). Die fast sitzenden Kätzchen sind vor dem Aufbrechen in einen dichten Pelz langer silbriger Haare gehüllt („Palmkätzchen"). Die aufrechten männlichen Kätzchen sind 3 bis 5 cm lang, etwa 2 cm breit mit verkehrt-eiförmigen, braunschwarzen, hell behaarten Tragblättern, kahlen Staubfäden, länglichen gelben, vor dem Aufblühen zuweilen purpurnen Staubbeuteln und Nektardrüsen. Die weiblichen Kätzchen sind grün, bis 6 cm lang, etwa 1,5 cm breit, dichtblütig, mit gestielten, kahlen Fruchtknoten.

18. Rosmarinweide, die (*Salix rosmarinifolia* (L.) Celak):

Verbreitung: Die R. ist über Osteuropa und das östliche Mitteleuropa verbreitet. Vereinzelte Vorkommen finden sich bis Norditalien, Belgien und Schweden, ferner in Trockengebieten des Baltikums, Niederösterreichs, Süd- und Mitteldtschl.

Standort: Sie wächst in Flachmooren, auf Moor- und Streuwiesen sowie auf zeitweise staunassen oder wechselfeuchten Ton- und Sandböden von der Ebene bis ins Gebirge. Charakterart der Zwergbirken-Kriechweiden-Gestüppe.

Merkmale: Der meist niederliegende, kriechende Strauch hat einen unterirdischen Stamm und wird bis 80 cm, in Ausnahmefällen bis 200 cm hoch. Die dünnen, aufrechten, meist braunen Zweige haben an der Basis häufig zahlreiche kurze Triebe und sind kahl; die jüngsten Triebe sind jedoch seidig behaart. Die lanzettlichen Blätter sind etwa 2,5 bis 5 cm lang, 4 bis 8 mm breit und weisen acht bis 14 Nervenpaare auf. Die in der Jugend auf beiden Seiten dicht seidenhaarigen Blätter verkahlen oberseits meist ganz, unterseits nur selten. Ihre Oberseite ist leicht glänzend, satt- bis dunkelgrün, die Unterseite graugrün und matt. Der Blattrand ist fast glatt, der Stiel etwa 2 bis 3 mm lang. Die Nebenblätter sind nur schwach entwickelt oder fehlen. Die Blütenstände erscheinen im April/Mai, meist vor dem Laubaustrieb. Die fast kugeligen männlichen Kätzchen sind bis 15 mm lang, etwa 10 mm breit und haben verkehrt-eiförmige, seidig behaarte Tragblätter, am Grunde behaarte Staubfäden, ellipsoide, anfangs purpurne, dann gelbe, zuletzt schwärzliche Staubbeutel und Nektardrüsen. Die weiblichen Kätzchen sind bis 30 mm lang und 20 mm breit, mit Tragblättern, dicht behaarten Fruchtknoten, sehr kurzen Griffeln, die auch fehlen können, und Nektardrüsen.

19. Salweide, die (*Salix caprea* Linné): vom mittelhochdeutschen Wort „salahe" abgeleitet, was Weide bedeutet. Auch Palm-, Werft-, Sohlweide, Streichpalme, im Volksmund auch Palmkatzel-, Katzel-, Bullesbaum genannt.

Verbreitung: Die S., eine eurasische Pflanze, ist in Europa eine weit verbreitete Weidenart. Im Mittelmeergebiet ist sie nur in den höheren Gebirgslagen anzutreffen; auf Island fehlt sie.

Standort: Die S. ist sehr lichtbedürftig und wächst daher vorzugsweise in lichten Auwäldern, Bruchmooren, auf Waldlichtungen, an Waldrändern, Schuttplätzen, zudem in Kiesgruben, Steinbrüchen, auf Dämmen, Kahlschlägen und zählt dort zu den Erstbesiedlern (Vorwald- und Pioniergebüsch). Sie stellt keine besonderen Standortansprüche und gedeiht auf allen feuchten bis nassen, gut durchlüfteten Böden. Sie ist die häufigste Waldweide und von der Hügelstufe bis in die obere Gebirgsstufe (Schweizer Alpen bis 2000 m) anzutreffen.

Merkmale: Der bis 3 m hohe Strauch oder bis 12 m hohe Baum mit dicht belaubter Krone ist in der Jugend raschwüchsig, mit etwa 20 bis 25 Jahren ausgewachsen, und erreicht ein Alter von etwa 60 Jahren. Die Rinde ist glatt, grünlich-grau, fein rissig, an alten Bäumen mit netzartig aufreißender Borke. Die aufrecht abstehenden Äste sind kurz und dick, die älteren Zweige braun bis rotbraun, glänzend und kahl. Das geschälte Holz (Rinde abheben) ist glatt, und nur am alten Holz sind vereinzelt Längsrippen vorhanden. Die ziemlich kräftigen jungen Triebe sind lichtseits dunkelrotbraun, schattenseits oliv, kurz und weiß behaart. Die Knospen sind spitz-eiförmig, rotbraun bis gelbbraun, die Seitenknospen außerdem leicht abgeflacht und etwas vom Zweig abstehend. Die Knospenschuppen sind anfangs spärlich behaart, später kahl. Die wechselständig angeordneten Blätter variieren hinsichtlich Gestalt und Größe ziemlich. Sie sind meist breit-elliptisch bis verkehrt-eiförmig, 5 bis 10 cm lang, 2 bis 5 cm breit (in der Mitte oder oberhalb dieser am breitesten), mit kurzer zurückgebogener Spitze. Die Blattoberseite ist runzelig, matt dunkelolivgrün und fast unbehaart, mit zum Rand hin deutlich eingesenkten, von der Mittelrippe fast senkrecht abzweigenden sechs bis neun Nervenpaaren. Die Unterseite ist blaugrün bis weißlich, mit etwa 1 mm langen Haaren dicht und kraus behaart und fühlt sich samtig an. Die Blätter sind an Kurztrieben meist ganzrandig und wellig, an Langtrieben wellig, unregelmäßig buchtig gezähnt oder gesägt. Der Blattstiel ist 1 bis 2 cm lang und dunkelrot. Die bis 1 cm langen Nebenblätter sind herz- bis nierenförmig, gezähnt, und fallen frühzeitig ab. Die Blütenstände (sitzende Kätzchen) der zweihäusigen S. erscheinen von März bis Anfang Mai vor dem Laubaustrieb. Sie sind auffallend groß und vor dem Aufblühen in einen dichten glänzend silberweißen Haarpelz gehüllt („Palmkätzchen"). Die männlichen, dick-eiförmigen bis tonnenförmigen, aufrecht stehenden Kätzchen sind 2 bis 3,5 cm lang, etwa 1,5 bis 2 cm breit und dichtblütig, mit lanzettlichen, dicht und lang behaarten, dunkelbraunen bis schwärzlichen Tragblättern, etwa zwei- bis viermal so langen Staubfäden, ellipsoiden, gelben, selten roten Staubbeuteln sowie Nektardrüsen und duften angenehm nach Honig. Die weiblichen, bleichgrünen, zylindrischen, aufrecht stehenden Kätzchen sind 3 bis 6 cm lang, etwa 2 cm breit und verlängern sich während der Fruchtreife bis auf 10 cm Länge, haben dichtstehende, behaarte, gestielte Fruchtknoten, sehr kurze Griffel (fehlen oft), bis zur Mitte zweiteilige Narben und Nektardrüsen. Die Früchte sind lang-lanzettliche, graufilzige, in zwei Klappen aufspringende Kapseln, die sehr kleine, am Grunde mit einem langen weißen Haarbüschel versehene Samen freigeben. Die S. pflanzt sich leicht durch Samen fort, ist jedoch wie die Aschweide, im Ggs. zu anderen Weidenarten, kaum durch Stecklinge und Setzstangen vermehrbar.

Das Holz der S., auch Pfeifenholz genannt, hat einen rötlichweißen Splint und einen hellroten Kern. Da die S. neben der Reifweide eine der am frühesten blühenden Wei ist, stellen ihre Blüten im zeitigen Frühjahr die erste Nahrung für die Bienen (→ Bienenweide) dar. Auch Schmetterlingssammler verwenden diese Kätzchen oft als Nahrung für frühfliegende Falter.

In katholischen Gegenden Mitteleuropas werden am Palmsonntag die als „Palm" bezeichneten Zweige mit den noch nicht blühenden Kätzchen in den Kirchen geweiht (daher auch der Name „Palmweide") und an die Kirchenbesucher verteilt, oder mit Buchsbaum und Sadebaum gebunden als → Palmbüschel von den Kirchenbesuchern zur Weihe mitgebracht. Die geweihten Palmzweige sollen vor Ungemach schützen und werden in den Wohnstuben häufig hinter das Kruzifix gesteckt.

Holzeigenschaft und Nutzung wie SWei.

20. Sandweide, die (*Salix arenaria* L.): auch Bach-, Sand-, Kriech-, Heckenrosen-, Rosen- oder Strauchweide.

Verbreitung: Die S. ist eine westeuropäische Pflanze und vorwiegend in den Küstengebieten des Atlantiks, der Nord- und Ostsee heimisch. Stellenweise dringt sie tiefer in den Kontinent ein, was zum Beispiel am Rhein der Fall ist. Hier ist sie bis in die Gegend von Bonn vorgedrungen.

Standort: Die S. wächst in Gebüschen auf Sanddünen und auch in tieferen Lagen in Flachmooren, auf sehr feuchten Wiesen und Torfböden. Verbands-Charakterart der Sandweidengebüsche.

Merkmale: Der kriechende, 10 bis 100 cm hohe Strauch hat einen unterirdischen Stamm und niederliegende Äste mit aufrechten, dünnen grau- bis rotbraunen Zweigen. Die eiförmigen Blätter sind 20 bis 30 mm lang, 10 bis 15 mm breit, beiderseits anliegend behaart und dadurch silbrig glänzend. Die älteren Blätter sind kahl. Sie weisen vier bis sechs seitliche Nervenpaare auf; der Blattrand ist mit vereinzelten Zähnen versehen und nach unten eingerollt. Der Blattstiel ist bis 3 mm lang. Die lanzettlichen Nebenblätter sind etwa 8 mm lang und meist an den Langtrieben vorhanden. Die Blütenstände erscheinen im April/Mai, kurz vor dem Laubaustrieb. Die männlichen, etwa 13 mm langen und 5 mm breiten Kätzchen bestehen aus eiförmigen bis rundlichen, am Grunde hellen, an der Spitze rotbraunen, behaarten Tragblättern, am Grunde behaarten Staubfäden und länglichen Nektardrüsen. Die 1 cm lang gestielten weiblichen Kätzchen sind etwa 3 cm lang, 1,5 cm breit, mit länglichen Tragblättern, gestielten dicht behaarten Fruchtknoten und kurzen Griffeln, die häufig auch fehlen.

Die S. wird oft als Unterart der Kriechweide (*Salix repens ssp. arenaria*) angesehen. Sie unterscheidet sich jedoch von dieser besonders durch die behaarten Staubfäden und Früchte.

21. Schwarzweide, die (*Salix nigricans* Smith = *S. myrsinifolia* Salisb.):

Verbreitung: Die S. ist über ganz Nordeuropa verbreitet, ferner in Nordwestdtschl., in den Alpen und deren Vorgebirge, dem Jura, dem Schwarzwald, der Schwäbischen Alb und den Vogesen. Sie kommt nirgends häufig vor.

Standort: Die S. wächst zerstreut in Weidengebüschen, Hartholz-Auenwäldern, Grauerlenwäldern, Mooren, auf Waldschlägen, sumpfigen Wiesen, an schlammigen und kiesigen Fluß- und Bachufern sowie sumpfigen und feuchten Orten. Sie bevorzugt feuchte, kalkhaltige, nährstoff- und basenreiche Ton-, Sand- und Kiesböden und ist von der Hügelstufe bis zur Waldgrenze anzutreffen.

Merkmale: Der bis 4 m hohe Strauch, selten Baum, hat grüne bis schwarzbraune, matte, kahle Zweige. Die jungen Triebe sind meist dicht grauhaarig. Die Form und Größe der Blätter variiert stark. Sie sind wechselständig angeordnet, 3 bis 10 cm lang, 1 bis 5 cm breit, meist elliptisch bis fast kreisrund, kurz zugespitzt, oberseits dunkelgrün, etwas glänzend, zerstreut behaart oder kahl, mit eingesenkter Nervatur, unterseits auf den Nerven dicht, sonst spärlich behaart, graugrün bis blaugrün und mit Ausnahme von Rand und Spitze bläulich bereift. Der Blattrand ist unregelmäßig gesägt, der Blattstiel bis 1,4 cm lang. Die relativ großen, nierenförmigen Nebenblätter sind bis 1 cm lang und gezähnt. Beim Abwelken und Trocknen färben sich die Blätter schwarz. Die Blütenstände der zweihäusigen S. erscheinen im April/Mai, kurz vor dem Laubausbruch. Die männlichen Kätzchen sind 2 bis 3,5 cm lang, etwa 1 cm breit, etwa 5 mm lang gestielt und haben braune, zottig behaarte Tragblätter, bis dreimal so lange Staubfäden, ellipsoide, goldgelbe, zuletzt schwärzliche Staubbeutel und Nektardrüsen.

Silberweide (*Salix alba*)

Die weiblichen, aufrecht stehenden Kätzchen sind lockerblütig, bis 6 cm lang, etwa 1,5 cm breit, mit gestielten, vollständig kahlen und 1 bis 1,5 mm langen Griffeln. Die Kätzchen werden wie das Laub beim Trocknen schwarz. Die S. neigt zur Bastardierung.

22. Silberweide, die (*Salix alba* Linné): auch Gemeine W., Weiße W., Weiß-, Baum-, Elb-, Werft-, Gerber-, Kolb-, Kopfweide, Felbe, Felber, Falber.

Verbreitung: Die S. ist eine eurasische Pflanze und von alters her, mit Ausnahme des Nordens, fast in ganz Europa verbreitet. Im Süden reicht ihr Verbreitungsgebiet bis Nordafrika, im Osten bis ins Ob-Gebiet und Kleinasien. In Schottland, Nord- und Westirland sowie in

Stumpfblättrige Weide (*Salix retusa*)

Zweifarbige Weide (*Salix bicolor*)

Skandinavien wird sie häufig kultiviert und ist auch bei uns ein beliebter Parkbaum.
Standort: Die S. wächst meist in tieferen Lagen (unter 800 m), bevorzugt in Auwäldern, an See-, Fluß- und Bachufern auf periodisch überschwemmten, nährstoff- und basenreichen sandig-kiesigen Tonböden oder reinen Schlickböden. Sie bevorzugt feuchte, tiefgründige, kalkhaltige Böden und ist daher vorwiegend in feuchten Niederungen und Gebirgstälern anzutreffen. In Auwälder (Charakterart des Silberweiden-Auwaldes) und an Flußufern bildet sie zusammen mit Pa größere Bestände und ist zugleich unsere forstlich wichtigste Weidenart; Zeiger guter Pappelstandorte.
Merkmale: Der stattliche, bis zu 25 (30) m hoch und über 1 m stark werdende Baum (seltener Strauch) hat eine unregelmäßig geformte, meist hochgewölbte oder weit ausladende Krone, am Grunde kräftige, aufrecht abstehende Äste und einen geraden, walzigen Stamm mit hellgrauer Rinde, die im Alter zu einer längsrissigen, dunkel-braungrauen, mit dichtem Netzwerk erhabener Leisten überzogenen (aber nicht brökelnder) Borke wird. Die sehr raschwüchsige – im Alter von 30 Jahren schon ausgereifte – S. kann weit über 100 (200) Jahre alt werden. Ihre älteren Zweige sind gelb- bis rotbraun, meist kahl und glänzend, rutenförmig, auffallend lang und bei älteren Bäumen oft überhängend. Die Triebe sind hell- bis dunkelgrau oder braun, matt, und dicht seidig behaart; später verkahlen sie. Die Knospen sind länglich-eiförmig, vorn zugespitzt (wobei die Spitze der meist am Zweig anliegenden Seitenknospen gebogen ist) und werden von einer rotbraunen bis dunkelbraunen Knospenschuppe, die dicht anliegend silbrig behaart ist, kapuzenartig umhüllt. Die wechselständigen, 5 mm lang gestielten Blätter sind lanzettlich, 5 bis 10 cm lang, etwa 2 cm breit (in der Mitte am breitesten), zugespitzt – manchmal an der Spitze etwas unsymmetrisch – und am Grunde keilförmig verschmälert. Sie sind oberseits hell- bis dunkelgrün, locker seidig behaart, später verkahlend, unterseits blaugrün, dicht anliegend seidig behaart mit auffallendem Silberglanz, wobei die geraden Haare meist in Längsrichtung des Blattes orientiert sind. Auch die Blattunterseite ist später mehr oder weniger verkahlend. Der Mittelnerv und die Seitennerven treten deutlich hervor. Der Blattrand ist flach, fein und regelmäßig gesägt und drüsig. Die kleinen lanzettlichen Nebenblätter sind nur gelegentlich, ausschließlich an Langtrieben vorhanden und fallen frühzeitig ab. Die Blütenstände der zweihäusigen S. erscheinen im April/Mai, gleichzeitig mit dem Laubaustrieb, an beblätterten Seitenästen vorjähriger Triebe (wichtige Bienenweide). Die männlichen, 1 bis 1,5 cm lang gestielten Kätzchen sind zylindrisch, schlank, 3 bis 7 cm lang, etwa 1 cm breit mit gelben, häutigen Tragblättern, und i. d. R. je zwei freien Staubblättern, ellipsoiden gelben Staubbeuteln und Nektardrüsen. Die weiblichen aufrechten, zuweilen etwas gebogenen, am Grunde lockerblütigen Kätzchen sind zylindrisch, schlank, bis 5 cm lang, etwa 6 mm breit und haben Tragblätter, kahle, fast sitzende Fruchtknoten mit sehr kurzem, meist geteiltem Griffel, einer jeweils in vier gleichgroße Zipfel geteilten Narbe und je einer Nektardrüse. Die Früchte sind eikegelförmige, graufilzige, sitzende Kapseln mit auswärts gebogenen Klappen und sehr kleinen dünnschaligen, am Grunde mit weißem Haarschopf versehenen Samen. Die S. kann sich auch durch → Stockausschläge vermehren.
Das Holz ist leicht, sehr weich und hat einen schmutzigbraunen bis rötlichbraunen Kern mit → Markflecken. Es dient für Sperrholz, Span- und Faserplatten, Zellstoff, Zündhölzer, als Blindholz für Möbel, für Zeichenbretter, Spielwaren, Holzschuhe, Obststeigen, Kisten und Spankörbe.
Die langen rutenförmigen Zweige werden als Flecht- und Bindematerial zum Korbflechten verwendet, weshalb die S. in ganzen Beständen angepflanzt wurde. Der Hauptstamm und die Hauptäste werden dabei jährlich beschnitten, wodurch die knotenförmig verdickten Stammenden lange, unverzweigte Ruten tragen; es entstehen die sog. Kopfweiden.
Die Wei wurde schon von den Ärzten der Antike sehr geschätzt. Im 17. Jh. fand die Rinde bereits als fiebersenkendes Mittel Verwendung, was auf den hohen Salicingehalt zurückzuführen ist. Salicin wird im Körper in Salicylsäure umgewandelt. Dieser vielseitig wirkende Stoff findet weltweit als Medikament, u. a. auch unter dem Namen Aspirin, Verwendung.
Von der S. gibt es zahlreiche → Varietäten und Bastarde. Erwähnenswert ist der Bastard mit der Bruchweide (*S. x rubens*), der sich durch seine weißliche Blattunterseite von der Elternart unterscheidet. Der Bastard aus der Dotterweide oder Goldweide (*S. alba var. vitellina*) und der Chinesischen Trauerweide (*S. babylonica*) ist die bei uns weit verbreitete Trauerweide (*S. x chrysocoma*), die an ihren hängenden, hellgelben Trieben gut zu bestimmen ist. Ferner sei noch eine Varietät, eine nicht so wüchsige Zierform (*S. alba var. argentea*) mit silbergrünen Blättern erwähnt, die sich häufig in Parkanlagen findet.

23. Spießweide, die (*Salix hastata* L. = *S. elegans* Host.): auch Spießblättrige W.
Verbreitung: Die S. ist eine eurosibirische Pflanze und kommt v. a. in Nordeuropa vor. Vereinzelte Vorkommen finden sich zudem in europäischen und asiatischen Hochgebirgen, wie z. B. den Pyrenäen, dem Französischen Zentralplateau, den Vogesen, dem Jura, Harz, in den Berchtesgadener Alpen und in den Allgäuer Hochalpen, im toskanischen Apennin, den Sudeten und Karpaten.
Standort: Sie wächst auf sickerfrischen oder sickerfeuchten, mehr oder weniger nährstoff- und basenreichen, auch kalkarmen, humosen Stein- und Lehmböden, Hochstaudengebüschen auf Schutthalden, ständig durchfeuchteten Anschwemmungen von Bächen und Flüssen, an steinigen und grasigen Hängen, unter Erlengebüschen und ist von der Bergstufe bis in Höhen von 2300 m im Hochgebirge anzutreffen.
Merkmale: Der meist niederliegende bis zu 150 cm hohe Strauch hat dichtstehende, bogig aufwärts gerichtete, braune, kahle Zweige. Die jungen Triebe sind hell- bis dunkel-rotbraun, am Triebende mehr oder weniger stark behaart. Die Endknospen sind eiförmig, oben häufig zugespitzt, die Seitenknospen spitzeiförmig, seitlich etwas zusammengedrückt und etwas vom Zweig abstehend. Die Knospenschuppen sind rötlich- bis kastanienbraun, zur Spitze hin häufig zerstreut zottig behaart. Die lanzettlichen bis eiförmigen Blätter sind bis zu 8 cm lang und 5 cm breit; in der Mitte oder oberhalb dieser am breitesten. Sie sind oberseits mattgrün, unterseits graugrün; die ausgewachsenen sind auf beiden Seiten kahl und matt. Der Blattrand ist fein gezähnt, der Blattstiel etwa 4 mm lang. Die eiförmigen Nebenblätter sind gezähnt, manchmal fehlen sie auch. Die Blütenstände erscheinen je nach Standort von Mai bis August, zur gleichen Zeit wie die Blätter. Die aufrechten männlichen Kätzchen sind zylindrisch, 3 bis 5 cm lang, etwa 1 cm breit und haben grünlich- bis rötlichgelbe, an der Spitze etwas dunklere, lanzettliche, lang behaarte Tragblätter, freie Staubblätter, kahle Staubfäden, ellipsoide Staubbeutel sowie Nektardrüsen. Die ebenfalls aufrechten, dichtblütigen, 2 bis 3 cm lang gestielten weiblichen Kätzchen sind bis 10 cm lang, etwa 1,5 cm breit, mit gestielten, kahlen, meist grünen Fruchtknoten, Griffeln, zweispaltigen Narben und Nektardrüsen.

24. Stumpfblättrige Weide, die (*Salix retusa* L.): auch Stumpfblättrige Zwergweide, Gestutzte W., Stutzweide, Stutzblatt-W., Stumpfblättrige Gletscherweide, Teppichweide.
Verbreitung: Die S. W. ist über die Gebirge Süd- und Mitteleuropas, den Balkan und die Karpaten verbreitet.
Standort: Sie wächst in Höhen von 1700 bis über 2500 m auf frischen, schneebedeckten, meist kalkreichen Böden, auf Felsblöcken, in

Nordlagen mit acht bis zehn Monaten Schneebedeckung, in Rusen und häufig in der Umgebung des Knieholzes. Durch ihr Spalierwachstum befestigt sie häufig losen Schutt.
Merkmale: Der kriechende Spalierstrauch hat einen knorrigen, gekrümmten, locker verzweigten Stamm mit dicht beblätterten Zweigenden. Die jungen Zweige sind unterseits grün, lichtseits rötlichbraun, kahl, brechen leicht ab, liegen auf dem Boden und treiben unterseits Wurzeln. An älteren Zweigen löst sich die helle Haut in Flocken ab. Die Knospen sind zylindrisch, oben abgerundet oder eiförmig, die Seitenknospen außerdem eng am Zweig anliegend. Die kahlen Knospenschuppen sind schattenseits grün, lichtseits dunkelrotbraun. Die Wurzeln der S. W. sind lang und zäh. Die kleinen, kurzgestielten Blätter sind beiderseits grün, oberseits glänzend, vorne stumpf oder schwach abgerundet; im Herbst färben sie sich leuchtend gelb (→ Blattfarbstoffe). BZ: Juni (Mai) bis August (September); die Blütenstände erscheinen mit den Blättern und sind endständig. Die männlichen Kätzchen sind kurzgestielt, eiförmig bis zylindrisch, mit Nektardrüsen, gelbgrünen Tragblättern, oft mit rötlichem Saum. Die ungeöffneten Staubbeutel sind purpurrot, später gelb. Die weiblichen Kätzchen sind länger gestielt, mit Nektardrüsen, kurzgestielten, kahlen, eikegelförmigen Fruchtknoten. Die Griffel sind kurz, die Narbenäste seitlich gebogen. Die gestielten Fruchtstände enthalten weißwollige Samen.

25. Zweifarbige Weide, die (*Salix bicolor* Willd. = *S. schraderiana* Willd. = *S. basaltica* Coste):
Verbreitung: Die Z. W. kommt in den Gebirgen Nordspaniens, den Pyrenäen, Vogesen, dem Französischen Zentralmassiv, den Sudeten und Karpaten vor. Bis vor wenigen Jahren war sie noch im Harz anzutreffen. Sie gilt bei uns nunmehr als ausgestorben. Vom letzten weiblichen Exemplar gibt es in Botanischen Gärten noch Nachkömmlinge.
Standort: Sie wächst in Weidengebüschen, an Bächen und Quellmooren, in Hochstaudenfluren, auf sickernassen, mäßig nährstoff- und basenreichen, frischen, aber kalkarmen Tonböden in der oberen Bergstufe.
Merkmale: Der aufrechte, bis 2 m hohe Strauch hat sperrig abstehende gelbliche bis bräunliche Äste und grau- bis rotbraune, kahle, glänzende Zweige. Das Holz (Rinde abheben) weist etwa bis 4 mm lange Längsrippen auf. Die jungen Triebe sind fahlgelb und dicht borstig behaart. Die breit-lanzettlichen bis verkehrt-eiförmigen Blätter sind etwa 3,5 bis 5, gelegentlich bis 6,5 mm lang, 1,5 bis 3 cm breit (oberhalb der Mitte am breitesten), oberseits grün, unterseits meergrün und beiderseits punktiert. Die jungen Blätter sind teilweise seidig behaart, ausgewachsen dann kahl. Der Blattrand der Blätter an den Haupttrieben ist unregelmäßig fein gezähnt; der Blattstiel ist etwa 8 mm lang. Die Nebenblätter sind bis 7 mm lang oder fehlen. Die Blütenstände erscheinen im Mai/Juni, zur gleichen Zeit wie die Blätter. Die männlichen Kätzchen sind 10 bis 15 mm lang, 5 mm breit und haben 2 mm lange, verkehrt-eiförmige, behaarte Tragblätter, kahle Staubfäden, hellgelbe, kugelige Staubbeutel sowie Nektardrüsen. Die weiblichen Kätzchen sind etwa 15 bis 20 mm, später bis 40 mm lang, 10 mm breit, mit Tragblättern, bis 5 mm langen, hell seidig behaarten, gestielten Fruchtknoten und Griffeln.
Die Z. W. ist eng mit der im Gebirge, besonders im Schweizer Alpenraum vorkommenden **Hochtalweide** oder **Hegetschweilers Weide** (*Salix hegetschweileri* Heer.) verwandt.
Erwähnenswert, wenn auch nur selten vorkommend, sind noch folgende Arten:

26. Alpenweide, die (*Salix alpina* Scop. = *S. jacquini* Host = *S. jacquiniana* Willd.): auch (Ost-)Myrtenweide.
Ein kleinwüchsiger Strauch mit nur 0,5 bis 1,5 m hohen, bogig aufwärts gerichteten Zweigen. Die A. kommt in Dtschl. nicht vor, ist aber u. a. von den Ötztaler Alpen ostwärts bis zu den Julischen Alpen und zum Wiener Schneeberg vereinzelt anzutreffen. Sie liebt kalkhaltigen Untergrund und wächst in der Gebirgsstufe von 1400 bis 2000 m an Felshängen und auf Geröllhalden. Bemerkenswert sind die dunkelpurpur gefärbten Blütenteile, die beiderseits grün glänzenden Blätter und die bis 1 cm dicken, schwarzbraunen Äste.

27. Mattenweide, die (*Salix breviserrata* Floderus = *S. arbutifolia* Willd.): auch Kurzzähnige W., (West-)Myrtenweide. Der niederliegende, nur etwa 50 cm hohe, jedoch reichverzweigte Strauch, blüht von Juni bis Juli und findet sich nur im Gebirge und Hochgebirge. Er bevorzugt sonnige Lagen im Kalkblockschutt und wirkt als Schuttfestiger. Er ist u. a. in den Alpen, Abruzzen, Pyrenäen und Dinarischen Alpen verbreitet.

28. Ruchweide, die (*Salix foetida* Schleicher ex Lamarck): auch Stinkende W., West-Bäumchenweide. Die R., ein zierlicher bis etwa 2 m hoher Strauch, wächst im Gebirge und Hochgebirge (z. B. zerstreut in den Hohen Tauern) auf schattigen Blockschutthalden und in feuchten Hochstaudengebüschen. Er bevorzugt kalkarme Böden und ist auch auf sandig-kiesigen Anschwemmungen von Flüssen und Bächen anzutreffen. Der Name Stinkende W. ist im übrigen irreführend, da der Strauch aromatisch duftet.

29. Seidenweide, die (*Salix glaucosericea* Floderus): auch Alpengrauweide. Der kleine, kaum 1 m hoch werdende Strauch ist eine Gebirgspflanze, die bis etwa 2500 m Höhe anzutreffen ist. Die S. kommt von den Hautes Alpes ostwärts bis zu den Hohen Tauern vor, am häufigsten aber in den Zentral- und Südalpen. Sie bevorzugt schattige Hänge und wächst im kalkfreien Blockschutt, auf Gletschermoränen sowie in feuchten Hochstaudengebüschen und kommt meist in Gesellschaft mit anderen Wei vor.

30. Schweizer Weide, die (*Salix helvetica* Vill.): Die S. W. kommt u. a. in den Alpen, von den Seealpen ostwärts bis Nordtirol sowie in Kärnten und in der Steiermark vor. Sie wird etwa 1,5 m hoch und hat kurze, dicke Zweige. In den Alpen besiedelt sie die schattigen Nordlagen (Feuchten, kalkfreien Blockschutt) in Höhen zwischen 1700 und 2300 m.

31. Flaumweide, die (*Salix laggeri* Schleicher): Der 2 bis 3 m hohe Strauch mit dicken, knotigen, schwarzbraunen Zweigen ist u. a. in den Stubaier Alpen, in den Ötztaler Alpen, im Oberengadin und im Tessin anzutreffen. Er besiedelt in 1700 bis 2100 m Höhe feuchte, felsige Stellen, v. a. auf Schotter an Bach- und Seeufern; er blüht von Mai bis Juni.

32. Braunweide, die (*Salix waldsteiniana* Willd.): auch Waldsteins W., Bäumchenweide. Die bis zu 2 m hohe B. ist eine Gebirgspflanze Mittel- und Südeuropas und in Bayern potentiell gefährdet. Hauptverbreitungsgebiet sind die Ostalpen und die Karpaten. Der von Juni bis Juli blühende Strauch wächst auf sickerfrischen, mäßig nährstoff- und basenreichen, milden bis mäßig saueren, humosen Lehm- und Tonböden. Die B. ist oberhalb der Waldgrenze anzutreffen und findet sich dort in Hochstaudengebüschen, oft in Grünerlenbeständen, auf schattigem und kalkhaltigem Blockschutt. Die zarten Zweige sind aufrecht, die einjährigen Triebe gelblich und borstig behaart. Die zweijährigen Zweige sind kahl und glatt, glänzend und schwarzbraun.

Weiden-Alant, der: → Alant 3.

Weidenblattkäfer → Blattkäfer 5. mit 8.

Weidenblättriger Alant, der: → Alant 3.

Weidenblättriger Spierstrauch, der: → Spiersträucher 2.

Weidenböckchen, das: → Bockkäfer 22.

Weidenbohrer, der: → Holzbohrer 1.

Weidendorn, der: → Sanddorn.

Weiden-Gabelschwanz, der: → Zahnspinner 4.

Weidengebüsche und -wälder → Weichholzaue.

Weidengesellschaft und Pappelgesellschaft, die: → Weichholzaue.

Weidengewächse (*Salicaceae*): vorwiegend in der nördlichen gemäßigten und subarktischen Zone (nur wenige Arten in den Tropen) wachsende große Fam. der Laubhölzer. Sie ist unterteilt in zwei Gatt., die der → Pappeln und der → Weiden, mit rd. 350 Arten von Bäumen und Sträuchern. Die W. sind sehr wüchsig, schätzen feuchte Standorte und neigen in den Gatt. zum Bastardieren.

Weidenglasflügler, der: → Glasflügler.

Weidenheger → Weidenniederwald.

Weidenholz-Gallmücke, die: → Gallmücken 16.

Weidenkahneule, -spinner, die, der: → Eulen B 14.

Weidenknopfhornblattwespe, die: → Blattwespen.

Weidenniederwald, der: Je nachdem, ob die Nutzung der Wei der Gewinnung von Flechtruten oder von sog. → Bandstöcken diente, wurde früher der → Niederwald in ein- oder zweijährigem, im anderen Falle drei- bis fünfjährigem Umtrieb (→ Umtriebszeit) bewirtschaftet. W., die der Gewinnung von Weidenruten, gelegentlich auch von Brennholz dienen, sind ein Stockausschlagsbetrieb (→ Stockausschlag) und werden im ein- bis zweijährigen Umtrieb (Flechtweiden) oder drei- bis fünfjährigen Umtrieb (→ Bandstöcke) bis auf den Stock zurückgeschnitten. Zur Anlage einer

Weidenkultur eignete sich frischer und einigermaßen nährstoffreicher Boden. Die Neuanlage geschieht im Frühjahr (Mitte März bis Ende April) mit etwa 30 cm langen → Stecklingen. Die zahlreichen Weidenarten und ihre → Bastarde werden nach der Länge und Stärke ihrer Ruten, sowie nach der Ausschlagsfähigkeit (→ Ausschlagvermögen) der Stöcke und deren Dauer beurteilt. Als Flechtweide empfiehlt sich die Korbweide (→ Weiden 7.), weil sie hervorragende schlanke Ruten ergibt und jährlichen Schnitt gut aushält. Weiter kommen noch in Betracht: Dotterweide, Salweide, Silberweide und Purpurweide und einige Kreuzungen, auch mit nordamerikanischen Weiden.

Weidenrinde, die (Verwendung): → Lohrinde.

Weidenröschen, das (*Epilobium*): Gatt. der → Nachtkerzengewächse mit rd. 200 Arten in den kühleren Klimazonen unserer Erde. Es handelt sich um meist aufrechte oder kriechende, ein- oder mehrjährige → Stauden oder → Halbsträucher mit lanzettförmigen, ganzrandigen oder gezähnten Blättern und unverzweigten Stengeln, die dichte Trauben (→ Blütenstand) mit roten, weißen oder purpurnen, glockigen oder trichterförmigen → Blüten tragen, die von unten nach oben abblühen. Die → Samen tragen einen Haarschopf. Bei uns sind 18 Arten vertreten, die untereinander zahlreiche Hybriden bilden können. Die interessantesten, auch im Wald anzutreffenden Arten sind:

Schmalblättriges Weidenröschen (*Epilobium angustifolium*)

1. Schmalblättriges Weidenröschen, das (*Epilobium angustifolium* Linné = *Chamaenerion angustifolium*): auch Wald-W., Schmalblättriges Feuerkraut, Rotheider, Sankt-Antonien-Kraut. Das S. W. kommt mit Ausnahme der Mittelmeerregion fast in ganz Europa und Nordamerika vor. Es ist verbreitet bis häufig und Ordnungs- → Charakterart in → Weidenröschen-Schlaggesellschaften, in Gebüschen und Hochstaudenfluren, an Ufern, Wald- und Wegrändern, auf Waldverlichtungen, Schuttplätzen, Heiden, Brandflächen (daher Feuerkraut) und Ödland, von der Ebene bis in Höhen von bis zu 2400 m im Hochgebirge; zeigt gestörte Bodenverhältnisse an.

Das S. W. ist ein tief wurzelnder, lockernder Waldbodenbereiter, der durch → Wurzelbrut und seine Ausläuferbildung auch zur Bodenbefestigung an Abhängen beiträgt. Auf Kahlschlägen ist es auch ein Bodenschutz, kann jedoch in Massen zum verdämmenden Unkraut werden. Die mehrjährige, 50 bis 160 cm hohe Pflanze hat einen kriechenden, → Ausläufer treibenden Wurzelstock und einen aufrechten oder aufsteigenden, beblätterten, oft rot überlaufenen, meist unverzweigten Stengel. Die sitzenden oder kurzgestielten, wechselständig (→ Blattstellung) angeordneten Blätter sind schmal-lanzettlich (weidenblattähnlich), kahl, oberseits dunkelgrün, unterseits blaugrün mit hervortretenden Seitennerven, ganzrandig oder drüsig gezähnt (Rand zurückgerollt). BZ: Juni bis September (Oktober). Die Blüten stehen in endständigen, aufrechten oder überhängenden, langen, vielblütigen, lockeren Trauben. Die großen, etwa 2 bis 3 cm breiten, immer horizontal stehenden Blüten haben vier ausgebreitete ungleich große, verkehrt-eiförmige oder rundliche, rosarote oder purpurne, selten weiße, benagelte → Kronblätter. Die vierkantige, schotenförmige, bis 5 cm lange Fruchtkapsel ist oft rot überlaufen. Sie springt im Sommer und Herbst der Länge nach vierklappig auf und entläßt große Mengen Samen mit Haarschopf, die vom Wind weit transportiert werden können.

Die Samenwolle des S. W. wurde früher gelegentlich als Polstermaterial verwendet. Aus den jungen Blättern kann Salat bereitet werden; getrocknet kann aus ihnen Tee (Iwan-Tschai der Russen) bereitet werden. Die jungen Triebe (etwa 15 bis 20 cm lang) ergeben, wie Spargel zubereitet, ein schmackhaftes Gemüse.

In der Naturheilkunde finden der Wurzelstock, die Blüten und die getrockneten Blätter Verwendung. Sie enthalten Pektin, Gerbstoffe, Schleimstoffe und wirken adstringierend, antidiarrhöisch, blutstillend, wundreinigend und erweichend. Innerliche Anwendung finden sie als Aufguß bei Durchfall. Der Aufguß bringt auch als Gurgelmittel Aphthen in der Mundhöhle zum Abklingen, und der Absud wird zur Auswaschung von Wunden verwendet.

2. Berg-Weidenröschen, das (*Epilobium montanum* Linné): Das B. ist fast über ganz Europa verbreitet, kommt relativ häufig vor und wächst in Wäldern, besonders Laub- und Nadelmischwäldern, in gestörten mesophytischen Buchen- und Laubmischwäldern, Gebüschen, Hecken, auf Schlägen und Schuttplätzen, auf frischen, nährstoffreichen Böden, vorwiegend in mittleren Gebirgslagen. Gelegentlich finden sich auch Pflanzen in Humusanhäufungen in Astgabeln von Bäumen.

▸▸ Berg-Weidenröschen (*Epilobium montanum*)

Die mehrjährige, 10 bis 80 cm hohe, auch epiphytisch wachsende Pflanze hat einen aufrechten, oben wenig ästigen und im oberen Teil mit abstehenden Drüsenhaaren bedeckten Stengel. An der Stengelbasis bilden sich im Herbst kurze, kriechende Seitensprosse, die auf oder knapp unter der Bodenoberfläche wachsen und mit rötlichen, fleischigen Schuppen bedeckt sind, in denen Nährstoffe für den Austrieb im nächsten Frühjahr gespeichert werden. Die kurzgestielten, grasgrünen Blätter sind lanzettlich bis elliptisch, am Grunde abgerundet oder schwach herzförmig und dicht ungleich gezähnt, die unteren bis zur Stengelmitte gegenständig, die oberen wechselständig. BZ: Juni bis September. Die nickenden Blütenknospen richten sich bis zur Blüte aufwärts. Die trichterförmigen, rosenroten, gelegentlich weißen, dunkler geaderten Blüten stehen einzeln in den Achseln der oberen Stengelblätter, in langer, lockerer, endständiger, anfangs nickender Traube. Die vierkantige, schotenförmige, 6 bis 9 cm lange, mit gebogenen anliegenden Haaren und abstehenden Drüsenhaaren besetzte Kapselfrucht reißt der Länge nach auf und gibt verkehrt-eiförmige Samen frei, die an der abgerundeten Spitze einen Haarschopf tragen.

Das B. war früher auch eine beliebte → Heilpflanze, deren Blätter als Tee bei Prostataleiden und deren getrocknete pulverisierte Wurzel als Mittel gegen Blutergüsse diente.

3. Sumpf-Weidenröschen, das (*Epilobium palustre* L.): Das über Nord- (fast bis zum Polarkreis), West- und Mitteleuropa verbreitete S. kommt in Dtschl. zerstreut bis verbreitet vor. Es wächst an Tümpeln und Gräben, auf Naß- und Torfwiesen, in Sümpfen, Bruchwäldern, Flach- und Quellmooren auf sickernassen, nährstoffreichen, meist kalkarmen Böden.

Die 10 bis 70 cm hohe Staude treibt fadenförmige Ausläufer, die im Herbst haselnußgroße fleischige Endknospen bilden. Der Stengel ist rund, einfach, wenig ästig, kurz behaart. Die auf keilförmigem Grund sitzenden, gegenständigen Blätter sind dunkelgrün, lineal-lanzettlich, ganzrandig oder etwas gezähnt. BZ: Juli bis September. Die fleischfarbenen, rosaroten oder hellvioletten, selten weißen, 4 bis 8 mm langen Blüten haben eine keulige Narbe. Die Frucht ist eine lange, schotenförmige, vierkantige Kapsel, die sich vierklappig öffnet.

Neben vorgenannten weit verbreiteten Arten, kommen selten noch das **Quirlblättrige W.** (*E. alpestre*) in Grünerlengebüschen, das **Graugrüne W.** (*E. lamyi*) und das **Dunkelgrüne W.** (*E. obscurum*) in sonnigen Waldschlägen vor.

Weidenröschen-Schlaggesellschaften (*Epilobietea angustifolii*): Charakterarten (→ Pflanzengesellschaften) einer → Schlagflora. Die W. werden unterschieden in

a) Bodensaure W. (*Epilobion Angustifolii*): Hierzu gehören die

1. Fingerhut-Schlaggesellschaft (*Epilobio-Digitalietum purpureae*), meist auf den Kahlschlägen der westlichen Bergländer auf saurem, nährstoffarmen Gestein, z. B. im Harz, Hohen Venn, Sauerland, Schwarzwald und im Odenwald. Sie wird gebildet aus dem Roten Fingerhut (*Digitalis purpurea*), Waldweidenröschen (*Epilobium angustifolium*), Waldgreiskraut (*Senecio sylvaticus*), Himbeere (Rubus idaeus), Drahtschmiele (*Avanella (= Deschampsia) flexuosa*), Rotes Straußgras (*Agrostis tenuis*), Vogelbeere (*Sorbus aucuparia*) und Wald-Haarmützenmoos (*Polytrichum attenuatum*).

2. **Weidenröschen-Waldgreiskraut-Schlaggesellschaft** (*Epilobio-Senecionetum silvatici*), überall häufig auf nährstoffarmen Böden (Kahlschlägen) im Tiefland und in den unteren Lagen des Berglandes. Vorherrschende Pflanzen sind Waldweidenröschen (*Epilobium angustifolium*), Waldgreiskraut (*Senecio sylvaticus*), Brombeere (*Rubus fruticosus*), Himbeere (*Rubus idaeus*), Pillensegge (*Carex pilulifera*), Vogelbeere (*Sorbus aucuparia*), Weißbirke (*Betula pendula*), Kleiner Ampfer (*Rumex acetosella*), Besenmoos (*Dicranum scoparium*), Wald-Haarmützenmoos (*Polytrichum attenuatum*).

3. **Gesellschaft des Kletternden Lerchensporns** (*Corydalis clavivulata-Epilobium angustifolium*): in Nordwestdtschl. vorkommende Pflanzengesellschaft, hauptsächlich in Gebüschen, die an Waldrändern bzw. an Gräben angrenzen. Sie besteht hauptsächlich aus dem Kletternden (= Rankenden) Lerchensporn (*Corydalis claviculata*), dem Waldweidenröschen (*Epilobium angustifolium*), der Brombeere (*Rubus fruticosus*), Himbeere (*Rubus idaeus*) und der Drahtschmiele (*Avenella flexuosa*).

4. **Waldreitgras-Schlaggesellschaft** (*Calamagrostio arundinaceae-Digitalietum grandiflorae*): hauptsächlich im östlichen Dtschl. und im Harz in den mittleren und unteren Lagen der Mittelgebirge (auch in den tieferen Lagen der Alpen) vorkommende Gesellschaft auf Kahlschlägen. Sie besteht überwiegend aus dem Waldreitgras (*Calamagrostis arundinaceae*), vereinzelt auch mit Großblütigem Fingerhut (*Digitalis grandiflora*).

b) Walderdbeer-Schlaggesellschaften (*Fragarion Vescae*):

5. **Tollkirschen-Schlaggesellschaft** (*Atropetum belladonnae*): Zusammen mit dichten Gestrüppen aus Kahlschlagpflanzen bedeckt die Tollkirsche (*Atropa belladonna*) die Kahlschläge von Wäldern auf Kalkgestein. An Kahlschlagpflanzen kommen v. a. vor: Walderdbeere (*Fragaria vesca*), Waldklette (*Arctium nemorosum*), Rauhe Trespe (*Bromus ramosus*), Lanzettblättrige Kratzdistel (*Cirsium vulgare*), Echte Königskerze (*Verbascum thapsus*), Himbeere (*Rubus idaeus*), Traubenholunder (*Sambucus racemosa*), Waldweidenröschen (*Epilobium angustifolium*), Große Brennessel, (*Urtica dioica*). Ihr ähnlich ist die

6. **Waldkletten-Schlaggesellschaft** (*Arctietum nemorosi*): bildet zusammen mit Kahlschlagpflanzen dichte Gestrüppe auf den Kahlschlägen von Wäldern auf Kalkböden im Tiefland und im niederen Hügelland. Die Entwicklung der Gesellschaft erfolgt innerhalb von drei bis fünf Jahren nach dem Schlag auf Standorten der Fraxino-Carpinion- und frischen Buchenwäldern auf Kalk und strengem Lehm, v. a. auf Pseudogley. Es kommen vor: Gemeiner Klettenkerbel (*Torilis japonica*), Waldklette (*Arctium nemorosum*), Walderdbeere (*Fragaria vesca*), Lanzettblättrige Kratzdistel (*Cirsium vulgare*), Rauhe Trespe (*Bromus ramosus*), Echter Steinsame (*Lithospermum officinale*), Rauhes Hartheu (*Hypericum hirsutum*), Himbeere (*Rubus idaeus*), Waldweidenröschen (*Epilobium angustifolium*), Esche (*Fraxinus excelsius*), Brombeere (*Rubus fruticosus*), Ruprechts-Storchschnabel (*Geranium robertianum*), Wasserdost (*Eupatorium cannabinum*).

7. **Waldschilf-Schlagflur** (*Calamagrostidetum epigeios*): besonders im Berg- und Hügelland auf kalkarmen Böden mittlerer Güte vorkommend mit folgenden Schlagpflanzen: Waldschilf (=Sandohr = Land-Reitgras; *Calamagrostis epigejos*), Walderdbeere (*Fragaria vesca*), Himbeere (*Rubus idaeus*), Waldweidenröschen (*Epilobium angustifolium*), Brombeere (*Rubus fruticosus*), Rasenschmiele (*Deschampsia caespitosa*), Dichtährige Segge (*Carex contigua*), Salweide (*Salix caprea*), Flatterbinse *Juncus effusus*) und Moose.

c) Brombeer-Geißblatt-Gesellschaften (*Lonicero Rubion Silvatici*): Noch wenig untersuchte Gesellschaften mit folgenden zwei Assoziationen:

8. **Rubus gratus-Assoziation** und **Rubus silvaticus-Rubus sulcatus-Assoziation**: erstere findet sich auf basenarmen Quarzsandböden im nordwestdeutschen Flachland und in der niederen Hügelstufe auf Schlägen oder in Lücken von Kiefernforsten. Letztere wird aus fünf verschiedenen Brombeerarten auf schwach anlehmigen oder von mäßig basenreichem Grundwasser beeinflußten Sandboden gebildet. Sie kommt im nordwestdeutschen Flachland und in der unteren Hügelstufe vor.

d) Holunder-Salweiden-Schlaggebüsche:

9. **Fuchs-Kreuzkraut-Traubenholunder-Gesellschaft** (*Senecioni fuchsii-Sambucetum racemosi*): kommt in den höheren Berglagen vor und entwickelt sich drei bis fünf Jahre nach dem Schlag, besonders auf lehmigen Verwitterungsprodukten des Gesteins. Sie besteht aus Salweide (*Salix caprea*), Fuchs-Kreuzkraut (*Senecio nemorensis ssp. fuchsii V*), Hainkreuzkraut (*Senecio nemorensis ssp. jacquinianus*), Waldweidenröschen (*Epilobium angustifolium*), Himbeere (*Rubus idaeus*), Traubenholunder (*Sambucus racemosa*), Große Brennessel (*Urtica dioica*), Klebkraut (*Galium aparine*), Buche (*Fagus silcvatica*) und Moosen.

10. **Rubus vestitus-Assoziationen** mit der Samtbrombeere (*Sambucus racemosa*) als regionaler Charakterart in Lücken des Eichen-Hainbuchenwaldes auf lehm- und basenreichen Grundwasserböden.

11. **Traubenholunder-Vorwald-Gesellschaft** (*Sambucus racemosa-Rubus rudis-Assoziation*) auf Schlägen und in Lücken der montanen Buchenwälder mit den regionalen Charakterarten: Traubenholunder (*Sambucus racemosa*), Scharfe Brombeere (*Rubus scaber*) und Rauhe Brombeere (*Rubus rudis*).

Weidenröschen-Waldgreiskraut-Schlaggesellschaft, die: → Weidenröschen-Schlaggesellschaften 2.

Weidenrosen-Gallmücke, die: → Gallmücken 14.

Weidenruten-Gallmücke, die: → Gallmücken 15.

Weidenschildlaus, die: → Schildläuse 6.

Weidenspinner, der: → Trägspinner 3.

Weiderechte → Waldweide.

Blut-Weiderich (*Lythrum salicaria*)

Weiderich, der (*Lythrum*): Gatt. der Weiderichgewächse (*Lythraceae*) mit rd. 30 Arten. Es sind dies Kräuter, Stauden oder Sträucher mit schmalen, weidenähnlichen Blättern an vierkantigen Stengeln und in dichten Ähren stehenden, roten oder weißen Blüten. Von den zwei heimischen Arten ist nur eine in Wäldern anzutreffen.

Blut-Weiderich, der (*Lythrum salicaria*): Der fast über ganz Europa (fehlt nur im äußersten Norden) verbreitete B. wächst auf humosen Lehm- und Tonböden an den Ufern stehender oder langsam fließender Gewässer, auf Moor- und Feuchtwiesen, in Röhrichten, Flachmooren, nassen Staudenfluren und an Bruchwaldrändern.

Die 50 bis 150 cm hohe aufrechte Pflanze hat einen einfachen, selten verzweigten, am Grunde verholzten Stengel, der vierkantig ist. Die lanzettlichen, bis 10 cm langen Blätter sind gegenständig oder zu dritt quirlständig. BZ: Juni bis September. Die (bis zu 100) purpurroten Blüten stehen in dicht aufeinanderfolgenden Quirlen in einer langen Ähre (→ Blütenstand). Es sind verschiedene Blütentypen, die sich durch die Länge der Staubbeutel und Griffel voneinander unterscheiden.

Weidewald, der: → Hutewald.

Weidhag, der: alte Bez. für einen als Schutz vor Weidevieh um einen → Kamp errichteten Zaun.

Weidicht, das: auch Weidig, Geweidig, Geweidicht. alte Bezeichnung für einen mit Wei bewachsenen Ort (Weidengebüsch).

Weihnachtsbaumkultur

Weihnachtsbaum, der (Christbaum): Der W., meist ein Fichten- oder Tannen-, seltener ein Kiefernbaum, zunehmend auch fremdländische Koniferen, wie z. B. Colorado- und Nordmannstanne, dürfte seine Wurzeln im germanischen Brauchtum (→ Baumkult) haben. Das Immergrün symbolisierte die Hoffnung auf den Neubeginn, auf den kommenden Frühling; „man wollte das Leben und die Fruchtbarkeit, das Wunder der alljährlichen Wiederbelebung der Natur regelrecht beschwören, herbeizaubern", schreibt Josef Ruland in seinem Buch „Weihnachten in Deutschland". Das Christentum hat diesen uralten Brauch nach anfänglicher Zurückhaltung übernommen und mit neuem Symbolgehalt versehen.

Über das Aufstellen von W. vor dem 16. Jh. ist uns nichts überliefert. Ein Dokument aus dem Jahre 1521 (aus Schlettstadt im damals noch deutschen Elsaß) berichtet erstmals über die Zahlung von zwei Schillingen an die „förstern, die meyen am sand Thomastag zu hieten" (Im Althochdeutschen nannte man zwar jeden grünen Baum im Winter „Meyen", dort also ausschließlich die Nadelbäume; Thomastag: 21. Dezember). Der Rat der Stadt Freiburg im Breisgau sah 1544 für das unstatthafte Abhauen der „Weihnachtsmeyen" eine Strafe von zehn Rappen vor. Im Freiburger Weihnachtsspiel von 1599 wird erstmals das Schmücken des W. (Rosen aus buntem Papier, Äpfel, Oblaten etc.) beschrieben. Auch war es dort schon üblich, sich gegenseitig zu beschenken. Auf dem ältesten deutschen Christbaumbild aus dem Jahre 1795 sind Zweige blühender Obstbäume dargestellt, die etwa die Hälfte der Zimmerdecke einnehmen und die mit Girlanden, Zuckerwaren und vergoldetem Obst behangen sind. Ein Kupferstich aus dem Jahre 1799 hält eine alte Nürnberger Sitte fest, zu Weihnachten eine Eiche mit Süßigkeiten, Äpfeln und buntem Flitterwerk zu behängen. Die ersten W. waren noch ohne Kerzenlicht. Der früheste Beleg für einen solchen Lichterbaum stammt aus dem Jahr 1708. Liselotte von der Pfalz (1652 bis 1721) berichtete damals in einem Brief von kerzengeschmückten Buchsbäumchen auf dem Gabentisch der Kinder. Bereits Ende des 18. Jh. war der geschmückte W. auch als Lichterbaum in den protestantischen Gebieten im nördlichen Dtschl. verbreitet. E. T. A. Hoffmann (1776 bis 1822) schildert in seinem Buch „Nußknacker und Mäusekönig", wie wir uns Weihnachten in einer Bürgerfamilie vorzustellen haben. Um diese Zeit setzte sich der W., wie wir ihn heute kennen, in den vorwiegend katholischen Gebieten und Ländern (Bayern, Österreich, Italien) durch. In dem Buch „Bavaria", Landes- und Volkskunde des Königreichs Bayern, bearbeitet von einem Kreise bayer. Gelehrter (München, 1860), wird z. B. auf Seite 387 angeführt: „übrigens kennt man auf dem Lande noch gar nicht den Christbaum und die Weihnachtsbescherung, eine nordd.-protestantische Sitte, welche nur in München, seit den Tagen der Königin Karoline (18.7.1776 bis 13.11.1841) eingeführt, in den höheren Ständen festen Fuß gewonnen hat". Zu Beginn unseres Jh. war der schlichte, ganz in Weiß und Silber gehaltene Baum beliebt, dekoriert nur mit weißen Kerzen, Kugeln und Lametta. Dann wieder wurden bunt geschmückte Bäume bevorzugt. Die W. stammen entweder aus Pflegeentnahmen aus dem Wald oder eigens dafür angelegten Christbaumplantagen. Der Kauf eines W. trägt daher zur → Waldpflege und damit zur Erhöhung der Vitalität des Waldes bei. Die W.-Nutzung ist Teil der forstlichen → Nebennutzungen. Im Jahre 1994 wurden in Dtschl. 23 Mio. W. und 13 000 t → Schmuckreisig verkauft; → Mondstempel.

Weihnachtsbaumkultur, die: → Christbaumkultur.

Weihnachtsblock, der: südd. Weihnachtsklotz. Besonderer Kult bei der Wintersonnenwende ist das Verbrennen eines weihnachtlichen Holzklotzes. Der Brauch reicht von der germanischen (Julblock) bis in die christliche (Christblock, -klotz) Zeit. Nach K. Mantel beruhte die Verwendung des W. v. a. darauf, daß dieser im Rahmen eines Herdkultes der Erneuerung des im Mittelpunkt des Hauses stehenden wärmespendenden Herdfeuers diente. Zur Zeit der heiligen Nächte wurde das Herdfeuer gelöscht und mit einem Holzklotz erneuert. Gleichzeitig sollte v. a. die ausgestreute Asche des W. der Fruchtbarkeit der Felder, Obstgärten und Haustiere dienen. In ähnlicher Form ist dieser Brauch heute noch in England, Frankreich und Schweden erhalten; → Sonnwendfeier.

Weihnachtsklotz, der: → Weihnachtsblock.

Weihnachtsrose, die: → Nieswurz 1.

Weimutskiefer, die: (Weymouthkiefer) → Kiefern 4.

Weinbergschnecke, die: → Schnirkelschnecken 1.

Weinblatt, das: → Ahorne 3.

Weinheimer Exotenwald, der: in Weinheim an der Bergstraße neben dem Schloßpark angelegter Wald mit über 80 exotischen Baumarten (→ Exoten), die ab der zweiten Hälfte des 19 Jh. gepflanzt wurden. Auf Grund des milden Klimas gedeihen hier u. a. Mammutbäume, amerikanische Eschen, Weihrauchzedern, Atlaszedern, Götterbäume, japanische Sicheltannen u. a. Im Weinheimer Schloßpark ist eine Libanonzeder mit einem Stammumfang von 4,5 m und einer Höhe von etwa 25 m sehenswert.

Weinkäfer, der: → Blatthornkäfer 10.

Weinrose, die: → Rosen 15.

Weinrötlicher Zwergegerling, der: → Champignon 11.

Weinscharl, die: → Sauerdorn.

Weinschwärmer → Schwärmer 6. und 7.

Weisel, die: die Bienenkönigin; → Honigbiene.

Weiserbestand, der (Weiserfläche; syn.: Probefläche, Kontrollfläche, Beispielwirtschaft, Versuchsfläche): ein im Rahmen der → Forsteinrichtung angelegter repräsentativer → Bestand, der in regelmäßigen Abstand analysiert wird, um daraus Schlüsse auf die Entwicklung und Leistungsfähigkeit der Bestandestypen (Masse, Struktur, Arten) zu ziehen. Der W. ist repräsentativ für eine bestimmte Standortseinheit oder Behandlung. In ihm werden um die Entwicklung quantifizieren zu können wiederholt bestimmte Kenndaten erhoben. Mit Ausnahme von Versuchsflächen wird der W. wie üblich durchforstet.

▸▸▸ Versuchsfläche

Weiserfläche, die: → Weiserbestand.

Weiserpflanzen → Bodenanzeiger.

Weiserprozent, das: in der Forstwirtschaft Bez. für das Prozent, zu dem die jährliche Wertmehrung eines Holzbestandes das zu dessen Erzeugung erforderliche Bodenbestands- und Verwaltungskapital tatsächlich verzinst.

Weißahorn, der: → Ahorne 1.

Weißalber, die: → Pappeln 4.

Weißbaum, der: → Ebereschen 3., Ahorne 3.

Weißbirke, die: → Birken 1.

Weißblässe, die: → Rallen 1.

Weißbuche, die: → Hainbuchen.

Weißschlingenbaum, der: → Schneeball 2.

Weißdorne (*Crataegus*): auch Hagedorn. Gatt. aus der Pflanzen-Fam. der → Rosengewächse (*Rosaceae*) mit etwa 900 Arten in Nordamerika und 90 in Europa und Asien. Einige Arten können auch ohne Bestäubung Samen bilden, wodurch die kleinsten Verschiedenheiten erhalten bleiben. Zur Gatt. *Crataegus* gehören auch der **Gekrümmte oder Großkelchige Weißdorn** (*Crataegus curvisepala* Lindmann) und der **Lindmanns Weißdorn** (*Crataegus lindmanii*). Beide Arten sind selten und in den meisten Bundesländern gefährdet. Der Gekrümmte W. wächst in Auwäldern, Eichenmischwäldern und in Schlehengebüschen. Als → Standort benötigt er mäßig trockene bis frische, basenreiche, oft kalkhaltige, milde bis mäßig saure, humose, lockere Ton- und Lehmböden (Mullböden).

Lindmanns W. mit zahlreichen → Bastarden wächst in lichten Eichen-Hainbuchenwäldern auf reinen oder sandigen Lehmböden. Die beiden nachfolgend beschriebenen Arten, der Eingriffelige W. und der Zweigriffelige W., die wie alle W. ein sehr elastisches und hartes Holz besitzen, kommen hingegen in Dtschl. verbreitet vor. Der Name „Weißdorn" ist auf die weißlichen Stacheln zurückzuführen, im Ggs. zu den fast schwarzen Stacheln des Schleh- oder Schwarzdorns (→ Kirschen 7.).

1. Eingriffeliger Weißdorn, der (*Crataegus monogyna* Jaquin):

Verbreitung: Der E. W. ist fast in ganz Europa, in Kleinasien und in Nordafrika verbreitet.

Standort: Er ist in Laub- und Mischwäldern (seltener in Nadelwäldern), besonders xerothermen submediterranen Flaumeichen-Wäldern und subkontinentalen Eichen-Steppenwäldern, wärmeliebenden mesophytischen Buchen- und Laubmischwäldern, Hartholz-Auenwäldern, Schneeheide-Kiefernwäldern, in sonnigen Hecken und Gebüschen (Ordnungs- → Charakterart), an Weg- und Waldrändern, Zäunen und Böschungen anzutreffen. Bevorzugt wächst er auf nährstoffreichen, kalkhaltigen humosen Böden in niederschlagsreichen, tieferen Lagen, gedeiht jedoch auch auf sehr trockenen, sandigen bis steinigen Böden und ist sehr anpassungsfähig in Bezug auf Bodenbeschaffenheit, Luftfeuchtigkeit und Temperaturgegensätze. Der E. W. ist – häufig auch gepflanzt – von der Ebene bis in eine Höhe von etwa 1600 m im Gebirge anzutreffen.

Merkmale: Der dornige, mittelgroße bis große und formenreiche Strauch oder gelegentlich auch kleine bis 10 m hohe Baum mit formloser, weit ausgebreiteter, tief herabhängender Krone hat einen spannrückigen (→ Spannrückigkeit) Stamm und eine dunkelbraune, in Rechtecke oder schmale Rauten zerrissene Rinde. Er kann bis zu 70 cm stark und mehrere hundert Jahre alt werden. Die jungen Zweige sind braungrün bis rotbraun, später grau, spärlich behaart und haben gerade, 1 bis 2 cm lange Dornen. Die wechselständig angeordneten (→ Blattstellung) Laubblätter sind sehr vielgestaltig, im Umriß breit-eiförmig bis rautenförmig, bis zu 8 cm lang und tief fiederspaltig. Die Blätter sind drei- bis neunlappig (meist fünflappig) und tief eingebuchtet. Der Blattgrund ist breit, keilförmig, mit einem etwa 3 cm langen, rinnigem Blattstiel. Die Blattlappen sind ganzrandig, zur Spitze hin einfach oder doppelt gezähnt. Die oft relativ großen → Nebenblätter sind ganzrandig. Die Blätter sind oberseits dunkelgrün, glänzend, unterseits hellbläulichgrün mit behaarten Nervenwinkeln. BZ: Mai/Juni. Die fünfzähligen, 1 bis 1,5 cm breiten, weißen Blüten haben i. d. R. nur einen → Griffel (Name!), der von zahlreichen violetten → Staubbeuteln umgeben ist, einen anfangs behaarten Blütenstiel und stehen in reichblütigen Schirmrispen. Sie riechen unangenehm und locken dadurch Fliegen als Bestäuber an. Die eiländlichen bis kugeligen Früchte, die Ende September reifen, sind blutrot, am Scheitel kraterförmig vertieft mit

Zweigriffeliger Weißdorn (*Crataegus laevigata*)

◄◄ Eingriffeliger Weißdorn (*Crataegus monogyna*)

zurückgeschlagenen Kelchblattresten und einem Griffel (selten zwei). Sie enthalten einen Steinkern und werden gerne von Vögeln gefressen, die damit wesentlich zur Verbreitung der Art beitragen. Die Früchte wurden früher als Schweine-, Ziegen- und Hühnerfutter verwendet und dienten in Notzeiten auch dem Menschen als Nahrung.

Das Holz des E. W. ist rötlich, sehr hart und schwerspaltig, meist mit Markfleckchen. Es wurde früher v. a. zu Werkzeugstielen, Spazierstöcken oder Dreschflegeln verarbeitet.

In der Naturheilkunde finden die Blüten im Knospenzustand, die Blätter, die frischen und getrockneten Früchte und die Rinde der jungen Zweige des E. W. und auch des Zweigriffeligen W. sowohl innerliche als auch äußerliche Verwendung. Sie enthalten Flavonoide, Terpenderivate, Histamin, Gerbstoffe, Vitamin C u. a. Die aus den Teilen des W. hergestellten Extrakte wirken adstringierend, blutdrucksenkend, harntreibend, krampflösend, beeinflussen als Herztonikum günstig die Herzmuskeltätigkeit und werden mit großem Erfolg in der Medizin bei altersbedingten Herzfunktionsstörungen, Schlafstörungen, Bluthochdruck, Angstzuständen und Depressionen eingesetzt. Die Wirkstoffe des W. sind ungiftig und bei normaler Dosierung frei von schädlichen Nebenwirkungen. Da der E. W. regelmäßigen Schnitt gut verträgt, wird er häufig in Hecken oder als Feld- und Wegbegrenzung sowie als Windschutzgehölz angepflanzt. Er ist auch als Vogelschutzgehölz sehr gut geeignet und findet sich in Gärten und Parkanlagen als Zierstrauch oder Baum. Eine Abart des E. W. ist der Rotdorn, der wegen seiner überreichen Blütenfülle und seiner meist gefüllten, roten, gelegentlich auch weißen Blüten in manchen Gegenden gerne in Gärten oder als Alleebaum gepflanzt wird.

2. Zweigriffeliger Weißdorn, der (*Crataegus laevigata* = *C. oxyacantha* Linné): auch Gemeiner W., Hage-, Heckdorn, Stumpfblättriger W., Mehlfäßchen, Mehlbeer, Mehldorn.

Verbreitung: Der Z. W. ist fast über ganz Europa, hauptsächlich jedoch über West- und Mitteleuropa verbreitet. Er ist im Norden bis zu den Britischen Inseln und Südskandinavien, im Süden bis zu den Pyrenäen und Norditalien und im Osten bis Polen anzutreffen.

Standort: Er wächst in mesophytischen Buchen- und Laubmischwäldern, besonders krautreichen lichten Eichen- und Buchenwäldern, in Hecken und Gebüschen (Ordnungs-Charakterart), auf Schuttplätzen, an Waldrändern, Zäunen und in Gärten, bevorzugt auf humosen, frischen, nährstoff- und basenreichen, mild bis mäßig sauren, humosen, tiefgründigen, kalkhaltigen, trockenen Lehm- und Tonböden. Er kommt von der Ebene bis ins Gebirge, in eine Höhe von etwa 1500 m vor.

Merkmale: Der Z. W. ist ein trägwüchsiger, i. d. R. 2 bis 5 m hoher Strauch oder gelegentlich auch kleiner Baum. Er kann bis 10 oder gar 12 m hoch werden, einen Stammumfang von 3 bis 4 m erreichen und bis zu 500 Jahre alt werden. Seine Wurzeln sind lang und wenig verästelt. Er bildet auch → Stockausschläge. Seine Zweige sind rotbraun oder hell-olivbraun, anfangs behaart, später verkahlend und haben verdornte → Kurztriebe, 0,5 bis 2 cm lange Dornen. Die wechselständig angeordneten, vielgestaltigen Laubblätter sind im Umriß rauten- bis breit-eiförmig, am Blattgrund abgestumpft bis keilförmig, lappig. Die Blattlappen sind gezähnt, stumpf, kurz und kaum bis zur Hälfte der Blattspreite eingeschnitten. Die Blätter sind oberseits glänzend, dunkelgrün, unterseits gelblich- bis bläulichgrün und anfangs auf den Blattnerven behaart, mit rinnigem Blattstiel. Die Nebenblätter sind halbmondförmig und gezähnt. BZ: Mai bis Juni. Die fünfzähligen, weißen (oder rosa) Blüten haben 1,5 bis 2 cm im Durchmesser, kahle Blütenstiele und sind in zahlreichen, aufrecht stehenden Doldenrispen angeordnet. Sie haben zwei (seltener drei) Griffel, die von zahlreichen roten Staubbeuteln umgeben sind. Sie riechen unangenehm und locken dadurch Fliegen als Bestäuber an. Die eiförmige bis kugelige Frucht ist etwa 12 mm lang, blutrot, undeutlich kantig, am Scheitel kraterförmig vertieft mit zwei (bis drei) Griffeln und zwei (bis drei) Stein-

kernen. Im Frühjahr gesät, keimen diese erst im nächsten Frühling. Die Früchte haben ein mehliges Fruchtfleisch, sind eßbar, aber nicht besonders wohlschmeckend. In Notzeiten wurden sie früher als Mehlersatz und teilweise auch zur Schnapsherstellung verwendet. Heute werden daraus gelegentlich Marmelade, Gelee und Sülze hergestellt.
Das Holz, die Blüten, Blätter und Früchte haben die gleichen Eigenschaften wie die des Eingriffeligen Weißdorns und finden bzw. fanden die gleiche Verwendung. Der Z. W. verträgt auch den Schnitt sehr gut und wird deshalb sehr gerne in Hecken oder als Weg- und Feldbegrenzung gepflanzt. Von ihm gibt es auch zahlreiche Gartenvarietäten.
Weißdornarten bilden häufig Bastarde, z. B. den **Großfrüchtigen W.** (*C. x macrocarpa*), den **Verschiedenzähnigen W.** (*C. x heterodonta*) und den **Bastard-W.** (*C. x ovalis = C. laevigata x monogyna = C. x media*).

Weißdornfalter, der: → Weißlinge 1.

Weiße(r/s) ... siehe unter dem jeweiligen Hauptnamen.

Weißeiche, die: → Eichen 2.

Weißepern, der: → Ahorne 3.

Weißerle, die: → Erlen 1.

Weiße Stangen → Rote Stangen.

Weiße Waldung, die: veraltete und provinzielle Bez. für → Laubwald.

Weißfäule, die (Korrosionsfäule): Zerstörung des → Holzes, hauptsächlich des Lbh, durch verschiedene Pilze (Basidiomyceten), die v. a. → Lignin und gleichzeitig (oder später) auch Cellulose abbauen. Während einige Arten, z. B.

Zitronenfalter (*Gonepteryx rhamni*)

der Zunderschwamm (→ Porlinge 14.), bereits geschwächte oder verwundete Bäume befallen, besiedeln andere, wie z. B. die Zinnobertramete (→ Porlinge 9.) und der Austernseitling (→ Seitlinge) nur totes Holz (→ Totholz). Die Pilze treten durch Wunden und Astabbruchstellen in den Stamm ein und durchziehen ihn mit → Myzel (→ Mykorrhiza). An infizierten Bäumen entwickeln sich später die typischen, je nach Pilzarten bis zu 30 (40) cm großen, konsolenförmigen → Fruchtkörper, die vielfach in mehreren Etagen übereinander sitzen. Sie haben eine überwiegend gewölbte Oberseite, die von einer harten, meist dunkelgrauen bis braunen Kruste überzogen ist. Die Unterseite ist flach mit dicker Röhrenschicht. Die vom Tropfenden Schillerporling, der an das Verbreitungsgebiet der Eichenarten gebunden ist, verursachte W. greift nur die Wurzeln der Bäume an. Durch die W.-Erreger wird das Holz später leicht, weich und faserig. Eine besondere Form der W. ist die → Weißlochfäule. Weitere W.-Erreger sind → Hallimasch und Wurzelschwamm, → Braunfäule, → Holzfäule, → Holzpilze.

Weißfilziger Alpendost, der: → Alpendost 3.

Weißfleckigkeit des Ahorns, die: durch den Pilz *Cristulariella depraedans* verursachte Krankheit der Ahornblätter, erkennbar an zahlreichen, kleinen, weißlichen, fast runden Flecken. Die W. kann zu vorzeitigem Blattfall führen.

Weißfloß, das: bei der früheren → Flößerei im Main-Rheingebiet Bez. für ein Floß aus Weichholz.

Weißföhre, die: → Kiefern 3.

Weißgraue Ahorneule, die: → Eulen B 7.

Weißgraue Weide, die: → Weiden 10.

Weißholz, das: **1**) im Ggs. zu → Rotholz, Holz von normaler Färbung und Beschaffenheit. **2**) i. e. S. svw. Zugholz; → Reaktionsholz. **3**) im früheren nordischen Holzhandel Bez. für Fichtenholz (Whitewood). **4**) alte lokale Bez. für Bäume, die außerhalb der Saftzeit geschlagen wurden.

Weißkernig: Bez. für die Holzarten, die nicht regelmäßig, sondern willkürlich einen Farbkern (→ Kern) bilden, z. B. bei Bu (Rotkern) und Es; → Fehlverkernung.

Weißkiefer, die: v. a. in Österreich gebrauchte Bez. für die Gemeine Kiefer oder Waldkiefer in Abgrenzung zur SKie.

Weißkiefer, Macedonische, die: → Kiefern 7.

Weißlärche, die: → Lärche 1.

Weißlinge (*Pieridae*): weltweit mit etwa 2000 Arten verbreitete Fam. der → Tagfalter, etwa 60 Arten in Europa, darunter ca. 15 Arten einheimisch. Die Falter besitzen meist weiße oder gelbliche und/oder rote Flügel, die manchmal mit schwarzen Punkten besetzt sind. Die Männchen unterscheiden sich fast immer im Zeichnungsmuster von den Weibchen. Die meist grünen, kurzbehaarten → Raupen werden oft an Gemüse und Kulturpflanzen schädlich.

1. Baumweißling, der (*Aporia crataegi*): auch Heckenweißling, Weißdornfalter. Länge der Vorderflügel: ca. 3,5 cm. Die fast durchsichtig wirkenden Flügel sind weiß bestäubt mit dunklen Adern. Der Falter fliegt in einer einzigen Generation von Mai bis Juli. Er hält sich in offenem Gelände, in Gärten und in Obstgärten auf und sitzt nachts in den Kronen der Bäume. Seine oberseits schwarzen mit zwei orangeroten Längsstreifen und unterseits aschgrauen mit weißen Fleckchen versehenen Raupen waren früher gefürchtete Obstbaumschädlinge. Heute ist diese Art stellenweise selten oder gar ausgestorben. Die Eier werden häufchenweise an die Blätter von Weiß- und Schlehdorn, auch an Kirschen und anderen Obstbäumen abgelegt. Die Raupen fressen gesellig und überwintern gemeinsam in einem Nest aus versponnenen Blättern. Nach der Überwinterung fressen sie bis zur Verpuppung im Mai weiter. Die grüngelbliche → Puppe mit schwarzer Fleckenzeichnung (Gürtelpuppe) ist meist an einem Zweig der Futterpflanze befestigt. Beim Ausschlüpfen entleert der Falter roten Harn (Blutregen).

2. Zitronenfalter, der (*Gonepteryx rhamni*): Länge der Vorderflügel: ca. 3 cm. Das Männchen ist leuchtend zitronengelb, das Weibchen gelblich-grünweiß. Auf jedem Flügel befindet sich ein orangeroter Punkt. Der überall vorkommende Falter findet sich im Gebirge noch in einer Höhe von 2000 m. Er fliegt im offenen Wald- und Bruchgelände, überwintert und erscheint zeitig im Frühjahr auf Faulbaum. Die mattgrünen Raupen mit dunklen Flecken und dunkelgrünen und weißlichen Seitenstreifen fressen im Mai/Juni bis zur Verpuppung. Aus der grünen Gürtelpuppe, die an Pflanzenstengeln dicht über dem Boden befestigt ist, schlüpft im Juli/August der Falter.

3. Senfweißling, der (*Leptidea sinapis*): Länge der Vorderflügel: ca. 2,5 cm. Der oberseits weiße Falter hat auf den Vorderflügeln einen schwärzlichen, rundlichen Spitzenfleck (Männchen). Er fliegt im Mai (erste Generation) und im August (zweite Generation) und ist ein Bewohner des Laubwaldes, der vorwiegend auf Waldwiesen, an Waldrändern und in Auengelände vom Tiefland bis gegen 2000 m Höhe im Gebirge anzutreffen ist. Die grüne Raupe mit gelben Streifen frißt im Juni an Klee (Horn- und Ackerklee) und anderen Schmetterlingsblütlern. Die Puppe ist grün mit zwei rotbraunen Seitenstreifen und einem violetten Fleck am Vorderende. Zwei bis drei Generationen.

4. Aurorafalter, der (*Anthocharis cardamines*): Länge der Vorderflügel: ca. 2,5 cm. Die Männchen haben auf dem Vorderflügel im Spitzenbereich einen großen orangefarbenen Fleck, die Weibchen einen schwarzen. Der Falter fliegt in einer Generation von April bis Juni auf blumenreichen Waldrändern und Waldwiesen bis 2000 m Höhe. Die grüne Raupe ist fein schwarz punktiert mit weißen Seitenstreifen und frißt von Juni bis Juli an Wiesenschaumkraut (→ Schaumkraut 1.) und an den Blättern anderer → Kreuzblütengewächse. Die grün, gelb oder braun gefärbte Puppe überwintert.

Weißlöbern, der: → Ahorne 3.

Weißlochfäule, die: auch Wabenfäule, Lochfäule, Honigwabenfäule. Die W., eine Art → Weißfäule kommt im → Kernholz lebender Laub- und Nadelbäume vor und wird durch bestimmte parasitische → Pilze (Kernholzpilze; → Holzpilze) verursacht, die das → Lignin ungleichmäßig abbauen. Beispiele sind der → Kiefernbaumschwamm und das → Fliegenholz. Bei der W. bleibt das → Zellgerüst zunächst erhalten, weil die inkrustierenden Substanzen in den Mittellamellen bevorzugt angegriffen und aufgelöst werden. Durch die dadurch bedingte Auflockerung des Gewebeverbandes bilden sich längliche Löcher (Nester), deren Wände mit einer weißen Masse (Zelluloserückstände) ausgekleidet sind; → Bienenrosigkeit, → Braunfäule, → Rebhuhnholz, → Rotstreifigkeit.

Weißmilchender Helmling, der: → Helmlinge 2.

Weißmoos, das (*Leucobryum*): Gatt. der Fam. Weißmoose (*Leucobryaceae*) der Klasse → Laubmoose. Die bekannteste Art ist:
Weißmoos, das (*Leucobryum glaucum* Schimper): auch Ordenskissen.
Das weit verbreitete W. wächst auf nährstoffarmen, sauren Waldböden, in Heiden, in bodensauren Eichen-, Buchen und Nadelwäldern, an morschem Holz und an Baumstämmen.
Das Moos bildet dichte, fast halbkugelige, oft sehr große Polster oder Kissen (Name!), die bei Feuchtigkeit bläulichgrün, bei Trockenheit bläulichweiß sind. Sie können aufgrund ihrer Wasserspeicherzellen sehr viel Wasser speichern. Die 5 bis 15 cm hohen, gabelig oder büschelig verzweigten Stengel sind dicht beblättert und ohne Rhizoiden. Die spiralig gestellten, aufrechten bis einseitswendigen Blätter sind 3 bis 5 mm lang, lanzettlich, mit eiförmigem Grund, an der Spitze eingerollt. Das W. fruchtet nur selten, wenn doch, dann im Herbst. Die 3 bis 7 cm lang gestielte Sporenkapsel ist länglich-eiförmig, glänzend dunkelbraun mit langgeschnäbeltem Deckel. Das W. ist ein typischer Säurezeiger (→ Boden(an)zeiger) auf Heide-, Moor- und Waldböden.
Weißmoos-Kiefernwald, der (*Leucobryo-Pinetum*): pflanzensoziologische → Assoziation des Verbandes der → Kiefernwälder (*Dicrano-Pinion*) der Ordn. Boreal-alpine → Nadelwälder und subalpin-alpine Zwergstrauch-Gesellschaften (*Piceetalia abietis*). Diese → Waldgesellschaft mit herrschender Kie ist schwerpunktmäßig auf nährstoff- und insbesondere basenarmen, sauren Sanden und Sandsteinen im Flachland im kontinentalen Klimabereich mit großen Schwankungen der Jahres- und Tagestemperatur und Trockenheit östlich der Elbe verbreitet. Vorposten sind im Mainzer Becken, Nürnberger Reichswald, Tertiären Hügelland, mittleren Maingebiet und Bodenwöhrer Becken in der Oberpfalz anzutreffen. Bodentypen unter diesen Beständen sind podsolierte Parabraun-, Braunerde bis Podsol. Die Bestände werden von Kie, unter wechselnder Beteiligung von Fi, Ta, HBi, StEi und TrEi, As und gelegentlich auch Ta gebildet. Die Bodenvegetation besteht überwiegend aus lichtliebenden und säurezeigenden → Charakterarten der borealen und subalpinen Nadelwälder. Charakteristische Arten sind Heidelbeere, Preiselbeere, Weißmoos, Besen-Gabelzahnmoos, Rotstengelmoos, Drahtschmiele, Wiesen-Wachtelweizen, Siebenstern, Heidekraut, Schafschwingel, Kleines Habichtskraut. Im ozeanisch beeinflußten westlichen Vorkommen tritt noch der Besenginster dazu. Auf ärmsten Standorten kommen verschiedene Flechten und Moose bodensaurer Standorte dazu. Es werden mehrere durch den Standort bedingte Subassoziationen unterschieden. Frühere Nebennutzungen, wie Streunutzung, Waldweide haben dazu beigetragen, Standorte zu degradieren und diese Waldgesellschaft über ihre ursprüngliche natürliche Fläche auszubreiten.
Weißpappel, die: → Pappeln 4.
Weißpech, das: svw. Fichtenharz; → Harze.
weißpfeifiges Holz, das: Bez. für pilzkrankes Eichenholz, auch → Fliegenholz genannt.
Weißpunktrüsselkäfer, der: → Rüsselkäfer 6.
Weißrückenspecht, der: → Spechte 8.
Weißrüster, die: → Ulmen 1. und 3.
Weißschälen, das: auch Weißschnitzen, Blankschälen. glattes und vollständiges Entfernen aller Bast- und Rindenteile bei Ndh. W. wird hauptsächlich beim → Faserholz, das für die Zellstoffherstellung benötigt wird, angewandt.
Weißstieliges Stockschwämmchen, das: → Faserlinge 2.
Weißstorch, der: → Störche 1.
weißstreifiges Holz, das: → weißpfeifiges Holz, Fliegenholz.
Weißtanne, die: → Tannen.
Weißtannenborkenkäfer, der: → Borkenkäfer 17.
Weißtannenlaus, die: → Blattläuse 10.
Weißtannenrüßler, der: → Rüsselkäfer 10.
Weißtannen-Säulenrost, der (*Pucciniastrum epilobii*): Der Pilz befällt die Spitzen diesjähriger → Triebe, die sich dann im Sommer gelblich verfärben. Die schlauchförmigen Fruchtkörper werden auf der Nadelunterseite sichtbar. Als Zwischenwirt des Pilzes dient das Schmalblättrige → Weidenröschen. Befallen werden v. a. Tannenkulturen.
Weißtannen-Stammlaus, die: → Blattläuse 3. und 11.
Weißtannentrieblaus, die: → Blattläuse 3.
Weißulme, die: → Ulmen 1. und 3.
Weißvioletter Dickfuß, der: → Schleierlinge 9.
Weißwasser: Ehemals Sitz der im Jahre 1855 vom böhmischen Forstverein gegründeten forstlichen Mittelschule zu W. 1862 ging sie in die Hände eines aus Großgrundbesitzern bestehenden Forstschulvereins für Böhmen über und wurde reorganisiert. Im Jahre 1895 wurde sie zur „Höheren Forstlehranstalt W." mit dreijähriger Unterrichtsdauer erhoben. Direktor dieser Anstalt war u. a. Friedrich → Judeich. Im Jahre 1904 erfolge bei gleichzeitiger Reorganisation die Verlegung nach Reichstadt (Böhmen). Die Unterrichtsdauer wurde 1922 auf vier Jahre erweitert. 1925 wurde die bisher private Anstalt in die „Staatliche deutsche höhere Forstschule in Reichstadt" (1925 bis 1940) umgewandelt.
Weißweide, die: → Weiden 22.
Weißwurz, die (*Polygonatum*): Gatt. der → Liliengewächse, → Kräuter mit fleischigen und dicken Wurzelstöcken. Bei uns drei Arten:
1. Wohlriechende Weißwurz, die (*Polygonatum odoratum*): auch Gemeine oder Echte W., Springwurz, Salomonssiegel. Die W. W. wächst in lichten Laub- und Mischwäldern, v. a. wenn Bu und Ei vorkommen, im Saum warmer Eichengebüsche und findet sich mitunter auch im lichten Kiefernwald.
Der scharfkantige, bogig aufsteigende Stengel erreicht eine Höhe von 15 bis 40 cm. Die wechselständigen Blätter (→ Blattstellung) sind zweireihig angeordnet und elliptisch. In ihren Blattachseln hängen die 2 cm langen,

Wohlriechende Weißwurz oder Salomonssiegel (*Polygonatum odoratum*)

weißen und duftenden Blüten, zumeist einzeln, manchmal auch zu zweit. BZ: Mai bis Juni. Sie bilden später eine blauschwarze, etwa 6 mm große, kugelrunde und giftige Beere. In den deutschen Märchen ist sie die „Springwurzel", die zum Schatzheben und zum Öffnen von schätzebergenden Felshöhlen, Bäumen und Truhen unentbehrlich ist. Den Namen Salomonssiegel trägt die Pflanze wegen der eigenartigen ringförmigen Narben am → Wurzelstock, die man als Siegelabdrücke des Königs Salomon erklärte. Diese Narben bilden sich nach dem Absterben des Stengels im Herbst; der Wurzelstock bringt jährlich einen neuen Stengel hervor.
Auch in der Volksmedizin spielt die W. W. eine große Rolle.
So soll sie die Vernarbung von Wunden fördern und Hautflecken beseitigen. Der zerstoßene und bis zum Schmoren erhitzte Wurzelstock bringt Beulen, Quetschungen und Blutergüsse zum Verschwinden. Früher wurde der Wurzelstock auch gegen Hühneraugen verwendet; heute dient die Pflanze noch als Grundlage für Schönheitswasser.
2. Vielblütige Weißwurz, die (*Polygonatum multiflorum*): Die V. W. wächst in schattigen, krautreichen Buchen-, Eichen- und Nadelmischwäldern, in warmen Gebüschen und gerne auf Kalkböden; Ordnungs-Charakterart der mesophytischen Buchen- und Laubmischwälder.

Vielblütige Weißwurz (*Polygonatum multiflorum*)

Der stielrunde, leicht gekrümmte Blütenstengel erreicht eine Höhe von 30 bis 80 cm. Die 5 bis 12 cm langen Blätter sind eiförmig oder oval, wechselständig und zweireihig. Die weißen, röhrig-glockigen Blüten hängen in den Achseln der oberen Tragblätter zu zweit bis fünft wie in kleinen Büscheln. Die Beeren sind anfangs rot, später dunkelblau und giftig. BZ: Mai bis Juni.

3. **Quirlblättrige Weißwurz**, die (*Polygonatum verticillatum*): Sie wächst in Buchen- und Nadelwäldern, v. a. in montanen Buchenwäldern und anderen schattigen Bergwäldern sowie in Grauerlen-Auenwäldern.
Die mehrjährige Pflanze hat einen aufrechten, bis zu 80 cm hohen Stengel. Im Ggs. zu den vorstehend genannten Arten hat sie blaugrüne und schmal-lanzettliche Blätter und ist unten auf den Blattadern behaart. Die etwa 5 bis 12 cm langen Blätter stehen zu dritt bis siebt

Wendehaken

quirlständig um den Stengel. BZ: Mai bis Juni; die grünlichweißen Blüten sitzen einzeln bis zu viert in den Blattachseln.

Weistümer: im Mittelalter urkundlich insbesondere von → Markgenossenschaften gegebene Erklärungen über bestehendes Recht, v. a. dem Gewohnheitsrecht. W., die sehr alte Rechtssatzungen und -gebräuche enthielten, sind bereits aus dem 13. und dem 14. Jh. überliefert. Die meisten aber entstanden im 16. Jh.; einige waren bis zum Ende des 19. Jh. gültig. In ihnen waren auch Satzungen, Normen, Rechtsame usw. aufgezeichnet, die das Forst- und Jagdwesen betrafen. Die ältesten W. waren oft in Frage- und Antwortform gehalten. Anlaß für den Erlaß der W. war die Sorge um eine geordnete Nutzung des Waldes durch die Markgenossenschaften mit ihren oft sehr unterschiedlichen Interessen. Die Vorschriften waren fast immer auf die örtlichen Verhältnisse abgestellt und enthielten z. B. Regelungen über die zustehende Brennholzmenge mit Angabe der → Holzart und -güte, Sonderzuteilungen bei bestimmten Anlässen, wie Geburt, Hochzeit oder Todesfälle u. ä. Die W. enthalten aber auch zahlreiche Regelungen über die → Forstnebennutzungen und teilweise harte Strafandrohungen. Sie wurden von Jacob Grimm gesammelt und zwischen 1840 und 1869 veröffentlicht. Insgesamt werden von Grimm 300 W. angeführt, von denen viele Bestimmungen über den Wald enthalten. Seit der Grimmschen Sammlung wurde auch die Bez. W. in der Fachsprache üblich, die bis dahin nur in der Gegend um den Mittelrhein üblich war. Andere Bez. für W. waren z. B. "Offnung" (Schweiz), "Banntaiding" (Niederösterreich), "Dingrodel" (Elsaß), "Ruge" (Sachsen), in anderen Gebieten "Ehaften" oder "Ehhaftrechte"; → Forstordnungen, → Waldordnungen, → Forstgeschichte.

Weitholz das: → Frühholz.

Weitverband, der: großer → Pflanzverband, z. B. bei Pa; → Standraum.

Waldasche, die: → Pottasche.

Welgerholz, das: → Fachholz.

Welken der Zweige, das: → Bakterien.

Welkes Holz, das: veraltete Bez. für im Frühjahr eingeschlagenes Holz.

Wellbaum, der: → Welle 1).

welldisch: alte lokale Bez. (Sechsämterland) für abseitig, im Wald gelegen.

Welle, die: **1**) Baum (Wellbaum), um den sich bei Wassermühlen das Rad, bei Windmühlen die Flügel, bewegen. Als W. ist besonders die Ei, aber auch die Bu geeignet. Auch allg. Bez. für alle Hölzer, die für das Räderwerk beim Mühlen- und Maschinenbau benötigt wurden, z. B. die Hölzer von Ul, Lä für große W., Ah, Elsb, Hbu und Birnbaum für kleinere W. Je nach Verwendungszweck, Länge und Stärke wurden Hammer-W., Haspel-W., Poch-W. und Wasserrad-W. unterschieden. **2**) auch Bund, Gebunde, Wase, Faschine, Borzen oder → Schanze. ein Bündel Reisig (→ Reisholz). Die W., in die das Brennholzreisig zusammengebunden wird, hat mit Ausnahme der Faschinenbunde i. d. R. 1 m in Umfang und Länge. Für die Mengenberechnung und für Zwecke der Ertragskontrolle gelten in Baden-Württemberg z. B. für Laub-, Nadel-, Nutz- und Brennreis folgende Umrechnungszahlen: 100 Prügel-W. = 4 Fm mit Rinde; 100 Normal-W. = 3 Fm mit Rinde; 100 Reis-W. = 1 Rm (= 0,5 Fm mit Rinde); Faschinen (100 W.) = 5 Fm mit Rinde.

Wellenbaum, der: → Welle 1).

Wellenblättriges Katharinenmoos, das: → Katharinenmoos.

Wellenblättriges Sternmoos, das: → Sternmoos 3.

Wellenholz, das: **1**) alte Bez. für → Reisholz. **2**) svw. → Schanze, → Welle 2).

Welliges Gabelzahnmoos, das: → Gabelzahnmoos 2.

Welliges Katharinenmoos, das: → Katharinenmoos.

Welliges Wurmmoos, das: → Wurmmoos 1.

Wellingtonie, die: → Mammutbäume.

Welsche Nuß, die: → Walnüsse.

Welschnuß, die: → Walnüsse.

Weltcharta für die Natur: im Oktober 1982 von der Vollversammlung der UNO beschlossene Erklärung zum weltweiten Schutz von Natur und Umwelt. In der W. werden u. a. Forderungen nach einer wirksamen, grenzüberschreitenden Umwelt- und Naturschutzpolitik formuliert:
Grundforderungen der W. sind u. a., daß elementare Prozesse der Natur nicht gestört werden dürfen und daß das auf der Erde vorhandene genetische Potential nicht gefährdet werden darf.

Welternährungsrat, der: → FAO.

Weltforstatlas, der: von der Bundesforschungsanstalt für Forst- und Holzwirtschaft herausgegebenes Kartenwerk. Der W. entstand in den Jahren 1951 bis 1980 in Einzellieferungen und besteht in der Endfassung aus 63 Karten. Die Karten geben u. a. Auskunft über Wald- und Baumartenverteilung, Waldbesitzarten, Vegetationsformen, Klima, Holzvorrat, Holzeinschlag und Standorte der Holzindustrie (Holzhandel). Der W. erscheint im Verlag Paul Parey, Hamburg.

Weltforstkongress, der: Der W. findet normalerweise alle sechs Jahre statt. Der erste fand 1926 in Rom statt. Weitere W. folgten 1936 in Budapest, 1949 in Helsinki, 1954 in Dehra Dun, 1960 in Seattle, 1966 in Madrid, 1972 in Buenos Aires, 1978 in Jakarta, 1985 in Mexico, 1991 in Paris und 1997 in Antalya/Türkei.

Weltwald-Ressourcen-Schätzung: Als Beitrag zum Internationalen → Jahr des Waldes 1985 hat die → FAO 1986 eine weltweite regionsweise Schätzung der Waldressourcen (Stand: 1980) herausgegeben (FAO-Broschüre „Forest Ressources").
Die gesamte Waldfläche betrug danach im Jahre 1980 weltweit 4,32 Mrd. ha. Mit fast 930 Mio. ha wies die damalige UdSSR dabei die größte Waldfläche auf, dicht gefolgt von der Region Südamerika (915 Mio. ha). Die europäische Region erreichte lediglich knapp 160 Mio. ha. Für die einzelnen Regionen ergibt sich folgender Flächenstand:
Afrika: Über die größte Waldfläche verfügt Zaïre mit 180 Mio. ha, gefolgt von Angola mit 55 Mio. ha.
Nord- und Mittelamerika: Mit 436 Mio. ha verfügt Kanada über die bedeutendsten Forstressourcen der Region, gefolgt von den USA mit 298 Mio. ha. Mexiko erreicht lediglich knapp 48 Mio. ha Waldfläche.
Südamerika: Die brasilianische Waldfläche beträgt 553 Mio. ha. In weitem Abstand folgt Peru mit 72 Mio. ha.
Asien: Weit an der Spitze lag die ehemalige UdSSR mit fast 930 Mio. ha; die Volksrepublik China folgt in weitem Abstand mit 170 Mio. ha.
Europa: In Europa liegt Schweden mit fast 29 Mio. ha, dicht gefolgt von Finnland mit 23 Mio. ha, an der Spitze. Die BR Dtschl. erreicht (1997) 10,8 Mio. ha.
Ozeanien: Die größte Waldfläche hat Indonesien mit 126 Mio. ha, dicht gefolgt von Australien mit 107 Mio. ha.; Anhang Seite 878/879.

Wendehaken, der: Der W. besteht aus Haken und Ring und dient zum Anheben und Drehen des gefällten Holzes und zum Zufallbringen von sog. Hängern bei der Fällung. Durch den Ring wird dabei ein kräftiger, starker Hebel – meist aus Eschenholz – gesteckt. Verwendet werden u. a. der ca. 800 g schwere „Baaksche W.", der dreifach verstellbare und für alle Holzstärken verwendbare „Schwarzwälder W." mit einem Gewicht von 1600 g, der „Orter W." mit ca. 800 g und der schwere „Pfälzer W." für starkes Holz mit ca. 2600 g.

Wendehals, der: → Spechte 10.

Wendelähre, die (*Spiranthes*): auch Drehwurz. Gatt. der → Orchideen mit über 30 weltweit verbreiteten Arten. Von den zwei einheimischen Arten ist auch im Wald anzutreffen:
Herbst-Wendelähre, die (*Spiranthes spiralis* (L.) Chevallier = *S. autumnalis* L. C. M. Richard): auch Herbst-Schraubenstendel, Herbst-Drehähre, Herbst-Drehwurz, Schraubenstendel, Herbst-Wendelorchis. Die fast über ganz Europa, im Norden bis Irland und Dänemark verbreitete, aber seltene H. wächst auf Heiden, grasigen Triften, Silikatmagerrasen, mageren Weiden, Schafweiden, an Waldrändern und in lichten Nadelwäldern, seltener auf Dünen, Feucht- und Sumpfwiesen, auf sauren, kalkfreien und auch auf neutralen, kalkhaltigen Böden bis in Höhen von etwa 1200 m; Lehmzeiger.

Die ausdauernde, 7 bis 30 cm hohe Pflanze hat meist zwei bis drei (bis fünf), 1,5 bis 4 cm lange, länglicheiförmige Wurzelknollen. Der oben drüsige Stengel hat drei bis sieben scheidige Schuppenblätter. Neben dem Stengel entwickelt sich bereits während der Blüte die grundständige Blattrosette, die überwintert, den nächstjährigen Blütentrieb hervorbringt und vor dessen Blüte verwelkt. Die Blätter dieser Grundrosette sind eiförmig bis elliptisch und bläulichgrün. BZ: August bis Oktober. Die kleinen, wohlriechenden, weißen und außen grünlichen Blüten stehen in einer dichtblütigen, schmalen, spiralig gedrehten, 3 bis 15 cm langen, sechs- bis 30blütigen Ähre (→ Blütenstand).

Neben vorgenannter Art ist der **Sommer-Schraubenstendel** (*Spiranthes aestivalis*) in Flach- und Ufermooren anzutreffen.

Werbungskosten → Erntekosten.

Werfen (Verziehen) des Holzes, das: Formveränderung, verursacht durch das nach verschiedenen Richtungen hin ungleichförmige Aufquellen (→ Quellen und Schwinden) des Holzes. Am meisten wirft sich Buchenholz. Das Holz „steht nicht in der Arbeit“ (→ stehen) sagt der Tischler. Mittel gegen das W. d. H. sind Zusammensetzungen der Gegenstände aus möglichst vielen einzelnen, in der Faserrichtung wechselnden Stücken (Parkett), Aushöhlung (bei Holzbildwerken) und Verarbeitung als → Sperrholz u. a.

Werftkäfer (*Lymexylonidae*): weltweit verbreitete Fam. mit 80 Arten (darunter einheimisch drei Arten), langgestreckter, schmaler, fast walzenförmiger und polyphager → Käfer. Die Flügeldecken sind oft mehr oder weniger stark verkürzt. Die ebenfalls langgestreckten weichen und weißlichen → Larven sind augenlos, sechsbeinig und fressen horizontale Gänge in das Holz; zuweilen in Schiffswerften eingeschleppt (Name!). Die Käfer sind häufig an harten, i. d. R. gefällten Laubholzstämmen oder -stöcken anzutreffen; die Larven werden durch die Fraßgänge im Holz technisch schädlich. Einjährige Generation.

1. Bohrkäfer, der (*Hylecoetus dermestoides*): Der längliche, schmale Käfer (Männchen 6 bis 15 mm, Weibchen 7 bis 18 mm) lebt nur zwei bis vier Tage. Die Weibchen sind gelbbraun, die stets kleineren Männchen braungelb oder schwarz. Der Käfer schwärmt an warmen Frühjahrstagen bei Sonnenschein. Das Weibchen legt die Eier in Rinden- und Holzritzen; die ausschlüpfenden bernsteingelben, 14 bis 20 mm langen Larven mit einem spitzen Dorn am Hinterleibsende (Stachelschwanz) legen tiefe, bis 30 cm lange, ins Holz führende Gänge an. Sie ernähren sich von → Pilzen (Ambrosiapilzen; → Ambrosia), die sie in den Gängen züchten. Das Bohrmehl wird deshalb mit dem Stachelschwanz aus den Gängen gedrückt. An Stöcken findet sich das Bohrmehl oft in großen Massen; v. a. beim Entfernen der Rinde sieht man deutlich das aus den Bohrlöchern herausquellende Bohrmehl. Der Käfer befällt Lbh und Ndh, hauptsächlich die frischen Stöcke, aber auch anbrüchige Stämme und unentrindetes → Stammholz, besonders wenn es feucht und schattig gelagert wird. Durch die Larvengänge kann → Nutzholz stark entwertet werden. Frisch geschlagenes Holz ist deshalb sofort zu entrinden und trocken zu lagern bzw. umgehend abzutransportieren, am besten vor Beginn der Flugzeit im April.

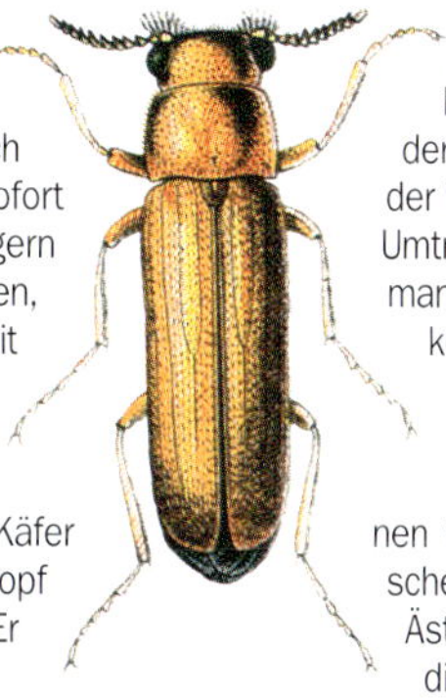

In vergrößerter Darstellung:

◂◂ Bohrkäfer *(Hylecoetus dermestoides)*

2. Schiffswerftkäfer, der (*Lymexylon navale*): auch Haarwurm. Der 0,7 bis 1,3 cm große Käfer ist gelbbraun mit schwärzlichem Kopf und schwärzlichen Flügeldecken. Er schwärmt im Juni/Juli und befällt fast nur Ei, und zwar ältere stehende, aber auch liegende Stämme sowie starke anbrüchige Stöcke. Die bis 1,4 cm lange, weiße Larve frißt horizontale, gerade und die Stärke einer festen Stricknadel erreichende bis zu 2 m lange Gänge tief in das → Kernholz. Die Gänge sind mit Bohrmehl fest ausgestopft. Ein (heute seltener) Befall ist daher schwer erkennbar. Auf Eichenholzlagerplätzen entstand früher gelegentlich großer Schaden. Heute ist der Käfer in der → Roten Liste mit „stark gefährdet“ aufgeführt.

Werftweide, die: → Weiden 1. und 22.

Werkholz, das: veraltet auch Wirkholz. → Bretter und → Bohlen. W. ist neben → Bauholz eine Handelsform des → Schnittholzes.

Werkschuh, der: frühere Maßeinheit für das → Bauholz. Ein W. war der gewöhnliche rheinländische → Fuß.

Werkzeugholz, das (veraltet auch → Krechtholz): elastisches, hartes, griffiges und doch leichtes Holz, aus dem Werkzeuge und Arbeitsgeräte (Axt- und Besenstiele) hergestellt werden; → Machlholz.

Werkzeugvergütung, die: Der → Forstwirt stellt seine Werkzeuge selbst. Zur Beschaffung und Ergänzung bzw. Unterhalt erhält er Zuschüsse; z. B. Motorsägengeld.

Werle → Ahorne 3.

Werre, die: → Grillen 2.

Wertästung, die (Wertastung, Ästung, Astung, Aufastung): forstwirtschaftliche Maßnahme an jüngeren Bäumen zur Verbesserung der Holzqualität. Sie wird v. a. angewendet bei Baumarten, die sich schlecht natürlich reinigen. Unterschieden wird nach Trockenastung, d. h. Entfernung abgestorbener Äste und nach Grünastung, d. h. dem Absägen noch lebender grüner Äste. Hierbei besteht für alle Baumarten mit Ausnahme der Pa und Dgl die Gefahr der Holzentwertung durch das Eindringen von Fäulniserregern. Eine weitere Form der Astung ist die chemische Astung. Sie dient der Bekämpfung von → Wasserreisern und erfolgt mit Sprühmittel (Herbizide). Bei dieser Methode welken die Blätter rasch, die Äste bilden eine Schutzschicht und vermorschen. Sie brechen dann ab oder können mit einem Stoßeisen entfernt werden. W. wird auch bei den sog. → Auslesebäumen durchgeführt. Zur Erzielung eines hohen Wertholzanteils sind Ästungen notwendig in geeigneten Douglasien-, Kiefern-, Lärchen-, Fichten-, Tannen-, Baumweiden- und Pappelbeständen. Bei der W. ist unbedingt zu beachten, daß die Länge der grünen Krone noch mindestens 40 % der Baumhöhe betragen sollte. Ziel der W. ist es, bis zum Erntealter (→ Umtriebszeit) einen astfreien Holzmantel von etwa 2/3 der → Zielstärke (→ Hiebsreife) zu erzielen. Mit der W. muß deshalb bei einem → Brusthöhendurchmesser von 10 bis 12 cm begonnen werden. Für das Ergebnis entscheidend ist eine rechtzeitige Ästung, um ein möglichst dickes und langes astfreies Stammstück und eine vollständige Überwallung innerhalb weniger Jahre zu ermöglichen. Die geasteten Bäume sollen das Erntealter des Bestandes erreichen. Allg. ist eine Astungshöhe von 6 m üblich. Eine höhere Astungshöhe (bis 12 m) kommt nur bei Fi und Lä in Ausnahmefällen in Betracht; bei Dgl ist sie die Regel. Die W. wird mit unterschiedlichen Handgeräten (Hand- und Stangensägen) und Maschinen (Klettersägen) für die Hochastung durchgeführt; → Schaftreinigung, → Hochentaster, → Klettersägen.

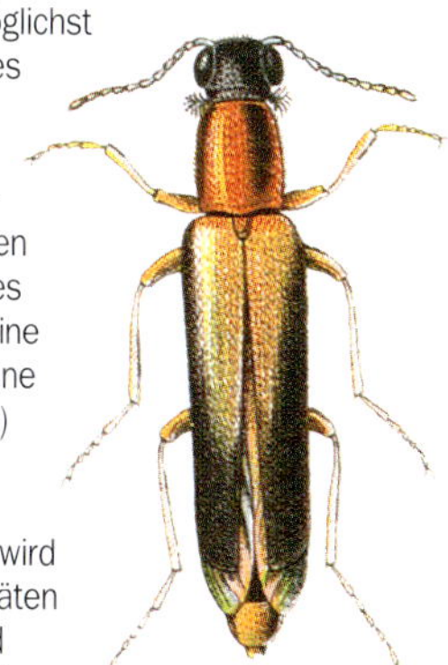

Schiffswerftkäfer *(Lymexylon navale)*

Wertfachwerk, das: → Ertragsregelungsmethoden.

Wertholz, das: allg. Holz mit besonders guten gewerblichen Eigenschaften und entsprechenden Dimensionen (→ Starkholz). Zum W. gehören v. a. das Furnier- und → Schälholz sowie das → Schneideholz; → Starkholzzucht.

Wertholzlagerplätze, die: → Holzlagerplätze, auf denen die Stammabschnitte wertvoller Hölzer (→ Wertholz) einzeln gelagert werden, so daß die Kaufinteressenten sich genau über die Qualität eines jeden Stückes informieren können. Das Holz auf W. wird i. a. versteigert und kann pro Kubikmeter bis zu 10 000 DM Erlös bringen.

Wertholz

Wertholzzucht, die: → Starkholzzucht.

Wertklasse, die: auch Qualitätsklasse. Die W. gibt die durchschnittliche Güte eines → Bestandes im Hinblick auf seine Verwertung an.

Wespen (*Vespidae*): auch Echte Wespen. Weltweit verbreitete Unter-Fam. 7 bis 10 mm großer, meist schwarz und gelb gezeichneter und stechender Faltenwespen mit elf einheimischen Arten. Die Flügel werden in Ruhestellung gefaltet. Der sehr bewegliche und kräftige Hinterleib der Weibchen und der unfruchtbaren Arbeiterinnen ist mit einem Giftstachel bewehrt. W. leben sozial und bilden einjährige, z. T. volkreiche Staaten. Mit Ausnahme einiger befruchteter Weibchen stirbt im Herbst die gesamte Population. Die befruchteten und überwinternden Weibchen gründen im Frühjahr die neuen Staaten. Es werden dann die Arbeiterinnen herangezogen, die bei der Vergrößerung des Staates sowie bei der Brutpflege helfen. Die Eier der W. sind keulenförmig, die beinlosen → Larven gelblichweiß mit bräunlichem Kopf. Die wichtigsten, auch im Wald vorkommenden W. sind:

Hornisse (*Vespa crabro*)

1. **Hornisse**, die (*Vespa crabro*): Die größte einheimische Wespe hat eine Körpergröße von 1,9 bis 3,5 cm. Der Kopf ist gelbgezeichnet; die ersten beiden Hinterleibsringe sind wie die Brust braunschwarz, die übrigen Hinterleibsringe gelb mit schwarzen Flecken. Der gesamte Körper ist bräunlich behaart. Die H. lebt sozial in lichten Laubmischwäldern, Parkanlagen, Gärten und in buschreichem Gelände. Sie bewohnt in Baumhöhlen, Holzspalten, unter Haus- und Scheunendächern, auch in Erd- und Nisthöhlen ein geräumiges Nest, in dem nach und nach ein einjähriger Hornissenstaat entsteht, der zum Saisonende auf ca. 5000 H. anwachsen kann. Das überwinterte und befruchtete Weibchen (Königin) beginnt im Frühsommer mit dem Wabenbau, der dann nach einigen Wochen von den frisch geschlüpften und geschlechtslosen Arbeiterinnen übernommen wird, die auch das Nest sauber halten und die Larven füttern. Im Spätsommer entwickeln sich Männchen und Weibchen, die sich verpaaren. Nach den ersten Frösten sterben dann alle Arbeiterinnen und die alte Königin. Zur Gewinnung von Nestbaumaterial und Nahrung (Saft) schält die H. platzweise junge Laubholzstämme, besonders die der Es, Er und Bi. Auch frißt und saugt sie gerne an reifen Früchten. Sie lebt aber auch räuberisch von anderen Insekten bis Bienengröße, denen sie nach dem Töten den Kopf abbeißt und den Kopfinhalt aussaugt (ausleckt). Der Stich der H. ist äußerst schmerzhaft und kann in Ausnahmefällen für den Menschen lebensgefährlich sein.

2. **Deutsche Wespe**, die (*Paravespula germanica*): Die D. W. erreicht eine Körpergröße von 1 bis 2 cm. Sie ist im Aussehen und in der Lebensweise der Hornisse sehr ähnlich und von anderen Wespenarten nur schwer zu unterscheiden. Sie liebt lichte Wälder, Gärten und Siedlungen und nistet oft in verlassenen Maulwurfs- oder Mäusenestern. Die überwinternden Weibchen bauen einige Waben und ziehen darin die erste Generation heran, die wie bei der Hornisse dann die weiteren Aufgaben (Nahrungsbeschaffung, Wabenbau, Zellenreinigung) übernehmen. Während des höchsten Entwicklungsstandes im Spätsommer kann das Erdnest mit einem Umfang von 20 bis 30 cm aus bis zu 3000 Bewohnern bestehen. Die Larve der D. W. häutet sich insgesamt dreimal. Die Verpuppung erfolgt in der Wabe in einem selbstgefertigten Gespinst. Auch sie jagt wie die Hornisse andere Insekten im Flug. Die Beute wird zerkaut und zu kleinen Kügelchen geformt, die den Larven als Nahrung dienen. Sie sammelt auch Nektar und zeigt sich im Herbst zahlreich auf reifen Früchten.

Wespenbock, der: → Bockkäfer 4.

Wespenbock, kleiner, der: → Bockkäfer 17.

Wespenbussard, der: → Bussarde 3.

Wespenspinne, die: → Radnetzspinnen 6.

Wessely, Josef (6.3.1814 Wien bis 10.10.1898 Wien): W. wurde 1846 Waldmeister in Idra und 1849 an das Ministerium für Landeskultur in Wien berufen. 1852 wurde W. Direktor der Forstlehranstalt Aussee/Mähren, 1855 Domänendirektor und Oberforstmeister der Staatseisenbahngesellschaft, 1866 Direktor der Forstlehranstalt → Mariabrunn. Er schrieb u. a.: "Die österreichischen Alpenländer und ihre Forsten" (1853), "Die Einrichtung des Forstdienstes in Österreich in seinem Zusammenhange mit der Domänen-, Montan- und Finanzverwaltung etc." (1861), "Österreichs Waldschätze und sein Holzexport" (1867).

▸▸ Deutsche Wespe (*Paravespula germanica*)

Westamerikanische Hemlock(s)tanne, die: → Hemlock(s)tannen 2.

Westamerikanische Lärche, die: → Lärchen 7.

West-Bäumchenweide, die: → Weiden 28.

Westerwald, der: Mittelgebirge und Teil des Rheinischen Schiefergebirges. Weite Teile des W. sind mit Basalt bedeckt. V. a. auf den kahlen Hochflächen des Hohen W. (höchste Erhebung Fuchskaute, 657 m) türmt sich der Basalt oft zu hohen und mächtigen Blöcken auf. Im W. gibt es mehrere große Waldgebiete: in den tieferen Regionen ausgedehnte Buchen- und Laubmischwälder, in den höheren überwiegend Fichten- und Tannenwälder. Das größte geschlossene Waldgebiet im W. ist die Montabaurer Höhe mit herrlichen Buchenbeständen. Im Nordosten finden sich noch gelegentlich Haubergswälder (→ Hauberge). Von besonderer Bedeutung ist der 1963 gegründete und 52 000 ha große → Naturpark Rhein-Westerwald. Kernstück ist das untere Tal der Wied, die ca. 60 Kilometer durch den Naturpark fließt. Bis zu 300 m tief hat sich der Fluß in die umliegenden bewaldeten Höhen eingeschnitten. Sehenswert sind die ausgedehnten Laubwälder (Eichen-Buchen-, Auen- und Ulmen-Mischwälder).

West-Myrtenweide, die: → Weiden 27.

West-submediterrane Flaumeichenwälder (*Quercion pubescenti-petraeae*): auch Wärmeliebende Eichenmischwälder. pflanzensoziologischer Verband der Ordn. → Xerotherme Eichenmischwälder. In diesen Wäldern treten die → Charakterarten der Xerothermen Eichenmischwälder, Flaumeiche und ihre Bastarde mit der TrEi, Buchsbaum, Blasenstrauch, u. a. Efeu, Strauchkronwicke und Stinkende Nieswurz, lokal auch Burgenahorn und Steinweisel, die Bäume krummwüchsig, zusammen mit FAh und FlUl auf. Diese Arten sind kälteempfindlicher als die Arten der → Ostmitteleuropäisch-subkontinentalen xerothermen Eichenwälder. Die beiden Assoziationen → Elsbeer-Flaumeichenwald (*Quercetum pubescenti-petraeae*) und → Maßholder-Eichenwald (*Acer monspessulani-Quercetum petraeae*) mit unterschiedlicher geographischer Verbreitung repräsentieren diesen Verband in Dtschl. Die letztgenannte Assoziation tritt im Mosel-Nahe-Mittelrheingebiet und auf der Schwäbischen Alb, die erstgenannte ohne Burgenahorn fast nur auf Kalkgestein auf der Schwäbischen Alb, im Schweizer Jura und am südlichen Oberrhein auf. Dieser Verband ist potentiell gefährdet; → Waldgesellschaften.

WET: Abk. für Waldentwicklungstypen; → Betriebszieltypen.

Wettbewerb, der: → Konkurrenz.

Wetterbäume: Bäume, die durch extreme Witterungseinflüsse (Sturm, Schneelast, Blitzschlag) in ihrer natürlichen Entwicklung gestört wurden und mehr oder weniger verstümmelt wirken. W. kommen hauptsächlich in den Hochlagen vor, bilden z. T. Ersatzgipfel aus (z. B. sog. Kandelaber-, Armleuchterfichten oder -zirben) und haben häufig bizarre Formen.

Wetterblume, die: → Ehrenpreis 2.

Wetterdistel, die: → Eberwurz 2.

Wetterfrosch, der: → Europäischer Laubfrosch.

Wettermoos, das: → Drehmoos.
Wetterschutzwagen, der: → Personalwagen.
Weymouthkiefer, die: → Kiefern 4.
Wibbelt, A. → Wald in der Dichtung.
Wichmannlinde, die: in Neuruppin (Bezirk Potsdam), der Geburtsstadt Theodor Fontanes, neben der Kirche stehende, über 650 Jahre alte Li, benannt nach Wichmann von Arnstein, dem Begründer des Dominikanerklosters in Neuruppin.
Wicke, die (*Vicia*): Gatt. der → Schmetterlingsblütengewächse mit über 150 Arten, v. a. in der nördlichen gemäßigten Zone, einige Arten auch im südlichen Südamerika, in den Anden und den Gebirgen Ostafrikas. Es handelt sich um einjährige oder ausdauernde, meist kletternde → Kräuter mit paarig gefiederten Blättern, meist mit Ranken am Blattende und einzelnen oder in Trauben (→ Blütenstand) stehenden Blüten. Einige Arten dieser Gatt. werden als Futterpflanzen oder Gründüngungspflanzen angebaut. Die am häufigsten in unseren Wäldern vorkommenden Arten sind:
1. Waldwicke, die (*Vicia sylvatica* Linné): Die fast über ganz Europa (hauptsächlich in den Gebirgen) verbreitete W. wächst zerstreut im Saum krautreicher, feuchtschattiger Laub- und Nadelwäldern, in Mischwäldern, Bergwäldern, in Sommerlinden-Spitzahorn-Steinschutt-Wäldern und anderen lichten Schlucht- und Auenwäldern, in Schneeheide-Kiefernwäldern und Alpenrosen-Latschengebüschen, auf Waldverlichtungen, in Hecken und Hochstaudenfluren, in den Alpen bis in Höhen von bis zu 2200 m.
Die ausdauernde, kahle, niederliegende oder kletternde Pflanze hat einen 50 bis 200 cm langen, schlaffen, vierkantigen, verzweigten Stengel. Die Blätter sind 5 bis 10 cm lang und haben sechs bis 12 längliche Fiederpaare und eine kräftige, verzweigte Ranke; die Teilblätter sind länglich-eiförmig. BZ: Juni bis August. Die Schmetterlingsblüten stehen in langgestielten, zehn- bis 20blütigen, einseitigen Trauben. Die → Krone ist weiß mit blau bis violett geaderter Fahne und meist violetter Schiffchenspitze. Die schwärzliche Hülse ist lineal-länglich.
2. Zaunwicke, die (*Vicia sepium* Linné): Die fast über ganz Europa verbreitete Z. wächst verbreitet in lichten Wäldern, besonders krautreichen Laubmischwäldern und anderen Gesellschaften der mesophytischen Buchen- und Laubmischwälder, auf Wiesen, Waldverlichtungen, an Weg- und Waldrändern, in Hecken, Gebüschen und an Zäunen, auf frischen, nährstoffreichen Böden (Nährstoffzeiger).
Die mehrjährige, fast kahle, niederliegende, aufsteigende oder an anderen Pflanzen emporkletternde Z. hat einen 30 bis 60 cm (100 cm) langen, kantigen, schlaffen, kurz weichhaarigen Stengel. Die Blätter haben vier bis sieben Fiederpaare. Die Fiederblättchen sind breit-eiförmig bis eiförmig-länglich. Die kleinen halbpfeilförmigen Nebenblätter scheiden auf der Unterseite in einem braunen Grübchen einen Saft aus, den → Ameisen gerne verzehren. BZ: Mai bis Juni, gelegentlich bis August. Die schmutzig-violetten, seltener gelblichen oder weißen Schmetterlingsblüten stehen in zwei- bis fünfblütigen, einseitswendigen, traubenähnlichen, blattachselständigen Blütenständen. Die Blüten sind 12 bis 15 mm lang, die Fahne rotviolett gestreift, das Schiffchen dunkelviolett. Die 2 bis 3,5 cm (4 cm) lange, glänzend schwarze Hülse ist länglich- bis breit-lineal und enthält drei bis sechs 3 bis 4 mm große, rötliche, gelbliche, graue oder grünliche, dunkel gefleckte oder fast schwarze → Samen (→ Ameisenpflanzen). Die Z. ist auch ein sehr gutes Wildfutter.
Wickel, der: → Blütenstand.
Wickler (*Tortricidae*): Fam. der Kleinschmetterlinge (Spannweite 1 bis 3 cm), die mit mehr als 5000 Arten, davon über. 400 Arten einheimisch, weltweit verbreitet sind. W. sind meist dämmerungs- oder nachtaktiv. Sie haben oft lebhaft gefärbte und unterschiedlich gezeichnete, in Ruhe flach (dachförmig) über den Rücken gelegte, fast länglich-viereckige bzw. trapezoide Vorderflügel und große Augen. Die 16füßigen farblosen → Raupen leben meist in eingerollten (Name!) oder zusammengesponnenen Blättern und Nadeln, aber auch im Innern von Pflanzen (Rinde und Mark) sowie in Knospen und Früchten. Viele der kräftig gebauten W. sind auch gefürchtete Obstbaumschädlinge. Die wichtigsten Arten sind:
1. Grüner Eichenwickler, der (*Tortrix viridana*): Der 13 bis 23 mm spannende Falter mit lebhaft grünen, schon an der Wurzel stark verbreiterten Vorderflügeln und grauen Hinterflügeln ist tag- und nachtaktiv und schwärmt oft massenhaft im Juni/Juli in Eichenwäldern, Parkanlagen und großen Gärten. Die sehr kleinen Eier werden im Juni meist paarweise an den Endtrieben der Kronen, vorzugsweise an älteren oder alleinstehenden Eichen abgelegt und mit grauer Kittmasse bedeckt. Ende April bis Ende Mai oder Anfang Juni schlüpfen aus den überwinternden Eiern die etwa 2 cm großen und grünen Raupen mit schwarzen Punkten und schwarzem, abgeplattetem Kopf. Sie bohren sich anfangs in die aufbrechenden Knospen ein und leben später zwischen den Blättern, die durch Gespinste zusammengezogen werden und in denen sie geschützt weiterfressen. Die Verpuppung erfolgt Ende Mai/Anfang Juni. Die → Puppe ist dunkelbraun bis schwarz und länglich gestreckt; etwa zwei bis drei Wochen später schlüpft der Falter. Bei starkem Befall kann es zu Kahlfraß kommen, wobei oft die Gespinste wie Spinngewebe an den Bäumen hängen. Die Folgen des Fraßes beeinträchtigen die → Mast und den → Zuwachs und führen auch zur → Wipfeldürre (Zopfdürre). In erster Linie wird die Stieleiche betroffen. Im Zusammenwirken mit Dürre, → Mehltau und → Spannern kann häufiger Befall zum Eichensterben führen. Natürliche Feinde des G. E. sind → Singvögel.
2. Kiefern(knospen)triebwickler, der (*Rhyacionia buoliana*): auch Posthornwickler. Der Falter spannt 1,8 bis 2,2 cm und hat leuchtend ziegelrote Vorderflügel und fleckige silbrige Querbinden; die Hinterflügel sind bräunlich-

Zaunwicke (*Vicia sepium*)

◂◂ Grüner Eichenwickler (*Tortrix viridana*)

Kiefern(knospen)-triebwickler (*Rhyacionia buoliana*)

grau. Er schwärmt je nach Witterung von Juni bis in den August hinein oft massenhaft in der Dämmerung in jungen Kiefernwäldern. Die Eier werden meist an sechs- bis 12jährigen Kie einzeln an der Rinde der Triebe, hauptsächlich im Bereich der Mitteltriebe abgelegt. Die ausschlüpfende junge Raupe ist dunkelbraun und färbt sich später rötlich hellbraun. Die Junglarve miniert in der Nadelbasis und bohrt sich im August in eine Seitenknospe ein. Die Raupe überwintert in der im Herbst nur schwach befressenen Knospe oder in einem mit Harz überklebten Gehäuse zwischen den Knospen. Sie frißt im Frühjahr im Trieb, der oft davon eingeht oder, wenn er nur einseitig benagt wird, weiterwächst, häufig aber umbricht und sich später wieder aufrichtet, wobei die Triebachse eine fast kreisförmige Verbiegung erhält, das sog. Posthorn. Starker Befall führt meist zur Zerstörung aller Knospen des Quirls. Durch die Bildung zahlreicher Kurztriebe mit großen Nadeln entstehen dann bürsten- oder besenförmige Büschel. Gefährdet sind v. a. Kulturen bis zu 2 m Höhe. Die Verpuppung erfolgt im Juni, nach ca. drei Wochen schlüpft der Falter. Die Generation ist einfach.

3. Kiefernknospenwickler, der (*Rhyacionia turionana*): Der Falter spannt 1,8 bis 2 cm, hat braungelbe oder braungraue Vorderflügel mit vielen bleigrauen Querlinien. Die Hinterflügel sind beim Männchen weiß, beim Weibchen mehr grau. Er schwärmt bereits zeitig im Mai bis Juni und legt seine Eier einzeln, überwiegend an die Mittelknospe eines Quirls, hauptsächlich des Kronentriebs von sechs- bis 15jährigen Kie. Die gelbbraune Raupe mit schwarzem Kopf und Nackenschild schlüpft Ende Juni, Anfang Juli. Sie frißt bis zum Herbst die Terminalknospe völlig aus, so daß diese abstirbt und von den Seitenknospen überwachsen wird. Sie überwintert im Trieb und verpuppt sich im April bis Mai nach kurzem Frühjahrsfraß in der mit feinen Fäden ausgesponnenen, ausgefressenen Knospe.

4. Kiefernquirlwickler, der (*Rhyacionia duplana*): Der Falter spannt ca. 1,5 cm. Die Vorderflügel sind dunkelbraungrau, sehr gestreckt und von weißgrauen, zu vier Binden vereinigten Wellenlinien durchzogen; die Spitzen sind rostgelb. Er schwärmt schon im März und April und legt die Eier einzeln an die Spitze der Winterknospen von zwei- bis sechsjährigen Kie. Die Anfang Mai schlüpfenden bräunlichrosa gefärbten Raupen fressen die jungen Maitriebe von der Spitze her, die austrocknen und welk herunterhängen. Die Verpuppung erfolgt Ende Juni, Anfang Juli am Boden, meist am Fuß des Fraßbaumes, in einem grauweißen Kokon, worin sie bis zum Frühjahr überwintert.

5. Kiefernharzgallenwickler, der (*Rhyacionia resinella*): Der Falter spannt 1,6 bis 2,1 cm, hat schwarzbraune Vorderflügel mit bleigrauen Querlinien und braungraue Hinterflügel. Er schwärmt sehr häufig im Mai/Juni in der Dämmerung und legt seine Eier unterhalb der Quirltriebe meist von sechs- bis zehnjährigen Kie ab. Die gelbbraune Raupe mit großem dunkelbraunen Kopf geht unter die Triebrinde, wobei über dem bis aufs → Mark gehenden Fraßkanal eine erbsengroße, breiige → Harzgalle entsteht. Die Raupe überwintert, frißt im nächsten Sommer weiter, wobei die Harzgalle, ein mit Harz durchtränkter Gespinstaufbau, Kirschgröße erreicht und verhärtet. Nach abermaliger Überwinterung verpuppt sich die Raupe im April, schiebt sich durch das an der Sonne erweichende Harz und entläßt den Falter, während die Hülle steckenbleibt. Der Schaden der Raupen ist unbedeutend, da i. d. R. nur die Seitentriebe befallen werden. Die Generation ist zweijährig.

6. Tannentriebwickler, der (*Choristoneura murinana*): Der Falter ähnelt dem Fichtentriebwickler und spannt 1,5 bis 2,4 cm. Die Vorderflügel sind bräunlichgrau mit dunklen Adern und grober, brauner Netzzeichnung. Der meist massenhaft auftretende T. schwärmt im Juni und Juli. Die Eier gleichen in der Farbe den Tannennadeln und werden reihenweise, sich schindelförmig deckend, an der Oberseite der Nadeln im Kronenbereich älterer Ta abgelegt. Die 2 cm großen hellgrünen Raupen mit glänzend schwarzem Kopf und braunschwarzem Nackenschild befressen die eben aufbrechenden Maitriebe der obersten Kronenregion und überziehen sie mit ihrem röhrenförmigen Gespinst, wodurch im Spätsommer kahle Endtriebe in der Tannenkrone sichtbar werden, die an Frostschäden erinnern. Im Juni spinnt sich die Raupe ab, um sich zwischen wenigen Fäden in der Bodenstreu zu verpuppen. Nach etwa zwei Wochen schlüpft der Falter. Die Generation ist einfach.

7. Tannenknospenwickler, der (*Grapholitha nigricana*): Der im Juni/Juli schwärmende Falter spannt 1,1 bis 1,3 cm. Die Vorderflügel sind dunkelblaugrau mit bleigrauen Querwellen, weißlichen Vorderrandshäkchen und dunkelbraunen Fransen. Die Hinterflügel sind dunkelgrau, die Fransen etwas heller. Die Eier werden einzeln, vorzugsweise an die Knospen der Gipfeltriebe zehn- bis 30jähriger Ta gelegt. Die rotbraun behaarte, etwa 8 bis 10 mm lange Raupe mit schwarzem Kopf und Nackenschild wandert von Knospe zu Knospe und höhlt sie aus. Schon im Herbst verrät schwach ausgetretenes Harz die Anwesenheit des Schädlings, dessen Fraß im Frühjahr fortgesetzt wird. Die Verpuppung erfolgt im Mai unter der Bodendecke. Die Raupe überwintert in einer Knospe. Die Generation ist einfach.

8. Fichtenrindenwickler, der (*Laspeyresia pactolana*): Der Falter schwärmt im Mai/Juni und spannt ca. 1,4 cm. Die Vorderflügel sind olivbraun mit doppelter weißlicher geknickter Querlinie; die Hinterflügel sind graubraun. Die Eier werden am Stamm zwischen oder unmittelbar unter die Quirltriebe abgelegt. Befallen werden zehn- bis 20jährige Fi, die unter → Verbiß, Dürre oder Frost gelitten haben. Die blaßrötliche Raupe mit hellbraunem Kopf und Nackenschild schlüpft im Juli und nagt Gänge in die Rinde. Dort werden herausgeschobenes braunes Bohrmehl und Kot, ausfließendes Harz und später krebsartige Anschwellungen sichtbar. Bei starkem Befall kommt es zum Kränkeln oder Absterben der Bäume. Die Verpuppung erfolgt im Mai im Fraßgang, die Überwinterung am Fraßort. Die Generation ist einfach.

9. Fichtennestwickler, der (*Epiblema tedella*): Der oft massenhaft auftretende Falter schwärmt im Mai bis Juli und spannt 1,3 cm. Die Vorderflügel sind goldbraun mit silberweißen Querbinden und bleigrauen Fransen, die Hinterflügel graubräunlich. Die wenigen Eier werden einzeln an die Nadeln junger Fi (15- bis 30jährig) gelegt. Die gelbbraune Raupe mit zwei braunroten Rückenstreifen schlüpft nach 14 Tagen und miniert (höhlt) die Fichtennadeln. Später verspinnt sie zehn bis 15 Nadeln zu einem Nest, in dem sich auch der Kot sammelt. Die Nadeln vergilben. Sie spinnt sich etwa im Oktober an einem Faden ab und überwintert in der Bodenstreu. Die Verpuppung erfolgt im April; ca. sechs bis acht Wochen später schlüpft der Falter. Die Generation ist einfach.

10. Kleiner Fichtennadelmarkwickler, der (*Asthenia pygmaeana*): Der Falter hat braungraue marmorierte Vorderflügel mit bleigrauen Binden. Die anfangs gelbliche, später grüne Raupe miniert junge Maitriebnadeln und spinnt meist zwei bis drei Nadeln zusammen. Die Verpuppung erfolgt im August in einem weißen Kokon im Boden.

11. Fichtentriebwickler, der (*Cacoecia histrionana*): Der Falter schwärmt im Juli und spannt ca. 2 cm. Die Vorderflügel sind gelblichgrau mit schwarzbraunen Wellenlinien, die Hinterflügel braungrau. Die 16 mm großen und grasgrünen Raupen mit dunkler Mittellinie, dunklem Kopf und braungrünem Nackenschild schlüpfen im Frühjahr und fressen anfangs in lockerem Gespinst die vorjährigen Nadeln der zehn- bis 30jährigen Fi, später einseitig die jungen Maitriebe, die sich dadurch krümmen. Die Verpuppung erfolgt Ende Juni innerhalb des Gespinstes.

12. Fichtenzapfenwickler, der (*Laspeyresia strobilella*): Der Falter schwärmt im Mai/Juni am Tag und spannt ca. 1,3 cm. Die Vorderflügel sind olivbraun mit zwei gebogenen Bleilinien, die Hinterflügel schwarzgrau mit weißlichen Fransen. Er legt seine Eier an junge Fichtenzapfen. Die weiße Raupe mit hellbraunem Kopf frißt in den Fichtenzapfen, später an den Schuppen und verpuppt sich im März/April.

Fichtentriebwickler (*Cacoecia histrionana*)

Die Überwinterung als Raupe erfolgt im → Zapfen. Die befallenen Zapfen zeigen Verkrümmungen und Harzausfluß.

13. Grauer Lärchenwickler, der (*Semasia diniana*): Je nach Höhenlage und Witterung schwärmt der 1,8 bis 2 cm spannende Falter von Ende Juli bis September. Die Vorderflügel sind gestreckt, hellgrau mit brauner unterschiedlicher Gitter- und Bindenzeichnung; die Hinterflügel sind braungrau. Sein Lebensraum sind lichte Bestände des Alpengebietes. Die überwinternden Eier werden an den Kurztrieben der Lä, aber auch an Fi, Kie und Zir abgelegt. Im Mai/Juni schlüpft die anfangs gelbgrüne, dann grüngrau bis schwärzlich werdende Raupe und frißt in einer Gespinströhre in der Mitte des Nadelbüschels. Sie wandert von Büschel zu Büschel und verpuppt sich im Juli in einem dichten Gespinst in der Bodendecke, gelegentlich auch an Zweigen und Stämmen. Die von der Raupe geschädigten Kronen zeigen eine rötliche Färbung; es kommt zu Zuwachsverlust; schwächere Bäume sterben ab.

14. Lärchenrindenwickler, der (*Laspeyresia zebeana*): auch Lärchengallenwickler. Der 1,5 cm spannende Falter schwärmt im Mai. Die Vorderflügel sind tiefgrau bis dunkeloliv mit schwarzen und weißen Vorderrandzeichnungen, schwarzem Mittelfleck und violett eingefaßten Spiegelflecken. Die Eier werden an die Stämmchen und Äste jüngerer, etwa vier- bis zehnjähriger und an die Äste älterer Lä, meist am Grund einjähriger Triebe, abgelegt. Die im Mai/Juni schlüpfenden etwa 1 cm großen Raupen sind schmutzig gelbgrün mit braunem Kopf und Nackenschild. Sie dringen durch die Rinde und fressen hier zwei Jahre lang einen unregelmäßigen Gang. Durch Anschwellen des Holzkörpers entsteht erst eine erbsengroße, im zweiten Jahr eine haselnußgroße Galle, aus der Kot und viel Harz austritt. Sind die Gallen zahlreich, gehen häufig die Seiten- und Haupttriebe ein. Im April des dritten Kalenderjahres verpuppt sich die Raupe in der Galle, in der sie bereits zweimal überwintert hat. Aus der Galle schiebt sich dann die glänzend schwarze, etwa 8 mm große Puppe hervor, aus der sich im Mai der Falter schiebt. In die Wundstellen der Äste dringen häufig die → Sporen des Lärchenkrebspilzes (→ Lärchenkrebs) ein. Die Generation ist zweijährig.

15. Birkennestwickler, der (*Acalla ferrugana*): Der Falter hat ockergelbe bis zimtbraune, dunkel gesprenkelte, trapezoide Vorderflügel und graue Hinterflügel. Er fliegt im Frühjahr, häufiger jedoch im Herbst und legt seine Eier hauptsächlich an junge Bi, aber auch an Ei und andere Laubbäume. Die 1,4 cm große hellgrüne, später graugrün werdende Raupe mit schwarzem Kopf und Nackenschild spinnt Birkenblätter zu kleinen Raupennestern zusammen und skelettiert sie von innen her. Die Generation ist doppelt; die Falter der zweiten Generation überwintern am Boden unter abgefallenen Laub.

16. Buchenwickler, der (*Laspeyresia fagiglandana*): hauptsächlich an Bu vorkommender Falter mit grüner Raupe.

Widebaum, der: → Schneeball 2.

Widenmann, Wilhelm von, Dr. (18.10.1798 Calw bis 14.7.1844 Bebenhausen): W. wurde nach kurzer Verwendung im praktischen Dienst im Jahre 1822 Privatdozent und 1825 Professor in Tübingen. Von 1823 bis 1827 verwaltete er zugleich das Revier Bebenhausen. 1836 übernahm er das Forstamt Tübingen mit Sitz in Bebenhausen. Er schrieb u. a.: „Das System der Forstwissenschaft ... etc." (1824), „Geschichtliche Einleitung in die Forstwissenschaft" (1837). W. gab auch heraus: „Forstliche Blätter für Württemberg" (8 Hefte, 1828 – 1842) und „Literarische Berichte für Forstmänner" (5 Hefte, 1832).

Widerbart, der (*Epipogium*): Gatt. der → Orchideen mit fünf Arten in Europa, Asien, dem tropischen Afrika, Australien und Neukaledonien. Es sind blattlose Saprophyten (→ Fäulnispflanzen). Die einzige europäische Art ist:

Widerbart, der (*Epipogium aphyllum* Swartz): auch Ohnblatt. Der über Nord- und Mitteleuropa verbreitete, in Südeuropa nur in den Gebirgen anzutreffende W. ist in Dtschl. selten und wächst in feuchten, tiefschattigen Wäldern besonders moosigen Nadel- (Fichten-, Tannenwälder), Misch- und Buchenwäldern, v. a. in montanen Buchenwaldgesellschaften, besonders artenreichen Tannenwäldern, und auch in staudenreichen Fichten-Tannen- und Fichten-Wäldern, auf humusreichen Böden, im abgefallenen Laub, besonders im Buchenlaub. Die 5 bis 25 cm hohe Pflanze ohne Blattgrün (→ Chlorophyll) ist blaßgelb bis hellbraun, fast durchscheinend und hat einen korallenartig verzweigten, dünne → Ausläufer treibenden → Wurzelstock ohne Wurzeln, mit Wurzelpilz. Sie wächst auch auf faulendem Holz. Der röhrige blattlose Stengel hat wenige, stengelumfassende, häufig rötlich berandete Schuppen und ist oben oft rosa oder violett überlaufen. BZ: Juli bis August. Die wenigen, meist drei oder vier, selten bis acht großen, kurzgestielten, hängenden Blüten stehen in einem → Blütenstand. Die dünnen, ovalen Tragblätter sind weißlich. Die gelblichweißen, nach Bananen duftenden Blüten sind rötlich überlaufen bis gestrichelt. Die → Kelch- und → Kronblätter sind fast gleich lang, blaßgelb bis rötlich. Die weißliche, aufwärts gerichtete, rot punktierte Lippe hat einen ovalen, am Rande krausen Mittellappen und am Grunde zwei breit dreieckige Seitenlappen. Der dicke, 3 bis 5 mm lange, fleischrote, oft gebogene Sporn ist aufwärts gerichtet. Der W. ist unter den europäischen Orchideen einzigartig. Da sich der → Fruchtknoten beim Öffnen der Blüte nicht dreht, ist die Blütenlippe nach oben gerichtet.

Widerbart (*Epipogium aphyllum*)

widerspänig: Flächen auf Längsschnitten, die aufgrund eines wechseldrehwüchsigen (→ Wechseldrehwuchs) Holzes uneinheitlich in zwei wechselnden Richtungen verlaufende Fasern aufweisen. Beim Vorgang des Hobelns werden die entgegengesetzt gerichteten Fasern streifenweise aufgerauht, während ein Teil der Fasern immer geglättet wird. Dabei entsteht der augenscheinliche Eindruck von Streifen unterschiedlicher Breite und Helligkeit (Lichtbrechungseffekt). W. sind z. B. Mahagoni und Limba.

Widerton, das: → Bürstenmoos 1.

Widertonmoos, das: → Bürstenmoos 1. und 2.

Wiechert, E. → Wald in der Dichtung.

Wied, die: → Brennreisig.

Wiedehopf, der (*Upupa epops* L.): auch Holzhüpfer. Länge: 28 cm, Gewicht: um 60 g. Fam. Hopfe (*Upupidae*). → Vogel des Jahres 1976. Der W. kommt überall in Europa vor und bewohnt offenes Gelände mit einzelnen Baumgruppen, lichte Waldungen, Parklandschaften, Waldränder, die an feuchte Wiesen grenzen, auch steinige, baumlose Gegenden und Viehweiden mit einzelstehenden Bäumen, v. a. Kopfweiden. In Südeuropa lebt er auch in und bei Ortschaften. Der auffällige Vogel ist äußerst vorsichtig und scheu. Zugvogel, der hauptsächlich in den Steppengebieten südlich der Sahara überwintert. Heute ist der W. bei uns vielerorts verschwunden.

Der W. ist ein Höhlenbrüter, der in Höhlen und Halbhöhlen aller Art, in Nistkästen, Gesteinsspalten, gelegentlich auch in Erdlöchern, Viehställen und unter Dächern nistet. Die sechs bis acht Eier sind grünlichweiß oder grau mit hellen Flecken und wirken fast einfarbig. Sie sind 25,9 x 17,9 mm groß und ca. 4 g schwer. Brutdauer: 15 bis 16 Tage, Nestlingszeit: etwa 26 Tage. I. d. R. eine Jahresbrut (April bis Juni). Nahrung: überwiegend Würmer, Insekten und deren Larven, v. a. aber Käfer und deren Larven, daneben auch Heuschrecken und Maulwurfsgrillen.

◂◂ Wiedehopf (*Upupa epops*), → Vogel des Jahres 1976

Wiedehopfhaue, die: → Pflanzhaue.

Wieden: mundartliche Bez. für dreh- und biegsame Ruten, die in der Land- und Forstwirtschaft sowie im handwerklichen Bereich (Korbflechter) zum Binden der verschiedensten Gegenstände dienen. Dieses von Holzgewächsen gewonnene Bindematerial wurde früher z. B. von den Waldarbeitern zum Zusammenbinden des Reisigs in → Wellen benötigt; in der → Flößerei fanden die sog. → Floßwieden zum Einbinden der Baumstämme Verwendung; in der Landwirtschaft dienten sie als Ernte- oder Kornwieden zum Binden der Getreidegarben. Auch Küfner gebrauchten sie z. T. anstelle der Faßreifen. W. werden hauptsächlich aus → Stockausschlägen und → Kernwüchsen von Wei, aber auch von Bi, Ha, Hbu und Sträuchern (z. B. Besenginster) der verschiedensten Arten gewonnen. Für Floß-W. dienten v. a. Fi und Ta. Geeignet waren auch schlankwuchsige Eichenstockloden, → Fachgerten.

Wiedendreher, der: → Wiedstock.

Wiedenhäuschen, das: → Bähofen.

Wied(en)ofen, der: → Bähofen.

Wieder, der: → Wiedstock.

Wiederaufforstung, die: → Aufforstung.

Wiedereinbürgerung, die: Maßnahme des Artenschutzes, mit der versucht wird, die in einem → Biotop ausgestorbenen Tier- oder Pflanzenarten wieder anzusiedeln.

Wiedhauen, das: → Floßwieden

Wiedofen, der: → Bähofen.

Wiedorn, der: → Kreuzdorn 2.

Wiedpflock, -säule, der/die: → Wiedstock.

Wiedschneiden, das: → Floßwieden.

Wiedstange, die: → Wiedstock.

Wiedstock, der: auch Wiedpflock, Wiedsäule, Wiedstange. bei der → Flößerei verwendetes Instrument zur Herstellung von → Floßwieden, die zum Einbinden der Baumstämme und als Befestigungsmittel benötigt wurden. Der W. war ein 90 bis 120 cm tief im Boden verankerter 40 bis 50 cm dicker Holzstamm, der etwa 60 bis 70 cm über dem Boden in der Mitte ein ca. 10 bis 12 cm großes durchgehendes Bohrloch hatte. Hierin wurde das noch heiße, aus dem → Bähofen kommende Eichen- oder Tannenstämmchen (auch Fichten- oder Birkenstämmchen) mit dem dicken Ende verpflockt (mit Spannkeilen verkeilt) und mit einer eichenen oder buchenen Wiedstange (Drehstange) vom Wiedendreher (Wieder) spiralig aufgewunden, d. h. aufgedreht. Während des Drehens sprang die Rinde von den jungen Stämmchen, die dann als → Wieden (Floßwieden) bezeichnet wurden. Die fertigen Wieden wurden meist dutzendweise gebündelt aufbewahrt und vor der Verwendung einige Zeit gewässert.

Hermelin, Jungtier

Wiege des Waldes: Bez. für die → Klengen und → Baumschulen, in denen die Vermehrung der → Baumarten bzw. die → Pflanzenanzucht geschieht.

Wiener Nachtpfauenauge, das: → Nachtpfauenauge.

Wiepe, die: **1)** → Kreuzdorn 2. **2)** früher ein Stroh- oder Hegewisch, der als Warnzeichen (Betretungsverbot der Wiesen und Kulturflächen) diente; → Hegezeichen, Gehege 1).

Wieprecht, C. → Wald in der Dichtung.

Wiesbaum, der: → Bindebaum.

Wiesel (*Mustela*): Gatt., die neben → Iltis, Nerz und Mink als sog. Stinkmarder zur Fam. der Marder (*Mustelidae*) und zur Ordn. der Raubtiere (*Carnivora*) gehört. Es gibt die zwei Arten Großes W. oder Hermelin (*Mustela erminea* L.) und Kleines Wiesel oder Mauswiesel (*Mustela nivalis* L.). Das Zwergwiesel (*Mustela minuta* Pomel), das in verschiedener, meist älterer Literatur erwähnt wird, wird nur noch als Miniaturform des Mauswiesels angesehen. Die W. sind unsere kleinsten Raubsäugetiere; sie sind besonders schlank, zart und sehr lebhaft.

1. Hermelin, das (*Mustela erminea* L.): auch Großes Wiesel.

<u>Aussehen:</u> Die Kopf-Rumpf-Länge des H. beträgt 22 bis 28 cm, die Schwanzlänge etwa 8 bis 12 cm, die Schulterhöhe etwa 3 bis 5 cm. Das Gewicht des Männchens beträgt etwa 250 bis 300 g; Weibchen sind etwa um ein Drittel kleiner und wiegen 130 bis 200 g. Das H. hat einen außerordentlich schlanken und geschmeidigen Körper. Das Haarkleid wird im Frühjahr und Herbst gewechselt. Im Sommerhalbjahr und südlich der Alpen ist die Oberseite rötlichbraun; die deutlich abgesetzte Unterseite, die Kehle und die Innenseite der Beine sind schmutzig weiß gefärbt. Der rötlichbraun gefärbte Schwanz hat im Ggs. zu dem des Mauswiesels eine schwarze Spitze, die etwa ein Drittel (ca. 4 cm) ausmacht. Im Winterhalbjahr ist das Fell anfangs rein weiß, später gelblich; die Schwanzspitze bleibt schwarz. Die Umfärbung von der Sommerfärbung zur Winterfärbung vollzieht sich mit dem Haarwechsel, je nach Witterung Ende November/Anfang Dezember und dauert nur wenige Tage. Ende März wächst dann wieder über einige Wochen hinweg das Sommerfell.

<u>Vorkommen:</u> Das H. ist mit Ausnahme Islands, der arktischen Inseln und fast ganz Südeuropas beinahe in ganz Europa, Zentralasien (einschließlich Japan) und in Nordamerika verbreitet. In Mitteleuropa ist es das häufigste Raubtier.

<u>Lebensraum und Lebensweise:</u> Das H. bevorzugt baumarme Landschaften, sowohl in feuchten als auch in trockenen Gebieten. Zudem lebt es in Auwäldern, Feldgehölzen, Dünen- und Sumpflandschaften, in aufgelockerten Wäldern, Parks und Gärten. Im Gebirge ist es noch in einer Höhe von 3000 m anzutreffen. Dichte Wälder meidet es. Als Unterschlupf bevorzugt es Holz- und Steinhaufen, Erd- und Mauerlöcher, Spalten, Hamster- und Maulwurfröhren, im Winter auch Scheunen und unbewohnte Gebäude. Das H. ist tag- und nachtaktiv, verschläft jedoch meist den Tag in seinem Unterschlupf und wird erst gegen Abend rege. Es bewegt sich sehr behend und geschmeidig, läuft, springt und klettert mit größter Gewandtheit und schwimmt auch sehr gut. Zudem ist es kaum scheu, sehr ungeduldig und neugierig, aber auch sehr aufmerksam. Es jagt einzeln, gelegentlich, während der Aufzuchtzeit der Jungen, auch paarweise. Das H. hört ausgezeichnet; auch sein Seh- und Riechvermögen ist sehr gut. Untereinander verständigen sie sich durch ein leises Trillern.

<u>Fortpflanzung:</u> Die Ranzzeit (Paarungszeit) ist meist im Februar; einige ranzen jedoch erst im Juni/Juli. Die Tragzeit beträgt entweder acht bis 12 Monate (einschließlich der Vortragezeit) oder acht bis neun Wochen, wenn das H. Ende des Winters ranzt. Das Weibchen bringt im März/April vier bis sechs, etwa 4 bis 5 cm große Jungwiesel. Sie öffnen erst nach 37 bis 45 Tagen die Augen und werden etwa sieben Wochen gesäugt. Im Alter von drei bis vier Monaten sind die jungen H. selbständig, und zu Beginn des Winters löst sich die Fam. auf. Die Lebensdauer des H. beträgt etwa zehn Jahre.

<u>Nahrung:</u> Das H. jagt und frißt alles, was es bezwingen kann, und wagt sich auch an Beute, die es an Körpergröße enorm übertrifft (z. B. Jungwild, ausgewachsene kranke Hasen und Wildkaninchen). Die Hauptnahrung des H. besteht aus Mäusen (Schermäuse werden in ihren Gangsystemen gejagt), Ratten, Hamstern, Schlangen, Fröschen und Eidechsen. Ferner auch Vögel und deren Gelege; plündert auch die Nester der Höhlenbrüter. Seltener nimmt es wirbellose Tiere und Beeren. Die Beute tötet es durch einen Biß in den Nacken; bei größeren Tieren trinkt es das Blut. Bei den Eiern beißt es Löcher in die Pole, um an den Inhalt zu gelangen.

2. Mauswiesel, das (*Mustela nivalis* L.): auch Kleines Wiesel, Heermännchen.

<u>Aussehen:</u> Das M. hat eine Kopf-Rumpf-Länge von 17 bis 22 cm und eine Schwanzlänge von 4 bis 6 cm. Das Gewicht eines Männchens beträgt etwa 80 bis 130 g; die Weibchen sind etwas kleiner und leichter (50 bis 70 g). Starke M.-Männchen können so groß und schwer sein wie schwache Hermelin-Weibchen. Die Färbung des Felles ist auf der Oberseite braun; die scharf – gelegentlich wellenförmig – abgegrenzte Unterseite ist fast weiß. Die Kehle ist ebenfalls weiß. Der Schwanz ist kurz behaart und braun. Vom Hermelin ist es im Sommer nur an der schwarzen Schwanzspitze sicher zu unterscheiden. In Mitteleuropa ist das M. Sommer wie Winter gleich gefärbt. In den nördlichen Regionen des Verbreitungsgebietes erfolgt im Herbst die Umfärbung zum weißen Winterkleid, was nicht selten auch im Hochgebirge vorkommt. Die schiefliegenden, feurig wirkenden Augen sind klein und dunkel.

<u>Vorkommen:</u> Das M. ist mit Ausnahme von Island, Irland, den arktischen Inseln und dem südlichsten Spanien in ganz Europa verbreitet.

<u>Lebensraum und Lebensweise:</u> Das M. bewohnt sandige Gegenden, die Kulturlandschaft und die Ränder von Siedlungen. Im Gebirge kommt es bis zu einer Höhe von 3000 m vor. Es hat seinen Unterschlupf in Baumhöhlen, Holz- und Steinhaufen, alten Gemäuern, Hamster- und Rattenlöchern sowie in Maulwurfsgängen. Im Winter ist es in

Scheunen, Ställen, Dachböden und Kellern anzutreffen. M. sind tag- und nachtaktiv und ständig auf der Jagd nach Mäusen und anderer Beute. Es lebt sehr gesellig, ist äußerst gewandt, läuft flink und schwimmt sehr gut. In Verhalten und Lebensweise gleicht es sehr dem Hermelin. Das M. ist sehr standorttreu, wobei Männchen und Weibchen getrennte Reviere haben. Es ist das kleinste Raubsäugetier der Erde. Das M. hört ausgezeichnet; es sieht und riecht auch gut. Untereinander verständigen sie sich durch zischende und singende Laute.

Fortpflanzung: Da es zwischen März und August, ja sogar in den Wintermonaten junge M. gibt, scheinen die M. vom Frühjahr bis zum Herbst zu ranzen. Als Hauptranzzeit gelten jedoch die Monate Februar/März. Das Weibchen bringt nach einer Tragzeit von fünf Wochen vier bis sieben Junge zur Welt. Diese sind weiß, kurz behaart und 24 bis 30 Tage blind. Sie werden etwa vier Wochen gesäugt, sind mit zwei bis drei Monaten selbständig und mit knapp einem Jahr fortpflanzungsfähig. Pro Jahr ein Wurf, bei älteren Weibchen zwei. Das M. kann sieben bis acht Jahre alt werden.

Nahrung: hauptsächlich Mäuse, v. a. für die Landwirtschaft schädliche Wühlmäuse und Ratten. Das M. nimmt auch Gelege, Klein- und Jungvögel, Junghasen, Jungkaninchen und andere Säugetiere bis zur Kaninchengröße, ferner wirbellose Tiere, Frösche, Eidechsen und Schlangen. Es tötet seine Beute wie das Hermelin durch einen Biß in den Nacken. Selbst fällt es gelegentlich Greifvögeln, Eulen, Rotfüchsen und dem Hermelin zum Opfer.

Wieseltäubling, der: → Täublinge 3.

Wiesen-Arzneibaldrian, der: → Baldrian 6.

Wiesen-Augentrost, der: → Augentrost 1

Wiesen-Bärenklau, der: → Bärenklau 1.

Wieseneidechse, die: → Eidechsen 1.

Wiesen-Enzian, der: → Enzian 2.

Wiesenflockenblume, die: → Flockenblume 2.

Wiesen-Frauenmantel, der: → Frauenmantel.

Wiesengeißbart, der: → Mädesüß 1.

Wiesen-Glockenblume, die: → Glockenblume 4.

Wiesenhafer, der: → Glatthafer.

Wiesenhornklee, der: → Hornklee.

Wiesenkas, der: → Eberwurz 2.

Wiesen-Klee, Roter, der: → Klee 7.

Wiesenknäuelgras, das: → Knäuelgras.

Wiesenknautie, die: → Knautie 2.

Wiesen-Knöterich, der: → Knöterich.

Wiesen-Labkraut, das: → Labkraut 6.

Wiesenlärchen: auch Gras- und Rasenlärchen. Standorts-Bez. für Lä aus Tieflagen mit sehr breitringigem, schwammigem Holz und mit hohem Anteil an lockerem → Frühholz, im Ggs. zu den → Steinlärchen; → Jochlärchen.

Wiesen-Platterbse, die: → Platterbse 5.

Wiesenraute, die (*Thalictrum*): Gatt. der → Hahnenfußgewächse mit rd. 120 Arten v. a. auf der nördlichen Halbkugel. Es handelt sich um → Stauden mit mehrfach gefiederten Blättern und Blüten mit unscheinbaren Hüllblättern und zahlreichen → Staubblättern, die in Trauben oder Rispen (→ Blütenstand) stehen. Die interessantesten, auch im Wald wachsenden Arten sind:

1. Akeleiblättrige Wiesenraute, die (*Thalictrum aquilegifolium* Linné): Die hauptsächlich über Mitteleuropa verbreitete Pflanze ist ziemlich selten und wächst zerstreut an feuchten schattigen Stellen in Wäldern, besonders Auwäldern (→ Charakterart der Grauerlen-Auenwälder), in Gebüschen, Hochstaudenfluren, auf feuchten Wiesen, Moor- und Waldwiesen, an Bach- und Flußufern, vorwiegend auf Kalk- und Urgestein; Nährstoff- und Nässezeiger. In den Alpen kommt sie bis in Höhen von 2000 m vor.

Die große, ausdauernde, 40 bis 120 cm (150 cm) hohe Pflanze hat einen im oberen Teil reich verzweigten Stengel und rautenförmige, zwei- bis dreifach gefiederte Blätter, die denen der → Akelei sehr ähnlich sind (Name!). BZ: Mai bis Juli. Die violetten Blüten stehen in reichblütigen, rispigen Blütenständen. Die überhängenden Früchtchen sind glatt, braun, dreikantig geflügelt und gehen allmählich in einen Stiel über.

2. Glänzende Wiesenraute, die (*Thalictrum lucidum* Linné): Die über Mitteleuropa verbreitete Pflanze wächst in Dtschl. besonders im Main- und Donaugebiet sowie in den Alpen. Sie ist selten und gedeiht in Auengebüschen und Auwäldern, besonders Hartholz-Auenwäldern und auf Moorwiesen.

Diese 60 bis 120 cm hohe Pflanze hat eine kriechende Grundachse und einen kantigen, unverzweigten Stengel. Die Blätter sind zweifach gefiedert, mit länglichen, lineal-lanzettlichen oder keilförmigen, oberseits dunkelgrünen und glänzenden, unterseits hellgrünen Fiederblättchen. Die wohlriechenden Blüten (BZ: Juni/Juli) stehen gedrängt an den Enden der Rispenäste. Die aufrecht stehenden → Blüten- und Staubblätter sind gelb.

Neben vorgenannten Arten wächst noch die **Kleine W.** (*T. minus*) in sonnigen Gebüschen, lichten Eichenwäldern und an Waldsäumen, *T. m. ssp. majus* in Linden-Ahoren-Wäldern. Die **Stein-W.** (*T. saxatile*) wächst in Trocken- und Steppenrasen, lichten Gebüschen, Schneeheide-Kiefernwäldern und Alpenrosen-Latschengebüschen, die **Hohe W.** (*T. morisonii*) in Auengebüschen und -wäldern, die **Einfache W.** (*T. simplex*) mit zahlreichen Unterarten wächst auf Moorwiesen und Magerrasen, Die **Gelbe W.** (*T. flavum*) in Moorwiesen und Auengebüschen.

◄◄ Akeleiblättrige Wiesenraute (*Thalictrum aquilegifolium*)

Wiesensafran, der: → Zeitlose.

Wiesen-Schachtelhalm, der: → Schachtelhalm 3.

Wiesenschaumkraut, das: → Schaumkraut 1.

Wiesenschaumzikade, die: → Zikaden.

Wiesen-Schlüsselblume, die: → Primel 2.

Wiesenschnaken → Schnaken.

Wiesen-Wachtelweizen, der: → Wachtelweizen 3.

Wild, das: Sammel-Bez. für alle wildlebenden Tiere, die dem Jagdrecht unterliegen (→ jagdbare Tiere). Das W. wird unterteilt in → Haarwild und in → Federwild; → Hochwild.

Wildacker, der: eine nach landwirtschaftlichen Methoden bearbeitete → Wildäsungsfläche, die dem Wild → Äsung anbietet. Typische W.-Pflanzen sind u. a. Mais, Raps, Kohlarten, Hafer, Rüben, Wachtelweizen und Leguminosen; → Äsungsverbesserung.

Wildacker – Äsung und Deckung für Wild

Wildapfel, der: → Äpfel.

Wildäsungsflächen: gezielt für das Wild angelegte Flächen, auf denen durch Anbau von ausgewählten Früchten, → Gräsern, → Kräutern und → Sträuchern dem Wild örtlich und zeitlich verstärkt die fehlende natürliche und artgerechte → Äsung dargeboten wird. Sie werden meist im → Einstand des Wildes oder in dessen Nähe angelegt. I. w. S. sind auch alle Naturverjüngungsflächen und ungezäunten Kunstverjüngungsflächen (→ Verjüngung) sowie bestimmte landwirtschaftliche Nutzflächen W. Die W. werden unterschieden nach ständigen Äsungsflächen (Dauergrün-

Wildbach: Almbachklamm, Berchtesgaden

äsungsflächen, → Verbißgarten, → Wildacker), nach vorübergehenden Äsungsflächen (z. B. auf Holzlagerplätzen und sonstigen Freiplätzen im Wald) und Ödlandsflächen; → Äsungsverbesserung.

Wildäsungspflanzen: Sammel-Bez. für alle Pflanzen, die vom pflanzenfressenden (und körnerfressenden) Wild als → Äsung angenommen werden. I. e. S. werden jedoch nur die speziell vom Jäger und Forstmann zum Anbau der → Wildäsungsflächen verwendeten ein- oder mehrjährigen Pflanzen verstanden. Der Anbau von W. soll u. a. dazu beitragen, zusätzliche Nahrung zu bieten und → Wildschäden zu verhindern; → Äsungsverbesserung.

Wildäsungspflanze Topinambur

Wildbäche: Gebirgsbäche, die sich von den übrigen unregulierten Gebirgsbächen durch sehr starke jahreszeitliche Schwankungen sowohl in der Wasser- als auch in der Geschiebeführung unterscheiden. Nach starken Niederschlägen oder rascher Schneeschmelze können sich Ströme aus einem Gemisch von Wasser, Bodenmaterial, Schutt und Holz bilden, die als Murgänge in sonst meist trockenliegenden Gerinnen zu Tal gehen. Die Entstehung ist zudem an das Vorhandensein größerer Lockermassen im Einzugsgebiet gebunden. Zum Schutz gegen Abtragungen werden wasserbautechnische, ingenieurbiologische und biologisch-waldbauliche Maßnahmen durchgeführt (Wildbachverbauung, z. B. Einbau von Querwerken).

Wildbann, der: früher den Landesherren vorbehaltenes Jagdrecht in → Bannforsten.

Wildbirne, die: → Birnen.

Wilddeputat, das: → Deputatholz.

Wilde(r/s) ... siehe unter dem jeweiligen Hauptnamen.

Wilde Frauen → Wilde Männer.

Wilde Männer (Wildleute, Holzleute, Wilde Frauen, Schrate, Waldschrate): Nach deutschen und slawischen Sagen, → Volksglauben und Brauchüberlieferungen tiermenschliche Waldgeister mit dichtem Fell (die Behaarten; lat. Pilosi) oder Mooskleid (Moosmännchen und Moosweibchen, (Wald-)Schrat, Schretel), gelegentlich auch nur mit Eichenkränzen um die Lenden und auf dem Haupt bekleidet. Der abergläubischen Vorstellung liegen antike Motive (Satyre, Silvane), Erinnerungen an Vegetationsdämonen, wohl auch Bekanntschaft mit Menschenaffen, Begegnungen mit in Wäldern hausenden Ausgestoßenen usw. zugrunde. Im 15. Jh. waren Wildeleutsmaskeraden und -spiele beliebt; in England spielten die W. M. als Spaßmacher im 17. Jh. eine Rolle, in Dtschl. und Frankreich noch heute bei Frühlings- und Fastnachgebräuchen und -umzügen (z. B. der „Wilde-Männle-Tanz" im Allgäu). In der Heraldik sind sie seit dem 15. Jh. vielfach als Wappenhalter (Schildhalter), z. B. in Preußen, vertreten. Im späten Mittelalter wurden sie auch gerne auf Bildteppichen, in der Buchmalerei, auf Münzen (→ Wildemannstaler) und Wirtshausbildern dargestellt. Aus der Haltung der W. M. als Schildhalter mit gespreizten Armen und Beinen wurde das Symbol weiter abstrahiert und mit dem christlichen Andreaskreuz in Verbindung gebracht. So nennt man im Fachwerksbau des 16. Jh. die geraden, aber gebogenen, x-förmig zusammenstehenden Balken ebenfalls W. M.; → Waldmärchen.

Wildemannstaler, der: auch Wildemannsgulden. Bez. für braunschweigische Münzen des 16. bis 18. Jh. mit dem Bild des Harzer wilden Mannes, auf die Ta gestützt; → wilde Manner.

wildes Holz, das: alte Bez. der Schreiner für Bretter (→ Brett), die von gedrehten Stämmen stammen; → Drehwuchs.

Wildflößerei, die: → Trift 1).

Wildfruchthecke, die: Hecke aus heimischen, fruchttragenden Strauchgehölzen (→ Beerensträucher, → Wildobst), deren Früchte für Mensch und/oder Tier eßbar sind bzw. die Früchte tragen, die zum Verzehr aufbereitet werden können; → Obst-, Schmetterlings-, Vogelschutzhecke, Hecken und Gebüsche.

Wildgatter, das: umzäunte Fläche, in dem Wild gehalten wird. Das W. dient dem Schutz der → Kulturen. W. wird auch der Zaun selbst genannt.

Wildhuben → Forsthuben.

Wildkaninchen, das (*Oryctolagus cuniculus* L.): auch Kaninchen, Karnickel, Kinigl, Kunele, Lapin, Lamprete. Das W. zählt zoologisch zur Fam. der → Hasen (*Leporida*) aus der Ordn. der Hasenartigen (*Lagomorpha*).

Aussehen: Das W., das wesentlich kleiner als der Feldhase (→ Hasen 1.) ist, erreicht eine Kopf-Rumpf-Länge von 35 bis 45, höchstens 50 cm. Die Körperhöhe beträgt 17 bis 18 cm. Das kleine Schwänzchen, die sog. Blume, ist etwa 6 cm lang. Die einfarbig braungrauen Ohren sind 6 bis 7 cm lang und kürzer als der Kopf; beim Feldhasen hingegen sind sie gleich lang und haben eine schwarze Spitze. Das Gewicht liegt bei 1,5 bis 2,5 kg. Die Färbung des W.-Felles ist oberseits überwiegend braungrau, unterseits mehr grau, beim Hasen hingegen weiß. Das Haar wird im Frühjahr und Herbst gewechselt. Das W. ist die Stammform des Hauskaninchens.

Vorkommen: Die Mittelmeerländer, insbesondere Spanien und Nordwestafrika, sind die Urheimat der W. Daneben bewohnt es ganz Mittel- und Westeuropa und die westlichen Teile Osteuropas. Die nördlichsten Vorkommen liegen in Südschweden und auf den Inseln Südwestnorwegens. Griechenland und die Balkanländer sind kaninchenfrei. In Australien, auf Neuseeland, Feuerland und auf den Kerguelen ist es inzwischen auch durch Einbürgerung heimisch.

Als Lebensraum bevorzugt es Orte mit leichten, trockenen und sandigen, jedoch grabfähigen Böden. Über 500 m Meereshöhe wird es nicht mehr angetroffen. Es ist sehr standorttreu und siedelt gern an Waldrändern, in lichten Kiefernbeständen, auf trockenen Heideflächen, in trockenen Schonungen, auf buschbestandenen Viehweiden und im felsigen Gelände der unteren Gebirgslagen (im Süden). Als sog. → Kulturfolger ist es nicht selten in Park- und Grünanlagen der Großstädte, auf Friedhöfen, in Schrebergärten und auf Flugpätzen anzutreffen. W. sind sehr empfindlich gegen naßkaltes Klima und strenge Winter. Sie leben sehr gesellig in Kolonien, und in den Sippenverbänden herrscht eine strenge Rangordnung. Im Ggs. zum Hasen graben sie sich Wohnbaue und Satzröhren (Satzbaue). Die Wohnbaue dienen vornehmlich als Schlaf- und Schutzstätte und haben ein oder mehrere ausgepolsterte Kessel und bis zu vier Luftröhren. In den Satzröhren werden die Jungen zur Welt gebracht, die dort auch die ersten drei Lebenswochen verbringen. Das W. ist ein ausgesprochenes Dämmerungstier, das auch nachts, und wenn es nicht gestört wird, auch tagsüber rege ist. Bei Regen verläßt es nur ungern den Bau; bei Sonnenschein liegt es gerne vor dem Wohnbau und sonnt sich. Bei Gefahr schlagen W. mit den Hinterbeinen auf den Boden; sie klopfen und warnen dadurch ihre Artgenossen, die blitzschnell in den Bauen Schutz suchen.

Sinne und Lautäußerung: Die Sinne des W. sind schärfer als die des Hasen. Besonders

stark ausgeprägt ist der Geruchssinn. Es hört jedoch auch hervorragend und sieht gut, so daß ihm kaum ein Geräusch oder eine Bewegung entgeht.
Fortpflanzung: Die Paarungszeit geht von Anfang März bis August (im Süden wohl ganzjährig). Die Tragzeit beträgt 28 bis 31 Tage. Das Weibchen bringt vom Frühjahr bis zum Herbst vier bis sechs mal fünf bis acht blinde und unbehaarte Junge zur Welt; sie ist somit in der Lage, alle fünf bis sechs Wochen Junge zu haben. Diese öffnen nach neun bis zehn Tagen die Augen und werden etwa drei bis vier Wochen einmal täglich gesäugt. Mit vier bis fünf Wochen verlassen sie dann – bereits selbständig – den Satzbau. Mit etwa acht bis zehn Monaten sind sie geschlechtsreif, so daß zeitig im Frühjahr geborene W. noch im selben Jahr selbst Junge bekommen können. Das W. kreuzt sich mit dem Hauskaninchen, jedoch nicht mit dem Hasen.
Nahrung: Das W. ist ein Pflanzenfresser, das sich vorwiegend von Gräsern, Kräutern, Getreide, Rinde, Weichhölzern, Wurzeln und Gemüse ernährt. Da es kolonieweise und somit massenhaft auftritt, richtet es oft beträchtliche Schäden an land- und forstwirtschaftlichen Flächen (z. B. Gartenanlagen, Weinbergen, Getreidefeldern, Forstkulturen usw.) an.

Wildkatze, die (*Felis silvestris* Schreb.): auch Waldkater, Baumkatze. Die W. zählt zoologisch zur Fam. der Katzen (*Felidae*) und zur Ordn. der Raubtiere (*Carnivora*).
Aussehen: Die W. hat eine Kopf-Rumpf-Länge von etwa 70 bis 95 cm, eine Schwanzlänge von 30 bis 35 cm, eine Schulterhöhe von 35 bis 40 cm und ein Gewicht von 5 bis 9 kg. Schwere Kuder (Männchen) können bis zu 11 kg wiegen. Die Kätzin ist kleiner und leichter. Obwohl die W. lange Zeit als die Stammart unserer Hauskatze galt, ist sie mit dieser nur entfernt verwandt. Unsere Hauskatzen stammen größtenteils von der ägyptischen Falbkatze ab. Die W. ist bedeutend größer, schwerer und kräftiger als unsere Hauskatze. Sie ist stärker behaart, hat einen stärkeren Schnurrbart und einen wilden Blick. Die Grundfärbung der W. ist gelbgrau bis grau mit schwacher, angedeuteter oder dunkler, klarer Stromung, gelegentlich auch unvollständig. Das ganze Fell ist dicht und lang. Der buschige Schwanz ist grau und hat drei oder vier deutliche dunkle Ringe und ein etwa 5 cm langes schwarzes Endstück. Kätzin und Kuder sind anhand der Färbung nicht zu unterscheiden.
Vorkommen: Die W. kommt heute noch in Spanien, Südfrankreich, Italien, Schottland, Südosteuropa und lokal in Mitteleuropa vor. In Dtschl. ist sie in geringer Zahl noch im Taunus, Odenwald, Hunsrück, Harz, in der Eifel, in Thüringen und – wieder ausgebürgert – im Bayerischen Wald anzutreffen. Seit sie ganzjährig geschont wurde (Reichsjagdgesetz von 1934) nimmt ihr Bestand wieder etwas zu.
Lebensraum und Lebensweise: Sie bevorzugt ausgedehnte Wälder, hauptsächlich Nadelwälder mit dichtem Unterwuchs sowie bewachsene Felsgebiete, zerklüftete Schluchten und auch Buschsteppen. Die W. ist, mit Ausnahme der Ranzzeit (Paarungszeit), ein Einzelgänger und beansprucht ein bestimmtes Gebiet (Revier) für sich. Ihren Unterschlupf hat sie in Felsspalten, Baumhöhlen, Dickungen und gelegentlich in Fuchs- und Dachsbauen. Die W. ist tag-, hauptsächlich jedoch dämmerungs- und nachtaktiv. Die W. bringt einen gezielten Tötungsbiß im Nacken des Beutetieres an, wenn dieses wehrhaft ist oder ihr an Größe gleichkommt.

◂◂ Die Wildkatze (*Felis silvestris*) paart sich gelegentlich auch mit unserer Hauskatze.

Die Sinne der W. sind sehr stark ausgeprägt. Sie hört hervorragend, insbesondere auch höhere Frequenzen wie sie z. B. von Mäusen benutzt werden, riecht jedoch nur mäßig. Das Sehvermögen der W. ist sowohl bei Tag als auch bei Nacht hervorragend. Die Lautäußerung der W. ist ein Schnurren und Miauen wie bei der Hauskatze. Die langen Schnurrhaare, die Augenbrauen und die Tasthaare am unteren Vorderbein sind Tastorgane.
W. sind mit etwa zehn Monaten fortpflanzungsfähig. Die Ranzzeit (Paarungszeit) ist im Februar/März. Nach einer Tragzeit von 63 Tagen bringt die Kätzin im April/Mai etwa drei bis sechs Junge zur Welt, die etwa zehn Tage blind sind. Die Jungen werden etwa vier Wochen gesäugt. Mit drei bis vier Monaten sind sie selbständig. W. können ein Alter von 12 bis 14 Jahren erreichen.
Nahrung: Die wichtigsten Beutetiere der W. sind Mäuse. Sie nimmt jedoch auch Gelege, brütende Vögel (bis zur Größe des Auerhahns), Insekten, Wildkaninchen, Hasen und gelegentlich sogar Rehkitze. Ähnlich wie der Luchs beißt auch die W. dem Beutetier den Kopf glatt ab, wie mit einem Messer abgeschnitten.

Wildkirsche, die: → Prunus 1.

Wildkresse, die: → Brunnenkresse.

Wildlehrpfad, der: → Naturlehrpfad.

Wildlife Management, das: aus dem Amerikanischen übernommene Bez. für Planung und praktische Ausführung von Artenschutz und Wildhege. Vorrangig befaßt es sich mit der Behandlung von Wildtierbeständen, ihrer Erhaltung, Regulierung und wirtschaftlichen Nutzung auf wissenschaftlicher Grundlage; → Habitatmanagement.

Wildlinge: aus → Anflug oder → Aufschlag (Naturverjüngung; → Verjüngung) sowie aus → Saaten entnommene Forstpflanzen, hauptsächlich Bu, Ei und Lä, die zur Pflanzung benötigt werden. W. können auch aus → Wurzelbrut gewonnen werden, z. B. SPa und SchPa, Elsb, Rob, WEr, Schlehdorn, Sanddorn und andere Sträucher; dies kommt v. a. bei Pflanzen für Zwecke der Natur- und → Landschaftspflege in Betracht. W. unterliegen als → Pflanzgut beim Vertrieb auch dem → Gesetz über forstliches Saat- und Pflanzgut und dürfen nur in zugelassenen Beständen gewonnen werden.

Wildnisbereiter → Überreiter.

Wildobst, das: Sammel-Bez. für die im Wald wachsenden, fruchttragenden Laubbäume, wie Wildapfel, Wildbirne, Kir, Vobe, Sp, Felsenbirne, Elsb, Mebe und Ha. Ihre Früchte bilden das W., das zu Most-, Likör- und Marmeladebereitung verwendet werden kann. Zusammen mit → Bucheckern, → Eicheln und Beerenfrüchten bilden sie die sog. Obermast (→ Mast), eine wichtige Wildtiernahrung. W. kam früher im Walde, v. a. im → Mittelwald häufig vor, ist aber durch die Forstwirtschaft und die vielen → Monokulturen stark verdrängt worden. In früheren Zeiten waren W.-Bäume durch die → Forstordnungen vor jeder Fällung streng geschützt (Wildfutter). Die Verbreitung der Samen erfolgt durch Tiere; → Obsthecke.

Wildbirnen zählen zum Wildobst.

Wildpflanzen: Sammel-Bez. für alle wildwachsenden Pflanzen im Unterschied zu den Kulturpflanzen. W. werden fälschlicherweise häufig auch als → Unkräuter (Ungräser, → Unholz) bezeichnet.

Wildrose, die: → Rosen 10.

Wildrost, der: bei Eingängen in die → Wildgatter ein in den Boden eingelassener, stabiler Rost, dessen einzelne Stäbe (Sprossen) so weit auseinanderliegen, daß Schmutz, Steine, Schnee und sonstige Gegenstände gut in die darunterliegende Grube fallen können. Der W. soll verhindern, daß Schalenwild aus dem Wildgatter, Park, etc. auswechselt. Der W. ersetzt somit eine feste Umfriedung bzw. das Tor.

Wildsau, die: → Schwarzwild.

Wildschaden, der: der durch → Wild verursachte Schaden in der Land-, Forst- und Fischereiwirtschaft.
1. Schäden in der Landwirtschaft: An Hackfrüchten entsteht W. hauptsächlich durch Schwarzwild, aber auch durch Rot- und Damwild, seltener durch Rehwild. In Obstgärten und Baumschulen kann W. durch Hasen und Wildkaninchen (Verbißschäden) entstehen, und während der Getreideaussaat können

Fasane und Wildtauben (Ringeltaube) durch Herauspicken des Saatgutes sowie das Schwarzwild durch Wühlen Schaden verursachen. Zur Zeit der Körnerreife kann W. durch alles → Schalenwild durch Abäsen und Niedertreten sowie durch den Dachs entstehen. Schäden können hier auch Gänse und Stockenten sowie die Ringeltaube verursachen. W. ist auch der Schaden, den → Raubwild und Habicht am Hausgeflügel und an Haustauben anrichten.

2. Schäden in der Forstwirtschaft: Schadensverursacher sind das Schalenwild, der Feldhase und das Wildkaninchen. Hauptschäden im Wald sind → Verbiß in → Verjüngungen bis ins Stangenholzalter und → Schälschaden. Daneben kann Schwarzwild auch in Eichelsaaten Fraßschäden verursachen (Totalaufnahme von Keimlingen).

3. Schäden in der Fischereiwirtschaft: In der Fischereiwirtschaft ist der Graureiher und der Kormoran Hauptschadensverursacher, v. a. durch Verzehr und Anpicken der kleinen Fische in den Zuchtanlagen, Brut- und Vorstreckteichen. Der Schaden durch Fischadler und Fischotter ist wegen der Seltenheit dieser Arten belanglos; → Wildschadensersatz.

Wildschadensabwehr, die: → Wildschadensverhütung.

Wildschadensersatz, der: Ersatz des → Wildschadens, den → Schalenwild, Wildkaninchen und Fasane verursachen, durch die Jagdgenossenschaft bzw. den Jagdausübungsberechtigten. Zu ersetzen ist der Schaden an Grundstücken und getrennten, aber noch nicht eingeernteten Erzeugnissen. Nicht zu ersetzen ist der Wildschaden, der an Sonderkulturen entsteht (→ Baumschulen, Gärten, Obstgärten und Weinbergen), oder wenn der Geschädigte die vom Jagdausübungsberechtigten zur Abwehr des Schadens getroffenen Maßnahmen unwirksam macht. Näheres regeln das BJagdG und die Landesjagdgesetze.

Wildschadensverhütung, die: Gesamtheit der Maßnahmen zur Vorbeugung und Verhütung von → Wildschäden (Wildschadensabwehr). Eine W. im Wald kann durch Hegemaßnahmen (jagdwirtschaftliche Maßnahmen) sowie durch Maßnahmen, die Wild von schadensgefährdeten Flächen und Pflanzen abhalten, durchgeführt werden. Zu ersteren zählen:

1. Regulierung der Wilddichte, d. h. neben einem anzustrebenden ausgewogenen Geschlechterverhältnis müssen vorrangig überhöhte Schalenwildbestände reduziert werden.

2. Verbesserung der Nahrungsgrundlagen für verschiedene Wildarten (→ Äsungsverbesserung) als eine biologische Maßnahme der W. Sie wird erreicht durch Anlage von → Wildäsungsflächen (z. B. → Wildäcker und Wildwiesen, Proßholzflächen und Anbau fruchttragender Bäume wie Wob, Ei, Bu, Rka), durch Remisen und → Verbißgärten (→ Verbißgehölze).

Zu den technischen Abwehrmaßnahmen (Schutzmaßnahmen) zählen:

3. Flächenschutz: Hierunter ist die Zäunung (Gatterung) von → Forstkulturen zu verstehen. Hierbei sind durchschnittlich folgende Mindesthöhen notwendig: Zäunung gegen → Rot- und → Damwild 1,80 m, gegen → Reh- und → Schwarzwild 1,50 m, gegen → Muffelwild 2,50 m und gegen → Wildkaninchen 1,20 m und 0,30 m in die Erde eingelassen mit höchstens 40 mm Maschenweite. Diese Kulturzäune werden entweder als „starre Zäune", sog. Hordengatter (→ Gatter 1.), aus Fichtenstangen mit Viereck- oder Sechseckgeflecht, als elastische Zäune in Form von Hängezäunen mit schräg zur Stützung angestellten Pfählen, oder als Spannzäune mit langer Haltbarkeit durch Anbringen von Knotengeflecht errichtet.

4. Einzelschutz: Einzelschutz wird immer dann angewandt, wenn Flächenschutz aus wirtschaftlichen Gründen nicht angewandt werden kann oder nur die wertvollen Bäume und Sträucher besonders geschützt werden sollen. Er gliedert sich in den mechanischen und in den chemischen bzw. biologischen Einzelschutz.

a) mechanischer Einzelschutz: Knospenschutz (ein aufgesteckter Wergwickel oder ein Plastikhütchen schützen die Knospe); Drahthose (aus Sechseckgeflecht schützt gefährdete Stammteile); Stachelbaum (vereckte Drahtstäbe, kulturpflanzenhoch, verhindern das Fegen); Manschetten (imprägnierte Papp- oder Kunststoffumhüllungen zum Schutz der Rinde). Daneben werden noch Aluminiumfolie, Plastikwickel und trockene Fichtenwipfel, wobei letztere an den zu schützenden Stamm angelehnt werden, verwendet.

b) chemische Mittel: Hierzu zählen die → Wildverbißschutzmittel (→ Pflanzenschutzmittel).

c) mechanisch-biologische Mittel; z. B. Aufrauhung der Rinde mit einem Rindenhobel, -schneideroller und -punktierroller. Der dabei entstehende Harzfluß bzw. die Wundkorkbildung halten das Wild vom Schälen ab. Daneben finden auch Hausmittel, wie z. B. Mischungen aus Jauche, Kalk und Kuhdung Verwendung. Dieses Mittel wird, wie alle übrigen Mittel, in den Monaten September bis November gegen Winterverbiß ausgebracht. Die Ausbringung aller Mittel erfolgt durch Streichen oder Spritzen, bei Pflanzgut auch durch Tauchen. In der Landwirtschaft dienen zur W. u. a. Knallapparate und tönende Signalanlagen, übelriechende Verstänkermittel, optische Mittel wie Lappen, Vogelscheuchen, Staniolstreifen und andere reflektierende und blendende Gegenstände.

▸▸ Ringeltaube (*Columba palumbus*)

Wildschaf, Europäisches, das: → Muffelwild.

Wildschutzgebiete: i. a. Schongebiete, in denen die → Jagd bzw. Fischerei nicht ausgeübt werden darf, z. B. die → Nationalparke vieler Staaten. In Dtschl. sind W. Flächen, die zum Schutz und zur Erhaltung von Wildarten, zur → Wildschadensverhütung oder für die Wildforschung von besonderer Bedeutung sind.

Wildschutzzaun, der: Verkehrsschutzzaun entlang stark befahrener Straßen (Autobahnen), um Verkehrsunfälle durch Wild zu vermeiden. W. sind nur dann wirkungsvoll, wenn sie ständig kontrolliert und ggf. instandgesetzt werden.

Wildschwein, das: → Schwarzwild.

Wildtaube, kleine, die: → Wildtauben 2.

Wildtauben: Die Fam. der Tauben (*Columbidae*) aus der → Ordn. der Tauben (*Columbiformes*) gliedert sich in die Gatt. *Columba* (Ringel-, Hohltaube) und *Streptopelia* (Turtel-, Türkentaube). Die W. sind in Mitteleuropa alle Brutvögel, die vorwiegend in Jahresehe leben. Sie sind in Europa Stand-, Strich- bzw. Zugvögel. In der Zeit von April bis September erfolgen je nach Art zwei bis drei, seltener vier Jahresbruten. Ein Taubengelege besteht i. d. R. aus zwei reinweißen glänzenden Eiern. Beide Partner brüten abwechselnd. Die Brutzeit beträgt durchschnittlich 15 bis 18 Tage. Gemeinsam erfolgt auch die Aufzucht der Jungen. Diese erhalten nach dem Schlüpfen und

▸▸▸ Turteltaube (*Streptopelia turtur*)

solange sie blind sind die sog. Kropfmilch, eine nahrhafte Absonderung der Kropfwand, die auch von der Kropfwand des Taubers erzeugt wird. Beim Füttern stecken die Jungen ihre Schnäbel tief in den Schlund der Altvögel. Je weiter die Jungen heranwachsen, desto mehr werden sie mit eingeweichten Sämereien gefüttert. Die Jungen sind Nesthocker, öffnen ihre Augen erst nach einigen (meist acht bis zehn) Tagen und verlassen nach drei bis vier Wochen das Nest. Fast eine weitere Woche sitzen sie noch als Ästlinge in den Bäumen und Sträuchern ihrer Nestumgebung herum, bis sie endgültig selbständig geworden sind. Die Geschlechter sind gleich gefärbt.

Die Nahrung der W. besteht vorwiegend aus Sämereien aller Art, aus Beeren, Klee- und

Kohlblättern, Bucheckern und Eicheln sowie aus Insekten, Schnecken und Regenwürmern. Mindestens einmal am Tag nehmen sie Wasser auf, da sie einen aus zwei Taschen bestehenden Kropf haben, in dem sie ihre Körnernahrung einweichen. Sie trinken saugend und in langen Zügen, indem sie den Schnabel ins Wasser tauchen. In wenigen Sekunden haben sie meist ihren Durst gestillt und fliegen gleich wieder auf. Eine besondere Vorliebe haben sie für Salz. Obwohl die W. → Kulturfolger sind, sind sie ausgesprochen scheu und hören und sehen zudem sehr gut. Ihre natürlichen Feinde, die dem Gelege schaden, sind Elstern, Krähen, Eichelhäher, Marder, Eichhörnchen und Katzen; daneben dezimieren die Greifvögel und Eulen den Jung- und Altvogelbestand.

1. Ringeltaube, die (*Columba palumbus* L.): auch Blau-, Block-, Haide-, große Holz-, Kohl-, Schlagtaube. Länge: etwa 42 cm, Gewicht: um 530 g (größte aller Wildtauben), Flügelspannweite: etwa 75 cm.

Die R. ist mit Ausnahme des äußersten Nordens und Islands in ganz Europa beheimatet. Sie ist in Mitteleuropa Teilzieher und überwintert vorwiegend in Westeuropa und im mediterranen Raum. Der Lebensraum der sehr scheuen R. sind Waldungen aller Art bis zur → Baumgrenze, Feldgehölze, Alleen, Parkanlagen, Obstgärten und größere Gärten.

R. sind bereits mit einem Jahr geschlechtsreif. Das Nest wird in verschiedenen Höhen in den Außenzweigen der Bäume errichtet, wobei gelegentlich Krähennester und Eichhörnchenkobel als Unterlage benutzt werden. Das Gelege besteht aus zwei, äußerst selten aus drei, reinweißen, glänzenden Eiern (40 x 29 mm, ca. 17 bis 19 g). Brutdauer: 16 bis 17 Tage. Zwei bis drei Jahresbruten (April bis Juli), nur in seltenen Ausnahmefällen vier (August/September).

2. Hohltaube, die (*Columba oenas* L.): auch kleine Holz-, blaue Holz-, kleine Kohltaube, Black, Blau-, Block-, Lochtaube, kleine Wald-, kleine Wildtaube. Länge: etwa 33 cm, Gewicht: etwa 250 bis 300 g; wesentlich kleiner als die Ringeltaube.

Die H. ist mit Ausnahme des äußersten Nordens in ganz Europa verbreitet. Sie ist ein Teilzieher, der überwiegend im Mittelmeergebiet überwintert. Ihr Lebensraum sind Wälder mit Altholzbeständen, Felsschluchten mit Höhlen und größere Parkanlagen mit Nistgelegenheiten in alten Bäumen. Da sie Höhlenbrüterin ist und die geeigneten Bäume durch intensive Forstnutzung immer weniger werden, ist ihr Bestand merklich zurückgegangen.

Die H. ist im zweiten Jahr geschlechtsreif. Das Nest wird vorwiegend in 10 bis 15 m Höhe in natürlichen Baumhöhlen oder in Bruthöhlen des Schwarzspechtes, aber auch in Elsternnestern, Eichhörnchenkobeln oder in künstlichen Nisthilfen (Nistkästen) errichtet.

Das Gelege besteht aus zwei, selten drei reinweißen, glänzenden Eiern (38 x 29 mm, 16 g). Brutdauer: ca. 16 bis 17 Tage. I. d. R. zwei Jahresbruten (März bis August), seltener drei oder gar vier.

◂◂ Türkentaube (*Streptopelia decaocto*)

3. Turteltaube, die (*Streptopelia turtur* L.): auch Wegtaube, Schnurrer. Länge: etwa 27 cm, Gewicht: um 160 g (kleinste aller W.).

Die T. ist mit Ausnahme Skandinaviens, Irlands, Schottlands und Islands in ganz Europa beheimatet. Ihr Lebensraum sind lichte Wälder, Auwälder, Parkanlagen und Feldgehölze. Sie ist bei uns Zugvogel und kehrt erst im Mai – nach Ringel- und Hohltaube – aus den afrikanischen Winterquartieren zurück. Die sehr anmutig wirkende T. ist meist paarweise anzutreffen. Im Herbst ist sie oft in Scharen auf den Stoppelfeldern anzutreffen, wo sie nach Körnern sucht.

Das Nest wird überwiegend in jungen Laub- oder Nadelgehölzen oder in Büschen errichtet. Der Neststand liegt meist ein bis vier Meter hoch. Das Gelege besteht aus zwei, selten drei, reinweißen, glänzenden Eiern (31 x 27 mm, ca. 9 g). Brutdauer: 13 bis 15 Tage. I. d. R. ein bis zwei Jahresbruten (Mitte Mai bis Juni/Juli).

4. Türkentaube, die (*Streptopelia decaocto* Frivaldsky): Länge: etwa 30 cm, Gewicht: um 200 g, geringfügig größer als die Turteltaube und wesentlich kleiner als die Ringeltaube.

Die ursprünglich in Indien beheimatete T. hatte zuerst Kleinasien und die Balkanhalbinsel besiedelt. In den letzten sechs Jahrzehnten (etwa ab 1930) ist sie auch in die westlichen Länder vorgedrungen und heute in ganz Mitteleuropa, in Südskandinavien und auf den Britischen Inseln Brutvogel. In Dtschl. hat sie sich außerordentlich stark vermehrt. Mit Vorliebe hält sie sich an lichten Waldrändern, in Parkanlagen, Stadtgärten, Friedhöfen und in Siedlungen mit viel Grünanlagen auf. Die T. ist im Ggs. zu den anderen Wildtauben weniger scheu und sucht in Europa die Nähe menschlicher Siedlungen. Auf dem Balkan gilt sie z. T. als eine Art heiliger Vogel. Die T. ist ein Jahresvogel; die jungen Tauben ziehen jedoch in größeren Fluggemeinschaften weit im europäischen Raum umher.

Die T. ist mit einem Jahr geschlechtsreif. Das Nest der T. ist verhältnismäßig klein und einfach. Es wird auf Bäumen, Mauervorsprüngen, Balkonen und bewachsenen Mauerwänden errichtet. Z. T. werden auch Nester von anderen Vögeln, insbesondere der Ringeltaube, benützt. Der Neststand ist meist 8 bis 16 m hoch, gelegentlich auch tiefer (4 bis 5 m). Das Gelege besteht aus zwei reinweißen, glänzenden Eiern (32 x 24 mm, ca. 8 g). Brutdauer: 14 bis 16 Tage. I. d. R. zwei bis drei Jahresbruten (März bis Oktober), gelegentlich vier, selten fünf.

Wildtollwut, die: → Tollwut.

Wild und Wald: W. u. W. gehören zueinander und sollten eine ausgewogene Lebensgemeinschaft bilden. Überhöhte Schalenwildbestände (besonders Rot-, Reh- und Gamswildbestände) verhindern jedoch vielerorts die → Verjüngung standortgerechter und ökologisch stabiler Wälder, v. a. Mischwälder. W. u. W. müssen daher in Einklang gebracht werden. Gesetze, Verordnungen und Programme fordern einen den gesellschaftlichen Entwicklungen und dem Standort angemessenen, funktionengerechten → Waldbau sowie die dazu notwendige Regulierung der Schalenwildbestände. Dabei müssen die Schalenwildbestände so den regionalen Waldverhältnissen (→ Wuchsgebiet) angepaßt werden, daß kein verjüngungsgefährdender → Verbiß stattfindet, d. h. die Verjüngung aller standortgerechten, mindestens aber der → Hauptbaumarten, muß auch ohne Zaun sichergestellt sein. Besonders gefährdet ist, insbesondere wegen seiner Schutzfunktionen (→ Waldfunktionen), der Bergwald.

Wildverbiß, der: → Verbiß.

Wildverbißschutzmittel: Die geprüften und zugelassenen W. sind im jeweils gültigen Pflanzenschutzmittelverzeichnis Teil 4 – Forst – aufgeführt. Es handelt sich hierbei um fraßabschreckende, flüssige oder pastose Schutzmittel zur Verhinderung von Wildverbiß (→ Verbiß), die auf die Terminalknospe (→ Gipfelknospe) oder den Terminaltrieb der Pflanze gespritzt, gestrichen oder aufgebürstet werden. Als umweltfreundliche Alternative bieten sich mechanische W. an (Kreppklebestreifen, Knospenschutz aus Kunststoff oder Drahtmaterial). Als verbißverhindernd wirken auch alte Hausmittel, wie z. B. Schweineschmalz und Haare. In Kiefern- und Fichtenkulturen hat sich z. B. entsäuerter Baumteer sehr gut bewährt. Bei Schutzmaßnahmen gegen Wildverbiß ist jeweils sorgfältig zu prüfen, ob der Schutzzweck unter Berücksichtigung der Kosten sowie der Schutzwirkung und -dauer günstiger durch → Einzel- oder durch Zaunschutz (→ Gatter) erreicht werden kann; → Wildschadensverhütung, → Pflanzenschutzmittel.

Wilhelm-Leopold-Pfeil-Preis → Pfeil.

Wimmerwuchs, der: W. wird hauptsächlich bei Lbh und v. a. bei Ah, Es, Nuß, Bu und Bi beobachtet. Das Holz hat einen wellenartigen, wimmerigen Faserverlauf, d. h. die Spaltfläche ist nicht eben, sondern verläuft wellenförmig,

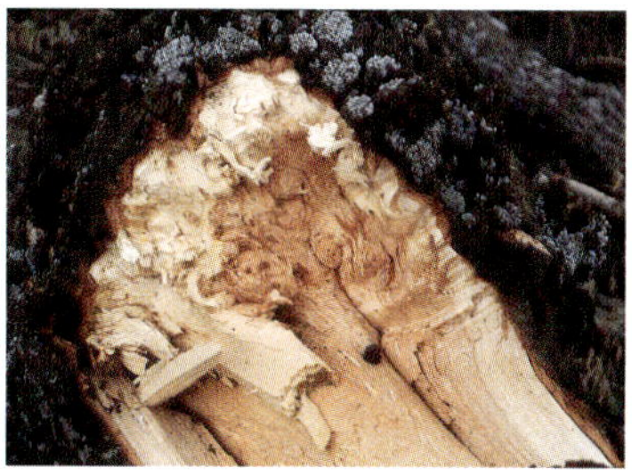

Wimmerwuchs

Windbruch, ein abiotischer Forstschaden

auch geflammt oder vogelaugenartig gemasert. Die Stärke der Wellung kann sehr verschieden sein. W. hat eine verringerte Festigkeit und läßt sich schwer bearbeiten. Wegen seines besonderen Schönheitswertes wird es aber für → Furniere und Streichinstrumente (z. B. Klangböden der Geigen) gesucht. W. ist wahrscheinlich auf die Standortverhältnisse und auf die Erbanlage zurückzuführen und stellt eine anomale, manchmal krankhafte Wuchserscheinung dar. Nachweisen läßt sich ein W. insbesondere bei Bu auf Hanglagen bei einseitig ausgebildeten Kronen, was auf eine Folge von ständigen Belastungen schließen läßt. Als Längswimmerung (unechte Wimmerung) werden tangential wellig verlaufende, waschbrettartige Einkerbungen bezeichnet, die besonders an glattrindigen Holzarten (v. a. Bu) auch äußerlich am Stammantel erkennbar werden können. Am Querschnitt ist sie nicht erkennbar. Die seltenere Querwimmerung (echte Wimmerung) ist ein feinwelliger Jahrringverlauf, der auf dem Querschnitt sichtbar wird, äußerlich am Stammantel (Rinde) jedoch i. d. R. nicht sichtbar ist. Sie findet sich v. a. an Fi, Ta, Es, FAh und Nuß. Längs- und Querwimmerung können gemeinsam an einem Stamm vorhanden sein. Querwimmerung an Ndh wird auch als Haselung oder Haselholz (→ Haselfichte) bezeichnet.

Wimperbock, der: → Bockkäfer 21.

Wimperfarn, der (*Woodsia*): Gatt. der Fam. der → Tüpfelfarngewächse (*Polypodiaceae*) aus der Klasse der → Farne mit rd. 40 Arten in den gemäßigten und subpolaren Zonen der Nordhalbkugel. Die Fruchthäufchen (Sori) der W. haben haarförmig zerschlitzte Schleier, so daß die Unterseite fertiler Wedel wie bewimpert (behaart) aussieht. Die drei in Dtschl. in den Mittelgebirgen und den Alpen vorkommenden Arten sind alle selten und auch leicht miteinander zu verwechseln. Die beiden häufigsten sind:

1. Südlicher Wimperfarn, der (*Woodsia ilvensis* (L.) R. Br.): auch Rostroter W. Der S. W. ist in den Alpen und den mitteleuropäischen Gebirgen seltener, in Skandinavien häufiger anzutreffen. Er wächst in Spalten von trockenen, sonnigen Urgesteinsfelsen und auf Geröllhalden, in Felsspaltgesellschaften und in Steinschuttwäldern.

Die zierliche Farnpflanze hat nur einfach gefiederte, 10 bis 20 cm hoch werdende Blätter mit glänzend rotbraunen bis rostroten Blattstielen, die wie Spindel und Wedel mit Spreu und Gliederhaaren besetzt sind. Die gegenständigen Fiedern sind länger als breit und fiederteilig (jeweils fünf bis acht Paar spitze Fiederteile). Die → Sporen reifen von Juli bis August.

2. Alpen-Wimperfarn, der (*Woodsia alpina* (Boulton) S. F. Gray): Der A. ist nur im Alpengebiet verbreitet und wächst auf Felsen.

Der zarte, nur 5 bis 15 cm hoch werdende Farn hat einfach gefiederte, in kleinen Büscheln stehende Blätter. Diese haben einen länglich-lanzettlichen Umriß und stumpfe, ovale eingeschnittene Fiedern. Sporenreife: Juli bis August.

3. Zierlicher Wimpernfarn, der (*Woodsia pulchella* Bertol.): Die arktisch-alpine Art, die auch in den Allgäuer und Berchtesgadener Alpen vorkommt, wächst auf Kalkgestein an leicht beschatteten Felswänden und in Felsspalten.

Der ausdauernde, 2 bis 10 cm hohe Farn ist dem Alpen-Wimpernfarn ähnlich, hat dünne, durchscheinende, hellgrüne, unterseits völlig kahle fiederig eingeschnittene Blätter.

Wimperflechte, die (*Anaptychia ciliaris* Körber): Die früher sehr häufige, nun seltener werdende → Flechte wächst an der Rinde älterer Laubbäume, hauptsächlich an der Pa, ferner an Holz und bemoosten Felsen. Als stickstoffliebende Art findet sie sich besonders an Bäumen entlang der Wege und Straßen in der Nähe menschlicher Siedlungen. Die in feuchtem Zustand grüne, sonst oberseits graue bis bräunliche, unterseits weiße W. bildet ein kreisrundes, etwa 20 cm großes, strauchiges Lager (→ Thallus) aus tief eingeschnittenen, aufsteigenden Lappen, die etwa 1 bis 3 mm breit, reich gabelig verzweigt und wirr durcheinander verflochten sind. Der Rand ist mit 2 bis 6 mm langen, abstehenden, oft verästelten, thallusfarbenen Cilien besetzt. Die Scheiben der relativ häufig vorkommenden, schüsselförmigen 3 bis 6 mm großen → Apothecien sind braun-schwarz, wulstig berandet und oft weiß oder hellgrau bereift.

Wimperfledermaus, die: → Fledermäuse 9.

Wimper-Segge, die: → Seggen 12.

Wind, der: turbulent bewegte Luft mit Geschwindigkeiten von unter 20 m/sec. Beschrieben wird W. durch Angabe von Richtung und Geschwindigkeit. Die Luftbewegung ist für Pflanzen i. d. R. nützlich, z. T. lebenswichtig (→ Windbestäubung, → Samenverbreitung). In ständig windexponierten Lagen können chronische Beeinträchtigungen, wie Wuchsstörungen an Einzelbäumen und am Wald auftreten (Schiefstellung, exzentrische Jahrringe (→ Exzenterwuchs), einseitige Kronenausbildung, Windschur).

Durch W. kann es auch zu Bodenaustrockung, Verwehung von Feinerde und bodenbürtigem Kohlendioxid mit indirekter negativer Beeinflußung des Wachstums kommen. Starker Wind (Sturm) führt zu → Windwurf bzw. → Windbruch.

Windbestäubung, die: die → Bestäubung von Pflanzen durch den Wind; → windblütig, Samenverbreitung.

Windblumen-Königskerze, die: → Königskerze 6.

windblütig: W. sind Pflanzen, deren → Pollen nicht klebrig sind und durch den Wind zu den weiblichen Blüten transportiert werden. Kennzeichen aller anemogamer Blüten (hauptsächlich bei Waldbäumen, z. B. Ta, Fi, Bi, Ha, aber auch bei Süß- und Riedgräsern) sind deren hohe Produktion an Pollen (→ Schwefelregen) und fehlende Duftstoffe. Die meist unscheinbaren Blüten erscheinen i. d. R. vor dem Blattaustrieb. Bei den w. Pflanzen gelangt so viel Blütenstaub in die Luft, daß die kleine Auffangfläche der weiblichen Blüten i. d. R. von einigen dieser Pollen erreicht wird. Bei der Haselnuß z. B. produziert ein männliches Kätzchen ca. 200 Mio. Pollenkörner. Durchschnittlich kommen dabei 1/4 Mio. Pollenkörner auf eine weibliche Blüte; → insektenblütig, Pollenanalyse.

Windblütigkeit, die: → windblütig.

Windbremsung, die: W. stellt eine markante klimatologische Wirkung des Waldes dar. Sie erstreckt sich auf Luv, Lee und auch auf die Luftschichten über dem Wald und auf den Stammraum. Sie reicht im Lee bis etwa zum fünf- bis zehnfachen der Bestandeshöhe. Im Waldinnern ist die Windgeschwindigkeit je nach Bestandesdichte auf rd. 10 bis 20 % der Freilandgeschwindigkeit reduziert.

Windbruch, der: das Abbrechen der Baumstämme eines Waldes bzw. Waldteiles durch den Sturm, im Ggs. zum → Windwurf.

Winde, die: **1)** → Waldrebe 2. **2)** (*Convolvulus*). rund 250 Arten umfassende Gatt. der in der tropischen, subtropischen und gemäßigten Zone verbreiteten Fam. der Windengewächse (*Convolvulaceae*).

Ackerwinde, die (*Convolvulus arvensis*): auch Drehwurz, Feldwinde. Die mit Ausnahme von Schottland, Mittel- und Nordskandinavien fast über ganz Europa verbreitete A. ist in Dtschl. sehr häufig und wächst auf Äckern, Ödland, Schuttplätzen, Bahndämmen, in Gärten und an Wegrändern, bis in Höhen von ca. 1800 m. Die mehrjährige, 20 bis 80 cm lange Pflanze mit niederliegenden oder sich an anderen Pflanzen hochwindenden Stengel hat wechselständige, gestielte, pfeilförmige Blätter. BZ: Mai bis Oktober. Die weiß/rosa gestreiften, ganz weißen oder ganz rosafarbenen trichterförmigen Blüten öffnen sich nur bei Sonne und blühen meist nur einen Tag. A. in Pflanzgärten und Verjüngungsflächen schadet dem Saat- und Pflanzgut durch Umschlingen und Niederziehen der Forstpflanzen.

Windeinfluß, der: → Exzenterwuchs durch Verstärkung des Wachstums in der Hauptwindrichtung. Bei Nadelbäumen erfolgt die Schaftverdickung auf der der Hauptwindrichtung entgegengesetzten Stammseite (Druckholz); bei Laubbäumen ist es genau umgekehrt (Zugholz); → Reaktionsholz.

Windendes Geißblatt, das: → Geißblatt 6.

Windepflanzen → Schlingpflanzen.

Winderosion, die: → Bodenerosion.

Windfall, der: → Windwurf.

Windfälle → Windfallholz.

Windfallholz, das: auch Windfälle. alte Bez. für Holz (Bäume oder Äste), das durch Wind oder Sturm zu Boden fällt; → Leseholz, → Urholz, → Windwurf.

windfest → sturmfest.

Windmantel, der: → Waldränder.

Windrisse: lokale Bez. für Ringrisse; → Risse.

Windröschen, das: → Anemone.

Windruhe, die: Windbremsung durch in der Hauptwindrichtung vorgelagerte ältere Bestände. Im Lee entsteht W. und somit Schutz der jungen Forstkulturen vor Austrocknung und Frost.

Windschäden → Wind, Windbruch, Windwurf.

Windschlag, der: → Windwurf.

Windschutzanlagen: künstlich angelegte → Hecken und Waldstreifen. Sie sollen die Windgeschwindigkeit vermindern und dadurch die → Verdunstung sowie die Bodenabtragung durch → Bodenerosion herabsetzen oder Verkehrswege und Siedlungen schützen. Daneben sollen W. auch kalte Luftströmungen von besonders wertvollen → Kulturen oder Siedlungen fernhalten; → Waldmantel.

Windschutzbäume: haus- und hofumgürtende, dicht stehende Laub- und Nadelbäume, häufig mit heckenartigem Charakter. Sie werden gerne in windexponierten Lagen gepflanzt.

Windschutzfunktion des Walde → Waldfunktionen.

windständig: → Baumarten und ganze Bestände werden als w. bezeichnet, wenn sie dem → Windwurf und → Windbruch i. a. gut widerstehen, wie z. B. die Lbh und die durch Bemantelung der Randstämme geschützten Bestände.

Windwurf, der: auch Sturmwurf, Windfall, Windschlag, Wulze. das Herausreißen der Bäume aus dem Erdboden mit den Wurzelballen durch den Sturm, im Ggs. zum → Windbruch. Mehrere Bäume die auf einer Stelle vom Wind umgeworfen wurden, bezeichnete man früher als Windschlag. W. zählt zu den → abiotischen Forstschäden.
Die punktuelle Zerstörung durch Sturmereignisse in Wäldern der gemäßigten Klimazonen hat dort zur außerordentlichen Vielfalt von → Flora und → Fauna entscheidend beigetragen; → h/d-Wert.

Winkelhaue, die: → Winkelschläge, → Pflanzhaue.

Winkelpflanzung, die: → Pflanzverfahren.

Winkelschläge: auch Winkelhaue. veraltete Bez. für planlose Hiebe.

Winkel-Segge, die: → Seggen 7.

Winkelseggen-Eschenwald, der: → Bach-Eschenwald.

Winkelzählprobe (WZP), die: im Jahre 1947 veröffentlichtes optisches Stichprobenverfahren zur raschen Bestimmung der Kreisflächendichte in Wäldern durch Zählung. Die WZP wird heute mittels Relaskop (→ Spiegelrelaskope und Tele-Relaskope) nach Bitterlich durchgeführt und ist ein wichtiges, weltweit bevorzugtes Stichprobenkonzept für Forstinventuren.

Winterannuelle → Zweijahrsblumen.

Winterbirke, die: → Birken 1.

Wintereiche, die: → Eichen 2.

Winterfällung, die: auch Winterhieb. → Holzeinschlag im günstigen Winterhalbjahr, wenn die Bäume nicht im Saft stehen. Besonders wertvolle Hölzer wie Kiefernschneideholz, das nicht verblauen (→ Blaufäule) darf und Lbh, die leicht verstocken – besonders die empfindliche Bu –, werden außerhalb der Saftzeit eingeschlagen. Bei Fi besteht die Gefahr der → Rotstreifigkeit. Außerhalb der Saftzeit lassen sich auch Schäden am verbleibendem → Bestand einschließlich der → Verjüngung niedrig halten; daneben verringern sich bei Schneelage auch die → Rückeschäden am Waldboden. → Durchforstungen, v. a. in jüngeren Beständen, können aber auch in der übrigen Jahreszeit durchgeführt werden, weil schwache Hölzer relativ leicht austrocknen. In höheren Gebirgslagen muß allerdings bei hoher Schneelage die Fällung in die Sommermonate (→ Sommerfällung) verlegt werden. Fi und Ta müssen dann jedoch sofort entrindet werden; → Wadel.

◂◂ Windwurf – mit den Wurzeln aus der Erde gedrehter Baum

Ackerwinde (*Convolvulus arvensis*)

winterfest → winterhart.

Wintergoldhähnchen, das: → Grasmücken 1.

wintergrün: W. sind Lbh, deren grüne Laubblätter über den Winter an der Pflanze verbleiben; → Wintergrüngewächse.

Wintergrün, das: **1)** alte Bez. für den → Efeu. **2)** (*Pyrola*): Gatt. der → Wintergrüngewächse mit rd. 40 Arten, überwiegend in der nördlichen gemäßigten Zone sowie in den Hochgebirgen der Tropen und Subtropen. Es handelt sich um ausdauernde → Kräuter oder kleine → Halbsträucher mit → immergrünen derben Blättern und kleinen weißen bis rötlichen, glockigen Blüten, die einzeln oder in Trauben (→ Blütenstand) stehen. In den Wurzeln der W.-Arten leben – nicht auf allen Bodenarten –

Winterfällung ist besonders bei wertvollen Hölzern üblich.

bestimmte → Pilze in einer → Symbiose, die beiden nützt, aber für die Pflanze nicht lebensnotwendig ist. In Dtschl. kommen in den Wäldern vor:

1. Kleines Wintergrün, das (*Pyrola minor* Linné): Das K. W. ist über Nord- und Mitteleuropa verbreitet, südlich bis Mittelitalien, ferner über Nordasien und Nordamerika. Es wächst in Fichten-, Kiefern-, Misch- und Laubwäldern, vorzugsweise in sauren, artenarmen Eichen- und Buchenwäldern, boreal-alpinen Nadelwäldern und subalpin-alpinen Zwergstrauch-Gesellschaften (Ordnungs- → Charakterart), Hainsimsen- Buchenwäldern, west- und mitteleuropäischen Eichen-Birkenwäldern sowie

Links oben: Mittleres Wintergrün (*Pyrola media*); links unten: Kleines Wintergrün (*Pyrola minor*); rechts oben: Grünblütiges Wintergrün (*Pyrola chlorantha*); rechts unten: Rundblättriges Wintergrün (*Pyrola rotundifolia*)

in Birkenmooren, in Gebirgen zerstreut, in tieferen Lagen seltener.
Die mehrjährige, 10 bis 20 cm hohe Pflanze hat einen aufsteigenden, scharfkantigen Stengel mit meist zwei kleinen ei-lanzettlichen Schuppenblättern. Die in einer grundständigen Blattrosette stehenden Blätter sind hellgrün, rundlich bis eiförmig, lederartig, 2,5 bis 4 cm lang. BZ: Juni bis Juli. Die weißen oder rosafarbenen, etwa 6 mm breiten, nickenden Blüten, die höchstens halb offen sind, stehen zu vier bis 20 Stück in einer reichblütigen, allseitswendigen, endständigen Traube. Die → Samen werden durch den Wind verbreitet.

2. Rundblättriges Wintergrün, das (*Pyrola rotundifolia* Linné): Das R. W. ist über Nord- und Mitteleuropa verbreitet; ferner kommt es in Zentral- und Nordasien sowie in Nordamerika vor. Es ist ziemlich selten und wächst in boreal-alpinen Nadelwäldern und subalpin-alpinen Zwergstrauch-Gesellschaften (schwache Ordnungs-Charakterart), in schattigen sauren Nadelwäldern, Schneeheide-Kiefernwäldern und Alpenrosen-Latschengebüschen, in Lärchenwäldern, Gebüschen, west- und mitteleuropäischen Eichen-Birkenwäldern, in Hainsimsen-Buchenwäldern und in Birkenmooren, auf humosen, auch anmoorigen und auch kalkhaltigen Böden.

Nickendes Wintergrün (*Pyrola secunda*)

Einblütiges Wintergrün (*Pyrola uniflora*)

Die mehrjährige, 15 bis 40 cm hohe Pflanze hat einen ästigen, kriechenden, → Ausläufer treibenden Wurzelstock (mit Wurzelpilz) und einen aufsteigenden, dreieckigen, stumpfkantigen, meist grünen, seltener roten Stengel mit meist zwei auffälligen Schuppenblättern. Die in einer grundständigen Blattrosette stehenden wintergrünen Blätter sind kreisrund bis rundlich-eiförmig, ledrig-derb, mattglänzend, mit seicht gekerbt-gesägtem Rand und einem rinnigen Blattstiel. BZ: je nach Standort Juni/Juli bis August/September. Die weißen bis rötlichen, weitglockigen, nickenden Blüten stehen in einer aufrechten, meist acht- bis 15-blütigen, lockeren, allseitswendigen, endständigen Traube. Die Frucht ist eine fünffächerige Kapsel.
In der Naturmedizin finden die getrockneten Blätter (*Herba Pirolae*) und ein flüssiger Extrakt (*Extract. fluid. Pirolae*) Verwendung. Die Blätter enthalten Gerbstoffe und Flavone, sowie das Glykosid Arbutin, das adstringierend, wundheilend und desinfizierend wirkt. Ein Aufguß der getrockneten Blätter wirkt bei Blasenkatarrh und Blasenentzündung als harntreibendes Mittel und zur Desinfektion der Harnwege.

3. Grünblütiges Wintergrün, das (*Pyrola chlorantha* Schwartz): Das G. W. ist über Nord-, West- und Mitteleuropa verbreitet. Es ist selten und wächst in lichten Nadelwäldern, besonders in Fichten-Mischwäldern, Kiefern-Steppenwäldern (überregionale Ordnungs-Charakterart) und subkontinentalen Wintergrün-Waldkiefern-Steppenwäldern (Assoziations-Charakterart), gelegentlich auch in Schneeheide-Kiefernwäldern und Alpenrosen-Latschengebüschen, bevorzugt auf Kalkboden in Gebirgen und Flußtälern.
Die ausdauernde, 10 bis 20 cm hohe Pflanze ist dem Rundblättrigen Wintergrün sehr ähnlich, hat aber grünliche Kronblätter und die Kelchblätter sind eiförmig, kurz zugespitzt und breiter als lang. BZ: Juni bis Juli.

4. Nickendes Wintergrün, das (*Pyrola secunda* Linné = *Orthilia secunda* (L.) House): Das Verbreitungsgebiet des N. W. erstreckt sich fast über ganz Europa; in Dtschl. kommt es allerdings nur zerstreut bis selten vor. Es wächst vorwiegend in lichten, humosen Misch- und Nadelwäldern, besonders Fichten-, Fichten-Tannen- und Kiefernwäldern, subkontinentalen Wintergrün-Waldkiefern-Steppenwäldern, boreal-alpinen Nadelwäldern und subalpin-alpinen Zwergstrauch-Gesellschaften (überregionale Ordnungs-Charakterart), Schneeheide-Kiefernwäldern und Alpenrosen-Latschengebüschen, auf trockenen, meist kalkhaltigen Böden.
Die mehrjährige, 5 bis 20 cm hohe Pflanze hat einen aufsteigenden Stengel mit kurz gestielten Blättern, gehäuft im unteren Drittel. Die immergrünen, eiförmigen bis eilänglichen Blätter sind ledrig, glänzend, spitz und haben einen fein kerbig gesägten → Blattrand. BZ: Juni bis Juli. Die kleinen, glockigen bis fast kugeligen, grünlichweißen Blüten stehen in reichblütiger, einseitswendiger 5 bis 15 cm langer Traube.

5. Einblütiges Wintergrün, das (*Pyrola uniflora* Linné = *Moneses uniflora*): auch Moosauge. Das E. W. ist über Nord- und Mitteleuropa verbreitet, südlich bis zu den Pyrenäen und bis Korsika, im Osten bis Bulgarien und zum Kaukasus; zudem ist es auch in Nordasien und Nordamerika anzutreffen. Es wächst zerstreut in boreal-alpinen Nadelwäldern und subalpin-alpinen Zwergstrauch-Gesellschaften (Ordnungs-Charakterart), besonders Fichten-, Fichten-Tannen- oder Moos-Kiefernwäldern und bodensauren Eichenwäldern, an schattigen, feuchten Stellen, in Moospolstern und zwischen Gras, vorwiegend in Gebirgen, bis in Höhen von 2000 m.
Die kriechende, mehrjährige, 5 bis 15 cm hohe Pflanze hat einen bis zu 20 cm hohen Stengel mit einem eiförmigen Hochblatt und nur einer endständigen Blüte. Die in einer grundständigen Blattrosette stehenden kurz gestielten Blätter sind bis 2 cm lang und bis 1,5 cm breit, eiförmig-länglich bis rundlich, weichledrig, oberseits glänzend, mit fein gezähneltem Rand. BZ: Juni und Juli. Die einzelne, endständige, nickende weiße Blüte hat fünf eiförmige, flach ausgebreitete Kronblätter, etwa 15 bis 25 mm im Durchmesser, und ist wohlriechend.

6. Mittleres Wintergrün, das (*Pyrola media* Sw.): Das über Nord-, West- und Mitteleuropa verbreitete M. W. kommt in Deutschland selten vor und wächst in Nadelwäldern, besonders Kiefern- und bodensauren Fichtenwäldern.
Das M. W. ist dem Kleinen Wintergrün sehr ähnlich, jedoch sind die Blüten fast rund und die großen weißen Blüten, die in einer längeren Traube stehen, sind 7 bis 10 mm breit. BZ: Juni bis Juli.

Wintergrüngewächse (*Pyrolaceae*): Fam. der → Zweikeimblättrigen mit rd. 75 Arten in 16 Gatt., in den Gebirgen der Tropen und Subtropen und v. a. auf der nördlichen Halbkugel. W. leben fast immer in → Symbiose mit Mykorrhizapilzen (→ Mykorrhiza). Die bekanntesten Gatt. sind → Fichtenspargel, → Wintergrün und → Winterlieb.

winterhart: auch -resistent, -fest. Eine Pflanze ist w., wenn sie gegen Winterfröste widerstandsfähig ist; → frosthart.

Winterhieb, der: → Winterfällung.

Winterholz, das: v. a. in Österreich übliche Bez. für Holz, das in der Zeit der Saftruhe des Baumes von Anfang Oktober bis Ende Februar, geschlagen wurde. W. ist wegen des Einschlags (Schlägerung) in der Saftruhe dauerhafter, resistenter gegen Fäulnis und Schädlingsbefall, verdreht sich weniger und eignet sich daher besonders gut als Bauholz.

Winterlieb, das (*Chimaphila*): Gatt. der → Wintergrüngewächse mit vier Arten in Europa, Nordamerika und Japan. Es handelt sich um niedrige → Halbsträucher mit derben, → immergrünen Blättern und meist in Doldentrauben (→ Blütenstand) stehenden weißen oder rosafarbenen Blüten. Einzige Art in Dtschl.:

Dolden-Winterlieb, das (*Chimaphila umbellata* (L.) Bart. (= *Pyrola u.* L.): Das D. ist

hauptsächlich über Mittel- und Nordeuropa verbreitet, im Süden bis Südfrankreich und Italien. Es wächst ziemlich selten in Misch- und Nadelwäldern, besonders in trockenen, sandigen Kiefernwäldern (Kiefern-Trockenwäldern), subkontinentalen Wintergrün-Waldkiefern-Steppenwäldern (Charakterart), boreal-subkontinentalen Kiefern-Steppenwäldern, gelegentlich auch in Schneeheide-Kiefernwäldern und Alpenrosen-Latschengebüschen und ist stark gefährdet.
Der mehrjährige, kriechende, immergrüne Halbstrauch ist ein Moderwurzler und hat einen kriechenden → Wurzelstock (mit Wurzelpilz) und aufsteigende oder aufrechte, kantige, 5 bis 20 cm hohe Stengel. Die ledrigen Blätter sind 3 bis 5 cm lang, lanzettlich bis eiförmig, glänzend, oberseits dunkelgrün, unterseits hellgrün; der Rand ist scharf gesägt. BZ: Juni bis Juli/August. Die zwei bis sieben rosafarbenen (bis weißlichen) nickenden Blüten stehen in einer endständigen Dolde. Die 5 bis 6 mm lange Fruchtkapsel ist tief fünffurchig.

Winterlinde, die: → Linden 2.

Wintermücken (*Trichoceridae*; *Petauristidae*): auch Winterschnaken. eine v. a. auf der Nordhalbkugel verbreitete Fam. etwa 5 bis 7 mm langer schnakenähnlicher → Mücken. Die Männchen treten an sonnigen Herbst- und Wintertagen in Schwärmen auf und sind auch auf der Schneedecke anzutreffen. Die gelblich-weißen, bis 10 mm langen Larven haben am Hinterende vier fleischige, stark behaarte Zapfen und leben vorwiegend in faulenden organischen Substanzen (moderndes Holz und faulende Pilze). Im Wald kommt v. a. die Art *Trichocera hiemalis* vor; → Stelzmücken.

Winterporling, der: → Porlinge 2.

winterresistent → winterhart.

Winterrübling, der: → Samtfußrüblinge.

Wintersaateule, die: → Eulen B 3.

Winter-Schachtelhalm, der: → Schachtelhalm 4.

Winterschäle, die: → Schälschaden.

Winterschlageiche, die: → Eiche 2.

Winterschnaken → Wintermücken.

Winterspanner, der: → Spanner 1. und 3.

Wintersport, der: → Schisport.

Wintzingerode, Karl Friedrich Wilhelm Wasmuth, Frhr. von (21.6.1772 Hasselfelde/Harz bis 24.12.1830 Berling): W., im 1807 gegründeten Königreich Westfalen Generalinspekteur der Forsten und Gewässer in Kassel, wurde zuletzt (ab 1815) an das Finanzministerium in Berlin versetzt, 1816 zum Oberlandforstmeister ernannt und G. L. → Hartig zur Seite gegeben. Er erwarb sich besondere Verdienste um die Forstorganisation in den preußischen Provinzen westlich der Elbe.

Winziger Fichtenborkenkäfer, der: → Borkenkäfer 30.

Wipfel, der: auch Gipfel, Baumgipfel, Baumwipfel. der oberste Teil (Spitze) des Baumes; → Krone.

Wipfelbaum, der: → Baum.

Wipfelbock, der: → Bockkäfer 21.

Wipfelbruch, der: → Gipfelbruch.

Wipfeldürre, die: auch Zopftrocknis, Gipfeldürre. eine Krankheit, die infolge ungenügender Ernährung der oberen Baumteile (→ Krone) entsteht. Die W. wird verursacht durch Herabsetzung der Wasser- und Nährstoffzufuhr infolge Erkrankung der Wurzeln oder Unterbindung der → Leitgewebe des Stammes oder auch dadurch, daß → Wasserreiser dem Kronenwipfel die Nährstoffe wegnehmen. W. kann aber auch durch Überalterung, Insektenfraß (verschiedene → Borkenkäfer, wie z. B. Kleiner Waldgärtner, oder → Wickler, wie z. B. Grüner Eichenwickler), oder durch Blitzschlag verursacht werden.

Wipfelfeuer, das: → Waldbrand.

Wipfelköpfung, die: Sicherung von Bestand(e)srändern vor Sturmschäden. Durch eine stufige Stutzung der Baumkronen (nach außen um 2/3, nach innen um 1/3) wird eine Abschrägung des Bestand(e)srandes erreicht und zugleich die Windaufprallfläche vermindert. Die W. ist sehr aufwendig, wird wenig praktiziert und beschränkt sich i. d. R. auf einen 40 m breiten Streifen.

Wipfelkrankheit, die: volkstümliche Bez. für die Kernpolyedrose der Schwammspinner-Raupen. Die Schwammspinner-Raupen und Blattwespen-Larven, die mit Kernpolyeder-Viren verseuchtes Futter aufgenommen haben, klettern in die Wipfel und verenden dort nach einigen Tagen in hängender Stellung. Aus den verendeten, herabgefallenen und eingesammelten Raupen kann der Krankheitserreger in großer Menge gewonnen und im Bedarfsfall mit Wasser stark verdünnt auf bedrohte Wälder versprüht werden; → Wipfeln.

Wipfeln, das: eine seuchenartige Erkrankung der → Raupen der Nonne (→ Trägspinner 1.) bei der eine Kalamität nach wenigen Jahren beendet wird. Die Raupen drängen sich in die Wipfel, verlieren die Freßlust, erschlaffen und sterben ab. Man sagt von ihnen, sie haben „gewipfelt", nennt die Gesamtheit solcher Raupen einen „Wipfel" und die Krankheit auch → „Wipfelkrankheit".

wipfelreich → gipfelreich.

wipfelschäftig: Ein Baum wird als w. bezeichnet, wenn sich sein ungeteilter → Schaft bis zum → Wipfel verfolgen läßt, z. B. bei der Fi und Ta.

Wipfelschlag, der: → Afterschlag.

Wipfelspitzigkeit, die: kaum übliche und wohl auch veraltete Bez. für → Abholzigkeit.

Wipfelstück, das: Bez. für den oberen Schaftteil (Kronenteil) → wipfelschäftiger Bäume. Das W. ist meist sehr grobästig.

Wippe, der: alte nordd. Bez. für einen biegsamen, dünnen Zweig.

Wirbeldost, der (*Calamintha*): Gatt. der Fam. der → Lippenblütengewächse.

Wirbeldost, der (*Calamintha clinopodium* = *Satureja vulgaris* (L.) Fritsch = *Clinopodium vulgare* L.): im Volksmund auch Wohlgemut genannt. Der W. ist fast über ganz Europa verbreitet, zudem über Nordasien und Nordamerika, fehlt aber in Irland. Er wächst in lichten Wäldern, besonders grasreichen Laub- und Kiefernwäldern, Gebüschen, sonnigen Weg- und Waldrändern, schattigen Wiesen, Hecken, warmen, trockenen Hängen, Schlagflächen und Trockenrasen, von der Ebene bis in Höhen von 1600 m.
Die ausdauernde, 30 bis 60 cm hohe, fast geruchlose Pflanze hat einen dünnen, holzigen, waagrechten Wurzelstock und einen aufsteigenden, zottig behaarten, meist ästigen Stengel. Die gegenständig angeordneten, gestielten Blätter sind 2 bis 4 cm lang, eiförmig bis länglich, ganzrandig oder nur flach gekerbt und zottig behaart. BZ: Juli bis Oktober. Die rosaroten bis karminroten, selten weißen, röhrenförmigen Blüten stehen zu zehnt bis 20 in dichten halbkugeligen Scheinquirlen in den Achseln der oberen Blattpaare. Die Bestäubung erfolgt v. a. durch Bienen, Hummeln und Tagfalter. Die Frucht besteht aus vier in die zylindrische Kelchröhre eingewachsene Nüßchen.

Wirkholz, das: → Werkholz.

Wirrzöpfe → Hexenbesen.

Wirt, der: Pflanzen und Tiere, die einem anderen Lebewesen Schutz, Transport, Aufenthalt, Nahrung bieten (→ Parasitismus). Der W. kann kurzzeitig (temporär), periodisch oder permanent, in der ungeschlechtlichen (Zwischen-W.) oder in der geschlechtlichen Phase (End-W.) benutzt werden. Nach der Häufigkeit des Befalls unterscheidet man Gelegenheits-, Neben- oder Haupt-W. Nach der Bindung des Parasiten an den W. unterscheidet man Fehl-W., fakultative oder obligate W.

wirtelige Blätter → Blattstellung.

wirtschaftliches Alter, das: Zeitraum, den ein durch äußere Einwirkungen (Verbiß durch Wild, Frost, Schnee, Überschirmung, Dürre usw.) wuchsgehemmter → Bestand ohne diese behindernden Einwirkungen unter Beachtung der Standortsverhältnisse zur Erreichung seines Entwicklungszustandes gebraucht hätte. Das w. A. wird z. B. wie folgt angegeben: 40 j. – wi 25 j. oder 25 (40) j.; → Alter.

Wirtschaftlichkeit, die: Das Prinzip der W. besagt, daß die vorgegebenen Ziele mit mög-

Wirbeldost (*Calamintha clinopodium*)

lichst geringem Aufwand erreicht werden oder daß mit den gegebenen Mitteln möglichst hohe Erträge erwirtschaftet werden sollen. Der auch als ökonomisches Prinzip bezeichnete Grundsatz hat die Absicht, das ergiebigste Ziel oder Zielbündel mit dem günstigsten Verhältnis von Ergebnis und Einsatz zu erreichen. Im Wald können diese Ziele sehr unterschiedlich und – je nach Besitzart – verschieden gewichtet sein. Das Kriterium W. kann aber in jedem Fall, z. B. beim Streben nach höchstmöglichen Gelderträgen oder auch nach bestmöglicher Erholungseignung, angewandt werden. Schwierigkeiten bereitet dabei noch die monetäre Bewertung der Infrastrukturleistungen des Waldes (→ Waldfunktionen) als Ertrag.

Wirtschaftsbuch, das (Kontrollbuch): ein nach Revieren und Betriebseinheiten gegliedertes Verzeichnis als Teil der Ergebnisse der → Waldinventur (bezogen auf den Stichtag der → Forsteinrichtung oder aktualisiert durch Fortschreibung), der mittelfristigen und langfristigen Planungsdaten der Forsteinrichtung und der Daten des Wirtschaftsvollzugs.

Wirtschaftseinheit, die: auch Wirtschaftsfigur. unter technischen und wirtschaftlichen Gesichtspunkten gebildete Einheit für Planung, Vollzug und Kontrolle, i. d. R. die Unterabteilung oder der Bestand.

Wirtschaftsfigur, die: → Wirtschaftseinheit.

Wirtschaftskarte, die: → Forstkarten.

Wirtschaftsplan, der: → Forstwirtschaftsplan, Forsteinrichtungswerk.

Wirtschaftsschneise, die: → Schneise.

Wirtschaftswald, der: Bez. für alle Holzbodenflächen (auch unbestockte Flächen), die regelmäßig bewirtschaftet werden (W. in regelmäßigem Betrieb) und der Gewinnung von Holz und anderer Forsterzeugnisse (→ Walderzeugnisse) dienen. Der W. besitzt eine nachhaltige Nutzungsmöglichkeit (→ Nachhaltigkeit) von mehr als ein Festmeter Holz je Jahr und Hektar. Bei geringerem → Zuwachs (in absehbarer Zeit nicht mehr als ein Festmeter pro Jahr und Hektar) spricht man von W. außer regelmäßigem Betrieb; → Forstbetriebsfläche, → Urwald, → Schutzwald, → Naturwald.

Der Wolf (*Canis lupus*), Stammform des Haushundes

Wirtschaftswald in regelmäßigem Betrieb (WiW i.r.B.) und **Wirtschaftswald außer regelmäßigem Betrieb** (WiW a.r.B.) → Forstbetriebsfläche.

Wirtschaftswegebau, der: Bau von Feld- und Waldwegen (Feld- und → Walderschließung) zur Verbesserung des Betriebserfolges. Der W. hat dabei die Forderungen, die sich aus der heutigen Mechanisierung und Rationalisierung der Land- und Forstwirtschaft ergeben, zu berücksichtigen. In der Forstwirtschaft ist der Wegeaufwand und damit die Erschließungsintensität von der in einem Waldgebiet durchschnittlich erzielbaren Jahresnutzung abhängig.

Wirtschaftsziel, das: Gesamtheit und Rangfolge der vom Waldbesitzer festgelegten Zielsetzungen, die der Forstbetrieb zu verfolgen hat. Diese können unterschiedlichster Natur, materiell oder immateriell sein, wie z. B. höchste Gelderträge, wertvollste Hölzer, Reserven für Notzeiten, höchster Jagdertrag, größte Artenvielfalt, höchste Erholungseignung. Nach den sachlichen Anforderungen werden unterschieden: → Produktionsziel, monetäres Ziel und Sicherheitsziel. Ziel eines Forstbetriebes ist es i. d. R., Holz in einer bestimmten Menge und Zusammensetzung und andere materielle Güter (→ Forstnebennutzungen) zu erzeugen und zu vermarkten. Daneben kann auch die Produktion immaterieller Güter, wie z. B. der Infrastrukturleistungen des Waldes (→ Waldfunktionen) oder von Dienstleistungen (z. B. Arbeitsleistungen) beabsichtigt oder gesetzlich vorgeschrieben sein. Bei den monetären Zielen kann der Eigentümer z. B. einen Mindest- oder Höchstreinertrag, höchste Rentabilität, Vorratsanreicherung zur Vermögensbildung usw. anstreben. Die langen → Umtriebszeiten mit allen mit solchen Produktionszeiträumen verbundenen Problemen (Nachfrageänderungen, betriebliche Krisen, Naturkatastrophen) bedingen einen hohen Stellenwert des Sicherheitsstrebens in der Rangfolge der Ziele. Da der Wald meist gleichzeitig mehrere Leistungen erbringt und der Besitzer u. U. auch mehrere Ziele gleichzeitig verfolgt, wird es in der Praxis auf einen Kompromiß oder eine Optimierung der Ziele hinauslaufen.

Wischweihe, die: → Kräuterweihe.

witterungsbedingte Schäden: Schäden durch extreme oder lang andauernde gleichbleibende Witterung. Das → Risiko w. S. ist bei waldbaulichen Planungen, insbesondere bei der Baumartenwahl, mit einzubeziehen; → Hitzeschäden, Hochwasserschäden, Rindenbrand, Schneebruch, Wassermangel, Wasserstreß, Windbruch, Windwurf.

Wittholz, das: alte nordd. Bez. für Buchenholz.

Wittnerben → Ahorne 3.

Witwenblume, die: → Knautie.

Witzleben, Friedrich Ludwig, Dr. Freiherr von (9.5.1755 Wolmirstedt, Thüringen bis 16.3.1830 Kassel): W. war Nassau-Oranischer Oberforstmeister sowie Kurfürstl. Hessischer Oberjägermeister und Geheimer Staatsminister. Er leitete auch die 1798 gegründete „Forst-Lehranstalt zu Waldau nahe bey Cassel“. Diese Lehranstalt durfte nur von „jagdgerechten Jägern“ des „Hessischen Feldjäger-Corps“ besucht werden. W. schrieb u. a. : „Beyträge zur Holzcultur“ (1797).

Wobse: lokale Bez. für durch → Windwurf niedergedrückte Bäume einschließlich der ausgehobenen Erdscheiben (→ Wurzelteller) oder nur für letztere. Man nennt sie in Thüringen „Würbse“, in verschiedenen Gegenden Hessens „Wurfbosen“, in Württemberg „Wulse“, „Wulze“; → Worboten.

Wohlfahrtsaufforstungen: in Österreich → Aufforstungen, die vornehmlich dem Schutze vor nachteiligen Natureinflüssen dienen (z. B. Hochlagenaufforstung, Windschutzgürtel etc.).

Wohlfahrtswirkungen: in der deutschsprachigen Literatur seit Endres (1905) Bez. für bestimmte → Waldfunktionen, wobei Endres hierunter nur den Einfluß des Waldes auf Klima, Wasserwirtschaft und Bodenkultur, die Abwendung der mit meteorischen Katastrophen verbundenen Gefahren und nach der hygienischen und ethischen Seite hin auf das Wohlbefinden der Menschen ausübt, verstand. Hornsmann hat den Begriff 1958 umfassender verstanden. Der Begriff W. bezieht sich nur auf die vom Standpunkt des Menschen positiv erscheinenden Einflüsse des Waldes. Als umfassendere Bez. wurde von H. Thomasius (1969) der Begriff → Komitativwirkungen eingeführt.

Wohlgemut, der: → Wirbeldost.

Wohlriechende(r/s) ... siehe unter dem jeweiligen Hauptnamen.

Wohlverleih, das: → Arnika.

Wolf, der: → Kollerbusch, → Sperrwüchse, → Vorwuchs.

Wolf, der (*Canis lupus* L.): scherzhaft auch Isegrim oder Frau Gieremund. Der W. zählt zoologisch zur Fam. der Hunde (*Canidae*) und zur Ordn. der Raubtiere (*Carnivora*). In der germanischen Mythologie wird Wotan von zwei Raben und den beiden Wölfen Geri und Freki begleitet. Das Raben- und Wolfsgeleit kennzeichnet auch die Schamanen.

Aussehen: Der W. hat etwa die Gestalt eines großen, hochbeinigen, mageren Schäferhundes. Die Kopf-Rumpf-Länge des W. beträgt 120 bis 140 cm, die Schwanzlänge ca. 35 bis 40 cm, die Schulterhöhe 70 bis 80 cm. Er erreicht ein Gewicht zwischen 35 und 50 kg. Der Rüde (Männchen) ist größer als die Wölfin (Weibchen). Das W.-Fell ist oberseits graugelbbraun gefärbt mit schwarzem Anflug, unterseits ist es gelblich-weiß bis grauweiß. Der Wolf ist die Stammform des Haushundes.

Vorkommen: Der W. ist in Europa nahezu ausgerottet. Heute kommt er nur noch in Skandinavien, Mittel- und Süditalien, auf Sizilien, der Pyrenäenhalbinsel, dem Balkan und in Ostpolen vor. Sein größtes Verbreitungsgebiet liegt in den Ländern der GUS, insbesondere in Rußland. In Dtschl. ist der W. in freier Wildbahn ausgestorben, lediglich Irrgäste, die auf uralten Fernwechseln aus dem Osten zu uns gelangen, werden dann und wann gesichtet, bzw. erlegt.

Lebensraum und Lebensweise: Der Lebensraum des W. sind stille, einsame Gegenden,

Wildnisse, besonders ausgedehnte dichte, Wälder, im Süden und Osten Europas die Steppen und Tundren. Im Gebirge kommt er bis zu einer Höhe von 2500 m vor. Besiedelte Gegenden meidet er. Der W. ist tag-, hauptsächlich jedoch dämmerungs- und nachtaktiv. Er zählt zu den anpassungsfähigsten Raubtieren und richtet seine Lebensgewohnheiten in starkem Maße auf die jeweils herrschenden Umweltgegebenheiten ein. Im Frühjahr und Sommer lebt er einzeln, paarweise oder in kleinen Gruppen, im Winter in größeren Rudeln mit einer straffen Rangordnung, wobei die Rüden zahlenmäßig überwiegen. Bei seinen Beutezügen schweift der W. weit umher, oft mehr als 100 km in einer Nacht. W. sind sog. Beutehetzer, und bei der Jagd wirken die Rudelmitglieder zusammen, lösen sich beim Hetzen ab und treiben sich das Wild gegenseitig zu. In Gebieten, in denen der W. noch häufiger vorkommt, verursacht er unter Haustieren (z. B. Schafen, Weidevieh) erhebliche Schäden.

Die Sinne des W. sind ebenso scharf entwickelt wie die eines Hundes. Das Riech-, Hör- und Sehvermögen ist ausgezeichnet. Durch seinen hervorragenden Geruchsinn ist er in der Lage, auf der Fährte zu hetzen. Er riecht genau, welchem Tier welche Fährte gehört, auf die er auf seinen Streifzügen stößt. Die Lautäußerung der W. ist ein Heulen.

Fortpflanzung: W. sind mit etwa zwei Jahren geschlechtsreif und leben monogam. Die Ranzzeit ist von Mitte Dezember bis Mitte März. Nach einer Tragzeit von 60 bis 64 Tagen bringt die Wölfin im April/Mai in einem sicheren Versteck vier bis sechs Jungwölfe. Diese sind zehn bis 12 Tage blind und werden etwa zwei Monate gesäugt. Nach etwa vier Wochen trägt die Wölfin den Jungen Beute zu. W. können 15 bis 18, in Ausnahmefällen sogar bis 20 Jahre alt werden.

Nahrung: Der W. reißt alle Tiere die er bezwingen kann, z. B. Rot-, Rehwild, sogar Elche, und eine Fülle von Kleintieren, wie z. B. Mäuse, Eidechsen, Schlangen, Kerbtiere und Frösche; daneben nimmt er auch Aas, pflanzliche Kost und Haustiere.

Wolfganger Zapfenzählverfahren, das: Gesamtzahl und -gewicht aller Zapfen eines herrschenden Altholzbaumes bei Vollernte sind aus Erfahrungen bekannt. Ein herrschender Baum bei Kie trägt 2000, bei Fi 600, bei Lä 3000 Zapfen. Teilernten werden in Prozenten (→ Erntebewertungsziffer) dieser möglichen Vollerntezahlen bewertet. Ergibt die Zapfenzählung oder -schätzung der herrschenden Stämme eines Fi-Altbestandes im Durchschnitt 360 Stück, so beträgt die Erntebewertung 60 % der Vollernte. Die Anzahl der herrschenden Stämme je ha kann entweder durch Auszählen von Probeflächen oder aus → Ertragstafeln (Kie, Lä etwa 60 %, Fi etwa 70 % der Stammzahl) ermittelt werden. Das Zapfengewicht x Anzahl der herrschenden Stämme stellt die Ernteaussicht dar.

Wolframslinde, die: Die W. zu Kötzting (Bayer. Wald) ist ca. 1000 Jahren alt. Der berühmte Sänger Wolfram von Eschenbach (1170 bis 1220) soll hier sein Hauptwerk, den „Parsival", ersonnen haben; → Blutlinde, Kunigundenlinde, Menno-Linde, Zwölf-Apostel-Linde, Gedenkbäume.

Wolfsangel, die: **1)** in der → Forsteinrichtung ein Zeichen (langgezogenes liegendes Z) für die Beschreibung von Unterabteilungsgrenzen. **2)** Markierungszeichen für → Klammerstämme. **3)** früher gebräuchliches Fanggerät, besonders für den → Wolf.

Wolfsauge, das: → Tollkirsche.

Wolfsbast, der: → Seidelbast 1.

Wolfsbeere, die: → Bärentraube 1., Tollkirsche.

Wolfsbohne, die: → Lupine.

Wolfsdorn, der: → Kreuzdorn 2.

Wolfs-Eisenhut, der: → Eisenhut 2.

Wolfsfuß, der: → Wolfstrapp.

Wolfsklaue, die: → Bärlapp 1.

Wolfsmilch, die (*Euphorbia*): Gatt. der → Wolfsmilchgewächse mit rd. 1600 Arten, v. a. in den Subtropen und Tropen. Es sind dies Bäume, Sträucher oder Kräuter, die in ungegliederten Milchröhren einen giftigen Milchsaft führen. Die Blüten sind zu je einem → Staub- bzw. einem → Fruchtblatt reduziert; sie stehen in stark verkürzten, von → Hochblättern umgebenen → Blütenständen und täuschen so Einzelblüten vor. Bekannte Zierpflanzen sind der Christusdorn und der Weihnachtsstern. In unseren Wäldern anzutreffen sind:

1. Süße Wolfsmilch, die (*Euphorbia dulcis* Linné): Die S. W. ist über Mitteleuropa, südlich bis Nordspanien, Mittelitalien und über die Balkanhalbinsel verbreitet. Sie wächst zerstreut in krautreichen Buchen- und Nadelmischwäldern, Eichen-Auenwäldern, Eichen-Hainbuchen-Wäldern, mesophytischen Buchen- und Laubmischwäldern (Ordnungs- → Charakterart) sowie in Gebüschen.

Die 15 bis 50 cm hohe → Staude hat meist mehrere bogig aufsteigende Stengel, die stielrund, fein gestreift, zerstreut behaart und locker beblättert sind. Die wechselständigen Blätter (→ Blattstellung) sind länglich-eiförmig bis länglich-lanzettlich, stumpf, oberseits dunkelgrün, unterseits blaugrün und meist behaart, ganzrandig oder vorne fein gesägt. BZ: April bis Juni. Die Blüten stehen in einer drei bis (meist) fünfstrahligen Dolde. Die etwa 3 mm lange, kahle Fruchtkapsel ist mit halbkugeligen Warzen bedeckt. Die 2 mm langen → Samen sind glatt und glänzend hellbraun.

2. Mandelblättrige Wolfsmilch, die (*Euphorbia amygdaloides* Linné): Die über Mittel- und Südeuropa verbreitete M. W. wächst zerstreut an lichten Orten in mesophytischen Buchen- und Laubmischwäldern (Ordnungs-Charakterart), krautreichen Buchenwäldern, Eichen-Hainbuchen-Wäldern, Hartholz-Auenwäldern, auf frischen, nährstoffreichen, meist kalkhaltigen Böden, hauptsächlich im Gebirge; Lehmzeiger.

Die 30 bis 70 cm hohe, unangenehm riechende Pflanze hat viele nichtblühende, dicht beblätterte Stengel, deren untere Teile verholzen, mit ihren Blättern überwintern und im nächsten Jahr blühen. Die wechselständigen, → wintergrünen Blätter sind 3 bis 6 cm lang, eilanzettlich, in den Blattstiel verschmälert, ledrig, oft rot überlaufen, und ganzrandig. Unter dem Blütenstand stehen sie dicht gedrängt. BZ: April bis Mai. Die Blüten stehen in einem endständigen, doldenartigen, fünf- bis neunstrahligen Blütenstand, dessen Strahlen zweigabelig sind. Die etwa 4 mm lange Fruchtkapsel ist dreifurchig, kahl, rauh und fein punktiert. Die 2 bis 2,5 mm langen, rundlichen Samen sind glatt und grau (→ Ameisenpflanzen).

3. Zypressen-Wolfsmilch, die (*Euphorbia cyparissias* Linné): Die über Großbritannien, Nord-, West- und Mitteleuropa verbreitete Z. wächst in lichten Wäldern, bevorzugt mit Kiefern, auf Magerrasen, trockenem Weide-, Heide- und Grasland, auf relativ trockenen, warmen, mineralreichen Böden.

Zypressen-Wolfsmilch (*Euphorbia cyparissias*)

Die bis 50 cm hohe, weißen giftigen Milchsaft („Schlangenmilch") enthaltende Pflanze hat einen gelbgrünen, seltener bis graugrünen Stengel und nichtblühende Äste unter der Blütendolde. Die sitzenden, bläulich-grünen Blätter sind schmal-lineal, etwa 1 bis 3 mm breit, kahl, ganzrandig und am Rande leicht umgebogen. BZ: April bis Juli (August). Die gelbgrüne, vielstrahlige Blütendolde hat länglich-lanzettliche Hüllblätter und rautenförmige bis dreieckig-eiförmige (breiter als lang) Hüllchenblätter die gelb, zuletzt dann rot sind. Die Z. ist der Zwischenwirt des Erbsenrostes (*Uromyces pisi-sativi*).

4. Steife Wolfsmilch, die (*Euphorbia stricta* Linné): Die über West-, Mittel- und Nordeuropa verbreitete S. W. wächst auch in lichten Auwäldern, feuchten Laubmischwäldern und an Waldrändern. Die schlanke, bis zu 60 cm hohe Pflanze hat einen oft rötlich überlaufenen Stengel, der fast immer kahl ist. BZ: Juni bis August. Die Früchte der → Ameisenpflanze haben kurze walzenförmige Warzen.

Neben vorgenannten Arten wachsen noch die **Sumpf-Wolfsmilch** (*E. palustris*) in Moorwiesen, die **Vielfarbige W.** (*E. epithymoides*) in

Trockengebüschen und -wäldern, xerothermen submediterranen Flaumeichen-Wäldern und subkontinentalen Eichen-Steppenwäldern und die **Weidenblättrige W.** (*E. salicifolia*) in Gebüschen.

Wolfsmilchgewächse (*Euphorbiaceae*): umfangreiche Fam. → zweikeimblättriger Pflanzen mit rd. 7500 Arten in fast 300 Gatt., die weltweit verbreitet ist, überwiegend aber in den Tropen und Subtropen vorkommt. Es handelt sich um sehr vielgestaltige Pflanzen, um Bäume, Sträucher, Stauden oder einjährige Kräuter, deren Gefäße meist einen bisweilen giftigen Milchsaft (Latex) führen und deren Blüten meist klein und → eingeschlechtig

Ufer-Wolfstrapp (*Lycopus europaeus*)

sind. Bekannte Gatt. sind → Bingelkraut und → Wolfsmilch.

Wolfsranke, die: → Bärlapp 1.

Wolfsschote, die: → Tragant 1.

Wolfsspinnen (*Lycosidae*): weltweit verbreitete Fam. der → Webspinnen mit rd. 1500 Arten, darunter 65 Arten einheimisch. Es handelt sich um bis zu 50 mm lange Spinnen die z. T. in Erdröhren leben, die sie mit Spinnfäden austapezieren. Sie weben keine Netze, sondern fangen ihre Beute im Sprung. Zu den W., einer der größten Fam., deren Arten jedoch schwer bestimmbar sind, zählt neben der **Südeuropäischen Tarantel** (*Lycosa tarentula*), die im Mittelmeergebiet vorkommt, u. a. auch die nachfolgend beschriebene Art.

Garten-Wolfsspinne, die (*Pardosa hortensis*): Die fast über ganz Europa verbreitete G. kommt sehr häufig vor und ist auf Wiesen, Feldern, in Wäldern und Gärten anzutreffen. Die etwa 6 mm große, braune Spinne läuft sehr flink auf dem Boden. Sie baut keine Netze sondern erjagt ihre Beute. Die G. legt ihre Eier in ein Eipaket ab, das sie an ihren Spinnwarzen festgeklebt herumträgt. Nach etwa drei Wochen schlüpfen die Jungspinnen aus dem Kokon, nachdem die Mutter die Hülle aufgebissen hat. Sie werden dann noch weitere zehn Tage von der Mutterspinne herumgetragen.

Wolfstrapp, der (*Lycopus*): auch Wolfsfuß. eine Gatt. der Fam. der → Lippenblütengewächse. Der Name W. oder Wolfsfuß kommt davon, daß die Blattform an einen Wolfstritt erinnern soll. Im Wald anzutreffen:

Ufer-Wolfstrapp, der (*Lycopus europaeus* Linné): auch Gemeiner W. Der U. ist fast über ganz Europa verbreitet. Er ist ziemlich häufig und wächst in feuchten Wäldern, z. B. Erlenbruchwäldern, Grauweidengebüschen, Erlen- und Moorbirkenwäldern (→ Differentialart), in Röhrichtbeständen, an Gräben, an den Ufern stehender und langsam fließender Gewässer sowie an anderen sumpfigen Orten, von der Ebene bis in mittlere Gebirgslagen.

Die 20 bis 100 cm hohe, mehrjährige, schwach behaarte bis fast kahle Pflanze, die völlig geruchlos ist, hat einen aufrechten, vierkantigen, einfachen oder nur wenig verzweigten Stengel und treibt meist unterirdische, bis 100 cm lange → Ausläufer. Die kreuzweise gegenständigen, kurzgestielten Blätter (→ Blattstellung) sind länglich-eiförmig bis lanzettlich, zugespitzt, hellgrün, gesägt bis tief gezähnt, die unteren am Grund tief fiederspaltig mit eiförmig-lanzettlichen bis linealen, ganzrandigen Fiederlappen; nur selten bis zum Mittelnerv geteilt. BZ: Juli bis September. Die kleinen trichterförmigen, weißlichen, innen rötlich punktierten Lippenblüten stehen in zahlreichen, meist dichten kugeligen Scheinquirlen (→ Blütenstand), die sich aus zwei achselständigen, kompliziert verzweigten Teilblütenständen zusammensetzen und ziemlich gleichmäßig am Stengel verteilt sind. Die Frucht des U. besteht aus vier dunkelbraunen, abgeflachten, bis 2 mm langen Nüßchen mit wulstigen Kanten, die in der Kelchröhre sitzen. Dem U. sehr ähnlich ist der seltene, nur am Mittelrhein und bei Nürnberg in Auwäldern vorkommende **Hohe Wolfstrapp** (*Lycopus exaltatus*). Er wächst in Silberweidengebüschen und unterscheidet sich vom U. durch den höheren, einfachen Stengel. Seine länglich-eiförmigen Blätter sind breiter und sämtlich tief fiederspaltig. Die Kelchzähne sind höchstens so lang wie die Kelchröhre.

Wolfswurz, die: → Eisenhut 2.

Wollafter, das: → Glucken 1.

Wollaus, die: → Blattläuse 12.

Wollblume, die: → Königskerze.

Wollenbaum, der: → Pappeln 2.

Wollfußegerling, der: → Champignon 14.

Wollgras, das (*Eriophorum*): Gatt. ausdauernder, in Mooren, auf Torf- und Sumpfwiesen anzutreffender und rasenbildender Pflanzen aus der Fam. der → Riedgräser mit Blütenborsten, die nach der Blütezeit zu langen haarähnlichen Fäden auswachsen und einen weißen Wollschopf bilden, der vom Winde verweht wird.

Von den fünf einheimischen Arten sind die beiden nachstehenden auch auf Waldsümpfen anzutreffen:

1. Scheidiges Wollgras, das (*Eriophorum vaginatum*): auch Scheiden-W., Moor-W. Die ausdauernde Pflanze wächst zerstreut auf sauren Torfböden (Torfbildner), torfigen Wiesen, Waldsümpfen, Hochmooren, Kiefern- und Birkenmooren sowie in Gräben, von der Ebene bis ins Gebirge.

Das 30 bis 60 cm hohe S. W. hat einen unten stielrunden, oben dreikantigen Stengel. Die rauhen, dreikantigen Stengelblätter haben eine aufgeblasene Scheide, die obersten sind ohne Spreite. Am Ende des Stengels befindet sich nur ein 2 cm langes → Ährchen, das aus → zwittrigen Blüten mit vielen Blütenhaaren besteht. BZ: April bis Mai.

2. Schmalblättriges Wollgras, das (*Eriophorum angustifolium*): Die Pflanze wächst verbreitet auf Zwischen-, Quell- und Flachmooren, sauren Torfböden, nassen Wiesen und auf Waldsümpfen, auf sauren, basenarmen Standorten.

Das ausdauernde und lockere Rasen bildende Gras hat einen stielrunden, 30 bis 60 cm hohen Stengel und bildet → Ausläufer. Die Blätter sind schmal-linealisch (3 bis 6 mm breit), rinnig gekielt und haben an der Spitze dreikantige Blätter. Das S. W. hat zwittrige Blüten, von Hüllhaaren umgeben. Die meist drei bis fünf Ährchen stehen auf glatten und langen Stielen zusammen. Die reifen Früchte (weiße Wattebäusche) sind überhängend. BZ: April bis Mai.

Neben vorgenannten Arten wachsen noch das **Breitblättrige W.** (*E. latifolium*) in Quell- und

Schmalblättriges Wollgras (*Eriophorum angustifolium*)

Flachmooren, das **Schlanke W.** (*E. gracile*) auf Torfböden und *E. scheuchzeri* in Moorwiesen.
Wollhaare → Haare.
Wollige(r/s) ... siehe unter dem jeweiligen Hauptnamen.
Wollin, das: alte Bez. für die → Holzwolle.
Wollköpfige Kratzdistel, die: → Kratzdistel 6.
Woll-Kratzdistel, die: → Kratzdistel 6.
Wollraupenspinner → Glucken.
Wollschwamm, der: → Milchlinge 11.
Wollschweber (*Bombyliidae*): auch Hummelfliegen, Schweber. Fam. mittelgroßer → Fliegen mit pelzartiger Behaarung und zumeist schön gefleckten Flügeln. W. sind Blütenbesucher, ähneln im Aussehen den Hummeln, haben eine große Flugfertigkeit und können kolibrigleich vor Blüten schweben (stehen). Der Rüssel ist lang, nadelförmige und nach vorne gerichtet. Die Larven sind Räuber oder überwiegend Parasiten, u. a. bei verschiedenen solitären Bienenarten und Grabwespen vorkommend.
Forstwirtschaftlich auch von Bedeutung als Hyperparasiten, da sie Gegenspieler wichtiger Schmarotzer bei Schadinsekten (z. B. Forleule, Nonne) sind.
Wollspinner → Trägspinner.
Wolpermai → Geißblatt 4.
Wonne, die: → Waldweide.
Woodsia → Wimperfarn.
Woogen: alte Bez. für Schwemmteiche; → Trift.
Worboten: auch Vorboten. alte Bez. für Stöcke vom Wind umgeworfener Bäume; → Wobse, → Windwurf.
Wrieblatt, -laub, das: → Ahorne 1.
Wrimmelbohrer, der: früher verwendetes Gerät, ähnlich dem → Zuwachsbohrer, mit dem die Beschaffenheit des Baumstammes im Inneren erforscht wurde.
Wroge, die: → Forstwroge.
Wucherblume, die (*Chrysanthemum, Tanacetum*): Gatt. der Fam. der → Korbblütler mit rd. 200 Arten auf der nördlichen Halbkugel, besonders im Mittelmeergebiet, in Vorderasien und in Südafrika. W. sind einjährige oder mehrjährige Kräuter, Halbsträucher oder Sträucher. Die Blütenköpfchen sind klein und stehen in Doldentrauben oder sind groß und stehen einzeln. Sie bestehen aus weiblichen Zungenblüten, röhrenförmigen, → zwittrigen Scheibenblüten und dachziegelartig angeordneten Hüllblättern. In Mitteleuropa sind sechs Arten heimisch. Zahlreiche Arten und → Sorten sind auch beliebte Garten- und Schnittblumen. In den Wäldern anzutreffen:
1. Doldige Wucherblume, die (*Chrysanthemum corymbosum* L. = *Tanacetum corymbosum* (L.) Schultz Bip.): auch Straußblütige W. Die D. W. ist fast über ganz Europa, besonders über Mittel- und Südeuropa verbreitet. Sie ist wärmeliebend und wächst zerstreut in lichten trockenen Laubwäldern, besonders lichten Eichen-, Buchenmischwäldern, Gebüschen, an buschigen Hängen und an Waldrändern. Sie ist die Ordnungs- → Charakterart der xerothermen submediterranen Flaumeichen-Wälder und subkontinentalen Eichen-Steppenwälder, → Differentialart in Saumgesellschaften und Staudenhalden trockener Standorte oder in wärmeliebenden Gesellschaften der mesophytischen Buchen- und Laubmischwälder.
Die zerstreut behaarte Pflanze wird 40 bis 100 cm hoch und ist im oberen Teil locker verzweigt. Die Blätter bestehen aus sieben bis 15 ei-länglichen, nochmals fiederteiligen Fiedern mit lineal-lanzettlichen, gezähnten Abschnitten. BZ: Juni bis August. Die 1 bis 3 cm breiten Blütenköpfe bestehen aus zahlreichen goldgelben, röhrenförmigen, fünfspaltigen Scheibenblüten und 1 bis 2 cm langen, schmal linealen weißen Zungenblüten (Randblüten). Die lanzettlichen Hüllblätter sind bräunlich berandet. Die zahlreichen Blütenköpfchen bilden zu sechs bis 20 Stück eine Schirmrispe. Die Früchtchen sind fünfkantig und haben an der Spitze einen gezähnten Rand (Krönchen).
2. Rainfarn, der (*Chrysanthemum vulgare* (L.) Bernhardi = *Tanacetum vulgare* L.): auch Gemeiner R., im Volksmund auch Wurmkraut, Wurmsamen; bayer.-österr.: Roafling, Viehwermat. Der R. ist fast in ganz Europa und auch in Westasien weit verbreitet. Er wächst in Auwäldern, Gebüschen, Staudengesellschaften, Unkrautfluren, auf Schutthalden, an Ufern, Dämmen, Hecken, Rainen, sonnigen Weg- und Waldrändern, auf mäßig trockenen Standorten, bevorzugt auf Sand-, Ton- und Lehmböden und ist von der Ebene bis in mittlere Gebirgslagen anzutreffen.
Die mehrjährige, giftige, etwa 60 bis 120 cm hoch werdende Pflanze hat einen eigentümlichen Geruch und einen nur im oberen Teil verzweigten Stengel. Die farnähnlichen, sitzenden Blätter sind etwa 5 bis 20 cm lang, fiederteilig, mit jederseits 8 bis 12 lanzettlichen, fiederschnittig gesägten, drüsig punktierten Fiedern. BZ: Juli bis September. Die goldgelben, etwa 6 bis 12 mm breiten, abgeplattet-scheibenförmigen Blütenköpfchen bestehen aus zahlreichen goldgelben, zwittrigen, fünfzähnigen, röhrenförmigen Scheibenblüten welche die halbkugelige Hülle mit den hellgrünen, hautrandigen, kahlen, dachziegelartig angeordneten Hüllschuppen deutlich überragen; Zungenblüten fehlen. Sie sind in einer lockeren bis dichten Schirmrispe angeordnet. Die fünfrippigen Früchtchen tragen ein kleines gezähntes Krönchen, aber keine Haarkrone.
In der Naturheilkunde finden die blütentragenden Sproßspitzen und der Samen innerliche und äußerliche Anwendung. Sie enthalten → ätherisches Öl (mit Thujon), Lipide, Inulin, Bitterstoff und Harze, wirken erfrischend, verdauungsfördernd, die Menstruation regulierend, wurmtreibend und werden u. a. bei Verstauchungen, Rheumatismus und gegen Darmparasiten verwendet. Bei der Dosierung ist jedoch Vorsicht geboten, da größere Gaben giftig sind.
Wuchsanomalien: Mißbildungen von Bäumen oder an deren Zweigen, erblich oder durch → Viren, → Pilze, → Bakterien, → Insekten, → Hagelschäden oder chemische Stoffe (→ Luftschadstoffe) verursacht, z. B. Deformationen an → Nadeln und → Trieben der Fi; → Angsttriebe, Hexenbesen, Galläpfel.

Rainfarn (*Chrysanthemum vulgare*)

Wuchsbeschleunigung, die: kurzfristige Unterschreitung der kritischen → Grundflächenhaltung durch frühe und intensive Pflegeeingriffe zur Erziehung eines Wuchsbeschleunigungseffektes (15 bis 20 % Mehrzuwachs im Vergleich zu einem undurchforsteten Bestand); → Durchforstung.
Wuchsbezirk, der: → Wuchsgebiet.
Wuchsform, die: → Baumform.
Wuchsgebiet, das: auch Waldbezirk. ein Gebiet (Großlandschaft, → Standort) mit gleichen Boden-, Gelände-, Klimaverhältnissen vergleichbarer Landschaftsentwicklung und gebietlicher Abgrenzung bei der forstlichen Großgliederung der → Landschaft großer Ähnlichkeit der → Waldgesellschaften und deshalb ähnlicher waldbaulicher Behandlung. Für das W. werden einheitliche waldbauliche Schwerpunkte gebildet. Er dient auch der Abgrenzung forstlicher Teilräume in der Landesplanung und sonstigen Zwecken überbetrieblicher Inventuren und Planungen. Die Unterteilung der W. nach einheitlichen forstlichen Standortsverhältnissen ist der „Wuchsbezirk". Er wurde von Krauß (1936) wie folgt definiert: "Trotz aller Vielgestaltigkeit von Lage, Klima und Boden kann man gewisse geographische Einheiten ausscheiden – wir nennen sie gewöhnlich Landschaften –, die in sich verwandte Grundzüge der Standortsbedingungen aufweisen und sich im Ganzen von den benachbarten Bezirken deutlich abheben; dabei können innerhalb dieser landschaftlichen Einheiten noch große örtliche Standorts- und Wuchsunterschiede in regelloser Gemenglage vorkommen"; → Naturraum.
Wüchsigkeit, die: Höhen-, Durchmesser- und Massenentwicklung eines Baumes innerhalb eines bestimmten Zeitraumes; → Ertragsklasse, → Wuchsleistung.
Wuchsklasse, die: Entsprechend ihres Entwicklungszustandes werden Bestände in verschiedene W. oder natürliche → Altersklassen eingeteilt, wie → Jungwuchs, → Dickung, → Stangenholz, → Baumholz.
Wuchsleistung, die: auch Wuchspotenz, Wachstumsleistung. Die W. einer Baumart wird an Hand der zeitlichen Wuchsentwicklung und des Erreichens bestimmter Kriterien (erreichbare Baumhöhe, erreichbares Lebensalter, erreichbarer Stammdurchmesser und Holzgüte) beurteilt. Optimale individuelle

Standortsverhältnisse lassen jeden Baum gut gedeihen. Verschiedene → Baumarten weisen auf vergleichbaren → Standorten unterschiedliche W. auf. Auch hinsichtlich des Wachstumsablaufs gibt es zwischen den Baumarten Unterschiede. Dementsprechend gibt es auch Unterschiede bei der → Hiebsreife. Ei und Eib wachsen ziemlich langsam heran; die Pa und Wei hingegen sind raschwüchsig (→ schnellwachsende Baumarten). Einige Baumarten, z. B. Hbu, Er, Vobe erreichen, wie die Eib, trotz hohen Alters nur relativ geringe Höhen. Unter unseren heimischen Bäumen erreichen die Nadelbäume, wie Fi, Ta, ELä Höhen von über 50 m und einen Stammdurchmesser von 2 m. Die größten einheimischen Laubbäume sind Bu, GPa, BAh, Es, SLi und StEi, die aber selten höher als 40 m werden. Die höchsten Bäume Dtschl. sind Dgl, eine 100jährige im Ebersbacher Stadtwald (59,90 m) und die um etwa 1 m kürzere Dgl im Emmendinger Stadtwald. Die höchsten Bäume der Welt sind die Riesenbäume (Küsten-Sequoia) im etwa 48 km breiten Küstenstreifen von Oregon bis Monterey in Kalifornien und → Mammutbäume, Bäume aus der Fam. der Sumpfzypressengewächse im westlichen Nordamerika. Erstere sind über 90 m hoch und haben einen Umfang von 12 m. Der derzeit höchste Baum wächst im „Hain der großen Bäume", ist 120 m hoch und über 13 m dick. Der Riesenmammutbaum (*Sequoiadendron gigantea*), der in Höhen von 1500 bis 2300 m wächst, kann bis zu 135 m hoch und 3000 bis 4000 Jahre alt werden. In die „Reitschule", einen umgestürzten, ausgehöhlten Mammutbaum, kann man 24 m weit mit dem Pferd hineinreiten. Der dickste Mammutbaum hat einen Umfang von über 47 m, also einen Durchmesser von 15 m. Der Stumpf des 91 m hohen „Mark Twain", der im Jahre 1904 gefällt wurde, besaß eine Grundfläche von 60 m². 50 Menschen konnten sich auf der Rinde im Umkreis aufstellen. Der Stumpf diente später als Parkett für eine Musikkapelle und 16 Tanzpaare. Auch der immergrüne Eukalyptus, der aus Australien stammt, gehört zu den Bäumen, die am höchsten werden können. Ein Baum erreichte die stattliche Höhe von 165 m. Der Eukalyptusbaum (*Eucalyptus regnans*) wurde 1860 auch im Mittelmeerraum eingeführt, erreicht aber dort nur Höhen von 30 bis 40 m. Wuchshöhen um 100 m wurden bei der Pazifischen Küstentanne (*Abies grandis*), der Pazifischen Edeltanne (*Abies nobilis*) und der Douglasie (*Pseudotsuga menziesii*) nachgewiesen; → Baumalter, → Baumhöhenklassifizierung, → Baumgrößen.

▸▸▸ Erdmaus (*Microtus agrestis*)

▸▸ Feldmaus (*Microtus arvalis*)

Bisam (*Ondatra zibethica*)

Wuchspotenz, die: → Wuchsleistung.

Wuchsraum, der: → Standraum.

Wuchsreihe, die: Zur Bestimmung der individuellen Leistungsfähigkeit bestimmter Standorte werden anstelle von → Ertragstafeln aus verschieden alten, gleichmäßig über die gesamte → Umtriebszeit verteilten Beständen einer Baumart W. erstellt.

Wuchsrelation, die: Verhältnis des Wachstumsablaufs bei verschiedenen Baumarten; → Konkurrenz.

Wuchsstockung, die: Phänomen bei zu dichten Fichten-, gelegentlich auch Buchen- → Naturverjüngungen; → Bürstenwuchs.

Wuchszone, die: vertikalzonale Gliederung von → Wuchsgebieten zur Kennzeichnung der Klimawärme.

Wuhl, Wühl, die: → Mast.

Wühlkultur, die: → naturgesetzliche Wühlkultur.

Wühlmäuse (*Arvicolidae*): Nagetiere (Kurzschwanzmäuse) aus der Fam. der → Mäuse; kleine in der Erde grabende und wühlende Tiere (Kleinsäugetiere) mit über 100 Arten in Eurasien, Nordafrika sowie in Amerika. Sie besitzen einen meist walzenförmigen Körper, kurze Beine, einen kurzen Schwanz sowie einen dicken Kopf mit abgestumpfter Schnauze und kurzen Ohren. Sie legen unterirdische Gänge an und werden schon allein dadurch oft schädlich. Viele Arten sind auch Vorratsschädlinge und fressen zudem besonders an Wurzeln und Rinde. W. halten keinen Winterschlaf. Die Bekämpfung der W. erfolgt mit mechanischen (Fallen) oder chemischen Mitteln bzw. Rodentiziden. Mäusebekämpfungen (v. a. Erd-, Rötel- und Feldmaus) in Forstkulturen (→ Kultur) dürfen in der BR Dtschl. nach den Zulassungsbestimmungen der → Biologischen Bundesanstalt (BBA) nur im Herbst und Winter durchgeführt werden und außerdem nur dann, wenn die Notwendigkeit einer Bekämpfungsmaßnahme durch → Probefänge oder ein anderes nachweisliches Prognoseverfahren belegt ist; → Spitzmäuse. Die wichtigsten Arten sind:

1. Bisam, der (*Ondatra zibethica* L.): auch Bisam-, Zibet-, Moschusratte. Kopf-Rumpf-Länge: 26 bis 40 cm, Schwanzlänge (keilförmig abgeplatteter Ruderschwanz, sehnig und mit kleinen Hautschuppen und Borsten bedeckt): ca. 20 cm. Gewicht: 600 bis annähernd 2000 g. Der Pelz ist oberseits dunkel- bis kastanienbraun, unterseits etwas heller. Am Rücken hat er lange Grannenhaare.

Die Urheimat des B. ist Nordamerika. 1905 brachte Fürst Josef Colloredo Mansfeld drei Weibchen und zwei Männchen aus Alaska mit und setzte sie im Park seines Gutes Dobuis (Dobrisch) nahe bei Prag aus. Im Jahre 1914 waren sie schon bis nach Bayern verbreitet. Ab 1921 erfolgte zugleich eine Einwanderung von Frankreich aus. Der B. ist heute nahezu an allen Gewässern Mittel- und Osteuropas anzutreffen; auch Teile Westeuropas und Skandinaviens besiedelt er.

Der B. liebt stehende und langsam fließende Gewässer, besonders im Sumpfgelände. Er lebt in umfangreichen Erdbauen, die er in den Uferböschungen anlegt. Die Röhren zu den ausgepolsterten Kesseln liegen stets unter Wasser. Ein Familienbau besteht aus mehreren Nestkammern, Röhren und Luftschächten. Im Sumpfgelände und an flachen Ufern bauen B. auch oberirdische Burgen, die etwa 100 cm Durchmesser und 80 cm Höhe erreichen können. Der B. ist wegen des Unterwühlens von Dämmen und Deichen schädlich; in Holland ist er deshalb zu einer ernsten Gefahr für die Landwirtschaft geworden.

Nahrung: Pflanzenfresser, der sich hauptsächlich von Wasserpflanzen und Uferkräutern wie z. B. Schilf, Rohrkolbensprossen und Laichkräuter, aber auch von Wurzeln, Kräutern und Kulturpflanzen wie Mais, Rüben, Gemüse und Getreide ernährt und gelegentlich auch Muscheln, Krebse und andere kleine Wassertiere nimmt.

2. Schermaus, die: (*Arvicola terrestris*): auch Moll-, Große Wühl-, Reutmaus, Wasserratte. Körperlänge: 15 bis 20 cm, Schwanzlänge: 10 bis 15 cm, Gewicht: 70 bis 210 g.

Die S. ist neben der Bisamratte die größte und zugleich die forstschädlichste Wühlmaus. Sie ist oberseits dunkelbraun gefärbt und unterseits gelblichgrau. Die Flanken sind gelblich. Es gibt fast schwarze S. und solche mit weißen Schwanzspitzen. Die Ohren sind kurz und kaum sichtbar; der Schwanz ist kreisrund. Sie lebt gerne am Wasser und schwimmt und taucht gut. Sie legt sich ein umfangreiches

Röhren- und Kammersystem an und bildet dabei Erdhaufen, die denen des Maulwurfs ähneln. Die Paarungszeit ist von März bis Oktober. Nach einer Tragzeit von 21 bis 23 Tagen werden vier bis sechs Junge auf die Welt gebracht. Die S. bringt drei bis fünf Würfe pro Jahr. Die vorwiegend unterirdisch lebende S. nagt die Wurzeln junger Waldbäume, insbesondere der Bu, Lä und Ei ab. Sie spitzt dabei den Wurzelansatz am Stammfuß in charakteristischer Weise stumpfkegelförmig oder rübenartig zu. Bei massenhaftem Auftreten kann sie größere Schäden v. a. in Pflanzgärten und Eichenkulturen verursachen.

3. Feldmaus, die (*Microtus arvalis*): Körperlänge: 7 bis 11 cm, Schwanzlänge: 3 bis 4 cm, Gewicht: 15 bis 50 g. Das Fell ist kurzhaarig und weich. Es ist oberseits gelbbraun, unterseits weißlich. Die F. ist überwiegend nachtaktiv. Ihre Gänge mit zahlreichen Erdauswürfen befinden sich meist dicht unter der Erdoberfläche. In vergrasten Kulturen benagt sie die Rinde am Stammfuß von Forstpflanzen (hauptsächlich Hbu und Bu). Bei der F. kommt es zu zyklischen und azyklischen Massenvermehrungen. Nach einer Phase sehr starker Vermehrung folgt jedoch stets eine Erschöpfung der Fruchtbarkeit (Dichtestreß). Krankhafte Verhaltensänderungen führen dabei zu einem plötzlichen Zusammenbruch der Bestände (→ Gradationen). Die Paarungszeit ist von März bis Oktober. Nach einer Tragzeit von 19 bis 21 Tagen kommen ein bis 13 Junge nackt und blind in einem unterirdischen und ausgepolsterten Kessel zur Welt. Sie werden zwei Wochen gesäugt und sind nach insgesamt drei Wochen erwachsen und fortpflanzungsfähig. Meist zwei bis drei (sieben) Würfe pro Jahr.

4. Erdmaus, die (*Microtus agrestis*): Körperlänge: 10 bis 12,5 cm, Schwanzlänge: 3 bis 4 cm, Gewicht: 20 bis 50 g. Die tag- und nachtaktive E. hat einen gedrungenen Körper, eine stumpfe Schnauze, kleine runde Ohren und kleine Augen, die näher der Nase als dem Ohr gelegen sind. Der Schwanz ist kurz, das grobhaarige, lockere Fell graubraun. Sie kommt in stark vergrasten Forstkulturen, insbesondere auf feuchten und staunassen Böden mit dichter Grasmoderauflage vor. Die Paarungszeit ist von März bis Oktober. Nach einer Tragzeit von 20 bis 22 Tagen bringt sie drei bis sieben Junge. Pro Jahr sind drei bis sechs Würfe möglich. Ähnlich wie bei der Feldmaus erfolgt nach einem vermehrten Auftreten meist ein Zusammenbruch. Das Nest findet sich häufig im Gras unter gefällten Bäumen. Die Hauptnahrung der E. ist das Gras, besonders die saftige Basis der Halme. Sie schadet aber auch durch Benagen der Rinde am Stammfuß junger Bäume, greift dabei mit den Nagezähnen tief in den Splint ein. Dünnere Stämmchen und bodennahe Zweige vermag sie gelegentlich völlig durchzunagen. Gefährdet sind v. a. Bu und Hbu.

5. Rötelmaus, die (*Clethrionomys glareolus*): auch Waldwühlmaus. Körperlänge: 8 bis 12 cm, Schwanzlänge: 4 bis 5,5 cm, Gewicht: 20 bis 40 g. Die R. hat einen rundlichen Kopf, eine stumpfe Schnauze, kleine Augen und Ohren und einen kurzen zweifarbigen Schwanz mit schwarzer Schwanzspitze. Das ausgewachsene Tier hat einen glänzenden rötlichbraunen Rücken, bräunliche Flanken und einen grauweißen Bauch. Sie lebt in Wäldern, Parkanlagen und in Gebüschen und ist das häufigste Säugetier in unseren Wäldern. Sie kann auch sehr gut klettern. Bei Mangel an Nahrung benagt sie die Rinde junger Bäume und Sträucher, v. a. an den Zweigen bzw. in den höhergelegenen Partien der Stämmchen. Lä sind gelegentlich bis in eine Höhe von 5 m gänzlich weiß geschält. Bastreste bleiben dabei stets sichtbar. Sie greift im Ggs. zur Erdmaus den → Splint nicht an. Zu ihrer Nahrung gehören auch Beeren, Nüsse, Knospen, Blätter, Nadeln, Triebe und Wurzeln, besonders aber Samen und Keimlinge der Waldbäume, hauptsächlich von der Bu. Die Paarungszeit ist von März bis Oktober. Das Nest befindet sich entweder über der Erde, z. B. in einer Baumhöhle, oder unterirdisch in einer über Röhren zugänglichen Kammer. Nach einer Tragzeit von 19 bis 20 Tagen bringt sie drei bis sieben Junge, die etwa im Alter von neun Wochen bereits fortpflanzungsfähig sind. Pro Jahr sind vier bis fünf Würfe möglich.

Wulse, die: → Wobse.

Wulstholz, das: Bez. für ein Sondergewebe (wulstige Verdickungen), das sich am unteren Stammteil – meist bei der Fi – bis zu einer Höhe von 6 bis 8 m findet. Es entsteht dadurch, daß der von Schneedruck (→ Schneebruch) oder Sturm gestauchte Baum an den Stauchungsstellen verbreiterte → Jahrringe bildet, wobei über diesen Stellen sehr rasch das W. auftritt. Die Verdickungen sind am Stamm mehr oder weniger eng aneinandergereiht und umfassen breitenmäßig etwa den halben Stammumfang. W. stellt einen → Holzfehler dar.

Wulstlinge (*Amanita*): Gatt. der → Blätterpilze mit etwa 35 großen und mittelgroßen Arten in Europa. Der junge → Fruchtkörper hat eine becherförmige Stielscheide (Volva), deren Reste beim ausgewachsenen Pilz oft auf dem Hut als Hautfetzen oder Schuppen, an der Stielbasis als Scheide oder am Stiel als Ring (Manschette) zurückbleiben. Alle W. haben eine äußere und innere Hülle. Die → Lamellen (Blätter) sind weiß oder gelb und freistehend, der Sporenstaub ist meist weiß. Zu den W. gehören mehrere sehr giftige Pilze, aber auch sehr gute Speisepilze. Die wichtigsten Arten sind:

1. Fliegenpilz, der (*Amanita muscaria*): auch Fliegentod, Narrenschwamm. Der form- und farbenschöne, jedoch sehr giftige Pilz wächst von Juli bis Oktober häufig unter Bi auf sauren Böden, aber auch im reinen Nadel- und Laubwald, auf Lichtungen und am Waldrand. Der F. erscheint zunächst als kleine weiße Kugel; der schöne rote oder orangerote Hut breitet sich bald aus, und von der weißen Velumschicht verbleiben kleine Pusteln (Reste der Hülle) auf der Oberfläche. Die dichtstehenden Lamellen sind weiß und nicht am Stiel angewachsen. Der etwa 10 bis 25 cm hohe, schlanke und weiße Stiel trägt eine weißliche, schlaff herabhängende Manschette. Der Stielgrund ist knollig verdickt und mit warzigen Schuppengürteln umgeben. Das Fleisch ist weiß, unter der Huthaut jedoch chromgelb, geruch- und geschmacklos. In Sibirien wird der F. als Rauschmittel verwendet. Die rauschartige Wirkung wurde bei uns als „Veitstanz" bezeichnet. Der F. wurde früher zur Fliegenbekämpfung verwendet. Er kann unter Umständen mit dem Kaiserling verwechselt werden.

Fliegenpilz (*Amanita muscaria*)

2. Kaiserling, der (*Amanita caesarea*): Der prächtigste aller Wulstlinge ist eßbar und wächst von Juli bis September in alten Laubwaldbeständen, besonders unter Ei und Kastanien. Sein geringes Vorkommen erstreckt sich hauptsächlich auf Süddtschl. Der leuchtend orange bis scharlachrote, 10 bis 15 (20) cm breite Hut erscheint zunächst wie ein Ei, reckt sich aber sehr bald hoch und flacht dabei stark ab. Der leicht aufreißende Rand ist deutlich gerieft. Im Ggs. zum Fliegenpilz hat der K. rein gelbe Lamellen und einen zylindrisch geformten gelben Stiel, Das obere Drittel des Stiels ziert eine feingeriefte Manschette. Das Fleisch riecht und schmeckt angenehm; die getrocknete Huthaut dient als Safranersatz. Der K. war bei den römischen Cäsaren ein geschätzter Speisepilz.

3. Pantherpilz, der (*Amanita pantherina*): Der P. wächst von Juli bis Oktober im Nadel- und Mischwald, findet sich aber nie unter Ah, Es, Er, Pa und Wei. Sein Hut wird 5 bis 10 cm breit. Er ist anfangs halbkugelig bis polsterförmig, dann flach ausgebreitet bis niedergedrückt. Die Huthaut ist meist leberbraun; es kommen aber auch andere Brauntöne vor. Die weißen kleinen Hüllreste bedecken meist in Kreisen angeordnet die Oberhaut, können aber im Alter verschwinden. Der Hutrand ist tief und fein gerieft. Die weißen, dicht gedrängten Lamellen sind nicht angewachsen. Der ebenfalls weiße Stiel wird bis 15 cm hoch und hat eine hängende und geriefte Manschette, die ein Rest der inneren Hülle ist. Die Knolle zeigt einen nach innen gebogenen deutlichen Rand (Wulst), der manchmal auch doppelt ausgebildet ist. Der stark giftige, auch gelegentlich tödlich wirkende P. hat einen Rettichgeruch und kann mit dem Gedrungenen Wulstling verwechselt werden.

4. Gedrungener Wulstling, der (*Amanita spissa*): auch Grauer W., Ganzgrauer W. Der weit verbreitete Pilz wächst von Juni bis Oktober in Nadel- und Mischwäldern, seltener unter Laubbäumen. Der bis zu 15 cm breite Hut hat eine graue bis bräunliche Grundfarbe und wird von vielen weißgrauen, fest anhaftenden und mehlartigen Flocken, den Hüllresten, bedeckt. Der Hutrand ist nicht gerieft. Die weißen Lamellen stehen dicht gedrängt. Der Stiel wird 8 bis 12 cm hoch, ist weiß, abwärts graulich, an der Basis knollig verdickt und von einem warzigen Gürtel umgeben. Die hoch ansitzende Manschette ist leicht gerieft. Das Fleisch ist weiß, schmeckt mild und riecht stark kohlrübenartig. Roh ist der eßbare Pilz leicht giftig. Vom ähnlichen Perlpilz unterscheidet er sich hauptsächlich durch die Fleischfarbe (Perlpilz leicht rötlich) und vom Pantherpilz dadurch, daß dieser regelmäßige weiße Hüllreste auf dem Hut trägt und zudem am Hutrand gerieft ist.

5. Perlpilz, der (*Amanita rubescens*): auch Fleischchampignon, Grauer Fliegenschwamm, Perlwulstling, Rötender Wulstling. Der fast überall und gelegentlich auch massenhaft wachsende Pilz erscheint von Juni bis Oktober im Laub- und Nadelwald. Der 5 bis 15 cm breite Hut ist in Farbe und Aussehen sehr variabel. Die Huthaut ist braun-, fleisch- und gelbrötlich oder rötlichweiß und mit flachen, perlartigen (Name!) und nie weißen Hüllresten bedeckt. Unter der abgezogenen Haut ist das Fleisch leicht rötlich. Die nichtanwachsenden, weißen Lamellen stehen dicht gedrängt und können im Alter rötlich werden. Der bis zu 16 cm hohe und fleischige Stiel wird 1 bis 4 cm dick. Er ist anfangs leicht rötlich und wird später hellweinrot. Zur Basis hin ist er knollig verdickt und zeigt manchmal einen schwachen, warzigen Gürtel. Die Manschette, die Reste einer Haut die anfangs die Lamellen überspannt, hängt weit herab, ist weißlich-rosa und stark gerieft. Der Pilz wird leicht madig, die Madenfraßgänge färben sich schnell hell-weinrot. Das zarte, weiße Fleisch ist unter der Hutmitte fleischrot; verletztes Fleisch rötet sich langsam an der Luft. Der P. ist ein sehr guter Speisepilz ohne besonderen Geruch, roh jedoch unbekömmlich. Er wird häufig mit dem giftigen Pantherpilz verwechselt.

Grüner Knollenblätterpilz (*Amanita phalloides*)

6. Grüner Knollenblätterpilz, der: (*Amanita phalloides*): Der giftigste unserer heimischen Pilze, der bereits beim Genuß von etwa 50 g tödlich wirken kann, wächst von Juli bis Oktober einzeln oder in kleinen Gruppen in Laubwäldern, besonders unter Ei und Bu, seltener in Nadelwäldern. Der junge Pilz gleicht einem Ei und entwickelt sich wie der Kaiserling. Der Hut ist zuerst halbkugelig, später abgeflacht und kann bis zu 15 cm breit werden. Er ist olivgrün bis gelbgrün, kann aber auch weiß sein. Der junge Pilz hat bei feuchtem Wetter eine klebrige Oberhaut; bei Trockenheit ist sie matt mit seidigem Glanz. Die unterschiedlich langen, gedrängt stehenden und weichen Lamellen und die schwach geriefte Manschette, die von der Stielspitze herabhängt und unten glockig frei ist, sind und bleiben weiß. Der Stiel kann bis 12 cm hoch und 2,5 cm dick werden. Er ist gelblich oder grünlich; wenn er sich streckt, zerreißt die Oberhaut, und er wirkt grün „genattert". Die Stielknolle steckt halb im Boden und wird von einer lappig zerrissenen, weißen und dickhäutigen Haut (Volva) gesäumt. Das weiße Fleisch ist unter der Oberhaut grünlich, wirkt süßlich-honigartig, im Alter widerlich. Der Pilz enthält mehr als 20 verschiedene giftige Verbindungen. Die Vergiftungserscheinungen treten erst 10 bis 40 Stunden nach dem Genuß auf, und zwar plötzlich mit heftig einsetzenden Brechdurchfällen, mit reiswasserähnlichen Darmentleerungen, kolikartigen Leibschmerzen, Wadenkrämpfen, Herzschwäche und Kreislaufstörungen mit beginnender Herzlähmung. V. a. erleidet die Leber eine Degeneration.

7. Kegelhütiger Knollenblätterpilz, der (*Amanita virosa*): auch Spitzhütiger oder Weißer Knollenblätterpilz, Kegeliger Wulstling. Der allg. verbreitete, gebietsweise jedoch selten vorkommende Pilz steht an Giftigkeit dem Grünen Knollenblätterpilz nicht nach. Er wächst von Juli bis Oktober einzeln oder in Gruppen im Nadelwald, besonders im Fichtenwald, seltener im Laubwald. Kennzeichnend für den Pilz ist die Kegelform des aus einer Eihülle herauswachsenden 5 bis 10 cm breiten Hutes. Erst im Alter wird der Hut gelegentlich flachgewölbt bis ausgebreitet. Der Hutrand bleibt lange eingebogen und ist oft mit Hüllresten behaftet. Die Oberhaut ist weiß mit cremefarbenem Hauch; bei Feuchtigkeit ist sie klebrig-schmierig, bei Trockenheit matt glänzend. Die dicht stehenden Lamellen sind frei und weiß mit flockiger Schneide. Der auffallend schlanke, zerbrechliche, bis 15 cm hohe und 1 bis 1,5 cm dicke Stiel ist ebenfalls weiß und mit abstehenden weißen Schuppen bedeckt. Er trägt aber eine vergängliche dünne weiße Manschette. Die knollige Basis des Stiels steckt in einer weißen Scheide, deren unregelmäßige Lappen am Stiel anliegen oder von ihm abstehen, meist ziemlich tief im Boden verborgen. Das weiße Fleisch riecht unangenehm und schmeckt mild. Ihm sehr ähnlich ist der hauptsächlich im Süden vorkommende Frühlingsknollenblätterpilz (*Amanita verna*), der eine weiße kaum geriefte Manschette trägt und manchmal schon im Frühling im Laubwald, besonders unter Ei und Kastanien, erscheint. Er ähnelt stark dem Grünen Knollenblätterpilz und kann mit jungen Champignons verwechselt werden.

8. Gelber Knollenblätterpilz, der (*Amanita citrina*): auch Zitronengelber W. Der vom August bis November erscheinende Pilz ist weit verbreitet, wächst gesellig in Nadel- und Laubwäldern und bevorzugt sandige, saure Böden. Er bildet mit den bestandsbildenden Baumarten eine → Symbiose. Der 5 bis 10 cm breite Hut ist anfangs halbkugelig, dann flach ausgebreitet. Die Oberhaut ist blaß zitronengelb, manchmal auch gelbgrünlich oder weiß. Bei Trockenheit ist sie seidig glänzend, bei Feuchtigkeit etwas klebrig. Sie ist meist mit bräunlichen Velumfetzen (Hüllresten) ungleichmäßig bedeckt. Die weißen, engstehenden Lamellen sind frei und weich und haben eine flockige Schneide. Der schlanke, weiß bis weißgelbliche Stengel wird 8 bis 12 cm hoch und 1 bis 1,5 cm dick. Er trägt eine häutige, hängende und ungeriefte Manschette. Die Stielbasis ist meist knollig verdickt und hat eine deutlich abgesetzte und angewachsene Kante (Scheide). Der schwach giftige Pilz riecht stark nach austreibenden Kartoffeln und ist an diesem Geruch gut bestimmbar. Verwechslung mit dem Grünen Knollenblätterpilz kommt vor.

9. Grauer Scheidenstreifling, der (*Amanita vaginata*): Der weit verbreitete und eßbare, aber sehr leicht zerbrechende Pilz wächst von Juli bis Oktober in den Laub- und Nadelwäldern. Er entwickelt sich aus einer weißen, lappigen Scheide und erreicht eine Höhe von ca. 10 cm. Der anfangs halbkugelig-glockige Schirm ist später fast flach und von hell- bis dunkelgrauer Farbe. Der Hutrand ist stark gerieft. Die immer weiß bleibenden Lamellen stehen dicht gedrängt und wachsen nicht am Stiel an. Der schlanke, bis 15 cm hohe und sehr dünne Stiel verjüngt sich nach oben. Er ist meist weißlich, zeigt aber auch andere Töne bis zum hellen Grau. Das milde, weiße Fleisch hat keinen besonderen Geruch.

10. Fuchsiger Scheidenstreifling, der (*Amanita fulva*): auch Gelbbräunlicher oder Rotbrauner Scheidenstreifling. Der Pilz wächst von Juli bis Oktober im Nadelwald, besonders im Kiefernwald, und bevorzugt saure und feuchte (moorige) Böden. Der Pilz gleicht anfangs einem Ei, aus dem sich der 3 bis 7 cm breite, dunkelbraunrote, orangefuchsige Hut hervorschiebt. Dieser hat einen stark gerieften Rand, wird später flach ausgebreitet mit einem schwach erkennbaren Buckel. Die weißlichen Lamellen sind frei und stehen gedrängt. Der hohle Stiel wird etwa 7 bis 12 cm hoch und 0,8 bis 1,2 cm dick. Er ist weißlich bis zart rotbräunlich; am Stielgrund bleibt eine lappige Scheide erhalten, von der auch Reste am Hut haften können. Ein Ring oder eine Manschette am Stiel fehlen bei Streiflingen grundsätzlich, weil sie keine innere Hülle haben. Das eßbare Fleisch ist weiß, ohne besonderen Geruch und

Geschmack. Von den Streiflingen werden 13 Arten unterschieden, die in den verschiedensten Tönungen vorkommen. Als Leitart gilt der Graue Scheidenstreifling.
Neben den vorgenannten, weit verbreiteten W., gibt es noch zahlreiche seltenere Arten, z. B. **Eier-W.** (*A. ovoidea*), **Porphyrbrauner W.** (*A. porphyria*), **Grauer** oder **Gedrungener W.** (*A. excelsa*) und **Einsiedler-W.** (*A. strobiliformis*), die hier nicht alle beschrieben werden können.
Wulze, der: → Wobse.
Wunderbaldinger, Maximilian Edler von (1799 Hals in Böhmen bis 1878 Wien): W. war nach seiner Ausbildung in Mariabrunn (1817 bis 1819) Geometer, dann Waldmeister im Salzkammergut und ab 1850 Forstrat und Leiter des Forstwesens im Salzkammergut. 1851 wurde er als erster Forstwirt mit dem Ritterkreuz des Franz-Josephs-Ordens ausgezeichnet. Sein Hauptverdienst: Vermessung, Kartierung und Einrichtung der Forste des Salzkammergutes unter schwierigsten Bedingungen nach einem von ihm erarbeiteten Plan (1838 bis 1855). Seine Einrichtungsinstruktion von 1839 war Vorläuferin der österr. allg. Forsteinrichtungsanweisung. W. gehört zu den forstlichen Pionieren Österreichs.
Wunderveilchen, das: → Veilchen 6.
Wundfäule, die: von Pilzen am lebenden Baum verursachte Stammfäule (→ Holzfäule). Die W. ist eine Folgewirkung von Verletzungen des Baumes, wie z. B. → Rückeschäden, → Schälschäden und dringt über Stamm-, Wurzel- oder Astwunden ein. W. entsteht z. B. durch den Rotrandigen Baumschwamm (*Fomitopsis pinicola*) an Lbh und Ndh und durch den Birkenporling (*Piptoporus betulinus*) an älteren Bi.
Wundgummi, der: durch Wundreiz bei verletzten lebenden Laubbäumen entstehende und in die Gefäße der freigelegten Holzteile ausgeschiedene gummiartige Substanz. Die Aussonderung von W. hat zugleich eine Dunkelfärbung (Braunfärbung) der betroffenen Holzteile zur Folge. Bei verschiedenen Baumarten führt eine Verletzung zur Verstopfung der Gefäße mit → Thyllen.
Wundharz, das: bei lebenden Nadelbäumen nach Verletzungen eintretender Wundschutz durch verstärkte Harzausscheidung (→ Harze) aus den durch die Wunde geöffneten → Harzkanälen (Harzgängen); → Wundholz.
Wundharzkanäle → Harzkanäle, Wundharz.
Wundholz, das: Sammel-Bez. für das bei der Wundüberwallung (→ Überwallungen) entstehende Holz (Schutzholz), welches sich wulstartig über die Wundstelle schiebt. Das W. schließt somit den Begriff → Kallus ein. Das sich bei verletzten, lebenden Bäumen (Kambiumverletzungen) von den Wundrändern her bildende Holz hat eine stark wimmerige Struktur, d. h. Fasern und Jahrringe verlaufen unter verschiedenen Wendungen und Drehungen. Das W. hat v. a. die Aufgabe, Infektionen durch Mikroorganismen und Insekten zu verhindern (Wundverschluß); → Wundharz.
Wundholzbaum, der: → Esche.

Wundkraut, das: → Johanniskraut 1.
Wundkraut, heidnisches, das: → Goldrute 1., Arnika.

◂◂ Rückeschaden, Austritt von → Wundharz

Wundperiderm, das: sekundäres → Abschlußgewebe zur Abgrenzung innerer und äußerer Wunden, i. d. R. mit abdichtenden Korkschichten; → Borkentasche.
Wundschwamm, der: → Weißfäule.
Wundwurz, die: → Frauenmantel.
Wünschelrute, die: aus dem Haselnußstrauch (→ Hasel 1.) geschnittener Gabelzweig, der im Aberglauben, in Sagen und Märchen – bei der Schatzsuche – eine Rolle spielt.
Würbse → Wobse.
Wurf, der: früher eine angenommene Anzahl von Stabhölzern (→ Böttcherholz), von denen je nach Länge und Stärke zwei, drei oder auch vier Stück einen W. bildeten.
Wurfbosen → Wobse.
Würfelflechtenspinner, der: → Bärenspinner 1.
Würfelmotte, die → Bärenspinner 1.
Würger (*Laniidae*): eigene Fam. aus der Ordn. der → Singvögel. Die W. sind mittelgroße, gedrungen gebaute Vögel mit kräftigem Kopf und Hakenschnabel. In Mitteleuropa sind nachfolgende vier Arten Brutvögel:
1. Neuntöter, der (*Lanius collurio* L.): auch Rotrücken-, Singwürger, Rotrückiger W., Dorndreher, Groß-, Dickkopf, Finkenbeißer, Spießer. Länge: 17 cm, Gewicht: um 30 g (etwa sperlingsgroß); → Vogel des Jahres 1985.
Das Brutgebiet des N. erstreckt sich über ganz Europa, mit Ausnahme des äußersten Nordens und Südens, und über den größten Teil Asiens. Zugvogel, der im Mai in seine Brutgebiete zurückkehrt und im Oktober wieder in die afrikanischen Winterquartiere zieht. Sein bevorzugter Lebensraum ist das offene Gelände mit dornigen Hecken und Feldgehölzen, auch Waldränder und -lichtungen sowie Parkanlagen und Obstgärten, Moor- und Heideflächen.
Der N. errichtet sein Nest mit Vorliebe in Dornbüschen (Wildrose, Schleh-, Weißdorn), Brombeergestrüpp oder in anderen Büschen, auch auf Bäumen in einer Höhe von 1 bis 2 m. Das Gelege besteht aus vier bis sieben grünlichen, rötlichen oder gelblichen Eiern (23 x 17 mm, ca. 3,5 g) mit einem Kranz dunkler Flecken. Sie werden 14 bis 16 Tage vom Weibchen bebrütet. Die Jungen sind Nesthocker und bleiben etwa 15 Tage im Nest. Der N. ist häufig Kuckuckswirt (→ Kuckuck). I. d. R. eine Jahresbrut (Mai bis Juni).
Nahrung: v. a. größere Insekten, besonders Käfer, die er auf Dornen aufspießt und dann mit dem Schnabel bearbeitet, aber auch aus Jungmäusen, kleinen Fröschen und Eidechsen sowie frischgeschlüpften Kleinvögeln.
2. Schwarzstirnwürger, der (*Lanius minor* Gmel.): auch Grauwürger. Länge: 20 cm, Gewicht: 45 bis 65 g.
Der S. kommt hauptsächlich im östlichen Europa vor. Er geht westwärts bis Südwestfrankreich und Nordspanien. Im mediterranen Raum ist er nur lokal verbreitet; in Süditalien und auf den Mittelmeerinseln fehlt er. Während er im österr. Burgenland noch häufiger vorkommt, ist er in Dtschl. nur in der südli-

Durch Wundüberwallung entstandenes → Wundholz

cheren Hälfte lokal verbreitet. Sein Bestand geht überall dort zurück, wo die Landwirtschaft mit modernen Methoden betrieben wird. Sommervogel, der im tropischen und südlichen

Neuntöter ♂ *(Lanius collurio)*

Afrika überwintert. Sein Lebensraum ist offenes Gelände mit Baumgruppen, Buschland, Parkanlagen, Obstplantagen mit alten Bäumen, Weinbergen und mit Baumreihen an Landstraßen. Der S. rüttelt häufig.
Der S. ist mit einem Jahr geschlechtsreif. Das Nest wird in einer Astgabel auf einem Baum mindestens 3 m über dem Boden errichtet. Mit Vorliebe brüten S. auf Pa, Allee- oder alten Obstbäumen. Wo sie häufiger vorkommen, brüten sie auch manchmal in einer lockeren Kolonie. Das Gelege besteht aus vier bis sieben blaßgrünen Eiern (25 x 18 mm, ca. 4 g), die mit olivbraunen oder grauvioletten Flecken (häufig in Form eines Kranzes um den stumpfen Pol) bedeckt sind. Sie werden überwiegend vom Weibchen bebrütet. Brutdauer: etwa 15 Tage, Nestlingszeit: 14 bis 16 Tage. Die Jungen werden noch lange von den Eltern gefüttert. Eine Jahresbrut (Mitte Mai bis Juni).

Gemeiner Wurmfarn *(Dryopteris filix-mas)*

Nahrung: Großinsekten wie Käfer, Heuschrecken, Grillen, daneben auch kleine Eidechsen, Frösche, Mäuse und Kleinvögel.
3. Rotkopfwürger, der (*Lanius senator* L.): auch Waldkatze, -elster, Pommeraner. Länge: 17 bis 18 cm, Gewicht: um 40 g. Der R. bewohnt Mitteleuropa bis zum 55. Breitengrad und das Mittelmeergebiet, Nordafrika, Palästina bis Südostpersien. Zugvogel, der den Sommer bei uns verbringt (Sommervogel) und im tropischen Afrika überwintert. Sein bevorzugter Lebensraum ist das offene Gelände mit Baumgruppen und Feldgehölzen, ferner Buschland und Obstplantagen.
Das Nest wird fast immer auf Bäumen mehrere Meter über dem Boden errichtet. Das Gelege besteht aus fünf bis sechs grünlichen oder bräunlichgelben Eiern (23 x 17 mm, ca. 3,5 g), die mit graubraunen und aschgrauen Flecken (um den stumpfen Pol verdichtet zu einem Kranz) bedeckt und den Eiern des Schwarzstirnwürgers täuschend ähnlich sind. Brutzeit: 14 bis 15 Tage, Nestlingszeit: 18 bis 20 Tage. Die Altvögel füttern noch drei bis vier Wochen zu. Eine Jahresbrut (Mai/Juni).
Nahrung: Großinsekten wie Käfer, Heuschrecken, Grillen und Schmetterlinge. Bei einem Überschuß an Beutetieren spießt er diese auf Dornen auf, wo sie jedoch vielfach von anderen Vögeln entwendet werden. Gelegentlich nimmt er auch kleine Wirbeltiere, die er aber nur in Ausnahmefällen aufspießt.
4. Raubwürger, der (*Lanius excubitor* L.): auch Berg-, Krickelster, Buschfalke, Grauwürger, Wageringel, Wächter. Länge: etwa 24 cm, Gewicht: um 65 g, Flügelspannweite: etwa 36 cm (der größte W., etwa amselgroß).
Der R. bewohnt mit Ausnahme Italiens, der Britischen Inseln und Teilen Skandinaviens ganz Europa; zudem kommt er auch in den meisten Gebieten Asiens (ohne Kleinasien), in Afrika nördlich des zehnten Breitengrades und in Nordamerika vor. Bei uns ist er selten geworden. Teilzieher, der im Mittelmeergebiet und auch in Mittel- und Westeuropa überwintert. In nördlichen Gebieten ist er Zugvogel, in südlicheren Standvogel. Sein Lebensraum ist das offene Gelände mit einzelnen Baumgruppen oder Bäumen; er hält sich auch an Waldrändern und -lichtungen, in Kiefernheiden, Obstgärten und mit Dornbüschen bewachsenem Ödland auf. Sumpfiges Gelände meidet er. Über der Beute rüttelt er wie der Turmfalke und kehrt immer wieder zu bestimmten Warten zurück. In Gefangenschaft gehaltene R. werden sehr zahm.
Das Nest wird vom Weibchen meist 2 bis 5 m über dem Boden in den Wipfeln von Kie, aber auch in größeren Dornhecken, Feldgehölzen, anderen Büschen und jungen Bäumen errichtet. Das Gelege besteht aus fünf bis sechs trübweißen mit graubraunen Flecken versehenen Eiern (26 x 19 mm, etwa 5,5 g), die den Elsterneiern sehr ähnlich, jedoch kleiner sind. Brutdauer: 16 bis 17 Tage, Nestlingszeit: 19 bis 20 Tage. Eine Jahresbrut (Mitte April bis Mai). Der R. ist gelegentlich auch Kuckuckswirt (→ Kuckuck).
Nahrung: kleine Vögel, Mäuse, Frösche, Eidechsen und Insekten, besonders Käfer. Die Beute wird getötet und in Astgabeln eingeklemmt.

Würger-Enzian, der: → Enzian 1.

Wurm, der: **1)** → Bockkäfer 1. und 23. **2)** Holzwurm. volkstümliche Bez. für tierische Holzschädlinge.

Wurmfarn, der (*Dryopteris*): Gatt. der Fam. der → Tüpfelfarngewächse (*Polypodiaceae*) aus der Klasse der → Farne mit rd. 150 meist terrestrischen, v. a. auf der Nordhalbkugel verbreiteten Arten. Die Gatt. W. ist gekennzeichnet durch nierenförmige bis hufeisenförmige Schleier über den Sori (Sporangienhäufchen). Im fertilen (fruchtbaren) Zustand sind die einzelnen Arten gut zu bestimmen. Erschwert wird die Artbestimmung jedoch durch häufige Bildung von → Bastarden. Bei uns sind heimisch:
1. Gemeiner Wurmfarn, der (*Dryopteris filix-mas* (L.) Schott): im Volksmund auch Floh-, Mauken-, Nodern- und Natternkraut, Hirschzehen, Johannis-, Farmawurz, Pfarma, Fanara, Farnmännlein genannt. Der G. W. kommt verbreitet bis häufig von der Ebene bis ins Gebirge in den gemäßigten Gebieten Eurasiens vor. Er wächst in krautreichen Laub-, Misch- und Nadelwäldern, in subalpinen Hochstaudenfluren und Holzschlägen, auf feuchten, schattigen Standorten, lockeren, nährstoffreichen Lehmböden. Er ist die Ordnungs- → Charakterart der mesophytischen Buchen- und Laubmischwälder und zeigt im Nadelwald ehemaligen Mischwald an.
Die mehrjährige Farnpflanze wird 30 bis 150 cm hoch. Die sommergrünen, aufrechten oder bogig überhängenden Wedel (Blätter) sind zu einer Rosette angeordnet. Der kurze, kräftige Blattstiel ist schwach rinnig und – wie auch die Spindel – spärlich mit braunen Spreuschuppen besetzt. Die großen Wedel sind im Umriß lanzettlich, nach dem Grund nur wenig verschmälert, oberseits dunkelgrün, unterseits heller und meist doppelt gefiedert. Die unteren Fiedern sind sehr kurz gestielt, die oberen sitzend. Sie sind aus breitem Grund lanzettlich, zugespitzt und tieffiederspaltig, d. h., sie haben beiderseits 20 bis 30 dicht gedrängt stehende, stumpf abgerundete (nicht stachelspitzige), kerbig gesägte Zipfel. Die wachsenden jungen Blätter sind noch eingerollt und bilden sog. Bischofsstäbe. Die Blätter sind – im Unterschied zu denen des →

Frauenfarns (→ Farnfräulein) – ziemlich derb. Die relativ großen Sori sind von einem nierenförmigen, anfangs graublauen Schleier bedeckt und stehen in je einer Reihe beiderseits nahe dem Mittelnerv, auf der Unterseite der Fiederchen; sie reichen nicht bis zur Fiederspitze. Die → Sporen reifen von Juni/Juli bis September.

Die getrockneten Blätter des G. W. dienten früher der Ungezieferbekämpfung (Flohkraut) und wurden häufig dem Stroh für die Hundehütte beigemischt. Ferner wurden sie frisch oder im Herbst im Schatten unter viel Luftzufuhr getrocknet als Fesselumschlag zur Heilung von Pferdemauke (daher Maukenkraut) verwendet. In Rußland dienten sie in manchen Gegenden als Hopfenersatz in der Brauerei. Der → Wurzelstock, im Herbst in bergigen Gegenden gegraben, ist ein gutes Mittel zur Bekämpfung von Eingeweidewürmern, insbesondere des Bandwurmes. Der Wurzelstock ist nur brauchbar, wenn er im Bruch grünlich ist. Das grünliche Pulver der getrockneten Wurzel darf wegen seiner Giftigkeit nur in ganz kleinen Dosen unter ärztlicher Aufsicht genommen werden und nicht älter sein als ein Jahr. Dieses Wurmmittel hat aber heute keine Bedeutung mehr.

2. Spreuschuppiger Wurmfarn, der (*Dryopteris pseudo-mas* (Wollaston) Ho lub et Pouzar = D. affinis (Löwe) Fraser-Jenkins): auch Schuppiger W. Der S. W. ist in Mitteleuropa selten und nur in luftfeuchten Gebieten, ziemlich zerstreut bis selten in montanen Buchen- und Tannenwäldern sowie in staudenreichen Bergmischwäldern anzutreffen. Im atlantischen Gebiet ist er häufiger. Er ist die Ordnungs-Charakterart der mesophytischen Buchen- und Laubmischwälder.

Die mehrjährige, manchmal wintergrüne Farnpflanze wird 100 bis 160 cm hoch; sie ist dem Gemeinen Wurmfarn sehr ähnlich und kann leicht mit diesem verwechselt werden. Die Farnwedel sind im Umriß lanzettlich und zum Grunde hin verschmälert. Der Blattstiel, die Spindel und die Fiedermittelrippe sind dicht mit bis zu 3 cm langen braunen bis kastanienbraunen, abstehenden, glänzenden Spreuschuppen bedeckt. Die Fiedern sind bei sterilen Wedeln nahe zusammenstehend und etwas aufwärts gebogen; bei fertilen (fruchtbaren) Wedeln stehen sie rechtwinkelig ab und etwas entfernt. Sie haben beiderseits zehn bis 20 fast bis zur Mittelrippe geteilte Fiederlappen, die schief gestutzt und nur an der Vorderkante fein gezähnt sind. Die Sporen reifen von Juli bis September.

3. Kammfarn, der (*Dryopteris cristata* (L.) A. Gray): auch Kamm-W. Der K. ist im Flachland weitverbreitet, aber nicht häufig und kommt im Gebirge kaum vor. In Mitteleuropa ist er selten geworden, und sein Bestand geht weiter zurück. Er wächst in Erlen- und Birken-Bruchwäldern, Walzenseggen-Erlenbruchwäldern (Charakterart), in Wald- und Weidensümpfen sowie an Hochmoorrändern auf staunassen, torfigen, nährstoffreichen Böden.

Die mehrjährige Farnpflanze hat 30 bis 60 cm hoch werdende Wedel, die in einer Rosette stehen. Der dünne, tief rinnige, zerbrechliche Blattstiel ist spärlich mit Spreuschuppen besetzt. Die Wedel sind im Umriß schmal-länglich, am Grund wenig verschmälert und einfach gefiedert. Die Fiedern sind tief fiederteilig. Die untersten Fiedern sind deutlich gestielt und aus herzförmigem Grund fast dreieckig, die obersten sind meist sehr kurz gestielt oder sitzend. Sie haben beiderseits fünf bis acht fast bis zum Mittelnerv geteilte klein stachelspitzig gesägte Fiederteile. Die sterilen Farnwedel, die sich in der Rosette außen befinden, sind schräg ausgebreitet und nur etwa halb so lang und breit wie die fertilen Blätter. Diese stehen inmitten der Rosette steil aufgerichtet. Da die Fiedern meist senkrecht zur Wedelfläche gestellt werden, haben die Blätter ein treppen- bzw. leiterähnliches Aussehen. Häufig wird sogar die Fiederunterseite nach oben gewendet. Die relativ großen Sori sind von nierenförmigen Schleiern bedeckt und stehen in je einer Reihe beiderseits des Mittelnervs auf der Unterseite der Fiederchen. Die Sporen reifen von Juli bis September.

4. Starrer Wurmfarn, der (*Dryopteris villarii* (Bell.) Woynar Schinzet Thell.): Der S. W. ist eine ausgesprochen alpine Art und kommt zerstreut und selten in Kalkschuttgesellschaften, auf Geröll- und Karfluren, auf Kalk und Dolomit in Höhen von 1100 bis 2200 m vor.

Diese seltene Farnflanze wird etwa 15 bis 45 cm hoch. Sie hat kräftige, ziemlich starr aufrecht stehende Wedel, die in Rosetten stehen. Der Blattstiel ist gefurcht und dicht mit gelblichen Schuppen besetzt. Die Wedel sind im Umriß schmallanzettlich bis länglich oval, und zweifach gefiedert. Die Fiedern sind symmetrisch. Die Fiederchen sind muschelig gewölbt, stachelspitzig gezähnt, fiederspaltig und beiderseits der Mittelrippe gleich groß. Die Blätter sind oberseits und besonders unterseits dicht mit kleinen gelblichweißen Drüsen besetzt. Die mittelgroßen Sori sind von einem hufeisenförmigen Schleier bedeckt und befinden sich in je einer Reihe beiderseits des Mittelnervs auf der Unterseite der Fiederchen. Die Pflanze duftet angenehm nach Heu. Die Sporen reifen von Juli bis August.

5. Heuduftender Wurmfarn, der (*Dryopteris aemula* (Aiton) Kuntze): auch Heuduftender Dornfarn. Der H. W. ist nur im atlantischen Bereich West- und Nordwesteuropas anzutreffen. Er wächst an schattigen Standorten in Wäldern und Gebüschen.

Die mehrjährige Farnpflanze hat aufrechte oder bogig überhängende, 15 bis 60 cm lange, oft wintergrüne Wedel. Der Blattstiel ist dicht mit hellbraunen bis rotbraunen Schuppen besetzt. Die Wedel sind im Umriß breitoval bis dreieckig, drei- bis vierfach gefiedert. Die Fiedern und Fiederchen sind randlich aufgebogen und letztere fein gezähnt. An der untersten Fieder des Blattes ist das erste Fiederchen auffallend größer als die übrigen. Die Blätter sind mit Drüsenhaaren mit heuduftendem Sekret besetzt. Beim Zerreiben erinnert ihr Geruch an Waldmeister (→ Labkraut 1.), wegen des Cumarin-Gehalts. Die rundlichen Sori befinden sich in je einer Reihe beiderseits des Mittelnervs auf der Unterseite der Fiederchen. Die Sporen reifen von Juli bis September.

6. Breiter Wurmfarn, der (*Dryopteris dilatata* (Hoffm.) A. Gray): auch Breitblättriger Dornfarn. Er wurde früher mit dem Dornfarn zu einer Art zusammengefaßt. Der B. W. ist relativ häufig und kommt weit verbreitet bis zerstreut in krautreichen Buchen-, Tannen- und Fichtenwäldern, Hochstaudenfluren, montanen Buchenwaldgesellschaften, in Labkraut-Tannenwäldern, Hainsimsen- und Hochstauden-Buchenwäldern, in Schlaggebüschen und Nadelmischwäldern der Bergregion auf feuchten, nährstoffreichen Standorten vor.

Die mehrjährige Farnpflanze hat überhängende, aufrechte, 40 bis 140 cm lange Wedel, die in einer Rosette stehen. Der Blattstiel ist – besonders am Grunde – dicht mit dicken Spreuschuppen besetzt, die einen hellen Rand und einen dunkelbraunen Mittelstrich, der bis zur Schuppenspitze reicht, aufweisen. Die derben, ziemlich dicken Blätter, die i. d. R. überwintern, sind dunkelgrün und meist dreifach (bis vierfach) gefiedert. Die Fiederchen sind lang stachelspitzig. Die unterste Fieder ist auffallend asymmetrisch. Ihr zum Blattgrund weisendes Fiederchen ist höchstens doppelt so lang wie das gegenüberliegende und meist 1/3 bis halb so lang wie die Fieder. Der Blattstiel, die Spindel, die Blattunterseite und die Schleier sind meist schwach mit hellen, gelblichen Drüsen besetzt. Die rundlichen Sori befinden sich in je einer Reihe beiderseits des Mittelnervs auf der Unterseite der Fiederchen. Die Sporen reifen von Juli bis September. Der B. W. kann leicht mit dem starren Wurmfarn und dem Dornfarn (siehe Nr. 4. und 7.) verwechselt werden.

7. Dornfarn, der (*Dryopteris carthusiana* (Vill.) H. P. Fuchs): auch Gewöhnlicher D., Dorniger W., Karthäuser W. Der D. ist relativ häufig und weit verbreitet. Er wächst von der Ebene bis ins Bergland in Laubmisch- und Nadelwäldern sowie Nadelholzforsten (auch epiphytisch), west- und mitteleuropäischen Eichen-Birkenwäldern, artenarmen Eichen- und Kiefernwäldern, Bruchwäldern, besonders Erlenbrüchen, Hartholz-Auenwäldern, an Moorrändern, auf feuchten Heiden, in Mooren, Brombeer-Faulbaum-Gesellschaften und Schlaggebüschen, gelegentlich unter Bu, auf frischen bis nassen, sauren und torfig-humosen Böden.

Der D. ist eine mehrjährige Farnpflanze mit langem 2 bis 3 cm dickem, kriechendem Rhizom. Sie hat 20 bis 80 cm hohe, aufrechte oder wenig überhängende, gelegentlich auch überwinternde hellgrüne Farnwedel. Der dünne Blattstiel und die Blattspindel sind spärlich mit braunen Spreuschuppen (ohne dunklen Längsstrich in der Mitte) besetzt. Die Blätter sind im Umriß breit-oval bis dreieckig und zweifach gefiedert. Die Fiedern haben einen stark asymmetrischen Grund, weil bei jeder Fieder das zur Wedelbasis gerichtete Fiederchen viel größer als die übrigen ist. Die Fiederchen haben stachelspitzige, nach vorne gerichtete Zähne. Der D. ist im Aussehen dem Breiten Wurmfarn sehr ähnlich und hat ebenfalls kurzdornige Fiederchen, jedoch meist ohne Drüsen. Die kleinen Sori haben nierenförmige Schleier und befinden sich auf der Unterseite der Fiederchen. Die Sporen reifen von Juli bis August (September).

Neben vorgenannten Arten kommen gelegentlich noch der **Entferntfiedrige Dornfarn** (*D. remota*) in Buchen-, Tannen- und Fichten-Mischwäldern und *D. expansa* in Fichten-Tannen- und Fichtenwäldern vor.

Wurmkraut, das: → Wucherblume 2.

Wurmmoos, das (*Plagiothecium*): Gatt. der Fam. Schiefbüchsenmoose (*Plagiotheciaceae*) aus der Klasse → Laubmoose. Einheimische Arten sind:

1. **Welliges Wurmmoos**, das (*Plagiothecium undulatum* (Hedw.) *Bryologia europaea*): Das zerstreut bis verbreitet, v. a. in den Fichtenwäldern der Gebirge häufiger vorkommende W. W. wächst auf schattigen, frischen bis feuchten, kalkfreien, mäßig sauren bis stark sauren Humusböden, auf Sand, Ton und Torf. Es ist ein kräftiges, wurmähnliches Moos und bildet lockere, flache, weißlichgrüne, glänzende Rasen. Dieses → Laubmoos hat niederliegende, ausgebreitete, geschlängelte 5 bis 15 cm lange, einfache oder entfernt gabelig verzweigte Stengel, die flach dachziegelig beblättert sind. Diese spiralig angeordneten, aber seitlich in eine Ebene gedrängten, mit einem schmalen Band am Stengel herablaufenden Blätter sind bleichgrün, durchscheinend, glänzend, oval bis länglich, etwa 3 bis 5 mm lang, deutlich querwellig (Name!), kurz zugespitzt und ganzrandig, mit sehr kurzer, doppelter Blattrippe. Die Sporen reifen im Sommer. Die 3 bis 5 cm lang gestielte, seitenständige Sporenkapsel steht geneigt bis waagerecht, ist zylindrisch, gekrümmt, hochrückig, mit kegeligem, geschnäbeltem Deckel.

Mit den Wurzeln klammert sich die Fichte auf dem Felsblock fest.

2. **Gezähneltes Wurmmoos**, das (*Plagiothecium denticulatum* (Hedw.) *Bryologia europaea*): Das zerstreut bis verbreitet, v. a. in tieferen Lagen und in Sümpfen vorkommende G. W. wächst in schattigen, feuchten Wäldern, auf sauren Waldböden, auf Steinen, Baumstümpfen und auf den Wurzelanläufen lebender Bäume. Es bildet hell- oder gelbgrüne bis sattgrüne, lockere, weiche, glänzende Rasen. Die meist niederliegenden 2 bis 6 cm langen Stengel sind unregelmäßig verzweigt mit aufsteigenden Seitenästen, die z. T. in peitschenförmige, blattlose Ausläufer verlängert sind. Die spiralig angeordneten oder scheinbar zweizeilig gestellten Blätter sind in eine Ebene gedrängt und mit breitem Band am Stengel herablaufend. Sie sind eilänglich, etwa 1,5 bis 2,5 mm lang, flach, sehr scharf zugespitzt mit gezähnelter Spitze. Die Blattrippe ist kurz und doppelt oder fehlt. Die Sporen reifen im Frühjahr. Der 2 bis 4 cm lange, seitenständige Kapselstiel ist rot. Die stark geneigte Sporenkapsel ist länglich-walzenförmig, mit spitzkegeligem Deckel.

3. **Gekrümmtblättriges Wurmmoos**, das (*Plagiothecium curvifolium* Schliephacke): Das in trockenen Wäldern verbreitete, auf Erde und Holz wachsende G. W. ist der vorgenannten Art sehr ähnlich. Die niederliegenden Pflanzen sind hell smaragdgrün bis dunkelgrün, metallisch glänzend. Die Astenden und die regelmäßig angeordneten, dicht stehenden, sich fast überdeckenden Blätter sind hakig gekrümmt und verändern sich in trockenem Zustand nicht. Die leicht asymmetrischen Blättchen sind ganzrandig, kurz zugespitzt, mit kurzer Rippe. Die rot gestielte, geneigt stehende Sporenkapsel ist furchenlos und im Alter gebräunt.

Wurmsamen, der: → Wucherblume 2.

Wurmtrocknis, die: Zerstörung des → Bastes der Fi durch starken Borkenkäferbefall, v. a. durch Befall des Buchdruckers (→ Borkenkäfer 13.). Die Bez. W. kommt daher, daß man am Ende des 18. und Anfang des 19. Jh. nach einer großen Borkenkäferkalamität, die besonders den → Harz heimsuchte, in den absterbenden und trockenwerdenden Stämmen der Fi die Larven der Borkenkäfer fand.

Würzburger Kompositionsbetrieb, der: auch Eichenkompositionsbetrieb. horstweiser ein- bis zweimaliger → Überhalt und auch entsprechende → Verjüngung von Fi in einem umgebenden Buchengrundbestand.

Wurzel, die: neben → Blatt und → Sproßachse ein Organ der → Sproßpflanzen, das sich i. d. R. im Boden befindet. W. haben die Aufgabe, den Baum (die Pflanze) im Boden zu verankern und ihn zugleich mit Wasser und den darin gelösten Nährsalzen zu versorgen. Wie die Sproßachsen und die Blätter dienen sie auch der Speicherung von Reservestoffen. Sie bilden niemals Blätter und Knospenanlagen aus und selten → Chlorophyll. Der anatomische Unterschied zu den Blättern und Knospenanlagen besteht in der Anordnung der zentral gelegenen → Leitbündel. Der zarte → Vegetationspunkt (oder Vegetationskegel) wird durch eine sich ständig erneuernde → Wurzelhaube (*Kalyptra*) geschützt. Die jüngeren W. sind bei den meisten Pflanzen hinter der Spitze – auf einer kurzen Strecke – dicht mit → Wurzelhaaren, die nur wenige Tage leben und nachgebildet werden, bedeckt. Je nach → Baumart und Bodenbeschaffenheit ist die W. unterschiedlich ausgebildet. An W.-Formen werden unterschieden: → Herz-W., → Pfahl-W. und → Teller-W. W., die andere als die o. g. Funktionen übernehmen, sind besonders ausgestaltet. Derartige Metamorphosen der W. sind: W.-Knollen, Stelz-W., Haft-W., Brett-W., Luft-W., W.-Dornen u. a.; → Mykorrhiza.

Wurzelanlauf, der: → Stammanlauf.

Wurzelatmung, die: Neben der Atmung der Pflanzen über die → Spaltöffnungen der Blätter erfolgt die Sauerstoffaufnahme und CO_2-Abgabe durch → Wurzeln. Dabei wird ein Teil der assimilierten Kohlenhydrate verbraucht; es findet ein Gasaustausch zwischen → Boden und Wurzelsystem statt. Der für W. notwendige, in der → Bodenluft oder im → Bodenwasser gelöste → Sauerstoff ist von zentraler Bedeutung für das Wachstum der Wurzeln. Die W. wird durch die → Mykorrhiza um das zwei- bis vierfache verstärkt. Der Anteil der W. an der Gesamtatmung beträgt bei Nadelbäumen zwischen 30 und 55 %.

Wurzelausschlag, der: → Wurzelbrut.

Wurzelbrand, der: → Keimlingsfäule.

Wurzelbrut, die: auch (Wurzelausschlag, Wurzello(h)de, Wurzelsproß). Bez. für Ausschläge (Austriebe) an flach unter der Erde wachsenden → Wurzeln (Seitenwurzeln) verschiedener Laubbaumarten. W. (vegetative, d. h. ungeschlechtliche Vermehrung) kann zwar schon zu Zeiten des stehenden Baumes auftreten, z. B. bei der Pa, erscheint meist aber erst nach dessen Fällung. W. erzeugen neben der Pa auch Ha, Rob, Ul und Er, besonders starke W. die As; → Ausschlagvermögen, → Stockausschlag, → Kernwuchs.

Wurzelbrüter: Bez. für die in den erdoberflächennahen Wurzeln der Baumstöcke (flachstreichende Stockwurzeln) brütenden Schwarzen Kiefernbastkäfer und Schwarzen Fichtenbastkäfer (→ Borkenkäfer).

Wurzeldruck, der (Blutungsdruck): Druck, mit dem das Grundgewebe der Wurzeln Wasser in die Leitungsbahnen hineinpreßt (Wassertransport), wenn die Transpiration als Triebkraft nicht ausreicht (z. B. bei → Holzgewächsen vor der Belaubung und bei krautigen Pflanzen bei hoher Luftfeuchtigkeit). Der W. ist die Ursache für das → Bluten verletzter Pflanzenteile. Besonders auffällig ist das Frühjahrsbluten, bei dem viel und lange Wasser ausgeschieden wird, das oft große Mengen organischer Stoffe, v. a. Zuckerarten enthält. Der W. entsteht in den Zellen der → Endodermis der Wurzel. Wahrscheinlich werden dort osmotisch wirksame Stoffe aktiv, d. h. unter Energieverbrauch, zur Außenseite zu verschoben, wodurch aus der Wurzelrinde Wasser angesaugt und an das zentrale → Leitbündel abgegeben wird. Die Stärke des W. erreicht etwa 1 bar; bei der Bi sogar bis 2 bar.

wurzelechte Pflanzen: alte Bez. für → Kernwuchs im Ggs. zu → Stockausschlag und → Wurzelbrut, heute für nicht veredelte Pflanzen verwendet.

Wurzelfäule, die: parasitäre Erkrankung an Wurzeln lebender Bäume, die verletzt wurden und in die ein → Pilz (*Polyporus annosus*) eindringen und dann hochwandern kann. Bei der Fi bis zu 8 m Höhe möglich; → Holzfäule.

Wurzelgallen → Gallwespen 2.

Wurzelhaare → Haare.

Wurzelhaube, die (*Kalyptra*): Teil der Wurzel, umstülpt den → Vegetationspunkt der Wurzel fingerhutartig und schützt dessen zarte embryonalen Zellen vor Beschädigungen. Die W. besteht aus → Dauergewebe, dessen äußeren Zellen (Randzellen) stark verschleimen und sich ablösen, aber auch ständig nachgebildet werden. Die verschleimten und abgestoßenen Randzellen erleichtern der Wurzel das Vordringen im Boden. Die W. wird von den Forstleuten als „Wurzelschwämmchen" bezeichnet.

Wurzelholz, das: → Stockholz.

Wurzelkropf, der: durch das Bakterium (→ Bakterien) *Agrobacterium tumefaciens* (Sm. et Towns) verursachte nuß- bis kopfgroße Verdickung an Wurzelhälsen, z. B. an Wei, Pa, Ka, Nuß, Es und Obstbäumen, die zum Absterben insbesondere junger Bäume führen kann.

Wurzello(h)de, die: → Wurzelbrut.

Wurzellorchel, die: → Pilz, der durch das Verbrennen des Reisigs gefördert wird und der junge Koniferen schädigt.

Wurzelmaserung, die → Maserung.

Wurzelmasse, die: Die W. je Hektar Wald kann bis zu 30 000 kg betragen. An 70jährigen Fichtenbeständen im Oberen Vogtland wurden folgende Werte ermittelt: Durchwurzelter Bodenraum je Baum 11 bis 17 m^3, W. je Baum 121 bis 178 kg (waldfrisch), Gesamt-W. 10 bis 11 kg/m^3, davon 1,1 bis 1,9 kg Feinwurzeln. Auf einem Hektar wurden dort 111 000 bis 135 000 kg Grobwurzeln und 13 700 bis 28 300 kg Feinwurzeln festgestellt.

Wurzelnder Wald-Hahnenfuß, der: → Hahnenfuß 9.

Wurzelpech, das: Bez. für das schwefelgelbe → Harz aus den Wurzelästen von Fi (Fichtenharz), aber auch von anderen Nadelbäumen. W. enthält Abietinsäure; → Harzgewinnung.

◂◂ Rotfäule, verursacht durch den → Wurzelschwamm

Wurzelpilze → Mykorrhiza.

Wurzelschäle, die: → Schälschaden.

Wurzelschlag, der: auch Stockschlag. veraltete Bez. für → Niederwaldbetrieb.

Wurzelschnitt, der: Stutzen der → Wurzeln bei → Verschulpflanzen.

Wurzelschutz, der: Schutz der → Wurzeln von → Verschulpflanzen gegen Austrocknen mit einem Substrat.

Wurzelschwamm, der (*Heterobasidion annosum* = *Fomes annosa* = *F. annosus*): Der ganzjährig wachsende Pilz (Rotfäulepilz) verursacht hauptsächlich bei Fi, aber auch bei anderen Nadelbäumen Rotfäule, eine intensive → Weißfäule. Der W. ist der wirtschaftlich wichtigste pathogene Pilz in den Nadelwäldern. Er kommt vorwiegend am lebenden Baum (Stammfäule) vor. Die Infektion erfolgt überwiegend über Verletzungen an Wurzeln und Stammanläufen (z. B. durch → Schälschäden, → Waldstreunutzung, Fällungs- und → Rückeschäden). Das → Myzel befällt zuerst den → Bast und dann den Holzkörper der Wurzeln und dringt dann später stammaufwärts ins → Kernholz vor. Das Holz verfärbt sich später rotbraun und zersetzt sich. Die Fruchtkörper, sehr schwer ablösbare, harte, schmale und meist nur 1 bis 2 cm vom Holz abstehende, oft dachziegelförmig übereinanderstehende Konsolen, erscheinen erst nach Absterben des Baumes bzw. am toten Holz. Der Hut des Pilzes ist dunkelbraun gezont, kahl und höckerig gefurcht, mit jung weißer Kante, an der der Fruchtkörper weiterwächst. Der Hut kann bis zu 20 cm breit werden. Die Poren sind jung weiß, alt gelblich. Das weiße Fleisch des ungenießbaren Pilzes ist zäh und hart und hat einen säuerlichen Geruch. W. ist an befallenen Fi an starkem Harzfluß und an der flaschenförmigen Auftreibung des Wurzelhalses erkennbar. Durch den W. verlieren sie zudem vorzeitig den Halt. Besonders gefährdet sind Fi auf flachgründigen Böden und solchen mit einem höheren → pH-Wert und auf stickstoffreichen Ackeraufforstungen (→ Ackersterbe). Stark befallene Bäume brechen in Bodennähe oder in Brusthöhe häufig ab. Rotfäule kann bei starker Vermehrung, v. a. bei Jungfichten ab einem Alter von etwa 20 Jahren, bestandsbedrohend sein; → Braunfäule, → Weißlochfäule, → Holzfäule.

Wurzelschwämmchen, das: Bez. der Forstleute für die → Wurzelhaube.

Wurzelsproß, der: → Wurzelbrut.

Wurzelsticken, das: durch den → Hallimasch bewirktes Absterben der Wurzeln und des → Wurzelstockes harzreicher Ndh.

Wurzelstock, der: **1**) auch Erdsproß, Rhizom. unterirdische oder dicht unter der Bodenoberfläche waagerecht oder senkrecht wachsende, mehr oder weniger verdickte → Sproßachse. Durch ihre meistens farblosen, schuppenförmigen Niederblätter sind sie deutlich von → Wurzeln zu unterscheiden. W. können Nährstoffe speichern, sind aber nicht zur → Assimilation befähigt. Bei der Nährstoffspeicherung schwellen sie stark an (z. B. → Schwertlilie). Werden diese Verdickungen knollig, so spricht man von Sproßknollen (Kartoffeln). W. dienen oft der → vegetativen Vermehrung der Pflanzen. Bei → Maiglöckchen und Buschwindröschen (→ Anemone 1.) entwickeln sich aus dem W. die Laubblätter und Blütenstengel. **2)** der unterste Teil des Baumschaftes, der mit dem Wurzelholz (→ Stockholz) bei der Fällung als Stock (Stubben) zurückbleibt.

Wurzelteller, der: das gesamte Wurzelwerk eines Flachwurzlers (→ Tellerwurzel) einschließlich der obersten, daranhängenden Bodenschicht. Der W. wird bei → Windwurf – v. a. auf flachgründigen, feuchten oder nassen → Standorten – aus dem Boden gerissen; → Wobse.

Wurzeltracht, die: artspezifische und standortabhängige Ausformung der → Wurzeln. Folgende Wurzeltypen sind zu unterscheiden: → Herzwurzel, → Tellerwurzel und → Pfahlwurzel.

Wurzeltrüffel, die: → Rhizopogon.

Wurzeltypen → Wurzeltracht.

Würzweihe, die: → Kräuterweihe.

Wüstensteppe, die: → Steppe.

Wüstung, die: eine mit Bäumen bewachsene Fläche, die ehemals als Feld bewirtschaftet wurde.

Wyeckeln: Bez. für die früher in Westfalen anstatt des Weihrauchs verwendeten Wacholderbeeren.

WZP: Abk. für → Winkelzählprobe.

Der Wurzelstock bleibt bei der Fällung des Baumes zurück.

X-Y

Xanthophyll, das: auch Lutein, Blattgelb. gelber bis bräunlicher Naturfarbstoff (Karotinoid), der in geringen Mengen in den Chlorophyllkörnern (→ Chlorophyll) der grünen → Pflanzen vorhanden ist; → Blattfarbstoffe.

Xanthoria parietina → Gelbflechte.

Xerophyten: Bez. für Trockenheit ertragende Pflanzen.

Xerotherme Eichenmischwälder (*Quercetalia pubescenti-petraea = Q. pubescentis*): auch Flaumeichenwälder oder Thermophile (Wärmebedürftige) Eichen-Trockenwälder. pflanzensoziologische Ordn. der → Europäischen Fallaubwälder (*Querco-Fagetea*). X. E. treten zonal in der submediterranen Vegetationszone und in der montanen Stufe der Mittelmeergebirge, extrazonal auch vereinzelt in Dtschl. auf. Im südlichen Osteuropa treten sol-

Das wassergefüllte Eichgefäß, der Xylometer, diente der Kubierung unregelmäßiger Holzstücke.

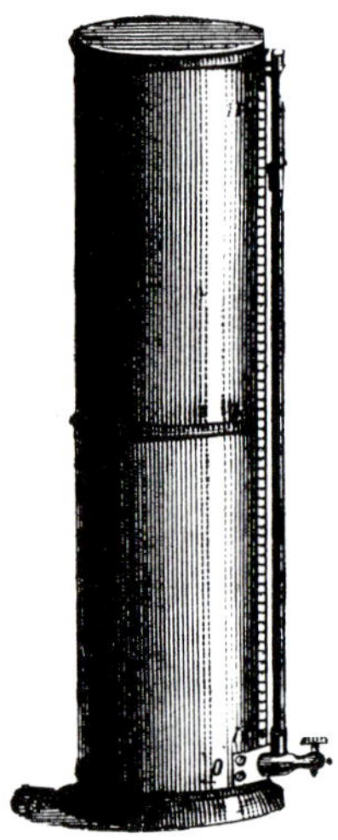

che Wälder zwischen Steppen- und Waldzone auf. Dort werden die Bestände von Manna-Esche, Hopfenbuche, Flaumeiche und weiteren wärmeliebenden sommergrünen Ei gebildet. In Dtschl. kommt nur die Flaumeiche vor; begleitet wird sie in dieser Gesellschaft von Hbu, Es, Kir, WiLi, Elsb und Mebe. In der Strauchschicht treten submediterrane Arten wie Burgenahorn und Blasenstrauch auf. In der Krautschicht finden sich u. a. Straußblütige Wucherblume, Purpurknabenkraut und Dingel. Diese sehr artenreichen, oft lichten Eichenmischwälder stocken auf trocken-warmen, meist kalk- und basenreichen Standorten. Sie kommen inselartig begrenzt in Wärme- und Trockengebieten oder lokal an trockenen, warmen Südhängen vor. Während der warmen, manchmal auch heißen Sommer müssen sie längere Trockenperioden ertragen. Die X. E. sind Relikte der postglazialen Wärmezeit, zu der sie weiter verbreitet waren. In den nachfolgenden kühleren Zeiten wurden sie von den *Fagetalia*-Arten, besonders von der Bu, auf den für diese günstigen Standorten verdrängt. Historische Waldnutzungsformen wie → Nieder- und → Mittelwald begünstigten diese X. E. wieder, so daß es sich teilweise auch um durch den Menschen beeinflußte Entwicklungsstadien von Orchideen-Buchenwäldern (→ Buchenwälder) oder → Hainbuchen-Eichenwäldern handelt. Beide Verbandstypen der X. E. überlagerten sich, so daß es nicht einfach ist, die heute bestehenden xerothermen → Waldgesellschaften einem dieser pflanzensoziologischen Verbände zuzuordnen. Infolge der inselartigen Verbreitung in der Landschaft mit vorherrschenden *Fagetalia*-Waldgesellschaften (→ Mesophytische Buchen- und Laubmischwälder) enthalten sie häufig einige Arten aus dieser Ordn. und weisen auch Übergangsausbildungen auf. Die Ordn. der X. E. wird in die beiden pflanzensoziologischen Verbände → West-submediterrane Flaumeichenwälder (*Quercion pubescenti-petraeae*) und → Ostmitteleuropäisch-subkontinentale xerotherme Eichenwälder oder Mitteleuropäisch-subkontinentale Eichen-Steppenwälder (*Potentillo albae-Quercion petraeae*) unterteilt.

Xerotherme Eichenwälder → Ostmitteleuropäisch-subkontinentale xerotherme Eichenwälder.

X-Bretter → Feuerbord.

Xenogamie, die: → Bestäubung.

Xylariaceae → Holzkeulenverwandte.

Xylem, das (griech. *xylon* = Holz): → Holzteil.

Xylemfasern: svw. → Holzfasern.

Xylit, das: → Lignit.

xylo..., **Xylo...**, Wortbestandteil mit der Bedeutung → holz..., Holz...

Xylobolus frustulatus: ein Mosaik-Schichtpilz, der im Eichenkernholz als Erreger einer Form der → Weißlochfäule auftritt; → Rebhuhnholz.

Xylocopa → Holzbienen.

Xyloglyptik, die: → Holzschnitt.

Xylographie, die: → Holzschnitt.

Xylol, das: auch Dimethylbenzol. In drei Isomeren im Steinkohlenteer und Erdöl vorkommende aromatische Verbindung (Kohlenstoffverbindung). X. ist eine farblose, stark lichtbrechende Flüssigkeit, die besonders als Lösungsmittel für Kautschuk, Fette und Öle sowie zur Synthese von Kunstharzen, Farb- und Riechstoffen verwendet wird.

Xylolith, der (griechisch: „Steinholz"): Kunststein aus → Sägespänen mit Magnesiakitt. Das meist in Plattenform hergestellte Material wird durch Wasser und Säuren nicht angegriffen und eignet sich besonders für Fußbodenbeläge.

Xylometer, der (griechisch: „Holzmesser"): Gerät zur Bestimmung des Rauminhalts unregelmäßig geformter Hölzer. Das Holzstück wird in das mit Wasser gefüllte X. getaucht und

danach die dem Holzvolumen gleiche verdrängte Wassermenge bestimmt.
xylophag: svw. holzfressend.
Xylophagen → Holzfresser, Pflanzenfresser.
Xylophagidae → Holzfliegen.
Xylophon, das (griechisch: „Holzstimme"): Schlaginstrument, das 36 oder mehr in vier nebeneinanderliegenden Reihen angeordnete abgestimmte Holzstäbchen (auf Strohunterlage) hat und mit Holzklöppeln geschlagen wird.
Xylose, die: kristallisierende Zuckerart mit fünf Kohlenstoffatomen. Aldopentose kann aus → Holz, Kleie oder Stroh durch Abbau des polymeren Kohlenhydrates „Xylan" mittels verschiedener Säuren gewonnen werden kann; → Holzverzuckerung.
Xyloterus: lateinischer Gatt.-Name für die beiden holzbrütenden Borkenkäfer Nadelholzbohrer und Buchennutzholzbohrer (→ Borkenkäfer 20. und 21.), die im → Holz sogenannte → Leitergänge anlegen.

Yggdrasil, die: Welt(en)esche, (Welt(en)-baum) in der nordischen Mythologie, unter der die Götter und Nornen Recht sprachen.
Y-Hölzer → Krummholz 2).
Ylbenn: alte lokale Bez. (Sechsämterland) für Ulme (Baum).
Yponomeuta malinella → Motten 6.
Yponomeutidae → Gespinstmotten.

Xerotherme Eichenmischwälder oder wärmeliebende Flaumeichenwälder sind Relikte der postglazialen Wärmezeit und in Deutschland selten.

Z

Zacken: alte Bez. für entlaubte, trockene Baumäste.
Zackenknecht, der: frühere Bez. für den dem Range nach untersten Forstbediensteten, der in großen Revieren dem Revierleiter bei der Beaufsichtigung der Holzfäller behilflich war.
Zagel, der: **1)** auch Zägel: alte, mundartliche Bez. für → Zopf. **2)** → Afterschlag.
Zähigkeit des Holzes, die: Eigenschaft des → Holzes, eine durch Kraft veranlaßte Formveränderung über die Grenze der vollkommenen Elastizität hinaus noch zu ertragen ohne zu brechen. I. a. sind die porös gebauten Hölzer zäher als die dicht gebauten. Hohe Z. besitzen: Wei, Bi, As, Hbu, Bu sowie der → Stockausschlag vorgenannter Baumarten und jener von Ha, Ei und Ul; Anhang Seite 872/873.
Zahl, die: → Jahn.
Zahme Angelika, die: → Engelwurz 1.
Zahme Eberesche, die: → Ebereschen 4.
Zahmer Sperberbaum, der: → Ebereschen 4.
Zahnspinner (*Notodontidae*): meist mittelgroße, nachtaktive Falter, die am Tag an Stämmen, Zäunen mit dachförmiger Flügelhaltung sitzen. Die Vorderflügel sind lang und schmal, die Hinterflügel zumeist klein. Die → Raupen sind glatt, seltener behaart, oft mit Rückenhöckern und mit seitlich behaarten Klammerfüßen. Bei Störung erheben sie das Vorder- und Hinterende und halten sich nur mit den vier Bauchfußpaaren fest. Die → Puppen überwintern. Fraßpflanzen sind Lbh, selten Ndh.
1. Buchenspinner, der (*Stauropus fagi*): Der Falter ist bräunlichgrau; die Vorderflügel sind zwischen äußerer Zackenlinie und Außenrand mit einer Querreihe schwärzlicher Punkte ausgestattet, die auch beim ruhenden Falter sichtbar ist. Flügelspannweite bis 60 mm. Flugzeit (April) Mai/Juni. Die gelb- oder dunkelbraunen Raupen haben paarige, kegelförmige Höcker auf dem Rücken. Sie halten sich überwiegend in Buchenbeständen auf, haben aber auch Ei, Bi, Ha und andere Lbh als Fraßpflanzen.

Großer Gabelschwanz-Falter ♀ und Raupe

2. Mondvogel, der (*Phalera bucephala*): auch Mondfleck. Kopf und Körper des Falters sind überwiegend hellgelb, das Hinterende silbergrau und rotbraun gerandet. Die Vorderflügel sind violettbraun. In der Flügelspitze ein auffallender mondförmiger, hellgelber Fleck, der von einer gewellten bräunlichen Linie durchzogen wird. Flügelspannweite 50 bis 60 mm. Schwärmt im Mai/Juni in Laubwäldern. Die schwarzbraunen Raupen mit gelber Gitterzeichnung leben von Juni bis Oktober vorwiegend an Bi, Li, Pa, Wei und Ei. Die Puppen überwintern im Boden.
3. Kamelspinner, der (*Ptilodon (Lophopteryx) camelina*): Der Falter hat rostgelbe Vorderflügel mit rotbraunen Tönungen und zwei scharfzackige schwarze Querlinien. Hinterflügel hellbräunlich. Flügelspannweite bis 45 mm. Schwärmt im April bis Juni (in Mitteldtschl. und südlich davon auch nochmals im Juli/August). Die Raupen mit variabler Färbung leben an Bi und Li, aber auch an anderen Lbh.
4. Großer Gabelschwanz, der (*Cerura (Dicranura) vinula*): auch Weiden-Gabelschwanz. Die Vorderflügel dieses Falters sind grauweiß mit grauer Querbinde. Schwarze Punkte im Basalteil des Flügels, längs des Vorderrandes und zwischen den Adern am Außensaum. Hinterflügel weiß (Männchen) und grau (Weibchen), Flügelspannweite bis 80 mm. Der G. schwärmt im Mai/Juni. Die im erwachsenen Zustand hellgrünen Raupen mit brauner Kopfkapsel und violettbraunen Rückstreifen leben an Pa und Wei.
Eine weitere Art, deren Raupen ebenfalls an Pa und Wei leben, ist der **Zickzackspinner** (*Eligmodonta (Notodonta) ziczac*).
Zahnwurz, die (*Dentaria*): Gatt. der → Kreuzblütengewächse. In Mitteleuropa auch in Wäldern anzutreffen sind:
1. Neunblatt-Zahnwurz, die (*Dentaria enneaphyllos* Linné): auch Weiße Z., Quirlblättrige Z. Die über die Gebirge Mitteleuropas und des östlichen Südeuropa verbreitete N. ist relativ selten und wächst in schattigen Wäldern, besonders in krautreichen Buchen- und Buchen-Tannen-Fichten-Wäldern, Quirlblatt-Zahnwurz-Buchen- und -Tannen-Buchenwäldern (→ Charakterart), Kleeblatt-Schaumkraut-Buchen- und -Tannen-Buchenwäldern, Alpenheckenkirschen-Buchen- und -Tannen-Buchenwäldern (Unterverbands-Charakterart)

und anderen Buchenwäldern (überregionale Buchenwald-Verbands-Charakterart), aber auch im Krummholz, bevorzugt auf Kalk.
Die ausdauernde, 20 bis 50 cm hohe Pflanze hat eine dicke, fleischige Grundachse, besetzt mit Niederblattschuppen und einen aufsteigenden Stengel. Die jeweils dreizähligen, länglich-lanzettlichen, zugespitzten und ungleich gesägten Stengelblätter stehen zu dritt, fast quirlständig (→ Blattstellung), und erscheinen so neunteilig (Name!). BZ: April/Mai bis Juni. Die gelblich-weißen Blüten stehen in einer nickenden Traube (→ Blütenstand), verborgen unter den Laubblättern. Die Früchte sind 4 bis 7,5 cm lange lineal-lanzettliche Schoten, die glänzende bis 4 mm lange, bräunliche Samen enthalten.
2. Zwiebel-Zahnwurz, die (*Dentaria bulbifera* Linné): auch Zwiebeltragende Z. Die hauptsächlich über die Gebirge Mitteleuropas, im Norden bis Südskandinavien, im Süden bis Griechenland verbreitete Z. wächst zerstreut bis selten in feuchten, schattigen, krautreichen Buchen- und Buchenmischwäldern, feuchten Eichen-Hainbuchenwäldern sowie

◄◄◄ Zwiebel-Zahnwurz (*Dentaria bulbifera*)

Ahornmischwäldern, gelegentlich auch in Eichenwäldern, auf kalkreichen Böden, bis in Höhen von 1600 m; überregionale Buchenwald-Verbandscharakterart.
Die mehrjährige, 30 bis 50 cm (70 cm) hohe Pflanze ist am waagerecht kriechenden Wurzelstock zahnartig (Name!) beschuppt. Der wechselständig beblätterte Stengel ist aufrecht oder aufsteigend. Die Grundblätter und unteren Stengelblätter sind gefiedert, mit fünf bis sieben ei-lanzettlichen, gesägten Fiedern. Die mittleren Stengelblätter sind dreizählig, die oberen ungeteilt und lanzettlich. In den Blattachseln bilden sich meist braunviolette, zwiebelähnliche (Name!), reif herabfallende Brutknöllchen (→ Brutknospen), durch die sich die Pflanze vegetativ vermehrt, weil die Früchte nur selten reif werden. BZ: April bis Juni. Die hellvioletten, rosaroten oder weißlichen Blüten stehen in kurzer, dichter Doldentraube. Die Früchte, die nur selten ausreifen, sind aufrecht abstehende, lineal-lanzettliche Schoten, mit kleinen, länglichen, bis zu 2,5 mm langen, rotbraun glänzenden Samen (→ Ameisenpflanzen).

3. Finger-Zahnwurz, die (*Dentaria pentaphyllos* Linné = D. digitata Lam.): auch Gefingerte Z. Die über die Gebirge Mitteleuropas und des westlichen Südeuropa verbreitete F. wächst zerstreut in krautreichen Buchenwäldern, Buchen-Tannen-Wäldern und Schluchtwäl-

◄◄ Neunblatt-Zahnwurz (*Dentaria enneaphyllos*)

dern, besonders Sommerlinden-, Bergulmen-Bergahorn-Wäldern.
Die 25 bis 30 cm hohe Pflanze hat ein fleischiges Rhizom mit zahnartigen Niederblattschuppen. Die wechselständigen Stengelblätter sind drei- bis fünfzählig handförmig gefiedert mit ei-lanzettlichen, gesägten Fiedern. BZ: April bis Juni. Die Blüten haben vier rosarote oder violette, 12 bis 18 mm lange Kronblätter.
4. Fieder-Zahnwurz, die (*Dentaria heptaphyllos* Linné = *D. pinnata*): auch Gefiederte Z. Die über die mittel- und südeuropäischen Gebirge verbreitete F. kommt in Dtschl. im südlichen

◄◄ Finger-Zahnwurz (*Dentaria pentaphyllos*)

Schwarzwald und im Kaiserstuhlgebiet vor und ist selten. Sie wächst in krautreichen Buchen- und Buchen-Tannenwäldern, in Fieder-Zahnwurz-Buchen- und -Tannen-Buchenwäldern (→ Charakterart), Alpenheckenkirschen-Buchen- und -Tannen-Buchenwäldern; Charakterart der praealpinen-jurassischen Buchenwälder. Sie ist der Finger-Zahnwurz sehr ähnlich, hat jedoch siebenzählig gefiederte Blätter. BZ: April/Mai. Die 14 bis 20 cm langen Kronblätter sind weiß oder blaßlila.

Zain, der: → Arke.
Zainplatz, der: veraltete Bez. für → Holzlagerplatz.
Zange, die: alte österr. Bez. für → Kluppe.
Zangenbock, der: → Bockkäfer 12.
Zanthier, Hans Dietrich von (17.9.1717 Salzfurtkapelle bis 30.11.1778 Wernigerode): Z. wurde 1734 nach mehreren Verwendungen am braunschweigischen Hofe vom Forstmeister von Langen in Blankenburg in die Lehre genommen. Zusammen mit dem späteren königlich-sächsischen Oberforstmeister C. L. von Lassberg war Z. mehrere Jahre lang Mitarbeiter Langens in Dänemark und Norwegen. Im Jahre 1747 wurde Z. vom Grafen Stolberg-Wernigerode als Forstmeister in Hohenstein und 1749 als Oberforst- und Jägermeister in Ilsenburg angestellt. Von Z. wurde Begründer der ersten → forstlichen Meisterschule (um 1763 in Wernigerode im Harz). Seine Schriften: „Forst-Calender ... etc." (1772); „Sammlungen vermischter Abhandlungen über das theoretische und praktische Forstwesen" (1778); „Unterricht vom Torfwesen" (1796); „Der wohlgeübte und erfahrne Förster. Ein Beytrag zu Heinrich Wilhelm Döbels Jägerpractika" (1785); → Forstliches Schrifttum.
Zapfen, der: in der Botanik der → Blütenstand oder Fruchtstand der nacktsamigen → Pflanzen (→ Nacktsamer), dessen lange Achsen und Tragblätter (→ Hochblätter) verholzt sind. Z. werden v. a. von den → Nadelbäumen ausgebildet.
Zapfenholz, das: → Kreuzdorn 3.
Zapfenklause, die: bei der früher ausgeübten → Trift ein Schwemmteich, bei dem im Unterschied zu den Klausen das Wasser durch Zapfen abgelassen oder gesperrt (angestaut) werden konnte.
Zapfenöl, das: alte → Nebennutzung. Die Zapfen (anscheinend vorwiegend von Weißtanne) werden einer Destillation unterzogen; das Z. soll als Heilmittel („Oleum Templinum") gesucht sein.
Zapfenpflücker: Personen, die von ausgesuchten Beständen oder Einzelbäumen forstliches Saatgut ernten. Die Arbeit der Z. ist gefährlich und verlangt Mut und Gewandtheit. Zur Ausrüstung der Z. gehören Gurt und Steigeisen.
Zapfenrüblinge (*Strobilurus*): nur wenige Arten umfassende Gatt. der → Pilze aus der Fam. der → Ritterlingsartigen. Der wichtigste Vertreter ist:
Fichtenzapfenrübling, der (*Strobilurus esculentus*): Der Frühjahrspilz findet sich schon im März sehr häufig auf nassen oder tief im Boden liegenden Fichtenzapfen. Auf einem → Zapfen können bis zu 15 Pilze wachsen. Der kleine, nur 1 bis 3 cm breite Hut ist konvex und meist braungrau aber auch dunkel schwarzbraun oder fast weiß. Die weißen → Lamellen stehen dicht und sind um den Stiel etwas ausgebuchtet. Der sehr dünne Stiel ist braungrau mit heller Spitze und etwas flockig. Der Pilz, der in einem Fichtenbestand zu Tausenden vorhanden sein kann, ist eßbar.
Zapfensaat, die: früher bei Alm-Aufforstungen praktiziertes Ausbringen von Fichten-

oder Lärchenzapfen. Bei trockenem Wetter, wenn sich die → Zapfen öffneten, wurde der → Samen durch Wenden der Zapfen mit einem Rechen herausgeschüttelt.

Zapfensucht, die: ein gelegentlich bei → Nadelbäumen, hauptsächlich bei Kie zu beobachtendes Auftreten von zahlreichen, dicht zusammenstehenden → Zapfen am Grunde der → Jahrestriebe. Sie stehen dabei an Stelle der männlichen Blüten, sind auch kleiner als die normalen Zapfen und enthalten keimunfähigen Samen. Die Z. wird auf Überernährung zurückgeführt.

Zapfenträger: Bez. für die zapfentragenden Koniferen (→ Nadelbäume).

Zapfenwanze, die: → Wanzen 8.

Zappel, der: → Sappie.

Zargenspäne: aus gutspaltigem Fichtenholz usw. mit dem Schnitzmesser auf der Schnitzbank gerissene und auf einer Biegemaschine gebogene schwache Ränder von Sieben und Scheffeln aus Holz.

Zarm, die: alte und lokale Bez. für Lat, Unterart der BKie; → Kiefern 1.

Zarter Schildfarn, der: → Schildfarn 4.

Zärtling, Wässriger, der: → Faserlinge 2.

Zaun, der: → Gatter 1).

Zaunblättling, der: → Porlinge 13., Lenzites-Pilze.

Zauneidechse, die: → Eidechsen 2.

Zaungrasmücke, die: → Grasmücken 10.

Zaunkirsche, die: → Geißblatt 4.

Zaunkönig (*Troglodytes troglodytes*)

Zaunkönig, der (*Troglodytes troglodytes* L.): auch Zaunschlüpfer. Länge: ca. 10 cm, Gewicht: um 9 g. Neben den Goldhähnchen (→ Grasmücken 1. und 2.) unser kleinster Vogel. Der Z. gehört zur Fam. der Zaunkönige (*Troglodytidae*) die mit rd. 60 Arten, v. a. in den unterholzreichen Wäldern Amerikas vertreten ist. In Mitteleuropa ist nur eine Art Brutvogel. Der Z. kommt in Europa überall vor. Er bewohnt Waldungen aller Art, gestrüppreiches Ufergelände, buschreiche Gärten und Parkanlagen. Standvogel (Jahresvogel). In seinem gut verteidigten Revier baut das Männchen mehrere Nester, die sog. Spielnester. Eines davon richtet das Weibchen als Brutnest her und baut es aus. Das kugelige Nest mit rundlichem, seitlichem Einflugloch wird bodennah, selten über 50 cm in Hecken, Reisighaufen, in Mauerlöchern und an Grabenrändern errichtet. Die Nester ohne Innenauspolsterung dienen dem Männchen und später auch den Jungvögeln als Schlafstätten. Das Gelege besteht aus fünf bis acht weißen, mit rötlichen Flecken versehenen Eiern (16,1 x 12 mm, ca. 1,3 g). Brutdauer: 14 bis 16 Tage; Nestlingszeit: 15 bis 17 Tage. Meist zwei Jahresbruten (Ende April/Mai und Juli). Häufig Kuckuckswirt. Während der Brutzeit baut das Männchen oft neue Nester und verpaart sich mit einem zweiten, manchmal auch mit einem dritten Weibchen.

Nahrung: kleine Insekten und deren Larven, Spinnen, im Herbst auch feine Sämereien und Beeren.

Zaunlilie, die: → Graslilie.

Zaunrebe, die: → Geißblatt 4.

Zaunriegel, der: → Liguster.

Zaunrose, Schottische, die: → Rosen 15.

Zaunruten: lokale Bez. für zu Geräteholz (Verwendung zu Flechtzäunen) aufbereitete Wellenbunde (→ Welle 2)) von 2 m Länge und 30 cm Durchmesser.

Zaunwicke, die: → Wicke 2.

Z-Baum, der: → Auslesebaum.

Z-Stamm, der: → Auslesebaum.

Zd: Abk. für „Durchmesser- oder Stärkezuwachs"; → Zuwachs.

ZE: Abk. für „Zufällige Ergebnisse"; → Scheidholz.

Zebraspinne, die: → Radnetzspinnen 6.

Zebra-Springspinne, die: → Springspinnen.

Zechenholz, das: → Grubenholz.

Zecken: auch Holzböcke. Fam.: *Ixodidae*. weltweit mit zahlreichen Arten vertretene Gruppe der → Insekten (→ Milben) mit vier Beinpaaren, einer Kopfkapsel, stechend-saugenden Mundwerkzeugen und einem sackartigen Körper, der sich stark vergrößert, wenn sie sich vollsaugen. Sie befallen viele warmblütigen Tierarten und auch den Menschen. Die wichtigste bei uns vorkommende Art ist:

Holzbock, der (*Ixodes ricinus*): auch Gewöhnliche Z., Wald-Z. oder Hunds-Z. genannt. Er ist zwar an keinen bestimmten Lebensraum gebunden, kommt aber besonders häufig an Waldrändern mit angrenzenden Wiesen, in Waldlichtungen, Bach- und Flußauen, Schonungen mit Unterholz und Hecken, Übergängen von Laub- zu Nadelwald und von Hoch- zu Niederwald vor sowie in Wäldern mit Ei, Hbu und in Mischwäldern mit Buchen- und Tannenanteilen. Das Männchen ist dunkelbraun und „nüchtern" 1,5 mm lang, das Weibchen ist heller braun und „nüchtern" 4 mm, vollgesogen bis 11 mm lang. Beide Geschlechter klettern auf Gräser, Sträucher und Bäume (meist bis in eine Höhe von 150 cm) und lassen sich auf geeignete Wirte herabfallen. Zusagende Opfer werden durch das „Hallersche Organ", ein in der Spitze des Vorderbeins gelegenes chemisches Sinnesorgan, erkannt. Auf dem Wirtstier erfolgt die Befruchtung der Weibchen, und die Z. beginnen zu saugen. Sie bevorzugen Stellen, an denen die Haut dünn ist (z. B. Hals, Kopf). Die Männchen saugen wenig oder kein Blut, die Weibchen saugen sich voll und können dabei das Vielfache ihres Körpergewichtes erreichen. Das Saugen dauert sieben bis 13 Tage, wobei etwa 400 mg Blut aufgenommen werden. Vollgesogen lassen sie sich fallen und legen am Boden 1000 bis 3000 Eier. Nach drei bis acht Wochen schlüpfen daraus etwa 1 mm große → Larven, die an Gräsern hochklettern und bis zu einem Jahr oder länger auf geeignete Wirtstiere (i. d. R. kleine Säugetiere) warten. Die Larven saugen ca. vier bis fünf Tage Blut vom Wirtstier und lassen sich dann wieder zu Boden fallen. In fünf bis acht Wochen wachsen sie nun zu den sog. Nymphen heran, klettern wieder auf Gräser, Sträucher und Bäume und lassen sich abermals auf geeignete Wirtstiere fallen, saugen vier bis fünf Tage Blut und wandeln sich zur Z. um; der Entwicklungskreislauf beginnt von neuem. Der Holzbock kommt beim Elch-, Rot- und Rehwild, bei Kleinsäugetieren, beim Hund und beim Menschen vor. Neben dem Holzbock sind noch heimisch: die **Igelzecke** (*Ixodes hexagonus*), die bei Igel, Dachs, Rotfuchs und Hund vorkommt. Die **Schafzecke** (*Dermacentor marginatus*) ist überwiegend in Süd- und Südwestdtschl. anzutreffen und befällt Rot-, Dam- und Rehwild, Schafe, Rinder und gelegentlich auch den Menschen.

Der Biß der Z. selbst ist schmerzlos, später beginnt die Stelle jedoch zu jucken. Bei Tieren kommt es bei sehr starkem Befall zu Blut- und Gewichtsverlust. Z. können den Hundebandwurm, die Tularämie und die → Frühsommer-Meningoenzephalitis (FSME), eine Gehirnhaut- und Gehirnentzündung übertragen und ferner noch die → Lyme-Borreliose, die auch

▸▸ ▸▸▸ Holzbock (*Ixodes ricinus*) vollgesogen und „nüchtern", Überträger der → Frühsommer-Meningoenzephalitis (FSME) und der → Lyme-Borreliose

durch Mücken und Bremsen übertragen wird. Eine Bekämpfung ist bei Wildtieren nicht möglich. Bei Hund und Mensch ist die Z. so schnell wie möglich zu entfernen, damit eine Infektion, auch durch infizierte Z. vermieden werden kann. Nach neuesten Erkenntnissen ist es falsch, die Z. mit Öl, Nagellack oder Klebstoff zu ersticken. Diese Methode erhöht das Infektionsrisiko, da Holzböcke bei Atemnot sofort heftig Speichel absondern, wobei vorzeitig Erreger in die Haut gelangen. Zur Entfernung der Z. verwendet man am besten eine Z.-Zange (in Apotheken erhältlich), setzt sie senkrecht an, lockert durch leichtes Hin- und Herbewegen die Z. etwas und dreht sie dann heraus.

Zeckenenzephalitis, die: → Frühsommer-Meningoenzephalitis.

Zehner, der: frühere besondere Längenbestimmung für Nadelholzstämme; Balken von 32 → Fuß Länge und 7 und oben 4 → Zoll Durchmesser.

Zehrwespen → Erzwespen.

Zeichenbücher → Waldzeichen.

Zeichenschneider → Waldzeichen.

Zeichförster, der: frühere Bez. für einen Förster, der mit dem Waldhammer die zum Fällen bestimmten Bäume bezeichnete.

Zeichnung des Holzes, die: → Maserung.

Zeidelbast, der: → Seidelbast 1.

Zeidelbaum, der: hohler Baum, in dem sich → Waldbienen (→ Honigbiene) angesammelt haben; → Zeidelweide, Beuten.

Zeid(e)ler, der: auch Beut(e)ner, Biener. alte Bez. für Imker (Bienenzüchter); → Zeidelweide.

Zeid(e)lerei, die: → Zeidelweide.

Zeidelgüter: früher in den Reichsforsten bei Nürnberg (→ Nürnberger Reichswald) gelegenen Güter der → Zeid(e)ler. Diese hatten die Aufsicht über die → Bienen (→ Honigbiene) und das Recht der → Zeid(e)lerei, d. h. des Honigschneidens. Die Zeid(e)ler standen unter einem besonderen Zeidelgericht.

Zeidelrecht, das: Recht, in einem Wald → Bienen (→ Honigbiene) zu halten; → Zeidelweide.

Zeidelweide, die (Waldbienenzucht): Honig und Wachs waren seit den ältesten Zeiten unentbehrliche Güter. Ehe der Rohrzucker aus Übersee den Weg nach Europa fand und im 19. Jh. Zucker aus der Zuckerrübe gewonnen wurde, war Honig der einzige Süßstoff. Auch das Wachs wurde im großen Umfang benötigt. Es diente u. a. in Form von Kerzen als Beleuchtungsmittel; auf wächsernen Tafeln wurde auch geschrieben. Der Waldhonig zählte auch zu den ältesten Nutzungen des Waldes. Uralte Rechtsnormen bezeugen die hohe Wertschätzung der Bienenhaltung im Altertum und Mittelalter durch die Gewährung besonderer Privilegien gegenüber den jagdberechtigten Grundherren. Über das Aneignungsrecht wilder Bienenschwärme enthielten die Volksrechte der Bajuwaren und Westgoten bereits detaillierte Bestimmungen. Baumhöhlen boten dem Bienenvolk die natürliche Behausung (→ Beuten), und die reiche Blütenflora der vorherrschenden Laubwälder und ihres Unterwuchses waren eine sichere Nahrungsgrundlage (→ Bienenweide). Von den Bienen besonders bevorzugte Waldgebiete ließen es daher zur Ausbildung eines regelrechten Erwerbs kommen, der Waldbienenzucht oder Z. (zidalweida). Noch 1538 war in Nürnberg z.B. ein Bienenvolk drei Gulden wert, eine Kuh hingegen aber höchstens fünf. Bevorzugte Waldgebiete waren der → Nürnberger Reichswald (des Heiligen Reiches Bienengarten – Pingarten – genannt), das → Fichtelgebirge, der → Frankenwald, der → Veldensteiner Forst, der → Schwarzwald, die Lochauer Heide an der Elbe und die Gebiete in der Lausitz und in der Mark Brandenburg. Zur Aufrechterhaltung der Ordnung konnte ein Bienenwart (Bienert) bestellt werden. Besonders ausgebildet und geregelt war die Z. im Nürnberger Reichswald und dort speziell im Lorenzer Wald. Die Zeidler besaßen auf Rodland angelegte Güter zu erblichen Lehen und zahlten hierfür eine Abgabe, die ursprünglich in Honig bestand, später auch in Geld bestimmt wurde. Allein im Lorenzer Wald lagen 27 Zeideldörfer und 92 Zeidelhöfe als Reichslehen. Die Zeidler hatten zudem ein eigenes Zeidelgericht in Feucht bei Nürnberg. Kaiser Karl VI. verpfändete 1350 des Reiches Honiggeld mit allen Einkünften, Rechten und Zubehörungen für 200 Mark lötigen Silbers an die Edlen von Seckendorf, die es 1358 um den gleichen Betrag an die Burggrafen von Nürnberg weiterverpfändeten. Diese verkaufen ihre ganzen Rechte am Reichswald im 15. Jh. der Stadt Nürnberg. Die Nürnberger Zeidler, die neben der Waldbienenzucht auch Hausbienenzucht mit künstlichen Beuten betrieben, hatten das alleinige Recht, in den Reichswäldern Bienen

◂◂ Zeidelweide (Waldbienenzucht)

zu halten und einzufangen. Sie hatten ferner ein ausgedehntes Beholzungsrecht, d. h. Recht auf Freiholz, genossen Zollfreiheit in allen Städten des Reiches und durften Pfändungen vornehmen, wenn jemand widerrechtlich Li oder Salweiden, die für die Waldbienenweide günstig waren, gefrevelt hatte. Im Kriegsfalle mußten die Zeidler dem Reiche „innerhalb der vier Wälder", womit vermutlich Thüringer-, Böhmer-, Schwarzwald und Fränkischer Jura gemeint waren, mit sechs Armbrustschützen dienen. Das alles deutet auf ihre gehobene Stellung hin. Neben den Förstern waren sie auch für den Waldschutz (→ Forstschutz) zuständig. Der Deutsche Imkerbund hat die Figur des Zeidlers als seine höchste Ehrengabe gewählt.

Zeigerpflanzen → Bodenanzeiger.

Zeiland, der: → Seidelbast 1.

Zeisig, der: → Finkenvögel 5.

Zeitliche Ordnung, die: planmäßige Ordnung der Verjüngungsvorgänge zur Erreichung des → Wirtschaftszieles im Wald. Sie befaßt sich mit dem Verjüngungszeitraum, -zeitpunkt; → räumliche Ordnung.

Zeitlohn, der: → Lohnformen.

Herbst-Zeitlose *(Colchicum autumnale)*, eine sehr giftige Pflanze

Zeitlose, die (*Colchicum*): Die lateinische Gatt.-Bez. kommt von Colchis, dem antiken Namen des Landes an der Ostküste des Schwarzen Meeres, das reich an → Liliengewächsen ist und schon in der griechischen Mythologie als Heimat der Gifte – und Giftmischerinnen – galt. Die Z. ist eine Gatt. der Liliengewächse mit rd. 60 Arten in Eurasien und Nordafrika. Es sind dies Knollenpflanzen mit einzeln stehenden, lilafarbenen, weißen, rötlichen oder gelben (nur bei einer Art) Blüten auf sehr kurzem Schaft. Die Blätter sind linealisch, grundständig und erscheinen erst nach der Blüte. Die einzige einheimische Art ist:

Herbst-Zeitlose, die (*Colchicum autumnale* Linné): im Volksmund auch Herbstblume, Wiesen- und Mattensafran, Hundsknofl, Lauskraut, Michaelizwiefel, Teufelsbrot, Teufelsgeldbeutel, Heilhäupt. Die fast über ganz Mitteleuropa verbreitete H. kommt in Dtschl. besonders im Süden vor. Sie wächst verbreitet auf feuchten Wiesen (Wiesenunkraut) und in feuchten Waldungen, besonders in Auwäldern (Hartholz-Auenwäldern), bevorzugt auf kalkreichen, lehmigen Böden.

Die giftige Pflanze besitzt tief im Boden eine schuppige Zwiebel, aus deren Seite sich im Herbst, von August bis November, der 15 bis 25 cm hohe Blütenstengel hervortreibt. Die ein bis drei Blüten haben sechs blaßviolette, trichterförmig gestellte, 3 bis 6 cm lange Blütenhüllblätter, die unten zu einer langen weißlichen Röhre verwachsen sind, sechs → Staubblätter und drei sehr lange → Griffel. Nach der → Bestäubung im Herbst welken sie sehr schnell ab. Die → Fruchtknoten überwintern im Boden. Die grundständigen, breit-lanzettlichen, etwas fleischigen, etwa 12 bis 30 cm langen, 3 bis 4 cm breiten Blätter erscheinen erst in dem auf die Blütezeit folgenden Frühjahr, wo auch dann die Frucht reift. Diese ist eine von fünf bis sechs Blättern umgebene, aufgeblasene, 3 bis 4 cm lange dreiklappig aufspringende Kapsel, die Ende Juni dunkelbraune, grubig punktierte → Samen freigibt. Sie heften sich mit ihren klebrigen Anhängseln an die Füße der Tiere und werden auf diese Weise verbreitet. Die H. ist giftig; sie enthält das → Alkaloid Kolchizin. Die Vergiftungen (Durchfall, Erbrechen, Krämpfe, allg. Benommenheit, Leibschmerzen) werden meist durch Samen verursacht, da v. a. Kinder damit spielen. Die H. wird auch gezielt zur Mutationsauslösung verwendet.

Zeitmischung, die: im → Waldbau Baumartenbeimischung, die auf Teile der → Umtriebszeit beschränkt ist, z. B. die einzel- bis truppweise Beimischung von Fi in einem Buchenbestand.

Nur in die Randstämme versenkte Zengelstange

Zelchholz, das: auch Selchholz. veraltete Bez. für Äste, die durch Sturm oder andere Einwirkung zu Boden fielen, aber zu schwach waren, um zu → Klaftern geschichtet zu werden. Z. wurde zweimal jährlich aufgelesen.

Zelldruck, der: → Turgor.

Zellgänge → Markflecken.

Zellstoff, der: aus → Zellulose bestehende, feinfaserige, weiche und weiße Masse (Zellulose – Wandsubstanz des → Holzes), die durch Herauslösen des → Lignins unter Einwirkung von Säuren gewonnen wird. Z. dient als Ausgangsprodukt für die Herstellung von → Papier und Pappe. Ein Teil des Z., der sog. Kunstfaser-Z., wird weiter verarbeitet zu Kunstseide und Zellwolle, zu Kunststoffen wie Vulkanfiber, Zellglas (Zellophan u. a.). Ausgangsmaterial für die Gewinnung ist in erster Linie Holz von Ta, Fi, Bu (Sulfit-Verfahren), aber auch anderes organisches Material, z. B. Stroh, Kartoffelkraut und Bastfasern (→ Festigungsgewebe), das ebenfalls zellulosehaltig ist, wird verwendet. Das Holz – hauptsächlich minderer Qualität – wird entrindet und zerhackt. Bei dem bei uns angewandten Sulfit-Verfahren werden die → Hackschnitzel unter Druck und bei Temperaturen von etwa 130 °C in großen Kochern ca. 10 bis 15 Stunden gekocht. Durch die Einwirkung der Kochsäure (Calciumsulfit) wird die Zellwand aufgelöst. Anschließend wird der Z. aufbereitet, d. h. gewaschen, aufgeschlagen, verdünnt, von Grobteilen und Verschmutzungen gereinigt und gebleicht. An Stelle von Calciumsulfit kann auch mit Natriumbisulfit, Magnesiumbisulfit oder Ammoniumbisulfit gearbeitet werden. Ein Kubikmeter Holz liefert etwa 150 kg Z. Die anfallende Ablauge, mit der dem Holz mehr als die Hälfte der organischen Substanz entzogen wird, kann durch Gärung zu Alkohol und Hefe (Bäcker- und Futterhefe) verarbeitet werden.

Zellulose, die: Die in der Natur am häufigsten vorkommende organische Verbindung ist Produkt der → Photosynthese. Die Z. ist Hauptbestandteil der pflanzlichen Zellwände (z.B. im → Holz, Baumwollfasern), in denen sie zusammen mit → Holzpolyosen und → Lignin vorkommt. Einwirkungen von Säuren auf Z. ergibt Glukose (→ Holzverzuckerung). Z. ist wasserunlöslich, farb- und geruchlos. Aus Holz gewonnene Z. ist → Zellstoff.

Zelten im Wald, das: Z. und Abstellen von Wohnwagen im Wald ist nach den jeweiligen Waldgesetzen nicht zulässig und wird als Ordnungswidrigkeit geahndet. Es bedarf also der ausdrücklichen Erlaubnis durch den Waldbesitzer. In Baden-Württemberg kann das Forstamt das Z. durch Polizeiverordnung verbieten, wenn es zur Sicherung der Erhaltung und Pflege des Waldes, zum Schutz des Waldes, des Waldeigentums oder forstbetrieblicher Einrichtungen gegen rechtswidrige Taten Dritter oder zum Schutz der Waldbesucher erforderlich ist; → Betreten des Waldes.

Zengelstangen: Bei der → Flößerei wurden die Stämme eines Gestörs entweder nur mit verbohrten → Floßwieden oder mit Z. verbunden (sog. steife Verbindungen). Zu Z. diente das → Holz der Bu, aber auch von Fi und Ta. Statt der Verknüpfung der Z. mit einer Wiede nagelte man sie oft auch durch eiserne Nägel oder Klammern an jedem einzelnen Stamm fest.

Zentgraf, Eduard (28.9.1882 Reichenbach i. Odenwald bis 19.5.1973 Gernsbach): Z. studierte von 1901 bis 1904 in Gießen und München Forstwissenschaft; er war von 1939 bis 1952 Professor für Waldbau an der Universität Freiburg i. Br. und langjähriger Vorsitzender der Deutschen Dendrologischen Gesellschaft. Von Z. stammen zahlreiche Veröffentlichungen. Er war langjähriger Mitarbeiter (ab 1912) und Mitherausgeber (ab 1942) der Allgemeinen Forst- und Jagdzeitung.

Zentralalpischer Schneeheide-Kiefernwald, der (*Erico-Pinetum*): Diese → Assoziation des Verbandes Alpische Kalk-Kiefernwälder (*Erico-Pinion*) der Ordn. → Schneeheide-Kiefernwälder und Alpenrosen-Latschengebüsche (*Erico-Pinetalia*) der Klasse → Alpische Kalk-Kiefernwälder (*Erico-Pinetea*), mit Kie in der Oberschicht und gelegentlich anderen Baumarten durchmischt, kommt in der Nordkette der Randalpen an steilen, südorientierten, föhnexponierten, flachgründigen Hängen auf Kalk- und Dolomitgestein, Bergsturzmassen, kiesigen Alluvionen vor, die wasserdurchlässig sind. Der Humus liegt dem Kalkgestein auf. In Dtschl. tritt diese Assoziation nur in kleinen Föhntälern auf. Durch den degradierenden Einfluß des Menschen hat sich der Flächenumfang dieser Assoziation ausgeweitet. Dem Standort entsprechend kommen hier neben der namensgebenden → Charakterart Schneeheide eine Reihe sehr trockenheitsertragende Arten, z. B. Rauhgras, Glanz-Labkraut vor. Folgende Kalk-Trockenrasen- und alpine Kalk-Magerrasen-Arten kommen neben den Charakterarten von Klasse und Verband vor: Erdsegge, Berg-Gamander, Blaugras und Alpendistel; → Waldgesellschaften.

Zentralausschuß der Waldbesitzerverbände der Europäischen Union → Waldbesitzerverbände.

Zentralressourcen: Verschiedene Autoren, an erster Stelle Volz, rechnen den → Wald, neben → Luft, Wasser und → Boden, als Z. zu den Bestandteilen unserer → Umwelt, die für den Fortbestand des menschlichen Lebens und der menschlichen Kultur von existentieller Bedeutung sind. Als Begründungen dafür werden genannt: Der Wald ist als speicherndes und filterndes Element an fast allen natürlichen Kreisläufen in irgendeiner Form beteiligt (→ Photosynthese, CO_2-Bindung (→ Kohlenstoffbindung). Wegen seines Flächenanteils spielt er für die Vielfalt der Arten (→ Art) und → Habitate eine unübersehbare Rolle; → Waldfunktionen (Wohlfahrtswirkungen, Rohstofffunktion), Waldfläche.

Zerbrechlicher Blasenfarn, der: → Blasenfarn 1.

Zerbrechliche Weide, die: → Weiden 4.

Zerfallsphase, die: Lebensphase im → Urwald, die infolge von Katastrophen (Stürme, Insektenmassenvermehrungen, Brand) aus der → Terminal- oder → Optimalphase entstehen kann. Unmittelbar nach ihr setzt eine neue → Sukzession ein; → Waldgefügetypen.

Zerm, die: steirischer Ausdruck für Zir; → Kiefern 5.

Zerreiche, die: → Eichen 4.

Zerschroten, das: → Abtrummen.

Zersetzungsformen des Holzes: Neben besonderen Z. durch → Pilze und Tiere lassen sich nach äußeren Ursachen noch folgende Formen unterscheiden:

1. Verschleimung: langsame Zerstörung des → Holzes in fließendem Wasser. Es wird hierbei die Oberfläche des Holzes unter Beteiligung von Spaltpilzen verschleimt. Bei dieser Zersetzungsform kommt jedoch dem Holz eine sehr lange Dauer zu.
2. Abscheuerung: geschieht durch natürliche Reibung in rasch fließenden Gewässern (Gebirgsbächen, Flüssen), die Sand und Kies mit sich führen. Statt Wasser kann auch Luft die bewegende Kraft sein, die Sandkörner gegen das Holz schleudert. Eine derartige Abscheuerung ist an der Meeresküste (Dünen) überall nachweisbar. Von Brettern, selbst Balken, die dem treibenden Sand ausgesetzt sind, widersteht das → Spätholz länger als des → Frühholz, und am längsten halten die → Hornäste, die sich schließlich als spindelförmige, polierte Zapfen im Sand finden. Eine ähnliche Abnutzung erfährt auch das Holz, das als Fußböden und Straßenpflaster verwendet wird.
3. Vergrauung: allmähliche Auflösung bzw. Absplitterung des Holzes durch Witterungseinflüsse. Die weißliche Farbe des frischgefällten Holzes, z. B. an Zäunen verschwindet schon in

kurzer Zeit, indem zunächst der Gerbstoff an der Holzoberfläche unter Lichteinwirkung oxidiert; allmählich geht dann die Farbe in einen Grauton über, womit bereits die Ablösung von Zellen an der Holzoberfläche beginnt. Es werden zuerst die sog. inkrustierenden Stoffe ausgewaschen, während ein an Zellulose reicherer Stoff zurückbleibt. Damit einher geht im Freien die Einlagerung von eisenhaltigem Staub. Die losgelösten Zellen werden besonders von → Wespen abgenagt und zum Aufbau ihrer Brutnester verwendet. Weiche Hölzer werden früher zerstört als harte. Die Hornäste und verharzten Holzteile widerstehen am längsten. Von wesentlichem Einfluß ist dabei das Klima. Im Hochgebirge ruft die starke Sonnenwirkung an Holzoberflächen allmählich einen braunen Farbton hervor, der schließlich in Schwarz übergeht. Im feuchten Klima der Meeresküste und des Gebirges erfolgt die Zerstörung durch Vergrauung, z. B. der Schindeln, rascher als im trockenen Binnenlandsklima. Geglättete Flächen, z. B. gehobelte Bretter, halten sich länger gegen Vergrauung als unebene.

4. Vermoderung (Versticken, Stockigwerden): Holz vermodert, wenn es sich in ständig hoher Luftfeuchtigkeit und unter ungenügendem Sauerstoffzutritt befindet. Das Holz in Gruben, Schächten, Schiffsräumen, Kellern, im Innern hohler Bäume usw. ist dieser Zerstörung zumeist ausgesetzt, wobei zum chemischen Zerfall auch noch eine Zerstörung durch Fadenpilze (→ Holzpilze) tritt. Das Endergebnis ist feuchter, pulverartiger und brauner → Mulm.

5. Vertorfung und Inkohlung: Zerstörung des Holzes in stehendem Wasser unter beschränktem Sauerstoffzutritt oder unter Erdschichten. Das Holz, das sein Gefüge zwar beibehält, verliert an Gewicht und Härte und geht in eine weiche, braune Masse , den → Torf, über. Aus Torf entsteht dann → Braunkohle. Es kommt auch vor, daß das → Lignin des Holzes im Boden in sehr langen Zeiträumen, ähnlich wie in den Zellstofffabriken, gelöst wird und reiner → Zellstoff zurückbleibt (Sumpfzypressenholz der Braunkohlenlager der Niederlausitz). Aus gleichem Holz ist das sog. „Siegellackholz" entstanden, das in der Braunkohle gefunden wird und wie Siegellack brennt, weil es ganz mit einem → Harz durchtränkt ist.

6. Fäulnis: Zerstörung des Holzes unter Beteiligung von Fadenpilzen, wenn es genügend Luft und Wasser enthält. In solcher Lage befindet sich alles Holz, das auf dem Boden (Bretter, Prügel, Pflaster) oder oberflächlich im Boden, wie Schwellenholz, Prügelhölzer der Wege etc., verwendet wird. Eingerammte Pfähle, Pfosten und Stangen brechen daher meist nahe der Erdoberfläche; → Zersetzungsgrad.

Zersetzungsgrad, der: Für die Entstehung von → Totholz unterscheidet man folgende Z.:
lebend;
frisch abgestorben: Der Baum ist weitgehend vollständig erhalten und ist innerhalb der letzten beiden Jahre abgestorben. Alle Äste, soweit nicht gebrochen, sowie die Rinde sind noch am Stamm;
beginnende Zersetzung: Die Rinde ist lose, das Holz noch → beilfest, die → Kernfäule kleiner als ein Drittel des Durchmessers;
fortgeschrittene Zersetzung: Die Rinde ist weitgehend abgefallen; der → Splint ist weich. Der → Kern ist nur noch teilweise beilfest, die Kernfäule größer als ein Drittel des Durchmessers;
stark vermodert: Das Holz ist durchgehend weich, die Umrisse sind aufgelöst; → Zersetzungsformen des Holzes.

Natürliche Zersetzung des Holzes

Zerspanerbloche, die: in Österreich Bez. für Rundholz (Sägerundholz) mit einer Länge von 3 bis 6 m in vollen Meterlängen und bis 19 cm Mittendurchmesser.

Zerstreutlage, die: → Streulage.

zerstreutporige Hölzer: auch zerstreutporige Laubhölzer (Ah, Bi, Bu, Er, Hbu, Pa, Wei, Birne); → Poren.

Zertifizierung, die: Die Versuche einer umweltorientierten, von den Verbrauchern anerkannten Kennzeichnung (Z.) von Holzprodukten aus nachhaltiger → Forstwirtschaft und der nachhaltigen Forstwirtschaft selbst beruhen auf der → UN-Konferenz über Umwelt und Entwicklung (UNCED = UN-Conference on Environment and Development) in Rio de Janeiro im Juni 1992 und auf ihren Folgekonferenzen. Dort haben alle teilnehmenden Staaten das Ziel bejaht, einheitliche Kriterien und Indikatoren für eine nachhaltige Bewirtschaftung der Wälder (der temperierten und der borealen Zone) für die Berichterstattung der Mitgliedsländer des Helsinki-Prozesses (Europäische Forstministerkonferenz), bzw. des Montreal-Prozesses (USA, Kanada, Korea, Japan, Australien, Neuseeland, Rußland, Mexiko und Chile) festzulegen und inzwischen auch Kriterien und Indikatoren hierfür erarbeitet. 1993 wurden in Helsinki, bzw. 1998 in Lissabon, von allen westeuropäischen Industriestaaten „Allgemeine Richtlinien für eine nachhaltige Bewirtschaftung der Wälder" und „Allgemeine Richtlinien zur Erhaltung der biologischen Vielfalt" verabschiedet. Dabei wird die → Nachhaltigkeit sowohl aus der Sicht der Holzproduktion, der Vielfalt der Waldnatur als auch der Nutzung der Wälder unter wirtschaftlichen und sozialen Gesichtspunkten betrachtet. Dazu gehören u. a. die Erhaltung und angemessene Verbesserung der forstlichen Ressourcen, der Gesundheit und Vitalität forstlicher → Ökosysteme, der Produktionsfunktion der Wälder für Holz und auch Nichtholz, der biologischen → Diversität in Forstökosystemen, der Schutzfunktionen (→ Waldfunktionen) bei der Waldbewirtschaftung, wie z. B. für → Boden und Wasser, der sozio-ökonomischen Funktionen und Bedingungen und des Beitrages der Wälder zu globalen Kohlenstoffkreisläufen. Am Z.-Verfahren sollten Erzeuger und Holzverbraucher, Forstwissenschaftler und -praktiker, Umweltorganisationen, die Öffentlichkeit und Behörden beteiligt sein. In Dtschl. gab es 1996 vier verschiedene Ansätze für Z.-Systeme:

1. Die weltweit operierende Normierungsinstitution ISO (International Standardisation Organisation) prüft, ob sie im Rahmen der sektorspezifischen Normung auch einen Vorschlag zur Z. erarbeiten soll (für das Qualitätsmanagementsystem des Einzelbetriebes nach ISO 9000, für das Umweltmanagementsystem nach ISO 14000; ein speziell für die Forstwirtschaft gültiger Katalog existiert noch nicht (1998)).

2. Der Forest Stewardship Council (FSC) in Mexiko setzt Mindeststandards fest, die schon bei Erteilung des Zertifikats erfüllt sein müssen.

3. Greenpeace erarbeitete 1995 auf Erfahrungen im Stadtwald Lübeck aufbauend ein Konzept mit einer Liste verbotener Maßnahmen, wie z. B. Kahlschläge, Monokulturen, flächiges Abräumen, die Anwendung von Pestiziden und Mineraldüngern, Gülle und Klärschlamm, Füttern von Wildtieren.

4. Der Naturschutzbund Deutschland (Nabu) hat 1996 das Gütesiegel → „eco-timber" vorgestellt. Die Kriterien sind ähnlich wie beim vorgenannten Vorschlag. Parallel zu den Regierungen arbeiten seit einigen Jahren Nichtregierungsorganisationen an Katalogen für die Z. von Holz aus nachhaltiger Waldbewirtschaftung im einzelnen Forstbetrieb. Die wichtigsten internationalen Initiativen in die-

sem Bereich sind: „Rainforest Alliance" („Regenwald-Bund"); „Scientific Certification Systems" („Wissenschaftliche Zertifizierungssysteme"); „Soil Association" („Boden-Verband"); „Lembaga Ecolabelling" („Lembaga-Umweltzeichen"); „Initiative Tropenwald", Deutschland, und → „Forest Stewardship Council" (FSC), International.

Zetten: alte und lokale Bez. für Lat, Unterart der BKie; → Kiefern 1.

Zetzsche, Friedrich Andreas (9.5.1821 Meiningen bis 14.7.1899 Meiningen): Z. besuchte von 1837 bis 1840 die Forstakademie in Dreißigacker. Er war zuletzt Herzoglich-Sachsen-Meiningenscher Revierungs- und Geheimer Oberforstrat. Z. gilt als Begründer der Holzvorratsaufnahme durch Stichproben in Dtschl.

Z_g: Abk. für „Kreisflächenzuwachs"; → Zuwachs.

Z_h: Abk. für „Höhenzuwachs" → Zuwachs.

Zibetratte, die: → Wühlmäuse 1.

Zibkenbaum, der: → Holunder 2.

Zickzackklee, der: → Klee 4.

Zickzackspinner, der: → Zahnspinner.

Zick-Zack-Wurm, der: Bez. für die Larve der → Prachtkäfer.

Ziegelroter Faserkopf, der: → Rißpilze 1.

Ziegelroter Rißpilz, der: – Rißpilze 1.

Ziegenbart, der: → Geißbart.

Ziegenellerling, der: → Schnecklinge 8.

Ziegenlippe, die: → Röhrlinge 8.

Ziegenmelker, der: → Nachtschwalbe.

Ziegenweide, die: besondere Form der → Waldweide und weitaus schädlicher als der Eintrieb von Großvieh (→ Viehweide) oder die → Schweinemast. Die Z. (Ziegen und Schafe) wurde bis in das 19. Jh. hinein ausgeübt; mancherorts in geringem Umfang auch noch heute. Die Ziegen fressen mit Vorliebe Holzpflanzen, auch dann, wenn ihnen genügend Gras- und Kräuterwuchs zur Verfügung steht. Die Z. wurde zwar schon sehr früh verboten, aber die Einhaltung dieser – meist in den → Forstordnungen festgehaltenen – Bestimmungen erfolgte nur in den seltensten Fällen. Neuerdings gibt es Bestrebungen, die Ziegenweide zur Offenhaltung der Landschaft wieder zu forcieren.

Von links nach rechts: Heilziest (*Stachys officinalis*); Gelber Ziest (*Stachys alopecuros*); Alpen-Ziest (*Stachys alpina*); Deutscher Ziest (*Stachys germanica*)

Ziehen, das: → Rücken.

Ziehstuben: in den Alpenländern Bez. für die in der Nähe der Ziehwege (→ Schleifwege) aus → Holz oder Stein errichteten Unterkunftshäuser für die → Waldarbeiter, die diesen zum ständigen Aufenthalt für die Dauer der Holzbringung (→ Holztransport, → Rücken) oder → Fällung dienten; → Koben.

Ziehwege → Schleifwege.

Zielalter, das: Mit der Festlegung der Zieldurchmesser (Stärke der Bäume; → Zielstärke) und der waldbaulichen Behandlung wird auch das Z. (→ Hiebsreife) für die Waldbestände weitgehend bestimmt.

Zielbaum, der: → Lachbaum.

Zielbestockungsgruppe, die: → (Forst-) Betriebsziel, Betriebszieltyp.

Zielbestockungsplanung, die: Festlegung der für bestimmte Waldflächen vorgesehenen künftigen Bestockung.

Zieldurchmesser, der: → Zielstärke.

Zielstärke, die: auch Zieldurchmesser. angestrebter Durchmesser der Bäume im Erntealter; → Hiebsreife.

Zielstärkennutzung, die: → Nutzung der Bäume, wenn sie eine bestimmte → Zielstärke erreicht haben.

Zielvorrat, der: auch Sollvorrat. der (rechnerische) → Holzvorrat, der sich auf Grund der Standortsbonität, des erstrebten → Altersklassenverhältnisses, der angestrebten → Baumartenverteilung und des angestrebten Erziehungszustandes ergibt.

Zierreisig, das: → Schmuckreisig, Reisholz; Weihnachtsbäume.

Ziest, der (*Stachys, Betonica*): auch Betonie. Gatt. der Fam. der → Lippenblütengewächse mit etwa zehn Arten in Europa, Asien und Afrika. In Mitteleuropa sind im Wald anzutreffen:

1. Heilziest, der (*Stachys officinalis* (Linné) Trevisan = *Betonica officinalis* Linné): auch Gemeine Betonie, Rote Betonie, Heilbetonie, Gemeiner Z., Echter Z. Der H. ist hauptsächlich über Mittel- und Südeuropa, im Norden Europas bis Südskandinavien, zudem über Westasien und Nordafrika verbreitet. Er wächst zerstreut in lichten, mäßig trockenen Laubmischwäldern, Eichen-Birkenwäldern, Gebüschen, auf Streuwiesen, Moorwiesen, mageren Bergwiesen und Heiden, von der Ebene bis in mittlere Gebirgslagen, bevorzugt auf kalkarmen bis kalkreichen Lehm- und Tonböden; Magerkeits- und Wechselfeuchtezeiger.

Die mehrjährige 20 bis 70 cm hohe, unangenehm riechende, am Grunde verholzte Pflanze hat einen einfachen, oben angedrückt behaarten, mit ein bis drei Blattpaaren besetzten Stengel. Die 3 bis 10 cm langen länglich-eiförmigen bis elliptischen Blätter sind stumpf gekerbt, netzrunzelig und am Grunde herzförmig. BZ: Juni bis August/September. Der walzenförmige → Blütenstand, eine aus Scheinquirlen zusammengesetzte, 3 bis 6 cm lange, dichte Scheinähre, besteht aus purpur-rosafarbenen, selten weißen 10 bis 15 mm langen → Lippenblüten.

Der H. ist eine uralte, schon von Griechen und Römern vielseitig verwendete → Heilpflanze, die zeitweise als Allheilmittel angesehen wurde. Verwendet werden der → Wurzelstock (kann Brechreiz hervorrufen) und die Blätter, geerntet im Juni/Juli. Sie enthalten Betaine, Bitterstoffe, Gerbstoff, Glykoside und Saponine, wirken adstringierend, appetitanregend, brechreizerzeugend, auswurffördernd und wundheilend. Verwendung finden sie bei Abszessen, Hautgeschwüren, Gicht, Katarrh, Lungenblähung; bei infizierten Wunden und Krampfadergeschwüren fördern sie die Narbenbildung. In kleinen Dosen wirken die H.-Blätter antidiarrhöisch, in großen Dosen als Abführ- und Brechmittel. Die getrockneten und pulverisierten Blätter sind auch ein Niesreizmittel.

2. Waldziest, der (*Stachys sylvatica* Linné): auch Waldnessel. Der W. ist fast über ganz Europa (im Süden nur in den Gebirgen) und über weite Teile Asiens verbreitet. Er wächst – oft in großen Beständen – in feuchten Laub- und Mischwäldern, Auwäldern, besonders Hartholz-Auenwäldern (schwache Verbands-Charakterart und → Differentialart in mesophytischen Buchen- und Laubmischwäldern), Gebüschen, Hecken, an Quellen, Waldrändern und -wegen, auf nährstoffreichen, humosen Lehm- und Tonböden von der Ebene bis in mittlere Gebirgslagen; Nährstoff- und Feuchtezeiger.

Die ausdauernde, 30 bis 120 cm (150 cm) hohe, unangenehm riechende → Staude hat einen kriechenden Wurzelstock und lange unterirdische → Ausläufer, die zahlreiche aufrechte Blütensprosse entwickeln. Der aufrechte Stengel ist hohl, vierkantig, abstehend behaart, oberseits drüsig behaart und ästig. Die Blätter, die an Brennesselblätter erinnern, sind herzförmig bis breit-eiförmig, spitz und rauhhaarig. BZ: Juni bis August/September. Der Blütenstand ist meist an mehreren drei- bis meist sechsblütigen Scheinquirlen zusammengesetzt und bildet eine lange, lockere Scheinähre. Die 12 bis 15 mm lange dunkelpurpurne Blütenkrone ist doppelt so lang wie der Kelch und rauhhaarig. Die Kronröhre hat innen einen Haarring. Die Oberlippe ist helmartig gewölbt; die große Unterlippe ist dreiteilig mit geschlängelter weißer Zeichnung und Staubblättern, die sich während der Blütezeit z. T. nach der Seite auswärts krümmen. Die weiße Zeichnung und der Haarring im Innern der Kronröhre sind ein deutliches Unterscheidungsmerkmal zum Heilziest. Die Früchtchen sind kleine, glatte, violett- bis schwarzbraune, kugelig zusammengeschlossene Nüßchen.

Auch der W. war früher eine geschätzte Heilpflanze, wird aber heute kaum noch beachtet. Verwenden kann man die blühenden Sproßspitzen, geerntet von Juni bis September. Sie enthalten → ätherisches Öl und wirken beruhigend, schmerzstillend, krampflösend und menstruationsregulierend; sie können bei Krämpfen, Ohrengeräuschen und zur Linderung von Beschwerden in den Wechseljahren verwendet werden.

3. **Deutscher Ziest**, der (*Stachys germanica* Linné): Der D. Z. ist über West- und Mitteleuropa verbreitet. Er wächst zerstreut auf sonnigen Waldlichtungen, in Gebüschen, an Waldrändern, auf Halbtrockenrasen, Schutt, felsigen Hängen, auf steinigen, vorzugsweise kalkhaltigen Böden, in Tallagen und wärmeren Gebirgslagen; meist verwilderte Zierpflanze.

Die meist zweijährige, 40 bis 120 cm hohe Staude hat einen dicht grauweiß-wollig behaarten, meist einfachen Stengel. Die Blätter sind länglich-eiförmig bis lanzettlich, zugespitzt, mit herzförmigem Grund, weißfilzig, die oberen sitzend, die mittleren und unteren gestielt. Der Blattrand ist gekerbt. BZ: Juni bis September. Die hell-karminroten bis purpurroten Blüten stehen in reichblütigen Scheinquirlen in einer beblätterten Scheinähre. Die Vorblätter sind dicht seidig behaart und etwa so lang wie der ebenfalls dicht seidig behaarte Kelch.

4. **Alpen-Ziest**, der (*Stachys alpina* Linné): Der über Großbritannien, West- und Mitteleuropa verbreitete A. wächst in Dtschl. besonders in den Alpen und im Rheingebiet, und ist an Waldrändern, in feuchten Gebüschen, schattigen Bergwäldern, Waldschlägen und auf Waldlichtungen, in Schlucht- und Auenwäldern anzutreffen; Nitrifizierungszeiger.

Die 60 bis 100 cm hohe Pflanze hat einen rauhhaarigen, oberseits rötlich drüsig behaarten Stengel. Die herzförmigen Blätter sind gekerbt-gesägt. BZ: Juli/August. Die hell-purpurnen bis trüb-braunroten Blüten stehen in reichblütigen, entfernt gestellten Blütenquirlen (über zehn). Die Hochblätter sind länger und die Behaarung stärker als beim Waldziest. Ferner wächst noch der **Aufrechte Z.** (*S. recta*) in lichten Eichen- oder Kiefernwäldern, an Waldrändern, in Schneeheide-Kiefernwäldern und Alpenrosen-Latschengebüschen, in xerothermen submediterranen Flaumeichen-Wäldern und subkontinentalen Eichen-Steppenwäldern sowie in Berberitzengebüschen. Der **Gelbe Z.** (*S. alopecuros*) ist in Legföhrengebüschen anzutreffen.

Zigeuner, der: → Reifpilz.

Zigeunerholz, das: minderwertige ungarische Ei. Z. wurde früher im allg. nur zu Grubenschwellen und → Bauholz, allenfalls auch im Wagenbau und zur Parkettherstellung verwendet, nicht aber zur Möbel- und Faßherstellung.

Zigeunersalat, der: → Hahnenfuß 5.

Zikaden (*Cicadina*): auch Zirpen. Mit rd. 35 000 Arten weltweit verbreitet Unter-Ordn. kleiner bis mittelgroßer (0,1 bis 18 cm) spannender → Insekten mit vier in der Ruhe steil dachförmig getragenen Flügeln. Etwa 400 Arten sind einheimisch. Z. haben stechend-saugende Mundwerkzeuge, die Weibchen einen Legestachel. Mit Hilfe von Trommelorganen am Hinterleib können die Männchen Schrill- und Zirplaute erzeugen; die Weibchen sind meist stumm. Die Z. ernähren sich saugend von Pflanzensäften. Bei den Schaum-Z., einer Fam. der Z., sitzen die → Larven in Schaumklümpchen, dem sog. Kuckucksspeichel. Dieses Sekret entsteht durch Ausblasen der Atemluft in die flüssigen, Wachsseifen enthaltenden Exkremente, z. B. bei der **Wiesenschaumzikade** (*Philaenus spumarius*), die ca. 0,5 cm groß, in der Färbung variabel, meist mittelbraun ist, und häufig auf Wiesenschaumkraut anzutreffen ist. Die wichtigsten, auch im Wald und auf Bäumen, Sträuchern und Gräsern lebenden Arten sind:

Zilpzalp, der: → Grasmücken 3.

Zimber, der: alte und lokale Bez. für Zir; → Kiefern 5.

Zimmerbock, der: → Bockkäfer 9.

Zimmerholz, das: → Balkenholz.

Zimmetrose, die: → Rosen 12.

Zimt-Erdbeere, die: → Erdbeeren 3.

Zimtrose, die: → Rosen 12.

Zink, das: Abk. Zn. Der Z.-Gehalt der Böden schwankt zwischen 1 und 300 ppm, in Fichtennadeln zwischen 25 und 60 ppm. Z. ist an zahlreichen Aktivierungsvorgängen in der → Pflanze, z. B. verschiedenen Dehydrogenasen, beteiligt.

Zinkmangel, der: → Mangelsymptome an Bäumen.

Zinnkraut, das: → Schachtelhalm.

◀◀ Bergzikade (*Cicadetta montana*)

Dornzikade (*Centrotus cornutus*)

1. **Erlenzikade**, die (*Aphrophora alni*): auch Erlenschaumzikade. Die etwa 1 cm lange Zikade ist bräunlich, läuft und fliegt gut und kommt hauptsächlich in Auwäldern auf Er, auch auf Pa und Wei vor. Die Larve lebt in einem Schaumnest.

2. **Dornzikade**, die (*Centrotus cornutus*): Die graubraune, etwa 1 cm große D. ist durch ihre Färbung gut getarnt und kommt an Waldrändern und größeren Feldgehölzen vor. Sie hat bizarr geformte Fortsätze der Vorderbrust. Der Halsschild hat einen spitzen Dornfortsatz, der fast bis an das Körperende reicht. Die D. sitzt auf verschiedenen Sträuchern und im Gebüsch. Die Eier werden in Pflanzenstengel eingelegt, wobei Triebe und Schößlinge absterben können. Das Ei überwintert.

3. **Ohrzikade**, die (*Cixius aurita* (*nervosus*)): Die 0,9 cm große, meist bräunlich gefärbte O. hat auf den durchsichtigen Flügeln dunkle Flecken am Außenrand. Die Flügel liegen fast flach (nicht dachförmig) an. Der Lebensraum sind Auen- und Laubmischwälder, wo sie hauptsächlich auf Er, Pa, Es, Ei und Ha vorkommt.

4. **Zwergzikade**, die (*Cicadella viridis*): Die knapp 1 cm große Z. kommt im Juli/August recht zahlreich auf feuchten Standorten (Wiesen, Waldschneisen, Moore, Sümpfe) vor. Die Männchen haben dunkelblaue Vorderflügel; beim Weibchen sind Flügel und Körper grün.

5. **Bergzikade**, die (*Cicadetta montana*): Die dunkle B. hat durchsichtige (glasklare) Flügel, die bräunlich geadert sind. Die besonders auf Ei vorkommende B. liebt sonnige Plätze; das Männchen zirpt gerne (Sing-Zikade).

Zilande, die: schweizerische Bez. für → Seidelbast 1.

Zinnoberroter Kelch-, Prachtbecherling, der: → Becherlinge 8.

Zinnoberschwamm, -tramete, der/die: → Porlinge 9.

Zinserlein, das: → Hartriegel 1.

Zinsfuß, Forstlicher, der: → Forstlicher Zinsfuß.

Zinswald, der: → Teil- und Zinswald.

Ziparte, die: → Prunus 8.

Zippenbeerbaum, der: → Ebereschen 1.

Zipperleinskraut, das: → Geißfuß.

Zirbe, die: → Kiefern 5.

Zirbelfichte, die: → Kiefern 5.

Zirbelkiefer, die: → Kiefern 5.

Zirbelkiefernwald, der: → Subalpin-alpine Zwergstrauch-Gesellschaften und Lärchen-Zirbenwälder.

Zirbelkiefer, Sibirische, die: Unterart der Zir; → Kiefern 5.

Zirbelnuß, die: wohlschmeckender → Samen der Zir; → Kiefern 5.

Zirben-Sippschaft, die: → Rotten von Zir, entstanden durch → Hähersaat.

Zirbm, die: kärntnerischer Ausdruck für Zir; → Kiefern 5.

Zirm(e), die: Tiroler und schweizerischer (lokal) Ausdruck für Zir; → Kiefern 5.

Zirpen → Zikaden.

Zirschen, der: alte und lokale Bez. für Zir; → Kiefern 5.

Zirzen, der: alte und lokale Bez. für Zir; → Kiefern 5.

Zitronenfalter, der: → Weißlinge 2.

Zitronengelber Wulstling, der: → Wulstlinge 8.

Zitronentäubling, der: → Täublinge 13.

Zitronenzeisig, der: → Finkenvögel 7.

Zitteresche, die: → Pappeln 5.

Judasohr (*Hirneola auricula-judae*)

Goldgelber Zitterling (*Tremella mesenterica*)

Zittergras, das (*Briza*): Gatt. der → Süßgräser mit 30 Arten in Europa, Zentralasien und in Mittel- und Südamerika. Die einzige in Dtschl. verbreitete Art:

Zittergras, das (*Briza media*): Das nicht seltene, doch recht zerstreut anzutreffende ausdauernde Gras wächst auf mageren Wiesen, in lichten Wäldern und auf sonnigen Triften, auf mineralreichen, doch nährstoffarmen und trockenen Böden.

Das ausdauernde, lockere Rasen bildende Gras wird 20 bis 50 cm hoch. Die schmalen, unbehaarten Blätter ohne Blattöhrchen sind an den Rändern rauh. Die Blatthäutchen sind sehr kurz und abgestutzt. Die Doldentrauben oder Rispen (→ Blütenstand) tragen drei- bis 12blütige → Ährchen. Die rundlich-herzförmigen Ährchen, die an den dünnen, zierlich verzweigten Rispenästchen hängen und daher beim geringsten Luftzug erzittern (Name!) sind meist weißlich und violett gescheckt und nur im Schatten rein grün. Das Gras wurde früher auch zum Wahrsagen herangezogen und wird heute noch gerne als Straußzugebinde gesammelt. BZ: Mai bis Juli.

Zittergras (*Briza media*) wächst auf mageren Standorten.

Zittergrasartige Segge, die: → Seggen 1.

Zittergras-Segge, die: → Seggen 1.

Zitterlinge (*Tremellaceae*): Pilz-Fam. aus der Ordn. der Zitterpilzartigen. Sie wachsen überwiegend an Lbh, manche auch an Ndh, und meist an abgestorbenen und morschen Stämmen, Stümpfen und Ästen. Die bekanntesten sind:

1. Judasohr, das (*Hirneola auricula-judae*): auch Holunderschwamm. Der weit verbreitete → Pilz ist bei entsprechender (feuchter) Witterung während des ganzen Jahres zu finden. Er kommt parasitisch an älteren, schattig stehenden Stämmen des Schwarzen Holunders, seltener an Ah und anderen Laubbäumen vor. Das J. bildet einen → Fruchtkörper von 4 bis 10 cm, der erst als kleiner Becher oder flache Schale erscheint, später ohrähnliche Gestalt annimmt, aber auch umgekehrt schüsselartig, muschelförmig oder gelappt und verdreht sein kann. Seine Farben schwanken zwischen Purpur und Rotbraun und werden mit zunehmendem Alter dunkler. Die glatte, glänzende Innenseite trägt die Fruchtschicht (Hymenium); die Außenseite ist fein und dicht behaart, wodurch der Pilz kurzfilzig erscheint. Bei Trockenheit schrumpfen die Fruchtkörper und werden hart; bei Feuchtigkeit quillt er breit auf und lebt weiter. Das gallertartige Fleisch wird gelegentlich gegessen. Es hat aber keinen besonderen Geschmack und Geruch.

2. Rötlicher Gallerttrichter, der (*Guepinia helvelloides*): Der meist büschelig wachsende Pilz ist von Juli bis Oktober in bergigen Nadelwäldern an Waldwegen und -gräben, an ehemaligen Holzlagerplätzen und auf mulmigen Baumstümpfen anzutreffen. Der kaum verwechselbare und auch roh eßbare Pilz wird 5 bis 10 cm hoch und 4 bis 7 cm breit. Er hat jung eine spatelige und zungenartige Form. Der ältere Pilz nimmt häufig die Form eines Trichters oder Füllhorns ein. Der Fruchtkörper ist auf einer Seite immer aufgeschlitzt, auf der anderen Seite lang ausgezogen. Der Rand ist oft wellig, gelappt und nach außen umgeschlagen. Der durchscheinend wirkende Fruchtkörper ist oberseits anfangs glatt, später runzelig. Die Ober- und Unterseite ist gleichfarbig gelbrot bis rotbräunlich, im Alter auch blaurot. Der blaßrötliche Stiel ist kurz und breitgedrückt, am Grunde weißlich. Das gelatineartige, manchmal auch knorpelige Fleisch ist schwächer gefärbt als die Oberfläche. Der Pilz wird roh gerne als Salat zubereitet.

3. Gallertstacheling, der (*Pseudohydnum gelatinosum*): auch Zitter-, Eiszahn. Die etwa 5 bis 8 cm breiten und 1 bis 1,5 cm dicken Fruchtkörper des Pilzes erscheinen von September bis November auf älterem, morschem und durchfeuchtetem Nadelholz, besonders auf Stümpfen. Trocknet das Holz aus, stirbt der konsolenartig am Holz sitzende Pilz ab. Der Fruchtkörper hat meist eine halbkreisartige oder muschelähnliche Form und ist von gallertiger Beschaffenheit. Er hat 2 bis 4 mm lange dichtstehende Stacheln, die an der Unterseite des Fruchtkörpers sitzen. Während die Pilzoberseite milchigweiß oder leicht grau, seltener violett oder dunkelbraun gefärbt ist, sind die Stacheln weißlich bis bläulich gefärbt. Der Pilz sieht insgesamt aus, als sei er aus bläulichem Firneis. Das gallertartige Hutfleisch ist wäßrig; nach dem Auskochen bleibt es knorpelig. Der eßbare Pilz kann als Salatpilz verwendet werden.

4. Goldgelber Zitterling, der (*Tremella mesenterica*): Der 4 bis 10 cm breite und nur bis 3 cm hohe Pilz bricht häufig schon im November, wenn Tauwetter herrscht, aus Rindenrissen am Boden liegender Laubholzzweige und -äste, besonders von Es, Er und Bu, hervor. Er ist gelegentlich bis in den Mai hinein zu finden. Sein Fruchtkörper ist gehirnartig gewunden und von auffallend gelber Farbe. Er ist gallertartig weich und schrumpft an trockener Luft schnell zusammen; er wird dann hornartig hart. Bei Feuchtigkeit nimmt er wieder seine frühere Beschaffenheit an. Als Speisepilz ist er wertlos.

Zitterpappel, die: → Pappeln 5.

Zitterspinnen (*Pholcidae*): Fam. der → Webspinnen mit zwei mitteleuropäischen Arten. Es sind sehr langbeinige Spinnen von 5 bis 10 mm Länge die bei Beunruhigung den Körper und das Netz in schnelle, kreisende oder schwingende Bewegungen versetzt. Eine bekannte Art ist:

Zitterspinne, die (*Pholcus phalangioides*): Die mit Ausnahme von Großbritannien fast über ganz Europa verbreitete Z. kommt regelmäßig und sehr häufig vor und ist an Gebäuden, in Gärten und in Mischwäldern anzutreffen. Die bis 5 mm große, graubraune Spinne hat sehr lange Beine und erinnert an einen → Weberknecht. Sie errichtet ein zartes Netz, in dem sie kopfunter hängt und es bei Gefahr in Schwingungen versetzt. Die Nahrung besteht aus Kleintieren. Sie spritzt Gift und auflösende Stoffe in die Beute und saugt sie dann aus. Die Z. pflanzen sich geschlechtlich fort. Während des Sommers begegnet man weiblichen Spinnen mit einem Eipaket zwischen den Kieferfühlern, das sie bei der Nahrungsaufnahme beiseite legen müssen.

Zitterzahn, der: → Zitterlinge 3.

Zitzenfichten: frühere Bez. für vereinzelt vorkommende Fi, die im unteren Stammteil mit kegelförmigen Peridermwucherungen (→ Periderm, Abschlußgewebe) überzogen sind. Diese Wucherungen können bis in 3 m Höhe reichen und sind miteinander mit abwechselnden, mehrschichtigen Lagen verkorkter und nicht verkorkter Zellen zusammengesetzt.

Ziulinta: alte germanische Bez. für → Seidelbast 1.

Zizerl → Sauerdorn.

Zoll, der: früheres Längenmaß, bei der Duodezimalteilung 1/12, bei der Dezimalteilung 1/10 eines Fußes (→ Fuß), unterteilt wiederum in 12 bzw. 10 Teile; → Klafter.

Zone, die: waldbauliche Flächengröße bis zu einer Breite von zwei bis sechs Altbaumlängen (ca. 60 bis 180 m); → Streifen, Schlagform.
Zonenfemelschlag, der: Kombination der → Schlagform → Zone mit dem Femelhieb (→ Hiebsart); → Verjüngungsverfahren.
Zonenkahlschlag, der: Kombination der → Schlagform → Zone mit dem → Kahlschlag (→ Hiebsart); → Verjüngungsverfahren.
Zonenschirmschlag, der: auch Zonenschirmstellung. Kombination der → Schlagform → Zone mit dem Schirmhieb (→ Hiebsart); → Verjüngungsverfahren.
Zonenschirmstellung, die: → Zonenschirmschlag.
Zoochorie, die: → Samenverbreitung.
Zoogeographie, die: → Biogeographie.
Zoophagen → Carnivora.
Zopf, der: in der Forstwirtschaft Bez. für das Baumende (Wipfel), d. h. beim gefällten Baum das dem Stammfuß gegenüberliegende Ende; → Zopfdurchmesser.
Zöpfchenmoos, das: → Schlafmoos.
Zopfdurchmesser, der: auch Zopfstärke, Oberstärke, veraltet auch Ablaß. der Durchmesser am oberen (dünneren) Ende von → Rundholz (→ Zopf). Der Z. wird bei der Messung des → Stammes durch einmaliges waagerechtes Kluppen, wie der Stamm im Walde liegt, ermittelt. Wird der Durchmesser in Rinde gemessen, so ist ein der Rindenstärke entsprechender Abzug zu machen. Die Feststellung des Z. ist z. B. von Bedeutung bei der Klasseneinteilung der → Heilbronner Sortierung und bei der Schwellensortierung.
zopfen: alle Äste und Zweige an einem gefällten Baum entfernen, die nicht als → Nutzholz verwendet werden können.
Zopfkluppe, die: eine vom Forstwirt zur Feststellung des → Zopfdurchmessers mitgeführte → Kluppe bis 40 cm Durchmesser.
Zopfstärke, die: → Zopfdurchmesser.
Zopfstück, das: mehr oder weniger langes Gipfelstück. Das Holz des Z. ist i. a. astig bis starkastig und bei den Ndh auch weniger harzreich. Daneben hat es eine geringe Rohdichte (→ Dichte des Holzes). Der → Zopfdurchmesser ist bei der → Holzsortierung entscheidend.
Zopftrocknis, die: Gipfeldürre der Bäume (Altbäume); → Wipfeldürre.
Zötl, Gottlieb, v. (1.9.1800 Kitzbühel bis 6.1.1852 Innsbruck): Z. studierte von 1823 bis 1824 an der Forstlehranstalt in Maria-brunn, an der er von 1827 bis 1831 als Assistent tätig war. Von 1837 an war er in Tirol und im Salzburger Land als Forstmeister und Berg-rat tätig. Er schrieb: „Handbuch der Forstwirthschaft im Hochgebirge für alle jene, welche das Forstwesen betreiben oder mit demselbn in Berührung stehen als: ...“ (1831).
Zottelfichte, die: → Haselfichte.
Zottiger Fichtenborkenkäfer, der: → Borkenkäfer 28.
Zottiger Geißklee, der: → Geißklee 6.
Zottiger Schichtpilz, der: → Porlinge 11.
Zschokke, Johann Heinrich Daniel (22.3.1771 bis 27.6.1848 Aarau): Z. war von 1804 bis 1818 Oberforstinspektor des Forst- und Bergwesens des Kantons Aarau. Er schrieb u. a.: „Die Alpenwälder. Für Naturforscher und Forstmänner“ (1804), „Der Gebürgsförster oder deutliche und genaue Anweisung für Forstbediente ... ihre Waldungen auf die beste Art zu besorgen und den möglichst größten Nutzen daraus zu ziehen“ (1806).
Z-Stamm, der: → Auslesebaum.
Zuchtbaum, der: → Auslesebaum.
Zuckerahorn, der: → Ahornsirup.
Zuckerahorn, Deutscher, der: → Ahorne 4.
Zuckerrose, die: → Rosen 5.
Zuckmücken (*Chironomidae*; früher: *Tendipedidae*): auch Schwarmmücken, Federmücken. V. a. über die nördliche gemäßigte Zone verbreitete Fam. der → Mücken mit über 5000 (davon ca. 1200 in Mitteleuropa), etwa 2 bis 15 mm großen, gelblichen, grünen, braunen oder schwarzen Arten, den → Stechmücken ähnlich, jedoch nicht stechend. Der Name Z. geht auf die Eigenart zurück, daß sie mit den aufgerichteten und wie Fühler vorgestreckten langen Vorderbeinen ständig zucken. Die Männchen haben buschige oder pinselartig behaarte Fühler. Sie bilden oft große tanzende, arttypische Schwärme von Hunderten bis zu Hunderttausenden von Individuen, wobei große Schwärme aus der Ferne wie Rauchschwaden aussehen. Die Larven der Z. sind rot, bis zu 2 cm lang und dünn; sie dienen den Zierfischzüchtern als Futter für die Fische. Sie leben entweder frei in Salz- und Süßgewässern oder in Gespinströhren im Schlamm bzw. in feuchter, humusreicher Erde.
Zufällige Ergebnisse → Scheidholz.
Zufallsnutzung, die: → Totalitätshieb, Scheidholz.
Zugholz, das: → Reaktionsholz.
Zuglöcher → Räume.
Zugsäge, die: → Schrotsäge.
Zukunftsbaum, der: auch Z-Baum, Zukunfts-, Z-Stamm, besser → Auslesebaum.
Zumaß, das: → Schwindmaß.
Zunder, der: Unterart der BKie; → Kiefern 1.
Zunderasche, die: → Sinterasche.
Zunderschwamm, der: → Porlinge 14.
Zündhölzer: Für die Herstellung von Z. wird überwiegend Fi-, Ta-, Kie- und As-Holz verwendet. Aus einem → Raummeter → Holz können mehr als 2 Mio. Z. gefertigt werden. Früher wurden auch die Rahmen (→ Zargen) der Zündholzschachtel aus diesen Holzarten hergestellt, wobei auch noch Bu-Holz verwendet wurde.
Zündpunkt des Holzes, der: → Thermische Holzeigenschaften.
Zungenkeule, die: → Keulenpilze 6.
Zünsler (*Pyralidae*): auch Lichtzünsler, Lichtmotten. Mit ca. 10 000 Arten (davon etwa 250 einheimisch) weltweit verbreitete Fam. dämmerungs- oder nachtaktiver Kleinschmetterlinge. Z. sind i. a. größer als die → Wickler und spannen, je nach Art, zwischen 1,5 und 3 cm. Sie sind schlank gebaut, haben dreieckige Vorder- und rundliche faltbare Hinterflügel. Die schwach behaarten, meist gestreckten 16-, auch 14beinigen Raupen legen in Pflanzen oder organischen Stoffen häufig Gespinstgänge an. Bei massenhaftem Auftreten können sie an Kulturpflanzen und Vorräten schädlich werden.
1. Fichtenzapfenzünsler, der (*Dioryctria abietella*): Der im Juni/Juli fliegende Kleinschmetterling hat 1,6 cm lange Vorderflügel. Die Grundfarbe der Flügel ist aschgrau; sie werden von zwei bis drei geschwungenen, manchmal unvollständigen weißlichen Querlinien durchzogen. Die breiteren Hinterflügel sind weißlich, grau bestäubt, mit hervortretenden

Fichtenzapfenzünsler (*Dioryctria abietella*)

Adern. Der häufig in Nadelwäldern vorkommende → Schmetterling legt seine Eier an junge → Zapfen, aber auch an Endtriebe der Fi, Ta und Kie. Die von den → Larven befressenen Zapfen zeigen Harzfluß und fallen vorzeitig ab. Die befallenen Triebe, hauptsächlich in → Kulturen und → Stangenhölzern, bräunen sich, vertrocknen, krümmen sich und schrumpfen zusammen. Die → Raupe überwintert in einem Gespinst in der Bodendecke. Die Generation ist einfach, in trockenen und heißen Sommern auch doppelt.
2. Harzzünsler, der (*Dioryctria splendidella*): Der Schmetterling ähnelt stark dem Fichtenzapfenzünsler, ist aber größer und hat am Innenrand der Vorderflügel einen rötlichen Fleck. Er fliegt erst Ende Juli, Anfang August. Die Raupe lebt hauptsächlich an Kie mit Wundstellen, die von → Schälschäden, vom Blasenrost (→ Kiefernblasenrost, → Strobenblasenrost) oder vom → Hallimasch herrühren. Die Fraßgänge reichen meist bis zum → Splint. Die Generation ist einfach.

Johann Heinrich Daniel Zschokke

3. **Kiefernsamenzünsler**, die (*Ephestia elutella*): Beim K. sind die schmalen Vorderflügel bräunlichgrau, die Hinterflügel weißlichgrau. Er fliegt von Juni bis August und belegt verschiedene pflanzliche Stoffe (z. B. Dörrobst, Heu usw.) sowie in Darren aufbewahrte Kiefernsamen mit weißlichen Eiern. Die Samen werden von der Raupe ausgefressen.

Zuposten, der: früher übliche Bez. für die Übergabe des → Rundholzes durch den Revierbeamten an den Holzkäufer.

Zürbel, die: in der Schweiz übliche Bez. für Zir; → Kiefern 5.

Zürgelbaum, der: → Kiefern 3.

Zürn, die: alte und lokale Bez. für Lat, Unterart der BKie; → Kiefern 1.

zusammengesetzte Ähre, die: → Blütenstand.

zusammengesetzte Dolde, die: → Blütenstand.

zusammenwachsen lassen → durchwachsen.

Zuschlag, der: → Hegeheister, Beischlag.

Zuschläge: auch Verhaue. frühere und auch veraltete Bez. für junge, hinter Zaun (Wildschutzzaun) stehende Bäume die vor → Wildschäden geschützt wurden.

Zuwachs, der: auch forstlicher Z., Zuwuchs, Wachstumsgeschwindigkeit. das Holzvolumen, das sich während einer Vegetationsperiode wie ein Mantel um alle Holzteile des Baumes legt und als Dicken- und Höhenwachstum – in der Summe als Volumenzunahme – in Erscheinung tritt. Forstlich von Bedeutung ist der Z. an Schaftholz.

Hinsichtlich der Vergrößerung eines Baumes innerhalb einer Vegetationsperiode werden deshalb folgende Z.-Arten unterschieden:

1. Höhenzuwachs: Er stellt die entstandene Verlängerung der Schaftachse eines Baumes durch den jährlichen Höhentrieb dar.

2. Kreisflächenzuwachs (Querschnittszuwachs): der Z. des Baumes in seiner Kreisfläche (→ Grundfläche).

3. Stärkenzuwachs (Durchmesserzuwachs): Er bezeichnet die Zunahme der Stärke durch den ringsherum angelegten Jahrring (Jahrringbreite).

4. Massenzuwachs (Volumenzuwachs, Quantitätszuwachs): Der Z. eines Baumes in seinem gesamten Volumen (seiner Masse), der eine mantelförmige Bedeckung des Baumes darstellt.

Der jährliche und damit der laufende Z. (lZ) kann durch Vergleich der Volumenzunahme innerhalb eines bestimmten Zeitraumes durch zweimalige Vorratserhebung ermittelt werden (→ Vollaufnahme, → Kontrollmethode). Mittels der Entnahme von Bohrspänen mit einem → Zuwachsbohrer oder -hammer kann der laufende Z. durch eine einzige Aufnahme ermittelt werden. Geschätzt werden kann der Z. für die einzelnen Baumarten eines Bestandes anhand von Ertragstafeln.

Die Kurve der Volumenentwicklung (Wachstumskurve) für einen Einzelbaum und auch einen Bestand ist eine asymmetrische S-Kurve. Die Kurve des Z. (über dem Alter) ist die erste Ableitung der Wachstumskurve. Sie hat bei dem Alter ein Maximum, wo der Wendepunkt der Wachstumskurve liegt. Das Maximum des Z. liegt i. d. R. unterhalb einem Drittel des höchstmöglichen Alters der Bäume. Von dort ab nimmt der Z. allmählich ab. Wachstums- und Zuwachskurve sind für jede Baumart verschieden und auch von Umwelteinflüssen geprägt.

Der durchschnittliche Gesamtzuwachs (dGZ) in einem bestimmten Alter drückt aus, wieviel ein Bestand bis jetzt im Jahresdurchschnitt geleistet hat. Der Z. ist ein → Nachhaltsweiser.

Zuwachsarten → Zuwachs.

Zuwachsberechnung, die: → Zuwachs, Kontrollmethode.

Zuwachsbohrer, der: mechanisches, von → Pressler entwickeltes Bohrgerät (Hohlbohrer) zum Entnehmen von Holzproben, mit deren Hilfe die Anzahl der → Jahrringe am stehenden Baum ermittelt wird. Der Bohrspan muß dabei die Mitte des Baumes treffen. An dem erbohrten Span werden neben der Anzahl auch die Stärke der Jahrringe ermittelt. Je nach Ausführung für Bohrtiefen von 100 bis 800 mm. Mit dem Zuwachshammer können Untersuchungen des letztjährigen → Zuwachses vorgenommen werden; → Altersbestimmung, Wrimmelbohrer.

Zuwachshammer, der: → Zuwachsbohrer.

Zuwachslehre, die: → Ertragskunde.

Zuwachsleistung, die: Die jährliche Zunahme der → Holzmasse eines Baumes oder Bestandes hängt vom Leistungsvermögen des → Standorts ab. Die Z. wird wegen der Vergleichbarkeit auf ein ha bezogen. In der BR Dtschl. liegt er in den alten Ländern durchschnittlich bei 5,7 m^3/ha Vfm, in Österreich bei 9,4 m^3/ha Vfm. Auf Spitzenstandorten kann die Fi jährlich fast 20 Vfm Schaftholz erzeugen.

Zuwachsprozent, das: Den → Zuwachs eines Baumes oder eines → Bestandes kann man nach seiner wirklichen Größe, d. h. in fm, oder als Z. angeben Das Z. gibt dabei an, wieviel die Masse 100jährlich zuwächst.

Zuwachstafeln → Ertragstafeln.

Zuwachsübersicht, die: Die Z. stellt für die → Betriebsklasse oder den Betrieb die einzelnen → Altersklassen, getrennt nach Baumarten oder Baumartengruppen, den jährlichen laufenden → Zuwachs dar, weiter den durchschnittlichen Gesamtzuwachs für die → Umtriebszeit und den ertragsgeschichtlichen Zuwachs.

Zuwachsverlust, der: Verlust an → Zuwachs durch äußere Einflüsse (→ Immissionen), Trockenheit, Schädlinge, überhöhte Wildbestände oder waldbauliche Behandlungsfehler (→ Waldfpflege).

Zuwachsweiser, der: → Nachhaltsweiser.

Zuwachswirtschaft, die: → Vorratswirtschaft.

Zuwachszonen: → Tropenhölzer, die klimatisch bedingten Wachstumspausen nicht unterliegen, haben keine → Jahrringe, sondern Z. mit nur schwach erkennbaren Übergängen. Gelegentlich begrenzen feine Bänder die Z. Das → Früh- und → Spätholz kann man nicht unterscheiden, d. h. man kann daran das Baumalter nicht abzählen, z. B. bei Mahagoni, Teak, Palisander, Limba und Okoume.

Zuwuchs, der: → Zuwachs.

Z_V: Abk. für „Massen- oder Volumenzuwachs"; → Zuwachs.

Zwangsnutzungen → Zwangseinschläge.

Zwangseinschläge: Holzeinschläge (→ Holzeinschlag), die außerplanmäßig, d. h. nicht vorgesehen sind. Sie entstehen v. a. durch Naturereignisse wie → Trockenheit, → Windwurf und → Windbruch, → Waldbrände und → Insektenfraß; → Scheidholz, → Totalitätshieb.

Zwangsstandort, der: → Standort, auf dem unter Erwerbsgesichtspunkten und wegen des → Risikos nur begrenzte Entscheidungsmöglichkeiten hinsichtlich des → Bestockungszieles oder → Betriebszieltyps gegeben ist.

Zweck(en)holz, das: → Spindelstauch 2. und Geißblatt 4.

Zweialtriger Hochwald, der: mit derselben oder anderen Baumarten unterbaute Bestände, auch zweischichtiger Bestand genannt; → Unterbau.

Zweibindiger Eichenprachtkäfer, der: → Prachtkäfer 7.

Zweibindiger Zangenbock, der: → Bockkäfer 12.

Zweiblatt, das (*Listera*): Gatt. der → Orchideen mit rd. 30 Arten in der nördlichen gemäßigten Zone. Es handelt sich um sog. Erdorchideen mit nur zwei Stengelblättern und in Trauben (→ Blütenstand) stehenden Blüten mit linealförmiger, zweizipfeliger Lippe. Die beiden einheimischen Arten sind:

1. **Großes Zweiblatt**, das (*Listera ovata* (L.) Robert Brown): Das fast über ganz Europa verbreitete, ziemlich häufige G. Z. wächst in feuchten Wäldern besonders lichten Laubmisch-, Laub- und Nadelwäldern, in Auwäldern, Hartholz-Auenwäldern, Eichen-Hainbuchen-Wäldern, Buchenwaldgesellschaften, Gebüschen, auf buschigen Wiesen, Wald- und Bergwiesen, Flachmooren, auf kalkhaltigen, nährstoffreichen, frischen bis nassen Böden, bis in Höhen von etwa 2000 m; Tonzeiger, oft auch Wechselfeuchtezeiger (→ Boden(an)zeiger).

Die ausdauernde, 20 bis 65 cm hohe Pflanze hat einen dicken, aufrechten, oben dicht behaarten Stengel. Die zwei (selten drei oder vier) gegenständigen, am Stengelgrund sitzenden Blätter sind hellgrün, breit-eiförmig, ziemlich derb, mit drei bis fünf hervortretenden Nerven. BZ: Mai bis Juni. Die Blüten stehen in einem vielblütigen und langgestreckten Blütenstand. Die unscheinbaren Blüten haben 3 bis 4 mm lange, stumpfe, grüne, obere und seitliche, sich zusammenneigende Blütenhüllblätter. Die gelbgrüne, 6 bis 8 mm lange, schmal keilförmige Lippe ist tief zweilippig (Lappen stumpf) mit länglicher Nektarrinne.

2. **Kleines Zweiblatt**, das (*Listera cordata* (L.) Robert Brown): auch Berg-Z., Herz-Z. und Herzblättchen. Das über Teile Nord- und Mitteleuropas, besonders über Norddtschl., die Alpen, Pyrenäen, den Jura, Schwarzwald, die

Vogesen und Karpaten verbreitete K. Z. ist selten. Die Ordnungs-Charakterart der boreal-alpinen Nadelwälder und subalpin-alpinen Zwergstrauch-Gesellschaften wächst in feuchten, moosreichen Wäldern, besonders Fichtenwäldern, Bergkiefernwäldern und -gestrüppen, in Mooren, auf nährstoffarmen, sauren Böden, bis in Höhen von etwa 2000 m.

Die mehrjährige, zierliche, 5 bis 15 cm (25 cm) hohe unscheinbare Pflanze hat ein schlankes kriechendes Rhizom, besetzt mit dünnen Wurzeln, und einen zarten, blaßgrünen, häufig rötlich überlaufenen Stengel. Er hat am Grund meist ein oder zwei braune Schuppenblätter und in der Mitte zwei fast gegenständige, 1 bis 3 cm lange und ebenso breite, herzförmige bis dreieckige, oberseits glänzend grüne Laubblätter. BZ: Mai bis August. Die Blüten stehen in einer lockeren sechs- bis 12blütigen (bis 25blütigen) Traube. Die gelbgrünen bis rötlichbraunen Blütenblätter sind 1,5 bis 2,5 mm lang. Die 3,5 bis 4,5 mm lange rötliche, keilförmige Lippe ist bis zur Hälfte gespalten mit zugespitzten, spreizenden Zipfeln. Der Fruchtknoten bläht sich später zu einem fast kugeligen Früchtchen auf.

Zweiblättrige(r/s) ... siehe unter dem jeweiligen Hauptnamen.

Zweiblütiges Veilchen, das: → Veilchen 8.

Zweifarbfledermaus, die: → Fledermäuse 10.

Zweifarbige Fledermaus, die: → Fledermäuse 10.

zweifarbige Hölzer: Bez. für Hölzer, die im Alter einen ausgeprägten Farbkern bilden, der sich durch eine dunklere Färbung von der helleren äußeren Splintzone unterscheidet. Z. H. sind somit die → Kernholzarten.

Zweifarbige Weide, die: → Weiden 25.

Zweifelbaum, der: frühere Bez. für einen Stamm, von dem vor der Fällung nicht mit Sicherheit festgestellt werden kann, ob er seinem vorgesehenen besonderen Verwendungszweck entsprechen wird.

Zweiflügler (Dipteren, *Diptera*): Zu der Ordn. der Z. gehören die → Mücken und → Fliegen, deren → Imagines nur zwei – meist durchsichtige – Vorderflügel besitzen. Die Hinterflügel sind zu Schwingkölbchen (Halteren) umgebildet. Sie sind mit rd. 90 000 Arten weltweit verbreitet, davon rd. 6500 Arten einheimisch. Z. sind recht unterschiedlich gestaltete Tiere mit frei beweglichem Kopf.

Sie haben entweder stechend-saugende (Mücken) oder leckend-saugende (Fliegen) Mundwerkzeuge. Die Fühler sind entweder lang mit bis zu 40 gleichförmigen Gliedern (Mücken) oder kurz mit bis zu acht Gliedern (Fliegen). Der Körper ist häufig stark beborstet; bei den Mücken ist der Hinterleib lang und schmal, bei den Fliegen kurz und dick. Mücken sind lang-, Fliegen kurzbeinig. Die meist weißen → Larven (→ Maden) sind fußlos und überwiegend auch kopflos und leben entweder in feuchter Umgebung oder in sich zersetzender organischer Substanz (z. B. Dung, Aas) oder auch als Schädlinge in oder an Pflanzen. Die Imagines nähren sich fast

ausschließlich von pflanzlichen oder tierischen Säften. Einige Mückenarten verursachen Schäden an Forstpflanzen, andere Fliegenarten parasitieren die → Raupen schädlicher Schmetterlings- und Blattwespenarten und werden auf diese Weise nützlich.

Zweig, der: in der Botanik Bez. für einen verholzten → Trieb. Er entsteht entweder an der Spitze eines Zweiges als dessen Fortsetzung, ausgehend von der Endknospe, oder seitlich aus → Knospen, die im Winkel zwischen Blattansatz und Achse, in der → Blattachsel stehen.

Zweigdürre, die: → Triebspitzenkrankheit.

zweigeschlechtig → zwittrig.

Zweigriffeliger Weißdorn, der: → Weißdorne 2.

Zweigrinde, die (Gipfellohe): → Lohrinde.

Zweigsucht, die: → Knospensucht.

zweihäusig: auch diözisch. Form der Getrenntgeschlechtigkeit (Diklinie) bei → Samenpflanzen. Die männlichen und weiblichen → Blüten sind auf zwei verschiedene Individuen einer → Art verteilt. Diözische Pflanzen sind z. B. Eib, Pa, Sanddorn und fast alle Wei; → einhäusig.

Zwei-Hiebigkeit, die: auch Zwei-Altrigkeit, 2-Hiebigkeit, 2-Altrigkeit. Besonderheit im schlagweisen → Hochwald (→ Altersklassenwald), die der Zweischichtigkeit (→ Bestockungsaufbau) ähnelt. Hier bleiben die Wertträger z. B. Kie und Lä stehen (z. B. 50 Stk/ha), darunter steht eine zweite voll produzierende meist aus → Schatt(en)baumarten bestehende Schicht.

Zweijahrsblumen (Winterannuellen, Bienen): Pflanzenarten, die erst in dem der Aussaat folgenden Jahr blühen, Frucht bringen und anschließend absterben; → Einjahrsblumen.

Zweikeimblättrige Pflanzen (*Dicotyledoneae*): Klasse der → Bedecktsamer mit über 17 000 Arten, deren Keimlinge (→ Embryo) bis auf wenige Ausnahmen zwei seitenständig angelegte → Keimblätter besitzen. Die Hauptwurzel ist oft eine langlebige → Pfahlwurzel. Im Stengelquerschnitt sind die → Leitbündel offen und kreisförmig. Sie besitzen → Kambium (Leitbündelkambium), das Ausgangspunkt für das sekundäre → Dickenwachstum ist. Die Blätter (→ Blatt) sind vielgestaltig, meist deutlich gestielt, netznervig und häufig zusammengesetzt. Die → Kelch- und → Kronblätter sind meist in der Fünf- oder Vierzahl vorhanden. Mit Ausnahme der Palmen und Baumfarne gehören alle → Holzgewächse zu den Z.; → Einkeimblättrige.

Zweilinge, die: → Brett.

Zweimannrotte, die: → Rotte 1).

Zweimannsäge, die: → Schrotsäge.

Zweinadelige Kiefern: auch Zweinadler. Bez. für → Kiefern, auf deren → Kurztrieben die → Nadeln zu zweien gebüschelt in einer häutigen Scheide stecken. Zu den z. K. gehören aus dem mitteleuropäischen Raum die BKie, SKie und die Waldkiefer.

Zweipunktiger Eichenprachtkäfer, der: → Prachtkäfer 8.

Zweipunkt-Marienkäfer, der: → Marienkäfer 3.

Zweischichtiger Bestand, der: → Zweialtriger Hochwald.

zweischichtiger Bestockungsaufbau, der: → Stufigkeit.

zweischnürig → schnürig.

Zweispaltiger Hohlzahn, der: → Hohlzahn 4.

zweispältiges Holz, das: → Plattbengel.

zweistufiger Bestockungsaufbau, der: → Stufigkeit.

Zweiundzwanzigpunkt-Marienkäfer, der: → Marienkäfer 4.

Zweizähniger Kiefernborkenkäfer, der: → Borkenkäfer 16.

Zweizähnige Schließmundschnecke, die: → Schließmundschnecken 2.

Zweizahn-Lebermoos, das: → Kammkelchmoos.

Zwengerling → Heidelbeere 2.

Zwenke, die (*Brachypodium*): Gatt. ausdauernder Rispengräser aus der Fam. der → Süßgräser mit rd. 25 Arten in Eurasien, Mittelamerika, den Anden, Süd- und Ostafrika. Die in Dtschl. vorkommenden zwei Arten sind:

1. Waldzwenke, die (*Brachypodium silvaticum*): Die W. ist die Klassen- → Charakterart der Buchen- und sommergrünen Eichenwälder Europas und kommt in feuchten, schattigen Laubmisch- und Auwäldern, mesophytischen Buchen- und Laubmischwäldern sowie west-submediterranen Flaumeichenwäldern vor; sie bevorzugt nährstoffreiche Böden.

◂◂ Links: Großes Zweiblatt *(Listera ovata)*; rechts: Kleines Zweiblatt *(Listera cordata)*

Links: Waldzwenke (*Brachypodium silvaticum*); rechts: Fiederzwenke (*Brachypodium pinnatum*)

Das ausdauernde und horstbildende Gras wird 40 bis 80 cm hoch. Der → Wurzelstock bildet keine → Ausläufer. Die sattgrünen Blätter sind schlaff, schmal und lang, verjüngen sich nach unten und haben unterseits einen weißen Mittelnerv. Die Blattscheiden ohne Öhrchen sind behaart, die → Ährchen mit sechs bis 15 Blüten; die oberen Blüten haben lange Grannen, die länger als die Spelzen sind. Der → Blütenstand ist eine überhängende Ährentraube. BZ: Juli bis August.

2. Fiederzwenke, die (*Brachypodium pinnatum*): Die ziemlich häufig vorkommende F. wächst auf Kalkmagerrasen und in lichten Wäldern, besonders Schneeheide-Kiefernwäldern und Alpenrosen-Latschengebüschen, Seggen-Buchenwäldern, Saumgesellschaften und Staudenhalden trockener Standorte, von der Ebene bis in die Gebirge. Im Norden ist sie selten.

Das rasenbildende, ausdauernde Gras wird 40 bis 60 cm hoch. Die Halme sind steif aufrecht und an den Knoten weichhaarig. Die etwa 5 mm breiten, am Rand bewimperten Blätter sind hell- bis blaugrün, mehr oder weniger steif und weichhaarig. Der Blütenstand ist aufrecht und hat steife, kurze Grannen und rötliche → Staubbeutel. Die Grannen sind kürzer als die Deckspelze. BZ: Juni bis Juli.

Zwergbirke, die: → Birken 4.

Zwergblatt, das: → Holunder 3.

Zwergblattläuse → Zwergläuse.

Zwergböckchen, das: → Bockkäfer 22.

Zwergbuche, die: Bez. für im Elm auftretende → Kruppelbuchen, die an die → Süntelbuchen erinnern.

Zwergbuchs, der: → Kreuzblume 2.

Zwergdommel, die: → Reiher 3.

Zwergegerling, Weinrötlicher, der: → Champignon 11.

Zwergfalke, der: → Falken 3.

Zwergfledermaus, die: → Fledermäuse 15.

Zwerg-Fliegenschnäpper, der: → Fliegenschnäpper 4.

Zwergfüßer (*Symphyla*): weltweit verbreitete Unterklasse bis 10 mm langer → Tausendfüßer, die im Bau Beziehungen zu niederen → Insekten zeigt und auch unter den Tausendfüßern zu den stammesgeschichtlich ältesten Formen zählt. Z. haben am Hinterende zwei lange Schwanzborsten; nicht jedes Segment weist ein Beinpaar auf. Die flinken Tiere leben v. a. in feuchter Erde (Erdspalten).

Zwerg-Geißklee, der: → Geißklee 2.

Zwergginster, der: → Geißklee 2., 4. und 6.

Zwerghirschkäfer, der: → Blatthornkäfer 2.

Zwergholunder, der: → Holunder 3.

Zwerghufeisennase, die: → Fledermäuse 2.

Zwergkäfer (*Pselaphidae*): auch Palpenkäfer. Weltweit mit rd. 7000 Arten verbreitete Käfer-Fam., darunter 80 heimische Arten. Die meist gelb- bis dunkelbraunen → Käfer sind etwa 1 bis 3 mm lang und haben mehr oder weniger verkürzte Flügeldecken. Sie leben überwiegend in morschem Holz, hinter Baumrinde, unter faulenden Pflanzenresten oder im Moos.

Zwergkauz, der: → Eulen A 5.

Zwergkiefer, die: Unterart der BKie; → Kiefern 1.

Zwergkirsche, die: → Prunus 4.

Zwergkirschen-Gesträuche → Hecken und Gebüsche.

Zwergkreuzdorn, der: → Kreuzdorn 5.

Zwergläuse (*Phylloxeridae*): auch Zwergblattläuse. Über die Nordhalbkugel verbreitete Fam. sehr kleiner → Blattläuse die sich größtenteils durch Jungfernzeugung fortpflanzen. Sie leben an Wurzeln, Blättern und Rinde von Holzgewächsen. Einige Arten können gefährliche Schädlinge an Nutzpflanzen sein.

Zwergmehlbeere, die: → Ebereschen 5.

Zwergmispel, die: → Ebereschen 5., Steinmispeln 1. und 2.

Zwergohreule, die: → Eulen A 2.

Zwergporst, der: → Alpenheide.

Zwergreiher, der: → Reiher 3.

Zwergschnäpper, der: → Fliegenschnäpper 4.

Zwergspecht, der: → Spechte 5.

Zwergspinnen (*Erigoninae, Micryphantinae*): rund 1000 Arten (in Mitteleuropa ca. 150) umfassende Unter-Fam. der → Baldachinspinnen. Es sind dies 0,9 bis 4 mm große → Webspinnen, die hauptsächlich die gemäßigten Zonen bewohnen, einige Arten aber dringen weit in arktische Gebiete vor (nördlichste Biotope aller Spinnen). In unseren Breiten finden sich Z. in sämtlichen von Spinnen bewohnbaren Biotopen. Die Arten dieser wenig erforschten Spinnengruppe bewohnen sehr zahlreich den Wald, von der Bodenschicht (Streubewohner) bis in die Wipfelregion, und weben sehr zarte, kaum sichtbare Netze.

Zwergspitzmaus, die: → Spitzmäuse 3.

Zwergsträucher: → Sträucher von weniger als 0,5 m Höhe (z. B. Heidelbeere, Heidekraut).

Zwergstrauchgesellschaften, arktisch-alpine → Arktisch-alpine Zwergstrauchgesellschaften.

Zwergstrauchgesellschaften, boreal-alpine → Nadelwälder.

Zwergstrauchgesellschaften, subalpin-alpine → Subalpin-alpine Zwergstrauchgesellschaften.

Zwergstrauchgesellschaften, subarktisch-alpine → Arktisch-alpine Zwergstrauchgesellschaften.

Zwergstrauchreiche Fichten-Tannen-Wälder → Fichten-Tannen-Wälder, Zwergstrauchreiche.

Zwergtaucher, der: → Lappentaucher 2.

Zwergwacholder, der: Unterart des Gemeinen → Wacholder 1.

Zwergweichsel, die: → Prunus 4.

Zwergweide, Krautige, die: → Weiden 8.

Zwergweide, Stumpfblättrige, die: → Weiden 24.

Zwergwiesel, das: → Wiesel 2.

Zwergwuchs, der (Nanismus): Bez. für Bäume und Sträucher, die besonders niedrig bleiben, z. B. Zwergbirke, Zwergweide. Z. kommt bei → Pflanzen häufig auch als klimabedingte Modifikation vor (z. B. viele Alpenpflanzen) oder als Folge von Nährstoffmangel. Auch genetisch bedingte Änderungen des Wuchsverhaltens bei sonst höherwachsenden Pflanzen führt zu Z.

Zwergzikade, die: → Zikaden 4.

Zwetsch(g)e, die: → Prunus 9.

Zwiebeltragende Zahnwurz, die: → Zahnwurz 2.

Zwiebel-Zahnwurz, die: → Zahnwurz 2.

Zwiesel, der: **1)** auch Zwieselung, Zwille. Bez. für einen Baumstamm, der sich in zwei etwa gleichstarke Arme gabelt (Schaftteilung). Er kommt entweder unterhalb der eigentlichen Krone oder (an Bäumen mit üblicherweise durchlaufenden Schaft) auch im Kronenbereich vor. Z.-Wuchs (Gabelwuchs, Garbenwuchs) kann durch Verwachsung und gemeinsame Jahrringbildung („echter Z." oder „Verwachsungs-Z."), durch Wildverbiß oder Fegen (Schädigung der Terminalknospe oder des Spitzentriebes), durch Insekten (z. B. Fraß der Eschenzwieselmotte), durch Spätfrost oder Pilzbefall entstehen. Bei einigen Baumarten ist Z.-Wuchs auch erblich bedingt und kommt hauptsächlich bei Laubbäumen, besonders bei Es und Ah vor. Z., die durch Wildverbiß, Fegen oder Insektenfraß entstehen oder genetisch bedingt sind (v. a. Bei Er, Rob und REi), bilden den „falschen Z." oder „Gabelungs-Z.". Eine Mehrfachteilung wird als Garbenwuchs bezeichnet, ein im Wuchs zurückbleibender Z.-Arm als Kindel. Nach der Form der Gabelung werden unterschieden: spitz zulaufende V-förmige Z.-Arme, wegen der größeren Gefahr des Aufreißens auch „offene Z." genannt, mehr abgestumpft verlaufende, U-förmige Z.-Arme dagegen „geschlossene Z.". Ein Z.-Wuchs beeinträchtigt i. a. den Nutzwert und kann Anlaß zu Rissen und Stammfäule (→ Holzfäule) sein. Eine Werterhöhung ist nur dann gegeben, wenn die Z.-Stellen als Pyramidenmaser (selten) oder für Sonderzwecke genutzt werden können, z. B. von Es und Nuß; → Garbenbaum. **2)** → Prunus 1.

Zwieselbrand, der: → Astwurzelkrebs.

Zwilinde, die: oberösterr. Bez. für → Seidelbast 1.

Zwille, die: → Zwiesel.

Zwischenäste: Bei Fi und Ta wachsen jährlich von der Stammachse abgehende Quirle bzw. Wirtel von Seitenästen. Die zwischen den einzelnen Quirlen auftretenden, meist kurzlebigen und schraubig angeordneten → Triebe werden Z. genannt.

Zwischen(be)stand, der: → (Baum-)Schichten.

Zwischenmoor, das: → Moor.

Zwischennutzung, die: Bez. für alle Holzerträge, die nicht zur Hauptnutzung (→ Endnutzung) gerechnet werden; → Vornutzung.

Zwischenprüfung, die: auch Zwischenrevision, routinemäßige Neufestsetzung des → Hieb(s)satzes innerhalb des Forsteinrichtungszeitraumes oder nach beträchtlichen Veränderungen wie auch nach Katastrophen.

Zwischenrevision, die: → Zwischenprüfung.

Zwischenstand, der: → (Baum-)Schichten.

Zwischenwald, der: Wald, der im Oberstand noch aus Bäumen des → Vorwaldes, in der darunter heranwachsenden Schicht schon aus Bäumen des Haupt- und → Schlußwaldes besteht; → (Baum-)Schichten, Waldgefügetypen, Sukzession.

zwittrig (zweigeschlechtig): Ein Organismus ist z., wenn funktionsfähige weibliche und männliche Geschlechtsorgane vorhanden sind. Bei → Blüten ist das der Fall, wenn sie männliche (→ Staubblätter) und weibliche (→ Fruchtknoten) Fortpflanzungseinrichtungen enthalten, z. B. Kir, Li, Rob.

Zwittrige Krähenbeere, die: → Krähenbeere.

Zwölf-Apostel-Linde, die: 800jähriger Baum im Garten des Klosters von Gehrden bei Paderborn. Sie ist über 20 m hoch und hat einen Kronendurchmesser von 30 m. Es heißt sie sei aus 12 Bäumen zusammengewachsen; → Blutlinde, Wolframslinde, Kunigundenlinde, Menno-Linde, Gedenkbäume.

Zwölfer, der: frühere und besondere Längenbestimmung für Holzstämme im Harz; Stammstück von 24 → Fuß Länge, unten 6 und oben 5 → Zoll Durchmesser.

Zwölfzähniger Kiefernborkenkäfer, der: → Borkenkäfer 15.

zygomorph: Z., auch monosymmetrisch oder dorsiventral, ist ein → Blatt oder eine → Blüte mit nur einer Symmetrieebene, bei der Bauch- und Rückenseite verschieden, die beiden Flanken aber mehr oder weniger spiegelgleich sind.

Zygote, die: → Befruchtung.

Zyllnhardt, Carl Frhr. von (21.6.1744 in Dilsberg/Baden bis 23.1.1816 München): Kgl. bayerischer Geheimrat. Ursprünglich Offizier, zuerst in hessen-darmstädtischen, dann ab 1769 in churpfälzischen Diensten. Nach seinem Ausscheiden aus dem Militärdienst befaßte er sich u. a. mit Tierarzneikunde, Obstbaumzucht und später mit dem Forstwesen. 1803 wurde Z. churfüstlicher Landjäger- und Oberforstmeister des damaligen Fürstenthums Würzburg und ab 1806 Chef des geheimen Central-Forst-Bureaus in München (ab 1808 General-Forst-Administration), der heutigen Bayerischen Staatsforstverwaltung. Z. schrieb u. a. Fachartikel in dem von → Gatterer herausgegebenen Forstarchiv und im Reichsanzeiger.

Zypressengewächse (*Cupressaceae*): in beiden Hemisphären weit verbreitete große Fam. von → immergrünen Koniferen (→ Nadelbäume), unterteilt in 18 Gatt. Es sind meist langsam wachsende, langlebige Bäume (→ Baum) von mittlerer Größe mit hartem wohlriechendem → Holz. Z. haben sehr kleine, meist schuppige Blätter (→ Blatt) und keine oder nur winzige → Knospen. Die → Zapfen sind klein, ledrig, rund oder eiförmig und holzig oder fleischig (→ Wacholder). Die → Sämlinge bilden vor der adulten Benadelung frei ausgebreitete schmale Blätter (→ Nadeln) aus. Zur Fam. der Z. zählen die Scheinzypressen, Echte Zypressen, → Wacholder und → Lebensbäume.

Zypressenschlafmoos, das: → Schlafmoos.

Zypressen-Wolfsmilch, die: → Wolfsmilch 3.

Zytisus → Geißklee.

Zwiesel kommen relativ häufig vor und können verschiedene Ursachen haben.

◂◂ Carl Freiherr von Zyllnhardt

Saatgut der Waldbäume (Durchschnitts- bzw. Mittelwerte)

Baumarten	*Beginn der Mannbarkeit (mit … Jahren)*		*Pollenzahl je Blüte*	*Monat: A = Anfang, M = Mitte, E = Ende*			*Hektolitergewicht (kg) der Nadelbäume*
	im Bestand	*im Freistand*		*Blütezeit*	*Samenreife*	*Samenabfall*	*Zapfen*
Nadelbäume							
Douglasie	30–40	15–20		E 4, 5	8, 9	M 9, 10	45–50
Fichte	50–60	30–50	589 000	E 4, 5	E 9, 10	M 2, M 4	45–50
Kiefer	30–40	15–20	158 000	5, 6	10, 11	3, 4	50–55
Lärche	30–40	15–20		E 3, A 5	10, 11	M 3, 6	45–50
Strobe	30–40	15–20		M 4, A 6	8, 9	M 9, 10	35
Tanne	60–70	30–40		5, A 6	9, A 10	10	50–55
Laubbäume							
Ahorn			23 600		9, 10	10, 12	
– Berg-A.	25–40	15–30		E 4, 5			
– Spitz-A.	30–40	20–30		M 4, A 5			
Birke	20–25	10–15			M 6, 7	8, A 10	
– Moor-B.				4, 5			
– Sand-B.			20 100	E 3, 5			
Buche	60–80	40–50	12 200	E 4, 5	10	M 10, A 11	
Eiche			41 100		E 9, 10	10	
– Stiel-E.	80	60		E 5, 6			
– Trauben-E.	80	60		A 5			
Erle							
– Schwarz-E.	40	15–20		3, 4	10, M 11	11, 3	
– Weiß-E.	20	15		A 3, A 4			
Esche	40–45	20–30	25 000	4, 5	9, 10	2, 3	
Hainbuche	30–40	10–20	28 800	A 5, 6	10	11, 12	
Linde			43 500		9, M 10	M 10, 12	
– Sommer-L.	20–30	15–20		6			
– Winter-L.	30–35	20–30		6, 7			
Pappel	15	10		E 2, 3	5, 6	5, 6	
Robinie	20–25	10–15		E 5, 6	M 10, 11	2, 3	
Ulme							
– Berg-U.	40	20–30		E 2, E 3	M 5, M 6	6, M 7	

1) Früchte mit Flügel
2) Früchte ohne Flügel
3) Mittelwerte langjähriger Samenprüfung
4) Normwerte für Handelssaatgut (S = Schnitt)

Hektolitergewicht (kg) der Nadelbäume Samen	Hektolitergewicht (kg) der Laubbäume Früchte	Durchschnittliche Körnerzahl je kg	Tausendkorngewicht in g	Keimfähigkeit % MSp [3]	Keimfähigkeit % NHSg [4]	Reinheit % MSp [3]	Reinheit % NHSg [4]
39		96 000	10,4	73,0	60–70	91,7	80
44		130 000	7,7	87,5	90	97,2	95
43		160 000	6,3	92,6	95	99,1	95
49		170 000	5,9	48,1	40–70	81,6	80
42		52 000	19,2	76,0	80	93,3	90
28		23 000	43,5	28,2	50 S	86,4	80
	15	12 000	83,0	50,2	70 S	86,1	90
	12–14	8 000	125,0	53,6	70 S	94,2	90
	9	7 000 000					
			0,26	29,5	20–30	33,9	30
			0,14	24,3	20–30	29,2	30
	45	5 200	192,0	44,7	80 S	94,6	90
	80	330	3 030,0	71,5	70 S	72,2	90
	70	550					
	30	840 000	1,2	40,7	40	58,4	60
			0,68	28,0	30	43,8	40
	17	17 000	59,0	57,5	60–70 S	91,0	90
	12 [1]	15 000 [1]	33,3	45,4	70 S	97,4	90
	(46) [2]	(30 000) [2]					
	23–26	11 000	91,0	–	80 S	98,2	95
	25–26	25 000	40,0	47,7	80 S	97,5	95
	77	49 000	20,4	81,6	90	96,9	90
	5	120 000					
			8,3	79,5	70	75,8	80

Physikalische Eigenschaften des Holzes

Holzart	*Rohdichte (kg/m³)*						*Raumdichte [3] (kg/m³)*	*Schwindmaße in % (Mittelwerte)*	
	Darrzustand [1]			*Frischezustand (12%) [2]*					
	u.G.	*M*	*o.G.*	*u.G.*	*M*	*o.G.*		*radial*	*tangential*
Nadelholz									
Douglasie	320	470	730	350	510	750		4,2	7,4
Fichte									
– Gemeine-F.	300	430	640	330	470	680	379	3,6	7,8
– Sitka-F.				280	450	660			
Kiefer									
– Gemeine-K.	300	490	860	330	520	890	431	4,0	7,7
– Schwarz-K.				510	600	700			
– Zirbel-K.				400	490	600			
Lärche									
– Europ.-L.	400	550	820	440	590	850	487	3,3	7,8
– Japanische-L.				460		490			
Tanne	320	410	710	380	450	750	363	3,8	7,6
Laubholz									
Ahorn									
– Berg-A.	480	590	750	530	630	790	522	3,0	8,0
– Feld-A.					730				
– Spitz-A.				560	660	810			
Birke								5,3	7,8
– Hänge-B.	460	610	800	510	650	830	526		
– Moor-B.				510	650	830			
Eberesche	660	730	780	690	750	810		6,4	11,2
Eiche									
– Rot-E.	480	660	870	550	700	980		4,0	8,2
– Stiel-E.	390	650	930	430	690	960	571	4,6	10,0
– Trauben-E.	390	650	930	430	690	960	571	4,6	10,0
Elsbeere	630	710	870	670	750	900		5,7	11,6
Esche, Gemeine	410	650	820	450	690	860	564	5,0	8,0
Hainbuche	500	790	820	540	830	860	642	6,8	11,5
Linde	320	490	560	350	530	600	417	5,5	9,1
Pappel									
– Grau-P.					500				
– Schwarz-P.	370	410	520	410	450	560	371	5,2	8,3
– Weiß-P.					500				
Platane	380	580	650	420	620	680		4,5	8,7
Robinie	540	740	870	580	770	900	647	4,4	6,9
Roßkastanie	460	510	550	500	550	590		3,3	6,8
Rotbuche	490	680	880	540	720	910	558	5,8	11,8
Roterle	450	510	600	420	530	640	428		
Ulme	440	640	820	480	680	860	556	4,6	8,3
Weißweide	270	330	380	290	350	400	461	2,4	6,3

u.G. = unterer Grenzwert
M = Mittelwert
o.G. = oberer Grenzwert

1) Rohdichte (Darrdichte) bei Feuchtesatz 0% – tritt ein nach Lagerung bis zur Massekonstanz bei einer Temperatur von 103 °C ± 2 Grad

2) Rohdichte nach Klimatisierung bei Feuchtesatz 12% – tritt ein nach Lagerung bis zur Massekonstanz bei einer Temperatur von 20 °C ± 2 Grad und einer relativen Luftfeuchtigkeit von 65% ± 3%

3) Dichtewert aus Masse des Holzes bei Feuchtesatz 0% und Volumen des voll gequollenen Holzes bei Feuchte über Fasersättigungsfeuchtesatz (= Feuchtesatz, bei dem die Zellwände des Holzes mit Wasser gesättigt sind, die Zellhohlräume aber kein tropfbar flüssiges Wasser enthalten)

4) Druck-F.: auf den Ausgangsquerschnitt bezogene Höchstkraft bei Druckbeanspruchung; in MPa (Megapascal)

5) Biege-F.: rechnerische Biegespannung aus dem höchsten Biegemoment; Biegespannung gleich Quotient aus Biegemoment und Widerstandsmoment des Ausgangsquerschnittes; in MPa

6) Zug-F.: auf den Ausgangsquerschnitt bezogene Höchstkraft bei Zugbeanspruchung; in MPa

7) Scher-F.: Widerstand eines Körpers gegen Verschiebung zweier aufeinanderliegender Flächen (ausgedrückt als auf den Ausgangsquerschnitt bezogene Höchstkraft); in MPa

Schwindmaße in % (Mittelwerte) Volumen	Porenanteil (%)	Festigkeitswerte (nach Scheiber) Mittelwerte Druck-F. [4] MPa	Biege-F. [5] MPa	Zug-F. [6] MPa	Scher-F. [7] MPa	Verdreh-F. [8] MPa	Spalt-F. [9] KPa	Schlagbiege-F. [10] J/cm²	Härte [11] MPa	Elastizitätsmodul [12] GPa
11,9	69	51	80	103	7,7			3,7	49	13,2
11,7	71	49	76	88	6,6	8,8	196	5,5	31	10,8
12,1	67	54	98	102	9,8	15,7	235	3,9	39	11,8
11,4	63	54	97	105	8,8	12,7	333	5,9	52	13,5
11,5	73	46	72	82	4,9	13,2	275	4,1	29	10,8
11,5	61	48	93	80	14,7	25,6	981	6,4	61	9,2
13,7	51	50	144	134	14,2			9,8		16,2
18,0	52	60	106	102	12,0			10,8	60	12,2
12,9	56	60	127	160	12,3			9,8	65	12,7
15,0	57	60	86	88	10,8	19,6	422	5,9	65	11,5
15,0	57	64	108	88	10,8	19,6		5,9	65	12,7
17,5	53	52	106				1275	4,6	47	11,5
13,2	57	51	118	162	11,8	18,2	677	6,7	64	13,1
18,8	48	80	157	132	15,7	25,8	608	11,8	70	15,9
14,9	68	51	104	83	4,4	14,7	716	12,7	37	7,3
13,8	73	34	64	76	4,9		500	4,9	36	8,6
13,7	61	45	97		12,3		735	6,9	45	10,3
11,4	52	71	133	133	12,6		726	13,2	77	11,1
11,0	60	30	62	79		16,7	637	3,4	32	5,3
17,9	55	61	121	132	7,8	14,7	343	9,8	71	15,7
13,2	58	55	87	78	10,3		588	5,9	63	10,8
9,6	78	23	46	45	6,3		559	3,4	23	7,1

8) Verdreh-F.: Widerstand eines Körpers gegen Bruch durch Verdrehung; in MPa

9) Spalt-F.: Widerstand des Holzes gegen Aufspalten unter definierten Bedingungen; in KPa

10) Schlagbiege-F.: beim Bruch verbrauchte, auf den Ausgangsquerschnitt bezogene Schlagarbeit; in J/cm² (Joule je Quadratzentimeter)

11) Härte (Brinellhärte): Widerstand der glatten Holzoberfläche gegen Eindrücken einer Stahlkugel von 10 mm Durchmesser mit einer nach der Dichte der Hölzer unterschiedlichen Belastung

12) Elastizitätsmodul: bei statischer Biegung Verhältnis der Biegespannung zur Größe der Verformung im elastischen Bereich, bestimmt bei stat. Biegebeanspruchung; in GPa

Anmerkung:
Pa (Abkürzung für Pascal = Druck – mechanische Spannung, Schalldruck, Elastizitäts-Schubmodul; (KPa, MPa, GPa))
Vorzeichen:
K (Kilo) = Tausendfache (10^3),
M (Mega) = Millionenfache (10^6),
G (Giga) = Milliardenfache (10^9)

Die Entwicklung des Pflanzen und Tierreiches – Zeittafel

Beginn vor Millionen Jahren	*Zeitalter*	*Formationen (Epochen)*	*Hauptgruppen Pflanzen*	*Erstes Auftreten von*	*Klima*	*Entstehung und Entwicklung des Waldes*
4500	Präkambrium (Erdfrühzeit)	Archaikum				
2600		Algonikum	Entstehung des Lebens: Blaualgen, Einzeller, Hohltiere, Schwämme			
570	Erdaltertum (Paläozoikum)	Kambrium	Eophytikum (Lagerpflanzen)	Weichtiere Stachelhäuter Trilobiten		
500		Ordovizium		Muscheln Kieferlose		
430		Silur		Skorpione Knochen- und Panzerfische Nacktfarne (Nacktsprosser)		Obersilur/Unterdevon: Erste Landpflanzen entstehen; Farne, Schachtelhalme und Bärlappgewächse
395		Devon	Paläophytikum (Farnpflanzen)	Insekten Knorpelfische Lurche Ammoniten		Oberdevon: Es erscheinen die ersten Bäume, z. B. Archaeopteris mit bis zu 22m Höhe und 1,5m Stammumfang
345		Karbon		Süßwassermuscheln Reptilien	Gleichmäßig warmes und feuchtes (subtropisch-tropisches) Klima	Waldvegetation durch Farnpflanzen, Bärlappgewächse (Schuppenbäume bis 38m, Siegelbäume bis 20m Höhe), Schachtelhalme und Farne. Steinkohlenwälder entstehen. Erstes Auftreten von Nacktsamern (Farnsamer). Pteridospermae bilden Sträucher oder kleine Bäume
280		Perm	Mesophytikum (Nacktsamer) – Gymnospermenzeit –	Käfer Nadelbäume	Unterperm: Wärmeres und trockeneres Klima	Unterperm: Schuppen- und Siegelbäume sterben aus
225	Erdmittelalter (Mesozoikum)	Trias		Dinosaurier Schmetterlinge		Perm bis Unterkreide: Entstehung groß- und kleinblättriger Formen von Nacktsamern (Gymnospermae); Ginkgobäume Obertrias bis Unterkreide: Bennetteen (ca. 30 bis 40 000 Arten) besitzen erstmals im Pflanzenreich Zwitterblüten. Die bis 1m hohen Pflanzen sterben in der Kreide aus
190		Jura		Vögel Säuger Ginkgoarten	Das Meer zieht sich aus Mitteleuropa zurück; es bilden sich Klimazonen	Jura: Nadelbäume entwickeln sich weiter
136		Kreide				Unterkreide: Die Bedecktsamer (Angiospermae) erscheinen; immergrüne Laubwälder, allmählich eigenständige Entwicklung der Wälder Oberkreide: Sumpfwälder, Küstenmoore
65		Tertiär	Känophytikum (Bedecktsamer)		Warm-gemäßigtes, feuchtes Klima	„Braunkohlenwälder" entstehen. Bäume mit 100m Höhe und einem Lebensalter von über 1000 Jahren wachsen (Nadel- und Laubbäume, Palmen, Sumpftupelobäume). Auenwälder, gemäßigte Laubmischwälder, immergrüne Regen- und Lorbeerwälder. Ginkgobäume in Südbayern (ausgestorben vor ca. 5 Mio. Jahren).
1,8		Quartär		Mensch	kühl gemäßigtes Klima Eiszeit	Laubwälder werden an die Küste des Mittelmeeres zurückgedrängt. In den eisfreien Gebieten entstehen Steppen und Tundren mit kältefesten Gehölzen. In den Wärmezeiten dringen die Laubwälder wieder nach Norden vor. Der ständige Wechsel führt zum Aussterben wärmeliebender Gehölze, z. B. Rhododendron
– 18 000 v.Chr.						

Geschichte des Waldes – Zeittafel

Zeitgrenzen (ca.)	*Geolog. Perioden*	*Kulturperioden*	*Klimaperioden*	*Waldentwicklung*
– 18 000				
	Hochglazial			
– 13 000			Arktische Zeit (Arktikum)	Baumlose Tundrenzeit
– 11 000		Jungpaläolithikum (Ältere Steinzeit)	Ältere subarktische Zeit (Subarktikum)	Fast baumlose Tundrenzeit, Birkenwaldtundra
– 10 000			Mittlere subarktische Zeit (Allerödzeit)	Kiefern- und Birken-Waldzeit
– 9 000	Spätglazial			
– 8 800			Jüngere subarktische Zeit	Kiefern- Birken-Waldtundrazeit
– 8 000	Ende der letzten Eiszeit		Vorwärmezeit (Präboreal) Temperatur niedriger als heute	Birken- und Birken-Kiefernzeit Einwanderung von Hasel, Erle und Eiche
– 6 800		Mesolithikum (Mittlere Steinzeit)	Frühe Wärmezeit (Boreal) trocken-warm	Kiefern-Haselzeit, Eichenmischwälder
– 5 500	Nacheiszeit		Mittlere Wärmezeit (Atlantikum) feuchtwarm	Eichenmischwaldzeit (Ulme, Linde, Esche, in den Hochlagen z. T. Fichte) Mitteleuropa mit Ausnahme der Marschen, Moore und Felsbereiche fast ausschließlich mit Wald bedeckt; erste Rodungen
– 2 500	Postglazial	Neolithikum (Jüngere Steinzeit)	Späte Wärmezeit (Subboreal) trockenwarm	Eichenmischwälder. Umwandlung in Buchenwälder. Ulme, Esche und Linde treten zurück. Im Schwarzwald und in der Schweiz Tannenzeit
– 800				
	Alluvium	Bronzezeit		
– 500				
Chr. Geb.	Holozän	Eisenzeit	Klimaverschlechterung	Buchenwälder und buchenreiche Mischwälder
+ 1 000			Jüngere Nachwärmezeit (Subatlantikum) feucht und besonders anfangs kalt	Ausbreitung von Fichte und Kiefer durch den Menschen. Beginn der großen planmäßigen Rodungen

Zusammengestellt nach folgenden Quellen:
- *Die Waldgeschichte Mitteleuropas (nach F. Firbas 1949)*
- *400 Millionen Jahre Wald (Freunde der Bayer. Staatssammlung für Paläontologie und historische Geologie München e.V., 1986)*
- *350 Millionen Jahre Wald (Naturhistorisches Museum Wien, 1986)*
- *Wissensspeicher Biologie (Berlin 1979)*

Geschichte des Waldes – Zeittafel

Zeit	*Wald und Mensch von der Steinzeit bis zur Gegenwart*
12000 vor Chr. bis 3000 vor Chr.	Steinzeitmensch: Jäger und Sammler. Die Familienverbände folgen am Rande der Gletscher den Herden von Ren, Hirsch, Wildpferd, Mammut, Bison usw.
3000 vor Chr. bis 2000 vor Chr.	Seßhaftwerden der Menschen: Zunahme der Bevölkerung. Beginn des Feldbaues, Tierhaltung und Fischerei. Erste begrenzte Waldrodungen (Brandrodung), die keine wesentliche Veränderung der natürlichen Waldlandschaft darstellen.
2000 vor Chr. bis 400 vor Chr.	Bronze- und Eisenzeit: Erste Siedlungsgebiete entstehen. Örtlich begrenzte Waldrodungen. Holz wurde zum Salzsieden und für die Erzverhüttung benötigt, im geringeren Umfange bereits für die Köhlerei.
400 vor Chr. bis 500 n. Chr.	Römer- und Völkerwanderungszeit, frühes Mittelalter: Dichte Besiedelung zur Römerzeit, der Wald war auf einem Viertel der Landesfläche gerodet. Vom Beginn der Völkerwanderung an (um 375) eroberte der Wald viele Rodungsinseln zurück.
500 n. Chr. bis 1400 n. Chr.	Drei große Rodungsperioden prägen das Mittelalter (500–800, 800–1100 und 1100–1300). Gegen Ende des Mittelalters bereits ähnliche Wald-Feldverteilung wie heute. Entstehung der Kulturlandschaft. Die Klöster erwiesen sich als die bedeutendsten Kolonisatoren. Um 800 werden große Waldungen mit dem Königsbann belegt. Wald ist nicht mehr herrenlos. Der König allein hat das Recht zu jagen oder bestimmte Waldnutzungen zu verleihen. Im 13. Jh. wird mit dem Ausbau der Landesherrenschaft der Königswald (Reichswald) - soweit er Lehenswald war-, Fürsten- und Herrenwald.
1400 n. Chr. bis 1600 n. Chr.	Der Wald und seine Erzeugnisse bilden die wichtigste Grundlage der damaligen Volkswirtschaft. Um 1500 tritt die erste Holznot (Energiekrise) auf. Die Wälder (Mittel- und Niederwald) sind in desolatem Zustand. Holz wird in großen Mengen für Eisenhütten, Schmieden, Hausbrand, Glashütten, Köhlerei und als Baustoff benötigt. Die siedlungsnahen Waldungen dienten der Viehweide, Schweinemast, Streunutzung, der Teer-, Harz-, Gerbrinden- und Pottaschengewinnung sowie der Imkerei.
1600 bis 1800	Das 16. Jh. bringt die Anfänge einer geregelten Forstwirtschaft; Saat und Pflanzung werden eingeführt. Der 30jährige Krieg bringt der forstlichen Entwicklung allerdings einen schweren Rückschlag. Gegen die Wende zum 18. Jh. verschärft sich die Holznot. Gegen 1800 entstanden die ersten forstlichen Meisterschulen.
1800 bis heute	Beginn einer planmäßigen Forstwirtschaft. Große Waldverwüstungen in den Revolutionsjahren um 1848. Eichenbestände werden abgeholzt. Planung und Anlage großer Waldungen in Bezug auf nachhaltige Nutzung. Innerhalb von rund 100 Jahren (1862-1970) wird die Holznutzung von 1,5 auf 4,2 Festmeter pro Jahr und Hektar um nahezu das Dreifache gesteigert. Das Laubholz wird allerdings zu Gunsten des Nadelholzes zurückgedrängt.

Chemische Zusammensetzung (Auswahl) von Hölzern [1]; Heizwerte [2]

Holzart	*Chemische Zusammensetzung von Hölzern in %*					*Durchschnittliche Heizwerte von lufttrockenem Holz auf 100 kWh gerundet (Holzfeuchte 15%)*		
	Zellulose	*Holo-zellulose*	*Polyosen*	*Lignin*	*Asche*	*Heizwert (je Fm)*	*Heizwert (je Rm)*	*Heizwert (je kg)*
Nadelholz								
Douglasie	43,7 – 50,4	67,0 – 71,4	14,1	25,4 – 34,8	0,1 – 0,4	2200	1700	4,4
Fichte, Gemeine	38,1 – 46,0	72,8 – 80,9	15,3	27,3 – 28,9	0,3 – 0,8	2100	1500	4,5
Kiefer, Gemeine	46,5 – 54,3	74,3	13,5 – 21,5	26,3 – 31,4	0,2 – 0,4	2300	1700	4,4
– Schwarz-K.	49,5 – 52,8			27,2 – 27,4	0,2			
– Weymouth-K.	41,4 – 49,4	66,6 – 70,6	14,1	25,6 – 27,7	0,2 – 0,5			
Lärche, Europ.						2300	1700	4,4
– Japanische-L.	39,9	66,5		30,0	0,4			
Tanne	40,6 – 44,1		22,2 – 22,7	28,0 – 29,2	0,4 – 1,1	2000	1400	4,5
Laubholz								
Ahorn						2600	1900	4,1
– Berg-A.	38,3			25,3	0,4			
– Spitz-A.	41,5		33,3	23,1	0,3			
Birke (Sand-B.)	41,9 – 48,6		26,5 – 27,8	18,3 – 20,1	0,3 – 0,7	2700	1900	4,3
Eiche	40,5	73,2 – 78,7	23,3 – 28,6	20,9 – 24,9	0,2 – 0,7	2900	2100	4,2
– Rot-E.	40,4 – 49,4			20,6 – 24,5	0,1 – 0,7			
– Trauben-E.	42,8			24,9	0,3			
Erle (spec.)	43,6		19,6	24,6	0,5	2100	1500	4,1
Esche	40,9 – 46,8			21,1 – 30,4	0,4	2900	2100	4,2
Hainbuche	43,0 – 46,4	85,7		17,8 – 21,2	0,4 – 0,5	2800	2100	4,0
Linde (Winter-L.)	43,0			18,2	0,5			
Pappel (Weiß-P.)	47,3 – 49,0			23,4	0,2 – 0,3	1700	1200	4,1
Robinie	39,1 – 50,1			20,6 – 29,1	0,1 – 0,6	3000	2100	4,1
Roßkastanie	41,6			26,2				
Rotbuche	40,1 – 49,1		22,2	22,6 – 23,8	0,3 – 1,0	2800	2100	4,0
Ulme (spec.)	43,0			27,3	0,8	2800	1900	4,1
Weide (Silber-W.)	48,7 – 50,0	89,2		22,7 – 27,2	6,5			

1) Nach Fengel und Grosser; Prozentwerte bezogen auf atro extraktfreie Holzmasse, bei Aschegehalt auf atro Holzmasse.
2) Ein Raummeter lufttrockenes Laubholz (ca. 450 kg = 6490 Mio Joule oder 2100 kWh), entspricht einem Heizwert von 210 l Heizöl oder 385 kg Braunkohlenbriketts.

Waldflächen europäischer Staaten (1996)

Land	*Gesamtfläche (1000ha)*	*Waldfläche (1000ha)*	*in % der Gesamtfläche*	*Nadelwald (1000ha)*	*Laubwald (1000ha)*
Deutschland	35562	10190	28,7	6502	2959
Österreich	8385	3878	46,3	2683	798
Schweiz	4129	1186	28,7	818	368
Belgien	3057	602	19,7	302	300
Dänemark	4309	445	10,3	271	146
Finnland	30464	20032	65,8	18088	1662
Frankreich	54926	14581	26,5	9228	8962
Großbritannien	24100	2156	8,9	1520	636
Griechenland [a]	13204	2034	15,4	954	1080
Irland	6889	370	5,4	326	44
Italien [b]	30129	8675	28,8	1735	6940
Luxemburg	259	89	34,4	30	54
Niederlande	3482	329	9,4	199	130
Portugal	8893	3370	37,9	1338	2032
Schweden	41000	21800	53,2	20500	1300
Spanien	50471	11792	23,4	5637	6155
Bulgarien	11100	3314	29,9	1172	2142
Estland	4510	2016	44,7	1122	724
Jugoslawien	25600	6100	23,8	900	5200
Kroatien	5654	2061	36,5	321	1740
Lettland	6459	2882	44,6	1738	1140
Liechtenstein	16	8	50,0	6	2
Litauen	6520	1823	28,0	1073	750
Moldawien	3376	318	9,4	6	312
Norwegen	32376	12000	37,1	6800	5200
Polen	31270	8654	27,7	6895	1759
Rumänien	23839	6223	26,1	1903	4320
Russ. Föder. [c]	8391	6075	72,4		
Slowak. Rep.	4901	1961	40,0	815	1069
Rep. Slowenien	2006	1009	50,3	182	303
Tschech. Rep.	7886	2630	33,4	2057	573
Türkei	77945	20199	25,9	9426	10773
Ukraine	60370	6151	10,2	2931	3220
Ungarn	9300	1727	18,6	262	1465
Weißrußland	20760	7028	33,9	4757	2271

a) ohne Macchia
b) ohne Sardinien
c) ohne Region Leningrad

Quelle: Bundesforschungsanstalt für Forst- u. Holzwirtschaft: Der Wald in Europa, Kurzbericht 1997

Waldflächen und Nutzung der Kontinente sowie einiger ausgewählter außereuropäischer Länder

Kontinent, Land	Waldfläche um 1980 (in Millionen ha) Total	geschlossen	Geschlossene Waldfläche in % der Gesamtfläche	pro Einwohner in ha	Nutzungen 1990 (in Millionen m³, in Rinde) Total	exklusive Brennholz und Holzkohle
Amerika						
– Nord	734	459	24	1,82	718	575
– Mittel	73	72	26	0,59	a)	a)
– Süd	915	667	37	2,78	342	104
Europa	159	137	28	0,28	398	343
Ehem. UdSSR	929	792	35	2,99	365	284
Asien	607	498	18	0,19	1075	259
Ozeanien	160	87	10	3,80	41	32
Afrika	744	236	8	0,50	511	57
Welt	4321	2948	22	0,66	3450	1654
Brasilien	533,030	396,030	47	3,27	259	73
Costa Rica	1,664	1,664	33	0,74	4	1
Ecuador	14,679	14,679	52	1,81	10	3
Honduras	3,997	3,797	34	1,03	6	1
Kanada	436,400	264,100	26	10,98	155	148
Nicaragua	4,508	4,508	35	1,65	4	1
Paraguay	30,360	4,100	10	1,29	8	3
Peru	71,640	70,520	55	4,08	8	1
USA	298,076	195,256	21	0,86	501	415
Bhutan	2,210	2,170	46	1,70	3	–
China	170,000	125,000	13	0,12	277	92
Indien	77,914	72,521	22	0,11	274	24
Indonesien	126,235	123,235	65	0,84	172	31
Japan	25,280	23,890	63	0,20	30	29
Malaysia	21,256	21,256	64	1,53	51	42
Nepal	2,308	2,128	15	0,15	18	1
Philippinen	12,510	12,510	42	0,26	39	5
Thailand	16,815	10,375	20	0,22	38	3
Äthiopien	28,132	5,332	4	0,17	43	2
Burkina Faso	7,320	0,120	–	0,02	9	1
Kenya	3,860	2,605	4	0,32	36	2
Madagaskar	15,860	12,960	22	1,49	8	1
Mali	8,819	0,019	–	–	6	1
Niger	2,960	0,060	–	0,01	5	1
Nigeria	16,383	7,583	8	0,09	108	8
Rwanda	0,520	0,410	16	0,08	6	1
Senegal	11,170	0,345	2	0,06	5	1
Tansania	43,258	2,658	3	0,14	34	2
Zaïre	177,815	105,975	45	4,02	39	3

a) Zusammen mit Nordamerika aufgeführt

Quelle: Waldflächen – „Forest Resources 1980", FAO 1985
Nutzungen – „1990 Yearbook of forests products", FAO, Rom 1992

Literaturverzeichnis

Selektive Auswahl verwendeter/weiterführender Literatur

Amann, Gottfried: Vögel des Waldes. Melsungen 1976
ders.:Bodenpflanzen des Waldes. Melsungen 1976
ders.:Kerfe des Waldes. Melsungen 1983
ders.:Säugetiere und Kaltblüter des Waldes. Melsungen 1987
Akademie für Naturschutz und Landschaftspflege: Begriffe aus Ökologie, Umweltschutz u. Landnutzung. München 1984
Arbeitskreis Forstliche Landespflege: Waldlandschaftspflege. Landsberg/Lech 1991
Barnes, Burton v.: Forest Ecology. New York 1998
Bartsch, Norbert: Waldgräser. Hannover 1987
Bauer, Franz: Der Wald unser Schicksal. Augsburg 1959
ders. (Hrsg): Die Sache mit dem Wald. München 1985
Braun, Adolf: Taschenbuch der Waldinsekten. Stuttgart 1991
Braun, H. J.: Lehrbuch der Forstbotanik. Stuttgart 1982
Brünig, E./Mayer, H.: Waldbauliche Terminologie. Wien 1980
Burschel, P./Hess, J.: Grundriß des Waldbaus. Hamburg 1997
Busse, J.: Forstlexikon. 2 Bde., Berlin 1929/1930
Cetto, Bruno: Enzyklopädie der Pilze. 8 Bde., München 1987
Christiansen, M. Skytte/Hancke, V.: Gräser. München 1983
Dominik, Klaus C. F.: Lexikon für den Waldbau. Mühlheim 1995
Dylla, Klaus/Krätzner, Günter: Das ökologische Gleichgewicht in der Lebensgemeinschaft Wald. Heidelberg 1986
Fitter, R. A./Blamey, M.: Pareys Blumenbuch. Hamburg 1974
Frohm, Jürgen: Kleines Wald - A B C. Hohenweststedt 1984
Garms, Harry: Fauna Europas. Bensheim
Geldhauser, Josef: Holz Kompaß. München 1986
Godet, J. D.: Blüten. Bern 1983; Bäume und Sträucher. Bern 1994; Knospen & Zweige. Bern 1983
Graf, J./Weber, J: Wald und Mensch, eine Lebensgemeinschaft. München
Grünert, Helmut und Renate: Pilze. München 1984
Haseder, Ilse/Stinglwagner, Gerhard: Knaurs Großes Jagdlexikon. München 1996
Hasel, Karl: Forstgeschichte. Hamburg 1985
Hecker, Ulrich: Laubgehölze. München 1985
Hecker, Ulrich: Nadelgehölze. München 1985
Herder: Lexikon der Biologie. Heidelberg 1983-1987
Heß, Richard: Lebensbilder hervorragender Forstmänner etc. Berlin 1885
Hilf, R. B./Röhrig, F.: Wald und Weidwerk. Potsdam 1938
Hofmeister, Heinrich: Lebensgemeinschaft Wald. Berlin 1997
Hofmeister, Heinrich/Nottbohm, Gerd: Ökologie der Wälder. Stuttgart 1995
Höll, Wolfgang: Bäume in Mitteleuropa. Köln 1987
Jahns, Hans Martin: Farne-Moose-Flechten. München 1982
Jessen/Schulze: Botanik in Frage und Antwort. Schwelm 1984
Jost, L./Overbeck, F.: Baum und Wald. Berlin 1952
Keweloh, H.-W.:Flößerei in Deutschland. Stuttgart 1985
Kimmius, J.P.: Forest ecology. New York 1987
Kleine Enzyklopädie Land Forst Nahrung Garten. Leipzig 1980
König, Ewald: Holz - Lexikon. 2 Bde., Stuttgart 1972
Kramer H.: Begriffe der Forsteinrichtung. Frankfurt a. M. 1985
Kremer, B. P.: Bäume. München 1984
Kremer, B. P./Muhle H: Flechten, Moose, Farne. München
Kümmerly, Walter: Der Wald. Bern 1966
Landesforstverwaltung Baden-Württemberg (Hrsg.): Biographie bedeutender Forstleute in Baden-Württemberg.
Leibundgut, Hans: Die Waldpflege. Bern 1984
Lohmann, Ulf: Handbuch Holz. Stuttgart 1980
Mantel, K./Pacher J.: Forstliche Biographie vom 14. Jahrhundert bis zur Gegenwart. Hannover 1976
Mantel, Kurt: Deutsche forstliche Bibliographie. 1560 - 1965, Teil I Freiburg 1967, Teil II 1970, Teil III 1972; Wald und Forst in der Geschichte. Hannover 1990
Meister, Georg/Schütze, Christian/Sperber, Georg: Die Lage des Waldes. Hamburg 1984
Meyers Taschen-Lexikon Biologie. 3 Bde., Mannheim 1994
Mitchell, A./Johnson, H. u. a.: Die Wälder der Welt. Bern 1981
Mitchell, A./Wilkinson, J.: Pareys Buch der Bäume. Hamburg 1982
Münker, Bertram: Wildblumen. München 1982
Nachtigall, Werner: Lebensräume. München 1986
Österr. Forstverein (Hrsg): Österreichs Wald. Wien 1994
Oberdorfer, Erich: Süddeutsche Pflanzengesellschaften. Stuttgart
Otto, Hans-Jürgen: Waldökologie. Stuttgart 1994
Phillips, Roger: Das Kosmosbuch der Gräser, Farne, Moose, Flechten. Stuttgart 1981
Raithelhuber, Jörg: Bäume und Sträucher erkennen und benennen. Niedernhausen/Ts. 1980
Rubner, Heinrich: Deutsche Forstgeschichte 1933 - 1945. St. Katharinen 1997
Schauer, Th./Caspari, C.: BLV Pflanzenführer. München 1984
Schneider, Ernst: Nutze die Heilkräftigen Pflanzen. Hamburg 1963
Schütt, P./Schuck, H. J./Stimm, B.: Lexikon der Forstbotanik. Landsberg 1992
Schutzgemeinschaft Deutscher Wald: Ökosystem Wald. Bonn
Simon, Karl-Heinz: Lexicon Silvestre. Eberswalde 1995
Steinbach, Gunter (Hrsg.): Die farbigen Naturführer. Gütersloh 1984
Steuer, Wolfgang: Vom Baum zum Holz. Leinfelden-Echterdingen 1985
Streeter, D./Richardson, R./Dreyer, W.: Hecken. Hildesheim 1985
Vaucher, Hugues: Baumrinden. Augsburg 1997
Waldarbeitsschulen der Bundesrepublik Deutschland (Hrsg.): Der Forstwirt. Stuttgart 1993
Waldwirtschaft aus der Reihe: Die Landwirtschaft (Band 6.). München; Münster-Hiltrup 1998

Zeitschriften:

Allgemeine Forstzeitschrift (AFZ/Der Wald), hrsg. von der BLV-Verlagsgesellschaft München 1975 - 1998
Unser Wald, hrsg. von der Schutzgemeinschaft Deutscher Wald 1975 - 1998

Bildnachweis

Toni Angermayer, Holzkirchen: 299, 679 mu, 679 ro, 679 ru; Archiv der Autoren bzw. des Bayerischen Staatsministeriums für Ernährung, Landwirtschaft und Forsten: Vor- und Nachsatz Karte des Sebalder Reichswaldes; 11 l, 12, 13, 14, 17 l, 19 l, 20 l, 20 r, 21, 23 l, 23 r, 25, 27 lo, 27 lu, 28 r, 29, 31 l, 31 r, 32, 33 l, 33 r, 34, 35, 36 l, 36 r, 38 l, 38 r, 39 l, 39 r, 42, 43 l, 43 r, 44, 45, 48, 49, 50, 51, 54, 55, 56 l, 56 r, 57, 58, 59, 60, 61 l, 61 r, 62, 63 l, 63 l, 65, 66, 67, 68, 69, 70, 72, 79 o, 86, 88 l, 89 m, 89 r, 90 lo, 90 lu, 90 r, 91 m, 91 r, 92, 94, 104, 105 r, 112, 115, 116, 117 l, 121, 122 l, 123 l, 123 r, 124, 125 o., 126, 127 l, 127 r, 128, 129, 130 l, 130 r, 137 m, 137 r, 143 l, 143 m, 145 r, 148, 151 r, 153 l, 153 r, 154, 155 ro, 156 l, 156 r, 157, 158 m, 163, 164, 165 r, 166 l, 166 r, 167, 168 l, 168 r, 169 l, 169 r, 170 mo, 179 mu, 170 r, 171, 172 l, 172 r, 177, 178, 179, 180, 181 l, 181 r, 182, 183, 184 l, 184 m, 186, 187, 188, 189 m, 189 r, 191 m, 191 r, 192 r, 195 l, 194, 195 r, 196, 197 ro, 197 ru, 200, 201 m, 201 r, 202 l, 202 r, 205 m, 205 r, 206 l, 206 r, 207, 211, 212, 217 l, 219 l, 222, 223, 224, 225, 227 m, 228, 229 m, 229 r, 230, 231 l, 231 r, 232 , 232 r, 233, 236, 237, 241mu, 241 ru, 243, 246 l, 246 m, 249, 251, 259, 260, 261 l, 261 m, 261 r, 262, 263 l, 263 r, 265, 267 mo, 267 mu, 267 ro, 267ru, 270 ro, 270 ru, 271, 273 l, 273 m, 273 r, 274 m, 274 r, 277, 278, 279, 280 m, 280 r, 281, 282 r, 283, 284 l, 284 r, 286 r, 287 l, 287 m, 287 r, 288, 289, 291, 292 l, 292 r, 294, 296, 297 l, 297ro, 297 rm, 297 ru, 301 l, 301 m, 301 r, 303 ru, 304, 305, 306 l, 306 r, 308, 310 l, 310 m, 311, 312, 315, 316, 317 m, 317 r, 321 m, 321 r, 322, 323 ro, 323 ru, 325 l, 325 r, 327, 328, 329 ro, 329 ru, 331, 332 r, 333 l, 333 r, 339, 340, 346 l, 346 m, 347 l, 347 r, 348 r, 350 m, 351, 352 l, 353 m, 353 r, 354, 356, 357, 359 ro, 360 l, 360 m, 363 m, 363 r, 365, 366, 368, 369, 371 ru, 372, 373 m, 373 r, 374 l, 374 m, 375, 376, 377 m, 377 r, 381, 383, 385 l, 385 m, 385 r, 386, 387 m, 387 r, 388 l, 388 m, 388 r, 389, 390, 391, 392 lu, 394, 395 r, 396, 397 ro, 397 ru, 400, 401 ,403 ro, 403 ru, 404, 405 l, 405 r, 406 l, 406 r, 407, 409 mo, 409 mu, 409 r, 410 l, 410 r, 411, 412, 413 l, 413 r, 414, 417, 419 r, 420 m, 421, 426 l, 427 m, 427r, 428 m, 429, 430, 431, 433, 435 r, 437, 438, 440, 441 l, 441 r, 442 mu, 444, 445, 446 l, 448 l, 448 r, 450 r, 449 m, 449 r, 452, 453 m, 453 r, 456 l, 456 r, 457 r, 460, 463, 466 l, 466 r, 467, 471 m, 471 r, 472, 474 l, 474 r, 475, 476, 477 m, 477 r, 478 l, 478 ro, 478 ru, 479, 481 r, 482, 483, 491 l, 493, 494 r, 495 ro, 495 ru, 497 lo, 499, 500 l, 500 m, 501 m, 502 l, 504 m, 507, 508, 509 mo, 509 mu, 510, 512 m, 512 r, 513, 514 r, 515 l, 515 ru, 517, 518 l, 518 r, 519 mo, 519 mu, 519 r, 520, 521 l, 521 r, 524 lo, 524 lu, 524 r, 525, 526, 529 l, 530, 538, 539 l, 540 l, 540 r, 541, 542, 551, 554, 555 l, 555 r, 559 ro, 559 ru, 560, 561, 563, 564 l, 564 r, 565 l, 565 ro, 565 ru, 566, 567 ro, 567 ru, 568, 569 l, 569 r, 570 l, 570 m, 571, 572, 576, 577, 578, 579 m, 579 r, 580, 582, 583 ro 583 ru, 584, 586, 588, 589 m, 589 r, 590, 593 m, 593 r, 594, 595, 596, 597 l, 597 r, 598, 599 ru, 600 l, 600 r, 601 ro, 601 ru, 605 mo, 605 mu, 605 ro, 605 ru, 605 ruu, 608, 610 l, 610 r, 611, 613, 614 l, 614 r, 616 l, 616 r, 617, 618, 619 mo, 619 mu, 619 r, 623 m, 624 m, 626, 630 l, 630 m, 630 r, 632, 633, 634, 635 m, 635 r, 636 l, 637 r, 640 l, 640 r, 641 m, 641 r, 644, 645, 646, 648 l, 648 m, 649, 650 o, 650 u, 651, 654 l, 654 m, 655, 657, 559 r, 660, 661 mo, 661 mu, 663, 664, 665, 667, 669, 671 m, 671 r, 672 l, 674, 675, 676 lo, 676 lu, 672, 683 m, 685 m, 685 r, 688 l, 688 r, 690, 691 ro, 691 ru, 694, 695 mu, 696 lo, 696 lu, 698, 699 m, 699 r, 700 l, 700 m, 703 m, 703 r, 704 l, 704 m, 705, 706, 707, 709 r, 711 m, 711 r, 712, 715, 717, 721 m, 721 r, 723, 724 l, 724 mo, 724 mu, 724 r, 726 lo, 726 lu, 726 m, 727 l, 727 m, 727 r, 728 l, 728 r, 729 ro, 729 ru, 733r, 735 m , 735 r, 738, 741 r, 742, 743 l, 743 ro, 743 ru, 744, 745 m, 746, 747 m, 749 l, 749 r, 751, 752 l, 752 m, 753 m, 753 r, 754 l, 754 m, 754 r, 755m, 755 r, 756, 758, 759 m, 759 ro, 759 ru, 760 m, 761, 763, 764, 765 ro, 765 ru, 766, 767 l, 767 r, 770, 772, 773, 775, 77 ro, 777 ru, 779, 781 l, 781 r, 788, 789 ru, 792, 793, 796, 797 m, 798 l, 798 m, 798 r, 799, 800, 801, 803 r, 804 l, 804 r, 805, 806, 809, 810 l, 810 r, 811 ro, 811 ru, 812 lo, 812 lu, 813 ro, 813 ru, 814 lo, 814 lu, 815 ro, 815 ru, 816 lo, 816 lu, 817 ro, 817 ru, 818 lo, 820 l, 820 m, 821, 822 r, 823 m, 823 r, 824, 825 ro, 825 ru, 827 ru, 833 m, 833 r, 834 lo, 834 lu, 835 m, 835 r, 837 r, 841, 843, 844 lo, 844 lu, 845, 847, 848, 849 m, 849 r, 850 lo, 852, 853 m, 853 r, 854, 857 l, 857 mo, 857 mu, 859 m, 859 r, 860, 861, 864 l, 869m, 869 r; Archiv für Kunst und Geschichte, Berlin: 252, 253, 256, 257, 358 l, 367, 382, 384, 422, 484, 536, 786, 787 l, 787 r, 790 l, 790 r, 794 l, 794 m, 794 ro, 794 ru, 797 r; Bayerische Landesanstalt für Wald- und Forstwirtschaft, Freising: 402; Heiko Bellmann, Lonsee: 238 l, 238 m, 239 ro, 239 ru; Dr. Hans Bibelriether, Spiegelau: 776, 784; Bildarchiv Nationalpark Berchtesgaden: 85; Forstamt Ebersberg: 363 l, 777 ro; Foto Dettenhofer, Nußdorf/Inn: 355 m, 355 r, 362; Marianne Golte-Bechtle, Stuttgart: 19 r, 26, 41, 395 l; Grube KG, Hützel: 147 r, 329 l, 332 l, 346 l, 380 l, 416 m, 470, 485 ru, 550 l, 550 m, 552, 629, 745 r, 782, 789 ro, 826 l ; Peter Hammerer: 567; Helmut & Renate Grünert, Gilching: 139 lo, 139 lm, 139 lu, 139mo, 139 mm, 139 mu, 139 ro, 139 rm, 139 ru, 220, 221 l, 221 m, 337, 642 l, 642 ml, 642 mr, 642 r, 719 mo, 719 mu, 719 ro, 719 ru, 732, 733 l, 733 m; Institut für Forstgeschichte, Arbeitsbereich Forstgeschichte, Freiburg: 11 r, 152, 282 l, 309, 338 l, 349 r, 398 l, 443 r, 502, 546 r, 636 m, 709 m, 736 m, 748, 865 ru; Interfoto-Pressebild-Agentur, München: 791 l, 791 r; Kühne, Pieper & Sohn, Hamburg: 359; Alfred Limbrunner, Dachau: 285, 307mm, 313 m, 335, 336 m, 371 l, 371 m, 371 ro, 379 l, 426 m, 446 m, 446 r, 459 m, 459 r, 461 l, 461 m, 473, 480, 490 m, 491 mo, 581 l, 624 m, 662 l, 662 m, 662 r, 737, 757; Thomas Marktanner, Langenargen a. B.: 103 m, 103 r; Maschinenbau AG Paul Meier, Münchenstein, CH: 416 l; MD-Papierfabrik, Plattling: 537; Naturhistorisches Museum, Wien: 750 l, 750 r; Okapia, Frankfurt/München: 22, 88 m, 176, 326, 350 l, 462, 468, 529 r, 539 r, 623 r, 726 lu, 740, 741, 747 r, 822 l; Ostkreuz, Berlin: 314; Manfred Pforr, Langenpreising: 64 l, 64 m, 78, 190, 193 m, 193 r, 210 m, 210 r, 286 l, 307 mo, 307 ro, 307 ru, 313 l, 344 l, 344 mo, 344 mu, 428 l, 436, 443 m, 458, 461 r, 490 l, 491 mu, 491 ro, 491 ru, 503, 504 l, 543 m, 543 r, 553, 587 l, 587 m, 587 r, 581 m, 581 r, 591, 602 lo, 602 lu, 602 mo, 602 mu, 631, 653 m, 653 r, 658 l, 658 m, 672 m, 679 mo, 687 l, 687 m, 687 r, 730, 731 l, 731 m, 760 l, 831 m, 832, 836 m, 836 r, 837 m, 838, 839 m, 839 ru, 842, 846 l, 846 m, 846 r, 850 lo, 856 l, 856 r, 858 m, 858 r, 863 m, 863 r, 864 m, 864 r, 865 ro; Peter Pretscher, Bonn: 142, 227, 528; Reinhard Tierfoto, Heiligkreuzsteinach: 2, 6, 15, 16, 40, 319 m, 319 r, 442 mo, 469, 718 l, 718 r; Edmund Reitter, Fauna Germanica. Stuttgart 1908: sämtliche Käferabbildungen; Schutzgemeinschaft deutscher Wald, Bonn: 147, 659 m, 692; Alle übrigen Bilder: Archiv KOSMOS-Verlag

Mitternacht.
Bayrstorff.
Neün kirchen.
Dormitz.
Zum Weyer.
Erlang
Egelhof
Habermül.
Relesmül.
Zum Brandt
Tenneloer Hüt.
Tennenlo
Prück
Eltersdorff
Haselhof
Kalckreut
Reckenhof.
Keßwasser.
Wolffeldt
Stetberg
Herolßberg.
Hermerstorf
Neünhof
Manhof.
Stainach.
Stadeln.
Boxdorff
Krafftshof
Buch
Kronach
Allmoßhof
Ronhof.
Höffles.
Schnepffenreit.
Zur lohe
Zum Sack
Braunspach
Ziegelstein
Zieglhüten.
Spitlhof
Poppenreit
Zum Thos
Schnigling
Thonn
Nürnberg
Fürth.
Mittag.